DIZIONARIO TECNICO
ITALIANO - INGLESE
INGLESE - ITALIANO

RENZO DENTI

TECHNICAL DICTIONARY
ENGLISH - ITALIAN
ITALIAN - ENGLISH

Acoustics - Aeronautics - Astronautics - Audio - Automation - Chemistry - Cinematography - Civil Engineering - Computers - Electronics - Electroplating - Electrotechnics - Flour Milling - Geology - Horology - Information Engineering - Iron and Steel Metallurgy - Lighting - Machine Tools - Mechanics - Metallurgy - Mineralogy - Mining - Motor cars - Nautical Science - Nuclear Physics - Numerical Control - Oil Industry - Optics - Paints and Varnishes - Physics - Plastics - Printing - Radar - Radio - Railways - Telegraphy - Telephony - Television - Textiles - Timber - Transports

Updated and increased English and American technical abbreviations - Tables of British Measures and Metric Equivalents, etc.

ELEVENTH EDITION
REVISED, ENLARGED, AND UPDATED

ULRICO HOEPLI PUBLISHER - MILAN

RENZO DENTI

DIZIONARIO TECNICO ITALIANO - INGLESE INGLESE - ITALIANO

Acustica - Aeronautica - Astronautica - Audio - Automazione - Automobili - Calcolatori elettronici - Chimica - Cinema - Controllo numerico - Elettronica - Elettrotecnica - Ferrovie - Fisica - Fisica nucleare - Galvanotecnica - Geologia - Illuminazione - Industria molitoria - Industria petrolifera - Informatica - Ingegneria civile - Legname - Macchine utensili - Materie plastiche - Meccanica - Metallurgia - Mineralogia - Miniere - Nautica - Orologeria - Ottica - Radar - Radio - Siderurgia - Stampa - Telefonia - Telegrafia - Televisione - Tessili - Trasporti - Vernici, pitture e colori

Abbreviazioni tecniche anglo-americane aggiornate ed aumentate - Tabelle di conversione e riduzione, ecc.

UNDICESIMA EDIZIONE
RIVEDUTA, AMPLIATA ED AGGIORNATA

ULRICO HOEPLI EDITORE - MILANO

ISBN 88-203-1465-7

Tipografia Allegretti s.n.c. di Rodolfo Campi & C.
20122 Milano - via Orti 2 / Printed in Italy

Alla memoria dei miei cari genitori

PREFACE TO THE EIGHTH EDITION

The present edition has been completely revised and greatly enlarged, especially by the inclusion of entries connected with the latest developments in computers, and information engineering.

No pains have been spared to include most of the relevant terms relating to numerical control of machine tools, and obviously terms concerning modern problems, such as ecology, pollution, traffic engineering, etc. have not been neglected.

Even if the transition from Imperial units to SI metric units has taken place in Great Britain during 1970/75, for some time afterwards the need will arise for conversion from Imperial units. No doubt the Conversion Factors and Tables at the end of the dictionary are still of some use.

R. D.

PREFACE TO THE NINTH EDITION

In this new edition English and American technical abbreviations in current use have been updated and increased extensively.

The additions are of particular interest since they relate to special techniques, astronautics, computers, ecology, environment, information engineering, etc.

R. D.

PREFAZIONE ALLA OTTAVA EDIZIONE

La presente edizione è stata completamente riveduta e molto ampliata, in particolare con l'aggiunta delle voci riferentesi ai più recenti sviluppi degli elaboratori e dell'informatica.

Si è fatto il possibile per arricchirla della maggior parte dei termini importanti concernenti il controllo numerico delle macchine utensili, ed ovviamente quelli che riguardano i problemi moderni, quali l'ecologia, l'inquinamento, l'ingegneria del traffico, ecc. non sono stati trascurati.

Anche se il passaggio dalle unità di misura inglesi a quelle metriche del sistema internazionale si è effettuato in Gran Bretagna nel periodo 1970-75, sarà pur necessario per qualche tempo ancora, ricorrere alla conversione delle unità inglesi.

Senza dubbio sono ancora utili le tabelle di conversione e riduzione riportate nell'appendice.

R. D.

PREFAZIONE ALLA NONA EDIZIONE

In questa nuova edizione si sono aggiornate e copiosamente aumentate le abbreviazioni tecniche inglesi ed americane d'uso corrente.

Poichè le aggiunte si riferiscono a tecniche speciali, all'astronautica, ai calcolatori, all'ecologia, all'ambiente, all'informatica, ecc. le ritengo di particolare interesse.

R. D.

PREFACE TO THE TENTH EDITION

Over the past ten years, there has been a rapid growth in technology, and a large and complex nomenclature has arisen from the practical application of many sciences. Besides, during this period, engineers have often modified the meaning of many existing terms. For instance, a robot a few years ago defined as « a mechanical arm controlled by a computer », is in today's engineering parlance, « an intelligent machine able to reason, sense by vision or touch ».

To keep my dictionary up to date, I have collected numerous new terms come into current use in different technical fields, concerning for instance: microelectronics, telephone, television and computer systems, audio, cars, factory processes, information engineering, etc. The number of entries has been increased from 100,000 to about 103,500 and the edition has been extensively revised.

At the end of the volume the tables of British measures and metric equivalents are still very useful.

R. D.

PREFACE TO THE ELEVENTH EDITION

As in the previous editions, the primary consideration in selecting terms for inclusion in this Dictionary has been current usage, with examples from up to date American, English and Italian technical publications.

This edition contains approximately 4920 new entries and has been revised from the first word to the last.

I offer my sincere thanks to the Publisher for his kindness in supplying me with valuable works of reference, and to the Printers for their accurate work.

R. D.

PREFAZIONE ALLA DECIMA EDIZIONE

Negli ultimi dieci anni si è avuto uno sviluppo rapido della tecnologia e dall'applicazione pratica di molte scienze è sorta una nomenclatura copiosa e complessa. Inoltre, durante questo periodo, il significato di molti termini esistenti è stato spesso modificato dagli ingegneri. Per es. un robot alcuni anni fa definito « un braccio meccanico controllato da un calcolatore elettronico », nel gergo di ingegneria moderno è « una macchina intelligente, in grado di ragionare e di sentire mediante visione o tatto ».

Per l'aggiornamento del dizionario, ho raccolto molti nuovi termini divenuti d'uso corrente in campi tecnici differenti riguardanti, per esempio, la microelettronica, il telefono, la televisione e sistemi di calcolatori elettronici, l'audio, le automobili, i processi industriali, l'informatica, ecc. Il numero delle voci è aumentato da 100 000 a circa 103 500 e l'edizione è stata ampliamente riveduta.

Alla fine del volume le tabelle di conversione e riduzione risultano ancora di grande utilità.

R. D.

PREFAZIONE ALL'UNDICESIMA EDIZIONE

Come nelle precedenti edizioni, nella scelta dei termini da includere nel Dizionario, la considerazione che è prevalsa è stata quella dell'uso corrente, con esempi desunti da pubblicazioni anglo-americane ed italiane recentissime.

Questa edizione contiene circa 4920 nuove voci ed è stata riveduta dalla prima all'ultima parola.

Ringrazio sinceramente l'Editore per la sua gentilezza nel procurarmi pregiate opere di consultazione, e la Tipografia per il suo lavoro accurato.

R. D.

CONTENTS

INDICE

EXPLANATORY NOTES

The Dictionary entries, set in boldface, follow one another in alphabetical order, letter by letter. If used in combination with two or more words, they are listed only once under their headwords.

For instance, in the English-Italian part we have: **angle of trim; flying scale model** listed only under: **angle** and **flying.**

In the Italian-English part: **gestione degli ordini; grafica in bianco e nero,** listed only under: **gestione** and **grafica.**

This was found convenient to save a lot of space.

Abbreviations and Acronyms used in modern technical English have been indexed at the end of the Dictionary.

Proprietary products begin with a capital letter.

The suffix *-ize* has been preferred in verbs ending either in *-ise* or *-ize* (e. g. depolarize has been recorded instead of depolarise, etc.).

Verbs relating to proof-reader's marks are given in their imperative modes (e. g. abbassare una lettera = *lower* a letter).

In the Tables appended to the Dictionary, the decimal point is, according to Italian usage, indicated by a comma. Thus .005 (*or* 0.005) is given as: 0,005.

NOTE ESPLICATIVE

Le voci inserite nel Dizionario, in neretto, si susseguono in ordine alfabetico, lettera per lettera. Se usate in combinazione con due o più vocaboli, vengono registrate solo una volta sotto la parola iniziale.

Per esempio, nella parte Inglese-Italiano abbiamo: **angle of trim; flying scale model** registrati solo sotto: **angle** e **flying.**

Nella parte Italiano-Inglese: **gestione degli ordini; grafica in bianco e nero,** registrati solo sotto: **gestione** e **grafica.**

Si è ritenuto fare ciò per risparmiare una gran quantità di spazio.

Le abbreviazioni e sigle usate nell'inglese tecnico moderno sono state disposte in ordine alfabetico alla fine del Dizionario.

I nomi di prodotti brevettati hanno la lettera iniziale maiuscola.

Il suffisso *-ize* è stato preferito per i verbi terminanti in *-ize* o *-ise* (p. es. « depolarize » è stato riportato invece di « depolarise », ecc.).

I verbi riferentisi a correzione di bozze, sono riportati nel modo imperativo (p. es. abbassare una lettera = *lower a letter*).

Nelle tavole d'appendice al Dizionario, il punto decimale viene, secondo l'uso italiano, indicato da una virgola. Così: .005 (*o* 0.005) viene riportato come 0,005.

DIZIONARIO TECNICO ITALIANO-INGLESE

ABBREVIAZIONI USATE NEL DIZIONARIO

acust.	=	acustica
aereo	=	aeroplano; aeronautica
aerodin.	=	aerodinamica
agg.	=	aggettivo
agr.	=	agricoltura
agrim.	=	agrimensura
alg.	=	algebra
alim.	=	alimentazione
app.	=	apparecchi
arch.	=	architettura
astr.	=	astronomia
astron.	=	astronautica
audio	=	audio
auto	=	automobili
autom.	=	automazione
autostr.	=	autostrada
avv.	=	avverbio
bio.	=	biologia
bot.	=	botanica
calcol. elettron.	=	calcolatori elettronici
calor.	=	calorimetria
carb.	=	carbone
cartog.	=	cartografia
ceram.	=	ceramica
chim.	=	chimica
chim. col.	=	chimica coloranti
cibern.	=	cibernetica
cinem.	=	cinematografia
comm.	=	commercio
cost.	=	costruzioni edili
cost. civ.	=	ingegneria civile
cost. idr.	=	ingegneria idraulica
cristal.	=	cristallografia
def.	=	definizione
diel.	=	dielettrico
dis.	=	disegno
econ.	=	economia
elet.	=	elettricità
elettron.	=	elettronica
elettrot.	=	elettrotecnica
elicot.	=	elicottero
f.	=	nome femminile
f. pl.	=	femminile plurale
faleg.	=	falegnameria
farm.	=	farmacia; farmaceutico
ferr.	=	ferrovie
finan.	=	finanze
fis.	=	fisica
fis. atom.	=	fisica atomica
fond.	=	fonderia
fot.	=	fotografia
gal.	=	galvanotecnica
gen.	=	termine generico
geof.	=	geofisica
geogr.	=	geografia
geol.	=	geologia
geom.	=	geometria
idraul.	=	idraulica
ill.	=	illuminazione
im.	=	impianti
ind.	=	industria
ind. design	=	industrial design
ind. mol.	=	industria molitoria
ind. pet.	=	industria petrolifera
inform.	=	informatica
ing.	=	ingegneria
ing. civ.	=	ingegneria civile
ingr.	=	ingranaggi
inq.	=	inquinamento
leg.	=	termine legale
lam.	=	laminatoio
lamin.	=	laminatoio
m.	=	nome maschile
m. pl.	=	maschile plurale

macch. ut.	= ing. macch. utensili	*radio*	= radio
mat.	= matematica	*radiog.*	= radiografia
mecc.	= meccanica	*radiol.*	= radiologia
med.	= medicina	*rif.*	= riferito a
met.	= metallurgia	*rivestim.*	= rivestimenti
met. polveri	= metallurgia delle polveri	*sald.*	= saldatura
		sin.	= sinonimo
meteor.	= meteorologia	*strum.*	= strumento
mil.	= scienze militari	*tel.*	= telefono
min.	= miniere; mineralogia	*telecom.*	= telecomunicazioni
mis.	= misura	*teleg.*	= telegrafia
mot.	= motori	*telev.*	= televisione
motoc.	= motocicletta	*term.*	= riscaldamento
n.	= nome neutro	*termoion.*	= termoionica
naut.	= termine nautico; costruzioni navali	*tess.*	= tessili
		tip., *tipog.*	= tipografia
ocean.	= oceanografia	*top.*	= topografia
organ.	= organizzazione scientifica	*traf.*	= traffico
		trig.	= trigonometria
orolog.	= orologeria	UK	= inglese
ott.	= ottica	USA	= nglese americano
p.	= pronuncia	*ut.*	= utensili
p.p.	= participio passato	v.	= vedi
perf.	= perforazione	*v.a.*	= verbo transitivo
petrol.	= petrolio	*vern.*	= vernici, pitture, colori, ecc.
pitt.	= pitture; vernici		
pl.	= plurale	*veterin.*	= veterinaria
plast.	= materie plastiche	*v.i.*	= verbo intransitivo
pubb.	= pubblicità	*v.r.*	= verbo riflessivo

A

abaca, *f.* Manila hemp.
abaco, *m.* abacus (*pl.* abaci *or* abacuses); nomograph (*per calcoli grafici*); alignment chart (*per calcoli grafici*); graph.
abampere, *m.* (*elet.*) abampere.
abamperspira, *f.* (*elet.*) abampere-turn.
abasina, *f.* (*chim.*) Abasine.
abassiale, *agg.* abaxial
abbaco, *m.*, v. **abaco.**
abbagliamento, *m.* glare.
abbagliante, *agg.* dazzling (v. **bomba —**).
abbagliare, *v.a.* to dazzle; to glare.
abbaino, *m.* (*cost.*) dormer window (*finestra del sottotetto*); skylight (*luce nel soffitto del tetto*).
— a veranda, attic-gabled dormer window.
abbandonare una carrozzeria tipo (*interromperne la serie*) (*auto.*), to discontinue a type body.
— una concessione, (*petrol.*), to abandon a claim.
abbandono della pratica tradizionale (*costr., mecc. ecc.*), breakway from tradition.
— del progetto classico (*cost. ecc.*), departure from classic design.
abbassabile ed innalzabile, rise and fall (*p. es. testa portamola abbassabile ed innalzabile,* rise and fall wheelhead).
abbassalingua (*strum. med.*), tongue depressor.
abbassamento, *m.* subsiding (*di muro ecc.*); settlement (*muro, terreno*); subsidence; lowering.
— degli appoggi di una trave, settling of supports.
— dell'alveo del fiume (*cost. di ponti, ecc.*), lowering of the river bed.
— dalla solubilità, lowering of the solubility.
— della tavola (*macch. ut.*), table lowering.
— della testa (*macch. ut.*), head lowering.
abbassamento della volta (*cost.*), sagging of the vault.
— del livello stradale (*cost.*), lowering of the road level.
— del tetto (*miniere*) (*o del cielo dello scavo*), roof subsidence.
— di binari (*ferr.*), lowering of tracks.
— di pressione, lowering (*or* sinking) of pressure.
— di prezzi, lowering of prices.
— di temperatura, fall of temperature.
— di una centina (*prima del disarmo*), easing the centre.
— in chiave (*cost.*), sagging at the top.
— (zona di), subsiding area.
abbassare, *v.a.* to lower.
— i fari (*auto.*), to dim the headlights.
— (*premere*) il bottone a molla (*elet.*), to depress the spring-loaded button.
— il carrello d'atterraggio (*aereo*), to let down the undercarriage; to lower the landing gear (U.S.A.).
— il livello dell'acqua, to lower the water level.
— il livello del suolo (*mecc. ecc.*), to lower the ground level.
— il pedale della frizione (*auto*), to depress the clutch pedal.
— il piano roccioso (*cost. ferr., stradali*), to lower the rock floor.
— l'ala (*aereo*), to make a down stroke; to move the wing down (U.S.A.).
— una lettera (*bozze*), lower a letter.
— una perpendicolare, to drop (*or* draw) a perpendicular.
— un carico, to lower a load.
— uno spazio (*bozze*), push down space.
— un ponte, to lower a bridge.
— un tratto del piano della galleria (*ferr.*), to lower a section of the tunnel floor.

abbassarsi (*aereo*, *elet.*), to sink; to drop (*elet.*); to fall (*elet.*) *v.i.*; to decrease (*elet.*, *ecc.*); (*rif. a terreno*) (*min.*), to subside.

abbattere (*alberi*), *v.a.* to fell (or cut down) trees; (*un aereo*), to bring down; to shoot down; (*demolire case*, *ecc.*), to pull down; (*rif. al vento*), to blow down.

— (*v.a.*) **con esplosivo** (*min.*), to blast; to shoot.

— **un aereo nemico,** to shoot down an enemy aircraft.

abbattibile (sedile —) (*auto*), reclining seat.

— **(sedile completamente —),** fully-reclining sleep-in seat.

abbattimento, *m.* (*min.*), mining; stoping; blasting (*con esplosivi*).

— **con esplosivi** (*min.*), blasting; shot firing.

— **con esplosivi nucleari** (*min.*), nuclear mining.

— **dei fumi** (*min.*), dust laying.

— **delle polveri** (*met.*, *min.*), dust laying.

— **di alberi** (*per necessità*) (*strade*), tree-felling.

— **idraulico,** hydraulic mining; hydraulicking.

— **meccanico** (*min.*), machine mining; mechanized mining.

— **schiuma,** defoaming.

abbattuto (*p.p.*) **dal fuoco della contraerea** (*aereo*), brought down by ground fire.

abbazia, *f.* (*cost.*), abbey.

abbcite, *f.* (*chim.*), abbcite; ammonia dynamite.

abbigliamento, *m.* clothing; apparel (*vestiario*); trimming (*carrozzeria auto*).

— **(linea di —)** (*auto*), (body) trimming line.

abbigliare, *v.a.* (*auto*), to trim.

abbigliata, *pp.* (*rif. ad automobile*), trimmed.

abbinamento (*m.*) **degli scambi** (*ferr.*), coupling of points.

abbinare (*istruzioni ai dati da elaborare*) (*calcol. elettron.*), to link.

abbinato (*mecc.*), twin.

abbinatrice, *f.* (*tess.*), doubling winder.

abbinatura, *f.* (*tess.*), doubling.

abbindolare, *v.a.* (*tess.*), to wind on a reel.

abbisciare (*cavi*) (*naut.*), to jag.

abbonamento, *m.* subscription.

abbonato, *m.* subscriber (*in generale*).

abbondante, *agg.* plentiful.

— **(area —),** generous area.

abbondanza, *f.* abundance; plenty.

— **isotopica relativa** (*fis. atom.*), relative isotopic abundance.

abbordaggio, *m.* (*naut.*), boarding; running foul.

abbordare, *v.a.* to board (*naut.*) to grapple.

abbordi in mare (*naut.*), **v. regolamenti per la prevenzione di —.**

abbozzare, *v.a.* (*dis.*), to sketch.

abbozzato, *m.* (*cost.*), bossage.

— **rustico,** rustic work.

abbozzo, *m.* sketch; outline.

abbracciare, *v.a.* (*mecc.*), to embrace.

abbreviare le fermate per riparazioni (*forni met.*), to reduce delay-time.

— **il tempo di soffiaggio** (*met.*), to shorten the blowing time.

abbronzare, *v.a.* to bronze; to braze-over.

abbruciacchiare, *v.a.* to scorch.

abbrunimento (*m.*) **del legname,** turning dark of wood.

abbrustolire, *v.a.*, v. **arrostire.**

abbrustolimento, *m.*, v. **arrostimento.**

abbuono d'insaccamento (*naut.*), sag allowance.

— **per esaurimento** (*min.*), depletion allowance.

abburattare, *v.a.* (*ind. mol.*), to sift.

abcoulomb, *m.* (*elet.*), abcoulomb.

aberrante, *agg.* aberrant.

aberrazione, *f.* (*astron.*, *telev.*, *ott.*), aberration.

— **della lente** (*ott.*), lens aberration.

aberrazione della luce, aberration of light; optical aberration.
— **cromatica** (*ott.*), chromatic aberration.
— **di rinfragibilità,** newtonian aberration.
— **sferica,** spherical aberration.
aberrometro, *m.* aberrometer.
abete, *m.* (*bot.*), fir; spruce.
— **bianco,** silver fir.
— **di Germania,** common spruce.
— **di Moscovia,** common spruce.
— **Douglas,** Douglas spruce.
— **resinoso,** balsam fir.
— **rosso,** common spruce.
abfarad, *m.* (*elet.*), abfarad.
abhenry, *m.* (*elet.*), abhenry.
abilità, *f.* skill.
abilitare, *v.a.* to qualify.
abiochimica, *f.* abiochemistry.
abissale, *agg.* (*geol.*) abyssal.
abitabilità, *f.* (*naut.*), accomodation.
— **interna** (*di automobile*), **sitting** capacity.
abitacolo, *m.* binnacle; (*di una automobile*) (*auto*), interior; body cell.
— **del pilota** (*aereo*), cockpit.
abitato, *m.* built-up area (*luogo*).
abitazione, *f.* dwelling house.
— **antisismica,** earthquake-resisting house.
abito (*m.*) *o* **tenuta d'aviatore,** flying suit; flying coat.
— **oleato,** oilskin.
ablazione, *f.* ablation.
a bordo, aboard.
abradere, *v.a.* (*fis.*), to abrade.
abrasione, *f.* abrasion.
— **(resistente all'—),** *agg.* abrasion-resistant.
— **(resistenza all'—)** (*coke, ecc.*), abradability.
abrasivi, *m. pl.* abrasives; abradants.
— **artificiali,** artificial abrasives.
— **naturali,** natural abrasives.
— **riportati,** coated abrasives.
— **rivestiti,** coated abrasives.
— **sintetici,** synthetic abrasives.
abrasività, *f.* abrasive power.
abrasivo, *m., agg.* abrasive.
abrasivo in polvere, abradant.
abside, *f.* (*arch.*), apse.
absintina, *f.* (*chim.*), absinthin.
acacia, *f.* acacia.
acagiù, *m.* acajou.
acanto, *m.* (*arch.*), acanthus.
a capo, (*tip.*), indent.
acardite, *f.* (*chim.*), acardite (diphenylurea).
acaricida, *m.* acaricide.
accademia aeronautica, central flying school.
accaparrare (*comm.*), to corner.
accapezzare, *v.a.* (*costruz.*), to scapple; to scabble.
accapezzatura, *f.* (*costruz*), dressing (of stones); scabbling; scappling.
accatastamento, *m.* piling-up; stacking.
accatastare, *v.a.* to heap up; to pile up; to stack.
— (*v.a.*) **legname,** to stack up timber.
accatastatore, *m.* (*mecc.*), stacker.
accavallamento, *m.* (*costruz.*), lapping-over.
accavallare (*tip.*), to inset.
accecare, *v. a.* (*costruz.*), to wall up (*immurare*); to fill up (*riempire*); to stop (*chiudere*); (*mecc.*) to countersink.
— **i chiodi,** to caulk the rivets.
— **una falla,** to stop a leak.
accecatoio, *m.* rose bit.
accecatura, *f.* (*mecc.*) countersinking.
accelerante, *m.* (*chim.*), accelerator.
— **per vulcanizzazione gomma** (*chim.*), rubber accelerator.
accelerare, *v.a.* to accelerate; to speed up; to quicken; to pick up speed.
— **la corsa di ritorno,** to accelerate the return stroke.
— **la produzione,** to expedite production.
— **la vulcanizzazione della gomma,** to accelerate the vulcanization of rubber.
— **protoni e antiprotoni** (*fis.*), to accelerate protons and antiprotons.

acceleratore, *m.* accelerator (*auto*) (*fis. atom.*); throttle (*motocicletta*); time lapse camera (*cinem.*).
— **di elettroni** (*fis. atom.*), electron accelerator.
— **di ioni** (*fis. atom.*), ion accelerator.
— **di particelle** (*fis. atom.*), particle accelerator.
— **di protoni** (*fis. atom.*), proton accelerator.
— **lineare** (*elet., fis. atom.*), linear accelerator.
— **lineare a particelle** (*fis. atom.*), linear particle accelerator.
— **(premere l'—)** (*auto*), to depress the accelerator.
— **(premere sull'— a tutto gas)** (*auto*), to floor the throttle.
accelerazione, *f.* acceleration.
— **angolare,** angular acceleration.
— **centripeta,** normal acceleration.
— **da fermo** (*auto*), acceleration from rest.
— **dell'oscillazione,** acceleration of oscillatory motion.
— **dello stantuffo,** piston acceleration.
— **di gravità,** acceleration due to gravity.
— **negativa,** retardation; deceleration.
— **normale,** normal acceleration.
— **tangenziale,** tangential acceleration.
— **trasversale,** transverse acceleration.
— **(campo d'–),** accelerating field.
— **(relais d'—),** accelerating relay.
— **(rilevazione accelerazione con partenza da fermo)** (*auto*), acceleration test.
accelerografo (*aereo*), accelerograph.
accelerometro, *m.* accelerometer.
— **a massima,** maximal a. (U.S.A.); maximum reading a.
— **a mercurio,** mercury accelerometer.
— **a molla,** spring accelerometer.
— **digitale** (*elettron.*), digital accelerometer.
accelerometro registratore, recording accelerometer.
accendere, *v.a.* (*per mezzo di interruttori elet.*), to switch on (*p. es.* to switch on a set, *accendere un apparecchio radio*).
— **la miccia** (*min.*), to ignite the fuse; to light the fuse.
— **un altoforno,** to blow in a blastfurnace.
— **un forno,** to light a furnace
— **un tubo a vuoto,** to fire a vacuum tube.
accendersi, *v.r.* to ignite, *v.i.* (*riferito a candele di motori a scoppio, ecc.*); (*di motori*) (*aereo*), to catch (*il motore si accende subito*), the engine catches at once.
accendigas elettrico, electric gas-lighter.
accendisigari di sicurezza per automobili, automobile safety lighter.
accenditore automatico, *m.* cigarette lighter.
— **elettrico per miccia per (carica di) esplosivi** (*min.*), blasting fuse lighter.
accensione, *f.* ignition (*motori*), (*di forni metallurgici*), burn-in.
— **a batteria,** battery ignition.
— **a candela,** spark plug ignition; ignition by sparking plug.
— **ad alta tensione,** high-tension ignition.
— **a fiamma,** flame ignition.
— **a magnete,** magnet ignition.
— **anticipata,** advanced ignition.
— **a plasma** (*auto*), plasma ignition.
— **a spinterogeno,** coil ignition.
— **automatica,** spontaneous ignition.
— **di avviamento,** starting ignition.
— **difettosa,** misfire.
— **di ritorno,** arcing-back.
— **elettrica,** electric ignition.
— **elettronica** (*auto*), electronic ignition.
— **mancata,** misfire; misfiring.
— **per compressione,** compression ignition.

accensione prematura, back fire; pre-ignition; premature ignition.
— **ritardata,** retarded (*or* late) ignition.
— **spontanea,** spontaneous ignition.
— **transistorizzata** (*auto*), transistorised ignition.
— **(registrare l'—),** to time the ignition.
— **(ritardare l'—),** to retard the ignition.
— **(staccare l'—),** to cut off (*or* to switch off) the ignition.
accensore, *m.* (*aereo*) torch igniter (*costituito da una candela e da un atomizzatore di combustibile*).
accentuazione, *f* (*fot.*), accentuation.
— **del contorno** (*telev.*) (U.S.A.), crispening; contour accentuation (Inghilt.).
accerchiare, *v.a.*, to hoop (*mettere un cerchio*); to encircle (*mettere in cerchio*).
accertare, *v.a.* to assess.
acceso (*riferito a lampadine, ecc.*) (*elet.*), burning (*lasciare accesa una lampadina in ufficio*), to leave an office light burning.
accessibile, *agg.* accessible.
— (*rif. ad informazione, ecc.*) (*inform.*), retrievable.
— **da tutte le direzioni (da ogni lato),** accessible from all directions.
— **tramite un terminale con schermo di visualizzazione** (*inform.*), accessible through a visual display terminal.
accessibilità, *f.* accessibility.
accesso, *m.* (*entrata*), access; accessibility (*p. es.: permettere l'accesso alle vasche*, to allow of accessibility to the tanks); (*calcol. elettron.*), access; (*entrata*), admission.
— **casuale** (*elettron.*), (*accesso alla memoria di un calcolatore con informazione scelta a caso*) random access.
— **diretto** (*calcol. elettron.*), direct access.
accesso diretto alla memoria (*calcol. elettron.*), direct memory access (DMA).
— **in linea alle basi di dati del calcolatore** (*inform.*), online access to computer databases.
— **sequenziale** (*calcol. elettron.*), sequential access.
— **seriale** (*calcol. elettron.*), serial access.
— **simultaneo** (*calcol. elettron.*), simultaneous access.
— **(braccetto di —)** (*calcol. elettron.*), access arm.
— **(di difficile —),** hard-to-reach (*per es. punto difficilmente raggiungibile*, hard-to-reach place).
— **(di facile —),** readily accessible; easily accessible (*p. es. di facile — per sostituzione o pulizia*), easily accessible for replacement or cleaning.
— **(modo di —)** (*COBOL*) (*calcol. elettron.*), access mode.
— **(possibilità di —)** (*p. es. ad una informazione, ecc.*) (*inform.*), retrievability.
— **(tempo di —)** (*calcol. elettron.*) access time.
accessori, *m. pl.* fittings; accessories (*accessori normali, in dotazione*); attachments (*accessori speciali, a richiesta*); equipment (*di motori*); mountings and fittings (*guarniture, armature*); appurtenances, features (U.S.A.); (*ferr.*) (*di una cabina di locomotiva*), facilities (v. **facilities**).
— (*o dispositivi*) **a richiesta** (*mecc., ecc.*), optional facilities.
— **da bar,** café utensils.
— **del gancio,** hook fittings.
— **della caldaia,** boiler fittings.
— **del tornio,** lathe attachments.
— **di caldaia,** boiler fittings.
— **d'illuminazione fluorescente,** fluorescent lighting fittings.
— **divisi** (*elettrot.*), split fittings.
— **intercambiabili,** interchangeable accessories.
— **lattieri** (*agr.*), dairy appliances.

accessori marini (*naut.*), marine fixtures and fittings.
— **normali** (*in dotazione*), accessories.
— **speciali** (*forniti a richiesta*), attachments.
accessorio, *m.* accessory.
— **per alesare conico,** taper boring attachment.
— **per tornio,** lathe attachment.
— **per tornire conico,** taper turning attachment.
accetta, *f.* hatchet (*da falegname*); adze (*da bottaio*).
accettazione, *f.* acceptance; taking over (*collaudo del lavoro*).
— **dei materiali,** materials acceptance.
accettore, *m.* (*elettron.*) (*impurezza in un semiconduttore*), acceptor.
acciaccare, *v.a.* to press; to squeeze.
acciaccatoio, *m.* squeezer.
acciaccatori (cilindri —), crushing rolls.
acciaccatura, *f.* squeezing.
acciai semilavorati (*met.*), semifinished steels.
— **speciali,** *m. pl.* alloy steel.
— **« stabilizzati »** (*acciai insensibili alle precipitazioni dei carburi, o acciai a basso carbonio*), stabilized steels.
acciaiare, *v.a.* to steel; to point with steel.
acciaiato, *p.p.* steel plated.
acciaiatura, *f.* steeling.
acciaiere, *m.* (*met.*) (*comm.*), steel manufacturer *m.*; steelmaker *m.*
acciaieria, *f.* (*met.*), steel works; steelworks; steelplant.
— **a ciclo integrato** (*met.*), integrated steel works.
— **a ciclo verticale integrato,** vertically integrated steel works.
— **a due convertitori fissi** (*met.*), one - out - of - two converter (steel) plant.
— **a ossigeno** (*met.*), basic oxygen steel-making plant.
— **elettrica,** electric steel plant.
— **Kaldo** (*met.*), (*processo Kaldo per la fabb. dell'acciaio all'ossigeno*), Kaldo plant.
acciaieria Martin, open-hearth steel plant.
— **non integrata** (*met.*), non-integrated steel works.
— **nucleare,** nuclear steelmaking plant.
— **OBM,** OBM steel plant.
— **SM,** open-hearth steel plant.
acciaino, *m.* steel (*per coltelli*).
acciaio, *m.* (*met.*), steel.
— **a bassa lega,** low-alloy steel.
— **a basso carbonio,** low-carbon steel.
— **a basso contenuto di carbonio,** low-carbon steel.
— **a basso tenore di lega,** low alloy steel.
— **acido,** acid steel.
— **a colori** (*met.*), coloured steel.
— **a croce** (*met.*), cross steel.
— **ad alta resistenza** (*met.*), high-strength steel.
— **ad altissima resistenza,** very high-strength steel.
— **ad alto contenuto di carbonio,** high-carbon steel.
— **ad alto tenore di lega,** high alloy steel.
— **ad effervescenza bloccata,** capped steel.
— **ad effervescenza libera,** rimmed steel.
— **a dilatazione termica specifica,** specific thermal expansion steel.
— **a dispersoidi,** dispersoid steel.
— **ad X per punte da trapano,** cruciform steel.
— **affinato,** refined steel; shear steel; (double-shear steel: *se affinato più volte*).
— **affinato sotto scoria elettrofusa** (*met.*), electroslag refined steel.
— **a grafite nodulare,** nodular (graphite) steel.
— **a grani orientati,** grain-oriented steel.
— **a grano fine,** fine-grained steel.
— **al boro,** boron steel.
— **al carbonio,** carbon steel.
— **al carbonio per utensili,** tool carbon steel.

acciaio al convertitore, air-refined steel.
— **al crogiuolo,** crucible steel; (cast steel), (tool steel) (*termini usati erroneam. ma in uso comune*).
— **al cromo,** chromium steel.
— **al cromo molibdeno,** chrome-molybdenum steel.
— **al cromo nichel,** chrome-nickel steel.
— **al cromo per lavorazione a caldo,** chromium hot work steel.
— **al cromo vanadio,** chrome-vanadium steel.
— **al forno elettrico,** electric steel.
— **al fosforo,** phosphor steel.
— **all'ossigeno,** oxygen blown steel; basic oxygen steel.
— **alluminato,** aluminized steel; aluminium-clad mild steel.
— **al manganese,** manganese steel.
— **al molibdeno,** molybdenum steel.
— **al nichel cromo,** nickel-chromium steel.
— **al nichelio,** nickel steel.
— **al piombo,** leaded steel.
— **al rame,** copper bearing steel.
— **al silicio,** silicon steel.
— **al titanio,** titanium steel.
— **alto di carbonio,** high carbon steel.
— **al tungsteno,** tungsten steel.
— **al vanadio,** vanadium steel.
— **al wolframio,** tungsten steel.
— **amagnetico,** non-magnetic steel.
— **a medio carbonio,** medium-carbon steel.
— **anormale** (o *divorzio della ferrite*), abnormal steel.
— **aperlitico,** pearlite-free steel.
— **argento,** silver steel.
— **a spruzzo** (*processo di fabbricazione dell'— —*), spray steel-making process.
— **atmosferico,** weathered steel.
— **ausformato** (*met.*), ausformed steel.
— **austenitico** (*met.*), austenitic steel.
— **austenitico ferritico,** ferritic-austenitic steel.

acciaio automatico (*met.*), free-cutting steel; easy-machining steel.
— **autotemperato,** self-hardening steel.
— **bainitico** (*met.*), bainitic steel; steel with bainitic structure.
— **basico,** basic steel.
— **basso di carbonio,** low carbon steel.
— **basso legato,** low-alloy steel.
— **Bessemer,** Bessemer steel.
— **blindato** (*costr.*), armour; armoured steel.
— **bonificato per nastri,** hardened [and tempered] strip steel. (N.B. *si usa generalm. la forma contratta*: hardened strip steel).
— **bruciato,** burnt steel.
— **calmato,** killed steel.
— **calmato con silicio,** silicon killed steel.
— **calorizzato** (*met.*), calorized steel.
— **capped,** capped steel.
— **cementato,** cemented steel; blister steel.
— **colato,** crucible steel (cast steel *è termine ormai antiquato*).
— **colato in continuo,** continuously cast steel.
— **commerciale,** merchant bar steel.
— **composto,** composite steel; compound steel.
— **compound,** compound steel.
— **cor-ten,** cor-ten steel.
— **coslettizzato,** coslettized steel.
— **criogenico** (*met.*), criogenic steel.
— **crudo,** raw steel.
— **da attrezzi,** tool steel.
— **da bonifica** (*met.*), heattreatment steel; hardening (and tempering) steel.
— **da cementazione,** cement steel; cemented steel; converted steel; blister steel; case-hardening steel.
— **da costruzione aperlitico,** pearlite-free structural steel.
— **da costruzioni,** structure steel: structural steel.
— **da macchine,** machine steel.

acciaio damascato, Damascus steel.
— **da molle,** spring steel.
— **da nitrurazione,** nitriding steel.
— **da profondo stampaggio,** deep drawing steel.
— **da rotaia,** rail steel.
— **da scalpelli,** chisel steel.
— **da taglio,** cutting steel.
— **da utensili,** tool steel.
— **da utensili a taglio rapido,** high speed tool steel.
— **degassato sotto vuoto,** vacuum-degassed steel.
— **di alta resistenza per strutture saldate** (*met.*), high tensile strength steel for welded structures.
— **di facile lavorazione,** free-cutting steel.
— **di qualità,** high-grade steel.
— **dolce,** mild steel; soft steel-dead soft steel.
— **dolce alluminiato,** aluminized steel.
— **dolce automatico,** soft free-machining steel; soft free-cutting steel.
— **dolce da tubi,** skelp steel.
— **dolce effervescente,** mild rimming steel.
— **duro,** hard steel.
— **duro per vergella** (*met.*), wire rod hard steel.
— **effervescente,** effervescing steel; rimming steel; rimmed steel.
— **effervescente rilaminato a freddo,** temper-rolled rimmed steel.
— **elettrico,** electric steel.
— **ELI,** extra low interstitials steel.
— **eutettoide,** eutectoid steel.
— **extra dolce,** ingot iron.
— **extra duro,** very hard steel.
— **extra rapido,** high-speed steel.
— **fabbricato con impiego di ossigeno,** oxygen process steel.
— **fabbricato sotto vuoto,** vacuum processed steel.
— **ferritico,** ferritic steel.
— **ferritico austenitico,** austenitic-ferritic steel.

acciaio ferritico martensitico, martensitic-ferritic steel.
— **ferritico perlitico,** pearlitic-ferritic steel.
— **flangiabile,** flanging steel.
— **forato per barremine** (*met.*) drill steel for rock drills.
— **forgiato,** forged steel.
— **fosfatato,** phosphated steel.
— **fucinato,** forged steel.
— **fuso,** crucible steel (cast steel *è termine antiquato*).
— **fuso al crogiolo,** crucible cast steel.
— **fuso in conchiglia,** chilled steel.
— **grafitico,** graphitic steel.
— **grezzo,** rough steel.
— **Hadfield,** Hadfield steel.
— **in barre,** bar steel; merchant bar.
— **in billette** (*spesso chiamato acciaio in blumi mentre in verità quello in billette è inferiore in sezione all'altro*) billets (steel).
— **in blumi,** bloom (steel).
— **in graniglia,** chilled steel shot.
— **inossidabile,** stainless steel; rustless steel.
— **inossidabile a colori,** coloured stainless steel.
— **inossidabile ad invecchiamento artificiale,** precipitation-hardening stainless steel.
— **inossidabile a superficie a specchio,** mirror polished stainless steel.
— **inossidabile austenico,** austenitic stainless steel.
— **inossidabile colorato** (*met.*), coloured stainless steel.
— **inossidabile ferritico,** ferritic stainless steel.
— **inossidabile ferritico a basso tenore di interstiziali,** extra low interstitials ferritic stainless steel.
— **inossidabile indurente per precipitazione,** precipitation hardening stainless steel.
— **inossidabile martensitico,** martensitic stainless steel.
— **ipereutettoide,** hypereutectoid steel.

acciaio ipoeutettoide, hypo-eutectoid steel.
— **laminato,** rolled steel.
— **laminato a freddo,** cold-rolled steel.
— **LD,** basic oxygen steel; L-D steel (*ottenuto col processo Linz-Donawitz*).
— **ledeburitico,** ledeburitic steel.
— **legato,** alloy steel.
— **legato ferritico,** ferritic alloy steel.
— **legato perlitico,** pearlitic alloy steel.
— **liquido** (*met.*), molten steel.
— **lucido,** bright steel.
— **magnetico,** permanent magnet steel.
— **maraging,** mar-aging steel (processo della International Nickel Co.) (*or* maraging steel).
— **maraging inossidabile** (*met.*), stainless maraging steel.
— **martensitico,** martensitic steel.
— **Martin,** open hearth steel.
— **Martin-Siemens,** Siemens-Martin steel; acid steel.
— **mezzo duro,** medium hard steel.
— **microlegato,** microalloyed steel.
— **naturale,** medium steel; machinery steel.
— **non invecchiabile,** non-aging steel (U.S.A.); non-ageing steel.
— **non legato,** non-alloy steel.
— **non magnetico,** non-magnetic steel.
— **non soggetto a distorsioni** (*met.*), non-deforming steel; non-distorting steel; non-warping steel.
— **non stabilizzato,** unstabilized steel.
— **omogeneo,** ingot steel.
— **ossidato (*o* effervescente),** rimming steel.
— **per alte temperature,** high temperature resisting steel.
— **per banda stagnata** (*met.*), tinplate steel.
— **per basse temperature,** cryogenic steel.
— **per cemento armato precompresso,** prestressing steel.

acciaio per costruzioni meccaniche, engineering steel.
— **per cuscinetti,** roller and ball bearing steel; bearing steel.
— **per fucinati,** forge steel.
— **per impieghi a basse temperature,** v. **acciaio criogenico.**
— **per ingranaggi,** gear wheel steel.
— **per lame di seghe,** sawblade steel.
— **per lamierini magnetici,** magnetic electrical sheet steel.
— **per lamierini per trasformatore,** transformer sheet steel.
— **per lavorazione a caldo,** hot work steel.
— **per lavorazione a freddo,** cold work steel.
— **per lavori alla pressa,** pressing steel.
— **perlitico,** pearlitic steel.
— **per molle,** spring steel.
— **per pale di escavatori,** shovel steel.
— **per reattori** (*met.*) (*fis. atom.*), reactor steel.
— **per rotaie** (*met.*) (*ferr.*), rail steel.
— **per tubi di caldaie ad alta pressione** (*met.*), high pressure boiler tube steel.
— **per utensili da taglio,** cutting tool steel.
— **per viti,** screw stock (steel).
— **placcato,** plated steel.
— **plastificato colorato,** plasticized colour steel.
— **profilato,** structural steel.
— **pseudoeffervescente,** pseudo-rimming steel; pseudo-effervescing steel.
— **puddellato,** puddled steel.
— **ramato** (*rivestito di rame*), copper coated steel.
— **rapido,** high speed steel.
— **rapido al cobalto tungsteno,** cobalt tungsten high speed **steel.**
— **rapido al molibdeno tungsteno,** molybdenum tungsten high speed steel.

acciaio resistente ad alte temperature, high temperature resisting steel.
— **resistente agli urti,** shock-resisting steel.
— **resistente al calore,** heat-resistant steel.
— **resistente alla corrosione e all'ossidazione,** corrosion-and oxidation-resistant steel.
— **resistente allo scorrimento a caldo,** creep-resisting steel.
— **resistente all'usura,** wear resisting steel.
— **resistente meccanicamente a caldo,** heat-resisting steel.
— **ricotto a fondo,** dead soft steel.
— **rifuso sotto vuoto** (*met.*), vacuum remelted steel.
— **rigidizzato** (*per rivestimenti e pannellature*), rigidized steel.
— **rimontato** (*o a testa di cavolfiore, che risale durante la solidificazione, traboccando qualche volta dalla lingottiera*), rising steel; rimming steel.
— **riposato** (*completamente disossidato prima della colatura*), killed steel.
— **rivestito,** coated steel.
— **rivestito con materie plastiche,** plastic coated steel.
— **rivestito di alluminio** (*o* alluminiato), aluminium-coated steel; alumetized steel.
— **saldabile,** welding steel; weld-steel.
— **saldato,** weld steel.
— **sbozzato,** blue steel.
— **semicalmato,** semi-killed steel.
— **semidolce,** medium steel (U.S.A.); medium-carbon steel (U.S.A.); semi-mild steel; mild carbon steel (U.S.A.).
— **semiduro,** medium hard steel (U.S.A.); quarter-hard steel.
— **semi-lucido,** half bright steel.
— **semirapido,** half high speed steel.
— **senza fiocchi,** flake-free steel.
— **sherardizzato,** sherardized steel.
— **SM,** open hearth steel.

acciaio smaltato al forno, stove-enamelled steel.
— **solubilizzato,** solubilized steel.
— **sorbitico,** sorbitic steel.
— **sovraddisossidato,** over-reduced steel.
— **speciale per utensili,** tool special steel.
— **spillato,** tapped steel.
— **stabilizzato,** stabilized steel.
— **stampato,** pressed steel.
— **striato,** checkered steel.
— **superplastico,** superplastic steel.
— **temprante all'aria,** air-hardening steel.
— **temprato,** hardened steel; tempered osteel.
— **temprato al blu,** blue tempered steel.
— **temprato all'acqua,** quenched steel.
— **temprato in olio,** oil-hardening steel.
— **termostabile** (*a. resistente al calore*), heat resisting steel.
— **Thomas,** Thomas steel.
— **trattato sotto vuoto,** vacuum treated steel.
— **verniciato,** painted steel (varnished steel; lacquered steel).
— **verniciato con antiruggine,** steel coated with priming paint.
— **vescicolare,** blistered steel.
— **zincato,** zinc-coated steel.
— **(cementazione dell'—),** steel hardening.
— **(corda d'—),** steel-wire rope.
— **(fune d'—),** steel-wire rope.
— **(getto d'—),** steel casting.
— **(getto d'— dolce),** soft grade (*secondo l'American Society for Testing Materials*).
— **(getto d'— duro),** hard grade (*id.*).
— **(getto d'— medio),** medium grade (*id.*).
— **(lavorazione dell'—),** steel manufacture.
— **(produrre —),** to make steel; to produce steel.
— **(rottami d'—),** steel scraps.

acciaio (tempra dell'—), temper of steel.
— (trattamento termico dell'—), heat treatment of steel.
acciarino, *m.* tinder-box; flint (*per pietra focaia*).
accidentabilità del terreno, uneveness of the ground.
accidentale, *agg.* adventitious.
accidentato, *agg.* (*rif. a terreno*), uneven; broken (or) hilly (ground).
accidente, *m.* accident (*infortunio sul lavoro*).
— aviatorio, flight accident.
acciottolare, *v.a.* to ballast; to pave.
acciottolato, *m.* ballasting; pebble-work.
acciottolatura, *f.* (*cost.*), ballasting; metalling.
accisa, *f.* (*comm.*), excise tax.
acclimazione, *f.*; **acclimatazione,** *f.* (*chim.*), (*sostanze colloidali*), acclimatisation.
accogliere (*naut.*), to accomodate (*rif. a bacino di un porto*) (*il presente bacino può — solo navi della stazza di 10 000 t*), the existing dock can — only 10,000 tonners.
accoltellato di mattoni (*cost.*), edge course; brick course laid on edge.
accomodare, *v. a.* to adjust; to fit.
— *v.a.* **(dare un posto a sedere),** to seat (*le carrozze daranno un posto a sedere per 200 persone*) (*ferr.*), the carriages will seat 200 people.
accomodazione, *f.* accomodation.
accompagnamento (muri di —), *m. pl.* wing walls (*muri d'ala*); return wings (*muri di risvolto*).
accoppiabile, *agg.* (*pezzo*), mating (part).
accoppiamento, *m.* connection; joining; coupling; fit; (*telev.*), twinning (*interlacciamento difettoso*).
— a batteria, battery coupling.
— a dischi, disk coupling.
— a frizione, clutch-coupling; friction clutch.
accoppiamento albero-mozzo (*mecc.*), shaft-hub connection.
— a nastro, band coupling.
— a reattanza (*radio*), reactance coupling.
— a resistenza (*radio*), resistance coupling.
— a stella, star-connection.
— autocapacitativo, auto-coupling.
— autoinduttivo (*radio*), auto-inductive coupling.
— a valvola termoionica (*elet.*), valve coupling.
— a vite, screwed connection.
— bloccato, drive fit.
— capacitativo (*elet., radio*), capacity coupling.
— controreattivo (*radio*), reverse coupling.
— critico (*radio*), critical coupling.
— d'antenna (*radio*), antenna coupling.
— di corrente continua (*elet.*), d. c. coupling.
— di reazione (*radio*), back coupling.
— di ritorno, back coupling.
— di sicurezza, safety coupling.
— di spinta, push fit.
— elastico, flexible coupling.
— elettrostatico (*elet., radio*), capacity coupling.
— e stiro (*tess.*), doubling and drafting.
— flessibile, flexible coupling.
— in derivazione, parallel arrangement.
— induttivo (*elet.*), inductive coupling.
— in serie, series connection.
— intervalvolare (*radio*), intervalvular coupling.
— libero, running fit.
— liscio, loose coupling.
— metallico flessibile (*elet., tra spazzola e porta spazzola*), pigtail.
— misto (*elet.*), mixed coupling.
— rigido, rigid coupling.
— scorrevole, sliding fit.
— variabile (*elet.*), variable coupling.

accoppiamento (di —) (*riferito a: coefficiente, condensatore, bobina, resistenza, ecc.*), coupling.
accoppiare, *v.a.* to couple (*un apparecchio*); to connect; to join; to plough-and-tongue together (*incastrare*) (*falegn.*).
— la puleggia a gradini, to couple the cone pulley.
accoppiarsi, *v.r.* (*mecc.*), to mate.
accoppiatoi, *m. pl.* coupling flanges (*flange di accoppiamento*).
accoppiatore (*ferr.*), coupler; mine car coupler (*min. ferr.*).
— acustico (*inform.*), acoustic coupler.
— catodico (*radio, elet.*), cathode follower.
— direzionale (*elettron.*), directional coupler.
accoppiatrice, *f.* (*tess.*), lapping machine.
accorciamento, *m.* contraction.
— di giunto per scintillio (*sald.*), flashing loss.
— (di giunto) (*sald.*), loss.
accorciare, *v.a.* to shorten.
accordare, *v.a.* to tune.
accordi di compensazione (*comm.*), clearing arrangements.
accordo, *m.* (*comm.*), agreement; (*mus.*), tune.
— a lunga scadenza (*sindacati ecc.*), long term agreement.
— a scorrimento (*radio*), slide tuning.
— di cooperazione (*comm., finan.*), cooperative arrangement.
— di credito reciproco a breve termine, fra le banche centrali (*econ.*), swap arrangement.
— d'esecuzione (*finan.*), implementing agreement.
— di retribuzione garantita, guaranteed wage agreement.
— in materia di aumento salariale (*lavoro*), pay settlement.
— stipulato a livello aziendale (*lavoro*), plant level agreement.
accordonatura (*avvolgimento in treccia*), *f.* twisting.
accostamento, *m.* (*di panfilo, ecc.*) (*naut.*), coming alongside.
accostare, *v.a.* (*avvicinarsi alla banchina di ormeggio*) (*naut.*), to come alongside.
accostarsi alla banchina con un angolo di 30 o 40 gradi (*naut.*), to approach the jetty at an angle of 30 or 40 degrees.
accrescimento (*m.*) **dei cristalli,** crystal growth.
— dei grani (*met.*), grain growth.
accumulare, to accumulate.
— calore, to accumulate heat.
— dati (*inform.*), to accumulate data.
— gas, to accumulate gas.
— l'aria compressa, to store compressed air.
accumulatore, *m.* (*elet.*), battery (U.S.A.); accumulator; (*registro*) (*inform.*), accumulator.
— a base di piombo, lead-acid accumulator.
— a carica d'aria compressa, accumulator working by compressed air.
— alcalino, alkaline accumulator.
— alcalino zinco-perossido d'argento, zinc-silver peroxide-alkaline storage battery.
— al piombo, lead accumulator.
— al rame, copper accumulator.
— d'accensione, ignition accumulator.
— di combustibile, fuel accumulator.
— elettrico, electric accumulator; storage battery; accumulator.
— idraulico, hydraulic accumulator.
— idropneumatico, hydraulic accumulator working by compressed air; hydropneumatic accumulator.
— pilota (*elettrotec.*), pilot cell.
— portatile, portable accumulator.
— (acido per —), accumulator acid.
— (carica d'—), accumulator harge.
— (cassetta di —), accumulator box; battery case.

accumulatore (elemento d'—), accumulator cell.
— (piastra d'—), accumulator plate.
— (sottostazione d'—), accumulator sub-station.
accumulazione, *f.* storage (*energia*); accumulation.
— dell'energia, energy storage.
— di calore, accumulation of heat.
— di gas, accumulation of gas.
accumulo (*m.*) **dei dati** (*met., elettron.*) data accumulation.
— di petrolio (*petrol.*) (*in rocce serbatoio*), accumulation of petroleum; petroleum accumulation.
— termico ammissibile, heat storage capacity.
acenaftene, *f.* (*chim.*), acenaphthene.
acenaftenone, *m.* (*chim.*), acenaphthenone.
acenaftilene, *f.* (*chim.*), acenaphthylene.
acero, *m.* maple.
— americano, American maple.
— bianco, white maple.
— da zucchero, American maple.
— di monte, great maple; sycamore.
— di platano, Norway maple.
— di sicomoro, sycamore.
acetaldeide, *f.* (*chim.*), acetaldehyde.
acetaldossima, *f.* (*chim.*), acetaldoxime.
acetale, *m.* (*chim.*), acetal.
acetammide, *f.* (*chim.*), acetamide.
acetammidina, *f.* (*chim.*), acetamidine.
acetammidofenolo, *m.* (*chim.*), acetamidophenol.
acetanilide, *f.* (*chim.*), acetanilide.
acetarsenito (*m.*) **di rame,** copper aceto-arsenite.
acetato, *m.* (*chim.*), acetate; acetated *p.p.* (*trattato coll'acido acetico*).
— butilico normale, n-butil-acetate.
acetato di alluminio, aluminium acetate; aluminum acetate (U.S.A.).
— di amile, amyl acetate.
— di ammonio, ammonium acetate.
— di bario, barium acetate.
— di butile, butyl acetate.
— di calcio, calcium acetate.
— di cellulosa, cellulose acetate.
— di citronellile, citronellyl acetate.
— di cobalto, cobalt acetate.
— di cromo, chromium acetate.
— di etile, ethyl acetate.
— di fenilmercurio, phenyl mercury acetate.
— di ferro, iron acetate.
— di glicerina, acetin; glyceryl monoacetate; monoacetin.
— di isoamile, isoamyl acetate.
— di isobutile, isobutyl acetate.
— di isopropile, isopropyl acetate.
— di linalile, linalyl acetate (licareol acetate; bergamiol).
— di manganese, manganese acetate.
— di metile, methyl acetate.
— di nickel, nickel acetate.
— di piombo, lead acetate.
— di potassio, potassium acetate.
— di propile, n-propyl acetate.
— di rame, copper acetate.
— di sodio, sodium acetate.
— di uranile (*fis. atom.*), uranyl acetate.
— di vinile, vinyl acetate.
— di xilidina, *m*-xylidine acetate.
— di zinco, zinc acetate.
— ferrico, ferric acetate.
— ferroso, ferrous acetate.
acetene, *f.* (*chim.*), acetene; ethylene.
acetico, *agg.* (*chim.*) acetic.
acetidina, *f.* acetidin; ethyl acetate.
acetilacetanilide, *f.* (*chim.*), acetylacetanilide.
acetilacetone, *m.* (*chim.*), acetylacetone.
acetilamminofenolo, *m.* (*chim.*), acetylaminophenol.

acetilanilina, *f.* (*chim.*), acetylaniline.
acetilanisidina (*chim.*), acetylanisidine; acetaniside.
acetilarsanilato sodico, *m.* (*chim.*), sodium acetyl arsanilate; arsacetin.
acetilarsano, *m.* (*chim.*), acetylarsan.
acetilbromoanilina, *f.* (*chim.*), acetyl-bromo aniline.
acetilcolina, *f.* (*chim.*), acetylcholine.
acetile, *m.* (*chim.*), acetyl.
acetilene, *m.* (*chim.*), acetylene.
— **compresso,** compressed acetylene.
— **disciolto in bombole portatili** (*sald.*), dissolved acetylene in portable cylinders.
— **secco,** dry acetylene.
acetilfenetidina, *f.* (*chim.*) (*fenacetina*), acetylphenetidine; acetophenetide.
acetilindolo, *m.* (*chim.*), acetylindole.
acetilisatina, *f.* (*chim.*), acetylisatin.
acetilmetilurea, *f.* (*chim.*), acetylmethylurea.
acetilperossido, *m.* (*chim.*), acetylperoxide; ethanol peroxide; dicetyl peroxide.
acetilpirrolo, *m.* (*chim.*), acetylpyrrole.
acetiltiourea, *f.* (*chim.*), acetylthiourea.
acetiltoluide, *m.* (*chim.*), acetyltolouidine.
acetilurea, *f.* (*chim.*), acetylurea.
acetiluro (*m.*) **di rame** (*chim.*), copper acetylide.
acetilvanillina, *f.* (*chim.*), acetylvanillin.
acetimetro, *m.* acetimeter.
acetina, *f.* (*chim.*), acetin.
acetite, *f.* acetite.
aceto, *m.* vinegar.
acetocella, *f.* (*chim.*), acetocella.
acetofenone, *m.* (*chim.*), acetophenone; methyl phenyl ketone; hypnone; acetylbenzene.
acetoino, *m.* (*chim.*), acetoin.
acetolisi, *f.* (*chim.*), acetolysis.
acetolo, *m.* (*chim.*), acetol.
acetometro, *m.* acetimeter.
acetonato, *m.* acetonate.
acetoncloroformio, *m.* (*chim.*), aceton-chloroform; chloretone.
acetone, *m.* (*chim.*), acetone.
acetonilacetone, *m.* (*chim.*), acetonylacetone.
acetonilammina, *f.* (*chim.*), acetonylamine.
acetonitrile, *m.* (*chim.*), acetonytrile; ethane nitrile; methyl cyanide.
acetossima, *f.* (*chim.*), acetoxime; acetone oxime; 2-propanone oxime.
acetotienone, *m.* (*chim.*), acetothienone.
acetotoluide, *f.* (*chim.*), acetotoluide.
acetovanillone, *m.* (*chim.*), acetovanillon.
acetoveratrone, *m.* (*chim.*), acetoveratrone.
acetozone, *m.* (*chim.*), acetozone; acetylbenzoil peroxide.
aciclico, *agg.* acyclic.
aciculare, *agg.* acicular.
acidaggio, *m.* etching.
acidare, *v.a.* to etch.
acidi alifatici (*chim.*), aliphatic acids.
— **aromatici,** aromatic acids.
— **dibasici,** dibasic acids.
— **enantici,** enanthic acids oenanthic acids.
— **primari,** primary acids.
— **umici,** humic acids.
acidifero, *agg.* acidiferous.
acidificabile, *agg.* acidifiable.
acidificante, *agg.* acidifier.
acidificare, *v.a.* to acidify.
acidificazione, *f.* acidification.
— **dei pozzi** (*min.*, *petrol.*), acid well treatment.
acidimetria, *f.* acidimetry.
acidimetro, *m.* acidimeter.
acido (*chim.*), acid.
— **abietico,** abietic acid.
— **acetico,** acetic acid.
— **acetico glaciale,** glacial acetic acid.

acido acetilsalicilico, acetyl-salicylic acid.
— **aconico,** aconitic acid.
— **adipico,** adipic acid $[(CH_2)_2COOH]_2$.
— **aldeico,** aldehydic acid.
— **alginico,** alginic acid.
— **alizarico,** alizarinic acid; vedi acido ftalico.
— **amilonico,** formic acid.
— **amminoacetico,** aminoacetic acid.
— **ammino-benzene-solfonico,** amino-benzene-sulphonic acid.
— **amminobenzoico,** amino benzoic acid.
— **ammino-succinamidico,** asparagine.
— **anisico,** anisic acid.
— **antimonico,** antimonic acid.
— **arsenico,** arsenic acid.
— **arsenioso,** arsenous acid.
— **aurico,** auric acid.
— **benzenmonocarbonico,** benzoic acid.
— **benzensolfonico,** benzene sulphonic acid.
— **benzoico,** benzoic acid.
— **biossisuccinico,** tartaric acid.
— **borico,** boric acid.
— **borico in grani,** granulated boric acid.
— **bromico,** bromic acid.
— **bromidrico,** hydrobromic acid.
— **butandioico,** succinic acid.
— **butirrico,** butyric acid.
— **cacodilico,** cacodylic acid.
— **caprilico,** caprylic acid.
— **carbolico,** carbolic acid.
— **carbonico,** carbonic acid.
— **cianico,** cyanic acid.
— **cianidrico,** hydrocyanic acid.
— **ciannamico,** cinnamic acid.
— **cianurico,** cyanuric acid.
— **citrico,** citric acid.
— **clorico,** chloric acid.
— **cloridrico,** hydrochloric acid.
— **cloroacetico,** chloroacetic acid.
— **cloroaurico,** chloroauric acid.
— **cloroplatinico,** chloroplatinic acid.
— **cloroso,** chlorous acid.

acido clorosolfonico, chlorosulfonic acid.
— **colico,** cholic acid.
— **cresilico,** cresylic acid.
— **crisofanico,** chrysophanic acid.
— **cromico,** chromic acid.
— **dicloroacetico,** dichloracetic acid.
— **dimetilarsinico,** cacodylic acid.
— ***d*-tartarico,** *d*-tartaric acid.
— **elaidico,** elaidic acid.
— **etilendicarbossilico,** succinic acid.
— **etilensuccinico,** succinic acid.
— **eugenico,** eugenol; eugenic acid.
— **fenico,** phenic acid.
— **fenilacetico,** phenylacetic acid.
— **fenilacrilico,** cinnamic acid.
— **fenilchinolincarbonico,** phenylquinolinecarbonic acid.
— **fenilortodicarbonico,** phthalic acid.
— **ferrico,** ferric acid.
— **fluoridrico,** hydrofluoric acid.
— **formico,** formic acid.
— **formilico,** formic acid.
— **fosforico,** phosphoric acid.
— **fosforico glaciale,** metaphosphoric acid.
— **fosforico vetroso,** metaphosphoric acid.
— **ftalico,** phthalic acid.
— **fulminico,** fulminic acid.
— **fumarico,** fumaric acid.
— **gallico,** gallic acid.
— **gallotannico,** tannic acid.
— **glicerofosforico,** glycerophosphoric acid.
— **glicolico,** glycolic acid.
— **gluconico,** gluconic acid.
— **glutammico,** glutamic acid.
— **glutarico,** glutaric acid.
— **grasso,** fatty acid.
— **idrocarbonico,** formic acid.
— **idroselenico,** hydroselenic acid.
— **idrosolforoso,** hydrosulphurous acid.
— **idrotionico,** sulphuretted hydrogen.
— **iodico,** iodic acid.
— **iodidrico,** hydriodic acid.
— **ipocloroso,** hypochlorous acid.

acido iposolforico, hyposulphuric acid; $H_2S_2O_6$.
— **iposolforoso,** hyposulphurous acid.
— **isosaccarico,** isosaccharic acid.
— **isovalerianico,** isovaleric acid.
— **isovalerico,** isovaleric acid.
— **lanocerico,** lanoceric acid.
— **lattico,** lactic acid; acid of milk.
— **lattonico,** lactonic acid; galactonic acid.
— **laurico,** lauric acid.
— **leucinico,** leucinic acid.
— **linoleico,** linoleic acid.
— ***l*-tartarico,** *l*-tartaric acid.
— **maleico,** maleic acid.
— **malico,** malic acid.
— **malonico,** malonic acid.
— **manganico,** manganic acid.
— **margarico,** margaric acid.
— **meta-amminobenzolsolfonico,** metanilic acid; meta-aminobenzenesulphonic acid.
— **metacrilico,** methacrylic acid.
— **metafosforico,** metaphosphoric acid.
— **metanilico,** metanilic acid.
— **metilarsinico,** methyl-arsinic acid.
— **metilfenilpiridincarbonico,** methyl-phenylpyridinecarbonic acid.
— **miristico,** myristic acid.
— **molibdico,** molybdic acid.
— **muriatico,** muriatic acid.
— **nicotinico,** nicotinic acid.
— **nitrico,** nitric acid; azotic acid; hydrogen nitrate.
— **nitroso,** nitrous acid.
— **nitrosolforico,** nitrosulphuric acid.
— **oleico,** oleic acid.
— **organico,** organic acid.
— **ortobenzoldicarbonico,** phthalic acid.
— **ortoborico,** boric acid.
— **ortofosforico,** orthophosphoric acid.
— **ortoossibenzoico,** salicylic acid.
— **ortosilicico,** silicic acid.
— **osmico,** osmic acid.

acido ossalico, oxalic acid.
— **ossiacetico,** glycolic acid.
— **ossifenico,** pyrocatechin; catechol.
— **ossisuccinico,** malic acid.
— **ossitricarballilico,** oxytricarballylic acid (citric acid).
— **palmitico,** palmitic acid.
— **paraaminobenzoico,** para-amino benzoic acid.
— ***p*-ammino-benzosolfonico,** *p*-amino-benzene-sulphonic acid.
— **paraaminofenilarsinico,** para-aminophenylarsinic acid.
— **paraaminosalicilico,** para-aminosalicylic acid.
— **paraidrossibenzoico,** para-hydroxybenzoic acid.
— **paranitrobenzoico,** para-nitro benzoic acid.
— **parinarico** $CH_3.CH_2.(CH:CH)_4.(CH_2)_7.COOH$, parinaric acid.
— **per accumulatore,** accumulator acid.
— **perclorico,** perchloric acid.
— **percromico,** perchromic acid.
— **periodico,** periodic acid.
— **permanganico,** permanganic acid.
— **picrico,** picric acid.
— **pimelico,** pimelic acid; $HOOC.(CH_2)_5.COOH$.
— **piombico,** acid of lead.
— **pirogallico,** pyrogallic acid.
— **platinico,** platinic acid.
— **propandioico,** malonic acid; propanedioic acid.
— **propionico,** propionic acid.
— **prussico,** prussic acid; hydrogen cyanide; hydrocyanic acid; formonitrile; HCN.
— **rosolico,** rosolic acid.
— **saccarico,** saccharic acid.
— **salicilico,** salicylic acid.
— **silicico,** silicic acid.
— **silvinico,** sylvic acid; abietic acid.
— **solfammico,** sulfamic acid.
— **solfidrico,** hydrosulphuric acid.

acido solforico, sulphuric acid; sulfuric acid (U.S.A.); oil of vitriol; dipping acid.
— **solforico concentrato,** concentrated sulphuric acid.
— **solforico fumante,** fuming sulfuric acid; (oleum).
— **solforico per contatto al vanadio,** vanadium contact sulphuric acid.
— **solforoso,** sulphurous acid; sulfurous acid (U.S.A.); H_2SO_3.
— **sorbico,** malic acid.
— **stannico,** stannic acid; orthostannic acid.
— **stearico,** stearic acid.
— **stearico radioattivo,** radioactive stearic acid.
— **succinico,** $COOH(CH_2)_2COOH$, succinic acid; butanedioic acid; amber acid; ethylene succinic acid; ethylenediacarboxylic acid.
— **tannico,** tannic acid; gallotanic acid; tannin; $C_{76}H_{52}O_{46}$.
— **tartarico,** tartaric acid.
— **tartarico destrogiro,** *d*-tartaric acid.
— **tartarico inattivo,** mesotartaric acid.
— **tartarico levogiro,** *i*-tartaric acid.
— **tartarico racemico,** *di*-tartaric acid; racemic acid; paratartaric acid.
— **tartronico,** tartronic acid $HOCH(COOH)_2$.
— **tellurico,** telluric acid H_6TeO_6.
— **timico,** thymol.
— **tricianico,** cyanuric acid.
— **triossibenzoico,** gallic acid.
— **tungstico,** tungstic acid; tungstic oxide; tungsten trioxide; WO_3.
— **umico,** humic acid.
— **urico,** uric acid; lithic acid; uric oxide; $C_5H_4N_4O_3$.
— **valerianico,** *n*-valeric acid.
— **valerico,** valeric acid.
— **vetriolico,** sulphuric acid.
— **wolframico,** tungstic acid.
— **(trattamento all'— dei pozzi),** (*petrol.*), acidizing of wells.

acidometro, *m.* acidometer.
acidulare, *v.a.*, v. **acidificare.**
acile, *m.* (*chim.*), acyl.
acmite, *f.* (*geol.*), acmite.
a coda di rondine, *agg.* dovetailed.
aconina, *f.* (*chim.*), aconine.
aconitina, *f.* (*chim.*), aconitine.
a coste, ribbed.
a cottimo, by contract.
acqua, *f.* water; v. **impianto per la purificazione delle acque.**
— **a forte corrente,** dashing water.
— **ammoniacale,** ammonia water.
— **a monte,** up-stream water.
— **a valle,** down-stream water.
— **bassa,** shallow water.
— **bollente,** boiling water.
— **calda e fredda** (*panfili, ecc.*), hot and cold water.
— **cheta,** still water.
— **colorata,** coloured water.
— **corrente,** running water.
— **cruda,** hard water.
— **da saldare,** soldering water.
— **di alimentazione,** feed water.
— **di alimentazione di caldaia,** boiler feedwater.
— **di calce,** lime water.
— **di cloro,** chlorine water.
— **di cristallizzazione,** water of crystallisation.
— **di fontana,** spring water.
— **di latte,** whey.
— **di lavaggio,** washing water.
— **di mare artificiale,** artificial seawater.
— **di massima piena,** highest water.
— **di miniera,** mine water.
— **d'infiltrazione,** drain water.
— **di piena,** high water.
— **di raffreddamento,** cooling water.
— **di ragia,** v. **acquaragia.**
— **di rifiuto,** waste water.
— **d'irrigazione** (*agr.*), irrigation water.
— **di scarico,** return water; effluent liquor.
— **di scarico della officina del gas,** gasworks liquor.
— **di scolo,** discharge w.; overflow water.

acqua di sorgente, spring water.
— **dissalata,** desalted water.
— **di sottosuolo,** subsoil water.
— **distillata,** distilled water.
— **di tempra,** quenching water.
— **di zavorra** (*naut.*), ballast water.
— **dolce,** fresh water; (*agg.*) fresh-water.
— **dura,** hard water.
— **incrostante,** scale producing water.
— **industriale,** power water; service water.
— **in pressione,** pressure water.
— **inquinata,** polluted water.
— **leggera** (*o* **naturale**) (*fis. atom.*), light water.
— **madre,** mother-lie; mother liquor.
— **motrice,** motive water; driving w.; moving w.
— **ossigenata** hydrogen peroxide.
— **pesante** (*fis. atom.*), heavy water.
— **piovana,** rain water.
— **potabile,** drinking water.
— **pressurizzata** (*fis.*), pressurized water.
— **pura,** pure water.
— **raffreddamento cappa** (*met.*), hood cooling water.
— **raffreddata** (*impianti di refrigeraz. ecc.*), chilled water.
— **reflua,** v. **acqua di rifiuto.**
— **regia,** aqua regia.
— **rigurgitata,** backwater.
— **salsa,** salt water.
— **satura,** saturated water.
— **solforosa,** sulphurous water.
— **sotterranea,** underground water; sub-sulface w.
— **sotto pressione,** pressure water.
— **stagnante,** still w.; stagnant water.
— **tritiata** (*fis. atom.*), tritiated water.
— **usata** (*da riutilizzare*) (*raffreddamento*), used water.
— **viva,** v. **acqua di fonte.**
acquacoltura, *f.*, acquaculture.
acquaforte, *f.* (*tip.*), aqua fortis; (*dis.*), etching.
acquaio (*vaschetta di scarico dell'acqua*), sink.
— **di acciaio inossidabile,** sink of stainless steel.
acquaragia, *f.*, v. **trementina.**
acquarellare, *v.a.* to paint with water colours.
acquario, *m.* aquarius (*astron.*); water carrier.
acquatinta (*tip.*), aquatint.
acquatura *f.* (*strade*), camber.
acquavite, *f.* brandy.
acquazzone, *m.* downpour; cloudburst.
acque di rifiuto, waste waters.
— **di scarico industriale,** industrial effluents.
— **luride,** sewage.
acquedotto, *m.* aqueduct.
acquerello, *m.* water-colour.
acquirente di un'autovettura, car buyer.
acquisire i dati (*inform.*), to acquire data.
acquisizione, *f.* (*per seguire il moto di astronavi, ecc.*) (*astron.*), tracking.
— **clinica,** medical advance.
— **dei dati** (*inform.*), data acquisition.
acquisto rateale (*comm.*), hire-purchase.
acquoso, *agg.* aqueous.
acre, *agg.* acrid.
acridina, *f.* acridine.
acridone, *m.* (*chim.*), acridone.
acrilati per cuoio, leather acrylates.
acrilato, *m.* (*chim.*), acrylate.
acrilico, *agg.* (*chim.*) acrylic.
acrilnitrile, *m.* (*chim.*), acrylonitrile.
acro, *m.* acre.
acrobazie di volo, stunts (*slang*); acrobatics; aerobatics.
acroleina, *f.* (*chim.*), acrolein.
acromatico, *agg.* achromatic.
acromatismo, *m.* achromatism.
acromatizzare, *v.a.* to achromatize.
acromatizzazione, *f.* achromatization.
actinico, *agg.* (*bot.*), actinic.
actinon (*chim.*), actinon *m.*
acuminare, *v.a.* to sharpen.
acustica, *f.* acoustics.

acustica non lineare (*acust.*), non-linear acoustics.
acustico, *agg.* acoustic.
acutangolo, *agg.* acute-angled; acutangular.
acutezza della vista, visual acuity.
acuto, *agg.* acute; sharp.
adalina, *f.* (*chim.*), adalin; carbromal.
adattamento, *m.* (*elet.*), matching.
— **cinematografico,** adaptation; treatment; screen play (*or* story).
— **cromatico** (*ott.*), chromatic adaptation.
— **del carico** (*elettron.*), load matching.
— **dell'occhio** (*ott.*) adaptation of the eye.
— **del punzone alla matrice,** marriage of the punches.
— **d'impedenza** (*elettron.*), impedance matching.
— (*o* **personalizzazione**) *di una tastiera, ecc. per uso personale* (*o per un cliente, od altri scopi*) (*inform.*), customising; customizing (U.S.A.); customisation.
adattare, *v.a.* to fit; to adjust; to match.
— **una tastiera** (*o altro dispositivo*) *per uso personale o per scopi particolari* (*inform.*), to customise; to customize.
adattativo, *agg.* (*elettron.*), adaptive; v. **comando numerico** — (*macch. ut.*).
adattatore di impedenze (*elet.*), impedance matcher.
adatto, *agg.* fit; suitable; suited; sympathetic (*impiego di materiali adatti elettroliticamente per il sistema di raffreddamento*), employment of electrolytically — materials for the cooling system.
— (**poco** —, **di difficile manegevolezza**), awkward; (*liquido difficile* (*poco adatto*) *da pompare*), awkward liquid to sump.
adattatore, *m.* (*elettron.*), adapter; adaptor.
adattore, *m.* (*mecc.*) (*ut.*), adaptor.
ad azione ritardata (esplosivi —), delayed-action.
addendo, *m.* (*mat.*), addend.
addendum, *m.* (*ingr.*), addendum.
addensamento *m.* thickening (*di sostanze in sospensione*); fattening (*di vernici*); (*di liquido*), inspissation.
— **(bacino di — delle fanghiglie di un altoforno)** (*met.*), blast furnace thickener.
addensante (agente —), puffing agent.
addensare (*rendere più denso un liquido*) to inspissate.
addensato, *m.* (*min.*), sludge; underflow.
addensatore, *m.* (*concentratore*), (*chim.*), thickener.
— **fanghiglie** (*altoforno*), blast furnace thickener.
addentellare, *v.a.* to tooth; to cog.
addentellato, *m.* denticulation.
addestramento, *m.* training.
— **al lavoro,** job-training.
— **del personale,** craft training; (*fabbrica ecc.*), training of the personnel.
— **di apprendissaggio** (*o* **di tirocinio**), apprentice training.
— **di lavorazione,** process training.
— **organizzato,** organized training.
— **sul lavoro,** on-the-job training.
— **sul posto** (*lavoro, ecc.*), in-service training.
— **tecnico,** technical training.
addestratore (*aereo*), trainer.
— **basico** (*aereo*), basic trainer.
— **primario biposto** (*aereo*), two-seat primary trainer.
addetto, in charge of; (*operatore addetto alla sega circolare a freddo*): operator in charge of the circular cold saw.
— **aeronautico,** air attaché.
— **al controllo d'esazione pedaggi** (*autostrade*), toll-keeper; toll-collector.
— **alla manutenzione,** maintenance-man.
— **alla preparazione di programmi per calcolatrice elettronica (pro-**

grammatore), programer (U.S. A.); programmer.
addetto alla sicurezza (*prevenzione infortuni*), safety officer.
— **alla ventilazione** (*min.*), ventilation officer.
— **alle spine di siviera** (*met.*), stopper maker.
— **al prelievo dei provini** (*met. ecc.*), sampler.
— **al servizio prenotazione alberghi** (*conferenze, seminari, ecc.*), hotel accomodation officer.
— **pulizia**, sweeper.
— **sorveglianza**, watchman; guard.
addire *v.r.* (*convenire*; *confarsi*), to fall into line with (*questo modello si addice particolarmente ai bisogni dell'industria*, this model falls right into line with the need of industry).
additivi (*m. pl.*), **alimentari**, food additives.
— **antiossidanti** (*chim.*), antioxidants.
— **degli oli lubrificanti**, lubeoil additives; lubricant additives.
— **disperdenti** (*chim.*), dispersing agents.
— **per combustibili**, fuel additives.
— **(silo degli —)** (*met.*), additive bin.
additivo, *agg. n.* (*chim.*), additive.
— **antidetonante**, antiknock additive.
— **antischiuma**, defoamer; defoaming agent.
— **dolcificante** (*chim.*), sweetener.
— **per fango di circolazione** (*petrol.*), drilling mud additive.
addizionale, *agg.* additional.
addizionare, *v.a.* to add.
addizionatore, *m.* (*elettron.*), adder.
addizionatrice, *f.* adding machine; adder.
addizione, *f.* addition.
— **di forze**, summation of forces.
— **logica** (*elettron.*), logical add.
— **(fare l'— delle cifre)**, to cast up; to sum up the figures.
addolcimento, *m.* (*met.*), softening.
addolcimento dell'acciaio, drawing of steel.
— **dell'acqua**, water softening.
— **(apparecchio per —) dell'acqua**, water softener.
addolcire, *v.a.* to sweeten; to temper; to soften (*met.*); to tone down (*colori*).
— **l'acciaio**, to temper; to draw.
— **l'acqua**, to soften water.
— **lo champagne**, to sweeten champagne.
— (*attenuare*) **una tinta** (*cosmetici*), to tone down.
— **un colore** (*cosmetici*), to subdue.
addossamento (*m.*) **di travi**, shifting.
— **ad unghia**, birdmouth attachment.
addossare (*v.a.*) **i falsi puntoni**, to joint rafters.
adeguare, *v.a.*, to equalize; to gear.
— **una pressa alle proprie esigenze**, to gear a press to one's requirements.
adenina, *f.* (*chim.*), adenine.
aderente, *agg.* adherent; sticky.
aderenza, *f.* (*auto: di ruota*), wheel grip; (*fis.*), ahdesion; (*di oli e vernici*), adhesive power.
— **sul bagnato** (*pneumatici*), wet grip.
— **di una cinghia**, belt contact.
aderire, *v.i.* to stick to; to adhere.
adermina, *f.* (*chim.*), adermin; vitamin B_6.
adescamento (*m.*) **del pulsometro**, starting the pulsometer.
— **di pompa**, priming of a pump.
adescare (*v.a.*) **la pompa**, to start (*or* prime) the pump.
adesione, *f.* adhesion.
adesivi, *m. pl.* **elastomerici**, elastomeric adhesives.
— **metallo-gomma**, metal-rubber adhesives.
— **metallo-legno**, metal-wood adhesives.
— **metallo-plastica**, metal-plastic adhesives.
— **metallo-vetro**, metal-glass adhesives.

adesivi strutturali (*per legare metalli ad altri metalli, o al legno e mat. plastiche*), structural adhesives.
— **termoindurenti,** thermosetting adhesives.
— **termo-plastici,** thermoplastic adhesives.
adesività, *f.* adhesiveness.
adesività (*vernici*), tack.
adesivo, *m.* adhesive; *agg.*, adhesive.
— **in resina sintetica,** resin bonding.
adiabatica, *f.* adiabatic line.
adiabatico, *agg.* adiabatic.
adiacente, *agg.* adjacent.
adiatermaneità, *f.* heat insulation; adiathermancy.
adiatermico, *agg.* heat insulating; non-conducting.
adipammide, *f.* (*chim.*), adipamide.
adipato (*m.*) **di etile,** ethyl adipate; diethyl adipate.
adipocera, *f.* adipocere.
ad irraggiamento, radiant (*p. es.*: *raffreddamento ad* —, radiant cooling).
adonite, *f.* (*chim.*), adonite adonital.
adoperare (*maneggiare, usare*) **un utensile,** to wield a tool.
a doppio comando, dual control.
a doppio effetto, double acting.
adrenalina, *f.* (*chim.*), adrenalin.
adsorbimento, *m.* (*chim.*), adsorption.
— **selettivo** (*chim.*), selective absorption.
a due anime, two-core.
a due cerniere (*cost.*), with two hinges.
a due piani, two-story.
a due strati, two-ply (*rif. a cinghie*).
a due tempi, two-stroke.
a due vie, two-way (*idraul.*).
adularia, *f.* (*min.*), adularia; glass feldspar.
adulterare, *v.a.* to adulterate.
adulterazione, *f.* adulteration.

« aerante » (*additivo per calcestruzzo*), air-entraining agent.
aeratore, *m.* aerator.
aerauto, *m.* car-cum plane; aeroplane-auto; hybrid craft; roadable (U.S.A.); roadable plane (*or* airplane) (U.S.A.).
aerazione (*ventilazione, p. es. in una automobile*) (*auto, ecc.*), ventilation.
— **dell'acqua,** aeration of water.
— **differenziale** (*corrosione met.*), differential aeration.
aereo, *agg.* aerial; *m.* (*cinem.*), camera crane; aerial (*radio*); (*aeroplano*), aeroplane; plane, airplane (U.S.A.), v. **aeroplano.**
— **ad energia solare,** solar-powered plane.
— **ambulanza,** air ambulance.
— **con cabina con due posti in tandem,** tandem two-seater.
— **da attacco,** strike aircraft; attacker.
— **da attacco supersonico,** supersonic attacker.
— **da combattimento multiruolo,** multi-role combat aircraft.
— **irroratore** (*agr.*), cropspraying aircraft.
— **non identificato,** bogei.
— **per il terzo livello** (*con una decina di posti, usato per collegare aeroporti*), commuter.
— **ricevente aperiodico a più spire,** aperiodic multi-coil receiving aerial.
— **ricevente a telaio accordato,** coupled l oop-type receiving aerial.
aeriforme, gaseous body.
aerobico, *agg.* aerobic.
aerobus (*aereo*), airbus.
aerocamera, *f.* aerial camera.
aerocartografo, *m.* aerocartograph.
aerocentro, *m.* air park.
aerocisterna, *m.* (*aereo, agr.*), air tanker; flight refuelling tanker.
aerocondizionare, *v.a.*, to air condition.

aerodina, *f.* aerodyne; heavier-than-air aircraft.
aerodinamica, *f.* aerodynamics.
— **(linea —)** (*aereo*), fairing.
aerodinamicista, *m.* (*auto*), aerodynamicist.
aerodinamicità, *f.* streamline.
aerodinamico, *agg.* streamlined; aerodynamic.
aerodromo, *m.* (*aereo*), aerodrome.
— **galleggiante,** floating island.
— **militare,** military aerodrome.
aeroelasticità, *f.* (*aereo*), aeroelasticity.
aeroelastico, *agg.* (*aereo*), aeroelastic.
aerofaro, *m.* aerophar; air beacon; beacon.
aerofono, *m.* aerophone; sound-detector.
aerofoto, *m.* aerial photograph.
— **(interpretazione dell'—),** air-photo interpretation.
aerofotografia, aerophotography.
aerofotogramma, *f.* aerophotogram.
aerofotogrammetria, *f.* (*top.*), aerial surveying.
aerofreno, *m.* (*aereo*), air brake.
aerogel di silice (*chim.*), silica aerogel.
aerogelo *m.* (*chim.*), aerogel.
aerogetto, *m.* (*aereo*), jet aircraft; jetliner.
— **commerciale** (*aereo*), jet commercial aircraft.
aerogiro *m.* (*elicot.*), rotorcraft.
aerografo, *m.* aerograph.
— **a serbatoio** (*smalti, ecc.*) (*pistola a spruzzo, con serbatoio per lo smalto, ecc.*), cup gun.
aerogru, *f.*, flying crane.
aerolite (*geol.*), aerolite.
aerologia (*meteor.*), aerology.
aeromeccanica, *f.* aeromechanics.
aerometro, *m.* (*fis.*), aerometer.
aeromobile, *m.* aircraft; air-vehicle.
aeromodellismo, aeromodelling.
aeromodellista, *m.* aeromodeller; model builder.
aeromodello, model aeroplane; model plane: fliyng kit; kit; model airplane (U.S.A.).
aeromodello ad ali battenti (*aereo*), model flapper.
— **ad aste** (*aereo*), stick model; stick plane (U.S.A.).
— **ad aste da sala** (*aereo*), indoor-stick plane (U.S.A.).
— **ad aste per volo esterno** (*aereo*), outdoor stick plane (U.S.A.).
— **ad elastico,** rubber-driven model; rubber-powered model; rubber model.
— **a razzo,** rocket model plane; rocket propelled model.
— **a reazione,** jet model; jet-propelled model; jet-powered model.
— **canard,** canard model; « tail-first model ».
— **canard ad elastico,** rubber-driven canard.
— **con ala parasole,** parasol wing model.
— **controllato,** control model; control-line kit (U.S.A.).
— **controllato a filo,** U-controlled model plane; U-control kit.
— **da corsa** (*mot.*), racing model; competition model.
— **da sala,** indoor flying model; indoor model.
— **da sala ad ali battenti,** indoor flapper.
— **da velocità,** speed flight model.
— **in scala,** scale model.
— **non volante,** solid kit; solid.
— **per il lancio a mano,** hand launched model plane.
— **per prove dinamiche** (*aereo*), dynamic model.
— **per volo libero,** free flight kit.
— **plurimotore,** multi-motored model.
— **radiocomandato,** radio controlled model.
— **tutt'ala,** tailless model; tailless kit; flying wing model.
— **tutt'ala a razzo,** tailless rocket model.
— **tutto in balsa,** all balsa kit.
— **veleggiatore,** model glider; model sailplane; glider; soarer.
— **Wakefield,** Wakefield model.
aeronauta, *m.* aeronaut.

aeronautica, *f.* aeronautics.
— **militare,** military aeronautics.
— **navale,** naval aeronautics.
aeronautico, *agg.* aeronautical; aeronautic.
aeronave, *f.* airship; hovercraft.
aeronavigazione, *f.* flight.
aeroparco, *m.* aeroplane park.
aeroplano, *m.* aeroplane; airplane (U.S.A.).
— **a cabina stagna,** pressurized aircraft.
— **ad ala alta,** high-wing plane.
— **ad ala a metà fusoliera,** mid-wing plane.
— **ad ala anulare,** annular-wing aircraft.
— **ad ala bassa,** lowwinged plane.
— **ad ala fissa,** fixed-wing aircraft.
— **ad ala media,** mid-wing plane.
— **ad ala sopraelevata,** high-wing plane.
— **ad ala rotante,** rotary-wing aircraft; rotorcraft.
— **a decollo verticale,** vertical take-off aircraft.
— **ad elica propulsiva,** pusher aeroplane.
— **ad elica trattiva,** tractor aeroplane.
— **ad energia atomica,** nuclear-powered plane.
— **a doppia fusoliera,** double-bubble fuselage aircraft.
— **a doppia trave di coda,** twin-tailboom aircraft.
— **a doppio comando,** dual control plane.
— **a 2 posti,** double-seater aeroplane.
— **a geometria variabile,** variable-geometry aircraft.
— **a grande autonomia,** long-range aircraft.
— **anfibio,** amphibian plane.
— **antisottomarino,** antisubmarine aircraft.
— **a pattini,** aeroplane on skis.
— **a propulsione atomica,** nuclear-powered plane.
— **a razzo,** rocket plane.
aeroplano a reazione, jet-propelled aeroplane; jet powered plane; jet airplane (U.S.A.).
— **a struttura mista** (*parte in legno e parte in metallo*), composite aircraft.
— **atomico** (*fis. atom.*), nuclear-powered plane.
— **a 3 posti,** three-seater aeroplane.
— **a turbogetto,** turbojet plane.
— **a turboelica,** turboprop-powered aircraft.
— **a un posto,** single-seater aeroplane.
— **bimotore,** twin engined plane.
— **biposto,** 2-seat aircraft.
— **canard con ali in tandem,** canard/tandem-wing aircraft.
— **con ala a delta,** delta-wing aircraft.
— **con ala a freccia,** swept wing aircraft.
— **con ala anulare,** annular-wing aircraft.
— **convertibile,** convertible airplane.
— **da addestramento,** trainer.
— **da addestramento di 1° periodo,** basic trainer; primary trainer.
— **da addestramento di 2° periodo,** advanced trainer.
— **da addestramento generale,** general-purpose trainer; multipurpose trainer.
— **da addestramento imbarcato,** shipboard trainer.
— **da appoggio tattico,** tactical aircraft.
— **da assalto,** assault plane.
— **da bombardamento,** bomber.
— **da bombardamento diurno,** day bomber.
— **da bombardamento in picchiata,** dive bomber.
— **da bombardamento medio,** medium bomber.
— **da bombardamento notturno,** night bomber.
— **da bombardamento pesante,** heavy bomber.
— **da bombardamento strategico,** strategic bomber.

aeroplano da bombardamento tattico, tactical bomber.
— **da bombardamento terrestre,** land bomber.
— **da caccia,** fighter.
— **da caccia notturno,** night fighter.
— **da caccia ognitempo,** all-weather fighter.
— **da caccia terrestre,** land fighter.
— **da collegamento,** liaison aircraft.
— **da intercettazione,** interceptor.
— **da intercettazione diurna e ognitempo,** day and all-weather interceptor.
— **d'alta quota,** high-altitude aircraft.
— **da pattugliamento marino,** maritime patrol aircraft.
— **da ricognizione ad alta quota,** high-altitude reconnaissance aircraft.
— **da ricognizione fotografica,** photo-reconnaissance aircraft.
— **da ricognizione fotografica notturna,** night photo-reconnaissance aircraft.
— **da ricognizione terrestre,** land reconnaissance plane.
— **da trasporto,** freight plane (U.S.A.); cargo plane; transport plane; freighter.
— **da trasporto commerciale,** commercial transport aircraft.
— **da trasporto commerciale per corte distanze,** short-haul commercial transport aircraft.
— **da trasporto commerciale per lunghe e corte distanze,** short-and medium-range commercial transport aircraft.
— **da trasporto commerciale per medie distanze,** medium-haul (*or* medium-range) commercial transport aircraft.
— **da trasporto per lunghe distanze,** long-range transport aircraft; long-haul transport aircraft.
— **da trasporto pesante,** heavy transport aircraft.
— **da turismo,** touring aeroplane; travel a.; tourer.

aeroplano di linea, airliner.
— **diurno,** day flying aeroplane.
— **esploratore,** scouting plane.
— **gigante,** giant aircraft; (gargantuan aircraft).
— **leggero** (*dal peso minore di 1000 libbre*), light aeroplane.
— **militare a reazione,** jet combat aircraft.
— **monomotore,** single engined plane.
— **monoposto,** single-seat plane.
— **notturno,** night flying aeroplane
— **osservatore,** observation aircraft; spotter.
— **per aviolinee,** airliner.
— **per collegamenti,** feederliner.
— **per contromisure elettroniche,** electronic counter measures aircraft.
— **per portaerei,** carrier aircraft.
— **per traffico aereo,** transport aeroplane.
— **per trasporti civili,** passenger aircraft.
— **per trasporti commerciali,** commercial transport aircraft; commercial freighter.
— **per trasporti leggeri,** light transport aircraft.
— **per trasporti merci pesanti,** heavy duty freighter.
— **per trasporti militari,** military transport aircraft.
— **per trasporto merci,** freight aeroplane; goods aeroplane; cargo aeroplane.
— **per trasporto militari e merci,** military passenger and freight transport aircraft.
— **per usi agricoli,** agricultural aircraft.
— **plurimotore,** plurimotor plane.
— **polverizzatore,** sprinkling aeroplane; dusting plane.
— **postale,** postal aeroplane; mail plane.
— **privato,** private plane.
— **quadrimotore,** four-engined plane.
— **ricognitore,** land reconnaissance plane.

aeroplano scuola, training aeroplane.
— **senza motore,** motorless aeroplane.
— **senza pilota,** pilotless aircraft; pilotless plane.
— **spaziale,** spacecraft.
— **subsonico,** subsonic aircraft.
— **supersonico,** supersonic aircraft.
— **terrestre,** landplane.
— **trasportato da nave,** shipplane.
— **trasportato su portaerei,** carrier -based plane.
— **trimotore,** three engined plane.
— **tuttala,** flying wing.
— **ultrasonico,** ultrasonic plane.
— **utilitario,** utility aeroplane.
— **(salire su un —),** to embark.
— **(smontare un —),** to dismantle an aeroplane.
aeroporto, *m.* airport.
— **di dogana,** customs airport.
— **di partenza,** outgoing airport.
— **di passaggie.** transit airport.
— **di quarantena,** quarantine airport.
— **per aeromodelli,** model field.
— **per dirigibili,** airship station.
— **spaziale orbitante,** orbiting spaceport.
— **(fabbricati di —),** airfield buildings.
aeropostale, *m.* (*aereo*), postal aeroplane; mail plane.
aero-propulsione a reazione, aero jet propulsion.
aeroscalo, *m.* air station.
aerosilurante, *m.* (*aereo*), torpedo plane.
aerosiluro (*aereo mil.*), air torpedo.
aerosole, *m.* (*chim.*), aerosol.
— **riempito a pressione (bomboletta di —),** pressure-packed aerosol.
aerosoli (industria degli —), aerosol industry.
aerospaziale *agg.*, aerospacial; aerospatial.
aerostatica, *f.* aerostatics.
aerostatico, *agg.* aerostatic.
aerostato, *m.* aerostat.
aerostazione, *f.* air station; aerostation.
aerostiere, *m.* aeronaut.
aerotaxi, *m.* (*aereo*), air taxi.
aerotecnica, *f.* aerotechnics; aeronautical engineering.
aerotermo, *m.* (*riscald.*), unit heater; air heater.
aerotrasporto, *m.* air transport.
aerotreno *m.*, air-cushion vehicle.
— **a levitazione magnetica,** magnetic-levitation train.
aeroveleggiatore, *m.* model sailplane.
afa, *f.* heat.
afelio, *m.* aphelion.
affare (affari), (*comm.*), business.
affaticamento del dielettrico (*elettron.*), dielectric fatigue.
affaticare, *v.a.*, to fatigue.
— **(senza — l'operatore),** without fatiguing the operator.
afferrare saldamente (*mecc.*), to grip.
affettatrice, *f.* meat slicer.
affidabilità *f.* (*di servizio, funzionamento, operativa*) (*mecc.*), dependability; (*sicurezza funzionale*), reliability.
affidamento *m.* dependability.
affievolimento, *m.* (*radio*), fading.
affilare, *v.a.* to grind; to sharpen.
— **ad umido,** to grind wet.
— **a secco,** to grind dry.
— **i denti,** to sharpen the teeth.
affilatezza (*ut., lame*), sharpness.
affilato, *agg.* (*mecc.*), sharp.
affilatrice, *f.* tool grinder; tool grinding machine.
— **di sega a nastro,** band saw sharpening machine.
— **elettrolitica,** electrolytic grinder.
— **multipla per ferri da profilare,** moulding knife grinder.
— **multipla per ferri da sagomare,** moulding knife grinder.
— **ottica per punte elicoidali** (*macch. ut.*), twist drill optical grinder.
— **per brocce,** broach grinder; broach sharpening machine; reamer grinder.
— **per bulini,** burin tool grinder.
— **per frese,** milling-cutter grinder.

affilatrice per lame da sega, saw-blade grinder.
— **per lame da sega per legno,** wood saw-blade grinder.
— **per punte elicoidali,** twist drill grinder.
— **per seghe,** saw sharpening machine.
— **per seghe a nastro** (*macch. ut.*), (metal) band saw sharpening machine.
— **per seghe circolari** (*macch. ut.*), circular saw sharpening machine.
— **per seghe da metallo,** metal-saw sharpening machine.
— **per utensili con tagliente in lega dura,** hard-tipped tool grinder.
— **per utensili filettatori,** threading tool grinder.
— **universale,** universal tool grinder.
— **universale per utensili,** universal grinding machine.
affilatura *f.* grinding; sharpening.
— **ad umido,** wet grinding.
— **a secco,** dry grinding.
— **dei denti,** teeth sharpening.
affiliazione, (*f.*) **all'assicurazione,** entry into insurance.
affinamento, *m.* (*met.*), annealing.
— **a basso fuoco,** lump fining process.
— **del ferro,** fining.
— **del grano** (*met.*), grain refinement.
affinante, *m.* (*chim.*), refining element.
affinare, *v.a.* (*met.*), to refine.
affinatoio, *m.* refinery.
affinatore, *m.* refiner.
affinatura, *f.* refining.
affinazione, *f.* (*met.*), refining.
— **del grano** (*met.*), grain refinement.
— **mediante aria** (*met.*), air refining.
affinità, *f.* kinship; affinity.
— **chimica,** chemical affinity.
affioramenti (*m. pl.*) **superficiali,** surface outcroppings.
affioramento (*m.*) **di un giacimento carbonifero,** outcrop of a coal field.
— **roccioso,** rocky outcrop.
affiorare, *v.a.* (*min.*), to crop out; to outcrop; to crop.
affisso, *m.* (*cartellone*), poster.
affitti e prestiti (sistema — —) (*comm.*), lease-lend system.
affitto (concedere in — linee telefoniche), to lease lines.
afflosciarsi (*p. es. di mat. plastiche per eccessivo calore*), to wilt.
affluente, *m.* (*geogr.*), tributary; affluent.
afflusso, *m.* inflow; supply.
affondare (*v.a.*) **un pozzo,** to sink a shaft.
affossatore, *m.* ditcher; trench digger.
affrancare (non occorre —) (*posta*), no stamp needed.
affrancatrice (*mecc. poste*), stamping machine.
affrancatura, *f.* (*posta*), stamping.
affrontare la parte più difficile di un'operazione (*trasporto, ponti, ecc.*), to tackle the most difficult part of the operation.
affumicare, *v.a.* to blacken; to smoke.
affusto, *m.* frame (*telaio*); barrel (*di utensili*).
— **di cannone,** gun-carriage.
afnio, *m.* (*chim.* = Hf), hafnium.
agar-agar (*chim.*), agar-agar.
agarico, *agg.* agaric.
agata, *f.* (*min.*), agate.
agave (*tess., bot.*), agave.
agente, *m.* agent.
— **accelerante** (*calcestruzzo*), accelerating agent; accelerator.
— **addensante** (*vernici, ecc.*), puffing agent.
— **aerante** (*calcestruzzo*), air-entraining agent.
— **agglutinante,** binder; binding agent.
— **ammorbidente,** softening agent; softener (v. **ammorbidente**).
— **antiflocculante,** deflocculator; deflocculating agent.

agente antipelle (*vernici, ecc.*), antiskinning agent.
— **antipolmonimento** (*vernici*), antilivering agent.
— **antisfiammante** (*vernici*), antiflooding agent.
— **antispruzzo** (*chim.*), splash proofing agent.
— **bagnante** (*met.*), wetting agent.
— **carburante** (*met.*), carburizing agent.
— **catalizzante** (*chim.*), catalytic agent.
— **chiarificante** (*chim.*), clarifying agent.
— **chimico,** chemical agent.
— **decontaminante** (*fis. atom.*), decontaminating agent.
— **dei brevetti,** patent agent.
— **di deflocculazione,** deflocculator; deflocculating agent.
— **di lisciviazione** (*chim.*), leaching agent.
— **disperdente** (*chim.*), dispersing agent.
— **esplosivo,** blasting agent.
— **gonfiante,** sponging agent.
— **grafitizzante** (*met.*), graphitizing agent.
— **impermeabilizzante,** waterproofing agent; water-repelling agent (*calcestruzzo*); water-repellent; concrete waterproofing compound (*calcestruzzo*).
— **livellante** (*vernici*), levelling agent.
— **naturale,** natural agent.
— **opacizzante** (*vern.*), opacifier (*ceram., ecc.*); (*vern.*), flatting agent.
— **ossidante** (*chim.*), oxidizing agent.
— **per mascherare odori sgradevoli** (*chim.*), odour disguising agent.
— **per ridurre il galleggiamento** (*vernici*), anti-floating agent.
— **plasticizzante** (*calcestruzzo*), plasticizer; workability agent.
— **precipitante** (*chim.*), precipitant.

agente protettore, protective agent.
— **riducente,** reducing agent.
— **ritardante** (*calcestruzzo*), retarder.
— **scolorante** (*gomma*), discolouring agent.
— **smacchiante** (*lavatura a secco*), spotting agent; stain remover.
— **umettante** (*chim.*), wetting agent; wetting-out agent

agenti atmosferici, *m. pl.* atmospherical agents.
— **di addizione** (*elet.*), addition agents.

Agenzia spaziale europea, European Space Agency (ESA).

agevolazione *f.* (*comm.*), facility.

agevolazioni fiscali (*finan.*), tax concessions.

agganciamento, *m.* (*mecc.*), hooking; (*elettron.*), locking; (*di rimorchi, ecc.*), hitching.
— **dell'immagine** (*telev.*), picture lock.
— **spaziale** (*astron.*), space docking.

agganciare, *v.a.* to grapple; to catch; to couple; to hook up.
— **una vettura al treno,** to couple a carriage on to the train.
— **un rimorchio,** to hitch a trailer.

agganciarsi in orbita (*satelliti artificiali*) (*astron.*), to dock.
— **in volo** (*astron.*), to dock.

agganciatore (*m.*) **di fune elastico,** spring rope grip.

aggancio (*di satelliti*) (*astron.*), docking; link-up.
— **spaziale** (*con astronavi pilotate*), space docking.

aggettare, *v.i.* to jut out.

aggetto, *m.* (*aereo*), shoulder (U.S.A.); lug; (*arch.*), jutty; overhang.

agghiaccio (*naut.*), (*o barra; sistema dell'app. di manovra del timone della nave*), steering gear.

aggiornamento di un archivio (*inform.*), file maintenance.

aggiornare, to update.
— **la tecnologia siderurgica** (*met.*), to update ironmaking technology.

aggiudicare (*v.a.*) **i lavori,** to let works.
— **la costruzione ad un impresario,** to adjudicate the work to a contractor.
aggiudicatario (*di un contratto, fornitura, ecc.*), awarder.
aggiudicazione (*f.*) **dell'appalto** (*cost., ecc.*), submission of work.
— **dei lavori** (*leg.*), submission of work.
— **pubblica** (*leg.*), official submission.
aggiungere (*v.a.*), to add; (*condiz. aria*), to admix (*l'aria esterna può essere aggiunta a volontà*), outside air can be admixed at will.
— **a gocce** (*chim.*), to add dropwise.
— **in siviera** (*met.*), to add to ladle.
— **spazio** (*bozze*), insert space.
aggiunta, *f.* addition; (*condiz. aria*) (*chim.*), admixture.
— **di calce,** addition of lime.
— **di ferroleghe** (*met.*), ferro-alloy addition.
— **di sabbia,** addition of sand.
— **di scorie,** addition of slags.
aggiustabile (*agg.*), adjustable.
— **a mano,** adjustable by hand.
— **in altezza,** adjustable for height.
aggiustaggio, *m.* fitting; (*lavorazione al banco*) (*mecc.*), bench work.
— **del mandrino portafrese,** adjustment of the milling cutter arbor.
— **di precisione,** fine adjustment.
— **(officina d'—),** fitting shop; dressing shop.
aggiustamenti di cambio (*borsa*), exchange adjustments.
aggiustamento, *m.* (*macch. ut.*), adjustment; centering; setting.
— **della slitta** (*presse*), slide adjustment.
— **del mandrino,** adjustment of the spindle.
— **del pezzo,** straightening of the workpiece.
aggiustamento di precisione, fine adjustment.
— **generale della telecamera** (*telev.*), camera line-up; camera lining-up.
— **micrometrico,** micrometer adjusting (adjustment).
— **rapido,** rapid setting.
— **trasversale,** cross adjustment.
— **trasversale della tavola** (*macch. ut.*), table cross adjustment.
— **verticale della tavola,** (*macch. ut.*), table vertical adjustment.
aggiustare, *v.a.* to fit; to adjust; to adapt.
aggiustatore, *m.* fitter.
aggiustatura, *f.*, v. **aggiustaggio.**
agglomerabile *agg.* (*chim.*), bondable.
agglomeramento, *m.* (*di mole*), bonding; bond.
agglomerante, *m.* cementing (*or*) binding material; bonding agent; (*polvere*), caking powder; (*carbone*), caking coal; (*in generale*), binder.
— **per anime** (*fond.*), core binder.
— **resinoide** (*mole diamantate ecc.*), resinoid bond.
agglomerarsi, *v.r.* to agglomerate, *v.i.*; to ball, *v.i.*
agglomerati (*m. pl.*) **combustibili,** conglomerated fuels.
agglomerato, *m.* agglomerate; (*min. per altoforno*), sinter.
— **autofondente** (*min., met.*), self-fluxing sinter.
— **per altiforni,** blast furnace sinter.
agglomerazione, *f.* agglomeration; (*di minerale non utilizzato direttam. nell'altoforno, min., met.*) sintering.
— **con aspirazione** (*met.*), down draft sintering.
— **(impianto di —)** (*met.*), sinter plant.
— **(processo di —)** (*metal.*), sintering process.
agglutinante, *m.* (*di ceramiche, ecc.*), binding *or* cementing material.

agglutinare, *v.a.* (*unire con colla*), to agglutinate.
agglutinarsi (*di carboni*), *v.r.* to cake (*of coals*).
agglutinazione, *f.* agglutination.
aggomitolare, *v.a.*, to ball.
aggomitolatrice, *f.* (*tess.*), balling machine.
aggomitolatura, *f.* (*tess.*), ball winding.
aggottare, to pump out; to scoop.
— **una barca,** to bale a boat.
aggottatore, *m.* (*naut.*), ladle-barrel.
aggottatura, *f.* (*naut.*), discharging of water; pumping.
aggraffare, *v.a.* to fold; to scarf.
aggraffatrice, *f.* (*macch. ut.*), (side) seamer; side seaming machine; seam folding machine.
aggraffatura, *f.* (*di lamiere*), seam.
— **ribadita,** flat folded seam.
aggrappamento, v. **costola di —**
aggraticciare, *v.a.*to wattle; to wale.
aggraticciato, *m.* (*cost.*), wattling-
aggregati per calcestruzzo, con. crete aggregates.
aggregato, *m.* aggregate.
aggregazione, *f.* aggregation.
aggressione termica (*met.*), heat exposion.
aggressività *f.* (*chim.*), aggressiveness.
aggressivo *agg.* (*chim.*), aggressive.
— **chimico,** *m.* chemical agent.
— **(liquido —)** (*chim.*), aggressive liquid.
aggrovigliarsi, *v.r.* to get tangled.
agguagliamento, *m.* (*di legnami*), planishing.
agguagliare, *v.a.* (*spianare legname*), to planish.
agguagliare, *v.a.* (*spianare*), to smooth; to even.
agguagliatore, *m.* (*mecc.*), polisher.
aghi (*m. pl.*) **dello scambio** (*ferr.*), switch.
— **di ghiaccio,** ice needles.
agire su (*med.*), affect *v.a.*
— **sui bottoni,** to press the buttons.
agitare, *v.a.* to stir; to agitate.
agitatore, *m.* stirrer (*asta*); stirring gear (*con ingranaggi*); agitator; beater.
— **ad aria,** air-agitation apparatus.
— **a turbina,** (air) jet agitator.
— **di grafite,** graphite stirrer.
— **meccanico** (*per fabb. del burro*), butter-making machine.
— **per introduzione dall'alto,** top, entering agitator.
agitatori portatili, portable agitators.
agitazione, *f.* agitation; stirring.
— **termica,** thermal agitation.
— **(del liquido)** (*per controllare incendi, petroli*), agitation (fire control by agitation).
ago, *m.* needle; pricker (*fond.*); pointer (*indice di strumenti*).
— **a molla** (*tess.*), spring-beard needle.
— **calamitato,** magnetic needle.
— **chirurgico,** surgical needle.
— **dalla cruna corta,** short-eye needle.
— **dalla cruna rotonda,** round. eye needle.
— **da materasso,** gimp needle.
— **di una valvola,** (valve) stem; spindle of a valve.
— **folle,** whirling needle.
— **magnetico,** magnetic needle.
— **(con — indicatore che dà letture senza oscillazioni)** (*strumenti*), dead-beat.
agopuntore, *m.* (*med.*), acopuncturist, *m.*
agopuntura, *f.* (*med.*), acopuncture.
a gocce (*chim.*), dropwise.
agoinfissione, *f.* (*radiol.*), interstitial radium therapy.
agometro, *m.* agometer.
agrafe, *f.* (*per cinghie*), forked clamp; crook (*uncino*).
a grano orientato (*acciaio*), grain-oriented (steel).
agricoltura, *f.* agriculture.
agrifoglio, *m.* holly.
agrimensore, *m.* (land-)surveyor.
agrimensura, *f.* land-surveying.
agronomia, *f.* (*agr.*), agronomy.

agronomo, *m.* agronomist.
agugliata, *f.* (*filatura cotone*), draw (*run of a mule carriage*).
agugliotto, *m.* (*delle staffe*), side pin.
— **del timone** (*naut.*), rudder-pintle.
— **superiore** (*naut.*), top pintle.
aguzzare, *v.a.* to sharpen.
aia, *f.* threshing floor (*per cereali*); mortar mixing plant (*per malta*); barn yard (*di cascina*).
aiuola centrale, central grass reserve; grassy median strip.
— **spartitraffico,** landscape separation strip.
aiutante, *m.* assistant.
aiutare (*gen.*), to assist.
— **il lavaggio** (*mot.*), to assist scavenging.
aiuto compositore, *m.* assistant compositor.
— **incondizionale** (*econ.*), untied aid.
— **operatore,** *m.* assistant operator.
— **pilota,** co-pilot.
— **proiezionista,** *m.* (*cinem.*), relief projectionist.
aiutoregista, *m.* (*cinem.*), assistant producer; co-director.
Ajax (forno —) (*met.*), Ajax-Northrup (induction) furnace.
ala, *f.* (*di ventilatore*), blade; impeller; (*suola di ferro a T*), flange; wing (*aereo*).
— **a croce** (*missili*), cruciform wing.
— **a croce, mobile** (*missili*), moving cruciform wing.
— **a freccia** (*aereo*), arrow wing.
— **a freccia (a sbalzo)** (*aereo*), sweepback wing.
— **alta** (*aereo*), high wing.
— **a sbalzo** (*aereo*), cantilever wing.
— **a semisbalzo** (*aereo*), semi-cantilever wing.
— **a traliccio** (*aereo*), built up wing.
— **a tutto sbalzo** (*aereo*), cantilever wing.
ala bassa a sbalzo (*aereo*), cantilever low-wing.
— **concepita con tecnologia avanzata** (*aereo*), advanced-technology wing.
— **controventata** (*aereo*), braced wing.
— **destra** (*aereo*), starboard wing.
— **di muro,** wing (of wall).
— **di raccordo,** side wing; buttress wing.
— **diritta** (*aereo*), straight wing.
— **di un pignone** (*orol.*), leaf of a pinion.
— **fissa a croce** (*missili*), fixed cruciform wing.
— **frontale,** spandrel wall.
— **inferiore** (*aereo*), lower wing.
— **media** (*aereo*), middle wing.
— **medio-bassa** (*aereo*), medium high wing.
— **pieghevole,** folding wing.
— **piovana** (*irrigazione a pioggia*), sprinkler line.
— **rigida** (*aereo*), rigid wing.
— **rinforzata** (*aereo*), reinforced wing.
— **ripiegabile** (*aereo*), foldable wing.
— **rotante** (*aereo*), rotary wing.
— **semirigida** (*aereo*), semi-rigid wing.
— **sinistra** (*aereo*), port wing.
— **smontabile** (*aereo*), detachable wing.
— **sopraelevata** (*aereo*), high wing.
— **trapezoidale** (*aereo*), tapered wing.
— **variabile** (*aereo*), variable area wing.
— **volante** (*aereo*), triangular wing.
— **volante** (*tutt'ala*), tailless airplane (U.S.A.); tailless aeroplane; flying wing.
alabamio, *m.* (*chim.*), alabamine.
alabastro, *m.* alabaster.
alaggio, *m.* (*naut.*), hauling.
— **con fune,** rope haulage.
— **(scalo di —),** slip (for drawing-up a ship).
— **(strada di —)** (*naut.*), towing-path.

alambicco, *m.* still; alembic.
— **a marcia discontinua,** batch still.
— **cilindrico,** cylindrical distilling vessel.
— **per acidi sebatici,** fat-acid distilling apparatus.
alanina, *f.* (*chim.*), alanine.
alare, *v.a.* (*naut.*), to haul.
— **una nave** (*naut.*), to warp a ship.
— **un pallone** (*aereo*), to haul in a captive balloon.
alba, *f.* dawn.
albedo (*ill.*, *astr.*), albedo.
alberatura (*di navi*) (*naut.*), masting.
alberello (*di valvola*), *m.* stem (of spindle) (*of a valve*).
alberi maggiori, *m. pl.* (*naut.*), lower-masts.
— **pivottati per ancore** (*orol.*), pallet arbors.
alberino, *m.* small shaft.
albero, *m.* shaft; spindle; arbor; axle-tree; beam; mast (*naut.*); tree (*bot*).
— **a bilanciere,** rocker shaft.
— **a boccioli,** tumbling shaft; cam shaft.
— **a camme,** cam shaft.
— **a camme in testa** (*mot.*, *auto*), overhead camshaft (O.H.C.).
— **ad elica,** screw shaft.
— **a doppio gomito,** two-throw crankshaft.
— **a gomito,** crankshaft.
— **a tre gomiti,** three-throw crankshaft.
— **ausiliare,** auxiliary shaft; intermediate shaft.
— **a vite di trasporto,** screw drive.
— **cardanico di trasmissione,** Cardan shaft; propeller shaft.
— **cavo,** hollow shaft.
— **centro** (*orol.*), centre arbor.
— **comando elica** (*aereo*), outriger shaft.
— **comando sterzo** (*auto.*), steering mast.
— **condotto,** driven shaft.
— **da catena,** chain axle.
albero da leva, lever.
— **degli agitatori,** beater shaft.
— **dei cabestani** (*petrol.*), cathead shaft.
— **del cambio di velocità,** change speed shaft.
— **della bobina datrice** (*cinem.*), feed reel spindle.
— **della camma di comando,** cam spindle.
— **della canfora** (*bot.*), camphor tree.
— **della frizione** (*auto.*), clutch shaft.
— **della lama** (*della sega*), saw spindle.
— **della morte** (*bot.*), yew.
— **dell'avanzamento,** feed spindle.
— **del paradiso** (*bot.*), ailanthus.
— **del trapano,** boring spindle.
— **del ventilatore,** fan spindle.
— **del volante,** spindle; shaft.
— **di aspirazione** (*ind. petr.*), sucker rod.
— **di belvedere** (*naut.*), mizzen top gallant mast.
— **di bompresso** (*naut.*), bow-sprit.
— **di carica** (*orol.*), winding shaft.
— **di comando,** driving shaft.
— **di disinnesto,** disengaging arbor.
— **di distribuzione,** lay shaft; distributing shaft; reversing shaft.
— **di distribuzione a camme** (*auto*), camshaft.
— **di gabbia** (*naut.*), top mast.
— **di gru,** lever; heaver.
— **di maestra** (*naut.*), main mast.
— **di mezzana** (*naut.*), mizen mast.
— **di mola,** grinding spindle.
— **di rinvio,** countershaft; (*mecc.*), layshaft (*albero di rinvio disposto trasversalmente lungo la corona della pressa*), layshaft arranged transversely through the crown of the press.
— **di S. Andrea** (*bot.*), green ebony.
— **di sollevamento,** lifting spindle.
— **di sterzo** (*auto*), steering column.

albero di trasmissione, connecting-shaft; transmission-shaft; propeller shaft (*auto*); power shaft.
— **di trasporto,** feed shaft; feed rod.
— **di trinchetto** (*naut.*), foremast.
— **di una nave,** mast.
— **di una valvola,** stem; spindle of a valve.
— **di un solo pezzo** (*naut.*), pole mast.
— **di un volante,** fly-wheel shaft.
— **di velaccio** (*naut.*), topgallant mast.
— **di vita** (*bot.*), tree of life.
— **filettato,** screw spindle.
— **flessibile** flexible shaft.
— **genealogico,** v. **tecnica ad — —** (*inform.*).
— **intermedio,** intermediate shaft.
— **intermedio a movimento rapido,** high-speed intermediate shaft.
— **mandrino,** spindle.
— **massiccio,** solid shaft.
— **montato su tre supporti,** shaft with three bearings.
— **motore,** driving shaft; main shaft.
— **orizzontale,** horizontal shaft; side shaft.
— **oscillante,** rocking shaft.
— **ozioso,** idler shaft; idle wheel.
— **passante di distribuzione,** continous countershaft.
— **per regolare la corsa,** shaft for regulating stroke.
— **pieno** (*non cavo*), solid shaft.
— **pivottato per bilancieri** (*orol.*). balance staff.
— **portaelica** (*naut.*), prop shaft.
— **portafresa,** hob spindle; cutter spindle; cutter arbor.
— **portamola,** grinding wheel spindle.
— **portamola del tipo a cartuccia** (*macch. ut. rettificatrice*), cartridge-type wheel spindle.
— **portante,** bearing-axle.
— **porta pezzo,** work arbor.
— **primario,** driving shaft.
— **quadro,** square shaft.

albero scanalato (*mecc.*), splined shaft.
— **snodato con giunti di cardano,** shaft with universal joint.
— **tamburo** (*orol.*), barrel arbor.
— **telescopico,** telescopic spindle; telescopic mast.
— **trasversale,** trasversal arbor (*or* shaft).
— **tubolare,** tubular shaft.
— **verticale,** vertical shaft.
albertolo, *m.* (*vernici ecc.*), albertol.
albite, *f.* (*min.*), albite.
albo, *m.* (*per comunicati*), notice-board.
— **degli avvocati,** roll of lawyers.
— **degli ingegneri** (*dottori, ecc.*), panel of engineers (doctors, etc.).
albume, *m.* albumen.
albumina, *f.* albumin.
albuminati, *m. pl.* albuminates.
alburno, *m.* sapwood; alburnum.
alcalescente, *agg.* alkalescent.
alcalescenza, *f.* alkalescency.
alcali, *m. pl.* alkali, alcali.
alcalimetria, *f.* (*chim.*), alkalimetry.
alcalimetro, *agg.* alkalimetrical; *m.* alkalimeter.
alcalinità, *f.* alkalinity.
alcalinizzare, *v.a.* to alkalify; alkalize.
alcalinizzazione, *f.* (*chim.*), alkalization.
alcalino, -a, *agg.* alkaline.
— **(accumulatore —),** alkaline accumulator.
— **(cellula fotoelettrica —),** alkaline cell.
alcalizzabile, *agg.* alkalifiable.
alcaloidale, *agg.* alkaloidal.
alcaloide, *m.* alkaloid.
alcaloidi, *m. pl.* alkaloids.
alcannina, *f.* (*chim.*), alcanin; alkannin; alkanna.
alchide, *m.* alkyd.
alchilazione, *f.* (*chim.*), alkylation.
alchile, *m.* (*chim.*), alkyl.
Alclad (*lega brevettata del tipo duralluminio composto*) (*met.*), Alclad.
alcool, *m.* (*chim.*), alcohol.
— **allilico,** allyl alcohol.
— **amilico,** amyl alcohol.

alcool amilico di fermentazione, fermentation amyl alcohol.
— **assoluto,** absolute alcohol.
— **benzilico,** benzyl alcohol.
— **butilico,** butyl alcohol.
— **cetilico,** cetyl alcohol.
— **denaturato,** denatured alcohol; methylated spirit.
— **diacetonico,** diacetone alcohol.
— **esilico,** hexyl alcohol.
— **etilico,** ethyl alcohol.
— **feniletilico,** phenyl ethyl alcohol.
— **industriale,** industrial alcohol.
— **isobutilico,** isobutyl alcohol.
— **isopropilico,** isopropyl alcohol
— **laurilico,** lauryl alcohol.
— **metilico,** methyl-alcohol; wood spirit.
— **monoacido,** monoacid alcohol.
— **polivinilico,** polyvinyl alcohol
— **propargilico,** propargyl alcohol.
— **propilico,** propyl alcohol.
— **rettificato,** rectified alcohol.
— **stearico,** stearyl alcohol.
— **surriscaldato,** superheated alcohol.
— **(automobile alimentata ad —),** alcohol- fuelled car.
alcoolato, *m.* alcoholate.
alcooli alifatici (*chim.*), aliphatic alcohols.
— **aromatici,** aromatic alcohols.
— **butilici,** butyl alcohols.
— **fenolici,** phenolic alcohols.
— **primari,** primary alcohols.
— **secondari,** secondary alcohols.
— **terziari,** tertiary alcohols.
alcoolico, *agg.* alcoholic.
alcoolimetria *f.* (*chim.*), alcoholometry.
alcoolizzare, *v.a.* to alcoholize.
alcoolometro, *m.* alcoholometer.
— **centesimale,** centesimal alcoholometer.
aldeide, *f.* (*chim.*) aldehyde.
— **acetica,** acetic aldehyde; acetaldehyde.
— **acrilica,** acrylic aldehyde; acrolein
— **anisica,** anisic aldehyde.
aldeide benzoica, benzoic aldehyde; benzaldehyde; (benzene carbonal).
— **butirrica,** butyraldehyde.
— **caprilica,** capryl aldehyde.
— **cinnamica,** cinnamic aldehyde.
— **fenilacetica,** phenylacetic aldehyde.
— **fòrmica,** formic aldehyde; formaldehyde.
— **glicerica,** glyceric aldehyde.
— **isobutilica,** isobutyl aldehyde.
— **isovalerica,** isovaleric aldehyde.
— **propilica,** propyl aldehyde.
— **propionica,** propionaldehyde.
— **salicilica,** salicylic aldehyde.
— **valerica,** valeric aldehyde.
aldeidico, *agg.* (*chim.*), aldehydic.
aldolo, *m.* (*chim.*), aldol.
— **commerciale** (*ind. chim.*), commercial aldol.
aldosi, *m. pl.* (*chim.*), aldoses.
alerone, *m.* (*aereo*), aileron; wing flap (U.S.A.); balancing flap (U.S.A.).
alesaggio, *m.* reaming; bore; boring.
— **del cilindro** (*ing.*), cylinder bore.
— **del foro della mola,** grinding wheel hole.
— **di finitura,** finish boring.
alesare, *v.a.* to ream; to broach; to enlarge with a reamer; to bore.
— **al giusto diametro,** to bore true.
— **al tornio,** to bore out on the lathe.
— **i fori per chiodi,** to ream rivet holes; to broach.
— **un foro,** to bore out.
alesatoio (*mecc.*), v. **alesatore.**
alesatore, *m.* (*mecc.*), reamer; broach.
— **a macchina** (*mecc.*), machine reamer.
— **a mano,** hand reamer.
— **cilindrico,** cylindrical reamer.
— **conico,** conical reamer; taper reamer; taper bit.
— **con scanalature diritte,** straight fluted reamer.

alesatore con scanalature elicoidali, spiral fluted reamer.
— **elicoidale,** spiral flute reamer.
— **espansibile,** expanding reamer.
— **per finitura,** finishing reamer.
— **per sgrossare,** roughing reamer.
— **piatto,** flat reamer.
alesatrice, *f.* (*macch. ut.*), boring machine.
— **a comando numerico** (*macch. ut.*), numerically controlled boring machine.
— **a due teste accopp ate,** twin head boring machine.
— **a due teste contrapposte,** double opposite head boring machine.
— **a mandrini multipli,** multispindle boring machine.
— **a testa singola,** single head boring machine.
— **con testa mobile verticalmente,** boring machine with vertical headstock adjustment.
— **finitrice** (*macch. ut.*), fine boring machine.
— **-fresatrice a mandrino orizzontale,** horizontal boring and milling machine.
— **-fresatrice a mandrino verticale,** vertical boring and milling machine.
— **fresatrice orizzontale combinata,** horizontal boring and milling machine.
— **orizzontale,** horizontal boring machine.
— **orizzontale a montante fisso** (*macch. ut.*), fixed column horizontal boring machine.
— **orizzontale a montante mobile** (*macch. ut.*), sliding column horizontal boring machine.
— **per bronzine di banco,** main bearing boring machine.
— **per cannoni,** gun boring machine.
— **per cilindri,** cylinder boring machine.
— **portatile,** portable boring machine.
— **portatile per cilindri** (*macch. ut.*), portable boring bar (for loco cylinder re-boring).
alesatrice-tornitrice automatica per riprodurre, automatic boring and turning machine for copying operations.
— **-tornitrice per anelli di cuscinetti a rotolamento,** boring and turning machine for bearing raceways.
— **tracciatrice a coordinate di grande precisione** (*macch. ut.*), high-performance co-ordinate jig borer.
— **-tracciatrice per attrezzature,** jig borer.
— **verticale,** vertical boring machine.
— **verticale per cilindri,** cylinder boring machine.
alesatura, *f.* reaming; turning out (*al tornio*).
— **del cilindro,** bore of cylinder.
— **della leva,** bore of the lever.
— **in linea** (*mecc.*), line-boring.
aletta, *f* vane; (*idrodinamica*; *ala portante*) (*naut.*), foil; hydrofoil; (*met.*), v. **bava.**
— **a fessura** (*aereo*), slot (*or* slat).
— **a fessura H. P.** (*aereo*), H. P. slot (*or* slat).
— **d'anodo,** anode fin.
— **di compensazione** (*aereo*), trim tab; balance tab.
— **di filatoio** (*filatura*), flyer.
— **di raffreddamento** (*elettron., elet., ecc.*), cooling fin.
— **di rinforzo** (*aereo*), stiffening rib.
— **Handley Page** (*aereo*), handley page slat.
— **parasole** (*auto*), sun visor.
— **parasole imbottita** (*auto*), padded sun visor.
— **zap,** perforated flap.
alettare, *v.a.* to fin.
alettatura, *f.* finning.
alette (*f. pl*) **di cui è provvista una bomba,** arming vanes.
— **d'entrata della girante del compressore centrifugo** (*aereo*), impeller-intake guide-vanes; rotating guide-vanes.
— **d'impennaggio** (*aereo*), fin.
— **di irraggiamento di calore,** gills.

alette di raffreddamento, cooling ribs; gills.
— **di rullio** (*naut.*), rolling chocks.
alettone, *m.* (*aereo*), aileron.
— **arrotondato,** rounded off aileron.
— **compensato,** balanced aileron.
— **con fenditura,** slotted aileron.
— **con fessura,** slotted aileron.
— **equilibrato,** balanced aileron.
— **girato in alto,** turned up a.
— **girato in basso,** turned down a.
— **non equilibrato,** unbalanced aileron.
— **superiore,** top a.; upper surface aileron (U.S.A.).
— **svergolato,** warped aileron.
alettoni, *m. pl.* (*aereo*), ailerons.
— **ad uso ipersostentatore,** drooped ailerons.
a lettura diretta, direct reading.
aleurone, *m.* aleurone.
alfa, *f.* alpha.
alfabeto, *m.* (*inform.*) alphabet.
— **a 5 unità,** five-unit code.
— **in codice** (*elettron.*), code alphabet.
— **Morse,** Morse code.
alfanumerico, *agg.* (*elettron. ecc.*), alphanumeric.
— **(dato —)** (*inform.*), alphanumeric item.
alfatizzazione *f.* (*metodo di cromatura superficiale dei metalli*), alphatization.
alga, *f.* sea weed; alga (*pl.* algae).
algebra, *f.* algebra.
— **bidimensionale,** two-dimensional vector algebra.
— **di Boole** (*controllo numerico*) (*inform.*), Boolean algebra.
algebricamente, *avv.* algebraically.
algebrico, *agg.* algebraic(al).
alghe, *f. pl.* (*bot.*), algae (*pr.* el' gii).
alginati, *m pl.* (*chim.*), alginates.
ALGOL (*controllo numerico, calcol. elettron., linguaggio per la programmazione di problemi scientifici*), *abbreviazione di* ALGOrithmic Language.
algoritmi (*gruppo di simboli, definizioni e procedure di calcolo*) (*elettron.*), algorithms.
algoritmico *agg.* (*mat.*), algorithmic.
algoritmo, *m.* (*mat.*), algorithm.
aliante, *m.* (*aereo*), glider; sailplane.
— **da trasporto,** cargo glider.
— **tutt'ala,** tailless glider.
aliantista, *m.* glider.
alibattente, *m.* (*aereo*), ornithopter.
alidada, *f.* alidade.
alifatico, *agg.* (*chim.*), aliphatic.
alimentare, *v.a.* to feed.
alimentatore *m.* (*mecc. ind., elet. ecc.*), feeder.
— **a piastre snodate** (*mecc., min.*), apron feeder.
— **automatico** (*tess.*), self-feeder; (*pneumatica*), automatic feed unit.
— **automatico a griglia** (*vapore*), spreader stoker.
— **autorichiudente,** immediately reclosing feeder.
— **a vibrazioni,** vibrating feeder.
— **d'antenna** (*radio*), aerial feeder.
— **di ritorno,** return feeder.
— **radiale,** radial feeder.
— **tubolare concentrico,** concentric tube feeder.
alimentazione, *f.* feed; feeding (*elettrotec.*) (*mecc.*).
— **a mano** (*di filtri, ecc.*), manual feeding.
— **a nastro** (*armi*), belt feed.
— **a rete** (*strumenti*) (*elet.*), mains-operated; using mains.
— **automatica,** automatic feed.
— **automatica a revolver** (*nelle presse*), roll feed.
— **colonna per colonna** (*inform.*), endwise feed.
— **con batterie ricaricabili** (*strumenti, ecc.*), rechargeable battery pack.
— **continua** (*macch. ut. ecc.*), continuous feeding.
— **del filamento** (*elet.*), heater supply.
— **di caldale,** boiler feeding.
— **di corrente** (*elet.*), current supply.
— **difettosa** (*macch. ut., mecc.*), misfeeding.

alimentazione di precisione (*macch. ut.*), precision feeding.
— **elettrica,** power supply.
— **forzata,** pressure feed.
— **idraulica,** water supply.
— **intermittente,** intermittent feeding.
— **irregolare** (*macch. ut.*), erratic feeding.
— **liquida per sgocciolamento** (*agric.*), trickle feeding.
— **trasversale,** cross feed.
— **verticale,** vertical feed.
— **(dispositivo dell'—),** feeding arrangement.
— **(distanza di —)** (*macch. ut.*), feed distance.
— **(stazione di —)** (*macch. ut.*), feeding station.
alimenti artificiali per bambini, artificial baby foods.
— **congelati,** frozen foods.
— **irradiati,** irradiated food.
— **per animali,** animal feedstuffs.
— **per pollame,** chicken feed.
— **surgelati,** freeze dried food; deep-frozen foods.
aliquota *f.* (*mat.*), aliquot.
aliscafo, *m.* hydrofoil speedboat; hydrofoil boat; jetfoil (*tipo di aliscafo a turbina a gas*).
— **(servizio di aliscafi),** hydrofoil service.
aliseo, *m.* (*meteor.*), trade wind.
alite (*chim.*), *f.* alite
alitizzazione, *f.* (*chim.*), alitizing; (*met.*), alitizing; aliting.
alizarina, *f.* (*bot.*), alizarin.
allacciamento (*elet.*), connection.
— **interurbano** (*telef.*), trunk connection.
allacciare (*elet.*), to connect.
alla fonda (*naut.*), at anchor.
allanite, *f.* (*min.*), allanite.
allantoina, *f.* (*chim.*), allantoin.
allargamento (*m.*) **dell'anello,** pulling out (*or*) expanding of the piston ring.
— **della strada,** road widening.
— **delle fondamenta** (*cost.*), extension of the foundations; enlargement of the foundations.
allargamento dello scartamento (*cost. ferr.*), increase of gauge.
allargare il campo di esperienza (*tecnica*), to extend the range of expertise.
— **una strada** (*costr.*), to widen a road.
— **un foro,** to bore out.
— **un tubo alla bocca,** to bellmouth; to flare; to widen (a tube) at the mouth.
allargarsi, *v.i.*, to widen, *v.i.*; to broaden, *v.i.*
allargatore, *m.* reamer; broach; opening bit.
— **a campana,** bell-shaped reamer.
— **a fresa,** hole boring cutter.
allargatubi, *m.* tube-expander.
allarme, *m.* (*dispositivo automatico*), alarm; (*aereo*), warning.
— **antifurto** (*auto, ecc.*), burglar alarm.
— **antintrusione** (*elettron.*), intruder alarm.
— **fotoelettrico** (*elettron.*), photoelectric alarm.
alla stessa quota (*aereo*), abreast.
alleggerimento fiscale (*econ.*), tax mitigation.
alleggerire, *v.a.* to lighten.
— **il traffico di una strada,** to relieve (the traffic of a road).
— **la pressione,** to ease the pressure.
allenamento, *m.* training.
allenatore strumentale (*simulatore di volo*) (*aereo*), flight simulator.
allentamento (*m.*) **di dadi** (*mecc.*). loosening; slackening.
allentare, *v.a.* to loosen; to release; to slacken (*dadi, ecc.*).
— **una vite,** to turn a screw out.
— **un cuneo,** to unwedge
— **un freno,** to release a brake.
allentarsi, *v.r.*, to get loose, *v.i.*
— **sotto un carico applicato** (*di giunto*) (*mecc.*), to loosen under an applied load.
allestimento *m.* (*di nave*), rigging.
— **scenico** (*cinem.*), art direction.

allestimento (in —) (*in preparazione*) (*auto*), *naut.*, *ecc.*), in the offing.
allestire (*v.a.*) **una nave** (*naut.*), to fit out.
— un disegno, to execute a drawing.
allevamento, *m.* (*agr.*), breeding; rearing (*bestiame*); stock-farming.
— di animali da pelliccia, fur-farming.
— di animali da razza, pedigree stock breeding.
— di pecore, sheep-farming.
allevatore, *m.* (*agr.*), stock-breeder.
allicciamento, *m.* (*dei denti di una sega*), setting.
allicciare, *v.a.* (*tess.*), to heddle.
— i denti di una sega, to set the teeth of a saw.
allicciatura, *f.* (*tess.*) heddling.
allievo (*nell'aeronautica*), aircraft apprentice.
— elettricista, apprentice electrician.
— motorista, apprentice fitter.
— radiotecnico, aircraft radio mechanic.
alligazione (tecnica di —) (*met.*), alloying technique.
allilammina, *f.* (*chim.*), alyl amine.
allile, *m.* (*chim.*), allyl.
allilmercaptano, *m.* (*chim.*), allyl mercaptan.
allineamento, *m.* alignment; alinement; line up; (*tip.*), type line.
— a destra (*inform.*), right justification.
— del muro, alignment of the wall.
— (*di macchine*), alignment.
— di carburi (*met.*), carbide stringers.
— di inclusioni (*met.*), v. **linea di inclusioni.**
— di piante, raking.
— (tracciare (*v.a.*) **un —)** (*agrim.*), to set out a straight line.
allineare, *v.a.* to range out (*top.*); to range into line (*top.*); to align; to aline.
— i tubi, to align the tubes.
allineare orizzontalmente (*bozze*), straighten lines.
— verticalmente (*bozze*), justify the lines.
allineatore (*top.*), line ranger.
allisciatore, *m.* reamer.
allocazione, *f.* (*in memoria*) (*inform.*), allocation.
alloctono, *agg.* (*min.*), allochthonous.
alloggiamento (*mecc.*), housing.
— per l'utensile, toolpost.
alloggiare, *v.a.* (*mecc.*), to house; (*o sistemare*) (*mecc.*), to accomodate; (*macchina in grado d'— pezzi di 101,6 mm di diametro massimo*), machine capable of accomodating work up to 4 in diameter.
alloggio (*lavoratori*), housing.
— gratuito, free accomodation.
— (aspettare l'assegnazione di un —) (*lavoratori*), to wait on the housing list.
— (mancanza di alloggi), lack of housing.
allomerismo, *m.* (*chim.*), allomerism.
allomorfo, *agg.* (*min.*), allomorphic.
allontanare la valvola dalla sua sede, to push the valve off its seating.
allossana, *f.* (*chim.*), alloxan.
allossantina (*farm.*), alloxantin.
allotropia, *f.* allotropy.
allotropico, *agg.* allotropic(al).
allotropismo, *m.* allotropism.
allumare, *v.a.* (*tess.*), to alum.
allumatura, *f.* (*tess.*), aluming.
allume, *m.* (*chim.*), alum; alumen.
— basico, basic alum.
— di cromo, chrome alum.
— di ferro, iron-alum.
— di manganese, manganese alum.
— di potassa cristallizzato, feather alum.
— di tallio, thallium alum.
— sciolto, loose lump alum.
allumina, *f.* alumina.
— attivata, « activated alumina ».
— calcinata, calcined alumina.
— idrata, hydrated alumina.

allumina ricristallizzata (*refrattari*) recrystallised alumina.
— **ricristallizzata per materiali refrattari** (*fino a 1900 °C*), thermal recrystallised alumina.
— **sinterizzata,** sintered alumina.
alluminare un nastro (*met.*), to aluminize a strip.
alluminato, *m* aluminate.
alluminatura (*met.*), aluminising; aluminizing.
— **per immersione,** dip aluminizing.
— **per spruzzo,** spray aluminizing.
alluminiatura, *f.* aluminium coating; v. **alluminatura.**
— **a spruzzo** (*met.*), alumetizing.
alluminio, *m.* (*chim.* = Al), aluminium; aluminum (U.S.A.).
— **anodizzato,** anodized aluminium.
— **elettrolitico,** electrolytic aluminium.
— **fuso,** molten aluminium.
— **metallico,** metallic aluminium.
— **puro,** pure aluminium.
alluminoplastico (laminato —) (*plastica*), aluminium-plastic laminate.
alluminotermia, *f.* (*sald.*), thermit process.
allunaggio (*astron.*), landing on the moon.
— **lento** (*astron.*), soft landing on the moon.
allunare, *v.i.* (*astron.*), to moon; to land on the Moon.
— **dolcemente sulla luna** (*eseguire un atterraggio « soffice » sulla luna*) (*astron.*), to soft-land on the Moon.
allunga, *f.* adapter (*chim., mecc.*); lengthening bar; extension-piece (*mecc.*).
allungabile, *agg.* extensible; extendible; extending (*rif. a strumenti*).
allungamento, *m.* extension; elongation; expansion; stretch.
— **alla rottura** (*mecc.*), breaking elongation; elongation at rupture; elongation at break.
— **della fune,** elongation of rope.
allungamento di legname, lengthening of timber.
— **di rottura,** elongation at rupture; (*mecc.*), breaking elongation; elongation at break.
— **di un'ala** (*rapporto fra l'apertura e la corda media di un profilo alare*) (*aereo*), aspect ratio; A.
— **elastico,** elastic extension (*or* elongation).
— **longitudinale,** longitudinal extension.
— **misurato su una provetta normale** (*met.*), elongation measured on a Standard test piece.
— **permanente,** permanent elongation.
— **per scorrimento** (*mecc.*), time yield elongation.
— **specifico,** specific elongation.
— **trasversale,** transverse extension.
— **unitario,** elongation per unit length.
allungare, *v.a.* to lengthen; (*con liquidi*), to dilute.
allungarsi, *v.r.* to elongate; to lengthen.
alluvionale, *agg.* (*geol.*), alluvial
— **(oro —)** (*geol.*), alluvial gold.
alluvionamento, *m.* (*geol.*), alluviation.
alluvione, *f.* (*geol.*), alluvium.
— **glaciale,** glacial till.
almandina, *f.* (*min.*), almandite.
almandino, *m.* (*min.*), almandine; almandite.
almandite, *f.* (*min.*), almandite.
alno, *m.* alder.
aloe, *f.* (*bot.*), aloe.
alogenazione *f.* (*chim.*), halogenation.
alogeno (*chim.*), halogen, *n.*; *agg.* halogenous.
alogenuro, *m.* (*chim.*), halogenyde.
— **(bagno di —)** (*chim.*), halogenyde bath.
aloide, *m.* haloid.
aloino, *m.* (*chim.*), aloin.
alone, *m.* (*meteor., fot.*), halo.
— **lunare (*o* di una stella),** burr.
Alorix, *m.* (*abrasivo*), Alorix.

Aloxite (*chim.*), Aloxite.
alpaca, *f.* (*tess.*), alpaca.
alpacca, *f.* German silver.
alta atmosfera (*astr.*), upper atmosphere.
— **frequenza,** high frequency.
— **marea,** high tide.
— **precisione,** high accuracy.
— **pressione,** high pressure; (*alla bocca di altoforno*) (*met.*), high top pressure.
— **tensione,** high voltage.
— **velocità,** high speed.
altare (*met.*), fire-bridge; flame-bridge; fire-dog.
alteina, *f.* althein.
alterare (*v.a.*) **la dimensione,** to alter the dimension.
alterazione, *f.* alteration.
alternanza, *f.* alternation.
alternata (corrente —), alternating current; **(tensione —),** alternating voltage.
alternatore, *m.* alternator; generator.
— **a volano** (*ing. elet.*), flywheel alternator.
— **con regolatore automatico di tensione,** generator voltage regulator.
— **per turbine a vapore,** steam turbine generator.
— **per turbine idrauliche,** water-wheel generator.
altezza *f.* height; depth (*profondità*); pitch (*suono*); (*di tessuti*), width; breadth.
— **a murata** (*naut.*), moulded depth.
— **barometrica,** barometric height.
— **crogiuolo** (*altoforno*) (*met.*), height of hearth.
— **d'acqua,** height of water.
— **dei piani,** height between floors.
— **del crogiolo,** height of hearth.
— **della carcassa** (*forno met.*), shell height.
— **dell'anima,** web height.
— **della colonna d'acqua,** height of water.
— **della corona,** depth of rim.
— **della freccia** (*cost.*), rise *or* camber of arch.
altezza della luce (*cost. civ.*), headroom; headway.
— **della luce di un ponte** (*parte navigabile*), headway of a bridge.
— **della nube** (*meteor.*), cloud height.
— **della rotaia** (*ferr.*), height of rail.
— **della sacca,** height of bosh (*or* boshes).
— **della trave,** depth of girder.
— **delle punte** (*tornio*), height of centers.
— **dello stantuffo,** depth of piston.
— **dello strumento** (*agrim.*), H. I. (height of instrument).
— **del parapetto,** height of parapet.
— **del profilo,** height of section.
— **del rigurgito,** height of damming.
— **del tetto,** height (*or* rise) of roof.
— **del triangolo,** height of the triangle.
— **di accatastamento** (*di gru p. es.*), stacking height.
— **di caduta,** height of fall.
— **di caduta libera,** free falling distance.
— **di carico,** height of load.
— **di costruzione** (*naut.*), moulded depth.
— **di crociera** (*aereo*), cruising altitude.
— **di lavoro,** working height.
— **di mandata** (*pompe*), discharge head.
— **d'imposta,** springing height.
— **di registro** (*naut.*), registered depth.
— **di riempimento,** depth of charge.
— **di sollevamento,** hoisting height; (*di gru*), lifting height; (*di pale p. es.*), height of lift.
— **di una rotaia,** height (*or* depth) of rail.
— **di un dente,** depth of a tooth.
— **di un'onda sonora,** pitch of a sound-wave; frequency of a sound-wave.
— **in cabina** (*spazio al soffitto per una persona in piedi*) (*naut.*), standing headroom.

altezza libera dal suolo (*auto*), road clearance.
— **libera del sedile anteriore** (*auto*), front seat headroom.
— **massima** (*di sottopassaggio o ponte*), clear height.
— **massima di sollevamento** (*macch. agr.*), maximum lifted height.
— **metacentrica**, height of metacentre.
— **sacca** (*di altoforno*) (*met.*), height of bosh.
— **utile** (*mecc.*), working depth.
— **(all'—) dell'occhio** (*a livello dell'occhio*), at eye level.
— **(alla stessa —) del pavimento dell'officina**, flush with the floor of the shop.
— (*o* **colonna) premente** (*idraul.*), pressure head.
— **(regolabile in —)**, adjustable for height.
altigrafo, *m.* (*aereo*), altigraph; recording altimeter.
altimetria, *f.* altimetry.
altimetrico, *agg.* altimetric.
altimetro, *m.* (*aereo*), altimeter.
— **acustico** (*aereo*), sonic altimeter.
— **assoluto** (*aereo*), absolute altimeter.
— **codificatore** (*aereo*), encoding altimeter.
— **registratore** (*aereo*), altitude recorder; recording altimeter.
altipiano, *m.* highland; upland; plateau.
altitudine, *f.* altitude.
alto, *agg.* high.
— **esplosivo**, high explosive.
— **polimero** (*chim.*), high polymer.
— **sollevamento** (*di pale p. es.*), high lift.
— **stiro** (*tess.*), high draft.
— **vuoto**, high vacuum.
altocumulo, *m.* (*meteor.*), altocumulus; Ac; A. Cu.
altoforno, *m.* (*met.*), blast furnace; blastfurnace.
— **circolare**, circular blast furnace.
— **elettrico**, electric blast furnace.
altoforno in costruzione, blast-furnace under construction.
— **(accendere un —)**, to blow in a furnace.
— **(addensatore fanghiglie di —)**, blast furnace thickener.
— **(altezza crogiuolo di —)**, height of hearth.
— **(altezza sacca di —)**, height of bosh
— **(angolo sacca di —)**, bosh angle.
— **(arresti di soffiaggio dell'—)**, blow off.
— **(bocca dell'—)**, throat.
— **(carica minerali dell'—)**, blast furnace ore burden.
— **(dati di esercizio dell'—)**, blast furnace operating data.
— **(diametro campana grande dell'—)**, large bell diameter.
— **(diametro crogiolo dell'—)**, hearth diameter.
— **(diametro ventre)**, camber diameter.
— **(esercizio di —)**, blast furnace operation.
— **(impianto di —)**, blast furnace plant.
— **(l'— è fermo per riparazioni)**, the furnace is down for repairs.
— **(l'— fu acceso il 31 agosto 1978 ed è stato in marcia fino al ...)**, the furnace was blown in on August 31 1978 and up to ... it had been in blast.
— **(livello della colonna di carica dell'—)**, stock line level.
— **(livello tubiere di —)**, tuyere level.
— **(marcia dell'—)**, working of a blast-furnace.
— **(modello matematico di un —)**, blast furnace mathematical model.
— **(motore a gas per —)**, blast furnace gas engine.
— **(parti dell'—): bocca dell'—**, throat; **crogiolo dell'—**, hearth; **sacca dell'—**, bosh; **tino dell'—**, shaft; stack; **ugello dell'—**, tuyere; **ventre dell'—**,

camber; belley; **zona di riduzione dell'—**, reduction zone; **zona di fusione dell'—**, melting zone.

altoforno (polverino di —), blast furnace dust.

— (pressione alla bocca dell'—), top pressure.

— (produzione media dell'—), average blast furnace production.

— (produzione normale dell'—), rated furnace capacity.

— (profilo dell'—), blast furnace profile.

— (ricostruzione dell'—), blast furnace reconstruction.

— (sala controllo —), blast furnace control room.

— (soffiante per —), blast furnace blowing engine.

— (tecnologia dell'—), blast furnace technology.

— (volume totale di —), total volume of furnace.

— (volume utile di un —), blast furnace working volume.

— (v. mettere in riposo un —).

altoparlante, *m.* (*radio*), loudspeaker.

— a bobina mobile, moving coil loudspeaker.

— a chiamata e risposta (*radio*), talk-back.

— a condensatore, capacitor loudspeaker (U.S.A.); condenser loudspeaker.

— a cristallo, piezo-electric loudspeaker.

— a diaframma conico, cone loudspeaker.

— dinamico, dynamic speaker; electrodynamic loudspeaker.

— direzionale, directional loudspeaker.

— elettrodinamico, electrodynamic loudspeaker.

— elettromagnetico, electromagnetic loudspeaker.

— ortofonico, baffle loudspeaker.

— per alte frequenze, tweeter loudspeaker.

altoparlante (« diffusore ») per auto (*audio*), car speaker.

— piezoelettrico, cristal (*or* piezoelectric) loudspeaker.

altostrato, *m.* (*meteor.*), altostratus; As; A. St.

alundum, *m.* alundum.

alunite (*min.*), alunite; alumstone.

alveo, *m.* (*idraul.*), bed.

— di magra, minor bed.

— di piena, high-water bed.

alveolare, *agg.* cell-like

alvèolo, *m.* opening.

alzacristalli, *m.* (*auto.*), window regulator.

— elettrici (*auto*), electric window lifts; electric window winders.

alzaia, *f.* (*naut.*), warping line.

alzaporte (dispositivo) (*forni met.*), door winch.

alzare, *v.a.* to raise.

— il cofano (*auto*), to lift the bonnet.

— la temperatura, to raise the temperature.

— una lettera (*bozza*), raise a letter.

alzarsi, *v.r.* (*di corrente*), to rise.

alzata, *f.* (*tess.*), shedding.

— della valvola, lift; valve lift.

— di una sega, up stroke of saw.

— di un gradino, riser.

alzo, *m.* (*armi*), rear sight.

— panoramico (*artiglieria*), panorama sight.

amalgama, *m.* amalgam.

amalgamare, *v.a.* to amalgamate.

amalgamarsi, *vr.* to amalgamate.

amalgamatore, *m.* amalgamator.

amalgamazione, *f.* amalgamation.

amaranto, *m.* amaranth; purple wood (*bot.*).

amarina, *f.* (*chim.*), amarine.

amatolo, *m.* (*miscela esplosiva*), amatol.

amatoriale, *agg.*, amateur.

ambiente, *m.* (*fis.*), environment; (*stabilità delle superfici calde in tutte le condizioni ambientali*) (*met.*), stability of hot surfaces in all environments.

— aerospaziale (*corrosione, ecc.*), aerospace environment.

— chiuso, v. luogo chiuso.

ambiente (fautore della difesa dell'—), environmentalist.
ambiguità, *f.* (*elettron.*), ambiguity.
ambito di frequenza, frequency range.
ambra, amber.
— gialla, yellow amber.
— grigia, ambergris.
ambulanza, *f.* ambulance.
— (auto —), motor ambulance.
— (velivolo —), *m.* ambulance plane.
ambulatorio, *m.* ambulant clinic.
amento, *m.*) (*bot.*) (*specie di infiorescenza*), catkin.
americio (*chim.* = Am), americium.
ametista (*min.*), amethyst.
amianto, *m.* (*min.*), amianthus; asbestos.
— al palladio, palladium-asbestos.
— vulcanizzato, vulcanized asbestos.
amicroni (*chim.*), amicrons.
amide, v. **ammide.**
amidi acetilati, acetylated starches.
— clorurati, chlorinated starches.
amido, *m.* (*chim.*) starch.
— di patate, potato starch.
amigdaleide, *f.* amygdaleid.
amigdalico, *agg.* amygdalic.
amigdalina, *f.* amygdaline.
amilammina, *f.* (*chim.*), amylamine.
amilanilina, *f.* (*chim.*), amyl aniline.
amile, *m.* amyl.
amilene, *f.* (*chim.*), amylene.
amilfenolo, *m.* (*chim.*), amyl phenol.
amilmercaptano, *m.* (*chim.*), amylmercaptan.
amilopectina, *f.* (*chim.*), amylopectin.
aminochetone (*chim.*), aminoketone.
ammaccarsi, *v.r.* to bruise; (*mecc.*), to dent.
ammaccatura, *f.* (*mecc.*); (*prodotta da un colpo*) dinge.
ammannitura (*vernici*), priming.
ammaraggio, *m.* water landing; alighting on water; (*astron.*, *Apollo spacecraft*) (momento dell'—), splashdown.
ammaraggio forzato (*di un aereo terrestre danneggiato*), ditching.
ammarare, *v.i.* to alight on water; (*astron.*), to splash down.
— con aereo terrestre danneggiato (*mil.*) (*aereo*), to ditch.
ammassare, *v.a.* to heap up; to pile up.
ammasso, *m.* head; pile; stock piling.
— di memoria (*inform.*), memory dump; storage dump.
— di minerale, mass; bunny.
ammattonato, *m.* (*cost.*), brick flooring.
— a scacchiera, checker-work; brick flooring.
— a spina di pesce, herringbone brick flooring.
ammettenza, *f.* (*elet.*), admittance.
ammezzato, *m.* (*cost.*), mezzanine-story.
ammide, *f.* (*chim.*), amide.
ammina, *f.* (*chim.*), amine.
amministrare, *v.a.* to manage; to administer.
amministratore delegato (*amministrazione*), managing director.
amministrazione, *f.* management; administration.
— centrale (*ferr.*), headquarter.
— pubblica, civil service.
— statale di telecomunicazioni, state-owned telecommunications administration.
amminoacetanilide, *f.* (*chim.*), aminoacetanilide.
amminoacetilfenetidina, *f.* (*chim.*) aminoacetylphenetidine.
amminoacidi *m. pl.* (*chim.*), aminoacids.
amminoantrachinone, *m.* (*chim.*), aminoanthraquinone.
amminoazobenzene, *m.* (*chim.*), aminoazobenzene.
amminoazotoluene, *m.* (*chim.*), aminoazotoluene.
amminobenzaldeide, *f.* (*chim.*), aminobenzaldehyde.

amminodifenilammina, *f.* (*chim.*), aminodiphenylamine.
amminodimetilanilina, *f.* (*chim.*), aminodimethylaniline.
amminodimetilbenzene (*chim.*), aminodimethylbenzene; xylidine.
amminofenacetina, *f.* (*chim.*), aminophenacetin; phenocoll.
amminofenolo, *m.* (*chim.*), aminophenol.
amminonaftolo, *m.* (*chim.*), aminonaphthol.
amminopiridina, *f.* (*chim.*), aminopyridinc.
amminopurina, *f.* (*chim.*), aminopurine.
amminotiazolo, *m.* (*chim.*), aminothiazole.
amminotiofene, *m.* (*chim.*), aminothiophene.
ammissibile, *agg.* allowable.
— **(caduta di pressione —),** allowable pressure drop.
ammissione, inlet; admission.
— **del vapore,** steam admission; steam intake.
— **di aria calda,** hot air inlet.
— **di aria nel complesso della turbina** (*aereo*), engine air intake.
ammobiliare *v.a.*, to furnish.
— **(completamente ammobiliato),** fully furnished.
ammodernamento della sede ferroviaria (*ferr.*), modernization of the permanent way.
ammoniaca, *f.* ammonia.
— **caustica,** caustic ammonia.
— **liquida,** liquid ammonia.
ammonico, *agg.* ammonic.
ammonio, *m.* (*chim.*), ammonium.
ammonticchiare (*mattoni*), to stack up (bricks); (*materiali in polvere*), to pile.
ammorbidente, *m.* (*chim. tess.*), softener; softening agent.
— **per colori di pitture,** softener for artists' colours.
— **per gomma,** rubber softener.
— **per tessili** (*tess.*), textile softener.
ammorbidente resistente alla lavatura a secco, softener resistant to dy cleanings.
— **resistente a ripetute lavature,** softener resistant to repeated launderings.
ammorbidire, *v.a.* (*tess.*), to soften.
ammorsatura, *f.* (*cost.*), toothing.
ammortamento, *m.* amortization; depreciation.
— **di un impianto,** depreciation of a plant.
— **(fondo di —),** sinking fund.
ammortizzare, *v.a.* (*elet.*), to damp.
— **elasticamente,** to cushion.
— **il carrello** (*aereo*), to cushion the undercarriage.
— **il proprio costo** (*comm.*, *rif. a macchina*), to pay for itself.
— **(contro),** to cushion (against); (*le ruote gommate giovano ad ad — il telaio e la carrozzeria contro scosse e sollecitazioni su superfici scabrose*), rubber tyres help to cushion the frame and body against shock and strain on rough surfaces.
ammortizzatore, *m.* (*acust.*, *elet.*, *ing.*), damper; (*auto*), shock absorber.
— **a balestre** (*aereo*), leaf spring shock damper.
— **ad aria,** air cushion; (*auto.*), shock absorber.
— **ad olio** (*aereo*), oleo shock absorber; oleo plunger.
— **a frizione,** frictional damper.
— **a molla,** spring cushion.
— **a vapore,** steam cushion.
— **delle pale** (*aereo*), blade damper.
— **di fiamma** (*aereo*), flame damper.
— **di gomma,** rubber shock absorber.
— **dinamico,** dynamic damper.
— **di vibrazioni** (*ing.*), vibration damper.
— **idraulico** (*auto.*), hydraulic damper.
— **oleopneumatico,** oleo-pneumatic shock absorber.

ammortizzazione, *f.* (*elet., acust., ing.*), damping.
— **ad aria compressa,** air damping; pneumatic cushioning.
— **frontale** (*auto*), front damping.
ammorzatore, *m.* (*di colpi*), buffer; shock absorber.
ammostatoio, *m.* (*pigiatrice dell'uva*), wine-press.
ammucchiamento (*m.*) **compresso,** packed heaping.
— **sciolto,** loose piling.
ammucchiare, *v.a.* to pile up; heap up.
ammuffire, *v.i.*, to mildew.
amniografia, *f.* (*radiografia dopo l'iniezione di ioduro di stronzio*), amniography.
a monte del fiume, up the river.
amorfo, *agg.* amorphous.
amosite, *f.* (*min.*), brown asbestos.
a motore, self-propelling (*di barche, navi, ecc.*).
amovibile, *agg.* movable; removable; demountable; detachable.
amovibilità, *f.* detachability; dismountability.
amperaggio, *m.* (*elet.*), amperage.
ampere, *m.* (*elet.*), ampere.
— **-arco,** ampere-arc.
— **-centimetro,** ampere-centimetre.
— **-manometro,** ampere-gauge.
— **-ora,** *f.* ampere-hour.
— **-secondo,** ampere-second.
amperometro, *m.* (*elet.*), ammeter.
— **ad alta tensione,** high-tension ammeter.
— **a doppia scala,** double scale ammeter.
— **a filo caldo,** hot-wire ammeter.
— **a molla antagonista,** spring ammeter.
— **aperiodico** (*elet.*), dead-beat ammeter.
— **di carica batteria** (*motoc.*), motorcycle lamp ammeter.
— **di precisione,** standard-ammeter.
— **di valori di cresta,** surge crest ammeter.
— **per audiofrequenze** (*elet.*), audio-frequency ammeter.
amperometro registratore, recording ammeter.
amperora, *f.* (*elet.*), ampere-hour.
amperorametro, *m.* (*elet.*), ampere-hour meter.
amperspira, *f.* ampere turn.
ampiezza, *f.* amplitude.
— **della marea,** range of the tide.
— **di diffusione magnetica** (*fis. atom.*), magnetic scattering amplitude.
— **di modulazione,** depth of modulation.
— **di oscillazione,** amplitude of oscillation.
— **di un'armonica,** amplitude of a harmonic.
— **di un'onda,** amplitude of a wave.
— **di vibrazione,** amplitude of vibration.
— **media della marea,** mean rise and fall.
— **media delle maree sizigie,** spring range.
— **(escursione di —)** (*telev.*), amplitude excursion.
— **(guadagno di —),** (*telev.*), amplitude increase.
ampliamento dell'impianto (*met. ecc.*), plant expansion.
amplidina (*dinamo con eccitaz. dall'indotto*) (*elet.*), amplydine.
amplificare il segnale ricevuto (*amplificatore*), to boost the received signal.
amplificatore, *m.* amplifier.
— **a bassa frequenza,** audio-frequency amplifier.
— **a corrente continua,** d. c. amplifier.
— **ad alta frequenza,** high-frequency amplifier.
— **ad alto guadagno,** high-gain amplifier.
— **a deflessione verticale** (*telev.*) vertical deflection amplifier.
— **a impedenza** (*radio*), choke-coupled amplifier.
— **a microonde** (*fis.*), microwave amplifier.
— **a reazione negativa** (*elet.*), degenerative amplifier.

amplificatore audio (*radio*), audio amplifier.
— **controfase di classe B,** quiescent push-pull amplifier.
— **del battito di un orologio,** watch tick amplifier.
— **di accoppiamento catodico** (*radio*), cathode-coupled amplifier.
— **di alta fedeltà (***o* **di classe A),** A-amplifier.
— **di antenna,** aerial booster; (U.S.A.) antenna booster.
— **di classe C,** C-amplifier.
— **di controllo,** monitor amplifier.
— **di frequenza intermedia** (*radio*), intermediate frequency amplifier.
— **di linea** (*telev.*), line amplifier.
— **d'immagine** (*radiografia*), image intensifier.
— **di ponte** (*elet.*), bridging amplifier.
— **di potenza** (*elet.*), power amplifier.
— **elettrometrico** (*elet.*), electrometer amplifier.
— **integrato** (*audio*), integrated amplifier.
— **integratore** (*elet.*), integrating amplifier.
— **Klystron,** Klystron amplifier.
— **limitatore** (*radio*), limiting amplifier.
— **microfonico** (*elet.*), microphone amplifier.
— **paramagnetico,** (*elettron.*), maser.
— **paramagnetico ottico,** optical maser.
— **per cellula fotoelettrica,** photoelectric cell amplifier.
— **per impulsi di breve durata,** short-pulse amplifier.
— **push-pul** (*elet.*), push-pull amplifier.
— **separatore** (*elet.*), buffer amplifier.
— **stereo integrato** (*audio*), integrated stereo amplifier; stereo integrated amp.
— **stereofonico,** stereo amplifier.
— **telefonico,** telephone repeater.

amplificazione, *f.* amplification.
— **a bassa frequenza,** audio-frequency amplification.
— **logaritmica** (*radio*), logarithmic amplification.

ampolla di vetro, glass bulb.
— **per lampade** (*elet.*), lamp bulb.
— **radiologica,** tube.

anabbagliante, *agg.* (*auto*) antidazzle; antiglare

analgesina, *f.* (*chim.*), analgesine; antipyrine.

analisi, *f.* analysis; scanning (*telev.*); (*telev.* U.S.A.), sweep.
— **ad alta definizione** (*telev.*), close scanning (U.S.A.); fine scanning.
— **al vaglio** (*min.*), screen analysis.
— **casualizzata,** random analysis.
— **chimica,** chemical analysis.
— **circolare** (*telev.*), circular scanning.
— **circuitale** (*mecc.*), mesh type analysis.
— **colorimetrica** (*chim.*, *met.*), colorimetric analysis.
— **compensata** (*telev.*), compensated scanning.
— **conduttometrica** (*met.*), conductimetric analysis.
— **cristallina,** crystal analysis.
— **dei dati** (*inform.*), data analysis.
— **dei rapporti,** ratio analysis.
— **della mansione** (*addestramento*), job analysis.
— **della regressione** (*mat.*), regression analysis.
— **del lavoro** (*campionatura lavoro*), job analysis.
— **delle combinazioni,** combinatorial analysis.
— **delle interdipendenze strutturali** (*analisi degli scambi industriali o intersettoriali*) (*econ.*), input-output analysis.
— **delle vendite,** sales analysis.
— **dell'immissione-emissione** (*cibernetica*), input-output analysis.
— **dello spettro col metodo del tempo di volo** (*fis. atom.*), time of flight spectrum analysis.

analisi del rottame (*met.*), scrap analysis.
— **del suolo,** soil analysis.
— **del valore** (*di un prodotto, rispetto alla riduzione del suo costo di produzione*) (*ind.*), value analysis.
— **densimetrica,** float and sink analysis.
— **di controllo,** check analysis.
— **di siviera** (*met.*), ladle analysis.
— **elastica** (*cost.*), elastic analysis.
— **fattoriale** (*mat.*), factorial analysis.
— **fotoelastica delle lamiere** (*met.*), photoelastic analysis of plates.
— **fotometrica** (*met.*), photometric analysis.
— **granulometrica** (*fis. atom.*), screen analysis; (*del suolo ecc.*), sieve analysis test; (*min.*), particle-size distribution.
— **granulometrica meccanica del coke,** coke sieve analysis.
— **gravimetrica** (*met.*), gravimetric analysis.
— **immediata,** proximate analysis.
— **indiretta** (*telev.*), indirect scanning.
— **in tempo reale** (*inform.*), real-time analysis.
— **interlacciata** (*telev.*), interlaced scanning.
— **isotopica** (*fis. atom.*), isotopic analysis.
— **media,** mean analysis.
— **metallurgica,** metallurgical analysis.
— **nefelometrica** (*met.*), nephelometric analysis.
— **per attivazione,** activation analysis.
— **per impronta** (*chim.*), «spot-analysis».
— **per mezzo dell'ebollizione,** analysis by boiling.
— **per via secca,** dry analysis.
— **per via umida,** wet analysis.
— **plastica** (*cost.*), plastic analysis.
— **polarografica** (*met., chim.*), polarographic analysis.
— **polidimensionale,** polydimensional analysis.

analisi potenziometrica (*met.*), potentiometric analysis.
— **quadrupla** (*telev.*), quadruple scanning.
— **quali-quantitativa,** qualitative and quantitative analysis.
— **qualitativa,** qualitative analysis.
— **quantitativa,** quantitative analysis.
— **reticolare** (*addestramento*), network analysis.
— **ritardata** (*telev.*), delayed scanning; delayed sweep (U.S.A.).
— **sequenziale** (*telev.*), sequential scanning; sequential analysis.
— **spettrale,** spectral analysis.
— **spettrale delle audiofrequenze,** audio frequency spectrum analysis.
— **spettrofotometrica** (*met.*), spectrophotometric analysis.
— **spettrografica** (*met.*), spectrographic analysis.
— **spettroscopica nell'infrarosso,** infrared spectroscopic analysis.
— **statistica,** (U.S.A.) breakdown; statistical analysis.
— **termica** (*met.*), thermal analysis.
— **termica differenziale** (*min.*), differential thermal analysis.
— **termodifferenziale,** differential thermal analysis.
— **termogravimetrica** (*min*), thermogravimetric analysis.
— **tomografica** (*med.*), tomographic scanning.
— **vettoriale,** vector analysis.
— **volumetrica,** volumetric analysis.
— **volumetrica ripetuta,** backtritation.

analista (*cibern.*), analyst.
— **del suolo** (*foreste*), soil analyst.
— **di sistemi** (*inform.*), systems analyst.
— **tempi,** *m.* time-study engineer.

analitico, *agg.* analytical.

analizzare, *v.a.* to analyze.

analizzare (*un metallo, ecc.*) **per determinarne la radioattività,** to radioassay.
analizzatore, *m.* analyzer; scanner (*telev.*).
— **acustico elettrico,** sound-level meter; sound analyzer.
— **a nastro** (*telev.*), belt scanner.
— **a raggi infrarossi** (*chim., ecc.*), infra-red analyzer.
— **a tamburo,** drum scanner.
— **dei fumi** (*met.*), flue gas tester.
— **della benzina,** fuel tester; gasoline tester (U.S.A.).
— **di armoniche** (*elet.*), harmonic analyzer; harmonic wave analyzer.
— **di equalizzazione** (*audio*), equalizer analyzer.
— **differenziale,** analog computer.
— **di gas** (*chim., ecc.*), gas analyzer.
— **di isotopi** (*fis. atom.*), isotope analyzer.
— **di reti** (*elet.*), network analyzer.
— **di rumori,** noise meter; frequency analyser; sound level meter.
— **elettrico** (*elet.*), differential analyser.
— **ferrografico** (*mecc.*), ferrograph analyzer.
— **indiretto a punto mobile** (*telev.*), light-spot scanner.
— **per scansione** (*lettura ottica o magnetica di documenti*) (*inform.*), optical scanner.
anallatico, *agg.* (*topog.*) anallatic.
analogia elettrica non lineare (*elet.*), nonlinear electrical analogy.
— **meccanica,** mechanical analogy.
analogiche, v. **macchine calcolatrici analogiche.**
analogico, *agg.* analog; analogue.
— **(calcolatore —),** analog computer.
analogie elettromeccaniche, electromechanical analogies.
analogo, *agg.* similar; analogous.
anametiste, *f.* anametiste.
anamorfoscopio, *m.* anamorphoscope.
anastatico, *agg.* (*tip.*), anastatic.
anastigmatico, *agg.* anastigmatic.
anca, *f.* (*naut.*), quarter.
ancia, *f.* (*acust.*), reed (*vibrating tongue of wood or metal*).
àncora, *f.* (*orol.*), pallet; anchor (*naut.*); lever (*orol.*); pallet fork (*orol.*).
— **a catena** (*aereo*), chain grapplers.
— **di deriva** (*aereo*), drag anchor.
— **di elettromagnete,** armature; rotor.
— **di elettromagnete a doppio T,** H armature.
— **flottante,** driving anchor.
— **(punta di un'—),** (*naut.*), pea.
ancoraggi per cinture di sicurezza (*auto*), anchorages for seat belts.
— **presollecitati** (*ing.*), prestressed anchors.
ancoraggio, *m.* (*cost. civ.*), anchorage; (*naut.*), berth; fixing; anchoring.
— **a pioli Nelson** (*costr.*), Nelson stud anchoring.
— **degli arcarecci,** purlin anchoring.
— **della catena,** chain anchoring.
— **dell'arco,** grappling of arch.
— **delle estremità,** end anchorage.
— **dello scambio,** switch span.
— **del palo,** pile strutting.
— **orizzontale,** horizontal anchorage.
ancorare, *v.a.* to anchor.
— **una piattaforma galleggiante sul fondo del mare,** to tether a floating platform to the seabed.
ancoretta di rinforzo, brace anchor.
ancorotto affondatore di una mina, sinker.
andamento, *m.* working; running.
— **della forza,** course of force.
— **della precipitazione,** course (*or* range) of precipitation.
— **della temperatura,** temperature range.

andamento di una curva, outline of a curve.
— **di un altoforno,** working of a blast furnace.
— **dolce** (*di motore*), smooth running (of an engine); easy running (of an engine).
— **generale dei prezzi** (*comm.*), general price movements.
— **silenzioso** (*di motori*), noiseless running.
andana, *f.* (*agr.*), windrow.
andare alla deriva, to drift.
— **in auto,** to go by car.
— **in autobus,** to go by bus.
— **in macchina** (*stampare*), to go to press.
— **in secca** (*naut.*), to go aground.
anecoico, *agg.* (*suono*), anechoic.
anelasticità, *f.* anelasticity.
anelli (*m. pl.*) **di interferenza** (*ott.*), rings and brushes.
— **per orologi** (*orol.*), bows.
— **per sedi di valvole riportate** (*mecc.*), valve seat inserts.
anellini Raschig, Raschig rings.
anellino, *m.* (*filatura cotone*), traveller.
anello, *m.* ring.
— **ad ali,** flap ring.
— **ad U,** shackle.
— **annuale** (*bot.*), annual ring.
— **cilindrico,** cylindrical ring.
— **collettore** (*elet.*), collector ring.
— **compensatore** (*mecc.*), compensation ring.
— **con perno** (*per serrare giunti*), ferrule with dowel.
— **cordonato** (*mecc.*), curb ring.
— **d'appoggio e di spessore,** washer; packing ring.
— **da stantuffo,** piston ring.
— **del collare,** neck ring.
— **della valvola,** valve seat.
— **dell'eccentrico,** eccentric strap.
— **dell'indice,** index ring.
— **del premistoppa,** stuffing box ring.
— **di aggancio** (*astron.*), docking ring.
— **di ancoraggio,** anchor ring.
— **di arresto,** clamping ring; stop collar.
anello di blocco (*o* **d'innesto**), sliding ring.
— **di blocco (con tacche),** locking ring.
— **di calibro,** gauge ring.
— **di catena,** link.
— **di caucciù,** india rubber ring.
— **di chiusura,** shrunk ring.
— **di contrappeso,** weight ring.
— **di controspinta,** friction ring.
— **di controventatura,** shroud ring.
— **di corazza** (*estrusione, met.*), supporting ring.
— **di crescita** (*bot.*), annual ring.
— **di cuoio,** leather ring.
— **di fissaggio,** clamping ring.
— **di forzamento** (*mecc.*), shrink ring.
— **di galleria** (*min.*), tunnel ring.
— **di giunzione,** joint ring.
— **di guarnizione,** packing ring.
— **di guida,** guide ring.
— **di laminazione** (*met.*), roll ring.
— **d'incrocio** (*di bussola*), grid ring.
— **di pozzo,** shell of well.
— **di pressione,** pressure ring.
— **di pressione assiale,** thrust ring.
— **di protezione,** safety ring; protection ring.
— **di rinforzo** (*mecc.*), stiffener ring.
— **di rivestimento,** bending ring.
— **di scappamento,** exhaust ring.
— **di scorrimento,** slip-ring (*elet.*).
— **di sicurezza** (*di perni, ecc.*) circlip; safety ring.
— **di stantuffo,** piston ring.
— **di tensione,** spreading ring.
— **di tenuta** (*mecc.*), sealing ring; packing ring (*per alberi rotanti, dadi e viti*); gas ring (*mot.*),
— **di tenuta della camera di combustione,** combustion chamber sealing ring.
— **di tubaggio** (*min.*), tubing ring.
— **di turbina** (*aereo*), turbine shroud ring.
— **di unione** (*elet.*), bull-ring.
— **divisore,** graduated ring.
— **d'ormeggio** (*aereo*), mooring ring.

anello elastico (*auto*), compression ring (piston ring); snap ring; anchor pin circlip (*anello Seger*).
— **elastico di chiusura**, retainer ring.
— **elettrodinamico**, electric ring.
— **equipotenziale** (*elet.*), equaliser ring; balancing ring.
— **ferma-vetro** (*orol.*), flange.
— **filettato**, nut ring.
— **ibrido** (*radio*), rat race (U.S.A.); hybrid ring.
— **lubrificatore**, oiling ring; lubricating ring.
— **montato a caldo**, shrunk-on ring.
— **otturatore**, otturating ring.
— **per allargare**, expanding ring.
— **per portaspazzole** (*elet.*), rocker-ring.
— **per tirare**, pull ring.
— **raschiaolio**, scraper.
— **registrabile**, adjustable ring.
— **rotante** (*aereo*), rotating annulus.
— **sferico**, circular section ring.
— **sgocciolatore**, drip ring.
— **tenditore**, tension ring.
— **(armatura ad —) piatto**, flat ring armature.
anemoclinografo, *m.* anemoclinograph.
anemografo, *m.* anemograph.
anemogramma, *m.* anemogram.
anemometria, *f.* anemometry.
— **laser**, laser anemometry.
anemometro, *m.* anemometer; aneroid barometer.
— **a quadrante** (*aereo*), illuminated wind indicator (*or* cone).
— **registratore**, recording anemometer.
— **registratore elettrico**, electrical recording anemometer.
— **verticale**, vertical anemometer.
anemoscopio, *m.* anemoscope.
anermicità, *f.* leakage.
anerobico, *agg.* anaerobic.
aneroide, *m.* aneroid.
— **, barometro aneroide**, aneroid barometer.
— **della pressione**, boost gauge.

anestesia, *f.* (*med.*), anaesthetization.
anetolo, *m.* (*chim.*), anethole.
anfibio, *m.* (*aereo*), amphibian.
anfotero *agg.* (*avente proprietà acide e basiche*) (*chim.*), amphoteric.
angiocardiografia, *f.* angiocardiography.
angiodiascopia, *f.* angiodiascopy.
angiografia, *f.* (*radiol.*), angiography.
angiologia, *f.* (*med.*), angiology.
angiopneumografia, *f.* (*radiol.*), angiopneumography.
angiotonina, *f.* (*med.*), angiotonin.
anglesite, *f.* (*min.*), anglesite.
angolare, *agg.* angular.
angolari, *m. pl.* (*met.*), angles; angle bars; angle irons.
— **a bulbo**, bulb angles.
— **di acciaio**, steel angles.
angolarmente, *avv.* angularly.
angolazione (*m.*) **della macchina da presa** (*cinem.*), camera angle.
angoli cristallografici, crystallographic angles.
angolo, *m.* angle; shooting angle (*cinem.*).
— **acuto**, acute angle.
— **adiacente alla base**, base angle.
— **al centro**, angle at the centre.
— **alla circonferenza**, angle at the circumference.
— **azimutale** (*top.*), azimuthal angle.
— **Bragg**, Bragg angle.
— **complementare**, complementary angle.
— **critico**, critical angle.
— **d'accecamento**, angle of countersinking.
— **d'altezza**, height angle.
— **d'attrito**, angle of friction; angle of repose.
— **d'azione** (*utensili*), angle of action.
— **dei filetti fluidi verso il basso** (*aereo*), angle of downwash.
— **dei tre principali assi di un aeroplano in relazione alla corrente d'aria ed al terreno** (*aereo*), attitude.

angolo del cono del diffusore (*aereo*), diffuser cone angle.
— **del dedendum** (*ingr.*), angle decrement.
— **della base** (*ingranaggi*), dedendum angle.
— **della base del dente,** angle of back of tooth.
— **dell'affilatura,** front rake.
— **della filettatura,** angle of thread.
— **della fresatura,** milling angle.
— **della punta** (*tornio*), angle of centre.
— **della punta del dente,** angle of tooth point.
— **della sacca** (*altoforno*), angle of bosh; bosh angle.
— **della sommità** (*ingranaggi*), addendum angle; top angle.
— **dell'elica,** angle of screw.
— **del ritardo di fase** (*elet.*), angle of lag.
— **del vento di prua** (*aereo*), angle of relation wind.
— **di aggiunta,** clearance angle.
— **di anticipazione di fase** (*elet.*), angle of lead.
— **di anticipo** (*o* **di avanzamento**) (*elet.*), angle of lead.
— **di assetto** (*aereo*), angle of trim; angle of balance.
— **di attacco** (*aereo*), angle of incidence; chord incidence; angle of attack.
— **di atterraggio** (*aereo*), landing angle.
— **di attrito,** angle of friction; angle of repose.
— **di avanzamento,** angle of advance.
— **di avvolgimento,** angle of twist.
— **di beccheggio** (*aereo*), angle of pitch.
— **di caduta** (*armi*), angle of impact; (*aereo*), angle of stall.
— **di caduta teorica** (*aereo*) (*distanza orizzontale fra il percorso in volo di una bomba vera e di una bomba teorica, se fossero calate da un aereo nello stesso momento*), air lag.
— **di calettamento,** angle seat.

angolo di compensazione (*aereo*), balancing surface.
— **di compensazione del timone di direzione** (*aereo*), rudder balancing surface.
— **di compensazione del timone di profondità** (*aereo*), elevator balacing surface.
— **di contatto,** angle of contact.
— **di correzione della deriva** (*aereo*), angle of crab.
— **di curvatura** (*tondini ecc.*), angle of bending.
— **di decalaggio** (*elet.*), angle of lead.
— **di decalaggio delle spazzole,** angle of brush lag.
— **di decalaggio in avanti** (*aereo*), angle of positive stagger.
— **di decalaggio indietro** (*aereo*), (*o* **negativo**), angle of backward (*or* negative) stagger.
— **di decalaggio positivo** (*aereo*), angle of positive stagger.
— **di declinazione,** angle of declination.
— **di definizione,** (*telev.*), wedge.
— **di deriva** (*aereo*), drift angle.
— **di derivazione** (*idraul.*), angle of yaw.
— **di deviazione** (*ott.*), angle of deviation.
— **di diffusione** (*fis. atom.*), scattering angle.
— **di direttività** (*radio*), directivity angle.
— **di divergenza,** angle of divergence.
— **diedro** (*mat.*) (*aereo*), dihedral angle.
— **diedro negativo,** negative (*or* downward) dihedral angle.
— **diedro positivo,** positive (*or* upward) dihedral angle.
— **di elevazione,** altitude angle.
— **di elevazione** (*armi ecc.*), angle of elevation.
— **di equilibrio** (*aereo*), angle of trim.
— **di fase** (*elet.*), phase angle.
— **di fase,** v. **apparecchio per la misura dell'— di fase.**

angolo di forma di freccia (*aereo*), angle of sweep-back.
— **di freccia positivo** (*aereo*), sweepback.
— **di girazione** (*aereo*), angle of yaw.
— **di incidenza** (*fis.*), angle of incidence; incident angle.
— **di incidenza** (*auto*), castor angle.
— **d'incidenza** (*fra la corda del timone di profondità e la corda del profilo alare*) (*aereo*), elevator angle.
— **d'incidenza** (*ing.*), rake; clearance.
— **di incidenza effettiva** (*mecc.*), true clearance.
— **d'incidenza longitudinale** (*aereo*), longitudinal dihedral angle.
— **d'incidenza della pala dell'elica** (*aereo*), propeller blade angle; angle of incidence of the airscrew blade.
— **di incisione** (*dischi*), cutting angle.
— **d'inclinazione,** angle of inclination.
— **d'inclinazione di un piano di faglia** (*geol.*), angle of hade.
— **d'inserzione** (*tess.*), shed.
— **d'inserzione (passo aperto)** (*tessili*), open shed.
— **d'inserzione (passo chiuso)** (*tess.*), closed shed.
— **d'intersezione** (*top.*), intersection angle.
— **di lancio della bomba** (*aereo*), drooping angle.
— **di massima pendenza,** (*geol.*), dip angle.
— **di mira,** sighting angle.
— **di movimento fra l'alettone e la parte fissa dell'ala** (*aereo*), aileron angle.
— **d'impatto,** angle of impact.
— **di obliquità** (*ing.*), angle of obliquity; (*degli assi*), intersecting angle (*of axes*).
— **di perdita** (*diel.*), loss angle.
— **di piazzamento dell'utensile,** clearance angle.
— **di pilotaggio** (*aereo*), piloting angle.

angolo di planata (*aereo*), angle of glide.
— **di polarizzazione** (*ott.*), angle of polarization.
— **di precessione,** angle of advance.
— **di precessione in avanti,** progressive lead angle.
— **di precessione indietro,** retrograde lead angle.
— **di pressione** (*ingr.*), angle of pressure.
— **di regresso dell'elica** (*aereo*), angle of slip of the airscrew (*or* propeller).
— **di resistenza** (*utens.*), front angle.
— **di riflessione** (*ott.*), angle of reflection.
— **di rifrazione,** angle of refraction.
— **di rilevamento** (*armi*), angle jump.
— **di rinforzo** (*mecc.*), stiffener.
— **di ripresa** (*telev.*), camera coverage.
— **di risucchio** (*aereo*), downwash angle.
— **di ritardo** (*elet.*), angle of lag.
— **di rollata** (*aereo*), roll angle.
— **di rollio** (*aereo*) (*angolo di cui deve essere mosso attorno al proprio asse un aereo, per portare il suo asse laterale in posizione orizzontale*), angle of roll.
— **di rotazione,** angle of rotation.
— **di rotazione dell'aereo intorno al suo asse verticale** (*aereo*), angle of yaw.
— **di salita in candela** (*aereo*), angle of zoom.
— **di sbandamento della bussola** (*aereo*), compass tilting angle.
— **di scivolata laterale,** angle of side-slip.
— **di separazione** (*ill.*), angle of cut-off.
— **di sganciamento** (*aereo*), dropping angle.
— **di sito,** angleof site.
— **di spoglia anteriore,** clearance angle.
— **di spoglia laterale,** side relief angle.

angolo di spoglia superiore, back slope; rake angle.
— **di stallo** (*aereo*), angle of stall.
— **di sterzatura** (*auto*), steering angle.
— **di stratificazione** (*geol.*) angle of bedding.
— **di svasamento foro matrice** (*estrusione*), die angle.
— **di taglio,** cutting angle; lip angle.
— **di torsione,** angle of torsion.
— **di trafilatura** (*di una filiera*) (*mecc.*), drawing angle.
— **di virata** (*aereo*), angle of yaw.
— **di volo** (*aereo*), flight path angle.
— **di volo** (*aereo*) (*fra l'asse longitudinale e la direzione del moto di un aeroplano, quando vola orizzontalmente*), angle of pitch.
— **di volo librato** (*aereo*), gliding angle.
— **elettrico,** electric angle; electrical angle.
— **ellittico,** helix angle.
— **limite** (*ott.*), critical angle.
— **morto,** dead angle.
— **orario** (*astr.*), hour angle.
— **ottuso,** obtuse angle.
— **parallattico** (*astr.*), parallactic angle.
— **piatto,** plane angle.
— **polare** (*diagrammi di diffrazione*), polar angle.
— **primitivo** (*ingr.*), pitch angle.
— **retto,** right angle.
— **sacca** (*di altoforno*), bosh angle.
— **smussato,** chamfered angle.
— **solido,** solid angle.
— **supplementare,** supplementary angle.
— **visivo** (*fot.*), angle of view.
— **visuale** (*cinem.*), sight lines.
angora, *f.* angora.
angostura, *f.* angostura; angustura.
angström, *m.* angström (*unità spettroscopica*).
anice, *m.* aniseed; anise.
anidride, *f.* (*chim.*), anhydride.
— **acetica,** acetic anhydride.
anidride antimonica, antimony pentoxide.
— **antimoniosa,** antimony trioxide.
— **arseniosa,** arsenic anhydride.
— **carbonica,** carbon dioxide; carbonic anhydride; carbonic acid gas.
— **carbonica liquida,** liquid carbon dioxide.
— **carbonica solida,** solid carbon dioxide.
— **cromica,** chromic anhydride; chromium trioxide.
— **fosforica,** phosphorous pentoxide: P_2O_5.
— **ftalica,** phthalic anhydride.
— **iodica,** iodic anhydride.
— **ipoclorosa,** chlorine monoxide: Cl_2O.
— **lattica,** lactic anhydride.
— **laurica,** lauric anhydride.
— **nitrica,** nitric anhydride; nitrogen pentoxide: N_2O_5.
— **nitrosa,** nitrogen trioxide.
— **solforica,** sulphyric anhydride; sulphur trioxide.
— **solforosa,** sulphurous acid; sulfurous acid (U.S.A.).
— **stannica,** stannic oxide.
— **tungstica,** tungsten trioxide.
— **wolframica** tungsten trioxide.
anidridi (*f. pl.*) **del galattosio** (*chim.*), galactans.
anidrite, *f.* (*chim.*), anhydrite; calcium sulphate (*or* sulfate).
anidro, *agg.* anhydrous.
anidroecgonina, *f.* (*med.*), anydroecgonine.
anilina, *f.* (*chim.*), aniline; (aminobenzene; phenylamine).
anima, *f.* core (*fond.*); heart; kernel.
— **a verde** (*fond.*), green sand core.
— **cieca** (*fond.*), blind core.
— **del legno,** core of wood; heart of wood.
— **delle scale** (*cost.*), newel.
— **di elettrodo** (*sald.*), electrode core.
— **di rocchetto** (*tess.*), barrel.
— **di un cavo,** cable core.

anima di un ferro (*profilato*), web.
— **ottenuta con soffiaggio** (*fond.*), blown core.
animale per esperimenti di laboratorio, laboratory animal.
animali, v. **alimenti per —; materia prima per alimentazione di —**
animare, *v.a.*, to animate (*cinem.*).
animazione, *f.* (*cin.*), animation.
anime (macchina per fare le —) (*fond.*), core machine.
animella (*di pompa*), sucker of a pump; clack; flap-valve.
— **della valvola,** clack-valve; flap; clack.
— **di sicurezza,** safety flap; clack valve.
animista, *m.*, core maker.
animisteria, *f.* (*fond.*), core shop.
anione, *m.* anion.
anisidina, *f.* (*chim.*), anisidine.
anisolo, *m.* (*chim.*), anisole.
anisotropi, v. **metalli —.**
anisotropia, *f.* (*fis.*), anisotropy.
— **elastica** (*met.*), elastic anisotropy.
— **ferromagnetica** (*elettron.*), ferromagnetic anisotropy.
— **magnetica,** magnetic anisotropy.
anisotropo, *agg.* anisotropic.
annaffiare (*strade*), to sprinkle; to water.
annaffiatoio, watering can; sprinkler.
annebbiamento, *m.* (*momentaneo annebbiamento degli occhi provato durante manovre ad alta velocità*) (*aereo*), blackout; (*vernici*), clouding.
annebbiarsi (*oscurarsi*) (*vernici, resine*) (*chim.*), to haze.
annegare, to embed (*termocoppia annegata nella parete della lingottiera*) (*met.*), thermocouple embedded in the mold wall.
— **nel calcestruzzo** (*costr.*), to bed (*or* to imbed, *or* to bury, *or* to lay) in concrete.
— **un tubo nel refrattario** (*costr.*), to imbed a pipe in the refractory.
annerimento (*di lampade*) (*elet.*), blackening.
annessi, *m. pl.* (*mecc.*), attachments.
annichilazione, *f.* annihilation.
anno, *m.* year.
— **civile** (*gen.*), calendar year.
— **di riferimento** (*comm.*) (*finan.*), base year.
— **geofisico,** geophysical year.
— **idrologico,** hydrological year.
— **luce,** lightyear.
— **medio,** average year.
— **(tutto l' —),** year-around.
annodare, *v.a.* to knot.
annodatrice, *f.* (*tess.*), warp tying machine.
— **automatica** (*tess.*), twisting-in machine.
annodatura, *f.* (*tess.*), knotting.
annotazione, *f.* (*in una carta*), entry (on a map).
annuario, *m.* year-book; directory (*repertorio con nomi ed indirizzi relativi a una particolare industria*).
— **del commercio marino,** marine trade directory.
— **della maglieria** (*tess.*), hosiery and knit directory.
— **laniero,** wool directory.
annullamento della corrente, cancellation of current.
annullare, *v.a.* to cancel; to annul.
— **l'effetto** (*mecc.*), to spoil the effect.
— **un francobollo** (*posta*), to cancel a stamp.
annullarsi (*di forze*), *v.r.* to cancel out (*one another*).
annullatore (*m.*) **tabulazione** (*macchina da scrivere*), tabulator clearing lever.
annullo postale (*obliterazione*) (*poste*), stamp cancelling.
annunciatore, *m.* (*radio*), announcer.
annuvolamento, *m.* (*meteor.*), cloudiness.
— **notturno,** night clouding.
anodi di grafite interrati (*gas*), graphite ground anodes.

anodi sacrificali (*met.*), sacrifical anodes (*riferito a fogli o barre di zinco, magnesio od acciaio usati ma perduti per proteggere un metallo dalla corrosione*).
anodico (*elet.*), anodic.
anodizzare, *v.a.* to anodize.
anodizzazione, *f.* (*met.*), anodizing.
— **fluoridrica** (*met.*), fluoride anodizing.
— **(caratteristiche di —),** anodizing characteristics.
anodo, *m.* anode.
— **acceleratore,** accelerating anode; gun anode (*radiol.*).
— **a disco** (*tubo raggi catodici*), disc anode.
— **di accensione,** starting anode.
— **di eccitazione,** excitation anode.
— **principale,** main anode.
— **rotante,** rotating anode.
— **solubile,** soluble anode.
anolita, *m.* (*elet.*), anolyte.
anomalia, *f.* anomaly.
— **termica** (*meteor.*), thermal anomaly.
anormale, *agg.* abnormal.
anortite, *f.* (*min.*), anorthite.
anossia, *f.*, anoxaemia.
ansa del carrello (*aereo*), undercarriage strut; landing gear-strut (U.S.A.).
— **(regolatore di —)** (*treno finitore met.*), crank-roller looper.
— **(regolatore posizione formaanse)** (*laminatoi, met.*), looper position regulator.
antagonista, v. **molla —.**
antelio, *m.* (*meteor.*), anthelion.
antemurale, *m.* jetty.
antenna, *f.* (*elettron.*), antenna (U. S.A.) (*pl.* antennas, *ma anche, meno comune,* antennae); (*elettron.*), aerial; (*cost.*), scaffolding standard; spar (*di impalcatura*); (*naut.*), boom; sailyard; trolley pole (*ing. elet.*).
N.B. I vocaboli seguenti si riferiscono all'antenna usata nell'elettronica.
— **a 5 elementi,** five-element antenna.
antenna a contrappeso, conterpoise aerial (*or* antenna, U.S.A.).
— **ad asta dielettrica,** dielectric rod antenna.
— **Adcock,** Adcock aerial (antenna, U.S.A.).
— **a fantasma,** phanton aerial (*or* antenna).
— **a fascio,** beam aerial (*or* antenna).
— **a ferrite** (*radio*), ferrite-filled rod antenna; ferroceptor aerial.
— **a fessura,** slot aerial.
— **a gabbia,** cage aerial; cage antenna (U.S.A.).
— **a gomito,** bend antenna.
— **a L rovesciata,** inverted-L aerial (*or* antenna).
— **a mezzo onda,** half-wave aerial (*or* antenna).
— **anulare a superficie ondulata,** annular corrugated-surface antenna.
— **aperiodica,** aperiodic aerial (antenna) (U.S.A.).
— **a quadro,** frame aerial (*or* antenna); loop antenna.
— **a quarto d'onda,** quarter-wave aerial (*or* antenna).
— **armonica,** harmonic antenna.
— **artificiale (***o* **a fantasma),** artificial antenna.
— **a sistema ad anelli,** ring antenna.
— **a spinapesce,** christmas tree antenna (U.S.A.); fishbone a.
— **ausiliaria,** auxiliary antenna.
— **a ventaglio,** fan aerial; fan antenna (U.S.A.).
— **a V rovesciata,** inverted-V aerial (*or* antenna).
— **beverage,** beverage aerial; b. antenna (U.S.A.).
— **centralizzata,** single antenna.
— **circolare,** circular antenna.
— **coassiale,** coaxial aerial.
— **collettiva,** block antenna.
— **compensata,** balanced aerial.
— **conica,** cone antenna.
— **di carico,** loaded aerial (*or* antenna).
— **di contrappeso,** counterpoise antenna.

antenna di controllo, monitoring aerial.
— **di discesa,** downlead.
— **dipolo,** dipole aerial; dipole antenna (U.S.A.).
— **direttiva,** directive antenna.
— **direttiva ruotabile,** rotary antenna.
— **direzionale,** directional aerial (*or* antenna).
— **direzionale a fili scaglionati,** echelon aerial.
— **di satellite** (*radio*) (*telev.*), satellite antenna.
— **disco-cono,** discone aerial.
— **elicoidale,** corkscrew antenna.
— **equilibrata,** balancing aerial (antenna U.S.A.).
— **espansibile** (*aereo, ecc.*), expandable antenna.
— **fittizia,** dummy aerial; d. antenna (U.S.A.); artificial antenna.
— **in quarto d'onda,** quarter-wave antenna.
— **in semionda,** half-wave antenna.
— **interrata,** buried aerial; buried antenna (U.S.A.).
— **laminata,** laminated aerial.
— **marconiana,** Marconi aerial (*or* antenna).
— **modulata,** modulated antenna.
— **multipla** (*astron.*), multibeam antenna.
— **non caricata,** unloaded antenna.
— **omnidirezionale** (*radio*), omnidirectional aerial.
— **parabolica,** parabolic antenna; dish aerial (*or* antenna).
— **parassita accordata,** tuned parasitic radiator.
— **per auto,** auto antenna.
— **per autoradio,** car radio antenna.
— **per microonde,** microwave antenna.
— **per ricezione differenziale** (*anti-fading*), diversity antenna.
— **periodica,** periodic antenna.
— **per veicoli spaziali,** spacecraft antenna.
— **per velivolo,** aeroplane aerial.
— **retrattile,** trailing antenna.

antenna ricevente, receiving antenna.
— **ricevente di un satellite** (*comunicazioni*), satellite aerial.
— **rientrante** (*aereo*), collapsible aerial.
— **rombica,** rhombic aerial; rhombic antenna (U.S.A.).
— **rombica orizzontale,** horizontal rhombic antenna.
— **schermata,** screened antenna.
— **sintonizzata multipla,** multiple-tuned aerial (*or* antenna).
— **sottomarina,** submerged aerial.
— **spaziale,** elevated antenna.
— **telescopica,** telescopic aerial; telescope antenna.
— **telescopica ad asta** (*TV, ecc.*), telescopic rod antenna (*or* aerial).
— **tripolo,** tripole antenna.
— **« turnstile »,** turnstile antenna.
— **unidirezionale,** unidirectional aerial; u. antenna (U.S.A.).
— **unifilare,** single wire aerial.
— **verticale alimentata in serie,** end-fed vertical aerial.
— **zeppelin,** zepp aerial; zepp antenna (U.S.A.).
— **(altezza elettrica di un'—),** effective height of an antenna).
— **(pennone di —),** aerial yard.
— (*vedere pure sotto le voci*: **amplificatore di —, commutatore, condensatore, discesa, entrata, interferenza, rumore, smorzamento, torre,** ecc.).

anteprima, *f.* (*cinem.*), preview (U.S.A.); trade show.
antiabbagliante, *agg.* antidazzle.
antiacido, *agg.* acid proof.
antiaereo, anti-aircraft; A. A.
antiagglutinante, *m.* (*chim.*), anti-caking agent.
antialo (*lastra*), *agg.* anti-halation; anti-halo.
antialone, non-halation; v. **antialo.**
antiappannante, *agg.*, anti-dim; *m.* (*auto*), demister.
anti arco, anti-arcing.
antibiotici, *pl.* (*chim. farm.*), antibiotics.
antibloccaggio (*freni*) (*auto*), v. **sistema —**

anticamera, *f.* (*costr.*), ante-room; antechamber; waiting-room.
anticapacitivo (*radio*), anti-capacity (*usato come agg.*).
anticarrello (*tornio*), *m.* apron.
— a doppia parete, double wall box type apron.
anticarro, *agg.*, antitank.
anticatalizzatore (*chim.*), anti-catalyst.
anticàtodo, *m.* (*fis.*, *radiol.*), anticathode.
anticiclone, *m.* (*meteor.*), anticyclone.
anticiclonico, *agg.* anti-cyclonic.
anticiclotrone, *m.* (*elettron.*), anticyclotron; anticyclotron.
anticinetico, *m.* (*med.*), travel sickness pill (*pillola contro il malessere da viaggio*).
anticipare (*v.a.*) **l'accensione,** to advance ignition.
anticipo, *m.* priming; (*orol.*), fast; gaining.
— automatico, automatic timing.
— accensione, ignition timing; ignition advance.
— eccessivo, over advanced timing.
— (in) — d'esecuzione, sul termine previsto (*lavori*), ahead of schedule.
— ritardato, retarded timing; late timing.
— (la corrente è in —) sulla tensione, the current leads the voltage.
anticlinale, *agg.* anticlinal; *n. f.* (*geol.*), anticline; anticlinal.
— rovesciata (*geol.*), overthrown anticlinal; reversed anticlinal; overturned anticlinal.
— simmetrica (*geol.*), symmetrical anticlinal.
anticloro, *m.* (*ind. chim.*), antichlor.
anticoagulante, *agg.* e *m.*, anticoagulant *agg.* e *nome*.
anticollisione, *agg.* anticollision.
anticongelante, *m.* (*aereo*) anticer; antifreeze.
anticono (*fond.*), v. **polvere —; prodotto —.**
anticorodal (*lega Si, Mg, Mn, Ti, Al*) (*met.*), anticorodal.
anticorpo, *m.* (*fis.*), antibody.
anticorrosivo, *agg.*, *n.*, anti-corrosive; (*naut.*), antifouling.
anticoseno, *m.* (*mat.*), anticosine.
anticrittogamico, *m.* fungicide; *agg.* fungicidal.
antideflagrante, *agg.* flameproof.
antidetonante, *m.* antiknock substance.
— (benzina —), antiknock fuel; antiknock gasoline (U.S.A.).
antidisturbo, *agg.* antijamming.
antienzimi, *m. pl.* (*chim.*), antienzimes.
antievanescenza (*radio*), antifading.
antievaporante, *m.* (*cemento*) curing compound.
antiferromagnetico, *agg.*, antiferromagnetic.
antifiocco (agente —) (*vernici*), anti-floculation agent.
antiflocculante, *m.* (*vernici*), antifloculation agent.
antiforo (*pneumatico*), puncture-proof tyre.
antifrizione, antifriction.
— (metallo —), antifriction metal.
antifungo, *m.* fungicide.
— (trattamento —) (*pitture, ecc.*), fungusproofing.
antifurto, v. **dispositivo antifurto.**
— elettronico (*auto*), electronic anti-theft kit.
antigallatico (*chim.*), antigalactic.
antigelificante, *m.* (*chim.*), antigelling agent.
antigelo, *m.*, anti-freeze.
antighiaccio, *m.* (*aereo*), anticer-deicer; anti-icer.
antigravità, *f.* (*astron.*), antigravity.
antigravitazionale (*astron.*), anti-g; antigravity (*come agg.*).
antigrisutoso (*min.*), proof against fire damp.
anti-istaminici, *m. pl.* (*chim.*), antihistaminics.
antilogaritmo, *m.* antilogarithm.
antimagnetico, *agg.* antimagnetic.

antimateria, *f.* (*elettron., fis. atom.*), antimatter.
antimeridiano, *m.* a. m.
antimicrofonico, *agg.* (*radio*) antimicrophonic.
antimissile, *agg.* antimissile.
antimoniato, *m.* (*chim.*), antimonate.
antimonile, *m.* (*chim.*), antimonyl.
antimonina, *f.* (*chim.*), antimonne.
antimonio, (*chim.* = Sb), *m.* antimony.
— **alfa** (*chim*), alpha antimony.
antimonite, *f.* (*chim.*), antimonite.
antimonopolistico, *agg.* (*comm.*), antitrust.
antimpolmonimento, *m.* **(agente —)** (*vernici*) (*chim.*), antilivering agent.
antimuffa, anti-fungus.
antina (*di finestra*), window sash frame.
antincendio (apparecchiatura —), fire-fighting equipment.
antincrostante, *m.* (*caldaie*), antiincrustator.
antinebbia, anti-mist.
— **(proiettore —)** (*auto*), foglamp.
antineutrino, (*fis. atom.*), antineutrino.
antineutrone, *m.* antineutron.
antinfortunistica, *f.* (*auto, ecc.*), road safety (*stradale*); accident prevention (*in generale*; *nell'industria*).
— **industriale,** industrial safety (*prevenzione infortuni sul lavoro*).
antinodo, *m.* (*fis.*), antinode.
antinquinamento, anti-pollution.
— **atmosferico,** air anti-pollution.
— **(sottocomitato —),** anti-pollution committee.
antintrusione (allarme —) (*elettron.*), intruder alarm.
antinucleare, *agg.* antinuclear.
antinvecchiante, *agg.* e *n. m.* (*gomma, met.*), anti-ageing, *agg.*; antiager (*agente —*).
antiorario, *agg.* anti-clockwise.
antioscillatorio, *agg.* antihunt.
antiossidante, *m.* (*chim.*), antioxidant.
antiossidanti, *m. pl.* (*chim.*), antioxidants.
— **per benzina,** gasoline anti-oxidants.
antiparallasse (*fot.*), anti-parallax.
antiparticella, *f.* (*fis. atom.*), antiparticle.
antipelle (agente —) (*vernici, ecc.*), antiskinning agent.
antipepsina, *f.* (*chim.*), antipepsin.
antipiega, *agg.* (*tess.*) creaseproof.
antipiombo, *m.* (*mot.*), lead scavenger.
antipirina, *f.* (*chim.*), antipyrine.
antipodi (*geogr.*), antipodes.
antipolmonante, *agg.* anti-livering.
antipolvere, *m.* dust preventer.
antiprotone, *m.* antiproton.
antiprotrombina, *f.* (*chim.*), antiprothrombin.
antipyr (*fot.*), antipyr (*soluzione di formalina usata per indurire la gelatina*).
antiquato (*obsoleto, rif. a fabbriche e macchine*), obsolete.
antiradar (*aereo, ecc.*), antiradar.
anti-riflesso (*auto*), v. **plastica —**.
antiritorno di fiamma (*per carburatore*) (*ing.*), flame-trap.
antiriverbero, anti-dazzle.
antirollio (*naut.*), antirolling.
antirombo, *agg.* e *n.* (*vernici auto*), anti-drum *agg.*; anti-drum compound *n.*
antirotazione, *f.* counter-rotation; reverse rotation.
antiruggine, *m.* rust preventer; rust inhibitor.
— **(olio —),** slushing oil.
antiscalo, *m.* (*naut.*), fore body of the building-slip; ground ways.
antiscartino, *m.* (*tip.*), slip sheet; (*inserire antiscartini fra i fogli appena stampati*) slip-sheeting.
antischegge (composto —) (*vernici, smalti*), anti-scale (compound).
antischeggia, *agg.* (*mil.*), splinterproof.
antischiuma, *m.* (*chim.*), v. **antischiumante.**

antischiumante, *m.* (*chim.*), defoamer; antifoam agent; (*ind. birra*), froth suppressor.
antiscintilla (utensile —), nonsparking (non-sparking tool).
antiscottante, *agg.* antiscorching.
antisdrucciolevole, *agg.* (*costruz.*), non-slip; non-skid.
antisedimentante, *m.* (*vernici, ecc.*), anti-settling agent; antisettling agent.
antisettici, *m. pl.*, antiseptics.
antisettico, *agg.* antiseptic.
antisfiammante (agente —) (*vern.*), anti-flooding agent.
antisismico, *agg.* antiseismic; aseismic; earthquake resisting; (*torre di convertitore di tipo speciale* —), converter tower of a special earthquake resisting design; (*progetto — di un edificio*), aseismic design of a building; (*caratteristiche antisismiche di un edificio*), earthquake-resistant features of a building.
antispruzzo (agente —) (*chim.*), splash proofing agent.
antispruzzo (riparo —) (*mecc.*), antisplash guard.
antistatico (*riferito ad antenna*) (*radio*), anti-static; antistatic; *m.* (*chim.*), antistatic additive; *agg.* (*contro le cariche elettrostatiche*), antistatic.
— v. **liquido — per la pulizia dei dischi.**
antisudorifici (*med.*), antisudorifics.
antitarme, *m.* moth-proof *agg.*; moth-killer (*prodotto*).
antitarmici, *m. pl.* (*chim.*), mothproofing compounds; mothproof agents.
antitetanico (*med.*), antitetanic.
antiurto, *agg.* shock-resistant.
antivampa, v. **crema —**
antivegetativo, *agg.* (*chim. met.*) anti-fouling.
antivelo, *m.* antifoggant.
antivibrante *m.* (*macch. ut.*), antivibration device; vibration damping mounting; vibration damper.
antivibrazione (*acust.*), *f.* cushioning; antivibration.
antizimotici, antizymotics.
antocianina, *f.* (*chim.*), anthocianin.
antociano, *m.* (*chim.*), anthocian; anthocianin glycoside.
antofillite, *f.* (*vernici*), anthophyllite.
antracene, *m.* anthracene.
antrachinone, *m.* (*chim.*), anthraquinone.
antracite, *f.* anthracite.
— **depurata,** coke.
antracosi, *f.* (*malattia polmonare per inalaz. di polveri di carbone*) (*med., min.*), anthracosis.
antraflavone, *m.* (*chim.*), anthraflavone $C_{30}H_{14}O_4$.
antragallolo, *m.* (*chim. col.*), anthragallol.
antraporporina, *f.* (*chim. col.*), anthrapurpurin $HOC_6H_3(CO)_2C_6 . H_2(OH)_2$.
antrarobina, *f.* (*med. chim.*), anthrarobin.
antrarufina, *f.* (*chim.*), anthrarufin.
antrone, *m.* (*sintesi organica*), anthrone.
anulare, *agg.* annular.
anzianità (*di lavoro*), seniority.
anziano, *agg.* (*servizi sociali*), elderly; (*servizi per anziani*), services for elderly.
apatite, *f.* apatite.
aperiodicità, *f.* aperiodicity.
aperiodico, *agg.* aperiodic.
aperlitico *agg.* (*met.*), pearlite-free.
— **(acciaio —)** (*met.*), pearlite-free steel.
aperta prima del termine previsto (*autostrada*), opened ahead of schedule.
apertura, *f.* opening; gaping; (*ottica*), aperture; (*tess.*), v. **sala di —; macchina per l'— del cotone.**
— **alare** (*aereo*), wing span.
— **a monte,** upstream opening.
— **angolare** (*fot.*), angular aperture.
— **anticipata,** advanced opening; early opening.

apertura automatica, automatic release.
— **a valle,** downstream opening.
— **circolare** (*lente*) (*ott.*), circular aperture (*lens*).
— **d'accesso** (*cost. civ.*), exit opening; trap door on roof.
— **d'ali** (*aereo*), span.
— **dei giunti della volta,** gaping of the joints.
— **del bagagliaio dall'interno** (*auto*), interior boot release.
— **del diaframma** (*fot.*), diaphragm opening.
— **dell'alettone** (*aereo*), aileron span.
— **della maglia** (*setaccio*), mesh size; mesh.
— **delle offerte** (*lavori*), bid opening.
— **del ponte,** bridge opening.
— **del ponte girevole,** opening of swing bridge.
— **di esplorazione** (*telev.*), scanning aperture.
— **di finestra,** window opening.
— **di osservazione sulla parte superiore della fusoliera** (*aereo*), astrodome.
— **di pressione** (*aereo*), pressure head.
— **di riempimento,** water inlet.
— **di scappamento** (*motori*), exhaust port.
— **di scarico** (*motori*), water outlet.
— **di scarico** (*punzoni*), clearance hole.
— **di sfogo,** outlet.
— **di strappo** (*aereo*), ripping slot (*or* slit).
— **di vaglio** (*o staccio*), opening of a sieve.
— **focale** (*fot.*), focal aperture.
— **inferiore della pialla,** opening in the plane face.
— **non circolare** (*lente*), noncircular aperture (*lens*).
— **numerica** (*ott.*), numerical aperture.
— **per il caricamento** (*motori*) feed (*or* charging) hole.
— **per la chiavetta,** cotter hole.

apertura per la pulizia (*motori*), cleaning hole.
apice, *m.* apex.
— **della cupola** (*strumenti*), apex of the dome.
apicoltore, *m.* bee-keeper.
apiolo, *m.* (*med.*), apiole.
a piombo, *avv.* perpendicular.
aplanatico (*fot.*), aplanatic.
aplite, *f.* (*geol.*), aplite.
apocinzio (*punto più lontano dalla superficie lunare, di un oggetto in orbita lunare*) (*astron.*), apocynthion.
apocromatico, *agg.* apochromatic.
apofige, *f.* (*arch.*), apophyge.
apogeo, *m.* (*astron.*), apogee.
apolunio (*punto più lontano dalla superficie lunare di un oggetto in orbita lunare, lanciato dalla Luna*) (*astron.*), apolune.
apomagnetico, *agg.* apomagnetic.
apomorfina, *f.* (*med.*), apomorphine.
aponale, *m.* (*chim.*), aponal.
apostilb, *m.* (*ill.*), apostilb.
apostoli, *m. pl.* (*naut.*), knightheads.
apotema, *f.* (*geom.*), apothem.
appaltatore, *m.*, bidder.
appalto, *m.*, (*lavori*), bid.
— **a forfait** (*leg.*), lump sum contract.
— **di miniere,** mining lease.
— **(in —),** by contract.
appannamento (*sottile pellicola di prodotti corrosivi che priva la superficie metallica della sua lucentezza*), tarnishing.
— **dei finestrini** (*auto*), misting.
appannare, *f. v.a.* (*smerigliare lampade o vetri*), to frost.
appannato, *agg.* dull; (*di lampada*) frosted.
appannatura (*di occhiali*), mist.
— **dell'immagine per espansione eccessiva** (*telev.*), bloom.
apparato, *m.* apparatus (*pl.* apparatus *or* apparatuses).
— **telefonico di commutazione** (*telef.*), telephone switching apparatus.

apparecchi (*m. pl.*) **per rettificare al tornio** (*macch. ut.*), lathe grinding attachments.

apparecchiatura, *f.* equipment; unit; instrumentation.

— **autonoma** (*mot.*), self-contained unit.

— **corazzata,** metal-clad switchgear.

— **di distillazione,** distillation unit.

— **di ricerca,** research apparatus.

— **di sezionamento** (*elet.*), sectionalizing device.

— **di sospensione** (*petrol.*), liner hanger.

— **di trattamento della polvere** (*met.*), dust treating equipment.

— **elettrica,** electrical gear.

— **per controllo numerico,** equipment for digital control.

— **per mandrinare e bordare i tubi** (*ind. petrol.*), tube rolling and flaring equipment.

apparecchiature oleodinamiche (*macch. ut.*), hydraulic equipment.

apparecchio, *m.* apparatus (*gen. piccolo, come calorimetro, fluorimetro, app. di vetro*); instrument (*a. con registrazione*; *a. di controllo*); appliance; unit; mechanism; set; aircraft (*aereo*).

— **abbattuto** (*aereo*), certain (U.S.A.) (*slang*).

— **a bobina mobile** (*elet.*), moving-coil instrument.

— **ad espansione di gas,** gas-expanding instrument.

— **ad espansione di liquidi,** liquid expanding instrument.

— **ad espansione meccanica,** mechanical expansion instrument.

— **a flusso di calore radiale** (*mat. refrat.*), radial heat flow apparatus.

— **a lettura diretta** (*elet.*), direct-reading instrument.

— **a vapore,** steam appliance.

— **da caccia** (*aereo*), ground alert (U.S.A.); fighter.

— **da soccorso** (*aereo*), rescue craft.

apparecchio da tavolo (*tel.*), hand-telephone set.

— **di assorbimento,** absorption apparatus.

— **di caricamento girevole,** revolving hopper.

— **di compensazione** (*di piattaforme girevoli, ecc.*) (*ferr.*), relieving gear.

— **di distillazione,** distilling apparatus; distillation apparatus.

— **di distillazione nel vuoto,** vacuum distilling apparatus.

— **di foratura,** drilling fixture.

— **di idrogenazione,** hydrogenation apparatus.

— **di ingrandimento,** enlarger.

— **di manovra dello scambio** (*ferr.*), switch lever.

— **di messa in moto,** starting gear.

— **di misura,** measuring instrument.

— **di misura aperiodico** (*elet.*), dead-beat instrument.

— **d'innalzamento,** lever apparatus.

— **di irrigazione,** irrigation apparatus.

— **di protezione** (*ferr.*), derailment guard.

— **di prova delle connessioni elettriche** (*elet., ferr.*), rail bond tester.

— **di registrazione** (*cinem.*), recorder.

— **di registrazione a fotografia cinematografica,** cinema camera timing apparatus.

— **di registrazione diretta su disco** (*calcol. elettron.*), key-to-disc.

— **di registrazione diretta su nastro** (*calcol. elettron.*), key-to-tape.

— **di riscaldamento,** heating apparatus.

— **di riscaldamento ad induzione,** induction heater.

— **di salvataggio,** rescue apparatus.

— **di separazione isotopica** (*fis. atom.*), isotope separation apparatus.

— **di sicurezza,** safety apparatus.

apparecchio di sollevamento, lifting device; hoisting apparatus; lifting appliance.
— **di tiratura del lino** (*tess.*), drawing frame.
— **elettrolitico** (*elet.*), electrolytic instrument.
— **elettrostatico** (*elet.*), electrostatic instrument.
— **fatto su misura,** tailor-made set.
— **fono-radio-televisore,** television-radio-phonograph combination receiver; phono-radio-TV set; TV consolette.
— **fotografico,** camera.
— **furzehill** (*orol.*), furzehill machine.
— **galvanico,** galvanic apparatus.
— **Kipp** (*per l'acido carbonico ecc.*) (*chim.*), Kipp's apparatus.
— **magnetico** (*ind. mol.*), magnetic separator.
— **motore,** motor; driving-gear apparatus.
— **oliatore,** lubricator; oil-feeder.
— **ossidrico per tagliare,** oxy-hydrogen cutting apparatus.
— **per arco** (*cost.*), arch bond.
— **per avvolgere la molla motrice** (*orol.*), mainspring winder.
— **Paulson** (*orol.*), Paulson time micrometer.
— **per calafatare tubi,** tube expander.
— **per controllo delle casse a vuoto** (*orol.*), vacuum test instrument.
— **per controllo delle casse sotto pressione** (*orol.*), pressure test instrument.
— **per controllo delle oscillazioni della spirale** (*orol.*), balance spring vibrating tool.
— **per copiare,** profiling attachment.
— **per distillare,** distilling apparatus.
— **per distillare e rettificare,** distilling and rectifying apparatus.
— **per fresatura rapida,** high-speed milling attachment.

apparecchio per il controllo della carica elettrostatica sui dischi (*audio*), static tester.
— **per la misura dell'angolo di fase** (*elet.*), phase-angle meter.
— **per liquefazione,** liquefier.
— **per localizzare sottomarini,** asdic.
— **per misurare la resistenza delle fondamenta,** foundation tester.
— **per provare la resistenza delle stoffe tinte, alla luce ed all'umidità** (*chim.*), fugitometer.
— **per rettificare la mola,** wheel-dressing device.
— **per riprodurre** (*mecc.*), copying attachment.
— **per scavo a getto d'acqua ad alta pressione** (*min.*), monitor.
— **per segnalare acusticamente la presenza di nebbia alle navi** (*naut.*), reed horn.
— **per smagnetizzare,** demagnetising bobbin.
— **per sollevare le persiane,** lifting mechanism.
— **per spogliare** (*rettific.*), relieving attachment; back-off attachment.
— **per stozzare,** slotting attachment.
— **per tagliare l'argilla,** loam cutter.
— **per televisione,** video set; television set.
— **per televisione a colori,** v. **televisore a colori.**
— **per tornire conico,** taper turning attachment.
— **per trasmissione d'immagini,** picture telegraph apparatus.
— **portante,** supporting structure.
— **pubblico a gettone** (*telef.*), coin-box public telephone.
— **radio,** wireless set.
— **radio alimentato a corrente elettrica,** mains-operated set.
— **radio alimentato a batterie,** battery-driven set.
— **radioricevente** (*radio*), radio receiver.
— **radioscopico** (*radiol.*), fluoroscope.

apparecchio radioscopico biplanare (*radiol.*), biplane fluoroscope.
— **respiratorio** (*aereo*), respiratory apparatus; (*min.*), breathing apparatus.
— **respiratorio a circuito chiuso** (*miniere*), closed circuit breathing apparatus.
— **scrivente,** recording mechanism.
— **selettivo per l'esame delle linee** (*telev.*), line selector.
— **supplementare,** additional set.
— **telefonico a scheda elettronica,** electronic card payphone.
— **telefonico pubblico a gettone** (*telef.*), coin-box public telephone.
— **telefonico pubblico controllato da microprocessori,** microprocessor-controlled payphone; « Blue payphone ».
— **televisivo,** television set.
— **trasportabile,** portable apparatus (*or* instrument).
appartamento con due camere da letto (*cost.*), two-bedroom apartment.
— **residenziale** (*cost.*), residential flat.
appello, *m.* (*naut.*), muster.
appendice (*m.*) **di uno stantuffo,** extension of a piston.
appetibile, *agg.* (*agr.*) (*rif. a foraggio*), palatable.
appiattimento, *m.* (*prove su tubi, ecc.*) (*met.*), flattening.
appiattire, *v.a.* to flatten.
appiccicamento (punto di —) (*fibre*), tacking point.
— **(temperatura di —)** (*fibre*), tackiness temperature.
appiccicaticcio, *agg.* sticky; sticking.
appiccicosità, *f.* (*resine, fibre, ecc.*), tackiness.
appiccicoso, *agg.* tacky.
applicabile, *agg.* applicable.
applicabilità di un processo alla produzione di acciaio di alta qualità (*met.*), applicability of a process to high quality steel production.
applicare (*v.i.*) to apply (*p. es.*: *questo procedimento si applica ai prodotti...*, this procedure applies to products...
— **a spruzzo,** to apply by spray.
— **a spruzzo con pistola pneumatica (sparare) un sottile strato di ...** (*refrattari*) (*met.*), to gun a thin skin of ...
— **il mordente,** to apply a mordant solution.
— **le longherine reggimotore,** to fit in the engine bearers.
— **una targa** (*su macchine, ecc.*), to place a plate.
— **una vernice** (*col pennello*), to brush on a coat of...
— **un nuovo stucco,** to apply a new putty.
applicazione, *f.* application.
— **di una forza,** application of a force.
— **di una politica dei redditi** (*finan.*), implementation of incomes policy.
— **industriale su grande scala,** large-scale industrial application.
appoggiabraccia, *m.* (*auto*), armrest.
appoggiare, (*trave*), to support.
appoggiatesta, *m.* (*ferr.*), head rest.
appoggio, *m.* support; holder.
— **a bilanciere,** rocker; tilting bearing.
— **ad arco,** arch bearing.
— **aereo ravvicinato** (*aereo*), close-air support (Cas).
— **ancorato,** anchored bearing.
— **a pendolo,** pendulum bearing.
— **a piastra,** plate bearing.
— **a rulli,** roller bearing.
— **a superficie di contatto,** surface bearing.
— **cilindrico,** cylindrical bearing.
— **del cavo,** wall stud.
— **della barra** (*lam. met.*), bar steadier.
— **dell'arcareccio di colmo,** support of ridge purlin.
— **della trave,** bearing of a beam; joist bearing.
— **del ponte,** bridge bearing.

appoggio elastico, elastic bearing.
— **fisso,** fixed bearing.
— **galleggiante,** floating support.
— **incastrato,** fixed bearing.
— **libero,** free bearing.
— **mobile,** free end bearing; movable bearing.
— **oscillante,** rocker bearing; pivoting bearing; (*mecc.*), oscillating support.
— **regolabile,** adjustable bearing.
— **scorrevole,** sliding bearing.
— **sferico,** ball bearing.
— **tangenziale,** tangential bearing.
— **verticale,** vertical bearing.
— **(punto d'—)** (*della leva*), fulcrum of the lever.
— **(superficie d'—),** bearing surface.
appoppato (*naut.*, *aereo*), down by the stern (*naut.*); stern-heavy (*naut.*); tail-heavy (*aereo*).
appoppamento *m.* (*naut.*), squatting.
apportare alcune correzioni (*elettron.*, *ecc.*), to make some corrections.
apporto (filo d'—) (*sald.*), (*diametro del filo d'apporto*), welding wire diameter.
apposito, *agg.* special; fit; apposite.
appostamento dei fori, hole locating.
apprendista, *m.* apprentice; trainee.
— **elettricista,** apprentice electrician.
— **meccanico,** apprentice mechanic.
apprendistato, *m.* apprenticeship.
apprettare, *v.a.* (*tess.*), to stiffen (*stoffe*); to dress; to finish.
appretto (*di tessuti*), *m.* dressing.
— **antipiega** (*tess.*), textile stiffener; creaseproof stiffener.
approdare, *v.i.* (*naut.*). to call at.
approdo su un pianeta (*astron.*), landing on a planet.
approfondire il canale (*naturale*) **di entrata al porto,** to deepen the entrance channel to a port.
appropriazione, *f.* appropriation.
approssimato, *agg.* (*riferito a sintonia ed aggiustamento radio*), coarse.
approssimazione, *f.* approximation.
approvare, to o.k. (U.S.A.); (*la spesa fu approvata*), the outlay was o.k.'d.
approvato, *p.p.* (*fogli di lavorazione*), passed.
approvvigionamento (*m.*) **idrico,** water supply.
appruato (*naut.*, *aereo*), down by the head; nose-heavy (*aereo*).
appuntamatite, *f.* pencil sharpener.
appuntamento in orbita (*di astronavi*) (*astron.*), orbital rendezvous.
— **(compiere o effettuare un —),** to rendezvous.
appuntare, *v.a.* (*sald.*), to tackweld.
appuntatrice per barre (*met.*), bar chamfering and pointing machine.
— **per filo** (*mecc.*), wire pointing machine.
appuntatura, *f.* (*tess.*), stitching.
apside, *f.* (*astr.*), apsis (*pl.* apses; apsides).
apriballe (*ind. tess.*), bale breaker.
apribocca, *m.* (*strum. mecc.*), mouth opener.
apripista *m.* (*macch.*), bulldozer; (*spianare, livellare mediante —*), to bulldoze.
— **a lama orientabile,** angledozer.
— **-caricatore,** dozerloader.
— **estirpatore** (*mecc.*), treedozer.
— **(lavorare con un —),** to doze.
— **(scavo con —),** dozing; bulldozing; bulldozer digging.
apriporte, *m.* door opener.
— **automatico,** automatic door operator.
aprire, *v.a.* to open.
— **la corrente,** to switch on the current.
— **una lampada di sicurezza,** to unlock a safety lamp.
— **una valvola,** to open a valve.
— **un rubinetto,** to turn a tap.
— **(*o* liberare) una via attraverso il ghiaccio** (*rompighiaccio*), to clear a path through an ice field.

aprirsi (*rif. a paracadute*), to deploy.
apriscatole, *m.* can-opener.
apritoio, *m.* (*tess.*), beater; cotton opener.
— **a traliccio** (*tess.*), lattice opener.
— **per cotone,** cotton opener.
a prova di fuoco, fire-proof.
— **di parassiti,** verminproof.
ara, *f.* are.
arabescatura, *f.* (*pressofusione*), flow mark.
arabinosio, *m.* (*chim.*), arabinose.
arachide, *m.* peanut.
aranciato di metile, methyl orange.
arancio alizarina, alizarin yellow.
— **minerale,** orange mineral.
— **molibdato,** molybdate orange.
— **oro indantrene,** indanthrene golden orange.
arare, *v.a.* to plough; to plow.
aratro, *m.* plough; plow (U.S.A.).
— **a bilanciere,** balance plough.
— **a dischi,** disc plough.
— **a rulli,** roller plough.
— **a trattore,** tractor plough.
— **automobile elettrico,** motor plough.
— **a vapore,** steam plough.
— **bivomere,** two-furrow plough.
— **monovomere,** one-furrow plough; single-furrow plough.
— **polivomere,** multi-furrow plough.
— **portato,** mounted plow.
— **trivomere,** three-furrow plough.
— **voltaorecchio,** swivel plough.
arbitraggio di cambio (*comm., finan.*), exchange arbitrage.
arbitrario, *agg.* arbitrary (*diametro arbitrario*, arbitrary diameter).
arbitrato, *m.* (*leg.*) arbitration.
— **del lavoro** (*diritto processuale del lavoro*), labor arbitration.
— **obbligatorio** (*leg.*), compulsory arbitration.
— **vincolante** (*leg.*), binding arbitration.
— **(sistema di —)** (*conflitti di lavoro*), arbitration system.
arbitro, *m.* (*leg.*), arbitrator; (*conflitti di lavoro*), arbitrator (*labour dispute*); (*sport*), referee.
arbusto *m.* (*bot.*), shrub; (*siepaglia di arbusti, difesa marina, ecc.*) thickets of shrubs.
arbutina, *f.* (*med.*), arbutine.
arcareccio, *m.* (*cost.*), purlin.
— **a cerniera fissa,** rigid pin-jointed purlin.
— **a cerniera mobile,** movable pin-jointed purlin.
— **a traliccio,** braced *or* latticed purlin.
— **del lucernario,** skylight purlin.
— **del tetto ad un piovente,** lean-to roof purlin.
— **di colmo,** ridge purlin.
— **inferiore,** inferior purlin.
— **in ferro,** iron purlin.
— **in legno,** wood purlin.
— **in profilato laminato aperto** (*costr. met.*), open web steel joist.
— **intermedio,** middle purlin.
arcata di un ponte, arch of a bridge.
— **finta (*o* cieca)** (*arch.*), blind arcade.
archetto (*di trapano*), *m.* drill bow.
architetto, *m.* architect.
— **capo,** chief architect.
architettura, *f.* architecture; (*inform.*), architecture.
— **di controllo di un calcolatore per progetti di difesa richiedenti calcolatori in tempo reale** (*inform.*), computer architecture for defence projects requiring real-time computers.
— **navale,** naval architecture.
— **razionale,** functional architecture.
architrave, *m.* architrave (*arch.*); girder.
archivi *m. pl.* (*calcol. elettr.*), stacks.
— **magnetici** (*inform.*), magnetic archival records.
archiviare i dati (*inform.*), to file data.
— **un progetto,** to shelve a project.
archiviazione, *f.* (*amministr. consolare*), filing.
archivio, *m.* (*inform.*), file.

archivio del personale (*di una ditta*) (*inform.*), personnel file.
— **di lavoro** (*inform.*), working filc.
— **di transazione** (*inform.*), transaction file.
archivista, *m.* (*inform.*), filing clerk.
archivolto, *m.* archivolt.
arco, *m.* (*arch.*), arch; (*elet.*), arc; (*geom.*), arc.; (*naut.*), camber.
— **a carena,** four-centre arch.
— **a catenaria,** catenary arch.
— **ad anello,** annular arch.
— **a due cerniere,** arch with two hinges; two-hinged arch.
— **a ferro di cavallo** (*o* **moresco**), Moorish arch.
— **a guscio** (*costr.*), shell-arch.
— **a paniere,** three-centre arch.
— **a parete piena,** plate arch.
— **a sesto acuto,** gothic arch; equilateral arch.
— **a sesto scemo,** segmental arch.
— **a strombo,** splayed arch.
— **a terra** (*elet.*), arcing ground.
— **a traliccio,** arch in trellis work; trussed arch.
— **a tre cerniere,** arch with three hinges; three-hinged arch.
— **a tutto sesto,** semi-circular arch.
— **con cerniera d'imposta,** arch hinged at the abutments.
— **crepitante** (*elet.*), crackling arc.
— **della sega,** frame (*or* body) of the saw.
— **di appoggio,** arch buttress.
— **di circolo,** arc; sector of a circle.
— **di contatto** (*mecc.*), arc of contact.
— **di corona circolare,** sector.
— **di finestra,** window arch.
— **di fondazione,** inverted arch.
— **dl mattoni,** brick arch.
— **di nicchia,** shallow arch.
— **di oscillazione** (*orol.*), arc of vibration.
— **di parabola,** arch of a parabole; parabolic curve.
— **di porta,** doorway; (*di scarico*) relieving arch.
arco di raccordo (*fra due livellette*) (*agrim.*), vertical easement curve.
— **di rinforzo,** wall arch.
— **di rottura,** break arc.
— **di scarico,** discharging arch.
— **discontinuo** (*elet.*), intermittent arc.
— **di sostegno,** relieving arch.
— **elettrico** (*elett.*), electric arc.
— **ellittico,** elliptical arch.
— **errante** (*elet.*), erratic arc.
— **frontale,** face arch.
— **frontale ribassato,** segmental face arch.
— **gotico,** gothic arch.
— **incastrato agli estremi,** arch with fixed ends.
— **inclinato,** inclined arch; rising arch; rampant arch.
— **in pietra da taglio,** ashlar arch.
— **molle** (*elet.*), soft arc.
— **perturbato** (*elet.*), turbulent arc.
— **Poulsen** (*radio*), Poulsen arc.
— **rampante** (*arch.*), flying buttress; arch-boutant; arched buttress.
— **reticolare,** trussed arch.
— **rialzato,** lancet arch.
— **rovescio,** inverted arch.
— **senza cerniera,** arch without articulations; rigid arch.
— **sommerso,** submerged arc.
— **voltaico** (*elett.*), voltaic arc.
— **(fare scoccare l'—)** (*sald.*), to strike the arc.
arcobaleno. *m.* (*meteor.*), rainbow.
arcogetto a gas (*motore spaziale in cui la propulsione a razzo è affidata a un gas propellente riscaldato tramite arco elettrico*), arc-jet engine.
arconvalizzazione, *f.* arconvalisation.
arcosecondo, *m.* (*misura della distanza angolare*) (*astr.*), arc-second (= 1/3600 degrees).
ardesia, *f.* (*min.*), slate.
— **d'amianto**, asbestos slate.
— **per tetti,** roofing slate.
— **(acconciatetti in —),** slater.
ardometro, *m.* ardometer.
area, *f.* area.

area commerciale, commercial area.
— **d'atterraggio** (*aereo*), landing area.
— **del disco dell'elica** (*aereo*), disc area.
— **del foro di colata** (*forno met.*), tap hole area.
— **della griglia** (*imp. di pellettizzazione*), grate area.
— **del profilo,** sectional area.
— **del punto di contatto** (*dell'aereo, nell'atterraggio*) (*aereo*), touch-down area.
— **di decollo** (*aereo*), alighting area.
— **di lavoro** (*nella memoria*) (*inform.*), work area.
— **di memoria** (*inform.*), work area.
— **di migrazione** (*fis. atom.*), migration area.
— **di servizio autostradale,** motorway service area.
— (*o* **zona**) **di moderazione** (*fis. atom.*), slowing-down area.
— **di pressione che separa due anticicloni o due depressioni** (*meteor.*), col.
— (*o* **zona**) **di rallentamento** (*fis. atom.*), slowing-down area.
— **di servizio** (*autostrade, ecc.*), service area.
— **di sviluppo** (*comm. ecc.*), development area.
— **di udibilità** (*acus.*), auditory sensation area.
— **fabbricabile,** building-site.
— **fabbricata,** built-up area.
— **focale ottica** (*ott.*), optical focus.
— **irrigabile** (*agr.*), irrigable area.
— **molle** (*met.*) (*zona di durezza inferiore rispetto al metallo circostante, spec. nei pezzi cementati*), soft area.
— **sotto controllo per il rilevamento dei fumi** (*inquinamento*), smoke-controlled zone.
— **trasversale,** cross-sectional area.
— **urbana,** urban area.
— **variabile,** *f.* variabile area.
arecaidina, *f.* (*chim.*), arecaidine.
arecolina, *f.* (*med.*), arecoline.
arenaria, f. sandstone.
arenaria argillosa, argillaceous sandstone.
— **calcare,** calcareous sandstone.
— **rossa antica,** old red sandstone.
— **silicea,** siliceous sandstone.
arenarsi *v.r.* (*naut.*), to go aground.
arganello, *m.* (*per montare le botti*), windlass; (*ferr., ecc.*), turnstile.
— **a mano,** hand winch.
— **per cavi,** cable reel.
arganetto elettrico, *m.* electric reaction mill.
argano, *m.* windlass; winch; (*naut.*), capstan.
— **a catena per tronchi,** timber hoist.
— **a cavalletto,** cable winch; crab.
— **a fune,** rope winch.
— **a gru,** derrick crane.
— **a ruote dentate,** toothed gear ing handle.
— **a tamburo,** drum winch.
— **da pietre,** stone winch.
— **dell'ascensore** hoisting winch.
— **elettrico,** electric winch.
— **laterale,** side windlass.
— **per costruzioni,** builder's winch; builder's hoist.
— **per gru,** crane winch.
— **per legnami,** timber winch.
— **per trivellazioni,** boring winch.
— **su carrello,** travelling hoist.
argentana, argentan; German silver.
argentare, *v.a.* to silver.
argentatura, *f.* silver plating.
— **a freddo,** cold silvering.
— **a umido,** wet silvering.
— **elettrolitica,** electrolytic silvering.
argenteo, *agg.* silvery; v. **grafite argentea.**
argenteria, *f.* silver-plate; silver plate (*household goods plated with silver*).
argentiere, *m.* silver-plater; silverer.
argentifero, *agg.* (*min.*), silver-bearing.
argento, *m.* (*chim.* = Ag), silver.
— **vivo,** quicksilver; mercury.
argentone, *m.* German silver; argentan.

argilla, *f.* clay.
— **attivata**, activated clay.
— **blu**, blue clay.
— **calcarea**, calcareous clay.
— **calcinata**, calcined clay.
— **caolinica**, kaolinitic clay.
— **colloidale**, colloidal clay.
— **compatta**, compacted clay.
— **cotta**, fired clay; burned clay.
— **da grès**, stoneware clay.
— **da mattoni**, brick clay.
— **da smalto**, enamel clay.
— **da stoviglie**, potter's clay.
— **decolorante**, bleaching clay.
— **espansa** (*costr.*), expanded clay.
— **ferruginosa**, ferruginous clay.
— **fusibile**, fusible clay.
— **grassa**, rich clay; ball clay.
— **grezza**, raw clay.
— **laminare**, laminated clay.
— **legante**, bonding clay.
— **magra**, sandy clay; (*smalti*, *vernici*), low-set clay.
— **marnosa**, marly clay.
— **micronizzata** (*lavorata con micronizzatore*) (*vernici*, *smalti*), micronized clay.
— **per cemento**, cement clay.
— **per fabbricazione della carta**, paper-makers' clay.
— **per fabbricazione della gomma**, rubber-makers' clay.
— **per mattoni**, brick earths.
— **per pipe**, pipeclay.
— **plastica**, foul clay; brick clay.
— **refrattaria**, fire clay.
— **rossa**, red clay.
— **saponifera**, fuller's earth.
— **scistosa**, shale.
— **silicea**, silicate of alumina; siliceous clay.
— **smettica**, fullers' earth.
— **soffiata**, expanded clay; bloating clay.
— **stratificata**, ribbon clay; banded clay.
— **vetrificabile**, vitrifying clay.
— **vulcanica**, volcanic clay.
— **(cava di —)**, clay pit.
argilloscisto, *m.* argillaceous slate.
argilloso, *agg.* clayey; argillaceous.
arginatura, *f.* damming; embanking.
argine, *m.* (*costr. idr.*), dam; dyke; bank; levee (*argine di tipo longitudinale a protezione dall'inondazioni*).
— **a stramazzo**, overfall-dyke.
— **di argilla**, clay dam.
— **di fascine** (*fiumi*), fascine dike (U.S.A.); fascine dyke.
— **di fascine e ciottolame**, brushwood and stone dam.
— **di piena** (*idraul.*), flood dam; high water dam.
— **di un canale** (*idraul.*) canal embankment.
— **in terra** (*costr. idr.*), earthen bank.
— **(larghezza in sommità di un —)**, width of the crest of the bank.
— **(sommità dell'—)**, crest of the bank.
arginina, *f.* (*biochim.*), arginine.
argo, *m.* (*chim.* = Ar), argon.
argolo, *m.* (*chim.*), argol.
aria, *f.* air.
— **-aria cieco** (*aereo*), air to air blind.
— **-aria visivo** (*aereo*), air to air visual.
— **asciutta**, dry air.
— **aspirata**, suction air.
— **calda**, warm air.
— **compressa**, compressed air; v. **trivellazione ad — compressa.**
— **compressa ad alta pressione**, highly compressed air.
— **disseccata**, dehumidified air.
— **essiccante**, drying air.
— **fresca**, fresh air.
— **in eccesso**, excess air.
— **infiammabile**, inflammable air.
— **inquinata**, foul air; (*da gas di scarico, ecc.*), polluted air.
— **ionizzata**, ionized air.
— **liquida**, liquid air.
— **montante** (*chim. app.*), upcoming air.
— **non viziata** (*inquinam.*), unvitiated air.
— **per la polverizzazione**, primary air.
— **per lavare** (*motori*), scavenging air.
— **primaria**, primary air.

aria satura, satured air.
— **secca,** deumidified air.
— **secondaria,** secondary air.
— **soffiata,** blown air.
— **soprassatura,** super-saturated air.
— **-terra visivo** (*aereo*), air to ground visual.
— **tipo,** standard air.
— **umida,** humid air; moist air.
— **viziata,** stale air.
— **(freno ad —) compressa,** air-brake.
— **(macchina ad —) compressa,** air-engine.
— **(martello ad —) compressa,** pneumatic hammer.
arieggiare (*v.a.*) **un pallone** (*aereo*), to lift a balloon; to try a balloon (U.S.A.).
Ariete (*astron.*), Aries.
— (*m.*) **idraulico,** water-ram; hydraulic ram.
a riscaldamento diretto, directly heated.
— — **indiretto,** indirectly heated.
aristolo, *m.* (*chim.*), aristol.
aritmetica, *f.* arithmetic.
— **matriciale** (*inform.*) (*mat.*) matrix arithmetic.
— **vettoriale** (*inform.*) (*mat.*), vector arithmetic.
aritmico, *agg.* start-stop (*telegrafia*).
arma, *f.* weapon; arm.
— **a implosione** (*fis. atom.*) (*mil.*), implosion weapon.
— **a leva,** lever action weapon.
— **binaria,** binary weapon.
— **con « raggio della morte »** (*mil.*), beam weapon.
— **nucleare,** nuclear weapon; nuke.
— **nucleare a fissione,** fission weapon.
— **nucleare a fusione,** fusion weapon.
— **per i tutori dell'ordine** (*armi*), law enforcement weapon.
— **spaziale,** space weapon.
armadietto per archivi, filing cabinet.
— **per utensili,** tool cabinet.
armadio di sicurezza (*in metallo, per uffici*), security cabinet.
armadio di sicurezza per conservazione di pellicole, film storage cupboard.
— **per le apparecchiature elettriche** (*o* **elettroniche**), cubicle.
armamentario (*med.*), armamentarium.
armamento (*m.*) (*ferr.*), equipment.
— **di ferrovia** (*ferr.*), track equipment.
— **di strade e ponti,** permanent way.
armare, *v.a.* (*cost.*), to reinforce; (*un fucile, carabina, ecc.*) (*mil.*), to cock.
— **di nuovo in legno** (*un pozzo, galleria, ecc.*) (*min.*), to retimber.
— **in legno** (*un pozzo, una galleria, ecc.*) (*min.*), to timber.
— **la linea** (*ferr.*), to lay the line.
— **un cavo,** to arm a cable.
armato (cemento —), reinforced concrete.
armatore, *m.* shipowner; owner.
armatura, *f.* (*per cemento*), reinforcement; (*impalcatura*), scaffolding; (*cost.*), bracing; shutter, shuttering (*armature soggette a disarmo*), (*tondino o fune inguainata annegati nel calcestruzzo al quale conferiscono la presollecitazione*), tendon; (*mecc.*), frame; (*elett.*), armature; core spindle (*per anime di fonderia*); core frame (*fond.*); armouring; sheathing; amour (*di cavi elett.*); (*tracciato o diagramma usato in tessitura per aver norma nel disporre i fili di catena nei licci*) (*tess.*), draft; weave; interlacement; v. **rapporto d'—.**
— **a baionetta,** bayonett-socket.
— **a cassa** (*min.*), timbering.
— **a costruzione cellulare** (*tess.*), sponge weave.
— **ad anello** (*elett.*), ring-armature.
— **a doppio T,** H armature.
— **a piastra** (*aereo*), plate fiitting.
— **a saetta** (*min.*), rafter timbering.
— **ausiliaria** (*cost.*), secondary reinforcement.

armatura batavia (*tess.*), batavia twill.
— **composta** (*cost.*), combined timbering; (*tess.*), hopsack weave; basket weave; celtic weave; combined weave.
— **con tavolato e travetti orizzontali** (*min.*), bar timbering.
— **della caldaia,** fire-box stay.
— **della fusoliera** (*aereo*), body fitting; fuselage fitting.
— **dell'ala** (*aereo*), wing reinforcement.
— **dell'ascensore,** lift frame.
— **di cavo,** sheathing; armour (of a cable).
— **di ferro,** iron reinforcement.
— **di magnete,** magnet armature.
— **di montaggio,** erecting scaffold.
— **di poppa** (*naut.*), stern framing.
— **di sostegno,** strut frame; supporting framework.
— **di terzo ordine** (*elet.*), third harmonic.
— **elicoidale** (*cost.*), helical reinforcement.
— **fondamentale** (*tess.*), standard weave.
— **garza** (*tess.*), leno weave.
— **in ferro,** iron mountings; iron frame; steel shuttering.
— **in legno,** timber scaffod; frametruss; boarded shuttering; timbering (*cost.*).
— **longitudinale** (*cost.*), longitudinal reinforcement.
— **per cemento,** reinforcement.
— **per tubo isolante** (*elet.*), conduit fittings.
— **presollecitata** (*cost.*), prestressed reinforcement.
— **semovente** (*min.*), self-advancing support.
— **spezzata** (*tess.*), broken weave.
— **superiore di pozzo d'estrazione** (*min.*), pit-head frame.
— **tela** (*tess.*), linen weave.
— **trasversale,** transverse reinforcement.
armature derivate (*tess.*), derived weaves.
armi (*f. pl.*) **portabili** (*mil.*), small arms.
armi radiologiche (*mil.*), radiological weapons.
armonica, *f.* (*elet.*), harmonic.
armoniche d'ordine dispari, odd harmonics.
— **d'ordine pari,** even harmonics.
armonium, *m.* harmonium.
arnia, *f.* (*agr.*), hive.
aroma caratteristico (*oli, ecc.*), characteristic flavor.
aromatici di alto grado di purezza, high-purity aromatics.
aromatico, *agg.* (*chim.*), aromatic.
aromatizzante (*additivi*) (*chim.*), aromatic agent.
aromatizzazione, *f.* (*chim.*), aromatization.
arpionatura (*infissione di arpioni*) (*ferr.*), spike driving.
arpione, *m.* cramp; claw; clip; dog; hook; detent; spike (*ferr.*).
— **ascendente e discendente,** trip pawl.
— **d'arresto,** pawl.
— **diretto,** cramp iron.
— **per rotaie,** dog spike.
arpionismo, *m.* barring gear.
arrampicamento della dislocazione (*ridisposizione di dislocazioni dovuto a vacanza, ecc.*) (*met.*), dislocation climb.
arredamento, *m.* (*cinem.*), set decoration.
— (*auto*) (U.S.A.), styling; equipment.
— **di una casa,** furnishing.
— **di un velivolo** (*aereo*), equipment of an aeroplane.
— **interno** (*auto*), (U.S.A.) interior styling; trim.
— **interno in panno,** cloth trim.
— **interno in pelle,** hide trim.
— **interno in vellutato,** velour trim.
— **metallico per ufficio** (*met.*), steel office equipment.
— **normale** (*auto*), standard equipment.
— **(complesso del materiale di —),** (*auto*), trim package (U.S.A.).
arrestare, *v.a.* (*fermare*), to stop.

arrestare il motore (*auto, ecc.*), to stop the engine.
— **la marcia** (*di un forno*) (*met.*), to blow out.
— **la perdita del liquido di raffreddamento** (*reattori nucleari*), to halt the loss of coolant.
— **la pressa** (*mecc.*), to stop the press.
— **lo slittone** (*presse*), to bring the ram to rest.
— **un motore,** to stop an engine.
arresti, *m. pl.* dogs; (*di fresatrice, ecc.*), trip dogs.
— **di soffiaggio** (*altoforno met.*), blow off.
— **(albero degli —),** stop spindle.
arresto, *m.* stop; catch; (*elett.*) shut-down; stoppage; shut-off; (*fis. atom.*), shut-down; (*tess.*), (*meccanismo che arresta la macchina quando si rompe il filo*), stopping motion; stop motion; stoppage; (*mecc.*), stopping, (*permette l'— dello slittone*), permits stopping of ram.
— **a molla,** spring pawl; spring buffer (*repulsore a molla*).
— **a stella,** star shaped stop.
— **automatico,** automatic stopping; automatic shut-off (*di caldaie, bruciatori*).
— **automatico rompicatena** (*tess.*), warp stop motion.
— **automatico rompitrama** (*tess.*), weft stop motion.
— **con nottolino girevole,** stop with throw over catch.
— **con paraurti,** buffer stop.
— **contro arresto,** counter stop.
— **della manovra,** control locking.
— **della slitta,** saddle lock.
— **di fine corsa,** (*macch. ut.*), stroke-end stop.
— **di macchine utensili,** lock; dog.
— **di molla motrice** (*orol.*), stopwork (*mechanism to prevent the overwinding of a mainspring*).
— **di serratura,** catcher.
— **di sicurezza,** safety catch; (*pompe*) safety shut-off.
arresto micrometrico (*macch. ut.*), micrometric stop.
— **movimento dello stabilizzatore** (*aereo*), elevator movement stop.
— **regolabile,** (*macch. ut.*), adjustable stop.
— **(dispositivo di —),** locking arrangement; locking device.
— **(ingranaggio di —),** ratchet wheel.
— **(meccanismo di —),** rack mechanism.
— **(posizione di —)** (*di una pressa, p. es.*) (*mecc.*), stopping position.
— **(spazio di —)** (*freni auto*), safety margin.
— **(valvola di —),** shut-off valve; stop valve.
arretramento della telecamera (*carrello indietro*), dolly out.
arretrato (numero —) (*libri, riviste*), back number.
arricchimento, *m.* (*fis. atom.*), enrichment; (*min.*), beneficiation.
— **della frazione a granulometria maggiore** (*min.*), up-grading of the coarser fraction.
— **di minerale grezzo** (*min.*), dressing operation (*of a crude ore*).
— **di minerali,** enrichment (of ores).
— **fotochimico** (*fis. atom.*), photochemical enrichment.
— **iniziale** (*fis. atom.*), initial enrichment.
— **isotopico** (*fis. atom.*), isotopic enrichment.
— **mediante concentrazione magnetica** (*min., chim.*), up-grading by magnetic concentration.
— **(impianto di —)** (*fis. atom.*), enrichment plant.
arricchire, *v.a.* (*min., fis. atom.*), to enrich.
— **d'idrogeno,** to enrich with hydrogen.
— **la miscela** (*auto*), to richen the mixture.
arricchito (uranio —) (*fis. atom.*), enriched uranium.

arricchitore avviamento (*auto*), choke.
arricciacapelli elettrico (*elet.*), electric hair curler.
arricciamento (*di filato*) (*tess.*), kinking.
arricciatura, *f.* plaster work (*cost.*); curling (*met.*).
arrivederci (*radianti*), cuagn.
arrivo (in —), inbound *agg.*
— (carro in —), inbound car.
arrostimento, *m.* (*min.*), roasting; v. **stadio di —**; (*piriti*), v. **unità di —.**
— del minerale (*met.*), ore roasting.
— FluoSolids (*piriti*), FluoSolids roasting.
— in letto fluido (*min.*), fluidized bed roasting; (*min.*), v. **processo di — — —.**
— magnetizzante (*del minerale in letto fluido*) (*min.*), magnetic roasting; magnetizing roast.
— ossidante (*min.*) oxidizing roasting.
— superficiale della pirite (*chim.*), flash roasting of pyrites.
arrostire, *v.a.* (*min.*), to roast.
arrostitore a polverino (*piriti*), flash roaster.
— di pirite (*ind. chim.*), pyrite roaster.
arrotare, *v.a.* to grind down; to grind.
arrotatrice, *f.* grinding machine.
arrotatura, *f.* grinding down; grinding.
arrotondadorsi, *f.* (*pressa*) (*tip.*), backing press.
arrotondamento, *m.* rounding off.
— (errore di —) (*inform.*), rounding off error.
arrotondare, *v.a.* to round; to round off; to make round; to radius (*gli angoli sono arrotondati per facilitare la pulizia*), the corners are radiused to facilitate cleaning.
— in meno (*mat.*), to round down.
— in più (*mat.*), to round up.
arrotondatrice, *f.* (*macch. ut.*), rounding machine.
— per ingranaggi (*macch. ut.*), gear tooth rounding machine.
arroventare (*ricuocere*), *v.a.* to anneal.
arrugginimento, *m.* (*met.*), rusting.
arrugginire, *v.i.* to rust.
arsacetina *f.* (*med.*), arsacetin.
arsenale, *m.* (*mil.*), arsenal; (*naut.*), naval dockyard.
arseniato (*chim.*), *m.* arsenate.
— d'ammonio, ammonium arsenate.
— di mercurio, mercury arsenate.
— di piombo, arsenate of lead.
arsenico, *m.* (*chim.* = As), arsenic.
— bianco, arsenic trioxide.
— bianco in polvere, white powdered arsenic.
arsenite, *f.* arsenite.
arseniuro *m.* (*chim.*), arsenide.
— di gallio (*chim.*), gallium arsenide.
arsenobenzene, *m.* (*chim.*), arsenobenzene.
arsenopirite, *f.* arsenopyrite.
arte (*f.*) **manuale,** handicraft.
— mineraria (*complesso di norme per ricerca, coltivaz. e trasporto minerali*), mining engineering.
arteria di circolazione vietata ai veicoli utilitari, (U.S.A.), packway.
— interdetta al traffico pesante (*strade*) (U.S.A.), parkway.
— stradale, arterial road; arterial highway.
— stradale di grande comunicazione, traffic artery.
arteriografia, *f.* (*radiografia delle arterie*) (*radiol.*), arteriography.
arteriologia, *f.* (*med.*), arteriology.
arteriometro, *m.* (*med.*), arteriometer.
articolato (*mecc.*), hinged; *agg.*, articulated (*riferito a treni, raccordi, giunti, ecc.*) (*aereo, mecc., ferr.*).
articolazione, *f.* joint; hinge (*cerniera di un arco*).

articolazione a ginocchiera, elbow joint.
— **alla chiave di un arco,** crown hinge.
— **a perno,** pin joint.
— **di sollevamento** (*mecc.*), lifting link.
— **in pietra,** stone hinge.
— **sospesa,** drag link.
articoli (*m. pl.*) **d'acciaio,** (*nastri, fili, lamiere ecc.*), steel items.
— **di ghisa,** castings; iron castings.
— **di prima necessità,** necessaries.
— **placcati,** plated items.
— **sanitari,** sanitary fittings.
articolo, *m.* (*oggetto, specialm. in un'enumerazione, ecc.*), item.
artificiale, *agg.* artificial.
artificiere, *m.* (*mil., min.*), artificier (*mil.*), blasting technician (*min.*); blaster (*min.*) (U.S.A.).
artigiano, *m.* home handyman.
artigliere, *m.* (*mil.*), gunner; artilleryman.
artiglieria, *f.* artillery; ordnance.
— **pesante** (*mil.*), heavy artillery.
arti grafiche, *f. pl.* graphic arts.
artrometro, *m.* (*med.*), arthrometer.
asbesto, *m.* asbestos.
a scartamento di x mm (*ferr.*), x-mm gauge.
ascensione ad alta quota (*aereo*), high altitude flight.
— **del pallone** (*aereo*), balloon ascent.
ascensore, *m.* lift; elevator (U.S. A.).
— **adibito al trasporto di cose,** goods lift.
— **adibito al trasporto di persone,** passenger lift.
— **a piattaforma,** platform lift.
— **da magazzino,** store-lift.
— **elettrico,** electrical lift.
— **idraulico,** hydraulic lift.
— **per carichi,** materials lift; materials elevator.
— **per persone,** passenger lift.
— **verticale,** vertical lift.
— **(ammortizzatore della cabina di —),** buffer.
— **(cabina di —),** lift-car.
ascensore (locali del macchinario di —), machine-rooms.
— **(indicatore di posizione dell'—),** lift position indicator.
— **(motore di un —),** lift motor.
— **(portata di un —),** rated load of a lift.
— **(superficie netta della cabina dell'—),** net car area.
— **(vano di corsa dell'—),** lift-well.
— **(velocità dell'—),** lifting speed.
ascesa statica (*aereo*), static rising.
— **verticale** (*aereo*), vertical ascent.
ascia, *f.* adze (*accetta*); chopper.
ascialone (*o* attacco), lashing.
ascissa, *f.* abscissa.
— **di un punto** (*agrim.*), longitude (of a point); departure (of a point).
asciugabiancheria *f.* (*elettrodomestici*), spin-dryer.
asciugacapelli, *m.* (*elet.*), hair-drier.
asciugamano a spugna (*tess.*), terry towel.
asciugamento, *m.* drying.
— **all'aria,** air-drying.
asciugapiatti, *m.* (*arnese cucina*), draining-board.
asciugare, *v.a.* to dry (off); to wipe off (*con stracci ecc.*).
asciugatoio, *m.* (*tess.*), drying stove.
asciugatrice centrifuga (*mecc.*), spin dryer; clothes dryer.
asciutto, *agg.* dry.
— **(aderenza sull'—)** (*rif. a pneumatici*), (grip) in the dry; (grip) on dry road.
ascolto (*tel.*), listening-in; (*audio*), playback.
asfaltare, *v.a.* to asphalt.
asfaltatore, *m.* asphalter.
asfaltatrice (*macch. stradali*), asphalt distributor (U.S.A.); (asphaltic) bitumen distributor.
asfaltite, *f.* asphaltite.
asfalto, *m.* asphalt.
— **battuto,** compressed asphalt.
— **colato,** poured asphalt; floated asphalt.
— **compresso,** compressed asphalt.

asfalto impermeabilizzante, waterproofing asphalt.
— **isolante,** insulating asphalt.
— **liquido,** liquid asphalt.
— **naturale,** natural asphalt rock.
— **ossidato,** oxidized asphalt.
— **per pavimentazione,** paving asphalt.
— **per tetti,** roofing asphalt.
— **resistente agli acidi,** acid-resisting asphalt.
— **soffiato al vapore,** steam treated asphalt.
— **solforizzato,** sulfurized asphalt.
— **(ricoprire di —),** to coat with asphalt.
asilo-nido (per bambini) (*costr.*), nursery school.
asimmetria, *f.* asymmetry.
asimmetrico, *agg.* dissymetrical; asymmetric(al).
asincrono, *agg.* asynchronous.
asintotico, *agg.* asymptotic.
asintoto (*mat.*), asymptote.
aspa, *f.*, whisk.
asparagina, *f.* (*chim.*), asparagine.
aspare, *v.a.* (*tess.*), to reel.
aspatrice, *f.* (*tess.*), reel.
aspatura, *f.* (*tess.*), reeling.
— **incrociata** (*tess.*), cross reeling.
a specchio (*superficie, ecc.*), mirror-like (surface, finish, ecc.).
asperità, *f. pl.*, asperities (*microscopic high points*).
— **del suolo,** irregularities of the ground.
— **microscopiche** (*audio*), microscopic high points.
aspettate (*radioamatori*), stand by.
aspetto della frattura (*met.*), fracture appearance.
— **maculato** (*di macchie, sulla superficie della latta*) (*met.*), manca una corrispondente traduzione in inglese.
— **piacevole di una macchina,** pleasing appearance of a machine.
— **piumoso** (*configurazione piumosa sulla superf. della lamiera*) (*met.*), manca una corrispondente traduzione in inglese.
aspirapolvere, vacuum cleaner.
aspirapolvere elettrico, electric duster.
— **per rettificatrici,** dust exhaust provision.
aspirare, *v.a.* to draw in; to suck in.
aspiratore (*gas*) (*aria*) exhauster; aspirator (*gas*); (*domestico*), **vacuum cleaner.**
— **a batteria, per auto,** car battery operated vacuum cleaner.
— **delle polveri,** dust exhauster.
aspirazione, *f.* suction.
— **di un camino,** draught.
aspo, *m.* (*tess.*), reel; (*met.*), coiler; v. **manovratore all'aspo.**
— **a svolgitore** (*met.*), uncoiler.
— **avvolgitore** (*met.*), downcoiler.
— **avvolgitore universale** (*met.*), universal coiling machine.
— **devolgitore** (*met.*), uncoiler.
— **per filo** (*met.*), dead block.
— **(azionamento idraulico degli aspi)** (*met.*), hydraulic coiler mechanism.
asportare (*v.a.*) **materiale** (*mecc.*), to take off material; to remove stock (U.S.A.).
asportazione (*f.*) **del materiale,** stock removal (U.S.A.).
assaggio (*m.*) **del terreno** (*con trivelle*), trial boring.
assale, *m.* axle-bar (*sala*); axle.
— **anteriore,** front axle.
— **ausiliario,** auxiliary axle.
— **mobile** (*mecc.*), live axle.
— **motore** (*di veicolo*), drive axle.
— **posteriore,** rear axle; back axle.
— **profilato** (*aereo*), streamline axle.
— **registrabile** (*mecc.*) (*agr.*), adjustable axle.
assalto (*aereo*), ground strafing.
asse, *m.* (*geom.*) axis (*pl.* axes); (*mecc.*) axle; axle-tree; (*orol.*) balance staff; (*di una lente*) axis (of a lens).
— **baricentro,** axis through the centre of gravity.
— **dei cilindri** (*delle camere di combust.*) (*aereo*), line of cans.
— **del bilanciere** (*orol.*), balance staff.

asse del binario (*ferr.*), centre line of track.
— **del centro di una tavola,** middle plank.
— **del compressore a turbina** (*aereo*), blower turbine-shaft.
— **della gabbia** (*met.*), stand centre.
— **dell'àncora** (*orol.*), pallet staff.
— **dell'arco,** axis; centre line of arch.
— **della sega,** saw spindle.
— **delle ascisse,** axis of abscissae; axis of X.
— **dell'elica** (*aereo*), propeller axis; airscrew axis.
— **delle ordinate,** axis of Y; axis of ordinates; Y-axis.
— **delle punte** (*tornio*), axis of centres.
— **del mandrino,** axis of spindle.
— **del pezzo,** axis of the work.
— **del ponte,** centre line of bridge.
— **del regolatore,** governor spindle; axle of governor.
— **del timone** (*aereo*), control surface axis.
— **del timone di direzione** (*aereo*), rudder post; fin post.
— **di affinità,** axis of affinity.
— **di magnetizzazione,** axis of magnetization; magnetization axis.
— **di portanza** (*aereo*), lift axis.
— **di resistenza** (*aereo*), drag axis.
— **di rivoluzione,** axis of revolution.
— **di rotazione,** axis of rotation.
— **di simmetria,** axis of symmetry.
— **di sollecitazione** (*mecc.*) line of force.
— **di sollevamento** (*aereo*), lift axis.
— **di spinta** (*aereo*), thrust line.
— **di trasmissione,** intermediate shaft.
— **di una fila di chiodi,** centre line of rivet holes.
— **di una ruota,** axle.
— **di una sbarra,** centre line of bar.
— **di un disegno,** centre line; (*abbr.* C.L.).
asse elettrico (*cristalli piezoelettrici*) (*elettron.*), electric axis.
— **longitudinale,** longitudinal axis.
— **magnetico,** magnetic axis.
— **momento,** momental vector.
— **montato** (*met.*), wheel set.
— **motrice,** driving axle.
— **movimento motore su supporti** (*auto*), engine rocking axis.
— **negativo** (*ott.*), minus axis.
— **neutro,** zero line.
— **non rotante** (*ing.*), dead axle.
— **normale,** normal axis.
— **normale al piano di simmetria** (*aereo*), cross-wind axis.
— **ottico,** optical axis.
— **parallelo alla forza laterale** (*aereo*), lateral axis.
— **polare** (*astr. crist.*), polar axis.
— **portante** (*ferr.*), idler.
— **principale,** principal axis.
— **simmetrico,** symmetry axe.
— **trasversale** (*aereo*), lateral axis.
— **verticale,** vertical axis.
— **(muoversi attorno al proprio —),** to move about its own axis.
assegnare cinque canali per la trasmissione diretta con satelliti, to allot five direct-broadcast channels.
— **un operaio a una squadra** (*min.*), to allocate a man to a team.
assegnato a (*fogli di lavorazione*), allocated to.
assegnazione di divise (*comm. ecc.*), exchange allocation.
— **di frequenza** (*radio*), frequency allocation; frequency assignement.
— **in memoria** (*calcol. elet.*) (*inform.*), storage allocation.
assegni (*m. pl.*) **di maternità,** maternity allowances.
— **familiari,** family allowances.
assegno, *m.* (*comm.*), cheque; (U.S.A.) bank check.
— **sbarrato,** crossed cheque.
assemblaggio (*cost., mecc.*), assembling; (*traduzione in linguaggio macchina di un programma scritto in linguaggio simbolico*) (*calcol. elettron.*), assembly.

assemblare *v.a.* (*tradurre in linguaggio di macchina un programma esistente in linguaggio simbolico*) (*calcol. elettron.*), to assemble.
assemblatore (*programma di assemblaggio dei programmi simbolici*) (*calcol. elettron.*), assembler; assembly program.
assenteismo (*lavoro*), *m.* absenteeism.
assenza di fumo (*senza inquinamento atmosferico*), smokelessness.
— **di gravità,** weightlessness.
asservire, *v.a.* to interlock.
asservita (azione —) (*elettron.*) floating action.
asservito, *agg.* (*secondario*) (*inform.*), slave.
assessore all'igiene (*inquinamento*), public health inspector.
assestamento, *m.* (*cost.*), bond.
— **a corso posto di testa,** header bond.
— **ad opera incerta,** polygonal bond.
— **a rombi,** English cross bond.
— **a sistema pratico,** header bond.
— **a spina di pesce,** herringbone bond.
— **con malta,** mortar bond.
— **decorativo,** decorative bond.
— **della muratura,** settling of masonery.
— **delle fondamenta,** settlement (*or* settling) of the foundations.
— **delle pietre,** stone bond.
— **diagonale,** diagonal bond.
— **gotico,** double Flemish bond.
— **incrociato,** English cross bond.
— **inglese,** modified English bond.
— **inglese normale,** old English bond.
— **meccanico,** mechanical bond.
— **olandese,** Dutch bond.
— **per camini,** chimney bond.
— **per pilastri,** pier bond.
— **polacco,** double Flemish bond.
— **poligonale,** polygonal bond.
assettare *v.a.* (*naut.*), to trim.
assetto, *m.* (*naut.*) (*aereo*), trim.
assetto di guida (*auto*), driving position.
— **geometrico di un reticolo** (*met.*), geometrical array of a lattice.
— **variabile** (*ferr.*), v. **elettrotreno ad assetto variabile.**
assiale, *agg.* axial.
assialmente, *avv.* axially.
assicella, *f.* batten.
— **del pavimento,** floor board.
— **del tetto,** roof shingle.
— **d'essiccamento,** drying board.
— **di cedro,** cedar shingle.
— **di copertura,** shingle.
— **di gronda,** fascia board.
— **di legno,** wood board.
— **di quercia,** oak shingle.
— **di riparo,** guard board.
— **incollata,** glued board.
— **obliqua,** angle board.
— **per spianare,** smoohting board; long float.
assicurare, *v.a.* (*comm.*), to insure; (*mecc.*) to secure; to cramp (*con ramponi*); to strengthen (*muri*; *rinforzare*).
— **con tiranti,** to tie; to grapple.
— **un anello,** to secure a ring.
assicurarsi un contratto, to secure a contract.
assicuratore automobilistico (*auto*), motor insurer.
assicurazione, *f.* (*comm.*), insurance; assurance (*nome più usato in G. Bretagna per lo più per l'assicurazione sulla vita*).
— **auto,** motor insurance.
— **contro gli incendi,** fire insurance.
— **contro gli infortuni,** accident insurance.
— **contro gli infortuni sul lavoro,** labour accident insurance.
— **contro la disoccupazione,** unemployment insurance.
— **contro la grandine,** insurance against hail.
— **malattie,** sickness insurance.
— **marina,** marine insurance.
— **obbligatoria,** compulsory insurance.
— **ospedaliera,** hospital insurance.
— **sulla vita,** life insurance.

assicurazione (responsabilità civile terzi) (*auto*), third party insurance.
— **responsabilità civile terzi, incendio e furto** (*auto*), third party, fire and theft insurance.
assiemaggio *m.* (*met.*), assembling; assembly.
— **(reparto —)**, assembling bay (*or* shop).
assiemare *v.a.* (*met.*, *costr.*), to assemble.
— **la travata di un ponte** (*costr.*), to assemble the bridge girder.
assiematura (piano di —) (*costr.*), assembly plan.
assile (*m.*) **ferroviario,** axle.
assimilare un paragrafo, dati, ecc. (*rif. a calcolatore elettronico*) (*inform.*), to digest a paragraph, data, etc.
assistente, *m.* (*di un laboratorio tecnico*), laboratory steward.
— **di vice direttore,** assistant manager.
— **sociale,** social worker.
assistenza (*f.*) **dopo vendita** (*garanzia*), after-sales service.
— **medica** (*per lavoratori, ecc.*), medical attention.
— **pubblica,** official assistance.
— **sociale,** social welfare.
assito, *m.* board fence; boarding.
— **ad incastro,** sheet piling; pile planking.
— **ad incastro di ferri profilati,** sheet piling of section iron.
— **ad incastro di lamiera ondulata,** corrugated iron sheet piling.
— **ad incastro di lamiera stampata,** buckled plate sheet piling.
— **ad incastro in cemento armato,** sheet piling of reinforced concrete.
associativo (*inform.*) (*rif. a memoria, archivi, ecc.*), associative.
associazione (*f.*) **aeronautica,** aeronautical association.
assolcatore (*di seminatrice*) (*mecc. agr.*), drill coulter.
assoluto, *agg.* absolute.
assonometrico, *agg.* axonometric.
assorbente, *agg.* absorbing; absorbent.
— **acustico** (*acust.*), isolator.
— **antivibrante e ammortizzatore** (*acust.*), vibration and shock isolator.
assorbibilità, *f.* absorbability.
assorbimento, *m.* absorption.
— **acustico,** sound absorption.
— **del rumore,** absorption of noise.
— **del suono,** sound absorption.
— **di azoto** (*agr.*), nitrogen uptake.
— **di calore,** absorption of heat.
— **dielettrico,** dielectric absorption.
— **di massa,** mass absorption.
— **di neutroni** (*fis. atom.*), neutron absorption.
— **di neutroni senza fissione** (*fis. atom.*), non-fission neutron absorption.
— **di radiazioni** (*fis. atom.*), radiation absorption.
— **elettrico,** electric absorption.
— **fotoelettrico** (*fis. atom.*), photoelectric absorption.
— **per risonanza** (*fis. atom.*), resonance absorption.
— **relativo** (*fis. atom.*), relative absorption.
— **selettivo** (*ott.*), selective absorption.
— **termico** (*fis. atom.*), thermal absorption.
— **(circuito d'—)** (*radio*) absorbing circuit.
— **(coefficiente di —)** (*chim.*), absorption coefficient.
— **(curva d'—)** (*radio*), absorption curve.
— **(filtro d'—)** (*radio*), absorbing filter.
— **(modulazione d'—)** (*radio*), absorption modulation.
— **(ondametro d'—)** (*radio*), absorption wave-meter.
— **(potere d'—)** (*radio*), absorption capacity.
— **(spettro di —),** absorption spectrum.

assorbire, *v.a.* to absorb; to take over (*elet.*); (*riferito a momenti flettenti, ecc.*), to resist; (*mom. flettente assorbito dalle travi principali*), bending moment resisted by girders.
— (*sia con adsorbimento o assorbimento*) (*chim.*), to sorb.
— **calore,** to absorb heat.
— **ossigeno,** to absorb oxygen.
assorbitività, *f.* absorbitivity.
assorbitivo, *agg.* absorptive.
assorbitore, *m.* (*fis.*), absorber.
— **campione** (*fis. atom.*), standard absorber.
— **di neutroni** (*fis. atom.*), neutron absorber.
assordante, *agg.* ear-splitting.
assortimento del carbone, screening of coal.
assortitore, *m.* (*carta*), pulp strainer.
assortitura, *f.* (*lana*), sorting; grading; classification.
assottigliamento, *m.* tapering.
— **del materiale,** material thinning.
assottigliarsi, *v.r.* (*rastremarsi*), to taper, *v.i.*
assunzione de lpersonale, recruitment.
asta, *f.* bar; rod; member; shaft; auction (*incanto*) (*comm.*).
— **ad occhiello,** eye bar.
— **armamento** (*mil.*), operating rod.
— **a telaio** (*aereo*), frame girder; framework stay.
— **calastrellata** (*costr.*), batten plate.
— **compressa,** compressional bar; compressional member.
— **conduttrice,** conducting rod; guide rod.
— **d'anima** (*aereo*), strut; stay.
— **d'appoggio,** supporting strut.
— **del bilanciere** (*auto*), push rod.
— **del cassetto di distribuzione,** regulator rod.
— **del corrente,** boom member, flange member.
— **del corrente inferiore** (*cost.*), bottom boom member.
asta del corrente superiore (*cost.*), top boom member.
— **della catena,** flat link of chain.
— **dell'arco** (*cost.*), bar of arch.
— **della ringhiera,** rail-post.
— **della travatura,** stay rod.
— **di accoppiamento** (*mecc.*), coupling rod.
— **di allungamento** (*compassi*) (*dis.*), extension arm.
— **di avanzamento,** feed rod.
— **di bilancia** (*a ponte ecc.*), beam.
— **di cambio,** reversing rod.
— **di colata** (*met.*), botter rod; stopper rod; tapping rod.
— **di comando,** control rod.
— **di comando della valvola,** rod working valve.
— **di compensazione** (*aereo*), compensating rod (*or* bar).
— **di controfiocco** (*naut.*), flying jib-boom.
— **di distribuzione,** valve gear.
— **di fiocco** (*naut.*), jib-boom.
— **di guida,** guide rod.
— **di legno,** wooden bar.
— **di leva di contatto,** contact-lever spindle.
— **di livello** (*auto*), dip stick.
— **di mira** (*agrim.*). ranging rod.
— **di parafulmine,** lightning stem.
— **di parete** (*costr. idr.*), web member.
— **di perforazione,** boring rod.
— **di presa di corrente** (*pantografo*) (*ferr. elet.*), power collector.
— **di ritegno** (*costr. idr.*), hinge.
— **di scatto,** contact rod.
— **di sollevamento,** lifting rod.
— **di sostituzione,** spare member; spare rod.
— **di spinta,** push rod.
— **di stantuffo,** piston rod.
— **di traliccio** (*aereo*), diagonal member (U.S.A.); lattice tie.
— **di trasmissione,** valve rod.
— **di una valvola,** stem.
— **filettata,** screw spindle.
— **inerte,** unstrained member.
— **oscillante,** rocker bar.
— **permutatrice,** disengaging bar.
— **per trivellazione,** boring bar.

asta pesante (*petrol.*), stem.
— **pubblica** (*leg.*), official submission.
— **reticolare,** latticed bar; latticed rod.
— **scorrevole,** runner.
— **sospesa** (*mecc.*), hanging rod.
— **sotto pressione,** compressional bar.
— **tubolare d'acciaio,** steel tube rod.
— **(mettere all'—)** (*una costruzione*) (*leg.*), calling for tenders.
astatico, *agg.* astatic.
astato, *m.* (*chim.* = At), astatine.
aste (*f. pl.*) **di supporto** (*aereo*), support strays.
— **di trasmissione** (*aereo*), transmission rods.
asteroide, *m.* (*astr.*), asteroid.
astigmatico, *agg.* astigmatic.
astigmatismo, *m.* astigmatism.
astina *f.* (*mil.*) (*di fucile*), hand guard.
— **di legno,** pegwood.
astracan, *m.* (*tess.*), astrakhan.
astro, *m.* astre; star.
astrofisica, *f.* (*fisica dei corpi celesti*), astrophysics.
— **(esperto in —)** *m.*, astrophysicist.
astrofisico, *agg.* astrophysical.
— **(esperimento —)** (*astron.*), astrophysical experiment.
astrofotografia, *f.* astrophotography.
astronauta, *m.* spaceman; astronaut.
— **(lettino per —),** astronaut's couch.
astronautica, *f.* astronautics.
astronave, *f.* spaceship.
— **lunare** (*astron.*), moon-ship.
— **pilotata** (*astron.*), piloted spaceship.
astronomia, *f.* astronomy.
— **sferica,** positional (*or* spherical) astronomy.
astuccio, *m.* case (*scatola*).
— **dei compassi,** case of drawing instruments.
— **porta-utensili abbassabile dall'interno del coperchio del bagagliaio** (*auto*), drop down tray.
atacamite (*min.*), atacamite.
atebrina, *f.* (*chim.*), atebrin.
a tenuta d'acqua, *agg.* water-tight.
a tenuta d'aria, *agg.* air-tight.
a tenuta di gas, *agg.* gas-tight.
a tenuta di vapore, steam-tight.
atermico, *agg.* athermic.
atmosfera, *f.* atmosphere (atm.).
— **artificiale,** controlled atmosphere; artificial atmosphere.
— **controllata,** controlled atmosphere.
— **deflagrante** (*miniere*), deflagrating atmosphere.
— **di gas inerte,** inert gaseous atmosphere.
— **industriale** (*corrosione*), industrial atmosphere.
— **inerte,** inert atmosphere.
— **interna,** indoor atmosphere.
— **lunare** (*astron.*), moon's atmosphere.
— **marina** (*corrosione*), marine atmosphere.
— **marziana** (*del pianeta Marte*) (*astr.*), martian atmosphere.
— **neutra,** neutral atmosphere.
— **normale,** standard atmosphere.
— **ossidante,** oxidizing atmosphere.
— **planetaria,** planetary atmosphere.
— **polare** (*corrosione*), polar atmosphere.
— **protettiva,** protective atmosphere.
— **riducente,** reducing atmosphere.
— **solare,** solar atmosphere.
— **terrestre,** earth's atmosphere.
— **tropicale** (*corrosione*), tropical atmosphere.
— **urbana** (*corrosione*), urban atmosphere.
— **(compresso a circa 150 atmosfere),** compressed to about 150 atm.
— **(condizioni di entrata nell'— planetaria)** (*astron.*), entry conditions into planetary atmosphere.

atmosfera (condizioni di rientro nell'— terrestre) (*astron.*), entry conditions in the earth's atmosphere.
— controllo (dell'—) (*vernici, smalti*), atmosphere control.
atmosferico, *agg.* atmospheric.
atollo, *m.* atoll.
atomico, *agg.* atomic.
atomizzare, *v.a.*, to atomize.
atomizzatore, *m.*, atomizer.
atomizzazione (*met.*, *polveri*), atomization; atomising.
atomo, *m.* (*fis. atom.*), atom.
— caldo (*fis. atom.*), hot atom.
— contrassegnato (o marcato) (*fis. atom.*), labelled atom; tagged atom.
— di rimbalzo (*fis. atom.*), recoil atom.
— di rinculo (*fis. atom.*), recoil atom.
— eccitato (*fis. atom.*), hot atom; excited atom.
— interstiziale (*reticoli crist.*), interstitial atom.
— legato, bound atom.
— leggero (*fis. atom.*), light atom.
— metastabile (*fis. atom.*), metastable atom.
— privato di elettroni (*fis. atom.*), stripped atom.
— radioattivo (*fis. atom.*), radioactive atom.
— stabile (*fisica atom.*), stable atom.
atrio, *m.* (*di stazione, ecc.*), lobby; (*cost.*), hall; atrium (U.S.A.).
atropina, *f.* (*chim.*), atropine.
attaccabave, *m.* (*tess.*), piecer.
attaccare, *v.a.* (*cost. civ.*), to connect; to join; (*con acidi*) to etch; to attack (*min.*); (*incollare*), to stick; to paste; (*elet.*), to connect; (*med.*), affect.
— inclinato, to overhang.
— la puleggia a gradini, to couple the cone pulley.
attaccato (non —) (*chim.*), unaffected.
attacchi a volo radente (*aereo mil.*), ground strafing.
attacchi a volo radente su obiettivi terrestri (*aereo*), ground strafing.
— del carrello (*aereo*), under carriage attachment.
— delle rotaie (*materiale minuto d'armamento*) (*ferr.*), small iron fittings for rails.
attacco, *m.* (*elet.*) (*aereo*), connection; cap; (*mecc.*), fastening; (*min.*), attack; (*o collegamento*) (*mecc. agr., ecc.*), linkage.
— a baionetta (*ill.*), bayonet cap.
— a baionetta piccolo (*ill.*), small bayonet cap.
— a chiavetta e controchiavetta, key *or* wedge buckle.
— a cicatrice (*corrosione met.*), scar; saucer-shaped pit.
— ad angolo, corner connection.
— ad eccentrico (*della sega*), (saw) buckle with eccentric adjustment.
— ad occhio inferiore (*di sega*), bottom buckle.
— ad occhio superiore, top buckle.
— alare (*aereo*), wing attachment.
— a mezza costa (*agrim.*), side benching.
— a scaglioni (*cost. ferr.*), gulleting; gullet working.
— a staffa dei tiranti, bar attachment by strap bolts.
— a tre punti (*agr., mecc.*), 3-point linkage.
— a tre punti per cinture di sicurezza (*auto*), three-point seat belt mounting.
— a vite (*ill.*), screw cap.
— chimico (*met.*), chemical etching.
— chimico elettrolitico del campione (*met.*), electrolytic etching of the sample.
— del contralbero, throwing in the countershaft.
— del controvento, wind brace connection.
— del feeder (*ing. elet.*), cable socket.
— della gronda col pluviale, down pipe connection.
— dell'ala (*aereo*), wing attachment.

attacco della sega, saw buckle.
— **delle aste,** bar connection; bar joint.
— **delle lame,** fixing of blades.
— **delle molle,** fastening for the springs.
— **delle rotaie,** rail attachment (*or* fastening *or* fixing).
— **delle travi,** girder connection.
— **delle travi ad angolo acuto,** girder connection at an angle.
— **dell'indicatore,** indicator bosses.
— **di cavalli** (*agric.*), draft animals; team.
— **di coda** (*aereo*), tail attack (U.S.A.); attack under the tail.
— **di colata,** gate (*fond.*).
— **di corda** (*o* **cavo)** (*aereo*), lizard.
— **di lampada** (*elet.*), lamp cap; lamp base.
— **diretto** (*min.*), outwards attack.
— **di valvole termoelettroniche,** valve base.
— **Edison** (*elet.*), Edison screw-cap.
— **Edison medio** (*ill.*), medium Edison screw-cap.
— **Edison miniatura** (*ill.*), miniature Edison screw-cap.
— **martinetto a due fori** (*mecc. agr.*), two-hole jack connection.
— **rigido,** rigid attachment.
— **smontabile** (*aereo*), detachable connection.
— **uniforme** (*corrosione met.*), uniform attack.
atteggiamento, (*addestramento***),** attitude.
attemperatore, *m.* (*caldaie*), attemperator.
attendibilità, *f.* (*mecc.*), reliability.
attenti alle contraffazioni!, Beware injurious substitutes.
— **al treno!,** Beware of the trains.
attenuare le sollecitazioni (*costr.*), to relieve the stresses.
attenuato, soft.
— **(soffiaggio —)** (*met.*), soft blowing.

attenuatore, *m.* (*elett.*), attenuator.
— **compensato in frequenza** (*elet.*) frequency compensated attenuator.
— **di rumore** (*elet., ecc.*), noise limiter; noise filter.
attenuazione, *f.* (*elet.*), attenuation; (*radio*) absorption.
— **della radiazione** (*fis. atom.*), radiation attenuation.
— **del suono,** sound deadening.
— **diafonica** (*telecom.*), cross-talk attenuation.
— **di raggi gamma** (*fis. atom.*), gamma attenuation.
— **di rumori,** noise abatement.
— **neutronica** (*fis. atom.*), neutron attenuation.
— **paradiafonica** (*telecom.*), near-end cross-talk attenuation.
— **telediafonica** (*telecom.*), far-end cross-talk attenuation.
— **(ampiezza di —),** attenuation range.
— v. **(fattore di —).**
attenzione, *f.*, caution.
attenzione! (*su imballi*), Care; Please Use Care!
— **allontanatevi!** Caution! Get-Away!
— **alta tensione!** (*avviso*), Warning! High Voltage.
— **guardatevi dai vapori!** Warning! Beware of Fumes.
— **infiammabile!** Caution! Inflammable.
— **liquido corrosivo** (*su imballi*), Caution! Corrosive Liquid.
— **non tenere in mano!** Caution! Do Not Hold in Hand!
— **strumenti delicati!** (*su imballaggi*), Handle With Care. Delicate Instruments.
— **veleno!** (*su imballi*), Warning! Poison.
atterraggio, *m.* (*aereo*), landing.
— **a caduta a piatto** (*aereo*) pancake landing.
— **a tre punti** (*aereo*), three-point landing.
— **a volo planato,** glide landing.
— **cieco** (*aereo*), instrument landing.

atterraggio col carrello (*aereo*), three-point landing.
— **col motore spento** (*aereo*), landing with the engine cut off.
— **con scivolata d'ala** (*aereo*), side-slip landing.
— **di carrello** (*aereo*), landing on wheels.
— **di coda** (*aereo*), tail landing.
— **di fortuna** (*aereo*), forced landing.
— **dolce** (*o morbido o soffice*) **sulla superficie di Venere** (*astron.*), soft landing on the surface of Venus.
— **guidato (dal suolo)** (*astron.*), ground-control approach.
— **sbagliato** (*aereo*), bad landing.
— **simulato** (*astron.*) (*aereo*), simulated landing.
— **strumentale** (*aereo*), instrument landing; (*elettron.*), instrument approach.
— **(complesso d'—)** (*aereo*), alighting gear.
atterrare, *v.a.* to land.
— **col motore spento** (*aereo*), to land with engine shut off.
— **lungo,** to overshoot.
— **scassando l'aeroplano** (*aereo*), to smash (*or* to crash) the aeroplane.
— **sulla superficie del pianeta** (*astr.*), to land on the planet's surface.
— (*v.a.*) **un albero,** to fell a tree.
attesa (in — di) (*prep.*), pending; (*in — del completamento della centrale*), pending completion of the power plant.
attestati (*m. pl.*) **di brevetto,** letters patents.
atti (*m. pl.*) **congressuali** (*di congresso, ecc.*), proceedings; congress papers.
attinico, *agg.* actinic.
attinio (*chim.* = Ac), actinium.
attiniouranio (*fis. atom.*), actinouranium.
attinolite (*min.*), actinolite.
attinologia, *f.* actinology.
attinometro, actinometer.
attirare, *v.a.* to attract; to draw.
attitudine, *f.* (*gen.*), suitability; (*psicologia, ecc.*), aptitude.
— **all'abrasione,** adrability.
— **alla corrosione,** corrodibility.
— **alla forgiabilità,** forgeability.
— **alla tempra** (*metal.*), hardenability.
— **all'impiego** (*psicologia indust.*), job attitude.
attivare, *v.a.* (*chim.*), activate *v.a.*
— **un satellite,** to activate a satellite.
attivato, v. **carbone —.**
attivatore, *m.* (*chim.*), activator; (*elettron.*), sensitizer.
attivazione (*elettron., chim.*), activation; (*elettron.*), sensitization.
— **neutronica** (*fis. atom.*), neutron activation.
— **(calore di —)** (*met.*), activation heat.
attività, *f.* (*fis. atom.*), activity.
— **beta,** beta activity.
— **beta del prodotto di fissione** (*fis. atom.*), fission-product beta activity.
— **gamma** (*fis. atom.*), gamma activity.
— **sensoriale motoria** (*psicologia*), sensory-motor activity.
— (*f. pl.*), spaziali, space activities.
attivo, *agg.* (*chim.*), active.
— **(fortemente —),** (*fis. atom.*), hot.
attizzare, *v.a.* (*il fuoco*), to stir; to stir up.
attizzatoio, *m.* poker; fire-hook.
atto (*adatto*), *agg.* suited.
— **illecito** (*leg.*), tort.
attorcigliare (*v.a.*) **un palo con filo metallico,** to tie a pile with iron wire.
attorcitura, *f.* (*tess.*), doubling.
attori, *m. pl.* (*cinem.*), cast.
attraccare (*naut.*), to dock; to moor.
attracco spaziale (*astron.*), docking.
attrappore, *m.* (*lamiere met.*), catcher.
attrarre, *v.a.* (*elet.*), to attract.
attraversamento, *m.* crossing.
— **del fiume,** crossing of the river.
— **pedonale** (*traffico*), pedestrian crossing.

attraversare (*v.a.*) **una valle con un ponte,** to bridge a valley.

attrazione, *f.* attraction.

— **capillare,** capillary attraction.

— **elettrodinamica,** electrodynamic attraction.

— **molecolare,** molecular attraction.

attrezzare, *v.a.*, to rig (*naut.*); to equip; to tool (*mecc.*).; (*l'officina è bene attrezzata*), the shop is appropriately tooled.

attrezzatore, *m.* (*naut.*), rigger.

attrezzatura, *f.* equipment; set-up; (*di un porto*), accomodation; (*di vele*) (*naut.*), rigging; (*mecc.*), tooling; (*auto*), appointments.

— **avicola** (*agr.*), poultry equipment.

— **candeggio** (*tess.*), bleaching equipment.

— **di brichettaggio** (*min.*), briquetting equipment.

— **di eliminazione dell'acqua dalla fanghiglia** (*min.*), slurry dewatering equipment.

— **di officina,** workshop installation.

— **di sbavatura** (*fond.*), deburring equipment.

— **di scavo,** excavating equipment.

— **fissa** (*mecc.*, *ecc*), in-place equipment.

— **lattiero-casearia** (*agr.*), dairy equipment.

— **mineraria,** mining equipment.

— **per il carico** (*naut.*), cargo gear.

— **per il controllo dell'inquinamento** (*naut.*, *ecc.*), pollution monitoring equipment.

— **per maneggio del carico** (*naut.*), cargo handling gear.

— **per metallizzazione** (*met.*), metallizing equipment.

— **per pulitura con ultrasuoni,** ultrasonic cleaning equipment.

— **portatile,** portable equipment.

attrezzature, *f. pl.* (*montaggi*), jigs and fixtures; (*forno, fosse per l'essiccazione, ecc.*) (*met.*), facilities.

attrezzature a terra (*astron.*), ground equipment.

— **costali per imbarco di containers** (*naut.*, *ecc.*), shore container facilities.

— **di accumulo e di ripresa,** facilities for unloading and piling.

— **di laboratorio,** laboratory facilities.

— **di lancio** (*astron.*), launching facilities.

— **ed accessori navali** (*naut.*), marine fixtures and fittings.

— **esistenti** (*met.*), existing facilities.

— **nautiche** (*naut.*), marine fixtures and fittings.

— **normalizzate,** standard fittings.

— **sceniche** (*telev.*), properties.

attrezzeria, *f.* (*deposito di suppellettili cinem.*), proproom.

attrezzi, *m. pl.* (*cinem.*), properties: tools (*mecc.*).

— **agricoli,** agricultural implements.

— **da saldatore,** welding jigs; weldment positioners; locators.

— **per focolare,** furnace tools; fire irons.

attrezzista, *m.*, toolmaker.

attrezzo per allargare le ruote (*orol.*), wheel stretching tool; wheel stretcher.

— **per fissare pezzi da lucidare** (*orol.*), bolt tool.

— **per la coltivazione** (*agr.*), tillage tool.

— **per piegare la forcella** (*orol.*), lever bending tool.

attribuzione (distrib.) di azioni gratuite (*finan.*), bonus issue.

attrito, friction.

— **composto,** turning friction.

— **dell'appoggio** (*mecc.*), bearing friction.

— **dello stantuffo,** piston friction.

— **del perno,** journal friction.

— **di disimpegno** (*mecc.*), disengaging friction.

— **di impegno** (*mecc.*), engaging friction.

— **di rotazione,** rolling friction.

— **fra i denti,** tooth-friction.

attrito fra verga e parete (*estrusione idrostatica*), wall-billet friction.
— **magnetico** (*elet.*), magnetic friction.
— **nel cuscinetto,** bearing friction.
— **nella ruota,** wheel friction.
— **nell'ugello,** nozzle friction.
— **radente,** sliding friction; kinetic friction.
— **statico,** static friction.
— **sulla superficie,** skin friction.
— **totale,** total friction.
— **volvente,** rolling friction.
attualità (documentario di —; cinegiornale), newsreel.
attuarialista, *m.* (*assic.*), actuary.
attuatore *m.* (*azionatore*) (*elettromecc.*), actuator.
audibilità (*acust.*), audiability.
audio-cassetta *f.* (*acust.*), musicassette (quality recordings on tapes sealed in cassettes); audio cassette.
— **disco,** audio disc.
audioamatore, *m.*, audio amateur.
audiofilo, *m.* (*audio*), audiophile.
audiofrequenza, audio frequency.
audiogramma, *m.* (*acust.*), audiogram.
audiologia, *f.* (*fis.*), audiology.
audiometria, *f.* (*fis.*), audiometry.
audiometrico, *agg.* (*fis.*), audiometric.
audiovisivo, *agg.*, audio-visual.
audiometro, *m.* audiometer.
audion, audion.
auditivo, *agg.*, aural.
auditorium, *m.* (*acust.*), auditorium.
— **di trasmissione** (*radio*), broadcast studio.
audizione, *f.* audition.
augendo, *m.* (*primo operando di una addizione, al quale segue l'addendo*) (*inform.*), augend.
augite, *f.* augite.
aumentare, *v.i.*, *v.a.*, to grow; to increase; to bulk (*riferito a terre scavate*); to raise (*prezzo*); to enlarge (*allargare*); to boost (*fis.*).
— **gradatamente il volume del vento** (*altoforno met.*), to step up (the) volume of the blast.
aumentare la produzione, to boost production; to boost output.
— **la temperatura del bagno** (*met.*), to raise the bath temperature.
— **le esportazioni di carbone,** to step up coal exports.
— **l'orbita del veicolo spaziale** (*voli spaziali*), to expand the ship's orbit.
— **rapidamente,** to soar.
aumento, *m.* increase; bulking (*terra*); (*comm.*), hike (U.S.A.); (*un aumento di 3 dollari alla tonnellata su lamierini laminati a freddo e a caldo*), a $ 3 per ton hike on cold and hot rolled sheets.
— **brusco di corrente** (*elet.*), current rush.
— **di calore,** increase of heat.
— **di potenza** (*inform.*), upgrading.
— **di spinta** (*aereo*), thrust augmentation.
— **di velocità,** increase of velocity.
— **salariale** (*o di retribuzione*) (*lavoro*), pay increase.
aurammina, *f.* auramine.
auranzia, *f.* (*fot.*), aurantia.
aureola, *f.* (*ill.*), aureole.
aureomicina, *f.* aureomycin.
aurina (*chim.*), aurine.
auricolare, *m.* (*audio*), earpiece.
— **(cuscinetti auricolari)** (*audio*), ear cushions.
aurora (*f.*) **australe,** aurora australis.
— **boreale,** aurora borealis.
ausformare (*deformare in campo austenitico*) (*met.*), to ausform; (*l'acciaio può essere ausformato*), steel can be ausformed.
ausformatura, *f.* (*met.*), ausforming.
ausiliare, *m.* (*chim.*), agent.
— **di finissaggio** (*chim. tess.*), finishing agent.
ausiliari, v. **servizi —.**
— **per gomma,** rubber assistants.
— **per la tessitura,** textile assistants.
ausiliario, *agg.* auxiliary (*usato in rif. ad antenne, bobine, commutatori, elettrodi, griglie, ecc.*); an-

cillary (*rif. a macchine, prodotti, p. es.*: **prodotti ausiliari,** ancillary products).
austenite, *f.* austenite.
— **residua** (*met.*), residual austenite.
— **trattenuta** (*met.*), retained austenite.
austenizzare un acciaio (*met.*), to austenize a steel; austenitize a steel.
austenizzato (campione —), austenitized sample.
austenizzazione, *f.* (*met.*), austenitizing.
austerità monetaria (*econ.*), monetary stringency.
autista, *m.* motorist; autoist (U.S.A.).
auto, v. **automobile.**
— **da rally** (*auto*), rally car.
— **decapottabile,** convertible.
— **familiare,** family-size car.
— **fuori uso** (*da rottame*), junk car; junked car; junker; scrap car (*a. da rottame*).
— **truccata,** hot rod (U.S.A.) (*slang*).
autoaccensione, *f.* auto-ignition; (*motori a scoppio*), auto-ignition.
autoaccessorio, *m.* (*auto*), car accessory.
autoadescante, *agg.* (*rif. a pompe*), selfpriming.
autoadesivo, *agg.*, self-adhesive.
autoambulanza, *f.* ambulance.
autoarticolato, *m.*, tractor semitrailer; all-wheel drive road tanker (*autocisterna*); fueller (*or* tanker) (*destinato al rifornimento di combustibile per aerei*).
autoassorbimento, *m.* (*fis. atom.*), self-shadowing.
autobetoniera, *f.* travelling mixing machine; travelling concretemixer.
autobloccaggio, *m.* (*circuito oscillatore a valvola*) (*elettron.*), squegging.
autobloccante *agg.* (*dadi, viti, ecc.*) (*mecc.*), self-locking.
autobotte, *f.* motor watering-cart; tank truck; water truck; tank wagon.
autobus, *m.* bus; motorbus; coach.
— **a benzina,** petrol bus; gas bus (U.S.A.).
— **a benzina ed elettricità,** gas-electric drive bus (U.S.A.).
— **a 2 piani,** double-decked bus; double-decker (U.S.A.).
— **a trazione meccanica,** mechanical-drive bus.
— **a un piano,** simple decker; single decker; one-man bus.
— **con posti in piedi** (*auto*), standee bus.
— **interurbano,** service bus.
— **per 7-8 persone (piccolo —),** microbus.
autocaravan, *f.*, motor caravan.
— **costruita appositamente su telaio di automobile** (*auto*), coach-built motor caravan.
autocarro, lorry; truck (U.S.A.).
— **a capovolgimento posteriore,** end tipper.
— **a cassa ribaltabile,** end dumper.
— **a cassone ribaltabile,** tipping lorry; tipper; dump truck (U.S.A.).
— **agricolo** (*auto*), farm truck.
— **a ribaltamento laterale,** side tip truck.
— **a tre piani per trasporto di automobili** (*trasporti*), triple-deck car carrier.
— **con apparecchi di sondaggio rapido** (*prospezione geofisica*) drilling truck.
— **con apparecchio registratore** (*prospezione geofisica*), recording truck.
— **con naspi di tubo** (*pompieri*), hose car.
— **con rimorchio** (*autotreno*), trailer truck.
— **leggero,** pick-up truck; light truck.
— **medio,** medium truck.
— **officina,** truck repair shop (U.S.A.).
— **per cariche di dinamite** (*prospezione geofisica*), shooting truck.
— **pesante,** heavy lorry.

autocarro per rifiuti, garbage removal truck.
— **riparazioni** (*soccorso stradale*), breakdown truck; breakdown lorry; breakdown van.
— **portacontainers,** container lorry; container truck.
— **radiologico,** x-ray van.
— **semicingolato,** half-track vehicle; caterpillar motor lorry; creeper-type truck.
— **sonoro,** *m.* sound truck.
autocartografo, *m.* autocartographe.
autocatalisi, *f.* (*chim.*), auto-catalysis.
autocentrante, *agg.* self centering. *m.* (*mandrino*) (*macch. ut.*), self-centring chuck.
autochiusura, *f.* self-locking.
autocinema, *m.*, drive-in.
autocisterna, *f.* petrol supply lorry; tank truck (U.S.A.); *m.*, road tanker; tanker (*or* fueller) (*per rifornimento di combustibile per aerei*).
autoclave, *f.* autoclave.
— **saldata,** welded aucloclave.
autocollimatore, *m.*, autocollimator.
autocolonna, *f.* motor convoy.
autoconteggio, *m.* (*fis. atom.*), autocount.
autocorrelatore, *m.*, autocorrelator.
autocorrezione, *f.* (*inform.*), autocorrection.
autocorriera, *f.* line bus; service bus; coach.
autocottura, *f.* self-baking.
autocromia, *f.* (*fot.*), autochrome.
autodiagnosi, *f.* (*inform.*), self-diagnosis.
autodiagnostico, *agg.*, (*inform.*), self-diagnostic.
— **(controllo —)** (*inform.*), self diagnostic check.
autodiffusione, *f.* (*fis. atom.*), self-diffusion; self-scattering.
autodina, *f.* (*radio*), autodyne.
autodromo, *m.*, motor racing track; car racing track.
autoeccitazione, *f.* (*elet.*), self-excitation.
autoemissione (*termoi.*), auto-emission.
autoestinzione, *f.* (*materie infiammabili*), self-extinguishability.
autofertilizzazione, *f.* (*fis. atom.*), breeding.
autofficina, f. breakdown ambulance; (U.S.A.) machine-shop truck.
autofondente, *agg.* (*min.*), self-fluxing.
auto-frenaggio (*m.*) **del motore,** automatic braking of motor.
autofurgone, *m.* motor-van; utility coach; load carrier.
autogeno, *agg.* autogenous.
autogiro, *m.* (*aereo*), autogiro; (*abb. in*: *giro*).
— **aerauto** (*aereo*), roadable autogiro.
— **a lunga autonomia** (*aereo*), long-range autogyro.
— **biposto** (*aereo*), two-seater autogyro.
autogru, *m.*, (*gru automotrice*), self-propelled crane.
autoignizione, *f.* autoignition.
autoinduttanza (*elett.*), self-inductance.
autoinduzione, *f.* self-induction.
— **in parallelo,** parallel inductance.
autoinnaffiatrice, *f.* motor sprinkler.
autolubrificante, *agg.* self-lubricating.
automaticamente, *avv.* automatically.
automatico, *agg.* automatic(al); self-acting.
automatizzare, *v.a.* to automatize; to automate.
automatizzato, *agg. p.p.*, automated.
automazione, *f.* automation.
— **dei comandi** (*naut., met. ecc.*), automation of controls.
— **della fronte di taglio** (*min.*), (coal) face automation.
— **dell'ufficio,** office automation.
— **lattiero-casearia** (*agr.*), dairying automation.
automezzo, *m.* motor vehicle.

automezzo di soccorso stradale, breakdown vehicle.
— **per raccolta e trasporto immondizie,** garbage truck (U.S.A.); dust-cart.
auto-mietitrice-trebbiatrice (*macch. agr.*), one-man combiner.
automobile, *f.* motor car; automobile (U.S.A.); car.
— **a cinque posti,** 5-seater car.
— **ad alcool,** alcohol-fuelled car.
— **a due posti,** roadster; 2-seater.
— **a due volumi** (*auto*), two-box car.
— **a energia solare,** solar car.
— **-aeroplano,** *m.* car-cum-plane.
— **a gas,** car running on gas (LPG).
— **a guida interna,** saloon.
— **a idrogeno liquido,** liquid hydrogen car.
— **a motore anteriore,** front-engined car.
— **a motore trasversale,** transverse-mid-engined car.
— **aperta,** phaeton.
— **a propulsione elettrica** (*auto*), electrically powered auto.
— **a trazione anteriore,** front drive car.
— **a trazione anteriore a 2 volumi** (*auto*), two-box front-drive car.
— **a trazione posteriore** (*auto*), rear drive car.
— **a reazione,** jet-propelled car.
— **a seguito di viaggiatori** (*traghetti*), accompanied car.
— **a tre volumi** (*auto*), three-box car.
— **a turbina a gas,** gas turbine car.
— **con motore aspirato,** aspirated car.
— **con motore centrale** (*auto*), mid-engined car.
— **con portellone posteriore,** hatchback.
— **da città,** town car.
— **da corsa,** racing car; race car.
— **decappottabile a due o quattro posti con strutture di una berlina,** convertible.
automobile della polizia con luce lampeggiante sul tetto (*auto*), police car with the light atop flashing.
— **d'epoca** (*auto*), Vintage vehicle.
— **diesel,** diesel engined car.
— **elettrica lunare** (*astron.*), lunar roving vehicle.
— **elettronica,** computerised car.
— **familiare,** estate car.
— **fuori serie,** special- body car; custom-built car (U.S.A.).
— **non utilizzata** (*per un certo periodo*), laid-up car.
— **per persone invalide,** car for disabled persons.
— **scoperta,** spider (Alfa Romeo); cabriolet (Fiat); convertible (Lancia); roadster (Mercedes).
— **sportiva,** sports car.
— **utilitaria,** economical car.
— **(migliorare le prestazioni di un'—)** (*aumentandone la potenza del motore e migliorando sospensioni, trasmissione, ecc., per competizioni sportive*), to tune a car.
automobilina, *f.* midget auto.
automobilista, motorist.
— **assicurato solo per responsabilità civile terzi** (*auto*), motorist covered only for third party risks.
automontante, *agg.*, self-erecting.
automotrice, *f.* (*traf. ferr.*), Diesel-electric car; power-car; diesel-electric power car.
— **Diesel,** diesel railcar.
— **elettrica,** electric railcar.
autonomia, *f.* (*aereo*), endurance; (*elic.*), ferry range; (*naut.*), range (cruising ability).
— **di marcia** (*auto*), miles per tankful.
— **di volo** (*aereo*), range; endurance (*in ore*).
— **normale** (*elic.*), normal range.
— **pratica** (*aereo*), prudent limit of endurance.
autonomo, *agg.* individual; autonomous; (*inform.*), stand-alone; (*mecc.*), self-contained.

auto-oscillazione, *f.* (*radio*), self-oscillation.
autoparcheggio, *m.* auto parking; car park.
— **automatico** (*auto*), automatic car parking; automatic car park.
autoparco, *m.* parking area.
autopercezione, *f.* (*acust.*), sidetone.
autopilota, *m.* (*aereo*), autopilot; automatic pilot.
— **di accoppiamento** (*aereo*), autopilot coupler.
autopolarizzazione, *f.* self-bias.
autopolimerizzante (resina —) (*chim.*), autopolymerizing resin.
autopolimerizzazione, *f.* (*chim.*), autopolymerization.
autopompa, fire(brigade) truck.
autoprogrammazione, *f.*, self programming.
autopropulsione, *f.* self-propulsion.
autoradio, *m.* (*auto*, *radio*), autoradio (U.S.A.), (*pl.* autoradios); car radio (Inghilterra); car radio receiver.
— **a cassette,** (car) cassette-radio.
— **a transistor,** transistorized set (*or* receiver).
— **di lusso,** de-luxe car radio.
— **stereo** (*audio*), car stereo.
— **suonanastri** (*a. con riproduttore di musicassette*), cassette player combined with car radio; car cassette player.
autoradiografia, *f.* (*fis. nucleare, ecc.*), autoradiography.
autoregolabile, *agg.*, self-adjustable.
autoribaltabile, *m.* tipper.
autorimessa, *f.* garage.
— **-parcheggio,** parking garage.
autoriparazioni (servizio —), breakdown service.
autorità (*f.*) **edilizia suprema,** chief building surveyor's board.
autorizzare (*v.a.*) **a costruire,** licensing of structures.
autorotazione, *f.* autorotation.
autoscala, *f.* (*attrez. pompieri*), motor turn-table fire escape; ladder truck.
autoscarica, *f.*, self-discharge.
autoscatto, *m.* delayed action release; timer; self-timer.
autoscorificante *agg.* (*met.*), self slagging.
autoscuola, *f*, driving school; school of motoring.
autoserrante *agg.* (*mecc.*), autogrip.
autosincronizzante, *agg.* (*elet.*), self-synchronising.
autosmorzamento, *m.* self-quenching.
autosnodato (*auto*), articulated bus.
autossidazione, *f.* (*chim.*), autoxidation.
autostazione, *f.* coach station; bus station.
autostrada, *f.* motorway (Inghilterra); super-highway (U.S.A.).
— **a due carreggiate,** 2-lane motorway.
— **a pagamento,** toll motor road.
— **a tre carreggiate,** three-lane motorway.
— **a più corsie,** multiple-lane highway (U.S.A.).
— **sopraelevata,** overhead motorway; elevated motorway.
— **(capacità dell'—),** motorway's capacity.
autostrallata (soluzione —) (*costr.*), auto-guyed; « auto-guyed » **solution.**
autostrallato (sostegno flessibile —) (*costr.*), auto-guyed.
autorizzare (*un aereo ad atterrare o a decollare*) (*aereo*), to clear.
autotabulazione, *f.* (*inform.*), self-tabulation.
autotelaio, *m.* car frame; chassis.
autotemperato, *agg.* self-tempering.
autotipia, *f.* (*tip.*), half-tone block.
autotrapano, *m.*, self-propelled drilling rig.
auto-trasformatore, *m.* auto-transformer.
autotrasporto, *m.* road transport vehicle.
— **per mobili,** furniture removal van; furniture truck.
autotreno, *m.* trailer-truck; truck-trailer; truck-trailer unit.

autotreno con due rimorchi (*auto*), « double-bottoms » (U.S.A.).
autoveicolo, *m.* motor vehicle.
— **fuori strada** (*auto*), off-roader.
autoventilato, *p.p.* self-ventilated.
autovettura, *f.* motorcar; motor car; car; automobile; autocar (*usato raramente*).
autoviraggio, *m.* (*fot.*), self-toning.
auxina, *f.* (*chim.*), auxin.
auxocroma, *m.* (*gruppo che intensifica il colore in presenza di un cromoforo*) (*coloranti*), auxochrome.
avallare, *v.a.* (*finan.*), to guarantee.
avallo, *m.* (*finan.*), guarantee.
avambecco, *m.* fore-starling.
avampozzo, *m.* (*min.*), fore-shaft.
avancrogiuolo, *m.* (*fond.*), fore-hearth.
avanti (in —), ahead.
— **e indietro** (*davanti e di dietro*), fore-and-aft.
— **tutta** (*avanti a tutta forza!*) (*naut.*), full ahead.
avantreno, *m.* fore-carriage.
— **caricatore** (*di carda*) (*tess.*), burr breast.
avanvomere, *m.* (*agric.*), skim coulter.
avanzamento, *m.* (*macch. ut.*), feed; (*min.*), hauling; heading (*miniere*).
— **a mano,** hand feed.
— **a mezzo di fune,** rope feed.
— **a mezzo di rulli,** roller feed.
— **a scatti,** irregular feed; (*macch. ut.*), stick-slip.
— **assiale della mola,** longitudinal traverse of the wheel.
— **a tuffo,** (*macch. ut.*), plunge feed.
— **automatico,** automatic feed.
— **automatico della mola,** self-acting feeed of griding wheel.
— **automatico del mandrino,** self-acting feed of spindle.
— **continuo,** continuous feed.
— **del lavoro** (*in piedi*) (*min.*), footage.
— **della tavola,** table travel.
— **della telecamera** (*telev.*), dolly in (*carrello avanti*).
avanzamento del pezzo da lavorare, forward feed of material.
— **di linea** (*inform.*), line feed.
— **istantaneo,** quick feed.
— **lento** (*macch. ut.*), slow feed.
— **longitudinale,** longitudinal feed; sliding feed (*tornio*); traverse feed (*tornio*).
— **nastro** (*inform.*) (*controllo numerico*) (*macch. ut.*), tape feeding.
— **per ciclo di lavoro** (*min.*), footage per round.
— **rapido** (*macch. ut.*), quick feed.
— **sensitivo della mola,** sensitive wheel feed.
— **trasversale,** cross feed; surfacing feed (*tornio*).
avanzare, *v.i.* to advance; to feed (*macch. ut.*); to head (*miniere*).
— **il pezzo nel senso contrario della rotazione della fresa,** to feed the work against the teeth of the cutter.
— **il pezzo nel senso della rotazione della fresa,** to feed the work in the direction of the cutter.
avanzato (*di processi tecnologici, ecc., all'avanguardia, di alto livello*), v. **processi tecnologici avanzati.**
— *agg.* (*di colore, per controllo segnalaz. traffico*), leading.
avanzo (*m.*) **angolare,** lead angle.
— **di bilancio** (*finan.*), budget surplus.
a vapore, steam-driven.
avaria, *f.* (*naut.*), average; (*in generale: guasto*), breakdown.
— **radio** (*aereo*) (*radio*), telecommunications failure.
avarie delle apparecchiature di controllo (*inquinamento*), equipment failures.
avere una difettosa accensione (*motori*), to cut out.
averi *m. pl.* (*in valuta, oro*) (*finan.*), holdings.
aviatore, *m.* (*aereo*) aircraftman; A. C.
aviatrice, *f.* (*aereo*), aircraftwoman; A. C. W.

aviazione (*aereo*), *f.* aviation.
— **agricola,** agricultural aviation.
— **civile,** civill aviation.
— **commerciale,** commercial aviation.
— **da turismo,** sporting aviation.
— **militare,** military aviation.
— **privata,** private flying.
— **(medicina d'—),** aviation medicine.
avicola (attrezzatura —) (*agr.*), poultry equipment.
aviere, *m.* airman.
avioagricoltura, *f.* agricultural aviation.
aviobenzina, *f.* aviation gasoline (U.S.A.); aircraft fuel.
aviofono, *m.* board telephone.
aviogetto, *m.* (*aereo*), jet aircraft; jet propelled airplane.
— **di linea** (*aereo*), jet airliner, jetliner.
aviolancio *m.* (*mil.*), air drop.
aviolinea, *f.* airway; air line; air service.
avionica *f.* (*sviluppo e produz. di dispositivi elettronici per aerei, missili, astron.*), avionics.
— **computerizzata** (*aereo*), computerised avionics.
aviotrasportare *v.a.* (*merci*), to airfreight; to airlift.
aviotrasportato, airborne; airlifted (*di persone*).
aviotrasporto, *m.* airlift.
aviotruppe *f. pl.* (*mil.*), air-borne troops.
a vita lunga (*fis. atom.*), long-lived.
avorio, ivory.
avvallamento, *m.* (*aereo*), buckling; (*telev.*), tilt.
avvelenamento, *m.* poisoning.
— **causato da prodotti di fissione** (*fis. atom.*), fission-product poisoning.
— **causato da uranio** (*fis. atom.*), uranium poisoning.
— **da cobalto,** cobalt poisoning.
— **da disolfuro di carbonio,** carbon disulphide poisoning.
— **dovuto al berillio,** beryllium poisoning.
avvelenamento dovuto al cadmio, cadmium poisoning.
— **dovuto al mercurio,** mercury poisoning.
— **dovuto al piombo,** lead poisoning.
— **dovuto al plutonio,** plutonium poisoning.
— **dovuto al polonio,** polonium poisoning.
— **dovuto al radio,** radium poisoning.
— **dovuto al tallio,** thallium poisoning.
— **neutronico** (*fis. atom.*), neutron poisoning.
— **radioattivo,** radioactive poisoning.
avvelenare, *v.a.* to poison.
avventurina, *f.* (*min.*), aventurine quartz.
avvertenze (*f. pl.*) **di carattere generale,** general instructions.
avviamento, *m.* starting; start; (*con bottone*), push-botton start.
— **a pedale** (*moto*), kick start.
— **-arresto,** start-stop.
— **automatico,** self-starting; automatic starting.
— **autoavvolgente** (*mecc. agr.*), recoil starting.
— **dei clichés** (*tip.*), interlay.
— **elettrico** (*motori*), electric starting; electric self-starting.
avviare, *v.a.* to start; (*maglieria*), to cast on.
— **a freddo** (*auto*), to start from cold.
— **il motore,** to turn on the motor; to start the engine.
— **la pompa,** to start the pump.
— **una macchina,** to start a machine.
avviarsi (*di motori*) (*aereo*), to catch.
avviatore, *m.* (*elet.*), starter.
— **a cartuccia** (*aereo*), cartridge (*or* combustion) starter.
— **ad aria compressa** (*aereo*), compressed air starter.
— **ad impulsi** (*aereo*), impulse starter.

avviatore ad inerzia (*aereo*), inertia starter.
— **autoavvolgente** (*mecc. agr.*), recoil starter.
— **elettrico,** electric starter.
— **a mano** (*aereo*), hand starter.
— **centrifugo,** centrifugal starter.
— **per turbina** (*aereo*), turbine starter.
— **rotorico** (*elet.*), rotor starter.
avvicendamento del lavoro, job rotation.
avvicinamento *m.* (*aereo*), approach.
— **radiogoniometrico attivo,** (*missili*), active homing.
avvisare l'azienda elettrica, to give notice to the electric supply company.
avvisatore acustico (*auto.*), horn.
— **di guasti,** trouble indicator.
— **d'incendio,** fire-alarm apparatus.
— **di rottura di filo** (*elet.*), electric wire-break alarm.
avvistare (*missili, ecc.*), to detect.
avvitamento, *m.* (*aereo*), spin.
— **piatto** (*aereo*), flat spin.
avvitaprigionieri, *m.* (*mecc.*), stud driver.
avvitare, *v.i.* (*aereo*), to corkscrew; *v.a.* to screw; to bolt (*fissare con bulloni*); (*mecc.*), to turn the screw in; to screw down (*viti, bulloni*).
avvitarsi, *v.r.* (*aereo*), to go into a spin.
avvitatura *f.*, screwing.
avvocato, *m.* barrister (-at-law); solicitor; counsel; attorney-at-law (U.S.A.).
avvolgere, *v.a.* (*un cavo*), to coil; to wind up.
avvolgibili *f. pl.* (*cost.*), rolling shutters.
avvolgicarta (*teleg.*), paper roll.
avvolgimento, *m.* (*elet.*), winding.
— **a catena** (*o* **a paniere**) (*elet.*), chain winding.
— **a circuiti multipli** (*elet.*), multiplex winding.
— **a corde** (*elet.*), short-pitch winding.
avvolgimento ad anello (*elet.*), ring winding; Gramme winding; Gramme ring winding.
— **a disco** (*elet.*), disc winding.
— **a disco doppio,** double disc winding.
— **a due circuiti** (*elet.*), duplex winding.
— **a due strati** (*elet.*), two-layer winding.
— **ad un solo strato** (*elet.*), single-layer winding.
— **a fasi emitropiche** (*elet.*), hemitropic winding; half-coiled winding.
— **a gabbia** (*elet.*), cage winding.
— **a laccio** (*elet.*), lap winding.
— **antipolarizzante,** antipolarizing winding.
— **a paniere,** basket winding.
— **a rientranza** (*elet.*), re-entrant winding.
— **a rocchetti** (*elet.*), concentrated winding.
— **a shunt,** shunt-winding.
— **a tamburo** (*elet.*), drum winding.
— **a tamburo in serie** (*elet.*), series-drum winding.
— **a traliccio** (*elet.*), lattice winding.
— **a tre circuiti** (*elet.*), triplex winding.
— **ausiliare,** auxiliary winding.
— **bifilare,** bifilar winding.
— **del magnete,** field coil.
— **diametrale** (*elet.*), full-pitch winding.
— **di campo** (*mot.*), field winding.
— **differenziale** (*elet.*), differential winding.
— **di fianco** (*elet.*), edge winding.
— **d'indotto** (*elet.*), armature-coil.
— **d'indotto aperto** (*elet.*), open-coil winding.
— **d'indotto a un solo circuito** (*elet.*), simplex winding.
— **d'indotto chiuso** (*elet.*), closed-coil winding.
— **di una colonna,** casing of column.
— **in derivazione,** shunt winding.

avvolgimento in rotolo (*dei nastri*) (*met.*), coiling.
— **in serie parallelo** (*elet.*), series-parallel winding; multiplex winding.
— **primario,** primary winding.
— **rotorico** (*elet.*), rotor winding.
— **secondario,** secondary winding.
— **statorico** (*elet.*), stator winding.
— **strisciante** (*elet.*), creeping winding.
— **su rocche** (*tess.*), spooling.
— **toroidale,** toroidal winding.
avvolgitore, *m.*, winder.
— **di macchine elettriche,** armature winder.
avvolgitrice automatica (*tip.*), automatic wrapping machine.
— **per saponi** (*mecc.*), soap wrapper.
avvolto a spirale, helically wound.
azeotropico, *agg.* (*chim.*), azeotropic, v. **distillazione azeotropica.**
azienda *f.* (*comm.*), business.
— **nazionale autonoma delle strade statali,** national road board.
— **di servizi pubblici,** public utility corporation (U.S.A.); public utility.
— **elettrica** (*municipale*), electric supply company.
— **in piena attività e crescita** (*econ.*), going and growing concern.
— **(impresa) produttiva** (*comm.*), revenue-earning enterprise.
aziende elettriche, eletric utilities.
azimut, *m.* azimuth; bearing.
— **antecedente,** backward bearing.
— **conseguente** (*agrim.*), forward bearing.
— **rilevato con la radio,** observed radio bearing.
azina, *f.* (*chim.*), azine.
azionamento (ad —) idraulico (*di mandrini p. es.*) (*mecc.*), hydraulically operated.
— **per gruppi** (*elet.*), group drive.
— **(ad —) pneumatico** (*di mandrini p. es.*) (*mecc.*), pneumatically operated.
azionare, *v.a.*, to actuate; to operate; to work.
— **una macchina,** to operate; to drive; to power; to propel; to actuate.
azionato a molla, spring operated.
azionatore *m.* (*elettromecc.*), v. **attuatore.**
azione, *f.* action.
— **capillare,** capillary action.
— **compensatrice** (*elet.-chim.*), buffer action.
— **dinamica,** dynamic effect; dynamic action.
— **di una molla,** springiness.
— **di massa** (*chim.*), mass action.
— **frenante,** braking effect.
— **regolatrice** (*chim.*), buffer action.
— **ritardata** (*elet.*), delayed action.
— **(ad — rapida)** (*di morsetti*), rapid-action (clips).
azioni commerciali o industriali pregiate (*comm., finan.*), blue chips.
azobenzene *m.* (*ind. chim.*), azobenzene.
azocloromide, *f.* azochloromide.
azocolorante, *m.* (*chim.*), azodye.
azocomposto, *m.* azo compound.
azoimide, *f.* azoimide.
azometano, *m.* azomethane.
azoproteine, *f. pl.* azoproteins.
azotato, *m.* nitrate.
azotico, *agg.* nitric.
azotito, *m.* nitrite.
azoto, *m.* (*chim.* = N), nitrogen.
— **liquido,** liquid nitrogen.
— **(raffreddamento ad — liquido),** liquid nitrogen refrigeration.
azoturo, *m.* (*chim.*), azide.
azulene, *m.* (*colorante di oli essenziali, ecc*), (*chim.*), azulene.
azzeramento, *m.*, zero-adjusting; zero setting; zeroing.
azzerare *v.a.* (*inform., elettron.*), to reset; to zero; to zeroise.
azzeratore, *m.* zero-setter.
azzurraggio, *m.* (*lana*), blueing.
azzurrante, blueing.
azzurrare (*tess., ecc.*), to blue.

azzurratura, *f.* (*rivestim. protettivo*) (*met.*), blueing.
azzurrite, *f.* azurite.
azzurro, *agg.* blue.
— **celestina,** celestial blue
— **di acetina,** acetin blue.
azzurro di Berlino, Berlin blue.
— **di calce,** lime blue.
— **di cobalto,** cobalt blue
— **di Parigi,** French blue.
— **di Prussia,** Prussian blue.
— **oltremare,** ultramarine blue.

B

babbit, *m.* (*met.*), babbitt (*metal.*).
babordo, *m.* (*lato sinistro di nave o aereo*), port.
baccarello, *m.* (*albero*), beam tree.
bacchetta, *f.* stick; (*saldat.*), rod.
— **d'apporto** (*saldatura*), filler rod.
— **d'apporto con anima interna** (*sald.*), flux-cored filler rod.
— **del subbio** (*tess.*), beam bar.
— **di carbone** (*saldatura ad arco con elettrodo di carbone*), carbon rod.
— **di metallo di saldatura,** filler rod.
— **d'invergatura** (*tess.*) (*per separare i fili e tenerli nella loro giusta posizione*). lease rod.
— **di vetro** (*chim.*), glass rod.
— **nuda** (*sald.*), bare rod.
— **per saldatura forte,** brazing rod.
bachelite, *f.* bakelite.
bachelizzare, *v.a.* to bakelize.
bachicoltore, *m.* silkworn breeder.
bachicultura, *f.* silk-worm rearing.
bacinella, *f.* tray.
— **da lavaggio** (*fot.*), washing-trough.
— **di fissaggio** (*fot.*), fixing tray.
— **per sviluppo** (*fot.*), developing dish; developing tray.
bacino, *m.* tank (*vasca*); (*naut.*), dock; basin.
— **carbonifero,** coal-field.
— **d'acqua,** water-basin.
— **depuratore** (*fond.*), riser.
— **di calma** (*cost.*), stilling basin.
— **di carenaggio** (*naut.*), dry dock; graving dock.
— **di chiarificazione,** settling tank.
— **di costruzione navale** (*naut.*), building dock.
— **di flocculazione,** flocculation basin.
— **di raccolta** (*di acque*), catchment area; gathering ground.
— **di raffreddamento,** cooling pan; cooler.
— **di ritenuta,** laying-up basin.
— **di sedimentazione,** sedimentation basin.
bacino fluviale, catchment area.
— **galleggiante,** floating dock.
— **idrologico,** catchment area; catchment basin; drainage area.
— **imbrifero,** watershed; catchment basin.
— **inferiore,** downstream reservoir.
— **per i trucioli,** cutting tray.
— **per riparazioni** (*naut.*), repairing basin; shiprepair dock.
— **superiore,** upstream reservoir.
bacitracina, *f.* (*farm. chim.*), bacitracin (*antibiotico prodotto commercialmente in una polvere grigia chiara igroscopica di sapore amaro; scoperto nel 1943*).
baco da seta, silkworm.
bacologia, silkworm growing.
badèrna, *f.* (*guarnizione di buscinetto, ecc.*), packing.
badilata, *f.* shovelful.
badile, *m.* shovel.
badilone, *m.* (*di draga*), dipper bucket.
baffo di gatto (*per galena*), cat whisker.
bagagli *m. pl.* (*auto, ecc.*), luggage.
bagagliaio, *m.* luggage van; (*cofano bagagli di auto*), boot.
— **a carrelli** (*ferr.*), bogie luggage wagon.
— (*auto*), **(altezza del vano del —)** floor-to-lid height.
— **(il — è abbastanza grande con un bordo di carico alto)** (*auto*), boot is tolerably sized with pronounced lip.
— **(coperchio del —),** boot lid.
— **(luce del —)** (*auto*), boot light.
— **(spazio (capacità) del—)** (*auto*) boot space; boot capacity.
bagagliera, *f.* (*auto*), roof rack
bagassa, *f.* (*zucchero*), bagasse.
baglietto, *m.* (*naut.*), half beam.
baglio, *m.* (*naut., aereo*), beam.
— **del ponte di coperta** (*naut.*), upper-deck beam.
bagliore, *m.* flare; bloom.

bagliore (indesiderato ai bordi dell'immagine) (*telev.*), edge flare.
bagnabilità (*all'olio, ecc.*) (*fis.*), wettability.
bagnasciuga, wind and water line.
bagnato (tenuta sul —) (*pneumatici*), grip in the wet.
bagno, *m.* bath.
— **alcalino** (*met.*), alkaline bath.
— **chiarificatore,** clearing bath.
— **decapante** (*met.*), pickling bath.
— **di arresto,** stop bath.
— **di cianuro di potassio,** cianide of potassium bath.
— **di cloruro di bario,** barium-chloride bath.
— **di contatto** (*ing. san.*), contact-bath.
— **di decapaggio,** pickling bath.
— **di doratura,** gold bath.
— **di fissaggio,** fixing bath.
— **di fusione,** melting bath.
— **di galvanizzazione,** galvanizing bath.
— **di mercerizzazione** (*tess.*), mercerizing bath.
— **di mordenzatura,** mordanting bath.
— **di nichelatura,** nickel plating bath.
— **di ottonatura,** brass bath.
— **di paraffina,** paraffin bath.
— **di piombo,** lead bath.
— **di raffreddamento,** cooling bath.
— **di ramatura,** copper bath.
— **di riscaldamento,** heating bath.
— **di sabbia,** sand bath.
— **di sabbia per laboratorio,** laboratory sand bath.
— **di sale,** salt bath.
— **di solfammato complesso** (*gal.*), complex sulfamate bath.
— **dissolvente** (*met.*), dissolving bath.
— **di sviluppo** (*o bagno rivelatore*), developing bath.
— **di tempra,** tempering bath; quenching bath; hardening bath.
— **di vapore** (*chim.*), steam bath.
— **di zincatura,** zinc bath.
bagno d'olio, oil bath.
— **d'olio di lardo,** lard oil bath.
— **d'olio di lino grezzo,** raw linseed oil bath.
— **d'olio di tempra,** oil quanching bath.
— **fissatore** (*fot.*), fixing bath.
— **galvanico,** plating bath; galvanic bath.
— **mordente** (*met.*), mordant bath.
— **solfammico** (*met., ecc.*), sulfamate bath.
bagnomaria (a), *avv.* (*chim.*), waterbath.
bainite, *f.* (*met.*), bainite.
bakelite, *f.* bakelite.
balata, *f.* balata.
balaustra *f.*, balustrade.
balaustrino, *m.*, bow-compasses.
— **di precisione** (*dis.*), hair compasses.
balcone, *m.* balcony.
baleniera, *f.* whale-oil factory ship; whaler.
balestra, *f.* leaf spring.
— **a foglia unica** (*auto*), single-leaf spring.
— **a mensola,** cantilever.
— **trasversale** (*auto*), transverse spring.
— **trasversale bifoglia** (*auto*), two-leaf transverse spring.
— **(foglia di —)** (*auto*), spring leaf.
balestre semiellittiche (*auto*), half-elliptic springs.
balistica, *f.* ballistics.
— **aviatoria** (*aereo*), air gunnery.
balistite, *f.* ballistite.
balla *f.* (*tess.*) bale.
— **compressa** (*lana*), dumped bale.
ballast, *m.* ballast.
ballatoio (*del palcoscenico*), flies.
ballerino (*ind. carta*), (*per imprimere filigrana sulla carta*), dandy roll.
ballo (*aereo*), bump.
balsa, *m.* balsa wood.
balsamo (*m.*) **del Canadà** (*resina*), Canada balsam; (Canada turpentine).
— **del Perù,** balsam of Peru.

balsamo di copaive, copaiba balsam.
— **di pino,** balsam of fir.
bambagia, *f.* raw cotton.
bambù, *m.* bamboo.
banalizzazione del traffico (*trasporti*), off-centre street operation.
banca *f.* (*cost.*), bank; (*comm.*), bank.
— **dei dati** (*archivio di informazione memorizzato su memorie ad accesso diretto*) (*calcol. elettron.*), data bank.
— **dei Regolamenti Internazionali** (*comm.*), Bank for International Settlements (BIS).
— **di credito ipotecario** (*comm.*), mortgage bank.
— **europea per gli investimenti (della CEE),** (The European Economic Community's) European Investment Bank.
bancabilità (*di effetti bancari*) (*comm.*), eligibility.
bancario (servizio elettronico — domestico), electronic banking.
bancata (*f.*) **di un motore,** main bearings.
banchina, *f.* (*o ripiano di terreno*), set-off; (*naut.*), quay; (*per scarico di minerali, ecc.*) (*naut., met.*), jetty.
— **di carico** (*merci*) (*ferr.*), loading platform.
— **di un tetto,** pole-plate.
— **laterale** (*per la sosta di emergenza*) (*autostrade*), hard shoulder.
banchisa, *f.*, ice-floe; ice-pack; floating ice shelf.
banco *m.* (*da lavoro*), bench; (*tess*), frame; (*di scuola*), form; (*geol.*), bank; bed.
— **a fusi** (*tess. cotone*), fly frame.
— **a fusi in doppio fino** (*tess.*), double jack frame.
— **a fusi in finissimo** (*filatura cotone*) (*tess.*), jack frame.
— **a fusi in fino** (*tess.*), roving frame.
— **a fusi in grosso** (*tess.*), slubbing frame.
banco a fusi intermedio (*tess.*), intermediate frame.
— **a fusi (carro di —)** (*tess.*), bolster rail.
— **a rulli,** run-out table.
— **a spinta** (*metal.*), push bench.
— **a trafilare** (*trafila*), wire-drawing bench.
— **a trafilare i tubi** (*met.*), tube draw bench.
— **con incavo** (*tornio*), bed with gap.
— **continuo** (*tornio*), plain bed.
— **da avvolgitore** (*elet.*), winding ing bench.
— **da fabbro,** vice-bench.
— **da falegname,** planing-bench; carpenter's bench; joiner's bench.
— **d'allungamento per filo,** drawing bench.
— **da tornio,** lathe bed.
— **da tornio a 4 guide,** four slided bed.
— **di aggiustatore,** fitter's bench.
— **di controllo ingranaggi,** gear testing stand.
— **di controllo per seghe,** saw doctor's bench.
— **di finissaggio,** finisher box.
— **di memoria** (*inform.*), bank.
— **di preparazione delle maglie dei licci** (*tess.*), heald knitting frame.
— **di prova,** test bench; testing bench; test bed (*mot., ecc.*).
— **di prova per elettrauto,** car electric repair shops test bed (*or* stand).
— **di prova per la pompa di alimentazione del combustibile** (*naut.*), fuel pump test bench.
— **di prova per magneti,** magneto test bench.
— **di ricarica** (*lampisteria, miniere*), charging rack.
— **di sabbia,** sand-bank.
— **di saldatura,** welding bench.
— **di stiramento della trafila** (*mecc.*), wire-drawing bench.
— **di storta** (*gas*), retort bench.
— **di taratura,** calibrating table.

banco di trafilatura a caldo (*met.*), push-bench.
— **fotometrico** photometer bench.
— **interrotto** (*tornio*), gap bed.
— **ottico,** optical bench.
— **per la prova d'urto** (*mecc.*), push bench.
— **per la trafilatura di barre** (*met.*), bar drawing bench; rod drawing bench.
— **trafilatore** (*mecc.*), drawbench.
bancone *m.* (*con casse per caratteri*) (*tip.*), frame.
— **per casse fuori uso** (*tip.*), case-rack.
— **portaforme** (*tip.*), forme rack.
banda (*di frequenza*), band; (*radio*), frequency band.
— **aperta** (*radio*), open band.
— **decarburata** (*met.*), ghost; ferrite ghost.
— **dello spettro,** spectral band.
— **di assorbimento** (*fot., ott.*), absorption band.
— **di deformazione** (*variabile al microscopio*) (*met.*), deformation band.
— **di ferrite** (*met.*), ferrite ghost; ghost.
— **di fosfuri** (*banda di segregazione*) (*met.*), phosphide streak.
— **di inclusioni** (*met.*), inclusion stringers.
— **di lunghezza d'onda** (*radio*), air wave band.
— **di 40 metri** (*radio*), 40-meter band.
— **di riposo** (*cinem.*), unmodulated track.
— **di slittamento** (*met.*), slipband.
— **di trasmissione** (*elet.*), transmission band.
— **di Neumann** (*met.*), Neumann band.
— **di segregazione** (*met.*), segre gation line.
— **di sincronizzazione** (*telev.*), (U. S.A.) hold range; retention range; retaining zone.
— **di solfuri** (*banda di segregazione*) (*met.*), sulphide streak.
— **di televisione,** television band.
— **di 20 metri,** 20-meter band.
banda d'onda (*radio*), wave band.
— **in fino** (*tess.*), speeder.
— **laterale** (*radio*), side band.
— **laterale inferiore,** lower sideband.
— **laterale superiore,** upper sideband.
— **libera** (*cinem.*), wild track.
— **nera** (*met.*), terne plate.
— **porta fusi** (*tess.*), spindle rail.
— **sonora** (*cinem.*), sound track.
— **sonora sopra un film normale** (*cinem.*), buzz track.
— **stagnata** (*latta, lamierino stagnato*), tinplate.
— **stagnata a bagno caldo** (*met.*), hot-dipped tinplate.
— **stagnata elettrolitica** (*met.*), electro-tinplate.
— **stagnata laccata** (*met.*), lacquered tinplate.
— **tesa (a)** (*strumenti elettron. ecc.*), taut-band.
— **(a larga —)** (*radio*), broadband; wideband.
bande di scorrimento, slip bands.
— **nere** (*met.*), black strips.
— **piombate** (*met.*), leaded strips.
— **radiantistiche** (*radio*). amateur bands.
— **zincate** (*met.*), galvanized strips
bandella (*elet.*), buss bar.
— **a cerniera** counterflap hinge.
— **a croce,** T- hinge strap.
— **a cuore,** hinge strap.
— **ad angolo,** angle hinge.
— **a squadra,** angle hinge.
— **a T,** hinge strap.
— (*nastro per c. armato*), hoop.
— **di acciaio** (*met.*), steel hoop.
bandiera, *f.* (*di accumulatore*), plate lug.
bando di gara (*lavori*), bid invitation; (un bando di gara sarà indetto..., bids will be asked).
— **di gara** (*pubblicato nella stampa*), bid advertisement.
bandone, *m.* (*ferro a nastro*), hoop; corrugated iron.
bar (*unità di mis. di pressione*) (*fis.*), bar.

bar di un salone automobilistico (*auto*), saloon bar.
baracca, *f.* barrack; shelter; bunkhouse.
— **di legno,** wooden barrack.
— **in costruzione metallica,** iron barrack.
— **per arnesi da lavoro,** shed.
— **per gli operai,** workmen's barrack; workmen's shelter.
— **trasportabile,** movable barrack.
barattolo, *m.* can; — v. **corpo del —; fondello del —.**
— **apribile con strappo dell'anello sul coperchio,** ring-pull can.
— **di aerosol,** aerosol can.
— **di cartone** (*p. es. per borotalco*), paper canister.
— **di fibra a fondo metallico,** metal-end fibre can.
barba, *f.* (*del grano di frumento*), beard.
barbabietola (*f.*) **da foraggio** (*bot.*), mangel-wurzel; mangel; common beet.
— **da zucchero** (*bot.*), sugar beet.
barbacane, *m.* (*cost. strad.*), crossdrain.
barbatella, *f.* (*bot.*), rooted cutting.
barbetta, *f.* (*naut.*), barbette; painter.
barbotina, *f.* (*ceram.*), barbotine; slop; slip.
barca, *f.* boat.
— **a motore d'epoca** (*naut.*), vintage motorboat.
barcone, *m.* (*per ponti*), pontoon.
bardatura, *f.* (*di maschere antigas, ecc.*), harness.
bardiglio (*m.*) **di Carrara,** Carrara-bardiglio.
barella, *f.* stretcher; hand barrow (*per materiale*).
barenare, *v.a.* to bore.
barenatore *m.* (*attrezzature per macch. ut.*), boring bar.
barenatrice, *f.* (*macch. ut.*), boring machine.
— **orizzontale,** horizontal boring machine.
— **per cilindri,** cylinder boring machine.
barenatrice portabile, portable boring machine.
— **verticale,** vertical boring machine.
baricentro, *m.* centre of gravity.
barilare, *v.a.* (*mecc.*), to tumble.
barilatrice, *f.* (*mecc.*), tumbling barrel.
barilatura, *f.* (*mecc.*), tumbling; (*met., min.*), v. **indice di —.**
barile, *m.* cask; barrel; (*petrolio*), barrel (*unità di misura volumetrica del petrolio e dei suoi prodotti equivalente a circa 159 litri*).
— **ad estremità asportabile,** removable head barrel.
— **rivestito di gomma,** rubber-lined barrel.
bariletto, *m.* (*orol.*), barrel.
bario, *m.* (*chim.* = Ba), barium.
— **radioattivo,** radiobarium; (*fis. atom.*), radioactive barium.
barione *m.* (*fermione pesante*) (*fis. atom.*), baryon.
barisfera, *f.* (*geol.*), barysphere.
barite, *f.* baryte.
— (*ossido di bario*), barium oxide; baryta; baryte (barium sulfate).
baritina, *f.* (*min.*), barite; baryte.
baritrone, *m.* (*fis. atom.*), barytron.
barn, *f.* barn.
— *m.* (*fis. atom.*), barn.
barns/atomo (*fis. atom.*), barns/atom (1 b = 10^{-24} cm^2).
barocco, *m.* baroque.
barografo, *m.* barograph.
barogramma, *m.* barogram.
barometria, *f.* barometry.
barometro, *m.* barometer.
— **a mercurio,** mercurial barometer.
— **aneroide,** aneroid barometer.
— **a sifone,** siphon barometer.
— **registratore,** recording barometer.
baroscopio, *m.* baroscope.
barostato, *m.* (*valvola di scarico altimetrico*) (*aereo*), barostatic relief valve; barostat.
barotermografo, *m.* barothermograph.

barotermometro, *m.* baro-thermometer.

barra, *f.* bar.; (*aereo*) stick; (*banco specialm. alla foce del fiume che ostruisce la navigazione*) (*geol. idr.*), bar; (*met.*), bar.

— **a cresta** (*met.*) (*barra di separazione usata nelle ceste di decapaggio*), comb rack.

— **antiappannante** (*auto*), demister bar.

— **antirollio** (*auto*), anti-roll bar; roll-bar.

— **bloccata** (*aereo*), fixed stick.

— **centrifugata** (*fond., met.*), spuncast bar.

— **colata in continuo** (*met.*), continuously cast bar.

— **collettrice,** collecting ring; bus bar.

— **comando** (*aereo*), control column; joy stick (*slang*); push rod.

— **del timone** (*naut.*), tiller.

— **di accoppiamento trasversale** (*auto.*), track rod.

— **di alesaggio,** boring bar.

— **di alesaggio automatica,** selfacting boring bar.

— **di alesaggio ricambiabile,** changeable boring bar.

— **di alesaggio spaccata,** slit nosed boring bar.

— **di alimentazione,** feed rod.

— **di arresto,** stop bar; (*fis. atom.*), shutoff rod.

— **di arresto d'emergenza** (*fis. atom.*), scram rod.

— **di assorbimento,** absorbing rod.

— **di combustibile** (*fis. atom.*), fuel rod.

— **di compensazione** (*elet.*), equalising bar; (*fis. atom.*), shim rod.

— **di controllo di precisione** (*fis. atom.*), fine control rod.

— **di emergenza,** emergency shutoff rod.

— **di equilibrio** (*elet.*), equalising bar.

— **di griglia** (*met.*), grate-bar.

— **di guida rettangolare,** rectangular guide bar.

barra di guida triangolare, triangular section guide bar.

— **di regolazione** (*fis. atom.*), regulation rod.

— **di regolazione approssimata** (*fis. atom.*), coarse control rod.

— **di regolazione automatica** (*fis. atom.*), regulator rod.

— **di rimorchio** (*aereo*), tow bar.

— **di sicurezza** (*fis. atom.*), safety rod; emergency shut-off rod.

— **di sospensione** (*per forni continui*) (*smalti*), coat hanger.

— **di stampa** (*di stampatrice, calcol. elettron.*), print bar.

— **di tensione** (*mecc.*), tension rod.

— **di torsione** (*mecc.*), torsion bar.

— **di torsione anti-rollio** (*auto*), anti-roll torsion bar.

— **di trazione** (*mecc.*), drawbar.

— **d'uranio** (*fis. atom.*), uranium rod.

— **estrusa,** extruded bar.

— **intagliata** (*mecc.*), notched bar.

— **laminata a caldo** (*met.*), hot rolled bar.

— **laminata a freddo** (*met.*), cold rolled bar.

— **libera** (*aereo*), free stick.

— **longitudinale dello sterzo** (*auto.*), steering rod.

— **pelata** (*met.*), peeled bar.

— **per griglie** (*met.*), grate-bar.

— **per molini** (*met.*), grinding mill rod.

— **portante** (*mecc.*), porter bar.

— **portautensili,** toolholder bar.

— **ricambiabile,** changeable bar.

— **spaccata,** slit nosed bar.

— **spaziatrice** (*macch. da scrivere*), space bar.

— **stabilizzatrice** (*auto*), guidebar; anti-roll bar.

— **trafilata** (*met.*), drawn bar.

barrature di alluminio nude (*forni elet., met.*), bare aluminium busbars.

barre (*f. pl.*) **di cottura** (*vernici, smalti*), burning bars.

— **estruse,** extruded sections.

— **sciolte** (*met.*), loose bars.

barretta, *f.* small bar.

barretta con intaglio, v. provetta intagliata.
— **di comando** (*aereo*), push rod.
— **di prova,** *f.* test piece.
— **non intagliata** (*met.*), unnotched specimen.
— **per attacco del cinturino** (*orologio a polso*), strap lug.
— **per saldatura,** welding bar.
— **trattata** (*met.*), hardened shank.
barriera *f.* (*autostr.*), anti-crash barrier; crash barrier.
— **a cancellata** (*ferr.*), lattice barrier.
— **antinafta contro l'inquinamento marino,** oil spill containment and pick up equipment.
— **del suono,** (*aereo*), sound barrier.
— **di diffusione** (*met.*), diffusion barrier.
— **di energia** (*fis. atom.*), energy barrier.
— **di esazione del pedaggio** (*autostrada*), control turnstile.
— **di potenziale** (*fis. atom.*), potential barrier.
— **di radiazione** (*fis. atom.*), radiation barrier.
— **di sicurezza** (*strade*), guard-rail; (*elettron.*), safety barrier.
— **levatoia** (*passaggi a livello*) (*ferr.*), bascule barrier.
— **nucleare** (*fis. atom.*), nuclear barrier.
— **per il controllo d'esazione pedaggi** (*autostrada*), toll-gate; toll-bar; control turnstile(s).
— **porosa** (*fis. atom.*), porous bar-barrier.
barriere automatiche di passaggio a livello (*ferr.*), automatic level-crossing barriers.
basalto, *m.* basalt.
basamento (*zoccolo di macchine*), base; foot; base plate; (*bussola, ecc.*) (*naut.*), mounting stand.
— **del motore** (*auto.*), crankcase.
— **di un apparecchio,** foundation frame.
bascule (*orol.*), return bar.
basculla, *f.* v. **bilancia a ponte.**
— **automatica,** platform machine.
basculla per la pesatura di billette (*met.*), billet-weighing unit.
— **per la pesatura di lingotti** (*met.*), ingot-weighing unit.
base, base; foot; (*chim.*) base; basis (*pl.* bases) (*fondamento*).
— **aerea,** air base.
— **dei tempi** (*telev.*), time base.
— **dei tempi di analisi orizzontale dell'immagine** (*telev.*), picture output.
— **dei tempi di linea** (*telev.*), line output.
— **dei tempi video** (*telev.*), video time base.
— **del fuso** (*tess.*), spindle heel.
— **della rotaia** (*ferr.*), base of the rail.
— **di dati** (*inform.*), data base.
— **di idrovolanti** (*aereo*), flying-boat base.
— **di lancio** (*astron.*), launching base.
— **(di un sistema di numerazione)** (*inform., calcol. elettron.*), radix.
— **orbitale** (*stazione spaziale su un satellite terrestre in orbita*) (*astron.*), orbital base.
basetta (o zoccolo) (*radio*), base; *f.* (*telev.*), board.
— **circuito stampato** (*radio, telev.*), printed board.
— **di ancoraggio** (*radio, elettron.*), anchoring base.
basicità *f.*, basicity.
basico, *agg.* basic.
bassa pressione, low pressure.
— **tensione,** low voltage.
bassissima temperatura, very low temperature.
basso (*rif. a tessuti*), narrow.
— *agg.* low (*in generale*).
— **fattore di potenza,** low power-factor.
— **fuoco** (*processo catalano*) (*met.*), charcoal hearth; bloomery hearth.
— **(dal — all'alto)** (*fare circolare acqua dal basso all'alto*), from bottom to top.
— **(verso il —),** downward.

bassobollente, *agg.* (*fond., chim.*), low-boiling.
bassoforno (*met.*), low-shaft furnace.
bastardo, *agg.* (*rif. a lime e filettatura*), bastard.
bastimento, *m.* ship; vessel.
bastone (*m.*) **colla scatola biglietti** (*ferr.*), staff and ticket.
— da leva, lever; crow bar.
— per fissaggio della catena metrica, offset staff.
— per tappeto di scale, stair rod.
— pilota (*ferr.*), staff system.
batimetria, *f.* (*ocean.*), bathymetry.
batimetro, *m.* (*ocean.*), bathymeter; bathometer.
batiscafo, *m.* (*naut.*), bathyscaph.
batisfera, *f.* bathysphere.
batista, *f.* (*tess.*), batiste.
batometrico, *agg.* bathymetric.
batometro, bathometer; bathymeter.
battello, *m.* boat.
— a cuscino d'aria (*naut.*), hovercraft.
— ad ala portante (*o* **aliscafo**) (*naut.*), hydrofoil boat.
— « aria-acqua » (« *battello volante* ») (*naut.*), naviplane.
— da sbarco (*naut.*), landing craft.
— gonfiabile (*pneumatico*) (*naut.*), enflatable.
— -pompa (*antincendio*), pump engine boat.
battente, *m.* (*tess.*), batten.
— del telaio (*tess.*), batten of a loom.
— di finestra, window sash.
— di finestra inferiore, bottom sash.
— di finestra superiore, upper sash.
— di porta, wing of door; leaf of door; knocker (*per picchiare*).
— regolatore (*tess.*), flyer lathe.
— ripartito in vetri, sash divided into panes.
— (cassa —) (*di telaio*) (*tess.*), slay; sley batten.
battere, *v.a.* to beat; (*dello stantuffo*), knocking (*of the piston*); (*delle valvole*), hammering (*of the valves*); to ram (*costipare*); to drive (*conficcare*).
battere al martello, to hammer.
— con la punta del martello, peaning.
— il grano (*agric.*), to thrash (the) corn.
— il record, to beat the record.
— i pali (*conficcare i pali*), to drive piles.
— la terra, to ram.
— (in testa) (*mot.*), to knock.
batteri, *m. pl.* (*bot.*), bacteria.
— nitrificanti, nitrifying bacteria.
batteria, *f.* (*elet.*), battery.
— acida al piombo per automobile, lead-acid automobile battery.
— al nichel-cadmio, nickel-cadmium battery.
— anodica, anode battery; B.-battery.
— atomica, atomic battery.
— carica (*auto*), full charged battery.
— conservabile (*elet.*), reserve battery.
— di accumulatori, storage battery; accumulator cell.
— di attivazione (*missili*), activating battery.
— di caldaie, battery of boilers.
— di forni a coke (*met.*), coke oven battery.
— di griglia (*elet.*), C-battery; grid battery.
— di pile, accumulator battery.
— di rubinetti, tap system.
— di trasformatori, bank of transformers.
— equilibrata, floating battery.
— galvanica, galvanic battery.
— per automobile, automobile battery.
— per trazione (*elet.*), vehicle (*or*) traction battery.
— ricaricabile, rechargeable battery.
— scarica (*auto*), dead battery; run-down battery.

batteria secca, dry battery.
— **semicarica** (*auto*), half charged battery.
— **solare** (*che trasforma in energia elett. l'energia delle radiaz. luminose del sole*), solar battery.
— **tampone** (*elet.*), buffer battery.
— **(montare una —),** to set up a battery.
— **(scaricare una —),** to discharge a battery.
batterio, *m.* bacterium (*pl.* bacteria).
batteriolisina, *f.* bacteriolysin.
batteriologia, *f.* bacteriology.
batteriologo, *m.* bacteriologist.
battesimo (*di nave*), christening cerimony.
battilastra, *m.* panel beater.
battiloro, *m.* gold beater.
battimenti, *m. pl.* (*fis.*), beats.
— **(corrente di —),** beating current.
battimento, *m.* (*radio*), beating; beat.
— **di frequenza** (*radio*), beat-frequency.
battipalo, *m.* pile driver.
— **a braccia,** rammer.
— **a funicchi,** hand pile driver.
— **a tirelle,** hand pile driver.
— **a vapore,** steam pile driver.
battistrada, *m.* (*auto*), tyre tread.
— **a canale,** grooved tread.
— **invernale** (*auto*), winter tread.
— **ricostruito,** retread.
— **(disegno del —)** (*auto*), tread pattern; tread desing.
— **(il — si consuma uniformemente),** tread wears evenly.
— **(screpolatura del —),** tread cracking.
battitoia, *f.* (*tip.*), planer.
battitoio, *m.* (*tip.*), planer; (*cascami seta*), beater; (*tess.*), beating machine.
— **sgrossatore,** breaker picker.
battitore apritoio (*tess.*), opener.
— **finitore,** blower and spreader.
battitura (*f.*) **in fino** (*del lino*) (*tess.*), cleaning.
battitura in grosso (*del lino*) (*tess.*), ruffing.
battola, *f.* (*fond.*), rammer.
battuta, *f.* (*con livelli ecc.*) (*agrim.*), sight; (*mecc.*) shoulder; (*di un tasto di macch. perforatrice, ecc.*), keystroke; keystroking.
— **ad angolo retto,** square shoulder.
— **anteriore** (*agrim.*), fore sight.
— **a S,** S-rabbet.
— **consecutiva** (*nella livellazione*) (*agrim.*), back sight.
— **della chiglia** (*naut.*), keel-rabbet.
— **della finestra,** window rabbet.
— **di trama** (*tess.*), shot; shoot.
— **per il mastice,** rabbet for glazing.
— **rotonda** (*orol.*), round shoulder.
— **(errore di —)** (*macch. per scrivere*), typing error.
battuto, *m.* continuous floor; *p.p.* (*riferito a ferro, bronzo ecc.*), hammered (*p. es.: piatto in bronzo —*, hammered brass dish).
— **d'argilla,** clay floor.
— **d'asfalto,** asphalt floor.
— **di calce,** lime mortar floor.
— **di cemento,** cement floor.
— **di gesso,** gypsum floor.
— **di terra,** clay floor.
baud (*teleg.*), baud.
bauxite, *f.* bauxite; beauxite.
bava, *f.* (*del foro*), burr; bur.
— **di laminazione** (*met.*), fin.
— **serica** (*tess.*), floss.
— **(taglio senza —)** (*di tubi, ecc.*) (*mecc.*), burr-free cut.
bavatura *f.* (*fond.*), burr; fin; flash (*nel riscaldamento ad alta temperatura, nello stampaggio*).
— **di fondo** (*met.*), bottom flash.
beccheggio, *m.* (*aereo*), pitching; (*di autovettura, p. es. sul pavé*), pitch.
becco (*m.*) **a gas,** gas burner.
— **Bunsen,** Bunsen burner.
— **colata ghisa** (*altoforno*), iron spout.

becco di cucchiaio (*o* di tazza dragante), bucket lip.
bedano, *m.* mortise-chisel.
bel, *m.* bel.
bellocchio *m.* (*min.*), cat's-eye.
bendatura, *f.* (*med.*), bandage.
beneficio, *m.* (*pensioni, ecc.*), benefit.
— di invalidità, (*dovuta a malattia o infortunio sul lavoro*), injury benefit.
— eccezionale (*econ.*), windfall benefit.
benestare per la stampa (*tip.*), passed for press.
bengalina, *f.* (*tess.*), bengaline.
beni (*m. pl.*) **di consumo** (*econ.*), consumption goods.
— durevoli (*econ.*), consumer durables.
— (*m. pl.*) **industriali,** industrial goods.
benna, *f.* skip; grab; (*aprentesi al fondo*), bottom-opening skip.
— da scavo (*per trincee*), trenching bucket; digging bucket.
— di drenaggio, drainage bucket.
— di escavatore per benna trainata (*min., lavori*), dragline bucket.
— dosatrice proportioning bucket.
— mordente meccanica, mechanichal grab.
— raschiante (*min.*), slusher.
— trascinata, dragline excavator.
bentonite, *f.* bentonite.
benzaldeide, *f.* (*chim.*), benzaldehyde.
benzanilide, *f.* (*chim.*), benzanilide.
benzantrone, *m.* (*chim.*), benzanthrone.
benzene, *m.* (*chim.*), benzene.
benzidina, *f.* (*chim.*), benzidin(e).
benzilanilina, *f.* (*chim.*), benzylaniline.
benzile, *m.* (*chim.*), benzil.
benzina, *f.* petrol; gasoline (U.S.A.); gas (U.S.A.); benzine (*per smacchiare*); v. **« pieno » di —.**
— antidetonante, anti-knock gasoline.
— con aggiunta di piombo, leaded petrol.
benzina desolforata, sweet gasoline
— di catrame di lignite, lignite tar benzine.
— distillata a pressione atmosferica, straight-run gasoline (*frazione distillata sotto i 420° Fahrenheit da petrolio grezzo non trattato*).
— etilata, ethyl gasoline.
— minerale, benzoline.
— normale (*auto*), regular grade petrol.
— per automobili, motor gasoline.
— per aviazione, aviation gasoline.
— polimerizzata, polymerized gasoline.
— senza aggiunta di piombo (*campagna anti inquinamento*), lead-free petrol.
— sintetica, synthetic petrol.
— super, super-premium petrol; premium-grade petrol; high grade petrol; branded petrol
benzinaio (*addetto ad un distributore di benzina*), petrol pump attendant.
benzoato, *m.* (*chim.*), benzoate.
— allilico (*chim.*), allyl benzoate.
benzoazzurrina, *f.* (*chim.*), benzoazurine.
benzocaina, *f.* (*chim.*), benzocaine.
benzochinone, *m.* (*chim.*), benzoquinone.
benzoe, *m.* benzoin.
benzofenone, *m.* (*chim.*), benzophenone.
benzoico, *agg.* benzoic.
benzolo, *m.* benzol.
benzonitrile, *m.* (*chim.*), benzonitrile.
benzopurpurina, *f.* (*chim.*), benzopurpurin.
benzotriazolo, *m.* (*chim. fot.*), benzotriazole.
benzotricloruro, *m.* (*chim.*), benzotrichloride.
benzotrifluoruro (*chim.*), benzotrifluoride.
berberina, *f.* (*med.*), berberine.
bergamotto, *m.*, bergamot.
— (essenza di —), bergamot oil.
berillio, *m.* (*chim.* = Be), beryllium.

berillio (carbonato, idrato, metafosfato, nitrato, ossido, solfato di — = berylium carbonate; — hydrate; — metaphosphate —nitrate; —oxide; —sulfate)
berillo, *m.* (*min.*), beryl.
berkelio, *m.* (*chim.* = Bk), berkelium.
berlina, *f.* (*auto.*), saloon; (U.S.A.) sedan.
— **a 2 porte,** 2-door saloon; 2-door sedan (U.S.A.).
— **a 3 volumi** (*auto*), three-box saloon.
— **a 4 porte** (*auto*), limousine; 4-door saloon.
— **a 4 posti,** fuor-seater saloon.
— **sportiva** (*auto*), sporty saloon.
bersaglio, *m.* (*fis. atom.*), target; (*di missili, aerei*) (*mil.*), home.
— **a terra,** target on the ground.
berta, *f.* drop hammer (*maglio*); forging hammer (*per stampare*) (*fucinatura*); v. **battipalo.**
betatrone, *m.* betatron.
beton, *m.* (*termine in disuso*), v. **calcestruzzo.**
betonaggio, *m.*, concreting.
— **con tempo freddo,** cold weather concreting.
betoniera, *f.* concrete mixer.
— **a tamburo,** drum mixer.
— **a tamburo inclinato,** tilter concrete mixer.
— **a tamburo rovesciabile,** tilter concrete mixer.
— **automatica,** automatic concrete mixer.
— **elettrica,** electric concrete mixer.
— **per forti produzioni,** volume-production concrete-mixer.
bettolina, *f.* (*chiatta*) (*naut.*), barge.
— **della portata di 2.680 t,** 2,680-ton capacity barge.
— **per trasporto di fosfati,** barge for transporting phosphate.
betulla, *f.* (*bot.*), birch.
beutonite, *f.* beutonite.
bevanda analcoolica, non-alcoholic drink.
bevatrone, *m.* (*fis. atom.*), bevatron.
beverone (*agric., alim.*), slop.
bevuta (*chim.*), flask.
biacca, *f.* white lead.
— **di piombo ad olio,** white lead paint.
— **di piombo adulterata** (*o* **tagliata),** reduced white lead.
— **di piombo pura,** genuine white lead.
bianca e volta (*tip.*), face and reverse side.
biancheria da tavola (*tess.*), napery.
bianchi tipografici (*tip.*), furniture and spacing materials.
— **(stabilire i —),** to get position
bianco di balena, spermaceti.
— **di Parigi,** Paris white.
— **di piombo,** white lead
— **di Spagna,** flake-white.
— **di titanio,** titanium white.
— **di zinco,** zinc-white.
— **fisso** (*vernici*), blanc fixe; permanent white.
— **ideale** (*luminosità uniforme*) (*telev.*), equal-signal white.
— **macinato,** mill white.
— **medio** (*radianza*) (*telev.*), equal-signal white.
— **permanente,** v. — **fisso.**
— **(in —)** *agg.* (*senza scrittura o stampa, o misure*), blank.
bias a tre posizioni (*registratori*) (*audio*), three-position bias.
biasse, *agg.* biaxial.
biastronautica, *f.* biastronautics.
biatomico, *agg.* diatomic.
bibasico, *agg.* bibasic.
biblioteca, *f.* library.
— **di dati** (*inform.*), data library.
— **di lavori** (*inform.*), job library.
— **di procedure** (*inform.*), procedure library.
— **di programmi** (*elettron.*), program library.
— **tecnica con documentazione automatica** (*inform.*), computerized technical library.
bibliotecario, *m.* (*inform. ecc.*), librarian.
bicarbonato, *m.* (*chim.*), bicarbonate.
— **ammonico,** ammonium bicarbonate.
— **di calcio,** calcium bicarbonate.

bicarbonato di magnesio, magnesium bicarbonate.
— di potassa, potassium bicarbonate; potassium acid carbonate.
— di soda, sodium bicarbonate; sodium acid carbonate.
bicchiere (*m.*) **con gambo,** stemmed glass.
— di giunzione, joint sleeve.
— di vetro (*per marmellata, ecc.*), tumbler.
bicchierini (*m. pl.*) **distribuzione** (*auto*), tappet biscuits.
bicicletta, *f.* bicycle.
— a motore, motorized bicycle; powered bicycle; power bicycle.
— lunare (*astron.*), lunar bicycle.
— pieghevole, folding, bicycle.
bicloruro, *m.* (*chim.*), bichloride.
bicocco, *m.* (*vernici*), boottop paint.
bicolore, *agg.* (*stampa*), duotone.
biconcavo, *agg.* biconcave.
biconvesso, *agg.* biconvex.
bicoppia, *f.* (*cavi*), quad.
bicornia, *f.* jewellers' anvil.
bicorno, *m.* (*di incudine*), beak iron; beck iron; bick iron; bickern.
bicristalli, bicrystals.
bicromato, *m.* (*chim.*), bichromate.
— di potassio, potassium bichromate; potassium dichromate.
— di sodio, sodium bichromate; sodium dichromate.
— potassico, v. **bicromato di potassio.**
bicromia *f.* (*tip.*), two-colour printing.
bicron (*bilionesimo di metro*) (*misure*), bicron.
bidirezionale (*in un senso e nell'altro, trasmissione di dati a distanza*), duplex.
— alternato (*alternativam. in un senso e poi nell'altro, trasmiss. di dati a distanza*), half-duplex.
— simultaneo (*simultaneam. nei due sensi, trasmiss. di dati a distanza*), full-duplex.
bidone, *m.* (*metal.*), sheet bar; (*recipiente*), can; drum.
— della spazzatura, garbage can.
— del latte, milk can.
bidone di acciaio al carbonio (*met.*), carbon steel sheet bar.
— di acciaio legato (*met.*), alloy steel sheet bar.
biella, *f.* connecting rod; crank.
— articolata (*mot.*), link rod.
— di comando, reciprocating rod.
— di guida, connecting rod.
— madre, master rod.
— motrice, driving-rod.
— (anello elastico di —), retaining ring.
— (bronzina del piede di —), small end bush.
— (cappello di —), cap.
— (corpo di —), body; stem; shank.
— (occhio di —), small end.
— (piede di —), small end.
— (testa di —), big end.
biellismo, *m.* connecting-rod system; linkage.
bietta, *f.* set bar; locking bar.
— di chiusura, locking pin.
bifase, *agg.* diphase; diphasic.
biffa, sighting stake.
biffe, *f. pl.* (*naut.*), level staffs.
bifilare, *agg.* bifilar (*pr. bai-fail'-a*).
bifocale, *agg.* bifocal.
biforcare una corrente (*elet.*), to branch a current.
biforcato, *p.p.* forked; branched (*di tubi*).
biforcazione, *f.* forking; (*elettron.*), branch.
— di un tubo, branch pipe; branching of a pipe.
bigriglia *f.* (*radio*), bigrid.
bilance analitiche, analytical balances.
bilancia, *f.* balance; (pair of) scales; (*stadera*), swing-bar.
— ad anello, ring balance.
— aerostatica, aerostatic balance.
— a molla, spring balance.
— a ponte, weighbridge.
— a sospensione, hanging balance.
— automatica, direct reading weighing machine; self-indicating balance; automatic weigher; counter scale (*per negozi*).
— da fango (*min.*), mud weight balance.

bilancia decimale, decimal balance.
— **dei pagamenti** (*econ. comm.*), balance of payments.
— **di torsione,** torsion balance.
— **elettrica** (*elet.*), electric balance (*tipo di elettrometro*).
— **elettrodinamica** (*elet.*), current balance.
— **idrostatica,** water level.
— **magnetica** (*elet.*), magnetic balance.
— **per campionatura** (*tess.*), yarn balance; titre balance.
— **per cucina,** domestic scales; kitchen scales.
— **per lettere,** postal scale.
— **per le viti del bilanciere** (*orol.*), balance screw scales.
— **pubblica,** weigh-bridge.
— **sensibile ad 1 milligrammo,** balance turning to 1 milligramme.
— **termogravimetrica,** thermogravimetric balance.
— **(piatto di una —),** dish (*or* pan) of a balance.
bilanciere, *m.* beam-engine; pivot; saddle; balance wheel (*di orologi*); rocker (*automobili*); crane beam (*fond.*); tumbler (*tess.*); swing lever (*tess.*); *pressa a frizione*), press-mill; stamping press.
— **a frizione** (*macch. ut.*), friction-screw press; frictional screw press; friction press.
— **compensato** (*orol.*), compensation balance.
— **piano** (*orol.*), plain balance.
bilancio complessivo del ferro nel processo (*met.*), overall iron balance of the process.
— **energetico** (*di stabilimenti, ecc.*), (*chim., met.*), energy balance.
— **materiali** (*met.*), materials balance.
— **neutronico** (*fis. atom.*), neutron balance.
— **preventivo,** budget.
— **termico** (*met., el.*), heat balance; thermal balance; calorific balance.
bilancio termico nella fase di pellettizzazione (*min., met.*), thermal balance of the pelletizing step.
bilaterale, *agg.* bilateral.
bilico lamiere (*treno met.*), plate weigh-scale.
— **(pesa a —),** platform scale.
bilione (*mat.*), billion.
bilirubina, *f.* (*chim. anal.*), bilirubin.
billetta, *f.* (*metal.*), billet.
— **colata in continuo** (*met.*), continuously cast billet.
— **continua** (*met.*), continuously cast billet.
— **di acciai legati** (*met.*), alloy steel billet.
— **di acciaio al carbonio** (*met.*), carbon steel billet.
— **di acciaio (ottenuta con colata) continua** (*met.*), continuously cast steel billet.
— **di estrusione,** extrusion billet.
— **senza scaglie** (*met.*), scale-free billet.
— **tonda** (*met.*), round billet.
— **(filetto centrale della —)** (*met.*), billet centerline.
— **(porosità assiale della —),** billet central porosity.
bimetallico, *agg.* bimetallic.
bimetallo, *m.* (*met.*), bimetal.
bimotore, *m.* (*aereo*), twin-engined plane.
— **a pistoni** (*aereo*), twin-piston engined aircraft.
— **a turboelica** (*aereo*), twin-turboprop aircraft.
binari-forma (*calcestruzzo*), v. **rotaia-forma.**
— **(rete di —)** (*ferr.*), network of lines.
binario, *m.* (*ferr.*), line; track.
— **a scartamento doppio** (*ferr.*), double gauge line.
— **a scartamento normale,** standard-gauge track.
— **a scartamento ridotto,** narrow-gauge track.
— **di ferrovia sospesa, suspension** railway track.
— **di raccordo** (*ferr.*), connecting **line; siding.**

binario di scambio (*ferr.*), switch track.
— **morto,** dead-end.
— **per gru,** crane track.
— **unico** (*ferr.*), single line.
— **(asse del —)** (*ferr.*), centre line of track.
— **(inghiaiare il —)** (*ferr.*), to bed the line.
— **(portata del —)** (*ferr.*), carrying capacity of the track.
— **(ricambio del —)** (*ferr.*) relaying of track.
binatura, *f.* (*tess.*), doubling.
binda, *f.* (*mecc.*), foot winch; jack; screw jack.
— **per carri,** cart jack.
binocolo, *m.* (*ott.*), binoculars; field glass.
binoculare, *agg.* (*ott.*), binocular.
binomio, *m.* (*mat.*), binomial.
binucleare, *agg.* binuclear.
bioccolo (*m.*) **di cotone,** cotton lump.
biochimica, *f.*, biochemistry.
biochimico, *m.* biochemist *m.*
biocinetica, *f.* biokinetics.
bioclimatologia, *f.*, bioclimatology.
biodegradabile *agg.* (*detersivi, ecc.*), biodegradable.
biodo-triodo, *m.* duodiode triode.
bioelemento, *m.* bio-element.
bioelettricità, *f.* bio-electricity.
bioenergetica, *f.* (*biol.*), bioenergetics.
biofisica, *f.* biophysics.
biofotometro, *m.* (*med.*), biophotometer.
biogas, *m.*, biogas.
biografo, *m.* (*strumento per analizzare e rendere visibili i movimenti di animali*), biograph.
bioingegneria (*tecnica che realizza strumenti al servizio della medicina*), bio-engineering.
biologia, *f.* biology.
— **applicata,** applied biology.
— **marina,** marine biology.
biologicamente degradabile (*depurazione*), biologically degradable.
biologico, *agg.* biological.
biomeccanica, *f.* **biomechanics.**
biomeccanico, *agg.* biomechanical.
biomedicina, *f.* biomedicine.
biometria, *f.* (*fis.*), biometry.
bionica, *f.* (*cibern.*), bionics.
biortoarseniato, *m.* (*chim.*), bi-ortho-arsenate.
biortofosfato, *m.* (*chim.*), bi-orthophosphate.
biosatellite, *m.* (*astron.*), biosatellite.
bioscopio, *m.* bioscope.
biosfera, *f.* biosphere.
biospettrometria, *f.* biospectrometry.
biospettroscopia, *f.* biospectroscopy.
biossido, *m.* (*chim.*), dioxide; dioxide.
— **di cromo,** chrome dioxide.
— **di manganese,** manganese dioxide; manganese peroxide.
— **di piombo,** lead peroxide.
— **di stagno,** tin dioxide.
— **di titanio anatasio,** anatase titanium dioxide.
— **di uranio,** uranium dioxide.
biotecnologia (*uso di microorganismi biologici nell'industria*), biotechnology.
biotecnologo, *m.*, biotechnologist.
bioterapia, *f.* biotherapy.
biotite, *f.* biotite.
biotopo, *m.* (*ecologia*), biotope.
bipala, *agg.* (*aereo*), two-bladed.
— **(elica —),** two-bladed propeller
bipede *m.* (*armi leggere*) (*mil.*), bipod.
biplacca, *f.* (*radio*), double-anode tube.
biplano, *m.* (*aereo*), biplane.
bipolare, *agg.* bipolar.
— **(a funzionamento —)** (*elet.*), double-pole in operation.
biposto (*aereo, auto*), *agg.* 2-seat; 2-seater (*n.*).
bipropellente, *m.* e *agg.* (*razzi*), bipropellant.
— **(razzo —),** bi-propellant rocket.
biquadratico, *agg.* biquadratic.
biquadrato, *m.* biquadrate.
biquinario, *agg.*, biquinary.
— **(codice —)** (*inform.*), biquinary code.

biquinario (notazione biquinaria), biquinary notation.
bireattore, *m.*(*aereo*), twin-jet plane.
birifrangenza, *f.* birefringence.
birifrangente, *agg.* birefringent.
birra, *f.* beer.
birrificio, *m.* brewery.
biscottini, *m. pl.* (*auto*), shackles.
biscottificio (*costr.*), biscuit factory.
biscotto, *m.* (*ceramica grezza non ancora sottoposta a vetrinatura*) (*ceramica*), biscuit; biscuit-ware; unglazed porcelain; bisque (*rivestimento di smalto ceramico*).
bisecare, *v.a.* to bisect.
bisellare (*mecc., ecc.*), to bevel; to chamfer.
bisellatrice, *f.* (*macch. ind.*), bevelling machine.
bisellatura, *f.* (*sald., mecc. ecc.*), chamfering; bevelling.
bisello, chamfer; bevel.
bisettrice, *f.* bisector.
bismutile, *m.* (*chim.*), bismuthyl.
bismuto, *m.* (*chim.* = Bi), bismuth **(bromuro, carbonato, cloruro, idrato, ioduro, nitrato, nitrato basico, oleato, ossicloruro, solfato, solfuro, subnitrato, triossido di — =** bismuth bromide; — carbonate; — chloride; — hydrate; — iodide; — nitrate; — basic nitrate; — oleate; — oxychloride; — sulfate; — sulfide; — subnitrate; — trioxide).
bisolfito, *m.* (*chim.*), disulphite.
bisolfuro, *m.* (*chim.*), disulphide; bisulphide.
— **di calcio,** calcium bisulphide.
— **di carbonio,** carbon disulphide; carbon bisulphide.
bissina, *f.* (*chim.*), bixin.
bissinosi, *f.* (*malattia diffusa spec. nell'ind. cotoniera*), byssinosis.
bistabile, *agg.* (*inform.*), bistable.
bistecchiera, *f.* (*ut. domestico*), grid; gridiron.
bisturi (*med.*), bistoury (*coltello anatomico*).
— **elettrico,** electric bistoury.
bit (*unità elementare di informazione che può prendere due valori distinti*) (*elettron.*), bit.
— **d'informazione** (*elettron.*), information bit.
— **di zonatura (di una scheda perforata)** (*inform., calcol. elettron.*), zone bit.
— **utile** (*inform.*), data bit.
bitta d'attacco (*naut.*), bollard.
bitumare, *v.a.* to bituminize; to asphalt; to tar.
bitumatrice, bitumen sprinkler.
bitumatura, *f.* bitumination; bituminization.
bitume, *m.* bitumen.
— **asfaltico,** asphaltic bitumen.
— **di petrolio,** petroleum bitumen; asphalt petroleum.
— **flussato** (*cioè con aggiunta di materiale flussante*), road oil; cut back asphalt.
— **per strade,** road asphalt; road bitumen.
— **soffiato,** blown bitumen.
bituminoso, *agg.* bituminous.
bivalente, *agg.* (*chim.*), divalent; bivalent.
bivalenza, *f.* (*chim.*), bivalence.
bivio (*di rotaie*), frog.
blenda, *f.* (*min.*), blende; zinc blende; mock lead.
— **picea,** *f.* pitchblende.
bleu, *agg.* blue.
— **di Berlino,** Berlin blue.
— **di cobalto,** cobalt blue.
— **di Parigi,** French blue.
— **di Prussia,** Prussian blue.
— **lanacile,** lanacyl blue.
blindaggio, *m.* (*mil.*), armour.
blindare, *v.a.* to armour.
blindato *p.p.* (*elet.*), metalclad; armour-plated.
blindosbarra (*elet.*) (*met.*), metal-enclosed bus duct.
blister pepe (*blister molto minuto*) (*met.*), pepper blister.
bloccaggio, *m.* locking; clamping; (*inceppamento di una macchina o strumento*) (*mecc., ecc.*), blockage; (*raggruppamento in un solo blocco*) (*inform.*), blocking.
— **a camma,** cam lock.

bloccaggio ad iniezione, injection locking.
— **a mezzo di eccentrico,** eccentric clamping.
— **a molla,** spring bolt.
— **automatico,** automatic locking.
— **con tacche,** ring locking.
— **della slitta** (*tornio*), saddle clamping.
— **della torretta** (*tornio*), turret clamping.
— **magnetico,** magnetic lock.
— **(fattore di —)** (*inform.*), blocking factor.
bloccare, *v.a.* to lock; (*radio*), to bottom.
— **il carrello** (*mecc.*), to lock the carriage.
— **la contropunta,** to clamp the tailstock.
— **l'albero di rinvio,** to lock the back gear shaft.
— **la strada** (*di veicoli, in una via cittadina*), to block one's lane of traffic.
— **l'avanzamento automatico,** to lock the self-act.
— **un circuito** (*telecom.*), to hold a circuit.
— **un prezzo** (*ad un livello basso*) (*econ.*), to peg.
bloccarsi, *v.i.* to block up.
bloccasterzo, *m.* (*auto*), steering column lock.
blocchetti (*m. pl.*) **disco frizione** (*motoc.*), clutch inserts.
blocchetto angolare di controllo, angle gauge block.
— **di riscontro** (*mecc.*), precision gauge block; slip gauge.
— **pian parallelo,** *m.* block gauge.
blocchiera, *f.* (*macch. formatrice producente blocchetti di conglomerati cementizi*) (*cost.*), blockmaking machine; blocking machine.
blocco, *m.* block; lump (*di materia che s'impasta*); clamping (*bloccaggio*); (*insieme di parole trattate come complesso di informazioni*) (*calcol. elettron.*), block (*group of words handled as a unit*).
blocco a gradini (*ferr.*), step block.
— **automatico** (*ferr.*), automatic block.
— **d'arresto,** stop block.
— **dei salari,** wage freeze.
— **dell'otturatore** (*contro doppie esposizioni*) (*fot.*), double exposure prevention device.
— **di fondazione,** foundation block
— **di granito,** granite block.
— **di legno,** wooden block.
— **di programmazione** (*inform.*), programming block.
— **di sostegno,** supporting block.
— **di stampa** (*blocco-tamburo*) (*calcol. elettron.*), print yoke.
— **di uranio naturale,** natural uranium slug.
— **di zinco per lucidare,** zinc polishing block.
— **in pietra,** bedstone.
— **motore,** engine block.
— **per curvare il legno,** bending block.
— **per disegno,** drawing block.
— **per stampi** (*met.*), die block.
— **residenziale** (*cost.*), apartment block.
— **stradale,** roadblock.
blu, v. **bleu.**
bluastro, *agg.* bluish.
blumo, *m.* (*metal.*) (*lingotto sgrossato al laminatoio, con sezione quadrata di 150 mm o maggiore*), bloom.
— **di acciaio al carbonio** (*met.*), carbon steel bloom.
boa, *f.* (*naut.*), buoy.
— **aerea** (*aereo*), aerial buoy.
— **di ormeggio** (*naut.*), mooring dolphin; berthing dolphin.
bob a due (*sport*), two-man bob.
— **a 4** (*sport*), four-man bob.
bobina, *f.* ignition coil (*aereo*); reel (*cinem.*); bobbin (*elet.*); coil (*elet.*); magnet (*elet.*); cop (*tess = filato avvolto*); bobbin (*tess. = bobina da trama*); spool (*macch. fotog.*) (*film*).
— **a corrente continua,** d-c magnet; d-c magnet coil.
— **ad aria,** air-core coil.

bobina a gabbia, cage coil.
— **a nido d'api,** lattice wound coil.
— **antironzio** (*radio*), hum-bucking coil.
— **astatica,** astatic coil.
— **a traliccio,** v. — **a nido d'api.**
— **ausiliaria,** auxiliary coil (*elet.*).
— **carica,** loaded reel (*cinem.*).
— **compound,** compound coil.
— **con filo di trama,** weft bobbin.
— **cortocircuitata** (*elet.*), dead coil.
— **d'ammortizzamento** (*radio*), damping coil.
— **d'antenna** (*radio*), aerial tuning inductance; antenna loading coil.
— **del reattore** (*aereo*), rotor coil.
— **di accoppiamento,** coupling coil.
— **di aggiustamento dell'immagine** (*telev.*), picture control coil; frame coil.
— **di arresto** (*radio*), choking coil.
— **di avvolgimento** (*macch. fot.*), film take-up spool.
— **di comando,** operating coil.
— **di compensazione** (*elet., radio*), compensating coil, bucking coil.
— **di concentrazione,** concentrating coil.
— **di derivazione,** shunt coil.
— **di deviazione** (*elet.*), deflector coil; (*telev.*), deflection coil.
— **di filato,** pin cop.
— **d'induttanza primaria** (*radio*), primary inductance coil.
— **d'induzione** (*radio*), radio choke coil.
— **di reattanza** (*radio*), protecting choke.
— **di sintonia d'antenna** (*radio*), antenna tuning coil.
— **di trama** (*tess.*), weft bobbin.
— **(***o* **rocchetto) di trasformatore** (*elet.*), transformer coil.
— **di una calamita,** bobbin of a magnet.
— **esploratrice,** flip coil.
— **in fondo di paniere** (*radio*), basket coil.
— **in serie** (*elet.*), current coil.
— **magnetizzante** (*elet.*), magnetising coil.

bobina per film da 16 mm (*film*), 16 mm spool.
— **per la carta** (*rullo*) (*tip.*), web.
— **per pellicola fotografica,** casette.
— **primaria** (*elet.*), primary coil.
— **-riunitrice** (*tess.*), sliver-box.
— **rivelatrice,** detector coil.
— **termica,** heat coil.
— **vuota** (*audio*), empty reel.
bobinaggio (*elet.*), winding.
bobinare, *v.a.* (*elet.*), to wind *v.a.*
bobinatrice, *f.* (*elet.*), winding-machine; coil winder (*tess.*).
per trame (*tess.*), filling winder.
bobine, v. **caldaia di vaporizzazione per —.**
bocca, *f.* orifice (*idraul.*); head (*idraul.*); throat (*di caricamento, altoforno*).
— **a battente** (*idraul.*), sluice discharge.
— **a stramazzo,** overfall orifice.
— **da fuoco** (*mil.*), gun-barrel.
— **da incendio,** hydrant; water-post; fire-plug.
— **d'ammissione dell'aria** (*aereo*), air intake.
— **del convertitore** (*met.*), converter mouth.
— **di accesso** (*di tombino, pozzetto, ecc.*), manhole.
— **di altoforno,** throat.
— **di aspirazione** (*pompe*), suction point.
— **di aspirazione del gas,** gas-inlet head.
— **di caricamento,** furnace top; throat of a furnace.
— **di efflusso,** orifice of exit.
— **di inserzione** (*telaio, tess.*), shed.
— **di introduzione del gas,** gas-inlet head.
— **di mandata** (*pompe*), delivery point.
— **di presa** (*canal*), regulator.
— **di scarico,** outlet (*di pompa*); discharge branch (*or* socket).
— **di un forno,** throat.
boccaporto, *m.* (*naut.*), hatch.
— **(baglio di —),** hatch beam.
— **(tavole di —),** hatch boards.

boccasacco, *m.* (*ind. mol.*), sack holder.

bocchetta *f.* (*di serratura*), selvage (*edge plate of a lock*).

— di colata (*met.*), pouring spout.

— di travaso (*in lingottiera*) (*met.*), pouring nozzle.

bocchettone, *m.* (*di tubi*), pipe union.

— del serbatoio del carburante (*auto*), fuel filler.

bocciarda, *f.* granulating hammer.

bocciardare, *v.a.* to granulate.

bocciardatura, *f.* (*stone*), granulating.

bocciolo, *m.* cam disk.

boccola, *f.* (*mecc.*), bush; bushing.

— della sala (*mecc.*), axle sleeve.

— di guida, guide bushing.

— di leva di manovra (*mecc.*), handspike socket.

bolide, *m.* (*astr.*), bolide.

bolina, *f.* (*naut.*), bowline.

bolla, *f.* bubble.

— di accompagnamento (*comm.*), delivery note.

— d'acqua, water bubble.

— d'aria, air bubble; gas pocket.

— di vernice, eruption.

— non centrata (*top.*, *ott.*), bubble off centre.

— (centrare la —) (*agrim.*), (*in modo approssimato*), to centre the bubble (roughly).

— (la — è troppo a destra) (*agrim.*), the bubble is too much to the right.

— (portare la — al centro) (*agrim.*), to bring the bubble to the centre.

bollare (*v.a.*) **il legno,** to stamp (*or* to mark) the wood.

bolle (formazione di —), bubbling.

bolletta di esecuzione (*met.*, *mecc.*, *ecc.*), work's test certificate.

bollicine (*f. pl.*) **di ruggine,** rust eruptions.

bollire, *v.i.* to boil.

bollitore, *m.* boiler; heater; sterilizing box (*sterilizzatore*); (*di caldaia*), generator; (*carta*), digester.

— d'acquâ solare, solar water heater.

bollo di circolazione (applicato sul parabrezza) (*auto*), tax disc.

bollone, *v.* **bullone.**

bollosa (struttura —) (*smalti e vernici*), bubble structure.

bolo, *m.* bole.

bolometro, *m.* bolometer.

boma, *f.* (*naut.*), boom.

bomba, f. bomb.

— ad alto esplosivo, high explosive bomb.

— a fissione nucleare (*fis. atom.*), nuclear fission bomb.

— a fusione nucleare (*fis. atom.*), nuclear fusion bomb.

— al cobalto, cobalt bomb.

— al laser, laser bomb.

— all'idrogeno, hydrogen bomb; H-bomb.

— al litio (*fis. atom.*), lithium bomb.

— al neutrone, neutron bomb.

— al plutonio (*fis. atom.*), plutonium bomb.

— all'uranio (*fis. atom.*), uranium bomb.

— a scoppio ritardato, delay action bomb.

— a tempo, time bomb.

— atomica (*fis. atom.*), atomic bomb; A-bomb.

— calorimetrica (*fis.*), calorimetrical bomb.

— dirompente, fragmentation bomb.

— fumogena, smoke bomb.

— incendiaria, fire bomb.

— nucleare, nuclear bomb.

— nucleare orbitale, nuclear orbital bomb.

— razzo, rocket bomb.

— ritardata, delay-action bomb.

— termonucleare (*fis. atom.*), thermonuclear bomb.

— volante, jet bomb.

— (sicurezza di una —), arming vane stop.

bombaggio di fondelli di barattoli, swelling of can ends.

bombardamento (*m.*) **a bassa quota** (*mil.*), low-altitude bombing.

— ad alta quota (*mil.*), high-altitude bombing.

— anodico, anode bombardment.

bombardamento atomico, atomic bombardment.
— catodico, cathodic bombardment.
— con radar, radar bombing.
— elettronico (*fis. atom.*), electron bombardment.
— in picchiata (*mil.*), dive-bombing.
— in quota (*aereo*), level bombing.
— neutronico (*fis. atom.*), neutron bombardment.
— notturno (*mil.*), night bombing.
— nucleare (*fis. atom.*), nuclear bombardment.
— protonico (*fis.*), proton bombardment.
— stellare (*astr.*), stellar bombing.
— visivo (*aereo*), visual bombing.
bombardare, *v.a.* (*fis. atom.,*) to bombard; (*aereo*), to bomb.
bombardiere, *m.* boomer (*slang*); bomber.
— ad ala a delta, delta-wing bomber.
— da picchiata, dive bomber.
— medio, medium bomber.
— strategico (*mil.*) (*aereo*), strategic bomber.
— supersonico (*mil.*), supersonic bomber.
bombatura (*mecc.*), swell.
— dei cilindri (*lamin. met.*), roll crown.
bombola, *f.* cylinder.
— di metano, methane cylinder.
— di ossigeno, oxygen cylinder (*or* bottle).
— per ossigeno, compressed gas cylinder.
— portatile (*di acetilene, ossigeno, ecc.*), portable cylinder.
bompresso, bowsprit.
« bonanza », (*geol.*), v. parte **inglese-italiano.**
bonderizzare *v.a.* (*met.*), bonderize.
bonderizzazione, *f.* (*processo di —*) (*met.*), bonderizing.
bonifica, *f.* (*agr.*), land reclamation; (*met.*), hardening and tempering.
— dopo tempra in acqua (*met.*), water quenching followed by tempering.
bonifica in bagno di sali (*met.*), martempering and tempering.
— isotermica (*met.*), austempering.
— per colmata, warping.
— (acciaio da —) (*met.*), heat-treatable steel.
— (capacità di —) (*met.*), susceptibility to hardening and tempering.
— (forno per —) (*met.*), quenching and tempering furnace.
— (impianto per la —) (*met.*), quench and temper plant.
bonificare, *v.a.* (*met.*), to harden and temper; (*agr.*), to reclaim.
« booster » per auto (*audio*), car booster.
borace, *m.* borax.
borato, *m.* (*chim.*), borate.
— di soda, borate of soda.
bordare, *v.a.* (*flangiare*), to flange; to burr.
— l'estremità di un tubo di ottone, to burr over the end of a brass tube.
bordata, *f.* (*naut.*), (*di cannoni*) broadside.
bordatrice, *f.* (*mecc.*), beading machine; flanging machine; crimping machine.
— a rulli, standard beading machine; flanging machine.
— di fondi, bottom beading machine.
— per tubi, tube-end flanging machine.
— universale, flanging press.
bordatura, *f.* (*mecc.*), flanging; (*di scarpa*) edging.
— da saldare, seam.
— nera (*strato di smalto nero applicato sulla massa di fondo*) (*vernici, smalti*), black edging.
bordi refilati (*tip.*), bleed-off edges.
— smussati a U sulle due facce (*sald.*), U-formed edges on both faces.
— (allineamento dei —) (*sald.*), alignment of the edges.
— (intervallo dei —), spacing of the edges.
bordino (*o bava di laminazione*) (*met.*), overfill.

bordione, *m.* (*met.*), (*tondo in rotoli di diam. superiore ai mm 5,2 e fino ai 16 mm*), (wire) rod.
— **di acciai legati** (*met.*), alloy steel rod.
— **di acciaio al carbonio** (*met.*), carbon steel rod.
— **per bulloneria** (*met.*), bolt rod.
bordo, *m.* lip; edge; skirt (*met.*).
— **blu** (*di bordo di lamiera o nastro, durante la fase di raffreddamento dopo ricottura*) (*met.*), blue edge.
— **bruciato** (*met.*), burnt edge.
— **calafatato,** caulking edge.
— **cianfrinato** (*sald.*), chamfered edge.
— **con smusso a K** (*sald.*), double bevel groove edge.
— **con smusso a U** (*sald.*), U-formed edge.
— **d'attacco** (*aereo*), leading edge.
— **dei grani** (*formazione di gradini nei — dei grani*) (*met.*), formation of jogs.
— **della carta** (*a barba*) (*tip.*), deckle edge.
— **d'entrata** (*aereo*), leading edge.
— **di carico** (*bagagliaio auto*), lip.
— **di cuoio,** leather cup.
— **di riferimento** (*inform.*), reference edge.
— **diritto** (*sald.*), square edge.
— **di una scheda** (*calcol. elettron.*), card edge.
— **d'uscita** (*aereo*), trailing edge.
— **ferritico** (*met.*), bark.
— **grigio** (*di latta*)(*met.*), grey edge.
— **libero** (*idrovol., naut.*), freeboard.
— **smussato** (*sald.*), chamfered edge.
— **su una faccia** (*sald.*), fusion face.
— **(mettere a —)** (*naut.*), to ship.
— **(vacanze al — dei grani)** (*met.*), grain boundary vacancies.
boretta, *f.* (*tess.*), waste silk.
boro, *m.* (*chim.* = B), boron.
borose, *f. pl.* (*naut.*), earings.
borosilicato, *m.* borosilicate.
borra (*armi*), (*p. es. di una palla*), wad.
— **di seta,** floss-silk.
borraggio (*dei fori da mina, sin. di intasamento*) (*min.*), stemming; tamping.
borsa, *f.* (*per utensili*), case; pouch (U.S.A.); (*finan.*), exchange.
— **di studio,** studentship (*univer-sit.*); scholarship.
— **di studio per viaggi** (*all'estero*), travelling scholarship.
— **di utensili,** tool set; tool kit.
— **di utensili tascabile,** pocket tool kit (*or* set).
— **per il mare,** boat bag.
— **per utensili** (*valigetta*), carrying case.
— **valori** (*comm.*), stock exchange.
bort, *m.* (*min.*), bort.
boruro (*m.*) **di calcio,** calcium boride.
— **di silicio e manganese,** manganese silicon boride.
boscaiolo, *m.* woodcutter; lumberer; lumberman.
bosone, *m.* (*fis. atom.*), boson.
bosso, *m.* bow tree.
bossolo, *m.* (*di cartuccia*) (*mil.*), case; cartridge case.
— **del rubinetto,** plug of a cock.
botalatura (*mecc.*), tumbling.
botola, *f.* folding door.
— **(o falla) a cerniera,** hinged closing trap.
— **della mitragliatrice,** gunner's cockpit.
— **scambiabile,** reversing trap.
botte, *f.* cask; barrel.
— **di ferro,** iron cask; iron drum.
— **di legno,** barrel.
— **rotante per sbavatura,** rumbler.
bottiglia, *f.* bottle.
— **a perdere,** non-returnable bottle.
— **che non perde liquido,** spill-proof bottle.
— **di aspirazione,** suction bottle.
— **di Erlenmeyer** (*chim.*), Erlenmeyer flask.
— **di Leida,** Leyden jar.
— **di livello,** levelling bottle.
— **di plastica,** plastic bottle.
— **di Woulf,** Woulf's bottle.
bottone, *m.* knob; button; (*pasticca di forma tonda che du-*

rante la punzonatura di una barra si forma nel metallo, in fondo ad un bicchiere) (*met.*), pastille.
bottone del corsoio, crank pin.
— **del disco** (*in uno scappamento ad àncora*) (*orol.*), ruby pin; impulse pin.
— **della manovella,** crank pin.
— **della porta,** door knob.
— **dell'eccentrico** eccentric pin.
— **dello scatto** (*fot.*), release button.
— **di carica** (*orol.*), winding button; snap-on button.
— **di comando,** control knob.
— **di contatto,** push button.
— **di disinnesto,** disengaging latch.
— **di giunzione,** grommet.
— **interlineatore** (*macch. da scrivere*), line spacer knob.
— **pel cambio d'alimentazione,** feed change knob.
— **regolabile,** adjustable knob.
botulismo, *m.* (*med.*), botulism.
box di espansione (*inform.*), expander box.
Boxer, v. **motore —**
bozza (*tip.*), proof.
— **corretta,** clean proof.
— **di proposta** (*di Euronorm p. es.*) (*met.*), draft proposal.
— **impaginata,** page proof.
— **in colonna,** galley-proof; slip-proof.
— **per la stampa** (*bozza finale*), press proof.
— **per l'autore** (*sia per il visto si stampi o correzioni*), author's proof.
— **(prima —),** foul proof.
— **(seconda —),** revise.
— **(tirare una —),** to pull a proof.
bozzellaio, *m.* blockmaker.
bozzello, *m.* (*di carrucola*), block.
— **a vergine** (*naut.*), sister block.
— **a violino** (*naut.*), fiddle block.
— **con gancio,** block with hook.
— **da fune,** rope block.
bozzetto, *m.* (*dis.*), sketch.
bozzima, *f.* (*tess.*), size.
— **dura,** (*tess.*), hard size.
bozzolificio, *m.* silkworm house.
bozzolo appuntito, pointed cocoon.
— **cinturato,** kidney-shaped cocoon.
bozzone, *m.*, galley proof.
braca, *f.* (*di sollevamento*), sling.
braccetto, *m.* (*mecc.*), holder.
— **per la pulizia del disco durante l'ascolto** (*audio*), record-cleaning arm.
bracci, *m. pl.* (*naut.*), braces.
— **meccanici controllati da calcolatore** (*robotica*), computer-controlled arms.
braccio, *m.* arm.
— (*di gru*) **a collo di cigno** (*mecc.*), swan neck jib.
— **a due articolazioni,** double hinged arm; double jointed arm.
— **articolato,** pivoted arm; articulated arm; hinged arm.
— **a sbalzo** (*gru*), cantiler type jib.
— **a slitta** (*del mandrino*), sliding drill arm.
— **a traliccio,** lattice jib.
— **d'attacco,** actuating arm.
— **del battente** (*tess.*), sley sword.
— **del caricatore,** loader jib.
— **della manovella,** crank arm; crank web.
— **dell'arpione,** claw arm.
— **della sfera,** ball arm; flyball arm.
— **della volta** (*cost.*), haunch (of a vault).
— **del rapporto,** bearing bracket.
— **di carico** (*min. ecc.*), loading boom.
— **di gru,** jib; boom.
— **di giradischi** (*audio*), tonearm; arm; (*sollevamento del braccio di giradischi*), arm lift.
— **di manovella** (*mot.*), crank-throw.
— **di pendolo,** pendulum arm.
— **di sostegno** (*fresa*), overarm.
— **di una coppia,** arm of the couple.
— **di una forza,** lever of a force.
— **girevole,** swivel arm.
— **in lamiera piena,** solid jib.

braccio meccanico (*robots*), mechanical arm.
— **meccanico a controllo numerico** (*robots industriali controllati da congegni senza calcolatori elettronici*), numerically-controlled arm.
— **meccanico provvisto di pinze** (*automazione*), gripper.
— **meccanico snodato** (*in grado di portare due o più persone*) (*mecc.*), snoker.
— **mobile** (*di slittone*), ram.
— **oscillante** (*della sospensione*) (*auto.*), swinging bar,
— **per cerchi di botte,** driver arm.
— **per lampada** (*elet.*), lamp bracket.
— **reggipunta** (*fresa*), overhanging arm.
— **rotante** (*di benna*) (*mecc.*), rotating boom.
— **snodato,** pivoted arm; hinged arm.
— **spostabile,** adjustable arm.
— **superiore** (*fresatrice*), overarm.
— **telescopico** (*mecc.*), telescopic arm.
bracciolo, *m.* (*appoggiabraccia*) (*auto*), armrest; (*anello esterno di tubazioni*), pipe clip.
bradisismo, *m.* (*geol.*), bradyseism.
bramma, *f.* (*metal.*), slab; thick slab.
— **colata in continuo** (*met.*), continuously cast slab.
— **(dispositivo di centratura delle —)** (*met.*), slab centering device.
branca (*f.*) **di scale,** flight of stairs.
— **di un elettromagnete** (*elet.*), limb of an electromagnet.
brasare, *v.a.* to braze; to hard solder.
brasatura, *f.* brazing; hard soldering.
— **a induzione,** induction brazing.
— **al forno elettrico,** electric-furnace brazing.
— **al cannello,** torch brazing.
— **a resistenza,** resistance brazing.
— **dolce,** soft welding.
brasatura forte, hard brazing.
— **in bagno salino,** salt bath brazing.
— **in forno,** furnace brazing.
— **per immersione delle leghe di magnesio** (*sald.*), dip-brazing of magnesium alloys.
— **sotto vuoto** (*sald.*), vacuum brazing.
bràttea, *f.* (*bot.*), bract (*foglia che sottende un fiore o una infiorescenza*).
breccia, *f.* breccia; rubble stone; (*in un muro*), breach.
— **(fare —),** to break through.
brecciame, road metal.
breccioso, *agg.* brecciated.
brenta, *f.* high tub.
bretella (*f.*) **autostradale** (*autostrade*), slip road.
brevettare, *v.a.* to patent.
brevettato (*o* **esclusivo),** *agg.* proprietary.
brevetto, *m.* patent.
— **completivo,** patent of addition.
— **di pilota** (*aereo*), « C » licence.
— **di volo a vela** (*aereo*), gliding certificate.
— **(prendere un —),** to take out a patent.
— **(ufficio di —),** patent office.
— v. **proteggere con —.**
brezza, *f.* (*meteor.*), breeze.
bricchetta, *f.* (*carbone*), briquette.
— **di carbone,** briquette of coal.
bricchettare (*trasformare in mattonelle*) (*carbone*), to briquette.
bricchettazione, *f.* (*carbone*), briquetting.
brichetta, *f.* v. **bricchetta.**
brichettazione, *f.* (*coke, ecc.*), v. **bricchettazione.**
brichettare (*coke, ecc.*), v. **bricchettare.**
brichettatura, *f.* (*min.*), briquetting.
brida, *f.* (*mecc.*), clamp; cramp; collar; flange; (*del tornio*), lathe dog.
— **e menabrida** (*tornio*), lathe carrier.
brigantino, *m.* (*naut.*), brig.

briglia, *f.* boom; chord; flange; (*idraut.*), sill; (*naut.*), bobstay; (*met.*, *lam.*), latch; bolt.
— **compressa,** compression flange; compression boom.
— **di accoppiamento,** coupling flange.
— **di collegamento,** collar beam.
— **orizzontale,** horizontal boom.
— **per fissaggio,** clamp; clip.
— **superiore a cassone** (*costr.*), box-section top flange.
— **tesa,** tension flange; tension boom.
brillamento, *m.* (*di mine*), blasting; blowing up.
— **(elettrico) con ritardator** (*min.*) delay blasting.
— **elettrico** (*min.*), electrical blasting.
brillantante, *m.* (*chim.*), brightener.
brillantare, *v.a.* (*con mole*), to buff; to polish.
brillantatura (*con mole*), buffing; bright finish (*met.*),
brillante, *agg.* bright.
— *agg.* (*colori vernici, ecc.*), brilliant (*se riferito a colori e tinture*; *p.es.: rosso* —, brilliant red; *verde* —, brilliant green, *ecc.*).
— *agg.* (*riferito a cromatura ecc.*), brilliant (*p. es.: rivestimento di cromo* —, brilliant chrome deposit).
brillantezza (perdita di —) (*vernici*), dulling.
brillanza, *f.* (*illum.*), brilliance; brilliancy; brightness.
brillatura, *f.* (*riso*), hulling.
broccame, *m.* (*met.*), shoe nails.
broccatello, *m.* brocatel.
broccato, *m.* (*tess.*), brocade.
broccatura, *f.* (*tess.*), figuring.
broccia, *f.* broch.
— **a doppio taglio,** double cut b.
— **a 4 intagli** , 4-spline broach.
— **per fare chiavette doppie,** double keyway broach.
— **per fare chiavette semplici,** single keyway broach.
— **per finire fori rotondi,** round broach.
broccia per fori esagonali, hexagon broach.
— **per fori quadrati,** square b.
— **per fori rettangolari,** rectangular broach.
brocciatrice, *f.* (*macch. ut.*), broaching machine.
— **per esterni** (*mecc.*), surface broaching machine.
— **e stozzatrice per cave** (*macch. ut.*), keyseating and spline broaching machine.
— **orizzontale** (*macch. ut.*), horizontal broaching machine.
— **verticale** (*macch. ut.*), vertical broaching machine.
brocciatura, *f.* (*mecc.*), broaching.
— **di finitura,** finish broaching.
— **esterna,** external broaching.
— **interna,** internal broaching.
— **laterale,** side broaching.
brodo, *m.* (*chim.*), liquor.
bromato, *m.* (*chim.*), bromate.
bromo (*chim.* = Br), bromine.
bromoclorobenzolo, *m.* (*chim.*), bromochlorobenzene.
bromuro, *m.* (*chim.*), bromide.
— **di benzile,** benzyl bromide.
— **di cianogeno,** cyanogen bromide, CNBr.
broncografia, *f.* bronchography.
broncogramma, *m.* (*radiol.*), bronchogram.
broncoscopio, *m.* (*med.*), bronchoscope.
broncospirometro, *m.* (*med.*), bronchospirometer.
bronzare, *v.a.*, to bronze.
bronzatrice, *f.* (*arti grafiche*), bronzing machine.
bronzatura, *f.* (*met.*), bronzing.
bronzina, *f.* (*mecc.*), (bronze) bushing; (brass) bush.
— **di biella di motore,** bearing.
bronzo, *m.* bronze.
— **al manganese,** manganese bronze.
— **d'alluminio,** aluminium bronze.
— **fosforoso,** phosphor bronze.
— **in polvere,** bronze powder.
— **per rubinetteria,** cock metal.
— **rosso,** red bronze; gunmetal.
brossura *f.* (*tip.*), booklet.

brossura (libro in —), paperback.
brossuratrice (*tip.*), booklet stitching and covering machine.
bruciare, *v.a. v.i.* to burn; to burn out (*resistenza elet.*); to burn (down) (*case*); to burn (up) (*immondizie*); (*di valvole*) (*elet.*), to blow *v.i.*
— un apparecchio (*elet.*), to burn out an apparatus.
bruciatore, *m.* (*aereo*), burner.
— (*in cui parte del carburante viene tornata nel circuito invece di passare completamente nella camera di combustione*), (*aereo*), spill burner.
— ad immersione, immersion gas burner.
— ad urto, impact burner.
— a gas, gas burner.
— a gas «ad urto contro piastra» (*gas*), target impact gas burner.
— a nafta, oil burner.
— a polvere di carbone, pulverised coal burner.
— a pressione d'aria, pressure air burner.
— a pressione di vapore (*heat*), steam atomizer.
— duplex (*iniettore a più entrate di combustibile e con un solo orificio di uscita*), (*aereo*) duplex burner.
— frontale (*met.*), front burner.
— misto (*a due combustibili*), dual-fuel burner.
— (corpo di —), burner head.
— (testa di —), burner port.
bruciatura, *f.* (*tess.*), gassing; (*scottatura*), burn.
— alla tubiera (*met.*), tuyere burning.
— ionica (*fis. atom.*), ion burning.
bruma (*zool.*), teredo worm.
brunire, *v.a.* to burnish; to polish, to glaze (*mole*); to buff; to brown.
brunitoio, *m.* (*scarpe*), slicker.
— a rotella (*incisione in rame*), roulette.
brunitore, *m.* polisher; burnisher (*met.*).
brunitore per perni (*orol.*), pivot burnisher.
brunitura, *f.* burnish; polish.
bruno, *agg.* brown.
— di alizarina, alizarin brown.
— di Kassel, Kassel brown.
bucare, *v.a.* to pierce; to bore through; to punch holes.
buccia d'arancia (*met.*), orange peel.
bucciatura, *f.* (*vernici*), orange peel.
buckling geometrico, geometric buckling.
buco, *m.* hole.
— di scarico, outlet.
— (fare un —) (*con taglio*), to cut a hole.
budget di gestione (*finan.*), cash budget.
— di tesoreria (*finan.*), (*comm.*), cash budget.
bugliuolo, *m.* (*naut.*), bucket.
bugna, *f.* bossage; (*met.*), v. **stampaggio a —.**
bugnare un tubo (*met.*), to expand a tube.
bugnatura, *f.* (*della pietra*), daubing.
bulbo, *m.* bulb; (*met.*), v. **angolare a —; ferro a —; laminato a —.**
bulbo, *m.* bulb.
bulinare, *v.a.* to chisel.
— il centro del foro, to centre the hole.
bulinatura, *f.* chiselling.
— del centro, centre mark (centre pop).
bulino, *m* centre punch; prick punch; burin (*per rame*); graving tool; (*tip.*), graver.
bulletta, *f.* tack.
bullonamento, *m.* bolting.
bullonare *v.a.* to bolt.
bullonatura del tetto (*miniere*), roof bolting.
— del tetto (macchina per — —) (*min.*), roof bolting machine.
bullone, *m.* (*mecc.*), bolt; stud.
— ad alta resistenza (*mecc.*), high strength bolt.
— ad àncora, anchor bolt.
— ad attrito (*cost., mecc.*), friction bolt.
— ad espansione, expansion bolt.

bullone ad U, U bolt.
— **ad uncino,** hook bolt.
— **a forcella** (*ing. elet.*), shackle bolt.
— **a gancio,** hook bolt.
— **a mazzetta,** stone bolt; rag bolt.
— **a punta conica,** conical point bolt.
— **a punta ovale,** oval point bolt.
— **a punta piatta,** flat point bolt.
— **a snodo,** eye bolt.
— **a staffa,** strap bolt; sling bolt; stirrup bolt.
— **a testa bassa,** low head bolt.
— **a testa cilindrica con grano,** bolt with cheese head.
— **a testa esagonale,** hexagonal head bolt.
— **a testa piatta,** flat head bolt.
— **a testa quadra,** square head bolt.
— **a testa quadra incassata,** square countersunk head bolt.
— **a testa rotonda,** round head bolt.
— **conico,** taper bolt.
— **con testa a T** (*mecc.*), T-headed bolt.
— **d'ancoraggio,** anchor bolt.
— **d'ancoraggio per cemento armato,** rag bolt; lewis bolt.
— **della flangia,** flange bolt.
— **di accoppiamento,** joint bolt.
— **di agitatore,** agitator stud.
— **di chiusura,** clamping bolt.
— **di fondazione,** foundation bolt; anchor bolt.
— **di scarico** (*aereo, naut.*), drain plug.
— **di serraggio,** clamping bolt.
— **per aratri,** plough bolt; plow bolt (U.S.A.).
— **per auto,** automobile bolt.
— **per fissare,** fastening bolt.
— **per macchine agricole,** agricultural bolt.
— **per pneumatici,** tire bolt.
— **per ponti,** bridge bolt.
— **per tetti,** roof bolt.
— **per tetto** (*min.*), roof bolt.
— **senza testa,** headless bolt.
bullone usato per gli strati (*miniere*), strata bolt.
— **verticale,** stay bolt.
bulloneria, *f.* (*met.*), bolts and nuts.
— **ad alta resistenza** (*met.*), high strength bolt.
buna, buna.
buono del tesoro (*finan.*), treasury bond; (*finan.*), government bond.
— **di benzina,** petrol coupon.
burattare, *v.a.* to sift (*or* to bolt) (*abburattare*); (*galvanotec.*), to barrel (*trattare minuteria al tamburo*).
burattazione, *f.* (*ind. mol.*), dressing; bolting.
— **della farina,** flour dressing.
buratto, *m.* sifter; bolter; reel.
— **calibratore per caffè** (*ind.*), coffee grader.
— **centrifugo per farina** (*ind. mol.*), centrifugal flour sifter; centrifugal sifting machine.
— **piano ad oscillazione libera** (*ind. mol.*), free swinging plansifter.
— **rotondo,** round reel.
burbera (*mecc. ed.*), windlass.
bure, *f.* (*dell'aratro*), beam.
bureau d'informazioni (*aeroporti, ecc.*), information desk.
buretta, *f.* burette.
burrasca, *f.* (*meteor.*), gale.
burrificazione continua (*agr.*), continuous buttermaking.
burro di antimonio (*chim.*), butter of antimony; antimony chloride.
— **di bismuto** (*chim.*), butter of bismuth; bismuth chloride.
— **di cacao,** cocoa butter.
bus (*collegamento elettrico fra due registri, numero di connessioni parallele fra le memorie di un calcolatore*) (*inform.*), bus.
— **dati** (*inform.*), data bus.
bussaggio (*tappatura foro di colata*) (*met.*), closing a taphole.
— **(fare il —),** to close up a taphole.
— **(tappare il —),** to close up a taphole.

bussetto, *m.* (*scarpe*), sleeking stick.
bussola, *f.* compass (*per orientamento*); collet (*ing. mecc.*); socket (*ing. mecc.*); sleeve (*ing. mecc.*); bush (*macch. ut. e per maschere di foratura*); bushing (*boccola*).
— **ad induzione terrestre,** earth-inductor compass.
— **a liquido** (*naut.*), liquid compass. (*miscela di acqua e alcole*) (*naut.*), spirit compass.
— **a palo,** pole compass.
— **azimutale,** azimuth compass.
— **conica,** conical bushing; conical collet.
— **dei seni** (*elet.*), sine galvanometer.
— **della contropunta,** back centre socket; (*macch. ut.*), tailstock sleeve.
— **della messa in moto** (*auto*), starting pinion bush.
— **delle tangenti** (*elet.*), tangent galvanometer.
— **del mandrino,** sleeve; spindle (*macch. ut.*).
— **del regolatore,** governor sleeve.
— **di chiusura a fenditura,** (*tornio*), split collet.
— **di chiusura elastica,** (*tornio*), spring collet.
— **di chiusura o serraggio** (*torni*), collet.
— **di comando motrice,** spindle sleeve.
— **di controllo,** standard compass.
— **di guida** (*mecc.*), « button ».
— **di miniera,** miner's dip needle.
— **di riduzione,** socket.
— **di rotta** (*naut.*), steering compass.
— **illuminata dal di sotto** (*naut.*), compass lit from below.
— **inchiavettata,** keyed bush.
— **marina,** mariner's compass.
— **per l'utensile,** tool post; tool holder.
— **porta-folle,** loose pulley bushing.
bussola prismatica (*top.*), prismatic compass.
— **regolabile,** adjustable bush.
— **(bilancieri di —),** gimbals.
busta di cartone (*per borotalco, ecc.*), pouch.
— **indirizzata affrancata,** stamped addressed envelope.
butadiene, *m.* (*chim.*), butadiene.
butano, *m.* (*chim.*), butane.
butanolo, *m.* (*chim.*), butanol (butyl alcohol).
butene, *m.* (*chim.*), butene.
butile *m.* (*chim.*), butylalcohol.
butilene, *m.* (*chim.*), butylene.
butirrato, *m.* (*chim.*), butyrate.
— **allilico** (*chim.*), allyl butyrate.
— **di acetato di cellulosa,** cellulose acetate butyrate.
— **di piombo,** lead butyrate.
butirrometro, *m.* butyrometer.
butirroscopio, *m.* butyroscope.
butirroso, *agg.* butyrous.
butta, *f.* (*struttura di sostegno di acciaio, nelle miniere moderne, di armatura semovente per sostegno del tetto*) (*min.*), chock; V. anche **puntello** (*min.*), *termine più appropriato del francesismo butta.*
— **frontale,** front chock.
— **posteriore,** rear chock.
— **telescopica ad attrito** (*min.*), telescopic friction pit prop.
— **(guidare la — quando è avanzata)** (*min.*), to steer the chock when it is advanced.
buttarola, *f.* snap; set hammer; (*stampo per chiodi*) (*mecc.*), snap riveting set; rivet snap.
buttarsi (*v.r.*) **col paracadute** (*aereo*), to bale out.
butteramento, *m.* (*vernici*), pinholing; (*sald.*), buttering (a method of facilitating arc welding in which the parts to be welded are given a preliminary covering of the weld metal prior to the actual welding operation).
butteratura, *f.* (*met.*), pitting.
butteruola, *f.* snap; snap head; rivet-snap.

C

cabestano, *m.* (*naut.*), capstan; (*petrol.*), cathead.
cabina, *f.* cabin (*naut.*) (*ascensori*); booth (*cinem.*).
— **ad aria condizionata** (*gru*), air conditioned cab.
— **a due funi,** cage with two ropes.
— **ad una sola fune,** cage with one rope.
— **a pressione,** pressurized cabin; pressure-cabin.
— **cinematografica** (*slang*), « dog house ».
— **controllo biglietti** (*ferr.*), ticket collector's box.
— **degli argani** (*met.*), winch house.
— **del comandante** (*naut.*), master stateroom.
— **dell'equipaggio** (*naut.*), crew berth.
— **del getto di sabbia,** sand blast room.
— **del manovratore,** driver's hut.
— **del manovratore aperta,** open driver's hut.
— **di manovra** (*elet.*), control room; operating cab.
— **di proiezione** (*cinem.*), projection room (*or* box).
— **di protezione per macchine agricole,** (all-weather) farm machine cab.
— **di un ascensore,** lift-car; cab; cabin.
— **di verniciatura** (*a spruzzo*), spraybooth.
— **insonorizzata,** soundproof ca-cabin.
— **insonorizzata parzialmente,** sound-attenuating cab.
— **(doppia) ospiti** (*naut.*), guest (double) cabin.
— **matrimoniale** (*naut.*), double bed; double cabin; stateroom with double bed.
— **per verniciatura carrozzeria auto,** automobile body spraying booth.
— **spaziale** (*astron.*), space cabin.
cabina spaziale biposto (*astron.*), 2-seat space cabin.
— **stagna** (*aereo*), pressure cabin.
— **telefonica,** booth.
— **telefonica pubblica,** (*telefono pubblico*), public call-office; (U.S.A.) public telephone booth; public call box.
— **(per uno o due posti)** (*naut.*), stateroom.
cabinato (*naut.*), cabin cruiser.
— (*m.*) **a vela** (*naut.*), motor sailer.
cablaggio, *m.* (*tel.*), wiring; cable lay up; (*di interruttori*) (*mot.*), wiring-in.
cablato, *p.p.* (*inform.*), wired.
cablatura filare (*videoregist.*), wiring.
cabotaggio *m.* (*naut.*), coasting trade (*piccolo* —).
cabrare, *v.i.* (*aereo*), to stall.
cabrata (*quando si accelera*) (*auto*), tail-squat (*on acceleration*).
cabriolet (*auto*), drophead (coupé).
cacao, *m.* cocoa.
caccia, *m.* (*aereo*), fighter.
— **bombardiere** (*aereo*), fighter bomber; F. B.
— **con pistole e rivoltelle,** handgun hunting.
— **di bassa quota** (*aereo*), low altitude fighter; L. F.
— **monoposto** (*aereo*), single-seat fighter.
— **notturno** (*aereo*), night fighter aircraft; N. F.
cacciachiavette, *m.* cottar; cotter.
caccianavetta, *f.* (*tess.*), picking band, picker.
cacciare, *v.a.* (*i chiodi*), to knock out; to drive out (the rivets).
cacciatore mancino (*armi, sport*), left-hand shooter.
cacciatorpediniere, *m.* (torpedo-boat) destroyer.
cacciavite, *m.* screw driver.
cadenza, *f.* (*teleg.*), cadence.
— **di tiro** (*armi, mil.*), rate of fire.

cadere, *v.i.* (*di una curva*), to drop; to descend.
— **in scivolata d'ala** (*aereo*), to side slip on wing.
— **in scivolata di coda** (*aereo*), to tail slip.
cadmiare, *v.a.* to cadmium plate.
cadmiatura, cadmium plating.
— **elettrolitica,** cadmium plating.
cadmio, *m.* (*chim.* = Cd), cadmium.
cadmiopone, *m.* cadmium lithopone.
caduta, *f.* fall (*in gener.*); drop (*elet., orol.*); crash (*aereo*).
— **a foglia morta** (*aereo*), falling leaf.
— **carica** (*altoforno, met.*), slip.
— **di corrente,** drop (*or* fall) of current.
— **di detrito** (*geol.*), debris fall.
— **di potenziale** (*elet.*), potential drop (*or* fall).
— **di pressione,** fall of pression; pressure drop.
— **di roccia** (*frana rocciosa*), rock-slide.
— **di roccia lapidea** (*geol.*), rockfall.
— **di temperatura,** fall of temperature.
— **di tensione,** voltage drop.
— **di tensione di linea** (*ferr.*), rail voltage drop.
— **elettrica,** electric fall.
— **esterna** (*orol.*), outside shake.
— **impuntamenti della carica** (*altoforno met.*), slip.
— **induttiva** (*elet.*), inductive drop.
— **induttiva di tensione** (*elet.*), inductive voltage drop.
— **interna** (*orol.*), inside shake.
— **ohmica** (*elet.*), ohmic drop.
caffè decaffeinato, de-caffeinated coffee.
caffeina, *f.* (*chim.*), caffeine.
caffettiera (*f.*) **elettrica,** coffee percolator.
caglio, *m.* rennet.
cala, *f.* underground tank.
calafataggio, *m.* caulking.
— **a mano,** hand caulking.
— **con utensile pneumatico,** pneumatic caulking.
calafatare, *v.a.* to calk; to caulk.
calaggio (*m.*) **dell'elica** (*aereo*) pitch setting.
calamaio, *m.* (*tip.*), ductor; duct.
— **(lama del —),** ductor blade.
— **(rullo del —),** duct roller.
calamina, *f.* calamine.
calamita, *f.* magnet.
— **a ferro di cavallo,** horse-shoe magnet.
— **permanente,** permanent magnet.
calamite (*f. pl.*) **di compensazione,** compensating magnets.
calandra, *f.* calender (*ind. carta*); silk calender (*per seta*) (*tess.*).
— **a tre rulli** (*gomma*), three roller calender.
— **per gomma,** India-rubber calender.
— **rotolatrice** (*per lamiere*) (*macch. ut., met.*), plate bending rolls; sheet metal bending rolls.
calandrare, *v.a.* to calender.
calandratura, *f.* calendering.
calandrino, *m.* (*o falsa squadra*), bevel rule.
calarsi, *v.r.* (*rif. a paracadutisti*), to drop.
— **(i paracadutisti si calano sul deserto),** the paratroopers drop onto the desert.
calastrello, *m.* (*costr.*), cross stiffening bracket.
calata (*radio*), lead-in (*parte di filo di un'antenna*); (*naut.*), wharf; (*di lampada, o di pulsante p. es. per macch. ut.*), pendant.
calcare, *m.* lime; limestone.
— **artificiale,** artificial limestone.
— **carbonifero,** carboniferous limestone.
— **del Giura,** Jurassic lime.
— **fossilifero,** shell limestone.
— **idraulico,** hydraulic limestone.
— **litografico,** Solenhofen stone.
— **oolitico,** oolitic stone.
— **siliceo,** siliceous stone.
— **tabulare,** laminated lime.
calcareo, *agg.* calcareous.
calcatoio, *m.* (*per l'intasamento delle mine*) (*min. carbone, ecc.*), stemmer; tamping rod; beater.

calcatura, *f.* (*della sabbia*), ramming.
calce, *f.* lime.
— **bianca,** slaked lime; white lime; lime paste (*grassello*).
— **caustica,** caustic lime.
— **grassa,** rich lime; fat lime.
— **idraulica,** hydraulic lime; hydraulic cement; lean lime.
— **in blocchi,** lump lime.
— **in polvere,** powdered lime.
— **marnosa,** marly lime.
— **spenta,** slaked lime.
— **viva,** quick lime.
— **(trattato** (*p.p.*) **con —),** limed.
calcedonio, *m.* calcedony.
calcestruzzo, *m.* concrete.
— **armato,** reinforced concrete.
— **di asfalto,** asphalt concrete.
— **di cemento,** cement concrete.
— **di ghiaia,** gravel concrete.
— **di pietrisco,** stone concrete.
— **impregnato** (*costr.*), impregnated concrete.
— **plastico,** plastic(ised) concrete; buttery concrete.
— **preparato nel cantiere,** job-mix concrete; field-concrete.
— **semplice,** plain concrete.
— **vibrato,** vibrated concrete.
calcificazione, *f.* calcification.
calcina, *f.* mortar; lime.
— **(fornace da —),** lime-kiln.
calcinare, *v.a.* to calcify.
calcinato, -a, *p.p.* (*chim.*), calcined (*p. es.: magnesia calcinata*), calcined magnesia; (*trattato con calce*) limed.
calcinazione, *f.* calcination.
calcio, *m.* (*chim.* = Ca), calcium; (*di fucile, ecc.*), butt; rifle-butt; stock.
— **dell'ago** (*ferr.*), heel of blade.
— **dello scambio** (*ferr.*), heel of points.
— **in pasta** (*chim.*), calcium pulp.
calciocianamide, *f.* calcium cyanamide.
calciolo, *m.* (*fucile*), heel-plate.
calcite, *f.* (*min.*), calcite.
calco, *m.* (*di un disegno*), counter drawing; tracing; duplicate.
calcocite, *f.* (*min.*), copper glance.
calcografia, *f.* (*tip.*), copper-plate printing.
calcografo, *m.* (*tip.*), copper-plate engraver.
càlcola, *f.* (*tess.*), treadle.
calcolare, *v.a.* to calculate; to compute.
— **il volume di uno sterro,** to determine the earth quantity.
calcolatore, *m.* (*elettron.*), (*app. per calcoli aritmetici e operazioni logiche*), computer.
— **analogico (elettronico),** analog computer (U.S.A.); analogue computer.
— **da tavolo,** desk-size(d) computer; desk-top computer.
— **da ufficio** (*inform.*), office computer.
— **digitale,** digital computer.
— **di processo,** process computer.
— **di riserva** (*inform.*), back up computer.
— **di rotta** (*radar*), course computer.
— **elettronico** (*elettron.*), (electronic) computer.
— **elettronico a base di semiconduttori,** solid state computer.
— **elettronico ad anello chiuso in linea** (*elettron.*), on-line closed loop computer.
— **elettronico a schede** (*elettron.*), card program calculator.
— **elettronico di gestione** (*inform.*), business computer.
— **elettronico di viaggio** (*o* computer di bordo) (*auto*), on-board computer; cruise computer.
— **elettronico per chi « fa da sè »** (*inform.*), do-it-yourself computer.
— **elettronico satellite,** peripheral computer.
— **elettronico tascabile,** pocket calculator.
— **gestionale** (*inform.*), business computer.
— **integrato** (*inform.*), integrated computer.
— **meccanico,** digital computer.
— **per la portata dei radar** (*elet.*), radar range calculator.

calcolatore personale (*inform.*), personal computer.
— **scientifico** (*calcol. elettron.*), scientific computer.
— **elettronico (immagazzinare i dati nella memoria** (*memorizzare*) **del —)**, to store data in the computer's memory.
calcolatrice, *f.* calculating machine; computer.
— **a 10 tasti,** ten-keyboard calculating machine.
— **analogica** (*elet.*), analog computer (U.S.A.); analogue computer.
— **a tastiera completa,** full-keyboard calculating machine.
— **elettrica,** computer.
— **elettronica,** v. **calcolatore elettronico.**
— **programmabile,** programmable calculator.
— **scientifica,** scientific computer.
— **tabulatrice automatica** (*a schede perforate*), automatic business machine (U.S.A.).
calcolazione del manoscritto (*tip.*), cast off.
calcolo, *m.* calculation; calculus (*pl.* calculuses); (*elettron.*), computing; v. **centro di —.**
— **analogico,** analogue calculation.
— **combinatorio,** combinatoria-analysis.
— **comparativo,** comparative calculation.
— **dei reticoli** (*fis. atom.*), lattice calculation.
— **delle aree,** computation of areas.
— **delle travi,** girders calculation.
— **del letto di fusione** (*met.*), burden calculation; burdening.
— **del prezzo di costo** (*lavori ecc.*), cost finding.
— **differenziale,** differential calculus.
— **grafico,** graphical calculation.
— **integrale,** integral calculus.
— **in virgola mobile** (*inform.*), floating point arithmetic.
calcolo logaritmico, logarithmic calculation.
— **per approssimazioni successive,** trial and error calculation; trial calculation (U.S.A.).
calcopirite, *f.* copper-pyrite; chalcopyrite.
calda, *f.* (*met.*), heat.
— **(lamiera laminata in una sola —),** plate rolled at one heat.
caldaia, *f.* boiler; v. **corpo cilindrico di —.**
— **a bassa pressione,** low pressure boiler.
— **a cassone,** waggon boiler.
— **a circolazione forzata,** forced circulation boiler.
— **ad alta pressione,** high pressure boiler.
— **ad irraggiamento,** radiation boiler.
— **a doppia fronte,** double-ended boiler.
— **a due focolari,** Lancashire boiler.
— **a fiamma diretta,** direct flame boiler.
— **a focolare esterno,** external furnace boiler.
— **a focolare interno,** internal furnace boiler; flue boiler; shell boiler.
— **a focolare ondulato,** boiler with corrugated flue tube.
— **a grande volume d'acqua,** boiler with large water space.
— **a nafta,** oil fired boiler.
— **a nafta per riscaldamento dei treni,** oil-fired train-heating boiler.
— **a pressione,** pressure boiler.
— **a rapidissima vaporizzazione** (*ing.*), flash boiler.
— **a ricupero di calore,** reheat boiler; waste-heat boiler.
— **a ritorno di fiamma,** countercurrent boiler.
— **a tubi d'acqua,** water-tube boiler.
— **a tubi da fiamma,** fire tube boiler.
— **a tubi di fumi,** fire-tube boiler.

caldaia a una fronte, single-ended boiler.
— **ausiliaria,** donkey boiler.
— **a vapore,** steam boiler.
— **bifronte,** double ended boiler.
— **cilindrica,** cylindrical boiler.
— **Cornovaglia,** Cornish boiler; Cornowall boiler.
— **di centrale elettrica,** power boiler.
— **di locomotiva,** locomotive boiler.
— **di termosifone,** central heating boiler.
— **di vaporizzazione per bobine** (*tess.*), cop steaming box.
— **in riparazione,** boiler under repair.
— **marina,** marine boiler.
— **marina Babcock,** Babcock and Wilcox boiler.
— **monofronte,** single ended boiler.
— **orizzontale,** horizontal boiler.
— **per asfalto,** devil.
— **per produzione di energia,** power boiler.
— **recuperatrice di calore,** waste heat boiler.
— **tubolare,** tubular boiler.
— **tubolare a fiamma di ritorno,** return-tube boiler.
— **verticale,** vertical boiler.
— **(accessori di —),** boiler fittings.
— **(fermare una —),** to cut out a boiler.
— **(mettere una — fuori servizio),** to bank (or) to take a boiler out of service.
caldareria, *f.* boiler-works.
calderaio, *m.* (U.S.A.) boiler maker; boiler-maker; boilersmith.
calderina, *f.* donkey boiler.
caldo, *agg.* hot; *n.* (*calore*), heat; warmth.
calefazione, *f.* (*fis.*), calefaction.
calendario, *m.* calendar; (*di gare sportive*) (*aereo*), schedule of activities.
— **a fogli staccabili,** tear-off calendar.
calettamento, *m.* keying.
calettamento dell'elica (*aereo*), angle of airscrew setting.
calettare, *v.a.* to connect; to mortise; to tenon; to key on.
calettatura, f. connecting; mortising; mortise-joint.
— **a coda di rondine,** dovetail joint.
— **a tenone,,** tenon joint(ing).
— **a zufolo,** skew scarf.
calibrare, *v.a.* to gauge; to calibrate.
— **la mola,** to true the grinding wheel; to dress the grinding wheel.
calibratrice d'uva (*mecc. agr.*), raisin grader.
— **per uova,** egg-weigher and grader.
calibratura, *f.* gauging; calibration; check; grading (*di semole e semolini*).
— **dei cilindri** (*met.*), roll drafting.
calibrazione, *f.* (*lamin.*), roll drafting.
— **a cassetta** (*met.*), box pass.
— **dei cilindri** (*met.*), v. **calibratura dei cilindri.**
— **quadro-losanga** (*met.*), diamond-square rolling sequence; diamond-square roll pass design.
calibro, *m.* caliper (*o* calliper); gauge; gage; (*lamin., met.*), pass; groove.
— **a compasso, per controllo dei perni** (*orol.*), pinion callipers.
— **a corsoio,** vernier caliper; sliding gauge.
— **ad anello,** plain ring gauge.
— **ad anello per filettare,** ring thread gauge.
— **ad ogiva** (*met.*), gothic pass; gothic groove.
— **a forchetta,** snap gauge.
— **a forchetta doppio,** double-ended snap gauge.
— **aperto** (*lamin.*), open pass; open groove.
— **a quadrante,** dial gauge.
— **a tampone,** plug gauge.
— **a tampone** (*per filettature*), plug thread gauge.

calibro a vite, thread gauge.
— **campione,** master gauge.
— **chiuso** (*lamin.*), closed pass.
— **cilindrico,** cylindrical gauge.
— **da fili,** wire-gauge plate.
— **d'alesaggio,** bore gauge.
— **di acciaio,** steel gauge.
— **di allungamento** (*lam. met.*), breaking-down pass.
— **di blooming** (*met.*), blooming pass.
— **di Brenner** (*per la misura di strato di smalto porcellanato, sul ferro*) (*smalto*), Brenner gauge.
— **di legno,** wood gauge.
— **di precisione a leva,** lever gauge.
— **di scartamento** (*ferr.*), rail gauge template.
— **di spessore radio-attivo** (*elettron., tess.*), radio-active thickness gauge.
— **di spessore ultrasonico** (*elettronica*), ultrasonic thickness gauge.
— **di tolleranza,** clearance gauge; limit gauge; tolerance gauge.
— **elettrico,** electric gauge.
— **estensimetrico,** strain gauge.
— **fisso,** fixed gauge.
— **interno d'un tubo,** bore; inside diameter.
— **micrometrico a corsoio con vite registrabile,** screw thread micrometer caliper.
— **non passa,** « not go » gauge.
— **ovale** (*lamin. met.*), oval pass; oval groove.
— **passa,** « go » gauge.
— **per controllo di elementi profilati,** contour gauge.
— **per filetti,** thread gauge.
— **per lingotti** (*met.*), cogging pass; blooming pass; roughing pass.
— **per profondità** (*ing.*), depth gauge.
— **per punte da trapani,** drill gauge.
— **per rettificatrici,** grinding gauge.
— **piatto** (*lamin.*), box pass; box groove.
calibro preparatore (*met.*), preceding pass.
— **tondo** (*lamin. met.*), round pass.
— (*lam. met.*) **(spoglia del —),** taper of a groove.
calicò, *m.* calico.
— **lucidato,** glazed calico.
californio, *m.* (*chim.*), californium.
caliorna, *f.* (*grosso paranco*) (*naut.*), winding tackle.
calo, *m.* sinking (*abbassamento*); settlement (*assestamento*).
— **(o perdita) di luce** (*lampade al neon*) (*elet.*), light drop.
— **per scagliatura** (*met.*), heat waste; fire waste.
— **peso,** loss in weight.
— **peso, di petrolio** (*durante trasporto o stoccaggio*), outage.
calomelano, *m.* (*chim.*), mercurous chloride; calomel.
calore, *m.* heat (*fis., ing.*).
— **atomico,** atomic heat.
— **azzurro** (*del ferro*), blue heat.
— **bianco,** white heat.
— **di accensione,** ignition heat.
— **di assorbimento,** heat of absorption.
— **di combinazione,** heat of combination.
— **di combustione,** heat of combustion.
— **di compressione,** heat of compression.
— **di conduzione,** conductive heat.
— **di convenzione,** convective heat.
— **di cristallizzazione,** heat of crystallization.
— **di decomposizione,** heat of decomposition.
— **di diluizione** (*chim.*), heat of solution.
— **di dissociazione,** heat of dissociation.
— **di espansione** (*ing.*), heat drop.
— **di fissione** (*fis. atom.*), fission heat.
— **di formazione** (*chim.*), heat of formation.
— **di fusione,** melting heat.
— **di radioattività** (*fis. atom.*), radioactive heat.
— **di reazione,** heat of reaction.

calore di rettificazione, stripping heat.
— **di saldatura,** welding heat.
— **di solidificazione,** heat of solidification.
— **di vaporizzazione,** heat of evaporation.
— **latente,** latent heat.
— **molecolare,** molecular heat.
— **perduto,** waste heat.
— **raggiante,** radiant heat.
— **residuo,** after-heat.
— **rosso,** red heat.
— **rosso ciliegia,** cherry-red heat.
— **rosso ciliegia chiaro,** bright cherry-red heat.
— **rosso ciliegia scuro,** dark cherry-red heat.
— **rosso cupo** (*met.*), dull red heat.
— **rosso sangue** (*met.*), blood-red head.
— **secco,** dry heat.
— **sensibile,** sensible heat.
— **specifico,** specific heat.
— **specifico molare** (*chim.*), mola specific heat.
— **totale,** total heat.
— **utile,** useful heat.
— **vivo,** bright heat.
— **(protezione dal —),** heat protection.
calorescenza (*calor.*, *ott.*), calorescence.
caloria, *f.* (*calor.*), calorie.
— **-grammo,** *f.* gram-calorie.
— **inglese,** British thermal unit.
— **-kilogrammo,** *f.* kilogram-calorie.
— **-libbra,** *f.* pound-calorie (*quantità di calore necessaria per alzare la temp. di una libbra d'acqua, da 0 a 100° C*).
— **media,** mean calorie.
— **(grande —),** Calorie (*scritto con C maiuscolo*); large Calorie.
— **(piccola —),** calorie (*scritto con c minuscolo*); small calorie.
calorifero, *m.* radiator; heating apparatus; heater.
— **a combustione,** combustion heater.
calorimetria, *f.* calorimetry.
— **a ghiaccio,** ice calorimetry.
calorimetro, *m.* calorimeter.
— **ad acqua,** water calorimeter.
— **a ghiaccio,** ice calorimeter.
— **a vapore,** steam calorimeter; steam-heating apparatus.
— **di Bunsen,** Bunsen ice calorimeter.
— **di strozzamento** (*ing.*), throttling calorimeter.
calorizzare, *v.a.* (*ferro e acciaio*), to calorize (*cementazione mediante alluminio*)
calorizzazione, *f.* (*del ferro e acciaio*), calorizing (of iron and steel).
calotta, *f.* calotte.
— **del paracadute** (*aereo*), canopy.
— **di lampione stradale** (*luce*), canopy.
— **di prua** (*aereo*), bow cap; nose cap.
— **sferica,** spherical bowl.
calpestio degli edifici (*costr.*), floor of the buildings.
— **della passerella** (*costr.*), flooring of the footbridge.
— **(superficie di —)** (*cost.*), flooring surface.
calutrone, *m.* (*fis. atom.*), calutron.
calzare (*o* **rincalzare) una ruota,** to scotch a wheel.
calzature (*f. pl.*) **di sicurezza,** safety footwear.
— **protettive per operai,** protective footwear for workers.
calze corte (*tess.*), anklets.
— **di nylon,** nylon stockings.
cambi fluttuanti (*finan.*), floating exchange rates.
cambiadischi, record changer; (*audio*), multiple-play turntable.
— **automatico,** record automatic changer.
cambiale, *m.* (*comm.*), bill of exchange; B/E; draft (*prima dell'accettazione*).
— **facilmente bancabile** (*comm.*), eligible paper.
cambiamento (*m.*) **d'angolo,** change of angle.
— **della navetta** (*tess.*), shuttle changing.

cambiamento di direzione, reversal of direction.
— **di livelletta** (*top.*), change of gradient.
— **di marcia,** reverse.
— **di pendenza,** change of gradient.
— **di ponte** (*sostituzione*), replacement of bridge.
— **di temperatura,** change in temperature.
— **elettromagnetico,** electromagnetic reverse.
— **improvviso di corsia** (*auto*), swap-over of direction.

cambiare, *v.a.* to change.
— **la marcia,** to reverse; (*auto*), (*passando ad una marcia inferiore*), to downshift.
— **un utensile** (*sostituire*), to change (to replace) a tool.
— **verso** (*riferito a corrente elettrica*), to reverse.

cambio, *m.* (*auto*), transmission; gearbox; gear shift; gearchange; exchange (*di titoli*) (*finan.*).
— **a corso libero** (*comm.*), floating rate.
— **a cinque marce** (*auto*), (*o* rapporti) five-speed gearbox.
— **a terza silenziosa** (*auto*), « silent-third » gear box.
— **automatico** (*auto*), automatic transmission.
— **brusco di sequenze** (*telev.*), cutting.
— **con autoamplificazione** (*auto*) (*naut.*), power-assisted gear shift.
— **con coppia sempre in presa** (*auto*), constant-mesh gearbox.
— **degli ingranaggi,** wheels change.
— **dei cilindri** (*di lamin.*) (*met.*), roll changing.
— **dell'olio** (*auto*), sump-oil change.
— **del nastro** (*macch. da scrivere*), change of ribbon.
— **di direzione a pedale** (*mecc.*), foot-pedal direction change.

cambio di marcia (*auto*), (*passando ad una marcia inferiore*), downshift.
— **di marcia a 4 velocità,** (*auto*), four-speed transmission.
— **di marcia a 3 velocità,** three-speed gearbox.
— **di marcia elettromagnetico,** electromagnetic gearbox.
— **di marcia in basso** (*sul pavimento*), (*auto.*), floor-mounted transmission.
— **di velocità e riduttore** (*auto*), transmission and transfer case (U.S.A.); gearbox and auxiliary gearbox.
— **fluttuante** (*comm.*), floating rate.
— **in retromarcia** (*auto*), reversing gear.
— **istantaneo,** instantaneous gear shift.
— **manuale** (*auto*), manual transmission.
— **-passo** (*radioamatori*), go ahead; come in.
— **simultaneo di due cinghie,** simultaneous shifting of two belts.
— **sincronizzato** (*auto*), synchromesh gear.
— **sul pavimento** (*auto*), floor-mounted transmission.
— **(innestare il —)** (*auto*), to engage (the gear).
— **(innesto del —)** (*auto*), gear engagement.
— **(leva del —)** (*auto*), gear lever.

cambista, *m.* (*finan.*), cambist.

Cambogia (gomma di —), gamboge gum.

cambrì (*tess.*), cambric.

camera, *f.* room (*locale*); chamber (*mecc.*); camera (*cinem.*) (*telev.*).
— **a bassa pressione** (*fis. atom.*), low pressure chamber.
— **a bolle** (*fis.*), bubble chamber.
— **acceleratrice** (*fis.*), accelerating chamber.
— **ad alta pressione** (*fis. atom.*), high pressure plenum.
— **ad echi,** echo chamber.

camera ad imbuto (*di ciclone per la polvere*), dust chamber.
— **ad un solo anello** (*estrusione idrostatica*), single-ring container.
— **al boro,** boron chamber.
— **alfa,** alfa chamber.
— **a nebbia a bassa pressione** (*fis. atom.*), low-pressure cloud chamber.
— **a nebbia ad alta pressione** (*fis. atom.*), high-pressure cloud chamber.
— **a nebbia magnetica** (*fis. atom.*), magnetic cloud chamber.
— **anecoica** (*mecc.*) (*acust.*), anechoic chamber.
— **a segmenti** (*estrusione idrostatica*), segmented container.
— **aspirante,** suction chamber.
— **a tre anelli** (*estrusione idrostatica*), 3-ring container.
— **calorifugata,** lagged chamber.
— **con fotodisco** (*fot.*), disc camera.
— **d'acqua,** water space (*di caldaie*).
— **da fuoco,** fire box.
— **d'ancoraggio** (*cost. civ.*), anchorage chamber.
— **d'aria,** air chamber; air tube; motor car tube (*di auto*).
— **del battipalo,** ramming space.
— **della chiavica,**, lock chamber.
— **delle caldaie,** boiler room.
— **delle macchine** (*locale*), engine room.
— **delle misure,** meter chamber (*cost. idr.*).
— **d'equilibrio** (*idraul.*),surge tank.
— **di aspirazione,** inlet chamber.
— **di combustione,** combustion chamber; fire-box; fire chamber.
— **di combustione a presa anulare** (*aereo*), annular combustion chamber.
— **di combustione a presa diretta** (*aereo*), straight-flow combustion chamber.
— **di combustione intermediaria fra due turbine** (*aereo*), interheater.

camera di commercio, Chamber of Commerce.
— **di conteggio,** counter chamber; counting chamber.
— **di decompressione** (*naut.*), decompression chamber.
— **di estrapolazione,** extrapolation chamber.
— **di fissione** (*fis. atom.*), fission chamber.
— **di ionizzazione,** ionisation chamber.
— **di ionizzazione a condensatore** (*radiol.*), condenser ionization chamber.
— **di ionizzazione ad alta pressione** (*fis. atom.*), high-pressure ionization chamber.
— **di ionizzazione ad impulsi** (*fis. atom.*), pulse ionization chamber.
— **di ionizzazione differenziale** (*fis. atom.*), differential ionisation chamber.
— **di ionizzazione di fissione** (*fis. atom.*), fission ionisation chamber.
— **di ionizzazione portatile** (*fis. atom.*), pocket chamber; pocket ion chamber; pocket ionization chamber.
— **di manovra,** control room; switch room (*elet.*).
— **di miscela** (*cannello da taglio ecc.*), mixing chamber.
— **di mischia** (*tess.*), mixing room.
— **di precombustione** (*aereo*), air cell.
— **di reazione** (*fabbr. acciaio a spruzzo*) (*met.*), reaction-chamber.
— **di ripresa per televisione a colori** (*telev.*), colour television camera.
— **di riscaldamento** (*di forno*), heating chamber.
— **di sicurezza** (*fis. atom.*), safety chamber.
— **di simulazione spaziale** (*astronautica*), space simulation chamber.

camera di trattamento (*cemento*), curing chamber.
— **di una pompa,** clearance space.
— **di una valvola,** valve chamber.
— **di un forno,** stoke-hole.
— **di vapore,** steam space; steam box.
— **d'olio,** oil chamber.
— **elettronica,** electron camera.
— **monoblocco** (*estrusione idrostatica*), monobloc container.
— **oscura,** dark-room; camera obscura (*ott.*),
— **premente** (*idraul.*), pressure chamber.
— **spaziale** (*astron.*), space chamber.
— **stenopeica** (*radiol.*), stenopaic chamber; pin-hole chamber.
— **subacquea** (*fot.*), underwater camera.
— **Wilson** (*fis. atom.*), Wilson chamber; expansion chamber.
Vedi pure sotto la voce: **telecamera.**
— **(della canna)** (*armi*), chamber.
— **(lunghezza della — della canna),** chamber length of barrel.
camere di piombo, acid chambers; lead chambers.
— **a nebbia** (*chim. fis.*), cloud-chambers.
— **di ionizzazione,** ionization chambers.
— **di piombo (acido solforico delle —),** chamber acid.
— **di piombo (sistema delle —),** chamber process.
— **di taratura di corrente** (*radiol.*), testing chambers.
— **verticali** (*gas*), vertical chambers.
camice, overalls.
camicia, *f.* jacket (*met.*; *fis. atom.*); shell; casing, liner (*cam. met.*).
— **a vapore saldata al cannello,** oxy-acetylene welded steam jacket.
— **d'acqua,** water jacket.
— **d'acqua di un cilindro,** cylinder water jacket.
— **dell'elemento combustibile** (*fis. atom.*), fuel element can.

camicia di grafite, carbon lining.
— **di rame,** copper jacket; copper jacketing.
— **di riscaldo,** heating jacket.
— **di un cilindro,** cylinder liner.
— **di un fumaiolo,** funnel casing; air casing of a funnel.
— **di vapore,** steam jacket.
— **interna,** inner shell.
— **interna a bordi rivoltati,** inner shell with widened ends.
— **per serbatoi di liquidi,** jacket for liquid containers.
— **refrigerante,** cooling jacket.
— **sportiva** (*tess.*), sports shirt.
camino, *m.* chimmey.
— **del pozzo** (*fondazioni idraul.*) shaft cylinder.
— **di fabbrica,** factory chimney.
— **di fucina,** forge chimney.
— **i n l a m i e r a,** funnel; funnel pipe.
— **in mattoni,** brick chimney.
camion, *m.* vedi **autocarro.**
— **cisterna,** tank truck; road tanker.
camioncino, *m.* light truck; delivery car.
camionetta, *f.* (*riparazioni*) (*auto.*), break down lorry.
camionista, *m.* lorry driver; (U. S.A.) truck driver.
camma, *f.* cam; wiper (*tess.*).
— **a cuore,** heart cam; heart-shaped cam.
— **a dischi,** plate cam.
— **a due gradini,** double lift cam.
— **a moto uniforme,** uniform motion cam.
— **a moto uniformemente accelerato,** uniformly accelerated cam.
— **di sollevamento,** lifting cam.
— **oscillante,** oscillating cam.
cammino (*o* traiettoria) (*proiettili, ecc.*), path.
— **libero medio di diffusione** (*fis. atom.*), scattering mean free path.
— **libero medio di trasporto** (*fis. atom.*), transport mean free path.

camolature, (*f. pl.*) (*fond.*), pinholes.
campagna, *f.* country.
— **antinfortunistica** (*per ridurre il numero degli incidenti*) (*auto, min., ecc.*), campaign to reduce the number of accidents; road safety campaign (*auto*).
— **di un forno** (*met.*), furnace campaign.
— **pubblicitaria,** advertising campaign.
— **pubblicitaria con mezzi di comunicazione di massa,** mass media advertising campaign.
— **(in —)** (*sul luogo di rilevamenti, p. es. per un piano quotato*) (*top.*), in the field.
— **(relazione della —)** (*di convertitori ecc.*) (*met.*), campaign report.
campana, *f.* bell; petticoat (*di isolatore*); whip stall; tail slide; (U.S.A.) hammer head (*manovra aerea*).
— **di altoforno** (*met.*), blast furnace bell.
— **di cottura** (*met.*), annealing bell; annealing hood.
— **di distribuzione** (*met.*), distributing bell.
— **di sinterizzazione sotto vuoto** (*met.*), vacuum sintering bell.
— **grande** (*di altoforno*) (*met.*), large bell.
— **per altiforni** (*met.*), furnace top bell; stopper bell.
campanatura, *f.* (*auto*), camber angle.
— **di un'elica** (*aereo*), propeller rake.
campanello (*elettrico*), *m.* bell.
— **d'allarme antifurto** (*elet.*), burglar alarm.
campata *f.* (*di ponte*), bay; (*di stabilimento*) (*met.*), aisle; bay.
— **centrale,** central bay.
— **convertitori** (*met.*), furnace aisle.
— **del treno per nastri** (*met.*), strip mill aisle.
— **del treno slabbing** (*met.*), slab mill aisle.
campata di carica (*met.*), charging aisle.
— **di colata** (*met.*), teeming aisle.
— **di strippaggio** (*acciaieria*), stripping bay.
— **estrema,** end bay.
— **forni** (*acciaieria*), furnace bay.
— **in dislivello** (*elet.*), hillside span.
— **intermedia,** centre bay.
— **magazzino rotoli** (*met.*), coils storage aisle.
— **rottame** (*acciaieria*), scrap bay; scrap yard.
— **torneria cilindri** (*met.*), roll machine aisle.
campeggio (*legno*), logwood.
camper (*auto*), car camper.
campionamento (*met.*), sampling.
— **dei dati** (*statistica, ecc.*), data sampling.
— **dei gas,** gas sampling.
— **del lavoro,** work sampling.
campionare, *v.a.* to sample.
campionario di caratteri (*tip.*), type specimen book.
campionatore, *m.* sampler.
campionatura, *f.* (*tess.*), (*min. carbone, ecc.*), sampling.
— **casualizzata** (*met., ecc.*), random sampling.
— **continua** (*raffineria*), continuous sampling.
— **d'attività** (*studio del lavoro*), activity sampling.
— **(statistica) del lavoro** (*studio dei tempi*), work sampling.
campione, standard (*tipo*); specimen (*saggio*); (*di merci*), sample (*of goods*); pattern (*di stoffa*).
— **ad alto titolo in ferro** (*met.*), high-iron-content sample.
— **casuale** (*statistica*), random sample.
— **d'assaggio** (*trivellazione*) boring test; soil sample.
— **di carbone,** coal sample.
— **di corrente** (*radiol.*), current standard.
— **di disturbo** (*elet.*), noise sample.
— **di roccia lunare,** lunar sample.
— **di scorie,** slag sample; slag specimen.

campione di tessuti (*manufatti, ecc.*), pattern.
— **fotometrico,** secondary standard lamp.
— **medio** (*min.*), all-levels sample.
— **metallografico** (*met.*), metallurgical specimen (specimen for metallographic examination).
— **monocristallino** (*met.*), single-crystal specimen.
— **paleontologico** (*min.*), paleontologic sample.
— **policristallino** (*met.*), polycrystalline specimen.
— **primario d'intensità luminosa,** primary luminous standard.
— **scelto a caso,** sample chosen at random.
— **senza valore, soggetto ad ispezione postale** (*dicitura sui pacchetti*), « merchandise » (*posta U.S.A.*).
— **spettrochimico,** spectrochemical standard.
— **spettroscopico,** spectroscopy sample
— **statistico** (*statistica*), statistical sample.
— **(resistenza —),** standard resistance.
campo, *m.* field (*agr., elet., ecc.*); band (*lunghezza d'onda*); field (*di scheda*) (*inform.*); v. **campata.**
— **d'accelerazione,** accelerating field.
— **da gioco** (*utilizzato p. es. per prove di autogiro*), playing field.
— **d'atterraggio** (*aereo*), landing ground.
— **d'aviazione** (*aereo*), airfield.
— **d'aviazione ausiliario,** flight strip.
— **d'aviazione fuori uso,** disused airfield.
— **della ricerca nucleare,** field of nuclear research.
— **di applicazione,** field of application.
— **di colaggio** (*met.*), casting plant.
— **di commutazione** (*elet.*), commutating field.
campo di compensazione (*elet.*), compensating field.
— **di corrente ipersonica** (*aereo*), field of supersonic flow.
— **di dispersione** (*elet.*), stray field.
— **di dispersione del giogo** (*elet.*) yoke stray field.
— **di esperienza** (*know-how*), range of expertise.
— **di esplorazione,** scanning field.
— **di focamento** (*o di messa a fuoco, o di concentrazione*), focusing field.
— **di gravitazione,** gravitational field.
— **di lavoro** (*di macchine*), operation range.
— **di misurazione,** measuring range.
— **d'inversione** (*elet.*), reversing field.
— **di tolleranza** (*met., ecc.*), tolerance range.
— **di una scheda** (*calcol. elettron.*), card field.
— **elettrico,** electric field.
— **elettrico variabile,** varying electric field.
— **gassifero** (*di gas naturale*), gas field.
— **lungo** (*cinem.*), long shot.
— **magnetico** (*elet.*), magnetic field.
— **magnetico rotante,** magnetic revolving field.
— **magnetico terrestre,** terrestrial magnetic field.
— **magnetizzante,** magnetising field.
— **medio** (*cinem.*), medium shot.
— **minato** (*mil.*), minefield.
— **nucleare** (*fis. atom.*), nuclear field.
— **oscillatorio,** oscillating field.
— **ottico,** (sight) field.
— **polare,** polar field.
— **principale** (*elet.*), main field.
— **quantizzato** (*fis. atom.*), quantized field.
— **ritardante** (*term.*), brake field; retarding field.
— **rotante** (*elet.*), rotating field.

campo scalare, scalar field.
— **scientifico,** scientific field.
— **sinusoidale,** sinusoidal field.
— **solenoidale,** solenoidal field.
— **sonoro,** sound field.
— **stazionario,** standing field.
— **tangenziale** (*ott.*), tangential field.
— **trasversale** (*elet.*), cross field.
— **uniforme,** uniform field.
— **variabile,** variable field.
— **vettoriale** (*mat.*), vector field.
— **visivo** (*ott.*), field of view; vision; (*restringere il — visivo anteriore dell'operatore*), to restrict the operator's forward vision.
canala, *f.* (*colata met.*), pouring channel.
canale, *m.* pipe (*tubo*); conduit (*condotto*); channel (*canale naturale*); channel (*radio*); groove (*lamin.*); pass (*lamin.*); roll opening (*lamin.*) (U.S.A.); (*via o serie di vie per le quali passano segnali o flussi di informazioni*) (*calcol. elettron., inform.*), channel.
— **adduttore** (*di presa o dell'acqua motrice*) (*idraul.*), head race.
— **aperto** (*lamin.*), open pass.
— **chiuso,** closed pass.
— **d'adduzione dell'acqua** (*idraul.*), race.
— **d'aria,** air channel; air flue.
— **dei fumi** (*forno, met.*), flue.
— **del combustibile** (*fis. atom.*), fuel channel.
— **del fondo** (*forni a coke*) (*met.*), bottom flue.
— **dell'aria** (*forni met.*), air duct; air up-take.
— **della suola** (*forni a coke*) (*met.*), bottom flue.
— **di aspirazione** (*mecc.*), suction port.
— **di colata,** running (*or* pouring) channel; in-gate.
— **di colata a forma di corno** (*fond.*), horn-gate.
— **di collegamento** (*fra camere della scoria e canale dell'aria*) (*forni met.*), fantail.
canale di drenaggio, drain pipe.
— **di gas,** gas channel.
— **di inversione** (*forni met.*), reversal conduit.
— **di irrigazione** (*agric.*), irrigation canal; (*idr.*), float.
— **di manovra** (*fis. atom.*), handling channel.
— **di murata,** waterway.
— **di presa,** canal regulator.
— **di scarico del compressore** (*aereo*), compressor delivery duct.
— **di scarico del compressore** (*aereo*), compressor delivery duct.
— **di scolo,** waterway.
— **di telecomunicazione** (*elet.*), channel.
— **di televisione,** television channel.
— **finitore,** finishing groove.
— **navigabile** (*fiumi*), navigable channel.
— **ovale** (*lamin. met.*) oval pass.
— **per cavo** (*elet.*), cable channel (*or* trench).
— **per ferro piatto** (*lamin.*), box pass.
— **pilota** (*elet.*), pilot channel.
— **rotondo** (*lamin. met.*), round pass.
— **sbozzatore,** shaping groove.
— **selettore** (*inform.*), selector channel.
— **semi-duplex** (*inform.*), half duplex channel.
— **televisivo indipendente** (TV), independent TV channel.
— **trasportatore oscillante,** oscillating trough.
— **trasversale,** cross drain.
— **volano** (*met.*), sloping loop channel; looper.
— **(argine di un —)** (*idr.*), canal embankment.
— **(costruzione di un —)** (*idr.*), canal construction.
canali a microonde (*elet.*), microwave channels.
— **di ricerca** (*fis. atom.*), research openings.
— **interni** (*fis. atom.*), internal beam holes.

« **canali** » **per evacuare l'acqua** (*pneumatici auto*), drainage slots.
— **(macchina per la posa di rivestimenti di canali)** (*idr.*), canal paver.
canalino, *m.* (*mecc.*), undercut.
canalizzare, *v.a.* to canalize.
canalizzazione, *f.* canalisation.
— **di ricupero** (*fis. atom.*), salvage drain.
— **di spurgo** (*riscald.*), bleeding line.
canalone, *m.* (*geol.*), canyon; cañon.
canapa, *f.* hemp.
— **catramata,** oakum.
— **macerata,** retted kemp.
— **maciullata,** broken kemp.
canard, *m.* (*aereo*) canard.
cancellare, *v.a.*, to rub out; (*stampa*), to delete.
cancellata, *f.* (*costr.*), railing.
cancellatura (*di immagine*), blurring.
cancellazione (*sostituzione del segnale con un altro di ampiezza costante*) (*telev.*), blanking; (*per es. nei registratori*) (*audio*), erasure.
cancelleria, *f.* writing materials.
cancelli di entrata di autostrada (*traffico stradale*), road traffic entrance barriers.
— **riducibili** (*p. es. di ascensori*), collapsible gates.
cancello, *m.* lattice gate.
cancerogenità della benzina di scarico (*polluzione*), carcinogenicity of gasoline exhaust.
cancrena, *f.* (*del legno*), dry rot; decay.
Cancro (*astron.*), Cancer.
candeggeria, *f.* bleaching works.
candeggianti ottici (*per l'industria tessile*), optical bleaches.
candeggiatore, *m.*, bleacher.
candeggio (*tess.*), bleaching.
— **al prato** (*tess.*), grass bleaching.
— **continuo** (*tess.*), continuous bleaching.
candela, *f.* candle (*illum.*); spark plug (*auto*, U.S.A.); sparking plug (*auto*); chandelle (*aereo*) (*manovra aerea*); *puntello o candela* (*min.*), v. **puntello.**
candela a incandescenza (*mot. Diesel*), glow plug.
— **calda** (*met.*) (*candela con parte di isolamento esposta al calore entro il cilindro, relativamente lunga*), hot plug.
— **decimale,** decimal candle.
— **di accensione,** (sparking) plug.
— **di spermaceti** (*fot.*), spermaceti candle.
— **fumogena** (*mil.*), smoke candle.
— **Hefner** (*ill.*), Hefner candle.
— **inglese** (*ill.*), foot-candle.
— **internazionale** (*ill.*), international candle.
— **normale** (*ill.*), standard candle.
— **nuova** (*ill.*), new candle.
— **-ora,** candle-hour.
candeletta, *f.* (*per avviamento motori*), glow plug.
— **termodiesel** (*mot. Diesel*), heater plug.
candeliere, *m.* (*naut.*), stanchion.
candelilla, *f.* candelilla wax.
candidato, *m.* (*ad un impiego o lavoro*), job applicant.
cane (*ing.*), dog (*a securing-piece*).
canfora, *f.* (*chim.*), camphor.
— **sintetica,** synthetic camphor.
cangiante, *m.* (*tess.*), shot effects fabric.
cani (a —) (*a cani interni*) (*di fucile*), hammerless.
canistro (*latta da benzina*), can; fuel can.
canna, *f.* (*tubo*), tube; pipe (*canna per acqua, ecc.*); (*arma da fuoco*), barrel.
— **camerata** (*armi*), chambered barrel.
— **con microrigatura** (*armi*), micro-groove barrel.
— **da misura,** measuring staff; surveyor's rod; perch.
— **da zucchero,** cane-sugar.
— **del soffiatore di vetro** (*vetro*) blowpipe.
— **di caduta** (*per raccolta di rifiuti domestici*), garbage duct.
— **di fucile,** barrel.
— **d'india,** bamboo cane.
— **metrica,** metric rod.
— **liscia** (*armi*), plain barrel.

canna palustre, reed.
— **rigata** (*armi*), rifled barrel.
— **rimovibile** (*armi*), removable barrel.
canne (*f. pl.*) **intercambiabili** (*armi*), interchangeable barrels.
— **per irrigazione a pioggia** (*agric.*) spraying lines.
cannella (*f.*) **di drenaggio,** catch-water drain.
— **(olio di —),** cinnamon oil.
cannello, *m.* burner; torch (U.S.A.); blowpipe.
— **aerogas** (*sald. ecc.*), gas-air blowpipe.
— **a erogazione fissa** (*sald.*), fixed head blowpipe.
— **a erogazione variabile** (*sald.*), multiple head blowpipe.
— **al plasma** (*sald.*), plasma blowpipe; plasma torch (U.S.A.).
— **Bunsen,** Bunsen burner.
— **da taglio** (*taglio ossiacetilenico dell'acciaio*), blowpipe; cutting blowpipe; torch (*termine meno appropriato, ma usato nell'industria specialm. americana*).
— **da riscaldo** (*sald.*), heating blowpipe; heating torch (USA).
— **da taglio a bassa pressione,** low pressure blowpipe; injector blowpipe.
— **da taglio a pressione media,** medium-pressure blowpipe.
— **da taglio subacqueo,** underwater cutting blowpipe; underwater cutting torch (U.S.A.).
— **ferruminatorio,** blow-pipe.
— **ossiacetilenico** (*sald.*), oxy-acetylene blowpipe; oxy-acetylene torch (U.S.A.).
— **per la tela** (*tess.*), lap roll.
— **per saldare,** welding burner; welding torch (U.S.A.).
— **per tagliare,** fusing burner.
— **per taglio e saldatura,** combined cutting and welding blowpipe; combined cutting and welding torch.
— **scalaminatore** (*met.*), flame cleaning blowpipe; descaling blowpipe; flame conditioning torch (U.S.A.).
cannello schiodatore (*met.*), rivet cutting blowpipe; rivet cutting torch (U.S.A.).
— **scriccatore** (*met.*), deseaming blowpipe; scarfing torch (U.S.A.).
cannetta, *f.* (*tess.*), pirn.
cannettiera, *f.* (*tess.*), pirn winder; cop winder; cop winding machine.
cannocchiale, *m.* (*binoccolo*), binocular; telescope (*top.*); field-glass (*per esterno*); opera-glass (*per teatro*); v. **rotare.**
— **diottrico,** dioptric telescope.
cannone, *m.* gun; (*esplosivi min.*), v. **fare —.**
— **antiaereo,** anti-aircraft gun.
— **elettronico** (*telev.*), electron gun.
— **semovente** (*artiglieria*), self-propelled gun.
cannoniera, *f.* gun boat.
canottaggio, *m.* (*sport*), rowing.
canotto pneumatico di salvataggio, inflatable liferaft.
cantaride, *f.* cantharides; Spanish fly.
cantiere, *m.* working-place (*di lavoro*); stope (*di abbattimento minerali*); dockyard (*naut.*); construction site (*di costruz.*); (*di costruzione*) (U.S.A.), field.
— **a cielo aperto** (*min.*), open-cast; open-cut.
— **a gradini** (*min.*), stope.
— **cintato,** fenced-off working-place.
— **coperto** (*naut.*), covered yard.
— **di avanzamento** (*min.*), heading-stope.
— **di costruzione** (*cost.*), erection site.
— **di costruzione industriale,** industrial building site.
— **di demolizione navale** (*naut.*), shipbreaking yard.
— **di diga,** dam site.
— **di drenaggio,** slip way.
— **di scavo,** excavating site.
— **estero** (*naut.*), oversears yard.
— **fluviale,** river shipbuilding yard.

cantiere in grado di costruire sottomarini (*naut.*), yard able to build submarines.
— **in rimonta** (*min.*), raise-stope.
— **navale** (*naut.*), shipyard; yard.
— **nazionale** (*naut.*), domestic yard.
— **petrolifero,** oil yard.
— **rottame** (*met.*), scrap yard.
— **stradale,** road construction site.
— **(direttore di —),** (U.S.A.), field superintendent.
— **(laboratorio di —),** (U.S.A.) field control laboratory.
— **(personale di —),** (U.S.A.), field staff.
— **(prova di saldatura in —)** (*cantiere navale*), shipyard welding test.
— **(prova eseguita in —)** (*in generale, cioè non in officina*), field test.
cantina, *f.* cellar.
— **di deposito** (*birra*), storage cellar.
— **di fermentazione** (*birra*), fermenting cellar.
cantonale, *m.* (*costr.*), hip rafter (*di tetti*); angle iron (*ferro ad angolo*).
— **ad ali eguali,** equal angle iron.
— **d'angolo,** angle bracket; corner angle.
— **di rinforzo,** stiffening angle; angle iron stiffener.
— **d'un corrente,** boom plate; flange; angle iron.
— **d'unione,** angle bracket; connecting angle; joint angle.
cantoniera, *f.* (*ferr.*), v. **casello.**
cantoniere, *m.* road-man; line keeper.
cantra orizzontale (*tess.*), horizontal creel.
— **verticale** (*tess.*), vertical creel.
caolinite, *f.* (*min.*), kaolinite; (clayite).
caolino, *m.* kaolin; China clay; porcelain clay.
capacimetro (*elet.*), capacity meter.
capacità, *f.* capacity (*elet.*, *ing.*); volume (*volume*); power (*potenza*).
capacità a colmo (*trattori*, *motorscrapers*, *dumpers*), heaped capacity.
— **ampere-ora** (*elet.*), ampere-hour capacity.
— **a raso** (*trattori*, *motorscrapers*, *dumpers*), flush capacity.
— **benna** (*macch. per movim. terra, ecc.*), bucket capacity.
— **calorifica,** calorific capacity.
— **creditizia** (*comm.*), credit worthiness.
— **degli incroci** (*traffico*), intersection capacity.
— **della cassa d'acqua,** capacity of water tank.
— **di arrampicamento** (*auto*), climbing angle.
— **di assorbimento,** absorbing capacity.
— **di calcolo** (*inform.*) (*elaboratori elet.*), computing capability; computetional capability.
— **di caldaia** (*ing.*), boiler capacity.
— **di carica di un conduttore** (*elet.*), carrying capacity of a conductor.
— **di carico** (*cavi*), current-carrying capacity.
— **di carico lorda** (*naut.*), gross cargo capacity.
— **di carico massimo** (*elet.*), maximum load-carrying ability.
— **di foratura nell'acciaio,** drilling capacity in (mild) steel.
— **di lavoro** (*mecc. agr.*), field capacity; (*macch. ut.*), working range.
— **di memoria** (*elettron.*), storage capacity; memory capacity.
— **di produzione,** production capacity.
— **di ritenuta di umidità** (*di carboni*), moisture- holding capacity.
— **disco** (*inform.*), disc capacity; disk capacity.
— **di sinterizzazione** (*met.*), sinter-making capacity.
— **di smorzamento,** damping capacity.
— **di stampa** (*rif. a stampante*) (*inform.*), print capacity.

capacità di taglio, cutting power; cutting rate (*macch. ut.*).
— **di taglio effettiva,** actual cutting power.
— **di trasporto** (*o carico*), carrying capacity.
— **di trattamento** (*calcol. elettron.*), throughput; (*rendimento*) (*inform.*), throughput.
— **di un accumulatore,** capacity of an accumulator.
— **di una rettificatrice,** grinding capacity.
— **di un condensatore,** capacitance.
— **di un gasometro,** gasholder volume.
— **di un ricevitore di ridurre il rumore di fondo,** noise quieting.
— **di un serbatoio,** tank capacity.
— **elaborativa** (*inform.*), processing capability.
— **elettrica,** electric capacity.
— **grafica** (*inform.*), graphic capacity.
— **griglia-catodo** (*radio*), cathode-grid capacity.
— **griglia-placca,** anode-grid capacity.
— **in ampere-ore** (*elet.*), ampere-hour capacity.
— **in parallelo,** parallel capacitance.
— **nominale** (*elet.*), service capacity.
— **nominale di produzione,** rated capacity.
— **parassite** (*elet.*), stray capacitances.
— **placca-catodo** (*radio*), cathode-plate capacity.
— **produttiva annua** (*met. ecc.*), annual production capacity.
— **ricettiva** (*di una università, ecc.*), accomodation and facilities.
— **semigrafica** (*inform.*), semigraphic capacity.
— **suola fino a livello del banco** (*forno met.*), hearth capacity to sill plate.
— **termica,** heat capacity.
capacità (misuratore di —) (*elet.*), capacitance meter.
— **(pressa della — di 300 tonnellate),** 300 tons capacity press.
capacitanza, *f.* (*elet.*), capacitance; capacity.
— **di compensazione** (*radio*), balancing capacitance.
— **parassita** (*elet.*), stray capacitance.
capacitivo, *agg.* capacitive.
capannone, *m.* shed; hangar.
— **industriale,** industrial shed.
capienza (*di contenitore, ecc.*), capacity.
capillare, *agg.* capillary.
capillarità, *f.* (*fis.*), capillarity.
capi rotti (*tess.*), ends down.
— **(a tre —)** (*maglieria*), 3-ply.
capitale circolante (*comm.*), floating capital.
— **congelato** (*o* **bloccato**) (*finan.*), frozen capital.
— **d'impianto,** invested capital.
— **di riserva,** reserve capital.
— **proprio** (*econ.*), equity capital.
— **versato** (*comm.*), paid-up capital.
capitaneria di porto (*naut.*), harbour master's office.
capitano, *m.* captain; (*di porto*), harbour master.
capitello, *m.* (*di una colonna*), capital.
— **corinzio** (*arch.*), Corinthian capital.
— **dorico,** Doric capital.
— **ionico,** Ionian capital.
capitolato (*m.*) **d'appalto,** terms of contract; specifications.
capo, *m.* (*maglieria*), ply; (*di cavo*) cable terminal; (*di fune*) end.
capo del personale (*amministr.*), personnel officer.
— **-divisione,** Head of Division.
— **elettricista,** *m.* (*cinem.*), gaffer.
— **fonderia,** *m.* foundry inspector.
— **gruppo,** team leader.
— **intermedio,** v. **intermedio.**
— **laminatore** (*met.*), head roller; rolling-mill foreman; boss roller.

capo manovratore, *m.* (*ferr.*), shunting official.
— **mugnaio,** *m.* mill foreman.
— **officina,** *m.* general foreman; superintendent; works foreman.
— **operaio,** foreman worker; head man.
— **progettista,** planning chief.
— **reparto progetti in legno,** chief loftsman.
— **squadra,** foreman; head gang.
— **stazione,** station-master.
— **-stazione aggiunto,** assistant station-master.
— **ufficio,** chief clerk.
capocarro *m.* (*mil.*), tank commander.
capocchia (*f.*) **di un chiodo,** rivet head; nail head.
— **ribadita,** closing head.
capocorda, *m.* thimble.
capofila (*traffico autom.*), queue leader.
capolavoro, *m.* (*mecc.*), masterpiece.
capomastro, *m.* (*cost.*), clerk of works.
capomorto, *m.* caput mortuum; calcothar vitriol.
caponare l'àncora (*naut.*), to cat the anchor.
capone, *m.* (*naut.*), cat.
caporeparto, *m.* foreman.
caposaldo, *m.* datum; main station peg.
— **di livellazione,** point of reference; bench mark; datum mark.
capote, *f.* (*auto.*), hood; sliding roof.
capottamento, *m.* (*aereo*), capsizal.
capottare, *v.i.* (*aereo*), to turn over; to somersault; to nose over.
capoverso, *m.* indention.
capovolgitore lamiere (*met.*), plate manipulator.
cappa, *f.* hood; (*per la captazione di fumi*) (*met.*), cap.
— **di una volta,** coping of a vault.
— **di un camino,** chimney shaft; chimney mantle.
cappellaccio (*o cappello di ferro*) *m.* (*min.*), outcrop; (*qualche volta si usa il sinonimo* « cap » *invece di* « outcrop »); (*zona di ossidazione*; *parte esposta alle intemperie di un giacimento di minerale coltivabile*) (*geol.*), gossan.
cappelletto (*m.*) **smontabile,** detacheable cap.
cappelli (*cascami*) (*tess.*), flat strips.
cappello, *m.* (*mecc.*), cap; cover; (*di carda*) (*tess.*), flat; (*parte superiore di armatura di gallerie nelle miniere*), cap.
— **del battente** (*tess.*), sley cap.
— **dell'elevatore,** top casing of elevator.
— **del perno** (*mecc.*), centre cap.
— **del supporto** (*auto.*), bearing cap.
— **di armatura** (*miniere*), crown.
— **di ferro** (*geol.*, *min.*), v. **cappellaccio.**
— **di gas** (*giacimenti di olio con gas libero*) (*petrol.*), gas cap.
— **di sicurezza** (*mecc.*), locking cap.
— **di valvola,** valve cover; valve cap; valve lid.
— **isolante** (*ing. elet.*), insulator cap.
— **(dado a —),** cap nut.
— **(tegola a —),** convex tile.
— **(traversa a —),** cross head.
cappio, *m.* loop; noose; sling.
— **di un cavo,** cable loop.
cappotta (*cuffia*) **dell'abitacolo del pilota,** cockpit hood.
cappottare (*motori*), to cowl.
cappottatura, *f.* (*auto*) cowl (*del cruscotto*); (*aereo*), cowl; cowling.
— **del motore** (*aereo*), engine cowling.
cappuccio (*m.*) **anodico,** anode cap.
capra (*mecc.*), shear legs; tripod; cabane; sheers.
— **ad argano,** crab.
— **di sollevamento,** gin.
— **per caricare tronchi,** timber crane.
caprato, *m.* (*chim.*), caprate.

Capri, bleu, —, Capri blue.
—, verde, —, Capri green.
capriata, *f.* (*costr.*), truss; principal beam; roof truss.
— semplice, king truss.
— triangolare, triangulated truss.
capriate d'angolo, hip rafters.
Capricorno (*astron.*), Capricornus.
caprilato, *m.* (*chim.*), caprylate.
caproato, *m.* (*chim.*), caproate.
capsantina, *f.* (*chim.*), capsanthin.
capsula, *f.* box; casing; chamber; (*di microfono*) (*radio*), cap; button; (*per voli spaziali*), capsule; (*per esplosivi, detonatore*), detonator.
— Apollo (*astron.*), module (*così chiamato dopo il progetto Apollo*).
— del microfono, microphone cap.
— detonante (*munizioni*), cap; (*min.*) blasting detonation cap.
— detonante ad accensione elettrica (*min. esplosivi*), electric blasting cap.
— di chiusura, closing capsule.
— di comando (*astron.*), command capsule.
— di gelatina, gelatine capsule.
— di grafite (*fis. atom.*), graphite box.
— di una scatola a stoppa, stuffing box shell.
— di un indotto, armature casing.
— di un meccanismo, casing of a gear.
— di valvola, valve chamber; valve-casing; valve box.
— elettrica (*esplosivi*), electric detonator.
— per atterraggio lunare di strumenti scientifici (*astron.*), lunar landing capsule.
— per bottiglie, bottle capsule (*or* cap, *or* foil).
— spaziale (*astron.*), space capsule.
— spaziale dotata di strumenti, instrumented capsule.
— (maggiolino della —) (*cotone*), boll weevil.
— (muffa della —) (*cotone*), ball rot.
capsula (verme della —) (*cotone*), boll worm.
capsulismo, *m.* (*mecc.*), case-work.
captare, *v.a.*, to pick up (*onde, ecc.*); to listen in (*una telefonata*); to tune in (*una trasmissione radiof.*); to catch (*polveri*).
— un elettrone, to gain an electron.
captatore, *m.* (*met.*), catcher.
— Beaudoin (*met.*), Beaudoin dust catcher.
— della polvere (*met.*), dust catching apparatus; dust catcher.
— primario (*met.*), primary dust catcher.
captazione delle polveri (*met.*), dust collection.
carabina, *f.* (*mil.*), rifle; carbine; short rifle.
— a leva (*armi*), lever action carbine.
caramello, *m.* (*chim.*), caramel.
caramelo, *m.*, v. **caramello.**
carato, *m.* carat.
carattere, *m.* (*tip.*), type; (*simbolo, digit numerico o lettera alfabetica per la rappresentazione dei dati*) (*inform., calcol. elettron.*), character.
— ad impatto (*inform.*), impact character.
— chiaro (*tip.*), light type.
— da stampa (*tip.*), type (*con 2 o più lettere* = ligature).
— di cancellazione (*inform.*), delete character.
— di controllo (*inform.*), control character.
— di identificazione (*inform.*), identification character.
— di macchina da scrivere (*tip.*), typewriter face.
— di richiamo (*inform.*), bell character.
— di riempimento (*inform.*), filler.
— gotico (*tip.*), black letter.
— grafico (*inform.*), graphic character.
caratteri correnti (*tip.*), body type.
— fantasia, fancy types.
— lampeggianti, flashing characters.

caratteri mobili (*tip.*), movable types.
— **per lavori commerciali** (*tip.*), display faces; display work; display type-setting.
caratteristica, *f.* characteristic.
— **a vuoto** (*elet*)., no-load characteristic.
— **della corrente anodica** (*elet.*), anode current characteristic.
— **della corrente di griglia** (*termoion.*), grid current characteristic.
— **di diodo,** diode characteristic.
— **dinamica,** dynamic characteristic.
— **di saturazione,** saturation curve.
— **di un logaritmo** (*mat.*), characteristic of a logarithm.
— **di un tubo a vuoto** (*elet.*), characteristic curve of a valve.
— **meccanica,** mechanical characteristic.
— **nominale** (*indicata dal costruttore*), rated characteristic.
— **spettrale** (*telev.*), spectral characteristic.
— **statica,** static characteristic.
— **voltampere,** volt-ampere characteristic.
caratteristiche, *f. pl.*, properties; characteristics.
— **a terra,** (*di un aeroplano*), ground performance.
— **detonanti di un carburante,** knock rating.
— **di anodizzazione** (*met.*), anodising characteristics.
— **di funzionamento** (*mot., ecc.*), operating features (*data*).
— **di scorrimento,** creep characteristics.
caratura, *f.* (*naut.*), share.
caravan (*auto*), trailer caravan.
carbammide, *f.* (*chim.*), carbamide (urea).
carbazolo, *m.* (*chim.*), carbazole.
carbinolo, *m.* (*chim.*), carbinol.
carbocementazione, *f.*, carburizing.
— **non ossidante,** non-scale carburizing.
carbodotto, *m.* (*trasporto di carbone mescolato ad acqua e olio nelle tubazioni*), coal pipeline; coal-slurry pipeline.
carbolato, *m.* (*chim.*), carbolate.
carbolineum, *m.* carbolineum.
carbometro, *m.* (*per determinare il tenore di carbonio nell'acciaio in fabbricaz.*), carbometer.
carbonaia, *f.* charcoal pile.
carbonaio, *m.* charcoal-burner.
carbonatazione, *f.* carbonatation.
carbonato, *m.* (*chim.*), carbonate.
— **basico di piombo,** basic lead carbonate.
— **di ammonio,** ammonium carbonate.
— **di bario,** barium carbonate.
— **di bismuto,** bismuth (sub) carbonate.
— **di cadmio,** cadmium carbonate.
— **di calcio,** calcium carbonate; (aragonite).
— **di ferro,** iron carbonate.
— **di litio,** lithium carbonate.
— **di magnesio,** magnesium carbonate.
— **di piombo,** lead carbonate.
— **di potassio,** potassium carbonate.
— **di rame,** copper carbonate.
— **di soda,** v. **carbonato di sodio.**
— **di sodio,** sodium carbonate.
— **di stronzio,** strontium carbonate.
— **doppio,** double carbonate.
carbonchio, *m.* (*min.*), ruby.
carboncino (*m.*) **per disegno,** charcoal-crayon.
carbone, *m.* coal.
— **a corta fiamma,** short flaming coal; steam coal.
— **a cubi,** cobbles.
— **ad alto tenore di ceneri,** high ash coal.
— **agglutinante,** caking coal.
— **a lunga fiamma,** long flaming coal; cannel coal.
— **amorfo,** dull coal.
— **animale,** animal charcoal.
— **antracite,** coal stone; anthracite coal.
— **assorbente granulare,** granular carbon.

carbone attivato, activated charcoal.
— **bianco,** white coal; water power.
— **bituminoso a basso zolfo,** low-sufur bituminous coal.
— **collante,** caking coal.
— **con molte scorie,** clinkering coal.
— **da caldaia,** steaming coal.
— **da coke,** coking coal.
— **da disegno,** drawing charcoal.
— **da fucina,** forge coal.
— **da gas,** gas-coal.
— **da vapore** (*min.*), steam coal.
— **decolorante attivo,** decolorizing activated carbon.
— **di legna,** charcoal.
— **di legna iodato,** iodized charcoal.
— **di prima qualità,** high-quality coal.
— **di provvista** (*per nave*), bunker coal.
— **di torba,** peat coal.
— **grasso** (*contenente un'alta percentuale di materie volatili*), fat coal; rich coal.
— **grasso a corta fiamma,** steam-coal.
— **grasso a lunga fiamma,** cherry coal.
— **grezzo,** raw coal.
— **in mattonelle,** briquette; pressed coal.
— **in pezzatura noce,** nut coal.
— **in pezzi,** danty.
— **in pezzi grossi,** large coal; best coal.
— **in pezzi piccoli,** lump coal; cobbles; lumps.
— **in polvere,** dust-coal.
— **magro,** lean coal.
— **magro a corta fiamma,** semi-anthracite.
— **metallurgico,** metallurgical coking coal.
— **metallurgico a basso zolfo,** low-sulfur metallurgical coal.
— **minuto,** pea coal; peas.
— **noce,** nut coal; nuts.
— **non collante,** non-caking coal.
— **non da coke,** non-coking coal.
— **non da coke trasformato in carbone metallurgico con il processo FMC** (formed coke process), formed coke.
carbone pancromatico (*cinem.*),
— effect carbon.
per servizi di pubblica utilità
— (*elet., gas, ecc.*), utility coal.
— **per uso domestico,** housecoal.
— **povero di gas,** non-gassing coal.
ricco di gas, gas coal; coal
— rich in gas.
scistoso, shaly coal.
— **secco a lunga fiamma,** splint coal.
— **semigrasso,** semibituminous coal.
— **senza scorie,** non-clinkering coal.
— **splendente** (*zona di un pezzo di carbone che ha un aspetto splendente*), bright coal.
— **« tout-venant »** (*tal quale esce dalle miniere*), run-of-mine coal.
— **vegetale,** vegetable charcoal; wood charcoal.
— **(granuli di —)** (*telef.*), carbon granules.
— **(polvere di —),** powdered coal.

carbonella, *f.* coal-dust; small coals; pea-coal.

carboniera (nave —), coal ship; collier.

carbonifero, *m.* (*geol.*), carboniferous; (*agg.*) coal.

carbonile, *m.* coal-bunker; bunker.

carbonio, *m.* (*chim.* = C), carbon.
— **grafitico,** graphitic carbon.
— **libero,** free carbon.
— **martensitico,** martensite carbon; hardening carbon.
— **perlitico,** pearlite carbon.
— **saturo,** saturated carbon.
— **(filamento di —)** (*o* **carbone)** (*ill.*), carbon filament.

carbonitrurare, *v.a.* (*met.*), to carbonitride.

carbonitrurazione a gas, (*met.*), gas carbonitriding.

carbonitruro, *m.* (*chim.*), carbon nitride.

carbonizzare, *v.a.* to carbonize; to char.

carbonizzatore, *m.* (*tess.*), carbonising machine.
carbonizzazione, *f.* (*tess. ecc.*), carbonization; charring; combustion.
— **superficiale** (*di traversine*) (*ferr.*), superficial charring (of sleepers).
carborundum, *m.* carborundum.
carbossile, *m.* (*chim.*), carboxyl.
carburante, *m.* motor fuel.
— **a base d'alcole,** alcohol fuel.
— **alternativo,** alternative fuel.
— **antidetonante,** antiknock fuel.
— **per l'agricoltura** (*trattori agricoli*), power kerosene; vaporizing oil.
— **per turboreattori,** turbo fuel; jet fuel.
— **derivato da greggio sintetico** (*petrol.*), jet fuel derived from synthetic crude; synjet.
— **(camion rifornimento —),** refueller.
— **(rifornire —),** to refuel *v.a.*
carburanti (*m. pl.*) **alcoolici,** alcohol motor fuels.
— **per turbine a gas,** gas turbine fuels.
carburare *v.a.* (*met.*), to carburize.
carburato, *p.p.* carburetted.
carburatore, *m.* carburettor; carburetor (U.S.A.).
— **ad iniettore,** spray carburettor.
— **a doppio corpo** (*auto*), twin-choke carburettor.
— **a quattro corpi** (*auto*), four-barrel carburettor.
— **di benzina,** petrol carburettor.
— **invertito** (*auto*), down-draft-carburetor (U.S.A.); down draught carburetter.
carburazione, *f.* carburation.
— **a pacchetto** (*met.*), pack carburising.
— **a vaporizzazione,** carburation by evaporation.
— **con alimentazione a caduta,** downdraught carburation.
— **di un combustibile,** carburation of a fuel.
carburi aromatici (*chim.*), aromatics.
— **binari** (*chim.*), binary carbides.
— **complessi** (*chim.*), complex carbides.
— **proeutectoidi** (*met.*), pro-eutectoid carbides.
carburo, *m.* (*chim.*), carbide.
— **di bario,** barium carbide.
— **di calcio,** calcium carbide.
— **di ferro,** iron carbide.
— **di niobio** (*chim., mot.*), niobium carbide.
— **di silicio,** silicon carbide.
— **di tungsteno** (*chim., met.*), tungsten carbide.
carcassa, *f.* casing; frame (*di mot. elet.*); former (*di trasform.*); shell (*di collettore*); (*gomma*), carcass; (*forno met.*), v. **altezza della —.**
— **a spirale,** spiral casing.
— **bulbata** (*forno met., elet.*), tapered shell.
— **di dinamo,** generator frame.
— **di motore** (*elet.*), motor housing.
— **di pneumatico** (*auto*), carcass.
— **magnetica,** field frame.
— **superiore,** top (half) casing.
— **(meccanismo di ribaltamento della —)** (*forno met.*), shell swinging mechanism.
carcinogeno eterociclico (*inquinam. atmosferico*), heterocyclic carcinogen.
carda, *f.* (*tess.*), carding machine.
— **a cappelli girevoli** (*tess.*), revolving-flat carding engine; revolving flat card.
— **a cappelli rotanti** (*tess.*), revolving flat card.
— **a filare in grosso** (*tess.*), slubbing machine.
— **a rompere** (*tess. lana*), first breaker.
— **continua** (*tess.*), slubbing card.
— **da lana,** scribbler.
— **da stoppa** (*tess.*), tow carding engine.
— **finitrice** (*tess. lana*), finisher.

carda finitrice uso lana, condenser card.
— **in fino** (*tess.*), finisher card.
— **intermedia** (*tess.*), second breaker card.
— **ripassatrice** (*tess. lana*), second breaker.
— **sgrossatrice,** breaker card.
— **uso lana,** wool card.
— **(apparecchio trasportatore per —),** apperly feed.
— **(guarnizione per —),** card fitting.
— **(lama per registrazione di —),** card gauge.
— **(nastro di —),** card sliver.
— **(spazzola cilindrica per —),** stripping roll.
— **(tamburo di una —),** doffer.
cardano, *m.* (*mecc.*), universal joint.
cardare, *v.a.* to card.
cardatore, *m.* carder.
cardatura, *f.* (*tess.*), carding; scribbling (*in grosso*).
cardine, *m.* pin; pivot.
cardiogramma, *m.*, cardiogram.
cardioide, *m.* (*mat.*), cardioid.
carena, *f.* (*naut.*), keel; bottom; (*di dirigibile*) (*aereo*), hull.
— **a V** (*naut.*), V-bottom.
carenaggio, *m.* (*naut.*) careening.
carenare, *v.a.* (*aereo*), to fair.
— **una nave,** to grave a ship.
carenatura, *f.* (*aereo*), fairing.
cariatidi, *f.* (*arch.*), caryatid.
carica, *f.* charge; (*di bombole, ecc.*), charging; extender (*vern.*); (*met.*), burden; (*quantità di materiali usata per una sola operazione*) (*vernici, smalti*), batch.
— **addizionale** (*elet.*), boosting charge.
— **atomica residua** (*fis. atom.*) residual atomic charge.
— **cava** (*carica di esplosivo, con cavità aperta, coassiale con l'elemento di innesco*) (*petrol. ecc.*), shaped charge.
— **circolante** (*rapporto percentuale fra portata di sopramisura che ritorna al frantoio ed alimentaz. costante del circuito*) (*min.*), circulating load.
carica d'accumulatore, accumulator charge.
— **del minerale,** charging of ore.
— **del reattore** (*fis. atom.*), reactor loading.
— **del rottame** (*azione*) (*met.*), scrap charging.
— **di alambicco,** batch.
— **di carbone,** coal charge.
— **di lancio** (*mil.*), propelling charge; powder charge.
— **di pitture,** extender.
— **di profondità,** depth charge.
— **di rinforzo** (*gomma*), reinforcing filler.
— **di rottame** (*met.*), scrap charge.
— **di scoppio,** firing charge.
— **disruptiva** (*elet.*), disruptive discharge; flashover.
— **di tessuti,** v. **appretto.**
— **di un altoforno** (*met.*), blast-furnace burden(ing).
— **di una mina,** blasting charge.
— **elettrica,** electric charge.
— **elettrostatica,** v. **apparecchio per il controllo della —.**
— **e messa all'ora** (*orol.*), v. **meccanismo di —.**
— **fredda** (*met.*), cool melt.
— **latente** (*elet.*), bound charge.
— **mesonica** (*fis. atom.*), mesonic charge.
— **negativa,** negative charge.
— **nucleare** (*fis. atom.*), nuclear charge.
— **positiva,** positive charge.
— **specifica,** specific charge.
— **striata** (*elet.*), striated discharge.
— **superficiale** (*fis. atom.*), surface charge.
— **trascurabile,** negligible charge.
— **(di —)** (*elet.*) (*riferito a tensione, interruttore, corrente ecc.*), charging (*p. es.: corrente di —*, charging current).
— **(rendimento della —)** (*di minerali*) (*met.*), burden yield.
— **(sostanza di —),** charge stock.
caricafieno, *m.* hay loader.

caricamento (*m.*) **della pellicola,** threading; film threading; threading-up.
— **laterale** (*armi*), side loading.
caricare, *v.a.* to charge; to load.
— **bottiglie di vetro su una linea di lavorazione,** to load glass bottles onto a production line.
— **una batteria,** to charge a battery.
— **un accumulatore,** to charge an accumulator.
— **una macchina,** to load an engine.
— **una macchina fotografica,** to load (*or* to fill) a camera.
— **una molla,** to load (to stretch) a spring.
— **una pellicola,** to thread a film.
— **un condensatore,** to charge a condenser.
— **un forno,** to charge a furnace.
— **un programma** (*inform.*), to load a program.
caricatore, *m.* loader (*agric. ecc.*); charger (*armi*); ammunition box (*mitragliatrice*); phosphorizer (*or* phosphorous charger) (*per cariche di fosforo*); (*calcol. elettron.*), disc pack; (*di arma da fuoco*), magazine.
— **a pale,** shovel loader.
— **automatico** (*agric.*), automatic loader.
— **-editore di collegamenti** (*inform.*), linking loader.
— **frontale** (*agr.*), front loader.
— **posteriore** (*agr.*), rear loader.
caricatrice continua a becco d'anitra (*min.*), duckbill loader (U.S.A.); shaker-shovel loader.
— **meccanica dello sterile di roccia** (*dopo abbattim. in galleria*) (*min.*), mucking machine.
— **di rottame** (*met.*), scrap charging machine.
cariche disruptive, (v. **protezione contro le — disruptive**).
carichino, *m.* (*addetto al caricamento e brillamento delle mine*) (*min.*), shotfirer; shotman.

carico, *m.* load (*cost. civ.*); cargo (*aereo*), (*naut.*); stress; head (*idraul.*); loading (*cost.*).
— **accidentale,** working load.
— **alare** (*aereo*), wing loading.
— **al centro,** load at centre.
— **al limite apparente di elasticità** (*met.*), yield point.
— **alternante,** alternating load; changing load.
— **ammissibile,** admissible load.
— **asimmetrico,** asymmetrical load.
— **assiale,** axial load.
— **a un estremo,** load at one end.
— **base** (*elet.*), base load.
— **capacitativo** (*elet.*), (*in circuito a corrente alternata dove la corrente è in anticipo sulla tensione*), leading load.
— **composto da una pura resistenza,** pure resistance load.
— **concentrato,** concentrated load.
— **con diagramma trapezoidale,** trapezoidal load.
— **continuo,** continuous load.
— **costante,** dead load.
— **crescente,** increasing load.
— **decrescente,** drecreasing load; diminishing load.
— **dell'armatura** (*elet.*), load of armature.
— **d'esercizio,** traffic load.
— **di attrito** (*mecc.*), frictional load.
— **di collasso** (*costr.*), collapse load.
— **di compressione,** compression load.
— **di contingenza** (*aereo*), actual load factor.
— **di flessione,** bending (*or* transverse) stress.
— **di lavoro** (*ammontare complessivo del materiale e dei macchinari da montare e delle costruzioni da eseguire per portare a termine gli incarichi affidati*), work load.
— **dinamico,** live load.
— **di prova,** test load; testing load; (*di bulloni, ecc.*) (*mecc.*), proof load (U.S.A.).

carico di punta (*elet.*), peak load; (*mecc.*), buckling; peak loading.
— **diretto,** direct acting load.
— **di rottura** (*mecc.*), breaking load; ultimate tensile strength; tensile strength.
— **di rottura (intervallo fra carico di rottura massimo e minimo)** (*mecc.*), range between the maximum and minimum ultimate tensile strength.
— **di rottura di una fune,** rope breaking strength.
— **di scorrimento,** shearing stress.
— **di sicurezza,** safety load; working stress.
— **di sicurezza massimo (della gru),** maximum safe working load.
— **di snervamento** (*cost.*), yield point.
— **di torsione,** torsional stress.
— **di una carreggiata,** load on roadway.
— **di una molla,** spring weight.
— **di una nave,** cargo.
— **di una valvola,** load of a valve.
— **di un freno,** brake load.
— **di un muro,** load on wall.
— **dovuto al vento** (*cost.*), load due to wind pressure; wind load.
— **eccentrico,** eccentric load.
— **equilibrato,** balanced load.
— **fiscale** (*econ.*), tax burden.
— **fisso,** dead load.
— **fittizio,** dummy load.
— **indiretto,** indirect load.
— **intermittente,** intermittent load.
— **in un punto qualsiasi,** load at any point.
— **massimo** (*mecc.*), maximum load; peak loading.
— **medio,** average load.
— **nominale,** rated load.
— **non induttivo** (*elet.*), non-inductive load.
— **normale,** normal load.
— **ohmico,** resistive load.
— **pagante,** payload.
— **per cavallo** (*aereo*), power loading.
carico per c. v., weight per brake horse-power.
— **permanente,** permanent load.
— **pieno** (*elet.*, *ing.*), full load.
— **posto a metà della luce** (*costr.*), load at mid-span.
— **posto in mezzeria della campata** (*costr.*), load at mid-span.
— **pulsante,** pulsating load.
— **radiale,** radial load.
— **-scarico** (*terminale*), loading-unloading (terminal).
— **secco** (*naut.*), dry cargo.
— **secco alla rinfusa** (*naut.*), dry cargo, in bulk.
— **simmetrico,** symmetrical load.
— **statico,** dead load.
— **tangenziale,** tangential load.
— **termico massimo** (*forni met.*), maximum thermal load.
— **termico superficiale critico** (*fis. atom.*), burn-out.
— **totale,** total loading.
— **trasversale,** transverse load.
— **uniformemente distribuito,** distributed load.
— **unitario,** unit load.
— **unitario delle pale** (*aereo*), blade loading.
— **utile,** useful load.
— **utile di un autocarro,** truck capacity.
— **utile spaziale** (*astron.*), space payload.
— **variabile,** varying load.
— **(distribuzione uniforme del —)** (*mecc., ecc.*), load equalization.
— **(pieno —),** full load.
carie (*f.*) **del legno,** rot of wood; rotting of wood.
— **verde** (*forma di deteriorazione in leghe ad alto tenore di nichelio, esposte ad alte temperature*) (*met.*), green rot.
carismatico, *agg.* (*med.*), charismatic.
carlinga, *f.* (*aereo*), cockpit.
carminio, *m.* carmine.
— **di indaco,** indigo carmine; indicarmine.
carnallite, *f.* (*min.*), carnallite.
carosello, *m.* (*o* giostra) (*mecc.*), carousel.

carota, *f.* (*ind. min.*), core.
— **laterale** (*petrol.*), side wall core.
— **(grafico dell'analisi di una —)** (*min.*), core-log.
carotaggio, *m.* (*ind. min.*), coring.
— **ad induzione** (*petrol.*), induction logging.
— **al diamante** (*min.*), diamond coring.
— **elettrico** (*petrol.*), electrical coring; electric logging; electrical well logging.
— **laterale** (*petrol.*), side wall coring.
— **radioattivo** (*petrol.*), radioactive logging.
— **sismico** (*petrol.*), well shooting.
carote, *f. pl.* (*ind. petr.*), core samples.
carotene, *m.* (*chim.*), carotene.
carotiere, *m.* (*min.*), core barrel; core drill; core bit.
— **al diamante** (*min.*), diamond core drill.
— **estraibile** (*petrol.*), removable core bit.
— **laterale** (*petrol.*), wall sampler.
carovita, *m.* cost of living bonus.
carpenteria, *f.* carpentry; joinery.
— **industriale pesante** (*met.*), industrial structural steelwork.
— **pesante,** structural steelwork.
carpentiere, *m.* carpenter.
carpino (*m.*) **bianco,** hornbeam.
— **comune,** hornbeam.
carreggiata, *f.* carriageway; roadway; track (*auto.*).
— **anteriore** (*auto*), front track.
— **posteriore** (*auto*), rear track.
— **sopraelevata** (*strade*), high-level roadway.
— **a 4 corsie** (*autostrade*), four-lane carriageway.
carreggio, *m.* (*trasporto con locomotive di carbone, ecc. nelle gallerie*) (*min.*), haulage.
carrellare (*trasportare con carrelli, carriole*), to wheel.
carrellata (*cinem.*), trucking.
carrellato, *p.p.* (*p. es. riferito ad estintore*), wheeled.
carrellino (*tornio*), compound rest.
carrello, *m.* carriage (*macch. utensili e macch. da scrivere*); bogie (*ferr.*); trolley (*or* trolly) (*per trasporto*); truck (*per trasporto*, U.S.A.); travelling crab; dolly (*cinem.*) (*telev.*); landing gear (*aereo*).
— **a batteria,** battery-operated vehicle.
— **ad alimentazione frontale** (*calcol. elettron.*), front-feed carriage.
— **a due piani,** 2-decker cart.
— **a forca,** fork truck.
— **alzacoperchi** (*forni met.*), cover-lifting machine.
— **a palette,** pallet truck.
— **ausiliario** (*aereo*), auxiliary undercarriage.
— **automotore per il cambio del convertitore** (*met.*), self-running exchanging bogie.
— **automotore teleguidato** (*automazione*), robocarrier.
— **comandato da fune,** rope crab.
— **con braccio pendente,** traversing jib crab.
— **con paranco fisso,** crab with pulley block built in.
— **con ski** (*aereo*), ski landing gear.
— **da scavo,** crab with automatic grab.
— **d'atterraggio** (*aereo*), undercarriage; landing gear (U.S.A.).
— **d'atterraggio a ruotino posteriore** (*aereo*), tail-wheel landing gear.
— **d'atterraggio fisso,** v. **carrello fisso** (*aereo*).
— **d'atterraggio prodiero** (*aereo*), nose landing gear.
— **d'atterraggio triciclo a ruotino anteriore** (*aereo*), tricycle undercarriage; nose-wheel undercarriage.
— **del subbio,** beam truck.
— **del tornio,** carriage.
— **di guida** (*ferr.*), guiding truck.
— **di perforazione** (*min.*), wagon drill.
— **di telecamera,** camera dolly.
— **di una addizionatrice,** carriage.

carrello di un aeroplano, carriage.
— **di una gru,** crane crab; crane trolley.
— **di una sega,** saw carriage.
— **elettrico,** electric truck; (*ferr. mecc.*), fork truck.
— **elevatore a forche,** fork truck.
— **elevatore a piattaforma,** platform truck.
— **elevatore a piattaforma a grande sollevamento,** high-lift platform truck.
— **elevatore a piattaforma a piccolo sollevamento,** low-lift platform truck.
— **fisso** (*aereo*), fixed landing gear; nonretractable landing gear.
— **mobile per trave da soffitto,** ceiling crab.
— **per portare strumenti, su rotelle di gomma,** cart.
— **per sfridi** (*mecc.*), waste trolley.
— **per trasporto di fascine,** faggot trolley.
— **per tronchi,** log carriage.
— **per vetri, con cestini di rete metallica,** wire basket glassware cart.
— **portabobine** (*calcol. elettron.*), reel truck.
— **portamola,** grinding wheel slide.
— **porta-perforatrice** (*min.*), jumbo; drill carriage.
— **portaspazzole** (*elet.*), brush carriage.
— **rifornimento carburante,** refuelling tender.
— **ritrattile,** retractable carriage.
— **tenditore** (*ferr.*), tension truck.
— **triciclo** (*aereo*), tricycle gear.
— **(forcella del —)** (*aereo*), undercarriage fork.
carrellone del letto di fusione (*met.*), larry car.
carretta (*f.*) **a bilico** (*o*) **capovolgibile,** tilting cart.
carretto (*m.*) **a mano,** hand cart.
carriola (*o* carriuola), *f.* wheel barrow.
carro, *m.* wagon; truck; van; car; carriage (*di un filatoio intermittente*); ring rail (*di filatoio ad anelli*).
carro a fondo apribile (*trasporti miniere*), drop-bottom car.
— **alimentatore** (*trasporto siviere*) (*met.*), steel transfer car.
— **alimentatore rottame** (*met.*), scrap transfer car.
— **armato,** tank.
— **armato anfibio** (*mil.*), amphibious tank.
— **a scarico laterale** (*ferr.*), side dump (car).
— **a scorie ribaltabile,** slug dumping car.
— **a tramoggia** (*ferr.*), hopper wagon; hopper-bottom railway wagon.
— **a tramoggia per minerali** (*ferr.*), ore hopper.
— **attrezzi,** breakdown lorry; wrecking car (U.S.A.); (*auto*), mobile workshop.
— **automotore** (*met.*), self-propelled buggy (U.S.A.).
— **-botte,** railroad tank car (U.S.A.).
— **cisterna** (*ferr.*), tank car; railway tanker.
— **coperto** (*ferr.*), covered wagon; covered car.
— **da fonderia (*o* da colata),** foundry car.
— **da lingotti,** billet trolley; bloom trolley.
— **del filatoio intermittente,** mule carriage.
— **di manovra dei coperchi** (*met.*), cover carriage.
— **di servizio** (*di coda*), caboose (*treni merci*, U.S.A.).
— **ferroviario,** railroad car (U.S.A.).
— **frigorifero** (*ferr.*), refrigerated freight car.
— **jumbo di perforazione ad un posto** (*min.*), one-man drill jumbo.
— **jumbo per perforazione di gallerie** (*min.*), tunnelling jumbo.
— **lanciafiamme,** flame-throwing tank.
— **leva-coperchi** (*forno a pozzo*) (*met.*), cover lifting bogie for pit furnace.

carro merci (*ferr.*), goods truck; goods van; freight car (U.S.A.).
— **-merci scoperto** (*ferr.*) (U.S.A.), gondola car.
— **mescolatore della ghisa** (*met.*), hot-metal mixer car.
— **motore delle pulegge,** roller gear.
— **per gru,** crane truck.
— **per legname,** wagon for timber.
— **per matasse di filo,** reel carriage.
— **per secchioni da colata** (*fond.*), ladle car.
— **per trasporto automobili a tre piani** (*trasporti*), triple-deck car carrier.
— **pesatore** (*met.*), buggy (U.S.A.).
— **pesatore di caricamento delle ceste** (*met.*), buggy carrying charging buckets.
— **portalingotti** (*met.*), ingot chariot; ingot buggy; ingot car.
— **porta-siviera** (*met.*), ladle car; ladle bogie.
— **-potatura,** *m.* (*mecc. agr.*), pruning-wagon.
— **scoperto a sponde alte** (*ferr.*) high-sided open wagon.
— **scoperto a sponde basse** (*ferr.*) low-sided open wagon.
— **scoperto senza sponde** (*ferr.*), flat car.
— **scorie** (*met.*), slag car.
— **serbatoio** (*ferr.*), tank car; reservoir truck.
— **siderurgico per trasporto ghisa liquida** (*met.*), torpedo-car for shipment of molten iron.
— **siluro** (*met.*), v. **carrosiluro.**
— **spola** (*min.*), shuttle car; (cable reel) shuttle car.
— **spola elettrico ad accumulatori** (*min.*), battery electric mining shuttle car.
— **-thermos per trasporto di ghisa fusa** (*met.*), torpedo-car for shipment of molten iron.
— **trasferitore delle bramme** (*metal.*), slab transfer car.
— — **della ghisa liquida** (*met.*), hot metal transfer car.
carro trasferitore rottame (*met.*), scrap box transfer car.
carroponte (*gru*), *m.*, overhead (travelling) crane.
carrosiluro, *m.* (*met.*), torpedo-car; torpedo ladle; submarine ladle car (U.S.A.); (*la ghisa giunge all'acciaieria in appositi carrisiluro*) iron reaches the steel works in special torpedo-cars.
carrozza, *f.* coach (*ferr.*); carriage.
— **a carrelli** (*ferr.*), bogie carriage.
— **automotrice,** rail power car.
— **automotrice elettrica** (*ferr.*), electric rail power car.
— **automotrice elettrica a carrelli** (*ferr.*), bogie electric rail power car.
— **con letti** (*ferr.*), sleeping car.
— **con tetto a belvedere** (*carrozza panoramica*) (*ferr.*), vista-dome coach.
— **da rimorchio** (*ferr.*), trail car.
— **da rimorchio a carrelli,** bogie trail car.
— **di funicolare,** cable tram-car.
— **di prima classe** (*ferr.*), first-class coach.
— **di seconda classe** (*ferr.*), second-class coach.
— **equipaggiata,** car in running order; equipped car.
— **ferroviaria,** coach; passenger car.
— **ferroviaria elettrica,** electric motor coach.
— **inclinabile** (*ferr.*), tilting coach.
— **in sosta** (*ferr.*), stationary coach.
— **motrice** (*ferr.*), power car.
— **panoramica** (*ferr.*), vista-dome coach.
— **postale,** postal car.
— **ristorante,** restaurant carriage; restaurant car.
— **viaggiatori** (*treno*) passenger car.
carrozzaio, *m.* coachbuilder.
carrozzeria, *f.* (*auto.*), body; coachwork.
— **a due piani** (*auto*), double-deck bodywork.

carrozzeria aerodinamica, streamlined coachwork.
— **e telaio separati** (*auto*), frame-mounted body; body-frame construction.
— **in acciaio** (*auto.*), steel body.
— **portante** (*auto.*), integral construction; unit-type body; unitary body/chassis; unitized assembly; unit-body assembly.
— **portante (costr. a — —)** (*auto*), full unit body construction.
carrozziere, *m.* coachbuilder.
carrozzino (*motoc.*), side-car.
carrucola, *f.* pulley.
carta, *f.* paper; map (*geografica o topografica*).
— **a carbone,** carbon paper.
— **a coordinate,** co-ordinate paper.
— **a curve di livello,** contour map.
— **al bromuro d'argento** (*fot.*), bromide paper.
— **al citrato** (*fot.*), printing-out paper; aristo paper.
— **alla celloidina** (*fot.*), celloidin paper.
— **a mano,** hand-made paper.
— **a quadretti,** squared paper.
— **asciugante,** blotting paper.
— **assegni,** credit card.
— **bibbia,** india paper.
— **bibula,** unsized paper.
— **bilucida,** two side glazed paper.
— **cerata,** waxed paper; waxy paper.
— **con polvere di quarzo,** flint glass paper.
— **da copie per macch. da scrivere,** typewriter manifold.
— **da disegno,** drawing paper.
— **da filtro,** filter-paper; filtering paper.
— **da giornali,** newsprint.
— **da imballaggio,** wrapping paper; packing paper.
— **da involgere,** wrapping paper.
— **da parato,** wall paper.
— **da patrona** (*tess.*), point paper; design paper.
— **da ricalcare,** tracing paper.
— **da stampa calandrata opaca,** English finish.
carta da stampa per illustrazioni, supercalendered paper.
— **da stampa per libri** (*tip.*), antique wove.
— **da trasporto,** transfer paper.
— **dei lavori eseguiti e dei difetti constatati** (*aereo*), job card.
— **della zona di lavoro** (*aereo*) (*carte in cui l'aereo è diviso in tante zone, per lavori di riparazione*), working zone chart.
— **dell'indicatore,** indicator paper.
— **di seta,** tissue paper.
— **di stracci,** rag paper.
— **di tornasole,** litmus paper.
— **di volo** (*aereo*), (*con indicazioni delle ore di volo, ispezioni ai motori, lubrificazione, cambiamento d'olio, ecc.*), strip chart.
— **filogranata,** trademarked paper.
— **geologica** (*geol.*), geological map; geologic map.
— **gommata,** gummed paper.
— **impermeabile,** waterproof paper.
— **impregnata,** impregnated paper.
— **incerata,** waxed paper.
— **incollata a macchina,** engine-sized paper.
— **india,** featherweight paper.
— **in proiezione gnomica,** great circle chart.
— **isolante,** insulating paper.
— **kraft** (usata come dielettrico), kraft paper.
— **litografica,** lithographic paper.
— **litologica,** lithologic map.
— **lucida,** tracing paper.
— **Manilla,** Manilla paper.
— **manina,** chart.
— **metallizzata antiradar,** flasher; (U.S.A.) chaff.
— **meteorologica,** meteorological chart.
— **millimetrata,** millimeter cross-section paper; graduated ruled paper; (*ing. civ.*), profile paper.
— **monolucida,** single-side calendered paper.
— **murale,** wall chart.

carta nautica, nautical chart.
— **oceanografica,** oceanographic chart.
— **oleata,** oiled paper; (*diel.*) oil-impregnated paper.
— **ondata,** corrugated paper.
— **ortodromica,** orthodromic airway map.
— **paraffinata,** waxed paper.
— **patinata,** art paper; coated paper.
— **patinata opaca,** matt art paper.
— **pecora,** parchment.
— **pedologica** (*presentaz. dei terreni naturali in base alla natura del substrato roccioso*) (*geol.*), pedologic map.
— **per affissi,** poster paper.
— **per bromolio** (*fot.*), bromoil paper.
— **per cromolitografia,** chromo paper.
— **perforata,** punched card.
— **pergamena,** parchment paper.
— **pergamenata,** vegetable parchment paper.
— **per macchina da scrivere,** typewriter paper.
— **per offset,** offset paper.
— **per rotocalco,** gravure paper.
— **per stampa a rilievo,** letterpress paper.
— **pesta,** paste-board.
— **petrografica,** petrographic map.
— **protocollo,** foolscap.
— **quadrettata** (*tess.*), point paper; design paper; (*dis., top.*), squared paper.
— **resistente al vapor d'acqua,** water-vapour resistant paper.
— **rivestita,** coated paper.
— **röntgen,** X-ray paper.
— **satinata,** calendered paper.
— **sensibile** (*fot.*), sensitised paper.
— **sensibile al bromuro,** sensitised bromide paper.
— **seta** (*aerom.*), modelspan.
— **smaltata,** gloss-coated paper; enameled paper.
— **smerigliata,** emery paper; sandpaper.
carta smeriglio fine, fine sandpaper; smooth sandpaper.
— **smeriglio grossa,** rough sandpaper.
— **smeriglio media,** medium-fine sandpaper.
— **supersatinata,** supercalendered paper.
— **tela** (*tess.*), cambric paper.
— **termica** (*inform.*), thermal printing paper.
— **tettonica** (*geol.*), tectonic map.
— **topografica,** topografical map.
— **trasformabile in pasta di legno,** pulpable paper.
— **velina,** tissue paper.
— **verde** (*assicuraz. auto*), Green Card.
— **vergata,** laid paper.
— **vetrata,** glass paper.
— **vetro,** sand paper.
— **Whatman,** Whatman paper.
— **(macchina continua per —),** fourdrinier.
— **(orientare** (*v.a.*) **una —),** to orient a map; to set a map.
cartapesta, *f.* papier-mâché.
carteggiare, *v.a.* (*vernici*), to sand.
carteggiatura, *f.* (*vernici*), sanding.
carte indicatrici del pH, pH indicators.
cartella, *f.* (*armi*), side plate.
— **clinica su scheda perforata,** punched-card medical record.
— **per cambio navette,** change box card.
cartellino di lavoro individuale, individual labour ticket.
— **di presenza** (*lavoro*), clock card.
cartello indicatore di presegnalazione (*strade*), advance direction sign.
carter, *m.* (*mot.*), crankcase; casing.
— **del compressore** (*aereo*), compressor casing.
— **della presa d'aria** (*aereo*), air-intake casing.
— **dell'olio,** oil sump.
cartiera, *f.* paper mill.
cartoccio, *m.* fuse holder.
— **scatola a mitraglia** (*munizioni*), case shot.
cartografia, *f.* map making.

cartografo, *m.* cartographer.
cartolina (postale) con risposta pagata, reply-paid card; business-reply card (U.S.A.).
cartonato, *p.p.* (*tip.*), bound in paper boards.
cartoncino patinato (*tip.*), coated board.
cartone, *m.* cardboard.
— **bituminoso,** *m.* asphalted card board.
— **cilindrato,** pressboard.
— **di amianto,** asbestos millboard.
— **forte,** millboard.
— **ondulato,** ondulated cardboard.
— **patinato** (*tip.*), art board.
— **per coperture** (*tetti*), asphalt sheet.
— **per trasformatori,** pressboard.
— **pressato,** fuller board.
— **pressboard,** pressboard.
cartoni, *m. pl.* (*tess.*), pattern cards.
— **animati** (*cinem.*), animated cartoons.
cartuccera, *f.* cartridge chute.
cartuccia, *f.* cartridge.
— **a magnete** (*audio*), phono cartridge.
— **a salve** (*mil.*), blank cartridge.
— **attiva** (*fis. atom.*), seed unit.
— **automatica** (*armi*), automatic cartridge.
— **d'accensione** (*min.*), cartridge.
— **da revolver** (*armi*), fire pistol cartridge.
— **dati** (*inform.*), data cartridge.
— **di combustibile** (*fis. atom.*), fuel cartridge.
— **di combustibile irradiato** (*fis. atom.*), irradiated fuel element.
— **di materiale attivo** (*fis. atom.*), seed bundle.
— **di metallo** (*armi*), metallic cartridge.
— **d'uranio** (*fis. atom.*), uranium cartridge.
— **esaurita** (*fis. atom.*), spent fuel element.
— **fonografica** (*audio*), phono cartridge.
cartuccia fonorivelatrice (*audio*), phono cartridge.
— **per armi piccole** (*armi*), shell (*p. es. per pallini di piombo,* shot shell).
— **per carabina** (*armi*), (fire) rifle cartridge.
— **per fucile** (*armi*), rifle cartridge.
— **per istruzione** (*mil.*), dummy cartridge.
— **per pistola** (*armi*), pistol cartridge.
— **pulisci testine per nastri** (*audio*), tape head cleaner.
— **quadrifonica** (*audio*), quadraphonic (phono) cartridge.
— **« rimmed »** (*armi*), rim fire cartridge.
carvacrolo, *m.* (*chim.*), carvacrol.
casa, *f.* house; firm (*ditta*); home (*nel signif. di ditta*) (*la casa dei buoni ingranaggi*), the home of good gears.
— **a riscaldamento solare** (*energia solare*), solar-heated house.
— **allacciata alla TV per via cavo,** cable-linked home.
— **cantoniera** (*costr.*), road patrol depot.
— **di riposo (per pensionati)** (*cost.*), retirement home.
— **editrice,** publisher.
— **madre,** head office.
— **mobile solare,** solar mobile house.
— **prefabbricata,** prefabricated house.
— **succursale,** branch house.
— **unifamiliare** (*cost.*), single-family house.
— **(costruzione di case a riscaldamento solare),** solar housing.
casalinghi, *m. pl.*, household products.
casamento, *m.* (*casa con più appartamenti, senza lusso*) (*blocco residenziale*), apartment block.
cascame di pettinatura, noil (*tess.*).
cascami delle bobine, bobbin waste.
— **di carda** (*tess.*), card waste.
— **di filatura,** spinning waste.
— **di legno,** wood refuse.
— **di pettinatura della lana,** noils.

cascami di seta, silk waste; waste silk; flock.
— **di tessitura** (*tess.*), weaving waste.
— **di torba,** peat dust.
cascata, *f.* cascade (*elet.*); waterfall (*idraul.*).
— **(in —, a —)** (*elet.*, *radio*), cascade (*amplificatore in cascata*, cascade amplifier); v. **collegamento, convertitore,** ecc.
cascemir, *m.* (*tess.*), cashmere.
càscio (*carta*), deckle.
casco, *m.* (*auto.*, *moto*), crash helme.
— **di protezione** (*miniere, ecc.*), protective helmet.
— **per minatore,** miner's helmet; hard hat.
caseggiato, *m.* block of buildings.
caseina, *f.* casein.
casella (*f.*) **postale** (*comm.*), box.
casellario, *m.* card index; card register.
— **per marginatura** (*tip.*), rack; furniture cabinet.
casello, *m.* (*ferr.*), gate-keeper's lodge.
— **autostradale,** toll booth.
caserma, *f.* (*costr.*), barracks.
caso (a —), *avv.*, at random (*tre velocità scelte a caso*), three speed settings chosen at random.
cassa, *f.* case; box; holder (*recipiente*); belly (*acust.*); (*di una automotrice*) (*ferr.*), body.
— **a navette** (*tess.*), shuttle box.
— **a tenuta di vuoto,** vacuum tank.
— **a vento** (*forni met.*), air chamber; wind box.
— **carbone** (*locomot.*), coal bunker.
— **completa** (*tip.*), complete founts.
— **con metà vetro** (*orol.*), demihunter.
— **continua prelevamenti** (*banche*) cash dispenser.
— **d'acqua,** water tank.
— **da macero,** retting-case.
— **d'anime** (*fond.*), core-box.
cassa d'aria (*di pompe*), air chamber.
— **dei caratteri di riserva** (*tip.*), fount case.
— **del fucile,** stock of the gun.
— **della bussola,** compass bowl.
— **della massicciata** (*cost. civ.*), ballast boxing.
— **della sabbia,** sand box; sand holder.
— **delle valvole,** valve chest; valve casing.
— **dell'olio con alette di raffreddamento** (*di trasform.*), oil tank with radiator fins.
— **dell'orologio,** watch case.
— **del piombo da rifondere** (*tip.*), hell box.
— **del tachimetro,** tachometer case.
— **del vento** (*met.*), air box; blast box; wind box (*macch. di agglomerazione*).
— **di aspirazione** (*di macchina di agglomerazione*) (*met.*), windbox.
— **di base dell'elevatore,** bottom box.
— **di cementazione,** annealing box (*met.*).
— **di formazione** (*fond.*), moulding box.
— **di legno compensato,** plywood case.
— **d'ingranaggi,** gear case; wheel box.
— **d'ingranaggi con cambio di velocità,** change gear case.
— **di perequazione** (*econ.*), equalisation fund.
— **di risonanza,** sound box.
— **di risparmio** (*finan.*), savings bank.
— **di una massicciata,** ballast boxing.
— **di un bozzello,** shell.
— **di vapore,** steam dome; steam chest.
— **fumo,** smoke box; uptake.
— **incompleta** (*tip.*), sorts box; sorts.
— **mobile (dimensioni della —),** container dimensions.

cassa montata a pressione (*orol.*), press-in case.
— **muro,** wall box.
— **oscillante** (*ferr.*), tilting body; v. **elettrotreno ad assetto variabile.**
— **per composizione** (*tip.*), case.
— **per esportazione,** export case.
— **per fondere,** melting box.
— **per lettere maiuscole** (*tip.*), upper case.
— **per lettere minuscole** (*tip.*), lower case.
— **per l'inversione di marcia,** reversing gear box.
— **per rottame** (*met.*), scrap box.
— **spaziatura** (*tip.*), barge (case).
— **stagna** (*di orologio*), water-resistant case.
— **turbina** (*fis. atom.*), turbine stator.
— **(imballare una —),** to pack a case.
— **(inclinazione della —)** (*ferr.*), body tilting.
— **(registratore di —),** electrical cash register.
cassaforma, *f.* (*costr.*), form; formwork.
cassamisura, sand measure box.
casse di depurazione (*gas*), (tray) purifiers.
— **di uscita** (*situate all'uscita dai supermarkets*), supermarket checkouts.
Cassel (giallo di —), Cassel's yellow.
— **(verde di —),** Cassel's green.
cassero, *m.* (*costr. idr.*), caisson; (*naut.*), quarter-deck.
— **di poppa** (*naut.*), poop deck.
— **galleggiante,** floating caisson; (*with bottom*) (*con fondo*).
cassetta, *f.* case (*per strumenti*); box; chest; (*mus.*), tape cassette.
— **(di ricambio) a nastro magnetico** (*elettron.*), tape cassette.
— **d'accumulatore** (*auto*), accumulator box; battery case.
— **delle idee** (*officina, ecc.*), suggestion box.
cassetta di carica (*per rottame*) (*met.*), charging box.
— **di derivazione,** distributing box.
— **di derivazione per cavi** (*cav.*), bifurcating box.
— **di distribuzione** (*elet.*), distributing box.
— **di giunzione** (*per impianti interni*) (*elet.*), connection box; connecting box.
— **di pronto soccorso,** first-aid box.
— **(*o* custodia) di protezione,** protecting case.
— **di raccolta d'una gronda,** gutter bearer.
— **di resistenza** (*radio*), resistance box.
— **di resistenza a decadi,** decade-resistance box.
— **di sicurezza** (*comm.*), safety box.
— **magnetica,** magnetic (tape) cassette.
— **musicale,** musicassette.
— **per il cascame** (*filatura*), dust box.
— **per utensili,** tool box.
— **portatile** (*da 60 a 120 minuti di registrazione*) (*audio*), compact cassette.
— **raccordi elettrici,** electrical junction box.
— **refrattaria,** *f.* (*per proteggere la porcellana durante la cottura*), sagger; saggar.
— **riparazioni,** repair outfit.
— **stereo** (*per la pulizia delle testine e del capstan e del sistema di trascinamento*) (*registratori/riproduttori stereo 8*) (*audio*), 8-track head and capstan cleaner.
— **vergine** (*non registrata*), blank tape cassette.
cassette (*f. pl.*) **aspiranti** (*ind. carta*), suction boxes.
cassettino portaguanti (*auto*), glove cubby.
cassetto, *m.* (*term.*), slide valve.
— **a stantuffo,** slide valve.
— **cilindrico,** piston valve.
— **d'espansione,** expansion valve; cut-off valve.

cassetto di distribuzione, distributing slide valve; operating vale.
— **di registratore di cassa** (*comm.*), till; recording cash till.
— **per aria,** air slide valve.
— **per gas,** gas slide valve.
— **portaoggetti** (*auto*), (glove) cubby.
— **rotativo,** rotary slide valve.
— **(distribuzione a —),** slide valve gear.
— **(distribuzione a —) doppio,** double ended piston valve gearing.
cassettone, *m.* (*arch.*), panel; coffer.
cassettoni (soffitto a —), v. **soffitto.**
cassia, *f.* cassia.
cassiterite, *f.* (*min.*), cassiterite.
cassone, *m.* (*costr. idraul.*), caisson.
— **di immersione,** caisson.
— **di immersione in cemento armato,** reinforced concrete caisson.
— **di immersione in legno,** timber caisson.
— **di termosifone,** feed-tank.
— **di un ponte,** bridge trough.
— **metallico,** iron caisson.
— **pneumatico,** pneumatic caisson; cofferdam.
— **(camera di lavoro in un —)** (*fondaz. pneum.*), working chamber.
— **(diametro interno di —)** (*forni elet.,met.*), inside shell diameter.
cassoni (*m. pl.*) **a pareti sottili** (*aereo*), thin-walled box beams.
castagno, *m.* chestnut (tree).
— **amaro,** horse chestnut.
— **d'India,** horse chestnut.
castelletto d'estrazione (*min.*), headframe; shaft-tower.
castello, *m.* (*mecc.*), rammer; (*naut.*), quarter-deck; castle (*cost.*).
— **d'acqua,** water tower; water house.
— **della pressa** (*mecc.*), press frame.
— **di campane,** bell frame.
— **di prora** (*naut.*), forecastle.
— **di prua** (*naut.*), fore-deck.
— **di tornio,** cabinet base.
castello di un orologio, works of a watch.
— **motore,** engine mounting.
castoreo, *m.* (*med.*), castoreum.
castoro (pelle di —), *m.* beaver.
cataforesi, *f.* cataphoresis; electrophoresis.
cataforetico, *agg.* cataphoretic.
catalisi, *f.* catalysis.
— **eterogenea** (*chim.*), heterogeneous catalysis.
— **negativa,** negative catalysis.
— **omogenea**(*chim.*), homogeneous catalysis.
— **per contatto,** contact catalysis.
— **positiva,** positive catalysis.
— **superficiale,** surface catalysis.
catalizzare, *v.a.* to catalyse.
catalizzatore, *m.* catalyst.
— **accelerante,** accelerator.
— **di cracking,** cracking catalyst.
— **di silice-allumina,** silica-alumina catalyst.
— **microsferoidale** (*petr.*), microspheroidal cracking catalyst.
— **per « cracking » di petrolio,** petroleum cracking catalyst.
— **ritardante,** retarder.
catalogo, catalogue; catalog (U. S.A.) (*ed ora molto usato anche in Inghilterra*).
— **a fogli sciolti** (*comm.*), looseleafed catalogue.
— **alfabetico per argomento,** alphabetical catalogue by title (*or* subject).
— **alfabetico per autori,** alphabetical catalogue by author.
— **commerciale,** commercial catalogue.
— **con listino prezzi,** priced catalogue.
— **di apparecchi scientifici,** scientific apparatus catalogue.
— **dizionario,** dictionary catalogue.
— **illustrato,** illustrated catalogue.
— **librario,** library and booktrade catalogue.
— **tecnico,** technical catalogue.
catamarano, *m.* (*barca a due scafi*) (*naut.*), catamaran.

catamplificatore (*radio*), cathamplifier.

catapulta, *f.* catapult.

catapultare, *v.a.* (*aereo*), to catapult.

catarifrangente, *m.* reflector.

catasto, *m.* cadaster; cadastre; cadastral (*or* land) survey.

catecù, *m.* (*fot.*), catechu.

catena, *f.* (*mecc.*), chain; (*tess.*), warp; (*cost. civ.*), chain; beam.
— **abbracciacarico,** binding chain.
— **a blocchi,** block chain.
— **a ganci,** hook link chain.
— **a maglia lunga,** long-link chain.
— **a maglia per la protezione di pneumatici** (*autocarri*), tire protection chain.
— **a maglie,** open link chain.
— **a maglie con traversino,** studded links chain.
— **a maglie corte,** short links chain.
— **a maglie saldate,** welded chain.
— **a nodi,** knotted rope.
— **aperta** (*chim.*), open chain.
— **articolata,** flat link chain; sprocket chain.
— **articolata silenziosa,** silent chain.
— **a rulli,** roller chain.
— **calibrata** (*met.*), calibrated chain.
— **chiusa** (*chim.*), closed chain.
— **cinematica,** kinematic chain.
— **con contrappeso,** chain with balance weight.
— **d'attacco delle tazze,** scoop chain.
— **del freddo** (*p. es. gelati distribuiti tramite* —) (*tecnologia alimenti*), cold chain.
— **del «fuso»** (*orol.*), fusee chain.
— **di alimentazione,** feed change.
— **di ancoraggio,** anchorage chain.
— **di disintegrazione** (*fis. atom.*), disintegration chain.
— **di disintegrazione di fissione** (*fis. atom.*), fission decay chain.
— **di draga a tazze,** scoop chain; bucket chain.
— **di Gall,** Gall's chain.

catena di imbracatura (*mecc.*), sling chain.
— **di manovra** (*naut.*), steering chain.
— (*o* **linea) di montaggio,** assembly line.
— **d'impluvio,** collar beam.
— **di montaggio per automobili** (*auto*), car assembly line.
— **di produzione in serie,** production line.
— **di sollevamento,** hoisting chain.
— **di stampa** (*dispositivo porta caratteri di stampatrice*) (*calcol. elettron.*), print chain.
— **di supermercati,** supermarket chain.
— **di tazze,** bucket chain.
— **di tramogge,** hopper chain.
— **di trazione,** pull chain.
— **di un'àncora,** chain cable.
— **laterale** (*chim.*), side chain.
— **metrica,** surveyor's chain.
— **per automobili,** non-skid chain.
— **per pneumatici** (*auto*), tire chain.
— **portante,** suspension chain; load chain.
— **radioattiva** (*fis. atom., radiol.*), radioactive chain.
— **radioattiva di fissione** (*fis. atom.*), fission decay chain.
— **senza fine,** endless chain.
— **silenziosa,** silent chain.
— **(piastra della —),** chain link.
— **(tenditore per —),** chain tightening device.
— **(uscire dalla — di montaggio)** (*auto, ecc.*), to come off the line.

catenaccio, *m.* bolt.
— **di arco,** grappling of arch.

catenaria, *f.* catenary; catenarian curve.

catene laterali (*chim.*), side chains.
— **per automobili,** automobile tire chains.

cateratta, *f.* (*idraul.*), gate.

catetere (*med.*), catheter.

cateto, *m.* side (adjacent to right angle) (*mat.*).

catetometro, *m.* (*fis.*), cathetometer; reading microscope.
cat-gut (*per suture chirurgiche*), catgut (for ligatures).
catione, *m.* (*chim.*), cation.
catodina, *f.* cathodine.
catodo, *m.* (*elet.*) cathode.
— **a riscaldamento diretto,** directly-heated cathode.
— **attivato,** activated cathode.
— **caldo,** hot cathode.
— **equipotenziale,** equipotential cathode.
— **forato,** pierced cathode.
— **freddo,** cold cathode.
— **incandescente,** glowing cathode.
— **monocristallino,** single crystal cathode.
catodofosforescenza, *f.* cathode-phosphorescence.
catodoluminescenza, *f.* cathodoluminescence.
catolito, *m.* catholyte; catolyte.
catometro, *m.* current density meter.
catottrica, *f.* (*ott.*), catoptrics.
catottrico, *agg.* (*ott.*) catoptric.
catramare, *v.a.* to tar.
catramatrice, *f.* tar spreading machine.
catramatura, *f.* tarring.
catrame, *m.* tar.
— **degli altiforni,** tar from blast furnaces.
— **di carbon fossile,** coal tar.
— **di gas,** gas tar.
— **di legno,** wood tar.
— **di lignite,** tar from lignite.
— **di litantrace,** coal-tar.
— **di petrolio,** oil tar.
— **di schisto,** shale tar.
— **di torba,** peat tar.
— **stradale,** road tar.
— **vegetale,** vegetable tar.
— **(olio di —),** tar oil.
catramoso, *agg.* tarry.
cattedra, *f.* desk.
cattivo, (*riferito a conduttori ecc.*), *agg.* bad.
cattura, *f.* (*chim. radiol.*), trapping; capture (*fis. atom.*); (*di elettroni ecc.*), trapping.
cattura di mesone negativo (*fis. atom.*), negative meson capture.
— **di neutroni lenti** (*fis. atom.*), slow-neutron capture.
— **di un elettrone orbitale** (*fis. atom.*), orbital-electron capture.
— **elettronica** (*fis. atom.*), electron capture.
— **K** (*fis. atom.*), K-capture.
— **L** (*fis. atom.*), L-capture.
— **mesonica** (*fis. atom.*), meson capture.
— **neutronica** (*fis. atom.*), neutron capture.
— **parassita di neutroni** (*fis. atom.*), parasitic neutron capture.
— **per risonanza** (*fis. atom.*), resonance capture.
— **radiativa** (*fis. atom.*), radiative capture.
— **radioattiva** (*fis. atom.*), radioactive capture.
— **radioattiva di neutroni** (*fis. atom.*), radioactive capture of neutrons.
— **senza fissione** (*fis. atom.*), non-fission capture.
catturare, *v.a.* (*fis. atom.*), to capture.
caucciù, *m.* caoutchouc; india rubber.
càule, *m.* (*bot.*), scape.
causa, *f.* (*leg.*), suit.
causticazione (*metodo produz. soda caustica*) (*chim.*), causticisation.
cauterio (*med.*) (*termo-cauterio*), cauterizer.
cava, *f.* pit (*fossa*); quarry (*di pietre*); mine (*miniera*); (*di avvolgim.*) (*elet.*), slot.
— **a cielo aperto** (*min.*), open pit.
— **d'ardesia** (*min.*), slate quarry.
— **di marmo,** marble quarry.
— **di prestito** (*colmata*), borrow pit.
— **di sabbia,** sand pit.
— **per tenone** (*tacca*), notch
cavalcavia, *f.* (*cost.*), overbridge.
— **in pendenza,** inclined overbridge.
cavalletto, *m.* frame; trestle; (*per rompere o battere il lino*) (*tess.*), brake.

cavalletto a due monaci, queen (post) truss.
— **a un monaco,** king post truss.
— **dello scambio** (*ferr.*), switch box.
— **del regolatore,** support of the governor.
— **di colmo** (*cost.*), principal rafter.
— **di montaggio,** fitting stand.
— **di motocicletta,** prop-stand.
— **di protezione** (*di pali teleg.*), chafe rod.
— **di sollevamento,** lifting jack.
— **porta-carrucola,** pulley support.
— **(portare un carico a —)** (*gru*), to straddle.
cavallo-ora, horsepower hour.
— **-vapore,** *m.* horsepower.
— **-vapore teorico,** theoretical horsepower.
cavallottino (*o* **grappetta**), *m.* staple.
cavaradici, *m.* (*med. dentista*), elevator.
cavare (*v.a.*) **pietre,** to quarry.
cavarighe, *m.* (*tip.*), setting rule.
cavatrice, v. **mortesatrice.**
cavaturaccioli, *m.* corkscrew.
cavedio, *m.* (*pozzo di luce*), ilght well.
cavetti (*o* **fili**) **di ancoraggio** (*aereo*), anti-lift wires.
cavetto (*elet.*), rubber coated cable; light wire rope.
— **aereo di derivazione** (*elet.*), drop wire.
— **di comando** (*elet.*), control cable.
cavicchio, *m.* (*faleg.*), cleat; dowel.
caviglia, *f.* pallet pin (*orol.*); centre pin; dowel (*ferr.*); bolt; marling spike (*naut.*); bollard (*bitta*) (*aereo*).
— **ad anello,** ring bolt.
— **a spirale,** spiral dowel.
— **a testa tonda,** round head screw.
— **a vite mordente** (*ferr.*), screw-thread dowel.
— **prigioniera** (*mecc.*), engineering stud.
caviglie, *f. pl.* (*orol.*), pallet pins.
cavità, *f.* hole; cavity; (*met.*) (*formazione di* —), pitting.
— **da incollamento** (*cavità dovuta ad asportaz. di materiale da un foglio di metallo quando si stacca da un altro foglio cui era incollato*) (*met.*), sticker hole.
— **di ritiro** (*met., sald.*), shrinkage cavity; sink hole; shrink hole; blow hole; piping (*in lingotti*); pipe (*in lingotti*).
— **in pelle** (*cavità affioranti alla superficie del metallo*) (*met.*), skin hole.
— **interdendritica** (*met.*), interdendritic cavity.
— **nera** (*met.*), blacking hole.
cavitazione, *f.* (*ing.*), cavitation.
cavo, *m.* cable (*elet., ing.*).
— **a bassa tensione** (*elet.*), low-tension cable.
— **a carico continuo** (*teleg.*), continuously-loaded cable.
— **a 5 conduttori,** five-wire cable.
— **ad alta frequenza** (*telecom.*), high-frequency cable.
— **ad alta tensione** (*elet.*), high-tension cable; high-voltage cable.
— **ad involucro di carta** (*elet.*), paper cable.
— **ad involucro di gomma** (*elet.*), india-rubber cable.
— **ad involucro di piombo** (*elet.*), lead-covered cable.
— **a due conduttori** (*elet.*), twin cable; twin-wire cable.
— **ad un solo conduttore** (*elet.*), single-core cable.
— **aereo,** aerial cable (*telef.*); cable-way (*ing. civ.*).
— **a gas,** gas cable.
— **a isolamento non metallico,** non-metallic sheathed cable.
— **alimentatore** (*o* **d'alimentazione**) (*ing. elet.*), feeder.
— **a nastro** (*inform.*), ribbon cable.
— **a olio fluido,** oil-filled cable.
— **aperto,** open wiring cable.
— **a più conduttori** (*o* — **multiplo**) (*elet.*), multiple-core cable.
— **a pressione di gas,** gas compression cable.

cavo armato, armoured cable.
— **armato con doppio filo** (*elet.*), double wire armoured cable.
— **armato con nastro d'acciaio,** wire armoured cable.
— **a sezione ad otto** (*elet.*), figure-eight wire.
— **a tre conduttori** (*elet.*), triple cable; three-core cable.
— **a trefoli,** strand cable.
— **a trefoli rotondi,** round strand rope.
— **a trefoli triangolari,** flattened strand rope.
— **a una treccia,** one strand rope.
— **a vari capi** (*elet.*), stranded cable.
— **bicoppia,** quadded cable.
— **bifilare** (*elet.*), twin cable.
— **bifilare schermato** (*elet.*), screened twin cable.
— **chiuso,** locked cable; closed cable.
— **coassiale,** coaxial cable.
— **compatto** (*tel.*), solid cable; tight-core cable (U.S.A.).
— **concentrico,** concentric cable.
— **concentrico triplo** (*elet.*), triple-concentric cable.
— **conduttore di tipo chiuso** (*elet.*), locked-coil conductor.
— **con guaina in piombo,** lead sheath cable.
— **d'accensione** (*aereo*), ignition cable.
— **d'acciaio,** steel cable; steel wire rope (*sollevamento*).
— **d'aereo,** aircraft cable.
— **d'alimentazione d'entrata** (*elet.*), incoming feeder.
— **d'alimentazione di ritorno** (*ing. elet.*), negative feeder; return feeder.
— **d'attacco,** connection cable.
— **della spazzola,** brush lead.
— **di comando** (*aereo*), control cable.
— **di comando del motore** (*aereo*), engine control cable.
— **di congiunzione** (*elet.*), connecting cable.
— **di controllo alettoni** (*aereo*), aileron control cable.

cavo di controllo del timone di direzione (*aereo*), rudder control cable.
— **di discesa d'antenna,** aerial lead-in.
— **di distribuzione,** shunt cable.
— **di estrazione** (*min.*), hoisting cable; hoisting rope.
— **di lubrificazione,** lubricator cable.
— **di perforazione** (*min.*), drilling cable.
— **di piccolo diametro,** small diameter cable.
— **di rimorchio,** tow rope.
— **di ritorno** (*di teleferica*), fall rope.
— **di sospensione,** suspension cable (*elet.*); holding rope (*pesi*); pull-off cable (*di catenaria*).
— **di sostentazione** (*aereo*), drag wire.
— **di tensione,** bracing wire.
— **di terra** (*elet.*), earth wire.
— **di trazione** (*ing.*), traction rope.
— **doppio intrecciato** (*elet.*), twisted twin cable.
— **d'ormeggio** (*aereo*), mooring rope; hawser (*naut.*)
— **elettrico,** electric cable.
— **flessibile** (*cordone*) (*elet.*), flex wire; trailing cable.
— **flessibile schermato** (*elet.*), screened trailing cable.
— **fluviale,** river cable.
— **freno carrello** (*aereo*), cable to wheel brake.
— **gemello** (*elet.*), twin cable.
— **impermeabile,** weatherproof cable.
— **in fibra ottica** (*telecomunicaz.*), optical fibre cable.
— **in gomma,** rubber covered cable.
— **in olio,** oil-filled cable.
— **interrato** (*elet.*), buried cable.
— **intrecciato** (*elet.*), twisted cable.
— **isolato,** insulated cable.
— **isolato alla carta,** paper-insulated cable.
— **isolato alla gomma,** rubber-insulated cable.

cavo metallico, wire cable; wire rope.
— **metallico per trazione aerea su piano inclinato,** wire gravity cable.
— **misto,** composite cable.
— **moderatore** (*aereo*), drag rope; guide-rope; trail rope.
— **multiplo** (*elet.*), multiple-turn cable.
— **multipolare** (*elet.*), multicore cable.
— **non armato** (*elet.*), unarmoured cable.
— **per aerei** (*aereo*), aircraft sable.
— **per corrente monofase** (*elet.*), single-phase cable.
— **per forza motrice** (*elet.*), power cable.
— **per illuminazione,** electric light cable.
— **per miniere,** mining cable.
— **per perforazione «rotary»** (*ind. min.*), rotary drilling line.
— **per pozzi** (*min.*), pit cable.
— **per rete superiore a 132 KV** (*elet.*), supergrid cable.
— **piatto,** flat cable.
— **portante,** bearer cable.
— **protetto,** tamper-proof cable.
— **pupinizzato** (*telef.*), coil-loaded cable; Pupin cable.
— **rivestito,** covered cable; sheathed cable.
— **rivestito in alluminio,** aluminium sheathed cable.
— **sotterraneo,** underground cable.
— **sottomarino,** submarine cable.
— **sotto piombo,** leaded cable; lead-covered cable.
— **stagno,** watertight cable.
— **telefonico,** telephone cable
— **telegrafico,** telegraph cable.
— **telegrafico sottomarino,** submarine telegraph cable.
— **televisivo** (*telev.*), television cable.
— **tipo** (*elet.*), standard cable.
— **traente** (*di teleferica*), haulage cable; (*min.*), shaft cable; pulling rope.

cavo transatlantico, transatlantic cable.
— **(guaina del —),** cable sheathing.
— **(lasciar scorrere il —),** to pay out.

cazzeruola, *f.* (*utensile cucina*), casserole.

cazzuola, *f.* trowel.
— **da lisciare,** smoothing trowel.
— **per fonderia,** Scotch trowel.
— **per giunti,** pointing trowel.
— **quadra,** square pointed trowel.
— **rotonda,** round trowel.
— **usata per pozzetti di colata** (*fond.*) (*a bordo tagliente*), gate knife.

CECA, ((l') Alta Autorità della CECA), (the) ECSC High Authority. (La CECA è ora fusa nelle Comunità Europee).

cedere, *v.a.* (*chim.*), to give up; *v.i.* (*cost.*), to give way (*rompersi; rif. a superfici stradali, funi*), to give.

cedevolezza, *f.* (*audio*) (*testine fonografiche*), compliance.

cedimento, *m.* settling; settlement; (*ribasso, caduta precipitosa di prezzi, titoli, ecc.*), slump.
— **della muratura,** settling of wall.
— **delle fondamenta,** settlement (*or* settling) of the foundations.

cedro, *m.* cedar.

celadonite, *f.* celadonite.

celerimensura, *f.* fly-surveying.

celeste, *agg.* light blue.

celestina, *f.* celestine; strontium sulphate.
— **(blu —),** celestine blue.

cella, *f.* cell; (*di forno a pozzo*) (*met.*), cell; hole.
— **al solfammico** (*met.*), sulfamate cell.
— **blindata** (*fis. atom.*), shielded cell.
— **calda** (*fis. atom.*), hot cell.
— **dei reticoli** (*fis. atom.*), lattice cell.
— **del tipo a combustione unidirezionale** (*forni a pozzo*) (*met.*), one way fired cell.

cella di carico (*treno finitore met.*), load cell.
— **di corrosione** (*met.*), corrosion cell.
— **di corrosione locale** (*met.*), local cell.
— **elettrolitica,** electrolytic cell.
— **di flottazione** (*chim.*), flotation cell.
— **di memoria** (*inform.*), cell.
— **dinamometrica** (*mecc.*), dynamometric cell.
— **frigorifera,** refrigerating room.
— **solare,** solar cell.
— **solare al silicio** (*elettron.*), silicon solar cell.
— **solare fotovoltaica,** photovoltaic solar cell.
celle per galvanotecnica, plating cells.
cellite, *f.* (*chim.*), cellite.
cellofane, *f.* cellophane.
— (*m.*) **rivestito,** coated cellophane.
— **semplice,** plain cellophane.
cellula, *f.* (*aereo*), wing cell; airframe; cell (*fis.*) (*elet.*).
— **al cesio,** caesium cell.
— **al potassio,** potassium cell; K-photocell.
— **al sodio,** Na-photocell; sodium cell.
— **a mercurio** (*chim.*), mercury cell.
— **a mercurio De Nora** (*cloro*), De Nora mercury cell.
— **fotoelettrica,** photoelectric cell; photocell; phototube; photoelectric tube.
— **fotoelettrica al cesio** (*con vuoto sostituito da un'atmosfera di ossigeno*), caesium oxygen cell.
— **fotoelettrolitica,** photo-electrolytic cell; photo-voltaic cell; photo-chemical cell.
— **fotoemittente,** photo-emissive cell; emission cell.
— **(sistema ausiliario montato sulla —)** (*aereo*) (*mot.*), airframe-mounted auxiliary drive system.
celluloide, *f.* celluloid.
cellulosa, *f.* cellulose; wood pulp.
— **alfa** (*chim.*), alpha cellulose.
cellulosa al solfito, sulphite wood pulp.
— **rigenerata,** reclaimed cellulose.
cementabilità (*durezza*), hardenability.
cementare, *v.a.* to carbonize; to case-harden; (*con calcestruzzo*), to concrete.
— **una macchina,** to grout a machine in concrete.
cementatura, *f.* (*della mola*), cementing.
cementazione, *f.* cementation; case-hardening; casehardening; pack-hardening (*c. con raffreddamento in olio*); (*petrol.*), cementing.
— **a foro pieno** (*petrol.*), full hole cementing.
— **carburante,** carburizing.
— **carburante non ossidante,** non-scale carburizing.
— **di fori di sonda,** cementing (of) bore-holes.
— **di pozzi di petrolio,** cementing (of) oil-wells.
— **nitrica,** nitriding.
— **profonda** (*met.*), deep cementing.
— **quantitativa** (*chim.*), quantitative cementation.
— **superficiale dell'acciaio,** surface hardening of steel.
— **(collare per —),** cementing collar.
— **(ombrello di —),** cementing basket.
— **(scarpa di —),** cementing shoe.
— **(tappo di —),** cementing plug.
— **(testa di —),** cementing head.
cementeria, *f.* cement factory.
cementificio, *m.* cement works; cement mill.
cementista, *m.* cement mixer operator (*operaio c. mescolatore*); cement finisher (*operaio c. finitore*); concreter.
— **armatore,** *m.* concrete labourer; concrete laborer (U.S.A.).
cementite, *f.* (*met.*), cementite.
— **globulare,** spheroidized cementite (U.S.A.); spheroidal cementite; globular cementite.

cementite sferoidale, spheroidal cementite.
cemento, *m.* (*ing. civ., cost.*), cement.
— **areato,** air-entraining cement; aerated concrete.
— **a lenta presa naturale,** normal hardening cement; normal-setting cement; slow hardening cement.
— **allo zolfo,** sulphur cement.
— **alluminoso,** aluminous cement.
— **al silicato,** silicate cement.
— **amianto,** *m.* asbestos cement.
— **antiacido,** acidproof cement.
— **a rapida presa,** rapid-hardening cement; quick-setting cement.
— **armato,** reinforced concrete.
— **armato per grossi getti,** mass concrete work; bulk concrete.
— **armato precompresso,** prestressed concrete; prestressed concrete.
— **armato vibrato,** vibrated concrete.
— **cellulare,** cellular concrete.
— **d'altoforno,** blastfurnace cement.
— **da presa,** set cement.
— **del tipo ad espansione,** expanding type cement.
— **di pozzolana,** trass cement.
— **espansivo,** expanded concrete.
— **fuso,** cement fondu.
— **liquido,** cement grout.
— **Portland,** Portland cement.
— **Portland bianco,** white Portland cement.
— **Portland comune,** ordinary Portland cement.
— **refrattario,** refractory cement
— **resistente al solfato** (*cost.*) sulphate-resisting cement.
— **romano,** Roman cement.
— **sfuso,** loose cement.
— **(inizio della presa del —),** initial set.
— **(malta di —),** cement mortar.
— **(poltiglia di —),** cement grout.
ceneraio, *m.* ash pan; ash pit.
cenere, *f.* ash.
cenere ematitica (*min.*), hematitic calcine.
— **magnetica** (*min.*), magnetic calcine.
— **radioattiva** (*fis. atom.*), radioactive ash.
ceneri (*f. pl.*), **di antimonio,** antimony ashes.
— **di lavaggio** (*min.*), calcines from scrubber.
— **di pirite** (*min.*), pyrite calcines.
— **ematitiche preriscaldate** (*min.*), preheated hematitic calcines.
— **(percentuale di —),** ash percentage.
cenotron, *m.* kenotron.
censura, (*comitato di censura inglese per i film*), British Board of Film Censors.
— **dei film** (*cinem.*), film censorship.
centigrado, *m.* centigrade.
centigrammo, *m.* centigramme.
centiguide, *f. pl.* (*ind. carta*), deckel straps.
centilitro, *m.* centiliter.
centimetro, *m.* centimetre.
— **cubo,** cubic centimetre.
— **-grammo-secondo, sistema,** centimetre-gramme-second (C. G.S.) system.
centina, *f.* wing-rib (*aereo*); rib (*aereo*); centering (*cost. civ.*); centre-bit; centre.
— **ausiliare** (*aereo*), nose rib (*si tuata fra il longherone anteriore ed il bordo d'entrata*); false rib.
— **degli archi,** centering of arches.
— **delle volte,** centering of vaults.
— **dello stabilizzatore** (*aereo*), tail plane double rib.
— **metallica circolare** (*per miniere*), steel arch.
— **principale dell'ala** (*aereo*), compression rib.
— **(travetti per —)** (*min.*), bars.
centinato, v. nastro — (*met.*).
centinatrice, *f.* (*macch. ut.*), cambering machine.
centinatura, *f.* centering; (*distorsione longitudinale dovuta a difettosa laminazione*) (*met.*), bow.

centinatura o sciabolatura del nastro (*met.*), camber.
centraggio, *m.* centering; spotting (*di fori*).
— **verticale** (*telev.*), vertical centering.
— **(a — automatico),** self-centring.
centrale, *f.* (*elet.*), central station.
— **a bassa caduta** (*elet.*), low-head station.
— **ad acqua fluente,** river power plant.
— **(alimentata) a carbon fossile** (*elet.*), fossil fuelled power station.
— **atomica** (*fis. atom.*), nuclear power plant; nuclear power station.
— **a valle,** downstream power plant.
— **a vapore,** steam generating station.
— **dattilografica,** typing pool.
— **del latte** (*agr., comm.*), market milk plant.
— **di distribuzione** (*elet.*), substation; distributing station.
— **di distribuzione d'acqua,** waterworks.
— **elettrica,** power house; power plant; power station.
— **elettrica a carbone** (*elet.*), coal-fired power station; coal-fired generating station.
— **elettromeccanica** (*tel.*), electromechanical exchange.
— **geotermica** (*geol., elet.*), geothermal plant.
— **idraulica,** hydraulic power plant.
— **idroelettrica,** hydroelectric plant; hydroelectric station.
— **idroelettrica di accumulazione,** pumped-storage plant.
— **in caverna,** underground powerstation.
— **maremotrice** (*elet.*), tidal power plant.
— **mobile di mescolamento in sito** (*macchine stradali*), mix-in-place travel plant.
— **nucleare,** atomic energy plant; nuclear power station; nuclear plant.
centrale per forza motrice, power station.
— **per illuminazione,** central lighting station.
— **regionale,** long-distance central station.
— **solare** (*elet.*), solar power station.
— **su fiume** (*elet.*), river-run power plant.
— **telefonica,** telephone exchange; single-office exchange,
— **telefonica digitale con controllo del programma registrato** (*primi anni del '70*) (*tel.*), digital SPC exchange.
— **telefonica « intelligente »** (*inform.*), « intelligent » exchange.
— **telefonica orbitale,** orbiting telephone exchange.
— **telefonica pubblica** (*tel.*), public telephone exchange.
— **termica,** thermal power plant.
— **termica solare** (*energia solare*), solar thermal power plant.
— **termoelettrica** (*elet.*), steam plant.
— **termonucleare** (*fis. atom.*), thermonuclear power station.
— **urbana,** municipal central station.
centralina di editing (*inform.*), editing exchange.
— **di pompaggio** (*forni elet., met.*), central pumping station.
— **oleodinamica,** hydraulic power pack.
centralino, *m.* (*telef.*), exchange.
— **a batteria locale a spine** (*telef.*), plug switchboard.
— **a rack,** rack.
— **automatico a relè** (*telef.*), automatic relay operated exchange.
— **per telescriventi,** teleprinter exchange.
— **telefonico,** telephone exchange.
centralizzare (*i comandi*), to centralize.
centralizzazione dei comandi (*naut. mecc. ecc.*), centralization of controls.

centramento, *m.* centering.
— **della bolla,** setting the bubble.
centrare, *v.a.* to centre; to sight (*top.*).
— **la torretta** (*macch. ut.*), to position the turret.
— **l'immagine sullo schermo** (*telev.*), to center the image on (the) screen.
— **un foro,** to centre a hole.
— **un pezzo,** to centre a work (piece).
— **(utensile per —),** centering tool.
centratore, *m.* centering device.
centratrice automatica (*macch. ut.*), automatic centring machine.
— **intestatrice** (*macch. ut.*), centring and end-facing machine.
— **intestatrice a una testa** (*macch. ut.*), single endled centring and end-facing machine.
— **intestatrice automatica** (*macch. ut.*), automatic centring and end-facing machine.
— **intestatrice doppia** (*macch. ut.*), double ended centring and end-facing machine.
centratura, *f.* centering (*mecc.*); centre-marking (*col truschino*).
— **al tornio,** turning in the round.
centrifuga, *f.* (*mecc.*), centrifuge.
— **ad aria,** air spinner.
— **a gas** (*metodo di arricchimento dell'uranio, con centrifuga a gas, che sostituisce quello convenzionale a diffusione gassosa*) (*fis. atom.*), gas centrifuge (*process for enriching uranium*).
— **a paniere,** basket centrifuge.
— **per depurazione lubrificanti** (*macch. ut.*), centrifugal oil clarifier (*or* purifier) (*or* strainer).
— **rapida,** high-speed centrifuge.
centrifugare, *v.a.* to centrifuge; to spin.
centrifugazione, *f.* centrifuging.
— **dei metalli** (*ing.*), metal spinning.
centrifugo, *agg.* centrifugal.
centripeto, *agg.* centripetal.
— **(accelerazione —),** centripetal acceleration.
— **(forza —),** centripetal force.
centro, *m.* centre, center (U.S.A.).
— **atomico,** atomic centre.
— **battistrada** (*gomme auto*), central tread band.
— **carbonifero,** coal-mining centre.
— **degli ingranaggi,** centre of gears.
— **dei coni** (*ingr.*), apex.
— **del ciclone** (*area centrale di un ciclone tropicale*), eye of storm.
— **della trave,** girder centre.
— **di calcolo (trattamento dell'informazione)** (*inform.*), computer centre; computing centre.
— **di commutazione per il flusso dei dati da un Paese all'altro** (*inform.*), switching centre for transborder data flow.
— **di controllo di missioni aerospaziali** (*astron.*), mission control centre.
— **di curvatura,** centre of curvature.
— **di diffusione** (*fis. atom.*), scattering centre.
— **di fecondazione artificiale** (*agr.*), artificial insemination (AI) centre.
— **di gravità,** centre of gravity.
— **di lancio** (*astron.*), launch centre.
— **di lavorazione a controllo numerico** (*macch. ut.*), numerically controlled machining centre.
— **di lavorazione controllato da elaboratore** (*macch. ut.*), computer-controlled machining centre.
— **di lavorazione di lamiere** (*macch. ut.*), sheet-metalworking centre.
— **di oscillazione,** centre of oscillation.
— **di percussione,** centre of percussion.

centro di portanza (*aereo*), centre of lift.
— **di pressione,** centre of pressure.
— **di pressione in posizione arretrata** (*aereo*), centre of pressure back (*abbrev.* C. P. B.).
— **di pressione in posizione avanzata** (*aereo*), centre of pressure forward (*abbrev.* C. P. F.).
— **di raccolta per il petrolio** (*per piccoli pozzi lontani dalla piattaforma*), collecting centre for oil.
— **di rotazione,** centre of rotation; centre of gyration.
— **di spinta** (*aereo*), centre of buoyancy.
— **di una trave,** centre of a girder.
— **elaborazione dati** (*calcol. elettron.*), data processing centre.
— **istantaneo di rotazione** (*ingr.*), rolling point.
— **minerario,** mining centre.
— **ottico** (*lenti*), optical centre.
— **operativo** (*in una rete di comunicazioni di dati*) (*inform.*), node.
— **progetti spaziali** (*astron.*), space projects center (U.S.A.).
— **ricreativo** (*di club, ecc.*), leisure centre.
ceppi (*per es. nelle miniere di carbone*), stumps.
— **(togliere i —)** (*aereo*), to remove blocks.
ceppo (*m.*) **dell'incudine,** anvil cushion; anvil block.
— **di legno,** log.
— **di sostegno,** packing up block.
— **di un'àncora** (*naut.*), stock.
— **di un freno,** brake block; shoe; brake shoe.
cera, *f.* wax.
— **d'api greggia,** crude beeswax.
— **d'api imbianchita** (*al sole o chimicamente*), bleached beeswax.
— **d'api ordinaria,** beeswax.
— **delle api,** beeswax.
— **candelilla,** candelilla wax.
— **carnauba,** Brazil wax; carnauba wax.
— **detersiva,** detergent wax.
— **di lignite,** montan wax.
cera d'insetti (*cera cinese*), Chinese insect wax.
— **di ricino fluofosfatata** (*lubrificanti met.*), fluoride phosphate castor wax.
— **di spermaceti,** spermaceti (cetaceum).
— **minerale greggia,** ozokerite; earth wax.
— **minerale raffinata,** ceresin; mineral refined wax.
— **montana,** montan wax.
— **per pavimenti** (*chim.*) floor wax.
— **per tessili,** textile wax.
— **resistente al fuoco,** fire resistant wax.
— **sintetica,** synthetic wax.
ceralacca, *f.* sealing-wax.
ceramica, *f.* ceramics; pottery; (*stabilimento*), brick works; tilery.
— **ferromagnetica,** ferromagnetic ceramic.
— **per applicazioni elettriche ed elettroniche,** ceramic for electric applications; electrical ceramic.
— **resistente allo shock termico,** thermal shock resistant (electrical) ceramic.
ceramiche al litio, lithium ceramics.
— **bianche,** white ceramics.
— **nere,** black ceramics.
ceramico, *agg.* ceramic.
ceramista, *m.* ceramist.
cercapoli, *m.* pole finder.
cercare (*v.a.*) **l'acqua** (*con trivellazione*), to bore for water.
cercatore, *m.* detector.
cerchiare (*v.a.*) **una ruota,** to box a wheel.
cerchiatura di rinforzo (*condotte forzate, gasdotti, ecc.*), reinforcement ring (*or* sheet).
cerchio, *m.* (*geom.*), circle.
— **a cuneo,** wedging hoop.
— **azimutale** (*di teodolite*) (*top.*), azimuth circle.
— **circoscritto,** circumscribing circle; circumcircle
— **del piede** (*ingr.*), dedendum circle.

cerchio di base (*ingr.*), base circle.
— **di distanza elettronico** (*radar*), electronic range ring.
— **di troncatura del dente** (*ingr.*), addendum circle.
— **di una ruota,** felly; tyre.
— **galattico** (*astron.*), galactic circle.
— **inscritto,** inscribed circle.
— **interno d'una ruota,** rim.
— **orario,** hour circle.
— **primitivo** (*ingr.*), pitch circle.
— **zenitale** (*di teodolite*) (*top.*), vertical circle.
— **(far rotare di un — completo),** to rotate through a complete circle.
cerchione, *m.* (*auto, ecc.*), wheel rim; (*ferr.*), tyre; tire.
— **da ruota,** tyre rim.
— **di bicicletta,** cycle rim.
cere artificiali, artificial waxes.
— **sintetiche,** synthetic waxes.
— **vegetali,** vegetable waxes.
cereali alimentari (*comm.*), food grains.
ceresina (*chim.*), ceresine; ceresine wax.
cerimonia di inaugurazione con taglio del nastro (*autostrade, ecc.*), tape-snipping cerimony.
cerino, *m.* (*fond.*), waxed thread.
cerio, *m.* (*chim.* = Ce), cerium.
cermet, *m.* ((*o metallo ceramico*) (*met.*), cermet.
cerniera (*mecc.*), hinge.
— **cilindrica,** cylindrical hinge.
— **d'imposta,** abutment hinge.
— **di nodo,** tie-bar joint.
— **fissa,** fixed hinge.
— **in acciaio,** steel hinge.
— **in cemento armato,** reinforced concrete hinge.
— **in conci di pietra,** stone hinge.
— **mobile,** movable hinge.
— **sferica,** ball joint.
cernita, *f.* sorting.
— **della lana,** wool sorting.
cernitrice, *f.* (*fond.*), grading machine.
cerotato, *m.* (*chim.*), cerotate.
certificato, *m.* certificate.
certificato di abilitazione concesso dalla C.A.A. (*aereo*), flying school rating (U.S.A.).
— **di assicurazione,** insurance certificate.
— **di avaria,** damage report.
— **di classe** (*naut.*), certificate of character.
— **di collaudo,** trial certificate.
— **di conformità** (*materiali*), certificate of compliance.
— **di entrata** (*dogana portuale*), certificate of clearing inwards.
— **di garanzia (fino al) 1988** (*auto*), certificate of fitness (to) 1988.
— **di navigabilità** (*aereo*), airworthiness certificate; C. of A.; certificate of airworthiness; (*naut.*), certificate of seaworthiness.
— **di origine,** certificate of origin.
— **di prova,** test certificate.
— **di sanità,** health certificate.
— **d'uscita** (*dogana portuale*), certificate of clearing outwards.
certificazione (*aereo, ecc.*), certification.
ceruleina, *f.* (*chim., tess.*), cerulein.
cerussa, *f.* white lead.
cerussite (*min.*), cerussite.
cervello (*m.*) **elettronico,** electronic brain.
— **oleodinamico,** fluidic « brain ».
cervo (corna di —), hartshorn.
cesellare, *v.a.*, to chisel.
cesello, *m.* chisel.
cesio, *m.* (*chim.* = Cs), caesium.
cesoia, *f.* shearing machine; shears o shear (*met.*); tin snips (*per saldatori*).
— **a bordare,** trimming shears.
— **a coltelli circolari** (*met.*), rotary side-trimming shear.
— **a dischi,** circular shears.
— **a dividere a caldo** (*met.*), hot plate shear.
— **a dividere a freddo** (*met.*), cold end shear.
— **a dividere a tamburo rotante** (*mecc.*), rotary drum dividing shear.
— **a ghigliottina,** guillotine shears.

cesoia a ghigliottina idraulica (*macch. ut.*), hydraulic guillotine shears.
— **a ghigliottina (tagliato con — a ghigliottina)** (*met.*), guillotined, *p.p.*
— **a lame circolari** (*macch. ut.*), roller type shears.
— **a lame oscillanti,** floating blades shears.
— **a leva d'angolo,** angle lever shears.
— **a mano,** hand shears.
— **a rifilare di lato** (*met.*), side cut shear.
— **a rulli per tagli spirali** (*met.*), spiral shears.
— **a tavola a leva** (*met.*), hand lever shears.
— **a transfer** (*met.*), shearing line.
— **bordatrice** (*met.*), side shear.
— **circolare,** circular shears.
— **circolare multipla,** multiblade circular shears.
— **combinata con punzonatrice** (*met.*), combination punch; shear and bar cutter.
— **combinata senza punzonatrice** (*met.*), combination shear and bar cutter.
— **da banco,** bench shears.
— **da lattoniere,** tinman's shears; straight snips.
— **del tipo rotante,** flying shear.
— **di spuntatura** (*met.*), crop shear (U.S.A.).
— **elettrica** (*met.*), electric shears.
— **idraulica** (*met.*), hydraulic shears.
— **intagliatrice roditrice,** nibbler.
— **intestatrice** (*met.*), end shears.
— **laterale** (*met.*), side shear.
— **meccanica,** shearing machine.
— **oscillante** (*met.*), tilting shears.
— **per billette e per piattine,** billet and sheet bar shears.
— **per billette, lingotti e barre,** bar, ingot, billet shear.
— **per bramme** (*met.*), slab crop shear.
— **per cavi metallici,** wire-rope shears.

cesoia per lamiere, plate shearing machine.
— **per profilati** (*met.*), section shears.
— **per slitting** (*met.*), slitting shears.
— **per spuntature** (*met.*), end shears.
— **per strisce di lamiere a lame trasversali** (*met.*), strip shears with cross knives.
— **per taglio a caldo** (*met.*), hot cutting shears.
— **per taglio longitudinale** (*met.*), slitting shears.
— **per tondo di cemento armato,** reinforcement-bar cutter.
— **punzonatrice,** blanking shears.
— **rotativa** (*met.*), rotating shears.
— **sfridi** (*met.*), scrap cutter.
— **spuntatrice** (*met.*), cropping shears.
— **tagliarottami** (*met.*), scrap-shears.
— **volante** (*met.*), flying shear.
— **volante per spuntare** (*met.*), flying crop shear.
— **(lunghezza coltelli —)** (*met.*), shear knives length.
— **(pressione massima di taglio della —)** (*met.*), cutting pressure.

cesoiatura, *f,* (*met.*), shearing.
— **(linea di —)** (*met.*), shearing line.

cesoie per le ossa (*med.*), bone forceps.

cessare di funzionare (*razzi*) (*astron.*), to burn out.

cessione (*p. es. di un'area in concessione e coltivazione*) (*leg., petrol., min.*), surrender (of a permit area).

cesta, *f.* (*aereo*) basket.
— **di carica** (*met.*), charging bucket.

cestello, *m.* basket.
— **congelatore** (*frigorifero*), deep-freeze basket.
— **per bottiglie da latte in filo metallico** (*met. agr.*), wire milk bottle crate.
— **scolapiatti** (*lavatura stoviglie*), dish drain basket.

cetano (*chim.*), cetane (v. **numero di —**).

chabotte, *f.* anvil block.

chamotte (mattone di —) (*met.*), chamotte brick.

chassis, *m.* (*auto*), chassis.

— **doppio** (*fot.*), double dark slide.

— **metallico** (*per lastre negative*) (*fot.*), dark slide.

chemisorzione, *f.* (*chim.*), chemisorption.

— **su piani monocristallini** (*fis. chim.*), chemisorption on single-crystal planes.

chemosfera, *f.* (*atmosfera della Terra a 30-80 km di altitudine, nota per i suoi processi fotochimici*) (*astr.*), chemosphere.

cherosene, *m.* kerosene; kerosine.

chetoni, *m. pl.* (*chim.*), ketones.

cheviot, *m.* (*tess.*), cheviot.

chiamare (*telef.*), to call.

chiamata (*f.*) (*teleg.*), signalling; (*con telefono automatico*) (*tel.*), dialling.

— **automatica** (*inform.*), autocall; auto-dialling.

— **di allarme** (*tel.*), alarm call.

— **di ripetizione** (*con la quale la centrale prova un numero occupato, chiamando l'utente quando ha la risposta*), repeat call.

— **generale** (*radio*), general enquiry call.

— **radiotelefonica**, radio telephone call.

— **selettiva automatica** (*inform.*), autopoll.

— **semi-automatica** (*tel.*), machine key-ringing.

— **telefonica** (*telef.*), call.

— **telefonica internazionale**, international call.

— **telefonica locale**, call within city limits.

— **(apparecchio per — automatica)**, auto dialler.

— (*tel.*), v. **trasferimento di —**.

chiarezza, *f.*, brightness; clearness.

chiarificare, *v.a.* to purify.

chiarificatore, *m.* (*fot.*, *ecc.*), clarifier.

chiarificazione, *f.* clarification (*liquidi*); settling (*sedimentazione*).

chiaro, *agg.* clear (*tel.*, *radio*); light-hued (*colori*); (*tip.*), light type (*carattere chiaro*).

— **scuro** (*tip.*), brace ends.

chiatta, *f.* (*naut.*), barge; lighter.

— **di carbone**, coal barge; collier.

— **per perforazioni**, drilling barge.

chiatte (rimorchiatore per —), leighterage tug.

chiavarda, *f.* stone bolt; rag bolt; concrete screw.

— **a becco** (*ferr.*), T-headed bolt.

— **a capocchia sferica** (*ferr.*), bolt with ball head.

— **a testa rotonda**, round head bolt.

— **da murare**, cock pin; cock screw.

— **di fondazione**, lewis bolt; foundation bolt.

— **di scambio**, switch bolt.

chiave, *f.* key (*per serratura*); spanner (*per bulloni*); wrench.

— **a forchetta**, fork wrench.

— **a gancio**, hooked key.

— **antifurto** (*elet.*), burglar alarm lock switch.

— **a spina** (*elet.*), detachable-key; loose key.

— **a tubo**, tubular spanner.

— **dinamometrica**, dynamometric key.

— **di un arco**, crown; key of an arch; top of an arch; key brick (*in mattone*); key stone (*in pietra*).

— **di un rubinetto**, key of a cock; plug of a cock.

— **fissa a collare**, box wrench.

— **fissa aperta semplice**, single head wrench.

— **fissa a tubo**, socket wrench.

— **fissa da dadi**, double-ended spanner; spanner.

— **inglese**, monkey spanner; monkey wrench; universal screw wrench.

— **inglese a manico girevole**, monkey-wrench.

chiave inglese a rullino, screw-wrench.
— **magnetica codificata** (*auto, ecc.*) coded magnetic key.
— **per accensione** (*mecc.*), ignition spanner.
— **per automobile,** car wrench.
— **per dadi,** wrench; spanner; nut screw driver.
— **per muratura,** lead plug.
— **per piegare,** bending wrench.
— **per tubi,** pipe-wrench.
— **per tubi e per dadi,** combination pipe and nut wrench.
— **per uso generale,** general purpose wrench.
— **per viti a legno** (*ing.*) (*a forma di T*), box spanner.
— **pneumatica,** impact wrench.
— **registrabile per tubi,** adjustable pipe wrench.
chiavetta, *f.* key (*mecc.*); cotter (*specialmente per chiavette soggette a tensione o compressione*).
— **ad angoli rotondi,** round-end key.
— **a nasello,** nose key; gibhead key.
— **a scanalatura** (*mecc.*), grooved pin.
— **concava,** saddle key.
— **di guida,** feather key.
— **di scanalatura** (*elet.*), slot wedge.
— **doppia,** double key.
— **fissa carrello** (*macch. da scrivere*), carriage lock key.
— **incassata,** sunk key.
— **incassata conica,** tapered sunk key.
— **incassata diritta,** straight sunk key.
— **per eliche,** propeller key.
— **piatta,** flat key.
— **quadra,** square key.
— **ribassata,** flat key.
— **rotonda,** round key; round-taper pin key.
— **scorrevole,** sliding key; feather key.
— **semplice,** plain key.
— **speciale,** special key.
— **tangenziale,** tangent wedge.
— **trasversale,** cotter.
chiavetta Woodruff, Woodruff key.
chiavettare, *v.a.* to key.
chiavette (*f. pl.*) **multiple,** multiple splines; integral shaft spines.
chiavi in mano (*contratto*) (*cost.*), turnkey contract.
chiavica, *f.* (*idraul.*), sluice; lock.
chiavistello, *m.* door latch.
chiazzamento, *m.* (*vernici*), spotting.
chiedere una prova gratuita (*di macchine, ecc.*), to ask for a free demonstration.
— (*v.a.*) **un brevetto,** to apply for a patent.
chiesa, *f.* (*costr.*), church.
chiffon, *m.* (*tess.*), chiffon.
chiglia, *f.* (*naut.*), keel.
— **composta,** side-bar keel.
— **di rollio** (*naut.*), bilge keel.
— **piatta** (*naut.*), flat-plate keel.
— **(impostazione della —)** (*naut.*), keel-laying.
chiloampere (*elet.*), kiloamp.
chilocaloria, *f.* kilogram calorie.
chilociclo, *m.* kilocycle.
chilodina, *f.* kilodyne.
chilogauss, kilogauss.
chilogrammetro, *m.* kilogrammeter.
chilogrammo, *m.* kilogram(me).
chilo-linea, *f.* (*magnet.*), kilo-line
chilolumen, *m.* kilolumen.
chilometraggio, *m.* (*auto*), mileage.
chilometro, *m.* kilometre.
— **(con partenza) da fermo** (*auto*) (*tempo*), standing kilometre.
chiloton, *m.* (*esplosivi*) (*forza esplosiva equivalente a 1016 t di dinamite*), kiloton.
chilovolt, *m.* kilovolt.
chilowatt, *m.* kilowatt.
— **-ora,** kilowatt-hour.
chimica, *f.* chemistry.
— **agraria,** agricultural chemistry.
— **analitica,** analytical chemistry.
— **applicata,** applied chemistry.
— **biologica,** biological chemistry.
— **dei prodotti alimentari,** food chemistry.
— **dei reattori** (*fis. atom.*), reactor chemistry.
— **della cellulosa,** cellulose chemistry.

chimica della gomma, rubber chemistry.
— **delle alte temperature,** high-temperature chemistry.
— **delle materie plastiche,** plastics chemistry.
— **delle radiazioni** (*fis. atom.*), radiation chemistry.
— **delle vernici,** paint chemistry.
— **eterociclica,** heterocyclic chemistry.
— **farmaceutica,** medicinal chemistry.
— **fisica,** physical chemistry.
— **industriale,** industrial chemistry.
— **inorganica,** inorganic chemistry.
— **metallurgica,** metallurgical chemistry.
— **nucleare** (*fis. atom.*), nuclear chemistry.
— **organica,** organic chemistry.
— **petrolifera,** petroleum chemistry.
— **(affinità —),** chemical affinity.
chimico, *m.* chemist; *agg.* chemic(al).
chimociclografo, *m.* (*med.*), kymocyclograph.
chimografia, *f.* kymography.
chimografo, *m.* (*aereo*), kymograph.
chimogramma, *m.*, kymogram.
chimoscopio, *m.* (*med.*), kymoscope.
china (corteccia di —), *f.* china-bark.
chinachina, *f.* Peruvian-bark.
chinino, *m.* quinine.
chinolina, *f.* (*chim.*), chinoline; quinoline.
chinone, *m.* (*chim.*), quinone.
chiocciola, *f.* (*mecc.*), female screw.
— **del freno,** brake nut.
— **di una vite,** lock nut.
— **di un tornio,** lathe-nut box.
— **(scala a —),** winding stair.
chiodaia, *f.* swage block; rivet set.
chiodare, *v.a.* to rivet; to nail (*con chiodi sottili*).
chiodatrice, *f.* (*mecc.*), riveting machine; riveter.
chiodatrice a cinghia, belt driven riveter.
— **ad aria compressa,** pneumatic riveting machine.
— **a leva,** lever riveting machine.
— **a mano,** hand riveting machine.
— **a manovella,** crank driven riveting machine.
— **a martello,** hammer riveting machine.
— **a vapore,** steam driven riveting machine.
— **a vite,** screw riveting machine.
— **elettrica,** electric riveting machine.
— **fissa,** stationary riveting machine.
— **idraulica,** hydraulic riveting machine.
— **portatile,** (hand) portable riveting machine; transportable riveter.
— **regolabile,** adjustable riveting machine.
chiodatura, *f.* riveting (*operazione di c.*); rivet (*fila di chiodi*); seam (*cucitura, orlo di ribaditi*); riveted joint.
— **a caldo,** hot riveting.
— **a coprigiunto semplice,** single riveted butt-joint.
— **a doppio coprigiunto,** double riveted butt-joint; double butt strap joint.
— **a due coprigiunti tripla,** triple riveted joint.
— **a due file di chiodi,** double-riveted joint.
— **a file,** riveting in row.
— **a file sfalsate,** zigzag riveted joint; staggered riveted joint.
— **a freddo,** cold riveting.
— **a macchina,** machine riveting.
— **a mano,** hand riveting.
— **a sovrapposizione,** lap joint; lap riveted joint.
— **a sovrapposizione doppia,** double-riveted lap joint.
— **a sovrapposizione semplice,** single-riveted lap joint.
— **con coprigiunto,** butt riveted joint.

chiodatura convergente, diamond riveted joint.
— **doppia,** double riveted joint; double riveting.
— **elettrica,** electric riveting.
— **ermetica,** staunch tight joint; close rivet joint.
— **livellata,** flush riveting.
— **longitudinale,** longitudinal seam.
— **parallela,** chain riveted joint.
— **quadrupla,** quadruple riveted joint.
— **rastremata,** v. **chiodatura convergente.**
— **semplice,** single row riveted joint; single rivet joint; single riveting.
— **tripla,** triple riveting joint.
— **(resistente alla —)** (*cost.*), nailable.
chioderia, *f.* nail-works.
chiodo, *m.* rivet (*ribadito*); nail (*comune*).
— **a testa cieca,** countersunk rivet.
— **a testa conica,** conical head rivet.
— **a testa piatta,** flat head rivet.
— **a testa rotonda,** round head rivet.
— **a testa stampata,** snapped head rivet.
— **a testa svasata piana,** flat countersunk head rivet.
— **a testa tronco-conica,** panhead rivet.
— **comune,** nail.
— **esterno,** outside rivet.
— **filettato,** screwed rivet.
— **per ardesia,** nail for roofing slate.
— **per cuscinetto di rotaia** (*ferr.*), trenail; trunnel.
— **per lamiere di tetti,** lead nail.
— **per navi,** ship nail.
— **per rotaia** (*ferr.*), spike.
— **provvisorio,** tacking rivet.
— **ribadito in officina,** drop rivet.
— *o* **spillone** (*per misurare con catene*) (*agrim.*), line arrowpin.
chiosco con distributore automatico di benzina (*auto*), self-service petrol station.
chiostrina, *f.* light well.
chip di memoria (*inform.*), memory chip.
— (*microcircuito*) **di sintetizzazione della voce** (*inform.*), speech synthesis chip.
chirurgia plastica (*med.*), skin grafting.
chiudere, *v.a.* to close; to shut.
— (*in modo impermeabile*), to close water-tight; to turn off (*p. es. una pompa*).
— **a scatto,** to snap-shut.
— **a tenuta,** to stop up.
— **un circuito,** to close a circuit.
— **una fabbrica,** to shut down a plant.
— **una stazione radio clandestina,** to put a radio station off the air.
— **una valvola,** to close a valve.
chiudiporta automatico (*elet.*), door closer; gate closer.
chiusa, *f.* lock (*di fiume*); sluice (*condotto d'acqua*); (*naut.*), (*ore di apertura delle chiuse*), lock-opening hours.
— **ad aria,** air lock.
— **di canale** (*idr.*), canal (navigation) lock.
— **fluviale** (*idr.*), river lock.
chiuso al traffico (*ponti, ecc.*), closed to traffic.
chiusura, *f.* locking; clamping; tightening up; closure.
— **a carta,** paper closure.
— **a corona,** crown closure.
— **a materiale plastico,** molded plastic closure.
— **a spruzzo,** spray closure.
— **a vetro,** glass closure.
— **a vuoto,** vacuum closure.
— **centralizzata** (*delle portiere*) (*auto*), central locking.
— **con un coperchio secondario,** secondary cap closure.
— **di una miniera di carbone,** colliery closure.
— **idraulica,** hydraulic closure; water seal.
— **lampo,** zipper; snap fastener.
— **metallica,** metal closure.
— **ritardata,** late closing.

chiusura stagna (*valvole*), tight closure.
— **(a — ermetica),** *agg.* air-tight.
— **(a — idraulica),** *agg.* water-tight.
— **(camicia metallica per —),** closure liner.
— **(dispositivo per sollevare la —),** closure-lifting device.
— **(materiali per sigillare la —),** closure sealing compounds.
chopper lento (*fis. atom.*), slow chopper.
— **veloce** (*fis. atom.*), fast chopper.
ciac (*cinem.*) (*telev.*), clap.
cialda, wafer.
ciambella, *f.* (*per pulire dal fango la superf. esterna degli elementi della colonna di perforaz.*) (*petrol.*), (drill pipe) wiper.
cianamide, *f.* cyanamide.
cianato, *m.* cyanate.
cianfrinatura, *f.* calking.
— **(smussatura) dei bordi** (*sald.*), bevelling of the edges; chamfering of the edges.
cianfrino, *m.* calking tool.
cianina, *f.* (*chim.*), cyanin.
cianite, *f.* (*refrattari*), cyanite.
cianogeno, *m.* (*chim.*), cyanogen
cianografia (*f.*) **bianca,** white print
— **blu,** blueprint.
cianografo, *m.* blueprinter.
cianoplasta, *m.* (*bot.*), cyanoplast.
cianurazione, *f.* cyaniding (*di acciai*); cyanidation (*argento, oro*).
— **a liquido** (*met.*), liquid cyaniding.
cianuro, *m.* (*chim.*), cyanide.
— **di calcio,** calcium cyanide.
— **di potassio,** potassium cyanide.
— **di sodio,** sodium cyanide.
cibernetica, *f.* cybernetics.
cibi irradiati, irradiated food.
cicala, *f.* (*elet.*); v. **cicalino.**
cicalino (*elet.*), buzzer.
ciclico, *agg.* cyclic.
ciclismo, *m.* (*sport*), cycling.
ciclo, *m.* (*geom.*), curve; cycle (*mot.*); (*elettron.*), loop.
— **a 4 tempi,** four stroke cycle.
— **completo,** complete cycle.
— **del combustibile** (*fis. atom.*), fuel cycle.
ciclo di Carnot, Carnot's cycle.
— **di fertilizzazione del combustibile** (*fis. atom.*), fuel-breeding cycle.
— **di isteresi,** hysteresis loop.
— **di lavorazione** (*mecc.*), cycle.
— **di lavoro,** work cycle.
— **di messa a parco** (*impianti di omogeneizzazione*) (*met.*), stocking cycle.
— **di neutroni** (*fis. atom.*), neutron cycle.
— **di operazioni** (*macch. ut.*), cycle of operations.
— **di produzione** (*mecc.*), production run.
— **di rigenerazione,** regeneration cycle.
— **di saldatura,** welding cycle.
— **di trasformazione,** reversible cycle.
— **operativo,** working cycle; operating time (U.S.A.).
— **(prestabilito) temperatura-tempo** (*trattam. termico*) (*met.*), time-temperature cycle (*standard sequence of heat-treatment steps*).
cicloesano, *m.* (*solventi*) (*chim.*), cyclohexane.
cicloesanolo, *m.* (*chim.*), cyclohexanol; cyclose.
cicloesanone, *m.* (*chim.*), cyclohexanone.
ciclografo, *m.* (*elet.*), cyclograph.
ciclogramma, *m.* (*elet.*), cyclogram.
cicloide, *f.* cycloid.
ciclomotore, *m.* motorized bicycle; moped.
ciclone, *m.* cyclone; (*depolverazione gas*) (*met.*), cyclone gas washer; v. **prodotto di —,**
— **a contro corrente** (*min.*), counter current cyclone.
— **collettore di polvere** (*ind. mol.*) cyclone; dust collector
cicloparaffina (*chim.*), cycloparaffin.
ciclostile, *m.* cyclostile.
ciclotrone, *m.*, cyclotron.
— **a modulazione di frequenza** (*fis. atom.*), frequency-modulated cyclotron.

ciclotroni isocroni, isochronous cyclotrons.
cicogna, *f.* (*cost. civ.*), gutter bracket.
cielo a pecorelle (*meteor.*), mackerel sky
— **del focolare,** furnace roof; furnace crown.
— **dello scavo** (*min.*), crown.
cifra, *f.* figure; (*calcolatori elettron.*), digit.
— **binaria** (*elettron.*), bit.
— **d'affari** (*comm.*), turnover.
— **decimale** (*inform.*), decimal digit.
— **tonda,** round figure.
— **(in — tonda),** *avv.* roundly.
cifraggio, *m.* (*inform.*), encryption.
cifrare, *v.a.* (*inform.*), to encipher.
cifrario, *m.* code.
cifrato (*rif. a codice, messaggi di calcol. elettron.*), encrypted.
cifratura, *f.* (*dis.*), figuring.
cifre bianche su sfondo nero (*strumentazione*), white figures on a black ground.
— (*f. pl.*) **radiolumizzate,** figures with luminous paint.
— **(raffigurazione delle —)** (*dis.*), v. **cifratura.**
ciliegio, *m.* (*bot.*), cherry-tree.
cilindrare, *v.a.* to press; to bore out; to calender (*con calandra*).
— **a caldo,** to hot-roll.
— **a freddo,** to cold-roll.
cilindrata, *f.* cubic capacity; displacement (U.S.A.).
cilindratura, *f.* (*strade*), rolling.
cilindrico, *agg.* cylindrical.
cilindri a V (*auto*), vee cylinders.
— **di uscita** (*tess.*), delivery rolls.
— **in linea** (*auto*), in line cylinders.
— **oleodinamici** (*macch. ut.*), hydraulic cylinders.
— **oleodinamici metrici** (*macch. ut.*), metric hydraulic cylinders.
— **operatori** (*di carde*) (*tess.*), strippers.
— **orizzontali** (*auto*), horizontally oppsed cylinders.
— **pneumatici,** pneumatic cylinders.
cilindri spogliatori (*di carde*) (*tess.*), clearers.
— **trasversali** (*auto*), transverse cylinders.
— **verticali** (*auto*), cylinders in line.
cilindrite, *f.* (*min.*), cylindrite.
cilindro, *m.* cylinder (*mecc. e geom.*); roll (*rullo*).
— **a bassa pressione,** low pressure cylinder.
— **ad alta pressione,** high pressure cylinder.
— **ad aria compressa,** pneumatic cylinder.
— **ad effetto semplice,** single-acting cylinder.
— **a doppio effetto,** double-acting cylinder.
— **a fondo aperto,** open-bottomed cylinder.
— **a freddo,** chilled roll.
— **a L,** « L » head cylinder.
— **a T,** « T » head cylinder.
— **a tavola liscia** (*laminatoio*), plain-surface roll.
— **a valvole in testa,** overhead valve cylinder.
— **a vapore,** steam cylinder.
— **blooming** (*met.*), cogging roll.
— **cavo,** hollow cylinder.
— **compressore** (*rullo stradale*) road roller.
— **del freno,** fluid cylinder.
— **di appoggio** (*laminatoio*), backup roll.
— **di laminatoio,** roller; roll.
— **di lavoro,** working roll; (*met.*), work roll.
— **d'immissione** (*ing.*), dome.
— **d'inversione** (*elet.*), reversing switch drum.
— **d'inviluppo,** rolling cylinder.
— **di pompa,** pump barrel; pump cylinder.
— **di raffreddamento,** condenser.
— **di rottura** (*ind. mol.*), break roll.
— **di sostegno** (*met.*), backup roll; back-up roll.
— **di una macchina a vapore,** steam cylinder.
— **di una mazza battente,** hammer cylinder.

cilindro femmina (*laminatoio met.*), bottom roll.
— **finitore,** finishing roll.
— **fisso,** fixed cylinder.
— **generatore,** power cylinder.
— **graduato,** graduated cylinder.
— **idraulico** (*del freno*) (*auto*), fluid cylinder; (*mecc.*), hydraulic cylinder.
— **in getto composito** (*met.*), composite cast roll.
— **in un sol pezzo,** cylinder cast in one piece.
— **motore,** working cylinder; cylinder.
— **operatore** (*oleodinamica*), operating cylinder.
— **orizzontale,** horizontal cylinder.
— **ovalizzato,** cylinder worn out of truth.
— **per filogranatura** (*carta*), dandy roll.
— **per lamiere,** sheet roll.
— **per laminatoio pellegrino** (*met.*), pilger roll.
— **rapido** (*di carta*) (*tess.*), fly roller.
— **rigato** (*di lamin.*), grooved roll.
— **rompiscaglie** (*met.*), scale breaker roll.
— **rotocalco** (*tip.*), gravure roller.
— **sbozzatore,** bloom mill; billet roll.
— **scanalato,** fluted cylinder.
— **scaricatore** (*tess.*), stripper.
— **spianatore,** straightening roll.
— **spogliatore** (*tess.*), doffer.
— **stampatore,** printing roll.
— **superiore** (*lamin. met.*), upper roll; top roll.
— **svecciatoio ad alto rendimento** (*ind. mol.*), ultra-trieur.
— **verticale,** vertical cylinder.
cimasa, *f.* (*arch.*), moulding.
cimatrice, *f.* (*tess.*), shearing machine.
cimatura, *f.* (*tess.*), shearing.
cimene, *m.* (*chim.*), cymene.
cimentare, *v.a.* (*sollecitare*) (*mecc.*), to strain.
cimentazione (*sollecitazione*), straining.
ciminiera, *f.* factory chimney; stack (U.S.A.); (*naut.*) funnel.
— **d'emergenza** (*met.*), emergency stack.
cimitero per rifiuti radioattivi (*fis. atom.*), burial ground.
cimosa, *f.* (*tess.*), selvedge; listing; list; edge list.
— **centrale,** centre selvedge.
cinabro, *m.* (*chim.*), cinnabar; α-mercury sulphide; vermillion; chinese red; red mercuric sulphide (*or* sulfide).
cineasta, *m.* cineaste.
cinecamera, *f.* (*cinem.*), cinecamera.
cinedilettante, *m.* film amateur.
cinema, *m.* cinema (*locale*); film (*pellicola*); movies (*slang*); cinema theatre (*locale*); picture-palace (*locale*) *vedi* **film.**
— **parlato,** sound-film; talkies (*slang*).
— **sonoro,** sound-film.
— **-posteggio** (*cinem.*), drive-in cinema.
cinemascope, *m.* cinemascope.
cinematica, *f.* kinematics.
cinematografare, *v.a.*, to film.
cinematografia, *f.* cinematography.
— **a colori,** colour cinematography.
cinematografo, *m.* cinematograph.
cinematoradiografia, *f.* (*radiol.*), cinematoradiography.
cinemitragliatrice, *f.* gun camera.
cineografo (*m.*) **a libretto,** *m.* kineograph.
cinepresa, *f.* (*film*), movie film camera.
cineradiografia, *f.* cineroentgenography.
cinescopio (*telev.*), kinescope; picture tube.
— **a colori a maschera d'ombra** (*telev.*), shadow mask colour kinescope.
— **a colori a tre cannoni elettronici** (*telev.*), three-gun colour kinescope.

cinescopio a tre raggi elettronici (*telev.*), three-gun shadow mask kinescope.
— **per la televisione a colori** (*telev.*), television colour kinescope.
— **schermato** (*telev.*), shadow-mask kinescope.
— **schermato a tre fasci per televisione a colori,** 3-gun shadow-mask colour kinescope.
— **tricromatico a strisce** (*telev.*), phosphor-strip tricolour tube.
cineteca, *f.* (*cinem.*), film stock library.
cinetica chimica (*met.*), chemical kinetics.
— **dell'invecchiamento per tensioni** (*met.*), strain aging kinetics.
— **di riossidazione** (*chim.*), re-oxidation kinetics.
— **elettrochimica** (*elettrochim.*), electrochemical kinetics.
cinetico, *agg.* kinetic.
cinetofono, *m.* kinetophone
cinevaligia, *f.* projector-case.
cinghia, *f.* belt.
— **a due strati,** two-ply belt.
— **a rivestimento plastico,** plastic coated belt.
— **aperta,** open belt.
— **a sezione conica,** wedged shaped belt.
— **a uno strato,** single-ply belt.
— **cucita,** laced belt.
— **d'acciaio,** steel belt.
— **della puleggia a gradini,** belt of cone pulley.
— **di balata,** balata belt.
— **di canapa,** hemp belt.
— **di canevaccio,** canvas belt.
— **di comando,** driving belt.
— **di cotone,** cotton belt.
— **di crine,** hair belting.
— **di cuoio,** leather belt.
— **di cuoio conciato al tannino** (*pelli*), oak-tanned belting.
— **di fibre tessili,** textile belt.
— **di gomma,** rubber belt
— **di pelo di cammello,** camelhair belt.
— **di ritorno,** return belt.
cinghia di sicurezza (*aereo*), safety belt.
— **di tela,** canvas belt; duck belt.
— **di tela gommata,** rubberized canvas belt.
— **doppia,** double belt.
— **d'ottima qualità,** high-grade belt.
— **grossa,** thick belt.
— **incollata,** glued belt.
— **incrociata,** cross belt; crossed belt.
— **larga,** wide belt.
— **motrice,** driving belt.
— **multipla,** multiple belting.
— **piana,** flat belt.
— **piana in fibra sintetica,** synthetic flat belt.
— **piana in gomma,** flat rubber belt.
— **quadrupla,** four-ply belt.
— **semincrociata,** quarter twist belt; semi-cross belt.
— **semplice,** simple belt.
— **senza fine,** endless belt.
— **sottile,** thin belt.
— **stretta,** narrow belt.
— **trapezoidale,** V-type belt.
— **tripla,** triple belt.
— **(cambio della —),** shifting of belt.
— **(oscillazione della —),** sagging of the belt.
— **(tratto conducente o portante di una —),** load-carrying part of a belt.
cingolato, *p.p.* tracked; crawler-mounted.
cingolo, *m.* (*mecc.*), track.
— **a catena,** chain track.
ciniglia, *f.* (*tess.*), chenille.
cintura, *f.* cornice.
— **di corazza** (*naut.*), belt of armour.
— **di sicurezza** (*naut.*), life saving waist-coat; (*auto*), seatbelt.
— **di sicurezza per gare automobilistiche,** impact competition belt.
— **di sicurezza statica** (*auto*), static seatbelt.
— **per il sedile posteriore** (*auto*), rear seat belt.

cioccolato (*alim.*), chocolate.
ciottolame, *m.* (*per difesa idraulica*) (*fiumi, ecc.*), stone rubble.
ciottolo, *m.* boulder; rubble stone; pebble (*corroso dall'acqua*).
cipolla (*pompe*), rose pipe.
cipollatura, *f.* (*del legno*), internal annular shake (of wood *or* timber); cup shake.
— **stellata**, star shake.
circa, *avv.* about; approximate (*abb.* approx.) (*prezzo d'acquisto approssimato*, approximate purchase cost).
circolare, *agg.* (*riferito a luce, antenna*), circular.
circolatore (*guida d'onda*), circulator.
circolazione, *f.* rotation; turn; circulation.
— **con ventilazione forzata** (*forni, ecc.*), forced air circulation.
— **d'acqua**, water circulation.
circolo, *m.* circle.
— **del diametro esterno** (*ingr.*), addendum circle; top circle.
— **di divisione** (*ingr.*), pitch line; pitch circle.
— **primitivo** (*ingr.*), pitch circle.
circonferenza, *f.* circumference.
circoscritto, *agg.* circumscribed.
circuiteria, *f.* (*insieme di circuiti*) (*inform.*) (*elettron.*), circuitry.
— (*insieme di circuiti elettronici*) **di sintetizzazione della voce** (*inform.*), speech synthesis circuitry.
circuiti ridottissimi (*telev.*), short circuits.
— **stampati**, (*elet.*), printed circuits.
circuito, *m.* (*elet.*), circuit.
— **ad anello** (*elet.*), ring circuit.
— **a 2 fili**, two-wire circuit.
— **anodico**, anode circuit.
— **aperiodico**, aperiodic circuit.
— **aperto**, open circuit.
— **a 4 fili**, four-wire circuit.
— **a riflessione** (*radio*), reflex circuit.
— **autoeccitatore Colpitts** (*radio*), Colpitts circuit.
circuito a vuoto (*fis. atom.*), vacuum line.
— **chiuso**, closed circuit; (*sistema di controllo in — chiuso*) (*elettron.*), closed-loop system.
— **combinato** (*o* **fantasma**) (*telef.*), phantom circuit.
— **con ritorno a terra** (*elet.*), earth-return circuit.
— **d'antenna** (*radio*), antenna circuit.
— **d'assorbimento**, absorbing circuit.
— **dell'indotto**, armature circuit.
— **demoltiplicatore**, scaling down circuit.
— **derivato** (*elet.*), branch circuit; shunt circuit.
— **di addizione**, adder.
— **di attesa**, hold circuit.
— **di binario**, track circuit.
— **di carico**, loaded circuit.
— **di comando**, control circuit.
— **di controllo**, control circuit.
— **di esclusione automatica** (*inform.*), automatic by-pass circuit.
— **di filamento**, filament circuit.
— **di griglia**, grid circuit.
— **d'interfaccia** (*inform.*), interface circuit.
— **di lettura** (*inform.*), readout circuit.
— **di pila**, battery circuit.
— **di placca**, plate circuit.
— **di raffreddamento sigillato** (*auto*) sealed cooling circuit.
— **di risonanza** (*radio*), resonant circuit.
— **di ritorno**, earth circuit.
— **di terra**, earth circuit.
— **di transito** (*tel.*), through circuit.
— **di ventilazione** (*min.*), ventilation circuit.
— **eccitatore**, exciting circuit.
— **elettrico**, electric circuit.
— **elettronico**, electronic circuit.
— **equilibrato**, balanced circuit.
— **fantasma** (*telef.*), phantom circuit.
— **idraulico**, hydraulic circuit.
— **in cavo** (*elet.*), cable circuit.

circuito indotto, induced circuit.
— **induttore,** exciting circuit.
— **in opposizione,** push pull circuit.
— **in parallelo,** parallel circuit.
— **in risonanza,** resonant circuit.
— **in serie,** series circuit.
— **integrato** (*elettron.*), integrated circuit.
— **integrato analogico** (*elettron.*), analog integrated circuit.
— **integrato digitale** (*elettron.*), digital integrated circuit.
— **integrato lineare** (*elettron.*), linear integrated circuit.
— **integratore** (*telecom.*), integrating circuit; integrator.
— **intermedio** (*radio*), intermediate circuit.
— **interurbano,** trunk circuit.
— **laterale** (*telef.*), side circuit.
— **logico allo stato solido,** solid-state logical circuit.
— **magnetico,** magnetic circuit.
— **misto,** mixed circuit.
— **modulato,** modulated circuit.
— **MOS** (*inform.*), MOS-circuit.
— **oscillante** (*radio*), oscillating circuit.
— **pilota,** pilot circuit.
— **polifase** (*elet.*), polyphase circuit.
— **primario** (*elet.*), primary circuit.
— **radiante** (*radio*), radiating circuit.
— **radiotelefonico,** radio telephone circuit.
— **reale,** side circuit.
— **ricettore,** acceptor circuit.
— **risonante,** resonant circuit.
— **ritardante,** time-delay circuit.
— **secondario** (*elet.*), sub-circuit.
— **separatore** (*telev.*), separator circuit.
— **simmetrico** (*telecom.*), push pull circuit.
— **sintonizzato** (*radio*), tuned circuit.
— **sotto corrente** (*elet.*), live circuit.
— **stampato** (*elettron., ecc.*), printed circuit.
circuito stradale (*auto*), road circuit.
— **superfantasma,** double-phantom circuit.
— **telefonico multicanale,** multichannel carrier telephone circuit.
— **virtuale** (*tel.*), phantom circuit.
— **(a doppio —)** (*impianto frenante*) (*auto*), divided hydraulic circuits.
cirro, *m.* (*meteor.*), cirrus.
cirro-cumulo, *m.* cirro-cumulus.
cirro-strato, *m.* cirro-stratus.
cirtometro, *m.* (*med.*), cyrtometer.
cislunare, *agg.* (*astr.*), cislunar.
cisplanetare, *agg.* (*astr.*), cisplanetary.
cissoide, *f.* (*mat.*), cissoid.
cisteina, *f.* (*chim.*), cysteine.
cisterna, *f.* tank; cistern.
— **di deposito,** storage tank.
— **flessibile,** v. **serbatoio flessibile gommato.**
cistografia, *f.* (*radiol. med.*), cystography.
cistogramma, *m.* (*radiol. med.*), cystogram.
cistometro, *m.* (*med.*), cystometer.
cistometrografia, *f.* (*med.*), cystometrography.
cistometrogramma *m.* (*med.*), cystometrogram.
cistoscopia (*chirur.*), cystoscopy.
cistoscopio (*med.*), cystoscope.
cistostomia, *f.* (*chirur.*), cystostomy.
cistouretroscopio (*med.*), cystourethroscope.
citazione, *f.* (*leg.*), suit.
citisina, *f.* (*chim.*), cytisine.
citofono, *m.* (*telef.*), interphone; intercom.
— **(sistema di comunicazione con —)** (*aereo*), cabin interphone communication system.
citogamia, *f.* cytogamy.
citogenesi, *f.* cytogenesis.
citogenetica, *f.* (*med.*), cytogenetics.
citologia, *f.* cytology.
citoplasma, *m.* cytoplasm.
citostoma, *f.* (*zool.*), cytostome.

citrale, *m.* citral.
citrato, *m.* citrate.
citronellolo, *m.* (*chim.*), citronellol.
classe, *f.* (*naut.*), classification.
— **di rendita** (*finan.*), income bracket.
— **economica** (*aereo*), economy class.
— **mista** (*aereo*), mixed class.
— **turistica** (*aereo*), all-tourist class.
classico, *agg.* classic; orthodox (*p. es.: i trasportatori classici...,* orthodox conveyors).
classifica, *f.* (*lana*), casing.
classificare, *v.a.* to classify; to index; to grade.
classificatore (*m.*) **ad aria** (*min.*), air elutriator.
— **ad umido** (*min.*), wet classifier.
— **a vaglio** (*fis. atom.*), screen classifier.
— **per industrie tessili** (*elet.*), industry yarn classifier.
classificazione, *f.* classification; tabulation.
— **ad aria** (*per metalli granulost o pulverulenti*) (*min.*), air classification.
— **della lana,** wool grading.
— **delle fibre** (*tess.*), stapling.
— **granulometrica** (*met.*), grain sizing.
— **pneumatica** (*min.*), air classification.
clausola, *f.* (*comm.*), clause.
— **arbitrale,** arbitration clause.
— **della nazione più favorita,** most favoured nation clause.
— **della revisione dei prezzi** (*contratti*) (*comm.*), escalation clause.
— **della scala mobile** (*salari, ecc.*), escalator clause; sliding-scale clause.
— **di salvaguardia** (*comm.*), hedge clause.
— **di tregua sindacale** (*controversie lavoro*), no-strike clause.
— **vincolante** (*che delimita la libertà di esercizio, ecc.*) (*comm.*), proviso.
cliché, *m.* electro; electrotype; block (*montato su legno*); stereotype plate.
— **al tratto** (*tip.*), line block.
— **a mezza tinta** (*tip.*), half-tone block.
— **(rialzo per —)** (*di carta o cartone*), underlay.
cliente, *m.* customer.
clientela, *f.* customers.
clima, *m.* climate.
climatizzazione (sistema di —) (*auto*), air blending system.
climatologia, *f.* climatology.
clinografo, *m.* (*dis.*) (*perforazione*) (*min.*), clinograph.
clinometro, *m.* (*top.*), clinometer; batter level.
clinoscopio, *m.* (*med.*), clinoscope; clinometer.
cliseometro, *m.* (*med.*), cliseometer.
clivaggio, *m.* (*min.*), cleavage.
clone, *m.* (*biol.*), clone.
cloralio, *m.* chloral.
— **idrato** (*chim.*), chloral hydrate; (hydrated chloral).
cloramine, *f. pl.* (*chim.*), chloramines.
clorato, *m.* (*chim.*), chlorate.
— **di potassio,** potassium chlorate; potassium oxy muriate; $KClO_3$.
— **di sodio,** sodium chlorate; $NaClO_3$.
clorazione, *f.* (*chim.*), chlorination (*introduzione di cloro in un composto organico o in un liquido*).
cloridrato, *m.* chloral hydrate.
cloro, *m.* (*chim.* = Cl), chlorine.
clorofilla, *f.* chlorophyll.
clorofillasi, *f.* (*bot.*), chlorophyllase.
clorofillogeno, *m.* (*bot.*), chlorophyllogen.
cloroformio, *m.* (*chim.*), chloroform.
clorofosfato di cadmio (*chim.*), cadmium chlorophosphate.
clorometro, *m.* chlorometer.
cloromicetina, *f.* chloromycetin.
cloropicrina, *f.* chloropicrin; nitro chloroform; CCl_3NO_2.
cloroplasta, *m.* (*bot.*), chloroplast.

clorosi (*med.*, *bot.*), chlorosis.
clorurare, *v.a.* to chloridise (*convertire in cloruro*); to chloridate (*trattare con cloro*); to chlorinate.
clorurata, v. **gomma —.**
clorurazione, *f.* chloridizing roasting (*arrostimento di minerali, specialm. solfuri, col cloruro di sodio*).
cloruro, *m.* (*chim.*), chloride.
— **allilico** (*chim.*), allyl chloride.
— **arsenioso,** arsenious (*or* arsenic) chloride; $AsCl_3$; arsenic trichloride; butter of arsenic; caustic arsenic chloride; fuming liquid arsenic.
— **d'arsenico,** arsenic chloride, v. **cloruro arsenioso.**
— **di alluminio,** aluminium chloride.
— **di ammonio,** ammonium chloride.
— **di argento,** silver chloride.
— **di bario,** barium chloride.
— **di benzile,** benzyl chloride; $C_6H_5CH_2Cl$.
— **di calcio,** calcium chloride.
— **di carbonio,** carbon chloride.
— **di etile** (*chim.*), ethyl chloride.
— **di laurile,** lauryl chloride.
— **di magnesio,** magnesium chloride.
— **di manganese,** manganese chloride.
— **di metile,** methyl chloride.
— **di nichel,** nickel chloride (*idrato*; hydrated nickel chloride)
— **di oleile,** oleyl chloride.
— **di oro,** gold chloride (*idrato*; hydrated gold chloride).
— **di palmitile,** palmytil chloride.
— **di piombo,** lead chloride (cotunnite).
— **di platino,** platinum trichloride $PtCl_3$.
— **di polivinile,** polyvinyl chloride.
— **di potassio,** potassium chloride.
— **di sodio,** sodium chloride.
— **di stearile,** stearyl chloride.
cloruro di vinile, vinyl chloride.
— **di zinco,** zinc chloride; butter of zinc.
— **di zolfo,** sulphur chloride; sulphur monochloride; sulfurchloride (*or* monochloride).
— **ferrico,** ferric chloride.
— **ferroso,** ferrous chloride.
— **mercurico,** mercuric chloride; corrosive sublimate.
— **mercuroso,** mercurous chloride; calomel; protochloride of mercury.
— **rameoso,** cupreous chloride.
— **ramico,** cupric chloride.
— **sodico,** sodium chloride.
— **stannico,** stanium chloride.
— **stannoso,** stannous chloride.
coadiuvante, *m.* (v. anche **agente**) (*chim.*), agent; assistant; aid.
— **di follatura** (*tess.*), fulling assistant.
— **di gel** (*chim.*), gelling aid.
— **di tempra** (*met.*), quenchant.
— **di vulcanizzazione** (*gomma*), vulcanization assistant.
— **enzimatico** (*chim.*), enzyme agent.
— **per la smacchiatura a secco,** dry-cleaning agent.
— **per mercerizzazione** (*ind. chim. tess.*), mercerizing assistant.
coadiuvanti di filtrazione, filter aids.
coagulante, *m.* coagulant; flocculating agent.
coagulare, *v.a.* to coagulate.
coagularsi, *v.r.* to coagulate.
coagulazione, *f.* coagulation.
coalescente per filtro di combustibile (*gas turbine*), fuel filter coalescer.
coalescenza, *f.* coalescence.
coalescere, *v.i.* to coalesce.
coassiale, *agg.* coaxial.
— **(tecnologia —)** TV, coaxial technology.
coassialmente, *avv.* coaxially.
cobaltatura (*f.*) **elettrolitica,** cobalt plating.
cobaltina, *f.* (*min.*), cobaltine.
cobalto, *m.* (*chim.* = Co), cobalt.
— **arsenicale,** arsenical cobalt.

cobalto grigio, grey cobalt.
COBOL (*linguaggio di programmazione di alto livello*) (*inform.*), cobol.
cocaina, *f.* cocaine.
coccarda, *f.* (*aereo*), national marking.
cocco, *m.* cocoa-nut.
coclea (*f.*) **di trasporto,** delivery chute.
— **semplice** (*ind. mol.*), screw conveyor; worm conveyor.
coda, *f.* tail; trailer (*cinem.*).
— **d'affusto** (*armi*), trail.
— **di antenna** (*radio*), downlead; leadin.
— **di pesce** (*cavità a forma di V che durante la lavoraz. a caldo può verificarsi ai bordi di un pezzo*) (*met.*), fish-tail.
— **di rondine** (*faleg.*), dovetail.
— **di topo** (*incrostaz. in un getto che lascia, staccandosi una depressione irregolare*) (*met.*), rat-tail scab.
— **iniziale** (*cinem.*), leader.
— **tronca** (*auto*), sawn-off tail.
codice, *m.* **a barre** (*inform.*), bar code.
— **a colori,** colour code.
— **alfabetico,** alphabetical code.
— **autocorrettore** (*inform.*), error correcting code.
— **autoverificatore** (*inform.*), error detecting code.
— **binario** (*elettron.*), binary code.
— **cifrato,** numerical code.
— **decimale,** decimal code.
— **del calcolatore elettronico** (*elettron.*), computer code.
— **delle istruzioni** (*elaboratore elettron.*), instruction code.
— **dell'elaboratore** (*elettron.*), computer code.
— **di coda** (*aereo*), tail code.
— **di identificazione** (*aereo*), identification code.
— **di nastro perforato** (*elettron.*), paper tape code.
— **di perforazione** (*di una scheda*) (*inform.*), card code.
— **di scheda** (*elaboratori elettron.*), card code.
codice di segnalazione, code of signals.
— **duodecimale a una colonna** (*elaboratore elettron.*), single column pence coding.
— **funzionale** (*inform.*), function code.
— **macchina** (*elettron.*), machine code.
— **misto,** mixed code.
— **mnemonico,** mnemonic code.
— **Morse,** Morse code.
— **operativo** (*elettron.*), operation code.
— **ottale** (*inform.*), octal code.
— **ponderato** (*inform.*), weighted code.
— **postale,** postal code; postcode.
— **stradale,** highway code.
— **telegrafico internazionale,** international sending code.
— **tipo,** standard code.
— **visuale,** visual code.
codifica automatica (*inform.*), automatic coding.
— **dei (dati)** (*calcol. elettron.*), codification.
codificare (*elettron.*), to codify; to encode.
— **le informazioni** (*calcol. elettron.*), to key.
codificatore, *m.* (*elettron.*), coder; encoder (*inform.*).
— **del colore,** colour coder.
— **d'impulsi** (*elettron.*), pulse coder.
— **ottico fotosensibile** (*inform.*), optical encoder.
codificazione, *f.* (*elettron.*), coding; codification.
— **degli impulsi** (*radar*), pulse coding.
còdolo, *m.* (*di lima ecc.*), tang.
— **della paletta** (*aereo*), blade tang.
coefficiente, *m.* coefficient; factor.
— **di accoppiamento** (*radio*), coupling coefficient.
— **di adesione** (*ferr.*), adhesion coefficient.
— **di allungamento,** coefficient of elongation.
— **di amplificazione,** amplification factor; amplification constant.

coefficiente di anisotropia plastica (*met.*), Lankford value; strain ratio.
— **di assorbimento,** absorption coefficient.
— **di assorbimento del suono,** sound absorption coefficient.
— **di assorbimento totale** (*fis. atom.*), total absorption coefficient.
— **di attenuazione** (*elet.*), attenuation constant.
— **di attrito,** coefficient of friction; frictional coefficient; friction coefficient.
— **di autoassorbimento** (*fis. atom.*), self-absorption coefficient.
— **di carico,** load coefficient.
— **di consumo di un radiatore,** specific consumption of a luminous source.
— **di contrazione,** coefficient of contraction.
— **di conversione K** (*fis. atom.*) K-conversion coefficient.
— **di correzione,** coefficient of correction.
— **di diffusione** (*fis. atom.*), scattering coefficient.
— **di dilatazione,** coefficient of expansion.
— **di dilatazione cubica,** coefficient of volumetric expansion.
— **di dilatazione lineare,** linear expansion coefficient.
— **di dispersione,** coefficient of dispersion.
— **di divisione** (*fis. atom.*), partition coefficient.
— **di efflusso** (*idraul.*), discharge coefficient; coefficient of discharge.
— **di filtro** (*fot.*), filter factor.
— **di finezza totale di carena** (*naut.*), block coefficient.
— **di ionizzazione,** ionisation coefficient; ionisation constant.
— **di indebolimento,** coefficient of attenuation.
— **di magnetizzazione,** coefficient of magnetization.
— **di massa,** mass coefficient.

coefficiente di micidialità (*armi*), killing power.
— **dinamico** (*costr.*), dynamic modulus.
— **di penetrazione** (*auto*), penetration coefficient; drag-coefficient.
— **di pericolo** (*radioattività*), danger coefficient.
— **di portanza** (*aereo*), lift coefficient (*or* factor); lift drag ratio.
— **di proporzionalità,** coefficient of proportionality.
— **di rendimento** (*ing.*), coefficient of performance.
— **di resistenza,** coefficient of resistance.
— **di resistenza aerodinamica** (*aereo*), drag factor.
— **di riempimento** (*idraul.*), coefficient of fullness.
— **di riflessione,** reflection coefficient.
— **di rumore,** noise figure; noise factor.
— **di sicurezza,** safety factor; coefficient of safety.
— **di smorzamento,** damping coefficient.
— **di snellezza** (*cost.*), slenderness ratio.
— **di snervamento** (*mecc.*), elastic radio (*ratio of yield point to tensile strength*).
— **di sollecitazione alternata** (*meccanica*), interacion coefficient.
— **di torsione** (*tess.*), twist constant.
— **di trasmissione del suono,** sound transmission factor; acoustic transmission coefficient.
— **di trasmissione termica** (*met.*), heat transfer coefficient.
— **di utilizzazione** (*ill.*), coefficient of utilization.
— **di viscosità** (*fis.*), coefficient of viscosity.
— **di visibilità d'una radiazione monocromatica,** luminous factor of a radiation.
— **d'oscillazione,** coefficient of oscillation.
— **d'urto,** coefficient of impact.

coefficiente osmotico, osmotic coefficient.
— **prismatico** (*naut.*), prismatic coefficient.
— **termico** (*fis.*), temperature coefficient.
coefficienti tecnici (*coefficienti della produzione*) (*economia*), input-output factors.
coercitività, *f.* (*elet.*), coercitivity.
coerente, *agg.* (*radio*), coherent.
coesercizio, *m.* joint working.
coesione, *f.* cohesion.
— **a secco** (*fond.*), dry strength.
— **a verde** (*terre di fond.*), green strength.
coesore, *m.* coherer.
cofanetto (*m.*) **regalo,** gift container.
cofano, *m.* (*naut.*), trunk; casing; (*auto.*), motor-hood; bonnet; engine hood.
— **ad apertura in avanti** (*auto.*), forward-hinged hood.
— **a sostegno automatico** (*auto*), self-propping bonnet.
— **bagagli** (*auto*), v. **bagagliaio.**
coffa, *f.* (*naut.*), top.
coibentazione, *f.* (*elet.*, *calore*), insulation.
coibente, *agg.* nonconductive; *m.* nonconductor; heat insulator.
coincidenza, *f.* (*fis. atom.*), coincidence.
coke, *m.* coke; v. **batteria di forni a —**; v. **resistenza granulometrica meccanica del —**. v. **stabilità del —.**
— **a forma di noce,** nut coke.
— **da fonderia** (*fond.*), foundry coke.
— **d'altoforno** (*met.*), blast furnace coke.
— **da petrolio attivato,** activated petroleum coke.
— **di dote** (*met.*), bed coke.
— **di petrolio,** petroleum coke.
— **fino,** fine coke.
— **formato,** formed coke (U.S.A.), formcoke.
— **-gas,** gas coke.
— **in pezzatura,** sized coke.
coke in piccola pezzatura (*min.*), coke breeze.
— **metallurgico,** metallurgical coke.
— **minuto,** coke druss.
— **per riscaldamento** (*di locali*), space-heating coke.
— **per uso domestico,** gashouse coke (U.S.A.).
— **siderurgico,** coke for ironmaking.
— **(caricato in eccesso di —)** (*forni*), overcoked.
— **(forno a —),** coke oven.
— **(produzione di —),** coke-making.
cokefare, *v.a.* to coke.
cokefazione, *f.* coking.
— **continua** (*coke*), continuous coking.
— **(processo di —)** (*met.*), coking process.
— **(tecnica di —),** coking technique.
cokeficabile, *agg.* cokefiable.
cokeficante, *agg.* (*met.*), coking.
cokeria, coke plant — v. **variabili d'esercizio di una —.**
cokificare (*met.*), to coke.
cokizzabile, *agg.*, cokefiable.
cokizzare (*trasformare in coke*), to coke.
cokizzazione (*trasformaz. in coke*), coking; v. **cokefazione.**
— **a letto fluidizzato,** fluid coking.
— **ritardata,** delayed coking.
colabilità (*met.*), castability.
colaggio, *m.* (*perdita di liquidi*), leakage.
— **continuo-continuo** (*colaggio in sequenza di più colate senza cambio della paniera*) (*met.*), continuous-continuous casting.
— **continuo del tipo verticale, con incurvamento della barra** (*met.*), « vertical-plus-bending » continuous casting.
— **diretto** (*fond.*), direct teeming.
— **in lingotti** (*met.*), strand cast ing.
— **in sequenza** (*met.*), continuous-continuous casting.

colaggio sotto pressione di bramme in acciaio inossidabile (*met.*), pressure pouring of stainless steel slabs.
colamento, *m.* (*frana con deformazione continua, ma senza superficie di scorrimento, di rocce, ghiacciai*) (*geol.*), flowage.
— **lento** (*geol.*), slow flowage.
colangiografia, *f.* (*radiol.*), cholangiography.
colangiogramma, *m.* (*radiol.*), cholangiogram.
colare, *v.a.* pour; to cast (*fond.*)
— **asfalto,** to lay in asphalt.
— **cemento,** to cast in cement; to grout with cement; to fill in with cement.
— **da due lati,** to cast from two sides.
— **dal tappo** (*fond.*), to cast through the plug hole.
— **diretto** (*su carrelli*) (*met.*), to teem direct.
— **in conchiglia** (*met.*), to chill-harden.
— **in pani** (*met.*), to pig.
— **la ghisa** (*met.*), to cast molten pig iron.
— **liquido,** to run off.
colata, *f.* (*fond.*), casting.; (*met.*), tapping (*spillatura dal forno nelle siviere*); (*met.*), teeming (*colata dal forno o siviera nella lingottiera, di solito riferita a metalli ferrosi*).
— **a caduta,** gravity casting; drop casting.
— **a cera perduta,** investment casting.
— **a pioggia,** spray casting.
— **a sorgente** (*dal fondo*), bottom casting; (*met., acciaieria*), bottom pouring; uphill pouring; uprunning teeming.
— **centrifuga,** centrifugal casting.
— **continua** (*met.*), continuous casting; v. **macchina di — continua per bramme.**
— **continua (a barra) curva** (*met.*), curved-mold continuous casting.
colata continua di billette (*met.*), continuous casting of billets.
— **dal forno** (*spillatura dal forno in secchia*) (*met.*), tapping.
— **di acciaio di alta lega** (*met.*), high alloy heat.
— **di lingotti di acciaio** (*met.*), steel ingots teeming.
— **di prova** (*met.*), trial cast.
— **diretta,** direct casting; top casting; (*met.*), direct teeming.
— **di rifusione** (*met.*), remelt heat.
— **di una forma,** gate.
— **in conchiglia,** mold casting.
— **in forme permanenti** (*met.*), permanent mould casting.
— **in paniera** (*met.*), tundish teeming; tundishing (*operazione*).
— **in sabbia** (*met.*), sand casting.
— **in sorgente** (*met.*), uprunning teeming; bottom casting; uphill pouring.
— **in verde,** green sand casting.
— **lenta** (*met.*), slow teeming.
— **scartata** (*fond.*), scrapped heat.
— **semi-continua** (*met.*), semi-continuous melting (*or* **casting**).
— **sotto pressione** (*met.*) (*pressofusione*), die casting.
— **sotto vuoto** (*met.*), vacuum melting.
— **su carrello** (*met.*), bogie casting; buggy casting; car casting.
— **(durata della — [da spillata a spillata])** (*met.*), heat cycle (tap to tap).
— **(la volta ha una durata di 90 —)** (*met., forni elet.*), the roof has a life of 90 heats.
— **(numero specifico di — con ricupero del gas)** (*met.*), gas recovery heat ratio.
— **(palco di —)** (*met.*), pouring platform.
— **(peso della —)** (*acciaieria*) (*met.*), heat size.
— **(peso medio di ciascuna —)** (*met.*), average weight of each heat.
— **(rapporto di —)** (*calcol. elettron. met.*), heat log.

colata (vapore prodotto durante una —) (*met.*), steam production per heat.
colate giornaliere (*met.*), taps per day.
colatore, *m.* (*idr.*), gutter.
colazione (*f.*) **di lavoro** (*congressi, seminari, ecc.*), trade luncheon.
colecistografia, *f.* (*radiol.*), cholecystography.
colecistogramma, *m.* (*radiol.*), cholecystogram.
coledocografia, *f.* (*radiol.*), choledochography.
coledocogramma, *m.* (*radiol.*), choledochogram.
colemanite (*min.*), colemanite, *f.*
colesterico, *agg.* (*liquid crystals*), cholesteric.
colesterolo, *m.* cholesterol.
coliera, *f.* (*fond.*) (*parte eccedente sul pezzo fuso*), sprue; gate; git; geat.
colla, *f.* glue; paste; gum.
— **a caldo,** hot-setting glue; high-temperature-setting glue.
— **a freddo,** cold-setting glue; low temperature setting glue.
— **alla caseina,** casein glue.
— **alla fibrina,** fibrin glue.
— **alla gelatina,** hide glue.
— **all'albumina,** blood-albumen glue.
— **animale,** animal glue.
— **di amido,** paste; starch glue.
— **di melamina,** melamine glue; melamine-resin glue.
— **di ossa,** bone blue.
— **di pelle pura,** glazing glue; parchment glue.
— **di pelli,** hide glue.
— **di pesce,** fish glue.
— **di resina fenolica,** phenol-resin glue.
— **di resina sintetica,** synthetic resin glue.
— **di resorcinolo,** resorcinol glue; resorcinol-resin glue.
— **forte,** carpenter's glue.
— **forte da falegname,** carpenter's glue.
— **in fogli,** glue in sheets.
colla in tavole, glue in slabs.
— **liquida,** liquid glue.
— **marina,** marine glue.
— **opaca,** opaque glue.
— **per etichette,** labelling glue.
— **per giunte di pellicola** (*cinem.*), film splicer.
— **per tubetti,** tube glue.
— **solida,** solid glue.
— **termoplastica,** thermoplastic glue.
— **translucida,** translucent glue.
— **trasparente,** transparent glue.
— **vegetale,** vegetable glue.
— **(consistenza della —),** glue consistency.
— **(durata della — in opera),** glue working life.
— **(tenore di presa della —),** rate of setting.
collageno, *m.* (*chim.*), collagen.
collante, *m.* cement; *agg.* (*carbone*), caking.
— **sintetico** (*unione di metalli con collanti sintetici*), synthetic binder.
collare, *m.* collar.
— **cilindrico,** cylindrical journal.
— **conico,** conical journal.
— **del battente di porta,** hinge eye.
— **dell'eccentrico,** eccentric strap.
— **dello stelo** (*mecc.*), piston rod collar.
— **del manicotto,** coupling box.
— **del perno,** pivot collar.
— **di banco,** crankshaft bearing.
— **di fissaggio,** stop-collar; set-collar.
— **di guarnizione** (*otturatore delle fiamme*), obturator ring; gas ring (U.S.A.).
— **di portaspazzole** (*elet.*), brush-rocker; brush-rocker ring.
— **di ritenuta,** clamp.
— **elastico,** spring collar.
— **per cementazione** (*petrol.*), cementing collar.
— **per palo** (*ing. elet.*), pole strap.
— **porta-spazzole,** brush collar.
— **tenditore,** tension ring.
collarino (*m.*) **per cavi,** cable clip.
collasso, *m.* (*costr.*), collapse.
— **(carico di —),** collapse load.

collatura, *f.* sizing.
— **a macchina,** machine sizing.
collaudare, *v.a.* to test.
— **in fabbrica,** to test at manufacturers' works.
— **una pompa,** to test a pump.
— **un motore** (*elet.*), to test a motor.
collaudato con ultrasuoni (*mecc.*), ultrasonically tested.
collaudatore, *m.* testing surveyor *m.*; tester *m.*
collaudo, *m.* test; running test (*prova di collaudo*); testing.
— **automatizzato** (*inform.*), automated test.
— **di un ponte** (*cost. civ.*), bridge test.
— **non distruttivo** (*met., mecc.*), non-destructive testing.
— **visivo** (*mecc.*), visual inspection.
— **(provino di —),** test-piece.
colle (*m.*) **del potenziale** (*fis. atom.*), saddle point.
collegabile, *agg.* (*calcol elettron.*), interfaceable; connectable.
collegamenti (*elet.*), commutation links; connections.
— **a doppio triangolo,** delta delta connections.
— **elettrici** (*automazione*) (*elet.*), circuitry.
— **locali** (*radio*), local contacts.
collegamento, *m.* joint; fastening; (*radio*), relay; (*elet.*), connection; link (*radio, TV*).
— **a controchiavetta** (*mecc.*), foxtail wedging.
— **a flangia,** flanged joint.
— **alla presa dell'antenna della TV** (*TV*), connection to the aerial socket of a TV set.
— **a triangolo** (*elet.*), delta connection.
— **a triangolo-stella,** delta-star connection.
— **a vite,** screwed connection.
— **con cordone** (*di amplificatori, ecc.*) (*elet.*), patch.
— **con satellite privato,** private satellite connection.
— **dati** (*aereo*), data link.
collegamento dati circostanti (*aereo*), data link environment.
— **di travetti,** rafter connection.
— **in cascata** (*elet.*), cascade connection.
— **in derivazione,** shunt connection.
— **in serie,** series connection.
— **orizzontale,** horizontal bracing.
— **per satellite appena installato,** newly-installed satellite connection.
— **radio** (*radio*), radio link.
— **via satellite** (*radio, TV*), satellite link.
collegare, *v.a.* to connect; to join (*radio*); (*calcol. elettron.*), to interface.
— **di punta** (*innestare*), to scarf.
— **in cascata,** to connect in cascade.
— **in parallelo,** to connect in parallel.
— **in serie,** to connect in series.
— **in serie parallelo,** to connect in series parallel.
collegato, *p.p.* (*elettron.*), on-line.
— **a ponte** (*elettron.*), bridge connected.
— **(direttamente —),** on-line.
— **(non —),** off-line.
colletto (*m.*) **di un cilindro,** cylinder jaw.
collettore, *m.* manifold (*auto*); collector (*elet.*); commutator (*elet.*) (— *a lamelle*).
— **ad anello,** slip ring.
— **a pettine** (*elet.*), comb collector.
— **del grasso,** fat collector.
— **della polvere,** dust collecting unit; dust collector.
— **della polvere a ciclone** (*ind.*), cyclone dust collector.
— **di vapore,** steam chamber.
— **parabolico** (*energia solare*), parabolic collector.
— **piatto** (*energia solare*), flat-plate collector.
— **solare per la produzione di energia** (*geof.*), solar collector for power generation.

collettore termico (*collettore solare*), thermal collector.
— **(apparecchio — di corrente)**, current collector.
collezionare (*riunire parecchie serie di dati in una sola serie ordinata*) (*inform.*), to collate.
collimare, *v.i.*, to collimate, *v.a.*
— **a una stadia** (*agrim.*), to sight on a staff.
collimatore, *m.* (*top.*) (*radiazioni*), collimator.
collimazione, *f.* collimation.
— **(piano di —)**, plane of collimation.
collisione, *f.* collision.
— **anelastica** (*fis. atom.*), inelastic collision.
— **Compton** (*fis. atom.*), Compton collision.
— **di diffusione** (*fis. atom.*), scattering collision.
— **di ionizzazione** (*fis. atom.*), ionising collision.
— **di sostituzione** (*fis. atom.*), replacement collision.
— **elastica** (*fis. atom.*), elastic collision.
— **elettronica,** electron collision.
— **nucleo-nucleo** (*fis. atom.*), nucleon-nucleon collision.
— **radiativa** (*fis. atom.*), radiative collision.
collo, *m.* neck.
— **del gancio,** body of hook.
— **di cilindro** (*di laminaz.*) (*met.*), roll neck.
— **di cuscinetto** (*mecc.*), bearing collar.
— (*di isolatore*) (*elet.*), neck.
— **d'oca,** goose-neck; C-form standard.
— **(a — d'oca)**, swan neck pattern.
collocamento (*di titoli*) (*finan.*), marketing.
collocare, *v.a.* to place; (*uno strumento ecc.*), to site.
— **lungo il banco,** to position along the bed.
— (*o* **mettere) in orbita lunare** (*astron.*), to place in lunar orbit.
— **(ubicare)**, to site (*il deumidificatore può essere collocato dove è necessario*), the dehumidifier can be sited wherever required.
collodio, *m.* collodion.
colloidale, *agg.* colloidal.
colloide, *m.* colloid.
— **irreversibile** (*chim.*), irreversible colloid.
colloquiare (*col computer*), to communicate (with the computer).
colmareccio, *m.* (*cost.*), ridgepiece.
colmata, *f.* (*idraul.*), warping.
colmatante, *m.* (*prodotto usato insieme ai fanghi contro le perdite di circolazione*) (*petrol.*), plugging agent.
— **conservante la propria rigidità anche bagnato** (*petrol.*), bridging agent.
colmo (del tetto) (*cost.*), ridge.
colofonia, *f.* (*vern.*), colophony rosin.
— **esterificata,** ester gum.
cologaritmo, *m.* antilogarithm; cologarithm.
colonia (*di uomini nello spazio*), space colony.
colonna, *f.* column; pillar; (*macch. utens.*) upright; standard; (*ind. petrol.*), casing; (*di nastro perforato*) (*inform., calcol. elettron.*), row; (*chim.*) v. **ingorgo.**
— **a campana** (*chim.*), bubble-cap column.
— **a controcorrente,** countercurrent column.
— **ad acido** (*chim.*), acid tower.
— **a gorgogliamento** (*ind. chim.*), plate column.
— **a piastre perforate** (*ind. chim.*), plate column.
— **a piatti** (*chim.*) (*distillazione*), plate column.
— **a pressione atmosferica** (*chim.*), atmospheric pressure column.
— **a riempimento** (*fis. atom.*), packed column.
— **a scambio ionico** (*fis. atom.*), ion-exchange column.
— **asciugatrice** (*ind. mol.*), whizzer.
— **a spruzzo** (*distill.*), spraying column.

colonna a « strappamento » (*o* rettificazione), stripping drum.
— **barometrica,** barometric column.
— **cava** (*cost.*), hollow column.
— **con catenelle parapedonali** (*traffico*), pedestrian guardrail.
— **d'acqua,** column of water; water gauge.
— **d'assorbimento,** absorption tower.
— **dello sterzo** (*piantone*) (*auto*), steering column.
— **di carica** (*altoforno met.*), stock line.
— **di colata** (*met.*, *fond.*), sprue.
— **di distillazione** (*chim.*, *petrol.*), fractionating tower; fractionator.
— **di distillazione binaria** (*ing. chim.*), binary distillation column.
— **di distillazione frazionata per prodotti secondari** (*ind. petrol.*), stripper.
— **di distillazione multipla,** multiplate distillation column.
— **di distribuzione** (*elet.*), switch pillar.
— **d'idrometro,** water gauge.
— **di estrazione liquido-liquido** (*ing. chim.*), liquid-liquid extraction column.
— **di frazionamento** (*chim.*), fractionating column.
— **di frazionamento a bulbo** (*chim.*), bulb fractionating column.
— **di guida** (*mecc.*), guide bar.
— **di mercurio,** mercury column.
— **di minerale,** ore-shoot; shoot of ore.
— **di purificazione** (*ind. petr.*), purifying column.
— **di rettificazione** (*ind. petrol.*); stripping drum; (*chim.*), rectification column.
— **di scheda** (*calcol. elettron.*), card column.
— **di separazione** (*fis. atom.*), separation column.
— **di sostegno,** supporting column.
— **di una gru,** crane pillar.

colonna di una macchina utensile, upright; pillar; standard.
— **di una scala,** stair post.
— **di un termometro,** thermometric column.
— **doppia** (*chim.*) double column.
— **inclinata** (*chim. ecc.*), inclined column.
— **in pietra,** stone pillar.
— **montante** (*pompe*), rising pipe.
— **perduta** (*ind. petrol.*), liner.
— **perduta filtrante** (*ind. petrol.*), screened liner.
— **piena** (*cost.*), solid column.
— **principale,** main column.
— **scanalata,** fluted column.
— **sonora** (*cinem.*), sound-track.
— **termica** (*fis. atom.*), thermal column.

colonne (*f. pl.*) **a riempimento** (*distillazione*), packed (distillation) columns.
— **dell'invasatura** (*naut.*), poppets (*strutture temporanee erette prima e durante il varo, sotto lo scafo*).
— **di adsorbimento** (*chim.*), adsorption columns.
— **di rettifica,** rectifying columns.
— **per scambio ionico** (*chim.*), ion-exchange columns.

colonnetta (*mecc.*), stud bolt.

colorabile, *agg.* paintable.

colorante, *m.* (*materia colorante*), dye; dyestuff.
— **a base di pigmenti,** pigment dye.
— **acido,** acid dye.
— **acido solido,** fast acid dye.
— **al cromo,** chrome dye.
— **all'acetato,** acetate dye.
— **alla chinolina,** quinoline dye.
— **alla croceina,** crocein dye.
— **allo stilbene,** stilbene dye.
— **allo zolfo,** sulphur dye.
— **al tino,** vat dye.
— **ammesso dalla legge** (*per cibi, ecc.*), dye certified for use (in foods etc.).
— **a mordente,** mordant dye.
— **basico,** basic dye.
— **diretto,** direct dye.
— **grasso,** fat dye.

colorante indiretto, indirect dye.
— **metallizzato,** metallized dye.
— **naturale,** natural dye.
— **naturale organico,** vegetable dye.
— **per la carta,** paper dye.
— **per rayon all'acetato,** acetate dye.
— **solubile in olio,** oil-soluble dye.
— **solubile in olio e solventi organici,** spirits-soluble dye.
— **sostantivo,** direct dye.
coloranti (*m. pl.*) **allo zolfo,** sulphur dyes.
— **per pelliccerie,** fur dyes.
— **sintetici,** synthetic dyes.
— **vegetali,** vegetable dyes.
colorato (*p.p.*) **secondo un dato codice** (*rif. a schede, ecc.*), (*elettron.*), colour-coded.
colorazione, *f.* colouring.
colore, *m.* colour; color (U.S.A.); paint; (*nel suo significato fisico*), hue; v. anche: **colori.**
— **a colla,** glue colour.
— **ad acqua,** water colour; water paint.
— **ad olio,** oil colour; oil paint.
— **a tempera,** glue colour.
— **(di) camoscio,** buff colour.
— **di rinvenimento** (*tempra*), tempering colour; tempering color (U.S.A.).
— **in diluizione,** tint tone.
— **per la prima mano,** ground colour.
— **solido,** fast colour.
— **(asportazione di —)** (*vernici*), crocking.
— **(piccola gradazione di —),** nuance.
— **(stabilità del —)** (*vernici*), permanency.
colori, *m. pl.* dyes; (v. **colore**).
— **a base di pigmenti,** v. **colorante.**
— **acidi,** v. **colorante.**
— **al cromo,** v. **colorante.**
— **all'acetato,** v. **colorante.**
— **alla chinolina,** v. **colorante.**
— **alla croceina,** v. **colorante.**
— **allo stilbene,** v. **colorante.**
— **allo zolfo,** v. **colorante.**
— **al tino,** v. **colorante.**
colori a mordente, v. **colorante.**
— **basici,** v. **colorante.**
— **(o coloranti) derivati dal catrame,** coal-tar dyes.
— **diammina** (*chim. tess.*), diamine dyes.
— **di anilina,** aniline dyes.
— **diretti,** v. **colorante.**
— **distintivi** (*codici*), identification colours.
— **fondamentali** (*pitt.*), primary colours (*or* colors; U.S.A.).
— **indiretti,** v. **colorante.**
— **naturali,** v. **colorante.**
— **opacizzanti** (*per smalti, ecc.*), opacifiers.
— **pirogeni,** Pyrogene dyes (sulphur coal-tar dyes).
— **solfinici,** sulfide-type dyes.
— **solubili in olio,** v. **colorante.**
— **sostantivi,** v. **colorante.**
— **sudan,** sudan azo-dyes.
colorificio, *m.* paint factory.
colorimetria, *f.* colorimetry.
— **tricomatica,** tristimulus colorimetry.
colorimetro, colorimeter.
— **tricromatico,** tristimulus colorimeter.
coloritura, *f.* coating (*verniciatura*).
— **ad olio,** colouring in oil.
— **degli acciai,** steel colouring.
colpi (fucile a 6 —), six-barrelled gun.
colpo, *m.* (*elet.*), pulse.
— **di ariete,** water hammer.
— **di lima,** file stroke.
— **di martello,** hammer blow.
— **di tensione** (*min.*), rock-burst.
— **(a — senza ritorno)** (*fis.*), deadbeat.
coltellaccino, *m.* (*naut.*), top-gallant studding-sail.
coltellaccio, *m.* (*naut.*), studding-sail.
— **di gabbia,** upper studding-sail.
coltelleria (*met.*), cutlery.
coltelli sezionatori, *m. pl.* (*elet.*), disconnecting switches.
coltello, *m.* knife.
— **a creatore** (*ingranaggi*) (*mecc.*), inserted teeth hob.

coltello a cremagliera (*mecc.*), rack (gear) cutter.
— **a due manichi,** spoke-shave.
— **da alesatrice,** boring cutter.
— **da amputazione,** amputation knife.
— **da calzolaio,** shoe-knife.
— **da piallatrice,** machine plane iron (*or* knife).
— **da tornio,** lathe tool.
— **di aratro,** coulter.
— **di bilancia,** knife-edge.
— **di interruttore** (*elet.*), blade; knife.
— **per balsa** (*aerom.*), balsa knife.
— **per cavi** (*elet.*). cable stripper knife.
— **per fare femmine,** grooving iron.
— **per fare maschi,** tonguing iron.
— **vibrante** (*calcestruzzo*), vibrating blade.
— **vibrante per giunti** (*calcestruzzo*), vibro-joint-cutter.
coltivatore, *m.* (*agric.*), cultivator.
— **a disco,** disc cultivator.
— **a vanghegge a molla,** cultivator with spring-mounted tines.
— **a vanghegge rigide,** rigid tined cultivator.
— **a vapore,** steam cultivator.
coltivazione, *f.* (*minerali*), stoping; (*agric.*), cultivation.
— **a camere e pilastri** (*min.*), room and pillar working; stoop and room working; post and bank system.
— **a cielo aperto** (*min.*), opencast mining; opencut mining (*Australia*); open-pit mining (USA).
— **ad imbuto** (*min.*), gloria-hole.
— **a due fronti oblique** (*min.*), arcwall working.
— **a fette orizzontali con scoscendimento dal tetto** (*min.*), top slicing.
— **a giorno** (*min.*), strip mining; surface mining; open-pit mining (U.S.A.); v. **coltivazione a ciclo aperto.**
— **a giorno (grande —),** open cut mining.
coltivazione a giorno (*nelle cave*) (*min.*), quarrying.
— **a giorno con impiego di esplosivi** (*min.*), open-pit blasting.
— **a gradini,** stoping.
— **a gradini diritti** (*min.*), bottom-stoping.
— **a gradini rovesci** (*miniere*), overstoping; overhand stoping; back-stoping.
— **all'interno** (*min.*), underground mining; deep mine working.
— **a lunghe fronti in direzione** (*min.*), longwall working.
— **a magazzino pieno** (*min.*), shrinkage stoping.
— **a magazzino vuoto** (*con abbattimento in gallerie aperte e demoliz. successiva delle solette*) (*min.*), sub-stoping; sub-level stoping.
— **a pilastri abbandonati** (*min.*), pillar mining.
— **a più turni** (*min.*), multi-shift working.
— **a trance** (*min.*), working in slices.
— **a trance discendenti** (*miniere*), underground mining; underground glory-hole method.
— **carbonifera,** coal-mining.
— **continua** (*con minatori continui; coltivaz. completam. meccanizzata*) (*min.*), continuous mining.
— **di filoni,** lode-mining.
— **di minerali,** ore-mining.
— **di miniere a cielo aperto,** opencast mining.
— **in sotterraneo** (*min.*), underground mining.
— **mineraria automatizzata,** automated mining.
— **mineraria meccanizzata** (*min.*), mechanized mining.
coltura di cellule (*fis. atom.*), cell culture.
— **in vitro** (*agr.*), in vitro culture.
— **sul sodo** (*tecnica di coltivaz.*) (*agr.*), sod seeding.
colza (olio di —), colza oil; rape seed oil.

coma (*difetto di una immagine di tubo a raggi catodici, a forma di cometa*), coma.
comandante in seconda (*di portaerei*), executive officer.
comandare, *v.a.* (*mecc.*), to drive; to operate.
comandato, *p.p.* driven.
— **a mano,** hand driven.
— **a mezzo di trasduttore,** transductor-controlled.
— **a motore,** motor driven.
— **meccanicamente,** machine driven; power operated; mechanically actuated.
comandi, *m. pl.* (*di auto, ecc.*), controls.
— **alimentazione trasversale** (*macchine utens.*), cross feed controls.
— **di climatizzazione** (*auto*), air conditioning controls.
— **grafici** (*inform.*), graphic controls.
— **grafici ad alto livello** (*inform.*), high-level graphic commands.
comando, *m.* drive; control; (*astron.*), command.
— **a camma,** cam drive.
— **a catena,** chain drive.
— **a cinghia,** belt drive.
— **a cremagliera,** rack and pinion drive, geared drive.
— **adattivo,** v. — **numerico.**
— **ad impulsi** (*elettron.*), jog.
— **ad ingranaggi,** toothed gear drive.
— **a distanza,** remote control.
— **a frequenza musicale** (*elet.*), ripple control.
— **a frizione,** friction drive.
— **a frizione a rulli conici,** friction cone drive.
— **a frizione con coni,** friction cone drive.
— **a fune,** rope drive.
— **a gas,** driving by gas power.
— **a leva,** lever motion.
— **a mano,** hand drive.
— **a manovella,** crank drive.
— **a mezzo di biella e manovella,** drive by crank and connecting rod.
comando a molla, spring control.
— **a motore,** motor drive.
— **a pedale,** treadle drive.
— **a pulsanti** (*elet.*), pushbutton control.
— **arresti del tabulatore** (*macch.da scrivere*), tabulator stops ruler.
— **automatico,** automatic control; automatic pilot (*aereo*).
— **automatico d'amplificazione** (*radio*), automatic gain control.
— **automatico di gruppo** (*elet.*), group automatic operation.
— **automatico di selettività** (*radio*), automatic selectivity control.
— **a vite,** screw drive.
— **a vite perpetua,** worm gear drive.
— **a vite senza fine,** worm gear drive.
— **a volantino a croce,** pilotwheel control.
— **centrale,** centralized control.
— **centrale dello scambio** (*ferr.*), interlocked switch.
— **centralizzato del traffico per mezzo della televisione** (*traffico*), centralized traffic control by television.
— **con programmatori a spine** (*macch. ut., calcol. elettron.*), plug-board control.
— **degli alberi di distribuzione** (*auto*), camshaft drive.
— **degli assi (X, Y, Z)** (*macch. ut.*), axis control.
— **della leva del gas** (*motori*), throttle control.
— **della messa a fuoco** (*telev.*), focus control.
— **della messa a punto della frequenza di spostamento dell'oscillazione verticale** (*telev.*), vertical hold control.
— **della messa a punto della luminosità media dell'immagine** (*telev.*), brightness control.
— **della messa a punto dell'ampiezza del segnale di video-frequenza** (*telev.*), contrast control.

comando della messa a punto delle dimensioni dell'immagine in direzione orizzontale (*telev.*), width control.
— **della messa a punto delle dimensioni dell'immagine in direzione verticale** (*telev.*), height control; vertical centering control.
— **del laminatoio** (*met.*), rolling mill drive.
— **della pompa ad olio,** oil pump drive.
— **della pressa,** press control.
— **della tavola,** table drive.
— **del mandrino,** spindle drive.
— **del motore a pulsante,** push button motor control.
— **di larghezza dell'immagine** (*telev.*), width control.
— **diretto,** direct drive.
— **di trasmissione,** driving o shafting.
— **di una pompa,** driving of a pump.
— **di velocità,** speed control.
— **elettrico,** electric drive.
— **elettromagnetico** (*elettrot.*), electromagnetic control.
— **elettronico,** electronic control.
— **fotoelettrico,** photoelectric control.
— **idraulico,** hydraulic drive.
— **interruzione ad intermittenza a pulsante** (*presse*), push-button inching control.
— **ipersostentatori** (*aereo*), flap control.
— **livello rumore** (*telev.*), shading.
— **meccanico,** machine drive.
— **multimotore,** multimotor drive.
— **numerico** (*macch. ut.*), numerical control (NC); v. **controllo numerico**
— **sgancia bombe** (*aereo*), bomb release control.
— **termostatico,** thermostatic control.

combaciamento, *m.*, contact.
combaciante, *agg.* mating.
— **(superfici combacianti)** (*sald.*), mating surfaces.

combaciare, *v.i.*, to line up (*with*); to meet face to face; to join; to unite; to mate.
combattimento (*m.*) **aereo,** air-combat.
combinare il numero (*telef.*) to dial.
combinatore (*elet.*), controller.
combinazione, *f.* combination.
— **chimica,** chemical combination.
— **insolubile,** insoluble combination.
combustibile, *m.* fuel; combustible material; domestic fuel oil; *agg.* combustible.
— **a basso potere calorifico,** low-grade fuel.
— **arricchito** (*fis. atom.*), enriched fuel.
— **atomico secondario** (*fis. atom.*), secondary nuclear fuel.
— **ceramico,** ceramic fuel material
— **colloidale,** colloidal fuel.
— **con indice di ottano 98** (*auto*), four-star fuel.
— **con indice di ottano 91** (*auto*), two-star fuel.
— **consumato da quando si è fatto il pieno o l'ultimo rifornimento** (*auto*) (*computer*), fuel consumed since fillup or last reset.
— **denaturato** (*fis. atom.*), denatured fuel.
— **di recupero,** refuse fuel.
— **ecologico dai rifiuti,** ecofuel.
— **esaurito** (*fis. atom.*), spent fuel; used fuel.
— **fissile** (*fis. atom.*), fissile fuel.
— **gassoso,** gaseous fuel.
— **infume,** smokeless fuel.
— **irradiato** (*fis. atom.*), irradiated fuel.
— **liquido,** liquid fuel.
— **misto,** mixed fuel.
— **nucleare,** nuclear fuel.
— **nucleare denaturato** (*fis. atom.*), denatured nuclear fuel.
— **nucleare primario** (*fis. atom.*), primary nuclear fuel.
— **per reattori** (*fis. atom.*), reactor fuel.
— **per riscaldamento** (*di locali*), space-heating fuel.
— **polverizzato,** pulverized fuel.

combustibile sintetico (quale derivato dal carbone, scisti, ecc.), « synfuel ».
— **solido,** solid fuel.
combustibili liquidi sintetici, synthetic liquid fuels.
— **solidi in sospensione,** solid fuels in suspension.
combustibilità, *f.* (*chim.*), combustibility.
— **(prova di —)** (*tess.*), combustibility test.
combustione, *f.* combustion.
— **accelerata,** accelerated combustion.
— **autonoma,** self supporting combustion.
— **a volume costante,** combustion at constant volume.
— **completa,** perfect combustion.
— **incompleta,** imperfect combustion.
— **oscillatoria,** oscillatory combustion.
— **ritardata,** retarded combustion.
— **sommersa,** submerged combustion.
comento (*naut.*), seam; coaming (*mastra*).
cometa, *f.* (*astr.*), comet.
comignolo, *m.* chimney coping; chimney cope; chimney capping.
comitato ad hoc, ad hoc committee.
— **di coordinazione,** planning committee.
— **per i materiali** (*met.*, *ecc.*), Committee for Materials.
— **per la difesa dell'ambiente,** environment lobby; Environmental Protection Agency.
— **per la regolamentazione dei dati** (*inform.*) data regulation board.
commando, *m.* (*naut.*), spun yarn.
commentatore di film, screen narrator (*voce nel film*, off-screen narrator).
commercializzare, *v.a.*, to market.
commercializzazione (*dei prodotti*) (*comm.*), marketing.
commercio (*m.*) **del rottame,** scrap trading.
commercio con l'estero (*comm.*), foreign trade.
— **marino,** seaborne trade.
commessa, *f.* (*ordinazione*), order; work order (U.S.A.).
commessura (*f.*) **del muro,** wall joint.
comminuzione (*fragmentaz. mecc.*) (*min.*), comminution.
commissionario, *m.* commission agent; factor.
Commissione delle Comunità Europee, Commission of the European Communities.
commutare, *v.a.* (*elet.*), to throw over; to change over; to commutate; to switch over; (*inform.*) to switch.
commutatore, *m.* commutator; reverser; switch.
— **a camme,** camshaft controller.
— **a invertimento,** current reverser.
— **antenna-terra** (*radio*), antenna earthing switch.
— **a piastre,** plate-commutator.
— **a spazzole,** brush commutator.
— **a spina,** plug commutator.
— **a strisciamento,** sliding contact commutator.
— **a tre direzioni** (*elet.*), three-way switch.
— **d'antenna** (*radio*), antenna switch; antenna changeover switch.
— **delle virgole,** decimal marker.
— **di accensione,** ignition switch.
— **di antenna,** aerial change-over switch.
— **di arresto istantaneo** (*fis. atom.*), scram switch.
— **di gamma** (*radio*), band switch.
— **di impulsi** (*radar*), pulse switch.
— **di lunghezza d'onda** (*radio*), change tune switch.
— **di messa a terra** (*radio*), earthing switch.
— **di pressione del combustibile,** fuel-pressure switch.
— **d'onda** (*radio*), band switch.
— **elettrico,** cut-out; commutator; current reverser.
— **elettronico di colori,** sampler.
— **in olio,** oil commutator.
— **luci anabbaglianti** (*auto*), dip-switch.

commutatore oscillante, tumbler switch.
— **per la trasmissione,** change-over to transmission.
— **silenziatore** (*radio*), muting switch.
— **ventilato,** ventilated commutator.
commutatrice, *f.* (*elet.*), commutator.
commutazione, *f.* changing over (*elet.*); switching (*telef.*, *teleg.*).
— **automatica** (*telef.*), automatic switching.
— **di circuito** (*collegamento prima della comunicazione*) (*inform.*), circuit switching.
— **di codice** (*inform.*), escape code.
— **di linea,** v. — **di circuito.**
— **di messaggi** (*inform.*), message routing; message switching.
— **di pacchetto** (*telef.*) (*inform.*), packet switching; (*per trasmissione dati*), package commutation.
— **elettronica** (*inform.*) (*tel.*), electronic switching.
— **elettronica di colori,** sampling.
— **elettronica in telefonia,** electronic telephone exchange.
— **telefonica digitale** (*inform.*) (*tel.*), digital telephone switch.
— **telegrafica** (*teleg.*), telegraph switching.
— **telex** (*inform.*), telex switching.
— **(centro di —)** (*telef.*), commutation centre.
compagnia (*f.*) **di autotrasporti con autotreni,** trucking company.
— **di navigazione** (*naut.*), steamship company.
— **ferroviaria,** railway company.
compagno di lavoro (*collega*), work mate.
— **di scuderia** (*autocorse*), teammate.
comparatore, *m.* (*fis.*), comparator; (*strumento a quadrante*), dial gauge; (*elet.*, *elettron.*), gauge.
— **elettronico** (*strumento misura*) electronic gauge.
— **meccanico a quadrante,** mechanical operated dial gauge.
comparatore multiplo, multiple-point comparator.
— **ottico,** optical comparator.
comparoscopio, *m.* comparoscope.
comparsa, *f.* (*cinem.*), extra.
compartimento, *m.* compartment; section.
— **stagno all'acqua,** waterproof compartment.
compassi (*m. pl.*) **per ingranaggi** (*orol.*), depth tool.
compasso, *m.* (*dis.*), compass; compasses; drawing-compass; drawing-compasses.
— **a balaustra,** bow compass.
— **a matita,** pencil compass.
— **a molla,** spring compasses.
— **a punte fisse** (*dis.*), dividers.
— **a verga** (*usato col gesso*), beam compass.
— **ballerino,** inside calipers.
— **di spessore,** outside calipers.
— **di spessore graduato,** slide gauge.
— **micrometrico di spessore,** micrometer calipers.
— **per ingranaggi** (*orol.*), depthing tool.
compatibilità, *f.* (*chim. fis.*), compatibility; (*inform.*) (*con la stampante ecc.*), compatibility.
— **ascendente di «software»** (*computers*), upward software compatibility.
compatta, *f.* compaction.
compattatrice, *f.* compactor.
compattazione con esplosivi (*met. polveri*), explosive compaction; (*nella compattazione — — fogli di esplosivo sono usati per compattare le polveri metalliche*), in explosive — sheets of explosives are used to compact metal powders.
— **delle polveri** (*met. polveri*), powder compaction.
compatto, *agg.* (*met. polveri*), compact.
compensare, *v.a.* to counteract.
— **l'aumento della pressione** (*mecc.*, *fluidi*, *ecc.*), to compensate for the increased pressure.

compensare le perdite, to compensate for losses.
— **una valvola,** to unload (*or* relieve) a valve.
compensato (*m.*) **a venature parallele,** laminated wood.
compensatore, *m.* (*cinem.*, *fot.*, *elet.*), compensator; (*di piantapatate*) (*agr.*), automatic corrector.
— **di fase** (*elet.*), phase-compensator; phase equalizer; delay equalizer.
— **dinamico deriva mobile** (*aereo*), rudder trim tab.
— **di perdita** (*elet.*), loss compensator.
— **di potenziale** (*elet.*), potential equalizer.
— **statico deriva mobile** (*aereo*), rudder mass balance.
compensatrice, *f.* (*elet.*), balancer.
compensazione, *f.* (*elet.*, *chim.*), compensation.
— **catodica** (*telev.*), cathode compensation.
— **della bussola,** compass compensation.
— **del volume d'ascolto** (*amplificatori*), loudness compensation.
— **di fase** (*elet.*), phase compensation; phase correction.
— **di linea** (*telev.*), line tilt.
— **di movimenti di terra** (*agrim.*), equalizing.
— **(di —)** (*elet.*), compensating; balancing (v. **capacitanza, potenziometro, resistenza di compensazione**).
— **(meccanismi di —)** (*comm.*), clearing facilities; v. **accordi di —; stanza di —.**
compenso incentivo (*salari*), incentive payment.
compera a rate (*comm.*), instalment purchase.
competenza (tecnica), skill; (*p. es. una macchina che non richiede una speciale competenza tecnica*), a machine requiring no special skill.
compiere, *v.i.* to accomplish (*p. es. l'essiccamento viene compiuto indirettamente...*, drying is accomplished indirectly).
compilatore (*controllo numerico*) (*macch. ut.*); (*programma speciale per la compilazione di programmi simbolici*), compiler.
compilazione di formulari, form-filling.
complementare, *agg.* complementary.
complemento, *m.* (*di un angolo*), complement (*of an angle*).
complesso, *m.* assembly; unit; gear; *agg.*, complex (*forme e profili complessi*), complex shapes and profiles.
— **d'atterraggio** (*aereo*), landing gear.
— **della turbina** (*aereo*), turbine assembly.
— **di coda** (*aereo*) tail unit; empennage (U.S.A.).
— **di comando alimentazione,** feed control unit.
— **industriale,** industrial complex.
— **siderurgico** (*met.*), ironmaking complex.
— **urbanistico** (*costr.*), town complex.
completamente automatico, com pletely automatic.
— **a prova di polvere,** fully dust-proofed.
— **chiuso,** totally enclosed.
— **motorizzato,** fully motorized.
— **revisionato** (*mot.*), completely overhauled.
completamento (*di vari progetti di espansione, ecc.*), implementation.
— **a foro scoperto** (*petrolio*), open hole completion.
— **(in fase avanzata di —),** v. **fase.**
completare, *v.a.* to complete; to finish; (*un progetto, un capitolato, ecc.*), to finalize; (*la specificazione fu completata coll'aggiunta di ulteriori caratteristiche*), the specification was finalized by the addition of further features; (*progetti, schemi, ecc.*), to implement.

complete istruzioni (*di macchine, ecc.*), comprehensive instructions.

completo, *agg.* complete; comprehensive; whole; full.

— **di,** with full set of.

compluvio, *m.* (*costr. civ.*), valley; neck gutter.

componente, *f.* e *m.* (*mecc. chim., fis., elet.*), component; *m.* (*elettron., pezzo, componente chim.*), component.

— **attiva,** active component.

— **attivo** (*elettron.*), active component.

— **debole** (*fis. atom.*), soft component.

— **della tensione** (*elet.*), power component.

— **del vento,** component of wind pressure.

— **dura** (*fis. atom.*), hard component.

— **elettrica,** electric component.

— **elettromagnetica,** electromagnetic component.

— **elettronico,** electronic component.

— **molle,** soft component.

— **orizzontale,** horizontal component.

— **passivo** (*elettron.*), passive component.

— **simmetrica,** symmetrical component.

— **svattata** (*elet.*), idle component; reactive component.

— **tangenziale,** tangential component.

— **verticale,** vertical component.

componenti per autoveicoli, automotive components.

— **semiconduttori** (*calcol. elettron.*) solid state components.

componentistica, *f.*, componentry.

comporre, *v.a.* (*tip.*), to compose; to set; (*una informazione*) (*rif. p. es. a telescrivente*) (*inform.*), to format (an information).

— **il numero** (*telef.*), to dial.

— **in colonna,** to compose in columns.

comporre la forma piana (*tip.*), to spell out.

comportamentistico (*psicologia*), behavioral; behaviour; v. **scienze comportamentistiche.**

comportamento, *m.* behaviour; behavior (U.S.A.); resistance (*mecc.*), (*tenuta, resistenza*).

— **a fatica** (*met.*), fatigue behaviour.

— **alla deformazione di una lega** (*met.*), deformation behaviour of an alloy.

— **degli elettroni,** behaviour of electrons.

— **del fiume** (*in caso di piene, ecc.*), habits of a river.

— **dell'allungamento in funzione della durata** (*mecc.*), creep characteristics.

— **della struttura sospesa** (*cost.*), behaviour of suspended structure.

— **del modello di goccia** (*fis. atom.*) liquid-drop behaviour.

— **del plasma** (*fis.*), plasma behaviour.

— **oscillopolarografico** (*met.*), oscillopolarographic behaviour.

— **su strada** (*auto*), road behaviour.

— **tensiodinamico dei metalli,** tensiodynamic behaviour of metals.

comportarsi, *v.r.* (*chim.*), to behave.

composito fibroso (*materiali compositi fibrosi*), (*compositi facenti uso di matrice e fibre metalliche*), fiber composite; (*materiali compositi fibrosi rinforzati*), fiber reinforced composites.

— **metalceramico** (*rivestim.*), ceramic-metal composite.

— **metallico** (*materiali compositi metallici*), metal composite; (*in generale 4 sono le combinazioni di materiali nei compositi e citando prima la matrice e poi il filamento sono*: metal-metal composite; metal-nonmetal

composite; nonmetal-metal composite; nonmetal-nonmetal composite).
compositoio (*tipog.*), composing stick; setting stick.
compositore, *m.* (*tip.*), compositor.
— **monotipista** (*tip.*), keyboard operator.
compositrice, *f.* (*tip.*), composing machine.
— **intertype** (*tip.*), intertype composing machine.
— **meccanica,** linotype.
composizione, *f.* (*tip.*), composition; matter type; v. **serrare la —; spazieggiare la —;** (*formula*) (*chim.*), formulation.
— **a macchina,** machine-set composition.
— **a mano** (*tip.*), hand composition; hand-set composition; founder's type.
— **automatica** (*con calcolatori elettronici*) (*elettron., arti grafiche*), computerized typesetting.
— **chimica,** chemical composition.
— **compatta** (*tip.*), solid matter.
— **da conservare** (*tip.*), standing matter; live matter.
— **dell'alta atmosfera** (*astr.*), upper atmosphere composition.
— **delle forze** (*mecc.*), composition of forces.
— **isotopica** (*fis. atom.*), isotopic composition.
— **(rompere la —),** to kill.
— **(sala** [*o* **reparto**] **—)** (*tip.*), composing room.
composizioni conciliative (*controversie di lavoro*), mediated settlements.
composti (*m. pl.*) **a catena chiusa** (*chim.*), closed-chain compounds.
— **di plastica ridotta in schiuma** (*mat. plastiche*), foamed plastics compostions.
— **elettronici,** electron compounds.
— **intermetallici** (*met.*), v. **composto intermetallico.**
composto, *m.* (*chim.*), compound.
composto a mano, *p. p.* (*tip.*), hand-set.
— **antirombo gommato** (*auto*), rubberized anti-drum compound.
— **antitarmico,** mothproofing compound.
— **aromatico,** aromatic compound.
— **binario,** binary compound.
— **inorganico,** inorganic compound.
— **intermetallico** (*composti di due o più metalli con struttura cristallografica e composizione diverse*) (*met.*), intermetallic compound.
— **metalloceramico,** metal-ceramic material.
— **organico,** organic compound.
— **organomercurico** (*agr. ecc.*), organomercury compound.
— **per patinatura della carta,** paper coating composition.
compoundaggio, *m.* (*elet.*), compounding.
compoundare, *v.i.* (*elet.*), to compound.
compreso, *p.p.* (*rif. a lati ecc.*), included.
compressibilità, *f.* compressibility.
compressione, *f.* compression; v. **stazione di —.**
— **adiabatica,** adiabatic compression.
— **assiale,** axial compression.
— **costante,** constant compression.
— **del gas,** gas compression.
— **dell'immagine** (*telev.*), packing (U.S.A.); picture compression.
— **del nero** (*telev.*), black compression.
— **isotermica,** isothermal compression.
— **residua,** residual compression.
compressore, *m.* compressor (*turbina, gas*); supercharger (*aereo*).
— **a capsulismo** (*mecc.*), rotary compressor.
— **a cilindri accoppiati,** twin compressor.
— **ad alette** (*aereo*), vane supercharger.

compressore a due stadi, two-stage compressor.
— **ad un solo stadio,** single-stage compressor.
— **alternativo a stantuffo** (*mecc.*), reciprocating compressor.
— **a mano,** hand driven compressor.
— **a molti stadi,** multi-stage compressor.
— **a pistoni** (*aereo*), piston supercharger.
— **a più stadi** (*aereo*), multi-stage supercharger.
— **a più velocità** (*aereo*), multi-speed supercharger.
— **a rotore** (*mecc.*), rotary (screw) compressor.
— **assiale,** axial-flow supercharger.
— **assiale a nove stadi** (*aereo*), nine-stage axial-flow supercharger.
— **a stantuffo,** piston type compressor.
— **centrifugo** (*aereo*), centrifugal supercharger; centrifugal compressor.
— **centrifugo a due stadi,** two-stage centrifugal compressor.
— **centrifugo unilaterale** (*aereo*), single-sided centrifugal supercharger.
— **composto,** compound compressor.
— **d'aria** (*mecc.*), air compressor.
— **d'aria fisso,** stationary air compressor.
— **d'aria fisso del tipo a stantuffo,** stationary piston-type air compressor.
— **del tipo assiale,** axial-flow compressor.
— **del tipo a stantuffo,** piston-type compressor.
— **di cabina** (*aereo, elet.*), cabin supercharger.
— **di gas,** gas compressor.
— **ermetico,** air-tight compressor.
— **frigorifero,** refrigeration compressor.
— **monocilindrico,** single cylinder compressor.
— **portatile,** portable compressor.
compressore Root, Roots supercharger.
— **stradale,** mechanical roller; road roller.
— **supersonico,** supersonic compressor.
— **volumetrico a capsulismo rotante** (*aereo*), Roots supercharger.
— **(portata d'aria di un —),** compressor free air delivery.
comprimere, *v.a.* to compress; to press.
— **una molla,** to compress a spring.
« computer » (*elettron.*), voce usata spesso invece di: **calcolatore elettronico o elaboratore.**
— **di bordo** (*auto*), trip computer; cruise computer.
— **di volo** (*aereo*), flight computer.
— **grafica** (*inform.*), computer graphics.
— **modulare** (*inform.*), modular computer.
— **principale** (*inform.*), host computer.
computerizzato (sistema —), computerized system.
computo (*m.*) **metrico** (*agrim.*), taking out quantities.
comunicare con un apparecchio (*aereo*), to communicate with an aircraft.
comunicazione, *f.* communication; connection; (*tel.*), call; (*conferenze, ecc.*), report.
— **interurbana** (*tel.*), long-distance call; long-distance connection (U.S.A.).
— **-minuto** (*tel.*), minute-call; message minute (U.S.A.).
— **-ora** (*tel.*), traffic unit.
— **urbana** (*tel.*), local connection; local call (U.S.A.).
comunicazioni con microonde (*ind. petr., radio*), microwave communication links.
— **di messaggi** (*inform.*), message communications.
— **tramite fibre ottiche,** optical fibre communications.
— **tramite satelliti,** satellite communications.

conca, *f.* trough; (*chiusa di navigazione per trasferire navi fra due specchi d'acqua di livello diverso*), (*naut.*), lock.
concatenamento, *m.* (*calcol. elettr.*) (*inform.*), chaining; concatenation.
— **di comando** (*inform.*), command chaining.
— **dei dati** (*inform.*), data chaining.
concatenare, *v.a.* (*inform.*), to catenate; to chain.
concatenato, *p.p.* linked.
concatenazione, *f.* (*chim.*), linkage.
concavità, *f.* (*met.*), concavity.
concavo, *agg.* concave; hollow.
concedere (*v.a.*) **un brevetto,** to grant a patent.
— **un permesso di esplorazione** (*min.*), to grant an exploration permit.
concentrare, *v.a.* to concentrate.
concentrato, *m.* concentrate; ore concentrate (*min.*) (*fis. atom.*).
— **ottenuto a secco** (*min.*), dry concentrate.
— **ottenuto a umido** (*min.*), wet concentrate.
— **proveniente dalla separazione magnetica** (*min.*), concentrate from the magnetic separations.
concentratore, *m.* (*addensatore*) (*chim.*), thickener; (*min.*), concentrator; (*inform.: unità di concentraz. delle linee*), concentrator.
— **di fango,** sludge thickener.
— **di rete per trasmissione dati** (*inform.*), data concentrator.
concentrazione, *f.* concentration.
— **del minerale,** ore concentration.
— **di equilibrio,** equilibrium concentration.
— **di minerali per via pneumatica** (*min.*), pneumatic concentration of ores.
— **magnetica ad umido** (*min.*), magnetic concentration by wet method.
concentrazione magnetica a secco (*min.*), magnetic concentration by dry method.
— **massima ammissibile** (*fis. atom.*), maximum permissible concentration.
— **media annuale** (*inquinamento*), annual mean concentration.
— **molare,** molar concentration.
— **molecolare,** molecular concentration.
— **normale,** normal concentration.
— **orizzontale** (*di società*) (*comm.*), horizontal concentration.
— **per gravità** (*min.*), gravity concentration.
— **relativa** (*fis. atom.*), relative concentration.
— **verticale** (*di società*) (*comm.*), vertical concentration.
concentricità, *f.* concentricity.
concentrico, *agg.* concentric.
concepire, (*ideare, creare*) **una macchina,** to engineer a machine.
conceria, *f.* tannery.
concessionario, *m.* (*di brevetti*), licensee; patentee; (*di un permesso di sfruttam. min. o petrolifero, per una data zona*), permittee.
concessione (*f.*) **di ricerca** (*petrol.*), concession for exploration.
— **di derivare acque,** water-privilege.
— **di un brevetto,** grant of a patent.
— **forestale,** timber-concession.
— **mineraria,** mine-concession; (mining) claim.
concessioni (*f. pl.*) **doganali,** customs concessions.
concezione, *f.* planning; design; view.
conchiglia (*fond.*), chill.
— **mobile** (*fond.*), loose piece.
conchigliatura, *f.* (*fond.*), chilling (casting metal in contact with a metall chill).
conci (*m. pl.*) **incatenati** (*cost. idr.*) chained blocks.
concia, *f.* tanning.

concia al cromo (*pelli*), chrome tanning.
— **al tannino di quercia** (*pelli*), oak tanning.
— **al vegetale** (*concia al tannino*) (*pelli*), vegetable tanning.
— **(processo di —)** (*pelli*), tanning process.
conciare, *v.a.* to tan.
conciatetti, *m.* slater.
conciatore, *m.* tanner.
conciliativo, v. **composizioni conciliative.**
concimaia, *f.* sewage tank.
concimare, *v.a.* to dress; to manure.
concimazione carbonica (*agr.*), CO_2 enrichment.
— **in copertura per mezzo di aerei** (*agr.*), aerial topdressing.
concime, *m.* manure (*riferito generalmente a concimi naturali*); fertilizer (*concime artificiale*).
— **azotato liquido** (*chim., agr.*), liquid nitrogen fertilizer.
— **lentamente attivo,** slow-acting fertilizer.
— **naturale,** manure.
— **rapidamente attivo,** quick-acting fertilizer.
concimi (*m. pl.*) **azotati,** nitrogenous fertilizers; nitrogen fertilizers.
— **fosfatici,** phosphatic fertilizers.
— **potassici,** potassic fertilizers; potassium fertilizers.
concio, *m.* (*cost.*), ashlar; cut stone; voussoir.
— **a cuneo,** voussoir.
— **ad angoli,** toed voussoir.
— **a forchetta,** forked ashlar.
— **artificiale di cemento,** cement brick.
— **di calcestruzzo,** concrete stone.
— **di chiave,** keystone.
— **d'imposta,** impost; springer.
— **di volta,** voussoir.
concoidale, *agg.* conchoidal; shell-like.
concoide (*geom.*), conchoid.
concomitante, *agg.* concomitant; simultaneous.
concordanza, *f.* (*radar*), accordance.
— **di fase,** phase coincidence.
concordare, to agree with; to square with; to tally.
concorso, *m.* **(mettere in —)** (*una costruzione*) (*leg.*), calling for tenders.
condensa, *m.* (*fis. chim.*), condensate.
condensare, *v.a.* to condense.
condensarsi, *v.r.*, to condense, *v.i.*
condensato, *m.* (*petrol.*), condensate.
condensatore, *m.*, capacitor (*— elettrico di capacità fissa*); condenser (*elet., ott., fis.*), (*per trasformare gas o vapori in liquidi*); condenser lens (*lente magnetica di microscopio elettronico*); v. **scatola di —.**
— **a carta,** paper condenser.
— **ad aria,** air condenser.
— **a eiettore,** ejector condenser.
— **a gas,** gas-filled condenser.
— **a getto,** jet condenser.
— **aggiustabile** (*radio*), trimming condenser.
— **al tantalio** (*elettron.*), tantalum capacitor.
— **a mica** (*elettron.*), mica capacitor.
— **a mica argentata** (*elettron.*), silvered mica capacitor.
— **a pressione,** pressure-type capacitor.
— **a raffreddamento ad acqua,** water cooled condenser.
— **a superficie,** surface condenser.
— **a vuoto,** vacuum condenser.
— **ceramico** (*elet.*), ceramic capacitor.
— **debutanizzatore** (*ind. chim.*), debutanizer condenser.
— **di antenna,** aerial capacitor; (U.S.A.), antenna booster.
— **di filtro,** filter condenser.
— **di fuga,** bypass capacitor.
— **di griglia,** grid capacitor; (*radio*), grid condenser.
— **di riflusso** (*ind. chim.*), reflux condenser.

condensatore di sintonizzazione di antenna, antenna tuning condenser.
— **di vapore,** steam condenser.
— **elettrolitico** (*elettron.*), electrolytic capacitor.
— **elettrolitico a tantalio** (*elettron.*), tantalum electrolytic capacitor.
— **fisso,** fixed condenser.
— **in materiale plastico metallizzato** (*elet.*), metallized plastic capacitor.
— **in parallelo,** bypass condenser; condenser in parallel.
— **in serie con l'antenna** (*radio*), antenna series condenser.
— **nel vuoto,** vacuum capacitor.
— **per raffreddare il gas in un gassometro,** condenser.
— **raffreddato ad acqua,** water cooled condenser.
— **raffreddato ad aria,** air cooled (or atmospheric) condenser.
— **regolabile,** adjustable condenser.
— **regolabile rotativo,** adjustable disc condenser.
— **rotativo,** rotary condenser.
— **sincrono,** synchronous condenser.
— **teorico,** standard capacitor.
— **tubolare,** tubular condenser.
— **variabile,** variable tuning condenser.
condensatori (*m. pl.*) **ad ingresso laterale** (*elet.*), side-entry condensers.
— **in serie,** condensers in series.
condensazione, *f.* condensation.
— **del vapore** (*ind. chim.*), vapour condensing.
condizionamento, *m.* (*d'aria*), air conditioning; (*fabbricazione acciaio*) (*met.*), conditioning.
— **del calore,** heat conditioning.
— **delle bramme** (*met.*), slab conditioning.
— **del tabacco,** tobacco conditioning.
— **superficiale degli slebi** (*met*)., slab conditioning.
condizionamento (impianto di —), air-conditioning installation.
condizionare (*v.a.*) **gli slebi** (*met.*), to condition the slabs.
— **l'aria,** to air condition.
condizionata (fabbrica ad aria —), air-conditioned factory.
condizionato (*inform.*). (v. **salto —**).
condizionatore (*m.*) **da grano** (*ind. mol.*), wheat conditioner.
— **d'aria a nafta,** oil-fired warm air conditioner.
— **d'aria a spina,** plug-in air conditioner.
— **-essiccatore** (*ind. mol.*), conditioner-dryer.
— **universale** (*ind. mol.*), universal conditioner.
condizionatura, *f.* (*tess.*), conditioning.
— **a vapore** (*tess.*), steaming.
— **caustica** (*tess.*), caustic steaming.
— **(stufa per —)** (*tess.*), conditioning oven.
condizione, *f.* requirement (*esigenza*); condition.
— **ottimale,** optimum.
— **limite,** boundary condition.
— **quantica** (*fis. atom.*), quantum condition.
— **(in —) buona** (*macchine*), in fine condition.
— **(in —) perfetta** (*rif. a macchine*), in excellent show room condition.
condizioni (*f. pl.*) **ambientali** (*in generale*), environment; am bient; site conditions; (*difficili — — degli impianti di sinterizzazione*), rigorous environment of sinter plants; environmental conditions.
— **ai limiti** (*fis. atom.*), boundary conditions.
— **atmosferiche,** atmospheric conditions.
— **di consegna,** delivery terms.
— **di favore,** preferential terms.
— **di fornitura,** terms of supply; terms of delivery.
— **di funzionamento,** operating

conditions; operational conditions.

condizioni di lavoro (*radio, ecc.*), operating characteristics.

— **d'impiego,** duties; operating conditions.

— **di pagamento,** terms of payment.

— **di prova,** test conditions.

— **di raccordo** (*elet.*), conditions for connecting.

— **di servizio,** service conditions.

— **di trasporto,** conveyance terms.

— **di vendita,** terms of sale.

— **estreme** (*di resistenza ad abrasione, ecc.*) (*met., ecc.*), extremes.

— **(in — di funzionamento normali),** under normal operating conditions; (*elet.*), under normal running conditions.

— **(lavorare in — difficili),** to operate in arduous conditions.

— **(soddisfare le più esigenti —),** to meet the most stringent demand.

condominio, *m.* (*cost.*), joint ownership.

condomino, *m.* (*cost.*), joint owner.

condotta, *f.* (*tubi*), piping; main; pipe; pipe line.

— **anulare,** ring main.

— **aspirante,** suction piping.

— **collettrice,** collecting main.

— **d'acqua,** water mains; water pipes.

— **d'acqua forzata,** water conduit for high pressure.

— **d'acqua fredda,** cold water conduit.

— **d'aria compressa,** piping for compressed air.

— **della fusione** (*met.*), conduct of a heat.

— **di gas,** gas pipe; gas conduit; gas pipe-line (*gasdotto*).

— **di pompa,** pump piping; pump main.

— **distributrice** (*chim.*), distribution header.

— **di tubi flessibili,** flexible hose line.

— **di un pezzo** (*mecc.*), guidance of a piece; feeding of a work.

— **di vapore,** steam main.

condotta forzata, pressure piping; delivery pipe; pressure pipe; (*idraul.*), penstock.

— **forzata aerea** (*idraul.*), uncovered penstock.

— **forzata sotterranea** (*idraul.*), underground penstock.

— **metallica rigida** (*idraul.*), rigid metal pipe.

— **principale del gas,** gas main.

— **(rotture della —)** (*gas*), breaks in pipe-line.

condotte industriali (*idraul.*), industrial pipes.

— **per il trasporto del gas,** gas service pipes.

condotti di ammissione aria nell'aeroplano (*aereo*), aircraft intake ducts.

condotto, *m.* (*tubazione*), piping; tubing; duct.

— **aria di scarico,** exhaust air duct.

— **d'aria,** air passage.

— **d'aspirazione,** suction conduit.

— **del fumo** (*met.*), smoke flue.

— **del gas,** gas outlet pipe.

— **della cubia** (*naut.*), hawse pipe.

— **della fiamma d'accensione,** ignition flame passage.

— **dell'ossigeno che effettua il taglio** (*cannello da taglio*), cutting oxygen passage.

— **del vento** (*altoforno*) (*met.*), blast pipe.

— **di fumo,** smoke flue; up-take.

— **di raffreddamento del generatore** (*aereo*), generator cooling duct.

— **di raffreddamento del motore** (*aereo*), engine cooling duct.

— **di riscaldamento,** heating passage.

— **di scarico,** by-pass (*di acqua*); flue (*di gas*).

— **di scarico dell'elevatore,** elevator discharge pipe.

— **di spurgo,** drain.

— **di vapore,** steam distributing pipe.

— **per cavi elettrici** (*elet.*), cable duct.

— **per l'aspirazione,** suction pipe.

condotto principale (*ind. petrol.*), trunk pipeline.
condrite, *f.* (*aeroliti costituenti circa l'85% dei meteoriti*) (*geol.*), chondrite.
conducente, *m.* driver.
conducibilità, *f.* conductivity.
— **termica** (*met.*), thermal conductivity.
condurre, *v.a.* (*elettricità, calore*), to conduct; to transmit.
— **una locomotiva** (*guidare*), to drive a locomotive.
conduttanza, *f.* (*elet.*), conductance.
— **anodica,** anode conductance.
— **di griglia** (*radio*), grid conductance.
— **mutua,** mutual conductance.
— **specifica** (*elet.*) specific conductance.
conduttività, *f.* (*chim., elet., ecc.*), conductivity.
— **elettrica,** electrical conductivity.
— **molecolare** (*chim.*), molecular condutivity; molar conductivity.
— **termica,** heat conduction (conductivity).
— **termica esterna,** external heat conductivity.
— **termica interna,** internal heat conductivity.
conduttore, *m.* conductor; *agg.* driving.
— **aereo,** aerial conductor (*or* overground conductor).
— **centrale neutro** (*elet.*), neutral wire.
— **d'alta frequenza** (*nome tedesco usato pure in Inghilterra*) (*radio*), litzendraht.
— **delle linee di trasmissione,** transmission cable.
— **di elettricità,** electrical conductor.
— **di elettricità (buono —),** good electrical conductor.
— **di elettricità (cattivo —),** poor electrical conductor.
— **di lavori,** foreman.
— **esterno** (*elet.*), outer mains.
conduttore interno (*di cavi*), core.
— **neutro a terra** (*ing. elet.*), earthed neutral.
— **nudo** (*elet.*), bare conductor.
conduttrice, *agg.* driving.
conduttura, *f.* piping; pipe; main (*per acqua e gas*); mains (*elet.*).
— **ad alta tensione** (*ferr. elet.*), high-tension line.
— **ad un solo filo** (*elet.*), single line.
— **aerea,** overhead line; overhead transmission line.
— **collettrice** (*elet.*), ring main system.
— **d'acqua,** water piping.
— **d'alimentazione** (*ing. elet.*), feeder.
— **d'argilla,** earthenware piping.
— **d'aria,** air conduit; air piping; air pipe; air duct.
— **della dinamo** (*elet.*), dynamo mains.
— **di compensazione** (*elet.*), equalizing mains; equalizing network.
— **di distribuzione,** distributing mains.
— **di forza motrice,** power mains; power conduit.
— **di gas,** gas main.
— **di l a v o r i,** management of work.
— **di ritorno** (*elet.*), return wire.
— **elettrica a grande distanza,** long distance line.
— **in materia plastica,** plastic ducting.
— **interrata** (*cost.*), earth conductor.
— **monofase** (*ferr. elet.*), single-phase line.
— **per forza motrice,** power mains.
— **per luce,** lighting mains; lighting conduit.
— **principale** (*gas, elet., acqua*), main.
— **trifase** (*ferr. elet.*), three-phase line.
conduzione (*f.*) **di calore,** heat conduction.

conferenza stampa, press conference.
conferire a, to bestow on.
confezionatrice, *f.* (*macchina per incartare un certo numero di scatole, pacchi, sacchi, ecc.*), parcelling machine.
— **automatica per il burro,** butter-wrapping machine.
confezione, *f.* (*di un pacco*), parcelling.
— **per la manutenzione** (*di cassette, cartucce, ecc.*) (*audio, ecc.*), maintenance kit.
— **per la pulizia di registratori a cassette** (*audio*), cassette cleaning kit.
— (*taglio*) **di abiti su misura** (*ind. abbigliam.*), bespoke tailoring.
conficcare (*v.a.*) **pali,** to drive (in) piles.
configurazione (*di ala, carrello*) (*aereo*), (wing) configuration; (landing gear) configuration; (*caratteristiche delle macchine e dispositivi di un sistema informatico*), configuration.
— **a blocchi** (*schema funzionale*) (*inform.*), block diagram.
— **degli sforzi** (*met.*), stress situation.
— **di maglia** (*met., cristal., ecc.*), mesh configuration.
— **elettronica** (*fis. atom.*), electronic configuration.
conflitto di lavoro, labour dispute; trade dispute.
— **nazionale di lavoro,** national emergency dispute.
confocale, *agg.* confocal.
conforme alle norme (*met., ecc.*), in specification; (*non conforme alle norme*), out of specification.
— **(copia —),** certified true copy.
confrontare (*o* **vedere) l'originale** (*bozze*), out, see copy.
confronto caratteristiche (*aereo*), performance comparison.
congedo di malattia (*lavoro*), sick leave.
congegnatore aeronautico, *m.* aero fitter.
congegno, *m.* (*dispositivo*), device.
— **d'inversione,** reversing gear.
congegno di puntamento (*armi*), rear sight.
— **di sicurezza** (*in caso di mancato funzionamento*), fail-to-safety device.
— **di sospensione,** gambrel.
congelamenti, *m. pl.* (*di regolatori di gas*), (*regulator*) freeze-ups.
congelamento, *m.* freezing; (*inform.*), freezing.
congelare, *v.a.*, to freeze (solid); (*inform.*), to freeze.
congelato, *p.p.* frozen.
congelatore, *m.* (*elettrod.*), freezer.
congelazione (metodo della —) (*approfondimento di pozzi*) (*miniere*), freezing method.
congestione da traffico (*auto*), traffic jam; congestion.
congiungere (*v.a.*) **con tenone e mortisa,** to tenon and mortize.
— **metallicamente,** to make metallic connections.
congiungimento, *m.* jointing.
congiuntura, *f.* (*comm.*), trend.
congiunzione, *f.* joint.
— **a forcella,** forked mortise and tenon joint.
conglomerato, *m.* conglomerate.
congresso, *m.* (*met. ecc.*), congress.
— **(relazioni di —),** reports of congress.
congruenza, *f.* (*geom.*), congruence.
coniare, *v.a.* (*stampare*), to stamp; to coin.
coniatura, *f.* coining.
coniazione delle monete, minting.
— **a caldo** (*met.*), hot coining.
conicità, *f.* taper.
— **delle punte,** size of centres.
— **di un modello** (*fond.*), draft.
— **normale,** *f.* standard cone; Morse's cone.
— **(grande —),** long taper.
— **(piccola —),** short taper.
conico, *agg.* tapered.
conifere, *f. pl.* conifers
coniferina, *f.* coniferin.
conificatubi, *f.* (*macch. ut.*), tube end reducing machine.
coniglio (*piccolo contenitore per campioni da irraggiare rapidamente*) (*fis. atom.*), rabbit.

coniina, *f.* coniine.
connessione, *f.* (*mecc. falegn.*), joint; (*elet.*), connection; conjunction; (*elet.*) (*inform.*), patch.
— **a terra** (*elet.*), ground connection (U.S.A.); earth connection.
connettere, *v.a.* to make a joint; (*elet.*), to connect.
— **a smusso** (*faleg.*), to make a bevelled joint.
— **in parallelo** (*elet.*), to connect in parallel.
— **in serie** (*elet.*), to connect in series.
connettore, *m.* (*elet.*), connector.
— **analogico** (*inform.*), analog connector.
— **per interfaccia** (*inform.*), interface connector.
cono, *m.* cone.
— **a vento** (*aereo*), wind cone; wind sock (U.S.A.).
— **della valvola,** valve head; mushroom.
— **di frizione,** friction cone.
— **d'ingresso,** entrance cone.
— **d'inviluppo,** rolling cone.
— **di penetrazione** (*aereo*), spinner.
— **di rinvio,** counter-shaft cone; overhead cone.
— **di ritiro** (*fond., met.*), pipe.
— **di scappamento** (*aereo*), exhaust cone.
— **di una scarpata,** cone of a slope.
— **doppio,** double cone.
— **d'ormeggio** (*naut., aereo*), drogue.
— **d'uscita,** exit cone.
— **esterno** (*aereo*), outer cone.
— **femmina,** female (friction) cone.
— **interno** (*aereo*), inner cone.
— **luminoso,** cone of light.
— **parabolico,** curvilinear cone.
— **posteriore** (*di bilanciere*) (*orol.*), backslope.
— **principale,** main cone.
— **secondario** (*difetto nei lingotti colati a conicità diretta*) (*fond., met.*), secondary pipe.
cono Seger, Seger cone; pyrometric cone.
— **(a forma di —),** cone-shaped.
— **(tronco di —),** truncated cone; frustum.
conoide, *m.* conoid.
— **di deiezione** (*geol.*), alluvial cone.
conoidico, *agg.* conoidal.
consegna, *f.* delivery.
— **a domicilio,** deliver at trader's premises.
— **a termine** (*comm.*), forward delivery.
— **di una fabbrica ad un nuovo proprietario,** hand over of a factory.
— **immediata!** rush delivery!
— **parziale,** partial delivery.
— **(a futura —),** forward delivery.
— **(mancata —)** (*comm.*), non-delivery.
— **(pronta —),** prompt delivery; early delivery.
consegnare una macchina, to hand over a machine.
consegne a termine (*comm.*), futures.
conservabilità, *f.* (*fis. atom.*), storage life.
— **del taglio** (*met.*), maintenance of the cutting power.
conservare (*v.a.*) **calore,** to retain heat.
— **energia,** to store power.
— **il legno,** to preserve wood.
— **una proprietà,** to retain a property.
— **(salvare)** (*p. es. un programma sul disco, il contenuto di un registro, ecc.*) (*inform.*), to save.
conservatore (*m.*) **delle ipoteche,** registrar of mortgages.
conservazione, *f.* (*di pelli*), curing.
conservificio, *m.*, food canning factory.
considerevole, *agg.* considerable; sizable.
consigliere giuridico aggiunto (*leg.*), deputy director counsel.
consiglio (*m.*) **degli amministratori** (*finan.*), board of executive directors.

consiglio dei Ministri delle Comunità Europee, Council of Ministers of the European Communities.
— dell'areonautica (*corpo dirigente della R.A.F.*), Air Council.
— di amministrazione (*società*), board of directors; directory (U.S.A.).
consistenza, *f.* consistency.
consistometro, *m.* consistometer.
consociata (società —), joint partner.
console, *m.* consul.
consolidamento, *m.* (*cost.*), consolidation.
consolidare, -si, *v.a. v.r.* (*costr.*), to consolidate; to strengthen, *v.a.*
consolle, *f.* console.
consonanza, *f.* (*mus.*), jingle.
consorzio (*assoc.*), consortium.
— di irrigazione, irrigation board; water board.
— industriale, industrial combine.
consulente, *m.* consultant, *m.*
— di gestione (*organ.*), manegement consultant.
— elettronico, electronics consultant.
— in organizzazione (*lavoro*), management consultant; consulting management engineer.
— in telecomunicazioni, telecommunications consultant.
consumare, *v.a.* to consume; to waste.
— molta benzina (*mot., auto., ecc.*), to be heavy on petrol.
consumatore, *m.* consumer.
consumo, *m.* consumption; wear (*logorio*).
— d'acqua, consumption of water; water consumption.
— di calore, consumption of heat;
— di catrame (*altoforno met.*), tar rate.
— di combustibile (*altoforno met.*), fuel consumption; fuel rate.
— di energia, power consumption.
— di forza, power consumption.
— di una mola, wear of a grinding wheel.
— giornaliero, daily consumption.
consumo medio di combustibile (*auto*), average fuel consumption.
— specifico, specific consumption.
— specifico del carburante, specific fuel consumption.
— specifico di coke (*altoforno met.*), coke rate.
— specifico di combustibile (*altoforno met.*), fuel rate.
consuntivo, *m.* (*contabilità*), job card.
contabattute, *m.* (*tess.*), pick-clock; pick-counters.
contabile, *m.* book-recorder.
contabilità, *f.* book-keeping.
— aziendale (*finan.*), business accounting.
— industriale, cost accounting.
contachilometri, *m.* speedometer; mileage recorder; (U.S.A.) odometer.
— non manomissibile (*auto*), tamper-proof mileage recorder.
— parziale (*auto*), trip mileage recorder; trip mileometer; trip meter.
— senza azzeratore parziale (*auto*) non-trip speedometer.
— totalizzatore (*auto*), total mileage recorder.
contacolpi, *m.* (*mecc.*), stroke counter.
contafiletti, screw pitch gauge.
contafili, *m.* (*tess.*), pick glass; thread counter.
contafilm, *m.* (*cinem.*), footage counter.
contagiri, *m.* revolution counter; rev counter (*auto*).
— motore, engine speed indicator.
contagocce, *m.* eye dropper; glass dropper (*bottiglia contagocce*).
contahanks, *m.* (*tess.*), hank-counters.
container, *m.* container; (*fis. atom.*), fuel-container.
— flessibile (*trasporto*), pillowtank.
— per derrate congelate, frozen food container.
— ribaltabile (*smontabile, per viaggi di ritorno a vuoto*) (*trasporti*), coltainer (collapsible container).

container rivestito di acciaio, steel-clad container.
— **smontabile,** demountable container.
— **trasportato su treni,** railborne container.
— **unificato,** standardised container.
— **(dimensioni del —),** container dimensions.
— **(forma del —),** container design.
— **(locatore di —),** container lessor.
containerizzazione, *f.* containerization.
contametro, *m.* (*tess.*), meter-counter.
contaminante, *m.*, contaminant.
— **metallico,** metal contaminant.
— **radioattivo** (*fis. atom.*), radioactive contaminant.
— **(materiale —),** contaminant.
contaminazione, *f.* contamination; (*di punta di elettrodo*) (*sald.*), pick-up.
— **massima permessa** (*fis. atom.*), maximum permissible contamination.
— **permessa** (*fis. atom.*), permissible contamination.
— **radioattiva** (*fis. atom.*), radioactive contamination.
contapezzi, *m.* (*mecc.*), workpiece counter; piece counter.
contapose, *m.* exposure timer.
— **automatico,** automatic exposure timer.
— **fotoelettrico,** photo-timer.
— **(bottone del —),** (*fot.*), counter reset (knob).
contasecondi, *m.* seconds counter.
conta-semi, *m.* (*agr.*), seed counter.
contatempo (*m.*) **di saldatura,** weld timer.
contatore, *m.* meter; counter (*elettron., ecc.*).
— **a bilanciere** (*elet.*), balance beam meter.
— **a boro,** boron counter.
— **a corrente alternata,** alternating-current meter.
— **a cristallo** (*fis. atom.*), crystal counter.
contatore a doppia tariffa, double-rate meter.
— **a fissione** (*fis. atom.*), fission counter.
— **alfa,** alfa counter.
— **a moneta,** slot meter.
— **a pagamento preliminare** (*a moneta*), prepayment meter.
— **a parete-schermo** (*fis. atom.*). screen-wall counter.
— **a placche parallele** (*fis. atom.*), parallel-plate counter.
— **a punta** (*fis. atom.*), point counter.
— **a scintillazione** (*fis. atom.*), scintillation counter.
— **astatico,** astatic meter.
— **a 3 fili,** three-wire meter.
— **automatico,** automatic counter.
— **beta,** beta counter.
— **binario** (*elettron.*), binary counter.
— **chilometrico,** mileage-recorder.
— **con registrazione di massimo,** recording demand meter.
— **cronografico** (*fis. atom.*), time period counter.
— **d'acqua,** water meter.
— **d'Aron** (*elet.*), Aron meter.
— **dei granelli di polvere** (*meteor.*) dust counter.
— **d'elettricità,** current-meter.
— **del quadro di distribuzione,** switch board meter.
— **di batteria,** battery meter.
— **di controllo,** standard testing meter.
— **differenziale con registrazione della eccedenza** (*elet.*), load-rate prepayment meter.
— **di gas,** gas meter.
— **digitale a pannelli** (*elettron.*), digital panel meter.
— **di massimo,** maximum demand meter.
— **di neutroni** (*fis. atom.*), neutron counter.
— **di particelle** (*fis. atom.*), particle counter.
— **di programma** (*inform.*), program counter.
— **di radiazioni** (*fis. atom.*), radiation counter.

contatore elettronico, photo-counter.
— **Ferraris,** Ferraris meter.
— **gamma** (*fis. atom.*), gamma counter.
— **Geiger,** geiger; Geiger counter.
— **in servizio,** service meter.
— **ionico** (*fis. atom.*), ion counter.
— **monofase,** single phase supply meter.
— **per fluidi,** fluid meter.
— **per raggi gamma** (*fis. atom.*), gamma-ray counter.
— **proporzionale** (*fis. atom.*), proportional counter.
— **registratore,** recording meter.
— **reversibile** (*calcol. elettron.*), reversible counter.
— **schermato** (*fis. atom.*), shielded counter.
— **totalizzatore** (*tel.*), position meter; position peg count register (U.S.A.).
conta-trame, *m.* (*tess.*), pick counter; weft counter.
contatti disposti nell'ordine lavoro-riposo (*tel.*), make-before-break contacts.
— **disposti nell'ordine riposo-lavoro** (*tel.*), break-before-make contacts.
contatto, *m.* contact; connection.
— **ad arco** (*ferr. elet.*), sliding bow.
— **a lamine** (*elet.*), laminated contact.
— **a scorrimento** (*elet.*), sliding contact.
— **a spazzola**(*elet.*), brush contact.
— **difettoso** (*elet.*), poor contact.
— **di riposo** (*teleg.*), back contact.
— **di terra,** earth contact.
— **elastico,** spring contact.
— **fisso,** fixed contact.
— **fra metallo e metallo,** metal-to-metal contact.
— **laminare,** laminated contact.
— **mobile,** moving contact.
— **per attrito,** frictional contact.
— **per pressione,** push contact.
— **principale,** main contact.
— **riposo-lavoro** (*tel.*), make-and-break contact.
— **scorrevole,** sliding contact.
contatto (superficie di —), mating surface.
contattore, *m.* (*elet.*), contactor.
— **elettropneumatico,** electro-pneumatic contactor.
conteggio, *m.* calculation; metering (*tel.*); count (*fis. nucleare*).
— **alla rovescia** (*lancio di missili*), countdown.
contemporaneità (*simultaneità*) (*di esecuzione*) (*inform.*), concurrency.
contenere, *v.a.* to contain; to hold.
contenimento degli aumenti di prezzo (*econ. comm.*), restraint on price increases.
contenitore, *m.* container.
— **pareti e tetto aperto,** flat rack container.
— **rinfusa,** bulk container.
— **tetto aperto,** open top container.
contenuto, *m.* contents; proportion; percentage.
— **in acqua,** water contents; proportion of water.
— **in catrame,** proportion of tar; tar contents; percentage of tar.
— **in cemento,** proportion of cement; percentage of cement.
— **in cenere,** proportion of ashes; ash contents; percentage of ashes.
— **in umidità,** percentage of moisture.
contestatore (*rif. a sommossa*), agitator.
contestazione, *f.* (*leg.*), dispute; (*sommossa popolare per es. contro tracciato di autostrada*), agitation.
contesto, *m.* (*inform.*), context.
contingente d'importazione (*comm.*), import quota.
— **di produzione,** amount of production allowed.
continuo, *agg.* continuous (*riferito a carico* (*elet.*), *forno, ecc.*).
conto, *m.* (*comm.*), account.
— **capitale** (*finan.*), capital account.
— **corrente,** current account.

conto corrente postale, post office current account.
— **profitti e perdite** (*ragioneria*) profit and loss account; oper ating account.
— **riservato (*o* speciale)** (*finan.*) earmarked account.
— **(per — di),** on behalf of.
contorcersi, *v.r.* (*di chiodi*), to buckle, *v.i.*; (*di legnami*), to warp, *v.i.*
contornare, *v.a.* (*traforare*), to saw out; to draft (*dis.*); to blank (*mecc.*) (*tranciare un pezzo di lamiera da imbutire*).
— **(macchina a —)** (*macch. ut.*), v. **contornitrice.**
contornitrice (*per mat. plastiche, met. e legno*) (*macch. ut.*), routing machine.
contorno, *m.* contour; outline; circumference; shape; (*telev.*),
— **dei grani** (*fis. met.*), grain boundary.
— **dell'ossatura d'una nave,** girth.
— **di pietra,** stone lining.
— **poligonale,** continuous line. contour; v. **accentuazione del contorno** (*telev.*).
contraccettivo, *m.*, v. **pillola c.**
contraccolpo, *m.* return shock; (*battito in testa*) (*auto*), knocking; (pinking); (*di armi*), kick; recoil (*di esplosione*); back-kick (*motori*).
contraffazione, *f.* imitation; counterfeit.
— **(guardatevi dalle —i),** beware of imitations.
contraffisso, *m.* strut.
contrafforte, *m.* buttress; counterfort.
contrago, *m.* (*ferr.*), stock rail.
contralbero, *m.* countershaft.
— **a due velocità,** two speed countershaft.
— **con frizione,** friction countershaft.
— **fissato al soffitto,** overhead countershaft.
girevole, swivelling countershaft.

contrappeso, *m.* (*elet.*), counterpoise; counterweight; balance weight.
— **del carburatore,** floatweight.
— **del regolatore,** weight of governor balls.
— **di tensione,** tension weight.
— **di terra** (*antenna*), earth screen.
contrarsi, *v.r.* to contract; to shrink (*p.* shrank, *p.p.* shrunk).
contrassegnare, *v.a.* to tag; (*comm.*), to earmark.
contrassegnatura (*di prodotti*) (*commercio*), identification marking.
contrassegni dell'aeroplano, aircraft markings.
contrassegno degli aerei inglesi (*aereo*), British aircraft mark.
contrasta, *f.* (*di uno stantuffo*), tail rod; guide-rod.
contrastare, *v.a.* to hold up.
contrasto, *m.* (*mecc.*), dolly device; holder-up; contrast (*fot.*) (*telev.*) (*radiol.*).
— **di amplificazione** (*acust.*), amplification contrast.
— **di colore** (*fot.*), colour contrast.
— **d'immagine,** image contrast; (*telev.*), picture contrast.
— **di radiazione** (*radiol.*), radiation contrast.
contrattazione a livello aziendale (*leg., problemi lavoro*), company-level bargaining.
— **a livello della categoria** (*leg., problemi lavoro*), industry-level bargaining.
— **collettiva** (*problemi lavoro*), collective bargaining.
contratto, *m.* contract; agreement.
— **ad opzione,** option agreement.
— **a termine** (*comm.*), futures contract.
— **« chiavi in mano »** (*cost., ecc.*), turnkey contract.
— **collettivo** (*lavoro*), collective agreement.
— **collettivo di lavoro** (*lavoro*), collective labour agreement.
— **di costruzioni navali,** shipbuilding contract.

contratto di fornitura (*leg.*), supply agreement; (*comm.*), supply contract.
— **di garanzia** (*comm.*), guarantee agreement.
— **di impresa,** bargain contract.
— **di lavoro,** service agreement; work contract.
— **di noleggio** (*naut.*), charter party.
— **di vendita,** sale contract.
— **(stipulare un —),** to place a contract.
contravvento, *m.* wind-brace.
contrazione, *f.* (*ritiro*), shrinkage.
— **di un chiodo,** contraction of a nail.
— **di un getto,** shrinkage of a casting.
— **di un legno,** shrinkage of a timber.
— **di un mattone,** shrinkage of a brick.
— **di vena liquida,** contraction of water-vein.
— **di volume,** volume contraction.
contributi, *m. pl.* (*da versare ad un Istituto di previdenza*), contributions; taxes.
— **sociali,** social charges; social taxes.
contributo, *m.* (*pensioni, ecc.*), contribution.
contro-alisei, *m. pl.* (*meteor.*), antitrades (*winds*).
contro arresto, *m.* counter-stop.
controbastione (*m.*) **di fiocco,** (*naut.*), flying-jib boom.
controbilanciare, *v.a.* to counterbalance.
contro-butteruola, *f.* dolly; holder up.
controcampo, *m.* (*cinem.*), reverse shot.
controcatena, *f.* (*di tetto*), collar beam.
controchiavetta, *f.* gib; wedge bukle; nose key.
controchiglia, *f.* keelson.
controcono, *m.* female friction cone.
controcorrente, *f.* counter-current.
controcurva, *f.* (*agrim.*), reverse curve.
controdado, *m.* jam nut; set screw; check nut; lock nut.
controdiagonale, *f.* landing wire (*aereo*); counter brace; counter diagonal.
controelettrodo, *m.* (*sald.*), backing electrode.
controfigura, *f.* (*cinem.*), stand-in.
controfinestra esterna (*doppia finestra*) (*aereo*), (pilot's) storm window.
controfiocco, *m.* (*naut.*), flying jib.
controfirmato, *p.p.*, countersigned.
controflangia, *f.* counter-flange.
— **aspirante,** suction counter-flange.
— **premente,** pressure counter-flange.
controllare, *v.a.* to control; to check; to supervise; (*programmi, apparecchiature di un elaboratore, ecc.*), (*calcol. elettron.*), to monitor.
— **col calibro,** to check.
— **da terra** (*aereo*), control from the ground.
— **di nuovo** (*gen.*), to recheck.
— **uno strumento,** to check an instrument.
controllate bene il contenuto!, check contents carefully.
controllato da elaboratore (*elettron.*), computer controlled.
controller di manovra, *m.* (*ferr.*), master controller.
controllo, *m.* control; checking (*di dimensioni*); (*radioamatori*) report (*ora vi passo i controlli.* now I give you my report); (*telev.*), monitoring; survey (*studio inchiesta*); supervision (*controllo generale di revisione*); (*elettron.*), check.
— **a cristallo** (*radio*), crystal control.
— **acustico,** acoustic survey.
— **ad anello aperto** (*elettron., inform.*), open-loop control; feed forward control.
— **ad anello chiuso** (*eletron., inform.*), closed-loop control; feedback control.

controllo ad anello chiuso della fabbricazione dell'acciaio all'ossigeno (*met., elettron.*), closed loop control of basic oxygen steelmaking.
— **ad anello chiuso in linea** (*elettron.*), on-line closed loop control.
— **a distanza delle installazioni elettriche,** long-range control of electric installations.
— **agli ultrasuoni** (*su lamiere, ecc., met.*), ultrasonic testing.
— **a nonio** (*di radio*), vernier tuning control.
— **autodiagnostico** (*inform.*), self diagnostic check.
— **autodiagnostico automatico** (*inform.*), automatic self diagnostic check.
— **automatico** (*elettron.*), automatic control; automatic monitoring.
— **automatico di guadagno** (*radio, TV*), automatic gain control (AGC).
— **automatico di spessore** (*met. laminatoio*), automatic gage control.
— **automatico errori e correzione** (*inform.*), ERCC (error checking and correction).
— **con raggi X** (*met., ecc.*), X-ray examination.
— **dei fumi del riscaldamento domestico** (*inquinamento*), domestic smoke control.
— **dei rumori,** noise control.
— **della caduta di ceneri radioattive,** control of radioactive fallout.
— **dell'acqua** (*durante il processo di purificazione*), water monitoring.
— **della densità di polvere** (*emessa da altoforni, ecc.*), dust monitoring.
— **della linearità** (*telev.*), linearity control.
— **dell'altezza del quadro** (*telev.*), vertical size control.
— **della marcia di orologio,** timing.

controllo della sintassi (*inform.*), syntax check.
— **della velocità al quarzo** (*giradischi*), quartz-lock speed control.
— **dell'inquinamento atmosferico,** air pollution monitoring.
— **del processo** (*met.*), process control.
— **del programma registrato** (*elettron.*), stored program control.
— **di calcolatrice,** control register.
— **di fase** (*telev.*), hue control.
— **dimensionale,** gauging; dimensional control.
— **di processo** (*calcol. elettron.*), process control.
— **di qualità,** quality control.
— **di sincronizzazione** (*telev.*), hold control; (U.S.A.) holding control; (U.S.A.) synchronization control.
— **distruttivo** (*met.*), destructive examination.
— **di tono** (*audio*), tone control.
— **di treni,** train control.
— **di una macchina,** register control; machine (*or* engine) control.
— **(radioattivo) di un'area,** area monitoring.
— **di validità** (*inform.*), validity check.
— **di volume** (*radio*), loudness control.
— **di vulcanizzazione** (*gomma*), cure control.
— **elettrico,** electric control.
— **fotoelettrico,** photoelectric control.
— **gammagrafico** (*met., mecc.*), gamma-ray inspection.
— **magnetico** (*met.*), magnetic flaw detection.
— **magnetografico** (*met.*), magnetographic inspection.
— **magnetoscopico** (*mecc., met.*), magnetic crack detection.
— **mediante ultrasuoni** (*mecc., met.*), ultrasonic examination.
— **microscopico dei provini** (*sald.*), microscopic examination of specimens.

controllo molto preciso, extremely close control.
— **neutronico** (*fis. atom.*), neutron monitoring.
— **non distruttivo** (*met., mecc.*), non-destructive examination.
— **numerico (CN)** (*elettron. macch. ut.*), numerical control (NC).
— **numerico adattivo (CNA)** (*macch. ut.*), adaptive numerical control.
— **numerico continuo** (*macch. ut.*), continuous-path numerical control; contouring system.
— **numerico diretto** (*macch. ut., calcol. elettron.*), direct numerical control (DNC).
— **numerico punto a punto** (*macch. ut.*), point-to-point numerical control.
— **numerico a tre assi, sistema continuo** (*macch. ut.*), 3-axis continuous-path numerical control.
— **periodico di autoveicoli** (*auto*) (U.S.A.), safety examination.
— **per trasudamento** (*met.*), penetrant fluid test.
— **prima del lancio** (*aereo*), prelaunch check.
— **prima del volo** (*aereo*), preflight check.
— **qualitativo,** v. **controllo di qualità.**
— **radiografico** (*met.*), radiografic inspection.
— **remoto attitudine volo** (*aereo*), remote attitude director.
— **semidistruttivo** (*mecc., met.*), semi-destructive examination.
— **sequenziale** (*macch. ut.*), sequential control.
— **statistico di qualità** (*organizz.*), statistical quality control.
— **sul posto,** spot check.
— **visivo,** visual inspection.
controllore, *m.* (*elet.*) controller, (*strumento*); controller (*persona*); checker (*persona*).
— **del traffico aereo,** air-traffic controller.
— **di volo** (*aereo*), aircraft controller; air controller.
controluce, against the sun (*fot.*).
contromanovella, *f.* cross crank.
contromisura, *f.* (*gen.*), countermeasure.
contronasello (*m.*) **di arresto,** counter-stop.
contronodo, *m.* rear knot.
contropalo (*o* **puntone),** *m.* strut.
contropendenza, *f.* counter slope; reverse gradient (*ferr.*).
contropressione, *f.* counterpressure; back pressure.
controproducente, *agg.* counterproductive.
controprova, *f.* check test.
contropunta, *f.* (*tornio*), tailstock; (*rettificatrice, fresatrice*), poppet; tailstock; dead centre (*di fresatrice*); foot stock (U.S.A., *per tornio e rettificatrice*).
— **fissa** (*tornio, ecc.*), dead centre; fixed centre.
— **girevole** (*macch. ut.*), live centre; (*tornio*), revolving centre.
— **per tubi** (*macch. ut.*), centre for tubes.
controranda, *f.* gaff-topsail.
controrotaia (*ferr.*), check rail; guard rail; rail guard; safeguard; safety rail; side rail.
contro saettone, *m.* counter brace.
controsole, in the sun; (p. es. guidare un auto controsole, to drive a car in the sun).
controstallia, *f.* (*naut.*), demurrage.
controstampo, *m.* counter-punch; dolly; head cup.
controstantuffo, *m.* (*estrusione metalli*), bottom plunger.
controstelo, *m.* checkbuffer plunger.
controtensione, *f.* counter voltage.
controtipo, *m.* (*cinem.*), duplicate negative; reversal.
contro torsione, back twist.
controvapore, *m.* back steam; reversed steam.
controvena (*legno*), **against the grain.**
controventare, *v.a.* to brace; to wind-brace.
controventatura, *f.* wind-bracing.
— **a triangolo,** arrow point bracing.
— **orizzontale,** horizontal bracing.

controventatura (elementi di — anulari) (*mecc., costr.*), annular stiffening elements.
controvento, *m.* sprocket; up-wind.
— **(correre —)** (*auto*), to run into the wind.
— **(finestrino —)** (*auto*), up-wind window.
conurbazione, *f.* (*fascia di — di una città*), conurbation.
convegno (*di società ecc.*), symposium.
convenienza d'impiego di prodotti nel campo metallurgico (*met.*), metallurgical suitability of products.
convenzioni (*f. pl.*) **tecniche,** technical stipulations.
convergente, *agg.* convergent.
convergenza, *f.* convergence; (*auto*), toe-in.
convergere, *v.i.* to converge.
conversa (*o* **compluvio),** *f.* (*cost.*), valley.
conversare (dialogare) con un calcolatore elettronico (tramite terminale), to « converse » with a computer.
conversazione (*f.*) **con avviso** (*tel.*), « avis d'appel » call; messenger call (U.S.A.).
— **di servizio** (*tel.*), service call; official message (U.S.A.).
— **interurbana** (*tel.*), inland trunk call; toll message (U.S.A.).
— **telefonica,** call.
conversione, *f.* conversion; (*o trasformazione*) (*impianti, ecc.*), conversion.
— **analogico-numerica** (*elettron.*), analogue-to-digital conversion.
— **binaria-decimale** (*inform.*), binary-to-decimal conversion.
— **dell'energia,** energy conversion.
— **dello standard** (*telev.*), standards conversion.
— **di acqua marina,** sea-water conversion.
— **di una coppia** (*fis. atom.*), pair conversion.
— **in qualche minuto** (*mecc.*), conversion in a matter of minutes.
conversione interna (*fis. atom.*), internal conversion.
— **k** (*fis. atom.*), k-conversion.
— **L** (*fis. atom.*), L-conversion.
— **scheda-nastro** (*calcol. elettron.*), card-to-tape conversion.
convertibilità integrale (*econ.*), full convertibility.
convertitore, *m.* converter; (*elet.*), inverter; (*met.*), vessel.
— **ad ossigeno** (*met.*), oxygen converter.
— **ad ossigeno locomobile** (*met.*), vessel exchange type basic oxygen converter.
— **a larga banda** (*radio*), wideband converter.
— **analogico/numerico** (*inform.*), digitizer.
— **Bessemer,** Bessemer converter.
— **di coppia** (*auto*), torque converter.
— **di fase** (*elet.*), phase changer (*or* converter).
— **di frequenza ad induzione,** induction frequency converter (*or* changer).
— **di frequenza con raffreddamento a circolazione d'idrogeno,** hydrogen-cooled frequency changer.
— **digitale-analogico** (*controllo numerico macch. ut.*), analog-digital converter (ADC).
— **di supereterodina** (*radio*), first detector.
— **idraulico,** torque converter.
— **in cascata,** cascade converter.
— **LD** (*met.*), LD-converter.
— **metallurgico,** converter for steelworks.
— **OBM** (*met.*), OBM-converter.
— **per saldatura ad arco,** arc welding converter.
— **serie-parallelo** (*inform.*), staticizer.
— **soffiato lateralmente con aria** (*met.*), side-blown converter.
— **televisivo,** television converter.
— **(bocca del —)** (*met.*), converter mouth.
— **(corpo del —)** (*met.*), converter vessel.

convertitore (dispositivo di ribaltamento del —) (*met.*), vessel tilting device.
convertitrice (*f.*) **sincrona,** synchronous converter.
— rotante, rotary converter.
convertoplano, *m.* (*aereo*), convertiplane.
convessità, *f.* convexity.
convesso, *agg.* convex.
convettore, *m.* convector.
convezione, *f.* (*fis.*), convection.
— di calore, heat convection; convection of heat.
— forzata, forced convection.
convogliare, *v.a.* (*trasportare*), to route; (*un sistema a rulli, a trasmissione a catena, convoglia i rotoli al laminatoio*), a chain-drive, roller system routes coils to the rolling mill.
— con tubazioni, to pipe.
— con tubazioni i trucioli di ferro al cubilotto (*fond.*), to pipe iron chips to the cupola.
convogliatore a catena (*tubificio*), chain conveyor.
— a piastre, slat conveyor.
— rotoli (*met.*), coil conveyor.
convoluzione, *f.* convolution.
coordinate, *f. pl.* co-ordinates; v. **sistema di controllo a —,** (*macch. ut.*).
coordinato « base » (*audio*), « basic » system (combination of a receiver, a pair of speaker systems and a record-playing system).
— (impianto —) (*audio*), compact (music) system.
copaiba, *f.* (*resina*), copaiba resin.
copale Congo, Congo gum.
— Manilla, Manila copal.
copalina, *f.* gloss oil.
coperchio, *m.* cover; cap; tap; lid.
— a chiusura a scatto (*bocchettone del serbatoio del carburante*) (*auto*), snap-shut cap.
— a griglia (*per pozzetti, tombini, ecc.*), cover grating.
— a tenuta d'aria (*mecc.*), airtight cap.
— del cilindro, cylinder cover.
coperchio del bagagliaio (*auto*), boot lid.
— della pressa, press head.
— della scatola a stoppa, stuffing box head.
— della staffa (*fond.*), cope.
— dello stantuffo, piston cover.
— del premistoppa, gland.
— del sopporto, bearing cap.
— di fumaiolo, chimney top.
— di protezione, protecting cover.
— di un interruttore (*elet.*), switch cover.
coperta, *f.* (*naut.*), deck.
— elettrica, electric blanket.
copertina, *f.* (*cost. civ.*), coping stone; (*di un libro*) (*tip.*), (book) cover.
coperto, *p. p.*, **30 mila m² coperti** (*di area di fabbricato*), 30 000 m² under roof.
— (al —) (*costr.*), under cover.
copertone, *m.* (*auto*), (tyre) cover; tyre shoe.
— a cerchietti (*auto*), straight side tyre.
copertura, *f.* covering; (*di tetto*) covering, roofing; cover (*per protezione*); (*area coperta dalle irradiazioni di un'antenna*), coverage; (*rivestimento per tubi*), pipe lagging; (*operaz. a termine*) (*finan.*), hedging.
— a guscio (*costr.*), sectional shell.
— a guscio settoriale (*costr.*), sectorial shell.
— d'asfalto, asphalt covering, layer of asphalt.
— del colmo (*cost.*), ridge covering.
— del fabbisogno finanziario (*fin.*), financial cover.
— del tetto, roof covering; roofing.
— del tetto impermeabile, watertight roofing.
— di ardesie, slating.
— d'ingranaggi, gear case.
— di una strada, road covering.
— in lamiera in fogli, covering with sheet metal.
— in lamiera ondulata, corrugated iron covering.
— in legno, wood covering.
— in rame, copper roof covering.

copertura in vetri, roof glazing (*per tetto*).
— **in zinco,** zinc roof.
— **radar** (*aereo*) (*radar*), coverage.
— (*rischio*) **responsabilità civile terzi, incendio e furto** (*assicurazioni auto*), third party, fire and theft cover.
— **tubolare prefabbricata** (*costr. met.*), prefabbricated tubular structure.
copia, *f.* copy; repetition work; print (*cinem.*); (*inform.*), dub.
— **autenticata** (*comm.*), certified copy; true copy.
— **campione** (*cinem.*), master positive; duping print (*per montaggio*).
— **con carta carbone,** carbon copy.
— **di lavorazione,** picture work print (*cinem.*).
— **fedele** (*comm.*), true copy.
— **lavanda** (*cinem.*), lavander print.
— **legalizzata** (*comm.*), certified copy.
copiaggio nastro (*preamplificatore con funzioni di* **— —**) (*audio*), tape copying.
copialettere, *m.* letter press.
copiatore, *m.* (*macch. ut.*), copying attachment; copying equipment; (*attrezzature per ufficio*), copier.
— **oleodinamico** (*macch. ut.*), hydraulic copying equipment.
copigmento, *m.* (*chim.*), copigment.
copolimeri del nailon (*chim.*), nylon copolymers.
copolimerizzazione, *f.* (*chim.*), copolymerization.
copolimero, *m.* (*chim.*), copolymer.
— **a blocchi** (*chim.*), block copolymer.
coppa, *f.* cup; (*auto*) (*carter*), sump.
— **da fondita** (*fond.*), ladle.
— **dei campioni** (*sport calcio*), European Cup of Nations.
— **delle coppe** (*sport calcio*), European Cup Winners' Cup.
— **dell'olio** (*auto*), oil sump.
— **per basamento** (*auto*), oil pan (U.S.A.); oil sump.
coppa per mozzo ruota, wheel hub cup.
— **per ruota** (*auto*), hub cup.
— **UEFA** (*calcio*), European Cup.
coppaia, *f.* chuck; face plate.
coppale, *m.* (*resina*), copal; copal resin.
coppella, *f.* cupel.
coppellazione, *f.* cupellation.
coppia, *f.* couple; torque (*elet.*); (*elicot.*), torque; v. **misuratore di —.**
— **astatica,** astatic pair.
— **conica** (*trasmissione*) (*auto*), final drive; crown wheel and pinion.
— **di elettroni** (*fis. atom.*), electron pair.
— **di fari fendinebbia** (*auto*), twin fog lamps.
— **di forze,** force couple.
— **di ioni** (*fis.*), ion pair.
— **d'ingranaggi,** gear combination; pair of wheels.
— **di ruote,** couple of whee s.
— **di spunto** (*elet.*), static torque.
— **di torsione,** torque.
— **elettrone-positrone** (*fis. atom.*), electron-positron pair.
— **elicoidale,** screw gearing; worm drive.
— **ingranaggi, 1ª marcia** (*auto*), first speed wheel.
— **ingranaggi sempre in presa** (*auto*), constant mesh pinions.
— **massima** (*elet.*), maximum torque.
— **motrice** (*mot.*), torque.
— **termoelettrica,** thermo-electric couple.
coppiglia, *f.* cotter pin; split pin.
coprecipitare, *v.i.* (*chim.*), to coprecipitate.
coprecipitazione, *f.* (*chim.*), coprecipitation.
copribattuta (*di una porta*), rabbet ledge.
copricerchione, *m.* (*auto*), rim cover.
copriferro, *m.* abutment stone.
coprifiamma, *f.* (*armi*), flash eliminator.

coprigiunto, *m.* butt strap; gusset.
— **a ricoprimento,** wrapper.
— **di cantonali,** angle butt strap.
— **doppio,** double butt strap.
— **per rotaia** (*ferr.*), joint fishing.
— **semplice,** single butt strap.
coprileva, *m.* (*orol.*), cover plate.
copriluci di atterraggio (*aereo*) landing light covers.
coprimozzo, *m.* (*auto*), hub cap; wheel embellisher.
coprire con ardesia, to slate *v.a.*
— **con zinco,** to cover with zinc.
— **una volta,** to cover a vault.
copriruota, *m.* (*auto*), wheel cover.
coprisedile, *m.* (*auto*), seat cover.
— **in finta pelle di agnello,** simulated lambskin seat cover.
— **in vera pelle di pecora,** genuine sheepskin seat cover.
coprisella, *f.* (*motoc.*), saddle cover.
coprocessore matematico (*inform.*), mathematical co-processor.
copula (*acust.*), *f.* coupler.
corazza, *f.* armour.
corazzatura, *f.* (*aereo*), fairing; (*mecc.*, *armi*), armour; iron plating.
corda, *f.* rope; string (*sottile*); chord (*aereo*, *geom.*, *musica*).
— **alare** (*aereo*), chord.
— **d'acciaio,** steel-wire rope.
— **d'attacco delle tirelle,** strap.
— **di canapa,** hemp rope.
— **di ritegno,** holding rope; anchor rope.
— **di un arco,** span of arch.
— **di una volta,** span of a vault.
— **intrecciata,** braided (*or* plaited) cord.
— **media standard** (*aereo*), standard mean chord.
— **portante** (*ferr. elet.*), trolley messenger; messenger wire.
— **ritorta,** braid rope.
— **spinosa** (*met.*), barbed wire.
cordaio, *m.* cable maker; rope maker.
cordatrice, *f.* rope-making machine.
cordatrice, *f.* rope-making machine.
cordatura, *f.* (*deformazione locale nello stampaggio; lavoraz. superficie acciaio*), roping.
cordicella per colonne (*tip.*), page cord.
cordicelle, *f. pl.* (*di cucitura dei fogli di un volume*) (*tip.*) bands.
cordite, *f.* cordite.
cordolo, *m.* (*di marciapiede*) (*cost.*), curb; kerb.
— **di saldatura,** bead.
cordonatura (*f.*) (*di marciapiede*) (*ferr.*), platform coping.
cordoncino (*m.*) **armato,** armoured cord.
cordone, *m.* cord; (*di cilindro di lamin.*), collar; (*di cuffia*) (*audio*), cord.
— **a spirale** (*elet.*, *ecc.*), coiled cord.
— **con spina di alimentazione,** line cord; cord line.
— **d'angolo** (*sald.*), fillet weld.
— **del calibro** (*lamin. met.*), collar.
— **del marciapiede,** curb stone.
— **di collegamento** (*elet.*), connecting cord; junction cord.
— **di penetrazione** (*sald.*), penetration bead.
— **di saldatura** (*sald.*), bead; line of welding; weld bead.
— **di spina** (*elet.*), plug cord; flexible cord.
— **flessibile** (*elet.*), flex.
— **frontale** (*sald.*), groove weld.
— **ombelicale** (*cavo, voli spaziali*), umbilical cord.
— **saldato a spirale,** spiral welded bead.
coreggia, *f.* leather strop.
— **di cuoio,** leather belting.
coriandoli (*m. pl.*) **di schede di perforazione** (*calcol elettron.*), card chips; chad.
— **(olio di —),** coriander oil
coriandolo, *m.* (*med.*), coriander; (*di perforazione*) (*elettron.*), bin.
coricamento (di un veicolo in curva) (*auto*), tilting to one side (of a vehicle on cornering).
coriduzione (*chim.*), co-reduction.
corindone, *m.* (*min.*), corundum.
corna, *f. pl.* (*orol.*), horn; (*met.*), v. **orecchiette (formazione di —).**
cornetta, *f.* horn.

corni, *m. pl.* (*elet.*), horns; (*parti sporgenti dai bordi di un bicchiere o di pezzo prodotto con imbutitura*) (*met.*), tips.
cornice, *f.* (*arch.*), pediment moulding; cornice; (*di quadro*) frame.
— **dello zoccolo,** cornice of the pedestal; base moulding.
— **di fascia,** platband.
— **laterale** (*tip.*), box rule.
corniciare, *v.a.* to frame.
cornicione, *m.* principal cornice; principal moulding; (*arch.*) entablature.
corno, *m.* horn.
— **d'entrata,** leading pole horn.
— **d'uscita,** trailing pole horn.
coro, *m.* (*arch.*), choir.
corona, *f.* (*elet.*), corona; rim.
— **a camme,** crown.
— **a diamante** (*miniere*), diamond drill.
— **d'arresto,** ratchet wheel.
— **del pistone** (*mot.*), piston crown.
— **del volante,** rim of the flywheel.
— **dentata** (*mecc.*), plate wheel.
— **dentata di una ruota,** rim gear wheel; tooth wheel rim.
— **di differenziale** (*auto*), crown wheel; ring gear (U.S.A.).
— **di fissaggio** (*auto*), bearing housing.
— **di forzamento** (*munizioni*), driving band.
— **di lamiera** (*di statore*) (*elet.*), stator core.
— **di pale** (*di turbina*), row of (moving) blades; row of (moving) vanes.
— **di puleggia,** pulley rim.
— **di una mola,** grinding cylinder.
— **di una pianta** (*bot.*), crown (of a tree).
— **di un pistone,** packing.
— **di un pozzo,** shell of a well.
— **in minerale** (*min.*), back.
— **in pietra** (*cost.*), soffit cusp.
— **per remontoirs** (*orol.*), crown.
— (*o* **rosone) per sospensioni** (*elet.*), ceiling rosette.
— **riportata,** built-up toothed rim.
corona solare (*astron.*), solar corona.
coronamento (*di una diga*), crowning; coping.
corpo, *m.* body; (*tip.*), point size.
— **a radiazione selettiva,** selective radiator.
— **cilindrico di caldaia,** boiler barrel.
— **5** (*tip.*), 5-point; pearl.
— **5 ½** (*tip.*), 5 ½-point; agate.
— **del barattolo** (*industria conserviera*), can body.
— **dell'àncora** (*orol.*), belly of pallets.
— **dello scambio** (*ing. elet.*), body of frog.
— **del tamburo,** drum barrel.
— **di caldaia,** boiler shell; body of a boiler.
— **18** (*tip.*), 18-point; great primer.
— **10** (*tip.*), 10-point; long primer.
— **di manovella,** crank web.
— **di pompa,** pump body; pump chamber; pump-barrel.
— **di una nave,** hull.
— **di una valvola,** valve body; valve cage.
— **di uno stantuffo,** body of a piston.
— **12** (*tip.*), 12-point; pica.
— **ed attrezzi** (*naut.*), hull and stores.
— **estraneo** (*chim.*), foreign substance.
— **grigio,** grey body.
— **metallifero** (*di un filone*) (*geol.*), oreshoot.
— **metallifero di filone verticale** (*o* **molto inclinato)** (*geol.*), chimney.
— **minerario (di filone)** (*geol.*), orebody.
— **minerario con intreccio di piccole vene metallifere** (*geol.*), stockwork.
— **nero,** black body.
— **nero ideale,** ideal black body.
— **9** (*tip.*), 9-point; bourgeois.
— **omogeneo,** homogeneous body.

corpo 8 (*tip.*), 8-point; brevier.
— **4** (*tip.*), 4-point; diamond.
— **14** (*tip*), 14-point; English.
— **rigido,** rigid body.
— **rotante,** revolving body; rotating body.
— **6** (*tip.*), 6-point; non pareil.
— **semplice** (*chim.*), element.
— **7** (*tip.*), 7-point; minion.
— **stradale,** *m.* (*ferr.*), road bed.
— **11** (*tip.*), 11-point; small pica.
corpocentrata, v. **struttura cubica —.**
corpuscolare, *agg.* corpuscular.
corpuscolo, *m.* corpuscle.
correggere (*un orbita, ecc.*) (*aereo*), (*gen.*), to correct.
— **le bozze** (*tip.*), to proof-read.
— **un programma** (*inform.*), to patch.
correlazione, *f.* correlation.
corrente, *f. m.* current (*elet.*) *f.*; boom; lath (*cost.*) *m.*; flow (*aereo*) *f.* (v. **corrente** *distinta per elet. e cost.*).
— **a bassa tensione,** low voltage current.
— **ad alta tensione,** high voltage current.
— **alternata,** alternating current; a.c.
— **alternata bifase,** two-phase a. current.
— **alternata monofase,** single-phase a. current.
— **alternata trifase,** three-phase a. current.
— **anodica** (*elet.*), anode current.
— **anodica di cresta** (*elet.*), anode peak current.
— **a pieno carico,** full load current.
— **ascendente** (*elet.*), upward flowing current.
— **assiale,** axial current.
— **attiva** (*in fase con la tensione*), active current.
— **attiva** (*o* **wattata)** (*elet.*), watt current.
— **a vuoto** (*elet.*, no-load current.
— **bifase** (*elet.*), two-phase current.
— **concatenata** (*elet.*), interlinked current.
— **continua,** direct current; d.c.
corrente costante, constant current; steady current.
— **d'aria** blast; draught.
— **d'aria ascendente** (*min.*), up-cast.
— **d'aria discendente** (*meteor.*), down-draught; (*min.*), down-cast.
— **d'avviamento,** starting current.
— **debole** (*elet.*), weak current.
— **dell'induttore** (*elet.*), field current.
— **derivata** (*elet.*), branch current; induction current.
— **di accensione,** ignition current.
— **di carica,** charging current.
— **di chiamata** (*telef.*), ringing current.
— **di contatto,** contact current.
— **di cortocircuito** (*elet.*), short-circuit current.
— **di deviazione** (*elet.*), deflecting current.
— **d'idrogeno,** stream of hydrogen gas.
— **di flusso** (*idraul.*), flood.
— **di placca** (*elet.*), plate current.
— **di riflusso** (*idraul.*), ebb.
— **di riscaldamento,** heating current.
— **di saldatura,** welding current.
— **di saturazione** (*termoion.*), saturation current.
— **di scarica,** discharge current.
— **di scivolo** (*aereo*), slipstream.
— **di trasmissione,** transmitting current.
— **di verso contrario,** reversing current.
— **eccitatrice,** exciting current.
— **elettrica,** electric current.
— **elettronica** (*fis. atom.*), electron stream.
— **faradica** (*elet.*), faradic current.
— **forzata,** forced draft.
— **fotoelettrica,** photoelectric current.
— **in anticipo,** leading current.
— **indotta,** induction current; induced current; induced draft; secondary current.

corrente induttrice, inducing current; primary current.
— **in fase,** in-phase current.
— **iniziale,** initial current.
— **in riposo** (*elet.*), quiescent current.
— **in ritardo,** lagging current.
— **inversa,** inverse current; ionisation current.
— **ionica** (*termoion.*), ionic current.
— **ipersonica** (*aereo*), supersonic flow.
— **laminare** (*aereo*), laminar flow.
— **luminosa** (*telev.*, *ecc.*), light current.
— **magnetica,** magnetic current.
— **marginale** (*telef.*), marginal current.
— **media,** average current.
— **momentanea,** momentary current.
— **monofasica,** monophase current.
— **naturale,** natural draft.
— **neutronica** (*fis. atom.*), neutron current.
— **oscillante** (*radio*), oscillating current.
— **oziosa** (*elet.*), wattless current.
— **parziale** (*elet.*), fractional current.
— **permanente di placca,** anode rest current.
— **portante,** carrier current.
— **primaria,** primary current.
— **pulsante** (*elet.*), pulsating current.
— **raddrizzata** (*elet.*), rectified current.
— **residua,** residual current.
— **rettificata** (*radio*), rectified current.
— **risultante,** resulting current.
— **secondaria,** secondary current.
— **sinusoidale** (*med.*), sinusoidal current.
— **specifica,** density current.
— **spostata di fase,** out-of-phase current.
— **teorica,** theoretical draft.
— **termoelettrica,** thermo-electric current.

corrente termoionica, thermoionic current.
— **trifase,** three-phase current.
— **unidirezionale** (*elet.*), unidirectional current.
— **voltaica,** galvanic current.
— **vorticosa** (*aer.*), turbulent flow.
— **wattata** (*elet.*), wattful current.
— **(aumento brusco di —),** rush.
— **(la — è in anticipo sulla tensione),** the current leads the voltage.
— **(ripristinare la —)** (*ridare la corrente*) (*elet.*), to turn on the power again.
— **(togliere la corrente),** to turu off the power.

corrente, *m.* (*costruzioni*), boom; lath.
— **centinato,** v. **corrente dell'arco.**
— **dell'arco,** boom of an arch; arched boom.
— **della scala,** string; stair cheek; stair horse.
— **di controvento,** windbraced boom.
— **inferiore,** bottom boom; lower boom.
— **orizzontale,** horizontal boom.
— **secondario,** intercostal.

correnti (*naut.*), stringers.
— **contrarie di acqua e gas,** counter-stream of water and gas.
— **di Foucault** (*elet.*), eddy currents.
— **di murata** (*naut.*), side stringers.
— **di palpitazione** (*naut.*), intercostal panting stringers.
— **di sentina** (*naut.*), bilge stringers.
— **parassite** (*elett.*), eddy currents.
— **vaganti** (*elet.*), stray currents; stray electrical currents.

correntino, *m.* batten.

correntometro, *m.* current metre.

correttezza *f.* (*inform.*), correctness.

correttivo, *m.* (*chim. farm.*), corrective.
— **ghisa** (*ad es. ferro-molibdeno, ferro-titanio aggiunto alla ghisa liquida*) (*met.*), inoculant.
— **per le perdite di circolazione** (*ind. petr.*), lost circulation corrective.

correttore d'assetto (*aereo*), trim tab; trimming tab.
— **di bozze** (*tip.*), proof-reader.
— **di quota** (*aereo*), altitude control; mixing control.
correzione, *f.* correction; (*inform.*), patch.
— **acustica,** acoustical correction.
— **automatica** (*organ.*), feedback.
— **automatica dell'errore** (*memoria*) (*inform.*), automatic error correction.
— **delle bozze** (*tip.*), proof-reading; proof correction.
— **delle perpendicolarità** (*orol.*), uprighting.
— **di programma** (*inform.*), patching.
— **di rotta** (*sonde, satelliti, ecc., astron.*), course correction.
— **d'orbita in volo** (*voli spaziali*), in-plane maneuver.
— **scalare,** scale correction.
correzioni d'autore, author's corrections.
corridoio parafuoco (o *corridoio contro l'incendio, scatole parafuoco*) (*cinem.*), safety fire trap.
corrimano, *m.* (*scale*), handrail; rail.
corrispondenza, *f.* (*chim.*), correlation coefficient.
corrispondere, *v.i.* to correspond.
corrodere, *v.a.* to corrode.
corrodersi, *v.r.* to tarnish.
corrodibilità (*delle leghe, ecc.*) (*met.*) corrosiveness.
corrosione, corrosion.
— **-abrasione** (*met.*), erosion-corrosion.
— **alla linea d'acqua** (— *localizzata, sulla superficie del materiale metallico, nella zona corrispondente al menisco della soluzione che la bagna*) (*met.*), water-line corrosion.
— **a nido d'ape** (*met.*), transcrystalline corrosion.
— **anodica** (*met.*), anodic corrosion.
— **a strati** (*met.*), v. **corrente stratificata.**
corrosione atmosferica (*met.*), atmospheric corrosion.
— **biologica** (*met.*), biological corrosion.
— **catodica** (*met.*), cathodic corrosion.
— **-cavitazione** (*met.*), cavitation corrosion.
— **con consumo di ossigeno** (*met.*), oxygen-consumption type of corrosion.
— **con precipitati in loco** (*met.*), local corrosion.
— **con sviluppo di idrogeno** (*met.*), hydrogen-evolution type of corrosion.
— **da attrito** (*met.*), fretting corrosion.
— **da correnti vaganti** (*met.*), stray-current corrosion.
— **da sfregamento** (*met.*), v. — **da attrito.**
— **da sostanze chimiche inorganiche** (*met.*), corrosion from chemical inorganic substances.
— **da sostanze chimiche organiche** (*met.*), corrosion from chemical organic substances.
— **di contatto** (*di due materiali diversi a contatto fra loro*) (*met.*), contact corrosion.
— **diffusa** (*su tutta la superficie considerata del materiale metallico*) (*met.*), diffused corrosion.
— **di tormento** (*fra superf. di contatto di pezzi di macchine ad accoppiam. preciso, soggetti a vibrazione*), fretting corrosion; frettage; chafing.
— **elettrolitica** (*met.*), electrolytic (*or* galvanic) corrosion.
— **-erosione** (*met.*), erosion-corrosion.
— **-fatica** (*di materiale metallico sollecitato a fatica*) (*met.*), corrosion-fatigue.
— **fessurante** (*con cricche penetranti all'interno del mat. metallico*) (*met.*), crevice corrosion.
— **filiforme,** filiform corrosion.
— **-forzamento** (*di materiale metallico la cui superficie viene*

ravvivata continuamente per lo sfregamento, da parte della superficie del pezzo al quale esso è calettato), fretting corrosion.

corrosione galvanica (*met.*), electrolytic *or* galvanic corrosion.

— **grafitica** (*nella ghisa grigia*) (*met.*), graphitic corrosion.

— **in fessura** (*met.*), crevice corrosion.

— **intercristallina** (*met.*), intercrystalline cracking; intercrystalline corrosion.

— **interdendritica** (*fra le dendriti generatesi durante la solidificazione del materiale metallico*) (*met.*), interdendritic corrosion.

— **intergranulare** (*crist.*) (*met.*), intergranular corrosion.

— **interstiziale** (*o* **nelle fessure**) (*nelle zone in cui due superfici metalliche, o una metallica e l'altra non metallica sono molto vicine fra loro*) (*met.*), crevice corrosion.

— **localizzata** (*met.*), local corrosion; local action corrosion (U.S.A.).

— **per aerazione differenziale** (*se il flusso di ossigeno è diverso nelle diverse zone della superficie del materiale metallico, e la dissoluzione di questo avviene principalm. nelle zone meno aerate*) (*met.*), differential aeration corrosion.

— **per autotensione** (*di materiale metallico sottoposto a sollecitazioni meccaniche interne derivanti da deformazioni plastiche a freddo, da dilatazioni termiche, ecc.*) (*met.*), stress corrosion.

— **per azione di schermo** (*derivata da sostanze estranee ed organismi animali e vegetali, su zone limitate della superficie del metallo*) (*met.*), deposit attack.

— **per cavitazione** (*met.*), cavitation corrosion.

— **per contatto** (*fra metalli diversi in contatto, in presenza di elettrolito*), contact corrosion.

corrosione per correnti esterne, v. — **per correnti impresse.**

— **per correnti impresse** (*dovuta a correnti elettriche generate fuori del sistema in cui avviene il processo corrosivo*) (*met.*), stray current corrosion.

— **per interramento** (*met.*), underground corrosion.

— **perforante** (— *che produce crateri nello spessore del materiale metallico*) (*met.*), perforation corrosion.

— **per ossidazione** (*met.*), oxidation corrosion.

— **per riduzione di ossigeno** (*met.*), (*quando la riduzione dell'ossigeno è il processo catodico*, v. UNI 3951), corrosion under oxygen reduction.

— **per sfregamento,** v. —**-forzamento.**

— **per sviluppo di idrogeno** (*nel processo catodico*) (*met.*), corrosion under hydrogen development.

— **per sviluppo di ossigeno** (*met.*), oxygen corrosion.

— **per tensione esterna** (*met.*), external stress corrosion.

— **per tensione interna** (*met.*), internal stress corrosion.

— **puntiforme** (*met.*), pitting (corrosion).

— **secca** (*in presenza di acqua o altro solvente, allo stato condensato*) (*met.*), dry corrosion.

— **selettiva** (*crateri di corrosione dovuti alla dissoluzione preferenziale di uno dei costituenti metallografici del materiale metallico*) (*met.*), selective corrosion.

— **sotterranea** (*met.*), underground corrosion.

— **sottopelle** (*al di sotto della superficie*) (*met.*), undermining pitting.

— **sotto sforzo** (*in metalli sottoposti a sollecitazioni meccaniche esterne derivanti da forze applicate*) (*met.*), stress corrosion; (*sotto il nome generico* *di tensocorrosione son compresi i tipi di corrosione sotto sforzo e corrosione per autotensione*).

corrosione sotto sollecitazione meccanica (*met.*), corrosion under mechanical stress.

— **spontanea** (*met.*), spontaneous corrosion.

— **stratificata** (*met.*), layer corrosion.

— **transcristallina** (*met.*), transcrystalline corrosion.

— **-turbolenza** (*se vi è turbolenza nel movimento del liquido che bagna il materiale metallico* (*met.*), stirring corrosion.

— **umida** (*in presenza di acqua o altro solvente, allo stato condensato*) (*met.*), aqueous corrosion; humid corrosion.

— **uniforme** (*met.*), uniform attack corrosion.

— **(ambienti di —)** (*montani, marini, rurali, industriali*) (*met.*), corrosion environment.

— **(controllo della —)** (*met.*), corrosion control.

— **(crateri di —)** (*met.*), corrosion craters.

— **(fatica per —)** (*met.*), corrosion fatigue.

— **(forte resistenza alla —)** high corrosion-resistance.

— **(meccanismi di —)** (*met.*), corrosion mechanisms.

— **(potenziale di —)** (*met.*), corrosion potential.

— **(prevenzione della —)** (*met.*), corrosion prevention.

— **(prova di —)** (*met.*), corrosion test.

— **(resistenza alla —)** (*met.*), corrosion resistance.

— **(ulcera di —)** (*met.*), corrosion scar.

— **(velocità di —)** (*met.*), corrosion speed.

corrosivo, *agg.* corrosive.

corroso (*p.p.*) **dalla ruggine,** corroded with rust.

corsa, *f.* motion; stroke (*di stantuffo*); travel (*macch.ut.*); (*sport*) dash (100, 200, 400 e 800 m); run (1500, 5000 m; bob) race (*auto, naut., ippica*); racing (*auto, ciclistica, ippica*).

corsa agli armamenti (*gen.*), arms race.

— **a motore spento** (*traz. elet.*), coasting.

— **automobilistica,** auto racing.

— **automobilistica di formula uno,** formula 1 race.

— **a vuoto,** idle stroke.

— **ciclistica** (*sport.*), bicycle racing.

— **ciclistica su strada** (*sport*), bicyle road race.

— **del braccio mobile,** stroke of ram.

— **della valvola,** valve lift; lift.

— **dell'elettrodo** (*sald.*), electrode stroke.

— **dello stantuffo,** stroke; piston-stroke.

— **dello stantuffo ascendente,** up stroke; forward stroke.

— **dello stantuffo discendente,** down stroke; return stroke.

— **del pedale** (*auto*), (*freno*), pedal travel.

— **di aspirazione,** suction stroke.

— **di caduta,** height of lift.

— **di compressione,** compression stroke.

— **di decollo** (*aereo*), take-off run.

— **di espansione,** expansion stroke.

— **di lancio** (*aereo*), run out.

— **di lavoro** (*macch. ut.*), working stroke.

— **di liberazione** (*del freno o sfrenamento*), air lift.

— **di macchina utensile,** path; travel.

— **di prova,** trial run; (*naut.*) trial trip.

— **di ritorno,** return stroke; backward stroke.

— **di ritorno rapida,** quick return stroke.

— **discendente,** downstroke.

— **di scintillio** (*sald.*), flashing travel.

— **di sollevamento,** lift; height of lift; path of lift.

corsa in pista dietro motori (*ciclismo*), motor-paced.
— **ippica** (*sport*), horse racing.
— **in salita** (*auto*), hill climb.
— **longitudinale della tavola,** longitudinal motion of the table.
— **orizzontale,** horizontal motion; horizontal run.
— **perduta** (*di app. di sollev.*), slip.
— **su strada** (*auto*), road race.
— **trasversale,** transverse motion.
— **utile,** working stroke.
corsi, *m. pl.* (*di tavole e lamiere*) (*naut.*), strakes.
— (*universitari, ecc.*) **a tempo parziale,** sandwich courses.
corsia, *f.* (*di ruota idr.*), shute; throat; guide; (*autostr.*), lane.
— **di accelerazione** (*autostrade*), accelerating lane.
— **di decelerazione** (*autostrade*), decelerating lane.
— **di emergenza** (*autostr.*), emergency stop lane; (*situata ai margini di un'autostrada*) (*cost. stradali*), hard shoulder.
— **di marcia** (*autostr.*), carriage-way.
— **di sosta** (*o* **di emergenza**) (*autost.*), emergency stop lane.
corsivo (*tip.*), italic; italics.
— **inglese** (*tip.*), script.
corso, *m.* (*di mattoni*), course; (*tess.*) (*totalità dei fili di catena sulla larghezza del disegno*), course; (*di studio*), course.
— **a coltellata** (*cost.*), brick-on-edge course.
— **di aggiornamento su argomenti tecnici,** refresher course on technical subjects.
— **di cinta** (*naut.*), sheerstrake.
— **di mattoni di testa,** brick-on-end course; upright course.
— **di mattoni obliquo,** course of diagonal bricks.
— **d'informatica** (*inform.*), EDP course.
— **di perfezionamento,** survey course.
— **di pietre** (*di punta*), course of headers; (*in lunghezza*), course of stretchers.
corso (in —), in progress.
— **(in — di costruzione),** under construction; being built.
corsoi (*m. pl.*) **marginatori** (*macch. da scrivere*), margin rollers.
corsoio, *m.* tappet rod; sliding block.
— **di glifo,** slide; die block.
— **regolabile,** adjustable pin.
corte (*leg.*), court; tribunal.
— **arbitrale** (*conflitti di lavoro*), arbitration tribunal.
— **di appello** (*leg.*), Court of Appeal.
— **di cassazione** (*leg.*), Court of Cassation.
corteccia, *f.* bark; rind; cortex.
— **di China,** Peruvian bark; Cinchona bark; Cinchona; China.
cortica, *f.* cortica.
cortina fumogena, smoke screen.
cortisone, *m.* (*farm.*), cortisone.
cortocircuitare, *v.a.* to short circuit.
cortocircuito, *m.* short circuit.
— **di linea,** line short circuit.
cortometraggio, *m.* (*cinem.*), short; short subsidiary film.
corundum, *m.* corundum.
cosciale, *m.* (*mecc.*), frame beam.
cosecante, *f.* (*mat.*), cosecant.
coseno, *m.* (*mat.*), cosine.
coseparazione, *f.* coseparation.
cosfimetro (*elet.*), power factor indicator; phase meter.
coslettizzazione (*processo Coslett per gli articoli di ghisa o acciaio*), coslettising; *f.* (*met.*), coslettizing.
cosmetici agli estratti naturali, herbal cosmetics.
cosmetologo, *m.* cosmetologist *m.*
cosmodromo, *m.* (*astron.*), cosmodrome.
cosmogonia, *f.* (*scienza per lo studio dell'origine dell'universo*), cosmogony.
cosmologia (*astr.*), cosmology.
cosmonauta, *m.* (*astron.*), cosmonaut.
cosmonautica, *f.* (*astron.*), cosmonautics.
cosmotrone, *m.* cosmotron.

costa, *f.* (*di denti, ingranaggi*), face.
costantana, *f.* (*lega*), constantan.
costante, *f.* constant (*n. e agg.*); steady (*agg. riferito a corrente elet.*); constant (*inform.*).
— **concentrata** (*elet.*), lumped constant.
— **dei gas,** gas-constant; characteristic of a gas.
— **della rete** (*elet.*), network constant.
— **d'estrusione** (*met.*), extrusion constant.
— **di accoppiamento,** coupling constant.
— **di Boltzmann,** Boltzmann constant.
— **di disintegrazione** (*fis. atom.*), decay constant.
— **di disintegrazione radioattiva** (*fis. atom.*), radioactive decay constant.
— **di dissociazione,** dissociation constant.
— **dielettrica,** dielectric constant.
— **di equilibrio** (*chim.*),equilibrium constant.
— **di Fermi** (*fis. atom.*), Fermi constant.
— **di lunghezza d'onda** (*elet.*), wavelength constant; phase constant.
— **d'integrazione,** integration constant.
— **di Rydberg** (*fis. atom.*), Rydberg constant.
— **di tempo di un reattore** (*fis. atom.*), reactor period.
— **nucleare** (*fis. atom.*), nuclear constant.
— **numerica** (*fis. atom.*), numerical constant.
— **radioattiva** (*fis. atom.*), radioactive constant.
— **reticolare** (*cristall.*), lattice constant.
costanti elastiche, elastic constants.
— **nucleari,** nuclear data.
costanza (*f.*) **dielettrica assoluta,** absolute permittivity.
costi di estrazione (*min.*), extraction costs.
costi di produzione (*chim.*), costing.
— **di vendita** (*comm.*), selling cost.
— **unitari del lavoro,** unit labour costs.
— **(analisi dei —)** (*contabilità del costo di fabbricazione*), cost accounting.
— **(eccedenza dei —)** (*costi superiori al previsto*) (*econ.*) (*comm.*), cost overrun.
costipamento, *m.* (*del terreno*), tamping.
— **mediante vibrazione,** vibratory tamping.
costipare, *v.a.* to press together; to bind; (*massicciata stradale, ecc.*), to tamp; to ram; to pound down.
costituenti globulari (*met.*), globular constituents.
costituire un gruppo di lavoro, to set up a working party.
costo, *m.* cost.
— **assicurazione e nolo** (*comm.*), cost, insurance and freight (C.I.F.; c.i.f.).
— **e nolo** (*comm.*), cost and freight (C. & F.; c. & f.; c.f.; C.F.).
— **dei materiali,** cost of materials.
— **della mano d'opera mensile,** month's labor cost.
— **della manutenzione stradale,** cost of road maintenance.
— **del riscaldamento,** cost of heating.
— **del rivestimento** (*forno met.*), cost of lining.
— **di distribuzione,** distribution cost.
— **di esercizio,** running cost; operating cost.
— **di funzionamento approssimato,** approximate operating cost.
— **di mano d'opera,** labour cost.
— **di manutenzione,** maintenance cost.
— **di saldatura** (*sald.*), cost of walding.
— **eccessivo,** excessive cost.
— **marginale** (*comm.*), marginal cost.
— **per libbra,** cost per pound.

costo preventivo finale, estimated final cost.
— **standard** (*organ.*), standard cost.
— **totale della mano d'opera alla data presente,** total labour cost to date.
— **trasporto con autocarri,** trucking cost.
costola, *f.* timber; rib.
— **criccata** (*banda di fessurazioni trasversali lungo un prodotto ottenuto mediante trafilatura*) (*met.*), tensile crack.
— **di aggrappamento** (*su cingoli coprenti ruote gommate*) (*mecc.*), grouser.
— **di spigolo,** diagonal rib.
— **di una cupola,** rib of a dome.
costolato, *agg.* (*cestelli, ecc.*) (*met.*), webbed.
costolatura delle anime dei ponti con travi a parete piena (*costr.*), stiffening of webs of plate girder bridges.
costolone, *m.* bearer.
costruire, *v.a.* to build (*edifici*); to manufacture (*macchine, ecc.*); to machine; to construct (*pavimenti, opere in cemento*).
— **in muratura,** to build in masonry.
— **un impianto di cloruro di vinile** (*chim.*), to build a vinyl chloride plant.
costruito (*p.p.*) **su richiesta,** custom-built.
costruttore, *m.* (*naut., ecc.*), builder.
— **di auto sportive** (*auto*), sports car manufacturer.
— **di autotreni,** *m.* trucker.
— **di macchine minerarie,** mining machines manufacturer.
— **di modelli per gare** (*aereo*), contest model builder.
costruzione, *f.* assembling procedure (*montaggio*); building (*cost. civ.*); construction.
— **a guscio** (*aereo*), stressed skin construction.
— **allo scoperto** (*ferr., ecc.*), construction above ground.
costruzione a mezza costa, construction on sloping ground; side-hill work.
— **antisismica,** aseismic building.
— **a prova di radiazioni,** radiation-proof construction.
— **bassa** (*cost.*), low-rise construction.
— **completamente di acciaio,** all-steel construction.
— **della finestra in metallo leggero** (*costr.*), window construction of light metal.
— **di galleria** (*min.*), tunnel driving.
— **di navi metaniere** (*naut.*), gas ship construction; LNG carrier construction.
— **di ponti,** bridge construction; bridge building.
— **di ponti in ferro,** iron bridge construction.
— **di ponti in legno,** wood bridge construction.
— **in appalto,** schedule contract.
— **in cemento armato,** reinforced concrete construction.
— **in ferro,** iron work.
— **in legname,** timber work.
— **in legno,** timber work.
— **in regia,** departmental construction.
— **navale,** naval construction.
— **nuova abitabile,** new building awaiting occupation.
— **portante** (*costr.*), load bearing structure; supporting structure.
— **robusta,** heavy construction.
— **saldata,** welded construction.
— **scenica** (*cinem.*), set.
— **tubolare** (*costr.*), tubular construction.
— **(di robusta —)** (*mecc.*), strongly constructed.
— **(in —),** under construction; in building (*piattaforme petrol.*).
— **(in via di —),** while under construction.
costruzioni, *f. pl.* constructions.
— **fuori terra,** building above ground.
— **marine,** marine construction.
— **navali,** shipbuilding.

costruzioni sotto il livello del suolo, under ground structures.
— **stradali,** road making.
costumista, *m.* (*cinem.*), costume designer.
cotangente, *f.* (*mat.*), cotangent.
cote, *f.* emery stone; hone.
— **ad acqua,** whetstone.
— **ad olio,** oilstone.
— **di smeriglio,** emery stone.
— **mobili** (*pl.*), floating hones.
cotone, *m.* cotton; v. **raccoglitrice meccanica del —.**
— **a fibra lunga,** long stapled cotton.
— **collodio** (*esplosivi min.*), guncotton.
— **da imbastire,** basting cotton.
— **da rammendo** (*tess.*), darning cotton; mending cotton.
— **di lino,** flax cotton.
— **disponibile,** spot cotton.
— **fulminante,** gun cotton.
— **idrofilo,** absorbent cotton.
— **in semi,** seed cotton.
— **mercerizzato,** mercerized cotton.
— **misto,** mixed-packed cotton.
— **rigenerato,** recovered cotton.
— **ripressato,** repacked cotton.
cotonificio, *m.* cotton mill.
— **(piano di disposizione di un —),** mill layout.
cottimazione, *f.* piece-work.
cotto, v. **filo —** (*met.*).
cottura, *f.* (*ceramica*), firing.
— **di pellets su griglia** (*min.*) firing of pellets on a grate.
— **delle anime** (*fond.*), core baking.
coulomb, *m.* (*elet.*), coulomb.
coulombometro, *m.* quantity meter.
coupè sportiva (*auto*), sports coupé.
covalente, *agg.* (*chim.*), covalent.
covalenza, *f.* (*chim.*), covalence.
covariante, *agg.* (*mat.*), covariant.
covarianza (*statistica*), covariance.
covellite, *f.* (*min.*), indigo copper; covellite.
covone, *m.* (*agric.*), sheaf.
cracking a letto fluidizzato (*petrolio*), fluidized bed cracking.
— **catalitico,** catalytic cracking.
cracking catalitico a catalizzatore fluido, fluid catalytic cracking.
— **catalitico a letto fisso,** fixed bed catalytic cracking.
— **catalitico a letto mobile,** moving bed catalytic cracking.
— **in fase liquida,** liquid phase cracking.
— **in fase vapore,** vapour phase cracking.
— **misto,** combination cracking.
— **termico,** thermal cracking.
cratere (*illum.*, *geol.*), crater.
— **di corrosione** (*met.*), corrosion crater.
— **di elettrodo** (*sald.*), electrode crater.
cravatta, *f.* (*asta articolata usata nella perforazione dei pozzi*). (*petrol.*), jockey stick.
creatina, *f.* creatine.
creatinina, *f.* creatinine.
creatore, *m.* (*ingr.*) (*a 1 filetto*), hob; hob checking machine.
— **di ruote per catene a rulli** (*mecc.*), roller chain sprocket hob.
— **per alberi scanalati** (*mecc.*), spline cutting hob.
— **per ingranaggi** (*mecc.*), gear hob.
— **per ruote a vite** (*mecc.*), wormwheel hob.
— **(affilatrice per creatori),** hob sharpening machine.
— **(dentatrice a — per alberi scanalati),**spline hobbing machine.
— **(dentatura con —),** generation by hobbing.
credito, *m.* (*comm.*), credit.
— **automaticamente rinnovabile** (*comm.*), revolving credit.
— **allo scoperto,** open credit.
— **bancario** (*comm.*), bank credit.
— **di finanziamento** (*econ.*), financial credit.
— **documentario,** documentary credit.
— **finanziario** (*econ.*), financial claim.
— **fondiario,** credit based on real property.
— **(lettera di —),** letter of credit.

crema (*f.*) **antivampa protettiva** (*contro solventi, mat. esplosive, ecc.*), protective barrier cream.
— **per scarpe,** shoe cream.
cremagliera, *f.* rack; threaded rod.
— **a sezione circolare,** circular rack.
— **di funicolare,** cogged rail.
— **doppia,** double rack.
cremortàrtaro, *m.* potassium bichromate (*or* dichromate) $K_2.Cr_2O_7$.
creosolo, *m.* creosol.
creosoto, *m.* creosote.
crepa di stagionatura (*corrosione met.*), season crack.
crepitare, *v.i.*, to crackle.
crepitio, *m.* (*radio*), motorboating.
— **delle spazzole** (*elet.*), chat tering of brushes.
crescita, *f.* growth.
— **contorta,** twisted growth.
— **a lungo termine** (*comm.*), secular growth.
— **lenta** (*comm.*), sluggish growth.
crespo, *m.* (*tess.*), crepe.
cresta, *f.* (*dell'onda*), wave crest; (*di anello*) (*sald.*), ridge.
— **anticlinale** (*geol.*), anticlinal ridge.
— **dell'ala del pignone** (*orol.*), pinion leaf termination.
— **del nero** (*telev.*), black peak.
— **di risonanza** (*fis. atom.*), resonance peak.
— **di un cilindro** (*mecc.*), crest of a cylinder.
creta, *f.* clay
— **refrattaria,** refractory clay; fire clay.
cretonne, *m.* (*tess.*), cretonne.
cricca a caldo (*met.*), heat crack; hot crack; hot tear.
— **ad uncino** (*met.*), curved crack.
— **a freddo** (*met.*), cold crack.
— **agli spigoli** (*met.*), corner crack; edge break.
— **ai bordi** (*o* **agli spigoli**) (*met.*), edge break; corner crack.
— **al vertice** (*alla radice del cordone di saldatura*) (*met.*), nessuna traduz. in inglese.
cricca a rete (*met.*), grinding crack.
— **capillare** (*cricca molto sottile*) (*met.*), hair-line crack; hair crack.
— **capillare interna** (*met.*), internal hair crack.
— **da piega** (*met.*) (*cricca trasversale dovuta a discontinuità nella parete del lingotto*), transverse ingot cracking; fold crack.
— **di colaggio** (*dovuta a temper. o velocità eccessive di colaggio*) (*met.*), casting crack.
— **di contrazione** (*o* **di ritiro**) (*met.*), shrinkage crack.
— **di corrosione** (*met.*), corrosion crack.
— **di decapaggio** (*met.*), pickling crack.
— **di fatica** (*met.*), fatigue crack.
— **di fondo** (— *a caldo, sulla faccia di base di un lingotto*) (*met.*), basal crack.
— **di fragilità caustica** (*met.*), causting crack(ing); caustic embrittlement.
— **di fucinatura** (*met.*), forging crack.
— **di fusione** (*smalti, vernici*), casting crack.
— **di laminazione** (*met.*), rolling crack.
— **di raddrizzamento** (*durante la raddrizzatura*) (*met.*), cross-break; coil-break (U.S.A.).
— **di raffreddamento** (*causata da raffredd. eccessivo o tecnica di — errata*) (*met.*), cooling crack.
— **di rettifica** (— *reticolare dovuta a surriscaldamento durante una operazione di rettifica*) (*met.*), grinding crack.
— **di riscaldo** (*dovuta a fatica termica*) (*met.*), heating cracking.
— **di ritiro** (*met.*), shrinkage crack.
— **di saldatura** (*durante il raffreddamento dopo la saldatura*) (*met.*), welding crack.
— **di sospensione** (*quando il lingotto si trova sospeso nella lingottiera*) (*met.*), suspension crack.
— **di tempra** (*met.*), quenching crack (U.S.A.); quench crack.

cricca di tensione (*dovuta a sollecitazioni meccaniche*) (*met.*), stress crack.
— **intercristallina** (*met.*), intercrystalline crack.
— **intergranulare** (*met.*), intergranular crack.
— **interna** (*met.*), internal crack.
— **longitudinale** (*met.*), longitudinal crack.
— **per bava** (*se la bava impedisce la libera contrazione del lingotto o del getto*) (*met.*), fin crack.
— **per tensione termica** (*met.*), thermal stress crack.
— **sottocordone** (*nel cordone di saldatura* (*met.*), underbead crack.
— **superficiale** (*met.*), surface crack.
— **transcristallina** (*all'interno dei grani*) (*met.*), transcrystalline crack.
— **trasversale** (*met.*), transverse crack.
criccabilità, *f.* (*met.*), cracking tendency.
criccatura della zona sottostante il cordone (*sald.*), underbead zone cracking.
— **intercristallina, transcristallina, ecc.,** v. **cricca** (*met.*).
cricchetto (*o nottolino*), *m.* pawl; (*trapano*), ratchet drill; ratchet brace; (*usato per permettere la rotazione in un solo verso*) (*orol.*), click.
— **d'arresto,** spring trigger.
cricco (*per sollevare auto, ecc.*), jack.
— **idraulico a carrello,** hydraulic trolley jack.
— v. **cricchetto.**
— **(sede** *o* **presa per il —)** (*auto*), jacking point.
crine, *m.* horse hair; (*tess.*), hair.
— **artificiale,** artificial horsehair.
crioelettrico, *agg.* cryoelectric.
— **(memoria crioelettrica)** (*elettron.*), cryoelectric memory.
crioelettronica, *f.* (*applicazione delle basse temperature all'elettronica*), cryoelectronics.
criogenia (*fis.*), cryogenics.
criogenico, *agg.* cryogenic
— **(refrigerazione criogenica),** cryogenic refrigeration.
criolite, *f.* (*min.*), cryolite.
criometro (*termometro per basse temperat.*), cryometer.
criopompa (*pompa per liquidi criogenici*) (*mecc. fluidi*), cryogenic pump; cryopump.
crioscopia, *f.* (*chim.*), cryoscopy.
criostato, *m.* (*camera per lavoraz. a bassa temperatura, a temp. controllata*) (*met.*), cryostat.
cripto, *m.* (*chim.* = Kr), krypton.
criptoscopia, *f.* cryptoscopy; fluoroscopy.
criptoscopio, *m.* cryptoscope; fluoroscope.
crisocolla. *f.* (*min.*), crysocolla.
crisoidina, *f.* chrysoidine.
crisolito, *m.* chrysolite.
cristalli atermici (*auto*), tinted glass.
— **girevoli anteriori** (*auto*), quarterlights.
— **liquidi liotropici,** lyotropic liquid crystals.
— **liquidi nematici,** nematic liquid crystals.
— **liquidi termotropici,** thermotropic liquid crystals.
— **volatili,** volatile crystals.
cristallino, *agg.* crystalline.
cristalliti, *m. pl.* crystallites.
cristallizzare, *v.a.* to crystallize.
cristallizzatore, *m.* crystallizer.
— **a classificazione,** classifying crystallizer.
— **ad agitatori,** agitated batch crystallizer; agitated crystallizer.
— **a doppio tubo,** double-pipe crystallizer.
— **a vasca,** tank crystallizer.
— **a vuoto,** vacuum crystallizer.
— **continuo,** continuous crystallizer.
— **continuo a vuoto,** continuous vacuum crystallizer.
— **Swenson-Walfier** (— *continuo, a liquido di raffreddamento, a forma di truogolo e fondo semi-*

cilindrico), Swenson-Walker crystallizer.
cristallizzatori continui, continuous crystallizers.
cristallizzazione, *f.* crystallization.
— a vuoto, vacuum crystallization.
— estrattiva, fractional crystallization.
— frazionata, fractional crystallization.
cristallo, *m.* crystal.
— aciculare, acicular crystal.
— biasse, biaxial crystal.
— completamente invecchiato, fully aged crystal.
— di rocca, rock-crystal.
— in lastre, plate-glass.
— leggermente invecchiato, slightly aged crystal.
— liquido (*elettron.*), liquid crystal.
— monoasse, uniaxial crystal.
— piezoelettrico (*radio*), piezoelectric crystal.
— rivelatore, crystal detector.
cristallografia, *f.* crystallography.
— a raggi X, X-ray crystallography.
cristallografico, *agg.* crystallographic.
cristallografo, *m.* crystallographer.
cristallogramma, *m.* crystallogram; crystal pattern.
cristalloide, *m.* crystalloid.
cristalloluminescenza, *f.* crystalloluminescence.
cristobalite, *f.* (*min.*), cristobalite.
criterio, *m.* criterion.
criticità, *f.* (*di centrale atomica*) (*fis. atom.*), criticality.
critico, *agg.* (*riferito a volume, temper., ecc.*), critical.
crivellare, *v.a.* to sift.
crivellatura, *f.* sifting.
crivello, *m.* sieve; screen; (*setaccio*) (*min.*), riddle.
— a scosse, shake sieve; skaking screen.
— a tamburo, rotary sieve.
— per carbone, screen.
croce, *f.* cross; (*viti*) (*mecc.*), v. **intaglio a —.**
— di Malta (*cinem.*), maltese cross.
croce di S. Andrea, St. Andrew's cross; diagonal strut.
— girevole, revolving cross.
— latina (*arch.*), Latin cross.
crocidolite (*min.*), blue asbestos; crocidolite.
crociera, *f.* (*mecc.*), star wheel (*volantino*); trunnion; bracing (*aereo*).
— diagonale (*aereo*), brace.
— di finestra, window cross.
— d'inversione, tumbler.
— in filo acciaio (*aereo*), bracing wire.
crogiolo, *m.* crucible; pot.
— dell'altoforno, hearth.
— di grafite, graphite (*or* plumbago *or* blacklead) crucible.
— di porcellana, china crucible.
— per carbonizzazione, car bonizing pot.
— per fusione, melting crucible; melting pot.
— per fusione acciaio, steel melting crucible.
— per saldatura, brazing crucible.
— per tempera lime, file tempering crucible.
— senza saldatura, seamless pot.
cromare, *v.a.* to chromium plate.
— direttamente (*senza strato intermedio*), to hard chrome.
cromatica, *f.* (*ott.*), chromatics.
cromaticità, *f.* chromaticity; (*telev.*), chroma (*entità di differenza di un colore dal grigio*).
cromatico, *agg.* chromatic.
cromatina, chromatin.
cromato, *m.* (*chim.*), chromate.
— acido di potassio, potassium dichromate; potassium bichromate.
— di bario, barium chromate $BaCrO_4$.
— di piombo, lead chromate.
— di potassio, potassium chromate.
— di sodio, sodium chromate.
— di zinco, zinc chromate.
cromatoforo, *m.* (*bot.*), chromatophore.
cromatografia, *f.* chromatography.
— a gas, gas chromatography.

cromatografia gas-liquido (*met.*), gas-liquid chromatography.
— **gas-solido** (*met.*), gas-solid chromatography.
— **industriale del petrolio,** industrial petroleum chromatography.
— **su colonna,** column chromatography.
cromatografica (analisi —) (*chim.*), chromatographic (analysis).
cromatografo, *m.* chromatograph.
— **a gas,** gas chromatograph.
cromatoplasma (*bot.*), chromatoplasm.
cromatura, *f.* chromium plating.
— **dura,** hard chromium plating.
— **a spessore,** v. **cromatura dura.**
— **opaca dell'alluminio,** dull chromium plating.
— **senza lustro,** lustreless chromium plating.
cromel (*lega cromo-nichel*) (*met.*), chromel.
crominanza, *f.* (*colori*) (*TV*), (*differenza fra un colore ed un altro colore tipo di uguale luminosità*), chrominance.
cromite, *f.* (*min.*), chromite.
cromizzazione, *f.* (*met.*), chromising.
cromo, *m.* (*chim.* = Cr), chromium; v. **bagni galvanici di —.**
— **esente da cricche** (*met.*), crack-free chrome.
cromodinamica quantica (*fis.*), quantum chromodynamics.
cromofotografia, *f.* chromophotography.
cromografia, *f.* chromography.
cromoisomerismo, *m.* chromoisomerism.
cromolitografia, *f.* chromolithography.
cromosfera, *f.* (*strato sottile dell'atmosfera solare*), chromosphere.
cromotipia, *f.* (*tip.*), colour-printing; chromotype.
cromotipografia, *f.* chromo-typography.
cronografo, *m.* chronograph.
— **con asse di tempi circolare,** circular sweep chronograph.
cronometraggio, *m.* time recording; timing.
cronometrista, *m.* time-keeper.
cronometro, *m.* chronometer; stop-watch.
cronoscopio, *m.* timer; chronoscope.
— **elettronico,** electronic timer.
cronotecnica, *f.*, time study.
cronotecnico, *m.* time-study engineer.
cross-country, (gabbia in —) (*met.*), cross-country (roll) stand.
crossover elettronico (*impianti di multiamplificazione*) (*audio*), electronic crossover.
crosta, *f.* coating; casting skin (*di fusione*).
— **cementata,** hardened crust.
— **della ghisa,** skin of casting.
— **lunare** (*astr.*), lunar crust.
— **oceanica,** oceanic crust.
crostone (*doppia pelle che può formarsi nella parte bassa del lingotto colato diretto*) (*met.*), plaster.
crudezza, *f.* (*fragilità*), brittleness.
cruna, *f.* (*di ago*), eye.
crusca, *f.* bran; wheating.
cruschello, *m.* bran.
cruscotto, *m.* (*auto*), dashboard; instrument board; facia.
— **imbottito** (*auto*), padded facia.
cubare, *v.a.* to cube.
cubatura, *f.* cubature; cubing.
cubettatrice, *f.* (*del fieno*) (*macch. agr.*), pelletizing machine.
cubettatura del fieno (*agr.*), hay wafering.
cubia, *f.* (*naut.*), hawse; hawse-pipe (*per catena d'àncora*); hawseholes (*occhi di cubia*).
cubicolo d'irraggiamento (*fis. atomica*), irradiation cubicle.
cubilotto, *m.* cupola (*furnace*).
— **a rivestimento basico** (*met.*), basic-lined cupola.
— **a vento caldo** (*met.*), hot-air cupola.
cubo, *m.* cube.
cuboide, *m.* cuboid.
cuccetta, *f.* (*naut.*) (*ferr.*), berth.

cuccetta di riposo (*aereo*), bunk.
cucchiaia, *f.* dredging shovel.
— **a mano,** hand escavator.
— **a sacco,** net dredger.
— **a tenaglia,** grab, escavator.
— **di cementazione** (*ind. petrol.*), bailer.
cucchiaio da formatore (*fond.*), sleeker; smoother.
— **della draga,** bucket.
— **per due portatori,** two-man ladle.
— **per scavi** (*per caricatore agricolo*), excavation bucket.
cucchiaione, *m.* (*per colata*) ladle.
cucina (*naut.*), galley; kitchen (*rif. a locale*).
— **a gas,** gas cooker.
— **a microonde,** microwave cooker.
— **economica,** kitchen range.
— **elettrica,** electric range; electric cooker.
cucinino, *m.* (*cost.*), kitchinette.
cucire, *v.a.* to sew.
— **a punto saltato** (*tip.*), to oversew.
— **una cinghia,** to lace a belt.
cucirini, *m. pl.* sewing threads.
cucitrice *f.* (*macch. tess.*), seamer; (*di fogli di carta per mezzo di gancini*) (*macch. per ufficio*), stapler.
— **a filo meccanico** (*tip.*), wire stitcher.
— **a filo refe** (*tip.*), book sewing machine; thread stitching machine.
cucitura, *f.* sewing; seaming.
— **a zig-zag,** zigzag seam; junction stitches (U.S.A.).
— **di traverso** (*tip.*), stabbing.
— **equatoriale,** equatorial seam.
— **trasversale,** cross seam.
cuciture (*f. pl.*) **sfalsate** (*aereo*) staggered seam.
cuffia, *f.* case; (*cuffie*) headphones (*radio*); phones (*radio*); head telephones (*radio*); earphones (*radio*); headset (*radio*); telephones (*radio*).
— **a condensatore electret** (*audio*), electret headphone.
cuffia afonica (*o* **silenziatore**) (*aereo, ecc.*), noise-cancelling headset; (*cinem.*), blimp.
— **a soffietto** (*macch. ut., ecc.*), concertina cover; concertina guard.
— **da ghiaia,** strainer.
— **dinamica** (*audio*), dynamic headphones.
— **di protezione,** protecting cover; guard; hood.
— **elettrostatica** (*audio*), electrostatic headphones.
— **ortodinamica** (*audio*), orthodynamic headphones.
— **per aviatore,** flying helmet.
— **per ingranaggi,** gear case.
— **per macch. utensili,** guard; shield.
— **per radiatore** (*auto*), radiator cowling.
— **per tubo di scolo,** drain cover.
— **per valvola,** valve cover.
— **per ventilatore,** hood of a ventilator; (*se girante*), cowl.
— **stereofonica** (*audio*), stereo headphones.
— **stereofonica chiusa** (*audio*), closed stereo headphones.
culatta (*armi*), breech; receiver.
culla, *f.* (*mil.*), cradle.
culmine dell'onda,, wave peak.
cumarone, *m.* coumarone.
cumolo, *m.* (*chim.*), cumene (isopropylbenzene).
cumulo, *m.* (*meteor.*), cumulus; (*di minerale, p. es. di impianti di omogeneizzazione*), pile.
— **di minerale** (*min.*), ore pile.
cumulonembo, *m.* (*meteor.*), cumulo-nimbus.
cumulostrato, *m.* (*meteor.*), cumulus-stratus.
cunei accoppiati, double wedge.
cuneiforme, *agg.* cuneiform.
cuneo, *m.* wedge.
— **a disco,** circular wedge plate.
— **da scalpellino,** spalling wedge.
— **da spaccare,** splitting wedge.
— **di acciaio** (*per frantumare carbone*), gad.
— **di frizione,** friction pawl.
— **di giustificazione** (*tip.*), space band.

cuneo di pietra (*per arco*), voussoir.
— **di spessore**, wedge.
cunetta, *f.* (*cunetta stradale*), gutter.
cunicolo (*m.*) **di servizio** (*min.*), adit.
cuocere, *v.a.* (*far bollire*), to cook.
— **al forno**, to bake.
— **la calce**, to burn lime.
— **mattoni**, to burn bricks.
cuoio, *m.* leather.
— **artificiale**, imitation leather.
— **conciato**, curried (*or* tanned) leather; dressed leather.
— **conciato al cromo** (*pelli*), chrome-tanned leather.
— **conciato al tannino di quercia** (*pelli*), oak-tanned leather.
— **di pelle di capretto**, kid.
— **di Russia**, Russian leather.
— **verniciato**, japanned (*or* patent) leather.
cuore (*o* **incrociamento dello scambio**), crossing; cross-frog; v. **ghisa a — bianco; ghisa a — nero**; v. **punta matematica e materiale del —.**
— **artificiale** (*med.*), artificial heart.
— **del legno**, heart of wood.
— **dello scambio** (*ferr.*), crossing.
— **duro** (*parte interna rimasta più fredda, e perciò più resistente alle deformazioni*) (*met.*), hard centre.
— **massiccio** (*ferr.*), solid crossing.
cupola, *f.* (*cost.*), dome.
— **a campana**, bell-shaped dome.
— **ad intradosso**, pendentive dome.
— **a peducci**, pendentive dome.
— **a pieno sesto**, circular dome
— **a punta**, dome with spire.
— **a sesto acuto**, pointed dome.
— **a sesto ribassato**, flat dome.
— **bulbiforme**, Moorish dome.
— **da osservazione** (*carro armato*), hood.
— **di presa di vapore**, steam dome; dome.
— **doppia**, double dome.
— **girevole**, revolving dome.
— **reticolare**, net-work dome.
— **ribassata**, flat dome.
— **sferica**, circular dome.
cuprifero, *agg.* cupriferous.
cuprite, *f.* cuprite.
cuproammonio, *m.* cuprammonium.
cupromanganese, *m.* cupromanganese; cupro-manganese.
cupronichelio, *m.* cupro nickel.
curie, *m.* curie.
curiegramma, *m.* curiegram.
curie-ora, curie hour.
curieterapia, *f.* (*med.*), curietherapy.
curio, *m.* (*chim.* = Cm), curium.
cursore, *m.* sliding-block; slider; cursor.
— **di contatto**, adjusting slider.
curva, *f.* curve; diagram.
— **ad evolvente**, involute curve.
— **a linea continua** (*non tratteggiata*), solid curve.
— **a spira**, loop.
— **a tratteggio** (*dis.*), dotted curve.
— **a zigzag** (*met.*), zig-zag curve.
— **ciclica**, cyclic curve.
— **cicloidale**, cycloidal curve.
— **d'assorbimento**, absorption curve.
— **d'attenuazione**, attenuation curve.
— **da tubo**, tube bend; bend.
— **da tubo senza saldatura**, seamless tube bend.
— **della corrente** (*elet.*), current-curve.
— **della durata** (*mecc.*), time-elongation curve.
— **dell'allungamento in funzione della velocità**, speed curve.
— **dello sforzo di trazione**, tractive effort curve.
— **di attività** (*fis. atom.*), activity curve.
— **di calibratura**, calibration curve.
— **di carica anodica** (*elet.*, *met.*), anodic charging curve.
— **di compressione**, compression curve.
— **di declino** (*stima basata sulle curve di declino della press. nei pozzi*) (*petrol.*), decline curve.
— **di declino della produzione** (*stima basata sulle curve di declino della pressione nei pozzi*) (*petrol.*), output decline curve.

curva di drenaggio (*agr.*), drainage curve.
— **di espansione**, expansion line (*or* curve).
— **di frazione di massa perduta** (*fis. atom.*), packing fraction curve.
— **di fusibilità** (*met.*), fusibility curve.
— **di lavorabilità** (*met.*), machinability curve.
— **di livello** (*agrim.*), contour-line.
— **di raccordo** (*agrim.*), transition curve; junction curve (*dis.*).
— **di raffreddamento** (*met.*), cooling curve.
— **di riduzione** (*min.*, *chim.*), reduction curve.
— **di rigurgito** (*idraul.*), banking curve; backwater curve.
— **di risonanza** (*radio*), resonance curve.
— **di risonanza d'antenna** (*radio*), antenna resonance curve.
— **di risposta** (*radio*), response.
— **di saturazione** (*fis.*), saturation curve.
— **di scarica** (*elet.*), flashover curve.
— **di sensibilità spettrale**, current-wavelength characteristic.
— **di sezione d'urto** (*radioattività*), cross section curve.
— **di sicurezza** (*della fune di strappamento*) (*aereo*), safety loop.
— **di sopravvivenza** (*fis. atom.*), survival curve.
— **di temperatura costante**, isothermal curve.
— **di volume costante**, constant volume line.
— **fotometrica** (*illum.*), polar curve; curve of intensity distribution.
— **isoluxa** (*illum.*), iposhot (*or*) equilux curve.
— **nello spazio**, curve in space.
— **parametrica** (*elet.*), parametric curve.
— **piana**, plane curve.
— **policentrica** (*cost. civ.*), compound curve.
curva sinusoidale, sine wave curve; sine curve.
— **(*o* diagramma) sollecitazioni-deformazioni** (*mecc.*), stress strain curve.
— **sopraelevata**, banked curve.
— **spettrale della visibilità relativa**, relative luminosity curve.
— **statica**, static curve.
— **stradale** (*cost. civ.*), road curve.
— **tratteggiata**, dashed curve.
curvare, *v.a.*, to beand; to curve; (*abbordare e compiere una curva*) (*auto*), to corner.
— **tutto sterzo** (*auto*), to turn on full lock.
curvarsi, *v.r.*, to bend *v.i.*; (*mecc.*), to bow; to bulge (*difetto lamiere*).
curvatrice, *f.* bending machine; flanging machine; bender.
— **a cilindri**, bending roll.
— **ad ingranaggi**, geared bender; geared bending machine.
— **a motore**, power bender.
— **a rulli**, roll-type bending machine.
— **di lamiere** (*met.*, *macch. ut.*), plate bending rolls; sheet metal bending rolls.
— **di profilati** (*met.*), section bending machine.
— **idraulica**, hydraulic bending machine.
— **per barre** (*macch. ut.*), bar bender; bar bending machine.
— **per tondini**, bar bender; bar bending machine.
— **per tondini, a vite senza fine**, worm-operated bar bender.
— **per tubi**, pipe bending machine; tube bender, tube bending machine.
curvatubi, v. **curvatrice per tubi.**
— **oleodinamica** (*macch. ut.*), hydraulic pipe bending machine.
curvatura, *f.* curvature; bending.
— **a freddo** (*tubi*, *ecc.*), cold bending.
— **automatica per estrusione** (*meccanica*), automatic roll extrusion forming.
— **d'ala** (*aer.*), camber.

curvatura di campo, field curvature.
— **di tondini,** bar bending.
— **di tubi** (*met.*), tube bending.
— **di una flangia** (*sotto un carico, ecc.*), bowing of a flange.
— **per compressione** (*mecc.*), compression bending.
— **per imbutitura** (*mecc.*), draw bending.
— **per laminazione** (*mecc.*), roll bending.
— **per stiramento** (*mecc.*), stretch bending.
curve di Lissajous, Lissajous figures.
— (*f. pl.*) **di livello,** contours.
— **di raffreddamento** (*met.*), cooling curves.
curvilineo, *agg.* curvilinear; *m.* French curve.
curvografo (*dis.*), curve.
cuscinetti (*m. pl.*) **lisci,** plain bearings; plain journal bearings.
— **per filettare,** dies.
cuscinetto, *m.* (*mecc.*), bushing; bearing (*mecc.*).
— **a bussola,** bushing; bush.
— **a coda,** tail bearing.
— **ad aghi,** v. **a rullini.**
— **ad aghi in gabbia distanziatrice,** caged needle bearing.
— **a due file di sfere,** double-row ball bearing.
— **a manicotto** (*mecc.*), sleeve bearing.
— **anteriore,** front bearing.
— **antifrizione,** anti-friction bearing.
— **a rotolamento,** rolling bearing; antifriction bearing (U.S.A.).
— **a rulli,** roller bearing.
— **a rulli a foro conico,** taper roller bearing; tapered roller bearing.
— **a rulli cilindrici,** cylindrical roller bearing.
— **a rulli conici** (*mecc.*), taper roller bearing.
— **a rullini (*o* ad aghi)** (*mecc.*), needle roller bearing.
— **a rulli sferici,** spherical roller bearing.
— **a sfere,** ball bearing.
cuscinetto a sfere a compensazione automatica, self-aligning ball bearing.
— **a sfere a contatto angolare,** angular contact ball bearing.
— **a sfere di spinta,** thrust ball bearing.
— **a sfere di spinta a sede sferica,** spherical seat type thrust ball bearing.
— **a sfere per alta velocità,** high-speed ball bearing.
— **a sfere separabili,** separable ball bearing.
— **assiale,** thrust bearing.
— **a una fila di sfere,** single-row ball bearing.
— **autolubrificante,** oilless bear ing; self-lubricating bearing.
— **conico,** conical bearing.
— **del collo del cilindro** (*lamin met.*), roll neck bearing.
— **del giunto** (*ferr.*), joint chair.
— **dell'asse di trasmissione** (*naut.*), tunnel-shaft bearing.
— **del mandrino,** spindle bearing; (*di trapani*), drill spindle support.
— **di appoggio,** bearing bush.
— **di bronzo,** gun metal bearing.
— **di rotaia** (*ferr.*), rail chair.
— **di rotaia in 2 pezzi** (*ferr.*), two-part chair.
— **di rotaia unilaterale** (*ferr.*), half chair.
— **di spinta,** thrust-bearing; thrust-block (*naut.*).
— **miniatura** (*mecc.*), miniature bearing.
— **Morgoil** (*mecc.*), Morgoil bearing.
— **oscillante** (*mecc.*), self-aligning bearing.
— **oscillante per autoallineamento** (*mecc.*), self-aligning bearing.
— **per filettare,** screw die.
— **per traversine** (*ferr.*), sleeper chair.
— **posteriore,** back bushing.
— **principale,** main bushing.
— **radiale,** radial bearing.
— **reggispinta,** thrust bearing.
— **registrabile,** adjustable bearing.

cuscinetto superiore, top bearing.
— (collo del —), bearing collar.
— (mettere un —), to bush.
cuscino (*m.*) **d'aria protettivo** (*protezione passiva auto*), airbag.
— pneumatico, air cushion.
cuspide (a —), *f.* (*ingran.*), double helical.
cuspide di un palo, point of pile.
custode (assuntore) di passaggio a livello (*ferr.*), rail guard.
custodia, *f.* case; box.
— con chiusura lampo, snap fastener case.
cuticola, *f.* (*pelli*), scarf skin.
cuvetta, *f.* (*orol.*), dome.

D

dacite, *f.* (*petrol.*), dacite.
dadi di piccola misura (*mecc.*), midget sized nuts.
dado, *m.* nut; screw nut.
— **a cappello,** cap nut.
— **a colletto,** flanged nut.
— **a corona,** castellated nut.
— **ad alette,** fly nut; thumb nut; wing nut.
— **autobloccante** (*mecc.*), **self-locking nut.**
— **cieco,** blind nut; cap nut.
— **del bullone,** stud nut.
— **dello stelo,** piston rod nut.
— **di bloccaggio** (*mecc.*), lock nut.
— **di registrazione** (*mecc.*), ad jutsing nut.
— **esagonale,** exagonal nut.
— **quadrato,** square nut.
— **zigrinato,** knurled nut.
dalton, *m.* (*fis.*), dalton.
daltonismo, *m.* daltonism.
damascatura, *f.* (*effetto ottico che sulla ruota sia disegnata una spirale*), snailing effect; (*met.*), damaskeen.
damaschinato a mano (*armi*), hand-chequered; hand-checkered.
damaschinatura, *f.* (*incisione a fiorami o fogliami, in oro o argento, ecc.*) (*armi*), checkering (U.S.A.); chequering.
damasco, *m.* (*tess.*), damask.
— **di cotone,** cotton damask.
damigiana, *f.* carboy; demijohn.
dammara, *f.* (*vern. ecc.*), dammar; dammar gum.
danburite, *f.* (*min.*), danburite.
danneggiare, *v.a.* to damage; to mar.
— **(il morsetto danneggia la superficie),** the clamp mars the surface.
danno, *m.* damage; fault.
— **di mare,** sea damage.
— **prodotto da scuotimento in volo,** buffeting damage in flight.
dannoso, *agg.* harmful; (*la presenza di anidride solforosa è dannosa agli esseri umani*), the presence of sulphur dioxide is — to humans.
daraf, daraf.
darcy (*unità pratica di permeabilità*) (*mis.*), darcy (v. *def. nella parte ing.-ital.*),
dardo, *m.* (*di fiamma ossiacetilenica*), inner cone.
— **elettronico (fascio elettronico),** electron beam.
dare (*v.a.*) **alle testate dei tubi il profilo definitivo** (*met.*) to face the ends.
— **dare corpo,** to thicken; to give body.
— **forma aerodinamica,** to streamline.
— **il benestare per la stampa** (*tip.*), to pass the proofs.
— **il vapore,** to put the steam on.
— **il via ai lavori** (*ferr., ecc.*), to begin the works.
— **in subfornitura un lavoro di stampa** (*tip.*), to farm out.
— **la corrente** (*elet.*), to apply current.
— **la precedenza** (*auto*), YIELD RIGHT OF WAY (*segnale stradale*).
— **la precedenza ad un pedone** (*auto*), to yield the right of way to a pedestrian.
— **origine a vibrazioni,** to give rise to vibration.
— **ritorni di fiamma** (*mot.*), to backfire.
— **una mano** (*di pittura ecc.*), to give a coating of...; to coat; to paint a coat of.
— **una media,** to average.
darsena, *f.* wet dock.
data (*m.*) **di chiusura** (*o* **di scadenza di un'offerta**) (*comm.*), closing date.
— **di completamento stimata,** estimated completion date.
— **di nascita** (*documenti*), date of birth.

data fissa (*contratti, ecc.*), firm date.
— **limite** (*comm.*), deadline.
— **massima di completamento** (*su fogli di lavorazione*), latest completion date.
datazione, *f.* (*radioatt., ecc.*), dating.
— **con carbonio 14** (*fis. atom.*), radiocarbon dating.
— **radioattiva,** radioactive dating.
dati, *m. pl.* data; (*elettron., inform.*), v. **registratore di —**; v. **registrazione cronologica di —.**
— **alfabetici,** alphabetical data.
— **della prova,** testing data.
— **del trattamento dei comandi** (*elettron., automazione*), order handling data.
— **di archivio** (*inform.*), archival records.
— **di carotaggio** (*min.*,) coring data.
— **di confronto** (*su tecniche diverse, ecc.*), comparative data.
— **di costo,** cost data.
— **di distillazione,** distillation data.
— **di esercizio mensili** (*impianti min. e met.*), monthly operating data.
— **di fabbrica,** factory data.
— **di facile lettura** (*inform.*), easy-to-read data.
— **digitali** (*elettron.*), digital data.
— **di impiego delle valvole** (*radio*), rating of tubes.
— **di input** (*da elaborare*) (*calcol. elettron.*), input data.
— **di lavorazione,** performance data.
— **di lavoro** (*o* **funzionamento**), operating data.
— **d'ingegneria,** engineering data.
— **di rottura** (*tubi, ecc.*), rupture data.
— **di tracciamento** (*aereo, naut.*), loft data.
— **gentilmente forniti dalla Ditta...,** data by courtesy of the ..... Co.
— **grafici** (*inform.*), graphic data.
— **impiantistici,** plant data.
— **meccanografici** (*elettron.*), computerized data.
dati numerici, numeric data.
— **operativi** (*informatica*), operating data.
— **ottenuti dai satelliti** (*astron.*), satellite data.
— **riservati** (*fis. atom.*), restricted data.
— **scientifici,** scientific data.
— **sperimentali,** test data.
— **statistici,** statistical data.
— **tecnici,** technical data.
datolite, *f.* (*min.*), datolite.
datore (*m.*) **di lavoro,** employer.
dattilografare, *v.a.* to type.
dattilografo(a), *m.* (*f.*) typist.
— **fatturista** (*comm. ecc.*), billing clerk.
dattiloscritto, *m.* (*tip.*), typescript.
dattiloscrittura, *f.* typing.
davanzale, *m.* window sill; window board.
— **con uno strato di tegole,** sill with one course of tiles.
— **in cemento,** concrete sill.
— **in legno,** wood sill.
— **in mattoni,** brick sill.
— **in pietra,** stone sill.
— **interno,** internal sill.
— **(estremità di un —),** stools; seatings.
— **(inclinazione di un —)** (*verso l'esterno*), weathering of a sill.
— **(pendenza del —)** (*per scolo acque*), weathering of a sill.
dazi differenziali (*econ.*), differential duties.
dazio, *m.* duty.
— **di consumo,** excise duty.
— **doganale,** customs duty; customs.
— **proibitivo,** prohibitive duty.
deaeratore dell'acqua, deaerator.
— **ad acqua fredda,** cold water deaerator.
— **atomizzante,** atomizing deaerator.
— **del tipo a piatto,** tray-type deaerator.
deaerazione, *f.* air-removal.
dealcalizzatore, *m.* (*per acque di caldaia*), dealkalizer.

dealluminazione, *f.* (*met.*), dealuminification.
deasfaltare (*propano, ecc.*), to deasphalt.
deasfaltazione, *f.* (*propano, ecc.*), deasphalting.
deassorbimento, *m.* (*chim.*), desorption.
debito consolidato (*finan.*), funded debt.
debole (*fot.*), weak; thin.
debraiare, *v.a.* (*auto*), (to) disengage the clutch.
debutto (*m.*) **di un motore nuovo** (*aereo*), green run (U.S.A.).
deca-ampere (*elet.*), deka-ampere.
decade, *f.* (*elettron.*), decade.
decadimento, *m.* decay.
— **gamma** (*fis. atom.*), gamma decay.
— (*o* **disintegrazione) nucleare** (*fis. atom.*), nuclear decay.
— **per saldatura** (*diminuzione di resistenza alla corrosione con tendenza alla formazione di cricche intercristalline negli acciai austenitici ai margini della saldatura*) (*met.*), weld decay.
decaedro, *m.* decahedron.
decagono, *m.* decagon.
decagrammo, *m.* decagram(me).
deca-idronaftalene, *m.* (*chim.*), decahydro-naphthalene; $C_{10}H_{18}$.
decalaggio, *m.* (*aereo*), decalage.
— **di fase** (*elet.*) (*sfasamento*), phase delay; phase shift.
decalaminazione, *f.* (*met.*), descaling.
— **alla fiamma** (*met.*), flame cleaning.
— **(impianto di —),** descaling plant.
decalcomania, *f.* decalcomania; decal (U.S.A.); transfer (process); transfer (picture).
decalescenza, *f.* (*met.*), decalescence.
decalitro, *m.* decalitre.
decametro, *m.* decametre.
decano, *m.* (*sintesi chim.*), n-decane.
decantare, *v.a.* to decant.
decantatore (*di addensato*) (*min.*), thickener.
decantazione, *f.* decantation.
decapaggio, *m.* (*chim.*), pickling; etching.
— **acido brillante,** acid bright dip.
— **ad acido solforico** (*met.*), sulphuric acid pickling.
— **all'acido** (*met.*), acid etching.
— **a secco** (*per carpenteria metallica, ecc.*), dry pickling.
— **elettrolitico,** anodic etching.
— **in continuo** (*met.*), continuous pickling.
— **(vasca di —)** (*met.*), pickling tank.
decapare, *v.a.* to pickle.
decapatrice, *f.* (*met.*), pickling machine.
decapotabile (*auto*), *f.*, drophead.
decapsulare, *v.a.* (*fis. atom.*), decan.
decarburare, *v.a.* to decarbonate; to decarbonize; to decarburize.
decarburazione, *f.* (*formazione di strato superficiale più o meno profondo a struttura ferritica*) (*met.*), decarburization; decarburisation.
— **bloccata** (*fabbr. acciaio*), catch carbon decarburization.
— **del bagno** (*acciaieria, met.*), bath decarburization.
— **marginale** (*o* **ai bordi)** (*met.*), skin decarburization; surface decarburization.
— **sotto vuoto,** vacuum decarburization.
— **superficiale** (*met.*), surface decarburization.
decastilo, *m.* decastyle.
decatissaggio, *m.* (*tess.*), decatizing.
decatizzare, *v.a.* to decatize.
decatlon (*sport*), decathlon.
decatramatore (*gas*), scrubber.
decatramazione, *f.* tar removal.
decelerare, *v.i.* (*mecc.*), to decelerate.
decelerazione, *f.* (*mecc.*), deceleration; v. **corsia di —.**
decentrato, *p.p.* off-centre; out of alignment.

decerato, *p.p.* dewaxed.
— **(gommalacca decerata),** dewaxed shellac.
decespugliatrice, *f.* (*macch. agr.*), bush grubber.
dechenite, *f.* (*min.*), dechenite.
decibel, *m.* decibel.
decibelimetro, *m.* (*elet.*), decibel meter.
decifrabile, *agg.* (*di bande di emissione, ecc.*), decipherable.
decifframento, *m.* decoding.
decifrare, *v.a.* to decode; (*riferito a dati, ecc.*), to decipher.
decigrammo, *m.* decigramme.
decilitro, *m.* decilitre; deciliter.
decimale, *agg.* decimal.
decimetro,*m.* decimetre; decimeter.
— **cubo,** cubic decimetre.
— **quadrato,** square decimetre.
deci-neper (*elet.*), deci-neper.
decisione, *f.* (*inform.*), decision.
— **(istruzione di —),** decision instruction.
— **(tabella di —),** decision table.
declassificare, *v.a.* declassify.
declinatore, *m.* (*med.*), declinator.
declinazione (*f.*) dell'ago magnetico, declination of the compass.
— **magnetica,** magnetic declination.
declinometro, *m.* declinometer.
decodifica (*elettron.*), decoding.
decodificare i dati redatti nel linguaggio SIGMA, to decode the data recorded in the SIGMA language.
decodificatore, *m.* (*elettron.*), decoder.
— **di operazione** (*calcol. elettron.*), operation decoder.
— **quadrifonico** (*audio*), quadraphonic decoder.
decoesione (*met.*), decohesion.
— **(rottura fragile per —)** (*met.*), brittle fracture due to decohesion.
decollaggio (corsa di —) (*aereo*), take-off run.
decollare, *v.i.* (*aereo*), to take off.
decollo, *m.* (*aereo*), takeoff (U.S.A.); take-off.
decollo « assistito » (*aereo*), boosting; assisted take-off.
— **verticale** (*aereo*), vertical take-off; vertical lift.
decolorante, *m.* decolourant; decolorant.
decolorare, *v.a.* to decolorate.
— **gli oli,** to decolorize oils.
decolorazione, *f.* decolorizing; decoloration.
decolorizzanti, *m. pl.* (*vetro*), decolorisers.
decomporre, *v.a.* (*chim.*), to decompose.
— **una forza,** to resolve a force.
decomposizione, *f.* decomposition; resolution;(*chim.*),splitting-up.
— **della pressione del vento,** resolution of wind pressure.
— **delle forze,** decomposition of forces.
— **del vapor d'acqua,** decomposition of water vapor.
— **subatomica** (*fis. atom.*), subatomic decomposition.
— **termica** (*met.*), thermal decomposition.
decompressione, *f.* decompression.
decomprimere, *v.a.* (*naut.*), to decompress; (*i dati compressi in parole di memoria*) (*inform.*), to unpack.
decomprimersi, *v.r.* to decompress.
decongelare (*cibi surgelati*), to defrost.
decontaminare, *v.a.* (*fis. atom.*), decontaminate.
decontaminazione, *f.* (*med.*) (*radiol., fis. atom.*), decontamination.
— **di acque di scarico,** decontamination of effluents.
— **radioattiva** (*fis. atom.*), radioactive decontamination.
— **(operazione di —)** (*di acqua radioattiva di reattori difettosi*) (*fis. atom.*), clean-up operation.
decoratore, *m.* painter.
decorazione sopra vetrina (*terza cottura in muffola*) (*ceramiche*), overglaze.

decorazione sotto vetrina (*copertura con vetrina trasparente della pasta cotta, e ricottura*) (*ceramiche*), underglaze.
decorazioni interne (*cost.*), appointments.
decotto, *m.* decotion.
decrementimetro, *m.* (*radio*), decremeter.
decremento, *m.* decrement.
— **logaritmico** (*fis.*), logarithmic decrement.
— **logaritmico d'energia,** logarithmic energy decrement.
decrepitazione della pirite (*min.*), decrepitation of pyrite.
decrescenza, *f.* diminution.
decreto-legge (*o* **ordinanza di necessità) emanato dal governo senza alcuna delega del Parlamento,** legal ordnance.
decrimetro, *m.* (*radio*), decremeter.
decromare, *v.a.* to strip to chrome.
decustatrice, *f.* (*agr.*), winnoving machine.
deelettronazione, *f.* deelectronation.
defecanti, *m. pl.* (*zucchero*), (sugar) defecants.
defecazione, *f.* (*zucchero*), defecation.
deferrizzazione, *f.* (*met.*), deferrization.
deficienza, *f.* (*mat.*), deficiency.
deficit commerciale (*comm.*), trade gap.
— **di bilancio** (*finan.*), budgetary gap.
— **ed eccedenze di cassa** (*finan.*), cash shorts and overs.
— **globale** (*finan.*), over-all deficit.
definire, *v.a.* to define.
definito, *agg.* definite.
definizione, *f.* (*telev.*) (*acust.*) (*e in generale*), definition; (*telev.* U. S.A.), resolution.
— **dell'archivio** (*inform.*), file definition.
— **verticale** (*telev.*), vertical definition; vertical resolution (U.S.A.).
deflagrare, *v.i.* to deflagrate.
deflagratore, *m.* deflagrator.
deflagrazione, *f.* deflagration.
deflazione, *f.* (*finan.*), deflation.
deflazionista, *agg.* (*econ.*), disinflationary.
deflemmatore (*distillazione*) (*chim.*), dephlegmator; fractionating column.
deflemmazione, *f.* (*chim.*), dephlegmation.
deflessione, *f.* deflection.
deflettere, *v.a.* to deflect; (*mecc.*), to baffle.
deflettore, *m.* (*termoi.*), buncher; deflector; (*vetro, auto*), deflector-pane.
— **d'entrata anulare nella presa d'aria del compressore,** (*aereo*), toroidal-intake guide-vane.
— **deviavento** (*p. es. su tettuccio apribile, auto*), wind deflector.
— **di spinta** (*per ridurre o invertire la spinta*) (*aereo, turbine a gas, ecc.*), thrust spoiler.
— **imprimente una rotazione all'aria che entra nella camera di combustione** (*aereo*), swirl vane.
defluorurazione dell'acqua potabile (*chim.*), defluoridation of drinking water.
deflusso, *m.* flow; discharge.
deformabilità, *f.* (*met., ecc.*), deformability.
deformare, *v.a.* to deform.
deformarsi (*per carico di punta, ecc.*), to buckle.
deformata, *p.p.* (*rif. a superficie*), buckled.
deformazione, *f.* deformation; (*di immagine*), distorsion (*distorsione*); (*acust.*), blasting.
— **ad S** (*incurvamenti successivi da una parte all'altra*) (*met.*), S-deformation.
— **anelastica dei tessuti** (*tess.*), inelastic deformation of textile fabrics.
— **della tavola** (*macch. ut.*), table distortion.
— **di compressione** (*met.*), deformation by compression.
— **di taglio** (*met.*), deformation by shearing.

deformazione dovuta a flessione (*met.*, *costr.*), deformation by flexion.
— **dovuta a torsione** (*met.*, *costr.*), deformation by torsion.
— **elastica,** elastic deformation.
— **irreversibile** (*met.*), irreversible deformation.
— **martensitica** (*met.*), marstraining; marforming.
— **ondulata** (*met.*), kinking.
— **permanente,** permanent deformation.
— **plastica** (*met.*), plastic deformation.
— **sotto carico costante** (*met.*), deformation under constant load.
— **spontaneamente reversibile** (*metall.*), spontaneously reversible deformation.
— **temporanea** (*met.*), temporary deformation.
— **trapezoidale** (*radio*), keystoning.
— **viscosa** (*met.*), viscous deformation.
— **(senza —)** (*met.*), undistorted; non-distorting (*met.*).
defosforazione, *f.* dephosphorisation.
— **per scorifica** (*met.*), dephosphorization by slag-off; slag-off dephosphorization.
degasaggio (*rimozione dei gas, praticata nel metallo fuso*) (*met.*), degassing; circulating; circulating flow degassing; RH process; RH degassing (process).
— **fuori macchina** (*met.*), off-ma chine ladle-degassing.
— **incorporato** (*met.*), on-machine (continuous) degassing.
— **in secchia** (*met.*), ladle degassing.
— **in siviera** (*met.*), ladle degassing.
— **per circolazione nel vuoto** (*met.*), stream degassing.
— **per il colaggio da siviera a lingottiera** (*metodo di « stream degassing »*) (*met.*), ladle-to-mould degassing.
degasaggio per il colaggio da siviera a siviera (*metodo di stream degassing*) (*met.*), ladle-to-ladle degassing.
— **sottovuoto** (*met.*), vacuum degassing.
— **sottovuoto continuo** (*met.*), continuous vacuum degassing.
— **sul getto** (*met.*), tap degassing.
— **(metodo di — Dortmund-Hörder-Huttenunion)** (*met.*), D-H (degassing) method.
— **(metodo di — Ruhrstahl-Heraeus),** R-H degassing method.
— **(processo di — R-H a ricircolazione)** (*met.*), R-H recirculation degassing process.
degasare (*met.*), to degasify; to degas (U.S.A.).
— **fino a 15 colate al giorno,** to degas up to 15 heats-day.
— **(non degasato),** non-degassed.
degasatore, degassing unit.
degasificare, to de-aerate (*mot. a scoppio*).
degasificatore (*per acque di caldaia*), degasifier.
degasificazione, *f.* (*termoi.*), degassing; methane extraction (*miniere*).
degasolinaggio, *m.* (*gas*), gasoline recovery.
degenza, *f.* (*in ospedali, cliniche*), stay.
degerminatore, *m.* degerminator.
degradazione, *f.* (*chim.*), degradation.
— **termica** (*meteor.*), lapse.
— **termica del poliisobutilene** (*gomma*), thermal degradation of polyisobutylene.
— **termica di un elastomero** (*gomma*), thermal degradation of an elastomer.
degras, *m.* (*oli*), degras; sod oil.
degustazione, *f.* (*di prodotti, nei negozi*), sampling demonstration.
deidrare, *v.a.* to dehydrate.
deidratanti (agenti —) (*chim.*), dehydrating agents.
deidrazione, *f.* dehydration.

deidrogenazione, *f.* (*del butano*), dehydrogenation (of butane).
— **catalitica,** catalytic dehydrogenation.
— **per la rimozione dell'infragilimento** (*trattam. termico met.*), de-embrittling (*removal of absorbed H_2 and relief of stresses formed in electroplating operation*).
deionizzare, *v.a.* to deionize.
deionizzazione, *f.* deionization; de-ionization.
delega di poteri, acting order.
delegato, *m.* (*legge*), deputy.
— **del personale** shop steward.
— **sindacale,** shop steward.
delfinamento, *m.* (*o* **galoppamento**: *oscillazione ciclica di scafo di imbarcazione planante*) (*naut.*), porpoising.
delfinina, *f.* (*chim.*), delphinine.
delignificazione (*carta*), delignification.
delimitare, to bound (*p. es.*: *area delimitata dalla curva,* area bounded by the curve); to circumscribe.
delimitatore, *m.* (*inform.*), delimiter.
deliquescenza, *f.* (*chim.*), deliquescence.
delta, *m.* (*geol.*), delta.
delta-log (*petr.*), delta-log.
deltaporporina, *f.* deltapurpurine.
delucidanti, *m. pl.* (*chim.*) (*sostanze anti-lucido per nylon*), delustrants.
demagnetizzare, *v.a.*, **demagnetizzarsi,** *v.r.*, to demagnetise.
demagnetizzatore, *m.* demagnetiser.
— **per testine magnetiche** (*audio*), (recorder) head demagnetizer.
demagnetizzazione, *f.* demagnetization.
demandare i lodi all'esame del Comitato dei prezzi (*econ.*), to refer the awards to the Prices Board.
demineralizzatore, *m.* (*acque di caldaie*), demineralizer; water softener.
demineralizzazione, *f.* (*dell'acqua di caldaia*), demineralization; water softening.
demodulatore, *m.* demodulator.
— **e amplificatore** (*radio*), signal tracer-amplifier
demodulazione, *f.* (*radio*), demodulation.
demolire, *v.a.* to pull down; to break down; to take down; to demolish; to destroy (*mecc.*); (*mediante apripista*), to bulldoze; to break up (*naut.*).
— **i pilastri** (*min.*), to remove (*or*) to cut away the pillars.
— **una stazione** (*programmi ferr.*), to scrap a station.
demolitore, *m.* (*naut.*), breaker.
demolizione, *f.* pulling down; breaking down; taking down; demolition.
— **dei pilastri** (*min.*), pillar drawing; removing the pillars.
— **di impianti industriali,** demolition of industrial plants; industrial dismantling.
demoltiplicato, *p.p.* geared-down.
demoltiplicazione (rapporto di —) (*auto*), drive ratio.
demulsionanti, *m. pl.* (*chim.*), demulsifiers.
demulsionare, *v.a.* (*chim.*), to demulsify.
denaro inattivo (*finan.*), idle cash.
denaturalizzante, *m.* (*chim.*), denaturant.
denaturazione (*della benzina*), denaturation.
dendrite, *f.* (*crist.*), dendrite.
dendritismo (*presenza di dendriti nel getto*) (*met.*), dendritic structure.
dendrografo, *m.* dendrograph.
denichelare, *v. a* to strip to nickel.
denitrizzazione (*tess.*), **denitrating.**
denominatore, *m.* denominator.
denominazione (*f.*) **del materiale,** material name.
densimetro, *m.* densimeter; petrol hydrometer; (*per batterie d'automobili*) hydrometer.

densimetro graduato (*auto*), graduated hydrometer.

densità, *f.* density (*fot.*) (*fis.*), thickness (*spessore*).

— **del flusso luminoso,** luminous flux density.

— **del flusso neutronico** (*fis. atom.*) neutron flux density.

— **dell'aria,** air density.

— **del tessuto,** density of the cloth.

— **di caratteri** (*inform.*), character density.

— **di campo,** field intensity.

— **di corrente** (*elet.*), current density.

— **di corrente neutronica** (*fis. atom.*), neutron current density.

— **di energia sonora** (*acust.*), energy density of sound.

— **di intasamento,** packing density.

— **di ionizzazione,** ionization density.

— **(*o* intensità) di livello nucleare** (*fis. atom.*), nuclear level density.

— **di rallentamento (*o* di moderazione)** (*fis. atom.*), slowing-down density.

— **di traffico,** traffic density (*or* turnover).

— **di un gas,** density of a gas.

— **elettronica,** electron density.

— **ionica,** ionic density.

— **luminosa** (*ott.*), brilliance; surface brightness.

— **neutronica** (*fis. atom.*), neutron density.

— **ottica integrata,** integrated optical density.

— **speculare** (*fot.*), specular density.

— **spettrale** (*del vento, ecc.*) (*fis. cost.*), spectral concentration.

densitensimetro, *m.* (*chim.*), densitensimeter.

densitometro *m.* (*fot.*), densitometer.

denso, *agg.* dense; thick; heavy.

densografia (*radiol.*), densography.

dentafono, *m.* (*med.*), dentaphone.

dentare, *v.a.* to cut gears (*ingr.*); to tooth; to cog.

dentatrice, *f.* (*macch. ut.*), gear-cutting machine; teeth-cutting machine.

— **a creatore,** gear hobbing machine; gear hobber.

— **a pettine** (*macch. ut.*), gear shaper.

— **Bilgram** (*del tipo ad inviluppo*), Bilgram machine (*of the generating type*).

— **con fresa-vite,** hobber; hobbing machine; gear hobber.

— **conica,** bevel gear cutting machine.

— **conica tipo pialla,** bevel gear planing machine.

— **Fellows,** Fellows machine; Fellows gear cutting machine.

— **Gleason,** Gleason machine.

— **per ingranaggi conici** (*macch. ut.*), bevel gear cutting machine.

— **per ruote cilindriche,** spur gear cutting machine.

dentatura, *f.* (*mecc.*), tooth formation; teeth; toothing; generation (*ingr.*).

— **a creatore** (*ingr.*), (crown) hobbing.

— **a cuspide** (*ingr.*), double helical teeth.

— **a denti spezzati,** interrupted tooth formation.

— **con creatore** (*ingr.*), generation by hobbing.

— **diritta** (*ingr.*), straight teeth.

dente, *m.* tooth (*pl.* teeth); cog.

— **a becco di pappagallo,** parrot tooth.

— **a cuspide,** herringbone tooth; double helical tooth.

— **ad angolo** (*mecc.*), herring-bone tooth.

— **a gola,** briar tooth.

— **a M,** M-tooth.

— **a V** (*mecc.*), herring-bone tooth.

— **brunitore** (*spinatura*), burnishing tooth.

— **finitore** (*spinatura*), finishing tooth.

— **di arresto,** ratchet tooth; stop peg.

— **di calettatura,** tenon.

dente di calettatura con rinforzo, tusk tenon.
— **di carda** (*tess.*), card staple.
— **di legno,** wood tooth; cog.
— **d'ingranaggio,** gear tooth.
— **di ruota di catena,** sprocket.
— **di sega,** saw tooth.
— **fresato,** milled tooth.
— **greggio di fusione,** rough tooth; cast tooth.
— **ribassato,** stub tooth.
dentellato, *agg.* toothed (*regolare*); notched; indented.
— **irregolare,** jagged.
denti (*m. pl.*) **cicloidali** (*ingr.*), cycloidal teeth.
— **(di catena) di tagliatrice** (*min. carbone*), cutter picks.
— **di tagliatrice rivestiti di carburo,** carbide tipped cutter picks.
— **messi** (*o* **riportati**), inserted teeth.
— **(cremagliera a —) elicoidali,** screw rack.
— **(fresa a —) elicoidali,** spiral milling cutter.
— **(fresa a —) radiali,** radial milling cutter.
— **(passo dei —),** pitch of teeth.
— **(punzonatura dei —),** stamping out the teeth.
— **(utensile per ricalcare i —),** swaging die.
dentiera, *f.* (*mecc.*), rack; toothed bar.
— **a denti obliqui,** helical rack.
— **doppia,** double rack.
dentimetro, *m.* (*med.*), dentimeter.
dentro (*verso l'interno*) (*avv.*), inwards.
denudazione, *f.* (*geol.*), denudation.
deodorante, *m.* (*chim.*), deodorant.
— **per il cuoio,** leather deodorant.
— **per la carta,** paper deodorant.
— **per la colla,** glue deodorant.
— **per la gomma,** rubber deodorant.
— **per l'inchiostro,** ink deodorant.
— **per stanze** (*chim.*), room deodorant.
— **per tessili,** textile deodorant.
— **per vernici,** paint deodorant.
deodorare *v. a.*, to deodorize (*or* deodorise).
deodorizzazione, *f.* (*chim.*), deodorising.
depannaggio, *m.* fault location.
deparaffinante, (*agg.*), dewaxing.
deparaffinazione, *f.* (*petrol.*), dewaxing.
depassivazione (*delle zone intergranulari, ecc.*), (*met.*), depassivation.
depauperamento del capitale (*finan.*), depletion of capital.
depennare impianti demoliti o ceduti (*bilancio di società*), to strike off the register demolished or sold plants.
deperibile, *agg.* perishable.
deperimento, *m.* wear and tear.
— **di capitale,** dwindling of assets.
depilatori, *m. pl.* (*chim.*), depilatories.
depolarizzante, *m.* (*elet.*), depolarizer.
depolarizzare, *v.a.* to depolarize.
depolarizzazione, *f.* depolarization.
depolimerizzazione, *f.* (*chim.*), depolymerization.
depolverare, *v.a.* (*met.*), to remove dust.
depolveratore, *m.* (*met.*), dust catcher; dust collector.
— **a umido ad alta velocità,** high speed wet type dust collector.
— **elettrostatico,** electrostatic dust catcher.
depolverazione, *f.* dedusting; fines removal (*carbone*); dust suppression (*rimozione della polvere*).
— **dei fumi** (*met.*), fume dedusting.
— **(impianto di — dei fini),** fines removal installation.
depositare sotto vuoto (Al, Cd, Mg, Pb ecc.) **su substrati metallici** (*procedim. anti-corrosione*), to vacuum deposit (Al, Cd, Mg, Pb, etc) on metal substrates (*to give corrosion protective films*).
depositario (*m.*) **per la zona di Milano** (*comm.*), Milan stockist (for...).

depositarsi, *v.r.* to deposit, *v.i.*
deposito, *m.* deposit *or* settlings (*deposito che rimane di liquido, ecc.*); (*incrostazione nelle caldaie*) scale; coating (*rivestimento*); storage (*magazzino di merce, specialm. da lavorare*); warehousing (*magazzino specialm. di merci lavorate*); (*rimessa*) store; room; yard; depot; stockpiling; sludge (*fanghiglia*).
— **alluvionale,** alluvional deposit.
— **a vista** (*finan.*), demand deposit.
— **bramme** (*met.*), slab storage.
— **di attrezzature e macchine** (*cost.*), equipment pool.
— **di cromo brillante,** brilliant chrome deposit.
— **di detriti,** detrital deposit.
— **di legname,** lumber room; lumber depot.
— **di merci,** goods yard.
— **di risparmio** (*banca*), savings deposit.
— **di scorie (radioattive) di lunga durata** (*fis. atom.*), long-lived waste depository.
— **elettrolitico,** electrolytic deposit; plating.
— **galvanico punteggiato,** pitted deposit.
— **in conto corrente** (*banca*), current deposit; checking deposit.
— **per locomotive,** loco depot.
— **permanente per rifiuti nucleari** (*cimitero*) (*fis. atom.*), permanent nuclear waste depository.
— **permanente per rifiuti radioattivi scavato nella miniera** (*fis. atom.*), mined repository.
— **radioattivo** (*fis. atom.*), radioactive deposit.
— **sotterraneo,** underground storage.
— **vincolato** (*banca*), time deposit.
— **(essere in — nei magazzini della fabbrica),** to be in stock in the factory's warehouses.
— **(formazione di —)** (*pompe, ecc.*), build-up of deposit.
deposizione (*f.*) **da fase vapore** (*met.*) vapour phase deposition.
deposizione di nichel per riduzione (*gal.*), electroless nickel plating.
— **elettrostatica** (*elet., met.*), electrostatic deposition.
— **galvanica,** electro-deposition.
— **per elettroforesi** (*rivestimenti*), electrophoretic deposition.
depressione, *f.* depression.
— **capillare,** capillary depression.
— **commerciale** (*improvvisa caduta di prezzi*), slump.
— **dell'orizzonte** (*astron.*), dip of the horizon.
deprezzamento, *m.* depreciation; (*perdita in valore dovuta a sostituzione prematura di macchine ormai superate*), obsolescence.
— **(tasso di —),** rate of depreciation.
deprezzare, *v.a.* to depreciate.
depurare, *v.a.* to clean; to scrub; to purify.
depuratore, *m.* cleaner; (*fabbr. carta*), perfecting engine; (*fis. atom.*), scrubber.
— **a secco,** dry cleaner.
— **a umido** (*gas*), wet cleaner.
— **d'acqua,** water conditioner.
— **d'aria,** air cleaner.
— **di fumo,** smoke cleaner.
— **di gas,** gas scrubber.
— **di liquidi refrigeranti** (*macch. ut.*), coolant separator.
— **d'olio,** oil cleaner.
— **tipo Venturi,** Venturi-type washer.
— **Venturi,** Venturi washer.
depurazione, *f.* purification; cleaning.
— **a polverizzazione,** jet purification.
— **a secco,** dry purification.
— **a umido** (*met.*), wet cleaning.
— **dei fumi** (*met.*), fumecleaning.
— **dei gas,** gas purification; gas cleaning (U.S.A.).
— **dei gas d'altoforno,** dry cleaning of blast furnace gases.
— **dell'acqua** (*di alim. di una caldaia*), water conditioning; demineralization; dealkalization.
— **d'olio,** oil purification.

depurazione per via umida, wet purification; wet cleaning.
— (impianto di — dei fumi), fume-cleaning plant.
deragliamento, *m.* derailment.
— della tavola, *m.* (*utensili*), derailing.
deragliare, *v.a. v.i.* to derail.
deriva, *f.* (*aereo*), fin; tail fin; vertical stabilizer (U.S.A.); (*naut.*), fin keel.
— dell'immagine (*telev.*), image drift.
— di giroscopio (*aereo*), drift.
— effettiva della girobussola (*aereo*), wander.
— termica, thermal drift.
— (spostamento di proiettile dovuto al vento) (*mil.*), windage.
derivare, *v.a.* (*elet.*), to shunt; to derive; (*mat.*), to differentiate.
derivata, *f.* (*mat.*), derivative.
— parziale (*mat.*), partial derivative.
derivato, *m.* (*chim.*), derivative.
derivatore, *m.* shunter.
derivazione, *f.* (*elet.*), shunt.
— a terra, earth connection.
— di un forno, branch.
— magnetica (*elet.*), magnetic shunt.
— (di —) (*p. es. corrente, circuito, cavo di —*, branch current, b. circuit, b. cable), branch.
— (in —) (*elet.*), shunt.
derivometro, *m.* (*apparecchio che determina l'orientamento di un oggetto riferito all'asse longit. dell'aeroplano*) (*aereo*), bearing plate; drift indicator; drift bar.
dermatite industriale (*med.*), industrial dermatitis.
deroga, *f.* (*legge, ecc.*), waiver.
derrate, *f. pl.* (*alimentari*), commodities.
— alimentari trasformate in alcole distillato usato come carburante, « fuel crops ».
desaeratore, *m.* (*ing.*), de-aerator.
desalificazione, *f.* (*chim., ind.*), desalination.
— (impianto di —), water desalting plant.
desalificazione (processo di —), desalination process.
— (sistema di —), desalination system.
desalinizzatore, *m.* (*naut. ecc.*), desalinator.
desalinizzazione, *f.* (*chim.*), desalination; desalinisation; v. **desalificazione.**
desaminasi, *m.* (*chim.*), desaminases.
desaturazione, *f.* (*fot.*), desaturation.
descorificazione, *f.* (*met.*), descaling.
descrittore (*parola chiave, rif. a una documentaz. automatica, che sinteticam. riassume un dato argomento*) (*inform.*), descriptor.
descrizione del lavoro (*su moduli d'officina*), job description.
— della riparazione, description of repair.
desensibilizzare, *v.a.* (*fot.*), desensitise.
desensibilizzazione, *f.* (*fot.*), desensitisation.
desidratazione, *f.* (*chim.*), dehydration; dewatering.
design ambientale, environmental design.
— nautico (*naut.*), nautical design.
designazione, *f.* specification.
desincronizzazione, *f.* (*elet.*), desynchronizing.
desintonizzare (*radio*), tuning out.
desintonizzazione, *f.* (*radio*), detuning.
desmaltare (*togliere lo smalto da un metallo*) (*pitture, ecc.*), deenamel.
desolforante, *m.* desulphurizer.
desolforare, *v.a.* to desulphurize.
desolforazione, *f.* desulphurization.
— in secchia (*fabb. acciaio*), ladle desulfurization.
— in siviera (*met.*), ladle desulfurization.
desorzione, *f.* (*chim.*), desorption.
desossidante, *m.* (*met.*), deoxidant; deoxidiser; deoxidizing agent; v. anche **disossidante.**

desossigenazione, *f.* deoxygenation.
destinazione, *f.* destination.
destra (*naut.*), starboard (side).
destrina, *f.* dextrine.
destrogiro, *agg.* dextro-rotatory.
destrorso, *agg.* dextrorse; clockwise (*secondo le lancette dell'orologio*).
destrosio, *m.* dextrose.
detaurizzazione, *f.* (*econ.*), dishoarding.
detenere (*v.a.*) **un primato,** to hold a record.
detergente per lavare i piatti, dishwashing detergent.
— **germicida** (*chim.*), germicidal detergent.
— **per tessili** (*tess. chim.*), textile detergent.
— **sintetico,** syndet (U.S.A.); synthetic detergent.
detergenti sintetici, synthetic detergents.
— **(prodotti —),** cleansing compounds.
detergere (*asportare p. es. il petrolio inquinante uno specchio d'acqua*), to mop up.
deterioramento del combustibile, v. **esaurimento del —.**
determinante, *f.* (*mat.*), determinant.
determinare, *v.a* to determine; to locate (*determinare il luogo esatto*).
determinazione, *f.* determination.
— **della spinta delle terre,** determination of earth thrust.
— **delle luci** (*del ponte*), determination of the (bridge) spans.
— **del peso atomico,** atomic weight determination.
— **statica,** statical determination.
deterrente, *m.* (*mil.*), deterrent.
— **missilistico strategico** (*mil.*), strategic missile deterrent.
— **nucleare** (*mil.*), nuclear deterrent.
deterrenza (*f.*) **nucleare** (*mil.*), nuclear deterrence.
detersione, *f.* detersion.
detersivo, *m.* detergent; detersive.
— **in polvere,** washing powder.
detettore *m.* (*localizzatore*), detector.
— **a cappio** (*rilevante il passaggio dei veicoli per il comando dei semafori*) (*traffico autom.*), loop detector.
— **di guasti nei cavi elettrici,** electric cable breakdown detector.
— **di metalli,** metal detector.
detonante, *m.* knock fuel.
detonare, *v.i.* to detonate.
detonatore, *m.* detonator.
detriti, *m. pl.* (*rifiuti*), rubbish.
— **di coke,** coke waste.
— **di fiume,** shingles.
— **di pietre** (*per abbattimento di edifici*), debris.
detrito, *m.* (*geol.*), detritus.
dettafono, *m. vedi:* **dittafono.**
deumidificare, *v.a.* to dehumidify *v.a.*
deumidificatore, *m.* de-humidifier.
deuterio, (simbolo d, D, o H^2), *m.* deuterium.
deuteroacetilene (*chim.*), deuteroacetylene.
deuteronaftalina, *f.* (*chim.*), deuteronaphtalene.
deuterone (*chim.*), deuteron; deuton.
deutone (simbolo d), *m.* (*fis. atom.*), deuteron.
deutossido, *m.* deutoxide.
deviare, *v.a.* to deviate; to deflect; *v.i.* (*di raggi*)(*elet. ecc.*), to stray; to divert (*deflettere*).
— **il traffico** (*tel.*), to divert the traffic.
— **una sorgente,** to divert a spring.
deviatoio, *m.* (*ferr.*), switch.
deviatore, *m.* (*ferr.*), pointsman; (*min.*) shackler.
— **a cuneo** (*perf. petrol.*), whipstock.
deviazione, *f.* shunting (*ferr.*).
— **angolare,** angular deflection.
— **della bussola,** compass swinging.
— **di un ago,** deflection (of a needle).
— **standard** (*statistica*), standard deviation (mean square deviation.

deviazione (di —), deflecting (*p.es. tensione di —*, deflecting voltage).
devoltore, *m.* (*ing. elet.*), negative booster.
devulcanizzazione, *f.* (*della gomma*), devulcanisation.
dezincificazione, *f.* (*met.*), dezincification.
diabase, *m.* diabase.
diacciolo, *m.* (*di legname*), frost cleft; frost shake.
diacetonalcole, *m.* diacetone alcohol.
diadica (*mat.*), dyad.
diadico, *agg.*, dyadic.
diafano, *agg.* diaphanous; transparent.
diafonia, *f.* cross-talk.
— **di canali disturbanti** (*radio*), babble.
— **inintelligibile** (*telecom.*), unintelligible cross-talk.
— **intelligibile** (*telecom.*), intelligible cross-talk.
diaframma, *m.* diaphragm; shutter.
— **a iride** (*fot.*), iris diaphragm.
— **di gomma,** rubber diaphragm.
diaframmare, *v.a.* (*fot.*), to stop down.
diagenesi, *f.* diagenesis.
diagnostica (programmazione —) (*inform.*), diagnostic programming.
diagnosticare, *v.a.* (*inform.*), to diagnose.
diagnostico, *agg.* (*inform.*), diagnostic.
— **(programma —)** (*inform.*), diagnostic program.
diagonale, *f.* diagonal; strut (*cost. civ.*); brace (*aereo*).
— **cannellato** (*tess.*), corkscrew; diagonal rib.
— **compressa** (*cost.*), diagonal strut; compression diagonal.
— **della crociera d'incidenza** (*aereo*), incidence wire.
— **di sospensione,** suspension strut.
— **di trazione,** tension diagonal.
— **estrema,** end diagonal.
diagonali (*di fusoliera*) (*aereo*), cross strips; spacers.
diagramma, *m.* diagram.
— **a blocchi** (*elettron.*), block diagram (U.S.A.).
— **a blocco** (*per impiego di elaboratore elettronico*), block diagram.
— **a cardioide** (*radio*) (*a forma di cuore, usato in sistemi di radiogoniometria*), cardioid diagram.
— **circolare,** circle diagram.
— **degli sforzi tangenziali,** tangential pressure diagram.
— **dei periodi,** periodogram.
— **del ciclo di lavorazione** (*chim., ecc.*), diagrammatic flow sheet.
— **della valvola,** valve-lift diagram.
— **delle forze,** force polygon.
— **delle masse,** inertia diagram.
— **delle resistenze,** resistance diagram.
— **delle tensioni,** stress diagram.
— **delle velocità,** diagram of velocities.
— **di carico,** diagram representing the load.
— **di connessione** (*elet.*), wiring diagram.
— **di diffrazione,** diffraction pattern.
— **di equilibrio,** equilibrium diagram.
— **di fase** (*fis. atom.*), phase diagram.
— **di fase ternario,** ternary phase diagram.
— **di flusso** (*elettron.*), flow-chart.
— **di flusso dei dati** (*inform.*), data flow chart.
— **di flusso del trattamento delle materie prime** (*min., met., ecc.*), flow chart of raw material processing.
— **di funzionamento,** operating diagram.
— **di irradiazione** (*di antenna*), directional pattern.
— **di irradiazione** (*radio*), radiation pattern.
— **di lavorazione** (*di impianti, fabbriche*), flow diagram.

diagramma di lavoro d'un circuito, functional diagram.
— **di macinazione** (*ind. mol.*), flow sheet (*particolareggiato*); diagram of block flow (*schematico*).
— **di radiazione** (*radio*), radiation pattern.
— **direttivo d'irraggiamento,** directivity pattern.
— **di simulazione** (*inform.*), simulation diagram.
— **di squadra** (*o* — **uomo-macchina**) (*tecnica dei metodi di prod. ind.*), gang process chart.
— **di stato,** constitutional diagram.
— **di stato binario** (*met.*), binary diagram.
— **elettrico,** electric diagram.
— **entropico,** entropy-diagram.
— **illustrativo,** pictorial diagram.
— **logico** (*cibernetica*), flow-chart.
— **polare,** polar diagram.
— **rilievi radar,** radar plotting.
— **schematico,** block diagram; schematic diagram; schematic (U.S.A.).
— **tensione-deformazione,** stress-strain diagram.
— **trapezio di carico,** load represented by trapezoidal area.
— **triangolare di carico,** load represented by triangular area.
— **TS,** v. **diagramma entropico.**
— **TTT** (*met.*), time-temperature-transformation curve.
— **vettoriale,** vector diagram.
— **(area del —),** area of diagram.
— **(laccio del —),** loop of diagram.
— **(serie di —),** set of diagrams.
— **(sommità del —),** peak of diagram.
dialisi, *f.* (*chim.*), dialysis (*pl.* dialyses).
— **(macchina per la —)** (*med.*), dialysis machine; kidney machine.
dialite, *f.* dialite.
dialittico, *agg.* dialytic.
dializzare, *v.a.* to dialyse; to dialyze.
dializzatore, *m.* dialyser, dialyzer.
dialogare (*inform.*), to interact.
diamagnetico, *agg.* diamagnetic.
diamagnetismo, *m.* diamagnetism.
diamantatrice per collettori (*macch. ut.*), commutator turning machine.
diamante, *m.* diamond.
— **per ravvivare le mole,** wheel-dressing diamond.
— **greggio,** rough diamond.
— **tagliato,** cut diamond.
diamantina, *f.* diamantine.
diametro, *m.* diameter; diametre.
— **alla sommità,** diameter at top.
— **al ventre** (*o* **uzzo**), diameter at bilge.
— **ammissibile sul banco** (*torni*), swing diameter over bed; swing over bed (U.S.A.).
— **ammissibile sul carrello** (*torni*), swing diameter over carriage; swing over carriage (U.S.A.).
— **ammissibile sull'incavo** (*torni*), swing in gap (U.S.A.).
— **coniugato,** conjugate diameter.
— **dei cilindri,** diameter of cylinders.
— **del foro d'un chiodo,** diameter of a rivet hole.
— **delle ruote motrici,** diameter of drivers.
— **dello stantuffo,** diameter of a piston.
— **del nocciolo** (*filettature*), core diameter; minor diameter (*termine più moderno*).
— **del rotore** (*elicot.*), rotor diameter.
— **di sterzata dal punto di massimo ingombro** (*auto*), turning circle between kerbs.
— **di un chiodo,** diameter of a rivet.
— **di un foro,** diameter of a drilled hole.
— **di un tubo,** diameter of a pipe.
— **esterno,** outside diameter; major diameter (*di una filettatura*).
— **interno di un tubo,** inside diameter of a pipe; bore of a pipe.
— **interno suola** (*forno met.*), inside hearth diameter.

diametro medio (*filettature*), pitch diameter.
— **nucleare** (*fis. atom.*), nuclear diameter.
— **primitivo** (*ingranaggi*), diametral pitch.
diammina, *f.* (*chim.*), diamine.
diapason, *m.* diapason; tuningfork.
diapositiva, *f.* (*fot.*) diapositive; (*tip.*), direct reversal.
— **a colori,** color transparency (U.S.A.).
diascopia, *f.* (*med.*), diascopy.
diascopio, *m.* (*med.*), diascope.
diasporo, *m.* (*min.*), diaspore.
diastasi, diastase.
diatermia, *f.* (*med.*), diathermy.
diatermicità, *f.* diathermancy.
diatermico, *agg.* diathermic; diathermanous.
diatomea, *f.* (*bot.*), diatom.
diaviva, *f.* (*pubb.*), filmstrip.
diazina, *f.* (*chim.*), diazine.
diazocomposto, *m.* (*chim.*), diazocompound.
diazometano, *m.* (*chim.*), diazomethane.
diazotipia, *f.* (*fot., stampa*), diazotype; diazo type.
— **(processo di —),** diazo type process.
dibattito pubblico (*seduta*), public hearing.
dicespugliamento, *m.* (*agr.*), removal of bush.
dichiarazione, *f.* (*comm.*), declaration.
— **dei redditi,** income tax returns.
— **d'entrata,** entry inwards.
— **doganale,** customs declaration.
— **d'uscita,** entry outwards.
— **giurata (richiedere una — giurata)** (*leg.*), to take evidence on oath.
dicianina, *f.* dicyanin.
diciottesimo (*stampa*), decimo octavo.
dicloranilina (*chim.*), dichloroaniline.
dicloro- (*chim.*), dichloro- (*es. dicloroacetone* = dichloroacetone; *dicloroanilina* = dichloroaniline).
dicotomia, *f.* (*bot.*), dichotomy.
didimio, *m.* (*miscela di 2 metalli del gruppo delle terre rare con 85% di neodimio e 15% di praseodimio*) (*chim.*), didym; didymium.
diedro, *m.* (*aereo*), dihedral.
— **alare** (*aereo*), dihedral angle.
— **negativo,** inner wing dihedral.
— **positivo,** outer wing dihedral.
dielettrico, *m. agg.* dielectrical; dielectric.
diesel (*mot.*), diesel; v. **automobile, automotrice, motore —.**
dieselelettrico, *agg.* diesel-electric.
dieselidraulico, *agg.*, diesel-hydraulic.
diesteri, *m. pl.* (*chim.*), diesters.
difenil- (*chim.*), diphenyl-.
difenilcloroarsina, *f.* (*chim.*), diphenyl-chloro arsine; $(C\ H_5)_2$. AsCl.
difesa chimica, biologica e radiologica (*mil.*), CBR defence.
— **con mezzi chimici** (*mil.*), chemical defence.
— **fluviale** (*idraul.*), bank protection.
— **passiva** (*auto*), passive restraint.
— **personale** (*armi*), self defence.
difetti puntuali nei reticoli (*dei materiali cristallini*), point defects in lattices.
difetto, *m.* blemish (*fond.*); defect.
— **dei materiali,** defect in material.
— **del legname,** defect of timber; defect in timber.
— **del legno,** defect in wood; flaw of wood.
— **del reticolo** (*cristal., ecc.*), lattice flow.
— **di autovetture** (*auto*), vehicle defect.
— **di colaggio** (*met.*), pouring defect.
— **di costruzione,** construction fault.
— **di decapaggio** (*met.*), pickling defect.
— **di estrusione,** extrusion defect.

difetto di fabbricazione (*mecc.*, *ecc.*) manufacturing blemish.
— **di finitura** (*met.*), finishing defect.
— **di fonderia** (*causato da errata operazione di fonderia*) (*met.*), foundry defect.
— **di fucinatura** (*met.*), forging defect.
— **di funzionamento,** fault; trouble; defect.
— **d'inquadratura** (*fot.*), misframing.
— **di laminazione** (*met.*), rolling defect.
— **di lavorazione** (*causato da errata operazione di lavorazione del pezzo*) (*met.*), machining defect.
— **di massa** (*fis. atom.*), mass defect; packing loss.
— **di peso,** loss in the weight.
— **di ramolaggio** (*causato da errata sistemazione degli elementi della forma*) (*fond.*), assembly error.
— **di saldatura** (*met.*), welding defect.
— **di sbavatura** (*met.*), dressing defect.
— **di stagnatura** (*met.*), tinning defect.
— **di taglio** (*met.*), shearing defect.
— **di tenuta della valvola,** valve leakage.
— **di trafilatura** (*met.*), drawing defect.
— **di trattamento termico** (*met.*), heat treatment defect.
— **di zincatura** (*met.*), zinc coating defect.
— **originato da inclusioni** (*met.*), defect caused by inclusions.
— **per aderenza** (*determinato da prominenza di metallo che ha preso il posto di porzione di terra rimasta attaccata al modello*) (*fond.*), sticker.
— **residuo** (*met.*, *ecc.*), residual.
— **reticolare** (*met.*), lattice defect.
— **sottopelle** (*met.*), sub-surface defect.
difetto superficiale (*met.*), surface defect.
— **(calcolare la lunghezza del —)** (*met.*, *ecc.*), to calculate the defect length.
— **(privo di difetti),** defect-free (*p. es.*: *pezzo privo di difetti*, defect-free piece).
difettoso (*che provoca fughe di gas o acqua, ecc.*), leaky; faulty; defective; lame.
differenza, *f.* difference.
— **di fase** (*elet.*), phase-difference (*or* displacement).
— **di livello,** difference of level.
— **di massa** (*fis. atom.*), mass difference.
— **di percorso** (*fis. atom.*), path-length difference.
— **di potenzialità,** potential difference (P.D.).
— **di pressione,** difference of pressure.
— **di temperatura,** difference of temperature.
— **di titolazione** (*tess.*), difference in count.
— **di torsione** (*tess.*), difference in twist.
— **media logaritmica delle temperature,** logarithmic mean temperature difference.
differenziale, *m.* (*mat.*), differential; differential gear (*mecc.*) (*auto*).
— **autobloccante** (*auto*), self-locking differential.
differenziare, *v.a.* to differentiate.
differenziazione, *f.* differentiation.
difficile, *agg.* (*poco adatto per l'uso*), awkward.
— **da fabbricare** (*mecc.*), awkward to manufacture.
— **(liquido — da pompare),** awkward liquid to sump.
difficilmente raggiungibile (*punto*), hard-to-reach (place).
diffondere (*informazioni*, *ecc.*) (*inform.*), to disseminate.
diffrangere, *v.a.*, to diffract.
diffrattografo elettronico per ricerche microstrutturali, elec-

tronic diffractograph for microstructure research.

diffrattometria, *f.* (*ott.*), diffractometry.

diffrattometro (*ott.*), diffractometer.

— **a raggi X,** X-ray diffractometer.

diffrazione, *f.* diffraction.

— **elettronica** (*elettron.*), electron diffraction.

— **fotoelettronica** (*elettron.*), photoelectron diffraction.

— **neutronica** (*fis. atom.*), neutron diffraction.

diffusibilità, *f.* diffusibility.

diffusione, *f.* diffusion; scattering (*fis. atom.*); v. **impianto di —; lunghezza di —; velocità di —.**

— **anelastica** (*fis. atom.*), anelastic scattering.

— **coerente** (*fis. atom.*), coherent scattering.

— **Compton** (*fis. atom.*), Compton scattering.

— **degli elettroni** (*fis. atom.*) electron scattering.

— **dei neutroni** (*fis. atom.*), neutron scattering.

— **delle informazioni** (*inform.*), information dissemination.

— **del telegiornale** (*o* **giornale radio**), newscast.

— **di mesone pi** (*fis. atom.*), pion scattering.

— **di mesoni** (*fis. atom.*), meson scattering.

— **elastica** (*fis. atom.*), elastic scattering.

— **incoerente** (*fis. atom.*), incoherent scattering.

— **media (di neutroni)** (*fis. atom.*), mean scattering (of neutrons).

— **mesone-nucleone** (*fis. atom.*), meson-nucleon scattering.

— **multipla** (*fis. atom.*), multiple scattering.

— **nucleare** (*fis. atom.*), nuclear scattering.

— **per riflessione,** diffusion by reflection.

— **per risonanza** (*fis. atom.*), resonance scattering.

diffusione potenziale (*fis. atom.*), potential scattering.

— **sonora** (*acust.*), public address (*in pubblico*).

— **sonora (sistema di — sonora)** (*radio, acust.*), public address system.

— **unica** (*fis. atom.*), single scattering.

diffusività, *f.* (*fis.*), diffusivity.

diffusore, *m.* diffuser (*pompe*) (*elet.*); scatterer (*fis. atom.*); (*audio*), speaker.

— **acustico a tre vie** (*audio*), three-way acoustic speaker (system).

— **a due vie** (*audio*), two-way speaker (system).

— **a tre vie** (*audio*), three-way speaker (system).

— **a punta** (*fis. atom.*), point scatterer.

— **conico** (*auto*), choke.

— **con mobile libreria** (*audio*), bookshelf speaker (system).

— **con mobile da pavimento** (*audio*), floor-standing speaker (system).

— **con mobile da pavimento o libreria** (*audio*), shelf/floor-standing speaker (system).

— **da appendere al soffitto** (*audio*), ceiling-hung speaker (system).

— **del tipo a cassa chiusa** (*audio*), sealed enclosure speaker (system).

— **del tipo a sospensione pneumatica** (*audio*), air-suspension speaker system.

— **del tipo bass reflex** (*audio*), bass reflex speaker (system).

— **del tipo omnidirezionale** (*audio*), omnidirectional speaker (system).

— **del tipo piezoelettrico** (*audio*), electret speaker (system).

— **di risonanza** (*fis. atom.*), resonance scatterer.

— **grigio,** grey diffuser.

— **non selettivo,** non selective diffuser.

— **perfetto,** perfect diffuser.

— **uniforme,** uniform diffuser.

diffusori per vetrocemento, armourlight lenses; lenses.
diga, *f.* (*cost.*), dam.
— **a contrafforti,** counterfort dam.
— **ad arco,** arch dam.
— **ad arco-gravità,** arch-gravity dam.
— **a gravità,** gravity dam.
— **antisismica,** earthquake resistant dam.
— **a volte multiple** (*elet.*, *idraul.*), multiple-arch dam.
— **del tipo a stramazzo,** overspill type dam.
— **di calcestruzzo,** concrete dam.
— **fluviale** (*idr.*), river shore embankment.
— **in cemento armato a gravità,** concrete gravity section dam.
— **in muratura,** masonry dam.
— **in terra,** earthen dam.
— **in terra con nucleo di cemento armato,** earthen dam with reinforced concrete corewall.
— **(capacità della —),** capacity of the dam.
digestione, *f.* (*chim.*), digestion.
— **anaerobica,** anaerobic digestion.
digestore, *m.* (*chim.*), digester.
digitale, *f.* (*bot.*), digitalis; (*elettron.*), digital.
— **(dispositivo —)** (*elettron.*), digital device.
— **(dispositivo detettore —)** (*elettron.*), digital sensing device.
— **(impulsi digitali)** (*elettron.*), digital pulses.
— **(sistema di misura — del livello del liquido),** digital liquid-level measuring system.
digitalina, *f.* digitalin.
digitalizzare (*convertire in forma numerica*) (*inform.*), to digitize; to digitise.
digitalizzato, *p.p.* (*inform.*), digitised; digitized.
digitalizzatore, *m.* (*inform.*), digitizer.
digitalizzazione, *f.* (*calcol. elettron.*), digitizing (*assigning one of the numbers representing determinate values*).
digitare (*inform.*), v. **digitalizzare.**
digrassare, *v.a.* to degrease.
digrassatura, *f.* (*metal.*), metal degreasing.
digrossare, *v.a.* to chisel off; to dress; to trim.
dilatabile, *agg.* dilatable; expansible.
dilatabilità, *f.* dilatability.
dilatare, *v.a.* to dilate; to extend; to expand.
dilatarsi, *v.r.*, to dilate *v.i.*; to expand *v.i.*; to be expanded *v.i.*
dilatatore, *m.* expansion joint.
dilatazione, *f.* expansion; (*vernici*), flow.
— **cubica,** cubical expansion.
— **del ferro fuso** (*met.*), growth.
— **lineare,** linear expansion.
— **termica,** expansion due to heat; thermal expansion.
dilatometria, *f.* (*chim.*), dilatometry.
dilatometrico, *agg.* (*fis.*), dilatometric.
dilatometro, *m.* (*chim.*), dilatometer.
dilavamento, *m.* (*della pioggia*) (*ambienti di corrosione*), scouring; washout.
diluente, *m.* (*vernici ecc.*), thinner; diluent.
— **per vernici cellulosiche,** lacquer diluent.
— **petrolifero,** petroleum thinner.
diluibile, *agg.* (*chim.*), dilutable.
diluire, *v.a.* (*vernici, ecc.*), to thin; to dilute (*chim.*).
diluizione, *f.* dilution; (*cosmetici*) (*chim.*), watering.
— **isotopica** (*fis. atom.*), isotope dilution.
dima, *f.* (*mecc.*), template.
— **di ferro** (*mecc.*), iron template.
dimensionamento, *m.* dimensioning.
— **di una petroliera** (*naut.*), scantling of a tanker.
— **(fattore di —),** scantling factor.
dimensione (*f.*) **del gasdotto,** gas main size.

dimensione delle particelle (*fis. atom.*), particle size.
— **quotata** (*dis.*), figured dimension.
dimensioni, *f. pl.* dimensions.
— **critiche** (*di massa di uranio*), critical size.
— **definitive,** finish size.
— **di legname** (*usato per barche*) scantlings.
— **di sezione** (*naut.*), scantlings.
— **principali,** leading dimensions
— **unificate,** standard sizes.
dimero, *m.* (*chim.*), dimer.
dimetile, *m.* ethane; dimethyl.
dimezzare la lunghezza d'onda (*laser, ecc.*), to halve the wavelength.
diminuzione, *f.* (*contrazione*), contraction.
— **di volume,** volume contraction.
— **per regolazione** (*elet.*), regulation down.
dimissione, *f.* (*lavoro*), resignation.
dimostrare, *v.a.* (*come funziona*), (*fare una prova del modo in cui funziona una macchina, o un apparecchio*), to demonstrate (*p. es.*: *egli dimostra come funziona il calibratore di spessore* = he demonstrates the thickness gauge).
dimostrazione, *f.* demonstration.
dina (*mecc.*), dyne.
dinametrico, *agg.* (*ottica*), dynametrical.
dinametro, *m.* (*ott.*), dynameter.
dinamica, *f.* dynamics.
— **di gruppo** (*organ.*), group dynamics.
dinamite, *f.* dynamite.
dinamo, *f.* (*elet.*), dynamo (*pl.* dynamos); generator.
— **a corrente alternata,** alternating current dynamo; a-c. generator.
— **a corrente continua,** direct current dynamo; d-c. generator.
— **ad eccitazione,** exciting dynamo.
— **ad eccitazione composta,** compound-dynamo
dinamo ad eccitazione mista, compound dynamo.
— **aggiunta,** booster.
— **a poli interni,** internal pole dynamo.
— **autoeccitatrice,** self-exciting dynamo.
— **compensatrice,** balancing dynamo.
— **compound,** compound dynamo.
— **di carica** (*elet.*), battery charging generator.
— **eccitata in derivazione,** shunt dynamo; shunt-wound dynamo.
— **eccitata in serie,** series dynamo; shunt-wound dynamo; series generator.
— **in derivazione,** shunt dynamo.
— **in serie,** series dynamo.
— **multipolare,** multipolar dynamo.
— **omopolare** (*elet.*), homopolar generator.
— **primaria,** primary dynamo.
— **senza poli,** non-polar dynamo
— **survoltrice,** battery booster.
— **unipolare,** unipolar dynamo.
dinamografo, *m.* dynamograph.
dinamometrico, *agg.* dynamometrical; dynamometric.
dinamometro, *m.* (*ing.*) dynamometer; (*tess.*), (tensile) strength tester.
— **a molla,** spring dynamometer.
— **di trasmissione** (*ing.*), transmission dynamometer.
— **elettrico** (*ing.*), electric dynamometer.
— **per fibre** (*tess.*), fibre strength tester.
— **per filati** (*tess.*), single strand tester.
dinatron (*valvole term.*), dynatron.
dingo, *m.* (*la più piccola delle imbarcazioni da diporto della marina*) (*naut.*), dinghy.
dinitrobenzene (*chim.*), dinitrobenzene.
dinitrofenil, dinitro phenyl.
dinitrotoluene (*chim.*), dinitrotoluene.

dinodo, *m.* (*elettron.*), dynode.
dioctilftalato, *m.* (*chim.*), dioctyl phthalate.
diodo, *m.* diode valve.
— **a cristallo,** crystal diode.
— **a giunzione** (*elettron.*), junction diode.
— **al germanio** (*elettron.*), germanium diode.
— **al silicio** (*elettron.*), silicon diode.
— **a punta** (*elettron.*), point-contact diode.
— **pentodo,** diode-pentode.
— **rivelatore,** detector diode.
— **varicap** (*elettron.*), varicap diode.
— **Zener** (*elettron.*), Zener diode.
diorite, *f.* diorite.
dioptasio, *m.* (*min.*), dioptase.
diossano, *m.* (*chim.*), dioxan.
diossina, *f.* (*chim.*), dioxin.
diottra (*f.*) **a traguardi** (*agrim.*), sight rule; alidade.
diottria, *f.* (*ott.*), dioptre; diopter (U.S.A.).
diottrica, *f.* dioptrics.
diottrico (sistema —), dioptric, system.
dipanamento, *m.* (*di bozzoli*), unwinding.
dipanare, *v.a.* (*tess.*), to unwind.
dipendente, *agg.* e *n.*, dependant; dependent.
— **dal tipo di unità** (*inform.*), device-dependent.
dipendenza incondizionata, clear-cut relationship.
diplexer, *m.* (*telev.*), diplexer.
dipolo, *m.* (*diel.*) (*chim.*), dipole.
diradamento, *m.* (*agr.*), thinning.
— **meccanico** (*agr.*), mechanical thinning.
diradare, *v.a.* (*agr.*), to thin.
diradatrice (*per diradamento a macchina di colture a file*) (*mecc. agr.*), (down-the-row) thinner.
— **-rincalzatrice,** *f.* (*agr.*), thinner-hoe.
diramare, -si, *v.a. v.r.* to branch (out) *v.i.*
diramazione, *f.* branching (out); (*ferr.*), branch-line; branch.
— **ad angolo retto,** branching out at right angle.
diraspatrice per uva, grape stalk remover.
direttamente proporzionale, directly proportional.
direttiva, *f.* (*emessa dal Consiglio dei Ministri, ecc.*), directive; (*inform.*), directive.
— **delle Comunità Europee per il controllo dell'introduzione di nuovi prodotti chimici,** EEC directive controlling the introduction of new chemicals.
direttive, *f. pl.* (*economia, ecc.*), guidelines.
direttività (*di microfono*) (*radio*), directivity; (microphone) directivity.
— (*di antenna*) (*radio*), directivity.
direttore, *m.* manager; director; (*dipolo parassita per antenne*), director; (*di giornali*), editor.
— **aggiunto,** deputy director.
— **commerciale,** sales executive.
— **degli impianti di produzione,** manufacturing plant manager.
— **del dialogo** (*cinem.*), dialogue director.
— **della fotografia** (*cinem.*), director of photography.
— **della pubblicità,** director of advertising.
— **d'esercizio,** works manager.
— **di fabbrica,** factory manager.
— **di fabbricazione** (*ind.*), director of manufacturing.
— **di lavori,** works manager; chief resident engineer.
— **di produzione** (*cinem.*), production manager; executive producer.
— **di rivista,** editor.
— **di vendite,** sales manager.
— **generale,** general manager.
— **generale aggiunto** (*legge*), deputy managing director.
— **generale delle Dogane,** chairman of the Board of Customs.

direttore responsabile (*di giornale*), executive director.
direttrice, *f.* (*di diagrammi*), guide; (*geom.*) directrix.
direzione, *f.* direction; course; management (*di chi dirige*).
— **dei giunti,** slope of courses.
— **della costruzione d'una fabbrica,** management of a factory construction.
— **della torsione** (*tess.*), direction of twist.
— **delle fibre del legno,** direction of grain.
— **del taglio,** direction of cutting.
— **del vento,** direction of the wind.
— **destra** (*o* **positiva)** (*tess.*), regular twist; S twist.
— **di avanzamento** (*macch. utens.*), direction of feed.
— **di laminazione** (*met.*), rolling direction.
— **di lavori,** management of works, supervision of works.
— **di portanza nulla** (*aereo*), no-lift direction.
— **di una forza,** direction of a force; sense of a force.
— **di un ponte,** direction of a bridge.
— **generale** (DG-11) **ambiente, tutela dei consumatori, sicurezza nucleare** (EEC) (*Comunità Europee*), Directorate-General for the Environment, Consumer Protection and Nuclear Safety.
— **generale energia** (*Comunità Europee*) (EEC), Energy Directorate-General.
— **sinistra** (*o* **negativa)** (*tess.*), reverse twist; Z twist.
— **tecnica,** technical department.
— **(ufficio —),** manager's office.
dirigente, *m.* manager; executive.
— **di base,** rank and file leader.
— **di esercizio** (*stabilim. siderurgici*), plant supervisor.
dirigere, *v.a.*, to direct; to manage.
— **verso un bersaglio** (*missili*) (*mil.*), to target.
dirigersi (*fare rotta verso una data direzione*) (*aereo*) (*satelliti*), to head for; (*naut.*), to head.
— **contro corrente,** to head into the stream.
— **contro vento,** to head into the wind.
— **verso il bersaglio utilizzando il calore emesso dai motori dell'aereo-bersaglio** (*missili*), to home on the heat emitted by the engines of the target aircraft (*infra-red guidance*).
— **verso un bersaglio** (*aereo*), to vector on to a target.
dirigibile, *m.* (*aereo*), airship.
— **da trasporto pesante** (*specialm. di tipo ibrido*) (*aereo*), heavy-lift airship.
— **floscio,** nonrigid airship; pressure airship; blimp.
— **ibrido** (*con caratteristiche di dirigibile ed elicottero*), hybrid airship.
— **rigido,** rigid airship.
— **semi-rigido,** semi-rigid airship.
dirigismo, *m.* controlled economy.
diritti d'autore, copyright.
— **speciali di prelievo** (*detti anche « oro carta »*) (*finan.*), S.D.R., special drawing rights (« paper gold »).
diritto, *agg.* straight; *n.* (*legge*), law.
— **aeronautico,** air law.
— **astronautico** (*astron.*), space law.
— **civile,** civil law.
— **comune** (*leg.*), ordinary law.
— **di bollo,** stamp duty.
— **di licenza** (*nella produzione, ecc.*) (*comm.*), royalty.
— **di passaggio,** *m.* right-of-way.
— **di sfruttamento** (*min.*), exploitation right.
— **ferroviario,** railway law.
— **internazionale,** international law.
— **interno,** municipal law.
— **marittimo,** shipping law.
dirompente, *agg.* (*rif. a pallottole*), expanding (*bullet*).
diruttore, *m.* (*aereo*), spoiler.

disaccoppiamento, *m.* (*elet.*), decoupling.
disacidare, *v.a.*, to free from acid.
disadatto (*rif. ad impedenza*) (*radio*), mismatch.
disaerare, *v.a.* (*fis.*), to desaerate.
disaeratore, *m.* deaerator.
disaerazione, *f.* (*fis.*), desaeration; deaeration; deairing.
disalluminizzazione, *f.* (*met.*), dealuminization (U.S.A.).
disappannamento, *m.* (*di vetri*), demisting.
— dei vetri laterali (*auto*), side-window de-misting.
disappannare, *v.a.* (*il parabrezza, i finestrini, ecc.*) (*auto*), to demist.
disarmare, *v.a.* (*cost. civ.*), to take down the scaffolding; to remove a centre; to dismantle (*costr. in cemento armato*).
— una centina, to strike the centre.
disarmo, *m.* (*d'una centina*), striking the centre; (*gen.*), disarmament.
— d'una miniera, untimbering.
disassato, *agg.* off-centre.
disastro aviatorio (*aereo*), plane crash.
disattivare una bomba (*artificieri*), to disable a bomb.
disattivazione, *f.* (*chim., ecc.*), desactivation; deactivation.
disboscamento, *m.* deforestation.
disboscare, *v.a.* to clear of timber; to clear up.
discagliatura (*distacco di frammenti superficiali*) (*met.*), descaling.
— a secco (*mediante abrasivi; brevetto Wheelabrator Corp. USA*), no-acid discaling.
— con acqua ad AP (*met.*), high-pressure waterspray descaling.
— idraulica (*met.*), hydraulic descaling.
— (cappa di —) (*laminazione met.*), descaling hood.
discarica di miniera (*min.*), mine dump.
— (piazzale di —), mine dump yard.
discendente, *agg.* (*rif. a caratteri*), descending.
— (carattere —) (*p. es. g, j*) (*inform.*), descender.
discendere pendenze (*auto*), descend grades.
discenderia, *f* (*pozzo inclinato ma a meno di 45°, per coltivaz. del carbone*), slope (U.S.A.).
discenditore a coclea (*min., carbone*), spiral chute.
discesa, *f.* (*abbassamento*), lowering; (*agrim.*), down-grade; downhill (*stradale*); descent (*stradale*).
— con motore acceso (*aereo*), powered descent.
— di antenna (*radio*), downlead; aerial lead.
— di una valvola, dropping of a valve.
— di uno stantuffo, downstroke of a piston.
— in spirale (*aereo*), spiral glide.
— verticale (*aereo*), vertical descent.
dischetto, *m.* (*inform.*), floppy disc.
disco, *m.* record (*acust.*); disc (*in generale*); plate (*mecc.*).
— abrasivo (*utensile*), abrasive disc; grinding disc.
— a camme, cam disc; cam plate.
— a scanalatura, grooved disc.
— combinatore (*telef.*), calling dial.
— controperno anteriore del bilanciere (*orol.*), bottom balance end piece.
— controperno posteriore del bilanciere (*orol.*), top balance end piece.
— da fresare, cutter disc.
— del bordo libero (*naut.*), freeboard disc.
— della frizione, clutch plate.
— dell'eccentrico, eccentric sheave.
— dell'elica (*aereo*), airscrew disc.
— del tornio, face plate.
— di arresto, stop disc.
— di bilanciere (*orol.*), roller; safety roller.

disco di esplorazione (*telev.*), scanning disc.
— **di feltro,** felt washer.
— **diffusore,** diffusing disc.
— **di frizione,** friction disc.
— **di guida,** guide disc.
— (*grande*) **d'impulso** (*in uno scappamento ad àncora*) (*orol.*), impulse roller.
— **di memoria** (*elettron.*), memory disk.
— **di partenza** (*imbutitura*) (*mecc.*), circular blank.
— **di prova** (*acust.*), test record.
— **di sega,** saw blade.
— **divisore,** dividing plate; (*di testa a dividere*) (*macch. utens.*), index plate; dividing plate.
— **fisso** (*inform.*), fixed disc.
— **infrangibile** (*acust.*), unbreakable record.
— **laminato** (*acust.*), laminated record.
— **madre** (*acust.*), mother record.
— **magnetico** (*inform.*), magnetic disc.
— **microsolco** (*acust.*), microgroove record.
— **originale** (*mus.*) (*audio*), master disc.
— **originale placcato in oro** (*in pochi esemplari*), gold-coated master disc.
— **per cinghia,** belt-disc.
— **politore** (*met.*), buffing wheel.
— **rigido** (*inform.*), hard disc.
— **rimovibile** (*inform.*), removable disc.
— **smerigliatore,** lapping wheel.
— **stereofonico,** stereo record.
— **volante,** flying disc; flying saucer.
— **(spirale di avviamento di un — grammofonico),** dog leg.
discontinuità, *f.* discontinuity.
— **interna** (*data da cricche, inclusioni, cavità, ecc. all'interno del metallo*) (*met.*), reed.
discontinuo, *agg.*, discontinuous.
discordanza, *f.* (*geol.*), discordance; unconformity.
discoteca, *f.* disco (*locale*); record library (*collez. dischi*).
discreto, *agg.* (*mat.*) (*rappresentazione di una grandezza, simulazione, ecc.*), discrete.
discriminante, *f.* (*mat.*), discriminant.
discriminatore, *m.* (*elet., radio*), discriminator.
— **magnetico,** magnetic discriminator.
discussione generale (*riunioni*), open discussion.
diseccitare, *v.a.*, to deenergise; (*elet.*), to deactivate; de-excite.
diseccitato, de-energized; deactivated.
diseccitazione, *f.* de-energization; deactivation; de-excitation.
disegnare, *v.a.* to draw.
— **a matita,** to pencil.
— **una sezione a scala naturale** (*dis.*), to draw a section to a scale of full size; to draw out full size a section; to make a drawing to a scale of full size of a section.
disegnatore, *m.* draughtsman; (U.S.A.) draftsman.
— **del foglio di lavorazione,** process sheet draftsman (U.S.A.).
— **industriale,** industrial designer.
— **progettista,** design draftsman; designer.
disegnatrice, draughtswoman.
disegni animati (*film*), animated drawings.
disegno, *m.* drawing; (U.S.A.) drafting; plan (*di aeromodelli*); (*tess.*), v. **patrona.**
— **ad inchiostro di China,** pen drawing.
— **a linee,** linear drawing.
— **a mano libera** (*ornato*), hand drawing; freehand sketching.
— **a matita,** pencil drawing.
— **animato** (*cinem.*), animated drawing; animated cartoon.
— **a tratteggio,** line drawing.
— **con parti scomposte,** exploded (*or* breakdown) drawing.
— **del calibro** (*lamin.*), pass design.
— **dettagliato,** detail drawing.
— **d'esecuzione,** working drawing.

disegno di legge, proposal for legislation.
— **di macchina,** machine drawing.
— **di montaggio,** assembly drawing.
— **d'officina,** workshop drawing; working drawing.
— **esploso** (*illustrante i pezzi smontati*), exploded drawing.
— **geometrico,** mechanical drawing.
— **industriale,** industrial design.
— **in prospettiva,** perspective drawing.
— **quotato,** dimensioned drawing.
— **tecnico,** technical drawing.
— **tecnico in prospettiva,** engineering perspective drawing.
— **(come da —),** as per plan.
disequilibrare, *v.a.* to unbalance.
diserbante, *m.* v. **erbicida.**
disfare, *v.a.* to demolish (*demolire*); to take to pieces (*smontare*).
— **una cucitura,** to unpick a seam.
— **un nodo,** to untie a knot.
disfunzione di un calcolatore elettronico (*inform.*), computer malfunction.
disgaggio (di sicurezza) (*operazione di rimozione con una barramina, delle rocce, carbone e minerali pericolanti, dal tetto e dai lati del cantiere*) (*min.*), barring-down.
disgelare, *v.a.* to defrost; to defrost.
disgiungere *con sforzo*) (*mecc.*), to break.
disgiuntore, *m.* (*elet.*), circuit breaker.
disgregare, *v.a.* to disjoin; to separate.
disgregarsi, *v.r.* (*satelliti nello spazio*), to decay.
disgregazione, *f.* disintegration; decay; disjunction.
disidratante, *m.* (*chim.*), dehydrating agent.
disidratare, *v.a.* (*chim.*), dehydrate.
disidratazione, *f.* dehydration.
— **del gas,** gas dehydration
disimpegnare, *v.a. v.i.* (*mecc.*), to release *v.a.*; to disengage *v.a.*
disimpilatore lamiere (*fabbr. tubi*), plate unloading crane.
disincagliare una nave, to refloat a ship.
disincentivo, *m.* (*lavoro ecc.*), disincentive.
disincrostante, *m.* (*caldaia*), boiler composition; disincrustant.
disincrostare, *v.a.* (*caldaie, ecc.*), to descale; (*auto*), to decarbonize.
— **alla fiamma** (*met.*), to flameclean.
disincrostatrice (*per scorie*), scale removing machine.
disincrostazione, *f.* (*auto*), decarbonising; descaling (*met.*).
— **alla fiamma** (*met.*), flamecleaning.
— **del ghiaccio** (*aereo*), de-icing.
disinfettante, *m.* (*chim.*), disinfectant.
— **industriale,** industrial disinfectant.
— **per semi,** seed disinfectant.
disinfettare un elevatore di grano, to disinfect a grain elevator.
disingranare, *v.a.* to throw out of gear; to disengage.
disingranato, *p.p.* (thrown) out of gear; disengaged.
disinnescamento, *m.* (*radio*), squegging.
disinnescare una bomba (*mil.*), to defuse a bomb.
— **una mina,** to unprime a mine.
disinnescato, *p.p.* (*munizioni*), unprimed.
disinnestare, *v.a.* to release; to disconnect; to disengage (*frizione auto*).
— **un giunto,** to disconnect a clutch.
disinnesto, *m.* release (*ing. mecc.*); disengagement (*ing. mecc.*); disengaging gear (*mecc.*); disconnection (*elet.*); throw-out (*ing. mecc.*).
— **ad eccentrico,** eccentric disengagement.
— **automatico,** self-acting disengagement; automatic disconnection.

disinnesto frizione (*auto*), throw-out shaft (U.S.A.); withdrawal shaft.
disinquinare, *v.a.*, to cut out pollution.
disinserire, *v.a.* (*un circuito*) (*elet.*), to put out (*a circuit*); to cut out; to switch off; to break; (*da una presa di corrente*), to unplug.
— **un calcolatore,** to switch off a computer.
disinseritore, *m.* (*elet.*), switch apparatus; cut out.
— **automatico,**load-levelling relay.
disinserzione, *f.* (*elet.*), switching-off.
disintegrabile, *agg.* disintegrable.
disintegrare, *v.a.* (*un atomo*), to disintegrate; to smash.
disintegratore, *m.* disintegrator.
disintegrazione, *f.* disintegration.
— **a catena** (*fis. atom.*), chain decay; chain disintegration.
— **alfa,** alpha decay.
— **atomica** (*fis.*), atomic disintegration.
— **beta,** beta decay; beta disintegration.
— **con emissione di positroni** (*fis. atom.*), positron decay.
— **di un elemento,** disintegration of an element.
— **nucleare** (*fis. atom.*), nuclear disintegration.
— **radioattiva** (*fis. atom.*), radioactive decay.
— **spontanea** (*fis. atom.*), spontaneous disintegration.
disintonizzare, *v.a.* (*radio*), to detune.
disintonizzazione, *f.* (*radio*), detuning.
dislivello, *m.* difference of level.
dislocamento, *m.* (*naut.*), displacement.
— **di una nave a carico d'immersione,** load displacement.
dislocazione, *f.* displacement; (*difetto reticolare con zone di distorsione del cristallo metallico al confine fra due parti perfette ma incompatibili fra di loro*) (*met.*), dislocation.
dislocazione ad anello (*met.*), ring dislocation.
— **ai margini dei grani** (*met.*), edge dislocation.
— **a spigolo** (*per inserzione di un semipiano reticolare*) (*met.*), edge dislocation.
— **a vite** (*per rotazione di un semipiano su un altro adiacente*) (*met.*), screw dislocation.
— **cuneiforme** (*met.*), edge dislocation.
— **delle faglie** (*geol.*), shifting of faults.
— **di una trave** (*spostamento*), trimming.
— **elicoidale** (*mecc.*), screw dislocation.
— **longitudinale** (*mecc.*), screw dislocation.
dislocazioni all'interfaccia (*metal.*), interface dislocations.
disoccupazione (*f.*) **occulta** (*non dichiarata*) (*econ.*), concealed unemployment.
— **strutturale,** structural unemployment.
disomogeneità (*met.*), dishomogeneity.
disordine reticolare (*cristal.*), lattice disorder.
disorientazione, *f.* (*cristal.*), disorientation.
disormeggiare, *v.a.* (*naut.*), to unmoor.
disormeggio, *m.*(*naut.*), unmooring.
disossidante, *m.* deoxidizing agent; deoxidiser.
— **metallico,** metallic deoxidiser.
disossidare, *v.a.* to deoxidize; to deoxidise.
disossidatore sotto vuoto (*met.*), vacuum deoxidiser.
disossidazione, *f.* deoxidation; deoxidizing.
— **a vuoto** (*met.*), vacuum deoxidation.
— **in secchia** (*met.*), ladle deoxidation.
dispari, *agg.*, odd.
dispensa, *f.* (*deroga*) (*legge, ecc.*), waiver.

dispensario di ricarica accumulatori per lampade fissate al casco (*miniere*), cap lamp charging frame.
disperdente, *m.* (*tess.*) (*chim.*), dispersing agent; dispersant.
— chimico (*per il controllo di perdite di petrolio, in mare, ecc.*), chemical dispersant for the control of oil spills.
— per il cuoio, leather dispersing agent.
— per la carta, paper dispersing agent.
— per la gomma, rubber dispersing. agent
— per pigmenti, pigment dispersing agent.
— per tessili, textile dispersing agent.
disperdere (*gas, polveri*) (*min.*), to disperse.
— gas e polveri (*min.*), to disperse gas and dust.
— strati ed accumuli di metano, to disperse layers and accumulation of methane.
disperdersi, *v.r.* (*di corrente*), to tail off, *v.i.*; *v.r.* (*elet.*), to stray.
dispersione, *f.* dispersion; dissipation; (*radio*), scattering; (*elet.*), creepage.
— elettrica, electric dissipation; electric leakage.
— plurima (*fis. atom.*), plural scattering.
— troposferica, tropospheric scatter.
dispersioni (*f.pl.*) **acquose resistenti al gelo** (*plastica*), frost resistant aqueous dispersions.
— per la gomma grezza (*chim.*), crude rubber dispersions.
— per la gomma rigenerata, reclaimed rubber dispersions.
— per resine sintetiche, synthetic resins dispersions.
— solubili di olio, soluble oil dispersions.
disperso (non —) (*chim.*), undispersed.
dispersoide, *m.* (*chim.*), dispersoid.
displuvio, *m.* (*di tetto*), hip (*of a roof*).
disponibile, *agg.* (*comm.*). spot; (*quotazione per stagno disponibile,* quotation for spot tin); available.
— come concentrato (*chim.*), available as a concentrate.
— per consegna immediata, available for immediate delivery.
— subito, *agg.* off-the shelf.
disponibili (periferici — immediatamente) (*calcol. elettron.*), off-the shelf peripherals.
disponibilità (*di macchine, merci, ecc.*), availability.
— dell'impianto, plant availability.
— monetaria (*econ.*), money supply.
disporre, *v.a.* to arrange.
— a raggio, to arrange radially.
— la saldatura orizzontalmente, to arrange the weld horizontally.
dispositivo, *m.* device; apparatus; contrivance (*invenzione*); provision (U.S.A.); gadget (*elettron.*).
— ad accoppiamento di carica a microcircuito (*inform.*), chip charge-coupled device.
— antifurto (*elet.*), burglar alarm trap; anti-theft device (*auto*).
— anti-tamponamento da applicare dietro un autocarro (*auto*), under-run protection device.
— autocentrante per forare (*tornio orol.*), self centring drilling accessory.
— detettore digitale (*elettron.*), digital sensing device.
— di allarme intrusione (*elettron.*), intruder alarm.
— di arresto (*tess.*), stop motion.
— di comando, control device.
— di frenamento, braking device.
— di frenatura, braking device.
— di impilamento e caricamento delle bramme (*met.*), slab-receiving and charging table.

dispositivo di lubrificazione, lubricating gear (— device).
— **di memoria di massa** (*inform.*), bulk storage device.
— **di protezione** (*mecc.*), protective device.
— **di protezione per il 2° taglio al tetto** (*miniere*), ripping guard.
— **di regolaggio,** adjusting apparatus; adjusting device.
— **di ricircolo dei gas di scarico** (*auto*), blow-by.
— **di riscaldamento mitragliatrice** (*aereo*), gun heater.
— **di risposta automatica** (*inform.*) automatic answering device.
— **di rotazione** (*met., ecc.*), turning device.
— **di scarico dell'elettricità** (*montato intorno a palloni*), electric discharge gear.
— **discreto** (*elettron.*), discrete (power) device.
— **di serraggio,** clamping device.
— **di sicurezza** (*gas*), cut-off device.
— **di sicurezza del dado,** nut-locking.
— **di sicurezza per mancanza di fiamma e riduzione di pressione** (*gas*), flame and gas pressure cut-off device.
— **di sollevamento,** lifting device.
— **di stampa** (*inform.*), imprinter.
— **di telemanipolazione** (*fis. atom.*) remote handling equipment.
— **di traslazione** (*mat., mecc.*), travelling device.
— **di uomo morto** (*elet.*), dead-man's handle.
— **di visualizzazione a plasma** (*auto*), gas plasma display device.
— **fotoelettrico,** photoelectric device.
— **grafico** (*inform.*), graphic facility (*added to a microcomputer, etc.*).
— **ipersostentatore** (*aereo*), anti-stalling device.
— **per arrotondire** (*orol.*), topping tool.

dispositivo per atterraggio cieco (*aereo*), blind landing equipment.
— **per il sollevamento della lancia** (*acciaieria ad ossigeno*), lance lifting device.
— **per impedire il ritorno di fiamma, nel tubo di alimentazione** (*aereo*), induction flame damper.
— **per impilare,** piling device.
— **per l'addestramento al bombardamento a terra** (*aereo*), bombing teacher.
— **per lappare,** lapping accessory.
— **per la ricerca automatica di brani** (*audio*), automatic program locate device (APLD).
— **per montaggio di vetri infrangibili** (*orol.*), accessory for fitting unbreakable glasses.
— **per protezione delle dita,** finger guard.
— **per rettifica delle superfici piane** (*macch. ut.*), surface grinding attachment.
— **per ribaltamento** (*mecc.*), turnover gear.
— **per smerigliare il collettore** (*elet.*), commutator grinder.
— **per tornire conico** (*tornio*), taper attachment.
— **per tornire conico e per copiare** (*tornio*), taper turning and profiling attachment.
— **per volo cieco** (*aereo*), blind flying equipment.
— **posto sul lato di mandata di un sovralimentatore per raffreddare l'aria compressa o la miscela combustibile** (*aereo*), intercooter.
— **rompi piastrine** (*fabb. tubi*), strip breaking device.
— **slittante per molla motrice** (*orol.*), slipping mainspring device.
— **(insieme dei dispositivi elettronici necessari),** electronic gadgetry.

disposizione, *f.* arrangement; system; lay-out; (*di un impianto*), layout; (*di legge*), provision.

disposizione dei pedali (*auto*), pedal layout.
— **del compressore,** compressor arrangement.
— **della saldatura** (*nel senso orizzontale, ecc.*), arrangement of the weld.
— **delle saldature,** arrangement of seams.
— **delle travi,** system of beams.
— **delle travi a raggiera,** system of beams in star form.
— **del motore,** arrangement of engine.
— **del reticolo** (*fis. atom.*), lattice arrangement; lattice array.
— **di legge,** provision.
— **geometrica** (*mot.*), geometrical layout.
— **in coincidenza** (*fis. atom.*), coincidence array; coincidence arrangement.
— **longitudinale,** longitudinal arrangement.
— **trasversale,** transversal arrangement.
— **triangolare dei cilindri** (*mot.*), triangular arrangement of cylinders.
disposizioni legali sul controllo dei gas di scarico (*auto*), exhaust emission control regulations.
disposto a tandem, axially arranged; end to end arranged.
disprosio, *m.* (*chim.* = Dy), disprosium.
dissabbiatore, *m.* (*idraul.*), desilting device.
dissalare, *v.a.*, to desalt.
dissalazione, *f.* desalination; desalting.
— **solare,** v. **impianto di —.**
— **(impianto di —),** desalting plant.
disseminazione delle nubi (*stimolazione artificiale della pioggia*), cloud seeding.
dissettore, *m.* (*telev.*), (image) dissector multiplier.
— **di immagini** (*telev.*), image dissector.
dissimmetria, *f.* dissymmetry; unbalance.
dissipare (*v.a.*) **il calore,** to dissipate (the) heat.
dissipatore di calore (*elet., ecc.*), heat dissipator.
dissipazione (*elet.*), dissipation.
— **anodica,** plate dissipation.
— **del calore,** heat dissipation.
dissociare, *v.a.* to dissociate.
dissociazione, *f.* dissociation.
— **elettrolitica** (*chim.*), electrolytic dissociation.
— **(grado di —),** degree of dissociation.
dissodamento, *m.* tillage; ploughing.
dissodare, *v.a.* (*il terreno*), to break up (the ground).
dissolvente, *m.* dissolvent.
dissolvenza, *f.* (*cinem.*), fading.; fondus.
— **graduale** (*telev.*), fade in (*in apertura*); fade out (*in chiusura*); (U.S.A.) lap dissolve (*incrociata*).
— **n apertura** (*cinem.*), fade-in (U.S.A.); start fade.
— **in chiusura** (*cinem.*), fade-out (U.S.A.); end fade.
— **incrociata** (*cinem.*), cross fade; dissolve.
dissolvere, -si, *v.a.* e *r.*, to dissolve *v.a. v.i.*; to melt (*fondersi*) *v.a.* e *i.*
dissonanza, *f.* dissonance.
distaccabile, *agg.* detachable.
distaccare, *v.a.* to detach; to loosen; to split off.
distaccatore, *m.* (*tess.*), stripper bar.
— **a disco** (*ind. mol.*), disc separator.
— **di sfarinato** (*ind. mol.*), detacher.
distacco, *m.* separation (*fis.*); breakway (*aerodin.*).
— **della frizione** (*auto*), clutch disengagement.
— **della scaglia** (*dai lingotti*) (*met.*), scaling.
distaffaggio, *m.* (*fond.*), stripping; shake-out.

distaffare, *v.a.* (*fond.*), to skake-out.
distaffatore (*mobile, fisso, o trasportabile*) (*fond.*), v. **distaffatrice;** (*persona*), knockout man.
distaffatrice, *f.* (*fond.*), shake-out machine.
distaffatura, v. **distaffaggio.**
distante (*in modo da consentire libertà di movimento e sicurezza*) clear of; (*tutte le parti mobili del caricatore sono ben distanti dall'operatore*), all moving parts of the loader are well clear of the operator.
distanza, *f.* distance; span; spacing (p. es. *correggere la distanza fra apparecchi, ecc.*), to re-adjust the spacing; (*in miglia*) (*chilometraggio*) (*auto*), mileage.
— **all'atterraggio** (*aereo*), landing distance.
— **da centro a centro,** centre distance; centre-to-centre distance (U.S.A.); distance centre and centre.
— **dal polo** (*elet.*), pole distance.
— **da percorrere prima che si esaurisca il carburante** (*computer auto*), distance to travel before fuel is exhausted.
— **dei carboni** (*elet.*), distance between the coals.
— **dei chiodi dal bordo della lamiera,** distance of rivets from edge of plate.
— **di decollo** (*aereo*), take-off distance.
— **di presa,** projection distance.
— **focale,** focal distance; focal length.
— **fra gli appoggi,** span between supports.
— **fra gli assi dei convertitori** (*met.*), furnace centre distance.
— **fra gli spigoli di un dado,** distance across corners of a nut.
— **fra i denti,** tooth space.
— **fra le incavallature,** spacing between trusses; distance between trusses.
— **fra le punte** (*macch. ut.*), distance between centres.
distanza fra le ruote (*ferr.*), track (*scartamento*); wheel base (*interasse*).
— **infinitesimale,** infinitely small distance.
— **in piedi** (*per lavori di avanzamento*) (*miniere*), footage advanced; (*per lavori di ricerca mineraria*), footage sampled; (*per lavori di perforazione*), footage driven.
— **interatomica** (*fis. atom.*), interatomic distance.
— **orizzontale fra gli attacchi** (*ing. elet.*), span.
— **pelle-sorgente di radiazione** (*fis. atom.*), source-skin distance.
— **percorsa,** travelled distance.
— **reticolare,** lattice spacing.
— **(cambiare la —),** to change the distance.
— **(mantenere la —),** to maintain the distance.
distanziale, *m.* (*auto*), space; sleeve; (*ferr.*), distance piece.
distanziatore, *m.* distance piece; spacing collar; spacer.
distanziometro, *m.* (*radar*) (*aereo*), distance measuring equipment (DME).
distensione (*met.*), stress relieving.
— **della tensione** (*costr.*), stress relief.
— **(doppia —),** double stress relieving.
disteso (*met.*), *p.p.*, stess relieved.
distillare, *v.a.* to distil.
distillati pesanti di petrolio, heavy petroleum distillates.
distillato, *m.* (*materia distillata*), distillate.
— **di testa** (*fis. atom.*), overhead product.
distillatore, *m.* distilling apparatus.
distillazione, *f.* distillation.
— **a controcorrente** (*fis. atom.*), counter-current distillation.
— **a secco,** dry distillation.
— **atmosferica,** atmospheric topping.
— **azeotropica** (*chim.*), azeotropic distillation.

distillazione continua, continuous distillation.
— **continua del catrame** (*ind. chim.*); continuous tar distillation.
— **con vapore acqueo,** steam distillation.
— **del carbone,** distillation of coal.
— **del legno,** distillation of wood.
— **del petrolio greggio,** crude distillation.
— **discontinua,** batch distillation.
— **distruttiva,** destructive distillation.
— **estrattiva** (*chim.*), extractive distillation.
— **frazionata,** fractional distillation.
— **frazionata a vapore dei prodotti secondari** (*ind. petr.*), steam stripping.
— **molecolare,** molecular distillation.
— **nel vuoto,** vacuum distillation.
— **sotto pressione,** pressure distillation.
— **sotto vuoto,** vacuum flashing; vacuum retorting.
— **(apparecchio di —),** distillation apparatus.
— **(impianto di —) del carbone,** carbonising plant.
distilleria, *f.* distillery.
distinta della merce, packing list.
distintivo, *m.* (*aereo*), badge.
distorsione, *f.* distortion; (*vernici*), buckling; v. **misuratore della — di fase.**
— **armonica,** harmonic distortion.
— **a S** (*telev.*), S-distortion.
— **dei reticoli** (*met.*), lattice distortion.
— **del quadro** (*telev.*) tilt.
— **di colore,** colour distortion.
— **di contrasto sui bordi** (*telev.*), edge flare.
— **di fase** (*elet.*), phase distortion.
— **d'immagine** (*telev.*), skew.
— **d'intermodulazione,** intermodulation distortion.
— **geometrica** (*telev.*), geometrical distortion.
distorsione non lineare, non-linear distortion.
— **per sottomodulazione,** undershoot distortion; underthrow distortion.
— **per sovramodulazione** (*telev.*), overshoot distortion.
— **quadratica,** square law distortion.
— **transitoria,** transient distortion.
— **trapezoidale** (*telev.*, *cin.*), trapezium distortion; keystone effect.
— **(senza —),** *agg.* (*elet.*), non distorting; mar proof; undistorted.
distribuire un carico, una forza (*cost.*, *mecc.*), to distribute a load; to share.
— **uniformemente,** to share evenly.
distributore, *m.* (*auto, turbine*), distributor; (— *per motore di 4 cilindri*, four-cylinder d.); (*incaricato, o ditta incaricata per la diffusione e vendita dei prodotti di un'altra ditta od organizzazione*) (*ind.*), distributor.
— **automatico** (*tess.*), automatic distributor; (*in generale, per diversi articoli*), dispenser.
— **automatico di marche** (*o* **bollini) di sconto** (*grandi magazzini, cooperative, ecc.*), automatic stamp dispenser.
— **automatico di pellicole fotografiche,** film dispenser.
— **automatico di tavolette** (*di cioccolato, ecc.*), tablet machine.
— **automatico di vivande,** food dispenser.
— **autorizzato** (*di auto, cicli, ecc.*), officially appointed distributor.
— **bombe allenamento** (*aereo*), practice bomb dispenser.
— **di benzina,** petrol pump.
— **di biglietti ferroviari,** railway-tickets delivery apparatus.
— **di francobolli,** postage stamps delivery apparatus.

distributore di turbina, nozzle.
— **razzi luminosi,** flare dispenser.
— **ruttore,** *m.* (*auto*), distributor.
— **statore della turbina** (*aereo*), gas turbine stator.
distribuzione *f.* distribution; gear; arrangement (*disposizione*); timing gear (*auto*).
— **a caduta libera,** drop falling valve motion.
— **a cassetto,** valve gear.
— **a cassetto a stantuffo,** slide valve distribution.
— **a cassetto rotondo,** circular valve gearing.
— **ad eccentrico,** eccentric valve gear.
— **a due cassetti,** double valve gear.
— **a glifo,** Stephenson's link motion; link motion; linking-up.
— **a 4 tempi,** tappet gear for a four stroke cycle.
— **a stantuffo,** piston valve gear; piston valve motion.
— **a tre fili** (*elet.*), three-wire system.
— **a valvola,** valve gear; valve motion distribution.
— **comandata,** guided distribution.
— **del gas,** gas distribution.
— **delle frequenze,** allocation of frequencies.
— **delle masse di terra,** distribution of earth quantities.
— **d'energia neutronica** (*fis. atom.*), neutron energy distribution.
— **di azioni gratuite** (*finan.*), stock dividend.
— **di carica spaziale** (*elet.*), space charge distribution.
— **di incavallature** (*cost. civ.*), arrangement *or* distribution of trusses.
— **di neutroni** (*fis. atom.*), neutron distribution.
— **di probabilità** (*statistica*) probability distribution.
— **di velocità** (*fis. atom.*), velocity distribution.
— **« forza »** (*elet.*), power mains; power feeder.
distribuzione logaritmica di velocità, logarithmic velocity distribution.
— **« luce »** (*elet.*), light distribution.
— **normale** (*statistica*), normal distribution.
— **maxwelliana** (*fis. atom.*), maxwellian distribution.
— **uniforme del carico,** (*mecc.,ferr.*), load equalization.
— **uniforme del peso** (*cost.*), even distribution of weight.
— **(quadro di —),** switchboard.
— **(sistema di —),** distributing system.
— **(sistema di — nazionale)** (*gas, elet.*), nationwide distribution system.
— **(tavola murale di —),** wall switchboard.
districare, *v.a.* (*tess.*), to ravel.
distruggere, *v.a.* to destroy.
— **le spore,** to destroy spores.
— **un bersaglio** (*aereo, razzi, ecc.*), to destroy a target.
distruggidocumenti, *m.* (*inform.*), document shredder.
distruttore di rifiuti (o *forno di incenerimento*), refuse incinerator; industrial incinerator.
disturbare (una stazione radio, con interferenze), to jam.
disturbi parassitari, strays.
disturbo granulare (*telev.*), shot effect.
— **(intenzionale)** (*telev.*), jamming.
disusato (*vecchio*) (*agg.*) (*mecc.*), obsolescent.
dito di contatto (*elet.*), contact finger.
— **d'arresto** (*orol.*), stop finger.
ditta, *f.* (*comm.*), firm; home.
— **aeronautica,** aircraft firm.
— **distributrice di prodotti petroliferi,** oil producer.
— **elettronica,** electronics firm.
dittafono, *m.* dictaphone.
divanetto, *m.* (*per. es. per roulotte, panfili, ecc.*), settee.
divano-letto, bed-settee.
diventare critico (*fis. atom.*), to go critical.

diventare liscia (*di superf. stradale, per forte traffico*), to polish smooth.
divergente, *agg.* divergent.
divergenza, *f.* divergence; (*ruote anteriori auto*) toe-out.
divergere, *v.i.* to diverge.
dividendo, *m.* (*mat.*), dividend.
dividere, *v.a.* (*mat.*), to divide.
— **il velo** (*tess.*), to divide the web.
divieto, *m.* prohibition; interdiction.
— **di fumare,** « no smoking ».
— **di ingresso,** « no admittance ».
— **di oltrepassare la doppia linea** (*traffico auto*), « no passing » (of a double solid line).
— **di parcheggio** (*auto*), no parking.
— **di segnalazioni acustiche** (*auto*), NO HORNS.
— **di sorpasso** (*auto*), no passing.
— **di sosta** (*auto*), no parking here.
— **di svolta a sinistra (segnale di)** (*auto*), « no left turn » sign.
— **di uso di segnalazioni acustiche** (*auto*), no horns.
divisa, *f.* (*moneta, titoli*), currency.
divisibilità, *f.* divisibility.
divisione, *f.* division (*mat.*); indexing (*fresatrici*); partition (*fis. atom.*).
— **aerea** (*mil.*), air division.
— **dei fili di trama in un telaio in modo orizzontale** (*tess.*), shedding.
— **di fase** (*elet.*), phase splitting.
— **semplice** (*fresatrici*), plain indexing.
divisioni dispari, *f. pl.* odd divisions.
— **pari,** *f. pl.* even divisions.
divisore, *m.* (*mat.*), divisor; (*elettron.*), divider; (*testa a dividere*) *macch. ut.*), dividing head.
— **automatico** (*per divisioni su macch. utens.*), index head; dividing head.
— **di filetti** (*per rettificatrice*), multistart index.
— **di tensione a decadi,** decade voltage divider.
divisore ottico (*testa a dividere*) (*macch. ut.*), optical dividing head.
— **universale,** universal dividing head.
doccia, *f.* (*del bagno*), rose; douche.
doccione, *m.* (*tubo*), downpipe; fall-pipe; downcomer; downspout; (*compluvio*) neck gutter.
documentario, *m.* (*cinem.*), documentary film.
— **scolastico** (*cinem.*), class-room film.
— **televisivo** (*TV*), TV documentary.
documentazione (*riunioni, conferenze*), kit.
— **di sostegno** (*inform.*), supporting documentation.
documenti riservati (o segreti) (*mil.*), intelligence documents.
documento, *m.* document.
— **di base** (*comm.*), background paper.
dodecaedrale, *agg.* dodecahedral.
dodecaedro, *m.* dodecahedron.
dodecagono, *m.* dodecagon.
dodicesimo (in –) (*tip.*), twelve-mo.
doga, *f.* (*di botte*), stave.
dogana, *f.* customs.
doganiere, *m.* customs officier.
dolby (*audio*) (*circuito riducente il rumore di fondo nei registratori, specialm. a cassette e nella trasmissione in modulazione di frequenza*), dolby « B ».
dolce, *agg.* soft (*met.*); mild (*met.*); smooth (*mot.*); gentle (*top.*); easy (*top.*).
— **(acciaio —),** mild steel.
— **(ferro —),** soft iron.
— **(marcia —),** smooth running.
— **(pendio —),** easy gradient; gentle slope.
dolerite, *f.* (*min.*), dolerite.
dolina, *f.* (*geol.*), sink-hole; dolina; limestone sink; swallow hole.
dollari a termine (*finan.*), future dollars.
dollaro, *m.* (*fis. atom.*), dollar.
dolomia, *f.* (*min.*), dolomite.
dolomite, *f.* dolomite; magnesian lime.

dolomite calcinata (*met., min.*), calcined dolomite.
— **catramata** (*per rivestimento*) (*met.*), tar-dolomite.
— **cotta due volte** (*met.*), double-burned dolomite.
— **per pigiata** (*met.*), ramming dolomite.
domanda, *f.* (*gen.*) (*inform.*), request.
— **di brevetto,** application for a patent.
— **di prenotazione in albergo** (*congressi, ecc.*), hotel reservation request.
— **di progettazione di una nuova raffineria,** planning application for a new refinery.
— **massima** (*elet.*), maximum demand.
domandare, *v.a.* (*inform., ecc.*), to request.
— **un brevetto,** to apply for a patent.
donatore (*fis. atom.*), donor.
— **di organi** (*chirurgia*), donor of organs.
donazione di un rene (*med.*), kidney donation.
doppi comandi regolabili di bias e equalizzazione (*audio*), dual adjustable bias and equalisation controls.
— **vetri,** v. **vetro.**
doppia cloche di comando (*aereo*), dual control column.
— **distensione** (*met.*), double stress relieving.
« doppia pelle » (*difetto di colaggio sulla superficie di lingotto*) (*met.*), double skin.
— **vetratura,** v. **vetratura.**
doppiaggio, *m.* (*cinem.*), dubbing.
doppiare, *v.a.* (*cinem.*), to dub; to dub in.
— **un film in italiano,** to dub a film into Italian.
doppiatore, *m.* (*di film*), dubber.
doppiatura *f.* (*metal.*), doubling.
doppieggiatura, *f.* (*tip.*), slur.
« doppietta », *f.* (*armi*), double shotgun.
doppino, *m.* (*di cavo*) (*naut.*), bight.
doppio, *m.* (*cinem.*), stunt man.
— **decimetro,** scale.
— **disco** (*orol.*), double roller.
— **-duo** (*lamin.*), dowlais mill.
— **effetto,** double acting.
— **fondo cellulare** (*naut.*), cellular double bottom.
— **giro** (*tess.*), double crossing.
— **pentodo,** double pentode.
— **raccordo filettato,** double nipple.
doppione, *m.* (*tess.*), double cocoon.
dorare, *v.a.* to gild.
dorato, *agg.* gilded (*decorato in oro*); golden (*d'oro*).
doratore, *m.* gilder.
— **al torchio** (*tip.*), press gilder.
doratura, *f.* (*ind.*), gilding.
— **a freddo,** cold gilding.
— **ad umido,** wet gilding.
— **artificiale,** imitation gilding.
— **elettrolitica,** gold plating.
— **galvanica,** electro-gilding.
— **lucida,** bright gilding.
— **opaca,** matt gilding.
— **rossa,** red gilding.
dormiente, *m.* (*cost. civ.*), wall plate.
dorso, *m.* (*maglieria*), back; (*di libro, di carattere*) (*tip.*), back.
— **criccato** (*met.*), cracked back.
— **di profilo alare** (*aereo*), upper camber.
— **(di un libro)** (*tip.*), spine.
dosaggio, *m.* proportioning; batching; (*radio*), mixing; (*met.*), titration.
— **a peso,** gravimetric batching; batching by weight; proportioning by weight; gravimetric proportioning.
— **volumetrico,** volume batching; volume proportioning.
dosare, *v.a.* to dose; to make up.
— **a peso,** to batch by weight.
dosatore, *m.,* (*radio*), mixer; batcher; proportioning device.
— **flusso carburante** (*aereo*), fuelling dispenser.
— **per cemento,** cement batcher.
— **volumetrico,** volume batcher.
dosatrice, v. **pompa —.**
dose, *f.* (*radiol.*) (*med.*) (*fis. atom.*), dose.

dose amitogenica (*radiol.*), amitogenic dose.
— **ammissibile** (*fis. atom.*), permissible dose.
— **assorbita** (*fis. atom.*), absorbed dose.
— **depilante** (*radiol.*), depilating dose.
— **di esposizione** (*fis. atom.*), exposure dose.
— **d'irradiazione** (*fis. atom.*), radiation dose.
— **di soglia** (*fis. atom.*), threshold dose.
— **di tolleranza** (*fis. atom.*), tolerance dose; threshold dose.
— **di tolleranza permessa** (*fis. atom.*), permissible tolerance dose.
— **letale** (*fis. atom.*), lethal dose.
— **letale media** (*fis. atom.*), median lethal dose (M.L.D.).
— **massima ammissibile (*o* permessa)** (*fis. atom.*), maximum permissible dose.
— **profonda** (*radiol.*), depth dose.
— **specifica** (*fis. atom.*), specific dose.
— **superficiale** (*fis. atom.*), surface dose.
— **tollerata** (*radiol.*), tolerance dose.
dosi di tolleranza (*per radiazioni*) (*fis. atom.*), tolerance standards.
dosimetria, *f.* (*radiol.*) (*med.*), dosimetry.
— **neutronica** (*fis. atom.*), neutron dosimetry.
dosimetro, *m.* (*fis. atomica*), dosimeter; quantimeter; dosage meter; dose meter.
— **a filo di quarzo** (*fis. atom.*), quartz fiber dosimeter.
— **di rumore,** noise meter.
— **tascabile** (*fis. atom.*), pocket dosimeter; pocket meter.
dosologia, *f.* dosology.
dossale, *m.* lagging; polingboard.
dotare, to outfit.
dotato di, *p.p.* (*motori*), powered with; (*provvisto di*), provided with.
dotazione, *f.* (*di una macchina*), outfit; (*di navi*), rigging; stock.
— **(avere una radio in —)** (*auto*), to have a radio as standard.
dote di calore delle billette calde di colaggio (*met.*), heat content in hot cast product.
— **(coke di —)** (*met.*), v. **ravvivare la —.**
draga, *f.* dredger; dredging machine; dredge (U.S.A.).
— **a badilone,** dipper dredger.
— **a catena di tazze,** bucket dredger; ladder dredger; bucket dredge (U.S.A.).
— **a cucchiaio,** spoon-dredger.
— **ad aspirazione,** suction dredger; hydraulic dredger; suction dredge (U.S.A.).
— **a morse,** grab dredger.
— **a noria,** bucket dredger; scoop dredger.
— **a secchie,** bucket dredger; ladder dredger; bucket dredge (U.S.A.).
— **a secco,** dry dredger.
— **automotrice,** self-propelled dredger; self-propeled dredge (U.S.A.).
— **composta,** compound dredger; compound dredge (U.S.A.).
— **di caricamento** (*min.*), loader.
— **galleggiante,** floating dredger.
— **per scavo in alto,** shallow dredger.
— **per scavo in basso,** deep dredger.
dragaggio, *m.* (*naut.*), dredging; (*effettuato da dragamine, dragaggio magnetico*), sweeping.
— **di una mina,** mine clearance.
— **magnetico,** magnetic mine sweeping.
— **(capacità di —),** dredging capacity.
— **(produzione teorica m³/h del —),** dredging rate cu.yd. per hour.
— **(profondità massima di —),** maximum dredging depth.
dragamine, *m.* mine-dredger; minesweeper.

dragante (*naut.*), transom.
— **(mezzo —)**, dredging appliance.
dragare, *v.a.* to dredge.
— **una mina,** to clear a mine.
drenaggio, *m.* drainage.
— **agricolo,** agricultural drainage.
— **del gas di miniera,** firedamp drainage; degassing.
— **del grisù** (*min.*), firedamp drainage.
— **di metano** (*gas*), methane drainage.
— **elettrico** (*met.*), electric drainage.
— **fiscale** (*econ.*) (*fin.*), fiscal drag.
— **loppa** (*met.*), slag running.
— **(opere di —)** (*agr.*), drainage structures.
drillometro, *m.* (*min.*), drillometer; load indicator.
dritto, *m.* (*di poppa*) (*naut*), post.
drizzare, *v.a.* to straighten.
drizze, *f. pl.* (*naut.*), halyards.
drogaggio (*di un semiconduttore*) (*elettron.*), doping.
drogante (*semiconduttori*) (*elettron.*), doping agent.
drogare (*un semiconduttore*) (*elettron.*), to dope.
drogatura, *f.* (*semiconduttori*), doping.
drusa, *f.* (*min.*), druse.
drusiforme, *agg.* drusy.
due con timoniere (*canottaggio*), pair with coxswain.
— **di punta senza timoniere** (*naut. sport*), coxswainless pair.
— **punti (:)** (*tipog.*), colon.
duglia (*naut.*), fake.
« dump » (*calcol. elettron.*) (*inform.*), (*copiare il contenuto di una memoria su nastro magnetico o disco o altra unità di memorizzazione*), to « dump ».
« dump » di memoria (*calcol. elettron.*) (*inform.*), memory dump.
duna, *f.* (*geol.*), dune.
duodecimale, *agg.* duodecimal.
duodiodo-pentodo, *m.* double-diode-pentode.
duodiodo-triodo, double-diode-triode.
duomo, *m.* (*di vapore*), steam dome; steam chest; steam drum.
duplicare un sistema di elaborazione al fine di prevenire l'interruzione della elaborazione in caso di guasti, ecc. (*sistemi di elaborazione*) (*calcol. elettron.*), to duplicate (in case of breakdown).
duplicatore, *m.* (*radio*), doubler; (*mecc.*), duplicator; duplicating machine.
duplicazione, *f.* (*inform.*), duplication; (*tip.*), duplicating.
— **(di una registrazione)** (*audio*), dubbing.
duplice, *agg.*, twofold.
durabilità, *f.* durability.
duralluminio, *m.* duralumin; dural.
durare, to last (*in generale*); to wear (*resistere, mantenersi in buono stato*).
durata, *f.* duration; life (*mecc.*) time.
— **del ciclo di saldatura,** welding cycle time.
— **della colata (da spillata a spillata)** (*met.*), heat cycle (tap to tap).
— **della fosforescenza,** afterglow duration.
— **del refrattario del forno** (*forni met.*), furnace refractory life.
— **del taglio** (*mecc.*), duration of cut.
— **di funzionamento** (*elet.*), time rating.
— **di fusione,** melting time.
— **di preriscaldo** (*sald.*), preheat time.
— **di un accumulatore,** life of an accumulator.
— **di una generazione** (*fis. atom.*), generation time.
— **di una lampada,** life of a lamp.
— **di un'automobile,** life of a car.
— **di un marchio di fabbrica,** life-time of a patent.
— **illimitata** (*mecc., ecc.*), unlimited life.

durata (corsa di —) (*auto*), endurance race.
— (tempo di — su una cassetta) (*audio*), playing time (on a cassette).
durezza, *f.* hardness.
— a caldo (*met.*) hot hardness.
— allo sclerometro (*met.*), scratch hardness.
— Brinell (*met.*), Brinell hardness.
— del coke (*min.*), coke hardness.
— dell'acciaio, grade (*or*) hardness (*or*) temper of steel.
— della gomma, rubber hardness.
durezza in superficie (*met.*), skin hardness.
— media Brinell, average Brinell hardness.
— Rockwell, Rockwell hardness.
— Shore, Shore hardness.
— Vickers (*met.*), Vickers hardness (HV).
duro, *agg.* hard.
durometro, *m.* (*apparecchio per la misura della durezza*), hardometer.
duttile, *agg.* ductil.
duttilità, *f.* ductility; malleability.

E

ebanista, *m.* joiner; cabinetmaker.
ebanisteria, *f.* furniture factory (*officina*); cabinet-work (*lavoro d'e.*); cabinet-making (*arte e materia scolastica*); joinery (*arte*).
ebanite, *f.* ebonite.
ebano, *m.* ebony-tree.
— **rosso,** red ebony.
— **verde,** green ebony.
ebollizione, *f.* boiling; ebullition; gassing (*accumulatori*).
— **(concentrare mediante —),** to boil up.
— **(espellere mediante —),** to boil off.
ebullioscopia *f.* (*chim.*), ebullioscopy.
eccentricità, *f.* (*mecc.*), eccentricity; out-of-balance.
eccentrico, *agg.* out of round; eccentric; *m.* eccentric; eccentric wheel; eccentric gear; *m.* (*tess.*), tappet; cam; wiper.
— **a cuore,** heart cam; heart piece.
— **a glifo,** link motion.
— **del cambiamento di marcia,** control eccentric.
— **d'espansione,** expansion eccentric.
— **di distribuzione,** distributing eccentric.
— **(stelo dell'—),** eccentric rod.
eccessiva pressione di gonfiaggio (*pneumatici auto*), over-inflation.
eccessivo, *agg.* excessive; over (*nelle parole composte*).
eccesso, *m.* excess.
— **di combustibile** (*forni*), over-gassing.
— **di lunghezza,** surplus-length.
— **di penetrazione** (*sovraspessore eccessivo sul rovescio del cordone di saldatura*) (*met.*), sagged weld.
— **di peso,** overweight.
eccesso di pressione, excess of pressure; pressure excess.
— **di scampanamento** (*dimensioni esagerate del getto dovute a incuranza nella operaz. di scampanamento del getto*) (*met.*), excess shock.
— **di velocità** (*auto*) (*leg.*), speeding.
— **localizzato di penetrazione** (*saldatura, met.*), excessive local penetration.
— **neutronico** (*fis. atom.*), neutron excess.
eccitabilità, *f.* excitability.
eccitare, *v.a.* (*elet.*), to excite.
eccitarsi (*rif. ad elettroni, ecc.*), to become excited.
eccitato (*p.p.*) **in derivazione** (*elet.*), shunt wound.
eccitatrice, exciter.
— **(lampada —),** exciter lamp.
eccitazione, *f.* (*elet.*), excitation.
— **a corrente continua** (*elet.*), direct current excitation.
— **armonica** (*radio*), harmonic excitation.
— **composta** (*elet.*), compound excitation.
— **di motore eccitato in derivazione,** shunt-field excitation.
— **in derivazione,** shunt excitation.
— **indipendente** (*elet.*), separate excitation.
— **in serie,** series excitation.
— **molecolare** (*fis. atom.*), molecular excitation.
— **nucleare** (*fis. atom.*), nuclear excitation.
— **parassita** (*radio*), shock excitation.
eccitone, *m.* (*stato elettronico eccitato in un semiconduttore*) (*elettron.*), exciton.
eccitrone (*valvola raddrizzatrice*) *m.* (*elettron.*), excitron.
ecgonina, *f.* (*chim.*), ecgonine.
echi indesiderati (*radar*), hash.
— **multipli,** flutter echo.

échino, *m.* (*arch.*), echinus (*pl.* echini).
eclisse, *m.* (*astr.*), eclipse; *m.* (*chim.*) (*colorante*), eclipse.
— solare (*astron.*), solar eclipse.
eclittica, *f.* (*astr.*), ecliptic.
— (obliquità dell'—), obliquity of the ecliptic.
eclogite, *f.* (*min.*), eclogite.
eco, *m.* echo.
— artificiale, artificial echo.
— d'impulso (*radio*), pulse response.
— fisso, permanent echo; fixed echo.
— laterale, side echo.
— lunare (*geof.*), lunar echo.
— permanente (*radar*), permanent echo.
— (senza —), echoless.
ecology, *f.* ecology.
ecologico, *agg.* ecological.
ecometro, *m.* (*acust.*), echometre; echo test set.
econometria, *f.* (*organ.*), econometrics.
economia, *f.* economy.
— aperta (*econ.*), open economy.
— chiusa (*econ.*), closed economy.
— del consumo (*econ.*), consumption economy.
— di energia motrice, economy of power.
— industriale, industrial economy.
— libera (*economia di mercato*), free-enterprise economy.
— neutronica (*fis. atom.*), neutron economy.
— pianificata (*econ.*), centrally planned economy.
— termica (*met.*), heat economy; thermal economy.
economico, *agg.* economic.
economizzatore, *m.* (*caldaie*) (*ill.*) (*ing.*), economiser.
ecoscandaglio, *m.* (*naut.*), (echo) sounder; depth sounder; depth finder.
ecosonda, *f.* echo depth sounder; echo sound.
edestina, *f.* (*chim.*), edestin.
edificare, *v.a.* to build; to erect; to construct.
edificazione, *f.* building.
edificio, *m.* building; structure.
— basso (*cost.*), low-rise building.
— delle caldaie, boiler room.
— delle macchine, machine room.
— flessibile (*cost.*), flexible building.
— (in plastica) gonfiabile (*per magazzini, ecc.*), pump-up building; air supported building.
— rigido (*cost.*), stiff building.
— smontabile (*case prefabbricate*), knock-down building.
— smontato (*in pezzi staccati in pacco*), knocked-down buliding.
— torre (*costr.*), tower block.
edilizia, *f.* building.
— asismica (*costr.*), aseismic building.
— e lavori pubblici, building and contracting.
editore, *m.* publisher.
editoria computerizzata (*stampa*), computerised publishing.
edizione, *f.* (*cinem.*), release; (*tip.*) edition.
— ampliata, enlarged edition.
— aumentata, enlarged edition.
— contraffatta, pirated edition.
— di lusso, de luxe edition; (édition de luxe).
— economica, cheap edition.
— esaurita, out of print edition.
— extra lusso, superfine edition.
— illustrata, illustrated edition.
— integrale, unexpurgated edition.
— numerata, limited edition.
— rifatta, reset edition.
— riveduta, revised edition.
— (il volume alla sua 3ª —), the volume in its third edition.
edulcorante, *m.* (*additivi*), edulcorant.
eduzione (*di acque dalla miniera*), dewatering; de-watering.
— delle acque con pompe (*miniere*), underground dewatering.

effervescenza, *f.* effervescence; fermentation.
effetti collaterali (*min. campioni*), side effects.
— **di trama** (*tess.*), weft effects.
— (*m. pl.*) (*oggetti*), **personali,** personal effects.
— **fotografici velati** (*cinem.*), flou.
— **speciali** (*o* **trucchi**), *m. pl.* (*cinem.*), special effects.
effettivo, *agg.* actual; effective.
— **(di mano d'opera),** force of workmen employed.
effetto, *m.* effect.
— **Barkausen** (*magnet.*), Barkausen effect.
— **calorifico,** calorific effect.
— **catena** (*tess.*), warp effect.
— **collaterale** (*gen.*), side-effect.
— **corona,** corona effect.
— **deformazione trapezoidale,** keystone effect.
— **del gelo** (*su traversine, ecc.*), frost effect.
— **della fissione veloce** (*fis. atom.*), fast (fission) effect.
— **del suolo** (*elicotteri, aereo*), ground effect.
— **del vento** (*armi*), v. **deriva.**
— **di autoassorbimento** (*fis. atom.*), self-absorption effect.
— **di carica spaziale,** space charge effect.
— **di intaglio** (*met.*), notch effect.
— **di massa** (*fis. atom.*), mass effect; (*diminuzione progressiva della durezza in un acciaio temprato nel passaggio dalla superficie al centro*) (*met.*), mass effect.
— **dinamico** (*aereo*), ram effect.
— **di ordito** (*tess.*), warp pattern.
— **di Piobert** (*met.*), Piobert effect.
— **di presa dinamica** (*aereo*), ram effect.
— **di punto morto** (*radio*), dead-end effect.
— **di rilievo** (*telev.*), plastic effect.
— **di rinculo** (*fis. atom.*), recoil effect.
— **di risucchio** (*aereo*), downwash effect.
— **di salto** (*radio*), skip effect.
effetto di scala (*aereo*), scale effect.
— **di scia** (*aereo*) (*determinato dall'aria passante sulla superficie di un piano alare, con corso discendente, dopo aver lasciato il bordo d'uscita*), downwash.
— **di sfarfallamento (o tremolio)** (*radio*), flicker effect.
— **dispari-dispari** (*fis. atom.*), odd-odd effect.
— **di spugna** (*tess.*), sponge weave.
— **di tacco** (*radiazioni*) heel effect.
— **di taglio,** cutting action; (*mecc.*), effect of shear.
— **di trapezio** (*tubi a raggi catodici*), trapezium effect.
— **d'ombra** (*fis. atom.*), self-shielding.
— **Doppler,** Doppler effect.
— **d'urto,** effect of impact.
— **elettrolitico,** electrolytic effect.
— **fluttuante** (*termoion.*), flicker effect.
— **fotoelettrico,** photo-electric effect.
— **fotomagnetoelettrico,** photo-magneto-electric effect.
— **fotoneutronico** (*fis. atom.*), photoneutron effect.
— **giromagnetico,** gyromagnetic effect.
— **granulare,** shot effect.
— **isotopico** (*fis. atom.*), isotope effect.
— **Larsen,** Larsen effect; microphonic effect.
— **letale** (*fis. atom.*), lethal effect.
— **livellante,** smoothing effect.
— **luminoso,** lighting effect.
— **Lussemburgo,** Tellegen effect; Luxembourg effect.
— **magnetico secondario,** magnetic after-effect.
— **magnetron,** magnetron effect.
— **mesone-mesone** (*fis. atom.*), meson-meson effect.
— **microfonico** (*radio*), microphonic effect; microphonism.
— **Miller,** Miller effect.
— **nocivo delle radiazioni** (*fis. atom.*), radiation damage.
— **ondulatorio**(*telev.*),flutter effect.
— **ottico,** optical effect.

effetto parete (*fis.*), wall effect.
— **pari dispari** (*fis. atom.*), even-odd effect.
— **pellicolare,** (*elet.*), skin effect.
— **piezo-elettrico,** piezo-electric effect.
— **plastico** (*telev.*), plastic effect.
— **Richardson,** Richardson effect.
— **ritardante,** retarding effect.
— **serra** (*meteor.*), greenhouse effect (steady build up of atmospheric carbon dioxide).
— **sinergetico,** synergetic effect.
— **sonoro,** sound effect.
— **spaziale** (*acust.*), spatial effect.
— **stereoscopico,** stereo effect.
— **termico,** heating effect.
— **termoelettrico,** thermo-electric effect.
— **Thomson,** Thomson effect.
— **tossico** (*fis. atom.*), poisonous effect.
— **tunnel** (*fis. atom.*), tunnel effect.
— **utile,** efficiency; useful effect.
— **Volta** (*elet.*), Volta effect.
— **(a doppio —),** double acting.
— **(a semplice —),** single acting.
effervescente, *agg.* effervescent (v. **acciaio —**).
effervescenza, *f.* effervescence.
efficace, *agg.* effective; efficient.
efficiente, *agg.* viable.
efficienza, *f.* efficiency.
— **chimica** (*fis. atom.*), chemical efficiency.
— **luminosa,** luminous efficiency.
— **tecnica,** technical efficiency.
— **termica di un sistema** (*min., mecc., ecc.*), thermal efficiency of a system.
— **totale,** overall efficiency.
— **(senza diminuzione di —)** (*freni*), fade-free.
efflorescenza, *f.* efflorescence.
effluente, *m.* (*fis. atom.*), effluent; effluent liquid (*liquido uscente*).
— **di raffineria,** refinery sludge.
— **radioattivo** (*fis. atom.*), radioactive effluent.
efflusso, *m.* discharge; flowing off.; flow.
efflusso di vapore, education of steam; flow of steam.
— **laminare,** laminar flow.
effluvio, *m.* (*elet.*), effluve.
eglantina, *f.* (*chim. col.*), eglantine.
eguaglianza, *f.* (*mat.*), equality.
eguagliatore di fase (*compensatore di fase*), delay equalizer.
« eidomatica » *f.* (*inform.*), termine coniato dalla EIDOS per: *informatica dell'immagine.*
eiettabile, *agg.* ejectable.
eiettore, *m.* ejector.
— **a getto d'acqua,** hydraulic ejector.
— **di aria,** air-ejector.
— **di cenere,** ash-ejector.
einsteinio (simbolo Es), einsteinium (*elemento transuranico*).
elaborare, *v.a.* to design; to devise; to elaborate; to work out.
— **dati** (*inform.*), to process (data).
elaboratore, *m.* (*inform.*), computer; processor.
— **con 4096 parole di memoria a nucleo magnetico ad accesso casuale** (*elettron.*), computer with 4096 words of random access magnetic core storage.
— **complementare** (*auto*), add-on computer.
— **elettronico** (*elettron.*), computer; processor (*dei dati*); v. anche **calcolatore elettronico.**
— **frontale** (*inform.*), front end processor.
— **per difesa** (*militare*), defence computer.
— **sequenziale** (*inform.*), sequential computer.
— **universale** (*inform.*), general purpose computer.
elaborazione, *f.* (*progetto, schema*). design; (*inform.*), processing.
— **a blocchi** (*elettron.*), block processing.
— **a liste** (*inform.*), list processing.
— **a lotti** (*inform.*), batch processing.
— **aritmetica inclusa** (*o* **incorpo-**

rata) (*inform.*), built-in arithmetic processing.
elaborazione « batch » (*inform.*), batch processing.
— **centralizzata delle informazioni** (*inform.*, *elettron.*), centralized data processing.
— **continua dei dati** (*inform.*), online data processing.
— **dei dati** (*elaboratori elettron.*), data processing.
— **dei dati automatica,** automatic data processing.
— **dei dati a distanza** (*elettron.*), tele data processing.
— **dei dati in tempo reale** (*inform.*, *calcol. elettron.*), realtime processing.
— **del testo** (*inform.*), text processing.
— **di programmi non prioritari (di bassa priorità)** (*inform.*), background processing.
— **elettronica** (*inform.*, *calcol. elettron.*), electronic data processing.
— **elettronica della parola,** word processing; v. **organo di —.**
— **grafica** (*inform.*), graphic data processing.
— **integrata dei dati** (*inform.*), integrated data processing.
— **remota** (*inform.*), remote processing.
— **(ripetere una —)** (*inform.*, *calcol. elettron.*), to rerun.
elastanza (*elet.*), elastance.
elasticità, *f.* elasticity.
— **dei gas,** elasticity of gases.
— **del legno,** elasticity of wood.
— **di allungamento,** elasticity of elongation.
— **di compressione,** elasticity of compression.
— **di massa,** elasticity of bulk.
— **d'inflessione,** elasticity of flexure.
— **di volume** (*tess.*) (*lana*), elasticity of bulk.
— **non lineare** (*mecc. solidi*), non linear elasticity.
elasticizzante, *m.* (*tes.*) (*chim.*), elastometer.
elasticizzato, *p.p.* (*tess.*), elasticated.
elastico, *agg.* elastic; resilient.
— **per aeromodelli,** rubber.
— **(guarnizione —),** elastic packing.
— **(sollecitazione — a),** elastic strain.
elastina, *f.* (*chim.*), elastine.
elastometrico (*chim.*), *agg.*, elastomeric.
elastomero, *m.* (*gomma*) (*chim.*) elastomer.
elastometro, *m.* elastometer.
elastoplastico, *agg.* elastoplastic.
elce, *f.* ilex.
electromalux (*telev.*), electromalux.
electron, *m.* electron.
elektron, *m.* elektron.
elementi di chiusura (*pannelli*), infil panels; infil units.
— **di controventatura anulari** (*costr.*), annular stiffening elements.
— **di transizione** (*chim.*, *met.*), transition elements.
— **estranei** (*met.*), tramp elements.
— **leganti** (*met.*), alloying elements.
— **per bussole** (*mecc.*), sleeves parts.
— **specchio** (*fis. atom.*), mirror elements.
elemento, *m.* element (*elet.*) (*chim.*) (*di antenna*).
— **affine,** sister element.
— **combustibile** (*fis. atom.*), fuel element.
— **combustibile sigillato** (*fisica atom.*), sealed-in fuel element.
— **di accumulatore,** accumulator cell.
— **di lega** (*met.*), alloying element.
— **d'immagine** (*telev.*), picture element (*or* point).
— **di radiazione,** radiation element.
— **di regolazione** (*elet.*), end cell; regulator cell.
— **di reticolo** (*fis. atom.*), lattice element.
— **di sostituzione** (*fis. atom.*), vicarious element.
— **di una catena,** chain link.

elemento di una pila, cell of a battery; element.
— di un circuito, circuit element.
— di un termosifone, section of a radiator.
— di valvola (*elet.*), fusing element.
— estraneo, impurity.
— fertile (*fis. atom.*), fertile element.
— figlio (*fis. atom.*), daughter element.
— fissile (*fis. atom.*), fissile element.
— indicatore (*fis. atom.*), indicator element.
— indicatore (tracciante) (*fis. atom.*), indicator tracer element.
— instabile (*fis. atom.*), unstable element.
— leggero (*chim.*), light element.
— logico (*elettron.*), logical element; logic element.
— metallico, metallic element.
— monoisotopico (*fis. atom.*), monoisotopic element.
— non metallico, non-metallic element.
— primario (*elet.*), primary cell.
— radioattivo, radioactive element.
— residuo, residual element.
— riscaldante, heating element.
— tracciante, tracer element.
— transuranico (*fis. atom.*), transuranic element.
elemi, *m.* (*resina*), elemi gum.
elenco del carico (*aereo*), manifest (*dichiarazione di carico doganale*).
— di distribuzione postale, mailing list.
elettrete, *m.* (*dielettrico*) (*elet.*), electret.
elettricista, *m.* electrician.
elettricità, *f.* electricity.
— animale, animal electricity.
— ad onde energetiche, wave power.
— atmosferica, atmospheric e.
— atomica, atomic electricity.
elettricità di contatto, electricity by contact.
— dinamica, dynamic electricity.
— di strofinio, electricity by friction; frictional electricity.
— indotta, induced electricity.
— latente, dissimulated electricity.
— negativa, negative electricity.
— per induzione, electricity by induction.
— positiva, positive electricity.
— statica, static electricity.
— termica, thermo electricity.
elettrico, *agg.* electric(al): electric (*che contiene o produce o deriva o si muove mediante elettricità*); electrical (*non contenente e non avente le proprietà elettriche pur riferendosi all'elettricità*).
elettrificare, *v.a.* to electrify.
elettrificazione, *f.* electrification; electrifying.
— ferroviaria, railway electrification; roadway electrification (U.S.A.).
elettrizzare, *v.a.* to electrize.
elettrizzazione, *f.* electrization.
elettroaffinità, *f.* electro-affinity.
elettroanalisi, *f.* electro-analysis.
elettroanestesia, *f.* (*med.*), electroanesthesia.
elettrobiologia, *f.*, electrobiology.
elettrocalamita, *f.* electro-magnet.
elettrocardiofonografo, *m.* electrocardiophonograph.
elettrocardiografia, *f.* (*med.*), electrocardiography.
elettrocardiografo, *m.* (*med.*), electrocardiograph.
elettrocardiogramma, *m.* (*med.*), electrocardiogram.
elettrocardioscopia, *f.* (*med.*), electrocardioscopy.
elettrocauterio, *m.* (*med.*), electrocautery.
elettrochimica, *f.* electrochemistry.
elettrochimico, *agg.* electrochemical; *m.* electro-chemist.
elettrocinetica, *f.* electrokinetics.
elettrocinetico, *agg.* electrokinetic.

elettrocoagulazione, *f.* (*med.*), electrocoagulation.
elettrocuzione, *f.* (*med.*), electrocution.
elettrodeposizione di leghe (*met.*), alloy plating.
— **di zinco** (*met.*), zinc plating.
elettrodiagnosi, *f.* (*med.*), electrodiagnosis.
elettrodialisi, *f.* (*dissalazione*), electro-dialysis.
elettrodinamica, *f.* electro-dynamics; electrodynamics.
elettrodinamico, *agg.* electrodynamic.
elettrodinamometro, *m.* electrodynamometer.
elettrodo, *m.* (*elet.*, *radio*), electrode.
— **a base di nichel** (*elet.*), nickel-base electrode.
— **a becco,** point electrode.
— **acceleratore,** accelerating electrode.
— **a contatto** (*elet.*), contact electrode.
— **ad anima a più fili a spirale** (*elet.*), stranded electrode.
— **ad autocottura,** self-baking electrode.
— **ad immersione** (*elet.*), dipped electrode; coated electrode.
— **a forte penetrazione** (*elet.*), deep penetration electrode.
— **a idrogeno** (*usato come elettrodo di riferim.*) (*elet.*), hydrogen electrode.
— **al calomelano,** calomel electrode.
— **al calomelano saturo** (*fis. atom.*) saturated calomel electrode; S.C.E.
— **al rutilo** (*elet.*), rutile electrode.
— **animato** (*elet.*), cored electrode.
— **a punta,** point electrode.
— **a rivestimento** (*sald.*), covered electrode.
— **a rivestimento acido** (*elet.*), acid electrode.
— **a rivestimento basico** (*elet.*), basic electrode.
— **a rivestimento ossidante** (*elet.*), solid slag electrode.
elettrodo a rullo, roll electrode.
— **attivo,** active electrode.
— **ausiliario,** auxiliary electrode.
— **cavo,** cored electrode.
— **con anima interna** (*elet.*), cored electrode.
— **coperto,** covered electrode.
— **corazzato** (*elet.*), wrapped electrode.
— **di cadmio,** cadmium electrode.
— **di carbone,** coal electrode.
— **di carbone amorfo** (*elet.*), amorphous carbon electrode.
— **di grafite,** graphite electrode.
— **di massa,** earth electrode; ground electrode (U.S.A.).
— **di modulazione,** modulator electrode.
— **di rame** (*elet.*), copper electrode.
— **di scarica,** discharge electrode.
— **di tungsteno,** tungsten electrode.
— **duro,** hard-metal electrode.
— **d'uscita,** output electrode.
— **estruso** (*elet.*), extruded electrode.
— **ferritico,** ferritic electrode.
— **metallico,** metal electrode.
— **negativo,** negative electrode.
— **normale,** normal electrode.
— **nudo,** bare electrode.
— **per saldatura,** welding electrode.
— **per saldatura ad arco** (*sald.*, *elet.*), arc welding electrode.
— **per taglio** (*elet.*), cutting electrode.
— **piano inclinato** (*elet.*), inclined plane electrode.
— **positivo,** positive electrode.
— **rivestito,** coated e.; covered e.
— **rivestito con calza d'amianto impregnata** (*elet.*), braided electrode.
— **secondario,** secondary e.
— **(diametro dell'—)** (*sald.*), diameter of the electrode tip.
— **(diametro esterno dell'—)** (*saldatura*), overall electrode diameter.
— **(distanza fra le punte degli —i)** (*sald.*), electrode gap; electrode clearance.

elettrodo (fabbricante di —i), electrode manufacturer.
— **(velocità massima di sollevamento degli —i)** (*forni elet.*), max. speed of electrode upstroke.
elettrodomestici, *m. pl.* (*comm. elet.*), electro-domestic appliances.
elettroencefalografia *f.* (*med.*), electro-encephalography.
elettroencefalografo, *m.* (*med.*), electro-encephalograph.
elettroerosione, *f.* (*elet., sald.*), spark-erosion; electroerosion.
elettrofiltro a secco (*depolveraz. dei fumi*) (*met.*), dry electric filter.
elettroforetico, *agg.* electrophoretic.
elettroforesi, *f.* (*chim.*), electrophoresis.
elettroforgiatura (*f.*) **rapida**, fast electroforging.
elettroformatura, *f.* electroforming.
elettroforo, *m.* electrophore; electrophorus.
elettrogalvanico, *agg.* electrogalvanic.
elettrogenesi, *f.* electrogenesis.
elettrogeno, *agg.* electrogenous.
elettrografia, *f.* (*radiol.*), electrography.
elettrografo, *m.* (*appar. elet.*), electrograph.
elettrolisi, *f.* electrolysis.
elettrolita, *m.* (*chim.*), electrolyte.
elettrolitico, *agg.* electrolytic.
elettrolito solfammico (*met., ecc.*), sulphamic electrolyte.
elettrolizzatore galvanico, electrolyser.
elettrologia, *f.* electrology.
elettrolucidatura, *f.* electro-polishing.
elettromagnete, *m.* electromagnet.
elettromagnetico, *agg.* electromagnetic.
elettromagnetismo, *n.* electromagnetism; electromagnetics.
elettromeccanica, *f.* electromechanics.
elettromeccanico, *agg.* electromechanic(al).
elettrometallurgia, *f.* electrometallurgy.
elettrometrico, *agg.* electrometric.
elettrometro, *m.* electrometer.
— **a campana** (*elet.*), bell electrometer.
— **a dischi** (*elet.*), attracted disc electrometer.
— **a filo** (*elet.*), filament electrometer.
— **a quadranti** (*elet.*), quadrant electrometer.
— **assoluto** (*elet.*), absolute electrometer.
— **capillare** (*chim.*), capillary electrometer.
— **campione**, standard electrometer.
— **portatile** (*elet.*), portable electrometer.
— **tacheometrico**, tachometric electrometer.
elettromiografo, *m.* electro-myograph.
elettromotore, *m.* electromotor.
elettromotrice, *agg.* electromotive; (*carrozza* —), motor-coach; electric motorcar (U.S.A.).
elettrone, *m.* (*fis.*), electron.
— **Auger**, Auger electron.
— **Compton**, Compton electron.
— **di conversione** (*fis. atom.*), conversion electron.
— **di conversione interna** (*fis. atom.*), internal-conversion electron.
— **di disintegrazione** (*fis. atom.*), beta decay electron.
— **di rimbalzo**, return electron; recoil electron.
— **di rinculo** (*fis. atom.*), recoil electron.
— **di valenza** (*fis. atom.*), valence electron.
— **estranucleare**, extranuclear electron.
— **incidentale** (*fis. atom.*), incident electron.
— **interno**, inner-shell electron.
— **K** (*fis. atom.*), K-electron.
— **L** (*fis. atom.*), L-electron.
— **libero** (*fis. atom.*), free electron; unbound electron.

elettrone nucleare, nuclear electron.
— **orbitale** (*fis. atom.*), orbital electron.
— **periferico** (*fis. atom.*), outer electron.
— **pesante** (*fis. atom.*), heavy electron.
— **planetario,** planetary electron.
— **positivo** (*fis. atom.*), positive electron.
— **primario** (*fis. atom.*), primary electron.
— **relativistico** (*fis. atom.*), relativistic electron.
— **rotante attorno al nucleo di un atomo,** electron revolving about the nucleus of an atom.
— **secondario** (*fis. atom.*), secondary electron.
— **veloce** (*fis. atom.*), high speed electron.
elettronegativo, *agg.* electro-negative.
elettroni monoenergetici (*fis. atom.*), monoenergetic electrons.
elettronica, *f.* (*scienza*), electronics.
— **analogica,** analogue electronics.
— **a stato solido** (*elettron.*), solid state electronics.
— **automobilistica,** automotive electronics.
— **di consumo,** consumer electronics.
— **digitale,** digital electronics.
— **molecolare,** molecular electronics; moletronics.
— **quantistica** (*o* **quantica)** (*elettron.*), quantum electronics.
— **superiore,** advanced electronics.
— **transistorizzata** (*elettron.*), transistorized electronics.
elettronico, *agg.* electronic; electron (*usato come agg.*).
elettroosmosi, *f.* electroosmosis; electro-osmosis.
elettroperforazione (*petrolio*), electric drilling.
elettropompa, *f.*, electropump.
elettropositivo, *agg.* electropositive.
elettroraffinazione, *f.* (*met.*), electro-refining; electrorefining.
elettroscopia, *f.* electroscopy.
elettroscopio, *m.* electroscope.
— **ad ago,** needle-electroscope.
— **a foglie d'oro,** gold-leaf electroscope.
— **a palle di sughero,** pith-ball electroscope.
— **condensatore,** condensing electroscope.
elettrosgrassatura, *f.* electrocleaning.
elettrosincrotone, *m.* electrosynchrotron.
elettrostagnatura, *f.*, electrotinning.
elettrostatica, *f.* electrostatics.
elettrostatico, *agg.* electrostatic.
elettrotecnica, *f.* electrotechnics.
elettrotecnico, *m.* eletrician; *agg.* electrotechnical.
elettroterapeutica, *f.* electrotherapeutics.
elettroterapia, *f.* electrotherapy.
elettrotermico, *agg.* electrothermic.
elettrotreno, electric train.
— **con « cassa ad assetto variabile »** (*convoglio « oscillante »*) (*ferr.*), tilting-body electric train.
elettrovalvola, *f.* electro-valve.
— **a solenoide** (*elettron.*), solenoid valve.
elettroventilatore, *m.* electro-blowing fan.
elettroventola, *f.* (*mecc.*), electric fan.
elettuario, *m.* (*med.*), electuary.
elevare ad una potenza (*mat.*), to raise to a power.
elevatore, *m.* elevator; (*paranco*) hoist.
— **a catena,** chain elevator.
— **a forchetta** (*mecc.*), fork-lift; fork truck.
— **a nastro,** endless band elevator.
— **a noria,** bucket elevator.
— **aspirante,** suction elevator.
— **a tazze,** bucket elevator.
— **di carbone,** coal lift.
— **di balle** (*agr.*), bale elevator.
— **di legnami,** wood elevator.
— **di palcoscenico** (*mecc. teatro*), stage elevator.

elevatore di sabbia, sand elevator.
— **inclinato,** inclined hoist.
— **meccanico,** hoist; hoisting appliance.
— **mobile** (*o* **carreggiabile),** portable elevator.
— **per battelli,** ships elevator.
— **per botti,** barrel elevator.
— **per carbone,** coal elevator.
— **per farina,** flour elevator.
— **per grano,** grain elevator.
— **per mulini,** mill elevator.
— **per sacchi** (*mecc.*), sack-lifter.
— **pneumatico,** pneumatic elevator.
— **pneumatico galleggiante,** floating pneumatic elevator.
elevazione, *f.* elevation; upright projection (*disegno*).
eliantina, *f.* (*colori*), helianthin.
elica, *f.* (*aereo, naut.*), propeller (prop.); airscrew (*aereo*).
— **a destra** (*aereo*), right-handed propeller.
— **a giri costanti** (*aereo*), constant speed propeller.
— **(o rotore) anticoppia** (*di elic.*), tail rotor.
— **a pale ricurve** (*aereo*), profan.
— **a passo controllabile** (*aereo*), adjustable pitch propeller.
— **a passo fisso** (*aereo*), fixed pitch propeller.
— **a passo reversibile** (*aereo*), reversible pitch propeller.
— **a passo variabile** (*aereo*), variable-pitch propeller.
— **a passo variabile in volo,** controllable pitch propeller.
— **a sinistra** (*aereo*), left-handed propeller.
— **a velocità costante** (*aereo*), automatic propeller; constant speed propeller.
— **bipala** (*aereo*), two-bladed propeller.
— **centrifuga** (*aereo*), centrifugal impeller.
— **controrotante** (*aereo*), contrarotating propeller; counter rotating propeller.
— **del compressore** (*aereo*), compressor impeller.
elica demoltiplicata (*aereo*), geared propeller.
— **« in bandiera »** (*aereo*), feathering propeller.
— **in mulinello** (*aereo*), windmilling.
— **orientabile,** swivelling propeller.
— **propulsiva,** pusher propeller; (driving propeller).
— **sbandierabile** (*aereo*), « en drapeau » propeller.
— **sinistrorsa** (*aereo*), left-hand propeller.
— **sostentatrice** (*aereo*), lifting airscrew.
— **trattiva,** tracto propeller.
— **tripala,** three-bladed propeller.
eliche (*f. pl.*) **coassiali** (*aereo*), coaxial propellers.
elicoidale, *agg.* helicoidal.
elicoide, *m.* helicoid.
elicottero, *m.* helicopter; copter.
— **anfibio,** amphibious helicopter.
— **a reazione** (*aereo*), jet helicopter.
— **a statoreattori,** ram-jet helicopter.
— **biposto,** two-seat helicopter.
— **da assalto,** assault helicopter; attack helicopter.
— **da ricognizione** (*o* **osservatore),** observation helicopter.
— **da trasporto,** transport helicopter.
— **da trasporto commerciale,** commercial transport helicopter.
— **da trasporto tattico,** tactical transport helicopter.
— **della polizia** (*aereo*), police helicopter.
— **monomotore** (*aereo*), single-engined helicopter.
— **per la guerra antisommergibili,** antisubmarine warfare helicopter.
— **per soccorso,** rescue helicopter.
— **per trasporti pesanti,** heavy transport helicopter.
— **supersonico,** supersonic helicopter.
eliminare le scorie (*con raffinazione*), *v.a.* to slag off.

eliminare mediante filtro l'abbagliamento, to filter out the glare (*la maschera elimina con il filtro l'abbagliamento del metallo*) (*met.*), the mask filters out the glare of the metal.
— ogni magnetismo residuo (*met.*), to erase any residual magnetism.
— una stazione trasmittente (*radio*), to tune out a station.
eliminatore delle righe (*telev.*), line eliminator.
— d'interferenze (*causate da altri radar*) (*radar*), interference rejector.
— meccanico di residui della canna da zucchero (*agr.*), stubble eliminator.
eliminazione, *f.* elimination; removal; (*chim.*), splitting-off.
— dei cattivi odori (*inquinamento*), odour (odor) abatement.
— dei rumori, noise suppression.
— della polvere dal gas, freeing the gas from the dust.
— del suono, v. **attenuazione del suono.**
— fumana, fume removal.
— permanente (delle scorie radioattive) (*fis. atom.*), permanent disposal.
elinga, *f.* (*naut.*), sling.
elio, *m.* (*chim.* = He), helium.
eliocentrico, *agg.* heliocentric.
— (riduttore di velocità —), heliocentric speed reducer.
eliocromia, *f.* heliochromy.
eliografia, *f.* heliography.
eliografo, *m.* heliograph.
eliometro, *m.* heliometer.
elioscopio, *m.* helioscope.
eliotropina, *f.* heliotropin; piperonal; $CH_2(O_2)C_6H_3CHO$.
eliotropio, *m.* (*min.*), blood-stone; heliotrope.
eliporto, *m.* (*elicot.*), heliport.
ellisse, *m.* ellipse.
— (fuochi dell'—), foci.
ellissoide, *m.* ellipsoid.
— di rivoluzione, ellipsoid of revolution.
ellittico, *agg.* elliptical.
elmo a doccia (*per pompieri*), sprinkler.
elutriatore (*m.*) **cinetico,** kinetic elutriator.
elutriazione, *f.* (*chim.*), elutriation.
— ad umido, wet elutriation.
— a secco, dry elutriation.
eluviale (*originante da degradazione in loco delle rocce o giacimenti preesistenti*) (*geol.*), eluvial.
eluzione, *f.* elution.
emaillite, *f.* dope.
eman, *m.* (*unità di concentrazione di emanazione di radio in soluzione*), eman.
emanatore, *m.* emanator.
emanazione, *f.* emanation.
— di attinio, actinium emanation; actinon.
— di torio (*fis. atom.*), thoron.
— radioattiva (*fis. atom.*), radioactive emanation.
emanometria, *f.* (*metodo di prospezione basato sulla rivelazione del rado presente nel suolo*) (*min.*), emanometry.
emanometro, *m.* (*prospezione geochimica*) (*petrol.*), emanometer.
emanoterapia, *f.* (*med.*), emanotherapy.
ematina, *f.* (*chim.*), hematine.
ematite, *f.* haematite; hematite.
— bruna, brown haematite.
ematossilina, *f.* (*usata per inchiostri*), hematoxylin; $C_{16}H_{14}O_6 \cdot 3\,CH_2O$.
embrice, *f.* plain tile; flat tile.
— di gronda, end tile; flap tile.
emergenza (*fis. atom.*), v. **interruttore di —.**
emettere (*v.a.*) (*rif. ad intensità di luce, ecc.*), to give off.
emettitore, *m.* (*telev.*) (*elettron.*), emitter.
— automatico, *m.* automatic sender.
— beta (*fis. atom.*), beta emitter.
— di particelle beta, beta emitter.
— di positroni (*fis. atom.*), positron emitter.
— gamma (*fis. atom.*), gamma emitter.

emettitori termoionici (*elet.*), thermionic emitters.
emiciclo, *m.* semicircle; hemicycle.
emigrazione di « cervelli » (*scienziati, tecnici, ecc.*) verso altri Paesi, brain drain.
emina, *f.* (*chim.*), hemin.
emisfero, *m.* hemisphere.
emissione, *f.* emission; sending; (*obbligaz.*) (*comm.*), flotation.
— **acustica** (*met.*) (*controllo non distruttivo*), acoustic emission.
— **a freddo** (*termoion.*), cold emission.
— **corpuscolare,** corpuscular emission.
— **di azioni** (*finan.*), equity financing.
— **di calore di reazione** (*chim.*), chemical heat release.
— **di neutroni** (*fis. atom.*), neutrons emission.
— **di obbligazioni** (*finan.*), debt financing.
— **di positroni** (*fis. atom.*), positron emission.
— **di raggi X,** X-ray emission.
— **di una coppia** (*fis. atom.*), pair emission.
— **elettronica,** electron emission.
— **fiduciaria** (*finan.*), note issue.
— **fotoelettrica,** photo-emission.
— **fotoneutronica** (*fis. atom.*), photoneutron emission.
— **neutronica** (*fis. atom.*), neutron emission.
— **positogena** (*fis. atom.*), positron emission.
— **secondaria** (*termoion.*), secondary emission.
— **termoionica,** thermionic emission.
emissività, *f.* (*energia radiante*), emissivity.
emittente, *f.* (*radio*), broadcasting transmitter.
empirico (metodo), *agg.* rule-of-thumb (method).
— **(sistema —),** cut-and-dry system.
emulatore, *m.* (*inform.*), emulator.
emulazione, *f.* (*riproduzione del funzionamento di un sistema di elaborazione su di un altro sistema, utilizzando gli stessi programmi*) (*inform.*), emulation.
emulsificazione, *f.* (*chim.*), emulsification.
emulsionabile, *agg.* emulsifiable.
emulsionabilità, *f.* (*chim.*), emulsifiability.
emulsionante, *m.* emulsifying agent; emulsifier.
— **per tessili,** textile emulsifier.
emulsionare, *v.a.* (*fis., chim.*), to emulsify.
emulsione, *f.* emulsion.
— **fotosensibile,** photographic emulsion.
— **nucleare** (*fis. atom.*), nuclear emulsion.
— **pancromatica** (*fot.*), panchromatic emulsion.
emulsioni di acqua ed olio (*fluidi usati in miniera*) (*min.*), water-in-oil emulsions.
emulsoide, *m.* (*fis.*), emulsoid.
emulsore per tessili, textile emulsifying agent.
emulsori, *m. pl.* (*chim. tess. ecc.*), emulsifiers.
— **per cosmesi,** cosmetic emulsifiers.
enantato, *m.* (*chim.*), enanthate.
encefalografia, *f.* (*med.*), encephalography.
encefalogramma, *m.* (*med.*), encephalogram.
encefalometro, *m.* (*med.*), encephalometer.
enciclopedia, *f.*, encyclopedia.
endosperma, *f.* (*bot.*), endosperm.
endotermico, *agg.* endothermic.
energetica, *f.* (*fis.*), energetics.
energetico, *agg.* energetic.
energia, *f.* energy.
— **atomica,** atomic energy.
— **chimica,** chemical energy.
— **cinetica,** kinetic energy.
— **cinetica media** (*fis. atom.*), mean kinetic energy.
— **della produzione,** production engineering.
— **di accoppiamento,** coupling energy.
— **di accoppiamento spin-orbita**

(*fis. atom.*), spin-orbit coupling energy.
energia di assorbimento per risonanza (*fis. atom.*), resonance absorption energy.
— **di attivazione** (*met.*), activation energy.
— **di eccitazione** (*fis. atom.*), excitation energy.
— **di fissione** (*fis. atom.*), fission energy.
— **di fusione** (*fis. atom.*), fusion energy.
— **di legame** (*fis. atom.*), binding energy; (*chim.*), bond energy.
— **di legame neutronico** (*fis. atom.*), neutron binding energy.
— **di legame nucleare** (*fis. atom.*). nuclear binding energy.
— **di ionizzazione** (*fis. atom.*), ionising energy.
— **di repulsione,** repulsive energy.
— **di riposo**(*fis.atom.*), rest energy.
— **di soglia** (*fis. atom.*), threshold energy.
— **elettrica,** electric energy.
— **geotermica** (*min.*), geothermal power.
— **idroelettrica,** hydroelectric energy.
— **irraggiante,** radiant energy.
— **meccanica,** mechanical energy.
— **neutronica** (*fis. atom.*), neutron energy.
— **nucleare,** nuclear energy.
— **nucleare industriale** (*fis. atom.*), industrial nuclear power.
— **perduta,** expended energy.
— **potenziale,** potential energy.
— **potenziale nucleare** (*fis. atom.*), nuclear potential energy.
— **primaria** (*fis. atom.*), primary energy.
— **radiante,** radiant energy.
— **radiante per unità di volume,** radiant energy density.
— **repulsiva** (*fis. atom.*), repulsive energy.
— **residua,** residual energy.
— **solare,** solar energy.
— **spettrale,** spectral energy.
— **superficiale,** surface energy.
— **termica,** heat energy.
energia termonucleare (*fis. atom.*), thermonuclear energy.
— **totale dei neutroni,** total energy of neutrons.
— **totale di legame** (*fis. atom.*), total binding energy.
— **(fornire —)** (*fis. atom.*), to power.
energizzare, *v.a.* (*elet.*), to energize.
enna, *f.* (*chim.*), henna.
entalpia, *f.* (*fis. chim.*), enthalpy.
ente, *m.* institution.
— **a partecipazione statale,** state-owned corporation.
— **di mediazione delle controversie di lavoro,** mediation agency.
— **nazionale,** state-owned corporation.
entità (*valore, importanza*), extent.
— **dell'assestamento,** degree of settling.
— **(stabilire l'— del deposito di rame),** to establish the extent of the copper deposit.
entrare in operazione (*divenire effettivo*), to enter operation.
— **nell'atmosfera** (*astron.*), to enter the atmosphere.
entrata, *f.* (*elet., elettron.*), input; (*di aria, gas, liquido, ecc.*), inlet.
— **d'aria** (*aereo, per motori*), air inlet.
— **della forcella** (*orol.*), lever notch.
— **di antenna,** aerial lead-in.
— **di vapore ecc.,** vapor inlet.
— **/uscita** (*inform.*), input/output.
— **(dati d'—)** (*elettron.*), input data.
— **(variabile di —)** (*automazione, calcol. elettron.*), input variable.
entrofuoribordo, *m.* (*naut.*), inboard/outboard (engine).
entrobordo (*mot. naut.*), inboard engine.
entropia, *f.* (*fis.*), entropy.
enunciare, *v.a.* to postulate.
enzimatico, *agg.* enzymatic.
enzimi, *m. pl.* enzimes.
enzimico, *agg.* enzymic.
enzimolisi, *f.* enzymolysis.
enzimologia, *f.* enzymology.
eosina, *f.* (*chim. col.*), eosin

$C_{22}H_8Br_4O_5$ (*usata per tingere seta, cotone e lana*).
epicentro, *m.* epicentre; (*di terremoto*) (*geol.*), focus.
epicicloidale, *agg.* epicycloidal.
epidiascopio, *m.* (*apparecchio per la trasmissione di diapositive e di immagini opache su carta*), (*telev.*), epidiascope.
epigenetico, *agg.* epigenetic.
episcopico, *agg.* episcopic.
episcopio, *m.* (*luce*), episcope.
epitermico, *agg.* epithermal.
epossido, *m.* (*chim.*), epoxide.
eptano, *m.* heptane.
eptanolo, *m.* (*chim.*), heptanol.
eptodo, *m.* heptode.
eptossido, *m.* heptoxide.
equalizzare (*compensare*) (*audio*), to equalize.
equalizzatore, *m.* (*audio*) (*elet.*), equalizer.
— **grafico** (*audio*), graphic equalizer.
— **grafico ad ottave** (*audio*), octave graphic equalizer.
— **parametrico** (*audio*), parametric equalizer.
— **parametrico stereo** (*audio*), stereo parametric equalizer.
equalizzazione, *f.* (*audio*), equalizing; equalization.
equazione, *f.* equation.
— **biquadratica,** biquadratic equation.
— **chimica,** chemical equation.
— **critica,** critical equation.
— **cubica,** cubic equation.
— **del moto,** equation of motion.
— **del reattore,** reactor equation.
— **di coppia** (*elet.*), equation of torque.
— **differenziale** (*mat.*), differential equation.
— **differenziale lineare** (*mat.*), linear differential equation.
— **di macchina** (*elettron.*), machine equation.
— **di massa relativista,** relativistic mass equation.
— **di 1° grado,** equation of the first degree; linear equation.
— **di 2° grado,** quadratic equation.
equazione di stato (*term.*), equation of state.
— **di tensione** (*elet.*), equation of voltage.
— **di 3° grado,** cubic equation.
— **d'onda,** wave equation.
— **fotoelettrica** (*elettron.*), photoelectric equation.
— **integrale** (*mat.*), integral equation.
— **lineare** (*mat.*), linear equation.
— **poliadica,** polyadic equation.
— **(apparecchio per risolvere le —)** (*inform.*), equation solver.
— **(modulo per risolvere le —)** (*inform.*), equation package.
equiangolo, *agg.* equiangular.
equidistante, *agg.* at equal distance.
equigravisfera, *f.* (*punto di equilibrio fra la forza di gravità terrestre e quella lunare*) (*astr.*), equigravisphere.
equilatero, *agg.* equilateral.
equilibrare (*v.a.*) **il cassetto di distribuzione,** to balance the slide valve.
— **una mola,** to balance a grinding wheel.
equilibrarsi, *v.r.* to equalize oneself; to balance *v.i.*; to equilibrate *v.i.*; to poise.
equilibrato, *p.p.* balanced.
— **idraulicamente,** hydraulically balanced.
equilibratore, *m.* (*macch. ut.*), balancing machine; balancing stand; (*telecomunicaz.*), balancing network.
— **statico** (*macch. per equilibrare elementi rotanti*), static balancing machine.
equilibratrice, *f.* (*macch. per equilibrare elementi rotanti: rotori, alberi, ecc.*), balancing machine.
— **dinamica** (*mecc.*), dynamic balancing machine.
— **dinamica stroboscopica** (*mecc.*), stroboscopic dynamic balancing machine.
— **per ruote d'automobile** (*mecc.*), balancing machine for motorcar wheels.

equilibratrice statica (*mecc.*), static balancing machine.
equilibratura, *f.* equilibration; poising; poise.
— **della mola,** wheel balancing.
— **delle ruote** (*auto*), wheel balancing.
— **di un circuito,** balancing of a circuit.
— **di un ponte,** bridge balancing.
equilibri delle scorie (*met.*), slag equilibria.
— **di fase** ((*chim. fis.*), phase equilibria.
— **liquido-vapore,** vapour-liquid equilibria.
equilibrio, *m.* equilibrium (*pl.* equilibria); trim (*aereo*).
— **aerodinamico,** aerodynamic balance.
— **chimico,** chemical balance.
— **delle masse,** balancing of the masses.
— **di capacitanza** (*telef.*), capacity balance.
— **di forze,** equilibrium of forces.
— **dinamico,** dynamic (*or* running) balance.
— **di temperatura,** temperature balance.
— **elastico,** elastic equilibrium.
— **idrologico** (*geol.*), water balance.
— **isotopico** (*fis. atom.*), isotopic equilibrium.
— **laterale** (*aereo*), rolling balance.
— **longitudinale** (*aereo*), longitudinal stability.
— **metastabile** (*fis. atom.*), metastable equilibrium.
— **radiativo** (*fis. atom.*), radiative equilibrium.
— **radioattivo,** radioactive equilibrium.
— **statico,** static (*or* standing) balance.
— **termico,** thermal equilibrium.
— **(il sistema elettronico è in —),** the electronic system is **at** balance.
— **(stati di — dell'azoto con i metalli refrattari)** (*met.*), equilibria of nitrogen with the refractory metals.
equilibrometro, *m.* (*tel.*), impedance unbalance meter.
equipaggiamento, *m.* equipment; set.
— **accessorio,** accessory equipment; accessory apparatus.
— **ausiliario,** auxiliary equipment; ancillary equipment.
— **di generazione di sovratensione,** surge generating apparatus.
— **di guado** (*mil.*) (*carro armato*), fording equipment.
— **di serie** (*auto*), standard equipment.
— **per misurare la temperatura,** temperature measuring equipment.
— **per saldatura ad arco,** arc welding equipment.
equipaggiare (*v.a.*) **(una nave)** (*naut.*), to equip; to fit out; to man a vessel; (*auto*), to fit out.
equipaggio, *m.* (*mil., aereo, carro armato, ecc.*), crew.
— **dell'aereo,** aircraft crew.
equipotenziale, *m. e agg.* equipotential.
equivalente, *agg.* equivalent.
— **chimico,** chemical equivalent.
— **del carico,** load equivalent.
— **di piombo** (*fis.*), lead equivalent.
— **elettrico,** electric equivalent.
— **energetico** (*fis. atom.*), energy equivalent.
— **idrico** (*idr.*), water equivalent.
— **-grammo,** gram equivalent.
— **meccanico del calore,** mechanical equivalent.
— **meccanico della luce,** mechanical equivalent of light.
— **termico del lavoro,** thermal equivalent of work.
equivalenza, *f.* equivalence.
era spaziale, space age.
erba medica (*bot.*), lucerne.
— **medicinale,** herb.
— **sparta,** esparto glass.
erbario, *m.* (*bot.*), herbarium.
erbicida, *m.* (*contro le erbe infestanti*), herbicide; weed killer.

erbio, *m.* (*chim.* = Er), erbium.
erettore, *m.* erector; builder.
erezione, *f.* erection; erecting; raising; structure.
erf (*funzione d'errore*), (*fis. atom.*), erf.
erg, *m.* erg; ergon.
ergodicità, *f.* (*lavoro*), ergodicity.
ergodico, *agg.* (*fis.*), ergodic.
ergoli (*m. pl.*) **criogenici** (*propellenti*), cryogenic ergols.
ergonomia, *f.* (*scienza per lo studio scientifico del lavoro e dell'ambiente ove si effettua*), ergonomics.
— **(società italiana di —)** (*sede a Milano*), Italian Ergonomics Research Society.
ergonomico, *agg.* ergonomic.
ergonomista, *m.* ergonomist.
ergoterapia, *f.* occupational therapy.
erigere, *v.a.* to erect; to build; to raise; to set up; to erect (*montare*).
eriocalcite, *f.* (*chim.*), eriochalcite; copper chloride.
eriocromo, *m.* (*chim.*), eriochrome.
eriometro (*mis. fili di lana*), eriometer.
eritrosina, *f.* (*chim.*), erythrosin.
ermellino (*o* **ebano verde**), *m.* green ebony.
ermeticamente chiuso, hermetically closed; hermetically sealed; closely shut; air-tight.
ermeticità, *f.* tightness.
ermetico, *agg.* hermetic; airtight.
erogare, *v.a.* (*elet.*) (*pompe*), to deliver.
erogazione del gas, gas distribution.
— **dell'acqua, gas, elettricità,** mains supply.
erosione, *f.* (*ing. idraul.*), scouring; (*agr.*, *elet.*), erosion.
— **con scintilla elettrica,** electrospark erosion.
— **della costa** (*naut.*), beach erosion.
— **di terra** (*difetto costituito da protuberanza sul getto e causato da erosioni di terra*) (*met.*), sand wash.
erosione eolica dei terreni (*agr.*), wind erosion of soils.
— **per rotolamento** (*chim.*), pitting.
— **sotterranea,** underground erosion.
erpice, *m.* (*macch. agr.*), harrow.
— **a catena,** chain harrow.
— **a denti flessibili,** spring-tooth harrow.
— **a denti rigidi,** peg-tooth harrow.
— **a dischi,** disc harrow.
— **a zig-zag,** zig-zag harrow.
errata corrige (*tip.*), errata; correction.
errore, *m.* error; mistake; slip (*svista*).
— **accidentale,** accidental error.
— **ammissibile,** permissible error.
— **di battuta** (*macch. da scrivere*), mistyping; keystroking error.
— **di calcolo,** error of calculation.
— **di chiusura di poligonale** (*top.*) closing error.
— **di conicità** (*mecc.*), error of taper.
— **di fedeltà,** repeatability.
— **di isteresi** (*mis. pressione*), hysteresis error.
— **di lancio** (*astron.*), launching error.
— **di lavorazione** (*mecc.*, *met.*), processing defect.
— **di lettura,** reading error.
— **di linearità** (*mis. pressione*), linearity error.
— **di osservazione,** error of observation.
— **di ovalizzazione** (*mecc.*), error of ovality.
— **di perforazione** (*calcol. elettron.*), keypunch error.
— **di polarizzazione** (*radio*), polarisation error.
— **di pressione statica** (*mis. pressione*), static pressure error.
— **di programmazione** (*elettron.*), programming error
— **di sbandamento** (*naut.*), heeling error.

errore di scrittura (*mecc.*), writing error.
— **di sito** (*radio*), site error.
— **di sovrappressione** (*mis. pressione*), overrange pressure error.
— **di stampa,** printer's error; misprint; (*tipografico*), typographical error; printing error.
— **di taratura,** calibration error.
— **di temperatura** (*met., ecc.*), temperature error.
— **di temperatura ambiente** (*trasmissione di pressione*), ambient temperature error.
— **dovuto a fatica oculare** (*ott.*), error due to eye-strain.
— **dovute a parallasse** (*ott.*), error due to parallax.
— **grossolano,** gross error.
— **medio quadratico** (*mat.*), mean-square error.
— **probabile** (*misure*), probable error.
— **quadratico** (*mat.*), quadratic error.
— **ripetibile,** repeatable error.
— **riscontrato,** found error.
— **sistematico,** bias; consistent error; systematic error.
— **strumentale,** instrumental error.
— **umano,** human error.
errori (*m. pl.*) **casuali di composizione** (*tip.*), literals.
— **sistematici,** systematic errors.
eruzione, *f.* eruption.
— **di gas,** *f.* (*sondaggi gas*), gas blowout.
esadecimale, *agg.* (*inform., sistema di numerazione in base 16*), hexadecimal.
esaedro, *m.* (*geom.*), hexaedron.
esafase, *agg.* (*elet.*), six-phase.
esafluoruro di molibdeno (*chim.*) molybdenum hexafluoride.
— **di tungsteno** (*chim.*), tungsten hexafluoride.
— **di uranio** (*fis. atom.*), uranium hexafluoride.
esagonale, *agg.* hexagonal.
esagoni (*m. pl.*), **di acciaio al carbonio** (*met.*), carbon steel hexagons.
esagoni di acciai legati, alloy steel hexagons.
— **laminati a freddo,** cold rolled hexagons.
esagono, *m.* hexagon.
esame, *m.* examination; trial; testing; analysis.
— **a distanza** (*fis. atom.*), remote viewing.
— **con liquidi penetranti** (*met.*), penetrant liquids test; penetrant testing.
— **con particelle magnetiche** (*prova magnetoscopica, controllo non distruttivo*) (*met.*), magnetic particle test.
— **con ultrasuoni** (*met.*), ultrasonic testing.
— **del terreno,** examination of the soil; testing the soil; analysis of the soil.
— **del terreno di fondazione,** examination of the building ground.
— **di un olio,** testing of an oil.
— **macro** (*met., sald.*), macro test.
— **non distruttivo** (*met.*), non-destructive examination.
— **radiografico del torace** (*minatori, ecc.*), chest X-ray.
— **sul posto** (*min.*), (*eseguire un — sul posto prima di redigere un rapporto sulla possibilità di sfruttamento di un deposito*), to carry out on-the-spot examinations before drafting reports on the exploitability of a deposit.
esametilentetramina, *f.* (*chim.*), hexamethylentetramine.
esaminare (*v.a.*) **un motore,** to inspect an engine.
— **un terreno,** to survey a ground (*fare una visita al luogo di costruzione*).
esaminatore di livelle (*top.*), level trier.
esano, *m.* (*chim.*), hexane.
esattezza, *f.* accuracy; exactness; (*inform.*), validity.
esatto, *agg.* accurate; exact; true.
— **(non è —)** (*radiantica*), negative.

esaurimento (*m.*) **(del solvente),** exhaustion.
— **del combustibile** (*fis. atom.*), fuel depletion.
— **di equilibrio,** equilibrium depletion.
esaurito, *p.p.* (*riferito a libri*), off print (*abbreviaz.* o. p.); (*fis. atom.*), v. **materiale —**.
esborso, *m.* (*comm.*), disbursement.
esca, *f.* (*min.*), fuse.
escavamento, *m.* excavation.
escavatore, *m.* excavator.
— **a fune** (*min.*), cableway drag scraper.
— **idraulico,** hydraulic excavator.
— **mobile** (*mecc.*), walking dragline.
— **per trincee,** ditcher; ditching machine.
escavatrice (*f.*) **a cucchiaio spingente,** steam navvy; steam shovel.
— **a benna spianatrice,** skimmer.
escavazione a getto d'acqua ad alta pressione (*min.*), monitoring.
eschio, *m.* (*bot.*), common oak.
escludere (*v.a.*) **dal circuito** (*elet.*), to cut out from the circuit.
escogitare (*v.a.*), to devise.
escrescenza del legno, tree wart.
escursione di ampiezza (*telev.*) amplitude excursion.
esecuzione, *f.* (*lavori*), execution.
— **dei contratti,** contracts enforcement.
— **di lavori,** execution of works.
— **di un programma** (*inform.*), running of a program.
— **legale** (*leg.*), enforcement.
— **(data di —),** completion date.
— **(termine di —),** completion time.
esedra, *f.* (*arch.*), exedra.
eseguire ripetutamente (*mat., calcol. elettron.*), to iterate.
— **una manovra di aggancio spaziale** (*astron.*), to execute a docking manoeuvre.
— **una prova,** to carry out a test; (*mecc.*), to conduct a test.
eseguire un programma (*inform.*), to execute.
— **un saggio** (*chim. vern., ecc.*), to perform a test.
esemplare (*di aereo, ecc.*), example.
esente da acidi, free from acids.
esenzione fiscale (*finan.*), immunity from taxation.
— **fiscale temporanea** (*econ.*), tax holiday.
esercizio, *m.* working.
— **continuo,** continuous working.
— **di stato** (*ferr.*), railway state working.
— **di torpedoni** (*trasporti*), coach operation.
— **ferroviario,** working of a railway.
— **finanziario,** trading (*or* financial) year.
— **intermittente,** intermittent working.
— **(in —)** (*stabilimenti met., ecc.*), in operation.
— **(spese d'—),** working expenses.
esigenze, *f. pl.* (*dell'esercizio*), (operating) requirements.
— **ambientali,** environmental requirements.
esigere il rimborso di un prestito, (*finan.*), to call a loan.
esilarante (gas —) (*chim.*), laughing gas (nitrous oxide).
esistenza in magazzino, stock in warehouse; stock on hand.
esobiologia, *f.* (*biologia extraterrestre*), (*astron.*), exobiology.
esodo (*radio*), *m.* hexode.
— **di capitali** (*finan.*), outflow (of capital).
esotermico, *agg.* exothermic.
espandere, -si, *v.a. v.r,* to expand *v.i.*; (*tubi*) (*met.*), to expand.
espandibile, *agg.* (*rif. a memorie, ecc.*) (*inform.*), expandable.
espandibilità (*di memoria*), (*inform.*), expandability.
espanse (materie plastiche —), expanded plastics.
espansione, *f.* expansion.
— **di gas,** expansion of gas.
— **idraulica (prova di — —)** (*met.*) hydraulic bulge test.

espansione polare, pole shoe.
— **termica** (*met.*), thermal expansion.
— **(box di —)** (*inform.*), expander box.
espanso, *agg.* (*resine, ecc.*), expanded.
espansore, *m.* (*tubifici*) (*met.*), expander.
— **idraulico** (*tubificio*) (*met.*), hydraulic expanding machine.
— **meccanico** (*tubificio*) (*met.*), expandable cylindrical element.
esperienza, *f.* (*esperimento*) experiment; test; trial; experience (*in generale*); expertise (*esp. tecnica*, know-how).
— **chimica,** chemical experiment.
— **diretta,** pratical experience.
— **operativa,** working experience.
— **richiesta** (*per alcune mansioni*), experience required (in some jobs).
— **tachimetrica,** tachometric test.
— **valida,** relevant experience.
esperimentare, *v.a.* to make an experiment; to experiment *v.i.*
esperimentatore, *m.* experimenter.
esperimenti sul luogo, field testing.
esperimento, *m.* experiment.
— **biologico** (*astron.*), biological experiment.
— **chimico,** chemical experiment.
esperto in analisi economica (*econ.*) economic analyst.
— **in astrofisica,** astrophysicist.
— **in genetica forestale,** forest geneticist.
— **in robotica,** robotics expert.
— **nella direzione e coordinamento delle attività di costruzione di opere marine** (*naut.*), marine construction manager.
— **supervisione costruzione e prefabbricazione/montaggio di opere marine** (*naut.*), marine construction supervisor.
esplodere, *v.i.* to explode.
esploditore (*elettrico*) (*miniere*), blasting machine.
esploratore (*telev.*), v. **analizzatore.**
esplorazione, *f.* (*telev.*), scanning; (*geol.*), exploration.
— **a contatto** (*telev.*), contact scanning.
— **a linee contigue** (*telev.*), progressive scanning.
— **a spirale** (*telev.*), spiral scanning.
— **a velocità variabile** (*telev.*), variable speed scanning.
— **di ghiacciaio in profondità,** subsurface glacier investigation.
— **di una miniera,** working of a mine.
— **elettronica** (*telev.*), electronic scanning.
— **elicoidale** (*telev.*) helical scanning.
— **luminosa per punti** (*telev.*), flying spot scanning.
— **geotermica,** geothermal exploration.
— **multipla** (*telev.*), multiple scanning.
— **nucleare sotterranea** (*min.*), underground nuclear exploration.
— **oscillante** (*telev.*), oscillatory scanning.
— **planetaria** (*astron.*), planetary exploration.
— **sismica** (*geol.*), seismic surveying; (*petrol.*), seismic exploration.
— **stratografica** (*geol.*), stratigraphical exploration.
— **subacquea,** underwater exploration.
— **verticale** (*telev.*), vertical scanning.
esplosione, *f.* blast; explosion.
— **atomica** (*fis. atom.*), atomic explosion.
— **di forno di caldaia,** boiler furnace explosion.
— **nucleare** (*fis. atom.*), nuclear explosion.
— **nucleare ad alta quota** (*fis. atom.*), high altitude nuclear explosion.
— **nucleare in superficie,** surface nuclear explosion.
— **nucleare sotterranea,** underground nuclear explosion.

esplosivo, *m.* explosive; v. **sensibilità dell'—.**
— **al clorato,** chlorate explosive.
— **al nitrato d'ammonio,** ammonium nitrate explosive.
— **al plastico,** plastic explosive.
— **da mina,** mining explosive; (*carbone*), coal-mining explosive.
— **di sicurezza,** safety explosive.
— **nucleare** (*fis. atom.*), nuclear explosive.
— **riconosciuto e approvato con decreto dal competente Ministero,** permitted explosive.
esponente, *m.* (*mat.*), exponent.
— **dell'industria** (*comm.*), representative of industry.
esponenziale (curva —), exponential curve.
— **(equazione —),** exponential equation.
— **(funzione —),** exponential function.
— **(serie —),** exponential series.
— **(teorema—),** exponential theorem.
esportatore, *m.* (*comm.*), exporter.
esportazione, *f.* export; exportation.
esposimetro, *m.* (*fot.*), exposure meter.
esposizione, *f.* (*fot.*) (*fis.*), exposure; exhibition (*mostra*).
— **alla luce**, optical exposure.
— **alla polvere** (*prev. infortuni*), dust exposure.
— **alle radiazioni** (*fis. atom.*), radiation exposure.
— **al rumore** (*ind.*), noise-exposure.
— **al rumore industriale** (*med. lavoro*), work-noise exposure.
— **della meccanica,** mechanical exhibition (*or* fair).
— **della tecnica,** technical exhibition (fair).
— **giornaliera al rumore** (*med. lavoro*), day's noise exposure.
— **industriale,** industri alexhibition.
— **massima ammissibile** (*fis. atom.*), maximum permissible exposure.
espressione, *f.* (*mat.*), expression.
— **algebrica,** algebraic expression.
— **condizionale** (*mat.*), conditional expression.
espresso interurbano (*ferr.*), town-to-town express.
espropriazione, *f.* (*leg.*), expropriation.
espulsione (*f.*) **di gas,** gas expulsion; gas ejection.
— **(sistema di — della cassetta)** (*audio*), cassette eject system.
espulsore, *m.* expeller.
— **del ghiaccio** (*condensatori*), ice ejector.
espurgo fossi (*agr.*), ditch cleaning.
essenza, *f.* essence.
— **di arancio,** orange oil.
— **di bergamotto,** bergamot oil.
— **di cannella,** cinnamon oil.
— **di fiori di arancio amaro,** orange-flower oil; neroli oil.
— **di limone,** lemon oil.
— **di mandarino,** tangerine oil; mandarin oil.
— **di rose** (*profumi*), attar of roses; essence of rose; rose oil; otto of roses.
— **di trementina,** turpentine oil; turps; spirits of turpentine.
— **per gelati,** ice cream essence.
essenziale, *agg.* (*chim.*), pure; volatile (*in gen.*); essential.
essere adeguato (rispondere a), to gear; (*sistemi di insufflazione adeguati alla produz. rapida dell'altoforno*), injection systems geared for the high speed production of the blast furnace.
— **dotato di ponti,** to be bridged.
— **in anticipo** (*di corrente*) (*elet.*), to lead.
essiccamento, *m.* drying.
— **a tamburo,** drum drying.
— **dielettrico,** dielectric drying.
— **eccessivo,** overdrying.
essiccante, *m.* (*vernici, ecc.*), drier; (*chim.*), dessiccant.
— **liquido** (*vernici*), liquid drier.
— **per pitture,** paint drier.
— **per vernici,** varnish drier.
— **tipo giapponese** (*vernici, ecc.*), japan drier.

essiccare, *v.a.* to dry.
essiccativo, *m.* siccative.
essiccatoio, *m.* drying shed; drying room; drying stove; (*fond.*) drier.
— a nastro con pendenza fissa (*agr.*), fixed-slope tray dryer.
— del malto, drying kiln.
— rapido (*met.*), flash baker.
essiccatore, *m.* dryer; drying machine; drier; (*recipiente di vetro*) (*chim.*), dessiccator.
— a calore radiante, radiant heat dryer.
— a ciclo determinato, batch dryer.
— a cilindro rotante, rotary dryer.
— a circolazione completa, through-circulation dryer.
— a coclea, screw conveyor dryer.
— a convezione di calore, direct dryer.
— a raggi infrarossi, infra-red dryer.
— a spruzzo, spray dryer.
— a tamburi accoppiati, twin-drum dryer.
— a tamburo cilindrico (*o* **a cilindri**), cylinder dryer; « can » dryer.
— a tazze a vuoto, vacuum tray dryer.
— a tazze con agitatori, agitated-pan dryer.
— a tazze oscillanti, vibrating tray dryer.
— a trasporto pneumatico, pneumatic conveying dryer.
— a tubi riscaldati a vapore, steam-tube dryer.
— a tunnel, tunnel dryer.
— a tunnel a controcorrente, countercurrent tunnel dryer.
— a tunnel a corrente parallela, parallel current tunnel dryer.
— a tunnel a scarico centrale, center exhaust tunnel dryer.
— automatico a spire (*o* **a festoni**), automatic loop dryer.
— a vuoto a congelamento, vacuum freeze dryer.
— a vuoto a un solo tamburo, vacuum single-drum dryer
essicatore continuo, continuous dryer.
— continuo del tipo diretto, direct continuous type dryer.
— dielettrico, dielectric dryer.
— indiretto (*o* **a conduzione,** *o* **a contatto**), indirect dryer.
— per caffè, coffee dryer.
— per il grano (*agr.*), grain drier.
— primario (*met., mecc.*), primary drier.
— (costruire un —), to build (*or* to construct; *or* to make) a dryer.
essiccazione, *f.* drying.
— a basso costo, low-cost drying.
— della vernice a raggi infrarossi (*vern.*), infra-red paint drying.
— (impianto prefabbricato di —) (*agr.*), package drying unit.
essudazione (*affioramento di metallo liquido nella crosta solidificata*) (*met.*), sweating.
— eutettica (*met.*), eutetcic exudation.
estensibile, *agg.* extensible; expanding; (*elettron.*), expandable.
estensimetro (elettrico) (*pesatura e mis. di pressione*), strain gage; extensometer.
estensione, *f.* extension (*parte in più*); additional part; dilatation.
— di portata (*radar*), range extension.
estensore, *m.* (*art. sport.*), exerciser.
estere (*chim.*), ester.
esteri, *m. pl.* (*chim.*), esters.
— acidi (*chim.*), acid esters.
— cellulosici, cellulose esters.
esterificare, *v.a.* (*chim.*), to esterify.
esterificazione, *f.* esterification.
esterna (antenna —) (*radio*), exterior aerial.
esterni, *m. pl.* (*cinem.*), exteriors.
esterno, *agg.* outward.
— (posizione esterna dell'utensile) outward position of the tool.
estero (beni all'—), foreign assets.
estetica, *f.* (*auto*), styling.
estetico, *agg.* (*mobili, ecc.*), aesthetic.

estetista, *m.* beauty consultant; beautician *m.*
estimo (*m.*) **delle terre,** valuation of land.
estinguere, *v.a.* to put out (fire); to extinguish; to quench.
— **l'incendio di un pozzo petrolifero,** to extinguish an oil well fire.
estintore, *m.* fire extinguisher; extinguisher.
— **ad anidride carbonica,** carbon dioxide extinguisher.
— **a polvere,** dry powder extinguisher.
— **a schiuma** (*misure contro incendi*), foam extinguisher; fire foam.
— **a soluzione alcalina acida,** acid alkali extinguisher.
— **a tetracloruro di carbonio,** carbon tetrachloride extinguisher.
— **carrellato,** wheeled fire extinguisher.
— **portatile,** portable fire extinguisher.
— **(capacità dell'—),** fire extinguisher capacity.
— **(capovolgere l'—),** to turn over (upside down) the extinguisher.
— **(carica per —),** fire extinguisher charge.
estinzione, *f.* (*radio ecc.*), quenching.
— **del fuoco,** fire extinction.
estirpare, *v.a.*, to grub (up).
estirpatore, *m.* (*agric.*), grubber.
estradosso, *m.* (*costr.*), extrados.
— **dell'elica** (*aereo*), suction face.
estraneo, *agg.* foreign (*materiale estraneo*, foreign material).
estranucleare, *agg.* extranuclear.
estrapolare, *v.a.* (*mat.*), to extrapolate; to exterpolate.
estrapolazione, *f.* (*mat.*), extrapolation.
— **dei risultati** (*mat.*), extrapolation of results.
estrarre, *v.a.* to extract; to draw out; to prise (*con leva di sollevamento*); to prize (U.S.A.); to punch out (*con punzone*); (*carbone, minerali*), to win.
estrarre la radice (*mat.*), to extract the root.
— **la radice cubica,** to extract the cube root.
— **la radice quadrata,** to extract the square root.
— **lingotti dalle lingottiere** (*met.*), to strip the ingots.
— **un metallo dal suo minerale,** to get a metal from its ore.
— **un palo,** to draw a pile.
estratti (*m. pl.*) **in polvere,** powdered extracts.
— **tannici,** tanning extracts.
estratto, *m.* extract.
— **a stampa** (*tip.*), off-print.
— **conto** (*comm.*), statement of account.
— **di acetone,** acetone extract.
— **di castagno** (*ind. chim.*), chestnut extract.
— **di galla** (*ind. chim.*), nutgall.
— **di solfito di abete** (*chim. concia*), spruce sulfite extract.
— **di sommacco** (*ind. chim.*), sumac; shumac.
estrattore, *m.* extractor; drawer; (*tess.*), draw box; (*mecc., presse*) (*chim.*), stripper.
— **con solvente** (*chim.*), solvent extractor.
— **con solvente, a controcorrente** (*chim.*), countercurrent solvent extractor.
— **della barra** (*colata continua*), withdrawal mechanism.
— **per carota** (*min.*), core-lifter.
— **per maschi** (*mecc.*), tap extracting tool; tap extractor.
estrattrice, *f.* (*macchina d'estrazione*) (*miniera*), winding engine.
estrazione, *f.* (*metal., chim., min.*), extraction; (*miniere, petrol.*), drifting; (*sollevando o forzando con leva*), prising up; prizing up (U.S.A.); (*in una macchina per colaggio continuo*) (*met.*), withdrawal.
— **a cucchiaia** (*ind. petrol.*), bailing.

estrazione a solvente (*chim.*), solvent extraction.
— **con gabbie** (*min.*), cage winding.
— **continua** (*chim.*), continuous extraction.
— **dei modelli** (*dalle forme*) (*fond.*), lifting of patterns.
— **del carbone mediante lisciviazione batterica** (*min.*), extraction by bacterial leaching.
— **dello zinco per via elettrolitica** (*elettrochim.*), electrowinning of zinc.
— **del metano,** extraction of methane.
— **di pietre,** quarrying.
— **di radice** (*mat.*), extraction of root.
— **elettrolitica,** electrowinning.
— **idraulica** (*min.*), hydraulic mining; (hydromining); hydraulic winning (*of coal*); hydraulic extraction.
— **idraulica del carbone** (*min.*), hydraulic coal getting; hydraulic extraction; hydro-extraction.
— **(cavo d'—)** (*min.*), hoisting rope.
— **(macchina d'—),** (*min.*), hoisting engine.
— **(meccanismo d'—)** (*met.*), withdrawal mechanism.
— **(pozzo d'—)** (*min.*), hoisting shaft.
— **(sistema di — con dispositivi idraulici)** (*min.*), hydraulic mining.
estrazioni in corso (*finan.*). outstanding drawings.
estremi (*m. pl.*) (*di contratto*) (*comm.*), terms; conditions.
— **di proporzione** (*mat.*), extremes.
estremità, *f.* end; point.
— **anteriore,** forward end.
— **aperte su due lati** (*tubi*) (*met.*), open both ends.
— **del dente,** tooth point.
— **del gambo dello stantuffo,** piston-rod end.
— **dell'elettrodo** (*sald.*), electrode end.
estremità dell'elettrodo bombata (*sald.*), domed tip of an electrode.
— **destra del mandrino** (*mecc.*), right-hand end of the spindle.
— **di avvolgimento,** end of a winding.
— **di rotaie saldate in testa,** butt welded rail ends.
— **di scarico,** discharge end.
— **di un cilindro,** cylinder end.
— **di un filo,** end of a wire.
— **di un tronco** (*albero*), log end.
— **inferiore,** lower end.
— **inferiore d'un doccione,** shoe.
— **inferiore d'un tronco,** end of a trunk.
— **superiore,** upper end.
estrudere, *v.a.* to extrude.
estrusibile, *agg.* (*met., mecc.*), extrudable.
estrusione, *f.* (*mecc., met.*), extrusion.
— **a caldo,** hot extrusion.
— **a freddo,** cold extrusion.
— **a ritroso** (*o* **indiretta)** (*mecc., met.*), backward extrusion.
— **con foratura,** drill press extrusion.
— **delle polveri** (*met.*), powder extrusion.
— **diretta** (*o* **in avanti)** (*mecc., met.*), direct extrusion; forward extrusion (U.S.A.).
— **diretta ed indiretta combinata** (*mecc., met.*), combined backward and forward extrusion.
— **fluida** (*met., mecc.*), fluid extrusion; hydrostatic extrusion.
— **fluido a fluido,** v. — **sotto pressione differenziale.**
— **idrostatica** (*met.*), hydrostatic extrusion; hydrostatic fluid extrusion; ramless extrusion.
— **in avanti** (*met., mecc.*), v. — **diretta.**
— **in avanti chiusa** (*mecc., met.*), closed forward extrusion.
— **indiretta** (*mecc., met.*), inverted extrusion; backward extrusion (U.S.A.).
— **per urto,** impact extrusion.

estrusione senza stantuffo (*met., mecc.*), ramless extrusion; hydrostatic extrusion.
— sotto pressione differenziale (*met.*), differential pressure extrusion; fluid-to-fluid extrusion.
— tubolare, tubular extrusion.
— (pressione d'—) extruding pressure.
— (temperatura d'—), extruding temperature.
— (velocità d' —), extruding speed.
estruso, *m.* extruded product; (*barra o profilato ricavati*), extruded bar; extruded section.
— (*p.p.*) **a caldo,** hot extruded.
esuberante (*o* **in eccesso**), *agg.* (*di lavoratori in più del necessario*), redundant.
esuberanza, *f.* (*eccesso di mano d'opera, di impiegati, ecc.*) (*lavoro*), redundancy.
età dei neutroni (*fis. atom.*), neutron age.
— di Fermi (*fis. atom.*), Fermi age.
etano, *m.* (*chim.*), ethane.
etanolo, *m.* (*chim.*), ethanol.
etere, *m.* (*chim.*), ether.
— acetico, acetic ether.
— allilico (*chim.*), allyl ether.
— di petrolio, petroleum ether.
— etilico, ethyl ether.
— perclorico, perchlor ether.
— solforico, sulphuric ether.
eterico, *agg.* ethereal.
eterificare, *v.a.* to etherize.
eterificazione, *f.* etherification.
eterina, *f.* (*chim.*), etherin.
eternit, *m.* eternit.
— ondulato, corrugated asbestos-cement.
eterocromatiche, *f. pl.* heterochromatic radiations.
eterodina, *f.* (*radio.*), heterodyne.
eterogeneità, *f.* (*strutturale*) (*met.*), heterogeneity.
eterogeneo, *agg.*, heterogeneous.
eteropolare, *agg.* heteropolar.
eterosfera, *f.* (*astr.*), heterosphere.
etichetta, *f.* label.
— autoadesiva, self-adhesive label.
etichetta autoadesiva del tipo amovibile, self-adhesive label of the peelable type.
— di identificazione (*video, ecc.*), identification label.
— di istruzione (*inform.*), instruction label.
— gommata, gummed label.
etichettatrice, *f.* (*mecc.*), labeller; labelling machine.
— automatica (*ind.*), automatic label applicator.
etichette a decalcomania, decalcomania labels.
— di pericolo (*da applicarsi sui recipienti ed imballaggi contenenti merci pericolose*), labels for dangerous goods.
— resistenti all'acqua, water-resistant labels.
— termoplastiche, thermoplastic labels.
etilammina, *f.* (*chim.*), ethylamine.
etilare, *v.a.* (*chim.*), to ethylate.
etilcianina, *f.* ethylcyanin.
etile, *m.* ethyl.
etilendiamina, *f.* (*chim.*), ethylenediamine.
etilene, *m.* ethylene; ethene; olefiant gas.
etina, *f.* (*chim.*), ethine.
ettaro, *m.* hectare.
ettolitro, *m.* hectolitre.
ettometro, *m.* hectometre.
ettowatt, *m.* (*elet.*), hectowatt.
eucalipto, *m.* eucalyptus (*pl.* eucalyptuses; eucalypti).
— d'Australia, jarrah.
— rosso, red eucalyptus.
— (olio di —), eucalyptol.
euclasio, *m.* (*min.*), euclase.
eudiometria, *f.* eudiometry.
eudiometro, *m.* eudiometer.
euforia, *f.* (*comm.*), boom.
eugenolo, *m.* eugenol.
eurodollaro, *m.* (*finan.*), eurodollar.
euro-obbligazioni, *f. pl.* (*comm.*) (*econ.*), euro-bonds.
europio, *m.* (*chim.* = Eu), europium (*cloruro, ossido, solfato*

di —, europium chloride, oxide, sulphate).
eurosterlina, *f.* (*finan.*), eurosterling
eutettico, *agg.* eutectic.
eutettoide, *m.* eutectoid.
evacuare, *v.a.* to evacuate; to remove (*gas, ecc.*); to drain off.
evacuatore di piena (*idraul.*), flood spill way.
evanescenza, *f.* (*elet. acust.*), fading.
— **di polarizzazione** (*radio*), polarisation fading.
evaporare, *v.i.* to evaporate.
evaporatore, *m.* evaporator.
— **a scoppio,** flash evaporator.
evaporazione, *f.* (*fis. atom.*), evaporation.
— **a effetti multipli** (*dissalazione*), vertical tube evaporation.
— **ad espansioni multiple** (*dissalazione*), multistage flash evaporation.
evaporazione del nucleo (*fis. atom.*), nuclear evaporation.
— **di neutroni** (*fis. atom.*), neutron evaporation.
evaporizzazione, *f.* evaporation.
evapotraspirazione, *f.* evapotranspiration.
evezione, *f.* evection.
evitazione (*ferr.*), shunting.
evoluta, *f.* (*geom.*), evolute.
evolvente, *f.* involute; evolvent.
extra vigoroso (*fot.*), extra vigorous.
extracorrente, *f.* (*elet.*), extracurrent.
extradolce, *agg.* (*met.*), dead soft.
extragalattico, *agg.* (*astr.*), extragalactic.
extraterrestre, *agg.* e *n. m.* extraterrestrial.
— **(ambiente —)** (*astron.*), extraterrestrial environment.
— **(vita —)** (*astron.*), extraterrestrial life.

F

fabbisogno, *m.* requirement; need.
— **di capitale,** capital requirement.
— **di energia per macchine utensili,** power required for machine tools.
— **di materiale elettrico,** electrical equipment.
— **materiale** (*per saldatura, ecc.*), equipment; apparatus required (for).
— **termico** (*min., met.*), heat requirement.
— **termico netto** (*min., ecc.*), net heat requirement.
fabbrica, *f.* factory (*officina*); building (*fabbricato*); workshop; works.
— **automatica,** automated plant.
— **controllata da robot,** robot-controlled factory.
— **di accumulatori** (*elet.*), battery factory; battery works.
— **di articoli casalinghi,** home appliance factory.
— **di cemento,** cement factory,
— **di concimi (*o* fertilizzanti),** fertilizer factory.
— **di concimi azotati,** nitrogen fertilizer plant.
— **di macchine da cucire,** sewing-machine factory.
— **di materie plastiche,** plastics plant.
— **di modelli,** pattern shop.
— **di motociclette,** motorcycle factory.
— **di motori,** motor factory.
— **di sapone,** soap factory.
— **di vagoni,** wagon works.
— **di zucchero,** sugar factory.
— **spaziale** (*astron.*), space factory.
— **(alla —),** (*prezzi*), ex-works.
— **(marca di —),** trade-mark.
— **(prezzo di —),** cost price; manufacturer's price.
fabbricante, *m.* manufacturer; maker; builder.
— **di acciaio di (una) miniacciaieria** (*met.*), ministeelmaker (U.S.A.).
fabbricante di autotreni, truck manufacturer.
— **di calcolatori elettronici** (*elettron.*), computer mainframe maker (*or* manufacturer); mainframer.
— **di robot industriali,** robot manufacturer.
fabbricare, *v.a.* to build (*costruire*); to fabricate; to manufacture; to make.
— **su licenza** (*met., ecc.*), to make under licence.
fabbricato, *m.* building; structure; fabric.
— **dell'acciaieria ad ossigeno** (*met.*), BOS (basic oxygen steelmaking) building.
— **industriale** (*costr.*), industrial building.
— **multipiano industriale** (*costr.*), multi-store industrial building.
— **sottile** (*costr.*), slender building.
fabbricatore, *m.* manufacturer; builder; maker; constructor.
fabbricazione, *f.* manufacture; building; fabrication; making.
— **computerizzata,** v. **tecnica di — computerizzata.**
— **della carta,** paper-making.
— **dell'acciaio col processo tandem** (*met.*), tandem steelmaking.
— **di acciaio all'ossigeno** (*met.*), (basic) oxygen steelmaking; LD steelmaking.
— **di acciaio con impiego di ossigeno** (*met.*), oxygen steelmaking; LD steelmaking.
— **di acciaio Kaldo** (*met.*), Kaldo steelmaking; (Kaldo oxygen steelmaking).
— **di acciaio in convertitore** (*met.*), Bessemer steelmaking.
— **di acciaio in forno elettrico** (*met.*), electric-arc steelmaking.
— **di anime** (*fond.*), core making.
— **di laterizi,** brick making.

fabbricazione in massa, wholesale manufacture; mass-production manufacturing.
— in serie, wholesale manufacture; mass production.
— (in —), in course of manufacture.
fabbro, *m.* blacksmith (*magnano*); smith; forger.
— ferraio, *m.* locksmith (*chiavaio*); smith.
faccetta, *f.* chamfer.
faccia, *f.* face.
— convessa, *f.* convex side (or face).
— di appoggio, top.
— di saldatura (*sald.*), weld face.
— esterna, exterior face.
— interna, interior face.
— posteriore della luna (*astr.*), back side of the moon.
— superiore, upper side.
facciale (*di maschera antigas*), face-piece.
facciata, *f.* façade; front elevation-front.
facilitazioni di credito (*comm.*), credit facilities.
— di pagamento, easy terms of payment.
facola, *f.* (*meteor.*), facula.
facoltà d'adattamento, adaptability.
— di partecipazione a un fondo, ecc. (*econ.*), equity feature.
facsimile. v. **trasmettitore per —.**
— di documenti (*inform.*), facsimile of documents.
faenza, *f.* (*ceram.*), faience.
faggio (*m.*) **comune** (*bot.*), common beech.
— rosso, common beech.
faglia, *f.* (*geol.*), fault.
— a gradini (*geol.*), step fault.
— anormale (*geol.*), v. **— inversa.**
— anticlinale (*geol.*), anticlinal fault.
— chiusa, closed fault.
— diagonale, cross-fault.
— diretta (*geol.*),v. **— normale.**
— in direzione (*o* **parallela),** strike -fault.
faglia inversa (*geol.*), reverse fault; overlap fault.
— normale (*geol.*), dip-slip fault; normal fault; gravity fault.
— obliqua, oblique fault.
— orizzontale, horizontal fault.
— semplice, simple fault.
falcia-caricatrice semiportata (*mecc. agr.*), semitransported mowing and loading machine; semi-transported cutter-loader.
falciatrice, *f.* (*agr.*), mower; mowing machine.
— a due cavalli, two-horse mower.
— -raccoglitrice, *f.* (*agr.*), forage harvester.
falcia-trincia-caricatrice (*agr.*), flail harvester.
falcone, *m.* (*ritto isolato sostenuto da stalli e destinato a portare le carrucole di rinvio delle funi che, partendo dagli argani, vanno ad afferrare i pezzi da sollevare*: Masi, *Costr. Met.*) (*costr.*), simple pole derrick; gin pole derrick; standing derrick.
falda, *f.* (*geol.*), stratum (*pl.* strata).
— del tetto, v. tetto.
— idrica, creek (U.S.A.); (water) creek.
faldatrice, *f.* (*tess.*), cloth folder.
falegname, *m.* carpenter (*per grandi lavori*); joiner (*per piccoli lavori*).
falegnameria, *f.* joinery; (*materia scolastica*) carpentry; joinery (*per infissi*).
falla, *f.* (*naut.*), leak.
fallimento, *m.* (*comm.*), bankruptcy.
fallire, *v.a.* (*comm.*), to become bankrupt; to fail.
fallire un colpo, to miss (*v.a.*) a mark.
falsa camicia, false lining.
— centina (*aereo*), false wing rib; former.
— squadra, *f.* slide bevel.
falsificare, *v.a.* to counterfeit; to falsify; to adulterate; (*vini, conti, ecc.*), to doctor.
falsificazione, *f.* counterfeiting; falsification.

falso cirro (*meteor.*), false cirrus.
— **canale** (*met.*), blind pass.
— **fondo,** false bottom.
— **oro,** imitation gold.
— **pozzo** (*min.*), winze.
— **titolo** (*tip.*), fly-title.
famiglia (*f.*) **di curve,** assemblage of curves.
— **dell'uranio** (*fis. atom.*), uranium family.
— **del torio** (*fis. atom.*), thorium family.
— **di caratteri** (*tip.*), type family.
— **radioattiva** (*fis. atom.*), radioactive chain; radioactive family.
fanale, *m.* lantern; lamp; signal light; beacon.
— **di atterraggio** (*aereo*), landing light.
— **di navigazione** (*aereo*), navigation lamp.
— **di poppa** (*naut.*), stern light.
— **di posizione** (*aereo*), identification lamp; navigation light; side light (*naut.*).
— **di posizione sull'ala sinistra** (*aereo*), port wing navigation light.
fanalino (*m.*) **di arresto** (*motoc.*), rear stop lamp.
— **posteriore** (*motoc.*), electric rear lamp; (U.S.A.) taillight.
fanghi abrasivi, abrasive slurries.
— **di trivellazione,** drilling muds.
— **rossi** (*met.*), red muds (residue of the Bayer process, rich in Fe_2O_3).
— **trattati con calce** (*ing. min.*), lime treated muds.
— **(prodotti chimici per il trattamento dei —),** mud-treating chemicals.
fanghiglia, *f.* (*cemento, ecc.*), slurry.
fango (*deposito*), *m.* sediment.
— **acido** (*ind. pet.*), acid sludge.
— **argilloso** (*petrol.*), clay base mud.
— **attivato** (*min.*), activated sludge.
— **biologico** (*inquinamenti*), biological slime.
— **del rotary** (*petrol.*), rotary mud.
— **di circolazione** (*petrol.*), drilling mud.
fango (di circolazione) ricondizionato (*petrol.*), reconditioned (drilling) mud.
— **in emulsione** (*min.*), emulsion mud.
— **oleoso** (*petrol.*), oil-base mud.
— **salino** (*petrol.*), salt water mud.
fanotron, *m.* phanotron.
fantascienza, *f.* science fiction.
fantasmi della televisione, television ghosts.
fantina, *f.* (*macch. ut.*), headstock.
fantoccio, *m.*, phantom.
— **(materiale —)** (*che simula le reazioni di esposizione ad una radiazione*) (*radiazioni*), phantom material.
farad, *m.* farad.
faraday (*elet.*), faraday.
faradico, *agg.* (*elet.*), faradic.
faradizzare, *v.a.* faradize *v.a.*
faradizzazione, *f.* faradisation.
fare acqua (*naut.*), to leak *v.i.*
— **anticipare un orologio,** to make watch (+).
— **avanzare** (*carta su stampante*) (*inform.*), to advance.
— **« cannone »** (*riferito a mine che esplodendo scacciano l'intasamento nel foro senza demolire la roccia*) (*min. esplosivi*), « blowing » out the stemming (along the hole).
— **carbone** (*naut.*), to bunker *v.i.*
— **circolare** (*un gas, ecc.*), to circulate (a gas).
— **circolare l'acqua,** to circulate (*v.a.*) water.
— **circolare l'acqua dal basso all'alto,** to circulate water from bottom to top.
— **danni,** to do some damage.
— **delle letture al grisumetro** (*min.*), to take methanometer readings.
— **delle letture alla stadia,** to take (*v.a.*) readings of a (levelling) staff.
— **diminuire** (*una temperatura*), to decrease.
— **evaporare** (*chim.*), to dry off (U.S.A.); to dry out.

fare girare di 180°, to rotate something) 180°.
— **girare l'elica** (*aereo*), to spin the propeller.
— **il pieno** (*di carburante*), to fill up (*v.a.*); to top up (*v.a.*).
— **il pieno agli aerei da combattimento in volo**, to top up fighters in flight.
— **la correzione in piombo** (*tip.*), to correct type matter.
— **la levata** (*tess.*), to doff.
— **la media**, to average.
— **la prima passata alla mola**, to grind (*v.a.*) preparatory.
— **la spola** (*trasporti*), to shuttle.
— **la vite a destra** (*aereo*), to right hand spin.
— **marciare un altoforno con aria normale** (*met.*), to run a blast furnace on normal air.
— **muovere**, to cause to move.
— **oscillare**, to oscillate.
— **oscillare lentamente** (*cost.*), to sway.
— **passare una soluzione in...** (*chim.*), to run (*v.a.*) a solution through...
— **presa** (*di agglomerati*), to set *v.i.*
— **presa all'aria** (*agglomerati*), to set (*v.i.*) in the air.
— **presa nell'acqua** (*agglomerati*), to set under water.
— **raffreddare lentamente** (*chim.*, *ecc.*), to allow to cool slowly.
— **reagire** (*chim.*), *v.a.* to react.
— **ricircolare** (*gas ecc.*), to recirculate.
— **rientrare** (*tip.*), to indent.
— **rientrare in attività una miniera abbandonata** (*min.*), to bring an abandoned mine back into production.
— **rinvenire** (*met.*), to temper *v.a.*
— **riparazioni**, to make repairs.
— **ritardare un orologio**, to make watch (—).
— **saldature in un piano verticale** (*sald.*), to make welds in a vertical plane.
— **salire a galla ed espellere le inclusioni non metalliche** (*met.*), to float out the non-metallic inclusions.
fare scalo (*approdare*), to call at.
— **scanalature elicoidali**, to flute.
— **scoccare l'arco** (*sald.*), to strike an arc.
— **scolare l'acqua**, to run off; to drain off.
— **scorrere** (*un nastro magnetico*) (*inform.*), to advance.
— **scorrere la cinghia**, to shift the belt.
— **seccare**, to allow to dry.
— **una colata** (*met.*), to tap a heat.
— (*eseguire*) **una martellatura** (*mecc.*), to do a hammering.
— **una passata** (*macch. ut.*), to traverse.
— **una perizia**, to hold a survey.
— **una rovesciata d'ala** (*aereo*), to tilt; to careen; to tip.
— **una saldatura** (*sald.*), to do a welding.
— **una seconda prova**, to take another check.
— **un cordone** (*lamin.*), to warp.
— **un corso d'ingegneria**, to take an engineering course.
— **un disegno**, to make a drawing.
— **un disegno a scala naturale**, to make a drawing to a scale of full size.
— **un'esperienza**, to make (*v.a.*) an experiment.
— **un foro** (*col trapano*), to bore (*v.a.*) out.
— **un incastro**, to groove *v.a.*
— **uno schizzo**, to sketch.
— **uno sciopero**, to strike; to walk out.
— **un rivestimento di tavole**, to dress (*v.a.*) a boarding.
— **un sondaggio**, to sink a hole.
— **uscire dal bacino** (*una nave*) (*naut.*), to undock.
— **vela** (*naut.*), to sail *v.i.*; to set (*v.a.*) sail.
— **vibrare**, *v.a.* to vibrate.
faretto, *m.* (*auto*), tiny headlight.
farfalla, *f.* (*auto*), throttle.
fari anteriori (*auto*), head lights.

fari alogeni (*auto*), halogen headlights.
— **anteriori rettangolari** (*auto*), rectangular headlights.
— **antinebbia** (*auto*), fog lamps.
— **posteriori** (*auto*), rear lamps.
farina, *f.* meal; flour.
— **ad autolievitazione** (*preparata con lievito chimico*), self-raising flour.
— **d'allume,** alum meal; alum flour.
— **d'aringhe,** herring meal.
— **di carne,** meat meal.
— **di legno,** wood flour.
— **di mandorle,** almond meal.
— **di ossa,** bone meal.
— **di roccia,** rock flour.
— **di semi di cotone,** cotton seed meal.
— **fossile,** fossil meal.
— **lattea,** infants food.
farmaceutica, *f.* (*med.*), pharmaceutics.
farmaceutico, *agg.* pharmaceutic(al); (*prodotti farmaceutici*), pharmaceuticals.
farmacia, *f.* (*med., farm.*) (*negozio e arte*), pharmacy; (*negozio*), chemist's and druggist's shop; farmacy, drug-store (U.S.A.).
farmacista, *m.* (*farm.*), chemist; druggist; (*dottore in farmacia*), pharmacist.
farmaco (*sostanza medicinale*) (*farm.*), drug.
farmacodinamica, *f.* (*med.*), pharmacodynamics.
farmacognosia, *f.* (*med.*), pharmacognosy.
farmacolite, *f.* (*min.*), pharmacolite.
farmacologia, *f.* (*med.*), pharmacology.
farmacopèa, *f.* (*med.*), pharmacopoeia.
farmacòpola, *m.* pharmacopolist; druggist (U.S.A.).
farmacosiderite, *f* (*min.*), pharmacosiderite.
faro, *m.* beacon; headlight (*naut.*); lighthouse; (*auto, proiettore*), lamp.
faro ad acetilene, acetylene headlight.
— **d'atterraggio,** landing lamp.
— **di bordo** (*aereo*), navigation light.
— **d'identificazione** (*radar*), identification beacon.
— **di segnalazione** (*di un campo d'aviazione*), airfield beacon.
— **d'orientamento,** orientation beacon.
fascetta (*di riviste, giornali, ecc.*) wrapper.
— **per tubazioni flessibili,** hose clamp.
fascia, *f.* (*cost.*), platband.
— **di centramento** (*munizioni*), shoulder.
— **di protezione laterale** (*auto*), side protection strip.
— **di vapore,** steam jacket
— **d'ormeggio** (*aereo*), mooring band.
— **grondaia** (*aereo*), drip flap; drip strip (*or* band); weather band (U.S.A.).
— **interna d'un cilindro,** inner liner.
— **metallica** (*di navi*), sheathing.
— **spartitraffico** (*autostrade*), safety centre strip.
fasciame, *m.* (*naut.*), plating (*in ferro*); planking (*in legno*); skin (*in generale*).
— **a giorno** (*naut.*), cargo battens.
— **a paro** (*naut.*), flush plating.
— **a spessore conico** (*naut.*), clinker plating.
— **di fondo** (*naut.*), bottom shell.
— **di ponte** (*naut.*), deck sheathing.
— **esterno** (*naut.*), outside plating; shell plating.
— **in ferro,** plating.
— **in legno,** planking.
— **interno,** ceiling.
— **isolante di cilindri,** lagging.
— **laterale,** side plating.
fasciatura, *f.* (*di ferita*), dressing; (*d'imballaggio, p. es. per turaccioli, saponi, ecc.*), banding.
— **di mattoni,** bond.
fasciare (*con lamiere*), *v.a.* to sheathe.

fasciare di feltro, to felt *v.a.*
fascina, *f.* (*cost. idr.*), fascine.
— **di legna,** faggot.
fascinaggio, *m.* (*cost. difesa fiumi*), fascine work.
fascinata (*difesa idraul.*), fascine mattress; fascine apron (*formed of brushwood*).
fascio (*m.*) **a ventaglio,** (*radio, radar*), fan beam.
— **di assi coordinati,** sheaf of coordinate axes.
— **di cavi** (*aereo*), loom.
— **di elettroni modulato** (*elet.*), modulated electron stream.
— **diffuso** (*fis. atom.*), scattered beam.
— **di fotoni,** beam of photons.
— **di neutroni** (*fis. atom.*), neutron beam.
— **di raggi,** beam of rays; bundle; (*di luce polarizzata*), brush.
— **di scambi** (*ferr.*), group of points.
— **di traiettorie** (*armi*), cone of dispersion.
— **di tubi,** nest of tubes; set of tubes; tube system.
— **ionico** (*fis. atom.*), ion beam.
— **luminoso** (*ott.*), pencil.
— **molecolare** (*fis.*), molecular beam.
— **radar,** radar beam.
fascione, *m.* (*cost. civ.*), rib.
— **di colmo,** ridge rib.
fase (*elet., mot., astron.*), phase; stroke (*motori a scoppio*).
— **attiva** (*auto*), power stroke.
— **di aspirazione** (*auto*), inlet stroke.
— **di compressione** (*auto*), compression stroke.
— **di lavoro,** stage; working cycle.
— **di scarico** (*auto*), exhaust stroke.
— **di scoppio** (*auto*), firing stroke.
— **di soffiaggio** (*met.*), blowing phase.
— **dispersa** (*chim.*), dispersed phase.
— **gassosa,** gas phase.
— **in anticipo** (*elet.*), leading phase.
— **in ritardo** (*elet.*), lagging phase.
fase logaritmica (*med.*), logarithmic phase.
— **passiva** (*auto*), idle stroke.
— **Sigma** (*met.*), Sigma phase.
— **stazionaria** (*med.*), stationary phase.
— **vapore,** vapour phase.
— **(in — avanzata di completamento)** (*cost.*), well on the way to completion.
— **(in — di studio),** in the planning stage.
fasòmetro, *m.* (*elet.*), phasemeter; power-factor meter.
fasotrone, *m.* (*fis. atom.*), phasotron.
fastidio, *m.* nuisance.
fathom, *m.* fathom (*= 1,8288 m*).
fatica (*nel significato di sforzo*), effort.
— **acustica** (*acust.*), acoustical fatigue.
— **da intaglio** (*met.*), notch fatigue.
— **del materiale,** stress of material; fatigue.
— **oculare professionale** (*ott.*), industrial eyestrain.
— **per corrosione** (*met.*), corrosion fatigue.
— **per flessione rotante** (*met.*), rotating-bending fatigue.
— **per torsione** (*met.*), twisting stress.
— **pulsante** (*met.*), pulsating fatigue.
— **termica** (*met.*), thermal fatigue.
— **(senza —, senza sforzo),** effortlessly; (*la tavola può essere alzata od abbassata senza —*) (*mecc.*), the board can be raised or lowered effortlessly.
fatto a macchina, machine made.
— **a mano,** hand made.
fattoio, *m.* oil-factory; oil-press; oil-mill.
fattore, *m.* factor.
— **attitudinale** (*ind.*), industry site mobility.
— **d'ammortizzamento** (*elet.*), decay factor.
— **di accelerazione,** acceleration factor.

fattore di arricchimento (*fis. atom.*), enrichment factor.
— **di assorbimento,** absorption factor.
— **di attenuazione,** attenuation coefficient.
— **di bloccaggio** (*inform.*), blocking factor.
— **di carico** (*elet.*), load factor.
— **di consumo** (*elet.*), demand factor.
— **di conversione** (*di tabelle*), ecc., conversion factor.
— **di decontaminazione** (*fis. atom.*) decontamination index; decontamination factor.
— **di dimensionamento** (*specificazioni*), scantling factor.
— **di direttività** (*radio*), directivity factor.
— **di fatica all'intaglio** (*mecc.*), fatigue notch factor.
— **di filtro** (*fot.*), filter factor.
— **di fissione** (*fis. atom.*), fission factor.
— **di fissione veloce** (*fis. atom.*), fast fission factor.
— **di forma** (*rapporto fra sollecitaz. massima e sollecitaz. nominale*) (*mecc.*), form factor.
— **di immunità all'inquinamento,** pollution resistance factor.
— **d'integrazione** (*fis. atom.*), scaling factor.
— **di massimo** (*elet.*), peak factor; amplitude factor.
— **di merito** (*radio*), Q factor.
— **di modulazione** (*radio*), modulation index.
— **di moltiplicazione** (*fis. atom.*), multiplication factor; reproduction factor; k-factor; k-value.
— **di moltiplicazione neutronica** (*fis. atom.*), neutron multiplication factor.
— **d'ombra** (*fis. atom.*), self-shielding factor.
— **di perdita** (*fibre*), loss factor.
— **di potenza,** power factor.
— **(*o* costante) di propagazione** (*elet.*), propagation factor.
— **di proporzionalità** (*fis. atom.*), scale factor.

fattore di riduzione intensità luminosa media sferica, spherical reduction factor.
— **di riempimento** (*elet.*), space-factor.
— **di riflessione,** reflectance; (*radio*), mismatching factor.
— **di riflessione d'un corpo,** reflection factor.
— **di scala** (*fis. atom.*), scale factor.
— **di separazione ideale** (*fis. atom.*) ideal separation factor.
— **di separazione totale** (*fis. atom.*), overall separation factor.
— **di sovratensione** (*telecomun.*), Q-factor; magnification factor.
— **di utilizzazione,** coefficient of utilization.
— **di utilizzazione termica** (*fis. atom.*), thermal utilization factor.
— **di visibilità relativa d'una radiazione monocromatica,** relative luminosity factor.
— **limite di amplificazione** (*elet.*), limiting factor.

fattori fra parentesi (*tonde*) (*mat.*), bracketed factors.

fattoria computerizzata, computerised farm.

fattoriale, *m.* (*mat.*), factorial.

fattura, *f.* (*comm.*), invoice; bill.
— **commerciale** (*comm.*), commercial bill.
— **consolare,** consular invoice.
— **simulata,** pro forma invoice.

fatturabile, *agg.* (*comm.*), billable.

fatturare, *v.a.* (*comm.*), to invoice; to bill.

fatturato, *m.* (*gomma*), substitute; factice; (*di una società*) (*commercio*), proceeds of sales.
— **del gruppo** (*finanz.*), proceeds of sales of the group.

fatturatrice, *f.* (*comm.*), billing machine.

fatturazione, *f.* (*comm.*), billing.

favo, *m.* (*apicultura*), honeycomb.

favorevole, *agg.* favourable.

fazzoletto (*di rinforzo*) (*mecc.*), gusset; gusset plate.

feccia, *f.* dregs; sediment; drop

(*di metallo, durante la fusione*); scum (*superficiale*).
fecciume, *m.* dregs; refuse.
fecola (*f.*) **di patate,** potato starch.
fedeltà (*elettron.*), fidelity.
— **(ad alta),** high fidelity.
Federazione Aeronautica Internazionale (*aereo*), F.A.I. International Aeronautical Association.
fegato di zolfo (*chim.*), liver of sulphur.
feldspatico, *agg.* feldspathic; felspathic.
feldspato, *m.* feldspar; felspar.
felpa, *f.* (*tess.*), plush.
— **di seta,** silk plush.
felpare, *v.a.* (*tess.*), to nap.
felpatrice, *f.* (*tess.*), napping machine.
felpatura, *f.* (*tess.*), napping.
feltrare, *v.a.* to felt.
feltratura, *f.* (*tess.*), felting.
feltro, *m.* felt.
— **antirombo bitumato** (*costr.*), anti-drum tarred felt.
— **asfaltato,** asphalted felt; asphalt felt.
— **catramato,** bituminous felt; tarred felt.
— **d'amianto,** asbestos felt.
— **per carda** (*tess.*), card-felt.
— **per tetti,** roofing felt.
femmina, *f.* female die; die plate; groove (*incastro*).
femminella del timone (*naut.*), rudder brace.
fenacetina, *f.* (*chim.*) (*med.*), phenacetin.
fenachite, *f.* (*min.*), phenakite (*ortosilicato di berillo*).
fenantrene, *m.* (*chim.*), phenanthrene; $C_{14}H_{10}$.
fenato, *m.* (*chim.*), phenate.
fenazina, *f.* (*chim.*), phenazine.
fendinebbia, *m.* (*auto*), fog light; fog-lamp.
fenditura, *f.* rift (*fessura*); split (*spaccatura per il lungo*); crack (*spaccatura*); rent (*strappo*).
fenetidina, *f.* (*chim.*), phenetidine.
fenetolo, *m.* (*chim.*), phenetole.
fenilacridina, *f.* (*chim.*), phenyl acridine.
fenile, *m.* (*chim.*), phenyl.
fenilidrazina, *f.* (*chim.*), phenylhydrazine.
fenolformaldeide, *f.* (*chim.*), phenol-formaldeyde.
fenolftaleina, *f.* (*chim.*), phenolphthalein.
fenolo, *m.* (*chim.*), phenol.
— **col processo del cumolo** (*chim.*), cumene process phenol.
fenomeni di deformazione su piccola scala (*met.*), small-scale deformation phenomena.
— **dielettrici,** *m. pl.* dielectric phenomena.
fenomeno, *m.* phenomenon (*pl.* phenomena).
— **di esplosione** (*met.*), burst phenomenon.
ferie (*f. pl.*) **retribuite** (*stipendio, salari*), paid leave; holidays with pay; paid holidays; paid-holiday privilege.
ferita, *f.* wound.
feritoia, *f.* (*in generale*), vent-hole.
— **di espulsione** (*di gas, ecc.*), exhaust port.
— **d'introduzione,** admission port.
feritoie (*m. pl.*) **di riscaldamento** (*auto*), heater louvres; heater vents.
fermacofano (*auto*), bonnet fastener; hood fastener.
fermapiede (*di bicicletta*), toe clip.
fermare, *v.a.* to stop.
— **con puntine** (*dis.*), to pin down with drawing pins.
— **il soffiaggio** (*met.*), to stop blowing.
fermarsi (*per un guasto*) (*mot. mecc.*), to fail.
— (*v.r.*) **bruscamente** (*motore*), to stall.
fermascorie, *m.* dirt trap; (*met., fond.*), dross filter (*filtro*).
fermata (*di forni met., di esercizio*) (*met.*), shutdown.
fermentare, *v.i.* to ferment.
fermentazione, *f.* fermentation.
fermenti, *m. pl.*, ferments.

fermenti acetici, acetic ferments.
— **diastatici,** diastatic ferments.
— **lattici,** lactic ferments.
fermento, *m.* ferment; leaven; yeast.
fermio *m.* (*chim.* = Fm), fermium.
fermione, *m.* (*fis. atom.*), fermion.
fermo posta, poste restante.
— *agg.*, **(l'auto è ferma),** the car is at a standstill.
ferodo, *m.* ferodo.
ferraccio, *m.* scrap iron.
ferramenta, *f. pl.* (*merce*), hardware; ironmongery.
ferramenti, *m. pl.* (*utensili*), iron tools; (*serramenti*) fittings.
ferrare, *v.a.* to arm with iron; to bind with iron.
ferrareccia, *f.* ironware; iron tools; iron mongery.
ferrata, *f.* iron grating.
ferratura, *f.* iron-working; ironwork.
ferriata, *f.* iron-grate.
ferricianuro, *m.* (*chim.*), ferricyanide.
ferrico, *agg.* (*chim.*), ferric.
ferriera, *f.* ironworks; iron foundry.
ferrite, *f.* (*chim.*), ferrite.
— **(banda di —),** ferrite ghost,
— **(giallo di —),** ferrite yellow.
ferritico, *agg.* ferritic.
— **(acciaio inossidabile —),** ferritic stainless steel.
— **(elettrodi ferritici),** ferritic electrodes.
ferritizzare, *v.a.* (*met.*), to ferritize.
ferritizzazione, *f.* (*met.*), ferritization.
ferro, *m.* (*chim.* = Fe), iron; tool (*utensile*); iron ore (*minerale*); section iron (*profilato*) (*met.*); row (*magleria*): (*1º ferro*, 1st row; *2º ferro*, 2nd row; *3º ferro*, 3rd row).
— **a bulbo,** bulb rail.
— **a canalino,** channel iron.
— **a croce,** cross iron; cross section iron.
— **ad angolo,** angle iron.
— **a doppio T,** double T-iron; double tee-iron; H-iron.
ferro a E, channel iron.
— **a I,** I-iron.
— **alfa,** alpha iron.
— **a nastro,** band iron; hoop iron.
— **a pacchetto,** iron from rerolled scrap.
— **a quadrante,** quadrant iron.
— **Armco** (*met.*), Armco iron (proprietary name for commercially pure iron).
— **a T,** T-iron; Tee-iron.
— **a T a bordino,** bulb rail.
— **a T per finestre** (*met.*), glazing tee.
— **a U,** U-iron; channel iron.
— **a Z,** Z-iron; zed-iron.
— **battuto,** wrought iron; hammered iron.
— **-coke** (*met.*), v. **ferrocoke.**
— **corrimano,** hand rail iron; banister.
— **corrugato,** corrugated iron.
— **da alesatrice** (*utensile*), boring cutter.
— **d'angolo a bulbo,** bulb angle.
— **da sbozzare** (*utensile*), planing tool.
— **da stiro elettrico (a termostato),** heat controlled electric iron (fitted with thermostat).
— **da stiro (luce di spia dietro l'impugnatura del —),** pilot light in rear of handle.
— **da tornio** (*utensile*), lathe tool-
— **di rinforzo,** stiffening iron.
— **di transizione** (*met.*), offgrade iron.
— **dolce,** soft iron; ductile iron,
— **esagonale,** hexagonal iron; hexagonal bar.
— **fragile,** brittle iron; short iron.
— **fragile a freddo,** cold short iron.
— **fragile al rosso,** red short iron; red brittle iron.
— **fucinato,** forge iron; malleable iron.
— **fuso,** cast iron; cast steel.
— **galvanizzato,** galvanized iron.
— **gamma,** gamma iron.
— **in barre,** bar-iron.
— **in fogli,** sheet iron.

ferro in lamiere, plate-iron.
— **in rottami,** scrap iron.
— **laminato,** rolled iron.
— **mangano silico-calcio,** ferromanganese silicon-calcium.
— **omogeneo,** ingot iron.
— **ovale,** oval bar.
— **per chiodi,** rivet iron.
— **per piallare** (*utensile*), planing tool.
— **per tracciare** (*falegn.*), router plane.
— **per trave,** girder iron.
— **piatto,** flat iron.
— **piatto a bulbo,** flat bulb iron.
— **portavetri** (*per vetrata*), glazing bar.
— **profilato,** section iron; shaped iron; profile iron.
— **profilato mezzotondo,** half round profile iron.
— **puddellato,** puddled iron.
— **quadro,** square iron; square bar.
— **saldato,** wrought iron.
— **semitondo,** half round bar.
— **silico alluminio,** ferro silicon-aluminium.
— **silico-manganese,** ferro silicon-manganese.
— **tondo,** round iron; round bar.
— **tungsteno,** ferro-tungsten.
— **zincato,** galvanized (wrought) iron.
— **Zorés,** trough iron.
ferro-bus (*veicolo transitabile sia su strada ordinaria che su ferrovia*) (*traffico*), rail-bus.
ferroalluminio, *m.* ferroaluminum (U.S.A.); ferro-aluminium.
ferrocianogeno, *m.* (*chim.*), ferrocyanogen.
ferrocianuro, *m.* (*chim.*), ferrocyanide.
— **di ferro,** ferric ferrocyanide.
— **di potassio,** potassium ferrocyanide.
ferrocoke, *m.* (*met.*), ferrocoke; ferro-coke.
ferrocromo, *m.* ferrochromium (U.S.A.); ferro-chromium.
ferroelettrico, *agg.* ferroelectric.
ferrofosforo, *m.* ferrophosphorus.
ferrografia, *f.* (*mecc.*), ferrography.
ferrogramma, *m.* ferrogram.
ferrolega, *f.* (*met.*), ferro-alloy.
— **esotermica** (*met.*), exothermic ferro-alloy.
ferroleghe, *f. pl.* iron alloys.
ferromanganese, *m.* ferromanganese; ferro-manganese.
ferrometro, *m.* (*met.*), ferrometer.
ferromolibdeno, *m.* ferromolybdenum; ferro-moliybdenum.
ferroselenio, *m.* ferroselenium.
ferrosilicio, *m.* ferrosilicon.
ferroso, *agg.* (*chim.*), ferrous.
ferrosonante, *agg.* (*elet.*), ferrosonant.
ferrotitanio, *m.* ferrotitanium.
ferrotungsteno, *m.* ferrotungsten.
ferrovanadio, *m.* ferro-vanadium.
ferrovia, *f.* railway; railroad (U.S.A.).
— **a corrente alternata** (*ferr.*), alternating current railway.
— **a corrente continua** (*ferr.*), direct current railway.
— **a corrente monofase** (*ferr.*), single-phase railway.
— **a corrente trifase** (*ferr.*), three-phase railway.
— **a cremagliera,** rack-railway.
— **ad aderenza,** adhesion railway.
— **a doppio binario, double** line railway.
— **ad un binario,** single-line railway.
— **a scartamento normale,** standard-gauge railway.
— **a scartamento ridotto,** narrow-gauge railway.
— **a vapore,** steam railway.
— **da campagna,** field railway.
— **dello Stato,** State railway.
— **di circonvallazione** (U.S.A.), belt line.
— **di diramazione,** branch line.
— **di miniera,** mine railway.
— **elettrica,** electric railway.
— **funicolare,** funicular railway; cable railway.
— **litoranea,** coast railway.
— **per pendolari** (*ferr.*), commuter railway.

ferrovia regionale, district railway.
— **semplice** (*al binario*), single line railway.
— **sopraelevata,** elevated railway.
— **sotterranea,** underground railway; tube.
— **trasportabile,** portable railway.
— **(riaprire una — al traffico),** to reopen a railway for traffic.
ferrovie dello Stato, Government railways.
ferroxcube (*elettron.*), ferroxcube.
ferrozirconio, *m.* ferro-zirconium.
ferruginoso, *agg.* ferruginous.
ferruminatoio, *m.* welding burner.
fertile, *agg.* (*fis. atom.*), fertile.
fertilizzare, *v.a.* to fertilize.
fertilizzante, *m.* fertilizer.
fertilizzazione, *f.* (*fis. atom.*), breeding.
— **in provetta** (*biol.*), vitro fertilisation.
— **nucleare** (*fis. atom.*), nuclear breeding.
fertirrigazione, *f.* (*agr.*), fertirrigation.
— **(impianto di —),** installation of organic irrigation.
fessura, *f.* slot (*fessura praticata*); crack (*met.*); cleft; split; fissure (*met.*); slit (*di apparecchio*).
— **del legno,** crevice of the wood.
— **dell'indotto,** armature slot.
— **di squadro agrimensorio,** *ecc.*, slit.
fessurabilità, *f.* (*sald.*), crack sensitivity.
fessurato, *agg.* seamy; cracky.
fessurazione a caldo (*sald.*), hot crack.
— **a freddo** (*sald.*), cold crack.
— **caustica** (— *intercristallina dell'acciaio dovuta agli effetti combinati di tensione di corrosione in soluzioni alcaline*) (*met.*), caustic embrittlement.
— **del rotolo** (*incrinatura in corrispondenza di grinze o creste sul nastro*) (*met.*), cross break.
— **sotto cordone** (*sald., met.*), v. **cricca sotto cordone.**

fiacco, *agg.* (*negativa*) (*fot.*), flat.
fiala, *f.* (*med.*), phial; vial; (*chim.*), ampoule; ampule (U.S.A.).
fiamma, *f.* flame.
— **carburante** (*ossiacetilenica*), excess acetylene flame; (*sald.*), carburizing flame.
— **di preriscaldo** (*sald.*), preheating flame.
— **di riscaldo** (*sald.*), heating flame.
— **di ritorno,** flashing back of flame.
— **di saldatura** (*sald.*), welding flame.
— **dolce, non ossidante** (*sald.*), soft, non-oxidizing flame.
— **fuligginosa,** soot flame.
— **leggermente ossidante** (*sald.*), slightly oxidizing flame.
— **luminosa,** luminous flame.
— **neutra** (*o* **ben regolata**), neutral flame.
— **non luminosa,** non-luminous flame.
— **ossiacetilenica,** oxy-acetylene flame.
— **ossidante** (*ossiacetilenica*), oxidizing flame.
— **ossidrica,** oxy-hydrogen flame.
— **pilota** (*bruciatori*), pilot flame.
— **(corta —),** short flame.
— **(lunga —),** long flame.
— **(radiazione della —),** flame radiation.
fiammeggiamento (*m.*) **regolare** (*vernici*), flooding.
fiammiferi (*m. pl.*), **da cucina,** kitchen matches; strike-anywhere matches.
— **di sicurezza,** safety matches.
— **svedesi,** swedish matches.
fiancata di cassa (*ferr.*), body side.
— **di fusoliera** (*aereo*), side.
— **di scocca** (*auto*), body side.
— **laterale** (*aereo*), side panel.
fianco, *m.* side.
— **anticlinale,** anticlinal limb.
— **di filetto** (*viti*), flank.
— **di una lunetta,** ear of a groin.
— **di un dente** (*ingr.*), flank.
— **poppiero** (*naut.*), quarter (*after section of a ship on either side*).

fibbia (*f.*) **per cinghie,** belt fastener.
fibra, *f.* fibre; (*fibrometallurgia*), fibre; metal fibre.
— **di carbonio,** carbon fibre.
— **ceramica,** ceramic fiber (*originally developed for application in insulating jet engines*).
— **di cotone,** cotton staple.
— **di lana,** wool staple.
— **di legno,** grain; wood fibre.
— **di legno diritta,** straight grain.
— **di legno ondulata,** wavy grain.
— **di lunghezza media** (*tess.*), medium staple.
— **di vetro** (*naut. ecc.*), glassfibre.
— **di vetro stampata,** molded glass fiber.
— **fiocco,** (*tess.*), staple fibre.
— **flessibile,** flexible fibre.
— **grigia,** leatheroid; fish paper.
— **minerale inorganica** (*chim. tess.*), inorganic mineral fibre.
— **minerale soffiata** (*per rivestim. isolanti di tetti, tubi, ecc.*) (*costr.*), blown mineral fibre.
— **neutrale,** neutral fibre.
— **ottica** (*elettron.*), optical fibre; (*rete di fibre ottiche*), optical-fibre network; (*tecnologia delle fibre ottiche*), optical-fibre technology.
— **poliammidica** (*tess.*), polyamide fibre
— **poliestere Terital** (*tess.*) (*chim.*), polyester.
— **proteica** (*tess.*), protein fibre.
— **sintetica,** synthetic fibre.
— **vulcanizzata,** vulcanized fibre.
fibre tessili (*tess.*), textile fibres.
— **usate per la fabbricazione del raion** (*tess.*), linters.
fibrocemento (*lastra di* —), asbestos cement (*sheeting*).
fibrometallurgia, *f.* (*met.*), fiber. metallurgy.
fibroso, *agg.* fibrous.
fienagione, *f.* (*agr.*), haymaking.
fienile, *m.* (*cost.*), barn.
fiera, *f.* (*comm.*), fair.
— **campionaria di Milano,** Milan sample fair.
— **del Levante** (*comm.*), Levant fair.
figli a carico (*concorsi, ecc.*), dependent children.
figura, *f.* blank (*tranciatura*); figure (*disegno*).
— **d'attacco** (*met.*), etch figure.
— **di prova** (*telev.*) (U.S.A.), resolution pattern; test chart.
— **di prova a scacchiera** (*telev.*), checker board pattern.
— **geometrica,** geometrical figure.
— **regolare,** regular figure.
figurante, *m.* (*cinem.*), extra.
figure di diffrazione (*met.*), diffraction patterns.
figurinista, *m.* (*cinem.*), costume designer; (*auto*) styling engineer.
fila (*f.*) **di chiodi,** row of rivets.
— **di chiodi calafatati,** caulked seam; calked seam.
filabile, *agg.* (*filat.*), spinnable.
filabilità, *f.* spinnability.
filaccia, *f.* lint.
filagna, *f.* wale piece (*di una pila*); brace (*traversa*).
filaloro, *m.* gold wire-drawer.
filamento, *m.* filament.
— **a spirale** (*ill.*), coiled coil filament.
— **attivato** (*termoion.*), activated filament.
— **di carbone** (*illum.*), carbon filament.
— **di pasta** (*ill.*), pasted filament.
— **di platino,** platinum filament.
— **di tungsteno** (*ill.*), tungsten filament.
— **di tungsteno-toriato,** thoriated-tungsten filament.
— **grafitato** (*ill.*), graphitized filament.
— **metallico,** metal filament.
— **metallizzato** (*elet.*), metallized filament.
— **ottenuto per estrusione** (*ill.*) squirted filament.
— **toriato** (*termoion.*), thoriated filament.
filanda, *f.* spinning mill; silk factory.
— **di nailon** (*tess.*), nylon-spinning factory.
filare, *v.a.* to spin.

filati cucirini, sewing cottons (*di cotone*); sewing threads.
— **di lana pettinata** (*tess.*), worsted yarns.
— **di lana pura** (*tess.*), wool yarns.
— **semplici** (*tess.*), singles.
filato, *m.* (*tess.*), thread; yarn; spun yarn.
— (*p.p.*) **a mano** (*filatura*). hand spun.
— **arricciato,** curl yarn.
— **a torsione destra,** right-hand twisted yarn.
— **a torsione sinistra,** left-hand twisted yarn.
— **con anima di gomma,** rubber core yarn.
— **di fiocco raion,** rayon staple yarn.
— **di più ritorti,** cabled yarn.
— **di seta,** silk yarn.
— **di titolo alto,** fine count yarn.
— **di vetro,** glass thread.
— **doppio,** doubled yarn.
— **doppio ritorto,** double twisted yarn.
— **elastico,** elastic yarn.
— **fantasia,** fancy yarn.
— **gasato,** gassed yarn.
— **grosso,** coarse yarn.
— **liscio,** smooth yarn.
— **lucidato,** glazed yarn.
— **metallico,** tinsel yarn.
— **misto,** union yarn; mixture yarn; blended yarn.
— **oleato,** oily yarn.
— **per calze,** knitting yarn.
— **per nastri,** ribbon yarn.
— **per tessuti a riccio,** pile yarn.
— **per trama,** weft yarn.
— **per uncinetto,** crochet yarn.
— **ritorto fantasia,** chain yarn.
— **secco,** dry yarn.
— **semplice di ritorto,** ply.
— **soffice,** soft yarn.
filatoio, *m.* (*tess.*), spinning frame; spinner.
— **ad anelli** (*tess.*), ring spinning frame.
— **a doppia torsione,** double twist spinning frame.
— **ad umido** (*tess.*), wet spinning frame.
filatoio a secco (*tess.*), dry spinning frame.
— **automatico,** self-actor mule.
— **continuo a fusi con fusi ad alette** (*tess.*), trostle.
— **doppio a secco** (*tess.*), double dry spinning frame.
— **intermittente** (*tess.*), mule.
— **per cotone,** spinning mule; mule-jenny.
— **(fuso di — intermittente),** mule spindle.
filatura, *f.* spinning; (*cablaggio dei vari componenti di una apparecchiatura elettronica*) (*elettron.*), wiring (harness).
— **mediante connessione punto-punto** (*elettron.*), point-to-point wiring.
— **ad anelli** (*tess.*), ring spinning.
— **ad umido,** wet spinning.
— **a secco,** dry spinning.
— **del vetro,** glass spinning.
— **in grosso,** rowing; (*della lana*), slubbing.
— **in fino,** spinning.
— **(stabilimento di —)** (*tess.*), spinning factory.
« **file** » (*inform.*) (*termine inglese usato spesso invece di archivio*), file.
— **casuale** (*inform.*), random file.
— **da disco** (*inform.*), disc file.
— **sequenziale** (*inform.*), sequential file.
filetta, *f.* (*seghetto*), cross cut saw.
filettare, *v.a.* to cut threads; to cut screws.
— **al tornio,** to turn a thread.
filettaggio, *m.* (*mecc.*), screw-cutting.
filettatrice, *f.* (*mecc.*), tapping machine; screw cutting machine; threading machine.
— **a pettine** (*mecc.*), chasing machine.
— **a rulli** (*mecc.*), (screw and bolt) thread rolling machine.
— **automatica** (*macch. ut.*), automatic threading machine; automatic screw machine.
— **con fresa per filetti corti** (*macch. ut.*), short thread milling machine.

filettatrice con fresa per filetti lunghi (*macch. ut.*), long thread milling machine.
— **per dadi,** nut tapping machine.
— **per tubi** (*mecc.*), pipe threading machine; tube screwing machine.
— **per viti e bulloni,** bolt screwing machine.
— **rapida** (*mecc.*), high speed threading machine.
— **-tornitrice** (*macch. ut.*), screw thread-cutting lathe.

filettatura, *f.* thread; screwcutting.
— **Acme,** Acme thread.
— **al tornio,** cutting threads on the lathe; screw-cutting on a lathe (*or* in a lathe).
— **americana,** U. S. Standard thread; Sellers thread.
— **asimmetrica,** asymmetrical thread.
— **buttress,** buttress (screw) thread; leaning thread.
— **destrorsa,** right-hand thread.
— **fine,** fine pitch thread; British Standard fine thread (B.S.F.).
— **gas,** British Standard pipe thread; gas thread.
— **interna** (*mecc.*), internal thread.
— **Lloyd,** Whitworth thread.
— **metrica,** metric thread.
— **multipla,** multiple thread.
— **per tubi,** pipe thread; standard pipe thread (American Briggs standard); British Standard pipe thread.
— **per tubi a gas,** gas-thread.
— **quadra,** square thread.
— **Sellers,** Sellers thread; United States Standard thread.
— **semplice,** single thread.
— **simmetrica,** symmetrical thread.
— **sinistrorsa,** left-hand thread.
— **sul tornio,** tapping in the lathe.
— **trapezia,** Acme thread.
— **Whitworth,** Whitworth thread; Whitworth Standard thread; British Standard Whitworth (B.S.W.).

filetti, *m. pl.* (*fil. cotone*), hard waste; thread waste.

filetti riportati (*mecc.*), inserted threads.

filetto, *m.* (*mecc.*), thread; start; (*tip.*) rule.
— **della candela** (*auto*), spark plug thread.
— **destrorso,** right hand thread.
— **di addizione** (*tip.*), total rule.
— **differenziale,** differential thread.
— **fluido,** fluid flow; airflow.
— **fra due colonne** (*tip.*), column rule
— **inglese** (*tip.*), plain swelled rule.
— **Lowenherz,** Lowenherz thread.
— **metrico,** metric thread.
— **ondulato** (*tip.*), wavy rule.
— **per tubi da gas,** gas thread.
— **quadrangolare,** square thread.
— **Sellers,** Sellers thread.
— **trapeziforme,** trapezoidal thread.
— **triangolare,** triangular thread.
— **Whitworth,** Whitworth thread.

fili (*m. pl.*) **aerei di antenna,** air wires.
— **compositi** (*sald.*), cored wires.
— **intrecciati,** twisted wires; braided wires.

filiale, *f.* (*comm.*), branch house; subsidiary company.

filiera, *f.* screw-plate *or* die-plate (*per viti*); die (*per fili*); v. **trafila.**
— **a cazzuola con fori di scarico,** die-plate.
— **a cuscinetti,** die-stock.
— **di carburo di tungsteno,** tungsten carbide die.
— **di reattori** (*reattori nucleari*), reactor family.
— **diamantata** (*mecc.*), diamond die.
— **logora** (*mecc.*), worn die.

filigrana (*carta*), watermark.

filler per usi stradali (*catrami*), road-making filler.

film, *m.* film, motion picture; movies (*pl.*); film (*vernici*).
— **a colori,** colour (*or* color) film.
— **a rilievo** (*cinem.*), stereoscopic film.
— **a soggetto,** feature film.
— **di cassetta,** seat filler (U.S.A.).

film di informazione generale (*cinem.*), general information film.
— **di prima visione,** first-run movies.
— **di propaganda commerciale** (*cinem.*), direct advertising film.
— **di prova** (*telev.*), test film.
— **documentario,** documentary film.
— **educativo,** educational film.
— **in bianco e nero,** black and white film.
— **muto,** silent film.
— **normale,** standard film.
— **parlato,** sound film (*or* pictures); talkies (*slang*).
— **passivante** (*corrosione*), passive film.
— **preregistrato su videocassetta** (*cinem.*), film pre-recorded on video cassette.
— **per addestramento del personale** (*cinem.*), staff training film.
— **per adulti o per ragazzi accompagnati da adulti responsabili,** 'A' film.
— **per proiezione fissa** (*con didascalie*), filmstrip.
— **per televisione,** television film.
— **per tutti,** 'U' film.
— **pornografici** (*TV*), hard-core movies.
— **pubblicitario,** advertising film; commercial film (U.S.A.).
— **pubblicitario tecnico** (*cinem.*), technical advertising film.
— **retrospettivo** (*cinem.*), flashback.
— **ridotto,** sub-standard film.
— **sonoro,** sound film; tellies (*slang*).
— **stereoscopico,** stereoscopic film.
— **strettamente per adulti** (vietato ai minori di 16 anni), 'X' film.
— **tecnico** (*cinem.*), technical information film.
— **termoplastico** (*plast.*), thermoplastic film.
— **tridimensionale,** three-dimensional film.

filmina, *f.* (*serie di diapositive riprodotte su nastro di pellicola*), slide set.
filmoteca, *f.* v. **cineteca.**
filmpack, *m.* (*fot.*), filmpack.
filo, *m.* wire (*metallico*); thread.
— **a cordoncino,** twin wire.
— **aereo** (*elet.*), overhead wire.
— **aereo di terra** (*elet.*), overhead ground wire.
— **a molti trefoli,** multistrand wire.
— **a piombo,** plumb; (bob); plummet.
— **armonico** (*met.*), music wire; (piano wire; harp wire; mandolin wire) (*secondo lo scopo cui serve*).
— **a terra** (*elet.*), earth wire; earth circuit.
— **avvolto** (*elet.*), v. **resistenze a — avvolto.**
— **carcasse,** steel wire under 0,6 mm.
— **chiaro** (*o* **lucido bianco**), bright wire.
— **con copertura doppia,** double covered wire.
— **con copertura tripla,** triple covered wire.
— **conduttore** (*elet.*), conducting wire; lead wire.
— **coperto,** covered wire.
— **cotto nero,** black annealed iron wire.
— **d'amianto,** asbestos yarn.
— **d'ancoraggio** (*ing. elet.*), anchoring wire; stay wire.
— **da ricalcatura** (*met.*), heading wire.
— **d'entrata dell'antenna,** antenna lead-in.
— **di acciaio,** steel wire.
— **di acciaio ovale zincato,** galvanized steel oval wire.
— **di acciaio per molle,** steel spring wire.
— **di alluminio,** aluminium wire.
— **di apporto** (*sald.*), welding wire; core wire; filler wire.
— **di apporto con anima** (*sald.*), flux cored filler wire.
— **di arresto** (*elet.*), span wire.

filo di cascami di cotone, cotton-waste yarn.
— **di catena** (*tess.*), warp thread.
— **di connessione fra l'indotto ed il collettore** (*el.*), commutator riser; commutator lug (*or* tag).
— **di contatto** (*elet.*), contact wire.
— **di cotone,** cotton thread; cotton yarn.
— **di derivazione,** derivative wire.
— **di fermo** (*o* **di chiusura**), locking wire.
— **di ferro,** iron wire.
— **di filovia,** trolley-wire.
— **di incrocicchio,** crosshair.
— **di lama,** cutting edge.
— **di maglia** (*tess.*), hosiery yarn.
— **di manganina,** manganine wire.
— **di metallo per legare casse,** box stitching wire.
— **di mezza catena** (*tess.*), mule twist.
— **di nylon,** nylon thread.
— **di ottone,** brass wire.
— **di ordito** (*tess.*), warp thread.
— **di piombo,** lead wire.
— **di platino,** platinum wire.
— **di rame,** copper wire.
— **di rinforzo per l'avvolgimento di trasformatori, ecc.** (*elet.*), leading-out wire.
— **di ritorno,** return wire.
— **di sostegno,** guy wire.
— **di terra** (*elet.*), earth wire; ground wire; (*radio*), earth lead.
— **di terra interrato** (*elet.*), buried ground wire.
— **di vetro,** glass wire.
— **di zinco,** zinc wire.
— **fusibile,** fusible wire.
— **in derivazione,** derived wire; branch wire.
— **indotto,** induced wire.
— **induttore,** primary wire.
— **intrecciato,** braided wire.
— **laminato,** rolled wire.
— **lucido crudo,** bright hard drawn wire.
— **metallico,** wire.
— **metallico di grosso spessore,** heavy-gauge wire.
— **metallico laminato,** rolled wire.

filo neutro (*elet.*), neutral; neutral wire; middle wire (*ing. elet.*).
— **nudo,** bare wire.
— **per aghi** (*met.*), needle wire.
— **per imbastire,** baeting thread.
— **per molle di valvole** (*met.*). valve spring wire.
— **per molle temperato all'olio** (*met.*), oil-tempered spring wire.
— **per reticolati** (*met.*), fence wire.
— **per ricalcatura a freddo** (*met.*), cold heading wire.
— **per saldare,** welding wire.
— **per viteria,** screw stock.
— **pilota** (*ing. elet.*), pilot wire; pilot.
— **placcato,** plated wire.
— **positivo** (*elet.*), positive wire.
— **profilato,** shaped wire.
— **ricotto bianco,** white-annealed wire.
— **ricotto nero,** black-annealed wire.
— **ritorto,** twist.
— **rivestito,** covered wire.
— **rivestito con lino,** yarn-covered wire.
— **rivestito di cotone,** cotton-covered wire.
— **smaltato** (*elet.*), enamel-insulated wire.
— **sotterraneo,** underground wire.
— **sotto piombo** (*elet.*), leaded wire.
— **spinato,** barbed wire.
— **stagnato,** tinned wire.
— **telefonico,** telephone wire.
— **telegrafico,** telegraph wire.
— **temprato,** hardened wire.
— **tenditore** (*elet.*), span wire.
— **trafilato,** drawn wire.
— **trafilato a freddo,** cold drawn wire.
— **zincato,** galvanised wire.
— **zincato cotto,** galvanized plain soft iron wire.
— **(senza —),** wireless.
filobus, *m.* trolley bus.
filocarro (*trasporti*), trolley truck; trolley lorry.
filodiffusione, *f.* (*emissione su filo dei programmi radiofonici per*

mezzo di rete telefonica), wire broadcasting.

filoguidato, *p.p.* (*missili*), wire-guided.

filone, *m.* (*min.*), seam; lode; vein.

— **a gradini** (*min.*), lob; stepped lode.

— **cuprifero,** copper-bearing lode.

— **dell'acqua,** water-vein.

— **di scarso valore,** jump; throw.

— **incrociatore** (*intersecante due o più filoni*) (*geol.*), cross vein.

— **metallifero** (*geol.*), metalliferous vein.

— **principale,** main lode; mother lode.

— **ramificato,** branched lode.

— **sfruttato,** worked out lode.

— **stannifero,** tin-lode.

— **sterile,** barren lode.

— **strato,** bed-vein; sill.

filosello, *m.* (*tess.*), floret silk.

filovia, *f.* trolley bus line (*linea servita da filobus*).

filtrabile, *agg.* filterable.

filtrare, *v.a.*, to filter, *v.a. v.i.*; to percolate, *v.i.*; to strain, *v.a. v.i.*

filtrato, *m.* (*chim.*), filtrate.

filtrazione, *f.* filtration; filtering; straining.

— **a vuoto** (*ind. chim.*), vacuum filtration.

— **del concentrato a umido** (*min.*), dewatering of the wet concentrate.

— **(residuo di —),** cake.

— **(tenore di —),** filtering rate.

filtri rotativi (*carta, tess.*), rotary strainers.

filtro, *m.* filter; strainer; (*fond.*) riser.

— **a bagno d'olio,** oil-bath air cleaner.

— **a carbone** (*chim., ecc.*). charcoal filter.

— **a cristallo** (*radio*), crystal filter.

— **acustico passa-alto,** highpass filter.

— **acustico passa-basso,** lowpass filter.

— **ad aria,** air filter.

filtro ad aria aspirante (*ind. mol.*), suction filter dust collector.

— **a dischi,** disc filter.

— **a disco rotante,** rotary disk filter.

— **a ghiaia** (*petrol.*), gravel packing; gravel-packed liner.

— **a gravità,** gravity filter.

— **a maniche** (*met., siderurgia*), hose filter.

— **antidisturbi** (*radio*), noise filter.

— **a onda acustica superficiale** (TV), surface acoustic wave filter.

— **a pressione,** pressure filter; (*fot.*) push-on filter.

— **a pulitura ciclica automatica** (*depuraz. fiumi, met.*), filter of the counterflow and collapse type.

— **a pulizia automatica,** self-cleaning strainer.

— **aria a secco,** dry air filter.

— **arresta banda,** band-stop filter.

— **arresta fruscio** (*radio*), scratch-filter.

— **a sabbia** (*chim., cloro*), sand

— **a sabbia a pressione** (*cloro*), pressure sand filter.

— **a sacco,** bag filter.

— **a secco** (*del tipo a manica*) (*met.*), dry-bag filter.

— **a tamburo rotante,** rotary drum filter.

— **a telaio,** frame filter.

— **a traliccio** (*elet.*), lattice filter.

— **a vuoto continuo,** continuous vacuum filter.

— **a vuoto intermittente,** intermittent vacuum filter.

— **azzurro** (*fot.*), blue filter.

— **colorato,** coloured filter.

— **continuo rotante,** rotary continuous filter.

— **d'ampiezza,** amplitude filter.

— **d'aria a spazzole,** brush air filter.

— **d'assorbimento,** absorbing filter.

— **degli alti** (*audio*) (*elettron.*), high filter.

filtro dei bassi (*audio*) (*elettron.*), low filter.
— **dell'aria** (*auto*), air cleaner; air filter (U.S.A.).
— **d'entrata,** harmonic filter.
— **di banda** (*radio*), band filter.
— **di compensazione** (*fot.*), compensating filter.
— **di lana di vetro,** glass wool filter.
— **di linea** (*radio*), line filter.
— **di onda,** wave filter.
— **di ovatta,** wadding filter.
— **elettrico,** electric filter.
— **eliminadisturbi** (*elet.*), (noise) suppression filter.
— **eliminatore di banda** (*elet.*), band elimination filter; rejection filter (U.S.A.); band rejection filter (G.B.).
— **equalizzato** (*elet.*), equalized filter.
— **eterodina** (*elet.*), heterodyne filter.
— **giallo scuro** (*fot.*), dark yellow filter.
— **grigio (***o* **neutro),** neutral medium; neutral filter.
— **in gelatina** (*fot.*), gelatine filter.
— **magnetico,** magnetic filter.
— **meccanico,** mechanical filter.
— **multitubolare ad aria premente** (*ind. mol.*), pressure type multitubolar dust collector.
— **oleodinamico,** filter for hydraulic systems.
— **passa-alto,** high-pass filter.
— **passabanda,** band-pass filter.
— **passabanda di supergruppo,** supergroup filter.
— **passabanda meccanico** (*elet.*), band-pass mechanical filter.
— **passa-basso,** low-pass filter.
— **per pulviscolo radioattivo,** radioactive dust protection filter.
— **per trucioli,** chip strainer.
— **per vernici,** varnish filter.
— **pneumatico,** filter for pneumatic systems; compressed-air filter.
— **pressa,** plate filter press.
— **rosso** (*fot.*), red filter.
filtro rotante, rotary filter; drum filter.
— **rotonde a vuoto,** rotary vacuum filter.
— **soppressore di disturbi** (*elettron., ecc.*), noise filter.
— **sterilizzatore,** sterilizing filter.
— **tricromatico** (*fot.*), trichromatic filter.
— **tricromo** (*fot.*), tricolour filter.
— **(elemento di —),** filter cartridge.
— **(tamburo del —)** filter drum.
filtropressa, frame filter press.
filzuolo, *m.* (*tess.*), skein; lea.
finale, *agg.* final.
finanziamento comune (*finan.*), joint financing.
finalino, *m.* (*tip.*), tailpiece.
finanziario, *agg.* financial.
fine, *f.* end; close; (aim, *scopo*); v. **frazione** — (*min.*).
— **corsa** (*macch. ut.*), stroke end; travel end.
— **corsa (interruttore di —),** limit switch.
— **della combustione** (*del motore di un razzo*) (*astron.*) (U.S.A.), burnout.
— **della pezza** (*tess.*), tail-end.
— **soffiaggio** (*met.*), blowing stop.
— **spillata** (*met.*), tapping end.
finestra, *f.* (*cost.*), window.
— **a battenti,** French window; casement window.
— **a battenti a bilico,** window with pivoted sashes.
— **a battenti fissi,** fixed sashes window.
— **a bilanciere,** balance window.
— **ad imposte fisse,** fixed sashes window.
— **a doppi vetri** (*costr.*), double glazed window.
— **a due battenti,** double-sashed window.
— **a due imposte,** double-sashed window.
— **a mansarda,** mansard dormer window.
— **arcuata a tutta monta,** round headed window.
— a **registro (***o* **scorrevole),** sliding

window; window with sliding sashes.

finestra a registro (*a telaio incassato*), double hung sashed window; window with sliding sashes and cased frame.

— **a un battente,** single-sashed window.

— **a un'imposta,** single-sashed window.

— **con battenti aprentisi all'interno,** window with casements opening inwards.

— **con imposte scorrevoli verticalmente,** window with vertical sliding sashes.

— **con telaio rigido,** window with solid frame.

— **di aeroplano** (*aereo*), porthole.

— **doppia,** double-window; twofold window; winter window.

— **in pietra da taglio,** window in work(ed) stone.

— **invetriata,** glazed window.

— **per chiavette** (*mecc.*), cotter hole.

— **sopra tetto,** dormer-window.

finestrino (*auto*), window.

— **abbassabile** (*auto*), drop window.

— **a doppi vetri** (*ferr.*), double-glazed window.

— **a prova di raggi ultravioletti** (*aereo*), ultraviolet-proof window.

— **di coda apribile** (*auto*), opening rear quarter window.

— **in vetro colorato** (*aereo*), tinted window.

— **laterale della cabina colorato** (*aereo*), tinted cabin side window.

— **posteriore** (*auto*), rear window.

— **(modanature cromate del —),** (*auto*), bright window surrounds.

finezza, *f.* fineness (*polveri*); keenness (*di lame*).

— **di macinazione,** fineness of grinding.

— **di un legno,** fineness of a wood.

fini di calcare (*min.*), limestone fines.

— **di carbone,** coal fines.

fini di ciclone (*min.*), fine cyclone products.

— **di ritorno** (*agglomerazione*) (*metall.*), return fines.

— **di scaglia di laminazione** (*met.*), mill scale fines.

— **ridotti** (*min.*), reduced fines.

finimento, *m.* (*met.*), finishing; v. **finitura.**

— **(reparto)** (*met.*), finishing shop.

finire, *v.a.* to finish (*dar l'ultimo tocco*); (*auto*) (*equipaggiare*), to fit out.

— **alla botte** (*galv.*), to barrel finish.

— **al tornio,** to finish turn.

finissaggio anti-piega (*tess.*), anti-crease finish.

— **a umido,** wet finishing.

— **morbido,** soft finish.

— **permanente,** permanent finish.

— **speciale** (*tess.*), special finish.

finissimo, *agg.* ultrafine.

finito, *p.p.* in a machined state; *m.* (*mat.*), finite.

— **a specchio** (*mecc.*), lap-finished.

— **in cromo,** finished in chrome.

finitrice longitudinale (*calcestruzzo*), longitudinal finishing machine.

— **stradale** (*macch. stradale*), road finishing machine.

finitura, *f.* finish.

— **alla botte** (*galv.*), barrel finishing.

— **al tornio,** finish turning.

— **a specchio** (*met.*), best bright finish; mirror finish.

— **brillante** (*met.*), bright finish; luster finish.

— **con l'alesatore,** finish-boring.

— **di superficie,** surface finish.

— **opaca** (*met.*), matt finish; dull finish.

— **permanente** (*tess.*), permanent finish.

— **satinata** (*ottenuta con spazzole a setole metalliche*) (*met.*), scratch brushed finish; satin finish.

— **speculare** (*met.*), mirror finish.

fino a, *prep.* (*in attesa di*) pending.

fino al completamento (*in attesa del completamento*) **della centrale,** pending completion of the power plant.
— **di carbone,** v. **fini.**
finto, *agg.* dummy.
fiocchi (*met.*), v. **fiocco.**
fiocco (*m.*) (*di fiamma ossiacetilenica*), outer envelope; (*o cricca capillare interna* (*met.*), flake; snowflake; (fisheye; shatter-crack); jib (*naut.*) (*di vela*).
— **di canapa** (*tess.*), hemp flock.
— **raion** (*tess.*), staple rayon.
fioccoso, *agg.* flocky; flocculent; (*p.es. di acciai soggetti ad essere fioccosi*) (*met.*), flaky.
fiordo, *m.* fiord.
fiore crociforme (colmo) (*arch.*), finial.
fiorettatura, *f.* (*difetto superficiale nella laminaz. a freddo dato da increspamenti a forma di felci*) (*met.*), pincher.
fioretto, *m.* (*sega*), compass saw.
— **da mina,** drilling tool; drill; chisel.
fiori di zolfo, flowers of sulphur; sublimated sulphur.
firma, *f.* signature.
— **(la — del contratto),** the signing of the contract.
firmare un contratto, to sign a contract.
fischio, *m.* whistle (*segnale*); hiss (*valvole*); (*segnale acustico*) (*naut.*), blast.
— **a vapore,** steam whistle.
— **d'allarme,** signal-whistle.
— **da nebbia,** fog-whistle.
— **della valvola** (*termoion.*), valve hiss.
fiscolo (*ind. olearia*), (*oil industry*) felt.
fisica, *f.* physics.
— **atomica,** atomic physics.
— **dei mesoni** (*fis. atom.*), meson physics.
— **della fusione del laser,** laser fusion physics.
— **dei reattori,** reactor physics.
— **dello stato solido** (*fis.*), solid-state physics (*a branch of physics that deals with the structure and properties of solids, including semiconductors*).
fisica elettronica (*fis.*), electron physics.
— **matematica,** mathematical physics.
— **neutronica** (*fis. atom.*), neutron physics.
— **nucleare** (*fis. atom.*), nuclear physics.
fisico, *agg.*, *m.*, physical *agg.*; physician; physicist, *m.*
— **-metallurgo,** *m.*, physical metallurgist.
— **nucleare** (*fis. atom.*), nuclear physicist.
fisiologia, *f.* physiology.
— **del lavoro** (*med.*), occupational physiology.
fisiologico, *agg.* physiological.
fissaggio, *m.* fastening; clamping; fixing (*mecc.*, *fot.*).
— **con bulloni,** screwed connection.
— **con materia adesiva,** securing; fixing.
— **della mola,** clamping of the grinding wheel.
— **della sega,** fixing of saw.
— **di rotaie,** rail fastening; rail fixing.
— **(bagno di —)** (*fot.*), fixing bath.
fissare, *v.a.* to grip; to lock; to clamp; to fasten; to fix (*usato in generale*); to square out (*tracciare fondazioni ecc.*).
— **con arpioni,** to grip.
— **con bulloni,** to screw; to bolt.
— **con puntine** (*dis.*), to pin down with drawing pins.
— **con viti,** to fasten with screws.
— **il pezzo al tornio,** to put the work in the lathe.
— **la fresa,** to fix the cutter.
— **l'albero del rinvio,** to lock the back gear shaft.
— **tra le punte,** to place (the work) between centres.
— **un pezzo,** to lock a work; to clamp a work.
— **un utensile,** to clamp a tool.

fissativo, *m.* (*vernici*), sealer.
fissato a fondo (*riferito a dadi, ecc.*) (*mecc.*), seated.
fissatore, *m.* (*fot., ecc.*), fixing bath.
fissatori, *m. pl.* (*elet.*), getters.
fissile, *agg.* fissile; fissionable (U.S.A.).
fissionabilità, *f.* (*fis. atom.*), fissionability.
fissionare (*fis. atom.*), to fission.
fissione (*fis. atom.*), fission (*vedi anche le voci*: attività beta del prodotto di —; avvelenamento da prodotti di —; calore di —; camera di —; camera di ionizzazione di —; catena di disintegrazione di —; catena radioattiva di —; contatore a —; energia di —; fattore di —; frammenti di —; neutrone di —; processo di —; prodotto di —; reattore di —; reazione di —; rendimento di —; separazione del prodotto di —; sezione d'urto di —; reazione di — a catena; soglia di —; spettro di —; veleno di —; velocità di —).
— **a catena** (*fis. atom.*), chain-fission.
— **dell'uranio** (*fis. atom.*), uranium fission.
— **di plutonio** (*fis. atom.*), plutonium fission.
— **dovuta a neutroni veloci** (*fis. atom.*). fast neutron fission.
— **esplosiva** (*fis. atom.*), explosive fission.
— **indotta** (*fis. atom.*), induced fission.
— **lenta** (*fis. atom.*), slow fission.
— **nucleare** (*fis. atom.*), nuclear fission.
— **originale** (*fis. atom.*), original fission.
— **spontanea** (*fis. atom.*), spontaneous fission.
— **termica** (*fis. atom.*), thermal fission.
— **ternaria** (*fis. atom.*), ternary fission.
— **veloce** (*fis. atom.*), fast fission.

fisso, *agg.* (*chim.*), fixed; (*di prezzi*), fixed.
— **(contropunta fissa)** (*mecc.*), fixed centre.
fitta, *f.* dent (*ammaccatura f.*).
fiume, *m.* river.
— **canalizzato,** canalised river (navigation).
— **soggetto a marea,** tidal river.
— **sotterraneo,** underground river.
— **(alveo del —),** river bed.
— **(correnti del —),** river currents.
— **(corso sinuoso del —),** river sinuous course.
— **(curva del —),** river bend.
— **(dragaggio del —),** river dredging.
— **(erosione delle sponde del —),** wearing away of river banks.
— **(fondo del —),** river bottom.
— **(inquinamento di un —),** river pollution.
— **(letto del —),** river bed.
— **(raddrizzamento del corso del —),** river straightening.
— **(regime del —),** river regimen.
— **(regolazione del —),** river regulation; river improvement.
— **(regolazione, dragaggio, canalizzazione di un —),** river improvement.
— **(sinuosità del —),** river's sinuosity.
— **(sponde del —),** river banks.
— **(velocità della corrente del —),** river current velocity.
flacone, *m.* flask; bottle.
flaconerie, *f. pl.* (*per chim. e laboratorio*) (*vetro*), (chemical) glassware; (laboratory) glassware.
flagello, *m.* (*zool.*), flagellum.
flanella, *f.* (*tess.*), flannel.
flangia, *f.* (*mecc.*), flange.
— **cieca,** blank flange.
— **dell'albero a manovella,** crankshaft flange.
— **del pignone,** pinion flange.
— **di accoppiamento,** coupling flange.
— **di attacco,** coupling flange.
— **di raccordo,** coupling flange.
— **estrusa,** extruded flange.

flangia fissa, fixed flange.
— **libera** (*met.*), loose flange.
— **longitudinale,** longitudinal flange.
— **mobile,** loose flange; slip-on flange.
— **per saldatura con bordo** (*mecc.*), welding neck flange.
— **trasversale,** transverse flange.
flangiare, *v.a.* to flange; to border.
flangiatrice, *f.* flanging machine.
flangiatura, *f.* (*mecc.*), flanging.
— **dei fori,** lipping the rim of holes.
— **di grosse lamiere,** circular flanging of thick plates.
— **di tubi** (*met.*), tube flanging.
flano, *m.* (*tip.*), matrix.
— **(pressa per —)** (*tip.*), matrix striking press.
Flectol (*chim.*), Flectol (*antiossidante e accelerante della Monsanto*).
flessibile, *agg.* flexible; pliable; supple.
— **(impianto —),** flexible plant.
— **(sistema — di lavorazione)** (*macch. ut.*), flexible manufacturing system.
flessibilità, *f.* pliability; flexibility.
— **del materiale di costruzione,** structural flexibility.
— **di funzionamento** (*centr. elet., ecc.*), flexibility of operation.
flessimetro, *m.* deflectometer; (*med.*), fleximeter.
flessione, *f.* deflection; bending; flexure; (*del corpo*), flexion; (*di prezzi*), dip.
— **elastica,** elastic deflection.
— **laterale al livello del tetto** (*cost.*), sideways deflection at roof-level.
— **minima,** minimum deflection.
flesso, *m.* (*mat.*), flexure.
flessografia, *f.* (*stampa a sistema rotativo con cliché di gomma vulcanizzata*), flexography.
flessografica (pressa —) (*stampa*), flexographic press.
flessografico, *agg.* (*stampa*) flexographic.
flessura, *f.* (*geol.*), fold.
flettere, *v.a.* to bend; to bow; (*curvare, piegare*), to flex.
flettner, *m.* (*aereo*), elevator trim tab.
flocculante, *m.* (*chim.*), flocculant
— **(agente, reattivo ecc.),** (*chim.*), flocculating agent, reagent etc.).
flocculare, *v.a.* (*chim.*), to flocculate.
flocculato, *m.* (*chim.*), flocculate.
flocculazione, *f.* (*chim.*), flocculation.
flotta, *f.* fleet.
— **aerea,** air power.
— **di pesca da costa,** inshore fishing fleet.
— **navale,** navy fleet.
flottaggio, *m.* (*idrovolante*) (*aereo*), taxying.
flottare, *v.i.* (*aereo*), to taxi (over water); to float (*min.*).
flottazione, *f.* (*met.*), flotation.
— **a schiuma** (*min.*), froth flotation.
— **cationica** (*min.*), cationic flotation.
fluenza energetica (*fis.*), energy fluence.
fluidi gassosi (*mecc. fluidi*), fluids in gaseous condition.
— **liquidi** (*mecc. fluidi*), fluids in liquid condition.
fluidica, *f.* (*tecnica a base di sistemi logici a fluido*), fluidics.
— **(attrezzatura —),** fluidic equipment.
fluidiche (*agg.*) **(tecniche —),** fluidic techniques.
fluidico, *agg.* fluidic.
— **(comando),** fluidic control.
— **(dispositivo),** fluidic device.
— **(modulo —),** fluidic module.
— **(sistema —),** fluidic system.
— **(tornio a comando —),** fluidic lathe.
fluidificazione, *f.* (*bitume, asfalto*), cutting-back; fluidization; fluxing.
fluidità (*di olio*), fluidity.
fluidizzare (*ceneri*), to fluidize.
fluidizzato, *p. p.* fluidized.

fluidizzato con vapore (*min.*), steam-fluidized; v. **letto — con vapore.**
fluidizzazione, *f.* (*min.*), fluidization.
fluido, *agg.* fluid; *n. m.* fluid.
— **di taglio,** cutting fluid.
— **di trivellazione,** drilling fluid.
— **fluorescente,** fluorescent fluid.
— **idraulico** (*lubrificanti met.*), hydraulic fluid.
— **magnetico,** magnetical fluid.
— **nucleare** (*fis. atom.*), nuclear fluid.
— **protettivo,** protective fluid.
fluire, *v.i.* to flow.
fluitazione, *f.* (*del legname*), floating (*of timber*).
fluodinamica, f. fluid dynamics.
fluodinamico, *agg.*, fluodynamic
fluoresceina, *f.* (*chim.*), fluorescein.
fluorescenza, *f.* fluorescence.
— **da raggi X** (*met.*), X-ray fluorescence.
— **d'urto,** impact fluorescence.
fluorimetro, *m.* fluorimeter.
fluorina, *f.* v. **fluorite.**
fluorite, *f.* fluorite; fluor-spar.
fluoro, *m.* (*chim.* = F), fluorine.
fluorografia, *f.* fluorography.
fluorometro, *m.* (*radiol.*), fluorometer.
fluororoentgenografia, *f.* (*radiol.*), fluororoentgenography.
fluoroscopia, *f.* (*radiol.*), fluoroscopy.
fluoroscopio, *m.* (*radiol.*), fluoroscope.
fluorurare, *v.a.* (*chim.*), to fluoridate.
fluoruro, *m.* (*chim.*), fluoride.
— **allilico,** (*chim.*), allyl fluoride.
— **di ammonio,** ammonium fluoride.
— **di bario,** barium fluoride.
— **di calcio,** calcium fluoride.
— **d'idrogeno,** hydrogen fluoride.
— **di litio,** lithium fluoride.
— **di magnesio,** magnesium fluoride.
— **di potassio,** potassium fluoride.
— **di sodio,** sodium fluoride.
fluoruro di uranio (*fis. atom.*), uranium fluoride.
fluosilicato, *m.* (*chim.*), fluosilicate.
— **di sodio** (*chim.*), sodium fluosilicate (*salufer*).
— **di zinco** (*chim.*), zinc fluosilicate.
flushing avanti gabbie (*met.*), flushing of front mill work table.
— **piani a rulli dietro gabbie** (*met.*), flushing of back mill work table.
— **treno sbozzatore** (*met.*), flushing of roughing train.
flussaggio, *m.* (*operazione di rammollimento di un bitume, mediante un flussante*), fluxing.
flussante (*sostanza emolliente*) (*bitumi*), flux.
flussi (*m. pl.*) **dispersi,** stray fields (*di magnete*).
— **per leghe** (*met.*), fluxes for alloys.
flussimetro, *m.* flowmeter.
flusso, *m.* flow; flux; (*sequenza logica*) (*cibernetica*), flow.
— **critico** (*gas.*), critical flow.
— **degli elettroni,** electron flow; flow of electrons.
— (*movimento*) **dei capitali** (*finan.*) capital flow.
— **del compressore** (*aereo*), blower airflow.
— **della corrente,** current flow.
— **della marea,** rise; flux; flow.
— **dell'arco** (*saldatura*), arc-welding flux.
— **di dati da un Paese all'altro** (*inform.*), « transborder » data flow.
— **dell'elica** (*aereo*), back wash.
— **di dispersione** (*elet.*), stray flux.
— **(totale) di neutroni** (*fis. atom.*), neutron flux.
— **di energia** (*onde energetiche*), power flux (the energy per metre of wave front).
— **di messaggi** (*inform.*), message flow.
— **di particelle** (*fis. atom.*), particle flux.
— **di radiazioni** (*fis. atom.*), radiation flux.

flusso di raggi gamma (*fis. atom.*), gamma flux.
— **di raggi X** (*astr.*), X-ray flux.
— **disossidante in pasta** (*sald.*), welding paste.
— **elettrico,** electric flux.
— **e riflusso,** flow and ebb; rise and fall.
— **gassoso** (*sald.*), gaseous flux.
— **ipersonico,** hypersonic flow.
— **laminare** (*aereo*), laminar flow; streamline motion.
— **luminoso emisferico inferiore,** lower hemispherical flux; downward flux (U.S.A.).
— **luminoso sferico di un radiatore,** total flux of a source.
— **luminoso super orizzontale,** upper hemispherical flux; upward flux (U.S.A.).
— **magnetico,** magnetic flux.
— **momentaneo di corrente,** momentary burst of current.
— **pulsante,** pulsating flow.
— **subsonico** (*aereo*), subsonic flow.
— **supersonico** (*aereo*), supersonic flow.
— **termico** (*fis. atom.*), thermal flux.
— **veloce** (*fis. atom.*), fast flux.
flussometro, *m.* fluxmeter.
flutto, *m.* surge; billow.
fluttuante (tasso —) (*comm.*), fluctuating rate.
fluttuazione, *f.* (*elettron.*), fluctuation; (*causata dal movimento irregolare del nastro che dà origine a distorsioni*) (*giradischi, registratori*) (*audio*), flutter.
— **dei prezzi** (*comm.*), price swing.
fluviale, *agg.* (*geog.*), fluvial.
foca (olio di —), seal oil.
focaccia (*o* **cubetto) di fieno** (*agr.*), hay wafer.
focale, *agg.* (*ott.*) focal.
focalizzazione, *f.* focusing; focussing.
foce, *f.* (*di fiume*) (*geog.*), mouth (*of river*).
fochista, *m.* fireman; stoker.
focolaio (*m.*) **meccanico,** mechanical stoker.
focolare, *m.* kiln; fire box; furnace.
— **a grata mobile,** chain-grate stoker.
— **con griglia a catena,** chain grate stoker.
— **di caldaia,** firebox; furnace.
— **di fucina,** blacksmith's forge.
— **esterno,** external furnace.
— **interno,** internal furnace.
focometro, *m.* (*apparecchio per trovare il fuoco di una lente*), focimeter.
fodera, *f.* (*met.*), liner; sheathing.
— **di rame,** copper sheathing.
— **di una porta,** lining of a door
— **metallica di carena** (*naut.*), sheathing.
— **termoadesiva per confezioni** (*tess.*), thermo-adhesive lining for ready-made clothes.
foderare, *v.a.* to line; to sheathe (*naut.*).
foderato (*p.p.*) **di nylon,** nylon-lined.
foderatura, *f.* lining; sheathing.
fodrina, *f.* (*pannello di porta*), panelling.
foggiare (*v.a.*) **la testa del chiodo,** to form the closing head.
foglia (*f.*) **di impiallicciatura,** veneer.
foglio, *m.* sheet.
— **da disegno,** drawing-sheet.
— **di fibra vulcanizzata,** vulcanized fibre sheet.
— **di lavorazione,** layout sheet; process sheet (U.S.A.).
— **di lavoro** (*inform.*), work sheet.
— **di programmazione** (*inform.*), work sheet.
— **di richiesta di materiale,** requisition card.
— **di risguardo** (*tip.*), fly-leaf.
— **di risposta** (*calcolatore elettronico*), answer sheet.
— **di stampa difettosa** (*tipog.*), mackle.
— **illustrativo,** leaflet.
— **per 12°** (*tip.*), tumble.
— **stampato,** printed sheet.
fogna, *f.* drain; sewer (*per acque nere*).
fognare, *v.a.* to drain; to sewer.

fognatura, *f.* sewerage; drainage.
— **(rete di — urbana),** network of urban sewers.
fognolo, *m.* culvert.
folgorante, *agg.* fulgurant; fulgurating.
folgorazione, *f.* (*med.*), fulguration.
follante, *m.* (*tess.*), fulling assistant.
follare, *v.a.* (*tess.*), to full.
follatura, *f.* (*tess.*), fulling; milling.
folle, *agg.* (*mecc.*), loose.
— **(a tutto gas; in —)** (*met.*), high idle run.
follone, *m.* (*tess.*), milling-machine.
fon, *m.* (*acust.*), phon.
fondale, *m.* (*di banchina*), depth; sounding.
fondamenta, *f. pl.* foundations.
— **affondate,** sunk foundations.
— **con riseghe,** stepped foundations.
— **di getto,** foundations tipped into position.
— **di pilastro,** pile foundations.
— **di un'incudine,** anvil foundations.
— **in cemento armato,** concrete foundations.
— **in muratura,** foundations in masonry.
fondare, *v.a.* (*comm.*), to establish; to found (*p. es.* [*casa*] *fondata nel 1821*, established 1821; founded in 1821).
fondazioni, *f. pl.* (*cost.*), foundations.
— **con cassoni** (*cost. idr.*), caisson foundations.
— **con pali in cemento armato, preparati, fuori opera,** precast piles foundations.
— **con palificate di sostegno,** pile foundations.
— **idrauliche,** hydraulic foundations.
— **in calcestruzzo,** concrete foundations.
— **pneumatiche,** pneumatic foundations.
— **su pali,** pile foundations.
— **su pali in cemento armato, gettati in sito,** cast-in-situ piles foundations.
fondazioni su palificate di sostegno, pile foundations; piling foundations.
— **su pilastri,** pier foundations
— **su pilastri ed archi,** sunk well foundations.
fondello, *m.* (*muniz.*), bottom plate.
— **di barattolo** (*ind. conserviera*), can end.
fondente, *m.* (*dolci alim.*), fondant; (*saldatura*), flux; (*met.*), fluxing agent; flux (*met.*).
— **per scorie** (*met.*), slagging medium.
— **(impianto per il movimento dei —i)** (*met.*), fluxing material equipment.
fondere, *v.a.* to cast (*tip.*, *met.*); to melt (*neve, ghiaccio, ghisa, met.*); to smelt (*minerali*); (*i minerali di ferro sono fusi in gran parte negli altoforni*), iron ores are smelted largely in blast-furnaces; to melt down (*met., ecc.*), (*vecchie locomotive a vapore furono ridotte in rottame e fuse*), old steam locomotives were cut up for scrap and melted down; to found (*met.*); to merge (*di società che si uniscono*).
— **i caratteri mobili** (*tip.*), to cast movable type.
— **ghisa ad alto tenore di fosforo con rottame di acciaio,** to melt high-phosphoric pig iron with steel scrap.
fonderia, *f.* foundry.
— **di alluminio,** aluminium foundry.
— **di ghisa,** iron foundry.
— **di ghisa malleabile** (*met.*), malleable-iron foundry.
— **di ottone,** brass foundry.
— **di pressofusione,** diecasting foundry.
fondersi, *v.r.* (*di ditte*) (*comm.*) to merge; to amalgamate.
— *v.r.*, to melt, *v.i.*
fondina, *f.* (*per trasporto armi*), holster.
fonditore, *m.* founder; foundryman.

fonditrice, *f.* (*tipog.*), casting machine.

fondo, *m.* bottom; dregs (*feccia*); capital (*comm.*); back (*di orologio*); head; ground (*tess.*: *parte di tessuto che circonda il disegno*); (*tip.*) ground tint.

— **a botola,** drop bottom.

— **cellulosico** (*vernici, ecc.*), lacquer primer.

— **concavo** (*di barattoli*) (*comm.*), « slack top ».

— **convesso** (*di barattoli*) (*comm.*), «springy top ».

— **della staffa** (*fond.*), drag.

— **dello scafo** (*di idrovolanti*), planing bottom.

— **di ammortamento** (*comm.*), sinking fund.

— **di botte,** cask head.

— **di cilindro,** cylinder head.

— **di colata** (*fond.*), skull.

— **di investimento** (*comm., finan.*), mutual fund.

— **di smusso** (*sald.*), root of a weld.

— **di stabilizzazione** (*finan.*), buffer fund.

— **doppio,** double bottom.

— **marino** (*geol., geogr.*), floor of the sea.

— **sferico,** curved head.

— **sociale e di anzianità,** welfare and retirement fund.

— **sottosmalto** (*vernici*), primer surfacer.

— **stellato** (*di scafo*), flare.

fonemi, *m. pl.* phonemes (basic units of sound of a language).

fonendoscòpio, *m.* (*med.*), phonendoscope.

fonetico, *agg.* phonetic(al).

fonìa, *f.* phone.

fonoassorbente, *agg.* sound absorbing.

fonocardiogramma, *m.* (*med.*), phonocardiogram.

fonochimica, *f.* (*studio degli effetti sonori sulle reazioni chimiche*), phonochemistry.

fonoforo, *m.* phonophore.

fonografo, *m.* phonograph.

fonogramma, *m.* (*telef.*), phonogram.

fonolite, *f.* (*min.*), phonolite.

fonometro, *m.* phon-meter (*strumento per misurare l'intensità dei suoni con la scala « phon »*); phonometer.

fonorivelatore, *m.* (*audio*), pick-up; phono cartridge.

— **ceramico** (*audio*), ceramic phono cartridge.

— **piezoelettrico** (*audio*), piezoelectric phono cartridge.

— **stereo** (*audio*), stereo phono cartridge.

— **elettrodinamico,** electrodynamic pick-up.

fonoscopio, *m.* phonoscope.

fonovisione, *f.* (*telev.*), phonovision.

fontana, *f.* fountain.

fontanella (*in fabbriche, parchi, ecc.*), drinking fountain.

fontanelle tubolari (*costr. met.*), tubular fountain posts.

fonte battesimale (*cost.*), baptesimal pool.

foraggera, *f.* (*bot.*), forage plant.

forare, *v.a.* to drill *or* to bore (*col trapano*); to pierce *or* to punch (*col punzone*); to puncture (*bucare*).

forato, *m.* (*cost.*), hollow brick; (*fabb. tubi*), v. **massello forato.**

foratrice (*f.*) *per traverse* (*ferr.*), sleeper drilling machine; (*macchine ut.*), drilling machine.

— **a controllo numerico** (*macch. ut.*), numerically controlled drilling machine.

— **-alesatrice per fori profondi** (*macch. ut.*), deep-hole drilling and boring machine.

— **a mandrini multipli per fori profondi** (*macch. ut.*), multi-spindle deep-hole drilling machine.

— **a raggi elettronici** (*macch. ut.*), electron-ray drilling machine.

— **multipla a mandrini verticali multipli** (*macch. ut.*), vertical multi-spindle drilling machine.

foratrice oleodinamica (*macch. ut.*), hydraulic drilling machine.
foratura, *f.* drilling (*mecc.*); boring (*mecc.*); puncture (*di gomme*); (*di pneumatici*) blowout (U.S.A.).
— **« a cannone »,** gun drilling.
— **cilindrica,** cylindrical boring.
— **conica,** conical boring.
— **di pneumatico,** puncture.
forbice per spazzole (*elet.*), brush-trimmer.
forbici, *f. pl.* shears; snips (*per fili metallici*); scissors (*comuni*).
— **a becco** (*o* **cornute),** angle shears.
— **da vetro,** glass shears.
— **per potare,** pruning-shears.
forcella, *f.* (*di bicicletta o motoc.*), fork.
— **anteriore,** front fork.
— **comando** (*auto*), gear control fork; gear shift fork (U.S.A.).
— **deflettente** (*aereo*), deflector fork.
— **di scappamento** (*orol.*), lever.
— **di sicurezza** (*armi*), safety pin,
— **di spinta del differenziale** (*auto*). suspension fork.
— **telescopica,** front fork.
forcelle (*f. pl.*) **a doppia molla** (*motoc.*), duo-sprung forks.
— **a V** (*agrim.*), wyes.
forchetta, *f.* (*mecc.*), fork.
— **da fune con guancia a cuscinetto,** rope fork with inserted claws.
— **di biella,** fork.
— **di cinghia,** strap fork.
— **di scappamento ad àncora** (*orol.*), horn.
— **porta-rotaie** (*ferr.*), rail fork.
— **rompitrama** (*tess.*), filling fork (U.S.A.).
— **(estremità a —)** (*mecc.*), prong.
foresta, *f.* forest.
forfait, *m.* contract.
— **(a —),** on contract.
forgia, *f.* forge; smithy.
forgiabile, *agg.* forgeable.
forgiare, *v.a.* to forge.
— **a caldo,** to forge hot.
— **a freddo,** to forge cold.
forgiare su stampo, to swage.
forgiatore, *m.* smith; forger.
forgiatura, *f.* forging.
— **elettrica,** electro-forging.
— **in conchiglia,** shell forging.
fori (*m. pl.*) **di colata** (*fond.*), gates.
forma, *f.* mould (*fond.*); mold (U.S.A.); forme (*tipog.*); last (*di scarpe*).
— (*o modulo per fabbricazione di carta a mano*), deckel.
— **a guscio** (*fond.*), shell mold (U.S.A.); shell mould.
— **chiusa a quattro pagine** (*tipog.*), locked-up forme (of four pages).
— **cristallina** (*min.*), crystal form.
— **della lingottiera** (*fond.*), ingot mold (U.S.A.); ingot mould.
— **di grafite,** graphite mould.
— **di sabbia,** sand mould.
— **di stampa** (*tipog.*), forme.
— **in verde** (*fond.*), green sand-mould.
— **per la fusione,** casting mould.
— **per la stampa** (*tipog.*), forme.
— **per la stampa a pressione** (*tipog.*), intaglio printing form type.
— **per la stampa comune** (*tipog.*), planographic printing form type; surface printing form type.
— **per la stampa in rilievo** (*tipog.*), letter press; letter printing form type; relief printing form type.
— **(a — di campana),** bell-shaped.
— **(a — di cuneo),** wedge-shaped.
formabilità alla pressa (*mecc.*), press formability.
formaggio, *m.* (*alimentazione*), cheese.
— **(modellatura del —),** cheese hooping.
— **(spinatura del —),** cheese milling.
formaldeide, *f.* (*chim.*), formaldehyde; formic aldehyde.
formalina, *f.* (*chim.*), formalin.
formare, *v.a.* to mould; to form; to model.

formato, *m.* size; dimension; (*inform.*), format.
— (*p.p.*) **alla pressa** (*mat. plastiche*), compression moulded.
— **dell'immagine** (*telev.*), picture ratio (*rapporto fra l'altezza e la larghezza d'una immagine televisiva*).
— **ridotto** (*cinem.*), substandard film.
formatore, *m.* moulder; former.
— **o commutatore di segnali in codice** (*tel.*), **coder.**
formatrice, *f.* moulding machine.
— **sotto vuoto** (*mat. plast.*), vacuum forming machine.
formattazione, *f.* (*inform.*), formatting.
formatura, *f.* (*fond.*), moulding process; moulding; mould; (U.S.A.) molding; (*che dipende dalla forma del pezzo*), forming.
— **a cera persa,** precision casting.
— **ad alta energia** (*fond., met.*), high-energy-rate forming.
— **ad esplosione** (*met.*), v. **stampaggio per esplosione.**
— **a guscio,** shell moulding.
— **alla pressa** (*mecc.*), press forming; (*mat. plastiche*), compression moulding.
— **allo scoperto,** open sand moulding.
— **a mano,** hand moulding.
— **a pressione** (*fond.*), (*mat. plast.*), squeeze-moulding.
— **a rulli** (*mecc.*), roll forming.
— **a sagoma,** template moulding; strickle moulding.
— **a scossa** (*mat. plast.*), shock-moulding.
— **a scosse** (*fond.*), jolt molding.
— **a secco,** dry-sand moulding.
— **a verde,** green-sand moulding.
— **con placche-modello,** plate moulding.
— **con stiramento** (*mecc.*), stretch forming.
— **d'ingranaggi,** moulding of gears.
— **in sabbia,** sand moulding.
— **in staffa,** flask-moulding.
— **in terra,** loam moulding.
formatura meccanica, machine moulding.
— **per stiramento su sagoma** (*mecc.*), stretch forming.
— **(materiale di —),** molding material (U.S.A.); moulding material.
formazione, *f.* formation.
— **a diamante** (*aereo*), diamond formation.
— **a guscio** (*fond.*), shell moulding.
— **a V** (*aereo*), V-formation.
— **d'arco** (*elet.*), arcing.
— **di bolle,** bubbling.
— **di bucciatura** (*vernici*), « orange-peel ».
— **di cavità di ritiro** (*met.*), piping; shrinking.
— **di correnti vorticose generate dal filetto fluido** (*aereo*), burbling.
— **di crateri** (*pitture, ecc.*), cratering.
— **di cricche** (*met.*), formation of cracks; cracking; crack development.
— **di cristalli,** crystal formation.
— **di fiocchi** (*met.*), flaking.
— **di ghiaccio** (*sul bordo d'entrata delle ali, ecc.*) (*aereo*), ice-up.
— **di onda d'urto** (*mecc. dei fluidi*), shock wave formation.
— **di orecchiette** (*met.*), v. **orecchiette.**
— **di polmone** (*met.*), v. — **di cavità di ritiro.**
— **di scaglie** (*met.*), scaling; scale buildup.
— **di schiuma,** foaming.
— **di scorie,** formation of clinker (*slags*).
— **di segnali in codice** (*teleg.*), coding.
— **di settori** (*radio*), sectoring.
— **di sfoglie** (*fond.*), scab formation.
forme permanenti (*fond.*), permanent molds.
formella (*f.*) **di carbone,** briquette.
— **di porta,** panel.
— **per pavimenti,** floor-brick.
formiato, *m.* (*chim.*), formate.
— **di nickel** (*chim.*), nickel formate.

formiato di sodio (*chim.*), sodium formate.
formula, *f.* formula (*pl.* formulae; formulas).
— **chimica,** chemical formula.
— **classica,** standard formula.
— **definita** (*chim.*), definite formula.
— **di progettazione,** design formula.
— **di trasformazione** (*fis. atom.*), transformation formula.
— **empirica,** empirical formula.
— **matematica,** mathematical formula.
formulazione, *f.* (*chim.*), formulation.
fornace, *f.* furnace (*per metalli*); kiln (*per laterizi*); (*fonderia*) foundry; furnace.
— **da calce,** lime kiln.
— **per mattoni,** brick-kiln; brick furnace.
fornaciaio, *m.* furnaceman; (*laterizi*), brickburner.
fornello, *m.* stove; (*comunicazione scavata dal basso verso l'alto, fra due livelli di carreggio*) (*miniere*), raise; rise; riser.
— **a gas,** gas range.
— **da cucina,** kitchen range; kitchener.
— **per distillazione,** distilling furnace.
— **per saldare,** soldering furnace.
fornire, *v.a.* to supply; to provide.
— **acqua,** to supply water.
— **forza motrice,** to supply power.
fornito (*p.p.*) **di...,** equipped with...
fornitore *m.* (*comm., met.*) supplier.
— **esterno** (*p.es. di ossigeno per uno stabilim. siderurgico*), outside supplier.
— **navale** (*naut.*), shipchandler.
fornitura (*f.*) **dell'energia elettrica,** electric power supply.
— **navale** (*naut.*), chandlery.
forniture per laboratori, laboratory supplies.
forno, *m.*, furnace (*met.*); oven (*gas,ind.*), kiln(*calce, ceramica*).
forno a bagno di sale (*met.*), salt bath furnace.
— **a calce** (*chim., ecc.*), lime kiln.
— **a campana** (*met.*), bell furnace.
— **a campana ad atmosfera controllata** (*met.*), controlled-atmosphere bell furnace.
— **a campana di ricottura** (*met.*), bell annealing furnace.
— **a canale** (*fucinatura*), slot-type forge furnace.
— **a canale** (*o* **a tunnel)** (*vetro*), lehr; leer; lear.
— **a carrelli** (*met.*), bogie type furnace.
— **a ciclone,** cyclone furnace.
— **a coke,** coke oven.
— **a crogiolo,** crucible furnace.
— **a cupola,** cupola furnace.
— **ad alta temperatura per sinterizzazione** (*elet.*), high temperature sintering furnace.
— **ad alveare** (*met.*), beehive oven.
— **ad arco,** arc furnace.
— **ad arco indiretto,** indirect arc furnace.
— **ad arco UHP** (*met.*), ultra high power arc furnace.
— **ad induzione,** induction furnace.
— **ad induzione a bassa frequenza,** low voltage induction furnace.
— **a fascio di elettroni** (*met.*), electron beam furnace.
— **a gas con ricupero di calore,** regenerative-type gas furnace.
— **Ajax** (*met.*), Ajax-Northrup (induction) furnace.
— **a manica** (*o* a tino), shaft furnace.
— **a microonde,** microwave oven.
— **a muffola,** muffle furnace.
— **a normalizzare** (*met.*), normalizing furnace.
— **a pareti verticali** (*met.*), furnace with vertical sides; vertical sided furnace.
— **a passaggio continuo** (*met.*), continuous furnace; straight flow furnace.
— **al plasma** (*met.*), plasma furnace.

forno a pozzo, pit furnace; (*met.*), soaking pit.
— **a pozzo (coperchio del — a pozzo)** (*met.*), pit furnace cover.
— **a pozzo a celle** (*met.*), cell type soaking pit.
— **a pozzo elettrico** (*met.*), electric soaking pit.
— **a puddellaggio,** puddling furnace.
— **a resistenza di grafite** (*met.*), graphite resistor furnace.
— **a riverbero,** reverberatory furnace; air furnace.
— **a spinta** (*met.*), pusher (type) furnace; continuous type furnace.
— **a storte,** retort oven.
— **a storte orizzontali,** horizontal retort oven.
— **a storte verticali,** vertical retort oven.
— **a suola,** open hearth furnace.
— **a suola anulare,** doughnut furnace.
— **a suola mobile,** truck furnace.
— **a suola rotante,** rotary hearth furnace.
— **a tamburo rotante,** rotary-drum furnace.
— **a tino,** shaft furnace.
— **a tunnel** (*ceram.*), tunnel kiln.
— **bulbato** (*met.*), tapered shell furnace.
— **continuo,** continuous type furnace.
— **continuo di riscaldo a spinta** (*met.*), continuous pusher reheating furnace.
— **da cementazione,** case-hardening furnace; carburising furnace.
— **da cementazione a muffola,** muffle carburising furnace.
— **da coke** (*met.*), coke oven.
— **da smalto** (*ceram.*), enamel kiln.
— **da vetro,** glass tank.
— **del tipo a campana,** bell-type furnace.
— **d'essiccamento a tunnel chiuso** continuous kiln of the tunnel type.

forno di arrostimento (*ing. ind. chim.*), roaster; roasting furnace.
— **di arrostimento per piriti,** pyrite roaster; pyrites roasting furnace; annealer (U.S.A.).
— **di attesa** (*met.*), holding furnace.
— **di calcinazione,** carbonizing furnace.
— **di distensione** (*met.*), stress-relieving oven.
— **di essiccazione** (*met.*, *ecc.*), drying oven.
— **di fusione,** melting furnace.
— **di fusione continuo,** continuous smelter.
— **di fusione del ferro,** iron melting furnace.
— **di fusione di metallo antifrizione,** Babbitt melting furnace.
— **di fusione rotativo,** rotary melting furnace.
— **di incenerimento** (*ind.*), incinerator.
— **di malleabilizzazione** (*met.*), malleablizing furnace.
— **di permanenza a temperatura** (*met.*), holding furnace.
— **di puddellaggio,** puddling furnace.
— **di ricottura,** annealing furnace; annealer (U.S.A.).
— **di ricottura a campana,** bell-type furnace.
— **di ricottura a cassa** (*met.*), pot annealing furnace; pan-type annealing furnace.
— **di ricottura continuo** (*met.*), continuous annealing furnace.
— **di ricottura, in atmosfera artificiale,** controlled-atmosphere furnace.
— **di rinvenimento,** tempering furnace.
— **di rinvenimento a vuoto** (*met.*), vacuum tempering furnace.
— **di riscaldo,** soaking pit (*laminatoi*); (*met.*), reheating furnace.
— **di riscaldo a nafta per billette** (*met.*), oil fired billet heating furnace.

forno di riscaldo in atmosfera protettiva (*met.*), bright annealing furnace.
— **di riscaldo per bramme del tipo a spinta** (*met.*), slab heating pusher-type furnace.
— **di riscaldo per cilindri** (*lamin.*, *met.*), roll heat-treating furnace.
— **di riscaldo per nastri,** strip reheating furnace.
— **discontinuo,** batch-type furnace.
— **di sferoidizzazione continua** (*met.*), continuous spheroidizing furnace.
— **di sinterizzazione,** sintering furnace.
— **di smaltatura,** enamelling furnace.
— **di tempera** (*vetro*), annealing oven.
— **di trattamento termico** (*met.*), heat-treating furnace.
— **elettrico,** electric furnace; electrical furnace; resistor furnace.
— **elettrico ad arco** (*met.*), electric arc furnace.
— **elettrico ad elevatore,** elevator resistor furnace.
— **elettrico ad induzione,** electric induction furnace.
— **elettrico a plasma** (*met.*), plasma electric urnace.
— **elettrico a resistenza** (*met.*), electric resistance furnace.
— **elettrico a suola mobile,** car-bottom resistor furnace; heat sealed electric furnace.
— **elettrico con atmosfera artificiale,** controlled-atmosphere electric furnace.
— **elettrico del tipo a muffola,** box-type electric furnace.
— **elettrico del tipo continuo,** mesh -belt furnace.
— **fisso** (*fond.*), fixed furnace.
— **fusorio,** smelting furnace.
— **industriale a gas,** industrial gas furnace.
— **intermittente,** batch furnace.
— **Kaldo** (*met.*), Kaldo furnace.

forno liscio, plain furnace.
— **Martin-Siemens,** open-hearth furnacc.
— **metallurgico,** metallurgical furnace.
— **metallurgico a gas,** gas furnace.
— **ondulato** (*met.*), corrugated furnace.
— **per calce,** lime-burning kiln.
— **per ceramiche,** ceramic kiln.
— **per chiodi,** rivet furnace.
— **per fonderia** (*fond.*), foundry furnace.
— **per laminatoio** (*met.*), rolling mill furnace.
— **per (essiccare) le anime** (*fond.*), core (drying) oven.
— **per l'essiccazione dei tappi** (*met.*), stopper-drying oven.
— **per molle,** spring makers' furnace.
— **per nitrurazione a gas** (*met.*), gas-nitriding furnace.
— **per riscaldo di billette** (*met.*), billet reheating furnace.
— **per trattamento termico** (*met.*), furnace for heat-treatment; heat-treatment furnace.
— **per vaporizzare il petrolio,** petroleum furnace.
— **polivalente** (*met.*), all-purpose furnace.
— **rotante** (*met.*), rotary (melting) furnace.
— **rotativo,** rotary furnace; rotary oven.
— **rovesciabile** (*fond.*), tilting furnace.
— **siderurgico** (*met.*), iron and steelmaking furnace.
— **tandem** (*processo tandem*) (*metall.*), tandem furnace.
— **trattato con impasto lanciato** (*per riparazioni, ecc.*) (*met.*), gunned furnace.
— **UHP** (*met.*), ultra high power (arc) furnace.
— **(profilo di un —)** (*met.*), outline of a furnace.
— **(serie di forni),** range of ovens.
— **(volume complessivo del —)** (*met.*), total furnace volume.

foro, *m.* hole; opening.

foro cieco, blind hole.
— **colata ghisa** (*altoforno*) (*met.*), iron notch.
— **colata loppa** (*altoforno*) (*met.*), cinder notch.
— **da centro** (*depressione incisa sul pezzo*) (*met.*), dimple.
— **da mina** (*min.*, *esplosivi*), shot-hole; blast hole.
— **d'assaggio del terreno,** trial bore hole.
— **del chiodo,** rivet hole.
— **dell'indotto,** armature-bore.
— **di alleggerimento,** ligthening hole.
— **di assaggio** (*petrol.*), trial hole.
— **di colata** (*fond.*), taphole.
— **di lubrificazione,** oil hole.
— **d'ispezione** (*aereo*), inspection hole.
— **di trascinamento** (*inform.*), feed hole; sprocket hole.
— **di trivellazione,** bore hole.
— **di un martello,** hammer hole; hammer eye; hammer ring.
— **d'uomo** (*caldaie*), manhole.
— **liscio,** smooth hole.
— **per il perno dell'albero di carica** (*orol.*), shaft pivot hole.
— **posteriore del bariletto** (*orol.*), top barrel hole.
— **posteriore della ruota centro** (*orol.*), top centre hole.
— **punzonato,** cut out hole.
— **rettangolare,** rectangular hole.
— **rotondo,** round hole.
— **secco** (*min.*), dry hole.
forsterite, *f.* (*refrattario*), forsterite.
forte, *agg.* strong (*acidi*); high (*pendenze*); steep (*pendenza*); large (*quantità*); big (*prezzi*); heavy (*passata mecc.*, *spessore*).
— **perdita di corrente** (*elet.*), heavy current loss.
fortezza volante (*aereo*), flying fortress.
FORTRAN (*linguaggio di programmazione di alto livello*) (*inform.*), Fortran.
fortuito, *agg.* adventitious.
forza, *f.* power (*potenza*); force (*fis.*); strength (*resistenza*).
forza aerea, aircraft fleet.
— **alla frattura,** crushing strength.
— **antagonista,** counter force.
— **ascensionale complessiva** (*aereo*), gross lift.
— **assoluta,** absolute force.
— **centrifuga,** centrifugal force.
— **centripeta,** centripetal force.
— **coercitiva,** coercitive force; retentivity.
— **colorante** (*vernici*), tinting strength.
— **controelettromotrice,** back-e. m. f.
— **costante,** constant force.
— **d'appoggio** (*testine*) (*audio*), tracking force.
— **d'attrazione,** attractive force.
— **d'attrito** (*mecc.*), frictional force.
— **di ascensione,** ascensional force,
— **di attrito,** force of friction.
— **di bloccaggio** (*mecc.*), clamping force.
— **di coesione,** power of cohesion.
— **di compressione,** compressive force; force of compression.
— **di frenamento,** brake force.
— **di gravità,** force of gravity; gravitational force.
— **di inerzia,** force of inertia; inertia.
— **di laminazione** (*met.*), roll force.
— **di resistenza,** resisting power.
— **di taglio,** shearing force; transverse force.
— **di tracciamento** (*peso di lettura*) (*audio*), tracking force.
— **di trazione,** tractive force; tensile force.
— **effettiva,** effective power.
— **elastica,** elastic force.
— **elettromotrice,** electromotive force (E.M.F.).
— **elettromotrice di cellula fotoelettrica,** photo-electromotive force.
— **elettromotrice di contatto** (*elet.*) contact electromotive force.
— **elettromotrice psofometrica** (*telef.*), psophometric electromotive force.

forza espansiva, expansive force.
— **esterna,** external force.
— **frenante,** brake power; brake force.
— **idraulica,** hydraulic power; water power.
— **idroelettrica,** hydroelectric power.
— **in cavalli,** electric horse-power.
— **(della —) di 200 cavalli,** of 200 horse-power.
— **laterale,** lateral force.
— **lettura** (*in grammi*) (*testine fonografiche*) (*audio*), tracking force.
— **locomotrice,** locomotive power.
— **magnetica,** magnetic force.
— **magnetomotrice,** magnetomotive force.
— **molecolare,** molecular force.
— **motrice,** motive power; driving power.
— **motrice massima,** peak power.
— **motrice media,** average power.
— **nominale,** nominal horse power.
— **nucleare** (*fis. atom.*), nuclear force.
— **ritardante,** retarding force.
— **tangenziale,** shearing strength.
— **tensile,** tensile strength.
— **trasversale,** v. **forza di taglio.**
— **viva,** kinetic energy; living force.
forzare, *v.a.* to force.
— **in posizione,** to press into position.
— **una macchina** (*auto*), to force a machine.
forze (*f. pl.*) **contrarie** (*fis.*), opposite forces.
— **eguali e contrarie,** equal and opposite forces.
— **equiverse,** forces acting in the same direction.
— **parallele,** parallel forces.
foschia, *f.* (*meteor.*), haze.
fosfati, *m. pl.* (*concimi*), phosphatic fertilizers.
fosfatico, *agg.* phosphatic.
fosfatizzazione, *f.* (*met.*), phosphatizing.
— **dell'acciaio,** parkerizing.
fosfato, *m.* (*chim.*), phosphate.
— **bicalcico precipitato** (*fertilizzante e per mangimi*), bicalcic phosphate; dibasic calcium phosphate.
— **di alluminio,** aluminium phosphate.
— **di ammonio,** ammonium phosphate.
— **di calcio,** calcium phosphate.
— **di ferro,** iron phosphate.
— **di magnesio,** magnesium phosphate.
— **di potassio,** potassium phosphate.
— **di sodio,** sodium phosphate.
fosfina, *f.* leather yellow.
fosfito, *m.* (*chim.*), phosphite.
— **di piombo** (*chim.*), lead phosphite.
fosfonio (*m.*) (**cloruro di —**) (*chim.*), phosphonium chloride.
fosforescente, *agg.* phosphorescent.
fosforescenza, *f.* phosphorescence.
— **residua,** afterglow.
fosforico, *agg.* (*chim.*), phosphoric.
fosforite, *f.* phosphorite.
fosforo, *m.* (*chim.* = P), phosphorus.
— **al silicato di zinco** (*chim.*), zinc silicate phosphorus.
— **al solfuro di zinco** (*chim.*), zinc sulfide phosphorus.
— **giallo,** yellow phosphorus.
fosforoscopio, *m.* phosphoroscope.
fosforoso, *agg.* phosphorous.
fosfuranilite, *f.* (*fis. atom.*), phosphuranylite.
fosfuro, *m.* (*chim.*), phosphide
— **di zinco,** zinc phosphide.
— **di calcio** (*chim.*), calcium phosphide.
fosgene, *m.* (*chim.*), phosgene.
fossa, *f.* ditch; pit.
— **a secco per la loppa** (*met.*), slag dry pit.
— **del volano,** flywheel pit; wheel race.
— **di cambiamento dei cilindri** (*sid.*), roll change pit.
— **di colata** (*met.*), cast house; (*fond.*), casting pit.
— **di deposito** (*fis. atom.*), storage

well; (*per rottame*) (*met.*), storage pit.
fossa di fondazione, foundation pit (*or* trench).
— **loppa** (*met.*), slang pit.
— **loppa secca** (*altoforno*) (*met.*), dry slag yard.
— **per riparazioni** (*auto*), (repair) pit.
— **per riscaldo delle secchie di colata** (*met.*), pit for reheating ladles.
— **scaglie** (*met.*), scale pit.
fossato di sicurezza (*smaltimento di liquidi pericolosi*) (*chim., petrolio*), safety moat, (*costruire fossati di sicurezza attorno ai serbatoi*), to construct safety moats around the tanks.
fossetto, *m.* (*stradale*), side ditch.
— **di scolo,** gutter.
fossile, *m.* fossil.
— **guida** (*in un profilo stratigrafico ecc.*) (*min.*), guide fossil; key fossil.
— **(combustibile —),** fossil fuel.
fossilizzare, *v.a.* e *v.i.* to fossilize; to fossilate.
fossilizzazione, *f.* fossilation; fossilization.
fosso, *m.* trench; ditch.
fotobiologia, *f.* photobiology.
fot, *m.* phot.
fotocalcografia, *f.* (*stampa*), photocomposition.
fotocatalisi (*chim.*),photo-catalysis.
fotocàtodo, *m.* photo-cathode.
fotocellula, *f.* photocell.
— **a germanio** (*elet.*), germanium photocell.
— **al cesio,** caesium cell.
— **esposta,** exposed photocell.
fotochimica, *f.* photochemistry.
fotocompositrice, *f.* (*tip.*), photocomposer; photocomposing machine; phototypesetter.
— **a raggi laser** (*tip.*), laser operated composing machine; laser beam-based phototypesetter.
fotocomposizione (*tip.*) photocomposition; phototypesetting.
— **(sistema di — a raggi laser azionata da calcolatore)** (*tip.*), computer-controlled laser phototypesetting system.
fotoconduttività, *f.* photo-conductivity (*proprietà per la quale alcuni elementi variano la loro conduttività elettrica, sotto l'influenza della luce*).
fotocopia, *f.* photocopy.
fotocopiare, *v.a.* to photocopy.
fotocopiatore, *m.* photocopier.
fotocopiatrice, *f.* photocopier.
fotocopiatura (procedimento di —) photocopying process.
fotocromia, *f.* photochromy.
fotocronografo, *m.* photochronograph.
fotodiodo, *m.* photodiode.
fotodisintegrazione nucleare (*fis. atom.*), nuclear photodisintegration; nuclear photoelectric effect; nuclear photoeffect.
fotodissociazione, *f.* (*chim.*), photodissociation.
fotoelasticimetro, *m.* (*mecc.*), photoelastic stress analyzer.
fotoelasticità, *f.* (*ing.*), photo-elasticity (*per determinare la distribuzione delle sollecitazioni, in corpi con sistemi di carico complessi*).
— **dinamica** (*mecc.*), dynamic photoelasticity.
fotoelastico, *agg.* photoelastic.
fotoelettrica, *f.* (*per ispezionare di notte con fasci luminosi una zona particolare*), searchlight.
fotoelettricità, photoelectricity.
fotoelettrico, *agg.* photoelectric.
fotoelettrometro, *m.* (*med.*), photoelectrometer.
fotoelettrone, *m.* (*term.*), primary electron; photoelectron (*fis. atom.*).
fotoelettronica, *f.* photoelectronics.
fotoeliografo, *m.* photoheliograph.
fotoeliometro, *m.* (*astron.*), photoheliometer.
fotoemissione, *f.* photo-emission.
fotofissione, *f.* (*fis. atom.*), photofission.
fotofluorografia (*radiol.*), photofluorography.

fotofluoroscopio, *m.* (*radiol.*) photofluoroscope.
fotofono, *m.* photophone
fotoforesi, *f.* (*chim.*), photophoresis.
fotoftalmia, *f.* (*med.*), photophthalmia (*disturbi alla vista dovuti ad eccesso di luce*).
fotogenico, *agg.* filmogenic.
fotogeno, *m.* (*chim.*), photogen.
fotogeologia, *f.* (*prospezioni minerarie*), photogeology.
fotogoniometro, *m.* photogoniometer.
fotografare, *v.a.* to photograph; to snapshot (*foto istantanea*).
fotografia, *f.* photography; photograph; photo (*abbreviazione*).
— **a colori,** colour-photography.
— **al laser** (*elettron.*), laser photography.
— **con sviluppo immediato,** instant-picture photography.
— **di effetto** (*con doppia esposizione, specchi, macchina capovolta, ecc.*), trick photography.
— **di primi piani** (*fot.*), close-up photography.
— **istantanea,** snapshot.
— **tricroma** (*fot.*), three-colour photography.
fotografie a colori (*stampa*), colour pictures.
fotografo, *m.* photographer.
fotogramma, *m.* (*cinem.*) (*immagine singola*), frame; individual picture; (*med.*) (*fis.*) (*cinem.*), photogram.
fotogrammetria, *f.* (*top.*), air survey; photogrammetry.
fotoimpressione dei caratteri (*tip.*), phototypesetting.
fotoincisione, *f.* photo-engraving photogravure.
— **(processo di —),** photo-etching process.
fotoionizzazione, *f.* (*fis. atom.*), photoionization.
fotolisi, *f.* (*chim.*), photolysis.
fotolitografia, *f.* photolitography.
fotoluminescenza, *f.* photo-luminescence.
fotomacrografia, *f.* (*fis.*) (*fot.*), photomacrography.
fotomagnetismo, *m.* photomagnetism.
fotomesone, *m.* (*fis. atom.*), photomeson.
fotometrare, *v.a.*, to measure the intensity of light.
fotometria, *f.* photometry.
— **di fiamma** (*fis.*), flame photometry.
fotometrico, *agg.* photometric.
fotòmetro, *m.* (*fot.*), photo-electric exposure meter (*fot.*); photometer (*illum.*).
— **a controreazione** (*ottica*), feedback photometer.
— **a disco di vetro opalino,** opal-glass photometer.
— **a fessura luminosa,** light ray photometer.
— **attinico,** actinic photometer.
— **a visione diretta,** direct-vision photometer.
— **di Bunsen** (*fis.*), grease-spot photometer; Bunsen photometer.
— **di Bunsen a macchia d'olio,** grease-spot photometer.
— **di ombra,** shadow photometer.
— **per la misura di bande spettrali,** spectral band photometer.
— **portatile** (*illumin.*), portable photometer.
fotomicrografia elettronica (*elettron.*), electron photomicrograph; electronphotomicrograph.
— **ottica,** optical microphotography.
fotomitragliatrice, *f.* (*aereo*), camera gun.
fotomoltiplicatore, *m.* photomultiplier; photomultiplier tube.
fotomontaggio, *m.* photo-montage; montage photograph.
fotomosaico di rilevamenti radar, radar mosaics.
fotomurale, *f.* photomural (*fotografie ingrandite per decorare muri e mostre*).
fotòne, *m.* (*fis.*), photon.

fotòne gamma (*fis. atom.*), gamma photon.
fotoneutrone, *m.* (*fis. atom.*), photoneutron.
fotopolarimetro, *m.*, photopolarimeter (*analyses the polarisation of light reflected from objects*).
fotopolimero, *m.* (*stampa*), photopolymer.
fotoproduzione, *f.* (*fis. atom.*), photoproduction.
fotoprotone, *m.* (*fis. atom.*), photoproton.
fotoracconto, *m.*, picture story.
foto-radiogramma, *m.* photo-radiogram.
fotoscultura, *f.* photosculpture.
fotosensibile, *agg.* photo-sensitive.
fotosensibilità, *f.* photo-sensitivity.
fotosfera, *f.* (*astron.*), photosphere.
fotosintesi, *f.* (*fis.*), photosynthesis.
fototelegrafia, *f.* photo-telegraphy.
fototelegramma, *m.* phototelegram.
fototeodolite, *m.* (*agrim.*), phototheodolite.
fototerapia, *f.* (*med.*), photo-therapy.
fototipia, *f.* collotype; phototypy.
fototopografia, *f.* (*top.*), photographic surveying.
fototransistore, *m.*, phototransistor.
fototropia, *f.* (*chim.*), phototropy (*perdere o cambiare colore per effetto della luce*).
fotovoltaico, *agg.*, photovoltaic.
fotozincotipia, *f.* photozincography.
fractografia, *f.* v. **frattografia.**
fractografica (tecnica —), v. **frattografica (tecnica —).**
fractografico, *agg.* v. **frattografico.**
fragile, *agg.* brittle; fragile; (*su casse*), with care; (*cosmetici*), fugitive.
— **a caldo,** red short; hot short.
— **a freddo,** cold short.
— **attenzione, materiale televisivo!** (*istruzioni su imballaggi*), fragile, handle with care, television material.
fragilità, *f.* brittleness; fragility.
— **a caldo** (*met.*), hot-shortness; hot embrittlement.
— **a freddo** (*met.*), cold-shortness.
— **al blu** (*intorno ai 300 °C*) (*met.*), blue brittleness.
— **all'intaglio** (*met.*), notch brittleness; notch embrittlement.
— **al rosso** (*met.*), red shortness; hot-shortness.
— **caustica** (*met.*), caustic embrittlement.
— **da azoto** (*per eccesso di azoto*) (*met.*), nitrogen embrittlement.
— **da decapaggio** (*met.*), pickling brittleness.
— **da grafite** (*met.*), graphite embrittlement.
— **da idrogeno** (*met.*), hydrogen embrittlement.
— **da ossigeno** (*per eccesso di ossigeno sotto forma di ossido di ferro*) (*met.*), oxygen embrittlement.
— **da rinvenimento** (*met.*), temper brittleness.
— **intergranulare** (*met.*), intergranular fragility.
— **per ingrossamento del grano** (*met.*), Stead's brittleness.
— **per invecchiamento** (*met.*), strain ageing embrittlement.
— **reotropica** (*dei metalli a struttura cubica a facce non centrate, in presenza di concentraz. di tensioni o a basse temperat., o ad elevate velocità di deformaz.*) (*met.*), rheotropic brittleness.
frammenti di fissione (*fis. atom.*), fission fragments.
frammento, *m.* fragment; bitt; **scrap.**
— **di spallazione** (*fis. atom.*), spallation fragment.
frana, *f.* land-slip; landslide.
— **con scorrimento** (*geol.*), landslide; landslip.
— **del pozzo** (*min.*), rumbling; caving in; fall.
— **di detriti** (*geol.*), debris slide.
— **di roccia lapidea** (*geol.*), rockslide.

frana di taglio (*geol.*), shear slide.
— **rocciosa** (*costr. stradali*), rock-slide.
franamento, *m.*, v. **frana.**
franare, *v.i.* to fall down; to fall in.
francio, *m.* (*chim.* = Fr), francium.
franco (*comm.*), free; (*nel significato di distanza*) *p. es. fra vettura e vettura,* (*al pl.* **franchi**) (*ferr., ecc.*), clearance.
— **a bordo,** free on board.
— **banchina,** free on quay.
— **destino,** free delivered; carriage paid; free domicile.
— **di avaria,** free of average.
— **di porto,** carriage paid.
— **dogana,** duty paid; free of customs duty.
— **forno,** at oven.
— **minimo dal suolo** (*adottato nelle palificazioni*), minimum clearance.
— **partenza imbarco,** f.o.b. shipping point.
— **stabilimento** (*comm.*), free at works; f.o.b. mill (U.S.A.).
— **stazione,** free on rail.
— **vagone** (*comm.*), free on truck; f. o. t.; free on rail.
frange (*f. pl.*) **di colore** (*telev.*), colour fringing.
— **d'interferenza,** interference fringes.
frangere, *v.a.* (*olive, ecc.*), to crush (olives, etc.).
frangiflutti (*naut.*), breakwater.
frangiluce, *m.* (*autostr.*), anti-dazzle barrier.
frangionde (barriera —) (*naut.*), break water.
frangitura, *f.* (*di olive, ecc.*), (olive) crushing.
frangizolle, *m.* (*agr.*), Cambridge roll; ring roll.
frantoio, *m.* crusher; breaker.
— **a cilindri,** cylinder crusher.
— **a cono,** cone crusher.
— **a martelli,** cross hammer mill; cross beater mill.
— **a mascelle,** jaw crusher; (*met.*), alligator squeezer.
— **a mole orizzontali,** roller-mill.
frantoio a mole verticali, edge-mill.
— **giratore,** gyratory crusher.
— **granulatore,** granulating crusher.
— **per carbone,** coal breaker; coal crusher.
— **per colori, vernici ecc.,** edge runner; paint mill; paint grinder.
— **per pietre,** stone crusher.
— **per ulive,** oil-press; olive-press; crusher.
— **primario** (*min., met.*), primary crusher.
— **secondario** (*met.*), sedondary crusher.
— **terziario** (*met.*), tertiary crusher.
frantumabile, *agg.* (*min.*), crushable.
— **(non —),** non-crushable.
frantumare, *v.a.* to crush; (*min.*), to fracture.
— **il minerale in posto,** to fracture ore in situ.
frantumatore, *m.* (*macch. edili, ecc.*), crusher.
frantumatrice, *f.* stone crushing machine; (*min.*), ore fracturing machine.
frantumazione, *f.* (*mecc.*), fracture; (*min.*), crushing.
— **a circuito chiuso** (*min.*), closed-circuit grinding.
— **con impianto mobile** (*min.*), mobile crushing.
— **dei minerali di ferro,** fracture of iron ores.
— **della terra** (*cost. stradali*), ripping of the ground.
— **del minerale** (*con esplosivi, ecc.*), fragmentation.
— **del minerale,** v. **impianto di — del minerale.**
— **elettrica dei minerali** (*min.*), electrical fragmentation of ores.
— **secondaria dei minerali** (*min.*), secondary breaking of ores.
fraschetta, *f.* (*telaietto in un torchio a mano*) (*tipog.*), tympan.
frassino, *m.* ash-tree.
frattografia (*tecnica*), fractography.
— **ottica** (*met. ecc.*), optical fractography.

frattografica (tecnica —), fractographic technique.

frattografico, *agg.* fractographic.

frattografo, m. (*microfotografia*), fractograph.

frattogramma, *m.* fractogram.

frattura, *f.* fracture.

— **a coppa** (*met.*), cup and cone fracture.

— **a fischietto** (*met.*), angular fracture; shear fracture.

— **a punte** (*met.*), broken stick fracture; irregular fracture.

— **a raggiera** (*met.*), star fracture; rosette fracture.

— **a semicoppia** (*met.*), halfcup fracture.

— **colonnare** (*met.*), columnar fracture.

— **concoidale** (*min.*, *chim.*), conchoidal fracture.

— **cristallina** (*met.*), crystalline fracture.

— **da incollamento** (*difetto simile alla fessurazione dei rotoli*) (*met.*), sticking fracture.

— **delle provette** (*termini relativi ai tipi più caratteristici delle fratture che si presentano nella rottura a trazione di provette di acciaio, UNSIDER 4*) (*met.*):
1) **frattura a coppa,** cup fracture;
2) **frattura a semicoppa,** halfcup fracture.
3) **frattura a raggiera,** star fracture;
4) **frattura piatta,** flat fracture;
5) **frattura a punte,** irregular fracture;
6) **frattura di provetta fortemente snervata,** fracture of yield-stressed specimen;
7) **frattura a fischietto,** shear fracture;
8) **frattura legnosa,** woody fracture;
9) **frattura piatta per innesco,** notch fracture;
10) **frattura irregolare,** (*non classificabili tra le altre nove*) irregular fracture.

frattura del minerale, fracture of the mineral.

— **di fatica** (*met.*), fatigue fracture, (fatigue crack, fatigue failure).

— **duttile** (*met.*), ductile crack; ductile fracture; « tough » fracture.

— **fibrosa** (*di aspetto fibroso opaco*) (*met.*), fibrous fracture.

— **granulare** (*met.*), granular fracture.

— **idraulica** (*metodo di stimolazione della produzione, petrolio*) hydraulic fracturing.

— **infracristallina** (*met.*), intercrystalline cracking; (*per l'ottone*, season cracking).

— **intergranulare** (*met.*), intergranular fracture.

— **nera** (*di color nero, provocato da grafitizzazione di un acciaio ad alto carbonio*) (*met.*), black shortness; black fracture.

— **nucleare** (*min.*), nuclear fracture.

— **per fiocchi** (*met.*), flake crack; shatter crack.

— **per scorrimento viscoso** (*met.*, *costr.*), creep fracture.

— **piatta per intaglio** (*— che si diparte da un piccolo punto da un intaglio*) (*met.*), notch fracture.

— **progressiva** (*met.*), progressive fracture.

— **serica** (*— di acciaio, con grana finissima*) (*met.*), silky fracture.

— **squamosa** (*met.*), fish-scale fracture.

— **trotata** (*met.*), mottled fracture.

frazionamento, *m.* fractionation.

— **con propano,** propane fractionation.

— **isotopico** (*fis. atom.*), isotope fractionation.

frazionare, *v.a.* to fractionate.

frazione, *f.* (*mat.*), fraction.

— **decimale,** decimal fraction.

— **di massa perduta** (*fis. atom.*), packing fraction.

— **fine** (*ceneri, ecc.*), fine-sized fraction.

frazione grossa (*ceneri, ecc.*), coarse fraction.
— **impropria,** improper fraction.
— **(prima —) della distillazione degli spiriti,** first running.
— **propria,** proper fraction.
— **ultrafine** (*ceneri, ecc.*), ultrafine fraction.
frazioni di idrocarburi a 4 atomi di carbonio (*chim.*), C_4 hydrocarbon fractions.
freccia, *f.* (*cost.*), rise; (*direzione*) arrow.
— **dell'arco,** rise of arch.
— **del pannello caricato** (*cost.*), deflection of loaded panel.
— **del pannello di soletta** (*cost.*), deflection of slab panel.
— **di flessione** (*provini*) (*met.*), deflection.
— **di linea elettrica,** sag.
— **d'una volta,** rise of vault.
— **riferita agli appoggi** (*cost.*), deflection relative to supports.
freddo, *agg.* cold.
— **(lavorare a —),** to cold work.
— **(tirato a —),** cold drawn.
fregata, *f.* (*naut.*), frigate.
fregio, *m.* (*arch.*), frieze.
— **di testa** (*tip.*), headband.
frenare, *v.a.* to brake; to apply the brake.
frenata, *f.* braking.
frenatore, *m.* (*ferr.*), brakesman.
frenatura, *f.* braking.
— **reostatica,** rheostatic braking.
frenicetomia, *f.* (*med.*), phrenicetomy.
frenicotomia, *f.* (*med.*), phrenicotomy.
freno, *m.* (*mecc., auto*), brake.
— **a ceppi,** shoe brake; block brake.
— **a cono,** conical brake.
— **a correnti di Foucault,** eddy current brake.
— **a depressione,** vacuum brake.
— **ad espansione interna,** internal expanding brake.
— **a dischi a fibre di carbonio** (*aereo*), carbon fibre brake (*carbon discs made from carbon fibres embedded in a carbon matrix*).
freno a disco (*auto*), disc brake; disk brake.
— **a disco anteriore** (*auto*), front disk brake.
— **a disco ventilato** (*auto*), front disc brake of the ventilated type; ventilated disc brake.
— **ad olio,** oil brake.
— **aerodinamico** (*aereo*), dive brake; air brake.
— **a frizione,** friction brake.
— **a fune,** rope brake.
— **a lamelle,** multiple disc brake.
— **a leva,** lever-brake.
— **a liquido,** hydraulic brake.
— **a mano,** handbrake.
— **a mascella,** block brake.
— **a nastro,** band brake.
— **a pedale,** foot brake.
— **a tamburo,** (*auto*) drum brake.
— **automatico,** automatic brake; self-acting brake.
— **a vapore,** steam brake.
— **a vite,** screw-brake.
— **ad alette,** wing brake.
— **centrifugo,** centrifugal brake.
— **con comando di servomotore idraulico,** thrustor operated brake.
— **contropedale** (*bicicl.*), coaster brake; back-pedal brake.
— **d'arresto,** stopping brake.
— **di bocca** (*di obice*) (*mil.*), muzzle-brake.
— **differenziale,** differential brake.
— **dinamometrico,** dynamometrical brake.
— **di parcheggio** (*auto, aereo*), parking brake.
— **di Prony,** Prony brake.
— **di protezione,** emergency brake.
— **di rallentamento,** slowing down brake.
— **elettrico,** electric brake.
— **elettrico a dischi,** disc-type electric brake.
— **elettromagnetico,** magnet operated brake; « eddy-current » brake; electromagnetic brake

freno elettromeccanico, electromechanical brake.
— **idraulico**, hydraulic brake.
— **magnetico**, magnetic brake.
— **oleopneumatico**, oleo-pneumatic brake.
— **per montacarichi**, load brakel
— **pneumatico**, pneumatic brake.
— v. **prova di diminuzione di efficienza dei freni.**
— **ruota anteriore.**, front-wheel brake.
— **ruota posteriore**, rear-wheel brake.
— **sincronizzato** (*auto*), synchronized brake.
frequenza, *f.* (*radio*, *elet.*), frequency.
— **armonica** (*radio*), harmonic frequency.
— **dei battimenti** (*radio*), beat frequency.
— **di analisi** (*telev.*), dot frequency.
— **di base** (*elettron.*), clock rate; clock frequency; (*inform.*), base frequency.
— **di crossover** (*diffusori*) (*audio*), crossover frequency.
— **di linea** (*telev.*) (U.S.A.), horizontal power.
— **d'immagine** (*telev.*), picture frequency.
— **di modulazione** (*radio*), audio frequency.
— **di quadro** (*telev.*), frame frequency; picture frequency.
— **di riga** (*telev.*), line frequency.
— **di risonanza** (*radio*), resonant frequency.
— **di transizione** (*fis.*), transition frequency.
— **di trasmettitore**, carrier frequency.
— **di trasmissione**, broadcasting frequency.
— **fondamentale**, fundamental frequency.
— **(riduzione di —)** (*radio*), deaccentuation.
frequenziometro, *m.* frequency-meter.
— **a risonanza**, resonance frequency meter.
frequenziometro assoluto, absolute frequency meter.
fresa, *f.* (*utensile*), milling cutter; mill; cutter; (*macch. ut.*), v. **fresatrice.**
— **a bottone**, cherry.
— **a bottone sferica**, rose cutter.
— **a coda di rondine**, dovetail cutter.
— **a codolo**, end mill.
— **a creatore** (*mecc.*), worm cutter.
— **ad angolo** (*mecc.*), angle cutter.
— **ad angolo di spoglia negativo** (*mecc.*), negative rake milling cutter.
— **a dentatura elicoidale**, spiral mill.
— **a denti diritti**, straight mill.
— **a denti radiali**, radial milling cutter.
— **a denti riportati** (*mecc.*), inserted tooth milling cutter.
— **a denti spogliati**, relieved cutter.
— **a disco**, side-milling cutter; disc cutter.
— **a disco angolare**, corner-rounding cutter.
— **a disco per cave** (*utensili*), slotting cutter.
— **a disco per scanalature** (*utensile*), slotting cutter.
— **a inserti** (*per fresatura alberi a gomito*) (*mecc.*), insert milling cutter.
— **a lame riportate** (*mecc.*), insert cutter.
— **a placchette gettavia** (*mecc.*), throw-away cutter.
— **a profilo**, profile cutter.
— **a profilo invariabile**, backed off cutter.
— **a spianare** (*mecc.*), face cutter.
— **a spirale** (*mecc.*), hob.
— **a tre tagli**, side-and-face cutter.
— **a un solo tagliente**, fly cutter.
— **a vite** (*mecc.*), hob.
— **a vite senza fine**, worm hob.
— **cilindrica**, cylindrical cutter.
— **cilindrica a chiavetta**, cutter mill.
— **cilindrica con denti elicoidali**, spiral mill.

fresa concava (*utensile*), concave cutter.
— **con gambo per scanalature,** slot cutter.
— **conica,** coned milling cutter; angular mill.
— **con piastrine a gettare** (*mecc.*), throw-away tip milling cutter.
— **di forma** (*mecc.*), form relieved milling cutter; form cutter.
— **di testa** (*mecc.*), end milling cutter.
— **elicoidale,** worm hob; helical mill.
— **frontale a placchette non riaffilabili** (*mecc.*), throw-away end milling cutter.
— **per arrotondare,** rounding cutter.
— **per cave a T** (*utensile*), tee slot cutter.
— **per filettare** (*mecc.*), thread cutter.
— **per incastri,** grooving cutter.
— **per interni,** internal milling cutter.
— **per ruote dentate,** wheel cutter.
— **per sagomare,** profile cutter.
— **per scanalature,** moulding cutter.
— **per scanalature a T** (*utensile*), tee slot cutter.
— **per smussature esterne,** hollow mill.
— **per spianare,** face mill.
— **piana,** face-milling cutter.
— **profilata,** form cutter.
— **rettificatrice** (*tip.*), routing machine.
— **sferica,** spherical cutter.
— **universale,** universal milling cutter.

fresalesatrice (*macch. ut.*), milling and boring machine; boring-mill.

fresare, *v.a.* to mill.
— **circolarmente,** to mill circularly.
— **su modello,** to mill from a template; to mill from a copy.

fresatore, *m.* miller.

fresatrice, *f.* (*macch. ut.*), milling machine; miller.
— **a controllo numerico** (*macch. ut.*), N/C milling machine.
— **a due mandrini orizzontali,** duplex miller.
— **ad un mandrino orizzontale,** plain miller.
— **a leva a mano** (*macch. ut.*), hand-lever milling machine.
— **a mano,** hand milling machine.
— **a montante mobile** (*macch. ut.*), travelling column milling machine.
— **a pialla** (*macch. ut.*), plano-type milling machine.
— **a pialla a controllo numerico** (*macch. ut.*), plano-type numerically controlled milling machine; plano-type N/C miller.
— **a programma** (*macch. ut.*), programme-controlled milling machine.
— **a tavola rotante** (*macch.*) *ut.*), milling machine with swivelling table (*or* rotary table).
— **a torretta** (*macch. ut.*), turret (vertical) milling machine.
— **a un mandrino verticale e a due mandrini orizzontali,** triplex miller.
— **automatica,** automatic milling machine; self acting miller (milling machine); manufacturing miller.
— **con tavola tipo pialla** (*macch. ut.*), plano-type milling machine.
— **da banco** (*macch. ut.*), bench milling machine.
— **oleodinamica** (*macch. ut.*), hydraulic milling machine.
— **orizzontale,** horizontal miller (milling machine); plain miller.
— **orizzontale a mensola** (*macch. ut.*), knee-type horizontal milling machine.
— **orizzontale a più mandrini,** multiple spindle horizontal miller.
— **orizzontale semplice,** plain milling machine.

fresatrice orizzontale con apparecchio per fresatura verticale, horizontal miller with vertical milling attachment.
— **pantografica** (*macch. ut.*), engraving and copy milling machine.
— **per alberi scanalati** (*macch. ut.*), splineshaft milling machine; splining machine.
— **per attrezzisti** (*macch. ut.*), toolroom milling machine.
— **per camme** (*macch. ut.*), cam milling machine.
— **per cave** (*macch. ut.*), keyseating and slot milling machine; slot milling machine.
— **per copiare,** copying milling machine.
— **per dischi a camme,** cam miller.
— **per filettare,** thread milling machine.
— **per filetti** (*macch. ut.*), thread milling machine.
— **per fresatura a profilo,** rise and fall miller.
— **per ingranaggi,** gear cutting machine.
— **per legno,** moulding machine.
— **per lingotti (a caldo)** (*met.*), ingot milling machine.
— **per modelli** (*fond.*), pattern miller.
— **per profili,** profile miller.
— **per punte elicoidali** (*macch. ut.*), twist-drill milling machine.
— **per riprodurre** (*macch. ut.*), duplicating milling machine; profiling machine; profiler; copy milling machine.
— **per rotaie** (*macch. ut.*), rail milling machine.
— **per stampi** (*macch. ut.*), die sinker.
— **per teste di viti** (*macch. ut.*), screw-head milling machine.
— **per tubi** (*macch. ut.*), tube milling machine; pipe milling machine.
— **per viti,** thread miller.
— **-piallatrice-alesatrice** (*macch. ut.*), combination milling and boring planer.

fresatrice tipo pialla, v. **fresatrice a pialla.**
— **universale,** universal milling machine.
— **universale a mensola** (*macch. ut.*), knee-type universal milling machine.
— **verticale,** vertical miller.
— **verticale a banco di grande potenza** (*macch. ut.*), heavy duty vertical milling machine.
— **verticale a due teste,** duplex head vertical milling machine.
— **verticale a mensola** (*macch. ut.*), knee-type vertical milling machine.

fresatrici speciali (*macch. ut.*), special purpose milling machines.

fresatura, *f.*(*mecc.*), milling (work).
— **angolare,** angular milling.
— **a profilo** (*ing.*), profile grinding.
— **chimica** (*chim., macch. ut.*), chemical milling.
— **circolare,** circular milling.
— **di cavità,** hollow milling.
— **di pezzi in serie,** gang-milling; multiple milling.
— **di scanalature,** slot-milling.
— **discorde** (*o* **convenzionale),** climb milling.
— **frontale,** face milling.
— **in piano,** plane-milling; surface-milling.
— **longitudinale,** longitudinal milling.
— **orizzontale,** horizontal milling.
— **per il lungo,** longitudinal milling.

fresetta rotante (*mecc.*), rotary burr.

Fresnel, v. **lente di —; specchi di —.**

friabile, *agg.* friable; crumbly.

fricativa, *f.* (*consonanti come la f, v, s, sc* italiane), fricative.

frigoria, *f.* refrigerating unit.

frigorifero, *m.* (*elettrodomestici*), refrigerator; fridge (*slang*); *agg.* refrigerating, freezing.

frigorifero a gas (*camping*) (*caravan*), gas fridge.
— **elettrico ad assorbimento**, absorption refrigerator.
fritta (o matrice vetrosa) (*met.*), frit.
frizionare, *v.a.* (*gomma*), to friction.
frizione, *f.* friction; clutch (*auto*).
— **a bagno d'olio** (*mot.*), wet-type clutch.
— **a cono,** cone clutch.
— **a dischi multipli,** multi-plate clutch.
— **a doppio effetto** (*mecc.*), dual clutch.
— **automatica,** automatic clutch.
— **centrifuga,** centrifugal clutch.
— **di macchine da scrivere,** friction knob.
— **elettromagnetica** (*mecc.*, *macch. ut.*), electro-magnetic clutch.
— **idraulica** (*macch. ut.*), hydraulic friction clutch.
— **monodisco,** single-plate clutch; single disc clutch.
— **multilamellare** (*mecc.*, *macch. ut.*), multi-plate friction clutch.
— **pneumatica** (*macch. ut.*), air-operated friction clutch; pneumatic clutch.
— **(innestare la —),** to engage the friction.
frontale, *agg.* (*inform.*), front-end.
— (*ferr.*, *auto*), v. **urto —**.
— **(calcolatore —)** (*inform.*), front -end computer.
fronte automatica di taglio (*min.*), automatic face.
— **di abbattimento** (*min.*), face; working-face.
— **discendente** (*min.*), retreating face.
— **di taglio** (*carbone*), coal face.
— **montante** (*min.*), advancing face.
— **semi-automatica di taglio** (*miniere*), semi-automatic face.
— **(di —)** (*vista di fronte*) (*auto*), head on.
frontespizio, *m.* (*tipog.*), frontispiece.
frontone, *m.* (*arch.*), tracery.
frullo, *m.* (*aereo*), flick roll.
frullo lento (*aereo*), stalled turn.
fruscio (*di puntina grammofonica*), (needle) scratch.
fruttosio (*chim.*), *d*-fructose; fruit sugar.
ftalato di metile (*chim.*), methyl phthalate; dimethyl phthalate.
— **di sodio** (*chim.*), sodium phthalate.
ftalide (*chim.*), phthalide.
ftalocianina, *f.* (*coloranti*), phthalocyanine.
fucile, *m.* (*mil.*) (*gen.*), rifle; shotgun (*per caccia piccola e grossa*) (*spesso abbreviato in:* gun).
— **a canna lunga,** long-barreled gun.
— **ad aria compressa** (*per competizioni*) (*armi*) (*sport*), competition air rifle.
— **a due canne,** double-barreled shotgun.
— **a gas** (*armi*), CO_2 powered rifle.
— (*a canna liscia*) **a pompa** (*armi*), pump sthotgun.
— **automatico,** automatic shotgun.
— **automatico a gas** (*armi*), gas operated automatic shotgun.
— **da caccia,** hunting rifle.
— **da oche** (*per la caccia di oche ed anitre selvatiche*) (*armi*), goose gun.
— **d'assalto** (*mil.*), assault rifle.
— **mitragliatore,** tommy gun.
— **per caccia al cervo** (*armi*), deer rifle.
fucina, *f.* forge, smithy.
— **da chiodi,** rivet fire; rivet hearth.
fucinabile, *agg.* forgeable.
fucinare, *v.a.* to forge.
— **alla pressa** (*metal.*), to press-forge.
fucinati, *m. pl.* (*met.*), forgings.
— **in acciaio** (*metal.*), steel forgings.
fucinatore, *m.* forger.
fucinatrice orizzontale (*mecc.*), horizontal forging machine; upsetter.
fucinatura, *f.* forging.

fucinatura a coppie (*met.*), pair forging.
— **al maglio** (*mecc.*), hammer forging; drop forging.
— **alla pressa** (*mecc.*), press forging.
— **commerciale,** commercial forging.
— **di precisione** (*mecc.*), precision forging.
— **idrostatica** (*fucinatura eseguita in ambiente di alta pressione esterna*) (*met.*), hydrostatic forging.
— **su stampo** (*mecc.*), drop forging.
fuga, *f.* escape (*di gas*), leakage (*di liquidi*); (*idraul.*), water leakage.
— **di capitali** (*finan.*), outflow (of capital); capital flight.
— **di griglia** (*radio*), grid leak.
— **di metallo** (*getto non completo per sfuggita di metallo dovuta da slingottamento anticipato, ecc.*) (*met.*), runout.
— **di neutroni** (*fis. atom.*), neutron escape; neutron leakage.
— **di vapore,** escape of steam; waste steam.
fulcro, pivot; articulation; hinge.
— **della leva,** fulcrum pin.
fuliggine, *f.* soot.
fulmicotone, *m.* gun cotton; nitrocotton.
fulminato di mercurio, mercury fulminate.
fumaiolo, *m.* chimney-top; funnel (*naut., macch. a vapore*).
— **(espellere tramite fumaioli)** (*gas, ecc.*), to funnel.
fumare, *v.a.* to smoke.
fumi rossi (*met.*), red fumes.
fumigazione, *f.* (*agr., ecc.*), fumigation.
— **del suolo** (*agr.*), soil fumigation.
fumo, *m.* smoke; fume.
— **(depuratore dei —)** (*controllo dei fumi delle ciminiere, obbligatorio per legge*), fume arrester.
— **(portata dei —)** (*depur. fumi*), flow rate of fume.
— **(senza —)** (*caldaie, ecc.*), smoke-free.

fune, *f.* rope.
— **a spirale,** spiral rope.
— **ad avvolgimento crociato,** regular-lay wire rope.
— **ad anima metallica,** wire rope.
— **ad anima tessile,** fibre (*or* fiber) rope.
— **ad avvolgimento parallelo** (*o fune Lang*), Lang-lay wire rope.
— **antigirevole,** non-rotating rope.
— **a trefoli,** rope made of strands; stranded rope.
— **a trefoli piatti,** flat strand rope; strands of triangular section.
— **ausiliaria (o di sicurezza),** emergency cable.
— **cava,** hollow rope.
— **chiusa** (*ferr. aeree*), locked rope; full-lock coil rope.
— **da traino** (*auto*), tow rope.
— **d'atterraggio** (*aerostati*) (*aereo*), drag rope.
— **del liccio** (*tess.*), heald shaft cord.
— **di acciaio,** steel wire rope.
— **di canapa,** hemp rope.
— **di ritorno,** tail-rope.
— **di sicurezza** (*ferr. aeree*), safety cable.
— **di strappamento (o strappo)** (*aereo*), ripping cord; rip cord (U.S.A.).
— **di tipo chiuso** (*ferr. aeree*), closed cable.
— **incrociata** (*funi comm.*), regular-lay wire rope.
— **Lang** (*funi comm.*), Lang-lay wire rope.
— **metallica,** wire rope.
— **non catramata** (*naut.*), white rope.
— **normale,** ordinary rope; standard rope.
— **parallela** (*funi comm.*), Lang-lay wire rope.
— **per trazione su piano-inclinato,** gravity cable.
— **piatta,** flat rope.
— **piena,** solid rope.
— **portante** (*ferr. aeree*), carrying cable; running cable; track cable; track rope.

fune portante chiusa, fully locked coil construction track rope.
— **portante-traente,** transport rope.
— **semi-chiusa,** semi-locked cable.
— **simplex,** simplex rope (*or* cable).
— **traente,** hauling cable; traction rope; haulage rope.
— **traente a trefoli rotondi,** round strand construction haulage rope.
— **(carico di rottura della —),** rope breaking strength.
— **(diametro della —),** rope diameter.
— **(durata della —),** rope life.
— **(lubrificante per —),** rope oil.
— **(svolgere la —),** to slacken the rope.
funghicida, *m.* (*chim.*), fungicide.
fungìna, *f.* (*bot.*), fungal cellulose; fungus cellulose.
fungo (*m.*) **della rotaia** (*ferr.*), head of the rail.
— **del legno,** dry rot.
— **di rotaia a pera** (*ferr.*), pear-shaped rail-head.
— **di scorrimento** (*ferr.*), bull head.
— **portante** (*ferr.*), running head.
— **(consumo massimo ammissibile del —)** (*ferr.*), wearing depth of the rail head.
— **(schiacciamento del —),** crushing of the rail head.
fungoso, *agg.* fungous.
funicolare, *f.* funicular (railway); *agg.* funicular.
funivia, *f.* cable railway.
— **aerea d'altoforno,** blast furnace cableway.
— **aerea per lo sgombro dei residui e delle scorie,** dumping cableway.
— **aerea su piano-inclinato in montagna,** mountain-lift.
— **bifune per persone,** bicable passenger ropeway.
funzionale, *agg.* (*mobili, ecc.*), functional.
funzionamento, *m.* working; functioning.
funzionamento a gruppi (*di turbine ecc.*), group drive.
— **a secco** (*elet.*), dry-running.
— **in parallelo,** drive in parallel.
— **in tempo reale** (*calcol. elettron.*), real-time working.
— **passo-passo** (*cioè con una sola istruzione, da parte dell'elaboratore*) (*inform.*), one-shot operation.
— **per inerzia,** running out.
— **silenzioso** (*presse*) (*mecc.*), silent running; quiet running.
funzionare, *v.i.* to work.
— **a corrente di rete o a batteria,** to operate by mains or battery.
— **a vuoto,** to run light.
— **dal basso verso l'alto** (*mecc.*), to operate upwardly.
funzionario consolare, consular officer.
funzione, *f.* (*mat.*), function.
— **circolare,** circular function.
— **di transizione,** step function response.
— **d'onda** (*fis. atom.*), wave function.
— **iperbolica,** hyperbolic function.
— **(entrare in —)** (*rif. ad impianto per lavoraz. del petrolio o gas*), to go on stream.
— **(in —)** (*gas, petrol.*), on stream.
fuochino, *m.* (*miniere*), shooter.
fuochista (*di locomotive*) (*ferr.*), (*locomotive*) fireman; stoker.
fuoco, *m.* focus (*ott.*); fire (*fis.*).
— **anti-aereo** (*aereo*), (flak); anti-aircraft gunfire.
— **d'artificio,** firework.
— **di fucina,** forge; smith's forge.
— **fisso** (*fot.*), fixed focus.
— **lineare** (*ott.*), line focus.
— **nelle ripiene dovuto ad accensione spontanea del carbone** (*fuoco di giacimento di pirite*), gob-fire.
— **per affinare,** refining forge.
— **sagittale** (*ott.*), sagittal focus.
— **(a prova di —),** fire proof.
fuori fase (*elet.*), out of phase.
— **serie,** *f.* (*auto*), custom-built car.

fuori squadra, out of square.
fuoribordo, *m.* (*naut.*), outboard motor; outboard engine.
fuoristrada, off-road; (*autocarri*), off-highway.
— **(autocarro —),** off-highway truck.
— **(incidente auto),** off-the-road.
— **(trasporto —),** off-road hauling.
fuoriuscita, *f.* escape (*di gas*); leakage (*di liquidi*); spillage (*p. es. per incidenti in mare, o stradali, con — di petrolio o prod. chimici*).
— **di greggio** (*da una petroliera*), oil spill.
furfurolo, *m.* (*chim.*), furfural; furfurole; furfuraldehyde; fural; furole; pyromucic aldehyde.
furgone, delivery wagon; van.
— **a 6 ruote motrici** (*auto*), six wheeler truck.
— **da trasporto** (*mobili*), pantechnicon; furniture-removing van.
— **finestrato,** van conversion.
fusello, *m.* (*di cartiera*), cylinder.
fusibile, *m.* (*elet*), cut-out; fusible cut-out; fuse; fuse-wire; (*agg.* = fusible).
— **a cartuccia,** cartridge fuse.
— **a liquido** (*elet.*), liquid fuse.
— **di linea** (*elet.*), power current fuse.
— **di protezione** (*elet.*), fuse protection.
fusibilità, *f.* fusibility; fusibleness.
fusina, *f.* (*chim.*), fusain.
fusione, *f.* casting (*fond.*); melting (*neve, ghisa, metalli*); smelting (*di minerali, per separare i metalli*); amalgamation, merger (*di società*); fusion (*fis. atom.*) (*sald.*); (*inserimento*) (*elettron.*), merge.
— **a cera persa,** investment casting; lost-wax casting.
— **a fascio elettronico** (*fond.*), electron beam fusion.
— **a guscio** (*fond.*), shell casting.
— **all'arco elettrico,** arc melting.
— **a pioggia** (*sald.*), spray transfer.
fusione centrifuga, centrifugal casting.
— **completa** (*sald.*), complete fusion.
— **con laser** (*fis. atom.*), laser fusion.
— **controllata** (*fis. atom.*), controlled fusion.
— **dei caratteri** (*tip.*), type casting.
— **del nucleo di un reattore** (*fis. atom.*), melt-down of a reactor fuel core.
— **di colori** (*fot.*), colour match.
— **di precisione** (*microfusione*), precision casting; investment casting.
— **elettrotermica,** electrothermic smelting.
— **goccia a goccia** (*sald.*), droplet transfer.
— **in conchiglia** (*fond.*), shell mold casting.
— **inerziale,** inertial fusion.
— **magnetica,** magnetic fusion.
— **nel vuoto,** vacuum melting.
— **nucleare** (*fis. atom.*), nuclear fusion.
— **per centrifugazione,** centrifugal casting.
— **per induzione** (*met.*), induction melting.
— **sotto vuoto,** vacuum melting.
fuso, *m.* (*aereo*), slender body of revolution; (*albero mandrino*), spindle; fusee (*orol.*); (*tess.*), spindle.
— **a filare** (*filatura*), spinning spindle.
— **a snodo** (*auto*), stub axle.
— **conico** (*tess.*), conical splinde.
— **della contropunta,** back centre.
— **del pallone** (*aereo*), gore; panel (U.S.A.).
— **di strappamento** (*aereo*), stripping panel.
fusoliera, *f.* (*aereo*), fuselage.
— **a semiguscio** (*aereo*), semimonocoque fuselage.
— **a struttura a guscio (*o* a cassone),** monocoque fuselage.
— **a struttura geodetica,** geodetic fuselage.
— **(armatura della —),** fuselage framework.

fusoliera (attacco di —), fuselage attachment.
— **(montante di—),** fuselage strut.
— **(ordinata di —),** bulkhead; transverse frame.
— **(nel centro della —)** (*aereo, naut.*), amidships.
fusone, *m.* (*tess.*), ring cop.
fustagno, *m.* fustian.
fustella, *f.* hollow punch; punching tool.
fustellare, *v.a.* (*tip.*), to punch; to stamp out.
fustetto, *m.* (*chim.*), fustic; yellow wood.
— **vecchio,** old fustic.
fusto, *m.* (*per olio, ecc.*), drum; (*di legno*) barrel; cask.
— **da 25 libbre,** 25-lb drum.
— **del chiodo,** shank of rivet; shaft ot rivet.
— **della biella,** shank (*or*) stem of the connecting rod.
— **di una colonna,** shaft (of a column *or* pillar).
— **di una pianta,** trunk (*or*) stem of a tree.
— **di un fucile,** hand-guard.
— **di un gancio,** hook shank.
— **di un proiettile,** fuse.
futuri (*titoli borsa*), futures.

G

gabardine, *m.* (*tess.*), gabardine.
— **diagonale,** gabardine twill.
gabbia, *f.* (*miniere*), cage; top-sail (*naut.*); (*laminatoio*), (roll) stand.
— **a trio** (*lamin.*), three-high roll stand.
— **a due piani** (*min.*), 2-deck cage.
— **a duo** (*laminatoio*), two-high roll stand.
— **a pignoni** (*laminatoio*) (*met.*), pinion stand.
— **a (due o) più piani** (*min.*), multi-deck cage.
— **del gancio,** hook casing.
— **del manovratore,** driver's cage.
— **della carrucola,** pulley casing.
— **della scala,** staircase-well
— **delle sfere** (*mecc.*), metal cage.
— **del tipo aperto** (*met.*), stand of open design.
— **del tipo chiuso** (*met.*), stand of closed design.
— **di ascensore,** shaft.
— **di laminatoio,** (rolling) stand.
— **di laminatoio a duo,** two high roll stand.
— **di laminatoio a trio,** three-high roll stand.
— **di maestra** (*naut.*), main topsail.
— **di protezione** (*mecc.*), wire protection cage.
— **di ricambio** (*lamin.*, *met.*), spare stand.
— **di una valvola** (*mecc.*), valve cage.
— **di un cuscinetto a sfere,** ball-cage.
— **duo sbozzatrice** (*met.*), two-high rougher.
— **finitrice** (*met.*), v. **vitone della — finitrice.**
— **fissa** (*naut.*), lower topsail.
— **in cross-country** (*met.*), cross-country (roll) stand.
— **metallica,** metal crate.
— **per trasporto di 4 persone** (*min.*), 4-man cage.
gabbia preparatrice (*lam.*), roughing stand.
— **pulitrice** (*lamin.*, *met.*), planishing stand.
— **quadrupla** (*met.*), four-high rolling stand.
— **quarto** (*laminatoio*), four-high roll stand.
— **quarto reversibile** (*met.*), four-high reversing stand.
— **quarto sbozzatrice** (*met.*), four-high rougher.
— **rompiscaglie** (*di treno sbozzatore*) (*met.*), edger scale-breaker stand.
— **sbozzatrice** (*met.*), rougher.
— **sgrossatrice** (*laminatoio*), roughing stand.
— **volante** (*naut.*), upper topsail.
gabbiano (porte ad ali di —) (*auto*), gull wing doors.
gabbie di laminatoio in tandem (*met.*) stands in tandem.
gabbione, *m.* (*cost.*, *idr.*), gabion; wire cage (*met.*).
gabbro, *m.* gabbro.
— **(contenente —),** *agg.* gabbroidal.
gabinetto (*m.*) **signore** (*aereo*), ladies toilet.
— **signori** (*aereo*), gents toilet.
gadolinite, *f.* (*min.*), gadolinite.
gadolinio, *m.* (*chim.* = Gd), gadolinium.
galalite, *f.* galalith.
galattico, *agg.*, galactic.
galattite, *f.* (*min.*), galactite.
galattometro, *m.* galactometer.
galbano, *m.* (*resina*), galbanum.
galena, *f.* (*min.*), galena; galenite; lead-glance.
— **argentifera** (*min.*), silver lead ore.
— **(apparecchio a —)** (*radio*), crystal set.
galestro, *m.* plastic clay.
galleggiabile, *agg.* (*naut.*), buoyant.
galleggiabilità (o spinta), *f.* buoyancy.

galleggiamento, *m.* floating.
galleggiante, *m.* (*aer.*), pontoon (U.S.A.); float (*di vaschette*); float; *agg.* (*naut.*), buoyant; *agg.* floating (*gru*).
— **della gru,** crane pontoon.
— **luminoso,** flame float.
galleina, *f.* (*chim.*), gallein; $C_{20}H_{12}O_5$.
galleria, *f.* (*ferr. aer.*), tunnel; (*cost. civ.*), gallery; heading (*min.*),
— **ad acqua** (*aereo*), water tunnel.
— **aerodinamica,** wind tunnel.
— **aerodinamica ad aria compressa** (*aereo*), compressed air wind tunnel.
— **aerodinamica aperta** (*aereo*), open jet wind tunnel.
— **aerodinamica verticale** (*aereo*), spin tunnel.
— **armata in legname,** timbered level.
— **a un binario** (*ferr.*), single-track tunnel.
— **del vento** (*aereo*), wind tunnel.
— **del vento a flusso chiuso** (*aereo*), closed jet wind tunnel.
— **del vento a flusso libero** (*aereo*), non-return flow wind tunnel.
— **del vento aperta, con ritorno** (*aereo*), open-jet return flow wind tunnel.
— **del vento a raffiche** (*aereo*), gust tunnel.
— **del vento chiusa, senza ritorno** (*aereo*), non return flow open-jet wind tunnel.
— **del vento con ritorno** (*aereo*), return-flow tunnel.
— **del vento di tipo intermittente** (*aereo*), intermittent wind tunnel.
— **del vento ipersonica** (*aereo*), hypersonic wind tunnel.
— **del vento per lo studio del volo libero** (*aereo*), free-flight wind tunnel.
— **del vento per lo studio di grandi velocità** (*aereo*), high-speed wind tunnel.
— **del vento subsonica** (*aereo*), subsonic wind tunnel.
galleria del vento supersonica (*aereo*), supersonic wind tunnel.
— **del vento transonica** (*aereo*), transonic wind tunnel.
— **del vento verticale** (*aereo*), vertical wind tunnel.
— **di accesso alla camera dell'esplosivo** (*cost.*), heading.
— **di avanzamento** (*min.*), heading; head.
— **di carreggio** (*miniera*), haulage roadway.
— **di livello** (*miniera*), level.
— **di ribasso** (*min.*), winze; inclined gallery.
— **di scolo** (*min.*), drainage-level; off-take.
— **filtrante,** filter-gallery.
— **fumi sotterranea** (*met.*), fume tunnel.
— **in direzione,** drift; drifting level.
— **in direzione del cantiere** (*min.*), working level.
— **in roccia** (*min.*), metal-drift.
— **in un altoforno,** shaft.
— **laterale** (*min.*), adit.
— **per pedoni** (*cost.*), pedestrian tunnel.
— **per veicoli** (*cost.*), vehicular tunnel.
— **principale** (*di miniera*), main haulage way; main level; main entry (U.S.A.).
— **rivestita in muratura,** bricked out tunnel.
— **sotterranea** (*ferr.*), underground tunnel.
— **sotterranea per ciclisti,** cyclist tunnel.
— **trasversale,** cross-heading.
galletta, *f.* (*naut.*), truck.
— **di ruota** (*linguetta*), feather.
gallio, *m.* (*chim.* = Ga), gallium.
galloccia, *f.* (*naut.*), cleat.
gallocianina, *f.* (*chim.*), gallocyanine.
gallone, *m.* gallon; U.S. gallon (U.S.A.); British Imperial gallon (*il gallone inglese equivale a l 4,5459, quello americano a l 3,785*).

galoppamento, *m.* (*naut.*), v. **delfinamento.**
galoppini, *m. pl.* guide pulleys.
galvanica, officina, plating shop.
galvanico, *agg.* galvanic.
— **(impianto** *o* **stabilimento —),** plating plant.
galvanismo, *m.* galvanism.
galvanizzare, *v.a.* to galvanize.
galvanizzazione, *f.* galvanizing; galvanization.
— **a caldo,** hot-dip galvanizing.
galvanocauterio, *m.* (*chim.*), galvanocautery.
galvanografia, *f.* (*lastra*), galvanograph.
galvanometallurgia, *f.* galvanometallurgy.
galvanometria, *f.* galvanometry.
galvanometrico, *agg.* galvanometric.
galvanometro, *m.* galvanometer.
— **a bobina mobile** (*elet.*), moving-coil galvanometer.
— **a filo riscaldato,** hot wire galvanometer.
— **a lettura diretta,** direct reading galvanometer.
— **a molla,** spring galvanometer.
— **a riflessione,** reflecting galvanometer.
— **a riflessione portatile,** portable reflecting galvanometer.
— **a specchio,** mirror galvanometer.
— **assoluto,** absolute galvanometer.
— **astatico,** astatic galvanometer.
— **a ventaglio,** fan galvanometer.
— **balistico** (*elet.*), ballistic galvanometer.
— **delle tangenti** (*elet.*), tangent galvanometer.
— **differenziale,** differential galvanometer.
— **di torsione,** torsion galvanometer.
— **marino,** marine galvanometer.
— **potenziale,** potential galvanometer.
— **universale,** universal galvanometer.
— **usato nel brillamento** (*delle mine*) (*min.*), blasting galvanometer.
galvanometro verticale, vertical galvanometer.
galvanoplastica, *f.* galvanoplastics.
galvanoplastico, *agg.* galvanoplastic.
galvanoscopio, *f.* galvanoscope.
galvanostegia, *f.* galvanostegy; electroplating.
galvanostereo (*tip.*), copper-faced stereo.
galvanotecnica, *f.* electroplating.
galvanotipia, *f.* electrotyping.
galvanotipista, *m.* electrotyper.
gamba, *f.* (*di compasso*), leg; branch.
— **anteriore** (*armi*), front leg.
— **di forza** (*aereo*), oleo strut.
— **di sostegno,** supporting leg.
— **posteriore** (*armi*), rear leg.
gambale, *m.* (*per protezione dal fuoco, ecc.*), legging.
gambe allungabili (*strumenti, ecc.*), extending legs.
gambo, *m.* (*mecc.*), shank; shaft.
— **di bullone** (*mecc.*), bolt shank.
— **di chiodo,** shank of a rivet; shaft of a rivet.
— **di cilindro,** gudgeon.
— **di punta di trapano,** shank of drill.
— **di stantuffo,** piston rod.
— **di trapano,** drill rod.
— **di utensile,** tool shank.
— **di valvola,** valve rod.
gamete, *m.* (*bio.*), gamete.
gamma, *f.* (*acust.*), gamut; (*fot.*), gamma; set (*serie*); range (*serie*).
— **di frequenze** (*radio*), band of frequencies.
— **di velocità** (*mecc.*), speed range.
gammagrafia, *f.* (*fis. atom.*), gammagraphy.
ganascia, *f.* jaw.
— **di mandrino,** jaw of a chuck.
— **di una morsa,** jaw of a vice.
— **per armamento** (*ferr.*), fish plate.
— **per tubi,** pipe clamp.
gancio, *m.* hook; claw.
— **a cuneo** (*ing. elet.*), wedge hook

gancio a molinello, swivel-hook.
— **a scocco,** slip.
— **automatico** (*ferr.*), automatic coupler.
— **a vite,** hook screw.
— **caricatore** (*armi*), magazine latch.
— **con radancia** (*naut.*), eye-hook and thimble.
— **da catena,** chain hook.
— **di appiglio** (*o* rimorchio) (*per il ricupero della navetta spaziale nello spazio*), grappling hook.
— **di traino a snodo** (*auto*), ball hitch.
— **da fonditore,** gagger.
— **da fune,** rope hook.
— **da muro,** wall hook.
— **dell'albero del bariletto** (*orol.*), barrel arbor hook.
— **di grondaia,** gutter hook.
— **di sicurezza,** safety hook.
— **di sollevamento,** lifting hook.
— **di sospensione** (*fond.*), crane hook.
— **di trazione,** draw bar hook; haulage hook; (*ferr.*), coupler.
— **doppio,** double hook.
— **esterno** (*o* **brida)** (*orol.*), hook.
— **giratorio,** swivel hook.
— **porta-carabina,** carbine.
— **porta-carico** load hook.
ganga, *f.* (*min.*), gangue; matrix.
— **fusibile** (*met.*), self-fluxing gangue.
— **rocciosa,** rock matrix.
ganghero (*m.*) **della porta** (*ascensore*), door hinge.
ganisto, *m.* ganister; gannister.
gara, *f.* contest; event; competition; (*per la fornitura di prodotti siderurgici, ecc.*), v. **bando di gara.**
— **per aeromodelli,** model plane contest.
— **per motomodelli,** petrol contest.
— **per veleggiatori** (*aerom.*), sailplane event; glider event; glider competition.
— **per volo libero** (*aerom.*), free flight contest.
garantire, *v.a.* to guarantee.
garantito tutta lana (*tess.*), guaranteed all wool.
garanzia, *f.* guarantee; warranty.
— **(due anni di —) assoluta per rotture d'ogni specie,** two years' unconditional guarantee against breakage of any kind.
— **per difetti di lavorazione,** guarantee against faulty workmanship.
— **per difetti di materiale,** guarantee against flaws in material.
— **(l'automobile è ancora per due mesi in —),** the car is still 2 months inside the warranty.
garbo, *m.* (*naut.*), garboard; (*mecc.*) (*sagoma*) template.
gargame, *m.* (*cost. idr.*), sluice pillar.
garza, *f.* gauze.
— **di imitazione,** imitation gauze.
garzare (*tess.*), to raise.
garzatrice, *f.* (*tess.*), gig; napper.
garzatura, *f.* (*ind. tess.*), teasing; (*tess.*), raising; napping.
gas, *m.* gas.
— **acetilene,** acetylene gas.
— **ad alta pressione,** high pressure gas.
— **alogeno** (*fis.*), halogen gas.
— **ammonico,** ammoniac(al) gas.
— **ausiliario,** auxiliary gas.
— **bleu,** blue water gas.
— **che causa infragilimento,** embrittling gas.
— **combustibile** fuel-gas; power gas.
— **compresso,** compressed gas.
— **condensato,** condensate gas.
— **d'acqua,** water gas.
— **d'acqua carburato,** carburetted water gas.
— **d'altoforno,** blast furnace gas.
— **dei forni a coke,** coke oven gas.
— **delle paludi,** marsh gas; methane.
— **depurato,** purified gas.
— **di alimentazione,** feed gas.
— **di aria,** air gas.
— **di carbone,** coal gas.
— **di città,** town gas.
— **di cocheria,** coke-oven gas.

gas di combustione, gas of combustion.
— **di cracking,** reformed gas.
— **di distillazione** (*carbone*), still gas.
— **di gassogeno,** producer gas; generator gas.
— **di generatore,** producer gas.
— **diluente,** diluting gas.
— **di olio,** oil gas.
— **di petrolio,** petroleum-gas; oil-gas; natgas.
— **di petrolio liquefatto (G.P.L.)** (*miscela liquefatta di propano e butano*) (*petrol.*), liquefied petroleum gas (L.P.G.).
— **di raffineria,** refinery gas.
— **di scappamento,** waste gas; exhaust gas.
— **di scarico,** flue gas
— **disciolto,** dissolved gas.
— **di vapori di nafta,** naphtha gas.
— **Dowson,** Dowson gas; semi-water gas.
— **elettronico,** electron gas.
— **esilarante,** laughing gas (nitrous oxide).
— **freatici** (*geol.*), phreatic gases.
— **illuminante,** illuminating gas.
— **imprigionato** (*met.*), entrapped gas.
— **in bombole,** bottled gas.
— **inerte,** inert gas.
— **in uscita,** exit gas.
— **irritante,** irritant gas.
— **lacrimogeni,** lachrymators; tear gases.
— **liquefatto,** liquefied gas.
— **liquido,** liquid-gas.
— **misto,** semi-water gas.
— **monatomico** (*fis.*), monatomic gas.
— **naturale,** natural gas.
— **naturale sintetico,** synthetic natural gas (SNG).
— **nervino** (*mil.*) (*chim.*), nerve gas.
— **nobili,** *pl.* noble gases.
— **nocivo,** noxious gas.
— **per campeggio,** camping gas.
— **perfetto,** perfect gas.
— **persistente,** persistent gas.
— **per uso domestico,** town gas.

gas povero, producer gas; lean gas.
— **radioattivo** (*fis. atom.*), radioactive gas.
— **rarefatto,** rarefied gas.
— **raro,** rare gas.
— **residuo,** residual gas (*termoionica*); after-damp (*min.*).
— **ricco,** rich gas; strong gas; wet gas; (*ad alto potere calorifico*), strong gas.
— **ricuperato** (*met.*), recovered gas.
— **-solido** (*met.*), gas-solid.
— **-solido-gas** (*met.*), gas-solid-gas.
— **-solido-liquido** (*met.*), gas-solid-liquid.
— **starnutatori,** starnutators; toxic smokes.
— **sviluppato durante il raffreddamento** (*met.*), gas evolved during cooling.
— **tecnico,** industrial gas.
— **tossico,** poison gas.
— **turbina** (*aereo*), gas turbine.
— **vescicatori,** vescicants; blister gases.
— **(acqua di scarico delle officine del —),** gasworks liquor.
— **(impianto per il trattamento del —)** (*petrolio, gas*), gas processing plant (*or* facility).
— **(ricupero del —)** (*met.*), gas recovery.
— **(rimozione del —),** gas removal.
— **(utilizzazione domestica del —),** domestic utilisation of gas.

gasatura, *f.* (*tess.*), singeing; teaseling.
— **a piastra** (*tess.*), plate singeing.

gascromatografia (*cromatografia in fase gassosa*) (*chim., fis.*), gas chromatography.

gasdinamica, *f.* (*scienza che studia il moto del gas*), gas dynamics.

gasdotto, *m.* gas main; gas pipeline.

gasogeno, *m.* gas-producer.
— **ad aspirazione,** suction gas-producer.
— **a pressione,** pressure gas-producer.

gasolio, *m.* gas oil; Diesel oil.
— **di prima distillazione** (*chim.*), virgin gas oil.
— **di riciclo** (*chim.*), cycle gas oil.

gasometro, *m.* gasometer; gasholder.
— **con tenuta a secco,** dry seal gasholder.
gassa, *f.* (*naut.*), cringle.
— **del cuore** (*funi*), heart-shaped dead-eye.
gassificare, *v.a.* to gasify.
gassificazione, *f.* gasification.
— **del carbone,** gasification of coal.
— **sotterranea,** under-ground gasification.
— **(processo di — del carbone di qualità scadente)** (*carbone*), gasification process of low grade coal.
gassista, *m.* gas-fitter.
gastroscopio, *m.* (*med.*), gastroscope.
gattice, *m.* (*bot.*), white poplar.
gattuccio, *m.* keyhole saw; pad saw.
gavello, *m.* (*naut.*), felloe.
gavitello, *m.* (*naut.*, *aereo*), buoy.
gavone, *m.* (*naut.*), peak tank.
gazatrice, *f.* (*tess.*), gassing frame; gas singeing machine.
gazatura, *f.* (*tess.*), gassing.
Gazzetta Ufficiale, Official Gazette.
— **Ufficiale dell'aviazione inglese,** Air Pilot for Great Britain and Ireland.
gel, *m.* (*chim.*), gel.
— **di allumina,** alumina gel.
— **di silice** (*chim*), silica gel.
— **irriversibile** (*chim.*), irreversible gel.
gelare, *v.t.* to freeze.
gelatina, *f.* jelly; gelatine.
— **bicromata** (*fot.*), bichromated gelatine.
— **esplosiva,** nitrogelatine.
gelatinasi, *m.* (*chim.*), gelatinase.
gelatinifero, *agg.* gelatiniferous.
gelatinizzante, *m.* gelatinizing agent.
gelatinizzare, *v.a.* to gelatinize.
gelatinoso, *agg.* gelatinous.
— **(diventare —)** (*pitture, vernici*), to liver.
gelificante, *m.* (*chim.*), jellying (gelling) agent.
gelificare (*chim.*), to gel; (*cosmetici*), to jelly.
gelificazione (*chim.*), gelation.
— **(punto di —)** (*chim.*), gelling point.
gelo, *m.* frost; freezing; (*dilatazione o rigonfiam. causato dal gelo*) (*fis.*), frost-heaving.
— **(togliere il —)** (*sbrinare*), to de-ice.
gelometro, *m.* (*fis.*), gelometer.
gelosia, *f.* Venetian blind.
gelso, *m.* mulberry tree.
gemella (*f.*) **(nave —)** (*naut.*), sister-ship.
gemelli (*astron.*), gemini.
gemello, twin.
— **(motore —),** twin cylinder engine.
geminato (*met.*), twin.
geminazione, *f.* (*min.*), (*cristall.*), twinning.
gemma, *f.* bud (*bot.*); gem (*min.*); gem-stone (*min.*).
gemmifero, *agg.* gemmiferous; gem-bearing.
generale, *agg.*, general.
— **(controllo —)** (*inform.*), overall monitoring.
— **di squadra aerea,** Air Chief Marshal.
— (*m.*) **di brigata aerea (R.A.F.),** Air Commodore.
generalizzato, *agg.* (*naut.*), generalized.
generare, *v.a.* to generate; to produce.
— **una corrente,** to set up a current.
— **vapore,** to generate steam.
generatore, *m.* generator; (*di cerchi, di linee rette, ecc.*) (*inform.*), generator.
— **a corrente alternata** (*sald.*), alternating current generator.
— **a corrente continua,** direct-current generator.
— **a forma d'onda,** sine-wave alternator.
— **anulare,** ring producer.
— **a scintilla rotante,** alternator disc set.

generatore biequilibrato (*telev.*), flip-flop generator.
— **con due zone di combustione,** double producer.
— **della frequenza di linea** (*telev.*), line frequency generator.
— **di acetilene** (*sald.*), acetylene generator.
— **di atmosfera controllata,** controlled atmosphere generator.
— **di atmosfere protettive,** protective atmosphere generator.
— **di corrente,** current generator.
— **di elettricità,** generator; alternator.
— **di elettricità ad onde energetiche,** wave-powered electricity generator.
— **di frequenza,** frequency generator; frequency alternator.
— **di gas,** gas generator.
— **di gas inerte,** inert gas generator.
— **di impulsi** (*elet.*), pulse generator.
— **di luce monocromatica a quarzo,** quartz monochromator.
— **di neutroni** (*fis. atom.*), neutron generator.
— **di nota interrotta** (*elet.*), tone-burst generator.
— **di onde quadrate** (*elet.*), square-wave generator.
— **di programmi** (*elettron.*), program generator.
— **di protoni** (*fis. atom.*), proton generator.
— **di segnali** (*radio*), signal generator.
— **di segnali multipli** (*radio*), multi-signal generator.
— **di sovratensione,** surge generator.
— **di suono** (*inform.*), sound generator.
— **di temperatura stellare,** stellarator.
— **di tensione di polarizzazione** (*radio*), bias generator.
— **di Van de Graaf** (*fis. atom.*), Van de Graaf generator.
— **di vapore,** steam generator.
— **di vapore con focolari a ciclone,** cyclone fired steam generator.

generatore di vibrazioni (*mecc.*), shaker table.
— **elettronico di calore** (*elet.*), electronic power generator.
— **elettrostatico** (*fis. atom.*), statitron.
— **foto-acustico** (*acust.*), photo-audio generator.
— **magnetico della corrente,** magneto-electric generator.
— **per aeroplani** (*aereo*), generator for aircraft.
— **per saldatura ad arco,** arc welding generator.
— **solare** (*energia solare*), solar generator.
generatrice, *f.* cones distance (*ingr.*); generator (*dinamo*); generatrix (*geom.*).
generazione, *f.* (*ingr.*), generation.
— **di vapore** (*fis.*), steam generation.
genetica, *f.* (*bio.*), genetics.
— **(esperto in — forestale),** forest geneticist.
genio (*m.*) **civile,** civil engineering.
genotipo, *m.* (*bio.*), genotype.
geoanticlinale, *m.* geoanticline.
geocentrico, *agg.* geocentric.
geochimico, *agg.* geochemical.
geocriologia, *f.* geocryology.
geode, *m.* geode.
geodesia, *f.* geodesy.
geodetica (a costruzione —) (*aereo*) geodetic-built.
geodinamica, *f.* geodynamics.
geodinamico, *agg.* geodynamic(al).
geofisica, *f.* geophysics.
geofisico, *m.* geophysicist; *agg.* geophysic(al).
geognosia, *f.* geognosy.
geografia, *f.* geography.
— **fisica,** physical geography.
geografico, *agg.* geographic(al).
geòide, *m.* geoid.
geoidrologia, *f.* (*geofisica*), geohydrology.
geologia, *f.* geology.
— **marina** (*geol.*), marine geology.
— **sotterranea** (*geol.*), subsurface geology.
geologico, *agg.* geologic(al).
geologo, *m.* geologist.

geometra, *m.* land surveyor (*agrimensore*); geometer (*matematico*).
— **del catasto,** Ordinance surveyor.
geometria, *f.* geometry.
— **analitica,** analytical geometry.
— **del reticolo** (*fis. atom.*), lattice design.
— **descrittiva,** descriptive geometry.
— **piana,** plane geometry.
— **proiettiva,** projective geometry; graphic geometry.
— **superiore,** higher geometry.
geometrico, *agg.* geometric.
geomorfologia, *f.* geomorphology.
geosinclinale, geosynclinal (*agg.*); geosyncline (*n.*).
geosincrono, *agg.* (*satelliti*), geosynchronous.
geotecnica, *f.*, geotechnics.
geotermometro, *m.* (*agr.*), soil thermometer.
geranina, *f.* (*chim.*), geraniin.
geraniolo, *m.* (*chim.*), geraniol.
Gerber (trave —) (*cost.*), Gerber beam.
gerente, *m.* manager.
gergo usato in ingegneria, engineering jargon.
— **(voci di —)** (*usate per es. per trasmissioni fra radioamatori, ecc.*), jargon terms.
germanio, *m.* (*chim.* = Ge), germanium.
germe, *m.* germ; seed (*fis. atom.*).
— **di grano,** wheat germ.
germinazione, *f.* (*cristall.*), nucleation; (*orzo*), germination.
germogliamento (*m.*) **nucleare,** nuclear budding.
germoglio, *m.* (*del grano*), germ.
gesso, *m.* chalk; plaster; gypsum.
— **cotto,** burnt gypsum.
— **cristallizzato,** crystalline gypsum.
— **crudo,** unburnt gypsum.
— **da muratore,** bricklayer's plaster of Paris; coarse plaster of Paris.
— **per sarti,** soap-chalk.
— **per scultore,** sculptor's plaster.

gestione, *f.* management; (*trattamento*) (*inform.*), handling.
— **dati** (*inform.*), data management.
— **degli ordini** (*inform.*), order handling.
— **dei lavori** (*inform.*), job management.
— **elettronica dei testi** (*inform.*), word processing.
— **integrata degli ordini** (*inform.*), integrated order handling.
— **(calcolatore elettronico di —),** business computer.
— **(di —)** *agg.* (*inform.*), managerial; v. **sistema di — automatizzata.**
gestire, *v.a.*, to manage; (*dati, testi, ecc.*) (*inform.*), to handle.
gestito (*p.p.*) **dallo stato,** state run (*p. es.*; *officina gestita dallo stato*, state run works).
gestore della base dei dati (*word processor*) (*inform.*), data base manager.
gettare, *v.a.* (*fond.*), to cast; to found.
— **calcestruzzo,** to lay concrete; to cast concrete.
— **metalli,** to cast metals.
— **orizzontalmente,** to cast horizontally.
gettata, *f.* (*molo*), jetty.
— **di calcestruzzo,** concrete layer.
— **di ciottoli,** rubble filling.
— **di pietre,** stone filling.
gettato (*punto maglieria*), cast off.
— **in sito** (*di costruzioni in cemento*), cast in situ.
getter, *m.* getter.
gettito fiscale (*finan.*), tax revenue.
getto, *m.* casting (*met.*); cast (*fond.*); jettison (*naut.*).
— **a lama d'acqua,** water blade jet.
— **allo stato grezzo** (*met.*), casting in the black condition.
— **a nervature,** ribbed casting.
— **a plasma** (*met.*), plasma jet.
— **ben riuscito,** sound casting.
— **cavo,** hollow casting.
— **centrifugato** (*fond., met.*), centrifugal casting.

getto colato in piedi, vertical casting.
— **colato in sabbia** (*fond.*), sand casting.
— **complesso** (*met.*), complex casting.
— **composito** (*met.*), composite casting; (compound casting).
— **con soffiature,** casting with blowholes; blown casting.
— **coricato,** horizontal casting; cast lying horizontally.
— **d'acqua,** water spout; jet of water.
— **d'aria,** air blast; air jet.
— **di acciaio,** steel casting.
— **di acciaio (grosso — d'acciaio),** large steel casting.
— **di acciaio al carbonio,** carbon steel casting.
— **di acciaio legato,** alloy steel casting.
— **di acciaio speciale,** special steel casting.
— **difettoso,** waster.
— **di ghisa ordinaria,** ordinary pig iron casting.
— **di ghisa speciale,** special pig iron casting.
— **di ossigeno** (*di un cannello da taglio*), oxygen-cutting jet.
— **di precisione fuso sotto pressione,** die-casting.
— **di sabbia,** sand blast.
— **di vapore,** steam jet.
— **grezzo,** rough casting.
— **in acciaio,** v. — **di acciaio.**
— **inclinato,** inclined casting.
— **incompleto** (*met.*), misrun.
— **in conchiglia,** casting in chill; chill casting.
— **in forma di sabbia,** sand casting; casting in sand.
— **in forme scoperte,** casting in open sand-moulds.
— **in ghisa,** iron casting.
— **in ghisa grigia,** gray iron casting.
— **in ghisa legata,** alloyed iron casting.
— **in ghisa perlitica,** pearlitic iron casting.

getto in ghisa sferoidale, nodular iron casting.
— **in staffe,** casting in flasks.
— **lavorato,** machined casting.
— **male riuscito,** spoiled casting.
— **non stagno** (*che perde*) (*met.*), leaker.
— **per macchine utensili** (*met.*), casting for machine-tools.
— **pressofuso di zinco,** zinc-base die casting.
— **scarto** (*fond.*), spoiled casting.
— **senza cavità,** solid casting.
gettone *m.* (*telef.*) (U.S.A.), telephone slug; coin; (*telef., ecc.*), token.
gettoniera, *f.* (*telef., ecc.*) coin box.
gettosostentazione, *f.* (*aereo*), jet-lift.
gherlino, *m.* (*naut.*), hawser.
ghia, *f.* (*naut.*), whip.
— **doppia,** whip upon whip.
ghiacciaia (*f.*) **elettrica,** electric refrigerator.
ghiacciaio, *m.* (*geol.*), glacier.
— **alpino,** Alpine glacier.
— **di altipiano,** plateau-glacier.
— **pedemontano,** piedmont glacier.
ghiaccio, *m.* ice.
— **in pani,** block ice.
— **in stecche,** rod ice.
— **secco** (*chim.*), dry ice; (v. **anidride carbonica solida**).
— **(blocco di —) per vendita al minuto,** ice cake.
— **(fabbricazione del —),** ice manufacture.
ghiacciuolo, *m.* ice needle.
ghiaia, *f.* gravel.
— **per massicciata fine,** fine rubble.
ghiaietto, *m.* (*ghiaia di drenaggio*) (*costr.*), dredged gravel.
ghiera, *f.* bush; ferrule; iron ring.
— **autobloccante** (*mecc.*), self-locking nut.
— **di bloccaggio** (*mecc.*), lock nut.
— **filettata,** threaded ring.
— **micrometrica,** micrometer collar.
ghinda, *f.* (*naut.*), hoisting.
ghisa, *f.* (*met.*), pig iron; cast iron; iron.

ghisa acciaiosa, semi-steel.
— **aciculare,** needle iron; acicular cast iron.
— **a basso tenore di fosforo,** low-phosphorus iron.
— **ad alta resistenza,** high-strength cast iron.
— **a grafite diffusa** (*met.*), diffused graphite cast iron.
— **a grafite nodulare,** nodular graphite cast iron.
— **al carbone di legna,** charcoal pig iron.
— **al forno elettrico,** electric furnace pig iron.
— **all'altoforno a coke,** coke blast furnace pig iron.
— **all'altoforno elettrico,** electric blast furnace pig iron.
— **al nichel,** nickel cast iron.
— **al silicio,** silicon cast iron.
— **austenitica,** austenitic (cast) iron.
— **basica,** basic pig iron.
— **bassolegata,** low-alloy iron.
— **Bessemer,** Bessemer pig (iron).
— **bianca,** white pig iron; white cast iron; white iron.
— **d'affinazione,** forge pig iron.
— **da fonderia,** foundry iron.
— **da lingotti,** ingot iron.
— **da puddellaggio,** forge pig iron.
— **di miglioramento,** improver pig.
— **di normale produzione commerciale,** ordinary grey cast iron.
— **di prima fusione,** pig iron.
— **di seconda fusione,** cast iron.
— **dolce,** solft pig iron.
— **dura,** hard cast iron.
— **duttile,** ductile cast iron.
— **ematite,** hematite pig iron.
— **fosforosa,** phosphoric pig iron.
— **fusa,** molten cast iron.
— **fusa in conchiglia,** chilled iron; chilled cast iron.
— **grafitosa,** graphitic cast iron.
— **grezza,** pig iron.
— **grigia,** grey cast iron; gray pig iron; grey iron.
— **inoculata,** inoculated iron.
— **inoculata non legata,** unalloyed inoculated iron.

ghisa in pani, pig (iron); cold pig.
— **lamellare** (*met.*), lamellar cast iron.
— **ledeburitica,** ledeburite cast iron.
— **legata,** alloy cast iron.
— **liquida** (*met.*), hot metal.
— **malleabile,** malleable cast iron; annealed cast iron; malleable pig iron.
— **malleabile a cuore bianco,** whiteheart malleable iron.
— **malleabile a cuore nero,** black heart malleable iron.
— **manganesifera,** manganese pig.
— **martensitica,** martensitic iron.
— **meccanica,** v. — **per macchine.**
— **nera,** black pig iron.
— **nodulare,** nodular cast iron.
— **non legata,** unalloyed iron.
— **perlitica,** pearlitic iron.
— **per macchine,** engineering castings.
— **refrattaria,** heat-resisting cast iron.
— **resistente al caldo,** heat resisting iron
— **resistente al calore,** heat resisting cast iron.
— **resistente al fuoco,** fire resisting iron.
— **resistente alla corrosione,** corrosion resisting cast iron.
— **resistente all'usura,** wear resisting cast iron.
— **sferoidale,** spheroidal graphite cast iron; nodular (graphite) cast iron; ductile cast iron.
— **siliciosa,** silicon iron.
— **sintetica,** synthetic cast iron.
— **soffiata,** gassy iron.
— **sorbitica,** sorbitic cast iron.
— **speciale,** special cast iron.
— **speculare,** specular iron; (*met.*), spiegel.
— **spillata,** tapped metal.
— **temprata,** chilled cast iron.
— **Thomas,** basic iron.
— **trotata,** mottled iron; mottled cast iron.
— **(rottame di —),** cast-iron scrap.

giacenza, *f.* stock; deposit.
giacere, *v.i.* (*geom.*), to lie.
— **su una linea retta,** to lie on a straight line.
giacimento, *m.* bedding.
— **carbonifero,** coalfield.
giacitura, *f.* layer; stratification.
giaietto, *m.* bituminous coal.
gialappa, *f.* (*resina*) (*med.*), jalap resin.
giallo acido, acid yellow.
— **d'alizarina,** alizarin yellow.
— **di cadmio,** cadmium yellow
— **di Cassel,** Kassel yellow.
— **di cromo,** chrome yellow.
— **di curcuma,** cucurmine yellow.
— **minerale,** lead oxychloride.
— **(diventare —),** to yellow.
giardinetta, *f.* (*auto*), station wagon (U.S.A.); utility car.
gincana (gimkana) (*sport*), gymkana.
giovazzo, *m.* bituminous coal.
gicleur (*auto*), jet.
giga- (*pref. moltiplicante* 10^9 *il valore di una misura*) (*elet.*), giga.
gigahertz, *m.* (*elet.*), gigahertz (GHz).
gigajoule, *m.* (*elet.*), gigajoule.
gigavoltelettrone (*elet.*), giga-electron-volt (= 10^9 *volt-elettroni*).
gilsonite, *f.* (*min.*), gilsonite.
ginocchiera, *f.* (*prevenzione infortuni nelle miniere*), knee-pad.
— **(articolazione a —),** elbow joint.
ginocchio, *m.* (*di macch. ut.*), knee.
— **di uno scafo** (*naut.*), bilge.
— **(leva a —),** toggle lever.
— **(portautensile a —),** knee tool holder.
giocattolo istruttivo (*gen.*), educational toy.
giochi, v. **indicatore di —.**
gioco, *m.* clearance (*ing.*); playgap (*intervallo*); back-lash (*corsa morta*).
— **alla sommità del dente** (*ingr.*), clearance at top of tooth.
— **assiale** (*orol.*), endshake; backlash.
— **circonferenziale** (*ingr.*), backlash.
gioco della filettatura, crest clearance.
— **dello stantuffo,** piston play.
— **di cuscinetti** (*mecc.*), bearing clearance.
— **di dilatazione,** play (*or*) clearance for expansion.
— **di modelli** (*serie di modelli*), set of patterns.
— **di un foro,** clearance size.
— **elastico,** backlash.
— **elettronico con microprocessori,** chip-aided game.
— **laterale** (*orol.*), sideshake.
— **per la dilatazione** (*da lasciare alle rotaie*) (*ferr.*), gap extension.
— **televisivo,** telegame.
— **verso l'alto e verso il basso,** up and down shake.
giogo (*elet.*), yoke.
giornata del minatore (*celebrazione*), Miners' Day.
giornate di studio, v. **seminario —.**
giornello, *m.* (*mur.*), lime trough.
giorno (*m.*) **di controstallie** (*naut.*), demurrage day.
— **di 8 ore di lavoro,** day of eight working hours.
— **lavorativo,** working day; business day.
— **produttivo** (*petrol.*), stream day.
— **siderale,** sideral day.
— **solare apparente,** apparent solar day.
— **solare medio,** mean solar day.
— **(spese incorse — per —),** expenses incurred day-to-day.
giostra (*o* **carosello)** (*p. es. per un impianto di mungitura meccanica*), roundabout.
— **(caricamento del treno a — di carrelli)** (*trasporti, min., ecc.*), merry-go-round train loading.
giovani (*ind.*), juveniles.
— **(reclutamento di —)** (*ind.*), recruitment of juveniles.
Giove, *m.* (*astr.*), Jupiter.
girabarre, *m.* (*laminatoio met.*), (ingot) turner.
girabecchino, *m.* breast drill; belly brace.
giradischi, *m.* record player.

giradischi a cinghia (*audio*), belt-driven turntable.
— **a 4 velocità e cambio automatico,** 4-speed auto-changer record player.
— **a transistor,** transistor record player.
— **a trazione diretta** (*audio*), direct-drive turntable.
— **a trazione diretta quarzata** (*audio*), quartz-locked direct-drive turntable.
— **automatico** (*audio*), automatic turntable.
— **digitale** (*audio*), digital disc player.
— **manuale** (*audio*), manual turntable.
— **per automobili,** car record player.
— **semiautomatico,** semi-automatic turntable.
— **video** (*audio*), video disc player.
giraffa porta microfono (*elet.*), microphone boom.
giralingotti, *m.* (*met.*), tilter; ingot tilter.
giramaschio, *m.* tap-wrench.
giranastri, *m.* tape player.
girante, *f.* impeller.
— **del compressore** (*aereo*), impeller.
girare (*riferito ad eliche*), to turn up; to revolve; to turn; (*cinem.*), to shoot; to grind; to rev (rif. a motore) (*auto*); to lap (fare un giro) (*corse auto*).
— **a tondo** (*mecc.*), to turn true.
— **attorno all'aeroporto** (*aereo*), to circle the airport.
— **attorno al proprio asse,** to revolve about its axis.
— **di bordo** (*naut.*), to veer; to tack.
— **il volante** (*rapidamente*) (*auto*), to twirl the wheel.
— **la tavoletta pretoriana** (*top.*), to turn the table round.
— **l'elica** (*aereo*), to turn (the) airscrew.
— **su perno,** to swivel.
— **un film** (*cinem.*), to shoot a film.
— **(fare —),** to rotate (*p. es; far girare una macchina di 180°*, to rotate a machine 180°).
girare (*il motore gira docilmente*), the engine revs willingly.
giratore a microonde (*elet.*), microwave gyrator.
girella (*f.*) **della conca** (*o* **per curvare il nastro**), trough roller.
girello, *m.* (*difetto di legname*), cup shake.
girevole, *agg.* revolving.
giri al minuto, r. p. m. (revolutions per minute).
— **del volante per sterzata completa** (*auto*), turns of steering wheel from lock to lock.
giro, *m.* revolution; turn.
— **di ispezione** (*per sorvegliare macchine o lavori*), inspection trip.
— **di una spirale,** winding; turn.
girobussola, *f.* gyrocompass.
girometro, *m.* gyrometer.
girodina, *f.* gyroplane.
giropilota, *m.* gyropilot.
giroplano, *m.* (*aereo*), gyroplane.
giroscopico (complesso —), gyro unit.
— **(rilevamento —),** gyro bearing.
— **(sistema —)** (*radar*), gyro system.
giroscopio, *m.* gyroscope.
— **a laser** (*aereo*), laser gyroscope.
girostabilizzatore, *m.* gyrostabilizer.
girostato, *m.* gyrostate.
giunta, *f.* (*cinem.*), splicing.
— **(fare una —)** (*cinem.*), to splice.
giuntanastri, *m.* recording tape splicer.
giuntatrice, *f.* (*per stampanti*) (*inform.*), splicer.
giunti, *m.pl.* (*pietre, murat.*), joints.
— **del muro,** wall joints.
— **elastici,** flexible couplings.
— **senza saldatura,** solderless connectors.
giunto, *m.* (*mecc.*), joint.
— **a baionetta,** bayonet-clutch.
— **a bicchiere** (*mecc.*), sleeve joint; spigot joint.
— **a cardano,** universal joint; cardan joint.
— **a croce** (*mecc.*), cruciform joint.

giunto ad angolo, mitred joint.
— **a denti,** claw coupling.
— **ad espansione,** expansion joint.
— **ad incastro,** socket joint.
— **a dischi,** flange coupling.
— **a flangia,** flanged coupling; flanged joint; (*a vite*), screwed flanged joint.
— **a flangia conica,** conical flanged joint.
— **a frizione,** friction coupling.
— **a ginocchiera,** ball and socket joint.
— **a manicotto,** sleeve joint.
— **a manicotto universale,** universal coupling.
— **articolato,** pin joint.
— **a sfere,** spherically seated coupling.
— **a snodo,** ball joint.
— **a sovrapposizione** (*mecc.*), lap joint.
— **a tenone,** butt-joint.
— **a T** (*mecc.*), tee-joint.
— **a vite,** joining by screw.
— **a vite** (*di tubi*), screwed pipe joint.
— **brasato** (*mecc.*, *sald.*), braze; brazed joint.
— **cardanico,** cardan joint; universal joint; cross-pin joint.
— **d'angolo** (*mecc.*), corner joint.
— **di arcarecci,** purlin joint.
— **di cardano,** universal joint.
— **di chiave** (*cost. civ.*), crown joint.
— **di contrazione** (*pavimentazione con calcestruzzo*), shrinkage joint.
— **di cuoio,** leather packed coupling.
— **di dilatazione** (*ing.*, *ferr.*), expansion joint.
— **di gomma,** rubber packed coupling.
— **di inserzione** (*ing.*), insertion joint.
— **di malta,** mortar joint.
— **di rotaia,** rail joint.
— **di testa** (*mecc.*, *sald.*), butt joint.
— **di tubo,** pipe joint; fitting pipe.
— **di urto** (*petrol.*), bumber sub.

giunto elastico, flexible coupling.
— **elettromagnetico,** electromagnetic coupling.
— **ermetico** (*ing. civ.*), caulking.
— **flessibile,** flexible coupling.
— **idraulico** (*macch. ut.*), hydraulic coupling; (*gas*), hydraulic joint.
— **mobile,** jointed coupling.
— **obliquo,** bevel joint; slanting joint.
— **per cavi,** cable sleeve.
— **retto,** straight joint.
— **saldato** (*mecc.*, *sald.*), soldered joint; weld.
— **Sellers,** Sellers coupling.
— **senza chiavetta,** keyless coupling.
— **sfalsato** (*cost. civ.*), joggled butt joint.
— **sferico** (*mecc.*), ball pin.
— **smontabile** (*mecc.*), removable coupling.
— **snodato,** joint coupling; ball joint.
— **sospeso** (*ferr.*), suspended joint.
— **telescopico,** sliding joint.
— **universale,** universal joint.

giuntura *f.* joint.
— **di cinghie,** belt joint.
— **di cinghie con incollatura,** cemented belt joint.
— **di cinghie mediante cucitura,** laced belt joint.
— **testa a testa,** butt joint.
— **testa a testa con zeppa di unione,** butt joint with inlet piece.

giunzione, *f.* joint; junction; connection.
— **con adesivi** (*met.*), adhesive bonding.
— **di cavo,** cable joint.
— **di cinghie,** belt joint.
— **di tubi,** hose coupling; pipe connection.
— **ibrida** (*radar*, *radio*, *ecc.*), hybrid junction.
— **metallo-non metallo** (*met.*), metal-nonmetal joint.

giuria, *f.* (*sport*), jury; the judges.

giustezza, *f.* (*tip.*), justification.

giustificare (*mettere a giustezza*) (*tip.*), to justify.
giustificazione, *f.* (*messa a giustezza di una riga*) (*tip.*), justification.
glaciologia, *f.* glaciology.
glaciologo, *m.* (*esperto in glaciologia*), glaciologist.
gliceride, *m.* (*chim.*), glyceride.
glicerina, *f.* glycerine.
glicole, *m.* (*chim.*), glycol.
glicolo di etilene (*chim.*), ethylene glycol.
glifo, *m.* (*mecc.*), link; connecting link.
— **oscillante,** crank and slotted link.
— **(distribuzione a —),** link motion; linking-up.
globulare, *agg.* (*met.*), spheroidized (U.S.A.); spherodised.
globulo, *m.* (*met.*), globule; spheroid (*met.*).
— **fluorescente** (*telev.*), light sensitive globule.
glucosio, *m.* starch sugar.
glutine, *m.* gluten.
gneiss, *m.* gneiss.
gnomone, *m.* (*astron.*) (*stilo la cui ombra serve come riferimento fotografico per fissare la direzione e l'altezza del sole*), gnomon.
gobba, *f.* (*incurvatura*), bump.
goccia, *f.* drop.
— **fredda** (*metallo solidificante in forma di sferoidi all'inizio del colaggio e che non si ridiscioglie nel metallo che sopraggiunge*) (*met.*), cold shot.
— **pendente** (*sald.*), v. **eccesso localizzato di penetrazione.**
gocciolatoio, *m.* (*cost. civ.*), water drip.
gocciolina, *f.* droplet.
godronare, *v.a.* to knurl.
godronatura, *f.* knurling.
godrone (*macch. ut.*), knurling tool.
goffrato (*met.*), goffered.
goffratura, *f.* (*tess., ecc.*), goffering.
gola, *f.* cyma (*arch.*); gorge (*geol.*); (*sald.*), throat; (*di cesoia*) (*met.*), throat.
— **della puleggia** rim of pulley.
gola del tamburo, drum groove.
— **di poppa** (*naut.*), crutch.
— **di prora** (*naut.*), breast-hook.
— **diritta** (*arch.*), cyma recta.
— **di una cesoia,** mouth of shears.
— **rovescia,** cyma reversa.
gole, *f. pl.* (*naut.*), breast-hooks.
goletta, *f.* (*arch.*), cavetto; (*naut.*), schooner.
gomena, *f.* cable.
gomito, *m.* (*di manovella*), crank.
— **deflettore** (*mecc.*), deflector elbow.
— **di tubo,** elbow.
gomitolo, *m.* (*di spago*), ball.
gomma, *f.* rubber (*caucciù*); gum (*resina*); tyre (*pneumatico*); rubber eraser (*per cancellare*).
— **adragante** (*farm.*), adraquanthin; tragacanthin; bassorin.
— **arabica,** gum arabic; acacia.
— **artificiale,** processed rubber.
— **benzoe,** gum benzoin.
— **butilica,** butyl rubber.
— **cellulare,** cellular rubber.
— **clorobutilica,** chlorobutyl rubber.
— **clorurata,** chlorinated rubber.
— **coppale,** gum copal.
— **di acacia,** acacia (gum).
— **di lattice,** latex rubber.
— **dragante,** (gum) tragacanth.
— **elastica,** gum elastic; india-rubber.
— **greggia,** raw gum; crude gum.
— **gutta,** gum; gamboge.
— **imperforabile** (*auto, ecc.*), blow-outproof tyre.
— **indurita,** hard rubber.
— **isomerizzata,** isomerized rubber.
— **microporosa** (*per filtri*), microporous rubber.
— **naturale resistente al calore,** heat-resisting natural rubber.
— **naturale resistente all'abrasione,** abrasion-resisting natural rubber.
— **para,** para rubber.
— **per automobili,** motor-car tyre.
— **per cancellare inchiostro,** ink-eraser.

gomma piena (*auto*), solid tyre.
— **poliacrilica,** polyacrylic rubber.
— **polisulfidica,** polysulphide rubber.
— **per disegno a matita,** solt rubber eraser.
— **resistente agli acidi,** acid resisting rubber.
— **rigenerata,** reclaimed rubber.
— **rinforzata con fibra di vetro,** glass fiber reinforced rubber.
— **siliconica,** silicone rubber.
— **sintetica,** synthetic rubber.
— **spugna** (*fond.*), sponge rubber.
— **vulcanizzata,** vulcanised rubber.
gommalacca, *f.* shellac; gum lac; lacca; stick lac; garnet lac; Mecca lac.
— **arancione,** orange shellac.
gommaspugna, *f.* sponge rubber.
gommato, *p.p.* (*tess.*), rubberized.
gommatrice, *f.* (*tip.*), gluing machine.
gomme (*f. pl.*) **di esteri** (*chim.*) ester gums.
gommonauta, *m.* (*naut.*), inflatable man.
gommoresina, *f.* gum rosin.
gommoso, *agg.* gummy.
gondola (*del motore*) (*aereo*), (*engine*) nacelle.
gonfiabile, *agg.* inflatable.
gonfiaggio, *m.* (*pneumatici*) (*auto*), inflation.
— **eccessivo** (*gomme auto*), overinflation.
— **insufficiente** (*gomme auto*), underinflation.
— **giusto** (*gomme auto*), proper inflation.
gonfiare, *v.a.* to inflate.
— **un pneumatico** (*auto*), to pump (inflate) a tire.
gonfiarsi, *v.r.*, to swell, *v.i.*
— **del legno,** swelling of wood.
gonfiatoio, *m.* blow-pipe.
gonfiatore, *m.* blower.
gonfiatura, *f.* swelling (*onde, ecc.*); expansion (*cemento*); heaving (*per sollevamento*).
goniometro, *m.* goniometer; protractor.
goniometro a specchi (*squadro*), optical square.
gora, *f.* conduit; aqueduct; milldam (*per mulino*); mill-race.
gorbia, *f.* (*mecc.*), bush.
gorgo, *m.* whirlpool; eddy (*aereo*).
gorgogliamento, v. **piatto a —.**
— **di gas** (*attraverso un bagno metallurgico*), bubbling.
gorgogliare, *v.a.*, to bubble.
gotico, *agg.* gothic.
gottazza, *f.* (*naut.*), scoop.
governabilità, *f.* (*di un aereo*), controllability.
governare, *v.a.* to look after (*sorvegliare macchine, ecc.*); (*naut.*), to steer.
governo, *m.* (*naut.*), steering.
G.P.L. (gas di petrolio liquefatto) (*miscela liquefatta di propano e di butano*), liquefied petroleum gas (LPG).
graben (*geol.*), graben.
gradazione, *f.* (*chim., telef., ecc.*), grading.
gradi Brix, Brix degrees.
gradiente, *m.* gradient.
— **barico,** barometric gradient.
— **di contrasto** (*telev.*), contrast gradient.
— **di potenziale,** potential gradient.
— **di temperatura,** lapse rate.
— **geotermico** (*petrol.*), geothermal gradient.
— **termico** (*geol.*), thermal gradient.
— **(rapporto del —)** (*telev.*), contrast ratio.
gradina, *f.* graving tool; axe.
— **dentata,** indented chisel.
gradinata, *f.* flight of steps; staircase.
gradinati (ingranaggi —), stepped gears.
gradini, *m. pl.* (*di bacino di carenaggio*) (*naut.*), altars.
— **rovesci** (*miniere*), overhand stopes.
— **(puleggia a —),** stepped cone.
gradino, *m.* step.
— **della scala,** step.
— **di cemento,** concrete step.

gradino di cono di pulegge, step (of a cone pulley).
— di legno, wood step.
— di marmo, marble step.
— di mattoni, brick step.
— (« redan ») di un galleggiante di imbarcazione planante (*nautica*), step.
grado, *m.* degree.
— alcoolico, alcohol percentage.
— centigrado, degree centigrade; deg. C (*preceduto dal numero*).
— di affidamento (*elettron.*), v. **— di fiducia.**
— di calore, degree of heat.
— di diluizione, dilution rate.
— di durezza, degree of hardness
— di elasticità, degree of elasticity.
— di espansione, degree of expansion.
— di fiducia (*di apparecchiature elettr., cioè probabilità di prestazioni effettive richieste dalle condizioni di esercizio*) (*affidabilità*), reliability.
— di finezza (*tess.*), degree of finess.
— di infiammabilità, flash point.
— di latitudine, degree of latitude.
— di longitudine, degree of longitude
— di modulazione, amount of modulation; (*radio*), degree of modulation.
— di precisione, degree of accuracy.
— di pressione, degree of pressure.
— di servizio (*telef.*), grade of service.
— di sicurezza, degree of safety.
— di sovralimentazione (*elet.*), degree of supercharging.
— di torsione (*tess.*), degree of twist.
— di umidità, degree of humidity.
— di uniformità, degree of uniformity.
— di usura (*di rivestimenti ecc.*), (*met., ecc.*), degree of wearing; wearing degree.
— Fahrenheit, degree Fahrenheit; deg. F. (*preceduto dal numero*).
grado Réaumur, degree Réaumur; deg. R. (*preceduto dal numero*).
— Twaddel (*usato in chimica*), tw.
graduale, *agg.* gradual.
graduare, *v.a.* to graduate; to calibrate.
graduato (*p.p.*), **in millimetri,** graduated in millimetres.
— in 0,0005 mm, graduated to 0.000025 in.
graduazione, *f.* graduation.
graffa, *f.* belt fastener.
— per cinghie, belt fastener; claw.
— per tubi, pipe clip.
graffe per traversine ferroviarie (*ferr.*), sleeper adjustable clips.
graffiatura (*vetro*), scratching.
graffietto, *m.* marking gauge; cutting-gauge (*faleg.*) (— *a lama*).
graffio (*met.*), scratch.
— su nastro a caldo (*met.*), hot-strip scratch.
grafica, *f.* graphics.
— a colori (*inform.*), colour graphics.
— audiovisiva (*inform., ecc.*), audio-visual graphics.
— dell'immagine (*inform.*), raster graphics.
— gestionale (*inform.*), business graphics.
— in bianco e nero (*inform.*), black and white graphics.
— informatica (*inform.*), information graphics.
— interattiva (*inform.*), interactive graphics.
— tridimensionale (*inform.*), 3-dimensional graphics.
— vettoriale (*inform.*), vector graphics.
— video (*inform.*), video graphics.
— (computer —), computer graphics.
— (visualizzazione —) (*inform.*), graphical display.
graficatore, *m.* (*inform.*), graph plotter.

grafiche (arti —), graphic arts.
grafico, *m.* diagram; schematic diagram; graph; wiring diagram (*spec. per circuiti elet.*).
— **del percorso** (*tecnica di metodi di prod. ind.*), flow diagram.
— **per il calcolo delle sollecitazioni,** stress chart.
grafitato, v. **olio —.**
grafite, graphite; plumbago; blacklead.
— **amorfa,** amorphous graphite.
— **argentea** (*met.*), silvery graphite.
— **artificiale,** artificial graphite.
— **colloidale** (*ing.*), colloidal graphite.
— **di storta,** retort graphite.
— **in pezzatura** (*trovata sotto forma di filoni*), vein graphite.
— **in polvere** (*fis. atom.*), powdered graphite.
— **in scaglie,** flake graphite.
— **lamellare,** lamellar graphite.
— **nodulare,** nodular graphite.
— **sferoidale,** spheroidal graphite.
grafitizzante, *m.* (*met.*), graphitizer.
grafitizzare, *v a.*, to graphitize.
grafitizzazione, *f.* (*met.*), graphitization; graphitize annealing.
— **della ghisa** (*met.*), graphitising of cast iron.
grafometro, *m.* graphometer.
gramicidina, *f.* (*chim.*), gramicidin.
grammatura, *f.* (*carta*), substance.
grammo, *m.* gram; gramme.
— **-atomo,** gram-atom.
— **-ione,** gram-ion.
— **-molecola,** gram-molecule.
— **-rad** (*radiazioni*), gram-rad.
grammofono, *m.* phonograph (U. S.A.); gramophone.
gramnegativo, *agg.* (*med.*) (*di germi che prendono una coloraz. rossa con la colorazione di Gram*), gram-negative.
grampositivo, *agg.* (*med.*), gram-positive.
graniglia (cospargimento di —) (*per sabbiatura di strade contro il gelo*), gritting.
gran tamburo di carda (*tess.*), card cylinder.
gran volta (*aereo*), looping.
grana, *f.* grain.
— **della ruota,** grain size (*grossezza dei grani*).
— **delle particelle luminescenti** (*telev.*), granule.
— **(a —) fine,** fine grained.
— **(a —) grossa,** coarse grained.
— **(in senso contrario alla —)** (*legno*), across grain.
— **(secondo la —)** (*legno*), with grain.
granata (*f.*) **a pallette** (*munizioni*), shrapnel shell.
— **dirompente** (*munizioni*), H. E. shell.
— **fumogena** (*mil.*), smoke grenade.
— **perforante** (*munizioni*), armour-piercing shell.
granato, *m.* garnet.
grandangolare, *n.* e *agg.* (*telecamera, fot.*), wide-angle lens (*n.*); wide-angle (*agg.*).
grande, *agg.* great; large; big.
— **durezza,** high hardness.
— **(in —)** (*dis.*), on a large scale.
grandezza, *f.* magnitude; size (*dimensione*).
— **di una corrente,** magnitude of a current.
— **di un campo magnetico,** magnitude of a magnetic field.
— **naturale,** real size; actual size.
— **perturbatrice** (*fis.*), disturbance.
grandine, *f.* (*meteor.*), hail.
granella, *f.* (*cereale*), grain.
graniglia, *f.* (*per sabbiatura*), grit.
— **metallica** (*in acciaio fuso*), cast steel shot.
granigliare, *v.a.* to shot blast.
granigliatrice, *f.* grit blasting machine; gritter.
granigliatura, *f.* grit blasting; shot blasting.
granito, *m.* granite.
— **alcalino** (*geol.*), alkali-granite.
— **(lastra di —),** granite slab.
granitoio, *m.* graining chisel.
granitura, *f.* (*di esplosivo*), granulation; (*tip.*), graining.
grano, *m.* (*bot.*), corn; wheat (*bot.*); grub screw (*mecc.*); grain (*peso

inglese = *0,0648 grammi*); (*cristal.*), nucleus; grain (*met.*).
grano cristallino grossolano, coarse grain.
— **del propellente** (*razzi*), grain (mass or body of a solid propellant).
— **di riso** (*decoraz. porcellane*), rice-grain.
— **duro,** hard corn.
— **orientato (a —)** (*met.*) (*lamierini*), grain-oriented.
— **tenero,** soft corn.
— **(acciaio a — fine)** (*met.*), fine-grained steel.
— **(acciaio a — grosso)** (*met.*), coarse-grained steel.
— **(dimensione media di — nei metalli),** average grain size in metals.
— **(grandezza del —)** (*met.*), grain size.
granodizzazione, *f.* granodizing.
granulare, *agg.* granular; *v.a.* (*met.*), granulate.
granulatore ghisa (*met.*), pig iron granulator.
— **loppa** (*met.*), slag granulator.
granulazione, *f.* (*med.*), granulation; (*cinem.*) granularity.
— **della scoria,** slag granulation.
— **laser** (*laser*), laser granulation.
granulometria, *f.* (*cemento, ecc.*), gradation; grading.
— **sottomisura** (*min.*), undersize.
granulosità, *f.* granularity.
— (*dell'immagine*) (*telev.*), graininess.
grappa, *f.* (*per ancoraggio*), clamp
grappetto (*m.*) **di ritegno,** clench.
« grappolo » (*voce di gergo per l'autotelaio*) (*scocca auto*), chassis.
grassaggio, *m.* (*auto*), greasing.
grassatore, *m.* lubricator; grease-cup; oil cup.
— **a grasso consistente,** set-grease cup.
grassello, *m.* chalk putty; slaked lime.
grassetto (*o* **neretto)** (*tip.*), bold (type).
grassi di conservazione (*per acciaio, ecc.*), slushing greases.
grasso, *m.* fat (*veget.*); grease (*min.*); (*untuoso*) *agg.* smeary; (*rif. a carboni fossili, dotato di alto potere agglomerante*), fat.
— **antiruggine per getti di ghisa, ecc.,** slushing grease.
— **consistente,** consistent fat; set grease.
— **di balena,** blubber.
— **di lana,** yolk grease.
— **di ossa,** bone fat.
— **grafogeno** (*lubrificanti*), graphogen grease.
— **lubrificante,** lubricating grease.
— **lubrificante a base di sapone** (*chim.*), soap-base grease.
— **per cavi,** cable grease.
— **per cilindri di laminaz.** (*met.*), lubricating grease for rolls.
— **per conciatori,** tanners' grease.
— **per ingranaggi,** gear-grease.
— **per tessili,** textile grease.
grata, *f.* v. **griglia.**
graticcio, *m.* trellis work; hurdle.
— **alimentatore** (*tess.*), feed apron.
graticola, *f.* (*di focolaio*), boiler grate; fire grate.
— **a gradini,** step grate; stepped grate.
— **a piani,** step grate.
— **a scosse,** shaking grate.
— **girevole,** revolving grate.
— **inclinata,** inclined grate.
— **orizzontale,** horizontal grate.
— **verticale,** vertical grate.
gratifica natalizia (*retribuzioni*), Christmas bonus.
grattacielo, *m.* (*cost.*), skyscraper.
gratuitamente (*gen.*), free of charge.
— **(sostituire il tappeto —)** (*auto*), to replace the carpet free of charge.
gratuito, *agg.*, free.
grave, *m.* (*caduta di gravi*; *maneggio di gravi nelle miniere, p. es.*), (*fis.*), body; weight.
gravimetrico, *agg.* gravimetric(al).
gravimetro (*m.*), gravimeter.
gravisfera, *f.* (*astron.*), gravisphere.
gravità, *f.* gravity.
greggio, *agg.* raw.; v. **grezzo.**

grembiale, *m.* (*tornio*), apron.
grenadine, *m.* (*tess.*), grenadine.
grès, m. sandstone.
grezzo, *agg.* rough; unfinished; (*rif. a petrolio*), crude.
— **di colata (lega grezza di —),** as cast (as cast alloy).
— **di fusione** (*met.*), as cast.
— **di laminazione** (*met.*), as rolled; (*la lamiera può essere fornita grezza di laminaz.*), the plate may be supplied « as rolled ».
— **(il —)** (*petrol.*), the crude; the crude oil.
— **(i pezzi si forniscono grezzi),** the parts are supplied in the rough.
— **(lavorare dal —),** to work from the solid.
griffa, *f.* claw (*cinem.*); clutch; jaw (*di mandrino*); griffe (*tess.*); ear (*ing. elet.*).
— **d'alimentazione** (*ing. elet.*), feeder ear.
— **d'ancoraggio** (*ing. elet.*), anchor ear.
— **per linea retta** (*ing. elet.*), straight-line ear.
grigio chiaro di alizarina, alizarin(e) light grey.
— **ferro,** iron grey.
griglia, *f.* grate (*cald.*); grid (*elet.*); (*min.*), grizzly.
— **a gradini,** step grate.
— **anodica,** anode grid.
— **a scalini,** step grate.
— **a scosse,** shaking grate.
— **a setaccio** (*met.*, *min.*), grizzly.
— **ausiliare** (*termoion.*), auxiliary grid.
— **controllo,** control grid.
— **del sistema di ventilazione** (*astron.*), grating (of ventilation system).
— **del tiratron,** thyratron grid.
— **di alimentazione** (*min.*), feeding grizzly.
— **di caldaia,** boiler grate.
— **di partenza** (*corse auto*), starting grid.
— **di sinterizzazione** (*met.*), sintering grate.
griglia di sopporto (*met.*), supporting grid.
— **di soppressione,** suppressor grid.
— **distaffatrice,** shakeout grate.
— **di un forno,** firegrate.
— **fissa** (*min.*), stationary grizzly.
— **girevole,** revolving grate.
— **in alluminio anodizzato** (*diffusori, ecc.*), anodized aluminium grille.
— **inclinata,** inclined grate.
— **in tessuto** (*diffusori, ecc.*), cloth grille.
— **mobile** (*impianti di pellettizzazione, agglomerazione*) (*met.*), travelling grate; moving grizzly (*min.*).
— **ondulata** (*met.*), corrugated wire netting.
— **orizzontale,** horizontal grate.
— **per ghiaia** (*met.*), gravel wire netting.
— **per ventilazione,** air grating.
— **schermo,** screen grid.
— **soppressione (— soppressore)** (*elettron.*), suppressor grid (simbolo SUP).
— **vibrante** (*fond.*), oscillating grate.
grigliato in acciaio inossidabile, stainless steel wire-netting.
— **in acciaio zincato** (*cost.*) (*met.*), zinc-coated wire-netting.
griglietta parasole (*auto*), rear vizors.
grilletto placcato in oro (*armi*), gold-plated trigger.
grilli (*m. pl.*) **di catene** (*naut.*), shackles.
grimaldello (*falsa chiave*) skeleton key; pick-lock.
grippaggio (*mecc.*), seizing-up; seizure; (*met.*), frictional pickup
grippare, *v.a.* to seize.
grippia, *f.* (*naut.*), buoy rope.
griselle, *f. pl.* (*naut.*), ratlines.
grisù, *m.* (*min.*), firedamp.
grisumetro, *m.* (*min.*), methanometer; methane tester; fire damp detector.
— **di allarme** (*min.*), gas alarm.
gronda, *f.* eaves; gutter (*grondaia*).

gronda a profilo semicircolare, semicircular gutter.
— **a sezione quadrangolare,** trough gutter.
— **facente corpo col muro di facciata,** flush eaves.
— **sporgente dal muro** (*con assicelle di riparo*), closed eaves; (*senza assicelle di riparo*), open eaves.
grondaia, *f.* gutter; (*auto*), drip moulding.
grossa, *f.* (*mis.*), gross.
grossezza, *f.* bigness; volume (*di acqua*); density (*di liquidi*).
— **di una cinghia,** thickness of a belt.
grosso, *agg.* big (*di dimensione*): **un grosso modello,** a big model; large (*dimensione o quantità*): **una grossa somma,** a large sum; thick (*di spessore*): **un filo grosso,** a thick wire; heavy (*pesante*): **un getto grosso,** a heavy casting; v. **frazione grossa** (*min.*).
grossolana (struttura —) (*met.*), coarse (structure).
grossolano (*rif. a grano cristallino*), coarse.
grovacca, *f.* (*min.*), transition rocks.
gru, *f.* crane; (*naut.*), davit.
— **a braccio automontabile,** self-erecting tower crane.
— **a braccio retrattile,** luffing crane.
— **a carrello ferroviario,** travelling crane mounted on a bogie.
— **a carroponte,** bridge crane.
— **a cavalletto,** gantry crane.
— **a cavalletto ad un montante,** gantry crane with unsymmetrical supports.
— **a cavalletto fissa,** fixed gantry crane.
— **a cavalletto mobile** (*o* **su carrello**), travelling gantry crane.
— **a cavo aereo,** elevated cableway crane.
— **a colonna,** pillar crane.
— **ad angolo,** angle crane.
gru a doppio sbalzo, cantilever crane.
— **aerea** (*a ponte*) (*mecc.*), over head travelling crane.
— **a mensola,** bracket crane.
— **a palo,** mast crane.
— **a ponte,** travelling crane; gantry; bridge crane (U.S.A.).
— **a ponte a due travi maestre od a travi gemelle,** twin travelling crane.
— **a ponte ad un motore,** one-motor travelling crane.
— **a ponte a tre motori,** three-motor travelling crane.
— **a ponte con carrello girevole,** travelling crane with slewing jib.
— **a ponte elettrica,** electric travelling crane.
— **a ponte per carbone,** coal bridge.
— **a tenaglia,** dogging crane.
— **a torre,** tower crane.
— **a torretta girevole,** rotary tower crane.
— **automotrice,** power crane.
— **a vapore,** steam crane.
— **a volata variabile,** luffing crane.
— **completamente girevole,** fully-revolving crane.
— **con magnete,** magnet crane.
— **da abbaino,** hatch crane.
— **da cantiere,** building crane.
— **da colate con guida rigida per la secchia,** foundry crane with fixed ladle guide.
— **da edilizia,** builder's rotating crane.
— **da fonderia con dispositivo di rotazione automatico,** foundry crane with automatic tipping device.
— **da fonderia girevole,** foundry slewing crane.
— **da parete,** wall crane.
— **da porto,** quay crane.
— **da tetto,** roof crane.
— (*f. pl.*) **delle lance** (*naut.*), boat davits.
— **derrick,** derrick crane.
— **di colata** (*met.*), tapping crane; teeming crane.

gru di slingottamento (*met.*), stripping crane.
— **di soccorso** (*ing.*), break-down crane.
— **di strippaggio** (*met.*), (ingot) stripping crane.
— **d'officina,** workshop crane.
— **doppia,** double-ended crane.
— **elettrica,** electric crane.
— **elettrica girevole,** electric slewing crane.
— **fissa,** stationary crane.
— **galleggiante,** floating crane.
— **girevole,** turning crane; revolving crane; slewing crane.
— **girevole da parete,** wall slewing crane.
— **girevole fissa,** stationary slewing crane.
— **girevole su perno,** pivot slewing crane.
— **mobile** (*a vapore*), travelling steam crane; (*su ruote*), travelling crane.
— **mobili** (*per treni*), wrecking equipment.
— **montata su camion,** truck-mounted crane.
— **montata su portale** (*ferr.*), portal jib crane.
— **orzante,** level luffing crane.
— **per cantiere,** building crane.
— **per casse di rottame** (*met.*), scrap charging box handling crane.
— **per estrarre lingotti dalle lingottiere,** ingot stripping crane.
— **per fonderia,** foundry crane.
— **per imbarco di carbone,** coaling crane.
— **per infornare le cassette** (*forni met.*), charging box handling crane.
— **per introdurre i lingotti** (*met.*), ingot charging crane.
— **(su carro ferr.) per la posa meccanica di nuove rotaie** (*in sostituzione di quelle logore*) (*ferr.*), track re-laying crane.
— **per lavori pesanti,** heavy-duty crane.
— **per lingotti** (*met.*), ingot crane.

gru per locomotive, locomotive crane.
— **per trasporto,** transport crane.
— **scorrevole,** travelling crane.
— **slingottatrice** (*met.*), stripper crane.
— **sopraelevata,** elevated crane.
— **stazionaria,** stationary crane.
— **stazionaria di tipo Derrick,** stationary crane of the Derrick type.
— **stripper** (*met.*), stripper crane.
— **su cavalletti in acqua,** crane on piled trestles.
— **su torre d'acciaio,** crane on steel tower.
— **trasportabile,** mobile crane.
— **zoppa** (*mecc., met.*), semi-gantry crane.
— **(altezza di sollevamento di una —),** crane lifting height.
— **(armatura che sorregge una —),** gantry.
— **(armatura provvisoria in legno per —),** temporary timber gantry.
— **(braccio di —),** jib.
— **(capacità di carico della —),** crane lifting capacity.
— **(carico di sicurezza massimo della —),** maximum safe working load.
— **(carrucola di —),** gin block.
— **(colonna della —),** crane pillar.
— **(costruttore** (*m.*) **di —),** crane designer.
— **(fabbrica di —),** crane manufacturing works.
— **(fondazione della —),** crane foundation.
— **(gancio di —),** crane hook.
— **(girare la —),** to swing the crane.
— **(installazione di una —),** crane erection; crane installation; erection of a crane.
— **(manovratore** (*m.*) **alla —),** crane attendant.
— **(meccanismo** (*m.*) **di comando della —),** crane working gear.
— **(montatore** (*m.*) **di —),** crane fitter.

gru (piattaforma girevole della —), curb ring.
— **(ponte** (*m.*) **della —),** crane girder.
— **(portata della —),** carrying of crane; range of the crane.
— **(raggio d'azione di una —),** crane outreach.
— **(raggio d'azione utile d'una —),** working radius of a crane.
gruista, *m.* crane operator.
gruma (*f.*) **di botte,** lees.
grumo, *m.* clot.
grumolo di cotone (*cotone*), neps.
grumoso, *agg.* lumpy.
gruppetto (*m.*) **motogeneratore,** motor-generator set.
gruppi familiari (unità) (*statistica*), household.
gruppino, *m.* (*met.*), finishing nail.
gruppo, *m.* (*mecc.*), unit; (*elet.*), set; batch; task force (U.S.A.).
— **autonomo** (*mecc. macch.*), unit machine.
— **cambio differenziale posteriore** (*auto*), transaxle.
— **consultivo internazionale** (*finan.*), international advisory panel.
— **convertitore,** converter set; motor generator.
— **convertitore per saldatura,** welding converter; welding motor generator.
— **di caratteri** (*inform.*), zone.
— **di cilindri,** train of rollers.
— **di esperti,** panel of experts.
— **di esperti in trattamenti termici,** task force of seasoned heat treat men (U.S.A.).
— **di lampade** (*cinem.*), bank.
— **di lavoro** (*convegni, conferenze, ecc.*), working party; working group.
— **di macchine,** set (*or* batch of machines).
— **di macchine prodotte in una sola volta,** *o* **pronte per la spedizione,** batch (of machines).
— **di scambi** (*ferr.*), set of points.
— **di studio designato** (*per ricerche, ecc.*), ad-hoc study group.
— **di studio,** panel; study group.
gruppo di tecnici addetti alla manutenzione (*calcolatori, ecc.*), maintenance team.
— **elettrogeno,** generating set; electric generating set.
— **generatore ausiliare** (*elet.*), auxiliary generating plant.
— **idroelettrico,** hydro-electric unit.
— **idromeccanico,** hydro-mechanical group.
— **lavagrano** (*ind. mol.*), washer and stoner; combined washer and whizzer (*se composto da colonna asciugatrice*).
— **motore,** power plant.
— **motore ausiliare,** auxiliary power plant.
— **motore-generatore,** motor-generator set.
— **ottico** (*auto*), lamp cluster.
— **ottico posteriore** (*auto*), rear lamp cluster.
— **sanguigno** (*med.*), blood group.
— **sincronizzato** (*radio*), radio network.
— **trasformatore,** transformer set.
— **turbogeneratore,** turbo-generator set; turbo-generator unit.
guadabile, *agg.* fordable.
guadagnare quota (*aereo*), to gain height.
guadagno, *m.* (*elet.*), gain.
— **di ampiezza** (*telev.*), amplitude increase.
— **di antenna direttiva** (U.S.A.), power gain.
— **di conversione** (*radio*), conversion gain.
— **di fertilizzazione** (*fis. atom.*), breeding gain.
— **di luminosità** (*telev.*), key.
— **di un'antenna** (*radio*), antenna gain.
— **medio orario** (*lavoro*), average hourly earning.
— **video** (*video*), video gain.
— **(alto —)** (*radio*), high gain.
guado, *m.* ford (*idraul.*); dyer's woad (*tintoria*).
guaiaco, *m.* guaiac wood.
guaiacolo, *m.* (*chim.*), guaiacol.

guaina, *f.* (*di cavi elet.*), protective covering.
— per termocoppia (*met.*), protective sheath for thermocouple.
gualcare, *v.a.* to full.
gualchiera, *f.* (*tess.*), fulling-mill.
guancia *f.* wing rail (*ferr.*); cheek (*armi*).
— d'appoggio, supporting block.
— elastica (*ferr.*), spring wingrail.
guancialetto, *m.* brass.
— di madrevite, screw die.
guanidina, *f.* (*chim.*), guanidine.
guano, *m.* guano.
guanti a perdere, plastic gloves.
— da guida (*auto*), steering wheel gloves; driving gloves.
— di gomma (*elet.*), rubber gloves.
guanto, *m.* (*di protezione*), glove; gauntlet.
— per saldatori, gauntlet.
guantone, *m.* (*di protezione*), gauntlet.
guard-rail, v. **barriera di sicurezza.**
guardacoste (*naut.*), coastguard (*persona facente parte della Guardia Costiera*); cutter (*nave da guerra*).
guardamano, *m.* (*naut.*), handrail.
guardaroba, *m.* hats and coats (*per aeroplani*); dressing room (*di stabilimento, ecc.*).
guardatevi dalle imitazioni!, beware of imitations.
guardia, *f.* (*cuffia di protezione*), protecting cover.
— costiera (*naut.*), Coast Guard.
guardiano, *m.* (*di fabbrica*), gatekeeper.
guarnire, *v.a.* to pack; to rig (*naut.*).
— con ferro, to armour.
— una forma (*tip.*), to dress a form.
guarnissaggio metallico (*contro franamenti e caduta di pietre*) (*miniere*), metallic lagging.
guarnitura, *f.* packing.
— da fuoco (*utensili*), fire irons.
guarniture, *f. pl.* (*di armature di miniere*), spills.
guarnizione, *f.* (*idraul.*), packing; gaskin; gasket.
guarnizione a manicotto (*di cuoio*), cup leather packing.
— dello stantuffo, piston packing; packing of the piston.
— di amianto, asbestos packing.
— di buratti centrifughi (*ind. mol.*), clothing of centrifugals.
— di canapa, hemp packing.
— di carta, paper gasket.
— di cavo (*elet.*), cable fittings.
— di cuoio, leather packing.
— di feltro, felt packing.
— di gomma, rubber packing.
— di materia plastica, plastics gasket.
— di metallo, metal gasket.
— di sughero, cork gasket.
— di tenuta (*per porte, finestre, ecc.*), sealing strip; seal; (*rinforzata con inserzioni tessili, ecc.*) (*mecc.*) (*alte pressioni*), seal; hermetic seal.
— elastomerica (*gomma*), elastomeric gasket.
— flessibile, flexible packing.
— metallica, metal packing.
— per carda (*tess.*), card clothing.
— per tubi, tube packing.
— pneumatica, pneumatic packing.
— stagna, antileak packing.
guarnizioni dei cappelli (*di carda*) (*tess.*), tops.
— meccaniche, mechanical seals.
— (materiali per —), gasketing materials.
guastarsi (*motori, mecc.*), to fail.
« guastatore di dighe » (*guerra*), « dam wrecker ».
guasto, *m.* (*mecc.*), breakdown; failure.
— alle macchine, mechanical breakdown; machinery breakdown.
— della corrente (*elet.*), power failure.
— (ricerca dei guasti) (*met., mecc.*), trouble shooting.
guerra (*f.*) **atomica,** atomic war.
— batteriologica, germ warfare.
— nucleare totale, all-out nuclear war.

guida, *f.* guide (*mecc.*); slide (*di scorrimento*) (*mecc.*); drive (*auto*); steering (*auto*); channel (*proiett. cinem.*); chart (*carta*); manual (*libro*).
— **a comando visuale** (*missili*), visual command guidance.
— **a destra** (*auto*), right-hand drive; right-hand steering.
— **a filo** (*missili*), wire guidance.
— **all'infrarosso** (*missili*), infrared guidance.
— **a prismi,** plain V slide.
— **a sinistra** (*auto*), left hand drive; left-hand steering.
— **a vite e ruota elicoidale,** rack and pinion steering.
— **a vite globoidale e rullo** (*auto*), worm and roller steering.
— **circolare,** circular guide.
— **conica,** conical guide.
— **da terra** (*di nave spaziale o missioni spaziali*), ground control.
— **del carrello** (*del tornio*), carriage guide.
— **del corsoio** (*di un regolo*), slideway.
— **della cinghia,** belt guide.
— **dell'albero,** spindle guide.
— **della pellicola** (*cinem.*), film channel.
— **dell'asta della valvola,** rod valve guide.
— **della testa a croce,** crosshead guide.
— **del tipo a circolazione di sfere** (*auto*), worm and roller steering.
— **di lubrificazione,** lubrication chart; oiling chart.
— **di nave spaziale** (*astron.*), guidance.
— **di scorrimento** (*mecc.*), slideway.
— **di scorrimento anteriore** (*macchine ut.*), front slideway.
— **di scorrimento del banco** (*macchine ut.*), bed slideway.
— **di scorrimento della traversa** (*macch. ut.*),cross-rail slideway.
— **di scorrimento trapezoidale** (*macch. ut.*), vee slideway.
— **di testa a croce di macchine a vapore** (*ing.*), slide bar; guide bar.
guida di una valvola, valve guide.
— **d'onda** (*struttura in tubi metallici con una determinata sezione per la propagazione di onde elettromagnetiche nello spazio interno*) (*elettron.*), waveguide; guide.
— **d'onda a X** (*elettron.*), X guide.
— **d'onda cava** (*elettron.*), hollow waveguide.
— **d'onda circolare** (*elettron.*), circular waveguide.
— **d'onda con fessura** (*elettron.*), slotted waveguide.
— **d'onda dielettrica** (*elettron.*), dielectric waveguide.
— **d'onda rettangolare** (*elettron.*), rectangular waveguide.
— **d'onda ritorta** (*elettron.*), twist waveguide.
— **filo** (*elet.*), wire-guide.
— **inerziale** (*missili*),inertial guidance.
— **interna** (*auto*), sedan.
— **laser** (*missili*), laser guidance.
— **piana,** flat guide.
— **prismatica,** prismatic guide.
— **radar** (*missili*), radar command guidance.
— **radar semiattiva** (*missili*), semiactive radar guidance.
— **registrabile,** adjustable guide.
— **senza patente** (*auto*), driving without licence.
— **su sfera** (*mecc.*), ball way.
— **triangolare,** triangular guide.
— **(sistema di —)** (*astron.*), guidance system.
guidafilo, *m.* (*tess.*), thread guide; thread plate.
guidalame (*m.*) (*seghe a nastro*), saw blade guide (*band sawing machines*).
guidare, *v.a.* to guide; to drive (*auto.*).
guide della gabbia (*min.*), cage guides.
guidoslitta (*bob*) (*sport*), bobsleigh.
guizzo, *m.* (*su schermo radar*), pip (U.S.A.); blip.

gumnite, *f.* (*minerale contenente uranio*), gumnite.

gunite (*impasto di cemento, sabbia e impermeabilizzante applicato con spruzzatrice sulle vie di carreggio*) (*min.*), gunite; *l'applicazione di gunite, con spruzzatrice ad aria compressa si chiama*: guniting.

guscio, *m.* (*arch.*), cavetto; (*o* **doppia pelle**) (*met.*), shell.

— sferico (*costr.*), spherical shell.

gusto, *m.* taste.

guttaperca, *f.* guttapercha.

H

habitat, habitat (*ambiente naturale*).

handicappato, disabled.

— (sedile speciale, di sicurezza, per bambini handicappati) (*auto*), a special safety seat for disabled children.

hangar, *m.* hangar.

harveizzare, *v.a.* to harvey.

hennè, henna.

henry, *m.* henry (*pl.* henrys *or* henries).

hertziano, *agg.* hertzian.

hertziano (onde hertziane), hertzian waves.

holding (*finan.*) (*gruppo finanziario di controllo*), holding.

hockey sul ghiaccio (*sport*), ice hockey.

horst (*geol.*), horst.

H. P. ind., indicated horse-power I.H.P.

humus, *m.* humus; humine.

I

ialino, *agg.* hyaline.
ialite, *f.* (*min.*), hyalite.
ialografia, *f.* hyalography.
iarda, *f.* (*mis.*), yard.
ibridazione, *f.* (*bot.*, *ecc.*), hybridization.
ibrido, *agg.* (*di superficie metallica*), bastard; (*calcol. elettron.*, *agr.*), hybrid.
— (calcolatore —), hybrid computer.
— (mais —) (*agr.*), hybrid corn.
icnografia, *f.* ichnography.
iconometro (*mirino a traguardo o mirino iconometrico*), open frame viewfinder.
iconoscopio, *m.* (*telev.*), iconoscope.
iconostasi, *f.* (*arch.*), iconostasis.
icosaedro, *m.* (*geom.*), icosahedron.
idantoina, *f.* (*plast.*, *farm.*), hydantoin.
identificare gli errori di programmazione (*inform.*), to identify programming errors.
identificatore, *m.* (*calcol. elettron.*, *inform.*), tag; identifier.
identificazione, *f.* (*chim.*), identification; (*elettron.*), label.
— a destra (*inform.*), right identification.
— automatica dell'origine dell'interruzione (*calcol. elettron.*), automatic interrupt source identification.
« identikit », *m.*, identikit picture.
idioelettrico, *agg.* (*elet.*), idioelectric.
idiostatico, *agg.* (*elet.*), idiostatic.
idracetina, *f.* hydracetin.
idracido, *m.* hydracid.
idraldeide (*chim. tess.*), hydraldehyde.
idrante, *m.* (*idr.*), hydrant; (*aereo*), hydrovane.
— stradale, hydrant.
idrargillite, *f.* (*min.*), hydrargillite.
idrargirio, *m.* (*chim.*), quicksilver.
idratare, *v.a.* to hydrate.
idratazione, *f.* (*chim.*), hydration.
idrato, *m.* (*chim.*), hydrate.
idrato di alluminio (*chim.*), aluminium hydrate.
— di calcio, calcium hydrate.
— sodico, sodium hydrate; caustic soda.
idraulica, *f.* hydraulics; plumbing.
— agricola, agricultural hydraulics.
— fluviale, river hydraulics.
— marittima, maritime hydraulics.
— pratica, practical hydraulics.
— sperimentale, experimental hydraulics.
— teorica, theoretical hydraulics.
idraulicità, *f.* (*caratteristica di leganti idraulici di far presa con l'acqua*) (*cementi*, *ecc.*), hydraulicity.
idraulico, *agg.* *m.*, hydraulic; plumber, *m.*; hydraulician *m.*
— (abbattimento —) (*min.*), hydraulic mining.
— (cemento —), hydraulic cement.
— (macchina a comando —), hydraulic machine; hydraulically operated machine.
idrazina, *f.* hydrazine.
idrazobenzene, *m.* (*chim.*), hydrazobenzene.
idrobiologia, *f.* hydrobiology.
idrico, *agg.* hydric.
idroaeroplano, *m.* hydro-aeroplane; seaplane.
idrocarbonato, *m.* (*chim.*), hydrocarbonate.
idrocarburi a catena ramificata (*chim.*), branched-chain hydrocarbons.
— alifatici, aliphatic hydrocarbons.
— ciclici, cyclic hydrocarbons.
— coniugati (*chim.*), conjugated hydrocarbons.
— di struttura deformabile (*chim.*), flexible hydrocarbons.
— fluorinati (*chim.*), fluorinated hydrocarbons.
— insaturi (*chim.*), unsaturated hydrocarbons.

idrocarburi paraffinici (*chim.*), paraffin hydrocarbons.
idrocarburo, *m.* (*chim.*), hydrocarbon.
— **aromatico,** aromatic hydrocarbon.
— **clorurato,** chlorinated hydrocarbon.
— **leggero,** light hydrocarbon.
— **liquido,** liquid hydrocarbon.
— **pesante,** heavy hydrocarbon.
— **saturo,** saturated hydrocarbon.
idrochinone, *m.* (*chim.*), hydroquinone.
idrociclone (*min.*), hydrocyclone.
idrocinetica, *f.* hydrokinetics.
idrocinetico, *agg.* hydrokinetic.
— **(trasmissione —),** hydrokinetic transmission.
idroclorato, *m.* hydrochlorate.
idrocracking catalitico (*petrol.*), catalytic hydrocracking.
idrodinamica, *f.* hydrodynamics.
idrodinamico, *agg.* hydrodynamic.
idrodinamometro, *m.* hydrodynamometer.
idroelettrico, *agg.* hydroelectric; hydro-electric.
idroestrattore, *m.* hydro-extractor; centrifugal drying machine.
idrofilo, *agg.* hydrophilic.
idrofono, *m.* hydrophone.
idroformatura, *f.* (*met.*), hydroforming.
idroforming, hydroforming.
idroforo, *m.* hydrofore.
idrofugo, *agg.* waterproof; water-repellent.
idrogenare, *v.a.* to hydrogenate; to hydrogenize.
idrogenazione, *f.* hydrogenation; v. **apparecchio di —.**
— **del carbone,** coal hydrogenation.
idrogenione, *m.* (*chim.*), hydrogen ion.
idrogeno, *m.* (*chim.* = H), hydrogen.
— **galattico,** galactic hydrogen.
— **gassoso,** gaseous hydrogen.
— **leggero (*o* naturale)** (*fis. atom.*), light hydrogen.
idrogeno liquido (*combustibile per razzi*), liquid hydrogen (rocket fuel).
— **pesante,** heavy hydrogen.
— **solforato,** sulphuretted hydrogen; hydrogen sulphide.
— **(legame di —),** hydrogen bond.
— **(sistema di propulsione a — liquido)** (*aereo*), hydrogen-fuelled propulsion system.
idrogeologia, *f.* (*studio delle acque sotterranee*), hydrogeology.
idrogetto, *m.* (*mot.*, *naut.*), hydrojet.
idrografia, *f.* hydrography.
idrografico, *agg.* hydrographic(al).
idrolisi, *f.* (*chim.*), hydrolysis.
idrolitico, *agg.* hydrolytic.
idrolizzare, *v.a.* (*chim.*), to hydrolize.
idrologia, *f.* (*scienza che studia il comport. delle acque continentali, ecc.*), hydrology.
idrologo, *m.* (*foreste*), hydrologist.
idromeccanica, *f.* hydromechanics.
idrometallurgia, *f.* (*met.*), hydrometallurgy.
idrometeora, *f.* (*meteor.*), hydrometeor.
idrometria, *f.* (*chim.*), hydrometry.
idrometro, *m.* water meter; water gauge; hydrometer.
idromodello ad elastico, rubber-driven water-plane; rubber-driven flying boat.
— **a scoppio,** petrol-driven water-plane; petrol-powered flying boat.
idromotore, *m.* hydromotor.
idronalio (*lega di Al e Mg*) (*chim.*), hydronalium.
idronio (ione —) (*chim.*), hydronium ion.
idroplano, *m.* hydroplane.
idropneumatico, *agg.* hydropneumatic.
idrorepellente, *agg.* water repellent.
idrorepellenza, *f.* (*fis.*), water repellency.
idroscalo, *m.* hydroport.
idroscivolamento, *m.* (*naut.*), hydroplaning.

idroscivolante, *m.* (*naut.*), hydroplane; gliding boat.
idroscopio, hydroscope.
idrosfera, *f.* hydrosphere.
idrosolforico, *agg.* hydrosulphuric.
idrosolfuro, *m.* hydrosulphide.
idrosolubile, *agg.*, water-soluble.
idrospazzola, *f.* (*auto*), water brush.
idrossidi, *m. pl.* hydroxides.
idrossido, *m.* hydroxid; hydroxide.
idrossilammina, *f.* hydroxylamine.
idrossile, *m.*, v. **ossidrile.**
idrostatica, *f.* hydrostatics.
idrostatico, *agg.* hydrostatic.
idrovia, *f.* (*trasporti*), waterway.
idrovolante, *m.* (*aereo*), seaplane.
— **a doppio galleggiante,** twin-float seaplane.
— **a galleggianti** (*aereo*), float seaplane; float plane.
— **da bombardamento marittimo,** sea bomber.
— **da caccia marittima,** sea fighter.
— **da caccia scuola,** training seaplane.
— **da ricognizione marittima,** sea reconnaissance plane.
— **da soccorso,** sea rescue plane.
— **transoceanico** (*aereo*), clipper.
idrozincite (*min.*), hydrozincite.
idruro, *m.* (*chim.*), hydride.
ietografo, *m.* (*meteor.*) (*pluviometria*), hyetograph.
igiene del lavoro (*med.*), occupational hygiene.
igneo, *agg.* igneous.
— **(rocce ignee),** igneous rocks; eruptive rocks.
ignifero, *agg.* igniferous.
ignifugo, *agg.* fire-proof; fire proof.
— **(rivestimento —),** ignition sealer coating.
ignitore (*elettron.*), igniter.
ignitrone, *m.* (*elet.*), ignitron.
ignizione (*inizio di combustione*), ignition.
igrometria, *f.* hygrometry.
igrometro, *m.* hygrometer.
igroscopicità, hygroscopicity.
igroscopico, *agg.* hygroscopic.
— **(non —),** nonhygroscopic.
igroscopio, *m.* hygroscope.
illinio, *m.* (*chim.* = Il), illinium.
illuminare, *v.a.* to light.
illuminarsi, *v.r.*, to illuminate (*i pulsanti si illuminano automaticam.*), buttons automatically illuminate.
illuminazione, *f.* lighting; illumination.
— **a gas,** gas lighting.
— **a lampade fluorescenti,** fluorescent lighting.
— **architettonica,** architectural lighting.
— **con lampade ad arco,** arc lighting.
— **con lampade a vapori di sodio,** sodium-vapour lighting.
— **della fronte di taglio** (*min.*), (coal) face lighting.
— **di aeroporto,** airfield lighting.
— **diffusa,** diffused illumination.
— **diretta,** direct lighting.
— **di soccorso,** emergency lighting.
— **elettrica,** electric lighting.
— **fluorescente,** fluorescent lighting.
— **indiretta,** indirect lighting.
— **interna,** indoor illumination.
— **per elettroluminescenza,** electro-luminescent lighting.
— **per trasparenza,** trans-illumination.
— **pluridirezionale,** multidirectional lighting.
— **semi indiretta,** semi-indirect lighting.
— **stradale,** street lighting.
— **unidirezionale,** unidirectional lighting.
illuminometro, *m.* (*luxmetro*), illumination (photo)meter; illuminometer; luxometer.
illustrare, *v.a.* to illustrate.
illustrazione (nell'unita —), in the accompanying illustration.
— **a colori,** colour illustration.
illustrazioni, *f. pl.* pictorials; illustrations.
— **(inserire le —) nel volume stampato** (*tip.*), to tip-in; to plate.
ilmenite, *m.* (*min.*), ilmenite.

ilvaite, *m.* (*min.*), ilvaite.
imballaggio, *m.* packing; bale (*in balle*); box (*in scatole*); crate (*in gabbia*); case (*in cassette*).
— a finestra (*comm.*), window pack.
— perduto, one-way package; spoil package.
— (locale per l'—), packing-shed.
imballare, *v.a.* to pack; to pack up; to wrap up.
— in recipienti sotto pressione, to pressure pack.
imballato (non —), in bulk; unpacked.
imballatrice, *f.* (*mecc., agr.*), baler; baling machine.
— da fieno, pick-up baler.
— in sacchetti, bagger.
imballo (*o* perdita di controllo) (*di reattore*) (*fis. atom.*), runaway.
— in recipienti sotto pressione, pressure packaging.
— marino, shipping container.
imbando, *m.* slack (*di un cavo*).
imbarcare (*un carico*) (*naut.*), to ship.
imbarcarsi, *v.i.* (*del legno*), to warp.
imbarcatura, *f.* (*del legno*). warping (*of wood*); warp.
— per il lungo, longitudinal warping.
— trasversale, transverse warping.
imbarcazione a motore (*naut.*), motor boat.
— a noleggio (*naut.*), hire craft.
imbardare, *v.i.* (*aereo*), to yaw.
imbardata, *f.* (*aereo*), yawing.
imbardometro (*strum. aereo*), yaw meter.
imbastire, *v.a.* (*tess.*), to baste; (*puntare*) (*sald.*) (*mecc.*) (*auto*), to tack.
imbastitura, *f.* (*sald.*), tack welding; tacking.
imbatto sulla luna (*astron.*), impacting (*azione*); impact (on the moon); (lunar impact).
imbeversi, *v.r.* to suck; to soak *v.i.*
imbianchino, *m.* plasterer *m.*
imbibizione, *f.* imbibition; impregnation (*del legno*); soaking.
imbiettare, *v.a.* to key on; to fasten with wedges; to jam.
imbiettamento, *m.* jamming.
imbituminare, *v.a.* to tar.
imbobinatrice, *f.* (*met.*), coiling machine; coiler.
imboccare, *v.a.* to couple; to gear together; to indent; to tooth; to fit in; to join (*denti*).
imboccatura, *f.* mouth; nozzle; joining; dovetailing.
— di una tubazione, mouth-piece.
— saldata (*di tubo*), soldered mouth.
imbocco a tettoia (*per condotti*) (*mecc.*), canopy inlet.
imborso, *m.* (*tess.*), take-up.
imbottigliatrice (macchina —) (*per imbottigliare*), bottle-filling machine.
imbottito (materiale —) (*auto*), padded (material).
imbottitura, *f.* padding; upholstery (*per auto., ecc.*); filler (*per metalli*); (*tess.*), stuffing.
— antiurto (*auto*), crash padding.
imbozzamento (*costr. aerei*), buckling.
imbozzimante, *m.* (*tess.*), sizing agent.
imbozzimatore, *m.* (*tess.*), warp-sizer.
imbozzimatrice, *f.* (*tess.*), sizing machine.
imbozzimatura, *f.* (*tess.*), sizing.
— in matassa, hank sizing
imbracare, *v.a.* to sling.
— il carico, to sling the load.
imbracatura, *f.* slinging of load; sling.
— piatta (*mecc.*), flat lifting sling.
— per paracadute (*aereo*), parachute harness.
imbragare, v. **imbracare.**
imbragatura, v. **imbracatura.**
imbrattamento, *m.* fouling.
imbrigato (*geol.*), imbricate.
imbricatura, *f.* (*geol.*), imbricate structure.
imbrigliare (*v.a.*) **una corrente** (*costr. idr.*), impound a stream.
— una forza (*o energia idraulica*), to harness a force.

imbroglio (*naut.*), brail.
imbutire (*mecc. con pressa*), to draw.
— **mediante stiramento** (*mecc.*), to stretch form.
— **un tranciato di lamiera,** to cup.
imbutitrice a caldo per tubi (*macch. ut.*), tube hot deep drawing machine.
imbutitura, *f.* (*met.*), drawing; (*di lamiere*), dishing (*of plates*); (*colpo di pressa*), draw.
— **a freddo,** cold drawing.
— **con cuscino di gomma,** rubber die forming.
— **preliminare** (*mecc.*), pre-drawing.
— **profonda** (*met.*), deep drawing.
— **profonda per esplosione** (*mecc.*), explosive deep drawing.
— **(stiro-imbutitura)** (*mecc.*), stretch-forming.
imbuto, *m.* funnel.
— **collettore,** collecting funnel.
— **delle colate,** gate; runner.
— **di carica,** charging cone.
— **di condensamento** (*tess.*), condensing funnel.
— **di riempimento,** filling funnel.
— **separatore** (*chim.*), separatory funnel.
imitare, *v.a.* to imitate.
immagazzinamento, *m.* storing; warehousing.
— **del petrolio,** storage of petroleum.
— **di memorie** (*elettron.*), memory storage.
immagazzinare, *v.a.* to accumulate; to store.
— **dati** (*elettron.*), to store information.
— **energia,** to store energy.
immaginario, *agg.* (*mat.*), maginary.
immagine, *f.* (*ottica*), image; (*televisione*), picture; image.
— **a forte contrasto** (*telev.*), high-contrast image.
— **capovolta,** upside down image.
— **debole** (*telev.*), soft image.
— **della compagnia** (*l'idea che il pubblico si fa della compagnia attraverso la pubblicità, ecc.*) (*ind. design, organ.*), company image.
immagine diritta, upright image.
— **di una scheda** (*nella memoria*) (*inform.*), card image.
— **divisa** (*telev.*), split image.
— **doppia** (*telev.*), double image; ghost.
— **dura** (*telev.*), hard image.
— **fissa** (*senza movimento, p. es. ritratti, carte geografiche, ecc.*) (TV), still picture.
— **ingrandita,** magnified image.
— **invertita,** inverted image.
— **ondulata** (*telev.*), ragged picture.
— **parassiale,** paraxial image.
— **positiva,** positive image.
— **rimpicciolita,** diminished image.
— **sfumata** (*offuscata*) (*telev.*), blurred image.
— **spettrale** (*telev.*), double image; fold over (U.S.A.); multi path effect (U.S.A.).
— **televisiva,** TV pattern.
— **tramite satellite,** satellite imaging.
— **trimensionale** (TV), 3D image.
— **virtuale,** virtual image.
— **(allargamento graduale dell'— televisiva),** wipe.
— **(irregolarità a tratti dell'—)** (*telev.*), smudging.
— **(stiramento dell'—)** (*telev.*), pulling.
— **(strappo dell'—)** (*telev.*), tearing.
immatricolare, *v.a.* (*aereo, auto*), to register.
immatricolazione di autovetture (*auto*), car registration; vehicle registration.
immediato (*urgente*) *agg.* (*inform.*), hot.
immergere, *v.a.* to dip; to plunge; to immerge; to immerse.
— **il metallo in un bagno di zinco fuso,** to dip the metal into a bath of molten zinc.
immersione, *f.* immersion; dipping (*met.*); (*naut.*), draught.
— **di un bastimento** (*naut.*), draft; draught.

immersione nel bagno, immersion in the bath.
immettere (*i dati*) (*calcol. elettron.*), to input.
— **in orbita** (*capsule, satelliti, ecc.*), (*astron.*), to place in orbit; to put into orbit; to carry into orbit.
— **le ferroleghe sfuse nei sili** (*met.*), to store the ferro-alloys loosely in the bins.
— **sulla linea una corrente** (*elet.*), to force into the line a current.
immissione, *f.* (*cibernetica*), input.
— **della parola chiave con la sola pressione delle dita** (*inform.*), one-touch key-word entry.
immobile, *agg.* immovable; immobile.
immobilizzazione (*f.*) **del magnete del freno,** sticking of the magnet.
immobilizzazioni (*di capitale*), *f. pl.* (*finanz.*), fixed assets.
immorsare, *v.a.* (*calettare*), to joint; to scarf.
immunità (*catodica, ecc.*) (*elet.*) (*chim.*), immunity.
immunologia (*med.*), immunology.
immurare, *v.a.* to embed.
— **nel calcestruzzo,** to embed in concrete.
imoscàpo (*arch.*), inverted cavetto.
impaginare, *v.a.* (*tip.*), to make up; to paginate; to page.
impaginatore, *m.* make-up hand.
impaginatura, *f.* (*tip.*), make-up.
impaginazione (*nella memoria centrale*) (*inform.*), paging.
impalcato, *m.* (*cost.*), scaffold.
impalcatura, *f.* scaffold; scaffolding; erecting frame; planking; flooring.
— **del tetto,** roofing bond.
— **di montaggio,** scaffold(ing) erecting frame.
— **di traslazione,** moving stage.
— **di travi,** system of beams.
— **(ponte di —)** (*costr. edili, ecc.*), catwalk.
impalmare una fune, to splice a rope.
impalmatura della fune, rope splicing.
impalpabile, *agg.* impalpable.
impanare (*v.a.*) **una vite,** to thread a screw.
impanatrice, *f.* screw machine.
impanatura di lampada (*elet.*), lamp screw.
— **di una vite,** fillet of a screw; thread; threadmaking (*operazione di i.*).
impannare, *v.a.* (*tess.*), to fill the warp.
impareggiabile, *agg.* unique.
impastare, *v.a.* to mix.
— **a macchina,** to mix by machine; machine-mixing.
— **a mano,** to mix by hand; hand-mixing.
— **cemento,** to mix concrete.
impastatrice, *f.* (*per separare il siero dal burro*), butter-kneader; (*cost. civ.*), mixing machine; mixer.
— **a benzina,** petrol-driven mixer.
— **ad elettricità,** electrically-operated mixer.
— **a mano,** hand-operated mixer; hand mixer.
— **a tamburo rotante,** revolving drum mixer.
— **autocarrata,** truck mixer.
— **azionata a cinghia,** belt-driven mixer.
— **del tipo a tamburo fisso,** fixed-drum type mixer.
— **del tipo a tamburo ribaltabile,** tilting drum mixer.
— **di capacità media,** medium-capacity mixer.
— **di cemento,** concrete mixer.
— **di malta,** mortar mixer (mortar mixing machine).
— **orizzontale,** horizontal mixer.
— **verticale,** vertical type mixer.
impasti salini (*per la lotta contro le polveri*) (*min.*), salt pastes.
impasto, *m.* mixing; cross fade (*cinem.*); dissolve (*cinem.*); (*miscelare una materia prima in polvere, con acqua*) (*vernici e smalti*), blunging.
— **a macchina,** machine-mixing.

impasto a mano, hand-mixing.
— **a secco,** dry mixing.
— **con acqua,** wet mixing.
— **da sparare (***o* **lanciare)** (*forni met. in riparaz.*), gunning mix; gunning material.
— **sparato (strato di — sparato)** (*forni met.*), gunned layer.
impatto, *m.* (*urto*), impact; v. **imbatto.**
impeciare, *v.a.* to pitch; to tar; to pay.
impedenza, *f.* (*elet.*), impedance.
— **acustica,** acoustic impedance.
— **bilaterale,** bilateral impedance.
— **d'entrata** (*elettron.*), input impedance.
— **di carico** (*elettron.*), load impedance.
— **di filtro** (*radio*), filter choke.
— **d'ingresso** (*radio*) (*amplificatore, ecc.*), input impedance.
— **interna** (*elet.*), internal impedance.
— **sincrona,** synchronous impedance.
— **statica,** static impedance.
— **transitoria,** transient impedance.
— **unilaterale,** unilateral impedance.
impedire, *v.a.* to prevent.
— **la crescita delle spore,** to inhibit spores growth.
impeduccio, *m.* (*cost. civ.*), trumpet arch.
impegnare, -rsi, *v.a. v.r.* (*mecc.*), to engage *v.a.*
impegno, *m.* (*orol.*), locking.
— **(senza —)** (*comm.*), without obligation.
impegolatura, *f.* pitch paying.
impellicciatura, *f.* veneer.
impenetrabilità, *f.* (*fis.*), impenetrability.
impennaggio, *m.* (*aereo*), empennage; tail unit.
— **orizzontale (***o* **stabilizzatore)** (*aereo*), elevator.
— **verticale (***o* **deriva)** (*aereo*), fin; tail fin; vertical stabilizer (U.S.A.).
imperfezione del legno, defect in wood; flaw in wood.
impermeabile, *agg.* waterproof; impermeable.
— **al calore,** impervious to heat.
— **al gas,** gas tight.
— **all'acqua,** water tight; waterproof.
— **all'aria,** air tight.
— **all'umidità,** damp-proof; moisture proof.
impermeabilità, *f.* impermeability; watertightness.
impermeabilizzanti (*m. pl.*) **antimacchia** (*tess.*) (*chim.*), spotproofing compounds.
— **(materiali —),** waterproof substances.
impermeabilizzare, *v.a.* to make waterproof.
— **una cucitura,** to caulk.
impermeabilizzazione, *f.* waterproofing; damp-proofing (*cost. civili*); caulking (*di cucitura*); (*all'umidità*), moisture proofing.
impernatura (*f.*) **a scacchiera,** zigzag riveting.
imperniare, *v.a.* (*mecc.*), to journal.
imperniato, *p.p.* set on a pivot; hinged.
impettinatura, *f.* (*tess.*), reeding.
impiallicciatura, *f.* veneer.
impiantare macchine, to instal machines.
impianti di laminazione (*met.*), rolling facilities.
— **di stabilimento** (*met.*), works facilities.
— **per la fabbricazione della ghisa** (*met.*), ironmaking facilities.
— **per la fabbricazione di lamiere** (*met.*), platemaking facilities.
— **per lamierino laminato a freddo** (*met.*), cold-rolled sheet facilities.
impiantistica, *f.* plant engineering.
impiantito (*cost. civ.*), flooring.
impianto, *m.* plant; installation; (*progetto*), scheme; (*cost.*) (*case*), appointments.
— **a diffusione gassosa** (*fis. atom.*), gaseous diffusion plant.

impianto a ricupero (*aereo*), recuperative installation.
— **ausiliare,** auxiliary equipment.
— **a vapore,** steam-driven plant.
— **captazione e depurazione fumi** (*met.*), fume collection and cleaning equipment.
— **caricamento vagoni** (*min.*), wagon loading plant.
— **coordinato di apparecchi di alta fedeltà** (*abbinamento di diversi componenti*) (*audio*), high fidelity component system (component combination).
— **criogenico,** cryogenic plant.
— **di acido solforico della capacità di 1200 t al giorno,** 1200 ton/day sulphuric acid plant.
— **di acqua potabile,** water-works.
— **di alto forno,** blast furnace plant.
— **di ammoniaca** (*chim.*), ammonia plant.
— **di avvolgimento per filo e nastro** (*met.*), coiling apparatus for steel wire and strip.
— **di caldaia,** boiler plant; boiler equipment.
— **di caricamento del treno a giostra (di carrelli)** (*trasporti min., ecc.*), merry-go-round train loading plant (*to load trains and turn them round*).
— **di classificazione** (*min.*), sizing plant.
— **di cokizzazione,** coking plant.
— **di colata continua** (*fond.*), continuous casting plant.
— **di colata continua per bramme** (*met.*), continuous slab casting plant.
— **di colata semicontinua** (*met.*), semi-continuous casting plant.
— **di condizionamento dell'aria,** air conditioning plant.
— **(*o* stabilimento) di cromatura galvanica,** chromium-plating plant.
— **di depolverazione** (*met., ecc.*), dust removing plant.
— **di depolverazione dei fini** (*met.*), fines removal installation.

impianto di desalinizzazione dell'acqua marina, desalination plant.
— **di desolforazione della benzina,** sweetening unit.
— **di diffusione** (*fis. atom.*), diffusion plant.
— **di dissalazione solare** (*energia solare*), solar desalination plant.
— **di distribuzione** (*elet.*), switch plant; distributing plant.
— **di distribuzione della corrente** (*ing. elet.*), current distributing plant.
— **di estrazione del gas di raffineria,** refinery-gas extraction plant.
— **di fertilizzanti ammonici,** ammonia chemical fertilizer plant.
— **di flottazione** (*min.*) (*chim.*), flotation plant.
— **di frantumazione a circuito chiuso** (*min.*), closed-circuit grinding plant.
— **di frantumazione del minerale** (*min., met.*), ore crushing plant; ore grinding plant.
— **di frantumazione mobile** (*min.*), mobile crushing plant.
— **di gassificazione del carbone,** coal gasification plant; coal gasifier.
— **di gru,** cranage equipment; crane installation.
— **di lavatura del carbone** (*min.*), coal washing plant.
— **di linea aerea,** aerial network.
— **di liquefazione del gas** (*gas*), gas liquefaction plant.
— **di lubrificazione centralizzata ad olio,** centralized lubricating oil system.
— **di luce,** light installation.
— **di macinazione** (*min.*), crushing plant.
— **di nichelatura brillante,** bright nickel plant.
— **di omogeneizzazione** (*min.*), bedding plant; ore blending plant.
— **di pellettizzazione a griglia circolare** (*met.*), circular grate pelletising plant.

impianto di pellettizzazione del tipo a griglia orizzontale (*min.*), pelletizing plant of the straight grate type.
— **di pompe elettriche,** electric pumping plant.
— **di produzione di gas di sintesi,** gas-synthesis plant.
— **di protezione antitermica** (*scudo antitermico dello « Shuttle »*) (*astron.*), heat shield installation.
— **di raffreddamento d'aria,** air-cooling plant.
— **di refrigerazione ad acqua** (*agr., ecc.*), hydro-cooling plant.
— **di recupero del metallo** (*met.*), metal reclamation plant.
— **di ricupero solventi** (*con carbone attivo*), solvent recovery plant (with activated carbon).
— **di rigassificazione** (*gas*), regassification plant.
— **di rigenerazione** (*fis. atom.*), reprocessing plant.
— **di rigenerazione rottami** (*met.*), scrap regeneration installation.
— **di riscaldamento,** heating plant.
— **di separazione del plutonio** (*fis. atom.*), plutonium separation plant.
— **di separazione isotopica** (*fis. atom.*), isotope separation plant.
— **di sostegno meccanizzato semovente del tetto** (*min.*), self-advancing powered roof support installation.
— **di stagnatura** (*met.*), tinning plant.
— **di trattamento delle acque di scarico,** effluent treatment plant.
— **di vagliatura del carbone** (*miniere*), coal screening plant.
— **di vagliatura del minerale** (*min. met.*), ore screening plant.
— **di ventilazione,** ventilation plant.
— **di zincatura** (*met.*), zinc coating plant.
— **elettrico** (*auto*), lighting set.
— **elettrico con fili di plastica** (*elet.*), plastic wiring.

impianto (stabilimento) flessibile (*met., ecc.*), flexible plant.
— **idraulico,** hydro plant.
— **idroelettrico,** hydro-electric plant.
— **industriale,** industrial plant.
— **luce aeroplano,** aircraft lighting.
— **nel muro** (*condizionam. dell'aria*), through-the-wall installation.
— **omnibus** (*che accoglie diverse e nuove lavorazioni*), omnibus plant.
— **per fusione di alluminio,** aluminium melting plant.
— **per il trattamento dei fumi** (*met.*), waste gas treating equipment.
— **per il trattamento delle acque di rifiuto** (*chim., ecc.*), effluent treatment plant.
— **per il trattamento termico,** heat treatment plant.
— **per la pastorizzazione del latte,** milk pasteurizing plant.
— **per la pelatura delle barre** (*met.*), bar turning peeling shop.
— **per la purificazione delle acque,** water purification plant.
— **per la rigenerazione della sabbia** (*fond.*), sand reclamation plant.
— **per la rigenerazione di combustibile nucleare** (*fis. atom.*), nuclear fuel reprocessing facilities.
— **per prove di scorrimento** (*meccan.*), creep strength testing rig.
— **pilota,** pilot plant.
— **presidiato** (*elet.*), attended station.
— **propulsivo** (*aereo*), power plant.
— **siderurgico,** ironmaking plant.
— **solare,** solar installation; solar plant.
— **supplettivo,** supplementary plant.
— **televisivo a circuito chiuso** (*tel.*), closed-circuit television equipment.
— **trivellazione metano,** methane drilling rig.
— **ultrasonico,** ultrasonic equipment.

impiegare (*un utensile*), to use

(*a tool*); to employ (*assumere personale, adoperare*); (*tempo*), to take.
impiegare petrolio per combustibile, to use oil as fuel.
— un cavo flessibile schermato (*min.*), to employ a screened trailing cable.
impiegato statale, civil servant.
impiego all'aperto (*cinghie, ecc.*), outdoor use.
— ferroviario (*p. es. assali per — ferroviario*), railway use.
impilaggio, *m.* (*dislocazioni*) (*met.*), stacking (*dislocazioni*); checker work (U.S.A.) (*met.*); checkers (U.S.A.) (*met.*); chequer (*met.*).
— (refrattario da —) (*met.*), checker brick.
impilarsi, *v.r.* (*rif. a dislocazioni*) (*met.*), to stack.
impilatore di bramme (*laminatoio met.*), slab piler.
impilatori (cuscinetto degli —) (*met.*), piler bearing.
— (rullo degli —) (*met.*), piler roller.
impiombare, *v.a.* to lead; to tern; to cover with lead.
— un cavo (*elet.*), to splice a cable.
impiombatura, *f.* lead covering; lead coating; lead lining.
— di cavi (*naut.*) splice.
implicazione (*compenetrazione intima dei cristalli*) (*geol.*), implication.
implodere, *v.i.* (*fis.*), to implode.
implosione (*gas, ecc.*), implosion.
impolmonimento (*vernici*), livering; feeding-up.
impolverimento (*delle colture*) (*agricoltura*), dusting.
impolveratrice, *f.* (*agr.*), duster.
imponderabilità, *f.* (*mancanza di peso*), weightlessness; zero G.
importante, *agg.* appreciable.
importare, *v.a.* to import; *v.i.* (*avere importanza*), to matter (*non importa quale sia la posizione delle valvole*, no matter what the arrangement of tubes is).
importatore, *m.* importer.
importazione, *f.* importation; import.
imposta, *f.* (*di finestra*), shutter; window-frame; tax (*tassa*).
— a bilanciere, balance sash.
— di un arco (*cost.*), impost.
— generale sull'entrata, turnover tax.
— pieghevole, folding shutter.
— scorrevole, sliding shutter.
— selettiva sulla manodopera, selective employment tax.
— selettiva sull'occupazione, selective employment tax.
— sugli acquisti (*comm.*), purchase tax.
— sui profitti (*comm.*), profits tax.
— sulle società (*comm.*), corporation tax; company taxation; (*econ.*), corporate tax.
— sul reddito (*comm.*), income tax.
— sul valore aggiunto, value-added tax.
impostare (*un arco*) (*arch.*), to spring.
impostazione (*di un problema*) (*senso figurato*), approach; (*naut.*), laying.
imposte di successione (*econ.*), death taxes.
— in mora (*non pagate a tempo debito*)(*econ.*), delinquent taxes.
imprecisione, *f.* inaccuracy.
impregnante, *m.* (*vernici, ecc.*), filler.
— (materiale —) (*cinghie, ecc.*), impregnant.
impregnare, *v.a.* to impregnate.
impregnarsi, *v.r.* to become impregnated.
impregnato, *p.p.* (*gomma, ecc.*), impregnated.
— (non —), unimpregnated.
impregnazione, *f.* impregnation.
— con materie plastiche (*tip.*), impregnation with plastics.
— sotto vuoto (*met.*), vacuum impregnation.
imprenditore, *m.* contractor.
impresa, *f.* (*comm.*), business.
— petrolifera, petroleum company.
impresario, *m.* contractor.

impressionabile, *agg.* (*fot.*), sensitive.
impressionabilità (*fot.*), sensitization.
impressionante, *agg.* (*grande*), thumping.
impressionare, *v.a.* (*fot.*), to expose; to sensitize.
impressione (*f.*) **a caldo** (*tip.*), blind-blocking.
— **a secco** (*tip.*), embossing.
imprimere, *v.a.* (*stampare*), to stamp.
— **movimento,** to impart motion to; to propel.
imprimitura (*o* **tinta di fondo**), lime whiting.
impronta, *f.* impression; (*in uno stampo*) (*fond.*), cavity.
— **da cricche di cilindro** (*difetto dovuto a cilindri che presentano cricche*) (*met.*), chill crack.
— **di cilindri** (*di lamin. met.*), roll mark.
— **di filiera** (*met.*), die mark.
— **di sfregamento** (*met.*), chatter mark.
— **di tenaglia** (*impronta lasciata da tenaglie o da manipolatore che rimane nelle successive lavorazioni*) (*met.*), dog mark.
improprio, *agg.* (*geom.*, *mat.*), improper; v. **frazione impropria.**
impugnatura, *f.* handle; grip (*armi*, *ecc.*).
— **di cannello** (*sald.*), handle of a blowpipe.
— **di porta,** door handle.
— **di una lima,** file handle.
impugnature di una staffa (*fond.*), handles.
impulso, *m.* (*fis.*, *orol.*, *radar*), impulse.
— **digitale** (*elettron.*), digital pulse.
— **magnetico,** magnetic impulse.
— **neutronico** (*fis. atom.*), neutron pulse.
— **specifico** (*aereo*) (*parametro usato per esprimere il rendimento di un sistema propulsivo*) specific impulse.
— **(cadenza di ripetizione degli impulsi)** (*radar*), pulse rate; pulse duty factor (U.S.A.).
impulso (mescolanza di impulsi) (*radar*), pulse mixing.
impulsore, *m.* impeller.
impuntamenti della carica (*altoforno met.*), hangings.
impuntamento (*elet.*), crawling.
— **del rottame** (*nel forno met.*), scrap hanging (to the side walls).
impurezze, *f. pl.* (*met. ecc.*), impurities.
impurità, *f.* impurity; impureness.
— **della lana** (*semi*, *paglie*, *ecc.*) (*tess.*), motes; moits.
imputabile a, attributable to.
— **alla saldatura,** attributable to welding.
in avanti (*mecc.*), forward.
— **costruzione,** under construction.
— **galleria (lavori —),** in tunnelling.
— **opposizione** (*radio*), push-pull.
— **parallelo** (*elet.*), in parallel.
— **senso contrario,** across the grain; (— *alle lancette dell'orologio*), anti-clockwise.
— **serie** (*elet.*), in series.
— **(produzione — serie),** repetition work
— **un sol pezzo,** *agg.* solid.
inabile al lavoro, incapable of work.
inaccessibile, *agg.*, inaccessible.
inacidire, *v.i.* to sour.
inadatto, *agg.* (*perchè contro le specificazioni*), non conforming (*p. es*; *recipiente inadatto alle specificazioni*, non conforming container).
inadeguato, *agg.* unfit; unsuitable.
inalazione, *f.* inhalation.
inalterabile, *agg.* inalterable; unalterable.
inamidare, *v.a.* to starch.
inamidatura, *f.* starching.
inarcamento (*naut.*) (*tendenza di uno scafo a piegarsi verso prua o poppa se questi punti non sono sostenuti*), hogging; hog.
inarcarsi, *v.r.* (*naut.*), to hog; (v. pure **hogging**).

inargentare, *v.a.* to silver; to plate with silver.
inaspare, *v.a.* (*tess.*), to reel.
inattaccabile, *agg.* proof.
— **dagli acidi,** acid proof.
— **dalla ruggine,** rust-proof.
— **dall'olio,** oil proof.
— **dall'umidità,** damp-proof.
inattaccabilità (*corrosione*), proofness.
inattinico, *agg.* nonactinic.
inattivo, *agg.* inoperative (*una pompa rimane inattiva onde impedire un aumento indesiderato della temp. dell'olio*), (one pump remains inoperative in order to obviate undue rise of oil temperature).
inaudibile, *agg.*, inaudible.
inaugurare un impianto di pellettizzazione, to dedicate (U.S.A.) a pelletizing plant.
incagliarsi, *v.r.* (*naut.*), to ground.
incalescenza, *f.* incalescence.
incamiciare (una barra di combustibile) (*fis. atom.*), to can.
incamiciatura (di barra di combustibile) (*fis. atom.*), canning.
incanalare, *v.a.* to canalize.
incanalatura, *f.* (*di bozzello*), notch.
incandescente, *agg.* incandescent.
incandescenza (lampada ad —), incandescent lamp.
incannaggio, *m.* (*tess.*), winding.
incannatoio (*m.*) **ad avvolgimento** (*tess.*), pirn winder (*or* winding machine).
incannatura, *f.* (*tess.*), redrawing.
— **con doppiamento** (*tess.*), doubling.
— **incrociata** (*tess.*), spaced winding.
— **semplice** (*tess.*), winding.
incapsulamento (*di un programma*) (*inform.*), encapsulation.
incapsulare, *v.a.* (*fis. atom.*), to encapsulate.
— (*un flacone, ecc.*) (*cosmetici*), to cap.
— **il programma in un piccolo modulo di plastica** (*inform.*), to encapsulate the program in a tiny plastic module.
incapsulazione, *f.*, encapsulation.
incartatrice, *f.* paper wrapping machine.
incassare, *v.a.* to recess; (*accecare*), to countersink.
— **(maniglia incassata)** (*auto*), recessed knob.
— **(quadrante incassato),** recessed dial.
incassato, *p.p.* embedded.
incassatura dei libri (*tipog.*), casing-in.
— **di chiavetta** (*mecc.*), keyway.
— **di pietre** (*orol.*), setting.
— **di un foro,** countersink (*acciecatura*).
— **in un metallo** (*rilievo*), embossing.
incasso (*di partite di calcio, ecc., sport*), gate receipts; gate money.
incastellatura, standard (*montante*); frame (*intelaiatura*); mounting.
— **a C,** C form standard; pillar; column.
— **a collo d'oca,** bear frame.
— **ad A,** A frame.
— **antivibrante** (*mecc.*), anti-vibration mount.
— **della fresatrice,** milling machine standard; milling machine column; milling machine upright.
— **della pressa** (*mecc.*), press frame.
— **di piallatrice,** frame of the planing machine.
— **di sostegno** (*mecc.*), mount.
— **di trapano,** drilling machine pillar (standard; upright).
— **principale,** main standard.
incastrare (*v.a.*) **a linguetta,** to tongue.
— **a maschio e femmina,** to groove and tongue.
incastrarsi, *v.r.* to fit (in) *v.i.*
incastrata, *p.p.* (*di trave*), fixed.
incastrato, *p.p.* embedded.
incastratrice, *f.* (*stozzatrice*), slotting machine.

incastratura (*f.*) **a linguetta,** tonguing.
— **a maschio e femmina,** grooving and tonguing.
incastro, *m.* feather edge; groove (*scanalatura*).
— **a coda di rondine,** dovetail.
— **a maschio e femmina** (*faleg.*), grooving and tonguing.
incatramare, *v.a.* to tar.
incatramato, *p.p.* tarred.
incavallatura, *f.* (*cost.*), truss.
— **a mansarda,** mansard roof truss.
— **a sega,** saw-tooth roof truss.
— **tipo inglese,** English roof truss.
incavatura, *f.* (*per chiavetta*), key seat; (*mecc., macch. ut.*), recessing; recess.
incavigliamento, *m.* dowelling; plugging (*di traversine, ecc.*).
incavigliare, *v.a.* to dowel.
incavo, *m.* groove; nick (*mecc.*).
— (*per dare possibilità di evacuazione dell'acqua ai pneumatici*) (*gomme auto*), sipe (to give good drainage).
— **del tornio,** lathe gap.
— **di traversina** (*ferr.*), rail seat.
incendiare, *v.a.* to set on fire; to fire.
incendio, *m.* fire.
— **(domare un —),** to master a fire.
incenerimento, *m.* incineration.
inceneritore, *m.* incinerator.
incentivi, *m. pl.* (*organ., lavoro*), incentives.
incentivo, *m.* wage incentive: v. **compenso —.**
— **agli investimenti** (*comm.*), investment incentive.
incentro, *m.* (*punto caratteristico di un triangolo*), incenter.
inceppamento, *m.* clogginess; jamming; (*di aste, ecc.*) (*petrol.*), sticking; (*di una macchina o strumento*) (*mecc., ecc.*), blockage.
incepparsi, *v.r.*, to clog; to jam.
incerata, *f.* tarpaulin.
incernieratura alettone (*aereo*), aileron hinge.
incestata, *f.* pocketing.
inchiavettare, *v.a.* to key.
inchiavettatura, *f.* keying.
inchiesta sulla retribuzione, wage and salary survey.
inchiodare, *v.a.* to nail; to rivet; (*ferr.*), to spike.
inchiodatura (a doppia —), double riveted.
inchiostratore, *m.* (*tip.*), forme inking roller.
inchiostro, *m.* ink.
— **al campeggio,** logwood ink.
— **colorato,** coloured writing ink.
— **copiativo,** copying ink.
— **da stampa,** printing ink.
— **da trasporto** (*tip.*), transfer ink.
— **di China,** China ink; Indian ink; Chinese ink.
— **fluorescente,** fluorescent ink.
— **indelebile,** indelible ink; waterproof ink.
— **litografico,** lithographic ink.
— **magnetico,** magnetic ink.
— **minerale** (*tip.*), metallic ink.
— **nero all'anilina,** black aniline ink.
— **non da stampa,** non-printing ink.
— **per la stampa di libri,** book ink.
— **per nastri di macchine da scrivere,** typewriter ribbon ink.
— **per registratori** (*elet.*), recording ink.
— **rosso,** red ink.
— **simpatico,** sympathetic ink.
— **tipografico,** printing ink.
— **visibile,** visible ink.
incidente, *agg.* incident; (*infortunio, sinistro*), accident; vedi **infortunio.**
— **automobilistico grave** (*auto*), car crash.
— **aviatorio,** *m.* air crash.
— **di volo** (*aereo*), flight mishap.
— **(raggio —)** (*fis.*), incident ray.
incidenti durante il giorno (*auto*), accidents in daylight.
incidenza, *f.* incidence.
— **di portanza nulla** (*aereo*), zero lift angle.
incidere, *v.a.* to engrave; to cut in; to incise; (*audio*), to record.

incidere all'acquaforte, to etch.
incile, *m.* intake.
incisione, *f.* incision; cut; gash; notch (*di legno*).
— **ad acquaforte,** etched copper plate.
— **al bulino,** stroke engraving.
— **all'acqua forte,** etching.
— **di dischi microsolco,** microgroove recording.
— **di saldatura** (*difetto sotto forma di depressione al margine del cordone di saldatura*) (*met.*), shallowing around edge of weld seam.
— **in legno,** xylography.
— **in rame,** copperplate.
— **in rilievo** (*tip.*), etch in relief.
incisore, *m.* engraver.
inclinabile, *agg.* inclinable; tilting (*mecc.*); canting (*mecc.*).
inclinare, inclinarsi, to slope (*terreno*); to slant; to incline; to tilt (*mecc.*); to cant (*mecc.*); to pitch (*tetto*); to dip.
inclinarsi in virata verso un punto cardinale (*aereo*), to bank.
inclinato, *p.p.* inclined.
— **sulla sinistra di un angolo di 45 gradi** (*mot. auto*), canted over to the left at an angle of 45 deg.
— **(antenna inclinata)** (*radar*), tilted antenna.
— **(piano —),** inclined plane.
inclinazione, *f.* inclination; slope (*declivio*); (*gen.*) (*tip.*), slant (*p. es. di caratteri tipografici*).
— **assoluta** (*aereo*), fore and aft tilt.
— **del fuso** (*tess.*), bevel.
— **della faglia** (*geol.*), fault hade.
— **dell'ago magnetico,** deflection of a compass.
— **della forcella** (*orol.*), angle of lever.
— **dell'àncora** (*orol.*), angle of pallets.
— **dello schienale imbottito** (*auto*), recline of the squab.
— **del pezzo da lavorare,** tipping of the work.
— **del tetto,** slope, (*or*) inclination, (*or*) pitch of the roof.
inclinazione di un albero (*naut.*), rake of a mast.
— **di una scala** (*cost. civ.*), ratio of rise and tread.
— **negativa** (*macch. ut.*), negative rake.
— **orbitale** (*di satellite rispetto all'equatore; di un pianeta con il piano dell'orbita terr.*) (*astron., astr.*), orbit inclination.
— **positiva,** positive rake.
— **(aumentare l'—),** to steepen.
— **(aumentare l'— di un angolo),** to steepen an angle.
— **(rapporto di —)** (*agrim.*), gradient.
inclinometro, *m.* inclinometer; (*per dare l'angolo fra l'asse laterale e l'orizzonte*) (*aereo*), cross-level.
— **longitudinale** (*aereo*), pitch indicator.
inclusione, *f.* inclusion.
— **allineata** (*o* **filiforme**) (*met.*), stringer (*line up inclusion*).
— **di refrattario** (*met.*), brick inclusion.
— **di scoria** (*met.*), slag inclusion.
— **di terra** (*di terra di formatura inglobata nel getto*) (*met.*), sand inclusion.
— **endogena** (*in seno al metallo liquido*) (*met.*), endogenous inclusion.
— **esogena** (*met.*), exogenous inclusion.
— **filiforme** (*cavità allungata in una saldatura*) (*met.*), stringer.
— **gassosa,** gaseous inclusion.
— **liquida,** liquid inclusion.
— **non metallica** (*met.*), non-metallic inclusion.
— **per diffusione di ossigeno** (*met.*), oxygen diffusion inclusion.
— **sabbiosa** (*met.*), sand inclusion.
— **solida,** solid inclusion.
— **vetrosa,** vitreous (*or* glass) inclusion.
incoerente, *agg.* (*radio*), incoherent.
incognita, *f.* (*mat.*), unknown (quantity).
incollaggio, *m.* (*tess.*), sizing.

incollare, *v.a.* to glue; to paste; to stick; to cement (*cinghie*) (*parti di modelli*).
— **bene assieme,** to cement squarely together.
incollamento di una valvola (*auto*), valve jamming.
incollarsi (*mecc.*), to stick.
incollato (*carattere tip.*), baked.
incollatrice, *f.* glueing machine; (*imbozzimatrice*) (*tess.*), sizing machine.
— **di nastro perforato** (*elettron.*), paper tape splicer.
— **elettronica per legno,** electronic wood glueing machine.
— **per legatorie,** bookbinders' glueing machine.
— **per scatole di cartone,** carton gluer.
incollatura, *f.* glueing; sticking; (*discontinuità di saldatura fra metallo base e quello di apporto, oppure fra due passate*) (*met.*), lack of fusion; (*mecc.*), scoring; pick-up.
incolore, *agg.* colourless.
incombustibile, *agg.* fire proof; incombustible.
incombustibilità, *f.* incombustibility.
incommensurabile, *agg.* (*mat.*), incommensurable.
incompatibile, *agg.* (*mat.*), incompatible.
incompatibilità (*med.*), incompatibility.
incompressibile, *agg.* incompressible.
incongelabile, *agg.* unfreezable; uncongealable.
inconsistenza, *f.* inconsistency.
incontrare il gas durante la perforazione (*min.*), to encounter gas duiing the drilling.
incontro, *m.* (*giunto*), joint.
— **avvicinato** (UFO) (*astr.*), close encounter.
— **orbitale lunare** (*voli spaziali*), lunar orbital rendezvous (LOR).
— **orbitale terrestre** (*voli spaziali*), earth orbit rendezvous (EOR).
inconveniente, *m.* inconvenience; drawback; trouble; disadvantage; (**senza inconvenienti; senza guasti**), trouble-free.
incorporare, *v.a.* to embody; to build in.
incorporato, *p.p.* (*di strumenti*), self-contained; built-in.
incorsatoio, *m.* bead plane.
incorsatura, *f.* (*tess.*), pass.
incrementare la produzione, to boost production.
— **le vendite,** to boost sales.
incremento, *m.* (*mat.*), increment.
— **di una funzione** (*mat.*), increment of a function.
— **di velocità** (*aereo*), inflow.
increspatura, *f.* (*vernici, smalti*), curling.
— **della latta** (*difetto superf. originato durante la laminaz. a freddo avente l'aspetto di una ondulazione ai bordi*) (*met.*), panelling.
incrinamento, *m.* (*vernici*), crazing.
incrinare, *v.a.* to crack.
incrinatura, *f.* flaw; crack; cracking. v. **cricca.**
— **da fatica dovuta alla corrosione** (*met.*), corrosion-fatigue cracking.
incrinoscopio (*m.*) **magnetico,** magnetic crack detector.
incrociamento (*ferr.*), v. **incrocio** *o* **cuore.**
— **aereo** (*elet.*), overhead crossing.
incrociarsi, *v.r.* to cross one another.
incrociato, *agg.* criss-cross.
incrociatore, *m.* (*naut.*), cruiser.
— **antiaereo,** anti-aircraft cruiser.
— **grande,** large cruiser.
— **lanciamissili** (*naut. mil.*), guided missile cruiser.
— **leggero,** light cruiser.
incrociatura (*f.*) (*o* **incrocicchio**) **di fili,** crossing of wires.
incrocio, *m.* notching (*con incastro*); crossing (*senza incastro*); (*cost. strad.*), interchange; (*strade*), intersection; crossing.

incrocio aereo (*ing. elet.*), aerial crossing.
— **a livello** (*strade*), at-grade intersection.
— **di binari** (*punto d'incrocio*), cross-frog (U.S.A.); crossing; track-crossing.
— **doppio** (*ferr.*), scissors crossing.
— **munito di segnali** (*traffico*), signalized intersection.
— **non controllato** (*traffico*), uncontrolled junction.
— **perpendicolare a tre vie** (*traffico*), right-angled three-way intersection.
— **semaforizzato** (*traffico*), signalized intersection.
incrostare, *v.a.* to incrust; to scale; to fur.
incrostarsi, *v.r.* to scale; to become scaled (*or* incrusted).
incrostatura, *f.* incrostation; encrustation; scale.
— **di caldaia,** boiler scale.
incrostazione, *f.* v. **incrostatura.**
— (*dovuta all'acqua marina, ecc.*), fouling.
— **(far scomparire ogni traccia di —),** to rout out any form of scale.
incrudimento (*m.*) **a freddo** (*met.*), strain hardening; work hardening.
— **locale** (*met.*), local strain hardening.
— **per invecchiamento,** age-hardening.
— **per sola precipitazione** (*met.*), simple precipitation hardening.
— **per sole tensioni reticolari,** simple lattice-strain hardening.
— **(parametro di —)** (*met.*), strain hardening parameter.
incrudire, *v.i.* (*met.*), to strain-harden; to work-harden.
— **per invecchiamento** (*met.*), to age harden; (*la lega incrudisce per invecchiamento in due fasi*), the alloy age hardens in two stages.
incubatrice, *f.* (*agric.*), brooder.
— **a raggi infrarossi** (*agr.*), infrared brooder.
incudine, *f.* anvil; (*per orologiaio*), stake.
— **(foro quadro dell'—),** hardie hole (U.S.A.).
— **(foro rotondo dell'—),** pritchel hole (U.S.A.).
incudinetta di riposo (*telegr.*), back stop.
incuneamento, *m.* underpinning.
incupolamento, *m.* (*fond.*), lift.
incuria, *f.* carelessness; negligence; want of care.
incursione (*f.*) **aerea,** air raid.
incurvamento, *m.* buckling; (*met.*), v. **centinatura.**
— **in alto** (*met.*), overdraft.
— **in basso** (*met.*), underdraft.
incurvare, *v.a.* to bend; to deflect; to sag.
incurvarsi, *v.r.* (*legno*), to warp *v.i.*
incurvatrice, *f.* bending machine; bender.
— **ad ingranaggi,** geared bender.
— **ad ingranaggi per tondini,** geared bar-bender.
— **a motore,** power bender.
— **per tondini,** bar-bender; bar-bending machine.
— **per tondini a vite senza fine,** worm operated bar bender.
incurvatura, *f.* deflection; bending.
— **da cesoiatura** (*deformazione causata da cesoiatura difettosa*) (*met.*), shear bow.
— **dei cilindri** (*lamin. met.*), deflection of the rolls.
— **del legno,** warping.
indaco, *m.* indigo (*pl.* indigoes) (*pl.* indigos, U.S.A.).
— **bianco** (*chim.*), indigo white; leucoindigo $C_{16}H_{12}N_2O_2$.
indagine semestrale (*statistica*), half-yearly inquiry.
indamina, *f.* (*chim.*), indamine.
indantrene (*chim.*), indanthrene,
— **(coloranti —),** indanthrene colours.
indebolimento, *m.* weakening.
— **della corrente** (*elet.*), weakening of current.
indebolirsi (*vista, udito*), to fail.

indefinito, *agg.* (*mat.*), indefinite.
indemagliabile, *agg.* (*rif. a calze*), ladder-proof.
indene, *m.* (*resine*) (*chim.*), indene.
indennità, *f.* benefit.
— (*pensione*) **ai superstiti,** death benefit.
— **compensatrice,** gratuity.
— **di disoccupazione** (*lavoro*), unemployment compensation.
— **di separazione,** cost of living allowance.
— **di trasloco,** removal allowance.
— **per il trasferimento dell'impresa** (*con perdita dell'impiego*), dislocation allowance.
— **scolastica** (*remunerazioni*), educational allowance.
indennizzare, *v.a.* to indemnify; to compensate.
indennizzo, *m.* indemnity; compensation.
identare, *v.a.* to mesh; v. **ingranare.**
indeterminata (equazione —) (*mat.*), indeterminate equation.
indeterminato, *agg.* (*mat.*), indeterminate.
indeterminazione, *f.* (*fis.*), indeterminacy.
indicare, *v.a.* to indicate.
indicato, *p.p.* rated (*p. es.*: *carico indicato*, rated load; *potenza indicata*, rated power).; (*mecc.*), indicated.
indicatore, *m.* (*elet.*, *ing.*, *chim.*, *ecc.*), indicator; dial (*quadrante*); gauge; gage; pointer (*indice*); indicator element (*fis. atom.*); (*caratteristica geologica che indica la probabile esistenza di un minerale coltivabile*) (*geol.*), indicator.
— **dell'angolo di girazione** (*aereo*), yaw meter.
— **della pressione,** pressure-gauge.
— **della velocità,** speedometer.
— **dell'inclinazione laterale** (*aereo*), cross level.
— **del livello d'acqua,** water level gauge.
indicatore del livello dell'olio, oil level indicator.
— **di assorbimento** (*chim.*), adsorption indicator.
— **di battimenti,** beat indicator.
— **di carica** (*altoforno*), charge-gauge; stock indicator.
— **di deviazione di frequenza,** frequency-deviation meter.
— **di discesa e di salita** (*aereo*), incidence indicator.
— **di distanza percorsa** (*aereo*), air-mileage indicator.
— **di durata** (*sald.*), cycle counter.
— **di flusso,** flowrate indicator.
— **di frequenza,** frequency indicator.
— **di giochi** (*met.*), play indicator.
— **di livello** (*per contenitore per liquidi*, *ecc.*), level indicator.
— **di livello massimo,** high level indicator.
— **di livello minimo,** low level indicator.
— **d'ingombro** (*auto*), width indicator.
— **di ossidazione** (*chim.*), oxidation reduction indicator.
— **di perdite** (*fis. atom.*), leak detector.
— **di picco a led** (*registratori a cassette*) (*audio*), LED peak level indicator.
— **di polarità** (*elet.*), polarity indicator.
— **di posizione** (*autocarri*), steering indicator.
— **di posizione** (*teleferica*), track indicator.
— **di posizione in pianta** (*schermo*) (*radar*), plan position indicator.
— **di potenziale** (*elet.*), potential-indicator.
— **di pressione,** pressure-gauge.
— **di quota** (*aereo*), height indicator.
— **di rollata** (*aereo*), roll indicator.
— **di rotta** (*aereo*), flight path recorder; (*radar*), heading indicator.
— **di salita e di discesa,** variometer; incidence indicator.

indicatore di sintonia (*radio*), tuning indicator.
— **di spostamento di fase** (*elet.*) phase indicator.
— **di tempo impiegato** (*in un dato lavoro*), elapsed time indicator.
— **di tensione** (*elet.*), voltage indicator.
— **di terra** (*elet.*), leakage indicator.
— **di tiraggio** (*forni*), draft gage.
— **di traffico stradale** (*elet.*), road vehicle detector.
— **di umidità** (*chim.*), humidity indicator.
— **di velocità** (*aereo*), air speed-indicator.
— **di virata** (*aereo*), turn indicator.
— **di virata e di sbandamento** (*aereo*), turn and slip indicator.
— **ferrosillico** (*met.*), ferroxyl indicator.
— **isotopico** (*fis. atom.*), isotopic indicator; isotopic tracer.
— **livello carburante** (*auto*), fuel gauge; (*l'— livello carburante è tarato in galloni e in litri*), the fuel gauge is marked in gallons and litres.
— **luminoso d'emergenza** (*auto*), hazard flasher.
— **ottico di sintonia,** visual tuning indicator.
— **radar tipo A,** range height indicator.
— **radar tipo B,** range height marker.
— **radioattivo** (*fis. atom.*), radioactive indicator.
— **stradale di presegnalazione** (*strade*), advance direction sign.
indicatori multipli (*di pressione, temper., ecc.*), multi-point indicators.
indicatrice (*f.*) **di emissione d'intensità luminosa,** luminous intensity distribution curve.
— **laterale di forma allungata** (*freccia*) (*auto*), trafficator; electric direction indicator.
indicazione, *f.* indication.
indicazione catodica (*radar*), cathode-ray tube display.
— **digitale a cristalli liquidi** (*inform.*), digit liquid crystal display.
— **verde digitale** (*inform.*), digit green display.
indicazioni pedonali (*traffico*), pedestrian indications.
— **topografiche,** survey marks.
indice, *m.* (*mat.*), (*chim.*), index; (*di strumenti di mis.*), pointer; (*tip.*), table fo contents.
— **analitico** (*tip.*), index.
— **d'acidità,** acid number.
— **dei prezzi al dettaglio** (*econ.*), retail price index.
— **dei prezzi all'ingrosso** (*econ.*), wholesale price index.
— **del guadagno orario dei lavoratori manuali** (*econ. lavoro*), hourly earning index for manual workers.
— **della produttività** (*econ.*), productivity index.
— **della produzione nazionale** (*econ.*), index of national output.
— **della radice** (*mat.*), index of the root.
— **delle ditte inserzioniste** (*riviste tecn.*), index to advertisers.
— **del salario orario contrattuale** (*econ. statistica, lavoro*), hourly wage rate index.
— **del valore unitario delle merci importate ed esportate** (*econ.*), import and export unit value index.
— **di barilatura** (*prova della resistenza mecc. di agglomerati*) (*met.*), tumbler index.
— **di barilatura del coke,** coke DI.
— **di caduta su piastra** (*prova della resistenza mecc. di agglomerato*) (*met.*), shatter index.
— **di cokefazione** ((*carbone*), free swelling index.
— **Diesel** (*combustione*), Diesel index.
— **di leggibilità** (*di un libro, un articolo, giornale, ecc.*), readability index.

indice di perdita tempo (*campionatura lavoro*), ratio delay.
— **di pericolosità** (*strade, traffico*), hazard index.
— **di porosità** (*geol.*), porosity index.
— **di rifrazione,** refractive index.
— **di rigonfiamento** (*carb.*), swelling index; swelling number.
— **di saponificazione** (*chim.*), v. numero di —.
— **di severità** (*met.*), severity factor (severity of quench hardenability factor).
— **di tolleranza all'inquinamento ambiente,** environmental pollution tolerance.
— **di tossicità** (*gas*), toxicity value.
— **di un libro** (*tip.*), contents; table of contents; index (*indice analitico*).
— **di uno strumento,** pointer.
— **di usura** (*mecc.*), wear index.
— **di viscosità** (*di olio*), viscosity index.
— **relativo allo slittamento dei salari** (*econ. lavoro, statistica*), wage drift index.
— **ufficiale dei prezzi** (*econ.*), established price index.
indici delle facce (*cristall.*), indices of crystal faces.
indicizzare (*prezzi, titoli*), to index.
indicizzazione (*dei prezzi*), indexation (of prices).
— (*modifica degli indirizzi mediante registri d'indice*) (*inform.*), indexing.
indietro tutta (*o* **a tutta forza**) (*naut.*), full astern!
indigoide, *m.* (*coloranti*), indigoid (dye).
indigosoli (*colori*) (*chim.*), Indigosols.
indigotina, *f.* (*chim.*), indigotin; indigo blue; $C_{16}H_{10}N_2O_2$.
indio, *m.* (*chim.* = In), indium.
indipendente *agg.* (*non incorporato in altri edifici*) (*cost.*), freestanding.
— **(canale di televisione —)** (TV), independent (TV) channel.
indire un bando di gara (*lavori*), to call bids.
indirizzabile, *agg.* (*rif. a memoria*) (*inform.*), addressable.
indirizzabilità, *f.* (*inform.*), addressability.
indirizzamento diretto (*inform.*), direct addressing.
— **indiretto** (*inform.*), indirect addressing.
indirizzo, *m.* (*numero o simbolo nella memoria*) (*calcol. elettron.*), address.
— **immediato** (*inform.*), immediate address.
— **di base** (*inform.*), base address.
— **di memoria** (*inform.*), memory location.
— **indiretto** (*inform.*), indirect address.
— **(decodificatore d'—),** address decoder.
indirubina, *f.* (*chim.*), indirubin; indigo red; indigo purpurin; $C_{16}H_{10}N_2O_2$.
individualizzazione di una stazione trasmittente (*radio*), position-finding.
individuare gli errori (*inform.*), to spot mistakes.
— **la posizione** (*di un'area di lancio*), to pinpoint the position.
indocarbone, *m.* (*chim.*), Indocarbon (*per tingere cotone e raion*).
indofenoli, *m. pl.* (*chim.*), indophenols (*usati per tingere lana e cotone*).
indolo, *m.* (*chim.*), indole.
indorare, *v.a.* to gild.
indoratura, *f.* gilding.
indossare una maschera, to wear a mask; to wear a respirator.
indossile, *m.* (*coloranti*), indoxyl.
indotto, *m.* (*elet.*), armature; rotor; generator armature (*i. di dinamo*).
— **a campana,** bell armature.
— **a circuito aperto,** open circuit armature.
— **a circuito chiuso,** closed circuit armature.
— **ad anello** (*elet.*), ring armature.

indotto ad anello piatto, flat-ring armature.
— **a fili** (*elet.*), wire wound armature.
— **a stella,** pole-armature.
— **a tamburo** (*elet.*), drum armature.
— **avvolto** (*i. ad anelli*) (*elet.*), slip ring rotor.
— **di saldatura,** welding primer.
— **fisso,** fixed armature.
— **in barre** (*elet.*), bar-wound ar mature.
— **monofase,** single-phase armature.
— **polare,** pole armature.
— **trifase,** three-phase armature.
— **(a —),** *p.p.* induced (*elet.*).
— **(apparecchio di controllo per —),** armature tester.
— **(barra d'—),** armature bar.
— **(campo d'—),** armature field.
— **(conduttore d'—),** armature conductor.
— **(reazione dell'—),** armature reaction.
indoxile, *m.* (*chim.*), indoxyl.
indulina 6 B (*chim.*), induline blue 6 B (*usata per vernici*).
induline, *f. pl.* (*chim.*), indulines.
indumenti ignifughi, flameproof clothing.
indurente, *m.* (*plast.*), hardener.
indurimento, *m.* hardening; (*vern.*), livering.
— (*p. es. del piombo*) **con il metodo della dispersione** (*met.*), dispersion hardening process.
— **degli acciai,** steel hardening.
— **localizzato** (*met., sald.*), local hardening.
— **per deformazione** (*met.*), strain hardening.
— **per dispersione** (*met.*), dispersion hardening; age hardening.
— **per invecchiamento** (*met.*), age-hardening.
— **per precipitazione** (*met.*), precipitation-hardening.
— **per soluzione solida** (*met.*), solid solution hardening.
— **per tempra** (*met.*), quench hardening.
indurimento secondario (*met.*), secondary hardening.
— **superficiale** (*met.*), surface hardening; skin-hardening.
— **superficiale,** surface hardening.
— **(a —) per invecchiamento** (*met.*), age hardenable.
indurire, *v.a.* to harden; to stiffen; to indurate (*rif. ad argilla*).
— **l'acciaio,** to harden steel.
indurre, *v.a.* (*elet.*), to induce.
industria, *f.* industry.
— **aeronautica,** aircraft industry.
— **aerospaziale,** aerospace industry.
— **artigianale** (*attuata da membri della famiglia nella propria casa*), cottage industry.
— **automobilistica,** automotive industry.
— **automobilistica pesante** (*autocarri*), trucking industry (U.S.A.).
— **casearia,** dairy industry.
— **cementiera,** cement industry.
— **chimica,** chemical industry.
— **conserviera,** canning industry.
— **delle ceramiche,** earthenware industry.
— **delle turbine a gas,** gas-turbine industry.
— **del rottame,** scrap industry.
— **del vetro,** glass industry.
— **di trasformazione,** processing industry.
— **estrattiva,** mining industry.
— **manifatturiera,** manufacturing industry.
— **meccanica,** mechanical industry.
— **mineraria,** mining industry.
— **nascente** (*econ.*), infant industry.
— **nazionalizzata,** nationalized industry.
— **nucleare** (*fis. atom.*), nuclear industry.
— **ottica** (*ott.*), optics industry.
— **pesante,** heavy industry.
— **petrolifera,** oil-industry; petroleum industry.
— **scatole in banda stagnata,** tinbox industry.

industria tessile, textile industry.
— **tintoria,** dyeing industry.
« industrial design », industrial design.
industriale, *agg.* industrial; *n.* manufacturer; *m.* industrialist.
industrializzare, *v.a.* to industrialize.
induttanza, *f.* (*elet.*), inductance.
— **di sintonia d'antenna,** aerial tuning inductance.
— **in serie,** inductance in series.
— **mutua,** mutual inductance.
induttività, *f.* (*elet.*), inductivity.
induttivo, *agg.* (*elet.*), inductive.
induttore, *m.* (*elet.*), inductor.
— **differenziale,** differential inductor.
induttrice, induttore, *agg.* (*elet.*), inductive.
induzione, *f.* (*elet.*), induction.
— **elettrica,** electric induction.
— **elettromagnetica,** electromagnetic induction.
— **elettrostatica,** electrostatic induction.
— **magnetica,** magnetic induction.
— **mutua,** mutual induction.
— **nucleare** (*fis. atom.*), nuclear induction.
— **omopolare,** homopolar induction.
— **per effetto della dispersione,** stray induction.
— **peristaltica,** peristaltic induction.
— **residua,** residual induction.
— **trasversale,** cross induction.
ineguaglianza (*f.*) **di fase,** phase inequality.
inequazione, *f.* (*disequazione*) (*mat.*), inequation.
inerte, *agg.* (*chim.*), inert.
inerti per la costruzione di strade, road making aggregates.
— **per manti in calcestruzzo** (*cost. stradali*), concrete aggregates.
inerudito nella tecnica, technically illiterate.
inerzia, *f.* (*fis.*), inertia; v. **ritorno** (*vernici, smalti*).
inerziale (sistema —) (*fis.*), inertial system.
inesattezza, *f.* inaccuracy.
inesatto, *agg.* incorrect; inaccurate; inexact.
ineguale, *agg.* uneven (*p. es.: densità ineguale*, uneven density).
inferiore, *agg.* (*più basso*), lower (*p. es.: estremità inferiore del braccio*, lower end of the arm).
inferriata, *f.* (*di finestra*), window grate.
infezione della pelle (*med.*), (*sul lavoro*), skin infection.
infialatrice, *f.* (*chim.*), ampoule filling machine.
infiammabile, *agg.* flammable; inflammable; ignitable; ignitible.
— **(liquido —),** flammable liquid.
infiammabilità, *f.* flammability; inflammability.
— **nucleare** (*fis. atom.*), nuclear inflammability.
— **(grado di —),** flash point.
infiggere (*v.a.*) **a secco** (*mediante utensili a sparo, bulloni e chiodi*) (*costr.*), to fire.
— **un palo,** to drive a pile.
infilare, *v.a.* to string (*corda ecc.*); to pass through (*fare passare*); to stick in (*spilli*); (*un tubo nell'altro, ecc.*), to nest.
infiltrare, *v.t.* to infiltrate; to percolate.
infiltrarsi, *v.r.* to infiltrate; to percolate; to seep.
infiltrazione, *f.* infiltration; percolation; seepage.
infiltrometro a doppia corona (*agr.*), double-ring infiltrometer.
infinitesimale, *agg.* (*mat.*), infinitesimal.
infinito, *m.* (*mat.*), infinity (∞).
infissione (*f.*) **di pali,** pile driving.
— **di pali insonora,** soundless pipe driving.
infisso, *m.* fitting.
inflazione da domanda (*econ.*), demand-pull inflation.
— **dovuta ai costi** (*econ.*), cost-push inflation.
— **galoppante** (*econ.*), galloping inflation; runaway inflation.

inflazione strisciante (*econ.*), creeping inflation.
inflazionistico, *agg.* **(alleggerire la pressione —),** to relieve the inflationary pressure.
inflessione, *f.* (*fis.*), inflection; flexure; bending.
— **elastica** (*mecc.*), elastic deflection.
inflettersi (*v.r.*) **lateralmente** (*per carico di punta*), to buckle *v.i.*; to collapse *v.i.*
infiorescenza (*bot.*), inflorescence.
influenza, *f.* (*elet.*), influence.
— **nociva (su),** adverse influence (on).
— **(linea d'—),** influence line.
informatica, *f.* (*elettron.*), information engineering; information technology; information processing industry (*industria*).
— **bibliotecaria** (*inform.*), librarianship/information science.
— **distribuita,** distributed computing; distributed processing.
— **gestionale** (*inform.*), business data processing.
— **grafica,** information graphics.
— **medica** (*inform.*), medical data processing.
informatico, *m.* information specialist; information technologist.
— **(ingegnere —),** information engineer.
informazione auditiva, aural information.
— **computerizzata** (*inform.*), computerised information.
— **fornita da un elaboratore** (*elettron.*), computer-supplied information.
— **(porzione di —)** (*elettron.*), byte.
— **(teoria della —),** information theory.
informazioni binarie (*elettron.*), binary information.
infornare *v.a.* (*met.*), to charge.
infornatrice di lingotti (*met.*), ingot pusher.
infortunio, *m.* accident.
infortunio agricolo (*agr.*), (fatal) farm accident.
— **di maneggio manuale,** manual handling accident.
— **sul lavoro,** industrial injury; industrial accident; (*miniere*), accident at work.
— **sul lavoro in fabbrica,** factory accident.
infradiciare, *v.i.* (*legno*), to rot.
infragilimento, *m.* (*perdita di tenacità*) (*met.*), embrittlement.
— **(rimozione dell'—)** (*met.*); v. **deidrogenerazione per la rimozione dell' —.**
infragilirsi, *v.r.* (*met.*), to embrittle.
infrasemina (*di una coltura in un'altra*) (*agr.*), interseeding.
infrangere la barriera del suono, to break the sound barrier.
infrangibile, *agg.* unbreakable; indestructible.
infrarosso, *agg.* infra-red.
infrasuono, *m.* infrasound.
infrazione, *f.*, breach; (*trasgressione*) (*leg.*), offence.
— **automobilistica,** motoring offence.
— **al Codice della strada,** traffic offence.
— **del diritto di parcheggio** (*auto*), parking offence.
— **dovuta alla mancanza del bollo di circolazione** (*auto*), tax disc offence.
infusibile, *agg.* infusible.
infusibilità, *f.* infusibility.
infusione, *f.* infusion.
ingabbiamento di vagonetti (*min.*), decking.
ingabbiatore automatico (*min.*), cager.
ingegnere, *m.* engineer.
— **addetto ai trasporti elettrici,** electric traction engineer.
— **addetto al disegno di carrozzerie d'auto,** styling engineer.
— **addetto alla distribuzione del carico** (*elet.*), load dispatcher.
— **addetto alla ventilazione** (*min., ecc.*), ventilation engineer.
— **addetto alle costruzioni** (*di ponti ecc.*), structural engineer.

ingegnere addetto alle ricerche, research engineer.
— **addetto all'ufficio impianti,** developmental engineer.
— **aeronautico,** aircraft engineer.
— **aeronautico collaudatore** (*per le prove statiche*), ground engineer.
— **capo,** chief engineer.
— **capo dei servizi tecnici,** chief plant engineer.
— **civile,** civil engineer.
— **consulente,** consulting engineer; engineering consultant.
— **consulente industriale,** industrial consulting engineer.
— **costruttore,** engineer of construction.
— **del gas,** gas engineer.
— **del suono,** acoustical engineer; (*telev.*), audio control engineer.
— **del traffico,** traffic engineer.
— **di collegamento** (*aereo*), liaison engineer.
— **di un laboratorio di ricerche,** research engineer.
— **elettricista,** electrical engineer; *specializzato nell'illuminazione*), illuminating engineer.
— **elettronico,** electronics engineer.
— **elettrotecnico,** electro-technical engineer.
— **fluviale,** river conservancy engineer.
— **genetico,** genetic engineer.
— **idraulico,** hydraulic engineer.
— **informatico** (*inform.*), information engineer.
— **meccanico,** mechanical engineer.
— **metallurgico,** metallurgical engineer.
— **navale,** naval architet; marine engineer.
— **nucleare,** nuclear engineer.
— **per lo sviluppo del mercato,** market development engineer.
— **progettista** (*aereo*), project engineer.
— **progettista di telecomunicazioni via satellite,** satellite communications design engineer.
— **radiotecnico,** radio engineer.

ingegnere responsabile vendite, sales development engineer.
— **specializzato nella lubrificazione,** lubrication engineer.
— **specializzato in gallerie e trafori,** tunnelling engineer.
— **specializzato in missilistica,** missile engineer.
— **specializzato nei sistemi radar,** qualified radar systems engineer.
— **specializzato nel ramo illuminazione,** illuminating engineer.
— **sperimentatore,** test engineer.
ingegneria, *f.* engineering.
— **aeronautica,** aeronautical engineering.
— **agricola,** agricultural engineering.
— **antisismica** (*costr.*), earthquake engineering.
— **automobilistica,** automotive engineering.
— **avanzata,** advanced engineering.
— **ceramica,** ceramic engineering.
— **chimica,** chemical engineering.
— **civile,** civil engineering.
— **creativa,** creative engineering.
— **degli impieghi a basse temperature,** cryogenic engineering.
— **dei materiali,** materials engineering.
— **dei materiali da costruzione,** structural engineering.
— **dei sistemi,** systems engineering.
— **dei sistemi di elaborazione** (*video-digitali, acquisizione dati, comunicazioni, ecc.*), systems engineering.
— **delle macchine utensili,** machine tool engineering.
— **elettronica,** electronic engineering.
— **genetica,** genetic engineering.
— **industriale,** industrial engineering.
— **leggera,** light engineering.
— **meccanica,** mechanical engineering.
— **militare,** military engineering.
— **mineraria,** mine engineering.

ingegneria municipale, municipal engineering.
— navale, marine engineering.
— nucleare, nuclear engineering.
— per la protezione dell'ambiente, environmental engineering.
— per lo studio della sicurezza dell'automobile, auto safety engineering.
— pesante, heavy engineering.
— radiotecnica, radio engineering.
— stradale, road engineering.
— tropicale, tropical engineering.
— umana, human engineering; human factors engineering.
ingegno, *m.* (*di chiave*), bit.
ingegnoso, *agg.* ingenious.
ingessare, *v.a.* to plaster; to whitewash; to lime.
inghiaiamento, *m.* ballast covering.
inghiaiare, *v.a.* to ballast; to lay ballast; (*ferr., strade*), to metal.
ingiunzione, *f.* (*leg.*), injunction.
ingobbamento (*costr. aerei*), buckling.
ingobbatura (*o* **svergolamento**) (*met.*), twist.
ingolfamento (*di carburante*), flooding.
ingolfarsi, *v.r.* (*rif. a motore di automobile*) (*auto*), to flood (itself).
— (il motore si ingolfava spesso), the engine often flooded itself.
ingombrante (poco —) (*riferito a mobili, ecc.*), space saving.
ingombro, *m.* floor space.
— massimo in altezza, overall height of machine.
— (misure d'—), overall dimensions.
ingorgo (*traffico stradale*), bottleneck.
— di una colonna (*chim.*), column flooding.
ingranaggi epicicloidali (*mecc.*), sun and planet gears.
— satelliti (*mecc.*), planet gears.
ingranaggio, *m.* (*mecc.*), gear; gearing.
— a cono, cone gear.
ingranaggio a corona, crown gear.
— a dentatura curva, spiral bevel gear.
— a dentatura ipoide, hypoid bevel gear.
— ad evolvente, involute gearing.
— a gradini, steppep gear.
— anulare, annular gear.
— a spina di pesce, herringbone gear.
— a spirale, spiral gear.
— a vite senza fine, worm-wheel gear.
— centrale (*ruotismi epicicloidali*), sun gear; sun wheel.
— cilindrico, spur gear.
— cilindrico diritto, straight spur gear.
— con dentatura a cuspide, double helical gear.
— con denti ad evolvente, involute teeth gear.
— condotto, driven gear.
— conduttore, driving gear.
— conico, bevel gear.
— conico a spirale spiral bevel gear.
— d'angolo, angle bevel gear.
— d'assortimento, interchangeable gear.
— della 1ª velocità (*auto*), 1st speed wheel; low gear.
— della 2ª velocità (*auto*), 2nd speed wheel; second gear.
— del ritardo, back-gear.
— di distribuzione, timing gear.
— di sdoppiamento, two-to-one gear.
— elicoidale, spiral gear; helical gear.
— ellittico, elliptical gear.
— epicicloidale, epicyclic gearing.
— esterno, external gear.
— interno, internal gear.
— per catena silenziosa, sprocket for noiseless chain.
— riduttore (*mecc.*), reduction gear.
— robusto, rugged gear.
— scoperto, open gear.
— sistema elicoidale, epicycloidal gearing.
— sistema planetario, planetary gearing.

ingranaggio (corpo dell'—), gear body.
ingranamento, *m.* mesh engagement; (*dei denti della ruota di un orologio*), depth; (*dovuto a mancanza di lubrificazione o a poco gioco*), seizure; seizing-up.
ingranare -rsi, *v.i. v.r.* to mesh (with) *v.i.*; to put into mesh; to throw into gear; to engage.
ingrandimento, *m.* enlargement; (*con microscopio, lente*), magnification.
— elettronico, electronic magnification.
— (lente d'—), magnifying glass.
ingrandire, *v.a.* to magnify; to enlarge.
ingrassamento, *m.* fattening.
ingrassare, *v.a.* to fatten; to lubricate; to manure (*concimare*).
ingrassatore, *m.* grease box; oilfeeder; greaser.
— a molla, spring grease cup.
— a pressione, grease-gun.
— contagocce, drip feed lubricator.
ingresso (*calcolatori elettron.*), input.
— di antenna (*radio,* TV), aerial input.
— manuale (*calcolatori elett.*), manual input.
— fono (*audio*), phono input.
ingrossamento critico del grano (*ingrossam. eccessivo del grano nei laminati dopo lavorazione a freddo e ricottura entro i limiti critici*) (*met.*), critical grain growth.
— del grano (*met.*), grain growth.
ingualcibile, *agg.* (*tess.*), crease-proof.
inibito, *p.p.* (*fis.*) (*leghe di rame, ecc.*), inhibited.
inibitore anodico (*chim.*) (*elet.*), anodic inhibitor.
— catodico (*elet.*), cathodic inhibitor.
— di corrosione, corrosion inhibitor.
— di decapaggio, pickling inhibitor.
inibitore in fase vapore (*met.*), vapour phase inhibitor.
inibizione contro la corrosione, corrosion inhibition.
iniettare, *v.a.* to inject; to squirt (*mot. Diesel*).
— con creosoto, to creosote; to impregnate with creosote.
— le traversine (*ferr.*), to impregnate the sleepers.
iniettore, *m.* injector.
— a pernetto (*auto*), pintle nozzle.
iniezione, *f.* injection.
— del legname, injection of wood.
— di carbone, coal injection.
— di carbone polverizzato (nell'altoforno) (*met.*), pulverized coal injection.
— di diluenti (*ind. petrol.*), diluent injection.
— di gas naturale, natural gas injection.
— di liquido refrigerante (*aereo*), refrigerant injection.
— diretta, solid injection.
— diretta di olio combustibile, injection of fuel.
— elettronica (*auto*), electronic fuel injection.
— (impianto di — del carbone), coal injection installation.
— (sistema di — del carbone), coal injection system.
iniziale, *agg.* initial.
— di una riga (*tip.*), cocked-up.
iniziatore, *m.* (*chim.*), initiator; (*programma di preparazione*) (*inform.*), initiator.
inizio di presa (*cemento*), initial setting.
— di scheda (o nastro) (*inform.*), leading end.
— soffiaggio (*met.*), blowing start.
— spillata (*met.*), tapping start.
innaffiare, *v.a.* to sprinkle; to water.
innaffiatoio, *m.* watering can; sprinckler.
innaffiatrice, *f.* sprinkler.
— stradale, street sprinkler.
innaffiatrice-spazzatrice, *f.* sprinkling-sweeping machine.
innaffiatura, *f.* sprinkling.

innaffiatura sotto pressione, pressure sprinkling.
innalzare (*v.a.*) **un edificio,** to raise a building; to heighten (*se si aumenta l'altezza*).
— **un ponte,** *v.a.* to lift (*or* to raise) a bridge.
innescamento (*delle cartucce d'esplosivo*) (*min.*), priming.
innescare una mina, *v.a.* to prime a mine.
innesco, *m.* (*min.*) (*esplosivi*), primer.
— **di agente esplosivo** (*min.*), blasting agent primer.
— **di arco** (*sold.*), striking the arc.
innestare, *v.a.* to connect; to graft; to fit in; (*auto*) to engage.
— **la puleggia a gradini,** to couple the cone pulley.
— **la retromarcia** (*auto*), to engage the rear clutch.
— **una velocità,** to put in a speed.
innesto, *m.* clutch (*mecc.*); coupling (*mecc.*).
— **a baionetta,** bayonet clutch.
— **a coni multipli,** multi-cone friction clutch.
— **a cono,** cone clutch; conical clutch.
— **a cono di frizione,** cone friction clutch.
— **a denti,** dog clutch; clutch coupling.
— **ad intarsio** (*bot.*), grafting.
— **a dischi multipli** (*mecc.*), multiple disc clutch.
— **a frizione,** friction coupling; friction clutch.
— **a frizione a dischi multipli** (*macch. ut.*), multi-disc friction clutch.
— **a ganasce** (*mecc.*), jaw clutch.
— **a gemma** (*bot.*), budding.
— **a griffe,** claw coupling.
— **a spacco** (*bot.*), splice-grafting.
— **automatico,** automatic coupling.
— **conico,** cone coupling.
— **d'avviamento** (*mot.*), starting clutch.
— **del cambio** (*auto*), gear engagement.
innesto di binario (*ferr.*), interlacing of lines.
— **di sicurezza,** safety clutch.
— **disinnestabile,** disengaging coupling.
— **elettromagnetico,** magnetic clutch.
— **idraulico,** hydraulic clutch.
— **istantaneo,** quick coupling.
— **magnetico,** magnetic clutch.
— **pneumatico,** pneumatic clutch.
innovazioni, *f. pl.* developments.
inoculante (*della ghisa, ecc.*) (*met.*), inoculant.
inoculazione della ghisa (*met.*), inoculation of cast-iron.
inodoro, *agg.* odourless; odorless (U.S.A.).
inoffensivo, *agg.* (*non tossico*), non-toxic.
inondare, *v.a.* to flood; to inundate.
inondazione, *f.* flood; inundation.
inoperante, *agg.* (*elettron.*), dummy.
inoperoso, *agg.* v. **inattivo.**
inorganico, *agg.* inorganic.
inossidabile, *agg.* rustless; stainless; inoxidizable; unoxidizable.
input, *m.* (*calcolatore elettronico*), v. **ingresso.**
inquartare, *v.a.* to inquartate.
inquadratura, *f.* (*cinem.*), frame; simple shot; sequence; (*telev.*), framing.
— **troppo grande** (*telev.*), loose framing.
— **(difetto d'—)** (*fot.*), misframing.
inquartazione, *f.* inquartation; quartation (*met.*).
inquinamento (*dell'atmosfera, ecc.*), pollution; v. **attrezzatura per il controllo dell'—** (*naut., ecc.*).
— **atmosferico (addetto al controllo dell'—),** dust sampling officer.
— **atmosferico da prodotti petrolchimici,** petrochemical air pollution; petrochemical smog.
— **dell'aria** (*o* **atmosferico**), air pollution.
— **fonico,** noise pollution.
— **petrolifero,** oil pollution.

inquinamento radiologico (*fis. atom.*), radiological pollution.
— termico di un fiume, thermal pollution of a river.
— (riduzione dell'—), pollution abatement.
— (sistema di controllo dell'— atmosferico), air pollution control system.
— (togliere l'—) to cut out pollution.
inquinante (materiale —) (*chim., ecc.*), pollutant.
insabbiamento (*m.*) **del pozzo,** sanding up of the well.
insaccatrice (*per salsicce*) (*alim.*), sausage-filler.
insacchettatrice (*in generale*), bag packer; bagging machine; bag packing machine.
insalata, *f.* (*cinem.*), **spaghetti,** *m.* shredded wheat (*fuoruscita del film dai rotoli*).
insaponare, *v.a.* to soap.
insaponatrice (macchina —), (*tess.*) soaping machine.
insaporo, *agg.*, tasteless.
insaturabile, *agg.* unsaturable.
insaturo, *agg.* unsaturated.
inscatolamento (*in lattine, ecc.*), canning.
inscatolare, *v.a.* (*in lattine*), to can.
inscritto, *p.p.* (*geom.*), inscribed.
inscrivere, *v.a.* (*geom.*), to inscribe.
inseguimento dilettanti a squadre (*sport cicl.*), amateur team pursuit.
inseguitore catodico (*elettron.*), cathode follower.
— di emettitore (*elettron.*), emitter follower.
insellamento, *m.* (*naut.*), sagging.
insellatura (*di nave*), sheer.
insensibile ai guasti (*errori, incidenti, ecc.*) (*inform.*), fault tolerant.
inserimento (*fusione*) (*elettron.*), merge; (*calcol. elettron., infor.*), insertion; (*di schede*) (*inform.*), collation.
inserire, *v.a.* (*elet.*), to connect; to switch on; to put into circuit; (*aereo. ecc.*), to insert; (*fra due metalli, ecc.*), to sandwich; (*disco inserito fra 2 pezzi di ottone*), a disc sandwiched between two pieces of brass; (*schede, ecc.*; *inform.*), to collate; (*tip.*), to insert.
inserire una presa di corrente (*elet.*) to tap in a socket.
— una stampante (*a mezzo di spina*) (*elet.*) (*inform.*), to plug-in a printer.
— un punto (*bozze*), insert full point.
inseritore, *m.* commutator.
inseritrice, *f.* (*calcol. elettron., inform.*), inserting machine; collator; collating machine.
inserti gettavia (*mecc.*), throw-away inserts.
inserto, *m.* (*cinem.*), insert; (*filetto di un elemento di fissaggio*) (*mecc.*), insert.
— filettato (*mecc.*), thread insert.
inservibile, *agg.* unusable (*p. es.: il filtro divenne inservibile*, the filter became unusable).
inserviente (*aereo*), steward.
inserzione, *f.* (*elet.*), connection; insertion.
— della trama, (*tess.*), picking.
— di appalto, bid advertisement.
— di nuove parole (*inform.*), insertion of new words.
— senza illustrazioni (*pubb.*), undisplay advertisement.
inserzionista, *m.* (*pubb.*), space buyer.
insetticida, *m.* insecticide; insecticide product.
— per ingestione, pesticide.
insetto del legno, wood-attacking insect.
insieme *m.* (*mat.*), aggregate.
— di programmi (*inform.*), software package.
insilamento, *m.* (*agr.*), ensilage; silo storage.
insilare, *v.a.* to ensile.
insolazione (*meteor.*), insolation.
insolubile, *agg.* insoluble.
insolubilità, *f.* insolubility.
insommergibile, *agg.* unsinkable.
insonorizzato, *agg.* free of noise; sound-dampened.

insonorizzazione (*acust. aereo, ecc.*) soundproofing; sound-dampening; sound-deadening.
instabile, *agg.* (*meterol.*) (*riferito all'atmosfera, in cui si formano correnti d'aria verticali*), bumpy; unstable (*fis.*).
instabilità d'immagine (*telev.*), float.
— (*f.*) **di rotta** (*aereo*), directional instability.
— **di rullio** (*aereo*), rolling instability, lateral instability.
— **laterale** (*aereo*), lateral divergence.
— **longitudinale** (*aereo*), longitudinal instability.
— **orizzontale dell'immagine** (*telev.*), horizontal hunting.
— **sull'acqua** (*aereo*), porpoising.
— **termica,** thermal instability.
installare, *v.a.* to instal; to set up.
— **un calcolatore elettronico** (*elettron.*), to instal a computer.
installazione, *f.* plant; installation.
— **di calcolo interattivo** (*inform.*), interactive computing facility.
— **di un alternatore per turbine,** turbine-generator installation.
— **per telecomando,** installation of transmission-line; pilot-relaying.
— **semplificata** (*met., ecc.*), simplified installation.
installazioni elettriche a prova di incendio, flameproof electrical installations.
instradamento (*di messaggi, ecc.*), (*inform.*), routing.
instradare le informazioni (*inform.*), to channel.
insudiciamento, *m.* fouling.
insudiciare (*mani, viso*), to grime (*spec. rif. a polveri di carbone, ecc.*).
insufflazione dell'ossigeno (*met.*), blowing of oxygen; oxygen blow; oxygen injection.
— **di ossigeno con lance dalla volta** (*met.*), oxygen roof-lancing; oxygen injection by roof lances.
insufflazione di gas nell'altoforno (*met.*), injection of gas into the blast furnace.
« insulae » (*urbanistica*), pedestrian's insulae.
insulina, *f.* (*med.*), insulin.
intaccabile, *agg.* non corroding.
intaccare, *v.a.* (*chim.*), to corrode; (*con tacche*), to notch; (*laminazione*) (*met.*), to rag.
intaccatura, *f.* notch (*incisione con tacche*); (*laminazione*) (*mecc.*), ragging.
— **a coda di rondine a metà legno,** dovetail halving.
— **a metà legno,** halving.
— **a squadro a metà legno,** straight halving.
— **dovuta a ruggine,** *ecc.*, pitting; pit.
intagliare, *v.a.* to carve; to engrave; (*mecc.*), to notch.
— **a bulino,** to engrave.
— **ad acquaforte,** to etch.
intagliatore, *m.* carver; engraver.
intagliatrice, *f.* (*per carbone*) (*miniera*), coal-cutting machine; coal-cutter.
intaglio, *m.* cogging (*falegn.*); engraving; carving; cut plate; (*met.*), notch; v. **effetto d'—** (*mecc.*).
— **a chiavetta** (*prova Charpy*) (*mecc.*), keyhole notch.
— **a coda di rondine,** dovetailed cogging.
— **a croce,** cross cogging; (*vite*), cruciform recess.
— **a V** (*di provetta*) (*met.*), V notch.
— **di testa,** end cogging.
— **fuori squadro,** bevelled cogging.
— **in isquadro,** square cogging.
— **in legno,** wood cut.
— **in rame,** copperplate engraving.
intarlatura, *f.* worm eatness.
intarsiare, *v.a.* to inlay; to veneer; to insert.
intarsiato, *p.p.* inlaid; veneered.
intarsiatura, *f.* veneering; marquetry.

intarsio, *m.* marquetry; inalid work.
intasamento, *m.* obstruction; stopping; tamping; stemming (*esplosivi*).
intasare, *v.a.* to stop up; to close; to block up; to tamp (*esplosivi*; *foro da mina*); to clog.
intavolato, *m.* wainscot (*di parete*); wooden floor (*pavimento*).
integrale, *m.* (*mat.*), integral (*pl.* integrals).
— **di diffusione per risonanza** (*fis. atom.*), resonance scattering integral.
— **di risonanza efficace,** effective resonance integral.
— **indefinito** (*mat.*), indefinite integral.
— **(calcolo —)** (*mat.*), integral calculus.
integrare, *v.a.* (*mat.*), to integrate.
integrato, *p.p.* (*elettron.*), integrated.
— **(circuito —),** integrated circuit.
integratore, *m.* (*med.*, *elettron.*), integrator.
integrazione, *f.* (*mat. ecc.*), integration.
— **grafica,** graphical integration.
integrità, *f.* (*mat.*), integrity.
integrometro, *m.* integrometer; v. **integratore** (*elettron.*).
intelaiare, *v.a.* to frame; to put on the loom (*tess.*).
intelaiatura, *f.* frame; framework.
— **di ferro,** iron frame.
— **di porta,** door frame.
— **di vettura,** frame of the carriage.
— **longitudinale** (*aereo*), longitudinal frame.
intelligente, *agg.* (*inform.*), intelligent.
intelligenza artificiale (*rif. a vista, udito e pensiero creativo*) (*calcol. elettron.*), artificial intelligence.
intemperie, *f. pl.* weather.
— **(esposto alle —),** exposed to the weather.
intensificazione, *f.* intensification.
intensimetro (*radiol.*), intensimeter.
intensionometro, *m.* (*radiol.*), intensionometer.
intensità, *f.* intensity.
— **della corrente,** magnitude of current; strength of current.
— **della irradiazione** (*fis. atom.*), radiation intensity.
— **di campo** (*radio*), field strength; field intensity.
— **di campo elettrico,** electric field intensity.
— **di campo magnetico,** magnetic intensity.
— **di illuminazione,** intensity of illumination.
— **di luce,** intensity of light.
— **di raggi roentgen** (*radiol.*), intensity of roentgen rays.
— **di scarica,** discharge rate.
— **di una forza,** magnitude of a force.
— **in candele** (*illum.*), candle-power.
— **ionica** (*chim.*), ionic strength.
— **luminosa,** candle-power.
— **luminosa media emisferica superiore,** mean upper hemisphe rical candle-power.
— **luminosa media inferiore,** mean lower hemispherical candle-power.
— **luminosa media orizzontale,** mean horizontal candle-power.
— **luminosa media sferica,** mean spherical candle-power.
— **luminosa sferica,** spherical candle-power.
— **magnetica,** magnetic intensity.
— **massima di una corrente,** peak current.
interagire, *v.i.* (*inform.*), to interact.
interasse, *m.* (*ferr.*), wheelbase; wheel base.
— **dei binari,** distance between track centres.
interattività, *f.* (*elettron.*), interactiveness.
interattivo (*rif. a sistema che permette il dialogare fra l'utente ed il calcolatore*) (*inform.*), interactive.
interazione, *f.* (*fis.*), interaction.

interbinario, *m.* six-foot way.
intercalazione (*geol.*), interbedding.
intercambiabile, *agg.* interchangeable.
intercambiabilità, *f.* interchangeability.
intercapedine, *f.* (*naut.*), cofferdam.
— **d'aria,** air gap.
intercarrier (*telev.*), intercarrier.
intercettamento (*m.*) **aereo,** air interception.
— **controllato da terra** (*missili*), ground-controlled interception (G.C.I.).
intercettare, *v.a.* (*aereo, ecc.*), to intercept.
— **il vapore,** to cut off the steam.
intercettazione, *f.* (*milit., aereo*), interdiction.
intercettore, *m.* (*aereo*), interceptor; spoiler.
— **monoposto** (*aereo*), single-seat interceptor.
— **ognitempo** (*aereo*), all-weather interceptor.
intercezione, *f.* interception.
intercolonnio, *m.* intercolumniation.
intercommutanti (sistemi —) (*elettron.*), interswitching systems.
intercomunicante, *agg.*, intercommunicating.
interconnessione, *f.* (*telef.*), interconnecting; (*elettron.*), linkage.
interdizione (*elettron.*), interdiction.
interelettrodica (capacità) (*elettron.*), inter-electrode capacity.
interfaccia, *f.* (*met.*), interface.
— **di ingresso/uscita** (*inform.*), input/output interface.
— **industriale** (*calcol. elettron.*), industrial interface.
— **per registratore a cassette** (*inform.*), cassette interface.
— **per telescrivente** (*inform.*), teletype interface.
— **video,** video interface.
interfacciabile, *agg.* (*inform.*), interfaceable.
interfacciamento (*elettron.*), interfacing.
interfacciare (*inform.*), to interface.
interferenza, *f.* (*aereo, radio, ecc.*), interference.
— **aerodinamica** (*aereo*), interference drag.
— **armonica** (*radio*), harmonic interference.
— **fra antenne,** aerial cross talk.
— **selettiva** (*radio*), selective jamming.
— **televisiva** (*telev.*), television interference.
— **(figura d'—)** (*min.*), interference figure; interference pattern.
interferire, *v.i.* to interfere.
interferogramma, *m.* (*fis.*), interferogram.
interferometria, *f.* interferometry.
— **di microonde,** microwave interferometry.
interferometro, *m.* (*ott.*), interferometer.
interfodera termoadesiva (*tess.*), v. **fodera termoadesiva per confezioni.**
interfonico, *m.* interphone.
interfono, *m.* (*interphone*); v. **citofono.**
interinale, interino, *agg.* acting.
— **(ingegnere —),** acting engineer.
interlacciamento (*radio, telev.*), interlacing.
— **difettoso** (*telev.*), faulty interlacing.
interlacciare, to entwine.
interlinea, *f.* (*tipog.*), lead; space line; (*cinem.*), frame-line; (*inform.*), line space.
— **(segnale d'—)** (*inform.*), line feed timing pulse.
interlineare, *v.a.* (*tip.*), to lead; to branch out.
interlineato ad un punto, one point leaded.
interlineatura, *f.* spacing.
— **interlacciata** (*telev.*), interlaced scanning.
— **sequenziale** (*telev.*), sequential scanning.

intermedio, *m., agg.* (*chim.*), intermediate; (per il settore siderurgico, ecc.) (*lavoratore che svolge mansioni qualitativamente superiori a quelle di operaio specializzato e che comportano fiducia e responsabilità*), foreman.
— (frigorifero —), intermediate cooler.
— organico (*per l'industria dei coloranti, ecc.*), intermediate.
intermetallica (lega —), intermetallic alloy.
intermetallico, *agg.* intermetallic.
intermittente, *agg.* intermittent; (*di oscillatore*) (*radio*), squegging.
— (esercizio —), intermittent working.
intermittenza (ad —), intermittently.
intermodulazione, *f.* (*telef., radio, elettron.*), intermodulation.
internamente, *avv.* inside; in.
— ed esternamente, in and out.
internare, *v.a.* to recess.
interni, *m. pl.* (*cinem.*), interiors.
interno (*all'interno*), inside; *agg.* inward; (*agg.*) (*aereo*), inboard.
— della berlina (*auto.*), inside of the saloon.
— di un'auto (*auto*), car's interior.
— (arredamento —) (*auto*), trim.
— (l'—) e l'esterno di un pezzo, the inside and the outside of a work piece.
— (verso l'—) *avv.* inwards.
interpiano, *m.* (*aereo*), gap.
interpellare, *v.a.* (*comm.*), to consult (*interpellateci per qualsiasi v. fabbisogno*), whatever your needs, consult us.
interpolare, *v.a.* to interpolate.
interpolazione, *f.* (*mat.*), interpolation.
— circolare (*controllo numerico*) (*macch. ut.*), circular interpolation.
— lineare (*controllo numerico*) (*macch. ut.*), linear interpolation.
interpolazione parabolica (*controllo numerico*) (*macch. ut.*), parabolic interpolation.
interpolo, *m.* interpole; compole.
interponte, *m.* (*naut.*), tweendeck.
interporre, *v.a.* to interpose.
interprete, *f.* (*macchina che permettendo di stampare sul bordo della scheda le informazioni in essa perforate è capace di tradurre i dati perforati sulla scheda, in caratteri stampati sul bordo*) (*inform.*), interpreter; interpreter (*lingue*).
interrogare (*elettron.*), to interrogate.
— un elaboratore, to interrogate a computer.
interrogatore (*radar*) (*aereo*), interrogator (pulse transmitter for exciting a transponder).
interrogazione (*calcolatori elettron.*) interrogation; (*richiesta di informazioni*) (*inform.*), inquiry.
— (circuito d'—) (*elettron.*), interrogator.
interrompere, *v.a.* to interrupt; to switch off (*con interruttori*); to block (*strade*); to cut off (*tagliare*); to disconnect (*elet.*); to stop; to discontinue.
— il carico elettrico, to disconnect the electrical load.
— l'accensione, to swith off the ignition.
— una linea (*telef.*), to deconnect a line.
— una strada, to block a road.
interrompersi, *v.r.* (*di corrente*), to trip (out) (U.S.A.).
interruttore, *m.* (*elet.*), switch; breaker.
— a bottone, push-button switch.
— a coltello, knife switch.
— a cordone (*elet.*), pull switch.
— a corona, cluster switch.
— ad alta tensione (*elet.*), high-tension switch.
— ad apertura lenta (*elet.*), slow-break switch.
— ad aria (*elet.*), air-break switch.
— ad aria compressa (*elet.*), pneu-

matically operated switch; air-blast circuit-breaker.
interruttore ad eccitazione (*elet.*), field-discharge switch; field-breaking switch.
— **a due vie** (*elet.*), double throw switch.
— **a leva,** lever switch.
— **a mercurio** (*elet.*), mercury switch.
— **a pedale** (*elet.*), electric pedal-operated switch.
— **a pressione** (*elet.*), press-switch; switch toggle.
— **a pulsante** (*elet.*), pushbutton switch.
— **a scatto** (*mecc.*), trigger switch.
— **a scatto rapido** (*elet.*), quick-break switch.
— **a serratura** (*elet.*), locking switch, locked-cover switch; asylum switch; secret switch.
— **a spina,** plug switch.
— **a tasto,** break-key.
— **a tempo** (*elet.*), recloser.
— **a terra** (*ing. elet.*), earthed switch.
— **automatico,** automatic breaker (*or* switch).
— **automatico in miniatura** (*elet.*), miniature circuit breaker.
— **automatico rivelatore di dispersione a massa** (*elet.*), earth leakage circuit breaker.
— **comandato a distanza** (*elet.*), remote control switch.
— **con chiave a spina** (*elet.*), loose-key switch; detachable-key switch.
— **da soffitto** (*elet.*), ceiling switch. ceiling switch.
— **del tipo a getto d'olio,** oil blast switch (*or* breaker).
— **d'emergenza** (*fis. atom.*), scram.
— **di corrente** (*per proteggere e condotte di gas*), current interrupter.
— **di derivazione** (*elet.*), branch switch.
— **di diramazione** (*elet.*), branch switch.
— **di massima,** overload switch.
interruttore di minima, no-load switch; (*auto*), automatic cut out.
— **direzionale** (*elet.*), directional circuit-breaker.
— **di prossimità** (*elet.*), proximity switch.
— **di scarica,** discharge switch.
— **di sezione** (*ing. elet.*), section switch.
— **di sicurezza,** safety switch.
— **doppio di sezione** (*ing. elet.*), section insulator.
— **elettronico,** electronic switch.
— **fine corsa** (*mecc.*), limit switch.
— **induttivo di prossimità** (*elet.*), inductive proximity switch.
— **in olio,** oil switch.
— **montato su palo,** pole-mounted breaker.
— **orario** (*elet.*), time switch.
— **principale,** master switch.
— **protetto** (*elet.*), shockproof switch.
— **unipolare,** single-pole switch.
interruttori (*m. pl.*) **multipli** (*elet.*), gang switches.
interruzione, *f.* interruption; shutdown (*messa fuori servizio*); breaking (*elet.*); stoppage; (*sosta, intervallo di lavoro*), break; (*di programma*) (*inform.*), interrupt.
— **ad intermittenza** (*presse*) (*macch. ut., mecc.*); v. **comando — ad intermittenza.**
— **di corrente** (*in generale*), interruption of current; cessation of current; (*nelle linee di trasmissione*), tripout (U.S.A.).
— **di priorità** (*inform.*), priority interrupt.
— **in una linea** (*dis.*), v. **linea.**
— **nella fornitura di corrente elettrica,** interruption to electric power supply.
— **per guasto** (*telev.*), outage.
— **per prendere una tazza di caffè, ecc.** (*pausa di lavoro*), coffee break.
interruzioni di linea (*elet.*), line interruptions.
interscambio dati (*inform.*), data interchange.

intersecamento, *m.* intersection.
intersecare, *v.a.* (*geom.*), to cross; to intersect.
intersecarsi, *v.r.* to intersect.
intersecazione, *f.* (*strade*), intersection; crossing.
intersertale (struttura) (*geol.*), intersertal texture.
intersezione, *f.* (*geom.*), intersection.
intestazione (*di carta da lettera*), letterhead.
interstiziale, *agg.* interstitial.
interstiziali, *m. pl.* (*atomi in posizione non reticolare, introdottisi fra quelli del reticolo ospite*) (*met.*), interstitials.
interstizio, *m.* interstice.
interurbana, *f.* (*comunicazione telefonica tra due città*) (*telef.*), trunk-call.
— **(chiamata —),** trunk call.
— **(linea —),** trunk-line.
interurbano, *agg.* (*telef.*), trunk.
intervalli (ad —), at intervals.
— **(lunghezza degli —)** (*saldat.*), spacing (spacing length).
intervallo, *m.* (*acust. e in gen.*), interval; (*met.*), range.
— **critico** (*tratt. termico*) (*met.*), transformation range.
— **di fragilità al color blu** (*met.*), blue-brittle range.
— **di fusione** (*met.*), melting range.
— **di marea,** lunitidal interval.
— **di solidificazione** (*met.*), freezing range.
— **di temperatura** (*met.*), temperature range.
— **focale,** focal interval.
— **fra due scintille** (*elet.*), sparkgap.
— **fra i lembi** (*sald.*), root gap; root opening (U.S.A.).
— **medio dell'alta marea,** M.H.W.I.
intervento (*inopportuno, di elet., mecc., ecc.*), interference.
— **di solfuro nella formazione di ruggine su acciaio dolce** (*met.*), sulphide mechanism in the rusting of mild steel.
intervista radiofonica, radio interview.
intestare i tubi (*eliminare sbavature e spigoli vivi alle estremità derivanti dal taglio delle seghe*) (*met.*), to flange the tubes.
intestatrice (*o macchina intestatrice*) (*tubi, met.*), tube-end flanging machine.
intestatura, *m.* (*mecc.*) (*macch. ut.*), (end-) facing.
intonacare, *v.a.* to plaster; to white-wash.
intonaco, *m.* plaster work; plaster; limewash.
— **di cemento,** cement plaster.
— **di malta di calce,** lime stuff.
— **di una parete,** wall plaster.
— **fonoassorbente,** sound-damping plaster.
— **rustico,** rough cast plastering.
— **picchiettato,** regrating skin.
intossicare, *v.a.* to poison.
intossicazione, *f.* poisoning.
— **acuta da ferro** (*med.*), acute iron poisoning.
— **collettiva** (*med.*), collective poisoning.
intradosso, *m.* (*arch.*), intrados (soffit).
intraferro, *m.* air-gap; air-space; (*fis. atom.*), pole gap (*di ciclotrone*).
intralicciatura (*f.*) **piano alare** (*aereo*), drag strut.
intrecciamento, braiding.
intrecciare, *v.a.* (*tess.*), to plait.
intrecciatrice, *f.* (*tess.*), braider.
intrecciatura, *f.* braiding.
— **di fili** (*met.*), wire-braiding.
intreccio, *m.* (*tess.*), interlacing.
— **a vimini,** willow weave (U.S.A.); wicker work.
— **di canna,** cane weave.
— **di fune,** spin (of a rope).
intrinsecamente stabile (*fis. atom.*), inherent stable.
introdurre (*v.a.*) **difetti di proposito** (*met.*), to introduce defects purposely.
— **i dati** (*calcol. elettron.*), to input.
— **i dati nel calcolatore elettronico,** to feed data into a computer.
— **un chiodo,** to drive in a rivet.
— **uno stantuffo,** to insert (to put in) a piston.

introiti eccezionali (*comm.*), non-recurring receipts.
introito, *m.* revenue; (*pl.* earnings).
intrusione, *f.* intrusion (*geol.*).
— **ignea,** igneous intrusion.
— **rocciosa,** rock-intrusion.
— **vulcanica,** volcanic intrusion.
intrusivo, *agg.* intrusive.
inumidire, *v.a.* to moisten; to wet; to dampen.
inutilizzabile, *agg.* (*messo fuori uso, rotto in modo irreparabile*) (*mecc.*), broken beyond use.
invalidità, *f.* (*med.*, *ind.*), disablement; disability.
invar, *m.* invar.
invariante, *m.* (*mat.*), invariant.
invasatura, *f.* (*naut.*), slip way
invaso, *m.* (*capacità di serbatoio idrico, spec. per impianti idroelettrici*) (*cost. idraul.*), storage capacity.
invecchiamento, *m.* (*met.*), ageing; aging (U.S.A.).
— **accelerato** (*met.*, *ecc.*), accelerated ageing.
— **artificiale** (*met.*), artificial ageing.
— **di tempra,** v. — **per tempra.**
— **isotermico** (*met.*), isothermal ageing.
— **magnetico** (*met.*), magnetic ageing.
— **mediante incrudimento** (*di deformaz.*) (*met.*), strain age hardening.
— **per tempra** (*met.*), quench-ageing; quench-aging.
— **per tensioni** (*met.*), strain ageing.
— **prolungato,** prolonged ageing.
— **(caratteristiche di —),** ageing characteristics.
— **(comportamento all'—),** ageing behaviour.
— **(curva di —),** ageing curve.
— **(doppio —),** double ageing.
— **(processo di —),** ageing process.
— **(temperatura di —),** ageing temperature.
invecchiare (*rif. ad auto, ecc.*), to age.
invecchiato isotermicamente (*met.*), **isothermically aged.**

inventare, *v.a.* to invent.
inventario (*delle merci*) (*comm.*), stock taking.
— **(conti di—)** (*comm.*), iventory.
inventore, *m.* inventor.
invenzione, *f.* invention.
— **(brevetto di —),** patent.
invergatura, *f.* (*tess.*), leasing.
inverniciare, *v.r.* to varnish.
inverniciatura, *f.* varnishing.
inversamente proporzionale, inversely proportional.
inversione, *f.* reversing; (*elet.*, *mat.*, *meteor.*), inversion.
— **dei pneumatici** (*auto*), tire swopping; rotating the tyres (U.S.A.).
— **dello scambio** (*ferr.*), throwing-over the points.
— **del nastro** (*macch. da scrivere*) ribbon reversing.
— **di carico** (*elet.*, *ecc.*), load **reversal.**
— **di marcia,** reverse; (*auto*) reversing gear.
— **di moto,** reversal of motion.
— **di polarità** (*elet.*), polarity in**version.**
inverso, *agg.* (*mat.*), inverse.
— **(funzione inversa),** inverse function.
— **(operazione inversa),** inverse operation.
invertire, *v.a.* to invert; to reverse.
— **la marcia,** to reverse.
invertitore, *m.* (*elet.*), inverter.
— **del movimento del nastro** (*macch. da scrivere*), automatic ribbon reverse key.
— **di marcia** (*mecc.*), reversing gear.
— **di impulso** (*elet.*), pulse inverter.
— **di poli,** pole changer.
investimento, *m.* (*finan.*) (*comm.*), investment.
— **(annullare un —),** to write off an investment.
investito (essere —) *p.p.* (*auto*), **to be run into.**
invetriare, *v.a.* to varnish (*dare una vernice vitrea*); **to glaze.**

invetriata, *f.* glass-window; glass-door.
inviare (*v.a.*) **energia attraverso una linea,** to supply power over a transmission line.
— messaggi tramite satelliti, to send messages via satellites.
— sotto pressione (*liquidi, ecc.*), to impel.
inviluppo, *m.* envelope (*geom.*); jacket (*tec.*); casing.
— di modulazione (*elet.*), modulation envelope.
— esterno del cilindro, cylinder jacket.
involarsi, *v.i.* (*aereo*), to take off.
involo, *m.* take off.
involucro, *m.* (*mecc.*), casing; plating; (*aer.*), envelope.
— del compressore (*aereo*), blower casing.
— del diffusore (*aereo*), diffuser casing.
— del forno (*carcassa, mantello*) (*met.*), furnace casing.
— di caldaia (*mecc.*), boiler casing (*or* shell).
— di tessuto (*aereo*), fabric envelope.
— di vapore, steam jacket.
— esterno della camera di combustione (*aereo*), combustion chamber outer casing.
— metallico (*aereo*), metal envelope.
— verniciato (*aereo*), doped envelope.
involuzione, *f.* (*mat.*), involution.
inzoccolatura (*f.*) **di una traversina** (*ferr.*), notching of a sleeper.
— (dare l'—) alle traversine, to form rail seats.
iodare, *v.a.* (*chim.*), to iodize.
iodato, *m.* (*chim.*), iodate.
iodico, *agg.* (*chim.*), iodic.
iodio, *m.* (*chim.* = I), iodine.
iodoformio, *m.* (*chim.*), iodoform
iodometria, *f.* (*chim.*), iodometry.
ioduro, *m.* (*chim.*), iodide.
— d'argento, silver iodide.
— di calcio, calcium iodide.
— di etile, ethyl iodide.
ioduro di litio, lithium iodide.
— di metile, methyl iodide.
— di potassio, potassium iodide.
— di sodio, sodium iodide.
— di zinco, zinc iodide.
iole, *f.* (*naut.*), yawl; gig.
iolito, *m.* iolite.
ione, *m.* ion.
— di rinculo (*fis. atom.*), recoil ion.
— idrossile (*chim.*), hydroxyl ion.
— positivo (*term., fis. atom.*), positive ion.
— primario, primary ion.
ioni, v. **resine scambiatrici di —.**
ionico (ordine —) (*arch.*), ionic order.
— (raggio —) (*cristal.*), ion radius.
ionizzante (agente —) (*fis.*), ionizer.
ionizzare, *v.a.* to ionize.
ionizzazione, *f.* ionisation; ionization (U.S.A.); v. **messa a fuoco per —** (*elettron.*).
— per urto (*fis.*), ionisation by collision.
— primaria, primary ionization.
— residua (*fis. atom.*), reisidual ionization.
— specifica (*fis. atom.*), specific ionization.
— unica (*fis. atom.*), single ionization.
— (camera di —), ionization chamber.
— (potenziale di —), ionization potential.
ionocolorimetro, *m.* (*chim.*), ionocolorimeter.
ionofono, *m.* (*elet.*), ionophone.
ionometro, *m.* (*radiol.*), ionometer.
ionone, *m.* (*chim.*) (*essenza artificiale di violetta ed ireos usata nei profumi*), ionone.
ionoscopio, *m.* (*chim.*), ionoscope.
ionosfera, *f.* (*atmosfera*), ionosphere.
ionoterapia, *f.* (*med., raggi viol.*), ionotherapy.
ionotropia, *f.* (*chim.*), ionotropy.
iperbarico, *agg.*, hyperbaric.
iperbole, *f.* (*mat.*), hyperbola.

iperbolica (funzione —) (*mat.*), hyperbolic function.
— (superficie —), hyperbolic surface.
iperbolico (*astronomico*) (*rif. a costi, spese eccessive*), *agg.*, staggering.
iperboloide, *m.* (*mat.*), hyperboloid.
ipereutettico, *agg.* (*met.*), hypereutectic.
ipereutettoide, *agg.* (*met.*), hypereutectoid.
ipergolo, *m.* (*propellente che innesca spontaneam. a contatto con ossidante*) (*razzi*), hyperbolic propellant.
ipernucleo, *m.* (*fis. atom.*), hypernucleus.
iperone, *m.* (*fis. atom.*), hyperon.
ipersonico, *agg.* hypersonic.
ipersostentatore (*aereo*), flap.
— a fessura (*aereo*), slotted flap.
— a spacco (*aereo*), split flap.
— d'intradosso (*aereo*), split flap.
— di sinistra a spacco (*aereo*), port split flap.
iperstatico (sistema —) (*cost.*), statically indeterminable (*or* indeterminate) system.
ipersensibilizzazione, *f.* (*fot.*), hypersensitisation.
ipobarico, *agg.*, hypobaric.
ipoclorito, *m.* (*chim.*), hypochlorite.
ipoeutettico, *agg.* (*met.*), hypoeutectic.
ipoeutettoide, *agg.* (*met.*), hypoeutectoid.
ipofosfato, *m.* (*chim.*), hypophosphate.
ipofosfito, *m.* (*chim.*), hypophosphite.
ipofosforico, *agg.* (*chim.*), hypophosphoric.
ipofosforoso, *agg.* (*chim.*), hypophosphorous.
iposolfato, *m.* (*chim.*), hyposulphate.
iposolfito di sodio (*chim.*), sodium hyposulphite (*or* (hyposulfite, U.S.A.).
iposolforico, *agg.* (*chim.*), hyposulphuric.
ipoteca, *f.* (*comm.*), mortgage.
ipotenusa, *f.* hypothenuse.
ipotesi, *f.* hypothesis.
ipoxantina, *f.* hypoxanthine.
ippica, *f.* (*sport*), horse racing.
ippocastano, *m.* horse chestnut.
ipsometria, *f.* hypsometry.
ipsometrico, *agg.* hypsometric(al).
ipsometro, *m.* hypsometer.
IRI, Istituto per la Ricostruzione Industriale, Institute for Reconstruction of Industry.
iridato, *agg.* iridescent.
iridescente, *agg.* iridescent.
iridescenza, *f.* iridescence.
iridio, *m.* (*chim.* = Ir), iridium.
irradianza, *f.* irradiancy.
irradiare, *v.i. v.a.* to irradiate; to radiate; (*telef.*) (*satelliti*), to beam.
irradiazione, *f.* (*radiol., ecc.*), irradiation.
— a contatto (*radiol.*), contact irradiation.
— acustica (*fis.*), acoustic irradiation.
— ammissibile (*fis. atom.*), permissible exposure.
— degli alimenti, food-irradiation.
— di neutroni negli acciai austenitici (*met.*), neutron irradiation in austenitic steels.
— di raggi X nei vetri al silicato (*di sodio*) (*ceramica*), X-irradiation in silicate glasses.
— totale (*fis. atom.*), total body irradiation.
— (processo di —) (*alimenti*), radiation processing.
irraggiamento, *m.* (*fis.*), radiation.
— termico, thermal radiation.
irrazionale, *agg.* (*mat.*), irrational.
irregolare, *agg.* (*rif. a mov. mecc.*), uneven; erratic.
— (lettura —), (*per oscillazione di lancette di uno strumento*), erratic reading.
irrespirabile, *agg.* irrespirable.
irrestringibile, *agg.* shrink proof.
irreversibile, *agg.* irreversible (*per es.: comandi irreversibili,* irreversible controls).
irreversibilità, *f.* irreversibility.

irrigabile, *agg.* irrigable.
irrigamento, *m.* irrigation.
irrigare, *v.a.* to irrigate; to water.
irrigatore, *m.* irrigator.
— **a pioggia** (*agr.*), irrigation sprinkler.
irrigazione, *f.* irrigation; watering.
— **a immersione** (*agr.*), surface irrigation.
— **a pioggia** (*agr.*), overhead irrigation.
— **a scorrimento** (*agr.*), surface irrigation.
— **per aspersione** (*agr.*), sprinkler irrigation.
irrigidimento, *m.* stiffening.
— **di fune,** rope bracing.
— **di prua** (*aereo*), bow stiffening.
irriguo, *agg.* under irrigation.
irrogazione, *f.* spray.
irrogazioni (*f. pl.*) **insetticide,** insecticidal sprays.
irroratrice, *f.* sprayer.
— **a regolazione variabile** (*agr.*), variable dosage sprayer.
— **a zaino** (*agric.*), knapsack sprayer.
— **-impolveratrice** (*agr.*), sprayer and duster.
— **logaritmica per parcelle** (*mecc.*, *agr.*), logarithmic plot sprayer.
irrorazione con aerei (*agr.*), aerial spraying.
— **sotto pressione** (*agr.*), air-blast spraying.
— **(attrezzatura per l'—)** (*agr.*), spray equipment.
irrugginire, *v.i.* to rust; to make rusty.
irruvidire, *v.a.* to rough; to roughen.
isallobare, *f. pl.* (*meteor.*), isallobars.
isatina, *f.* (*chim.*), isatin.
isbalzo, *m.* overhung.
ischio, *m.* ischium (*pl.* ischia).
iscrivere, *v.a.* (*geom.*), to inscribe.
isobare, *f. pl.* isobars.
isobarico, *agg.* isobaric.
isobaro, *agg.* isobaric.
— (*m.*) **nucleare** (*fis. atom.*), nuclear isobar.
isobarometrico, *agg.* isobarometric.
isobutilene, *m.* (*chim.*), isobutylene.
isobutirrato, *m.* (*chim.*), isobutyrate.
isochimeno, *m.* isocheim.
isochinolina, *f.* (*chim.*), isoquinoline.
isociclici (composti —) (*chim.*), isocyclic compounds.
isocianina, *f.* iso-cyanine.
isoclina, (linea —), isoclinic line.
isoclinale, *m.* (*geol.*), isoclinal.
isocromatico, *agg.* (*fot.*), isochromatic.
isocromatismo, *m.* (*fot.*), isochromatism.
isocronismo, *m.* isochronism.
isocrono, *agg.* isochronous.
isodomo, *m.* (*arch.*), isodomon.
isodose, *f.* (*fis. atom.*), isodose.
isoelettronico, *agg.* isoelectronic.
isogelo, *m.* (*chim.*), isogel.
isogona (linea —), isogon.
isogone, *f. pl.* isogonic lines.
isogonismo, *m.* (*cristalli*), isogonism.
isogramma, *m.* isogramme; isogram (U.S.A.).
isokol, *m.* (*fot.*), isokol.
isola artificiale (*idraul.*), artificial island.
— **pedonale** (*traffico*), pedestrian's insula.
isolamento, *m.* insulation; (*acust.*), isolation.
— **acustico,** sound insulation.
— **antivibrante** (*acust.*), vibration isolation.
— **contro il freddo e l'umido** (*costr.*), insulation against cold and damp.
— **del pavimento** (*costr.*), floor insulation.
— **elettrico,** electrical insulation.
— **sonoro** (*costr.*, *ecc.*), sound insulation.
— **termico,** thermal insulation.
— **(nastro per — elettrico),** tape for electrical insulation.
isolante, *m. agg.* insulating; insulating material; nonconducting material.
— **acustico** (*acust.*), isolator.
— **antivibrante e ammortizzatore**

(*acust.*), vibration and shock isolator.
isolante termico, thermal insulating material.
— termoacustico, sound deadening and thermal insulation material.
isolare, *v.a.* (*elet.*), to insulate; (*chim.*), to isolate (*e nel significato di separare*).
— (un fuoco) in una zona segregata (*min.*), to seal off.
isolato, *m.* (*di case*), block (of houses).
isolatore, *m.* (*elet.*), insulator.
— a campana (*elet.*), petticoat insulator.
— a carrucola (*elet.*), grooved insulator.
— a gancio di sospensione (*elet.*), suspension insulator.
— a molla, spring insulator.
— antinebbia (*elet.*), fog-type insulator.
— a sospensione, suspension insulator.
— d'ancoraggio (*ing. elet.*), shackle (*or* strain) insulator.
— d'antenna (*radio*), antenna insulator.
— di compartimento (*ing. elet.*), section insulator.
— di porcellana, porcellain insulator.
— di vetro, glass insulator.
— in 2 pezzi (*elet.*), two-piece insulator.
— per galleria (*ing. elet.*), tunnel insulator.
— serrafilo (*elet.*), cleat insulator.
isologo, *m.* isologue.
isomeria, *f.* (*chim.*), isomerism.
— nucleare (*fis. atom.*), nuclear isomerism.
isomerico, *agg.* (*chim.*), isomeric; isomerous.
isomerizzazione, *f.* isomerization.
isomero, *m.* (*chim.*), isomer.
— nucleare (*fis. atom.*), nuclear isomer.
isometrico *agg.* isometric; isometrical (*proiezione isometrica,* isometric perspective).
isomorfo, *agg.* isomorphous; isomorphic.
isomorfismo, *m.* isomorphism.
isonitrili, *m. pl.* isonitriles.
isoparaffinico, *agg.* isoparaffinic.
isopiroina, *f.* (*alcaloidi*), isopyroine.
isoprene, *m.* isoprene.
isopropilamina, *f.* (*chim.*), isopropysamine.
isopulegolo, *m.* (*profumi*), isopulegol.
isopulegone, *m.* (*chim.*), isopulegone.
isoscile, *agg.* isosceles.
isosintesi (*chim.*), isosynthesis.
isosismico, *agg.* isoseismal.
isosista, *f.* isoseismal line.
isostasia, *f.* isostasy.
isotattico (*chim.*) (*polimeri, ecc.*), isotactic.
isotelo, *m.* (*chim.*), isotel.
isoterma, *f.* isotherm.
isotermiche, *f. pl.* isothermes.
isotermo, *agg.* isothermal.
isotero, *agg.* isotheral.
isotiocianato d'allile, (*chim.*), allyl isothiocyanate; allyl mustard.
isotonico, *agg.* (*fis.*), isotonic.
isotono, *m.* (*fis. atom.*), isotone.
isotopi radioattivi, radioactive isotopes.
isotopico, *agg.* (*fis.*), isotopic.
isotopo, *m.* (*chim.*), isotope; *agg.* isotopic.
— a vita breve (*fis. atom.*), short-lived isotope.
— industriale (*fis. atom.*), industrial isotope.
— instabile (*fis. atom.*), unstable isotope.
— radioattivo (*fis. atom.*), radioactive isotope.
isotrone, *m.* (*fis.*), isotron.
isotropia, *f.* (*fis.*), isotropy; isotropism.
isotropico, *agg.* (*fis.*), isotropic.
isotropo, *agg.* isotropic; isotropous.
Ispettorato del Lavoro (*gen.*), Labour Inspectorate; British Health and Safety Executive.
— del Lavoro (U.S.A.), National Institute for Occupational Safety and Health.

issare, *v.a.* (*naut.*), to hoist (up).
issòpo, *m.* hyssop.
— **(essenza d'—),** hyssop oil.
isovalerico, v. **acido —.**
isovanillina, *f.* (*chim.*), isovanilline.
ispessente, *m.* (*additivi*), thickener.
ispessitore dei fanghi, sludge thickener.
ispettore capo dell'industria, chief inspector of factories.
ispezione (*di carichi, ecc.*), survey.
— **superficiale delle billette** (*met.*), surface inspection of billets.
istallazione (*f.*) **del getto** (*aereo*), jet pipe assembly.
istamina, *f.* (*med.*), histamine.
istantaneo, push-button (*usato come agg.*).
istatina, *f.* (*chim.*), istatin.
isteresi, *f.* hysteresis; v. **ciclo d'—.**
— **magnetica,** magnetic hysteresis.
— **rotante,** rotating hysteresis.
isteresigrafo, *m.* hysteresis tester.
isteresimetro, *m.* (*elet.*), hysteresis meter.
isterografia, *f.* (*radiol.*), hysterography.
isterogramma (*radiol.*), hysterogram.
istituto di ricerca, research institution.
— **di ricerche sui reattori veloci** (*fis. atom.*), fast reactor research establishment.
— **forestale,** forestry institute.
— **siderurgico,** Iron and Steel Institute.
istogramma, *m.* histogram.
istradare il traffico, to route the traffic.
istrumento, *m.* tool (*utensile*); instrument; implement (*attrezzo*).
istruzione ad un solo indirizzo (*elettron.*), single-address instruction; one-address instruction.
— **con molti operandi** (*calcol. elettron.*), multiaddress instruction.
— **di macchina** (*inform.*), computer instruction.
istruzione di ripetizione (*calcol. elettron.*), repetition instruction.
— **di asilo** (*inform.*), jump instruction; skip instruction.
— **di salto condizionato** (*inform.*), conditional jump instruction.
— **di salto non condizionato** (*inform.*), unconditional jump instruction.
— **logica** (*elettron.*), logical instruction.
— **macchina** (*eseguibile direttamente dall'elaboratore*) (*inform.*) machine instruction.
— **-macro** (*inform.*), macro-instruction.
— **senza indirizzo** (*calcol. elettron., inform.*), zero address instruction.
— **tecnica,** technical training.
— **(finta —)** (*inform.*), dummy instruction.
istruzioni di alterazione di sequenza (*inform.*), transfer instructions.
— **di avviamento** (*elettron.*), bootstrap instructions.
— **di lavorazione** (*macch. ut.*), machining instructions.
— **di montaggio,** assembly instructions.
— **memorizzate in una memoria a nucleo magnetico** (*elettron.*), instructions stored in a magnetic core memory.
— **per l'uso,** operating istructions (for; on); directions for use.
iterare (*ripetere*) (*calcol. elettron., mat.*), to iterate.
iterazione, *f.* (*calcol. elettron., mat.*), iteration; looping.
itterbio, *m.* (*chim.* = Yb), ytterbium.
— **doppiamente ionizzato** (*fis.*), doubly ionized ytterbium.
ittiocolla, *f.* (*chim.*), v. **gelatina.**
ittiolo, *m.* ichthyol.
ittrio, *m.* (*chim.* = Y), yttrium.
ittroarsite, *f.* (*fis. atom.*), yttroarsite.
ittrocrasite, *f.* (*fis. atom.*), yttrocrasite.

ittrogummite, *f.* (*fis. atom.*), yttrogummite.
ittrotantalite, *f.* (*fis. atom.*), yttrotantalite.
iuta, *f.* jute.
iutificio, *m.* jute-factory.
I.V.A., v. **imposta sul valore aggiunto.**

J-K

juke box (video —), video juke box.
jumbista, *m.*, jumbo operator.
jumbo (*min.*), v. **carro —.**

kerosene, v. **cherosene.**

kilotone, *m.* (*esplosivi*), kiloton.
kilovoltmetro, *m.* kilovoltmeter.
— **indicatore della tensione di cresta** (*elet.*), peak-recording kilovoltmeter.

L

labbro, *m.* (*orlo*), rim; (*sporgenza*), edge.
— **(bordato a —)** (*naut.*), clinker-built.
labile, *agg.* labile.
laboratorio, *m.* laboratory; work-room; workshop; lab.
— **chimico,** chemical laboratory; laboratory of chemistry.
— **delle radiazioni** (*fis. atom.*), radiation laboratory.
— **di analisi** (*chim.*) (*min.*), assay laboratory.
— **di analisi quantometrica** (*met.*), quantometric analytical laboratory.
— **di corrosione,** corrosion laboratory.
— **di fisica,** physical laboratory; laboratory of physics.
— **di metallurgia,** metallurgical laboratory.
— **di ottica** (*ott.*), optics laboratory.
— **di prova materiali,** materials testing lab.
— **di ricerche** (*per metalli*), (metals) research laboratory.
— **di ricerche** (*per illuminazione*), lighting research laboratory.
— **di tecnologia meccanica,** mechanical laboratory.
— **elettronico industriale,** industrial electronics laboratory.
— **elettrotecnico,** electrical machinery laboratory; electrical engineering laboratory.
— **industriale,** industrial laboratory.
— **liguistico** (*elettron.*), language laboratory.
— **mobile,** mobile lab.
— **mobile lunare** (*voli spaziali*), lunar mobile laboratory.
— **nucleare** (*fis. atom.*), nuclear laboratory.
— **orbitale abitato** (*voli spazilai*), manned orbiting laboratory (MOL).
laboratorio per film sonori, talking film laboratory.
— **per l'analisi del suono** (*rumori*), noise analysis laboratory.
— **per la ricerca di raggi cosmici,** cosmic ray laboratory.
— **per la riproduzione sonora,** sound reproduce laboratory.
— **per materiale radioattivo** (*fis. atom.*), radioactive material laboratory.
— **per televisione,** television laboratory.
— **radiotecnico,** wireless laboratory.
— **spaziale** (*veicolo*; *laboratorio a terra simulante le condizioni di un veicolo spaziale*) (*astron.*), space laboratory.
lacca, *f.* lacquer; lake.
— **a due strati** (*met.*), 2-coat lacquer.
— **arancio,** orange lake.
— **a spirito,** spirit varnish.
— **colorante,** colour lake.
— **d'acciaieria** (*met.*), steel lacquer.
— **del Giappone,** japanese lacquer; japan lacquer.
— **di alizarina,** madder lake.
— **di smalto,** enamel lac.
— **in bacchette,** stick lac.
— **in grani,** seed lac.
— **in scaglie,** shellac.
— **per mobili,** furniture lacquer.
— **pigmento,** colour lake.
— **trasparente** (*met.*), tranparent lacquer.
laccamuffa, *f.* lacmus.
laccare, *v.a.* to lacquer; to japan.
laccato, *p.p.* jacquered; japaned.
laccatura, *f.* (*met.*), lacquering.
lacche (*pigmenti organici o minerali*) (*ind. coloranti*), lakes.
laccio, *m.* (*corda*), string.
— **di cuoio** (*per cucire le cinghie*), throng.
laceratura allo spigolo (*o cricca agli spigoli*) (*met.*), corner crack; edge break.

lacerazione (resistenza alla —) (*met.*), tear strength.
lacuna, *f.* **(vuoto)** (*fis. atom.*), vacancy.
ladano, *m.* labdanum gum; ladanum.
lago artificiale, reservoir; barrier-lake.
— d'acqua dolce, fresh water lake.
— di sbarramento, barrier-lake.
— salato, salt lake.
lagrimogeni (gas —), *m.* lachrymators; tear gases.
lallemantia (olio di —), lallemantia oil.
lama, *f.* blade; (*foglia*), leaf.
— da sega, saw blade.
— di falciatrice (*agr.*), knife; blade; section
— maestra (*foglia maestra*) (*auto*), master leaf.
lamare, *v.a.* (*mecc.*), to spot-face.
lamatura (*esecuzione di fori a grande diametro su lamiere*), spot facing.
lambert, *m.* (*illum.*), lambert.
lambertite, *f.* (*min.*), lambertite.
lambicco, *m.* alembic.
lamella, *f.* (*met., leghe*), lamella (*pl.* lamellae).
— del collettore, commutator segment; commutator bar.
— del freno, friction disc.
— fusibile *f.* (*elet.*), fuse strip.
lamellare, *agg.* lamellar.
lamelliforme, *agg.* lamelliform.
lamiera, *f.* (*met.*), plate; sheet.
— antisdrucciolevole per gradini (*met.*), tread plate (for stair treads).
— a tessitura cubica (*met.*), cubical textured plate.
— a tessitura fibrosa (*met.*), fibrous textured plate.
— bianca, tin-plate.
— bimetallica, bimetallic plate.
— bugnata, (channeled plate); checkered plate; goffered plate; nipple plate.
— da caldaie, boiler plate.
— da corazza, armour plate.
— decapata (*met.*), pickled sheet.
lamiera di acciaio al carbonio (*met.*), carbon steel sheet.
— di appoggio, dummy sheet.
— di ferro, sheet iron.
— di ferro zincata, galvanized sheet iron.
— di fondo (*naut.*), back plate.
— di ottone, sheet brass.
— di piombo, sheet lead.
— di prima laminazione, plate.
— di rame, sheet copper.
— di ricoprimento, cover plate.
— di rinforzo (*naut.*), gussetplate; stiffening plate.
— di rullio (*naut.*), wash plate.
— di trincarino (*naut.*), stringer plate.
— finita (*met.*), finished plate.
— forata, perforated sheet iron.
— grecata, sheet corrugated to key pattern; key-pattern pressed steel sheet.
— grossa, thick sheet iron; heavy plate.
— in acciaio inossidabile (*met.*), stainless steel sheet.
— in acciai legati (*met.*), alloy steel sheet.
— laccata, lacquered plate.
— laminata, rolled plate.
— laminata a freddo (*met.*), cold rolled sheet.
— media (*di spessore medio*), medium plate.
— media, grossa, sottile (*met.*), medium, heavy, thin plate.
— navale, ship plate.
— nera, black-plate; black sheet.
— nichelata, nickel-plated sheet iron.
— ondulata, corrugated sheet iron; undulated sheet iron.
— perforata, perforated sheet iron; perforated plate.
— piana, flat plate.
— piombata, terneplate.
— plasticata, plasticized plate.
— porcellanata, porcelain enamelled steel sheet.
— portante, dummy sheet.
— prerivestita, precoated plate.
— profilata, profiled sheet iron.
— punzonata, punched plate.

lamiera rivestita (*met.*), coated plate.
— **sagomata,** profiled sheet iron.
— **sandwich,** multilayer sandwich plate.
— **scanalata,** channelled plate.
— **stagnata,** tin-plated sheet iron.
— **stampata,** stamped plate.
— **stirata** (*met.*), flattened sheet; expanded metal.
— **striata,** chequer plate; rifled sheet.
— **trattata con lacca** (*met.*), lacquered treated plate.
— **zincata,** galvanized sheet iron.
lamierino, *m.* (*met.*), sheet.
— **di acciai inossidabili,** stainless steel sheet.
— **di acciai legati,** alloy steel sheet.
— **di acciaio al carbonio,** carbon steel sheet.
— **di acciaio a smaltatura vitrea** (*met.*), vitreous-enamelled steel sheet.
— **di acciaio preverniciato,** prepainted steel sheet.
— **di prova** (*met.*), test sheet.
— **di stagno,** sheet tin.
— **di zinco,** sheet zinc.
— **doppiato** (*met.*), doubled sheet.
— **in rotolo** (*met.*), coiled electrical sheet.
— **laminato a caldo,** hot-rolled sheet.
— **laminato a freddo,** cold-rolled sheet.
— **magnetico,** magnetic sheet; electric sheet.
— **magnetico a cristalli non orientati** (*met.*), non-oriented electrical sheet.
— **magnetico a cristalli orientati** (*met.*), oriented electrical sheet.
— **magnetico tipo dinamo,** electrical sheet.
— **magnetico tipo trasformatore,** transformer sheet.
— **nero** (*met.*), dull-finish sheet.
— **per imballaggio,** packing sheet.
— **per imbutitura profonda (***o* **per stampaggio profondo)** (*met.*), deep-drawing sheet.
lamierino porcellanato (*met.*), porcelain enamelled steel sheet.
— **sottile stagnato** (*banda stagnata*) (*met.*), tagger.
— **termoplastico** (*met.*), thermoplastic sheet.
lamina, *f.* lamel; plate of metal.
— **di combustibile** (*fis. atom.*), fuel plate.
— **di platino,** platinum foil.
— **di zinco,** strip of zinc.
laminabile, *agg.* rollable.
laminabilità, *f.* (*met.*), rollability; aptitude for rolling.
laminare, *v.t.* (*met.*), to roll.
— **a caldo,** to hot-roll; to roll hot.
— **a freddo,** to cold-roll; to roll cold.
— **al treno semicontinuo** (*met.*), to loop.
laminarsi, *v.r.* to roll (*questo metallo si lamina bene,* this metal rolls well).
laminati, *m. pl.* rolled sections; (*mat. plastiche*), laminates.
— **a caldo in acciaio al carbonio** (*met.*), hot rolled carbon steel products.
— **a freddo** (*met.*), cold rolled sections.
— **in ferro a pacchetto** (*met.*), rolled iron products.
— **plastici**, plastic laminates.
— **termoindurenti decorativi** (*plast.*), decorative thermosetting laminates (*combination of papers impregnated with thermosetting resins having a decoration on the assembly top*).
— **vetro-poliestere,** polyester glass laminates.
laminato (*met.*), *p.p.* rolled; milled drawn; *n.* rolled section; *n.* rolled product.
— **a bulbo** (*met.*), bulb rolled section.
— **ad estrusione** (*plast.*), extrusion laminate.
— **a freddo,** cold rolled.
— **piatto,** flat rolled product.
— **plastico,** plastic laminate.
laminatoio (*met.*), *m.* rolling mill; flatting mill; roller mill.

laminatoio a caldo, hot rolling mill.
— **a cilindri obliqui** (*met.*), cross rolling mill; skew-rolling mill; glant rolling mill.
— **a doppio duo,** dowlais mill; four-high rod-mill.
— **a due cilindri** (*met.*), pull-over mill.
— **a filo,** wire roll.
— **a freddo** (*per nastri d'acciaio*), cold strip mill.
— **a passo di pellegrino,** pilger mill of Mannesmann type; pilger step-by-step-type seamless tube rolling mill.
— **a tre passaggi,** 3-pair roller mill.
— **a trio,** three-high mill.
— **calibratore** (*met.*), sizing (rolling) mill; sizing rolls.
— **continuo** (*met.*), continuous mill.
— **continuo per nastri,** continuous strip mill.
— **di puddellaggio,** puddle-rolls; puddle-train.
— **di rottura** (*ind. mol.*), break roll.
— **di tubi su mandarino** (*met.*), plug mill; piercing mill.
— **doppio** (*ind. mol.*), double roller mill.
— **finitore,** finishing mill.
— **intermedio** (*met.*), intermediate rolling mill.
— **lisciatore** (*met.*), smoothing rolls; reeling mill (*per tubi*); reeler (*per tubi*),
— **obliquo,** slant rolling mill.
— **per bandelle,** gang slitting machine.
— **per barre** (*met.*), bar mill.
— **per billette** (*met.*), billet mill.
— **per blumi** (*met.*), blooming mill.
— **per cerchioni** (*met.*), tire rolling mill.
— **perforatore** (*met.*), piercing mill; piercer.
— **per lamiere** (*met.*), plate (rolling) mill; sheet (rolling) mill.
— **per lamiere ondulate** (*met.*), corrugated sheet rolling mill.
— **per larghi nastri** (*met.*), wide strip mill.

laminatoio per latta (*met.*), tinplate mill.
— **per nastri,** strip mill.
— **per nastri a caldo,** hot-strip mill.
— **per nastri a caldo comandato da calcolatore elettronico** (*automazione*) (*met.*), computer controlled hot strip mill.
— **per nastri di acciaio a freddo,** cold-strip mill.
— **per nastri per tubi** (*met.*), tube strip rolling mill; skelp rolling mill.
— **per profilati,** section (rolling) mill; shape mill structural mill.
— **per profilati medi** (*met.*), rolling mill for medium-sized products.
— **per slebi** (*met.*), slabbing mill.
— **per travi** (*met.*), beam rolling mill.
— **per tubi** (*met.*), pipe mill; tube (rolling) mill.
— **per tubi a cilindri obliqui** (*met.*), rotary piercing mill.
— **per tubi, da nastro saldato a spirale** (*met.*), spiral weld pipe mill.
— **per vergella** (*met.*), wire rod mill.
— **planetario** (*met.*), planetary mill.
— **reversibile,** reversing (rolling) mill.
— **rifinitore reversibile,** reversing cold-strip mill.
— **sbozzatore** (*mecc.*, *met.*), cogging mill; blooming mill.
— **sbozzatore da fucina** (*met.*), forging roll.
— **Sendzimir** (*met.*), Sendzimer mill.
— **serpentaggio** (*met.*), looping mill.
— **sgrossatore,** rougher.
— **Steckel** (*met.*), Steckel mill.
— **tandem** (*met.*), tandem mill.
— **temper** (*met.*), temper mill.
— **trasversale** (*met.*), reeling mill; reeler.
— **universale,** universal mill.

laminatore, *m.* (*vetro*), flattener; (*operaio laminatore*) (*met.*), roller.

laminatrice, *f.* rolling machine.
laminatura, *f.* rolling.
laminazione, *f.* (*met.*), rolling; (*strozzamento di corrente fluida, con conseguente abbassamento nella pressione del fluido*) (*fis.*), lamination.
— **a caldo** (*met.*), hot rolling.
— **a freddo** (*met.*), cold rolling; cold reduction.
— **al peellgrino** (*met.*), rolling on the pilger mill.
— **al treno Mesta per lamiere** (*met.*), rolling on the Mesta plate mill.
— **continua** (*met.*), continuous rolling.
— **continua della vergella** (*met.*), continuous wire rod rolling.
— **controllata** (*met.*), controlled rolling.
— **di finitura** (*met.*), finish rolling.
— **di finitura a caldo** (*met.*), hot finish rolling.
— **di lamiere,** sheet rolling.
— **diretta** (*met.*), v. — **immediata,** rolling directly from cast ingot.
— **di sbozzatura** (*met.*), cogging; roughing (U.S.A.).
— **di tubi,** tube rolling.
— **immediata di prodotti (billette) ottenuti con colata continua** (*met.*), direct rolling of continuously-cast material.
— **obliqua,** taper rolling.
— **piana,** flat rolling.
— **superficiale,** surface rolling.
— **trasversale,** cross rolling.
— **(linea di —)** (*met.*), (ingot) rolling line.
— **(pelle di —)** (*met.*), rolling skin.
lampada, *f.* lamp.
— **ad accumulatori,** storage-battery lamp; accumulator-lamp.
— **ad acetilene,** acetylene gas lamp.
— **ad arco,** arc lamp; (*per cinem.*), sun arc.
— **ad arco a carboni doppi** (*ill.*), double-carbon arc lamp.
— **ad arco a carboni inclinati** (*ill.*), inclined-carbon arc lamp.
lampada ad arco a magazzino (*ill.*), magazine arc-lamp.
— **ad aria compressa** (*ill.*), compressed-air lamp.
— **ad incandescenza,** incandescent lamp; glow-lamp.
— **ad innesco istantaneo** (*elet.*), instant-start lamp.
— **ad olio a prova di vento** (*naut.*), windproof oil lamp.
— **a doppio filamento,** three-light lamp.
— **a filamento di carbone,** carbon filament lamp.
— **a filamento di tungsteno,** tungsten filament lamp.
— **a filamento multiplo** (*ill.*), multi-filament lamp.
— **a forma di pera,** pear-shaped lamp.
— **a forma di tubo,** tubular lamp.
— **a gas,** gas lamp.
— **al magnesio,** magnesium-lamp; flash lamp.
— **al neon,** neon lamp.
— **al sodio,** sodium-vapour lamp.
— **a luce diurna,** daylight lamp.
— **a luce solare,** day light lamp.
— **a piramide** (*elet.*), conical lamp.
— **a scarica** (*ill.*), gaseous discharge lamp.
— **a spia,** tell tale lamp; pilot lamp.
— **a vapori di mercurio,** mercury-vapour lamp.
— **a vapori di sodio,** sodium-vapour-lamp; sodium-vapor lamp (U.S.A.).
— **da comodino,** bedside table lamp
— **da minatore a batteria fissata al copricapo,** battery powered miners' caplamp; miners' caplamp; minespot lamp.
— **da minatore fissata al copricapo distribuita con « self-service »,** self-service miners' caplamp.
— **da miniera,** miners' lamp.
— **da tavolo,** table lamp.
— **di 50 watt,** 50-watt lamp.
— **di paragone** (*ill.*), comparison lamp.
— **di pericolo stradale** (*segnalaz.*

di pericolo per il traffico serale e notturno), road hazard lamp.
lampada di proiettore (*cinem.*), projection lamp.
— **di segnalazione**, signal lamp.
— **di segnale** (*cinem.*) (*elettrotec.*), cue light (*cinem.*); signal lamp (*elett.*).
— **di sicurezza** (*miniere*), safety lamp; davy.
— **eccitatrice** (*cinem.*), exciter lamp.
— **elettrica**, electric lamp.
— **fluorescente**, fluorescent lamp; fluorescent tube
— **opalina** (*elettrol.*), opal lamp.
— **per cinematografia a colori** (*usata per imitare la luce solare*) (*cinem.*), sun-spot.
— **per eccitazione delle cellule fotoelettriche** (*film sonori*), photocell exciter (and recorder) lamp.
— **per effetto** (*cinem.*), spotlight.
— **per illuminazione in serie**, series lamp.
— **per minatori**, miners' lamp.
— **per prove cinematografiche** « movieflood » lamp.
— **per raggi solari**, sunlamp.
— **per saldare**, soldering lamp; blow-torch (U.S.A.); blow-lamp.
— **per tutte le correnti**, alternating-current direct-current lamp.
— **pilota** (*ill.*), pilot lamp.
— **portatile**, portable lamp.
— **regolatrice** (*elet.*), ballast lamp.
— **rossa** (*per camera oscura*) (*fot.*), safe-light; dark room lightfilter.
— **smerigliata**, frosted lamp.
— **smerigliata all'interno**, inside frosted lamp.
— **tascabile**, flash-lamp; electric torch.
— **tipo trazione** (*ill.*), (*o per autoveicoli*), traction lamp.
lampade (*f. pl.*) **in parallelo**, lamps in parallel.
— **in serie**, lamps in series.
lampadina, *f.* (*vetro*), bulb.
— **di paragone**, comparison lamp.
— **tascabile**, electric torch; electric hand lamp.
lampadina (forma della —), bulb shape.
lampeggiatore, *m.* (*di direzione*) (*auto*), flasher; (*elettron.*, *fot.*), flash; (*segnale luminoso stradale*), blinker.
lampeggio di emergenza (*auto*), hazard warning light.
lampione, *m.* (*stradale*), luminaire (U.S.A.); street lamp.
— **a sospensione**, suspension luminaire (U.S.A.).
— **a vapori di mercurio**, mercury-vapor luminaire (U.S.A.).
— **stradale** (*luce*), lantern.
— **(calotta di —)**, canopy.
lampisteria, lamproom.
— **self-service** (*min.*), self-service lamproom.
lampo, *m.* lightning.
— **di magnesio** (*fot.*), flashlight.
lana, *f.* wool.
— **a fibra corta**, short-stapled wool.
— **a fibra lunga**, long-stapled wool.
— **artificiale**, artificial wool.
— **brillante**, lustre wool.
— **calcinata**, slipe.
— **cardata**, carded wool.
— **contenente semi e lappole**, burry wool.
— **corta**, short wool.
— **corta setosa**, shortstapled wool.
— **da cardare**, carding wool.
— **d'acciaio**, steel wool (*per isolamento*).
— **d'agnello**, lamb's wool.
— **d'agnello di un anno**, hog wool.
— **d'alluminio**, aluminium wool (*per isolamento*).
— **da pettine**, « combing » wool.
— **da tappeti**, carpet wool.
— **del Cachemir**, Cashmere.
— **della coda**, tail locks; tail wool.
— **della testa**, head locks.
— **dell'Australia**, Australian wool.
— **detta brillante**, brilliant wool.
— **di alpacca**, alpaca wool.
— **di ariete**, ram's wool.
— **di legno**, wood fibre; wood wool.
— **di montone**, sheep wool.
— **di ottone**, brass wool (*per isolamento*).

lana di pecora di più di un anno, ewe s wool
— di pecora tosata in ritardo, fleece wool.
— di piombo, lead wool.
— di prima qualità, back wool; finest wool.
— di prima tosatura di montone di 12-15 mesi, hogget wool.
— di rame, copper wool (*per isolamento*).
— di roccia (*min.*), mineral wool.
— di scoria (*min.*), slag wool; mineral wool.
— di vetro, glass wool.
— grassa, greasy wool.
— greggia, raw wool.
— greggia merino, greasy merino.
— lavata, scoured wool.
— lavata a fondo, scoured wool.
— lavata merino, scoured merino.
— incrociata (*di pecore di razze diverse*), crossbred wool.
— isolante, insulating wool.
— meccanica, shoddy.
— minerale, mineral wool.
— mohair, mohair wool.
— molto soffice, downy wool.
— morticina, dead wool.
— non commerciabile, unmerchantable wool.
— oleata, oiled wool.
— pettinata, worsted wool.
— rigenerata, reworked wool; reused wool; regenerated wool; recovered wool; reclaimed wool; shoddy.
— sabbiosa, gritty wool.
— sana (*di fibre resistenti*), sound wool.
— sucida, greasy wool.
— superiore (*tess.*), picklock.
— tosata, shorn wool.
— umida, damp wool.
— vergine, virgin wool.
lancetta (*f.*) **di strumento,** pointer.
— di orologio, hand.
lancia, *f.* (*naut.*), launch; (*antincendi*), nozzle; branch-pipe; (*sald. met.*), lance.
— ad ossigeno (*sald., ecc.*), oxygen lance; (*met.*), injection lance.
lancia ad ossigeno multifora (*met.*), multiple jet oxygen lance; multiple-nozzle oxygen lance; multiple-orifice oxygen lance.
— a fori multipli (*met.*), multi-hole nozzle lance.
— a motore (*naut.*), motor launch.
— a tre fori (*met., fabb. acciaio*), three-hole nozzle lance.
— a vapore (*naut.*), steam launch.
— (*per getto d'acqua*), hose pipe.
— del cannello (*sald.*), blowpipe head.
— per il soffiaggio all'ossigeno (*met.*), oxygen lance.
— situata nella volta (*met.*), roof lance.
— sommersa (*met.*), submerged lance.
— (abbassamento iniziale della —) (*met.*), initial lowering of the lance.
— (altezza —) (*fabb. acciaio all'ossigeno*), lance height.
— (controllo automatico dell'altezza della —) (*met.*), automatic control of the lance height.
— (dispositivo per il sollevamento della —) (*met., acciaieria all'ossigeno*), lance lifting device.
lanciabombe, *m.* bomb release.
lanciadolomite, *f.* (*forni met.*), dolomite centrifuging machine.
lanciafiamma, *m.* (*mil.*), flamethrower.
lanciagranate (*fucili*), grenade launcher.
lanciapula, *m.* (*aereo*), chaff dispenser.
lanciarazzi, *m.* (*aereo*), rocket launcher.
— per allenamento (*aereo*), rocket training launcher.
lanciare, *v.a.* to launch (*naut.*); to throw (*gettare*).
— a mano (un modello) (*aereo*), to hand-launch.
— due missili contemporaneamente (*mil.*) (*aereo*), to launch two missiles in salvo.
— un programma (*da disco*) (*inform.*), to run a program.

lanciare un satellite (*astron.*), to launch a satellite.
lanciasatelliti, *m.* launcher.
lanciasiluri, *m.* torpedo release.
lanciaterra, *f.* (*fond.*), sandslinger.
lanciatore, *m.* (*missili*), launcher.
— **riutilizzabile** (*astron.*), re-usable launcher.
lancio (*astron.*), launching; (*aereo*), launch; v. **attrezzature di** — (*astron.*); **base di** — (*astron.*); **errore di** — (*astron.*); **rampa di** — (*astron.*); **torre di** — (*astron.*); **tubo di** — (*armi, missili*).
— **del disco** (*sport*), discus throw.
— **del giavellotto** (*sport*), javelin throw.
— **del martello** (*sport*), hammer throw.
— **del peso** (*sport*), shot-put.
— **di carte metallizzate anti-radar,** flasher dropping.
— **missilistico,** missile launching.
— **paracadutato** (*lancio di paracadutisti*), para-drop.
— **pubblicitario sulla stampa,** press launch.
— **spaziale con uomini a bordo** (*astron.*), manned launching.
— **spaziale senza uomini a bordo** (*astron.*), unmanned launching.
— **sul mercato** (*di prodotti*), market launch.
— **(prova di — simulato)** (*mil.*), simulated drop test.
landa, *f.* moor; moorland.
lande, *f. pl.* (*naut.*), chain plates.
langite, *f.* langite.
lanificio, *m.* wool factory.
lanital, *m.* Lanital.
lanolina, *f.* (*chim.*), lanolin.
lantanidi (*chim.*), lanthanides.
lantanina, *f.* (*med.*), lantanine.
lantanio (*chim.* = La), lanthanum.
— **(acetato, bromato, bromuro, carburo, carbonato, cloruro, iodato... di —),** (lanthanum acetate, bromate, bromide, carbide, carbonate, chloride, iodate).
lanterna, *f.* (*fond.*), core iron.
lanterna di laboratorio (*fot.*), dark-room lamp.
— **di lucernario** (*cost.*), lantern.
— **di una pompa,** strainer; snore-piece; rose.
— **magica,** magic lantern.
— **per anime** (*fond.*), core barrel
— **per camera oscura,** safe-light.
lanternino (*costruito nel tetto, per aerazione di stabilimenti, ecc.*), clerestory; clearstory.
lantopina, *f.* (*chim.*), lanthopine.
lanuggine (*formata dalla tessitura*) (*tess.*), down.
lapideo (materiale —) (*cost. stradali*), sand-gravel mixture.
lapis, *m.* pencil.
lapislazzuli, *m.* lapis lazuli.
laplaciano (*m.*) **del reattore** (*fis. atom.*), buckling.
lappaconatina, *f.* (*chim.*), lappaconatine.
lappatrice, *f.* (*macch. ut.*), lapping machine.
— **di superfinitura** (*superfinitrice*), superfinishing machine.
— **per cilindri** (*macch. ut.*), cylinder lapping machine.
— **per interni** (*macch. ut.*), internal lapping machine.
— **per piani** (*mecc.*) (*macch. ut.*), flat lapping machine.
lappatura di superfici piane, flat surfaces lapping.
lappola, *f.* (*della lana*) (*tess.*), burr.
lardone, *m.* (*mecc.*), gib.
— **conico** (*macch. ut.*), tapered gib.
larghezza, *f.* width; breadth.
— **del canale** (*telev.*), channel width.
— **del dente** (*ing.*), width of tooth.
— **del fungo** (*ferr.*), width of the head.
— **della luce** (*cilindro*), port width.
— **della porta** (*forni met.*), door width.
— **della suola** (*di un profilato*), flange width.
— **del livello (d'energia)** (*fis. atom.*), level width.
— **di banda** (*radio*), band width.
— **di carico,** loading width.

larghezza di metà (*fis. atom.*), half-width.
— **di registro** (*naut.*), registered breadth.
— **di un ponte,** width of a bridge.
— **fuori ossatura** (*naut.*), moulded breadth.
— **totale** (*di macchina*), width overall.
larghi piatti, *m. pl. siderurgia*), universal mill plates; universals; wide flats.
largo, *agg.* (*mecc.*), loose.
— **nastro** (*met.*), wide strip.
larice, *m.* larch-tree.
— **(trementina di —),** larch turpentine.
lasco, *agg.* (*mecc., studio dei tempi*), slack; loose (*mecc.*).
laser (*elettron.*), (Light Amplification by Simulated Emission of Radiation), laser.
— **a gas** (*med.*), gas laser.
— **a raggi X,** X-ray laser.
— **a rubino** (*fis.*), ruby laser.
— **a stato solido** (*med.*), solid-state laser.
— **del tipo ad iniezione** (*fis.*), injection-type laser.
— **olografico,** holographic laser.
— **(fotografia al —),** laser photography.
— **(saldatrice al —),** laser welder.
— **(saldatura col —),** laser welding.
— v. **memorizzazione a —.**
lastra, *f.* (*di pietra*), slab; (*fot.*), plate; (*in generale*), plate.
— **alla gelatina** (*fot.*), dry plate.
— **di ardesia,** slate.
— **di copertura,** roofing slab.
— **di gomma elastica,** india-rubber sheet.
— **di granito,** granite slab.
— **di lamiera,** plate.
— **di sughero,** cork slab (*or*) cork sheet.
— **di vetro,** glass sheet (*or* plate).
— **di zinco,** zinc plate.
— **in cemento** (*soletta*), concrete slab.
— **in ferro,** iron plate.
— **ortocromatica** (*fot.*), orthoplate.
lastra nucleare (*fis. atom.*), nuclear plate.
— **sensibile** (*fot.*), sensitized plate.
— **tricroma** (*fot.*), three-colour plate.
lastrare, *v.a.* (*naut.*), to stow.
lastratura, *f.* (*naut.*), stowage.
lastricare, *v.a.* to pave; to flag.
lastricato, *m.* flagging; stone pavement (*di pietre*).
lastricatura, *f.* stone paving.
lastrina (*f.*) **di ottone** (*di una catena metrica ecc.*), brass tag.
lastroferratura, *f.* (*scocca auto*), steel bodywork.
lastrone, *m.* large slab (*di pietra*); big pane (*di vetro*).
— **di cemento armato,** reinforced concrete slab.
latente, *agg.* latent; v. **carica —.**
latenza, *f.* latency; (*o ritardo, o tempo di attesa per le operazioni di accesso ad unità a dischi o a tamburo*) (*calcol. elettron.*), latency time.
laterale, *agg.* lateral.
laterizio, *m.* brick.
lati di proporzione (*del ponte*) (*elet.*), bridge arms.
latitudine, *f.* latitude.
— **di contrasto** (*radiol.*), contrast latitude.
— **di esposizione** (*fot.*), latitude (of exposure).
— **di sviluppo,** latitude of development.
— **geocentrica** (*astri*), geocentric latitude.
— **geografica,** geographical latitude.
— **media,** middle latitude.
— **nord,** north latitude.
— **sud,** south latitude.
lato, *m.* side.
— **comando** (*trasportatori*), driving end.
— **destro** (*naut.*), starboard.
— **di paragone del ponte** (*elet.*), bridge wire.
— **di sottovento,** leeward side.
— **di un angolo,** side.
— **sinistro** (*naut.*), port (side).
latta, *f.* (*met.*), tin; tin plate.

latta bianca, white metal; tinned sheet iron.
— di 5 galloni, 5-gallon square can.
— per benzina, can.
— (oggetti di —) tinware.
lattato, *m.* (*chim.*), lactate.
latte, *m.* milk.
— condensato, condensed milk.
— condensato nel vuoto, evaporated milk.
— di calce, lime milk; lime water; milk of lime.
— di lunga conservazione, long life milk.
— di mucca in bottiglia, bottled cow's milk.
— di zolfo, lac sulfuris; milk of sulphur.
— evaporato in scatola, canned evaporated milk.
— in polvere, milk powder.
— in scatola, canned milk.
— intiero, whole milk.
— omogeneizzato, homogenized milk.
— pastorizzato, pasteurized milk.
— scremato, skim milk.
— sterilizzato, sterilized milk.
latteria, *f.* dairy.
lattescenza, *f.* (*vetro, ecc.*), milkiness.
lattice, *m.* latex.
— di gomma (*ind. chim.*), latex.
latticino, *m.* buttermilk.
lattico, *agg.* (*chim.*), lactic.
lattide (*chim.*), lactide.
lattodensimetro, *m.* lactometer.
lattone, *m.* (*chim.*), lactone.
lattoneria *f.*, tinsmithing.
lattoniere, *m.* tinman; tinsmith.
lattronitrile, *m.*(*chim.*), lactonitrile.
lattoscopio, *m.* lactoscope.
lattosio, *m.* (*chim.*), lactose.
laudano, *m.* (*med.*), laudanum.
laurea con lode in ingegneria, first class honours degree in engineering.
laurearsi, *v.r.*, to graduate; to take a degree.
laureato in informatica bibliotecaria, librarianship information science graduate.
laureato (*p.p.*) **in ingegneria,** of engineering degree standard (*p. es. cercansi progettisti laureati in ingegneria,* we require Layout Draughtsmen of engineering degree standard).
laurenzio, *m.* (*chim., simbolo* Lw), lawrencium.
lauro (olio di —), laurel oil; bay oil.
lava, *f.* (*min.*), lava.
lavabile a macchina (*tess.*), machine washable.
— con acqua, water washable.
— in lavatrice (*tess.*), machine washable.
lavabilità, *f.* (*di pitture e smalti*), washability.
lavabo, *m.* wash-basin; hand-basin; (*in scuole, ecc.*), lavatory; wash bowl.
lavabottiglie, *f.* bottle washing machine.
lavacristallo (*auto*), v. **lavavetro.**
lavafiale, *f.* (*chim.*), ampoule cleaning machine; cleaning machine for vials.
lavaggio, washing; (*mot.*), scavenge.
— a controcorrente (*filtri*), backwashing.
— a freddo, cold washing.
— a secco (*tess.*), dry-cleaning.
— eccessivo per riscaldo (*se il riscaldo del pezzo viene effettuato a temper. elevata*) (*met.*), sweating.
— per decantazione in controcorrente, countercurrent decantation washing.
— (aria di —), scavenging air.
— (impianto di —), (*fumo, gas*), (gas) washing plant.
— (mezzo di —), scavenging agent
lavagna, *f.* (*ardesia*), slate; blackboard (*per scrivere*).
— elettronica, electronic blackboard (used to transmit blackboard writing over ordinary telephone lines for display on a TV screen).
lavanda, *f.* (*bot.*), lavender.
lavanderia, *f.* (*industriale*), power laundry.

lavandino, *m.* wash-basin; hand-basin; lavatory.
lavapavimenti, *f.* (*per togliere grasso e sporco tenaci da pavimenti ruvidi e irregolari*) (*mecc.*), floor scrubber (to remove stubborn grease and dirt from rough and uneven floors).
lavare, *v.a.* (*chim.*), to scrub; to wash; to scavange (*l. cilindri*).
— **a controcorrente** (*filtri*), to back-wash.
— **a secco** (*tess.*), to dry-clean.
— **il carbone,** to wash the coal.
— **un cilindro,** to scavenge a cylinder.
lavastoviglie elettrica, *f.* electric dishwasher.
lavatergifari *m.* (*auto*), headlamp wash-wiper.
lavatore di naftalina (*gas*), naphthalene washer.
lavatrice, *f.* washing machine.
— **ad ultrasuoni,** ultrasonic washer.
— **per automobili a gettone,** coin-operated car-washing machine.
— **per caffè** (*ind.*), coffee washer.
— **per inerti** (*macch. stradali*), aggregate washer.
— **per la frutta** (*mecc.*), fruit-washing machine.
— **per sabbia e ghiaia,** sand and gravel washer.
— **per veicoli** (*auto*), vehicle washer.
lavatura, *f.* (*di tessuti*), laundering (*ammorbidente resistente a ripetute lavature*, softener resistant to repeated launderings).
— **a secco,** dry-cleaning.
— (*colori*) **(resistente alla —),** tub-fast.
lavavetro, *m.* (*auto*), windshield washer; screen washer.
laveria per carbone (*min.*), coal washery.
lavorabile, *agg.* machinable (*a macchina*); workable (*riferito a minerali, nel significato di « sfruttabile »*, *ecc*).
lavorabilità, *f.* machinability; workability.
— **a caldo** (*met., ecc.*), hot forming property.
— **a caldo dell'acciaio** (*met.*), hot workability of the steel.
— **all'utensile** (*met.*), workability; machinability.
lavorare, *v.a. v.i.* to work (*in generale*); to work (wrought-wrought) (*l. metalli*); to machine (*con macchine*); to process (*chim. industr.*).
— **a caldo** (*met.*), to hot work.
— **a cielo aperto** (*min.*), to work open-cast.
— **a forfait,** to work on contract.
— **a freddo,** to cold work.
— **a pieno regime,** to work to full capacity.
— **a pieno ritmo** (*di fabbriche, ecc.*) to be on full-stream.
— **contro le fibre,** to work against the grain.
— **del greggio** (*sbozzare*), to rough plane; (*alla rettificatrice*), to grind from the solid.
— **in costa,** to work on hillside.
— **in ottone,** to work in brass.
— (*alla macchina*) **provini metallurgici delicati** (*mecc., met.*), to machine delicate metallurgical specimens.
— **punti di difficile accesso,** to machine hard-to-reach places.
— **su cilindri incrociati** (*met.*), to cross roll.
— **20 000 tonnellate di argilla,** to process 20,000 tons of clay.
lavorato, *m.* wrought metal (*metallo*); machined part (*materiale; pezzo*).
lavoratore autonomo, self-employed person.
— **impiegato nell'industria nucleare,** nuclear worker.
— **non esposto al rumore** (*prevenz. infortuni*), nonnoise-exposed man.
— **qualificato,** semi-skilled worker.
lavorazione, *f.* working; manufacture; processing (*chim. ind.*); work.

lavorazione a caldo (*met.*), hot working; hot forming.
— **a cottimo** (*miniere*), contract work; piecework.
— **ad economia** (*miniere*), day wage work.
— **affine,** related process.
— **a freddo** (*met.*), cold forming.
— **alla lima** (*mecc.*), filing.
— **alla pressa** (*mecc.*), pressworking.
— **a scintilla** (*met.*), spark machining; electric spark machining.
— **del gas,** gas manufacture.
— **della fibra** (*ress.*), fiber processing.
— **del legno,** wood working.
— **del rottame,** scrap processing (U.S.A.).
— **del terreno con attrezzi rotativi** (*agr.*), rotary cultivation.
— **di breve durata** (*mecc.*), short-run work.
— **di demolizione,** demolition work.
— **di gole in fori** (*incameratura*), (*mecc.*), recessing.
— **di lunga durata** (*mecc.*), long-running job.
— **di pietre,** working of stones.
— **di precisione** (*met.*), finish-machining.
— **eseguita alla limatrice,** work performed on a shaper.
— **intercambiabile,** interchangeable manufacture.
— **meccanica** (*mecc.*), machining.
— **plastica** (*met.*), plastic shaping.
— **senza cricche** (*met.*), crackfree machining.
— **senza trucioli** (*met.*), chipless machining.
lavori (*m. pl.*) **di montaggio,** erecting works.
— **di fantasia** (*tip.*), v. — **di stampa avventizi.**
— **di ricerche,** research works.
— **di stampa avventizi** (*amministrativi, commerciali, d'indole privata*) (*tip.*), jobbing work.
— **di terra,** earthworks.
— **di tracciamento** (*cost.*), pegging out.
— **di trincea,** excavations.
lavori fluviali, river construction; river engineering.
— **in corso,** works in hand.
— **in economia** (*leg.*), departmental works.
— **routinari** (*met.*), routine works.
— **stradali,** road works.
lavoro, *m.* work.
— **a cottimo,** piece work.
— **alla fresatrice,** milling work.
— **alla stozzatrice,** slotting.
— **a macchina,** machine work.
— **assorbito,** work done.
— **a tempo parziale,** part-time work.
— **a turno doppio** (*per portare a termine un lavoro nel tempo previsto*), double-shaft working.
— **a vuoto,** no-load work
— **d'attrito,** friction work.
— **di breve durata,** short run work.
— **di compressione,** compression work.
— **di finitura,** finishing work.
— **di piallatura,** planing work.
— **di riparazione,** repair work.
— **di riparazione dei canali di colata** (*met.*), runners repairing work.
— **di scavo,** trench (*or* trenching) work.
— **di sgrossatura,** roughing work.
— **di sollevamento del magnete,** lifting work.
— **impegnativo** (*mecc., ecc.*), exacting work.
— **indipendente,** self-employment.
— **in esecuzione,** work in hand.
— **in galleria,** work in tunnelling.
— **in rilievo,** bas-relief; embossed work.
— **interno,** internal work.
— **mal fatto,** botched work.
— **meccanico,** mechanical work.
— **notturno,** night work.
— **sperimentale,** experimental work.
— **speso,** input
— **straordinario** (*nel senso di lavoro in più*), overtime work.

lavoro utile, *m.* (*elet.*), capacity; output (*rendimento*); useful duty.
— **(metodo di —),** working practices.
— **(perdita per —) a vuoto,** no-load loss.
— **(sul —),** at work; (*essi perirono sul lavoro*), they were killed at work.
lazulite, *f.* (*min.*), lazulite.
lazurite, *f.* lazurite.
« **leasing** » (*comm.*), leasing (contract for the rent of a property to another for a definite period).
Leblanc (procedimento —), Leblanc process.
leccio, *m.* ilex.
leciproteine, *f. pl.*, leciproteins.
lecitina, *f.* (*chim.*), lecithin.
leconite, leconite.
ledeburite, *f.* (*met.*), ledeburite.
lega, *f.* (*met.*), alloy.
— **ad indurimento per invecchiamento** (*met.*), age-hardenable alloy.
— **a forte contenuto di cromo,** high chromium alloy.
— **austenitica,** austenitic alloy.
— **bonificata,** hardened and tempered alloy.
— **da incrudimento** (*met.*), strain-hardening alloy.
— **di apporto** (*met.*), hardfacing alloy.
— **di alluminio,** aluminium alloy.
— **di ferro-cromo,** chromium-iron alloy.
— **di magnesio per fonderia,** foundry magnesium alloy.
— **di nichel,** nickel alloy.
— **di nichel-cromo,** nickel-chromium alloy.
— **di rame,** copper alloy.
— **di rame-berillo,** beryllium-copper alloy.
— **di rame-calcio,** copper-calcium alloy.
— **di stagno,** tin alloy.
— **elektron,** elektron alloy.
— **fusa nel vuoto,** vacuum melted alloy.
— **fusibile,** fusible alloy.
lega grezza di colata, as cast alloy.
— **invar,** invar alloy.
— **invecchiata** (*met.*), aged alloy.
— **madre,** master alloy.
— **metalceramica** (*met.*), metal ceramic alloy.
— **per protesi dentarie** (*met.*), alloy for dental prosthetics.
— **pressofusa** (*met.*), die cast alloy.
— **resistente agli acidi,** acid resisting alloy.
— **resistente al calore,** heat resisting alloy.
— **resistente alla corrosione,** corrosion-resistant alloy.
— **resistente allo scorrimento termico,** creep-resisting alloy.
— **sinterizzata** (*met.*), sintered alloy.
— **superconduttrice** (*met.*), superconducting alloy.
— **superplastica** (*met.*), superplastic alloy.
— **tipografica per caratteri** (*tip.*), type metal.
— **ultra leggera,** ultralight alloy.
— **universale** (*met.*), general purpose alloy.
legacci, *m. pl.* (*per spedizioni*), strings; bonds; fastenings.
legalizzazione, *f.* (*di documenti e certificati*), certification.
legame acetilenico (*chim.*), acetylenic linkage.
— **atomico,** atomic bond.
— **chimico** (*chim.*), chemical bond.
— **covalente** (*chim.*), covalent bond.
— **doppio** (*chim.*), double bond.
— **neutronico** (*fis. atom.*), neutron binding.
— **semplice** (*chim.*), singlet.
— **triplo** (*chim.*), triple bond.
legante, *m.*, binder.
— **antisinterizzante** (*met.*), anti-sintering binder.
— **bituminoso** (*bitumi, catrami, polvere di roccia asfaltica*), bituminous binder.
— **idraulico** (*cementi ecc.*), hydraulic binder.
— **integrale** (*fond.*), integral binder.

legante per anime (*fond.*), core binder.
— **per impasto da lanciare** (*forni met.*), bond for gunning material.
— **per miscele da sparo** (*met.*), bond for gunning mixes.
— **per sabbie** (*fond.*), sand binder
leganti, *m. pl.* alloying elements
— **stradali** (*chim.*), road binders.
legare, *v.a.* (*met.*) to alloy; (*gioielli*), to set (jewels); (*in generale*), to bind; (*un libro*), to bind (a book); (*tip.*) to tie up.
— **bene,** to bind firmly.
legarsi, *v.r.* (*met.*), to alloy.
legato, *p.p.* bound.
— **chimicamente** (*refrattari*) (*met.*), chemically bonded.
legatura, *f.* bookbinding (*tipog.*) (*di libri ecc,*); binding (*con spago ecc.*); setting (*gioielli ecc.*).
— **alla rustica** (*libri*), paperback.
— **cartonata,** stiff paper binding.
— **di gioielli,** setting of jewels.
— **in cartone,** binding in boards; boarding.
— **in mezza pelle** (*tip.*), quarter leather binding.
— **in mezza pergamena,** quarter vellum binding.
— **in mezza tela** (*tip.*), quarter cloth binding.
— **in oro,** gold binding.
— **rustica** (*tipog.*), stitching.
legge, *f.* law.
— **dei brevetti,** patent law.
— **del lavoro** (*leg.*), labour legislation.
— **delle proporzioni costanti,** law of constant proportions.
— **delle proporzioni multiple,** law of multiple proportions.
— **di disintegrazione radioattiva** (*fis. atom.*), radioactive decay law.
— **di Ohm,** Ohm's law.
— **di spostamento radioattivo** (*fis. atom.*), radioactive displacement law.
— **edilizia,** buildings regulations.
— **inerente all'esercizio delle miniere** (*leg.*), legislation concerning operation of mines.
legge per la protezione dei dati negli elaboratori (*inform.*), data protection law; privacy law.
— **sugli infortuni sul lavoro** (*lavoro*), workmen's compensation law.
— **sulla sicurezza nelle costruzioni** (*leg.*), construction Safety Act.
leggenda, *f.* (*tip.*), legend.
leggere delle marcature (*su una scheda*) (*calcol. elettron.*), to mark sense.
leggermente (*avv.*) **(scuotere —),** to shake slightly.
leggero, *agg.* light; slight (*di poca importanza, p. es. un errore*).
leggibilità (prova di —) (*microscopio*), legibility (legibility test).
leghe, v. **lega.**
— **alluminio - magnesio,** aluminium-magnesium alloys.
— **alluminio-manganese,** aluminium-manganese alloys.
— **alluminio-nichelio,** aluminium-nickel alloys.
— **intermedie** (*met.*), intermediate alloys.
legislazione (*f.*) **ferroviaria,** railway law.
— **petrolifera,** petroleum legislation.
legna, *f.* wood.
— **da ardere,** fire wood.
legname, *m.* timber.
— **a nodi ben disposti,** timber with « tight knots ».
— **a nodi grandi** (*o* **mobili**), timber with loose knots.
— **da costruzione,** building timber.
— **di riempimento** (*min.*), poling board.
— **di tinta solida,** bright timber.
— **non lavorato,** undressed timber.
— **plastificato,** plasticized wood.
— **sano,** sound timber.
— **senza nodi,** timber free from knots.

legname stagionato, seasoned timber.
— **tenero,** soft wood.
legno, *m.* wood.
— **amaranto,** purple wood; amaranth wood.
— **a strati per l'elica** (*aereo*), hydulignum.
— **bianco,** white deal.
— **cellulosa,** wood pulp.
— **compensato,** plywood.
— **curvato,** bent wood.
— **da costruzione,** building timber.
— **di abete,** fir wood.
— **di ammasso,** stock lumber.
— **di balsa,** balsa wood.
— **di compressione,** compression wood.
— **di conifere,** wood of coniferous tree.
— **di mogano,** mahogany.
— **di palissandro,** palisander wood.
— **di pioppo** (*bot.*), poplar wood.
— **di quercia,** oak.
— **di sambuco,** *m.* (*bot.*), elderwood.
— **di sughero,** cork wood.
— **di tek,** teak (wood).
— **dolce,** soft wood.
— **duro,** hard wood.
— **ferro,** iron wood.
— **giallo,** real yellow wood; common yellow wood.
— **marezzato,** speckled wood.
— **morto** (*naut.*), deadwood.
— **nodoso,** knaggy wood.
— **porpora,** purple wood.
— **rosso,** red wood.
— **santo,** lignum vitae.
— **scortecciato,** barked wood; disbarked wood.
— **secco,** dried wood.
— **senza difetti,** clear-stuff.
— **sfibrato,** ground wood.
— **stagionato,** seasoned wood.
— **stagionato all'aria,** air dried wood.
— **tek,** teak wood.
— **tenace,** tough wood.
— **tenero,** soft wood.
— **tintorio,** dye-wood.
— **verde,** green wood.
legno (marcare il —), to stamp (*or* to mark) the wood.
— **(rivestimento imitazione —),** (*auto*), simulated wood paneling (U.S.A.).
— **(tornio per —),** wood-turning lathe.
legnuolo, *m.* (*di un cavo*), strand.
lembo, *m.* skirt; flange; border.
— **assottigliato** (*sald.*), tapered edge.
lenta, -o, *agg.* slow.
— **(combustione —),** slow combustion.
lente, *f.* (*ott.*), lens; (*corpo minerario simile ad una lente convessa, di forma allungata*) (*geol.*), lens.
— **acromatica,** achromatic lens.
— **acustica** (*altoparlanti*) (*microfoni*) (*audio*), acoustic lens.
— **addizionale** (*fot.*), supplementary lens.
— **a fuoco regolabile** (*telev.*), zoom lens.
— **anallatica,** anallatic lens.
— **anastigmatica,** anastigmatic lens.
— **antispettroscopica,** antispectroscopic lens.
— **aplanatica** (*ott.*), crossed lens.
— **apocromatica,** apochromatic lens.
— **biconcava,** double concave lens.
— **biconvessa,** double convex lens.
— **cilindrica** (*fot.*), cylindrical lens.
— **collettrice** (*cinem.*), collecting lens.
— **combinativa,** combining glass.
— **concava,** concave lens.
— **concavo - convessa,** convexo-concave lens.
— **convergente,** converging lens.
— **convessa,** convex lens.
— **corneale** (*ott.*), corneal lens.
— **del pendolo** (*orol.*), pendulum bob.
— **di apertura** (*telev.*), aperture lens.
— **di campo** (*ott.*), field lens.
— **di Fresnel** (*ott.*), Fresnel lens.
— **d'ingrandimento,** magnifying glass.

lente d'ingrandimento della bussola (*naut.*), compass magnifier.
— **d'ingrandimento della bussola di rotta** (*naut.*), steering compass magnifier.
— **d'ingrandimento per tessuti** (*tess.*), counting glass.
— **d'ingrandimento tascabile,** pocket magnifier.
— **di proiettore** (*cinem.*), projection lens.
— **di sabbia petrolifera** (*geol.*, *petrol.*), oil lens.
— **divergente,** diverging lens.
— **divisa** (*fot.*), divided lens.
— **elettronica** (*raggi catodici*), electron lens; (*telev.*), aperture lens.
— **equivalente** (*ott.*), equivalent lens.
— **fotocromatica** (*ott.*), photochromatic lens.
— **magnetica** (*o* **condensatore**) (*microscopio elettron.*), condenser lens.
— **obiettiva,** object-glass.
— **oculare,** eye-piece.
— **oftalmica** (*ott.*), ophthalmic lens.
— **per carta marina** (*naut.*), course-card magnifier.
— **periscopica,** periscopic lens.
— **per la messa a fuoco** (*fot.*), focusing glass.
— **piano-concava,** plano-concave lens.
— **piano-convessa,** plano-convex lens.
— **supplementare** (*fot.*), supplementary lens.
— **teleobiettiva,** telephoto lens.
— **telescopica da mirino** (*fot.*), view-finder magnifier.
— **(calibratura della —),** lens calibration.
lenti a contatto (*ott.*), (soft) contact lenses.
Leone (*astron.*), Leo.
leonitina, *f.* leonitin.
leontodina, *f.* (*med.*), leontodin.
lepidocrocite, *f.* (*min.*), lepidocrocite.
lepidolite, *f.* (*min.*), lithia mica; lepidolite.
lepidomelano, *m.* (*min.*), lepidomelane.
leptone, *m.* (*fis. atom.*), lepton.
lesèna, *f.* (*arch.*), pilaster strip.
lesina, *f.* (*cost.*), pilaster strip.
— (*scarpe*), peg awl (*punteruolo*); sewing awl.
lesione oculare (*med. lavoro*), eye injury.
letalità, *f.* (*fis. atom.*), lethality.
lettera (*f.*) **di trasporto aereo,** air consignement.
— **di vettura** (*comm.*), bill of freight.
— **rientrante** (*tip.*), cut-in letter.
letti di solidi fluidificati (*gas*), beds of fluidized solids.
letto, *m.* (*di fiume*), bed.
— **a rotelle,** wheeled bed.
— **di colata** (*metal.*), pig bed.
— **di fusione** (*met.*, *altoforno*), burden; v. **calcolo del — di fusione.**
— **di fusione (preparare il — di fusione)** (*met.*), to burden.
— **di malta,** mortar bed.
— **di scorie,** slag bed.
— **d'ispezione** (*di treno di lamiere*) (*met.*), inspection table.
— **di omogeneizzazione** (*min.*, *met.*), stockpile; pile.
— **di raffreddamento** (*di treno di lamiere*) (*met.*), cooling table.
— **filtrante** (*ing. sanitaria*), percolating filter.
— **fluidizzato** (*chim.*), fluidized bed.
— **fluidizzato con vapore** (*min.*), steam-fluidized bed.
— **fluido** (*min.*), fluid bed.
— **stampato per masselli** (*met.*), pig bed.
— **statico** (*chim.*), static bed.
— **(a — fisso)** (*chim.*), fixed bed.
lettore (*di caratteri, documenti, schede, ecc.*) (*inform.*), reader.
— **di blocco** (*di informazioni*) (*inform.*, *macch. ut.*), block reader.
— **di caratteri** (*calcol. elettron.*), character reader.
— **di caratteri a inchiostro magnetico** (*calcol. elettron.*), magnetic ink character reader.

lettore di codice a barre (*inform.*), bar-code reader.
— **di documenti** (*elettron.*), document reader.
— **di microfiche** (*inform.*), microfiche reader; document viewer.
— **di nastro perforato** (*elettron.*), paper-tape reader; punched tape reader.
— **di pagine** (*calcol. elettron.*) (*lettura di elenchi di nomi ed indirizzi, ecc.*), page-reader.
— **di schede** (*elettron.*), card reader (*a mechanism which senses information punched on cards*).
— **di tesserini di riconoscimento** (*inform.*), badge reader.
— **fotoelettrico** (*controllo numerico*) (*macch. ut.*), photoelectric tape reader.
— **magnetico** (*inform.*), magnetic card reader.
— **magnetico di documenti** (*elettron.*), magnetic reader.
— **olografico** (*inform.*), holographic scanner.
— **ottico** (*elettron.*), optical reader; optical scanner.
— **ottico di caratteri** (*elettron.*), optical character reader.
— **ottico di documenti** (*inform.*), optical document reader.
— **ottico di marcature** (*calcol. elettron.*), optical mark reader.
— **ottico postale** (*macchina per la lettura degli indirizzi*) (*posta*), mail reader.
— **universitario** (*docente*), university lecturer.

lettura con lo specchio, mirror reading.
— **della distanza percorsa** (*auto*), read-out on distance covered.
— **del nastro di carta perforato** (*inform.*), papertape reading.
— **del profilo del terreno** (*radar*), terrain contour matching.
— **di marcature** (*calcol. elettron.*), mark sensing.
— **diretta** (*o immediata, su app. elettronico*), read-out.
— **magnetica di documenti** (*elettron.*), magnetic readout.

lettura non distruttiva (*senza la cancellazione della registrazione dei dati*) (*inform.*), non-destructive reading.
— **ottica di marcature** (*calcol. elettron.*), mark reading.
— **(a — diretta)**, direct reading.
— **(di facile —)** (*strumentazione*), easy to read.

leucite, *f.* (*min.*), leucite.

leucitico, *agg.* leucitic.

leucocene, *m.* (*min.*), leucoxene.

leucoglicodrina, *f.* leucoglycodrin.

leucopirite, *f.* leucopyrite.

leucosina, *f.* leucosin.

leva, *f.* lever.
— **ad angolo**, angle lever.
— **a due bracci**, double armed lever.
— **a forcella**, toggle lever.
— **a forchetta**, forked lever.
— **a gomito**, bent lever.
— **a mano**, hand lever.
— **a manovella**, crank lever.
— **a pedale**, pedal (*or foot*) lever.
— **a piede di capra**, spike drawer.
— **a squadra**, cranked lever.
— **a un braccio**, single armed lever.
— **centrale del gas** (*aereo*), central throttle.
— **comando mandrino**, control lever.
— **controllo piano fisso orizzontale** (*aereo*), elevator trim control; actuating gear.
— **del bicolore** (*macch. da scrivere*), ribbon indicator.
— **del cambio alimentazione** (*macch. ut.*), feed-changing lever.
— **del cambio velocità** (*macch. ut.*), speed change lever; (*auto*), gearshift lever.
— **del cambio velocità mandrino**, spindle speed lever.
— **del freno**, brake lever.
— **dell'alettone** (*aereo*), aileron lever.
— **della messa in marcia**, starting lever.

leva dell'inversione di marcia, reversing lever.
— **dello sterzo** (*auto*), steering rod.
— **del ritorno rapido** (*macch. ut.*), quick-return lever.
— **d'entrata** (*orol.*), entry pallet stone.
— **di arresto e di messa in moto** (*macch. ut.*), stop and start lever.
— **di bloccaggio** (*mecc.*), clamping lever.
— **di bloccaggio della canna** (*armi*), barrel locking lever.
— **di comando,** operating lever; driving lever; (*macch. ut.*), joy stick.
— **di contatto,** contact lever.
— **di disinnesto,** disengaging lever, releasing lever.
— **di fissaggio,** locking lever.
— **di innesto,** engaging lever.
— **di inversione di marcia** (*macch. ut.*), reversing lever.
— **di marcia,** steering lever.
— **di pressione,** pressure lever.
— **di primo genere,** first kind lever.
— **di registro,** adjusting lever.
— **di scatto,** trip lever.
— **di secondo genere,** second kind lever.
— **di sollevamento,** lifting lever.
— **di terzo genere,** third kind lever.
— **d'uscita** (*orol.*), exit pallet.
— **di timone di profondità** (*aereo*), elevator lever.
— **di velocità,** speed lever.
— **interlinea** (*macch. da scrivere*), variable line spacer.
— **libera carrello** (*macch. da scrivere*), carriage release lever.
— **libera carta** (*macch. da scrivere*), paper release lever.
— **movimento flap** (*aereo*), flap setting handle.
— **oscillante,** rocking lever; rocker.
— **per cambio alimentazione,** feed changing lever.
— **per filettatura,** screw cutting lever.
leva per mettere il pneumatico (*auto*), tyre-fork.
— **per togliere le lancette** (*orol.*), hand-removing lever.
— **porta caratteri** (*macch. da scrivere*), type bar.
— **smontapneumatico,** tyre lever.
levante, *agg.* east.
levarotaie, *f.* (*ferr.*), track lifter.
levata, *f.* (*tess.*), doffing; (*top.*), survey (v. **rilevamento**); measure.
— **del pistone** (*mecc.*), throw of the piston.
levigare, *v.a.* to polish; to gloss; to smooth.
levigatore (*utensile*) honing tool; honing stone.
levigatrice, *f.* (*macch. ut.*), honing machine; sander.
— **per cilindri** (*macch. ut.*), cylinder honing machine.
— **per esterni** (*macch. ut.*), external honing machine.
— **per interni** (*macch. ut.*), internal honing machine.
— **per tubi** (*macch. ut.*), pipe honing machine.
levigatura, *f.* polish; smoothness; (*cotatura*), honing.
— **industriale,** industrial honing.
levigazione, *f.* levigation.
levitazione magnetica (*veicoli a levitazione magnetica*), magnetic levitation.
levogiro, *agg.* (*chim.*), laevorotatory; levorotatory; levogyrate; laevogyrate.
levulina, *f.* levulin.
levulinico, *agg.* levulinic.
lewisite, *f.* lewisite.
lezzino, *m.* (*naut.*), house line.
libbra, *f.* pound.
libbre-ore, lb-hr.
liberamargine, *m.* (*macch. da scrivere*), margin release.
liberamente, *avv.* clear.
— **(ribaltare —)** (*senza ostacolo*), to tip clear.
liberare, *v.a.* (*chim.*), to liberate; (*mecc.*) (*sbloccare*), to unclamp; (*da ostacoli*), to relieve; (*chim.*), to clear.

liberare calore, to liberate heat.
— **un asse,** to free an axle.
liberazione, *f.* (*di energia, ecc.*), release.
libero, *agg.* (*mecc.*), out of gear; disengaged (*disimpegnato*); free (*chim.*); v. **mano libera,** (*dis.*).
libertà di movimento, freedom of movement; (*il disegnatore può sedere o rimanere in piedi davanti alla tavola con completa libertà di movimento*), the draughtsman can sit or stand at the board with complete freedom of movement.
Libra (*astron.*), Libra.
librazione (*della Luna*) (*astr.*), libration.
— **diurna,** diurnal libration.
— **in latitudine** (*astr.*), libration in latitude.
— **in longitudine,** libration in longitude.
libreria su disco (*inform.*), disc library.
libretto dei lavori, building journal.
— **dell'aeroplano** (*aereo*), aircraft log.
libro, *m.* (*bot.*), sapwood; (*tip.*), book; v. **porta a —.**
— **cartonato,** hard cover; hardback.
— **con copertina flessibile,** flexicover.
— **delle colate,** charge book.
— **di bordo,** log-book.
— **di una centrale,** log-book.
— **non rilegato,** paperback.
— **ordinazioni,** order-book.
— **rilegato,** hard back; hardcover book.
— **rilegato in tela,** cloth.
liccio, *m.* (*tess.*), heald; heddle
— **metallico** (*tess.*), wire heald.
licenza, *f.* licence; license; permit.
— **d'esportazione,** export licence.
— **di esercizio** (*stabilimenti nucleari, ecc.*), operating permit.
— **d'importazione,** import licence.
— **di circolazione** (*auto.*), car licence.
— **provvisoria,** interim licence.
licenziare, *v.a.* to dismiss; to sack.
licenziataria, *f.* **(ditta —),** licensee.
lichene, *m.* lichen.
lichenina, *f.* lichenin.
licitazione (*f.*) **internazionale** (*comm.*), international competitive bidding.
— **limitata** (*leg.*), limited tender.
— **privata** (*leg.*), private tender.
— **pubblica,** public tender.
lienografia, *f.* (*esame della milza*) (*radiol.*), lienography.
lievitazione, *f.* leavening; yeastiness.
lievito, *m.* leaven; yeast.
lignina, *f.* lignin.
lignite, *f.* lignite; brown coal.
lignocellulosa, *f.* lignocellulose.
lignocerato, *m.* (*chim.*), lignocerate.
lignocerico, *agg.* (*chim.*), lignoceric.
ligroina, *f.* ligroine.
lima, *f.* (*ing.*), file.
— **a coda di topo,** rat-tailed file.
— **a coltello,** knife file; knife edge file.
— **a coltello bastarda,** knife bastard file.
— **a coltello dolce,** knife smooth file.
— **a coltello mezzo dolce,** knife second cut file.
— **ad ago,** needle file.
— **a doppio coltello bastarda,** feather edge bastard file.
— **a foglia di salvia, bastarda,** crossing bastard file.
— **a mandorla,** slitting file.
— **a mano a taglio aperto,** hand open cut bastard file.
— **a mano a taglio bastardo,** hand bastard file.
— **a mano a taglio aperto dolce,** hand open cut smooth file.
— **a mano a taglio aperto mezzo dolce,** hand open cut second cut file.
— **a mano a taglio dolce,** hand smooth file.
— **a mano a taglio dolcissimo,** hand dead smooth.
— **a mano a taglio mezzo dolce,** hand second cut file.
— **appuntita,** taper file.

lima a staffa, rail-file.
— **a taglio bastardo,** bastard file.
— **a taglio finissimo,** dead smooth file (U.S.A.); « super cut »; « super » file.
— **a taglio fino,** smooth file.
— **a taglio grosso,** rough file.
— **a taglio medio,** middle file.
— **a taglio mezzofino,** second cut file.
— **a taglio semplice,** single cut file; « float ».
— **bastarda,** bastard file.
— **bastarda per chiavi,** warding bastard file.
— **bastarda per seghe,** mill bastard file.
— **conica,** taper file.
— **mezzo tonda,** half round file.
— **mezzo tonda a taglio grosso,** half round coarse file.
— **mezzo tonda a un taglio,** (*per piombo*), half round lead float file.
— **mezzo tonda bastarda,** half round bastard file.
— **mezzo tonda bastarda a taglio aperto,** half round open cut bastard file.
— **mezzo tonda dolce,** half round smooth file.
— **mezzo tonda dolcissima,** half round dead smooth file.
— **mezzo tonda mezzo dolce,** half round second cut file.
— **mezzo tonda per legno,** half round wood file.
— **parallela per seghe ad acqua,** mill blunt double cut bastard.
— **parallela per seghe ad acqua bastarda,** mill blunt bastard.
— **parallela per seghe ad acqua bastarda a un bordo rotondo,** mill bastard one round edge.
— **parallela per seghe ad acqua dolce,** mill blunt double cut smooth.
— **parallela per seghe ad acqua mezza dolce,** mill blunt double cut second cut.
— **per chiavi a due punte,** double ended file.

lima per chiavi dolce, warding smooth file.
— **per chiavi mezza dolce,** warding second cut file.
— **per ebanisti,** cabinet file.
— **per seghe (*o* da sega),** saw file.
— **per seghe ad acqua a due tagli,** mill double cut (file).
— **per seghe a due bordi rotondi** mill heavy two round edges file.
— **per seghe con un bordo rotondo,** mill heavy one round edge file.
— **per seghe dolce,** mill smooth file.
— **per seghe mezzo dolce,** mill second cut file.
— **per stampi,** riffler.
— **piatta,** flat file.
— **piatta a taglio bastardo,** flat bastard file.
— **piatta a taglio bastardo con due bordi rotondi,** flat bastard two round edges file.
— **piatta a taglio dolce,** flat smooth file.
— **piatta a taglio mezzo dolce,** flat second cut file.
— **piatta bastarda a taglio aperto,** flat open cut bastard file.
— **piatta dolce a taglio aperto,** flat open cut smooth file.
— **piatta mezza dolce a taglio aperto,** flat open second cut file.
— **piatta parallela per torni,** mill bastard for lathe work.
— **piatta per legno,** flat wood file.
— **piatta per piombo** (*a un taglio*), flat lead float file.
— **quadra,** square file; pillar file.
— **quadra bastarda,** square bastard file.
— **quadra cilindrica,** square blunt bastard file.
— **quadra dolce,** square smooth file.
— **quadra mezzo dolce,** square second cut file.
— **quadra per seghe,** square mill saw file.
— **rotativa** (*mecc.*), rotating file.
— **rotonda,** round file.
— **rotonda bastarda,** round bastard file.

lima rotonda dolce, round smooth file.
— **rotonda mezzo dolce,** round second cut file.
— **rotonda parallela,** parallel round file.
— **rotonda parallela bastarda,** round blunt bastard file.
— **rotonda rastremata,** « rat-tailed » file.
— **senza manico,** blade.
— **triangolare,** (three square file) triangular file.
— **triangolare bastarda,** three square bastard file.
— **triangolare dolce,** three square smooth file.
— **triangolare mezzo dolce,** three square second cut file.
— **triangolare per chiavi,** taper file.
— **triangolare per chiavi a due tagli,** taper double cut file.
— **triangolare per chiavi a punta acuta,** slim taper file.
— **triangolare per chiavi a punta acutissima,** extra slim taper file.
— **(lato della —)** (*non tagliente*). « safe » edge.
— **(parte della —) inserita nel manico** (*codolo*), tang.
— **(punta della —),** tip of the file.
— **(spazzola per —),** file card.
limare, *v.a.* to file.
— **nella misura e forma prescritta,** to file to size and shape.
— **per lavori di precisione,** to file true.
— **per rifinire,** to draw-file.
— **sporgenze,** to file down.
limatore, *m.* filer.
limatrice, *f.* (*macch. ut.*), shaping machine; shaper.
— **universale,** universal shaping machine; universal shaper.
— **verticale,** vertical shaper.
limatura, *f.* (*operazione*), filing; (*polvere di* —), file dust; filings *pl.*
— **a nastro** (*mecc.*), band filing.
— **di ferro,** iron filings.
— **di fianco,** draw-filing.
limatura di rifinitura, draw-filing.
limburgite, *f* (*min.*), limburgite.
limitare, *v.a* to limit; to confine.
— **la velocità** (*segnali stradali*), REDUCE SPEED.
limitatore, *m.* (*elet.*), limit-switch.
— **automatico della pressione di alimentazione** (*nel carburante di un aeroplano*) (*aereo*), automatic boost control.
— **della pressione di alimentazione** (*elet.*), boost control.
— **della temperatura** (*elet.*), temperature-limit fuse.
— **di corrente** (*elet.*), current limiter (*or* relay).
— **di corsa,** stroke-limiter.
— **di punte acustiche** (*radio*), speech clipper.
— **di tensione,** aerial discharger (*or* fuse).
limitazione, *f.* (*orol.*), banking.
limite, *m.* limit; tolerance (*tolleranza*); boundary (*confine*).
— **apparente di elasticità** (*metal.*), yield point.
— **delle nevi perpetue,** snowline; snow-limit.
— **di allungamento a caldo** (*met., ecc.*), hot yield point.
— **di allungamento per scorrimento** (*met.*), creep limit.
— **di carico,** limit of capacity; maximum load (*di vagoni, carri, ecc.*).
— **di duttilità,** yield point.
— **di elasticità,** elastic limit.
— **di elasticità convenzionale** (*rispetto ad un valore prestabilito*) (*met.*), proof stress.
— **di elasticità trasversale,** transverse elastic limit.
— **di errore,** limit of error.
— **di fatica** (*mecc.*), endurance limit.
— — **/ carico di rottura** (*met.*), fatigue ratio.
— **di fatica per torsione** (*mecc., met.*), fatigue limit under torsional stress.
— **di filabilità** (*filatura*), spinning limit.
— **di proporzionalità** (*met.*), limit

of proportionality; proportionality limit (U.S.A.).

limite di saturazione (*elettrot.*), saturation limit.

— **di scintillamento** (*radiol.*), sparkling limit.

— **di scorrimento** (*met.*), creep limit.

— **di scorrimento viscoso** (*mecc.*), time yield.

— **di snervamento,** yield point.

— **di snervamento allo schiacciamento,** crushing yield point; compressive yield point.

— **di snervamento in prove di scorrimento viscoso** (*met.*), time yield.

— **di strizione localizzata** (*mecc.*), localized necking limit.

— **di velocità** (*auto*), speed limit.

— **elastico** (*fis.*), elastic limit.

— **massimo** (*econ.*), ceiling.

— **massimo di velocità,** top limit speed.

— **ristretto** (*p. es. di area di carico*), tight confines.

— **termico** (*elettrot.*), thermal limit.

limiti di tolleranza (*misure*), « go and no-go » limits.

— **(nei —) del campo** (*rif. a misure*), within the range.

limo, *m.* silt.

limone, *m.* lemon tree.

— **(essenza di —),** lemon oil.

limonene (*chim.*), *d*-limonene (*destrogiro*) $C_{10}H_{16}$; *dl*-limonene $C_{10}H_{16}$; limonene.

limonina, *f.* limonin $C_{22}H_{26}O_7$.

limonite, *f.* limonite.

limpido, *agg.* clear; limpid.

linalile, *m.* (*chim.*), (linaloöl) linalyl.

linalolo (*chim.*), linaloöl; (licareol; linalol; coriandrol).

linarite, *f.* (*min.*), linarite.

lindochite, *f.* lyndochite.

linea, *f.* line; main (*elet.*); (*solco longitudinale su barre per allungam. di laminaz. di una soffiatura o inclusione superficiale*) (*met.*), line; (*di scheda perforata*) (*calcol. elettron., inform.*), row; v. anche **linee.**

linea a bassa tensione (*elet.*), low tension line.

— **a corrente continua,** continuous current line.

— **a corrente trifase,** three phase line.

— **ad alta tensione,** high-tension line; power line.

— **ad un solo filo,** single-wire line.

— **aerea,** air line; overground line; aerial line.

— **aerea di controllo,** aerial contact-line.

— **aerodinamica,** streamline; fairing (*aereo*).

— **a più conduttori** (*o* **multipla)** (*elet.*), multiple line.

— **a punti e tratteggi** (*dis.*), long chain line.

— **artificiale** (*telecom.*), artificial line.

— **ausiliare** (*ferr.*), relief line.

— **complementare** (*telecom.*), line building-out network.

— **curva,** curve line.

— **d'acqua** (*naut., aereo*), water line.

— **dei centri** (*ingr.*), centre line.

— **della bolla** (*top.*), bubble line.

— **della scoria** (*forno met.*), slag line.

— **di abbigliamento** (*auto*), (body trimming line.

— **di arresto** (*traf. autom.*), stop line.

— **di arrivo** (*elet.*), supply main.

— **di azione** (*ingr.*), line of action.

— **di base** (*agrim.*), base line; (*radar*), reference line.

— **di carico** (*naut.*), loadline.

— **di carico massimo** (*barche*), deep water line.

— **di chiglia** (*naut.*), keel line.

— **di chiodatura,** centre line o rivet holes.

— **di cilindri** (*met.*), strand of rolls.

— **di collimazione** (*top.*), collimation line.

— **di colmo,** ridge.

— **di combustione,** combustion line.

linea di compluvio, valley.
— **di costruzione** (*cost.*), building line.
— **di decapaggio orizzontale** (*met.*), horizontal pickling line.
— **di direzione** (*filoni*), line of strike.
— **di dislocazione** (*met., crist.*), dislocation line.
— **di displuvio,** arris; hip.
— **di distribuzione,** distributing main.
— **di esplorazione** (*o scansione*) (*telev.*), scanning line.
— **di fabbricazione di scatole di latta** (*met.*), canmaking line.
— **di fede** (*bussola*), lubber's line; lubber's point.
— **di finitura** (*laminazione*) (*met.*), finishing line.
— **di flusso,** line of flux.
— **di forza,** line of force.
— **di forza elettrica,** line of electric force.
— **di forza magnetica,** line of magnetic force.
— **di fusione** (*sald.*), line of fusion.
— **di galleggiamento** (*naut.*), light water line.
— **di inclusioni** (*inclusioni in filamenti o gruppi allineati per effetto della lavoraz. plastica*) (*met.*), inclusion stringers.
— **di livello** (*top.*), contour line.
— **di livello delle acque,** water level line.
— **di mira** (*mil.*), sight line.
— **d'immersione** (*naut.*), water line.
— **d'immersione senza carico** (*naut.*), light water line.
— **di montaggio,** assembly line; production line-up.
— **d'inviluppo** (*ingr.*), rolling line.
— **di perforazione di zonatura** (*di una scheda*) (*calcol. elettron., inform.*), zone row.
— **di pressione,** line of pressure.
— **di pressione nulla,** no-pressure line.
— **di produzione** (*met.*), production line.
— **di quadro** (*cinem.*), frame line.

linea di raccordo, connecting main.
— **di resistenza,** line of resistance.
— **di ricottura continua** (*met.*), continuous anneal line.
— **di riduzione** (*min.*), reduction line; v. **mettere in marcia una — di riduzione.**
— **di rinforzo,** boosting main.
— **di riserva,** spare line.
— **di ritardo** (*per la creazione di dispositivi di memorizzazione ecc.*) (*inform.*), delay line.
— **di sbavatura** (*met.*), trimming line.
— **di scandaglio** (*naut.*), leadline.
— **di scarico** (*ing.*), exhaust line.
— **di scoria** (*met.*), slag line.
— **di scorrimento** (*o banda di deformazione*) (*met.*), deformation band; v. **linee di scorrimento.**
— (*o* **banda) di segregazione** (*met.*) ghost band.
— **di sicurezza,** safety line.
— **di stampa** (*calcol. elettron.*), print line.
— **di taglio combinata** (*di treno a nastri*) (*met.*), combined slitting and shearing line.
— **di tangenza,** line of tangency.
— **di trasmissione,** transmission line.
— **di trasmissione a corrente continua,** direct-current line.
— **di trasmissione per televisione,** television transmission line.
— **di trattamento termico** (*met.*), heat-treatment line.
— **di volo** (*aereo*) attitude of flight.
— **di zincatura continua** (*met.*), continuous galvanizing line.
— **elettrica,** power mains.
— **elettrica aerea,** overhead electric line.
— **elettrica sotterranea,** underground electric line.
— **equinoziale,** equinoctial line.
— **equisegnale,** equisignal line.
— **ferroviaria,** railway line.
— **inferiore del dente** (*ingr.*), dedendum line; root line.

linea in murata (*naut.*), deck-line.
— **interurbana** (*telef.*), toll line (U.S.A.); long-distance circuit.
— **mediana** (*geom.*), median line.
— **mista** (*geom.*), mixed line.
— **monofase,** single-phase line.
— **neutra** (*elettrot.*), neutral axis.
— **obliqua,** oblique line.
— **ondeggiante,** wavy line.
— **orizzontale,** horizontal line; (*di scheda perforata*) (*inform.*), curtate.
— **per contatto a rotella** (*ing. elet.*), trolley line.
— **perpendicolare,** perpendicular line.
— **piena** (*dis.*), full line; solid line.
— **primaria** (*elet.*), high tension line.
— **primitiva** (*ingr.*), pitch line; pitch curve.
— **punteggiata** (*dis.*), dotted line.
— **retta,** straight line.
— **secondaria** (*elet.*), offset.
— **senza distorsione** (*elet.*), distortionless line.
— **serpeggiante,** serpentine.
— **spartiacque,** water-parting line.
— **spezzata,** broken line.
— **superiore del dente** (*ingr.*), addendum line; top line.
— **telefonica,** telephone line.
— **telefonica coassiale** (*tel.*), coaxial telephone line.
— **telefonica statale,** state telephone line.
— **telegrafica,** telegraph line.
— **tranviaria,** tramline.
— **trifase,** three-phase line.
— **urbana,** town-mains.
— **utile** (*telev.*), active line.
— **Wöhler** (*met.*), Woehler diagram; stress number (NS) curve.
— **(interruzione in una —)** (*dis.*), break in a line.
— **(palinare la —)** (*agrim.*), to peg out the line.
— **(pendenza massima d'una —)** (*agrim.*), ruling gradient.
— **(riportare in — di volo)** (*aereo*), to flatten.

lineare, *agg.* linear (*misure*); lineal (*disegno*).
linearità, *f.* (*telev.*), linearity.
— **di ampiezza** (*telev.*), amplitude linearity.
— **di analisi** (*telev.*), scanning linearity.
linee (*f. pl.*) **a corrente alternata** (*elet.*), A. C. mains.
— **di influenza** (*costr.*), influence lines.
— **di Kikuchi** (*effetto di diffrazione elettronica su un cristallo*) (*met.*), Kikuchi lines.
— **di Lüders** (*met.*), Lüders lines (deformation bands).
— **di Neumann** (*o banda di Neumann*) (*met.*), Neumann lines (*or* Neumann lamellae).
— **di posizione** (*aereo*), bearings.
— **di scorrimento** (*o di Lüders*) (*difetto met.*), stretcher lines; deformation bands; Lüders lines; slip lines (*or* slip bands).
— **di tracciamento** (*aereo, naut.*), loft lines.
— **incrociate** (*cinem.*), cross-lines.
— **isogoniche** (*che uniscono punti di ugual variazione magnetica*), isogonic lines.
lineetta, *f.* (*tipog.*), dash; em rule; em score; metal rule; mutton rule.
liner finestrato (*petrolio*), slotted liner; perforated liner.
linfografia, *f.* (*radiol.*), lymphography.
lingottare, *v.a.* to cast into ingots.
lingottatura, *f.* ingot casting.
lingotti, *m. pl.* (*tip.*), reglets; clumps.
— **di acciaio effervescente,** rimming ingots.
lingottiera, *f.* (*met.*), ingot mould (*or* mold U.S.A.); (*tip.*), casting box.
— **a collo di bottiglia** (*met.*), bottle top ingot mould (or mold U.S.A.).
— **aperta** (*met.*), open-top ingot mold.
— **multipla** (*met.*), multiple mold.

lingottiera oscillante (*met.*), oscillating mold.
— **prefabbricata** (*met.*), ready-made hot top.
— **semicontinua** (*met.*), semi-continuous ingot mold.
lingottiere (reparto preparazione —) (*met.*), ingot mold preparation shop (U.S.A.).
lingotto, *m.* ingot (*metal.*); bullion (*di met. preziosi*); (*cartuccia*) (*fis. atom.*), slug; v. **calibro per —; carro portalingotti; gru per —; panna di —; ribalta —; schiuma di —; spingitore di —; stroncatrice per —; tenaglia per —; trancia —; troncatrice per —.**
— **a conicità inversa** (*met.*), reverse-tapered ingot.
— **a lati piatti** (*met.*), ingot with flat faces.
— **corto** (*met.*), butt ingot; short ingot.
— **da forgia** (*met.*), forging grade ingot.
— **da laminare** (*met.*), ingot for rolling.
— **di acciaio capped** (*met.*), capped steel ingot.
— **di acciai legati** (*met.*), alloy steel ingot.
— **di acciaio al carbonio** (*met.*), carbon steel ingot.
— **di estrusione,** extrusion ingot.
— **difettoso** (*met.*), faulty ingot; defective ingot.
— **di germanio policristallino** (*min.*), polycrystalline germanium ingot.
— **d'uranio** (*cartuccia d'uranio*) (*fis. atom.*), uranium slug.
— **per cerchioni** (*met.*), tyre (*or* tire) ingot.
— **quadro corrugato** (*met.*), corrugated square ingot; fluted square ingot.
— **(sformatura di un —),** ingot stripping.
— **(testa di un —),** ingot top.
— **(trasformazione di un —),** breakdown of an ingot.
lingua, *f.* tongue (*geom.*).
lingua di terra, tongue of land.
— **madre inglese** (*concorsi, ecc.*) English mother tongue.
linguaggio (*di elaboratore elettronico o calcolatore*) (*elettron.*), language.
— **ad alto livello** (*inform.*), high level language.
— **assemblatore** (*inform.*), assembly language.
— **di programmazione** (*elettron.*), programming language.
— **di programmazione di basso livello** (*inform.*), low level language (assembler).
— **macchina** (*calcol. elettron.*), machine language.
— **orientato ai giochi** (*inform.*), game-oriented language.
linguetta, *f.* feather (*di ruota*); feather key; tongue (*per incastro*).
— **battente** (*acust.*), vibrating tongue; reed.
— **di distribuzione,** clapper valve.
— **direttrice,** guide blade.
linguistica, *f.*, **linguistics.**
— **comparata,** comparative linguistics.
lino, *m.* flax.
— **a fibre lunghe** (*tess.*), long flax.
— **in paglia** (*tess.*), flax straw.
— **(battitura in fino del —),** cleaning.
— **(battitura in grosso del —),** ruffing.
— **(pettinatura del —),** heckling.
— **(spadatura del —),** beating.
linoleato (*chim.*), linoleate.
linoleum, *m.* linoleum.
— **granulare,** granite linoleum.
— **liscio,** plain linoleum.
— **stampato,** printed linoleum.
linossina, *f.* (*chim.*), linoxyn.
linotipia, *f.* linotype.
linotipista, *m.* linotype operator
liofilizzare, *v. a.* (*chim.*), to freeze dry.
liofilizzazione, *f.* lyophilizing.
— **(impianto di —),** freeze drying plant.
liofilo, *agg.* (*chim.*), lyophile.
liogeli, *m. pl.* lyogels.

liolisi, *f.* lyolisis.
liosoli, *m. pl.* lyosols.
liparite, *f.* (*min.*), liparite.
liquame di fogna (*inquinamento*), sewer water effluent.
liquami (*m. pl.*) **domestici,** domestic sewage.
liquazione, *f.* liquation.
liquefare, *v.a.* to liquefy.
— **un gas,** to liquefy a gas.
liquefarsi, *v.r.*, to melt *v.i.*; to become liquid; to liquefy; to thaw (*sciogliersi di ghiaccio, neve, ecc.*).
liquefatore, *m.* liquefier.
liquefazione, *f.* melting (*fusione*); liquefaction (*fis.*).
— **del carbone,** coal liquefaction.
— **del gas,** gas liquefication; gas liquefaction.
— **percentuale,** percent liquefaction.
— **(impianto di —)** (*gas metano*), liquefication plant.
liquidatore d'avaria, average adjuster.
liquidazione, *f.* (*comm.*), selling off.
— **d'avaria,** average adjustment; average statement.
liquidi penetranti (*chim.*), penetrant liquids.
— **penetranti colorati** (*sald.*), dye penetrants.
liquido, *m.* liquid; (*met*), liquidus.
— **a menisco concavo,** liquid with concave surface.
— **a menisco convesso,** liquid with convex surface.
— **antistatico per la pulizia dei dischi** (*audio*), anti-static cleaning fluid.
— **di apporto,** internal coolant.
— **di decapaggio** (*bagno di decapaggio esausto, pronto per essere scartato*), pickle liquor.
— **di raffreddamento,** coolant fluid.
— **infiammabile,** flammable liquid.
— **penetrante** (*per rivelare i difetti delle superf. dei metalli*), penetrant liquid; penetrant.
— **per indice di rifrazione** (*min.*), refraction index liquid.
liquido per la pulizia dello stilo di lettura (*audio*), stylus cleaner.
— **per pulire,** liquid polish.
— **pressurizzato** (*estrusione, met.*), pressurized fluid.
— **pulitore per testine di registrazione e nastro** (*audio*), cassette tape head cleaner.
— **refrigerante** (*mecc.*), coolant.
— **(a — immobilizzato)** (*elet.*), with unspillable electrolyte.
liquirizia, *f.* liquorice; licorice; sweet root; glycyrrhiza.
liroconite, *f.* (*min.*), liroconite.
lisciare, *v.a.* to polish; to grind down (*con la mola*); to gloss; to smooth; to sleek (*fonderia*).
— **con una lima,** to file over.
— **opaco,** to dull polish.
— **un pezzo,** to polish a work.
lisciatoio, *m.* (*scarpe*), slicker.
lisciatrice, *f.* (*macc. ut.*), bandfacer.
lisciatura, *f.* smoothing (*di cavi*); polishing; grinding down (*con la mola*); (*cemento, ecc.*), floating.
— **del cemento** (*con cazzuola o a macchina*), cement trowelling.
liscivia, *f.* lye.
— **di potassa,** potash lye.
— **solfitica** (*fond.*), sulphite liquor.
lisciviabile, *agg.* leachable.
— **(non —),** unleachable.
lisciviare, *v.a.* to steep in lye; to leach; to lixiviate.
lisciviazione (*chim.*), leaching; lixiviation.
— **batterica** (*min.*), bacterial leaching.
— **del minerale** (*min.*), leaching of ores.
— **(impianto di —)** (*chim.*), leaching plant; leach plant.
— **(prova di —)** (*chim.*), leaching test.
lisimetro (*agr.*), lisimeter.
lista delle variabili (*inform.*), variables list.
— **stampata** (*inform.*), listing.
listare (*stampare l'elenco delle informazioni*) (*inform.*), to list.
listato, *m.* (*inform.*), listing.
— **del programma** (*inform.*), program listing.

listellatura (*f.*) **del tetto,** roof lathing.
listello, *m.* ledge (*falegnameria*); deal; lath; batten; shaft (*l. di legno di cui è formata ogni rimessa*) (*tess.*).
— **del tetto,** roof batten.
— **di pavimento,** fillet; beading.
listone (*m.*) **di pavimento,** floor board.
litantrace, *m.* cannel coal.
litargirio, *m.* (*chim.*), litharge; protoxide of lead; lead monoxide.
litio, *m.* (*chim.* = Li), lithium.
litografare, *v.a.* to lithograph.
litografia, *f.* litho; lithography.
— **con raggi X** (*semiconduttori*), X-ray lithography.
— **ottica** (*semiconduttori*), optical lithography.
litiofillite, *f.* (*min.*), lithiophilite.
litologico, *agg.* lithologic.
litopone, *m.* (*vern.*), lithopone.
litosfera, *f.* (*geol.*), lithosphere.
litro, *m.* litre; liter (U.S.A.).
livella (*f.*) **a bolla d'aria,** spirit level; water level.
— **ad acqua,** water level.
— **a serbatoio** (*agrim.*), constant level tube.
— **a tubo** (*top.*), level tube.
— **per la messa in piano di giradischi** (*audio*), horizontal level.
livellamento, *m.* levelling.
— **del terreno a gradini** (*min.*, *costr.*), bench levelling.
livellare, *v.a.* to level; to make level; to mark out; to bring to a level; to set level.
livellatore, *m.* (*persona*) (*top.*), level-man.
livellazione, *f.* (*top.*), levelling.
— **con picchetti** (*top.*), boning-in.
— **di precisione** (*top.*), precise levelling.
— **longitudinale** (*agrim.*), rise and fall levelling.
— **rapida** (*top.*), quick levelling.
— **reciproca,** reciprocal levelling.
— **tacheometrica,** tacheometrical levelling.
— **trigonometrica,** trigonometrical levelling.
livelletta, *f.*, boning-rod; boning-stick; gradient (*top.*).
livello, *m.* level (*strum. top.*); surveyors level; (*acust.*, *radio*, *telev.*), level.
— **a bolla** (*top.*), bubble tube.
— **a bolla costante** (*top.*), constant level tube.
— **a cannocchiale,** levelling instrument.
— **a centramento rapido** (*top.*), quick-setting level.
— **ad acqua,** water level.
— **assoluto** (*elet.*), absolute level.
— **autocompensato** (*top.*), autoset level.
— **automatico** (*top.*), automatic level.
— **collimatore** (*top.*), hand level.
— **costante,** constant level.
— **da muratore,** mason's level; carpenter's level.
— **del bianco** (*telev.*), white level.
— **del colore** (*telev.*), colour level.
— **della colonna di carica** (*altoforno met.*), stock line level.
— **delle acque,** water-mark; water level line.
— **delle retribuzioni** (*lavoro*), level of remunerations.
— **delle retribuzioni in vigore** (*lavoro*), existing wage and salary levels.
— **del mare,** sea level.
— **del nero** (*telev.*), black level.
— **del rumore** (*acust.*), noise level.
— **del terreno** (*top.*), ground level.
— **d'energia nucleare** (*fis. atom.*), nuclear energy level.
— **di coltivazione** (*di miniera*), level.
— **di conversazione** (*acust.*), speech level.
— **di pendenze** (*top.*), gradiometer.
— **di piena** (*idraul.*), high-water level.
— **di potenza** (*radio*) (*elet.*) (*fis. atom.*), power level.
— **di prestazione** (*testine fonografiche*) (*audio*), output.
— **di radiazione** (*fis. atom.*), radiation level.

livello di radiazione medio (*fis. atom.*), average radiation level.
— **di riferimento,** reference level.
— **di riflessione** (*top.*), reflecting level.
— **di risonanza** (*fis. atom.*), resonance level.
— **di rumore** (*fis. acust.*), loudness of noise.
— **di tolleranza** (*fis. atom.*), tolerance level.
— **energetico** (*fis. atom.*), energy level.
— **fori di colata** (*altoforno met.*), tap hole level.
— **fori loppa** (*altoforno met.*), cinder notch level.
— **massimo d'ingresso** (*audio*), max. input level.
— **medio** (*top.*), ordnance datum.
— **medio del mare,** mean sea level (*agrim.*), datum.
— **nucleare** (*fis. atom.*), nuclear level.
— **oscillante** (*top.*), tilting level.
— **prestabilito** (*fis. atom.*), preset level.
— **quotato** (*top.*), contour mapping.
— **rapido,** quickset level.
— **relativo,** relative level.
— **retributivo,** salary range; salary scale; salary level.
— **reversibile** (*top.*), reversible level.
— **sonoro** (*acust.*), sound level.
— **termico** (*fis. atom.*), thermal level.
— **tubiere** (*altoforno met.*), tuyere level.
— **(allo stesso —),** flush with (*p. es.*: *allo stesso — del pavimento*, flush with the floor; (*allo stesso livello della matrice*), flush with the surface of the die.
— **(rettifica** (*f.*) **del —)** (*agrim.*), setting up the level.
— **(rettificare** (*v.a.*) **un —)** (*agrim.*), to set up a level.
— **(sul — del mare),** above sea level.
— **(transcodificatore a multilivelli)** (*inform.*), multi-level transcoder.

lobo, *m.* lobe.

locale, *m.* room, laboratory.
— **candeggio** (*tess.*), bleachery.
— **delle caldaie,** boiler room.
— **di filtrazione** (*birra*), filtering room.
— **gabinetto/doccia** (*p. es. su una barca*) (*naut.*), WC/shower compartment.
— **per le prove,** testing laboratory.

locali, *m. pl.* premises; quarters (U.S.A.).

località (*scelta per installazione di centrali, ecc.*), site; potential site.

localizzare, *v.a.*, to locate.
— **e riparare un filo rotto,** to locate and repair a broken wire.
— **un incendio,** to localize a fire.

localizzatore, *m.* (*radiol.*), localizer.

locatore, *m.* lessor.

locazione, *f.* (*inform.*), location.

locomobile, *m.* traction engine; portable engine.
— **automobile,** automobile portable engine.

locomotiva, *f.* locomotive; loco; v. **deposito, fabbrica, officina per locomotive.**
— **ad accumulatore di vapore** steam accumulator locomotive.
— **a due cilindri,** two cylinder locomotive.
— **a due cilindri a vapore surriscaldato,** two cylinder superheated steam locomotive.
— **a gassogeno,** gas generator locomotive.
— **a gru,** crane locomotive.
— **a quattro cilindri,** four cylinder locomotive.
— **a quattro cilindri a doppia espansione,** four cylinder compound locomotive.
— **a quattro cilindri a vapore surriscaldato,** four cylinder superheated steam compound locomotive; four cylinder superheated steam locomotive.
— **atomica** (*fis. atom.*), nuclear powered locomotive.

locomotiva a turbina a gas, gas turbine locomotive.
— **a vapore,** steam locomotive.
— **a vapore surriscaldato,** superheated steam locomotive.
— **compound,** compound locomotive.
— **con ignitrone,** ignitron locomotive.
— **da miniera,** mine locomotive.
— **Diesel,** Diesel-locomotive.
— **di manovra** (*ferr.*), shunting engine.
— **di manovra diesel-elettrica,** diesel electric shunting machine.
— **elettrica,** electric locomotive.
— **elettrica ad accumulatori,** electric storage-battery locomotive.
— **elettrica a trolley,** electric trolley locomotive.
— **elettrica leggera,** lightweight electric locomotive.
— **tender,** tank locomotive; tender locomotive.
— **tender a dentiera,** rack tank locomotive.
locomotive (officina per —), loco shop.
locomotore, *m.* locomotive.
— **aerodinamico,** streamlined electric locomotive.
— **diesel-elettrico,** Diesel-electric locomotive.
— **di manovra,** switcher.
locomozione, *f.* locomotion.
lodo (*arbitrale*) (*conflitto di lavoro*), award; v. **demandare i lodi.**
— **arbitrale** (*conflitti di lavoro, ecc.*), arbitration award.
log radioattivi (*oli, gas*), radiactivity logs.
logaritmo, *m.* (*mat.*), logarithm; log.
— **decimale,** common logarithm.
— **di Briggs,** Brigg's logarithm.
— **di Napier,** Napierian logarithm.
— **iperbolico,** hyperbolic log.; « hyp. log. ».
— **naturale,** natural log.; « nat. log. ».
— **volgare,** v. **log. decimale.**
— **(trovare il —),** to take the logarithm.
logaritmico (calcolo —), logarithmic calculation.
logatomo, *m.* (*fis. atom.*), logatom.
logica, *f.* (*elettron.*), logic.
— **a fluido,** fluid logic.
— **a relè** (*inform.*), relay logic.
— **a stato solido,** solid-state logic.
— **statica** (*inform.*), static logic.
— **statica programmabile** (*automaz.*), programmable static logic.
logico, *agg.* (*elettron.*), logical.
logistica, *f.* (*elettron.*), logistics.
— **aziendale,** business logistics.
— **industriale,** industrial logistics.
logometro, *m.* (*elet.*), quotient meter.
logorare (*danneggiare*), to impair.
logorarsi, *v.r.* to get worn out; to be worn out.
logorio, *m.* wearing out; wear and tear.
— **del lato di caricamento** (*met.*), wear of charging side.
logotipo, *m.* (*sigla di società, disegno di marca*) (*inform.*), logotype.
longarina, *f.* sleeper; longitudinal sleeper (*or* tie); bearer.
— **a tre nervature** (*ferr.*), three-ribbed sleeper.
— **di scala** (*montante*), string; stair horse.
— **portarotaia** (*ferr.*), rail track girder; stringer; railbearer.
longarone, *m.* (*aereo*) (vedi **longherone**); side member (*auto*); main frame member (*auto*).
longherina, *f.* bearer.
longherone (*aereo*), longeron (*di fusoliera*); spar (*dell'ala*); beam (*di ponte*); side-member (*auto*); longitudinal girder (*cost.*).
— **a cassetta** (*aereo*), box spar.
— **a cassone** (*aereo*), box-type spar.
— **anteriore,** front spar.
— **d'ala** (*aereo*), spar.
— **di locomotore** (*ferr.*), side-member.
— **di telaio di automobile,** side-member.

longherone inferiore, sub spar.
— **principale,** main spar.
longitudinale, *agg.* longitudinal.
longitudinali, *m. pl.* side girders.
longitudine, *f.* longitude.
lontano, *agg.* away; far; (*ad una distanza tale da non costituire ostacolo o pericolo al libero movimento di un pezzo, ecc.*), clear of; v. anche: **distante.**
— **(sta —) dai fili!** (*attenti ai fili*), keep away from the connections.
— **dalla testa motrice,** away from the headstock.
— **dal muro,** away from walls.
— **dal pezzo,** clear of the work.
lontra (pelliccia di —), otter fur.
« loop » (*calcol. elettron.*) (*insieme di istruzioni ripetute di continuo*), loop.
— **aperto** (*calcol. elettron.*), open loop.
— **chiuso** (*calcol. elettron.*), closed loop.
looping (*aereo*), looping.
loppa, *f.* (*met.*), blast furnace slag; loup; loupe.
— **granulata (nastro convogliatore — granulata)** (*altoforno*), granulated slag belt conveyor.
— **(secchione della —),** slag pot.
losànga, *f.* lozenge; rhomb.
— **-quadro** (*calibrazione*) (*met.*), diamond-square (rolling sequence).
losca del timone (*naut.*), rudder trunk.
lotta, *f.* (*sport*), wrestling.
— **contro la corrosione,** combat against corrosion.
— **contro la ruggine, ecc.,** combat against rust, etc.
— **greco-romana,** greco-roman wrestling.
— **stile libero,** free style wrestling.
lotto (*m.*) (*di lavori*), allotment.
LP gas, LPG.
lubrificante, *m.* lubricant.
— **grafitato,** graphite treated oil.
— **industriale** (*industria*), industrial lubricant.
— **per cinghie,** belt lubricant.
lubrificante per laminatoi, rolling mill lubricant.
— **per stampi,** die dressing; (*met.*), die lubricant.
lubrificare, *v.a.* to lubricate.
— **eccessivamente,** to over-lubricate.
lubrificatore, *m.* lubricator.
— **a contagocce,** drip feed lubricator.
— **a micronebbia,** micro-fog lubricator.
— **automatico,** selfacting lubricator.
lubrificazione, *f.* lubrication; oiling.
— **a bagno d'olio,** oil bath lubrication.
— **a circolazione d'olio,** circulation oiling.
— **ad anello,** ring lubrication.
— **ad olio,** oil lubrication.
— **a gocce,** drip lubrication.
— **a grasso,** grease lubrication.
— **a micronebbia,** micro-fog lubrication
— **a sbattimento,** splash lubrication.
— **a spruzzo,** spray lubrication.
— **a stoppino,** wick oiling.
— **automatica,** automatic lubrication; self-oiling system.
— **centrale,** central system of lubrication; (*mecc.*), centralised lubrication.
— **centrifuga,** centrifugal lubrication.
— **eccessiva,** over-oiling.
— **forzata,** forced lubrication; force feed lubrication.
— **insufficiente,** under-oiling.
— **(a — automatica)** *agg.* self-lubricating.
lucchetto, *m.* latch (*di porta*); padlock.
luce, *f.* light.
— **ad arco,** arc light.
— **ad incandescenza,** incandescent light.
— **attinica,** actinic light.
— **azzurra,** blue glow.
— **bianca,** white light.
— **d'adduzione,** admitting port.

luce del gas ad incandescenza, incandescent gas-light.
— **di ammissione,** intake opening.
— **di atterraggio** (*aereo*), landing lamp.
— **di cortesia** (*auto*), courtesy lamp; (*interruttori della luce di cortesia della porta anteriore*, front door courtesy light switches.
— **diffusa,** diffused light.
— **di finestra** (*cost. civ.*), window-opening.
— **di mandata** (*idraul.*), pressure orifice.
— **di navigazione** (*aereo*), navigation light.
— **di parcheggio** (*auto*), parking light.
— **di retromarcia** (*auto*), reversing light; reversing lamp.
— **direzione d'atterraggio** (*aereo*), landing direction light.
— **di scarico,** exhaust port; eduction port.
— **di un arco,** span.
— **di un ponte,** bridge opening.
— **elettrica,** electric light.
— **fissa,** fixed light.
— **fra i cilindri** (*lamin. met.*), roll gap.
— **incidente** (*ott.*), incident light.
— **intermittente,** intermittent light; flashing light.
— **libera** (*di un ponte*) (*cost.*), span.
— **monocromatica** (*fis.*), monochromatic light.
— **polarizzata,** polarized light.
— **riflessa,** reflected light.
— **solare artificiale,** artificial sunlight.
— **stroboscopica,** stroboscopic light.
— **(anno —),** light year.
— **(diminuzione di rendimento della —),** light depreciation.
lucentezza (*di superficie cotta di smalto*) (*smalto e vernici*), brightness.
lucernario, *m.* (*cost. civ.*), sky light; lantern light.
— (*di cupola*) (*cost.*), cupola.

luci di avvicinamento (*aereo*), approach lights.
— **di pista** (*aereo*), runway lights.
— **posteriori riscaldate** (*auto*), heated backlights.
lucidare, *v.a.* to polish.
— **elettroliticamente,** to electropolish.
lucidascarpe elettrico, shoe shiner.
lucidatrice, *f.* polishing machine; buffing machine.
— **elettrica,** electric polisher.
— **elettrica per uso domestico,** domestic electric polisher.
lucidatura, *f.* (*con mola*), buffing; (*tess.*), glazing.
— **ad umido** (*met. galv.*), wet polishing.
— **anodica** (*met.*), anodic cleaning.
— **elettrolitica con bagni solfammici** (*elettron.*), electropolishing with sulfamate baths.
— **elettrolitica dell'argento** (*elettrochim.*), electrolytic silver polishing.
— **in serie,** mass buffing.
— **metallografica,** metallographic polishing.
lucido, *m.* (*disegno*), counter drawing; (*di cromatura*), brilliance; *agg.* glossy; v. **filo —.**
lucignolo, *m.* wick; (*tess.*), rove; roving.
lumen, *m.* lumen (*pl.* lumens *or* lumina).
lumenometro, *m.* lumenmeter.
lumenora, *m.* (*ill.*), lumen-hour.
luminescente, *agg.* luminescent.
luminescenza, *f.* (*chim. min.*), luminescence.
— **alfa,** alpha luminescence.
luminosità, *f.* (*di lampade*), brilliancy; (*ott.*) (*astron.*), luminosity; (*radar, telev., ill.*), brightness.
— **dei raggi X,** X-ray luminosity.
— **di fondo** (*telev.*), background brightness.
luna, *f.* (*astr.*), moon.
— **nuova,** new moon.
— **piena,** full moon.

luna (colpire la —) (*astron.*), to impact on the moon.
— **(faccia posteriore della —)** (*astr.*), back side of the moon.
— **(girare attorno alla —)** (*astron.*), to circumnavigate the moon.
— **(mari della —)**, Maria.
lunare, *agg.* lunar.
— **(aeronave —)**, lunar craft.
— **(ambiente —)**, lunar environment.
— **(eclisse —)**, lunar eclipse.
lunetta, *f.* (*arch.*), lunette; groin; (*mecc.*), rest.; (*orol.*), bezel.
— **cilindrica** (*arch.*), cylindrical groin.
— **del tornio,** rest.
— **del tornio fissa,** steady rest.
— **del tornio mobile,** follow rest.
— **di cuscinetto,** bearing shoe.
— **fissa** (*mecc.*), steady rest; fixed rest; centre rest.
— **mobile** (*mecc.*), follow rest; follower; travelling rest.
lunette (*f. pl.*) **per vetro** (*orol.*), bezels.
lunghezza, *f.* length.
— **approssimativa,** random length.
— **del banco** (*tornio*), bed length.
— **della fusoliera** (*elic.*), fuselage length.
— **di diffusione** (*fis. atom.*), scattering length; diffusion length.
— **di migrazione** (*fis. atom.*), migration length.
— **di parola** (*in bits*) (*elettron.*), word length.
— **di percorso** (*fis. atom.*), path length.
— **di rallentamento** (*o* **di moderazione)** (*fis. atom.*),slowing-down length.
— **d'onda,** wavelength.
— **d'onda dei raggi X,** X-ray wavelength.
— **d'onda di una radiazione monocromatica,** wavelength of a monochromatic radiation.
— **d'onda dominante,** dominant wavelength.
lunghezza d'onda quantica, quantum mechanical wavelength.
— **dovuta,** proper length.
— **fra le perpendicolari** (*naut.*), length between perpendiculars, lenght b.p.
— **fuori tutto** (*naut.*), length overall.
— **focale,** focal length.
— **in linea retta** (*laminatoio, ecc.*), straight line length.
— **metallurgica** (*colata continua*) (*met.*), metallurgical length.
— **teorica,** theoretical length.
— **totale,** overall length.
— **totale di un albero** (*mecc.*), overall length of a shaft.
— **utile,** useful length.
— **(nel senso della —)**, *avv.* endwise.
— **(per tutta la sua —)**, along its length.
lunghezza (regolare (*v.a.*) **in —)**, to adjust in length.
lungobanco (*min.*), drive.
lunkerite (*met., fond.*), v. **polvere anticono.**
lunotto termico (*auto*), heated rear window.
luoghi (*m. pl.*) **geometrici,** geometric loci.
luogo, *m.* place.
— **di costruzione,** construction site.
— **di deposito,** shed.
— **di montaggio,** place of erection.
lupinella, *f.* (*bot.*), sainfoin; cock's head.
lupo (*diavolotto*) (*tess.*), devil.
— **levasassi,** lewis.
luppolo, *m.* hops.
lustrare, *v.a.* to burnish; to gloss; to polish.
lustratura, *f.* glossing; polishing.
lustro, *m.* glossing matter; gloss; lustre.
lutare, *v.a.* to lute; to cement; to seal.
lutezio, *m.* (*chim.* = Lu), lutecium.
lux, *m.* (*ott.*), lux; (*pl.* luces).
luxometro, *m.* luxometer; illuminometer.

M

macadam, *m.* macadam.
— **ordinario** (*o comune*), waterbound macadam.
macadamizzare, *v.a.* to macadamize; (*ferr., strade*), to metal.
macadamizzazione, *f.* macadamizing; macadamization.
macchia del raggio midollare (*bot.*) (*legno*), pith ray fleck.
— **di decapaggio** (*appannamento dovuto a decapaggio*) (*met.*), pickle stain.
— **di grasso** (*zona incompletam. zincata o stagnata per motivo di una goccia di olio o grasso accidentale carbonizzatisi durante la ricottura*) (*met.*), grease spot.
— **di linfa** (*bot.*) (*legno*), sapstain.
— **di olio** (*che si forma sulla latta sotto l'azione chim. dell'olio di palma caldo*) (*difetto met.*), grease mark; oil mark.
— **di « scruff »** (*difetto della latta dovuto alla presenza di zone opache contaminate da scoria*) (*met.*), dry streak.
— **dolce,** v. **area molle** (*met.*), soft spot.
— **gialla** (*colore gialliccio nel rivestim. di zinco effettuato a caldo nell'acciaio dovuto ad eccessiva quantità di stagno nel bagno di zinco*) (*met.*), tin yellow.
— **ionica** (*telev.*), ion spot.
— **nera** (*telev.*), dark spot; (*durante ricottura irregolare* (*met.*), black spot; flux spot.
— **oculare** (*bot., zool.*), eyespot.
— **rossa** (*bot.*) (*legno*), foxiness.
— **scura** (*difetto sui laminati*) (*met.*), dark area.
— **solare,** sunspot.
macchiatura, *f.* staining.
macchie (*nelle fotografie*) (*fot.*), stains.
— **della superficie solare,** sunspots.
— **(segnare con macchie),** to spot.
macchina! (*naut. engine order*) (attenzione in macchina), (*naut.*), stand by!

macchina, *f.* machine (*m. lavoratrice*); engine (*m. motrice*).
— **a bianca e volta** (*tipog.*), high-speed printing machine.
— **a bilanciere,** beamengine.
— **a colonna a formare ingranaggi** (*fond.*), gear wheel moulding machine mounted on a column.
— **a colonna d'acqua,** water pressure engine.
— **a commutatore,** commutator machine.
— **ad alta pressione,** high-pressure engine.
— **ad espansione,** expansion engine.
— **ad induzione,** induction machine.
— **a dividere** (*macch. ut.*), dividing machine.
— **a doppio effetto,** double-acting engine.
— **a doppio giro a due colori** (*tip.*), two colour two revolution machine.
— **a due cilindri,** double cylinder engine.
— **a due tamburi** (*macchina d'estrazione*), 2-drum mine hoist.
— **affrancatrice,** franking machine.
— **a follare** (*tess.*), fulling mill.
— **a formare idraulica** (*fond.*), hydraulic moulding machine.
— **a formare ingranaggi** (*fond.*), gear wheel moulding machine.
— **a formare reversibile** (*fond.*), turnover type moulding machine.
— **a getto di sabbia,** sand blast; sand-jet.
— **agricola,** agricultural machine.
— **a imbozzimare** (*tess.*), dressing machine.
— **allargatubi** (*macch. ut.*), tube expanding machine.
— **allineatrice di barattoli,** unscrambler.
— **amplificatrice** (*forno elet., met.*), amplifying machine.

macchina a parer con tamburo di essiccazione (*tess.*), sizing machine.
— **a pettinare il lino** (*tess.*), heckling machine.
— **a platina** (*tip.*), platen machine.
— **a programma** (*mecc.*, *ecc.*), program-controlled machine.
— **a rulli per curvare,** bending rolls.
— **a scossa** (*fond.*), shake-out machine.
— **a scosse e pressione per formare** (*fond.*), jolt-squeeze machine.
— **a scosse per formare** (*fond.*), jar-ram moulding machine; jolt-ramming moulding machine; jolter.
— **a semplice effetto,** single-acting engine.
— **asincrona,** asynchronous machine.
— **a spolette** (*tess.*), pirn winder (*or* pirn winding machine).
— **a tandem,** tandem engine.
— **a transfert rotante** (*macch. ut.*), rotary type transfer machine.
— **a trasferimento,** transfer machine.
— **a trasferta** (*macch. ut.*), transfer machine.
— **a trasferta rotante,** rotary transfer machine.
— **a triplice espansione,** triple-expansion engine.
— **a un cilindro,** single cylinder engine.
— **automatica,** automatic machine.
— **automatica a tavolo rotante** (*fond.*), automatic indexing turntable.
— **a vapore,** steam engine.
— **a vapore a bassa pressione,** low pressure steam engine.
— **a vapore a condensazione,** condensating steam engine.
— **a vapore ad alta pressione,** high pressure steam engine.
— **a vapore ad espansione fissa,** steam engine with fixed expansion.

macchina a vapore ad espansione multipla, multiple expansion steam engime.
— **a vapore ad espansione semplice,** simple expansion steam engine.
— **a vapore a doppio effetto,** double acting steam engine.
— **a vapore a due cilindri,** double cylinder steam engine.
— **a vapore a semplice effetto,** single acting engine.
— **a vapore a un cilindro,** single cylinder steam engine.
— **a vapore orizzontale,** horizontal steam engine.
— **a vapore reversibile,** reversible steam engine.
— **a vapore rotativa,** rotary steam engine.
— **a vapore senza condensazione,** non-condensing steam engine.
— **a vapore tandem,** tandem steam engine.
— **a vapore verticale,** vertical steam engine.
— **avvolgitrice,** wrapping machine.
— **azionata ad elettricità,** electrically driven machine.
— **azionata mediante cinghia,** belt driven machine.
— **caffè espresso,** automatic coffee set.
— **calcolatrice,** calculating machine.
— **calcolatrice automatica,** automatic calculating machine.
— **calibratrice (dei cilindri)** (*met.*), roll drafting machine.
— **cellulare** (*ad organizzazione matriciale*) (*inform.*), array processor.
— **cibernetica** (*elettron.*), cybernetic machine.
— **combinata taglia-traccia-piegafondi,** cutting-scoring-folding machine.
— **compositrice** (*tip.*), composing machine.
— **composta,** compound machine.
— **compound,** compound engine.

macchina con comando a colori, colour controlled machine.
— **contabile,** book keeping machine.
— **continua per carta,** fourdrinier.
— **(parte umida della — continua per carta),** wet end.
— **cucitrice** (*tipog.*), stitching machine.
— **da composizione** (*tipog.*), composing machine.
— **da cucire,** sewing machine.
— **da filettare,** screw cutting machine.
— **da formare,** moulding machine.
— **da formare a pettine** (*fond.*), stripping plate moulding machine.
— **da ingrandimento** (*fot.*), enlarger.
— **da maglia** (*tess.*), knitting machine.
— **da presa** (*cinem.*), camera; cine camera.
— **da raccolta** (*agr.*), harvesting machine.
— **da scrivere,** typewriter; typewriting machine.
— **da scrivere silenziosa,** noiseless typewriter.
— **da stampa** (*tess.*), printing machine.
— **da stampa a cilindri** (*tipog.*), cylinder printing machine.
— **da stampa a doppio giro** (*tip.*), two-revolution machine.
— **da stampa a pressione pianocilindrica,** cylinder flat bed machine; cylinder machine.
— **da stampa a ritirazione** (*tip.*), perfecting press.
— **da stampa con forma incisa in cavo** (*tip.*), gravure machine.
— **da stampa tipografica a pressione piano-cilindrica** (*tip.*), direct flat bed machine.
— **da stampa per sacchi** (*tip.*), sack printing machine.
— **da stampa rotativa,** letterpress rotary.
— **da taglio** (*ossiacetilenico degli acciai*), cutting machine.

macchina da trebbiare (*agr.*), threshing machine.
— **d'estrazione** (*installata sopra un pozzo per estrarre minerali e trasportare il personale di una miniera*), (mine) hoist.
— **di agglomerazione** (*met.*), sinter machine.
— **di colaggio continuo di tipo verticale con incurvamento della barra** (*met.*), « vertical-plus-bending » continuous caster.
— **di colata continua a barra incurvata** (*met.*), « curved-mold » unit.
— **di colata continua del tipo verticale** (*met.*), vertical continuous casting machine.
— **di colata continua per bramme** (*met.*), continuous slab caster.
— **Diesel,** Diesel machine; Diesel engine; Diesel motor; Diesel.
— **di formatura per iniezione** (*resine*), injection moulding machine.
— **di messa a parco** (*min.*), (*impianti di omogeneizzazione*), stacker.
— **di ripresa** (*usata nei parchi di omogeneizzazione*) (*min.*, *met.*), reclaimer.
— **di x cavalli,** x horse-power engine.
— **doppiatrice e piegatrice** (*tess.*), rigging and folding machine.
— **elettrica,** electric machine.
— **elettrica rotante,** rotating electrical machine.
— **elettromagnetica multipla,** multiplex electromagnetic machine.
— **elettromotrice,** electromotor.
— **elettrostatica,** electrostatic machine.
— **elettrostatica di Wimhurst** (*fis.*), Wimhurst machine.
— **etichettatrice,** labelling machine.
— **fotografica,** camera.
— **fotografica a cassetta** (*fot.*), box camera.
— **fotografica ad alta velocità,** high speed camera.

macchina fotografica a lastre (*fot.*), plate camera.
— **fotografica a soffietto,** folding camera.
— **fotografica per riproduzioni fotomeccaniche,** vertical process camera.
— **fotografica ripetitrice** (*tip.*), step-and-repeat camera.
— **frigorifera,** freezing machine.
— **idraulica,** hydraulic machine.
— **imballatrice,** packing machine; packer.
— **impastatrice** (*alim.*), kneading machine.
— **in ordinazione** (*comm.*), machine on order.
— **intestatrice** (*tubi*), v. **intestatrice.**
— **lisciatrice per lastre offset,** graining machine for offset plates.
— **« mangiasoldi »** (*nei bar, ecc.*), coin operated jackpot machine.
— **misuratrice,** measuring machine.
— **motrice,** machine.
— **offset** (*tipog.*), offset printing machine.
— **offset da bobina** (*tip.*), web-fed offset press.
— **offset da foglio** (*tip.*), sheet-fed offset press.
— **per affilare utensili,** tool grinder.
— **per allicciare le seghe,** saw setting machine.
— **per applicare medaglioncini reclame ai sacchetti di tè,** tea bag tagging machine.
— **per applicazione di adesivo,** adhesive applying machine.
— **per arrondire** (*orol.*), wheel topping tool.
— **per assemblaggio automatico** (*macch. ut.*), automatic assembly machine.
— **per calettare,** tenon cutter.
— **per cilindrare e tagliare paste alimentari** (*alim.*), noodle machine.
— **per chiusura di tubetti,** tube closer.

macchina per controllo evolventi (*mecc.*), involute gear testing machine.
— **per copiare** (*tip.*), step-and-repeat printing-down machine.
— **per cromare al rotogalvano,** barrel chromium-plating machine.
— **per colaggio continuo** (*met.*), continuous caster; continuous-casting machine.
— **per colata continua di bramme** (*met.*), continuous slab casting unit.
— **per contrassegnare le estremità di una scatola,** box end marking machine.
— **per dentifrici,** tooth-paste-tube filling machine.
— **per dividere,** mortising machine.
— **per doppiare e piegare** (*tess.*) rigging and folding machine.
— **per elettroerosione,** spark eroding machine; spark erosion machine (*removing metal by electric spark discharge method*).
— **per equilibratura delle ruote** (*auto*), wheel balancing machine.
— **per estrusione della gomma** (*ind. gomma*), forcing machine.
— **per fare il gelato** (*alim.*), ice-machine.
— **per fare il tè,** tea-making equipment.
— **per fare la bocchetta** (*met.*), v. — **per tappare il foro di colata.**
— **per fare le anime** (*fond.*), core machine.
— **per fare sacchetti di carta,** bag-making machine.
— **per fare trefoli** (*mecc.*), strander; stranding machine.
— **per finitura stampi** (*macch. ut.*), die finishing machine.
— **per formare,** moulding machine.
— **per formare ingranaggi a plateau girevole** (*fond.*), gear wheel moulding machine with table.
— **per formare le anime,** core making machine.

macchina per fresare, milling machine.
— **per godronare,** knurling machine.
— **per impiallacciature,** veneer cutting machine.
— **per incassare i libri preparati, nella copertina** (*tipog.*), casing machine.
— **per incastri,** tonguing and grooving machine.
— **per incidere** (*macch. ut.*), engraving machine.
— **per industrie alimentari,** catering machine.
— **per insegnare** (*inform.*), teaching machine.
— **per intrecciare cavi,** cable stranding machine.
— **per la carta,** paper-making machine.
— **per la fabbricazione delle candele,** candle moulding machine.
— **per la fabbricazione di scatole di cartone,** cartoning machine.
— **per la fabbricazione di vernici,** varnish making machine.
— **per l'aggiunta di ferroleghe in siviera** (*met.*), ladle addition feeder.
— **per la lavorazione del filo,** (*macch. ut.*), wire working machine; wire forming machine.
— **per la lavorazione della sabbia,** sand dressing machine; sand processing machine.
— **per la lettura degli indirizzi** (*posta*), address-reading machine.
— **per lanciare dolomite,** v. **lanciadolomite.**
— **per l'apertura del cotone,** opening machine.
— **per la posa di recinzioni** (*agr.*), fence erecting machine.
— **per la raccolta della canna da zucchero** (*agr.*), cane harvester.
— **per la raccolta delle patate** (*agr.*), potato harvester.
— **per la ripresa** (*min.*, *met.*), reclaimer.
— **per la tintura dei nastri** (*tess.*), top dyeing machine.

macchina per lavare i fusti di combustibile, drum-washing machine.
— **per lavorazione di nipples** (*mecc.*), nipple processing machine.
— **per lavorare il legno,** wood working machine.
— **per lavori in serie,** mass-production machine.
— **per lavori non in serie,** jobbing machine.
— **per limare e segare i metalli** (*macch. ut.*), sawing and filing machine.
— **per lo scavo di gallerie,** tunnel boring machine.
— **per lucidatura** (*tess.*), lustring machine.
— **per marcare** (*macch. ut.*), marking machine.
— **per maschiettare,** nut tapping machine.
— **per mescolare il mastice,** putty mixing machine.
— **per misurare** (*tess.*), measuring machine; (*macch. ut.*, *ecc.*), measuring machine.
— **per misurare, a coordinate** (*macch. ut.*), co-ordinate measuring macchine.
— **per montaggio automatico** (*macch. ut.*), automatic assembly machine.
— **per montare** (*scarpe*), lasting machine.
— **per numerare e datare,** numbering and dating machine.
— **per ondulare lamiere** (*met.*), corrugated sheet machine.
— **per orlare** (*smalti*), beading machine.
— **per panelli,** cake moulding machine.
— **per piano inclinato** (*min.*), incline engine.
— **per piegare,** bending machine.
— **per preparare la zoccolatura e rifinire i clichés** (*tip.*), plate finishing machine.
— **per pressofusioni,** die casting machine.

macchina per prova di durezza, hardness testing machine.
— **per prova di fatica,** fatigue testing machine.
— **per prova di usura,** wear testing machine.
— **per prova di vernici e smalti,** paint testing machine.
— **per prova rumorosità ingranaggi,** gear noise testing machine.
— **per prove di fatica** (*macch.*), fatigue machine.
— **per prove ad urti ripetuti,** repeated impact tester.
— **per prove all'urto,** impact machine.
— **per prove d'imbutitura** (*mecc., met.*), cupping test machine.
— **per prove materiali,** material testing machine.
— **per raddolcire le fibre di iuta,** jute softener.
— **per rappezzamento stradale,** patching machine.
— **per riempire e chiudere tubetti,** tube filler and closer.
— **per riempire fiale,** vial filling machine.
— **per riempire tubetti,** tube filling machine; tube filler.
— **per rompere gli stracci** (*tess.*), rag breaking-up machine.
— **per rompere la iuta** (*tess.*), jute breaking-up machine.
— **per sacchetti e scatole,** double package maker.
— **per saldare,** welding machine.
— **per sbucciare patate** (*agric.*), potato peeler.
— **per scanalare,** slotting machine.
— **per scavi di gallerie in terreni poco consistenti o rocce tenere,** soft ground tunnelling machine.
— **per sformare** (*fond.*), draw moulding machine.
— **per sformare con ribaltamento,** turn-over moulding machine.
— **per sgranare il cotone** (*tess.*), cotton gin.
— **per stampa calcografica,** copper-plate printing machine.
— **per tagliare ruote dentate,** gear cutting machine.

macchina per tappare il foro di colata (*met.*), tap hole gun; clay gun.
— **per tempra alla fiamma** (*met.*), flame hardening machine.
— **per tessere a disegno** (*tess.*), figuring machine.
— **per tintoria** (*tess.*), hank dyeing machine.
— **per trasmissione e riproduzione elettronica in facsimile** (*di dati, letture, ecc.*) (*elettron.*), facsimile transmission machine.
— **per treni di laminatoi,** rolling mill engine.
— **per trinciare** (*cuoio*), clicking press.
— **per vaporizzare** (*tess.*), decatising machine.
— **per verniciatura a spruzzo di carrozzerie** (*d'auto*), car-body paint spraying machine.
— **pesatrice-riempitrice,** weighing-filling machine.
— **portatile,** portable machine.
— **prova rumorosità ingranaggi** (*macch. ut.*), sonic gear testing machine.
— **raccogli-bietole** (*agr.*), sugar beet harvester.
— **raccoglitrice** (*tip.*), collating table.
— **raccoglitrice di tuberi** (*agr.*), root harvester.
— **riempitrice,** filler; filling machine.
— **rotativa,** rotary machine.
— **rotativa offset,** offset press.
— **rotocalco per stampa dal rotolo** (*tip.*), web fed gravure rotary.
— **rotocalco per stampa su fogli** (*tip.*), sheet fed gravure rotary.
— **segnaprezzo,** price - marking machine.
— **sincrona,** synchronous machine.
— **soffiante,** blower.
— **soffiatrice anime** (*fond.*), core blowing machine.
— **sofisticata** (*gen.*), sophisticated machine.
— **spara-anime** (*fond.*), core shooter.

macchina spruzzatrice (*tess.*), spray damping machine.
— **taglia-tubi,** tube cutting machine; pipe cutting machine; cutting-off machine.
— **tessile,** textile machine.
— **per tessitura** (*tess.*), weaving machine.
— **tipografica,** composing machine.
— **tosaerba,** lawn mower.
— **traccialinee spartitraffico** (*strada*), traffic-line marking machine.
— **trafilatrice** (*mecc.*), drawing machine.
— **transfer** (*macch. ut.*), transfer machine.
— **trapiantatrice di riso** (*agr.*), rice transplanting machine.
— **universale per fare trefoli** universal strander.
— **universale per prova** (*macch. ut.*), universal testing machine.
— **utensile,** machine tool.
— **utensile a programma,** programme-controlled machine tool.
— **utensile controllata da microprocessore,** microprocessor-controlled machine tool.
— **utensile modificata** (*p. es. una macch. ut. vecchio tipo alla quale è stato applicato il controllo numerico* [NC]), refitted machine tool.
— **utensile per metalli,** metal working machine.
— **utensile ultrasonica,** ultrasonic machine tool.
macchine calcolatrici analogiche, analog computing machines.
— (*f. pl.*) **speciali,** special (purpose) machinery.
— **tipografiche,** composing machines.
macchinario, *m.* machinery; power plant.
— **per la fabbricazione di biscotti** (*alimentari*), biscuit-making machinery.
— **per oleificio,** oil mill machinery.
macchinetta per cambio della moneta, coin-changer.
macchinista, *m.* machinist (*operatore o fabbricatore*); machine man (*lavoratore sorvegliante*); engine driver (*di locomotive*).
— **litografo** (*tip.*), lithographic printer.
— **rotocalco,** *m.* (*tip.*), photogravure printer.
macello, *m.* abattoir; slaughterhouse.
macerare, *v.a.* to ret (*lino, canapa*); to macerate (*tessuti in generale*); to mash (*orzo*).
macerazione, *f.* maceration (*in generale*); retting (*di lino, canapa*).
— **all'acqua calda** (*tess.*), warm water retting.
macero, *m.* steeping-trough; (*tess.*), soakage.
— **(mandare un libro al —)** (*tip.*), to pulp a book.
macigno, *m.* boulder.
macina, *f.* grinder.
— **a cilindri,** roller-mill.
— **spuntatrice orizzontale** (*ind. mol.*), horizontal scourer.
macinacaffè elettrico, *m.* electric coffee mill.
macinare, *v.a.* to grind (*colori, ecc.*); to pulverize; to crush; (*fond.*), to mull.
macinazione, *f.* grinding; pulverizing; mulling (*fond.*).
— **a palmenti,** stone milling.
— **del concentrato magnetico** (*miner.*), grinding of (dry) magnetic concentrate.
— **delle pitture,** paint grinding.
maclurina, *f.* (*chim.*), maclurin; $C_{13}H_{10}O_6 . H_2O$.
macroasse, *m.* (*cristall.*), macroaxis.
macroassemblatore, *m.* (*inform.*), macro assembler.
macrocellula, *f.* (*vetro*), macrocell.
macrochimica, *f.* macrochemistry.
macrodiagonale, *agg.* macrodiagonal.
macrodomo, *m.* macrodome.
macrofotografia, *f.* (*fot.*), macrophotography; macroetching.
macrofrattografico, *agg.*, macrofractographic.

macrogeneratore (*inform.*), macrogenerator.
macrografia, *f.* macrograph.
macroistruzione (*inform.*), macroinstruction.
macromolecola, *f.* (*bio*), macromolecule.
macroparticella, *f.* (*fis. atom.*), particulate.
macropiramide, *f.* macropyramid.
macroscopia, *f.* macroscopic examination.
macroscopico, *agg.* macroscopic.
macrosegregazione, *f* (*differenza di composiz. localizzata, riscontrabile con i normali processi di analisi*) (*met.*), macro-segregation.
macrosismico, *agg.* macroseismic (al).
macrostruttura, *f.* macrostructure.
macrotecnica, *f.* macrotechnique.
macrotensione (*tensioni residue interessanti grandi zone del pezzo*) (*met.*), macrostress.
madia (*per pane*), baking-trough.
madiere, *f. pl.* (*naut.*), floor plates.
madrevite, *f.* female thread; female screw; nut.
— **ad anello,** ring nut.
— **differenziale,** differential nut.
— **di un tornio,** nut-box.
maestranza addetta alla laminazione (*met.*), rolling mill crew.
maestro d'officina (*mecc.*), master-mechanic.
magazzini provviste di bordo (*naut.*) catering department stores.
magazziniere, *m.* storekeeper; storeman; warehouse man.
magazzino, *m.* warehouse; storehouse; store; (*cinem.*), magazine (*di macch. da presa*).
— **delle matrici** (*tipog.*), magazine with the matrices.
— (*o*) **deposito** (*m.*) **di ferri fini,** sheet iron store.
— (*o*) **deposito** (*m.*) **rotaie,** rail store.
— **di alimentazione delle schede** (*calcol. elettron.*), card bin.
— **di ghisa,** pig iron store.
— **di saldatura,** solder magazine.
magazzino di travature metalliche, girder store.
— **doganale,** bonded warehouse.
— **in porto franco,** bonded warehouse.
— **lamierini e lamiere** (*met.*), sheet and plate warehouse.
— **merci** (*ferr.*), goods shed; freight shed (U.S.A.); goods warehouse (*in deposito*).
— **orto-floro-frutticolo** (*agr.*), produce store.
— **pieno** (*min.*), v. **coltivazione.**
— **rotoli** (*met.*), coil storage.
— **vuoto** (*min.*), v. **coltivazione.**
— **(roccia —)** (*petrolio*), (oil) reservoir rock.
magenta, *f.* (*chim.*), magenta; fuchsine.
maggese, (*m. agric.*), fallow.
magistero di bismuto (*chim.*), magister of bismuth.
— **di zolfo,** magister of sulfur.
maggiore (*in più*) **rigidità,** added rigidity.
maglia, *f.* heald (*tess.*); link (*mecc.*); mesh (*di reti*).
— **di catena,** chain link.
— **di una rete,** mesh.
— **di uno staccio,** mesh of a screen.
maglie a molinello (*naut.*), swivels.
— **dei licci,** v. **banco di preparazione delle — dei licci;** v. **occhiello delle — dei licci.**
maglieria, *f.* hosiery; (*tess.*) knitting.
maglio, *m.* hammer.
— **a caduta a catene** (*mecc.*), chain-lift drop hammer.
— **a caduta a cinghia** (*mecc.*), belt-lift drop hammer.
— **a caduta a tavola** (*mecc.*), board drop hammer.
— **a caduta libera,** drop hammer; drop stamp.
— **a comando meccanico,** power hammer.
— **ad aria compressa,** compressed air hammer.
— **a pendolo** (*per prova di metalli*) (*met.*), pendulum impact tester.
— **autocompressore per la lavora-**

zione a freddo di lamiere (*met.*), sheet working hammer.
maglio a vapore, steam hammer.
— **compressore per la lavorazione a freddo di lamiere** (*met.*), sheet working hammer.
— **di fucinatura di precisione** (*met.*), precision forging hammer.
— **di stampaggio** (*met.*), drop-forging hammer.
— **elettromagnetico** (*met.*), electromagnetic hammer.
— **elettropneumatico** (*met.*), electro-pneumatic hammer.
— **idraulico,** hydraulic hammer.
— **per fucinare,** forging hammer; power hammer.
— **per stampaggio a caduta libera,** drop stamper.
— **per stampare** (*met.*), die-forging hammer.
— **pneumatico,** pneumatic hammer.
— **verticale,** vertical hammer.
— **(mazza battente di un —),** tup.
magma, (*med., min.*), magma.
— **eruttiva,** eruptive magma.
— **fusa,** molten magma.
magmatico, *agg.* magmatic.
magnalio, *m.* (*met.*), magnalium.
magnesia, magnesia; magnesium oxide; periclase; magnesia usta.
— **alba,** magnesia alba; basic magnesium carbonate.
— **carbonata,** magnesium carbonate.
— **usta,** magnesia usta.
magnesio, *m.* (*chim.* = Mg), magnesium.
— **silicotermico,** silicothermic magnesium.
magnesite, *f.* magnesite.
magnete, *m.* magnet; loadstone; magneto (*auto*) (*elet.*).
— **ad alta tensione,** high-tension magneto.
— **a ferro di cavallo,** horse-shoe magnet.
— **artificiale,** artificial magnet.
— **composto,** compound magnet.
magnete del freno, brake magnet.
— **di accensione,** ignition magneto.
— **di campo** (*elet.*), field magnet.
— **di deviazione,** deflecting magnet.
— **di sollevamento,** lifting magnet.
— **lamellare,** laminated magnet; lamellar magnet.
— **permanente,** permanent magnet.
— **superconduttore** (*met.*), superconducting magnet.
magneti di compensazione della bussola (*naut.*), correcting magnets.
— **permanenti di compensazione** (*bussola*) (*naut.*), compensator magnets.
— **permanenti trasversali** (*sistemati nella chiesuola della bussola per compensarne la deviazione*), thwartship magnets.
magnetico, *agg.* magnetic.
— **, cassetta a bolle magnetiche** (*inform.*), magnetic bubble cassette.
magnetino (*m.*) **di avviamento** (*mecc.*), hand starting magneto.
magnetismo, *m.* magnetism.
— **indotto,** induced magnetism.
— **permanente,** permanent magnetism.
— **residuo,** residual magnetism.
magnetite, *f.* magnetite.
magnetizzabile, *agg.* magnetizable.
magnetizzante, *agg.* magnetizing (*p. es.: corrente —*, magnetizing current); v. **riduzione —.**
magnetizzare, *v.a.* to magnetize.
magnetizzazione, *f.* magnetization.
magnetofluidodinamica, *f.* magneto-fluid dynamics.
magnetometro, *m.* (*elet.*), magnetometer.
magnetomotrice, *agg.* magnetomotive.
magnetone, *m.* (*fis.*), magneton.
— **nucleare** (*fis. atom.*), nuclear magneton.
magnetoscopio, *m.*, magnetoscope.
magnetosfera, *f.* (*fis*), magnetosphere.

magnetostrizione, *f.* (*fis.*), magnetostriction.
magnetron, *m.* (*elettron.*), magnetron.
— **in regime impulsivo** (*elettron.*), pulsed magnetron.
magnetrone, *m.* (*fis.*), magnetron.
magona, *f.* ironworks (*ferriera*); ironmonger's shop (*bottega*).
magro, *agg.* lean; poor; maigre.
— **(argilla —),** lean clay.
maiolica, *f.* glazed pottery.
mais ibrido (*agr.*), hybrid corn.
— **in granella,** shelled corn (USA).
— **in spiga,** ear corn (U.S.A.).
maiuscoletto, *m.* (*tip.*), small capitals; light capitals.
mal d'aria (*aereo*), air sickness.
malachite, *f.* (*min.*), malachite.
malato, *m.* (*chim.*), malate.
malattia atomica (*fis. atom.*), atomic disease.
— **causata da irradiazioni** (*fis. atom.*), radiation sickness.
— **da vibrazioni** (*med. ind.*), vibration disease.
— **di Krupp** (*met.*), temper brittleness.
— **professionale** (*med.*), occupational disease.
— **riconosciuta dal medico** (*pensioni*), prescribed disease.
malattie polmonari industriali, industrial lung diseases.
malleabile, *agg.* malleable.
malleabilità, *f.* malleability.
malleabilizzare, *v.a.* to malleabilize; malleablize.
malleabilizzazione, *f.* malleablizing.
malloppo, *m.* (*fune usata per aerostati nell'atterraggio*), handling guy.
malta, *f.* mortar.
— **attivata,** activated mortar.
— **cementizia,** cement mortar.
— **di calce,** lime mortar.
— **di calce comune,** ordinary lime mortar.
— **di calce e gesso,** selenitic cement.
— **di calce idraulica,** hydraulic lime mortar.
— **di cemento,** cement mortar.
malta di cemento a lenta presa, cement-lime mortar.
— **di pozzolana,** trass mortar.
— **di scorie** (*cost.*). black mortar.
— **dosificata** (*cost.*), gauged mortar.
— **idraulica,** hydraulic mortar.
— **mista di calce idraulica e cemento,** lime-cement mortar.
— **pastosa** (*umida*), (*cost.*), wet mix.
— **per intonaco** (*civile*), plaster.
— **refrattaria,** refractory mortar.
— **(giunto di —),** mortar joint.
maltatore, *m.* maltster *m.*
malteni, *m. pl.* (*chim.*), malthenes.
malteria, *f.* malthouse.
malto, *m.* malt.
— **per birrerie,** brewery malt.
maltosio, *m.* (*chim.*), maltose.
mancante, *agg.* missing.
mancanza, *f.* (*penuria*), deficiency.
— **di collegamento (fusione)** (*sald.*), lack of fusion.
— **di collegamento fra le passate** (*sald.*), lack of fusion between passes.
— **di corrente,** absence of current; power failure.
— **di impegno** (*mecc.*), mislock.
— **di spessore** (*met.*), cross joint.
— **di tensione** (*accidentale*), power failure.
— **di tenuta,** untightness.
mancare (*di corrente, ecc.*), to fail (*quando manca la corrente*), when the power fails.
mancata penetrazione (*sald.*), lack of fusion.
mandare (*v.a.*) **al macero un libro,** to pulp a book.
— **una corrente in un circuito,** to drive a current through a circuit.
— **un messaggio tramite satellite,** to beam a message via satellite.
mandarino (essenza di —), mandarin oil.
mandata, *f.* (*di una pompa*), delivery.
mandato, *m.* (*procura*) (*leg.*), attorneyship.
mandorlo (legno di —), almond-tree wood.

mandrinare, *v.a.* to chuck (*fissare su mandrino*); to expand (*tubi*); to roll (*tubi*).
mandrinatura, *f.* (*di tubi*), expanding; rolling.
mandrini (a —) multipli, multispindled.
mandrino, *m.* chuck (*tornio*); spindle (*albero, mecc.*); arbor (*albero, mecc.*).
— **a cambio rapido** (*mecc.*), quick-change spindle; quick-change chuck.
— **a chiusura rapida** (*mecc.*), quick-action chuck.
— **a collare** (*macch. ut.*), collet chuck.
— **a comando idraulico,** hydraulic chuck.
— **a comando pneumatico** (*macch. ut.*), air chuck; pneumatic chuck; (*mecc.*), air-operated chuck.
— **a combinazioni,** combination chuck.
— **a corona a spirale** (*macch. ut.*), scroll chuck.
— **ad alta frequenza** (*mecc.*), high frequency spindle.
— **ad espansione** (*mecc.*), expanding mandrel.
— **a due ganasce,** chuck with two jaws; two-jaw chuck.
— **a ganasce** (*tornio*), jaw chuck.
— **allarga tubi,** mandrel; roller-expander.
— **a pinze** (*mecc.*), collet chuck.
— **a quattro ganasce,** chuck with four jaws; four-jaw chuck.
— **a spirale,** scroll-chuck.
— **a tre ganasce,** chuck with three jaws; three-jaw chuck.
— **autocentrante,** self-centring chuck.
— **autocentrante automatico** (*macch. ut.*), self-centring automatic chuck.
— **autoserrante per trapani** (*macch. ut., mecc.*), self-tightening drill chuck.
— **a vite,** bell-chuck; shell-chuck.
— **azionato a motore,** power operated chuck.
mandrino cavo, hollow spindle.
— **del divisore** (*fresatrice*), index spindle.
— **della fresa,** chuck.
— **della mola,** wheel spindle.
— **del tornio,** chuck.
— **del trapano,** spindle; boring spindle.
— **di precisione** (*macch. ut.*), precision-made chuck.
— **flottante** (*macch. ut.*), floating holder; floating chuck.
— **magnetico,** magnetic chuck.
— **orizzontale,** horizontal spindle.
— **per orologiai** (*orol.*), pin vice.
— **per trapani** (*macch. ut., mecc.*), drill chuck.
— **pneumatico a collare** (*macch. ut.*), air operated collet chuck.
— **portafresa,** cutter arbor.
— **portamola,** wheel spindle; grinding spindle.
— **scanalato,** splined spindle.
— **universale,** universal chuck.
— **verticale,** vertical spindle.
— **(manicotto del —),** sleeve.
— **(velocità del —),** spindle speed.
maneggevolezza, *f.* (*aereo*), manoeuvrability.
maneggiare (*usare, adoperare un utensile*), to wield a tool.
maneggio inesatto, mishandling.
manetta, *f.* hand-lever.
— **del gas** (*aereo*), throttle lever.
— **per immissione d'aria,** air-lever.
— **per immissione di gas,** gas lever.
manganato, *m.* (*chim.*), manganate.
manganese, *m.* (*chim.* = Mn), manganese.
— **ferrugginoso,** ferruginous manganese.
manganesifero, *agg.* manganesiferous.
manganico, *agg.* (*chim.*), manganic.
manganina, *f.* manganin.
manganite, *f.* (*min.*), manganite.
mangano, *m.* rolling press; mangle.
manganosite, *f.* (*min.*), manganosite.
manganoso, *agg.* (*chim.*), manganous.

mangiacassette (*audio*), cassette deck.
— **stereo** (*audio*), stereo cassette deck.
— **stereo a caricamento frontale** (*audio*), front-loading stereo cassette deck.
mangiadischi, *m.* record-player.
mangianastri, *m.* tape recorder.
mangiare, *v.a.* (*corrodere*), to fray; to bit in.
mangiatoia (*di stalla*) (*cost.*), fodder-trough.
mangime, *m.* fodder.
mangimificio, *m.* (*agr.*), fodder mill.
manica, *f.* (*di filtro a maniche*) (*siderurgia*), hose.
— **a vento,** wind sock.
— **d'aria** (*aereo*), air shaft; air duct.
— **di sgonfiamento** (*aereo*), deflation sleeve.
manico, *m.* handle.
— **di lima,** file handle.
— **di utensile,** tool handle.
manicotti (*m. pl.*) **a molla per alberi di carico** (*orol.*), sleeves for negative setting.
manicotto, *m.* socket-joint; coupling bow; sleeve; (*appendice*) (*aereo*), neck.
— **a frizione,** friction clutch.
— **a vite,** screw coupling box; threaded sleeve.
— **d'accoppiamento,** coupling sleeve.
— **del collettore** (*elet.*), commutator sleeve; commutator hub.
— **dell'albero,** spindle sleeve.
— **dell'asta di colata** (*met.*), stopper rod brick.
— **del regolatore,** governor sleeve.
— **di cuoio,** leather collar.
— **di giunzione** (*tubi*), hose-coupling; (*ing. elet.*), splicing sleeve.
— **di gonfiamento,** filling sleeve.
— **di mitragliatrice,** jacket.
— **d'innesto,** claw coupling.
— **di refrattario** (*met.*), firebrick sleeve.
— **di riduzione per tubi isolanti** (*elet.*), reducing socket.
manicotto di riscaldamento (*aereo*), heating muff.
— **disinnesto frizione** (*auto*), clutch throw-out sleeve (U.S. A.); clutch withdrawal sleeve.
— **di trasmissione,** transmission sleeve.
— **doppio,** double coupling piece; double socket.
— **per cavi,** cable shackle.
— **riduttore,** reducing coupling box.
— **spostabile,** sliding sleeve.
— **tenditore,** coupling nut.
manifesto, *m.* (*gen.*), bill.
— **di carico** (*naut. comm.*), stowage manifest.
— **di carico di una nave** (*naut.*), ship's manifest.
maniglia, *f.* handle; knob.
— **a cricco,** ratchet-drill.
— **alzacristalli** (*maniglia di regolazione del vetro del finestrino*) (*auto*), window winder handle; winder handle.
— **appiglio** (*auto*), grab handle.
— **di aggiustaggio** (*o* **di registro**), adjusting knob.
— **di catena,** shackle.
— **di fissaggio** (*d'una macchina*), hold-down handle.
— **di porta,** door handle.
manipolare, *v.a.* to handle; to manipulate.
manipolato, *p.p.* (*radio*), keyed.
manipolatore, *m.* (*teleg.*), keysender; sender; (*teleg.*), key; (*laminatoio met.*), (ingot) manipulator; (*met.*), v. **posizioni del — perforate sulla scheda.**
— **fonico** (*teleg.*), sounder key.
— **rapido** (*teleg.*), bug key.
— **telecomandato** (*fis. atom.*), remote manipulator.
manipolazione, *f.* handling; manipulation; (*radio, teleg.*), keying.
— **per assorbimento** (*radio*), absorption keying.
manna, *f.* (*med.*), manna.
mannani, *m. pl.* (*chim.*), mannans.
mannite, *f.* mannite.
mannitolo, *m.* (*chim.*), mannitol.

mannosani, *m. pl.* (*chim.*), mannosans.
mannosio, *m.* (*chim.*), mannose.
mano, *f.* (*strato*), coat; skin; film.
— **di colore,** coat of paint (skin, *or* film of paint).
— **di fondo** (*pitture*), couch; undercoat.
— **d'opera,** labour; manual labour.
— **d'opera agricola,** farm labor (U.S.A.).
— **d'opera inesperta,** inexperienced labour.
— **d'opera occasionale,** (U.S.A.), casual labor.
— **d'opera specializzata,** skilled labour.
— **d'opera non specializzata,** unskilled labour.
— **libera** (*linea disegnata a mano libera*) (*dis.*), line drawn in free hand.
— **superficiale di copertura** (*vernici, smalti*), cover coat.
— **(dare la prima —),** to apply the primary coat.
— **(dare l'ultima —),** to apply the finishing coat.
— **(dare una —) di...** (*pittura*), to give a coat of...
— **(prima —)** (*di pittura*), priming; priming coat.
— **(regolabile a —),** adjustable by hand.
manometrico, *agg.* manometric.
manometro, *m.* steam-gauge; pressure-gauge, manometer; oil pressure gauge.
— **a contrappeso,** dead-weight pressure gauge.
— **a mercurio,** mercurial gauge.
— **a molla,** spring manometer.
— **campione,** standard pressure-gauge.
— **del condensatore,** condenser gauge.
— **di controllo,** controlling steam gauge.
— **differenziale** (*ing.*), differential pressure gauge.
manometro di ionizzazione (*termoionico*), ionisation manometer.
— **di sovrappressione** (*motori a scoppio*), boost gauge.
— **metallico a tubo,** tube manometer.
— **per la pressione di alimentazione** (*aereo*), boost gauge; induction pressure gauge.
— **registratore,** recording pressure-gauge.
manomettere, *v.a.* to tamper.
manomissione, *f.* tampering (*manomissione del contenuto*, tampering with contents).
— **(a prova di —),** tamper proof.
manopola, *f.* handle; knob.
manopole (*f. pl.*) **di gomma,** twist grip rubbers.
manoscopio, *m.* (*telev.*), manoscope.
manovella, *f.* lever; crank; crank-lever; crank-handle.
— **a crociera,** cross handle.
— **d'avviamento** (*auto*), starting handle.
— **di albero a gomiti,** crank.
— **di correzione** (*di macch. calcolatrice*), effacer.
— **dividente** (*di fresatrici, testa a dividere*), index crank.
— **motrice,** driving handle.
— **oscillante** (*ing.*), wobble crank.
— **per cristalli di portiere** (*auto*), window winder.
— **posta in isbalzo,** overhung crank.
manovellismo, *m.* crank mechanism; link.
manovra (*f.*) **correttrice del vento trasversale** (*aereo*), leeway.
— **dello scambio** (*ferr.*), throwing-over the points.
— **di aggancio spaziale** (*astron.*), docking maneuver (U.S.A.).
— **di volo stazionario** (*aereo*), hover manœuvre.
manovrabile, *agg.* (*cost., mecc., ecc.*), manœuvrable.
manovrabilità, *f.* manœuvrability; controllability (*aereo*); handling.

manovrabilità dell'astronave (*astron.*), spacecraft manœuvrability (maneuverability (U.S.A.).
— **orbitale** (*astron.*), orbital manœuvring.
manovrare una imbarcazione (*naut.*), to work a vessel.
— **una vite a contrasto,** to screw a screw up and down.
manovratore, *m.* operator.
manovre di decollo (*per mezzo di strumenti e radio orientamento*) (*aereo*), let-down procedure.
mansarda, *f.* (*cost. civ.*), French roof.
mansione, *m.* (*comm.*) (*tec.*), job.
mantello, *m.* (*fasciame*), shell; jacket; mantle (*di foreste*).
— **del reattore** (*fis. atom.*), reactor shell.
— **di materiale fertile** (*fis. atom.*), breeder blanket.
— **di reattore** (*fis. atom.*), blanket.
— **di riscaldo,** heating jacket.
— **di trasformatore** (*elet.*), transformer shell.
— **elettronico** (*fis. atom.*), electron envelope.
— **protettore,** protective cover.
mantenere, *v.a.* (*temperatura, velocità ecc.*), to maintain.
— **una linea in servizio,** to keep a line in operation.
mantice, *m.* bellows.
— **di carrozza,** hood; cover.
— **di fucina,** forge blower; forge blast.
— **di un organo** (*acust.*), blowing apparatus.
mantiglio, *m.* (*naut.*), lift.
mantissa, *f.* (*mat.*), mantissa.
manto, *m.* (*di bitume, ecc.*) (*cost. stradali*), layer.
— (*m.*) **di centina,** lining of boards.
— **di usura** (*carreggiata strad.*) wearing surface.
manuale, *m.* (*muratore*), labourer.
— **delle istruzioni ad uso dell'acquirente** (utilizzatore, ecc.), user manual.
— **d'istruzioni,** instruction manual; construction manual.
manubrio, *m.* handle; crank; handle bar (*m. di biciclette*).
manufatti, *m. pl.* constructive works; manufactured goods.
manutenzione, *f.* maintenance; upkeep; attention (*una volta installata la macchina non richiede alcuna manutenzione*), once set-up the machine requires no attention.
— **di un archivio** (*inform.*), file maintenance.
— **sul posto,** on-site maintenance.
— **corrente,** routine maintenance.
— **trascurabile,** negligible maintenance.
— **(centro di —)** (*met.*), maintenance shop.
— **(piccola —),** servicing.
— **(privo di —),** maintenance-free.
mappa (*f.*) **altimetrica** (*top.*), (*o* **a curve di livello),** layered map.
— **catastale,** cadastral map.
— **di memoria** (*inform.*), memory map.
maraging (*sistema di fabb. dell'acciaio della International Nickel Co.*) (*met.*), Maraging (mar-aging).
maratra, *f.* (*o corona di supporto in ghisa o profilati della sacca di un altoforno*) (*met.*), lintel; mantle (U.S.A.).
marca da bollo (*comm.*), revenue stamp.
— **di fabbrica,** trade mark.
— **di sconto** (*rilasciata da cooperative o grandi magazzini ai clienti*) (*comm.*), trading stamp.
marcare, *v.a.* (*tracciare delle marcature con matite speciali*) (*calcol. elettron.*), to mark.
— **a fuoco,** to brand; (*met.*), to burn in.
marcassite, *f.* (*min.*), marcasite.
marcatore (*inform.*), mark; marker; flag.
— **di fine dell'archivio** (*inform.*), end-file marker; file mark.
— **di fine della bobina** (*inform.*), end-of-reel mark(er).

marcatore di fine del nastro (*inform.*), end of tape mark(er).
— **di registrazione** (*inform.*), record mark.
marcatrice lamiere (*met.*), plate marking machine.
marcatura, *f.* marking; (*su schede, con matite speciali*) (*calcol. elettron.*), mark; v. **leggere delle —**; v. **lettura di —.**
— **a fuoco** (*met.*), burn-in.
— **di profilati** (*met.*), marking of sections.
— **magnetica delle funi di acciaio** (*mecc.*), magnetic marking of steel ropes.
— **(attrezzi di —)** (*met.*), marking equipment.
marchio, *m.* branding-iron.
— **di fabbrica,** trade mark.
marcia, *f.* (*mot.*), running; (*auto*), gear; (*sport*), walk.
— **avanti,** forward motion.
— **a vuoto,** running idle; running light; running without load; (*auto*) tickover.
— **dell'altoforno,** working of the blast-furnace.
— **di un motore,** running (*or*) working of a motor.
— **di 20 km,** 20-kilometer walk.
— **dolce,** smooth running; (*auto*), smoothness.
— **fredda** (*di un forno*) (*met.*), cold working.
— **in avanti,** ahead running.
— **indietro,** astern running; reverse motion; (*auto, mot.*), reversing.
— **lenta** (*presse, macch. ut.*), inching; (*auto*), tickover.
— **lenta « minimo »,** idling.
— **nello spazio** (*voli spaziali*), walking in space.
— **silenziosa,** silent running.
— **(in —)** (*in funzione*) (*petroli*), on stream; (*altoforno*) in blast.
— **(mettere in —),** to start; to put on stream (*petrolio*).
marciapiede, *m.* platform (*ferr.*); footway (*cost. civ.*); footpath.
— **a basso livello** (*ferr.*), low-level platform.
marciapiede ad alto livello, high-level platform.
— **di carico** (*merci*) (*ferr.*), cart road.
— **intermedio** (*ferr.*), island platform.
marciapiedi (*m. pl.*) **mobili** (*strade cittadine*), moving pavements; travelators.
marciare, to run (*elet.*) (*mot.*).
— **a vuoto,** to run light; to run idle; (*auto*) to tick over.
marcita, *f.* (*agr.*), irrigated field.
marcire, *v.i.* (*legno*), to rot.
marconigrafia, *f.* wireless telegraphy.
marconigramma, *m.* marconigram.
marconista, *m.* (*aereo*), aircraft wireless operator.
mare, *m.* sea.
marea, *f.* tide.
— **di quadratura,** neap tide.
— **nera** (*inquinamento di idrocarburi sul mare*), oil slick.
— **sigiziale,** spring tide.
mareografo, *m.* (*top.*), tide gauge.
mareogramma, *m.* (*top.*), marigram.
maresciallo (*m.*) **dell'aria,** Air Marshal (R.A.F.); (*servizio ausiliario femminile*), Air Commandant.
marezzare, *v.a.* (*carta, seta ecc.*), to water.
marezzato, *p.p.* veined (*venato*); watered (*ondeggiato*).
marezzatura, *f.* watermarking; (*alternanza di strisce lucide ed opache sui lamierini in corrispondenza di inclusioni terrose*) (*met.*), marbling.
margarina, *f.* (*cibi*), margarine.
marginatura (*materiali per*) (*tip.*), furniture.
margine, *m.* edge; border; margin (*elet.*).
— **dei grani** (*met.*), grain boundary.
— **della bozza** (*tipog.*), margin of the proof.
— **di beneficio** (*finan.*), mark-up.
— **di cucitura** (*tip.*), back.

margine di profitto (*comm.*), profit margin.
— **di manovra** (*aereo*), manoeuvre margin.
mari della Luna (*astron.*), Maria.
marina, *f.* marine.
— **da guerra,** navy.
— **mercantile,** merchant marine.
marino, *agg.* marine; sea.
marittimo, *agg.* maritime.
marmitta (*f.*) **di scarico** (*auto*), silencer; exhaust box.
marmo, *m.* marble; (*piano del torchio*) (*tipog.*), type bed.
— **artificiale,** artificial marble.
— **bianco,** white marble.
— **bianco venato,** venato.
— **botticino,** Botticino.
— **broccatello,** Brocatelle.
— **di Carrara,** Carrara marble.
— **dipinto,** imitation marble.
— **rosso levanto,** Levanto rosso.
— **screziato,** variegated marble.
— **serpentino,** serpentine marble.
— **statuario,** statuary marble.
— **statuario con venature grigie,** bastard statuary; second-statuary.
— **venato,** veined marble.
— **verde antico,** verde antico.
— **(cava di —),** marble quarry.
— **(lastra di —),** slab of marble.
marmorino, *m.* marble cutter.
marmorizzare, *v.a.* to marmorize.
marna, *f.* (*geol.*), marl.
— **arenacea,** sandy marl.
— **argillosa,** clayey marl.
— **calcarea,** marly limestone; lime marl.
— **dolomitica,** dolomitic marl.
— **verde tè,** tea-green marl.
marniera, *f.* marl-pit; clay-pit.
marnoso, *agg.* marly.
marra, *f.* hoe; trowel.
marrocchino, *m.* morocco leather.
Marte, *m.* (*astr.*), Mars.
martellamento rotante (tecnica del — rotante) (*fis., mecc.*), swaging technique.
martellare, *v.a.* to hammer.
— **a freddo,** to cold-hammer.
— **una saldatura a temperature stabilite,** to hammer a weld at definite temperatures.
martellata, *f.* blow with a hammer; blow.
martellatore, *m.* hammerman.
martellatrice, *f.* (*mecc.*), swaging machine.
martellatura, *f.* hammering.
— **a caldo** (*sald., ecc.*), hot hammering.
— **a freddo,** cold hammering.
— **forte,** heavy hammering.
— **in stampo rotante** (*met.*), v. **martellamento rotante.**
— **(eseguire una —),** to do a hammering.
— **(saggio di —)** (*sald., ecc.*), hammering test.
martellina, *f.* pick-hammer; mason's hammer.
— **per scrostare caldaie,** scaling hammer.
martello, *m.* hammer.
— **ad aria compressa,** pneumatic hammer.
— **a mano,** hand hammer.
— **a motore,** power hammer.
— **a penna diritta,** straight-pane hammer.
— **a penna rotonda,** ball-pane hammer.
— **a penna sferica,** ball-pane hammer.
— **a punta da acconciatetti,** scabbling hammer.
— **a stampo,** snap hammer.
— **con punta rivestita di gomma,** rubber-faced hammer.
— **da aggiustatore,** fitter's hammer.
— **da bugnatura,** stone-mason's hammer.
— **da calderaio,** boilermaker's hammer.
— **da falegname,** claw hammer.
— **da percussione** (*med.*) (*plessimetro*), percussion hammer.
— **da ribadire,** riveting hammer.
— **da tagliapietra,** stonemasons' hammer.
— **elettromagnetico,** electro-magnetic hammer.
— **meccanico,** mechanic hammer.

martello numeratore (*per legno*), numbering mallet.
— **perforatore** (*min.*), hammer drill; rock drill.
— **perforatore pneumatico,** pneumatic hammer-drill.
— **per scrostare getti,** fettling hammer.
— **per scrostare le caldaie,** boiler-scaling hammer.
— **pneumatico da ribadire,** pneumatic riveting hammer; pom-pom.
(installare un — pneumatico), to erect a pneumatic hammer.
martensite, *f.* (*met.*), martensite.
martensitica, v. **deformazione —.**
martinello, *m.* crane; lever; jaw screw; lifting screw (*argano a colonnetta*).
martinetto, *m.* jack; windlass; capstan.
— **a cavalletto,** screw jack.
— **a slitta,** sliding jack.
— **a vite,** screw jack.
— **con piedestallo a bottiglia,** bottle jack.
— **da carri,** cart jack.
— **differenziale,** differential screw jack.
— **idraulico,** hydraulic jack.
— **per rotaie** (*ferr.*), rail-jack.
màrtora, *f.* (*pelli*), marten.
marza, *f.* (*bot.*) (*innesto*), scion.
marziana (atmosfera —), Martian atmosphere.
marziano, *agg.* (*di Marte*) (*astr.*), Martian.
mas, *m.* (*naut.*), E-boat; mosquito boat.
maschera, *f.* jig (*mecc.*); stencil (*per stampigliatura*); cowl (*di* (*radiatore*) (*auto*); louver (*auto*); mask (*inform.*).
— **antigas,** gas mask.
— **a velo** (*per apicoltori*), bee-veil.
— **con doppio filtro elettrostatico** (*min.*), mask with double electrostatic filter.
— **di foratura** (*mecc.*), drilling jig.
— **di protezione,** head-guard.
— **di respirazione** (*aereo*), oxygen mask.
maschera di sicurezza (*min.*), safety mask.
— **(*o* sagoma) per decorazioni** (*decor.*), stencil-paper.
— **per puntatura** (*sald.*), cleat jig.
maschere ed attrezzi (*mecc.*), jigs and fixtures.
mascherina, *f.* (*fot.*), mask; (*scarpe*), cap; (*auto*), louver; grill.
mascherino, *m.* (*cinem.*), mat.
maschi e filiere (*mecc.*), threading tools
maschiatore, *m.* (*mecc.*), tapping attachment.
maschiatrice, *f.* (*macch. ut.*), tapping machine.
— **a controllo numerico** (*macch. ut.*), numerically controlled tapping machine.
— **automatica per dadi** (*macch. ut.*), nut tapping machine.
— **plurimandrino** (*macch. ut.*), multi-spindle tapping machine.
maschietto, *m.* (*mecc.*) (*per cardini*) pin hinge.
maschio, *m.* (*per filettare*), screw tap; tap tongue (*faleg.*); core (*pressofusione*); (*utensile di pescaggio*) (*petrol.*), fishing tap.
— **a mano** (*mecc.*), hand tap.
— **del timone** (*naut.*), rudder head.
— **di un muro,** bay of wall.
— **di un rubinetto,** plug of a cock; plug of a tap.
— **e femmina** (*faleg.*), groove and tongue.
— **per filettare fori,** tap.
— **per macchine** (*mecc.*), machine tap.
— **(scanalatura longitudinale del —),** flute.
masello, *m.* steady pin.
maser (*elettron.*), maser.
massa, *f.* mass; bulk (*volume*); v. **spettrometria di —.**
— **a riposo** (*massa di particelle a riposo o con movimento a velocità bassa rispetto a quella della luce*) (*elettron.*), rest mass.
— **atomica,** atomic mass; nuclidic mass (*fis. atom.*).
— **battente** (*armi*), striking weight.

massa critica (*fis. atom.*), critical mass; crit.
— **di collegamento** (*fra i mattoni da volta*) (*forni met.*), packing.
— **di riposo** (*fis. atom.*), rest mass.
— **dispari** (*fis. atom.*), odd mass.
— **elettronica** (*fis. atom.*), electron mass.
— **equivalente,** equivalent mass.
— **isolante,** isolating mass.
— **isotopica** (*fis. atom.*), isotopic mass.
— **neutronica** (*fis. atom.*), neutron mass.
— **nucleare** (*fis. atom.*), nuclear mass.
— **rotante,** rotating mass.
— **sottocritica** (*fis. atom.*), subcritical mass.
— **supercritica** (*fis. atom.*), supercritical mass.
— **volante,** revolving mass.
massello, *m.* iron-mould; block; piece of red-hot iron; (*ghisa*), pig.
— **d'acciaio a sezione circolare** (*fabb. tubi*) (*met.*), centered bar; tube round.
— **estruso** (*met.*), extrusion.
— **forato** (*fabb. tubi*), pierced bar; tube blank; rough pierced tube blank.
massicciata, *f.* ballast; macadam.
— **incassata** (*cost. civ.*), boxed-in ballast.
— **in ghiaia** (*ferr.*), gravel ballast.
— **(altezza della —),** depth of ballast.
— **(base della —),** bottom of ballast.
— **(corpo della —),** road bed.
— **(larghezza della —),** width of ballast.
— **(sommità della —),** crown of ballast.
massiccio, *agg.* (*di oro*), solid (*gold*); massive (*gold*) (*cost.*).
— **di protezione** (*parte non coltivata, che si lascia intorno ad un pozzo per sostegno*), shaft pillar.
massicot, *m.* (*min.*), massicot.
massimale, *m.* ceiling; limit.
massimo, *agg.* maximum; ultimate.
— **(carico —),** maximum load; peak load.
masso, *m.* block; massive stone.
— **erratico,** erratic block.
mastello, *m.* tub; vat.
masticatore (*chim.*), masticator.
— **lavatore** (*chim.*), washing masticator.
masticazione (*della gomma*), breakdown.
mastice, *m.* putty; mastic; china-cement; gum mastic.
— **adesivo** (*in tubetti*), adhesive sealant.
— **all'olio,** putty.
— **asfaltico,** asphalt mastic.
— **dei vetrai,** glazier's putty.
— **per ferro,** iron mastic; iron stopper.
— **per serramenti metallici,** metal casement putty (to seal glass to metal).
— **resinoso,** resinous putty.
mastici (*m. pl.*), **leganti,** mastic gums.
mastietto, *m.* hinge; hinge-pin.
mastio, *m.* screw-tap; tap.
mastra, *f.* (*naut.*), coaming.
— **di un albero** (*naut.*), mast ring.
mastro, *m.* (*comm.*), ledger.
masurio, *m.* (*chim.* = Ma), masurium.
masut, *m.* mazut; fuel oil.
matafione, *m.* (*naut.*), reef band.
matassa, *f.* skein.
matematica, *f.* mathematics.
— **attuariale,** actuarial mathematics.
— **di officina,** shop mathematics.
— **pura,** pure mathematics.
— **statistica,** statistical mathematics.
materasso, *m.* (*gen.*), mattress.
materia, *f.* matter.
— **adesiva,** cement.
— **coibente,** non-conducting composition.
— **colorante,** colouring matter; dyestuff.
— **disincrostante** (*per caldaie ecc.*), solvent material.

materia estranea, foreign matter.
— **greggia,** raw material.
— **inorganica,** inorganic material.
— **isolante,** insulating material.
— **nucleare** (*fis. atom.*), nuclear matter.
— **organica,** organic material.
— **plastica,** plastic; v. **materie plastiche.**
— **plastica riducibile in schiuma,** foamable plastic.
— **plastica rinforzata con fibra di vetro,** glass-fibre reinforced plastic; fiber glass reinforced plastic (U.S.A.).
— **prima,** raw material.
— **prima per alimentazione** (*di animali*), feedstock.
— **scavata** (*rifiuto di scavo, brillamento, ecc.*), spoil.
materiale, *m.* material; plant (*or*) equipment (*impianto*).
— **abrasivo,** abrasive material.
— **ad altissima resistenza** (*mecc., aereo*), ultrahigh strength material.
— **anticongelante** (*min.*), freeze-proofing material.
— **antidetonante** (*che si aggiunge a combustibile*), fuel dope (U.S.A.)
— **attivo** (*elet.*), active material.
— **bellico,** war material (*or* equipment).
— **cementante** (*per dischi, ecc.*), binding agent.
— **composito fibroso vetro-metallo** (*met.*), glass-metal composite fiber.
— **conducente,** conducting material.
— **da asportare** (*macch. utens.*), stock to be removed.
— **da costruzione,** building material.
— **da sparo** (*applicaz. a spruzzo con pistola pneumatica*) (*met.*), gunning material; gun material.
— **di aggiunta** (*met.*), additive.
— **di base,** basic material.
— **di bassa tensione,** low-tensile material.
materiale di difficile lavorazione (*mecc.*), difficult-to-machine material.
— **di esercizio,** plant.
— **di guarnizione,** packing material; packing.
— **di riempimento,** back filling; packing.
— **di riporto,** filling (material).
— **di rivestimento,** embedding material.
— **di scarto,** scrap material.
— **di schermaggio** (*fis. atom.*), shielding material.
— **edilizio,** building material.
— **elettronico, non fare cadere!** (*istruzioni su imballaggi*), electronic material; don't drop!
— **esaurito** (*fis. atom.*), depleted material.
— **esterno d'arredamento simillegno** (*auto*), simulated-wood exterior trim.
— **estraneo** (*met., ecc.*), extraneous matter.
— **ferromagnetico,** ferromagnetic material.
— **ferroviario,** railway-material; railway-plant.
— **fertile** (*o* **fertilizzante)** (*fis. atom.*), fertile material; breeder material.
— **filtrante,** filter medium.
— **fissile** (*fis. atom.*), fissile material.
— **fisso,** fixed plant; stationary plant.
— **fragile,** brittle material.
— **imbottito** (*auto*), padded material.
— **impermeabile,** waterproof material.
— **in sospensione,** suspended matter.
— **isolante,** insulating material.
— **metal-ceramico,** metal-ceramic material.
— **mobile,** loose plant; portable plant; (*ferr.*), rolling stock.
— **moderatore** (*fis. atom.*), moderating material.
— **per isolamento acustico,** sound-absorbing material.

materiale per recinzioni (*met.*), fencing material.
— **plastico,** plastic material.
— **refrattario,** fire-proof material; fire resisting material.
— **refrattario plastico** (*per forni met.*), plastic refractory material.
— **resistente al calore,** heat-resisting material.
— **resistente all'usura,** wear-resisting material.
— **retrodiffusore** (*radioatt.*) backscatterer.
— **rinforzato con fibre,** fibre-reinforced material.
— **rotabile** (*ferr.*), rolling stock.
— **sensibile alle radiazioni** (*fis. atom.*), radiation sensitive material.
— **separatore** (*acust.*), stripping agent.
— **tenero,** solft material.
materiali (*m. pl.*) **brevettati** (*vendita esclusiva con brevetto*), proprietary materials.
— **calibrati,** graded materials.
— **per finiture** (*mecc.*), finishes.
— **per reattori** (*fis. atom.*), reactor materials.
— **per sviluppo fotografico,** photographic developers.
— **plastici,** plastics; plastic products.
— **policristallini,** polycrystalline materials.
— **prodotti con colata continua** (*met.*), continuous cast materials.
materializzazione, *f.* (*fis. atom.*), materialisation (of energy).
materie plastiche espanse, expanded plastics.
— **plastiche industriali,** industrial plastics.
— **plastiche ridotte in schiuma,** foamed plastics.
— **plastiche termoindurenti,** thermosetting resins; thermosets.
materozza, *f.* (*fond.*), shrinkage-head; riser; feed-head; « dead head ».
materozzaggio (*fond., met.*), running and feeding system.
matita, *f.* pencil.
— **abrasiva** (*fot.*), abrasive pencil.
— **al bromuro** (*fot.*), bromide pencil.
— **automatica,** automatic pencil; propelling pencil.
— **colorata,** crayon.
— **copiativa,** copying ink pencil.
— **da disegno,** drawing pencil.
— **emostatica,** styptic pencil.
matraccio, *m.* (*chim.*), beaker; cucurbit.
— **di distillazione** (*chim.*), distillation flask.
matrice, *f.* matrix (*pl.* matrices) (*min., tipog.*); (bed) die (*mecc.*); book (*libro*); (*tipog.*), mould; flong; (*di dischi*) (*acust.*), stamper; (*estrusione met.*), extrusion die; matrix (*inform*).
— **a due posizioni** (*mecc.*), two-station die.
— **austenitica** (*met.*), austenitic matrix.
— **dell'impedenza** (*elet.*), impedance matrix.
— **di grafite** (*fis. atom.*), graphite matrix.
— **di livellazione** (*top.*), level book.
— **di nuclei magnetici** (*elettron.*), core matrix.
— **di rame** (*acust.*), copper master.
— **di transizione** (*fis. atom.*), transition matrix.
— **di trasparenza** (*fis. atom.*), transparency matrix.
— **ferritica** (*met.*), ferritic matrix.
— **martensitica** (*met.*), martensitic matrix.
— **perlitica** (*met.*), pearlitic matrix.
— **per trafila** (*met.*), draw plate.
— **per trafilatrice** (*mecc., met.*), drawplate; draw plate.
matrici per punzonare (*met.*), piercing dies.
matricola (*numero di categoria di pezzi*) (*mecc.*), part number.
matta, *f.* (*chim.*), matte.
mattone, *m.* brick; (*vedi* **mattoni**).

mattone a cuneo, voussoire; key; wedged-shaped brick.
— **a più fori** (*met.*), multi-hole brick.
— **cavo,** hollow brick.
— **centrale** (*met.*, *ceram.*), central brick.
— **crudo,** green brick.
— **da volta** (*met.*), roof brick.
— **di chamotte** (*met.*), chamotte otte brick.
— **di collegamento,** bonder.
— **di cowper** (*met.*), Cowper brick.
— **di dolomite catramata** (*met.*), tar-dolomite brick.
— **difettoso,** waster.
— **di grafite,** graphite brick.
— **di magnesite** (*o di magnesia*) (*met.*), magnesite brick.
— **di paramento,** facing brick.
— **di rivestimento** (*met.*, *ecc.*), lining brick.
— **di scoria,** slag brick; slag stone.
— **di silice** (*refrattari*), silica brick.
— **di vetro,** glass brick.
— **dolce,** cutter.
— **eccessivamente duro e deformato,** crozzle.
— **fatto a macchina,** machine-made brick.
— **forato,** perforated brick.
— **magnesiaco** (*met.*), magnesite brick.
— **per colonna di colata** (*fond.*), centre runner brick; sleeve brick.
— **per siviera** (*met.*), ladle brick.
— **pieno,** solid brick.
— **poroso,** porous brick.
— **refrattario,** fire brick.
— **rigato** (*scanalato*), keyed brick.
— **sagomato,** purpose-made brick.
— **scatolato** (*forno met.*), metal-encased brick.
— **semistabilizzato** (*met.*), semi-stable brick; semi-stabilized brick.
— **siliceo macinato** (*met.*), crushed silica brick.
— **smaltato,** enamelled brick.
— **stabilizzato** (*met.*), stable brick (double bond brick).

mattone tipo « fletton », cellular brick.
— **verniciato,** glazed brick.
— **vuoto,** hollow brick.
mattonella, *f.* brick.
— **di carbone,** coal dust brick; briquette of coal.
— **smaltata** (*per pareti di cucine, bagni, ecc.*), glazed tile.
mattoni « albasi », grizzle ricksb.
— **a paramento,** facings.
— **da costruzione,** commons.
— **di seconda qualità,** seconds.
— **« dolci »,** cutters.
— **« ferrioli »,** ferro-metallic clinkers.
— **grezzi** (*o* **crudi**), green bricks.
— **marezzati,** brindled bricks.
— **perforati per ventilazione,** air bricks.
— **pressati,** pressed bricks.
— **troppo cotti,** hard stocks.
mattoniera (*f.*) **a macchina,** brick moulding machine.
maturazione (*f.*) **della vernice,** varnish ageing.
mauveina, *f.* (*chim.*), mauveine; mauve.
mazut, fuel oil; mazout.
mazza, *f.* (*per ribaditura*), sledge hammer.
— **a rincalzare,** tamping rod.
— **battente,** rammer; ram; rammer log.
mazzaranga, *f.* (*cost. st.*), tamper.
— **a cingoli** (*per costipamento rilevati stradali*), rammer; punner.
— **a mano** (*cost. civ.*), rammer; tamper; punner; hand-ram.
mazzetta, *f.* miner's hammer (*da minatore*); stone-hammer (*per pietre*); mallet.
mazzuolo, *m.* mallet; (*martello di ferro*, iron hammer).
MD, v. **motore Diesel.**
meccanica, *f.* mechanics; (*donna che lavora a macch. utensili*), female operator.
— **applicata,** applied mechanics.
— **delle rocce** (*geol.*, *min.*), rock mechanics.
— **dei fluidi** (*mecc.*), fluid mechanics.

meccanica ondulatoria (*fis.*), wave mechanics.

— **pesante** (*mecc.*), heavy engineering.

— **quantistica** (*mecc.*), quantum mechanics.

— **razionale,** rational (*or* pure) mechanics.

— **statistica quantica** (*fis. atom.*), quantum statistical mechanics.

— **strutturale,** structural mechanics; (*meccanica delle costruzioni*) (*cost.*), constructional engeneering.

meccanico, *m.* mechanic (*operaio specializzato*); mechanist (*esperto in meccanica*); mechanician (*costruttore di macchine*); operator *or* machinist (*chi lavora a macchine utensili*); *agg.* mechanical.

— **dentista,** *m.* (*med.*), dental technician; dentist.

meccanismi di corrosione (*met.*), corrosion mechanisms.

meccanismo, *m.* mechanism; gear.

— **a manovella,** crank gear.

— **a scatto,** trip gear.

— **della croce di Malta** (*cinem.*), Geneva movement.

— **della politica dei prezzi** (*econ.*), machinery of prices policy.

— **di abbassamento della slitta** (*macch. ut.*), slide lowering mechanism.

— **di alimentazione automatica dell'utensile,** automatic tool-feed mechanism.

— **di arresto** (*fil. cotone*), jacking motion.

— **di avanzamento,** feed mechanism.

— **di avanzamento alla barra** (*macch. ut.*), bar feed mechanism.

— **di avvolgimento** (*tess.*), take-up motion.

— **di carica e di messa all'ora** (*orol.*), keyless work.

— **di centraggio,** centering mechanism.

— **di comando,** driving gear.

meccanismo di comando dello sterzo, steering gear (*auto*).

— **di compensazione** (*comm.*), clearing facilities.

— **di compensazione automatico,** automatic balancing mechanism.

— **di eccentrico,** eccentric gear.

— **di elevazione** (*macch. ut.*), elevating mechanism.

— **di espulsione** (*aereo*), ejection mechanism.

— **differenziale,** differential gear.

— **di lancio zavorra** (*aereo*), jettison gear.

— **d'inversione,** reversing gear.

— **di radio-comando** (*aereo*), homing mechanism.

— **di registrazione,** recording mechanism.

— **di ribaltamento** (*mecc., auto*), tipping gear.

— **di ripetizione** (*orol.*), repeating work.

— **di scatto** (*armi*) (*mil.*), trigger mechanism.

— **di sgancio** (*bombe*) (*aereo*), bomb release gear.

— **di sincronizzazione** (*che impedisce che un cannoncino spari quando la pala dell'elica è sulla linea di mira*) (*aereo*), interruptor gear.

— **di sollevamento della volta** (*forno met.*), roof raising mechanism.

— **di tornitura conica** (*tornio*), taper-turning mechanism.

— **di trasmissione,** driving gear.

— **manovella-glifo,** slider-crank mechanism.

— **percussore** (*orol.*), striking work.

— **per il cambio dell'alimentazione,** feed changing mechanism.

— **per il cambio della velocità,** speed-changing mechanism.

— **rompicatena** (*tess.*), warp stop motion.

— **scorrevole** (*mecc.*),sliding mechanism.

meccanizzare (*calcol. elettron.*), to computerize; (*mecc.*), to mechanize.

meccanizzata (l'acciaieria è altamente —), the shop is highly mechanized.
meccanizzazione, *f.* (*mecc.*), mechanization; (*elettron.*), computerization.
— della funghi-coltura (*agr. mecc.*), mushroom mechanization.
meccanografare (*calcol. elettron.*), to computerize.
medaglia al valor aeronautico (*aereo*), A.F.M.
media, -o, *agg. e nome* mean (*geom.*); medium (*radio*); middle (*centrale*); average (*in generale*).
— (*mat.*), **aritmetica,** arithmetical mean.
— geometrica, geometrical mean.
— ponderata (*mat.*), weighted average.
— (onda —) (*radio*), medium wave.
— (rendimento —), average output.
mediana, *f.* median.
mediatore di noleggi marittimi, ship broker.
medicamenti (*m. pl.*) **pronto soccorso,** first aid kit.
medicina (*f.*) **del lavoro,** occupational medicine.
— industriale, industrial medicine.
— nucleare (*fis. atom.*), nuclear medicine.
— spaziale (*astron.*), space medicine.
medico, *m.* physician; doctor.
— chirurgo, surgeon.
— di fabbrica (*o* — di azienda), occupational physician.
medio, v. **media.**
megabit (*elettron.*), megabit.
megacicli, *m. pl.* mega-cycles.
— al secondo, mega-cycles per second.
megadina, *f.* megadyne.
megaerg, *m.* megerg (*or megaerg*).
megafarad, *m.* megafarad.
megafono, *m.* megaphone.
— per dirigere una produzione cinematografica (*cinem.*), can.
meganewton (*mis.*) (*fis.*), meganewton (sigla MN).
megaohm, *m.* megohm.
megaton (*forza esplosiva*), megaton.
megavolt, *m.* megavolt.
megawatt (*elet.*), megawatt.
meiosi, *f.* (*biol.*), meiosis.
melammina, *f* (*chim.*), melamine.
melanilina, *f.* melaniline.
melanina, *f.* melanin.
melanoidina, *f.* melanoidin.
melanterite, *f.* melanterite.
melantina, *f.* melanthin.
melassa, *f.* molasses.
melene, *f.* (*chim.*), melene.
meliatina, *f.* (*chim.*), meliatin.
melilite, *f.* (*chim.*), melilite.
melilotoside, melilotosid.
mellite, *f.* (*chim.*), mellite.
melma (*f.*) **di cementazione,** cement slurry.
melo, *m.* apple-tree.
membrana, *f.* vibrating diaphragm (*artificiale*); membrane (*animale o vegetale*).
membrature rompitratta (*per ridurre il carico di punta delle membrature compresse*) (*costr.*), inter-ties.
membro (*m.*) **di catena,** chain link.
— di equazione (*mat.*), side of an equation.
memoria (*dispositivo di calcolatore usato per accumulare informazioni*) (*elettron.*), memory; storage; store; v. **stampa del contenuto della —**; v. **perforazione del contenuto della —**; v. **tamburo di —.**
— a bolle (*inform.*), bubble memory.
— a cassette magnetiche (*inform.*), cartridge memory.
— ad accesso casuale (*inform.*), random-access memory.
— ad accesso diretto (*inform.*), direct access storage.
— ad anelli di ferrite (*inform.*), ferrite core storage (*or* memory).
— a dischi (*elettron.*), disc storage; disk storage; (*inform.*), jukebox storage.
— a fascio elettronico (*inform.*), beam store.
— a laser (*inform.*), laser memory.

memoria a linea di ritardo (*elettron.*) delay-line storage; delay-line memory.
— **a mercurio** (*elettron.*), mercury storage; mercury memory; mercury delay line.
— **a nuclei** (*elettron.*), core memory; magnetic-core memory.
— **a nuclei di ferrite** (*inform.*), ferrite store.
— **a nucleo magnetico del programmatore** (*elettron.*), magnetic core memory of the programmer.
— **a pellicola sottile** (*memoria di calcolatore consistente in sottile pellicola di mat. magnetico*) (*elettron.*), thin-film memory.
— **archivio** (*inform.*), archival store.
— **a ritardo** (*usante una linea di ritardo per registrare le informazioni*) (*elettron.*), circulating memory.
— **a schede magnetiche** (*inform.*), magnetic card storage.
— **a sola lettura** (*calcol. elettron.*), read-only memory; read-only storage.
— **a stato solido** (*inform.*), solid-state memory.
— **a tamburo** (*elettron.*), drum storage; drum store.
— **a tempo di accesso nullo** (*per la quale il tempo di attesa è trascurabile*) (*elettron.*), zero-access storage.
— **ausiliaria** (*o esterna*) (*inform.*), auxiliary storage.
— **cancellabile** (*inform.*), erasable storage.
— **ciclica** (*inform.*), cyclic storage.
— **comune** (a più utenti) (*memoria condivisa*) (*inform.*), shared memory.
— **continua** (*inform.*), continuous memory.
— **di lavoro** (*parte della memoria interna di un calcolatore riservata per i dati sui quali si eseguiscono le operazioni*) (*elettron.*), working storage.
— **di massa** (*elettron.*), mass storage; mass memory; (*inform.*), bulk storage; bulk memory.
memoria di matrice (*inform.*), matrix storage.
— **dinamica** (*inform.*), dynamic memory.
— **di transito** (*elettron.*), buffer.
— **elettrica di accumulo** (*calcolat. elettron.*), buffer.
— **elettrostatica** (*elettron.*), electrostatic memory; electrostatic storage.
— **EPROM** (*programmabile elettricam., ma con solo lettura*) (*inform.*), EPROM memory.
— **espansa** (*inform.*), expanded memory.
— **esterna** (*che è separata dal calcolatore ma contiene informazioni in una lingua accettabile alla macchina*) (*elettron.*), external memory.
— **in parallelo** (*elettron.*), parallel storage.
— **in serie** (*elettron.*), serial storage (U.S.A.); serial memory.
— **interna** (*elettron.*), internal memory; internal storage.
— **magnetica** (*elettron.*), magnetic memory; magnetic storage.
— **MOS** (*inform.*), MOS memory.
— **ottica** (*inform.*), optical memory.
— **pellicolare** (*inform.*), thin film memory.
— **permanente** (*elettron.*), permanent memory.
— **principale** (*inform.*), master memory.
— **secondaria** (*che non è parte integrale del calcolatore ma direttam. allacciata e controllata dal calcolatore*) (*elettron.*), secondary storage
— **statica** (*elettron.*), static storage.
— **temporanea** (*riservata per risultati parziali e intermedi in un calcolatore digitale*) (*elettron.*) temporary storage.
— **totalizzatrice** (*calcol. elettron.*), accumulation memory (*to add the total of previous calculations*).

memoria virtuale (*inform.*), virtual memory.
— **volatile** (*perdente per sempre il suo contenuto in caso di mancanza di corrente*) (*inform.*), volatile storage.
— **(capacità di —)**, memory capacity; storage capacity.
— **(estrarre dalla —)**, to usher out.
— **(introdurre nella —)**, to usher in.
— **(posizione di —)**, memory location; storage location; storage position.
— **(registro di —)**, memory register; storage register.
— **(prelevare dalla —)** (*calcol. elettron.*), to read out.
— **(trasferire dalla — ausiliaria a quella centrale, e viceversa)** (*inform.*) (U.S.A.), to ping-pong.
— **(trasferire i dati dalla — ausiliaria alla — centrale)** (*inform.*), to roll in.
— **(trasferire i dati dalla — centrale alla — ausiliaria)** (*inform.*), to roll out.
— **(tubo di —)**, storage tube.
— **(tutto in —)** (*inform.*), all core.
memorie, *f. pl.* (*congressi, ecc.*), brief papers; (*di una conferenza*) proceedings.
memorizzare (*calcol. elettron.*), to memorize; (*introdurre in una memoria, registrare*) (*calcol. elettron.*), to read in.
— **e decodificare gli impulsi** (*elettron.*), to store and decode the pulses.
memorizzato, *p.p.* (*elettron.*), memorized; stored.
memorizzazione (*elettron.*), storing.
— **a laser** (*inform.*), laser memorisation.
— **del programma** (*inform.*), program storage.
— **di testo su videofiche,** videofiche text storage.
menabò, *m.* (*tip.*), dummy.
menabride, *m.* catch plate.
menarola, *f.* breast-borer.
mendelevio, *m.* (*chim.* = Mv), mendelevium.
menisco, *m.* meniscus (*pl. menisci*).
— **concavo,** concave meniscus.
— **convergente,** converging meniscus.
— **convesso,** convex meniscus.
— **divergente,** diverging meniscus.
— (*che fa la ghisa*) (*fond.*), kick.
meno (*mat.*), minus.
mensa (*aziendale, ecc.*), mess; (*vitto*) (*ind.*), messing.
— **aziendale sovvenzionata,** subsidised canteen.
mensola, *f.* bracket (*per sopporto*); knee (*di fresatrici*).
— **d'angolo,** angle bracket.
— **da parete,** wall bracket.
— **di pietra,** console; stone corbel.
menta (essenza di —), peppermint oil.
mentène, *m.* (*chim.*), menthene; $C_{10}H_{18}$.
mentolo, *m.* (*chim.*), menthol; $C_{10}H_{19}OH$.
mentone, *m.* (*chim.*), menthone; $C_{10}H_{18}O$.
menù (*operativo*) (*possibilità di procedere, offerte ad un operatore*) (*inform.*), menu.
mercante (*m.*) **di ferramenta,** iron monger.
mercaptali, *m. pl.* (*chim.*), mercaptals.
mercaptano, *m.* thioalcohol; mercaptan.
mercaptidi, *m. pl.* (*chim.*), mercaptides.
mercaptoli, *m. pl.* (*chim.*), mercaptols.
Mercato Comune (*Istituzione Europea*), Common Market; (The European Economic Community, *Comunità Economica Europea,* ora fusa nelle *Comunità Europee*).
mercato al ribasso, v. **mercato favorevole al compratore.**
— **a termine** (*finan.*), futures market.
— **dei capitali** (*finan.*), capital market.

mercato del disponibile (*m.*), spot market.
— **delle euro-valute** (*comm.*)(*econ.*) euro-currency market.
— **del minerale di ferro,** iron ore market.
— **del rottame,** scrap mark(et).
— **favorevole al compratore** (*finan.*), buyer's market.
— **sostenuto (attivo)** (*finan., comm.*), buoyant market.
merce, *f.* goods *pl.*
— **all'asta,** goods on auction.
— **depositata nei magazzini generali** (*comm.*), bonded goods.
— **in viaggio (per via mare),** goods afloat.
mercerizzare (*tess.*), to mercerize.
mercerizzato (cotone —) (*tess., chim.*), mercerized cotton.
mercerizzazione (*tess.*), mercerizing.
— **(coadiuvante di —)** (*chim.*), mercerizing assistant.
merci (*f. pl.*) **avariate,** damaged goods.
— **alla rinfusa,** bulk goods.
— **disponibili,** goods in stock; goods on hand; available goods.
— **esenti d'imposta,** goods free of duty.
— **imballate,** package goods (U. S.A.).
— **irradiate,** irradiated commodities.
— **lavorate,** wares.
mercuriazione, *f.* (*chim.*), mercuration.
Mercurio (*astr.*), Mercury.
mercurio, *m.* (*chim.* = Hg), mercury; quicksilver.
meridiano, *m.* (*geogr.*), meridian.
merletto, *m.* (*tess.*), lace.
— **(macchina per merletti),** lace machine.
merlino, *m.* (*naut.*), marline.
merocromo (*chim., cristall.*), merochrome.
mescola (*gomma*), mix; compound batch; composition.
— **madre** (*gomma*), master batch.
mescolabile, *agg.* mixable; mixible; miscible.
mescolanza, *f.* mixture.
— **additiva,** additive mixing.
mescolare, *v.a.* to mix; to blend (*m. colori*).
mescolatore, *m.* mixer, (*calcestruzzo*), travelling mixer.
— **a cono rotante,** revolving-cone mixer.
— **a fungo,** mushroom mixer.
— **a getto,** jet mixer.
— **della ghisa** (*met.*), pig iron mixer.
— **del suono** (*telev.*), sound mixer.
— **equalizzatore** (*radio*), mixer-equalizer.
— **oscillante** (*altiforni*), tilting mixer.
— **rotante** (*macch. stradali*), pulvimixer.
— **siluro** (*met.*), v. **carro siluro.**
mescolatrice, *f.* mixer; mixing machine; v. **impastatrice.**
— **da farina del tipo verticale** (*ind. mol.*), vertical type flour mixer.
— **per emulsionare colori,** spinning-top mixer.
— **per farina** (*ind. mol.*), mixer and feeder.
mesnager, v. **barretta unificata.**
mese, *m.* (*astron.*), month.
— **lunare,** lunar month.
— **sidereo,** sidereal month.
— **sinòdico,** synodic month.
— **tropicale,** tropical month.
mesone *m.* (*fis.*), meson.
— **cosmico,** cosmic ray meson.
— **K** (*fis. atom.*), K-meson.
— **leggero** (*fis. atom.*), light meson.
— **μ** (*fis. atom.*), muon.
— **negativo** (*fis. atom.*), negative meson.
— **neutro** (*fis. atom.*), neutral meson; neutretto.
— **pesante** (*fis. atom.*), heavy meson.
— **pi** (*fis. atom.*), **pi meson.**
mesotorio, *m.* (*chim.*), mesothorium.
mesotrone, *m.* (*fis. atom.*), mesotron.
messa a fuoco (*ott.*), focussing (*or*

focusing); lighting (*esplosivi*); firing (*esplosivi*); blowing (*altoforno*).

messa a fuoco automatica (*telev.*, *elettron.*), automatic focussing (*or* focusing U.S.A.).

— **a fuoco dinamica** (*telev.*, *elettron.*), dynamic focussing; dynamic focusing (U.S.A.).

— **a fuoco elettromagnetica** (*telev.*, *elettron.*), electromagnetic focussing (*or* focusing U.S.A.).

— **a fuoco elettrostatica** (*elettron.*), electrostatic focussing (*or* focusing U.S.A.).

— **a fuoco per ionizzazione** (*concentrazione di un raggio elettronico ed utilizzando il gas residuo in un tubo*) (*elettron.*), ionic focusing; gas focussing (*or* focusing).

— **a fuoco precisa** (*fot.*), fine focussing.

— **all'ora** (*orol.*), setting to time.

— **a punto** (*di circuiti in serie*) (*elet.*), line-up; debugging (*elettron.*); setup (*mecc.*); (*mot.*), tune-up (U.S.A.

— **a punto con vite micrometrica,** fine adjustment by micrometer-screw.

— **a punto del carrello,** bringing the carriage into position.

— **a punto dell'utensile,** setting of the tool.

— **a punto del motore diesel,** tune-up of the diesel engine.

— **a punto di un programma** (*calcol. elettron.*), debugging.

— **a punto di un reattore** (*fis. atom.*), reactor development.

— **a terra** (*radio*), earthing; (*elet.*), grounding.

— **a terra dei generatori** (*elet.*), generator grounding.

— **a terra del neutro** (*elet.*), neutral grounding; grounding the neutral.

— **a terra industriale** (*elet.*), industrial grounding.

— **a zero,** zero setting.

— **fuori circuito** (*elet.*), disconnecting; disconnection.

messa fuori servizio, putting out of service.

— **in carta** (*trasporto del disegno sul cartone o preparazione del cartone*) (*tess.*), designing.

— **in circuito,** putting in the circuit; connecting.

— **in corto circuito,** shorting; short-circuiting.

— **in fase** (*auto*, *tess.*, *elet.*), timing (*tess.*, *auto*); phasing (*elet.*).

— **in macchina** (*tip.*), imposition.

— **in marcia,** starting.

— **in marcia automatica,** self starting.

— **in moto,** starting.

— **in opera,** laying.

— **in pagina** (*tip.*), make-up.

— **in pressione,** getting up steam.

— **in produzione** (*di un pozzo petrol.*), producing (a well).

— **in regime,** setting up.

— **in servizio,** starting.

messaggio, *m.* (*inform.*), message.

— **diagnostico** (*elettron.*) (*messaggio d'errore*), diagnostic message.

— **di errore** (*inform.*), error message.

— **(commutazione dei messaggi)** (*inform.*). message switching; message routing.

— **(trattamento dei messaggi)** (*inform.*), message handling.

messo a terra (*elet.*), earthed; grounded.

mestolo, *m.* (*alim.*), whisk.

metà, half; middle.

— **(circa a — della fessura),** about the middle of the slot.

— **carico,** half load.

meta-arseniato, *m.* (*chim.*), meta-arseniate.

— **-arsenito,** *m.* (*chim.*), meta-arsenite.

metaborato, *m.* (*chim.*), metaborate.

metacentro, *m.* metacentre.

metacromo, *m.* metachrome.

metafosfato, *m.* metaphosphate.

— **di sodio** (*chim.*), sodium metaphosphate.

metalceramici, v. **composti —.**

metalceramica (lega —) (*met.*), metal-ceramic alloy.
metalceramico, *agg.* metal-ceramic.
metaldeide, *f.* (*chim.*), meta-aldehyde.
metalli alcalini, alkali metals.
— **a maglie sottili** (*metalli intrecciati*), knitted metals.
— **anisotropi,** anisotropic metals.
— **elettrodepositati,** electro-deposited metals.
— **intrecciati** (*met.*), knitted metals; metals knitted into a mesh structure.
metallico, *agg.* metallic.
metallina grezza di rame, matte; crude copper metal; sparkle metal.
metallizzare, *v.a.* to metallize.
metallizzazione, *f.* metallizing; metallization; (*elet.*), electrical bonding; bond; (*difetto di infiltrazioni metalliche nella terra di formatura, alla superficie*) burn on (*fond.*).
— **a getto di plasma,** v. **saldatura.**
— **a spruzzo** (*met.*), metal spraying.
— **galvanica,** galvanic metallization.
metallo, *m.* metal.
— **alcalino,** alkaline metal.
— **antifrizione,** anti-friction metal; babbit.
— **a struttura compatta,** close-packed metal.
— **Babbit,** Babbitt metal.
— **bianco,** white metal; antifriction metal.
— **bianco inglese,** Britannia metal.
— **calorizzato** (*ottenuto con cementazione metallica*), calorized metal.
— **carbocementato,** calorized metal.
— **composito,** composite metal.
— **da campane,** bell-metal.
— **da cannoni,** gun metal.
— **da cuscinetti,** bearing metal.
— **delta,** delta metal.
metallo di apporto (*sald.*), filling-metal; filler metal.
— **di apporto fuso** (*sald.*), melted filler metal.
— **di base** (*saldatura*), parent metal.
— **di saldatura in eccesso,** excess weld metal.
— **dolce,** soft metal.
— **duro,** hard metal.
— **duttile,** ductile metal; pliable metal.
— **ferroso,** ferrous metal.
— **fosforato,** phosphoric bronze.
— **fragile,** brittle metal.
— **fuso,** molten metal.
— **grezzo,** raw (*or* crude) metal.
— **in lingotti,** ingot-metal.
— **lavorato,** wrought metal.
— **leggero,** light metal.
— **malleabile,** malleable metal.
— **Monel,** Monel metal.
— **Muntz,** Muntz metal; yellow metal.
— **nobile,** noble metal.
— **non ferroso,** non-ferrous metal.
— **ossidato** (*acciaio in cui, durante la fabbricaz., tutto il carbonio è stato praticamente ossidato a spese dell'ossido di ferro generatosi con danno dell'acciaio*), burnt iron.
— **per alte temperature,** high-temperature metal.
— **per campane,** bell metal.
— **per cuscinetti,** bearing metal.
— **perforato,** perforated metal.
— **pesante,** heavy metal.
— **prezioso,** precious metal.
— **resistente,** enduring metal.
— **rivestito per spruzzatura,** flame-sprayed metal.
— **sinterizzato,** sintered metal.
— **speculare,** specular metal.
— **sporco** (*metallo contenente eccessive quantità di inclusioni non metalliche*) (*met.*), dirty metal; dirty steel.
— **surriscaldato** (*met.*), overheated metal.
— **tenace,** tough metal.
— **tenero,** soft metal.

metallo vile, base metal.
metallografia, *f.* metallography.
— **con replica** (*met.*), replica metallography.
— **quantitativa** (*met.*), quantitative metallography.
metalloceramico (composto —), metal-ceramic material.
metallogeni, *m. pl.* (*chim.*), metallogenes.
metallografo, *m.* metallurgist.
metalloide, *m.* metalloid.
metalloscopio, *m.* electromagnetic crack detector.
metallurgia, *f.* metallurgy.
— **applicata,** applied metallurgy.
— **dei metalli non ferrosi,** nonferrous metals metallurgy.
— **dei processi** (*chim. fisica dei processi*), process metallurgy.
— **dei reattori** (*fis. atom.*), reactor metallurgy.
— **delle alte temperature,** high temperature metallurgy.
— **delle polveri,** powder metallurgy.
— **delle super leghe** (*met.*), superalloy metallurgy.
— **dell'uranio,** uranium metallurgy.
— **elementare,** elementary metallurgy.
— **estrattiva** (*met.*), extractive metallurgy.
— **fisica,** physical metallurgy.
— **industriale,** industrial metallurgy.
— **meccanica,** mechanical metallurgy.
— **nucleare** (*fis. atom.*), nuclear metallurgy.
— **sotto vuoto,** vacuum metallurgy.
metallurgico, *agg.* metallurgic(al).
metallurgista, v. **metallurgo.**
metallurgo, *m.* (*pl. metallurghi*) (*met.*), metallurgist *m.*
— **specializzato nella metallurgia estrattiva,** extractive metallurgist.
metameri *m. pl.* (*chim.*), metameric compounds.
metamerico, *agg.* (*chim.*), metameric.
metamorfico, *agg.* metamorphic.
metamorfismo, *m.* metamorphism.
metaniera per gas liquefatto (*nautica*), liquefied methane tanker; LNG vessel; LNG carrier; liquid gas carrier.
metano, *m.* methane; marsh gas.
— **liquefatto** (*gas*), liquefied natural gas (LNG).
— **liquido,** liquid methane.
— **per aviazione** (*aereo*), aviation methane.
metanodotto, methane pipe-line.
metanolo, *m.* (*chim.*), methanol.
metanuri, *m. pl.* (*chim.*), methanides.
metasilicato, *m.* (*chim.*), metasilicate.
— **di sodio** (*chim.*), sodium metasilicate.
metasilicico, *agg.* metasilicic.
metasomatico, *agg.* metasomatic.
metastabile, *agg.* metastable.
metatitanato, *m.* (*chim.*), metatitanate.
meteora, *f.* (*astr.*), meteor.
meteorico, *agg.* (*astr.*), meteoric.
— **(pulviscolo —),** meteoric dust.
meteorismo, *m.* (*med.*), meteorism.
meteorite, *m.* (*astr.*), meteorite.
meteorografo, meteorograph.
meteorologia, *f.* meteorology.
— **spaziale** (*astron.*), space meteorology.
meteorologico, v. **carta —**; v. **pallone —**; v. **parametri —**; v. **razzo —**; v. **satellite —**; v. **strumento —.**
metilamilchetone, methyl amyl ketone.
metilarancio, *m.* (*chim.*), methyl orange.
metilcaucciù, *m.* (*chim.*), methylrubber.
metile, *m.* (*chim.*), methyl.
metilene, *m.* (*chim.*), methylene.
metilico, *agg.* (*chim.*), methylic.
metodi di zero (*radio, elet.*), balance methods.
metodo, *m.* method.

metodo ascendente (*min.*), ascending method.
— **collegamento dati** (*aereo*), data link system.
— **dei seni** (*elet.*), sine method.
— **dei sottolivelli** (*min.*), v. **sottolivelli.**
— **dei traccianti radioattivi** (*fis. atom.*), tracer method.
— **del congelamento** (*min., petrol.*), freezing process.
— **della decarburazione bloccata** (*met.*), catch carbon decarburization method.
— **della dispersione** (*indurimento p. es. del piombo*) (*met.*), dispersion hardening process.
— **della scoria singola** (*defosforazione met.*), one-slag method.
— **delle coordinate** (*usato per poligonali*) (*agrim.*), latitude and longitude method.
— **delle due scorie** (*defosforaz. dell'acciaio*), two-slag method.
— **del tempo di volo** (*fis. atom.*), time-of-flight method.
— **di coltivazione delle miniere,** mining method; method of mining.
— **di compensazione,** compensation method.
— **di contatto** (*fabbr. di oleum, acido solforico*), contact process.
— **di deviazione,** deflection method.
— **di diluizione isotopica** (*fis. atom.*), isotope dilution method
— **di estrazione-trasmissione** (*metal.*), extraction-transmission technique.
— **di induzione a zero,** zero method.
— **di lavoro,** working method; system of working.
— **di microscopia elettronica con replica** (*met.*), replica electron microscopy method.
— **di paragone,** comparison method.
— **di produzione computerizzato,** computerized production method.

metodo di purificazione (*chim.*), method of purification.
— **di riduzione per turbolenza** (*met.*), turbulence reduction method.
— **discendente** (*min.*), descending method.
— **elettrico di prospezione,** electrical method of prospection.
— **empirico,** empirical method; rule of thumb; hit-or-miss method.
— **eterostatico** (*elet.*), heterostatic method.
— **massa-spettrografico di separazione isotopica** (*fis. atom.*), mass spectrographic method. of isotope separation.
— **microlog** (*petr.*), micrologging.
— **Monte Carlo** (*inform.*), Monte Carlo method.
— **per approssimazioni successive,** trial-and-error method.
— **portata aria-terra** (*aereo*), air to ground ranging mode.
— **radar rientro,** radar homing system.
— **sismico** (*prospezione geofisica*), seismic reflection method.
— **sismico a riflessione** (*geol.*), reflectiou method.
— **speditivo,** ready method.
— **sperimentale di confronto** (*aereo*), experimental comparative method.
— **tensiodinamico** (*met.*), tensiodynamic method.

metodologia, *f.* methodology.
mètopa, *f.* (*arch.*), metope (*pr.* met'o-pi).
metraggio, *m.* (*cinem.*), footage.
metrico, *agg.* metric(al).
metro, *m.* metre; meter (U.S.A.).
— **a nastro,** tape measure; measuring tape; tape-line (U.S.A.).
— **campione,** prototype meter; standard metre.
— **corrente,** current meter.
— **cubo,** cubic meter.
— **internazionale,** international meter.
— **quadrato,** square metre.

metrologo, *m.* layout man.
metrologia, *f.* (*fis.*), metrology.
metropolitana, *f.* (*ferr.*), underground railway; tube railway.
— **(armamento della linea —),** superstructure of the underground railway.
mettere (*tempo*), to take.
— **a fuoco,** *v.a.* (*ott.*), to focus; to bring into focus.
— **a galla** (*naut.*), to float.
— **all'asta** (*comm.*), to put up to auction.
— **a punto** (*uno strumento*), to adjust; (*un programma*) (*calcol. elettron.*), to debug.
— **a punto per la registrazione sonora** (*cinem.*), to line up a recording machine for a take.
— **a punto un motore** (*auto*), to tune up an engine.
— **a terra** (*elet.*) to ground; to earth; to put to ground; to put to earth.
— **fra parentesi** (*tip.*), to bracket.
— **fuori servizio,** to put out of action; to put out of service (*materiali*).
— **fuori uso,** to make useless.
— **i comandi a zero (*o* al centro)** (*aereo*), neutralizing controls.
— **i lembi in contatto** (*sald.*), to bring the edges into contact.
— **in altezza** (*tip.*), to bring up.
— **in bacino** (*naut.*), to dock.
— **in circuito** (*elet.*), to place in circuit; to connect.
— **in esercizio** (*altoforno*), to blow in.
— **in marcia** (*un pozzo*), to bring on stream; (*forni met.*), to blow in; (*forni met.*), to put on stream.
— **in marcia una linea di riduzione** (*min.*), to put on stream a reduction line.
— **in marcia una macchina,** to start an engine.
— **in marcia uno stabilimento siderurgico mediante comando automatico** (*elettron.*), to put a mill into operation under automatic control.
mettere in onda (TV), to transmit on the air.
— **in opera** (*una macchina*), to set (a machine) to work; (*completare, rendere effettivo*), to implement.
— **in operazione una macchina,** to put a machine in operation.
— **in pericolo,** to endanger; to imperil.
— **in posizione,** to position.
— **in pressione** (*caldaie*), to get up steam.
— **in produzione** (*petroli*), to place on stream.
— **in riposo** (*altoforno met.*), to bank.
— **in riserva** (*macchine, ecc.*), to lay up.
— **insieme** (*mecc.*), to mount; to make up.
— **in vasetto** (*creme, ecc.*), (*cosmetici*), to pot.
— **la macchina in servizio.** to start the engine.
— **le parole sottolineate in maiuscolo** (*bozze*), change matte; underlined to capitals (*caps*).
— **particolari di 13 servizi ferroviari nel computer** (*inform.*), to put details of 13 railway services onto the computer.
— **un orologio all'ora esatta,** to set a watch to time.
mettersi in sciopero, to go on strike; to down tools (*operai*).
metticoperchi (*f.*) **per barattoli,** capper; capping machine.
— **e riempitrice** (*ind. alim.*), filler and capper.
mettifoglio, *m.* (*tip.*), feeder.
— **ad aspirazione automatica,** automatic suction feeder.
— **automatico** (*tipog.*), automatic feeder; feeder.
mezza bronzina di banco (*auto*), big end bearing cap.
— **chiocciola** (*tornio*), halfnuts.
— **pasta** (*ind. carta*), half stuff.
— **vita** (*radioattivi*), half life.
mezzaluna, *f.* (*orol.*), crescent (*circular notch in the periphery*

of the roller of the lever escapement).
mezzana, *f.* mizzen.
mezzanino, *m.* mezzanine floor.
mezzeria, *f.* centre line.
— **della campata** (*costr.*), mid-span.
mezzi di comunicazione di massa (*pubblicità*), mass media.
— **d'impiego** (*strumenti*), implementation.
— **mezzi pubblicitari,** advertising media.
mezzo, *m.* medium (*pl.* media); agent; (*metà*), half.
— **colonnino** (*arch.*), respond (*pilastrino che è appaiato ad altri*).
— **anfibio da sbarco e d'assalto** (*naut.*) (*mil.*), amphibious assault landing craft.
— **di attenuazione acustica,** sound-absorbent medium.
— **di contrasto** (*radiol.*), contrast medium.
— **di difesa contro la ruggine,** rust preventing medium.
— **di graniglìatura** (*met.*), blasting medium.
— **motore** (*presse*) (*mecc.*), drive.
— **di riduzione** (*chim.*), reducing agent; reducing medium.
— **elastico** (*mecc. solidi*), elastic medium.
— **refrigerante,** coolant.
— **rollio** (*rollio di 180°*) (*aereo*), half-roll; split S.
— **(per — della vite),** by means of screw.
mezzogiorno magnetico (*geof.*), magnetic noon.
mezzotondo, *m.* (*met.*), half round.
— **di acciai legati** (*met.*), alloy steel half round.
— **trafilato** (*met.*), drawn haif round.
mho, *m.* (*elet.*), mho.
mica, *f.* (*min.*), mica.
— **bianca,** muscovite.
— **ferrosa,** iron mica.
— **in fogli,** sheet mica.
— **litinifera,** lithium mica.
— **naturale,** natural mica.
— **nera,** biotite.
mica pura, pure mica.
— **sodica,** sodium mica; soda mica.
micaceo, *agg.* micaceous.
Micanite, *f.* Micanite.
micaschisto, *m.* mica-schist; mica-slate; micaceous schist.
micascisto, v. **micaschisto.**
miccia, *f.* fuse; blasting fuse; (*per arco a carbone*) (*cinem.*), core.
— **a tempo,** time fuse.
— **detonante** (*esplosivi min.*), detonating fuse.
— **di sicurezza** (*armi*), safety fuse.
— **istantanea** (*armi*), instantaneous fuse.
micelio, *m.* (*bot.*), mycelium.
microagitatore, *m.* (*ind. chim.*), microstirrer.
microampere, *m.* micro-ampere; microampere (U.S.A.).
microamperometro, *m.* (*elet.*), microammeter.
microanalisi, *f.* microanalysis.
microautoradiografia, *f.* microauto radiograph.
microbetoniera, *f.* baby concrete mixer.
microbarografo, *m.* (*strum. fis.*), microbarograph.
microbilancia, *f.* microbalances.
microbiologia, *f.* microbiology.
microbus (*auto*), microbus.
microcalcolatore, *m.* microcomputer (abbrev. in: **micro).**
microcassetta, *f.*, microcassette; (*inform.*), micro cassette (for office dictation etc.).
microcedimento, *m.* (*costr.*, *met.*), microyielding.
microcellula, *f.* (*vetro*), microcell.
microcellulare *agg.*, microcellular.
microchimica, *f.* microchemistry.
microcilindro, *m.* (*mot.*), midget cylinder.
microcinematografia, *f.* microkinematography.
microclimatologia, *f.* microclimatology.
microcodificato, *p.p.* (*inform.*), micro-coded.
microcolorimetro, *m.* (*med.*), microcolorimeter.

microcomponente, *m.* (*audio, ecc.*), microcomponent.
microcontrollo delle macchine utensili (*macch. ut.*), micro-control of machine-tools.
microcoulomb (*elet.*), microcoulomb.
microcricca (*cricca visibile al microscopio*) (*met.*), micro-crack; microfissure.
microcristalli, *m. pl.* microcrystals.
microcristallino, *agg.* microcrystalline.
microcurie, *m.* microcurie.
microdeterminazione, *f.* (*chim.*), microdetermination.
microdiagnostica, *f.* (*inform.*), microdiagnostics.
microdose, *f.* (*med.*), microdose.
microdurezza, *f.* (*met.*), microhardness; microhardness.
microdurometro, microhardness tester.
microelaboratore elettronico, microcomputer (abbrev. in: **micro**).
microelettrico, *agg.* microelectric.
microelettrodo di platino (*elet.*), platinum micro-electrode.
microelettronica, *f.* microelectronics.
microfarad, *m.* micro-farad (mfd); microfarad (U.S.A.).
microfessurazione, *f.* micro-crack; microfissure.
microfiche (*inform.*), microfiche.
microfilm, *m.* (*cinem.*), microfilm.
— (*libro, opera* **disponibile in** —), available in microfilm.
microfilmare, *v.a.*, to microfilm.
microfilmatura, *f.* (*inform.*), microfilming.
microfisica, *f.* microphysics.
microfonia, *f.* microphony.
microfonicità, *f.* microphonicity.
microfono, *m.* microphone.
— **a carbone,** carbon microphone.
— **a condensatore** (*audio*), condenser microphone.
— **a cristallo** (*radio*), crystal microphone; (*acust.*), piezo microphone.
microfono ad electret (*audio*), electret microphone.
— **a filo caldo,** hot-wire microphone.
— **a nastro** (*audio*), ribbon microphone.
— **a polvere di carbone,** (carbon) powder microphone.
— **a pressione,** pressure microphone.
— **a tubi,** line microphone; machine-gun microphone.
— **cardioide** (*audio*), cardioid microphone.
— **da tavolo,** desk stand microphone.
— **dinamico** (*audio*), dynamic microphone.
— **di Reis** (*microfono a montante per l'annuncio dei dischi*) (*elet.*), Reis microphone.
— **direzionale,** directional microphone.
— **elettrostatico,** capacitor microphone (U.S.A.); condenser microphone (*or* transmitter).
— **in push-pull** (*acust.*), push-pull microphone.
— **omnidirezionale** (*audio*), omnidirectional microphone.
— **portatile,** lip microphone.
— **sospeso a una « giraffa »** (*abbassabile, sollevabile orientabile, per seguire gli attori di uno studio televisivo, ecc.*), boom microphone.
— **spia,** detectophone.
— **stereofonico cardioide** (*audio*), cardioid stereo microphone.
— **supercardioide** (*audio*), hypercardioid microphone.
— **toracico** (*radio*), breast transmitter.
— **(supporto telescopico per —)** (*telev.*), boom.
microfotografia, *f.* microphotograph; photomicrograph (U. S.A.).
— **di minerale** (*min.*), ore photomicrograph.
microfotometro, *m.* microphotometer.

microfotometro a registrazione, recording microphotometer.
microfractografia elettronica (*elet.*), electron microfractography.
microgel, microgel.
micrografia, *f.* micrograph.
micrografo, *m.* micrograph.
— **di microscopio elettronico analizzatore,** scanning electron microscope micrograph.
— **elettronico** (*ottenuto con microscopio elettronico*), electron micrograph.
microgramma, *m.* micro-gramme; microgram (U.S.A.).
microhenry, *m.* (*elet.*), microhenry.
microinformatica, *f.*, microcomputing.
microinterruttore (*elet.*), microswitch.
microistruzioni, *f. pl.* (*calcol. elettron.*), micro instructions.
microlaminazione (*polveri*) (*met.*), micro-rolling.
microlega, *f.* (*met.*), microalloy.
microlitro, *m.* micro-litre; microliter (U.S.A.).
microlog, v. **metodo —.**
micromanometro (*m.*) **di ionizzazione,** ionization gauge.
micromerografico, *agg.* (*chimica*), micromerograph.
micrometeorite, *m.* e *f.* (*astr.*), micrometeorite.
micrometria, *f.* micrometry.
micrometrico, *agg.* micrometric(al).
micrometro, *m.* micrometer.
— **a palmer,** micrometer gauge.
— **per esterni,** outside micrometer.
— **per interni,** internal micrometer.
micromicrofarad, *m.* micromicrofarad (*abbrev.*; mmfd.).
micromicron, *m.* micromicron.
micromillimetro, *m.* micromillimeter.
microminiaturizzazione, *f.* (*elettron.*), micro miniaturisation.
micromodulo *m.* (*inform.*), micromodule.
micromotore, *m.* midget motor; micromotor.
micromulino (*agr.*), micro mill.
micron, *m.* micron.
micronizzata, v. **argilla —.**
microohm, microhm.
microonda, *f.* (*fis.*), microwave.
micropala, *f.* micro-shovel.
micropaleontologia, *f.* (*min.*), micropaleontology.
micropenetrometro, *m.* micropenetrometer.
microplasma, *f.* (*elettron.*), microplasma.
— **generato dal laser,** laser-generated microplasma.
micropollice, *m.* (*1 milionesimo di pollice*), microinch.
micropompa, *f.* micro pump.
microporosità, *f.* (*fond.*), microshrinkage.
microprocessore, *m.* (*inform.*), microprocessor.
microprogramma, *m.* (*calcol. elettron.*), micro program.
microprogrammabile, *agg.*, microprogrammable.
microprogrammare, *v.a.*, to microprogram; to microcode.
microprogrammazione, *f.* (*programmazione al livello delle funzioni minime*) (*calcol. elettron.*), micro programming; micro coding; (*inform.*), firmware.
microradiografia, *f.* (*met.*), microradiography.
microregistratore, *f.* microrecorder.
microrettificatrice, *f.* (*macch. ut.*), micro-grinder.
microritardatore (*esplosivi min.*), short-delay detonator.
microritiro (*o porosità interdendritica*) (*met.*), microshrinkage.
microsaldatura, *f.* (*sald.*), microweld.
microsclerometro, *m.* (*met.*), microhardness tester.
microscopia, *f.* microscopy.
— **a emissione di campo** (*ott.*), field emission microscopy.
— **elettronica,** electron microscopy.
— **elettronica a trasmissione** (*elet-*

tron.), transmission microscopy.

microscopia elettronica con microscopio analizzatore, scanning microscopy.

— **elettronica con replica** (*met.*), replica electron microscopy.

— **ottica con replica,** optical replica microscopy.

microscopico, *agg.* microscopic(al).

microscopio, *m.* microscope.

— **a emissione di campo** (*ott.*), field emission microscope.

— **composto,** compound microscope.

— **di polarizzazione,** v. **microscopio polarizzante.**

— **elettronico,** electron microscope.

— **elettronico analizzatore** (o **a scansione**), (*elettron.*), scanning electron microscope.

— **elettronico a ombra** (*ott.*), shadow electron microscope.

— **elettronico a trasmissione** (*elettron.*), transmission electron microscope.

— **ionico** (*operante per emissione di ioni positivi*) (*elettron.*), field-ion microscope.

— **metallurgico,** metallurgical microscope.

— **ottico,** optical microscope.

— **per officina,** toolmakers' microscope.

— **polarizzante,** polarization microscope.

— **protonico** (*fis. atom.*), proton microscope.

— **semplice,** simple microscope.

— **stereoscopico,** stereoscopic microscope.

— **(condensatore magnetico di — elettronico),** condenser lens.

— **(obiettivo magnetico di — elettronico),** objective.

— **(proiettivo magnetico di — elettronico),** projector lens.

— **(schermo fluorescente di — elettronico),** photographic plate.

— **(sorgente di elettroni di — elettronico),** source of electrons.

microscorrimento viscoso (*met., ecc.*), microcreep.

microsecondo, *m.* micro-second; microsecond.

microsegregazione, *f.* (*crist., met.*), micro-segregation.

microsezione, *f.* microsection.

microsisma, *m.* (*geol.*), microseism.

microsismico, *agg.* microseismic.

microsistema grafico (*inform.*), graphics microsystem.

microsnervamento, *m.* (*met.*), microyield; microyielding.

microsolco, *m.* microgroove record.

— **45 giri,** 45-rpm microgroove record.

— **33 ⅓ giri,** microgroove record; long-play record (abbr. lp record).

microsollecitazione (*met., ecc.*), microstrain.

microsomo, *m.* (*bio.*), microsome.

microspettroscopio, *m.* microspectroscope.

microstampante, *f.* (*inform.*), microprinter.

microstratigrafico, *agg.* micro-stratigraphical.

microstruttura, *f.* micro-structure; (*met.*), microstructure.

microtecnologia (*tecnologia dei microprocessori*) (*elettron.*), microtechnology.

microtensione, *f.* (*tensione residua localizzata fra i singoli grani*) (*met.*), microstress.

microtomo (*strum. microscopia*), microtome.

microtrone, *m.* (*fis. atom.*), microtron.

microunità, *f.* micro-unit.

microviscosimetro, *m.* (*med.*), microviscosimeter.

microvolt, *m.* (*elet.*), micro-volt.

midollo, *m.* (*del legno*), pith.

— **di sambuco** (*orol.*), pith (pith of elderwood).

mietilegatrice, *f.* (*agr.*), reaping and binding machine; reaper-and-binder.

mietitrebbiatrice, *f.* reaping and threshing machine.

mietitrice, *f.* (*agr.*), reaping machine.
miglio, *m.* (*misura*), mile.
— **marino,** nautical mile.
— **quadrato,** square mile.
miglioramento della congiuntura (*econ.*), upturn.
— **delle caratteristiche meccaniche** (*met.*), enhancement of the mechanical properties.
migliorare i calcoli, to improve calculations.
— **la stabilità di stoccaggio** (*chim.*) to improve storage stability.
miglioria, *f.* betterment; improvement; amelioration.
migliorie dell'impianto (*met.*), plant improvements.
— **tecniche,** technical improvements.
miliardo, *m.* milliard (*1000 milioni*); chiamato billion in USA.
milione, *m.* million.
millesimale, variazioni millesimali, microvariations; (*spostamenti millesimali della tavola*), micropositioning of worktable.
millesimo di pollice, thousandth of an inch (*plurale*: thousandths of an inch).
milliampere, milliampere.
milliamperometro, *m.* milliammeter; milliamperemeter.
— **a corrente continua,** d-c milliammeter.
milliampersecondo, *m.* milliampere-second.
millicurie, *m.* (*fis.*), millicurie.
millifot (*ill.*), milliphot.
milligauss (*elettromagn.*), milligauss.
milligrammo,) *m.* milligramme; milligram U.S.A.).
millihenry, *m.* millihenry.
millilitro, *m.* (*chim.*), millilitre.
millilux, *m.* (*fot.*), millilux.
millimetro, *m.* millimetre; millimeter.
— **cubo,** cubic millimetre; cubic millimeter (U.S.A.).
— **quadrato,** square millimetre; square millimeter (U.S.A.).
millimicron, *m.* (*fis.*), millimicron.
millimicrosecondo, *m.* millimicrosecond.
millirem (*radiazioni*) (*fis. atom.*), millirem (abbr. in mrem).
millisecondo, *m.* millisecond.
millivolt, *m.* millivolt.
millivoltampermetro (*elet.*), millivolt-ammeter.
millivoltmetro transistorizzato (*elet.*), transistorized millivoltmeter.
milliwatt, *m.* milliwatt.
mimeografia, *f.*, mimeography.
mimeografo, *m.* (*dispositivo di ciclostile*), Mimeograph (nome brevettato).
mimetizzamento, *m.* (*mil.*), camouflage.
mina, *f.* mine.
— **a pressione,** pressure mine.
— **a contatto** (*mil.*), contact mine.
— **a contatto antinave** (*mil.*), anti-ship contact mine.
— **a contatto antisottomarina** (*mil.*), anti-submarine contact mine.
— **acustica,** acoustic mine.
— **di ricambio** (*dis.*), lead; refil (*or* spare) lead.
— **magnetica,** magnetic mine.
— **navale** (*mil.*), naval mine.
— **sottomarina,** submarine mine.
— **(dragare una —),** to clear a mine.
— **(fare saltare una —)** (*naut.*), to spring.
— **(posare una —),** to lay a mine.
minare, *v.a.* to mine.
minareto, *m.* (*arch.*), minaret.
minatore, *m.* miner; v. **giornata del —.**
— **alla roccia,** drifter.
— **alla vena,** getter.
— **all'esterno,** surfaceman.
— **all'interno,** underground man.
— **continuo** (*grande macchina per taglio e carico del carbone, che può ricavarne da 7 a 9 t al minuto*) (*mecc., min.*), continuous miner.
— **continuo con 8 frese** (*min.*), continuous miner fitted with eight cutters.

minatore di carbone, coal-miner; collier.
mine centrali di una volata (*min.*, *esplosivi*), cutholes.
— **di parete** (*brillamento della volata*) (*min.*), trimmers.
— **di scarico** (*brillamento di una volata*) (*min.*), easers.
minerale, *m.* mineral; ore; *agg.* mineral.
— **a basso tenore,** low-grade ore.
— **abbattuto,** broken ore.
— **accessorio,** accompanying mineral.
— **a concentrazione media** (*fis. atom.*), medium-grade ore.
— **ad alto tenore,** high-grade ore.
— **a ganga fusibile,** self-fluxing ore; fluxing-ore.
— **aggregato,** accompanying mineral.
— **alla superficie,** ore at grass.
— **argentifero,** silver ore.
— **aurifero,** gold ore.
— **aurifero concentrato,** gold concentrate.
— **di ferro,** iron ore.
— **di ferro povero,** lean iron ore.
— **di ferro preridotto** (*met.*), metallized iron ore.
— **di filone,** lode-ore.
— **di nichel,** nickel ore.
— **di omogeneizzazione** (*met.*), bedding ore.
— **di pianura** (*min.*), meadow ore.
— **di piombo,** lead ore.
— **di rame,** copper ore.
— **di scarto,** waste ore.
— **di uranio,** uranium ore.
— **di zinco,** zinc ore.
— **estratto,** ore raised.
— **fondente,** fluxing ore.
— **frantumato,** crushed ore.
— **greggio,** raw ore.
— **ignobile,** base ore.
— **in vista,** ore in sight.
— **lateritico** (*min.*), lateritic ore.
— **lavato,** buddled ore.
— **metallico,** ore mineral.
— **non agglomerato,** unagglomerated ore.
— **per malleabilizzazione** (*met.*), malleablizing ore.
minerale possibile, possible ore.
— **povero,** lean ore; low-grad ore.
— **prezioso,** precious ore.
— **probabile,** probable ore.
— **radioattivo** (*fis. atom.*), radioactive mineral.
— **redditizio,** payable ore.
— **roccioso,** rocky ore.
— **setacciato,** screened ore.
— **tenace,** tough ore.
— **terroso,** earthy ore.
— **(schema degli impianti di preparazione del —)** (*met.*), ore processing flowsheet.
mineralizzazione, *f.* (*di giacimenti, ecc.*) (*min.*), mineralization.
mineralogia, *f.* mineralogy.
— **chimica,** chemical mineralogy.
mineralogico, *agg.* mineralogical.
minerario, *agg.* mining.
minette, *f.* (*minerale di ferro lorenese*), minette (ore).
miniacciaieria, *f.* steel making mini-plant.
miniatura, *f.* (*cinem.*), miniature.
miniaturizzare, *v.a.* to miniaturize (*or* to miniaturise).
miniaturizzato, *p. p.* miniaturized; miniaturised.
miniaturizzazione, *f.* miniaturization.
minicalcolatore, minicomputer.
minicomputer grafico, graphic minicomputer.
minidischetto, *m.* (*inform.*), mini-floppy disc.
minidisco, *m.* (*inform.*), mini-disk.
minielaboratore, *m.* (*inform.*), minicomputer.
miniera, *f.* mine.
— **a cielo aperto,** surface mine; daylight mine.
— **di carbone,** coal-mine; colliery; coal-pit.
— **di piombo,** lead mine.
— **d'oro,** gold mine.
— **grisutosa,** gassy mine; fiery mine.
— **improduttiva,** non-producing mine.
— **produttiva,** producing mine.
— **sfruttata,** worked out mine.

miniera sottomarina collegata alla costa, shore-connected undersea mine.
— (legge inerente all'esercizio delle miniere), legislation concerning operation of mines.
« minigonna », *f.*, (*auto*), skirt; sliding skirt.
mini-informatica *f.*, mini-information engineering.
minimetro, dial gauge.
minimi quadrati (metodo dei — quadrati) (*ricerca operativa*), least square method.
minio, *m.* minium; red lead; red oxide of lead; rouge (*used as a polish for metals*).
— di ferro, iron ochre.
minisistema(*elettron.*), minisystem.
ministampante, *f.* (*inform.*), miniprinter.
Ministero dell'Energia (*Inghilterra*) Department of Energy.
Ministro del Lavoro e della Tecnologia (*Inghilterra*), Minister of Labour and Technology.
— delle Poste e delle Telecomunicazioni, Minister of Post and Telecommunications.
minitelecamera a colori, « mini » colour TV camera.
minivideocassetta, *f.* (*inform.*), mini-video cassette.
minuendo, *m.* minuend.
minuscolo (*tip.*), lower case; l. c.
minuteria, *f.* (*orol.*), motion work.
minuterie (*f. pl.*) **metalliche,** small metal products.
— metalliche stampate (*mecc.*), small part stampings.
minuti di carbone (< *25 mm nella classif. inglese*), fines.
minuto, *m.* minute.
— (lancetta dei —), minutehand.
mioelettrico, *agg.* myoelectric.
mira, *f.* sighting-pin (*di mirino*) (*fot.*); level staff (*top.*); gunsight (*aereo*).
miraggio, *m.* (*ott.*), mirage.
miriagramma, *m.* myriagramme; myriagram (U.S.A.).
mirialitro, *m.* myrialitre; myrialiter (U.S.A.).
miriametro, *m.* myriametre; myriameter (U.S.A.).
mirino, *m.* view-finder; finder; viewer; (front) sight (*armi*).
— anteriore (*armi, ecc.*), front sight.
— a traguardo (*fot.*), direct-vision view-finder.
— chiaro (*fot.*), brilliant view-finder.
— di compensazione (*aereo*), compensating sight.
— di macch. fot., (optical) view-finder.
— elettronico, electron view-finder.
— frontale del tipo di regolazione in elevazione, ramp type front sight.
— posteriore (*armi, ecc.*), rear sight.
— posteriore a diottra (*armi, ecc.*), diopter rear sight.
— posteriore con oculare di gomma (*armi, ecc.*), rear sight with rubber eye piece.
— telescopico (*fot.*), telescopic finder.
miristicina, *f.* (*chim.*), myristicin.
mirra, *f.* myrrh.
miscela, *f.* mixture; blend; fuel.
— alcole-benzina, gasoline/alcohol mixture.
— anticongelante (*aereo*), anti-freeze.
— benzina-olio, petroil.
— carburante, combustible mixture.
— compressa, compressed charge.
— d'aria e di vapore, mixture of air and steam.
— da sparo (*generalm. miscela di refrattario*) (*met.*), gunning mix.
— detonante, explosive mixture.
— di combustibile (*fis. atom.*), fuel mixture.
— difettosa, faulty mixture.
— di gas, explosive mixture.
— di isotopi (*fis. atom.*), isotopic mixture.
— di oli da taglio (*met.*), blend of cutting fuels.

miscela di refrattario da sparo (*met.*), refractory gunning mix.
— **esplosiva,** explosive mixture.
— **eterogenea** (*fis. atom.*), heterogeneous mixture.
— **frigorifera,** frigorific mixture; freezing mixture.
— **infiammabile,** inflammable mixture.
— **intima,** intimate mixture.
— **isotopica naturale** (*fis. atom.*), natural isotopic mixture.
— **liquefatta di propano e butano** (G.P.L.), liquefied petroleum gas (L.P.G.) (LP-GAS) (LPG).
— **povera,** poor mixture; weak mixture; lean mixture.
miscelare, *v.a.* to blend.
miscelatore di gas (*met.*), gas mixer.
— **di mangimi** (*agr.*), food mixer.
— **microfonico** (*radio, telev.*), mixer.
miscelatori mono e stereo (*audio*), mono and stereo mixers.
miscelazione, *f.* (*chim.*), blending.
— **automatica,** automatic blending.
— **di idrocarburi** (*chim.*), hydrocarbon blending.
— **linea/microfono** (*registratori a bobine*) (*audio*), mic/line mixing.
miscele deparaffinanti (*chim.*), dewaxing mixes.
mischia, *f.* (*tess.*), blending; mixing.
— **a macchina,** mechanical mixing.
mischiare, *v.a.* to mix; to blend.
miscibilità, *f.* miscibility.
miscuglio, *m.* mixture; mix.
missaggio, *m.* (*cinem.*), mixing.
missile, *m.* missile.
— **ad ali a croce,** cruciform missile.
— **antiaereo,** anti-aircraft missile.
— **antibalistico,** anti-ballistic missile (ABM).
— **anticarro,** anti-tank missile.
— **-antimissile** (*astron.*), anti-missile-missile.
— **antinave,** anti-ship missile.
missile a propellente solido, solid-propellant missile.
— **a propulsione a razzo,** rocket propelled missile.
— **aria-aria,** air-to-air missile.
— **aria-superficie,** air-to-surface missile (A.S.M.).
— **aria-superficie a medio raggio,** medium-range air-to-surface missile.
— **aria-terra,** air-to-ground missile.
— **aviolanciato,** air-launched missile.
— **balistico,** ballistic missile.
— **balistico a due stadi,** two-stage ballistic missile.
— **balistico a gittata intermedia,** intermediate-range ballistic missile.
— **balistico intercontinentale,** intercontinental ballistic missile (I.C.B.M.).
— **balistico lanciato da aereo in volo,** air-launched ballistic missile.
— **balistico lanciato da sottomarino,** submarine-launched ballistic missile.
— **da crociera lanciato dal mare,** sea launched cruise missile.
— **di crociera supersonico,** supersonic cruise missile.
— **di intercettamento,** interceptor missile.
— **Exocet** (*mil.*), Exocet missile.
— **filoguidato,** wire-guided missile.
— **intercontinentale,** long-range ballistic missile; intercontinental missile.
— **ipersonico,** hypersonic missile.
— **leggero,** light missile.
— **pesante,** heavy missile.
— **radioguidato,** guided missile.
— **strategico,** strategic missile.
— **superficie-sott'acqua,** surface-to-underwater missile.
— **superficie-superficie,** surface-to -surface missile.
— **supersonico,** supersonic missile.
— **tattico,** tactical missile.
— **telecomandato,** guided missile.

missile terra-terra, ground-to-ground missile.
— **(lanciare due missili contemporaneamente)** (*mil.*) (*aereo*), to launch two missiles in salvo.
— **(lanciare missili da aerei),** to launch missiles from aircraft.
— **(precisione di un — sul bersaglio),** missile accuracy.
— **(silo-rifugio per —),** missile shelter.
missilistica, *f.* missilery; missilry; rocketry.
missione (*aereo*), mission.
— **con scalo intermedio e ritorno alla base, senza rifornimenti** (*aereo*), ferry mission.
— **di allunaggio morbido** (*astron.*), lunar soft-landing mission.
— **lunare** (*astron.*), lunar mission.
— **scientifica** (*astron.*), scientific mission.
mista, *f.* (*tess.*), blend.
misti di macinazione (*min.*), ground middlings.
misura, *f.* measure; measurement; dimension; size; (*con calibri*), gauging.
— **a distanza,** telemetering.
— **con strumenti ad amplificazione elettronica,** electronic gauging.
— **con strumenti ad amplificazione meccanica,** mechanical gauging.
— **con strumenti ad amplificazione pneumanometrica,** pneumatic gauging.
— **della capacità di una cisterna** (*petrolio*), strapping.
— **della larghezza** (*di nastri*) (*met.*), width measurement.
— **delle precipitazioni nevose,** snow gauging.
— **delle radiazioni** (*fis. atom.*), radiation measurement.
— **dello spessore del rivestimento** (*met., vernici*), measurement of the coating thickness; coating thickness measurement.
— **di capacità,** measure of capacity; dry measure.
— **di lunghezza,** measure of length; lineal measure.
— **di montaggio,** erection dimension.
— **di peso,** measure of weight.
— **di sicurezza,** safety precaution.
— **di superficie,** square measure.
— **di superficie agraria,** surveyor's square measure.
— **di una linea,** measurement of a line.
— **di volume,** cubic measure; solid measure.
— **elettrica,** electrical measurement.
— **esterna,** outside measurement.
— **graduata,** graduated measure.
— **indiretta,** indirect measurement.
— **interna,** inside measurement.
— **metrica,** metric measure.
— **normale,** standard measure.
— **pei liquidi,** liquid measure.
— **radiale** (*mecc., ecc.*), radial measurement.
— **reale,** actual size.
— **tascabile,** pocket size.
— **(di — media),** medium-sized.
— **(di — nota),** of known size.
— **(su —)** (*inform. ecc.*), tailor-made.
misurare, *v.a.* to measure; (*chim., ecc.*), to meter.
— **automaticamente,** to meter automatically.
— **la profondità di un pozzo,** (*petrol.*) (U.S.A.), to string over.
misuratore, *m.* surveyor (*agrimensore*); gauger (*calibratore*); measurer; meter (*strumento*); gauge (*calibro*).
— **da grano** (*ind. mol.*), grain grader; grain grading machine.
— **del fumo del gas di scarico** (*auto*), smokemeter (*diesel smoke legislation*).
— **della distorsione di fase** (*elet.*), phase shift distortion meter.
— **della pendenza longitudinale** (*aereo*), fore and aft level; pitch indicator.
— **dello scorrimento** (*elet.*), slip meter.

misuratore di allungamento, extensometer.
— **di coppia,** torquemeter.
— **di durezza** (*radiol.*), penetrometer.
— **di fori** (*mecc.*), depth gauge.
— **di intervalli dell'ordine di microsecondo** (*elet.*), microsecond interval timer.
— **di livello del suono,** sound-level meter.
— **di periodo** (*fis. atom.*), period meter.
— **di pH,** pH control apparatus.
— **di portata** (*idraul.*), flow meter.
— **di rumori,** noise meter.
— **di spessore di pareti** (*di tubi*) (*met.*), wall thickness tester.
— **di spessori,** thickness gauge.
— **di tensione,** tension meter.
— **di tiraggio,** draught gauge.
— **di una forza,** dynamometer.
— **di uscita** (*radio*), output meter.
— **di vapore,** flow meter.
— **elettronico dell'irregolarità del filato** (*tess.*), photo-electric yarn irregularity gauge.
— **elettronico di profondità,** fathometer; acoustic depth finder; depth finder; echo depth sounder; depth sounder; sonic depth finder.
— **miniatura del pH,** miniature pH meter.
misurazione, *f.* measurement; measuring (*l'azione di misurare*); surveying (*di terreni*).
— **automatica** (*macch. ut.*), automatic gauge sizing.
misure idrauliche, hydraulic measurements.
— **totali d'ingombro,** overall dimensions.
— **varianti da... a...,** sizes ranging from... to...
mitosi, *f.* (*divisione cellulare*) (*bio.*), mitosis.
mitra, *m.* tommy gun.
mitragliamento, *m.* machine-gunning.
mitragliatrice, *f.* machine-gun.
— **girevole** (*aereo*), free gun.
— **leggera,** light machine-gun.
mitragliere, *m.*, machine gunner.
mnemonico, *agg.*, mnemonic.
— **(codice —)** (*inform.*), mnemonic code.
mobile, *m.* piece of furniture; *agg.* movable.
— **per televisore,** TV cabinet.
— **portacassette** (*audio*), cassette storage cabinet.
— **portadischi** (*audio*), track storage unit.
mobiletto espositore di prodotti (*in negozi, officine, garages*), product demonstrator.
mobili metallici, steel furniture.
— **per ufficio in legno,** wood office furniture.
mobilio, *m.* (*arredamento*), furnishing.
mocchetta, *f.* (*tess.*), moquette.
modalità, *f. pl.* instructions.
— **di misura,** checking instructions.
modanatura, *f.* moulding.
— **di frontone** (*cost.*), gable moulding.
modanature laterali con inserti di gomma (*auto*), rubber faced side strips.
modano, *m.* mould; model.
modellare, *v.a.* to model; to pattern; to mould (*fond.*).
modellatura, *f.* modelling; moulding.
modelli volanti speciali, special flying models.
modellino, *m.* (*cinem.*), miniature.
modellista, *m.* pattern maker; modeller; modeler (U.S.A.).
— **di treni,** model-train maker.
modello, *m.* model plane (*aereo*); kit (*aereo*); model (*aereo*); pattern (*fond.*); mould (*fond.*); template *or* templet (*sagoma*); set-iron (*fond.*).
— **ad ali battenti** (*aereo*), model flapper.
— **ad aste** (*aereo*), stick model; stick plane (U.S.A.).
— **ad aste da sala** (*aereo*), indoor stick plane (U.S.A.).

modello ad aste per volo esterno (*aereo*), outdoor stick plane (U.S.A.).
— **ad elastico,** rubber-driven model; rubber-powered model.
— **a due gruppi** (*fis. atom.*), two-group model.
— **a fluido** (*elet.*), fluid pattern.
— **analogico** (*cibernetica*), analogue model.
— **analogico elettrico** (*cibernetica*), electric analogue model.
— **a razzo,** rocket model plane; rocket propelled model.
— **a reazione,** jet model; jet-propelled motor; jet-powered model.
— **a strati** (*fis. atom.*), shell model.
— **a strati del nucleo atomico** (*fis. atom.*), shell model of nucleus.
— **atomico Rutherford-Bohr** (*fis. atom.*), Rutherford-Bohr atom model.
— **a un gruppo** (*fis. atom.*), one-group model.
— **canard** (*aereo*), canard model; « tailfirst model ».
— **canard ad elastico,** rubber-driven canard.
— **con ala parasole** (*aereo*), parasol wing model.
— **controllato,** control model; control-line kit (U.S.A.).
— **controllato a filo,** U-controlled model plane; U-control kit.
— **costruito in scala di 1:32** (*costr., ecc.*), model built to a scale of 1:32.
— **da corsa** (*mot.*), racing model; competition model.
— **da sala** (*aereo*), indoor flying model; indoor model.
— **da sala ad ali battenti,** indoor flapper.
— **da velocità,** speed flight model.
— **desunto da uno schizzo** (*modellismo*), freelance model.
— **di cera** (*fond.*), wax pattern.
— **di goccia (di nucleo)** (*fis. atom.*), liquid-drop model (of nucleus).
— **di immissione-emissione** (*cibernetica*), input-output model.

modello dimostrativo (*di macchine, ecc.*), demonstration model.
— **di particella** (*fis. atom.*), particle model.
— **di spostamento** (*pianificazione trasporti*), travel pattern.
— **di traffico,** traffic model.
— **gerarchico** (*mat.*) (*analisi statistica*), hierarchal model.
— **in scala,** scale model.
— **matematico** (*met., ecc.*), mathematical model.
— **matematico per il controllo di convertitore** (*met.*), mathematical model for converter control.
— **non volante,** solid kit; solid.
— **nucleare** (*fis. atom.*), nuclear model.
— **orbitale a particelle indipendenti** (*fis. atom.*), independent-particle model of nucleus.
— **per il lancio a mano** (*aereo*), hand launched model plane.
— **per prove dinamiche** (*aereo*), dynamic model.
— **per volo libero,** free flight kit.
— **plurimotore,** multi-motored model.
— **pneumatico per risolvere problemi di ventilazione nelle miniere** (*miniere*), pneumatic model for solving mine ventilation problems.
— **radiocomandato,** radio controlled model.
— **statico** (*elettron.*), static model.
— **stocastico** (*ricerca operativa*), stochastic model.
— **tutt'ala,** tailless model; tailless kit; flying wing model.
— **tutt'ala a razzo,** tailless rocket model.
— **tutto in balsa,** all balsa kit.
— **veleggiatore,** model glider; model sailplane; glider; soarer.
— **Wakefield,** Wakefield model.

modem (*sistema di modulazione/demodulazione*) (*inform., telef.*), modem.

moderare, *v.a.*, to moderate (*fis. atom.*) (*rif. a velocità*).

moderatamente arricchito (*fis. atom.*), moderately enriched.
moderato (fuoco), *ugg.* moderate (fire).
moderatore, *m.* (*fis. atom.*), moderator; (*di un dibattito TV*), moderator (of a debate).
— **a grafite** (*fis. atom.*), graphite moderator.
— **idrogenato** (*fis. atom.*), hydrogenous moderator.
moderazione (*reattori nucleari*) (*fis. atom.*), slowing-down; modera tion.
modernizzare, *v.a.* to streamline; to modernize.
— **il sistema di illuminazione,** to streamline the lighting system.
modernizzazione dell'impianto (*metal., ecc.*), plant modernization.
modifica, v. **modificazione.**
— **delle sospensioni** (*auto*), suspensions modification.
— (*trasformazione*) **della testa del cilindro** (*auto*), cylinder head conversion.
modificare, *v.a.* (*gen.*), to change; to alter; (*caratteristiche, ecc., per un dato scopo*), to doctor; to modify.
— **la testa del cilindro** (*auto*), to modify the cylinder head.
modificazione, *f.* modification; alteration.
— **allotropica** (*met., ecc.*), allotropic transformation.
modiglioni, *m. pl.* (*arch.*), mutules.
modulare, *agg.* (*calcol. elettron., cost.*), modular.
— **(costruzione —),** modular construction.
— **(software —)** (*elettron.*), modular software.
modularità (*di costruzione*) (*inform.*), modularity.
modulatore, *m.* (*cinem.*), modulator.
— **ad area variabile,** variable-area modulator.
— **a diodo,** diode modulator.
— **equilibrato** (*radio*), balanced modulator.
modulatore magnetico, magnetic modulator.
modulazione, *f.* modulation.
— **ad impulso di durata variabile** (*radio*), pulse time modulation.
— **anodica,** anode modulation.
— **catodica** (*radio*), cathode modulation.
— **d'assorbimento** (*radio*), absorption modulation.
— **dei codici di impulso digitali** (*tel.*) (*inform.*), digital pulse-code modulation.
— **della luce** (*telev.*), light modulation.
— **di fase,** phase modulation.
— **di griglia** (*radio*), grid modulation.
— **di ronzio** (*radio*), hum modulation.
— **per variazione della tensione di placca,** choke modulation.
— **(velocità di —)** (*inform.*), modulation rate.
modulo, *m.* (*mecc.*), modulus (*pl.* moduli); (*arch.*), module; (*ingr.*), diametral pitch; (*formulario, di carta*), form; (*unità in grado di inserirsi in altre simili*) (*inform.*), module; (*inform.*), package; (*di memoria*) (*inform.*), module.
— **aggiuntivo** (*o opzionale*) (*inform.*), optional module.
— **componibile per cassette** (*audio*), cassette modular.
— **contenitore per dischi** (*audio*), record holder.
— **da inserire** (*elet.*) (*inform.*), plug-in module.
— **della sezione,** section modulus.
— **di assunzione,** labour engagement form.
— **di candidatura** (*domanda di impiego, ecc.*), application form.
— **di elasticità,** modulus of elasticity; elastic modulus.
— **di elasticità tangenziale** (*mecc.*), shear modulus.
— **di incrudimento** (*mecc.*), work hardening exponent.
— **di libreria** (*inform.*), library module.

modulo d'intensità (*telev.*), intensity modulation.
— **di iscrizione anticipata** (*congressi*, *ecc.*), advance registration form.
— **di Poisson** (*resist. mater.*), (*costr.*), Poisson's ratio.
— **di prenotazione** (*per mostre*, *convegni*, *ecc.*), booking form.
— **di programmazione** (*inform.*), software module.
— **di resistenza** (*travi*, *ecc.*), section modulus; modulus of resisttance.
— **di richiesta,** request form.
— **di richiesta di materiale,** material requisition form (U. S.A.).
— **di richieste di lavorazione** (*commessa per lavori d'officina*), work-order request form (U. S.A.).
— **di scheda meccanografica** (*inform.*), layout form.
— **di scorrimento,** modulus of sliding movement.
— **di servizio** (*astron.*), service module.
— **di taglio** (*fis. atom.*), shear modulus.
— **di Young** (*met.*), Young's modulus.
— **in continuo** (*inform.*), continuous form; continuous sprocket-holed stationery.
— **metrico** (*ingr.*), metric module.
— **per risolvere le equazioni** (*inform.*), equation package.
— **portacassette** (*portadischi*, *ecc.*) (*audio*), storage module; cassette storage unit with modular storage.
— **porta videocassette** (*audio*), videocassette module.
— **relazione di prova,** trial report form.
mogano, *m.* mahogany.
— **marezzato,** mottled mahogany.
moggio, *m.* bushel.
moietta, *f.* (*met.*) (*vecchia denominaz. del nastro a caldo, fornito in rotoli, di spessore non > a 6 mm, utilizzato per la trafilatura del filo*) (*met.*), hot-rolled strip; strip; strip-iron; bundling strip.
moietta di acciaio al carbonio (*met.*), carbon steel bundling strip.
mola, *f.* (*utensile*), grinding wheel; wheel; grindstone (*da affilare*).
— **a cilindro** (*tess.*), dead roll.
— **a disco,** straight cup grinding wheel.
— **a grana dolce,** fine grained wheel.
— **a grana grossa,** coarse (rough) grained wheel.
— **a grana mezzodolce,** medium grained wheel.
— **al carborundum,** carborundum wheel.
— **a nervature multiple,** multirib wheel.
— **a segmenti,** segmented wheel; segmental wheel.
— **a tazza conica,** flaring cup grinding wheel.
— **attiva,** grinding wheel.
— **a una sola nervatura,** single-rib wheel.
— **conica con conicità unica,** tapered one side grinding wheel.
— **con impasto di bakelite,** bakelite-bonded wheel.
— **con impasto di silicati,** silicate-bonded wheel.
— **con impasto elastico,** elastic bond (grinding) wheel.
— **con impasto vetrificato,** vitrified bonded wheel.
— **diamantata** (*utensile*), diamond (grinding) wheel.
— **diamantata a legante metallico** (*mecc.*), bonded diamond wheel.
— **dura,** hard grinding wheel.
— **per rettifica interna,** wheel for internal grinding.
— **per rettifica superficiale,** wheel for surface grinding.
— **portante** (*rettificatrice*), small control wheel.
— **regolatrice,** regulating wheel.
— **smerigliatrice,** lapping wheel.
— **smeriglio,** emery wheel.
— **tenera,** soft grinding wheel.

mola vetrificata, glazed wheel.
— **vulcanizzata,** vulcanite wheel.
— **(apparecchio per ravvivare la —),** wheel truing device; trueing fixture.
— **(dispositivo a tre diamanti per rettificare la —),** three-way diamond wheel dresser.
— **(equilibrare la —),** to balance the grinding wheel.
— **(sgrossare alla —),** to rough grind; to coarse grind.
molare, *v.a.* to grind.
— **ad umido,** to grind wet.
— **a secco,** to grind dry.
— **con mola flessibile** (*mecc.*), to buff.
molatrice, *f.* (*macch. ut.*), grinder.
— **a pendolo** (*macch. ut.*), swing grinder; pendulum grinder.
— **per campioni di minerali** (*min.*), ore grinder.
— **per lingottiere** (*macch. ut.*), ingot-mould grinding machine.
— **rompitruciolo** (*macch. ut.*), chip-breaker grinder.
— **sbavatrice** (*macch. ut.*), snag grinder.
molatura, *f.* grinding.
— **a smusso** (*dei bordi di una lastra di vetro*) (*vetro*), glass bevelling.
— **delle guarnizioni** (*di carda*) (*tess.*), card grinding.
— **meccanica,** machine grinding.
molazza, *f.* (*fond.*), muller.
— **a ruote,** edge runner.
— **portatile** (*fond.*), portable muller.
molazzatura (*fond.*), mulling.
— **(processo di —)** (*fond.*), mulling process.
mole (*sinonimo di grammomolecola*) *f.* (*chim.*), mole.
molecola, *f.* molecule.
— **eccitata** (*chim.*), excited molecule.
— **grammo** (*o mole*) (*chim.*), mole.
— **lineare** (*polimeri*) (*chim.*), linear molecule.
— **monatomica** (*chim.*), monatomic molecule.
— **tritiata** (*fis. atom.*), tritiated molecule.
molecolare, *agg.* molecular.
molettare, *v.a.* to knurl.
molettatura, *f.* (*tess.*), burling.
molibdato, *m.* (*chim.*), molybdate.
molibdenite, *f.* (*min.*), molybdenite.
molibdeno, *m.* (*chim.* = Mo), molybdenum.
molibdico, *agg.* (*chim.*), molybdic; molybdenic.
molinello, *m.* windlass.
— **idrometrico** (*idraul.*), current meter.
molini (riparatore e costruttore di —), *m.* millwright.
molino, *m.* mill; flour mill; v. anche: **mulino.**
— **a barre a secco** (*min.*), dry rod mill.
— **a cilindri,** cylinder-mill.
— **ad acqua,** water mill.
— **a forza centrifuga,** centrifugal mill.
— **a getto** (*mecc.*), jet mill.
— **a palle,** ball mill.
— **a palmenti,** edge mill.
— **a pestelli** (*min.*), stamping mill.
— **a proiezione** (*min.*), rebound crusher.
— **a 4 cilindri,** four-roller mill.
— **a ricaduta** (*frantumazione min.*) (*min.*), tumbling mill.
— **a sfere a secco** (*min.*), dry ball mill.
— **a sfere a umido** (*min.*), wet ball mill.
— **a tamburo,** drum mill.
— **a tubo** (*min.*), tube-mill.
— **a vapore,** steam mill.
— **da malto** (*birra*), malt mill.
— **elettrico,** electric mill.
— **pendolare,** swinging crusher.
— **per il grano,** corn mill.
— **(macina di —),** millstone.
— **(ruota di —),** mill wheel.
molla, *f.* spring.
— **a balestra,** semi-elliptic spring.
— **a bovolo,** spiral spring; volute spring.
— **ad elica,** elliptic spring; helical spring.
— **a disco conico,** dished plate spring.
— **a foglia,** plate spring.

molla antagonista, antagonistic spring.
— **a spirale cilindrica,** cylindrical spiral spring.
— **a spirale conica,** volute spring.
— **a spirale piana,** coil spring.
— **bariletto** (*orol.*), mainspring.
— **compensatrice,** equalizer spring.
— **d'acciaio,** steel spring.
— **d'arresto,** stop spring.
— **del cricchetto** (*orol.*), click spring.
— **dello stantuffo,** packing spring.
— **di compressione,** compression spring.
— **di contatto,** connecting spring.
— **di espansione,** expansion spring.
— **di fissaggio** (*orol.*), holding-down spring.
— **di flessione,** spring subjected to bending.
— **di leva** (*orol.*), return spring.
— **di relè** (*elet.*), relay spring.
— **di richiamo,** return spring.
— **di ritegno** (*orol.*), case spring.
— **di sospensione,** suspension spring; bearing spring.
— **di tensione,** tension spring.
— **di torsione,** torsional spring; ribbon spring.
— **di valvola,** valve spring.
— **elicoidale** (*ing.*), halical spring.
— **ellittica,** elliptic spring.
— **motrice** (*orol.*), mainspring.
— **piatta,** flat spring.
— **premente,** pressure spring.
— **slittante** (*orol.*), slipping spring.
— **spiroidale,** spiral spring.
— **(a —),** spring-loaded.
molle (*f. pl.*) **della forcella,** fork springs.
— **idropneumatiche** (*auto*), hydropneumatic springs.
— **(macchina per prova delle —),** spring tester.
— **(senza —),** *agg.* springless.
molleggiamento, *m.* springing, springiness.
molleggiare, *v.a.* to spring.
molletta (*f.*) **bascule** (*orol.*), return bar spring.
— **d'arresto** (*orol.*), spring clip.
mollificio, *m.* spring factory.
molo, *m.* pier.
— **di carico** (*banchina d'imbarco*), loading wharf.
— **per nave traghetto automezzi** (*naut.*), roll-on/roll-off jetty.
moltiplica, *f.* (*ing.*), gearing-up. (*demoltiplica*, gearing-down).
moltiplicando (*mat.*), *m.* multiplicand.
moltiplicare, *v.a.* to multiply
moltiplicatore, *m.* (*mat.*) (*elet.*), multiplier; (*auto*), overdrive; (*pressofusione*), booster; (*p. es. di una pompa*) (*mecc.*), overgear.
— **di emissione secondaria** (*celle fotoelet.*), secondary emission multiplier.
— **di frequenza** (*radio*), frequency multiplier.
— **di pressione** (*mecc.*), pressure transmitter.
— **dissettore** (*elet.*), dissector multiplier.
— **di tensione** (*elet.*), voltage multiplier.
— **elettronico** (*fototubo*) (*telev.*) (*fis. atom.*), electron multiplier.
moltiplicazione, *f.* (*mat.*), multiplication.
— **neutronica** (*fis. atom.*), neutron multiplication.
momento, *m.* (*mecc.*), moment (*di forza*); (*mecc.*), momentum (*pl.* momenta) (*prodotto della massa del corpo e della velocità*).
— **ammortizzatore** (*aereo*), damping moment.
— **angolare orbitale** (*fis. atom.*), orbital angular moment.
— **astatico,** astatic moment.
— **centrifugo,** centrifugal moment.
— **critico** (*mecc.*), breaking-down torque.
— **del quadrupolo** (*fis. atom.*), quadrupole moment.
— **di attrito,** moment of friction.
— **di cerniera** (*aereo*), hinge moment.
— **di flessione,** moment of flexion; bending moment.

momento d'incastro (*aereo*), hinge moment.
— **di inerzia,** moment of inertia.
— **di massima corrente,** moment of maximum current.
— **di perturbazione** (*aereo*), disturbing moment.
— **di resistenza alla rottura,** moment of rupture.
— **di rotazione,** rotative moment; moment of rotation; moment of gyration.
— **di rullio** (*o* **di rollata**) (*aereo*), rolling moment.
— **di sollevamento,** lifting moment.
— **di spin** (*fis. atom.*), spin moment.
— **di torsione,** moment of torsion; twisting moment; turning moment; torque.
— **di una coppia,** moment of a couple.
— **di una forza,** moment of a force.
— **flettente,** bending moment; moment of flexure.
— **longitudinale** (*aereo*), pitching moment.
— **magnetico** (*fis. atom.*), magnetic moment.
— **magnetico nucleare** (*fis. atom.*), nuclear magnetic moment.
— **magnetico del protone** (*fis. atom.*), magnetic moment of proton.
— **negativo,** negative moment.
— **neutronico** (*fis. atom.*), neutron moment.
— **perturbatore,** disturbing moment.
— **positivo,** positive moment.
— **resistente** (*mecc.*), moment of resistance.
— **risultante,** resulting moment.
— **rotatorio** (*elicot.*), torque.
— (*m.*) **statico,** statical moment.
monaco, *m.* (*cost.*), king post.
monatomico, *agg.* monatomic.
monazite, *f.* monazite.
moneta debole (*econ.*), soft currency.
— **(valuta) forte** (*econ.*), hard currency.
moneta vincolata all'oro (*econ.*), gold-pegged currency.
monitor (*complesso dei programmi di controllo per la gestione di un sistema di elaborazione*) (*inform.*), monitor.
monitoraggio, *m.* (*telef., ecc.*), monitoring.
— **« in servizio »** (*di attrezzature di impianti di lavorazione*) (*inform.*), on-line monitoring.
monitore, *m.* (*naut., telev., fis. atom.*), monitor.
— **della concentrazione di ozono,** ozone monitor.
— **dell'inquinamento atmosferico,** air pollution monitor.
— **di camera** (*telev.*), camera monitor.
— **di camera previo** (*telev.*), preview monitor.
— **di radiazioni** (*fis. atom.*), radiation monitor.
— **di radioattività** (*fis. atom.*), radioactive monitor.
— **di uscita** (*telev.*), actual monitor; output monitor.
— **finale** (*telev.*), master monitor (U.S.A.).
— **gamma** (*fis. atom.*), gamma monitor.
— **portatile** (*fis. atom.*), portable monitor.
— **televisivo** (*per l'osservazione della marcia delle lamiere*) (*met.*), television monitor.
monitorizzare (*audio, ecc.*), to monitor.
monoassiale, *agg.* (*crist.*), uniaxial.
monoatomico, *agg.* monatomic.
monobase, *f.* monobase.
monobasico, *agg.* (*chim.*), monobasic.
monoblocco, *m.* (*auto*), cylinder block; « unit construction »; monobloc.
monocilindrico, *agg.* single cylinder.
monoclino, *agg.* monoclinal; *n.* monocline.
monocloruro, *m.* monochloride.
monocolo microscopio di controllo (*orol.*), focus eye glass.

monocristallo, *m.* (*chim.*, *min.*), single crystal.
monocromatico, *agg.* monochromatic.
monocromatizzazione, *f.* monochromatization.
monocromatore, *m.* (*fis. atom.*) monochromator.
monocromo, *agg.* monochrome.
monodeuterobenzene, *m.* (*chim.*), monodeuterobenzene.
monoenergetico, *agg.* (*fis. atom.*) monoenergetic.
monofasico, *agg.* single phase.
monogenico, *agg.* monogenetic.
monoisotopico, *agg.* (*fis. atom.*), monoisotopic.
monografia, *f.* monography.
monolongherone, *m.* (*aereo*), single-spar.
monomero, *m.* (*chim.*), monomer.
monomio, *m.* (*mat.*), monomial.
monomotore, *m.* single-engined plane.
— **a turbina** (*aereo*), single turbine-engined aircraft.
monoplano, *m.* (*aereo*), monoplane.
— **ad ala alta,** high-wing monoplane.
— **ad ala bassa,** low-wing monoplane.
— **ad ala media,** middle-wing monoplane.
monopolio, *m.* monopoly.
— **sindacale** (*finan.*), closed shop.
monoposto, *m.* (*aereo*), single-seater plane.
monoprocessore, *m.* (*inform.*), uniprocessor.
monoprogrammazione, *f.* (*inform.*) monoprogramming.
monopropellente, *m.* monopropellant.
monopuleggia, single pulley.
monorifrangente, *agg.* monorefringent.
monorifrangenza, *f.* monorefringence.
monorotaia, *f.* monorail.
— **sospesa,** suspended monorail.
monoscopio, *m.* (*telev.*), monoscope; test pattern (*quadro di righe parallele e figure per controllare la messa a punto dei circuiti dei ricevitori televisivi*).
monosolfuro, *m.* sulphide.
— **di potassio,** potassium sulphide.
— **di sodio,** sodium sulphide.
monossido, *m.* monoxide.
— **di carbonio,** carbon monoxide.
— **di cloro** (*chim.*), chlorine monoxide.
— **di litio** (*chim.*), lithia; lithium monoxide.
monotipista, *m.* (*tip.*), caster attendant (*fonditore*); keyboard operator (*tastierista*).
monotonia del lavoro, job monotony.
monotipo, *m.* monotype.
monotype (*tip.*), monotype; (*parte intermedia della tastiera* —), keybar; (*parte superiore della tastiera* —), keybank.
monovalente, *agg.* (*chim.*), monovalent; univalent.
monovalenza, *f.* monovalence.
monta (*f.*) **di un arco,** rise.
— **di un tetto,** rise.
montacarichi, *m.* lift.
— **da tetto** (*o* **da abbaino** *o* **da solaio**), hatchway lift.
— **elettrico,** electric lift; electric elevator.
— **per alberghi,** kitchen lift.
— **per altiforni,** blast furnace elevator.
— **per cantieri,** building lift.
— **per forni,** furnace hoist.
montacarico, *m.* elevator; hoist; lift.
montacarri per vagoni (*min.*, *ferr.*, *ecc.*), wagon hoist.
montacasse, *m.* box elevator.
montacinghia, *m.* belt shifter.
montafusti, *m.* barrel hoist.
montaggio, *m.* assembling; mounting; erecting; setting up; erection; fixing; clamping; fitting up (*or* fit up); beaming (*tess. cotone*); spanning (*ing.*) (*elet.*); (*cinem.*): montage (U. S.A.); mounting.
— **a sbalzo** (*costr.*), cantilever method of construction; construction without falsework.

montaggio (*o* **accoppiamento) a triangolo** (*elet.*), delta connection.
— **delle pietre** (*orol.*), jewel setting; jewelling.
— **del pezzo,** clamping of the piece; setting (*or*) fixing of the piece.
— **di strumenti elettronici,** assembly of electronic instruments.
— **d'officina,** shop assembly.
— **graduale,** step-by-step assembly.
— **in curva** (*ing. elet.*), curve pull-off.
— **rapido** (*a prezzi fissi*) (*di freni di ricambio, marmitte, ecc.*) (*auto*), « quick-fit ».
— **(disposizione di —),** assembling arrangement.
montagna, *f.* mountain.
— **(verde di —),** mountain green.
montagne russe (*acr. aerea*), switchback; hunting.
montagnoso, *agg.* mountainous.
montante, *m.* (*cost.*), post; stand (*ritto*); upright (*macch. uten.*); standard; column; strut (*aereo*); (*fond.*) riser; (*auto*) pillar; *agg.* rising; upgoing.
— **dell'ala** (*aereo*), interplane strut.
— **della portiera** (*auto*), door post.
— **della scala,** stair horse.
— **dell'incastellatura,** standard; column.
— **del parabrezza** (*auto*), windshield pillar; screen pillar.
— **di collegamento** (*cost. civ.*), wall post; wall stud.
— **di finestra,** window post; window stud.
— **di fresatrice,** column; standard; upright.
— **di gabbia di laminatoio** (*met.*), roll standard.
— **di piallatrice,** standard; upright column.
— **di ponteggio** (*cost.*), staging upright.
— **di porta,** door post; door stud.
— **intermedio** (*aereo*), intermediate strut.
— **spostabile** (*mecc.*), traversing standard.
montapiatti, *m.* dinner lift.
montare, *v.a.* to set up; to fit up; to erect; to instal; to fix; (*salire su un automezzo, ecc.*), to board.
— **l'elettrodo nel mandrino** (*mecc., met.*), to fit the electrode in the chuck.
— **su un aeroplano** (*trasp. commerciali*), to enplane (U.S.A.).
— **una macchina,** *v.a.* to erect (*or*) to instal a machine; to put a machine together; to fit up a machine; to mount a machine; to assemble a machine.
— **una mola,** to mount a wheel.
— **una valvola** (*radio*), to mount a tube.
— **un film,** to edit a film.
— **un filo a zig-zag** (*elet.*), to span a wire staggered.
— **un mandrino,** to assemble a chuck.
— **un pezzo sul mandrino,** to grip a work in a chuck.
— **un pezzo sul tornio,** to put a workpiece in the lathe.
— **un pezzo tra le punte,** to place a work between centres.
montasacchi, *m.* sack lift; sack hoist; sack elevator.
montasucchi, *m.* juice pump.
— **ad acido,** acid blow case.
montato alla parete (*radiatori, ecc.*), wall-mounted.
— **posteriormente** (*mecc., ecc.*), rear-mounted.
— **sul banco** (*strumenti*) (*mecc., ecc.*), bench-mounted.
— **sul pavimento** (*strumenti*) (*mecc., ecc.*), floor-mounted.
— **su slitta,** v. **slitta.**
montatoio, *m.* running board.
montatore, *m.* fitter; erector; assembler; (*tecnico del montaggio di film*), editor; film editor.
montatura, *f.* (*di lente*), mount; v. **montaggio.**
— di occhiali, *f.* frame; rim.
montavagoni, *m.* waggon lift.
monte, *m.* mountain.
— **di un onda,** wave crest.

monte (a —), upstream.
« moquette » (*tess.*), moquette.
moratoria, *f.* (*comm.*), moratorium.
morbido, *agg.* (*rif. a vernici*), cheesy.
mordente, *m.* mordant.
— **a base di alcool,** mordant based on spirit.
— **di ferro,** iron mordant.
— (*di mola*), grip; « bite »; pull.
mordenzatura, *f.* (*tess.*), mordanting.
morena, *f.* (*geol.*), moraine.
— **frontale,** end moraine.
— **laterale,** lateral moraine.
— **mediana,** median moraine.
— **profonda,** ground moraine of retreat.
— **superficiale,** surface (*or*) superficial moraine.
— **trasversale,** transverse moraine.
« moretti » (*macchie brunastre che appaiono negli smalti*), brownies.
morfina, *f.* morphine.
morsa, *f.* vice; vise (U.S.A.).
— **ad azione rapida** (*macch. ut.*), quick action vice.
— **autocentrante** (*mecc.*), self-centring (machine) vice.
— **con base girevole** (*per macch. ut.*), swivel base machine vice.
— **con gambo,** leg-vice.
— **da banco,** bench vice.
— **da macchina** (*macch. ut.*), machine vice.
— **da macchina universale,** universal machine vice.
— **girevole,** swivel vice.
— **idraulica** (*macch. ut.*), hydraulic machine vice.
— **orientabile** (*mecc.*), swivel vice.
— **parallela,** parallel vice; parallel-jaw vice.
— **parallela, tipo girevole,** parallel-jaw vice with swivelbase.
— **per macchine,** machine vice.
— **per tubi,** pipe-vice.
— **pneumatica** (*macch. ut.*), pneumatic machine vice; air-operated machine vice.
— **senza base girevole** (*per macch. ut.*), plain base vice.
— **universale,** universal vice.
morsa (ganascia di —), vice jaw.
morsettiera, *f.* (*elet.*), junction-box; terminal box; terminal board.
morsetto, *m.* (*faleg.*), connector; (*mecc.*), buckle; dog; (*elet.*), terminal; binding-clamp; binding-screw; binding post (*or* screw) (*elet.*) (U.S.A.); (*per officina saldature*), toggle clamp.
— **a chiavetta,** wedge buckle.
— **della fune di trazione,** pulling rope clamp.
— **dello scambio** (*ing. elet.*), frog clamp.
— **di chiusura,** clamping lugs.
— **di derivazione,** derivating post; shunt terminal.
— **di morsa** (*faleg.*), chop.
— **di pila,** cell terminal; terminal clamp.
— **di raccordo** (*ing. elet.*), connection terminal.
— **di sega,** saw buckle.
— **di un tornio,** lathe dog (*or* carrier).
— **obliquo,** vice clamp
— **per sbarre** (*elet.*), bus-bar clamp.
morsificio, *m.* (*fabbrica di morse*), vice factory; vise factory (U.S.A.).
mortaio, *m.* mortar; (*recipiente in bronzo di una bussola*) (*naut.*), bowl.
mortesare, *v.a.* to slot.
mortesatrice, *f.* (*macch. ut.*), slotting machine; mortising machine.
— **combinata,** mortising and boring machine.
— **orizzontale,** horizontal slotting machine.
mortesatura, *f.* slotting.
— **longitudinale,** longitudinal slotting.
— **trasversale,** transverse slotting.
mosaico, *m.* (*telev.*), mosaic.
— **aerofotografico,** aerophotographic mosaic.
— **romano** (*cost.*), tessellated pavement.
— **veneziano** (*cost.*), venetian mosaic.

mosaicostruttura, *f.* (*cristall. met.*), mosaic structure.
moschettone (*di paracadute*), spring catch.
mosto, *m.* must.
— **di birra,** wort.
mostra, *f.* show; exhibition.
— **della meccanica,** mechanical exhibition.
— **interna** (*di una ditta, fabbrica, ecc.*), in-house exhibition.
— **itinerante** (*con automezzi speciali*) (*comm.*), roadshow.
mostrare, *v.a.* to show; to exhibit.
motel, *m.* (*costr.*), motel.
moto, *m.* motion.
— **accelerato,** accelerated motion.
— **all'indietro,** backward motion.
— **alternativo,** reciprocating motion.
— **armonico,** harmonic motion.
— **assoluto,** absolute motion.
— **di avanzamento,** feed motion.
— **di rivoluzione,** rotary motion.
— **di rotazione,** rotary motion.
— **di scorrimento,** sliding motion.
— **di va e vieni,** to and fro motion; reciprocating motion.
— **elettrica,** electric motor-cycle.
— **in avanti,** forward motion.
— **laminare** (*mecc. fluidi*), laminar flow.
— **parallelo,** parallel motion.
— **perpetuo,** perpetual motion.
— **retrogrado,** retrograde motion.
— **ritardato,** retarded motion.
— **sportiva,** sports motorcycle.
— **turbolento** (*mecc. fluidi*), turbulent flow.
— **uniforme,** uniform motion.
— **uniformemente accelerato,** uniformly accelerated motion.
— **(in —)** (*macchine*), in operation.
motoaratrice, *f.* (*agric.*), motor-plough; motor-tractor; tractor.
motobarca, *f.* (*naut.*), motor boat.
motocarro, *m.* (*autoveicolo a 3 ruote per trasporto merci non > 25 q.li e con cilindrata non > 50 c.c.*), (commercial) tricar; 3-wheeled motor-car.
motocicletta, *f.* motor cycle; motorbike.
— **con carrozzino,** motorcycle with sidecar.
— **utilitaria,** two-wheeler.
motociclismo, *m.* motor-cycling.
motociclista, *m.* motor cyclist.
motociclistico, *agg.* motorcycle (*usato come agg.*).
motocilindri, motocylinders.
motofalciatrice, *f.* self-propelled mower.
motofurgoncino, *m.* delivery van.
motoleggera, *f.* lightweight motor cycle.
motomodellista, *m.* petroleer.
motomodello (*aereo*), power model; gassie (U.S.A.).
— **a ciclo Diesel** (*aereo*), Diesel model; Diesel engined model; Diesel-powered model.
— **ad ali battenti** (*aereo*), petrol engined flapper; Diesel engined flapper.
— **ad autoaccensione elettrica** (*aereo*), magneto-petrol model.
— **con fusoliera a semplice tubo** (*aereo*), « flying » pencil.
— **con motore a scoppio** (*aereo*), petrol model; gas model (U.S.A.); petrol-driven model; petrol-plane kit; gassie (U.S.A.).
— **per prova di durata** (*aereo*), duration kit.
— **per volo libero** (*aereo*), free flight gas kit (U.S.A.).
motonave, *f.* (*naut.*), motorship.
— **portacontenitori** (*naut.*), motor container vessel.
motore, *m.* motor (*elet.*); engine (*che consuma combustibile*); *agg.* motive; driving.
— **a benzina,** petrol engine.
— **a bipasso (*o* a doppio flusso)** (*aereo*), bypass engine.
— **accoppiato,** direct-connected motor.
— **a cilindri in linea,** cylinder in-line engine.
— **a cilindri verticali,** vertical engine.

motore a cilindri opposti (*mot.*), horizontal opposed engine.
— **a cilindro invertito,** inverter engine.
— **a collettore** (*elet.*), commutator motor.
— **a comando a tiristore** (*elet.*), thyristor controlled motor.
— **a combustibile solido** (*razzi*) (*astron.*), solid fuel motor.
— **a combustione esterna** (*auto*), external combustion engine (Stirling engine).
— **a combustione interna,** internal combustion engine.
— **a corrente alternata,** alternating-current motor; a-c motor.
— **a corrente alternata con collettore** (*elet.*), alternating-current commutator motor.
— **a corrente continua,** direct-current motor; d-c motor.
— **a corrente costante,** constant-current motor.
— **a costruzione aperta** (*elet.*), open motor.
— **a costruzione protetta** (*elet.*), protected type motor.
— **ad accensione elettronica** (*auto*) L-jetronic engine.
— **ad anelli,** slip-ring motor.
— **ad anelli collettori** (*elet.*), slip-ring motor.
— **ad anelli rotanti** (*elettrot.*), slip-ring motor.
— **ad avviamento automatico** (*auto*), self-starter.
— **ad eccitazione composta** (*elet.*), compound-wound motor.
— **ad eccitazione derivata** (*elet.*), shunt-wound motor.
— **ad eccitazione in serie** (*elet.*), series-wound motor.
— **a derivazione** (*aereo*), by-pass engine.
— **ad espansione semplice,** single-expansion engine.
— **ad H,** H-type engine.
— **ad olio pesante** (*motori a scoppio*), oil engine.
— **a doppia gabbia** (*elet.*), double-cage motor.

motore a doppio flusso (*aereo*), turbofan engine.
— **a doppia stella,** double(-row) radial engine; double-bank radial engine; (*aereo*), double-bank radial engine.
— **a doppio V,** W-type engine.
— **a due file di cilindri, a V** (*aereo*) « V »-type engine.
— **a 2 tempi,** two-stroke engine; two-cycle engine.
— **ad X,** X-type engine.
— **aereo** (*aviazione*), aeroengine.
— **a fodero,** sleeve valve engine.
— **a gabbia di scoiattolo,** squirrel-cage motor.
— **a gabbia di scoiattolo semplice,** single-speed squirrel-cage motor.
— **a gabbia di scoiattolo doppia,** squirrel-cage multi speed motor.
— **a gas,** gas engine.
— **a grande velocità,** high-speed engine.
— **a idrogeno e ossigeno liquidi** (*astron.*), liquid hydrogen-liquid oxygen engine.
— **a induzione,** induction motor.
— **a induzione a collettore** (*elet.*), slip-ring induction motor.
— **a induzione a 3 fasi,** three-phase induction motor.
— **a induzione compensato** (*elettrot.*), compensated induction motor.
— **a induzione sincrono** (*elet.*), synchronous induction motor.
— **a isteresi** (*elet.*), hysteresis motor.
— **alimentato a frequenza fonica** (*elet.*), phonic motor.
— **a media velocità** (*naut.*), medium speed engine.
— **a metà carico,** motor at half load.
— **a nafta,** oil engine.
— **antideflagrante** (*elet.*, *miniere*), flameproof motor.
— **a olio pesante,** heavy-oil engine; crude oil engine.
— **a otto cilindri in linea,** straight eight.
— **aperto,** open motor.

motore a petrolio, oil-engine; petroleum-engine.
— **a piatto oscillante** (*ing.*), wobble-plate engine.
— **a pieno carico,** motor at full load.
— **a pistone rotante,** rotary piston engine.
— **a pistoni,** piston engine.
— **a pistoni cavi,** trunk engine.
— **a pistoni contrapposti,** opposed-piston engine.
— **a pistoni radiali** (*macch. ut.*), (*oleodinamica*), radial-piston motor.
— **a plasma,** plasma engine.
— **a precamere,** pre-combustion engine.
— **a prova di fiamma,** flameproof motor.
— **a quattro tempi,** four-stroke engine; four-cycle engine.
— **a raffreddamento ad acqua,** water-cooled engine.
— **a raffreddamento ad aria,** air-cooled engine.
— **a razzo a propellente liquido** (*missili*), liquid-propellant rocket motor.
— **a razzo a propellente solido** (*missili*), solid-propellant rocket motor.
— **a reazione,** gas turbine engine; (*aereo, ecc.*), jet-reaction engine; jet engine.
— **a reazione a razzo a combustibile liquido,** liquid fuel rocket jet engine.
— **a reazione a razzo a combustibile secco,** dry-fuel rocket jet engine.
— **a reazione a razzo a turbina,** turbine rocket jet engine.
— **a repulsione** (*elet.*), repulsion type motor.
— **a repulsione compensato** (*elettrot.*), compensated repulsion motor.
— **a repulsione invertito** (*elettrot.*), inverted repulsion motor.
— **a riluttanza** (*elet.*), reluctance motor.
— **a scoppio,** gas engine.

motore asincrono, asynchronous motor.
— **asincrono a cave profonde** (*elet.*), deep-bar induction motor.
— **asincrono autocompensato** (*elet.*), compensated induction motor.
— **asincrono sincronizzato,** synchronous-induction motor.
— **assiale** (*aereo*), axial engine; barrel (*type*) engine.
— **a stella,** radial engine; star-shaped engine.
— **a stella multiplo,** multiple radial engine.
— **a tensione costante,** constant-voltage motor.
— **a testa calda,** hot bulb motor.
— **a trazione diretta** (*audio*), direct-drive linear motor.
— **a tre file di cilindri a Vu** (*aereo*), « W »-type engine.
— **a turbina** (*auto*), turbopowered engine.
— **a turbina con due alberi coassiali e due compressori azionati da turbine indipendenti** (*mot. aerei*), two-spool engine.
— **a turbina a controcorrente** (*aereo*), contra-flow turbine engine.
— **a turbina compound** (*aereo*) compound turbine engine.
— **a turbina con elica intubata** (*aereo*), turbofan engine.
— **a turbina-elica,** airscrew-turbine engine; turbine-airscrew unit.
— **a turbogetto con postcombustore** (*mot. aerei*), turbo-ramjet engine.
— **ausiliare di ascensore,** auxiliary lift-motor.
— **autofrenante** (*elet.*), self-braking electric motor.
— **autosincrono** (*elettrot., ecc.*), auto-synchronous motor.
— **autoventilato** (*elet.*), self-ventilated motor.
— **a valvole in testa,** overhead-valve engine.

motore a valvole laterali, side-valve engine.
— **avanti** (*auto*), engine in the front.
— **a velocità regolabile,** adjustable speed motor.
— **a velocità variabile** (*elet.*), variable-speed motor.
— **a ventaglio,** fan shaped engine.
— **a vento,** wind motor.
— **avvolto a triangolo,** delta-connected motor.
— **avvolto in gabbia di scoiattolo,** squirrel-cage motor.
— **a W** (*aereo*), arrow engine.
— **a X,** X-engine.
— **bisincrono,** bisynchronous motor.
— **blindato** (*elet.*), enclosed motor.
— **centrale** (*auto*), mid engine.
— **Boxer** (*auto*), Boxer engine.
— **chiuso,** enclosed motor.
— **chiuso antideflagrante** (*elet.*), (*per ambienti contenenti gas infiammabili ed esplosivi*) explosion proof motor.
— **chiuso con ventilazione della base,** base-ventilated enclosed motor.
— **compensato** (*elet.*), all-watt motor.
— **completamente chiuso a ventilazione interna,** totally enclosed fan-cooled motor.
— **compound,** compound motor.
— **comune,** piston engine.
— **con cambio di velocità** (*elet.*), change-speed motor.
— **con cilindri in linea** (*aereo*), in-line engine.
— **con compressore del flusso secondario montato anteriormente** (*aereo*), front-fan engine.
— **con distributore rotante,** rotary valve engine.
— **con distribuzione a valvola,** valve engine.
— **con fodero distributore,** sleeve valve engine.
— **connesso a stella,** Y-connected motor.
— **con poli di commutazione** (*elettrot.*), interpole motor.

motore con riduttore ad ingranaggi (*elet.*), geared motor.
— **con riduttore di velocità** (*elettrot.*), back-geared motor.
— **-coppia** (*elet.*), torque-motor.
— **criogenico** (*voli spaziali*), cryogenic motor.
— **da gru,** motor of the crane type.
— **d'apogeo** (*aereo spaz.*), apogee engine.
— **d'aviazione** (*aereo*), aircraft engine.
— **di automobile** (*auto*), automobile engine.
— **di avviamento,** *m.* motor starter.
— **di avviamento per turbine a reazione,** engine-starter for gas turbines.
— **di eccitazione differenziale** (*elettrot.*), differentially-wound motor.
— **Diesel,** Diesel motor; Diesel engine; compression ignition engine.
— **Diesel per trazione ferroviaria,** Diesel engine for rail traction.
— **di piccolissima potenza,** fractional horse power motor.
— **di quota** (*aereo*), high-altitude engine.
— **di manovra orbitale** (*astron.*), orbital-manoeuvring engine.
— **di perigeo** (*astron.*), perigee engine.
— **di separazione stadi** (*astron.*), separation rocket.
— **di trazione** (*elettrot.*), traction motor.
— **eccitato in derivazione,** shunt (wound) motor.
— **eccitato in serie,** series (wound) motor.
— **elettrico,** electric motor.
— **elettrico protetto** (*elet.*), protected electric motor.
— **elettrostatico** (*elettrot.*), electrostatic motor.
— **flangiato,** flanged motor.
— **frazionario** (*elet.*), fractional motor.
— **freno,** brake motor.

motore fuoribordo, outboard engine.
— **gemello,** twin-cylinder engine.
— **idraulico,** hydraulic motor.
— **in cascata** (*elettrot.*), cascade motor.
— **in derivazione** (*elettrot.*), shunt motor.
— **industriale** (*mot.*), industrial engine.
— **in linea,** in-line engine.
— **in prova,** engine under test.
— **in serie** (*elet.*), series motor.
— **in serie a corrente alternata,** alternating-current series motor.
— **invertito** (*aereo*), inverted engine.
— **ionico** (*astr.*), ion engine.
— **lineare** (*aereo*), « V »-type engine; (*elet.*), linear motor.
— **marino,** marine engine.
— **monocarburatore,** single carburettor engine.
— **montato superiormente,** top-mounted motor.
— **montato trasversalmente** (*auto*), transverse-engined.
— **munito di compressore** (*aereo*), supercharged engine.
— **oleodinamico,** hydraulic motor.
— **oleodinamico ad ingranaggi** hydraulic gear motor.
— **orizzontale,** horizontal engine.
— **passo-passo** (*elet.*), pecker; peckling motor; stepper motor; stepping motor.
— **per ascensori,** lift motor.
— **per movimento lento** (*elettrot.*), barring motor.
— **per tram** (*elett.*), tramway motor.
— **pneumatico** (*di organi*) (*acust.*), pneumatic motor.
— **policombustibile,** multifuel engine.
— **polifase** (*elet.*), polyphase motor.
— **primo,** prime mover.
— **protetto,** protected motor.
— **protetto contro lo stillicidio,** drip-proof motor; splash-proof motor.

motore quadrato (*auto*), square engine.
— **radiale** (*aereo, ecc.*), radial engine.
— **raffreddato ad aria** (*auto*), air cooled engine.
— **reversibile a 2 fasi,** two-phase reversible motor.
— **rotativo,** rotary engine.
— **semi-diesel,** semi-Diesel engine.
— **sincrono,** synchronous motor.
— **sinistrorso,** left-hand engine.
— **sovraccaricato,** overloaded motor.
— **sovralimentato** (*aereo*), supercharged engine.
— **stagno,** hermetic motor.
— **stellare** (*aereo*), radial engine; star-shaped engine.
— **superquadro** (*auto*), oversquare engine.
— **supersincrono,** supersynchronous motor.
— **surcompresso,** supercompressed engine.
— **termico,** heat engine.
— **totalmente chiuso,** totally enclosed motor.
— **trasformato a gas,** LPG converted engine.
— **trasversale** (*auto*), transverse engine.
— **trifase** (*elet.*), three-phase motor.
— **turbo** (*auto*), turbocharged engine.
— **universale** (*elet.*), universal motor.
— **veloce,** high-speed engine.
— **ventilato,** ventilated motor; fan-cooled motor.
— **ventilato ad una estremità** (*elet.*), single-end ventilated motor.
— **(il — è fermo),** the engine is motionless.
— **(inserire un — nella rete),** to connect a motor to a line.

motori con accensione a scintilla, spark ignited engines.
— **per due tipi di carburante,** dual-fuel engines.
— **sincronizzati** (*aereo*), synchronised engines.

motoriduttore, *m.* (*motore elettr. con riduttore ad ingranaggi*) (*elet.*), geared (electric) motor; gear motor.
motorino, *m.* starter (*di avviamento*); (miniature) engine; model engine (*aeromodelli*).
— **ad accensione elettrica,** lightweight electric motor.
— **ad autoaccensione,** miniature compression-ignition engine.
— **a scoppio,** miniature petrol engine; model gas engine (U.S.A.); model gasoline engine (U.S.A.).
— **ausiliario di avviamento a terra** (*aereo*), ground starter.
— **d'avviamento** (*per mezzo di aria compressa, contenuta in una bombola metallica*), air injection starter; (*auto*), starting motor.
— **di avviamento automatico** (*elet.*), automatic starter.
— **per aeromodelli,** model aero engine.
— **pilota,** pilot motor-operated mechanism.
motorista (*m.*) **d'aviazione,** air mechanic.
motorizzazione (*naut.*), (*schede tecniche*), powered by.
motoscafo, *m.* motor boat.
— **a reazione,** jet boat.
— **da corsa,** speedboat.
mototrattore, *m.* motor tractor.
motovariatore, *m.* (*elet.*), adjustable speed motor.
motovedetta, *f.* (*naut.*), patrol motorboat.
motoveicolo, *m.* motor vehicle.
motovelivolo, *m.* (*aereo*), power driven aeroplane.
motozappatrice, *f.* (*mecc. agr.*), motor hoe.
motrice, *f.* motor; engine; *agg.* motive; driving.
— **a vapore,** steam engine.
— **e rimorchio,** tractor and trailer.
— **termica,** heat engine.
movimentazione automatica, automatic handling.
movimentazione di documenti (*inform.*), document handling.
— **industriale** (*carrelli, ecc.*), handling.
movimenti (*m. pl.*) **di terra,** earthworks; earthmoving.
— **(attrezzatura per —),** earthmoving equipment.
— **sismici** (*geol.*), seismic motions.
movimento, *m.* movement; motion.
— **« a fuso »** (*orol.*), lever fusee movement.
— **a scatto,** jerking motion; (*mecc.*), trigger action.
— **a soprastruttura,** overhead motion.
— **assiale,** axial movement.
— **a $^3/_4$ platina** (*orol.*), $^3/_4$-plate movement.
— **circolare dell'utensile,** circular path.
— **comandato,** constrained motion.
— **combinato** (*met.*), combined rolling and sliding motion.
— **del rottame** (*acciaieria*), scrap handling.
— **di adattamento,** adjusting movement.
— **di alimentazione,** feed motion.
— **differenziale,** differential motion.
— **di orologio,** movement; watch movement.
— **di terra,** v. **movimenti.**
— **di traslazione,** horizontal travelling motion.
— **d'orologeria,** clock-work; watchwork; (*orol.*), clock movement.
— **eccentrico,** eccentric movement.
— **inglese ad àncora a platina completa** (*orol.*), full plate English lever movement.
— **longitudinale** (*tornio*), traversing motion; sliding motion.
— **longitudinale rapido** (*tornio*), quick-traverse motion.
— **oscillatorio,** oscillatory movement.
— **perpetuo,** perpetual motion.
— **positivo,** positive movement.
— **silenzioso,** noiseless working.

movimento trasversale, crosswise movement; transversing motion; cross-sliding motion (*tornio*).
— **uniforme,** uniform movement.
— **uniformemente ritardato,** uniformly retarded motion.
— **verticale,** vertical motion.
— **verticale ascendente,** upward motion.
moviola, *f.* (*cinem.*), moviola; movieola.
mozzicone di elettrodo (*sald.*), stub end.
mozzo, *m.* boss; hub; pipe (*orol.*).
— **a ruota libera** (*mecc.*), freewheeling hub.
— **della bobina** (*cinem.*), reel hub.
— **della girante del compressore** (*aereo*), impeller stub shaft.
— **della ruota** (*orol.*), wheel collet.
— **dell'elica** (*aereo*), propeller hub; airscrew boss.
— **dello stantuffo,** piston boss.
— **del rotore** (*elicot.*), rotor hub.
— **del volano,** flywheel boss (flywheel hub).
— **di ruota,** center; nave; hub.
— **di trasmissione** (*mecc.*), drive hub.
mucchio di materiale (*sciolto*), pile of material.
— **di mattoni,** stack of bricks.
mucillaggine, *f.* mucilage.
mucillaggini, *f. pl.* (*chim.*), mucilages.
mucine, *f. pl.* (*chim.*), mucins.
mucoidi, *f. pl.* (*chim.*), mucoides.
muconico (*acido*) (*chim.*), muconic (acid).
mucoproteine, *f. pl.* (*chim.*), mucoproteins.
muffa, *f.* mildew; fungus; mould.
muffola, *f.* muffle furnace.
— **di derivazione,** junction box; socket for joints.
— **per ricottura** (*met.*), annealing muffle.
mulinello, *m.* (*naut.*), windlass; (*aereo*), windmill.
— (*o* **vite orizzontale**) (*aereo*), roll.
— **idrometrico,** current meter.
mulino, v. **molino.**
mulino a dischi (*vernici*), burr mill.
— **a palle a ricircolazione,** airswept ball mill.
— **a scosse** (*min.*), vibratory mill.
— **COB** (*specie di frantoio*) (*vernici, smalti*), Cob mill.
— **da laboratorio,** laboratory mill.
— **vibrante** (*min.*), vibrating ball mill.
mullite, *f.* **mullite.**
multa, *f.* (*gen.*), penalty.
multicellulare, *agg.* multi-cell; multi-cellular.
multielaborazione, *f.* (*elaborazione contemporanea di più programmi, ecc.*) (*calcol. elettron.*), multiprocessing.
multifunzione (tastiera —) (*inform.*), multiple keyboard.
multimetro, *m.* (*elettron.*), multimeter.
multinazionale (*società*), multinational (*company*).
multiperforazione (*calcol. elettron.*), multi punching.
multiplano, *m.* (*aereo*), multiplane.
multiplexare (*calcol. elettron.*), **to** multiplex.
multipolare (*armatura*), multipolar (*armature*).
multiprocessing, v. **multielaborazione** (*calcol. elettron.*).
multiprogrammazione, *f.* (*inform.*), multiple programming.
multiterminale, *m.* (*inform.*), multiterminal.
multiutente (sistema —), multiuser (system).
multiutenza, *f.* (*inform.*), multiuser.
multivibratore, *m.* (*elet.*), multivibrator.
mungitrice, *f.* milking machine.
munire, *v.a.* to supply; to fit; to provide.
munizioni fumogene (*mil.*), smoke munitions.
muovere, *v.a.*, **muoversi,** *v.r.*, to move.
— **il motore in avanti,** to move the motor forward.

muovere il motore indietro, to move the motor back.
muoversi (*spostarsi*; *riferito a caricatrici, macchine pesanti cingolate, ecc*) (*min.*), to tram; (*il caricatore può — al punto di scarico a velocità di ...*), the loader can tram to the dumping point at speeds ....
mura, *f.* (*naut.*), tack.
muraglia, *f.* wall.
murare, *v.a.* to brick up; to wall; to wall up.
murata, *f.* (*naut.*), board-side; ship's side; bulwark.
muratore, *m.* mason; bricklayer.
muratura, *f.* walling; masonry.
— **a casse d'aria,** masonry in hollow pieces.
— **a paramento a vista,** stone-faced rubble masonry.
— **a spina di pesce,** herringbone masonry.
— **in mattoni,** brickwork.
— **in mattoni intonacata,** plastered brickwork.
— **in pietra da taglio,** regular coursed ashlar work.
muriatico, *agg.* muriatic.
muro, *m.* wall.
— **a contrafforti,** buttressed wall.
— **a scarpa,** sloping wall; retaining wall; supporting wall.
— **d'ala,** wing wall.
— **di due teste,** one brick wall.
— **di fondazione,** foundation wall.
— **di protezione** (*costruito attorno a serbatoi di stoccaggio di carburanti*), bund wall.
— **di sostegno,** retaining wall.
— **di una testa,** half a brick wall.
— **divisorio,** partition wall.
— **divisorio interno** (*cost.*), internal dividing wall.
— **di zoccolo,** plinth wall.
— **esterno,** external wall.
— **in sottomurazione,** under-pinned wall.
— **interno,** internal wall.
muro portante, bearing wall.
— **(spigolo del —),** edge of wall.
muretto (*m.*) **del forno,** fire-bridge; furnace-bridge.
muscarina, *f.* (*chim.*), muscarine.
muschio, *m.* (*med.*), musk; moss (*bot.*).
— **artificiale,** artificial musk.
— **irlandese** (*chim.*), Irish moss.
— **sintetico** (*chim.*), synthetic musk.
muscovite, *f.* (*min.*), muscovite.
musica da film (*cinem.*), screen music.
— **elettroacustica** (*acust.*), electrosonic music.
— **elettronica** (*acust.*), electronic music.
musicassette (autoradio con riproduttore di —) (*auto*), car cassette player.
muso (*auto*) (*cuffia del cofano*), grille; nose (*di fusoliera*).
musone, *m.* (*aereo*), nose.
mussolina, *f.* (*tess.*), muslin.
— **incrociata,** twilled muslin.
— **lavorata** (*tess.*), figured muslin.
mustone, *m.* mustone.
muta, *agg.* (*rif. a lettera scritta, ma non pronunciata*), silent; (*copia*) (*cinem.*), mute.
mutageno (coltura mutagena) (*bio.*) (*fis.*), mutation breeding.
mutamerismo, *m.* (*chim.*), mutamerism.
mutante ottenuto con irradiazioni (*fis. atom.*), radiation induced mutant.
mutarotazione, *f.* mutarotation.
mutazione genica (*biol.*), gene mutation.
mutilazione della parola (*telecom.*), clipping.
muto, *agg.* (*di film*), silent.
mutua conduttanza, *f.* mutual conductance.
— **induttanza,** *f.* mutual inductance.
mutuo, *m.* loan.

N

nacrite, *f.* (*min.*), nacrite.
nadir, *m.* (*astr.*), nadir.
nafta, *f.* naphtha; fuel oil; rock oil.
— **di carbone,** coal-naphtha.
— **di petrolio,** petroleum naphtha.
naftalene, *m.* naphthalene.
naftalico, *agg.* naphthalic.
naftalina, *f.* naphthaline.
naftazarina, *f.* (*chim.*), naphthazarin.
naftenato, *m.* (*chim.*), naphthenate.
nafteni, *m. pl.* (*chim.*), naphthenes.
naftenico, *agg.* (*chim.*), naphthenic.
naftilammina, *f.* (*chim.*), naphthylamine.
naftile, *m.* (*chim.*), naphthyl.
naftin, *m.* (*chim.*), naphthin.
naftionico (acido) (*chim.*), naphthionic acid $H_2N.C_{10}H_7NH_2$.
naftochinone, *m.* (*chim.*), naphthoquinone.
naftoici, acidi (*chim.*), naphtoic acids.
naftol AS (*chim.*), naphthol AS; β-hydroxy-naphthoic anilide.
naftolo, *m.* (*chim.*) naphthol.
— **α,** α-naphthol.
— **β,** β-naphthol.
nanofarad, *m.* (*un miliardesimo di farad*), nanofarad.
nanometro, *m.* (*radiazioni*), nanometre.
nanosecondo, *m.* (*un miliardesimo di secondo*), nanosecond.
naplam (*armi*) (*esplosivi*), naplam.
nappa, *f.* (*idraul.*), rose.
narceina, *f.* narceine.
narcosina, *f.* narcotine.
narcotico, *m.* narcotic; (*farm.*), drug.
narcotina, *f.* narcotine.
narrazione (*f.*) **cinematografica,** narration.
nascente, *agg.* (*chim.*), nascent.
nasello, *m.* nib (v. **nottolino**).
— **di arresto,** stop.
— **di porta,** catch.
— **reversibile,** throw over; reversible claw.
nasetto, *m.* tappet.
naso (*m.*) **anteriore** (*aereo*), nose cowl.
naspo, *m.* fire hose
— **non rivestito,** unlined hose.
— **rivestito di gomma,** rubber-lined (fire)hose.
— **(accoppiamento del —),** fire hose coupling.
nastri riscaldanti ad elettricità (per tubi esterni o interrati), heating tapes (for outside or underground pipework).
— **(raddrizzatrice di —)** (*macch. ut.*), strip straightener.
nastro, *m.* ribbon; tape; band (*mecc.*); (*met.*), strip; conveyor (*per trasporti*).
— **a caldo** (*met.*), hot-rolled strip.
— **a conca** (*trasportatori*), troughed belt.
— **ad alto snervamento** (*met.*), high-yield strip.
— **adesivo,** adhesive tape.
— **adesivo per la giunzione di nastri magnetici** (*audio*), splicing tape.
— **a freddo** (*met.*), cold-rolled strip.
— **appiattito termicamente,** thermal-flattened strip.
— **audio** (*audio*), audio tape.
— **ausiliario** (*sald.*), backing strip.
— **« centinato »** (*cioè con bordi non perfettam. diritti*) (*difetto met.*), strip with wave edges.
— **collettore,** collecting band.
— **continuo** (*trasportatori*), continuous belt.
— **convogliatore,** conveyor span.
— **del freno,** brake band.
— **della sega,** saw blade.
— **di acciai legati** (*met.*), alloy steel strip.
— **di acciaio,** steel strip.
— **di acciaio al carbonio,** carbon steel strip.
— **di agglomerazione** (*trasp., met.*), sinter conveyor.
— **di carda** (*tess.*), (card) sliver.

nastro di cotone (*trasportatori*), cotton belting.
— di fine di rullo (*cinem.*), trailer.
— di gomma (*trasportatori*), rubber belting.
— di guarnizione della carda (*tess.*), fillet.
— di lana pettinata (*tess.*), top.
— di latta (*met.*), tin strip.
— di materia plastica, plastic tape.
— di mica, mica tape.
— di partenza (*cinem.*), leader.
— di smeriglio, emery tape (band).
— di tela oleata (*usato come dielettrico*), cambric tape.
— di trazione, conveyor belt.
— dolce (*met.*), mild strip.
— « imbarcato » (*cioè con superficie ricurva e con ondulazioni centrali e ai bordi*) (*difetto met.*), fluted strip.
— impregnato (*trasportatori*), impregnated belting.
— in cassette, cassette tape.
— in rotoli (*met.*), coiled strip.
— in stoffa per la pulizia di testine di registratori a cassette (*audio*) cassette recorder head cleaner.
— isolante, adhesive tape; insulating tape.
— isolante gommato, friction tape.
— laminato a caldo (*met.*), hot-rolled strip.
— laminato a freddo (*met.*), cold rolled strip; hard-rolled strip.
— laminato a freddo a grano orientato (*met.*), grain-orientated cold rolled strip.
— largo (*met.*), wide strip.
— magnetico dei dati (*inform.*), data tape.
— metrico, tape-line (U.S.A.); tape measure; linen tape (*di tela*); measuring tape.
— non adesivo, non-adhesive tape.
— perforato, punched tape; perforated tape; (*elettron.*), paper tape.
— per la pulizia delle testine di registratori a cassette (*audio*), cassette head cleaner.
— per profondo stampaggio, deep-drawing strip.
nastro per trasporto del personale (*min.*), man-riding conveyor.
— per tubi (*met.*), tube strip; skelp.
— pettinato (*tess.*), sliver.
— semiduro (*met.*), half hard strip.
— sensibile alla pressione, pressure-sensitive tape.
— sensibile ai solventi, solvent-sensitive tape.
— spigato (*tess.*), spinning tape.
— stretto (*met.*), narrow strip.
— termoplastico, thermoplastic tape.
— trasportatore, belt; belting.
— video (*video*), video tape.
— video pre-registrato (TV), pre-recorded video tape.
— (copia del — dei dati), copy of the data tape.
— (larghezza massima), maximum strip width.
— (larghezza minima), minimum strip width.
— (largo —) (*met.*), wide strip.
— (linea per taglio longitudinale del —) (*met.*), strip shearing line.
— (linea per taglio trasversale del —) (*met.*), strip slitting line.
— (porzione di —) (*audio*), segment of tape.
— (stretto —) (*met.*), narrow strip.
— (tratto in salita di — trasportatore), incline.
nastroteca, *f.*, tape library.
natante, *m.* (*naut.*), barge.
— costiero (*naut.*), coaster.
— da cabotaggio (*naut.*), coaster.
nativo, *agg.* (*min.*), native.
natura, *f.* nature.
naturale, *agg.* natural.
nautica, *f.* nautical science.
navata, *f.* (*arch.*), nave; aisle.
— di carica (*met.*), charging aisle.
— di colata (*met.*), teeming aisle.
nave *f.* ship.
— a coperta rasa (*naut.*), flush-decker.
— aerocondizionata, air-conditioned ship.

nave a motore, motorship.
— **a propulsione diesel,** diesel-powered ship.
— **a propulsione nucleare,** nuclear powered ship.
— **a quattro alberi,** four-mastered bark.
— **autostivante,** self-trimming ship.
— **a vapore,** steamship; steamer.
— **a vapore da diporto** (*naut.*), pleasure steamer.
— **carboniera,** coal ship; collier.
— **« chioccia »,** lighter-aboard ship.
— **cisterna,** tanker; tank steamer; tank ship.
— **cisterna a motore,** motor tanker.
— **cisterna a vapore,** steam tanker.
— **-cisterna per metano liquefatto,** v. **metaniera per gas liquefatto.**
— **cisterna turboelettrica,** turbo-electric tanker.
— **commerciale,** commercial ship.
— **con facilità d'imbarco e di sbarco per autoveicoli,** vessel with drive-on / drive off facilities.
— **corazzata,** ironclad vessel.
— **da battaglia,** battleship.
— **da carico,** cargo ship.
— **da carico a propulsione nucleare,** nuclear-driven cargo ship.
— **da guerra,** man-of-war.
— **da sbarco** (*naut.*), landing craft; (*mil.*), landing ship.
— **di appoggio,** support ship.
— **frigorifera,** refrigerated vessel; refrigerated cargo ship.
— **gemella,** twin ship; sister ship.
— **goletta,** schooner.
— **guardacoste,** coast-defence ship
— **in arrivo,** incoming ship.
— **in costruzione,** ship in course of building.
— **in demolizione** (*naut.*), ship to be broken up.
— **in partenza,** outward bound vessel; outgoing ship.
— **mercantile,** merchant vessel.
— **metaniera** (*con metano liquefatto*), liquefied natural gas tanker; LNG carrier; methane tanker; liquid gas carrier.
nave mineraliera (*naut.*), ore carrier.
— **mineraliera gigante,** giant ore carrying ship.
— **mista,** cargo and passenger ship.
— **noleggiata,** chartered vessel.
— **oceanografica,** oceanographic research ship.
— **officina,** repair ship.
— **passeggeri,** passenger ship.
— **per carichi secchi,** dry cargo carrier.
— **per trasporto di combustibili nucleari,** nuclear fuel carrier.
— **per trasporto di materiali incoerenti,** bulk carrier.
— **per trasporto munizioni,** ammunition ship.
— **petroliera,** oil ship; oil tanker; oiler; petroleum products carrier.
— **polivalente,** multi-purpose vessel; multipurpose vessel.
— **portaerei,** aircraft carrier.
— **portachiatte** (*naut.*), lash vessel.
— **porta containers,** container-ship; container vessel.
— **portaelicotteri,** helicopter cruiser; helicopter carrier.
— **portaminerali con possibilità di trasporto olio minerale,** ore and oil carrier.
— **portarinfusa,** bulk carrier.
— **portarinfusa per trasporto di fosforo** (*min., naut.*), bulk phosphorous carrier.
— **portarinfusa turboelettrica,** turbo-electric bulk carrier.
— **posacavo,** cable-laying ship; cable ship.
— **Ro/Ro** (*nave con carico montato su semirimorchi*), roll on, roll off ship; ro/ro vessel.
— **rifornimento** (*mil., naut.*), replenishment ship.
— **tipo,** standard ship.
— **traghetto,** ferry boat; ferry; (*a vapore*), steam ferry.
— **traghetto con facilità d'imbarco e di sbarco per autoveicoli,** drive on/drive off ferry.

nave traghetto per automobili, car ferry.
— **traghetto per automobili con caricamento a prora,** bow-loading ferry.
— **traghetto per automobili con caricamento laterale,** side-loading car ferry.
— **traghetto per automobili e passeggeri,** passenger/car ferry.
— **turboelettrica,** turbo-electric ship.
navetta, *f.* (*di macch. da cucire*) (*tess.*), shuttle.
— **spaziale** (*astron.*), space shuttle.
— **volante** (*tess.*), fly shuttle.
navicella, *f.* (*aereo*), nacelle.
— **del pallone** (*aereo*), basket (*or* car).
— **di comando** (*aereo*), control car.
navigabile, *agg.* navigable.
navigabilità, *f.* (*naut.*), seaworthiness.
— **aerea,** air-worthiness.
navigare con poppa seduta nel cavo della formazione ondosa (*naut.*), squatting.
navigazione, *f.* navigation.
— **aerea cieca,** blind navigation.
— **a reticolo** (*aereo*), grid navigation.
— **a spinta,** push towing.
— **a vapore,** steam navigation.
— **costiera,** coasting navigation.
— **fluviale,** inland navigation.
— **interna,** inland navigation.
— **lacustre,** lake navigation.
— **marittima,** maritime navigation.
— **ortodromica** (*naut.*), orthodromic sailing.
— **(compagnia di —),** navigation (*or* shipping) company.
naviglio, *m.* fleet; ship.
nazionalizzazione dell'acciaio, steel nationalization.
nebbia, *f.* fog (*meteor.*); mist (*chim.*).
— **apparente** (*causata da refrazione atmosferica*), mock fog.
— **che si agghiaccia** (*nebbia congelante*), freezing mist (U.S.A.).
— **congelante** (*meteor.*), freezing fog.
nebbia di suolo, ground fog.
— **marina,** frost smoke; haar.
— **(apparecchio per segnalare acusticamente la —)** (*naut.*), nautophone.
— **(segnale di —)** (*simile a una sirena, ma con due toni*) (*naut.*), diaphone.
— **(sirena per segnalare acusticamente la nebbia alle navi)** (*naut.*), fog siren.
nebulizzatore, *m.* (*ind. mol.*), grain wetting machine; fog nozzle (*in generale*).
— **anti incendio,** fog nozzle for firefighting.
nebulosa, *f.* (*astr.*), nebula.
nebulose, *f. pl.* (*astr.*), nebulae.
— **a spirale** (*astron.*), spiral nebulae.
— **planetarie,** planetary nebulae.
nefelina, *f.* (*chim.*), nephelin; nephelite.
nefelometro, *m.* (*misura della turbidità*) (*chim.*), nephelometer.
nefografo, *m.* (*fot.*), nephograph.
nefoscòpio, *m.* (*aereo*), nephoscope.
— **di Hill** (*aereo*) (*strumento per determinare la direzione del moto di una nuvola*), Hill's mirror.
negativa, *f.* (*fot.*), negative.
negative punteggiate (*fot.*), spotting negatives.
negativo, *agg.* negative; *m.* (*cinem.*), negative (film stock).
— **annebbiato,** fogged negative.
— **debole,** weak negative.
— **mancante di posa,** under exposed negative.
— **morbido,** soft negative.
— **senza contrasti,** flat negative.
— **troppo sviluppato,** over developed negative.
negatoscopio, *m.* (*radiog.*), negatoscope.
negatron, *m.* (*term.*), negatron.
negatrone, *m.* (*fis. atom.*), negatron.
negoziante in apparecchiature audio, audio dealer.
nematico, *agg.* (*fis.*), nematic.
nembo, *m.* (*meteor.*), nimbus.
nembostrato (*meteo.*), nimbustratus.

neodimio, *m.* (*chim.* = Nd), neodymium.
neon, *m.* (*chim.* = Ne), neon.
— scrivente, neon writing.
neoprene, *m.* Neoprene.
neper, *m.* (*elet.*, *comm.*), neper.
neradol (*chim.*), neradol.
neretto (*o* **grassetto**) (*tip.*), bold (type).
neri (*per fonderia*), blacking.
nero, *m.* black.
— animale, animal black; bone char.
— Columbia, Columbian black.
— del Giappone, black japan.
— di alizarina, alizarin black.
— diammina, diamine black.
— di anilina, aniline black.
— di antimonio, antimony black.
— di avorio, ivory-black.
— di carbonio, carbon black; (*in forma conica*), drop black.
— di fonderia, foundry blacking.
— di platino, platinum black; platinum mohr; platinum sponge.
— d'ossa, bone black.
— fumo, lamp black.
— gas (*pitture*), gas black.
— minerale, mineral black.
— opaco, matt black.
— solido a mordente, mordant solid black.
— vegetale, vegetable black; vegetable charcoal.
— Vittoria, Victoria black.
nerofumo (impianto di —), carbon black plant.
nerol, *m.* (*chim.*), nerol; $C_{10}H_{18}O$.
neroli (olio essenziale di —), neroli oil.
nervare, *v.a.* (*cost.*), to cross-rib.
nervato (*provvisto di nervature di rinforzo*) (*macch. ut.*, *mecc.*), webbed; ribbed.
nervatura, *f.* (*cost.*), rib; web; stiffening.
— a croce, transverse rib.
— di colonna, rib of column.
— di rinforzo, supporting rib.
— di stantuffo, ribbing of the piston.
— ventilata (*armi*), ventilated rib.
netta-fossi, *m.* (*macch. agr.*), ditch cleaner.
nettunio, *m.* (*elemento radioattivo*) (*chim.*), neptunium.
Nettuno, *m.* (*astron.*), Neptune.
neurina, *f.* (*chim.*), neurine.
neutralizzare, *v.a.* (*chim.*), to neutralize.
— la tendenza all'ossidazione del metallo, counteract the tendency of the metal to oxidise.
neutralizzatore, *m.* (*elet.*), neutralizer (*chim.*); neutralator (*elet.*).
— elettrostatico (*elet.*), electrostatic neutralizer.
neutralizzazione, *f.* (*chim.*, *radio*), neutralisation.
— magnetica (*elet.*), degaussing.
neutrino, *m.* (*fis. atom.*), neutrino.
neutro, *agg.* (*elet.*), (*chim.*), neutral.
— (punto —) (*elet.*), neutral; neutral point.
neutrodina, *f.* (*radio*), neutrodyne.
neutrone, *m.* neutron.
— cosmico, cosmic ray neutron.
— del reattore (*fis. atom.*), pile neutron.
— di fissione (*fis. atom.*), fission neutron.
— di risonanza (*fis. atom.*), resonance neutron.
— d'urto (*fis. atom.*), impinging neutron.
— epitermico, epithermal neutron.
— freddo (*fis. atom.*), cold neutron.
— intermedio (*fis. atom.*), intermediate neutron.
— lento (*fis. atom.*), slow neutron.
— libero (*fis. atom.*), free neutron.
— nascente (*fis. atom.*), nascent neutron.
— non polarizzato (*fis. atom.*), unpolarized neutron.
— non ritardato (*fis. atom.*), undelayed neutron.
— nucleare (*fis. atom.*), nuclear neutron.
— polarizzato (*fis. atom.*), polarized neutron.
— primario (*fis. atom.*), primary neutron.
— pronto (*o* **immediato** *o* **istan-**

taneo) (*fis. atom.*), prompt neutron.
neutrone ritardato (*fis. atom.*), delayed neutron.
— **ritardato a vita lunga** (*fis. atom.*), long-lived delayed neutron.
— **secondario** (*fis. atom.*), secondary neutron.
— **termico** (*o* **lento**) (*fis. atom.*), thermal neutron.
— **vagante** (*fis. atom.*), stry neutron.
— **veloce** (*fis. atom.*), fast neutron.
neutroni diffusi (*fis. atom.*), scattered neutrons.
— **monoenergetici** (*fis. atom.*), monoenergetic neutrons.
— **polienergetici** (*fis. atom.*), polyenergetic neutrons.
neutronigrafia (*tecnica d'ispezione non distruttiva utilizzante neutroni prodotti generalm. da reattori nucleari*) (*fis. atom.*), neutron graphy.
neve, *f.* (*meteor.*) (*telev.*), snow.
— **fresca,** new snow.
— **polverosa,** powdery snow.
— **umida,** wet snow.
— **(accumulo di —)** (*calcolo, costr.*), snow drift.
— **(evitare la formazione di accumuli di —)** (*costruz. ponti, ecc.*), to avoid snow build-up.
— **(peso della — sui tetti),** weight of snow on roof.
— **(rimozione della —),** snow removal.
nevischio, *m.* (*meteor.*), sleet.
nevose (precipitazioni —), v. **misura delle precipitazioni —.**
nicchia di finestra, *f.* window niche; window recess.
— **sferica,** spherical-headed niche.
niccolite, *f.* (*chim.*), niccolite (arsenic nickel; nickelin).
nichel, *m.* v. **nichelio.**
nichelare, *v.a.* to nickel; to nickel plate; to coat with nickel.
nichelatore (*m.*) **elettrogalvanico,** electro-plater.
nichelatura, *f.* nickel-plating.
— **brillante,** bright nickel plating.
nichelcarbonile (*chim.*), nickel carbonyl.
nichelina, *f.* nickelin.
nichelio, *m.* (*chim.* = Ni), nickel.
— **bianco,** white nickel.
— **elettrolitico,** electrolytic nickel.
— **malleabile,** malleable nickel.
Nicol incrociati (*microscopia*), crossed Nicols.
— **(prisma di —)** (*ott.*), Nicol prism.
nicotina, *f.* nicotine.
nicotrurazione (*processo di nitrurazione con gas*), gas-nitriding.
nido di grafite (*accumulo di grafite nei getti di ghisa*) (*met.*), kish.
nigrite, *f.* nigrite.
nigrosina, *f.* (*chim.*), nigrosine.
« nimonic » (leghe « — ») (*met.*), nimonic alloys; v. **nimonics** (parte Ingl.-Ital.).
niobio, *m.* (*chim.* = Nb), niobium.
nipplo, *m.* (*per radiatori, supporto filettato*), nipple.
nitidezza (*dell'immagine*) (*telev.*), (*fot.*), sharpness.
niton, *m.* (*chim.*), v. **radon.**
nitrammine, *f. pl.* (*chim.*), nitramines.
nitrato, *m.* (*chim.*), nitrate.
— **di ammonio,** ammonium nitrate.
— **di argento,** silver nitrate.
— **di bario,** barium nitrate (nitrobarite).
— **di bismuto,** bismuth nitrate.
— **di cellulosa,** cellulose nitrate.
— **di calcio,** calcium nitrate (nitrocalcite).
— **di ferro,** iron nitrate.
— **di piombo,** lead nitrate.
— **di plutonio** (*fis. atom.*), plutonium nitrate.
— **di rame,** copper-nitrate.
— **di sodio** (*o* **sodico**), sodium nitrate.
— **di torio** (*fis. atom.*), thorium nitrate.
— **potassico,** potassium nitrate (saltpeter; niter).
nitrazol, *m.* (*chim.*), nitrazol.
nitrico, *agg.* (*chim.*), nitric.
nitrificazione, *f.* (*chim.*), nitrification.

nitrile, *m.* (*chim.*), nitrile.
nitrito, *m.* (*chim.*). nitrite.
— **di platino,** platinum nitrite.
— **di potassio,** potassium nitrite.
— **di sodio,** sodium nitrite.
nitro, *m.* (*chim.*), nitre; potassium nitrate.
— **cubico,** cubic nitre.
— **del Cile,** cubic nitre; Chile saltpeter.
nitrobenzene, *m.* (*chim.*), nitrobenzene.
nitrobenzolo, *m.* nitrobenzol; nitro-benzene.
nitrocellulosa, nitrocellulose.
— **(soluzioni di —) in solventi organici,** nitrocellulose solutions.
nitroclorobenzolo, *m.*, nitrochlorobenzene; nitrochlorobenzol.
nitrocloroformio, *m.* nitro-chloroform; chloropicrin.
nitrocomposti, *m. pl.* (*chim.*), nitro-compounds.
— **primari, secondari,** primary, secondary nitro-compounds.
nitroderivati, *m.* (*chim.*), nitro derivatives.
nitroetano, *m.* nitro-ethane.
nitrofenetolo, *m.* (*chim.*), nitrophenetole.
nitrofenolo, *m.* (*chim.*), nitrophenol.
nitrogenare, *v.a.* (*chim.*), to nitrogenize.
nitroglicerina, *f.* (*chim.*), nitroglycerin; nitro-glycerin (glicerol trinitrate; trinitrin; glonoin; explosive oil).
nitroguanidina, *f.* (*chim.*), nitroguanidine.
nitromannite, *f.* (*chim.*), nitromannite.
nitrometano, *m.* (*chim.*), nitromethane CH_3NO_2.
nitrometro, *m.* nitrometer.
nitron (*chim.*), nitron $CN_4(C_6H_5)_3.CH$
nitronaftalene (*chim.*), nitronaphthalene.
nitroparaffine, *f. pl.* (*chim.*), nitroparaffins.
nitropropano, *m.* (*chim.*), nitropropane.
nitrosa, *m.* nitrose; chamber acid.
nitrosamina, *f.* (*chim.*), nitrosamine (*composto organico dalla formula generale*

R
$>$N—NO)
R_1

nitrosilsolforico (acido —) (*chim.*), nitrosylsulfuric acid.
nitroso, *agg.* (*chim.*), nitrous; nitrose.
nitrosonaftolo, *m.* (*chim.*), nitrosonaphthol.
nitrotoluolo, *m.* (*chim.*), nitrotoluene.
nitrotriclorometano, *m.* (*chim.*), nitrotrichloromethane.
nitroxilene *m.* (*chim.*), nitroxylene; nitroxylol.
nitrurazione, *f.* (*met.*), nitriding-nitrogen-hardening.
— **a gas** (*met.*), gas nitriding.
— **dolce** (*met.*), soft nitriding.
— **in bagno di cianuro** (*met.*), nitriding in liquid cyanide baths.
— **morbida** (*met.*), liquid nitriding (nitriding in liquid cyanide baths).
— **per scambio di ioni** (*met.*), ionitriding.
nitruro, *m.* (*chim.*), **nitride.**
Nixie (valvola —) (*elettron.*), Nixie tube.
Nobel, (vincitore di un premio —), Nobelist.
nobelio, *m.* (*chim.* = No), nobelium.
nocciolo, *m.* (*tec.*), core.
— **della massicciata** (*cost. strad.*), core of ballast.
— **di saldatura** (*sald.*), weld nugget.
noce, *m.* (*bot.*), walnut-tree.
— **comune,** common walnut.
— **di galla,** gall nut.
— **moscata,** nutmeg.
— **oleosa,** oil-nut.
— **vomica,** nux vomica.
nocivi (vapori —), obnoxious fumes.

nocivo, *agg.* (*pericoloso*), obnoxious
nodale *agg.* (*astr.*), nodal.
nodi, *m. pl.* (*astron.*), nodes.
— **del reticolo** (*fis. atom.*), lattice sites.
nodo, *m.* (*naut.*, *legname*), knot; (*astron.*, *fis.*, *mat.*, *radio*), node.
— **a gassa,** bow-line knot.
— **corrente** (*legno*), standard knot.
— **di giunzione di una rete** (*elet.*), node.
— **di metallo e canapa,** hemp-metal knot.
— **di oscillazione,** node in oscillatory curves.
— **giallo** (*legno*), yellow knot.
— **incassato** (*legno*), encased knot.
— **incrociato,** reef knot.
— **metallico,** metal knot.
— **nero** (*legno*), black knot.
— **parlato doppio,** rolling hitch.
— **parlato semplice,** clove hitch.
— **piano,** reef knot; weaver's knot.
— **piatto,** carrick bend; square knot.
— **scorsoio,** bow line; slip knot; slippery hitch.
— **stradale,** road crossing.
nodoso, *agg.*, knotted.
— **(legno —),** knotty timber.
nodulare. *agg.* nodular.
noduli, *m. pl.* (*ghisa*), nodules.
nodulizzazione (*della grafite*) (*met.*), nodulizing.
noie di avviamento (*motori*) (*auto*), starting troubles.
— **di funzionamento,** *f.* operating troubles.
noleggiare, *v.a.* to hire; to lease.
— **una nave,** to charter.
noleggio, *m.* (*aereo*), air charter.
nolo, *m.* freight.
— **d'uscita** (*comm.*), outward freight.
nome commerciale, trade mark.
nominale, *agg.* rated; nominal.
— **(frequenza —),** rated frequency.
— **(potenza —),** rated power (*or* output).
— **(tensione —),** rated voltage.
nominativo di chiamata di una stazione (*radioamatori*), station call letters.

nomogramma, *m.* nomograph; nomogram (U.S.A.); alignment chart.
non arricchito (*fis. atom.*), unenriched.
— **assegnato** (*rif. a posto nella memoria*) (*inform.*), unassigned.
— **attaccato** (*chim.*), unaffected.
— **brevettato** (*materiali ecc.*), nonproprietary.
— **caustico,** *agg.* non-caustic.
— **collegato** (*elettron.*), off-line.
— **concorrente** (*mecc.*), non-concurrent.
— **concorrenti** (*forze*), non-concurrent (forces).
— **conducente** (*calore*), non-conductive.
— **conduttore** (*calore*), non conductor.
— **detonante,** non-detoning.
— **direttiva** (*radio*), non-directional.
— **distruttivo** *agg.* non destructive.
— **elastico** (*mat.*), non-elastic.
— **esplosivo,** non explosive.
— **essiccante,** nondrying.
— **ferroso,** *agg.*, non-ferrous.
— **fissato a fondo** (*mecc.*, *dadi*, *ecc.*), unseated.
— **fissile,** *agg.* (*fis. atom.*), non-fissionable.
— **flessibile,** *agg.* (*rif. ad attrezzature*, *ecc.*) (*mecc.*) (*inform.*), inflexible.
— **garantito** (*rif. a prestito*, *ecc.*), unsecured.
— **girevole** (*mecc.*), non-rotary.
— **igroscopico,** non-hygroscopic.
— **infiammabile,** *agg.* non-inflammable; (*pellicola cinem.*), nonflam.
— **integrato** (*stabilimenti sider.*), non-integrated.
— **irritante per la pelle,** nonirritating to skin.
— **lacerabile,** *agg.* tearproof.
— **lavorato** (*met.*), unwrought.
— **macchiante,** *agg.* non-staining.
— **magnetico,** non magnetic; nonmagnetic.

non moderato (*fis. atom.*), unmoderated.
— **piano** (*lamiere*) (*met.*), not flat.
— **polarizzato,** non-polarized.
— **protetto** (*elet., ecc.*), non-protected.
— **ritornabile** *agg.* (*di recipienti*), nonreturnable.
— **rotante,** nonrotating; non-rotary.
— **rovesciabile** (*di liquidi*), non-spill.
— **schermato,** *p.p.* (*mecc., ecc.*), unscreened.
— **scolorante,** *agg.* non discoloring.
— **sdrucciolevole,** non-slippery.
— **selettivo** (*radio, ecc.*), non-selective.
— **sintonizzabile** (*radio*), non-tunable.
— **sostenuto,** *p.p.* (*non sorretto*) (*mecc.*), unsupported.
— **strozzato** (*pompe, ecc.*), non-throttled.
— **tossico,** *agg.* non-toxic.
— **uniforme,** uneven.
— **velenoso,** *agg.* non-poisonous.
— **viscoso,** *agg.* inviscid.
— **volatile** (*chim., ecc.*), non-volatile.
nonagono, *m.* (*mat*). nonagon.
nonano, *m.* (*chim.*), nonane C_9H_{20}.
nondistruttive (prove —), non-destructive tests.
nondistruttivo, *agg.* nondestructive.
nonio, *m.* vernier.
Nord, north.
— **magnetico,** magnetic north.
noria, *f.* bucket chain; flush wheel.
norma (*di unificazione, ecc.*), standard; v. anche **norme.**
— **amministrativa sulla disciplina dei salari** (*lavoro*), statutory wage regulation order.
— **dimensionale,** dimensional standard.
— **(pubblicare una —),** to issue a standard.
normale, *agg.* normal (*geom. e in generale*).
— **(in senso — a...),** at right angle to...
normalità, *f.* (*chim.*), normality.
normalizzare, *v.a.* (*unificare*), to standard; to normalize.
normalizzazione, *f.* (*unificazione*), standardizing; normalization; (*trattamento termico*), normalising; (U.S.A.) normalizing.
normativa aeronautica, aeronautical regulations.
norme amministrative (*amministrazione*), administrative provisions.
— **di costruzione** (*cost.*), construction standards.
— **di difesa passiva** (*auto*) (U.S.A.), passive restraint rules.
— **d'ingegneria,** engineering standards.
— **di prevenzione infortuni,** accident prevention rules.
— **di prova,** testing standards.
— **di sicurezza** (*per centrali nucleari, ecc.*), safety standards.
— **di unificazione,** standard specifications.
— **elettriche,** electrical standards.
— **industriali,** industrial standards.
— **per allacciamenti di differenti sistemi di elaboratori elettronici** (*inform.*) (*telecom.*), protocols (*computer connection standards*).
— **per i cavi,** standards for cables.
— **per il 2° canale** (*telev.*), standards for the second channel.
— **(essere conforme alle —)** (*met., ecc.*), to be in specification; (*il metallo è conforme alle norme*), the metal is in specification.
nota, *f.* (*acust.*), tone; pitch.
— **complessa** (*acust.*), complex tone.
— **differenziale** (*acust.*), differential tone.
— **di fondo pagina** (*tip.*) (*inform.*), foot note.
— **di percussione** (*acust.*), strike note.
— **di referenza** (*acust.*), reftone.
— **di ronzio** (*acust.*), hum note.
— **di sintonia** (*radio*), tuning note.

nota fondamentale a frequenza acustica, audio-frequency beat note.
— **pura** (*acust.*), pure tone.
notaio, *m.*, notary public.
notazione, *f.* (*cristal.*), (crystallografic) notation; (*inform.*), notation.
— **binaria** (*inform.*), binary notation.
— **decimale** (*inform.*), decimal notation.
— **ottale** (*inform.*), octal notation.
nottolino, *m.* pawl; ratchet.
— **a cricco,** ratchet pawl.
— **di arresto,** pawl; catch.
— **di arresto a frizione,** friction pawl.
— **disinnestabile,** disengaging pawl.
— **incassato,** entering catch.
novità (*f.*) **tecnica,** departure.
nucleare, *agg.*, nuclear.
nucleasi, *m. pl.* (*chim.*), nucleases.
nucleazione (*formazione di germi*) (*met.*), nucleation.
nuclei a deflessione (*elet.*), deflection yokes.
— (*m. pl.*) **cristallini** (*metal.*) (*chim.*), nuclei; crystal nuclei.
nucleo, *m.* nucleus (*pl.* nuclei).
— **attivo** (*fis. atom.*), active core.
— **centrale** (*di muro*) (*cost. civ.*), middle third.
— **chiuso,** closed core.
— **dell'indotto,** armature core.
— **del polo** (*elet.*), pole-core.
— **del reattore** (*fis. atom.*), reactor core.
— **del trasformatore** (*elet.*), transformer core.
— **di bersaglio** (*fis. atom.*), target nucleus.
— **di cristallo** (*chim.*), seed crystal.
— **di ferrite** (*inform.*), ferrite core.
— **di ferro dolce,** soft-iron core.
— **di rinculo** (*fis. atom.*), recoil nucleus.
— **di rotore** (*elet.*), rotor core.
— **dispari-dispari** (*fis. atom.*), odd-odd nucleus.
— **dispari-pari** (*fis. atom.*), odd-even nucleus.
nucleo di statore (*elet.*), stator core.
— **di uranio** (*dell'atomo d'uranio*) (*fis. atom.*), uranium nucleus.
— **d'una bobina,** former; coil former.
— **eccitato,** excited nucleus.
— **figlio** (*fis. atom.*), daughter nucleus.
— **instabile** (*fis. atom.*), unstable nucleus.
— **laminare** (*elet.*), laminated core.
— **liscio** (*elet.*), smooth core.
— **magnetico** (*elet.*), pole-core; pole-shank; (*elettron.*), magnetic core.
— **massiccio,** solid core.
— **pari-dispari** (*fis. atom.*), even-odd nucleus.
— **pari-pari** (*fis. atom.*), even-even nucleus.
— **pesante** (*fis. atom.*), heavy nucleus.
— **radioattivo** (*fis. atom.*), radioactive nucleus.
— **residuo** (*fis. atom.*), residual nucleus.
— **risultante** (*o* **derivato**) (*fis. atom.*), resultant nucleus.
— **stabile** (*fis. atom.*), stable nucleus.
nucleon, *m.* (*fis.*), nucleon.
nucleone (*m.*) **di rinculo** (*fis. atom.*), recoil nucleon.
nuclide (*m.*) **radioattivo** (*fis. atom.*), radioactive nuclide.
numerare (*i fogli*) (*tip.*), to page.
— **consecutivamente** (*inform.*), to serialize.
numeratore, *m.* numerator; (*comando numerico*) (*macch. ut.*), serializer.
numerazione, *f.* numbering; numeration.
— **automatica** (*inform.*), automatic numbering.
— **consecutiva** (*comando numerico*) (*macch. ut.*), serialization.
numeri arabi (*tip.*), Arabic numerals.
— **arretrati** (*giornali*), back numbers.
— **quantici di un atomo** (*fis. a-*

tom.), quantum numbers of an atom.
numerico, *agg.* (*elettron.*), digital.
numero, *m.* number; value; (*numero si scrive abbreviato: No. o col segno* ⌗; *il segno si mette generalmente sui moduli d'officina per designare macchine, serbatoi, ecc.*).
— **arretrato** (*di giornali, riviste*), back number.
— **astratto,** abstract number.
— **atomico,** atomic number.
— **binario** (*inform.*), binary number.
— **casuale** (*inform.*), random number.
— **complesso,** complex number.
— **decimale,** decimal number.
— **della macchina,** machine number.
— **delle ore di mano d'opera,** number of man-hours.
— **delle ore straordinarie** (*lavoro*) number of overtime hours.
— **delle velocità del mandrino** (*mec.*), number of spindle speeds.
— **di avanzamenti della tavola,** No. of table feeds.
— **di cetano,** cetane rating; cetane number (*chim.*).
— **di durezza,** hardness number
— **di fabbricazione,** shop number.
— **di giri,** number of revolutions.
— **di iodio** (*chim.*), iodine value.
— **di Mach di volo** (*aereo*), flight Mach number.
— **di massa** (*chim., fis. atom.*), mass number.
— **di massa dispari** (*fis. atom.*), odd-mass number.
— **di massa totale,** total mass number.
— **di ordinazione del lavoro** (*moduli d'officina*), job order No; work order No.
— **di ottano** (*o* **numero ottanico**), octane number.
— **di prova,** trial number.
— **di saponificazione,** saponification value.
numero di serie, serial number.
— **dispari,** odd number.
— **frazionario,** vulgar number.
— **immaginario,** imaginary number.
— **intero,** whole number; integral number.
— **irrazionale,** irrational number.
— **magico** (*fis. atom.*), magic number.
— **ordinale,** ordinal number.
— **pari,** even number.
— **primo,** prime number.
— **quantico azimutale,** azimuthal quantum number.
— **quantico di spin** (*fis. atom.*), spin quantum number.
— **quantico di spin isobarico** (*fis. atom.*), isobaric spin quantum number.
— **quantico di spin nucleare** (*fis. atom.*), nuclear spin quantum number.
— **quantico magnetico** (*fis. atom.*), magnetic quantum number.
— **quantico principale** (*fis. atom.*), principal quantum number.
— **quantico secondario** (*fis. atom.*), secondary quantum number.
— **quantico totale** (*fis. atom.*), total quantum number.
— **razionale,** rational number.
— **reale,** real number.
— **telefonico,** phone number.
— **(migliorare il — di ottano),** to upgrade.
nuoto (*sport*), swimming.
— **a delfino,** breast-stroke swimming.
— **a farfalla,** butterfly swimming.
— **sul dorso,** back stroke swimming.
nutazione, *f.* nutation.
nuvola, *f.* (*meteor.*), cloud.
— **elettronica** (*termoion.*), electron cloud.
— **ionica** (*fis. atom.*), ion cloud.
nuvole interstellari (*astr.*), interstellar clouds (giant clouds of dust grains in a gas).
nylon, *m.* nylon.

O

obbligatorio, *agg.* mandatory; (*etichetta obbligatoria*), mandatory label.
obbligazione, *f.* (*finan.*), debenture.
— convertibile, (*finanz.*) convertible debenture.
obbligo (nessun — da parte vostra) (*comm.*), no obligation is incurred.
obice, *m.* howitzer.
obiettivo, *m.* (*ott.*), objective; lens.
— ad immersione, immersion objective.
— anastigmatico (*fot.*), anastigmatic objective; anastigmatic lens.
— apocromatico (*fot.*), apochromatic objective; apochromatic lens.
— trattato (*fot.*), coated objective; coated lens.
obiettore, *m.* (*gen.*), objector, *m.*
obliquo, *agg.* oblique.
obliterazione (*annullo postale*), stamp cancelling.
oblò, *m.* marine window.
— a cerniera, hinged window.
— fisso, fixed window
— scorrevole verticalmente, vertical sliding window.
oblungo, *agg.* oblong.
obsolescenza, *f.* obsolescence.
obsoleto, *agg.* obsolete.
occhiali, *m. pl.*, spectacles.
— bifocali, bifocal spectacles.
— da sole, sunglasses.
— di protezione, protective goggles.
— di protezione contro gli acidi e le polveri, acid and dust-proof goggles.
— di protezione dal calore dei forni, furnace (heat protective) goggles.
— di sicurezza (*min., ecc.*), safety goggles.
— per la TV tridimensionale (*a rilievo*), anaglyph spectacles.
occhiellatrice, *f.* eyelet making machine.
occhiellatrice a caldo per piegatura e stampaggio parti terminali delle molle a balestra (*mecc.*), leaf spring eye hot bending and blanking machine.
occhiello, *m.* toggle loop; eyelet (*elet.*)
— delle maglie dei licci (*tess.*), heald eye.
— di molla (*orol.*), eye of spring.
occhio, *m.* eye.
— catodico, cathodic eye.
— colorimetro normale, standard eye for colorimetry.
— dei caratteri (*tip.*), type face.
— di pernice (*piccola fissurazione interna negli acciai a basso carbonio quando vengono saldati*) (*met.*), fisheye.
— di pesce (*o* **— di pernice**) (*met.*), fisheye.
— di scure, axe hole; axe eye.
— di una leva, eye of a lever.
— magico (*indicatore ottico di sintonia*) (*radio*), cathode ray tuning indicator; electric eye.
— medio normale, standard eye.
— « periscopico » (*telev.*), « periscope eye ».
— (dividere ad —) (*misure agrimensura, ecc.*), to divide by eye.
occhione (*m.*) **di traino** (*artiglieria*), trail eye; (*auto*), towing eye.
occludere, *v.a.* (*chim.*), to occlude.
occlusione, *f.* (*chim.*) occlusion.
occorrere (*tempo*), to take (*questo è il tempo che occorre alla luce per attraversare il nucleo dell'atomo*), this is the time it takes light to cross the atomic nucleus.
occultazione, *f.* (*astron.*), occultation.
occuparsi, *v.r.* to footle.
occupata (linea telefonica —) (*telef.*), busy; engaged.
occupazione, v. **piena —.**
oceanico, *agg.* oceanic.

oceanico (corrente oceanica), ocean current.
— **(fondale —),** ocean bottom.
— **(onda oceanica),** ocean wave.
oceano, *m.* ocean.
oceanografia, *f.* oceanography.
oceanografica (nave —), oceanographic vessel.
oceanografici (dati —), oceanographic data.
oceanografico, *agg.* oceanographic.
ocimene, *m.* (*chim.*), ocimene.
ocra, *f.* ochre.
— **bruciata** (*coloranti*), burnt ochre.
— **gialla,** yellow ochre.
— **rossa,** red ochre.
octodo (*elet.*), octode.
oculare, *m.* eye piece.
— **diagonale** (*top.*), diagonal eyepiece.
odometro, *m.* odometer.
odore, *m.* odour; odor (U.S.A.); smell.
odorizzante (*m.*) **per gas** (*gas*), gas odorant.
oersted (*elet.*), oersted.
offerta, *f.* (*comm.*), offer; bid; tender.
— **a premio** (*comm.*), premium offer.
— **in busta sigillata** (*comm*), sealed bid.
— **scritta** (*comm.*), written offer.
— **telefonica** (*comm.*), telephone offer.
offerte di impiego (*impieghi*), appointments and situations vacant.
officina, *f.* workshop; shop; (*materia scolastica*), workshop practice.
— **calderai,** boiler shop.
— **del gas,** gas-works.
— **di aggiustaggio,** fitting shop.
— **di arricchimento dell'uranio** uranium enrichment factory.
— **di falegnameria,** carpentry workshop; carpenter's shop for woodwork; shop for wood working machinery.
— **di fresatura,** milling shop.
officina di manutenzione e riparazioni (*mecc. ecc.*), servicing shop.
— **di modelli,** pattern shop.
— **di montaggio,** erecting shop.
— **di riparazione,** repair shop; repairing shop.
— **di separazione** (*isotopica*) (*fis. atom.*), separation plant.
— **elettrica,** electric works.
— **fabbri,** smithy; smithery.
— **galvanica,** plating shop.
— **idroelettrica,** hydraulic works.
— **meccanica,** machine shop; engineering-shop; machine works (U.S.A.).
— **per locomotive,** loco shop.
— **tipografica,** printing works.
offset, *m.* (*tip.*), offset.
— **a secco** (*tip.*), dry offset.
— **-inciso** (*tip.*), offset deep printing.
offuscamento (*della superficie, dovuto a formazione di sottili film di ossidi, ecc.*) (*corrosione met.*), tarnishing.
oftalmologia *f.* (*med.*), (*ott.*) ophthalmology.
oftalmoscopio, *m.* (*med.*), ophthalmoscope.
oggetti porosi in metallo sinterizzato, porous objects in sinterized metal.
oggetto, *m.* (*inform.*), object.
— **in esame** (*ott., ecc.*), object under examination.
ogiva, *f.* cap (*munizioni*); spinner (*aereo*).
— **di minima resistenza d'onda,** (*aereo*), nose of minimum wave drag.
ohm, *m.* (*elet.*), ohm.
— **del sistema C.G.S.,** abohm.
— **legale** (*equivalente a 0,97718 dell'ohm internazionale*) (*elet.*), legal ohm.
ohmetro di precisione (*elet.*), standard ohmmeter.
ohmico, *agg.* (*elet.*), ohmic.
olandese, *f.* (*carta*), beating engine; hollander.
— **sfibratrice** (*carta*), breaking engine.
— **imbiancatrice** (*carta*), bleaching machine.

oleaginoso, *agg.* oleaginous; oil-yielding.
oleante, *m.* (*chim.*), olefiant.
oleato, *m.* (*chim.*), oleate.
— **di amile,** amyl oleate.
— **di dietilenglicol,** diethylene glycol oleate.
— **di isopropile,** isopropyl oleate.
— **di metile,** methyl oleate.
olefine, *f. pl.* (*chim.*), olefins.
olefinico, *agg.* oleifinic.
oleico, *agg.* oleic.
oleificio, *m.* oil-mill.
oleina, *f.* oleine.
oleodinamica, *f.* oil-hydraulics.
oleodinamico, *agg.* hydraulic.
oleodotto, *m.* pipe-line.
— **interrato,** underground pipeline.
oleo-idraulico, *agg.*, oil-hydraulic.
oleomargarina, *f.* oleo-margarine-oleomargarine (U.S.A.).
oleometro, *m.* oleometer
oleoresina (*di copaive*), oleoresine (copaiba).
oleosintetico, *agg.* (*smalti*), oleosynthetic.
oleosità, *f.* oleosity; oiliness.
oleoso *agg.*, oily.
oleum, oleum (fuming sulfuric acid).
oliare, *v.a.* to oil.
oliatore, *m.* oil-feeder; oil-can; oil-filler; lubricator.
— **a goccia,** drop feed oiler; drop feed lubricator.
— **a goccia visibile,** drop sight feed lubricator.
— **a pressione,** force feed lubricator.
— **a valvole,** valve oil-can.
— **contagoccia,** sight feed lubricator.
olibano, *m.* olibanum.
oli bianchi, white oils.
— **lubrificanti ad alto tenore di additivi,** high-additive engine oils.
oligociclico (*fatica oligociclica*) (*met.*), oligocyclic.
oligoclasio, *m.* oligoclase; lime-soda feldspar.

olio, *m.* oil.
— **animale** (*chim.*), bone oil; animal oil.
— **antiruggine,** slushing oil.
— **autoindurente** (*fond.*), self-hardening oil.
— **combustibile,** fuel oil.
— **cotto** (*vernici*), boiled oil.
— **da bruciare,** fuel oil.
— **da taglio** (*met.*), cutting oil.
— **di antracene,** anthracene oil.
— **di arachidi,** oil of peanut.
— **di aringhe,** herring oil.
— **di assorbimento** (*ind. petroli*), rich oil.
— **di balena,** whale oil.
— **di bergamotto,** bergamot oil.
— **di canapa,** hemp oil.
— **di canfora,** camphor oil.
— **di cartamo,** safflower oil.
— **di cassia,** cassia oil.
— **di catrame,** tar oil.
— **di catrame di carbon fossile,** coal-tar oil.
— **di catrame di lignite,** lignite tar-oil.
— **di cocco,** coco-nut oil.
— **di colza,** colza oil.
— **di cotone,** cottonseed oil.
— **di creosoto,** creosote oil.
— **di foca,** seal oil.
— **di girasole,** sunflower oil.
— **di granoturco,** corn oil.
— **di lardo,** lard oil.
— **di lauro,** laurel oil.
— **di lavanda,** lavender oil.
— **di legno,** wood oil.
— **di legno Cina,** Tung oil; China wood oil; Chinese-wood oil.
— **di lino,** linseed oil.
— **di lino cotto chiaro,** pale boiled linseed oil.
— **di lino greggio,** raw linseed oil.
— **di lino raffinato,** refined linseed oil.
— **di lubrificazione rigenerato,** reclaimed lubricating oil.
— **di macchina,** engine oil.
— **di mandorle,** almond oil.
— **di mandorle amare,** volatile oil of almonds.
— **di menta piperita,** peppermint oil.

olio di (*fegato di*) **merluzzo,** cod liver oil.
— **di noci,** walnut oil.
— **di oiticica,** oiticica oil.
— **di oliva,** olive oil.
— **di palma,** palm oil; palm kernel oil.
— **di papavero,** poppy oil; poppy seed oil.
— **di paraffina,** paraffin oil; liquid petrolatum; mineral oil.
— **di pepe,** pepper oil.
— **di perilla** (*chim. ind.*), perilla oil.
— **di pesci,** fish oil.
— **di petrolio,** rock oil.
— **di piede di bue,** neat's-foot oil.
— **di ravizzone,** rape (seed) oil.
— **di resina,** rosin oil.
— **di ricino,** castor oil.
— **di ricupero della benzina,** gasoline recovery oil (U.S.A.).
— **di rosmarino,** rosemary oil.
— **di salvia** (*med.*), sage oil.
— **di scisto,** shale oil.
— **di sego,** tallow oil.
— **di seme d'anice,** aniseed oil.
— **di semi di cotone,** cottonseed oil.
— **di sesamo,** sesame oil.
— **di sevo,** tallow oil.
— **di spermaceti,** sperm oil.
— **di stillingia,** stillingia oil; (tallow-seed oil).
— **di tempra,** quench oil.
— **di vetriolo,** vitriol oil.
— **di vinaccioli,** grape-seed oil; grape-stone oil.
— **emulsionabile,** emulsifying oil.
— **emulsionato nero** (*con solfuro di piombo in emulsione*), black strap.
— **essenziale,** essential oil.
— **essenziale di luppolo,** hops oil.
— **essenziale di neroli,** neroli oil; orange-flower oil.
— **essenziale di pepe,** pepper oil.
— **essenziale di scorza d'arancia,** oil of orange rind; essence of Portugal.
— **essenziale di valeriana,** valerian oil.

olio essenziale di valeriana giapponese, Japanese valerian oil.
— **essiccante,** drying oil.
— **essiccante allo stirene** (*chim.*), styrenated oil.
— **fisso,** fixed oil.
— **grafitato,** graphited oil.
— **grasso,** fatty oil.
— **inibito per trasformatori,** inhibited transformer oil.
— **ipoide** (*lubrificanti met.*), hypoid oil.
— **isolante** (*elet.*), insulating oil.
— **leggero** (*chim.*), light oil.
— **lubrificante,** lubricating oil.
— **medio,** middle oil.
— **minerale,** mineral oil.
— **minerale greggio,** raw mineral oil.
— **misto,** mixed oil.
— **ossidato,** oxidised oil; raised oil.
— **pallido,** pale oil.
— **per anime** (*fond.*), core oil.
— **per assali,** axle oil.
— **per aviazione,** aviation oil.
— **per cilindri,** cylinder oil.
— **per comandi idraulici,** hydraulic oil.
— **per conservazione del legno,** wood preservation oil.
— **per dinamo,** dynamo oil.
— **per fusi e telai** (*tess.*), loom and spindle oil.
— **per macchine,** machine oil; engine oil.
— **per macchine da carta,** paper machine oil.
— **per macchine da cucire,** sewing-machine oil.
— **per macchine da scrivere** typewriter oil.
— **permanente** (*pitture*), stand-oil.
— **per motori,** motor oil; engine oil.
— **per motori Diesel,** Diesel oil.
— **per orologeria,** watch oil; porpoise oil.
— **per pulire,** dry-cleaning spirit.
— **per rodaggio,** running-in oil.
— **per rosso turco,** turkey red oil (sulfonated castor oil).

olio per solcometro (*naut.*), log oil.
— **per strumenti di precisione,** precision instrument oil.
— **per tempra** (*met.*), quenching oil.
— **per tempra accelerato,** accelerated quenching oil.
— **per tempra dell'acciaio,** steel hardening oil.
— **per temprare,** tempering oil.
— **per trasformatori,** transformer oil.
— **per trasmissioni meccaniche,** block grease.
— **per trattamenti termici,** heat treatment oil.
— **per utensili pneumatici,** pneumatic tool oil.
— **per valvole,** valve oil.
— **pesante,** heavy oil.
— **raffinato,** refined oil.
— **refrigerante,** cutting oil.
— **rigenerato,** reclaimed oil.
— **rosso di Turchia,** Turkey-red oil.
— **scuro,** dark oil.
— **siccativo,** drying oil.
— **soffiato,** blown oil.
— **solare.** solar oil.
— **solfonato,** sulphonated oil.
— **solubile,** soluble oil.
— **solubile in acqua,** water soluble oil.
— **vegetale,** vegetable oil.
— **volatile,** volatile oil.
— **(serbatoio dell'—),** sump; reservoir.
olisaggio (*m.*) **della iuta,** batching the jute.
oliva, *f.* (*utensile per riparare colonne di rivestimento*) (*petrol.*), casing swage.
olivina, *f.* olivine.
olivo, *m.* olive-tree.
olmio, *m.* (*chim.* = Ho), holmium.
olmo, *m.* elm tree.
— **comune,** common elm.
— **montano,** mountain elm.
olografia (*fot.*, *laser*), holography.
olografico, *agg.* holographic.
olografo, *m.*, holographer.
ologramma, *f.* (*laser*) (*fot.*), hologram.
oltremare, *m.* (*colore*), ultramarine.
omatropina, *f.* (*chim.*, *med.*), homatropine.
ombra, *f.* (*ott.*), shadow.
— **portata,** true shadow; umbra.
— **(terra d'—),** umber.
ombreggiare, *v.a.* to shade (*dis.*).
ombreggiatura, *f.* (*disegno*), shading.
ombrello di cementazione (*petrol.*), cementing basket.
ombrinali, *m. pl.* (*naut.*), scuppers.
omeopatico, *agg.n.*, homoeopathic (*agg.*); homoeopath, *n. m.*
omeopatia, *f.* (*med.*), homoeopathy.
omnidirezionale, *agg.* (*radio*) (*radar*) (*microfoni*), omnidirectional.
omocinetico, *agg.* (*mecc.*), homokinetic.
omochinino, *m.* (*med.*), homoquinine.
omocromatiche, *f. pl.* homochromatic radiations.
omogeneizzare, *v.a.* to homogenize.
omogeneizzatore, *m.* homogenizer.
omogeneizzazione, *f.* (*trattam. termico met.*), homogenization; (*met.*), homogenising; v. **(impianto di —)**; v. **(letto di —)**; v. **(parco di —)**.
— **dei minerali** (*del minerale frantumato e vagliato*) bedding; homogenization.
— **della pezzatura** (*min.*), sized-ore bedding.
— **in siviera** (*met.*), ladle homogenization.
— **su cumulo** (*min.*), bed blending.
omogeneo, *agg.* homogeneous.
— **(ferro —),** mild steel.
omologazione (*f.*) **di un record,** homologation of a record.
omologia, *f.* homology.
omologo, *agg.* homologous; *m.* (*chim.*), homologue; homolog (U.S.A.).
omosfera, *f.* homosphere.
oncia, *f.* ounce.
onda, *f.* wave (*fis.*, *elet.*), (v. **onde**).

onda armonica, harmonic wave.
— **continua,** continous wave.
— **di carica spaziale,** space-charge wave.
— **di detonazione** (*esplosivi*), detonation wave.
— **di marea,** tidal wave.
— **di modulazione,** modulating wave.
— **di urto,** shock wave.
— **elettromagnetica,** electro-magnetic wave.
— **esplosiva** (*esplosivi*), blast wave.
— **luminosa,** light wave.
— **massima di piena** (*idraul.*), crest.
— **per la trasmissione in grafia** (*radio*), continuous wave.
— **pilota** (*elet.*), pilot wave.
— **portante** (*radio*), carrier wave.
— **portante d'immagine** (*telev.*), image carrier.
— **portante video di canale adiacente** (*telev.*), adjacent vision carrier.
— **progressiva** (*elettron.*), progressive wave.
— **sinusoidale** (*fis.*), sine wave.
— **sonora,** sound wave.
— **sonora a forte intensità,** high-intensity sound wave.
— **stazionaria,** standing wave.
— **supersonica,** ultrasonic wave.
— **ultrasonora,** ultrasonic wave.
— **(mettere in —)** (*un programma*) (TV), to transmit on the air.
ondametro, *m.* (*radio*), wavemeter.
— **d'assorbimento** (*radio*), absorption wave-meter.
onde (*f. pl.*) **convogliate,** carrier current waves.
— **corte** (*radio*), short waves.
— **cortissime,** ultra-short waves.
— **decimetriche** (*o* **ultra-corte**), decimetre waves.
— **elastiche transitorie** (*geol.*), transient elastic waves.
— **herziane** (*radio*), Hertzian waves.
— **lunghe** (*radio*), long waves.
— **medie** (*radio*), medium waves.
onde microbarometriche (*meteor.*), microbarometric waves.
— **migranti,** travelling waves.
— **polarizzate** (*radio*), polarized waves.
— **quadrate,** square waves.
— **sismiche,** seismic waves.
— **smorzate** (*radio*), damped waves.
— **sonore,** sound waves.
— **stazionarie** (*radio*), standing waves.
— **ultracorte,** (*radio*), ultra-short waves.
— **(apparecchio generatore d'—),** wave generating apparatus.
ondeggiare (*aereo*), to pitch.
ondina per lavaggi oculari (*med.*), basin.
ondografo, *m.* ondograph.
ondometro, *m.* ondometer.
ondulato, *p.p.* (*di superficie*), corrugated.
ondulatore, *m.* (*elet.*), inverted rectifier; inverter.
ondulatorio, *agg.* undulatory.
ondulatura (*difetto in lamiere e barre rappresentato da superficie ondulata*) (*met.*), buckle.
— **ai bordi** (*difetto met.*), cockle.
ondulazione, *f.* undulation; wave-motion; ripple (*elet., fis.*).
— **della cinghia,** belt ondulation.
— **delle rotaie** (*met.*), rail corrugation.
— **di superficie,** surface waviness.
onere fiscale (*econ.*), tax burden.
onice, *m.* onyx.
onorario, *m.* (*perizie, ecc.*), fee.
ontano, *m.* (*bot*), alder.
oolite, *m.* oolite.
opacamento, *m.* (*vernici*), deadening; (*met.*), v. **appannamento.**
opacimetro, *m.* (*chim.*), opacimeter.
opacità, *f.* (*fot., pitture*), opacity.
opacificazione, *f.* opacification.
opacizzante, *m.* (*vernici*), opacifier.
opaco (*vernici senza lustro*), matt; matte; dull; opaque (*che non è trasparente*).
opale, *m.* (*min.*), opal
— **comune,** common opal.

opale di fuoco, fire-opal; flame-opal; sun-opal.
— **nobile,** noble opal; precious opal.
— **xiloide,** wood-opal.
opalescente, *agg.* opalescent.
opalescenza, *f.* (*chim.*), opalescence.
opcalite *f.* (*miscela di ossidi diversi usata come catalizzatore nelle maschere antigas*), hopcalite.
opera, *f.* work (*v.* anche **opere**).
— **di presa** (*idraul.*), intake construction.
— **in avanzata fase di realizzazione** (*costr. ferr., ecc.*), work nearing completion.
— **morta** (*costr. nav.*), free board; (*naut.*), dead-work.
— **viva** (*naut.*), quick work.
operai, *m. pl.* workers; (*colloquiale*; the hands).
operaia, *f.* workwoman; woman worker.
operaio, *m.* workman; worker; craftsman.
— **a cottimo,** piece-worker; jobber.
— **addetto alla posa tubi** (*petrolio*), pipeliner.
— **alla catena di montaggio,** (*assembly*) line worker.
— **all'esterno** (*min.*), surfaceman; surface-workman; surface-hand.
— **all'interno** (*min.*), underground man; underground hand.
— **alla vena** (*min.*), getter.
— **bricchettatore** (*min.*), briquetting worker.
— **carichino** (*min.*), shotfirer.
— **cotoniero,** cotton worker.
— **di fabbrica,** factory hand.
— **di industrie tessili,** operative.
— **lavorante ad economia** (*minatore che è pagato a ore senza tener conto della quantità del lavoro compiuto*) (*miniere*), day-wage worker.
— **lavorante nei turni di notte,** labourer working on nightshifts.
— **meccanico,** mechanic.
— **montatore,** fitter; erector.
— **non specializzato,** unskilled workman.
operaio qualificato (second grade) skilled workman.
— **specializzato,** (first grade) skilled workman.
— **(giovane —),** green hand; green workman.
operando, *m.* (*inform.*), operand.
operativo *agg.* (*rif. p. es.* a capacità operativa), operational; (*in grado di poter operare contro il nemico, ecc.*) (*aereo, ecc.*), operational.
operatore, *m.* operator (*di macchine, telef., ecc.*); (*che misura col nastro sul terreno*), tape-man.
— **del suono** (*cinem.*), monitorman.
— **di cabina** (*cinem.*), projectionist.
— **di presa** (*cinem.*), camera man.
operatrice (*f.*) **di cabina** (*cinem.*), projectionette.
operazione, *f.* operation.
— **assoluta** (*inform.*), absolute operation.
— **a vuoto** (*interruttori*), false operation.
— **chiavi in mano,** turnkey operation.
— **con falcone** (*mecc.*), derricking operation.
— **facile,** smooth operation.
— **di scarico** (*naut.*), unloading operation.
— **giornaliera** (*di giorno in giorno*), day-to-day operation.
— **incrementale** (*inform.*), incremental operation.
— **logica** (*elettron.*), logical operation.
— **monadica** (*eseguita su un solo operando*) (*inform.*), monadic operation.
— **sicura,** dependable operation.
operazioni (*f. pl.*) **a termine** (*comm.*), futures.
— **di finitura,** finishing operations.
— **di sgrossatura,** roughing operations.
— **topografiche,** surveying; survey.
opere (*f. pl.*) **d'arte,** constructive works.

opere di difesa, defence works; protection works.
— **di evaquazione delle acque di piena** (*idr.*), flood discharge works.
— **di presa,** intake works.
— **di presidio contro le valanghe,** avalanche protection works.
— **idrauliche** (*idr.*), hydraulic structures.
— **in cemento armato,** reinforced concrete works.
— **marittime,** marine structures.
— **portuarie,** harbour structures.
— **provvisorie** (*costr.*), (*armature, ecc.*), false works; temporary works.
opificio, *m.* work-shop; works; work-room.
— **tessile di filatura** (*tess.*), spinning factory.
oppio, *m.* opium; opium gum; crude opium.
opporre, *v.a.* (*radio*), to buck.
opposizione, *f.* (*astron., ecc.*), opposition.
— **(in —)** (*radio*), push-pull.
optoelettronica, *f.* (*elettron.*), optoelectronics.
optoelettronico, *agg.* optoelectronic.
optoisolatore, *m.*, opto-isolator.
optometria, *f.* (*ott.*), optometry.
optometrista, *m.* (*ott.*), optometrist.
opuscolo (*di propaganda comm., ecc.*), pamphlet.
opzionale, *agg.* (*articolo extra*) (*comm.*), optional.
— **a prezzo modico a parte,** optional at slight extra cost.
opzione, *f.* (*inform.*), option.
— **grafica** (*inform.*), graphic option.
ora, *f.* hour; (*astron.*), time; v. anche: **ore.**
— **di apertura delle chiuse** (*naut.*), lock-opening hour.
— **di punta** (*di maggior traffico*), peak hour.
— **lavorata,** hour worked.
— **legale,** standard time.
— **legale estiva,** summer time; daylight saving time (U.S.A.).
ora siderea, sidereal time.
— **solare media,** mean solar time.
orangite, *f.* (*fis. atom.*), orangite.
orario, *m.* time-table.
— **d'ufficio,** business hours.
— **flessibile di lavoro,** gliding time; flexible time; flexitime.
— **ridotto (mettere operai, ecc. ad —),** to put on short time.
orbita, *f.* (*astr.*), orbit.
— **delle particelle** (*fis. atom.*), particle orbit.
— **di parcheggio** (*astron.*), parking orbit.
— **elettronica** (*fis. atom.*), electron orbit.
— **geosincrona (sopra la terra),** geosynchronous orbit (above the Earth).
— **lunare** (*astron.*), lunar orbit.
— **permessa** (*fis. atom.*), permissible orbit.
— **spirale** (*fis. atom.*), spiral orbit.
— **(mettere in —),** to place in orbit; (*astron.*), to orbit.
— **(mettere in — con propulsione a razzo),** to boost into orbit.
— **(mettere in — un satellite),** to put a satellite into orbit.
— **(portare in —)** (*razzo*), to carry into orbit.
orbitale molecolare (*chim.*), molecular orbital.
orbitare intorno alla Luna (alla Terra ecc.) (*satelliti*) (*astron.*), to orbit round the Moon (the Earth, etc.).
orchestrare (*organizzare*) **una complessa operazione industriale,** to orchestrate a complex manufacturing operation.
orcina, *f.* (*chim.*), orcin; orcino, $CH_3C\ H_3(OH)_2$.
ordigno, *m.* mechanical device; contrivance.
ordinario, *agg.* ordinary.
ordinata, *f.* (*geom.*), ordinate.
— **di fusoliera** (*aereo*), former; traverse frame.
— **di nave** (*naut.*), frame.
— **di un punto** (*agrim.*), latitude of a point.

ordinata parafiamma (*aereo*), fireproof bulkhead; firewall (U.S.A.).
— **principale** (*aereo*), main former.
ordinate di compensato del carrello (*aerom.*), ply undercarriage formers.
— **di un rilevamento planimetrico** (*agrim.*), square offsets.
ordinazione, *f.* (*comm.*), order.
— **automatica delle merci** (*inform.*), automatic ordering of goods.
— **minima,** minimum order.
ordine di accensione (*mot. a sc.*), firing order.
— **di lavoro,** job ticket; (*ordine di marcia*) (*di gru*), travel order.
— **-disordine** (*met.*), order-disorder.
— **di sospensione nella procedura** (*di concessione di licenze, ecc.*) (*leg.*), injunction.
— **inevaso** (*lista, od elenco di ordini in evaso, o registrazione*) (*comm.*), backlog of orders; order backlog; (*gli stabilimenti richiedono acciaio in più perchè la loro lista di ordini in evaso è aumentata*), the plants need more steel because their backlog of orders has climbed.
ordito, *m.* (*tess.*), warp.
— **di legatura** (*tess.*), binding warp.
orditoio, *m.* (*tess.*), beam warper.
— **a macchina** (*tess.*), warping frame.
— **in gomitoli** (*tess.*), ball warper.
— **per orditura a sezioni** (*tess.*), section warping machine.
orditore, *m.* (*tess.*), warper.
orditrice (*orditoio*) (*tess.*), warping machine.
orditura, *f.* (*tess.*), warp; beam warping.
— **a macchina** (*tess.*), mill warping.
— **a sezioni** (*tess.*), section warping.
— **per catena** (*tess.*), warping.
ore lavorative, manhours.
— **lavorative di manutenzione,** maintenance man-hours.
ore lavorative straordinarie, overtime man-hours.
— **straordinarie,** overtime hours.
orecchia, *f.* (*sporgenza simile a coda di pesce su metallo laminato*) (*met.*), horn.
orecchiette (formazione di —) (*met.*), earing.
orecchio (*m.*) **di aratro,** (plough) mould board; breast.
— **(***o* **staffa) di uno stampo** (*vetro*) pin; peg.
orecchione (*per traino*), haulage lug.
orecchioni (*m. pl.*) **di macchina,** trunnions.
— **della staffa** (*fond.*), lugs.
— **di cannone,** trunnions.
organdi, *m.* (*tess.*), book muslin.
organi, *m. pl.* (*mecc.*), gear; mechanism; parts.
— **d'attacco,** fastenings.
— **di comando,** driving-gear.
— **di manovra,** working - gear; working mechanism.
— **di memoria** (*calcol. elettron.*), memory devices.
— **d'ingresso** (*calcol. elettron.*), input devices.
— **di uscita** (*calcol. elettron.*), output devices.
organico, *agg.* organic.
organigramma, *m.* (*grafico gerarchia e incarichi*), organization chart.
— **di programmazione** (*elettron.*), programming flowchart.
— **logico** (*elettron.*), logical flowchart.
organizzare, *v.a.* to organize.
organizzazione, *f.* management.
organo (*m.*) **di calcolo** *o* **elaborazione** (*in senso ristretto*) (*elettron., inform.*), processor.
— **di collegamento,** fastening; fastener.
— **di elaborazione della parola** (*inform.*), word processor.
— **di trasmissione,** transmission gear.
— **di una macchina,** machine part.
— **portante** (*mecc.*), supporting gear.

organo (donatore di organi) (*chirurgia*), donor of organs.

orientamento, *m.* orientation; (*di antenna*) (*radio*), orientation.

— **a caso** (*crist., met.*), random orientation.

— **della tavoletta pretoriana** (*top.*), orienting the table.

— **imperfetto** (*irregolare*) (*crist., met.*), misorientation; crystallographic misorientation.

— **nella progettazione,** design trend.

— **nucleare** (*fis. atom.*), nuclear orientation.

orientare (*v.a.*) **una bussola,** to orientate a compass.

— **una carta,** to set a map.

— **un'antenna,** to orientate an antenna.

orientarsi, *v.r.* to orient *v.i.*

orientato, *p.p.* (*a* o *verso*) (*inform.*), oriented; orientated.

— **verso elaborazione a lotti** (*inform.*), batch-oriented.

— **verso l'utente** (*inform.*), user oriented.

orientatore, *m.* orientator.

orientazione (*dei piani cristallografici*) (*met.*), orientation (of crystal planes).

— **del grano** (*crist., met.*), grain orientation.

— **preferenziale** (*met.*), preferred orientation.

orificio, *m.* orifice.

— **di ammissione,** inlet.

— **di emissione,** discharge nozzle; outlet; overflow discharge.

— **di immissione del vento** (*met.*), blast inlet.

— **primario** (*aereo*), primary hole.

— **scaricatore,** discharge socket; discharge branch.

— **secondario** (*aereo*), secondary hole.

orifizio della matrice (*estrusione met.*), die opening; exit port of the die.

origano (essenza di), origanum oil.

origine, *f.* (*gen.*), rise.

origine delle coordinate, origin of the coordinate system.

— **(all' —)** (*gen.*), at source.

— **(dare — a vibrazioni),** to give rise to vibration.

— **(eliminare il problema della polvere all'—),** to eliminate the dust problem at source.

orizzontale, *agg.* horizontal; level with.

orizzonte (*top.*), datum; horizon (*geol.*) (*astron.*) (*min.*).

— **artificiale,** artificial horizon.

— **astronomico,** astronomical horizon.

— **di riferimento** (*petrolio*), key horizon; marker horizon.

— **mineralizzato** (*min.*), horizon.

— **produttivo** (*geol.*), producing horizon; (*petrolio*), pay horizon; producing horizon; productive horizon.

— **razionale** (*astron.*), rational horizon.

— **sensibile** (*astron.*), sensible horizon.

— **stratigrafico** (*geol.*), stratigraphical horizon.

— **terrestre** (*astron.*), v. **orizzonte sensibile.**

— **(inclinato rispetto all'—),** inclined to the horizontal.

orlare, *v.a.* (*godronare*), to knurl; to border.

orlatrice, *f.* (*mecc.*), beading machine; crimping machine.

orlatura, *f.* (*mecc.*), crimping; rimming (*di barattoli*) (*met.*); (*applicazione di smalto liquido agli orli di vasi, ecc.*) (*vernici, smalti*), beading.

— **di colori** (*telev.*), fringing.

orli di caduta (*naut.*), leeches.

orlo, edge; brim.

— **(riempire il serbatoio fino all'orlo)** (*auto*), to fill the tank to the brim.

— **bisellato** (*sald.*), chamfered edge.

— **di scorrimento** (*di rotaie*) (*ferr.*), running edge.

— **tagliente,** cutting edge.

ormeggiare, *v.a.* (*naut.*), to moor.

ormeggio, *m.* mooring; anchoring; (*naut.*), berthing.
— **della catena,** chain anchoring (*or* anchorage).
— **di navi portaminerali,** berthing of ore carriers.
— **disponibile** (*naut.*), available mooring.
— **(cavo d'ormeggio)** (*naut.*), mooring rope.
— **(porto di —)** (*naut.*), berth.
ormone, *m.* hormon.
ormonico, *agg.* hormonic.
ornitottero, *m.* (*aereo*), ornithopter.
ornoblenda, *f.* hornblende.
oro, *m.* (*chim.* = Au), gold.
— **alluviale,** alluvial gold.
— **battuto,** beaten gold.
— **di titolo,** standard gold.
— **di zecchino,** fine gold.
— **falso,** imitation gold; tinsel; Dutch gold.
— **filato,** spun gold.
— **in conchiglia,** shell gold.
— **in foglie,** leaf-gold.
— **in lingotti** (*comm.*, *econ.*), gold bullion.
— **in polvere,** gold dust.
— **in verghe,** bar gold; gold in bars.
— **musivo** (*chim.*), mosaic gold.
— **puro,** pure gold.
— **raffinato,** refined gold.
— **vergine,** native gold.
orogenesi, *f.* orogenesis.
orografia, *f.* orography.
orografico, *agg.* orographic.
orologeria, *f.* horology (*arte*); clockwork (*meccanismo*).
orologiaio, *m.* watchmaker.
orologio, *m.* watch (*da tasca*); clock (*da muro o da salotto*).
— **a batteria,** battery-driven clock.
— **a calendario,** calender watch.
— **a carica automatica,** self-winding watch.
— **a cariglione,** musical clock.
— **antimagnetico,** nonmagnetic watch.
— **a pendolo,** pendulum clock.
— **a peso,** weight-driven clock.
— **a platina completa** (*con platina superiore circolare*), fullplate watch.
orologio a ripetizione, repeater.
— **a scatto,** stop watch.
— **astronomico,** astronomical clock.
— **atomico,** atomic clock.
— **binario** (*calcol. elettron.*), real-time clock.
— **da sala,** grandfather-clock.
— **da tasca,** pocket watch.
— **da viaggio,** travelling clock; portable clock.
— **di controllo,** tell-tale watch.
— **digitale,** digital watch.
— **elettrico,** electric clock.
— **elettronico,** electronic timer; electronic watch.
— **protetto contro gli urti,** shock-proof watch.
— **(in senso contrario alle lancette dell'—),** anti-clockwise.
— **(secondo le lancette dell'—),** clockwise.
— **(smontare un —),** to dismantle a clock (*or* watch).
orpimento, *m.* orpiment.
ortica (*f.*) **bianca** (*tess.*), china grass.
orto- (*nei composti chimici*), ortho.
ortoarseniato, *m.* (*chim.*), ortho-arsenate.
ortocentro, *m.* orthocentre.
ortoclasio, *m.* orthoclase.
ortocromatico, *agg.* (*fot.*), orthochromatic.
ortocromo, *m.* (*chim.*), ortochrom.
ortodiagrafia, *f.* orthodiagraphy.
ortodiagrafo, *m.* orthodiagraph.
ortodiagramma, *m.* orthodiagram.
ortodiascopia, *f.* (*med.*), orthodiascopy.
ortofosfato, *m.* (*chim.*), orthophosphate.
ortogonale, *agg.* orthogonal.
— v. **reometro** —; **taglio** — (*met.*).
ortopedico, *m.*, orthopaedic surgeon.
ortoradioscopia, *f.* orthoradioscopy.
ortorombico, *agg.* orthorhombic.
ortoscopia, *f.* orthoscopy.
ortoscopio, *m.* orthoscope.
ortotropo, *agg.* orthotropic.

ortottero, *m.* (*aereo*), ornithopter.
ortoxilolo, *m.* (*chim.*), orthoxylol.
orzo (*m.*) **perlato** (*comm.*), pearl barley.
oscillante, *agg.* swinging; oscillating.
oscillare, *v.i.* to swing; to oscillate; (*riferito p. es. ad edifici, durante un terremoto*) (*cost.*), to sway; v. **fare —.**
oscillatore, *m.* oscillator.
— **a eterodina,** heterodyne oscillator.
— **a frequenza ausiliare,** quenching oscillator.
— **a microonde** (*elet.*), microwave oscillator.
— **a ponte,** bridge oscillator.
— **a quarzo,** quartz oscillator.
— **a una valvola,** single-tube oscillator.
— **di Barkausen** (*radio*), Barkausen oscillator.
— **di radio frequenza,** radio-frequency oscillator.
— **pilota** (*radio*), master oscillator; pilot oscillator.
— **simmetrico** (*elet.*), push-pull oscillator.
oscillazione, *f.* oscillation; swing.
— **ad alta frequenza,** high frequency oscillation.
— **del fascio catodico** (*telev.*), spot wobble.
— **delle pale del rotore nel piano del disco** (*aereo*), lagging.
— **del regolatore,** hunting of the governor.
— **di una cinghia,** sagging of a belt.
— **di una trave** (*ponte*), oscillation of a girder.
— **elettrica,** electric oscillation.
— **forzata,** constrained oscillation.
— **leggera** (*p. es. di edificio*) (*cost.*), sway.
— **longitudinale** (*aereo*), longitudinal oscillation.
— **trasversale,** transverse oscillation.
— **verticale** (*movimento perturbatore di una nave*) (*naut.*), heaving.
oscillazioni di Barkausen-Kurz (*radio*), Barkausen-Kurz oscillations.
oscillografo, *m.* oscillograph.
— **a catodo freddo,** cold-cathode oscillograph.
— **a lampade a cratere,** crater-lamp oscillograph.
— **analizzatore di fenomeni elettrici transienti,** electric transient analyser oscillograph.
— **a raggi catodici,** cathode-ray oscillograph.
— **a raggi catodici a bassa tensione a catodo caldo e a raggio continuo,** low-voltage hot cathode continuous beam cathode-ray oscillograph.
— **a scrittura diretta,** direct-writing oscillograph.
— **automatico,** automatic oscillograph.
— **bifilare,** bifilar oscillograph.
— **portatile,** portable oscillograph.
— **registratore,** direct-writing oscillograph; recording oscillograph.
oscillogramma, *m.* oscillogram.
oscillometro, *m.* (*med.*), oscillometer.
oscilloscopio, *m.* (*fis.*), oscilloscope.
— **a raggi catodici,** cathode ray oscilloscope.
— **doppia traccia,** double track oscilloscope.
oscuramento, *m.* (*aereo*), blackout.
— **degli angoli di immagine televisiva** (*telev.*), corner cutting.
— **parziale,** brownout (U.S.A.).
oscurare, *v.a.* to obscure.
oscurarsi (*annebbiarsi*) (*vernici, resine*) (*chim.*), to haze.
oscuratore graduale (*naut.*) (*luce*) dimming device.
osmio, *m.* (*chim.* = Os), osmium.
osmiridio, *m.* osmiridium.
osmometro, *m.* osmometer.
osmosi, *f.* osmosis.
— **inversa** (*fis.*), reverse osmosis.
osmotico, *agg.* osmotic.
ospedale, *m.* (*cost., med.*), hospital.
ospitare, to handle.
— **(parco ferrovario capace di —**

250 vagoni) (*met.*), siding area capable of handling 250 railway cars.
ospizio per persone anziane (*casa di riposo*) (*cost.*), old people's home.
ossalato, *m.* (*chim.*), oxalate.
— **(acido —) di potassio,** potassium acid oxalate.
ossalico, *agg.* (*chim.*), oxalic.
ossatura, *f.* (*di nave*), framework; framing; rib-work.
— **in legno,** wooden scaffolding.
— **maestra,** main frame.
— **portante,** supporting structure.
osservatore (*m.*) **automatico** (*aereo*), automatic observer (*apparecchio che fotografa a dati intervalli le letture degli strumenti di controllo di un aeroplano*).
— **di ampere** (*elet.*), swimmer.
osservatorio, *m.* observatory.
— **astronomico orbitale** (*astron.*), orbiting astronomical observatory.
— **geofisico orbitale** (*astron.*), orbiting geophysical observatory.
— **solare orbitale** (*astron.*), orbiting solar observatory.
osservazione, observation.
osservazioni, *f. pl.* (*in tabelle, ecc.*), remarks.
ossialdeide, *f.* (*chim.*), oxaldehyde; glyoxal; ethanedial; biformyl.
ossicarbonismo, *m.* (*med.*), carbon monoxide poisoning.
ossicloruro, *m.* (*chim.*), oxychloride.
ossidabile, *agg.* (*chim.*), oxidisable; oxidizable.
ossidare, *v.a.* (*chim.*), to oxidize.
ossidarsi, *v.i.* (*chim.*), to oxidize.
ossidasi, *m.* (*enzimi*), oxidase.
ossidazione, *f.* (*chim.*), oxidation.
— **anodica con bagni solfammici,** anodizing with sulfamate baths.
— **blue** (*di utensili, ecc.*), (*met.*) bluing.
— **blue degli utensili** (*met.*), bluing of tools.
— **catalitica,** catalytic oxidation.
ossidazione interna (*met.*), internal oxidation.
ossido, *m.* (*chim.*), oxide.
— **basico,** basic oxide.
— **colorante** (*vernici, smalti*), colour oxide.
— **cromico,** chromic oxide.
— **di alluminio,** aluminium oxide.
— **di antimonio,** antimony oxide.
— **di arsenico,** arsenic oxide.
— **di bario,** barium oxide.
— **di berillio** (*refrat.*), beryllium oxide.
— **di calcio,** calcium oxide.
— **di carbonio,** carbonic oxide; protoxide of carbon.
— **di cromo,** chromium oxide.
— **di etilene** (*chim.*), ethylene oxide.
— **di ferro,** iron oxide.
— **di magnesio** (*refrat.*), magnesium oxide.
— **di mesitile** (*chim.*), mesityl oxide.
— **di nichelio,** nickel oxide.
— **di piombo,** lead oxide.
— **di rame,** copper oxide.
— **di sodio,** sodium oxide.
— **di stagno,** tin oxide.
— **di torio** (*refrat.*), thorium oxide.
— **di torio per usi refrattari,** thermal thoria.
— **di zinco,** zinc oxide.
— **di zinco piombifero,** leaded zinc oxide.
— **di zirconio,** zirconium oxide.
— **ferrico,** ferric oxide.
— **ferroso,** ferrous oxide.
— **magnetico,** magnetic oxide.
— **manganico,** manganic oxide.
— **manganoso** (*chim.*), manganous oxide; manganese oxide.
— **mercuroso,** mercurous oxide.
— **metallico,** metallic oxide.
— **nascente,** nascent oxide.
— **nero,** black oxide.
— **rosso,** red oxide.
ossido-riduzione (*chim.*), oxidoreduction.
ossidrilici (gruppi —), hydroxyl groups.
ossigenare, *v.a.* to oxygenate; to oxygenize.

ossigeno, *m.* (*chim.* = O), oxygen.
— **da taglio** (*di cannello da taglio*), cutting oxygen.
— **in bombole,** oxygen in cylinders.
— **liquido,** liquid oxygen.
ossima, *m.* (*chim.*), oxime.
ossitaglio, *m.* (*taglio con cannello*) (*met.*), oxygen cutting; oxyacetylene cutting.
osso, *m.* bone.
ossosintesi, *f.* (*chim.*), oxo reaction.
ostacolo, *m.* (*al decollo o all'atterraggio*) (*aereo*), screen.
osteriggio, *m.* (*naut.*), skylight.
— **di ponte** (*naut.*), deck-light.
ostruire, *v.a.* to obstruct.
ostruzione, *f.* choking.
— **di un tubo,** pipe choking.
ottadecano, *m.* octadecane.
ottaedro, *m.* octahedron.
ottagonale, *agg.* octagonal.
— **(cappa di forma —)** (*met.*), octagonal-shaped hood.
ottagono, *m.* octagon.
— **di acciaio al carbonio** (*met.*), carbon steel octagon.
ottale, *agg.*, (*inform.*), octal.
ottano, *m.* (*chim.*), octane.
— **(numero di —)** (*motori a scoppio*), octane number.
ottava, *f.* (*acust.*), octave.
ottavo, *m.* (*tip.*), octavo.
ottenere come sottoprodotto, to obtain as a by-product.
— **il richiesto angolo di rotazione** (*mecc.*), to achieve the required angle of swivel.
ottica, *f.* optics.
— **acustica** (*ott.*) (*audio*), acousto-optics.
— **a onda guidata,** guided wave optics.
— **dei neutroni** (*fis. atom.*), neutron optics.
— **elettronica** (*elettron.*), electron-optics.
— **fisica,** physical optics.
— **geometrica,** geometrical optics.
— **integrata,** integrated optics (*the technology of producing optical components and systems which make use of light-guiding in thin films*).
ottica neutronica (*fis. atom.*), neutron optics.
— **non lineare,** non-linear optics
— **quantica** (*fis.*), quantum optics.
ottico, *m.* optician; *agg.* optic(al).
— **(fibra ottica),** optical fibre.
— **(vetro —)** (*vetro*), optical glass.
ottimale, *agg.* optimal; v. **condizione —.**
ottimizzare (*elaboratori*), to optimize.
— **l'impianto automaticamente** (*met.*), to optimize the plant automatically.
ottimizzazione, *f.* (*inform.*), optimization.
otto cilindri in linea (*auto.*), straight-eight.
ottoato, *m.* (*chim.*), octoate.
ottocifre (*orol.*), style callipers.
ottonaio, *m.* brass-worker.
ottoname, *m.* brassware(s).
ottonatura (*f.*) **elettrolitica,** brass plating.
ottone, *m.* brass.
— **alfa** (*metal.*), alpha brass.
— **alfa-beta** (*metal.*) alpha-beta brass.
— **ammiragliato** (*met.*), admirality brass.
— **beta** (*metal.*), beta brass.
— **commerciale,** commercial brass.
— **di qualità superiore** (*metal.*), high brass.
— **forgiabile** (*met.*), high-strength brass.
— **gamma** (*metal.*), gamma brass.
— **in lamiera,** sheet brass.
— **per cartucce,** cartridge brass.
— **per dorare** (*met.*), gilding metal.
— **per trafilatura,** drawing brass.
— **rosso,** red brass; tombac.
ottovalente, *agg.* (*chim.*), octovalent.
otturare, *v.a.* to stop up; to block up.
— **un pozzo,** to blanket a well.
otturatore, *m.* (*fot.*), shutter; shutter set; (*cannoni*), obturator; (*fucile*), lock.

otturatore fluttuante (*cinem.*), flicker shutter.
— **per tubi** (*ing.*), pipe stopper.
— **rotativo** (*fis. atom.*), rotating shutter.
ottusangolo, *agg.* obtuse-angled.
ovale, *agg.* oval.
— **(calibro —)** (*lamin. met.*), oval groove.
ovaletto, *m.* (*met.*), oval.
ovalità, *f.* (*mecc.*), ovality.
ovalizzato, *agg.* out of round; out-of-true.
ovalizzazione, *f.* (*mecc.*), out-of-roundness; ovality.
ovatta, *f.* cotton wadding; wadding; padding; cotton wool; (*tess.*), batting.
ovatta per trapunte (*tess.*), quilting cotton.
ovattare, *v.a.* to pad; to wad.
oxindolo, *m.* (*chim.*), oxindole.
ozocerite, *f.* ozocerite; ozokerite.
ozocherite, *f.* ozokerite.
ozonizzare, *v.a.* (*chim.*), to ozonize.
ozonizzatore, *m.* ozonizer.
— **tubolare,** tubular ozonizer.
ozonizzazione, *f.* (*chim.*), ozonization.
ozono, *m* (*chim.*), ozone.
— **(generatore d'—),** ozone generator.
ozonometro, *m.* ozonometer.
ozonoscopio, *m.* (*med.*), ozonoscope.
ozonosfera, *f.* ozonosphere.

P

pacchettare (*met.*), fagoting; briquetting.

pacchetti (preparare i —) (*rottame di ferro*), fagoting.

pacchetto (*m.*) **di ferro,** slab bloom.

pacciamatura, *f.* (*agric.*), stubble mulching.

— **verticale** (*agric.*), vertical mulching.

pacchetto applicativo (*inform.*), application package.

— **azionario** (*finan.*), shares parcel.

— **delle agevolazioni offerte al candidato ad un impiego,** employment package.

— (*insieme di programmi*) **per elaborazione dei testi** (*inform.*), word processing package.

— v. **commutazione di** — (*inform.*) (*telef.*).

pacco, *m.* parcel.

— **di schede** (*calcol. elettron.*), card deck.

— **per via aerea,** air parcel; air parcel-post package (U.S.A.).

— (*met.*), v. **ricottura a —.**

— v. **smistamento automatico dei pacchi.**

packer (*corpo tubolare con guarnizioni o manicotti di tenuta, usato come accessorio del tester*) (*petrol.*), packer.

— **di tenuta sulle pareti cilindriche** (*petrol.*), straight hole packer.

— **doppio** (*petrol.*), straddle packer (*composto da 2 elementi*); dual packer (*composto da 2 guarnizioni cilindriche sovrapposte*).

— **per colonna** (*petrol.*), casing packer; hook wall packer.

— **per foro ridotto** (*petrol.*), rathole packer.

— **per foro ridotto e cilindrico** (*petrol.*), combination packer.

packfong, *m.* (*met.*), packfong; paktong.

padiglione, *m.* (*cost.*), hip.

padiglione a falda accorciata, half hip; partial hip.

— **per concerti e spettacoli musicali** (*costr.*), music pavilion.

paesaggio (*cittadino*) (*urbanistica*), townscape.

Paese beneficiario, recipient country.

Paesi a commercio statale, state-trading countries.

— **che hanno accesso ad un mercato finanziario** (*finan.*), market-eligible countries.

— **d'oltremare della zona del franco** (*comm., econ.*), outer franc area.

— **in via di sviluppo** (*comm.*), developing countries.

— **non appartenenti alla zona del franco** (*comm., econ.*), non-franc countries.

— **sottosviluppati non allineati,** non-aligned underdeveloped countries.

paga, *f.* (*salario*), wages; wage; pay.

— **a cottimo,** piece-wage.

— **ad incentivo,** efficiency wages; incentive wages.

— **alla giornata,** day-wage; day-wages.

— **netta** (*retribuzioni*), take-home pay.

— **(libro —),** pay roll.

pagamento, *m.* payment.

— **a contanti** (*comm.*), down-payment.

— **alla giornata,** day-pay.

— **a peso,** payment by weight.

— **in anticipo,** prepayment.

pagare, *v.a.* to pay.

pagina di inizio di un capitolo (*più corta rispetto alle altre*) (*tip.*), dropped head.

— **dispari** (*tip.*), right-hand page; recto.

— **pari** (*tip.*), left hand page; verso.

— **(continua alla — seguente),** (*stampa*), continued on next page.

pagine gialle (*tel.*), Yellow Pages.
— **gialle (gli indirizzi sono nelle — gialle)**, the addresses are in Yellow Pages.
paglia, *f.* straw.
— **di fondo** (*sulla superficie di lingotto*) (*met.*), bottom splash.
— **sottile** (*met.*), thin scale; hair seam.
paglietta per bibite, drinking straw.
paglioso, *agg.* (*met., riferito a cricche*), shelly; scabby.
pala, *f.* (*per carbone*), shovel; fire shovel; coal shovel.
— **articolata** (*aereo*), articulated blade.
— **caricatrice,** loading shovel; shovel loader.
— **caricatrice automotrice,** power shovel; self-propelled shovel.
— **caricatrice gommata,** pneumatic-tyred (*or* tired U.S.A.) loading shovel; pneumatic-tyred shovel loader.
— **caricatrice montata su cingoli** (*mecc.*), crawler loader.
— **cingolata,** crawler shovel; loader.
— **dell'elica** (*aereo*), airscrew blade.
— **del rotore** (*elicot.*), rotor blade.
— **di ruota idraulica,** paddle.
— **di turbina,** blade; vane; bucket (*aereo*).
— **montata su autocarro,** truck-mounted shovel (U.S.A.); lorry-mounted shovel.
— **montata su trattore,** shovel loader; tractor loader.
palafitta (*f.*) **per fondazioni,** foundation pile.
palanchino, *m.* crow-bar.
palancola, *f.* (*metal.*), sheet pile.
— **in acciaio** (*ferr.*), steel sheet piling.
palancolata, *f.* (*met.*), sheet piling; (*lo stabilimento produrrà una serie completa di palancolate*), the mill will turn out a full range of sheet piling.
palco di colata (*met.*), pouring platform.
palcoscenico girevole (*costr. teatro*), revolving (combination) stage.
paleontologia, *f.* paleontology.
paleontologo, *m.* paleontologist.
palestra, *f.* (*costruz.*), gymnasium.
paletta, *f.* (*del ventilatore*), blade; (*trasporti con carrelli elevatori*), pallet.
— **di orologio,** pallet staff.
— **di ruota,** wheel blade.
— **di turbina** (*aereo*), turbine blade.
— **fissa** (*aereo*), stator blade.
— **per trattori,** strake; lug.
palettatura, *f.* (*mecc.*), blading.
palette (*f. pl.*) **della ruota mobile della turbina** (*aereo*), single stage rotor blades.
— **delle volute** (*aereo*), volute blades.
— **rotanti,** rotating paddles.
palettizzare, *v.a.* (*trasporti*), to palletize.
palettizzato (carico —), palletized load.
palettizzazione (*trasporti*), palletization.
paletto per cartelli indicatori (*traffico*), small post for street signs.
palificata, *f.* pile framing; sheeting.
— **costipata,** closely driven sheeting.
palina, *f.* (*top.*), ranging rod.
palizzata, *f.* (*per sponde*) (*idraul.*), fascines.
palla (*f.*) **del regolatore,** governor ball.
« palla e anello » (*catrami*), v. **punto di rammollimento alla — e anello.**
palladio, *m.* (*chim.* = Pd), palladium.
— **(cloruro, ioduro, nitrato di —),** palladium chloride; p. iodide; p. nitrate.
pallanuoto, *m.* (*sport*), water polo.
pallavolo, *m.* (*sport*), volleyball.
pallette, *f. pl.* (*di granate*) (*muniz.*), (lead) bullets.
palliativo, *m.* (*med.*), palliative.
pallido, *agg.* (*chim.*), pale; faint (*di colore*).

pallinatura, *f.* (*lavorazione a freddo del metallo con proiezione a forte velocità di palline metalliche sulla sua superficie, per accrescere la resistenza del metallo alla fatica*), shot peening.
pallino, *m.* (*armi*), pellet.
— **di piombo da caccia,** shot; lead shot.
palloncino (*m.*) **di lampada,** bulb.
— **non smerigliato,** clear glass bulb.
— **smerigliato internamente,** inside-frost bulb.
pallone ad aria calda (*aereo*), montgolfier (balloon).
— **ausiliario** (*aereo*), nurse balloon.
— **da segnalazione** (*aereo*), signal(ling) balloon.
— **di sbarramento,** *m.* barrage balloon.
— **di vetro,** matrass; cucurbit.
— **frenato** (*aereo*), captive balloon.
— **libero** (*aereo*), free balloon.
— **meteorologico,** meteorological balloon.
— **paracadute** (*aereo*), parachute balloon.
— **pilota,** pilot balloon.
— **sferico** (*aereo*), spherical balloon.
— **sonda** (*meteor.*), sounding balloon.
— **tarato** (*chim.*), volumetric flask.
pallottola (*f.*) **dirompente,** expanding bullet.
— **esplosiva,** explosive bullet.
— **incendiaria,** incendiary bullet.
— **perforante,** armour piercing bullet.
— **placcata di rame** (*armi*), copper plated bullet.
— **tracciante,** tracer.
palmarosa (olio essenziale di —), palmarosa oil.
palmer, *m.* (*ing.*), micrometer gauge.
palmetto, *m.* (*ind. concia*), palmetto.
palmitato, *m.* (*chim.*), palmitate.
palmitico, v. **acido —.**
palmitina, *f.* (*chim.*), palmitin; glycerol tripalmitate.
palmola, *f.* (*o* **coltello d'impastatrice),** blade.
palo, *m.* (*di fondazione*) pile; (*elevato*) pole.
— **ad A** (*elet.*), A-type pole.
— **ad H** (*elet.*), H-type pole.
— **a mensola,** bracket pole.
— **a traliccio,** girder pole.
— **di calcestruzzo,** concrete pile.
— **di legno,** timber pile.
— **di sagoma** (*fond.*), striking bar.
— **di segnalazione** (*di canale navigabile di un fiume*), withie
— **per condutture** (*elet.*), pole for aerial lines.
— **per illuminazione,** lighting pole.
— **portafaro** (*costr. met.*), beacon pole.
— **telegrafico,** telegraph pole.
— **telefonico,** telephone pole.
— **tubolare,** tubular pile.
palone, *m.* (*agrim.*), survey pole.
palpatore, *m.* (*robotica*) (*mecc.*), «feeler» (thin piece of wire with a sensor on the tip).
pampero, *m.* (*meteor.*), pampero (*vento dell'Argentina e dell'Uruguai*).
panconcello, *m.* (*di tetto*), jackrafter.
pancreatico, *agg.* pancreatic.
pancreatina, *f.* pancreatin.
pancromatico, *agg.* panchromatic.
pane (*m.*) **di vite,** thread of a screw; worm of a screw.
panello, *m.* (*residuo di filtrazione*), cake.
— **di colza,** rape cake; colza cake.
— **di semi oleosi,** oil cake.
— **per bestiame,** cattle-cake.
panfilo, *m.* yacht.
— **a motore** (*naut.*), power yacht.
— **a vela** (*naut.*), sailing yacht.
— **da pesca** (*naut.*), trawler yacht.
— **di lusso** (*naut.*), luxury yacht.
— **oceanico,** offshore yacht.
pani (*m. pl.*) **di ghisa,** pigs.
paniera, *f.* (*met.*), tundish.
— v. **spina di regolazione della —.**
paniere di centrifugazione (*o di*

estrattore centrifugo), spinner basket.
panieri (*m. pl.*) **di centrifughe,** centrifugals baskets.
panificazione, *f.* breadmaking.
panna, *f.* (*guasto*), breakdown.
— **di lingotto,** v. **schiuma di —.**
— **(in —),** laid-up.
pannelli (*m. pl.*) **a nido d'ape,** honeycomb panels.
— **in schiuma plastica** (*mat. costr.*), foam panels.
— **refrattari per l'edilizia** (*costr.*), fire resisting building panels.
pannello, *m.* panel (*elet.*); panelling; panel board (*cost. civ.*); building board (*cost. civ.*); (*auto*), pan.
— **acustico** (*costr.*), acoustic panel.
— **a pavimento** (*riscaldam.*), floor panel.
— **a soffitto** (*riscaldam.*), ceiling panel.
— **avviamento motore** (*aereo*), engine starting panel.
— **caricato** (*costr.*), loaded panel.
— **decorativo** (*cost.*), decorative panel.
— **degli strumenti** (*elet.*), instrument panel; panel; switch board panel; control panel.
— **del quadrante,** dial panel.
— **di acciaio inossidabile imbutito con finitura in satinatura** (*metal., costr.*), dished stainless steel panel with a satin finish.
— **di accoppiamento** (*elet., comm.*), patch bay.
— **di cella solare** (*astron.*), solar cell panel.
— **di comando** (*elet.*), control panel.
— **di connessioni** (*inform.*), plugboard.
— **di fibre (di legno),** (wood) fibreboard; (wood) fiberboard (U.S.A.).
— **di lana di roccia** (*costr.*), mineral wool panel.
— **di porta,** door panel.
— **di prova** (*vern.*), panel.
— **di riempimento** (*costr.*), infilling unit; infill panel.
pannello di segnalazione (*elet.*), control-board.
— **di soletta** (*costr.*), slab panel.
— **d'ispezione** (*aereo*), inspection panel.
— **fonoassorbente** (*costr., ecc.*), sound absorbing panel; sound-deadening panel.
— **frontale** (*amplificatori, ecc.*), front panel.
— **integratore** (*elet.*), summation panel.
— **isolante,** insulating board.
— **perforato** (*costr.*), peg-board.
— **portastrumenti** (*auto*), facia panel; instrument panel.
— **sandwich** (*costr.*), sandwich panel.
— **solare** (*astron.*), solar panel.
— **sottofinestra** (*costr.*), sprandrel; apron wall (U.S.A.); window riser.
panno nero (*fot.*), focusing cloth.
— **per biliardo,** billiard cloth.
— **per la pulizia dei dischi** (*della polvere, ecc.*), record cleaner cloth.
— **(provino lucidato al —)** (*met., ecc.*), polished specimen.
panoramica (*f.*) **orizzontale** (*cinem.*), panning.
panoramicare, *v.a.* (*cinem.*), to pan; to take panning shots.
pantografo, *m.* pantograph; engraving machine (*macch. ut.*); engraver.
— **a colonna** (*tip.*), column-type pantograph.
— **di locomotore,** pantograph current-collector.
— **duodimensionale** (*macch. ut.*), two-dimensional engraving machine (pantograph).
— **per incisioni elettriche** (*macch. ut.*), electric etcher.
— **per stampi** (*macch. ut.*), diesinking machine.
— **tridimensionale,** three dimensional engraving machine.
pantometro, *m.* pantometer.
papaina, *f.* (*chim.*), papain.
papaverina, *f.* (*chim.*), papaverine.
papavero (capsule di —) poppy

heads; poppy capsules; papaver.

para, *f.* adhesive rubber; sizing rubber (U.S.A.).

— **-brise,** *m.* (*auto*), wind-screen.

— **(strato di —),** layer of adhesive rubber.

para- (*nei composti chimici*), para-.

paraaldeide, *f.* (*chim.*), paraldehyde.

parabola, *f.* (*mat.*, *fis.*), parabole.

parabolico, *agg.* parabolic.

paraboloide, *m.* (*geom.*, *mat.*), paraboloid.

parabordo, *m.* (*naut.*), fender.

parabrezza, *f.* wind-screen (*auto*); weathershield (*motoc.*); windshield.

— **a completa visuale,** full-vision windshield.

— **anabbagliante** (*auto*), antidazzling screen.

— **a prova di raggi ultravioletti** (*aereo*), ultraviolet-proof windshield.

— **curvabile** (*auto*), folding windscreen.

— **in vetro laminato** (*auto*), laminated high penetration resistant (HPR) screen; laminated windscreen.

— **in vetro temperato** (*auto*), toughned windscreen.

paracadute, *m.* (*aereo*), parachute.

— **ad apertura comandata** (*aereo*), free parachute.

— **ausiliario,** auxiliary parachute.

— **automatico** (*aereo*), automatic parachute.

— **di salvataggio** (*aereo*), lifesaving parachute.

— **per carichi** (*aereo*), cargo parachute.

— **per lancio di truppe** (*aereo*) (*mil.*), troop dropping parachute.

— **pilota,** pilot parachute.

— **spaziale,** space parachute.

— **(il — non si aprì),** the parachute failed to deploy.

paracadutismo, *m.* (*sport*, *mil.*), skydiving.

paracadutista, *m.* (*sport*), skydiver; (*mil.*), parachutist.

paracarro, *m.* kerbstone (*in pietra*); fender (*in legno*).

paracianogeno, *m.* paracyanogen.

paracolpi, *m.* stop-block; buffer; (*di telaio*) (*tess.*), buffer bolt.

paracumarone, *m.* paracumarone.

paradiafonia, *f.* (*telecom.*), nearend cross-talk.

parafango, *m.* splash-board; mudguard.

— **anteriore,** front mudguard.

paraffina, *f.* (*chim.*), paraffin.

— **amorfa,** amorphous wax.

paraffinare, *v.a.* to cover with paraffin.

parafiamma, *f.* (*armi*), flash eliminator.

paraformaldeide, *f.* (*chim.*), paraformaldehyde.

parafulmine, *m.* lightning-rod; lightning conductor; arrester.

— **a corni** (*ing. elet.*), horn arrester.

— **ad elementi d'alluminio** (*elet.*), aluminium arrester.

parafuoco, *m.* fire-screen; firewall (*muro*).

paragenesi (*ordine cronologico secondo il quale si depositano i minerali*) (*geol.*), paragenesis.

paragonare, *v.a.* (*tip.*), to align.

paragone (a titolo di —), for comparison.

paragrafo, *m.* (*tipog.*), section.

paraldeide, *f.* (*chim.*), paraldehyde.

parallasse, *m.* parallax.

— **(lettura senza —),** parallax-free reading.

— **(senza —),** parallax-free.

parallela, *f.* parallel.

parallelepipedo, *m.* parallelepiped.

paralleli, *m. pl.* (*geom.*), parallels.

parallelismo, *m.* parallelism.

parallelizzare, *v.a.* to parallelize.

parallelizzazione, *f.* (*tess.*), paralleling.

parallelo, *m.* parallel.

— **(mettere —) a...,** to set (set, set) parallel to...

parallelogramma, *m.* (*geom.*), parallelogram.

parallelogramma delle forze, parallelogram of forces.
— **delle velocità,** parallelogram of velocity.
paraluce (*di macch. da presa*) (*cinem.*), goesover.
paralume, *m.* (*elet.*), lamp-shade; reflector.
paramagnetico, *agg.* paramagnetic.
paramagnetismo, *m.* paramagnetism.
paramano, *m.* (*costr.*), facing brick.
paramedicina, *f.* paramedics.
parametri meteorologici, meteorological parameters.
— **reticolari** (*dei metalli*) (*met.*), (*metals*), reticular parameters.
parametro, *m.* (*mat.*), parameter.
— **di elaborazione** (*inform.*), process parameter.
— **di sollecitazione alternata** (*meccan.*), interaction parameter.
— **d'urto** (*fis. atom.*), impact parameter.
paramezzale, *m.* (*naut.*), keelson.
— **centrale,** central girder.
— **laterale,** lateral girder.
paranavetta, *f.* (*tess.*), shuttle guard.
paranco, *m.* (*mecc.*), hoist; tackle; pulley block.
— **a catena** (*mecc.*), chain (pulley) block.
— **a corda** (*app. di sollevam.*), wire rope pulley block.
— **differenziale,** differential tackle
— **di ricambio** (*mecc.*), relieving tackle.
— **elettrico antideflagrante** (*protetto contro le esplosioni*) (*min., mecc.*), explosion-proof electric hoist (*or* tackle).
— **su paranco** (*naut.*), luff upon luff.
— **volante** (*naut.*), luff tackle.
paraneve (*m.*) **di graticcio,** snow hurdle.
parapetto, *m.* (*ringhiera*), railing.
— **della finestra,** parapet of the window.
— **di ponte** (*costr.*), bridge railing.
— **in ferro,** iron hand rail.
— **in muratura,** stone balustrade.
— **stradale** (*costr.*), road railing.
parascintille (*locom.*), spark catcher; (*elett.*), spark quencher; (*met.*), spark shield (*per convertitori met.*).
parasole, *m.* (*aereo*), parasol.
paraspruzzi (*riparo*), splash guard.
parassita, *agg.* (*radio, ecc.*), spurious.
parastrappi, *m.* (*mecc.*), flexible coupling.
paratia, *f.* (*naut.*), bulkward; piling.
— **di protezione contro l'incendio,** fire wall.
— **dragante** (*aereo*), *naut.*), transom.
— **longitudinale** (*naut.*), longitudinal bulkhead.
— **terminale** (*naut.*), break bulkhead.
paratoia, *f.* sluice (board).
— **del camino** (*saracinesca*), chimney damper.
paraurti, *m.* buffer; bumper (*auto*).
— **avvolgenti** (*auto*), wrap-round bumpers.
— **cromati** (*auto.*), chrome-plated bumpers.
— **gommati** (*auto*), rubber-faced bumpers.
— **incorporati nella carrozzeria,** integral bumpers.
— **in plastica ad alta resistenza all'urto** (*auto*), high-impact plastic bumpers.
— **per la protezione delle astronavi dall'urto meteoritico** (*astron.*), meteoroid bumpers.
paraxilolo, *m.* (*chim.*), paraxylol.
parcheggiare un'auto, to park a car.
— **un satellite in orbita** (*astron.*), to park a satellite in orbit.
parcheggiato (*p.p.*) **nello spazio** (*satelliti*), parked in space.
parcheggio ad angolo (*auto*), angle park.
— **con autovetture presso le stazioni** (*auto*), station car park.
— **fuori strada** (*auto*), off-street parking.
— **orizzontale** (*auto*), parallel parking.
— **parallelo al marciapiedi** (*azione di parcheggiare*) (*auto*) simple

parallel park (*senza altre vetture*); complex parallel park (*fra 2 vetture*).
parcheggio pubblico a molti piani (*costr.*), public multi-storey car park.
— **riservato ai residenti in una data zona** (*auto*), « residents only » parking.
— **verticale** (*auto*), angle park.
— **(orbita di —)** (*astron.*) v. **orbita.**
— **(rimanere in — oltre il tempo permesso)**, to overstay one's parking time.
— **(sistema di — a rampe a piano unico)** (*auto*), one level car park ramp system.
— **(spesa di —)**, parking charges.
— **(tassa di —)**, parking charge.
parcherizzare, *v.a.* (*met.*), to parkerize.
parco, *m.* (*deposito*), yard; (*auto, ferr.*), fleet.
— **billette** (*met.*), billet yard.
— **di autobus,** bus fleet.
— **autobus urbani** (*auto, traffico*), city bus fleet.
— **di carri merci** (*ferr.*), fleet of goods cars.
— **di macchine per rotaie,** fleet of track machines.
— **di omogeneizzazione** (*min., met.*), blending yard.
— **ghisa** (*fond.*), pig-yard.
— **lingotti,** bloom-yard.
— **rottami** (*met.*), scrap-yard; scrap storage yard.
parcometro, *m.* parking meter.
pareggiare a mano *o* **a macchina i fogli da spartire** (*tip.*), to jog; to knock-up.
pareggiatore (*per pareggiare i fogli*) (*tip.*), jogger.
pareggiatura (*dei fogli da spartire*) (*tip.*), jogging.
parella, *f.* scarph.
parenchima, *m.* (*bot.*), parenchyma.
parentesi quadra, bracket.
— **tonda,** parenthesis.
— **(mettere fra —)** (*tip.*), to bracket.
parete, *f.* (*costruz.*), wall.
parete adiatermica, non-conducting wall.
— **d'assi,** boarded partition.
— **d'assicelle,** battened partition; batten wall.
— **della lingottiera** (*met.*), mold wall.
— **dello stantuffo,** piston body.
— **di legno,** wood partition wall.
— **di mattoni,** partition wall of bricks.
— **di tavole,** boarded partition.
— **di tavoloni,** planking.
— **di tubo,** pipe wall.
— **laterale,** side wall; side pane, (*aereo*).
— **refrattaria,** fireproof wall.
— **reticolare,** framework wall; framed partition wall.
— **sottile,** thin wall.
— **(tubo dalla — sottile),** thin-walled tube.
parlare al telefono, to speak over the telephone.
— **con il calcolatore al telefono** (*inform.*), to talk to the computer on the telephone.
parocchetto, *m.* (*naut.*), fore top-sail.
parola *f.*, word.
— **-chiave** (*calcol. elettron.*), keyword.
— **di comando del canale** (*inform.*) channel command word(CCW).
— **di indirizzo del canale** (*inform.*), channel address word.
— **d'ordine** (*inform., ecc.*), password.
— v. **elaborazione elettronica della parola.**
parsonite, *f.* (*fis. atom.*), parsonite.
parte, *f.* (*mecc.*), component; part.
— **battuta dal vento,** windward side.
— **di ricambio** (*mecc.*), replace part; replacement component.
— **di una macchina,** part of a machine; piece of a machine.
— **immaginaria** (*di un numero*) (*mat.*), imaginary part.
— **inferiore di una gronda sporgente,** soffit.
— **laterale,** lateral part.

parte non colpita dal vento, leeward side.
— **posteriore** (*di scafo o galleggiante*), aft.
partecipazione al capitale sociale (*econ.*), equity investment; equity financing.
partenza (*f.*) **in cabrata** (*aereo*), climbing take-off.
— **(carro in —),** outbound car.
— **(in —),** outbound *agg.*
parti di costruzione, constructive parts.
— **rotanti,** rotating parts.
— **sollecitate a tensione,** parts submitted to tension.
particella, *f.* particle.
— **alfa** (*fis. atom.*), alpha particle.
— **atomica,** atomic particle.
— **caricata veloce** (*fis. atom.*), fast charged particle.
— **cosmica,** cosmic ray particle.
— **diffusa** (*fis. atom.*), scattered particle.
— **di massa** (*fis. atom.*), mass particle.
— **di rinculo** (*fis. atom.*), recoil particle.
— **d'urto** (*fis. atom.*), impinging particle.
— **indipendente** (*fis. atom.*), independent particle.
— **instabile** (*fis. atom.*), unstable particle.
— **ionizzante** (*fis. atom.*), ionising particle.
— **libera** (*fis. atom.*), unbound particle.
— **magnetica** (*videocassette, ecc.*), magnetic particle.
— **neutra (senza carica)** (*fis. atom.*), uncharged particle.
— **non penetrante** (*fis. atom.*), non-penetrating particle.
— **nucleare** (*fis. atom.*), nuclear particle.
— **originale** (*fis. atom.*), initial particle.
— **polarizzata** (*fis. atom.*), polarized particle.
— **primaria** (*fis. atom.*), primary particle.
particella proiettile (*fis. atom.*), bombarding particle.
— **puntiforme** (*fis. atom.*), point particle.
— **relativista** (*fis. atom.*), relativistic particle.
— **secondaria** (*fis. atom.*), secondary particle.
— **stabile** (*fis. atom.*), stable particle.
— **subatomica** (*fis. atom.*), subatomic particle.
— **superficiale** (*fis. atom.*), surface particle.
— **Yukawa** (*fis. atom.*), Yukawa particle.
particelle (*f. pl.*) **estranee** (*fis. atom.*), strange particles.
— **fini** (*filtri*), fine particles.
particolare, *m.* (*nel significato di pezzo*) (*mecc.*), part; component; v. sotto la voce **pezzo**; (*nel significato di — di disegno*), detail.
— **di macchina,** detail of a machine; (*in fot.*), close-up view,
particolari (*m. pl.*) **del campione.** sample details.
— **di montaggio,** assembly details.
— **meccanici,** mechanical details.
particolarista, *m.* (*disegnatore*), detailer.
partire a freddo (*auto*), to cold start.
partita del movimento dei capitali (*comm., econ.*), capital item.
— **disponibile** (*comm.*), spot parcel.
— **invisibile** (*comm., econ.*) invisible item.
— **invisibile privata** (*comm., econ.*), private invisible account.
partito dell'ecologia, ecology party.
parton (*fis.*) (*elettron.*), parton (electron-proton scattering).
parzializzatore, *m.* (*aereo*), control shutter.
Pascal (*linguaggio di programmazione considerato fra i più adatti come linguaggio d'insegnamento*) (*inform.*), Pascal.
passa e non passa (*mecc.*) (*mis.*), go and not go.

passafuori, *m.* (*cost.*), rafter end.

passaggio a livello, level crossing.

— **a livello a semisbarra** (*ferr.*), half-barrier level-crossing (gate).

— **a livello custodito** (*ferr.*), guarded level crossing.

— **a livello incustodito** (*ferr.*), unguarded level crossing.

— **di calore,** passage of heat; transfer of heat.

— **losanga-quadro** (*met.*), diamond-square roll pass.

— **pedonale** (*strade*), pedestrian crossing; crosswalk (U.S.A.).

passare (*v.a.*) **all'allisciatore,** to ream.

— **a rottame** (*met.*), scrapping; to scrap.

— **con il semaforo rosso** (*traffico auto*), shooting red traffic lights.

— **volando ad alta velocità,** *v.i.* to zoom.

passata, *f.* (*mecc.*), « traverse »; pass; (*sald.*), run.

— **alla rettifica,** traverse (*or* pass).

— **a umido** (*trafilatura*), wet drawing.

— **a vuoto,** idle traverse.

— **di costa** (*lam. met.*), edging pass.

— **di finitura al « temper »** (*met.*), skin passing; temper rolling (U.S.A.).

— **di fondo** (*sald.*), root pass; root run.

— **finale** (*sald.*), final run.

— **laterale,** lateral pass.

— **preparatrice** (*met.*), cogging pass; roughing pass.

— **rapida,** quick traverse; rapid traverse.

— **(il pezzo si può finire in una —),** the part can be finished in one pass.

— **(rimozione di metallo per —),** metal removal per pass.

passato notevole (*per esperienza e lavoro in un dato campo*) (*inform.*), track record.

passatura, *f.* (*passaggio attraverso il pettine*) (*tess.*), reeding.

passavanti (*naut.*), *m.* gangway.

passeggero davanti (vicino al conducente) (*auto*), (forwad facing) front seat passenger.

passeggiata spaziale (*astron.*), walk in space; space walk.

passerella, *f.* footbridge (*di ponte*); platform; gangway (*naut.*); pathway; running board; (*per costr. di ponti sospesi, ecc.*), catwalk.

— **di servizio** (*idr.*), service gangway.

— **di stazione** (*ferr.*), line bridge.

— **pedonale** (*costr.*), pedestrian footbridge.

passivare (*met.*), to passivate.

passivatori, *m. pl.* (*di corrosione*) (*mat. chim.*), passivators.

passivazione, *f.* (*met.*), passivation.

— **(processo di —)** (*met.*), passivating process.

passività, *f.* (*met.*), passivity.

— **(film di —)** (*met.*) passive film.

passo, *m.* (*auto*), wheelbase; thread (*mecc.*); pitch (*mecc., elet.*); lease (*angolo che si forma nella manovra dei licci*); shed (*tess.*); lay (*di cavi*); (*radio*), over (*fine della comunicazione*); break through (*nel signif. di progresso*).

— **aperto** (*tess.*), open shed.

— **chiuso** (*tess.*), closed shed.

— **collettivo delle pale** (*elic.*), collective pitch.

— **costante** (*filettatura al tornio*), even pitch.

— **dei carrelli** (*ferr.*), bogie wheelbase.

— **del collettore** (*elet.*), commutator pitch.

— **del freno** (*dell'elica*) (*aereo*), braking pitch.

— **dell'avvolgimento** (*elet.*), winding pitch.

— **della catena,** inside length.

— **dell'elica** (*aereo*), airscrew pitch.

— **delle spire,** pitch of turns.

— **del reticolo** (*fis. atom.*), lattice pitch.

— **di « bandiera »** (*dell'elica*) (*aereo*), feathering pitch.

passo di chiodi, pitch of rivets.
— **di pellegrino** (*lamin. tubi*) (*met.*), reciprocating rolling.
— **di programma** (*inform.*), programm step.
— **di trazione zero** (*aereo*), zero thrust pitch.
— **di una vite,** thread of a screw; worm of a screw; fillet of a s.
— **d'uomo,** manhole; catwalk.
— **effettivo dell'elica** (*aereo*), effective pitch.
— **frazionario** (*tornio*), fractional pitch.
— **geometrico dell'elica** (*aereo*), geometrical pitch of the propeller (*or* airscrew).
— **longitudinale,** longitudinal pitch.
— **medio sperimentale** (*dell'elica*) (*aereo*), experimental mean pitch.
— **morto,** end play
— **negativo** (*dell'elica*) (*aereo*), reverse pitch.
— **normale,** standard pitch; (*cinem.*), standard film stock.
— **per semplice alzata** (*tess.*), upper shed.
— **polare** (*elet.*), pole pitch.
— **reale di una vite,** lead.
— **teorico dell'elica** (*aereo*), experimental mean pitch.
— **trasversale,** transverse pitch.
pasta, *f.* (*colla*), glue; (*ceram.*), paste; pulp (*per carta*).
— **d'argilla,** clay paste.
— **di legno,** wood pulp.
— **di paglia,** straw stuff.
— **dura** (*o* **compatta**) (*ceram.*), hard paste.
— **greggia** (*carta*), unbleached stuff.
— **in rotoli** (*carta*), pulp in rolls.
— **isolante** (*elet.*), insulating compound.
— **legno,** mechanical pulp.
— **magra** (*carta*), fast pulp.
— **meccanica di legno** (*carta*), mechanical wood-pulp.
— **molle** (*o* **porosa**) (*ceram.*), soft paste.
— **per saldatura,** soldering paste.
pasta pressata, pressed pulp.
— **raffinata** (*tip.*), whole stuff.
— **soffiata** (*carta*), blown pulp.
— **umida** (*carta*), moist pulp.
pastecca, *f.* (*naut.*), snatch block.
pastello, *m.* pastel; crayon (*matita colorata*).
pasticca (*met.*), v. **bottone.**
pastiglia, *f.* (*di accumul.*), pasted plate.
— **anodica,** target.
— **per freni a disco** (*auto*), disc pad.
— **sinterizzata** (*fis. atom.*), sintered pellet.
pasto opaco (*radiol.*), opaque meal.
— **opaco di bismuto** (*radiol.*), bismuth meal.
pastorizzare, *v.a.* to pasteurize.
pastorizzatore tubolare, tubular pasteuriser.
pastorizzazione, *f.* pasteurization.
patentamento, *m.* (*trattam. termico usato in trafileria*) (*mecc.*), patenting.
— **della vergella,** (*met.*), wire rod patenting.
— **di filo** (*met.*), wire patenting.
— **in aria** (*met.*), air patenting; patenting in air.
— **mediante immersione** (*trattam. term.*), (*met.*), batch patenting.
— **(linea di —),** patenting line.
patentare, *v.a.* (*met.*), to patent.
patentato, *p. p.* (*met.*), patented.
patente (*f.*) **di guida** (*auto*), driving licence.
— **per aviazione commerciale** (*aereo*), « B » licence.
paterazzi, *f.* (*naut.*), backstays.
paterazzo, *m.* (*naut.*), backstay.
patina, *f.* (*bronzo, legno*), patina.
— **per cuoio** (*grasso*), dubbing.
patinatura offset (*carta*), offset coating.
patio, *m.* (*processo per estrarre argento e oro*), patio process.
patogeno, *agg.* (*microbi*), pathogenic.
patrimonio netto (*comm.*) (*ragioneria*), net worth.
patrona, *f.* (*tess.*), pattern.
patronite (*min.*), patronite.

patta, *f.* (*arpione*), cramp iron.
patte (*dell'ancora*) (*naut.*), palms; flukes.
pattinaggio a rotelle (*sport*), roller skating.
pattini (*m. pl.*) **di tensione,** stretching slide rails.
pattino, *m.* collector shoe (*ing. elet.*); guide block; slide; slipper; skid (*aereo*).
— di atterraggio (*elic.*), landing skid.
— di coda (*aereo*), tail skid.
— di manovra (*aereo*), sidetracking skate.
pattinsonaggio, *m.* (*chim.*), pattinson process.
pattuglia (*f.*) **aerea** (*aereo*), aerial patrol.
pattugliatore, *m.* (*aereo*), patrol plane.
pattumiera, *f.* (*rifiuti*), dustbin; refuse bin; garbage can (USA).
— in plastica, plastic dust bin.
— zincata, galvanized dust bin.
pausa, *f.* standstill; stop(ping).
pavesare (una nave) (*naut.*), to dress (a ship).
pavimentare, *v.a.* to floor; to pave (*strade*).
— con conglomerati bituminosi (*strade*), to surface.
pavimentatrice (*stradale*), paver.
pavimentazione, *f.* paving; pavement; flooring.
— del manto stradale (*con conglomerati bituminosi*), surfacing.
— flessibile (*costr. str.*), flexible pavement.
— in asfalto, bituminous carpeting.
— in gomma (in piastrelle) (*costr.*), rubber flooring (in tiles).
pavimenti (*m. pl.*) **brevettati,** proprietary structural floors.
— componibili, floating floors.
pavimento, *m.* floor.
— a graticciato (*agr.*), slatted floor.
— a listoni, inlaid strip floor.
— a mattonelle di cemento, cement tile pavement.
— a mattonelle di terracotta, earthenware tile pavement.
pavimento a mattoni, brick paving.
— a mattoni messi a coltello, upright brick paving; brick on-edge paving.
— a tavolette, inlaid floor.
— di legno a listoni, simple boarded floor.
— di tavole, deal floor; batten floor.
— fortemente macchiato (*officine, ecc.*), heavily stained floor.
— in cemento, concrete floor.
— in legno, wood pavement.
— in pietra, stone floor.
— in pietre artificiali, floor in artificial stones.
— ondulato, corrugated floor.
pece, *f.* pitch.
— greca, colophony; common. rosin.
pechblenda, *f.* pechblende
pecioso, *agg.* pitchy.
pecora, *f.* sheep.
pectina, *f.* (*chim.*), pectin.
pedagna, *f.* (*naut.*), stretcher.
pedaggio (*autostradale*), toll.
pedale, *m.* pedal; treadle.
— avviamento (*di motociclette*), kickstarter crank.
— d'accoppiamento (*acust.*), coupler.
— del freno, brake pedal.
— dell'acceleratore, accelerator pedal.
— della frizione, clutch pedal.
— di espressione(*acust.*), swell pedal.
— freno posteriore (*motoc.*), rear brake crank.
pedaliera, *f.* (*aereo*), rudder pedals.
pedana (*di motoc.*), floor board; (U.S.A.) footboard; (*di legno a forma di griglia, che si usa sul pavimento di locali per bagni galvanici, ecc.*), duckboard.
pedata, *f.* (*di gradino*), tread.
pediatra, *m.* e *f.* (*med.*), paediatrician.
pediatria, *f.*, paediatrics.
pedivella, *f.* crank.
pedologia, *f.* (*scienza che studia le caratteristiche del suolo*), pedology.
— (esperto in —), pedologist.

pedometro, *m.* pedometer.
pegamoide, *m.* pegamoid.
pegmatite, *f.* (*min.*), pegmatite; (giant granite).
pelabile, *agg.* (*vernice, rivestimenti*), strippable; (*rivestimenti, film*), peelable.
pelargonico (acido —) (*chim.*), pelargonic acid.
pelargonidina, *f.* pelargonidin.
pelargonina, *f.* pelargonin.
pelatrice, *f.* (*lingotti*) (*met.*), peeler; peeling machine.
pelatura, *f.* (*barre, lingotti*), peeling.
pelitico, *agg.* (*geol.*), pelitic; argillaceous.
pellami, *m. pl.* leatherware.
pelle, *f.* hide; skin; leather (*pelle lavorata per borse, sedili, ecc.*).
— **conciata,** tanned skin.
— **cruda,** raw skin.
— **decarburata** (*o pelle dolce*) (*met., acciaio*), bark.
— **di arancia** (*o* **buccia di arancia**) (*su superficie di lamiera o di nastro*) (*met.*), orange peel; alligator skin (U.S.A.).
— **di camoscio** (*per pulire o asciugare*), chamois leather; wash leather.
— **di camoscio artificiale** (*auto*), artificial chamois.
— **di coccodrillo** (*vernici, smalti*), alligator hide; (*met.*), alligator effect; pebbling; crocodile skin.
— **di colata** (*met.*), skin.
— **di daino,** doeskin.
— **di laminazione** (*met.*), rolling skin.
— **di nero** (*falso taccone in forma di crosta di nero staccatosi dalla parete e penetrata nel getto*) (*met.*), blacking scab.
— **scamosciata,** chamois-dressed leather.
— **(finta —, similpelle),** (*cuoio*), simulated leather.
pellet, *f.* pellet.
— **cotte** (*min.*), fired pellets.
— **di combustibile** (*fis. atom.*), fuel pellet.
— **di minerale arricchito** (*min.*), enriched ore pellet.
pellet essiccate (*min.*), dried pellets.
— **indurite a caldo** (*min.*), heat-hardened pellets.
— **preridotte** (*con solidi miscelati al minerale, ecc.*), (*met.*), pre-reduced pellets.
— **preriscaldate** (*min.*), preheated pellets.
— **raffreddate** (*min.*), cooled pellets.
— **verdi** (*ossia crude, che devono essere trasportate e manipolate, non essendo meccanicam. molto resistenti*) (*min.*), green pellets.
— **(cottura delle —)** (*min.*), pellets firing.
— **(produrre — da)** (*min.*), to pellet (*to turn out pellets from*).
— **(ricavare — da),** to pellet.
pelletizzare, (*met.*), *v.a.* (*trasformare in pellets*) (*min.*), to pelletize.
— **il concentrato** (*min., met.*), to pelletize the concentrate.
pelletizzazione (*di minerale di ferro*) (*met.*), pelletizing; v. **impianto di — a griglia circolare;** v. **tamburo di —.**
— **a verde** (*min.*), green pelletizing; green balling.
— **del concentrato** (*min.*), pelletizing of the concentrate.
— **del minerale di ferro (processo di — del minerale di ferro)** (*min., met.*), iron-ore pelletizing process.
— **(forno di —),** pelletizing furnace.
— **(impianto di —)** (*min., met.*), pellet plant; pelletizing plant.
— **(processo di —)** (*met.*), pelletizing process.
— **(sistema di —)** (*met.*), pelletizing system.
pelletteria, *f.* peltry.
pellettiere, *m.* furrier.
pelliccia, *f.* fur.
— **di cinciglia,** *f.* chinchilla (*pr.* cin-cil'la).
— **di lontra di mare,** sea-otter.
— **di martora,** marten.
— **di orso,** bear.

pelliccia di procione (*o* orso lotore), raccoon.
— **di puzzola,** fitch.
— **di scoiattolo,** squirrel.
— **di topo muschiato,** musquash.
— **di visone,** mink.
— **di volpe,** fox.
— **di zibellino,** sable.
pellicola, *f.* film (*film, fot., chim.*); pellicle; thin skin; membrane; v. **film.**
— **a colori** (*fot.*), colour film; color film (U.S.A.).
— **ad emulsione vigorosa** (*fot.*), high density film.
— **a doppio strato** (*fot.*), double coated film.
— **a grana fina** (*fot.*), fine grain film.
— **a reticolo lenticolare** (*fot.*), lenticulated film.
— **autocroma** (*fot.*), autochrom-film.
— **cinematografica,** cinematograph film.
— **di passivazione** (*met., ecc.*), passivation film.
— **di prova** (*cinem.*), test film.
— **di sicurezza** (*cinem.*), non-flam film; safety film.
— **fotografica** (*fot.*), photographic film.
— **ortocromatica** (*cinem.*), ortho film stock.
— **pancromatica** (*cinem.*), pan film stock.
— **piana** (*fot.*), flat film.
— **positiva** (*cinem.*), positive film stock.
— **sonora** (*cinem.*), sound-film.
— **stripping** (*cartografia*), stripping film.
— **tricroma** (*fot.*), tricolour film.
pellucido, *agg.* pellucid.
pelo (*m.*) **dell'acqua,** water mark; water gauge.
pelouze, *m.* (*chim.*), pelouze; P tar extractor.
peltro, *m.* pewter.
peluche di cotone, cotton plush.
pendente, *m.* (*orol.*), pendant.
pendenza, *f.* slope; inclination; slope (*radio*); mutual conductance (*radio*); gradient (*top.*); down-grade (*top.*); (*strada*), rade.
pendenza del terreno, slope.
— **di fondo** (*idraul.*), slope of the bottom.
— **dinamica,** dynamic slope.
— **di una curva** (*radio*), slope of a curve.
— **di un tetto,** slope of a roof; inclination of a roof; angle pitch of a roof.
— **limite** (*di strada o ferrovia*), limiting gradient.
— **limite di frenatura** (*ferr.*), maximum braking gradient.
— **massima** (*agrim.*), limiting gradient; ruling gradient.
— **massima d'una linea** (*agrim.*), ruling gradient.
— **media** (*agrim.*), gradient.
— **nociva** (*agrim.*), excessive gradient.
— **non nociva** (*agrim.*), easy gradient.
— **superabile,** hill climbing (*riferito ad auto o motoc.*).
pendere, *v.i.* to hang.
pendino (*di linea catenaria*) (*ferr. elet.*), dropper.
pendio, *m.* (*geol.*), slope.
pendolare di fine settimana (*lavoratore*), weekend commuter.
pendolari, v. **ferrovia per —.**
pendolazioni, *f. pl.* (*di macchine elet. rotanti*), hunting.
« pendolino » (*gergo ferr.*), v. **elettrotreno ad assetto variabile.**
pendolo, *m.* pendulum.
— **a compensazione,** compound pendulum.
— **conico,** conical pendulum.
— **eccentrico,** eccentric pendulum.
— **semplice,** simple pendulum.
penetrante, *m.* (*chim., met.*), penetrant.
— **non acqueo,** nonaqueous penetrant.
— **(materiali —),** penetrant materials.
penetranti, *m. pl.* (*acceleranti permanenti*) (*chim.*), penetrants.

penetrare, *v.i.* to penetrate; to pass through; to permeate; (*rif. per es. a polveri*), to work one's way inside.
penetratore, *m.* (*prove di durezza*), penetrator; (*mecc.*), indenter.
penetrazione, *f.* (*sald., trivellazione*), penetration.
— **completa** (*sald.*), through penetration.
— **laterale,** side penetration.
— **(velocità di —),** penetration rate.
penetrometro, *m.* penetrometer
penetroscopio, *m.* penetrometer.
penicillina, *f.* (*med.*), penicillin.
penna, *f.* pen.
— **a sfera,** ballpen.
— **a punta di feltro,** felt-pointed pen.
— **con punta sintetica,** fibre point pen.
— **di un martello,** hammer pane (*or* pean, *or* peen).
— **elettrica per scrivere sull'acciaio,** electric pencil (for writing on steel).
— **luminosa** (*inform.*), light pen.
— **stilografica,** fountain-pen.
pennacchio, *m.* (*di fumo*) (*inquinamento*), plume.
— **di gas,** gaseous plume.
— **luminoso** (*che circonda il dardo di una fiamma carburante ossiacetilenica*), feather.
pennellessa (*f.*) **da formatore** (*fond.*), swab.
pennello, *m.* (*repellente*), current-fender (*or*) groyne (*cost. idraul.*); brush (*per pitturare*); (*di raggi*) (*ott.*), pencil.
— **d'imbianchino,** lime brush.
— **per maschere** (*smalti, ecc.*) stencil brush.
pennino, *m.* pen-nib; steel pen.
— **da disegno,** drawing pen.
pennone, *m.* (*naut.*), yard.
— **di maestra,** main yard
— **di mezzana,** cross jack yard.
— **di trinchetto,** fore yard.
penombra, *f.* penumbra.
pensile, v. **serbatoio —.**
pensilina, *f.* (*ferr.*), cantilever roof.
pensilina a sbalzo per marciapiedi (*stazione ferroviaria*), platform shelter.
pensionamento anticipato, early retirement.
— **(piano di privato —),** private pension plan.
— **(schema di — senza pagamento di ritenute da parte dell'impiegato),** non-contributory pension scheme.
pensione, *f.* (*ammontare*), pension; (*condizione, stato del pensionato*), retirement.
— **ai superstiti,** death benefit.
— **di anzianità,** retirement pension.
— **indicizzata,** indexed pension.
— **d'invalidità,** disability pension.
— **per limiti di età,** superannuation.
— **vedovile,** widow's pension.
— **(mettere in —),** to put on pension; to pension (*someone*) off.
pentacloroetano, *m.* (*chim.*), pentachloroethane.
pentaclorofenolo, *m.* (*chim.*), pentachlorophenol C_6Cl_5OH.
pentaedro, *m.* pentahedron.
pentaeritrite, *f.* pentaerythrite; pentaerythritol.
pentaeritritolo, *m.* (*chim.*), pentaerythritol.
pentagono, *m.* pentagon.
pentagriglia, *f.* pentagrid.
pentalandite, *f.* (*chim.*), pentalandite.
pentametilendiammina, *f.* pentamethylenediamine.
pentametilene, *m.* (*chim.*), pentamethylene.
pentametro, *m.* pentameter.
pentamotore, *m.* pentamotor.
pentano, *m.* (*chim.*), pentane $CH_3(CH_2)_3CH_3$.
pentasolfuro, *m.* (*chim.*), pentasulphide.
pentatlon (*sport*), pentathlon.
pentavalente, *agg.* (*chim.*), pentavalent.
pentil (*chim.*), pentyl.

pentimento, *m.* (*correzione da non eseguirsi*) (*bozze*), stet.
pentodo, *m.* (*radio*), pentode.
— **a fasci elettronici** (*elet.*), beam pentode.
— **a larga banda** (*elettron.*), wide-band pentode.
— **di potenza** (*elettron.*), power pentode.
— **schermato** (*termoion.*), screened pentode.
pentola a pressione (*articoli per cucina*), pressure cooker.
pentolame (*da cucina*), cookware.
pentosani, *m. pl.* (*chim.*), pentosans.
pentosi, *m. pl.* pentoses.
pentossido, *m.* (*chim.*), pentoxide
— **di azoto,** nitrogen pentoxide.
— **di fosforo,** phosphorous pentoxide.
— **di vanadio,** vanadium pentoxide.
pepe, *m.* pepper.
pepita, *f.* nugget.
pepsina, *f.* pepsin; pepsinase; pepsinum; peptase.
peptone, *m.* peptone.
per tentativi, *avv.* by trial and error.
pera (*di lampadine*) (*elet.*), glass bulb.
peracetico (acido —) (*chim.*), peracetic acid.
perbunan (*gomma sintetica*) (*chim.*), Perbunan.
percalle, *m.* (*tess.*), cambric.
percarbonato, *m.* (*chim.*), percarbonate.
— **di sodio,** sodium percarbonate.
percentuale, *f.* percentage.
— **apprezzabile,** appreciable percentage.
— **delle riserve auree nazionali** (*econ.*), gold-ratio.
— **di alcool nel sangue** (*guida auto*), blood-alcohol level.
— **di ore straordinarie,** percentage of overtime hours.
percezione del colore (*ott.*), colour perception.
— **della profondità** (*ott.*) (*auto*), depth perception.
perclorato, *m.* (*chim.*), perchlorate.
— **di piombo,** lead perchlorate.
— **di potassio,** potassium perchlorate.
perclorico (acido —) (*chim.*), perchloric acid.
percloruro, *m.* (*chim.*), perchloride.
percorrere, *v.i.* (*di onde sonore, vento, ecc.*), to travel.
percorsi alternativi (*autostrade, ecc.*), alternative routes.
percorso (*fis. atom.*), path length.
— **della corrente** (*elet.*), parth of current.
— **della corrente d'efflusso,** by-pass.
— **di atterraggio** (*aereo*), landing run.
— **di particelle** (*fis. atom.*), range.
— **di una particella (in g/cm^2)** (*fis. atom.*), mass range.
— **lineare** (*fis. atom.*), linear range.
— **massimo** (*di una particella*) (*fis. atom.*), maximum range.
— **medio** (*fis. atom.*), mean range.
— **(a breve —)** (*ferr.*) (*aereo*), short-haul.
percossa, *f.* shock.
percromato, *m.* (*chim.*), perchromate.
percussione, *f.* percussion.
percussore, *m.* (*armi*), striker pin; firing pin.
— **(sicurezza del —)** (*armi*), firing pin safety.
perder colpi (*mecc.*), stammer *v.i.*
— **quota** (*aereo*), to lose height.
perdere (bottiglia a —), non-returnable bottle.
— **(sacco a —)** (*imballi*), non-returnable bag.
perdita, *f.* loss; (*elet.*), drain.
— **al fuoco** (*nella produzione di acciaio*) (*met.*), ignition loss.
— **alla distillazione,** distillation loss.
— **di acqua,** loss of water.
— **di antenna,** aerial loss.
— **di attrito,** friction loss.
— **di calore,** loss of heat.
— **di carica,** loss of charge; pres-

sure loss (*pressione*); (*di pressione idrostatica*) (*ing. idraul.*), virtual slope.
perdita di carico (*idraul.*), loss of head.
— **di corrente,** leakage of current.
— **d'energia** (*elet.*), power loss.
— **di gas,** leakage of gas.
— **di lavoro,** loss of work.
— **di peso,** loss of weight.
— **di pressione,** pressure loss.
— **di quota** (*aereo*), loss of height.
— **di rigenerazione** (*fis. atom.*), reprocessing loss.
— **di tensione,** loss of tension.
— **di un dielettrico,** dielectric loss.
— **di velocità,** deceleration; (*aereo*), loss of speed.
— **di velocità nell'atterraggio** (*aereo*), pancake in landing.
— **magnetica,** magnetic leakage.
— **ohmica** (*per effetto joule*) (*elet.*), ohmic loss.
— **per attrito,** friction loss.
— **per difetto di tenuta,** loss due to leakage.
— **per effetto corona** (*elet.*), corona loss.
— **per evaporazione,** evaporation loss.
— **per isteresi** (*elet.*), hysteresis loss.
— **per radiazione** (*fis. atom., met.*), radiation loss.
— **per volatilizzazione** (*chim.*), volatilization loss.
— **uditiva** (*infortuni lavoro*), hearing loss.
— **uditiva da lavoro** (*impiego*), occupational hearing loss.
— **uditiva industriale,** industrial hearing loss.
— **uditiva permanente** (*infortuni lavoro*), permanent hearing loss.
— **uditiva provocata da rumore** (*infortuni lavoro*), noise-induced hearing loss.
perdite addizionali (*elet.*), stray losses.
— **di contatore** (*elet.*), meter losses.
— **dielettriche** (*elettron.*), dielectric losses.
perdite di esercizio (*comm.*) (*ragioneria*), operating losses.
— **di scorificazione** (*fond.*), cropping losses.
— **negli anelli collettori** (*elet.*) slip-ring losses.
— **nominali (in %)** (*aereo*), attrition rate.
— **parassite** (*elet.*), parasitic losses.
— **termodinamiche,** thermodynamic losses.
perfettamente pulito, spotlessly clean.
perforabile, *agg.* pierceable.
perforamento, *m.* piercing.
perforare, *v.a.* to pierce; to punch (*con un punzone*); to drill (*col trapano*); to bore (*p. terreno*); to perforate (*carta per bolli, ecc.*); (*utilizzando una tastiera*) (*calcol. elettron.*), to keypunch.
perforatore, *m.* rock-drill; perforator (*teleg.*); casing-gun (*ind. petr.*).
— **ad esplosione** (*petrol.*), gun perforator.
— **nastro** (*calcolatori elettron.*) tape puncher.
perforatrice, *f.* boring machine; borer (*per rocce*); drill (*min.*); perforating machine; (*mecc. e persona*) (*calcol. elettron.*), keypuncher; (*calcol. elettron.*), punch; puncher (*mecc.*) (*persona*).
— **a comando elettrico,** electric rock-drill.
— **ad aria compressa,** pneumatic drill.
— **ad iniezione d'acqua** (*miniere*), water-flush drill.
— **a getto** (*min.*), jet-nozzled rock bit.
— **all'arco elettrico** (*min.*), electric arc drill.
— **al laser** (*min.*), laser drill.
— **al plasma** (*min.*), plasma drill.
— **al plasma all'arco** (*min.*), plasma arc drill.
— **a percussione** (*min.*), percussion drill.
— **a punta di diamante,** diamond drill.

perforatrice a raggi elettronici (*min.*), electron beam drill.
— **a tastiera** (*calcol. elettron.*), keypunch; keyboard operated punch; keyboard punch.
— **da roccia** (*min.*), rock drill.
— **di nastro** (*elettron.*), paper tape punch.
— **di schede** (*elettron.*), card punch.
— **elettrica** (*min.*), electric drill.
— **lettrice di banda** (*inform.*), tape punch and reader.
— **meccanica,** power-drill; machine-drill.
— **nucleare** (*min.*), nuclear drill.
— **riepilogativa** (*inform.*), summary punch.
— **rotativa** (*min.*), rotary drill; rock drill.
perforazione, *f.* drilling; boring (*ing. civ.*); (*di schede*), punching.
— **alla corda** (*miniere*), rope-boring; rope-drilling; cable drilling.
— **al largo delle coste** (*petrol.*), offshore drilling.
— **a percussione** (*ind. petrol.*), percussive drilling; percussive boring.
— **col punzone,** punching.
— **del contenuto della memoria** (*elettron.*), dump-punch.
— **delle schede** (*calcol. elettron.*), card punching.
— **del nastro di carta** (*inform.*), papertape punching.
— **deviata** (*ind. petrol.*), directional drilling.
— **di galleria,** tunnelling.
— **di rocce** (*min.*), rock drilling.
— **di zonatura** (*calcol. elettron., inform.*), zone punching.
— **esplorativa** (*min.*), exploratory drilling; (*petrol.*), exploration boring.
— **fuori costa** (*petrolio*), offshore drilling.
— **offshore** (*petrol.*), offshore drilling.
— **orientata** (*ind. petrol.*), directional drilling.
perforazione termica (*petrolio*), thermic drilling.
— **(controllo del numero delle perforazioni)** (*elettron., inform.*), hole count check.
perforazioni della pellicola (*cinem.*), film perforations; sprocket holes.
perfosfato, *m.* (*chim.*), superphosphate.
pergamena, *f.* parchment.
pericinzio, *m.* (*punto più vicino alla luna di un oggetto in orbita lunare, lanciato da un altro corpo celeste*) (*astr.*), pericynthion.
pericolo (*m.*) **di esplosione,** danger of explosion.
— **di incendio,** danger of fire; (*chim., min., ecc.*), fire hazard.
— **di morte,** danger to life.
— **di radiazione** (*fis. atom., ecc.*), radiation hazard.
pericoloso, *agg.* (*che espone al pericolo*), hazardous; (*rischioso*), hazardous; dangerous; (*livello di contaminanti atmosferici pericolosi alla salute degli esseri umani*), level of air pullutants hazardous to the health of humans; (*materiali pericolosi*), hazardous materials; (*sostanze pericolose*), hazardous substances.
peridòto, *m.* (*chim.*), peridot; olivine.
periferia, *f.* periphery.
periferica, *agg.* **(apparecchiatura —)** (*calcol. elettron.*), peripheral equipment.
— **(unità —)** (*calcol. elettron.*), peripheral; peripheral unit.
periferiche grafiche (*inform.*), graphics peripherals.
periferici, *m. pl.* (*calcol. elettron.*), peripheral equipment; peripherals.
periferico, *agg.* e *nome*, peripheral.
— **(apparecchio —)** (*calcol. elettron.*), peripheral device.
— **(organo —)** (*calcol. elettron.*), peripheral device.
perikol, *m.* (*fot.*), perikol.
perimetro, *m.* perimeter; periphery.

periodato, *m.* (*chim.*), periodate.
periodicità, *f.* periodicity.
periodico, *agg.* periodic; (*chim.*), v. **acido —.**
periodo, *m.* (*fis. atom.*), period; cycle.
— d'ammortamento (*comm.*), payback period.
— di disintegrazione (*fis. atom.*), period of decay.
— di marcia a potenza ridotta, « off-peak » period.
— di permanenza (*met.*), holding time.
— di permanenza in forno di un lingotto (*met.*), track-time.
— orbitale (*tempo impiegato da un corpo in orbita per percorrere un'orbita completa*) (*astron.*), orbital period.
— radioattivo (*fis. atom.*), radioactive half-life; radioactive period.
perioduro, *m.* (*chim.*), periodide.
perire sul lavoro, to be killed at work.
periscopio, *m.* periscope.
peritettico, *agg.* (*met.*), peritectic.
perito, *m.* expert.
— agrimensore, surveyor; land surveyor.
— costruttore, building expert.
— elettrotecnico, diplomed electric engineer.
— estimatore, appraiser.
— liquidatore d'avaria, average adjuster.
— meccanico, diplomed mechanical engineer.
— navale, ship surveyor.
— stimatore (*per valutazione di deprezzamento al macchinario, ecc.*), qualified valuer.
— tessile, textilist.
perizia, *f.* survey (*stima*); expert advice.
— dei danni, damage survey.
— (certificato di —), survey report.
perla, *f.* (*ind.*), pearl.
— coltivata, cultivated pearl.
— di vetro, glass bead.
— sintetica, synthetic pearl.
perletizzare (*trattam. term., met.*), to isotherm anneal.
perlina di vetro, glass shot.
perlite, *f.* pearlite.
— lamellare, lamellar pearlite.
— globulare, globular pearlite; granular pearlite.
— globulizzata, v. **— globulare.**
— sferoidale, spheroidal pearlite.
perm (*unità di permeabità* (*mis., rocce*), perm; (v. def. ing.-ital.).
permanenza a regime (*met.*), soaking.
— a temperatura (*met.*), soaking.
— in temperatura (*met.*), soaking.
— nello spazio (*astron.*), stay in space.
— v. (tempo di —).
permanganato, *m.* (*chim.*), permanganate.
— di potassio, potassium permanganate.
permeabile, *agg.* permeable.
permeabilità, *f.* (*fis., elet.*), permeability.
— a secco (*terre di fond.*), dry strength.
— assoluta, absolute permeability.
— a verde (*terre di fond.*), green strength.
— del legno, permeability of wood.
— relativa (*rapporto fra la permeabilità di un materiale e la permeabilità del vuoto*) (*met.*), relative permeability.
— (forte —), high permeability.
permeametro, *m.* (*elet.*), permeameter.
permeanza, *f.* (*elet.*), permeance.
permesso (*m.*) **d'esportazione,** export license.
— di esplorazione petrolifera lungo le coste, onshore petroleum exploration licence.
— di estrazione (*gas, petrolio, ecc.*), exploitation permit.
— di perforazione (*miniere, petrol.*), drilling licence.
— (senza il — del costruttore), without maker's permission.
permettere, to afford; to allow.
permettività, *f.* permettivity.

permuta di macchine (*auto, ecc.*) **usate, acquistandone delle nuove** (*comm.*), trading-in; trade-in.
permutare una macchina (*auto, ecc.*) **usata acquistandone una nuova,** to trade in.
permutatore, *m.* (*elet.*), permutator.
permutazione, *f.* (*mat.*), permutation.
— **dei fili collegati in parallelo** (*elet.*), transposition of parallel wires.
permutite, *f.* (*chim.*), permutit.
perni (*m. pl.*) **di centramento del tubo a fiamma** (*aereo*), flame tube locating bolts.
perno, *m.* pin; bolt; journal (*di albero*); pivot (*or* pin) (*orol.*).
— **a forchetta,** fork pin.
— **a vite,** screw bolt.
— **cilindrico,** cylindrical pin.
— **conico** (*orol.*), conical pivot.
— **d'appoggio,** supporting journal; neck-journal (U.S.A.).
— **d'articolazione** joint-pin.
— **del bilanciere,** pivot pin.
— **della valvola,** valve plug.
— **dello snodo,** link bolt.
— **dello stantuffo,** gudgeon.
— **del pistone,** gudgeon pin.
— **di ancoraggio** (*auto*), anchor pin.
— **di arresto** (*mecc.*), stop pin.
— **di attacco,** joining pivot.
— **di bozzello,** pin.
— **di centraggio,** dowel; grub.
— **di guida,** pivot.
— **di fissaggio,** steady pin.
— **di rotazione,** journal.
— **di rubino** (*orol.*), ruby pin.
— **di spinta,** thrust block; thrust bearing.
— **di spinta ad anelli,** trunnion with collars.
— **di sterzaggio** (*auto*), kingpin.
— **di trasmissione** (*mecc.*), drive pin.
— **inclinato,** angle pin.
— **infisso a secco** (*mediante utensili a sparo*), fired pin.
— **michell,** michell bearing.
— **passante,** bolt.
perno portante, supporting journal.
— **prigioniero,** stud-bolt.
— **sferico,** ball journal (*or* pivot); spherical journal (U.S.A.).
pernotto (*m.*) **galleggiante** (*mot.*), floating gudgeon pin.
perossido, *m.* (*chim.*), peroxide.
— **di idrogeno,** hydrogen peroxide.
— **di manganese,** v. **biossido di manganese.**
— **di piombo,** lead peroxide.
perpendicolare, *f. agg.* perpendicular *n. agg.*
persiana, *f.* (*costruz.*), blind; jalousie.
— **avvolgibile** (*cost.*), roller blind.
— **del radiatore,** louvre.
— **per radiatore,** radiator shutters.
persolfato, *m.* (*chim.*), persulphate.
— **di ammonio,** ammonium persulphate.
— **di piombo,** lead persulphate.
persolfuro, *m.* (*chim.*), persulphide.
persona a carico (*pensioni, ecc.*), dependant.
personale, *m.* staff; personnel; manning.
— **addetto al brillamento delle mine** (*min.*), blasting personnel.
— **addetto alle ricerche,** research staff.
— **della lampisteria di una miniera di carbone** (*min.*), colliery lamproom staff.
— **di esperti,** staff of experts.
— **dirigente d'una fabbrica,** works supervisory staff.
— **di una fonderia,** foundry personnel.
— **effettivo,** work force.
— **qualificato,** semi-skilled personnel.
— **(provvedere di —)** (*una fabbrica, negozio, ecc.*), to staff *v.a.*
personalizzabile (*inform.*), customizable; (customisable).
personalizzazione (*adattamento p. es. di tastiera per uso personale*) (*inform.*), customising; customizing (U.S.A.); customisation.

pertica, *f.* perch (*misura di 10 piedi circa*).
perturbazione, *f.* (*astron.*), perturbation.
— **magnetica** (*elet.*), magnetic disturbance.
perturbazioni solari (*astron.*), solar disturbances.
pesa (*f.*) **automatica per farina,** flour weigher.
pesante di testa (*che ha il « muso » pesante*) (*aereo*), nose-heavy.
pesare, *v.a.* to weigh.
pesatore, *m.* (*addetto alla pesa*), weighman.
pesatrice lingotti (*met.*), ingot-weighing unit.
pesatura fondenti (*met.*), flux weighing.
pescaggio, *m.* (*naut.*), draught; draft.
— **a carico** (*naut.*), loaded draught.
— **(tecnica di —)** (*ind. petrol.*). fishing technique.
pescare, *v.i.* (*naut.*), to draw.
pescatore, *m.* (*petrol.*), spear.
pesce, *m.* (*tip.*), out.
— **(olio di —),** fish oil.
peschereccio, *m.* (*naut.*), fishing boat.
pesci (*astron.*), pisces.
pesi (*m. pl.*) **tarati,** calibrated weights.
peso, *m.* weight.
— **aderente,** adhesive weight.
— **atomico,** atomic weight.
— **atomico fisico** (*fis. atom.*), physical atomic weight.
— **atomico in cifra tonda** (*fis. atom.*), rough atomic weight.
— **atomico relativo** (*fis. atom.*), relative atomic weight.
— **a vuoto** (*aereo*), tare weight.
— **assoluto,** absolute weight.
— **condizionato** (*tess.*), conditioned weight.
— **del carico accidentale,** weight due to traffic load.
— **di combinazione,** combining weight.
— **in grammi,** mole.
— **lordo,** gross weight.
peso lordo con imballo marino, gross shipping weight.
— **massimo,** maximum weight.
— **minimo,** minimum weight.
— **molecolare,** molecular weight.
— **molecolare in grammi,** mole.
— **morto,** dead weight.
— **netto,** net weight.
— **permanente,** permanent weight.
— **psofometrico** (*telef.*), psophometric weight.
— **specifico,** specific weight, gravity; v. **registratore del —.**
— **specifico apparente,** bulk density.
— **standard** (*tess.*), standard weight.
— **totale** (*in ordine di volo*) (*aereo*), gross weight; flying weight; all-up weight.
— **vivo,** live load.
pestare, *v.a.* to pound (*ridurre in polvere*); to ram (*costipare, comprimere*).
— **con un pestello,** to bray with a pestle; to pestle.
pestatura, *f.* pounding; beating; ramming.
pestello (*m.*) **da mortaio,** pestle.
petardo, *m.* (*ferr.*), fog signal.
petrografia, *f.* petrography.
petrografico, *agg.* petrographic.
petrografo, *m.* petrographer.
petrolato, *m.* (*chim.*), petrolatum (petroleum jelly; mineral fat; petroleum ointment).
petrolchimici (*chim.*), petrochemicals.
petroliera, *f.* oiler; tanker; oil tanker.
— **di costruzione italiana,** Italian-built tanker.
— **(incidente ad una —),** oil tanker accident.
petrolifera, -o, *agg.* petroliferous; oil-bearing.
— **(regione —),** petroliferous region; oil-bearing region.
petroliferi (*titoli*) (*borsa*), oils; oil shares.
petrolio, *m.* petroleum; oil.
— **combustibile,** oil-fuel; fuel-oil.
— **desolforato,** sweet oil.

petrolio greggio (*o* grezzo), crude oil.
— **greggio leggero** ,light crude oll.
— **non aromatico,** aromatic-free petroleum.
— **raffinato,** refined oil; refined petroleum.
— **sintetico,** synthetic oil.
— **(apparecchio per l'esame del — grezzo),** crude sampler.
— **(raffinare il —),** to refine petroleum.
— **(serbatoio di —),** petroleum tank.
petrologia, *f.* (*geol.*), petrology.
pettinare, *v.a.* (*tess.*), to comb.
pettinato, *agg.* (*tess.*), worsted.
pettinatrice (*tess.*), comber.
— **doppia** (*da lino*), duplex heckling machine.
— **Nasmith** (*tess.*), Nasmith comber.
— **per cascami di seta** (*tess.*), dressing machine.
pettinatura (*f.*) **del lino** (*tess.*), heckling; flax heckling.
pettine, *m.* (*fond.*), stripping plate.
— **a mano per esterni ed interni** (*utensile*), thread chaser.
— **del combinatore** (*tess.*), contact piece.
— **di espansione** (*tess.*), expansion comb.
— **filettatore** (*utensile*), thread chaser.
— **in fino** (*tess. lino*), fine heckle.
— (*per pettinare il lino a mano*) (*tess.*), hecke.
— **in grosso** (*tess.*), long raffer; coarse heckle.
— **metallico,** metallic comb.
— **oscillante** (*tess.*), vibrating comb.
— **per filettare,** v. **pettine filettatore.**
— **per tagliare viti,** chaser; chasing tool; screw chaser.
— **rotante** (*tess.*), revolving comb.
pezzare, *v.a.* (*minerali*), to size.
pezzatura, *f.* (*min.*), (ore) size; (coal) size (*carbone*); sized ores (*minerali in pezzatura*).
— **del coke** (*min.*), coke sizing.
— **del coke (impianto di —)** (*min.*), coke sizing plant.
pezzatura 20÷40 di calcare (*agglomerazione*), size of lime particles 20 to 40 mm.
pezzi (*refrattari*) **per bruciatori,** burner refractories.
— **di automobile contraffatti** (*non originali*), « gipsy parts ».
— **prodotti con imbutitura,** pressings.
pezzo, *m.* (*mecc.*), workpiece; component; piece; job; part; (*artiglieria*), piece; gun; (*tubazione*), joint.
— **a croce** (*tubazione*), cross joint; cross piece.
— **aggiunto** (*ad un meccanismo*), adapter.
— **a gomito,** elbow joint.
— **a T,** T-joint; T-piece.
— **da forgiare** (*met.*), stock.
— **di macchina,** piece of a machine.
— **di raccordo,** connecting piece.
— **di raccordo ad angolo retto per tubi isolanti** (*elet.*), elbow; sharp-bend.
— **di ricambio,** spare piece; replace part; spare part; replacement component.
— **di rinforzo,** stiffener.
— **finito,** finished piece.
— **forgiato,** forged piece; forging.
— **fucinato,** forged piece; forging.
— **fuso,** casting.
— **intercambiabile,** interchangeable part.
— **lavorato a macchina** (*mecc.*), machined component.
— **mobile** (*mecc.*), loose piece.
— **molto sollecitato,** overstrained piece.
— **per una prova,** test piece.
— **premente,** pressure piece.
— **sagomato** (*per tubazioni*), pipe fitting; make-up piece.
— **sagomato per tubo, a doppio gomito,** twin elbow.
— **sagomato per tubo, a T a un gomito,** single sweep tee.
— **stampato a caldo** (*met.*), dropforging; swaged forging.
— **stampato a freddo,** cold stamping.

pezzo unificato (*met.*, *mecc.*, *ecc.*), standard part.
— **(centrare un —)**, to centre a work (piece).
— **(fissare un —)**, to fix (*or*) to set up a workpiece.
— **(il — gira a tondo)**, the work runs true.
— **(il —) non gira a tondo**, the work runs out of truth.
— **(montare un — al tornio)**, to put a work in the lathe.

pH differenziale (*chim.*), differential pH.
— **(valore —)** (*chim.*), pH-value.

phon, *m.* (*acust.*), phon (unit of loudness).

phot, *m.* phot.

piaccametro, *m.* (*chim.*, *ecc.*), ph meter.

pialla, *f.* plane; planer (*piallatrice*).
— **a carbone** (*min.*), coal plough; stripper.
— **a filo**, combination planer.
— **a fossa**, pit planer.
— **concava**, hollow plane.
— **convessa**, round plane.
— **da legno**, wood planing machine.
— **da piano e filo** (*faleg.*), cutting plane.
— **da smussare**, bevelling machine.
— **per femmine**, grooving plane.
— **per maschi**, tonguing plane.
— **per maschi e femmine**, grooving and tonguing plane.
— **per rotaie** (*ferr.*), rail plane.
— **per sgrossare**, jack plane.
— **rotativa**, rotary planer.

piallabilità, *f.* (*di un legno*), planability.

piallaccio, *m.* veneer.

piallare, *v.a.* to plane; to plane off.
— **circolarmente**, to plane round.
— **esattamente**, to plane true.
— **obliquamente**, to plane at an angle.
— **sotto angolo**, to plane at an angle.
— **un pezzo**, to plane a piece.

piallare verticalmente, to plane vertically.

piallatore, *m.* planer; plane operator.

piallatrice, *f.* (*macch. ut.*), planing machine; planer.
— **a colonna semplice**, single column planer.
— **a due montanti**, standard planer; double housing planer (U.S.A.).
— **a fossa**, pit planer.
— **aperta**, open side planer.
— **a pilastro**, single column planer.
— **a rulli**, planing machine with cylindrical cutter.
— **a tavola divisa**, divided-table planer.
— **a un montante** (*macch. ut.*), single-column planing machine; open-side planer.
— **combinata per superfici piane e curve**, combined curve and side planing machine.
— **con testa a fresare, ad alesare** (*macch. ut.*), combined milling and boring planer.
— **da piano**, surface planing machine; surfacer.
— **da piano e filo**, smooth planer; smoothing planer.
— **da spessori**, parallel planing machine; thicknessing machine (*per tavole*).
— **dei bordi** (*tubificio*) (*met.*), edge-planing machine.
— **di finimento**, planing machine.
— **di rotaie** (*macch. ut.*), rail planer.
— **fresatrice** (*macch.*, *ut.*), combined planing and milling machine.
— **idraulica** (*macch. ut.*), hydraulic planer.
— **laterale**, side planing machine; side planer.
— **longitudinale**, long planer; long planing machine.
— **meccanica a due montanti**, v. — **a due montanti.**
— **orizzontale**, horizontal planer; horizontal planing machine.
— **per bordi di lamiere** (*macch.

ut.), plate-edge planing machine; plate-edge planer.

piallatrice per cave da chiavette, keyway cutting machine; keyway planer; heyway planing machine.

— **per impellicciature,** veneer cutting machine.

— **per ingranaggi,** gear cutting machine.

— **per lamiere,** plate planer.

— **per raffilare lamiere,** plate edge planer.

— **per riprodurre** (*macch. ut.*), copying planer.

— **per sagome,** moulding machine.

— **per squadrare,** squaring up machine.

— **per superfici curve,** radius planer; planer for curves.

— **per superfici parallele,** parallel planer.

— **per teste di rotaie** (*macch. ut.*), rail-head planer.

— **rapida,** high speed planer; high speed planing machine.

— **rapida per acciaio,** high speed planer.

— **rotativa** (*macch. ut.*), v. **tornio frontale.**

— **scraper** (*min. carbone*), scraper plough.

— **sgrossatrice per lingotti** (*macch. ut.*), ingot planing machine.

— **universale,** universal planer; universal planing machine.

— **verticale,** vertical planing machine; vertical planer.

piallatura, *f.* planing; (*trucioli*), shavings.

— **circolare,** circular planing; round planing.

— **sotto angolo,** angle planing.

— **verticale,** vertical planing.

pialletto, *m.* small plane; bricklayer's plane (*per muratori*); smoothing plane.

piallone, *m.* trying plane.

pian parallelo, v. **blocchetto — parallelo.**

piana, *f.* plank (*travicello*); joist; stave; square-stone (*pietra*).

pianale (*trasporti*) (*auto*), platform.

pianella, *f.* (*per tetti*), tile.

— **di argilla,** earthenware slab.

pianerottolo, *m.* (*cost.*), landing.

pianetto di compensazione, balancing surface.

piani (*m. pl.*) **di comando** (*aereo*), control surface.

— **inclinabili** (*macch. ut., mecc.*), sine tables (work-holding sine tables), (*machining and inspeetion*).

— **ottici,** optical flats.

— **seno** (*macch. ut., mecc.*), sine tables (*machining and inspection*).

pianificazione, *f.* (*programmazione*) (*costr. ed.*), planning.

— **dei trasporti,** transportation planning.

— **finanziaria,** financial planning.

— **globale** (*econ.*), comprehensive planning.

— **regionale dei trasporti** (*traffico*), regional transport planning.

piano, *m.* (*di casa*), floor; story; storey; (*pianta*), plan; (*geom.*), plane; (*naut.*), plan; (*pittura*), ground; (*di una gabbia*) (*min.*), deck; *agg.* level; flat (*piatto*).

— **a curve di livello,** contour map.

— **aerodinamico,** airfoil.

— **a magnete permanente** (*di rettificatrice*), permanent-magnet chuck.

— **a rulli** (*met., treni finitori, ecc.*), roller table.

— **a rulli di avvicinamento** (*laminatoio met.*), mill approach table.

— **a rulli dietro cesoia** (*laminatoio met.*), after-shear table.

— **a rulli di evacuazione** (*laminatoio met.*), after-shear table; delivery (*or* run-out) roller table.

— **a rulli di evacuazione e di adduzione al susseguente treno per nastri** (*laminatoio met.*), after-shear table and strip mill approach table.

— **a rulli di lavoro** (*laminatoio met.*), mill work table.

piano a rulli di ricevimento lingotti (*laminatoio met.*), ingot receiving table.
— **a rulli di uscita dal treno** (*laminatoio met.*), mill runout table.
— **caricatore** (*ferr.*), loading platform.
— **cristallografico,** crystallographic plane.
— **d'elettrificazione,** electrification project.
— **della sezione longitudinale** (*naut.*), plan of the longitudinal section.
— **della sezione maestra** (*naut.*), plan of the midship section.
— **della tavola,** surface of table.
— **dell'incudine,** anvil face.
— **del martello,** hammer face.
— **del mettifoglio** (*tipog.*), feedboard.
— **di aggiustaggio,** surface plate.
— **di avvertimento** (*aereo mil.*), warning zone.
— **di carica** (*di altoforno, ecc.*) charging platform.
— **di carico** (*auto*), load deck.
— **di coda** (*aereo*), tail boom.
— **di colaggio** (*met.*), casting floor.
— **di contatto,** tangent plane.
— **di coperta** (*naut.*), deck plan.
— **di deposito** (*di billette*) (*met.*), storage bank.
— **di faglia** (*geol.*), fault plane; fault surface.
— **di fondazione,** foundation plant; bearing surface; plan of foundation.
— **di geminazione** (*cristall.*), twinning plane.
— **d'impulso** (*orol.*), impulse face.
— **d'insieme,** general plan.
— **d'intersezione,** plane of intersection.
— **d'inviluppo** (*ingranaggi*), rolling plane.
— **di lavoro,** programme of work; works plan; (*di rettificatrice*), flat surface.
— **di montaggio,** assembly drawing.
— **di officina** (*met.*), floor line.

piano di proiezione, plane of projection.
— **di raffreddamento** (*lamin. met.*), cooling bed.
— **di riferimento,** nominal surface.
— **di riferimento degli scandagli,** M.L.W.S. (mean low water spring).
— **di riscontro,** surfate plate.
— **di rotazione,** plane of rotation.
— **di selezione** (*vagliatura*), screening deck.
— **di scorrimento,** sliding surface; (*ferr.*), road; (*met.*), sliding plane.
— **(*o* piattaforma) di servizio,** service platform.
— **di simmetria,** plane of symmetry.
— **di slittamento** (*met., cristall.*), slip plane.
— **di sondaggio,** plan of boring.
— **d'uscita dei fogli stampati** (*tipog.*), delivery table.
— **focale,** focal plane.
— **generale** (*dello stabilimento, ecc.*), plant layout.
— **inclinato** (*di autocarri, ecc.*) (*mecc.*), tilt-bed; inclined plane.
— **inclinato automotore** (*miniera*), incline.
— **inclinato di caricamento,** inclined hauling runway.
— **inclinato elicoidale,** spiral chute.
— **inclinato per trazione automatica,** inclined plane railway.
— **longitudinale** (*naut.*), profile; plan; sheer.
— **magnetico** (*macch. ut., mecc.*), magnetic chuck.
— **normale,** normal plane.
— **orizzontale** (*naut.*), half-breath plan; horizontal plane.
— **orizzontale fisso** (*aereo*), horizontal stabilizer.
— **osculatore,** plane of osculation.
— **ottico,** optical flat.
— **per serrare le forme** (*tip.*), imposing stone.
— **porta pezzo,** work-table.
— **quotato,** contour map (*or* plan); (*top.*), dimensioned plan.
— **regolatore,** (town) planning.

piano reticolare, lattice plane.
— **scorrevole del torchio** (*tipog.*), type bed.
— **stradale,** roadway.
— **tangente,** tangent plane.
— **terreno,** ground floor.
— **tornito di testa,** faced surface.
— **trasferimento lamiere** (*met.*), plate transfer bed.
— **verticale** (*aereo, naut.*), body plan; vertical plane.
— **verticale della nave** (*naut.*), body plan.
— **(— americano)** (*cinem.*), two shot.
— **(minatore addetto a un —)** (*min.*), incline man; jig; jigger.
— **(primissimo —),** (*cinem.*), big close up.
— **(primo —)** (*fot.*), foreground; (*cinem.*), close-up.
— **(tracciamento del — quotato)** (*agrim.*), contouring.
pianta, *f.* plan; (*bot.*), plant.
— **di edificio,** plan of a building.
— **d'insieme,** plan of site; general plan.
— **di un'ala** (*aereo*), plan of a wing.
— **oleifera,** oleiferous plant.
— **orizzontale,** horizontal section.
— **primo piano,** first floor plan.
— **scantinato,** basement plan.
— **tessile,** fibre plant.
piantagione, *f.* plantagion.
piantana, *f.* (*cost.*), pedestal; (*lampada a stelo*) (*elet.*), floor lamp.
piantapatate (*agr.*), potato planter.
piantare un chiodo (*mecc., faleg.*), to drive a nail.
piantatrice, *f.* (*agr.*), planter.
piantone dello sterzo (*auto*), steering column.
— **dello sterzo ad assorbimento d'urto** (*auto*), collapsible steering column; impact-absorbing column; energy absorbing steering column.
— **dello sterzo non regolabile** (*auto*), non-adjustable column.
— **di guida telescopico** (*auto*), adjustable steering column (which telescopes on serious impact).
piastra, *f.* (*di metallo*), plate; (*inform.*) (*elettron.*), circuit board.
— **a cassetta con dolby** (*audio*), cassette deck with Dolby noise reduction system.
— **a cassetti** (*elet.*), box plate.
— **a muro,** wall plate.
— **a sacche** (*elet.*), pocket plate.
— **corazzata,** ironclad plate.
— **d'appoggio** (*ferr.*), rail-chair.
— **d'arresto,** stop plate.
— **di accumulatore,** accumulator plate.
— **di ancoraggio,** anchor plate.
— **di blindaggio** (*met.*), armour plate.
— **di caldaia,** boiler plate.
— **di chiusura,** cover plate.
— **di deviazione** (*radio*), deflecting plate.
— **di espansione** (*inform.*), expansion board.
— **di fissaggio,** clamping plate.
— **di fondazione di macchina,** machine foundation plate.
— **di protezione** (*elet.*), protecting shield; (*aereo*), (*contro il calore del gas di scarico; riferito alla parte posteriore di disco di turbina*), insulation plate.
— **di tenuta del compressore,** compressor sealing plate.
— **di scorrimento** (*ing. elet.*). gliding plate.
— **di terra** (*elet.*), earth plate.
— **di un registratore** (*comprendente la parte elettronica e meccanica*) (*audio*), tape deck.
— **in calcestruzzo,** concrete slab.
— **in cemento armato,** reinforced concrete slab.
— **laterale** (*di motori elet.*), end shield.
— **metallica,** platen.
— **murale,** wall plate.
— **per armamento** (*ferr.*), groundplate; tie plate; bottom-plate.
— **porta stampi** (*pressofusione*), die plate; bolster plate.
— **stampata** (*inform.*) (*elettron.*), printed circuit board.
piastre tubiere (*naut.*), tube plates.
piastrella, *f.* (*pavimenti*), floor t le.

piastrella di protezione termica (*navetta spaziale*), thermal protection tile.
— **di vetro,** glazed slab.
— **fonoassorbente per pavimenti** (*costr.*), sound absorption tile.
— **per pavimento antisdrucciolo** (*costr.*), non-slip floor tile.
— **per pavimento in ceramica vetrificata** (*costr.*), vetrified ceramic floor tile.
piastrina, *f.* plate; (*fabb. tubi*), v. **saldatrice piastrine; dispositivo rompi piastrine.**
— **a cuscinetto** (*ferr.*), chair plate.
— **di aggiustaggio,** shim.
— **di appoggio,** bearing plate; (*ferr.*), sole (*or*) sole plate.
— **di silicio con un certo numero di circuiti** (*inform.*), silicon chip.
— **di stringimento** (*ferr.*), clamping plate; clip.
— **elastica** (*ferr.*), elastic plate.
piastrone, *m.* plate.
piattabanda, *f.* (*cost. civ.*), flat arch; straight arch.
— **a paramento visto,** purpose-made brick flat arch.
— **con mattoni ordinari a cuneo,** axed brick flat arch.
— **con mattoni ordinari su misura,** gauged flat arch.
piattaforma, *f.* platform; (*aereo*), platform.
— **a griffe** (*coppaia*), jaw chuck.
— **a punte** (*coppaia*), chuck with holdfast.
— **a viti** (*coppaia*), bell chuck.
— **continentale** (*geol.*), continental shelf.
— **della messa in moto** (*naut.*), starting platform.
— **della sala di tracciamento,** scrieve board; (S. B.).
— **di appontaggio** (*per elicotteri*) (*mil., naut.*), helicopter platform.
— **di caricamento,** loading platform.
— **di controllo** (*macch.*), control pulpit.
— **di fissaggio** (*tornio*), plate for fixing work.
piattaforma di lancio (*missili*), gantry; (*satelliti, ecc.*), launch pad.
— **di montaggio** (*cost.*), erecting stage.
— **di perforazione e produzione petrolifera** (*petr.*), drilling and production platform.
— **di perforazione petrolifera** (*petrolio*), drilling platform; oil platform; drilling oil platform.
— **di pesatura** (*rottame met.*), weighing scale.
— **di piegamento** (*naut.*), bending slab.
— **di sollevamento,** cage.
— **di telecamera** (*telev.*) (U.S.A.) stacker.
— **di trivellazione** (*petrolio*), drilling platform.
— **di un tornio** (*coppaia*), face plate; lathe chuck.
— **galleggiante** (*petrol.*), floating platform.
— **galleggiante provvisoria** (*petr.*), jack-up platform.
— **girevole** (*ferr.*), turnplate; turning platform.
— **girevole a croce** (*ferr.*), two-way turn-table.
— **girevole a stella** (*ferr.*), multi-way turn-table.
— **girevole incassata** (*ferr.*), sunk turn-table.
— **girevole semplice** (*ferr.*), single line platform.
— **interplanetaria** (*astron.*), interplanetary platform.
— **magnetica,** v. **mandrino,**
— **menabriglia** (*tornio*), driving plate.
— **per tornio,** chuck.
— **petrolifera** (*petrolio*), production platform.
— **semi-sommergibile** (*petrolio*), semi-submersible platform.
— **spaziale** (*astron.*), space platform.
— **stradale** (*agrim.*), formation; formation level.
— **universale** (*tornio*), universal face plate.

piattello (*m.*) **con 7 buchi per colorire viti** (*orol.*), bluing pan.
— **della valvola,** valve disc; valve head (*or* shoulder); spring plate.
— **delle punterie** (*motori*), tappet plunger.
piatti (*m. pl.*) **di acciaio legato** (*met.*), alloy steel plates.
piattina, *f.* metal strip.
— **di raffreddamento** (*met.*), cooling plate.
— **laminata a freddo,** cold rolled steel strip; cold rolled steel hoop.
piattine per filettare per orologiai (*orol.*), watchmakers' screw plates.
piatto, *m.* (*met.*), flat; flat bar; flat steel bar; plate; *agg.* flat.
— **a gorgogliamento,** bubble tray.
— **del freno** (*auto.*), brake plate.
— **di acciaio al carbonio** (*met.*), carbon steel plate.
— **di bilancia,** scale.
— **di irrigidimento** (*mecc.*), stiffening plate.
— **di manovra** (*ferr.*), turnplate.
— **di una pressa,** platen.
— **di un treppiede** (*top.*), tripod top.
— **frazionatore** (*chim.*), fractionator tray.
— **per lavaggio di minerali di pregio** (*min.*), batea; wash pan.
— **portadischi,** turntable.
— **porta ganasce** (*auto*), torqueplate.
piazzale di discarica (*min.*), unloading ore yard.
— **di miniera** (*per deposito temporaneo di legname, ecc.*) (*min.*), stockyard.
piazzamento, *m.* (*di pezzi, macchine ecc.*), installation (*di macchine*); setting up; (*costr.*), positioning.
— **delle sezioni del ponte,** positioning of the bridge sections.
piazzare, *v.a.* to position.
— **una macchina,** to instal a machine.
— **un chiodo,** to drive in a nail.
piazzare un utensile, to hold a tool; to set up a tool; to fix a tool.
piazzola di garage, garage forecourt.
picca (*ferro per piccaggio*) (*met.*), poker.
piccaggio (**ferro per —**) (*met.*), poker.
picchè, *m.* (*tess.*), piqué.
picchettato, *p. p., agg.* (*vernici, smalti*), crackled.
picchettatura, *f.* (*agrim.*), pegging off; pegging out; staking off.
picchetto, *m.* peg; station peg; (*caposaldo*), main station peg; datum.
— **di antenna** (*radio*), earth rod.
— **secondario,** subsidiary station peg.
picchi di carico (*navi da carico*), king posts.
picchiata, *f.* (*aereo*), dive; (*di auto, all'atto della frenatura*) (*auto*), nose-dive (*of a car, on braking*).
— **cieca** (*aereo*), blind dive.
— **in spirale** (*aereo*), corkscrew spin.
— **verticale** (*aereo*), nose dive.
— **visiva** (*aereo*), visual dive.
— (**scendere in —**), to dive.
picchiettamento, *m.* chipping.
picchiettato, *p.p.* spotted.
picchiettare, *v.a.* to chip.
— **con calcestruzzo,** to ram with concrete.
picchiettatura, *f.* (*vernici*), crackle finish.
picco, *m.* (*naut.*), gaff.
piccola (*agg.*) **automobile,** minicar; small motor-car.
— **caloria,** small calorie; gram-calorie.
— **dimensione,** small size.
— **moltiplica** (*ingr.*), low gear.
— **riparazione,** small repairs.
— **testa di biella,** small end of connecting rod.
— **velocità,** low-speed.
piccolo, *agg.* small; little.
— **aeroplano,** small aeroplane.
— **apparecchio radio,** midget.
— **modello,** small model.
picnometro, *m.* pyknometer.

picofarad, *m.* (*elet.*), pico-farad.
picolina, *f.* (*chim.*), picoline.
picosecondo, *m.* picosecond.
picotite, *f.* (*min.*), picotite; chrome spinel.
picramico, *agg.* picramic.
picrato, *m.* (*chim.*), picrate.
picrico, *agg.* picric.
piè d'oca (*funi*), triangular mesh; crowsfeet.
— **d'oca scorrevole,** running crowsfeet.
— **d'opera (a —),** on the site.
piede, *m.* foot; (*sopporto*), support.
— **cubico,** cubic foot.
— **del cilindro,** cylinder foot.
— **del dente,** root of tooth.
— **del dritto di poppa** (*naut.*), sole-piece.
— **dell'albero** (*naut.*), mast-heel.
— **del lingotto** (*met.*), butt.
— **del sopporto,** bearing foot.
— **di biella,** small end.
— **di pollo** (*difetto del legno*), heart shake.
— **di una colonna** (*cost. civ.*), base of a column; (*macch. utensili*), foot of a column; foot of a pillar.
— **quadrato,** square foot.
piedestallo (*m.*) **di fondazione,** foundation frame.
piedi al minuto, ft/min.
— **(in —)** (*composizione tipografica*), standing; (*tenere in — la composizione*), to keep type standing.
piedino del quadrante (*orol.*), dial foot.
— **di macch. da cucire,** pressure-foot.
— (*m.*) **di pressione** (*micrometro*), presser foot.
— **premistoffa** (*macch. da cucire*), presser foot.
piedritto, *m.* (*di ponte*) (*cost.*), abutment (*di volta*); pier; pillar; post (*sostegno*) leg-piece (*centina*).
piega, *f.* (*di stoffa, tela, carta, ecc.*), crease; (*curvatura*), kink; bend.
piegaferri a mano (*per tondini*), hand iron bender.
piegamento, *m.* bending.
piegare, *v.a.* to bend; to twist off.
— **a 90°,** to bend to 90°.
— **di un angolo di 180°,** to bend through an angle of 180 degrees.
— **la carta in giù** (*macch.*), to fold the paper down.
— **su babordo** (*naut.*), to heel to port.
— **su mandrino,** to bend round a block.
— **una lamiera,** to bend a sheet iron.
— **un tubo,** to bend a pipe.
piegarsi, *v.r.* to bend *v.i.*
piegato, *p.p.* (*curvato*), crooked.
piegatrice, *f.* bending machine.
— **idraulica,** hydraulic bending machine.
— **per profilati** (*macch. ut., met.*), (light) section bending machine; angle and Tee iron bending machine.
— **per tubi,** pipe bending machine.
piegatura, *f.* bending.
— **ad anello,** hollow roll.
— **a risvolto ed anello,** welted dog ear.
— **in basso con risvolto a contatto,** turned-in nosing.
— **sul traverso** (*met.*), transverse bend; v. **prova di — sul traverso.**
pieghettare, *v.a.* (*tess.*), to pleat.
pieghettato, *p.p.* pleated.
pieghettatura, *f.* pleating (*tess.*).
pieghevole, *agg.* pliable; bendable; flexible; pliant.
pielografia, *f.* (*radiol.*), pyelography.
— **ascendente,** ascending pyelography.
— **laterale,** lateral pyelography.
— **retrograda,** retrograde pyelography.
pielogramma, *m.* (*radiol.*), pyelogram.
pieloscopia, *f.* (*radiol.*), pyeloscopy.
piena occupazione (*lavoro*), full employment.
pieni (lunghezza dei —) (*sald.*) fillings length.

pieno carico, *m.* full load.
— **di benzina,** tankful of petrol; (*riuscire a percorrere 300 miglia con un — di benzina*), to manage 300 miles on a tankful of petrol; (*sul posto*), tank brimming.
pietra, *f.* stone.
— **abrasiva** (*smalti, ecc.*), rubbing stone.
— **ad oliva** (*orol.*), olive-shaped jewel.
— **arenaria,** sandstone.
— **arkansas,** arkansas slip.
— **artificiale,** artificial stone.
— **calcarea,** limestone.
— **contro-perno** (*orol.*), end-stone.
— **controperno posteriore** (*orol.*), top end-stone.
— **controperno posteriore del bilanciere** (*orol.*), top balance endstone.
— **da affilare,** grindstone; grinding stone.
— **da costruzione,** building stone.
— **da cote,** turkey stone; hone.
— **da macina,** millstone.
— **da mulino,** millstone.
— **da taglio,** cut stone.
— **da taglio** (*concio*), ashlar; work stone.
— **del Kansas,** Kansas stone; Arkansas stone.
— **di calcestruzzo,** concrete stone.
— **di cava,** quarry stone.
— **di confine,** boundary stone.
— **di fondazione,** foundation stone.
— **di leva** (*orol.*), pallet jewel (*or* stone).
— **di leva d'entrata** (*orol.*), entry pallet stone.
— **di leva d'uscita** (*àncora di orol.*), exit pallet stone.
— **di paragone,** touchstone.
— **diritta** (*orol.*), straight side jewel.
— **focaia,** flint stone.
— **forzata** (*orol.*), friction jewel.
— **incastonata** (*orol.*), rubbed-in jewel.
— **litografica,** lithographic stone.
— **messa di fianco** (*cost.*), stretcher.
pietra messa di punta (*cost.*), header.
— **miliare,** milestone.
— **ollare,** lapis ollaris; potstone.
— **per affilare,** whetstone.
— **per bilanciere** (*orol.*), balance jewel.
— **per macinare l'inchiostro** (*tip.*), inking stone.
— **per pavimentazione stradale,** paving stone.
— **per platò** (*orol.*), roller pin.
— **pomice,** pumice-stone.
— **posta di fascia,** stretcher
— **posta di testa,** header.
— **posta in chiave,** header.
— **preziosa,** precious stone; gem; gem-stone; jewel-stone.
— **speculare,** specular stone.
— **tagliata,** ashlar; cut stone (*preziosa*); worked stone.
pietrame, *m.* broken stones *pl.*; ballast; crushed stones *pl.*
pietre (*f. pl.*) **per àncora** (*orol.*), pallet stones.
pietrischetto, *m.* (*costr. stradali*), (stone) chips.
pietrisco, *m.* chippings, *pl.*; chips, *pl.*; stone chippings.
piezo-, piezo- (*pr.* pai-i-zo).
— **-elettricità,** *f.* piezo-electricity.
piezoelettrico, *agg.* piezoelectric.
piezometro, *m.* piezometer.
pigiare, *v.a.* (*cost.*), to ram.
pigiata, *f.* (*fond.*), tamping clay.
— **refrattaria** (*fond.*), refractory lining; refractory tamping clay.
pigiatrice per uva, grape crusher.
pigmento (*pitture, ecc.*), base; pigment; pigment colour.
— **-base bianco,** white base.
— **colorante** (*aggiunto a vernice*), colouring pigment; stainer (v. *nella parte ingl.-ital. sotto* **stainer**).
— **fluorescente,** fluorescent pigment.
— **inerte** (*vernici*), inert pigment.
— **inorganico,** inorganic pigment.
— **organico,** organic pigment.
— **rinforzante** (*colori, vernici*), reinforcing pigment.
pigna, *f.* (*bot.*), cone; strobilus.

pigna di una volta (*cost. civ.*), projecting stone.
— **traforata** (*mecc.*), strainer.
pignone, *m.* pinion (*orol.*, *mecc.*); cog wheel (*ing. mecc.*).
— **a corona** (*orol.*), castle wheel.
— **centro** (*orol.*), centre pinion.
— **cilindrico,** spur pinion.
— **conico** (*mecc.*), bevel pinion.
— **d'angolo,** bevel pinion.
— **del carro** (*tess.*), tension gear.
— **del differenziale** (*auto*), differential pinion.
— **di comando,** driving pinion; control pinion.
— **ruota àncora** (*orol.*), escape wheel pinion.
— **ruota centro** (*orol.*), centre wheel pinion.
— **ruota intermedia** (*orol.*), third wheel pinion.
— **ruota secondi** (*orol.*), fourth wheel pinion.
pila, *f.* (*elet.*), cell; (*costr. idr.*), pier; pile (*nucleare*).
— **a combustibile** (*elettrochim.*), fuel battery.
— **ad acqua pesante** (*fis. atom.*), heavy-water pile.
— **a gas,** gas cell.
— **a liquido** (*elet.*), hydro electric battery.
— **al solfato di rame,** copper vitriol cell.
— **a parete** (*cost.*), wall pier.
— **a rame e zinco,** copper-zinc-cell.
— **a secco,** dry cell.
— **atomica,** atomic pile.
— **Bunsen,** Bunsen cell.
— **campione,** standard cell.
— **carbone,** carbon cell.
— **delle olive,** oil press.
— **di aerazione differenziale** (*met.*), differential aeration cell.
— **di Collaud** (*elet.*), Collaud cell.
— **di concentrazione,** concentration cell.
— **di Daniell,** Daniell cell.
— **di diffusione,** diffusion cell.
— **di ponte** (*cost. idr.*), bridge pier.
— **di tipo conservabile** (*elet.*), reserve-type cell.
pila di Volta, Voltaic cell.
— **Fery,** Féry cell.
— **galvanica,** galvanic cell.
— **idroelettrica,** water-battery.
— **in golena** (*cost. idr.*), land pier.
— **in serie** (*elet.*), series-battery.
— **Leclanché,** Leclanché cell.
— **olandese raffinatrice** (*carta*), breaker.
— **oscillante** (*cost. idr.*), rocking pier.
— **pendolare** (*cost. idr.*), rocking pier; hinged pier.
— **primaria,** primary cell.
— **secondaria,** secondary cell.
— **spalla** (*cost. idr.*), abutment pier.
— **termodinamica** (*elettroch.*), thermodynamic battery.
— **termoelettrica** (*elet.*), thermoelectric cell.
pilastri abbandonati (*min.*), v. **coltivazione a — abbandonati.**
pilastrino (*m.*) **di ringhiera** (*di scala*), newel post.
pilastro, *m.* pillar; pier.
— **a sezione circolare,** circular pier.
— **a sezione quadrata,** square pier.
— **composto,** reinforced pier; multiple rib pillar (*superiormente*).
— **di macchine utensili,** pillar; upright.
— **di porta** (*forni met.*), door jamb.
— **di rinforzo,** buttress.
piletta, *f.* (*fond.*), rammer; (*per il carro di un filatoio*), lifter rod; lifting poker.
pillare, *v.a.* (*la terra*), to pound.
pillo, *m.* (pounder) pestle.
pillola contraccettiva (*med.*), contraceptive pill.
pilocarpina, *f.* (*chim.*), pilocarpine.
pilone, *m.* pillar; pylon (*aereo*).
— **d'ancoraggio** (*ponti*), anchorage pillar.
— **d'antenna,** antenna tower.
— **d'ormeggio** (*aereo*), mooring post.
pilota, *m.* pilot.
— **automatico** (*aereo*), automatic pilot; autopilot; robot pilot; mechanical pilot (co-pilot; automatic « george »); gyropilot.

pilota aviatore, air-pilot.
— **collaudatore** (*aereo*), test pilot.
— **di aeroplano di ricognizione,** high-spy (*slang* U.S.A.).
— **di bombardiere,** boomer (*slang*).
— **in seconda** (*aereo*), co-pilot.
— **(impianto —)** (*met., ecc.*), pilot plant.
— **(prova —)** (*ind., mecc., ecc.*), pilot test.
pilotaggio aereo, air pilotage.
pilotare, *v.a.* to pilot (*aereo*) (*elettron.*); to fly.
— **un aereo,** to fly a plane.
pilotino, *m.* (*aereo*), pilot parachute.
pinacoide, *agg.* (*crist.*), pinacoid.
pinacolina, *f.* (*chim.*), pinacoline; $CH_3.CO.C(CH_3)_3$.
pinacone, *m.* (*chim.*), pinacone.
pinastro, *m.* common pine; white pine; Scotch pine.
pinene, *m.* (*chim.*), pinene (alpha-pinene; beta-pinene).
pinguino, *m.* (*aereo*), penguin.
pinite, *f.* (*min.*), pinite.
pinna, *f.* fin.
pinnacolo, *m.* (*arch.*), pinnacle.
pino, *m.* (*bot.*), pine.
— **americano,** American yellow pine; sugar pine.
— **comune,** common pine.
— **del Canadà,** Weymouth pine.
— **delle Alpi,** mountain pine.
— **di Corsica,** black pine.
— **larice,** black pine.
— **marino,** cluster pine; pinaster.
— **montano,** mountain pine.
— **selvatico,** common pine.
— **Weymouth,** Weymouth pine.
— **(olio di foglie di —),** pine-needle oil.
pinta, *f.* pint = 0,568 litri (*in Inghilterra*); = 0,473164 litri (*negli Stati Uniti*).
pinza, *f.* pincers *pl.*; nipper; (*orol.*), chuck; (*macch. ut.*), collet.
— **a gradini** (*orol.*), step chuck.
— **da crogioli** (*chim.*), crucible tongs.
— **da saldatore,** brazing pincers.
— **di stiramento,** draw clip.
pinza elastica (*macch. ut.*), (spring) collet.
— **per arpioni di rotaie** (*ferr.*), spike tongs.
— **per saldatura** (*sald.*), welding pincers; brazing pincers.
— **per tagliare filo,** wire cutter.
— **per tirare il filo,** wire stretcher.
— **per tubi e dadi,** combination plier (for pipes and nuts).
— **portaelettrodi** (*sald.*), electrode pliers; electrode holder.
pinze, *f. pl.* pliers.
— **a becchi pianilunghi,** tapered nose pliers.
— **a becchi quadri,** square nose pliers.
— **a becchi rotondi,** round nose pliers.
— **per il foglio** (*tipog.*), grippers.
— **per levare lettere** (*tipog.*), tweezers.
pinzetta, *f.* nipper(s); plier(s); cutting plier; clip (*med.*).
— **da dentista** (*med.*), dentist's forceps.
— **da elettricista,** electricians' plier; side cutting plier; electricians' side cutter; (*per fili telefonici*), telephone cutting plier; (*con manichi isolanti*), insulated telephone plier; insulated side cutting plier; electricians' plier.
— **da orefice,** jeweller's flush nipper.
— **da ottico,** opticians' plier.
— **per vetro,** glass nipper.
— **universale,** universal plier.
pinzette a molla (*orol.*), tweezers.
pioggia acida, acid rain (*formed by rainwater washing sulphur dioxide down onto the soil*).
— (*f.*) **congelante,** freezing rain.
— **radioattiva** (*fis. atom.*), radioactive rain; fallout (*lontano dall'esplosione*); fallback (*sul posto dell'esplosione*).
pioli, *m. pl.* (*di una squadra a centrare*), pins.
piolino, *m.* pip.
piolo, *m.* (*caviglia*), dowel.

piombaggine, *f.* blacklead; plumbago; graphite.
piombare, *v.a.* to lead; to solder (*saldare*).
piombatura, *f.* lead coating; lead lining; lead plating; lead covering.
piombino, *m.* plumb-line (*filo a piombo*); plumb-bob.
piombifero, *agg.*, plumbiferous.
piombo, *m.* lead (*chim.* = Pb); (*che si applica ai colli*), lead.
— **antimoniale,** antimonial lead.
— **dolce,** soft lead.
— **duro,** hard lead.
— **in fogli,** sheet lead.
— **in pani,** pig lead.
— **laminato,** rolled lead.
— **raffinato,** refined lead.
— **tetraetile,** tetraethyl lead.
— **(a —)** (*verticale*), plumb; vertical.
— **(acetato di —),** lead acetate.
— **(antimoniato di —),** lead antimonate (*or* antimoniate).
— **(bagno di —),** lead bath.
— **(bianco di —),** with lead; basic lead carbonate; lead flake.
— **(cloruro di —),** lead chloride.
— **(cromato di —),** lead chromate.
— **(essere a —),** to be plumb; (*il pozzo di ventilazione fu perforato a piombo*) (*min.*), the ventilation shaft was drilled plumb.
— **(fluoruro di —),** lead fluoride.
— **(ioduro di —),** lead iodide.
— **(linoleato di —),** lead linoleate.
— **(metasilicato di —),** lead metasilicate.
— **(monossido di —),** lead monoxide.
— **(nitrato di —),** lead nitrate.
— **(oleato di —),** lead oleate.
— **(ossicloruro di —),** lead oxychloride.
— **(perossido di —),** lead peroxide (*or* dioxide).
— **(piroantimoniato di —),** lead pyro-antimonate.
— **(resinato di —),** lead resinate.
— **(salicilato di —),** lead salicylate.
piombo (solfato di —), lead sulphate.
— **(stearato di —),** lead stearate.
— **(stifnato di —),** lead styphnate.
— **(tartrato di —),** lead tartrate.
— **(tungstato di —),** lead tungstate.
pione, *m.* (*fis. atom.*), pion.
pioppo, *m.* (*bot.*), poplar-tree; poplar.
— **americano,** American poplar; (*Populus deltoides*) (*bot.*), eastern cotton wood: cottonwood.
— **bianco,** white poplar.
— **canadese,** Canadian poplar.
— **giallo,** yellow poplar.
— **italico,** Italian poplar.
— **nero,** black poplar.
— **tremolo,** aspen.
pipa da apicoltore, bee-smoker.
— **d'attacco** (*aereo*), spar joint.
piperazina, *f.* (*chim.*), piperazine.
piperidina, *f.* (*chim.*), piperidine.
piperina, *f.* piperine.
piperonal *m.* (*chim.*), piperonal.
pipetta, *f.* pipette.
— **di lubrificazione,** oil-can.
— **graduata,** graduated pipette.
— **(prelevamento di liquidi per mezzo di una —),** pipetting.
piramide, *f.* pyramid.
— **della popolazione scolastica** (*econ.*), educational pyramid.
— **(del tipo a — di tre cilindri)** (*curvatrice*), three-roll pyramid type.
piramidone, *m.* (*chim.*), pyramidon.
piranol, pyranol.
pirazolo, *m.* (*chim.*), pyrazole.
piridina, *f.* pyridine.
pirite, *f.* pyrites.
— **di ferro,** iron pyrites.
— **di rame,** copper pyrites.
— **tout-venant** (*min.*), run-of-mine pyrite.
piroacetico, *agg.* (*chim.*), pyroacetic.
piroantimoniato, *m.* pyro-antimonate.
piroarseniato, *m.* pyro-arsenate.
pirocatechina, *f.* pyrocatechin.
piroelettricità, *f.* pyro-electricity.

piroelettrico, *agg.* pyro-electric.
piroforico, *agg.* (*polveri met.*), pyrophoric.
— (non —), nonpyrophoric.
pirofosfato, *m.* pyrophosphate.
pirofosforico, *agg.* pyrophosphoric.
pirogallico, *agg.* pyrogallic.
pirogallolo, *m.* pyrogallol.
pirolisi, *f.* pyrolysis.
piròlo, *m.* (*musica*) (*per accordare*), tuning-pin.
pirolusite, *f.* (*min.*), pyrolusite.
piromagnetico, *agg.* pyromagnetic.
pirometallurgia, *f.* pyrometallurgy.
pirometallurgico, *agg.* pyrometallurgical.
pirometria a radiazione, radiation pyrometry.
pirometro, *m.* pyrometer.
— a celle fotoelettriche, automatic optical pyrometer; photoelectric pyrometer.
— ad immersione (*met.*), immersion pyrometer.
— a radiazione a fuoco fisso, fixed-focus radiation pyrometer.
— a radiazione a fuoco regolabile, adjustable-focus radiation pyrometer.
— a radiazione Brown, Brown radiation pyrometer.
— a radiazione Féry, Fery radiation pyrometer.
— a radiazione termica, radiation pyrometer.
— a radiazione parziale (*met.*), partial radiation pyrometer.
— a radiazione totale, total radiation pyrometer.
— a due colori (*met.*), 2-colour pyrometer.
— a resistenza, resistance p.
— del tipo a filamento invisibile, disappearing-filament pyrometer.
— di Seger (*ceramiche*), Seger cone.
— ottico, optical pyrometer.
— ottico a polarizzazione, polarizing type optical pyrometer.
— ottico automatico, automatic optical pyrometer.
pirometro ottico del tipo a cuneo, wedge type pyrometer.
— ottico fotometrico, photometric type pyrometer.
— ottico Morse, Morse thermogage pyrometer.
— termoelettrico, thermo-electric pyrometer.
— Wanner, Wanner optical p.
piroscafo, *m.* steamer; steamboat.
— a classe unica, one class liner.
— a combustione liquida, oilburning steamer.
— ad elica, screw-steamer.
— a itinerario libero, tramp steamer.
— a palette, paddle steamer.
— a ruote, paddle steamer.
— da carico, cargo-boat.
— di linea, liner.
piroscissione, *f.* pyrolisis; pyrolitic cracking.
piroscisso, *p.p.* cracked (*rif. a metano, gas, ecc.*).
piroscopio, *m.* (*calore*), pyroscope.
pirosolforico, *agg.* pyrosulphuric.
pirosseno, *m.* (*min.*), pyroxene.
pirossilina, *f.* pyroxylin.
pirostato, *m.* pyrostat.
pirotartarico (acido —) (*chim.*), pyrotartaric acid.
pirotecnica, *f.* pyrotechnics.
pirrolo, *m.* (*chim.*), pyrrole $(CHCH)_2NH$.
pirrotite, *f.* (*chim.*), pyrrhotite.
piruvica (aldeide —) (*chim.*), pyruvic aldehyde.
piscicoltura, *f.*, fish farming.
piscina, *f.* swimming pool.
— interna, indoor (swimming) pool.
— posta nel giardino, garden swimming pool.
pista, *f.* (*aereo*), runway; (*di lettore di caratteri, di nastro magnetico, di schede*) (*inform.*), track.
— cementata (*aereo*), concrete runway.
— ciclabile (*costr. strad.*), cycle lane.
— del cuscinetto (*mecc.*), ball race.
— di atterraggio (*in terra battuta*) (*aereo*), landing strip.

pista di atterraggio di emergenza (*aereo*), emergency strip.
— **di emergenza** (*autostr.*), v. **corsia di emergenza.**
— **di prova** (*auto*), test track.
— **di una scheda** (*inform.*), card track.
— **in macadam al catrame** (*aereo*), tarmac strip.
pistola, *f.* pistol.
— **ad avancarica** (*armi*), muzzle loading pistol.
— **ad espansione** (*sald.*), expansion gun.
— **a percussione** (*armi*), percussion pistol.
— **a spruzzo,** spray gun.
— **automatica** (*armi*), autoloading pistol.
— **chiodatrice,** v. **pistola sparachiodi.**
— **di Volta,** electric pistol.
— **per gonfiaggio pneumatici** (*auto*), tire gun.
— **per saldatura,** welding gun.
— **per spruzzo di cemento,** cement gun.
— **per verniciatura a spruzzo,** spraygun; paint-spraying gun.
— **sparachiodi,** nail firing tool; cartridge fixing tool.
pistone, *m.* (*mecc.*), piston.
— **a bicchiere,** trunk piston.
— **a disco,** disk piston.
— **a fodero,** trunk piston.
— **cilindrico,** cylindrical piston.
— **del carburatore,** carburettor piston.
— **tuffante a baionetta,** bayonet plunger.
pitchpine, *m.* pitchpine.
pitone, *m.* (*orol.*), (balance spring) stud (*parte alla quale viene unita la spira superiore di una spirale*).
pittura, *f.* painting.
— **a base di biacca di piombo,** lead paint.
— **al caucciù,** rubber-based paint.
— **alla caseina,** casein paint.
— **al lattice sintetico,** synthetic latex paint.
— **antiruggine,** antirust paint.
pittura antisettica, antifouling composition.
— **anti-vegetativa,** anti-fouling paint.
— **a spruzzo,** spray painting.
— **bagnasciuga,** vedi **bicocco.**
— **bituminosa,** bituminous paint.
— **di alluminio,** aluminium paint.
— **cementizia,** cement paint.
— **murale,** wall paint.
— **per pubblicità all'aperto,** outdoor advertising paint.
— **plastica,** plastic paint.
— **rapida,** quick paint.
— **screpolata a pelle di coccodrillo,** alligatored paint.
— **sottomarina,** ship bottom paint.
pitturare, *v.a.* to paint.
pitture (*f. pl.*) **antivegetative,** anticorrosive paints.
piuolo, *m.* peg; dowel.
— **di scala,** tread.
pixel (*inform.*), pixel.
pizzo ad orli dentellati (*tess.*), dentelle.
placca, *f.* (*elettrodo*) (*met.*), plate.
— **anteriore** (*forno met.*), foreplate.
— **contropietra** (*orol.*), endstone.
— **d'attacco del magnete,** magneto-pad.
— **di colata per acciaieria** (*met.*), casting plate.
— **di rame,** copper plate.
— **modello** (*fond.*), top table; pattern plate; match plate.
— **modello rovesciabile** (*fond.*), turnover top table.
placcare, *v.a.* to plate; to coat (with); to electroplate.
placcatura, *f.* plating; electroplating.
— **con ottone bianco,** white brass plating.
— **con rodio,** rhodium plating.
— **per esplosione** (*met.*), explosive forming.
placchetta di carburo di tungsteno (*mecc.*), tungsten carbide tip.
— **di metallo duro** (*met.*), hard metal tip.
— **gettavia** (*met.*), throwaway tip.
— **gettavia in metallo duro,** hard metal throwaway tip.

placchetta in materiale ceramico, ceramic plate.
« placer » (*giacimento formato nelle alluvioni di fiumi, laghi, ecc.*), (*geol.*), placer.
plafond in volo stazionario (*o librato*), (*elic.*), hovering ceiling.
plafoneria, *f.* (*auto*), roof lamp.
plagioclasio, *m.* plagioclase.
planare, *v.i.* (*aviaz.*), to glide.
planarità, flatness (*errore di* —, flatness error; *controllare la* —, to test flatness).
— **del nastro** (*met.*), strip flatness.
plancia, *f.* (*naut.*), deck; (*auto*), facia; dashboard; instrument board.
plancton (*ecol.*), plankton.
planetario, *m.* bevel drive (*auto*); differential bevels (*planetari*); (*astr.*) (*strumento a proiettori*), projection planetarium.
planigrafia, *f.* (*radiol.*), planigraphy.
planigramma, *m.* (*radiol.*), planigram.
planimetria, *f.* planimetry (*geometria*); plan (*pianta*); layout.
planimetro, *m.* (*med.*), planimeter
planisfero, *m.* planisphere.
plasma, *m.* (*fis.*), plasma.
— **compresso** (*fis.*), compressed plasma.
— **del vento solare** (*astr.*), solar wind plasma.
— **interplanetario** (*geofis.*), interplanetary plasma.
— **magnetizzato,** magnetised plasma.
— **prodotto con laser** (*fis.*), laser-produced plasma; laser-generated plasma.
— **(acceleratore di —)** (*elettron.*), plasma accelerator.
— **(accensione a —)** (*auto*), plasma ignition.
— **(cannello al —),** plasma blowpipe.
— **(chimica del —),** plasma chemistry.
— **(dinamica del —),** plasma dynamics.
— **(fisica del —),** plasma physics.
plasma (getto a —) (*met.*), plasma jet.
— **(motore a —)** (*mot.*), plasma engine.
— **(razzo a —)** (*razzi*), plasma engine rocket.
— **(saldatura** (giunto) **a getto di–)** (*sald.*), plasma spray bonding.
— **(reazioni del —),** plasma reactions.
— **(saldatura all'arco al —),** plasma arcwelding.
— **(torcia al —),** plasma torch.
plasmabile, *agg.* mouldable.
plasmare, *v.a.* to mould.
plasmatore, *m.* moulder.
plastica, *f.* (*materia*), plastic; plastics (*pl. con costruzione singolare, di uso frequente*).
— **antifiamma,** flame retardant plastic.
— **antiriflesso** (*auto*), non-reflective plastic.
— **estrusa,** extruded plastic.
— **metallizzata,** metallized plastic.
— **non rinforzata,** unreinforced plastic.
— **rinforzata con metallo,** metal reinforced plastic.
— **rinforzata con vetro,** glass reinforced plastic.
— **trasparente,** trasparent plastic.
— **(contenitore di —),** plastics container.
— **(industria della —),** plastics industry.
plasticare, *v.a.* to plasticize.
plasticato, *p.p.* (*lamiere, lamierini, fogli, ecc.*), plasticized.
plasticità, *f.* plasticity.
plastico, *m.* (*top.*), plastic model; *agg.* (*cost., ecc.*), plastic.
— **del quartiere** (*urbanistica*), ward relief map.
plastidi, *m. pl.* plastids.
plastificanti (*chim.*), plasticizers.
plastificazione della gomma, breakdown.
plastilina, *f.* (*mat. plastica per modelli*) (*auto, ecc.*), plasticine.
platano, *m.* plane-tree.
platea, *f.* (*fondo*), sole; bed; bottom; (*di costruzione*), area;

building ground; (*di teatro*), pit; (*basamento di muro*), base; (*piano su palafitte*), foundation grill.

platea di bacino (*naut.*), floor.

— di carica (*per rottame, ecc.*) (*met.*), charging floor.

— in calcestruzzo, concrete bed.

plateau (*aereo*), bearing plate; (*di tornio*), v. **piattaforma.**

platforming catalitico (*ind. petrol.*), catalytic platforming.

platina, *f.* (*tip.*), platen (machine).

— anteriore (*orol.*), bottom plate.

— automatica (*tip.*), platen press.

— posteriore (*orol.*), bottom plate; top plate.

platinare, *v.a.* to platinize.

platinatura, *f.* platinizing.

— elettrolitica, platinum plating.

platine fustellatrici grande formato (*tipog.*), large size platen die cutting presses.

platinico, *agg.* platinic.

platinifero, *agg.* platiniferous.

platinite, *f.* platinite.

platino, *m.* (*chim.* = Pt), platinum.

— iridiato, platiniridium.

— (filo di —), platinum wire.

platinocianuro, *m.* platinocyanide.

— di bario (*chim., radiografia*), barium platinocyanide.

platinoide, *m.* platinoid.

platinoso, *agg.* (*chim.*), platinous.

platinotipia, *f.* platinotype.

platò (*orol.*), roller.

plattorista, *m.* template maker.

pleiadi, *f. pl.* (*astron.*), the pleiades.

pleiotron, pliotron.

pleocroismo (*fenomeno ottico*) (*gemme, min.*), pleochroism.

plexiglas, plexiglass.

plinto, *m.* (*arch.*), plinth.

— di fondazione (*costr.*), foundation plinth.

pliodinatron, *m.* pliodynatron.

plottaggio, *m.* (*inform.*), plotting.

— relativo (*inform.*), relative plotting.

plotter a tamburo (*inform.*), drum plotter.

— a tamburo modulare (*inform.*), modular drum plotter.

plotter intelligente (*inform.*), intelligent plotter.

— stampante, *f.* (*inform.*), printer/plotter.

pluribanda (*radio*), multiband.

pluriciclone, *m.* multiciclone.

plurimotore, *m.* multi-engined aeroplane; multimotor.

plusvalore, *m.* (*econ.*), overvalue.

Plutone, *m.* (*astr.*), Pluto.

plutonio, *m.* plutonium.

pluviale di ghisa (*costr.*), cast iron downpipe.

pluviometria, *f.* rainfall.

pluviometro, *m.* pluviometer; rain gauge.

— automatico, hyetograph.

pneumatica, *f.* pneumatics *pl.*

pneumatici accoppiati (*auto, trattori, ecc.*), duals.

— chiodati (*auto*), studded tyres.

— con rinforzo tessile (*auto*), textile braced tyres; fabric braced tyres.

— di prima qualità, first-line tires.

— maggiorati (*auto*), larger section tyres.

— radiali con rinforzo di acciaio (*auto*), steel braced radials.

— rinforzati (*auto*), premium tires.

— (fabbricante di —), tiremaker *m.*

— (misuratore di pressione dei —) (*auto*), pressure-gauge.

— (rombo dei —), tyre rumble.

— (vibrazione prodotta da rotolamento dei —) (*auto*), thump.

pneumatico, *m. agg.* pneumatic; *n.* tyre (*or* tire) (*auto*).

— a carcassa radiale (*auto*), radial-ply tire.

— a cerchietto, wire guarded tyre.

— antiforo, puncture-proof tyre.

— antiscoppio e antiforature (*auto*), run-flat tyre.

— a profilo basso (*auto*), low-profile tyre.

— a tallone, beaded edge tyre.

— a tele incrociate (*auto*), cross ply tyre.

— a tubo semplice, single tube tyre.

pneumatico balloncino (*motoc.*), semi-balloon tyre.
— **con camera d'aria** (*auto*), tubed tyre.
— **con carcassa di nylon,** tyre with nylon carcase.
— **con spalle arrotondate** (*auto*), tyre with rounded shoulders.
— **da corsa** (*auto*), racing tyre; road-racing tyre.
— **da neve** (*auto*), snow tire.
— **da trattore,** traction tyre.
— **di gomma naturale** (*auto*), natural rubber tire.
— **di gomma sintetica** (*auto*), synthetic rubber tire.
— **gonfiato come si deve** (*auto*), properly inflated tire.
— **invernale (per basse temperature) neve-fango** (*auto*), winterized mud-snow tire.
— **liscio** (*senza battistrada*), bald tyre.
— **mal gonfiato,** under-inflated tyre.
— **per movimenti di terra** (*trattori, ecc.*), earthmoving tyre.
— **per sarchiare,** row crop tyre.
— **radiale,** radial tyre; radial-ply tyre; radial.
— **radiale invernale** (*auto*), radial ply winter tire.
— **rigenerato** (*auto*), retreated tyre.
— **senza camera d'aria** (*auto*), tubeless tire.
— **serie larga superribassata** (*auto*) ultra-low profile tyre.
— **(pressione d'aria di —),** inflation pressure.
pneumatolitico, *agg.* (*geol.*), pneumatolytic.
pneumopatia (*f.*) **da silos** (*med. lavoro*), silo filler's disease.
pneumatorace, *m.* (*med.*), pneumothorax.
pneumatolitico, *agg.* pneumatolytic.
pneumococco *m.* (*med.*), pneumococcus.
pneumoconiosi, *f.* (*fibrosi polmonare causata da polvere di silicio*) (*med.*), pneumoconiosis.
poco ferro (*lingotto in laminazione difettoso per insufficiente immissione di metallo nella forma*) (*met.*), underfill.
poggiatesta, *m.* (*di sedile auto*), headrest.
polare, *agg.* (*geom.*), polar.
polarimetria, *f.* (*chim.*), polarimetry.
polarimetro, *m.* polarimeter.
polariscopio, *m.* polariscope.
polarità, *f.* polarity.
— **del segnale video** (*telev.*), polarity of picture signal.
polarizzare, *v.a. v.i.* to polarize; to bias (*elettron.*).
polarizzatore, *m.* polarizer.
polarizzazione, *f.* polarization; (*elettron.*), bias.
— **automatica di griglia** (*radio*), automatic grid bias.
— **circolare** (*luce*), circular polarization.
— **cromatica,** chromatic polarization.
— **molecolare** (*fis. atom.*), molecular polarization.
— **nucleare** (*fis. atom.*), nuclear polarization.
— **rotatoria,** rotary polarization.
polarografia, *f.* (*fis., min., elettron., chim.*), polarography.
polarografico, *agg.* polarographic.
polaroide, *m.*, polaroid.
poli, *m. pl.* poles.
— **di senso opposto,** poles asunder.
— **magnetici,** magnetic poles.
poliacetilene (*chim.*), polyacetylene.
poliacriliche (fibre —) (*chim., tess.*), polyacryl fibres.
poliaddizione, *f.* (*chim.*), polyaddition.
poliammide (*chim.*), polyamide.
poliamide (*plast.*), polyamide (nylon).
poliatomico, *agg.* polyatomic.
policilindrico, *agg.* multi-cylinder.
policondensazione, *f.* (*chim.*), polycondensation.
policristallino, polycrystalline.
policristallo, *m.* (*min.*), polycrystal.
policromatico, *agg.* polychromatic.
policromia, *f.* (*tip.*), colour printing.

policromo, *agg.* polychrome.
poliedro, *m.* polyhedron.
polienergetico, *agg.* polyenergetic.
poliestere, *m.* (*chim.*), polyester.
polietilene, *m.* polyethylene.
polifase, *agg.* (*elet.*), polyphase.
poligala, *f.* (*bot.*), polygala.
poligonale, *f.* traverse (*top.*); *agg.* polygonal.
— **aperta,** continuous traverse.
— **chiusa,** closed traverse.
poligonazione, *f.* (*difetto su lamiere sottili nell'esecuzione di grandi raggi di curvatura. La curva continua sembra sostituita da una forma poligonale*) (*met.*) fluting.
poligono, *m.* polygon.
— **delle forze,** polygon of forces.
— **di tiro** (*mil.*), firing ground.
— **funicolare,** funicular polygon; link polygon.
poligrafia, *f.* polygraphy.
poligrafico, *agg.* polygraphic.
poligrafo, *m.* polygraph.
polimeri lineari (*chim.*), linear polymers.
polimeria, *f.* polymerism.
polimerico, *agg.* polymeric.
polimerizzarsi, *v.r.* to polymerize.
polimerizzazione, *f.* polymerization.
— **ciclica** (*chim.*), cyclic polymerization.
— **per addizione** (*chim.*), addition polymerization.
polimero per addizione (*chim.*), addition polymer.
polimorfismo, *m.* polymorphism.
polimorfo, *agg.* polymorphous.
polinomio, *m.* (*mat.*), polynomial *n.*; multinomial.
polinucleare, *agg.* (*fis. atom.*), polynuclear.
polire, *v.a.* to rub; to polish; to buff (*brunire*); to sand paper (*con politrice*); to grind.
polisilicio (*materiale usato nell'industria dei semiconduttori*) (*chim.*), polysilicon.
polisintetico, *agg.* (*che comprende più arti e scienze nella loro pratica applicazione*), polysynthetic.
polistirene, *m.* (*plast.*), v. **polistirolo.**
polistirolo, *m.* (*plast.*), polystyrene.
politecnica, *f.* polytechnics.
politecnico, *m. agg.*, polytechnic *agg.*; polytechnic (school) *n.*; polytechnical school *n.*
politene, *m.* polythene.
politica anticiclica (*econ.*), contracyclal policy.
— **congiunturale** (*finan.*), business cycle policy.
— **d'austerità** (*econ.*), contractionary policy.
— **di programmazione** (*comm., e con.*), planning policy.
politrice, *f.* sander; sanding machine.
— **a carta vetrata,** sand papering machine.
— **a tamburo,** drum sander.
— **per legno,** disc sand papering machine.
— **per provini** (*met.*), polishing machine.
politura, *f.* polishing (*lucidatura*).
polivalente, *agg.* polyvalent; multivalent (*chim.*).
polivalenza, *f.* polyvalence.
polivomere, *agg.* multi-furrow.
polizza di caratteri (*stampa*) (*inform.*), character font.
— **di carico,** bill of lading.
— **di credito commerciale,** commercial paper.
— **sottoscritta,** underwritten policy.
pollaio, *m.* (*costr. rurale*), poultry laying house.
— **trasportabile** (*agric.*), colony shed.
pollice, *m.* (*mis.*), inch (= 25,40 mm per convenzione internazionale).
— **cubico,** cubic inch.
— **quadrato,** square inch.
pollicoltura, *f.* (*ind.*), poultry husbandry.
polmone, *m.* (*mecc.*), bag; (*condotta del gas*), gas holder.

polo, *m.* pole.
— **antilogo,** antilogous pole.
— **ausiliario,** inter-pole.
— **di calamita,** magnet pole.
— **di carbone,** carbon pole.
— **di rame,** copper pole.
— **magnetico,** magnetic pole.
— **negativo,** negative pole.
— **positivo,** positive pole.
— **sud,** south pole.

polonio, *m.* (*chim.* = Po), polonium.

polpa grassa (*carta*), greasy pulp.
— **(rivelatore di impurità metalliche nella —) di legno,** pulp-log metal detector.

poltrona-letto (*per aeroplani*), sleeperette seat (U.S.A.); bedchair.

poltroncina per laboratorio, laboratory armchair.

polvere, *f.* dust (*se nociva, nell'aria o depositata su materiali*); powder (*se di materiale ridotto in polvere a scopi utili*).
— **anticono** (*fond., met.*), anti-piping compound.
— **da sparo,** rifle powder.
— **decapante,** pickling powder.
— **di abrasivo,** abrasive dust.
— **di bronzo,** bronze powder.
— **di carbone,** coal dust.
— **di diamante,** diamond powder.
— **di diamante preparata in laboratorio,** laboratory-prepared diamond powder.
— **di lega tungsteno-molibdeno** (*chim.*), tungsten-molybdenum alloy powder.
— **di magnesio,** magnesite powder.
— **di metallo,** metal powder.
— **di scaglie di laminazione** (*met.*), mill scale powder.
— **di smeriglio,** emery powder.
— **di stampaggio** (*mat. plast.*), moulding powder.
— **di zinco,** brown powder.
— **esotermica,** v. — **anticono.**
— **infume,** smokeless powder.
— **in sospensione** (*aria, ecc.*), airborne dust.

polvere per cementazione, hardening powder.
— **per mina,** blasting powder.
— **per saldare,** welding powder.
— **pirica,** gunpowder.
— **radioattiva,** radioactive dust.
— **senza fumo,** smokeless powder.
— **silicotigena** (*med. lav.*), silicotigenic dust.
— **(in —),** powdered.

polveri ceramiche (*met.*), ceramic powders.
— **magnetiche** (*particelle magnetiche*) magnetic particles; magnetic powders.
— **metalliche,** metal powders.

polveriera, *f.* powder-magazine; (*deposito permanente a giorno*) (*miniere*), explosive store.

polverificio, *m.* powder-mill.

polverino anodico, p. a. (*formato da rame metallico e « melma », alla superf. degli anodi e in fondo della cella*) (*elettrolisi con anodi solubili in rame*), anodic sludge.
— **depositato per turbolenza** (*metal.*), eddy-mill powder.
— **di altoforno** (*met.*), blast furnace dust.
— **di carbone** (*pezzatura ottenuta da impianto di preparaz. del carbone, da 0 a 3/16 in.*), duff.

polverizzare, *v.a.* to powder; to pulverize; to atomize; (*fond.*), to mull.

polverizzato (carbone —), pulverized coal.

polverizzatore, *m.* pulverizer.
— **a cono pieno,** solid-cone nozzle.
— **a cono vuoto,** hollow-cone nozzle.
— **a deflettore,** deflector (*or* impact) spray nozzle.
— **a disco rotante,** rotating-disk spray nozzle.
— **a pressione,** pressure nozzle.
— **a vapore,** steam jet sprayer.
— **a ventaglio,** fan nozzle.
— **del carbone,** coal pulverizer.
— **di benzina,** sprayer (*or*) atomizer for petrol.
— **nebulizzatore,** « fog » nozzle.

polverizzatore oscillante a martelli (*carbone*), swing hammer pulverizer.
— **per liquidi**, atomizer; sprayer.
— **piatto**, flat spray nozzle.
— **rotante**, rotating nozzle.
— **tangenziale**, tangential spray nozzle.
polverizzazione, *f.* pulverizing; (*di liquidi*), spraying; atomizing.
— **anodica**, anode sputtering.
— **catodica**, cathode sputtering.
— **dei raccolti** (*con insetticidi*, *dall'aereo*), crop-dusting.
— **del carbone**, coal grinding.
polverosità, *f.* dustiness.
— **(controllo della —)**, dustiness control.
polyvetrosil, Polivetrosil (resina ad alta resistenza) .
pomata, *f.* pomade; ointment.
pomello (*di leve*, *comandi*), knob; ball grip.
pomice, *f.* pumice; pumice-stone.
— **in polvere**, powdered pumice.
pomiciare, *v.a.* to pumice.
pomiciatura, *f.* pumicing.
pomo, *m.* (*bot.*), apple-tree; (*palla*), knob.
— **di un'asta**, head.
— **di un albero** (*naut.*), truck.
— **di un inaffiatoio**, rose for a watering-pot.
pomodori (raccolta meccanica di —) (*agr.*), tomato harvesting.
pompa, *f.* pump.
— **a cassetto**, bucket pump.
— **acqua** (*mot.*, *auto*), water pump.
— **ad acqua**, water pump.
— **ad anello liquido** (*ing. chim.*), liquid ring pump.
— **ad aria compressa**, compressed air pump.
— **ad elica**, propeller pump.
— **ad energia solare** (*per irrigazione*), solar-powered (irrigation) pump.
— **a diaframma**, diaphragm pump.
— **a diffusione** (*elettron.*, *ecc.*), diffusion pump.
— **ad ingranaggi**, gear pump.
— **ad iniezione** (*mot.*), injection pump.
pompa a doppio effetto, double-acting p.; double-action p.
— **a forte prevalenza**, deep-well pump.
— **a flusso assiale** (*con giranti a palettaggi*), axial-flow pump.
— **a funzionamento reversibile**, reversible pump(-turbine).
— **a gas**, gas pump.
— **a getto d'acqua**, water jet pump.
— **a mano**, hand pump.
— **a membrana**, membrane pump.
— **a motore**, motor pump.
— **antincendi**, fire fighting pump; fire pump.
— **a pistoni assiali** (*mecc.*), axial-piston pump.
— **a pistoni radiali** (*oleodinamica*), radial-piston pump.
— **aspirante**, suction pump.
— **aspirante e premente**, sucking and forcing pump.
— **a stantuffo**, piston pump.
— **a stantuffo oscillante**, vane pump.
— **a stantuffo tuffante**, plunger pump.
— **a stantuffo tuffante oscillante**, oscillating plunger pump.
— **autoadescante**, self priming pump.
— **a vapore**, steam pump.
— **a volume controllato**, proportioning pump.
— **a vuoto**, vacuum pump.
— **centrifuga**, centrifugal pump.
— **centrifuga ad una girante**, simple stage centrifugal pump.
— **centrifuga di dragaggio**, centrifugal dredging pump.
— **centrifuga multipla**, multi-stage centrifugal pump.
— **centrifuga per basse prevalenze**, low lift centrifugal pump.
— **centrifuga per forti prevalenze**, high lift centrifugal pump.
— **centrifuga per medie prevalenze**, medium lift centrifugal pump.
— **da bicicletta**, inflater; inflator.

pompa da incendio, fire engine; fire pump.
— **da olio,** oil pump.
— **d'aria,** air pump.
— **d'aria a getto d'acqua,** water-jet pump.
— **di accelerazione** (*auto*), accelerating pump.
— **di alimentazione,** feed pump; booster pump.
— **di calore** (*riscaldam. solare*), heat pump.
— **di calore a gas,** gas-fired heat pump.
— **di circolazione,** circulating pump.
— **di compressione,** compressing pump.
— **di innesco** (*aereo*), booster pump.
— **di lavaggio** (*cilindri*), scavange pump; scavenging pump.
— **di lubrificazione,** lubricating-pump.
— **di murata** (*naut.*), bilge pump.
— **di pozzo di petrolio,** oil-well pump.
— **di pressione,** force pump.
— **di prosciugamento,** drainage pump; sewage pump.
— **di prova,** test-pump.
— **di riempimento,** charging pump.
— **di sentina** (*naut.*), bilde pump.
— **di travaso,** barrel pump.
— **di vetro,** glass pump.
— **di zavorra** (*naut.*), ballast pump.
— **doppia,** double barrel pump.
— **dosatrice** (*fis. atom.*), proportioning pump; metering pump.
— **elettrica,** electric pump.
— **elicoidale,** helical pump.
— **idraulica a mano,** hand hydraulic pump.
— **molecolare** (*pompa a vuoto per gas*) (*elettron.*), molecular pump.
— **monoradiale a portata variariabile,** mono-radial delivery pump.
— **multicellulare,** multistage pump.
— **oleodinamica,** hydraulic pump,
pompa oleodinamica ad ingranaggi, hydraulic gear pump.
— **per accumulazione idraulica,** storage pump.
— **per acidi,** acid pump.
— **per acque luride,** sewage-water pump.
— **per circolazione d'acqua,** water circulation pump.
— **per eduzione delle acque** (*min.*), dewatering pump.
— **per fanghi** (*ing. min. petrol.*), mud pump; slush pump.
— **per freon,** freon pump.
— **per il vuoto** (*fis. mecc.*), vacuum pump.
— **per irrigazione,** irrigation pump.
— **per liquidi con solidi in sospensione,** gravel pump.
— **per liquidi refrigeranti,** coolant pump.
— **per miniere,** mine-pump.
— **per pneumatici,** tyre pump.
— **per pozzi,** shaft pump; well pump.
— **per ultravuoto,** ultrahigh vacuum pump.
— **per vuoto spinto** (*mecc.*), high-vacuum pump.
— **portatile,** portable pump.
— **premente,** forcing pump; force pump; pressure pump; pressing pump.
— **premente a vapore,** steam pressure pump.
— **rotativa,** rotary pump; valveless pump.
— **rotativa a capsulismo** (*mecc.*), rotary pump.
— **semirotativa,** semi-rotary p.
— **sommersa,** submerged pump.
— **sospesa** (*min.*), suspended pump; slung pump.
— **-turbina a funzionamento reversibile,** reversible pump-turbine.
— **verticale,** vertical pump.
— **(canna del cilindro di una —),** liner.
pompabile, *agg.* pumpable.
pompaggio ottico (*laser*) (*fis.*), optical pumping.

pompaggio pneumatico (*petrol., min.*), air pumping.
— **(impianto di —)** (*agr., ecc.*), pumping plant.
pompante (*f.*) **e polverizzatori per motori a ciclo Diesel,** Diesel-engine injector pump and spray nozzles.
pompare, *v.a.* to pump; to pump up; to pump out.
pompiere, *m.* fireman.
pompieri, *m. pl.* fire brigade; fire brigades.
ponte, *m.* bridge (*cost. civ. ed elett.*); deck (*naut.*).
— **a bilico** (*cost.*), bascule bridge; wagon weigh-bridge.
— **a catene,** chain bridge.
— **a cilindro** (*elet.*), coil bridge.
— **a contro-coperta** (*naut.*), spar deck.
— **a corrente alternata** (*elet.*), alternating-current bridge.
— **ad alta frequenza** (*elet.*), high frequency bridge.
— **ad arco,** arched bridge; arch bridge.
— **ad arco con mensola,** cantilever arched bridge.
— **ad arco in ferro,** iron arched bridge.
— **ad arco in legno,** wood arched bridge.
— **ad impalcatura,** scaffold bridge.
— **a due piani,** double level bridge.
— **aereo,** air lift.
— **a longheroni,** girder-bridge.
— **aperto,** open bridge.
— **a pozzo** (*naut.*), well deck.
— **a radiofrequenza** (*elet.*), RF bridge.
— **a struttura appesa** (*cost.*), hanging truss bridge
— **a tenda** (*naut.*), shade deck.
— **a torre** (*naut.*), turret deck.
— **a travate** (*cost.*), (plate) girder bridge.
— **autostradale** (*costr.*), motorway bridge.
— **a ventaglio** (*cost.*), radiating bridge.
— **canale** (*cost.*), canal bridge.
ponte cantilever (*costr.*), cantilever bridge.
— **con arco frontale ribassato,** bridge with segmental face arch.
— **controventato superiormente,** bridge with wind ties.
— **d'àncora** (*orol.*), pallet bridge,
— **d'anodo,** anode bridge.
— **(*o* telaio) degli isolatori** (*elet.*), insulator framework.
— **del bariletto** (*orol.*), barrel bar.
— **del bilanciere** (*orol.*), balance cock.
— **del cassero centrale** (*naut.*), bridge deck.
— **della gru,** crane girder.
— **dell'àncora** (*orol.*), pallet cock.
— **di barche,** pontoon bridge.
— **di carica** (*met.*), charging-platform.
— **di chiatte,** pontoon bridge.
— **di comando** (*naut.*), navigation bridge.
— **differenziale** (*auto*), differential casing.
— **di giunto** (*ferr.*), bridge plate.
— **di impalcatura,** cat walk.
— **di impedenza** (*elet.*), impedance bridge.
— **di manovra** (*naut.*), awning deck.
— **di precisione** (*elet.*), precision bridge.
— **di scanalatura** (*elet.*), slot bridge.
— **di servizio,** working platform.
— **di stazza** (*naut.*), tonnage deck.
— **di stiva** (*naut.*), orlop deck.
— **di televisione,** television station link.
— **di un bilanciere** (*orol.*), cock.
— **di volo** (*aereo*), flight deck.
— **di Wheatstone** (*elet.*), Wheatstone bridge; resistance bridge.
— **di Wheatstone a scorritoio** (*elet.*), slide bridge.
— **doppio** (*cost.*), twin bridge; double bridge.
— **elevatore da auto** (*auto.*), car lift.
— **fasciato** (*naut.*), laid deck.
— **ferroviario,** railway bridge.

ponte girevole, swing bridge.
— **girevole a perno idraulico,** hydrostatic swing bridge.
— **girevole a volate uguali,** symmetrical swing bridge.
— **girevole su barconi,** pontoon swing bridge.
— **in cemento armato,** reinforced concrete bridge.
— **in curva a travi multiple** (*costr.*) multi-girder curved bridge.
— **inferiore** (*naut.*), lower deck.
— **inferiore di stiva** (*naut.*), orlop deck.
— **in ferro,** iron bridge.
— **in golena,** flood bridge.
— **in legno,** wood bridge; timber bridge.
— **in muratura,** masonry bridge.
— **in pietra,** stone bridge.
— **leggero** (*costr.*), light bridge.
— **levatoio,** draw - bridge; lif bridge.
— **magnetico** (*elet.*), permeability bridge.
— **multiplo,** *v.* **ponte a ventaglio.**
— **obliquo,** skew bridge.
— **per colmare l'incavo** (*tornio*), gap bridge.
— **per gru** (*costr.*), crane girder.
— **per la misura d'impedenza,** impedance bridge kit.
— **per segnalazioni stradali** (*costr. stradali*), signal bridge.
— **posteriore** (*auto*), rear axle.
— **radio** (*radio*), radio communication link; radio relay system; radio-relay link; repeater station; radio link.
— **radio a microonde** (*radio*), microwave link.
— **radio-televisivo,** television radio-relay link.
— **raso** (*naut.*), flush deck.
— **retto** (*cost.*), straight bridge.
— **scoperto** (*naut.*), weather bridge.
— **scorrevole** (*cost.*) roller bridge.
— **smontabile** (*cost.*), portable.
— **sollevabile** (*cost.*), lifting bridge.
— **sospeso con catene,** suspension bridge (with chains).

ponte sospeso con funi, cable bridge.
— **sospeso irrigidito,** stiffened suspension bridge.
— **stradale,** road bridge.
— **su barconi,** pontoon bridge.
— **superiore** (*naut.*), upper deck
— **tiretto** (*orol.*), intermediate wheel bridge.
— **tubolare,** tubular bridge.
— **universale** (*elet.*), universal bridge.
— **volante,** stage (*naut.*); hanging stage (*cost.*); flying scaffold (*cost.*).
— **(chiave del —)** (*cost.*), bridge key.
— **(metodo del —),** bridge method; zero method.
— **(tasto di un —)** (*elet.*), bridge-key.

ponteggio, *m.*, scaffold.
— **tubolare,** tubular scaffold.

pontello, *m.* (*vetro*), pontil.

ponti (*m. pl.*) **analizzatori di circuiti,** network analysers.
— **di bascule** (*orol.*), yoke bridges.

pontile, *m.* pier; wharf; quay.
— **di sbarco,** landing stage.
— **di sbarco galleggiante,** floating landing stage.
— **di scarico,** jetty.

pontone, *m.* pontoon; (*naut.*), hulk.
— **a biga** (*naut.*), shear-leg pontoon; shear-hulk.

popolazione attiva (*mano d'opera*) (*lavoro*), labour force.

popeline, *f.* (*tess.*), poplin.

poppa, *f.* (*naut.*), stern; (*del pallone*) (*aereo*), stern; tail.

poppavia, *f.* (*naut.*), abaft.

porcellana, *f.* china; porcelain.
— **dura,** hard porcelain.

porcellanato, *p.p.* (*met.*), porcelain enamelled.

porcile, *m.* (*cost.*), pigsty.

porfido, *m.* porphyry.
— **feldspatico,** felsitic porphyry.
— **quarzifero,** quartz porphyry.

porfirico, *agg.* porphyritic.

porfiriti, *f. pl.* (*geol.*), porphyrites.

porfirizzare, *v.a.* (*med.*), to porphyrize.

« pori di bambola » (*difetto degli smalti*), dolly dimples.
poro (*punta di spillo*) (*met.*), pore; (*depressione conica leggerm. più grande della punta di uno spillo sulla superf. smaltata dopo cottura*) (*smalti*), dimple.
— della carta, *m.* pore of the paper.
— dell'acciaio, pore of the steel.
porosimetro, *m.* (*chim.*, *petrol.*), porometer.
porosità, *f.* porosity; blow hole (*pressofusione*).
— apparente (*di mattoni*) (*met.*), apparent porosity.
— assiale (*met.*), axial porosity.
— assiale della billetta (*met.*), billet central porosity.
— di ritiro (*met.*), shrinkage porosity.
— interdendritica (*met.*), interdendritic porosity.
poroso, *agg.* porous.
— (getto —), porous casting.
— (materiali metallici —) (*met.*, *polveri*), porous metals.
porpenzite, *f.* (*min.*), porpenzite.
porpora, *f.* purple
porporina, *f.*, purpurine.
porre il processo su base economica (*ind.*, *mecc.*, *ecc.*), to put the process on an economic basis.
porta, *f.*, door; v. anche **porte**; (*per collegamenti a stampanti, con l'esterno, con il monitor, ecc.*) (*inform.*), port.
— a cardine antincendio, hinged fireproof door
— a comando fotoelettrico, magic eye door.
— ad ali di gabbiano (*auto*), gull wing door.
— a due battenti, double wing door.
— a due pannelli, two-panelled door.
— a libro (*cost.*), multi-leaf door.
— a muro, secret door.
— a prova d'incendio, fireproof door.
— a un battente, single wing door.
porta automatica (*treno*, *bus*), powered door.
— a vetri, glazed door.
— basculante bilanciata (*garage*, *ecc.*), balanced overhead door.
— bomba (*aereo*), bomb rack.
— candele (*di riserva*) (*motoc.*). spare plug carrier.
— da aprirsi all'esterno, door to be opened outward.
— da aprirsi all'interno, door to be opened inward.
— del forno (*o — di carica*) (*met.*), furnace door.
— di accesso (*ai lavori*) (*cost.*), access door.
— di camera blindata (*banche*), strong-room door.
— interna a raso (*allo stesso livello*), internal flush door.
— -isolatore (*elet.*), bracket.
— -isolatore di tensione (*elet.*), strain pin.
— posteriore sollevabile (*per carico e scarico bagagli*) (*auto*), lift-up tailgate.
— ribaltabile (*garage*), overhead door.
— -schermo, *m.* (*radiol.*), screen holder.
— scorrevole, sliding door.
— scorrevole antincendio (*cost.*), sliding fireproof door.
— volante (*o* **andirivieni**), swing door.
— (telaio della —), door case.
portacassette, *m.* (*audio*), cassette storage unit; cassette storage carrying case (*valigetta*); cassette storage cabinet (*mobile*).
— per automobile (*audio*), auto cassette storage unit.
portaerei, *f.* carrier; aircraft carrier.
— a missili telecomandati, guided-missile aircraft carrier.
portacenere, *m.* (*auto*), ashtray; ash receiver.
— incassato (*auto*), built-in ashtray.
portaceppi (*freno*), brake shoe.
portachiavi (con medaglietta) per auto, key fob.

portaelettrodi, *m.* (*sald.*), electrode holder.
portaelettrodo fisso (*forni elet. met.*), fixed electrode mast.
portefanale, *m.* lamp bracket.
portaferri, *m.* (*mecc.*), tool holder.
portafiliera, *f.* (*mecc.*), die-stock.
portafiltro, *m.* filter ring.
portafusibili (*elet.*), fuse carrier; fuse holder.
portagiunto, *m.* (*della rotaia*) (*ferr.*), blow.
portalama, *m.* (*met.*), blade holder.
portalampada, *f.* lamp-socket; lamp holder.
portale, *m.* (*elet.*), portal; (*costr.*), portal frame.
— **a traliccio** (*costr.*), portal frame in tubular lattice work.
— **a tre cerniere** (*costr.*), three-hinge portal frame.
— **incernierato** (*costr.*), hinged portal frame.
portamandrino, *m.* spindle carrier.
portamidollo di sambuco (*orol.*), pith holder.
portamola, *m.* wheel collet; wheel slide.
portamorsetti (*elet.*), terminal holder.
portamovimento (*orol.*), movement holder.
portante, *agg.* (*riferito a ruote e rotaie, ecc.*), carrying.
— **video** (*telev.*), video carrier.
— **(elemento —)** (*costr.*), load-carrying member.
portanza, *f.* (*aereo*), lift.
— **aerodinamica** (*aereo*), aerodynamic lift.
— **statica** (*aereo*), static trhust (*or* lift).
— **totale** (*aereo*), total lift.
portaoggetti (*microscopio*), specimen holder.
portapezzo, *m.* (*mecc.*), work rest.
portapuleggia (*m.*) **della fune di trazione,** rope sheave.
portare a destra (*o* **a sinistra**) (*bozze*), bring matter to the right (*or* left).
— **all'incandescenza,** to bring to incandescent point.
portare il livello a..., to bring the level up to....
— **in soluzione,** to take into solution; to carry over into a solution.
— **occhiali di protezione,** to wear protective goggles.
— **un carico a cavalletto** (*gru*), to straddle.
portasagoma, *m.* pattern holder.
portaspazzole (*elet.*), brush holder.
portaspole, *m.* (*tess.*), batter.
portastadia, *m.* staffman.
portasubbio, *m.* (*tess.*), beam.
portata, *f.* capacity (*cost.*); lifting power (*cost.*); volume (*idr.*); delivery (*idr.*); discharge (*idr.*); flow (*idr.*); range (*radio*); porter (*tess.*); (*naut.*), (*o* **tonnellaggio di peso)** deadweight carrying capacity; (*di nave*), (*naut.*), burden.
— **al secondo,** volume per second.
— **d'acqua** (*idr.*), water delivery.
— **d'aria,** air delivery.
— **dell'anima** (*fond.*), print; core-print.
— **della pompa,** pump delivery.
— **di arco, volta ecc.,** span.
— **di bocche,** aperture; orifice of exit; capacity of bearing.
— **di carico lorda** (*naut.*), gross cargo capacity.
— **di macchina di ripresa** (*met., min.*), reclaiming rate.
— **di una bilancia,** carrying power.
— **di una gru,** radius (of a crane).
— **di una pompa,** pump delivery; pump output.
— **di una sorgente,** extent of a spring.
— **di un cannone,** range.
— **di un ventilatore,** performance of a fan.
— **di vagoni ecc.,** tonnage.
— **lorda** (*di nave*), dead weight.
— **radar,** radar range.
— **(ventilatore della — di ... Nm³/h),** air fan rated at ... standard cubic meters per hour.
portatile, *agg.* portable.
— **(modello —),** portable *m.*

portatilità, *f.* portability.
portatore di stadia, staffman; rodman (U.S.A.).
portautensili, *m.* tool support; tool holder; tool rest; tool carrier.
— **a barra,** bar tool holder.
— **a becco,** cutter block with hook tool.
— **a bussola,** magazine tool holder.
— **a ginocchio,** knee toolholder.
— **americano,** tool post; tool box.
— **a snodo,** hinged tool holder.
— **a stella,** turret.
— **a trottola,** cylinder block; safety cutter block.
— **di piallatrice,** head.
— **girevole,** swivelling tool post.
— **multiplo,** magazine tool holder.
— **per correggere l'altezza di un pezzo al tornio,** packing cutter.
— **per sfacciare,** flying cutter; facing arm.
— **per tornire in piano,** flying cutter; facing arm.
— **quadruplo,** four way tool block.
portavento (*ugello del vento*) (*met.*), blast connection.
portavoce a tubo per comunicare fra l'istruttore e l'allievo (*aereo*), gosport (U.S.A.).
porte riducibili (*o* **cancelli riducibili**) (*ascensori, ecc.*), collapsible gates.
— **scorrevoli riducibili** (*cost.*), sliding folding shutter doors.
— **(apparecchio per il comando automatico delle —)**, automatic door controller.
portello, *m.* (*naut.*), port.
— **di ispezione** (*aereo*), inspection port.
— **di scarico** (*naut.*), freeing port.
— **di ventilazione** (*tetti*), ventilation flap.
portellone, *m.* (*naut.*), shutter.
— **posteriore** (*per caricare bagagli*) (*auto*), big rear door; hatch back.
porticina uscita di sicurezza (*aereo*), emergency escape hatch.
portiera, *f.* (*auto*), door.
porto, *m.* harbour; port.
— **canale** (*costruito all'estuario di fiume navigabile*), canal port.
— **carbonifero,** coal port.
— **d'arrivo,** port of arrival.
— **di destinazione,** port of destination.
— **d'imbarco,** port of shipment.
— **d'imbarco dei minerali di ferro,** iron ore loading port.
— **di mare,** sea-harbour.
— **di partenza,** port of departure.
— **di scalo,** port of call.
— **di trasbordo,** transhipment port.
— **fluviale,** river port.
— **franco** (*comm.*), free port.
— **mercantile,** commercial harbour.
— **petrolifero,** oil port.
portolano, *m.* (*naut.*), portolan.
portone, *m.* gate.
— **di chiusa** (*idraul.*), lock-gate.
posa, *f.* (*fot.*), time photograph; time exposure.
— **breve** (*fot.*), bulb exposure.
— **di fili,** wiring.
— **di un binario** (*ferr.*), track laying.
— **di un cavo,** laying of a cable.
— **di un oleodotto,** pipe laying.
— **di vetri,** glazing.
— **in opera,** laying.
— **(nave per la posa di oleodotti),** pipe-laying barge.
posamine, *m.* mine-layer.
posare, *v.a.* to lay down; to lay; (*di liquidi*), to leave a sediment.
— **tubazioni sulla superficie** (*petrol.*), to string.
posatubi (macchina —) (*ind.*), pipe-laying machine.
posatura, *f.* (*di liquidi*), settling.
positiva, *f.* (*fot.*), positive.
positivo, *m.* (*cinem.*), positive (film stock).
positrone, *m.* (*particella subatomica*), positron.
posizionamento, m. location; (*CN*) (*macch. ut.*), positioning.
— **orizzontale** (*inform.*), horizontal positioning.
— **punto a punto** (*controllo nume-*

rico), point by point positioning.
posizionare (*controllo numerico*), (*macch. ut.*), to position.
posizionatore, *m.* (*apparecchio*), positioner.
— **per grossi pezzi** (*met.*), heavy workpiece positioner.
— **per saldatura** (*sald.*), welding positioner.
posizione, *f.* position; (*disposizione dei comandi, pedali, ecc.*) (*auto, ecc.*), layout.
— **contrattuale dei sindacati operai** (*lavoro*), trade union's bargaining position.
— **dell'utensile,** tool position.
— **di funzionamento,** «on» position.
— **di lavoro,** working position.
— **di marcia,** running position.
— **di memoria** (*inform.*), memory position.
— **di riposo,** « off » position; position of rest; (*mecc.*), nonworking position.
— **diritta,** upright position.
— **iniziale,** starting position.
— **piatta** (*sald.*), flat position.
— **(mettere in —)** (*fissare*), to clamp into position.
— **(rimane in — diritta),** remains in an upright position).
posizioni (*f. pl.*) **del manipolatore perforate sulla scheda** (*elettron., met.*), manipulator positions punched on the card.
— **di marcia** (*elet.*), running positions.
possibile, *agg.* possible.
possibilità, *f.* possibility.
— **di trattamento delle stringhe** (*o* **sequenze di caratteri)** (*inform.*), string-handling capability.
posta, *f.* mail.
— **aerea,** *f* air mail.
— **elettronica,** electronic mail.
— **(spedire per —),** to mail.
— **(rispedire per —),** to mail back.
postazione (*f.*) **antiaerea,** flak position.
postcombustione, *f.* (*aereo, mot.*), afterburning.
posteggio, *m.* (*auto*), parking.
posti letto (*naut.*), accomodation to sleep.
postinoculazione (*fond.*), post inoculation.
posto, *m.* place.
— **a sedere** (*auto*), accomodation; (*abbondante — per 4 persone adulte*), ample accomodation for four adults.
— **d'ascolto** (*radio*), listening post.
— **di lavoro,** job.
— **di montaggio,** erecting yard (*or* bay).
— **di ormeggio** (*naut.*), mooring site.
— **elettronico di lavoro** (*uffici*) (*inform.*), work station.
— **vacante** (*difetto nel reticolo cristallino*) (*dislocazioni*) (*met.*), vacancy.
— **(analizzare le cricche sul — o in laboratorio),** to analyze cracks on the spot or in laboratory.
— **(ogni problema viene studiato sul —),** each problem is tested on the site.
— **(posto** (*p.p.*) **che. . .) (dato che. . .) (trovare. . .)** (*problemi mat., ecc.*), given that. . .; find. . .
— **(saldatura in —),** (on) site weld.
— **(sul —),** on (the) site; on the spot.
postriscaldo, *m.* (*met.*), postheat.
postsincronizzazione (*cinem.*), post-synchronisation.
— **-soffiaggio** (*met.*), post blow.
postulato di Fourier (*fis.*), Fourier's law.
potabile, *agg.* drinkable; potable.
potabilizzazione (impianto per —), drinking water plant.
potare, *v.a.* (*agric.*), to prune.
potassa, *f.* (*chim.*), potash; potassium carbonate; pear ash; salt of tartar.
— **caustica,** caustic potash; potassium hydroxide; potassa; lye; potassium hydrate.

potassa (allume di —), potash alum.
— (sapone di —), potash soap.
potassico, *agg.* (*chim.*), potassic.
potassio, *m.* (*chim.* = K), potassium.
potatrice (*f.*) **elettrica** (*mecc. agric.*), electric pruner.
potatura meccanica (*agr.*), mechanical pruning.
potenza, *f.* power; output.
— al decollo (*aereo*), take-off power.
— anodica (*elettron.*), plate efficiency.
— assorbita, power absorbed; power required.
— continua (*elet.*), continuous (output).
— d'aereo (*radio*), aerial input.
— d'armonica, harmonic energy.
— del reattore (*fis. atom.*), reactor power.
— d'entrata (*radio*), input (power).
— di rumore (*antenna*), noise output.
— effettiva, actual power; useful work; brake horse power.
— fiscale (*auto*), tax rating; taxable horse-power.
— fornita, delivered power.
— fornita all'antenna, aerial input.
— frigorifera, refrigeration output; refrigerating capacity.
— in cavalli, horse power.
— indicata, indicated horsepower.
— indicata del motore, horsepower rating.
— installata (*centrale elet.*), installed horsepower.
— massima in CV (*auto*), maximum horse power in metric HP.
— motore (*tornio*), power of motor.
— nominale, nominal horsepower; (*telev.*), rated power supply.
— nominale di un motore, motor rating.
— normale, working power.
— nucleare (*fis. atom.*), nuclear power.
— oraria, power per hour.
potenza termica, thermal duty; heat output.
— totale equivalente al freno (*aereo*), total equivalent brake horse-power.
potenziale, *m.* (*person.*) (*fis.*), potential.
— assoluto, absolute potential.
— costante, constant potential.
— d'arresto (*fis. atom.*), stopping potential.
— di attrazione (*fra 2 atomi*) (*fis. atom.*), attraction potential.
— di carica, potential of charge.
— di ossido-riduzione (*met.*), oxidation-reduction potential.
— elettrico, electric potential.
— elettrochimico (*met.*), electrochemical potential.
— elettrodinamico, electrodynamic potential.
— elettrostatico, electrostatic potential.
— magnetico, magnetic potential.
— negativo, negative potential.
— nucleare (*fis. atom.*), nuclear potential.
— positivo, positive potential.
— spontaneo (*proprietà elett. delle rocce*) (*min.*), natural potential; spontaneous potential.
— (caduta di —), drop of potential.
— (curva del —), potential curve.
— (differenza di —), difference of potentials.
potenzialità, *f.* efficiency.
— della centrale (*elet.*), capacity of a central station.
— della linea (*ferr.*), line capacity.
— di trasporto, carrying capacity.
— di una caldaia (produzione oraria di vapore in libbre [o in kg]), rating of a boiler.
potenziamento, *m.* (*di impianti, ecc.*), extension.
potenziometro, *m.* potentiometer.
— a compensazione automatica, self-balancing potentiometer.
— a compensazione continua, continuous balance potentiometer.
— a compensazione periodica, period-balance potentiometer.

potenziometro con termocoppia, thermo-couple potentiometer.
— **del tipo indicatore,** recording potentiometer.
— **del tipo registratore,** recording potentiometer.
— **di compensazione,** balancing potentiometer.
— **di rilevamento** (*radar*), bearing potentiometer.
— **elettronico,** electronic potentiometer.
— **(compensare un —),** to balance a potentiometer (*compensazione di un* —, potentiometer balancing).
potenziostatico, v. **(metodo —).**
potenziostato, *m.* (*per corrente a potenziale costante*) (*met. elet.*), potentiostat.
potere, *m.* power; property.
— **aderente** (*coefficiente di adesione*), coefficient of adhesion.
— **acustico,** acoustic power.
— **antivibratorio** (*met.*), damping capacity.
— **calorifico,** calorific power; calorific value; heating power; heating value.
— **colorante** (*di un rossetto*) (*cosmetici*), staining action.
— **coprente** (*vernici*), hiding power; (*vernici*), covering power.
— **d'acquisto** (*comm.*), spending power; (*finan.*), purchasing power.
— **d'acquisto dei redditi,** purchasing power of incomes.
— **d'arresto (capacità di assorbimento),** stopping power.
— **d'assorbimento,** absorption capacity.
— **decolorante,** decolorizing power.
— **d'infiammazione** (*grisù, gas*), incenditivity.
— **di riflessione,** reflecting power.
— **emissivo** (*di energia irradiata*) (*fis.*), emissivity.
— **illuminante,** illuminating power.
— **isolante,** insulating property.
— **penetrante** (*di radiazioni*) (*fis. atom.*), penetrating power.
potere riflettente, reflecting power.
— **risolvente** (*ott.*), resolving power.
— **rotativo,** rotatory power.
— **separatore del microscopio separatore,** electron microscope resolving power.
pousettes per àncora (*orol.*), push pieces.
pozzetto, *m.* (*naut.*), well.
— **di colata,** *m.* (*fond.*), runner cup.
pozzo, *m.* well; shaft (*di miniera*); pit (*min., pozzo di estrazione*).
— **ad acqua salsa,** brine disposal well.
— **artesiano,** artesian well.
— **caldo** (*naut.*), hot-well.
— **cieco,** blind shaft; closed shaft.
— **collettore,** *m.* sump; reservoir.
— **d'accesso,** inspection shaft.
— **da gas,** gas well.
— **delle catene** (*naut.*), chain locker.
— **dell'elica** (*naut.*), screw aperture.
— **di aspirazione,** suction shaft.
— **di estrazione** (*min.*), production shaft.
— **di fondazione,** (*cost.*), foundation pit.
— **di lunga durata** (*min.*), long-life pit.
— **di manovra** (*di diga*), sluice column.
— **di potenziale** (*fis. atom.*), potential well.
— **di salita** (*nell'involucro di aeronave*) (*aereo*), climbing shaft.
— **d'ispezione,** inspection shaft.
— **di testata,** header.
— **di ventilazione** (*di miniera*), upcast shaft; ventilation shaft; air shaft.
— **filtrante** (*idraul.*), filtering well.
— **inclinato,** sloping shaft.
— **maestro,** main shaft.
— **petrolifero,** oil-well.
— **scavato col metodo del congelamento** (*min.*), frozen shaft.
— **tubolare,** tube well; tubular well.
— **verticale,** vertical shaft.

pozzo (bocca del—) (*min.*), collar.
— **(chiusura del —)**, pit closure.
— **(evacuare il —)**, to evacuate the pit.
— **(misurare la profondità di un —)**, (*petrol.*), (U.S.A.), to string over.
— **(perforare un —)**, to drill a shaft.
— **(rendere produttivo un — economicamente)**, to make the pit pay.
— **(scavo del —)**, shaft sinking.
pozzolana, *f.* pozzolana; (*geol.*), pozzolan.
— **naturale,** natural pozzolana; trass; Santorin earth.
pozzolanico (cemento —) (*cost.*), pozzolan cement.
pragmatica, *f.* (*linguistica*), pragmatics.
praseodimio, *m.* (*chim.* = Pr), praseodymium.
prasio, *m.* (*min.*), prase.
pratica, *f.* (*istruzione*), training; (*naut.*), pratique.
— **di laminazione** (*met.*), rolling practice.
— **incentivante** (*scienze psicolog.*), incentive practice.
— **sul lavoro,** on-the-job training.
praticabile, *agg.* accessible; *m.* (*cinem.*), cat walk.
praticare (*v.a.*) **un foro,** to make a hole.
— **un'incisione,** to make a cut; to make a slot.
pratico, *agg.* practical.
preaccensione, *f.* (*mot.*), preignition.
preaffinazione (*met.*), preliminary refining.
preamplificatore stereofonico, stereo preamplifier.
preavviso (*scritto*), advance notification.
— **(senza —)** (*leg. comm.*), without advance notice.
precalcolo, *m.* (*met.*, *ecc.*), preliminary calculation.
precarburazione (*met.*), precarburizing.
precaricamento (*met.*), pre-tensioning.
precaricato, *p.p.* preloaded.
precarico del bullone (*mecc.*), bolt preloading.
precauzione, *f.* precaution.
precedere, *v.i.* (*elet.*), to lead.
precessione, *f.* precession; lead (*mecc.*).
precipitabile, *agg.* precipitable.
precipitante, *m.* (*chim.*), precipitant.
precipitare, *v.a.* (*chim.*), to precipitate.
precipitato, *m.* (*chim.*), precipitate.
— **di zolfo,** sulphur precipitate.
precipitatore elettrostatico (*purificazione gas*), electrostatic precipitator.
— **elettrostatico Cottrell a secco** (*min.*), dry Cottrell precipitator.
— **elettrostatico per depolverazione** (*met.*), dedusting electrostatic precipitator.
— **per depolverazione** (*min.*), dust precipitator.
precipitazione, *f.* (*chim.*), precipitation.
— **atmosferica,** rainfall; precipitation; atmospheric precipitation.
— **elettrostatica,** electrical precipitation.
— **radioattiva** (*fis. atom.*), fall-out; (*lontana dal luogo dell'esplosione di una bomba nucleare*), fallout; (*sul luogo dell'esplosione di una bomba atomica*), fallback.
precipitazioni (*f. pl.*) **radioattive** (*fis. atom.*), radioactive fall-out.
precisione, *f.* precision.
— **delle dimensioni** (*mecc.*, *ecc.*), dimensional accuracy.
preciso, *agg.* precise; exact.
precombustione, *f.* (*motori*), precombustion.
precompressione *f.* (*cemento armato*), pre-compression.
precompresso, *p.p.*, pre-stressed.
— **(beton —)**, prestressed concrete.

precompresso (filo —), prestressed wire.

precomprimere (*mecc.*), pre-stress (to) (pre-stress something in compression),

precurvatrice dei bordi (*delle lamiere*) (*tubificio*) (*met.*), crimping press; crimping rolls.

precurvatura dei bordi (*delle lamiere*) (*tubificio*) (*met.*), crimping (of the edges).

predellino, *m.* (*di vetture ferr.*). foot-board; step.

preelaborazione (*inform.*), preprocessing.

prefabbricazione, *f.* prefabrication.

— **(sistema di — a casseri slittanti o automontanti)** (*costr.*), slip form system.

preferenziale (orientazione —) (*metal.*), preferred orientation.

pregrippaggio, *m.* (*mot.*), galling; (*tendenza al — e al grippaggio*), galling and seizing tendency.

pregrippatura, *f.* (*mecc.*), scuff.

preignizione (*mot.*), preignition.

preindicatore, *m.* pre-indicator.

prelevare dalla memoria (*calcol. elettron.*), to read out; to fetch.

— **rilevamenti giornalieri del fumo** (*inquinamento*), to take daily measurements of smoke.

— **(prendere) un campione dalla parte alta della siviera** (*met.*), to take a sample from the top of the ladle.

prelievo, *m.* (*comm., finan.*), drawing.

— **della provetta** (*met., ecc.*), sampling.

— **(diritti di —)** (*finan.*), drawing rights.

prematuro, *agg.* premature.

premere i bottoni, to press the buttons.

— **il bottone di arresto** (*presse, ecc.*), to depress the « stop » button.

premescolatore, *m.* (*birrificio*) (*in cui si mescola il malto macinato con acqua calda prima di arrivare al tino di miscela*), masher.

premi pubblicitari (*per promuovere le vendite*), advertising give-aways.

premicarta (*macch. da scrivere*), paper finger.

premifune, *m.* rope tightener.

premilamiera, *f.* (*met., mecc.*), blank holder.

premio di assicurazione (*auto, ecc.*), insurance premium.

— **di partita** (*sport*), bonus.

— **di produzione** (*salari, retiribuzione*), production bonus.

premistoffa, *f.* (*di macch. da cucire*), presser; pressure-bar.

premistoppa, *f.* stuffing box; boot.

— **del cilindro,** cylinder stuffing box.

prendere, *v.i.* (*rappigliare*) to coagulate; to become thick; to set (*far presa*).

— **fuoco,** to take fire.

— **il largo** (*naut.*), to take to the open sea.

— **in affitto,** to rent.

— **le dimensioni,** to take measurements (*or* dimensions).

— **lo slancio** (*aereo*), to take the running start.

— **una curva** (*auto*), to take a corner.

— **un brevetto,** to take a patent.

— **un'istantanea** (*fot.*), to snap; to snap-shot.

prenotazione di voli (*aereo*), flight booking.

preparare, *v.a.* to prepare.

— **minerali,** to dress ores.

preparato, *m.* preparation; substance.

— **radiaottivo,** radioactive preparation; radioactive drug.

preparazione, *f.* preparation.

— **dei minerali,** ore-dressing.

— **dei minerali di piombo,** lead-dressing; dressing lead-ore.

— **dei pacchetti** (*rottame ferro*) (*met.*), fagoting; briquetting.

— **del rottame,** scrap preparation.

— **del tracciato di stampa** (*elettron.*), edit.

— **meccanica del minerale,** ore-dressing.

preparazione (in —) (*in stampa*) (*pubbl.*), in press.
prepelletizzazione, *f.* (*met.*), pre-pelletizing.
preplastificare (*gomma*), to pre-plasticize.
preprogrammabile, *agg.* (*inform.*), (*macch. ut.*, *ecc.*), pre-programmable.
preprogrammato, *p.p.* (*elettron.*), preprogrammed.
preraffreddamento, *m.* precooling.
preraffreddatore, *m.* forecooler.
preregistrare, *v.a.*, to pre-record.
preregistrato, *p.p.* (*nastro*), pre-recorded (*tape, etc.*).
preridotto, v. **minerale di ferro —**; v. **pellets preridotti.**
preridurre, *v.a.* (*min.*), to prereduce.
preriduzione (*di minerale*) (*met.*), prereduction.
— **di pellets** (*met.*), prereduction of pellets.
preriscaldare, *v.a.* to preheat.
— **la ghisa al calor rosso cupo** (*met.*), to preheat cast iron to a dull red heat.
preriscaldatore, *m.* preheater.
— **del carburatore** (*mot.*), carburettor air heater.
— **del gas,** gas preheater.
— **dell'aria** (*met.*, *ecc.*), air preheater.
— **del vento** (*met.*), blast preheater; air preheater; Cowper.
preriscaldo, *m.* preliminary heating; preheating; (*di acciaio p. es.*) (*met.*), preheat.
— **del rottame** (*met.*), scrap preheating.
— **parziale,** partial preheating.
— **totale,** total preheating.
— **(temperatura di —),** preheating temperature.
prerivestimento, *m.* (*fond.*), pre-coating.
— **protettivo,** protective pre-coating.
prerivestito (*rotolo*) (*met.*), pre-coated (coil).
presa, *f.* intake (*di aria, elet. ed acqua*); hold (*or* grip) (*di morse, tenaglie*); setting (*di malte e cementi*); engagement (*mecc.*); meshing (*ingr.*); mesh (*ingr.*); taking (*prendere in generale*); tapping (*elet.*).
presa ad archetto (*elet.*), bow.
— **ad asta,** trolley.
— **a pantografo,** pantograph.
— **a pattino** (*ferr. elet.*), collector shoe; power collecting shoe.
— **a seguire** (*cinem.*), running shot.
— **ausiliaria** (*del carburatore*) (*aereo*), air intake (*scoop type*).
— **d'aria,** air scoop; air strangler (*auto*); inlet (*di carburatore*).
— **d'aria ad angolo neutro** (*aereo*) (*per limitare la quantità di aria trasmessa al carburatore durante il volo*), (neutral angle) air intake.
— **d'aria anulare** (*aereo*), annular manifold annulus.
— **d'aria del carburatore,** air intake pipe.
— **del gas,** gas collector; gas outlet.
— **di acqua,** intake of water.
— **di campione** (*chim.*, *ecc.*), sampling.
— **di cemento,** setting of cement.
— **di corrente,** current collector; intake; (*per la luce*) (*elet.*), lighting outlet; socket.
— **di corrente ad archetto** (*tram*), bowstring suspension.
— **di corrente doppia,** double plug socket.
— **di corrente murale** (*elet.*), wall outlet.
— **di corrente per spina** (*elet.*), wall socket.
— **di corrente speciale** (*p. es. per ferro da stiro*) (*elet.*), special-purpose outlet.
— **di forza** (*mot.*, *agr.*), v. **presa di potenza.**
— **di gas** (*altoforno*), (gas) outlet tube; exit pipe.
— **di malta,** setting of mortar.
— **di potenza** (*o di forza*) (*mot.*, *agric.*), power take-off.
— **di terra** (*elet.*), earth connec-

tion; ground connection (U.S.A.).

presa d'olio (*vernici, pitture*), oil absorption.

— **doppia** (*di corrente*) (*elet.*), twin socket.

— **fonografia stereofonica,** stereo pickup.

— **per resistenza** (*elet.*), resistance tapping.

— **(*o* sede) per il cricco** (*auto*), jacking point.

— **per riproduzione fonografica,** phonograph pick up.

— **tra i cilindri** (*lamin. met.*), roll gap.

— **(tappo di —),** catch.

pre-sagomato (*met.*), preform.

presame, *m.* rennet.

presbiterio, *m.* (*arch.*), presbitery.

prescrivere, *v.a.* to specify (*p. es.*; *prescritto dal costruttore*, specified by the manufacturer).

prescrizioni (*m. pl.*) **di legge,** law prescriptions.

— **di montaggio,** erection instructions.

— **di sicurezza,** safety specifications.

— **ministeriali** (*per costruzioni materiali, ecc.*), specifications.

— **per l'uso di macchine utensili,** operating instructions.

prese d'aria del motore (*aereo*), engine air intakes.

preselettore, *m.* pre-selector.

preselezione, *f.* (*telef. ecc.*), preselection.

presella per stozzare (*forg.*), fuller.

presellare, *v.a.* to caulk; to calk.

presellatura, *f.* calking; caulking.

— **pneumatica,** pneumatic caulking (*or* calking).

presello, *m.* caulking chisel; calking chisel.

presentare (*auto, ecc.*) (*esibire, mettere in mostra*), to sport.

— **(il modello presenterà nuovi paraurti),** the model will sport new bumpers.

pre-serie (*serie di avviamento*) (*ind.*), preproduction.

preservante del legno, wood preservative.

preservatore dalla corrosione (*chim.*), corrosion preventive.

presiedere ad una riunione (*convegni, seminari, ecc.*), to chair a meeting.

presinterizzazione, *f.* (*metal. delle polveri*), presintering.

presoffiaggio, *m.* (*met.*), preblow.

— **(tempo di —)** (*met.*), fore-blow time.

presoffiare (*met.*), to fore-blow; to preblow.

presollecitare (*mecc.*), to pre-stress (pre-stress something in compression).

presollecitazione, *f.* (*mecc., fis., ecc.*), prestraining; (*mecc.*), prestressing.

— **del cemento armato** (*cost.*), prestressing of concrete.

pressa, *f.* (*mecc., tip.*), press.

— **a bilanciere** (*mecc.*), flypress.

— **a collo di cigno** (*macch. ut.*), goose-neck press.

— **a compressione** (*mecc.*), compressing press.

— **a cuneo,** wedge press.

— **ad eccentrico,** eccentric press; cam press; eccentric-drive press.

— **ad ingranaggi,** gear-driven press.

— **a doppio effetto** (*mecc.*), double-action press.

— **a dorare** (*tip.*), blocking and embossing press.

— **a frizione,** friction press.

— **a ginocchiera** (*mecc.*), toggle press.

— **a gomito,** toggle lever press.

— **a gradini** (*mecc.*), multiple-die press.

— **a ingranaggi** (*mecc.*), geared press.

— **a iniezione** (*mecc.*), injection moulding press.

— **a leva articolata,** toggle (lever) press.

— **a motore,** motor press.

— **a percussione** (*mecc.*), percussion press.

pressa a piani multipli (*mecc.*), multiplate press.
— **a ritoccare** (*mecc.*), tool try-out press.
— **attrezzata per lavori in grande serie** (*mecc.*), heavy-duty press.
— **a vapore,** steam press.
— **a vite,** screw press; fly press.
— **con alimentazione a magazzino,** magazine-fed press.
— **con incastellatura di acciaio** (*mecc.*), steel-framed press.
— **curvatrice (per la piegatura a freddo e sagomatura di lamierini e nastri)** (*met.*), press-brake.
— **da banco,** bench press.
— **da legatore** (*tipog.*), lying press; laying press.
— **da paglia** (*nella trebbiatrice*), straw-press.
— **d'estrusione** (*mecc.*), extrusion press.
— **di montaggio con dispositivi transfer** (*mecc.*), mounting press with transfer attachments.
— **di montaggio per cingoli** (*meccan.*), mounting press for caterpillar chains.
— **eccentrica inclinabile,** inclinable eccentric press.
— **formatrice ad « O »** (*tubificio*) (*met.*), « O »-ing machine.
— **formatrice a « U »** (*tubificio*) (*met.*), « U »-ing machine.
— **frontale** (*macch. ut.*), C-frame press.
— **idraulica,** hydraulic press.
— **idraulica a due montanti** (*meccan.*), double housing hydraulic press.
— **idraulica ad un montante** (*mecc.*), open frame hydraulic press.
— **idraulica per imbutire fondi di caldaie** (*mecc.*), hydraulic dishing press for boiler bottoms.
— **inclinabile** (*mecc.*), inclinable press.
— **meccanica,** power press.
— **meccanica a due montanti** (*mecc.*), **double** housing press; double-sided press.
pressa meccanica ad un montante (*mecc.*), open frame mechanical press; « C »-frame press.
— **meccanica orizzontale per fucinare** (*mecc.*), horizontal forging press.
— **oleodinamica** (*met.*), hydraulic press.
— **oleodinamica a coniare** (*macch. ut.*), hydraulic coining press.
— **orizzontale** (*mecc.*), horizontal press.
— **per agglomerazione di trucioli** (*met.*, *mecc.*), swarf briquetting press.
— **per audiodisco** (*audio*), audiodisc press.
— **per balle di cartaccia,** baling press.
— **per bordare,** flanging press; flanger; flanging-machine.
— **per bossoli** (*mecc.*), case press.
— **per bossoli e bicchieri di bossoli** (*mecc.*), case and case-up press.
— **per calettare indotti e collettori** (*mecc.*), armature and commutator mounting press.
— **per calettare e scalettare ruote di veicoli ferroviari** (*ferr.*), wheel mounting and pulling press; car wheel shrinking press.
— **per compensati e tranciati** (*falegn.*, *mecc.*), veneer and plywood press.
— **per comprimere polveri metalliche** (*mecc.*), metal-powder press.
— **per coniare** (*met.*), coining press; stamping press.
— **per estrudere** (*met.*), extruding press.
— **per estrusione** (*met.*), extruding press; (*gomma, plastica e anche per met.*), extrusion press.
— **per forare** (*mecc.*), drilling press.
— **per forgiare,** forging press.
— **per fucinare** (*met.*), forging press.
— **per imbutire** (*mecc.*), drawing press.

pressa per impasti plastici, plastic moulding press.
— **per la formatura di cilindretti di un pollice circa di diametro, per racchiudere campioni da sottoporre al microscopio metallurgico** (*metal.*), specimen mount press.
— **per la lavorazione del rottame** (*met.*), scrap processing press.
— **per lamiera ondulata** (*met.*), press for corrugated sheet.
— **per legno,** wood press.
— **per l'estrusione,** extrusion press.
— **per matrici** (*tip.*), moulding press.
— **per mattoni** (*costruz.*), brick press.
— **per mattoni di scorie,** slag brick press.
— **per mozzi di ruote,** wheelbossing press.
— **per pacchettare rottami** (*met.*), scrap baling press.
— **per pacchettare sfridi o rottami** (*met.*), cabbaging press; scrap bundling press.
— **per piegare,** bending press.
— **per pressofusione** (*met.*), diecasting press.
— **per raddrizzare** (*mecc.*), straightening press.
— **per raddrizzare per materiale di puntellatura di miniere** (*min.*), straightening press for mine propping material.
— **per sagomare** (*mecc.*), moulding press.
— **per saldare** (*sald.*), welding press.
— **per sbavare** (*met.*), trimming press; chipping press.
— **per spianare** (*mecc., met.*), flattening press.
— **per stampaggio profondo,** deep-drawing press.
— **per stampare** (*tip.*), printing press; (*mecc.*), stamping press.
— **per tranciare** (*met.*), blanking press.
— **per tranciatura fine** (*macch. ut.*), fine blanking press.
pressa per tubi (*imbut.*), tube-drawing press.
— **per vulcanizzare** (*gomma*), vulcanizing press.
— **piegatrice** (*mecc., met.*), folding press.
— **piegatrice per lamiera** (*macch. ut., met.*), plate bending press; press brake.
— **pneumatica** (*macch. ut.*), pneumatic press.
— **punzonatrice** (*mecc.*), punching press.
— **raddrizzatrice oleoidraulica** (*mecc.*), oil hydraulic straightening press.
— **rapida** (*macch. ut.*), high-speed press.
— **stampigliatrice idraulica** (*meccan.*), hydraulic mark embossing press.
— **transferta** (*macch. ut.*), transfer press.
— **umida** (*carta*), wet felt press.
— **vulcanizzatrice** (*gomma*), vulcanizing press.
— **(pezzi delicati prodotti direttamente dalla —),** delicate component parts produced straight from the press.
pressare, *v.a.* to press; (*il pressare*): stamping (*se il pezzo è piatto*), pressing (*se il pezzo non è piatto*).
— **a caldo,** hot pressing.
— **a freddo,** cold pressing.
pressato, *p.p.* pressed.
pressatrice automatica (*del fieno*), one-man hay baler.
pressatura a caldo, hot pressing.
— **a freddo** (*met.*), cold-flow pressing.
pressione, *f.* pressure.
— **agli spigoli,** edge pressure.
— **alla bocca** (*altoforno met.*), top pressure.
— **a monte di...,** upstream pressure.
— **a portata nulla** (*riferito a pompa idraulica*) (*idraul.*), zero delivery pressure; stalled pressure; reacted pressure.

pressione assiale, axial thrust; axial pressure.
— **atmosferica,** atmospheric pressure.
— **a valle di...,** down-stream pressure.
— **barometrica,** barometric p.
— **cinetica esercitata dal vento** (*calcolo costr.*), cinetic wind pressure.
— **critica** (*fis.*), critical pressure.
— **d'accelerazione,** acceleration p.
— **d'acqua,** water pressure.
— **dei pneumatici** (*auto*), tyre pressure.
— **del gas,** gas pressure.
— **dell'utensile,** pressure of tool.
— **del suono,** sound pressure.
— **del vapore acqueo,** steam pressure.
— **del vento,** wind-pressure.
— **di ablazione** (*fis.*), ablation pressure.
— **di alimentazione** (*aereo*), boost pressure.
— **di appoggio,** bearing pressure
— **di bollo** (*di caldaia per produzione di vapore*), maximum operating pressure.
— **di caldaia,** boiler pressure.
— **di combustione,** combustion pressure.
— **di esercizio,** working pressure (*mecc., met.*); operating pressure.
— **di gonfiaggio eccessiva** (*gomme auto*), over-inflation.
— **di gonfiaggio raccomandata** (*pneum.*) (*auto*), recommended pressure.
— **di laminazione** (*met.*), pressure of rolling; roll pressure; draft.
— **di lavoro,** working pressure.
— **di mandata massima,** maximum delivery pressure.
— **dinamica** (*aereo*), ram pressure; velocity pressure; (*mecc. fluidi*), dynamic pressure.
— **dinamica di riferimento** (*aereo*), reference pressure.
— **di preriscaldo** (*sald.*), preheating pressure.

pressione di radiazione, radiation pressure.
— **di regime,** working pressure.
— **di saldatura,** welding pressure.
— **di saturazione,** pressure of saturation.
— **di vapore,** steam pressure.
— **effettiva,** effective pressure.
— **elettrica,** electric pressure.
— **elettrostatica,** electrostatic p.
— **idraulica,** hydraulic p.; water pressure.
— **idrostatica,** hydrostatic p.
— **in un punto,** pressure at a point.
— **laterale,** lateral pressure.
— **massima,** maximum pressure.
— **media,** medium p., mean p.
— **media effettiva,** mean effective pressure.
— **media effettiva di frenatura.** break mean effective pressure.
— **minima,** minimum pressure.
— **normale,** standard pressure.
— **osmotica,** osmotic pressure.
— **prestabilita,** predetermined pressure.
— **relativa,** relative pressure.
— **sanguigna** (*med.*), blood pressure.
— **statica,** static pressure; (*ventilatori*), blower pressure.
— **sul terreno di fondazione,** pressure on the foundation soil.
— **unitaria,** unit pressure.
— **(alta —),** high pressure.
— **(bassa —),** low pressure.
— **(cilindro di media —),** intermediate pressure cylinder.
— **(in —)** (*macch. a vapore*), under steam.
— **(sotto —),** under pressure (*per es.; iniettare sotto —*, to inject under pressure).

pressofusione, *f.* (*met.*), die casting.
— **del magnesio** (*met.*), magnesium die casting.

pressofusioni, *f. pl.* die-castings.

pressostato per aria compressa (*elettromecc.*), air pressure switch.

pressurizzare, *v.a.* to pressurize.

pressurizzata (cabina —), pressurized cabin.

pressurizzazione, *f.* (*aereo*), pressurization.
— **(prova di —),** pressurization test.
prestabilire, *v.a.* to predetermine.
prestabilita (*temperatura, ecc.*), predetermined.
prestabilito, *p. p.* preset.
prestampato (*p. es. modulo* —) (*inform.*), pre-printed.
prestarsi (*v.r.*) **a** (*un determinato compito*) (*mecc.*), to fall into line with.
prestatore d'opera (*impieghi*), employee.
prestazione, *f.* (*di apparecchio mecc. elet.*), performance; rating (*elet.*); (*mecc.*) duty.
— **amministrativa,** administrative benefit.
— **calcolata,** rated performance.
— **previdenziale** (*cassa malattia, ecc.*), assistance benefit.
— **(di elevata —)** (*mecc. ecc.*), heavy-duty.
prestazioni, *f. pl.* (*auto*), performance data; (*aereo*), performance.
prestiti (*o* **crediti) ipotecari** (*comm.*), mortgage financing.
prestito a condizioni rigide e difficili (*econ.*), hard loan.
— **all'estero** (*finan.*), foreign borrowing.
— **rimborsabile a vista** (*finan.*), call loan; call money.
— **ventennale dello Stato** (*comm.*), State 20-year loan.
presto, fast (... *si consuma più* —, it wears faster).
prevalente, *agg.* prevailing.
prevalenza, *f.* (*idraul.*), lift.
prevedere, *v.a.* to predict.
prevedibile, *agg.* predictable.
prevenire, to guard against.
— **(un dispositivo di sicurezza automatico previene la bollitura a secco),** an automatic safety device guards against boiling dry.
preventitore di eruzione (*petrol.*), blow out preventer.
preventivare,, *v.a.* to estimate.
preventivo (*m.*) **di cassa** (*finan.*) (*comm.*), cash budget.
— **di costo,** estimate of cost; (*lavori*), cost estimate.
— **di mano d'opera,** labour forecast.
— **inesatto,** inaccurate estimate.
— **mensile,** monthly forecast.
prevenzione, *f.* (*di infortuni*), prevention (*of accidents*).
— **della perdita uditiva (provocata) da rumore** (*prev. infort.*), prevention of noise-induced hearing loss.
— **incendi,** fire prevention.
— **infortuni** (*lavoro*), accident prevention.
previsione delle condizioni di esercizio (*mecc.*), forecast of operation conditions.
— **delle piene** (*idraul.*), flood forecasting.
— **del traffico,** traffic forecasting; traffic prediction.
— **microsismica ai cedimenti negli scavi,** microseismic forecasting of excavation failures.
previsioni del tempo a lungo termine (*meteor.*), long-range forecasts; long-range weather forecasting.
prezzare, *v.a.* (*comm.*), to price.
prezzatrice (etichetta —), price label.
prezzi ombra (*moltiplicatori di simplesso*), shadow prices.
— **(andamento dei —),** price movement.
— **(caduta precipitosa di —),** slump.
— **(contenimento dei —),** restraint in prices.
— **(determinazione dei —),** costing.
prezzario, *m.* (*comm.*), price catalogue.
prezzo, *m.* price; cost.
— **a forfait** (*comm.*), flat rate.
— **alla produzione,** manufacturing price; manufacturers' output price.
— **base,** basis price.

prezzo dei materiali, price of materials; cost of materials.
— **corrente** (*comm.*), going price.
— **di costo,** cost price.
— **di fabbrica,** manufacturer's price.
— **di riferimento** (*ricerca operativa*), shadow price.
— **di vendita,** sale price; selling price.
— **fisso,** fixed price.
— **franco stabilimento,** price f.o.b. mill.
— **indicativo** (*comm.*), target price; guiding price.
— **massimo,** maximum price; ceiling price.
— **minimo,** minimum price; floor price.
— **netto,** net price.
— **ombra** (*ricerca operativa*), shadow price.
— **unitario,** unit price.
— **(a — modesto),** modestly priced.
prima scoria (*met.*), flush slag.
— **(in —)** (*auto*), in first gear.
primario, *agg.* primary.
primitiva, *f.* (*di sincronizzazione, ecc.*) (*inform.*), primitive.
primordi (ai — del 1960), in the early 1960s.
primulina, *f.* (*chim.*), primuline (yellow thiazole dye).
principio, *m.* principle.
— **della relatività** (*fis. atom.*), relativity principle.
— **d'esclusione di Pauli-Fermi** (*fis. atom.*), Pauli-Fermi principle.
— **di equivalenza** (*massa-energia*), equivalence principle.
priorità (*f.*) **d'invenzione,** priority of invention.
prisma, *m.* prism.
— **di polarizzazione,** polarizing prism.
prismatico *agg.* prismatic(al).
prismoide, *m.* prismoid.
privativa, *f.* (*brevetto*), patent.
privo (*agg.*) **di difetti,** defectfree.
— **di graffiature,** scratch-free.
— **di macchioline** (*riferito a legno*), fuzz-free.
privo di umidità, free from moisture.
pro capite (*statistica, ecc.*), per capita.
probabilità, *f.* (*mat.*), probability.
— **di disintegrazione** (*fis. atom.*), transition probability.
— **di fuga** (*fis. atom.*), escape probability.
— **d'urto** (*d'atomo o molecola con un elettrone*), probability of collision.
problema, *m.* (*mat.*), problem.
— **delle code** (*elettron.*), queuing problem.
problemi tecnici riguardanti..., technical problems over...
procedere (*v.a.*) **in senso inverso,** to reverse the order.
procedimento, *m.* v. **processo.**
— **col minerale,** ore process.
— **di prova,** test procedure.
— **empirico,** cut-and-try procedure.
procedura, *f.* (*dis.*), routing; procedure.
— **di rientro dallo spazio** (*aereo*), re-entry procedure.
processo, *m.* (*modo di lavorazione*), process; (*leg.*), suit.
— **a cera persa** (*fond.*), lost wax process.
— **a doppio arco** (*sald.*), twin-arc process.
— **ad unica scoria** (*fabb. acciaio*), single-slag process.
— **al bromuro** (*bromolio*) (*fot.*), bromoil process.
— **all'acetato,** acetate process.
— **alla nitrocellulosa,** nitro-cellulose process.
— **alla viscosa,** viscose process.
— **a passo di pellegrino** (*met.*), reciprocating rolling process.
— **a quattro tempi,** four stroke cycle method.
— **basico,** basic process.
— **catalitico,** catalytic process.
— **catalitico di raffineria,** catalytic petroleum process.
— **chimico,** chemical process.
— **con forno tandem** (*met.*), tandem-furnace process.

processo cracken, cracking process.
— **cupro-ammoniacale,** cuprammonium process.
— **d'analisi per via secca,** dry process of assaying.
— **d'analisi per via umida,** wet process of assaying.
— **di arrostimento in letto fluido** (*min.*), fluidized bed roasting process.
— **di brazatura al forno elettrico,** electric-furnace brazing process.
— **di cattura** (*fis. atom.*), capture process.
— **di colata continua ad una linea** (*met.*), single-strand operation (U.S.A.).
— **di contatto** (*chim., acido solforico*), contact process.
— **di diazotipia** (*tip.*), diazo type process.
— **di estrazione per via elettrolitica** (*chim.*), electrowinning process.
— **di fabbricazione,** manufacturing process.
— **di fermentazione** (*chim.*) fermentation process.
— **di fissione** (*fis. atom.*), fission process.
— **di fusione a cera persa** (*fond.*), precision casting process.
— **di lavorazione,** manufacturing process.
— **di pelletizzazione** (*met., min.*), pelletizing process.
— **di reforming,** reforming process.
— **di ricottura** (*met.*), annealing process.
— **di saldatura,** welding process.
— **di saldatura all'arco elettrico,** electric arc welding process.
— **di sedimentazione per gravità** (*min.*), gravitation settling process.
— **di separazione in** (*o* **a**) **mezzo denso** (*min.*), heavy media process.
— **di sinterizzazione,** sintering process.
— **di taglio ortogonale** (*met.*), orthogonal cutting process.
processo di tranciatura fine (*macch. ut., mecc.*), fine-blanking process.
— **Kaldo per la fabbricazione dell'acciaio all'ossigeno** (*met.*), Kaldo oxygen steelmaking process.
— **LD** (*acciaio*), basic oxygen steelmaking process.
— **Martin,** open-hearth process.
— **nucleare** (*fis. atom.*), nuclear process.
— **oligodinamico,** oligodynamic process.
— **petrolchimico** (*chim., petrol.*), petrochemical process.
— **per la produzione di spugna di ferro** (*met.*) (*chim.*), iron sponge process.
— **stampa al bromuro d'argento** (*fot.*), bromide process.
— **stocastico,** stochastic process.
— **tandem di fabbricazione dell'acciaio** (*met.*), tandem steelmaking process.
— **termodinamico,** thermodynamic process.
— **(porre il — su base economica),** (*ind., mecc., ecc.*), to put the process on an economic basis.
— **(schema del —)** (*met., min., chim., ecc.*), flow-sheet of the process.
processore, *m.* (*inform.*), processor.
— **diagnostico** (*inform.*), diagnostic processor.
— **di lavoro** (*inform.*), jab processor.
procura, *f.* (*leg.*), proxy; attorneyship.
procuratore, *m.* (*leg.*), proxy; attorney.
— **della Repubblica** (*leg.*), Attorney General.
prodotti (*m. pl.*) **alternativi,** alternative products.
— **ausiliari,** v. **ausiliari.**
— **ausiliari dell'industria tessile** (*tess.*), textile auxiliaries.
— **chimici,** chemichals.
— **chimici aromatici,** aromatic chemicals.
— **chimici farmaceutici,** pharmaceutical chemicals.

prodotti chimici fini, fine chemicals.
— **chimici fotografici,** photographic chemicals.
— **chimici per il trattamento dei fanghi,** mud-treating chemicals.
— **chimici per laboratorio,** laboratory chemicals.
— **chimici puri per analisi** (*chim.*), analytical chemicals.
— **chimici rari,** rare chemicals.
— **della distillazione del petrolio,** petroleum-distillates.
— **detergenti** (*chim.*), cleansing compounds.
— **farmaceutici,** pharmaceuticals.
— **finiti,** finished products.
— **finiti di acciaio** (*met.*), finished steel products.
— **lattieri** (*comm.*), dairy products.
— **magnetici** (*met.*), magnetics.
— **per chimica analitica,** analytical chemicals.
— **petroliferi,** petroleum products; oil products.
— **porosi** (*met.*), porous products.
— **secondari,** by-products.
— **semifiniti** (*met.*), semi-finished products.
— **semimagnetici** (*met.*), middles.
— **sinterizzati,** sinterings.
— **solfonati,** sulfonates.
— **sotto pressione,** pressurised products.
— **tessili,** textiles.
— **tubolari** (*met.*), tubular products.

prodotto, *m.* product; produce (*agr.*); proceeds (*ricavo*); yield (*ricavo*).
— **anticono** (*fond.*), anti-piping compound; pipe-eliminator; pipe-eradicator shrinkage pipe; preventing agent.
— **contraffatto** (*simile al prodotto originale, ma che può trarre in inganno il consumatore*), spoof product.
— **della reazione** (*fis. atom.*), reaction product.
— **di ciclone** (*min.*), cyclone product.
— **di coda** (*distill.*), tail product.

prodotto di combustione, combustion product.
— **di distillazione,** distillation product.
— **di fissione** (*fis. atom.*), fission product.
— **di fissione a vita lunga** (*fis. atom.*), long-lived fission product.
— **di laminazione** (*met.*), rolled product.
— **di fissione radioattivo** (*fis. atom.*), radioactive fission product.
— **di scarto,** waste product.
— **discendente** (*fis. atom.*), daughter product.
— (*distillato*) **di testa** (*chim.*), overhead product; head product.
— **economico** (*comm.*), cost-cutting product.
— **estruso,** extrusion.
— **finale** (*met., ecc.*), endproduct.
— **intermedio** (*met.*), intermediate product.
— **non conforme alle prescrizioni** (*ministeriali, ecc.*) (*fond.*) (*met.*), « off spec » product.
— **scalare** (*elet.*), scalar product.
— **secondario** (*stripping*), sidestream product.
— **vettoriale** (*mat.*), vector product.

produrre, *v.a.* to produce; to yield (*rendere*); to turn out (*fabbricare*); to make; to manufacture.
— **una sollecitazione,** to set up a strain.

produttore, *m.* producer; manufacturer.
— **di minerali,** ore producer.
— **di olio commestibile scadente** (*o* **illegale**), backyard oil-producer.
— **di profilati,** structural fabricator.

produzione, *f.* production; output.
— **di acciaio all'ossigeno,** (basic) oxygen steel production.
— **di coke,** yield of coke.
— **di coppie** (*fis. atom.*), pair production.

produzione di forza motrice, power production.
— **di gas,** gas production.
— **di neutroni** (*fis. atom.*), neutron production.
— **di vapore mediante sorgente ausiliaria di calore** (*caldaie, met.*), steam production by an auxiliary heat source.
— **ghisa liquida** (*altoforno met.*), hot metal production.
— **in corso** (*auto, ecc.*), production under way.
— **industriale,** output.
— **in grande serie** (*mecc., ecc.*), mass production.
— **in massa,** mass production.
— **in serie,** bath production; quantity production.
— **normale dell'altoforno,** rated furnace capacity.
— **per piccoli lavori,** small-quantity production.
— **petrolifera** (*in barili*), oil production.
— **rapida,** high speed production
— **(reparto di —)** (*mecc.*), production bay.
produzioni trasformative (stabilimento di — trasformative) (*fonderie, fucine*) (*mecc., ecc.*), transforming plant.
professionalità, *f.*, professionality.
professione, *f.* profession; job.
professionista informatico (*inform.*), DP professional.
professore (*di università oistituti superiori*), professor.
— **di ingegneria meccanica all'Istituto di Tecnologia di X**, professor of mechanical engineering at the X Institute of Technology.
— **incaricato** (*universitario*) **in metallurgia,** lecturer in metallurgy.
profilare, *v.a.* to profile (*con fresa, cesello, ecc.*); to mould *sagomare*); to flute (*scanalare*).
profilati, *m. pl.* (*met.*), structural shapes; structurals; sections; shapes.
— **a I** (*met.*), I-shapes.
profilati a L a lati disuguali (*met.*), unequal angles.
— **a L a lati uguali** (*met.*), equal angles.
— **a U** (*met.*), channels.
profilato estruso, extruded shape.
— **in lana di vetro** (*plastics*), fiber glass structural.
— **per colmo** (*costr.*), ridge structural shape.
— **(ferro —),** *m.* section iron; profile iron.
profilatrice, *f.* moulding machine; moulding cutter.
— **a rulli** (*mecc.*), roll forming machine.
— **per nastri** (*macch. ut.*), strip forming machine.
profilatura alla mola, form grinding.
— **a rulli** (*mecc.*), roll forming.
profilo, *m.* section; profile; moulding (*sagoma*).
— **aeromagnetico,** aeromagnetic profile.
— **alare** (*aereo*), wing section aerofoil; wing contour.
— **altimetrico** (*costr., dis.*), longitudinal profile.
— **coniugato** (*ingr.*), corresponding profile.
— **del cono di scarico** (*aereo*), line of exhaust cone.
— **del dente** (*ingr.*), tooth profile (*or* elevation).
— **della ruota mobile** (*aereo*), line of rotor.
— **delle masse** (*di terra*), mass-haul curve.
— **di altoforno,** blast-furnace section.
— **di temperatura** (*fis. atom., ecc.*), temperature profile.
— **di un'ala** (*aereo*), wing profile.
— **di un arco** (*costr. civ.*), outline of an arch.
— **di un sondaggio** (*petrol.*), profile of a bore.
— **in gomma sulle fiancate** (*auto*), side rubber strips.
— **laminato,** rolled section.
— **longitudinale,** longitudinal section.

profilo normale (*mecc.*), standard section.
— **termico** (*met.*), temperature profile.
— **trasversale,** cross-section; transverse section.
profilometro *m.*, profilometer.
profilati decrescenti (*econ.*), diminishing returns.
profitto, *m.* (*guadagno*), profit.
— (*di un'azienda, ecc.*) (*comm.*), turnover.
profondità, *f.* depth.
— **del bagno** (*met.*), bath depth.
— **dell'ala** (*aereo*), chord.
— **del filetto,** depth of engagement; depth of thread.
— **della rugosità** (*mecc., met.*), depth of roughness.
— **di fondazione,** depth of foundation.
— **di fuoco** (*fot.*), depth of focus.
— **d'immersione,** depth of immersion.
— **di impronta** (*met.*), depth of indentation.
— **di taglio,** depth of cut.
— **di tempra** (*met.*), chill depth.
— **di un dente,** depth of a tooth.
— **focale d'immagine** (*telev.*), deep dimension picture.
— **prestabilita** (*mecc.*), predetermined depth.
(piccola —), shallow depth.
profondo, *agg.* deep.
profumo, *m.* scent (*odore*); perfume (*prodotto chimico*).
progettare, *v.a.* to plan; to design.
progettato ergonomicamente, ergonomically designed.
progettazione di strade, road design.
— **e costruzione,** design and construction.
progettista, *m.* designer; design draughtsman.
progetto, *m.* plan; project.
— **chiavi in mano,** turnkey project.
— **definitivo,** final project (*or* design *or* plan).
— **di massima** (*costr., ecc.*), preliminary project.
progetto di raccomandazione, draft recommendation.
— **preliminare,** preliminary project.
— **sotterraneo** (*costr. ferr., ecc.*), underground project.
— **(il — e pronto e in funzione)** (*inform.*), the projet is up and running.
programma, *m.*, program(me).
— **applicativo** (*inform.*), application program.
— **autodiagnostico** (*inform.*), self-diagnostic program.
— **cablato** (*inform.*), wired program.
— **di addestramento al lavoro,** job-training program.
— **di ammodernamento,** modernization program(me).
— **di bassa priorità** (*inform.*), background program.
— **di costruzione** (*cost.*), work schedule.
— **di costruzione di petroliere** (*naut.*), tanker-building programme.
— **di espansione,** expansion program(me).
— **di esplorazione lunare** (*astron.*), lunar exploration program(me)
— **di fabbricazione,** production plan.
— **di laminazione** (*met.*), rolling program(me).
— **di macchina** (*inform.*), computer program.
— **di simulazione** (*elettron., inform.*), simulation routine; simulating program.
— **di televisione,** television program(me).
— **di televisione via cavo,** cable-TV programme.
— **di trattamento del linguaggio** (*elettron.*), processor.
— **di utilità** (*inform.*), utility program.
— **generatore** (*delle routine*) (*inform.*), generating program.
— **grafico** (*inform.*), graphic program.

programma in FORTRAN (*inform.*), FORTRAN program.
— **oggetto** (*elettron.*), object program; (*inform.*), target program; object program.
— **personalizzato** (*inform.*), custom program.
— **preregistrato su cassetta** (*inform.*), program pre-recorded on cassette.
— **pronto all'uso immediato** (*inform.*), canned routine.
— **registrato** (*elettron.*), stored program.
— **registrato su nastro video** (*telev.*), videotape recorded program(me); videotaped programme.
— **spaziale** (*astron.*), space program(me).
— **spaziale con uomini a bordo,** manned space program(me).
— **supervisore** (*di controllo della esecuzione di altri programmi*) (*inform.*), supervisor.
— **(a —)** (*macch. ut.*), programme-controlled; (*p. es. fresatrice a programma*), programme-controlled milling machine.
— **(capitoli in cui è suddiviso un —)** (*inform.*), procedures.
— **(eseguire un —),** (*inform.*), to run a program.
— **(rieseguire un —; ripassare un —)** (*calcol. elettron.*), to rerun.
— (*inform.*) **(sospendere l'esecuzione di un —),** to abort.
programmabile, *agg.* (*inform.*), programmable; codable.
programmare (*comm.*), to slate (U. S.A.); to program(me) (*elettron*).
programmatore, *m.* (*inform.*) (*persona*; *app.*), programmer.
— **a spine** (*macch. ut.*), plug-board programmer.
— **COBOL,** COBOL, programmer.
— **di carica di altoforno** (*automazione, met.*), blast furnace charging programmer.
programmazione a schede (*calcolatori elettron.*), card programming.
programmazione a nastro (*controllo numerico*) (*macch. ut.*), tape programming.
— **convessa** (*cibernetica*), convex programming.
— **diagnostica** (*elettron.*), diagnostic programming.
— **dinamica** (*cibernetica*) (*inform.*) dynamic programming.
— **incrementale** (*inform.*), incremental programming.
— **in tempo reale** (*inform.*), real-time programming.
— **lineare** (*organ. cibernetica*; *elettron.*), linear programming.
— **non lineare** (*cibernetica*), non linear programming.
— **secondo il metodo dei quadrati** (*cibernetica*), quadratic programming.
— **simbolica** (*inform.*), symbolic coding.
— **strutturata** (*intesa a rendere più facilmente comprensibile un programma, introdotta nel 1981 nel linguaggio Cobol*) (*inform.*), structured programming.
programmi (collezione o serie di —) (*inform.*), package.
— **(insieme di —; blocco « software »)** (*inform.*), software package.
progressione, *f.* (*arit.*), progression.
— **aritmetica,** arithmetical progression.
— **armonica,** harmonic progression.
— **geometrica,** geometrical progression.
progressivo, *agg.* progressive.
proibizione interlocutoria (*leg.*), injunction.
proiettare, *v.a.* to project.
proiettile, *m.* projectile; missile.
— **anti-aereo** (*aereo*), flaming onion (*slang*).
— **di plastica** (*armi*), plastic shell.
— **fumogeno** (*mil.*), smoke projectile.
— **magnum** (*armi*), magnum shell.
— **nucleare** (*fis. atom.*), nuclear projectile.
proietto-razzo, *m.* rocket missile.

proiettore, *m.* projector; searchlight; spotlight; headlamp (*auto*); (*lampada*), floodlamp.
— **ausiliario portatile** (*illum.*), portable spot-light.
— **che determina l'altezza di una nuvola** (*aereo*), ceiling projector.
— **cinematografico,** cinema projector.
— **cinematografico per televisione,** television film projector.
— **d'atterraggio** (*aereo*), bearing projector.
— **di profili** (*strumento*), profile projector.
— **fendinebbia** (*auto*), fog lamp.
— **in posizione verticale** (*auto*), vertical headlamp.
— **ritrattile** (*auto*), retracting headlamp.
— **sonoro** (*cinema*), sound-on-film projector (U.S.A.).
proiezione, *f.* projection (*geom.*, *cinem.*, *radiol.*).
— **assiale,** axial projection.
— **delle scorie,** projection; trhowing up.
— **diascopica,** diascopic projection.
— **gnomica** (*mappe*), gnomic projection.
— **gnomica polare,** gnomic projection.
— **laterale,** side elevation.
— **laterale semitratteggiata** (*dis.*), half-sectioned side elevation.
— **orizzontale,** horizontal projection; plan.
— **ortogonale,** orthogonal projection.
— **parallela,** parallel projection.
— **verticale,** vertical projection; elevation.
— **(licenza di — per un film)** (*cinem.*), certificate to a film.
prolina, *f.* (*chim.*), proline.
prolunga, *f.* (*mecc.*), extension.
— **a collo di cigno** (*gru*), swan neck extension.
— **di braccio di gru,** jib extension.
— **di presa di corrente** (*elet.*), extension socket.
— **diritta,** straight extension.
prolungamento, *m.* (*mecc.*), extension; protrusion (U.S.A.).
prolungare, *va.* to prolong; to extend.
promezio (*chim* = Pm), promethium.
promontorio, *m.* promontory.
promozionale (materiale —) (*vendite*), promotional material.
promozione delle vendite, sales promotion.
pronta consegna, *f.* early delivery; quick delivery.
PRONTO (*inform.*) (*messaggio che appare sul video di un calcolatore quando l'apparecchio è pronto a ricevere ed eseguire ordini*), READY.
pronto soccorso, *m.* (*med.*), first-aid; first aid.
— **(essere quasi —)** (*rif. a costruz., ecc.*), to be nearing readiness.
propagarsi, *v.r.* to propagate.
propagazione, *f.* propagation.
— **delle onde,** propagation of waves; waves propagation.
— **di cricche** (*mecc.*, *met.*), crack propagation.
— **ionosferica,** ionospheric propagation.
propano, *m.* propan.
propellente, *m.* (*chim.*), propellant.
— **a polvere** (*razzi*), powder propellant.
— **chimico** (*astron.*), chemical propellant.
— **liquido** (*razzi*), liquid propellant.
— **nucleare** (*fis. atom.*), nuclear propellant.
— **solido** (*razzi*), solid propellant.
propellere una nave, to propel a ship.
propenil- (*chim.*), propenyl-.
propilene, *m.* propylene.
propilico (alcole —) (*chim.*), propyl alcohol.
propionato, *m.* (*chim.*), propionate.
propionico (acido —) (*chim.*), propionic acid.
proporzionale, *agg.* proportional.
— **(medio —),** proportional mean.
proporzionalità, *f.* proportionality.
proporzione, *f.* (*mat.*), proportion.

proporzione composta, compound proportion.
— **di CO nel gas ricuperato** (*acciaieria, met.*), CO content in recovered gas.
— **di ghisa in pani in carica** (*met., acciaieria*), cold pig-iron ratio.
— **di ghisa liquida in carica** (*acciaieria, met.*), hot metal ratio.
— **di ghisa solida in carica** (*met.*), cold iron ratio.
— **inversa**, inverse proportion.
— **semplice**, simple proportion.
proposta per cambiare il nome di una nave (*naut.*), proposal to change a ship's name.
proprietà, *f.* (*qualità*), property; *pl.* properties.
— **anelastiche**, unelastic properties.
— **anti-ruggine** (*oli, vernici*), rust-inhibitive property.
— **chimiche**, chemical properties.
— **dielettriche**, dielectric properties.
— **d'isolamento**, insulating properties.
— **elastiche**, elastic properties.
— **elettriche**, electric properties.
— **elettrochimiche**, electrochemical properties.
— **fisiche**, physical properties.
— **magnetiche**, magnetic properties.
— **meccaniche**, mechanical properties.
— **plastiche**, plastic properties.
— **taglienti**, cutting properties.
— **termiche**, thermal properties.
propulsione, *f.* propulsion.
— **a getto** (*astron.*), jet propulsion.
— **a plasma per veicoli spaziali** (*astron.*), plasma propulsion for space vehicles.
— **a razzi solari** (*astron.*), solar rockets propulsion.
— **a razzo**, rocket propulsion.
— **a reazione**, jet propulsion.
— **di razzi nucleari** (*fis. atom.*), nuclear rocket propulsion.
— **nucleare** (*fis. atom.*), nuclear propulsion.
— **nucleare navale** (*fis. atom., naut.*), marine nuclear propulsion.
propulsione (a — propria) (*naut.*), self propelling; self propelled.
propulso (*p.p.*) **in orbita** (*astron.*), boosted into orbit.
propulsore, *m.* propeller (*elica*); unit (*motore*); *agg.* propelling; propellant; propulsive; impelling; impellent; impulsive.
— **a getto** (*aereo*), jet power unit.
prora, *f.* (*naut.*), bow.
— **svasata**, sloping bow.
proravia, *avv.* (*naut.*), forward.
prorogare (*amministraz.*), to extend.
— **un protesto marino**, to extend a marine protest.
proscènio, *m.* (*costr.*), proscenium.
prosciugamento, *m.* drainage; draining.
prosciugare, *v.a.* to drain.
— **mediante pompatura**, to pump out.
— **uno scavo**, to pump dry an excavation.
prospettico, *agg.* perspective.
prospettiva, *f.* perspective.
— **parallela**, parallel perspective.
prospettore, *m.* prospector *m.*
prospezione, *f.* (*ricerca di giacimenti*), prospecting.
— **geofisica**, geophysical prospecting.
— **gravimetrica**, gravity prospecting.
— **magnetica**, magnetic prospecting.
— **radiometrica** (*min.*), radiometric prospection.
— **sismica**, seismic prospection.
protattinio, *m.* (*chim.* = Pa), protactinium.
proteasi, *m.* (*chim. enz.*), protease.
proteggere, *v.a.* to protect.
— **con brevetto**, to cover by a patent.
— **i tubi metallici contro il congelamento**, to protect metal pipes against freezing.
proteine, *f. pl.* proteins.
protesto marino (*naut.*), marine protest.

protettivo per il legno, wood preservative.

protetto (*agg.*), **contro le intemperie,** weather-proof.

— **contro le scosse,** shock-proof.

— **contro l'umidità,** moister proof.

protettore, *m.* (*telef.*, *elet.*), protector; protective device.

— **auricolare** (*contro i rumori nocivi, prevenz. infortuni*), earplug (muff).

protezione, *f.* protection.

— **antiruggine** (*auto, ecc.*), rustproofing.

— **catodica,** cathodic protection.

— **contro fulmini** (*elet.*), lightning protection.

— **contro la ruggine,** rust protection.

— **contro le cariche disruptive** (*elet.*), flashover protection.

— **contro l'estinzione della fiamma** (*apparecchi a gas*), flame failure protection.

— **contro l'incendio,** fire protection.

— **dal gelo** (*tubi, ecc.*), frost protection.

— **di terra** (*elet.*), earth-leakage protection.

— **termica,** v. **piastrella di —.**

protezioni laterali (*auto*), side protection strips; side rubbing strips.

proto, *m.* (*tip.*), overseer of composing room; clicker *m.*

protoattinio, *m.* (= Pa) (*chim.*), v. **protattinio.**

protocate- (*chim.*), protocate- (*p. es. protocatecolo* = protocatechol).

protocollo (*inform.*), protocol.

— **di accesso** (*inform.*), access protocol.

— **di comunicazione** (*inform.*), (computer), communication protocol.

— **di prova,** testing record sheet.

— **(analizzatore di protocolli),** protocol analyzer.

protone, *m.* proton.

— **cosmico,** cosmic ray proton.

protone di rinculo (*fis. atom.*), recoil proton.

— **nucleare** (*fis. atom.*), nuclear proton.

protoplasma, *m.* (*biol.*), protoplasm.

protosincrotrone, *m.* (*fis. atom.*), proton synchrotron.

prototipo, *m.* (*aereo*), experimental model; mock-up; prototype.

protossido, *m.* (*chim.*), protoxide.

protuberanza, *f.* (*zone in rilievo dovute ai cilindri di laminazione*), swell; (*di anello*) (*sald.*), nub.

prova, *f.* trial; testing; test (*collaudo, verifica*).

— **a caldo,** hot test.

— **a freddo,** cold test.

— **a immersione alternata** (*corrosione met.*), alternate immersion test.

— **a immersione totale** (*corrosione met.*), total immersion test; stagnant immersion test (USA)

— **al banco** (*mot.*), bench test.

— **al freno** (*mecc.*), brake test.

— **alla compressione,** compression test.

— **alla fatica** (*mecc.*), fatigue test.

— **alla fiamma** (*chim.*), flame test.

— **alla pressione,** pressure test.

— **alla scintilla** (*met.*), spark testing.

— **alla tocca** (*met.*), spot test.

— **alla trazione,** tension test.

— **allo scorrimento,** creep testing,

— **all'urto,** impact test.

— **al taglio** (*met.*), shear test.

— **a rottura, per punzonatura** (*costr.*), punching test.

— **a vite** (*aereo*), spin test.

— **con agitazione** (*corrosione met.*), stirring test; agitated immersion test (U.S.A.).

— **con circolazione** (*corrosione met.*), continuous flow test.

— **con liquidi penetranti** (*met.*), dye-penetrant inspection.

— **con metodi elettrici** (*met.*), (*per grossi difetti*), eddy-current inspection.

— **con particelle magnetiche** (*met.*)

magnetic particle inspection; (diverted magnetic flux method).

prova con setaccio conico (*vernici, smalti*), cone screen test.

— **con ultrasuoni** (*met.*), ultrasonic testing; ultrasonic inspection (U.S.A.).

— **criogenica** (*di recipienti a basse temperature*), cryogenic test.

— **del potere antivibratorio** (*met.*), damping capacity test.

— **di avvolgimento** (*met.*), wrapping test.

— **di breve durata** (*corrosione met*). test of short duration; short-time test (U.S.A.).

— **di caduta** (*agglomerati*), drop test.

— **di collaudo,** running test; acceptance test; proof testing.

— **di corrosione,** corrosion test; v. — **a immersione alternata**; — **con circolazione**; — **in presenza di nebbia e spruzzi salini ecc.**

— **di corrosione accelerata** (*met.*), accelerated corrosion test.

— **di corrosione in opera** (*corrosione met.*), field corrosion test.

— **di corrosione sotterranea** (*corrosione met.*), soil corrosion test.

— **di diminuzione di efficienza dei freni** (*auto*), fade test.

— **di durata,** endurance test; life test.

— **di durezza ad impronta** (*dei materiali metallici*) (*met.*), ball hardness test; indentation test.

— **di durezza Brinell,** Brinell's test; Brinell test; Brinell hardness test.

— **di durezza dei metalli,** hardness testing.

— **(macchina per la — di durezza)** (*met.*), hardness-testing machine.

— **di durezza secondo Keep,** Keep's test.

— **di durezza secondo Shore,** Shore test.

— **di durezza superficiale Rockwell** (*met.*), Rockwell hardness test.

prova di durezza Vickers (*met.*), Vickers hardness test.

— **di espansione idraulica con matrice circolare** (*met.*), circular hydraulic bulge test.

— **di esposizione agli agenti atmosferici** (*corrosione met.*), outdoor-exposure test.

— **di fatica** (*met.*), fatigue test.

— **di fatica su provetta con intaglio** (*met.*), notched bar fatigue testing.

— **di fessurabilità** (*sald.*), crack test.

— **di flessione,** deflection test; (*mecc.*) (*vernici*), cross-bend test.

— **di flocculazione** (*vernici*), flocculation test.

— **di foratura** (*met.*), punching test.

— **di frenata** (*con spazio di arresto ad una data velocità*) (*auto*), fade test.

— **di frenatura** (*mecc., auto, ecc.*), braking test.

— **di imbutitura** (*mecc., met.*), cupping test.

— **di isocronismo,** isochronism test.

— **di lunga durata** (*corrosione met.*), test of long duration; long-time test (U.S.A.).

— **d'immersione** (*orol.*), submergence test.

— **di piega,** v. — **di piegatura.**

— **di piegatura,** bend test; (*vernici, ecc.*) (*mecc.*), bending test.

— **di piegatura a 180 gradi** (*met.*), 180 degrees flat bend test; close bend test.

— **di piegatura a freddo,** cold bend.

— **di piegatura a T** (*met.*), T-bend test.

— **di piegatura in sensi opposti** (*mecc.*), alternating bend test.

— **di piegatura libera** (*met.*), free bend test.

— **di piegatura su cordone intagliato** (*sald.*), notched bend test.

— **di piegatura sul traverso** (*met.*), transverse tensile bend test.

prova di precisione, precise testing.
— **di pressione,** pressure test.
— **di pressione idraulica,** hydraulic pressure test.
— **di reattività** (*fis. atom.*), reactivity test.
— **di rendimento** (*aereo*), performance testing.
— **di resilienza,** resilience test.
— **di resilienza Charpy V trasversale,** transverse Charpy V notch test.
— **di resilienza su provetta intagliata,** notched-bar test.
— **di resistenza,** test of strengh.
— **di resistenza alla corrosione derivante dagli agenti atmosferici** (*prove mat.*), weathering test.
— **di resistenza alla torsione** (*met.*), torsion test.
— **di resistenza a sollecitazione circonferenziale di trazione** (*metal.*), hoop tensile test.
— **di resistenza dei terreni** (*costr.*), earth-resistivity testing.
— **di ripetizione** (*met.*), retest.
— **di ritiro** (*met., costr.*), shrinkage test.
— **di rottura,** destructive test.
— **di saldabilità** (*sald.*), weldability test.
— **di scalfitura** (*min., met.*), surface scratching test.
— **di schiacciamento** (*met.*), flattening test; knock-down test.
— **di scorrimento,** slippage test.
— **di simulazione di volo** (*astron.*), flight simulation test.
— **di strappo** (*sald.*), slug test.
— **distruttiva** (*met., mecc., sald.*), destructive test.
— **di tenacità della frattura** (*met.*), fracture toughness testing.
— **di tensione e di urto,** tensile impact test.
— **di trazione,** tensile test.
— **di verifica,** calibration test.
— **di vibrazione,** vibration testing.
— **e verifica rigorose,** stringent test and inspection; (*fabbricato in condizioni di assoluto controllo e con prove e verifiche rigorose*), manufactured under strictly controlled conditions with stringent test and inspection.

prova gelo-disgelo (*costr.*), freezing-thawing test.
— **idraulica di tenuta** (*per tubi, ecc.*), hydrostatic test.
— **idrostatica** (*met.*), hydrostatic test.
— (*di corrosione*) **in autoclave** (*corrosione met.*), autoclave test (U.S.A.); test at pressures above atmospheric.
— **in continuo in un solo stadio** (*chim., ecc.*), continuous single-stage test.
— (*di corrosione*) **in presenza di liquidi bollenti** (*corrosione met.*), corrosion test in boiling liquids.
— (*di corrosione*) **in presenza di nebbia e spruzzi salini** (*corrosione met.*), salt-spray test.
— (*di corrosione*) **in presenza di umidità elevata e condensazione** (*corrosione met.*), high humidity and condensation test.
— (*di corrosione*) **in presenza di vapore d'acqua** (*corrosione metal.*), steam test.
— **magnetica** (*met.*), magnetic testing.
— **meccanica** (*met.*), mechanical test.
— **mediante correnti parassite** (*met.*), eddy currents test.
— **non distruttiva** (*met., ecc.*), non-destructive test.
— **non distruttiva delle billette di acciaio** (*met.*), non-destructive testing of steel billets.
— **pilota** (*industria mecc., ecc.*), pilot test.
— **Rockwell,** Rockwell's test.
— **scritta** (*concorso, esame*), written test.
— **sinusoidale,** sinusoidal test.
— **stradale,** road test.
— **su campione a cuscinetto**

(*sald.*), pilow test; burst test (U.S.A.).

prova (a — di esplosione), explosion-proof.

— **(a — di gelo)** (*materiali*), frostproof.

— **(a — di umidità),** moisterproof (*p. es.: cartone a — di umidità,* moisterproof boxboard).

— **(in —),** under test.

— **(nuova —),** further trial.

— **(relazione di —),** trial report.

provacircuiti (*elet.*), insulating testing instrument.

provafusibile, *m.* (*elet.*), fuse tester.

provaisolamento (*elet.*), insulation tester.

provare, *v.a.* to test; to prove (*dimostrare*).

— **le valvole** (*radio*), to test the tubes.

provatransistor (*elettron.*), transistor tester.

provavalvole, *m.* (*radio*), tube checker.

prove (*f.pl.*) **a fatica,** fatigue tests.

— **all'urto** (*per acciai impiegati nelle costr. aeronautiche inglesi*) (*aereo*), izod tests.

— **con impulsi di lunga durata** (*elet.*), long duration surge testing.

— **di posizione** (*orol.*), position tests.

proventi, *m. pl.* (*comm.*), turnover.

provetta, *f.* test piece; (*graduata*), graduated cylinder; burette; (*per prove materiali*) (*met.*), test bar; (*nel significato di provino*) (*met.*), test piece (testpiece); sample piece (*per saldature*); specimen (U.S.A.).

— **ad « U »** (*corrosione met.*), fork-test bar; horseshoe specimen (U.S.A.); U-bend specimen (U.S.A.).

— **a leva** (*corrosione met.*), lever-test bar; cantilever beam specimen (U.S.A.).

— **a spirale** (*corrosione met.*), loop-test bar.

— **completamente di metallo di apporto** (*sald.*), all-weld metal test specimen.

provetta (*o provino*) **di tempra** (*met.*), chill test piece.

— **grezza** (*met.*), test coupon; coupon.

— **intagliata** (*met.*), notched metal specimen; notched test bar (U.S.A.); notched-bar.

— **intagliata al centro** (*met.*), center-notched specimen.

— **longitudinale,** longitudinal test specimen.

— **non intagliata (senza intaglio)** (*met.*), unnotched specimen.

— **normale** (*provino*) (*met.*), Standard test piece.

— **per piegatura alternata,** alternating bending specimen.

— **prelevata dal bagno metallico,** ladle sample.

— **trasversale,** transverse test specimen.

— **unificata** (*met., ecc.*), standard specimen.

provincia petrografica (*area di rocce eruttive aventi fra loro una particolare affinità*), petrographic province.

provino, *m.* (*met.*), test piece.

— **intagliato** (*met.*), v. **provetta intagliata.**

— **laccato** (*met.*), lacquered specimen.

— **macrografico,** macrographic specimen.

— **metallografico** (*met.*), metallographic specimen.

— **micrografico,** micrographic specimen.

— **saldato nelle medesime condizioni,** specimen welded under identical conditions.

provvedere, *v.a.* to provide.

— **(si è provveduto a...),** provision is made for...

« prua » (*direzione verso la quale si dirige un aereo nell'atterraggio*) (*radar*), heading.

prua, *f.* (*del pallone*) (*aereo*), bow; nose; head.

— **a bulbo** (*naut.*), bulbous bow.

prugno, *m.* (*bot.*), plum tree.

prussiato, *m.* (*chim.*), prussiate; ferrocyanide; ferricyanide.
— **di sodio,** sodium prussiate; sodium ferrocyanide.
— **giallo di potassio,** yellow prussiate of potash; potassium ferrocyanide.
— **rosso di potassio,** red prussiate of potash; potassium ferrocyanide.
prussico, *agg.* prussic.
pseudocumidina, *f.* (*chim.*), pseudocumidine.
pseudosimmetria, *f.* (*min.*), pseudosymmetry.
psichedelico, *agg.* psichedelic.
psicologia, *f.* psychology.
— **industriale,** industrial psychology.
psicometro, *m.* (*med.*), psychometer.
psicologo dei problemi del lavoro, occupational psychologist.
psicometria, *f.* psychometrics.
psicrometro, *m.* (*fis.*), psychrometer.
psofometrico, v. **peso —; tensione psofometrica.**
pubblicare, *v.a.*, to publish; to issue.
pubblicazione, *f.* publication.
— **di base di dati** (*inform.*), database publishing.
— **su microfiche** (*inform.*), microfiche publication.
pubblicità, advertising; publicity.
— **televisiva,** TV advertising.
PUBLIUNI, sigla del comitato di propaganda istituito dall'UNI, che fra l'altro cura il potenz. della rivista « Unificazione ».
puddellaggio, *m.* puddling.
pudellaggio a secco (*met.*), dry puddling.
puddellare, *v.a.* to puddle.
puddellatore, *m.* puddler.
puddinga, *f.* (*geol.*), pudding stone.
pula, *f.* refuse.
pulegge (fabbrica di —), pulley-works.
— **(fabbricante di —),** pulley-maker.
puleggia *f.* pulley (*entro la quale si fissa il pezzo da tornire, usata dagli orologiai*) (*orol.*), ferrule.
puleggia a catena, chain pulley.
— **a Δ,** conical disc pulley.
— **a gola,** grooved pulley; sheave.
— **a gradini,** step pulley.
— **a gradini di rinvio,** feed cone pulley.
— **a più gole,** multiple grooved cord pulley.
— **a profilo liscio,** straight face pulley.
— **a sbalzo,** overhung pulley.
— **a sede a vite,** set-screwed pulley.
— **a vite senza fine,** worm pulley. block.
— **cilindrica,** rigger.
— **comandata,** driven pulley.
— **con corona,** flanged pulley.
— **condotta,** driven pulley.
— **conica,** conical disc pulley.
— **da cavi** (*elet.*), cable reel.
— **d'acciaio,** steel pulley.
— **da freno,** brake pulley.
— **d'eccentrico,** eccentric sheave (*naut.*).
— **dell'albero principale** (*tess.*), rim pulley.
— **di bozzello** (*naut.*), sheave.
— **di comando,** driving-pulley. drive-pulley.
— **di guida,** guide pulley; idler.
— **di legno,** wood pulley.
— **di posa** (*per cavi*) (*elet.*), swift.
— **di rinvio** (*ferr. aeree*), return pulley; snatch block; idler; idler-pulley.
— **di sicurezza** (*tornio da orol*), safety pulley.
— **di tensione** (*ferr.*), tension pul ley.
— **di trasmissione,** driving pulley.
— **divisa,** split pulley.
— **doppia,** double pulley.
— **fissa,** fixed pulley; fast pulley.
— **fissa e folle,** fast and loose pulley.
— **flangiata** (*mecc.*), flanged pulley.
— **folle,** loose pulley.
— **in due pezzi,** split pulley; parting pulley.

puleggia in ghisa, cast-iron pulley.
— **in un pezzo solo,** solid pulley.
— **motrice,** driving pulley.
— **multipla,** step pulley.
— **pendente,** pendulum roller.
— **per cavi metallici,** wire-rope pulley.
— **per cinghia,** belt pulley.
— **per curve,** curve-roller.
— **per fune,** rope pulley.
— **portante,** bearing pulley.
— **smontabile,** split pulley; parting pulley.
— **spaccata in due parti,** split pulley.
— **tendicinghia** (*mecc.*), jockey pulley.
— **tenditrice,** tension pulley.
— **trascinatrice per bilanciere** (*orol.*), balance ferrule.
— **tripla,** three-sheave block.
— **(diametro dell'albero della —),** bore.
pulire, *v.a.* (*levigare, lucidare*), to polish.
— **la ghisa** (*sbavare*), to clean the casting.
— **mediante sabbiatura** (*met.*), to blast clean.
pulitore (*m.*) **per caffè** (*ind.*), coffee polisher.
pulitrice, *f.* (*macch. ut.*), polishing machine; (*barilatrice*), polishing barrel.
— **a disco rotante** (*mecc.*), rotary disc polishing machine.
— **a nastro** (*macch. ut.*), band polishing machine.
— **da grano** (*ind. mol.*), grain cleaner; grain cleaning machine.
— **per provini metallografici,** polishing machine (*or* polisher) for metallurgical samples.
— **metallurgica** (*macch. ut.*), metallurgical polishing machine.
— **per tubi** (*macch. ut.*), tube polishing machine.
pulitura, *f.* cleaning.
— **a fiamma** (*scriccatura alla fiamma*) (*met.*), flame descaling.
— **a spazzola,** brush cleaning.
pulitura chimica (*met.*), chemical polishing.
— **con getto di abrasivo** (*met.*), abrasive polishing.
— **dei cappelli** (*di carda*) (*tess.*), flat-stripping.
— **dei semolini** (*ind. mol.*), purification.
— **elettrochimica,** electrochemical pickling.
— **per aspirazione dei veicoli** (*auto, ecc.*), suction cleaning of vehicles.
— **per mezzo di ultrasuoni,** ultrasonic cleaning.
pulizia, *f.* cleaning; clean-up.
— **a ciclo chiuso** (*senza smontare, pulire o rimontare un impianto*) (*agr., ecc.*), in place cleaning.
— **dell'acciaio** (*assenza di inclusioni*) (*met.*), steel cleanness.
Pullman (vettura —) (*ferr.*), Pullman car; (*auto*), v. **torpedone.**
pulpito, *m.* (*radio*), studio console; desk.
— **convertitore (del forno)** (*calcol. elettron.*), furnace pulpit.
— **di comando** (*stabil. met.*), pulpit (*or* control station).
— **di comando del programmatore** (*calcol. elettron.*), programmer's console.
— **di controllo** (*macch.*), control pulpit.
— **di manovra e di controllo** (*telev.*), control desk.
pulsante (*elet.*), pushbutton.
— **a chiave** (*elettron., ecc.*), key operated pushbutton.
— **della tastiera** (*elettron.*), keyboard button.
— **di avviamento ed arresto,** start-stop button.
— **luminoso,** luminous pushbutton.
— **per aprire la porta** (*elet.*), entrance push.
pulsanteria, *f.* (*quadro a pulsanti*) (*elettrot.*), push-button panel.
pulsanti a pedale (*macch. ut.*), electric pedal-operated switches.
pulsatore (*di mungitrice*), pulsator.
pulsatrone, *m.* (*fis. atom.*), pulsatron.

pulsazione, *f.* (*pompe*), pulsation.
— **di grandezza alternativa** (*elet.*), pulsatance (ω-).
pulsometro, *m.* pulsometer.
— **idrodinamico** (*idraul.*), hydrodynamic pulsometer.
pulsoreattore, *m.* (*aereo*), pulsojet.
pulviscolo (*m.*) **di miniera,** mine dust.
punta (*f.*) **a lancia** (*mecc.*), gun-drill; (*da trapano*), flat drill.
— **a sgorbia,** shell bit.
— **a tracciare,** scriber.
— **cono morse,** morse taper centre.
— **da incisore,** engraving needle.
— **da trapano,** (auger) bit; drill; flat drill (v. **saetta**).
— **del cuore** (*ferr.*), point (of frog); frog-point.
— **del dente** (*mecc. orol.*), toe of tooth.
— **della contropunta,** tail centre.
— **della pala del rotore** (*elic.*), rotor blade tip.
— **dello scambio** (*ferr.*), toe of points.
— **del palpatore** (*elet.*), tip of the stylus.
— **del tornio,** centre.
— **di cannello da taglio,** cutting nozzle; tip; nozzle.
— **di compasso a matita** (*dis.*), compass lead.
— **di Parigi,** wire tack; carpenter's nail.
— **di spillo** (*cavità superficiale piccolissima nei getti dovuta a sprigionamento di gas*) (*met.*), pinhole.
— **di tensione** (*elet.*), crest voltage.
— **di terra** (*geog.*), point; headland; promontory.
— **di un monte** (*geog.*), top; summit.
— **di un utensile,** tip of a tool.
— **elicoidale,** twist drill; auger.
— **espansibile,** expanding centre.
— **fissa,** fixed centre; dead centre.
— **girevole** (*tornio*), live centre; running centre.
— **matematica del cuore** (*ferr.*), intersection point of the crossing; theoretical point of frog.
punta materiale del cuore (*ferr.*), actual point of the crossing.
— **morta** (*tornio*), dead centre; fixed centre.
— **per accecare,** countersink; rose bit.
— **per cave,** slot mortising bit.
— **per centrare,** countersinking bit.
— **per compasso,** point for compasses.
— **per forare,** drill.
— **per formazione di scanalature ad U nella superficie dell'acciaio,** gouging nozzle.
— **per levare lettere difettose** (*usata dal tipografo*), bodkin.
— **per perforazione** (*min.*), drill (rock) bit.
— **per taglio di precisione,** precision-cutting nozzle.
— **per taglio rapido,** high-speed cutting nozzle.
— **per tracciare,** scriber; marking tool.
— **polare** (*elet.*), pole tip.
— **radiale,** radial drill.
— **registrabile** (*mecc.*), adjustable centre.
— **spostabile assialmente,** centre with endlong movement.
« punta tacco » (*auto*), heel-and-toe change.
puntalino, *m.* (*di un compasso per ingranaggi*) (*orol.*), runner.
— **femmina** (*orol.*), female runner.
puntamento, *m.* sighting; aiming; laying; (*armi*), pointing.
— **automatico,** automatic aiming; (*radar*), automatic tracking.
puntatore, *m.* (*armi*), gun layer; bomb aimer; (*mil.*), marksman; (*inform.*), pointer.
puntatura, *f.* (*mecc.*), stitching; v. **maschera per —.**
— **dei bordi** (*sald.*), tacking of edges; tack-welding of edges.
puntazza, *f.* (*a vite*), screw pile shoe.
punte (*f. pl.*) **a testa bombata,** round head wire nails.
— **per fonderia,** sprigs; brads.
punteggiata (linea —), *f.* dotted line.

punteggiato, *p.p.* spotted.
puntellamento, *m.* propping; supporting; shoring.
— **di casseforme di cemento** (*cost.*), shoring of concrete form work.
— **in tandem (sistema di — in tandem)** (*min.*), tandem support system.
puntellare, *v.a.*, to prop; to stay; (*costr.*), to shore up.
— **con saettoni,** to brace.
puntello, *m.* stay; prop (*min.*).
— **allungabile,** extensible prop.
— **di pozzo** (*min.*), pit prop
— **fra i ponti** (*naut.*), pillar stanchion.
— **idraulico** (*min.*), hydraulic prop.
— **metallico** (*min.*), mechanical (yielding) prop; steel prop.
— **per navi in bacino** (*naut.*), shore.
— **tubolare,** tubular prop.
punteria, *f.* (*motori*), valve tappet.
— **degli eccentrici** (*auto*), tappet.
— **idraulica** (*auto*), hydraulic tappet.
punteruolo, *m.* center-punch; center-mark; center-point; prick punch (*orol.*).
punti circolari (*mat.*), circular points.
— **critici** (*met.*), arrest points.
— **di ancoraggio per le cinture di sicurezza** (*auto*), safety belt anchor points.
— **di piazzamento** (*montaggio*), locating points.
— **di trasposizione** (*elet.*), crossovers.
— **equinoziali,** equinoctial points.
— **fissi** (*cal.*), fixed points.
— **principali di una lente,** principal points of a lens.
— **(a — e tratto continuo)** (*sald.*), seam and spot.
— **(matrice a —)** (*inform.*), dot matrix.
puntina, *f.* wire nail.
— **da disegno,** drawing pin.
— **fonografica** (*audio*), stylus (*pl.* styli).
puntinatura (*punti neri su uno smalto bianco di copertura*) (*vernici e smalti*), black specking.
puntine di candela (*auto*), sparking plug points.
— **fonografiche a diamante e a zaffiro** (*f. pl.*), gramophone diamond and sapphire styli.
— **platinate** (*motoc.*), magneto points.
puntini di guida (*tip.*), leaders.
puntizzatore, *m.* center point.
punto, *m.* point (*in generale e in tipografia*); (*maglieria, ecc.*), stitch; dot (*telev.*); (v. anche: **punti**).
— **aplanatico** (*ott.*). aplanatic point.
— **astatico,** astatic point.
— **cardinale,** cardinal point.
— **cieco** (*radio*), blind spot.
— **coniugato** (*mat.*), conjugate point.
— **costa** (*maglieria*), rib.
— **critico,** critical point; critical.
— **d'attacco** (*cost.*), place of joint; place of junction.
— **del vetro** (*vetro*), bullion point.
— **di accensione,** fire point; burning point; fire test.
— **di alimentazione della linea,** (*ing. elet.*), distributing point; feeding point.
— **di anilina** (*chim.*), aniline point.
— **di applicazione** (*di forze*), point of application (of forces).
— **di appoggio** (*di leva*), fulcrum; (*cost.*), point of support.
— **di arresto** (*elettron.*), breakpoint; stop.
— **di attesa** (*aereo*), holding point.
— **di caduta** (*munizioni*), impact.
— **di combustione,** fire point.
— **di congelamento,** freezing point.
— **di connessione** (*elet.*), wiring point.
— **di contatto,** contact point; (*dell'aereo, nell'atterraggio*), touch-down.
— **di contatto delle circonferenze primitive,** pitch point.
— **di controllo,** control point.
— **di distribuzione** (*elet.*), distributing point.

punto di ebollizione, boiling point.
— **di equilibrio,** point of equilibrium.
— **di equilibrio fra la velocità di caduta e il vento di fronte** (*aereo*), hover.
— **di esplorazione** (*telev.*), scanning point.
— **di fermata** (*o di arresto*) (*comandi inform.*), breakpoint.
— **di fissaggio** (*aereo*), fixing point.
— **di flocculazione** (*vernici*), break.
— **di fumo** (*chim.*), smoke point.
— **di fusione,** melting point.
— **di fusione forte,** sharp melting point.
— **di imposta** (*cost.*), springing.
— **di inversione** (*top.*), change point.
— **di inversione della temperatura** (*meteor.*), lid.
— **di legatura** (*tess. lana*), centre stiching.
— **di misura con termocoppia** (*aereo*), thermo-couple point.
— **d'immagine** (*telev.*), picture point.
— **d'incrocio,** point of intersection.
— **di nebulizzazione,** cloud point.
— **d'infiammabilità,** flash point.
— **d'inflessione** (*mat.*), point of inflexion.
— **d'intersezione,** point of intersection.
— **di ormeggio** (*naut.*), mooring site.
— **di osculazione** (*mat.*), point of osculation.
— **di rammollimento** (*fibre*), softening point.
— **di rammollimento alla « palla e anello »** (*del residuo della distillazione*) (*catrami*), ring and ball softening point.
— **di riferimento,** mark; datum-point; datum; bench-mark (*caposaldo*).
— **di riflessione** (*elet.*), reflection point.
— **di ripresa di un programma** (*inform.*), checkpoint.

punto diritto (*maglieria*), knit.
— **di rottura,** breaking point.
— **di rugiada** (*fis.*), dew point.
— **di scoppio** (*prospezioni, cariche dinamite ecc.*), shot point.
— **di snervamento,** yield point.
— **di solidificazione** (*chim., lub.*), setting-point.
— **di sospensione,** point of suspension.
— **di sovratensione** (*mot.*), surge point.
— **di stazione** (*topogr.*), station-point.
— **di sublimazione,** sublimation point.
— **di tangenza** (*top.*), tangent point; point of contact.
— **di transizione** (*chim., met.*), transition point.
— **di unione** (*top.*), junction point.
— **di vendita** (*inform.*), point of sale (POS).
— **d'origine di una curva,** origin of curve.
— **d'ormeggio** (*aereo*), mooring point.
— **finale** (*chim.*), final point.
— **geodetico,** triangular beacon.
— **geodetico d'una rete secondaria,** secondary triangulation beacon.
— **identificazione bersaglio** (*aereo*) target identification point.
— **identificazione visivo** (*aereo*), visual identification point.
— **indietro** (*tess.*), backstitch.
— **isoelettrico** (*chim.*), isoelectric point.
— **morto,** backlash; dead centre; (*intoppo nella prosecuzione di un programma*) (*inform.*), deadlock.
— **morto di accensione** (*ing.*), firing top centre.
— **morto esterno,** outer dead centre.
— **morto inferiore** (*auto, aereo*), bottom dead centre.
— **morto interno** (*ing.*), inner dead centre.
— **morto superiore,** top dead centre.

punto multiplo (*mat.*), multiple point.
— **neutro** (*elet.*), neutral point; neutral (*pr. niu'trol*).
— **nodale** (*radio*), nodal point.
— **operato** (*maglieria*), stocking stich.
— **piano** (*di carburatore*) (*mot.*), flat spot.
— **prossimo** (*ott.*), near point.
— **Q** (*elet.*), Q point.
— **quadruplo** (*chim.*), quadruple point.
— **quintuplo** (*chim.*), quintuple point.
— **remoto** (*ott.*), far point.
— **rovescio** (*maglieria*), purl.
— **sublunare** (*astr.*), sublunar point.
— **subsolare** (*astr.*), subsolar point.
— **substellare** (*astr.*), substellar point.
— **tipografico** (*tip.*), point.
— **topografico,** triangulation beacon.
— **triplo** (*chim.*), triple point.
— **(fare il —)** (*naut.*), to make the point.
puntone, *m.* (*cost.*), rafter.
— **cavaliere,** dormer rafter.
— **di capriata,** common rafter.
— **(falso —),** jack rafter.
— **(falso —) di displuvio,** hip jack rafter.
punzonare, *v.a.* to punch; to bore; to stamp (*stampare*).
punzonatrice, *f.* punching machine; stamping machine.
— **per lamiera** (*macch. ut., met.*), plate punching machine; sheet metal punching machine.
— **per lamierini magnetici** (*macch. ut.*), punching machine for magnetic sheets.
punzonatura, *f.* punching.
punzone, *m.* (*mecc.*), punch; (*di punzoniera*) (*orol.*), pusher.
punzone autocentrante (*orol.*), self-centring pusher.
punzoniera, *f.* (*orol.*), jewel-setting press.
punzonista, *m.* punch cutter.
pupilla d'entrata (*diam. in mm della finestra trasparente della lente obiettivo*) (*telescopio, ott.*), entrance pupil; entry pupil (U.S.A.).
— **d'uscita** (*telescopio, ott.*), exit pupil; exity pupil (U.S.A.).
pupinizzare, *v.a.* to pupinise; to pupinize (U.S.A.).
pupinizzazione, *f.* (*telef.*), pupinisation; pupinization; coil loading (*elet.*).
purificazione del gas (*gas*), gas conditioning.
purina, *f.* (*chim.*), purine.
puro (*acust.*), pure.
purificare, *v.a.* to clean; to scour; to cleanse; (*purificare l'olio prima di rimetterlo in circolazione*), to cleanse oil before re-circulation.
purificazione, *f.* clearing; purification.
purpurina, *f.* (*chim.*), purpurin $C_6H_4(CO)_2C_6H(OH)_3$ (*usata per tingere cotone*).
pustola (*rilievo sulla superficie del materiale metallico derivato da accumulo di precipitati e sovrastante un cratere di corrosione*) (*mest.*), blister.
pustole da zolfo (*corrosione met.*), sulphur pockmarks.
putrefazione, *f.* putrefaction.
— **del legno,** decay.
— **per causa di muffa,** fungal decay.
— **secca** (*legno*), dry rot.
putrella, *f.* joist; small girder.
putrescibile, *agg.* putrescible.
puzzola, *f.* fitchew; polecat.

Q

quaderno (*m.*) **di bordo** (*aereo*), log.
— **d'oneri** (*leg.*), conditions for supply; specifications; terms of contract; conditions of contract.
quadrangolare, *agg.* quadrangular.
quadrafonia, *f.*, v. **quadrifonia.**
quadrafonico, v. **quadrifonico.**
quadrangolo, *m.* quadrangle.
quadrante, *m.* (*di strumento*) (*orol.*), dial; dial-plate; (*di diagramma*), quadrant.
— **astronomico,** astronomical dial.
— **circolare** (*orologi, ecc.*), circular dial.
— **del legno,** heart shake.
— **di abbassamento,** lowering quadrant.
— **di smalto** (*orol.*), enamel dial.
— **di sollevamento,** hoisting quadrant.
— **di un aeroplano,** aeroplane dial.
— **graduato,** calibrated dial.
— **inclinato** (*radio*), bevelled dial.
— **indicatore dei filetti,** screw-cutting dial.
quadrare, *v.a.* (*geom.*), to square.
quadrata (radice —), square root.
quadratico, *agg.* quadratic.
quadratino, *m.* (*tip.*), en quad; nut.
— **lineato** (*tip.*), en rule; en score.
quadrato, *m.* square (*geom., arit.*); quadrat (*tipog.*).
— **lineato** (*tipog.*), em-rule.
— **(decametro —),** square decameter.
— **(metro —),** square meter.
— **(miglio —),** square mile.
quadratone, *m.* (*tip.*), em quad.
quadratura, *f.* quadrature; (*riferito a tolleranze, rettifiche, ecc.*), squareness.
— **del cerchio,** quadrature of the circle.
— **di fase** (*telev.*), phase quadrature.
quadrello, *m.* (*cost.*), tile.
quadrettatura, *f.* (*cartog.*), grid.
quadri direttivi, *m. pl.* (*personale*), managerial staff; professional staff.
quadrifoglio (svincolo a —), v. **svincolo.**
quadrifonia (*acust.*), quadraphonics.
quadrifonico, *agg.*, quadraphonic.
quadrilatero, *m.* quadrilateral.
quadrilione, *m.* (*mat.*), quadrillion.
quadrimotore, *m.* (*aer.*), four-engined plane.
— **intercontinentale** (*aereo*), intercontinental four-engined plane.
quadrinomio, *m.* quadrinomial.
quadro, *m.* (*armature gallerie miniere*), set; (*telev.*), frame; (U.S.A.), field; (*met.*), square bar.
— **a colori** (*telev.*), colour frame; color field (U.S.A.).
— **dell'elica** (*naut.*), screw aperture.
— **di acciaio** (*met.*), square bar steel.
— **di comando** (*elettron.*), console; control console.
— **di commutazione a bottoni** (*ascensore*), press button board.
— **di connessione** (*elet., inform.*), patch panel; patchboard.
— **di controllo del reattore** (*fis. atom.*), reactor control board.
— **di distribuzione** (*elet.*), switchboard.
— **di distribuzione ad armadio** (*elet.*), switch cupboard.
— **di distribuzione a due conduttori** (*elet.*), two-wire switchboard.
— **di distribuzione a leggio** (*elet.*), switch desk.
— **di distribuzione da parete** (*elet.*), wall switchboard.
— **di distribuzione normale** (*elet.*), standard switchboard.
— **di distribuzione per accumulatori** (*elet.*), battery switchboard.
— **di distribuzione per alta tensione** (*elet.*), high-tension switchboard.
— **di distribuzione per forza motrice** (*elet.*), power switchboard.

quadro di distribuzione per luce (*elet.*), lighting switchboard.
— **di distribuzione per motori** (*elet.*), motor switchboard.
— **di distribuzione principale** (*elet.*), main switchboard.
— **di distribuzione sistema a celle** (*cost. elet.*), cubicle-type switchboard; cellular switch-board.
— **di registrazione chiamate** (*elet.*), call locator.
— **di una politica (nel — di una politica)** (*lavoro, ecc.*), within the framework of a policy.
— **illuminato,** illuminated display.
— **indicatore,** indicator board; (*contatori, ecc.*) (*elet. ecc.*), display.
— **in legno** (*min.*), set of timber
— **luminoso,** illuminated diagram.
— **manovre** (*forni met.*), operating panel.
— **metallico** (*min.*), steel set.
— **numerico (digitale),** digit display.
— **offuscato** (*telev.*), blurred picture.
— **per taratura** (*elet.*), calibration board.
— **ripetitore** (*ing. elet.*), illuminated diagram.
— **televisivo** (*telev.*), raster.
— **zoppo** (*a una sola gamba*) (*min.*), post-and-cap; half set.
— **(cappello di —)** (*min.*), cap.
— **(gamba di —),** post.
— **(scatti verticali del —)** (*telev.*), iumping.
— **(soppressione del —)** (*telev.*), (U.S.A.), blanking.
quadruccio (*di presa, ecc.*) (*cinem.*), aperture.
quadrupolo, *m.* (*fis. atom.*), quadrupole.
qualimetro, *m.* (*per misurare la durezza di raggi roentgen*), qualimeter.
qualità, *f.* quality.
— **aerodinamiche** (*aereo*), performance; flying characteristics.
— **dell'immagine** (*telev.*), picture quality.
qualità di stampaggio profondo (*met.*), deep-drawing grade.
— **di tenuta marina** (*naut.*), seakeeping qualities.
qualitativa (analisi —), qualitative analysis.
quanta (teoria dei —), quantum theory.
quantica (energia —), quantum energy.
quantico (salto —), quantic transition.
quantimetro, *m.* (*radiol.*), quantimeter.
quantità, *f.* quantity.
— **d'aria** (*calcolo ventilazione nelle vie di carreggio*) (*min.*), air quantity.
— **di energia elettrica,** amount of power supply.
— **di moto,** momentum.
— **di olio,** batch of oil.
— **di vento** (*aria soffiata*) (*met.*), volume of blast.
quantitativo, *m.* amount; quantitative.
quantizzare, *v.a.* quantize.
quantizzazione, *f.* (*fis. atom.*), quantization; quantisation.
quanto, *m.* (*di energia*), quantum.
— **del campo** (*fis. atom.*), field quantum.
— **di energia** (*fis. atom.*), energy quantum.
— **di luce,** quantum of light.
— **elementare,** elementary quantum.
— **gamma** (*fis. atom.*), gamma quantum.
— **Yukawa** (*fis. atom.*), Yukawa quantum.
quantometro, *m.* quantometer.
quarantena (mettere in —), to quarantine, *v.a.*
quarta (quarto di semiquadrante) (*suddivisione della rosa dei venti nella bussola usata in marina*) (*naut.*), quarter (points); (*marcia auto*), fourth gear.
— **armonica,** *f.* (*radio*), fourth harmonic.
quartabono, *m.* (*falegn.*), quarter round.

quarte viti (*ai bilanciere compensato*) (*orol.*), quarter screws.
quartiere centrale d'affari, downtown area (U.S.A.).
quarto, *m.* (*tipog.*), quarto (4to); (*misura di liquidi*), quart; (*lamin.*), four-high mill.
— **di ciclo,** *m.* quarter-cycle.
— **di giro,** quarter-turn.
quartuccio, *m.* (*modanatura*), quarter round.
quarzifero, *agg.* quartziferous.
quarzite, *f.* quartzite.
— **cloritica,** chloritic quartzite.
quarzo, *m.* (*min.*), quartz.
— **aurifero,** auriferous quartz; gold quartz.
— **avventurino,** aventurine quartz;
— **blue,** blue quartz; sapphire quartz.
— **citrino,** citrine (quartz); false topaz.
— **fuso,** fused quartz.
— **ialino,** hyealine quartz.
— **piezoelettrico,** piezoelectric quartz.
— **zaffiro,** sapphire-quartz; blue quartz.
quasar (*astr.*), quasar (quasi-stellar object).
quaternario, *agg.* (*geol.*), quaternary.
quattro cilindri in linea (*auto*), four-cylinder-in-line.
quebraco (estratto di —), quebraco extract.
quercetrina, *f.* (*chim.*), quercitrine.
quercia, *f.* (*bot*), oak.
— **a fiori sessili,** sessile fruited oak.
— **di Borgogna,** Burgundry oak.
— **rossa d'America,** American red oak.
— **sugherifica,** cork oak.
— **(corteccia di —)** (*concia*), quercus.
quercite, *f.* (*chim.*), quercite.
quercitolo (*med.*), quercitol.
quercitrone, *m.* (*chim.*), quercitron.
quinconce, *agg.* (*agr.*), staggered.
quinta (*marcia auto*), fifth gear.
quintale (*m.*) **inglese,** hundredweight; quintal.
quinterno, *m.* quarter of a quire.
quota, *f.* (*agrim.*), level; altitude; (*in un progetto di finanziamento*) (*finan.*), exposure.
— **da distribuire in dividendi** (*comm.*), pay-out ratio.
— **di associazione** (*gen.*), joining fee.
— **di associazione all'Automobile Club** (*auto*), Automobile Club membership fee.
— **di partecipazione** (*ad una conferenza*), conference fee.
— **di tangenza critica** (*aereo*), critical altitude.
— **di tangenza pratica** (*aereo*), power practical ceiling.
— **di un apparecchio indicata dall'altimetro** (*aereo*), indicated altitude.
— **di volo** (*aereo*), flight altitude.
— **in oro** (*da versare al Fondo Monetario Internazionale dai Paesi aderenti*) (*econ.*), gold tranche.
— **negativa,** height below sea level.
— **parte** (*assicuraz.*), contribution.
— **parte del datore di lavoro,** employer's contribution.
— **ridotta** (*agrim.*), R.L.; reduced level.
— **(guadagnare —),** (*aereo*), to gain height.
— **(perdere —),** to lose height.
— **(punti di egual —),** points at the same height.
quoziente, *m.* quotient.
— **reti (vincere per — reti)** (*sport*), to win on aggregate.

R

rabarbaro, *m.* rhubarb.
rabdomanzia, *f.* rhabdomancy.
rabotto, *m.* (*tip.*), edge planing machine.
racchetta, *f.* (*orol.*), index.
racchette del tergicristallo (*auto*), windshield wiper arms; windscreen wiper arms.
raccogli-bietole, *f.* (*agr.*), beet harvester.
raccogli-tuberi (*agr.*), potato harvester.
raccogliere, *v.a.* to gather (*concentrare in un punto raggi, onde ecc. e in generale*); to collect (*dati, notizie*); to reap (*come frutto della terra o del lavoro*).
— **ed elaborare i dati** (*calcolatore elettron.*), to collect and process data.
— **i fini ridotti in un ciclone** (*min.*), to collect the reduced fines in a cyclone.
— **il segnale** (*rif. ad antenne radio*), to pick up the signal.
raccoglipolvere, *m.* dust collector.
raccoglitore, *m.* (*tess.*), picker; (*per ufficio*), fileholder; (*cartella per documenti*), boxfile.
— **per trucioli,** chip pan.
raccoglitrice di cotone sotto vuoto (*agr.*), vacuum cotton harvester.
— **di foraggio** (*agr.*), forage harvester.
— **di foraggio semovente** (*agr.*), self-propelled forage harvester.
— **meccanica del cotone,** cotton stripper; v. **macchina —.**
— **meccanica dell'uva** (*agr.*), grape picking machine.
raccolta, *f.* (*fis.*), collection: v. **bacino di —.**
— **dei dati** (*inform.*), data collection.
— **del fieno** (*agr.*), hay harvesting.
— **della frutta con macchina a scossa** (*agr.*), vibratory fruit harvesting.
raccolta delle barbabietole (*agr.*), sugar beet harvesting.
— **delle ciliege** (*agr.*), cherry harvesting.
— **delle susine** (*agr.*), prune harvesting.
— **di dati,** collection of data.
— **di rifiuti,** v. **rifiuti.**
— **di rottame** (*met.*), scrap collection.
— **meccanica di pomodori,** v. **pomodori.**
raccomandata, *f.* (**posta —**), registered mail.
raccordamento (*elet.*), connection.
raccordare, *v.a.* to connect.
— **una linea ferroviaria,** to link up a railway line.
raccordo, *m.* (*elet.*), connection; junction (*ferr.*); fillet (*aereo*); nipple (*elet.*).
— **a gomito,** elbow.
— **alare** (*aereo*), fillet.
— **articolato,** articulated nipple.
— **aspirante,** suction piece (*or* connection).
— **a T,** tee-piece union.
— **autostradale,** link road.
— **a vite,** nipple.
— **conico,** taper.
— **con motori** (*elet.*), motor connection.
— **d'antenna** (*radio*), antenna connection.
— **di curve** (*ferr.*), easing of curves.
— **di pompa,** pump-connection.
— **di tubo,** pipe connecting piece.
— **filettato,** nipple; short nipple.
— **fra le livellette** (*agrim.*), vertical curve.
— **per la prova a terra** (*aereo*), ground test coupling.
— **per tubazioni,** pipe fitting.
— **sferico,** ball joint.
— **tangenziale,** tangential connection.
— **(*o* binario di —)** (*ferr.*), siding.
racemico (acido —) (*chim.*), racemic acid.

racemizzazione, *f.* (*chim.*), racemisation.

rada, *f.* (*naut.*), roadstead.

radancia, *f.* thimble.

radar, *m.* radar.

— **ad impulsi,** pulsed radar.

— **a funzionamento continuo,** continuous-wave radar (*or* transmitter).

— **anticollisione,** anticollision radar.

— **a risposta,** transponder.

— **aviotrasportato,** airborne radar.

— **costiero,** shore-based radar.

— **di allarme** (*aereo*), v. — **di coda.**

— **di atterraggio a grande precisione,** precision approach radar.

— **di avvicinamento** (*aereo*), approach radar.

— **di avvicinamento di precisione** (*aereo*), precision approach radar (PAR).

— **di coda** (*aereo*), tail-warning radar.

— **di condotta di tiro,** gunfire control radar.

— **di controllo del traffico aereo** (*aereo*), (airfield) traffic control radar.

— **di ingombro in altezza** (*aereo*), terrain clearance radar.

— **d'inseguimento** (*strumentale di missili*), target tracking radar.

— **di precisione** (*aereo*), precision approach radar.

— **di ricerca,** search radar.

— **di sorveglianza** (*aereo*), surveillance radar.

— **di sorveglianza aeroportuale** (*aereo*), airport surveillance radar (ASR).

— **di sorveglianza in rotta** (*aereo*), air route surveillance radar (ARSR).

— **nautico,** marine radar.

— **per guida missili,** missile guidance radar.

— **per navigazione aerea,** navigational radar.

radar per rilievi topografici (*aereo*), mapping radar.

— **portuale,** port radar installation.

— **primario,** primary radar.

— **primario di sorveglianza,** primary surveillance radar.

— **secondario,** secondary radar.

— **secondario di sorveglianza,** secondary surveillance radar.

— **(disturbare un — con falsi segnali),** to jam a radar with spurious signals.

radarista, *m.* radarman *m.*

raddoppio (*di gallerie, strade*) (*cost.*) duplication.

raddrizzamento, *m.* (*elet.*), rectification.

raddrizzare, *v.a.* to straighten; to rectify (*elet.*).

— **la corrente,** to rectify the current.

— **la mola,** to dress true the (grinding) wheel; to trim the (grinding) wheel.

raddrizzatore, *m.* (*elet.*), rectifier.

— **a biossido di titanio** (*elet.*), titanium dioxide rectifier.

— **a catodo freddo,** cold-cathode rectifier.

— **a catodo incandescente** (*termoion.*), hot-cathode rectifier.

— **a diodo al silicio** (*elet.*), silicon diode rectifier.

— **al germanio** (*elet.*), germanium rectifier.

— **all'ossido di rame,** copper-oxide rectifier.

— **al selenio,** selenium rectifier.

— **al silicio** (*elet.*), silicon rectifier.

— **a mezza onda,** half-wave rectifier.

— **a piena onda,** full-wave rectifier.

— **a ponte** (*elettron.*), bridge rectifier.

— **a punto di contatto al germanio** (*elet.*), germanium dot rectifier.

— **a secco** (*elettron.*), dry rectifier.

— **a vapore di mercurio,** mercury-arc rectifier; mercury vapour arc rectifier.

raddrizzatore con anodo in alluminio, aluminium (cell) rectifier.
— **di corrente,** rectifier; (*idraul.*), directing wall.
— **di corrente per accumulatori,** accumulator rectifier.
— **a vuoto,** vacuum rectifier.
— **elettrolitico,** electrolytic rectifier.
— **fanotron,** phanotron rectifier.
— **in cassa metallica,** metallic-tank power rectifier.
— **meccanico** (*elet.*), mechanical rectifier.
— **metallico,** metallic rectifier.
— **termoionico,** thermionic rectifier.
raddrizzatrice a rulli (*met.*), roller leveller; roller straightener; roller straightening machine.
— **di nastri** (*macch. ut.*, *met.*), strip straightener.
— **per binari** (*ferr.*), levelling machine.
— **per lamiera** (*met.*), plate straightening machine.
raddrizzatubi, *f.* (*macch. ut.*), tube straightening machine.
raddrizzatura, *f.* (*elet.*), rectification; (*mecc.*), truing; straightening.
raddolcire (*v.a.*) **un metallo,** to soften a metal.
radiale, *agg.* radial; v. **flusso** —; **pneumatico** —; **trapano** —; **turbina** —; ecc.
radiante, *m.* (*mat.*), radian; (*radio*), ham.
radiantismo, amateur radio.
radiantistica (*usato come agg.*), amateur radio.
radianza, *f.* radiance.
radiatore, *m.* (*auto*), radiator.
— **a convezione di calore** (*calore*), convector.
— **ad alette** (*auto*), gilled radiator; ribbed radiator.
— **a nido d'api** (*auto*), honeycomb radiator.
— **anulare** (*aereo*), ring radiator.
— **a pareti** (*auto*), sectional radiator.
radiatore a superfici secondarie (*ad alette*), secondary-surface radiator.
— **a tubetti** (*auto*), gilled tube radiator.
— **carenato,** ducted radiator; (*montato davanti ad un radiatore ad olio*), series radiator.
— **d'aeroplano** (*aereo*), aircraft radiator.
— **d'ala** (*aereo*), wing radiator.
— **di superficie** (*aereo*), surface radiator.
— **elettrico,** electric radiator; electric-vapour radiator.
— **frontale** (*aereo*), nose radiator.
— **integrale,** complete radiator; perfect radiator; black body.
— **montato sotto un'ala** (*aereo*), under-wing radiator.
— **sul bordo d'entrata** (*aereo*), leading edge radiator.
— **tubolare,** tubular radiator.
radiazione, *f.* radiation; radiant energy.
— **anormale,** abnormal radiation.
— **corpuscolare,** corpuscular radiation.
— **cosmica** (*fis.*), cosmic radiation.
— **debole** (*o* **molle**) (*fis. atom.*), soft radiation.
— **di corpo nero** (*radiazione integrale*), black-body radiation.
— **diffusa** (*fis. atom.*), scattered radiation.
— **di risonanza** (*ott.*), resonance radiation.
— **dura** (*fis. atom.*), hard radiation.
— **eterogenea** (*fis. atom.*), heterogeneous radiation.
— **infrarossa,** infra-red radiation.
— **ionizzante** (*fis. atom.*), ionizing radiation.
— **luminosa specifica** (*ill.*), radiance.
— **monocromatica,** monochromatic radiation.
— **monoenergetica** (*fis. atom.*), monoenergetic radiation.
— **nera** (*fis.*), black-body radiation.
— **parassita** (*radio*), spurious radiation.

radiazione quasi monocromatica (*fis. atom.*), near-monochromatic radiation.
— **termica** (*fis. atom.*), thermal radiation.
— **ultravioletta,** ultraviolet radiation.
— **visibile,** visible radiation.
— **X,** X-radiation.
radiazioni ionizzanti (*misura di — equivalente a 100 rad*), gray.
— **penetranti** (*f. pl.*) (*fis. atom.*), penetrating radiations.
— **sigillate** (*fis.*), sealed radiations.
— **(a prova di —),** radiation-proof, *agg.*
radica, *f.* briar.
radicale, *m.* (*chim., mat.*), radical.
— **acido** (*chim.*), acid radical.
— **alogenico** (*chim.*), halogenic radical.
— **libero** (*chim., fis. atom.*), free radical.
radice, *f.* (*mat.*), root.
— **cubica,** cube root.
— **del filetto** (*di una vite*), root.
— **dell'ala** (*aereo*), wing root.
— **quadrata,** square root.
— **quadrata dei valori medi al quadrato,** root mean square.
— **quarta,** fourth root.
— **quinta,** fifth root.
— **(estrarre una —),** to extract a root.
— **(estrazione di una —),** extracting a root.
— **(estrazione di una — quadra),** extracting a square root.
— **(estrazione di una — coi logaritmi),** extracting a root by logarithms.
radio, *m.* (*chim.* = Ra), radium; (*elet.*), radio; wireless; (*apparecchio r.*), radio set; wireless set.
— **a galena,** crystal set.
— **a valvole,** valve set.
— **-comando,** *m.* (*aereo*), homing.
— **-conduttore,** *m.* coherer.
— **disegnatore,** *m.* radio draughtsman.
— **-fototelegrafia,** *f.* photoradio transmission.
radio-luminescenza, *f.* radio-luminescence.
— **-odontoiatra,** *m.* (*radiol.*), radiodontist.
— **-odontoiatria,** *f.* (*radiol.*), radiodontia.
radioabbonato, *m.*, radio subscriber.
radioaltimetro, *m.* (*radio*), radio altimeter.
radioamatore, *m.* radio amateur; ham (U.S.A.); radio ham.
radioanafilassi, *f.* (*radiol.*), radioanaphylaxis.
radioastronomia, *f.* radio astronomy.
radioattinio, *m.* (*chim., fis. atom.*), radioactinium.
radioattività, *f.* radioactivity.
— **artificiale,** artificial radioactivity.
— **beta,** beta radioactivity; beta activity.
— **gamma** (*fis. atom.*), gamma activity.
— **indotta,** induced radioactivity.
— **naturale** (*fis. atom.*), natural radioactivity.
radioattivo, *agg.* (*fis. atom.*), radioactive.
radioauditore, *m.* broadcast listener.
radiobiologia, *f.* radiobiology.
radiobussola, *f.* radio-compass.
radiocanale, *m.* channel.
radiocarbonio, *m.* radiocarbon.
radiochemia, *f.* (*radiol.*), radiochemy
radiochimica, *f.* radiochemistry.
radiochirurgia, *f.* (*med.*), radiosurgery.
radiocobalto, *m.* radiocobalt.
radiocollegamento, *m.* radio communication link.
— **mobile** (*radio*), mobile radio service.
radiocomunicazioni, radio-communications.
radiocroismo, *m.* (*radiol.*), radiochroism.
radiocrometro, *m.* (*radiol.*), radiochrometer.

radiodermatite, *f.* (*radiol. med.*), radiodermatitis.
radiodiafano, *m.* (*radium*), radiodiaphane.
radiodiagnosi, *f.* (*radiol.*), radiodiagnosis.
radiodiagnostica, *f.* (*radiol.*), radiodiagnostics.
radiodiffusione, *f.* broadcasting.
radiodisturbi, *m. pl.* atmospherics; strays; static (U.S.A.) (*r. dovuti all'elettricità atmosferica*), noise; machine interference; man-made static (U.S.A.) (*r. meccanici*).
radioelemento, *m.* radioelement.
— **naturale** (*fis. atom.*), natural radioactive nuclide.
radioelettroencefalografo, *m.* radioelectroencephalograph.
radiofaro, *m.* radio beacon; airway beacon; beacon transmitter.
— **(complesso del —) di atterraggio (sistema Bake)** (*aereo*), inner beacon marker.
— **di avvicinamento,** approach beacon.
— **di navigazione (*o* di riferimento)** (*aereo*), landmark beacon.
— **direzionale acustico,** aural radio range.
— **di segnali a codice,** code beacon.
— **di terra,** ground beacon.
— **equisegnale,** radio-range.
— **rotante** (*radio*), rotating beacon.
radiofonia, *f.* radiophony.
radiofonico, *agg.* radiophonic.
radiofono, *m.* radiophone.
radiofotografia, *f.* radiophotography.
radiofotogramma, *m.* radio-photogram.
radiofotometro, *m.* actometer.
radiofrequenza, *f.* radio frequency.
radiogenico, *agg.* (*chim., radiol.*), radiogenic.
radiogoniometria, *f.* (wireless) direction finding.
radiogoniometro, *m.* radiogoniometer.
— **a quadro** (*radio*), loop direction-finder.
radiogoniometro automatico (*radio*), automatic direction-finder.
— **rotante,** rotating direction finder.
radiografare, *v.a.* to radiograph.
radiografia, *f.* radiography (*tecnica*); radiograph (*lastra*).
— **in miniatura,** miniature radiography.
— **mirata,** spot film radiography.
— **neutronica,** neutron radiography.
— **(gruppo di apparecchiature per —),** X-radiography unit.
radiografica (tecnica —), radiographic technique.
radiografico, *agg.* radiographic.
radiografo, *agg.* radiographic.
radiogramma, *m.* (*radiol.*), radiogram.
radiogrammofono, *m.* radio-gramophone; radio-phonograph.
radioguidare, to home.
radioimmunità, *f.* radio-immunity.
radioiodio, *m.* radioiodine.
radioisotopo, *m.* (*fis. atom.*), radioisotope; radioactive isotope.
— **per uso medico** (*fis. atom.*), medical radioisotope.
radiolesione, *f.* (*lesione causata da radiazioni*) (*fis. atom.*), radiation injury.
radiolocalizzatore, *m.* (*radio*), direction-finder; radio-range.
radiolocalizzazione, *f.* (*radio*), radar; radiolocation.
radiologia, *f.* radiology.
radiologico, (*agg.*), radiologic.
radiologo, *m.* radiologist.
radiolucente, *agg.* (*radiol.*), radiolucent.
radiometallografia, *f.* radiometallography.
radiometro, *m.* radiometer.
radiomicrometro, *m.* (*energia radiante*), radiomicrometer.
radioonda, *f.* radio wave.
radionuclide, *m.* (*fis. atom.*), radionuclide.
radiopiombo, *m.* (*fis. atom.*), radiolead.
radioricevitore differenziale, diversity receiver.

radioriparatore, *m.* radio technician.
radioriparazione, *f.* radio repair.
radioscopia, *f.* radioscopy.
radiosentiero di discesa (*aereo*), glide path.
radiosodio, *m.* radiosodium.
radiosonda, *m.*, radiosonde.
radiosondaggio, *m.* radiosondage.
radiostella emittente radiazioni elettromagnetiche (*astr.*), pulsar (pulsating radio source).
radiostereoscopia, *f.* radiostereoscopy.
radiostronzio, *m.* radiostrontium.
radiosveglia (*f.*), **elettronica,** electronic clockradio.
radiotecnica, *f.* wireless technique; radio engineering.
radiotecnico, *m.* wireless (*or* radio) technician.
radiotelecomando, *m.* tele-archics *pl.*; radio-control.
radiotelefonia, *f.* radio-telephony.
— **cellulare,** cellular radio.
radiotelefonico, *agg.* radio-telephonic.
radiotelefono, *m.* radiophone.
radiotelegrafia, *f.* wireless telegraphy; radio-telegraphy.
radiotelegrafico, *agg.* radiotelegraphic.
radiotelegrafista, *m.* radiotelegraphist: radio operator.
radiotelegramma, *m.* radiotelegram; marconigram; radiogram; wire.
radiotelescrivente, *f.* radioteleprinter.
radioterapia, *f.* radium therapy; radiotherapy.
radiotorio, *m.* radiothorium.
radiotossicità, *f.* radio-toxicity.
radiotrasmettitore ad arco (*radio*), arc transmitter.
radiotrasmittente (stazione —) (*radio*), broadcasting station.
radiotrasparente, *agg.* radiotransparent.
radiovisione *f.*, radiovision.
radium, *m.* (*chim.*), radium.
radomo, *m.* (*alloggiamento o protezione di antenna radar*), radome.
radon, *m.* (*chim.* = Rn), radon.
raffica (*f.*) **di fronte** (*meteor.*), cold front.
— **di mitra,** burst of machine gun fire.
— **di vento,** gust (of wind).
— **verticale,** up-gust.
raffilare, *v.a.* to sharpen; to whet (*levigare*); to glaze; to smooth.
raffilatura, *f.* sharpening; whetting.
raffinare, *v.a.* to refine.
raffinatoio, *m.* (*per metalli*), refining furnace.
raffinatura, *f.* refining.
raffinazione, *f.* refining.
— **degli oli,** refining of oils.
— **dello zolfo,** sulphur-refining.
— **elettrolitica,** electrolytic refining.
— **elettrolitica del piombo** (*met.*), electrolytic lead refining.
raffineria, *f.* refinery.
— **degli oli di scisto,** shale-oil refinery.
— **della capacità di 85 000 barili al giorno** (*petrol.*), 85,000 barrels-per-day refinery.
— **di petrolio,** petroleum-refinery; oil refinery; petroleum-works.
— **di sale,** salt-refinery; salt-works.
— **di zolfo,** sulphur-refinery; sulphur-works.
— **(la — entrerà in funzione nel 1990),** the refinery will go on stream in 1990.
raffinosio, *m.* (*chim.*), raffinose; mellitriose; mellitose; gossypose.
rafforzare, *v.a.* to strengthen.
raffreddamento, *m.* cooling.
— **a controcorrente d'acqua,** water-to-water cooling.
— **ad acqua,** water cooling.
— **ad aria,** air blast cooling.
— **ad aria soffiata,** blown air cooling.
— **ad irraggiamento,** radiant cooling.
— **all'idrogeno,** hydrogen cooling.
— **a vaporizzazione,** cooling by evaporation.

raffreddamento coltelli cesoia bramme (*met.*), cooling of slab crop shear knives.
— **del nucleo del reattore in caso di emergenza** (*fis. atom.*), emergency core cooling.
— **entro stampo** (*met.*), die quenching.
raffreddante, *m.* (*met.*), cooler.
raffreddare, *v.a.* to cool.
— **all'aria,** to cool in the air.
— **a 20 °C,** to cool to 20 °C.
raffreddarsi, *v.r.*, to cool, *v.i*; to cool off.
raffreddato (*p.p.*) **ad acqua o ad aria,** water- or air-cooled.
— **ad olio,** oil-cooled.
raffreddatore, *m.* cooler.
— **a celle** (*min.*, *met.*), cellular cooler.
— **a controcorrente d'acqua,** water-to-water cooler.
— **ad aria** (*met.*), air cooler.
— **d'acqua elettrico,** electric water cooler.
— **del gas naturale,** natural gas after-cooler (*or* inter-cooler).
— **dell'agglomerato** (*min.*), sinter cooler.
— **dell'olio** (*aereo*), oil cooler.
— **in cascata,** cascade cooler.
— **olio di tempra,** quenching oil cooler.
— **per olio vegetale** (*ind. chim.*), vegetable oil cooler.
— **Venturi a bassa velocità** (*met.*), low velocity venturi type quencher.
raggi, *m. pl.* rays (v. anche **raggio**).
— **alfa,** alpha rays.
— **attinici,** actinic rays.
— **beta,** beta rays.
— **canale** (*fis.*), canal rays; positive rays.
— **catodici,** cathode rays.
— **cosmici,** cosmic rays.
— **cosmici solari,** solar cosmic rays.
— **gamma,** gamma rays.
— **gamma pronti,** prompt gamma rays.
— **infrarossi,** infra-red rays.
— **positivi** (*fis.*), positive rays.
raggi Röntgen (*fis.*), Roentgen rays.
— **ultravioletti,** ultraviolet rays; ultra-violet rays.
— **X,** X-rays.
— **(fascio di —),** bundle of rays; pencil of rays.
raggiante (calore —), radiating heat.
raggio, *m.* (*geom.*), radius *pl.* radii *or* radiuses; (*fis.*), ray; (*telev.*, *luce*), beam; (*di ruota*), spoke.
— **ammesso** (*macch. ut.*), swing radius.
— **analizzatore** (*tel.*), scanning beam.
— **atomico,** atomic beam.
— **a valle in cresta** (*dighe*), downstream radius of a crest.
— **d'autonomia** (*aereo*), cruising radius.
— **d'azione** (*aereo*), range; radius of action; (*di gru*), outreach.
— **d'azione economico** (*aereo*), most economical range.
— **d'azione massimo con miscela povera** (*aereo*), range at maximum weak-mixture power.
— **del cerchio inscritto,** inradius.
— **« della morte »** (*mil.*), death-ray.
— **del vettore,** vector radius.
— **di curvatura,** radius of curvature.
— **di intaglio** (*mecc.*, *met.*), (root) radius.
— **d'inerzia** (*mecc.*), radius of gyration.
— **di oscillazione,** radius of oscillation.
— **di rotazione,** radius of revolution.
— **di ruota,** spoke.
— **di sterzatura** (*auto*), turning radius.
— **duro** (*radiol.*), hard ray.
— **esterno,** outside radius.
— **giratore,** radius of gyration.
— **interno,** inside radius.
— **laser,** laser beam.
— **massimo,** maximum radius.
— **midollare primario** (*bot.*), primary medullary ray.

raggio minimo di volta (*auto*), turning radius.
— **riflesso,** reflected ray.
— **rifratto,** refracted ray; bent ray.
— **standard** (*scelto per specificare le caratteristiche delle eliche*) (*aereo*), standard radius.
— **tangenziale** (*di ruote*), tangential spoke.
— **vettore,** radius vector.
— **violetto,** violet ray.
raggiungere (*giungere, toccare*), to hit (*nuovi modelli possono essere provati nelle condizioni sperimentali prima di raggiungere lo stabilimento*), new designs can be tested under laboratory conditions before hitting the plant floor.
— **(una velocità),** to reach (a speed).
raggrinzamento, *m.* (*vern.*), crimping; crinking; wrinkling; puckering; (*ondulatura attorno ai bordi di prodotti imbutiti*) (*met.*), wrinkling; (*pitture*), curtaining.
— **(difetto di —)** (*vernici, smalti*), crawling; crimp(ing).
raggrumare, *v.i.* to clot.
raggruppare, *v.a.* (*inform.*), to batch.
ragia (*f.*) **minerale,** mineral spirits; white spirit.
ragione, *f.* (*mat.*), ratio.
— **diretta,** direct ratio.
— **geometrica,** geometrical ratio.
— **inversa,** inverse ratio.
raion, *m.* (*tess.*), v. **rayon.**
— **a bava continua,** filament rayon.
ralinga, *f.* (*naut.*), boltrope.
ralla, *f.* (*ing.*), footstep bearing (*cuscinetto*); bearing disc (*piastra di base*); thrust ring.
— **di controspinta,** friction ring.
— **di reggispinta,** thrust shoe.
rallentamento, *m.* (*fis. atom.*), slowing-down.
rallentare, *v.a.* to slacken; to loosen.
— **la velocità,** to slow down; to reduce the speed.
— **una corda,** to slow down.
rallentatore, *m.* (*cinem.*), slow-motion set.
— **acustico** (*per lo studio delle lingue*) (*elet.*), speech stretcher.
— **automatico di velocità,** automatic speed-checker.
rallino, *m.* hinge; pivot.
ramaio, *m.* coppersmith.
ramare, *v.a.* to copper.
ramato, *p.p.* copper plate; (*met.*), coppered.
ramatura, *f.* coppering; (*elettrol.*), copper plating; copper-sheathing.
rame, *m.* (*chim.* = Cu), copper.
— **commerciale ordinario,** commercial copper; « tough-pitch » copper (U.S.A.).
— **di cementazione,** blister copper.
— **elettrolitico,** electrolytic copper.
— **filato,** copper wire.
— **giallo,** yellow metal.
— **greggio,** coarse copper.
— **in barre,** bar copper.
— **in fogli,** sheet-copper.
— **in lastre,** slab copper.
— **nero,** black copper; **blister** (copper).
— **sinterato,** sintered copper.
rameuse, *m.* (*tess.*), tenter frame.
ramico, *agg.* (*chim.*), cupric.
ramiè, *m.* ramie.
ramificato, *p. p.* (*riferito a catene, molecole, ecc.*), (*chim.*), branched.
rammendare, *v.a.* (*tess.*), to mend; to darn.
rammollimento, *m.* softening.
ramno (*m.*) **dei tintori** (*bot.*), buckthorn.
ramnosio, *m.* (*chim.*), rhamnose.
ramo (*m.*) **ascendente,** ascending branch.
— **del ponte** (*elet.*), bridge arm.
— **discendente,** descending branch.
— **di un circuito** (*elet.*), arm.
ramolaggio, *m.* (*fond.*), mould assembly; mold assembly (U.S.A.).
rampa, *f.* ramp.

rampa d'accesso (*cost.*), road approach; (*autostrade*), ramp.
— **di discesa** (*aerosp.*), landing ramp.
— **di lancio** (*missili, razzi*), launch pad.
— **di scala,** flight of stairs.
— **(angolo di —)** (*aereo*), angle of climb.
rampicone, *m.* (*naut.*), harpoon; grappling-iron; (*ferr.*), gib.
rampone, *m.* cramp; clamp.
— **di sfregamento** (*aereo*), tail rudder sheath.
— **per legname,** cant dog (gripping implement).
rancidità, *f.* rancidity.
randa, *f.* (*naut.*), spanker.
ranghinatura, *f.* (*agr.*), swathing.
raperella, *f.* (*di vite*), washer.
— **divisa** (*mecc.*), split washer.
rapida, *f.* (*di fiume*), rapid (*usato al pl.*).
rappezzamento stradale, patchwork.
rappezzare il tino consumato dell'altoforno (*refrattari, met.*), to patch the worn stack of a blast furnace.
rappezzatura, *f.* (*met.*), patch (*lavori di riparaz.*).
— **del refrattario** (*forni met.*), refractory patching.
— **del tino dell'altoforno** (*met.*), stack patching.
— **in forma di losanga,** lozenge shaped patch.
— **rettangolare,** rectangular patch.
rappezzo, *m.* (*met.*), (*riparazione di volte, ecc.*), patching; patch.
rappigliamento, *m.* coagulation.
rappigliare, *v.i.* to coagulate.
rapportare, *v.a.* to add (*aggiungere*); to put in (*aggiungere*); to lay down (*riprodurre disegni*); to draw (*tracciare sulla carta*).
rapportatore, *m.* protractor.
rapporti di lavoro (*leg., ecc.*), labour relations; industrial relations.
rapporto, *m.* (*mat.*), ratio (*pl.* ratios); report (*relazione scritta o orale*).
— **al ponte** (*auto*), final drive ratio.
rapporto aria combustibile, air-fuel ratio; air-to-fuel ratio; mixture ratio.
— **aria-gas,** air-to-gas ratio.
— **cattura-fissione** (*fis. atom.*), capture-to-fission ratio.
— **corsa-alesaggio** (*mecc.*), stroke-bore ratio.
— **costi-utili** (*comm.*), cost-benefit ratio.
— **d'armatura** (*tess.*), repeating of design.
— **del contrasto** (*telev.*), contrast ratio.
— **del passo** (*aereo*), pitch ratio.
— **d'estrusione** (*met.*), extrusion ratio.
— **di amplificazione** (*radio*), gain.
— **di bicicletta,** cog.
— **di cattura** (*audio, hi-fi*), capture ratio.
— **di colata** (*calcol. elettron., met.*), heat log.
— **di compressione,** compression ratio; comp. ratio.
— **di compressione del compressore** (*aereo*), T-O rating.
— **di demoltiplicazione** (*auto*), drive ratio; gear ratio.
— **di deviazione** (*radio*), deviation ratio.
— **di equilibrio** (*chim.*), equilibrium ratio.
— **di finezza,** fineness ratio.
— **di fragilità** (*costruz.*), slender ness radio.
— **di imbutitura** (*rapporto tra riduzione del diametro ed il diametro iniziale*) (*met.*), drawing ratio.
— (*relazione*) **di laminazione**(*met.*) rolling report.
— **di lavoro** (*relazione usata dagli ispettori per indicare il lavoro da compiere, fatto, il nome del meccanico ecc.*) (*aereo*) snag sheet.
— **di massa** (*quantità di propellente che un razzo puo portare in rapporto al suo peso totale*) (*astron.*), mass ratio.
— **di miscela** (*leghe, met.*), mixing ratio.
— **d'immagine** (*telev.*), picture ratio.

rapporto d'ingranaggi, gear ratio.
— **di passo** (*cavi*), lay ratio.
— **di Poisson** (*met.*), Poisson's ratio.
— **di potenza** (*elet.*), power ratio.
— **di reflusso** (*chim.*), reflux ratio.
— **di scorifica** (*met.*), ratio of iron in slag to iron in bath.
— **di sezione** (*pneumatici auto*), profile percentage.
— **di sondaggio,** boring log.
— **di trasmissione** ratio of gearing; gear ratio.
— **di una scala di carta o mappa** (*top.*), representative fraction (R. F.).
— **di uniformità** (*tess.*), uniformity ratio.
— **di velocità,** velocity ratio; speed-ratio.
— **fra la larghezza e l'altezza dell'immagine** (*telev.*), aspect ratio.
— **fra la velocità dell'aeroplano e la velocità del suono** (*aereo*), mach number.
— **fra spira e spira,** turns-ratio.
— **in peso,** weight ratio.
— **in volume,** volume ratio.
— **isotopico** (*fis. atom.*), isotopic ratio.
— **neutroni-protoni** (*fis. atom.*), neutron-proton ratio.
— **peso/potenza** (*auto*) (*naut.*), power-weight ratio.
— **portanza-resistenza** (*aereo*), lift-drag ratio.
— **S/N** (*audio*), signal-to-noise ratio (S/N).
— **segnale-rumore** (*audio*), signal-noise (S/N) ratio.
— **solidità-peso,** strength-to-weight ratio.
— **vettoriale** (*elet.*), vector ratio.
— **(sono in — di 5 a 4),** are in the ratio of five to four.
rapprendere, *v.i.* to coagulate.
rappresentare graficamente (*inform.*), to plot.
rappresentazione, *f.* (*grafica, tabulare, narrativa*) (*inform.*), representation.
— **dal vivo** (TV), live performance.
rappresentazione dei materiali, method of indicating materials.
— **grafica,** graphical representation.
— **isometrica,** isometric representation.
— **schematica** (*di processo*) (*chim., min., ecc.*), schematic flowsheet.
rarefabile, *agg.* rarefiable.
rarefare, *v.a.* to rarefy.
rarefarsi, *v.r.* to rarefy, *v.i.*
rarefattibile, *agg.* rarefiable.
rarefattivo, *agg.* rarefactive.
rarefazione, *f.* rarefaction.
— **della liquidità** (*econ.*), liquidity squeeze.
— **dell'aria,** air rarefaction.
rare (terre —), rare earths.
rari (gas —), rare gases.
raro, *agg.* rare; scarce.
rasare (*v.a.*) **metalli,** to polish.
rasatore, *m.* (*utensile*), shaving tool.
rasatrice (*f.*) **per fianchi di denti** (*macch. ut.*), gear shaving machine.
— **per ingranaggi** (*macch. ut.*), v. **sbarbatrice per ingranaggi.**
rasatura (*f.*) **degli ingranaggi,** gear shaving.
raschiare, *v.a.* to scrape (*off*); to scratch; to erase (*cancellare*).
raschiatoio, *m.* (*incisione rame*), burnisher.
— **per tubi,** tube scraper.
raschiatore, *m.* scraper disc.
— **delle pareti del foro** (*petrol.*), scraper.
— **rotativo** (*petrol.*), roto wall cleaner.
raschiatura, *f.* scraping; erasure (*cancellatura*).
raschiettare, *v.a.* to scrape.
raschiettatura, *f.* scraping.
raschietto, *m.* scraper.
— **per vernici,** paint scraper.
raschino, *m.* scraper; eraser (*per cancellare*); grater.
rasetto, *m.* (*tess.*), sateen.
raso, *m.* (*tess.*), satin weave (*armatura*).
— **di 5,** five-harness satin weawe; five-shaft satin weave.

raso di 8, eight-harness satin weave;eight-shaft satin weave.
rasoio a batteria (*elet.*), battery-operated shaver.
— **elettrico,** electric razor; electric shaver.
raspa, *f.* rasp.
— **mezzo tonda per calzolai,** half round shoe rasp.
— **mezzo tonda per legno,** half round wood rasp.
— **per ebanisti,** cabinet rasp.
— **per ebanisti rotonda,** round cabinet rasp.
— **piatta per calzolai,** flat shoe rasp.
— **piatta per legno,** flat wood rasp.
— **piatta per legno dolce,** flat wood smooth rasp.
— **piatta per legno mezzo dolce,** flat wood second cut rasp.
raspare, *v.a.* to rasp.
raspatura, *f.* rasping (scrapings: *quanto si asporta*; *trucioli*).
raspio, v. **rumore di —.**
rassegna, *f.* (*di stampa tecnica, procedimenti ecc.*), survey.
rastrelliera, *f.* (*tess.*), bobbins creel.
— **per bagni galvanici,** plating rack.
— **per condutture** (*ind.* pipe rack.
— **per orologio** (*orol.*), watch timing rack.
— **porta bombe** (*aereo*), bomb carrier.
rastremare, *v.a.* to taper; to streamline (*dare una linea aerodinamica*).
rastremato, *agg.* tapered; streamlined (*avente linea aerodinamica*).
rastremazione, *f.* tapering; streamline (*linea aerodinamica*).
rateo di discesa (*aereo*), rate of descent.
— **di salita** (*aereo*), climb rate.
— **iniziale salita** (*aereo*), initial climb rate.
ratiera, *f.* (*tess.*), dobbie; dobby.
rattinare, *v.a.* (*tess.*), to frieze.
rattinatura, *f.* (*tess.*), friezing.
ravvivamole, *m.* (*mecc.*), wheel-dressing tool; dresser.
— **a rotelle** (*mecc.*), rotary dresser.
ravvivare (*un deposito galv.*), to colour.
ravvivatura, *f.* (*di dep. galv.*), colouring.
rayon (*m.*) **all'acetato,** acetate rayon.
— **Bemberg,** Bemberg rayon.
— **viscosa,** viscose rayon.
razza (*f.*) **di puleggia,** arm of a pulley.
— **di ruota,** spoke; wheel arm.
— **di volano,** wheel spoke; spoke.
razzo, *m.* rocket.
— **a due stadi,** two-stage rocket.
— **a ioni,** ion engine rocket.
— **a plasma,** plasma engine rocket.
— **a propellente liquido,** liquid-propellant rocket.
— **a propellente solido,** solid-propellant rocket.
— **atomico** (*fis. atom.*), nuclear fuel rocket; nuclear rocket; nuclear-powered rocket.
— **a turbopompa,** turbopump rocket.
— **ausiliario acceleratore di decollo** (*missili, ecc.*), booster rocket.
— **balistico a due stadi,** two-stage balistic rocket.
— **chimico,** chemical rocket.
— **di frenatura** (*voli spaziali*), retro-rocket.
— **frenante** (*voli spaziali*), retro-rocket.
— **ibrido** (*mecc. term.*), hybrid rocket.
— **meteorologico,** meteorological rocket.
— **nucleare,** nuclear rocket.
— **per la produzione di pioggia artificiale** (*agr.*), rain rocket.
— **radiocomandato,** radio-guided rocket.
— **solare** (*astronaut.*), solar rocket.
— **solido,** solid rocket.
— **(lanciare con un —),** to rocket *v.a.*
reagente, *m.* (*chim.*), reagent.
— **di attacco** (*met.*), etching reagent; etchant.
— **organico** organic reagent.
— **speciale,** special reagent.

reagenti alcaloidi (*chim.*), alkaloid reagents.
reagire, *v.i.* (*chim.*), to react.
reale, *agg.* actual.
realgar, *m.* realgar; red arsenic.
realizzabilità, f. realizability.
realizzare, *v.a.* (*mecc.*), to build (*costruire*).
realizzazione (*f.*) **meccanica,** mechanical execution.
reattanza, *f.* (*elet.*), reactance.
— **acustica,** acoustic reactance.
— **capacitativa,** capacitative reactance.
— **dell'indotto** (*elet.*), armature reactance.
— **di dispersione** (*elet.*), leakage reactance.
— **induttiva,** inductive reactance.
— **in parallelo,** reactance in parallel.
— **in serie,** reactance in series.
— **rotorica,** rotor reactance.
— **sincrona** (*elet.*), synchronous reactance.
— **statorica,** stator reactance.
— **transitoria** (*elet.*), transient reactance.
reattivi per analisi (*chim.*), analytical reagents.
— **per microanalisi** (*chim.*), microanalysis reagents.
reattivo, *agg.* (*chim.*), reactive; *m.* (*chim.*), reactant; activator; activating agent; reagent (*per analisi chim.*).
— **di flottazione** (*min.*, *chim.*), flotation reagent.
reattore, *m.* (*fis. atom.*), reactor.
— **a bassa potenza** (*fis. atom.*), low-power reactor.
— **a caldaia** (*fis. atom.*), water boiler reactor.
— **a combustibile liquido** (*fis. atom.*), liquid-fuel reactor.
— **ad acqua bollente** (*fis. atom.*), boiling (water) reactor.
— **ad acqua naturale** (*fis. atom.*), light water reactor.
— **ad acqua pressurizzata** (*fis. atom.*), pressurized water reactor.
reattore ad alta energia (*fis. atom.*), high-power reactor.
— **ad alta temperatura** (*fis. atom.*) high-temperature reactor (HTR).
— **ad alta temperatura al torio** (*fis. atom.*), thorium high temperature reactor (THTR).
— **ad ebollizione** (*fis. atom.*), boiling water reactor; boiling reactor.
— **ad escursione di potenza** (*fis. atom.*), excursion reactor.
— **ad organico** (*fis. atom.*), organic reactor; organic-cooled reactor.
— **a due zone** (*fis. atom.*), two-zone reactor.
— **ad uranio** (*fis. atom.*), uranium reactor.
— **ad uranio naturale** (*fis. atom.*), natural uranium reactor.
— **a fissione** (*fis. atom.*), fission reactor.
— **a grafite** (*fis. atom.*), graphite reactor.
— **al berillio,** beryllium reactor.
— **a liquido organico** (*fis. atom.*), organic-cooled reactor; organic reactor.
— **al plutonio** (*fis. atom.*), plutonium breeder.
— **al torio** (*fis. atom.*), thorium reactor.
— **a metallo liquido** (*fis. atom.*), liquid-metal fuel reactor.
— **a neutroni termici** (*fis. atom.*), thermal nuclear reactor.
— **a parete fredda** (*chim.*, *met.*), cold wall reactor unit.
— **a piscina** (*fis. atom.*), swimming pool reactor.
— **a regime stazionario** (*fis. atom.*), stationary reactor.
— **arricchito** (*fis. atom.*), enriched fuel reactor.
— **a sodio-grafite** (*fis. atom.*), sodium-graphite reactor.
— **a sospensione** (*fis. atom.*), suspension reactor.
— **a sospensione liquida** (*fis. atom.*) liquid suspension reactor.

reattore atomico, atomic reactor.
— **autofertilizzante** (*fis. atom.*), breeder reactor.
— **breeder** (*fis. atom.*), breeder reactor.
— **commerciale** (*fis. atom.*), commercial reactor.
— **con neutroni lenti** (*fis. atom.*), slow-neutron reactor.
— **critico** (*fis. atom.*), critical reactor.
— **di circolazione** (*fis. atom.*), circulating fuel reactor; circulating reactor.
— **di potenza** (*fis. atom.*), power reactor.
— **di potenza nulla** (*fis. atom.*), zero power reactor.
— **di produzione** (*fis. atom.*), production reactor.
— **di propulsione** (*fis. atom.*), propulsion reactor.
— **di ricerca** (*fis. atom.*), research reactor.
— **epitermico** (*fis. atom.*), epithermal reactor.
— **esponenziale** (*fis. atom.*), exponential reactor.
— **eterogeneo** (*fis. atom.*), heterogeneous reactor.
— **freddo** (*fis. atom.*), clean reactor; clean cold reactor.
— **industriale** (*fis. atom.*), industrial reactor.
— **intermedio** (*fis. atom.*), intermediate reactor.
— **isotermico multitubolare,** multitubular isothermal reactor.
— **mobile** (*fis. atom.*), mobile reactor.
— **moderato** (*fis. atom.*), moderated reactor.
— **moderato ad acqua pesante** (*fis. atom.*), heavy-water moderated reactor.
— **moderato a grafite** (*fis. atom.*), graphite-moderated reactor.
— **moderato al berillio,** beryllium moderated reactor.
— **moderato al deuterio** (*fis. atom.*) deuterium moderated reactor.
— **non rigeneratore** (*fis. atom.*), non-breeder reactor.

reattore nucleare (*fis. atom.*), nuclear chain reactor.
— **nucleare energetico** (*fis. atom.*), energetic nuclear reactor.
— **per la sintesi dell'ammoniaca** (*ing. chim.*), ammonia synthesis reactor.
— **per prove di materiali** (*fis. atom.*), materials testing reactor (M.T.R.).
— **per uso militare** (*fis. atom.*), military reactor.
— **plutonigeno** (*fis. atom.*), plutonium-producing reactor.
— **polivalente** (*fis. atom.*), multipurpose (research) reactor.
— **primario** (*fis. atom.*), primary reactor.
— **raffreddato ad acqua** (*fis. atom.*) water-cooled reactor.
— **raffreddato ad elio** (*fis. atom.*), helium cooled reactor.
— **raffreddato a gas** (*fis. atom.*), gas-cooled reactor.
— **raffreddato a metallo liquido** (*fis. atom.*), liquid-metal cooled reactor.
— **raffreddato a sodio** (*fis. atom.*), sodium-cooled reactor.
— **refrigerato ad anidride carbonica** (*fis. atom.*), carbon dioxide cooled reactor.
— **refrigerato a fluido organico** (*fis. atom.*), organic-cooled reactor.
— **rigeneratore** (*fis. atom.*), breeder reactor.
— **rigeneratore al plutonio** (*fis. atom.*), plutonium breeder.
— **rigeneratore al torio** (*fis. atom.*), thorium breeder.
— **rigeneratore a neutroni termici** (*fis. atom.*), thermal breeder.
— **rigeneratore a neutroni veloci** (*fis. atom.*), fast neutron breeder reactor.
— **rigeneratore rapido al plutonio** (*fis. atom.*), fast plutonium breeder.
— **secondario** (*fis. atom.*), secondary reactor.
— **sottocritico** (*fis. atom.*), subcritical reactor.

reattore sperimentale (*fis. atom.*), experimental reactor; testing reactor.
— **supercritico** (*fis. atom.*), supercritical reactor.
— **termico** (*o* **lento**) (*fis. atom.*), thermal reactor.
— **termonucleare** (*fis. atom.*), thermonuclear reactor.
— **veloce** (*fis. atom.*), fast reactor.
— **veloce autofertilizzante** (*fis. atom.*), fast breeder.
— **veloce autofertilizzante a metallo liquido** (*fis. atom.*), liquid metal fast breeder reactor.
— **veloce raffreddato a sodio liquido** (*fis. atom.*), liquid sodium cooled fast reactor.
reazione, *f.* (*chim.*), reaction; (*radio*), backlash; reaction.
— **a catena** (*chim.*), chain reaction.
— **a catena automoderatrice** (*fis. atom.*), self-limiting chain reaction.
— **a catena automoltiplicatrice** (*fis. atom.*), self-multiplying chain-reaction.
— **a catena autosostenuta** (*fis. atom.*), self-maintaining chain reaction.
— **a catena con neutroni lenti** (*fis. atom.*), slow-neutron chain reaction.
— **a catena controllata,** controlled chain reaction.
— **a catena energetica** (*fis. atom.*), power chain reaction.
— **a catena esplosiva** (*fis. atom.*), explosive chain reaction.
— **acustica,** acoustic feedback.
— **alla tocca** (*chim.*), spot test.
— **analitica** (*chim.*), analytical reaction.
— **autodescante** (*chim.*), self-igniting reaction.
— **biologica,** biological response.
— **capacitativa,** capacitative feedback.
— **chimica,** chemical reaction.
— **con neutroni lenti** (*fis. atom.*), slow-neutron reaction.
reazione di addizione (*chim.*), additive reaction.
— **di cattura** (*fis. atom.*), capture reaction.
— **di diffusione** (*fis. atom.*), scattering reaction.
— **di fase** (*chim.*), phase reaction.
— **di fissione** (*fis. atom.*), fission reaction.
— **di fissione a catena** (*fis. atom.*), fission chain reaction.
— **di fissione esplosiva** (*fis. atom.*), explosive fission reaction.
— **di gruppo** (*chim.*), group reaction.
— **di partenza** (*auto, ecc.*), starting response.
— **di spallazione** (*fis. atom.*), spallation reaction.
— **di torsione,** torque.
— **elettromagnetica** (*radio*), electromagnetic reaction.
— **endotermica,** endothermic reaction.
— **esotermica,** exothermal r.
— **fotonucleare** (*fis. atom.*), photonuclear reaction.
— **gas-solido** (*met.*), gas-solid reaction.
— **incompleta** (*chim.*), incomplete reaction.
— **indotta** (*chim.*), induced reaction.
— **in fase liquida,** liquid phase reaction.
— **in fase solida** (*met.*), solid phase reaction.
— **irreversibile** (*chim.*), irreversible reaction.
— **liquido-gas** (*met.*), liquid-gas reaction.
— **liquido-liquido** (*met.*), liquid-liquid reaction.
— **liquido-solido** (*met.*), liquid-solid reaction.
— **monomolecolare** (*chim.*), monomolecular reaction.
— **negativa** (*radio*), degeneration.
— **neutrone-protone** (*fis. atom.*), neutron-proton reaction.
— **neutronica** (*fis. atom.*), neutron reaction.

reazione neutronica a catena (*fis. atom.*), neutron chain reaction.
— **nucleare** (*chim.*), nuclear reaction.
— **nucleare a catena** (*fis. atom.*), nuclear chain reaction.
— **nucleare controllata,** controlled nuclear reaction.
— **nucleare esotermica** (*fis. atom.*), exothermic nuclear reaction.
— **nucleare indotta** (*fis. atom.*), induced nuclear reaction.
— **nucleare spontanea** (*fis. atom.*), spontaneous nuclear reaction.
— **positiva** (*radio*), positive regeneration.
— **reversibile,** reversible reaction.
— **termonucleare** (*fis. atom.*), thermonuclear reaction.
— **unimolecolare** (*chim.*), unimolecolar reaction.
— **(a —)** (*radio*), regenerative, *agg.*
recalescenza, *f.* (*fenomeno termico*), recalescence.
recettività di un apparecchio radio, receptivity of a wireless set.
recettivo, *agg.* receptive.
recettore, *m.* receiver.
reciclazione, *f.* (*del gas, ecc.*), (*chim.*), recycling; recycle.
— v. **riciclazione.**
reciclo (*chim.*), recycle (v. pure **riciclo**).
recidere, *v.a.* to cut off; to shear.
recinzione, *f.* enclosure; fence; fencing (*azione di —*); palisade (*con paletti di legno o metallici*); (*con assito, di lavori in costruzione o riparazione*) (*cost.*), hoarding.
— **(paletto da —)** metal upright (*metallico*); pale (*di legno*).
recipiente, *m.* container (*in generale e per prodotti chimici*); tank (*grande*); vessel (*per liquidi*); receptacle; reservoir (*serbatoio*).
— **a pressione,** pressure vessel (*industriale*); pressurized container (*articolo confezionato*); (*met.*), pressure vessel.
— **a pressione cilindrico a parete sottile,** thin-walled cylindrical pressure vessel.
recipiente a pressione cilindrico a parete spessa, thick-walled cylindrical pressure vessel.
— **a pressione per gas di petrolio liquefatto,** liquefied petroleum gas pressure storage vessel.
— **di accumulatore,** accumulator jar.
— **di caricamento,** hopper.
— **di ceramica,** pottery container.
— **di compensazione,** equalization box.
— **per l'olio,** oil tank; oil reservoir
— **per olio di orologi** (*orol.*), watch oil pot.
— **pieno,** filled container.
— **stagno** (*all'aria*), airtight container.
recipienti a pressione (Comitato di ricerche sui — a pressione), Pressure Vessel Research Committee.
— **a pressione (tecnologia dei — a pressione),** pressure vessel technology.
reciproco, *m.* (*mat.*), reciprocal.
recisione, *f.* shearing; shear.
reclutare (*v.a.*) **mano d'opera,** to recruit labour.
record, record; (*complesso di informazioni considerate come un blocco o unità*) (*inform.*), record.
— **aereo,** air record.
— **di altezza,** height record.
— **di distanza,** distance record.
— **di durata,** duration record.
— **di testata** (*inform.*), header record.
— **di velocità in circuito chiuso** (*aereo*), closed-circuit speed record.
— **di velocità su strada** (*auto*), land speed record.
— **logico** (*inform.*), logical record.
recordista, *m.* (*cinem.*), recordist.
recuperabilità (in caso di demolizioni) (*costr.*), possibility of recovery (in case of demolitions).
recupero, v. **ricupero.**

recupero di calore, recovery of heat.
redattore sportivo (*di un giornale*), sports editor.
redazione (*di testo, raccomandazione, ecc.*), wording.
reddito, *m.* income; revenue; earnings (*pl.*).
— **di lavoro subordinato** (*finanz., econ.*), employment income.
— **diverso da quello del lavoro** (*finan.*), non-employment income.
— **effettivo** (*finan.*), flat rate.
— **monetario** (*finan.*), money income.
redditi (limitazione dei) (*econ.*), incomes restraint.
redigere un rapporto, v. **esame.**
refe, *m.* thread; button hole thread (*per cucire*).
referenza (*persona citata come referenza in una domanda d'impiego*), referee.
refilare, *v.a.* (*tip.*), v. **rifilare.**
reflusso, *m.* (*ind. petr.*), reflux; v. **rapporto di —.**
reforming, *m.* (*benzina ecc.*), reforming.
— **catalitico,** catalytic reforming.
— **termico** (*petrol.*), thermal reforming.
— **(benzina «riformata»),** reformed gasoline.
refrattari acidi, acid refractories.
— **basici,** basic refractories.
— **neutri,** neutral refractories.
— **per caldaie,** boiler refractories.
— **per officine gas,** gasworks refractories.
— **per vetrerie,** glass refractories.
refrattarietà, *f.* refractoriness.
refrattario, *agg.* fire proof; refractory; v. **rappezzatura del —.**
— **alluminoso** (*met.*), aluminous refractory.
— **basico** (*met.*), basic refractory.
— **di carbonio** (*met.*), carbon refractory.
— **di semisilice** (*met.*), semi-silica refractory.
— **di silice** (*met.*), silica refractory.
— **isolante** (*met.*), insulating refractory.
refrattario (cemento —), refractory cement.
— *m.* **(materiale —),** refractory.
refrattarista, *m.* refractory maker.
refrattometro, *m.* (*chim.*), refractometer.
refrigerante, *agg. n.*, cooling *agg.*; refrigerant, *agg. e nome*; refrigerator, *n.* (*macchina*); cutting compound (*usato per tagliare*); coolant (*per lubrificare, liquido per motori a scoppio, frigoriferi*).
— **a riflusso,** reflux condenser.
— **ascendente,** upright condenser.
— **discendente,** downward condenser.
— **secondario** (*fis. atom.*), secondary coolant.
refrigerare (*carne*), to chill.
refrigeratore, *m.* cooler.
— **del gas** (*met.*), gas cooler.
— **di anidride carbonica,** CO_2 refrigerator.
— **di assorbimento** (*ing.*), absorption refrigerator.
— **elettrico per vino,** electric wine cooler.
— **intermedio** (*ing.*), inter cooler.
refrigerazione, *f.* refrigeration; cooling.
— **ad aria,** air cooling.
— **ad idrogeno** (*elet.*), hydrogen cooling.
— **ad irrigazione** (*met.*), spray cooling.
— **a spruzzo,** spray refrigeration.
— **del latte** (*agr.*), milk cooling.
refuso, *m.* (*tip.*), literal mistake; wrong fount; w. f.
reggere, *v.i.* al (*resistere*), to stand *v.a.*; (*sostenere*), to bear; (*resistere*), to resist.
— **al calore,** to stand heat.
— **al martello,** to stand hammer.
reggetta (*f.*) **d'acciaio** (*per rafforzare imballaggi*), steel strap.
— **di ferro,** hoop iron.
reggimandrino, *m.* arbor-brace.
reggipunta, *m.* bearing.
reggisella, *f.* (*tubo*), saddle pillar.
reggispinta, *m.* thrust bearing.
regia, *f.* (*cinem.*), direction.

regimazione delle acque (*idr.*) water control.
regime, *m.* rating (*elet.*) (*di macch. o apparecchio*); (*normal*) conditions (*mecc.*); rate (*mot.*).
— **continuo** (*elet.*), continuous running (*or* rate).
— **determinato da precipitazioni stagionali** (*fiumi*), regimen determined by seasonal precipitation.
— **di un fiume,** regimen (of a river).
— **normale stazionario,** steady state condition.
— **(a pieno —),** at full rating; (*scatole degli ingranaggi dopo 12 000 ore di funzionamento a pieno regime*), gearboxes after 12,000 running hours at full rating.
— **(a — uniforme)** (*mecc.*), under uniform conditions.
regione carbonifera, coal-field
— **epitermica** (*fis. atom.*), epithermal region.
— **forestale,** forest area.
— **mineraria,** mining-region; mining-district.
— **petrolifera,** oil-field; oil-region; petroleum-territory.
regista, *m.* (*cinem.*), director.
— **(aiuto —),** assistant director.
registrabile, *agg.*, adjustable; recordable (*su nastro, ecc.*).
registrare, *v.a.*, to adjust; to tape (*su cassetta, nastro, ecc.*).
— **l'accensione** (*auto*) to time the ignition.
— **la musica,** to tape music.
— **su nastro** (*con magnetofono*), to tape-record.
— **su nastro video** (*telev.*), to videotape.
— **un orologio,** to set a watch.
registratore, *m.* (*acust.*), recorder (*meccanismo*); recordist (*operatore*).
— **a bobine** (*audio*), tape deck; tape recorder; open-reel tape machine; open-reel recorder.
— **a cassette** (*audio*), cassette tape machine (*or* recorder).
registratore a nastro a corrente elettrica, mains operated tape recorder.
— **a nastro magnetico,** tape recorder.
— **a nastro a transitor,** transistorized tape recorder.
— **a nastro utilizzante bobine** (*audio*), open-reel tape; open-reel recorder.
— **a più colori,** multi-colour recorder.
— **a tamburo,** drum recorder.
— **biauricolare** (*telef.*), binaural recorder.
— **del gioco assiale** (*mecc.*), backlash compensator.
— **del peso specifico** (*gas*) (*chim.*), specific gravity recorder.
— **del tempo passato** (*o* **trascorso**) (*orologio*) (*aereo*), elapsed time recorder.
— **di anidride carbonica** (*ing.*), CO_2 recorder.
— **di bugie** (*med.*), lie detector.
— **di cassa,** cash register.
— **di chiamate telefoniche,** traffic meter.
— **di comunicazioni** (*tel.*), call meter; call-count meter.
— **di dati** (*elettron.*), data logger.
— **di periodi,** cycle recorder.
— **di velocità** (*aereo*), air speed recorder.
— **elettronico,** electronic recorder.
— **fotoelettrico,** photoelectric recorder.
— **magnetico,** magnetic recorder.
— **magnetico a nastro,** magnetic tape-recorder.
— **per veicoli** (*traffico*), vehicle recorder.
— **quadruplo** (*aereo*), quadruple register.
— **sonoro,** sound recorder.
— **stereo a bobine** (*audio*), stereo tape deck.
— **stereofonico a nastro magnetico,** stereo tape-recorder.
— **televisivo a nastro,** video tape recorder (abbr. VTR).
— **tempi di lavorazione** (*met.*), working time recorder.

registratore-traduttore (*tel.*), decoder; translator.
— **video a nastro**, video tape recorder.
— **(cassetto di — di cassa)**, till.
registrazione, *f.* setting; adjustment; adjustment (*ottica*); recording (*acust.*; *cinem.*).
— **acustica**, recording.
— **a dischi** (*acust.*), disc recording.
— **a distanza**, remote recording.
— **a push-pull** (*cinem.*), push-pull sound-track.
— **cinefotomicrografica della microstruttura della provetta** (*metal.*), cinephotomicrographic recording of specimen microstructure.
— **con silenziatore** (*cinem.*), noiseless recording.
— **continua** (*audio*), continuous recording.
— **dal vivo** (*audio*), live recording.
— **degli errori** (*inform.*), error logging.
— **(cronologica) dei dati** (*elettron.*), data logging.
— **dei dati d'ingegneria** (*autom.*, *elettron.*), logging of engineering data.
— **della slitta** (*presse*), slide setting.
— **di spettacoli televisivi su film cinematografici**, kinescope recording.
— **elettrica** (*acust.*), electrical recording.
— **indisturbata** (*acust.*), noiseless recording.
— **laterale** (*acust.*), lateral recording.
— **magnetica**, magnetic recording.
— **magnetica del suono**, magnetic sound recording.
— **magnetica per film**, cinemagnetic recording.
— **(telemisura) per radiosonda**, radiosonde telemetering.
— **privata** (*nella propria casa*), home recording.
— **/riproduzione a 2 e a 4 canali** (*registratori a bobine*) (*audio*), two and 4-channel record and playback.
registrazione silenziosa (*acust.*), noiseless recording.
— **sonora**, sound recording.
— **sonora ad area variabile** (*cinem.*), variable-area recording.
— **sonora a densità variabile** (*cinem.*), variable-density recording.
— **stereofonica**, stereo recording.
— **su nastro**, tape recording.
— **(vite di —)**, adjusting screw.
registro, *m.* (*tip.*), key forme; (*calcol. elettron.*, *inform.*), register.
— **aeronautico italiano** (*aereo*), Italian Air Registration Board.
— **americano navale** (*naut.*), American Bureau of Shipping.
— **a spostamento** (*semiconduttori*), shift-register.
— **di base** (*inform.*), base register.
— **di bordo** (*aereo*), loft.
— **di camino** (*tiraggio*), damper.
— **di campagna** (*agrim.*), field book.
— **di classificazione del Lloyd** (*naut.*), Lloyd's Register of Shipping.
— **d'indice** (*per la modifica degli indirizzi*) (*inform.*), index register.
— **di organo** (*acust.*), stop.
— **di orologio**, regulator.
— **di memoria** (*elettron.*), storage register; memory register.
— **-indice** (*elettron.*), B-register.
— **navale di classifica** (*naut.*), Shipping register.
— **per operazioni di spostamento dei dati (shift)** (*calcol. analogici*), shift register.
— **per ventilazione**, ventilation flap; ventilation damper.
— **(valvola di —)**, throttle valve.
regola (*f.*) **della mano destra** (*elet.*), right-hand rule.
— **della mano sinistra** (*elet.*), left-hand rule.
— **di Maxwell** (*elet.*), Maxwell's rule.
— **di selezione** (*fis. atom.*), selection rule.

regola (non essere in — con la patente) (*auto*), failing to comply with conditions of licence.
regolabile, *agg.* adjustable.
— **in altezza,** adjustable for height.
— **in lunghezza,** adjustable for length.
regolaggio (*m.*) **dell'incidenza** (*aereo*), wash out; wash in.
— **di quota a mezzo zavorra** (*aereo*), ballasting-up.
regolamentazione dell'importazione, import regulations.
regolamenti, *m. pl.* (*comm.*), by-laws.
— **antinquinamento** (*marino, ecc.*) anti-pollution regulations.
— **edilizi antisismici,** earthquake regulations.
— **per la prevenzione di abbordi in mare** (*naut.*), Regulations for Preventing Collisions at Sea (colloquialmente: rule of the road).
regolamento, *m.* specification (*r. tecnico*); (*leg.*), regulation.
— **d'avaria** (*naut.*), average adjustment.
— **edilizio,** building regulation.
regolare, *v.a.* to settle (*un orologio*); to control; to regulate; to set (*mecc.*) (*orologi*).
— **la tensione** (*elet.*), to boost voltage (U.S.A.); to control the voltage.
— **la tensione di una molla,** to regulate the tension of a spring.
— **rapidamente** (*mecc.*), to set quickly.
regolatore, *m.* (*elet.*), regulator; governor (*macch. a vapore, auto.*); ratio adjuster (*elet.*).
— **a bobina mobile** (*elet.*), moving-coil regulator.
— **a flusso,** flow regulator.
— **a forza centrifuga,** centrifugal governor.
— **a freno,** brake governor.
— **a induzione** (*elet.*), induction regulator.
— **a mano,** hand regulator.
— **a molla,** spring governor.
regolatore a pendolo, pendulum governor.
— **armonico** (*acust.*), draw bar.
— **assiale** (*ing.*), drum governor: shaft governor.
— **astatico,** astatic regulator.
— **a tempo,** control timer.
— **automatico,** automatic regulator (*or* controller).
— **automatico di volume** (*radio*), automatic volume control.
— **centrifugo** (*auto*), centrifugal governor.
— **d'amplificazione** (*radio*), gain controller.
— **dei giri dell'elica** (*aereo*), constant-speed unit.
— **del gas** (*ing.*), gas regulator (*or* governor).
— **della pressione del gas,** gas pressure regulator (*or* governor).
— **del solcometro** (*naut.*), log governor.
— **di bombola di acetilene,** acetylene regulator.
— **di calcolatrice,** regulator; setting mechanism.
— **di campo** (*elet.*), field regulator; field rheostat.
— **di carico,** load controller.
— **di corrente,** current regulator.
— **differenziale,** differential regulator.
— **di portata e di pressione,** flow and (gas) pressure regulator.
— **di potenza,** power governor.
— **di pressione** (*di una bombola, ecc.*), (*sald.*), regulator.
— **di scorrimento** (*elet.*), slip regulator.
— **di tensione,** voltage regulator; booster (*elet.*).
— **di turbina idraulica,** hydraulic turbine governor.
— **eccentrico,** eccentric regulator.
— **elettrico di velocità** (*idraul.*), electric governor.
— **idraulico** (*ing.*), hydrodinamic governor.
— **in derivazione,** shunt regulator.
— **per bombola di ossigeno,** oxygen regulator.

regolatore per pompe, pump governor.
— **statico,** static regulator.
— **(albero del —),** spindle of the governor.
— **(asse del —),** axle of the gogovernor.
— **(cassetto del —),** throttle valve.
— **(dentiera del –),** regulator rack.
regolazione, *f.* (*elet.*); control; adjustment; regulation; (*auto*), governing; (*macch. ut., mecc.*), setting; v. **aumento per —; diminuzione per —**).
— **a controreazione** (*elet.*), feedback control.
— **a molla** (*elet.*), spring control.
— **approssimata** (*fis. atom.*), coarse control.
— **dei cilindri** (*met.*), roll adjustment.
— **dei motori a 4 tempi,** governing of four stroke cycle engines.
— **dell'amplificazione** (*radio*), gain control.
— **della frequenza di linee** (*telev.*), horizontal hold control.
— **della potenza d'uscita** (*telev.*), regulation of output.
— **della tenuta** (*telev.*), horizontal hold control.
— **di fase a radiofrequenza** (*radio*), RF phase control.
— **di un fiume,** regulation of a river.
— **di velocità** (*elet.*), speed control.
— **fari dall'interno** (*auto*), remote headlights control.
— **idraulica,** hydraulic governing.
— **in avanti** (*autom., ecc.*), feedforward.
— **in cascata** (*elet.*), cascade control.
— **in contro-reazione** (*automaz., ecc.*), feedback.
— **propria** (*elet.*), inherent regulation.
regoletto (*m.*) **di marginatura** (*tipog.*), stick.
regolo (*m.*) **calcolatore,** slide rule; sliding rule.
— **di antimonio** (*chim.*), antimony regulus; regulus of antimony; antimony.
regolo di sopraelevazione (*ferr.*), superelevation template.
— **per ingranaggi d'orologi,** sector.
— **per livellare,** parting strickle.
— **per rettificare,** straight edge.
regressione lineare (*inform.*), linear regression.
regresso, *m.* (*ferr., aereo*), back shunt (*ferr.*); switchback (*ferr.*); slip (*aereo, idraul.*).
— **dell'elica** (*aereo*), airscrew slip; propeller slip.
— **del propulsore** (*idraul.*), slip.
reimpostazione (macchine a—), (*macch. ut.*), transfer machines.
reincidere *v. a.* (*audio*), to rerecord.
reinnescare, *v.a.*, (*armi*), to reprime.
reinserimento (*di un satellite su un'orbita*) (*astron.*), re-placement.
reinserire (*nella spina uno strumento*) (*elet.*), (*inform.*), to replug.
reinstallare i fili elettrici in un vecchio fabbricato (*impianti elet.*), to rewire an old property.
re-irradiazione (*radio*), re-radiation.
relais d'accelerazione, accelerating relay.
relatività, *f.* relativity.
relativistico, *agg.* (*fis. atom.*), relativistic.
relativo, *agg.* relative.
relazione (*di un ingegnere*), (engineer's) report.
— **annuale** (*di società, ecc.*), annual report.
— **del gruppo di lavoro,** working party's report.
— **di prova,** trial report.
— **incondizionata,** v. **dipendenza.**
— **presentata al seminario** (*conferenze*), paper presented before a seminar.
relazioni (*f. pl.*), (*di una conferenza*), proceedings.
relè (*o* **relais,** *o* **soccorritore),** *m.* (*elet.*), relay.
— **a scatola,** box relay.
— **di comando,** control relay.

relè differenziale, differential relay.
— **di frequenza,** frequency relay.
— **di linea,** line relay.
— **di massima** (*elet.*), maximum relay.
— **di microfono,** microphone relay.
— **di potenza,** power relay.
— **direzionale,** directional relay.
— **di sovraccarico,** overload relay.
— **elettronico,** electron relay.
— **fotoelettrico,** photoelectric relay.
— **galvanometrico,** galvanometric relay.
— **irreversibile** (*elet.*), trigger relay.
— **neutrale,** neutral relay.
— **polarizzato,** polarized relay.
— **primario** (*termoion.*), initiating relay.
— **statico** (*elet.*), static relay.
— **termico,** thermal relay.
— **termico ad induzione,** induction thermal relay.
— **termoelettronico,** thermoelectronic relay.

remo, *m.* (*naut.*), oar.

remora (*nel senso di ostacolo*) (*comm.*, *econ.*), brake.
— **allo sviluppo economico,** brake on economic growth.

renardite, *f.* renardite.

rendere, *v.a.* (*produrre*), to yield.
— **effettivo** (*completare progetti, schemi, ecc.*), to implement.
— **inossidabile,** to rust proof.
— **le leghe duttili all'intaglio** (*met.*), to render the alloys notch-ductile.
— **minima la formazione di incrostazioni,** to minimize the formation of scale.

rendimento, *m.* efficiency (*mecc., elet., ill., industr.*); output (*effetto utile di macchine ed apparecchi; lavoro prodotto*) capacity; returns (*rend. finanziario*); yield (*prodotto*); (*di metalli ecc.*), duty; (*o* **resa**) (*p. es. di un lettore di documenti, ecc.*) (*calcol. elettron.*), throughput.

rendimento adiabatico (*ing.*), adiabatic efficiency.
— **apparente,** apparent efficiency.
— **della carica** (*di minerali*) (*met.*), burden yield.
— **della tramissione,** transmission efficiency.
— **dell'elica,** propeller efficiency.
— **del letto di fusione** (*met.*), burden yield.
— **di fissione** (*fis. atom.*), fission yield.
— **di fissione primaria** (*fis. atom.*), primary fission yield.
— **di radiazioni** (*fis. atom.*), yield of radiations.
— **di un accumulatore,** accumulator efficiency.
— **di una coppia di ioni** (*fis. atom.*), ion-pair yield.
— **di una dinamo,** output of a dynamo.
— **di una miniera,** mine-returns (*or* output).
— **di una pompa** (*idraul.*), efficiency of a pump.
— **di un pozzo di petrolio,** yield of an oil-well.
— **d'un freno,** braking efficiency.
— **d'un motore,** engine-efficiency.
— **economico,** economical efficiency.
— **globale,** overall efficiency; total efficiency.
— **idraulico,** hydraulic efficiency.
— **in ampereore,** ampere-hour efficiency.
— **industriale,** industrial efficiency.
— **in mesoni neutri** (*fis. atom.*), neutral meson yield.
— **in neutroni** (*fis. atom.*), neutron yield.
— **isotermico,** isothermal efficiency.
— **luminoso,** luminous efficiency.
— **meccanico,** mechanical efficiency.
— **medio,** average output.
— **mesonico** (*fis. atom.*), meson yield.
— **netto** (*aereo*), net efficiency.

rendimento ottico (*di lampada*), efficiency of a lamp.
— **propulsivo** (*aereo*), propulsive efficiency.
— **quantico** (*fis. atom.*), quantum yield.
— **relativo** (*ing.*), relative efficiency.
— **termico,** thermal efficiency.
— **termico indicato** (*ing.*), indicated thermal efficiency.
— **tipo,** standard efficiency.
— **totale** (*elet.*), overall efficiency.
— **totale in watt** (*elet.*), overall watt efficiency.
— **volumetrico** (*pompe*), volumetric efficiency.
rene artificiale (*med.*), artificial kidney.
renella (*f.*) **d'arresto,** stop disc.
renio, *m.* (*chim.* = Re), rhenium.
reoforo, *m.* (*elet.*), rheofore.
reologia, *f.* rheology.
reologico, *agg.* (*bitumi*), rheological.
reometria, *f.* rheometry.
reometro, *m.* (*elet.*), rheometer.
— **con controllo asservito,** servo-controlled rheometer.
— **ortogonale** (*mat. plastiche*), orthogonal rheometer.
reoscopio, *m.* (*elet.*), rheoscope.
reostatico, *agg.* rheostatic.
reostato, *m.* (*elet.*), rheostat.
— **a liquido,** liquid rheostat.
— **a liquido per controllo di un motore elettr.,** liquid controller.
— **a spina,** plug-operated rheostat.
— **ceramico** (*elettrot.*), ceramic rheostat.
— **di avviamento,** liquid starter.
— **di campo,** field rheostat (*or* regulator).
— **di campo in derivazione,** shunt field rheostat.
— **in decadi,** decimal rheostat; decade rheostat (U.S.A.).
— **in serie,** series regulator.
reotano, *m.* rheotan.
reotomo, *m.* (*elet.*), rheotome.
reparto, *m.* department; section; bay; building (U.S.A.).
— **condizionamento dei blumi** (*metal.*), bloom conditioning yard.
— **costruzioni modelli in legno,** lofting department.
— **di produzione** (*mecc.*), production bay.
— **di raffinazione** (*met.*), refining department.
— **di rifinitura alla botte** (*galvan.*), barrel finishing department.
— **di stampaggio,** forming department.
— **finitura barre** (*met.*), bar finishing department.
— **imballaggio,** packaging department.
— **lavorazioni,** manufacturing department.
— **macchine,** engine shop; engine department.
— **modelli in legno,** lofting department.
— **montaggio,** assembly department.
— **perforazione schede** (*calcol. elettron.*), keypunch section.
— **preparazione lingottiere** (*met.*), ingot mold preparation shop (U.S.A.).
— **progettazione,** planning office department.
— **rifiniture,** processing department.
— **sabbiatura** (*met.*), sandblast cleaning room.
— **sbavatura** (*fond.*), fettling room.
repellente, *m.* (*idraul.*), groyne; (*chim.*), repellent.
— **impermeabilizzante per legno,** water-repellent sealer for wood.
— **per insetti** (*chim.*), insect repellent.
replica, *f.* (*per la preparaz. di un calco della superf. metallica, con materiale trasparente agli elettroni*) (*microscopio elettron.*), replica.
— **negativa** (*microscopio elettron.*), negative replica.
— **positiva** (*microscopio elettron.*), positive replica.

replica (microscopia elettronica con —) (*met.*), replica electron microscopy.
reporter fotografico, photo reporter.
reps, *m.* (*tess.*), rep, repp.
repulsione, *f.* repulsion; (*di locomotiva*) (*ferr.*), buffing load; v. **ripulsione.**
— **nucleare** (*fis. atom.*), nuclear repulsion.
repulsore, *m.* (*ferr.*), buffer.
— **a molla,** spring buffer.
resa, *f.* (*di minerale ecc.*), yield.
— **alla spillata** (*met.*), tapping yield.
— **al treno** (*met.*), mill throughput.
— **per mille** (*siderurgia*) (*fond.*), unit yield.
resacetofenone, *m.* (*chim.*), resacetophenone.
residui, *m. pl.* residues; residuals; residua; residual products; tailings (*fis. atom.*).
— **di cromato,** chromate wastes.
— **di paraffina,** wax tailings.
— **nucleari,** nuclear waste.
— **solidi** (*fis. atom.*), solid waste.
residuo, *m.* (*chim.*), residue; residual; residuum (*pl.* residua); (*mat.*), rest, residual; *agg.* residual (*p. es. carica residua*, residual charge).
— **« corto »** (*distillazione*), short residuum.
— **della combustione,** residuum after combustion.
— **della evaporazione,** residuum after evaporation.
— **del petrolio,** petroleum residue.
— **di catrame,** tarry residue.
— **di colata (dati del peso del — di colata)** (*met.*), skull weight data.
— **di crivellazione** (*ing. civ.*), screening.
— **di nafta,** mazout; masut.
— **di prima distillazione** (*ind. petrol.*), topped crude.
— **di vagliatura,** oversize (of a screen).
residuo « lungo » (*distillazione*), long residuum.
resilienza, *f.* (*met.*), resilience.
resina, *f.* resin; v. **resine.**
— **adesiva,** adhesive resin.
— **alchidica metallizzata** (*rivestimenti*), metallised alkyd resin.
— **Dammar,** dammar gum.
— **disponibile in fogli,** resin available in sheets.
— **elemi,** elemi gum.
— **epossidica rinforzata,** reinforced epoxy resin.
— **espansa,** expanded resin.
— **incolora,** colourless resin.
— **inodora,** odourless resin.
— **liquida,** liquid resin.
— **liquida di colore dell'acqua,** water-white liquid resin.
— **mastice,** mastic gum.
— **non infiammabile,** non-flammable resin.
— **non tossica,** non-toxic resin.
— **resistente agli acidi,** acid resisting resin.
— **resistente alla benzina, olio e grasso,** resin resistant to gasoline, oil and grease; oilproof resin.
— **rinforzata con fibra di vetro,** glass-reinforced resin.
— **scambiatrice di ioni** (*fis. atom.*), ion-exchange resin.
— **universale,** all purpose varnish.
resinato, *m.* (*chim.*), resinate.
resine (*f. pl.*) **a bassa pressione,** low-pressure resins; contact resins.
— **acriliche,** methyl meta-acrylate resins; acrylic resins.
— **agglomeranti,** bonding resins.
— **alchidiche** (*chim.*), alkyd resins.
— **alchidiche a basso tenore d'olio** (*chim.*), short-oil alkids.
— **alchidiche a forte tenore d'olio** (*chim.*), long-oil alkyds.
— **alchidiche a medio tenore d'olio** (*chim.*), medium-oil alkyds.
— **aromatiche,** aromatic resins.
— **cellulosiche,** cellulose resins.
— **creosoliche,** creosol resins.
— **cumaroniche,** coumarone resins.
— **da fusione, casting resins.**

resine epossidiche, epoxy resins.
— **esterificate,** resin esters.
— **fenolformaldeidiche,** phenolformaldehyde resins.
— **fenoliche,** phenolic resins.
— **fenoliche modificate,** modified phenolic resins.
— **fluidizzate,** fluidized resins.
— **furaniche** (*fond.*), furane resins.
— **gliceroftaliche,** glycerol-phthalic resins; glyptal resins.
— **industriali,** industrial resins.
— **maleiche,** maleic resins.
— **melamina-formaldeide** (*plast.*), melamine formaldehyde resins; melamine resins.
— **melaminiche,** melamine resins.
— **modificate,** modified resins.
— **naturali,** natural resins.
— **per fonderia** (*fond.*), foundry resins.
— **poliammidiche,** polyamide resins.
— **poliestere,** polyester resins.
— **polietileniche,** polyethylene resins.
— **polistiroliche,** polystyrene resins.
— **poliuretaniche,** polyurethane resins.
— **poliviniliche,** polyvinil resins.
— **scambiatrici di ioni,** ion exchange resins.
— **sintetiche,** synthetic resins.
— **sintetiche armate** (*con fibre di vetro ecc.*), reinforced plastics.
— **sintetiche rinforzate con tessuto di vetro filato,** glass plastics.
— **solubili in acqua,** water soluble resins.
— **solubili in petrolio,** oil-soluble resins.
— **stirenate,** styrene resins.
— **stiroliche,** styrene resins.
— **termoindurenti,** thermosetting resins; thermosets.
— **termoplastiche,** thermoplastic resins.
— **urea-formaldeide,** urea resins
— **ureiche,** urea resins.
— **viniliche,** vinyl resins.
resinificare, *v.i.* to resinify.
resinificazione, *f.* resinification.
resinografia, *f.* (*chim.*), resinography.
resinoide, *agg.* resinoid.
resinoso, *agg.* resinous.
resistente (*agg.*) **agli acidi,** resistant to acids.
— **agli agenti atmosferici,** waterproof.
— **ai graffi** (*vetro*), scratch resistant.
— **ai guasti** (*agli errori, incidenti, ecc.*) (*inform.*), fault-resistant.
— **al fuoco,** fire proof; fire resistant; fire resisting.
— **all'acqua,** water resistant.
— **alla lavatura a secco** (*tess.*), resistant to dry cleaning.
— **alla muffa,** mildew resistant.
— **alle forature,** puncture-resistant.
— **all'offuscamento** (*met.*), resistant to tarnishing.
— **a ripetute lavature** (*tess.*), resistant to repeated launderings.
resistenza, *f.* resistance (*elet. e mecc.*); strength (*mecc.*).
— **a caldo,** warm resistance.
— **acustica,** acoustic resistance.
— **addizionale** (*elet.*), additional resistance.
— **addizionale per lampade ad arco** (*elet.*), compensating resistance.
— **aerodinamica** (*aereo*), drag.
— **aerodinamica dell'alettone** (*aereo*), aileron drag.
— **aerodinamica indotta** (*aereo*), induced drag.
— **a fatica** (*met.*), fatigue resistance; fatigue strength.
— **a filo avvolto** (*elet.*), wire wound resistor.
— **agli strappi,** tearing strength.
— **al calore** (*met.*), heat resistance.
— **al distacco** (*met., ecc.*), cohesive resistance.
— **al fuoco,** fire proofness.
— **a liquido** (*elet.*), liquid resistance.
— **all'abrasione** (*coke, ecc.*), abradability.
— **alla compressione,** compressive strength.

resistenza alla corrosione, corrosion proofness.
— **all'acqua,** water resistance.
— **alla flessione** (*mecc.*), bending strength; resistance to flexure.
— **alla flessione ripetuta** (*mecc.*), bending fatigue strength.
— **alla luce** (*cellule fot.*), light resistance.
— **alla piega** (*met.*), bending strength.
— **alla pressione,** compressive stress.
— **alla rottura,** breaking stress; ultimate strength.
— **alla rottura di un tessuto** (*tess.*), fabric breaking strength.
— **alla rottura per flessione,** ultimate bending strength.
— **alla rottura per scoppio** (*o* **squarcio),** bursting strength.
— **alla rottura per torsione,** torsional strength.
— **alla rottura per trazione,** ultimate tensile strength.
— **alla sollecitazione di pressione alternata** (*mecc.*), fatigue limit under pulsating stress.
— **alla torsione,** torsional strength.
— **alla trazione,** tensile strength; resistance to tensile strength.
— **alla trazione fino a 65 000 psi,** tensile strength up to 65,000 psi.
— **alle deformazioni viscose** (*met., mecc.*), resistance to creep.
— **allo radiazioni** (*fis. atom.*), radiation resistance.
— **alle sollecitazioni alternate** (*mecc.*), fatigue resistance.
— **allo schiacciamento** (*mattoni, ecc.*), crushing strength.
— **allo scoppio,** burst strength.
— **allo scorrimento,** sliding resistance; slippage resistance; (*met.*), creep resistance.
— **allo scorrimento viscoso** (*met.*), creep strength.
— **allo snervamento** (*met.*), yield strength.
— **all'urto,** resistance to shock (*or* to impact).

resistenza all'usura, abrasion resistance; resistance to wear.
— **al piegamento,** folding endurance.
— **al taglio,** shearing strength; resistance to shearing.
— **ammortizzatrice,** steadying resistance.
— **anodica** (*elet.*), anode resistance.
— **apparente,** apparent resistance.
— **campione** (*elet.*), standard resistance.
— **complementare,** adjusting resistance.
— **composta** (*mecc.*), composite strength.
— **compensatrice** (*mecc.*). compensating resistance.
— **critica di smorzamento** (*elet.*), critical damping resistance.
— **d'accoppiamento** (*radio*), coupling resistance.
— **d'avviamento** (*ing. elet.*), starting resistance.
— **del circuito primario** (*elet.*), primary resistance.
— **dei materiali** (*cost.*), strength of materials.
— **del motore,** resistance of engine.
— **derivata,** derived resistance.
— **di attrito,** frictional resistance.
— **di avviamento a cilindro** (*elet.*), drum starter.
— **di carico,** load resistance.
— **di compensazione,** balancing resistance.
— **di contatto** (*elet.*), contact resistance.
— **di conversione** (*radio*), conversion resistance.
— **di forni elettr., macchine da caffè, ecc.** (*elet.*), heating-resistor; resistance wire (*filo*).
— **di fuga di griglia** (*radio*), grid leak.
— **di grafite,** graphite resistance; graphite rheostat.
— **di griglia** (*elet.*), grid resistance.
— **di penetrazione** (*aereo*), penetration drag.
— **di reazione,** choking resistance.
— **d'isolamento,** insulation resistance.

resistenza di un profilo alare (*aereo*), profile drag.
— **di x ohm,** x-ohm resistance.
— **eccezionale all'ossidazione** (*metal.*), exceptional resistance to oxidation.
— **elettrica,** electric resistance.
— **elettrica corazzata** (*elet.*), electric immersion heater.
— **in decadi,** decimal resistance; decade resistance (U.S.A.).
— **in derivazione,** shunt resistance.
— **iniziale,** initial resistance.
— **in parallelo,** resistance in parallel.
— **in serie,** resistence in series.
— **interlaminare** (*resistenza elett. di un pacco di strisce misurata in direz. perpend. al piano di laminazione*) (*met.*), inter-lamination resistance; interlaminar strength (*plast.*).
— **lineare** (*elet.*), line resistance.
— **magnetica,** magnetic resistance.
— **meccanica** (*met.*), resistance; strength.
— **meccanica a temperatura elevata** (*met.*), high-temperature strength.
— **nociva** (*aereo*), parasite drag; parasite resistance.
— **normale,** standard resistance.
— **ohmica** (*elet.*), ohmic resistance.
— **respiratoria** (*maschere antigas, ecc.*), breathing resistance.
— **rotorica,** rotor resistance.
— **statorica,** stator resistance.
— **zavorra** (*radio, elet.*), ballast resistance.
— **(bobina di —),** resistance coil.
— **(cassetta di —),** resistance box.
— **(filo di —)** (*elet.*), resistance wire.
— **(linea di —),** line of resistance.
— **(ponte di —),** resistance bridge.
— **(unità di —),** unit of resistance.
resistenze a pellicola metallica (*elet.*), metal film resistors.
resistere, *v.i.* to resist; to withstand.
resistività, *f.* resistivity (*elet.*); specific resistance.
— **di massa** (*elet.*), mass resistivity.
— **di volume,** volume resistivity.
— **termica** (*cavi*), thermal resistivity.
resistore, *m.* (*elet.*), resistor.
resolver (*trasduttore di misura assoluto*); (*controllo numerico*) (*macch. ut.*), resolver.
resorcina, *f.* resorcin.
respingente, *m.* buffer.
— **ad aria,** air buffer.
— **a vapore,** steam cushion.
respiratore antigas (*composto da filtro e da maschera*) (*miniere*), safety respirator.
— **autonomo,** self-contained breathing apparatus.
— **antipolvere** (*miniere*), dust respirator.
respirazione (*f.*) **artificiale** (*med.*), artificial respiration.
responsabile, *agg.* (*gestione*), responsible (for).
responsabilità (*f.*) **aeronautica,** air liability.
— **aquiliana** (*leg.*), liability in tort.
restaurare, *v.a.* to restore; to reconstruct; to renovate.
restauratore, *m.* restorer.
restaurazione, *f.* restoration.
restauro, *m.* re-building; renovation.
resti marini (*venuti alla luce, dopo scavi*), marine finds.
resto, *m.* (*arit.*), rest.
restringere -si, *v.a. v.r.*, to shrink *v.a. v.i.*
restringersi, *v.a.* (*di spiaggia*), to narrow (*of a beach*).
restringibilità, *f.* (*tess.*), shrinkability.
restringimento preliminare (*dei tessili*), preshrinking.
restrizioni creditizie (*econ.*), tightening of credit.
rete, *f.* net; network (*elet.*).
— **a commutazione di pacchetto** (*per trasmissione dati*) (*inform.*) **packet switched network.**

rete ad imbuto per il plancton (*ocean.*), dredge.
— **ad O** (*elet.*), O-network.
— **a maglia inglese** (*elet.*), grid.
— **a traliccio** (*elet.*), lattice network.
— **a triangolo** (*elet.*), delta network.
— **a vivagni attorcigliati,** netting with twisted pattern edge.
— **a vivagni infilati,** netting with plain edge.
— **a Y** (*elet.*), Y-network.
— **d'antenne direttive** (*radio*), aerial array.
— **di acciaio,** steel net; steel wire netting.
— **di commutazione** (*telef.*), switching network.
— **di compensazione** (*o* **regolatrice**) (*elet.*), equalising network.
— **di conduttori** (*elet.*), network of mains.
— **di corrente** (*elet.*), current network.
— **di dissipazione** (*elet.*), dissipative network.
— **di distorsione** (*elet.*), distorting network.
— **di distribuzione a maglia,** network.
— **di distribuzione di corrente,** net of current.
— **di elaboratori elettronici,** computer network.
— **di fili conduttori,** net work.
— **di illuminazione** (*elet.*), lighting network.
— **di poligonazioni** (*top.*), skeleton.
— **di protezione** (*o* **protettiva**) (*autodromi*), catch fencing.
— **di protezione** (*per parafulmini*), protecting network.
— **di rinforzo in acciaio** (*cost.*), steel reinforcing mesh.
— **di ritardo** (*elet.*), delay network.
— **di stazioni collegate** (*radio o televisive*), network.
— **di stazioni a terra** (*satelliti*), network of Earth stations.
— **di telescriventi** (*inform.*), teleprinter network.

rete di tubi, pipes conduit.
— **ferroviaria,** railway system.
— **filtrante** (*telecom.*), weighting network.
— **in scala** (*elet.*), ladder network.
— **metallica,** wire netting; wire screen; wire fence.
— **mimetica** (*mil.*), camouflage net.
— **non lineare** (*elet.*), non-linear network.
— **per bombe,** trap.
— **per il gonfiamento** (*aereo*), inflation net.
— **poligonale** (*agrim.*), polygonal trace.
— **protettiva antizanzare applicabile al letto,** bed-net.
— **protettrice,** protection net; (*elet.*), cradle.
— **regionale** (*tel.*), toll circuit.
— **stradale,** road network.
— **supplementare** (*di trasmissione elettrica*) (*elet.*), building-out network.
— **telefonica commutata** (*tel.*), switched telephone network.
— **telefonica digitalizzata,** digitalised telephone network.
— **trigonometrica** (*di triangolazione*), network of triangulation.

retene, *m.* (*chim.*), retene.

reti reciproche (*elet.*), reciprocal networks.

reticella (*f.*) **del gas,** gas mantle.

reticolare, *agg.* (*met.*), reticular.

reticolato, *m.* wire fence; (*militare*), barbed wire.

reticolo, *m.* reticle (*top.*); hairlines (*fot.*); spider lines; cross wires.
— **accoppiato** (*fis. atom.*), paired lattice.
— **a punta** (*fis. atom.*), point lattice.
— **a uranio metallico** (*fis. atom.*), uranium metal lattice.
— **cristallino,** crystal lattice.
— **della magnetite** (*min.*), lattice of the magnetite.
— **di barre** (*fis. atom.*), rod lattice.

reticolo di compressione (*met.*), compressure texture.
— **di mira** (*teodolite, ecc.*) (*ott., top.*), graticule (*crocicchio*); cross hairs; diaphragm.
— **grafite - uranio,** graphite - uranium lattice.
— **moderatore** (*fis. atom.*), moderator lattice.
— **spaziale** (*cristall.*), space lattice.
— **(difetto del —),** v. **difetto.**
retinamento, *m.* (*vernici*), checking; (*screpolatura*) (*smalti, vernici*), crazing.
retinite, *f.* retinite; pitchstone.
retino, *m.* (*tip.*), screen.
retrattile, *agg.* retractable.
retribuzione contrattuale (*econ. lavoro*), wage and salary rate.
— **incentivante** (*salari*), incentive earning; incentive wage.
— **(sistema di —),** system of wage payment.
retroattivo, *agg.* (*p. es. leggi, con effetto* —), retrospective; (*di paghe, ecc.*), retroactive.
retroazione (*elettron.*), feedback.
retrodiffusione, *f.* (*radioatt.*), backscattering.
retromarcia, *f.* reverse motion; reverse; reversing gear.
retrorazzo, *m.* (*astron.*), retrorocket.
retta (*f.*) **di carico** (*elet.*), loadline.
rettangolare, *agg.* rectangular.
rettangolo, *m.* rectangle.
rettifica, *f.* grinding (*mecc.*); (*macchina utensile,* v. **rettificatrice**); rectification (*chim.*).
— **ad umido,** wet grinding.
— **ad urto** (*met.*), impact grinding.
— **a punte girevoli,** live centre grinding.
— **a tuffo,** plunge cut grinding.
— **a tuffo automatica** (*macch. ut.*), automatic plunge-grinding.
— **cilindrica** (*macch. ut.*), cylindrical grinding.
— **(esterna) con avanzamento a tuffo** (*macch. ut.*), plunge cut grinding.
rettifica dei filetti (*mecc., met.*), thread grinding.
— **della livella** (*top.*), level adjustment.
— **della mola,** wheel truing (*or* dressing).
— **di filetti** (*operazione*), thread grinding.
— **di finitura** (*macch. ut.*), finish grinding.
— **di precisione,** precision grinding; grinding to close tolerances.
— **di profilo,** profile grinding.
— **di scanalature,** grinding out grooves.
— **di spallamento** (*macch. ut., mecc.*), shoulder grinding.
— **di un pezzo conico,** cone grinding.
— **di un piano,** flat surface grinding.
— **di valvole,** grinding-in.
— **elettrochimica** (*chim., macch. ut.*), electrochemical grinding.
— **esterna** (*macch. ut.*), external grinding.
— **esterna con avanzamento a tuffo,** plunge cut grinding.
— **interna** (*macch. ut.*), internal grinding.
— **profilata di precisione,** precision contour grinding.
— **rettilinea** (*mecc.*), line grinding.
— **senza centri** (*macch. ut.*), centerless grinding.
— **senza centri di pezzi conici,** infeed grinding.
— **senza centri fra le mole** through-feed grinding.
rettificare, *v.a.,* (*riferito alle frazioni più volatili di un distillato*), (*ind. petrol.*), to strip; (*chim., geom.*), to rectify; (*mecc.*), to grind.
— **ad immersione,** to plunge-grind.
— **a secco,** to grind dry.
— **dal grezzo,** to grind from the solid.
— **fori conici** (*macch. ut.*), to grind taper.

rettificare fori paralleli (*macch. ut.*), to grind parallel.
— **interni,** to grind out; to grind internally.
— **una curva,** to rectify a curve.
— **una superficie piana,** to grind a flat surface.
rettificatore, *m.* (*lavorante*), grinder; (*elettron.*), rectifier.
— **ad ossido di rame** (*elettron.*), copper-oxide rectifier.
— **al selenio** (*elettron.*), selenium rectifier.
rettificatrice, *f.* (*macch. ut.*), grinding machine; grinder.
— **a comandi oleodinamici,** hydraulically operated grinding machine.
— **a controllo numerico,** numerically controlled grinder.
— **ad azione frontale,** face grinder.
— **a mole contrapposte,** twin-wheel grinding machine.
— **a spoglia per imbocchi,** chamfer relief grinder.
— **a tuffo** (*macch. ut.*), plunge grinder.
— **automatica per pistoni sagomati,** automatic grinder for profiled pistons.
— **da produzione,** production (type) grinder.
— **di precisione per cilindri di laminazione** (*macch. ut.*), precision roll grinder.
— **esterna senza centri,** external centreless grinder.
— **frontale,** face grinder.
— **idraulica per piani,** hydraulic surface grinding machine.
— **interna senza centri,** internal centreless grinder.
— **ottica per iniettori di motori Diesel,** optical grinder for Diesel engine injectors.
— **ottica per profili,** optical profile grinding machine.
— **per alberi a camme,** camshaft grinder.
— **per alberi a gomito,** crankshaft grinding machine.
rettificatrice per alberi scanalati, spline-shaft grinding machine.
— **per attrezzeria,** toolroom grinder.
— **per billette,** billet grinding machine.
— **per bussole,** machine for grinding bushes.
— **per calibri a forcella,** snap-gauge grinding machine.
— **per centri,** centre-hole grinding machine.
— **per cilindri,** cylinder grinder; cylinder grinding machine.
— **per cilindri di laminatoio,** roll grinding machine.
— **per cilindri di laminazione,** roll grinder.
— **per cilindri, orizzontale,** plain grinder.
— **per cilindri senza punte,** centerless grinder; centerless grinding machine.
— **per cuscinetti a rotolamento,** grinding machine for anti-friction bearings.
— **per eccentrici,** camshaft grinder.
— **per esterni,** external grinder.
— **per filettare esterni,** external thread grinder.
— **per filettare interni,** internal thread grinder.
— **per filetti,** thread-grinder; thread-grinding machine.
— **per freni,** brake discs grinder.
— **per guide di scorrimento,** slideway grinding machine.
— **per ingranaggi,** gear grinding machine.
— **per ingranaggi elicoidali,** helical gear grinding machine.
— **per interni,** internal grinding machine.
— **per piani,** surface grinder; flat-surface grinding machine.
— **per piani, con mola ad asse verticale,** vertical spindle surface grinder.
— **per piani, orizzontale,** horizontal spindle surface grinder.
— **per pistoni,** piston grinder.

rettificatrice per pompe di motori Diesel, grinding machine for Diesel engine pumps.
— **per profili,** profile grinder.
— **per punte da tornio,** grinding apparatus for lathe centres.
— **per rulli,** roll grinder.
— **per sale montate,** wheel-set grinding machine.
— **per superfici esterne,** external grinder.
— **per superfici piane con due mole affacciate ad asse orizzontale** (flat) surface grinding machine with double opposite horizontal spindles.
— **per superfici piane con mola ad asse orizzontale,** (flat) surface grinding machine with horizontal spindle; horizontal surface grinder.
— **per superfici piane con mola ad asse verticale,** (flat) surface grinding machine with vertical spindle; vertical spindle grinder.
— **per superfici profilate,** profile-grinder.
— **per valvole e sedi,** valve and valve seat grinding machine.
— **senza centri,** centreless grinding machine (*or* grinder).
— **tangenziale,** horizontal spindle grinding machine; tangential feed grinding machine.
— **tipo pialla,** planotype surface grinding machine.
— **universale** universal grinder.
— **universale per filettare,** universal thread grinder.
rettificatura (*mecc.*), v. **rettifica.**
rettificazione, *f.* (*elet.*, *radio*, *chim.*), rectification.
— **anodica** (*radio*), anode rectification.
— **di griglia** (*radio*), grid rectification.
— **di un fiume,** rectification of a river.
— **lineare** (*radio*), linear rectification.
rettifilo, *m.* (*strada*), straight road; (*linea*), straight line.
rettilineità, *f.* straightness.
— **(mancanza di —)** (*met.*), out-of-straightness (*tubes*).
rettilineo, *agg.* rectilinear; rectilineal.
— **stradale,** straightaway.
reversibile, *agg.* reversible; (*riferito a laminatoio*, *gabbia*, *ecc.*), (*met.*), reversing.
— **(laminatoio rifinitore —)** (*met.*), reversing cold-strip mill.
— **(treno)** (*met.*), reversing mill.
reversibilità, *f.* reversibility; reversal (*inversione*).
revisionato, *p.p.* overhauled.
revisione (*di macchine*, *ecc.*), overhaul.
revoca (*f.*) **di un brevetto,** revocation of a patent.
revocare una licenza di esercizio ad un garage, to revoke a garage's licence to trade.
revolver, *m.* (*di tornio*), turret (head); capstan (head).
— **montato su carrello,** capstan head slide.
— **(tornio a —),** turret lathe; capstan lathe.
riaggiustare (*rimettere a punto*) (*mecc.*), to reset.
rialesaggio, reboring.
rialzamento, *m.* (*sovralzo*), camber; saddle backing (*di trave*).
rialzo (*fase ascendente*) (*econ.*), upswing.
rianimazione (*med.*), resuscitation.
— **(squadra di —)** (*auto corse*), resuscitation unit.
riaprire una linea al traffico (*ferr.*), to reopen a line for traffic.
riarmare una linea (*ferr.*), to relay.
riattare (*v.a.*) **un ponte,** to restore a bridge.
riattivare un altoforno, to relight a stack.
— **una miniera** (*min.*), to reactivate a mine.
riattivazione, *f.* revamping (*ind. petrol.*); reactivation (*chim.*) (*min.*).
riavolo, *m.* rake.
riavviare un motore (*rimettere in marcia*) (*auto*, *ecc.*), to restart an engine.

riavvolgere un nastro (*inform.*), to rewind.
riavvolgimento, *m.* rewinding.
ribadire, *v.a.* to rivet; to caulk.
ribadito, *m.* rivet.
— **a testa cilindrica,** cheese-head rivet.
— **a testa piatta,** flat-head rivet.
— **a testa rotonda,** round-head rivet.
— **per caldaie,** boiler-rivet (vedi **chiodo**).
ribaditore, *m.* riveter (*persona*).
ribaditrice, *f.* riveting machine; riveter.
— **ad aria compressa,** pneumatic riveter.
— **a serraggio pneumatico,** pneumatic squeeze riveting machine.
— **elettrica,** electric riveting machine.
— **idraulica,** hydraulic riveting machine.
ribaditura, *f.* riveting; v. **chiodatura.**
— **a caldo,** hot riveting.
— **ad aria compressa,** pneumatic riveting.
— **a file sfalsate,** zig-zag riveting.
— **a freddo,** cold riveting.
— **al martello,** hammer-riveting.
— **a macchina,** power riveting; machine riveting.
— **a sovrapposizione,** lap riveting.
— **con coprigiunto,** butt joint riveting.
ribalta, *f.* (*costr.*), apron.
— **-lingotti** (*met.*), ingot tilter; ingot tipping device.
ribaltabile, v. **porta —;**
ribaltamento, tilting; overturn; capsizal (*naut.*); tip (*mecc.*); (*auto*), roll-over.
— **di una rotaia** (*ferr.*), tilting over of a rail; canting of a rail.
— **(meccanismo di —)** (*aùto, ecc.*), tipping gear.
ribaltare, *v.a.* to tilt; to overturn; to capsize (*naut.*); to collapse (*p. es. carrelli*).
ribaltarsi (*di auto, ecc.*), to roll over.
ribaltatore, *m.* (*colata continua*) (*met.*), tilting mechanism.
— **di lingotti,** v. **ribaltalingotti.**
ribasso (*econ.*), downturn; (*fase discendente, recessione*), downswing.
— **(tendenza al —),** downward trend.
ribattere (*v.a.*) **un chiodo,** v. **ribadire.**
ribattezzare una nave, to rename a ship.
ribattino (*m.*) **fresato,** flush rivet.
ribattitore, *m.* (*utensile*), riveting set; cup-tool; rivet set.
ribobinatura, *f.* (*tess.*), back winding.
ribollire, *v.a.* to boil over.
ribollitura (*formazione di bollicine, difetto sup. a smalto*), boiling.
ribordare, *v.a.* **(un tubo),** to flange out (a pipe).
ribordo di tenuta, packing strip.
ribosio, *m.* (*chim.*), ribose.
ricalafataggio, *n.* recaulking; recalking.
ricalcamento, *m.* (*met.*), upsetting.
ricalcare, *v.a.* to burr (*met.*); to calk (*cianfrinare*); to upset (*all'incudine*); to trace (*dis.*); to counterdraw; to calk.
— **un chiodo,** to hammer down a rivet.
— **un disegno,** to transfer a drawing.
ricalcatoio, *m.* **(***o* **piletta)** (*fond.*), rammer.
ricalcatrice, *f.* (*mecc.*), header; upsetting machine.
— **a freddo** (*mecc.*), cold-header; cold heading machine.
ricalcatura, *f.* (*met.*), swage-up; upsetting; swaging.
— **a freddo** (*mecc.*), cold swaging; cold-heading.
— **dei denti di una sega,** swaging of the saw teeth.
— **di disegno,** transfer.
— **esterna** (*met.*), external upset.
— **esterna-interna** (*met.*), external-internal upset.

ricalcatura in stampo chiuso (*rec. mecc.*), heading.
— **interna** (*met.*), internal upset.
ricalco, *m.* (*comm.*), duplicating.
ricalo (*met.*), v. **ritiro.**
ricambi autoveicoli (*auto*), auto spares.
ricambiabile, *agg.* interchangeable.
ricambio (*m.*) **di pezzi di macchine,** replacement of machine parts; interchanging of machine parts.
— **(pezzo di —)** (*aereo, ecc.*) (*mecc.*), spare; spare part.
ricamo, *m.* embroidery.
ricarburare, *v.a.* (*met.*), recarburize.
ricarburazione, *f.* (*met.*), skin recovery; carbon restauration.
— **del bagno** (*met., acciaieria*), bath recarburizing; bath recarburation.
ricarica, *f.* (*di armi*), reloading.
— **dura** (*sald.*), hard-facing.
— **(banco di —)** (*lampisteria, miniere*), charging rack.
— **(dispositivo di —)** (*lampade ad accumulatore*), refill device.
ricaricamento, *m.* (*di batterie*), recharging.
ricaricare, *v.a.* to reload.
— **la siviera** (*met*)., to reladle.
— **tutto il programma** (*inform.*), reload the entire program.
ricavare mediante limatura, to file from.
ricci (*dovuti ad eccessiva torsione del filato*), snarls.
riccio, *m.* (*tess.*), terry; (*di tess. a spugna*) (*tess.*), pile.
— **di ordito** (*tess.*), warp pile.
ricerca, *f.* research.
— **automatica di brani** (*audio*), v. **dispositivo per la — automatica.**
— **collettiva,** team research.
— **comparativa** (*met.*), comparative investigation.
— **degli inconvenienti** (*inform.*), trouble-shooting.
— **dei fattori umani,** human factors research.
ricerca delle perdite (*fis. atom.*), leak hunting.
— **dicotomica** (*o* **binaria)** (*inform.*), binary chop; binary search; dichotomizing search.
— **di mercato** (*finan.*), marketing research; market research.
— **ecologica costiera** (*aereo, ecc.*), coastal ecology research.
— **e sviluppo,** research and development (R and D).
— **nucleare** (*fis. atom.*), nuclear research.
— **operativa** (*inform.*), operational research; (U.S.A.); operational analysis.
— **sismologica,** seismological research.
— **(scientifica) spaziale,** space research.
— **(lavori di —),** research work.
ricercare, *v.a.* (*inform.*), to search.
— **gli inconvenienti** (*inform.*), to trouble shoot.
ricercatore, *m.* (*scienziato*), researcher *m.*
— **di direzione dei segnali radar,** radar direction finder.
ricerche magnetometriche, magnetometric investigations.
ricetrasmettitore, *m.* (*radio*), receiver transmitter (*microfonia*); two-way radio.
— **a banda aeronautica** (*aereo*), air band transceiver.
ricetta medica (*med.*), prescription.
— **(disponibile solo su — —),** available only on prescription.
ricettività, *f.* receptivity.
ricettivo, *agg.* receptive.
ricettore, *m.* (*elet.*), receiver; receptor; (*radio, telef.*), v. **ricevitore.**
ricevere messaggi tramite satelliti, to receive messages via satellites.
ricevitore, *m.* (*elet.*), receiver; (*apparecchio telef.*), handset (holder).
— **a bobina mobile** (*telef.*), moving-coil receiver.
— **acustico** (*teleg.*), sounder.

ricevitore ad amplificazione diretta (*radio*), straight receiver.
— **a galena** (*radio*), crystal receiver.
— **a reazione** (*radio*), regenerative receiver.
— **a supereterodina** (*radio*), supersonic heterodyne receiver.
— **direzionale** (*radio*), directional receiver.
— **di tutte le correnti**, all-mains receiver.
— **fac-simile**, fac-simile receiver.
— **mobile**, mobile receiver.
— **per A M**, A M receiver.
— **per automobile**, automobile receiver.
— **per televisione multicanale** (*telev.*), multi-channel television receiver.
— **pilota** (*radio*), monitoring receiver.
richiamare (*rifare il numero*) (*telef.*), redialling; (*p. es. testi memorizzati*) (*inform.*), to recall.
— **un aereo in linea di volo**, to pull-out.
richiamata all'atterraggio (*aereo*), flare.
richiamo (*di testi memorizzati, ecc.*) (*inform.*), recall.
— *m.* **(uccello da —)** (*caccia*), decoy.
richiedere (esigere), to call for.
— **l'applicazione di un sistema idraulico**, to call for the application of a hydraulic system.
— **un brevetto**, to apply for a patent.
richiesta di chiusura del trattamento (*inform.*), logging-off; log-off.
— **di collegamento** (*procedura di entrata in comunicazione*) (*inform.*), logging-on; log-on.
— **d'interruzione** (*inform.*), interrupt request.
— **(su —)**, upon request; on application.
richiusura (*f.*) **automatica** (*elet.*), immediate reclosure.
— **differita** (*elet.*), delayed reclosure.
ricevuta (*f.*) **di bordo** (*comm.*), mate's receipt.
ricevuto (*radioamatori*), roger.
ricezione, *f.* (*radio*), reception.
— **a eterodina**, heterodyne reception.
— **a omodina**, homodyne reception; zero-beats reception.
— **delle zone marginali**, fringe reception.
— **differenziale** (*radio*), diversity reception.
— **dittafonica** (*con dittafono*), dictaphone reception.
— **doppia**, double reception.
riciclaggio dell'acqua, water recycling.
— **(impianto di —)**, recycling scheme.
riciclare (*chim., met.*), to recycle.
riciclazione, *f.* recycle; recycling.
riciclo, *m.* (*chim., med., ecc.*), recycle.
— **(prodotto di —)**, recycle stock.
ricinina, *f.* ricinine.
ricino (olio di —), castor oil.
ricircolare (*acqua, ecc.*), recycle.
ricircolazione, *f.* recirculation.
— **della pece** (*ind. chim.*), pitch recirculation.
— **(processo di degasaggio R-H a —)** (*met.*), R-H recirculation degassing process.
riclassificare (rimettere in ordine, rimettere in sequenza) (*calcol. elettron.*), to resequence.
ricognitore fotografico (*aereo*), photographic reconnaissance aircraft.
ricognizione, *f.* reconnaissance (*militare, topog.*); development (*miniere*).
— **aerea** (*fot.*) (*mil.*), aerial reconnaissance.
ricolare, *v.a.* (*met.*), to repour.
ricomporre, *v.a.* (*tip.*), to reset.
riconfigurazione, *f.* (*inform.*), reconfiguration.
riconoscimento dei caratteri scritti con inchiostro magnetizzabile (*lettori di documenti*) (*calcol. elettron.*), magnetic ink character recognition (sigla: MICR).

riconoscimento della voce (*inform.*) speech recognition.
— **di strutture** (*inform.*), pattern recognition.
— **ottico di caratteri** (*inform.*), optical character recognition.
ricontrollare, *v.a.* to recheck *v.a.*
ricoprimento, *m.* (*met.*), double skin.
ricoprire, *v.a.* to recover (*coprire di nuovo*); to cover (*coprire completamente*); to overlap (*sovrapporre*); to coat (*con leggero strato*).
— **di zinco,** to cover with zinc.
— **il piano stradale,** to cover the roadway.
ricorreggere (*o* **modificare di nuovo un programma con inserimento di nuove schede**) (*calcol. elettron.*), to repatch.
ricostituzione, *f.* reconstitution.
ricostruire, *v.a.* (*riprogettare*), to redesign.
ricostruzione, *f.* (*mecc., met.*), reconstruction; (*di copertoni*) (*gomma*), retreading.
— **di un copertone** (*auto*), remoulding.
— **di battistrada** (*auto.*), retreading.
— **stradale,** road reconstruction.
ricotto, *agg.* (*met.*), annealed.
— (*p. p.*) **per distensione** (*met.*), stress relieved.
ricottura, *f.* annealing; tempering; reheating.
— **al blu** (*met.*), blue annealing (*annealing of sheets after rolling.*).
— **al disotto del punto critico** (*met.*), sub-critical annealing (*relief of stresses after fabrication*).
— **a pacco** (*met.*), pack annealing.
— **completa** (*met.*), full annealing.
— **continua (processo di — continua)** (*met.*), continuous annealing process.
— **dell'acciaio** (*met.*), steel annealing.
— **di addolcimento** (*met.*), soft annealing; dead annealing.
ricottura di diffusione (*met.*), diffusion annealing.
— **di distensione** (*met.*), stress relieving.
— **di globulizzazione** (*met.*), spherodising.
— **di grafitizzazione** (*met.*), graphitize annealing.
— **di ricristallizzazione** (*met.*), metallurgical recrystallization (*heat treatment*).
— **di sferoidizzazione (*o* di coalescenza)** (*met.*), spherodising.
— **eccessiva** (*met.*), over-annealing.
— **in bagno di piombo** (*met.*), lead (bath) annealing.
— **in bagno di sali** (*met.*), bath annealing.
— **in bianco,** bright annealing.
— **in campo magnetico** (*met.*), magnetic annealing.
— **in cassetta** (*met.*), box annealing; close annealing.
— **in pozzo** (*met.*), pot annealing.
— **intermedia** (*per eliminare le tensioni interne e ridurre la durezza degli acciai lavorati a freddo; specialm. usata nell'imbutitura profonda*) (*met.*), process annealing.
— **isotermica** (*met.*), isothermal annealing.
— **lucida** (*met.*), bright annealing.
— **nera** (*met.*), black annealing (box-annealing of sheets in order to impart a black colour to the surface).
— **sotto alto vuoto dell'acciaio** (*met.*), high vacuum annealing of steel.
— **sotto il punto di trasformazione (—subcritica)** (*met.*), sub-critical annealing.
— **spinta a fondo** (*met.*), dead soft annealing.
— **(ciclo di —),** annealing cycle.
— **(processo di —),** annealing process.
— **(trattamento di —),** annealing treatment.
ricovero per attrezzi (*agr.*), implement shed.

ricovero per polli da carne (*costr. rurali*), broiler-house.
ricristallizzazione, *f.* (*chim.*), recrystallization.
ricuocere a dolce (*met.*), to soft anneal.
— **in bianco** (*met.*), to bright anneal.
— **metalli,** to anneal.
ricuperare, *v.a.* (*chim.*), to recover; (*materiale*), to salvage.
— **energia,** to recuperate energy.
— **rottame da lingotti di acciaio difettosi** (*met.*), to recover scrap from faulty steel ingots.
ricuperatore, *m.* (*artiglieria*), recuperator.
— **a convezione** (*met.*), convection recuperator.
— **d'altoforno** (*met.*), blast furnace recuperator; blast furnace regenerator.
— **metallico** (*met.*), metallic recuperator.
ricupero, *m.* recovery; regeneration; (*di informazione*) (*inform.*), recovery.
— **dei rifiuti radioattivi** (*fis. atom.*), waste recovery.
— **del boccame** (*fond.*), recovery of gating and risers.
— **dell'acido citrico,** recovery of citric acid.
— **dell'acido dal catrame,** tar acid recovery.
— **delle polveri di zinco,** zinc dust recovery.
— **del materiale saldante,** welding flux recovery.
— **di acidi usati,** reclamation of spent acids.
— **di calore,** v. **caldaia a — di calore.**
— **di capsule** (*astron.*), recovery of capsules.
— **di gas incombusti,** unburnt waste gas recovery.
— **di rottame** (*met.*), scrap recovery.
— **di utensili scheggiati,** reclaiming of chipped tools.
— **(di apparecchi, moduli nello spazio)** (*astron.*), retrieval.
ricursivo, *agg.* (*inform.*), recursive.
ridattiloscrivere (*dattiloscrivere di nuovo*), to retype.
ridiffusione elettromagnetica (*elet.*), electromagnetic back-scattering.
ridisegnare, *v.a.* (*mecc., ecc.*), to re-design.
— **un modello di un'auto,** to restyle a model of a car.
ridistillazione (*f*). **atmosferica,** atmospheric re-run.
ridistribuzione, *f.* redistribution.
ridondante, *agg.* (*inform.*), redundant.
ridondanza, *f.* (*inform.*), redundancy.
riducente, *agg.* reducing.
— **gassoso** (*chim.*), gaseous reductant.
riducibile, *agg.* reducible.
riducibilità, *f.* (*min., met.*), reducibility.
— **di ematiti** (*min.*), reducibility of hematites.
ridurre, *v.a.* (*chim.*), to reduce.
— **alla fresa,** to mill off
— **al minimo,** to minimize; to cut to a minimum (*p. es. — al minimo il tempo di prova,* to cut testing time to a minimum); to minimize.
— **al minimo il rischio di incidenti** (*min.*), to minimize accident risks.
— **al minimo i tempi morti del forno** (*met.*), to minimize furnace down-time.
— **al minimo la vibrazione,** to minimize vibration.
— **i costi di riparazione e manutenzione,** to cut repair and maintenance costs.
— **il peso di un motore** (*auto*), to shed weight of an engine.
— **il rinculo** (*armi*), to lessen recoil.
— **il rumore,** to reduce the noise.
— **in pezzi** (*met.*), to cut into pieces.
— **in polvere,** to grind to powder.
— **in rottame** (*met.*), cut up for scrap.

ridurre in schiuma (*una materia plastica*) (*chim.*), to foam.
— **in scorie,** to scorify.
— **l'acciaio,** to reduce the steel.
— **l'altezza con una pietra** (*orol.*), to stone down.
— **la tensione** (*elet.*), to reduce the voltage.
— **le ore di lavoro giornaliere,** to shorten the working day.
— **le proprietà agglutinanti** (*chim.*), to reduce the caking properties.
— **l'orbita del veicolo spaziale** (*voli spaziali*), to tighten the ship's orbit.
— **un lingotto in billetta mediante la laminazione** (*met.*), to roll an ingot to billet.
— **un ossido,** to reduce on oxide.
riduttore, *m.* (*elet.*), reducer; (*di armoniche, tensione, ecc.*), reducer; reduction gear (*mecc.*).
— **ad ingranaggi a cuspide** (*mecc.*), herrinbone gear reducer.
— **a ruota a vite** (*mecc.*), worm gear reducer.
— **di pressione** (*mecc.*), pressure reducer.
— **di pressione per ossigeno** (*bombole per saldatura, ecc.*), cylinder pressure regulator.
— **di tensione** (*elet.*), potential divider.
— **di tensione del tipo in cascata,** cascade-type potential transformer.
— **di velocità,** speed reducer.
— **di velocità eliocentrico,** heliocentric speed reducer.
— **di viscosità** (*chim.*), viscosity breaker.
— **epicicloidale** (*elet., mecc.*), epicyclic reduction gear.
— **per grandi erogazioni orarie,** single-stage regulator.
— **schermato** (*elet.*), shielded transformer.
riduzione, *f.* reduction (*chim., mat.*); decrease (*diminuzione*); (*chim., met.*), v. **unità di —.**
— **a freddo** (*met.*), cold reduction.
— **all'orizzonte** (*top.*), hypotenusal allowance.
riduzione degli orari lavorativi (*econ. lavoro*), reduction in working hours.
— **degli utili** (*econ.*), profit squeeze.
— **dei dati** (*inform.*), data reduction.
— **dei minerali** (*min., met.*), ore reduction.
— **della pendenza** (*agrim.*), reduction of gradient.
— **delle ceneri ematitiche calde** (*min.*), reduction of the hot hematitic calcines.
— **del magnetismo permanente di una nave,** deperming.
— **del minerale di ferro** (*met.*), iron ore beneficiation.
— **del numero di operai** (*in una fabbrica sostituendoli p. es. con robots*), demanning.
— **del rumore,** noise reduction.
— **di corpi sporgenti nell'automobile** (*auto.*), reduction of projections in the interior of the car.
— **di costi** (*comm.*), cost reduction.
— **diretta** (*met*), direct reduction.
— **di salari,** reduction of wages.
— **di valore dovuta al deprezzamento,** diminishing value.
— **magnetizzante delle ceneri calde** (*min., piriti*), magnetic reduction of the hot calcines.
— **magnetizzante FluoSolids** (*piriti*), FluoSolids magnetic reduction.
— **per passata** (*met., lam.*), reduction per pass; draught per pass.
riedificare, *v.a.* to rebuild.
rielaborazione (*f.*) **chimica,** chemical reprocessing.
riempimento, *m.* (*fis. atom.*), packing.
— **della batteria** (*auto*), « topping up »; battery filling.
— **di strade,** ballast covering.
riempire, *v.a.* to fill (with).
— **di malta le giunture,** to grout the joints.
— **fino all'orlo il serbatoio (di carburante)** (*auto*), to brim the tank.

riempito a pressione, pressure-packed.
riempitrice, *f.* (*macchina*), filler.
— **a pistoni,** piston filling machine.
— **chiuditrice,** filler and sealer.
— **per pomodori,** tomato filler.
rientrante, *agg.* reentrant; re-entering.
rientrare, *v.a.* (*tip.*), to indent.
rientrata (*f.*) **delle murate** (*naut.*, *aereo*), tumble home.
rientro della capsula (*astron.*), capsule re-entry.
— **nell'atmosfera** (*aereo*), re-entry into the atmosphere; (*voli spaziali*), atmospheric re-entry.
riepilogativa (*inform.*), v. **perforatrice —.**
rifacimento, *m.* remaking; restoration; repairing (*riparazione*); (*di rivestimento di un forno*) (*forni met.*), re-line; (*di siviere*) (*met.*), relining (of ladles).
— **delle suole dei forni** (*met.*), pit hearth relining.
— **del rivestimento** (*con plastica, ecc.*), **di un pipe-line,** relining of a pipe-line.
rifare, *v.a.* to remake; to do again; to rebuild (*ricostruire*); to repair (*accomodare*).
riferimento, *m.* (*top.*), reference mark; (*inform.*), benchmark.
— **incrociato** (*inform.*), cross reference.
— **(azimut di —),** reference azimuth.
— **(direzione di —),** reference direction.
— **(piano di —)** (*top.*), datum.
rifilare, *v.a.* (*met.*, *tip.*), to trim.
rifilatore, *m.* (*met.*), trimming die.
rifilatrice-contornatrice (*macc. ut.*), trimming routing machine.
rifilatura, *f.* (*met.*, *tip.*), trimming.
rifiltrare, *v.a.* to refilter.
rifinire, *v.a.* to refinish.
— **alla botte** (*gal.*), to barrel finish.
— **alla mola,** to finish by grinding.
— **con carta vetro,** to sand off.
rifinitura, *f.* finishing; refinishing; dope (*verniciatura*) (*aereo*).
rifinitura alla botte (*galv.*), barrel finishing.
— **di un pezzo,** finishing of a piece.
rifiuti, *m. pl.* (*immondizie*), garbage (U.S.A.); refuse.
— **di fissione** (*fis. atom.*), fission wastes.
— **domestici,** domestic refuse; garbage.
— **nucleari,** nuclear waste.
— **radioattivi** (*fis. atom.*), radioactive waste.
— **solidi,** solid waste.
— **(raccolta di —),** garbage collection.
rifiuto (*m.*) **di legno,** waste wood.
riflessibilità, *f.* reflectivity.
riflessione, *f.* (*fis.*), reflection; (*di vernici*) reflectance.
— **diffusa** (*ill.*), diffuse illumination.
— **speculare** (*ill.*), specular reflection.
— **(fattore di —)** (*radio*), mismatching factor.
riflesso, *m.* (*ill.*), glare.
riflettente, *agg.* reflecting.
riflettere, *v.a.* (*fis.*), to reflect.
riflettersi, *v.r.* to be reflected; to reflect.
riflettometro, *m.* reflectometer; reflection meter.
riflettore, *m.* (*ill.*), reflector; (*di antenna*) (*telev.*), reflector (antenna).
— **ad acqua pesante** (*fis. atom.*), heavy-water reflector.
— **ad angolo ellittico,** elliptical angle reflector.
— **a dispersione,** dispersive reflector.
— **a lente a scaglioni** (*cinem.*), spot-light.
— **asimmetrico** (*ill.*), asymmetric reflector.
— **industriale** (*ill.*), industrial reflector.
— **in vetro smerigliato,** opal glass reflector.
— **parabolico** (*telev.*), dish reflector; dish antenna.
riflusso, *m.* (*naut.*), ebb; (*distillaz.*), reflux.

rifollatrice, *f.* (*macch. ut.*), upsetting machine.
rifondere, *v.a.* to remelt; to refound.
rifornimento (*m.*) **di carbone** (*per navi*), bunkering.
— **di carburante** (*aereo*), tankage.
— **di gas** (*palloni*), topping up; gassing (U.S.A.).
— **in volo** (*aereo*), fight refuelling.
rifornire (di carburante) un aereo in volo, to air-refuel.
rifosforazione, *f.* (*met.*), riphosphorization.
rifrangente, *agg.* refracting.
rifrangibilità, *f.* refrangibility.
rifrattometro (*ott.*), refractometer
— **ad immersione** (*chim.*), dipping efractometer.
rifrattore, *agg. m.*, refracting *agg.* refractor *n.*
rifrazione, *f.* (*radio, ott.*), refraction.
— **atomica** (*chim.*), atomic refraction.
— **costiera** (*radio*), coastal refraction.
— **molecolare,** molecular refraction.
— **specifica** (*chim.*), specific refraction.
rifugio (*m.*) **anti-atomico,** A-shelter; nuclear shelter.
— **anticrollo,** bomb-proof shelter.
— **permanente,** permanent shelter
— **per missili** (*costr.*) (*mil.*), missile silo.
rifusione, *f.* remelting; refusion.
— **sotto scoria elettrofusa** (*met.*), electroslag remelting process.
riga, *f.* rule; ruler; line (*tip.*).
— **a T,** T square.
— **del compositoio** (*tipog.*), setting rule.
— **di controllo,** checking bar.
— **metrica,** steel rule.
— **tipografica** (*tipog.*), cicero.
— **(guadagnare una —)** (*tipog.*), to take in.
rigassificare, *v.a.* (*metano liquido*) (*gas*), to regasify.
rigato, *agg.* (*tess.*), fluted.
rigatura, *f.* (*di cilindri*), groove; (*sottile solco allungato senza asportazione di metallo*) (*met.*), scratch; scratching.
rigatura di filiera (*graffiatura nella direzione della trafilatura provocata da filiera difettosa*) (*met.*), die mark.
— **di guida** (*difetto su laminato sotto forma di una rigatura causata dalle guide*) (*met.*), guide mark.
rigenerare, *v.a.* (*fis. atom.*), regenerate; to breed.
rigeneratore, *m.* regenerator.
— **del calore,** regenerative air heater.
— **di calore,** regenerator.
— (*di tubi a raggi catodici, ecc.*) (*elet.*), rejuvenator.
— **di turbina a gas,** turbine regenerator.
rigenerazione, *f.* (*radio*), regeneration; positive feedback; (*della struttura dopo trattam. termico*) (*met.*), regeneration; (*di copertoni*) (*gomma*, retreading; (*ripristino delle informazioni memorizzate*) (*memorie di calcol. elettron.*), regeneration.
— **a neutroni termici** (*fis. atom.*), thermal breeding.
— **del combustibile** (*fis. atom.*), fuel regeneration.
— **dell'acido solforico,** recovering of sulphuric acid.
— **della gomma,** rubber reclaiming.
— **delle valvole** (*radio*), reactivation of tubes.
— **di combustibili nucleari** (*fis. atom.*), regeneration of nuclear fuels.
— **di neutroni** (*fis. atom.*), regeneration of neutrons.
— **elettrolitica,** electrolytic regeneration.
— **rottami (impianto di — rottami),** scrap regeneration installation.
rigetto della faglia (*geol.*), fault throw; throw.
— **orizzontale di faglia** (*geol.*), fault heave; fault shift.

rigetto verticale della faglia (*geol.*), throw; vertical displacement af a fault.
rigidamente, *avv.* rigidly.
rigidezza, *f.* stiffness; rigidity.
— **torsionale** (*mecc.*), torsional stiffness.
rigidità, *f.* rigidity; stiffness.
— **dielettrica** (*diel.*), dielectric strength.
— **dielettrica specifica,** specific dielectric strength.
— **dinamica,** dynamic stiffness.
— **magnetica** (*fis.*), magnetic rigidity.
— **statica,** static stiffness.
rigido, *agg.* (*rif. ad armature nelle miniere, schiume, ecc.*), rigid; stiff.
rigolene, *m.* (*chim.*), rhigolene.
rigonfiamento, *m.* (*gen.*), bloating; swelling.
— **della ghisa** (*a seguito di riscaldi ripetuti*) (*met.*), pig iron expansion.
— **del legno,** swelling of wood.
— **delle gomme vulcanizzate** (*gomma*), swelling of vulcanized rubbers.
rigorosa prova di collaudo, rigorous proof testing.
rigoroso (*riferito a prove e verifiche*), v. **prova e verifica.**
riguardare, *v.a.* to concern.
riguarnire (*mecc.*) (*p. es.: il disco della frizione*), to reface.
rigurgito, *m.* (*idr.*), back-water.
riimpaginare, *v.a.* (*tipog.*), to reimpose.
rilaminare (*met.*), to reroll.
rilaminato, *m.* (*met.*), re-rolled product.
rilaminazione, *f.* (*met.*), rerolling.
rilascio delle cremagliere (*tess.*), rack release.
— **variabili** (*inform.*), variables release.
rilassamento, *m.* (*fis., mecc.*), relaxation; (*perdita di carico*) (*fis.*), relaxation; v. **ristorazione**(*met.*).
rilegatura, *f.* binding.
— **flessibile** (*in tela*), limp (cloth).
— **flessibile in pelle,** limp leatner.
rilegatura in materiale plastico, plastic binding.
— **semipelle,** half binding.
— **senza fregi o diciture,** forward ing.
rilevabile, *agg.* detectable.
rilevamento, *m.* survey; surveying; (*organ.*), acquisition.
— **altimetrico,** levelling.
— **colla bussola,**bearing;compass-survey; latching (*min.*); dialing.
— **con la tavoletta pretoriana** (*top.*), plane table surveying.
— **di miniera,** mine-survey (*or* surveying).
— **di traffico in base al numero della targa,** registration number traffic survey.
— **(***o* **tracciamento) di un piano quotato** (*agrim.*), contouring.
— **di un terreno,** land-survey.
— **fotografico,** photographic survey.
— **geofisico,** geophisical prospecting.
— **geologico,** geologic reconnaissance.
— **planimetrico,** survey of area.
— **radiogoniometrico,** radio bearing.
— **sotterraneo,** underground survey.
— **tacheometrico,** tachy(o)metric survey.
— **topografico,** topographic survey.
— **topografico con mezzi aviotrasportati,** airborne survey.
— **trigonometrico,** trigonometrical survey.
— **(fare un — planimetrico)** (*top.*), to take offset.
— **(radar per — topografico),** mapping radar.
rilevare, *v.a.* (*top.*), to survey; to detect (*elet.*).
— **uno stabilimento** (*met., comm.*), to take over the works.
rilevatore, *m.* detector.
— **a resistenza di manganina** (*estrusione, met.*), manganin pressure gauge.

rilevatore di banda (*elet.*), band relay.
— **d'incendio,** fire detector.
— **di perdite** (*in un aerostato*), leak detector.
— **magnetico,** magnetic detector.
rilevazione accelerazione con partenza da fermo (*auto*), acceleration test.
— **geodetica** (*satelliti*), geodetic survey.
rilievo (*m.*) **aereo** (*top.*), air survey.
— **del terreno** (*top., geogr.*), surface relief; ground survey.
— **(***o* **rilevamento) lunare** (*astron.*), lunar mapping.
— **oscillografico** (*disegno*), oscillogram.
— **quotato**(*aereo*), contour mapping.
— **(stampa a —),** embossing.
rilocabile, *agg.* (*calcol. elettron.*), relocatable.
rilocare (*un programma*) (*inform.*), to relocate.
rilocazione (*di un programma*) (*inform.*), relocation.
rilsan (*plast.*), rilsan.
riluttanza, *f.* reluctance.
— **specifica** (*elet.*), reluctivity.
— **(unità di —),** rel.
riluttività, *f.* (*elet.*), reluctivity.
rimacinazione, *f.* (*smalti, ecc.*), remilling.
rimanenza (*f.*) **magnetica** (*elet.*), remanence.
rimanere (*a bordo di un veicolo spaziale*), to stay.
rimbalzare, *v.i.* to rebound.
rimbalzo, *m.* rebound; recoil.
rimessa, *f.* (*auto.*), garage.
— **dei licci (***o* **gioco)** (*tess.*), mounting.
— **in marcia** (*altoforno met.*), restarting.
— **in pressione,** repressuring.
rimestatore, *m.* agitator.
rimettaggio, *m.* (*far passare i fili per gli occhielli dei licci*) (*tess.*), pass.
— **saltuario,** skip pass.
— **suddiviso,** repeated pass.
rimettere (*porre di nuovo*), to replace.
rimettere a punto (*riaggiustare*) (*mecc.*), to reset.
— **a zero** (*una memoria*) (*calcol. elettron.*), to clear.
— **in buono stato,** to doctor.
— **in circolazione** (*tramite pompa*), to recirculate (through the pump).
— **in funzione** (*mecc.*), to operate (it) again.
— **in marcia,** to restart.
rimettitura, *f.* (*tess.*), looming.
— **a ritorno** (*tess.*), angle draft.
rimonta, *f.* (*min.*), rising; raising; upraising.
rimontabile, *agg.* (*riferito a pezzi che, trovati in buono stato, devono essere montati di nuovo*), re-fit (*da rimontare*); re-usable.
rimontare (*v.a.*) **una vite,** to replace a screw.
rimorchiaggio, *m.* (*naut.*), towage.
rimorchiare, *v.a.* to tow; to haul.
— **al suo posto** (*p. es. una piattaforma petrolifera*), to tow into position.
rimorchiatore, *m.* tug; tow-boat.
— **a vapore,** steam tug.
— **di navi** (*naut.*), ship tug.
— **spintore** (*naut.*), push-tow tug.
rimorchio (*naut.*) (*auto*), *m.* towing; (*vettura e di autocarro*) trailer; v. **autocarro con —.**
— **(***o* **alaggio)** (*m.*) **ad azione semplice,** single haulage.
— **cisterna** (*ind. petrol.*), tank trailer.
— **con automobile** (*aereo*), automobile tow-off.
— **con cavo elastico** (*aereo*), shock cord tow-off.
— **per imbarcazioni** (*naut.*), boat trailer.
— **speciale** (*per traino autoveicoli, ecc.*), purpose-built trailer.
rimozione, *f.* (*di impianti*), removal (of plants).
— **dello smalto a fuoco** (*pitture, vernici*), stove enamel stripping.
— **del vapore,** vapour-removal.
— **e trasporto delle immondizie,** garbage removal.

rimpasto ministeriale, cabinet shake-up.
rimpiazzabile, *agg.*, replaccable.
rimuovere l'umidità contenuta nell'aria, to extract moisture from the air.
rincalzamento (*m.*) **delle traversine** (*ferr.*), packing of sleepers; tamping of sleepers.
rincalzare una ruota, to scotch a wheel.
rincalzatoio, *m.* (*fond.*), rammer.
rincalzatore, *m.* (*agr.*), ridging plough.
rincalzatrice meccanica (*ferr.*), tamping machine; tamper.
rinculare, *v.i.* (*mil.*), to recoil; to spring back
rinculo, *m.* (*mil.*), recoiling; (*fis. atom.*), recoil.
— **(cuscinetto di gomma elastica ammortizzatore del —)** (*armi*), soft rubber recoil pad.
— **(ridurre il —)** (*armi*), to lessen recoil.
rinforzare, *v.a.* (*irrigidire*), to stiffen; to strengthen; to intensify (*ott.*); to shoulder (*punta di compasso fissa rinforzata*), shouldered needle point.
— **le fondamenta,** to reinforce the foundations.
— **un colore** (*cosmetici*), to back up a colour.
rinforzi interni ai finestrini di un'auto (*auto*), cappings.
rinforzo, *m.* reinforcement; stiffening; supporting; intensification (*luce*).
— **calze da donna,** afterwelt.
— **di sostegno,** reinforced strutting; trussing of struts.
— **di un ponte,** bridge reinforcement.
— **(strisce di —)** (*applicate dietro alle estremità dei pezzi da saldare, come sostegno durante la saldatura*) (*sald.*), backing strips.
rinfrescatoio, *m.* (*birra*), cooling room.
rinfusa (alla —) (*spedizione merci, p. es. di viti*), (in) bulk; (*trasportare materiale voluminoso alla rinfusa*), to transport bulk materials in loose form.
ringhiera, *f.* balustrade; baluster stone (*in pietra*); banister (*termine usato in Scozia*).
ringrosso, *m.* (*nervatura*), web.
rinnovamento, *m.* renewal.
rinnovare, *v.a.* to renew.
rinnovo (*di un permesso di coltivazione miner. o petrol.*), renewal; (*di progetti, ecc.*), refurbishing.
— **della polizza** (*assicurazione*), renewal of the policy.
— **(avere diritto al —),** to have a right of renewal.
rinumerare, *v.a.* (*riclassificare*) (*calcol. elettron.*), to reserialize.
rinvenimento, *m.* (*met.*), tempering.
— **al colore** (*metal.*), letting-down.
— **alla fiamma** (*metal.*), blazingoff.
— **alla sabbia,** sand tempering.
— **all'olio,** tempering in oil; blazing-off.
— **dell'acciaio rapido,** tempering of high-speed steel.
— **del legno** (*vernici*), grain showing.
— **mediante colori,** letting-down.
— **(temperatura di —),** tempering temperature.
rinvenire, *v.i.* (*mecc.*), to temper.
rinvenuto, *p. p.* (*met.*), tempered.
rinviare un lancio (*di satelliti, ecc.*), to scrub a launch.
rinvio (*m.*) **a catena,** chain wheel gear.
— **a cinghia,** belt gear.
— **ad ingranaggio,** back gear.
— **con coni di frizione,** cone gear with friction strap.
— **coperto,** encased back gear.
— **di programma** (*salto*) (*elettron.*), jump.
rinzaffare, *v.a.* (*cost.*), to plaster; to rough cast.
rinzaffo (*m.*) **di cemento,** cement facing (*or* rendering).
riometro, *m.* (*apparecchio che misura l'arrivo di materiali ionizzanti nei pressi della terra*), riometer.

riossidazione (*chim.*, *min.*), reoxidation.
— **dei campioni ridotti,** reoxidation of reduced samples.
riparabile, *agg.* repairable.
riparare, *v.a.* to repair, to doctor.
riparazione (*di rivestimento di forno met.*), patch; patching (*operazione*).
— **al corpo del convertitore** (*met.*), converter vessel repair.
— **alla bocca del convertitore** (*met.*), converter mouth repair.
— **a spruzzo** (*refrattari*, *met.*), spray patching.
— **del forno** (*met.*), furnace patching.
— **in orbita,** in-orbit repair.
— **mediante sparo** (*applicaz. a spruzzo con pistola pneumatica*) (*met.*), gunning repair.
— **suola** (*forno Martin, forno elet.*) (*met.*), sole repair.
— **(in —),** under repair.
riparazioni, *f. pl.* repairs.
— **a caldo** (*ad alte temperature*) (*forni met.*), hot repairs.
— **di aeroplani** (*officina*), aircraft servicing.
— **di apparecchi radio** (*negozio*), radio servicing.
— **di strade** (*a pezze*), patchwork.
riparo (*mecc.*, *macch. ut.*), guard; (*nel significato di rifugio e ricovero*), shelter (*nel significato di schermo*), shield.
— **a soffietto,** concertina guard.
— **dell'albero del trapano** (*macch. ut.*), drill spindle guard.
— **della cinghia,** belt guard.
— **della fresa** (*macch. ut.*), milling cutter guard.
— **del mandrino** (*macch. ut.*), chuck guard.
— **della mola** (*macch. ut.*), grinding wheel guard.
— **della pressa** (*mecc.*), press guard.
— **di protezione dalla cinghia** (*macch. ut.*), belt guard.
— **di protezione del mandrino** (*macch. ut.*), chuck guard.
riparo facciale, face guard.
— **in fibra di vetro rinforzata,** reinforced glass fibre guard.
— **in lamiera,** sheet metal guard.
— **in rete metallica,** woven wire guard.
— **protettivo degli occhi,** eye guard.
— **telescopio** (*macch. ut.*, *ecc.*) telescopic guard.
— **paraspruzzi** (*macch. ut.*, *mecc.*), splash guard.
ripartire un carico su un'area molto più grande (*cost.*, *mecc.*), to spread a loading over a much greater area.
ripartitore, *m.* (*telef.*), distribution frame.
— **del carico** (*elet.*), load dispatcher.
— **intermedio** (*telef.*), intermediate distribution frame.
ripartizione, *f.* grading; partition.
— **a fini fiscali del reddito** (*fin.*), splitting.
ripassare, *v.a.* (*rivedere per mettere in ordine*), to overhaul.
— **al tornio,** to reface.
— **al trapano,** to rebore; to redrill.
— **un foro al trapano,** to drill a finished hole.
ripassatura delle ruote (*ferr.*, *mec.*), wheel truing.
ripavimentare (*rifacimento del manto stradale*) (*cost. stradali*), to resurface.
ripercussione, *f.* repercussion.
riperforare (*calcol. elettron.*), to repunch.
— **(una galleria)** (*cost.*), to rebore.
riperforatore (*unità di perforazione di banda*) (*calcol. elettron.*), reperforator.
riperforazione, *f.* (*calcol. elettron.*), repunching.
ripesare, *v.a.* to reweigh.
ripetere (*inform.*), to cycle; (*gen.*) (*telef.*), to repeat.
— **il conteggio alla rovescia** (*missili, ecc.*), to re-count down.
— **una prova** (*di lancio*, *ecc.*) (*astron.*), to duplicate a test.

ripetibilità, *f.* (*differenza di indicaz. di uno strumento cui venga applicato lo stesso segnale successivamente proveniente dalla stessa direzione*) (*mis.*), repeatibility.
ripetitivo, *agg.* (*inform.*), recursive.
ripetitore, *m.* (*telef.*), repeater.
— **a due conduttori** (*telef.*), 2-wire repeater.
— **d'impulsi** (*telef.*), impulse repeater.
— **intermedio** (*telef.*), intermediate repeater.
ripetizione, *f.* (*tess.*), repeat; (*inform.*), cycling; (*calcol. elettron.*), v. **istruzione di —.**
— **delle prove di confronto** (*met., ecc.*), replication.
— **di un programma televisivo su lunghezze d'onda diverse** (*telev.*), diagonalizing.
— **(a —)** (*fucile*), repeating rifle; (*orologio*), repeating watch.
ripettinatura, *f.* (*tess.*), recombing.
ripiani per frigoriferi, refrigerator shelves.
ripiano, *m.* (*cost. stradali*), (*sopra la scarpa, banchina*), set-off.
ripiegarsi, *v.r.* to buckle (*r. verticalmente*); to warp (*r. in direzione orizzontale*); to curl up (*r. alle estremità*).
ripiegatura (*difetto dovuto a ripiegamento del metallo con successiva laminazione o fucinatura senza che le superfici si saldino completamente*) (*met.*), fold; lap (*laminatoio*).
— **di laminazione** (*met.*), lap; lamination; overlapping.
ripiena, *f.* (*miniera*), gob; goaf; stowing; gobbing.
— **idraulica** (*min.*), hydraulic stowing.
— **meccanica** (*min.*), mechanical fill.
— **pneumatica,** pneumatic stowing.
ripienista, *m.* (*operaio addetto alla ripiena*) (*min.*), packer; gobber.
riportare a zero (*strumenti*), to bring back to zero; (*una memoria*) (*calcol. elettron.*), to clear (a memory).
riportare in linea di volo (*aereo*), to flatten.
riporto, *m.* (*di terra*) embankment; filling; fill; (*elettron.*), carry; (*finan.*), hedging.
— **duro per saldatura** (*met.*), hardfacing.
— **in cascata** (*inform.*), cascaded carry.
— **metallico** (*metallizzazione a spruzzo*) (*met.*), metal-spray coating.
— **per saldatura** (*met.*), facing.
riposizionamento (*manuale, di penne, ecc.*) (*inform.*), repositioning.
riposo, *m.* rest; idle hours (*ore non di lavoro*); v. **posizione di —.**
— **(in —)** (*liquidi*) (*mot.*), at rest; (*elet.*), (*il motore è fermo* [*in riposo*]), the motor is at rest.
ripostiglio (*m.*) **per utensili,** tool crib.
— **(o vano) portaoggetti** (*auto.*) glove box.
riprendere, *v.a.* (*elet.*), to take on; (*di gru*), to pick up.
— **il soffiaggio** (*met.*), to put in blast again.
ripresa, *f.* pull-out (*aereo*); take (*cinem.*); (*di minerale, negli impianti di omogeneizzazione*), reclaiming; regain (*percentuale di umidità ammissibile*) (*tess.*); shooting (*or* shoot) (*telev.* U.S.A.); recording; (*fond.*), cold-shut; (*cambio auto*) pick-up; v. **(macchina di—)**; v. **(portata di —)**; v. **velocità di scorrimento in lavoro.**
— **del motore,** picking up of speed (of the engine).
— **di carico** (*elet.*), load pickup.
— **di colaggio** (*difetto sulla pelle del lingotto o del getto, quando c'è soluzione di continuità visibile*) (*met.*), cold shut; « coldlaps ».
— **di colata** (*met., difetto fond.*), cold shut (teeming lap); misrun (*fond.*).

ripresa di prova (*telev.*), test shot.
— **con telecamera** (*telev.*), camera shooting (U.S.A.).
— **diretta** (*telev.*), outside broadcast; field pick-up, nemo, remote (U.S.A.).
— **di umidità** (*tess.*), moisture regain.
— **di veduta esterna** (*telev.*), v. — **diretta.**
— **in movimento** (*telev.*), follow shot; tracking shot; (U.S.A.), travel shot.
— **panoramica,** v. **panoramica.**
ripristinare (*rigenerare le informazioni memorizzate*) (*calcol. elettron.*), to regenerate.
riproducibilità di una prova (*o* **di un saggio)** (*mecc.*), reproducibility of a test.
riprodurre, *v.a.* to reproduce.
riproduttore per televisione a colori, colour television reproducer.
— **stereofonico di cassette** (*audio*), stereo cassette tape player.
riproduttrice (*unità che riproduce su una scheda il contenuto di un'altra scheda*) (*calcol. elettron.*), (card) reproducer.
riproduzione, *f.* reproduction; replica.
— **acustica** (*acust.*), acoustic reproduction.
— **di dischi microsolco** (*acust.*), microgroove reproduction.
— **elettrica** (*acust.*), electrical reproduction.
— **in scala naturale** (*fot.*), life size reproduction.
— **simultanea di due registrazioni** (*audio*), duoplay.
— **simultanea di più registrazioni** (*audio*), multiplay.
— **televisiva dei film,** kinerecording.
riprogettare, *v.a.* to redesign.
riprografia, *f.* (*riproduzione grafica che si avvale di tecniche di riproduzione per mezzo della luce, calore, elettricità e delle tecniche di duplicazione*) (*tip.*), reprography.
riprografico, *agg.* (*inform.*), reprographic.
riprogrammabile, *agg.* (*inform.*), reprogrammable.
riprogrammare, *v.a.* (*inform.*), to reprogram.
riprogrammazione, *f.* (*elettron.*), reprogramming.
ripubblicare, *v.a.* to reissue.
ripulitore, *m.* (*fond.*), cleanser.
ripulsione, *f.* repulsion.
— **elettrica,** electric repulsion.
— **magnetica,** magnetic repulsion.
ripuntatura, *f.* (*agr.*), subsoiling.
riquadrare, *v.a.* to square.
— **il legno,** to square the timber.
riquadro, *m.* (*arch.*), panel; bay; (*stampa, p. es. in una pagina di giornale*), box.
— **del tetto,** trussed purlin.
riqualificazione, *f.* (*professionale*) (*amm.*), retraining.
riregistrare, *v.a.* to rerecord.
risacca, *f.* surf.
risaldare, *v.a.* re-weld.
risalto, *m.* jutting out; projection.
— **di pilastro,** pilaster strip; buttress of pier.
riscaldamento, *m.* heating (*metodo ed effetto*); re-heating (*scaldare di nuovo*).
— **a bassa pressione,** low-pressure heating.
— **ad accumulo di calore,** thermal storage heating.
— **ad acqua calda,** hot water h.
— **ad alta pressione,** high pressure heating.
— **ad aria calda,** hot air heating.
— **ad induzione,** inductive heating.
— **ad irraggiamento termico,** radiant heating.
— **a gas,** gas heating.
— **a nafta,** oil-fired heating.
— **a pannelli** (*radianti*) **a pavimento,** floor panel heating.
— **a pannelli** (*radianti*) **a soffitto,** ceiling panel heating.
— **a raggi infrarossi,** infra-red heating.
— **atomico,** atomic heating.
— **a vapore,** steam heating.

riscaldamento a vapore a bassa pressione, low pressure steam heating.
— **centrale,** central heating.
— **con serpentini invisibili,** panel warming.
— **dell'acciaio con formazione di uno strato bleu di ossido** (*met.*), blueing.
— **di apparecchio** (*elet.*, *radio*), warming up.
— **dielettrico,** dielectric heating.
— **di imbarcazioni** (*naut.*), boat heating.
— **domestico,** home heating.
— **domestico solare,** solar house heating.
— **eccessivo,** overheating.
— **elettrico,** electric heating.
— **elettrico ad alta frequenza,** high frequency heating.
— **irregolare,** uneven heating.
— **ohmico** (*fis. atom.*), ohmic heating.
— **progressivo,** progressive heating.
— **radiante,** radiant heating.
— **solare,** solar heating.
— **unilaterale,** one-sided heating.
riscaldare, *v.a.* to re-heat.
— **al calor rosso vivo,** to heat to a bright red.
— **gradualmente,** to warm up.
— **in anticipo,** to preheat.
— **nuovamente** (*met.*), to reheat.
— **oltre la temperatura di saturazione,** to heat above the saturation temperature.
riscaldarsi, *v.r.* (*per attrito*), to run hot, *v.i.*
riscaldatore, *m.* heater.
— **a getto di vapore,** steam jet blower.
— **della cabina** (*aereo*), cabin heater.
— **dell'acqua di alimentazione,** feed water heater.
— **dell'acqua di deposito,** storage water heater.
— **dell'olio,** oil heater.
riscaldo, *m.* (*met.*), reheating.
— **del vento** (*met.*), blast heating.
rischio (*m.*) **di esplosione,** hazard of explosion; danger of explosion.
rischio dipendente dalla vibrazione, risk attendant upon vibration.
rischioso, *agg.* hazardous.
risciacquare, *v.a.* (*galvanotecnica*), to swill out.
— **bene i metalli** (*bagni galvanici*), to swill (metals) thoroughly.
— **nell'acqua fredda,** to rinse in cold water.
risciacquatura, *f.* (*galvan.*), swilling.
risciò (*trasporti*), rickshaw.
riscrittura, *f.*, rewriting.
riscrivere, *v.a.*, to rewrite.
risega, *f.* (*di muro*), skew notch.
— **di collegamento,** abutment.
— **di fondazione,** footing of the foundation.
riserva, *f.* reserve; supply.
— **d'atterraggio (di combustibile)** (*aereo*), landing reserve.
— **di galleggiabilità** (*naut.*, *aereo*), reserve buoyancy.
— **d'inchiostro** (*penne stilografiche*), ink reserve.
— **obbligatoria** (*finan.*), mandatory reserve.
— **(di —)** (*inform.*), back up.
— **(nastro di —),** back up tape.
riserve auree (*finan.*), gold holdings.
riservatezza (di informazioni, ecc.), (*fis. atom.*), restriction.
risguardo, *m.* (*tip.*), flyleaf.
risma, *f.* ream.
risoluzione, *f.* solution; (*precisione*) resolution.
— **di programmazione di 0,001 mm** (*macch. ut.*) (*inform.*), programming resolution of 0.001 mm.
— **grafica** (*inform.*), graphic resolution.
— **(alta —),** high resolution.
— **(bassa —)** (*inform.*), low resolution.
risolvere, *v.a.* to solve.
risonanza, *f.* resonance.
— **acustica** (*acust.*), acoustic resonance.
— **acustica di un tubo** (*acust.*), pipe resonance.

risonanza di cavità (*acust.*), cavity resonance.
— **magnetica** (*fis. atom.*), magnetic resonance.
— **magnetica nucleare** (*fis. atom.*), nuclear magnetic resonance.
— **meccanica,** mechanical resonance.
— **molecolare,** molecular resonance.
— **neutronica** (*fis. atom.*), neutron resonance.
— **nucleare,** nuclear resonance.
— **(amplificatore a —),** resonance amplifier.
— **(linea di —),** resonant line.
— **(portare in —)** (*radio*), to resonate.
risonatore, *m.* (*elet., radio, acust.*) resonator.
— **a cavità** (*elet., radio*), cavity resonator.
— **piezoelettrico** (*radio*), piezoelectric resonator.
risorse (*f. pl.*) **idriche,** hydraulic resources.
— **energetiche** (*ind.*), power resources.
— **minerarie sul fondo del mare,** mineral resources at the sea bottom.
— **non sfruttate** (*energia, ecc.*), untapped resources.
risparmio di materiali, saving in materials.
— **energetico,** energy saving.
— **previsto** (*forni met.*), predicted savings.
rispetto a..., with reference to... (*p. es.: parallelismo del mandrino, rispetto alla tavola,* spindle parallelism with reference to (the) table) [*N.B. L'articolo fra parentesi* (the) *si omette nelle specificazioni di macchine, cataloghi e listini*].
rispondente alle necessità (*adatto in modo speciale*), tailored to the special needs of...; (*locomotore rispondente alle necessità particolari della nostra coltivazione mineraria*), a locomotive tailored to the special needs of our mine working.
rispondenza, *f.* conformance; (*elet.*) response.
— **piatta** (*acust.*), flat response.
rispondere a..., v. **essere adeguato.**
risposta, *f.* (*elet., comm.*), response.
— **ad alta frequenza** (*elet.*), high frequency response.
— **assiale** (*acust.*), axial response.
— **automatica** (*inform.*), automatic answering.
— **di altoparlante** (*acust.*), loudspeaker response.
— **in frequenza** (*audio*), frequency response.
— **in risonanza** (*fis. atom.*), resonance response.
— **media sferica** (*acust.*), meansperical response.
— **polare** (*acust.*), polar response.
— **totale** (*acust.*), total response.
ristagno, *m.* stoppage (*di aria*); backwater (*di acqua*).
ristampa, *f.* reprint (*il volume è in ristampa,* the volume is reprinting).
ristampare, *v.a.* to reprint.
ristorante galleggiante (*naut.*), floating restaurant.
ristorazione (*modifica delle proprietà meccaniche nella poligonizzazione; dopo deformazione ecc.*) (*met.*), recovery.
ristradare il traffico, to re-route traffic.
risucchio, *m.* sideslip (*aereo*); downwash (*aereo*); slipstream (*aereo*); pipe (*fond.*); funnel (*fond.*); eddy (*idr.*); (*cavità nella parte utile del getto, causata da inadeguata alimentazione*) (*met.*), draw.
risultante, *f.* (*fis.*), resultant.
risultati di campionatura (*met.*), sampling results.
— **di esercizio** (*di acciaieria, ecc.*), operational results.
risultato (*m.*) **finale** (*di procedimento*) (*chim., ecc.*), end result.
risuonatore (*m.*) **meccanico,** mechanical resonator.

risuonatore piezoelettrico (*radio*), piezoelectric resonator.
risvolto di lamiera (*mecc.*), welt.
ritagliare, *v.a.* to cut out; to saw out; to clip.
— il talloncino qui sotto, clip the coupon below.
ritaglio, *m.* (*di giornale*), press-cutting.
ritardante, *m.* (*chim.*), retarder.
— di vulcanizzazione, vulcanization retarder.
— di tintura, dye retarder.
ritardare, *v.a.*, *v.i.* to delay; to lag (*elet.*).
— l'accensione, to retard the ignition.
ritardato, *p.p.* delayed; *agg.* (*di colore, per controllo segnalaz. traffico*), lagging.
ritardatore (*esplosivi min.*), delay detonator; (*di presa, per cemento*) retarder; (*di macch. fotografica*), delay-action device.
ritardo, *m.* lagging (*elet.*); delay (*elet.*); losing (*orol.*); slow (*orol.*); back gears (*ingr.*).
— acustico (*elet.*), acoustic delay.
— all'innesco (*elet.*), time lag.
— costante(*elet.*), constanttimelag.
— d'accensione (*auto*), ignition lag.
— di fase (*elet.*), phase lag.
— inverso (*elet.*), inverse time-lag.
— (in — d'esecuzione) (*lavori*), behind schedule.
— (la corrente è in —), the current is lagging.
ritegno, *m.* stop.
ritempra, *f.* retempering; rehardening.
ritemprare, *v.a.* to retemper; to reharden.
ritenimento dell'immagine (*telev.*), sticking.
ritentare una prova (*astron.*), to attempt a test again.
ritenuta, *f.* (*naut.*), guy rope; (*paga, stipendio*), withholding.
— di garanzia (*finan.*), retention money.
— per la pensione (*personale*), superannuation contribution.
ritirarsi, *v.r.* to shrink; to contract; to recede (*di acque*); to retire (*di acque*).
ritirata (in) (coltivare una fronte in —) (*camere e pilastri abbattuti in ritirata*) (*miniere*), to work a coal face on a retreating system.
ritiro, *m.* (*soffiature nel getto*) shrinking hole (*fond.*); shrinkage (*fond., cemento, tess.*); shrinking (*fond., cemento, ecc.*); retreat (*in un muro*); retirement (*di acque*); retreat (*di ghiacciaio*); (*di medicinali dal mercato dovuto ad effetti nocivi, ecc.*) (*med.*), recall.
— di veicoli (*dalla circolaz.*) (*auto*), vehicle recall.
— di una moneta (*finan.*), calling in of a currency.
— (materiale non soggetto a —) (*met.*), non-shrink material.
ritoccare, *v.a.* (*fot.*), to retouch.
ritocco, *m.* (*fot.*), photo-retouching; (*carrozzeria, verniciatura auto*), touch-up.
— di posizione (*orol.*), positional adjustment.
ritorcitoio, *m.* (*tess.*), twister; doubler.
— incannatore (*fil. seta*), spinning mill.
ritorcitura a umido (*tess.*), wet twisting.
— della seta (*tess.*), throwing.
ritornare (*v.i.*) **alle condizioni originali,** to reverse to original condition.
ritorni, *m. pl.* (*tess.*), lap waste.
— di fonderia (*fond., met.*), foundry returns.
ritorno, *m.* (*mecc.*), return.
— alla base (*aereo*), homing.
— automatico del braccio (*giradischi*) (*audio*), end-of-record arm lift; automatic return tonearm.
— carrello (*inform.*), carriage return.
— del carrello, return motion of the carriage; running back of the carriage.

ritorno del gas, valvola, gas bypass valve.
— **del raggio analizzatore** (*telev.*), retrace; fly-back retrace; (U. S.A.) returntrace; kickback.
— **di fiamma,** back firing; back fire; flareback.
— **di griglia** (*radio*), grid return.
— **di liquido,** back-flow.
— **(*o* inerzia)** (*periodo di tempo richiesto per fare ritornare alla sua temper. massima il forno*) (*vernici*, *smalti*), comeback.
— **per la terra** (*elet.*), earth return.
— **rapido** (*macch. ut.*), quick return.
— **rapido della benna** (*mecc.*), quick return of the skip.
ritorto (*m.*) **ad ondulazioni,** waved yarn.
— **a nodi,** spot yarn.
— **di due capi** (*tess.*), two-ply.
— **di tre capi** (*tess.*), three-ply.
— **semplice** (*tess.*), twisted yarn.
ritrasmettere (*radio*, *telev.*), to rebroadcast.
— **a terra** (*da un aereo*), to relay to Earth.
— **immagini televisive,** to retransmit TV pictures.
ritrasmissione (*f.*) **televisiva,** relay television; rebroadcast.
ritto, *m.* upright; standard; post; (*nel significato di puntello*) (*min.*), v. **puntello.**
— **dell'alzo** (*mil.*), leaf (of the sight).
riunione a porte chiuse, closed meeting.
riunitrice, *f.* (*tess.*), sliver lapper.
riuscire (non — a) (*mettersi in moto*, *partire*, *ecc.*), to fail; (*il calcolatore non riuscì a rimettersi in movimento*), the computer failed to restart.
riutilizzabile, *agg.* re-usable.
riutilizzo di acqua di fogna, reutilization of sewer water.
— **di rotaie** (*ferr.*, *met.*), re-use of rails.
rivalorizzazione dell'oro (*econ.*), gold appreciation.
rivedibile, *agg.* (*riferito a pezzi*), reconditionable.
rivelare, *v.a.* (*min.*), to disclose; (*lo scavo ha rivelato una mineralizzazione di piombo-argento-zinco su un'area di 1000 × 500 piedi*), drilling has disclosed lead-zinc-silver mineralisation over an area 1,000 ft long and 500 ft wide.
— **la presenza di un metallo,** to reveal (*or* to disclose) the presence (of a metal).
rivelatore, *m.* (*radio*), detector; coherer; demodulator U.S.A.); (*fot.*), developer.
— **a carborundum** (*radio*), carborundum detector.
— **a cristallo** (*radio*), crystal detector.
— **ad impedenza** (*telev.*), impedance detector.
— **a diodo,** diode detector.
— **al boro,** boron detector.
— **antintrusione** (*antifurti*), intruder detector.
— **con tubo a gas,** gas tube detector.
— **della potenza di griglia** (*radio*), power grid detector.
— **di difetti superficiali** (*met.*), surface fault detector.
— **di neutroni** (*fis. atom.*), neutron detector.
— **di potenza** (*radio*), power-detector.
— **di radiazioni** (*fis. atom.*), radiation detector.
— **di radioattività** (*fis. atom.*), radioactivity detector.
— **di raggi gamma,** gamma-ray detector.
— **di raggi X,** X-ray detector.
— **di squilibrio** (*elet.*), null detector.
— **elettronico di metalli,** electronic metal detector.
— **ultrasonoro di fessure interne** (*met.*), reflectogate.
rivelazione, *f.* (*radio*), detection; demodulation (U.S.A.).
— **dei difetti** (*met.*), defects detection.
— **di griglia,** grid rectification.
— **di radiaottività** (*fis. atom.*), radioactivity detection.

rivelazione quadratica a diodo, diode square-law detection.
rivendere, *v.a.*, to re-sell.
rivendita (*comm.*), resale.
— **(condizioni di —),** resale terms.
riverberazione *f.* (*fis.*), riverberation.
riverbero *m.* (*fis.*), riverberation.
riversare accidentalmente petrolio nel fiume (*naut.*), to spill oil into the river.
rivestimenti ceramici, ceramic coatings.
— **interni delle tubature petrolifere,** pipe line inner linings.
rivestimento, *m.* lining (*interno*); covering (*esterno*); planking (*r. di tavole*); coating (*vernici, ecc.*); embedding; (*fis. atom., rif. a barra di combustibile*), cladding; canning.
— **a base di resina alchidica,** alkyd-based coating.
— **a caldo** (*con catrame, asfalto*), (*cost.*), hot coating.
— **a clava** (*sald.*), club shaped covering.
— **a freddo** (*di asfalto*), cold coating; cold wetting.
— **alla fiamma** (*met.*), flame-plating (*processo della Linde Co., divisione della Union Carbide Corporation*); flame-sprayed coating.
— **anodico** (*met.*), anodic coating.
— **antiacido,** acid-proof coating.
— **antiderapante** (*strade*) (U.S.A.), antiskid pavement.
— **antivegetativo** (*pitture, ecc.*), antifouling coating.
— **a spruzzo** (*met.*), sprayed coating.
— **basico,** basic covering.
— **birifrangente,** birefringent coating.
— **bituminoso** (*ind. costr., ecc.*), bituminous coating.
— **catodico con ossidi** (*met.*), oxide cathodic coating.
— **cellulosico** (*plast.*), cellulosic coating.
— **ceramico** (*met., mecc.*), ceramic coating.
rivestimento ceramico a spruzzo, sprayed ceramic coating.
— **con gomma sintetica,** synthetic rubber coating.
— **con materiali ceramici** (*met.*), ceramic coating.
— **con materie plastiche** (*met.*), plastic coating.
— **con polvere epossidica,** epoxy powder coating.
— **con tavole orizzontali,** horizontal lining.
— **con tavole verticali,** vertical lining.
— **contro la ruggine,** rust-proof lining.
— **decorativo,** decorative coating.
— **del cilindro** (*tip.*), cylinder packing.
— **di aeroplano,** lagging; skin.
— **di alluminio** (*met., ind.*), aluminium coating; aluminum coating (U.S.A.).
— **di asfalto,** asphalt covering.
— **di barra di combustibile** (*fis. atom.*), canning.
— **di caldaia,** boiler lagging.
— **di carta** (*aerom.*), paper covering.
— **di cavo,** armour of a cable; serving.
— **di ceramica,** ceramic coating.
— **di cilindro,** cylinder clothing.
— **di elettrodo,** electrode coating; electrode sheathing.
— **di gallerie** (*costr. ferr.*), tunnel lining.
— **di iuta compound** (*elet.*), compound jute serving.
— **di lamiera,** plate covering.
— **di latta** (*met.*), tin coating.
— **di muratura,** facing of masonry.
— **di pozzo minerario,** tubbing.
— **di pozzo petrolifero** (*tubaggio*), casing.
— **di rame,** copper jacket; copper lining; copper coating.
— **di tubo,** casing of a pipe; pipe lagging; pipe cleading.
— **di un forno** (*met.*), furnace lining.

rivestimento di un pozzo, shaft-lining.
— **di zinco** (*met.*), zinc coating.
— **duro** (*tip.*), hard packing.
— **fluorescente** (*met., ecc.*), fluorescent coating.
— **fluoroplastico** (*met.*), fluoroplastic coating.
— **fosfatico** (*ind.*), phosphate coating.
— **fosforescente** (*met.*), phosphorescent coating.
— **fusibile** (*elettrodo*), fusible covering.
— **gallerie** (*min.*), casing.
— **in gomma** (*ind.*), rubber coating.
— **in legno,** wood casing; timbering.
— **in materia plastica** (*ind.*), plastic coating.
— **in metallo ceramico** (*met.*), cermet coating.
— **in nylon** (*ind.*), nylon coating.
— **in pietra da taglio,** ashlar-facing.
— **in piombo,** lead lining.
— **isolante in fibra minerale** (*per tetti, tubi, ecc.*), mineral-fibre quilt.
— **isolante in vetroresina** (*cost.*), glass-fibre quilt.
— **mediante pigiata** (*met.*), rammed lining.
— **metallico,** metal coating.
— **metallizzato per rifusione** (*met.*) fused metallized coating.
— **nuovo** (*forni met.*), reline.
— **organico** (*met.*), organic coating.
— **pelabile ad immersione a caldo,** hot dip strippable coating.
— **pelabile applicato a freddo,** cold applied strippable coating.
— **per deposizione elettrostatica** (*met.*), electrostatic coating.
— **per diffusione** (*met.*), diffusion coating.
— **per immersione** (*met.*), dip coating.
— **per pavimenti in materia plastica,** plastic floor-covering.
— **per tubo,** v. r. di tubo.
— **per via chimica** (*met.*), chemical coating.

rivestimento plastico continuo (*cost.*), continuous plastic coating.
— **plastico strappabile,** strippable plastic coating.
— **protettivo** (*vernici, ecc.*), protective coating.
— **protettivo pelabile** (*come una banana, riutilizzabile*), protective strippable coating.
— **protettivo trasparente** (*vernici, ecc.*), clear protective coating.
— **refrattario** (*ind.*), refractory coating.
— **refrattario di forni** (*met.*), fire-resisting furnace lining.
— **refrattario plastico** (*met.*), plastic refractory lining.
— **rimovibile** (*vernici, ecc.*), removable coating.
— **silicico** (*ind.*), silicon coating.
— **volatile,** volatile covering.
— **(materiale di —)** (*fis. atom.*), canning material.

rivestire, *v.a.* to line (*r. interni*); to plank (*r. con tavole*); to coat (*con uno strato leggero*); to face (*con muratura*); to cover; to sheet.
— **di gomma** (*all'interno*), to line with rubber.
— **di materie plastiche,** to line with plastic.
— **la fusoliera,** to sheet (*or* to cover, *or* to plank) the fuselage.
— **una barra di combustibile** *v.a.* (*fis. atom.*), to can.
— **un pozzo** (*di miniera*), to tub.
— **un pozzo petrolifero,** to case.
— **un tubo,** to case a pipe.

rivettatrice, *f.* (*macch. ut.*), riveting machine.

rivettino (*m.*) **esplosivo** (*aereo*), explosive rivet.

rivetto a testa bombata (*mecc.*), mushroom head rivet; truss head rivet (U.S.A.).

rivierasco, *agg.* riverside.

rivoltare (*v.a.*) **un bordo,** to bead; to turn over.

rivoltella, *f.* pistol; revolver.
— **automatica tascabile** (*armi*), pocket-sized automatic revolver.

rivoltella per difesa personale (*armi*), revolver for self defence.
rivoluzione, *f.* revolution.
robbia, *f.* madder.
robinetto, *m.*, v. **rubinetto.**
robinia, *f.* locrust; false acacia.
robot (*macch. in grado di vedere, sentire, spostarsi, ecc.*), robot.
— **di saldatura,** welding robot.
— **industriale,** industrial robot.
— **industriale programmabile con calcolatore elettronico** (*mecc.*) (*elettron.*), computer-programmable robot.
— **in grado di vedere** (*collegato a una camera TV*), « seeing » robot.
— **« leggero »** (*usato per oggetti abbastanza piccoli*), « light » robot.
— **« pesante »** (*usato p. es. per macch. per saldatura*), « heavy » robot.
robotica industriale, industrial robotics.
robotico (dispositivo —), robotic device.
robotizzare, *v.a.*, to robotize (*or* robotise).
robotizzazione, *f.*, robotization; robotisation.
robustezza (*di una macch. ecc.*) (*mecc.*), ruggedness.
robusto, *agg.* (*mecc.*), rugged.
— **(di costruzione robusta)** (*mecc.*), rugged in construction.
rocca (*f.*) **cilindrica incrociata** (*tess.*), spooler cheese.
— **conica** (*tess.*), cone.
— **per ordito** (*tess.*), warping cone.
roccatrice, *f.* (*tess.*), spooler.
— **a tamburo** (*tess.*), drum winder.
— **automatica,** automatic spooler.
rocce, v. **roccia.**
— **abissali** (*geol.*), abyssal rocks.
rocchetti (*m. pl.*) **di avvolgimento,** take-up sprockets (*cinem.*).
rocchettiera, *f.* (*tess.*), warp winding machine.
rocchetto, *m.* (*elet.*), coil; bobbin; pinion (*pignone*); cheese (*tess.*); reel (*per pellicole*).
— **a calza** (*orol.*), cannon pinion.
rocchetto calzante (*orol.*), cannon pinion.
— **da catena,** sprocket wheel.
— **del barlletto** (*orol.*), ratchet wheel.
— **del bariletto slittante** (*orol.*), slipping ratchet.
— **dell'indotto,** armature coil.
— **di alimentazione** (*cinem.*), feed sprocket.
— **di avvolgimento** (*cinem.*), take-up sprocket.
— **di localizzazione difetti** (*elet.*), fault location coil.
— **d'induzione,** induction coil.
— **di reazione** (*elet.*), reaction coil.
— **di resistenza,** resistance coil.
— **di Rühmkorff** (*fis.*), Rühmkorff coil; (make-and-break) induction coil.
— **di sintonizzazione,** tuning coil; syntonising coil.
— **in derivazione,** shunt coil.
— **in serie,** series coil.
— **Pupin,** Pupin coil.
roccia, *f.* (*geol.*), rock.
— **acquitrinosa,** water-bearing rock.
— **arenacea,** arenaceous rock.
— **argillosa,** argillaceous rock.
— **asfaltica,** asphalt rock (*or* stone).
— **basaltica,** basaltic rock.
— **bituminosa,** bituminous rock.
— **calcare,** calcareous rock.
— **carbonifera,** carboniferous rock.
— **clastica,** clastic rock.
— **compatta,** solid rock.
— **cristallina,** crystalline rock.
— **di copertura** (*min.*), burden.
— **di letto** (*min.*), bed rock.
— **di media durezza** (*geol.*), medium strength rock.
— **dura,** hard rock.
— **effusiva,** effusive rock.
— **eolica,** Aeolian rock.
— **eruttiva,** eruptive rock.
— **estrusiva,** extrusive rock.
— **friabile,** brittle rock.
— **ignea,** igneous rock.
— **incassante** (*in cui è contenuto il filone*) (*geol.*), wall rock; country rock.
— **ipocristallina,** hypocrystalline rock.

roccia madre (*geol.*), mother rock.
— **magazzino,** reservoir rock.
— **metamorfica,** metamorphic rock.
— **petrolifera,** oil rock.
— **scistosa,** schistous rock.
— **sedimentaria,** sedimentary rock.
— **serbatoio** (*geol.*), reservoir rock.
— **silicea,** siliceous rock.
— **tenace,** tough rock.
— **tenera,** soft rock.
— **viva,** living rock.
— **vulcanica,** volcanic rock.
— **vulcanica in schiuma,** foamed volcanic rock.
— **(farina di —),** rock flour.
rodaggio *m.* (*mecc.*), running-in.
— **di nuovi motori,** running-in (*or* run-in) of new engines.
— **di un motore** (*ing.*), running-in of an engine.
— **iniziale,** initial run-in.
— **(in —)** (*auto, ecc.*), « run in » (*p. es.; l'automobile è in rodaggio*, the car is being « run-in »).
— **(olio per —),** running in oil.
rodare un motore, to run in an engine; (*il motore è ancora male rodato*), the engine is not yet run in).
rodiatura, *f.* rhodium plating.
rodiggio, *m.* (*ferr.*), wheel arrangement.
rodina, *f.* Rodine.
rodio, *m.* (*chim.* = Rh), rhodium.
roggia, *f.* ditch.
rollare (*naut.*), to roll.
rollata, *f.* (*aereo*), rolling motion.
rollio, *m.* (*aereo, naut.*), rolling.
— **della carrozzeria** (*auto*), body roll.
— **di un'automobile** (*auto*), car roll (*tilting to one side*).
rollo, *m.* (*cinem.*), reel.
rombo, *m.* (*geom.*), rhombus (*pl.* rhombi; rhombuses).
romboedrico, *agg.* rhombohedral.
romboedro, *m.* rhombohedron.
romboidale, *agg.* rhomboidal.
romboide, *m.* rhomboid.
rompere, *v.a.* to break; (*chim., min.*), to sever.
rompersi, *v.r.* (*superfici stradali, funi, ecc.*), to give.
rompighiaccio, *m.* icebreaker.
— **a piattaforma a cuscino d'aria,** air-cushion platform/icebreaker.
— **(rimorchiatore —),** icebreaking tug.
rompigrinze (*tecnol.*), draw-bead.
rompipanello, cake paring table.
rompiscaglie (*met.*), v. **cilindro —**; v. **gabbia —**.
rompitore, *m.* (*mecc.*), breaker.
rompitraccia, *m.* (*seminatrice*) (*mecc.*) (*agr.*), row-breaker.
rompitratta, *m.* (*costr.*), inter-tie; fender waling; v. **(membrature —).**
rompitruciolo, *m.* (*macch. ut.*), chip breaker.
rompizolle, *m.* (*impianti di agglomerazione, serve a frantumare i pezzi più grossi di agglomerato*), sinter breaker.
roncola (*f.*) **da rami,** branch bill.
rondella, *f.* (*mecc.*), washer.
— **ammortizzatrice,** shakeproof washer.
— **antivibrante** (*mecc.*), shakeproof washer.
— **di cuoio,** leather washer.
— **di feltro** (*mecc.*), felt washer.
— **di nailon,** nylon washer.
— **di sicurezza a dentatura esterna** (*mecc.*), tab washer.
— **di spinta** (*mecc.*), thrust washer.
— **elastica,** spring washer.
— **in lamiera nera,** black iron washer.
— **otturatrice,** blind washer.
rongalite, *f.* (*chim.*), rongalite.
röntgen, *m.* (*radiazioni*) (*unità di misura delle dosi di esposizione di raggi X o gamma*), röntgen.
— **(raggi —),** roentgen rays.
röntgencardiogramma, *m.* roentgencardiogram.
röntgenchimografia, *f.* roentgenkymography.
röntgencinematografia, *f.* roentgencinematography.
röntgenizzazione, *f.* (*radiol.*), roentgenization.

röntgenografia, *f.* roentgenography; roentography.
röntgenogramma, *m.* (*radiol.*), roentgenogram; roentogram; roentgram.
röntgenometria, *f.* (*radiol.*), roentgenometry.
röntgenopaco, *agg.* (*radiol.*), roentgenopaque.
röntgenoscopio, *m.* (*radiol.*), roentgenoscope.
röntgenoterapia, *f.* (*radiol.*), roentgenotherapy; roentgen therapy.
ronzamento, *m.* (*elet.*), humming.
ronzare, *v.i.* to hum.
ronzio *m.* (*radio*) (*telev.*), hum; (U.S.A.) ripple.
— **dovuto a corrente alternata,** alternating current hum.
ro-ro (*naut.*), v. **nave ro/ro.**
rosa (*artiglieria, ecc.*) (*di tiro, di un getto d'acqua, ecc.*), pattern.
— **a vortice** (*pistole a spruzzo*), vortex pattern.
— **dei venti** (*meteor.*), wind rose.
— **di tiro** (*armi*), field of fire.
rosanilina, *f.* rosaniline.
rosetta, *f.* (*mecc.*), washer; collar.
— **elastica** (*mecc., ferr.*), spring washer.
— **per cordami,** grummet thimble.
rosindulina, *f.* rosinduline.
rosone, *m.* (*arch.*), rose window.
rossetto (*m.*) **inglese,** polishing ochre; buffing ochre.
rosso, *m. agg.* red.
— **brillante,** brilliant red.
— **ciliegia,** cherry red.
— **cloropara,** chlorinated para red.
— **del Congo,** Congo red.
— **Derby,** Derby red; chrome red.
— **di anilina,** aniline red; fuchsine.
— **di antimonio,** antimony red.
— **di cromo,** chrome red.
— **d'India,** Indian red.
— **di Vienna,** Vienna red.
— **inglese,** English red.
— **litolo,** lithol red.
— **opaco,** dull red.
— **pallido,** faint red.
— **para,** para red.
rosso paranitroanilina, paranitraniline red.
— **per cotone,** cotton red.
— **veneziano,** Venetian red.
— **Vittoria,** Victoria red.
rostro antitamponamento (*auto*), v. — **di paraurti.**
— **di paraurti** (*auto*), bumper over-rider; (U.S.A) bump guard; (*i rostri dei paraurti sono gommati*), the bumper over-riders are rubber padded.
— (*auto*), (*la gomma viene usata nel rivestire i paraurti, ma i rostri sono cromati*), rubber is used to face the bumpers, but the over-riders are chromium plated.
rotaia, *f.* (*ferr.*), rail.
— **a base piana** (*o* **vignole**), (flanged *or* flange) rail; vignoles rail; girder rail; flat-bottomed rail.
— **a canale,** grooved rail.
— **a canale piatto,** flat grooved rail.
— **ad ago,** switch rail.
— **a doppio fungo dissimmetrico.** bull-headed rail; bullhead rail.
— **a funghi ineguali,** unequal headed rail.
— **a fungo piatto,** flat headed rail.
— **a nasello,** step-rail.
— **a ponte,** bridge rail.
— **a suola,** foot rail.
— **capovolgibile,** swing rail.
— **compensatrice,** make-up rail.
— **conduttrice** (*elet.*), live rail.
— **d'ala,** wing rail.
— **di contatto** (*elet.*), contact rail; conductor-rail.
— **di porta giunto,** easing rail.
— **di scorrimento,** crane track rail.
— **di scorrimento per porta,** door runner rail.
— **esterna,** outer rail.
— **-forma** (*calcestruzzo*), running rail.
— **gemella,** twin rail.
— **interna,** inner rail.
— **longarina,** sleeper rail.

rotaia rampante, ramp rail.
— **(acciaio da —),** rail steel.
— **(arpione per —),** dog spike.
— **(chiodo per —),** spike.
— **(fungo della —** *o* **testa della —),** head of the rail.
— **(inclinazione della —) verso l'interno,** cant of the rail; (tilt).
— **(rottura di —),** rail breakage.
— **(scarpa della —),** railshoe.
— **(sopra elevazione della —),** superelevation of the track.
— **(spigolo inferiore della —),** bottom of rail.
— **(spigolo superiore della —),** top of rail.
— **(superficie di contatto della —, superficie di lavoro della —),** tread (of rail).
rotaie (apparecchio per curvare le —) (*ferr.*), rail bender; jim crow.
— **(arpione per —),** dog spike.
— **(squadra di posa delle —),** rail square.
— **(staffa di collegamento delle —),** rail bond.
rotare, *v.a.* to rotate; (*agrim.*), to turn (*rotare il cannocchiale finchè è parallelo alle due viti del basamento*, to turn the telescope until it is parallel to the two foot-screws; *rotare a destra*, to turn clockwise; to turn to the right; *rotare in direzione della 3ª vite*, to turn over the third screw).
— **di 90°,** to rotate through 90° degrees; to rotate 90° deg.
rotativa, *f.* (*tipog.*), rotary press; printing press.
— **da stampa per giornali,** rotary newspaper printing press.
— **offset** (*tipog.*), offset rotary.
— **offset da bobina,** web-offset rotary.
— **offset da foglio,** sheet-fed offset rotary.
rotativista, *m.* rotary minder.
rotativo, *agg.* rotating; rotary; revolving.
rotatorio, *agg.* rotary.
rotazione, *f.* rotation.
rotazione a destra, right-hand rotation.
— **a sinistra,** left-hand rotation.
— **dei pneumatici** (*auto*), tire rotation.
— **della volta** (*met.*), roof swinging.
— **delle colture** (*agr.*), rotation of crops.
— **destrorsa,** clockwise rotation.
— **di fase** (*elet.*), phase rotation.
— **sinistrorsa,** counter clockwise rotation.
— **(procedere alla — dei pneumatici)** (*auto*), to rotate the tires.
rotella, *f.* (*di carrelli*), castor; (*rullo di scorrimento*), roller cam bowl.
— **copiatrice,** copying roller.
— **di guida,** travelling crab; guide roll.
— **di scorrimento,** roller; runner.
— **di tensione,** tension roller.
rotenone, *m.* (*chim.*), rotenone; niculine; tubatoxin.
rotismo, *m.* v. **ruotismo,**
rotocalco, *m.* rotogravure.
rotogalvano, *m.* plating barrel
rotolamento, *m.* rolling.
rotolare, *v.i.* to roll.
rotolo (*met.*), coil; (*per pellicole*) (*fot.*), cartridge.
— **a spire allargate** (*met.*), open coil.
— **di carta,** paper reel.
— **di disegni,** drawing roll.
— **slittato** (*met.*), slit-coil.
— **(massimo diametro esterno —),** maximum outside diameter of coil.
— **(massimo diametro interno —),** maximum inside diameter of coil.
rotondità, *f.* roundness; v. **strumento per la misura della —.**
rotondo, *agg.* round.
rotore, *m.* (*elet.*, *elicot.*), rotor; armature.
— **ad anelli rotanti** (*elet.*), slip-ring rotor.
— **a gabbia di scoiattolo,** squirrel-cage rotor.
— **anticoppia** (*aereo*), auxiliary rotor; (*elic.*), anti-torque rotor.
— **coassiale** (*elic.*), co-axial rotor.

rotore della turbina (*aereo*), turbine rotor.
— **di compressore** (*aereo*), spool.
— **principale,** main rotor.
rotta, *f.* course; heading (*aereo*); path; (*naut.*), route, run.
— **della bussola,** compass course.
— **di avvicinamento** (*al bersaglio*) (*aereo mil.*), route of approach (to target).
— **transcontinentale**(*aereo*), transcontinental route.
rottamazione, *f.* (*auto, moto, ecc.*), scrapping.
rottamare, *v.a.* v. **passare al rottame.**
rottame, *m.* (*met.*), scrap; v. **commercio del —; industria del —; lavorazione del —; mercato del —; preparazione del —;** v. **(caricatrice di —);** v. **(preriscaldo del —);** v. **(raccolta del —);** v. **(scelta del —);** v. **(smistamento del —).**
— **d'acquisto,** bought scrap.
— **di acciaio,** steel scrap.
— **di automobili,** junk car scrap; auto scrap.
— **di automobili trattato termicamente,** thermically treated automobile scrap.
— **di demolizioni navali,** shipbreaking scrap.
— **di ferro,** iron scrap.
— **di ghisa** (*met.*), cast-iron scrap
— **di ritorno** (*met.*), process scrap; works scrap; mill scrap.
— **ferroviario,** railroad scrap (U. S.A.).
— **interno,** works scrap; home scrap; mill scrap.
— **massiccio,** heavy scrap.
— **minuto,** small scrap.
— **per esportazione,** export scrap.
— **per pacchettare** (*met.*), packeted scrap; baled scrap.
— **(carro automotore per il caricamento del —)** (*met.*), self-propelling scrap charging car.
— **(mercato del —),** scrap market.
— **(parco —),** scrap yard.
— **(passare al —),** to scrap.
rotto in modo irreparabile (*inutilizzabile*) (*mecc.*), broken beyond use.
rottura, *f.* cracking; breaking; (*interruzione*), interruption; rupture; break.
— **di elettrodo** (*forno met.*), electrode breakage.
— **di una fune,** breaking of a rope.
— **di un filo** (*tess.*), snapping of a thread.
— **duttile** (*met.*), ductile fracture; ductile crack; (« tough » fracture).
— **fragile** (*met.*), brittle fracture.
— **per decoesione** (*cristal.*), cleavage (fracture).
— **per fatica** (*mecc.*), fatigue failure; (*met.*), fatigue crack.
— **per fatica e corrosione** (*met.*), corrosion fatigue fracture.
— **per fatica su intaglio** (*met.*), notch fatigue fracture.
— **per scorrimento** (*met.*), creep rupture.
— **sotto sforzo** (*met.*), stress crack.
— **tenace** (*met.*) (*p. es. per scorrimento*), tough fracture.
— **transcristallina per fatica** (*met.*), fatigue transcristalline failure.
— **(limite di —),** breaking point.
— **(modulo di —),** module of rupture.
— **(momento di resistenza alla —),** moment of rupture.
« roulotte » (caravan rimorchiabile) (*auto*), caravan.
routine diagnostica (*inform.*), diagnostic routine.
— **di collaudo** (*inform.*), test routine.
roventare, *v.a.* to heat to redness.
rovente, red-hot.
rovere, *f.* male-oak.
rovesciamento d'ala e picchiata in candela (*aereo*), Immelmann turn.
rovesciare, *v.a.* to reverse; to invert (*ott.*); to spill (*liquidi*); to overturn; to topple over.
rovesciarsi sull'ala (*aereo*), to turn over on the wing.

rovescio di saldatura (*sald.*), back of weld.
rovinare (*v.a.*) **il lavoro** (*o* **il pezzo**), to mar the work.
rubidio, *m.* (*chim.* = Rb), rubidium.
rubinetto, *m.* cock; tap; (*piccolo, per la casa*), faucet.
— **a due vie,** two-way cock.
— **a pinzetta,** pinch cock.
— **a quattro vie,** four-way cock.
— **a tre vie,** three-way cock.
— **a valvola,** valve cock.
— **carburante,** fuel tap.
— **del gas,** gas cock.
— **dell'acqua,** water cock.
— **dell'aria,** air cock.
— **dell'indicatore,** indicator cock.
— **di alimentazione,** feed-cock.
— **di chiusura,** regulating tap; regulator tap.
— **di distribuzione,** distributing cock.
— **di prova** (*indicatore di livello*), gauge cock.
— **di scarico,** drain cock; discharge cock.
— **di sicurezza,** safety tap.
— **indicatore del livello d'acqua,** gauge cock.
— **regolatore,** regulating cock.
rubino, *m.* (*min.*), ruby.
— **di orologio,** jewel.
— **industriale,** corubin.
rubrica telefonica automatica da tavolo, tele-index (automatic telephone number index).
rufigallolo, *m.* (*chim.*), rufigallol; rufigallic acid.
rufiospina, *f.* rufiospin.
rufolo, *m.* rufol.
ruggine, *f.* rust.
— **bianca** (*sui prodotti zincati caldo*) (*met.*), white rust.
— **(sostanza antiruggine)** (*met.*), rust repellant.
— **(togliere la —),** to unrust; (*detergenti*) (*met.*), to derust.
rugginoso, *agg.* rusty.
rugosimetro, *m.* (*mecc.*), profilometer (*surface roughness measuring instrument*).
rugosità, *f.* (*met., ecc.*), roughness.
rugosità artificiale standard (*idraul.*), artificial roughness standard.
— **della superficie stradale,** roughness of a road surface.
— **superficiale** (*met.*), surface roughness.
rullaggio, *m.* (*distanza coperta da un aereo al decollo e all'atterraggio*) (*aereo*), run.
— **al decollo** (*aereo*), take-off run.
rullare, *v.i.* (*aereo*), to taxi.
— **sul campo** (*aereo*), taxing on the ground; to taxi.
rullatore (*m.*) **per perni** (*orol.*), pivot burnisher.
— **per tornietto da lucidare** (*orol.*), Jacot tool; pivot burnisher.
rullatrice per filetti (*macch. ut.*), thread rolling machine.
rullatura dei filetti (*mecc., met.*), thread rolling.
rulli di sostegno (*met.*), supporting rollers.
— **estrattori** (*metal.*), withdrawl rolls; pinch rolls.
— **gommati,** rubberised rollers.
rullino, *m.* (*mecc.*), needle-roller.
rullio, *m.,* v. **rollio.**
rullo, *m.* (*stradale*), roller; (*mecc.*), roller; roll.
— **ad espansione** (*cuscinetti*), expansion roller.
— **a foro conico** (*cuscinetti*), tapered roller.
— **a frizione,** friction roller.
— **cilindratore** (*tess.*), calender-roller.
— **curvatore,** bending roll.
— **di appoggio** (*met., mecc.*), back-up roll.
— **di avanzamento,** feed roller.
— **di gomma per scacciare l'acqua eccedente** (*sviluppo fot.*), squeegee.
— **di guida,** former roller; guide roll.
— **di macchina da scrivere,** platen.
— **di pressione,** pressure roller.
— **di sostegno,** supporting roll.
— **estrattore della billetta** (*met.*), billet withdrawing roll.
— **filettatore** (*mecc.*), thread rolling roll.

rullo gommato (*p. es. di impacchettatrice*), gummed roller.
— **inchiostratore** (*tipog.*), inker.
— **laterale,** side roll.
— **marcatore per filigrana** (*carta*), water marking roll.
— **per spianare pasta** (*alim.*), rolling-pin.
— **per spianatrici lamiere** (*met.*), straightening roll.
— **per verniciature esterne,** exterior roller.
— **portacingolo** (*rullo portante*) (*mecc., mil.*), track roller.
— **profilatore** (*di profilatrice a rulli*) (*mecc.*), forming roll.
— **spianatore,** straightening roll.
— **stradale,** road roller.
— **umettatore** (*carta*), damping roll.
— **vibrante** (*costr. strad.*), vibrating roller.
rumore *m.*, noise.
— **bianco** (*rumore casuale che è privo di colorazioni*), white noise.
— **della valvola** (*radio*), tube noise; valve noise.
— **di agitazione termica** (*telecom.*), thermal agitation noise.
— **di antenna,** aerial noise.
— **di aviogetto** (*aereo*), jet plane noise.
— **di bisbiglio** (*radio*), monkey chatter.
— **di commutazione** (*e di falso contatto*) (*telecom.*), switching noise.
— **di cresta** (*elet.*), peak noise.
— **di fondo** (*acustica*), ground noise; back ground noise; stew (*cinem.*); (*telev.*), random noise.
— **di linea** (*interferenza*) (*telef.*), line noise.
— **di motore** (*aereo, auto*), engine noise.
— **di motore a getto** (*aereo*), jet engine noise.
— **di perforazione** (*cinem.*), sprocket noise.
— **di quadro** (*cinem.*), frame noise.
— **di raspio** (*radio*), rasping noise.
— **di sala** (*telecom.*), room noise.
rumore di scintillamento, flicker effect.
— **di scoppiettio** (*radio*), popping noise.
— **di sibilìo** (*radio*), whirring noise.
— **di sparo** (*termoion.*), shot noise.
— **di terra** (*acust.*), ground noise.
— **di ticchettìo** (*radio*), tiching noise.
— **di trillìo** (*radio*), squealing noise.
— **di urlìo** (*radio*), dowing noise; howl.
— **elettrico,** electrical noise.
— **indotto** (*telecomunicaz.*), induced noise.
— **medio** (*elet.*), mean noise.
— **microfonico** (*termoion.*), microphone noise.
rumorosità di ingranaggi, gear noise.
ruota, *f.* wheel; gear (*r. d'ingranaggio*).
— **a cassette** (*idraul.*), bucket wheel.
— **accoppiata,** coupled wheel.
— **a catena,** chain wheel.
— **a caviglie,** pin gear.
— **a cono,** cone wheel.
— **a coulant** (*orol.*), clutch wheel.
— **a cricco,** ratchet wheel.
— **ad elica,** worm wheel; screw wheel.
— **a denti a corona,** crown wheel.
— **a denti di legno,** cog wheel.
— **a denti diritti,** straight-toothed gear.
— **a denti di sega,** ratchet wheel; rack wheel; racket wheel.
— **a denti elicoidali,** screw wheel.
— **ad ingranaggio,** pinion.
— **a disco** (*auto*), disc wheel.
— **a giro lento,** low-speed wheel.
— **a giro rapido,** high-speed wheel.
— **a gradini,** step wheel.
— **anteriore,** front wheel; fore wheel.
— **a palette,** impeller; runner.
— **a raggi** (*auto*), wire-wheel.
— **calza** (*orol.*), cannon pinion.
— **cambio** (*orol.*), minute wheel
— **centro** (*orol.*), centre wheel.
— **comandata,** follower.

ruota con dentatura ad inviluppo (*ingr.*), rolling wheel.
— **condotta,** driven wheel.
— **conduttrice,** driving wheel; guide wheel.
— **conica** (*ingr.*), wheel crown gear; conical wheel; bevelled wheel.
— **corona,** crown wheel; transmission wheel (*orol.*).
— **cromata a raggi di filo** (*auto*), chrome plated wire wheel.
— **d'accoppiamento,** meshing gear.
— **d'angolo** (*orol.*), crown wheel.
— **del freno,** brake wheel.
— **dell'àncora** (*orol.*), escape wheel.
— **della turbina** (*aereo*), single stage rotor.
— **del timone** (*naut.*), steering wheel.
— **dentata,** toothed wheel; spur wheel; cogged wheel.
— **di arresto,** ratchet wheel.
— **di assortimento,** pick off gear.
— **di avanzamento,** feed wheel.
— **di cambio,** change gear.
— **di campo** (*aratro*), land wheel.
— **di frizione,** friction wheel.
— **d'ingranaggio,** spur-wheel.
— **di poppa** (*naut.*), stern post.
— **di prua** (*naut.*), stem.
— **direttrice,** guide-wheel.
— **di scorta** (*auto*), spare wheel.
— **di scorta posta sotto il piano di carico** (*auto*), spare wheel stowed under the boot floor.
— **di solco** (*aratro*), furrow-wheel.
— **di trasmissione,** transmission wheel; castle wheel (*orol.*).
— **di turbina** (*mecc.*), turbine-wheel.
— **di vagone,** car wheel.
— **dividente,** dividing wheel.
— **eccentrica,** eccentric wheel; eccentric sheave (*ingr.*).
— **elicoidale,** worm-wheel.
— **folle,** loose wheel.
— **idraulica,** water-wheel.
— **in lega di magnesio** (*auto*), magnesium-alloy wheel.
— **intermedia** (*orol.*), third wheel.

ruota intermedia di carica (*orol.*), transmission wheel.
— **intermedia di messa all'ora** (*orol.*), intermediate wheel.
— **iperbolica,** hyperbolic wheel.
— **fonica** (*elet.*), phonic wheel; phonic drum.
— **libera,** free wheel.
— **mobile,** rotor.
— **motrice,** driving wheel; working wheel; climber (*ferr. a cremagliera*).
— **ore** (*orol.*), hour wheel.
— **portacatena,** chain wheel.
— **portante,** trailing wheel.
— **posteriore,** back wheel.
— **rinvio** (*orol.*), intermediate wheel.
— **scappamento** (*orol.*), escape wheel.
— **secondi** (*orol.*), 4th. wheel; fourth wheel.
— **-strada** (*dinamometrica*) (*mecc.*), treadmill.
— **tamburo** (*orol.*), **ratchet wheel.**
— **vivente** (*cinem.*), wheel of life.

ruote (*f. pl.*) **accoppiate,** coupled wheels.
— **delle carrucole,** pulley wheels.
— **del telaio d'atterraggio,** landing chassis wheels.
— **di tipo sportivo** (*auto*), sports wheels.
— **in acciaio** (*auto*), steel wheels.
— **in lega** (*auto*), alloy wheels.
— **in lega di alluminio** (*auto*), aluminium alloy wheels.
— **in lega leggera** (*auto*), light alloy wheels.
— **in serie,** change gears.
— **per fuori strada** (*auto*), wheels for off roading.

ruotismo, *m.* gearing; gear; driving gear; driving mechanism; wheel work; wheelwork (*insieme di ruote*).
— **cilindrico,** cylindrical gearing.
— **differenziale,** differential gear.
— **intermedio,** intermediate gear.

ruspa, *f.* (*macch. per movimenti di terra*), scraper.
— **a scarico anteriore** (*macch.*), **forward dumping scraper.**

ruspa a scarico posteriore (*macch.*), rear dump scraper; backward dumping scraper.
— **a vagone** (*macch.*), wagon scraper.
— **ruotante** (*macch.*), rotary scraper.
— **semovente,** self-powered scraper.
— **trainata,** towed scraper.
ruspa (lama tagliente di una —), cutting edge; knife.
rutenio, *m.* (*chim.* = Ru), ruthenium.
rutilo, *m.* (*chim.*), rutile.
ruttore, *m.* (*di magnete*) (*auto*), contact-breaker.
ruvidezza *f.*, roughness.
ruvido, *agg.* rough.

S

sabbia, *f.* sand; v. **macchina per la lavorazione della —.**
— **abrasiva,** abrasive sand.
— **a grani fini,** fine sand.
— **a grani grossi,** coarse grained sand.
— **argillosa,** argillaceous sand; clay sand.
— **artificiale,** artificial sand; manufactured sand.
— **asfaltica,** tar sand.
— **aurifera,** auriferous (*or* gold-bearing) sand.
— **bituminosa,** tar sand.
— **calcarea,** calcareous sand.
— **da anime,** core sand.
— **da fonderia,** moulding sand.
— **da modello** (*fond.*), facing sand.
— **di cava,** pit sand.
— **di fiume,** river sand.
— **di monazite,** monazite sand.
— **di qualità scadente,** poor quality sand.
— **di scorie** (*d'altoforno*), slag sand.
— **dolomitica,** dolomitic sand.
— **fina,** fine grained sand.
— **grossolana,** sharp graded sand.
— **magra,** weak sand.
— **marina,** sea sand.
— **monazitica** (*fis. atom.*), monazite sand.
— **naturale,** natural sand.
— **normale,** standard sand.
— **per cemento armato,** concrete sand; concrete fine aggregate.
— **per intonaco,** plastering sand.
— **per pezzi grossi** (*fond.*), heavy sand.
— **per pezzi medi** (*fond.*), medium sand.
— **per pezzi piccoli** (*fond.*), light sand.
— **per vetro,** glass sand.
— **petrolifera,** oil-sand.
— **platinifera,** platinum sand.
— **quarzosa,** quartz sand.
— **refrattaria,** fire-sand; refractory sand.
— **secca,** dry sand.
sabbia senza argilla, sand free from clay.
— **silicea,** siliceous (*or* silicious) sand.
— **umida,** wet sand.
— **vecchia** (*fond.*), old (*or* black) sand.
— **verde** (*fond.*), green sand.
— **vulcanica,** volcanic sand.
— **(campione di —),** sample of sand.
— **(impianto preparazione —)** (*fond.*), sand-preparation plant.
— **(reparto —)** (*fond.*), sand-shop.

sabbiare, to sand.
— **e scriccare le barre provenienti dalla parte centrale del lingotto** (*met.*), to blast and discale the bars from the ingot centre.

sabbiatrice, *f.* sander; sand blaster; sand blasting machine; blast generator (U.S.A.); (*macchina per sabbiare*) grit blaster (U.S.A.).

sabbiatura, *f.* sandblasting; sand-blasting; (*met.*), blasting.
— **ad umido,** wet sandblasting.
— **umida** (*met.*), wet blasting.

sabbie (*f. pl.*) **a secco** (*fond.*), dry sands.
— **a verde** (*fond.*), green sands.
— **colorate per anime** (*fond.*), coloured core sands.
— **grigie** (*fond.*) burned (*or* dead) sands.

sabbiera, *f.* sand-box; (*fabbricaz. carta*), sand-trap.

sabbioso, *agg.* sandy; gritty.

sabina, *f.* (*acust.*), sabin.

sacca, *f.* (*dell'altoforno*), bosh; boshes.
— **di gas,** gas pocket.
— **di minerale coltivabile** (*geol.*), pocket of ore.
— **per la scoria** (*met.*), slag pocket.

saccarati, *m. pl.* saccharates.

saccarato, *m.* saccharate.

saccare (*della fune*), sagging.

saccaridi, *m. pl.* (*chim.*), saccharoses.
saccarifero, *agg.* sacchariferous.
saccarificare, *v.a.* to saccharify.
saccarificazione, *f.* saccharification.
saccarimetria, *f.* saccharimetry.
saccarimetro, *m.* saccharimeter.
saccarina, *f.* (*chim.*), saccharin.
saccarinato, *agg.* saccharin.
saccaroide, *m.* saccharoid.
saccarometro, *m.* (*chim.*), saccharometer.
saccarosio, *m.* saccharose.
sacchetto (*m.*) **di carta per cemento,** waterproofed lined paper bag.
— **di politene** (*plast.*), polythene bag.
sacco, *m.* bag; sack.
— **« a perdere » a pareti multiple,** multi-walled non-returnable bag.
— **di cotone** (*ind. mol.*), cotton bag.
— **di iuta forte,** hessian bag.
— **impermeabile,** waterproof bag.
— **pelo,** sleeping bag.
— **per campioni,** sample-bag.
— **per carbone,** coal-sack.
— **per la sabbia,** sand-bag.
— **(bocca del —)** (*ind. mol.*), mouth of the sack.
— **(chiusura del —)** (*ind. mol.*), closing of the bag.
— **(cucire il —)** (*ind. mol.*), to stitch the hag.
— **(cucitrice per —),** (bag) stitching machine.
— **(riempire il —)** (*ind. mol.*), to fill the bag.
saetta, *f.* (*di un arco*), rise; pitch. (*cost.*), strut; angle brace.
— **a gola,** shell bit.
— **a tortiglione,** auger bit.
— **a tre punte,** centre bit.
saettone, *m.* (*cost.*), brace; strut (*tirante*).
— **di sospensione,** suspension strut.
— **in ferro,** iron brace; iron strut.
safranina, *f.* (*tintoria*), safranine.
safranine, *f. pl.* (*chim.*). safranines.
safrolo, *m.* (*chim.*), safrol.
saggi sul petrolio, petroleum testing.
saggiare, *v.a.* (*metalli*), to test (*metals*).
saggiatore (*m.*) **di lamiere di ferro** (*elet.*), iron-sheet bridge.
— **di metalli,** trier.
saggio, *m.* (*campione*), sample; (*esperimento*), experiment; (*provino per metalli*), test piece; (*prova*), trial.
— **alla fiamma** (*met.*), flame test.
— **degli strati** (*petrol.*), formation testing.
— **del terreno nel cantiere** (*min., mecc.*), in-situ soil test.
— **di aderenza** *o* **(di coesione),** bond test.
— **di metalli,** test.
— **di sfruttamento** (*pozzi*), draw-down test.
— **in conchiglia** (*met.*), chill test.
— **semimicro** (*ing. chim.*), semimicro test.
sagittale, *agg.* sagittal.
sagittario (*astron.*), Sagittarius.
sagola, *f.* (*naut.*), log-line; sounding-line.
— **da getto** (*fune per manovre di ormeggio, ecc.*) (*naut.*), heaving line.
sagoma, *f.* template; templet (*modello*); moulding (*profilo*); (*fond.*), striking board; (*arch.*), chamfer (*modanatura*).
— **d'avvolgimento** (*elet.*), winding former.
— **di carico** (*ferr.*), loading gauge.
— **di curva** (*ferr.*), curve-gauge.
— **di diffrazione elettronica,** electron diffraction pattern.
— **di un elemento** (*tranciatura*), blank.
— **limite** (*ferr.*), loading gauge.
— **per avvolgimenti** (*elet.*), former.
— **per curvare il legno,** wood bending template.
— **per lamiere,** metal gauge.
sagomare, *v.a.* to mould; to template; to form (*metalli*).
— **secondo il profilo alare** (*aereo*), to mould to aerofoil.
sagomati (*m. pl.*) **leggeri** (*met.*), light sections.

sagomatrice, *f.* wood moulding machine.

sagomatura, *f.* profile turning; moulding; (*alla rettifica*), profile grinding; forming (*metalli*).

— **ad impulsi magnetici** (*met.*), magnetic pulse cold forming.

— **dei metalli mediante l'uso di campi magnetici** (*met.*), electromagnetic forming.

saia, *f.* (*tess.*), twill.

sala, *f.* (*mecc.*), axle-tree; (*comandi, controllo*) (*met.*), (control) room.

— **caldaie,** boiler room.

— **computeristica** (*inform.*), computer room.

— **concerti** (*cost.*), concert hall.

— **controllo altoforno** (*met.*), blast furnace control room.

— **d'aspetto,** waiting room.

— **d'attesa di II classe** (*ferr.*), second-class waiting hall.

— **degli accumulatori** (*elet.*), accumulator room.

— **delle carde** (*tess.*), card room.

— **delle dinamo** (*elet.*), dynamo room.

— **delle macchine,** engine (*or* machine) room.

— **delle soffianti** (*met.*), blowing-house.

— **delle turbine,** turbine house.

— **di apertura** (*tess.*), opening room.

— **di attesa** (*ferr*, *ecc.*), waiting room.

— **di battitura** (*tess.*), beater chamber.

— **di comando** (*elet.*), control room.

— **di conteggio** (*fis. atom.*), counting room.

— **di depurazione** (*gas*), purifier house.

— **di disegno,** drawing office.

— **di distribuzione,** switch room.

— **di esposizione** (*comm.*), show room.

— **di germinazione** (*orzo*), malting floor.

— **di montaggio,** erecting shop; erecting bay.

sala di mungitura (*agr.*), milking parlour.

— **d'installazioni automatiche** (*telef.*), auto room.

— **di preparazione al telaio** (*tess.*), looming room.

— **di prova per proiezioni** (*cinem.*), viewing room.

— **di ripulitura,** fettling shop.

— **di ritrovo** (*costr.*), meeting room.

— **di sincronizzazione** (*cinem.*), scoring stage.

— **di tracciamento** (*o* **a tracciare**) (*aereo, naut.*), loft floor.

— **filtri** (*met.*), filter room.

— **mensa** (*naut.*), mess room.

— **montaggio,** assembly department.

— **montata** (*ferr.*), wheel-set.

— **nautica** (*naut.*), chart house; chartroom.

— **operatoria,** *f.* operating theatre.

— **pompe discagliatura** (*met.*), descaling water pump room.

— **portante** (*ferr.*), idler.

— **prove,** torque room.

— **soffianti** (*altoforno met.*), blower room.

salamandra di forno (*met.*), sow; salamander.

salamoia, *f.* brine.

— **dei campi petroliferi,** oil field brine.

salari (aumento inflazionistico dei —) (*econ.*), inflationary wage increase.

— **(determinazione dei —)** (*lavoro*), wage determination.

— **(differenziazione dei —)** (*econ.*), wage differentials.

— **(norma amministrativa sulla disciplina dei —)** (*lavoro*), statutory wage regulation order.

— **(slittamento dei—),** wage drift.

— **(spinta dei —)** (*lavoro*), wage-push.

— **(supplementi relativi ai —),** costs incidental to wages.

salariato, *m.* hired labourer; wage earner.

salario, *m.* wages; wage.

— **a giornata,** day-wage.

salario a cottimo, piece-wage.
— **a incentivo,** efficiency wages.
— **base,** basis wage; basic pay.
— **contrattuale** (*lavoro*), negotiated wage.
— **lordo,** gross wage.
— **massimo,** wage ceiling.
— **minimo,** minimum wage.
— **netto,** net wage.
— **orario,** hourly wage.
— **settimanale degli operai** (*lavoro*), weekly wage earning.
— **(accordi inerenti agli aumenti di —),** pay settlements.
— **(miglioramenti relativi agli elementi accessori del —)** (*lavoro*), fringe benefits.
— **(richiesta inerente agli aumenti di —),** pay claim.
salbande (*superfici lisce delimitanti i filoni*) (*geol.*), selvages; gouges.
salda, *f.* (*d'amido*), starch.
saldabile, *agg.* solderable; weldable.
saldabilità, *f.* weldability; solderability.
— **aumentata** (*maggior saldabilità*) (*sald.*), enhanced weldability.
saldante (calor bianco —), welding heat.
saldare, *v.a.* to solder (up); to weld; to braze (*brasare*); (*comm.*), to settle.
— **a forte,** to braze.
— **all'arco,** to arc weld.
— **a pressione,** to pressure weld.
— **a stagno,** to sweat solder.
— **autogeneticamente,** to autogenous weld.
— **elettricamente,** to electric weld.
— **in cantiere,** to field weld; to weld *in situ*; (*la colonna fu saldata in cantiere*), the liner was field welded.
— **per attrito,** to friction weld.
— **per bollitura,** to boil weld.
— **per punti,** to spot weld.
— **per sovrapposizione,** to lap weld.
— **rappezzature in lavori di riparazione** (*met., ecc.*), to weld patches in repair work.
— **testa a testa,** to butt-weld.
saldare un fazzoletto sulla generatrice inferiore della briglia (*mecc., sald.*), to weld a gusset on the lower generant of the boom.
saldato, *p.p.*, welded (in); welded (on).
— **a pressione** (*tubi*), pressure welded.
saldatoio, *m.* soldering iron.
— **a gas,** gas heated soldering iron.
— **a riscaldamento elettrico,** electric heated soldering iron.
— **elettrico universale,** magazine electric soldering iron.
saldatore, *m.*, v. **saldatoio.**
— **elettrico,** electric welder.
saldatrice, *f.* welder; welding machine.
— **a controllo numerico,** N/C welding machine.
— **ad arco,** arc welder; arc welding set.
— **a fascio elettronico,** electron beam welder.
— **a gas,** gas welding machine.
— **a punti a braccio oscillante** rocker-arm spot welder.
— **a resistenza,** resistance welder.
— **a rulli,** roll welding machine.
— **automatica,** automatic welder.
— **di testa a frizione,** friction butt welding machine.
— **elettrica,** electric welding machine.
— **elettrica a scintillio,** flash welder.
— **elettrica di testa,** butt welding machine.
— **elettronica,** electronic welding machine.
— **orbitale,** orbital welder.
— **per punti,** spot welder; spot welding machine.
— **piastrine** (*fabb. tubi*), strip welding machine.
— **portatile per saldatura a punti,** portable spot welder.
— **testa a testa,** butt-welding machine.
saldatura, *f.* welding, soldering (*effetto o atto del saldare*); (*giunzione*), weld, welded joint;

(*linea di unione*), seam, soldering seam; welded joint; (*materiale per s.*), solder, flux.
saldatura a cordone, projection welding; bead weld (U.S.A.).
— **ad angolo** corner seam.
— **ad angolo a T,** single-fillet-welded T joint.
— **ad angolo a T a tratti,** single-fillet-welded T joint.
— **ad angolo a T a tratti sfalsati,** duble-fillet-welded T joint.
— **ad angolo a T sfalsati,** double-fillet-welded T joint.
— **ad angolo per sovrapposizione,** single-fillet-welded lap joint.
— **ad angolo per sovrapposizione a tratti sfalsati dalle due parti,** double-fillet-welded lap joint.
— **ad arco,** arc welding.
— **ad arco a gas di elio ecc.** (*con elettrodo ricoperto*), gas shielded-arc welding.
— **ad arco all'idrogeno atomico,** atomic hydrogen-arc welding.
— **ad arco a plasma,** plasma-arc welding.
— **ad arco con elettrodi coperti,** shielded-arc welding.
— **ad arco con elettrodi di metallo,** metal-arc welding.
— **ad arco con elettrodo di carbone,** carbon-arc welding.
— **ad arco coperto,** covered arc welding.
— **ad arco in atmosfera di gas protettivo,** gas shielded arc welding.
— **ad arco in gas inerte,** inert gas arc welding.
— **ad arco sommerso,** submerged arc welding.
— **ad arco sommerso a più passate,** submerged arc multi-pass welding.
— **ad arco sommerso a più strati,** submerged arc multi-layer welding.
— **ad arco subacquea,** under water arc welding.
— **ad argento,** silver brazing.
— **ad elettroscoria,** electroslag welding; electro-slag welding.
saldatura ad esplosione, explosive welding.
— **ad induzione,** induction welding.
— **a dolce,** soft soldering.
— **a doppio cordone,** double cordon welding.
— **a doppio punto,** twin-spot welding.
— **ad X,** X-seam.
— **a fori,** plug weld.
— **a fuoco** (*per bollitura*), fire welding; forge welding.
— **a fusione,** fusion welding.
— **a gas,** gas-welding.
— **a gas all'indietro,** back-hand welding; rightward welding.
— **a gas d'acqua,** hydraulic welding.
— **a gas in avanti,** forward welding; leftward welding.
— (*giunto*) **a getto di plasma** (*metallizzazione mediante saldatura a getto di plasma*), plasma spray bonding.
— **a gola,** fillet welding; « trough » welding.
— **al cannello,** blowpipe soldering.
— **alla forgia,** forge welding.
— **all'argento** (*materiale*), silver solder; silver soldering; « hard » soldering; silver brazing.
— **alla termite,** thermit welding.
— **all'elio,** heliarc welding.
— **all'idrogeno atomico,** atomic-hydrogen welding.
— **alluminotermica,** thermit welding.
— **al rovescio,** back weld.
— **a mano,** hand welding.
— **a passo di pellegrino,** back step welding.
— **a più passate,** multi-pass welding.
— **a plasma all'arco,** plasma-arc welding.
— **a pressione,** pressure welding.
— **a punti,** spot welding.
— **a punti in serie,** series spot welding.
— **a punti multipli,** multiple spot welding.

saldatura a raggi elettronici, electron-beam welding.
— **a rame** (*materiale*), hard (*or* brass) solder.
— **arcatomica,** arcatomic welding process.
— **a resistenza,** resistance welding.
— **a resistenza a corrente alternata,** alternating-current resistance welding.
— **a resistenza a corrente continua,** direct-current resistance welding.
— **a resistenza ad impulsi,** pulsation welding.
— **a resistenza per cucitura,** seam resistance welding; seam welding.
— **a resistenza per punti,** spot welding; spot resistance welding.
— **a ricoprimento,** lapwelding; scarf-weld(ing); lapweld.
— **a rilievo,** projection welding.
— **a rulli,** seam welding.
— **a rulli trasversale,** circumferential seam welding.
— **a scintillio,** flash welding.
— **a scoria elettroconduttrice,** electroslag welding.
— **a sinistra,** v. — **in avanti.**
— **a sovrapposizione,** lap welding.
— **a spirale,** spiral welding.
— **a stagno,** soft soldering; sweating; sweat soldering.
— **a T,** tee welding.
— **a tratti successivi,** block welding; block sequence (U.S.A.).
— **a tuffo,** dip soldering.
— **autogena,** autogenous welding.
— **autogena al cannello,** torch autogenous welding.
— **autogena per fusione,** fusion welding.
— **autogena per pressione,** pressure welding.
— **automatica,** automatic welding.
— **automatica ad arco con elettrodo di carbone,** automatic carbon-arc welding.
— **automatica ad arco con elettrodo di metallo,** automatic metal-arc welding.

saldatura a V, V-seam.
— **circolare,** circumferential welding.
— **col laser,** laser welding.
— **col sistema Sigma,** Sigma welding.
— **con anello di sostenimento o di tenuta,** butt-weld with backing ring.
— **con elettrodi a fascio,** nested electrode welding.
— **con ultrasuoni,** ultrasonic welding.
— **del raccolto** (*agr.*), carry over (of the old crop to the new).
— **di fondi,** end seam.
— **di officina,** shop welding.
— **di ogni specie,** all-round welding.
— **di parti metalliche per attrito** (*mecc.*), pick-up.
— **di punta,** scarf welding.
— **discendente,** downward welding.
— **di testa,** butt welding.
— **di testa a rulli,** butt-seam welding.
— **di testa per induzione,** induction butt welding.
— **di testa per scintillio,** flash butt welding.
— **di un raccolto** (*comm.*), carry over; (*la saldatura del grano del 1952*) the corn carry-over for 1952).
— **di un tubo,** pipe welding; tube welding.
— **dolce,** soft solder (*materiale*).
— **dolce con gli ultrasuoni,** ultrasonic soldering.
— **effettuata in posizione orizzontale,** flat position welding; horizontal position welding (USA).
— **elettrica,** electric welding.
— **elettrica ad arco,** electrical arc welding.
— **elettrica sotto scoria,** electroslag welding.
— **eseguita in posizione verticale,** vertical welding; vertical position welding (U.S.A.).

saldatura fatta col laser, laser weld.
— **forte,** hard brazing (*operazione*); hard solder (*materiale*); hard soldering (*operazione*).
— **in avanti,** leftward welding; forehand welding (U.S.A.).
— **in ciafrino,** fillet weld.
— **in continuo,** continuous welding; seam welding.
— **in costa,** seam welding.
— **in linea continua,** line welding.
— **in officina,** shop-welding.
— **in ottimo stato,** sound weld.
— **interrotta** (o *discontinua*), intermittent welding.
— **in verticale,** v. — **verticale.**
— **liscia,** smoth seam.
— **longitudinale,** longitudinal seam.
— **mediante l'impiego di esplosivi,** explosive welding.
— **« Mig »,** Mig-welding, (*sald. a filo metallico fusibile e con protezione di gas inerte*); metal electrode inert gas welding.
— **montante,** upward welding.
— **ossiacetilenica,** oxyacetylene-gas welding; oxy-acetylene welding; acetylene welding.
— **ossidrica,** oxy-hydrogen welding.
— **per attrito,** friction welding.
— **per bollitura,** forge welding; fire welding.
— **per esplosione,** explosive welding.
— **per fusione** (*fatta con fiamma ossiacetilenica o ossidrogena*), gas weld; fusion welding.
— **per immersione** (*o* **a tuffo**), dip soldering.
— **per induzione,** induction welding.
— **per pressione** v. — **a pressione.**
— **per punti** v. — **a punti.**
— **per punti e cucitura,** roll spot welding; spot seam welding.
— **per resistenza,** resistance welding.
— **per ricalcatura,** upset welding.
— **per scintillio,** flash welding.
— **porosa,** porous weld.
— **semi-arco,** quasi-arc welding.

saldatura semiautomatica, semiautomatic welding.
— **senza cordoni,** ridgeless seam welding.
— **sotto flusso,** submerged arc welding.
— **sotto scoria elettroconduttrice,** electroslag welding.
— **sovratesta,** overhead welding.
— **sul collo,** closed lapped corner joint.
— **sulla costa,** edge weld.
— **testa a testa,** butt welding; butt joint.
— **testa a testa alla fiamma,** flash butt welding.
— **testa a testa con bordi normali,** square-butt joint welded one side.
— **testa a testa con bordi smussati a K,** single-bevel butt joint.
— **testa a testa con bordi smussati a U,** double-U butt joint.
— **a testa a testa con bordi smussati a V,** single-V butt joint welded one side.
— **testa a testa con bordi smussati a V, con ripresa al rovescio,** single-V butt joint welded both sides.
— **testa a testa con bordi smussati a X,** double-V butt joint.
— **verticale,** vertical welding.
— **verticale automatica,** automatic vertical welding.
— **(anello di supporto —),** welding backing ring.
— **(angolo di rotazione della —),** weld rotation.
— **(cominciare una —),** to start a weld.
— **(eseguire una —),** to carry out a welding.
— **(impianto a — continua),** continuous welding equipment.
— **(incominciare una — in un punto),** to start a weld at a point.
— **(linea di —),** welding seam; weld line.
— **(martellare la — al calor rosso cupo),** to hammer the weld at a dull-red heat.

saldatura (polvere di —), welding powder; welding flux.
— (ripresa della — dopo una interruzione), restarting a weld after interruption.
— (senso di —), direction of welding.
— (sforzo di —), welding force.
— (sorgente della corrente di —), welding current source.
— (spruzzi di metallo fuso di —), welding spatter.
— (tecnica di —), welding technique.
— (tensione residua di —), welding stress.
— (velocità di —), welding speed; (*la velocità di saldatura dovrebbe essere la più forte possibile*), the welding speed should be as high as possible.
— (zona di —), weld zone.
saldezza, *f.* (*solidità*), solidity.
saldo di cassa (*finan.*), cash holdings; cash balance.
saldobrasatura, *f.* braze welding.
sale, *m.* salt.
— alcalino, alkaline salt.
— ammoniaco, ammonium chloride; sal ammoniac.
— antighiaccio, deicing salt.
— comune, common salt.
— cristallino, cristalline salt.
— denaturato, denatured salt.
— di acetosella (*chim.*), sal acetosella; potassium binoxalate.
— di corno di cervo, commercial carbonate of ammonia.
— di cucina, kitchen salt.
— digestivo di Silvio, sylvite; potassium chloride.
— di piombo, lead salt.
— di rocca, rock salt.
— fino da tavola, fine table salt.
— grosso, coarse salt.
— industriale, industrial salt.
— marino, sea salt.
— mercurico, mercuric salt.
— per frigoriferi, freezing salt.
— per trattamenti termici, treatment salt.
— raffinato, pan (*or* evaporated) salt.
sale ramico, cupric salt.
— volatile, sal volatile; ammonium carbonate.
saletta da pranzo (*tinello*) (*naut.*) (*auto*), dinette.
salgemma, *m.* rock-salt.
sali d'esteri (*chim.*), ester salts.
— di cromo (*chim.*), chromic salts.
— di nichel, nickel salts.
salice, *m.* willow-tree.
— bianco, white willow.
salicilanilide, *f.* (*chim.*), salicylanilide.
salicilato, *m.* (*chim.*), salicylate.
— di chinolina, quinoline salicylate.
salicilica (aldeide —) (*chim.*), salicylaldehyde.
salicilico, *agg.* (*chim.*), salicylic.
— (acido —) (*chim.*), salicylic acid.
salicina, *f.* (*chim.*), salicine.
saliente, *m.* salient.
salifero, *agg.* saliferous; saltbearing.
salificabile, *agg.* salifiable.
salificare, *v.a.* (*chim.*), to salify.
salificazione, *m.* salification.
saliformina, *f.* (*med.*), saliformin.
saligenina, *f.* (*med.*), saligenin.
salina, *f.* salt mine.
salinatura, *f.* salting.
salinità, *f.* salinity.
salino, *agg.* salty; saline.
salire, *v.i.* to climb; to mount; to ascend; to go up; to rise (*aumentare*).
— a bordo della nave traghetto (*auto*) (*naut.*), to board the ferry.
— in candela (*aereo*), to zoom.
saliscendi, *m.* (*di porta*), (drop) latch.
salita, *f.* climb (*aereo*); up-grade (*top.*); ascent (*top.*); uphill (*top.*); gradient (*top.*); (*geol.*), acclivity.
— della valvola, lift of the valve.
— dello stantuffo, upstroke of the piston.
— di una galleria (*min.*), creep(ing); heaving.

salita dolce (*agrim.*), easy gradient.
— **in candela** (*aereo*), zooming up.
— **in spirale** (*aereo*), spiral turn.
— **in virata** (*aereo*), climbing turn.
— **(in —)**, uphill.
salmastro, *agg.* brackish.
salmone (olio di —), salmon oil.
salnitro, *m.* (*chim.*), potassium nitrate; niter; nitre; saltpeter.
— **del Cile,** Chile niter.
salofene, *m.* (*chim.*), salophen.
salolo, *m.* (*chim.*), salol.
Salone (*m.*) **dell'Automobile,** Motor Show.
salone del soggiorno (*di panfilo*) (*naut.*), main salon.
— **per conferenze** (*costr.*), conference hall.
salsicciotto (*piccolo dirigibile floscio*) (*aereo*), blimp.
saltare, *v.i.* (*di valvole elett.*), to blow.
salterello, *m.* catch.
salto, *m.* (*idraul.*), head; fall; (*comm.*), jump (*di azioni*); spurt (*di prezzi, ecc.*); jump (*fis. atom.*); (*rinvio di programma*) (*inform.*), jump; branch; (*istruzione di salto*) (*inform.*), skip.
— **condizionale** (*inform.*), conditional jump.
— **con l'asta** (*sport*), pole vault.
— **di corrente** (*sbalzo*), kick of current.
— **di elettroni** (*fis. atom.*), jump of electrons.
— **di potenza** (*fis. atom.*), power excursion.
— **di pressione,** fall of pressure.
— **di temperatura,** fall of temperature.
— **in alto** (*sport*), high jump.
— **incondizionato** (*inform.*), unconditional jump.
— **in lungo** (*sport*), broad jump.
— **naturale disponibile** (*idraul.*), available head.
— **negativo** (*fis. atom.*), negative jump.
— **netto** (*idraul.*), net head.
— **positivo** (*fis. atom.*), positive jump.
salto quantico (*fis. atom.*), quantum jump.
— **triplo** (*sport*), triple jump.
— **utile** (*idraul.*), working head.
salvagente, *m.* life preserver; lifejacket (*giacca salvagente*).
salvamotore, *m.* motor protector.
salvare un programma (*un nastro, ecc.*) (*inform.*), to save a program.
salvataggio (apparecchio di —), rescue apparatus.
— **(scale di —)** (*incendi*), rescue ladders.
salvia, *f.* salvia; sage.
— **(olio di —),** sage oil.
salvo contraria specificazione (*commercio*), unless otherwise specified; unless otherwise stated (*prezzi ecc.*).
— **errori ed omissioni** (*comm.*), errors and omissions excepted.
samario, *m.* (*chim.* = Sm), samarium.
samarschite, *f.* (*fis. atom.*), samarskite.
sambuco, *m.* elder tree.
samiresite, *f.* (*fis. atom.*), samiresite.
sanamento di difetti (*met.*), healing of defects.
sandalo, *m.* (*legno*), sandal; sandalwood.
sandolino, *m.* (*naut.*), scull.
sandracca, *f.* (*resine*), sandarac gum.
sandwich (*pannelli*), v. **pannello —.**
sanforizzato, *p.p.*(*tess.*), sanforized.
sanforizzazione, *f.* (*tess.*), sanforizing.
sangue di drago (*resina*), dragon's blood.
sansa di olive (*comm.*), olive husk.
santonina, *f.* santonin.
santorino, *m.* santorin cement; pozzolana cement.
saponaria, *f.* soapwort.
saponatura, *f.* soaping.
sapone, *m.* soap.
— **(solido) alla formalina,** (solid) formaline soap.
— **antisettico,** antiseptic soap.

sapone da bucato, laundry soap.
— **da toletta,** toilet soap; milled soap.
— **liquido,** liquid soap.
— **liquido alla formalina,** liquid formaline soap.
— **medicinale,** medicated soap.
— **molle,** soft soap.
— **per tessili,** textile soap.
— **potassico** (*molle*), potassium soap.
— **resinato,** rosined soap.
— **resinato puro,** pure rosin soap.
— **sulfonico,** iso soap.
— **trasparente** (*all'alcool*), transparent soap.
— **(distribuzione del —),** (*tess.*), soap distributing.
— **(macchina per la fabbricazione del —),** soap making machine.
— **(materiale per la fabbricazione del —),** soap stock.
— **(mescolatrice per —),** soap crutcher.
— **(separazione del — dai fluidi e dalla glicerina durante la fabbricazione del —),** cutting; graining.
— **(tagliatrice di —),** slabber.
saponificabile, *agg.* saponifiable.
saponificare, *v.a.* to saponify.
saponificazione, *f.* saponification.
— **(pasta di —),** soap stock.
saponificio, *m.* soap factory; soap works.
saponina, *f.* saponin.
saponoso, *agg.* soapy.
saprofito, *m.* saprophyte.
saracco, *m.* cross-cut saw.
— **con costola,** tenon saw.
saracinesca, *f.* (sliding) gate; sluice valve (*idraul.*).
— **chiudente una bocca d'immissione,** flood gate.
— **di chiusa,** sluice gate.
— **piatta,** flat sluice valve.
sarchiatrice, *f.* (*agric.*), hoeing machine; dutch hoe; path trimmer.
sartiame, *m.* (*naut.*), ropes.
sartie, *f. pl.* (*naut.*), shrouds.
sasso, *m.* stone; pebble.
sassofrasso, *m.* sassafras.
sassofrasso (corteccia di —), sassafras bark.
— **(olio di —),** sassafras oil.
sassolite, *f.* (*acido borico*), sassolite.
sassonite, *f.* saxonite.
satellite, *m.* satellite.
— **abitato** (*astron.*), manned satellite.
— **da bombardamento** (*astron. mil.*), bombardment satellite.
— **con molti uomini a bordo** (*astron.*), multi-manned satellite.
— **da navigazione** (*astron.*), navigation satellite.
— **da ricognizione** (*astron.*), reconnaissance satellite.
— **da telecomunicazione,** communications satellite.
— **di telecomunicazioni nazionale,** domestic communications satellite.
— **geodetico,** geodetic satellite.
— **geostazionario,** geostationary satellite.
— **in orbita per conto di privati,** privately-run satellite.
— **lunare,** lunar satellite.
— **manovrabile** (*astron.*), steerable satellite.
— **metereologico** (*astron.*), meteorological satellite; weather satellite.
— **meteorologico e per telecomunicazioni,** combined communications and weather satellite.
— **militare** (*astron. mil.*), military satellite.
— **non abitato** (*astron.*), nonmanned satellite.
— **parcheggiato in orbita,** satellite parked in orbit.
— **ripetitore,** repeater satellite.
— **scientifico** (*astron.*), scientific satellite.
— **solare** (*astron.*), solar satellite.
— **spaziale,** space satellite.
— **-spia** (*astron.*), spy satellite.
— **televisivo,** television satellite.
— **televisivo per trasmissione diretta** (*TV*), direct broadcasting satellite; direct-broadcast TV satellite.

satellite terrestre, earth satellite.
— **(mettere in orbita un —)** (*astron.*), to put a satellite into orbit.
satelliti, *m.* (*auto*), planet wheels; planetary bevel wheels.
— **(appuntamento di —)** (*astron.*), satellite rendezvous.
— **(rete di —),** (*astron.*), satellite network.
satinato (*p.p.*) **al carbone** (*tip.*), board-glazed.
saturabile, *agg.* saturable.
saturabilità, *f.* saturability.
saturare, *v.a.* to saturate.
saturatore (*tess.*), saturator.
saturazione, *f.* saturation; (*rif. a mercato*) (*comm.*), glut.
— **acustica** (*acust.*), acoustic saturation.
— **del filamento** (*term.*), filament limitation.
saturnismo, *m.* saturnism.
Saturno, *m.* (*astron.*), Saturn.
saturo, *agg.* saturated (*chim.*); taken up (*comm. mercato* —).
sbadacchio, *m.* (*puntello inclinato*) (*min.*), prop; shore; strutting board.
sbaglio, *m.* mistake; error.
sballatura, *f.* unpacking.
sbalzare, *v.i.* (*aggettare*) (*costr.*), to corbel out; to overhang.
sbalzo, *m.* (*sporgenza*), overhang; protrusion.
— **di corrente** (*elet.*), rush of current.
— **termico** (*met.*), thermal shock.
— **verticale del quadro** (*telev.*), bouncing (U.S.A.); vertical hunting.
sbancamento, *m.* (*cost., ecc.*), digging.
sbandamento, *m.* (*aereo*), banking; (*auto*), lateral inclination; roll.
sbandare, *v.i.* (*aereo*), to heel over; *v.a.* (*naut.*), to list.
sbandometro, *m.* (*aereo*), bank indicator; turn and bank indicator; directional gyro.
sbarbatore, *m.* (*di trebbiatrice*), hummeller.
sbarbatrice per ingranaggi (*macch. ut.*), gear shaving machine.
sbarra, *f.* (*elet.*), bus; (*mecc.*), bar; rod.
— **adduttrice** (*elet.*), collecting bar.
— **collettrice,** bus-bar.
— **di distribuzione** (*elet.*), distributing bus-bar.
— **di graticola,** grate bar.
— **di parafulmine,** lightning arrester bar.
— **magnetica,** magnetic bar.
— **per forza motrice** (*elet.*), power bus-bar.
sbarramento, *m.* (*idr.*), dam.
— **con paratoie cilindriche** (*idr.*), roller weir (v. **tramezzo**).
sbarretta inclinata (*tip.*), shilling-stroke; shilling-mark; diagonal.
sbatacchiatura, *f.* propping up.
— **di travi,** strutting of beams
— **in pietra,** stone strutting.
sbattere, *v.i.* (*della cinghia*), flapping (of the belt).
sbavare, *v.a.* to burr; to clean; to shave; (*fond.*), to fettle.
— **getti,** to trim castings; to clean castings.
sbavatore, *m.* scraper; (*fond.*), fettler; (*utensile*), deburring tool; trimming tool.
sbavatrice, *f.* burr removing machine; deburring machine; flash trimmer (*fucinatura*); (*per stampati e imbutiti*) (*met.*), stamping trimmer.
— **per stampi di imbutitura,** trimming machine for removing surplus metal from drawing stampings.
— **rapida** (*met.*), quickwork stamping trimmer.
sbavatura, *f.* butt; fettling (*operazione di fonderia*); (*fond.*), rough chipping; (*di pezzo fucinato*), fraze; (*mecc.*), snagging.
— **degli stampi** (*fond.*), fin.
— **idraulica** (*fond.*), hydraulic cleaning.
— **irregolare** (*met.*), uneven flash.

sbavatura rapida (*mecc.*), high speed snagging.
sbiadimento, *m.* (*vernici*), fading.
sbiadire, *v.i.* to fade.
sbianca, *f.* (*tess.*), bleaching.
— **del cotone,** bleaching of cotton.
sbiancare, *v.a.* (*decolorare*), to bleach.
sbiancatura, *f.* bleaching.
sbilanciato, *p.p.* unbalanced.
sbilanciatura (*f.*) **della mola,** unbalancing of the wheel; «throw» of the wheel.
sbloccare, *v.a.*), to unclamp.
sbloccato, *agg.* (*ferr.*), clear.
sblocco, *m.* (*mecc.*), unclamping.
sbocco, *m.* (*comm.*), outlet.
— **del tunnel,** tunnel opening.
sbordatura, *f.* (*lana*), skirting.
sborsare, *v.a.* (*comm.*), to pay out.
sbozzare, *v.a.* (*sgrossare*), to hew with a pick hammer; to roll; to cog (down).
— **alla forgia** (*met.*), to cog down; to rough-forge.
— **al laminatoio,** to roll; to cog.
— **al tornio,** to rough turn.
— **col trapano,** to rough drill.
— **con la pialla,** to rough plane.
sbozzato (*m.*) **di laminazione,** (*blumo*), bloom.
sbozzatore (*m.*) **di lingotti,** blooming mill; cogging mill.
— (*met.*), v. **manovratore allo —.**
sbozzatura, *f.* (*macch. ut., met.*), cogging (*met.*); rough turning (*al tornio*).
— **a caldo,** hot cogging.
sbozzimare, *v.a.* (*tess.*), to desize.
sbozzimatura, *f.* (*tess.*), desizing.
sbriciolamento (*vernici, ecc.*), crumbling; perishing.
sbrinare (*togliere il gelo*) *v.a.* to de-ice.
sbullonare, *v.a.* to unbolt.
scabro (*di pareti di tubi*), lumpy; rough.
scacchi (microcalcolatore capace di giocare a —), chess-playing micro-computer.
scadente, *agg.* of a poor quality (*di qualità*); falling due (*che scade*).
scadenza, *f.* (*comm.*), maturity; (*di una gara per fornitura di prodotti siderurgici, ecc.*), closing date.
scadere, *v.i.* (*comm.*), to expire.
scaduto, *p.p* (*di prezzo, catalogo, ecc.*), obsolete.
scafa, *f.* (*naut.*), bed.
scafandro, *m.* diving apparatus (*or* dress).
scaffalatura metallica componibile, metal shelving of composed elements.
scaffale di carica (*delle lampade in una lampisteria*) (*min.*), charging rack.
scafo, *m.* (*naut., idrovolanti*), hull; body; (shell).
scaglia, *f.* (*tess.*), herringbone weave.
— **di laminazione** (*met.*), mill scale; rolling scale.
— **di metallo,** flake; scale.
— **di pietra,** chip.
— **grossolana** (*met.*), coarse scale.
— **impressa** (*scaglia penetrata nello strato superficiale del pezzo*) (*met.*), rolled-in scale.
— **puntiforme** (*met.*), pitted scale.
— **residua** (*met.*), residual scale.
scagliarsi, *v.r.*, to scale *v.i.*
scagliatura, *f.* (*met.*), scaling; scale; (*vernici*), flaking.
scaglie di granito (*p. es. per pavimentazione di autostrade*), granite chippings; granite chips.
— **volanti di metallo** (*mecc.*), flying slivers.
— **(staccarsi in —)** (*met.*), to flake off.
scagliettatore, *m.* (*chim.*), flaking machine.
scaglionare nel tempo, to phase over time.
scaglione, *m.* (*aereo*), echelon.
scaglioso, *agg.* flaky; scaly.
scagliuola, *f.* gypsum.
scala, *f.* (*cost.*), stairs; (*disegno*; *strumenti di misura, carte geografiche*), scale.
— **a chiocciola,** circular stairs; spiral stairs; circular spiral stairs; winding stairs.

scala a chiocciola ad anima cava, spiral stairs with hollow newel.
— **a due rampe,** two flight stairs.
— **allungabile,** extension ladder.
— **altimetrica,** scale of height.
— **a sbalzo,** overhanging stairs.
— **calibrata,** calibrated scale.
— **concentrica,** concentric scale.
— **decimale,** decimal scale.
— **della carta geografica,** scale of the map.
— **delle distanze** (*fot.*), focusing scale.
— **delle durezze,** scale of hardness.
— **di acciaio,** steel ladder.
— **di asperità di una superficie,** surface roughness scale.
— **di Beaufort,** Beaufort scale (*or* notation).
— **di Celsius,** centigrade scale.
— **di corda** (*contro il pericolo di incendi*), flexible rope ladder.
— **di Fahrenheit,** Fahrenheit scale.
— **di Mohs,** scale of hardness; hardness scale.
— **di Réaumur,** Réaumur scale.
— **di riduzione,** scale of reduction.
— **diritta,** straight scale.
— **di servizio,** service stairs; auxiliary stairs.
— **di sicurezza anti-incendio,** fire escape stairs; fire-resisting stairs.
— **di un disegno,** scale of drawing.
— **doppia (*o* a cavalletto),** double ladder.
— **eccentrica,** eccentric scale.
— **esterna** (*cost.*), external staircase.
— **geometrica,** geometrical scale.
— **girevole,** turntable-ladder.
— **interna** (*cost.*), internal staircase.
— **metrica,** meter scale.
— **mobile,** escalator; moving staircase; sliding scale (*salari*); (*comm.*) (U.S.A.) escalator clause.
— **mobile di sicurezza,** mobile safety step.
— **naturale** (*fot.*), v. **riproduzione in —.**
scala ottica, optical scale.
— **ottica delle temperature,** colour scale of temperature.
— **parlante** (*radio*), (alphabetical) tuning scale.
— **reale** (*dis.*), actual size; (*naut.*), accomodation ladder.
— **ridotta** (*dis.*), reduced scale.
— **(di manutenzione) sollevabile,** raisable (maintenance) ladder.
— **su ferri** (*cost.*), iron stairs.
— **su struttura portante in cemento armato,** concrete stairs.
— **su volta,** stairs resting on arches.
— **termometrica,** thermometer scale.
— **(fattore di —)** (*inform.*), scale factor.
— **(ridurre in —)** (*topog.*), to scale off.
— **(trovare la —)** (*topog.*), to find out the scale.
scalamento, *m.* (*inform.*), shift.
scalare, *v.a.* to scale; (*aereo*), to stagger; (*diminuire, ridurre*) il credito (*p. es. su una scheda telefonica*), to lower the credit (eg. on a payphone card).
scaldabagno, *m.* bath-heater; geyser-waterheater.
scaldacqua, water heater.
— **elettrico,** electric water heater.
scaldare, *v.a.* to heat; to warm.
— **a bagnomaria,** to heat on a water bath.
— **al rosso ciliegia,** to heat to bright cherry red.
scaldatore per bagno (*fot.*), bath heater.
scaldiglia, *f.* (*riscaldatore elet. per treni, ecc.*) (*elet.*), heater.
scaleno, *agg.* scalene.
scalfire, *v.a.* to scratch.
scalfittura, *f.* scratching.
scalino, *m.* (*della scala*), step; (*dislocazioni*) (*met.*), jog.
scalmiera, *f.* (*naut.*), rowlock.
scalmo, *m.* (*naut.*), stanchion; futtock.
— **di poppa,** stern frame (*or* post).
scalo, *m.* (*di costruzione*), building-slip; (*banchina*), wharf.

scalo di navi (*naut.*), call.
— **terminale** (*containers*) (*ferr.*, *naut.*), terminal.
— **(fare — a...)** (*comm.*, *naut.*). to call at...; to make a call at..,
scalone, *m.* main stairs.
scalpellare, *v.a.* to chip off; to chisel out; to engrave.
scalpellatura, *f.* engraving; chiselling out.
scalpellino, *m.* stone hand cutter; stone mason.
scalpello, *m.* chisel; scalpel (*coltello chirurgico*) (*med.*).
— **ad aria compressa,** pneumatic chisel; pneumatic chipper.
— **a tre taglienti,** self-coring mortising chisel.
— **da falegname,** mortise chisel; wood chisel; chisel.
— **da presellatura,** caulking chisel.
— **(per taglio) a freddo,** cold chisel.
— **per tornitore,** turning tool.
— **piatto,** flat chisel.
scambi (*m. pl.*) **abbinati** (*ferr.*), coupled points.
scambiare (*invertire cifre*), to reverse.
— **i programmi** (*con altre società, o privati*) (*inform.*), to swap programs.
scambiatore di calore (*ind. chim., ecc.*), heat exchanger.
— **di calore a flusso incrociato,** cross-flow heat exchanger.
— **di calore raffreddato all'aria,** air-cooled heat exchanger.
scambio, *m.* (*ferr.*), points; switch; (*econ.*), exchange.
— **a due aghi fissi** (*ferr.*), dumb switch.
— **a due vie** (*ing. elet.*), two-way frog.
— **aereo** (*ing. elet.*), aerial frog.
— **automatico** (*ferr.*), self-acting turnout.
— **di raccordo** (*ferr.*), junction switch.
— **d'uscita** (*ferr.*), runaway points.
— **doppio** (*ferr.*), double points; double switch (U.S.A.).
— **in curva** (*ferr.*), double-curve switch (U.S.A.); double-curve points.
scambio inglese (*ferr.*), slip points.
— **ionico** (*chim.*, *fis. atom.*), ion exchange.
— **isotopico** (*fis. atom.*), isotopic exchange.
— **normale** (*ferr.*), standard points (*or* switch).
— **preso di calcio** (*ferr.*), trailing points.
— **preso di punta** (*ferr.*), facing points.
— **semplice** (*ferr.*), simple points (*or* switch).
— **simmetrico** (*ferr.*), symmetrical points.
— **(aghi dello —),** switch blades.
— **(apparecchio di manovra dello —)** (*ferr.*), switch lever.
— **(calcio dello —)** (*ferr.*), heel of points.
— **(cavalletto dello —)** (*ferr.*), switch box.
— **(comando centrale dello —),** (*ferr.*), interlocked switch.
— **(curvatura dello —)** (*ferr.*), switch curve.
— **(inversione dello —, manovra dello —)** (*ferr.*), throwing-over the points.
— **(montare** (*v.a.*) **uno —),** to lay a switch.
— **(prendere uno — di calcio)** (*ferr.*), pass the points trailing.
— **(prendere** (*v.a.*) **uno — di punta)** (*ferr.*), pass the points facing.
— **(punta dello —)** (*ferr.*), toe of points.
— **(punto di —)** (*ferr.*), turnout.
— **(tirante dello —)** (*ferr.*), switch rod.
scambista, *m.* switch-man.
scamosciamento, *m.* (*pelli*), chamoising.
scamosciare, *v.a.* (*pelli*), to shamoy; to chamoise.
scampanamento, *m.* (*mot.*), slap; (*misura eccessiva del getto dovuta ad erronea estrazione del modello*), rappage (*met.*).

scampanare (*rif. a pistone*), to slap.
scampanatura (*di tubi ecc.*), bell-mouth; flaring.
scampolo, *m.* (*tess.*), fent.
scanalare, *v.a.* to groove; to flute; (*mecc.*), to spline.
scanalato, *p.p.* fluted; grooved.
scanalatrice per brocce (*macch. ut.*), broach grooving machine.
scanalatura, *f.* groove; fluting; channelling; cusp.
— **a coda di rondine,** dovetail slot; dovetailed groove.
— **a V,** V shaped groove.
— **cieca** (*elet.*), (*s. senza avvolgimento*), dummy slot.
— **circolare,** circular slot.
— **della guida** (*ferr.*), flange groove.
— **dell'indotto** (*elet.*), armature slot.
— **del tamburo,** drum groove.
— **di lubrificazione,** oil groove.
— **elicoidale,** helical groove.
— **interna,** inside groove.
— **per chiavetta,** keyway.
— **per elementi di irrigidimento** (*naut.*), stiffener slot.
— **per la lanterna** (*orol.*), snap groove.
scanalature (*o* guide) a T (*macch. ut., mecc.*), tee slots.
scandagliare, *v.a.* (*naut.*), to sound; to take soundings.
scandaglio, *m.* plummet (*piombino*); sounding-lead; sounding (*operazione*); (*radar*), scan.
— **(angolo di —),** angle of scan.
scandio, *m.* (*chim.* = Sc), scandium.
scansìa, *f.* shelf (*pl.* shelves).
scansione (a —) diretta (*telev.*), direct-scanning.
— **del codice** (*inform.*), code scanning.
— **dei marcatori** (*inform.*), mark scanning.
— **lineare** (*telev.*), linear scanning.
— **meccanica dell'immagine** (*telev.*), mechanical scanning.
scansione rettilinea (*telev.*), rectilinear scanning.
scantinato, *m.* (*costr.*), basement; cellar.
scapecchiatura della canapa, hemp hacking.
— **del lino,** hackling (of the flax).
scapo, *m.* (*arch.*), shaft of a column.
scappamento, *m.* escapement (*orol.*); exhaust (*mecc.*).
— **a caviglie** (*orol.*), pin pallet escapement.
— **a cilindro** (*orol.*), cylinder escapement.
— **ad àncora** (*orol.*), lever escapement.
— **ad àncora inglese** (*orol.*), English lever escapement.
— **ad àncora svizzero** (*orol.*), club-tooth escapement.
— **a denti di sega** (*orol.*), ratchet tooth escapement.
— **a palette** (*orol.*), lever escapement.
— **a retrocedimento** (*orol.*), recoil escapement.
— **a riposi** (*orol.*), frictional rest escapement.
— **del vapore,** steam exhaust.
— **libero** (*auto*), exhaust cut-out.
— **(tubo di —)** (*auto*), exhaust pipe.
scardassare, *v.a.* (*tess.*), to card.
scardassatura, *f.* (*tess.*), carding.
scardasso, *m.* (*tess.*), combing-card.
scarfatura, *f.* (*met.*), scarfing.
scarfer, *m.* (*met.*), scarfer.
scarica, *f.* (*elet.*), discharge; flash-over.
— **alternata,** alternate discharge.
— **ammissibile** (*fis. atom.*), permissible discharge.
— **a pennacchio** (*elet.*), brush discharge.
— **atmosferica,** atmospheric discharge, stroke; lightning stroke.
— **atmosferica tambureggiante** (*radio*), grinder.
— **conduttiva,** conductive discharge.
— **continua,** continuous discharge.

scarica diretta del fulmine, lightning stroke.
— **diruttiva,** disruptive discharge.
— **discontinua,** discontinuous discharge.
— **di spazzola** (*elet.*), brush discharge.
— **di un accumulatore,** discharge of an accumulator.
— **elettrica,** electric discharge.
— **elettronica,** electron discharge.
— **luminescente** (*o* **con bagliore)** (*elet.*), glow discharge.
— **luminosa,** luminous discharge.
— **nella cava** (*elet.*), slot discharge.
— **oscillante,** oscillating discharge.
— **oscillatoria** (*radio*), oscillatory discharge.
scaricafulmine, *m.* lightning protector (*or* arrester).
scaricare, *v.a.* to exhaust; to unload; to discharge.
— **da una nave** (*naut.*), to unship.
— **un accumulatore,** to discharge an accumulator.
— **un carico** to set down a load.
— **un condensatore,** to discharge a condenser.
scaricarsi, *v.r.*, to dump.
scaricatore, *m.* (*elet.*), discharger; (*idraul.*), relief valve; (*chim.*), discharger; (*mecc.*), unloader.
— **a braccio oscillante** (*presse*), swinging-arm unloader.
— **a cassetto per siviere** (*colaggio acciaio*) (*met.*), sliding-gate nozzle ladle.
— **a corna** (*ing. elet.*), horn arrester.
— **ad espulsione,** expulsion protective gap.
— **a tirite,** thyrite arrester.
— **di condensa** (*chim.*), condensate discharger.
— **di paniera** (*met.*), tundish nozzle; outlet nozzle (*colata in paniera*).
— **di siviera** (*met.*), ladle lip; ladle nozzle.
— **di sovratensione,** lightning arrester.

scarichi di condensa (*macch. ut.*), condensate discharges.
— **termici** (*fis. atom.*), thermal discharges.
scarico, *m.* clearance; discharge; unloading (*di materiali*); exyaust; outlet; (*macch. ut., mecc.*), unloading; *agg.* (*batteria scarica completamente*), battery run down.
— **d'aria,** air discharge.
— **dell'acqua,** discharge of water.
— **dell'acqua di zavorra,** v. **zavorra.**
— **della pompa,** pump delivery.
— **dell'olio,** oil drain.
— **del vapore,** steam exhaust.
— **di cilindro,** exhaust port.
— **rapido della benna** (*mecc.*), quick unloading of the skip.
— **(acque di —)** (*off. gas*), effluents.
— (*fogna*), sewer.
scarifica della terra (*costr. stradali*), ripping of the ground.
scarificare (*agr.*), to scarify; (*cost.*), to rip.
scarificatore, *m.* (*agricoltura*), scarifier; (*mecc.*) (*agric.*) (*cost.*), ripper.
— **stradale,** road ripper.
scarificazione della terra, v. **scarifica.**
scarlatto, *agg.* scarlet.
— **brillante,** brilliant scarlet.
scarpa (*f.*) **della rotaia** (*ferr.*), railshoe.
— **della terra,** slope.
— **del terreno,** slope.
— **di cementazione** (*petrol.*), cementing shoe.
— **polare,** pole shoe.
scarpata, *f.* slope; bank.
— **coperta di zolle erbose,** turfed slope.
— **(angolo di attrito della —),** angle of repose.
— **(inclinazione della —),** gradient.
— **(piede della —),** base of slope.
— **(profilo della —),** profile of slope.
— **(rivestimento di —),** lining.

scarsa visibilità (*segnale radio aereo*) (*aereo*), low visibility; Q.B.I.
scarsità, *f.* (*delle materie prime*), dearth (of raw materials).
— **di lavoro** (*lavoro*), labour shortage.
scarso, *agg.* (*comm.*), tight (*merci, denaro, ecc.*).
scartamento, *m.* rail gauge (*ferr.*); gauge.
— **degli assali,** axle-base.
— **dei fusi** (*tess.*), spindle gauge.
— **delle ruote,** wheel-base.
— **normale** (*ferr.*), standard gauge.
— **ridotto,** narrow gauge.
— **(allargamento dello —)** (*ferr.*), widening of gauge.
— **(restringimento dello —)** (*ferr.*), tightening of gauge.
scartare una macchina (*metterla da parte perchè non redditizia*), to scrap a machine.
scartavetrare, to sand; to sandpaper.
scarti di fabbricazione (*mecc.*), manufacturing rejects.
— **di laminazione** (*met.*), mill rejections.
— **di lavorazione** (*mecc.*), machine shop rejections.
scarto, *m.* (*mecc.*) (*tess.*), reject.
— **all'ispezione** (*fond., met. ecc.*), reject.
— **dimensionale,** dimensional variation.
— **di millesecondi** (*brillamento elettrico con microritardatori*) (*esplosivi*), millisecond delay interval.
— **laminato** (*met.*), reject.
scassa, *f.* (*naut.*), mast-step.
scassatura, *f.* (*aereo*), crash.
scasso, *m.* (*agric.*), digging up.
— **(a prova di —)** (*cassaforte*), thief resistant.
scatenare un'esplosione, to trigger an explosion.
«scatola» (*l'acciaio periferico a contatto con le pareti fredde della lingottiera solidifica formando «scatola»*) (*met.*), box hat.
scatola, *f.* box; (*rapida depressione della superficie liquida [simile a scatola] alla testa di un lingotto di acciaio effervescente, prima o dopo la colata*) (*met.*), boot leg.
— **a stoppa,** stuffing box.
— **cambio** (*auto*), transmission shaft (U.S.A.).
— **cambio alimentazione** (*tornio*), change-speed box.
— **d'adattamento,** adapter box.
— **degli ingranaggi,** gear box; gear case.
— **dei colori,** paint-box.
— **del cuscinetto** (*mecc.*), bearing box.
— **del differenziale** (*auto*), differential case.
— **della guida,** steering box.
— **dell'interruttore** (*ing. elet.*), switch-box.
— **del semiasse** (*auto*), axle housing.
— **di alimentazione** (*tornio*), feed box.
— **di cartone,** carton.
— **di condensatore,** capacitor case.
— **di derivazione** (*elet.*), junction box.
— **di distribuzione,** regulator box.
— **di guarnizione,** packing box.
— **di interruzione** (*elet.*), switch box.
— **di lubrificazione,** oil cup; grease cup.
— **dinamometrica,** dynamometer.
— **d'inseritore** (*elet.*), switch cover.
— **di presa,** contact box.
— **di protezione** (*di valvole elet.*), fuse box.
— **di riduzione epicicloidale** (*aereo*), compound epiciclic reduction gear.
— **di unione di cavi,** cable terminal box.
— **filettature** (*tornio*), threading box.
— **filtro** (*maschere antigas*), canister.
— **nera** (*aereo*), black box (used in aircraft to provide a record

of what happens during accidents); flight recorder.
scatola Norton (*tornio ecc.*), Norton (type) gearbox.
— **per bobina** (*film*), container.
— **per l'inversione di marcia,** return gear box; reversing gear box.
— **pieghevole,** folding carton.
— **porta espulsori** (*pressofusione*), ejector box.
— **portautensili,** tool box.
— **(prodotti alimentari in —),** canned goods.
scatoletta di cartone con finestra (*imballaggio*), window carton; window box.
scattare, *v.a.* (*fot.*), to release; *v.i.* (*di molla*), to spring up; (*di strum. elett.*), to trip.
scattino, *m.* (*orologio*), stop.
scatto, *m.* monkey; slip hook; trip; (*ritorno dell'indice d'uno strumento*), kick; (*fot.*), release; (*indesiderato, di strumenti, ecc.*), jerk; v. **chiudere a —**; v. **interruttore a —**; v. **movimento a —.**
— **automatico** (*fresa*), automatic trip.
— **dell'otturatore** (*fot.*), shutter release.
— **flessibile** (*fot.*), wire release.
— **libero** (*mecc. agr.*), free wheel device.
— **per lampo di magnesio** (*fot.*), flash release.
— **(meccanismo a —),** trip gear.
scaturire, *v.i.* (*di acqua, sorgenti, ecc.*), to spring.
scavacanali, *f.* (*macch.*), canal dredger.
scavafossi, *m.* (*agr.*), trencher.
scavare, *v.a.* to excavate; to dig out; to trench; to sink (*pozzi*); to bore (*pozzi*); to cut (*canali*).
— **gallerie** (*aprire gallerie*) (*rif. a macchine*), to tunnel.
scavo, *m.* excavation; cutting.
— **con apripista** (*bulldozer*), dozing.
— **di fondazione,** foundation pit; foundation trench.
— **laterale,** side dredging.
scavo (lavoro di —), trench work; trenching.
scegliere, *v.a.*, to choose; to pick; to select.
scelta dell'area (*di uno stabilimento*), choice of site.
— **dell'ubicazione** (*di stabilimenti, ecc.*), site selection.
— **di rottame** (*met.*), scrap sorting.
scena, *f.* (*cinem.*) (*costruzione che fa da sfondo all'azione degli artisti cinem.*), set.
scenario, *m.* (*cinem.*) (*canovaccio di una cinematografia, con dialogo e istruzioni*), scenario.
scendere (*da un automezzo*), to alight (from a vehicle).
sceneggiatore, *m.* (*cinem.*), scenario-writer.
sceneggiatura, *f.* scenarisation.
— **definitiva** (*cinem.*), shooting script.
scheda, *f.* (*elettron.*), card; (*calcol. elettron.*), v. **bordo di una —**; v. **calcolatore elettronico a —**; v. **campo di una —**; v. **colonna di una —**; v. **conversione — nastro**; v. **coriandoli di una —**; v. **magazzino di alimentaz. delle —**; v. **pacco di —**; v. **perforazione delle —**; v. **pista di una —**; v. **riproduttrice di —**; v. **selezionatrice di —**; v. **serbatoio delle —**; v. **stampatrice su —**; v. **tracciato di una —**; v. **verificatrice di —.**
— **a intagli marginali** (*calcol. elettron.*), edge-notched-card.
— **a perforazioni marginali** (*calcol. elettron.*), edge-punched-card.
— **binaria** (*calc. elettron.*) (*inform.*) binary card.
— **controllo** (*calcol. elettron.*), control card.
— **correzione** (*elettron., automazione*), correction card.
— **dei dati di ingresso** (*elettron.*), input data card.
— **di correzione** (*inform.*), patch card.
— **di gestione della rete** (*inform.*) networking card.

scheda di interfaccia (*inform.*), interface card.
— **di lavoro individuale,** v. **cartellino.**
— **di testata** (*calcol. elettron.*) (*inform.*), header card.
— **di un computer** (*inform.*), printed circuit.
— **magnetica** (*inform.*), magnetic card.
— **magnetica preprogrammata** (*inform.*), pre-programmed magnetic card.
— **manodopera** (*lavoro*), labour card.
— **materiali magazzino** (*lavoro*), stock card.
— **meccanografica** (*inform.*), card.
— **microfilm** (*inform.*), microfiche.
— **-scheda** (*calcol. elettron.*), card-to-card.
— **tecnica** (*naut., ecc.*), technical data.
— **telefonica** (*per apparecchi pubblici*) (*telef.*), telephone card; payphone card.
— **telefonica scaduta,** exhausted card.
— **visibile** (*mobili ufficio, ecc.*), visible filing.
schedario, *m.* card cabinet.
schede perforate, punched cards.
scheggia, *f.* (*met., ecc.*), splinter.
scheggiatura, *f.* splintering; (*rottura in schegge, specialm. di mat. metallico, per shock termico, fatica, ecc.*), spalling.
scheggiature, *f. pl.* (*smalti*), chippings.
schema, *m.* layout; diagram; plan; scheme; arrangement.
— **a blocchi** (*inform.*), block diagram.
— **a blocchi impianto agglomerazione** (*met.*), flowsheet of agglomerating plant.
— **del processo** (*met., min., chim. ecc.*), flowsheet of the process.
— **del processo di lavoro** (*tecnica dei metodi di prod. ind.*), process chart.
— **di avvolgimento** (*elet.*), winding diagram.
schema di connessione (*elet.*), wiring diagram.
— **di laminazione** (*met.*), rolling schedule.
— **di montaggio** (*o* **distribuzione**) (*elet., radio*), circuit diagram; schematic circuit diagram
— **di montaggio di un circuito radio,** hookup.
— **disposizione** (*dis.*), layout.
— **funzionale** (*di acciaieria p. es.*), functional layout.
— **termico** (*di centrale termica*), heat balance.
— **tipo di volata** (*min., esplosivi*), drill hole pattern.
— **tipo (di volata) con mine a piramide** (*min., esplosivi*), pyramid cut.
schematica, v. **sezione —.**
schematico, *agg.* schematical.
— **(diagramma —),** schematic diagram.
scherma, *f.* (*sport*), fencing.
schermaggio (*radio*), blindage.
— **geometria** (*fis. atom.*), geometry shielding.
schermare, *v.a.* (*elet.*), to shield.
schermato, *p.p.* (*elet.*), shielded.
schermatura, *f.* shielding.
— **biologica,** biological shielding.
— **di ambienti** (*elet.*), room screening.
— **di valvola** (*radio*), valve shield.
— **secondaria** (*fis. atom.*), secondary shielding.
schermo, *m.* diaphragm; shield (*radio*); (*cinem., ecc.*), screen; (*fis. atom.*), shield.
— **a braccio murale,** bracket diaphragm.
— **a compressione,** compression diaphragm.
— **acustico,** baffle.
— **ad imbuto,** funnel diaphragm.
— **ad iris,** iris diaphragm.
— **al cadmio** (*fis. atom.*), cadmium screen.
— **anabbagliante,** antidazzling screen.
— **antiabbagliante** (*strade*), antiglare fence; anti-dazzle hedge.
— **antiarco,** anti-arcing screen.

schermo antiradiazioni (*fis. atom.*), radiation shield.
— **a scudo,** umbrella diaphragm.
— **a sospensione,** suspended diaphragm.
— **biologico,** biological shield.
— **contro il traffico pedonale** (*cost.*), screen to protect the general public.
— **contro il vento** (*cost.*), (close-boarded) screen erected when the adjoining buildings are exposed to the outside air; wind screen.
— **contro la neve** (*strade*), snow fence.
— **contro le valanghe** (*costr. stradali*), avalanche baffle works; avalanche protection works.
— **d'arco,** arc shield.
— **di controllo** (*telev.*), monitor screen.
— **di Faraday** (*elet.*), Faraday shield.
— **di piombo** (*fis. atom.*), lead screen.
— **di proiezione** (*cinem.*), projection screen.
— **di protezione,** protective screen.
— **elettrostatico,** Faraday screen.
— **fluorescente,** raderscope; fluorescent screen.
— **gamma** (*fis. atom.*), gamma shield.
— **lenticolare** (*TV tridimensionale*), lenticular screen.
— **luminescente,** luminescent screen.
— **luminoso,** luminous dial.
— **magnetico** (*elet.*), magnetic screen.
— **neutronico** (*fis. atom.*), neutron shield.
— **per neutroni veloci** (*fis. atom.*), fast neutron shield.
— **-radar,** radarscope.
— **radioscopico,** fluorescent screen.
— **sensitivo (al contatto)** (*inform.*) touch screen.
— **termico** (*fis. atom.*), thermal shield.
— **transonoro,** sound screen.

schermografia, *f.* fluoroentgenography.
schiacciaforaggi, *m.* (*condizionatore di foraggio*) (*agr.*), forage crusher; forage crimper.
schiacciamento (*difetto nei getti, con variazioni locali di spessore*) (*met.*), crush.
schiena (*f.*) **d'asino** (*ferr.*), double incline.
schienale, *m.* cushion frame.
— **del sedile anteriore** (*auto*), front seat squab.
— **imbottito (ed elasticizzato)** (*auto*), squab; v. **inclinazione dello — imbottito.**
schiodare, *v.a.* to drive out a rivet; to punch a rivet (*con un punzone*); to knock out a rivet (*con un colpo*).
schisto, *m.* vedi **scisto.**
— **per affilare,** hone; turkey stone.
schistosità, *f.* schistosity; foliation.
schiuma (*f.*) **anti-incendio,** fire-fighting foam; fire-smothering foam.
— **atomizzata** (*chim.*), fog-foam.
— **ceramica porosa** (*rocket engines*), porous ceramic foam.
— **di lingotto** (*met.*), ingot scum.
— **di plastica,** foamed plastics.
— **di uraformaldeide** (*mat. plastiche*), uraformaldehyde foam.
— **di uretano** (*mat. plastiche*), urethane foam.
— **di zirconio,** zircon foam.
— **flessibile,** flexible foam.
— **inorganica,** inorganic foam.
— **organica,** organic foam.
— **organica rigida,** rigid organic foam.
— **rigida,** rigid foam.
— **semirigida,** semi-rigid foam.
— **siliconica rigida,** rigid silicone foam.
— **spugnosa** (*mat. plastiche*), sponge-like foam.
— **(formazione di —),** foaming.
— **(spegnimento a —),** foam fire control.
schiumatoio *m.* (*per levare le scorie*) (*fond.*), skimmer.

schiumogeno, *m.* foaming agent.
schiumosità della scoria (*met.*), foaminess of the slag.
schizzare, *v.a.* (*disegnare*), to sketch.
schizzo, *m.* sketch.
— **a mano libera,** free hand sketch.
— **ben fatto,** well-drawn sketch.
— **di macchine** (*dis.*), machine sketching.
— **mal fatto,** poorly drawn sketch.
schrapnel, *m.* air-bursting bomb; fragmentation bomb.
Schweitzer (reagente di —) (*chim.*), Schweitzer's reagent.
sci acquatico (*sport*), water skiing.
scia, *f.* wake.
sciabecco, *m.* (*naut.*), xebec.
sciablona, *f.* former.
sciabolatura, *f.* (*difetto di distorsione nella laminazione*) (*met.*), camber; bowing.
sciame, *m.* (*fis. atom.*), shower.
— **esteso** (*fis. atom.*), giant air shower.
scienza, *f.* science.
— **dei materiali,** materials science.
— **nucleare** (*fis. atom.*), nuclear science.
scienze comportamentistiche (o *del comportamento, che trattano il comportam. umano, p. es. la psicologia*) (*organ.*), behaviourial sciences.
scienziato cosmonauta, cosmonaut -scientist.
scintigrafia (*diagnostica con uso di traccianti radioattivi*) (*radiaz.*) (*med.*), scintiscanning.
scintilla (*f.*) **d'accensione,** ignition spark.
— **elettrica,** electric spark.
scintillamento, *m.* scintillation.
scintillatore, *m.* (*fis. atom.*), scintillator.
— **liquido** (*fis. atom.*), liquid scintillator.
— **organico** (*fis. atom.*), organic scintillator.
scintillazione, *f.* (*fis. atom.*), scintillation.
scintillometro, *m.* (*fis. atom.*), scintillometer.
scintilloscopio, *m.* (*fis. atom.*), scintilloscope.
sciogliere, *v.a.* (*liquefare*), to melt.
sciogliersi, *v.r.* (*liquefarsi*), to melt, *v.i.*
scioglimento, *m.* (*liquefazione*), melting.
sciolinatura (*spalmatura con composto a base di cera e catrame per rendere aderenti e scorrevoli gli sci*) (*sport*), ski waxing.
sciopero, *m.* strike.
— **delle banche,** bank strike.
sciorino, *m.* air-pipe.
sciovia, *f.* T-bar lift.
scissione, *f.* (*di minerale*), cleavage; (*fis.*) fission.
— **nucleare** (*fis.*), nuclear fission.
scistificazione (*distribuzione di polveri inerti per prevenire esplosioni di polveri nelle miniere*) (*min.*), stone dusting; shale dusting.
— **(addetto alla —)** (*min. carbone*), stone duster.
scisto, *m.* schist.
— **bituminoso,** oil-shale.
— **cristallino,** crystalline schist.
— **micaceo,** micaceous schist.
— **quarzifero,** quartz schist.
— **siliceo,** siliceous schist.
scistoso, *agg.* schistose; shaly; schistous.
scivola (*f.*) **da sacchi** (*ind. mol.*), sack chute.
scivolare d'ala (*aereo*), to side slip.
scivolata (*f.*) **d'ala** (*aereo*), tailsliding.
scivolo, *m.* chute.
— **di alimentazione** (*min. ecc.*), feed chute.
— **d'ingresso** (*min. ecc.*), inlet chute.
— **d'uscita** (*min. ecc.*), takeoff chute.
— **spirale,** spiral chute.
scivolosità stradale, skidding.
sclerometro, *m.* schlerometer.
scleroscopio di Shore, Shore's scleroscope.

scleroscopio fotoelettrico, photoelectric scleroscope.
scocca, *f.* (*auto*), v. **carrozzeria.**
scolapiatti, *m.* dish drainer.
scolatrice, *f.* (*mecc.*), dewatering machine.
scollo nuca (*maglieria*), back of neck.
scolo (*m.*) **delle acque,** drainage of waters.
scoloramento, *m.* discoloration.
scolorarsi, *v. a.* to discolor (*non riflessivo in inglese*).
scolorina, *f.* chloride.
scolpire, *v.a.* to sculpture.
scompartimento, *m.* (*ferr.*), compartment.
— **stagno** (*naut.*), watertight compartment.
scomporre, *v.a.* (*mecc.*), to break up.
— **e rimettere nella cassa per composizione** (*tipog.*), to distribute.
scompositore, *m.* (*chim.*), decomposer; (*tipog.*) distributor.
scomposizione, *f.* (*chim.*), decomposition; (*tip.*), distribution.
— **di colori** (*telev.*), colour break up.
sconnesso (sullo —), (*prestazioni auto*), over a bumpy road; over road irregularities.
sconto, *m.* (*comm.*), discount.
— **per grosse partite di merci** (*calcolatori, ecc.*), big volume discount.
scontrino, *m.* (*comm.*), slip.
scontro (*per impedire spostamenti longit. o trasversali*) (*mecc.*), stop; (*fucinatura idrostatica*), boost.
— **laterale** (*auto*), side collision.
scopo, *m.* (*agrim.*), boning-rod; sighting-board.
scoppiare, *v.i.* to blow up; to burst.
scoppio, *m.* explosion.
— **sonico** (*aereo*), sonic bang; sonic boom (U.S.A.).
— **(motore a —),** gas engine; internal combustion engine.
scoprire un deposito di minerali, to discover an ore deposit.
scorcio di lingotto (*met.*), butt ingot.

scoria, *f.* slag; v. **linea di —.**
— **acida,** acid slag.
— **autofondente** (*met.*), self-fluxing slag.
— **bianca** (*met.*), white slag.
— **compatta** (*met.*), solid slag; compact slag.
— **d'altoforno,** blast-furnace slag.
— **di decomposizione** (*met.*), disintegrating slag.
— **elettrofusa** (*met.*), electroslag.
— **granulata** (*met.*), granulated slag.
— **liquida,** liquid clinker.
— **sintetica** (*met.*), synthetic slag.
— **solida** (*met.*), solidified slag.
— **solidificata** (*met.*), solidified slag.
— **Thomas** (*met.*), Thomas slag.
— **vetrosa** (*met.*), vitreous slag.
— **(indice di basicità della scoria),** slag ratio.
scorie basiche, basic slags.
— **di convertitore,** converter-slags.
— **di laminatoio,** mill-scales; rolling-scales.
— **vulcaniche,** vulcanic scoria (*or* scoriae *or* slag *or* cinders).
scorifica, *f.* (*met.*), slag-off.
— **(porta di —)** (*met.*), deslagging door.
scorificare, -si, *v.a. v.r.* to slag; to scorify; to slag off; to deslag (*met.*).
scorificazione, *f.* scorification.
— **superficiale** (*mecc.*), scoring.
scorificatoio, *m.* scorifier.
scorniciatrice (*lavoraz. legno*), matching machine; planing and moulding machine.
scoronamento, *m.* (*min.*), shrinkage stope.
Scorpione (*astron.*), Scorpio.
scorrere, *v.i.* to slide (*scivolare*); to slip (*scivolare*); to run (*di ruote*); to creep (*di rotaie*).
— **indietro** (*di braccio di scaricatori, ecc.*) (*mecc.*), to retract.
scorrimento, *m.* sliding (*scivolamento*); creep (*di rotaie, ecc., ferr.*); slippage (*di freni*); slip

(*elet.*); (*metal.*), slip; (*geol.*), creeping.
scorrimento delle fondamenta, sliding of the foundations.
— **magnetico** (*elet.*), magnetic creeping.
— **per geminazione** (*met.*), twin-gliding.
— **plastico** (*che avviene per piani appartenenti ad un fascio a retta direttrice*) (*met.*), pencil glide.
— **sul video** (*inform.*), scrolling.
— **(caratteristiche di —),** creep characteristics.
— **(rinnovabile a —)** (*met.*), slip-renewable.
— **(sforzi di —),** creep stresses.
scorte, *f. pl.* (*comm.*), supplies; stockpiling (*scorte governative*).
scortecciare, *v.a.* to disbark; to peel.
scortecciatrice, *f.* bark stripping machine; scourer (*ind. mol.*); debarker (*macch. agr.*).
— **a pendolo,** pendulum barker.
— **meccanica per pali** (*agr.*), mechanical post peeler.
scortecciatura, *f.* peeling.
scorza di limone, lemon peel.
scorzatrice, *f.* bark stripping machine.
scoscendimento di massa (*geol.*) slump.
scossa, *f.* shock; (*mezzi di trasporto*) (*vibrazione*) jolt.
— **elettrica,** electric shock.
scossalina a vassoio in acciaio inossidabile (*costr.*), stainless steel flashing tray.
— **in feltro bitumato e ramato** (*costr.*), copper lined bituminous felt flashing.
scostare da una parte (*testa, ecc.*) (*macch. ut.*), to swing aside.
scotipàglia, *f.* (*parte di trebbiatrice*), shaking contrivance.
scotolare, *v.a.* (*il lino*), to scutch.
scotolatura, *f.* (*del lino*), scutching.
scotta, *f.* (*naut.*), sheet.
scottatura, *f.* (*med.*), burn.
— **di 1° grado,** burn of the first degree; first degree burn.
scottatura di 2° grado, burn of the second degree; second degree burn.
— **di 3° grado,** burn of the third degree; third degree burn.
— **dovuta a raggi X,** X-ray burn.
scovolo, *m.* swab; tube brush.
scozia, *f.* (*arch.*), scotia; cavetto.
scrematrice (*macch. ag.*), cream separator; milk separator (centrifuge).
scrematura, *f.* skimming.
screpolamento a pelle di coccodrillo (*vernici*), alligatoring.
screpolarsi, *v.i.* (*legno*), to crack.
screpolatura, *f.* split.
— **a stelle,** star shake.
— **centrale,** central shake.
— **dovuta al gelo,** frost shake.
screziato, *p.p.* speckled.
scriccare, *v.a.* (*met.*), to remove flaws.
— **al cannello** (*met.*), to scarf.
scriccatura, *f.* (*met.*), deseaming; scarfing.
— **al cannello** (*met.*), deseaming.
— **alla fiamma** (*met.*), flame descaling; flame scarfing; flame deseaming.
scrittoio, *m.* desk; secretary (U.S.A.).
scrittoscopio, *m.* scriptoscope.
scrittura, *f.* (*leg. comm.*), writing; (*atto, documento*), document; (*testo scritto, originale, considerato rispetto al testo stampato*), script.
scrivente IBM (*calcol. elettron.*), I.B.M. printer.
scrivere a matita, to pencil.
— **in stampatello** (*richiesta*), block letters please!
scrostare (*v.a.*) **con mordente,** to pickle.
scrostatore, *m.* (*fond.*), de-scaling tool; descaler.
scudo *m.* (*mil., cost. civ.*), shield.
— **d'avanzamento** (*cost. civ.*), tunnelling shield.
— **inferiore** (*mil.*), shield-apron.
— **superiore** (*mil.*), main-shield.
— **termico** (*per protezione delle capsule spaziali, nel rientro, ecc.*) (*astron.*), heat shield.

scuola (*f.*) **d'informatica** (*inform.*), EDP school.
— **industriale,** industrial school.
— **forestale,** forestry school.
— **tecnica,** technical school.
— **tecnica serale,** technical evening school.
— **tecnica specializzata,** specialised technical school.
scuotere bene prima dell'uso, shake well before using.
scuotimenti delle ruote (*auto*), wheel wobble.
scure, *f.* axe.
sdaziare, *v.a.* (*comm.*), to clear.
sdoganamento, *m.* (*comm.*), clearance; customs clearance.
sdoganare, *v.a.* (*comm.*), to clear through the customs.
sdoppiamento, *m.* (*cristall.*), twinning.
— **dell'immagine** (*telev.*), ringing.
sebaconitrile, *m.* (*chim.*), sebaconitrile.
sebaico (acido —) (*chim.*), sebaic acid.
secante, *f.* (*geom.*), secant.
secca, *f.* (*banco di sabbia*), sandbank.
— **(andare in —)** (*naut.*), to go aground.
seccare, *v.a.* to dry.
seccheria, *f.* (*carta*) (*parte di macch. da carta dove l'umidità è evaporata da cilindri riscaldati*), drying end.
secchia, *f.* bucket; pail.
— **a sifone** (*met.*), v. **siviera a sifone.**
— **a teiera** (*met.*), tea-pot ladle.
— **di colaggio** (*met.*), ladle.
secchione della loppa (*met.*), slag pot.
secco, *agg.* dry; v. **concentrazione magnetica a —.**
— **assoluto** (*tess.*), oven dry.
seconda (*marcia auto*) (*auto*), second gear.
secondario, *m.* secondary.
secondo, *m.* (*mis. tempo*), second.
— **la grana del legno,** with (the grain.
secondo le lancette dell'orologio, clock-wise.
sedativi, *m. pl.* (*med.*), sedatives.
sede, *f.* (*mecc.*), seat; seating.
— **anulare,** annular seat.
— **del bilanciere** (*orol.*) balance fitting.
— **della ruota intermedia di carica** (*orol.*), transmission wheel seating.
— **di lavoro** (*comm.*), working place.
— **di società** (*comm.*), head office.
— **di una valvola,** valve seat.
sedia, *f.* chair.
— **a rotelle** (*per invalidi*), wheelchair.
— **di ribaltamento** (*met.*), tilting device.
— **girevole per laboratorio,** laboratory swivel chair.
— **pendente** (*mecc.*), shaft hanger; hanger bracket.
— **rotante per esami medici** (*astron.*), rotating chair for medical examination.
sedicesimo (*stampa*), decimo sexto.
sedile, *m* seat; aircraft seat (*per aeroplani*).
— **abbattibile** (*auto*), reclining seat.
— **anteriore,** front seat.
— **anteriore di sinistra** (*aereo*), port front seat.
— **anteriore inclinabile** (*auto*), reclining front seat.
— **anteriore regolabile,** adjustable front seat.
— **anteriore sul lato destro,** starboard front seat.
— **a poltroncina,** armchair seat (*auto*).
— **a schienale avvolgente** (*auto, ecc.*), contour seat; contoured seat.
— **a schienale mobile** (*auto*), bucket seat.
— **completamente abbattibile** (*auto*), fully-reclining sleep-in seat.
— **da rally** (*auto*), rally type seat.
— **eiettabile** (*aereo*), ejection seat.
— **guida riscaldato** (*auto*), heated driver's seat.

sedile per passeggeri, passenger seat.
— **pieghevole,** folding seat.
— **posteriore sdoppiato** (*auto*), splitted rear seat.
— **regolabile in altezza** (*auto*), seat adjustable for height.
— **rivolto verso poppa** (*aereo*), rearward-facing seat; aft-facing seat.
— **rivolto verso prua** (*aereo*), forward-facing seat.
sedili (*o* **tavoloni) per vogatori** (*naut.*), thwarts (cross seats or planks).
— **posteriori** (*auto*), rear seats.
— **provvisori** (*auto*), occasional seats.
sedimentazione, *f.* (*di liquidi*), settling; (*elet.*, *trasformatori*, *ecc.*), sludging; (*chim.*, *geol.*), sedimentation; (*geol.*), deposition.
— **in fossa** (*met.*), settling.
— **per gravità,** gravity separation; gravitation settling.
sedimento, *m.* deposit; sediment.
— **di anodo** (*met.*), anode slime.
sedimentologia, *f.* (*chim.*) (*petrol.*), sedimentology.
sega, *f.* saw.
— **a caldo** (*met.*, *mecc.*), hot saw.
— **a catena** (*legno*, *ecc.*), chain saw.
— **ad arco,** bow saw.
— **a dorso per metalli,** backed metal-cutting saw.
— **a freddo,** cold saw.
— **a freddo per lamiere** (*met.*), cold plate saw.
— **alternativa,** frame saw; ripping saw.
— **alternativa meccanica,** hack saw.
— **a nastro,** band saw; ribbon saw.
— **a nastro per metalli** (*met.*), metal-cutting bandsawing machine.
— **a pattino** (*met.*), sliding frame hot saw.
— **a pendolo,** pendulum saw
— **a pettine,** felling saw.
— **a staffa,** bow saw.
sega a telaio, frame sawing machine.
— **automatica** (*met.*), automatic sawing machine.
— **a volgere (***o* **voltino),** bow saw.
— **circolare,** circular saw.
— **circolare a elevazione e caduta,** rising and falling saw.
— **circolare per metalli** (*mecc.*), metal cutting circular saw.
— **da legno,** wood saw.
— **da marmista,** grub saw.
— **da metalli,** hacksaw; hacksawing machine; metal sawing machine.
— **da metalli a nastro,** metal-cutting bandsawing machine.
— **da traforo per legno,** fret saw.
— **da traforo per metalli,** piercing saw.
— **meccanica pesante,** heavy duty machine saw.
— **multipla,** multiple saw; gang saw.
— **orizzontale,** horizontal frame saw.
— **orizzontale a nastro per metalli,** horizontal bandsawing machine.
— **per impellicciature,** veneer saw.
— **per metalli a caldo,** hot saw.
— **per metalli a segmenti rapportati,** metal-cutting segmental saw.
— **per rotaie** (*ferr.*), rail saw.
— **per troncatrice** (*mecc.*, *met.*), cutting off machine saw.
segale, *f.* rye.
segare, *v.a.* to saw.
— **a freddo,** to saw cold.
— **di traverso,** to cross cut; to cut across.
— **per il lungo,** to cut longitudinally.
segarsi, *v.r.* to saw.
segatrice alternativa (*per metalli*), hacksawing machine.
— **alternativa a comandi oleodinamici** (*per metalli*), hydraulic hacksawing machine.
— **alternativa da banco** (*per metalli*), bench-fixing hacksawing machine.

segatrice alternativa idraulica (*per metalli*) (*macch. ut.*), hydraulic hacksawing machine.
— **a nastro** (*per metalli*), metal-cutting bandsawing machine; bandsawing machine.
— **a nastro orizzontale** (*per il taglio dei metalli*) (*macch. ut.*), (metal) horizontal bandsawing machine.
— **a nastro verticale** (*per il taglio dei metalli*) (*macch. ut.*), (metal) vertical bandsawing machine.
— **automatica a nastro** (*per metalli*), automatic bandsawing machine.
— **circolare a caldo** (*per metalli*), hot-metal circular sawing machine.
— **circolare a freddo** (*per metalli*), cold-metal circular sawing machine.
— **limatrice** (*per metalli*), (*macch. ut.*), (metal) sawing and filing machine.
— **per metalli** (*macch. ut.*), metal sawing machine.
— **semiautomatica,** semi automatic sawing machine.
segatura, *f.* (*di legno*), sawdust; (*azione*) sawing.
— **a fette parallele,** slab sawing.
— **a taglio radiale,** rift sawing.
— **di metalli,** metal sawing.
— **tangenziale,** tangential sawing.
segheria, *f.* saw mill; lumber mill.
seghetto, *m.* double ended cross cut saw.
seggiovia, *f.* chair-lift; chair-hoist.
segmento, *m.* (*inform.*), segment.
— **abrasivo,** grinding segment.
— **di cerchio,** segment of a circle.
— **di macchina,** segment.
— **di pistone,** piston-ring.
— **intercambiabile per negativo o positivo** (*frese*) (*mecc.*), negative positive insert.
— **parabolico,** segment of a parabola.
— **sferico** (*geom.*), spherical segment.
segnafile, *m.* (*di seminatrice*) (*mecc. agr.*), row-marker.

segnalamento, *m.* (*ferr.*), signalling.
— **a blocco automatico** (*ferr.*), automatic block signalling.
segnalatore acustico, acoustic transponder.
— **di direzione radiotelegrafico,** *m.* (*aereo*), W/T wireless direction indicator.
segnalazione, *f.* (*elet.*), signalling.
— **automatica,** automatic signalling.
— **con aerofari** (*aereo*), beaconing.
— **di navigazione** (*naut.*), beaconing.
— **elettropneumatica,** electro-pneumatic signalling.
— **orizzontale (macchina per — orizzontale)** (*traffico*), roadmarking machine; carriageway marking machine; pavement marking machine (USA) highway marking machine (*autostrade*).
— **orizzontale (vernice per — orizzontale)** (*traffico strad.*), marking paint; roadmarking paint.
— **sotterranea per locomotori** (*miniere*), underground loco traffic signalling.
segnalazioni stradali, street traffic signals.
segnale, *m.* signal.
— **acustico** (*segnale di linea*) (*telef.*), dial tone; (*inform.*), audiotone.
— **« auto ferma »** (o *triangolo segnalatore di auto ferma*) (*traffico stradale*), warning triangle.
— **con razzo,** flare signal.
— **d'allarme,** alarm signal.
— **d'arresto assoluto,** absolute stop signal.
— **debole,** weak signal.
— **di avviso** (*p. es. di gettoniere telef.*), warning tone.
— **di chiamata** (*telef.*), call signal; audible signal.
— **di divieto di svolta a sinistra** (*auto*), « no left turn » sign.
— **di eccitazione** (*telev.*), driving signal.
— **di emissione** (*trasmissioni*), outgoing signal.

segnale di fine di conversazione (*telef.*), clearing signal.
— **d'immagine** (*telev.*), picture signal; video signal.
— **d'inizio** (*cinem.*), cue.
— **di numero non ottenibile** (*telef.*), number-unobtainable tone.
— **di « occupato »** (*telef.*), busy tone.
— **di pericolo** (*aereo*), distress signal.
— **di pericolo di radiazioni** (*fis. atom.*), radiation warning sign.
— **di (dare la) precedenza** (*auto*), yield-the-right-of-way sign.
— **di regolazione del traffico** (*traffico*), traffic control signal.
— **di ricezione,** incoming signal.
— **di riferimento** (*top.*), reference mark.
— **di risposta** (*elet.*), answer signal.
— **di sincronismo di colore** (*telev.*), burst.
— **di sincronizzazione d'immagine** (*telev.*), picture synchronising impulse.
— **di S.O.S.** (*naut.*), distress signal (dist. sig.).
— **di uscita zero** (*calcol. elettron., inform.*), zero output signal.
— **elettrico,** electric signal.
— **fumogeno,** smoke signal.
— **luminoso di circolazione** (*per auto p. es. in caso di sosta forzata, di sera*), flare.
— **luminoso a luce intermittente** (*aereo*), flashing light signal; (*comm.*), illuminated sign.
— **luminoso di occupato** (*telef.*), busy-flash signal.
— **orario** (*radio*), time signal.
— **stradale,** warning signal (*per richiamare l'attenzione*); direction post (*per indicazioni*).
— **televisivo,** television signal.
— **(variare di intensità di un —),** to fade.
segnaletica, *f.* traffic signalling.
— **di preavviso** (*cost. strade*), warning road-marking.
segnali (*m. pl.*) **luminosi** (*ferr., ecc.*), colour-light signals.
segnali stradali (*auto, ecc.*), (road) caution signs.
segnare, *v.a.* (*col punteruolo*), to mark; to centrepunch (*di strumenti, manometri, ecc.*), to point.
— **apostrofi** (*bozze*), insert apostrophes.
— **con maschera** (*legnami, casse, ecc.*), to stencil.
segnatura, *f.* (*comm.*), marking; (*numero o lettera stampata in fondo alla prima pag. di un foglio di stampa*) (*tip.*), signature (of sheets); (*foglio stampato e piegato di un libro*) (*tip.*), signature.
segnavia, *m.* signpost; finger-post.
segni dello zodiaco (*astron.*), signs of the zodiac.
— **di richiamo** (*per correzioni delle bozze*), typographical signs; proof-readers' marks.
segno, *m.* sign.
— **algebrico,** algebraic sign.
— **aritmetico,** mathematical sign.
— **dell'addizione,** sign of addition.
— **della divisione,** division sign.
— **della moltiplicazione,** multiplication sign.
— **della sottrazione,** sign of subtraction.
— **di sommatoria,** sign of summation.
— **negativo,** negative sign.
— **positivo,** positive sign.
— **(far un —),** to signal.
sego, *m.* tallow.
segone, *m.* pit saw.
segregare, *v.i.* (*met.*), to segregate.
segregazione, *f.* (*met.*), segregation.
— **agli angoli** (o *agli spigoli*) (*met.*), corner segregation.
— **agli spigoli** (*met.*), corner segregation.
— **a V** (*met.*), V-segregation.
— **di cono di ritiro** (*met.*), pipe segregation.
— **interdendritica** (*met.*), coring.
— **inversa** (*met.*), inverse segregation; negative segregation.
— **per gravità** (*met.*), gravity segregation.

segretaria (*f.*) **di edizione** (*cinem.*), scriptgirl.
segretario, *m.* secretary.
— **aggiunto** (*legge*), deputy secretary.
— **aggiunto e redattore capo delle pubblicazioni,** deputy secretary and chief editor.
— **di direzione,** executive secretary.
segreteria telefonica, telephone answerer.
seguire lo sviluppo delle tecniche piu recenti (*inform.*), to monitor the latest techniques.
selce, *f.* flint stone; rubble stone.
selciare, *v.a.* to pave.
selciato, *m.* paving, pavement.
— **di ciottoli,** cobble stone pavement.
— **di mattoni,** brick pavement.
— **di pietre,** stone pavement; block pavement.
selciatore, *m.* paviour; paver.
selciatura, *f.* paving.
seleniato, *m.* (*chim.*), selenate.
selenico, *agg.* (*chim.*), selenic.
selenifero, *agg.* seleniferous.
selenio, *m.* (*chim.* = Se), selenium.
— **(biossido di —),** selenium dioxide).
selenioso, *agg.* (*chim.*), seleniuos.
selenite, *f.* (*min.*), selenite.
seleniuro, *m.* (*chim.*), selenide.
selenocentrica (*orbita avente il centro nel centro di gravità lunare*) (*astron.*), selenocentric.
selenofono, *m.* (*acust.*), selenophone.
selenografia, *f.* selenography.
selettività, *f.* (*radio*), selectivity.
selettivo, *agg.* selective.
selettore, *m.* (*telef.*), selector.
— **A** (*telef.*), A-digit selector.
— **a nastri** (*registratori*) (*audio*), tape select switch.
— **bias** (*audio*), bias switch; bias selector.
— **di canali** (*telev.*), channel selector.
— **di codice** (*aereo*), code selector switch.
selettore di connessione di linea (*telef.*), trunk-offering selector.
— **differenziatore** (*telef.*), discriminating selector.
— **di gruppo** (*telef.*), group selector.
— **di linea** (*tel.*), line finder (U.S.A.); first line finder.
— **d'ingresso** (*registratori, ecc.*), (*audio*), signal selector.
— **di piste** (*audio*), track selector switch.
— **di prova** (*telef.*), test selector.
— **di trasmissione automatica** (*auto*), automatic transmission selector.
— **di velocità** (*fis. atom.*), velocity selector.
— **di velocità a metodo di volo** (*fis. atom.*), time-of-flight velocity selector.
— **elettronico d'angolo di curvatura** (*mecc.*), electronic angle-of-bend selector.
— **equalizzazione** (*registratori*) (*audio*), equalization switch.
— **finale** (*telef.*), final selector.
— **numerico** (*telef.*), numerical selector.
— **per metalli,** metalsorter.
— **ripetitore** (*telef.*), repeating selector.
selettori numerici (*calcol. elettron.*), digital selector switches.
selezionabile, *agg.* (*inform.*), sortable.
selezionare, *v.a.* (*elettron.*), to sort.
selezionatrice (*f.*) **automatica per sfere e rulli** (*mecc.*), automatic ball and roller selecting machine.
— **calibrata di frutta,** fruit grader.
— **di assegni** (*banca*) (*inform.*), bankproof machine.
— **di documenti** (*elettron.*), document sorter.
— **di schede** (*calcol. elettron.*), card sorter; card sorting machine.
selezione, *f.* (*inform.*), selection.
— **del personale,** personnel selection.

selezione di circuiti telegrafici (*teleg.*), trunk selection.
sella, *f.* saddle.
— **a bilico,** tipping saddle.
— **di caldaia,** support.
— **di lancio** (*per smistare carri ferr.*) (*ferr.*), hump.
— **dell'incrocio** (*ferr.*), crossing saddle.
— **incavata** (*motoc.*), pan type saddle.
— **per cavo,** cable saddle.
sellatura e finizione di carrozzeria auto, trimming (*linings, seat, carpets, fitting of chromium parts, etc.*).
selleria (*auto*), upholstery.
sellerine, *f. pl.* (*met.*), shoe tingles.
sellino, *m.* (*motoc.*), pillion.
semaforo (*ferr.*), semaphore; traffic-control box.
— **ferroviario,** railway semaphore.
— **per pedoni,** pedestrian crossing light.
— **(aletta del —),** semaphore blade; semaphore arm.
semantica, *f.* (*linguistica*), semantics.
seme, *m.* seed.
— **vernalizzato** (*biol. agr.*), vernalised seed.
— **(deperimento del —)** (*bot.*), seed decay.
semenza, *f.* (*met.*), blue tacks.
semiaffiorante, *agg.* semi-sunk.
semiala, *f.* (*aereo*), stub wing; half wing; outer section (*or* panel).
semiasse, *m.* axle shaft; (*auto*), half shaft.
semiautomatico, *agg.* semi-automatic.
semiautonomia (*f.*) **pratica** (*aereo*), point of no return.
semibinario (*elettron.*), binary-coded decimal.
semicerchio, *m.* (*geom.*), semicircle.
semiciclo, *m.* half-cycle.
semicilindrico, *agg.* semi-cylindrical.
semicilindro, *m.* semi-cylinder.
semicircolare, *agg.* semi-circular.
semicirconferenza, *f.* semi-circumference.
semi-coke (*carbone*), semi-coke.
semiconduttore, *m.* (*elet.*), semiconductor.
— **integrato** (*elettron.*), integrated semiconductor.
semicristallino, *agg.* semicrystalline.
semidenso, *agg.* semi-fluid.
semigrafico, *agg.* (*inform.*), semigraphic.
semincassato, *agg.* (*mecc., met.*), semi-sunk.
semifluido, *agg.* semifluid.
semilavorati, *m. pl.* (*met.*), semi-finished products; semi-processed materials; mill-shapes.
— **di acciaio** (*met.*), steel semis.
— **per utensileria** (*met.*), semi-finished products for tools.
semilavorato, *p.p.* semi-finished; (*lamierini, ecc.*) (*met.*), semi-processed.
semina localizzata (*agr.*), spaced seeding.
— **per mezzo d'aeroplani,** air seeding.
seminare con aeroplani, to air-seed.
seminario di oceanografia (*congressi*), oceanography seminar.
— **di studio** (*congressi*), seminar (on...).
seminatrice, *f.* (*agr.*), drill.
— **a spaglio,** wheelbarrow seeder.
— **a tramoggia** (*agr.*), cup-feed drill.
— **di precisione per barbabietole** (*agr.*), precision beet seed planter.
— **per cereali** (*gar.*), grain drill.
— **per parcelle sperimentali** (*agr.*), field plot seeder.
— **portata** (*agr.*), mounted drill.
— **-spandiconcime** (*agr.*), grain and fertilizer applicator; fertilizer placement seeder.
semionda, *f.* half-wave.
semiotica, *f.* (*teoria dei segni*) (*mat. linguistica*), semiotic.
semiperiodo, *m.* (*elet.*), pulse; (*fis. atom.*), half-life; half-period.
semipettinati, *m. pl.* (*tess.*), semi-combed.
semipiano, *m.* (*aereo*), half wing.

semiquantitativa (analisi —), semiquantitative analysis.
semirigido, *agg.* semi-rigid.
semirimorchio, *m.* (*auto*), semitrailer.
semisaturo, *agg.* half-saturated.
semisfera, *f.* semisphere.
semispecializzato, v. **lavoratore —.**
semistabilizzato (*mattoni di dolomite*) (*met.*), semi-stabilized.
semi-taconite (*min.*), semi-taconite.
semitrasparente, *agg.* semitransparent.
semola, *f.* bran.
semolatrice, *f.* (*ind. mol.*), purifier
— a caduta (*ind. mol.*), gravity purifier.
semolini, *m. pl.* middlings.
— (prepulitura dei —), scalping.
semovente, *agg.* (*agr. ecc.*), self-propelled.
semplificare, *v.a.* to simplify.
senape, *f.* (*bot.*), white mustard.
senarmonite, *f.* (*min.*), senarmonite.
seno, *m.* (*trig.*), sine.
sensibile, *agg.* sensitive (*di strumenti e in fot.*); sensitized (*fot.*).
— ai guasti (*errori, incidenti, ecc.*), (*inform.*), fault-intollerant.
— ai raggi beta, beta-sensitive.
— alle cricche a caldo (*met.*), hot short.
— all'intaglio (*met.*), notch sensitive.
sensibilità, *f.* sensitivity.
— all'intaglio (*met.*), notch sensitivity.
— assiale (*mecc., ecc.*), axial sensitivity.
— cromatica (*fot.*), colour sensitiveness.
— della bilancia, sensitivity of the balance.
— dell'esplosivo all'urto (*miniere*), explosive sensitiveness.
— di deviazione (*di raggi*), deflection sensitivity.
— d'ingresso (*audio*) (*amplificatori, ecc.*), input sensitivity.
sensibilità fotoelettrica, photo-electric sensitivity (*or* yield).
— trasversale (*mecc.*), transverse sensivity.
— spettrale (*di cella fotoel.*), colour sensitivity; (*fot.*), spectral sensitivity.
sensibilizzante, *m.* (*combustibile*), sensitizer.
sensibilizzare, *v.a.* (*fot.*) (*combustibili, miscele espl.*), to sensitize.
sensibilizzatore, *m.* sensitizer.
sensitometria, *f.* (*fot.*), sensitometry.
senso, *m.* sense; direction.
— di marcia, direction of travel.
— di rotazione, sense of rotation.
— di una forza, sense of a force.
— di una freccia, sense of an arrow.
— unico (*traffico*), one-way.
— (in — normale a...), at right angle to...
— (nel — della grana) (*legno*), with the grain.
— (strada a — unico), road with one-way traffic.
sensore, *m.* (*inform.*), sensor.
— all'infrarosso (*inform.*), infrared sensor.
— a pressione, pressure sensor.
— del missile (*missili*), missile sensor.
— dosatore dell'aria (*turbo auto*), air metering sensor.
— fotoelettrico (*inform. videodisco ecc.*), photosensor.
— ottico (*autom.*) (*sald.*), optical sensor.
— solare, solar sensor.
sensoriale, *agg.* sensory.
sentiero di discesa (*aereo*), glide slope; glide path.
sentina, *f.* (*naut.*), bilge.
sentire, *v.i.* (*odorare di*), to smell (of).
senza corrente, *agg.* dead.
— fumo (*caldaie, ecc.*), smoke-free.
— motore (*naut.*), dumb.
— noie, trouble-free.
— saldatura, seamless.
— vibrazioni (*naut. ecc.*), free of vibration.

separabile, *agg.* separable.
separanodi, *m.* (*tipog.*), filtering part.
separare, *v.a.* to separate.
— **con violenza** (*met.*), to sever.
separarsi, *v.r.* (*di razzi p. es.*), to separate.
separasabbia (*regoli disposti in senso verticale o inclinato rispetto all'avanzam. della pasta*) (*fabbr. carta*), sand trap.
separatore, *m.* separator; (*radio*), buffer; (*inform.*), separator.
— **ad impulsi,** pulse separator.
— **a forza centrifuga,** centrifugal separator.
— **a gomito** (*met.*), elbow separator.
— **d'acqua,** water separator.
— **d'argilla,** clay cutter.
— **del catrame** (*gas.*), tar separator.
— **del grasso,** fat collector.
— **della crusca** (*ind. mol.*), husk separator.
— **dell'olio,** oil separator.
— **d'estrazione** (*fis. atom.*), stripper.
— **di masse** (*fis. atom.*), mass separator.
— **di polvere,** dust collector.
— **di sincronismi** (*radio, TV*), synchronism separator.
— **di trucioli** (*macch. ut.*), swarf separator.
— **di un minerale,** ore-separator.
— **di una batteria** (*auto*), separator.
— **di vapore,** steam separator.
— **elettrostatico,** electrostatic separator.
— **elicoidale** (*ind. mol.*), spiral separator.
— **magnetico** (*elet.*), magnetic separator.
— **magnetico a umido** (*min.*), wet magnetic separator.
— **magnetico di pezzi estranei** (*min.*), tramp iron detector.
— **per fagioli** (*agric.*), bean separator.
— **pulitore del grano** (*ind. mol.*), grain cleaning separator.
separazione, *f.* separation; (*effettuata dalle verghe di s.*) (*tess.*), leasing; (*operazione che segue ad un aggancio in orbita*) (*astron.*), undocking; v. **indennità di —.**
— **delle masse** (*fis. atom.*), mass separation.
— **del piombo** (*da altri minerali*), deleading.
— **del prodotto di fissione** (*fis. atom.*), fission-product separation.
— **elettrolitica** (*met.*), electrolytic separation.
— **elettrostatica,** electrostatic separation.
— **fra i canali** (*testine fonografiche*) (*audio*), channel separation.
— **in** (*o* **a**) **mezzo denso** (*min.*), v. **processo di —.**
— **isotopica** (*fis. atom.*), isotope separation.
— **magnetica,** magnetic separation.
— **magnetica a secco** (*min.*), dry magnetic separation.
— **mediante diffusione termica** (*fis. atom.*), thermal diffusion separation.
— **per scambio di ioni** (*met.*), ion exchange separation.
— **per via secca,** dry separation.
— **per via umida,** wet separation.
— **solido-liquido** (*chim.*), solid-liquid separation.
— **stereo** (*audio*), stereo separation.
seppellire rifiuti radioattivi provenienti da centrali nucleari, to bury radioactive wastes from nuclear power plants.
seppia (*f.*) (**nero di —**) (*vern.*), sepia.
sequenza, *f.* (*cinem.*), sequence; (*ordine di successione di dati appartenenti ad una serie, rispetto ai valori di un codice*) (*calcol. elettron.*), sequence.
— **delle saldature** (*sald.*), welding sequence.
— **di chiamata** (*inform.*), calling sequence.
— **di commutazione di colori**

(*telev.*), colour sampling sequence.
sequenza di messaggi (*inform.*), message sequence.
— **di scansione** (*telev.*), scanning sequence.
— **di volo** (*astron., ecc.*), flight sequence.
— **logica** (*cibernetica*) (*elettron.*), flow.
— **(messa in — del pezzo)** (*classificazione del pezzo, secondo l'ordine di successione delle operazioni*) (*calcol. elettron., met.*), sequencing of the piece.
— **(rimettere in —; riclassificare)** (*calcol. elettron.*), to resequence.
sequestrante (*p. es. E.D.T.A. e i suoi sali*) (*chim.*), sequestering agent.
sequoia, *f.* sequoia.
serbatoio, *m.* tank; reservoir.
— **a doghe di legno,** wood-stave tank.
— **a gravità** (*aereo*), gravity tank.
— **a pressione,** pressure vessel.
— **a sella,** saddle tank.
— **a tetto bombato** (*petrol.*), dome roof tank.
— **ausiliario** (*aereo*), auxiliary tank.
— **cilindrico** (*petrol.*), cylindrical tank.
— **con fondo concavo** (*petrol.*), dish bottom tank.
— **d'aria,** air reservoir.
— **della benzina** (*moto, ecc.*), gas tank (U.S.A.).
— **dell'acqua,** water cistern (w. tank).
— **delle schede** (*magazzino di ricezione delle schede*) (*calcol. elettron.*), card stacker.
— **dell'olio,** oil tank.
— **di alimentazione** (*elaboratori elettron.*), hopper.
— **di alimentazione delle schede** (*calcol. elettron.*), card hopper.
— **di base** (*aereo*), base tank.
— **di benzina,** petrol tank.
— **di carico** (*petroliere*) (*naut.*), cargo tank.
— **di compensazione** (*costr. idraulica*), surge tank.
— **di condensa,** condense tank.
serbatoio di immagazzinamento del petrolio, oil-storage tank.
— **di petrolio,** petroleum tank; petroleum reservoir; oil-storage tank.
— **di petrolio con tetto galleggiante,** floating-roof oil-storage tank.
— **di troppo-pieno,** surge tank.
— **di una diga,** reservoir.
— **flessibile in tessuto gommato** (*serbatoio flessibile per trasporto di liquidi infiammabili*) (*petrolio, ecc.*), pillow tank.
— **interrato,** underground tank.
— **interrato per metano,** underground methane storage tank.
— **naturale** (*giacimento*) **di gas,** gas pool; gas reservoir.
— **(naturale) di petrolio,** oil reservoir.
— **pensile** (*cassone dell'acqua*) (*idr.*), water tower.
— **per acqua,** water tank.
— **per acqua dolce** (*a bordo delle navi*), fresh water tank.
— **per metano liquefatto,** methane tank.
— **sferico** (*petrol.*), spherical tank.
— **sferoidale** (*petrolio*), spheroidal tank.
— **sganciabile** (*aereo*), drop tank; slip tank.
— **sganciabile in caso di pericolo,** jettisonable tank.
— **sopraelevato,** elevated tank; overhead tank.
— **sotto la sella** (*motoc.*), saddle tank.
— **supplementare per grande autonomia di volo** (*aereo*), long range tank.
— **stagionale** (*costr. idraul., elet.*), seasonal storage basin.
— **tubolare** (*generalm. posto sotto la canna*) (*armi*), tubular magazine.
sergente, *m.* (*faleg.*), screw cramp; joiners' cramp.
— **da falegname,** cramp-frame.
seriale, *agg.* (*inform.*), serial (v. **trasmissione —**).

serialmente, *avv.* (*inform.*), serially.
serializzare, *v.a.* (*inform.*), to serialize.
sericite, *f.* (*min.*), sericite.
serie, *f.* set; series (*mat.*); sequence (*mat.*); range.
— **aritmetica,** arithmetical progression.
— **convergente,** converging sequence.
— **di caratteri** (*tip.*) (*inform.*), character sets.
— **di chiavi** (*motoc.*), socket set.
— **di cicloni** (*min.*), stage of cyclones.
— **di freni,** range of brakes.
— **di indici** (*statistica*), index series.
— **di macchine utensili,** battery.
— **di Mac-Laurin** (*mat.*), Mac-laurin's series.
— **d'ingranaggi di ricambio,** set of change gears.
— **di Taylor** (*mat.*), Taylor's series.
— **di utensili,** range of tools.
— **divergente,** diverging sequence.
— **entropica** (*chim.*), entropic series.
— **geometrica,** geometrical progression.
— **L** (*fis. atom.*), L-series.
— **liotropica** (*chim.*), lyotropic series.
— **N** (*fis. atom.*), N-series.
— **omologa** (*chim.*), homologous series.
— **parallela,** series-parallel.
— **petrolifera,** oil bearing series.
— **spettrale** (*ott.*), spectral series.
— **(produzione in piccola —),** batch production.
— **(produzione in —),** mass production.
serigrafia, *f.* (*stampa*), silk-screen process.
serimetro, *m.* (*seta*), serimetre.
serina, *f.* (*chim.*), serine.
serioscopia, *f.* (*radiol.*), serioscopy.
serpentaggio (*successione di distorsioni trasversali alternate a destra e a sinistra di una barra di laminazione*) (*met.*), buckle.
serpentina, *f.* (*orol.*), balance wheel; (*tubo*) coil.
— **di raffreddamento** (*condiz. aria*), cooling coil.
— **di riscaldamento,** heating coil.
serpentino, *m.* (*min.*), serpentine.
serra, *f.* (*cost.*), greenhouse; hothouse.
— **gamma** (*fis. atom.*), gamma greenhouse.
— **(riscaldamento della — in vetro)** (*agr.*), glasshouse heating.
serracavo, *m.* cable clamp.
serrafilo, *m.* (*elet.*), clamp; cleat; terminal clamp; binding screw (*or* post); connector.
serraforma, *f.* (*tipog.*), metal quoin.
serraggio, *m.* tightening (*azione*); screwing up (*con viti*); grip (*or* gripping) (*di mandrino*); brak ing (*di freni*).
— **a lanterna** (*tornio orol.*), lantern chuck.
— **di bulloni sott'acqua** (*mecc.*), bolt tightening underwater.
— **eccessivo** (*di bulloni, ecc.*) (*mecc.*), overtightening.
— **inadatto,** improper tightening.
— **insufficiente** (*di bulloni, ecc.*) (*mecc.*), undertightening.
— **(a — multiplo)** (*pinze*), multigrip, *agg.*
— **(procedura di —),** tightening procedure.
serramenti, *m. pl.*, window and door frames.
serramento di finestra (*a battenti o a cerniera*) (*met.*), window casement fitting; window frame.
— **di porta** (*costr.*), door frame.
serranda, *f.* rolling shutter.
— **di regolazione** (*depur. fumi*), dumper.
serrande avvolgibili (*cost.*), rolling shutters.
— **a maglia** (*cost.*), rolling grilles.
serrare, *v.a.* to screw (up) (*con viti*); to tighten (*viti, bulloni*); to grip (*un mandrino*); to brake (*frenare*); to put on (*or* apply) the brake (*frenare*).
— **il dado su un bullone** (*mecc.*), to tighten a nut on a bolt.

serrare la composizione (*tip.*), to keep in.

serrata, *f.* shutdown; lockout.

— **come mezzo di pressione negoziale,** offensive bargaining lockout.

serrato, *agg.* (*rif. a viti, bulloni, ecc.*), tight.

serratura, *f.* lock; (*di forma chiusa*) (*tipog.*) quoin.

— **a cassetta,** rim lock.

— **a destra,** right-hand lock.

— **a due mandate,** double turn lock.

— **a nottolini** (*ferr.*), lever tumbler lock.

— **a scatto,** spring lock.

— **a sinistra,** left-hand lock.

— **a una mandata,** single turn lock.

— **ripostiglio** (*auto*), glove box locker.

serrature (fabbrica di —), locksmithery.

servire, to service; (*una campata servita da tre gru*) (*met.*), a bay serviced by three cranes.

servitù, *f.* (*leg.*), servitude.

— **di passaggio,** right of way; easement.

— **prediale,** easement.

servizi ausiliari, auxiliaries.

— **di rifornimento carburante e ristorante** (*autostrade, ecc.*), refuelling and restaurant facilities.

— **ospedalieri,** hospital services.

— **per gli anziani,** services for the elderly.

servizio, *m.* service; (*prestazione*) (*di una macchina*), duty; (*funzionamento, marcia*), operation.

— **aereo,** air service.

— **assistenza stradale** (*auto*), roadside assistance.

— **ausiliare** (*teleg., telef.*), ancillary working.

— **ausiliario femminile aeronautico** (*aereo*), auxiliary air force, A.A.F.

— **bisettimanale** (*aereo*), twice-weekly service.

servizio continuo (*elet.*), continuous rating.

— **di elaborazione presso il cliente** (*inform.*), remote batch processing.

— **di mensa** (*naut.*), catering.

— **di microfiche** (*inform.*), microfiche service.

— **di ricerca bibliografica** (*inform.*), bibliographic retrieval service (BRS).

— **di rimozione con rimorchio** (*di autoveicoli fermi per guasti, ecc.*) tow-away service.

— **di segreteria telefonica** (*telef.*), telephone answerer-service.

— **doganale** (*comm.*), customs service.

— **dopo vendita,** after-sales service.

— **elettronico bancario a domicilio** (*inform.*), electronic banking.

— **geologico,** geological survey.

— **intermittente** (*elet.*), intermittent rating.

— **interurbano automatico** (*tel.*), automatic long-distance service.

— **merci** (*comm.*), goods service; freight service.

— **recupero autoveicoli** (*auto*), recovery service.

— **riparazioni aeroplani,** aircraft servicing.

— **riparazioni radio,** radio servicing.

— **sanitario,** health service.

— **(in —),** in operation.

servoassistito (comando —), servo-actuated control; servo-control.

servocomandi di guida (*auto*), power steering.

servocomando, *m.* (*aereo*), servo control.

— **elettronico** (*audio, ecc.*), electronic servo control.

— **-computer** (*inform.*), servo-computer.

servofreno, *m.*, servo-brake; servo assisted brake; power brake.

servomeccanismo, servomechanism.

servomotore, *m.* servomotor.

servosterzo (*mot.*), power-assisted steering; power steering.
— **oleodinamico,** hydraulic power steering.
sesamo (olio di —), sesame oil.
— **(pannello di —),** sesame cake.
sesquiossido, *m.* (*chim.*), sesquioxide.
sesquiplano, *m.* (*biplano con un'ala molto piccola rispetto all'altra*) (*aereo*), sesquiplane.
sessagesimale, *agg.*, sexagesimal.
sesta (*f.*) (*o* **modello per sagome),** set-iron.
sestante, *m.* sextant.
— **a bolla,** bubble sextant.
sesto, *m.* (*arch.*), v. **arco.**
— **della finestra** (*costr.*), window lintel.
set di caratteri (*inform.*), character set.
seta, *f.* (*tess.*), silk.
— **alla nitrocellulosa,** nitro silk.
— **artificiale,** artificial silk.
— **cardata,** carded silk.
— **cotta** (*tess.*), boiled silk.
— **filata,** spun silk.
— **flessibile** (*o semicotta*), half-boiled silk.
— **floscia,** slack silk.
— **greggia,** raw silk.
— **lavata,** scoured silk.
— **ritorta,** twined silk.
— **sgommata,** desized silk.
— **torta,** thrown silk.
— **vegetale,** vegetable silk.
— **(aspatura della —)** (*tess.*), reel ing.
— **(cascami di —),** silk waste.
— **(ritorcitura della —),** throwing.
setaccio, *m.* sieve.
— **a maglie** (*min.*), mesh sieve; mesh screen.
setaceo, *agg.* silky.
setaiuolo, *m.* silk-weaver; silk-manufacturer.
seterie, *f. pl.* silken goods.
setificio, *m.* silk-manufactory.
setola, *f.* bristle.
setosità, *f.* (*vernici*), silking.
settimana lavorativa (*lavoro*), working week; week's work; weekly hours.
settore, *m.* (*geom.*), sector.
— **circolare,** sector of a circle.
— **dentato,** toothed sector.
— **di falciamento** (*armi*), traversing dial.
— **elicoidale comando sterzo** (*auto*), steering sector.
— **sferico,** spherical sector.
settori (*m. pl.*) **dell'industria tessile,** segments of the textile industry.
severità, *f.* (*met.*), v. **indice di —.**
sevo, v. **sego.**
sezionare, *v.a.* to sever.
sezionatore, *m.* (*elet.*), isolator; sectionalising switch.
— **di connessione** (*elet.*), bus-coupler switch.
— **di sbarre collettrici** (*elet.*), busbar sectionalising switch.
sezionatori, *m. pl.* disconnecting devices.
sezione, *f.* section; (*disegno*) sectional view; v. **vista.**
— **a cappello,** open box section.
— **a cassone,** box beam section.
— **anulare,** circular section.
— **aperta** (*di travi*) (*costr.*), open cross section.
— **aurea** (*parte di un segmento che è media proporzionale fra il segmento stesso e la rimanente parte*) (*mat.*), golden section.
— **centrale** (*aereo*), centre section.
— **circolare,** circular cross section.
— **crociforme,** cross-shaped section.
— **di cattura neutronica** (*fis.atom.*), neutron capture cross section.
— **di diffusione di neutroni** (*fis. atom.*), neutron scattering cross-section.
— **di passaggio** (*di un liquido*), cross section of waterway; sectional area of flow.
— **di rottura,** cross section of fracture.
— **di taglio,** shearing section.
— **di trave,** cross section of girder.
— **d'urto** (*radioattività*), cross section.
— **d'urto anelastica** (*fis. atom.*), inelastic cross-section.

sezione d'urto d'assorbimento dei neutroni (*fis. atom.*), neutron absorption cross-section.
— **d'urto d'attivazione per neutroni veloci** (*fis. atom.*), fast activation cross-section.
— **d'urto di arresto** (*fis. atom.*), stopping cross-section.
— **d'urto di arresto equivalente** (*fis. atom.*), equivalent stopping cross-section.
— **d'urto di diffusione** (*fis. atom.*), scattering cross-section.
— **d'urto di diffusione differenziale** (*fis. atom.*), differential scattering cross-section.
— **d'urto differenziale** (*fis. atom.*), differential cross-section.
— **d'urto di fissione** (*fis. atom.*), fission cross-section.
— **d'urto di fotoproduzione** (*fis. atom.*), photoproduction cross-section.
— **d'urto di moderazione** (*o* **di rallentamento**) (*fis. atom.*), slowing-down cross-section.
— **d'urto di reazione** (*fis. atom.*), reaction cross-section.
— **d'urto di risonanza** (*fis. atom.*), resonance cross-section.
— **d'urto di trasporto** (*fis. atom.*), transport cross-section.
— **d'urto efficace** (*fis. atom.*), effective collision cross-section.
— **d'urto efficace di cattura** (*fis. atom.*), effective capture cross-section.
— **d'urto geometrica** (*fis. atom.*), geometrical cross-section.
— **d'urto macroscopica** (*fis. atom.*), macroscopic cross-section.
— **d'urto microscopica** (*fis. atom.*), microscopic cross-section.
— **d'urto nucleare** (*fis. atom.*), nuclear cross-section.
— **d'urto per i neutroni termici** (*fis. atom.*), thermal cross-section.
— **d'urto totale** (*fis. atom.*), total cross section.
— **gas** (*di società*) (*comm.*), gas division.
— **longitudinale,** longitudinal section.

sezione macroscopica di assorbimento (*fis. atom.*), macroscopic absorption cross-section.
— **macroscopica (d'urto) di diffusione** (*fis. atom.*), macroscopic scattering cross-section.
— **maestra** (*di nave*), midship section.
— **obliqua,** oblique section.
— **ovale,** oval cross section.
— **piana di un vortice in linea** (*aereo*), point vortex.
— **quadrata,** square section.
— **radiale del legno,** radial conversion.
— **rettangolare,** rectangular cross section.
— **schematica,** diagrammatic section.
— **sottile** (*metl.*) (*microscopia*), thin section.
— **sottoposta al taglio,** shearing section.
— **trasversale,** cross section.
— **trasversale del legno,** cross section of timber.
— **trasversale di un profilo alare** (*aereo*), aerofoil section.
— **verticale,** vertical section.

sfaccettare, *v.a.* fo facet.
sfaccettatura, *f.* faceting.
sfacciare, *v.a.* to face.
sfacciatura, *f.* (*macch. ut.*), facing.
sfaldare, *v.a.* to scale; to cleave; to flake off.
sfaldatura, *f.* (*di minerali*), cleavage; flaking off.
sfalsare, *v.a.* (*mattoni o pietre*), to joggle; (*mot.*), to stagger; (*mecc.*), to stagger.
sfalsato (*giunto*), joggled (butt joint).
sfarfallamento, *m.* (*cinem., ecc.*), flicker.
— **interlineare,** interline flicker.
— **(frequenza di —)** (*telev.*), flicker frequency.
sfarfallio delle valvole (*auto*), valve floating.
sfarinamento, *m.* (*vernici*), chalking; flouring.
sfasamento, *m.* phase displacement.
— **in ritardo** (*elet.*), lagging phase.

sfasare, *v.a.* (*elet.*), to dephase.
sfasatore multiplo (*telecom.*), phase -splitter; phase-splitting circuit (U.S.A.).
sfera, *f.* sphere (*geom.*); (*mecc.*), ball.
— cava, hollow ball.
— di penna a sfera, ball-point.
— dell'orologio, hand.
— di cuscinetti a sfere, ball.
sfericità, *f.* sphericity.
sferico, *agg.* spherical.
sferoidale, *agg.* spheroidal.
sferoide, *m.* spheroid.
sferoidizzare, *v.a.* to spheroidize.
sferoidizzazione, *f.* spheroidizing (U.S.A.); spherodisation.
sferometro, *m.* spherometer.
sfiammamento, *m.* (*vernici*), flooding.
sfiammare, *v.a.* (*met.*), to flame out.
sfiancamento (*met.*), v. **cedimento.**
sfiatatoio, *m.* air pocket; air-hole; air-pipe.
sfiato (*motori*), breather; breather pipe (*motori a scoppio*).
sfibratore (*m.*) **da legno,** wood chipper; grinder.
— con caricamento a magazzino (*carta*), magazine grinder.
— continuo (*carta*), automatic magazine grinder.
sfibratura a freddo (*carta*), cold stripping.
sfibrillatura nel collageno (*fibre tess.*), fibrillation in collagen.
sfilacciatrice, *f.* (*tess.*), tearing machine.
— per stracci, rag picker.
sfioccamento (*m.*) **del cotone,** pulling the cotton.
sfioramento, *m.* (*idraul.*), overflow.
sfioratore, *m.* (*idraul.*), overflow (weir).
sfioro (*min.*), overflow.
sfocato, *agg.* (*fot.*), out of focus.
sfogare (*sfogare l'aria attraverso gli scarichi*) (*fond.*), to run off.
sfoglia, *f.* (*fond.*), buckle; (*met.*), v. **paglia.**
sfogliare un libro, to leaf through a book.
sfogliatrice per impiallacciature (*lavoraz. legno*), veneer peeling lathe.
sfogliatura, *f.* (*distacco del materiale dalla superficie a foglie sottili e parallele*) (*met.*), exfoliation.
sfogo, *m.* (*fond.*), flow-off; run off.
sfondamento (*eccesso di penetrazione*) (*sald.*), sagged weld; excessive penetration.
sfondo per volata (*avanzamento in metri, o piedi, durante la volata*) (*min.*), pull.
sformare, *v.a.* (*fond.*), to strip.
sformatrice (*fond.*), draw machine.
— a ribaltamento (*fond.*), roll-over draw (moulding) machine.
sformatura, *f.* (*fond.*), drawing; stripping.
sformo, *m.* (*fond*), draft.
sforzi di scorrimento, creep stresses.
sforzo, *m.* (*mecc.*), stress.
— -deformazione, *m.* (*met.*), stress-strain.
— di pressione, compressive stress.
— di stantuffo, piston pressure
— di taglio, shearing stress.
— di trazione, tensile stress.
— normale, normal stress.
— tangenziale, tangential force.
sfrangiatura (*frastagliatura al bordo dei lamierini e dei nastri* (*met.*), edge check.
sfregamento (rumore di —), rubbing noise.
sfregare (*toccare*) (*riferito a lancette di orol.*), to foul; to rub; (*rif. a porte che aprendosi, toccano il pavimento*), to ride; (*strisciare sfregando, p. es. delle ruote anteriori di un'auto contro il marciapiedi*), to scrub.
sfrido, *m.* (*met.*), scrap.
sfruttamento (*m.*) **dei noduli delle profondità marine,** exploitation of deep sea nodules.
— di forza idraulica, exploitation of water power.
— di miniera, exploitation of a mine.

sfumare, *v.a.* (*dis.*), to shade.
sfumatura, *f.* (*dis.*), shading; (*offuscamento d'immagine*) (*telev.*), blur.
— di quadro (*telev.*), picture blurring.
sfumino, *m.* (*dis.*), stump.
sfuocamento dell'immagine (*telev.*), blurring.
sfuso, *agg.* (*cemento, ecc.*), loose.
sgabello (*m.*) **girevole,** swivel tool.
— regolabile (*per uffici, ecc.*), adjustable stool.
sganciamento, *m.* (*di rimorchi, ecc.*) unhitching.
— di bombe coll'aiuto del radar, radar drop.
sganciare, *v.a.* (*aereo*), to release; to hook off (*vagoni, ecc.*); to disconnect (*vagoni, ecc.*); to take off; to lift (*ricevitore telef.*).
— una bomba (*aereo*), to release a bomb.
sganciatore, *m.* releasing mechanism; releaser.
sgancio, *m.* release; releasing.
— (meccanismo di —) (*aereo*), releasing mechanism.
sgelare, *v.i.* to thaw.
sghiacciamento, *m.* (*di aerei*), deicing.
sghiacciatore, *m.* (*aereo*), deicer; anticer (U.S.A.).
sgocciolare, *v.a.* to drip; to drain.
sgocciolatoio, *m.* water-drip.
sgombraneve, *m.* snow clearing machine.
— a turbina, snow blowing machine; blower-type snow plough.
— rotativo (*a fresa*), rotary snow plough.
sgombrare la neve a mano, to clear snow by hand.
sgombro, *m.* (*in gen. per trucioli, ecc.*), clearing; (*di detriti nelle miniere*), mucking.
— dei frammenti (*trucioli, ecc.*) (*macch. ut.*), clearing of debris.
— della neve, snow clearance.
— meccanico dei detriti (*min.*), mechanical mucking.
sgombro (attrezzatura di — del materiale) (*dopo il brillamento delle mine*) (*min.*), blast cleaning equipment.
sgommatura, *f.* (*tess.*), desizing; (*prima della tessitura*), (*tess.*), boling-off.
— della seta, silk scouring.
sgonfiare un pallone, to deflate a balloon.
sgorbia, *f.* gouge.
sgorbiare, *v.a.* to gouge; to scoop out.
sgranare, *v.a.* (*togliere dall'ingranaggio*), to put out of gear.
sgranatoio, *m.* shelling machine; (*cotone*), ginnery.
sgranatrice, *f.* (*tess.*), gin.
— a cilindri (*cotone*), roller gin.
sgranatura (*del cotone*), ginning.
sgrassaggio, *m.* degreasing.
— a vapore (*chim.*), vapour degreasing.
sgrassante, *m.* (*tess.*), scouring agent.
sgrassatrice, *f.* (*mecc.*), degreasing machine.
sgrassatura, *f.* degreasing.
— del lamierino (*met.*), sheet degreasing.
sgravio fiscale (*econ.*), tax relief.
sgretolamento di tempra (*met.*), quenching fracture.
sgrossare, *v.a.* (*il legno*), to rough hew (the timber).
— alla mola, to coarse grind; to rough grind.
— al tornio, to rough turn.
sgrossatura (*mecc.*), rough machining.
— alla mola (*macch. ut.*), rough grinding.
— al tornio, rough turning.
— dal grezzo, rough grinding.
shift aritmetico (*inform.*), arithmetic(al) shift.
— ciclico (*inform.*), cyclic shift.
— circolare(*inform.*),circular shift.
— logico (*inform.*), logical shift.
shock termico (*met.*), thermal shock.
shunt, shunt.
sia (*forma dell'imperativo nel ling.*

mat.), let; (*es. riferendoci alla fig. 5 sia A il centro della curva di raggio* R_1), referring to fig. 5 *let* A the centre of the curve of radius R_1.
sibilìo, v. **rumore di —.**
sicomoro, *m.* sycamore.
sicura (*di fucile*), safety bolt.
sicuramente, *avv.* (*riferito a viti*), tightly.
sicurezza, *f.* safety; (*affidabilità*), dependability; reliability.
— **bambini** (*porte posteriori*) (*auto*), child-proof rear door locks.
— **contro la rottura,** safety against fracture.
— **dei reattori** (*fis. atom.*), reactor safety.
— **di funzionamento,** safety of working; reliability; dependability.
— **in servizio,** dependability; reliability.
— **sindacale** (*leg.*), union security.
— **sociale,** social security.
— **sull'impugnatura**(*armi*), thumb safety.
— **(caratteristica di — in caso di guasti),** « fail-safe » feature.
— **(serratura di —),** safety lock.
— **(valvola di —),** safety valve.
sicuro, *agg.*, safe.
— **(un impianto —),** a safe plant.
sicurvia, *f.* (*per impedire l'uscita di strada*) (*strade*), side guard rail; safety guard rail.
— **-guardrail** (*costruz. stradali*), guard-rail; guard safety fence (*barriera di sicurezza*).
— **metallico** (*strade*), v. **guard-rail.**
siderite, *f.* (*min.*), siderite; chalybite; iron ore.
siderografia, *f.* siderography.
siderolite, *m.* (*min.*), siderolite.
siderostato, *m.* (*astron.*), siderostat
siderurgia, *f.* metallurgy; ironworking.
— **a ciclo integrato,** integrated iron and steel metallurgy.
siderurgico, *n. m.* (*met.*), metallurgist; *agg.* metallurgic; ironmaking.
Siena (terra di —), sienna.
Siena (terra di — bruciata), burnt sienna.
siepe, *f.* fence.
— **di filo,** *m.* wire fence.
— **spartitraffico centrale** (*di autostrada*), central reservation (with a series of clumps of shrubs or bushes).
sievert (*radiol.*), sievert (= 100 rem).
siero, *m.* serum (*pl.* sera); buttermilk (*latticino*).
sifone, *m.* (*fis.*), siphon.
— **d'iniezione** (*pressofusione*),gate.
— **di scarico** (*di presa idraul.*),
— **sfioratore per la separazione della ghisa dalla loppa** (*altoforno*) (*met.*), slag skimmer.
sigillante, *agg.* (*resine, ecc.*) (*fond. ecc.*), sealing; *m.* (*resine ecc.*), sealer.
— **elastomerico** (*gomma*), elastomeric sealant.
— **polimerico,** polymer sealant.
sigillare, *v.a.* to seal.
sigillato ermeticamente (*circuiti di refrigeraz., ecc.*), hermetically sealed.
sigillatura, *f.* (*pitture e vernici*), sealing.
— **con calore** (*per sacchetti di plastica, ecc.*), heat-sealing.
sigillo di garanzia (*p. es. per un olio d'oliva*), seal of approval.
sigla, *f.* (*di aereo*), registration letters.
— **musicale** (*telev.*) (*per identificare musicalmente un dato programma*), signature-tune.
silenziamento, *m.* (*auto*), hushing.
silenziatore, *m.* (*auto*), muffler, silencer.
— **di scarico,** exhaust silencer.
silenzioso, *agg.* silent; quiet.
— **(di funzionamento —),** *agg.* silent running.
— **(rendere —)** (*auto, mecc.*), to hush.
silicato, *m.* (*chim.*), silicate.
— **di alluminio,** aluminium silicate.
— **di calcio,** calcium silicate.

silicato di magnesio, magnesium silicate.
— di potassio, potassium silicate.
— di sodio, sodium silicate.
silice, *f.* silica (*anidride silicea*); flint stone (*pietra focaia*).
— colloidale, colloidal silica.
— (gel di —) (*chim.*), silica gel.
siliceo, *agg.* (*chim.*), siliceous; silicious.
silicico, *agg.* (*chim.*), silicic.
— (acido —) (*chim.*), silicic acid.
silicifero, *agg.* siliciferous.
silicio, *m.* (*chim.* = Si), silicon.
siliciuro, *m.* (*chim.*), silicide.
— di calcio, calcium silicide.
silicizzazione *f.* (*met.*), siliconizing.
silicofluoruro, *m.* (*chim.*), silicofluoride.
silicone, *m.* (*chim.*), silicone.
silicosi, *f.* (*med.*), silicosis.
sillimanite, *f.* (*refrattari*), siiimanite.
silo, *m.* silo (*pl.* silos); storage bin; (*di altoforno*), storage bin.
— agglomerato (*met.*), sinter bin.
— a torre (*agr.*, *ecc.*), tower silo.
— circolare, circular bin.
— coke (*met.*), coke bin.
— degli additivi (*met.*), additive bin.
— del coke (*met.*), coke bunker; coke bin.
— del minerale (*met.*), ore bin.
— in cemento armato, reinforced concrete silo.
— loppa granulata (*altoforno*), granulated slag bin.
— materie prime (*impianti di agglomerazione*) (*met.*), storage bin.
— metallico (*agr.*), steel silo.
— minerali (*met.*), ore bin.
— per carbone, grano, minerali ecc., storage bin.
— per ghiaia, gravel silo.
— per immagazzinamento del carbone (*min.*), coal storage bunker.
— per sale (*cost.*), salt silo.
— rettangolare, rectangular bin.
— (coefficiente d'attrito fra il materiale e le pareti del —), coefficient of friction between material and sides of bin.
silo (pressione contro le pareti del —), pressure against sides of bin.
silografia, v. **xilografia.**
siltometro, *m.* (*idraul.*), siltometer.
silurante, *f.* (*mil.*), torpedo-boat.
silurare, *v.a.* to torpedo.
silurificio, *m.* torpedo-works *pl.*
siluro, *m.* torpedo.
silvestrene, *m.* (*chim.*), sylvestrene.
silvicoltore, *m.*, silviculturist.
silvicoltura, *f.* sylviculture.
silvite, *f.* (*min.*), sylvite.
simbiosi, *f.* (*biol.*), symbiosis.
simboli grafici (*inform.*), graphic symbols.
— isotopici (*chim.*), isotopic symbols.
simbolo, *m.* symbol.
— chimico, chemical symbol.
— grafico (*ottenuto con stampa, disegno o scrittura a mano*) (*inform.*), graphic.
— logico (*elettron.*), logical symbol.
simile, *agg.* similar.
simili (triangoli —), similar triangles.
similoro, *m.* (*decor.*), mosaic gold.
simmetria, *f.* symmetry.
— anulare, ring geometry.
simmetrico, *agg.* symmetric.
simplesso, *m.* (*elettron.*), simplex; simplex operation.
simposio (*incontro, colloquio*), symposium (*pl.* symposia).
— di una giornata (*conferenze*), one-day symposium.
simulacro, mock up.
— in legno (*di un aeroplano*), mock up.
simulare (*v.a.*) **le condizioni per il funzionamento dei motori** (*mot.*), to simulate the conditions under which the engines are designed to operate.
— le procedure di rientro (dallo spazio) (*aereo*), to simulate reentry procedures.

simulatore, *m.* (*aereo*), simulator.
— **di reattore** (*fis. atom.*), reactor simulator.
simulazione (*sistemi di*) (*aereo, ecc.*), simulation; (*inform.*), v. **programma di —.**
— **con calcolatore** (*traffico, ecc.*), computer simulation.
— **discreta** (*calcol. elettron.*), discrete simulation.
— **in tempo reale** (*calcol. elettron.*), real-time simulation.
simultaneamente, *avv.* simultaneously.
sinclinale, *m.* (*geol.*), syncline.
sincrociclotrone, *m.* (*fis. atom.*), synchrocyclotron.
sincronismo, *m.* synchronism.
— **di colore** (*telev. a colori*), burst.
sincronizzare, *v.a.* to synchronize; to time.
sincronizzatore, *m.* (*elet.*) synchroniser.
sincronizzazione, *f.* (*cinem., telev.*), synchronisation; (*radio*), locking; (*elettron.*), clocking; v. **sala di —.**
— **posteriore** (*cinem.*), post synchronisation.
— **(meccanismo di —)** (*armi*), synchronising gear.
sincrono, *agg.* synchronous.
sincronoscopio, *m.* synchronoscope.
sincrotone, *m.* (*di Hallberg*) (*elet.*), synchrotone.
sincrotrone, *m.* (*fis. atom.*), synchrotron.
— **a protoni** (*fis. atom.*), proton synchrotron.
sindacalismo, *m.* trade-unionism.
sindacalista (*sindacati, lavoro*), trade unionist.
sindacato, *m.* (*lavoro*), trade-union.
sineresi, *f.* (*chim.*), syneresis.
sinergia, *f.* (*fis. atom.*), synergetics; (*inform.*), synergy.
sinergismo, *m.* synergism.
sinergisticamente, *avv.* synergistically.
sinergistico, *agg.* synergistic.
singenetico, *agg.* syngenetic.
singoletto, *m.* (*fis. atom.*), singlet.
sinigrina, *f.* (*med.*), sinigrin.
sinistro, *agg.* left; port (*aereo*); *m.* (*infortunio*), accident.
sinistrorso, *agg.* counter clockwise.
sinopsi, *f.* (*o stesura del film*), treatment.
sinterato, *m.* (*chim.*), sinter.
sinterizzato, *p.p.* (*met.*), sintered.
sinterizzatrice (macchina —) (*minerale*), sintering machine (*or* sintering unit).
sinterizzazione, *f.* sintering; sinter production (*produzione*).
— **continua** (*met.*), continuous sintering.
— **(forno di —),** sintering furnace.
sintesi, *f.* synthesis (*pl.* syntheses).
— **dell'immagine** (*telev.*), picture synthesis.
sintetica (benzina —), synthetic petrol.
— **(gomma —),** synthetic rubber.
sintetico, *agg.* synthetic.
sintetizzatore digitale quarzato (*audio*), quartz-locked digital synthesizer.
— **vocale** (*controllante circuiti elettronici che trasformano le lettere in fonemi*) (*macchina di lettura per i ciechi, ecc.*), voice synthesizer.
sintoamplificatore, *m.* (*audio*), integrated (stereo) receiver; receiver.
— **a cassette** (*audio*), casseiver.
sintomo di avvelenamento dovuto al mercurio, symptom of mercury poisoning.
sintonia, *f.* (*fis.*), syntony; tuning.
— **approssimata,** coarse tuning.
— **automatica** (*radio*), automatic tuning.
— **d'antenna** (*radio*), antenna tuning.
— **elettronica** (*videoregistratore*), electronic tuning.
— **piatta** (*radio*), flat tuning.
— **(fuori di —)** (*radio*), out of tune.
sintonico, *agg.* syntonic.
sintonine, *f. pl.* (*chim.*), syntonins.
sintonizzare, *v.a.*, to tune; to clock out.

sintonizzatore, *m.* (*radio*), tuner.
— **per modulazione di ampiezza** (*radio*), AM tuner.
sintonizzazione, *f.* (*radio*), tuning.
— **a punto ripetuto,** double spot tuning.
— **automatica,** automatic tuning.
— **complementare** (*radio*), band-spread tuning.
— **di passo di banda** (*radio*), band-pass tuning.
sinusoidale, *agg.* sinusoidal.
sinusoide, *f.* sine curve; wave curve.
sipario per palcoscenico, stage curtain.
sirena, *f.* siren; hooter; steam whistle.
siringa per iniezioni, injection syringe.
sismica (esplorazione —) (*petrol.*), seismic exploration.
— **(prospezione —),** seismic prospecting.
— **(riflessione —),** seismic reflection.
— **(rifrazione —),** seismic refraction.
sismicità, *f.* seismicity.
sismico, *agg.* seismic; v. **sismica.**
— **(movimento —),** seismic movement.
sismografia, *f.* seismography.
sismografo, *m.* seismograph.
sismogramma, *m.* seismogram.
sismologia, *f.* seismology.
sismolologico, *agg.*, sismological; (*ricerca sismologica*), sismological research.
sismologo, *m.* seismologist.
sismometro, *m.* seismometer.
sistema, *m.* system; (*processo*) route (*chim.*, *ecc.*); (*un nuovo processo per ottenere l'urea dalla melammina*), a new route to melamine from urea.
— **a controcorrente** (*aereo*), return-flow system.
— **a corrente diretta,** (*aereo*), straight-flow system.
— **a corrente portante,** carrier system.
— **a correnti alternate,** a-c system.
sistema a 2 fili, two-wire system.
— **aereo,** overhead system.
— **a gas inerte** (*per ridurre il contenuto di ossigeno nei serbatoi di carico*) (*naut.*), inert gas system.
— **albero base** (*mecc.*), shaft basis system.
— **antibloccaggio** (*freni auto*), anti -block system (ABS).
— **a più conduttori,** multiple-wire system.
— **assoluto,** absolute system.
— **astatico,** astatic system.
— **a terza rotaia** (*ing. elet.*), third rail system.
— **a tre fili** (*ing. elet.*), three-wire system.
— **bifase** (*elet.*), quarter-phase system.
— **C. G. S.,** C. G. S. system of measurement; centimeter-gram-second system.
— **computerizzato di riconoscimento della voce** (*inform.*), voice-recognition computerised system.
— **computerizzato integrato** (*inform.*), integrated computer system.
— **conduttore multiplo** (*elet.*), multi-wire system.
— **configurato** (*inform.*), configured system.
— **controllo tiro** (*aereo mil.*), fire control system.
— **cristallino,** crystal system.
— **cristallografico,** crystallographic system.
— **cubico** (*cristalli*), cubic system.
— **d'accensione blindato** (*aereo*), screened ignition system.
— **decimale,** decimal system.
— **di antenne,** antenna array.
— **di assi coordinati,** coordinate system of axes.
— **di alimentazione e lubrificazione invertito** (*aereo*), inverted fuel and oil system.
— **di azionamento della cartuccia** (*inform.*) cartridge drive system.

sistema di bielle, connecting-rod assembly.
— **di cambiamento d'utensile mediante controllo numerico** (*inform.*, *macch. ut.*), tool-change N/C system.
— **di chiamata** (*telef.*), signalling system.
— **di climatizzazione** (*auto*), air blending system.
— **di combustione a presa diretta** (*aereo*), straight through combustion chamber.
— **di commutazione** (*teleg.*), switching system.
— **di commutazione (telefonica) digitale** (*tel.*) (*inform.*), digital switching system.
— **di coordinate,** co-ordinate system.
— **di distribuzione,** distribution system.
— **di distribuzione a ramificazione** (*elet.*), tree system of parallel distribution.
— **di documentazione automatica di informazioni documentarie** (*inform.*), information retrieval system.
— **di funivia** (*ing. civ.*), aerial ropeway system.
— **di geminazione** (*cristall.*), twin system.
— **di gestione automatizzata** (*inform.*), management information system.
— **di guida** (*missili*), homing system; (*satelliti*), guidance system.
— **di isolamento acustico** (*acust.*), isolating system.
— **di lavorazione flessibile** (*macch. ut.*), flexible manufacturing system.
— **di lubrificazione centralizzato** (*presse, ecc.*), centralized lubrication system.
— **di misura digitale del livello del liquido,** v. **digitale.**
— **di misure,** measuring system.
— **di navigazione inerziale** (*aereo*), inertial navigation system.

sistema di propulsione (*astron.*), propulsion system.
— **di propulsione a idrogeno liquido** (*aereo*), hydrogen-fuelled propulsion system.
— **di protezione polarizzato** (*elet.*), biased protective system.
— **di pulegge,** system of pulleys.
— **di radiocollegamenti,** radio dispatching system.
— **di raffreddamento ad evaporazione** (*aereo*), evaporative cooling system.
— **di raffreddamento carenato** (*aereo*), ducted cooling system.
— **di raffreddamento dell'impianto** (*fis. atom.*), plant's cooling system.
— **di raffreddamento sigillato** (*auto*), sealed cooling system.
— **di regolazione con calcolatore** (*traffico*), computer control system.
— **di ricerca delle informazioni** (*inform.*), retrieval system.
— **di ricerca di persone** (*calcol. elettron.*), paging system.
— **di ricupero del gas incombusto** (*met.*), unburned gas recovery system.
— **di riduzione** (*ind. mol.*), reduction system.
— **di ritrasmissione** (*elet.*), relay system.
— **di scansione** (*telev.*), scanning system.
— **di scappamento ad umido,** wet exhaust system.
— **di segnalazione,** warning system.
— **di smaltimento detriti,** rubbish disposal system.
— **di telefonia ad induzione,** inductor telephone system.
— **di telegrafia a frequenze vettrici** (*teleg.*), carrier telegraph system.
— **di telesegnalazione,** telesignal system.
— **di tubi,** piping system.
— **di ventilazione** (*min.*), ventilation system.
— **esagonale,** exagonal system.

sistema esagonale compatto (*cristal.*), hexagonal close-packed system; abbrev.: hcp.
— **flessibile di lavorazione** (*macch. ut.*), flexible manufacturing system.
— **foro base** (*mecc.*), hole basis system.
— **gestionale** (*inform.*), business system; management system.
— **gestionale personale** (*inform.*), personal business system.
— **grafico interattivo** (*dis.*), interactive graphic system.
— **incrementale** (*controllo numerico*) (*macch. ut.*), incremental system.
— **informativo** (*calcol. elettron., inform.*), information system.
— **integrato di gestione** (*inform.*), management operating system.
— **logico a fluido,** fluid logical system.
— **logico cablato** (*automazione*), wired logic system.
— **modulare multicanale** (*inform.*) multi-channel modular system.
— **monoclino** (*cristalli*), monoclinic system.
— **multicanale ad impulsi** (*elet.*), pulse multiplex system.
— **operativo** (*inform.*), operating system (abbreviato in OS).
— **operativo in tempo reale** (*calcol. elettron.*), real-time operating system.
— **operativo transazionale** (*inform.*), transactional operating system.
— **ortorombico** (*cristalli*), orthorhombic system.
— **periodico,** periodic system.
— **punto a punto su tre assi** (*controllo numerico*) (*macch. ut.*), 3-axis point-to-point system.
— **quantizzato** (*fis. atom.*), quantized system.
— **radiogoniometrico d'Adcock,** Adcock-aerial principle.
— **registrazione a penna,** pen recording system.
— **solare** (*astron.*), solar system.
— **solare di produzione acqua calda** (*energia*), warm water solar system.
sistema telefonico, telephone system.
— **telefonico collettivo** (*telef.*), conference system.
— **telefonico digitale** (*tel.*), digital telephone system.
— **telefonico semiautomatico** (*telef.*), semi-automatic telephone system.
— **tetragonale** (*cristalli*), tetragonal system.
— **trave-lastra** (*costr.*), plate-and-girder system.
— **triclino** (*cristalli*), triclinic system.
— **trifilare** (*elet.*), three-wire system.
— **trigonale** (*cristalli*), trigonal system.
sistemare (*mecc.*), v. **alloggiare.**
— **nel vano motore** (*auto*), to stow in the engine compartment.
sistemazione delle acque, water management.
— **di un corso d'acqua,** harnessing of a stream.
— **di un fiume,** regulation of a river.
— **informativi distribuiti** (*inform.*), distributed systems.
sistemi avanzati per l'ufficio, advanced office systems.
— **cristallini,** crystal systems.
— **di controllo a coordinate** (*macch. ut.*), co-ordinate control systems.
siviera a sifone (*met.*), syphon ladle.
— **a siluro** (*met.*), submarine ladle.
— **a tappo** (*met.*), stoppered ladle.
— **con foro sul fondo** (*met.*), bottom-tap ladle.
— **della ghisa** (*met.*), pig iron ladle; hot metal ladle.
— **del tipo a siluro** (*met.*), submarine-type ladle.
— **di colata con movimento meccanico di rovesciamento** (*fond.*), ladle with geared tipping device.
— **mescolatrice,** mixing ladle.

siviera per getti, casting ladle.
— **per scorie,** slag ladle.
— **ricevitrice** (*fabb. acciaio a spruzzo*), receiver.
— **rovesciabile** (*met.*), tilting ladle.
skin passing (*met.*), v. **skin-pass.**
skip (*min.*), skip.
slappolare, *v.a.* (*tess.*), to burr.
slappolatura, *f.* (*tess.*), burring.
slarghi (*min.*), v. **varici.**
slebo, *m.* (*semiprodotto a sezione rettangolare, o comunque appiattita*) (*met.*), slab.
— **colato sotto pressione** (*met.*), pressure poured slab.
— **fornito diritto di laminazione** (*met.*), as rolled slab.
slingottatrice, *f.* (*met.*), ingot stripper.
slingottatura, *f.* (*met.*), ingot stripping.
— **(reparto —)** (*met.*), ingot stripping shop.
slitta, *f.* slide; guide; (*di fucile*) (*mil.*), slide.
— **a croce,** compound rest; cross slide.
— **a rotolamento** (*mecc.*), rolling slide.
— **del banco** (*tornio*), main saddle; main carriage.
— **della testa a croce,** crosshead guide.
— **del portautensile,** tool holder slide.
— **porta utensili,** tool-slide; top slide.
— **trasversale,** cross slide.
— **verticale,** vertical slide.
— **(montato su —)** (*mecc.*), skid-mounted; (*gruppo elettrogeno montato su —*), skid-mounted mobile generating set.
slittamento, *m.* sliding; (*auto*), skidding.
— **dei salari** (*lavoro*), wage drift.
— **della cinghia,** slipping of the belt.
slittare, *v.i.* to slide; to skid (*rif. a gomme*); (*aereo*), to crab (*dirigere il musone dell'aereo in un vento trasversale, usando il timone di direzione*); (*lamin. met.*), to glide; to slip.
slittone, *m.* ram; (*limatrice, ecc.*), overarm.
slittovia, *f.* skilift.
sloggiare, *v.a.* to dislodge.
smacchiatori (*m. pl.*), **per lavatura a secco** (*chim.*), spotting agents.
smagnetizzare, *v. a.* to demagnetize.
smagnetizzatore per nastri magnetici (*audio*), bulk eraser.
— **per testine magnetiche** (*audio*), head demagnetizer.
smagnetizzazione, *f.* demagnetization; (*di una nave contro le mine magnetiche*), degaussing.
smagrante, *m.* (*p. es. silice, bauxite, per correggere la plasticità di impasti ceramici*), thinning agent.
smaltare, *v.a.* to enamel.
smaltatore, *m.* enameller.
smaltatrice, *f.* glazing press.
smaltatura, *f.* enamelling; (*di pellicole*), glazing.
— **a bassorilievo** (*met.*), basse-taille enamelling.
— **ad immersione** (*smalti*), dipping.
— **champlevé** (*smalti*), champlevé enamelling.
— **vetrosa,** vitreous enamelling.
— **vitrea (lamierino a — vitrea)** (*met.*), viteous-enamelled steel sheet.
smalti nitrocellulosici, nitrocellulose enamels.
— **pigmentati** (*chim.*), pigmented enamels.
smaltimento (*m.*) **dei rifiuti radioattivi** (*fis. atom.*), radioactive waste disposal.
— **di rifiuti solidi,** solid waste disposal.
smaltina, *f.* (*min.*), smaltine.
smaltino, *m.* (*pitt.*), smalt.
smaltite, *f.* (*min.*), smaltite.
smalto, *m.* (*per ceramiche, metalli, pitture*), enamel; (*vetro ottenuto da potassio e ossido di cobalto*), smalt.

smalto antiscrepolature, craze-proof enamel.
— **lavagna,** blackboard enamel.
— **nitrosintetico,** lacquer enamel.
— **per orlature,** beading enamel.
— **per pavimenti,** floor enamel.
— **per pittura** (*vernici*), brush enamel.
— **per rame,** copper enamel.
— **per vetrerie,** glass enamel.
— **porcellanato** (*rivestimenti*), porcelain enamel.
— **resistente al fuoco,** heat-resisting enamel.
— **vetroso,** vitreous enamel.
— **(strato di —),** enamel coating.
smantellare, *v.a.* to dismantle.
— **un forno** (*met.*), to dismantle a furnace.
smectico, *agg.* (*cirstalli liquidi*), smectic.
smelatrice, *f.* honey separator.
smeraldo, *m.* emerald.
smercio, *m.* sale.
smerigliare, *v.a.* to polish with emery (*lisciare allo smeriglio*); to lap; to sand; (*levigare*), to hone.
— **con carta smeriglio,** to sand-paper.
— **gli ingranaggi,** to hone gears.
— **una valvola,** to regrind a valve.
smerigliatrice, *f.* lapping machine; sanding machine.
— **a nastro,** belt sander.
— **a tamburo,** drum sander.
— **automatica per legno,** automatic sanding machine.
— **e preparatrice per clichés di gomma,** grinding and dressing machine for rubber stereos.
— **per elettrodi di saldatura,** welding electrode grinding machine.
smerigliatura, *f.* lapping; (*rif. a legno*), sanding.
— **con cinghia,** belt grinding.
— **delle valvole** (*auto.*), valve grinding.
— **elettrolitica** (*met.*), electrolytic honing.
— **(polvere di —),** grit.
smeriglio, *m.* emery.

smistamento (*di rottame*) (*met.*), scrap dispatching.
— **automatico dei pacchi** (*posta*), automatic parcel sorting.
smontabile, *agg.* dismountable; demountable; detachable.
— **(autostrada — sopraelevata),** demountable elevated motorway.
— **(facilmente — per facilità di trasporto)** (*mobili, ecc.*), easily demountable for ease in shipping.
smontaggio, *m.* disassembling (*mecc.*); decomposition (*scomposizione*); breaking-off (*mecc.*); dismantling; taking to pieces; (*di app. di foraggio petrol.*), tearing down.
— **della ruota** (*motoc.*), tyre removal.
— **del motore,** engine dismantling.
smontare, *v.a.* (*scomporre una macchina*) to disassemble (U.S.A.); to take apart; to take to pieces; to dismount (*discendere*); (*togliere*), to remove (from); to take out of; (*timone, ecc.*) (*naut.*), to unship.
— **le anime dai getti** (*fond.*), to de-core foundry castings.
— **una gomma** (*auto*), to remove a tyre.
— **una macchina,** to take a machine to pieces.
— **una nave,** to dismantle a ship.
— **una porta,** to unhinge a door.
— **un diamante,** to unset a diamond.
smorzamento, *m.* damping.
— **ad aria,** air damping.
— **critico** (*elet.*), critic damping.
— **di antenna,** aerial damping.
— **elastico** elastic damping.
— **elettromagnetico,** magnetic damping; electromagnetic damping.
smorzare, *v.a.* (*la calce*), to temper (*lime*); to water (*lime*).
— **il suono,** to deaden (*or* to damp) the sound.
smorzatore, *m.* damper.
— **della corrente,** current damper.

smorzatore della fiamma (*mot.*), exhaust flame damper.
smorzo, *m.* (*di pianoforte*) (*acust.*), damper.
smottatrice, *f.* (*fond.*), stripping machine.
smussamento (*di mole, spigoli, ecc.*), dulling.
smussare, *v.a.* to bevel off; to chamfer.
— **le testate** (*dei tubi*) (*met.*), to face the ends.
smussato, *agg.* (*riferito a mole, spigoli, ecc.*), dull.
smussatrice, *f.* (*macch. ut.*), chamfering machine; (*fabbricazione tubi*), tube chamfering machine.
smussatura, chamfering.
smusso a doppio U (*sald.*), double-U groove.
— **a U** (*sald.*), single-U groove.
— **a V** (*sald.*), single vee groove.
— **a X** (*sald.*), double vee groove.
— **a Y** (*sald.*), single vee groove with broad root face.
— **(angolo di —)** (*sald.*), bevel angle; angle of the bevel.
snellimento (*forma aerodinamica, ecc.*) (*mecc.*), slimming.
snervamento, *m.* (*mecc.*), yielding.
snervatrice, *f.* (*per lamiere*), strain relieving machine.
snocciolare, *v.a.* (*frutta*), to stone.
snocciolatrice, *f.* (*per ciliegie, ecc.*), (cherry) stoning machine.
snodato (giunto —), universal joint.
snodo, *m.* pivot; articulation: hinge.
— **del tirante dello sterzo** (*auto*) steering joint.
— **rotary** (*petrol.*), rotary jar.
— **sferico,** ball-and-socket joint; ball joint.
— **(a —),** hinged.
sobbalzo, *m.*, bobbing; (*auto*), hop.
soccorso (*rif. a procedure di —*) (*inform.*), stand by; (*in generale*), aid.
società a responsabilità limitata (*comm.*), limited company.
— **d'esercizio ferroviario,** railway working company.
società di imprese ferroviarie, railway construction company.
— **d'investimento a capitale fisso** (*finan.*), closed end investment company.
— **d'investimento a capitale variabile** (*comm.*), open-end investment company.
— **di pubblica utilità,** public utility company.
— **elettrica distributrice,** power station company.
— **finanziaria** (*finan.*), holding company.
— **in accomandita** (*comm.*), limited partnership.
— **italiana di Ergonomia (S.I.E.),** Italian Ergonomics Association.
— **per azioni** (*comm.*), joint stock company.
socio, *m.* (*comm.*), partner.
soda, *f.* soda.
— **carbonata,** carbonating soda; sodium carbonate.
— **caustica,** caustic soda.
— **cristallizzata,** crystallized soda.
— **modificata** (*ceneri di soda e bicarbonato di soda*) (*chim.*), modified soda.
— **per lavare,** washing soda; laundry soda; sal soda.
— **raffinata,** refined soda.
— **(ceneri di —)** (*chim.*), soda ash.
sodalizio, *m.* (*comm.*), society.
sodio, *m.* (*chim.* = Na), sodium.
— **(acetato di —),** sodium acetate.
— **(alluminato di —),** sodium aluminate.
— **(amalgama di —),** sodium amalgam.
— **(antimoniato di —),** sodium antimonate.
— **(arsanilato di —),** sodium arsanilate.
— **(arseniato di —),** sodium arsenate.
— **(arsenito di —),** sodium arsenite.
— **(benzoato di —),** sodium benzoate.
— **(bicarbonato di —),** sodium bicarbonate.

sodio (bicromato di —), sodium bichromate.
— **(bifluoruro di —)**, sodium bifluoride.
— **(bisolfato di —)**, sodium bisulfate.
— **(bisolfito di —)**, sodium bisulfite.
— **(borato di —)**, sodium borate.
— **(boroformiato di —)**, sodium boroformate.
— **(bromato di —)**, sodium bromate.
— **(bromuro di —)**, sodium bromide.
— **(carbonato di —)**, sodium carbonate.
— **(cianuro di —)**, sodium cyanide.
— **(citrato di —)**, sodium citrate.
— **(clorato di —)**, sodium chlorate.
— **(clorito di —)**, sodium chlorite.
— **(cloruro di —)**, sodium chloride.
— **(cromato di —)**, sodium chromate.
— **(esametafosfato di —)**, sodium hexametaphosphate.
— **(ferrocianuro di —)**, sodium ferrocyanide.
— **(fluoruro di —)**, sodium fluoride.
— **(fluosilicato di —)**, sodium fluosilicate.
— **(formiato di —)**, sodium formate.
— **(fosfato di —)**, sodium phosphate.
— **(idrosolfito di —)**, sodium hydrosulfite.
— **(idrosolfuro di —)**, sodium hydrosulfide.
— **(idrossido di —)**, sodium hydroxide.
— **(ioduro di —)**, sodium iodide.
— **(ipoclorito di —)**, sodium hypochlorite.
— **(ipofosfito di —)**, sodium hypophosphite.
— **(lattato di —)**, sodium lactate.
— **(metafosfato di —)**, sodium metaphosphate.
sodio (metavanadato di —), sodium meta-vanadate.
— **(naftionato di —)**, sodium naphthionate.
— **(nitrato di —)**, sodium nitrate.
— **(nitrito di —)**, sodium nitrite.
— **(oleato di —)**, sodium oleate.
— **(ossalato di —)**, sodium oxalate.
— **(perborato di —)**, sodium perborate.
— **(perclorato di —)**, sodium perchlorate.
— **(permanganato di —)**, sodium permanganate.
— **(perossido di —)**, sodium peroxide.
— **(pirofosfato di —)**, sodium pyrophosphate.
— **(salicilato di —)**, sodium salicylate.
— **(sesquicarbonato di —)**, sodium sesquicarbonate.
— **(silicato di —)**, sodium silicate.
— **(stannato di —)**, sodium stannate.
— **(stearato di —)**, sodium stearate.
— **(solfito di —)**, sodium sulfite.
— **(solfuro di —)**, sodium sulfide.
— **(tetrasolfuro di —)** sodium tetrasulfide.
— **(tiocianato di —)**, sodium thiocyanate.
— **(tiosolfato di —)**, sodium thiosulfate.
— **(tungstato di —)**, sodium tungstate.
— **(uranato di —)**, sodium uranate.
soffiabilità (*met.*), blowability.
soffiaggio attenuato (*met.*), soft blowing.
— **supplementare** (*met.*), re-blow.
— **(arrestare** *o* **fermare il —)** (*met.*), to blow down; to blow out.
— **(fine —)** (*met.*), blowing stop.
— **(inizio —)** (*met.*), blowing start.
— **(periodo di —)** (*met.*), blowing period.

soffiaggio (temperatura di fine —) (*met.*), end-point blowing temperature.
— (tempo di —) (*met.*), blowing time.
soffiante, *f.* (*met.*), blower; blowing engine.
— a flusso assiale (*altoforno met.*), axial-flow blower.
— ausiliaria (*aereo*), auxiliary blower.
soffiare (*v.a.*) **il vetro,** to blow the glass.
soffiatore del vetro, *m.* glass-blower.
— di fuliggine (*ind.*), soot blower.
soffiatrice (macchina — anime) (*fond.*), core blowing machine.
soffiatura, *f.* (*met.*), blister; (*pres sofusione*), blow hole; (*met., fond.*), blowhole; blow hole.
— da scoria (*met.*), slag blow hole.
— del vetro, glass blowing.
— nel getto (*met.*), blow hole.
— sottopelle (*met.*), subcutaneous blow hole.
soffietto, *m.* (*di fabbri*), bellows *pl.*; (*auto*), hood; folding top (*auto*); powder blower (*per agricoltura*).
— (del tipo a —) (*macch. idraul., mecc.*), bellows-actuated type.
soffio del vento (*met.*), wind blow.
soffione, *m.* volcanic steam-jet.
soffitta, *f.* (*cost.*), attic; loft; garret floor.
soffitto, *m.* (*cost., aereo*), ceiling.
— a cassettoni, panelled wood ceiling.
— a tela metallica a maglie, metal ceiling.
— di forati, hollow-tile ceiling; hollow terracotta slabs ceiling,
— di travi, joist ceiling.
— morto, sound-proof floor.
sofisticato, *agg.*, sophisticated.
« software » applicativo (*inform.*), applicational software.
— integrato (*inform.*), integrated software.
soggetto, *m.* (*di innesto*) (*bot.*), stock.
soggetto a controllo, subject to inspection.
— a pressione interna, pressurized.
soglia, *f.* threshold.
— continentale (*ocean.*), continental shelf.
— d'eccitazione, threshold of response.
— di abbagliamento, threshold of dazzling.
— di dolore (*acust.*), feeling threshold; threshold of pain.
— di eccitazione, threshold of response.
— di fissione (*fis. atom.*), fission threshold.
— di fotofissione (*fis. atom.*), photofission threshold.
— d'intensità di un colore, liminal value.
— di lunghezza d'onda, threshold of wavelength.
— di sensibilità, threshold of feeling.
— di sensibilità acustica (*acust.*), threshold of sensation.
— di sensibilità fotoelettrica, photo-electric sensitivity.
— di udibilità, threshold of audibility.
— fotoelettrica (*fis. atom.*), photoelectric threshold.
— fotonucleare (*fis. atom.*), photonuclear threshold.
soia (farina di —), soybean meal.
— (olio di —), soybean oil; soy oil.
solaio, *m.* (*cost.*), ceiling; floor.
— di tavelloni e putrelle, hourdis ceiling; hollow-tile ceiling.
— in cemento armato a laterizi forati, reinforced concrete hollow-tile floor.
— in ferro con voltine, hourdis ceiling.
— in ferro con voltine e cemento, combined arched concrete and steel beam floor.
— in legno, wood ceiling.
solare, *agg.* solar; (*ruotismi epicicloidali*), sun wheel.
« solazione », *f.* (*trasformazione di*

un gel in un sol) (*chim.*), solation.
solco, *m.* (*acust.*), groove; (*difetto superficiale longitudinale*) (*metal.*), seam; (*strade*), rut.
— **d'incisione** (*grammofono*), soundtrack.
— **di saldatura** (*met.*), deep seam.
— **eccentrico** (*acust.*), eccentric groove.
solcometro, *m.* (*naut.*), log.
— **per aeroplani,** air log.
— **(dispositivo per la rotazione del —)** (*naut.*), log rotator.
sole, *m.* (*astron.*), sun.
solenoide, *m.* (*elet.*), solenoid.
— **compensato,** compensated solenoid.
soletta, *f.* (*cost.*), slab.
— **appoggiata agli estremi** (*su due lati*) (*cost.*), slab supported on two sides.
— **di cemento armato,** reinforced concrete slab.
solfara, *f.* sulphur-mine.
solfatara, *f.* sulphur-mine.
solfatazione, *f.* (*elet.*), sulphation.
solfato, *m.* (*chim.*), sulphate; sulfate.
— **di alluminio,** alluminium sulphate; aluminum sulfate (U.S.A.).
— **di ammoniaca,** ammonia sulphate.
— **di ammonio,** ammonium sulphate.
— **di antimonio,** antimony sulphate.
— **di argento,** silver sulphate.
— **di bario,** barium sulphate.
— **di calcio,** calcium sulphate.
— **di ferro,** iron sulphate.
— **di magnesio,** magnesium sulphate.
— **di nichel,** nickel sulphate.
— **di piombo,** lead sulphate.
— **di plutonio** (*fis. atom.*), plutonium sulphate.
— **di potassio,** potassium sulphate.
— **di rame,** copper sulphate.
— **di sodio,** sodium sulphate.
— **di uranile,** uranyl sulphate.
— **di zinco,** zinc sulphate.
solfidrico, *agg.* (*chim.*), sulphydric.
solfito, *m.* (*chim.*), sulphite; sulfite.
— **di antimonio,** antimony sulphite.
— **di sodio,** sodium sulphite.
solfo, *m.* (*chim.* = S), sulphur; sulfur.
— **-clorurazione,** *f.* (*oli, ecc.*), sulphochlorination.
solfocarbolato, *m.* (*chim.*), sulfocarbolate.
solfocianato, *m.* (*chim.*), sulfocyanate.
solfocianuro, *m.* (*chim.*), sulphocyanide.
solfocloruro, *m.* (*chim.*), sulfochloride.
solfonale, *m.* sulphonal.
solfonazione, *f.* (*chim.*), sulphonation.
solforare, *v.a.* (*chim.*), to sulphurate; to sulphurize.
solforato (*rif. a frutta*), sulphured (*p. es.: ciliegie solforate*, sulphured cherries).
solforatrice *f* (*agric.*), powder blower.
solforazione, *f.* (*chim.*), sulphuration.
solforico, *agg.* (*chim.*), sulphuric; sulfuric.
solforoso, *agg.* (*chim.*), sulphorous; sulforous.
solfovinato, *m.* (*chim.*), sulfovinate.
solfuro, *m.* (*chim.*), sulphide; sulfide (U.S.A.).
— **allilico** (*chim.*), allyl sulphide.
— **d'argento,** silver sulphide.
— **di antimonio,** antimony sulphide.
— **di arsenico,** arsenic sulphide.
— **di bario,** barium sulphide.
— **di cadmio,** cadmium sulphide.
— **di carbonio,** carbon sulphide.
— **di mercurio,** mercury sulphide.
— **di piombo,** lead sulphide; plumbous sulphide.
— **di sodio,** sodium sulphide.
— **di stagno,** tin sulphide.
— **di zinco,** zinc sulphide.
— **ferrico,** ferric sulphide.

solfuro ferroso, ferrous sulphide.
— **ramico,** cupric sulphide.
— **ramoso,** cuprous sulphide.
solidi luminescenti, luminescent solids.
solidificante, *m.* solidifier.
solidificare -si, *v.i. v.a.* to solidify.
solidificazione, *f.* solidification.
solidità, *f.* solidity; (*robustezza di mecc.*), ruggedness (*mecc.*).
— **alla luce** (*vernici, pigmenti*), light fastness.
— **dei colori** (*vernici, ecc.*), colourfastness.
solido, *n.* (*corpo*), solid body; solid (*mat.*); body; *agg.* (*rif. a coloranti*), fast (*p. es.: nero* —, fast black); (*met.*), solidus.
— **cilindrico,** solid cylinder.
— **di colore,** colourfast.
— **di rivoluzione,** body of revolution; solid of revolution (U.S.A.).
— **fluidizzato,** fluid solid.
— **sferico,** spherical body.
sollecitare, *v.a.* (*un corpo a...*), to submit (*or*) to subject (a body to...); to stress.
— **eccessivamente,** to overstress.
sollecitazione, *f.* stress; strain.
— **a flessione,** bending stress.
— **al carico di punta,** buckling stress.
— **alla compressione,** compressive stress.
— **al taglio,** shearing stress.
— **alternata** (*mecc.*), alternating stress; alternating straining.
— **ammissibile,** permissible stress.
— **a torsione,** torsional stress; twisting stress.
— **a trazione,** tensile stress.
— **(fisica) estrema** (*met.*), extreme stress.
— **(*o* tensione) interna,** internal stress.
— **massima radiale** (*aereo*), maximum radial stress.
— **radiale,** radial stress.
— **tangenziale** (*aereo*), tangential stress.
— **termica** (*met.*), thermal stress.
— **unitaria,** unit stress.
sollecitazione (produrre una —), to set up a strain.
— **(togliere una —),** to take out a strain.
sollevamento, *m.* lifting.
— **automatico dell'utensile,** self acting lift of the tool.
— **con una leva,** lifting by a jack.
— **d'anima** (*variazione di spessore dovuta a sollevamento dell'anima spinta dal metallo che monta nella forma*) (*met.*), core raise.
— **del braccio** (*audio*), arm lift.
— **meccanico,** power lift.
— **pesi** (*sport*), weight lifting.
— **(apparecchio di —),** lifting device; hoisting apparatus.
sollevare, *v.a.*, to lift; to raise; to hoist up.
— **con il cricco l'auto,** to jack up the car.
— **dal suolo un carico** (*carrelli, ecc.*), to pick up from ground level a load.
sollevarsi, *v.r.* to raise; to heave.
sollevatore magnetico (*per lamiere, ecc.*), (*met.*), magnetic lifting unit (for plates, etc.).
solubile, *agg.* soluble.
— **in acqua,** soluble in water; water soluble.
— **(molto —),** readily soluble.
— **(poco —),** sparingly soluble.
solubilità, *f.* solubility.
soluzione, *f.* (*chim. e mat.*), solution.
— **acida** (*chim.*), acid solution.
— **alcalina,** alkaline solution.
— **ammoniacale,** ammonia solution.
— **caustica,** caustic solution.
— **chimica,** chemical solution.
— **da filare** (*chim. tess.*), spinning solution.
— **decinormale** (*chim.*), decinormal solution.
— **di decapaggio acida,** acid pickling solution.
— **diluita,** dilute solution.
— **di potassa caustica,** solution of caustic potash.
— **equilibrata** (*chim.*), balanced solution.

soluzione estrattiva (*chim.*), leaching solution.
— **galvanica,** plating solution.
— **molare** (*chim.*), molar solution.
— **molecolare** (*chim.*), molecular solution.
— **mordente,** pickling solution.
— **neutra** (*chim.*), neutral solution.
— **normale,** normal solution.
— **satura,** saturated solution.
— **solida** (*chim.*), solid solution.
— **soprassatura,** super-saturated solution.
— **titolata,** standard solution.
soluzioni insetticide aerosol, insecticidal aerosol solutions.
solvente, *m.* (*chim.*), solvent; thinner (*vernici*).
— **di petrolio,** petroleum solvent.
— **di Stoddard** (*chim.*), Stoddard solvent, white spirits.
— **indiretto** (*vernici*), latent solvent.
— **sintetico,** synthetic thinner.
solvibilità, *f.* (*comm.*), creditworthiness.
somière (*o* **somiero**), *m.* (*acust.*) (*banco su cui posano le canne dell'organo*), wrest plank.
somma, *f.* sum.
— **algebrica,** algebraic sum.
sommare, *v.a.* to sum; to add up.
sommatoria, *f.* (*mat.*), summation.
sommergere (*inondare*), to swamp.
sommergibile, *m.* submarine.
somministrare (*v.a.*), (*un medicamento*), to administer.
somministrazione, *f.* (*di medicina*), administration (of a medicine).
sommozzatore, *m.* (*esperto nuotatore che si immerge a notevoli profondità, per eseguire lavori vari*), deep sea diver; deep diver; aquanaut.
sonda, *f.* (*trivella*), bore; trial boring tool; (*aereo*) (*pallone s.*), radio-balloon; (*med.*), probe.
— **a microonde,** microwave probe.
— **a punta di diamante,** diamond drill.
— **con corona a granaglia** (*miniere*), shot-drill.
sonda elettronica, electron probe.
— **lunare** (*astron.*), lunar probe; moon probe.
— **per il rilievo del segnalo TV** (*telev.*), signal tracing probe.
— **planetaria** (*astron.*), planetary probe.
— **spaziale** (*astron.*), space probe.
sondaggio, *m.* boring (*trivel.*); drilling (*trivel.*); sounding (*scandaglio*).
— **ad iniezione d'acqua,** water flush drilling.
— **a percussione,** percussion-drilling; churn-drilling.
— **a percussione rapida,** boring by percussion with rods.
— **a rotazione,** rotary drilling.
— **col metodo sismico** (*di ghiacciai*), seismic sounding.
— **con corone a diamante,** diamond-drilling.
— **idraulico a rotazione,** hydraulic rotary drilling.
— **per ricerche di petrolio,** boring for oil; drilling for oil.
sondare, *v.a.* to probe.
soneria, *f.* (*elettrica*), electric bell; call bell.
sonoluminescenza, *f.* (*emiss. di luce nei liquidi sottoposti ad onde ultrasonore*) (*fis.*), sonoluminescence (sonic luminescence).
sonometro, *m.* (*acus.*), objective noise-meter.
sonora, *agg.* **(cassa —)** (*grammofono*), sound-box.
sonorità, *f.* (*acust.*), loudness.
sonoro (cinema —), sound film.
sopportare, *v.a.* to bear.
sopporto, *m.* bearing; bracket; (U.S.A.) mounting.
— **a collare,** bracket.
— **a due cuscinetti,** double bearing.
— **a L** (*ing.*) (*tornio*), L-rest.
— **a mensola,** bracket.
— **a mensola per pareti,** wall bracket.
— **antivibrante,** vibration mounting.
— **a rulli,** roller bearing.

sopporto a sfere, ball bearing.
— a T (*ing.*) (*tornio*), T-rest.
— con cuscinetti oscillanti, self aligning bearing.
— dei perni, spindle bearing.
— dell'albero, shaft bearing.
— della lunetta (*tornio*), stay.
— della manovella, crank bearing.
— dell'asse della testa a croce, bearing of the cross-head pin.
— flessibile (*elet.*), flexible support.
— oscillante dell'utensile, jimcrow.
— per tubi, pipe support; tube support.
— portapezzo (*cavo*), hollow rest.
— regolabile, adjustable bearing.
— ritto (*mecc.*), pedestal bearing; pillow block (U.S.A.).
— scorrevole, sliding bearing.
— trasmissione comandi (*aereo*), control column yoke.
soppressione (*f.*) **degli zeri** (*controllo numerico*) (*inform., macch. ut.*), zero suppression.
— della frequenza portante, carrier suppression.
— del fascio (*telev.*), blanking; blackout (U.S.A.).
— del suono (*telev.*), sound rejection.
soppressore, *m.* (*elet.*), suppressor.
— d'archi, arc suppressor.
— di armoniche (*radio*), harmonic suppressor.
— di campo (*elet.*), field suppressor.
— di colore (*telev. a colori*), colour killer.
— di echi indesiderati, power equalizer.
— delle punte di tensione (*elet.*), surge suppressor.
sopprimere lettere (*bozze*), take out letters.
sopra il punto di congelamento, above the freezing point.
sopraccarico (*m.*) **delle valvole,** overcharge of valves.
sopraccolonnio, *m.* (*arch.*), supercolumniation.
sopraccoperta, *f.* (*di libro*), jacket; wrapper; dust cover.
sopraddecapato (*met.*), overpickled.
sopraelevamento (*m.*) **della guancia,** rise of the wing-rail.
sopraelevata (strada urbana —) (*traffico stradale*), elevated urban freeway.
sopraelevatore di voltaggio (*elet.*), booster.
sopraelevazione, *f.* (*ferr.*), cant; superelevation.
— della rotaia (*ferr.*), superelevation of the track.
sopraggelo (*aereo*), icing (on aircraft); icing formation.
soprametallo (*met.*), v. **sovrametallo.**
sopramisura, *m.* (*parte di roccia o minerale che ritorna al frantoio per essere di nuovo frantumata, essendo rimasta sopra il vaglio*), oversize.
soprappassaggio, *m.* overbridge.
— della ferrovia, railway overbridge.
soprapposizione (*f.*) **di immagini** (*telev.*), superimposing.
sopraffusione, *f.* superfusion; supercooling.
soprappressione (in —), under high pressure; under excess p.
soprarriscaldamento, *m.* overheating.
soprassaldare, *v.a.* to overweld; to weld.
soprassaldatura, *f.* overwelding.
soprassaturazione, *f.* supersaturation.
soprassaturare, *v.a.* (*chim.*), to supersaturate.
soprastruttura, *f.* superstructure; upper structure (*struttura superiore*).
soprattassa, *f.* (*finan.*), surtax.
sopravaglio, *m.* (*min.*), oversize.
sopravvento, *m.* windward side.
sopravvivenza, *f.* survival.
—, curva di —, (*fis. atom.*), survival curve.
—, tempo di —, survival time.
sorbite, *f.* (*met.*), sorbite.
— lamellare, lamellar sorbite.
sorbitolo, *m.* (*chim.*), sorbitol.
sorbo, *m.* sorb.

sorbo montano, white beam tree.
sordino (*forno met.*), arch.
sordità (apparecchi per la correzione della —) (*elettron.*), deaf aids.
sorgente (*f.*) **d'acqua,** spring of water.
— **cosmica di raggi X** (*astr.*), cosmic X-ray source.
— **di energia elettrica,** power source.
— **di ioni** (*fis.atom.*), ion source.
— **di luce,** source of light.
— **di petrolio,** oil-spring.
— **di radiazione costante** (*fis. atom.*), steady source.
— **di radiazioni** (*fis. atom.*), radiation source; source.
— **di raggi X,** X-ray source.
— **di un fiume,** source; head; rise of a river.
— **energetica a basso costo** (*carbone ecc.*), low-cost energy source.
— **fotoneutronica** (*fis. atom.*), photoneutron source.
— **neutronica (***o* **di neutroni),** neutron source.
— **petrolifera,** oil spring.
— **puntiforme** (*fis. atom.*), point source.
— **radioattiva** (*fis. atom.*), radioactive source.
— **radio-berillio di neutroni** (*fis. atom.*), radium - beryllium source of neutrons.
— **sigillata** (*fis. atom.*), sealed radiation source.
sorgenti radio quasi stellari (*astron.*), quasars (quasi-stellar radio sources).
sorpassare, *v.a.* (*auto*), to over take.
sorpasso, *m.* over-run (*mecc.*); overtaking (*auto*).
sorptometro (*Perkin-Elmer-Shell*) (*chim.*), (Perkin-Elmer-Shell) Sorptometer.
sorvegliante, *m.* attendant.
— **alle macchine,** machine attendant.
— **all'entrata di un pozzo di miniera,** banksman.
sorvegliante del turno di notte (*min.*), night-shift overman.
— **di fabbrica,** overseer.
— **di lavori,** inspector.
— **di oleodotti,** linerider (*se viaggia in auto*); linewalker (*se è a piedi*).
sorveglianza, *f.* attendance; supervision (of works).
sorvegliare, *v.a.* to supervise; to superintend; (*macch. ut. ecc.*), to tend.
sorvolare, *v.a.*, to overfly; to fly over.
— **(terreno sorvolato),** ground overflown.
sospendere l'ordinazione (*comm.*), to stop the order.
— **una licenza di esercizio,** to suspend a licence to trade.
sospensione, *f.* (*chim., ing., auto, ecc.*), suspension.
— **a balestra trasversale autostabilizzante** (*auto*), self-levelling suspension.
— **a barra di torsione** (*auto*), torsion bar suspension.
— **a braccio oscillante trasversale** (*auto*), wishbone-geometry suspension.
— **a braccio trasversale** (*auto*), transverse arn suspension.
— **a catenaria,** catenary suspension.
— **ad asse oscillante** (*auto*), swing axle suspension.
— **a molle a balestra semiellittiche** (*auto*), semielliptic leaf spring suspension.
— **anteriore indipendente** (*auto*), indipendent front suspension (I.F.S.).
— **anti-rollio di un autoveicolo** (*auto*), anti-roll vehicle suspension.
— **asimmetrica** (*ing. elet.*), unsymmetrical suspension.
— **bifilare** (*elet.*), bifilar suspension.
— **cardanica,** gimbals; gymbals.
— **con gancio ad occhio** (*bozzello*) (*mecc.*), eye suspension.

sospensione compensata (*mot.*), compensated suspension.
— **de Dion** (*auto*), de Dion suspension.
— **della molla,** suspension of the spring.
— **di acqua e materiali leganti per rigenerare una terra di formatura a verde** (*fond.*), slurry.
— **diretta,** direct suspension.
— **di tubaggio** (*mecc., petrol.*), undersling of tubing.
— **elastica,** elastic suspension; cushioning (*acust.*); bowstring-suspension (*cavi elett.*).
— **flessibile** (*elet.*), flexible suspension.
— **indipendente** (*auto*), independent suspension.
— **idropneumatica** (*auto*), hydropneumatic suspension.
— **Mac Pherson** (*auto*), Mac Pherson strut suspension.
— **magnetica** (*elet.*), magnetic suspension.
— **multipla** (*ing. elet.*), catenary construction.
— **oscillante** (*mecc., veicoli*), rocker suspension.
— **posteriore,** rear suspension.
— **rigida** (*elet.*), rigid suspension.
— **scassata** (*auto*), collapsed suspension.
— **simmetrica,** symmetrical suspension.
— **trasversale** (*ing. elet.*), cross suspension.

sospensioni acquose, aqueous suspensions.

sospensivante *m.* (*chim.*), suspending medium.

sospensivo, *m.* (*chim.*), suspensoid.

sospeso (peso), *p.p.* overhung.

sostanza, *f.* substance.
— **albuminosa,** albuminous substance.
— **autoluminescente,** radioactive substance.
— **dielettrica,** dielectric substance.
— **per arrotare,** grinding material; abrasive.
— **porosa,** porous substance.

sostanza precipitata, precipitated substance.
— **trasparente,** transparent substance.

sostegno, *m.* stanchion; bearing support; strut.
— **a cassetta** (*ferr.*), box girder.
— **a cavalletto,** lean - to trussed strut.
— **a portale** (*ferr.*), portal frame; (*costr.*), signal bridge.
— **avanzante** (*min.*), self-advancing support; advancing roof support.
— **del bagno** (*sald.*), v. **bordo smussato a k con —.**
— **del braccio** (*di fresatrice*), over arm support.
— **del cavo,** rope support.
— **del fronte di taglio** (*min.*), face end support.
— **del mandrino,** bearing of the spindle.
— **del quadro di distribuzione** (*elet.*), switchgear mount.
— **del tetto** (*min.*), roof support.
— **del tetto meccanizzato e semovente** (*min.*), self-advancing powered roof support.
— **del tetto meccanizzato telecomandato** (*min.*), remotely-operated powered roof support.
— **del tetto del tipo a butte metalliche a quattro gambe** (*min.*), 4-legged chocks roof support.
— **del tipo a butte metalliche** (*min.*), chock type support.
— **di gronda,** gutter bearer.
— **idraulico** (*min.*), hydraulic prop; hydraulic roof support (*sostegno del tetto*).
— **idraulico meccanizzato semovente** (*min.*), self-advancing hydraulic powered support.
— **meccanizzato** (*min.*), powered support.
— **oscillante,** pendulum stanchion
— **per curve** (*ing. elet.*), pull-off.
— **per segnali stradali,** highway sign support.
— **prolungabile** (*per la costruzione di piattaforme spaziali in*

volo) (*astron.*), extendable support.

sostegno telescopico doppio (*min.*), double telescopic support.

— **temporaneo per sostenere ali biplani,** jury strut.

— **(impianto di — del tetto meccanizzato e semovente),** self-advancing roof support installation (*min.*).

sostenere, *v.a.* to bear; to support; to hold up.

sostituibile, *agg.* (*pezzi, ecc.*), replaceable.

sostituire, *v.a* (*rimpiazzare*), to supplant.

— **una macchina,** to replace a machine.

— **un bullone** (*mecc.*), to replace a bolt.

— **un pezzo,** to replace a piece; to replace a part.

sostituzione, *f.* replacement; renewal.

— **di traversine** (*ferr.*), sleeper renewal.

— **di una macchina,** replacement of a machine.

— **di un impianto,** replacement of a plant.

— **di un utensile,** replacement of a tool.

— **di valvole,** valve replacement; tube replacement (U.S.A.).

— **idrotermale** (*processo con formaz. di nuovi minerali a aggregati di minerali con parziale o totale sostituz. di rocce prima esistenti*) (*geol.*), replacement.

sostrato, *m.* (*strato inferiore*), undercoat.

— **di nichelio,** nickel undercoat.

sottendere (*v.a.*) **un angolo** (*geom.*), to subtend an angle.

sotterraneo, *m.* (*cost.*), basement; underground (*agg.*); subway (*cost. civ.*).

sotteso, *p.p.* (*geom.*), subtended.

sottile, *agg.* thin.

sotto, under.

— **il pavimento dove si trovano le macchine** (*cavo*), underneath the machine-room floor (*cable*).

sotto pressione, under steam (*macchine a vapore*).

sottobosco, *m.* underwood; under growth.

sottoccupazione, *f.* (*econ.*), underemployment.

sottocoperta, *f.* (*naut.*), lowerdeck.

sottocorrente, *f.* undercurrent.

sottocritico, *agg.* subcritical.

sottofondo stradale (*costr. strad.*), sub-base.

sottogruppo, *m.* subgroup; (*mecc.*), sub-assembly.

— **da collaudare,** sub-assembly under test.

sottoinsieme (*di caratteri, ecc.*) (*inform.*), subset.

sottolancia (metodo di misurazione —) (*met.*), sub-lance method.

sottolicenza, *f.* sub-licence.

sottolineare, *v.a.* to underline.

— **fortemente** (*dis.*), heavily underline.

sottolineatura, *f.*, underlining.

— **automatica** (*inform.*), automatic underlining.

sottolivello, *m.* (*fis. atom.*), sub-level.

sottolivelli (metodo dei —) (*min.*), sub-level caving; sub-drift caving.

sottomarino, *m.* submarine.

— **atomico** (*fis. atom.*), nuclear-powered submarine; A-submarine.

— **lanciamissili** (*mil.*) missile-launching submarine.

— **lanciamissili balistici** (*mil.*), ballistic missile firing submarine.

sottomisura, *m.* (*p. es. prodotto di un frantoio passante per un vaglio. Il — viene così inviato ai successivi stadi di lavorazione*) (*min.*), undersize.

sottomultiplo, *m.* (*mat.*), submultiple.

sottomurazione, *f.* underpinning.

sotto-menu (*inform.*), sub-menu.

sottopassaggio, *m.* underbridge; subway.

sottopassaggio di ferrovia, railway underbridge.
sottopasso, *m.* (*cost. stradali*), underpass.
sottoprodotto, *m.* byproduct.
— **radioattivo,** radioactive by-product.
sottoprogramma, *m.* (*calcol. elettron., inform.*), subroutine; subprogram.
— **di analisi** (*inform.*), tracing routine.
— **di correzione** (*inform.*), patch routine.
— **di servizio** (*inform.*), routine utility.
sottoquadro, *m.* (*fond.*), cod.
sottoraffreddamento, *m.* sub-cooling; sub-zero treatment (*sotto lo zero*); (*fenomeno del raffreddam. di un materiale al di sotto della sua temp. di equilibrio*) undercooling (*met.*).
sottoscocca, *f.* (*auto*), underbody.
sottosegretario al dipartimento dell'energia, undersecretary at the Department of Energy.
sottosistema (*elettron., inform.*), subsystem.
— **a dischi** (*inform.*), disc subsystem.
sottosmalto, *m.* (*vernici*), surfacer.
sottostazione, *f.* substation; substation.
— **ausiliaria** (*elet.*), auxiliary substation.
— **d'accumulatori,** accumulator sub-station.
— **di smistamento,** switching substation.
— **mobile** (*elet.*), portable substation.
sottosterzante, *agg.* (*auto*), understeering.
sottosterzare, *v.i.* (*auto*), to understeer.
sottosterzo, *m.* (*auto*), understeer.
sottostrato, *m.* (*fis. atom.*), subshell; substrate.
sottostruttura, *f.* substructure.
sottosuolo, *m.* underground; subsoil.
sottotitolazione (*TV*), subtitling.
sottotitolo, *m.* (*tip.*), crosshead.
— **per i sordi** (*telev.*), subtitle for the deaf.
— **(provvedere di sottotitoli un programma televisivo)** (*telev.*), to subtitle a TV programme.
— **(sistema di sottotitoli)** (*telev.*), subtitling system.
sottotono, *m.* (*vernici, ecc.*), undertone.
sottotrave, *f.* bolster; corbel.
sottovaglio (*min.*), undersize.
sottovento, *m.* leward side.
sottovulcanizzazione, *f.* (*gomma*), undercuring.
sottraendo, *m.* subtrahend.
sottrarre, *v.a.* (*aritm.*), to subtract.
sottrazione, *f.* subtraction.
— **di calore,** reduction of heat.
sovescio, *m.* (*agr.*), green manure.
sovrabbondanza (*rif. a mercato*), (*comm.*), glut.
sovraccaricare, *v.a.* (*elet.*), to overstress; to overload; to overcharge.
— **la rete,** to overload the line.
— **un accumulatore,** to overcharge an accumulator.
sovraccarico, *m.* overload.
— **mobile** (*costr.*), moving additional load.
— **massimo** (*elettrot.*), basic loading.
— **permanente** (*costr.*), permanent additional load.
sovraccoperta (*libri*), dust-jacket.
— **plasticata** (*libri*), plasticized jacket.
sovraccorrenti, *f. pl.* surges of current.
sovracorrente, *f.* (*elet.*), overcurrent.
sovracritico, *agg.* supercritique; (*fis. atom.*), supercritical.
sovradecapato (*eccessivamente decapato*) (*met.*), over-pickled.
sovraimpressione, *f.* (*inform.*), overprinting.
sovraincisione, *f.* (*acust.*), overcutting.
sovrainvecchiamento, *m.* (*met.*), overag[e]ing.

sovralimentare (con turbocompressore a gas di scarico) (*mot. aerei*), to turbosupercharge.
sovralimentatore, *m.* (*auto*), supercharger.
— **a due stadi azionato ad ingranaggi,** two stage gear-driven supercharger.
— **a monte** (*aereo*), external supercharger.
— **centrifugo,** centrifugal supercharger.
— **con carburante soffiato,** (*aereo*), external supercharger.
sovralimentazione, *f.* (*ing.*), supercharging.
sovrametallo, *m.* swarf; scrap.
sovramodulato, *p.p.* (*radio*), over modulated.
sovramodulazione, *f.* overshooting (*cinem.*); overmodulation (*radio*).
sovramuratura, *f.* spandrel walling.
sovrapotenziale, *m.* (*met.*), overpotential.
sovrappasso, *m.* (*costr.*), overpass; (*cavalcavia*), overbridge.
— **autostradale** (*costr.*), flyover.
— **a 3 livelli,** three-stage flyover.
sovrapporre (*v.a.*) **un potenziale ad un altro,** to super-pose a potential on another.
sovrapporsi, *v.r.* (*geom.*), to overlap *v.i.*
sovrapposizione, *f.* (*geom.*), overlapping; (*met.*) (*rif. a sottile lingua di metallo attaccata in modo imperfetto alla superficie di uno slebo* o *un blumo*), shell.
— **di colori,** colour superimposition.
— **delle poligonali delle forze,** superposition of the force polygons.
— **(giunto a —),** lap joint.
sovrappressione, *f.* over-pressure; excess pressure.
sovrarraffreddare, *v.a.* to supercool.
sovrarriscaldamento, *m.* over-heating.
sovrarriscaldare, *v.a.* to superheat.
sovrasoffiare (*met.*), to over-blow.
sovraspessore, *m.* off-gauge (*met.*); reinforcement (*sald.*).
sovraspruzzo (*vernici, rivestim. metallici*), overspray.
— **di resina epossidica,** epoxyresin overspray.
sovrastampare (*tip.*), to overprint.
sovrasterzante, *agg.* (*auto*), oversteering.
sovrasterzare, *v.i.* (*auto*), to oversteer.
sovrasterzo, *m.* (*auto*), oversteer.
sovrastruttura, *f.* (*di forno met.*), super-structure.
sovratensione, *f.* overvoltage (*elet., chim.*); boosting voltage (*elet.*); surging (*motori a scoppio*); overstrain (*di materiali sollecitati*).
sovrossidare (*met.*), to overblow.
sovvenzione, *f.* (*econ.*), grant-inaid.
spaccare, *v.a.* to split; to break.
spaccarsi, *v.r.* (*di legno*), to cleave; to split *v.i.*
spaccato, *m.* (*disegno a sezione verticale*), vertical section drawing.
— **in prospettiva,** cutaway perspective drawing.
— **(disegno in —) di arma da fuoco** (*armi*) (*dis.*), exploded fire arm drawing.
spaccatura (*f.*) **del legno,** circumferential shrinkage; splitting of wood.
— **di rocce** (*min.*), rock splitting.
— **di tempra** (*rottura provocata da forti tensioni durante la tempra*) (*met.*), quenching crack.
— **di una mola,** crack of a grinding wheel (*con incrinature*); burst of a grinding wheel (*rottura completa*).
spaccio (*m.*) **donne** (*in fabbriche*), workgirls canteen.
spacco, *m.* (*sald.*), v. **smusso.**
spadatura (*f.*) **del lino** (*tess.*), beating.
spago, *m.* lingel (*da calzolai*); binder twine (*di legatrice*); twine (*in generale*).
spalla, *f.* (*cost.*), abutment wall; (*sald.*), edge; root face.
— **a riseghe,** stepped abutment.

spalla cieca, blind abutment.
— **con vani,** hollow abutment.
— **d'appoggio** (*ferr.*), bearing rib.
— **della portina** (*forni met.*), door jamb.
— **dell'arco,** arch abutment.
— **falsa,** dead abutment.
— **piena,** close abutment.
— **rettangolare,** square (*or*) rectangular abutment.
spallazione, *f.* (*fis. atom.*), spallation.
spalmare, *v.a.* to pay; to coat with pitch.
spanatura, *f.* (*di filettature*), stripping.
spandiconcime, *m.* manure distributor; fertilizer distributor.
— **centrifugo** (*agr.*), fertilizer broadcaster.
spandigraniglia, *f.* (*macch. stradali*), gritter.
spandiletame, *m.* (*agr.*), manure spreader.
spandiliquame, *m.* (*agr.*), sludge and liquid manure spreader.
spara-anime (macchina —) (*fond.*), core shooter; core blowing machine.
sparetamento, *m.* (*min.*), slabbing.
spargisabbia, *f.* (*macch. stradali*), sand (mechanical) spreader.
— **contro il gelicidio** (« *verglas* ») (*macch. stradali*), frost gritter.
— **e sale** (*macch. stradali*), gritter.
sparo, *m.* firing; (*applicazione di rivestimento refrattario, oppure di materiale isolante o d'una miscela sabbia-cemento, mediante pistola pneumatica, specialm. usata per carri siluro e in forni metallurgici*), (*met.*), gunning; gunning operation.
spartiacque, *m.* (*geog.*) watershed.
spartitraffico (*fra le carreggiate di un autostrada*) (*costr. stradali*), central strip; safety centre strip; directional separator.
spatico, *agg.* spathic; spathose.
spato (*m.*) **di ferro,** spathic iron.
— **di Islanda,** Iceland spar.
— **fluore,** fluor spar; fluor; fluorite.
— **pesante,** heavy spar; barite.
spatola, *f.* spattle; flat trowel; (*decorazione*), spatula; (*cosmetici*), paddle.
spatolare, *v.a.* to patch; to slick (*stuccare*).
spatolatura, *f.* (*fond.*), patch.
spaziale, *agg.* spatial; v. **tralacciatura —,** (*costr.*), ecc.
— **(cabina —),** space cabin.
— **(camera —),** space chamber.
— **(capsula —),** space capsule.
— **(carica —),** space charge.
— **(laboratorio —),** space laboratory.
— **(medicina —),** space medicine.
— **(nave —)** (*abitata o no*), spacecraft.
— **(nave — abitata),** spaceship.
— **(piattaforma —),** space platform.
— **(sonda —),** space probe.
— **(stazione —),** space station.
— **(volo —),** spaceflight.
spaziare (*lasciare uno spazio o più spazi*) (*inform.*), to space.
spaziatura, *f.*, spacing; (*inform.*) (*tip.*), spacing.
— **reticolare** (*chim., met., ecc.*), lattice spacing.
spazieggiare la composizione (*tip.*), to keep out.
spazio, *m.* (*astr.*), space; room; distance.
— **a disposizione per le gambe** (*auto*), legroom.
— **ai fianchi** (*auto*), hip room.
— **al soffitto** (*auto*), headroom.
— **d'aria,** air-space.
— **d'arresto** (*o di frenatura*) (*freni auto*), stopping distance.
— **d'avvolgimento** (*elet.*), winding space.
— **di compressione,** compression space.
— **di frenatura** (*auto, mot.*), braking distance.
— **di vapore,** steam-space.
— **fra capo e soffitto** (*auto*), headroom.
— **limitato,** confined space.
— **morto,** end-p ay; clearance; dead space.
— **nocivo,** v. **spazio morto.**
— **più esterno** (*sopra l'atmosfera*

effettiva della terra o oltre i limiti del sistema solare) (*astr.*), outer space.

spazio ristretto (limitato) di lavoro di una macchina (*mecc.*), confined space.

— (inviare animali nello —) (*astron.*), to send animals into space.

— (marcia nello —) (*astron.*), walking in space.

— (sopravvivere nello —), to survive in space.

spazzatrice, *f.* (*mecc.*), sweeper (*in generale*); street sweeper (*s. stradale*).

— ad aspirazione, suction sweeper.

spazioso, *agg.* roomy.

spazzamine, *m.* dragger; minesweeper.

spazzaneve, *m.* **snow-plough;** (*ferr.*), snow sweeper.

spazzatura, *f.* garbage (*rifiuti*); sweepings.

spazzola, *f.* (*elet.*), brush.

— a fili, wire brush.

— da imbianchino, white-washing brush.

— di carbone, carbon bruhs.

— di metallo, metal brush.

— di tergicristallo (*auto*), windscreen wiper blade.

— dura, stiff brush.

— elettrica(*petrol.*), snitcher(USA).

— oscillante (*ind. mol.*), swinging brush.

— per auto, car brush.

— per carda (*tess.*), burnishing roll.

— per giradischi, cleaning brush.

— per lime, wire brush; file card.

— per umettare le forme (*fond.*), bosh.

— (accoppiamento a —), brush coupling.

spazzolatrice, *f.* (*tess.*), brushing machine.

— da crusca (*ind. mol.*), bran brush; bran duster.

— da sacchi (*ind. mol.*), sack cleaner.

spazzole (macchina per tagliare le —), brush trimmer.

— (potenziale delle —), brush **potential.**

specchi di Fresnel (*fis.*, *ott.*), Fresnel's mirrors.

specchietti (*m. pl.*) *esterni sulle portiere* (*auto*), door mirrors; door-mounted mirrors.

specchietto esterno (*auto*), side mirror (U.S.A.); wind mirror; external mirror.

— retrovisivo (*o* retrovisore) esterno (*auto*), outside mirror.

specchio, *m.* mirror; looking-glass; v. **finito a —** (*mecc.*).

— antiabbagliante (*auto*), anti dazzle mirror.

— concavo, concave mirror.

— concavo sferico, spherical mirror.

— conico, conical mirror.

— convesso, convex mirror.

— d'acqua, level of water.

— del cassetto di distribuzione, slide valve face.

— del Lloyd (*dispositivo per produrre frange d'interferenza*), Lloyd mirror.

— di antiparallasse (*elet.*), antiparallax mirror.

— di tavoletta pretoriana (*agrim.*), drawing board.

— parabolico (*ott.*), parabolic mirror (*or* parabolic reflector).

— per motocicletta, motorcycle mirror.

— retrovisore (*auto*), driving mirror; rear-view mirror.

— retrovisore sul parafango (*auto*), (U.S.A.); fender mirror.

— (galvanometro a —), mirror galvanometer.

— (lettura con lo —), mirror reading.

speciale, *agg.* (*rif. a macch. ut.*), special-purpose.

specialista, *m.* specialist.

— della RAF (*aereo*), leading aircraftman.

specialità, *f.* (*prodotto*), speciality.

specializzarsi, to specialize.

specializzato (non —) (*lavoratori*), unskilled.

specializzazione, *f.* specialization.

specificazioni federali (U.S.A.), Federal Regulations.

specificazioni militari (*delle forze armate americane*), mil specifications (U.S.A.).
specifiche, *f. pl.* specifications.
specola, *f.* observatory.
spectinomicina (*antibiotici*), spectinomycin.
speculazione (*comm.*), speculation.
— **(frenare la —),** to curb speculation.
spedire, *v.a.* to send; to forward; (*per via mare*), to ship.
speditore, *m.* (*di merci*), shipper; consigner; forwarding agent (*agente*).
spedizione, *f.* shipping (*per mare*); forwarding (by rail) (*spedizione per ferrovia*); dispatch; consignment (*la merce spedita*).
spedizioniere, *m.* (*comm.*), forwarder; forwarding agent.
spegnere (*v.a.*) **il motore** (*auto*), to switch off the engine.
— **la calce,** to slack the lime.
— **un apparecchio** (*radio, ecc.*), to switch off.
— **un forno** (*met.*), to blow down; to blow out.
— **un reattore** (*fis. atom.*), to douse.
spegniarco, *m.* (*elet.*), arcing contact.
spegnifiamma, *m.* (*armi leggere*), flash suppressor.
spegnimento, *m.* (*telev.*), blanking.
— **dell'arco** (*elet.*), arc quenching.
— **macchina** (*elettron.*), power-down.
spelato, *agg.* (*tess.*), threadbare.
spelatrice per conduttori (*macch. ut.*), wire stripping machine.
speleologia, *f.* spelaeology.
spellatura (*distacco di strato superficiale nei getti di ghisa*) (*met.*), peeling; (*di billette, ecc.*) (*met.*), peeling.
spennatrice (macchina — di pollame) (*agr.*), poultry plucker.
sperimento, *m.* experiment.
— **di ricezione,** receiving experiment.
— **di trasmissione,** transmitting experiment.
spermaceti, *m.* spermaceti.
spermaceti (olio di —), sperm oil.
sperone, *m.* v. spalla.
spesa, *f.* cost; (*finan.*), outlay; (*la spesa venne approvata*), the outlay was O.K.'d.
spese, *f. pl.*, expenses.
— **di amministrazione,** office expenses.
— **di emissione** (*titoli, ecc.*), flotation costs.
— **di costruzione,** building expenses.
— **di esercizio,** working expenses; (*comm.*) (*ragioneria*), operating expenses; (*finan.*), business expenses.
— **di estrazione** (*carbone*), mining costs.
— **di imballaggio,** packing expenses.
— **di impianto,** installation cost; set-up costs.
— **di locazione di materiale** (*attrezzature e macchine*) (*cost.*), equipment rental.
— **di manutenzione,** maintenance cost; upkeep cost; maintenance expenses.
— **di montaggio,** erection cost.
— **di officina,** workshop cost.
— **di perforazione di pozzo,** cost of shaft sinking.
— **di produzione,** costs of production.
— **dirette,** oncost charges.
— **di rinnovamento** (*macchinario, ecc.*), renewals.
— **di riparazione,** cost of repairs; repair expenses.
— **di rivestimento di pozzo,** cost of tubbing.
— **di salvataggio (***o* **ricupero materiale)** (*naut.*), salvage charges.
— **di sorveglianza** (*miniere, ecc.*), caretaking costs.
— **di trasporto,** transport expenses; expenses of freight.
— **di utensileria,** tooling costs.
— **di viaggio** (*assunzioni, ecc.*), travelling expenses.
— **generali** (*ragioneria*), overhead costs.

spese legali (*assicuraz. ecc.*), law costs.
— **per strade,** expenditure on roads.
— **pubbliche,** government expenditure.
— **(incorrere in una grossa —) per riparazioni,** to run oneself into a big bill for repairs.
spessorare, *v. a.* to insert blocks *or* packings; to pack.
spessore, *m.* depth; thickness; packing (*materiale per spessorare*); (*mecc.*), shim.
— **della massicciata,** depth of ballast.
— **dell'anima** (*di profilato*), thickness ot web.
— **del legno,** width of wood.
— **del rivestimento** (*met.*), coating thickness.
— **di metà** (*fis. atom.*), half-thickness.
— **di parete** (*tubi*), wall thickness.
— **di una lamiera,** thickness of a plate; plate thickness.
— **di una mola,** width of a wheel.
— **di una pila** (*cost.*), thickness of a pier.
— **di una saldatura** (*sald.*), weld thickness.
— **di una volta** (*cost.*), depth (*or* thickness) of a vault.
— **di un filo,** gauge of a wire.
— **lamellare** (*mecc.*), laminated shim.
— **relativo,** relative thickness.
spessori lamellari di aggiustaggio (*met.*), laminated shims.
spettacolo dal vivo (*TV*), live performance.
spettri d'eccitazione, excitation spectra.
— **di assorbimento nell'infrarosso,** infrared absorption spectra.
— **di emissione di raggi X,** X-ray emission spectra.
— **di massa** (*fis.*), mass spectra.
— **interplanetari** (*astr.*), interstellar spectra.
— **infrarossi** (*fis.*), infrared spectra.
spettro, *m.* spectrum (*pl.* spectra).
— **a bande** (*fis.*), band spectrum.
— **a linea unica** (*fis. atom.*), single-line spectrum.
— **a righe,** line spectrum.
— **continuo,** continuos spectrum.
— **cromatico,** chromatic spectrum.
— **del campione,** sample spectrum.
— **della radiazione** (*fis. atom.*), radiation spectrum.
— **del quadrupolo** (*fis. atom.*), quadrupole spectrum.
— **di assorbimento,** absorption spectrum (*pl.* absorption spectra).
— **di diffrazione,** diffraction pattern.
— **di emissione,** emission spectrum.
— **di fissione** (*fis. atom.*), fission spectrum.
— **di frequenza,** frequency spectrum.
— **di frequenza radio** (*elet.*), radio spectrum.
— **di massa** (*fis. atom.*), mass spectrum.
— **di paragone,** comparison spectrum.
— **di raggi X,** X-ray spectrum.
— **di rinculo** (*fis. atom.*), recoil spectrum.
— **di rotazione magnetica** (*fis. atom.*), magnetic rotation spectrum.
— **di rumore** (*radio*), noise spectre.
— **invisibile,** invisible spectrum.
— **gamma** (*fis. atom.*), gamma-ray spectrum.
— **granulometrico** (*min.*), particle-size range.
— **microonda** (*fis.*), microwave spectrum.
— **neutronico** (*fis. atom.*), neutron spectrum.
— **solare,** solar spectrum.
— **termico** (*fis. atom.*), thermal spectrum.
— **visibile** (*radiazioni*), visible spectrum.
spettroanalizzatore, *m.* spectrum analyzer.

spettrodiffrattometro, *m.* spectrum diffractometer.
spettroeliografo, *m.* (*astron.*) spectroheliograph.
spettrofotometria, *f.* spectrophotometry.
— **infrarossa** (*o* **nell'infrarosso),** infrared spectrophotometry.
— **per assorbimento atomico,** atomic absorption spectrophotometry.
— **per riflessione,** reflectance spectrophotometry (*a nondestructive method for measuring he proportions of myoglobin derivates in meat samples*).
— **ultravioletta,** ultraviolet spectrophotometry.
spettrofotometro, *n.* spectrophotometer.
— **per l'infrarosso,** infrared spectrophotometer.
— **per l'ultravioletto,** ultraviolet spectrophotometer.
spettrografia, *f.* spectography.
spettrografico, *agg.* spectrographic.
spettrografo, *m.* spectrograph.
— **a lettura diretta,** direct reading spectrograph.
— **a vuoto** (*ott.*), vacuum spectrograph.
— **di massa,** mass spectrograph.
— **(banco dello —),** spectrograph bench.
spettrogramma, *m.* spectrogram.
spettrometria, *f.* (*fis.*), spectrometry.
— **di assorbimento,** absorption spectrometry.
— **di massa,** mass spectrometry.
spettrometrico, *agg.* spectrometric.
spettrometro, *m.* spectrometer.
— **a scintillazione** (*fis. atom.*), scintillation spectrometer.
— **di massa** (*fis.*), mass spectrometer.
— **neutronico** (*fis. atom.*), neutron spectrometer.
— **per neutroni veloci** (*fis. atom.*), fast neutron spectrometer.
— **per raggi gamma,** gamma-ray spectrometer.
spettometro per raggi X (*fis.*), X-ray spectrometer.
spettroscopia, *f.* spectroscopy.
— **a microonde,** microwave spectroscopy.
— **atomica** (*fis. atom.*), atomic spectroscopy.
— **dei raggi beta,** beta-ray spectroscopy.
— **dell'infrarosso,** infrared spectroscopy.
— **di massa** (*fis. atom.*), mass spectroscopy.
— **dispersiva a raggi X,** X-ray dispersive spectroscopy.
— **molecolare,** molecular spectroscopy.
— **nucleare** (*fis. atom.*), nuclear spectroscopy.
spettroscopico, *agg.* spectroscopic.
spettroscopio, *m.* spectroscope.
spezzamasselli, *m.* (*met.*), pig breaker.
spezzone, *m.* (*armi*), bomb-stick; fragmentation bomb; (*met.*), crop end; (*met.*), stock.
— **greggio di fucinatura** (*met.*), blank; slug.
spezzoni di prova (*la lamiera passa alla cesoia dove vengono prelevati gli — di prova*) (*met.*), test crop ends.
spia, *f.* sight glass; spy-hole; peephole; (*auto*), warning light; (*auto*), tell-tale light.
— **d'accensione,** ignition warning-light.
— **dell'olio,** sight-flow gauge.
— **dinamo** (*auto*), ignition warning light.
— **indicatori direzione** (*auto*), direction tell-tale light.
— **luci posizione** (*auto*), side lights warning light.
— **luminosa** (*auto, ecc.*), warning light.
— **olio** (*auto*), oil pressure warning light.
— **riserva benzina** (*auto*), reserve petrol warning light.
— **riserva carburante** (*auto*), reserve fuel warning light; (low) fuel warning light.

spianamento, *m.* levelling (*top.*); planishing (*mecc.*).
spianare, *v.a.* (*il legno*), to planish (the wood) (*con la pialla*); to straighten; to level; (*demolire, mediante apripista*), to bulldoze.
spianatrice, *f.* (*macch. ut.*), flattening machine.
— **a caldo** (*met.*), hot plate leveller; hot plate leveler (U.S.A.).
— **per lamiere** (*macch. ut.*), sheet metal flattening machine.
spianatura, *f.* levelling; planishing (*mecc.*).
— **al tornio,** turning in the flat.
— **di tubi** (*met.*), roll flattening; roll straightening.
— **mediante stiratura** (*lamiere met.*), stretcher levelling.
spicchio (*m.*) **della sfera,** spherical cone.
— **di cupola,** rib of dome.
spiegamento di armi (*missili, ecc.*), deployment of weapons.
spietratore, *m.* (*ind. mol.*), stone excluder.
spietratrice (*f.*) **a secco** (*ind. mol.*), dry stoner.
spigolo, *m.* edge; (*arch.*) fillet (*di scanalature di colonne*).
— **arrotondato,** half-round fillet.
— **del muro,** edge of wall.
— **d'entrata** (*turbine*), inlet edge.
— **di contatto** (*ferr.*), running edge.
— **di laminazione** (*met.*), mill edge; rolled mill edge.
— **d'uscita** (*turbina*), outlet edge.
— **laterale** (*naut.*), chine.
— **smussato,** bay quoin (*di edificio*).
— **superiore dello scafo** (*cinta frisata*) (*naut.*), gunwale; gunnel (U.S.A.).
spillaggio, *m.* (*met.*), tapping.
spillare, *v.a.* (*fond.*), to tap.
spillata, *f.* (*fond.*), tapping; v. **inizio —.**
— **(fine della —)** (*met.*), completion of tapping.
— **(resa della —)** (*met.*), tapping yield.
spillatura, *f.* (*fond.*), tapping.
spillo per aeromodelli, modelling pin.
spin, *m.* (*fis. atom.*), spin.
— **elettronico** (*fis. atom.*), electron spin.
— **isobarico** (*fis. atom.*), isobaric spin.
— **isotopico** (*fis. atom.*), isotopic spin.
— **nucleare** (*fis. atom.*), nuclear spin.
spina, *f.* (*elet.*), plug; (*utensile*) scraping cutter; (*piuolo*) dowel; (*spinotto*) pin; (*tess.*) (*sergia-spiga*), twill weave; serge weave; tommy bar (*per girare chiavi e bulloni*).
— **adattabile per allacciamento alla corrente** (*elet.*), mains adaptor.
— **calibrata** (*mecc.*), setting pin.
— **conica** (*mecc.*), taper pin.
— **da 4,** four-harness twill.
— **da 3,** three-harness twill.
— **di accoppiamento** (*elet.*), coupler plug.
— **di centratura** (*mecc.*), dowel pin.
— **di espulsione** (*mecc.*), ejector pin.
— **di guida,** guide pin.
— **d'innesto,** stop pin.
— **di regolazione della paniera** (*colata continua*) (*met.*), tundish stopper.
— **di riferimento** (*met.*), gauge pin; (*mecc.*), dowel pin.
— **di sicurezza** (*armi*), safety pin.
— **di siviera** (*met.*), stopper rod; tapping rod.
— **di un tornio,** mandrel.
— **e presa di corrente** (*elet.*), plug and socket.
— **intermediaria,** adapter plug.
— **per allargare** (*mecc.*), broach.
— **per cave da chiavette,** scraping cutter for keyways.
— **per presa di corrente** (*elet.*), (two-pin) plug.
— **portautensili,** scraping out cutter.
— **spezzata** (*mecc.*), split pin.
— **-tappo-scaricatore** (*colaggio acciaio*), stopper-nozzle-ladle.

spina (misura con —) (*ingran.*), pin measurement.
— (muratura a —) di pesce, herringbone masonry.
spinapesce (a —), *agg.* herringbone.
spinare (*v.a.*) **un foro,** to pass a scraping cutter through a hole.
spinato (filo —), barbed wire.
spinatrice, *f.* (*brocciatrice*) (*mecc.*), broaching machine.
— orizzontale, horizontal broaching machine.
— verticale, vertical broaching machine.
spinatura, *f.* (*orol.*), pinning.
— dei fori, scraping out of holes.
spine della racchetta (*orol.*), curb pins; index pins.
spinello, *m.* (*min.*), spinel.
— di cromo (*picotite*) (*min.*), chrome spinel.
— di zinco (*min.*), gahnite.
spinette di limitazione (*orol.*), banking pins.
spingere, *v.a.* to push; to shove.
— in avanti, to push forward.
— in dentro, to push in.
— un foglio di lamiera, to shove a metal sheet.
spingitoio, *m.* (*tess.*) (*serve ad espellere la navetta*), picker.
spingitore di lingotti (*met.*), ingot pusher.
spinotto, gudgeon pin; piston pin.
— di stantuffo, piston pin.
— di una staffa (*fond.*), cotter.
spinta, *f.* thrust.
— all'insù, v. **spinta di galleggiamento.**
— a punto fisso (*aereo*), static jet thrust.
— dal basso, prising off.
— delle terre (*costr.*, *fis.*), earth pressure.
— del vento (*costr.*), wind load; wind pressure.
— di galleggiamento (*naut.*), buoyancy.
— di un pistone (*auto.*), impulse.
— laterale, side thrust; lateral shear; lateral thrust; lateral pressure.
spinta orizzontale, horizontal thrust (*or* stress); tangential thrust (*or* stress).
— specifica, specific thrust.
— statica (*aereo*), static thrust.
spinterogeno, *m.* (*auto*), battery coil ignition; coil ignition; pulse generator.
spinterometro, *m.* spark gap.
— a sfere, sphere gap; sphere spark gap.
— rotante, rotary spark gap.
spintore (*navigaz. fluviale, trasporti*), pusher vessel; pusher craft.
— meccanico (*per infornamento di bramme, ecc.*) (*met.*), pusher.
spira, *f.* winding; (*di avvolg.*), turn.
— compensatrice (*elet.*), quadrature band.
— di una vite, thread of a screw.
— superiore (*orol.*) (*l'ultima spira di una spirale*), overcoil.
spirale, *f.* (balance) spring (*orol.*); hairspring (*orol.*); spiral glide (*aereo*); climbing turn (*aereo*); spiral (*geom.*); scroll (*geom.*); volute; helix.
— Bréguet (*orol.*), Bréguet spring.
— d'Archimede (*mecc.*) Archimedean drill; spiral face thread.
— di manganina, manganin spool.
— di riscaldamento, heating spiral.
— primaria, primary winding; primary wire.
— secondaria, secondary winding; secondary wire.
spirito, *m.* spirit.
— ammoniacale, spirit of ammonia (*or* hartshorn).
— assoluto (*chim.*), pure spirit.
— di legno, wood spirit.
— di nitro (*chim.*), v. **acido nitrico.**
— di iniziativa (della classe imprenditoriale), entrepreneurship.
— di trementina (*chim.*), v. **essenza di trementina.**
— di vino, spirit of wine.
— grezzo, crude spirit.
— rettificato (*chim.*), clean spirit.

splendore (*ill.*), brilliance; brightness.
— **dell'immagine** (*ill.*), brightness of the image.
— **di una superficie,** brightness of a surface.
spoglia del calibro (*lamin.*), taper of the groove.
— **di un modello** (*fond.*), taper;
— **di un utensile,** slope; rake; clearance; relief.
— **(angolo di —) anteriore,** front clearance.
— **(angolo di —) laterale,** side slope; side rake.
— **(angolo di —) superiore,** top rake; back slope.
— **(tornitura a —),** backing off; relieving.
spogliare, *v.a.* (*mecc.*), to back off; to relieve.
spoglio (*di documenti, ecc.*), examination; analysis; tabulation.
— **delle offerte** (*comm.*), opening of bids.
spoiler anteriore (*auto*), front spoiler.
— **posteriore** (*auto*), boot spoiler.
spola, *f.* (*navetta*), shuttle.
— **ad avvolgimento incrociato,** cross wound bobbin.
— **di preparazione** (*cotone*), roving bobbin.
— **per trama,** filling bobbin.
spolatore, *m.* (*macch. da cucire*), bobbin-winder.
spoletta, *f.* fuse (*armi, min.*); pirn (*tess.*); shuttle (*navetta, tess.*).
— **a doppio effetto,** double-acting fuse.
— **a percussione,** percussion fuse.
— **di prossimità all'infrarosso** (*missili*), infra-red proximity fuse.
spolettiera, *f.* (*tess.*), winding machine.
spolveratura (*applicaz. di polvere di smalto secco nelle fusioni calde*) (*vernici e smalti*), dredging.
sponda, *f.* (*cost.*), parapet (*rif. a ponti o tetti*).
sponderuola, *f.* rebate plane.
— **a barca,** compass plane
sponsorizzare, *v.a.* to sponsor.
sponsorizzare (mostra sponsorizzata da...), exhibition sponsored by...).
sponsorizzazione, *f.* sponsorship.
spora, *f.* (*bot.*), spore.
sporcare (*polvere di carbone, ecc.*), to grime.
sporcarsi, *v.r.* (*di candele*) (*auto*), to oil *v.i.*
sporcizia, *f.* (*dovuta a polvere di carbone ecc.*), grime.
spore fossili (*geol.*), fossil spores.
sporgenza, *f.* projection; (*sbalzo*) (*auto*), protrusion.
sporgere, *v.a.* to protrude; to bulge; to project.
sportello, *m.* flap door; cover (*armi*).
— **d'accesso** (*aereo*), door.
— **di ventilazione,** ventilation flap.
sporto, *m.* (*arch.*), jutty; projection.
sposta-cinghia, *f.* belt shifter.
spostamenti (distribuzione degli —) (*di lavoro*) (*traffico*), trip distribution.
spostamento, *m.* displacement (*di liquidi e in gen.*); feed (*avanzamento*); travel (*di macchine su ruote o slitte*); (*fond.*), shift; (*difetto nel getto dovuto a inesatta sovrapposizione delle casseforme*) cross-joint (*met.*); (*dell'immagine*) (*inform.*), scrolling.
— **angolare** (*fis.*), angular displacement.
— **d'anima** (*variazione dello spessore del getto per errato collocamento di un'anima*) (*met.*), misplaced core.
— **del carrello** (*tornio*), travel of the carriage.
— **dell'appoggio,** displacement of the bearing.
— **della slitta,** travel of the saddle.
— **delle spazzole,** displacement of brushes; brush shift (*or* lead).
— **dell'immagine** (*telev.*), image shift.
— **dello zero** (*controllo numerico*) (*macch. ut.*), zero shift.
— **di fase** (*elet.*), phase shifting; phase shift.

spostamento di soglia (*acust.*), threshold shift.
— **di una nave,** displacement of a ship.
— **di un corso d'acqua,** diversion of a stream.
— **di un liquido,** displacement of a liquid.
— **intermittente,** transient diaplacement.
— **isotopico** (*fis. atom.*), isotope shift.
— **laterale,** sideway swivel (*su perno*).
— **laterale del terrapieno** side slip.
— **longitudinale** (*della torretta, ecc.*) (*macch. ut.*), (turret) longitudinal travel.
— **normale al suo asse,** transverse travel.
— **reticolare** (*chim., met., ecc.*), lattice displacement.
— **trasversale dell'utensile,** cross travel of the tool.
spostare da un posto all'altro su rotelle (*mecc.*), to move from place to place on rollers.
— **leggermente in giù** (*mecc.*), to inch down.
— (*l'immagine, ecc.*) **in su e in giù** (*inform.*), to scroll up and down.
— **leggermente in su** (*mecc.*), to inch up.
— **trasversalmente** (*mecc.*), to offset.
spostatrama, *m.* (*filatoio*), traverse guide.
spremere l'olio dalle olive, to express oil from olives.
spruzzamento (*m.*) **catodico,** cathode sputtering; sputtering.
spruzzare, *v.a.* to sprinkle; to spray.
spruzzato alla fiamma (*rivestimenti met.*), flame-sprayed.
spruzzatore, *m.* sprayer; sprinkler; atomizer (*med.*); cloth spraying machine (*tess.*).
spruzzatura alla fiamma (*met.*), flame-spraying.
— **a plasma** (*rivestim.*), plasma spraying.
spruzzo, *m.* spray; sprinkle.
— **d'acqua** (*met., ecc.*), water spray.
— **di fondo** (*met.*), flash.
— **di metallo fuso** (*met.*), splash.
— **(pistola per verniciatura a —),** paint-spraying gun.
spugna, *f.* sponge.
— **di platino** (*chim.*), platinum sponge; platinum black.
— **di ferro** (*met.*), iron sponge.
— **per auto** (*auto*), car sponge.
— **termica** (*razzi*), heat sponge.
spugnosità, *f.* sponginess; porosity; (*porosità molto marcata*) (*met.*), sponginess.
spugnoso, *agg.* spongelike.
spuntare (*tagliandi, formulari*), to tick.
spuntatrice, *f.* chamfering machine (*ingr.*); snipping machine (*tess.*).
spuntatura, *f.* (*tess.*), backing-off; (*met.*) cropping; chamfering (*ingr.*).
— **del lingotto** (*met.*), crop (*discarded end of an ingot*); crop-end; cropping (*operazione di spuntatura*).
spuntature, *f. pl.* (*metal.*), crop ends.
spunto, *m.* (*accelerazione avviamento*) (*mot., auto*), take-off.
spurgare, *v.a.* to bleed.
spurgo (*di caldaia*), blowdown; blowing-down; bleeding (*mecc.*)
— **d'aria** (*aereo, ecc.*), bleed.
squadra, *f.* (*per disegno*), square; (*mecc.*) bracket (*di sostegno*); (*elet.*), carrier; crew (*di lavorat.*).
— **a battente,** try square.
— **a cappello,** back square; miter square.
— **a 120°,** hexagon angle.
— **addetta all'applicazione a spruzzo (sparo) con pistola pneumatica** (*met.*), gun crew.
— **a naselli** (*fond.*), angle sleeker
— **angolare,** angle plate.
— **a T,** tee-square.
— **per centrare,** centre square.
— **per scale,** stair bracket.
— **universale,** universal square.

squadra universale a combinazioni multiple, combination square.
— **zoppa,** bevel protractor.
squadrare, *v.a.* (*il legno*), to square; to hew.
— **il lingotto** (*prima riduzione del lingotto fra i cilindri*) (*met.*), to square the ingot.
— **un foglio da disegno,** to square a drawing sheet.
squadratura, *f.* (*del legno*), hewing.
— **di un disegno,** squaring off.
squadriglia (*f.*) **acrobatica,** stunt squadron.
— **da caccia** (*aereo*), fighter squadron.
squadro (*m.*) **agrimensorio** (*agrim.*), cross staff head; cross head; cross.
squamatura (*o* **sfogliatura)** (*met.*), spalling (exfoliation).
squilibrio della bilancia commerciale con l'estero (*comm.*), unbalance in the external trading account.
sradicare, *v.a.* (*alberi*), to root out; to uproot; to tear up by the roots.
stabile, *agg.* (*chim., ecc.*), stable.
stabilimento, *m.* workshop; shop; works *pl.*
— **automobilistico,** car manufacturing plant.
— **chimico,** chemical works.
— **costiero** (*met.*), v. **stabilimento siderurgico —.**
— **di arricchimento dell'uranio** (*fis. atom.*), uranium enrichment plant.
— **di bacitracina,** bacitracin plant.
— **di filatura** (*filanda, opificio tessile*) (*tess.*), spinning factory.
— **di montaggio di autovetture** (*auto*), auto-assembly plant.
— **integrato di tipo costiero** (*met.*), coastal integrated plant.
— **meccanico,** engineering works; works; machine works (U.S.A.).
— **metallurgico,** iron and steel works.
— **petrolchimico** (*petrol.*), petrochemical plant (*or* works).
stabilimento siderurgico, iron and steel works.
— **siderurgico automato,** automated iron and steel plant.
— **siderurgico con programma a schede** (*automazione*) (*met.*), card programmed mill.
— **siderurgico costiero,** coastal iron and steel works.
— **siderurgico costiero integrato** (*met.*), coastal integrated iron and steel plant.
— **siderurgico integrato,** integrated iron and steel works.
— **tessile,** textile mill.
— **tipografico,** printing plant.
stabilire (*v.a.*) **un arco** (*elet.*), to establish an arc.
— **un campo magnetico,** to set up a magnetic field.
— **un record** (*sport*), to set a record.
stabilità, *f.* stability; solidity; (*vernici*), retention.
— **ai venti laterali** (*auto*), sidewind stability.
— **del bagno** (*chim.*), bath stability.
— **del coke,** coke stability (*commonly used to indicate the strength of coke, as measured by the ASTM tumbler test method*).
— **di frequenza,** frequency stability.
— **dimensionale,** dimensional stability.
— **direzionale** (*aereo*), directional stability.
— **laterale,** lateral stability.
— **longitudinale** (*aereo*), longitudinal stability.
— **nelle curve** (*auto*), stability in cornering.
— **nucleare** (*fis. atom.*), nuclear stability.
— **propria** (*aereo*), inherent stability.
stabilizzante, *m.* (*vernici, ecc.*), stabilizer.
— **antigelo,** freeze stabilizer.
— **per pitture al lattice,** latex paint stabilizer.

stabilizzare, *v.a.* to stabilize; (*una terra, per conferirle speciali qualità tecniche*) (*cost. stradali, ecc.*), to stabilize.

stabilizzatore, *m.* (*aereo*), horizontal stabilizer (U.S.A.); tail plane; (*termoin.*) (*chim.*), stabilizer; (*auto*), stabilizer.

— **a vela** (*aereo*), sail stabilizer; canvas rudder (U.S.A.).

— **conico** (*aereo*), conical rudder bag; cone-shaped rudder (U. S.A.).

— **di frequenza** (*fis. atom.*), weir stabilizer.

— **di tensione** (*elet.*), voltage stabilizer.

— **girostatico,** gyrostat, gyroscope.

— **idraulico** (*mecc.*), hydraulic stabilizer.

stabilizzatori automatici (*econ.*), built-in stabilizers.

stabilizzazione, *f.* (*radio*), stabilization; stabilization; (*tratt. termico*) (*met.*), stabilising; (*livellamento*) (*finan.*), flattening out.

— **chimica delle terre** (*costr. stradali, ecc.*), chemical (soil) stabilization (*or* solidification).

— **con bitume** (*costr. stradali*), soil asphalt (U.S.A.); soil stabilization with asphaltic bitumen.

— **delle terre** (*con opportuni trattamenti*) (*costr. stradali, ecc.*), stabilization of soils.

— **delle terre con cemento armato** (*costr. stradali, ecc.*), cement soil stabilization.

— **d'assetto del missile** (*astron.*), missile attitude stabilization.

— **di frequenza,** frequency stabilization.

stabulazione libera (*stalla*), loose housing.

staccare, *v.a.* to detach; to throw off.

— **l'accensione** (*auto*), to cut off (*or* switch) the ignition.

staccarsi per fusione (*met.*), to melt off; (*le goccioline si staccano per fusione dalla punta dell'elettrodo*), droplets melt off the tip of the electrode.

stacciare, *v.a.* to sieve; to sift.

staccio, *m.* sieve.

— **a scosse,** shaking sieve.

— **per terra di fonderia,** rotary sieve for moulding sand.

stacker, *m.* (*met.*), stacker.

— **a braccio girevole** (*tras. min.*), pivoted-boom stacker.

« stacking fault » (*met.*), v. parte inglese-italiano.

stadera, *f.* steelyard.

— **a ponte automatica,** platform machine.

— **per gru,** crane weighter.

stadi di uscita (*telev.*), output stages.

stadia, *f.* levelling staff.

— **graduata** (*top.*), stadia rod.

— **(fare delle letture alla —),** to take readings on the staff.

stadio, *m.* (*motori, radio, telev.*), stage (*a nove stadi*, nine-stage); (*costr.*), stadium (*pl. stadia*).

— **a forma di ferro di cavallo,** horseshoe shape stadium.

— **coperto,** indoor stadium.

— **d'amplificatore di potenza** (*radio*), power-amplifier stage.

— **di arrostimento** (*min.*), roasting step.

— **di potenza** (*radio*), power stage.

— **di riduzione** (*min.*), stage of reduction.

— **limitatore** (*radio*), limiter.

— **pilota** (*telev.*), driving stage.

— **separatore** (*radio*), buffer stage.

— **(posti a sedere dello —),** seating capacity.

staffa, *f.* (*fond.*), flask; moulding box; (*cost.*), stirrup.

— **ad anelli** (*per doccioni*), clip; holderbat (*di forma semicircolare*).

— **a forchetta,** forked strap.

— **apribile,** (*fond.*), snap-flask.

— **da trave doppia,** double loop for girders.

— **della carrucola,** pulley yoke; pulley fork.

staffa dolla valvola, bridge (*or* stirrup) of valve.
— **di doccione** (*cost.*), leader-hook.
— **di ferro di sospensione,** U strap.
— **di fissaggio** (*macch. utensili*), clamp.
— **di pressione,** pressure stirrup.
— **di sicurezza,** safety loop.
— **di traino** (*auto*), towing bracket.
— **per il cemento armato,** stirrup.
— **per rimorchio** (*auto, ecc.*), towing bracket.
staffata (*f.*) **verde** (*argilla da fonderia*), loam.
staffatore, *m.* (*fond.*), moulder.
staffe (*o* **grappe) per salire su pali** (*telef.*) (*elet.*), climbing irons.
— **(false —)** (*fond.*), false odd-sides.
staffetta 4×100 (*sport*), 1,600-meter relay.
stagionare (*v.a.*) **il legno,** to dry (*or* to season) the wood.
stagionatura (*f.*) **accelerata,** accelerated ageing.
— **del legno,** wood seasoning.
stagnare, *v.a.* to tin; (*tamponare*) to back up; to stop.
stagnatura, *f.* tinning; tin lining.
— **elettrolitica,** tin plating; (*met.*), electro-tinplating.
— **elettrolitica alcalina,** alkaline tin plating.
— **per immersione** (*met.*), tinning by immersion.
stagno, *m.* (*chim.* = Sn), tin; (*idraul.*), pond.
— **da costruzione,** builder's tin.
— **in pani,** block tin.
— **in verghe,** bar tin.
— **(articoli di —),** tinware.
— **(lamiera di —),** tin sheet.
stagno, *agg.*, tight.
— **ai liquidi,** liquid-tight.
— **ai neutroni** (*fis. atom.*), neutron-tight.
— **al gas,** gas-tight.
— **all'acqua,** water-tight.
— **alla polvere,** dust proof.
— **all'aria,** air-tight.
stagno all'umidità, damp-proof.
— **al vapore,** steam-tight.
— **al vuoto,** vacuum-tight.
— **(rendere a —),** to proof.
stagnola, *f.* tin-leaf; tin-foil.
stalagmite, *f.* (*geol.*), stalagmite.
stalattite, *f.* (*geol.*), stalactite.
stalla, *f.* (*cost.*), stable (*cavalli*); cowshed (*mucche*).
stame, *m.* (*bot.*), stamen.
stampa (*fot.*), print; printing; press (*stampa in generale*).
— **a incavo** (*tipog.*), gravure.
— **all'anilina** (*tipog.*), aniline rubber plate printing; aniline printing.
— **a macchina** (*tipog.*), machining.
— **anastatica** (*tipog.*), anastatic printing.
— **a rilievo** (*tipog.*), embossing.
— **a rotocalco,** rotogravure.
— **comune** (*tipog.*), letterpress; planographic printing; surface printing.
— **con laser,** laser printing.
— **con matrice d'acciaio** (*tipog.*), die stamping.
— **con retino di seta** (*tipog.*), silk-screen printing.
— **del contenuto della memoria** (*elettron.*), dump-print.
— **delle pellicole con procedim. a contatto** (*cinem.*), contact print.
— **in bianca** (*tipog.*), first printing.
— **in offset,** offset printing, offset; litho-offset.
— **in rilievo a secco,** blind blocking.
— **in volta** (*tipog.*), perfecting.
— **iridata,** iridescent printing.
— **offset** (*tipog.*), litho-offset.
— **ottica** (*cinem.*), optical printing.
— **rotativa** (*tip.*), rotary printing.
— **serigrafica,** silk-screen printing.
— **tecnica,** technical press.
— **(barra di —),** print bar.
— **(catena di —),** print chain.
— **(il libro è ancora in —),** the book is still in print (in press).
— **(il libro è ora fuori —),** the book is out of print now.

stampa (linea di —), print-line.
— (visto si stampi), passed for press.
stampabilità alla pressa (*met.*), press formability.
stampaggio, *m.* (*met.*), forming; drop forging; pressing; moulding; swaging; (*tess.*), printing.
— a bugna (*met.*), bulging.
— a caldo, hot molding (U.S.A.); hot moulding; hot pressing; (*formatura alla pressa*) (*plast.*), compression moulding.
— a caldo alla pressa (*met.*), die pressing; hot pressing.
— ad iniezione (*mat. plast.*), injection molding.
— a freddo (*delle lamiere*) (*met.*), cold forming.
— continuo (*di paraffina*), continuous molding.
— elettromagnetico (*met.*), electroforming; electromagnetic forming.
— idrodinamico (*met.*), hydrodynamic forming.
— idrostatico (*met.*), hydrostatic forming.
— idrostatico a freddo (*met.*), hydrostatic cold forming.
— in filo (*tess.*), yarn printing.
— in ordito (*tess.*), warp printing.
— mediante impulsi magnetici (*met.*), magnetic pulse forming.
— mediante polveri chimiche (*metalli*), chemical forming.
— mediante soffiatura (*plast.*), blow moulding.
— per espansione (*met.*), expanding gas forming (with the gas as forming medium).
— per esplosione (*met.*), explosive forming; explosion forming (high-explosive [H.E.] forming).
— per stiramento (*predominio della deformazione per trazione biassiale*) (*met.*), stretch forming.
— profondo (*met.*), deep drawing.
— rotativo (*mecc.*), rotary swaging.
— senza formazione di trucioli (*mecc.*), chipless forming.
stampaggio (eseguire uno — elettromagnetico) (*met.*), to electroform.
stampante (*inform.*), printer; v. anche: **stampatrice.**
— a catena (*inform.*), chain printer.
— a cintura (*inform.*), belt printer.
— ad impatto, impact printer.
— a fili (*inform.*), wire printer.
— a getto d'inchiostro (*inform.*), ink-jet printer.
— al laser (*inform.*), laser printer.
— a margherita (*inform.*), daisy printer.
— a matrice (*inform.*), dot printer; matrix printer.
— bidirezionale (*inform.*), bidirectional printer.
— del tipo a matrice di punti (*inform.*), matrix printer.
— elettrostatica (*inform.*), electrostatic printer.
— grafica (*inform.*), graphics printer.
— incorporata (*inform.*), inbuilt printer.
— pagina per pagina (*inform.*), page printer.
— parallela (*inform.*), parallel printer.
— /plotter (*inform.*), printer/plotter.
— senza impatto, non impact printer.
— seriale (*inform.*), serial printer.
— televisiva (*video*), video printer.
— termica (*inform.*), thermal printer.
— veloce (*inform.*), high speed printer.
stampare, *v.a.* (*fot.*), to print; to drop-forge (*fond.*); to press; (*met.*), to swage; (*con stampante*) (*elettron.*), to print out.
— in volta (*tip.*), to back up.
stampare, *v.a.* (*tip.*), to print; gings; (*posta*) (*comm.*), printed matter; (*elet.*), v. **circuiti —.**
stampato (*come esce da una stampante*) (*inform.*), (computer) print-out.
— (*p.p.*) a freddo (*met.*), cold swaged.
— a caldo (*met.*), hot swaged.

stampato profondo (*mecc.*), deep-drawn.
stampatrice, *f.* (*per viti, bulloni*) stamping machine; press; (*calcol. elettron.*), printer.
— **automatica a freddo per viti da legno,** woodscrew cold stamping machine.
— **automatica a freddo per viti e bulloni,** cold automatic press for bolts and screws.
— **linea per linea** (*calcol. elettron.*), line printer.
— **su schede** (*calcol. elettron.*), card printer.
stampi per pressofusione, die casting dies.
— **(macchina per la lavorazione degli —)** (*macch. ut.*), die-sinking machine.
stampigliatore, *m.* (*per stampare lettere e numeri*) stamp; (*di acciaio*), steel stamp.
stampigliatura, *f.* (*mecc., met.*), stamping.
stampista, *m.* (*operaio stamp.*), die-sinker, *m.*
stampo, *m.* (*presse, pressofusione*) (*mecc.*), die; (*plast. vetro*), mould (mold U.S.A.); (*tip.*), punch; (*attrezzo fabbro ferraio*), swage; (*dischi*), stamper.
— **ad iniezione** (*plast.*), injection mould.
— **ad « U »** (*tubificio*) (*met.*), « U »-shaped die.
— **a progressione,** v. **stampo progressivo.**
— **composto** (*mecc.*), compound blank.
— **di imbutitura** (*met.*), drawing die.
— **di piega** (*lamiere*) (*met.*), former.
— **di tranciatura** (*met.*), blanking die.
— **di una calamita,** stamping.
— **in metallo duro** (*met.*), hard metal die.
— **per chiodi,** snap die.
— **per estrusione** (*met.*), extrusion die.
— **per imbutitura** (*met.*), drawing die.
— **per marcare** (*met.*), marking die.
stampo per pressofusione (*met.*), die; casting die.
— **per tranciatura** (*mecc.*), blanking die.
— **prefinitore** (*forgiatura*), blocker.
— **progressivo** (*lavoraz. nastri e lamiere*) (*met.*), follow die.
— **(forno per il preriscaldo degli —),** furnace for preheating the blockers.
standard televisivo (*TV*), TV standard.
standardizzare, *v.a.* to standardize.
standardizzato, *p.p.* standardized.
standardizzazione, *f.* standardization.
standolio, *m.* stand oil.
stannato, *m.* stannate.
stannico, *agg.* (*chim.*), stannic (*cloruro —; cromato —; ioduro — ossido —; solfuro —* = stannic chloride; s. chromate; s. iodide; s. oxide; s. sulfide).
stannifero, *agg.* stanniferous; tin-bearing.
stannite, *f.* (*min.*), stannite.
stannoso, *agg.* (*chim.*), stannous, (*cloruro —; cromato —; ossalato —; ossido —; solfato —; solfuro —; tartrato —* = stannous chloride; s. chromate; s. oxalate; s. oxide; s. sulfate; s. sulfide; s. tartrate).
stantuffo, *m.* piston.
— **a bassa pressione,** low pressure plunger.
— **a disco,** disc piston; flap piston.
— **a doppia parete,** double walled piston.
— **a doppio effetto,** double-acting piston.
— **a vapore,** steam piston.
— **da montacarichi,** lifting piston.
— **di sollevamento,** lifting piston.
— **di una pompa,** buckle; pump p.
— **di un cilindro,** piston.
— **diviso,** divided piston; piston in two pieces.
— **in due pezzi,** piston in two pieces; divided piston.
— **premente,** press plunger.
— **(i) sovrapposti a tandem,** tandem pistons.

stantuffo tuffante, hydraulic ram; hydraulic plunger.
stanza, *f.* room.
— **di compensazione** (*comm.*), clearing house.
statampere, *m.* (*elet.*), statampere.
statcoulomb, (*elet.*), statcoulomb
statfarad, (*elet.*), statfarad.
stathenry, (*elet.*), stathenry.
statale (*strada*), trunk road.
statica, *f.* statics.
— **grafica,** graphical statics.
statico, *agg.* static.
statistica, *f.* statistics; returns.
— **di Fermi** (*fis. atom.*), Fermi-Dirac statistics.
— **non parametrica** (*mat.*), non-parametric statistics.
— **quantistica** (*fis. atom.*), quantum statistics.
statistico, *m.*, statistician; *agg.*, statistical; (*attingere ai dati statistici*), to draw upon statistical source.
stativo, *m.* stand.
stato, *m.* state (*condizione*); condition.
— **barometrico,** state of barometer.
— **coniugale,** marital status.
— **di attesa** (*di elaboratore, che attende il segnale per riprendere l'elaborazione del programma*) (*inform.*), waiting state.
— **di eccitazione** (*fis. atom.*), excited state.
— **di equilibrio,** condition of equilibrium.
— **di ricottura spinta a fondo** (*met.*), dead soft condition.
— **di tensione biassiale** (*cost.*), biaxial stress condition.
— **eccitato metastabile** (*fis. atom.*), metastable excited state.
— **grezzo,** rough state.
— **liquido,** liquid state.
— **operazionale dell'elaboratore** (*pronto a funzionare seguendo le istruzioni*) (*inform.*), running state.
— **permanente** (*elet.*), permanent state.
stato quantico (*fis. atom.*), quantum state.
— **ricotto** (*met.*), annealed condition.
— **solido,** solid state.
— **transitorio** (*elet.*), transient state.
— **(in buono —)** (*macchine*), in really fine condition; in good condition.
— **(in cattivo —),** in bad condition.
— **(in perfetto —)** (*macchine*), in excellent show room condition.
statohm (*leet.*), stathom.
statore, *m.* (*elet.*), stator; magnet frame.
statoscopio, *m.* (*aer.*), statoscope.
stazione, *f.* station; (*min.*), landing.
— **agraria sperimentale** (*agr.*), experimental station.
— **ausiliare** (*ferr.*), auxiliary station.
— **automatica di pompaggio per gasdotto,** unattended booster station.
— **carbonifera,** coaling station.
— **di alimentazione** (*ferr.*), station for internal traffic; (*presse*) (*mecc.*), feeding station.
— **di approvvigionamento della ghisa liquida** (*met.*), hot-metal handling station.
— **di carica** (*elet.*), charging station.
— **di caricamento,** loading station.
— **di carico** (*macch. ut.*), loading station.
— **di compressione** (*gas*), pressure plant; compressor station, pump station.
— **di compressione galleggiante** (*ind. petr.*), seagoing compressor station.
— **di controllo** (*inquinamento, ecc.*) monitoring station.
— **di distribuzione** (*elet.*), distributing station.
— **di formazione dei treni,** marshalling station (*or* yard).
— **di lettura** (*inform.*), reading station.

stazione di pompaggio, pump station; (*gas*), pumping unit.
— **di pompaggio di olio combustibile,** oil pumping station.
— **di pompaggio per gasdotto,** booster station.
— **di radiodiffusione,** radio broadcasting station.
— **di regolazione** (*gas*), regulator station.
— **di regresso,** reversing station.
— **di servizio** (*auto*), filling station.
— **di servizio per gas di petrolio liquefatto,** LPG filling station.
— **di smistamento** (*ferr.*), shunting station.
— **di testa** (*ferr.*), terminus; terminal station.
— **esterna (dei pozzi)** (*min.*), bank (pit-top); top landing.
— **ferroviaria,** railway station.
— **idroelettrica,** hydroelectric station.
— **in prosecuzione** (*ferr.*), through station.
— **interna** (*min.*), bottom laning.
— **meteorologica,** meteorological station.
— **per riprese televisive** (*telev.*), television pick up station.
— **principale** (*ferr.*), main station; central station.
— **radioportuale,** port radio station.
— **radiotrasmittente,** broadcasting station.
— **ricevente di un satellite,** satellite receiving station.
— **ripetitrice** (*radio*), repeater station.
— **singola** (*radio*), individual station.
— **spaziale,** space station.
— **televisiva,** TV station; television station.
— **televisiva trasportabile** (*telev.*), pack-carrier television station.
— **topografica,** trigonometrical station.
— **trasmittente,** radio broadcasting station.
— **trasmittente televisiva,** television transmitting station.

stazione (franco —) (*comm.*), at station; free at station.
— **(mettere in —) un livello** (*agrim.*), to set up a surveyor's level.
— **(passerella di —)** (*ferr.*), line bridge.
stazza, *f.* (*naut.*), tonnage.
— **lorda** (*naut.*), measurement; gross tonnage; cargo capacity (U.S.A.).
stazzare, *v.a.* to gauge.
stazzatore, *m.* gauger.
stazzatura, *f.* (*naut.*), gauging; measurement.
stearato, *m.* (*chim.*), stearate.
stearico, *agg.* (*chim.*), stearic.
stearina, *f.* stearine.
steatite, *f.* steatite.
stecca, *f.* (*ferr.*), fish-plate; fish-bar; splice piece; shin; splice bar (U.S.A.).
— **a cantonale** (*ferr.*), angle fish-plate.
— **a doppio risvolto** (*ferr.*), double angle fish plate.
— **a fungo** (*ferr.*), bull-headed fish-plate.
— **a ganascia** (*ferr.*), fishplate.
— **d'angolo** (*ferr.*), angle fish-plate.
— **del legatore** (*tipog.*), folder.
— **per armamento** (*ferr.*), fish plate.
— **per modellare,** modelling stick.
— **piana** (*ferr.*), flat fish-plate; flat splice bar (U.S.A.).
— **porta giunto** (*ferr.*), easing fish-plate.
steccato, *m.* (*cost.*) (*generalm. di tavole di legno che circonda case in demolizione o riparazione*), hoarding.
steccatura (*collegamento a stecche*) (*ferr.*), fishing.
stecche (*f. pl.*) **(mettere le —) ad una rotaia** (*ferr.*), to fish a rail.
— **(togliere le —) alla rotaia** (*ferr.*), to unfish the rail.
stegole di guida (*di motozappatrice, ecc.*) (*macch. agr.*), handle bars.
stella cadente, *f.* (*astr.*), meteor; « shooting star ».

stella dell'aspo (*filatura*), swift.
stellare, *agg.* stellar.
stellatura, *f.* (*del legno*), heart shake.
— **di poppa** (*naut.*), run (*submerged after part of a ship where it narrows*).
stelle di posizione nota (*astron.*), clock stars.
stellitare, *v.a.* (*mecc.*), to stellite.
stellite, *f.* (*lega*), stellite.
stellitizzazione, *f.* (*met.*), stelliting.
stelo, *m.* stem (*anodico, ecc.*); (*gambo di utensili*) shank; (*mecc.*), spigot; shaft.
— **composto** (*ferr.*), built-up web.
— **d'accensione** (*motori*), ignition pin.
— **della valvola,** valve stem; valve spindle.
— **di rotaia** (*ferr.*), web of the rail.
— **di stantuffo,** piston rod.
— **di utensile,** shank of tool.
— **di valvola cavo,** hollow valve stem.
stemperare, *v.a.* (*colori*), to distemper.
stendere, *v.a.* to stretch; to stretch out; to spread.
stereanizzazione degli oli (*chim.*), demargination of oils.
stereobate, *f.* (*arch.*), stereobate.
stereocampimetro, *m.* (*med.*), stereocampimeter.
stereochimica, *f.* stereochemistry.
stereochimico, *agg.* stereochemical.
stereofluoroscopia, *f.* stereofluoroscopy.
stereofonia, *f.* stereophony.
stereofonico, *agg.* stero; stereophonic.
stereografia, *f.* stereography.
stereografico, stereographic(al).
stereografo, *m.* stereograph.
stereogramma, *m.* stereogram.
stereoisomeria, *f.* (*chim.*), stereoisomerism.
stereoisomero, *m.* (*chim.*), stereoisomer.
stereometria, *f.* stereometry.
stereometrico, *agg.* stereometric (al).
stereometro, *m.* stereometer.
stereoradiografia, stereoradiography.
stereoröntgenometria, stereoroentgenometry.
stereoscopia, *f.* stereoscopy; stereoscopics.
stereoscopio, *m.* stereoscope.
— **a specchio,** mirror stereoscope.
stereotipia, *f.* (*tip.*), stereo(typy); stereotyping.
— **curva** (*tip.*), curved stereo.
stereotipista, *m.* stereotyper.
sterico, *agg.* (*chim.*), steric.
sterile di laveria (*min.*), washery slag.
— **di roccia abbattuta con esplosivo** (*min.*), muck.
sterili (*min.*), tails; tailings.
sterilizzante chimico (*chim.*), sterilizing agent.
sterilizzare, *v.a.* to sterilize.
sterilizzatore, *m.* (*per latte*), pasteurizing apparatus; steriliser.
— **del suolo** (*agr.*), soil sterilizer.
sterilizzazione, *f.* sterilization.
— **dell'acqua,** water sterilization.
sterlina, *f.*, pound (*segno* £, *precede il numero*, p. es. £. 5.30).
stero, *m.* cubic metre.
steroli, *m. pl.* (*chim.*), sterols.
sterratura del pezzo dalla forma (*fond.*), stripping.
sterro, *m.* cutting (*per ferrovie e strade*).
sterzata (*auto*), v. **diametro di —.**
sterzo, *m.* (*auto*), steering.
— **irreversibile** (*auto*), irreversible steering
— **reversibile** (*auto*), reversible steering.
— **servocomandato** (*auto*), fingertip steering.
stetoscopio, *m.* (*med.*), stethoscope.
stibnite, *f.* (*min.*), stibnite.
— **grigia,** grey stibnite.
stifnato, *m.* (*chim.*), styphnate.
stilata, *f.* (*arch.*), pier.
stilb, *m.* stilb.
stilbene, *m.* (*chim.*), stilbene.
— **(coloranti allo —),** stilbene dyes.
stile, *m.* (*cost.*), style.
— **barocco,** Baroque style.

stile gotico, Gothic style.
— **rinascimento,** Renaissance style.
— **rococò,** Rococo style.
stilista, *m.* (*progettista di carrozzerie d'auto*), stylist body designer.
stillingia (olio di —), stillingia oil.
stilo (*puntina fonografica*) (*audio*), stylus.
— **ellittico** (*audio*), elliptical stylus.
— **sferico** (*o* **conico**) (*audio*), spherical stylus.
— **shibata** (*audio*), Shibata stylus.
stima, *f.* (*preventivo di spesa*), estimating; (*in computi metrici*) abstracting; valuation; assessing.
— **dei costi,** estimation of costs.
— **quinquennale,** quinquennal valuation.
— **successiva** (*gen.*), reassessment.
stimare, *v.a.* to estimate; to value.
— **il deprezzamento delle macchine,** to estimate the depreciation of machinery.
— **l'entità del minerale** (*min.*), to assess the extent of the ore.
stimatore, *m.* appraiser.
stimolante per la crescita delle piante, plant-growth stimulant.
stimolanti, *m. pl.* (*chim., med.*), stimulants.
stimolatore cardiaco (*med.*), pacemaker.
— **esponenziale** (*elet.*), exponential stimulator.
stipendio, *m.* salary.
— **degli impiegati,** salary earning.
— **di base** (*retribuzioni*), basic salary.
stipettaio, *m.* joiner.
stipetto, *m.* (*autocaravan*) (*naut.*), locker.
stipite, *m.* jamb (*di finestra*); door stud (*di porta*); door post (*di porta*).
stirabilità, *f.* (*mecc.*), drawing-out.
stiramento, drawing.
— **dell'immagine** (*telev.*), pulling
— **fino,** fine drawing.
— **iniziale,** preliminary drawing.
stiramento medio, medium drawing.
stirare, *v.a.* (*un metallo*), to draw; (*col ferro da stiro*), to iron.
— **alla forgia** (*met.*), to draw-out.
stiratoio (*m.*) **a pettini avanpettinatura** (*tess.*), intersecting gill-box before combing.
— **a pettini in vaso 1° passaggio preparazione** (*tess.*), can intersecting gill-box 1st. passage.
— **a pettini in vaso 2° passaggio preparazione** (*tess.*), can intersecting gill-box 2nd. passage.
— **a pettini post-pettinatura** (*tess.*), can intersecting gill-box.
— **a pettini 1° passaggio preparazione** (*tess.*), intersecting gill-box 1st. passage.
— **a pettini 2° passaggio preparazione** (*tess.*), intersecting gill-box 2nd. passage.
— **a pettini 3° passaggio preparazione** (*tess.*), intersecting gill-box 3rd. passage.
— **di miscela a pettini** (*tess.*), mixing intersecting gill-box.
— **di miscela in vaso** (*tess.*), can mixing intersecting gill-box.
— **frottatore a pettini 4° passaggio preparazione** (*tess.*), rubber intersecting gill-box 4th. passage.
— **frottatore a pettini 5° passaggio preparazione** (*tess.*), rubber in tersecting gill-box 5th. passage.
— **frottatore di preparazione** (*tess.*) rubber porcupine box.
— **frottante finitore** (*tess.*), finishing rubbing porcupine box.
— **per lana pettinata** (*tess.*), draw ing box.
stirene, *m.* (*chim.*), styrene.
stiro, *m.* (*cotone*), drawing; drafting.
— **a cono** (*tess.*), cone drawing.
— **aperto** (*tess.*), open drawing.
— **(cilindro di —),** drawing roller.
stirolo, *m.* (*chim.*), styrene; styrol.
stiva, *f.* (*naut.*), hold; (*di un aereo, p. es. dello «shuttle»*), cargo bay.
stivali di sicurezza (*min., ecc.*), safety shoes.

stivare, *v.a.* to stow.
stocastico, *agg.*, stochastic.
stoccaggio, *m.* stock piling; storage.
— **a bassa temperatura**, low-temperature storage.
— **criogenico** (*con liquido con punto di ebollizione* < — *100 °C*), cryogenic storage.
— **di gas naturale liquefatto**, storage of liquefied natural gas.
— **(impianto di —)**, storage plant.
stoccare gas liquido, to stock liquid gas.
stoffa, *f.* cloth; material.
— **a ricamo** (*tess.*), lappet.
— **diagonale** (*aereo*), bias fabric; (*tess.*), twill.
— **gommata**, rubberized fabric.
— **operata**, fancy cloth.
— **parallela**, parallel fabric.
— **per gonne**, skirting.
stoffe (*f. pl.*) **fantasia**, fancy cloths.
— **rasate** (*o* **satinate**) (*tess.*), broken twills.
stolone, *m.* (*bot.*), runner.
stoppa, *f.* tow.
— **(guarnizione di —)**, tow-packing.
stoppino, *m.* wick.
storace, *m.* (*chim.*, *med.*, *resina*), storax; styrax.
stormo (*m.*) **aereo**, aviation regiment; flying regiment (U.S.A.)
storta, *f.* (*fis. chim.*), retort.
— **verticale**, vertical retort.
— **verticale continua**, continual vertical retort.
stovaina, *f.* stovaine.
stoviglie (*ceram.*), crockery.
stozzamento, *m.* v. **stozzatura.**
stozzare, *v.a.* to slot.
— **cave**, to slot (*or* cut) grooves.
stozzatrice, *f.* (*macch. ut.*), slotting machine; slotter.
— **a spoglia**, backing-off machine.
— **orizzontale**, horizontal slotting machine; horizontal slotter.
— **per cave di chiavette**, keyway slotting machine; keyway slotter.
— **per cremagliere**, rack slotting machine.
stozzatrice per ingranaggi cilindrici a denti diritti ed elicoidali, straight and helical spur gears shaping machine.
— **universale**, universal slotter.
stozzatura, *f.* slotting.
— **circolare**, circular slotting.
— **longitudinale**, longitudinal slotting.
— **trasversale**, transverse slotting.
stracannatura, *f.* (*tess.*), rewinding.
straccio (*m.*) **per pulire**, wiper.
strada, *f.* road; street (*s. cittadina*); route (*percorso, rotta*); highway (U.S.A.).
— **a doppia carreggiata**, dual carriageway route.
— **alzaia** (*strada lungo un canale, anche sottostante un ponte*), (*costr.*), tow-path.
— **asfaltata**, asphalt road.
— **ben fornita di segnalazioni**, a road well posted with caution signs.
— **bitumata**, bitumized road.
— **carrozzabile**, carriage-road; driving road.
— **catramata**, tar paved road.
— **con diritto di precedenza**, preference road (U.S.A.); highway
— **di accesso**, access road.
— **di campagna**, farm road.
— **di circonvallazione** (U.S.A.), belt highway.
— **di grande comunicazione**, trunk road.
— **di raccordo**, feeder road.
— **di una sega** (*mecc.*), side set.
— **in cemento armato**, reinforced concrete road.
— **inghiaiata**, gravel road.
— **in macadam**, macadamized road.
— **lastricata**, paved road.
— **mulattiera**, mule-track.
— **non sdrucciolevole**, non-skid road.
— **pavimentata in cemento**, concrete road.
— **per biciclette**, track for cyclists.
— **per pedoni**, track for pedestrians.

strada principale, main road; principal road; arterial road.
— **provinciale,** divisional (*or* provincial) road.
— **pubblica,** public road.
— **rialzata** (*cost.*) (*in regione paludosa*), causeway.
— **secondaria,** secondary road.
— **senza limite di velocità,** unrestricted road.
— **sopraelevata,** street flyover (*di città*); elevated roadway.
— **sopraelevata a doppia corsia,** flyover with two traffic lanes.
— **sopraelevata in acciaio,** steel flyover.
— **statale,** Government road.
— **(dare la —)** (*mecc.*), setting.
strade (costruzione di —), road construction.
— **(manutenzione di —),** road maintenance.
— **(pavimentazione di —) in macadam cilindrato con trattamento superficiale,** tarmac surfacing.
strallato, *p.p.* (*pali, strutture, ecc.*) (*cost.*), guyed.
strallo (*sistema di funi di sostegno per pali e torri*) (*costr.*), guying.
— **in fune di acciaio** (*cost.*), steel wire guy.
stramazzo, *m.* overflowing; overflow pipe (*tubo di troppo pieno*).
straordinario, *m.* (*paga o compenso per lavoro* —), overtime pay.
strappabile, *agg.* v. **rivestimento plastico —.**
strappamento, *m.* (*mecc.*), grooving; stripping (*elettrol.*); (*fis. atom.*), stripping.
strappare, *v. i.* (*inchiostro*) (*tipog.*) to pick.
strappettatura (*successione di cricche e strappi sul filo di acciaio, derivante dalla trafilatura*) (*metalli*), splitting.
strappo (*rottura nel metallo che appare durante la lavorazione plastica*) (*met.*), burst; tearing.
— **al bordo** (*strappo localizzato sui bordi del pezzo*) (*met.*), edge tearing.
strappo lamellare (*met.*), lamellar tearing.
— **(apertura con — dell'anello)** (*barattoli birra, ecc.*), ring-pull opening.
strapuntini, *m. pl.* (*auto*), extra folding seats.
stratificazione, *f.* stratification.
— **di laminazione** (*met.*), lamination.
strato, *m.* layer; stratum (*pl.* strata); (*vern., ecc.*), coat; (*fis. atom.*), shell.
— **acquifero,** water-bearing stratum.
— **atomico,** atomic shell.
— **d'aria,** layer of air.
— **decarburato** (*met.*), bark.
— **di calcestruzzo,** layer of concrete.
— **di carbone,** layer of coal; seam of coal.
— **di catrame,** tar coating; tar covering.
— **di colore,** coat of colour; film of colour; skin of colour.
— **di fondo stradale,** road bottom layer.
— **di ghiaia,** layer of gravel.
— **di legno,** wood blocking.
— **di terra,** layer.
— **di vernice,** layer of varnish.
— **elettronico** (*fis. atom.*), electron shell.
— **esterno** (*fis. atom.*), outer shell.
— **filtrante,** filter medium.
— **inferiore** (*o* **sostrato),** undercoat.
— **intermedio,** intermediate coating.
— **isolante,** insulating layer.
— **K** (*fis. atom.*), K-shell.
— **laminare,** laminar layer.
— **limite** (*aereo*), boundary layer.
— **marginale** (*met.*), skin layer.
— **N** (*fis. atom.*), N-shell.
— **nucleare** (*fis. atom.*), nuclear shell.
— **P** (*fis. atom.*), P-shell.
— **Q** (*fis. atom.*), Q-shell.
— **quadruplo,** quadruple coating.
— **sferico** (*fis. atom.*), spherical shell.

strato sinterizzato (*met.*), sinter layer.
— **superficiale,** surface layer.
— **superiore,** top layer; upper layer.
— **triplice,** triple coating.
stratorto, *m. p.p.* (*tess.*), hard spun.
stratosfera, *f.* stratosphere.
streptomicina, *f.* streptomycin.
strettoio, *m.* press.
— **a leva,** lever press.
— **a mano,** hand press.
striato, *p.p.* (*solcato*), fluted; reeded; channelled; striated (*rif. a rocce*); chequered (*or* checkered) (*riferito a lamiere*).
striatura parallela (*vernici*), silking.
stricco, *m.* (*naut.*), runner.
stricnina, *f.* strychnine; strychnin.
stridio della puntina (*acust.*), needle chatter.
stringa (*sequenza lineare di caratteri, simboli, ecc.*) (*inform.*), string.
— **di caratteri** (*inform.*), character string.
stringere (*v.a.*) **una vite,** to tighten a screw; to turn a screw in.
strippare lingotti dalle lingottiere (*met.*), to strip ingots from their molds.
strisce durevoli riflettenti (*traffico*), reflectorizing traffic (lane) lines.
— **rumorose** (*traffico*), rumble stripes.
striscia, *f.* strip.
— **continua di carta di controllo** (*registratori di cassa stampanti su strisce di carta, calcolatrici, ecc.*), tally roll.
— **di pellicola** (*fot.*), film strip.
— **di rame laminato,** sheet copper strip.
— **di vortici** (*aereo*), vortex sheet.
strizione, *f.* (*prove metalli*), striction.
— **localizzata** (*met.*), localized necking.
strizzatore (*di lavatrice*), wringer.
— **elettrico,** powered wringer.
stroboscopio, *m.* stroboscope.
— **a lampeggiamento** (*elet.*), flashlight stroboscope.
strofantina, *f.* (*chim.*), strophanthin.
strofinaccio, *m.* cloth.
strofinare, *v.a.* (*con spazzole*), to scrub.
strombatura (*f.*) **del muro,** splaying of wall.
strombatura di finestra, window embrasure; embrasure.
stroncatrice per lingotti (*met.*), ingot breaker.
stronzianite, *f.* (*min.*), strontianite.
stronzio, *m.* (*chim.* = Sr), strontium.
stroppo di sospensione, becket.
strozzamento, *m.* (*di tubo, canale*), contraction; shrinkage; (*idrodinamica*), throttling.
strozzare, *v.a.* (*idr.*), to throttle.
— **il motore** (*aereo*), to throttle down.
strozzatura, *f.* (*di tubo, canale, ecc.*), contraction; (*tubo*), throat; (*p. es. di autostrada*), bottleneck.
strumentazione, *f.* (*chim., ecc.*), instrumentation.
strumenti autonomi (*non collegati con l'unità centrale di elaborazione*) (*calcol. elettron.*), off-line instruments.
— **integrati** (*operanti sotto il controllo dell'unità centrale di elaborazione e che funzionano in modo continuo e sono collegati ad altri strumenti o elaboratori elettronici*) (*calcol. elettron.*), on-line instruments.
— **nautici,** nautical instruments.
— **(provvedere di —),** to instrument (*p. es. all'infuori di un termometro, questi essiccatori sono raramente forniti di strumenti*), except for a thermometer, these dryers are sedom instrumented.
— **(riparazioni —),** instrument repairs.
strumento, *m.* instrument.
— **a coppia termoelettrica,** thermo-couple instrument.
— **a filo caldo** (*elet.*), hot wire instrument.

strumento a vetro antiabbagliante, antiglare-glass instrument.
— **di agrimensura,** surveying instrument.
— **di lavoro** (*agric.*), implement.
— **di misura,** measuring instrument.
— **di precisione,** precision instrument.
— **per la misura della rotondità** (*mecc.*), roundness measuring instrument.
— **per provare un altimetro** (*aereo*), altimeter calibrator.
— **per taratura** (*elet.*), standard instrument.
— **per volo cieco** (*aereo*), blind-flying instrument.
— **portatile** (*elet.*), portable instrument.
strusa, *f.* (*tess.*), v. **filosello.**
struttura, *f.* structure; texture.
— **a bande** (*struttura con bande ferritiche parallele, nel senso della lavorazione*) (*met.*), banded structure.
— **aciculare** (*fond.*), acicular structure.
— **a guscio** (*o* **a cassone**) (*aereo*) monocoque structure.
— **a mosaico** (*metal.*), mosaic structure.
— **a portale articolato e strallato** (*cost.*), guyed and articulated portal frame structure.
— **articolata strallata a V** (*cost.*), V-guyed articulated structure.
— **atomica** (*chim.*), atomic structure.
— **a ventaglio,** fan-shaped structure.
— **cellulare** (*min.*), cell texture.
— **colonnare,** columnar structure.
— **compatta** (*met.*), close-packed structure.
— **composita** (*met.*), composite structure.
— **cristallina** (*met.*), crystal structure.
— **cubica a corpo centrato,** body central cubic structure.
struttura cubica a faccia centrata, face-centred cubic structure.
— **cubica corpocentrata** (*met.*), body-center cubic structure.
— **dell'aeroplano,** airframe.
— **dell'automobile** (*auto*), car's structure.
— **della risonanza** (*fis. atom.*), resonance structure.
— **del livello d'energia** (*fis. atom.*), level structure.
— **dendritica** (*min.*), dendritic texture.
— **di attraversamento per acquedotti** (*costr.*), crossing structure for acqueducts.
— **di lingotto** (*struttura che ricorda quella grossolana ed equiassica del lingotto*) (*met.*), ingot structure; ingotism.
— **di ricristallizzazione,** recrystallization texture.
— **di tipo strallato** (*costr.*), structure of stayed type.
— **di Widmanstätten** (*orientazione lanceolata della perlite e della ferrite*) (*met.*), Widmanstätten structure.
— **elastoplastica** (*costr.*), elastoplastic structure.
— **eutettica** (*met.*), eutectic structure.
— **fibrosa,** fibrous grain.
— **geodetica** (*aereo*), geodetic structure.
— **intergranulare** (*geol.*), intergranular texture.
— **isotopica** (*fis. atom.*), isotope structure.
— **martensitica** (*met.*), martensitic structure.
— **microcristallina,** microcrystalline structure.
— **microfelsitica** (*geol.*), microfelsitic texture.
— **microscopica spazio-tempo** (*fis. atom.*), microscopic space-time structure.
— **nodulare** (*geol.*), nodular structure.
— **nucleare** (*fis. atom.*), nuclear structure.
— **ofitica** (*geol.*), ophitic texture.

struttura porfirica (*geol.*), porphyritic texture.
— **portante,** supporting structure.
— **reticolare** (*geol.*), mesh structure; (*fis. atom.*), lattice structure.
— **reticolata** (*metal.*), network structure.
— **semi sommergibile** (*costr.*), semi-submersible structure.
— **sommersa** (*costr.*), underwater structure.
— **sospesa** (*costr.*), hanging structure.
— **spugnosa,** spongey structure.
— **staticamente determinata** (*meccan.*), statically determinate structure.
— **staticamente indeterminata** (*mecc.*), statically indeterminate structure.
— **super-reticolare** (*chim. fis.*), super-lattice structure.
strutturale, *agg.* structural.
stuccare, *v.a.* (*mecc.*), to putty.
stucco, *m.* stucco.
— **da vetri,** putty; glaziers putty.
studente (*m.*) **d'ingegneria,** engineering student.
— **in ingegneria elettrica,** electrical engineering student.
studi (*m. pl.*) **di laboratorio,** laboratory investigations.
— **di sala-prove,** field studies.
studio (*m.*) **dei tempi,** time study.
— **di registrazione** (*audio*), recording studio.
— **di televisione,** television studio.
— **di televisione per via cavo,** cablevision's transmission studio.
— **termogravimetrico** (*met.*), thermogravimetric study.
— **tecnico,** engineering office.
— **tecnico di consulenza,** consulting engineering office.
— **televisivo,** television studio; video studio.
stufa, *f.* stove.
— **a carbone,** anthracite stove; coke stove.
— **a combustibile solido,** solid-fuel-burning stove.
stufa a parabola, reflector heater.
— **a raggi infrarossi,** infra-red lamp baker.
— **economica,** heat storage cooker.
stupefacente, *m.* (*farm.*), drug.
stupp, *m.* stupp (*deposito ottenuto nella distillazione di metalli dei mercurio*).
sturare, *v.a.* to uncork.
subacetato, *m.* (*chim.*), subacetate.
subappaltatore, *m.* sub-contractor.
subappalto di lavoro, subcontracting.
subbiello, *m.* (*tess.*), breast beam.
— **anteriore** (*tess.*), breast beam.
— **di preparazione** (*tess.*), condenser (bobbin).
subbio (*m.*) **anteriore** (*tess.*), breast beam.
— **a sezione** (*tess.*), divided beam.
— **da imbozzimare** (*tess.*), back beam.
— **d'ordito** (*tess.*), warp beam.
— **posteriore** (*o* **di ordito**) (*tess.*), warp beam.
subcristallizzazione, *f.* (*met.*), subcrystallization.
subcritico, *agg.* subcritical.
subentrare, *v.i.* (*entrare in funzione, p. es. di sistemi ausiliari di pompe che entrano in gioco se non funziona una precedente pompa, ecc.*), to take over.
suberina, *f.* suberin.
subfornitore, *m.* subcontractor.
subfornitura, *f.* subcontract.
subire, *v.a.* to undergo; to suffer; to stand.
sublimabile, *agg.* sublimable.
sublimare, *v.a.* to sublimate.
sublimato, *m.* (*chim.*), sublimate; *agg., p.p.* (*chim.*), sublimated; sublimed.
— **corrosivo,** corrosive sublimate; mercuric chloride; perchloride of mercury.
— **secco** (*chim.*), dry sublimate.
sublimazione, *f.* (*chim.*), sublimation.
— **semplice,** simple sublimation.
— **(zincatura a —),** sublimation zinc coating.

submicron, *m.* (*chim.*) submicron.
subnanosecondo, *m.* subnanosecond.
subnucleare *agg.*, subnuclear.
suborbitale (*aereo*), suborbital.
subossido, *m.* (*chim.*), suboxide.
subreticolo, *m.* (*fis. chim.*), sublattice.
subroutine (*sottogramma*) (*inform.*), subroutine.
— **di linguaggio macchina** (*inform.*), machine language subroutine.
subsidenza, *f.* (*frana con multiple superfici di distacco*) (*geol.*), subsidence.
subsonica (velocità), subsonic (speed).
substrato (*geol.*) (*met.*), substrate; substratum (*geol.*).
substruttura, *f.* (*met.*), substructure.
succedaneo, *m.* substitute.
— **della lanolina,** lanolin substitute.
successione delle passate (*met.*), pass sequence.
— **di fasi** (*elet.*), phase sequence.
succhiello, *m.* gimlet.
succhierola, *f.* (*filtro*), strainer; snore-piece.
succinico (acido) (*chim.*), succinic acid.
succinimmide, *f.* (*chim.*), succinimide.
sucrasi, *m.* (*chim.*), sucrase.
suddividere, *v.a.* to subdivide.
suddivisione, *f.* subdivision.
sudiciume (*dovuto a polveri di carbone, ecc.*), grime.
sughero, *m.* cork.
sulfamidico, *m.* sulfamide (U.S.A.), sulphamide.
sulfanilamidico, *m* sulfanilamide (U.S.A.); sulphanilamide.
sulfanilico (acido —) (*chim.*), sulfanilic acid.
sulfanolo, *m.* sulfanole.
sulfantrene, *m.* sulfanthrene.
sulfapiridina, *f.* (*chim.*), sulfapyridine.
sulfatiazolo, *m.* (*chim.*), sulfathiazole.
sulfinizzazione, *f.* (*met.*), sulfinuz process.
sulfobenzoico, *agg.* (*chim.*), sulfobenzoic.
sulfocianuro, *m.* (*chim.*), sulphocyanide.
suola, *f.* (*di forno met.*), bottom sole; (*di scarpe*) sole; (*met.*), v. **diametro interno —; capacità —; volume —.**
— **antisdrucciolo** (*calzature per operai, ecc.*), anti-slip sole.
— **a rulli** (*forno met.*), roller hearth.
— **conduttrice** (*forni elet.*) (*met.*), conductive hearth.
— **di riscaldo** (*met.*), soaking hearth.
— **mobile** (*di forno met.*), mobile hearth.
— **del pattino** (*aereo*), skid runner.
— **per forni Martin-Siemens** (*met.*), open hearth bottom.
— **(grandezza di —)** (*forno met.*), hearth size.
suonanastri, *m.* **(autoradio —),** cassette tape player; (*mus.*), tape player.
suonare (*v.a.*) (*acust.*), to play.
suoneria a ritardo (*telef.*), delayed ringing.
suoni combinati (*acust.*), combination tones.
suono, *m.* (*acust.*), sound
— **diffuso** (*acust.*), diffuse sound.
— **diretto,** direct sound.
— **puro** (*acust.*), pure tone.
superaccelerante (*per vulc. gomma*), ultra-accelerator.
superaerodinamica (*automobile*), ultra streamliner.
superamento della capacità di memoria (*eccedenza della capacità di memoria di un calcolatore.* (*calcol. elettron.*), overflow.
superare (*v.a.*) **in peso,** to outweigh.
supercarboniera, *f.* (*naut.*), supercollier.
supercompressibilità, *f.* supercompressibility.
supercorazzata, *f.* dreadnought.
supercritico, *agg.* supercritical.
superduralluminio, *m.* superduralumin.

supereterodina, *f.* (*radio*), superheterodyne; superhet; super heterodyne receiver.
— **a cinque valvole,** five-tube superheterodyne (U.S.A.); five-valve superheterodyne.
— **a doppia conversione di frequenza,** double superheterodyne.
— **a sei valvole,** six-tube superheterodyne (U.S.A.); six-valve superheterodyne.
— **(diagramma di una —),** diagram of a superhet.
superficie, *f.* surface.
— **alare,** wing area.
— **antiadesiva,** anti-adhesive surface.
— **aspirante** (*di macchina di agglomerazione*) (*met.*), suction area.
— **caustica** (*ott.*), caustic surface.
— **che non attacca** (*pentole*) (Teflon), non-stick surface (*frying pans*).
— **cilindrica,** cylindrical surface.
— **conica,** conical surface; taper surface.
— **corrugata** (*su superficie di lingotto*) (*met.*), rippled surface.
— **cromata a specchio,** mirror chrome plate.
— **curva,** curve surface.
— **del cerchio descritto dall'elica** (*aereo*), disk area.
— **del disco dell'elica,** propelle-disk area.
— **della parete del cilindro,** cylinder wall.
— **delle pale dell'elica,** propeller blade area.
— **di chiglia** (*aereo*), keel area.
— **di compensazione** (*aereo*), balance area.
— **di contatto,** surface of contact area of contact.
— **di contropressione,** area of counter pressure.
— **di deriva** (*aereo*), fin area.
— **di esplorazione** (*telev.*), scan area.
— **di griglia** (*caldaie*), grate area.
— **di livello** (*top.*), level surface.
superficie di paragone (*ill.*), comparison surface.
— **di raffreddamento,** cooling surface.
— **di riscaldamento,** heating surface.
— **di rivoluzione** (*geom.*), surface of revolution.
— **di rotolamento,** tread (*di una ruota*).
— **di rottura,** surface of fracture.
— **di separazione** (*geol.*), joint-plane.
— **di taglio,** shearing area; shearing section.
— **di una spirale,** area turns.
— **equipotenziale** (*elet.*), equipotential surface.
— **filettata,** screwed surface.
— **fotometrica,** photometric surface.
— **frenante,** braking surface.
— **grigia** (*acust.*), grey surface.
— **netta dell'ala** (*aereo*), net wing area.
— **pagliosa** (*causata da paglie, per difetti di lingottiera*) (*met.*), check.
— **piana,** flat surface.
— **polare** (*elet.*), pole face.
— **portante** (*aereo*), wing area; bearing surface.
— **primitiva** (*ingr.*), pitch surface.
— **resistente all'abrasione,** abrasion-resisting surface.
— **riflettente** (*p. es. di articoli placcati*), reflective surface.
— **riscaldante** (*met.*), heating area.
— **ruvida,** rough surface.
— **sferica,** spherical surface.
— **specifica,** specific surface.
— **tangenziale,** tangential surface.
— **terrestre,** earth's surface.
— **toroidale** (*ott.*), toroidal surface.
— **totale dell'ala** (*aereo*), gross wing area.
— **trasudata** (*di lingotto con essudazioni o protuberanze*) (*met.*), liquated surface.
— **utile,** useful surface.
— **utile della tavola,** working surface of table.

superficie vaiolata (*con cavità e depressioni*) (*met.*), pitted surface.
— **vorticosa** (*aereo*), vortex sheet.
— **(alla —)**, at the surface; at grass (*miniere*).
superfinitrice, *f.* (*macch. ut.*), superfinishing machine.
superfinitura, *f.* (*macch. ut.*), superfinish.
superfosfato, *m.* superphosphate.
superinvecchiamento, *m.* (*met.*), overageing.
superinvecchiato, *agg.* (*di stato strutturale*) (*met.*), overaged.
superisolamento, *m.* superinsulation.
superisolante, *m.* superinsulator.
— **(mattone —)** (*met.*), super-insulating brick.
superleghe, *f. pl.* superalloys.
supermercato (*cost.*), hypermarket.
supernova (*stella di eccezionale splendore*) (*astr.*), supernova (*pl.* supernovae).
supero di capacità (*elettron.*), overflow.
superpalite, *f.* (*chim.*), superpalite; diphosgene.
superpetroliera, *f.* (*petrol.*), supertanker.
superplasticità, *f.* (*met.*), superplasticity.
superquadro (motore —) (*auto*), oversquare engine.
superrefrattari, super-refractories.
supersaturazione, *f.* supersaturation.
supersonico, *agg.* (*aereo*), supersonic.
superstrada, *f.* (*trasporti*) (*autostrada*), superhighway.
supertransatlantico (*naut.*), superliner.
supervisione tecnica, technical supervision.
supplemento, *m.* (*mat.*), supplement.
— **grafico** (*e* **illustrato)**, pictorial supplement.
— **per lavoro straordinario** (*lavoro*), overtime premium (payment).
supporre, *v.i.* (*mat.*), assume.

supporti elastici fissaggio motore (*auto*), engine mountings.
supporto, *m.* (U.S.A.) mounting; v. **sopporto** e **sostegno.**
— **a forchetta,** hook support.
— **a frizione,** plummer block.
— **a mano** (*a forma di T, fissato al banco di un tornio per legno o per orologiai*), T-rest; « T » rest; tee-rest.
— **a molla,** spring support.
— **antivibrante,** vibration mounting.
— **a slitta** (*mecc.*), slider bearing.
— **autolineante** (*con cuscinetti a tenuta stagna*) (*macch. ut.*), self aligning (ring oiling enclosed) bearing.
— **base** (*mecc.*), footstep bearing.
— **con lubrificazione ad anello** (*mecc.*), ring oiling bearing.
— **del carrello** (*tornio*), slide-rest.
— **del cavo a tre piedi,** three-legged support.
— **del compressore** (*aereo*), compressor bearing.
— **del cricchetto** (*orol.*), click post.
— **della fune,** supporting shoe.
— **della ruota** (*orol.*), wheel post; wheel stud.
— **della ruota cambio** (*orol.*), minute wheel pin (*or* stud).
— **di albero** (*mecc.*), pillow block; bearing.
— **di archivio** (*inform.*), file medium.
— **di banco** (*auto*) (*mot.*), crankshaft bearing; main bearing.
— **dati** (*inform.*), data medium.
— **di cuscinetto,** bearing housing.
— **di memoria** (*inform.*), storage medium.
— **di montaggio** (*per mirino*) (*mil.*), mount base.
— **elastico,** elastic support.
— **magnetico** (*inform.*), magnetic (recording) medium.
— **per le comunicazioni** (*inform.*), communication support.
— **per provette** (*chim.*), burette-stand.
— **regolabile,** adjustable stand.

supporto (o braccio) (*del modello*) (*aereo*), sting.
— **(di informazioni)** (*inform.*), medium; (*di sostegno, p. es. dischetti, nastri*), support.
supposizione, *f.* (*mat.*), assumption.
surgelati (alimenti —), deep-frozen food.
— **(impianto di cibi —),** deep-freezing plant.
— **(mobile per —),** deep freeze cabinet.
surraffreddato, *p.p.* supercooled.
surriscaldamento, *m.* overheating.
— **in miniera,** underground heating.
surriscaldato, *p.p.* superheated.
surriscaldatore, *m.* superheater; overheater.
— **di vapore,** steam superheater.
surriscaldo (*stato del metallo che per effetto di riscaldo o permanenza a temperatura eccessiva, presenta grani grossolani*) (*met.*), overheating.
surrogato, *m.* substitute.
survoltore, *f.* booster motor; positive booster.
suscettanza, *f.* susceptance.
suscettibilità all'indurimento superficiale, hardenability.
suscettività (*f.*) **magnetica,** magnetizing susceptance.
susino, *m.* plum tree.
sussidio di disoccupazione (*pers.*), unemployment compensation.
— **di malattia,** sickness benefit.
svasare, *v.a.* (*mecc.*), to flare; to open out; to strape out.
svasatura, *f.* (*mecc.*), flare; flaring (*operazione*).
svecciatoio (*m.*) **per caffè,** coffee huller (*ind.*).
svecciatore, *m.* (*ind. mol.*), trieur.
— **per avena,** oat huller.
— **per caffè,** coffee huller.
svecciatrice, *f.* (*triara*), trieur.
sveglia ad intervalli (*orolog.*), clock interval timer.
svelare, to unravel.
— **i misteri delle viscere della Terra,** to unravel the mysteries of the Earth's interior.
sveltire il lavoro di..., to hasten the work of...
svenimento, *m.* unconsciousness.
svergolamento (*distorsione a spirale, detta pure avvitamento o ingobbatura, nel senso dell'asse longitudinale di un profilato*) (*met.*), screw dislocation; twist.
— (*m.*) **dell ala** (*aereo*), wing warping.
svergolare, *v.i.* (*aereo*), to warp.
svergolarsi, to warp; to distort.
svergolatrice, *f.* (*mecc.*), twister.
sverniciare (*togliere lo strato di vernice vecchia*), to strip.
sverniciatore, *m.* varnish remover; paint stripper.
— **a caldo** (*chim.*), hot stripper.
— **a freddo** (*chim.*), cold stripper.
sverniciatura, *f.* (*chim.*), paint stripping.
— **della pittura a fuoco** (*vernici, pitture*), stove paint stripping.
sviamento, *m.* derailment.
sviatoio, *m.* (*ferr.*), crossing switch.
sviluppare (*mot.*), to develop (*il motore sviluppa 1725 cavalli a 1500 giri al minuto*), the engine developing 1,725 b.h.p. at 1,500 r.p.m.
— **le attrezzature su scala commerciale** (*inform.*), to develop the hardware to a commercial stage.
sviluppatore, *m.* (*fot.*), developer.
— **fotografico** (*fot.*), photographic developer.
— **in cartucce** (*fot.*), developer in cartridges.
sviluppo, *m.* (*fot.*), development; (*imbutitura, tranciato di partenza*), blank.
— **economico** (*econ.*), economic growth.
— **all'acqua** (*fot.*), water development.
— **continuo** (*fot.*), continuous development.
— **di gas** (*durante un processo di affinazione, ecc.*), evolution of gas; gassing.
— **(polvere per —) fotografico** (*fot.*), developing powder.

svincolo, *m.* (*costr. strad.*), bypass; intersection.

— **a diamante** (*costr. strad.*), diamond junction.

— **a mezzo quadrifoglio** (*costr. strad.*), partial cloverleaf intersection.

— **a quadrifoglio,** cloverleaf intersection; clover-leaf junction (*costr. strad.*).

— **a trombetta** (*costr. strad.*), (T *or*) trumpet intersection.

— **con rampe direzionali** (*costr. strad.*), directional intersection.

— **giratorio** (*costr. strad.*), rotary intersection.

svincolo (superare una città mediante —) (*autostrade*), to bypass.

svitare, *v.a.* to unscrew; to screw off; to loosen; to turn a screw out.

svolgere, *v.i.* (*mecc.*) (*rif. a mo le, ecc.*), to unwind; (*rif. a cavi*) to uncoil.

— **un cavo dal tamburo,** to uncoil a cable from the drum.

svolgimento, *m.*(*mecc.*), winding off.

svuotamento (*sfuggita di metallo dalla lingottiera durante un getto*), runout.

svuotarsi, *v.r.* (*di recipiente*), to run dry.

T

T d'atterraggio (*aereo*), landing T.
tabbite, *f.* (*chim.*), tabbyte.
tabella, *f.* table.
— **delle tolleranze,** table of limits.
— **del sistema periodico** (*chim.*), periodic table.
— **di conversione,** interconversion table.
— **di posa** (*fot.*), exposure guide (*or* table).
— **di taratura,** calibration table.
— **fili Brown & Sharp,** Brown and Sharp wire gauge; American Standard wire gauge.
— **normale dei fili Birmingham,** Birmingham wire gauge; B.W.G.
tabelloni elettronici (*usati negli stadi, ecc.*), matrix boards.
tabulare, *v.a.* (*inform.*), to tabulate.
tabulato, *m.* (*inform.*), tabulation.
tabulatore, *m.* (*di macch. da scrivere*), tabulator.
tabulatrice, *f.* (*macchina in grado di leggere schede perforate ed elaborarne i dati*) (*inform.*), tabulator.
tabulazione, *f.* (*inform.*), tabulation.
— **orizzontale** (*inform.*), horizontal tabulation.
tacca, *f.* notch; (*incastro per chiavetta*) slot; keyway; piker (*tess.*).
— **ad U** (*per. es. di mirino*), U notch.
— **di identificazione** (*inform.*), blip.
— **di mira** (*di fucile, ecc.*), backsight.
taccate, *f. pl.* (*naut.*), docking blocks.
taccheggio (*m.*) **chimico** (*tip.*), chalk overlay.
— **laterale** (*tip.*), side lay gauge.
tacchetti, *m. pl.* (*di telaio*), loom pickers.
tacchi (*m. pl.*) **di chiglia** (*naut.*), chocks; keel-blocks.
tacco, *m.* (*scarpe*), heel.
tacco di riempimento (*aereo*), fillet.
taccone, *m.* (*imperfezione su lingotto o getto, generalm. al fondo del lingotto determinata da colata inadatta*) (*fond., met.*), scab.
— **falso con fibbia** (*taccone unito al getto lungo una linea che si presenta come una fibbia*) (*met.*), false scab.
tacheografia, *f.* tachygraphy.
tacheografo, *m.* tachygrapher.
tacheometria, tacheometry.
tacheometro, *m.* (*top.*), tachymeter; tacheometer.
— **a lettura diretta,** direct-reading tacheometer.
tachigrafo, *m.* tachygrapher.
tachimetro, *m.* tachometer; (*auto*), speedometer.
— **a liquido,** liquid tachometer.
— **elettrico,** electric tachometer.
— **per aeroplani,** aircraft tachometer.
— **unipolare,** homopolar tachometer.
taffetà, *m.* (*tess.*), taffeta.
taglia, *f.* pulley-block; tackle block; travelling block (*petrol.*).
— **a catena,** chain pulley-block.
— **a fune,** rope pulley-block; lifting block.
— **a gruppi,** group pulley-blocks.
— **a ruote cilindriche, spur wheel** pulley-block.
— **differenziale,** differential pulley-block.
— **di tensione della fune portante** (*mecc.*), track cable tension block.
— **gemella,** twin pulley-block.
— **per carichi,** load pulley-block.
— **per gru,** crane pulley-block.
tagliacarte, *m.* (*tip.*), paper cutting machine; sheet cutter.
— **trilaterale** (*tip.*), three-sided trimmer.
tagliacatena, *m.* (*motoc.*), sprocket puller.
tagliafili, *m.* (*mecc.*), wire cutter.

tagliapietre, *m.* stone hand cutter; stone-cutter; stone-dresser.
tagliare, *v.a.* to cut.
— **alla richiesta lunghezza,** to cut to length.
— **a macchina** (*cartone*), to machine-cut.
— **con la cesoia,** to shear.
— **contro le fibre,** to cut against the grain.
tagliareggette, *m.* (*di imballaggi*), strap cutter.
tagliarina, *f.* cutter.
tagliarsi, *v.r.* to cut; to intersect.
tagliasfridi (*macch. ut.*), scrap shears.
tagliastracci, *f.* (*macch.*), rag-chopper.
tagliatenditrice, tension pulley-block.
tagliatrice, *f.* (*carbone*), coal cutter; shearer.
— **a catena** (*carbone*), chain coal-cutter.
— **a testa orientabile** (*min.*), universal arcwall coal-cutter.
— **a vomere** (*carbone*), coal plough.
— **bidirezionale** (*min.*), bi-directional shearer.
— **-caricatrice** (*min.*), cutter-loader; shearer loader.
— **-centratrice automatica** (*macch. ut.*), automatic cutting-off and centring machine.
— **di siepi** (*agr.*), hedge-cutter; hedger.
— **per coltivazione per lunghe fronti** (*carbone*), longwall coal-cutter.
— **unidirezionale** (*min.*), uni-directional shearer.
— **universale** (*carbone, min.*), universal coal-cutter.
tagliatubi, *m.* pipe cutter.
— **a getto** (*petrol.*), jet casing cutter.
— **esterno** (*petrol.*), outside pipe cutter.
— **interno** (*petrol.*), inside pipe cutter.
tagliente, *n.* cutting edge.
— **obliquo** (*di utensili*), side cutting edge.
— **ottuso,** blunt cutting edge.
taglierina longitudinale (*carta*), wet splitting machine.
taglio, *m.* cut (*effetto*); cutting (*operazione*); shear (*fis.*); (*met., mecc.*), v. **conservabilità del —**
— **ad angolo retto,** right-angle cut.
— **a getto abrasivo** (*met.*), abrasive jet cutting.
— **al plasma** (*met.*), plasma arc cutting.
— **angolare,** angular cut.
— **a ossigeno,** oxygen cutting.
— **autogeno,** oxygen cutting.
— **bastardo** (*lime*), bastard cut.
— **(dell'acciaio) col getto di ossigeno,** oxygen («flame») cutting.
— **di diamanti,** diamond cutting.
— **di finitura,** finishing cut.
— **di pietre** (*cost.*), stone-dressing; stonecutting.
— **di pietre preziose,** gem-cutting; cutting.
— **di sgrossatura,** roughing cut.
— **di una lima,** cut of a file.
— **di un utensile** (*tagliente*), cutting edge.
— **dolce** (*lime*), smooth cut.
— **dolcissimo** (*lime*), dead smooth cut.
— **longitudinale** (*met.*), slitting.
— **mezzo dolce** (*lime*), second cut.
— **ortogonale di metalli** (*met.*), orthogonal metal cutting.
— **prodotto dalla sega,** saw cut.
— **profondo,** heavy cut.
— **ruvido** (*lime*), rough cut.
— **su misura** (*met.*), cut-to-length.
— **trasversale,** cross cut.
— **tridimensionale,** three dimensional cutting.
— **(a — incrociato)** (*lima*), double cut (*file*).
— **(a — semplice)** (*lima*), single cut (*file*).
talassografia, *f.* (*ocean.*), thalassography.
talassògrafo, *m.* tahalassographer.
talco, *m.* talc.
talea, *f.* (*bot.*), cutting.
tallio, *m.* thallium (*chim.* = Tl).
tallo, *m.* (*bot.*), thallus; frond (*corpo vegetativo*).

tallolio, *m.* tall oil.
talloncino (*m.*) **staccabile** (*con perforazione*), tear-off strip.
tallone del dente (*mecc., orol.*), heel of tooth.
— **di copertone** (*auto*), tyre bead; tire bead; bead.
— **in maglia placcata** (*tess.*), plaited heel
— **rinforzato** (*tess.*), spliced heel.
tambucci di accesso, *m. pl.* (*naut.*), companion-way.
tamburo, *m.* drum; barrel (*orol.*).
— **a gole,** grooved drum.
— **d'avvolgimento,** winding drum; cable reel (*di cavi*).
— **d'avvolgimento per antenna,** aerial winch.
— **dei cavi** (*naut.*), hawser reel.
— **del compressore,** compressor drum.
— **del freno,** brake drum.
— **della draga,** dredger drum.
— **della fune,** cable drum.
— **dell'ascensore,** hoisting drum.
— **differenziale,** differential drum.
— **di giustificazione** (*tip.*), justifying scale.
— **di memoria** (*elettron.*), memory drum.
— **di pellettizzazione** (*min.*), balling drum.
— **d'irradiazione** (*fis. atom.*), irradiation drum.
— **di ruota** (*del timone*) (*naut.*) barrel of the wheel.
— **di trasmissione** (*orol.*), ferrule.
— **di una carda** (*tess.*), doffer.
— **di una gru,** barrel of a crane.
— **doppio,** twin drum.
— **elettronico,** electronic drum.
— **esplorante** (*telev.*), drum.
— **essiccatore** (*macch. per impasto di conglomerati*), dryer; rotary dryer.
— **fisso,** fixed drum.
— **folle,** loose drum.
— **mescolatore** (*di impastatrice*), mixing drum.
— **per catena,** chain drum.
— **per fune,** cable drum.
— **per fune metallica,** hoist drum.

tamburo pulitore (*met.*), tumbler; rattle barrel.
— **(armatura a —)** (*elet.*), drum armature.
— **(avvolgimento a —),** drum winding; v. **corpo, flangia.**
tamponamento (*incidente auto*), rear-end collision.
tamponare, *v.a.* (*idraul.*), to seal.
— **un autocarro** (*con un'automobile*) (*auto*), to run into the back of a truck.
tamponatura, *f.* (*di falle*) (*idraul.*), sealing; (*di canna, per riparazioni acqua, ecc.*), cramming; (*fond.*) botting; plugging.
tampone, *m.* pad.
— **di cartavetro,** sanding block.
— **di colata** (*fond.*), bot.
— **di lana d'acciaio** (*per togliere macchie*), steel wool pad (*to remove stains*).
tanaglia, *f.* v. **tenaglia.**
tandem, *m.* (*mecc.*), tandem; (*met.*), v. **fabbricazione dell'acciaio col processo —; forno —; processo con forno —; processo di fabbricazione dell'acciaio.**
tangente, *f.* (*geom.-trig.*), tangent.
tangenza (*f.*) **di crociera** (*aereo*), cruising ceiling.
— **pratica** (*aereo*), service ceiling.
— **teorica** (*aereo*), absolute ceiling.
tangenziale, *f.* (*autostrade*), link road.
— **(tensione —)** (*mecc.*), shear stress.
tanica, *f.* (*per benzina*), can.
tannato, *m.* (*chim.*), tannate.
tannici (estratti —), tanning extracts.
tannino, *m.* tannine.
— **all'acqua** (*ind. chim.*), tanning extract.
tanno, *m.* tan.
tantalio, *m.* tantalum.
tappa, *f.* (*sport*), lap; stage; (*l'ampliamento della fabbrica procederà a tappe*), the enlargement of the plant will proceed in stages.
tappare il foro di colata (*met.*), v.

fare il bussaggio; tappare il bussaggio.
tapparella, *f.* (*cost.*), rolling shutter.
— **regolabile** (*in plastica*), adjustable blind.
tapparelle metalliche (*cost.*), rolling shutters.
tappatrice (cabina manovra —) (*altoforno*), mud gun control room.
tappeto (*auto, tess.*), carpet.
— **del bagagliaio** (*auto*), boot mat.
— **di gomma** (*auto*), rubber mat.
— **di gomma a coste** (*auto*), ribbed rubber mat.
— **per auto,** car mat.
— **(mandare al —)** (*sport, boxe*), to send to the canvas.
tappezzeria (*auto*), upholstery; (*in gen.*), tapestry; (*di carta*), wallpaper.
tappezziere, *m.* tapestry-worker.
tappi, di materiale inerte del foro da mina, per intasamento (*min.*), stemming plugs.
tappo, *m.* (*di forno o siviera*) (*met.*), stopper; plug; cap; tap (*per filettare*).
— **a oliva** (*per ostruire tubi e canalizzazioni*) (*petrol.*), bull plug.
— **a vite,** screw stopper; screw cap (*per tubi*).
— **corona,** crown seal.
— **di cementazione** (*petrol.*), cementing plug.
— **di chiusura,** screw plug; (*auto*), (*filettato*) screw-on filler cap.
— **di scarico,** drain plug.
— **di serbatoio benzina** (*auto*), filler cap.
— **di sughero,** cork stopper.
— **di troppo pieno,** overflow plug.
— **di vetro smerigliato** (*cosmetici*), ground glass stopper.
— **filettato,** close nipple.
— **fusibile,** fusible plug.
tarare, *v.a.* (*strum. elet., ecc.*), to rate; to calibrate.
taratura, *f.* calibration.
targa, *f.* (*di automobile*), number plate; (*t. posteriore*, rear number plate); license plate (USA).
— **coll'indicazione del peso di carico ammesso** (*autoveicoli*), plate showing permitted loading.
targa dati aeroplano (*aereo*), aeroplane data plate.
— **di immatricolazione** (*auto*), licence plate.
tariffa, *f.* tariff (*tabella dei prezzi*); rate (*prezzi di tariffa*).
— **a forfait** (*elet.*), contract-demand tariff.
— **binomia** (*elet.*), (*di massima domanda*), midland tariff.
— **consolare** (*naut., ecc.*), consular fee.
— **decrescente** (*comm.*), degressive scale.
— **di un contratto ad appalto** (*elenco dei prezzi*) (*cost.*), bil' of quantities.
— **doganale,** customs tariff.
— **doppia** (*tel.*), double tariff.
— **mista** (*elet.*), two-part tariff.
— **per lavoro straordinario** (*lavoro*), overtime rate.
— **per uso promiscuo** (*elet.*), flat-rate tariff.
— **ridotta** (*tel.*), reduced rate.
— **unica per illuminazione ed uso industriale** (*elet.*), flat-rate tariff.
— **(nota dei prezzi),** (*di lavori di costruzione*) schedule of prices.
tariffe (*f. pl.*) **ferroviarie** (*ferr.*), railway rates.
— **per tonnellata, per miglia,** railway rates per ton, per mile.
tarlato, *p.p.* worn eaten.
tarma, *f.* moth.
tarme (rendere inattaccabile dalle —), to mothproof.
tartana, *f.* (*barca da pesca*) (*naut.*), ketch.
tartaro, *m.* (*chim.*), tartar.
— **emetico,** tartar emetic.
tartaruga, *f.* turtle.
tartrato, *m.* (*chim.*), tartrate.
— **di ammonio,** ammonium tartrate.
— **di calcio,** calcium tartrate.
— **di potassio,** potassium tartrate.
— **di sodio,** sodium tartrate.
— **sodico-potassico,** potassium sodium tartrate (Seignette salt).

tartrazina, *f.* (*chim.*), tartrazine $C_{16}H_9O_9N_4S_2Na_3$ (*per colorire seta e lana e cosmetici*).
tasca portacarte (*aereo*), map pocket.
— **portaoggetti praticata nella portiera** (*auto*), door bin; door pocket.
tascabile, *agg.* pocket (*es.*: *orologio* —, pocket watch); pocketable.
tasche portaoggetti elasticizzate (*auto*), elasticated pockets.
tassa, *f.* fee; tax.
— **di bollo,** stamp duty.
— **di brevetto,** patent fee.
— **di circolazione degli autoveicoli,** motor tax; wheel tax; (*annuale*) year's road tax.
— **di licenza** (*auto*), licence fee.
— **di registro,** registration fee.
— **per la domanda di brevetto,** fee on filing application for patent.
— **per la domanda di brevetto completivo,** fee on filing complete specification.
— **sugli utili di capitale** (*finan.*), capital gain tax.
tassabile, *agg.*, taxable.
tassametro, *m.* (*auto*), taxi meter.
tasse portuarie (*comm.*), harbour fees.
tasselli, *m. pl.* (*fond.*), loose pieces.
tassello, *m.* wooden dowel (*di legno*); boss (*mecc.*).
— **di ruota** (*orol.*), wheel boss.
— **di pietra,** stone dowel.
tassi per perni (*orol.*), pivot runners.
— **per tornio** (*orol.*), wax chuck.
tassidermia, *f.* (*arte di conservazione della pelle degli animali e di riproduzione degli animali*), taxidermy.
tasso, *m.* (*bot.*), yew; (*di sconto, ecc.*), rate.
— **americano** (*Taxodium distichum*) (*bot.*), bald cypress.
— **d'acquisto** (*finan.*), buying rate.
— **del cambio in vigore** (*finan.*), going rate (of exchange).
— **di assorbimento** (*calore*), rate of heat absorption.
— **di cambio** (*finan.*), exchange rate.
tasso di cambio fluttuante temporaneamente bloccato (*finan.*), pegged fluctuating rate.
— **di combustione,** rate of combustion.
— **di esportazione calcolato** (*comm.*), implicit export rate.
— **di disoccupazione** (*pers.*), unemployment rate.
— **di incidenti** (*auto*), accident rate.
— **di interesse** (*fin.*), interest rate.
— **d'interesse della cedola** (*comm.*) (*banca*), coupon rate of interest.
— **di natalità** (*econ.*), birth rate.
— **di ottone** (*orol.*), brass bed (on which wheel rests).
— **di produzione,** production rate.
— **forfettario** (*comm., finan.*), flat rate.
— **ordinario sui prestiti** (*finan.*), prime rate.
— **per arrotondare l'estremità dei perni** (*orolog.*), runner to round end of pivots.
— **per perni** (*orol.*), pivot runner.
— **ufficiale di sconto** (*finan.*), bank rate.
tassonomia, *f.* (*bio.*), taxonomy.
tassonomo (*esperto in tassonomia*) (*biol.*), taxonomist.
tastatore, *m.* (*tess.*), feeler.
— **di spoletta,** cop guard.
— **elettrico,** electric feeler.
tastiera, *f.* keyboard (*of a piano*); manual (*of an organ console*).
— **alfanumerica,** alphanumerical keyboard.
— **a tasti a pressione** (*inform.*), key-depression keyboard.
— **a tasti sensibili al tatto** (*inform.*) touch-sensitive keyboard.
— **monotype** (*tipog.*), Monotype keyboard unit.
— **multifunzione** (*inform.*), multiple keyboard.
— **per richiami** (*elet.*), desk push.
— **tipo macchina da scrivere** (*inform.*), typewriter-like keyboard.
tasto, *m.* key; keysender (*telef.*); bridge key (*di ponte*).

tasto di arresto (*radio, audio, telev.*) stop key.
— **di arrotondamento** (*calcol. elettron.*), round-off key.
— **di avvio** (*radio, audio, telev.*), start key.
— **di avvolgimento** (*radio, audio, telev.*), wind key.
— **di ritorno** (*macch. da scrivere*), return key; (*di calcolatrice, ecc.*), repeat key.
— **fissa maiuscole** (*macch. da scrivere*), capitals lock key.
— **incolonnatore** (*macch. da scrivere*), tabulator key.
— **telegrafico,** key.
tatto (*lana*), handle.
tau (*nuova particella elementare del gruppo leptone*) (*elettron.*), tau (*heavy lepton*).
tautomerismo, *m.* (*chim.*), tautomerism.
tavella, *f.* paving slab.
tavellina, *f.* paving slab.
tavellone, *m.* flooring slab
tavola, *f.* board (*asse*); table; (*lam.*), body; v. **aggiustamento trasversale della —; aggiustamento verticale della —.**
— **a colori** (*libri*), colour plate.
— **a dividere girevole** (*macch. ut.*), rotary dividing table.
— **anteriore** (*mecc.*), front table.
— **a rulli,** roller table.
— **a vela** (*sport*), windsurf.
— **circolare a dividere** (*mecc.*), circular indexing table.
— **da disegno,** drawing table; drawing board.
— **d'armamento,** poling board; lagging.
— **di alimentazione** (*tess.*), feed plate.
— **di concentrazione** (*per arric. chim. di minerali*), concentrat ing table.
— **di fissaggio** (*mecc.*), cramping table.
— **di fresatrice,** milling machine table.
— **di macchina utensile** (*con scanalature*), platen.
— **di montaggio,** setting up table; (*telev., cinem.*), editing table; (*macch. ut.*), assembly table.
tavola di piallatrice, planing machine table.
— **di posizionamento** (*controllo numerico*), positioning table.
— **di rivestimento di grondaia** (*sporgente*), soffit board.
— **di sollevamento** (*mecc.*), elevating table.
— **(a rulli) di uscita** (*met.*), run-out (roller) table.
— **fissa,** stationary table.
— **girevole,** revolving table.
— **girevole motorizzata** (*macch. ut.*), power driven rotary table.
— **girevole oleodinamica** (*macch. ut.*), hydraulic revolving table.
— **inclinabile** (*mecc.*), tilting table; canting table.
— **ortogonale a posizionamento automatico** (*mecc.*), compound table with automatic positioning.
— **ortogonale semplice** (*mecc.*), plain compound table.
— **oscillante,** oscillating table.
— **per fissare i pezzi** (*mecc.*), bed plate.
— **per marginare** (*tip.*), feed board.
— **per valvole fusibili** (*elet.*), fuse block.
— **portapezzo** (*macch. ut.*), worktable.
— **ricevitrice** (*di macch. da stampa*), feed-board.
— **rotante** (*macch. ut.*), rotary table.
— **rotante di allineamento** (*min.*), rotary alignement unit.
— **rotante pneumatica** (*macch. ut.*), pneumatic rotary table.
— **rotonda** (*dibattito*), round table.
— **tracciante** (*inform.*), plotting table.
— **trasversale** (*mecc.*), transverse table.
tavolato, *m.* floor boarding.
— **di assoni,** plank covering.
— **di ponte,** floor of bridge (*naut.*), deck plating (*in lamiera*); deck planking (*di tavole*).
— **di soffitto,** ceiling boarding.

tavolato di soffitto di perline, grooved match ceiling boarding.
— **di soffitto intonacato,** dressed ceiling boarding.
— **di tetto,** roof boarding.
— **di travi,** plank covering.
— **grossolano,** rough boarding.
— **su longarine,** flooring on joists.
tavole del bilancio neutronico (*fis. atom.*), neutron balance tables.
— **di pesi e misure,** tables of weights and measures.
— **matematiche,** mathematical tables.
— **trigonometriche,** trigonometrical tables.
tavoletta di traguardo (*scopo*) (*top.*), boning-rod.
— **elettroacustica** (*inform.*), electro-acoustic tablet.
— **grafica** (*inform.*), graphic tablet.
— **pretoriana** (*top.*), plane table.
— **(rilevamento con la — pretoriana),** plane tabling.
tavolino (*m.*) **ripiegabile,** folding table.
tavolo, *m.* table.
— **ausiliare a commutazione manuale** (*telef.*), auxiliary manual switchboard.
— **da disegno,** drawing table.
— **portaoggetti** (*microscopio*), stage.
— **programmatore** (*calcolatori elettron.*), programmer desk.
— **radiografico** (*radiol.*), couch.
— **smontabile,** detachable table.
— **tagliatore** (*ceramiche*), cutting table.
tavolone, *m.* (*d'armamento*), poling board.
— **di contenimento** (*per pietre*), pallet.
taxi, *m.* (*auto*), taxicab; cab.
— **aereo,** air taxi.
tazza, *f.* (*mecc.*), tray; bucket.
— **capovolgibile,** tipping bucket.
— **di trasporto,** transport bucket.
— **dragante,** earth grab.
— **profonda** (*elev.*), deep bucket.
— **semirotonda** (*elevatori*), half-round bucket.
tazza tipo piatto (*elevatori*), flat type bucket.
tè (*bot.*), tea.
teatro, *m.* theatre.
— **di posa** (*cinem.*), stage.
tebaina, *f.* (*chim.*), thebaine.
teck, *m.* teak.
tecnezio, *m.* (*chim.* = Tc), technetium.
tecnica, *f.* technics (*n. astratto*); technique (*modo di lavorazione*); engineering (*mecc.*).
— **ad albero genealogico** (*inform.*), father-son technique (*per conservare la generazione di un archivio, o nastro, prima di aggiornarla con un nuovo «figlio»*).
— **circuitale** (*elet.*), circuit technique.
— (*procedimento*) **corretta di saldatura,** correct welding procedure.
— **degli impulsi di millimicrosecondi,** millimicrosecond pulse technique.
— **dei traccianti radioattivi** (*fis. atom.*), tracer technique.
— **della lavorazione plastica a freddo** (*met.*), cold forming
— **della saldatura,** technique of welding.
— **del taglio al laser** (*met.*), laser-cutting technique.
— **di esplorazione mineraria sottomarina,** undersea mining technique.
— **di fabbricazione** (*met.*), fabrication technique.
— **di fabbricazione computerizzata** (*inform.*), computerised manufacturing technique.
— **di forgiatura** (*mecc.*), forging technique.
— **ellissometrica** (*per determinare i valori delle costanti ottiche del ferro*) (*met.*), ellipsometric technique.
— **lattiero-casearia** (*agr.*), dairy engineering.
— **mineraria** (*min.*), mining technique.
— **operativa,** operational technique.

tecnica potenziostatica (*anticorrosiva*) (*met.*), potentiostatic technique.
— **radiografica,** radiographic technique.
— **televisiva** (*telev.*), television technique.
tecniche di laminazione ottimizzate (*automazione*) (*met.*), optimized rolling techniques.
— **di pre-fabbricazione** (*cost.*), prefab techniques.
tecnico, *m.* technician; engineer; technic(al) *agg.*
— **del suono,** *m.* sound engineer; sound recorder.
— **di laminazione** (*met.*), rolling mill superintendent.
— **di manutenzione ed assistenza** (*inform.*) (*elettron.*), custom engineer.
— **elettronico,** electronics technician.
tecnigrafo, *m.* drafting machine.
tecnologia, *f.* technology.
— **aerospaziale,** aerospace technology.
— **degli elaboratori elettronici** (*elettron.*), computer technology.
— **dei combustibili,** fuel technology.
— **dei microprocessori** (*elettron.*), microtechnology.
— **dei minicalcolatori elettronici,** minicomputer technology.
— **dei raggi infrarossi,** infra-red technology.
— **dei reattori,** reactor technology.
— **dei recipienti a pressione** (*met.*), pressure-vessel technology.
— **dei trasporti,** transportation technology.
— **della combustione,** combustion technology.
— **delle fibre ottiche,** fibre-optic technology.
— **dell'energia solare,** solar technology.
— **delle pompe di calore solari,** solar-assisted heat pump technology.
— **delle temperature bassissime,** ultracold technology; (*met.*), criogenics.
tecnologia delle temperature estreme, extreme-temperature technology.
— **del petrolio,** oil technology.
— **del vuoto** (*fis.*), vacuum technology.
— **di gruppo,** group technology (GT).
— **elettronica,** electronic technology.
— **meccanica,** mechanical technology.
— **nucleare** (*fis. atom.*), nuclear technology.
— **protettiva** (*rivestim. metallici, ecc.*), protective coating technology.
— **siderurgica** (*met.*), ironmaking technology.
— **solare,** solar technology.
— **spaziale** (*astron.*), space technology.
tecnologico, *agg.* technological.
tegola, *f.* tile.
— **ad incastro,** gutter tile; interlocking tile.
— **a doppia curvatura,** pantile.
— **arcuata** (*cost.*), pantile.
— **canale,** flap tile; drain tile (*collocata nei giunti*).
— **di calcestruzzo,** concrete tile.
— **di colmo,** ridge tile.
— **di vetro,** glass tile.
— **d'orlo,** margin tile.
— **fatta a macchina,** machine-made tile.
— **fatta a mano,** hand-made tile.
— **in cemento** (*costr.*), cement tile.
— **laterizia,** clay tile.
— **marsigliese,** Marseilles tile; French gutter tile.
— **per tetti,** roofing tile.
— **per tetto piano alla romana** (*cost.*), flap tile.
— **piana,** plain tile.
tegole (copertura di — laterizie), covering of (clay) tiles.
— **(coprire un tetto di —),** to tile (*v.a.*) a roof.
— **(dimensioni delle —),** tile dimensions.

tegole (fabbrica di —), tile-making works.
— **(filare di —)**, course of tiles.
— **(inchiodare le —)**, to nail (*v.a.*) tiles.
— **(inumidire le — fino a saturarle)**, to soak tiles to saturation.
— **(posa delle —)**, laying the tiles.
tela, *f.* cloth; (*ind. carta*), wire; wire cloth (*organo principale della tavola di fabbricazione di macch. per carta*).
— **asfaltica di carta**, sheating paper.
— **bachelizzata** (*elet., tess.*), bakelized fabric.
— **carbonizzata** (*per resistenze variabili*) (*elet.*), carbonised cloch.
— **da imballaggio**, packing cloth-sacking.
— **da sacco**, sackcloth.
— **da vele**, canvas.
— **di battitoio per cardatura**, bat.
— **di lino**, linen.
— **filtrante**, filter cloth.
— **gommata**, rubberized canvas.
— **impermeabile**, waterproof canvas.
— **iuta per imballaggio**, bagging.
— **metallica**, wire cloth; wire gauze.
— **metallica di protezione** (*contro franamenti e caduta di pietre*) (*miniere*), metallic lagging.
— **oleata**, oiled cotton.
— **per carda** (*tess.*), cotton lap.
— **per copertoni**, cord fabric.
— **per lenzuola**, sheetings.
— **per lucidare**, tracing cloth.
— **per ricalcare**, tracing cloth.
— **per vele**, sailcloth.
— **smaltata**, enamelled cloth.
— **smeriglio**, emery cloth; abrasive fabric.
telaietto, *m.* (*di torchio a mano*) (*tipog.*), tympan.
telaio, *m.* frame (*ossatura*); chassis (*auto*); frame (*auto*); loom (*tess.*); v. **sala di preparazione al —**.
— **a costa a doppia frontura** (*tess.*), rib frame.
— **a mano**, hand loom (*tess.*).
telaio a ratiera (*tess.*), dobby loom.
— **automatico** (*tess.*), automatic loom.
— **automatico per maglieria** (*tess.*), selfacting knitting frame.
— **con traversa centrale a crociera d'irrigidimento** (*auto*), frame with cruciform member.
— **d'acciaio multipiano a nodi rigidi** (*costr.*), rigid multistorey steel frame.
— **da seta** (*tess.*), silk loom.
— **di assi**, plank frame.
— **di base** (*basamento*) (*auto*), subframe.
— **di buratto** (*ind. mol.*), (detachable) frame.
— **di finestra**, window frame.
— **di forma chiusa** (*tipog.*), chase.
— **di motocicletta**, body.
— **di motore**, motor frame.
— **di porta**, door frame; door case.
— **di raffreddamento delle porte** (*forni met.*), door cooling frame.
— **di una linea a rulli** (*met.*), roller rack.
— **di una sega**, frame of a saw.
— **in catena** (*tess.*), chain loom.
— **lastre negative** (*fot.*), dark slide.
— **meccanico** (*tess.*), power loom.
— **per maglieria**, knitting loom.
— **per matrici** (*tip.*), matrix case.
— **per nastri** (*tess.*), ribbon loom.
— **per tappeti** (*tess.*), carpet loom.
— **per stoffe a ricamo** (*tess.*), lappet loom.
— **per tulle liscio**, plain net machine.
— **pneumatico** (*tipog.*), vacuum printing frame.
— **semimeccanico**, dandy loom.
— **tubolare** (*auto*), tubular frame.
telarone, *m.* (*di finestra*), window frame.
telecamera, *f.* (*telev.*), TV camera; video camera.
— **ad alta velocità** (*fot.*), high-speed camera.
— **a grande formato** (*fot.*), large-format camera.
— **all'infrarosso** (*TV*) (*fot.*), infrared camera.

telecamera per fotografia aerea obliqua (*fot.*), oblique camera.
— **per fotografia aerea panoramica** (*fot.*), panoramic camera.
— **per fotografia all'infrarosso** (*fot.*), infra-red camera.
— **per ricognizione aerea** (*fot.*), aerial reconnaissance camera.
— **(aggiustamento generale della —)**, camera line-up.
— **(cambiamento rapido di orientamento della —)**, zoom (U. S.A.).
— **(carrello di —)**, camera dolly.
— **(ripresa con —)**, camera shooting (U.S.A.).
telecardiografia, *f.* telecardiography.
telecardiogramma, *m.* (*med.*), telecardiogram.
telecinema, *m.*, cinema-television.
telecomandare, *v.a.* to remote-control.
telecomando, *m.* pilot-relaying; remote control.
telecomunicazioni, telecommunications.
— **con fibre ottiche,** fibre optics telecommunications.
teleconferenza, *f.*, teleconference.
telecontrollo, *m.* telecontrol.
telecopia, *f.* « telecopy ».
telecopiatrice, *f.* telecopying machine.
— **in fac-simile** (*inform.*), facsimile telecopier.
telecopiatura, *f.* telecopying.
telecurieterapia, *f.* (*med.*), telecurietherapy.
telediafonia, *f.* (*telecom.*), far-end cross-talk.
teledibattito (*tribuna politica TV*), telecast forum.
telediffusione, *f.* wire broadcasting; wire program distribution (U.S.A.).
— **a frequenza portante,** carrier-frequency wire broadcasting.
teleferica, *f.* (*per persone*), passenger cable way; cable suspension railway; (*per merci*), cable way.
— **bifune per materiali,** bicable material ropeway.
telefilm, *m.* telefilm; (U.S.A.) film pick-up.
telefonare, *v.i.* to telephone; to ring [up] *v.a.*
— **con tassa a carico del ricevente** (*telef.*), to telephone reversing the charges.
— **in teleselezione,** to direct-deal.
telefonia, *f.* telephony.
— **a corrente portante** (*telef.*), carrier telephony.
— **ad alta frequenza su linee aeree** (*telef.*), carrier current telephony.
telefonico, *agg.* telephonic.
telefono, *m.* telephone; phone.
— **a carte di credito,** credit cards telephone.
— **a commutazione automatica,** automatic telephone.
— **a gettone** (*telef.*), coin-box t.
— **a schede elettroniche,** electronic-card telephone.
— **a schede magnetiche,** magnetic-card telephone.
— **a tastiera,** keyphone; push-button telephone.
— **automatico,** dial telephone; automatic telephone.
— **digitale,** digital phone.
— **interurbano,** toll telephone.
— **pubblico,** public call office.
— **senza cavo,** cordless telephone.
— **senza cavo infrarosso** (*telef.*), infrared cordless telephone.
telefoto, *m.* wirephoto; telephotograph.
telefotografia, *f.* (*fot.*), telephotography.
telefotometro, *m.* telephotometer.
telegenico, *agg.* telegenic.
tele-gestione (*trasmissione di dati a distanza, metodo operativo nel campo del trattam. delle informazioni*), teleprocessing.
telegiornale, TV news.
telegrafare, *v.i.* to telegraph *v.i. v.a.*; to cable *v.i. v.a.*; to wire.
telegrafia, *f.* telegraphy.
— **a corrente portante** (*teleg.*), carrier current telegraphy.
— **ad onde continue** (*radio*), continuous-wave telegraphy.

telegrafia automatica, automatic telegraphy.
— multipla, multi-channel telegraphy.
— quadruplex (*teleg.*), quadruplex telegraphy.
telegrafo, *m.* telegraph.
— acustico, acoustic telegraph
— da campo, field telegraph.
— duplice (*teleg.*), diplex.
— elettrico, electric telegraph.
— elettromagnetico, electromagnetic telegraph.
— multiplo (*teleg.*), multiplex.
— sottomarino, submarine telegraph.
— (filo di —), telegraph wire.
— (impianto di —), telegraph plant.
teleinformatica (*inform.*), teleprocessing.
telematica, *f.* (*inform., telecom.*), telematics.
telemetria, *f.* telemetry.
telemetrico, *agg.* telemetric.
telemetro, *m.* telemeter (*fot. top.*); rangefinder (*armi*).
— a coincidenza (*mil.*), coincidence range finder.
telemisura, *f.* telemetering.
— ad impulsi (*elet.*), pulse telemetry.
— di razzi in volo, rocket telemetering.
telemisurare, to telemeter.
telemotore (*naut., ecc.*), telemotor.
teleobiettivo, *m.* (*fot.*), telephoto lens.
telepantoscopio, *m.* (*telev.*), telepantoscope.
teleproiettore a grande schermo, large screen television projector.
teleradiografia, *f.* (*med.*), teleradiography.
teleriscaldamento, *m.*, remote heating.
teleröntgenografia, *f.* (*radiol.*), teleroentgenography.
teleregistrazione, *f.* telerecording.
teleruttore, *m.* remote control switch.
telescopico, *agg.* telescopic.
telescopio, *m.* (*astr.*), telescope.
— all'infrarosso, infra-red telescope.
— a moneta, coin operated telescope.
— a più specchi, multiple mirror telescope.
— solare (*astron.*), solar telescope.
— spaziale, space telescope.
telescrivente, *f.* teletype; telescriber; telewriter; teletypewriter; teleprinter.
telespettatore, *m.* TV viewer.
— sordo (*telev.*), deaf viewer.
telestudio (*telev.*), telestudio *m.*
telesuggeritore, *m.* (*telev.*), teleprompter.
teletel (*servizio abbinato televisore-telefono*), teletel service (French system).
teleterapia, *f.* teletherapy.
teletermometro, *m.* tele-thermometer; remote thermometer.
teletrasmissione, television broadcasting.
— tridimensionale, 3D TV broadcast.
teletrattamento, *m.*, teleprocessing (Tp).
teletron, *m.* (*telev.*), teletron.
televisione, *f.* television; telly; v. **comando centralizzato del traffico per mezzo della —.**
— a colori a circuito chiuso, closed-circuit colour television.
— ad alta definizione, high-definition television.
— a bassa definizione, low-definition television.
— a circuito chiuso, closed circuit television.
— a colori, colour television.
— a gettone, fee-television.
— a punti interlacciati, dot-interlaced television.
— a raggi infrarossi, infra-red television.
— digitale (*telev.*), digital TV.
— domestica, domestic video.
— in bianco e nero, black-and-white television.
— industriale, industrial television.

televisione industriale a circuito chiuso, closed circuit television.
— **microvisione,** microvision television.
— **multicanale,** multi-channel television.
— **per mezzo di satellite,** satellite television.
— **per via cavo** (*impiego di linee in cavo coassiale*), cable television; cable TV; cablevision.
— **pubblicitaria,** commercial television.
— **stereoscopica,** stereoscopic television.
— **subacquea,** underwater television.
— **su schermi cinematografici,** theatre television; projection television.
— **tridimensionale,** three-dimensional TV.
televisore, *m.* televisor; television set.
— **a colori** (*tel.*), color television receiver (U.S.A.); colour set.
— **ad energia solare,** solar-powered television set.
— **a mobile,** consolette type cabinet TV receiver.
— **con filtro ottico,** black screen television set.
— **in bianco e nero,** black-and-white set.
— **miniatura,** miniature television set.
— **per ricezione di teletext,** teletext set.
— **portatile con piccolo schermo,** small-screen portable TV.
— **tascabile** (*telev.*), pocket television set.
telex, telex; teleprinter.
tellurio, *m.* (*chim.*), tellurium.
tellururo di cadmio (*chim.*), cadmium telluride (CdTe).
— **di piombo** (*chim.*), lead telluride (PbTe).
— di stagno (*chim.*), tin telluride (SnTe).
tempera, v. **tempra.**
temperare, v. **temprare.**
temperatura, *f.* temperature.
temperatura al colaggio (*met.*), casting temperature.
— **al guscio** (*reattori*) (*chim.*), shell temperature.
— **alla base** (*della torre*) (*chim.*), bottom temperature.
— **alta,** high temperature.
— **ambiente,** ambient temperature; room temperature.
— **assoluta,** absolute temperature.
— **bassa,** low temperature.
— **criogenica,** cryogenic temperature.
— **critica,** critical temperature.
— **critica di solubilità** (*chim.*), critical solution temperature.
— **del letto fluido** (*min.*), fluid bed temperature.
— **del vento** (*altoforno met.*), blast temperature.
— **di accensione,** fire point; ignition temperature (*auto*); ignition point (*auto*); firing point; burning point.
— **di congelamento,** freezing temperature; (*sotto la — di congelamento*, below the freezing t.).
— **di corpo nero** (*fis.*), black-body temperature.
— **di ebollizione,** boiling temperature.
— **di fine soffiaggio** (*met.*), end-point blowing temperature.
— **di fusione,** casting temperature (*fond.*); melting temperature.
— **di irraggiamento,** irradiation temperature.
— **di laminazione** (*met.*), rolling temperature.
— **d'incandescenza,** colour temperature.
— **d'infiammabilità,** flash point.
— **di rinvenimento,** tempering temperature.
— **di spillaggio** (*met.*), tapping temperature.
— **di tempra,** hardening temperature.
— **di testa** (*della torre*) (*chim.*), top temperature.
— **di transizione** (*met.*), transition temperature.

temperatura finale, final temperature; end temperature.
— **finale di laminazione,** final temperature of rolling.
— **in eccesso,** overriding temperature.
— **iniziale,** initial temperature.
— **iniziale di laminazione** (*met.*), initial temperature of rolling.
— **massima,** maximum temperature; top temperature.
— **minima,** minimum temperature.
— **nera equivalente per la radiazione totale,** total radiation temperature.
— **nera monocromatica equivalente,** brightness temperature.
— **normale,** standard temperature.
— **nucleare** (*fis. atom.*), nuclear temperature.
— **sotto lo zero,** sub-zero temperature.
— **superiore al calor rosso,** temperature above a red heat.
tempesta (*f.*) **geomagnetica** (*geof.*), geomagnetic storm.
— **ionosferica,** ionospheric storm.
tempiale, *m.* (*tess.*), temple.
— **a tenaglia,** nipper temple.
— **rotativo,** rotary temple.
tempi morti di un forno (*met.*), furnace delays.
— **(ridurre i tempi — di un forno al minimo),** to keep furnace delays to a minimum.
tempo, *m.* (*impiegato nella lavorazione*), machining time; floor to floor time; stroke (*di cilindro*); weather (*meteor.*); time (*cronologico*).
— **ad incentivo,** incentive time.
— **atomico,** atomic time.
— **d'accesso** (*elettron.*), access time.
— **dalla fine soffiaggio alla scorifica** (*met.*), blow-end to slag-off time.
— **dalla spillata alla fine della colata** (*met.*), time from tapping to the end of teeming.
— **d'arresto,** stopping time.
— **d'essiccamento,** drying time.
tempo di accesso massimo (*calcol. elettron., inform.*), maximum access time.
— **di ammortamento,** payout period.
— **di arresto** (*di treni*) (*ferr.*), timing.
— **di attesa** (*forni met.*), staying time; holding time; waiting time.
— **di attivazione** (*inform.*), activation time.
— **di carbonitrurazione** (*met.*), carbonitriding time.
— **di cokefazione** (*met.*), coking time.
— **di colata** (*da spillata a spillata*) (*met.*), tap-to-tap time.
— **di congelamento** (*p. es. di una immagine nella memoria*) (*inform.*), freezing time.
— **di durata** (*su una cassetta*) (*audio*), playing time (on a cassette).
— **di equilibrio,** equilibrium time.
— **di esecuzione** (*del programma*) (*inform.*), running time.
— **di esposizione** (*fot., ecc.*), exposure time.
— **di fresatura** (*met.*), milling time; (*ridurre il tempo di fresatura per passata*), to reduce milling time per pass.
— **di inattività** (*di fabbrica per riparazioni, ecc.*), downtime.
— **di lavorazione** (*macch. utens.*), machining time.
— **(*o* durata) d'invecchiamento** (*met.*), ageing time.
— **d'inversione** (*met. Cowper*), reversal time.
— **di macchina** (*produzione con sorveglianza di macch.*), machine time.
— **di occupazione** (*telef.*), holding time.
— **di oscillazione** (*orol.*), time of oscillation.
— **di parcheggio** (*auto*), parking time.
— **di permanenza** (*in forno*) (*met.*), holding time; standing time; time of exposure; (*min.*), detention time.

tempo di permanenza a temperatura (*met.*), soaking time.
— **di posa** (*fot.*), time of exposure.
— **di presa inferiore ad un'ora** (*resine, ecc.*), setting time under one hour.
— **di raffinazione** (*colata acciaio*) (*met.*), refining period.
— **di rallentamento** (*fis. atom.*), slowing-down time.
— **di riavvolgimento** (*registratori a cassette*), (re)winding time.
— **di riposo,** rest time.
— **d'irradiazione** (*fis. atom.*), irradiation time.
— **di riscaldo** (*met.*), reheat time; heating time.
— **di risposta** (*inform.*) (*teleelaborazione dei dati*), response time.
— **di riverberazione** (*audio*), reverb time.
— **di saldatura** (*della corrente di* —), weld time.
— **di soffiaggio** (*forni met.*), blowing time.
— **di sopravvivenza** (*fis. atom.*), survival time.
— **di transito** (*elet.*), transit time.
— **di transito di ioni,** ion transit, time.
— **di trasferimento** (*p. es. di una immagine*) (*inform.*), transfer time.
— **(*o* durata) di saldatura,** welding time.
— **di volo** (*fis. atom.*), time of flight.
— **di vulcanizzazione** (*gomma*), curing time.
— **elementare,** elemental time.
— **fosco** (*meteor.*), thick weather.
— **inattivo,** idle time.
— **libero,** free time.
— **morto** (*elet.*), dead time.
— **osservato,** observed time.
— **passivo,** down-time.
— **passivo di attrezzature e macchine** (*cost.*), equipment downtime.
— **passivo di lavorazione,** idle time (of the machine).
— **per arrivare a destinazione alla velocità attuale** (*auto*), time to arrive at current speed.
tempo perduto (*in cui la macchina non lavora essendo inefficiente*), « machine down » time; (*per sostituzione di pezzi, ecc.*), down-time.
— **progettato,** planned time; scheduled time.
— **reale** (*calcol. elettron.*), real time; v. **elaborazione in tempo —.**
— **reale di viaggio** (*da blocco a blocco*) (*aereo*), block time.
— **rimanente all'esaurimento del combustibile** (*auto*), time remaining until fuel is exhausted.
— **specifico di ricupero del gas** (*met.*), gas recovery time ratio.
— **stimato,** estimated time.
— **supplementare** (*sport calcio*), extra time.
temporizzatore, *m.* (*min.*, *elettron.*), timer; (*sald.*), weld timer.
— **a ciclo** (*per contatti elettrici*) (*elettron.*), cycle timer.
— **sincrono** (*sald.*), synchronous weld timer.
tempra, *f.* (*metal.*), quenching; temper; hardening: (*pittura*), distemper; (*decor.*), tempera.
— **ad induzione** (*met.*), induction hardening.
— **all'acqua,** hardening in water.
— **alla fiamma** (*met.*), flame hardening.
— **all'aria,** air hardening.
— **all'olio,** oil hardening.
— **bainitica** (*met.*), bainitic hardening.
— **con pezzi protetti,** pack-hardening.
— **dei metalli,** metal hardening.
— **dell'acciaio,** steel hardening.
— **di cementazione,** case hardening.
— **di deformazione** (*met.*), strain-hardening.
— **di durezza,** hardening.
— **di rinvenimento** (*met.*), temper hardening.

tempra extradolce (*met.*), dead soft temper.
— **in crogioli chiusi** (*met.*), close annealing.
— **in olio** (*met.*), oil hardening.
— **inversa** (*in getto di ghisa, con interno temprato o bianco e le parti esterne grigie*) (*met.*), inverse chill.
— **isotermica** (*met.*), martempering.
— **per gradi** (*met.*), step-hardening.
— **scalare** (*met.*), marquenching.
— **superficiale**, surface hardening.
— **termale** (*met.*), marquenching.
— **(coadiuvante di —)** (*met.*), quenchant.
— **(macchina automatica per — alla fiamma)**, flame hardener.
— **(non suscettibile di —)**, not suitable for hardening.
temprare, *v.a.* (*met.*), to harden; to temper.
— **alla fiamma** (*met.*), to flame harden.
— **i colori**, to distemper the colours.
— **l'acciaio**, to harden steel.
temprato in acqua (*met.*), water-quenched.
tenace, *agg.* (*met.*), tough.
tenacità, *f.* toughness (*di metalli*); tenacity (*di minerali, e in generale*).
— **d'intaglio** (*met.*), notch toughness.
tenaglia, *f.* tongs (*pl.*); pincers (*pl.*).
— **da lamiera**, sheet iron tongs.
— **da lingotti**, ingot stripper.
— **da saldatore**, brazing tongs.
— **di sospensione**, girder tongs.
— **per la sospensione delle pietre**, stone tongs.
— **per lingotti** (*met.*), ingot dog.
— **per sacchi**, sack tongs.
— **per tubi**, pipe tongs.
— **piatta**, flat pliers.
— **punzonatrice**, punching tongs.
tenaglie (*f. pl.*) **per rotaie**, rail tongs.
tenagliolo, *m.* (*orol.*), nipper.
tenda alla veneziana, Venetian blind.
— **da sole**, sun blind.
— **per negozi**, shop blind.
tendaggi del soffitto (*per l'acustica della sala*), wall drapings.
tendenza, *f.* (*moda, prezzi*), trend.
— **al rialzo**, upward trend.
— **al ribasso**, downward trend.
tender, *m.* tender.
tendere, *v.a.* to stretch.
— **una fune**, to stretch a rope.
— **una molla**, to stretch a spring; to compress a spring.
— **un filo**, to stretch a wire.
tendicatene, *m.* chain adjuster.
tendifilo, *m.* wire stretcher; wire tensioner (*per aeromod.*).
tendina, *f.* curtain (*auto*); window shade (*finestre*).
tenditore, *m.* stretcher; eccentric clamp; turn buckle; faller (*tess.*).
— **di tessuto**, expander.
— **per cinghia**, belt stretcher; idler.
— **tubolare** (*costr. met.*), tubular turnbuckle.
tenditori di cinghia (*mecc.*), idlers.
tenere, *v.a. v.i.* to keep (*p.* kept, *p.p.* kept); to hold (*p.* held, *p.p.* held), *il muro tiene bene*, the wall holds up well).
— **all'asciutto!** (*su imballi*), keep dry.
— **conto della differenza di peso**, to make allowance for (*or* to allow for) the difference in weight.
— **coricato!** (*su imballaggi*), lay flat.
— **diritto!** (*su imballi*), up caution!; keep upright; this side up.
— **in piedi la composizione** (*tip.*) keep standing.
— **in sospensione** (*fis.*), to hold in suspension.
— **in un luogo fresco** (*su imballi*), please keep in cool spot.
— **la propria macchina in condizioni perfette**, to keep one's machine « showroom ».

tenere lontano dal calore! (*su imballaggi*), keep from heat.
— **lontano dal fuoco!** (*su imballaggi*), keep away from fire.
— **lontano dal gelo!** (*su imballaggi*), keep from freezing.
— **(non — in piedi!)** (*su imballi*), do not stand on end.
tenersi al corrente di ogni nuova scoperta, to keep abreast of every new development.
tennis da tavolo (*sport*), table tennis.
tenonatrice, *f.* tenoning machine.
tenone, *m.* tenon.
— **a cuneo,** wedged tenon.
— **a spalle,** shouldered tenon.
— **in croce,** double halved joint.
— **laterale,** side tenon.
— **obliquo,** tapered tenon.
tenore, *m.* proportion; percentage.
— **di produzione,** production setup.
— **di separazione** (*fot.*), definition power.
— **di vita** (*finan.*), standard of living.
— **d'olio modificante** (*nelle resine*), oil length.
— **in acqua,** water contents; water proportion; percentage of water.
— **in ceneri,** percentage of ashes.
— **in ossigeno** (*met.*), oxygen content.
tensimetro, *m.* (*chim.*), tensimeter.
— **registratore,** recording tensimeter.
tensioattivo, *m.* (*chim.*), surfactant; (*med.*), tensioactive.
tensiocorrosione, *f.* (*met.*), stress corrosion.
tensiometro, *m.* (*mecc.*), strain gauge; tensiometer.
tensione, *f.* voltage (*elet.*); voltage rating (*elet.*); stress (*mecc.*); tension (*in generale*).
— **addizionale** (*elet.*), boosting voltage.
— **ai morsetti** (*elet.*), terminal voltage.
— **alternata,** alternating voltage.
tensione alternata di pilotaggio di griglia, grid swing.
— **ammissibile,** admissible voltage (*elet.*); working stress (*mecc.*).
— **anodica,** anode voltage.
— **applicata** (*elet.*), applied voltage.
— **a stella,** star voltage.
— **a triangolo** (*elet.*), delta voltage.
— **a vuoto** (*elet.*), no-load voltage.
— **circonferenziale** (*met.*), hoop stress.
— **crescente** (*elet.*), rising voltage.
— **critica** (*elet.*), critical voltage.
— **cumulativa** (*elet.*), lumped voltage.
— **d'accelerazione,** accelerating voltage.
— **della catena,** chain pull.
— **della cinghia,** tension of belt.
— **della fune** (*ferr. aeree*), cable tension.
— **della griglia di controllo** (*elet.*), control grid bias.
— **dell'arco,** arc voltage.
— **del vapore,** vapour pressure
— **di accensione d'una lampada,** starting voltage of a lamp.
— **diametrale** (*elet.*), diametral voltage.
— **di decomposizione** (*elet.*), decomposition voltage.
— **di entrata** (*radio*), input voltage.
— **di esercizio** (*elet.*), working voltage.
— **di fase,** phase voltage.
— **di griglia** (*elet.*), grid voltage.
— **di griglia positiva** (*radio*), positive bias.
— **di impedenza** (*elet.*), impedance voltage.
— **di montaggio,** mounting tension.
— **di perforamento** (*elet.*), puncture voltage.
— **di placca,** plate voltage.
— **di polarizzazione** (*radio*), bias voltage; bias.
— **di reattanza** (*elet.*), reactance voltage.
— **di regolaggio,** adjusting voltage.

tensione di ricupero (*elet.*), recovery voltage.
— **di ronzio** (*radio*), hum voltage.
— **di rottura** (*elet.*), breakdown voltage.
— **di scarica** (*elet.*), flashover voltage; surge voltage.
— **di scarica ad impulso positivo,** positive-impulse flashover voltage.
— **di scarica in aria** (*elet.*), air breakdown.
— **di scintillamento** (*elet.*), sparking potential.
— **di servizio** (*o* **di regime**), working voltage.
— **di soglia** (*telev.*), threshold voltage.
— **disruptiva** (*elet.*), disruptive voltage.
— **di una catena** (*mecc.*), chain pull.
— **di uscita,** output voltage.
— **dovuta a flessione,** stress due to bending.
— **dovuta al carico di punta,** buckling stress.
— **dovuta a torsione,** torsional stress.
— **fra le linee** (*elet.*), mesh voltage; voltage between lines.
— **frontale** (*trafilatura*), front tension.
— **indotta,** induced voltage.
— **interna** (*metal. sald.*), internal stress.
— **massima** (*elet.*), peak voltage.
— **media** (*elet.*), medium voltage.
— **modulata,** modulated voltage.
— **nominale di alimentazione** (*di locom. elet.*), nominal operating voltage.
— **normale,** normal tension; normal voltage.
— **ondulatoria** (*elet.*) undulatory voltage.
— **portante,** carrier voltage.
— **primaria** (*elet.*), primary voltage.
— **psofometrica** (*telef.*), psophometric voltage.
— **pulsante,** pulsating voltage.

tensione residua (*elet.*), residual voltage.
— **rinforzata** (*radio, TV*), booster voltage.
— **secondaria** (*elet.*), secondary voltage.
— **sinusoidale** (*elet.*), sinusoidal voltage.
— **superficiale** (*fis.*), surface tension.
— **tangenziale,** shear stress; (*met.*), hoop stress.
— **termica** (*met.*), temperature stress.
— **(caduta di — lungo una linea)** (*elet.*), line drop.
— **(sotto —),** *agg.* alive.
— **(trasformare a bassa —),** to step down; to transform down.
— **(trasformare ad una — maggiore)** (*elet.*), to step up; to transform up.

tensioni di colaggio (*dovute a contrazioni e ritiri risultanti dal raffreddam. di un getto*) (*met.*), casting strains.
— **di fucinatura** (*durante il raffreddam. dopo fucinatura*) (*met.*), forging strains.
— **di ritiro** (*dovute ad un eccesso di ritiro*) (*met.*), draw shrinkage stresses.
— **eccessive** (*oltre il limite elastico od il carico di rottura*) (*met.*), overstressing.
— **interne** (*met.*), internal stresses.
— **locali** (*interessanti zone limitate del pezzo*) (*met.*), local stresses; microstresses.
— **residue** (*permanenti dopo trattam. insufficiente di distensione*) (*met.*), residual stresses.
— **residue derivanti da lavorazioni meccaniche a freddo** (*mecc., met.*), residual stresses arising from cold-work operations.

tensocorrosione (*corrosione per tensione*) (*met.*), stress corrosion.

tensore, *m.* tensor.
— **di coppia** (*elet.*), torque tensor.

tensostruttura, *f.*, stress structure.

tenuta, *f.* seal; tightness; tight joint (*impermeabilità*); (*telev.*), hold.

tenuta a pressione (*mecc.*, *met.*, *fond.*), pressure tightness.
— **di strada** (*auto*) (*motoc.*), road holding.
— **marina** (*naut.*), seakeeping.
— **per liquidi,** tight joint for liquids.
— **(a — d'acqua),** watertight.
— **(a — d'aria),** airtight.
— **(a — di gas),** gastight.
— **(a — di vapore),** steam tight.
teobromina, *f.* (*med.*), theobromine.
teodolite, *m.* (*top.*), theodolite (transit instrument).
— **(mettere a zero un —),** to level a theodolite.
teofillina, *f.* (*med.*), theophylline.
teorema, *m.* (*mat.*), theorem.
— **dei seni,** theorem of the sine.
— **di Pitagora,** Pythagorean theorem; proposition of Euclid.
teoria, *f.* theory.
— **aerodinamica,** aerodynamic theory.
— **cinetica dei gas,** kinetic theory of gases.
— **della combustione dei gas,** gas combustion theory.
— **della relatività** (*fis. atom.*), relativity theory.
— **delle code** (*mat.*), queuing theory.
— **dell'informazione** (*elettron.*), information theory.
— **mesonica pseudoscalare** (*fis. atom.*), pseudoscalar meson theory.
— **quantistica relativistica** (*fis. atom.*), relativistic quantum theory.
tera- (*prefisso moltiplicante* 10^{12} *il valore di una misura*) (*elet.*), tera-.
teraohm (*equivalente a 1 milione di megohms* = 10^{12} *ohms*) (*elet.*), teraohm.
terbio, *m.* (*chim.* = Tb), terbium.
tereftalato di polietilene, polyethylene terephthalate.
tergicristallo, *m.* (*auto*), windshield wiper (U.S.A.); (wind)screen wiper (*Inghilt.*).
tergicristallo a due velocità (*auto*), two-speed windscreen wiper.
— **a pantografo** (*naut.*), pantograph wiper (*marine windscreen wipers*).
— **a pendolo** (*naut.*), pendulum wiper (*marine windscreen wipers*).
— **in linea retta** (*naut.*), straight line wiper (*marine windscreen wipers*).
— **marino** (*naut.*), marine windscreen wiper.
— **rotante** (*naut.*), rotawiper (*marine windscreen wipers*).
— **(spazzola di —)** (*auto*), blade.
tergilavafari (*auto*), headlamp wipe -wash.
tergilavalunotto, *m.* (*auto*), rear wipe-wash.
tergilunotto, *m.* **posteriore** (*auto*), rear wiper.
termalizzare, *v.a.* (*fis. atom.*), thermalize.
termica, *f.* (*aereo*), thermal.
— **(prendere** *o* **afferrare una —),** to catch a thermal.
termico, *agg.* thermic (*fis.*).
— **(profilo —)** (*fis.*), temperature profile.
terminale, *m.* terminal box (*scatola di giunzione*); end plate (*aereo*); terminal (*elet.*) (*inform.*).
— **a colori** (*inform.*), colour terminal.
— **ad ingresso vocale** (*inform.*), voice input terminal.
— **alfanumerico** (*calcol. elettron.*), alphanumeric terminal.
— **al punto di vendita** (*inform.*), POS terminal.
— **bancario** (*inform.*), banking terminal.
— **di metanodotto** (*gas*), methane terminal.
— **di oleodotto** (*petrolio*), oil terminal.
— **di raccolta dati** (*inform.*), data terminal.
— **di rete** (*inform.*), network terminal.

terminale di uscita (*elettron.*), output terminal.
— **grafico** (*inform.*), graphic terminal.
— **grafico a colori,** colour graphic terminal.
— **grafico integrato** (*inform.*), integrated graphics terminal.
— **intelligente** (*inform.*), intelligent terminal.
— **in tempo reale** (*inform.*), real-time terminal.
— **marino** (*trasporti*), sea terminal.
— **per il carico del petrolio,** oil loading terminal.
— **per l'attracco di metaniere** (*per gas liquefatto*), gas terminal.
— **per navi cisterne** (*petrol.*), tanker terminal.
— **remoto** (*inform.*), remote terminal.
— **video,** video terminal.
terminalista, *m.* (*inform.*), terminal operator.
terminare a 2 pioventi, to chamfer on either edge.
— **a linea piena** (*tip.*), to end even.
terminatore (*limite di separaz. tra la parte in ombra e quella illuminata di un corpo ricevente la luce da un altro astro*) (*astron.*), terminator.
termine (*data scadenza di un'offerta, concorso, ecc.*), closing date.
— **di consegna,** delivery time.
termistore, *m.* (*controllo di temp.*) (*elettron., elet.*), thermistor.
termite, *f.* thermite; thermit.
— **incrostante,** sinter thermit.
termobarometro, *m.* thermobarometer.
termochimica, *f.* thermochemistry.
termochimico, *agg.* thermochemic.
termocolore (*met.*), thermocolour.
termocompressione, *f.* (*fis.*), vapour compression.
termoconvettore, *m.* (*app. riscald.*), convector.
termocoppia, *f.* thermocouple (*abbrev.* couple).
— **di controllo,** standard thermocouple.
termocoppia di ferro e costantana, iron-constantan thermocouple.
— **di metalli nobili,** noble-metal thermocouple.
— **di platino e platino rodio,** platinum-platinum rhodium thermocouple.
— **di rame e costantana,** copper-constantan thermocouple.
— **immersa** (*met.*), sinker thermocouple.
— **miniatura** (*mis.*), miniature thermocouple wire.
— **multipla,** multiple thermocouple.
— **per immersione** (*met.*), immersion thermocouple.
— **(calibrare una —),** to calibrate a thermocouple.
— **(collegare le termocoppie in parallelo),** to connect the couples in parallel.
— **(estremità libera di — collegata allo strumento di misura),** cold junction; reference junction.
— **(gruppo di termocoppie in serie),** thermopile.
— **(guaina per —)** (*met.*), protective sheath for thermocouple.
— **(indice di reazione di una —),** rate of response.
— **(montaggio della —),** thermocouple assembling.
— **(reazione di una —) a cambiamenti di temperatura,** response of a thermocouple.
— **(rendimento di una —),** thermocouple output.
— **(unione a saldatura di —),** hot junction.
termodiffusione, *f.* (*fis. atom.*), thermal diffusion.
termodinamica, *f.* thermodynamics.
termoelettricità, *f.* thermoelectricity.
termoelettrico, *agg.* thermo-electric.
termofisico, *agg.* thermophysical.
termofono, *m.* (*acust.*), thermophone.

termogalvanometro, *m.* (*elet.*), thermogalvanometer.
termografia, *f.* (*processo di stampa*), thermography.
termografo, *m.* (*meteor.*), thermograph.
termo-igrografo, *m.* (*strumento per l'umidità e la temperatura dell'atmosfera*), hygro-thermograph.
termoindurente, *agg.* (*chim.*), thermosetting.
termointerruttore (*elet.*), thermal circuit breaker.
termoionica, *f.* thermionics.
termoionico, *agg.* thermionic.
termolisi, *f.* (*chim.*), thermolysis.
termologia, *f.* thermology.
termoluminescenza, *f.* (*luminescenza in un materiale riscaldato sotto il suo punto di incandescenza*) (*fis.*), thermoluminescence.
termomeccanico (trattamento —) (*met.*), thermo-mechanical treatment.
termometria, *f.* thermometry.
termometrico, *agg.* thermometric(al).
termometro, *m.* thermometer.
— **ad alcool,** alcohol thermometer.
— **a massima,** maximum thermometer.
— **a massima e minima,** maximum and minimum thermometer.
— **a mercurio,** mercury thermometer.
— **a minima,** minimum thermometer.
— **a pressione di gas,** gas-pressure thermometer.
— **a pressione di vapore,** vapour-pressure thermometer.
— **a resistenza,** resistance thermometer.
— **asciutto,** dry-bulb thermometer.
— **bagnato,** wet-bulb thermometer.
— **bimetallico,** bimetallic thermometer.
termometro campione, standard thermometer.
— **Celsius,** centigrade thermometer.
— **centigrado,** centigrade thermometer.
— **differenziale,** differential thermometer.
— **elettrico,** electric thermometer.
— **elettrico a resistenza,** resistance temperature meter.
— **Fahrenheit,** Fahrenheit thermometer.
— **galleggiante,** floating thermometer.
— **I.P.T.,** I.P.T. thermometer.
— **per l'industria,** industrial thermometer.
— **per usi industriali,** industrial thermometer.
— **Réaumur,** Réaumur thermometer.
termonucleare, *agg.* (*fis. atom.*), thermonuclear.
termoplastico, *agg.* (*chim.*), thermoplastic.
termoregolatore, *m.* (*agente —*) (*chim.*), thermoregulator.
termos, *m.* thermos flask.
termoscopio, *m.* thermoscope.
termosfera, *f.* thermosphere.
termosifone, *m.* radiator; hot-water radiator.
— **(altezza del —),** height of radiator.
— **(caldaia del —),** boiler.
— **(elementi di un —),** elements.
— **(riscaldamento a —),** central heating.
— **(superficie di riscaldamento per elemento),** heating surface per section.
— **(tipo di —),** type of radiator.
termostampaggio (*mat. plastiche*), thermoforming.
termostatica, *f.* thermostatics.
termostatico, *agg.* thermostatic.
termostato, *m.* thermostat.
— **ad immersione,** immersion thermostat.
— **del tipo bimetallico,** bimetallic type thermostat.

termostato regolabile, adjustable thermostat.
— **regolatore,** (*del calore*), heat detector.
termoviscoelastico, *agg.*, thermoviscoelastic.
terna di forni (*met.*), row of pits.
terotecnologia, *f.* terotechnology (*installation, commissioning, maintenance, replacement and renewal of plant, machinery and equipment*).
terpene, *m.* (*chim.*), terpene.
terpenico, *agg.* terpenoid.
terpineolo, *m.* (*chim.*), terpineol.
terpinolene, *m.* (*chim.*), terpinolene.
terra, *f.* (*elet.*), earth; ground (U.S.A.).
— **bolare,** cimolite.
— **di Cassel,** Cassel earth.
— **di Colonia,** Cologne earth; Cologne brown.
— **di diatomee** (*min.*), diatomaceous earth.
— **di follone,** fullers' earth.
— **di fonderia,** moulding sand-loam.
— **di Siena,** sienna.
— **di Siena bruciata,** burnt sienna.
— **d'ombra,** umber.
— **d'ombra bruciata** (*colori*), burnt umber.
— **per formatura** (*fond.*), moulding sand.
— **refrattaria,** fire clay.
terracotta, *f.* (*ceram.*), terracotta.
terraferma, *f.* terra firma.
terraglia, *f.* earthenware; pottery; crockery; tableware.
terramicina, *f.* (*farm.*), terramycin.
terrapieno, *m.* embankment; platform.
terrazza, *f.* terrace; flat roof.
terrazzamento di scolo (*lotta contro le erosioni, ecc.*), diversion terrace.
terrazziere, *m.* digger; earthwork laborer (U.S.A.).
terrazzino, *m.* (*ferr.*), platform.
terrazzo, *m.* (*cost.*), terrace.
terre coloranti, colouring earths.
— **rare,** rare earths.
terremoto, *m.* earthquake.
— **di intensità 8 della scala sismica** (*geol.*), magnitude 8 earthquake.
— **(zona soggetta a —),** earthquake area; seismically active region.
terreni saturi d'acqua, waterlogged areas.
terreno, ground; soil.
— **accidentato,** rough ground.
— **acquitrinoso,** waterlogged ground.
— **argilloso,** clay soil.
— **bonificato,** reclaimed ground.
— **(suolo) collinoso,** hilly terrain.
— **d'atterraggio** (*aereo*), landing ground.
— **di fondazione,** foundation soil; building site.
— **di riporto,** filled ground.
— **duro,** hard ground.
— **in riporto,** filled-up ground.
— **irrigabile,** irrigable land.
— **irrigato,** irrigated land.
— **non preparato** (*p. es. di cantieri di costr. o di strade*), unmade ground.
— **paludoso,** marshy ground.
— **petrolifero,** oil field; petroleum-land; oil-land.
— **resistente,** good bearing soil; stable ground; firm soil.
— **roccioso,** rocky ground.
— **sabbioso,** sandy soil.
— **sciolto,** loose ground; soft ground.
— **torboso,** peat soil.
— **umido,** wet soil.
— **(capacità di resistenza del —),** ground bearing capacity.
— **(caricare il —),** to load the ground.
— **(cedimento** *o* **abbassamento del —),** soil subsidence.
— **(consolidamento del —),** ground consolidation.
— **(macchina per provare la resistenza del —),** ground testing machine.

terreno (resistenza del —), ground resistance.
— (saggiare il —), to inspect the ground (*fare un sopraluogo*); to test the ground (*chim., fis.*).
— (slittamento del —), ground slipping.
— (strati del —) di riporto, layers of filling ground.
terriccio, *m.* (*bot.*), mould; (U.S.A.) mold.
terza (*marcia auto*), third gear.
— armonica, *f.*, third harmonic.
terzaruoli, *m. pl.* (*naut.*), reefs.
terziruolo (*o* **spazio da tre**) (*tipog.*), thick spaces.
tesatura, *f.* (*elet.*), stringing.
— della linea elettrica, complete stringing of the line.
— di linee elettriche, power lines stringing.
tesi in chimica, thesis in chemistry.
tesla (*fis.*), (*unità di induzione magnetica equivalente a 1 weber per m²*), tesla.
teso, *agg.* tight.
tesoriere aggiunto (*finan.*), deputy treasurer.
tessellato, *p.p.* chequered.
tessera di donatore di rene (*med.*), kidney donor card.
tessere, *v.a.* to weave.
tessitore, *m.* weaver.
tesserino di credito (*sistema di credito rateale per l'acquisto presso rivenditori autorizzati* (*comm.*), credit card.
tessitura, *f.* weaving.
— cubica (lamiera a — —) (*fond., ecc.*), cubical- textured plate.
— di stoffa ad armatura, pattern weaving.
— di stoffe operate, fancy weaving.
tessuti, *m. pl.* soft goods.
— di cotone in pezza, cotton piece-goods.
— di lana, wollens.
— greggi, grey goods.
— impermeabili (*tess.*), proofed fabrics.
— incrociati (*o* **a spina**) (*tess.*), twills.
tessuti ingualcibili (*tess.*), crease-resisting fabrics.
— in pezza, piece goods.
— rivestiti di schiuma vinilica, vinyl-foam coated fabrics.
tessuto, *m.* material; cloth; fabric; stuff; tissue (*di fibre di pregio*); v. anche **tessuti.**
— a coste, rib fabric.
— a doppia faccia per trama, weft backed fabric.
— a fili multipli, duckcloth.
— a maglia (*tess.*), knitted fabric.
— (*p.p.*) **a mano** (*tess.*), hand woven.
— a riccio, pile fabric.
— a spugna, terry; loop pile.
— coesionato (« *tessuto non tessuto* ») (*tess.*), woven no woven fabric.
— con effetto di strisce (*tess.*), crimp cloth.
— con ordito ritorto di due capi, double warp.
— di amianto, asbestos cloth.
— di cotone, cotton fabric.
— di seta, silk material.
— di vetro, glass cloth.
— finito, converted fabric.
— incrociato, weeled cloth.
— in finta pelliccia (*auto, tess.*), simulated fur fabric.
— metallico, wire cloth.
— molto consistente, body cloth.
— multiplo, multiple fabric.
— non tessuto (*tessuto coesionato*) (*tess.*), nonwoven fabric.
— operato (*tess.*), fancy cloth.
— per arredamento, furnishing fabric.
— per assorbimento acustico, acoustextile.
— per filtro, filter cloth.
— perlato, beaded material; bead.
— per tende, shade cloth.
— protettivo per industrie, industrial protective clothing.
— resistente alla fiamma (*tess.*), flame-resistant fabric.
— smerigliato (*presse*), emery cloth.
— stampato, printed cloth.
testa, *f.* head.

testa a cavolfiore (*met.*), cauliflower top; v. **acciaio rimontato.**
— **-a-coda** (*fare un* —) (*auto*), to slew round; v. **testa-coda.**
— **a croce,** crosshead.
— **a croce a scatola,** box type crosshead.
— **ad interassi fissi** (*macch. ut.*), fixed centre head.
— **ad interassi registrabili** (*macch. ut.*), adjustable centre head.
— **a dividere,** dividing head.
— **a forare** (*macch. ut.*), drill head.
— **a forare multimandrino** (*macch. ut.*), multi-spindle drill head; multiple drill head.
— **a fusi multipli** (*macch. ut.*), multi-spindle head.
— **a mandrini multipli** (*mecc.*), multi-spindle head.
— **cercante** (*di missile*), homing head.
— **-coda** (*chim.*), head-and-tail (*p. es. polimerizzazione testa-coda*); (*incidente auto*), nose-to-tail shunt; (U.S.A.) about-face.
— **del chiodo,** rivet head.
— **del dente,** point of tooth.
— **del mandrino** (*tornio*), spindle nose.
— **della rotaia** (*ferr.*) head of the rail.
— **del rotore** (*elic.*), rotor head.
— **del servomotore** (*mecc., met.*), servo head.
— **di biella,** big end.
— **di cavallo** (*tornio*), quadrant.
— **di cavo,** thimble; sweating thimble; cable end; cable shoe.
— **di cementazione** (*petrol.*), cementing head.
— **di cementazione con portatappi** (*petrol.*), plug holder cementing head.
— **di chiodo accecata,** countersunk rivet head.
— **di chiodo conica,** conical rivet head.
— **di chiodo in risalto,** cup rivet head.
— **di chiodo piatta,** flat rivet head.
— **di chiodo stampata,** snapped rivet head.

testa di chiodo tronco-conica, pan rivet head.
— **di cilindro,** cylinder head.
— **di eruzione** (*petrol.*), Christmas tree.
— **di guerra** (*missili, ecc.*), warhead.
— **di lettura e di scrittura al laser** (*inform.*), laser reading-and-writing head.
— **di mandrino filettato** (*tornio*), threaded spindle nose.
— **di moro** (*naut.*), cap.
— **di ponte (sulla spiaggia)** (*mil.*), beach-head.
— **di pozzo** (*petrol.*), well head.
— **di scossalina** (*costr.*), cap flashing.
— **di una colata** (*fond.*), runner.
— **di una lamiera,** butt-end; buttlap.
— **di una rotaia,** head of a rail.
— **di vite,** screw head.
— **di vite cilindrica a goccia di sego con intaglio** (*mecc.*), raised-cheese head; fillister head.
— **di vite cilindrica con intaglio** (*viti*) (*mecc.*), cheese head.
— **di vite cilindrica con spigolo superiore arrotondato** (*mecc.*), pan head.
— **di vite con intaglio a croce** (*mecc.*), Phillips recessed head.
— **di vite esagonale con intaglio** (*mecc.*), slotted-hexagon head.
— **di vite svasata a goccia di sego con intaglio** (*mecc.*), raised-countersunk head.
— **di vite svasata piana con intaglio** (*mecc.*), countersunk head.
— **di vite svasata piana con taglio a croce** (*mecc.*), Phillips countersunk head.
— **esagonale,** hexagon head.
— **fotometrica a confronto simultaneo,** equality of brightness photometer.
— **fotometrica a sfarfallamento,** flicker photometer.
— **incassata,** countersunk head.
— **mobile,** loose headstock (*tornio*); saddle (*trapano*).
— **motrice** (*tornio*), headstock.

testa motrice elettrica, electric headstock.

— **motrice fissa,** fast headstock.

— **motrice mobile** (*macch.*), loose headstock.

— **motrice monopuleggia,** single pulley headstock.

— **motrice spostabile,** loose headstock; movable headstock.

— **multimandrino** (*macch. ut.*), multi-spindle head.

— **multipla (a centri fissi) per forare - maschiare - alesare** (*macch. ut.*), multiple (fixed centre) drill head for drilling, tapping and reaming.

— **multipla per forare - maschiare - alesare ad interassi fissi** (*macch. ut.*), fixed centre multi-spindle head for drilling, tapping and reaming.

— **multipla per forare - maschiare - alesare ad interassi registrabili** (*macch. ut.*), adjustable centre multi-spindle head for drilling, tapping and reaming.

— **orientabile** (*macch. ut.*), swivelling head.

— **panoramica** (*cinem.*), panorama head.

— **per alesare e barenare** (*macch. ut.*), boring head.

— **per alesare e sfacciare** (*macch. ut.*), boring and facing head.

— **per alesare e spianare** (*mecc.*), boring and facing head.

— **per alesare e tornire** (*mecc.*), facing and boring head.

— **per filettare** (*mecc.*), threading head.

— **per fresare** (*mecc.*), milling head.

— **per godronare** (*macch. ut.*), knurling head.

— **per rettificare** (*macch. ut.*), grinding head.

— **portafrese,** cutter head.

— **porta-mandrino** (*di alesatrice*) (*macch. ut.*), boring head.

— **portamola** (*rettific.*), wheelhead.

— **portapezzo** (*rettific.*), workhead.

testa portautensili intercambiabile (*macch. ut.*), interchangeable tooling head.

— **revolver,** revolving tool box.

— **rimontata** (*met.*), spongy top; v. **acciaio rimontato.**

— **riportata** (*auto*), detacheable cylinder head.

— **sonora** (*cinem.*), sound-head.

— **spugnosa** (*met.*), rising top; v. **acciaio rimontato.**

— **stampata,** formed head.

testata, *f.* (*armi*), stock; (*di missile*) (*mil.*), war-head; (*inform.*) heading; header.

— **bellica** (*di razzi, missile, ecc. contenente esplosivo, spoletta, ecc.*) (*mil.*), (*aereo*), warhead.

— **bellica convenzionale** (*mil.*), conventional warhead.

— **del telaio** (*di locomotiva*) (*ferr.*), headstock.

— **di programma** (*inform.*), programme heading.

— **di un missile,** missile warhead.

— **fumogena** (*missili*), smoke warhead.

— **nucleare** (*missili*) (*mil.*), nuclear warhead.

— **nucleare strategica** (*mil.*) (*missili*), strategic nuclear warhead.

— **termonucleare** (*missili*), thermonuclear warhead.

teste di rame (*difetto di smaltatura*) (*smalti*), copperheads.

tester (prove con — nel foro normale di sonda) (*petrol.*), open hole testing.

testimonio di ritiro (*met.*), insufficient cropping.

testina di cancellazione (*registratori*) (*audio*), erase head.

— **di incisione** (*dischi*), cutting head.

— **di lettura** (*inform.*), playback head.

— **di scrittura** (*stampante*) (*inform.*), writing head; write head.

— **di stampante** (*inform.*), printhead.

testina fonografica (*audio*), phono cartridge; pickup.
— **magnetica** (*audio*), magnetic cartridge.
— **magnetica a bobina mobile** (*audio*), moving-coil magnetic cartridge.
— **piezoelettrica** (*audio*), piezoelectric (phono) cartridge.
— **sensore** (*audio*), sensing head (vedi APLD).
— **(allineamento delle testine)** (*registratori*) (*audio*), head alignement.
testo (composizione di —) (*tip.*), body matter.
tetraacetato, *m.* (*chim.*), tetraacetate.
tetrabromoetilene, *m.* (*chim.*), tetrabromoethylene.
tetracloroetilene, *m.* (*chim.*), tetrachloroethlyene.
tetracloroftalico (acido —) (*chim.*), tetrachlorophthalic acid.
tetracloruro, *m.* (*chim.*), tetrachloride.
— **di carbonio** (*chim.*), carbon tetrachloride.
tetradimite, tetradymite.
tetraedrico, *agg.* tetrahedral.
tetraedro, *m.* tetrahedron.
tetraetile, *m.* (*chim.*), tetraethyl.
— **di piombo,** lead tetraethyl.
tetraetilenepentamina, *f.* (*chim.*), tetraethylenepentamine.
tetraidrofurano, *m.* (*chim.*), tetrahydrofuran.
tetraidronaftalene *m.* (*chim.*), tetrahydronaphthalene.
tetrametildiaminobenzofenone, *m.* (*chim.*), tetramethyldiaminobenzophenone.
tetrapolare, *agg.* four-polar.
tetravalente, *agg.* (*chim.*), tetravalent.
tetrodo, *m.* tetrode
— **a fasci elettronici,** beam tetrode.
tetrossido, *m.* (*chim.*), tetroxide.
tetti (costruzione dei —), roof construction.
— **(lamiera ondulata per —),** corrugated roofing sheet.
tetto, *m.* roof (*cost.*); (*auto*).
— **a botte,** semicircular cylindrical roof.
— **a capanna,** saddle roof.
— **a cavaliere,** high-pitched roof.
— **a convessa,** roof with valley.
— **a cupola,** dome-shaped roof.
— **ad arcarecci,** purlin roof.
— **a due falde,** couple-close roof.
— **a gradinata,** stepped roof.
— **a guglia,** spire roof.
— **a lucernario,** lantern roof.
— **a mansarda,** mansard roof; curb roof.
— **a padiglione,** hip roof.
— **a panconcelli,** rafter roof.
— **apribile** (*auto*), opening roof.
— **a sega,** saw-tooth roof.
— **a tegole,** tiled roof.
— **a terrazza,** platform roof; flat roof.
— **a terzere,** purlin roof.
— **a una falda,** lean-to roof; pent roof.
— **circolare** (*cost.*), circular roof.
— **di ardesia,** slate roof.
— **di assicelle,** shingle roof.
— **di eternit,** Eternit roof.
— **di faglia** (*geol.*), hanging wall.
— **di un filone,** roof of a lode.
— **in cemento armato,** reinforced concrete roof.
— **metallico,** metal covered roof.
— **piano,** flat roof.
— **piano a travi e solette** (*cem. arm.*), flat beam-and-slab roof.
— **ripido,** steep roof.
— **scorrevole flessible** (*auto*), flexible sliding roof.
— **(armatura minuta del —),** undertiling material; underslating material.
— **(materiale di copertura del —),** roofing material.
— **(ossatura del —),** roof frame.
— **(rivestimento del —)** (*auto*), roof lining.
tettogeno (*geol.*), tectogene.
tettoia, *f.* shed.
— **ad archi,** wagon vault; tunnel vault; arched roof (*ferr.*).
— **a due navate,** two-nave shed.

tettoia a due pioventi (*o* **a schiena d'asino**), (*ferr.*), penthouse roof.
— **ad un piovente** (*ferr.*), veranda roof.
— **a falde convergenti** (*ferr.*), double cantilever roof.
— **a sbalzo** (*costr.*), cantilever roofing.
— **colata** (*met.*), casting bay.
— **di stazione,** station hall; station shed.
— **galleggiante,** floating shed.
— **mista** (*ferr.*), barrel-roof.
— **per banchine ferroviarie,** platform roofing.
tettonica, *f.* (*geol.*), tectonics.
tettonico, *agg.* (*geol.*), tectonic.
tettuccio (*m.*) **apribile** (*auto*), sunroof.
— **con apertura a scatto** (*auto*), pop-up roof (*or* sunroof).
— **con operazione a mano** (*auto*), manually-operated sunroof.
— **in pannello di vetro** (*auto*), glass panel roof.
— **pieghevole all'indietro** (*auto*), fold-back roof.
— **scorrevole** (*auto*), sliding sunroof.
tialdina, *f.* (*chim.*), thialdine.
tiamina, *f.* (*vitamina B*) (*chim.*), thiamine.
tiazolo, *m.* (*chim.*), thiazole.
— **(coloranti al —),** thiazole dyes.
ticchettio (v. **rumore di —**).
tiglio, *m.* (*bot.*), lime tree.
— **americano** (*Tilia glabra*) (*bot.*), basswood.
— **lunghissimo** (*tess.*), extra-long staple.
tigrato, *p.p.* streaked.
timbrare all'uscita il cartellino di presenza (*lavoro*), to clock out.
timbro (*m.*) **a secco,** embossing press.
— **di gomma,** rubber stamp.
— **di voce** (*inform. ecc.*), voice pattern.
— **numeratore automatico,** selfacting numbering machine.
timo, *m.* (*bot. med.*), thyme.
— **(essenza di —),** thyme oil.
timolo, *m.* (*chim.*), thymol.
timone, *m.* (*naut., aereo*), rudder.
timone compensato (*navi mercantili*), balanced rudder.
— **di coda** (*aereo*), tail rudder.
— **di direzione** (*aereo*), rudder.
— **di profondità** (*o* **di quota**) (*aereo*), elevator; flipper (*slang, U.S.A.*).
— **doppio** (*aereo*), twin rudder.
— **(femminella del —)** (*naut.*), rudder brace.
— **(losca del —),** rudder trunk.
timoni, *m. pl.* (*aereo*), control surfaces.
timoneria, *f.* (*naut.*), wheelhouse.
timoniere, *m.* (*naut.*), helmsman *m.*
timpano, *m.* (*arch.*), tympanum (*pl.* tympana); gablet.
tingere, *v.a.* to dye.
tino, *m.* vat; tub.
— **dell'altoforno,** stack; (shaft).
— **di miscela** (*di birrificio*), mash tun.
tinta, (*f.*) dyestuff (*materia*); dye (*colore*); vedi: **tintura.**
— **in subbio** (*tess.*), warp dyeing.
— **(di — non uniforme)** (*per difetto di tintura o di finitura*) (*tess.*), cloudy (*agg.*).
tinteggiatura, *f.* painting; shading (*ombreggiatura*).
tinto in filo (*tess.*), yarn dyed.
— **in pezza** (*tess.*), piece dyed.
— **in subbio,** beam dyed.
tintometro, *m.* tintometer.
tintore, *m.* dyer.
tintoria, *f.* dye works (*fabbrica*); dyeing (*il tingere*).
tintura, *f.* dyeing.
— **in fiocco** (*tess.*), raw stock dyeing.
— **in matassa** (*tess.*), skein dyeing; hank dyeing.
— **in pezza** (*tess.*), piece dyeing
tiocarbanilide, *f.* (*chim.*), thiocarbanilide.
tiocianato, *m.* (*chim.*), thiocyanate.
— **di chinolina,** quinoline thiocyanate.
tiodiglicolo, *m.* (*chim.*), thiodiglycol.
tiofene, *m.* (*chim.*), thiophene.
tioindaco, *m.* (*chim.*), thiondigo.

tioli, *m. pl.* (*chim.*), thiols.
tiolo, *m.* (*med.*), thiol.
tionaftene, *m.* (*chim.*), thionaphthene.
tiosemicarbazide, *m.* (*chim.*), thiosemicarbazide.
tiosolfato, *m.* (*chim.*), thiosulfate.
tipi (*m. pl.*) **di tetti piani,** flat roofs types.
— **di tornio,** types of lathes.
tipo, *m.* type; method; model; standard (*di pesi e misure*); *agg.* standard (*comune, normale*).
— **di copertura,** method of covering.
— **di filettatura,** type of thread.
— **di lavoro** (*su moduli d'officina*), job type (U.S.A.).
— **di materiale,** type of material.
tipografia, *f.* printing works; typography (*arte*).
tipografo, *m.* printer.
— **per lavori avventizi** (*o* **di fantasia)** (*tip.*), job printer.
tipometro, *m.* (*tip.*), line gauge; em scale.
TIR (*autocarri*), TIR; T.I.R.
tirabozze, *m.* (*tip.*), proofing hand; proof puller.
tirachiodi, nail drawer.
tirafilo, *m.* (*di macch. da cucire*), tension disc.
tirafondi (*mecc. costr.*), anchoring bolt.
tiraforme (*scarpe*), last-hook.
tiraggio, *m.* (*d'aria*), air draft; air draught.
— **d'aria** (*fond.*), venting.
— **forzato,** forced draught.
— **indotto,** induced draught.
— **naturale,** natural draught; v. **indicatore di —.**
— **(filo per il — d'aria)** (*fond.*), venting wire.
tiralinee, *m.* (*di compasso*), ruling pen.
tirante, *m.* tie rod; brace (*ing., ecc.*).
— **dell'agitatore,** agitator link.
— **dello scambio** (*ferr.*), switch rod.
— **di antenna,** guy.
— **di arco** (*cost.*), arch bar.
tirante di caldaia, boiler stay.
— **di collegamento,** tie rod.
— **di fune,** fall.
— **di sospensione,** suspension stay; suspension strut.
— **di trazione** (*di aratro*), clevis.
— **per muri, volte ecc.,** wall clamp; iron tie.
— **trasversale** (*comando sterzo*) (*auto.*), track rod.
tirare, *v.a.* to pull.
— **una perpendicolare,** to drop (*or* to draw) a perpendicular.
— **(***o* **stringere) una vite,** to screw up.
tirata d'aria, air uptake; air duct.
— **forzata,** *f.* forced draught.
tirate (*f. pl.*) **d'aria** (*fond.*), vents.
tiratron, *m.* thyratron.
tiratura, *f.* (*tipog.*), coverage; run.
— **delle bozze** (*tipog.*), proof-pulling.
tirettes (*orol.*), setting levers.
tiretto, *m.* (*orol.*), pull-out (*or* pullout) piece.
tiristore (*raddrizzatore controllato al silicio*) (*semiconduttori*), thyristor.
tirite, *f.* thyrite.
tiro al piccione artificiale (*sport*), clay pigeon shooting.
— **a raffica** (*mil.*), volley fire.
— **con l'arco** (*sport*), archery.
— **con l'arco per cacciatori** (*sport caccia*), bowhunting.
— **di formazione** (*aereo*), pattern bombing.
tirocinante, *m.* apprentice; trainee.
tirocinio, *m.* apprenticeship.
tirosina, *f.* (*chim.*), tyrosine.
titanato, *m.* (*chim.*), titanate.
— **di bario** (*chim.*), **barium titanate.**
titanio, *m.* (*chim.* = Ti), titanium.
— **-cromia,** *f.* (*met.*), titanium. chromography.
— **metallico,** metallic titanium.
titolante, *m.* (*chim.*), titrant.
titolare, *v.a.* to titrate.
titolatrice (*cinem.*), title-writer.
titolazione, *f.* (*chim.*), titration; (*di un minerale*), assaying.
— **dei filati** (*tess.*), yarn counting.

titolazione della seta, silk titration.
— **elettrometrica,** electrometric titration.
— **potenziometrica** (*chim.*), potentiometric titration.
titoli (*richiesti per un impiego*), qualifications.
— **animati** (*telev.*), live titles.
— **dello stato** (*finan.*), government securities.
— **di libri di prossima pubblicazione** (*libri*), forthcoming titles.
— **di primo ordine** (*finan.*), gilt-edged securities.
— **in circolazione** (*finan*), outstanding securities.
— **negoziabili** (*finan.*), marketable securities.
— **non trasferibili** (*finan*), non-marketable securities.
— **pubblici** (*finan.*), v. **titoli dello stato.**
— **trasferibili** (*finan.*), marketable securities.
titolo, *m.* proportion; percentage; amount; count of yarn (*tess.*); yarn size (*tess.*); denier (*seta; rayon*); cut (*lino, canapa, iuta*); run (*lana*); lea (*lino*); hank (*cotone*); dram (*seta grezza*); spyndle (*iuta*).
— **del filato,** yarn number; yarn count.
— **della miscela,** rate of mixture.
— **di filatura** (*lana*), spinning count.
— **di un liquido,** titration standard.
— **equivalente** (*tess.*), equivalent count.
— **internazionale** (*o* **chilogrammetrico)** (*tess.*), international metric count.
— **medio** (*tess.*), medium count.
— **oro** (*percentuale di oro puro*), fineness.
— **(a — gratuito)** (*finan., comm.*), on a grant basis.
tixotropia (*solidificazione e liquefazione successive*) (*fis., chim.*), thixotropy.
tixotropico, *agg.* (*fis.*), thixotropic.
toccare il fondo (*imbutitura*), to bottom.
togliere, *v.a.* to take away; to take from; (*bozze*), deleatur; (*mecc., ecc.*), to remove.
— **con una spazzola,** to brush off.
— **e riunire** (*bozze*), take out and close up.
— **i contatori** (*prima della demolizione di una casa*) (*acqua*), to take down meters.
— **il contatto,** to interrupt.
— **il metallo corroso** (*met.*), to remove the corroded metal.
— **(rimuovere) il metallo di saldatura** (*sald.*), to remove the weld metal.
— **la corrente,** to switch off the current.
— **la durezza all'acqua,** to soften water.
— **la ruggine,** to remove rust; (*detergenti*) (*met.*), to derust.
— **le scorie,** to rake out.
— **mediante lavatura, to wash off.**
— **mediante lavatura ogni traccia di fondente** (*sald.*), to wash off all traces of flux.
— **un albero** (*naut.*), to unship.
— **un bullone** (*mecc.*), to remove a bolt.
tokamak (*fis. atom.*), tokamak (*a plasma containment machine used by JET fusion research programme*).
tolda, *f.* (*aereo*), deck.
toletta, *f.* (*ferr.*), lavatory.
— **(prodotti da —),** toiletries *pl.*
tolidina, *f.* (*chim.*), tolidine.
tolleranza, *f.* tolerance; (*fis. atom.*), offset.
— **ammissibile,** allowance; allowed (*or* permissible) tolerance; tolerance allowed for...
— **bilaterale,** bilateral tolerance.
— **di laminazione** (*met.*), mill limit; rolling tolerance.
— **di lavorazione,** working tolerance; permissible tolerance-manufacturing tolerance; machining tolerance.
— **di una filettatura,** tolerance (of a thread).

tolleranza finale (*met.*), final tolerance.
— **ristretta,** close tolerance.
— **sull'albero,** tolerance on the shaft.
— **sulla lunghezza** (*di giunto*) (*sald.*), welding allowance; (*met.*), length tolerance.
— **sulla rettilineità** (*met.*, *tubi*, *ecc.*), straightness tolerance; tolerance on straightness.
— **sulla sciabolatura** (*nastri met.*, *ecc.*), camber tolerance.
— **unilaterale,** unilateral tolerance.
— (*di un prodotto per un altro*) (*chim.*), compatibility; tolerance.
toluene, *m.* (*chim.*), toluene.
toluidina, *f.* toluidine.
toluolo, v. **toluene.**
tomaia, *f. pl.* uppers; vamp.
tomaio, *m.* (*di scarpa*), vamp.
tombacco, *m.* tombac.
tombino, *m.* culvert.
— **a volta,** arched culvert.
— **con lastrone,** slab culvert.
— **di poca profondità,** shallow culvert.
— **in cemento armato,** reinforced concrete culvert.
— **in cemento armato, gettato in sito,** cast-in-situ reinforced concrete culvert.
— **(costruzione di un — all'asciutto),** construction of a culvert in the dry.
tomografia, *f.* (*radiografia di uno strato nel corpo*) (*med.*) (*radiaz.*), tomography.
— **ultrasonica** (*med.*), ultrasonic tomography.
tonalità, *f.* (*acust.*), tonality.
tondello, *m.* (*legno*), log.
tondi (*m. pl.*) **di acciaio al carbonio,** carbon steel rounds.
— **di acciai legati,** alloy steel rounds.
tondini (disposizione dei —), arrangement of bars.
tondino, *m.* bar; reinforcing rod; reinforcing bar.
— **della soletta,** slab bar.
tondino di rinforzo, support bar.
— **per cemento armato,** round for reinforced concrete.
tondo, *m.* (*tipog.*), roman; (*met.*), round; v. **tondi.**
— **colato in continuo** (*met.*), continuously cast (steel) round.
— **di rinforzo** (*met.*), reinforcing round.
— **liscio** (*met.*), smooth round.
— **nervato** (*met.*), ribbed round.
— **per cemento armato** (*met.*), concrete reinforcing round.
— **estruso,** extruded rod.
tonneau (*aereo*), barrel roll.
— **(mezzo — rapido),** snap roll.
tonneggiare (*v.a.*) **una nave,** to warp a ship.
tonnellaggio, *m.* tonnage.
— **di stazza lorda,** gross tonnage.
— **di stazza netta,** net tonnage.
— **medio orario (del forno)** (*met.*), tons-per-hour average (of a furnace).
tonnellata, *f.* ton.
— **americana,** v. — **corta.**
— **corta** (*carbone, minerali*), short ton (s.t.) (= 907,184 kg).
— **di registro lordo,** gross register ton.
— **di registro netto,** net registered ton.
— **inglese,** v. — **lunga.**
— **lunga** (*carbone, minerali*), long ton (l.t.) (= 1 016,047 kg).
— **maggiore,** v. — **lunga.**
— **metrica** (*1000 kg*), tonne.
— **minore,** v. — **corta.**
tono, *m.* (*acust.*), tone.
— **complesso,** complex tone.
— **dei registri della canna dell'-organo,** pitch of organ pipestops.
— **sintetico,** synthetic tone.
topazio, *m.* topaz.
— **affumicato,** smoky topaz.
— **boemo,** Bohemian topaz.
— **del Madagascar,** Madagascar t.
— **falso,** false topaz.
— **indiano,** Indian topaz.
— **quarzifero,** quartz topaz.
— **spagnolo,** Spanish topaz.
topo muschiato, musk-rat (v. **pelliccia di — muschiato**).

topografia, *f.* topography.
topologico, *agg.* topological; (*soluzione topologica dell'equazione*), topological solution of the equation.
toppa, *f.* (*serratura*), lock.
toppo fisso, *m.* (*tornio*), headstock.
torba, *f.* peat; turf.
— **asciutta,** dry peat.
— **umida,** wet peat.
— **(mattonella di —),** peat briquette.
torbida, *f.* (*fango di minerale finemente macinato*) (*min.*), pulp.
torbidimetro, *m.* (*chim.*), turbidimeter.
torbidità, *f.* (*acqua, ecc.*), turbidity.
torchio, *m.* printing press (*tipog.*); press (*in generale*).
— **a mano** (*tipog.*), hand press.
— **a rulli** (*tipog.*), cylinder press.
— **a vite,** screw press.
— **calcografico** (*tipog.*), copperplate press.
— **da formaggio,** cheese-press.
— **da stampa** (*tipog.*), hand press.
— **idraulico,** hydraulic press.
— **per vino,** wine-press.
torcia al plasma (*sald.*), plasma torch; plasma blowpipe.
torcitoio (*tess.*), twisting frame; doubling frame.
— **ad anelli per cotone** (*tess.*), ring doubling frame for cotton.
— **ad anelli per lana pettinata e cardata** (*tess.*), ring doubling frame for worsted and woollen yarn.
— **per seta** (*tess.*), silk spinning machine.
torcitura (*tess.*), twisting.
torcoliere, *m.* printer.
torello di cinta (*naut.*), wale.
torianite, *f.* (*fis. atom.*), thorianite.
torio, *m.* (*chim.* = Th), thorium.
torite, *f.* (*fis. atom.*), thorite.
tormalina, *f.* tourmaline.
tornasole, *f.* litmus; lacmus.
— **(carta al —),** litmus paper.
tornello, *m.* (*ferr.*), turnstile.
torneria, *f.* turning shop; turning department.
torneria cilindri di laminazione (*met.*), roll turning shop.
tornietto per bronzine di bielle (*mecc.*), light duty lathe for bushings of connecting rods.
— **per fusi** (*orologeria*), fusee engine.
— **per lucidare perni** (*orol.*), jacot tool.
tornio, *m.* (*macch. ut.*), lathe; turning lathe.
— **a controllo numerico,** N/C lathe.
— **a controllo numerico con comando a scheda,** punch-card numerically controlled lathe.
— **a copiare,** copying lathe.
— **a giostra,** v. **tornio verticale.**
— **ad utensili multipli,** multicut lathe.
— **a mano,** hand lathe.
— **a patrona,** threading lathe with master-screw jig.
— **a pedale,** foot lathe.
— **a programma,** programme-controlled lathe.
— **a punte,** centre lathe.
— **a punte fisse,** dead-centre lathe.
— **a revolver** (*con torretta montata su carrello*), capstan lathe; turret lathe.
— **a revolver con avanzamento automatico della barra** (*macch. ut.*), bar feed capstan lathe.
— **a revolver non automatico,** hand operated turret lathe.
— **a revolver verticale,** vertical turret lathe.
— **a riprodurre,** v. **tornio a copiare.**
— **a spogliare,** relieving lathe.
— **a torretta,** turret lathe.
— **a torretta ad avanzamento semiautomatico,** combination turret lathe.
— **a torretta a ciclo automatico,** full automatic turret lathe.
— **a torretta automatico,** automatic turret lathe.
— **a torretta automatico a programma,** programme-controlled turret lathe.

tornio a torretta per riprodurre, copying turret lathe.
— **a torretta verticale,** vertical turret lathe.
— **a utensili multipli,** multi-tool lathe.
— **automatico a copiare,** automatic copying lathe.
— **automatico a più mandrini per viti,** multispindle automatic screw machine.
— **automatico monomandrino** single-spindle automatic lathe.
— **automatico monomandrino a torretta,** single-spindle turret automatic (lathe).
— **automatico monomandrino per torniture longitudinali,** single-spindle automatic (lathe) for longitudinal turning.
— **automatico monomandrino per viteria,** single-spindle automatic forming and screw machine.
— **automatico plurimandrino,** multispindle automatic lathe.
— **automatico a torretta a controllo numerico,** numerically controlled automatic turret lathe.
— **con banco interrotto,** gap lathe.
— **con banco prismatico,** gantry lathe.
— **con motore accoppiato,** motor driven lathe.
— **da attrezzeria,** toolroom lathe.
— **da banco,** bench lathe.
— **da copiare,** copying lathe.
— **da legno,** wood turning lathe.
— **da modellista,** pattern-maker's lathe.
— **da orologiai,** watchmakers' lathe.
— **da perni** (*orol.*), wig-wag.
— **da produzione,** production lathe.
— **da profilare,** forming lathe.
— **da ripresa,** second operation lathe; second position lathe.
— **da sagomare,** profiling lathe.
— **da sgrossare,** roughing lathe.
— **da vasaio, (ruota da —),** potter's vheel.
— **di precisione per orologeria,** watchmaker's lathe.

tornio duplex, duplex lathe.
— **eccentrico,** eccentric lathe.
— **frontale,** face lathe; facing lathe; chuck lathe.
— **frontale da riproduzione,** transverse copying lathe.
— **idraulico a copiare,** lathe with hydraulic copying.
— **in lastra,** spinning lathe.
— **monopuleggia,** coneless lathe; all-geared lathe.
— **parallelo,** centre lathe; engine lathe (U.S.A.).
— **parallelo a controllo numerico,** numerically controlled centre lathe.
— **parallelo a più utensili ad azione simultanea,** multi-cut centre lathe.
— **parallelo da produzione di precisione,** precision production centre lathe.
— **parallelo per filettare,** screw-cutting (centre) lathe.
— **parallelo per filettare e cilindrare,** sliding and screw cutting centre lathe.
— **parallelo per viti,** screw-cutting centre lathe; screw-cutting engine lathe (U.S.A.).
— **parallelo rapido,** high speed centre lathe.
— **parallelo rinforzato,** heavy-duty centre lathe.
— **per alberi a camme,** camshaft lath .
— **per alberi,** shaft turning lathe.
— **per alberi a gomito,** crankshaft lathe.
— **per anime** (*fond.*), core lathe.
— **per assali,** axle lathe.
— **per assali ferroviari,** axle lathe.
— **per assi montati ferroviari,** railway wheel lathe.
— **per attrezzisti,** toolmakers' lathe.
— **per bulloni,** stud lathe.
— **per cannoni,** gun turning lathe.
— **per cerchioni,** tire boring and turning mill.
— **per cilindri da laminatoio,** roll lathe.

tornio per dadi, nut lathe.
— **per diamantare collettori** (*macch. ut.*), commutator turning machine.
— **per filettare,** thread-cutting lathe.
— **per interno di cerchioni di veicoli ferroviari,** tyre boring and turning mill.
— **per lavorazione da lastre,** spinning lathe.
— **per lavorazione dei bocchini di bombole,** lathe for machining steel bottle tops.
— **per lavorazione dei fondi di bombole,** lathe for machining steel bottle bottoms.
— **per legno,** wood turning lathe.
— **per lingotti,** ingot lathe.
— **per metalli,** metal turning lathe.
— **per missili,** lathe for machining missile components.
— **per perni degli assi** (*ferr.*), axle lathe.
— **per pulegge,** pulley lathe.
— **per ripresa,** second operation lathe.
— **per riprodurre,** copying lathe; repetition lathe; profile turning lathe.
— **per riprodurre a ciclo automatico con programma,** programme-controlled copying lathe.
— **per riprodurre ad utensili multipli,** multi-tool copying lathe.
— **per riprodurre a torretta,** turret copying lathe.
— **per ruote,** wheel lathe.
— **per spianare,** surfacing lathe.
— **per spogliare,** relieving lathe.
— **per tagliare,** slicing lathe.
— **per tornire anime,** core turning lathe.
— **per tornire granate,** shell turning lathe.
— **per tubi e barre,** bar and tube turning machine.
— **pesante,** heavy duty lathe.
— **rapido,** high speed lathe.
— **revolver,** turret lathe; capstan lathe.

tornio semiautomatico, semi-automatic lathe.
— **semifrontale,** facing and centre lathe; sliding bed gap lathe.
— **semplice,** slide lathe.
— **universale,** universal lathe.
— **veloce,** high speed lathe.
— **verticale,** vertical boring and turning mill; vertical lathe.
— **verticale pesante,** heavy duty vertical boring and turning mill.
— **(installazione di un —),** lathe installation.
— **(operazione al —),** operation on a lathe.
— **(ruota da —) da vasaio,** potter's wheel.
— **(utensile da —),** turning tool.

torni (dispositivo automatico per filettare su —), automatic threading attachment for lathes.

tornire, *v.a.* to turn.
— **a spoglia,** to back off.
— **conico,** to turn taper.
— **fino,** to turn smoothly.
— **in lungo,** to turn longitudinally.
— **in piano,** to face.
— **in profilo,** to back off.

tornitore, *m.* turner.

tornitrice, *f.* (*macch. ut.*) v. **tornio.**
— **a programma,** programme-controlled lathe.
— **idraulica con programmatore,** programme-controlled hydraulic lathe.

tornitura, *f.* turning.
— **a sagoma,** profile turning.
— **a spoglia,** backing off.
— **conica,** taper turning.
— **dei metalli,** metal turning.
— **eccentrica,** eccentric turning.
— **in lastra** (*met.*), hot spinning.
— **in lungo,** turning along.
— **in piano,** facing.
— **in profilo,** backing off.

torniture, *f. pl.* (*rottame*), turnings.

toro, *m.* (*arch.*), torus (*pl.* tori).

Toro (*astr.*), Taurus.

torpediniera, *f.* torpedo-boat.

torpedone, *m.* motor-coach.

torpedone di lusso (*auto*), luxury coach.
torre (*f.*) **a camicia d'acqua** (*depurazione fumi*) (*met.*), water-jacketed tower.
— **d'essiccamento** (*chim.*), drying tower.
— **di adsorbimento,** absorption tower.
— **di antenna,** aerial mast.
— **di attraversamento** (*elet.*), crossing tower.
— **di denitrificazione** (*impianto acido solforico*) (*chim.*), denitration tower.
— **di depurazione,** scrubbing tower.
— **di disidratazione** (*chim.*), dehydration tower.
— **di Gay-Lussac** (*chim.*), Gay-Lussac tower.
— **di Glower,** Glower tower.
— **di lancio** (*astron.*), launching tower; launch tower.
— **di raffreddamento ad acqua,** water cooling tower.
— **di refrigerazione,** cooling tower.
— **di refrigerazione a corrente forzata,** forced draft cooling tower.
— **di refrigerazione a corrente indotta,** induced draft cooling tower.
— **di rettificazione** (*ind. petrol.*), stripping tower.
— **di servizio** (*astron.*), service tower.
— **di spegnimento del coke** (*gas*), coke-quenching tower.
— **d'ormeggio** (*aereo*), mooring tower.
— (*o* **incastellatura) mobile,** workover rig.
— **mobile di sondaggio** (*spostare una — mobile di sondaggio su curri*) (*petr.*), to skid the derrick.
— **mobile di sondaggio completa su curri** (*petrolio*), skid rig.
— **per il raffreddamento dell'acqua,** water cooling tower.
— **portafaro** (*costr. met.*), lighting flood tower.
— **serbatoio,** water tower.
torrefare, *v.a.* to torrefy (*minerali*); to roast.
torrefazione, *f.* torrefaction (*di minerali*); roasting.
torrello (*naut.*), garboard strake (row of plates next to the keel).
torretta, *f.* (*tornio*), turret.
— **dorsale** (*aereo*), dorsal turret.
— **girevole** (*tornio, ecc.*), revolving turret.
— **per la mitragliatrice** (*aereo*), gun turret.
— **(spostamento longitudinale della —)** (*tornio*), turret longitudinal travel.
— **(spostamento trasversale della —)** (*tornio*), turret cross travel.
torsiometro, *m.* torquemeter; (*tess.*), yarn twist tester.
— **di intraferro,** air-gap torsionmeter.
torsione, *f.* torsion; twisting.
— **bilanciata** (*tess.*), balanced twist.
— **della fune,** twist of rope.
— **(bilancia di —),** torsion balance.
— **(elasticità di —),** elasticity of torsion.
— **(modulo di —),** modulus of torsion.
— **(momento di —),** torsional moment.
tortiglia, *f.* (*tess.*), cord yarn.
— **gommata** (*gomma*), cord.
tortiglie per copertoni pneumatici (*tess.*), tire cords.
tosaerba, (v. **macchina —).**
tossicità (*erbicidi, ecc.*), toxicity.
tossicologia industriale (*med. ind.*), industrial toxicology.
tossicologo, *m.* (*inquinamento*) (*met.*), toxicologist.
tostapane, (*elet.*), toaster.
totale, *agg.* total; overall; out-to. out; (*v.* **lunghezza —**).
— **massa-energia** (*fis. atom.*), mass-energy total.
totalizzatore, *m.* (*strumento elettrico*) (*elet.*), integrating meter; totalizing meter (*per rumori*).
traboccare, to spill.

trabocco, *m.* spilling.
traccia, *f.* percentage; (*fis. atom.*), track.
— **di alcalinità,** trace of alkalinity
— **di fabbricazione** (*difetto*) (*mecc.*), manufacturing mark.
— **di ruggine,** rust mark.
— **di saldatura,** welded seam; welded joint.
— **momentanea** (*aereo*), glitter.
— **radar** (*aereo*), blip; target.
— **sonora** (*cinem.*), sound-track.
— **sonora ad area variabile** (*cinem.*), variable-area sound-track.
— **sonora a densità variabile,** variable-density sound-track.
— **stroboscopica** (*radar*), strobe.
tracciamento, *m.* laying out (*di macchine*); marking off (*mecc.*); marking out (*mecc.*); setting-out (*con picchetti*); staking out (*con piuoli*); lofting (*aereo, naut.*).
— **delle fondazioni** (*cost.*) setting out the foundations; setting-out foundations.
— **di una curva** (*agrim.*), pegging out (a curve); setting out; ranging a curve.
— **di una linea telegrafica,** staking out of a telegraphic line.
— **di uno scavo,** setting out an excavation.
— **di un edificio,** setting-out a building.
— **di un pezzo** (*mecc.*), marking out of a job.
— **di un piano** (*top.*), plotting.
— **trigonometrico,** trigonometrical laying out.
— **(picchetto pel —),** setting-out peg (*cost.*).
— **(strumento per il —)** (*mecc.*), marking instrument.
tracciante, *agg.* (*pallottola*), tracing; (*fis. atom.*), tracer; tracer element.
— **inattivo** (*fis. atom.*), non-radioactive tracer.
— **isotopico** (*fis. atom.*), isotopic tracer.
tracciante radioattivo (*fis. atom.*), radioactive tracer.
traccianti radiattivi (*fis.*), radioactive tracers.
tracciare, *v.a.* to set out (*cost. in generale*); to stake out (*cost. con paletti, piuoli*); to lay off (*mecc.*); to lay out (*mecc.*); to mark off (*mecc.*); to mark out (*mecc.*); to scribe (*col truschino, mecc.*); to plot (*scale di strumenti registratori*).
— **archi e cerchi** (*mecc.*), to mark arc and circles.
— **i confini con picchetti,** to peg out; to peg off.
— **la linea d'asse** (*cost.*), to set out the centre line.
— **le linee perpendicolari alla linea perimetrale dell'edificio** (*cost.*), to set out lines normal to the building line.
— **una linea** (*con la punta a tracciare*), to scribe a line (*disegnare*), to draw a line.
— **una linea parallela a...** (*mecc.*), to mark a line parallel to...
— **una linea sul pezzo** (*mecc.*), to mark a line on the work.
— **un modello** (*mecc.*), to mark off a template.
— **(punte a —)** (*mecc.*), scribers.
tracciato, *m.* (*binario*), track; setting-out (v. **tracciamento**).
— **dei canali** (*lamin.*), roll pass design.
— **della conduttura** (*elet.*), map of network.
— **della ferrovia,** railway route.
— **di una scheda** (meccanografica) (microfilm) (*inform.*), (card) layout; (microfiche) layout.
— **per chiodi,** nail pass.
— **per rotaie** (*lamin.*), rail pass.
— **per travi** (*lamin.*), girder pass.
tracciatore, *m.* tracer; (*apparecchio di registrazione*) (*radio, ecc.*), plotter.
— **automatico delle traiettorie elettroniche,** electron-trajectory tracer.
— **su sagoma,** *m.* loftsman.
tracciatura, v. **tracciamento.**

tracciatura di diagrammi, pattern plotting.
trachea (*f.*) **a piuoli** (*di dirigibili*), climbing shaft.
trachiti, *f. pl.* (*geol.*), trachytes.
traduzione automatica, automatic translation.
— **meccanica,** mechanical translation; machine translation.
traferro, *m.* (*di magnete*), aircore.
traffico aereo, air traffic.
— **diretto al sud,** southbound traffic.
— **telefonico,** telephone traffic.
— **(comando centralizzato del — per mezzo della televisione),** centralized traffic control by television.
— **(chiuso al —),** closed to traffic.
— **(sala di controllo del —),** traffic control room.
— **(unità direttiva del —),** area traffic management unit.
trafila, *f.* die; wire-drawing die; wire-drawing machine (*t. meccanica*); screw-plate *or* dieplate (*per viti*); (*mecc.*) draw bench.
trafilamento, *m.* (*mot.*), blow-by.
trafilare, *v.a.* to draw.
— **il filo,** to draw wire.
trafilato, *m.* (*met.*), drawn product.
— **all'acqua** (*fili met.*), bright drawn.
trafilatore, *m.* (*di fili*), wiredrawer.
trafilatrice, *f.* (*per fili*) (*macch.*) (*met.*), wiredrawing machine; (*banco*), draw-bench.
— **per vergella** (*met.*), wire (rod) draw bench.
trafilatura, *f.* drawing; wire drawing (*di fili*).
— **a freddo** (*met.*), cold-drawing.
— **continua** (*met.*), continuous drawing.
— **di tubi,** tube drawing.
trafileria, *f.* wire-drawing factory (*di fili*); tube-drawing factory (*di tubi*).
traforato, *p.p.* perforated.
traforo, fret work (*faleg.*); rail tunnel (*fer.*); road tunnel (*strad.*).
traghettatore, *m.* ferryman.
traghetto, *m.* ferry.
— **(nave —),** car ferry; bow loading ferry (*con caricam. a prora*); side-loading ferry (*con caricam. laterale*).
tragitto d'atterraggio, clear run.
traguardare per... (*agrim.*), to sight through.
traguardo, *m.* (*p. es. per una corsa di bob*) (*sport*), finish.
— **di puntamento** (*aereo*), bomb sight.
traiettoria, *f.* trajectory.
— **dell'orbita di parcheggio** (*astron.*), parking orbit trajectory.
— **del rientro nell'atmosfera** (*astron.*), re-entry trajectory.
— **di volo** (*aereo*), flight path.
— **lunare** (*astron.*), lunar trajectory.
— **orbitale** (*astron.*), orbital trajectory.
— **suborbitale** (*astron.*), suborbital trajectory.
traino aereo con verricello, winch tow-off.
— **d'aeroplano,** airplane towing (U.S.A.); aeroplane towing.
— **(dispositivo di —)** (*ferr.*), draft gear.
— **(occhione —)** (*auto*), towing eye.
— **(staffa di —)** (*auto*), towing bracket.
tralcio, *m.* (*bot.*), shoot.
tralicciatura spaziale (*costr.*), space frame structure; latticework in space.
traliccio, *m.* lattice (*aereo*); trellis (*aereo*); lattice-work.
— **metallico,** iron framework.
— **multiplo,** trellis work.
— **(asta a —),** lattice tie.
— **(centina a —),** lattice rib.
tram, tram.
trama, *f.* (*filo singolo della trama*) (*tess.*), pick; tram (*tess. seta*)
— **fine** (*tip.*), fine screen.
tramezzo, *f.* partition; thin wall.
— **in muratura per deviazione d'aria** (*ventilaz. miniere*), brattice.
— **in vetro a prova di pallottola** (*banche, uffici post., ecc.*), bulletproof partition.

tramoggia, *f.* hopper.
— **a vapore,** steam hopper.
— **concentrato** (*min.*), concentrate storage bin.
— **dei fini di ritorno** (*agglomerazione*), return fines bunker.
— **del seme** (*agric.*), seed-box.
— **di caricamento,** storage hopper.
— **di carico,** feed hopper.
— **di colata** (*fond.*), runner; running head.
— **di seminatrice,** hopper.
— **girevole di distribuzione** (*met.*, *altoforno*), revolving top.
— **pel carbone,** coal hopper.
— **sopraelevata,** overhead hopper.
trampolino (*sci, nuoto, ecc.*), springboard; spring-board.
trancia, *f.* (*mecc.*), shearing machine.
— **a bandiera,** clicking press.
— **a ghigliottina,** guillotine shears.
— **-lingotti** (*met.*), ingot breaker.
— **per lamiere,** plate shears.
— **da banco,** bench shears.
— **per piccoli lavori,** light-shearing machine.
— **per profilati,** I-iron shearing machine.
tranciacarte veloce automatico, fast automatic cutter.
tranciare, *v.a.* to shear; to blank.
tranciato (*pezzo usato per lo stampaggio dell'articolo finito*) (*met.*), blank.
tranciatrice, *f.* shearing machine.
tranciatura, *f.* (*mecc., met.*) (*con cesoia*), shearing; (*con stampo, alla pressa*), blanking.
tranquillante, *m.* (*med.*), tranquiliser; tranquilizer (U.S.A.).
transatlantico, *m.* liner.
transazione (*comm.*) (*calcol. elettron.: operazione che produce una variazione in un archivio di dati*), transaction.
transcristallizzazione, *f.* (*met.*), transcrystallization.
transetto, *m.* (*arch.*), transept.
transfer (*macch. ut.*), transfer machine.
transienti ad alta frequenza (*elet.*), a-f. transients.
transistore, *m.* (*elettron.*), transistor.
— **a barriera superficiale** (*elettron.*), surface barrier transistor.
— **a base diffusa** (*elettron.*), diffused-base transistor.
— **a giunzione** (*elettron.*), junction transistor.
— **a giunzione per accrescimento** (*elettron.*), grown-junction transistor.
— **a giunzione per diffusione** (*elettron.*), diffused-junction transistor.
— **a punte** (*elettron.*), point-contact transistor.
— **a strato intrinseco** (*elettron.*), drift transistor.
— **di potenza** (*elettron.*), power transistor.
— **per diffusione** (*elettron.*), diffusion transistor.
— **unigiunzione** (*elettron.*), unijunction transistor.
transistorizzare, to transistorize.
transitron (*radio ecc.*), transitron.
transizione, *f.* (*fis. atom.*), transition.
— **duttile fragile della frattura** (*met.*), ductile-cleavage transition.
— **elettronica,** electron transition; electron jump.
— **isomerica** (*fis.*), isomeric transition.
— **non radiativa** (*fis. atom.*), nonradiative transition.
— **proibita** (*fis. atom.*), forbidden transition.
— **radiativa** (*fis. atom.*), radiative transition.
— **tra lo stato tenace e quello fragile** (*met.*), ductile/brittle transition.
translucido, *agg.* translucent (*poco usato* translucid).
trasmittanza (*chim., ott.*), transmittance.
transonico, *agg.* transonic.
transpassività (*corrosione*) (*met.*), transpassivity.
transpassivo, *agg.* (*corrosione*) (*met.*), transpassive.

tranvia, *f.* tramway; tramway line.
transonico, *agg.* (*aereo*), transonic
trapanare, *v.a.* to drill; to bore; to drill through.
trapanatrice, *f.* drilling machine.
— **-alesatrice,** drilling and boring machine; drilling and reaming machine.
trapanatura, *f.* drilling.
— **a grande velocità,** high speed drilling.
trapanazione, *f.* trepanning.
trapano, *m.* drill; (*macch. ut.*), drilling machine; boring machine; burr (*per dentisti*).
— **a colonna** (*macch. ut.*), pillar drill; vertical drilling machine; pillar drilling machine; vertical (pillar type) drilling machine.
— **a controllo numerico** (*macch. ut.*), numerically-controlled drilling machine.
— **a coordinate a comando a nastro** (*macch. ut.*), tape-controlled co-ordinate drilling machine.
— **a cricco,** ratchet drill.
— **ad aria compressa,** pneumatic drilling machine.
— **ad arco,** angle-brace.
— **a due fusi,** two-spindle drilling machine.
— **a fusi multipli,** multispindle (*or* multiple spindle) drilling machine.
— **alimentato a mano,** drill fed by hand.
— **a mano,** hand drilling machine.
— **a petto,** breast drill.
— **a quattro fusi,** four-spindle drilling machine.
— **a rocchetto,** ratchet drill.
— **a torretta,** turret type drilling machine.
— **a tre fusi,** three-spindle drilling machine.
— **automatico,** automatic drilling machine; power drill.
— **a vite,** spiral drill.
— **da banco** (*macch. ut.*), bench drilling machine.
— **da banco a colonna,** bench drill.
trapano da legno, wood boring machine; auger borer.
— **da officina,** tool-room drilling machine.
— **da soffitto,** ceiling drilling machine.
— **del dentista,** burr.
— **elettrico,** electric drill.
— **multiplo,** multiple spindle drilling machine.
— **multiplo con mandrini a gruppo,** multiple spindle drilling machine of cluster type.
— **murale,** wall drilling machine.
— **orizzontale,** horizontal drilling machine.
— **orizzontale a mandrini multipli,** multi-spindle horizontal drilling machine.
— **per legno,** wood drilling machine.
— **per rivetti,** rivet drilling machine.
— **per rotaie,** rail drilling machine.
— **pilota,** pilot bit.
— **portatile,** portable drill.
— **radiale,** radial drilling machine.
— **radiale universale,** universal radial drilling machine.
— **rapido,** high speed drilling machine.
— **rotativo** (*min.*), rotary bit.
— **sensitivo,** sensitive drill.
— **sensitivo da banco,** bench sensitive drill.
— **sensitivo industriale a colonna,** industrial drill press.
— **speciale,** special purpose drilling machine.
— **verticale,** vertical drilling machine.
— **verticale a torretta,** vertical turret drilling machine.
— **verticale monomandrino,** single spinde vertical drilling machine.
— **verticale plurimandrino,** multi spindle vertical drilling machine.
— **(difetto del —),** drill fault.

trapano (far funzionare un —), to work a drill.
— (punta da — americana), twist drill.
— (punta da — ad elica), twist drill.
— (punta da — elicoidale con gambo cilindrico), parallel shank twist drill.
— (punta da — elicoidale con gambo conico), taper shank twist drill.
— (punta da — normale), standard twist drill.
— (punte combinate per centrare il —), combination centre drills.
— (utensile per —), drilling tool.
— (vibrazione della punta da —) (*difetto*), wobbling.
trapezoedro, *m.* (*cristal.*), trapezohedron.
trapezio, *m.* trapezium.
trapezoidale, *agg.* trapezoidal.
trapezoide, *m.* trapezoid.
trapiantatrice, *f.* (*agr.*), garden trowel.
— a file (*agr.*), lister planter.
trapianto, *m.* (*bot.*), transplant; (*med.*), transplantation.
— cardiografico (*chirurgia*), heart transplant.
— di organi (*chirurgia*), organ transplant.
trappola, *f.* (*geol.*), trap rock; trap.
— stratigrafica, stratigraphic trap.
trapuntare, *v.a.* (*tess.*), to tuft.
trasbordare, *v.a.* to tranship.
trasbordatore, *m.* (*ferr.*), traverser.
— funicolare, cableway over valley.
trasbordo, *m.* (*mecc.*), transfer.
trascinamento al suolo (*di una bomba*), ground lag.
— carta (*inform.*), paper advance.
— di fogli (*inform.*), sheet feed.
trascinarsi (*tirare in lungo*) (*di scioperi*), to drag out.
trascinatore (*di stampante*) (*inform.*), tractor.
— frontale (*mecc.*), face driver.
trascinatore per tornio (*macch. ut.*, *mecc.*), lathe driving dog.
trascodifica, *f.* (*elettron.*), transcoding.
trascodificare, *v.a.* (*elettron.*) (*inform.*), to transcode.
trascodificatore, *m.* (*elettron.*), transcoder.
trascodificazione (*passaggio tra sistemi differenti di TV a colori*) (*telev.*), transcoding.
trasconduttanza, *f.* (*radio*), slope; mutual conductance.
trascurabile, *agg.* (*consumo*), negligible (wear).
trasduttore, *m.* (*elet.*) (*radio*), transducer.
— attivo (*elet.*), active transducer.
— di posizione (*controllo numerico*), position transducer.
— di pressione (*elettron.*), pressure transducer.
— elettromeccanico, electro-mechanical converter.
— incrementale (*controllo numerico*) (*macch. ut.*), incremental transducer.
— lineare differenziale (*controllo numerico*), linear differential transducer.
— passivo (*elet.*), passive transducer.
trasferimento, *m.* (*di personale*), relocation.
— dell'energia, energy transfer.
— di massa (*fis. atom.*), mass transfer.
— di proprietà di una fabbrica, hand over of a factory.
— di sollecitazione (*cost.*), transfer of stress.
— di una pagina di dati da una memoria centrale a una memoria esterna (*calcol. elettron.*), page turning.
trasferire (*personale da una sede ad un'altra in una città diversa*), to relocate.
— del sistema centrale verso i satelliti (*inform.*), to download.
— un programma (*in altra zona di*

memoria) (*inform.*), to relocate a program.
trasferirsi in un nuovo stabilimento, to move to a new factory.
trasferitore (*per il passaggio dai carri porta-cesta alla campata forni*) (*met.*), transfer beam.
— **bramme** (*met.*), slab transfer.
— **(carro — rottame)** (*met.*), scrap box transfer car.
trasferta (macchina a —) (*macch. ut.*), transfer machine.
trasformare, *v.a.* to transform; to modify.
— **a bassa tensione** (*elet.*), to step down; to transform down.
— **ad una tensione maggiore** (*elet.*), to step up (U.S.A.); to transform up.
trasformatore, *m.* (*elet.*), transformer; converter; (booster).
— **a bassa frequenza in opposizione,** push-pull transformer.
— **a bassa tensione,** low tension transformer.
— **a bobina mobile,** moving coil transformer.
— **a corrente alternata,** alternating current transformer.
— **a corrente costante,** constant current transformer.
— **ad anello,** ring transformer.
— **ad aria,** air-core transformer.
— **ad olio,** oil transformer.
— **a mantello,** shell-type transformer.
— **a nucleo,** core-type transformer.
— **a nucleo chiuso,** closed-core transformer.
— **bifase,** two-phase transformer.
— **compensato,** balancer transformer.
— **con raffreddamento ad aria,** air-cooled transformer.
— **d'avviamento,** starting transformer.
— **di accoppiamento** (*elettron.*), coupling transformer.
— **di aggiunta,** booster transformer.
— **di corrente,** current-transformer.
— **di discesa,** step-down converter.
trasformatore di distribuzione, network transformer.
— **di entrata,** input transformer.
— **di fase,** phase advancer.
— **di frequenza intermedia** (*radio*), intermediate frequency transformer.
— **di periodo,** period converter.
— **di preamplificazione** (*acust.*), pre-amplification transformer.
— **di radiofrequenza** (*radio*), radio-frequency transformer.
— **di tensione,** voltage transformer; (potential transformer).
— **d'uscita,** output transformer.
— **in olio** (*elet.*), oil immersed transformer.
— **in serie,** series transformer.
— **intermedio,** intermediate transformer.
— **monofase,** single-phase transformer.
— **per saldatura ad arco,** arc welding transformer.
— **per soneria,** bell transformer.
— **polarizzato,** biasing transformer.
— **polifase,** polyphase transformer.
— **push-pull** (*elettron.*), push-pull. transformer.
— **regolabile,** adjustable transformer.
— **rotante,** rotary convertor.
— **schermato,** shielded transformer.
— **statico,** static transformer.
— **survoltore,** boosting transformer.
— **trifase,** three-phase transformer.
— **tropicalizzato,** tropicalised transformer.
trasformazione, *f.* (*mat. fis.*), transformation; conversion (*navi, furgoni*), change; (*fis. atom.*), transformation.
— **allotropica** (*met.*), allotropic transformation.
— **austenitica** (*met.*), austenitic transformation.
— **chimica,** chemical change.
— **di un lingotto** (*met.*), breakdown of an ingot.

trasformazione eutettica, eutectic change.
— **isotermica,** isothermal change.
— **martensitica** (*met.*), martensitic transformation.
— **radioattiva** (*fis. atom.*), radioactive transformation.
trasgressione, *f.* (*leg.*), offence (v. anche: **infrazione**).
traslare un programma (*in altra zona di memoria*) (*inform.*), to relocate a program.
traslatore, *m.* (*teleg.*), repeater.
traslazione, *f.* (*mecc.*), translation.
traslitterazione (*conversione di caratteri di un alfabeto*) (*inform.*), transliteration.
traslocare in un nuovo stabilimento, to move to a new factory.
trasmettere (TV) (*radio*), to broadcast; (*fis.*), to transmit.
— **a colori** (*telev.*), to broadcast in colour.
— **calore,** to transmit heat.
— **con la televisione,** to televise.
— **un messaggio telefonico** (*o* **telex**), to pass a telephone (*or* telex) message.
— **un segnale luminoso,** to flash a signal.
trasmettività, *f.* (*fis.*), transmissivity.
— **della luce,** light transmissivity.
trasmettitore, *m.* (*radio, elet.*), transmitter.
— **di emergenza** (*radio*), disaster transmitter.
— **di piccola potenza,** low-power transmitter.
— **per facsimile** (*telev.*), facsimile transmitter.
— **televisivo,** television transmitter.
trasmissione, *f.* drive (*mecc.*); gearing (*con ruote dentate*); transmission (*elet., ill., fis.*); broadcasting (*radio*).
— **a cardano,** universal joint transmission.
— **a catena,** chain drive; chain gearing; chain transmission; transmission by chain.
trasmissione a cinghia, belt drive; belt gearing; belting.
— **a cinghia incrociata,** cross-belt drive.
— **a coni di frizione,** transmission by friction cone wheels.
— **ad albero,** transmission by shaft; shafting.
— **ad ingranaggi,** transmission by gears; transmission by gearing; toothed gearing.
— **ad ingranaggi a spina di pesce,** transmission by herring-bone gearing.
— **ad ingranaggi cilindrici,** transmission by spur gears.
— **ad ingranaggi conici,** transmission by bevel gears.
— **a frizione,** friction drive.
— **a fune,** rope drive; rope gearing; transmission by rope drive.
— **a fune metallica,** transmission by wire rope.
— **a pulegge,** pulley transmission.
— **a ruote dentate,** toothed gearing.
— **a ruote dentate cilindriche,** spur gearing.
— **a ruote dentate coniche,** bevel gearing.
— **a ruote dentate doppie,** double geared transmission.
— **a ruote di frizione,** transmission by friction wheels.
— **a vite,** screw gearing.
— **a vite e ruota,** worm screw gearing.
— **a vite senza fine,** transmission by worm gearing.
— **con catena a rulli** (*mecc.*), roller chain drive.
— **di immagini** (*telev.*), picture transmission (U.S.A.); image transmission.
— **con aumento di velocità,** gearing up.
— **con cinguia semi incrociata,** quarter-twist drive.
— **con riduzione di velocità,** gearing down.
— **del suono,** sound transmission.

trasmissione di calore, heat transmission.
— **di energia elettrica,** power transmission.
— **di luce,** transmission of light.
— **diretta** (*telev.*), direct pickup.
— **di un laminatoio,** rolling mill drive.
— **elettrica,** electric transmission; electric drive.
— **epicicloidale** (*mecc.*), epicyclic drive.
— **e riproduzione elettronica in facsimile** (*elettron.*), facsimile transmission.
— **idrostatica** (*mecc. agr.*), hydrostatic transmission.
— **meccanica,** mechanical drive.
— **per via cavo con fibre ottiche,** fibre optic cable transmission.
— **seriale** (*calcol. elettron.*), serial transmission.
— **spettrale** (*fot.*), spectral transmission.
— **stereofonica,** stereo broadcasting; stereocasting.
— **tubolare** (*ing.*), quill drive.
— **(coefficiente di — calorifica),** coefficient of heat transmission.
trasmutazione, *f.* (*degli elementi*), transmutation.
trasparente, *agg.* transparent; *m.* (*trucco cinem. con schermo trasparente*), transparency.
trasparenza, *f.*, transparency; (*rif. a documento originale o copia su materiale trasparente*) (*inform.*), transparency.
trasporre le parole sottolineate (*bozze*), transpose words underlined.
trasportabile, *agg.* transportable.
trasportabilità (*possibilità di trasporto*) **su strada,** road transportability.
trasportare, *v.a.* to transport; to convey; to carry; (*lancia in grado di — 50 passeggeri*), launch capable of carrying 50 passengers; (*con autocarri*), to truck.
— (*traghettare*) **con elicottero,** to ferry by helicopter.
trasportare in orbita a bordo di una navetta spaziale, to transport into orbit aboard a space shuttle.
— **(merci) per via aerea** (*aereo*), to airfreight; to airlift.
trasportatore, *m.* conveyor.
— **a barre di spinta,** push bar conveyor.
— **a catena,** chain conveyor; (*sospeso*), overghead chain conveyor.
— **a coclea,** screw and worm conveyor.
— **aereo a catena,** overhead chain conveyor.
— **aereo elettrico** (*met.*), telpher.
— **a gravità,** gravity conveyor.
— **a gravità a spirale,** gravity chute conveyor.
— **a monorotaia** (*e a catena continua*), overhead rail conveyor
— **a nastro,** band conveyor; (*mecc.*), belt conveyor.
— **a nastro con cavo metallico** (*mecc.*), cable belt conveyor.
— **a nastro per materiale in superficie,** surface belt conveyor.
— **a nastro piatto** (*trasp.*), flat belt conveyor.
— **a piastre,** slat floor conveyor.
— **a piastre articolate,** apron conveyor.
— **a rulli,** roller conveyor.
— **a rulli a gravità,** gravity roller conveyor.
— **a scosse,** shaker conveyor.
— **blindato** (*per fronti di abbattimento*) (*min.*), armoured face conveyor.
— **con catena di secchie,** chain conveyor.
— **con nastri a conca,** trough conveyor.
— **continuo a raschiamento,** drag scrubber conveyor.
— **corazzato** (*min.*), armoured conveyor.
— **di coda** (*caricatrice a braccio mobile*) (*min.*), rear conveyor.
— **di macchine da cucire,** feed.
— **di sacchi a nastro,** sack conveyor.

trasportatore in discesa (*min., cave*) downhill conveyor.
— **per carbone,** coal conveyor.
— **per cemento,** concrete conveyor.
— **per getti di fonderia,** pickling conveyor for castings.
— **per l'industria,** conveyor for industry.
— **per trucioli** (*macch. ut.*), chip conveyor.
— **pneumatico,** pneumatic conveyor.
— **usato per spargere il cemento,** transporter for distributing concrete.
— **(impianto di —),** conveyor plant; conveyor installation.
trasporti ad alta velocità, high speed transports.
— **idraulici** (*min.*), hydraulic transports.
— **monorotaia,** monorail transports.
— **urbani,** urban transports.
trasporto, *m.* transportation; transport; carriage.
— **aereo,** air transport.
— **a grande distanza di ghisa fusa,** long-distance shipment of molten iron.
— **a mezzo di una rete di tubi,** pipe line transportation.
— **delle materie di scavo,** carriage of the spoil; transport of the spoil.
— **(del) personale** (*min.*), man riding.
— **di calore e di massa** (*met.*), heat and mass transfer.
— **di energia,** v. **trasmissione.**
— **di prodotti refrigerati,** refrigerated transportation.
— **in tassì con tariffa suddivisa fra diversi passeggeri,** taxi-sharing.
— **stradale,** road haulage.
— **(mezzi e materiali di —),** transport equipment.
trasposizione, *f.* transposal; (*elet.*), transposition.
trass, *m.* trass.
trasversale, *agg.* transverse.
tratta (*comm.*), draft; bill.

trattamento, *m.* treatment (*anche in cinem.*); dressing (*min. pelli*).
— **al cromo,** chromium treatment.
— **all'amido** (*tess.*), starching.
— **antiacido del cemento,** oil proofing.
— **anticorrosivo,** anti-corrosion treatment.
— **antiparassitario** (*agr.*), dressing; fungicidal dressing.
— **anticrittogamico** (*agr.*), fungicidal dressing.
— **biologico** (*di acque*), biologic treatment.
— **biologico delle acque di scarico industriali,** biologic treatment of industrial effluents.
— **complementare,** after-treatment.
— **continuo dei dati** (*inform.*), online data processing.
— **dei fumi** (*met.*), fume treatment.
— **dei messaggi** (*inform.*), message handling.
— **delle acque di rifiuto,** effluent treatment.
— **delle immagini** (*trasmesse da satelliti*) (*inform.*), image processing.
— **delle pelli** (*prima della finitura*), leather dressing.
— **dell'informazione,** information processing.
— **dell'uranio** (*met.*), uranium treatment.
— **di degassaggio** (*met.*), degassing treatment.
— **di disossidazione a vuoto** (*met.*), vacuum deoxidation treatment.
— **di invecchiamento artificiale** (*met.*), artificial ageing treatment.
— **di invecchiamento doppio** (*metal.*), double ageing treatment.
— **di ricottura** (*met.*), annealing treatment.
— **di rifiuti solidi,** solid waste handling.

trattamento di stabilizzazione (*met.*), stabilizing heat-treatment.
— **di tipo isotermico a gradini** (*met.*), step isothermal treatment.
— **doctor** (*trattam. di desolforazione alla piombite*) (*raffineria*), doctor treatment.
— **limite,** threshold treatment.
— **preliminare,** pretreatment.
— **preventivo,** preliminary treatment.
— **razionale** (*sicuro*), safe handling.
— **sequenziale a distanza** (*inform.*). remote batch processing.
— **sub-critico** (*met.*), subcritical treatment.
— **successivo alla saldatura,** post-welding treatment.
— **su richiesta** (*inform.*), demand processing.
— **termico,** heat treatment.
— **termico a vuoto,** vacuum heat treatment.
— **termico di soluzione** (*met.*), solution heat treatment; solution treating (*solution of second phase to get maximum corrosion resistance as base for precipitation hardening*).
— **termico in continuo** (*met.*), continuous heat treatment.
— **termico (addetto al — termico)** (*met.*), heat treater.
— **termochimico** (*met.*), thermochemical treatment.
— **termomagnetico** (*met.*), thermomagnetic (heat) treatment.
trattare, *v.a.* to treat; (*lavorare, macch. ut.*), to handle (*p. es.*: *questa macchina non può — pezzi di dimensioni eccessive,* this machine cannot handle oversize works).
— **i fumi prodotti nel ciclo di colata** (*met.*), to treat the fume from the heat cycle.
— **il minerale a basso tenore** (*min.*), to treat the low-grade ore.
— **i minerali,** to treat the ores.
— **i residui radioattivi** (*fis. atom.*), to handle radioactive wastes.
trattare termicamente, to heat treat.
— **25 tonn/a.** (*ind.*), to handle 25 ton/year.
tratteggiare, *v.a.* to draw broken lines; (*ombreggiare*), to shade; (*dis.*), to section.
tratteggiato, *p.p.* hatched; shaded.
tratteggio, *m.* section-lining; shading.
— **a linee e tratti,** section lining with dotted lines.
— **a linee intere,** section lining with full lines.
— **trasversale,** cross-hatching.
trattenere (*assorbire, spec. riferito a filtri*), to hold up.
trattenuta (*dallo stipendio, dal salario*) (*comm.*), deduction (of pay); (*fare una trattenuta sui salari*), to deduct from the wages.
— **d'acconto** (*trattenuta all'origine*) (*finan.*), withholding tax.
tratto, *m.* portion; stretch.
— **di linea** (*ferr.*), stretch of line.
— **di trazione** (*di fune*), pull side.
— **portante** (*di fune*), load side.
trattore, *m.* tractor.
— **a cingoli,** track-type tractor; crawler-type tractor (U.S.A.); creeper tractor; crawler tractor.
— **agricolo,** farm tractor.
— **a ruote,** wheeled tractor.
— **elettrico,** platform truck.
— **per aeroplani,** aeroplane tractor.
— **(avviare un — nuovo),** to start a new tractor.
— **(far funzionare il —),** to operate the tractor.
— **(fermare il —),** to stop the tractor.
— **(rimorchiare un —),** to tow a tractor.
trattoristica (industria —), tractor industry.
trattrice, *f.* tractor; traction engine.
trattura (*f.*) **della seta,** silk reeling; (*tess.*), cocoon reeling.
travaso, *m.* (*di cilindro*), intake port.

travatura, *f.* beam frame; strut frame; beam system.
— **con anima piena,** plate girder.
— **parabolica,** parabolic girder.
trave, *f.* beam; girder.
— **a catena,** joining balk.
— **a corona armata,** crown bar.
— **ad ali larghe,** wide-flange beam broad-flange girder.
— **ad archi continui,** continuous arched girder.
— **ad arco,** arched girder.
— **a doppio T** (*met.*), H-beam; H-girder; I-beam; I-girder.
— **a grande portata,** long span beam.
— **a mensola,** cantilever.
— **a piccola portata,** short span beam.
— **appoggiata** (*cost.*), supported beam.
— **appoggiata ad un estremo,** simply supported beam.
— **appoggiata alle estremità,** beam supported at both ends.
— **appoggiata alle estremità e caricata al centro,** beam supported at both ends and loaded at the centre.
— **armata,** reinforced beam.
— **a sbalzo,** overhanging beam; cantiler girder; overhung girder.
— **a scatola,** box beam.
— **a scatola multicellulare,** multicell box beam.
— **a sezione rettangolare,** rectangular beam.
— **a T** (*met.*), T-beam.
— **a T composta** (*met.*), built-up tee bar.
— **a traliccio,** lattice girder.
— **a U** (*met.*), channel beam; strut bracing.
— **circolare** (*ferr.*), circular girder
— **composta** (*cost.*), compound beam; built-up girder (*or* beam).
— **continua,** continuous beam; continuous girder.
— **curvata** (*o avente conicità semplice e doppia*) (*met.*), cambered girder.
trave di cemento armato, reinforced concrete beam.
— **di coda** (*aereo*), tail boom.
— **di collegamento** (*o* **secondaria**), trimmer; trimmed joist.
— **di colmo,** top beam.
— **di controvento,** wind brace.
— **di displuvio,** hip rafter.
— **di fascia,** angle course beam.
— **d'incavalcatura,** tie beam.
— **di rinforzo,** stiffening girder.
— **di sospensione,** suspension girder.
— **in aggetto,** v. — **a sbalzo.**
— **incastrata,** fixed beam.
— **incastrata ed appoggiata,** semifixed girder.
— **incavigliata,** doweled beam.
— **in cemento armato precompresso,** prestressed concrete beam.
— **in cemento armato precompresso ad ancoraggi,** prestressed beam with anchorages.
— **in cemento armato precompresso ad armature con aderenza,** bonded prestressed beam.
— **inflessa,** sagging beam.
— **laminata,** rolled girder.
— **maestra,** main girder.
— **parabolica,** parabolic girder.
— **per ponti,** bridge girder.
— **poligonale,** polygonal beam.
— **portacomando di sollevamento** (*opere di presa*) (*idraul.*), upper plate.
— **portante,** supporting beam.
— **portavetrata** (*costr.*), glazing section.
— **prefabbricata** (*cemento*), precast beam; precast girder.
— **principale,** main beam.
— **reticolare,** truss (*or*) lattice girder.
— **rinforzata,** reinforced beam.
— **semincastrata,** semifixed girder.
— **sospesa,** suspension girder.
— **stirata** (*met.*), stretched girder; stretched joist.
— **tesa,** stretched beam.
— **trasversale** (*cost.*), cross beam.
— **Vierendeel,** Vierendeel girder.
— **(altezza** (*f.*) **della —),** girder depth.

trave (armatura di una —), beam reinforcement.
— **(centro** (*m.*) **della —),** girder centre.
— **(mettere in opera una —),** to place a beam in position.
traversa, *f.* cross beam; (*ferr.*) sleeper; transverse; cross piece; (*diga*) weir; (*di pali teleg., ecc.*), cross arm; (*mecc.*), cross brace.
— **a crociera** (*auto.*), box section member.
— **a panconcelli** (*diga ad archi*) (*idraul.*), pin weir.
— **a paratoie,** sluice weir.
— **a soglia sommersa,** incomplete overfall.
— **a stramazzo,** waste weir.
— **a trapezio simmetrico smussato sui lati** (*ferr.*), bevelled rectangular sleeper.
— **cilindrica** (*idr.*), roller weir.
— **del battente** (*tess.*), going part.
— **di automobile,** cross member; cross rail (U.S.A.).
— **di telaio** (*auto*), crossmember.
— **mobile** (*macch. ut.*), cross-slide.
— **(rincalzare una —),** to pack (*or*) to insert a spleeper.
traversata con nave-traghetto per automobili (*naut.*), car ferry crossing.
traversina, *f.* (*ferr.*), tie (U.S.A.); cross-tie; sleeper.
— **a doppio T** (*ferr.*), I-section sleeper.
— **a nervature** (*ferr.*), ribbed sleeper.
— **da ponte,** bridge sleeper.
— **di cemento precompresso** (*ferr.*), prestressed concrete sleeper; prestressed sleeper.
— **gelata** (*dilatata dal gelo*) (*ferr.*), frost-heaved sleeper.
— **non gelata** (*non dilatata dal gelo*) (*ferr.*), non-heaved sleeper.
— **iniettata** (*ferr.*), impregnated sleeper.
— **semitonda** (*ferr.*), halfround sleeper; half-round tie (U.S.A.)
— **(inzoccolatura di una —)** (*ferr.*), notching of a sleeper.
traversino, *m.* (*fune per manovre di ormeggio*) (*naut.*), spring.
— **di catena,** link stud.
— **di caldaia,** cross bar.
— **di poppa,** aft spring.
— **di prua,** forward spring.
— **per attacco della rete,** (net) toggle.
traversobanco (*min.*), crosscut; cross-cut.
travertino, *m.* travertine.
travetti, *m. pl.* (*per centina*) (*min.*), bars.
travetto, *m.* (*costr.*) joist.
— **di piano fisso** (*palloni aerei*), fin carrier.
— **longitudinale intermedio** (*od ausiliario*) (*di aerostato*), intermediate longitudinal.
trawler diporto (*naut.*), trawler yacht.
trazione, *f.* traction.
— **anteriore** (*auto*), front drive.
— **a vapore** (*ferr.*), steam traction.
— **dell'elica** (*aer.*), airscrew thrust.
— **diesel** (*ferr.*), Diesel traction.
— **elettrica,** electric traction; electric transportation.
— **integrale (a 4 ruote motrici)** (*auto*), four-wheel drive.
— **posteriore** (*auto*), rear drive.
— **propulsiva** (*aereo*), propulsive thrust.
— **sulle 4 ruote** (*auto*), all-wheel drive.
trebbiatrice, *f.* threshing machine.
— **a vapore,** steam threshing machine.
— **ad uso sperimentale** (*agr.*), nursey thresher.
trebbiatura, *f.* threshing.
treccia, *f.* (*tess.*), braid.
— **di canapa,** hemp coiling.
— **semplice** (*tess.*), plain braid.
trecciatrice per funi (*tess.*), banding machine.
trefoli (macchina per fare —), stranding machine; strander.
— **(macchina per fare funi di acciaio a —),** wire-rope stranding machine.
trefolo, *m.* strand; v. **trefoli.**
— **centrale,** core strand.

trefolo di rame, copper strand.
trementina, *f.* turpentine.
— **canadese,** Canada balsam.
— **di Chio,** Chian turpentine.
— **di larice,** larch turpentine; Venice turpentine.
— **di Venezia,** Venice turpentine.
— **(essenza di —),** turpentine oil.
— **(spirito di —),** v. **essenza di —**.
— **(succedanei della —),** turpentine substitutes.
tremito, *m.* (*aereo*), flutter.
tremolite, *f.* (*min.*), tremolite.
treno, *m.* (*ferr.*) (*met.*), train.
— **a bidoni** (*met.*), sheet bar (rolling) mill.
— **a billette** (*met.*), billet mill.
— **a lamierini** (*met.*), sheet (rolling) mill.
— **a duo** (*laminatoio*), twin rolling mill.
— **a levitazione magnetica** (*ferr.*), mag levitated train.
— **articolato,** articulated train.
— **a trio** (*met.*), three high mill.
— **con inclinazione della cassa** (*ferr.*), tilting-body train.
— **con trasporto di automobili,** car-ferry train.
— **di gabbie** (*met.*), train of stands.
— **d'ingranaggi** (*orol.*), train.
— **di laminatoio,** train of rolls.
— **di laminazione a caldo** (*met.*), hot rolling train.
— **di lusso** (*ferr.*), limited train (U.S.A.).
— **di rotolamento** (*carri armati*) (*mil.*), trackwork.
— **di ruote,** train of gearing; wheel set.
— **duo irreversibile** (*met.*), passover mill.
— **elettromagnetico,** magnetic train.
— **finitore** (*met.*), finishing rolls.
— **(per) lamiere grosse** (*met.*), plate mill.
— **medio** (*lamin. met.*), medium-sized rolling mill.
— **(per) nastri** (*met.*), strip mill.
— **(per) nastri larghi,** wide strip mill.
— **-navetta** (*per trasporto delle automobili a seguito dei viaggiatori*) (*ferr.*), shuttle-service train.
treno per cerchiature (*met.*), strip mill.
— **per ruote** (*met.*), wheel rolling mill.
— **portacontenitori,** container train; freightliner container train.
— **rapido** (*ferr.*), limited train (U.S.A.).
— **reversibile** (*met.*), reversing mill; reversing train.
— **sbozzatore** (*met.*), blooming mill; cogging mill.
— **slabbing** (*lamin. met.*), slabbing stand.
— **tondi** (*met.*), bar mill.
— **traghetto,** boat train.
— **tubi senza saldatura** (*met.*), seamless tube mill.
— **universale** (*laminatoio*), universal rolling mill.
— **zig-zag** (*lamin. met.*), cross-country mill.
— **(permettere l'entrata di un —)** (*ferr.*), to accept a train.
treppiede, *m.* tripod.
trequarti, *m.* (*per estrazione liquidi*) (*med.*), trocar.
triac (*elettron.*), triac.
triacetina, *f.* triacetin; triacetate glycerol.
triadica, *f.* (*mat.*), triadic.
triamilamina, *f.* (*chim.*), triamylamine (*usata nell'indust. tintoria*).
triangolazione, *f.* triangulation; triangulation (survey).
— **secondaria** (*top.*), secondary triangulation.
triangolo, *m.* triangle.
— **acutangolo,** acute-angled triangle.
— **« auto ferma »** (*per segnalare un arresto*) (*auto*), warning triangle.
— **della corrente** (*elet.*), current triangle.
— **delle forze,** triangle of forces.
— **d'entrata** (*turbine*), inlet triangle.

triangolo di raccordo (*ferr.*), reversing triangle.
— **d'uscita** (*turbine*), outlet triangle.
— **equilatero,** equilateral triangle.
— **isoscele,** isosceles triangle.
— **ottusangolo,** obtuse-angled triangle.
— **rettangolo,** rectangular triangle; right-angled triangle.
— **scaleno,** scalene triangle.
— **sferico,** spherical triangle.
triara, f. (*ind. mol.*), cylinder grader.
tribasico, *agg.* tribasic.
tribo-elettricità, *f.* tribo-electricity.
tribologia, *f.* (*studio della lubrificazione, attrito ed usura*), tribology (study of lubrication, friction and wear).
triboluminescenza, *f.* (*luminescenza prodotta da attrito o disturbi fisici, p. es. macinando o polverizzando alcuni solidi*) (*fis.*), triboluminescence.
tribromoacetaldeide, *f.* (*chim.*), tribromoacetaldehyde.
tribuna, *f.* (*costr. per campi sportivi*), grandstand (*tribuna principale*); the stands (*le tribune*).
— **libera** (*discussione alla radio telev., ecc.*), forum.
— **politica** (*TV*), telecast forum.
triciclo da infermo, invalid chair.
triclinico, *agg.* triclinic.
tricloroacetico (acido —) (*chim.*), trichloroacetic acid.
triclorobenzene, *m.* (*chim.*), trichlorobenzene.
tricloroetano, *m.* (*chim.*), trichloroethane.
tricloroetilene, *m.* trichloroethylene.
triclorornonofluorometano, *m.* (*chim.*), trichloromonofluoromethane.
triclorosilano, *m.* (*chim.*), trichlorosilane.
tricosano, *m.* (*chim.*), tricosane.
tri-cristallo (*met.*), metallic tricrystal.
tricromatico, *agg.* trichromatic.
tricromia, *f.* (*tip.*), three-colour printing.
tricuspidale, *agg.* tricuspid.
tridecanolo, *m.* (*chim.*), tridecanol.
triedro, *m.* trihedron.
trietanolammina, *f.* (*chim.*), triethanolamine.
trietilammina, *f.* (*chim.*), triethylamine.
trietilenetetrammina, *f.* (*chim.*), triethylenetetramine.
trifase, *agg.* three-phase.
trifenilguanidina, *f.* (*chim.*), triphenylguanidine.
trifenilmetano, *m.* triphenylmethane.
trifluorocloroetilene, *m.* (*chim.*), trifluorochloroethylene.
trifoglio ibrido (*bot.*), alsike clover.
— **incarnato,** crimson clover.
— **rosso,** red clover.
trigetto, *m.* (*aereo*), **trijet.**
triglifo, *m.* (*arch.*), triglyph; **triglyf** (*pr.* trai'—).
trigonometria, *f.* trigonometry.
— **piana,** plane trigonometry.
— **sferica,** spherical trigonometry.
trigonometrico, *agg.* trigonometric.
triisobutilene, *m.* (*chim.*), triisobutylene.
trilione (*mat.*), trillion.
trilionesimo di grammo, trillionth of a gram.
trilòbo, *m.* (*arch.*), flamboyant trefoil.
trimerico (*chim.*), trimeric.
trimetilammina, *f.* (*chim.*), trimethylamine.
trimetilglicolia, *f.* (*betaina*) (*chim.*), trimethyl glycoll; (betaine).
trimetilmetano, *m.* (*chim.*), trimethylmethane; isobutane.
trimmer (*elettrot., radio*), trimmer.
trimotore, *m.* three-engined plane.
trinca, *f.* (*naut.*), gammoning.
trincarino, *m.* (*dello scafo*) (*naut.*), boat stringer.
trincea, *f.* (*cost. civ.*), cut; (*cost. ferr. e stradale*), cutting.
— **d'accesso** (*cost. min.*), approach cutting.
— **in roccia** (*cost.*), rock cutting.

trincea in terreno ondulato (*ferr.*), hog-backed cutting.
— **in terreno piano** (*ferr.*), level cutting.
— **(allargamento della —)**, cutting widening.
— **(dare una pendenza dolce alle scarpate di —)** (*cost. civ.*), to flatten the slopes.
— **(in —)**, (*cavi, scavi, ecc.*), entrenched.
trinciaforaggi, *m.* silage cutter; chopper (*agr.*).
trincialegna, *m.* (*agr.*), wood chipper.
trinciasarmenti, *f.* (*mecc. agr.*), brush wood chopper.
trinciastocchi-trinciapaglia (*mecc. agr.*), pole and straw-cutting machine.
trinciatore, *m.* (*cuoio*), clinker.
trinitrofenolo, *m.* (*chim.*), trinitrophenol; picric acid.
trinitrotoluene, *m.* trinitrotoluene.
trio (per) lamiere grosse (*met.*), three-high plate mill.
triodo, *m.* triode valve; three electrode valve.
— **a cristallo** (*elet.*), crystal triode.
— **a gas** (*telev.*), gas relay.
— **esodo,** triode-hexode.
triossido, *m.* (*chim.*), trioxide.
— **di cromo,** chromium trioxide.
— **di manganese,** manganese trioxide.
— **di zolfo,** sulphur trioxide.
tripalmitina, *f.* (*chim.*), tripalmitin.
tripletto, *m.* (*fis. atom.*), triplet.
triplicatore, *m.* (*audio, ecc.*), tripler.
tripoli, *m.* (*geol.*), tripoli; rotten stone.
triptofano, *m.* (*chim.*), tryptophan.
trisolfuro, *m.* (*chim.*), trisulphide.
— **di arsenico,** arsenious trisulphide.
trisonico (*aereo*), trisonic; (*velocità trisonica*), trisonic speed.
tritacarne, *f.* mincing-machine; sausage-machine (*per fare salsicce*); meat-chopper (*per fare salumi*).
tritello, *m.* (*comm.*) (*di avena*), groats.
tritello di antracite, pea coal.
tritio, *m.* (*fis. atom.*), tritium.
trituratrice, *f.* pulping machine.
triturazione, *f.* crushing.
trivalente, *agg.* trivalent.
trivalenza, *f.* (*chim.*), tervalency.
trivella, *f.* auger (*trivella cava*); trial boring tool.
— **a cucchiaio,** spoon auger.
— **a diamante** (*ing. min.*), diamond core drill.
— **a tubo,** core drill.
— **a valvola,** auger with valve.
— **elicoidale,** worm auger.
— **mobile** (*petrol.*), mobile rig.
— **rotary,** rotary rig.
— **rotary con comando a distanza** (*petr.*), remote control rig.
trivellare, *v.a.* to bore.
trivellazione, *f.* boring; v. **fanghi di —.**
— **ad aria compressa,** air drilling.
— **a percussione** (*min.*), percussive drilling.
— **di pozzi,** drilling; v. **perforazione.**
— **esplorativa,** explorative drilling.
— **mediante gas,** drilling with gas.
— **silenziosa,** soundproof drilling.
— **(chiatta di —),** drilling barge.
troncabarre, *f.* cutting off machine; (*macch. ut.*), bar cropper.
troncamento, *m.* (*mecc.*), cutting off.
troncare, *v.a.* to cut off; (*mecc.*), to part off.
troncatrice, *f.* cutting-off machine.
— **a coltelli rotanti** (*macch. ut.*), revolving cutter cut-off machine.
— **a disco abrasivo** (*macch. ut.*), abrasive wheel cutting-off machine.
— **a sega circolare** (*macch. ut.*), circular saw cutting-off machine.
— **a sega circolare automatica** (*macch. ut.*), automatic circular saw type cutting-off machine.
— **a tubo rotante** (*macch. ut.*), rotary tube cutting-off machine.

troncatrice per lingotti (*macch. ut.*), ingot parting-off machine; ingot slicing machine.
— **per tubi** (*macch. ut.*), pipe cutting-off machine.
— **volante automatica per profilati** (*met.*), automatic flying shears for sections.
troncatura (*con tenaglie, ecc.*), nip off; (*di barre, tubi*) (*mecc.*), parting off.
tronchese, *m.* nippers; pincers; tongs.
tronco, *m.* frustum (*geom.*); trunk (*bot.*); section (*t. stradale*).
— **del battente** (*tess.*), sley cheek.
— **di binario**, stretch.
— **di piramide,** frustum of pyramid.
— **di raccordo** (*ferr.*), feeder line.
— **di un circuito elet.,** leg.
— **ferroviario,** railway section; railway stretch.
troostite, *f.* troostite.
— **lamellare,** lamellar troostite.
tropicalizzare, *v.a.* to tropicalise.
tropici, *m. pl* (*astr.*), tropics.
tropico del Cancro, Tropic of Cancer.
— **del Capricorno,** Tropic of Capricorn.
tropina, *f.* (*med.*), tropine.
tropopausa, *f.* tropopause; great inversion.
troposfera, *f.* troposphere.
troppo pieno, *m.* overflow.
trovare, *v.a.* to find (*v.i.*); to detect (*rivelare, scoprire*); to devise (*progettare, escogitare*); (*col calcolo*), to work out.
— **l'impedenza** (*calcolare l'—*), to work out the impedance.
trozza, *f.* (*naut.*), truss (*staffa di metallo*).
trucioli, *m. pl.* chips; shavings.
— **di ghisa,** borings.
— **metallici,** metal chips.
— **(raccoglitore di —),** chip pan.
trucco (*m.*) **fotografico** (*cinem.*), faking.
truogolo, *m.* trough.
truschino, *m.* surface gauge.
tubaggio, *m.* (*petrol.*), casing.
tubatura, *f.* conduit (*condotto*); pipe.
— **del gas,** gas conduit; gaspipe.
— **per l'acqua,** water-pipe; water conduit (*condotta*).
tubazione, *f.* pipe; conduit; pipe conduit; mains; piping; line.
— **d'acqua,** water piping; water conduit; water-pipe.
— **d'aspirazione,** suction pipe.
— **del vapore,** steam line.
— **di distribuzione,** distributing pipe.
— **di materie plastiche,** plastic pipe.
— **di posta pneumatica,** despatch tube.
— **di scappamento,** exhaust-pipe.
— **di scarico,** discharge line.
— **di vetro,** glass piping.
— **flessibile,** flexible tubing.
— **per superriscaldatori,** superheater tubing.
— **principale del gas; dell'acqua; del vapore,** gas mains; water mains; steam mains.
tubazioni di servizio (*gas, ecc.*), service pipes.
— **(parti d'adattamento per —),** pipe fittings.
tubercolo (*accumulo di aspetto mammellonare, sulla superficie del materiale metallico*) (*met.*), tuberculation.
— **(formazione di —)** (*corrosione met.*), tuberculation.
tubetto, *m.* (*tess.*), bobbin; tube.
— **conico** (*tess.*), cone.
tubi bollitori, boiler tubes.
— **isolanti** (*elet.*), v. **pezzo di raccordo; manicotto di riduzione.**
— **per l'industria petrolifera,** oil country goods.
— **(apparecchio per la chiusura dei —)** (*cosmetici*), tube closer.
— **(fabbrica di —),** pipe-works; tube-works.
— **(macchina per filettare —),** pipe-threading machine.
— **(macchina per tagliare —),** pipe cutting-off machine.
— **(parti d'adattamento per —),** pipe fittings.

tubiera, *f.* (*met.*), tuyere.
— **della loppa** (*met.*), slag tuyere.
— **del vento** (*met.*), tuyere.
— **per insufflazione del gas** (*met.*), gas injection tuyere.
tubificio, *m.* (*met.*), tube plant.
tubista, *m.* pipe-fitter.
tubo, *m.* pipe; tube; hose (*flessibile, per pompieri, ecc.*).
— **a cascata** (*radio*), cascade tube.
— **a catodo caldo** (*elettron.*), hot-cathode tube.
— **a catodo freddo** (*elettron.*), cold-cathode tube.
— **a catodo incandescente,** glow-cathode tube.
— **acceleratore,** accelerator tube.
— **acustico,** speaking-tube.
— **ad alto vuoto,** high-vacuum tube.
— **adduttore** (*idr.*), flow-pipe.
— **adduttore del seme** *macch*). *agric.*), seed tube.
— **ad U,** U-tube.
— **a flangia,** flanged pipe.
— **a gas** (*aereo*), turbine entry duct; (*radiol.*), gas tube.
— **a gomito,** knee bend; square elbow; round elbow; elbow.
— **alettato** (*od ad alette*), gilled tube; finned tube.
— **a liguetta battente** (*acust.*), reed pipe.
— **al neon** (*ill.*), neon lamp; neon tube (*termoion.*),
— **a manicotto,** socket pipe.
— **(***o* **valvola) a modulazione di velocità** (*elettron.*), velocity-modulated tube.
— **(***o* **valvola) a onde progressive** (*elettron.*), traveling-wave tube (U.S.A.); travelling-wave tube.
— **appiattito** (*met.*), flattened tube.
— **a raggi catodici,** cathode-ray tube.
— **a raggi X,** X-ray tube.
— **armato,** armoured conduit.
— **a scarica** (*termoion.*), discharge tube.
— **a scarica elettronica** (*termoion.*), electron discharge tube.
— **a scarica luminosa,** glow discharge tube.
tubo a sezione rettangolare, rectangular pipe.
— **a spirale,** spiral pipe.
— **aspirante,** suction pipe.
— **aspirante armato,** armoured hose.
— **a vuoto** (*termoion.*), vacuum tube.
— **bollitore,** boiler tube.
— **capillare,** capillary tube.
— **centrifugato** (*met.*), spuncast tube.
— **cilindrato,** rolled tube.
— **collettore di scappamento** (*mot.*) exhaust manifold.
— **commerciale liscio (— bollitore),** merchant quality boiler tube.
— **compensatore** (*ing.*), balance pipe.
— **composito,** composite tube.
— **compound,** compound pipe.
— **con pezzo d'immissione laterale,** pipe with side inlet.
— **contatore,** counter tube.
— **da caldaia,** boiler tube.
— **da fumo,** smoke tube; (*caldaie*), fire tube.
— **d'alimentazione del combustibile** (*aereo*), fuel manifold.
— **dello sterzo** (*auto*), steering column tube.
— **di acciaio** (*met.*), steel pipe.
— **di acciaio austenitico,** austenitic steel tube.
— **di acciaio inossidabile,** stainless steel tube.
— **di acciaio levigato internamente,** internally honed steel pipe.
— **di acciaio saldato a spirale,** spiral welded tube.
— **di alimentazione** (*che fornisce la miscela ad un cilindro solo di un motore*) (*aereo*), induction pipe; feed pipe (*in generale*).
— **di ammissione del gas,** gas inlet tube.
— **di argilla per fognature,** clay sewer pipe.
— **di aspirazione** (*min.*), snore piece.
— **di Bourdon** (*aereo*), Bourdon tube.

tubo di caduta (*seminatrici*) (*agr.*), delivery tube.
— di calcestruzzo, concrete pipe.
— di campo ritardante (*term.*), retarding field tube.
— di caricamento del combustibile (*fis. atom.*), fuel charge tube.
— di caricamento dell'elemento combustibile (*fis. atom.*), fuel-element charging tube.
— di cemento armato ad anima metallica e soggetto a pressione, steel-cylinder reinforced-concrete pressure pipe.
— di cemento armato, soggetto a pressione, reinforced-concrete pressure pipe.
— di collegamento (*fra le camere di combustione*) (*aereo*), interconnector.
— di condotta (*d'acqua*), (water) distribution pipe; (water) supply and distributing pipe.
— di condotta forzata, pressure pipe; delivery pipe.
— di derivazione (*ing.*), service pipe.
— di diramazione, branch pipe.
— di distribuzione, distributing pipe.
— di distribuzione dell'acqua, water distribution pipe.
— di drenaggio, drain pipe.
— di entrata (*radio*), leading-in tube.
— di eternit, eternit pipe.
— di ferro saldato, wrought-iron pipe (*termine usato anche per i tubi in acciaio*); genuine wrought iron pipe (*termini usati per distinguere un tubo di ferro saldato da uno di acciaio*).
— di Geissler (*elet.*), Geissler tube.
— di ghisa, cast-iron pipe.
— di ghisa per fognatura, sewer (cast)iron tube.
— di gomma, rubber tube.
— di gomma dell'acqua (*p. es. di lavatrice*), water-hose.
— di gomma flessibile per comunicare fra l'istruttore e l'allievo (*aereo*), gosport (U.S.A.).
tubo di gomma per travaso di liquidi (o per lavaggio), hose.
— di grande diametro (*di ferro saldato*), O. D. pipe (outside diameter pipe) (*riferito a diam. esterno*).
— di grès, stoneware pipe.
— di gronda, down pipe; rainwater pipe.
— di lancio (*armi*), bore; (*missili*), launch tube.
— d'introduzione, inlet tube.
— d'introduzione della benzina, petrol inlet tube.
— di ottone, brass pipe.
— di piombo, lead pipe.
— di piombo da gas, gas lead pipe.
— di Pitot (*aereo*), Pitot tube.
— di plastica, plastic tube.
— di porcellana, porcelain pipe.
— di propulsione (*aereo*), propulsive duct.
— di protezione, protecting tube.
— di raccordo, joining pipe.
— di rame, copper pipe.
— di ripresa « image orthicon » (*telev.*), image orthicon (camera) tube.
— di ripresa televisiva (*telev.*), camera tube; pickup tube.
— di riscaldamento, heating pipe.
— di rivestimento, pipe liner.
— di scappamento vapore (*di locomotiva*), blast pipe.
— di scarico, down-pipe; (*di ritirate, ecc.*), soil pipe; (*term.*), discharge tube; (*libero, senza collettore*), (*aereo*), stub pipe.
— di scarico di doccione, offset.
— di scolo, drain pipe; drainage conduit.
— di scolo dello scaricatore di grano, sack unloading funnel.
— di scarico elettronico (*term.*), electron discharge tube.
— di sicurezza, warning pipe.
— di sonda ermetico (*a parete piena*), blank pipe.
— di stufa, stove pipe.
— di trasporto, conveyor tube.
— di troppo pieno, overflow pipe.
— di unione (*fond.*), sleeve piece.

tubo di ventilazione (*cost. civ.*), ventilating pipe; vent pipe.
— **di vetro,** glass tube; glass pipe.
— **di vetro a flangia conica,** conical flanged glass pipe.
— **d'uscita del collettore** (*aereo*), tail pipe.
— **elettronico,** electron tube.
— **estruso,** extruded tube.
— **-fiamma** (*aereo*), flame-tube.
— **filettato,** threaded pipe.
— **finito a caldo** (*met.*), hot finished tube.
— **finito di laminazione a caldo** (*met.*), hot rolled finished tube.
— **flessibile** (*per condotte elettriche*), flexible tube.
— **flessibile per motoc.,** petro-flex.
— **fluorescente** (*termoion.*), glow tube.
— **fluorescente di griglia** (*termoion.*), grid-glow tube.
— **galvanizzato,** galvanized pipe.
— **gas** (*gas*), standard pipe.
— **guida** (*armi*) (*mil.*), guide tube.
— **in acciaio per fondazioni idrauliche,** steel shell.
— **in cemento armato precompresso,** prestressed pipe.
— **isolante** (*elet.*), conduit; tubing.
— **levigato,** v. **tubo di acciaio levigato internamente.**
— **Mannesmann,** Mannesmann tube.
— **metallico flessibile,** flexible metallic tube.
— **multiplo** (*elettron.*), multiple-unit tube.
— **nero,** black pipe.
— **ondulato,** corrugated tube.
— **per colonna** (*di colata in sorgente*) (*fond.*), centre riser; centre runner.
— **per condotte,** line pipe; pressure pipe.
— **perforato,** perforated tube.
— **perforatore,** drive tube; drill tube.
— **per la lubrificazione,** oil pipe
— **per ponteggio** (*costr.*), scaffolding tube.
— **per trivellazione** (*petrol., ecc.*), drill pipe.

tubo pilota (*telev.*), monitor **tube.**
— **plasticato** (*met.*), plasticized tube.
— **portacarota (cilindro interno portacarota)** (*perforaz. min.*), core retaining tube.
— **radiante** (*met.*), radiant tube.
— **rigido di plastica,** rigid plastic pipe.
— **rivestito di cemento,** cement-lined pipe.
— **rivestito di gomma,** rubber-lined pipe.
— **rivestito di piombo,** lead-lined pipe.
— **röntgen** (*radiol.*), roentgen tube; X-ray tube.
— **sagomato,** special section tube.
— **saldato,** welded pipe.
— **saldato a saldatura forte,** brazed tube.
— **saldato a sovrapposizione,** lap-welded pipe.
— **saldato per bollitura,** butt-welded pipe.
— **saldato testa a testa,** butt-weldeb pipe.
— **scanalato,** fluted tube; (*ceramica*), grooved tube.
— **senza saldatura,** seamless tube.
— **senza saldatura finito a caldo** (*met.*), hot finished seamless tube.
— **soggetto a pressione,** pressure pipe.
— **telescopico,** telescopic tube.
— **televisivo con messa a fuoco automatica** (*telev.*), self-focusing picture tube.
— **termoelettronico** (*termoion.*), thermionic tube.
— **termoionico,** thermoinic tube (*or* valve).
— **tiratron** (*elet.*), thyratron tube.
— **tirante** (*caldaie*), stay tube.
— **trafilato,** drawn tube.
— **trasformatore di immagine** (*telev.*), image converter tube.
— **Venturi,** Venturi tube; Venturi meter.
— **zavorra** (*elet.*), ballast tube.
— **(gettare un —),** to lay a pipe.

tubo (mettere un —) nello scavo, to lay a pipe in the trench.
— (pressione di esercizio di un —), working pressure of a pipe.
— (pressione di prova di un —), bursting pressure of a pipe.
— (prova di efficienza di un —), soundness test of a pipe.
— (rivestimento di un —), pipe covering (*esterno*); pipe lining (*interno*); casing of a pipe.
— (spessore di un —), thickness of a tube.
— (unire la flangia al —), to attach a flange to a pipe.
tuffo dalla piattaforma (*sport*), platform diving.
— dal trampolino (*sport*), springboard diving.
tufo, tuff.
— basaltico, basaltic tuff.
— calcareo, calcareous tuff.
— porfirico, porphyritic tuff.
tuga, *f.* (*naut.*), bridge house.
tullio (*chim*), *m.* thulium.
tungstato, *m.* (*chim.*), tungstate; wolframate.
— di lantanio, lanthanium tungstate; $La_2(WO_4)_3$.
tungsteno, *m.* (*chim.* = W), tungsten.
— toriato (*elettron.*), thoriated tungsten.
— (punto di fusione del —), tungsten melting point.
tunnel dell'albero (*auto*), transmission tunnel.
turacciolo, *m.* stopper.
— con cappello di alluminio, aluminium top cork.
— conico, taper cork.
— per fiale, small cork for vials.
— per spruzzatori, sprinkler cork.
turapori, *m.* (*vernici*), sealer.
— cellulosico, lacquer sealer.
— in pasta, paste filler.
— per pavimenti (*vernici*), floor sealer.
turbidimetro (*nefelometro*), *m.* (*chim.*, *cost.*), turbidimeter.
turbina, *f.* turbine.
— ad acqua, water turbine.
— ad azione, impulse turbine.
turbina ad azione e reazione, disc-and-drum turbine; combination turbine.
— ad azione mista, mixed-pressure turbine.
— ad elica, propeller-type turbine.
— a due stadi (*aereo*), two-stage turbine.
— ad ugelli, turbine with single pressure stage.
— a gas, gas turbine.
— a gas con compressore assiale (*aereo*), axial compressor gas turbine.
— a gas semplice (*aereo*), simple gas turbine.
— a propulsione ad elica (*aereo*), propeller-turbine engine.
— a reazione (*ing.*), reaction turbine; gas turbine; (*aereo*), turbo-jet.
— assiale, axial flow turbine.
— assiale ad uno stadio (*aereo*), single stage axial turbine.
— a vapore, steam turbine.
— a vapore Parson, Parson's steam turbine.
— centrifuga, outward-flow turbine.
— centripeta (*aereo*), inward-flow turbine.
— elica (*aereo*), turbine-airscrew.
— Francis, Francis water turbine.
— Francis ad asse verticale, vertical Francis turbine.
— idraulica, water turbine.
— Kaplan, Kaplan water turbine.
— mista a getto ed elica (*aereo*), compound propeller turbine (engine).
— multipla, multi-stage turbine.
— radiale, radial flow turbine.
— radiale a molti stadi, multi-stage radial turbine.
— semplice, single-stage turbine.
— Whittle (*aereo*), Whittle unit.
turbo (*auto*), turbo (*pl.* turbos).
— (motore —) (*auto*), turbocharged engine.
turboalbero, *m.* (*mot. aerei*) (*motore a turbina a gas simile a una turboelica, generalm. usato per elicotteri*), shaft turbine.
turboalternatore, *m.* turbine generator.

turboalternatore ad alta frequenza, high frequency turbine generator.
— **a gas,** gas turbo alternator.
— **azionato da turbina a gas,** gas turbine alternator.
turbocisterna, *f.* (*naut.*), turbine tanker; turbine vessel.
turbocompressore *m.* (*auto*), turbocharger.
turbodinamo, *m.* turbo-dynamo.
turboelica, *f.* (*turbina a gas a propulsore mediante elica e un piccolo getto residuo*) (*mot. aerei*), turboprop engine.
turboessiccatore verticale, vertical turbodryer.
turbogeneratore, *m.* (*elet.*), turbogenerator.
turbogeneratori (gruppi di —), units of turbo-generators.
turbogeneratrice, *f.* (*mecc.*), turbogenerating unit.
turbogetto, *m.* (*aereo*), turbojet.
— **a compressione assiale** (*aereo*), axial compressor gas turbine engine.
turbolenza, *f.* turbulent flow.
— **del bagno** (*chim.*, *met.*), turbulence of the bath.
— **(zona di —),** vortex street.
turbomacchine radiali, radial machines.
turboperforazione, *f.* (*petrolio*), turbodrilling.
turbopompa, *f.* turbopump; turbine-pump.
turbopropulsore, *m.* (*aereo*), propeller turbine engine; turboprop; turboprop aircraft (*aereo*).
turboreattore (*m.*) (*aereo*), jet turbine engine; turbojet; turbojet aircraft.
— **a doppio flusso** (*aereo*), ducted-fan turbine engine; turbo fan.
turbotreno, *m.* turbotrain.
turboventilatore (*aereo*), turbofan.
turchese, *f.* turquoise.
turnazione, v. **turno.**
turnista, *agg.* (*personale turnista*) (*di turno*), shift (shift personnel).
turno, *m.* (*di lavoro*), shift; (*miniere*), manshift.
— **notturno,** night shift.
tuta, *f.* overalls.
— **in tessuto lavabile, senza stiratura,** wash-and-wear overalls.
— **spaziale,** space suit.
tutt'ala, *m.* (*aereo*), tailless aircraft.
tutto (a —) gas (*motori*), all out.
— **sterzo** (*auto*), vedi: **curvare —.**
tweeter a cupola (*audio*), dome tweeter.

U

ubicare, *v.a.* to locate; to site.
— **le acciaierie vicino alle fonti di materie prime,** to site steelworks near to raw material sources.
ubicazione, *f.* location; siting.
— **dell'area (***o* **della zona)** (*per scelta dell'area fabbricabile*), site location.
— **dello stabilimento** (*met., ecc.*), plant location; plant siting.
udienza (*leg.*), hearing.
ufficio (*m.*) **controllo dell'aeronautica** (*inglese*), Aeronautical Inspection Directorate (A.I.D.).
— **dei brevetti,** patent office.
— **di collocamento,** employment office.
— **di compra-vendita diretta** (*finan.*), marketing board.
— **disegnatori,** drawing office.
— **disegni,** drafting-room (U.S.A.); drafting office (U.S.A.).
— **meteorologico** (*meteor.*), met office.
— **metrico,** bureau of standards (U.S.A.); Assize Board.
— **progettisti,** design office; planning office.
— **ricerche e studi aeronautici della RAF** (*aereo*), aeroplane and armament experimental establishment.
— **stampa** (*gen.*), press office.
— **statale dei rapporti di lavoro,** state labor relations board.
— **tecnico,** technical office; jig and tool office.
— **vendite** (*comm.*), sales office.
ugelli (*m. pl.*) **di riscaldamento** (*per forni*), blowpipe nozzles (*for kilns*).
ugello, *m.* nozzle (*distributore; imbocco*).
— **a spruzzo piatto,** flat-spray nozzle.
— **di altoforno,** tuyere.
— **di insufflazione** (*met.*), tuyere injection port.
ugello di miscela, mixing nozzie.
— **di propulsione** (*aereo*), propelling nozzle.
— **di scarico** (*aereo*), exhaust nozzle.
— **di una fucina,** tuyere.
— **normalizzato** (*met.*), standard nozzle.
— **per getto di sabbia,** sand blast nozzle.
— **per iniezione d'acqua,** water injection nozzle
— **(recipiente per raffreddare l'—)** (*d'una fucina*), water-bosh.
ugnatura, *f.* chamfer.
uguagliare, *v.a.* (*tess.*), to equalise.
— **il nastro** (*tess.*), to equalise the sliver.
ugualizzazione (*met.*), v. **zona di —.**
ulcera di corrosione (*cavità prodotta dalla corrosione sulla superficie del metallo, di piccole dimensioni rispetto alle notevoli dimensioni trasversali*) (*met.*), scar; saucer-shaped pit.
ulcerazione cutanea (*infortuni sul lavoro*), cutaneous ulcer.
ulivo, *m.* olive tree.
ultimare (*lavori ferr., ecc.*), to complete.
ultimazione, *f.* (*ferr., ecc.*), completion.
— **di un altoforno,** blast furnace completion.
— **(l'— è prevista per il mese di marzo),** completion is scheduled for March.
— **(in fase di —),** nearing completion.
ultimo, *agg.* latest (*più recente*); last (*in ordine di numero; scorso rif. a tempo*).
ultra-accelerante (*superaccelerante*) (*gomma*), ultra-accelerator.
ultracentrifuga, *f.* (*o* **supercentrifuga)** (*chim.*), ultra-centrifuge.
ultrafiltro, *m.* ultrafilter.
ultrafine, *agg.* v. **frazione —** (*min.*).

ultramicroscopico, *agg.* ultramicroscopic.
ultramicroscopio, *m.* ultra-microscope.
ultrarapido, *agg.* ultrafast; superfast; ultrarapid; (*placcatura ultrarapida*), ultrafast plating.
ultrarosso (*ott.*) (*spettrometria*), ultrared; (infra-red).
ultrasonica, *f.* ultrasonics.
ultrasonico, *agg.* ultrasonic.
— **(esame — delle billette),** ultrasonic testing of billets.
ultrasuono, m. ultra-sound.
ultraveloce, *agg.* superfast.
ultravioletto, *agg.* ultra-violet.
ultravuoto (*fis.*), ultra-high vacuum.
umettatore (*antincendio ecc.*), damper; (*antincendio*), fire damper.
umettazione (*della carta prima della satinatura*), (paper) damping.
umidificante, *m.* (*chim.*), wetting agent.
umidificatore, *m.* (*apparecchio*), humidifier.
— **del polverino** (*met.*), dust wetting plant.
umidificazione, *f.* humidification.
umidità, *f.* dampness; humidity; moisture; moistness.
— **assoluta,** absolute humidity.
— **critica,** critical humidity.
— **del vento** (*altoforno met.*), blast moisture.
— **relativa,** relative humidity.
— **(pavimento protetto dall'—),** damp-proof floor.
— **(protetto dall'—),** damp-proof.
umido, *agg.* damp; humid; moist; v. **concentrazione magnetica ad —.**
— **(a —),** v. **filatura; finissaggio; ritorcitura a—.**
umidostato, *m.* (*strumenti*), moisture teller; moisture tester.
uncino, *m.* hook; clasp.
— **del pluviale,** pipe hook.
ungere, *v.a.* to oil (*con olio*); to grease (*col grasso*); to lubricate (*lubrificare*).
unghia (*f.*) **cilindrica,** ungula.
unghia dell'utensile, cutting point.
— **sferica,** spherical cone.
unghiatura ritardata (*smalti, ecc.*), delayed fish scaling.
unghietta, *f.* cross cutting chisel
unguento, *m.* unguent.
unidirezionale (*in un sol senso*) (*trasmiss. di dati a distanza*), simplex.
unificare, *v.a.*; to standardize; unify.
— **il linguaggio tecnico delle norme** (*ing.*), to tie up the technical language of standards.
unificazione, standardization; unification.
— **delle norme,** unification of standards.
unificazioni (*f. pl.*) **aeronautiche** (*aereo*), aircraft general standards; A.G.S.
unifilare, *agg.* unifilar.
uniforme, *agg.* (*riferito a distribuzione di calore, ecc.*), even.
uniformemente, *avv.* evenly.
— **accelerato** (*moto*), uniformly accelerated (*motion*).
— **(distribuire l'aria — su un'ampia area),** to distribute air evenly over a wide area.
uniformità, *f.* evenness.
— **di contenuto di metallo,** uniformity of metal contents.
unigiunzione (transistor —) (*elettron.*), unijunction transistor.
unione, *f.* union; joint (*giunto*).
— **a coda di rondine,** dovetail joint; dovetailing.
— **a dado,** nut union.
— **a dentatura retta,** tabled joint.
— **a denti,** scarf joint.
— **a flangia,** flange union; flanged joint; flanged coupling.
— **a forchetta con chiavetta,** cotter joint.
— **a mezzo legno** (*faleg.*), rebating.
— **a vite per tubi,** hose-coupling; pipe *or* thread end union.
— **con arpione,** clamp joint.
— **con caviglie** (*faleg.*) dowelling.
— **doganale,** customs unit.
— **mediante adesivi** (*met.*), adhesive joining.

unione saldata (*sald.*), welding joint.
— **tutta in ghisa,** all malleable-iron union.
— **tutta in ottone,** all brass union.
unipolare, *agg.* unipolar.
unire, *v.a.* to unite; to connect; to join.
— **mediante saldatura,** to weld together.
— **orizzontalmente** (*bozze*), draw together.
unità, *f.* unit; (*apparecch. autonoma*) (*mot.*), self-contained unit.
— **assoluta,** absolute unit.
— **a dischi** (*inform.*), disc unity; disc drive.
— **astronautica,** astronautical unit.
— **centrale** (*calcol. elettron.*), central processing unit.
— **componibile per punzonare e tranciare** (*mecc.*), punching and shearing unit.
— **centrale di elaborazione** (*elettron.*), central processing unit; (*calcol. elettron.*), central processor.
— (*pl.*) **del sistema internazionale** (*di filettatura*) (*mecc.*), SI units.
— (*pl.*), **del sistema metrico,** metric units.
— **derivata,** derived unit.
— **di arrostimento** (*piriti*), roasting unit.
— **di calore,** unit of heat; thermal unit.
— **di calore inglese,** British thermal unit.
— **di capacità,** unit of capacity; unit for capacity.
— **di conto** (*finan.*), accounting unit.
— **di controllo digitale** (*macch. ut.*) digital control unit.
— **di energia,** unit of power.
— **di forza,** unit of force.
— **di lavoro,** unit of work.
— **di lettura** (*inform.*), readout unit.
— **di luce,** unit of light.
— **di lunghezza,** unit of length; unit for length; length unit.
— **di massa** (*fis. atom.*), mass unit.
— **di memoria di massa a fogli magnetici** (*inform.*), data cell drive.
unità di misura (*gen.*), unit of measure; metering unit.
— **di misura della densità dell'aria** (= 9,81 grammi), kuk
— **di misura della dose assorbita** (*radiazioni*), rad.
— **dinamica,** unit of work.
— **d'intensità,** unit of intensity.
— **d'intensità luminosa,** unit of light; (=1 candela per m²), nit.
— **di peso,** unit of weight.
— **di peso atomico,** atomic weight unit.
— **di potenziale,** unit of potential.
— **di processo** (*elettron.*), processing unit.
— **di punzonatura** (*macch. ut.*), punching units *pl.*
— **direttiva del traffico,** area traffic management unit.
— **direttrice del traffico,** traffic management area.
— **di riduzione** (*chim., met.*), reduction unit.
— **di riempimento automatica,** automatic packaging unit.
— **di riverbero** (*p. es. per impianti stereo, onde procurare una maggior profondità sonora*) (*registrazione*) (*audio*), reverberation amplifier.
— **di superficie,** unit of square measure.
— **di tempo,** unit of time.
— **di velocità,** unit of velocity.
— **di volume,** unit of cubic measure.
— **elettrica,** electrical unit.
— **elettriche fondamentali,** fundamental electrical units, *pl.*
— **elettromagnetica,** electromagnetic unit.
— **equivalente di dose** (*radiazioni ionizzanti*), rem.
— **gemella** (*naut.*), twin-unit.
— **idrocopiante** (*macch. ut.*), hydraulic copying unit (*or* equipment).
— **lavorativa** (*rif. sia ad impiegati che ad operai*), working unit.
— **meccanica,** mechanical unit.

unità monetaria (*finan.*), currency unit.
— **motrice** (*macch. ut.*), power unit.
— **oleopneumatica,** hydraulic power unit.
— **operatrice** (*macch. ut.*), power unit.
— **operatrici** (*macch. ut.*), unit-heads (for single or multistation operation or for transfer machines).
— **periferica** (*inform*), peripheral unit.
— **pneumoidraulica,** hydro-pneumatic unit.
— **pratiche,** *pl.* practical units.
— **separata di cracking** (*chim.*, *petrolio*), separate cracking plant.
— **stampante** (*calcol. elettron.*), print unit.
— **stampante video** (*inform.*), videoprinter.
— **tecnica delle strade ferrate,** technical standards in railway matters.
— **visiva** (*in cui le informazioni appaiono sotto forma luminosa*) (*elettron.*), display unit.
universale, *agg.* (*rif. a macchine utensili, ecc.*) (*mecc.*), universal.
— **(calcolatore —),** general purpose computer.
— **(polivalente)** *agg.* (*inform.*), general purpose.
università, *f.*, university.
universo, *m.* (*astr.*), universe.
unto (*m.*) **per carri,** carriage grease.
untuosità (*cosmetici, chim.*), lubricity.
untuoso, *agg.* smeary.
uomo (dispositivo di —) morto, *m.* (*ferr.*), dead-man's controller handle.
uracile, *m.* (*chim.*), uracil.
uranidi, *m. pl.* (*fis. atom.*), uranides.
uranina, *f.* (*chim.*), uranine; uranine yellow.
uraninite, *f.* (*min.*), uraninite.
uranio, *m.* (*chim.* = U), uranium (*acetato di* —, u. acetate; *cloruro di* —, u. chloride; *biossido di* —, u. dioxide; *esafluoruro di* —, u. hexafluoride; *nitrato di* —, u. nitrate; *ossido di* —, u. oxide; *perossido di* —, u. peroxide; *solfato di* —, u. sulfate; *triossido di* —, u. trioxide).
uranio alfa, alpha uranium.
— **arricchito** (*fis. atom.*), en riched uranium.
— **combustibile** (*fis. atom.*), uranium fuel.
— **gamma** (*fis. atom.*), gamma uranium.
— **in blocchi** (*fis. atom.*), lumped uranium.
— **in polvere** (*fis. atom.*), powdered uranium.
— **metallico** (*min.*), metallic uranium; (*fis. atom.*), uranium metal.
— **naturale** (*fis. atom.*), natural uranium; natural-occurring uranium.
uranite, *f.* uranite.
Urano, *m.* (*astr.*), Uranus.
uranocalcite, *f.* (*fis. atom.*), uranochalcite.
uranocircite, *f.* (*min.*, *fis. atom.*), uranocircite.
uranografia, *f.* uranography.
uranofano, *m.* (*fis. atom.*), uranophane.
uranolepidite, *f.* (*fis. atom.*), uranolepidite.
uranometria, *f.* uranometry.
uranopilite, *f.* (*fis. atom.*), uranopilite.
uranosferite, *f.* (*fis. atom.*), uranospherite.
uranospatite, *f.* (*fis. atom.*), uranospathite.
uranospinite (*fis. atom.*), uranospinite.
uranotallite, *f.* (*fis. atom.*), uranothallite.
uranotile, *f.* (*fis. atom.*), uranotile.
uranotorite, *f.* (*fis. atom.*), uranothorite.
urbanista, *m.* town-planner.
urbanistica, *f.* town-planning.
urbanizzare, *v.a.* to urbanize.
urea, *f.* urea.

ureasi, *m.* (*chim.*), urease.
ureide, *f.* (*chim.*), ureide.
ureina, *f.* (*chim.*), urein.
Ureka (*chim.*), Ureka (*accelerante ad azione ritard. della Monsanto*).
uretano, *m.* (*chim.*), urethane.
uretrografia, *f.* (*radiol.*), urethrography.
urgente, *agg.* (*inform.*), hot.
urgentissimo (*imballaggi*), rush! very urgent.
urico (acido —) (*chim.*), uric acid.
uridina, *f.* (*chim.*), uridin.
urlatore, *m.* (*radio*), howler.
uro-cromo, *m.* (*med.*), uro-chrome.
urografia, *f.* (*radiol.*), urography.
urogramma, *m.* (*radiol.*), urogram.
urologia, *f.* (*med.*), urology.
urologo, *m.* (*med.*), urolog; urologist.
urotropina, *f.* (*chim.*), urotropine.
urto, *m.* bump; impact; shock.
— di meteoriti (*voli spaziali*), meteoric impact.
— elastico, elastic impact.
— elettronico, electron impact.
— frontale (*fis. atom.*), head-on collision; (*incidente auto*), front impact; frontal impact.
— laterale (*auto*), side impact.
— termico, v. shock termico.
— trasversale (*mecc.*), transverse impact.
— (protetto contro gli —), shock-proof; shock-resistant.
usato, *p.p.* used (— « *in* » *tutti i convogliatori,* used « on » all conveyors; *del tipo usato nel....,* as used for...).
— nella conservazione del legno, used in the preservation of wood.
uscire dalla memoria (*elettron., inform.*), to kick out.
— di poppa (*dal posto di ormeggio*) (*naut.*), to go out astern.
— di prua, to go out ahead.
uscita (*elettron.*), output.
— dalla presa dei cilindri (*lamin. met.*), delivery side of roll gap.
— di capitali (*finan.*), v. **esodo di capitali.**
uscita di sicurezza, emergency exit.
— di soccorso (*miniere*), escape-way.
— nello spazio (*astron.*), foray into space.
— su stampante della copia a stampa (*inform.*), hard copy printout.
uso di cinture di sicurezza (*auto*), wearing of seatbelts.
— (*m.*) esterno, external use.
usometro, *m.* (*tess.*), abrasion tester; wear machine.
ustione da acido (*infortuni lavoro*), acid burn.
usura, *f.* wear; fretting; (*mecc.*), galling; (*gomme, ecc.*), scuff.
— della mola, wear of the grinding wheel.
— per attrito (*mecc.*), rubbing wear.
— (resistenza all'—), resistance to wear.
usurare, *v.a.* to wear.
usurarsi, *v.r.* (*rivestim. refrattari, ecc.*), to wear.
utensile, *m.* tool.
— a becco, hook tool.
— a becco appuntito, pointed hook tool.
— a becco arrotondato, round-nose tool.
— a becco per tornire internamente, inside turning tool; inside recessing tool.
— a cremagliera, rack-shaped cutter (*ingr.*).
— ad aria compressa, pneumatic tool; air tool.
— ad inserti (*mecc.*), insert tool.
— a placchette gettavia (*met.*), throwaway-tip tool.
— a profilo invariabile, formed cutter.
— con tagliente in acciaio rapido (*met.*), high speed steel tool.
— con tagliente in lega dura (*met.*), carbide tipped tool.
— curvo, cranked tool; bent tool.
— da alesare interni, recessing tool.
— da alesatrice, boring tool; boring cutter.

utensile da alesatrice a becco quadro, square nose boring tool.
— **da alesatrice a becco rotondo**, round nose boring tool.
— **da cucina**, cooking utensil.
— **diamantato**, diamond-tipped tool.
— **diritto**, straight faced tool.
— **di sicurezza antiscintille** (*met.*), non sparking tool.
— **elettrico portatile** (*elet.*), electric portable tool.
— **in acciaio al carbonio**, carbon steel tool.
— **in acciaio rapido**, high speed steel tool.
— **in carburo di tungsteno**, tungsten carbide tipped tool.
— **in materiale ceramico**, ceramic-tool.
— **in metallo duro**, hard-metal tipped tool.
— **per allargare l'entrata della forcella** (*orol.*), tool for opening lever notch.
— **per accecare**, caulking tool.
— **per cave da chiavette**, scraping cutter.
— **perduto**, tool lost; lost tool.
— **per filettare**, screw cutting tool; chasing tool; chaser.
— **per fissare la pietra nella sede** (*orol.*), setting burnisher.
— **per forare** (*met.*), punching tool.
— **perforatore**, drilling tool.
— **per lucidare i piani** (*orol.*), facing tool.
— **per marcare a fuoco** (*met.*), branding tool.
— **per montaggio**, assembly tool.
— **per mortesare**, slotting tool.
— **per piallare**, planing tool.
— **per profilare**, moulding cutter; form tool.
— **per rifinire**, finishing tool.
— **per sbozzare**, roughing tool.
— **per scanalare**, grooving cutter.
— **per sgrossare**, roughing tool.
— **per smontaggio**, breaking tool.
— **per smussare**, chamfering tool.
— **per stozzare**, slotting tool.
— **per tagliare**, cutting tool.
utensile per tornire, turning tool; lathe tool.
— **per tornire conico**, taper forming tool.
— **pneumatico portatile** (*mecc.*), pneumatic portable tool.
— **rapido**, high speed turning tool.
— **ravvivatore** (*mecc.*), truing tool.
— **ravvivatore a punta di diamante** (*mecc.*), diamond truing tool.
— **ravvivatore impregnato di polvere di diamante** (*mecc.*), impregnated-type diamond truing tool.
— **rotto**, tool broken; broken tool.
— **sbozzatore**, roughing tool.
— **sgrossatore**, roughing tool.
— **tondo**, round faced tool.
— **(affilare l'—)**, to set a tool; to grind a tool.
— **(angolo di spoglia anteriore dell'—)**, (tool) front clearance.
— **(angolo di spoglia superiore dell'—)**, (tool) front top rake; back slope.
— **(angolo di taglio dell'—)**, (tool) front cutting angle; angle of keenness; lip angle (*angolo di acuità*).
— **(becco dell'—)**, nose of the tool.
— **(corpo dell'—)**, body of the tool.
— **(durata dell'—)**, tool life.
— **(facciata anteriore dell'—)**, front face of the tool.
— **(fianco dell'—)**, side face of the tool.
— **(gambo di un —)**, tool-shank.
— **(lubrificazione dell'—)**, tool lubrication.
— **(piazzamento dell'—)**, setting of the tool.
— **(punta di un —)**, tip of a tool; tool tip.
— **(raffreddamento dell'—)**, tool cooling.
— **(rettificare un —)**, to grind a tool.
— **(rettificare a secco un —)**, to grind a tool dry.
— **(scheggiatura dell'—)**, chipping of the tool.

utensile (screpolatura dell'—), cracking of the tool.
— (spoglia di un —), clearance; slope.
— (stelo di un —), tool-shank.
— (tagliente di un —), tool cutting edge.
utensileria, *f.* tooling; equipment.
— da cucina (*schiumatoi, passatoi, ecc.*), catering equipment.
— per metallurgia delle polveri (*met.*), powder metallurgy tooling.
— gettavia (*mecc.*), throwaway tooling.
— per posa di tubi (*petrol. ecc.*), pipe tools.
utensili (*m. pl.*) **che non generano scintille,** non sparking tools.
— per stampi, press tools.
— pneumatici, pneumatic tools.
— (armadietto per —), tool cabinet.
— (porta- —) (*tornio*), lathe tool holder.
utente, *m.* (*d'elet.*), power user; (*in gen.*) user.
— della strada, road user.
utile d'esercizio (*di una società, miniera, ecc.*), working profit.
utili apparenti (*finan.*), fictitious profits.
— (*introiti, benefici*) **di esportazione** (*comm.*), export earning.
— reinvestiti (*econ.*), ploughed-back profits.
utilitaria (*auto*), utility car.
utilitario, *agg.* (*rif. a macchine, aerei, ecc.*), utilitarian.
utilizzazione, *f.* utilization; application.
utilizzazione domestica del gas, domestic utilization of gas.
utilizzazioni artigiane, mechanical applications.
uva, *f.* grape.
— (macchina per la raccolta dell'—), grape picking machine.
uvanite, *f.* (*fis. atom.*), uvanite.

V

va e vieni (movimento di —), reciprocating motion; to-and-fro motion.
vacanza (*o posto vacante, in un reticolo mancante di atomi*) (*met., cristal.*), vacancy.
— **reticolare** (*met.*), lattice vacancy; lattice void.
vacanze in appartamenti in affitto, con uso cucina, self-catering vacations.
vaccino, *m.* (*med.*), vaccine.
vacuometro, *m.* (*idraul.*), vacuum gauge.
vagliare, *v.a.* to sift; (*carbone, ghisa*), to screen; (*minerali, farina, ecc.*), to scalp; to riddle.
vagliatrice, *f.* (rotary) screen (*per sabbia*); sieving machine.
— **a mano,** hand operated rotary screen.
— **doppia,** double deck screen.
— **meccanica,** mechanical operated rotary screen.
— **portatile a motore,** portable power screen.
— **vibrante,** vibratory sieving machine.
vagliatura, *f.* screening.
— **a freddo** (*agglomerazione*) (*met.*), cold screening.
— **del minerale,** v. **impianto di — del minerale.**
— **sul posto,** site screening.
vaglio, *m.* screen; sieve.
— **a barre,** bar screen.
— **a caldo** (*agglomerazione*) (*met.*), hot sinter screen.
— **a freddo** (*agglomerazione*) cold sinter screen.
— **a lamiera perforata,** punched-plate screen.
— **alternativo,** reciprocating screen.
— **a rete,** wire screen.
— **a risonanza** (*min.*), resonance screen; pulso-crible.
— **a scosse,** shaking screen; vibrating screen; (*di trasportatore*) (*min.*), conveyor shaker.
vaglio di trebbiatrice, sorting drum.
— **del coke** (*min., met.*), coke screen.
— **oscillante,** oscillating screen.
— **rotante** (*min.*), revolving screen.
— **scalper** (*met.*), scalper.
— **secondario** (*met.*), secondary screen.
— **terziario** (*met.*), tertiary screen.
— **vibrante,** vibrating screen.
— **(materiale che rimane nel —),** oversize; plus.
— **(materiale che passa per il —),** undersize; minus.
— **(rendimento del —),** screen efficiency.
vagliolavatrice, *f.* (*per inerti, ecc.*) (*macch. stradali*), washing and screening machine.
vagoncino, *m.* (*miniera*), tub; wagon corf; corve hutch; tram (*min.*); car.
— **a scarico automatico,** throw-off car.
— **capovolgibile di fianco,** side tipper.
— **capovolgibile per davanti,** front tipper.
— **circolante** (*di funivia*) (*ferr. aerea*), rope hoist.
— **per funicolare aerea,** cableway car.
vagone, *m.* wagon; waggon (USA); truck; car; van.
— **a capovolgimento automatico,** self-tipping car.
— **a capovolgimento laterale,** side-tipping truck.
— **a fondo mobile,** drop-bottom wagon.
— **cisterna,** tank car.
— **cisterna per trasporto del petrolio,** oil tank car; petroleum-car.
— **di ferrovia,** railway-truck.
— **di trasporto,** transport wagon; contractor's truck.
— **merci** (*ferr.*), goods-wagon; freight waggon (U.S.A.).
— **per scavi,** delivery wagon.

vagone per trasporto del legno, timber-wagon; timber-truck.
— **per trasporto di autovetture** (*ferr.*), car carrier.
— **per trasporto minatori** (*miniere*), man-rider car.
— **volante** (*aereo*), flying boxcar.
vagonetto, *m.* (*min.*), tram; tub; car (*di maggiore capacità e portata fino a 1 tonn. e mezza*).
— **a bilico** (*ferr.*), dump car.
— **da miniera,** v. **vagoncino.**
— **Decauville,** jubilee wagon.
— **ribaltabile,** tipping wagon.
vaiolatura (*piccole cavità e depressioni*) (*met.*), pitting.
valanga (*f.*) **elettronica** (*fis. atom.*), electron avalanche.
— **ionica** (*fis. atom.*), ion avalanche.
valenza, *f.* (*chim.*), valency.
— **(avente nessuna —),** *agg.* nonvalent.
valeriana, *f.* valerian.
— **(olio essenziale di —)** (*med. prof.*), valerian oil.
— **(olio essenziale di — giapponese),** Japanese valerian oil.
valerico (acido —) (*chim.*), valeric acid.
valerolattone, *m.* (*chim.*), (*colori, solventi*), valerolactone.
valigetta, *f.* (*per servizio radio, telev.*), carrying case; case.
— **portacassette** (*audio*), cassette storage carrying case.
valigia *f.*, case.
— **portacassette** (*audio*), cassette carrying case.
— **(portavaligie a rotelle),** case carrier.
valigetta con chiusura lampo (*armi, ecc.*), zippered carrying case.
valina, *f.* (*chim., med.*), valine.
valle, *f.* (*geol.*), valley; v. **centrale a —; raggio a — in cresta.**
— **(a —),** downstream.
vallonèa, *f.* (*quercia, concia*), valonia.
valore, *m.* value.
— **apparente** (*elet.*), apparent value.
valore approssimato, approximate value.
— **assoluto,** absolute value.
— **capitalizzato** (*econ.*), capitalized value.
— **contabile** (*econ.*), book value.
— **di brillanza** (*ill.*), brightness rating.
— **di cresta** (*elet.*), crest value; peak value.
— **di tolleranza** (*fis. atom.*), tolerance value.
— **d'urto** (*elet., ecc.*), impact value.
— **limite,** limiting value.
— **marginale** (*ricerca operativa*), shadow price.
— **nominale** (*comm.*), face value.
— **pH** (*chim.*), pH-value.
— **residuo** (*di macchine, impianti, ecc.*), residual value.
— **virtuale d'un campo petrolifero,** potential value of an oil-field.
valuta, *f.* (*finan.*), currency.
— **chiave** (*finan.*), key currency.
— **forte** (*econ.*), hard currency.
valutazione, *f.* (*compiuta da un dirigente, per iscritto, periodicamente*) (*organ.*), appraisal.
valvola, *f.* valve (*mecc.*); fuse (*elet.*); valve (*radio*); tube (*radio*) (U.S.A.).
— **a battente** (*idraul.*), head valve.
— **a cartuccia** (*elet.*). cartridge fuse.
— **a cassetto,** slide valve.
— **a catodo caldo,** hot cathode tube.
— **a cerniera,** flap valve.
— **a comando elettromagnetico,** solenoid valve.
— **a comando manuale,** manually-operated valve.
— **ad ago,** needle valve.
— **ad anello,** annular valve.
— **ad interruttore** (*elet.*), switch fuse.
— **a doppia sede,** double seat valve.
— **a doppio effetto** (*radio*), double purpose valve.
— **a farfalla,** butterfly valve.
— **a filo di platino** (*elet.*), platinum fuse.

valvola a fungo (*gas*) (*met.*), mushroom valve; poppet valve.
— **a fusibile** (*elet.*), fuse.
— **a galleggiante** (*idraul.*), float valve.
— **a globo,** globe valve; globe-bodied valve.
— **a lamine** (*elet.*), laminated fuse.
— **a leva,** lever-valve.
— **ammortizzatrice** (*radio*), buffer valve.
— **a molla,** spring valve.
— **amplificatrice** (*radio*), amplifier tube (U.S.A.); amplifier (valve).
— **amplificatrice di potenza** (*radio*), power amplifier.
— **amplificatrice in R F,** R-F amplifier.
— **a piattello** (*aereo*), disc valve.
— **a quattro elettrodi,** four-electrode valve.
— **a raggi catodici** (*radio*), cathode-ray valve (*or* tube).
— **a sede conica,** valve with conical seat; conical valve.
— **a sede semplice,** single-seated valve.
— **a sifone** (*elet.*), sparklet fuse.
— **a sollevamento,** lifting valve; lift valve.
— **a spillo,** needle valve.
— **aspirante,** suction valve.
— **assorbente** (*radio*), absorber valve.
— **a tenuta di vuoto,** vacuum valve.
— **a turacciolo** (*elet.*), plug fuse
— **ausiliaria automatica** (*aereo*), automatic cut-out valve.
— **autoregolatrice** (*radio*), barretter.
— **a vuoto spinto** (*termoion.*), hard valve.
— **bigriglia** (*elet.*), bigrid valve.
— **bimetallica** (*elet.*), bimetal-fuse.
— **bulbovetro** (*radio*), glass tube (U.S.A.); glass valve.
— **conica,** conical valve.
— **contro l'oscillazione dei fluidi** (*aereo*), damping valve.
— **convertitrice** (*radio*), converter (valve).

valvola d'alimentazione, feed valve.
— **d'ammissione dell'aria** (*aereo*), air inlet valve.
— **d'avviamento,** starting valve.
— **della pressione minima** (*aereo*), idling control valve.
— **di arresto,** stop valve; shut-off valve; stop-cock (*per l'acqua*).
— **di aspirazione** (*mot. a scoppio*), inlet valve; (*ing.*) suction valve; (*maschere antigas, ecc.*). inhaling valve.
— **di bicicletta,** **(air)** valve.
— **di blocco** (*mecc.*), stop valve.
— **di chiusura,** stop cock.
— **di chiusura dell'aria,** (*mot.*) choke.
— **di controllo,** control valve.
— **di controllo a comando manuale,** manual control valve.
— **di controllo direzionale oleodinamica,** hydraulic directional control valve.
— **di derivazione** (*ing.*), bypass valve.
— **di distribuzione,** distributing valve.
— **di distribuzione equilibratrice** (*ing.*), equilibrium slide valve.
— **di espansione,** expansion valve.
— **di espirazione** (*maschere antigas ecc.*), exhaling valve.
— **di fondo** (*idraul.*), foot valve.
— **di griglia coplanare** (*term.*), coplanar grid valve.
— **di griglia schermo** (*radio*), screened grid valve.
— **di iniezione,** injection valve.
— **di interruzione del gas,** gas cut-off valve.
— **d'introduzione,** inlet valve.
— **di mandata,** delivery valve.
— **di potenza** (*elet.*), power tube (U.S.A.); power valve.
— **di potenza a fascio** (*radio*), beam power-amplifier tube.
— **di presa ausiliaria,** by-pass.
— **di presa del vapore,** steam supply valve; steam-valve.
— **di pressione,** pressure relief valve.
— **di riduzione,** reducing valve.

valvola di riflusso (*ing. civ.*), reflux valve.
— **di ritegno,** check valve; non return valve.
— **di scappamento,** exhaust valve.
— **di scarico,** exhaust valve, escape valve; relief valve (*mot. a scoppio*).
— **di scarico delle polveri** (*impianti di agglomerazione*), dust valve.
— **di scarico rapido** (*cilindri, ecc.*), quick exhaust valve.
— **di sequenza** (*apparecchiature oleodinamiche*), valve for the control of sequence; sequence valve.
— **di sicurezza,** safety valve; (*elet.*), safety fuse.
— **di sicurezza a molla,** spring safety fuse.
— **di sincronizzazione** (*telev.*), synchronising valve.
— **di sovraccarico,** relief valve.
— **di spurgo** (*di caldaia*), blowdown valve.
— **di strozzamento,** throttle valve.
— **di tensione,** voltage cut-out.
— **di testa,** top valve.
— **di troppo-pieno,** overflow-valve; relief-valve.
— **dosatrice,** proportioning valve.
— **dosatrice del combustibile e dell'aria,** modulating-fuel-air proportioning valve.
— **elettronica,** thermionic valve; electron valve.
— **elettronica invertitrice di fase** (*elet.*), phase inverter.
— **elettropneumatica,** electro-pneumatic valve.
— **equilibrata,** balanced slide valve.
— **equilibratrice** (*di tester*) (*petrol.*), equalizing valve.
— **fotoelettrica,** photo-electric valve; photo-electric tube (U. S.A.).
— **fusibile,** fusible cut-out; cut-out; safety fuse.
— **fusibile a cartoccio,** cartridge fuse.
— **intermedia** (*saracinesche*) (*idraulic.*), intermediate (slide) valve.
valvola ionica (*termoion.*), ionic valve.
— **laterale** (*auto*), side valve.
— **limitatrice** (*term.*), limiter valve.
— **metallica** (*radio*), metal tube (U.S.A.); metal valve.
— **mescolatrice** (*radio*), mixer valve.
— **miniatura** (*termoion.*) miniature tube.
— **modulatrice** (*radio*), modulator valve.
— **oleodinamica per il controllo** (*della pressione, portata, ecc.*), hydraulic control valve.
— **oleodinamica di regolazione portata,** hydraulic valve for the control of flow; flow control valve.
— **oscillatrice** (*radio*), oscillator (valve).
— **per acidi,** acid valve.
— **per il flusso in eccesso** (*gas*), excess flow valve.
— **per televisione** (*telev.*), picture tube.
— **pilota** (*ing.*), pilot valve; relay valve; (*aereo*), shuttle valve.
— **pneumatica,** pneumatic valve; compressed air valve.
— **premente,** delivery valve.
— **primaria** (*ing.*), primary valve.
— **raddrizzatrice** (*radio, termoion.*), rectifying valve.
— **regolatrice** (*ing.*), regulator valve; v. — **dosatrice.**
— **rettificatrice** (*radio*), rectifier; (*radio, ecc.*), rectifying valve.
— **ricevente** (*radio*), receiving tube; receiving valve.
— **riduttrice della pressione,** pressure reducing valve.
— **rivelatrice,** detector valve; (*radio*), detector.
— **rotativa,** rotary valve.
— **schermata** (*radio*), screened valve; shielded tube (U.S.A.).
— **semplice** (*elet.*), single fuse.
— **separatrice** (*radio*), separator valve.
— **sferica,** ball valve.

valvola subminiatura (*radio*), subminiature electron tube; subminiature tube.
— **termoionica,** thermionic valve; hot cathode tube.
— **trasmittente** (*radio*), radio transmitting tube (U.S.A.); radio transmitting valve.
— **tubolare,** tubular fuse (*elet.*); poppet valve; pocketed valve.
— **unipolare** (*elet.*), single-pole fuse.
— **(altezza totale della —),** overall height of the valve.
— **(apparecchio a una —),** single-valve set.
— **(bulbo di vetro della —),** valve glass bulb.
— **(caratteristiche di una — schermata),** characteristics of a screened valve.
— **(catodo della —),** valve cathode.
— **(coefficiente di amplificazione della —),** valve amplification factor.
— **(conduttanza mutua della —),** valve transconductance.
— **(corrente di placca della —),** valve plate current.
— **(corrente di schermo della —),** valve screen current.
— **(dati di lavoro d'una),** valve operating conditions.
— **(diametro massimo della —),** valve maximum diametre.
— **(difetto della —),** valve fault.
— **(filamento della —),** valve filament.
— **(placca della —),** valve plate.
— **(potenza d'uscita di una —)** (*radio*), undistorted power output.
— **(resistenza di carico d'una —)** (*radio*), load for stated power.
— **(resistenza interna di una —)** (*radio*), plate resistance.
— **(schermo della —)** (*radio*), valve screen.
— **(tensione negativa della griglia di controllo d'una —)** (radio), negative grid voltage.
— **(tensione dello schermo di una —)** (*radio*), screen voltage.

valvole di scarico (*per vapore*), steam traps.
— **distributrici** (*oleodinamica*) bank valves.
— **in testa** (*auto*), overhead valves; O. H. V.; valve-in-head (U.S.A.).
— **mescolatrici** (*radio*), mixers.
— **(bruciare le —),** to blow safety valves.

vanadato, *m.* (*chim.*), vanadate; vanadiate.
vanadico, *agg.* vanadic.
vanadinite, *f.* (*chim.*), vanadinite.
vanadio, *m.* (*chim.* — V), vanadium.
vandalismo, *m.* (*assicuraz.*), vandalism.
— **(al sicuro da atti di —),** *agg.* vandalproof.
vaniglia, *f.* (*prof.*, *farm.*), vanilla bean.
vaniglina, *f.* (*chim.*), vanillin; vanillaldehyde.
vanga, *f.* spade.
vangatura, *f.* (*mecc. agric.*), spading.
vano, *m.* opening.
— **dell'ascensore,** lift shaft.
— **di corsa** (*ascensore*), lift well.
— **di porta,** door opening.
— **motore** (*auto*), engine compartment; engine bay.
— **portaoggetti** (*auto*), glove box; parcel shelf; glove cubby.
vantaggio, *m.* (*tipog.*), galley.
— **per colonne** (*tipog.*), column galley; slip galley.
vapometallurgia, *f.* (*met.*), vapometallurgy.
vapore, *m.* (*fis.*), vapour (*umidità nell'aria, fumo, esalazione, vapore di liquido o solido gassificato, liquefabile con riduzione di pressione*); steam (*vapore d'acqua; vapore visibile per condensazione del vapore d'acqua*); (*naut.*), steamer; steamboat; steamship.
— **acqueo,** steam.
— **cisterna,** tank-steamer.
— **d'acido,** acid fume.
— **di benzina,** petrol vapour.

vapore di petrolio, petroleum vapour.
— **direttamente fornito da una caldaia,** live steam.
— **di ritorno,** exhaust steam.
— **di scarico,** escape steam.
— **saturo,** saturated steam.
— **secco,** dry steam.
— **solforoso,** sulphurous fume.
— **surriscaldato,** superheated steam.
— **umido,** wet steam.
— **(riscaldato a—),** steam heated.
vaporetto, *m.* steam-boat.
vaporimetro, *m.* vaporimeter.
vaporizzare, *v.a.* to vaporize.
vaporizzatore, *m.* spray vaporizer; atomizer; pulverizer; sprayer.
— **a corpo multiplo,** multistage evaporator.
— **multitubolare,** multitubular vaporizer.
vaporizzazione, *f.* steaming; vaporisation; (*fotografia*), vapography.
— **ad alta temperatura** (*tess.*), high-temperature steaming.
— **caustica** (*tess.*), caustic steaming.
var, *m.* (*elet.*), var.
varare (*v.a.*) **una nave,** to launch a ship.
variabile, *agg.* variable; (*caratteristica di qualità; di processo di flottazione ecc.*), *f.* variable.
— **di controllo** (*elettron.*), control variable.
— **di disturbo** (*elettron.*), disturbance variable.
— **di uscita** (*elettron.*), output variable.
— **stocastica** (*statistica*), stochastic variable.
variabili di deposizione (*galvan.*), plating variables.
— **di esercizio di una cokeria,** coke plant operating variables.
— **di illuminazione** (*elet.*), illumination variables.
variabilità, *f.* variability.
varianza, *f.* (*statistica*), variancy.
variare, *v.a.* to vary.
variatore (*m.*) **continuo di velocità** (*macch. ut., mecc.*), steplessly variable-speed drive (unit).
variatore continuo di velocità elettrico (*elet., mecc.*), electric steplessly variable-speed drive (unit).
— **di coppia,** torque converter.
— di **corrente,** current variation.
— **di velocità** (*macch. ut.*), variable-speed unit; variable-speed drive.
— **oleodinamico di velocità** (*mecc., macch. ut.*), hydraulic variable-speed drive (unit).
variazione, *f.* variation.
— **di carico,** load variation; load swing.
— **di corrente,** current variation.
— **di frequenza** (*radio*), frequency deviation.
— **di latitudine,** variation of latitude.
— **di reattività** (*fis. atom.*), reactivity drift.
— **di velocità,** variation of velocity.
— **graduata di velocità,** stepped variation of speed.
variazioni strutturali (*met.*), structural changes.
varici (*o* slarghi) (*espansioni piuttosto sensibili di filoni di carbone*) (*min.*), swellies; swillies.
variolite, *f.* variolite.
variometro, variometer.
varistore (*elet.*), varistor.
— **ad ossido metallico** (*elet.*), metal oxide varistor.
— **al selenio** (*elet.*), selenium varistor.
varo, *m.* (*naut.*), launch.
varometro, *m.* varmeter.
vasaio, *m.* potter.
vasca, *f.* tank; (*per galvanostegia*), plating vat.
— **della pasta** (*carta*), stuff box.
— **dell'olio** (*mot.*), crankcase sump.
vasca di **cianurazione** (*met.*), cyanidation vat.
— di **cromo brillante,** bright chrome vat.
— **di decantazione** (*birra*), settling vat.

vasca di decapaggio (*met.*), pickling tank.
— **di detersione,** rinsing tank.
— **di digrassatura,** swilling tank.
— **di fermentazione,** fermenting tank.
— **di flocculazione** (*min.*), flocculation tank.
— **di placcatura,** plating tank.
— **di raffreddamento,** bosh; cooling tray (*or* tank).
— **di sedimentazione,** settling tank; sedimentation tank.
— **di spegnimento,** blowing-out tank.
— **di tempra,** tank for quenching bath.
— **di verniciatura** (*o* **smaltatura**) **ad immersione** (*vernici, ecc.*), dip tank.
— **elettrolitica,** electrolytic tank.
— **loppa granulata** (*altoforno*), granulated slag pit.
— **oscillante,** tilting container.
— **per bozzima** (*tess.*), size box.
vaschetta del galleggiante (*auto*), float chamber.
vaselina, *f.* vaseline.
vasellame di cucina, hollow-ware.
— **smaltato,** enamelled hollow-ware.
vasi (*m. pl.*) **comunicanti,** communicating tubes (*or* vessels).
vaso (*m.*) **di accumulatore,** accumulator jar.
— **di condensazione,** condensation pot.
— **poroso** (*elet.*), porous pot.
— **portanastri** (*tess.*), roving can.
vasocostrizione, *f.* (*med.*), vasoconstriction.
vasodilatazione, *f.* (*med.*), vasodilatation.
vasomotore, *m.* (*anat.*), vasomotor.
vassoio, *m.* tray.
vastringa, *f.* (*o* **coltello americano**), spokeshave.
vedere l'originale (*bozze*), out, see copy.
— **il particolare X** (*dis.*), see detail « X »
— **per credere!** (*pubblicità macchine, ecc.*), has to be seen to be believed!
veduta dal basso in alto, bottom view.
— **dall'alto in basso,** top view.
— **d'assieme,** general view.
— **di fianco,** side view.
— **di fronte,** front view.
— **in piano,** plan-view.
— **in sezione,** sectional view.
— **trasversale,** cross view.
vegetali (coloranti —), vegetable dyes.
veicolo, *m.* (*pittura, ecc.*), vehicle.
— **a cavalletto** (*per trasporto legname*), *ecc.*, straddle carrier.
— **a cuscino d'aria,** air-cushion (supported) vehicle.
— **ad accumulatori,** battery vehicle.
— **anfibio,** amphibious vehicle.
— **armato cingolato** (*mil.*), tracked armoured vehicle.
— **di lancio** (*astr.*), launch veihcle.
— **di trasferimento orbitale** (*stazioni spaziali*), orbital transfer vehicle.
— **gettosostentato,** peripheral jet vehicle.
— **in effetto suolo** (*veicolo a cuscino d'aria*), ground effect machine (GEM).
— **interorbitale cislunare** (*astron.*), cislunar interorbital space vehicle.
— **di servizio** (*astronave Apollo*) (*astron.*), service module.
— **passeggeri a levitazione magnetica,** magnetically-levitated passenger vehicle.
— **sostenuto da levitazione magnetica,** vehicle supported by magnetic levitation; « maglev » vehicle; levitated vehicle.
— **spaziale** (*astron.*), space vehicle; spacecraft.
— **spaziale interorbitale** (USI) (*astron.*), interorbital space vehicle.
— **spaziale per rientro dall'atmosfera** (*voli spaziali*), re-entry vehicle.
— **spaziale riutilizzabile** (*shuttle*), reusable spacecraft.

vela, *f.* (*naut.*), sail.
— **al quarto,** lugsail.
— **di bassa gabbia,** lower main sail.
— **di bassa mezzana,** lower mizzen topsail.
— **di basso parrocchetto,** lower fore topsail.
— **di contromezzana volante,** upper mizzen topsail.
— **di controvelaccio,** fore royal.
— **di maestra,** main sail.
— **di mezzana,** mizzen sail.
— **di parrocchetto volante,** upper fore topsail.
— **di straglio,** stay sail.
— **di taglio,** fore-and-after-sail.
— **di trinchetto,** foresail.
— **di velaccino fisso,** lower fore topgallant sail.
velaio, *m.* (*naut.*), sail maker.
velarsi, *v.r.* (*vernici, resine*) (*chim.*), to bloom.
velatino, *m.* (U.S.A.) (*drappo per attenuare la luce*), butterfly.
velatura, *f.* (*vernici*), bloom.
— **principale di aeroplano,** main plane structure.
veleggiatore, *m.* (*aereo*), sailplane; glider.
veleno, *m.* poison.
— **del reattore** (*fis. atom.*), reactor poison.
— **di fissione** (*fis. atom.*), fission poison.
— **radioattivo,** radioactive poison.
velour, *m.* (*tess.*), velour.
veliero, *m.* (*naut.*), sailing vessel; sailer; sailing ship.
velivolo di collegamento (*aereo*), liaison plane.
— **scuola a turbogetto** (*aereo*), turbojet fighter-trainer.
velluto, *m.* (*tess.*), velvet.
— **a coste,** corduroy.
— **di cotone** (*tess.*), velveteen.
— **di cotone a coste** (*tess.*), cord; corded velveteen.
velo, *m.* (*fot.*), fog; (*tess.*), web; veiling.
— **d'aria** (*aria soffiata in forno a tunnel per ridurre le perdite e conservare il calore*), air-seal.
— **di carda** (*tess.*), card web.
velo di cotone (*tess.*), leno muslin.
— **dicroico** (*fot.*), dichroic fog (*velo che origina dalla formazione di composti organici dell'argento*).
— **di fondo** (*fot.*), ground fog.
— **di seta 1ª qualità** (*ind. mol.*), standard silk.
— **di seta qualità extra-forte,** X silk.
— **di seta qualità doppia extra-forte,** XX silk.
— **di seta qualità tripla extra-forte,** XXX silk.
— **d'olio,** oil film; trace of oil.
— **nero** (*fot.*), focusing cloth.
veloce, *agg.* (*fis. atom.*), fast (p. es.: neutrone —, fast neutron).
velocità, *f.* velocity (*fis.*); speed; rate; (*fotografia*), shutter speed.
— **aerea indicata da un indicatore aereo,** indicated air speed.
— **angolare,** angular velocity.
— **bassa,** low velocity.
— **commerciale** (*aereo*), block speed.
— **corretta** (*aereo*), rectified air speed (R.A.S.).
— **critica,** critical speed (*or* velocity).
— **dei neutroni** (*fis. atom.*), neutron speed.
— **degli ingranaggi,** velocity of gearing.
— **della sollecitazione** (*met.*), rate of stressing.
— **del pezzo,** work speed.
— **della tavola** (*macch. ut.*), table speed.
— **di ascensione** (*aereo*), rate of climb.
— **di atterraggio** (*aereo*), landing speed; stalling speed (*or* velocity).
— **di avanzamento,** forward speed.
— **di avvicinamento** (*aereo*), approach speed.
— **di battuta** (*macch. da scrivere, ecc.*), key rate.
— **di caduta** (*di fluidi*), lower critical velocity.

velocità di combustione, burning velocity.
— **di crociera** (*naut.*), cruising speed.
— (*o* **potenza) di crociera** (*aereo*), cruising horse-power.
— **di decollo** (*aereo*), take-off speed
— **di diffusione** (*fis. atom.*), diffusion rate.
— **di disintegrazione** (*fis. atom.*), decay rate.
— **di dislocazione da spigolo a vite** (*fis.*) (*met.*), edge-to-screw dislocation velocity.
— **di essiccazione** (*fieno, ecc.*), drying rate.
— **di evasione solare** (*astron.*), escape velocity from the solar system.
— **di fase** (*radio*), phase velocity.
— **di filettatura** (*tornio*), threading speed.
— **di fissione** (*fis. atom.*), fission rate.
— **di fuga** (*idraul.*), runaway speed; (*per sfuggire all'attrazione terrestre*) (*astron.*), escape velocity (from the Earth).
— **di fuoco** (*aereo mil.*), firing rate.
— (*o* **tenore) di nucleazione,** rate of nucleation.
— **di perforazione,** drilling speed.
— **di propagazione** (*elet.*), velocity of propagation.
— **di propagazione delle cricche di tensione** (*met.*), cracking rate.
— **di propagazione di un gruppo di onde,** group velocity.
— **di regime,** rating speed; working speed.
— **di risucchio** (*aereo*), downwash velocity.
— **di ritorno,** return speed.
— **di rotazione,** speed of rotation.
— **di scansione** (*telev.*), (U.S.A.) pick-up velocity.
— **di sicurezza** (*aereo*), safety speed.
— **di stallo** (*aereo*), stalling speed.
— **di sublimazione** (*fis. atom.*), sublimation rate.

velocità di taglio, cutting speed.
— **di tiro** (*armi*), rate of fire.
— **di tornitura,** turning speed.
— **di trafilatura,** draw speed.
— **di traslazione** (*mecc.*), travelling speed.
— **di trasmissione di una linea** (*calcol. elettron.*), line speed.
— **di trattamento dei documenti** (*elettron.*), document handling speed.
— **di uno stantuffo,** speed of a piston.
— **economica,** economic speed.
— **effettiva** (*rispetto al suolo*) (*aereo*), ground speed.
— **indicata** (*aereo*), indicated air speed (I.A.S.).
— **in emersione** (*naut.*), surface speed.
— **iniziale,** starting speed.
— **laterale,** lateral velocity.
— **libera,** free velocity.
— **limite,** limiting velocity.
— **limite massima** (*aereo*), terminal velocity.
— **lineare,** linear velocity.
— **massima,** maximum velocity; maximum speed; top speed; (*aereo*), maximum flying speed.
— **massima a terra** (*aereo*), maximum speed (on) ground level.
— **massima di produzione del laminatoio** (*met.*), maximum rolling rate.
— **massima oraria,** maximum speed per hour.
— **media,** average speed.
— **media dell'autoveicolo per percorso** (*auto*), average vehicle speed for trip.
— **minima** (*aereo*), minimum flying speed.
— **minima di crociera** (*aereo*), cruising threshold.
— **oraria** (*di treno*) schedule speed.
— **orbitale** (*per mantenere un satellite in orbita*) (*astron.*), orbital velocity.
— **otturatore** (*macch. fotog.*), shutter speed.
— **periferica,** peripheral speed.
— **prevista** (*naut.*), legend speed.

velocità propria (*aereo*), air speed.
— **reale** (*aereo*), true air speed (T.A.S.).
— **reale** (*rispetto alla terra*) (*aereo*), ground speed.
— **relativa,** relative velocity.
— **residua,** remaining speed.
— **spaziale** (*astron.*), space velocity.
— **specifica** (*elet.*), specific speed
— **subsonica** (*aereo*), subsonic speed.
— **supersonica,** supersonic speed.
— **terminale,** terminal speed.
— **variabile,** variable speed (*or* velocity).
— **(alta —),** high speed.
— **(bassa —),** low speed.
— **(eccesso di —)** (*auto*) (*leg.*), speeding.
— **(prima —)** (*auto*), first speed.
— **(quarta —)** (*auto*), fourth speed.
— **(seconda —)** (*auto*), second speed.
— **(terza —)** (*auto*), third speed.
velocizzare (*un procedimento, ecc.*) (*inform.*), to speed up.
velubro, *m.* (*velo di lubrificazione*), film of fluid; oil film.
vena, *f.* (*metal.*), vein; lode.
— **centrale,** main lode.
— **di legno** *o* **marmo,** vein.
— **di quarzo,** quartz-vein.
— **metallifera,** metalliferous vein.
— **sfruttabile,** workable vein.
— **stratificata,** bedded vein.
venare, *v.a.* to vein.
venato, *p.p.* veined.
venatura (*sul getto, a forma di rete di rilievi*) (*met.*), veining.
venature (con — di traverso), grain running across.
— **(con — per il lungo),** grain running longitudinally.
vendere a contanti, to sell for cash.
— **allo scoperto** (*borsa*), to sell a bear; to sell short.
— **a termine** (*borsa*), to sell for the settlement; to sell forward.
vendita, *f.*, sale.
— **(analisi delle vendite),** sales analysis.
vendita (direttore vendite), sales manager.
— **(prezzo di vendita),** sale price.
— **(promozione delle vendite),** sales promotion.
Venere, *m.* (*astron.*), Venus.
Venezia (trementina di —) (*vern.*), Venice turpentine; larch turpentine.
veneziano (rosso), Venetian red.
venografia, *f.* (*radiol.*), venography.
venogramma, *m.* (*radiol.*), venogram.
ventaglio, *m.* (*suddivisore del getto di una pompa*), jet distributor.
ventilato (*freno*), of the ventilated type.
ventilatore, *m.* ventilator (*usato per lo più sul tetto*); fan.
— **a comando elettrico,** electrically driven-fan; motor-driven fan.
— **ad elica a passo variabile,** adjustable pitch propeller fan.
— **aspirante,** extractor ventilator (*per tetto*); roof ventilator (*per tetto*); exhaust-fan; exhauster; suction-fan; vacuum fan.
— **aspirante e premente,** combined inlet and extract ventilator.
— **centrifugo,** centrifugal fan.
— **con palettatura aerodinamica,** aerfoil bladed fan.
— **da tavolo,** table-type fan.
— **della portata di ... Nm³/h,** air fan rated at ... standard cubic meters per hour.
— **del sistema di climatizzazione** (*auto*), heater fan.
— **di automobile,** fan.
— **di miniera,** mine-fan; mine-ventilating fan.
— **di raffreddamento** (*elet.*), ventilating fan.
— **di reintegro** (*met.*), make-up fan.
— **di soppressione** (*ing.*), booster fan.
— **elettrico,** electric fan.
— **elicoidale,** propeller fan.
— **meccanico,** power-fan.

ventilatore non oscillante, non-oscillating fan.
— **oscillante,** oscillating fan.
— **per organo** (*acust.*), pneumatic motor.
— **per tetti,** roof ventilator; ceiling fan.
— **portatile,** portable-fan.
— **premente,** inlet ventilator; forced-draft fan (*per uso industr.*).
— **silenzioso,** silent (*or* noiseless) fan.
— **sotterraneo,** underground fan.
— **(equilibrare un —),** to balance a ventilator.
— **(installare un —),** to instal a ventilator.
— **(rendimento di un —),** output of a fan.
— **(velocità di un —),** speed of a fan.

ventilazione, *f.* ventilation.
— **antismog** (*auto*), anti-smog ventilation.
— **artificiale,** mechanical ventilation.
— **ascendente** (*di miniere*) up-hill ventilation.
— **aspirante (*o* per aspirazione),** suction ventilation; exhaust ventilation.
— **continua,** continuous ventilation.
— **della fronte di taglio** (*carbone*) (*min.*), ventilation of the coal face; (*min. in generale*), face ventilation.
— **dell'anima** (*fond.*), core venting.
— **delle miniere,** mine-ventilation.
— **discendente** (*di miniere*), downhill ventilation.
— **meccanica per aspirazione,** exhaust-draught; induced draght.
— **naturale,** natural ventilation.
— **per aspirazione,** extract ventilation.
— **per aspirazione e compressione,** combined inlet and extract ventilation.
— **per compressione,** pressure ven tilation; inlet ventilation.
— **pulsante,** cross ventilation.
— **(addetto alla —)** (*min.*), ventilation officer.
— **(apertura di — della cabina)** (*aereo*), cabin vent.
— **(circuito di —)** (*min.*), ventilation circuit.
— **(sistema di —)** (*min.*), ventilation system.

ventiquattrore (*valigia piatta per piccoli viaggi, documenti, libri*), briefcase.

vento, *m.* wind (*meteor.*); blast (*met.*).
— **arricchito d'ossigeno** (*met.*), oxygen-enriched blast; blast with a (... %) oxygen enrichment.
— **burrascoso,** strong gale.
— **ciclonico,** whole gale.
— **con burrasca di neve** (*meteor.*), blizzard.
— **contrario,** contrary wind.
— **debole,** light air; light breeze; gentle breeze.
— **della gru** (*naut.*), davit-guy.
— **di fianco,** cross wind; crosswind (U.S.A.).
— **di fronte,** head wind; headwind (U.S.A.).
— **di poppa,** tail wind.
— **di prua,** head wind; headwind (U.S.A.).
— **discendente,** fall-wind.
— **di terra,** surface wind.
— **elettrico,** electric wind.
— **forte,** strong wind.
— **fortissimo,** fresh gale.
— **ionico** (*fis.*), ionic wind.
— **laterale,** side wind.
— **moderato,** moderate breeze.
— **quasi forte,** fresh breeze.
— **solare** (*astron.*), solar wind.
— **trasversale,** cross-wind; crosswind (U.S.A.).
— **(arricchire il —)** (*met.*), to enrich the blast.
— **(aumentare gradatamente il volume del —)** (*altoforno met.*), to step up (the) volume of the blast.
— **(col — in favore),** down the wind.

vento (colpo di —) (*raffica*), gust of wind.
— (contro —), into wind.
— (galleria a —), wind tunnel.
— (il — è in vostro favore) (*navigazione*) (*naut.*), il wind is blowing you on.
— (velocità del —), wind velocity.
— (vibrazione causata dal —), (*elet.*), aeolian vibration.
ventola, *f.* (*tess.*), gauge box.
ventosa, *f.* (*bot.*), holdfast.
— (*o* coppetta) (*med.*), cupping-glass.
ventre, *m.* (*aereo*), under side.
— d'altoforno, camber; belly.
— di profilo alare (*aereo*), lower camber.
ventricolografia, *f.* (*radiol.*), ventriculography.
Venturi (lavatore —) (*met., depur. fumi*), Venturi-type washer.
venturimetro, *m.* (*mis.*), venturi metre.
venuta d'acqua (*min.*), water inrush; inrush of water.
vera grandezza, *f.* (*disegno*), full size.
— pelle di montone, genuine sheepskin.
verbale (*m.*) **di collaudo,** test certificate; approbation report.
verdastro, *agg.* greenish.
verde, *m. e agg.* green.
— acido, acid green.
— antico (*marmo*) (*min.*), verde antique; (*pigmento colorante*), verte antique. (*NB.: non si confondano i due termini; il colorante è* verte antique, *l'altro è un marmo, pietra ornamentale composta principalm. di serpentino*).
— avanzato (*segnalaz. traffico*), leading green.
— azina, azine green.
— azoico, azo green.
— di alizarina, alizarine green.
— di barite, manganese green.
— di Cassel, Cassel's green.
— di cobalto, cobalt green.
— di malachite, malachite green.
— di manganese, manganese green.
verde di metilanilina, methyl green.
— di Parigi, Paris green; Schweinfurth green; emerald green.
— di Rinmann, Rinmann's green.
— di Rosentiel, v. **verde di manganese.**
— di Sassonia, v. **verde di cobalto.**
— di Scheele, Scheele's green.
— di Schweinfurth, Schweinfurth green; Paris green; emerald green.
— di Verona, Verona green.
— di zinco, v. **verde di cobalto.**
— malachite, malachite green.
— metile, methyl green.
— minerale, Scheele's green; mountain green.
— ritardato (*segnalaz. traffico*), lagging green.
— Svedese, Scheele's green.
— Ungherese, mountain green.
verderame, *m.* verdigris.
verga, *f.* bar; trolley pole (*elet.*); lease bar (*tess.*).
— da trafilare (*estrusione*), billet.
— profilata d'acciaio, special steel bar.
vergato, *p.p*,. irregularly striped.
vergella, *f.* (*tondo in rotoli di diam. di 5,2 mm chiamata impropriam. anche «filo»*) (*met.*), wire rod.
— di produzione interna (*met.*), home wire rod.
— in acciai legati (*met.*), alloy steel rod.
— in acciaio al carbonio (*met.*), carbon steel rod.
— in rotoli, wire rod coils; coiled wire rod.
— temprata in acqua (*met.*), water hardened wire rod.
verghe di separazione (*tess.*), lease rods.
Vergine (*astron.*), Virgo.
verifica, *f.* test; (*esame di campioni, ecc.*), inspection.
— (macchina per la —) delle pezze (*tess.*), cloth inspection machine.
verificare l'ovalizzazione, to test for ovality.

verificare la rotondità, to test for roundness.
verificatore (*m.*) **d'isolamento** (*ing. elet.*), insulation tester.
— **sonico,** sonic tester.
verificatrice di nastro perforato (*elettron.*), paper tape verifier.
— **di schede** (*calcol. elettron.*), card verifier.
verme (*m.*) **di vite,** thread.
— **marino,** marine borer.
— **triangolare,** triangular thread.
vermiculite, *f.* (*min.*), vermiculite.
vermiglione, *m.* vermilion; cinnabar.
— **permanente,** permanent vermilion.
vernice, *f.* varnish; (paint).
— **a base di lattice,** latex paint.
— **acrilica,** acrylic paint.
— **ad alcool,** spirit varnish.
— **ad olio,** oil varnish.
— **a forno,** baking varnish.
— **al benzolo,** benzol varnish.
— **alchilica,** alkyl paint.
— **alla cellulosa,** cellulose lacquer.
— **alla gommalacca,** (yellow) shellac varnish (*gialla*); knotting
— **alla nitrocellulosa,** nitrocellulose lacquer.
— **al silicio,** silicon paint.
— **anticorrosiva,** anticorrosive paint.
— **anti-ruggine,** rust-preventive paint.
— **antivegetativa** (*vernice con sostanze tossiche a base di rame, arsenico o mercurio contro l'azione corrosiva di organismi marini*) (*corrosione marina*), anti-fouling compound.
— **a prova di vapore,** steamproof paint.
— **a spirito,** spirit varnish.
— **a spruzzo,** spraying varnish.
— **bituminosa,** bituminous paint.
— **brillante,** flowing varnish.
— **cellulosica a pennello,** brushing lacquer.
— **cellulosica cristallizzante,** crystallizing lacquer.
— **cellulosica screpolante,** cracking lacquer.
vernice colorata, colour varnish.
— **con puntinamento,** seedy varnish.
— **da lucidare,** polishing varnish.
— **d'ambra,** amber varnish.
— **dammar,** dammar varnish.
— **da pomiciare,** rubbing varnish.
— **dielettrica,** dielectric paint.
— **di fondo,** wash primer.
— **fonoisolante,** soundproofing paint.
— **funghicida,** fungicidal paint.
— **giapponese per miscela,** grinding japan.
— **ignifuga,** fireproof paint; fire retardant paint.
— **intumescente** (*che si gonfia se esposta alla fiamma*), intumescent paint.
— **isolante,** insulating lacquer; insulating varnish.
— **macinata in pasta,** pulp ground varnish.
— **metallizzata** (*auto*), metallic paint.
— **mimetica per aerei** (*aereo*), camouflage dope.
— **nera giapponese,** black japan.
— **opaca,** flat varnish.
— **pelabile** (*o* **strappabile**), strippable varnish.
— **per aerei,** dope.
— **per esterni,** exterior varnish.
— **per immersione,** dipping varnish.
— **per impregnazione,** impregnating varnish.
— **per interni,** interior varnish.
— **per modelli,** pattern varnish.
— **rapida,** quick varnish.
— **resistente al vapore acqueo,** steamproof paint.
— **sintetica,** synthetic resin; synthetic finish; gum lacquer.
— **solubile in acqua,** water-soluble paint.
— **(applicare la —) con rullo,** to roll paint.
— **(applicare uno strato di —),** to apply a coat of varnish.
— **(applicazione della —) con spazzola,** scumbling.
— **(aspetto nebbioso di una pellicola di —),** smokiness.

vernice (calibro per applicazione di —), doctor blade.
— **(proporzione di un olio in una —),** length.
— **(strato di —),** coat of varnish.
vernici autoessiccanti (*fond.*), self-drying varnishes.
— **cellulosiche,** cellulose lacquers.
verniciare, *v.a.* to varnish; to paint.
verniciato a fuoco (*met.*), stove-enamelled.
verniciatura, *f.* varnishing; doping (*aereo*).
— **ad immersione** (*smalti e vernici*), dipping.
— **a spruzzo,** spray painting.
— **con pennello,** brushing painting.
— **elettrostatica,** electrostatic (spray) painting.
— **per immersione,** dipping painting.
— **(attitudine alla —)** (*acciaio*), paintability.
verniero, vernier; nonius (*nonio*).
— **(calibro a —),** vernier caliper.
— **(linea dello zero del —),** zero line of the vernier.
— **(rapportatore a —),** vernier protractor.
— **(scala del —),** vernier scale.
verricello, *m.* windlass.
— **a vite,** bottle jack.
versamento, *m.* (*fond.*), spillage; (*pagamento*) (*comm*)., disbursement.
versante, *m.* side; slope.
— **di collina,** hillside.
versare, *v.a.* to spill; to pour (out).
versatilità, *f.* flexibility.
— **di una macchina,** versatility of a machine.
versione a prezzo ridotto (*inform.*), cut-rate version.
— (*modello*) **in scala maggiore,** scaled-up version.
— **in scala ridotta** (*pompe, ecc.*), scaled down version (of a pump, etc.).
— **ridotta** (*elettron., inform.*), stripped-down version; cut-down version.
verso l'interno, inwards.
— **monte,** upstream.
— **valle,** downstream.
versore, *m.* (*mat.*), versor.
verticale, *agg.* vertical.
— **astronomica,** astronomical vertical.
vertice, *m.* (*geom.*), apex.
— **della filettatura,** crest.
— **della fusoliera,** nose.
— **dell'onda,** wave peak.
— **del tetto,** hip ridge.
vertiplano, *m.* (*aeromobile a decollo ed atterraggio verticali*), vertiplane.
vescicamento, *m.* (*vernici*), blistering.
vescichetta (*met.*), blister.
— **minuta** (*met.*), pepper blister.
vestiario (*m.*) **con riscaldamento elettrico** (*aereo*), electrically heated clothing.
— **industriale,** industrial clothing.
vetraio, *m.* glazier.
vetrata resistente al fuoco, fire-resisting glazing.
— **(barra di sostegno di —)** (*cost.*) (*met.*), glazing bar.
vetratura (doppia —) (*ferr., costr., ecc.*), double-glazing.
vetreria, *f.* glass plant; glassworks (*fabbrica*); glassware (*oggetti*).
— **da laboratorio,** laboratory glassware.
vetri per edilizia, constructional glasses.
vetrificare, *v.a.* to vitrify.
vetrificazione, *f.* (*met.*), vitrification.
vetrina *f.*, shop window.
vetrinetta (*per musei, ecc.*), glass showcase.
vetrinette (*f. pl.*) **di cartone** (*p. es.: per occhiali*), point-of-sale merchandisers (U.S.A.).
vetrino, *m.*, cover glass; (*microscopia*), slide; glass slide.
— **a sezione sottile** (*microscopia*), thin section slide.
— **coprioggetto** (*microscopio*), cover glass.
— **(apparecchio per riscaldare il**

—) (*microscopia*) slide warmer.

vetriolo, *m.* vitriol.
— **azzurro,** blue vitriol.
— **bianco,** white vitriol; goslarite.
— **di Cipro,** v. **vetriolo azzurro.**
— **di cobalto,** cobalt sulphate, cobalt vitriol.
— **di ferro,** green vitriol.
— **di potassio,** potassium sulphate.
— **di Venere,** blue vitriol.
— **turchino,** blue vitriol.

vetro, *m.* glass.
— **al silicato di sodio irradiato con raggi X** (*ceramica*), X-irradiated soda-silica glass.
— **antischeggia,** splinter-proof glass.
— **a prova di proiettile,** bullet proof glass.
— **armato,** wired glass.
— **assorbente calore,** heat-absorbing glass.
— **atermico,** athermic glass.
— **calcareo,** lime glass.
— **cattedrale,** cathedral glass; stained glass (*istoriato*).
— **cattedrale doppio,** double rolled cathedral glass.
— **cattedrale normale,** plain cathedral glass.
— **cemento,** reinforced concrete glass.
— **che intercetta i raggi calorifici,** heat absorbing glass.
— **cilindrato,** rolled glass.
— **colorato,** coloured glass.
— **colorato per automobili,** tinted glass.
— **compresso,** pressed glass.
— **corazzato,** armourplate (glass).
— **crown,** crown glass.
— **da bottiglie,** bottle glass.
— **da finestre,** window glass.
— **da specchi,** plate glass.
— **devetrificato,** devetrified glass.
— **di Boemia,** Bohemian glass.
— **di Moscovia,** Muscovy glass.
— **di orologio,** watch-glass.
— **di scarto** (*fabbr. vetro*), cullet.
— **di sicurezza,** safety glass.
— **di sicurezza laminato,** laminated safety glass.

vetro di sicurezza temprato, tempered safety glass.
— **divisorio,** division glass.
— **duro** (*chim.*), hard glass.
— **esterno,** outer glass.
— **filato,** spun glass.
— **Flint,** Flint-glass.
— **forte,** stout glass.
— **ghiacciato,** frosted glass.
— **greggio,** raw glass.
— **incoloro,** colourless glass.
— **infrangibile,** shatter-proof glass.
— **laminato,** laminated glass.
— **molato,** moulded glass.
— **offuscato,** smoked glass.
— **opalino,** opal glass.
— **ottico,** optical glass.
— **per coperture** (*tetti*), roofing glass.
— **per trasmissione raggi ultravioletti,** ultra-violet transmitting glass.
— **piombifero,** lead glass.
— **poroso,** fritted glass.
— **retinato,** wired (rolled) glass, reinforced glass.
— **retinato a maglie esagonali;** hexagonal-mesh wire glass.
— **retinato a maglie quadrate,** square-mesh wire glass.
— **ricotto,** annealed glass.
— **rigato,** fluted glass.
— **scanalato,** reeded glass.
— **schiuma,** foam glass.
— **smerigliato,** polished glass; frosted glass; ground glass; (*da introdurre sul piano dell'immagine per la messa a fuoco*) (*fot.*), focusing screen.
— **soffiato,** blown glass.
— **solubile,** soluble glass; water glass.
— **stampato,** moulded glass.
— **striato,** corrugated glass.
— **temprato,** toughned glass.
— **translucido,** translucent glass.
— **trasparente,** transparent glass.
— **(a doppi —),** double-glazed.
— **(coefficiente di assorbimento acustico del —),** glass acoustic absorption factor (*or* coefficient).

vetro (diffusori per — -cemento), armourlight lenses; insulight glass bricks.
— **(lana di —),** glass mineral wool.
— **(mattone in —) da costruzioni,** glass masonry brick.
— **(messa in opera del —),** glazing.
— **(prodotti pressati in —),** pressed glass.
— **(tegola di —),** glass tile; glass roofing tile (*per tetti*).
vetrone, *m.* (*ghiaccio che si accumula sul bordo d'entrata delle ali*) (*aereo*), clear icing (*or* clear ice).
vetroresina, *f.* (*mat. plast.*), glass fiber; glassfibre.
vettore, *m.* vector.
— **aereo,** air vector.
— **di Burgers** (*met.*), Burgers vector.
— **di lancio** (*astron.*), launch vehicle.
vettura, *f.* (*auto*) (*ferr.*), car.
— **ad aria condizionata** (*ferr.*), air-conditioned car.
— **a 2 posti** (*auto*), two-seater.
— **blindata** (*auto*), armoured production car.
— **da competizione** (*auto*), competition car.
— **da corsa** (*auto*), racing car.
— **da corsa di formula 1** (*auto*), Formula 1 racing car.
— **da corsa senza compressore,** unsupercharged racing car.
— **d'epoca** (*auto*), Vintage vehicle.
— **di serie** (*auto*), stock car; production car.
— **ferroviaria,** railway coach (car) (v. **carrozza**).
— **filoviaria,** trolley coach.
— **passeggeri** (*ferr.*), passenger coach.
— **rimorchiata,** trail car.
— **tranviaria,** tram-car; tramway carriage; street car (U.S.A.).
— **trasformabile** (*auto*), drophead coupé.
via, *f.* way; (*tess.*) v. **corso.**
— **(per —) aerea,** via air mail.
via d'accesso, approach.
— **d'acqua,** navigable water way.
— **di corsa** (*gru, ecc.*), runway.
— **di terra,** overland route (*or*) land-route.
— **libera** (*ferr.*), line clear; clear.
— **navigabile,** navigable waterway.
— **occupata** (*ferr.*), line occupied.
— **percorsa dal carico,** lifting way.
— **secca** (*chim.*), dry way; dry method; dry process.
— **umida** (*chim.*), wet way; wet method; wet process.
Via Lattea (*astron.*), (the) Milky way; Galaxy.
viadotto autostradale(*cost.*),viaduct.
— **su colonne singole** (*cost.*), viaduct on single columns.
viaggiare in auto, to travel by car.
— **in metropolitana,** to travel by tube.
— **in treno,** to travel by rail.
viaggio charter (*naut.*), charter sailing.
— **inaugurale** (*di nave*) (*naut.*), maiden voyage.
— **in autostrada,** motorway journey.
— **interplanetario,** inter-planetary travel.
— **nello spazio** (*astron.*), journey into space.
— **spaziale** (*astron.*), space travel; space voyage.
vibrare, *v.i.* (*rif. ad eliche*) (*aereo*), to flutter; to vibrate (*generico*).
vibratore, *m.* (*elet.*), buzzer; vibrator.
— **ad immersione,** immersion vibrator.
— **di superficie** (*per pavim. calcestruzzo*), surface vibrator.
— **elettrico,** electric vibrator.
— **elettromagnetico,** electromagnetic vibrating unit *or* vibrator.
— **esterno** (*calcestruzzo*), external vibrator.
— **interno** (*calcestruzzo*), internal vibrator.
— **per calcestruzzo,** concrete vibrator.
— **pneumatico,** pneumatic vibrator.

vibrazione, *f.* (*ing.*), vibration; chatter.
— **alare** (*aereo*), wing flutter.
— **causata dal vento,** aeolian vibration.
— **del calcestruzzo,** concrete vibration.
— **di flessione,** bending vibration.
— **interna,** internal vibration.
— **pneumatici** (*auto*), thump; tyre bump-thump.
— **ridotta al minimo,** minimised vibration.
— **subsonica,** subsonic vibration.
— **supersonica,** supersonic vibration.
— **torsionale,** torsional vibration.
— **(senza vibrazioni),** vibrationless.
vibrazioni, v. **generatore di —.**
— **aeroelastiche autoeccitate** (*aereo*), flutter.
— **laterali** (*acust.*), lateral vibrations.
vibroalimentatore, *m.* (*met., ecc.*), vibrating feeder.
vibrofinitrice tipo «slip-form» (*macch. strad.*), slip form machine.
vibroflottazione, *f.* (*costr.*), vibroflotation.
vibrometro, *m.* oscillograph.
vibrovaglio, *m.* vibrating screen.
viburno, *m.* (*bot., med.*), viburnum.
vice caposquadra, *m.* assistant foreman.
— **direttore d'una fabbrica,** Assistant Works Manager.
— **-maresciallo dell'aria,** air vice-marshal; (*servizio ausiliario femminile*) air commandant-in-chief.
vicianina, *f.* (*chim.*), vicianin; $C_{19}H_{25}NO_{10}$.
vicolo (*m.*) **chiuso** (*cost.*), cul-de-sac.
videoamatore, *m.*, video amateur.
videocassetta, *f.* video cassette.
— **amatoriale** (*video*), amateur video cassette.
— **preregistrata,** pre-recorded videocassette.
videoconferenza (TV), TV conference.
videodisco (*telev.*), videodisc.
videodisco ottico (*audio, TV*), optical video disc.
videodizionario, video dictionary.
videoecoscandaglio a colori (*naut.*), colour video (echo) sounder.
videofiche (*TV, audio*), videofiche.
videofotografia, *f.*, video photography.
videofrequenza (*telev.*), video frequency.
videogioco, *m.* telegame.
videografico (sistema —), videographic (system).
videoproiettore, *m.*, videoprojector.
videoregistratore, *m.* video recorder.
— **a cassette,** video cassette recorder.
— **a disco,** disc video recorder.
— **a nastro,** video tape recorder.
videoregistrazione (*su nastro*), videotaping; video tape recording.
videosegnale (*telev.*), video signal.
videoscrivente, *f.* (*inform.*), video printer.
videostampante, *f.*, videoprinter.
videoteca, *f.* (*TV*), video library.
— **per immagini video non in movimento** (*ritratti, carte geografiche, ecc.*), picture library (for still video pictures).
videoterminale (*calcol. elett.*), video terminal.
vidigrafo a nastro, v. **registratore video a nastro.**
viera, *f.* socket.
vigogna, *f.* (*tess.*), vigogne.
vinaccia, *f.*, grape marc.
vincere, *v.t.* (*mecc.*), to overcome; to get over.
— **la resistenza d'una macchina,** to overcome the resistance of a machine.
vincolare i prezzi all'indice (*comm.*), to peg prices.
vincolato, *p.p.* (*costr.*), constrained.
vinificazione, *f.*, wine-making.
vinilazione, *f.* (*chim.*), vinylation.
vinile, *m.* (*chim.*), vinyl.
vino, *m.* (*agr.*), wine.
— **(pompa di travaso del —),** wine transfer pump.

violamina, *f.* (*chim.*), violamine.
violazione contrattuale (*dir. lavoro*), breach of contract.
— **di brevetto,** patent infringement.
violetto, *m.* violet.
— **acido,** acid violet.
— **azoico,** azo violet.
— **cristallo,** crystal violet.
— **cromo,** chrome violet.
— **di alizarina,** alizarine violet.
— **di etile,** ethyl violet.
— **di metile,** methyl violet.
vipla, *f.* (*chim.*), polyvinyl chloride.
viraggio, *m.* (*fot.*), toning.
— **all'oro,** gold toning.
— **chimico,** chemical toning.
— **con solforazione,** sulphide toning.
virare, to bank (*aereo*); to corner (*auto*); to tack (*naut.*); to turn; to tone (*fot.*).
— **cogli alettoni** (*aereo*), to bank with ailerons.
— **col timone di direzione** (*aereo*), to bank with rudder.
— **di bordo,** to tack about.
— **piatto** (*aereo*), to underbank.
— **in poppa** (*naut.*), to tack.
— **in prora** (*naut.*), to veer.
virata (*f.*) **brusca** (*aereo*), turn.
— **(raggio di —)** (*aereo*), radius of turn.
virgola (,), *f.* (*tipog.*), comma.
— **binaria** (*inform.*), binary point.
— **decimale** (*inform.*), decimal point.
— **fissa** (*inform.*), fixed point.
— **mobile** (*inform.*), floating point.
— **mobile decimale** (*calcol. elettron.*), floating decimal point.
virola, *f.* (*orol.*), collet; (*mecc.*), ferrule.
— **per fissare le spirali** (*orol.*), hairspring collet.
virtuale, *agg.*, virtual (*inform. rif. a memorie, terminali, ecc.*).
virus, *m.* (*med.*), virus (*pl.* viruses).
viscoelasticità, *f.* (*mecc.*) (*costr.*), viscoelasticity.
viscosa, *f.* viscose.
viscosimetro, *m.* viscometer.
— **a tavolo vibrante,** vibrating-table viscometer.
viscosimetro Redwood (*catrami stradali*), Redwood viscosimeter.
viscosità, *f.* viscosity.
— **dielettrica,** dielectric viscosity.
viscoso, *agg.* viscous; viscid.
visibile, *agg.* visible; (*tutti i pezzi in funzione all'interno sono visibili*), all working parts inside are —.
visibilità, *f.* visibility; view (*auto*).
— **ad occhio nudo** (*astr.*), naked-eye visibility.
visiera parasole di camera (*telev.*), lens hood.
visiogenico, *agg.* (*telev.*), visiogenic.
visione, *f.* (*fot.*), vision; (*telev.*), viewing; v. **campo visivo.**
— **avvicinata** (*fot. ecc.*), close-up vision.
— **distante** (*fot. ecc.*), distant vision.
— **esplosa** (*dis.*), exploded view.
— **notturna** (*ott.*) (*auto*), night vision.
— **periferica** (*ott.*), peripheral vision.
visita, *f.* (*di stabilimenti*), inspection trip; plant visit.
— **di verifica** (*visita tecnica*) routine visit.
visitare un'impianto di colata continua (*met.*), to visit a continuous casting plant.
visone, *m.* (*pelli*), mink.
visore (*di microfilm, ecc.*), viewer.
vista, *f.* view; v. **campo visivo.**
— **avvicinata,** near view.
— **dal basso in alto,** bottom view.
— **dall'alto,** top view.
— **di fianco** (*dis.*), side view.
— **di fronte** (*dis.*), front view.
— **di fronte tratteggiata** (*dis.*), sectioned front elevation.
— **di sopra** (*dis.*), top view.
— **sezionata** (*dis.*), sectional view.
— **(sforzo di —)** eyestrain.
vistavisione *f.* (*cinem.*), vistavision.
visto si stampi, passed for press.
visualizzare (*elettron.*), to visualize; (*dati, ecc.*) (*inform.*), to display.
visualizzazione dei difetti (*met.*), visualization of defects.

visualizzazione grafica (*inform.*), graphic display; graphical display.
— **su schermo di disegni di grafici** (*inform.*), graph-drawing display.
vita, *f.* (*durata*), life.
— **dell'utensile,** tool life.
— **extraterrestre** (*astron.*), extraterrestrial life.
— **media** (*di un atomo*) (*fis. atom.*), mean life.
— **media della carcassa di un forno** (*met.*), average shell life.
vitamina, *f.* vitamin.
— **A,** vitamin A.
vite, *f.* (*mecc.*), screw; spin (*acrobazia aerea*).
— **a bloccaggio automatico** (*mecc.*), self-locking screw.
— **a collare,** collar screw.
— **ad alette,** winged screw.
— **ad occhio,** eared screw; lifting eye bolt.
— **a due filetti,** two-start screw; two-thread screw.
— **a filetti multipli,** multiple-thread screw; multiple-start thread.
— **a gancio,** eared screw; hook bolt.
— **anormale** (*aereo*), abnormal spin.
— **a pane quadrangolare,** square thread screw.
— **a quattro filetti,** four-start screw; four-thread screw.
— **a ricircolazione di sfere** (*mecc.*), re-circulating ball screw.
— **a testa a calotta,** button head screw; round head screw.
— **a testa bombata,** fillister head screw.
— **a testa cilindrica forata,** tommy head screw.
— **a testa cilindrica piatta,** flat fillister head screw.
— **a testa conica,** countersunk head screw.
— **a testa esagonale,** hexagon head cap screw.
— **a testa ovale,** raised head screw.
— **a testa piana,** cheese-head screw.
— **a testa piatta,** flat head screw.
vite a testa quadra, square head screw.
— **a testa semi-rotonda,** cheese-head screw.
— **a testa spaccata,** notched head screw.
— **a testa svasata,** countersunk head screw.
— **a testa zigrinata,** knurled head screw; thumb screw.
— **autobloccante** (*mecc.*), self-locking screw.
— **autofilettante** *o* **automaschiante,** thread-forming self-tapping screw; thread-cutting self-tapping screw.
— **autoperforante-filettante** (*mecc.*), self-drilling and tapping screw.
— **con testa a dado,** round head screw.
— **con testa a spinetta,** tommy screw.
— **continua regolabile,** variable worm.
— **contropietra,** lower endpiece screw.
— **da legno,** wood screw.
— **da metallo a testa cilindrica** (*mecc.*), cap screw.
— **del basamento** (*agrim.*), foot-screw.
— **del cricchetto** (*orol.*), click screw.
— **della ruota tamburo** (*orol.*), ratchet wheel screw.
— **del ponte** (*orol.*), bar screw.
— **del ponte dell'àncora** (*orol.*), pallet cock screw.
— **del tiretto** (*orol.*), pull out piece screw.
— **destra,** right hand screw.
— **di aggiustaggio,** adjusting screw.
— **di arresto senza testa,** grub screw; (headless set screw: *termine usato comunem. in Europa, ma da evitare, essendo* grub screw *ben radicato nell'industria inglese*).
— **di collegamento,** fastening screw; fixing screw.
— **di comando,** lead screw.

vite di comando dell'innalzamento, elevating endless screw.
— **di contatto,** contact screw.
— **di elevazione,** elevating screw.
— **di fermo (*o* di arresto)** (*mecc.*), set screw.
— **di fermo (*o* di arresto) senza testa** (*mecc.*), grub screw.
— **di fissaggio,** clamping screw.
— **di montaggio,** mounting screw
— **di posizione,** locating screw.
— **di pressione,** pressure screw; set screw.
— **di registro,** register screw.
— **di regolaggio,** adjusting screw; stitch regulator (*per macchine da cucire*).
— **di rettifica,** fine-adjustment screw.
— **di tensione,** tension screw.
— **(*o* coclea *f.*) di trasporto,** conveyor worm.
— **femmina,** female screw.
— **ferma cassa** (*orol.*), case screw.
— **madre,** lead screw.
— **micrometrica,** micrometrical screw.
— **orizzontale** (*acrobazia aerea*), barrel roll.
— **per congiungere cinghie,** screw belt fastener.
— **per ponti di bascule** (*orol.*), screw for yoke bridge.
— **piatta** (*aereo*), flat spin.
— **ponte tiretto** (*orol.*), intermediate wheel bridge screw.
— **prigioniera,** joint pin; stud (bolt.); captive screw.
— **rovescia** (*aereo*), inverted spin.
— **ruota corona** (*orol.*), transmission wheel screw.
— **senza fine,** endless screw; worm gear.
— **senza testa,** headless screw.
— **sinistra,** left hand screw.
— **tangenziale,** tangent screw.
— **tiretto** (*orol.*), pullout piece screw.
— **verticale** (*acrob. aerea*), spinning dive.
— **(scendere in —)** (*aereo*), to spin.
vitellina, *f.* (*chim.*), vitellin.
viti del bilanciere (*orol.*), balance screws.
— **di regolazione** (*orol.*), timing screws.
— **di temperatura** (*orol.*), temperature screws.
— **di vibrazione** (*orol.*), beat screws.
viticcio, *m.* (*bot.*), tendril.
vitone, *m.* (*met.*), screwdown.
— **della gabbia finitrice** (*laminatoi, met.*), screwdown of the finishing train.
— **(regolazione del —)** (*met.*), screwdown setting.
vitoni (regolatore posizione —) (*met.*), screwdown position regulator.
vittima (*di un incidente*) (*auto, aereo, ecc.*), casualty.
vitto (*ind.*), messing.
vivagno, *m.* (*tess.*), leizure.
vivaio, *m.* (*forestale*), seedling nursery; forest nursery.
vobbulare (*elet.*), to wobble.
vobbulatore, *m.* (*elet.*), wobbulator.
vobbulazione, *f.* (*elet.*), wobbulation.
voce, *f.* (*articolo, in una tabella*), item; (*di vocaboli, per es. in un dizionario*), entry.
— **(riconoscimento della —)** (*inform.*), voice-recognition.
volano, *m.* flywheel; handwheel.
— **a raggi diritti,** handwheel with straight arms.
— **in più pezzi,** sectional flywheel.
— **magnete,** flywheel magneto.
— **puleggia,** flywheel pulley.
— **(albero del —),** flywheel shaft.
— **(anello del —),** rim; ring.
— **(asse del —),** flywheel axle.
— **(corona del —),** rim.
— **(dentatura del —),** flywheel toothing.
— **(mozzo del —),** boss of the flywheel; hub.
— **(raggio del —),** arm of the flywheel.
— **(velocità del —),** velocity of flywheel.
volante ad una sola razza (*auto*), single spoke wheel.

volante a 3 razze (*auto*), three-spoke steering wheel.
— **di guida,** steering wheel.
— **(giri del — per sterzata completa)** (*auto*), turns of steering wheel from lock to lock.
volantini, *m. pl.* leaflets.
volantino, *m.* (*mecc.*), wheel; handwheel.
— **a croce,** pilot wheel.
— **di elevazione,** elevating handwheel.
— **di puntamento** (*artiglieria*) aiming contrivance.
volare, *v.i.*, to fly, *v.a. v.i.* (*p.* flew, *p.p.* flown).
— **all'indietro,** to fly backwards.
— **in giù,** to fly down.
— **in linea retta,** to fly straight.
— **lateralmente,** to fly sideways.
— **tenendosi molto vicino al terreno** (*aereo*), to hug the ground.
volata (*brillamento simultaneo di più mine, disposte secondo schemi-tipo, per avanzamento in gallerie o scavo di pozzi nelle miniere*) (*min.*), round; volley.
— **(disposizione delle mine nella —)** (*min.*), drill hole pattern.
— **(mine centrali di una —),** cut holes.
— **(mine di parete di una —)** *min.*), trimmers.
— **(schema tipo della —)** (*min.*), drill hole pattern.
— **(sfondo per —)** (*min.*), pull.
volatile, *agg.* volatile (*p. es.: liquido volatile*, volatile liquid).
volatilizzare, *v.a.* to volatilize.
volatilizzazione, *f.* volatilization.
vollastenite, *f.* (*min.*), wollstenite.
volo, *m.* (*aereo*), flight; flying; hop (*slang*).
— **a bassa quota,** low altitude flying.
— **acrobatico,** acrobatic flying.
— **ad alta quota,** height flying; high altitude flying.
— **a domanda** (*aereo*), charter-flight.
— **a nastro verticale rivoltato,** outside loop.
— **a vela,** soaring flight.
volo capovolto, looping the loop.
— **cieco,** instrument flying.
— **controllato** (*aereo*), control-line flying.
— **di breve durata a bassa quota** (*aereo*), hop.
— **di crociera** (*aereo*), cruising flight.
— **di durata,** long flight, duration flight.
— **di guerra,** sorty.
— **di prova,** trial flight.
— **in formazione** (*aereo*), formation flying.
— **in linea retta,** straight line flying.
— **interplanetario** (*aereo*), interplanetary flight.
— **ipersonico** (*aereo*), hypersonic flight.
— **librato,** soaring flight; hovering-flight (*elic.*).
— **livellato** (*aereo*), level flying.
— **notturno** (*aereo*), night flight.
— **orbitale** (*astron.*), orbital flight.
— **oscillante,** undulating flight.
— **planato,** soaring flight.
— **radente** (*aereo*), hedge-hop (*slang*).
— **rovescio** (*aereo*), inverted flight.
— **senza scalo,** non-stop flight.
— **senz'elica,** propellerless flight.
— **spaziale** (*con veicolo abitato o no*) (*astron.*), spaceflight.
— **spaziale con veicolo abitato** (*astron.*), manned spaceflight.
— **spaziale simulato** (*voli spaz.*), simulated spaceflight.
— **strumentale** (*aereo*), dead reckoning.
— **suborbitale** (*astron.*), suborbital flight.
— **subsonico** (*aereo*), subsonic flight.
— **supersonico** (*aereo*), supersonic flight.
— **transonico,** transonic flight.
— **(attacco a — radente),** low-flying attack.
volt, *m.* volt.
— **del sistema C.G.S.,** abvolt.
volta, *f.* (*arch.*), vault.
— **a botte,** barrel vault.

volta acida (*forni met.*), acid roof; acid arch.
— **a crociera,** cross vault; groined vault.
— **a crociera doppia,** double cross vault.
— **a cupola,** domical vault.
— **a cupola semisferica** (*cost.*), pendentive dome.
— **ad anello,** vaulting with ring course.
— **ad arco** (*met.*), arch roof.
— **a padiglione,** cloister vault.
— **a sesto scemo** (*cost.*), lunette.
— **a vela,** bohemian vault.
— **a vela ribassata,** flat vaulted ceiling.
— **basica** (*forni met.*), basic roof; basic arch.
— **del pozzo dell'elica** (*naut.*), arch-piece.
— **di scarico,** relieving arch.
— **di un forno,** dome; arch (of a furnace).
— **girevole** (*di forno*) (*met.*), swinging roof.
— **in pietra,** masonry vault.
— **nervata** (*met.*), ribbed roof.
— **obliqua,** skewed arch.
— **paraboloidica iperbolica** (*cost.*), hyperbolic paraboloid vault.
— **poligonale,** vaulting with polygonal course.
— **raffreddata internamente** (*forno met. elet.*), internally water-cooled roof.
— **reticolare,** reticulated vaulting.
— **retta,** straight vault.
— **rovescia,** inverted arch.
— **sferica,** spherical dome.
— **sospesa** (*forno met.*), suspended roof.
— **(gran —)** (*aereo*), inverted loop.
— **(gran — in scaglione)** (*aereo*), loop in echelon.
— **(meccanismo di sollevamento della —)** (*forno met.*), roof raising mechanism.
— **(numero di colate per una —)** (*forni met.*), number of heats per roof.
volta (prima metà di una — rovesciata) (*aereo*), bunt.
— **(rappezzo della —)** (*forni met.*), roof patching.
— **(rotazione della —)** (*met.*), roof swinging.
— **(sezione trasversale della —)** (*forni met.*), roof cross section.
voltaggio, *m.* voltage; v. **tensione.**
voltafieno, *m.* tedder; hay tedder.
voltaico, *agg.* voltaic.
voltametro, *m.* (*elet.*), voltameter.
— **ad argento** (*elet.*), silver voltameter.
— **digitale** (*elet.*), digital voltameter.
— **selettivo** (*elet.*), selective voltameter.
voltampere, *m.* volt-ampere.
voltampermetro, *m.* (*elet.*), volt-ampere metre.
voltar di tacca (*bozze*), turn inverted letter.
voltare (*abbordare e compiere una curva*) (*auto*), to corner.
voltina, *f.* arch; vault.
voltino, *m.* (*sega a volgere*), bow saw.
voltmetro, *m.* (*elet.*), voltmeter.
— **a campo Ferraris,** Ferraris voltmeter.
— **a contatti** (*elet.*), contact voltmeter.
— **a deviazione bilaterale** (*elet.*), voltmeter with central zero.
— **a filo caldo** (*elet.*), hot-wire voltmeter.
— **a induzione,** induction voltmeter.
— **aperiodico,** aperiodic voltmeter.
— **a raggi catodici,** cathode ray voltmeter.
— **a segnale** (*elet.*), signal voltmeter.
— **a valvola,** valve voltmeter.
— **a valvole termoioniche,** vacuum-tube voltmeter.
— **campione,** standard voltmeter.
— **differenziale,** differential voltmeter.
— **elettromagnetico,** electromagnetic voltmeter.

voltmetro fasometro, phase voltmeter.
— **multicellulare,** multicellular voltmeter.
— **registratore** (*elet.*), recording voltmeter.
— **termico,** thermal voltmeter.
— **tascabile** (*elet.*), pocket voltmeter.
volume, *m.* volume; (*auto*) box.
— **atomico** (*chim.*), atomic volume.
— **critico** (*fis.*), critical volume.
— **dell'acqua,** volume of water.
— **dell'aria,** volume of air.
— **delle sfere,** volume of spheres.
— **dei solidi,** volume of solids.
— **del vento** (*altoforno met.*), blast volume.
— **d'ingombro** (*vernici, ecc.*), bulking volume.
— **di segmenti sferici,** volume of spherical segments.
— **molecolare** (*chim.*), molecular volume.
— **specifico,** specific volume
— **suola fino al livello del banco** (*forno met.*), hearth volume to sill plate.
— **totale di altoforno** (*met.*), total volume of furnace.
— **(auto a 2 volumi),** two-box car.
voluta, *f.* volute; helix.
vomere, *m.* (*agr.*), share.
vortice, *m.* wind burble; eddy.
— **libero** (*aereo*), trailing vortex.
vortici dell'estremità dell'ala (*aereo*), wing tip vortices.
vorticosità, *f.* vorticity.
vulcanizzabile, *agg.* vulcanizable.
vulcanizzare, *v.a.* to vulcanize; to cure.
vulcanizzazione, *f.* vulcanization; (*gomma*), curing.
vulcanizzazione a caldo, hot vulcanization.
— **a freddo,** cold vulcanization.
— **(accelerante della —),** vulcanization accelerator.
— **(camera di —),** vulcanising chamber.
— **(costanti di —)** (*gomma*), curing constants.
— **(tasso di — della gomma)** (*gomma*), cure rate of rubber.
vulcano, *m.* (*geol.*), volcano.
vuoto, *m.* (*fis.*), vacuum (*pl.* vacuums; vacua); void (*senza contenuto, rif. a penne, ecc.*).
— **assoluto** (*fis.*), absolute vacuum.
— **d'aria** (*aereo*), bump.
— **medio,** medium vacuum.
— **per pieno** (*trasp.*), dead freight.
— **primario** (*fis.*), primary vacuum.
— **secondario** (*fis.*), secondary vacuum.
— **spinto,** high vacuum.
— **(alto —)** (*fis.*), high vacuum.
— **(altissimo —)** (*fis.*), very high vacuum.
— **(basso —)** (*fis.*), low vacuum.
— **(medio —)** (*fis.*), medium vacuum.
— **(apparecchio per la misura del —),** vacuum gage (*or* gauge).
— **(misura del —),** vacuum measurement.
— **(nel —),** in vacuum.
— **(pompa a —),** vacuum pump.
— **(ricottura sotto alto — dell'acciaio),** high vacuum annealing of steel.
— **(sotto —),** in vacuo; under vacuum.
— **(sottoporre al —),** to vacuumise.

W

Wagner (metodo —) (*elet.*), Wagner earth.
watt, *m.* (*elet.*), watt.
— **apparente,** apparent watt.
— **metro,** wattmeter (v. pure **wattometro**).
— **ora,** watt-hour.
— **reale,** true watt.
— **(consumo in —),** watt consumption
wattometro, *m.* (*elet.*), wattmeter.
— **a campo Ferraris,** Ferraris wattmeter.
— **a induzione,** induction wattmeter.
— **differenziale,** differential wattmeter.
— **dinamometrico,** dynamometric wattmeter.
— **doppio,** double wattmeter.
— **elettrodinamico,** electrodynamic wattmeter.
wattometro monofase, single-phase wattmeter.
— **portatile,** portable wattmeter.
— **registratore,** recording wattmeter.
— **trifase,** three-phase wattmeter.
— **(morsetto del —),** wattmeter terminal.
— **(portata del —),** wattmeter range.
— **(scala del —),** wattmeter scale.
WC chimico, chemical toilet.
— **marino** (*naut.*), sea toilet.
weber, *m.* (*elet.*), weber.
wolframio, *m.* (*chim.* = W), tung sten.
woofer (*altoparlante per la riproduzione delle basse frequenze*) (*audio*), woofer (low-frequency driver) (speaker systems).

X - Y

xantato (*chim.*), xanthate.
xanteina, *f* (*bot.*), xanthein.
xantene, *m.* (*chim.*), xanthene.
xantina, *f.* (*chim.*), xanthine.
xantogenato, *m.* (*chim.*), xanthogenate.
xantone, *m.* (*chim.*), xanthone.
xantonici (coloranti —), xanthene dyestuffs.
xantosiderite, *m.* (*min.*), xantosider te.
xeno, *m.* (*chim.* = Xe), xenon.
xenomorfo, *agg.* (*min.*), xenomorphic.
xenotina, *f.* (*min.*), xenotine.
xerocamera, *f.* xerocamera.
xerografia, *f.* (*chim., fot., tip.*), xerography.
xerolastra, *f.* xeroplate.
xerostampa, *f.* xeroprinting.
xilema, *m.* (*bot.*), xylem.
— centripeto, centripetal xylem.
xilene, *m.* (*chim.*), xylene.
xilenoli (*chim.*), xylenols.
xilofago marino (*corrosione*), marine borer.
xilografia, *f.* xylography; wood engraving; woodcut.
xilolo, *m.* (*chim.*), xylol.
xiloma, *m.* (*bot.*), xyloma.
xilometro, *m.* (*ind. legno*), xylometer.
xilonite, *f.* (*plast.*), xylonite.
xilosi, *f.* (*chim.*), xylose.
yarda, *f.* yard.

Z

zaffera (*o* **zaffra**), *f.* zaffre; zaffer.
zafferano, *m.* (*med.*, *bot.*), saffron.
zaffiro, *m.* (*min.*), sapphire.
— **bianco** (*min.*), leucosapphire.
zampillo, *m.* (*d'acqua*), (water) jet.
zanca, *f.* rag bolt.
zangola, *f.* (*agric.*), churn; butter-pat machine.
zanzara, (*dispositivo elettronico per tenere a distanza le zanzare*), mosquito repeller.
Zanzibar (coppale di —), Zanzibar gum.
zappa, *f.* (*agr.*), hoe.
zappacavallo (*agr.*), horse hoe.
zappatrice rotativa (*agr.*), rotary hoe.
zattera di salvataggio (*naut.*), liferaft.
zavorra, *f.* ballast.
— **(scarico dell'acqua di — da una petroliera, ecc.),** deballasting.
— **(scarico di —)** ballast release.
zavorrare (*p. es. una vettura*) (*auto, ecc.*), to ballast.
zecca, *f.* (*fabb. delle monete*), mint.
Zenith (carburatore —) (*auto*), Zenith carburetter.
zeolite, *f.* zeolite.
zeoliti (*f. pl.*) **artificiali** (*chim.*), artificial zeolites.
— **naturali,** natural zeolites.
zeppa, *f.* (*di legno*), wedge; packing piece; shim.
zeppe, *f. pl.* (*aereo*), chocks.
zero, v. **metodi di —.**
— **a sinistra** (*inform.*), leading zero.
— **assoluto,** absolute zero.
— **di una scala,** zero point.
— **(rimessa a —)** (*di macch. calcol.*), clearance.
— **(sotto —),** subzero.
— **(trattamento sotto-zero)** (*sotto-raffreddamento*) subzero treatment.
zibetto, *m.* zibeth; civet.
zigrinare, *v.a.* to knurl.
— **a spina,** to knurl slant crossed.
zigrinare crociato, to knurl cross.
— **parallelo** to knurl parallel.
— **(utensile per —),** knurling tool.
zigrinato, *p.p.* knurled.
zigrinatura, *f.* knurling.
— **diritta,** straight knurling.
— **incrociata,** diagonal knurling; diamond-shaped knurling.
zigrino, *m.* shagreen.
zimasi (*f.*) **alcoolica,** zymase; invertin; sucrase.
zincare, *v.a.* to zinc; to galvanize; to zinc coat.
zincatore, *m.* zinc-worker.
zincatura, *f.* zinking; galvanizing.
— **a caldo,** hot galvanizing.
— **a caldo per immersione,** hot-dip galvanizing.
— **a freddo,** cold galvanizing.
— **elettrolitica,** zinc plating; cold galvanizing.
— **galvanica,** cold galvanizing.
— **per immersione a caldo,** hot-dip galvanizing.
zinco, *m.* zinc (*acetato di —*, z. acetate; *arseniato di —*, z. arsenate; *borato di —*, z. borate; *bromato di —*, z. bromate; *bromuro di —*, z. bromide; *carbonato di —*, z. carbonate; *clorato di —*, z. chlorate; *cloruro di —*, z. chloride; *cromato di —*, z. chromate; *citrato di —*, z. citrate; *cianuro di —*, z. cyanide; *dietilditiocarbamato di —*, z. diethyldithiocarbamate; *etile di —*, z. ethyl; *ferrocianuro di —*, z. ferrocyanide; *fluoruro di —*, z. fluoride; *formiato di —*, z. formate; *idrosolfito di —*, z. hydrosulphite; *iodato di —*, z. iodate; *ioduro di —*, z. iodide; *laurato di —*, z. laurate; *linoleato di —*, z. linoleate; *naftenato di —*, z. naphthenate; *nitrato di —*, z. nitrate; *oleato di —*, z. oleate; *ossalato di —*, z. oxalate: *ossido di —*, z. oxide; *perborato*

di —, z. perborate; *perossido di* —, z. peroxide; *solfato di* —, z. sulfate; *solfuro di* —, z. sulphide; *solfito di* —, z. sulfite; *stearato di* —, z. stearate; *tiocianato di* —, z. thiocyanate).
zinco fuso, molten zinc.
— **in polvere,** zinc dust.
— **laminato,** zinc sheet.
— **(polvere di —),** zinc dust.
— **(processo per dare una superficie di —) all'acciaio,** sherardizing.
— **(strato di —),** skin of zinc.
zincografia, *f.* zincography; (*tip.*), plate making.
zincografo, *m.* blockmaker; process engraver.
zircone, *m.* (*min.*), zircon.
zirconia per usi refrattari, thermal zirconia.
zirconio, *m.* (*chim.* = Zr), zirconium (*acetato di* —, z. acetate; *carburo di* —, z. carbide; *cloruro di* —, z. chloride; *fosfato di* —, z. phosphate; *naftenato di* —, z. naphthenate; *nitrato di* —, z. nitrate; *ossido di* —, z. oxide; *ossicloruro di* —, z. oxychloride; *solfato di* —, z. sulfate).
— **di qualità nucleare** (*fis. atom.*), reactor-grade zirconium.
— **(schiuma di —),** zircon foam.
zoccolatura (*f.*) **della valvola,** valve base.
zoccolo, *m.* plinth (*arch.*); dado (*arch.*); base (*basamento*); socket (*elet., radio*); (*basamento*) bed (*un separatore magnetico montato su uno zoccolo tutto di ghisa*), a magnetic separator mounted on an all cast bed.
— **a baionetta** (*elet.*), bayonet socket (*or* cap).
— **antivibrante** (*mecc.*), anti-vibration mount.
— **del freno,** brake shoe.
— **dell'alzo,** bed of the sight.
— **di base** (*di lastre, ecc.*), (*tip.*) mount.
— **di colonna,** base of column.
zoccolo di porcellana (*di lampada elet.*), porcelain socket.
Zodiaco, *m.* (*astron.*), zodiac.
zoisite, *f.* (*min.*), zoisite.
zolfo, *m.* sulphur.
— **amorfo,** amorphous sulphur.
zollosità del terreno (*agr.*), soil cloddiness.
zona, *f.* zone; belt; area; site; location; field (*elettron.*).
— **agricola,** agricultural belt.
— **a verde** (*urbanistica*), green area.
— **blu** (*traffico auto*), pink zone.
— **con proibizione di sorpasso** (*traffico* (*auto*), no-passing zone.
— **controllata** (*radiazioni ionizzanti*), controlled area.
— **dei negozi** (*urbanistica*), shopping centre; shopping center (U.S.A.).
— **delle calme** (*meteor.*), doldrums.
— **del triangolo** (*di una volta di forno met.*), delta section.
— **di cementazione** (*met.*), cementation zone.
— **di combustione** (*met.*), combustion zone; firing zone.
— **di commutazione,** commutation zone.
— **di condensazione,** condensing zone.
— **di contatto,** contact zone; surface of contact.
— **di controllo** (*dove sono installati gli apparecchi di controllo dell'inquinamento*), monitoring site.
— **di decontaminazione** (*fis. atom.*) decontamination area.
— **di fusione** (*altoforno*), melting zone.
— **d'invito (di terza rotaia)** (*elet.*), conductor-rail ramp.
— **di ossidazione,** oxidizing zone; zone of oxidation (*met.*).
— **di pericolo** (*radioattività*), danger zone.
— **di pieno fuoco,** high heat zone.
— **di preriscaldamento,** preheat zone.
— **di raffreddamento,** cooling zone.

zona di ricircolazione, recirculating zone.
— **di reazione** (*fis. atom.*), reaction zone.
— **di riduzione** (*met.*), reduction zone.
— **di saldatura** (*met.*), welding zone.
— **di silenzio** (*radio*), blind spot.
— **di stazionamento,** parking strip.
— **di taglio** (*fis. atom.*), shear zone.
— **di transizione** (*met.*), transition zone.
— **di ugualizzazione** (*di forno di riscaldo*), (*met.*), soaking zone.
— **di vaporizzazione,** vaporizing zone.
— **dolce** (*o* « **area molle** ») (*met.*), soft area.
— **d'ombra** (*telev.*), risk area; shadow area.
— **d'udibilità** (*acust.*), auditory sensation area; audible range.
— **dura** (*di maggior durezza rispetto al metallo circostante*) (*met.*), hard area.
— **d'uscita,** exit zone.
— **industriale** (*urbanistica*), industrial area.
— **inquinata** (*inquinamento*), polluted area.
— **marginale** (*met.*), surface zone.
— **molle** (*o* « **area molle** ») (*met.*), soft spot.
— **morta** (*radar*), skip distance.
— **neutra** (*filettatura*), neutral zone.
— **passiva** (*vernici*), bald spot.
— **petrolifera,** petroleum-zone.
— **residenziale** (*urbanistica*), residential area.
— **soggetta a terremoti** (*geol.*), earthquake area.
— **sorvegliata** (*radiazioni ionizzanti*), protected area.
— **sottostante il cordone** (*sald.*), underbead zone.
— **temperata,** temperate zone.
— **temprata** (*zona dura dovuta a raffreddam. locale eccessivam. rapido*) (*met.*), hardening sectional area; chilled spot.

zona termicamente alterata (*sald.*), heat-affected zone.
— **torrida,** torrid zone.
— **tratteggiata** (*dis.*), shaded area.
— **utile** (*telev.*), service area.

zonatura (*distribuz. di minerali in zone*) (*min.*), zoning.
— **monoascendente** (*min.*), monoascendent zoning.
— **poliascendente** (*min.*), polyascendent zoning.
— **(linea di perforazione di —)** (*di una scheda*) (*calcol. elettron., inform.*), zone row.
— **(parte di una scheda perforata — righe 0,11,12)** (*calcol. elettron., inform.*), zone.
— **(perforazione di —)** (*calcol. elettron., inform.*), zone punching.

zone incandescenti (*del sole*), solar flares.
— **marginali,** v. **ricezione delle — marginali.**
— **morte** (*lasciate dal tergicristallo*) (*auto*), blind patches.
— **(suddivisione della griglia in — per distribuzione dell'aria di alimentazione)** (*met.*), air zoning.

zonizzazione (*traffico, urbanistica*), zoning.

zoom elettrico (*telecamera*), electric zoom lens.

zoomata, *f.* (*telecamere*), zooming.

Zorès (ferro —), Zores iron.

zuccherare *v.a.*, to sugar.

zuccherificio, *m.* sugar factory; sugar mill.

zucchero, *m.* sugar.
— **denaturato,** denatured sugar.
— **di barbabietola,** beet sugar.
— **di canna** cane sugar.
— **di fecola,** starch sugar.
— **di latte** (*lattosio*), sugar of milk
— **di saturno,** sugar of lead; neutral acetate of lead.
— **greggio,** raw sugar.
— **in grani,** granulated sugar.
— **in pani,** loaf sugar.
— **in polvere,** powdered sugar

zucchero invertito, invert sugar.
— **raffinato,** refined sugar.
— **(canna da —),** sugar-cane.
— **(estrazione dello —),** sugar extration.
zucchero (produzione di —), sugar output.
— **(recipiente per lo —),** sugar container.
zumare *v.i.* (*cinem.*), to zoom.

ENGLISH - ITALIAN TECHNICAL DICTIONARY

ABBREVIATIONS

acust. — acoustics
aereo = aeroplane; aeronautics
aerodin. = aerodynamics
agg. = adjective
agr. = agriculture
agrim. = surveying
alg. = algebra
alim. = food
arch. = architecture
astr. = astronomy
astron. = astronautics
audio = acoustics; audio
auto = automobiles
autom. = automation
autostr. = motorways
avv. = adverb
bio. = biology
bot. = botany
calcol. elettron. = computers; information engineering.
calor. = heating
cartog. = cartography
ceram. = ceramics
chim. = chemistry
cinem. = cinematography
comm. = commerce
cost. = building
cost. civ. = civil engineering
cost. idr. = hydraulic engineering
cristal. = crystallography
diel. = dielectrics
dis. = drawing
econ. = economics
elet. = electricity
elettron. = electronics
elettrot. = electrotechnics
elicot. = helicopter
f. = feminine noun
f. pl. = plural feminine noun
faleg. = joinery; carpentry
farm. = pharmacy; pharmaceutical
ferr. = railways
finan. = finance
fis. = physics
fis. atom. = nuclear physics
fond. = foundry practice
fot. = photography
gal. = electroplating
geof. = geophysics
geol. = geology
geom. = geometry
idraul. = hydraulics
ill. = illumination
ind. = industry
ind. mol. = flour milling
ind. pet. = petroleum industry
inform. = information engineering
ing. = engineering
ing. civ. = civil engineering
ingr. = gears
leg. = legal
m. = masculine noun
m. pl. = plural masculine noun
mach. ut. = machine tool engineering
mat. = mathematics
mecc. = mechanics
med. = medicine
met. = metallurgy
meteor. = meteorology
mil. = military (science)
min. = mining; mine; mineralogy

mot. = engines
motoc. = motorcycle
mus. = music
n. = neuter noun
naut. = nautical or naval; ship construction
org. = organization
ocean. = oceanography
orolog. = horology
ott. = optics
p. = pronunciation
p. p. = past participle
petrol. = petrol
pl. = plural
plast. = plastics
pubb. = advertising
radio = radio
radiol. = radiology
rif. = referred to
sald. = welding
strum. = instruments
tel. = telephone
telecom. = telecommunications
teleg. = telegraphy
telev. = television
term. = heating
termoion. = thermionics
tess. = textiles
tip., tipog. = typography
top. = topography
traf. = traffic (engineering)
trig. = trigonometry
TV. = television
U. S. A. = United States
ut. = tools
v. = see
v.a. = transitive verb
vern. = varnishes, paints; colours
veterin. = vet. science
v.i. = intransitive verb
v.r. = reflexive verb

A

a-amplifier (*elet.*), amplificatore (*m.*) di alta fedeltà (o di classe A).
ac (*elet.*), corrente (*f.*) alternata.
— **line frequency,** frequenza (*f.*) di trasmettitore.
— **mains** (*elet.*), linee (*f. pl.*) a corrente alternata.
— **motor** (*elet.*), motore (*m.*) a corrente alternata.
— **system,** sistema (*m.*) a correnti alternate.
a-f transients (*elet.*), transienti ad audio-frequenza.
a-rays (*fis.*) *pl.*, raggi (*m. pl.*) alfa.
a-service-area (*radio*), regione circondante una stazione radio-trasmittente, in cui l'intensità di campo è maggiore di 10 millivolt per metro.
a-type pole, (*elet.*), palo (*m.*) ad A.
A (*mecc.*), la lettera A, se segue una unificazione inglese, indica che si tratta di un pezzo forgiato.
A-battery (*elet.*), batteria (*f.*) di accensione.
A-bomb, bomba atomica.
A-digit selector (*tel.*), selettore (*m.*) primario; selettore registratore della prima lettera.
A frame, incastellatura (*f.*) ad A.
A_1 point, punto critico.
A-pole (*tel.*), palo (*m.*) doppio di linea.
A-shelter, rifugio (*m.*) anti-atomico.
A-submarine, sottomarino (*m.*) atomico.
A. B. power pack, alimentazione (*f.*) totale.
A.I. expert (*inform.*) esperto in intelligenza artificiale.
— **/knowledge-based systems** (*inform.*), sistemi basati sulla conoscenza dell'intelligenza artificiale (rif. a calcolatori in grado di pensare in simboli, non in caratteri numerici (*digits*), per rappresentare un pensiero astratto).
A.I. laboratory (*inform.*), laboratorio di intelligenza artificiale.
A. M., antimeridiano.
Aamcolose (*chim.*), destrina *f.*
abacus (*arch.*), abaco *m.*
abaft (*naut.*), a poppavia *avv.*; dietro.
Abalyn (*vernici*), nome commerciale di esteri dell'acido abietico.
abampere (*elet.*), abampere *m.* (unità elettromagnetica del sistema C.G.S. = 0,1 ampere).
— **-turn,** abamperspira (unità di potenziale magnetico).
abandon a claim (*petrol.*), abbandonare una concessione.
abandonment (*petrol.*), arresto della erogazione di un pozzo; (*naut.*), abbandono *m.*
— **of the gallon** (*changeover to litres in petrol pumps*, 1981), abbandono del gallone (cambiamento in favore del litro nelle pompe a benzina, 1981).
Abasin (*chim.*), acetilcarbromal $(C_2H_5)_2CBrCONHC\text{-}ONHCH_3$.
Abasine (*chim.*), abasina *f.*
abate (to —) (*v.i.*) (*v.a.*), diminuire (*v.i.*) (*v.a.*); decrescere (*v.i.*) (*v. a.*); ridurre (*v.a.*).
abatement, riduzione *f.*; ribasso *m.* (*comm.*); diminuzione *f.*
abatia (*chim.*), foglie di « Abatia rugosa » usate per tingere in nero.
abattoir (*cost.*), macello (*m.*) pubblico.
abaxial, *agg.* abassiale.
Abbcite (*chim.*), dinamite ammonica (usata come esplosivo nelle miniere di carbone).
abbey (*cost.*), abbazia *f.*
abbreviated dialling (*tel.*), composizione di un numero telefonico abbreviato in codice (equivalente al numero telefonico memorizzato nel computer della centrale).
abcoulomb (*elet.*), abcoulomb *m.*

abeam *avv.* (*naut.*), « al traverso ».
Abel closed tester, dispositivo per determinare il punto d'infiammabilità del petrolio.
Abelite (*chim.*), composto di nitrato ammonico e trinitrotoluene, usato come esplosivo.
abelmoschus (*chim.*), ambrette (semi usati in profumi).
abelmosk, v. **abelmoschus.**
Abel's reagent (*chim.*), reagente di Abel (10 % di triossido di cromo in acqua; usato nelle microanalisi di acciai al carbonio).
aberrant, *agg.* aberrante.
aberration of light, aberrazione (*f.*) della luce.
aberrometer (*strumento*), aberrometro *m.*
abfarad, abfarad *m.* (del sistema C.G.S.).
abhenry (*elet.*), abhenry *m.*
Abie (*chim.*), Abie (olio di pino).
abies bark (*chim.*), corteccia di abete usata nella fabbric. del cuoio.
abietate (*chim.*), v. **resinate.**
abietic acid (*chim.*), acido (*m.*) abietico.
abietin (*sirene*), v. **coniferin.**
abietinic acid (*chim.*), v. **abietic acid.**
abiochemistry, abiochimica *f.*; chimica (*f.*) inorganica.
abiogenesis, abiogenesi *f.*
abiotoxine (*chim.*), abiotossina *f.*
ablate (**to —**) (*v.a.*), asportare (*med.*).
ablation (*fis.*), ablazione *f.*
— **pressure** (*fis.*), pressione di ablazione.
abmho, abmho (unità elettromagnetica di conduttanza).
abnormal, *agg.* anormale.
— **radiation,** radiazione (*f.*) anormale.
— **spin** (*aereo*), vite (*f.*) anormale.
— **steel** (*met.*), acciaio anormale (*o* divorzio della ferrite).
abnormality, anormalità *f.*; irregolarità *f.*
abohm (*elet.*), abohm *m.*
Abopon (*chim.*), borofosfato di sodio.
abort (*missili*) (U.S.A.), insuccesso di missile nel colpire il bersaglio o nel raggiungere l'obiettivo.
— (**to —**) (*inform.*), sospendere l'esecuzione di un programma.
about-ship, *v.i.* virare di bordo.
— **-sledge,** mazza (*f.*) a due mani.
aboveground, *agg.* (*min.*), superficiale; piazzale (*m.*) di una miniera.
Abracol 203 (*chim.*), sulfanilide *p*-toluene.
— **234** (*chim.*), etere gliceril dicresil.
— **777** (*chim.*), diacetato di etere gliceril monocresil.
— **789** (*chim.*) *p*-toluenesulfamide.
— **888** (*chim.*), acetato d'etere gliceril dicresil.
— **G.M.S.** (*chim.*), monostearato gliceril.
abradability (*coke, ecc.*), resistenza all'abrasione.
abradant, abrasivo (*m.*) in polvere.
abrade (**to —**), abradare *v.a.*
abrasion-resistant, *agg.* resistente all'abrasione.
— **tester** (*tess.*), usometro *m.*
abrasive, sostanza (*f.*) per arrotare: abrasivo *m.*; abrasivo *agg.*
— **disc** (*utensile*), disco (*m.*) abrasivo.
— **fabric** (*tess.*), tela (*f.*) smeriglio.
— **jet cutting** (*met.*), (*rimozione di metallo mediante*) taglio a getto abrasivo.
— **material,** materiale (*m.*) abrasivo.
— **sand,** sabbia (*f.*) abrasiva.
— **wheel cutting-off machine** (*macch. ut.*) troncatrice (*f.*) a disco abrasivo.
abreast (*aereo*), alla stessa quota; (*naut.*), fianco a fianco; vicino.
— **connection,** accoppiamento in parallelo.
— **of the beam,** ad angolo retto.
abrin (*chim.*), abrina; toxalbumina.
Abrocol (*chim.*), monostearato di glicerile.

Abrodil (*chim.*), sulfonato sodico iodo-metano.
abrotanine (*chim.*), abrotina (alcaloide tossico usato in medicina).
abrotine (*chim.*), abrotina *f.*
abscissa (*mat.*), ascissa *f.*
absence of current, mancanza (*f.*) di corrente.
absenteeism (*lavoro*), assenteismo *m.*
absinthin (*chim.*), absintina (*f.*).
absolute, *agg.* assoluto.
— **address** (*inform.*), indirizzo assoluto (*con unica locuzione in memoria*).
— **alchool** (*chim.*), alcool assoluto.
— **altimeter** (*aereo*), altimetro assoluto.
— **apparatus**, strumento di misura con graduazioni in unità assolute.
— **assay** (*fis. atom.*) dose (*f.*) assoluta.
— **ceiling** (*aereo*), tangenza teorica.
— **electrometer** (*elet.*), elettrometro assoluto.
— **force**, forza (*f.*) assoluta.
— **fore and aft tilt** (*aereo*), inclinazione (*f.*) assoluta.
— **frequency meter**, frequenziometro (*m.*) assoluto.
— **galvanometer**, galvanometro (*m.*) assoluto.
— **gauss** (*elet.*), gauss assoluto (unità d'intensità magnetica di campo).
— **gilbert**, gilbert assoluto (unità di potenziale magnetico).
— **motion**, moto (*m.*) assoluto.
— **oersted** (*elet.*), oersted assoluto. (unità d'intensità magnetica di campo).
— **operation** (*inform.*), operazione assoluta.
— **permeability**, permeabilità (*f.*) assoluta.
— **permittivity**, costante (*f.*) dielettrica assoluta.
— **programming** (*inform.*), programmazione assoluta.
— **potential**, potenziale assoluto.
absolute stop signal, segnale (*m.*) d'arresto assoluto.
— **system**, sistema (*m.*) assoluto.
— **system of units** (*aereo*), sistema di unità di misura dei coefficienti di portanza e resistenza aerodinamica (adottato dal N.A.C.A.) (si moltiplichi per 0,00256 per avere i coeff. nell'engineering system).
— **temperature**, temperatura (*f.*) assoluta.
— **unit**, unità (*f.*) assoluta.
— **value**, valore (*m.*) assoluto.
— **weight**, peso (*m.*) secco (*tess.*), assoluto.
— **zero**, zero (*m.*) assoluto.
absorb (to —), assorbire *v.a.*
absorbability, assorbibilità *f.*
absorbed dose (*fis. atom.*), dose (*f.*) assorbita.
absorbent, assorbente *agg. n.*; materiale (*m.*) assorbente.
— **cotton**, cotone (*m.*) idrofilo.
absorber (*fis. atom.*), assorbitore *m.*; (*petrolio*), colonna (*f.*) d'assorbimento.
— **valve** (*radio*), valvola assorbente.
absorbing, *agg.* assorbente.
— **capacity**, capacità (*f.*) di assorbimento.
— **circuit**, circuito (*m.*) d'assorbimento.
— **filter**, filtro (*m.*) d'assorbimento.
— **material** (*fis. atom.*) sostanza (*f.*) assorbente.
— **rod**, barra (*f.*) di assorbimento.
Absorbit, carbone attivato.
absorbitivity, assorbitività *f.*
absorptiometer, apparecchio (*m.*) per la misurazione dei colori.
absorption, assorbimento *m.*
— **appliance**, apparecchio (*m.*) di assorbimento.
— **band** (*fot. ott.*), banda di assorbimento.
— **bands**, bande (*f. pl.*) d'assorbimento.
— **capacity**, potere (*m.*) d'assorbimento.

absorption coefficient, coefficiente (*m.*) di assorbimento.
— **control** (*fis. atom.*), regolaggio mediante assorbimento dei neutroni.
— **cross-section** (*fis. atom.*), sezione efficace di assorbimento.
— **curve,** curva)*f.*) d'assorbimento.
— **extraction** (*fis. atom.*), estrazione per assorbimento.
— **factor,** fattore (*m.*) di assorbimento d'un corpo.
— **modulation** (*radio*), modulazione d'assorbimento.
— **of neutron,** cattura (o assorbimento) di un neutrone.
— **of noise,** assorbimento (*m.*) del rumore.
— **of thermal neutrons,** assorbimento di neutroni termici.
— **oils,** oli di assorbimento; oli di «stripping»; oli di depurazione (o lavaggio).
— **refrigerator,** frigorifero (*m.*) elettrico ad assorbimento.
— **spectra,** spettri (*m. pl.*) di assorbimento.
— **spectrometry,** spettrometria di assorbimento.
— **tower,** colonna (*f.*) d'assorbimento.
— **wavemeter** (*radio*), ondametro (*m.*) d'assorbimento.
absorptive, *agg.* assorbitivo.
— **power** (*fis. atom.*), potere (*m.*) assorbente.
abstract mathematics, matematica (*f.*) pura.
— **mechanics,** meccanica (*f.*) razionale.
— **number** (*mat.*), numero (*m.*) astratto.
abstracting, stima *f.*; appalto (*m.*) a prezzi unitari.
— **service** (*inform.*), servizio di analisi di compendi (di libri, ecc.).
abundance ratio (*fis. atom.*), rapporto (*m.*) isotopico.
abut, attestarsi; unire a tenone; unire testa a testa.
abutment (*cost.*), appoggio (*m.*) falso (di ponte); imposta *f.*; spalla *f.*; piedritto *m.* (di ponte); risega *f.* (di collegamento); vedi **arch —, blind —, close —, dead —, hollow —, square —, stepped —.**
abutment hinge, cerniera (*f.*) d'imposta.
— **pier,** pila *f.*; spalla *f.*
— **pressure,** pressione (*f.*) all'imposta.
— **stone,** copriferro *m.*
— **wall** (*cost.*), spalla *f.*
abvolt, abvolt *m.* (unità di forza elettromotrice del sist. C.G.S.).
abyssal, *agg.* (*geol.*), abissale.
— **roks** (*geol.*), rocce (*f. pl.*) abissali; rocce (*f. pl.*) plutoniche.
Abyssinian gold, lega di rame-zinco-stagno usata per gioielleria scadente; oro abissino.
Ac., A. Cu, altocumulo *m.* (*meteorol.*).
acacia (*bot.*), acacia *f.*
— **gum,** gomma (*f.*) arabica.
academy, accademia *f.*; scuola privata superiore; liceo (*in Scozia*).
— **of Sciences,** Accademia delle Scienze.
acaciin (*chim.*), acaciina *f.*
acajou, acagiù *m.*
acanthite (*min.*), acantite *f.*
acanthus, (*arch.*), acanto *m.*
Acardite (*chim.*), N, N-difenilurea.
acaricide, acaricida *m.*
acaroid resin, vedi: **accroides gum.**
accelerare, *v.a.* (*mecc.*), accelerare.
— **the return stroke,** accelerare la corsa di ritorno.
— **the vulcanization of synthetic rubber,** accelerare la vulcanizzazione della gomma sintetica
accelerated ageing (*met.*), invecchiamento (*m.*) accelerato.
— **corrosion test** (*met.*), prova di corrosione accelerata.
— **motion,** moto (*m.*) accelerato.
— **particle** (*fis. atom.*), particella accelerata.
— **quenching oil** (*met.*), olio per tempra accelerata.

accelerating ability, forza (*f.*) acceleratrice.
— **agent** (*calcestruzzo*), agente (*m.*) accelerante.
— **anode,** anodo (*m.*) d'accelerazione.
— **chamber** (*fis.*), camera (*f.*) acceleratrice.
— **electrode** (*elet.*), elettrodo (*m.*) acceleratore.
— **field,** campo (*m.*) d'accelerazione.
— **lane** (*autostrade*), corsia di accelerazione.
— **pump** (*auto*), pompa (*f.*) di accelerazione.
— **relay,** relais d'accelerazione.
— **tube** (*fis. atom.*), tubo (*m,*) di accelerazione.
— **voltage** (*fis. atom.*), tensione (*f.*) acceleratrice.
acceleration (*mecc.*), accelerazione *f.*
— **factor,** fattore di accelerazione.
— **of oscillatory motion,** accelerazione (*f.*) dell'oscillazione.
— **pressure,** pressione (*f.*) d'accelerazione.
— **test** (*auto*), rilevazione accelerazione con partenza da fermo.
accelerator (*chim.*), accelerante: sostanza che favorisce o accelera la vulcanizzazione della gomma; (*auto*), acceleratore (*m.*); (*calcestruzzo*), agente (*m.*) acceleratore.
— **pedal,** pedale (*m.*) dell'acceleratore.
— **tube,** tubo (*m.*) acceleratore.
accelerometer (*aereo*), accelerometro *m.*
accept, *v.a.* **accettare.**
— **a train,** permettere l'entrata di un treno.
acceptance, accettazione *f.*
— **test,** prova (*f.*) di collaudo.
acceptor, accoglitore (*m.*) di protoni; (*elettron.*), accettore (*m.*) (*impurezza in un semiconduttore costituita da atomo o ione*).
— **circuit,** circuito ricettore.
access (*calcol. elettron.*), accesso *m.*; v. **direct** —; v. **sequential** —; v. **serial** —; v. **simultaneous** —.
— **arm** (*calcol. elettron.*), braccetto di accesso.
— **door** (*cost.*), porta di accesso (*ai lavori*).
— **method** (*inform.*), metodo di accesso (metodo di programmazione con spostamento dei dati).
— **protocol** (*inform.*), protocollo di accesso.
— **mode** (*calcol. elettron., sistema COBOL*), modo di accesso.
— **road,** strada (*f.*) di accesso.
— **time** (*calcol. elettron.*), tempo d'accesso.
accessibility, accessibilità *f.*
accessible, *agg.* accessibile; praticabile.
— **(easily —),** di facile accesso.
— **(easily — for replacement** *or* **cleaning),** di facile accesso per sostituzione o pulizia.
— **from all directions,** accessibile da tutte le direzioni (da ogni lato).
— **through a visual display terminal** (*inform.*), accessibile tramite un terminale con schermo di visualizzazione.
accessories, accessori *m. pl.*
accessory, accessorio *m.*
— **apparatus,** equipaggiamento (*m.*) accessorio.
— **drive** (*aereo*), comando (*m.*) accessori.
— **equipment,** equipaggiamento (*m.*) accessorio.
— **for fitting unbreakable glasses** (*orol.*), dispositivo per montaggio di vetri infrangibili.
— **gear train** (*aereo*), serie di ingranaggi degli accessori.
accident, infortunio *m.*; incidente *m.*; (*naut. ecc.*), sinistro *m.*
— **at work** (*miniere*), infortunio sul lavoro.
— **-free bonus,** premio (*m.*) per mancanza di incidenti.
— **insurance,** assicurazione (*f.*) contro gli infortuni.

accident prevention rules, norme di prevenzione infortuni.
— **rate** (*auto*), tasso di incidenti.
accidents in daylight (*auto*), incidenti durante il giorno.
acclivity (*geol.*), salita *f.*
accomodate (to —) (*naut.*), accogliere; ricevere (rif. a bacino di un porto) (*the existing dock can — only 10,000 tonners*), il bacino esistente può accogliere solo navi della stazza di 10 000 t; alloggiare; sistemare (*mecc.*) (*machine capable of accomodating work up to 4 in. diameter*), macchina in grado di sistemare pezzi di 101,6 mm di diam. massimo.
accomodation (*naut.*), attrezzatura (*f.*) (di un porto); alloggio *m.*; posto (a sedere) (*auto*); prestito *m.* (anticipo; mutuo) (*comm.*); abitabilità (*naut.*).
— **ladder** (*naut.*), scala (*f.*) reale o dei barcarizzi.
— **paper** (*comm.*), cambiale (*f.*) di comodo.
— **road,** strada privata; strada secondaria.
— **train** (U.S.A.), treno (*m*) omnibus (che fa molte fermate).
— **(ample — for four adults),** abbondante posto (a sedere) per 4 persone adulte.
accompanying mineral, minerale (*m.*) aggregato; minerale (*m.*) accessorio.
accomplish *v.a.* (*chim.*), compiere; ottenere (p. es. *desulfurization is accomplished by adding...*, la desolforizzazione è ottenuta aggiungendo...).
accordance, accordo *m.*; conformità; concordanza *f.* (*radar*).
account (*comm.*) (*finan.*), conto *m.*; cliente di un'agenzia di pubblicità.
— **(current —)** (*banche*), conto (*m.*) corrente.
accountability, responsabilità (legale).
accountable officer, ufficiale responsabile (dell' amministrazione statale).
accra copal, resina naturale africana.
accretion, accrescimento *m.*
accroides gum (*resine*), resina acaroide.
accumulate (to —), *v.a.* accumulare; accumularsi *v.r.*; immagazzinare *v.a.*
— **data** (*inform.*), accumulare dati.
— **heat,** accumulare calore.
accumulation, accumulazione *f.*
— **memory** (*calcol. elettron.*), memoria totalizzatrice (per aggiungere il totale dei calcoli precedenti).
— **of petroleum** (*in rocce serbatoio*) (*petrol.*, *geol.*), accumulo di petrolio.
— **time,** tempo teoricam. richiesto per accumulare un quantum di energia radiante prima di liberarla.
accumulator (*inform.*), accumulatore (registro che contiene uno degli operandi e il risultato di un'operazione matematica); (*elet. idr.*), accumulatore.
— **acid,** acido per accumulatori.
— **battery,** batteria (*f.*) di pile.
— **box** (*auto*), cassetta (*f.*) d'accumulatore.
— **cell,** elemento (*m.*) d'accumulatore.
— **charge,** carica (*f.*) d'accumulatore.
— **jar,** vaso (*m.*) di accumulatore.
— **plate,** piastra (*f.*) d'accumulatore.
— **rectifier,** raddrizzatore (*m.*) di corrente per accumulatori.
— **sub-station,** sottostazione (*f.*) d'accumulatori.
— **(alkaline —),** accumulatore alcalino.
— **(lead-acid —),** accumulatore al piombo.
accuracy, esattezza *f.*; precisione *f.*
— **test,** prova (*f.*) di precisione.
accurate, *agg.* esatto; preciso.

accurate grinding, rettificazione (*f.*) di precisione.
ACE, asso (*pilota che ha abbattuto 5 o più aerei nemici*).
Acecoline (*chim.*), cloruro di acotilcolina.
acedicon (*chim.*), idrocloruro di acetil-dimetil-idrotebaina.
acenaphthene, (*chim.*), acenaftene *f.*
acenaphthenedione (*chim.*), acenaftenochinone *m.*
acenaphthenequinone (*chim.*), acenaftenechinone.
acenaphthenone (*chim.*), acenaftenone *m.*
acenaphthylene (*chim.*), acenaftilene *f.*
acentric, *agg.* non centrato.
acerdol (*chim.*), acerdolo *m.* (permanganato di calcio).
acet. (*chim.*), acetone *m.*
acet. a. (*chim.*), acido acetico.
acetal (*chim.*), acetale *m.*
acetaldazine (*chim.*), azina acetaldeide.
acetaldehyde (*chim.*), acetaldeide *f.*
— **azine** (*chim.*), azina acetaldeide.
— **oxime** (*chim.*), etanolossima; ossima di acetaldeide.
— **phenylhydrazone** (*chim.*), fenil, idrazone di acetaldeide.
— **semicarbazone** (*chim.*), semicarbazone di acetaldeide.
acetaldol (*chim.*), vedi: **aldol.**
acetaldoxime (*chim.*), ossima di acetaldeide; acetaldossima *f.*
1-acetalpiperidine (*chim.*), *n*-acetalpiperidina *f.*
acetamide (*chim.*), acetammide; etanamide.
acetamidine (*chim.*), acetammidina *f.*; etanamidina *f.*
— **hydrochloride** (*chim.*), idrocloruro di acetamidina.
acetamidoacetic acid (*chim.*), acido aceturico.
acetamidophenol (*chim.*), acetammidofenolo.
Acetanil (*chim.*), acetanilide.
acetanilide (*chim.*), acetanilide *f.*
acetaniside (*chim.*), acetil-anisidina (*f.*)
acetanisidide (*chim.*), acetaniside.
acetanisol (*chim.*), acetanisolo *m.*
Acetannin (*chim.*), acido acetiltannico.
acetarsone (*chim.*), v. **stovarsol.**
acetate (*chim.*), acetato *m.*
— **dope** (*aereo*), vernice (per aeroplani) a base di acetato di cellulosa.
— **dyes** (*colori*), coloranti per raion all'acetato.
— **film,** pellicola (*f.*) all'acetato di cellulosa.
— **of lime** (*chim.*), acetato di calcio.
— **process,** procedimento (*m.*) all'acetato (raion).
— **rayon** (*tess.*), raion (*m.*) all'acetato.
acetene (*chim.*), acetene *f.*; etilene *f.*
acetethylanilide (*chim.*), etilacetanilide *f.*
acetic, *agg.* acetico.
— **acid,** acido (*m.*) acetico.
— **aldehyde** (*chim.*), aldeide (*f.*) acetica.
— **anhydride** (*chim.*), anidride (*f.*) acetica.
— **ether** (*chim.*), etere (*m.*) acetico; acetato di etile.
— **oxide,** anidride (*f.*) acetica.
acetidin (*chim.*), acetidina *f.*; acetato etilico.
acetimeter, acetimetro *m.*
acetin (*chim.*), acetina *f.*; acetato (*m.*) di glicerina.
— **blue** (*chim.*), azzurro di acetina.
acetite, acetito *m.*
acetoacetic acid (*chim.*), acido acetoacetico.
— **ether,** etere acetoacetico (*ethyl acetoacetate*).
acetoacetoanilide (*chim.*), acetoacetoanilide *f.*
acetobromal (*chim.*), dietilbromoacetamina.
acetobromamide, *n*-bromoacetamide.
acetochloramide, *n*-cloroacetamide.
acetocinnamone (*chim.*), benzalacetone.

acetoethyl nitrate (*chim.*), nitrato acetoetile.
acetoethylamide (*chim.*), *n*-etil acetamide.
Acetoform (*chim.*), esametilenetetramina ed aceto-citrato di alluminio.
acetoin (*chim.*), acetoino *m.*
acetol (*chim.*), acetolo *m.*
acetolysis (*chim.*), acetolisi *f.*
acetometer, acetometro *m.*
acetomethylanilide (*chim.*) acetometilanilide *f.*
aceton-chloroform, acetoncloroformio *m.*
acetonaphthalide (*chim.*), acetonaftalide *f.*
acetonate, acetonato *m.*
— (*v.a.*), (*chim.*), trasformare in combinazione acetonica.
acetone (*chim.*), acetone *m.*
— **azine** (*chim.*), azina acetonica.
— **chloride,** cloruro di acetone.
— **fluoride,** 2,2-difluoropropano.
— **oil,** olio di acetone.
— **oxime,** acetossima *f.*
acetonecarboxylic acid (*chim.*), acido acetoacetico.
acetonediacetic acid, acido acetonediacetico ,$CO(CH_2CH_2COOH)_2$.
acetonedicarboxylic acid (*chim.*), acido acetonedicarbossilico.
acetonitrile (*chim.*). acetonitrile.
acetonylacetone (*chim.*), acetonilacetone *m.*
acetonylamine (*chim.*), acetonilammina *f.*
acetonytrile (*chim.*), acetonitrile *m.*
acetophenetide (*chim.*), acetilfenetidina (fenacetina).
acetophenone (*chim.*), acetofenone *m.*
acetothienone (*chim.*), acetotienone *m.*
acetotoluide (*chim.*), acetotoluide *m.*
acetovanillon (*chim.*), acetovanillone *m.*
acetoveratrone (*chim.*), acetoveratrone *m.*
acetoxime (*chim.*), acetossima *f.*
acetyl (*chim.*), acetile *m.*
— **-aniline** (*chim.*), acetanilina *f.*
acetyl-anisidine (*chim.*), acetil-anisidina.
— **-bromo aniline,** acetilbromoanilina *f.*
— **indole,** acetilindolo *m.*
— **isatin,** acetilisatina *f.*
— **-methylurea,** acetilmetilurea.
— **number,** indice d'acetile.
— **peroxide,** acetilperossido *m.*
— **pyrrol,** acetilpirrolo *m.*
— **-salicylic acid** (*chim.*), acido acetilsalicilico.
— **-tolouidine,** acetiltoluide *m.*
— **value** (*chim.*), numero di acetile.
acetylacetanilide (*chim.*), acetilacetanilide *f.*
acetylacetone (*chim.*), acetilacetone *m.*
acetylaminophenol (*chim.*), acetilamminofenolo m.
acetylarsan (*chim.*), acetilarsano *m.*
acetylative desulfation (*chim.*), passaggio di un estere solforico a un estere acetico.
acetylbenzene (*chim.*), acetofenone *m.*
acetylcellulose (*chim.*), acetato (*m.*) di cellulosa.
acetylcholine (*chim.*), acetilcolina *f.*
acetylene, acetilene *m.*
— **gas,** acetilene *m.*
— **gas lamp,** lampada (*f.*) ad acetilene.
— **generator** (*saldatura*), generatore di acetilene.
— **headlight,** faro (*m.*) ad acetilene.
— **welding,** saldatura (*f.*) ossiacetilenica.
acetylenic alcohol, alcool (*m.*) acetilenico.
— **linkage** (*chim.*), legame acetilenico.
acetylith (*chim.*), carburo di calcio.
acetylphenetidine (*chim.*), acetilfenetedina *f.* (fenacetina).
acetylthiourea, acetiltiourea *f.*
acetylurea, acetilurea *f.*
acetylvanillin (*chim.*), acetilvanilina *f.*

Acheson furnace, forno (*m.*) elettrico per la produzione di carborundum.
achieve (to —), ottenere.
— **(to — the required angle of swivel),** ottenere il richiesto angolo di rotazione.
achillea oil (*chim.*), essenza (*f.*) di achillea.
achromatic, *agg.* acromatico.
— **lens,** lente (*f.*) acromatica.
achromatism, acromatismo *m.*; acromasia *f.*
achromatization, acromatizzazione *f.*
achromatize, *v.a.* acromatizzare.
achroodextrin (*chim.*), acroodestrina *f.*
acicular, *agg.* aghiforme; aciculare; cristallo di lunghezza maggiore alla sua larghezza.
— **cast iron,** ghisa (*f.*) aciculare.
— **crystal,** cristallo (*m.*) aciculare.
— **habitus** (*min.*), facce (*f. pl.*) aciculari.
— **structure** (*fond.*), struttura aciculare.
acid, *m.* (*chim.*) acido (*NB.: per i vari acidi, consultare la prima parola;* p. es.: acetic acid, *vedi* **acetic** ecc.).
— **alizarine,** acido alizarico.
— **alkali extinguisher,** estintore (*m.*) a soluzione alcanina acida.
— **blow-case,** montasucchi ad acido.
— **bright dip,** decapaggio acido brillante.
— **brittleness,** fragilità da decapaggio.
— **bronze,** bronzo acido (78% rame).
— **brown,** tintura per lana.
— **burn** (*infortuni sul lavoro*), ustione (*f.*) da acido.
— **carboy,** damigiana per acidi.
— **casein,** caseina acida (ottenuta acidificando latte scremato).
— **chambers** (*chim.*), camere (*f. pl.*) di piombo.
— **dipping,** decapaggio (*m.*) acido.
acid dyes, colori (*m. pl.*) (o coloranti) acidi.
— **egg,** apparecchio per muovere liquidi o acidi mediante pressione dell'aria; recipiente di ghisa dal quale si soffia l'acido solforico, con aria compressa, nell'agitatore.
— **electric process,** procedimento di fabbric. dell'acciaio all'arco elettrico con scoria acida.
— **embrittlement** (*met.*), fragilità da decapaggio.
— **etching,** decapaggio (*m.*) all'acido.
— **ethyl sulfate,** acido etilsolforico.
— **-fast,** *agg.* resistente agli acidi.
— **flux,** fondente acido (usato in metallurgia; generalm. mater. silicioso).
— **fuchsine,** fucsina acida.
— **fume,** vapore (*m.*) d'acido; vapore corrosivo.
— **fumes,** *pl.* vapori (*m. pl.*) acidi.
— **green,** verde (*m.*) acido.
— **hearth,** procedimento Martin (o con forno a riverbero).
— **lead arsenate,** biarsenato di piombo, $PbHAsO_4$.
— **lead sulfate,** solfato acido di piombo, $Pb(HSO_4)_2 . H_2O$.
— **lining,** rivestimento acido di forno (gener. di mat. silicioso).
— **lithium carbonate,** bicarbonato di litio, $LiHCO_3$.
— **lithium oxalate,** ossalato acido di litio, $LiHC_2O_4 . H_2O$.
— **magenta,** fucsina acida.
— **magnesium phosphate,** bisolfato di magnesio.
— **magnesium sulfate,** bisolfato di magnesio.
— **number,** mg. di idrato di potassio necessari per neutralizzare gli acidi liberi presenti in un grammo di sostanza (olio, resina, ecc.); numero di acidità; indice di acidità.
— **of ants,** acido formico.
— **of apples,** acido maleico.
— **of lemon,** acido citrico.

acid of milk, acido lattico.
— **of sugar,** acido ossalico.
— **open-hearth process** (*met.*), procedimento Martin.
— **phosphate,** superfosfato *m.*
— **pickling solution,** soluzione di decapaggio acida.
— **pig iron,** ghisa acida; ghisa Bessemer.
— **proof,** *agg.* antiacido; inattaccabile dagli acidi.
— **proof coating,** rivestimento antiacido.
— **pump,** pompa (*f.*) per acidi.
— **radical,** radicale acido.
— **rain** (*formed by rainwater washing sulphur dioxide down onto the soil*), pioggia acida.
— **-resisting alloy,** lega (*f.*) resistente agli acidi.
— **-resisting asphalt,** asfalto (*m*). resistente agli acidi.
— **resisting rubber,** gomma resistente agli acidi.
— **roof** (*forni met.*), volta acida.
— **roseine,** fucsina acida.
— **rubin,** fucsina acida.
— **salt,** sale acido.
— **size,** colla resinosa con resina emulsionata.
— **slag** (*met.*), scoria (*f.*) acida.
— **sludge,** fango acido.
— **solution** (*chim.*), soluzione acida.
— **solvent,** solvente acido.
— **steel,** acciaio (*m.*) acido.
— **thallium sulfate,** solfato acido di tallio, $TlHSO_4$.
— **tower** (*chim.*), colonna (*f.*) ad acido.
— **treating,** trattamento all'acido solforico.
— **value,** v. **acid number.**
— **valve** (*ind. chim.*), valvola (*f.*) per acidi.
— **violet,** violetto (*m.*) acido.
— **well treatment** (*min.*) (*petrol.*), trattamento di acidificazione dei pozzi.
— **yellow S,** giallo naftolo S.
— **zinc orthophosphate,** ortofosfato acido di zinco.
acidiferous, *agg.* acidifero.
acidifiable, *agg.* acidificabile.
acidification (*chim.*), acidificazione *f.*
acidify, *v.a.* (*chim.*), acidificare; *v.r.* acidificarsi.
acidimetry (*chim.*), acidimetria *f.*
acidity (*chim.*), acidità *f.*
acidize, *v.a.* acidificare.
acidizing of wells (*ind. petrol.*). trattamento all'acido (*ad iniezione sotto pressione d'acido cloridrico*).
acidometer, acidimetro *m.*
acidulate, *v.t.* acidulare.
aclinic, *agg.* aclinico.
Acme thread, filettatura (*f.*) Acme; filettatura trapezia.
acnode (*mat.*), punto coniugato: acnodo.
aconine (*chim.*), aconina *f.*
aconite (*med.*), aconito (*m.*); aconitina (*f.*) (U.S.A.).
aconitic acid, acido (*m.*) aconico.
aconitine (*chim.*), aconitina *f.*
aconitum (U.S.A.) (*med.*), aconito *m.*; aconitina *f.*.
acopuncture (*med.*), agopuntura *f.*
acopuncturist, *m.* (*med.*), dottore agopuntore *m.*
acorn (*bot.*), ghianda *f.*; unità di personale amministrativo occorrente per stabilire una base aeronavale avanzata (U.S.A.).
— **oil,** olio (*m.*) di ghiande.
— **valve,** valvola (*f.*) a ghianda.
acoustic, *agg.* acustico.
— **delay** (*elet.*), ritardo acustico.
— **coupler** (*inform.*), accoppiatore (*m.*) acustico.
— **depth finder,** v. **fathometer.**
— **emission** (*nondestructive control*), emissione (*f.*) acustica.
— **feedback,** reazione (*f.*) acustica.
— **impedance,** impedenza (*f.*) acustica.
— **irradiation,** irradiazione (*f.*) acustica.
— **lens** (*audio*), lente (*f.*) acustica.
— **mine,** mina (*f.*) acustica.
— **panel** (*costr.*), pannello acustico; pannello fonoassorbente.

acoustic power, potere (*m.*) acustico.
— **reactance,** reattanza (*f.*) acustica.
— **resistance,** resistenza (*f.*) acustica.
— **resonance** (*acust.*), risonanza (*f.*) acustica.
— **survey,** controllo (*m.*) acustico.
— **transponder,** segnalatore acustico.
— **treatment,** insonorizzazione *f.*
— **waves,** onde (*f. pl.*) sonore.
acoustical correction, correzione (*f.*) acustica.
— **engineer,** ingegnere (*m.*) del suono.
acoustician (*cinem.*), esperto (*m.*) in acustica cinematografica.
acoustics (*fis., arch.*), acustica *f.*
— **(non-linear —),** acustica non lineare.
acousto-optics (*interaction of acoustic waves caused by elastic properties of a material, with optical waves that are electromagnetic in origin*), ottica acustica.
acquire (to —) (*data*) (*inform.*), acquisire (i dati).
acquisition (*organ.*), rilevamento *m.*
acre, acro *m.* (misura agraria uguale a 4046,873 m²).
acreage, area *f.* (in acri).
acrid, *agg.*, acre.
acridine (*chim.*), acridina *f.*
acridone (*chim.*), acridone *m.*
acrilan (*tess.*), fibra acrilica avente qualità simili alla lana.
acrobatic flying, volo (*m.*) acrobatico.
acrobatics (*aereo*), acrobazie di volo.
across, *avv.* (*mis.*), da una parte all'altra; in larghezza.
— **(a particular 60 micrometres —),** particolare di 60 micrometri di diametro.
— **the grain,** contro venatura (in senso contrario alla grana).
— **the line** (*elet.*), inserito sulla linea.
acrylate (*chim.*), acrilato *m.*
acrylic (*chim.*), acrilico *agg.*
— **paint** (*vern.*), vernice (*f.*) acrilica.
— **resins,** resine (*f. pl.*) acriliche.
acryloid (*aereo*), materiale termoplastico brevettato.
acrylonitrile (*chim.*), acrilnitrile *m.*
act of God (*assic.*), caso (*m.*) di forza maggiore.
acting order, delega (*f.*) dei poteri.
actinic (*fot.*), attinico *agg.*
— **light,** luce (*f.*) attinica.
— **photometer,** fotometro (*m.*) attinico.
— **rays,** raggi (*m. pl.*) attinici.
actinides (*fis. atom.*), attinidi *m. pl.*
actinism (*fot.*), attinicità *f.*
actinium (*chim.* = Ac), attinio *m.*
— **emanation,** emanazione (*f.*) di attinio.
actinolite (*min.*), attinolite *f.*
actinology, attinologia *f.*
actinometer, attinometro *m.* (strumento per misurare il potere attinico d'una sorgente luminosa, o per misurare il potere di riscaldamento dei raggi solari).
actinometric (*fis.*) *agg.* attinometrico.
actinometry (*fis.*), attinometria *f.*
actinon (*fis. atom.*), emanazione (*f.*) di attinio; attinon *m.*
actinouranium (*fis. atom.*), attiniouranio *m.*
action, azione *f.*
— **-finding** (*tel.*), ricerca automatica di linea tramite selettore.
— **-homing** (*tel.*), ritorno automatico di selettore alla posizione di riposo.
— **impulse** (*tel.*), ricerca di linea mediante selettore ad impulsi.
activate, (*mil.* U.S.A.), stabilire *v.a.* (una base, attività, ecc.); (*chim.*), attivare *v.a.*
— **a satellite,** attivare un satellite.
activated carbon (*maschere antigas; decoloranti*), carbone (*m.*) attivo.
— **cathode** (*elet. radiol.*), catodo (*m.*) attivato.
— **charcoal,** carbone (*m.*) attivato.

activated charcoal-filtered air, aria filtrata per mezzo di carbone attivato.
— **clays,** argille attivate (che hanno aumentata la loro proprietà decolorante con trattamento con acido, ecc.).
— **filament** (*tess.*), filamento (*m.*) attivato.
— **mortar,** malta (*f.*) attivata.
— **petroleum coke,** coke da petrolio attivato.
— **sludge** (*min.*), fango attivato.
— **sludge plant** (*ind. chim.*), impianto di fango attivato.
activating battery (*missili*), batteria di attivazione.
activation (*chim. fis. atom.*), attivazione *f.*
— **analysis,** analisi per attivazione.
— **energy** (*fis. atom.*, *met.*), energia (*f.*) di attivazione.
— **of tubes,** rigenerazione delle valvole.
— **time** (*inform.*), tempo (*m.*) di attivazione.
activator, attivatore *m.*
active, *agg.* (*chim.*), attivo.
— **communications satellite,** satellite da telecomunicazione attivo.
— **component,** componente (*f.*) attiva.
— **core** (*fis. atom.*), nucleo attivo.
— **current,** corrente (*f.*) attiva (in fase con la tensione).
— **electrode** (*elet.*), elettrodo (*m.*) attivo.
— **homing** (*missili*), avvicinamento (*m.*) radiogoniometrico attivo.
— **line** (*telev.*), linea (*f.*) utile.
— **material** (*elet.*), materia (*f.*) attiva (di piastre); materiale (*m.*) attivo.
— **power** (*elet.*), potenza (*f.*) attiva.
— **storage area** (*fis. atom.*), deposito rifiuti radioattivi.
— **transducer** (*elet.*), trasduttore (*m.*) attivo.
activity (*fis. atom.*), attività *f.*
activity curve, curva (*f.*) di attività.
— **ratio** (*inform.*), rapporto (*o* ratio) di attività (fra numero registrazioni attive di un archivio e numero complessivo delle registrazioni dell'archivio).
— **sampling** (*studio del lavoro*), campionatura d'attività.
actometer, radiofotometro *m.*
actual, *agg.* effettivo; reale.
— **cutting power,** capacità (*f.*) di carico effettiva.
— **load factor** (*aereo*), carico (*m.*) di contingenza.
— **monitor** (*telev.*), monitore (*m.*) di uscita.
— **power,** potenza (*f.*) effettiva.
— **size,** grandezza (*f.*) naturale.
actuarial mathematics (*mat.*), matematica (*f.*) attuariale.
actuary, *m.* (*assicuraz.*), attuarialista *m.*
actuate (to —), *v.a.* animare; realizzare; azionare (*mecc.*); (*inform.*), mettere in marcia.
actuating arm, braccio (*m.*) d'attacco.
— **gear** (*aereo*), leva controllo piano fisso orizzontale.
actuation, comando *m.*
actuator, azionatore *m.* (dispositivo elettromeccanico che effettua uno spostamento lineare o rotativo); (*elettromec.*), attuatore *m.*; (*inform.*), braccetto di lettura-scrittura.
— **(valve —),** meccanismo di comando della valvola.
acute, *agg.* acuto.
— **angle,** angolo (*m.*) acuto.
— **-angled,** *agg.* acutangolo.
— **-angled triangle,** triangolo (*m.*) acutangolo.
— **iron poisoning,** intossicazione acuta da ferro.
acyclic, *agg.* aciclico.
acyl (*chim.*), acile *m.*
acylarylide (*chim.*), sostanza del tipo Ar-NH-CO-R.
acylate (*v.a.*) (*chim.*), acilare.
acylation (*chim.*), acilazione *f.*
acyloin (*chim.*), aciloina *f.*

adalin (*chim.*), adalina *f.*
A/D convertor (*inform.*), convertitore analogico-digitale.
Adamite, intonaco (*m.*) di cemento brevettato.
adapt (to —) (*mecc.*), adattare *v.a.*
adaptability, facoltà (*f.*) d'adattamento.
— plate, piastra di raccordo.
adaptation, adattamento (*m.*) (di film).
— of the eye, adattamento (*m.*) dell'occhio.
adapter, pezzo (*m.*) aggiunto (ad un meccanismo); pezzo di connessione; allunga *f.*; (*elettron.*), adattatore *m.*
— box, scatola (*f.*) d'adattamento.
— plug, spina (*f.*) intermedia.
— transformer, trasformatore (*m.*) intermediario.
adaptive, *agg.* (*elettron.*), adattativo.
— control (*control in which automatic measurement of the process to be controlled is used as a basis for automatic modification of the control system*) (*met.*), (*macch. ut.*), controllo adattivo.
— numerical control (*macch. ut.*), controllo numerico adattivo (CNA).
adaptor (*mecc.*) (*ut.*), adattore *m.*
Adcock-aerial principle, sistema (*m*). radiogoniometrico d'Adcock.
add, *v.a.* addizionare.
— fluorides to drinking water, aggiungere fluoruri all'acqua potabile.
— up, *v.a.* sommare.
addendum angle (*ingr.*), angolo (*m.*) della sommità.
— circle, cerchio (*m.*) di troncatura del dente; circolo (*m.*) del diametro esterno (*ingr.*).
— line (*ingr.*), linea (*f.*) superiore del dente.
— line of contact (*ingr.*), linea (*f.*) di contatto della sommità.
adder, circuito di addizione; (*elettron.*), addizionatore *m.*
adding machine, addizionatrice *f.*
addition, aggiunta *f.* (di materiale, forze, ecc.); addizione *f.*
— of slags, aggiunta (*f.*) di scorie.
— polymer (*chim.*), polimero (*m.*) per addizione.
— polymerization (*chim.*), polimerizzazione per addizione.
— read station (*inform.*), stazione di lettura supplementare.
additional, *m.* extra (a richiesta). (*tape control does not replace normal automatic operation, it is additional*), il comando a nastro non sostituisce la normale operazione automatica, è extra (a richiesta).
— agents, agenti (*m. pl.*) di addizione.
— noise, rumore di fondo.
— resistance, resistenza (*f.*) addizionale.
— set, apparecchio (*m.*) supplementare.
additive, additivo *m.*; correttivo *m.*; (*met.*), materiale di aggiunta.
— bin (*met.*), silo degli additivi.
— mixing, mescolanza additiva.
— process (*fot. cin.*), procedimento additivo.
— reactions (*chim.*), reazione di addizione.
add-on computer (*auto*), elaboratore complementare.
— equation package (*inform.*), modulo addizionale per risolvere le equazioni.
— graphics (*inform.*), grafica addizionale (che comporta spese extra per il sistema usato).
address (*calcol. elettron.*), indirizzo *m.* (numero o simbolo nella memoria dell'elaboratore).
— decoder (*calcol. elettron.*), decodificatore (*m.*) d'indirizzo.
— -reading machine (*posta*), macchina per la lettura degli indirizzi.
— register (*inform.*), registro di indirizzamento.
addressable, *agg.* (*inform.*), indirizzabile (*rif. a memoria*).

addressability (*inform.*), indirizzabilità.
addressing (*inform.*), indirizzamento *m.*
adenine (*chim.*), adenina *f.*
adequacy, valore *m.* (*rif. a teoria*)
adermin (*chim.*), adermina *f.*
adhere, *v.i.* aderire.
adherence, aderenza *f.*; adesione *f.* (N.B.: nell'uso moderno si preferisce *adhesion* nel significato di aderenza).
adherent, *agg.* aderente.
adhesion, aderenza *f.*; adesione *f.*
— **coefficient**, coefficiente (*m.*) di adesione.
— **railway** (*ferr.*), ferrovia (*f.*) ad aderenza.
adhesive, *agg.* adesivo.
— **applying machine**, macchina per applicazione dell'adesivo.
— **joining** (*met.*), unione (*o* giunto) mediante adesivi.
— **power** (*pitture, ecc.*), aderenza *f.* (di vernici, pitture, ecc.).
— **rubber**, para *f.*
— **tape**, nastro (*m.*) isolante.
— **weight**, peso (*m.*) aderente.
— **resin**, resina (*f.*) adesiva.
adhesiveness, adesività *f.*
ad-hoc study group, gruppo di studio designato (per ricerche ecc.).
adiabatic, *agg.* adiabatico.
— **compression**, compressione (*f.*) adiabatica.
— **cooling**, raffreddamento (*m.*) adiabatico.
— **efficiency**, rendimento (*m.*) adiabatico.
— **lapse rate**, gradiente (*m.*) adiabatico.
— **line**, adiabatica *f.*
adiathermancy, adiatermaneità *f.*; atermaneità *f.*
adipamide (*chim.*), adipammide *f.*
adipocere, adipocera *f.*
adit (*min.*), cunicolo (*m.*) di servizio; galleria (*f.*) laterale; galleria di trasporto; entrata *f.*; accesso *m.*
adjacency (*pubb.*), programma radio o televisivo, che segue o precede immediatamente un annuncio pubblicitario.
adjacent, *agg.* adiacente.
— **vision carrier** (*telev.*), onda portante video di canale adiacente.
adjunct, ausiliare *agg.*; complemento *m.* (*di materiale*).
adjust, *v.a.* accomodare; adattare; registrare; aggiustare; regolare (*apparecchi*); tarare (*strumenti*).
— **for length**, registrare alla lunghezza richiesta.
— **one frequency to another**, regolare una frequenza su un'altra.
adjustable, *agg.* adattabile; registrabile; regolabile.
— **arm**, braccio (*m.*) spostabile.
— **axle** (*mecc. agr.*), assale (*m.*) registrabile.
— **bearing**, appoggio (*m.*) regolabile; sopporto (*m.*) regolabile; cuscinetto (*m.*) registrabile.
— **blind**, tapparella *f.*
— **bushing**, bussola (*f.*) regolabile.
— **centre** (*mecc.*), punta registrabile.
— **centre head** (*macch. ut.*), testa ad interassi registrabili.
— **centre multi-spindle head** (*for drilling, tapping and reaming*) (*macch. ut.*), testa multipla ad interassi registrabili (per forare, maschiare ed alesare).
— **condenser**, condensatore (*m.*) regolabile.
— **disc condenser**, condensatore (*m.*) regolabile rotativo.
— **guide**, guida (*f.*) registrabile.
— **knob**, bottone (*m.*) regolabile.
— **pin**, corsoio (*m.*) regolabile.
— **pipe wrench**, chiave (*f.*) registrabile per tubi.
— **pitch propeller** (*aereo*), elica (*f.*) a passo controllabile.
— **ring**, anello (*m.*) registrabile.
— **riveting machine**, chiodatrice (*f.*) regolabile.
— **speed motor** (*elet*), motovariatore *m.*
— **square**, squadra (*f.*) a braccio mobile.

adjustable stop (*macch. ut.*), arresto (*m.*) regolabile.
— **thermostat,** termostato (*m.*) regolabile.
— **transformer,** trasformatore regolabile.
adjusting, aggiustamento *m.*
— **apparatus,** dispositivo (*m.*) di regolaggio.
— **device,** dispositivo (*m.*) di regolaggio.
— **knob,** maniglia (*f.*) di aggiustaggio (o di registro).
— **lever,** leva (*f.*) di registro.
— **movement,** movimento (*m.*) di adattamento.
— **nut** (*mecc.*), dado (*m.*) di registrazione.
— **screw,** vite (*f.*) di registrazione; vite (*f.*) di aggiustaggio.
— **slider,** cursore (*m.*) di contatto.
— **voltage,** tensione (*f.*) di regolaggio.
adjustment (*ott., mecc.*), registrazione *f.*; aggiustamento *m.*; (*radio*) regolazione.
— **of the spindle,** aggiustamento (*m.*) del mandrino.
— **of weir box** (*fis. atom.*), regolaggio (*m.*) del troppo pieno.
— **(plow —)** (*agr., mecc.*), regolazione dell'aratro.
administration (*med.*), somministrazione *f.* (di medicinali); amministrazione *f.*
administrative benefit, prestazione amministrativa.
— **provisions** (*amministrazione*), norme amministrative.
admiral, ammiraglio *m.*
— **of the fleet,** ammiraglio della flotta.
admirality brass (*met.*), ottone (*m.*) ammiragliato.
admiralty, ammiragliato *m.*
admissible load, tensione (*f.*) ammissibile; carico ammissibile.
admission, entrata *f.*; accesso *m.*; (*mecc.*) adduzione; introduzione.
— **port,** feritoia (*f.*), d'introduzione.
admittance (*elet.*), ammettenza *f.*
admitting port, luce (*f.*) d'adduzione.
admix (to —), aggiungere; mescolare (*outside air can be admixed at will*) (*condizion. aria*), l'aria esterna può essere aggiunta a volontà.
admixture (*condiz. aria*) (*chim.*), aggiunta.
adobe (*cost.*), argilla, usata per mattoni cotti al sole; mattone o materiale da costruzione di terra cotta al sole e paglia, usato nei Paesi poveri.
adonite (*chim.*), adonite *f.*
adonitol (*chim.*), adonite *f.*
adraquanthin (*farm.*), gomma (*f.*) adragante.
adrenalin, adrenalina *f.*
adsorption, adsorbimento *m.*
— **spectroscopy** (*fis. chim.*), spettroscopia per adsorbimento.
adulterate, *v.a.* falsificare; adulterare.
adulteration, adulterazione *f.*
adurol, materiale (*m.*) per sviluppo fotografico.
advance (*mecc.*), avanzamento *m.*; sviluppo *m.*; (*ferr.*), tratto di linea ferroviaria oltre un segnale e regolato da quel segnale; progresso *m.*; novità tecniche *f. pl.* (*p. es.* **new advances in textile machinery,** novità tecniche nel campo delle macchine tessili).
— **(to)** (*inform.*), fare avanzare (carta su stampante); fare scorrere (nastro magnetico); (*gen.*) avanzare.
— **diameter ratio** (*aereo*), parametro (*m.*) di similitudine (*di elica*).
— **direction sign** (*strade*), cartello (*m.*) indicatore di presegnalazione; indicatore (*m.*) stradale di presegnalazione.
— **-heading** (*min.*), avanzamento *m.*; galleria (*f.*) di avanzamento.
— **notice** (*leg., comm.*), preavviso *m.*
— **notification,** preavviso (*scritto*).
— **of pay,** anticipo (*m.*) di paga.

advance registration form (*congressi, ecc.*), modulo di iscrizione anticipata.
— (*v.a.*) **the ignition,** anticipare (*v.a.*) l'accensione.
advanced chemistry, chimica (*f.*) superiore.
— **electronics,** elettronica superiore.
— **engineering,** ingegneria avanzata.
— **ignition,** accensione (*f.*) anticipata.
— **language** (*inform.*), linguaggio ad alto livello; linguaggio evoluto.
— **office systems,** sistemi avanzati per l'ufficio.
— **opening,** apertura (*f.*) anticipata.
— **stall** (*aereo*), stallo (*m.*) avanzato.
— **undersea weapons,** armi automatiche a comando elettronico, usate per proteggere o distruggere sottomarini.
advancement, trascinamento *m.* (di carta, nastri).
adventitious *agg.*, fortuito; accidentale.
advertisement, annuncio pubblicitario (in giornale o trasmesso dalla radio o TV).
advertising, pubblicità *f.*
— **agent,** consulente.
— **campaign,** campagna pubblicitaria.
— **giveaways,** premi pubblicitari (per promuovere le vendite).
advise charge (*tel.*), sistema telefonico che avvisa l'utente del costo dell'ultima chiamata.
advisory panel (*finan.*), gruppo consultivo.
adze, ascia *f.*; accetta *f.* (da bottaio).
aeolian vibration (*elet.*), vibrazione causata dal vento.
aeon (*astr.*), periodo immensurabile dell'universo.
aerate, *v.a.*, aerare; gassare.
aerated cement, cemento aerato
— **concrete,** cemento aerato
aeration of water, aerazione (*f.*) dell'acqua.
aerator, aeratore *m.*
aerial (*radio*), antenna *f.*
— **array** (*radio*), rete d'antenne direttive.
— **beacon,** radiofaro *m.*
— **booster** (*radio*), amplificatore (*m.*) di antenna.
— **buoy** (*aereo*), boa (*f.*) aerea.
— **bus** (*aereo*), aerobus.
— **cable,** cavo (*m.*) aereo.
— **camera,** aerocamera *f.*
— **capacitor,** condensatore (*m.*) di antenna.
— **change-over switch** (*radio*), commutatore (*m.*) d'antenna.
— **collision,** urto (*m.*) (di aeromobili).
— **conductor,** conduttore (*m.*) aereo.
— **contact-line,** linea (*f.*) aerea di contatto.
— **crossing** (*ing. elet.*), incrocio (*m.*) aereo.
— **cross talk,** interferenza fra antenne.
— **discharger,** limitatore (*m.*) di tensione.
— **feedback** (*radio*), controreazione (*f.*) d'antenna.
— **feeder,** alimentatore (*m.*) d'antenna.
— **for beam wireless,** antenna (*f.*) a fascio.
— **frog** (*ing. elet.*), incrocio (*m.*) aereo.
— **fuse,** limitatore (*m.*) di tensione.
— **input** (*radio, TV*), ingresso (*m.*) di antenna; potenza (*f.*) fornita all'antenna.
— **ladder,** scala (*f.*) di autopompa.
— **lead,** discesa di antenna.
— **lead-in,** entrata (*f*) di antenna; cavo (*m.*) di discesa d'antenna.
— **line,** linea (*f.*) aerea.
— **mapping,** aerofotogrammetria *f.*
— **mapping camera,** macchina per rilievi aerofotografici.
— **mosaic,** fotomosaico *m.*

aerial network, rete (*f.*) di linea aerea.
— **output,** potenza irraggiata dall'antenna.
— **patrol** (*aereo*), pattuglia (*f.*) aerea.
— **reconnaissance** (*aereo*), ricognizione aerea.
— **reconnaissance camera** (*fot.*), telecamera per ricognizione aerea.
— **ropeway,** teleferica *f.*
— **ropeway system** (*ing. civ.*), sistema di funivia.
— **spraying** (*aereo*) (*agr.*), irrorazione aerea (*con insetticidi, ecc.*)
— **survey,** v. **air survey.**
— **tanker** (*aereo*), aerocisterna *m.*
— **topdressing** (*agr.*), concimazione in copertura per mezzo di aerei.
— **torpedo,** siluro (*m.*) lanciato da un apparecchio.
— **train,** treno aereo (dato da uno o più alianti rimorchiati da un aeroplano).
— **tuning condenser,** condensatore (*m.*) di sintonia d'antenna.
— **tuning inductance,** induttanza (*f.*) di sintonia d'antenna; bobina (*f.*) d'antenna.
— **weight** (*aereo*), piccolo peso unito all'estremità libera di un'antenna di aeroplano.
— **winch,** tamburo (*m.*) d'avvolgimento per antenna.
— **wire,** filo aereo *m.*
aero fitter, congegnatore (*m.*) aeronautico.
— **jet propulsion,** aero-propulsione (*f.*) a reazione.
— **towing** (*aereo*), alaggio (*m.*) di un aereo.
aerobee, razzo per ricerche (U.S.A.).
aerobic, *agg.* (*chim.*), aerobico.
— **fermentation,** fermentazione aerobica.
aerobus, *m.* aerobus; omnibus aereo.
aerocartograph, aerocartografo *m.*
aerodonetics, scienza (*f.*) del volo a vela.
aerodrome, aeroporto *m.*
aerodrome administration, amministrazione dell'aeroporto.
— **control radio station,** radiostazione di controllo dell'aeroporto.
— **hazard beacon,** faro (*m.*) di pericolo dell'aeroporto.
— **identification sign,** segnale d'identificazione dell'aeroporto.
aerodynamic, *agg.* aerodinamico.
aerodynamicist (*auto, ecc.*), aerodinamicista *m.*
aerodynamics, aerodinamica *f.*
aerodyne, aerodina *m.*
aeroelastic, *agg.* (*aereo*), aeroelastico.
aeroelasticity (*aereo*), aeroelasticità *f.*
aeroembolism, aeroembolismo *m.*
aeroengine, motore d'aviazione.
aerofoil (*aereo*), profilo (*m.*) alare; superficie (*f.*) portante; superficie sostentatrice.
— **bladed fan** (*mecc.*), ventilatore con palettatura aerodinamica.
— **section** (*aereo*), profilo (*m.*) di sezione.
aerolite (*geol.*), aerolite *m.*
aerology (*meteor.*), aerologia *f.*
aeromagnetic profile (*aereo*), profilo aeromagnetico.
aeromechanic, motorista (*m.*) di aviazione.
aeromechanics, aeromeccanica *f.*
aerometer (*fis.*), aerometro *m.*
aeromodelling (*aereo*), aeromodellismo *m.*
aeronaut, aeronauta *m.*; aerostiere *m.*
aeronautical association, associazione (*f.*) aeronautica.
— **beacon,** faro (*m.*) aeronautico.
— **chart,** carta aeronautica.
— **engineering,** ingegneria aeronautica.
— **inspection directorate,** Ufficio Controllo dell'Aeronautica (inglese).
— **mile,** miglio (*m.*) aeronautico (= m 1853,19 circa).
— **telecommunication log,** giornale di bordo di telecomunicazione.

aeronautics, aeronautica *f.*
— **(military —),** aeronautica (*f.*) militare.
— **(naval —),** aeronautica (*f.*) navale.
aerophotografic mosaic (*aereo*), mosaico (*m.*) aerofotografico.
aeroplane, aeroplano *m.*
— **aerial,** antenna (*f.*) per velivolo.
— **and armament experimental establishment** (*aereo*), ufficio (*m.*) ricerche e studi aeronautici della R.A.F.
— **data plate,** targa (*f.*) dati aeroplano.
— **on skis** (*aereo*), aeroplano (*m.*) a pattini.
— **park,** aeroparco *m.*
— **strand,** piccola fune con 7 o 19 fili di ferro zincato.
— **spotter,** localizzatore *m.*
— **trim,** assetto (*m.*) dell'aereo.
aeropulse, pulsoreattore *m.*
aerosol, aerosol(e) *m.*
— **bombs,** bombole (*f.*) di aerosol.
— **can,** barattolo (*m.*) di aerosol.
— **fogs,** nebulizzanti aerosol.
— **industry** (*chim.*), industria degli aerosol.
— **spray paint,** vernice a spruzzo aerosol.
aerospace environment (*corrosione met., ecc.*), ambiente aerospaziale.
— **industry,** industria aerospaziale.
— **technology,** tecnologia aerospaziale.
— **vehicle** (*astron.*), veicolo spaziale.
aerospacial, *agg.* v. **aerospatial.**
aerospatial, *agg.* aerospaziale.
aerostat, aerostato *m.*
aerostatic, *agg.* aerostatico
— **balance** (*aereo*), bilancia (*f.*) aerostatica.
aerostatics, aerostatica *f.*
aerotechnics, aerotecnica *f.*
aesthetic, *agg.* estetico.
affect *v.a.* (*med.*), attaccare; influenzare; agire su.
affinity (*chim.*), affinità *f.*
afford, *v.a.* dare; rendere (*olives afford oil*: le olive dànno l'olio).
afforestation, rimboschimento *m.*
afloat, in acqua (*naut.*); a galla; (*comm.*), *avv.*, in viaggio.
aft (*naut.*), a poppavia; (*auto, ecc.*) dietro.
— **-facing seat** (*aereo*), sedile rivolto verso poppa.
— **(visibility is good —)** (*auto*), la visibilità è buona dietro.
after cooler, raffreddatore (*m.*) finale.
— **effect,** effetto residuo.
— **-fractionating tower** (*petrol.*), torre (*f.*) di frazionamento secondario.
— **-heat,** calore (*m.*) residuo.
— **hold** (*naut.*), stiva (*f.*) di poppa.
— **hours** (*comm.*), dopo borsa.
— **part,** parte (*f.*) poppiera.
— **peak,** scafetto (*m.*) di poppa.
— **-running** (*chim.*), coda *f.*
— **sail,** vela (*f.*) di poppa.
— **-sales service** (*garanzia*), assistenza dopo vendita.
— **-shear table** (*laminatorio met.*), piano a rulli di evacuazione.
— **-shear table and strip mill approach table** (*laminatorio met.*), piano a rulli di evacuazione e di adduzione al susseguente treno per nastri.
— **-treatment,** trattamento (*m.*) ulteriore.
afterburning (*aereo, mot.*), postcombustione *f.*
afterdamp, gas irrespirabile lasciato da un'esplosione di grisou; grisou *m.*
afterdeck, parte del ponte dietro la parte centrale della nave.
afterglow (*fotoel.*), fosforescenza (*f.*) residua; persistenza *f.* (di un'immagine).
— **duration,** durata (*f.*) della fosforescenza.
afterimage (*telev.*), persistenza (*f.*) d'immagine.
afterwelt, rinforzo calze da donna.
agar-agar (*chim.*), agar; agar-agar.
against delivery (*borsa*), salvo consegna.
agaric, *agg.* agarico.

agate, agata *f.*; (*tipog.*), corpo 5 ½.
— **line** (*pubbl.*), spazio pubblicitario per giornali equivalente a 1/14 di pollice in altezza, e di larghezza della colonna del giornale.
age-diffusion equation (*fis. atom.*), equazione (*f.*) di diffusione-età.
— **harden (to)** (*met.*), incrudire per invecchiamento.
— **hardenable** (*mecc.*), a indurimento per invecchiamento.
— **-hardenable alloy** (*met.*), lega ad indurimento per invecchiamento.
— **-hardened structure** (*met.*), struttura indurita per invecchiamento.
— **-hardening,** incrudimento (*m.*) per invecchiamento; (*met.*), indurimento per invecchiamento; (*met.*), indurimento per precipitazione.
— **-hardening aluminium alloy** (*met.*), lega di alluminio a indurimento per invecchiamento.
aged alloy (*met.*), lega invecchiata.
ageing (*vernici*), maturazione *f.*; (*met.*), invecchiamento *m.*; v. **magnetic —; quench —; strain age hardening.**
— **behaviour,** comportamento all'invecchiamento.
— **characteristics,** caratteristiche d'invecchiamento.
— **curve,** curva d'invecchiamento.
— **process,** processo d'invecchiamento.
— **temperature,** temperatura d'invecchiamento.
— **time** (*met.*), durata (*o* tempo) d'invecchiamento.
— **(double — treatment),** trattamento di doppio invecchiamento.
agency, agenzia *f.*
agenda (*comm.*), ordine del giorno.
agent (*chim.*), mezzo *m.*; coadiuvante *m.*; ausiliare *m.*
agglomerate, agglomerato *m.*; agglomerarsi *v.i.*
agglomerating plant (*met.*), impianto agglomerazione.
agglomeration, agglomerazione *f.*
agglomerative, *agg.* agglomerante.
agglutinant, *n. agg.* agglutinante.
agglutinate, *v.a.* agglutinare.
agglutination, agglutinazione *f.*
aggregate, *agg.* globale; totale; d'insieme; aggregato *m.*; (*mat.*), insieme *m.*
— **output** (*ind.*), rendimento (*m.*) globale; rendimento (*m.*) totale.
— **washer** (*macch. stradali*), lavatrice per inerti.
aggregates (*costr. stradali*), inerti *m. pl.*
— **(concrete —)** (*costr. stradali*), inerti per manti in calcestruzzo.
— **(roadmaking —)** (*costr. stradali*), inerti (*m. pl.*) per costruzioni stradali.
aggregation, aggregazione *f.*
aggressive liquid (*chim.*), liquido aggressivo.
aggressiveness (*chim.*), aggressività *f.*
aging (*met., vernici*), (U.S.A.), v. **ageing.**
agitate, *v.a.* agitare.
agitated immersion test (*corrosione met.*) (U.S.A.), prova con agitazione.
agitation, agitazione *f.*; contestazione *f.* (sommossa) (p. es. contro tracciati autostradali).
agitator, agitatore *m.*; (*petrol.*), pozzo in attività mediante la pompa; agitatore (*raffineria petrolio*); contestatore *m.*
agometer, agometro *m.*
agree with (to), concordare.
agreement, accordo *m.*; quadratura *f.*; contratto *m.*; (— *for construction*, contratto di impresa).
agricultural aviation, aviazione (*f.*) agricola; avioagricoltura *f.*
— **belt,** zona (*f.*) agricola.
— **chemistry,** chimica (*f.*) agraria.
— **engineering,** ingegneria (*f.*) agricola.
— **implements,** attrezzi (*m. pl.*) agricoli.

agricultural machine, macchina (*f.*) agricola.
agriculture, agricoltura *f.*
— **adviser,** *m.* perito (*m.*) agrario.
agrimotor, trattore (*m.*) agricolo.
agrochemicals, prodotti chimici per l'agricoltura.
agrology, agrologia *f.*
agronomist *m.*, agronomo *m.*
agronomy, agronomia *f.*
aground (to go —) (*naut.*), arenarsi; andare in secca.
ahead of (to read one block — — that in use), leggere un blocco prima di quello in uso (lettore di nastro) (*inform.*).
— **of schedule** (*contratti, ecc.*), in anticipo sul termine previsto.
A.I. (v. **abbreviazioni**).
aid (deaf aids), protesi (*f. pl.*), acustiche.
ailantus (*bot.*), albero (*m.*) del paradiso.
aileron (*aereo*), alettone *m.*
— **angle** (*aereo*), angolo (*m.*) di movimento fra l'alettone e la parte fissa dell'ala.
— **control cable** (*aereo*), cavo di controllo alettoni.
— **drag** (*aereo*), resistenza aerodinamica dell'alettone.
— **hinge** (*aereo*), incernieratura alettone; cerniera (*f.*) di alettone; cerniera d'ala.
— **lever** (*aereo*), leva dell'alettone.
— **roll,** virata (*f.*) d'ala.
— **span** (*aereo*), apertura dell'alettone.
— **(balanced —),** alettone (*m.*) compensato (*o* equilibrato).
— **(floated–),** alettone fluttuante.
— **(rounded off —),** alettone (*m.*) arrotondato.
— **(slotted —),** alettone (*m.*) con fessura.
— **(turned down —),** alettone (*m.*) girato in basso.
— **(turned up —),** (*m.*) alettone girato in alto.
— **(unbalanced —),** alettone (*m.*) non equilibrato.
— **(upper surface —)** (U.S.A.), alettone superiore.
aileron (warped —), alettone svergolato.
ailerons, alettoni *m. p.*
aim, *v.a.*, puntare *v.a.*, mirare *v.a.*
aiming contrivance, volantino di puntamento (artiglieria).
— **nut** (U.S.A.), dado registro.
— **screw** (*auto*) (U.S.A.), vite registro (*adjusting screw*); vite punteria.
air, aria *f.*
— **adjusting screw,** vite (*f.*) dosatura miscela.
— **agitation leach** (*fis. atom.*), lisciviazione con agitazione di aria.
— **ambulance** (*aereo*), aeroambulanza; aereo ambulanza.
— **anti-pullution,** antinquinamento atmosferico.
— **attaché,** addetto (*m.*) aeronautico.
— **baffle,** convogliatore (*m.*) aria.
— **band transceiver** (*aereo*), ricetrasmettitore a banda aeronautica.
— **base,** base (*f.*) aerea.
— **beacon,** aerofaro *m.*
— **blast,** raffreddamento (*m.*) ad aria; getto (*m.*) d'aria.
— **-blast circuit-breaker,** interruttore (*m.*) ad aria compressa.
— **-blast spraying** (*agr.*), irrorazione sotto pressione.
— **-blast transformer** (*radio*), trasformatore (*m.*) a raffreddamento naturale.
— **bleed,** foro per passaggio d'aria.
— **blending system** (*auto*), sistema di climatizzazione.
— **-borne troops** (*mil.*). aviotruppe *f. pl.*
— **bottle** (*auto*), bombola dell'aria compressa (o anidride carbonica) per gonfiare le gomme.
— **box** (*met.*), cassa del vento.
— **-brake,** freno (*m.*) pneumatico; freno (*m.*) ad aria compressa; (*aereo*), freno aerodinamico.
— **-braked,** *agg.* a freno pneumatico.

air breakdown (*elet.*), tensione di scarica in aria.
— **-break switch** (*elet.*), interruttore (*m.*) ad aria.
— **bricks** (*costruz.*), mattoni vuoti per ventilazione.
— **bubble,** bolla (*f.*) d'aria.
— **buffer,** respingente (*m.*) ad aria.
— **-car** (U.S.A.), veicolo a cuscino d'aria.
— **casing of a funnel,** camicia (*f.*) di un fumaiolo.
— **cell** (motori a scoppio), camera d'aria; (*aereo*), camera (*f.*) di precombustione.
— **chamber,** camera (*f.*) d'aria; (*forni met.*), cassa a vento.
— **channel,** canale (*m.*) d'aria.
— **charter,** noleggio (*m.*) aereo.
— **check** (*radio*), registrazione di una trasmissione radio, inviata alla ditta per conto della quale si trasmette.
— **chief marshal,** generale (di squadra aerea).
— **choke,** farfalla della presa d'aria.
— **chuck** (*macch. ut.*), mandrino (*m.*) a comando pneumatico.
— **classification** (*min.*), classificazione pneumatica; (*min.*), classificazione ad aria (per materiali granulosi o pulverulenti).
— **cleaner,** depuratore d'aria.
— **cock,** rubinetto (*m.*) dell'aria.
— **combat,** combattimento (*m.*) aereo.
— **commandant,** maresciallo (*m.*) dell'aria (servizio ausiliare femminile).
— **commandant-in-chief,** vicemaresciallo dell'aria (servizio ausiliario femminile).
— **commodore,** generale di brigata (della R.A.F.).
— **compressor** (*mecc.*), compressore (*m.*) d'aria; v. **stationary — compressor.**
— **condenser,** condensatore (*m.*) ad aria.
— **condition,** *v.a.* condizionare l'aria.

air-conditioned car (*ferr.*), vettura (carrozza) ad aria condizionata.
— **-conditioned factory,** fabbrica ad aria condizionata.
— **-conditioned ship** (*naut.*), nave (*f.*) aerocondizionata.
— **conditioning,** condizionamento (*m.*) dell'aria.
— **conditioning apparatus,** impianto (*m.*) di condizionamento dell'aria.
— **conditioning controls** (*auto*), comandi di climatizzazione.
— **-conditioning installation,** impianto di condizionamento.
— **conditioning unit,** condizionatore d'aria.
— **conduit,** conduttura (*f.*) d'aria.
— **consignement,** lettera (*f.*) di trasporto aereo.
— **control grip,** impugnatura di ammissione dell'aria (*trapani*).
— **controls,** comandi (*m. pl.*) dell'aereo.
— **-cooled engine,** motore (*m.*) raffreddato ad aria.
— **-cooled transformer,** trasformatore (*m.*) con raffreddamento ad aria.
— **-cooled power plant,** motore (*m.*) a raffreddamento ad aria.
— **cooler** (*met.*), raffreddatore (*m.*) ad aria.
— **-cooling plant,** impianto (*m.*) di raffreddamento d'aria.
— **-core,** traferro (*m.*) (di magnete); indotto (senza ferro).
— **-core coil,** bobina (*f.*) ad aria.
— **-core transformer,** trasformatore (*m.*) ad aria.
— **corridor,** corridoio (*m.*) di sorvolo aereo.
— **Council,** consiglio (*m.*) dell'aeronautica (corpo dirigente della R.A.F.).
— **crash,** incidente (*m.*) aviatorio.
— **cushion,** ammortizzatore (*m.*) ad aria; cuscino (*m.*) pneumatico.
— **-cushion platform/icebreaker**

(*combination*), rompighiaccio a piattaforma a cuscino d'aria.
air-cushion vehicle, veicolo (*m.*) a cuscino d'aria.
— **cushioning,** ammortizzatore (*m.*) ad aria.
— **damping,** ammortizzazione (*f.*) ad aria compressa.
— **density,** densità (*f.*) dell'aria.
— **discharger,** scarico (*m.*) d'aria.
— **display,** esibizione (*f.*) aerea.
— **division** (*aereo*), divisione (*f.*) aerea.
— **draft** (*met.*), tiraggio (*m.*) (d'aria).
— **draught** (*met.*), tiraggio (*m.*) (d'aria).
— **-dried,** *agg.* completamente asciutto (*o* secco).
— **dried brick,** mattone (*m.*) crudo.
— **dried wood,** legno (*m.*) stagionato all'aria.
— **drill,** trapano (*m.*) pneumatico.
— **drilling** (*petrol.*), trivellazione ad aria compressa.
— **drop** (*mil.*), aviolancio *m.*
— **-drying,** asciugamento (*m.*) all'aria.
— **duct** (*aer.*), manica (*f.*) d'aria; conduttura (*f.*) d'aria; (*forni met.*), canale (*m.*) dell'aria; tirata (*f.*) d'aria.
— **-ejector,** eiettore (*m.*) di aria.
— **-engine,** macchina (*f.*) ad aria compressa.
— **-entrained concrete,** cemento (*m.*) aerato.
— **-entraining agent** (*calcestruzzo*), agente (*m.*) aerante.
— **fare (economy class — fare),** tariffa aerea per classe economica.
— **filter,** filtro (*m.*) ad aria.
— **flask,** serbatoio (*m.*) d'aria.
— **flow,** flusso (*m.*) aereo.
— **flow meter,** flussometro *m.*
— **flue,** canale (*m.*) d'aria.
— **-fuel ratio,** rapporto aria-combustibile.
— **fuel ratio control,** controllo (*m.*) rapporto aria-combustibile.
— **-furnace,** forno (*m.*) a riverbero.
air gap, intercapedine (*f.*) d'aria.
— **-gap,** intraferro *m.*
— **-gap torsion-meter,** torsiometro di intraferro.
— **gas,** gas (*m.*) di aria.
— **-gas lift method,** metodo per far risalire il petrolio con iniezioni di gas e aria.
— **gauge,** indicatore (*m.*) ad aria; calibratore (*m.*) pneumatico.
— **grating,** griglia (*f.*) per ventilazione.
— **-ground communication,** collegamento (*m.*) radio-aereo.
— **-gun,** ribaditrice (*f.*) ad aria compressa.
— **gunnery,** balistica (*f.*) aviatoria.
— **hammer,** martello (*m.*) pneumatico.
— **-hardening,** *agg.* che indurisce all'aria; *n.* tempra all'aria.
— **-hardening steel** (*met.*), acciaio (*m.*) temprante all'aria.
— **heater,** aerotermo *m.*
— **hole,** vuoto (*m.*) d'aria; sfiatatoio *m.*
— **injection machine,** macchina (*f.*) ad iniezione pneumatica.
— **injection starter,** motorino (*m.*) d'avviamento (per mezzo di aria compressa, contenuta in una bombola metallica).
— **inlet,** presa (*f.*) d'aria.
— **inlet nipple,** foro d'ammissione dell'aria.
— **inlet valve** (*aereo*), valvola (*f.*) d'ammissione dell'aria.
— **intake cooler,** refrigeratore installato nella presa d'aria del carburatore.
— **intake elbow piece,** raccordo per condotta presa d'aria.
— **intake heater,** riscaldatore della presa d'aria.
— **intake pipe,** presa d'aria del carburatore.
— **intake (scoop type)** (*aereo*), presa (*f.*) ausiliaria (del carburatore).
— **interception,** intercettamento (*m.*) aereo.

air interception radar, radar di bordo per intercettam. aereo.
— **jet,** getto (*m.*) d'aria.
— **lag** (*aereo*), angolo (*m.*) di caduta teorica (distanza orizzontale fra il percorso in volo di una bomba vera e di una bomba teorica, se fossero calate da un aereo nello stesso momento).
— **-launched** (*aereo*), lanciato da aereo (o da pallone) in volo.
— **launched ballistic missile** (ALBM), missile (*m.*) balistico lanciato da aereo in volo.
— **-launched missile,** missile aviolanciato.
— **law,** diritto (*m.*) areonautico.
— **layer,** strato (*m.*) d'aria.
— **lever,** manetta (*f.*) per immissione d'aria.
— **liability,** responsabilità (*f.*) aeronautica.
— **licence,** brevetto (*m.*) aeronautico.
— **lift,** corsa (*f.*) di liberazione (del freno) o sfrenamento.
— **line,** aerolinea *f.*; aviolinea *f.*; linea aerea.
— **-liner,** aereo (*m.*) di linea.
— **lock** (*fond. idr.*), camera fra il luogo di lavoro in un cassone pneumatico e l'esterno; chiusa (*f.*) d'aria; (*auto*), arresto di circolazione (dell'acqua o benzina) dovuto a bolle d'aria.
— **log** (*aereo*), solcometro *m.*; log. *m.*; dromometro *m.* (strumento che misura la distanza percorsa in linea retta).
— **mac** (*slang*) (*aereo*) (U.S.A.), meccanico *m.* (a terra).
— **mail,** posta (*f.*) aerea.
— **map,** carta (*f.*) aerea.
— **marshal,** maresciallo (*m.*) dell'aria (R.A.F.).
— **-mast,** albero (*m.*) d'ormeggio per aeronavi.
— **mechanic,** motorista (*m.*) d'aviazione.
— **meter,** anemometro (*m.*) portatile.

air metering sensor (*turbo*) (*auto*), sensore dosatore dell'aria.
— **mile,** miglio (*m.*) aeronautico.
— **monitor** (*fis. atom.*), rilevatore della radioattività dell'aria.
— **navigation computer,** regolo (*m.*) per calcoli di navigazione aerea.
— **net,** rete (*f.*) aerea.
— **nipple,** valvolina (*f.*) per immissione d'aria.
— **nozzle,** ugello (*m.*) di ventilazione.
— **-o-limit comparator,** comparatore (*m.*) pneumatico.
— **-operated chuck** (*mecc.*), mandrino a comando pneumatico.
— **operated collet chuck** (*macch. ut.*), mandrino pneumatico a collare.
— **-operated friction clutch** (*macchine ut.*), frizione pneumatica.
— **-operated machine vice** (*macch. ut.*), morsa pneumatica.
— **-operated impact diecaster,** macchina per pressofusioni, ad urto, a funzionamento pneumatico.
— **-operated precision pressure regulator** (*ind.*), regolatore di pressione di precisione, ad aria.
— **operated vice,** morsa (*f.*) pneumatica.
— **park,** aerocentro *m.*
— **passage,** condotto (*m.*) d'aria.
— **patenting** (*met.*), patentamento (*m.*) in aria.
— **photograph,** aerofotogramma *f.*
— **photography,** fotografia (*f.*) aerea.
— **-pilot,** pilota (*m.*) aviatore.
— **Pilot For Great Britain And Ireland,** Gazzetta Ufficiale dell'aviazione inglese (dà le leggi che interessano gli aviatori).
— **pilotage,** pilotaggio (*m.*) aereo.
— **-pipe,** sciorino *m.*; sfiatatoio *m.*; (*air pipe*), conduttura d'aria.
— **piping,** conduttura (*f.*) d'aria.
— **plot** (*aereo*) (U.S.A.), ufficio dell'ufficiale di aviaz. in co-

mando diretto delle operazioni di volo su una portaerei.

air pocket, sfiatatoio (*m.*); vuoto (*m.*) d'aria; (*aereo*), corrente (*f.*) d'aria discendente; (*saldatura*), soffiature *f.* (*di sald.*).

— pollutant (*inquinamento atmosferico*), contaminante atmosferico (gas, vapore, ecc.).

— pollution, inquinamento atmosferico; inquinamento dell'aria.

— pollution monitor, monitore dell'inquinamento atmosferico.

— pollution monitoring, controllo dell'inquinamento atmosferico.

— power, flotta (*f.*) aerea; forza aereonautica.

— preheater (*met.*), preriscaldatore (*m*). dell'aria; v. **blast —**.

— pressure switch (*elettromecc.*), pressostato (*m.*) per aria compressa.

— pump, pompa (*f.*) d'aria.

— pumping (*min.*), pompaggio pneumatico.

— quantity (*calculation of air quantities in mine roadways*) (*min.*), quantità d'aria (calcolo della quantità d'aria nelle vie di carreggio).

— raid, incursione (*f.*) aerea.

— raid wardens, personale addetto alla protezione civile in caso di incursioni aeree.

— record, record aereo.

— refined steel (*met.*), acciaio al convertitore.

— refining (*met.*), affinazione mediante aria.

— -refuel (*v.a.*), rifornire (di carburante) un aereo in volo.

— release valve, valvola (*f.*) di scappamento dell'aria.

— -removal, dearazione *f.*

— resistance, resistenza (*f.*) aerodinamica.

— route surveillance radar (*ARSR*) (*aereo*), radar di sorveglianza in rotta.

— scoop, presa (*f.*) d'aria dinamica; (*naut.*), tromba (*f.*) a vento per oblò.

air scoops (*auto*), alette *f. pl.*

— -seal, velo d'aria (aria soffiata in forno a tunnel per ridurne le perdite e conservare il calore).

— service (*comm.*), servizio (*m.*) aereo.

— shaft (*aer.*), manica (*f.*) d'aria; pozzo di ventilazione.

— sickness, mal d'aria (malessere causato dal volo).

— sounding, sondaggio (*m.*) aereo.

— -space, intraferro *m.*

— speed, velocità di un aeroplano, riferita all'aria (da distinguere da quella riferita alla terra).

— speed computor (*aereo*), indicatore (*m.*) di velocità reale.

— speed indicator (*aereo*), indicatore (*m.*) di velocità; anemometro *m.*

— speed indicator calibrator, correttore (*m.*) dell'indicatore di precisione della velocità.

— speed recorder (*aereo*), registratore (*m.*) di velocità.

— spinner, centrifuga (*f.*) ad aria.

— staff, personale (della R.A.F.) addetto all'organizzazione ed all'allenamento dei piloti.

— station, aeroscalo (*m.*).

— strangler, farfalla (*f.*) della presa d'aria.

— strip, pista (*f.*) d'atterraggio.

— supported dome (*cost.*), cupola sostenuta da materiale plastico gonfiato.

— supported structure (*cost.*), struttura sostenuta da aria gonfiata.

— survey (*top.*), fotogrammetria (*f.*); rilievo (*m.*) aereo.

— suspension speaker system (*audio*), diffusore del tipo a sospensione pneumatica.

— -swept ball mil, mulino a palle a ricircolazione.

— swinging, compensazione della bussola in volo.

— tank (*naut.*), camera (*f.*) d'aria.

air-tank, (*di compressore*), camera di compressione; serbatoio di aria compressa.
— **tanker** (*aereo, agr.*), aereo cisterna.
— **taxi** (*aereo*), aerotaxi *m.*
— **-tight,** impermeabile (*agg.*), all'aria; a tenuta (*f.*) d'aria; a chiusura (*f.*) ermetica; stagno (*agg.*) all'aria; ermeticamente (*avv.*) chiuso.
— **-tight cap** (*mecc.*), coperchio (*m.*) a tenuta d'aria.
— **to air blind** (*aereo*), aria-aria cieco.
— **-to-air missile** (A.A.M.), missile (*m.*) aria-aria.
— **to air visual** (*aereo*), aria-aria visivo.
— **-to-fuel ratio,** rapporto (*m.*) aria/combustibile.
— **-to-gas ratio,** rapporto (*m.*) aria/gas.
— **-to-ground missile,** missile (*m.*) aria-terra.
— **-to-ground ranging mode** (*aereo*), metodo (*m.*) portata aria-terra.
— **-to-ground visual** (*aereo*), aria-terra visivo.
— **tool,** utensile (*m.*) ad aria compressa.
— **torpedo,** siluro (*m.*) aereo.
— **-to-surface missile,** missile (*m.*) aria-superficie.
— **traffic,** traffico aereo.
— **train,** convoglio (*m.*) aereo.
— **transport** (*aereo*), aerotrasporto; trasporto per via aerea.
— **tube,** camera (*f.*) d'aria (di bicicletta, ecc.).
— **up-take** (*forni met.*), canale (*m.*) dell'aria; tirata (*f.*) d'aria.
— **valve,** valvola (*f.*) (di bicicletta).
— **vane,** aletta *f.*
— **vector,** vettore (*m.*) aereo.
— **-vehicle** (*aereo*), aeromobile *m.*
— **vent tube,** aeratore *m.*
— **vice-marshal,** generale di divisione aerea della R.A.F.
— **wires,** fili (*m. pl.*) aerei di antenna.

air (up-coming —) (*chim. app.*), aria montante.

airbag (*protezione passiva auto*), cuscino d'aria protettivo.

airborne, *p.p.* aviotrasportato.
— **dust,** polvere (*f.*) in sospensione.
— **early warning** (*radar*), (AEW), radar aviotrasportato a largo campo d'azione.
— **profile recorder** (*geol.*), registratore aereo del profilo montagnoso.
— **radar,** radar (*m.*) aviotrasportato.
— **radioactivity,** radioattività (*f.*) dell'aria.

airbrush, polverizzatore ad aria compressa; (*pitture*) (U.S.A.), pistola *f.* (per verniciature a spruzzo).

airbus (*aereo*), aerobus *m.*

aircap, tubo dell'aria.

aircraft, apparecchio *m.*; aeroplano *m.*; aeromobile *m.*
— **apprentice,** allievo *m.* (nell'aeronautica inglese).
— **bonding,** collegamento a terra di un aereo (tutte le parti metalliche sono collegate elettricamente per assicurare una buona continuità elettrica).
— **cable,** cavo (*m.*) d'aereo.
— **carrier,** nave (*f.*) porta aerei.
— **controller** (*aereo*), controllare (*m.*) di volo.
— **crew** (*aereo*), equipaggio (*m.*) dell'aereo.
— **electrician** (*aereo*), allievo (*m.*) elettricista.
— **engine starter,** motorino (*m.*) d'avviamento (per aeroplani).
— **engineer,** ingegnere (*m.*) aeronautico.
— **establishment,** dotazione (*f.*) di aerei (conferita ad un'unità in guerra).
— **factory,** fabbrica (*f.*) di aeroplani.
— **fitter** (*aereo*), allievo (*m.*) motorista.
— **fleet,** forza (*f.*) aerea.

aircraft fuel, combustibile (*m.*) per aviazione.
— **general standards** (*aereo*), sistema di unificazione inglese, per piccoli pezzi di aeroplani.
— **intake ducts** (*aereo*), condotti di ammissione aria nell'aeroplano.
— **landing flare,** fuoco pirotecnico usato dal pilota per illuminare il terreno prima di atterrare; razzo di luce.
— **lighting,** impianto (*m.*) di luce dell'aeroplano.
— **log** (*aereo*), libretto (*m.*) dell'aeromobile.
— **markings,** contrassegni dell'aeroplano; nominativo dell'aereo; matricola (*f.*) dell'aereo.
— **plotter,** tracciatore (*m.*) di rotta aerea.
— **proximity indicator,** indicatore (*m.*) (avvisatore) di pericolo di collisione aerea.
— **radio mechanic** (*aereo*), allievo radiotecnico *m.*
— **radio station,** stazione radio per aeroplani.
— **servicing,** servizio riparazioni aeroplani.
— **status report,** relazione efficienza aereo.
— **tachometer,** tachimetro (*m.*) per aeroplani.
— **tail warning,** radar di allarme (nella coda del veivolo).
— **tender,** veicolo (*o* nave) adibito per aerei.
— **warning plotter,** addetto al l'interpretazione dei dati trasmessi dalla rete di avvistamento.
— **warning service,** servizio (*m.*) avvistamento aereo.
— **wireless operator,** marconista *m.*
— **woman,** aviatrice *f.*
— **works,** officina (*f.*) aeronautica; stabilimento (*m.*) aeronautico.
aircraftman, aviatore *m.*
airfield, campo (*m.*) d'aviazione.
airfield beacon, faro (*m.*) di segnalazione (di un campo d'aviazione.
— **buildings** (*costr.*), fabbricati di aeroporto.
— **lighting,** illuminazione (*f.*) di un aeroporto.
airfloat clays, argille finemente suddivise; argille smectiche.
airflow, filetto (*m.*) fluido.
airfoil, profilo alare; (*naut.*), idrovolante con caratteristiche di aliscafo e aeronave.
airframe, struttura (*f.*) dell'aeroplano; cellula *f.*
— **-mounted auxiliary drive system** (*aereo*) (*mot.*), sistema ausiliario montato sulla cellula.
airfreight (to —) trasportare (merci) per via aerea; aviotrasportare.
airless tire (*auto*), v. **tubeless tire.**
airlift, trasporto (*m.*) per via aerea; aviotrasporto *m.*
— **(to —),** aviotrasportare; trasportare per via aerea.
airman, aviere *m.* (sottufficiale o aviere); aviatore *m.*
airphoto interpretation, interpretazione di aerofotogrammi.
airplane (U.S.A.), aeroplano *m.*
— **-auto,** aerauto *m.*
— **buddy tank** (*aereo*) (U.S.A.) aeroplano (*m.*) cisterna.
— **carrier** (U.S.A.), nave (*f.*) portaerei.
— **towing** (*aereo*) (U.S.A.), **traino** (*m.*) d'aeroplano.
airport, aeroporto *m.*
— **beacon,** radiofaro (*m.*) d'atterraggio.
— **surveillance radar** (*aereo*), radar di sorveglianza aeroportuale.
— **(customs —),** aeroporto (*m.*) di dogana.
— **(outgoing —),** aeroporto (*m.*) di partenza.
— **(quarantine —),** aeroporto (*m.*) di quarantena.
— **(transit —),** aeroporto (*m.*) di passaggio.
airscrew axis (*aereo*), asse dell'elica.

airscrew blade, pala dell'elica.
— **boss,** mozzo (*m.*) dell'elica.
— **disc,** disco (*m.*) dell'elica.
— **pitch,** passo (*m.*) dell'elica.
— **slip,** regresso (*m.*) dell'elica.
— **thrust,** trazione (*f*) dell'elica; spinta (*f*) dell'elica.
— **turbine engine,** motore a turbo-elica.
airship, dirigibile *m.*; aeronave *f.*
— **hull,** carena (*f.*) di dirigibile.
— **pilot's licence,** licenza (*f.*) di pilotaggio di dirigibili.
— **shed,** hangar *m.* (per dirigibili).
— **station,** aeroscalo (*m.*) per dirigibili.
airshow, salone (*m.*) aeronautico.
airway, aviolinea *f.*; rotta (*f.*) aerea; radiocanale *m.* (*radio*).
— **beacon,** radiofaro *m.*; faro indicatore di rotta.
— **lighting,** illuminazione di una aviolinea.
airways strip maps (*aereo*) (U.S.A.), mappe di rotte aeree comprendenti territori di 400×10 miglia.
airwoman, aviatrice *f.*
airworthiness certificate (*aereo*), certificato (*m.*) di navigabilità.
airworthy, *agg.* che è in grado di volare; adatto al volo (riferito ad aeroplani, per indicare che l'aereo presenta i requisiti necessari per un volo sicuro).
aisle (*arch.*), navata centrale; navata (*cost.*) (*mecc.*) (*met.*) (p. es. *navata rottame, forni, di colata,* ecc.).
alabaster, alabastro *m.*
aladdenite (*aereo*), materiale termoplastico brevettato.
alanine (*chim.*), alanina *f.*
d-**alanine,** alanina *d.*
l-**alanine,** alanina *l.*
alarm, allarme *m.*
— **relay of grid potential,** relais di controllo del potenziale di griglia.
— **call** (*tel.*), chiamata di allarme (con la quale l'utente è chiamato in un periodo specificato di tempo).
alaska (*tess.*), filato misto di cotone e lana (misto mediante cardatura o pettinatura e stiro).
albedo (*ill.*, *astr.*), albedo.
albertol (*vern.*), albertolo *m.*
albite (*min.*), albite *f.*
albumen, albume *m.*
albumin (pr. *ol. biu' min*), albumina *f.*
albuminates, albuminati *m. pl.*
albuminous substance, sostanza (*f.*) albuminosa.
albumose, albumose *f.*
alburnum, alburno *m.*
alcannin (*chim.*), alcannina *f.*
Alclad, lega anticorrosiva brevettata del tipo duralluminio sulle cui superfici è stato applicato uno strato sottile di alluminio commercialmente puro.
alcohol (*chim.*), alcool *m.*
— **fuel,** carburante (*m.*) a base d'alcole.
— **fuelled car,** automobile ad alcool.
— **motor fuels,** carburanti (*m. pl.*) alcoolici.
— **thermometer,** termometro (*m.*) ad alcool.
alcoholate (*chim.*), alcolato *m.*
alcoholic, *agg.* alcolico.
— **strength,** grado (*m.*) alcolico.
alcoholize, *v.a.* alcolizzare.
alcoholometer, alcolometro *m.*
aldehyde (pr. *ol' di haid*) (*chim.*), aldeide *f.*
aldehydic, *agg.* (*chim.*), aldeico.
— **acid,** acido (*m.*) aldeidico.
alder, ontano *m.*; alno *m.*
aldol (*chim.*), aldolo *m.*
aldoses (*chim.*), aldosi *m. pl.*
alecost oil, essenza (*f.*) di balsamite.
alembic, alambicco *m.*; lambicco *m.*; storta *f.*
aleurone (*bot.*), aleurone *m.*
Alexanderson alternator (*radio*), alternatore (*m.*) ad alta frequenza d'Alexanderson.
alga (*bot.*), alga *f.*

algae (pr. *el' gii*) (*bot.*), alghe *f.pl.*
algebra, algebra *f.*
algebraic sum, somma (*f.*) algebrica.
algebraic(al), *agg.* algebrico.
algebraically, *avv.* algebricamente.
alginates (*chim.*), alginati *m. pl.*
alginic acid (*chim.*), acido (*m.*) alginico.
ALGOL (*informatica*), Algol (linguaggio per la programmazione di problemi scientifici) (abbreviazione di *ALGOrithmic Language*).
algorithm (*mat.*), algoritmo *m.*
algorithmic, *agg.* (*mat.*), algoritmo.
algorithms (*elettron.*), algoritmi (gruppo di simboli, definizioni e procedure di calcolo).
alicyclic, *agg.*(*chim.*), aliciclico *agg.*
alidade (*agrim.*), diottra (*f.*) a traguardi.
alight, *v.i.* ammarare; atterrare; scendere (da un automezzo).
alighting, ammaraggio *m.*; atterraggio *m.*
— **gear** (*aereo*), complesso d'atterraggio (comprendente carrello, pattino, di coda, ecc.).
— **on water,** ammaraggio *m.*
— **run,** corsa (*f.*) di atterraggio; corsa di ammaraggio.
align, *v.a.* allineare; (*tip.*), paragonare; (*elettron.*), regolare due o più circuiti risonanti.
— **with liquid level,** messa in bolla.
aligned inclusion (*met.*), inclusione (*f.*) allineata.
alignment, allineamento (*m.*) di macchine; piano orizzontale; piano di riferimento; profilo longitudinale.
— **chart,** abaco *m.* (per calcoli grafici); nomogrammo *m.*
— **generator** (*telev.*), apparecchio per allineare ricevitori televisivi; oscillatore di servizio.
— **of parts** (*mecc.*), centraggio (*m.*) dei pezzi.
— **of the edges** (*sald.*), allineamento (*m.*) dei bordi.
— **unit (rotary — unit)** (*min.*), tavola (*f.*) rotante di allineamento.
alinement, v. **alignment.**
aliphathic hydrocarbons (*chim.*). idrocarburi alifatici.
aliquot (*mat.*), aliquota *f.*
alite, *f.* (*chim.*), alite *f.*
aliting (*met.*), v. **alitizing.**
alitizing (*chim.*), alitizzazione *f.* (procedim. a base di ossido e di cloruro di alluminio per la fabbricazione di acciai ecc. resistenti all'ossidazione).
alive, *agg.* (*elet.*), sotto tensione; attivo.
alizarin (*chim.*), acido alizarico; alizarina *f.*
— **green,** verde (*m.*) di alizarina.
— **light grey,** grigio (*m.*) chiaro di alizarina.
— **violet,** violetto (*m.*) di alizarina.
— **yellow** (*chim. coloranti*), arancio alizarina.
alkalescency, alcalescenza *f.*
alkalescent, *agg.* alcalescente
alkali (*chim.*), alcali *m.*
— **fast,** resistente agli alcali.
— **granite** (*geol.*), granito alcalino.
— **liquor,** residuo liquido di lavatura di prodotti petroliferi con alcali.
— **metals,** metalli (*n. pl.*) alcalini.
— **neutralization number,** numero (*m.*) di neutralizzazione alcalino.
— **wash** (*cherosene*), trattamento di purificazione con soda caustica.
alkalifiable, *agg.* alcalizzabile.
alkalify, *v.a.* alcalizzare.
alkalimeter, alcalimetro *m*
alkalimetrical, *agg.* alcalimetrico.
alkalimetry (*chim.*), alcalimetria *f.*
alkaline, *agg.* alcalino.
— **accumulator,** accumulatore (*m.*) alcalino.
— **air,** ammoniaca *f.*
— **earth,** terra alcalina (2° elemento del gruppo nel sistema periodico).

alkaline earths (*chim.*), terre (*f. pl.*) alcaline (ossidi di bario, calcio e stronzio).
— **photo-cell,** cella (*f.*) fotoelettrica alcalina.
— **salt,** sale (*m.*) alcalino.
— **solution,** soluzione (*f.*) alcalina.
— **tin plating,** stagnatura elettronica alcalina.
alkalinity, alcalinità *f.*
alkalization (*chim.*), alcalinizzazione *f.*
alkalize, (*chim.*), alcalinizzare.
alkaloid, alcaloide *m.*
— **reagents** (*chim.*), reagenti (*m. pl.*) alcaloici.
alkaloidal, *agg.* alcaloidale.
alkaloids, alcaloidi *m. pl.*
alkanna (*chim.*), alcannina *f.*
alkannin (*chim.*), alcannina *f.*
alkargen (*chim.*), acido cacodilico (cacodylic acid).
alkarsine (*chim.*), (*cacodylic oxide*) ossido cacodilico.
alkoxide (*chim.*), alcoolato *m.*
alkyd, alchide *m.*
— **resins,** resine (*f. pl.*) alchidiche; resine gliceroftaliche.
alkyl (*chim.*), alchile *m.*
— **paint** (*vern.*), vernice (*f.*) alchilica.
alkylamine (*chim.*), alchilammine.
alkylation (*chim.*), alchilazione *f.*
— **contactor,** reattore di alchilazione.
all balsa kit (*aereo*), modello (*m.*) tutto in balsa.
— **bottom,** suono con preponderanza di basse frequenze.
— **brass union,** unione (*f.*) tutta in ottone.
— **clear** (*aereo*), cessato pericolo.
— **-core** (*inform.*), tutto in memoria (p. es. rif. a sistema operativo).
— **-geared eletric drill,** trapano elettrico a trasmissione completamente ad ingranaggi.
— **-geared headstok** (*macch. ut.*), testa motrice con tutti i movimenti ad ingranaggi.
all-geared lathe, tornio (*m.*) monopuleggia.
— **-in tariff,** tariffa semplice a contatore unico.
— **-level sample,** campione (*m.*) medio.
— **-mains current** (*elet.*), corrente universale.
— **-mains receiver,** ricevitore (*m.*) di tutte le correnti.
— **malleable-iron union,** unione (*f.*) tutta in ghisa.
— **out** (*motori*), a tutto gas.
— **-out nuclear war** (*mil.*), guerra nucleare totale.
— **-purpose heat treat furnace** (*met.*), forno per trattamento termico universale.
— **purpose varnish** (*vernici*), resina (*f.*) universale.
— **round slewing** (*gru*), girevole per ogni verso.
— **-round welding** (*lavori di riparaz.*), saldatura di ogni specie.
— **top,** suono con note alte preponderanti.
— **-tourist class** (*aereo*), classe turistica.
— **-ups** (*min.*), miscela di carboni di diverse categorie.
— **-up weight** (*aereo*), peso (*m.*) totale.
— **-wave set,** apparecchio (*m.*) radio multigamma.
— **-weather** (*aereo*), ognitempo.
— **-weather interceptor** (*aereo*), intercettore (*m.*) ognitempo.
— **-weld metal test specimen** (*sald.*), provetta (*f.*) completamente di metallo di apporto.
— **-wheel drive** (*auto*), trazione sulle quattro ruote.
— **-work** (*min.*), coltivazione (*f.*) a grandi tagli.
Allan grub screw (*mecc.*), vite prigioniera Allan.
allanite (*min.*), allanite *f*; ortite *f.*
allantoin (*chim.*), allantoina *f.*
allene (*chim.*), propadiene *m.*
alley arm (*elet.*), sopporto ad angolo (di pali elet.).
alligator clip, pinza (*f.*) a coccodrillo.

alligator crack (*met.*), pelle di coccodrillo.
— **effect** (*met.*), v. **crocodile skin.**
— **hide** (*vernici, smalti*), pelle di coccodrillo (buccia d'arancio accentuata).
— **skin** (*met.*) (U.S.A.), pelle (*f.*) di arancia.
— **squeezer** (*met.*), frantoio (*m.*) a mascelle.
alligatored paint (*vernici, ecc.*) pittura screpolata a pelle di coccodrillo.
alligatoring (*vernici*), screpolamento a pelle di coccodrillo.
allocate (to —), (*inform.*), attribuire; allocare.
— **a man to a team** (*min.*), assegnare un operaio ad una squadra.
allocation (*inform.*), allocazione (*in memoria*); attribuzione; riserva.
— **of frequencies,** distribuzione (*f.*) delle frequenze.
— **scheme** (U.S.A.) (*tel.*), piano di impiego (*o* di distribuzione).
allochtonous, *agg.* (*min.*), alloctono.
allomerism, allomerismo *m.*
allomorphic, *agg.* (*min.*), allomorfo.
allot (to —) five direct-broadcast channels (*satellite TV*), assegnare cinque canali per la trasmissione diretta.
allotment, distribuzione *f.*; lotto (di lavori); (*inform.*), assegnazione *f.*
allotropic transformation (*met., ecc.*), modificazione (*f.*) allotropica.
allotropic(al), *agg.* allotropico.
allotropism, allotropismo *m.*
allotropy, allotropia *f.*
allow, *v.i.* tener conto; dedurre; prevedere una riduzione (*mecc.*); diffalcare (*tara, ecc.*).
— **to cool slowly,** fare raffreddare lentamente.
allowable, percentuale di petrolio ammessa (rispetto alla produzione massima del pozzo).
allowance, gioco (*mecc.*) *m.*; tolleranza ammissibile; indennità *f.* (*salari*); riduzione *f.*; diffalco *m.*
allowed transition (*fis. atom.*), trasformazione (*f.*) permessa.
alloxan (*chim.*), allossana *f.*
alloxantin (*farm.*), allossantina *f.*
alloy, lega *f.*; legare (*met.*) *v.a.*
— **aged in the medium temperature range,** lega invecchiata a temperatura media.
— **cast iron,** ghisa (*f.*) legata.
— **for dental prosthetics,** lega per protesi dentarie.
— **plate,** deposito (*m.*) elettrolitico misto.
— **plating** (*met.*), elettrodeposizione di leghe.
— **powder (tungsten-molybdenum — powder)** (*chim.*), polvere di lega tungsteno-molibdeno.
— **steel,** acciaio (*m.*) legato.
— **steel billet,** billetta (*f.*) di acciai legati.
— **steel casting,** getto (*m.*) di acciaio legato.
— **steel half round** (*met.*), mezzotondo (*m.*) di acciai legati.
— **steel hexagons** (*met.*), esagoni (*m. pl.*) di acciai legati.
— **steel ingot** (*met.*), lingotto (*m.*) di acciai legati.
— **steel plates** (*met.*), piatti (*m. pl.*) di acciaio legato.
— **steel rod,** vergella (*f.*) o bordione (*m.*) di acciai legati.
— **steel rounds** (*met.*), tondi (*m. pl.*) di acciai legati.
— **steel sheet** (*met.*), lamiera (*f.*) in acciai legati.
— **steel sheet bar** (*met.*), bidone (*m.*) di acciaio legato.
— **steel strip** (*met.*), nastro (*m.* in acciai legati.
— **steels,** acciai (*m. pl.*) legati.
— **wheels** (*auto*), ruote (*f. pl.*), in lega.
alloyed iron casting, getto in ghisa legata.
alloying element, legante *m.*
alluvial, *agg.* (*geol.*), alluvionale.

alluvial cone (*geol.*), conoide (*m.*) di deiezione.
— **gold,** oro (*m.*) alluvionale.
— **deposit,** deposito (*m.*) alluvionale.
alluviation (*geol.*), alluvionamento *m.*
allyl (*chim.*), allile *m.*
— **alcohol** (*chim.*), alcole (*m.*) allilico.
— **benzoate** (*chim.*), benzoato (*m.*) allilico.
— **butyrate** (*chim.*), butirrato (*m.*) allilico.
— **chloride** (*chim.*), cloruro (*m.*) allilico.
— **ether** (*chim.*), etere (*m.*) allilico.
— **fluoride** (*chim.*), fluoruro (*m.*) allilico.
— **sulfide** (*chim.*), solfuro (*m.*) allilico.
allylene (*chim.*), allilene *m.*
almandite (*min.*), almandina *f.*; almandite *f.*
almond, mandorla *f.*
— **meal,** farina (*f.*) di mandorle.
— **oil,** olio (*m.*) di mandorle.
— **-tree wood,** legno (*m.*) di mandorlo.
— **(bitter — green),** verde (*m.*) malachite.
aloe (*bot.*), aloe *f.*
— **rope,** fune di aloe.
aloin (*chim.*), aloino *m.*
along the bedding (*petrol.*), secondo la direzione della stratificazione.
alongside (*naut.*), lungo bordo.
alophane, (*min.*), idroalluminio silicato, amorfo.
Alorix, Alorix *m.* (*abrasivo*).
Aloxite (*chim.*), Aloxite *m.* (corundum artificiale, usato come abrasivo).
alpaca (*met.*), alpaca *f.*
— **wool,** lana (*f.*) di alpaca.
Alpax, Lega alluminio-silicio (silicio dal 10 al 13%), della Lightalloys Ltd.
— **Beta,** Lega avente le stesse proprietà dell'« Alpax », ed adatta al trattamento termico (Lightalloys Ltd.).
Alpax Gamma, Lega alluminio-silicio, adatta al trattamento termico, della Lightalloys Ltd.
alpha antimony (*chim.*), antimonio (*m.*) alfa; antimonio (*m.*) giallo.
— **-beta brass** (*chim.*), ottone (*m.*) alfa-beta.
— **cellulose** (*chim.*), cellulosa (*f.*) alfa.
— **chamber,** camera (*f.*) alfa.
— **counter,** contatore (*m.*) alfa.
— **decay,** disintegrazione (*f.*) alfa.
— **emitter,** emettitore (*m.*) di particelle alfa.
— **luminescence,** luminescenza *f.* (dovuta a raggi) alfa.
— **particle,** particella (*f.*) alfa; elione *m.*
— **-particle disintegration,** disintegrazione (*f.*) alfa.
— **-particle line,** strato di particelle alfa.
— **-ray source,** sorgente di particelle alfa.
— **rays,** raggi (*m. pl.*) alfa.
— **uranium,** uranio (*m.*) alfa.
alphabet (*inform.*), alfabeto *m.* (insieme ordinato di lettere di un linguaggio con esclusione della punteggiatura).
alphabetical catalogue by author (*tip.*), catalogo (*m.*) alfabetico per autori.
— **catalogue by title** (*or* **subject**) (*tip.*), catalogo (*m.*) alfabetico per argomento.
alphanumeric, *agg.* (*inform.*), alfanumerico.
— **item** (*inform.*), dato alfanumerico.
— **terminal** (*inform.*), terminale alfanumerico.
alphanumerical keyboard (*inform.*), tastiera alfanumerica.
alphatisation (*met.*), alfatizzazione *f.* (metodo di cromatura superficiale dei metalli).
alpine blue, bleu alpino.
alsike clover (*bot.*), trifoglio ibrido.
altars, gradini (*m. pl.*) di bacino di carenaggio.
alteration, alterazione *f.*

alternate immersion test (*corrosione met.*), prova (*f.*) a immersione alternata.
— **layers,** strati (*m. pl.*) alternati.
alternating bend test (*mecc.*), prova (*f.*) di piegatura in sensi opposti.
— **current** (*elet.*), corrente (*f.*) alternata.
— **current bridge,** ponte (*m.*) a corrente alternata.
— **current-direct-current valve,** lampada (*f.*) per tutte le correnti.
— **current dynamo,** dinamo (*f.*) a corrente alternata.
— **current generator,** dinamo (*f.*) a corrente alternata; (*sald.*), generatore a corrente alternata.
— **current hum,** ronzio (*m.*) dovuto a corrente alternata.
— **-current meter,** contatore (*m.*) a corrente alternata.
— **current motor,** motore (*m.*) a corrente alternata.
— **current railway** (*ferr.*), ferrovia (*f.*) a corrente alternata.
— **current transformer,** trasformatore (*m.*) a corrente alternata.
— **load,** carico (*m.*) alternante.
— **straining** (*mecc.*), sollecitazione (*f*). alternata.
— **stress** (*mecc.*), sollecitazione (*f.*) alternata.
— **voltage** (*elet.*), tensione (*f.*) alternata.
— **voltage compound,** componente (*f.*) della tensione alternata.
alternation, alternanza *f.*
alternative fuel, carburante alternativo.
— **products,** prodotti (*m. pl.*) alternativi.
— **routes** (*auto*), percorsi alternativi.
alternator (pr. *ol'tor-nei'ta*) (*elet.*), alternatore *m.*; generatore (*m.*) di elettricità.
— **disc set,** generatore (*m.*) a scintilla rotante.
althein, alteina *f.*
altigraph (*aereo*), altigrafo *m.*
altimeter (*aereo*), altimetro *m.*
— **calibrator** (*aer.*), strumento (*m.*) per tarare un altimetro.
altitude, altitudine *f.*; quota *f.*
— **angle,** angolo (*m.*) d'elevazione.
— **control** (*aereo*), correttore (*m.*) di quota.
— **recorder** (*aereo*), altimetro (*m.*) registratore.
alto-cumulus (*meteor.*), altocumulo *m.*
— **-stratus** (*meteor.*), altostrato *m.*
alum (*chim.*), allume *m.*; *v.a.* (*tess.*), allumare.
— **meal,** farina d'allume (aluminium potassium sulfate).
alumetized steel, acciaio (*m.*) rivestito di alluminio; acciaio (*m.*) alluminiato a spruzzo.
alumetizing (*met.*), alluminiatura (*f.*) a spruzzo.
alumina (*chim.*), allumina *f.*
— **gel** (*chim.*), gel (*m.*) di allumina.
— **white** (*chim.*), bianco di allumina.
aluminate (*chim.*), alluminato *m.*
aluming (*tess.*), allumatura *f.*
aluminising (*met.*), alluminatura *f.*
aluminium (*chim.* = Al), alluminio *m.*
— **alloy,** lega (*f.*) di alluminio.
— **alloy casting** (*fond.*), getto in lega di alluminio.
— **alloy sand casting** (*fond.*), getto in forma di sabbia in lega di alluminio.
— **alloy wheels** (*auto*), ruote (*f. pl.*) in lega di alluminio.
— **arrester** (*elet.*), parafulmine (*m.*) ad elementi d'alluminio.
— **bonding,** rivestimento di alluminio.
— **bronze,** bronzo (*m.*) d'alluminio.
— **chloride,** cloruro (*m.*) di alluminio.
— **-clad mild steel** (*met.*), acciaio alluminato.
— **coating** (*met.*, *ind.*), rivestimento di alluminio.

aluminium foundry, fonderia (*f.*) di alluminio.
— **hydrate,** idrato (*m.*) di alluminio.
— **ingot,** lingotto (*m.*) d'alluminio.
— **-magnesium alloys,** leghe (*f. pl.*) alluminio-magnesio.
— **-manganese alloys,** leghe (*f. pl.*) alluminio-manganese.
— **nickel alloys,** leghe (*f. pl.*) alluminio-nichelio.
— **oxide,** ossido (*m.*) di alluminio.
— **paint,** pittura (*f.*) a base di alluminio.
— **pattern,** modello (*m.*) d'alluminio.
— **phosphate,** fosfato (*m.*) di alluminio.
— **-plastic laminate** (*mat. plastiche*), laminato alluminoplastico.
— **(cell) rectifier,** raddrizzatore (*m.*) con anodo in alluminio.
— **sheated cable,** cavo rivestito in alluminio.
— **steel,** acciaio (*m.*) a piccolo tenore di alluminio.
— **sulphate,** solfato (*m.*) di alluminio.
— **wire,** filo (*m.*) di alluminio.
— **wool,** lana (*f.*) d'alluminio.
aluminized steel (*met.*), acciaio (*m.*) dolce alluminato.
aluminizing (*met.*), alluminatura *f.*
aluminothermic process, v. **thermit process.**
— **welding,** saldatura (*f.*) alla termite.
aluminothermy (*metal.*), alluminiotermia *f.*
aluminous cement, cemento (*m.*) alluminoso.
— **refractory** (*met.*), refrattario alluminoso.
aluminum (U.S.A.), alluminio *m.*; vedi: **aluminium.**
alundum, alundum *m.*
alunite (pr. *ol'iu.nait*) (*min.*), alunite *f.*
alyl amine (*chim.*), allilammina *f.*
— **mercaptane** (*chim.*), allilmercaptano *m.*
AM receiver (*radio*), ricevitore per modulazione d'ampiezza.
AM tuner (*radio*), sintonizzatore per modulazione di ampiezza.
amalgam, amalgama *f.*
amalgamation, amalgamazione *f.*
amalgamator, amalgamatore *m.*
amaranth wood, legno (*m.*) amaranto.
amarine (*chim.*), amarina *f.*
amateur, dilettante *m.* (*radio amateur*, radio amatore).
— **bands** (*radio*), bande radiantistiche.
— **pursuit** (*sport*), (*track — pursuit*), inseguimento dilettanti su pista.
— **radio,** radiantismo *m.*
— **team pursuit** (*sport*), inseguimento dilettanti a squadre.
— **video cassette** (*video*), videocassetta amatoriale.
amatol (*chim.*), amatolo *m.* (miscela esplosiva di nitrato di ammonio e trinitrotoluene).
amber, ambra *f.*
— **acid** (*chim.*), acido succinico.
— **bronze** (*chim.*), bronzo d'ambra (per finire e decorare superf. metalliche).
— **varnish** (*pitture*), vernice di ambra.
ambergris (*chim.*), ambra grigia *f.*
ambient, condizioni (*f. pl.*) ambientali.
— **temperature** (*elet.*), temperatura ambiente.
— **temperature error** (*trasmettitore di pressione*), errore (*m.*) di temperatura ambiente.
ambiguity (*elettron., servomeccanismi*), ambiguità *f.*
amblygonite, fluofosfato di alluminio e litio, $Li(AlF)PO_4$, ambligonite *f.*
ambrette seeds oil, essenza (*f.*) di semi d'ambretta.
ambrite (*min.*), ambrite *f.*
ambulance, ambulanza *f.*
— **plane,** velivolo (*m.*) ambulanza.
ambulant clinic (*med.*), ambulatorio *m.*
amelioration, miglioria *f.*

amended formula (*chim.*), formula (*f.*) modificata.
American Briggs Standard, filettatura (*f.*) americana per tubi.
— **ashes** (*chim.*), « ceneri americane »; carbonato di potassio.
— **Bureau of shipping** (*naut.*), registro americano navale.
— **maple,** acero (*m.*) americano.
— **poplar,** pioppo (*m.*) americano.
— **red oak,** quercia (*f.*) rossa d'America.
— **vermilion** (*chim.*), vermiglione americano; cromato basico di piombo.
— **walnut,** noce (*m.*) d'America.
— **yellow pine,** pino (*m.*) americano (***Pinus strobus***); pino (*m.*) del Canada.
americium (*chim.* = Am), americio *m.* (l'elemento N. 95).
ameripol (*aereo*), materiale termoplastico brevettato (derivato dalla gomma).
ameroid (*aereo*), materiale termoplastico brevettato.
amethyst (*min.*), ametista *f.*
amianthus, amianto *m.*
amicron (*chim.*), amicrone.
amidated cotton (*chim.*), cotone amidato (fibra sintetica).
amide (*chim.*), ammide *f.*
amidine (*chim.*), amidina *f.*; destrina *f.*
amidogen, radicale NH_2 (noto solo in combinazione negli amidi e nelle amine).
amidonaphthol red (*chim.*) (*tess.*), rosso amidonaftolo (tintura per la lana).
amidpulver (*chim.*), polvere di amido; polvere di cannone infume.
amidships (*aereonaut.*), nel centro della fusoliera; (*naut.*), a metà del piroscafo.
amine (pr. *a. min'*; *em'in*) (*chim.*), ammina *f.*
amino-ketones (*chim.*), ammino chetoni.
— **-naphthol** (*chim.*), amminonaftolo *m.*
p-**amino phenol,** rodinal *m.*
aminoacetanilide (*chim.*), amminoacetanilide.
aminoacetic acid (*chim.*), acido (*m.*) amminoacetico.
aminoacetylphenetidine (*chim.*), amminoacetilfenetidina *f.*
aminoanthraquinone (*chim.*), amminoantrachinone *m.*
aminoazobenzene (*chim.*), amminoazobenzene *m.*
aminoazotoluene (*chim.*), amminoazotoluene *m.*
aminobenzaldehyde (*chim.*), amminobenzaldeide *f.*
amino-benzene-sulphonic acid (*chim.*), acido (*m.*) ammino benzene-solfonico.
p-**amino-benzene-sulphonic acid** (*chim.*), acido (*m.*) *p*-amminobenzolsolfonico.
aminodimetylanilene (*chim.*), amminodimetilanilina *f.*
aminodimethylbenzene (*chim.*), amminodimetilbenzene *m.*; xilidina.
aminodiphenylamine (*chim.*), amminodifenilammina *f.*
aminophen (*chim.*), anilina *f.*
aminophenacetin (*chim.*), amminofenacetina *f.*; fenocolla *f.*
aminophenol (*chim.*), amminofenolo *m.*
aminopurine (*chim.*), amminopurina *f.*
aminopyridine (*chim.*), amminopiridina *f.*
aminothiazole (*chim.*), amminotiazolo *m.*
aminothiophene (*chim.*), amminotiofene *m.*
ammeter, amperometro *m.*
ammonia, ammoniaca *f.*
— **gum** (*med.*), gomma ammoniaca.
— **liquor** (*chim.*), ammoniaca in soluzione acquosa.
— **plant** (*chim.*), impianto di ammoniaca.
— **soap** (*chim.*), sapone d'ammoniaca; oleato ammonico.
— **solution,** soluzione (*f.*) ammoniacale.

ammonia synthesis reactor (*ing. chim.*), reattore per la sintesi dell'ammoniaca.
— **water,** acqua (*f.*) ammoniacale; (*chim.*), ammoniaca in soluzione acquosa; idrossido di ammonio.
ammoniac, *agg.* ammoniacale.
— **salt,** sale ammonico.
ammoniacum, sale ammonico.
ammoniak (*chim.*), cloruro di ammonio.
ammonium (*chim.*), ammonio *m.*
— **acctato** acetato (*m.*) di ammonio
— **alum** (*chim.*), allume di ammonio; solfato ammonico di alluminio.
— **arsenate,** arseniato (*m.*) d'ammonio.
— **bicarbonate,** bicarbonato (*m.*) di ammonio.
— **carbonate,** sal (*m.*) volatile; carbonato d'ammonio.
— **chloride,** cloruro (*m.*) di ammonio.
— **fluoride,** fluoruro (*m.*) ammonidio.
— **nitrate explosive,** esplosivo (*m.*) al nitrato d'ammonio.
— **phosphate,** fosfato (*m.*) di ammonio.
— **sulphate,** solfato (*m.*) di ammonio; solfato di ammoniaca.
ammortisation, ammortamento *m.*
ammunition, munizioni *f. pl.*
— **box,** caricatore *m.* (*mitragl.*).
— **ship** (*naut.*), nave per trasporto munizioni.
amniography (*radiog. med.*), amniografia *f.*
amorphous, amorfo *agg.*
— **graphite** (*min.*), grafite amorfa.
amortisseur winding (*elet.*), avvolgimento (*m.*) ammorzatore.
amount, titolo *m.*; contenuto *m.*; tenore *m.*
— **of deflection,** freccia (*f*). d'inflessione.
— **of modulation,** grado (*m.*) di modulazione.
amperage, amperaggio *m.*
ampere, (*elet.*), *m.* ampere.
ampere-arc, ampere-arco *m.*
— **-centimetre,** ampere-centimetro *m.*
— **-gauge,** *m.* ampere-manometro.
— **-hour,** amperora *f.*
— **-hour capacity** (*elet.*), capacità in ampere-ore.
— **-hour efficiency,** rendimento (*m.*) in amperore.
— **-hour meter** (*elet.*), amperorametro *m.*
— **rating,** amperaggio *m.*; intensità (*f.*) nominale.
— **turns,** amperspira *f.*
amperometric coil, bobina (*f.*) amperometrica.
ampersand, congiunzione commerciale: &.
amphibian, anfibio *m.*
— **plane,** aeroplano (*m.*) anfibio.
amphibious assault landing craft (*naut.*) (*mil.*), mezzo anfibio da sbarco e d'assalto.
— **helicopter** (*aereo*), elicottero anfibio.
— **tank** (*mil.*), carro armato anfibio.
— **vehicle,** veicolo anfibio.
amphibole, silicato (*m.*) di calcio e magnesio; amfibolo *m.*
amphoteric, *agg.* (*chim.*), anfotero (avente proprietà acide e basiche).
amplydine (*elet.*), amplidina *f.* (dinamo con eccitaz. dall'indotto).
— **regulator** (*ind. carta*), regolatore (*m.*) ad amplidina.
amplification, amplificazione *f.*
— **constant,** coefficiente (*m.*) di amplificazione.
— **factor,** coefficiente (*m.*) di amplificazione.
— **stage,** grado (*m.*) d'amplificazione.
— **tube,** valvola (*f.*) amplificatrice.
amplifier, amplificatore *m.*
— **tube** (U.S.A.), valvola amplificatrice.
— **valve,** valvola (*f.*) amplificatrice.

amplilog (*radionautica*), amplilog (solcometro elettronico).
amplitude, ampiezza *f.*
— **distortion,** distorsione (*f.*) di ampiezza.
— **excursion** (*telev.*), escursione (*f.*) di ampiezza.
— **factor** (*elet.*), fattore di massimo (o di punta).
— **filter,** filtro (*m.*) d'ampiezza.
— **increase** (*telev.*), guadagno (*m.*) di ampiezza.
— **linearity** (*telev.*), linearità di ampiezza.
— **lopper** (*radar*), circuito (*m.*) limitatore di ampiezza.
— **modulation,** modulazione di ampiezza.
— **of a harmonic,** ampiezza (*f.*) di un'armonica.
— **of a wave,** ampiezza (*f.*) di un'onda.
— **of oscillation,** ampiezza (*f.*) dell'oscillazione.
— **of rotary oscillation,** ampiezza di rotazione.
— **of vibration,** ampiezza (*f.*) di vibrazione.
ampoule (*chim., ecc.*), fiala *f.*
— **cleaning machine** (*macch. chimica*), lavafiale *f.*
— **filling machine** (*macch. chim.*), infialatrice *f.*
ampule (*chim., ecc.*), (U.S.A.), fiala.
amputation of a circuit (*elet.*), esclusione (*f.*) di un circuito.
— **knife** (*med.*), coltello da amputazione.
amtrac (U.S.A.), carro (*m.*) anfibio.
amygdaleid, amigdaleide *f.*
amygdalic, *agg.* amigdalico.
— **acid,** acido amigdalico.
amygdalin, amigdalina *f.*
amygdaloside, amigdalina *f.*
amygdophenine, amigdofenina *f.*
amyl (*chim.*), amile *m.*
— **acetate,** acetato (*m.*) di amile.
— **alcohol,** alcole (*m.*) amilico.
— **aniline** (*chim.*), amilanilina *f.*
— **borate,** borato (*m.*) d'amile.
— **phenol** (*chim.*), amilfenolo *m.*
amylamine (*chim.*), amilammina.
amylases (*chim.*), amilasi *f.*
amylene, amilene *m.*
— **dichloride,** bicloruro (*m.*) d'amilene.
amylin (*chim.*), amilina *f.*; destrina *f.*
amyloid, amiloide *m.*
amylopectin (*chim.*), amilopectina *f.*
amylopsin (*chim.*), amilopsina *f.*
amylose, (*bot.*), amilosio *m.*
AN (*or* **A-N**) **codes** (U.S.A.) (*aereo*), tabella di unificazione usata dall'Aviazione e dalla Marina americana, per bulloni, cuscinetti, ecc.
" AN " part (U.S.A.), pezzo unificato (marina ed aviazione del Nord America) (dopo AN segue un numero che indica il diametro in pollici).
anaesthetization *f.* (*med.*), anestesia.
anaglyph spectacles, occhiali (*m. pl.*), per la TV tridimensionale (a rilievo) (occhiali anaglifici).
analcite (*min.*), analcite.
analgesine (*chim.*), analgesina *f.*; antipirina *f.*
analog, *agg.* analogico.
— **calculation,** calcolo (*m.*) analogico.
— **channel** (*inform.*), canale analogico.
— **computer** (*elettron.*) (*inform.*), calcolatore analogico (specialm. usato nel campo scientifico.
— **computing machines,** macchine calcolatrici analogiche.
— **connector** (*inform.*), connettore (*m.*) analogico.
— **-digital converter** (*controllo numerico*) (*macch. ut.*), convertitore digitale-analogico.
— **electronics,** elettronica analogica.
— **model** (*inform.*), modello analogico.
— **multiplexer** (*inform.*), multiplexer analogico.
— **network** (*inform.*), rete analogica.
— **-to-digital conversion** (*elettron.*), conversione analogico-digitale.

analogue, *agg.* analogico, vedi: analog.
analysis, analisi *f.*
— **of the soil,** esame (*m.*) del terreno.
— **(dry —),** analisi per via secca,
— **(elastic —)** (*cost.*), analisi elastica.
— **(plastic —)** (*cost.*), analisi plastica.
— **(wet —),** analisi per via umida.
— (v. **float and sink —**).
analyst (*inform.*), analista *m.* (*specialista nell'elaborazione dei dati*).
analytical, *agg.* analitico.
— **balance,** bilancia (*f.*) di precisione.
— **chemistry,** chimica (*f.*) analitica.
— **geometry,** geometria (*f.*) analitica.
— **reactions** (*chim.*), reazioni analitiche.
— **reagents,** reattivi per analisi.
— **weights,** pesi (*m. pl.*) di precisione.
analyze, *v.a.* analizzare.
analyzer (*cibern.*), analizzatore.
anaphoresis, anaforesi *f.*
anastatic, *agg.* (*tip.*), anastatico.
— **printing** (*tip.*), stampa anastatica.
anastigmatic, *agg.* anastigmatico.
— **lens** (*fot.*), obiettivo (*m.*) anastigmatico.
anatase, (*min.*), anatasio *m.*
— **titanium dioxide** (*chim.*), biossido di titanio anatasio.
anchor (*naut.*), àncora *f.*; (*elet.*), indotto *m.*
— **(to —),** ancorare; fissare (*the power unit is anchored to the ground*), l'unità motrice è ancorata (fissata saldamente) al terreno.
— **bolt,** bullone (*m.*) d'ancoraggio.
— **buoy** (*naut.*), grippiale *m.*; gavitello *m.* (*aereo*).
— **chock** (*naut.*), scarpa (*f.*) dell'àncora.
anchor ear (*ing. elet.*), griffa (*f.*) d'ancoraggio.
— **fluke** (*naut.*), marra *f.*
— **plate,** piastra (*f.*) di ancoraggio.
— **points (safety belt — —)** (*auto*), punti di ancoraggio per le cinture di sicurezza.
— **-rope,** corda (*f.*) di ritegno.
— **shackle** (*naut.*), cicala (*f.*); maniglione *m.*
— **shank** (*naut.*), fuso (*m.*) dell'àncora.
— **stock** (*naut.*), ceppo (*m.*) dell'àncora.
— **(at —)** (*naut.*), alla fonda.
anchorage, (*cost.*), ancoraggio *m.*
— **chain,** catena (*f.*) di ancoraggio.
— **chamber** (*cost. civ.*), camera (*f.*) d'ancoraggio.
— **of chain,** sospensione (*f.*) della catena.
— **pillar,** pilone (*m.*) d'ancoraggio (*ponti*).
anchorages for safety seats (*auto*), ancoraggi per cinture di sicurezza.
anchored bearing, appoggio (*m.*) ancorato.
anchoring, ormeggio *m.*; ancoraggio *m.*
— **wire** (*ing. elet.*), filo (*m.*) d'ancoraggio.
ancillaries, *pl.* (*mecc.*), accessori *m. pl.*; elementi (*m. pl.*) sussidiari (p. es. di un motore) (*auto*).
ancillary equipment, accessori (*m. pl.*) ausiliari; equipaggiamento (*m.*) ausiliario; macchinario ausiliario.
— **materials,** materie ausiliarie.
— **works** (*idraul.*), lavori ausiliari di sostegno.
anechoic *agg.*, (*suono*), anecoico.
— **chamber** (*mecc., heating and conditioning*) (*acust.*), camera anecoica.
anelasticity (*met.*), anelasticità *f.*
anelectric, *agg.* anelettrico.
anemoclinograph, anemoclinografo *m.*
anemogram, anemogramma *m.*

anemograph, anemografo *m.*
anemometer, anemometro. *m.*
anemometry, anemometria *f.*
anemoscope, anemoscopio *m.*
aneroid, aneroide *m.*
— **barometer,** barometro (*m.*) aneroide.
aneson (*chim.*), anesone *f.*; cloroformio di acetone.
angel (*cinem.*) (*slang*) (U.S.A.), finanziatore di un film.
— **red,** rosso angelo; ossido di ferro rosso.
angelica oil, essenza (*f.*) d'angelica.
angiocardiography (*med.*), angiocardiografia *f.*
angiodiascopy (*med.*), angiodiascopia *f.*
angiography (*radiol.*), angiografia *f.*
angiometer (*med.*), angiometro *m.*
angiopneumography (*radiol.*), angiopneumografia *f.*
angiotonin (*med.*), angiotonina *f.*
angle, angolo *m.*; ferro ad angolo (*cantonale*).
— **at the centre,** angolo (*m.*) al centro.
— **at the circumference,** angolo (*m.*) alla circonferenza.
— **bars,** angolari *m. pl.*
— **bevel gears,** ingranaggi (*m. pl.*) d'angolo.
— **board,** assicella (*f.*) obliqua.
— **-brace,** trapano ad arco.
— **brace** (*cost.*), saetta *f.*
— **bracket,** cantonale (*m.*) d'angolo; cantonale (*m.*) d'unione; mensola (*f.*) d'angolo.
— **butt strap,** coprigiunto (*m.*) di cantonali.
— **crane,** gru (*f.*) ad angolo.
— **compressor,** compressore del tipo a più cilindri con l'asse del cilindro inclinato rispetto l'uno all'altro.
— **cutter** (*mecc.*), fresa ad angolo.
— **decrement** (*ingr.*), angolo (*m.*) del dedeudum.
— **draft** (*tess.*) rimettitura a ritorno.
— **fish-plate** (*ferr.*), stecca (*f.*) a cantonale; stecca d'angolo.
angle hinge, bandella (*f.*) a squadra; bandella (*f.*) ad angolo.
— **gauge block** (*strum. di misura*), blocchetto (*m.*) angolare di riscontro.
— **increment** (*ingr.*), angolo (*m.*) dell'**addendum.**
— **iron,** cantonale (*m.*) (ferro ad angolo); ferro (*m.*) ad angolo.
— **irons,** angolari *m. pl.*
— **iron stiffener,** cantonale (*m.*) di rinforzo.
— **jump,** angolo (*m.*) di rilevamento.
— **lever,** leva (*f.*) ad angolo.
— **lever shears,** cesoia (*f.*) a leva d'angolo.
— **of action** (*utensili*), angolo (*m.*) d'azione.
— **of advance,** angolo (*m.*) di avanzamento; angolo (*m.*) di precessione.
— **of airscrew setting** (*aereo*), calettamento (*m.*) dell'elica.
— **of attack** (*aereo*), angolo (*m.*) di attacco; angolo (*m.*) di incidenza (*slang*).
— **of back of tooth,** angolo (*m.*) della base del dente.
— **of backward** (*or* **negative**) **stagger,** angolo (*m.*) di decollaggio indietro (o negativo).
— **of balance** (*aereo*), angolo (*m.*) di assetto.
— **of bank** (*aereo*), angolo (*m.*) di rollio.
— **of bedding** (*geol.*), angolo (*m.*) di stratificazione; gradiente (*m.*) di stratificazione.
— **of bending,** angolo (*m.*) di curvatura.
— **of bosh** (*altoforno*), angolo (*m.*) della sacca.
— **of brush lag,** angolo (*m.*) di decalaggio delle spazzole.
— **of centre** (*tornio*), angolo (*m.*) della punta.
— **of climb** (*aereo*), rampa (*f.*) (angolo di rampa).
— **of contact,** angolo (*m.*) di contatto.
— **of control lever** (*aereo*), angolo (*m.*) di barra.

angle of countersinking, angolo (*m.*) d'accecamento.
— **of crab** (*aereo*), angolo (*m.*) di correzione.
— **of declination,** angolo (*m.*) di declinazione.
— **of deflection,** angolo (*m.*) di deviazione.
— **of descent,** angolo (*m.*) di caduta.
— **of dip,** angolo (*m.*) d'inclinazione magnetica.
— **of divergence,** angolo (*m.*) di divergenza.
— **of downwash** (*aereo*), angolo (*m.*) dei filetti fluidi verso il basso; angolo di influsso.
— **of drift** (*aereo*), angolo (*m.*) di deriva.
— **of elevation** (*armi, ecc.*), angolo (*m.*) di elevazione.
— **of entrance,** angolo (*m.*) di entrata.
— **of friction,** angolo (*m.*) d'attrito.
— **of glide** (*aereo*), angolo (*m.*) di planata.
— **of hade** (*geol.*), angolo (*m.*) di inclinazione di un piano di faglia.
— **of impact,** angolo (*m.*) di caduta (*armi*); angolo d'impatto.
— **of incidence** (*aereo*), angolo (*m.*) di attacco; angolo d'incidenza.
— **of incidence of the airscrew blade** (*aereo*), angolo (*m.*) d'incidenza della pala dell'elica.
— **of inclination,** angolo (*m.*) di inclinazione.
— **of lag** (*radio*) (*elet.*), angolo (*m.*) di ritardo.
— **of lead,** angolo (*m.*) di avanzamento.
— **of lock** (*auto.*), angolo (*m.*) di sterzatura.
— **of pallets** (*orol.*), inclinazione dell'àncora.
— **of pitch** (*aereo*), angolo (*m.*) di beccheggio; angolo (*m.*) di volo (fra l'asse longitudinale e la direzione del moto di un aeroplano, quando vola orizzontalmente).

angle of position, angolo (*m.*) di sito.
— **of positive stagger** (*aereo*), angolo (*m.*) di decollaggio positivo (*o* in avanti).
— **of pressure** (*ingr.*), angolo (*m.*) di pressione.
— **of refraction,** angolo (*m.*) di rifrazione.
— **of relation wind** (*aereo*), vento di prua; angolo del vento di prua.
— **of repose,** angolo (*m.*) d'attrito.
— **of roll** (*aereo*), angolo (*m.*) di rollio (angolo di cui deve essere mosso attorno al proprio asse un aereo, per portare il suo asse laterale in posizione orizzontale); ampiezza di oscillazione.
— **of rotation,** angolo (*m.*) di rotazione.
— **of screw,** angolo (*m.*) dell'elica.
— **of side-ship,** angolo (*m.*) di scivolata laterale.
— **of sight,** angolo (*m.*) di mira.
— **of site,** angolo (*m.*) di sito.
— **of slip of the airscrew** (*or* **propeller**) (*aereo*), angolo (*m.*) di regresso dell'elica.
— **of stall** (*aereo*), angolo (*m.*) di stallo.
— **of sweep-back** (*aereo*), angolo (*m.*) di freccia.
— **of thread,** angolo (*m.*) della filettatura.
— **of tooth point,** angolo (*m.*) della punta del dente.
— **of torsion,** angolo (*m.*) di torsione.
— **of trim,** angolo (*m.*) d'equilibrio; angolo di assetto (*aereo*).
— **of twist,** angolo (*m.*) di avvolgimento.
— **of wing setting** (*aereo*), angolo (*m.*) d'incidenza dell'ala.
— **of yaw** (*aereo*), angolo (*m.*) di rotazione dell'aereo intorno al suo asse verticale.
— **of zoom** (*aereo*), angolo (*m.*) di salita in candela.
— **-park (to —)** (*auto*), parcheg-

giare ad angolo (obliquamente rispetto alle strada).
angle pin, perno (*m.*) inclinato.
— **planing,** piallatura (*f.*) sotto angolo.
— **plate,** squadra (*f.*) angolare.
— **seat,** angolo (*m.*) di calettamento.
— **shears,** forbici a becco (o cornute).
— **sleeker** (*fond.*), squadra (*f.*) a naselli.
— **with unequal flanges,** ferro (*m.*) d'angolo a lati diseguali.
angledozer, apripista (*m.*) (*bulldozer*) a lama orientabile (od obliqua).
angles, angolari *m. pl.*
anglesite (*min.*), anglesite *f.*
angolar rates (*aereo*), angolo (*m.*) nominale.
angora, angora *f.*
angostura, angostura *f.*
— **bark oil,** essenza (*f.*) di angostura.
angosturin, angosturina *f.*
Angström, angstrom *m.* (unità spettroscopica).
angular acceleration, accelerazione (*f.*) angolare.
— **cutter,** fresa (*f.*) ad angolo.
— **deflection,** deviazione (*f.*) angolare.
— **displacement** (*fis.*), spostamento (*m.*) angolare.
— **fracture** (*met.*), frattura (*f.*) a fischietto.
— **frequency** (*elet.*), frequenza (*f.*) angolare.
— **indexing,** divisione (*f.*) angolare (fresatrice).
— **mill,** fresa (*f.*) conica.
— **milling,** fresatura (*f.*) angolare.
— **rotation,** rotazione (*f.*) angolare.
— **velocity,** velocità (*f.*) angolare.
angularly, *avv.* (*mecc.*), angolarmente; (*to set* —), regolare angolarmente.
angustura vedi: **angostura.**
anhydride (pr. *en-hai' draid*) (*chim.*) anidride *f.*
anhydrite (*chim.*), anidrite *f.*
anhydrous (*chim.*), *agg.* **anidro.**
— **alcohol,** alcool (*m.*) assoluto.
— **lanolin,** lanolina (*f.*) anidra.
aniline (*chim.*), anilina *f.*
— **black,** nero (*m.*) di anilina.
— **blue,** bleu di anilina.
— **dyes,** colori di anilina) coloranti di anilina.
— **omega sulfonic acid,** acido sulfonico anilinometano.
— **pink,** rosa d'anilina.
— **printing,** stampa all'anilina.
— **red,** fucsina *f.*
— **rubber plate printing** (*tip.*), stampa all'anilina.
— **sulfate,** solfato (*m.*) di anilina.
— **violet,** violetto d'anilina.
— **yellow,** giallo d'anilina.
animal black, nero (*m.*) animale.
— **charcoal,** carbone (*m.*) animale.
— **electricity,** elettricità (*f.*) animale.
— **glue,** colla (*f.*) animale.
— **oil,** olio (*m.*) animale.
animate (to —) *v.a.*, animare (*cinem.*).
animated cartoons, cartoni (*m. pl.*) animati.
— **drawings** (*film*), disegni (*m. pl.*) animati.
— **-film** (*cinem.*), film (*m.*) animato.
anion (*chim.*), anione *m.*
anionoid, anionoide *m.*; (*agg.*) (*chim.*), anionico *agg.*
anise (anise seed), anice *m.*
— **camphor** (*chim.*), anetolo *m.*
— **oil,** essenza (*f.*) d'anice.
— **seed,** anice *m.*; seme di anice.
anisidine (*chim.*), anisidina *f.*
anisole (*chim.*), anisolo *m.*
anisotropic, *agg.* anisotropo.
— **metals,** metalli anisotropi.
anisotropy, anisotropia.
anklets (*tess.*), calze corte.
annatto, arnotto *m.*; oriana *f.*
anneal, ricuocere *v.a.* (metalli); arroventare; v. **isothermal —.**
annealed, *agg.* ricotto.
— **cast iron,** ghisa (*f.*) malleabile

annealed condition (*met.*), stato (*m.*) ricotto.
— **glass,** vetro (*m.*) ricotto.
annealer (*met.*), (U.S.A.), forno (*m.*) di ricottura.
annealing (*met.*), ricottura *f.*; v. anche **bath** —; **black** —; **box**—; **graphitize** —; **high vacuum** — **of steel**; **isothermal** —; **pot** —; **process** —; **sub-critical** —.
— **bell** (*met.*), campana di cottura.
— **box** (*met.*), cassetta (*f.*) di ricottura.
— **furnace,** forno (*m.*) di ricottura.
— **muffle** (*met.*), muffola per ricottura.
— **oven** (*vetro*), forno di tempra.
— **process** (*met.*), processo di ricottura.
— **treatment** (*met.*), trattamento di ricottura.
annihilation (*fis. atom.*), fusione di particelle contrarie; annichilazione *f.*
— **gamma quantum,** fotone (*m.*) gamma.
annotta, oriana *f.*
annoyance (*acust.*), fastidio (causato da rumori eccessivi).
annual load diagram (*elet.*), diagramma di carico annuale.
— **mean concentration** (*inquinamento*), concentrazione media annuale.
— **ring** (*bot.*), anello (*m.*) di crescita; anello (*m.*) annuale.
annular, *agg.* anulare; (*aereo*), apertura per l'aria di combustione; presa anulare.
— **combustion chamber** (*aereo*), camera (*f.*) di combustione a presa anulare.
— **corrugated-surface antenna** (*radio*), antenna anulare a superficie ondulata.
— **manifold,** presa d'aria anulare (*aereo*); tubo di immissione dell'aria di combustione.
— **seat,** sede (*f.*) anulare.
annulus (*aereo*), presa d'aria (*f.*) anulare.
annunciator (*elet.*), indicatore *m.*; quadro di segnalazione (per campanelli, con quadro cercaguasti, ecc.).
— **wire** (*radio*), filo con doppio strato di cotone, impregnato di paraffina, usato per avvolgimenti di bobine.
anode (*elettron.*), anodo *m.*
— **battery,** batteria (*f.*) anodica.
— **bend,** curvatura della corrente anodica.
— **bend rectification** (*radio*), demodulazione (*f.*); rivelazione con la curvatura di placca.
— **bridge,** ponte (*m.*) d'anodo.
— **circuit,** circuito (*m.*) anodico.
— **clamp,** sopporto (*m.*) dell'anodo.
— **conductance,** conduttanza d'un condotto; pendenza (corrente anodica divisa per il potenziale anodico); (*elet.*), conduttanza (*f.*) anodica.
— **current,** corrente (*f.*) anodica.
— **current characteristic** (*elet.*), caratteristica della corrente anodica.
— **dark space,** spazio oscuro anodico.
— **dissipation** (*term.*), dissipazione di placca (o anodica).
— **drop,** caduta (*f.*) anodica.
— **fin,** aletta (*f.*) d'anodo.
— **follower circuit,** circuito a carica anodica.
— **generator,** generatrice di corrente di placca.
— **grid,** griglia (*f.*) anodica.
— **grid-capacity,** capacità griglia-placca.
— **modulation,** modulazione (*f.*) anodica.
— **mud,** fango (*m.*) anodico.
— **peak current,** corrente (*f.*) anodica di cresta.
— **pickling,** decapaggio (*m.*) di un anodo.
— **plug,** spina (*f.*) di tensione anodica.
— **rectification,** raddrizzamento (*m.*) della corrente con la placca.

anode resistance, resistenza (*f.*) anodica; resistenza del circuito placca.
— **rest current,** corrente (*f.*) permanente di placca.
— **screening grid,** griglia (*f.*) schermo (d'anodo).
— **slime,** fango (*m.*) anodico.
— **sputtering,** polverizzazione (*f.*) anodica.
— **tap** (*radio*), derivazione magnetica.
— **voltage** (*elet.*), tensione (*f.*) anodica.
— **voltage supply,** sorgente (*f.*) di tensione anodica.
anodic behaviour, comportamento (*m.*) anodico.
— **charging curve** (*elet.*, *met.*), curva di carica anodica.
— **cleaning,** sgrassatura (*f.*) anodica.
— **coating** (*met.*), rivestimento (*m.*) anodico.
— **corrosion** (*met.*), corrosione (*f.*) anodica.
— **etching,** decapaggio (*m.*) elettrolitico.
— **inhibitor** (*chim.*, *elet.*), inibitore (*m.*) anodico.
— **treatment,** vedi: **anodizing.**
— **sludge** (*elettrolisi con anodi solubili in rame*), polverino (*m.*) anodico (formato da rame metallico e « melma » alla superficie degli anodi e in fondo della cella).
anodise (anodize), *v.a.* ossidare anodicamente (*depositare mediante elettrolisi*); anodizzare.
anodising characteristics (*met.*), caratteristiche (*f. pl.*) di anodizzazione.
anodize, *v.a.*, anodizzare.
anodized aluminium (*met.*), alluminio anodizzato.
— **aluminium grille** (*diffusore, ecc.*), griglia in alluminio anodizzato.
anodizing, ossidazione (*f.*) anodica; (*met.*), anodizzazione *f.*
— **sheet,** lamiera (*f.*) atta all'anodizzazione.
anodizing with sulfamate baths (*chim.*, *elet.*), ossidazione anodica con bagni solfammici.
anodoluminescence, anodoluminescenza *f.*
anodynene, anodina *f.*
anolyte (*elet.*), anolito *m.*
anomalous cathode fall, caduta (*f.*) catodica anomala.
anomaly, anomalia *f.*
anoxaemia, malessere provato in volo, spec. a grandi altezze, per mancanza di ossigeno; anossia *f.*
answer, risposta *f.*; soluzione *f.* (di un problema tecnico).
— **sheet** (*calcolatore elettron.*), foglio di risposta.
answering wave, onda (*f.*) di risposta.
ant oil, furfurolo *m.*; furfural *m.*
antacidin (*chim.*), saccarato di calcio; antacidina *f.*
antagonist spring, molla (*f.*) antagonista.
antefix (*arch.*), antefissa *f.*
antenna (U.S.A.), antenna *f.*
— **array** (*radio*), allineamento di antenna.
— **booster,** amplificatore (*m.*) di antenna.
— **capacitor,** condensatore (*m.*) di antenna.
— **changeover switch** (*radio*), commutatore (*m.*) d'antenna.
— **circuit,** circuito (*m.*) d'antenna.
— **conductor,** conduttore (*m.*) di antenna.
— **connection,** raccordo (*m.*) d'antenna.
— **coupler** (*radio*), accoppiatore di antenna.
— **coupling,** accoppiamento (*m.*) d'antenna.
— **downlead,** discesa d'antenna.
— **earthing switch** (*radio*), commutatore antenna-terra.
— **gain** (*radio*), guadagno di una antenna.
— **inductance,** induttanza (*f.*) di antenna.

antenna insulator, isolatore (*m.*) d'antenna.
— **lead-in,** filo (*m.*) d'entrata dell'antenna.
— **loading coil,** bobina (*f.*) d'antenna.
— **loss damping,** ammorzamento (*m.*) delle perdite d'antenna.
— **resonance curve,** curva (*f.*) di risonanza d'antenna.
— **series condenser,** condensatore (*m.*) in serie con l'antenna.
— **shortening condenser** (*radio*), condensatore (*m.*) d'antenna.
— **switch,** commutatore (*m.*) d'antenna.
— **tower,** pilone (*m.*) d'antenna.
— **tuning,** sintonia (*f.*) d'antenna.
— **tuning coil,** bobina (*f.*) di sintonia d'antenna.
— **tuning condenser,** condensatore (*m.*) di sintonizzazione d'antenna.
— **wire change-over switch,** commutatore (*m.*) d'antenna.
anthelion (pr. *ent-hi'li-on*) (*meteor.*), antelio *m.*
anthion (*chim.*), persolfato di potassio.
anthocian (*chim.*), antociano *m.*
anthocianin (*chim.*), antocianina *f.*
— **glycoside** (*chim.*), antociano *m.*
anthophyllite, antofillite *f.*
anthracene, antracene *f.*
— **acid black,** nero acido di antracene (*tintura*).
— **blue** (*chim.*), bleu di alizarina.
— **brown** (*chim.*), antragallolo *m.*
— **chrome brown** (*chim.*), bruno cromo d'antracene (*tintura*).
— **oil,** olio (*m.*) di antracene; (*chim.*), antracene *m.*
anthracin green oil (*chim.*), antracene *m.*
anthracite, antracite *f.*
— **black** (*chim.*) (*tess.*), nero antracite (*tintura*).
— **coal,** carbone (*m.*) antracite.
— **stove,** stufa (*f.*) a carbone.
anthracosis (*med.*, *min.*), antracosi *f.* (malattia polmonare per inalaz. di polveri di carbone).
anthraflavone, antraflavone *m.*, $C_{30}H_{14}O_4$.
anthragallol, antragallolo *m.*
anthrapurpurin (*chim. col.*), antraporporina *f.*, $HOC_6H_3(CO)_2C_6H_2(OH)_2$.
anthraquinone, antrachinone *m.*
anthrarobin (*med. chim.*), antrarobina *f.*
anthrarufin (*chim.*), antrarufina *f.*
anthrone (*sintesi organica*), antrone *m.*
anti-aircraft, antiareo.
— **aircraft gun,** cannone (*m.*) antiaereo.
— **-aircraft missile,** missile (*m.*) anti-aereo.
— **-arcing screen,** schermo (*m.*) anti arco.
— **-ballistic missile (ABM),** missile antibalistico.
— **-block system (ABS)** (*freni auto*), sistema antibloccaggio.
— **-capacity switch** (*radio*), commutatore (*m.*) anticapacitativo.
— **-cyclotron** (*elettron.*), anticiclotrone *m.*
— **-clockwise,** *agg.* antiorario.
— **-clutter** (*radar*), eliminatore di echi indesiderati.
— **-corrosion treatment** (*met.*), trattamento (*m.*) anticorrosivo.
— **-corrosive,** *agg. e nome* anticorrosivo.
— **-corrosive paints,** pitture (*f. pl.*) anticorrosive.
— **-crease finish** (*tess.*), finissaggio antipiega.
— **creeper,** dispositivo di ancoraggio della rotaia.
— **-cyclonic,** *agg.* anticiclonico.
— **-dazzle,** *agg.* (*auto*), anabbagliante.
— **dazzle barrier** (*autostrade*), frangiluce *m.*
— **-dazzle hedge** (*strade*), siepe (*f.*) anabbagliante.
— **-dazzling screen** (*auto*), parabrezza (*f.*) antiabbagliante.
— **-dim,** sostanza (*f.*) anti- appannante.

anti-drag wires (*aereo*), controtiranti *m. pl.*; crociere (*f. pl.*) d'ala.

— **-drum tarred felt** (*costr.*), feltro antirombo bitumato.

— **-floating agent** (*vernici*), agente per ridurre il galleggiamento.

— **-floculation agent** (*vernici*), agente antifiocco.

— **-fluting mill** (*met.*), laminatoio per la produzione di nastri extra piatti, con eliminazione dei difetti.

— **-flutter wire** (*aereo*), crociera (*f.*) d'ala.

— **-foaming agent** (*chim.*), sostanza antischiuma.

— **-fouling** (*chim.*), antivegetativo (*agg.*); (*naut.*), anticorrosivo (p. es. contro l'acqua marina).

— **-fouling compound** (*corrosione marina*), vernice (*f.*) antivegetativa (con sostanze tossiche a base di rame, arsenico o mercurio contro l'azione corrosiva di organismi marini).

— **-fouling paint,** pittura (*f.*) antivegetativa.

— **-freeze** *m.*, antigelo *m.*

— **-friction metal,** metallo (*m.*) bianco; metallo (*m.*) antifrizione.

— **-froth,** *agg.* antischiuma.

— **-frothing agent** (*chim.*), sostanza antischiuma.

— **-G** (*astron.*), antigravitazionale.

— **-glare fence** (*strade*), schermo (*m.*) anabbagliante.

— **-halation** (*lastra*), antialo.

— **-icer** (*aereo*), dispositivo (*m.*) antighiaccio.

— **-knock gasoline,** benzina (*f.*) antidetonante.

— **-lift wire** (*aereo*), cavetti (o fili) di ancoraggio; crociera (*f.*) d'ala.

— **-livering agent** (*vernici*), agente antipolmonante.

— **-parallax mirror** (*elet.*), specchio (*m.*) di antiparallasse.

— **-piping compound** (*fond.*), prodotto anticono; polvere anticono; polvere esotermica.

anti-pollution sub-committee, sottocomitato antinquinamento.

— **-roll bar** (*auto*), barra (*f.*) stabilizzatrice.

— **-rolling wire** (*aereo*), cavo (*m.*) di frenaggio (*di aerostato*).

— **-roll torsion bar** (*auto*), barra di torsione anti-rollio.

— **-roll vehicle suspension** (*auto*), sospensione anti-rollio di un autoveicolo.

— **-scale compound** (*vernici, smalti*), composto antischegge.

— **-ship contact mine** (*mil.*), mina a contatto antinavale.

— **-setting agent,** *m.* (*vernici, chim.*), (agente) antisedimentante *m.*

— **-shimmy damper,** attenuatore (*m.*) delle vibrazioni (*aereo*).

— **-ship missile** (*missil.*), missile antinave.

— **-sintering binder** (*met.*), legante antisinterizzante.

— **-skid chain** (*auto*), catena di aderenza.

— **-skinning agent** (*vernici*), agente (*m.*) antipelle.

— **-slip sole** (*calzature per operai, ecc.*), suola antisdrucciolo.

— **-stalling device** (*aereo*), dispositivo (*m.*) ipersostentatore.

— **-static** *agg.* (*audio*), antistatico (contro le cariche elettrostatiche).

— **-static cleaning fluid** (*audio*), liquido antistatico per la pulizia dei dischi.

— **-submarine contact mine** (*mil.*), mina a contatto antisottomarina.

— **-tank** *agg.*, anticarro.

— **-tank missile,** missile (*m.*) anticarro.

— **-termite fluid,** liquido antitermite.

— **-torque rotor** (*elic.*), rotore (*m.*) anticoppia.

— **-trade winds,** controalisei *m. pl.*

— **-vibration device** (*macch. ut.*), *ecc.*), antivibrante *m.*

antiager (*gomma*), antinvecchiante *m.*
antibiotics, antibiotici *m.pl.* (*chim.*).
antibody (*fis.*), anticorpo *m.*
anticaking agent, coadiuvante anti-agglutinante.
anticathode, anticàtodo *m.*
antichlor (*chim. ind.*), anticloro *m.*
anticlinal (*geol.*), anticlinale *m.*
— **fault** (*geol.*), faglia (*f.*) anticlinale.
— **limb** (*geol.*) fianco (*m.*) anticlinale.
— **line,** linea anticlinale.
— **ridge** (*geol.*), cresta (*f.*) anticlinale.
anticline (*geol.*), anticlinale *m.*
anticollision, *agg.* anticollisione.
— **radar** (*radio*), radar anticollisione.
anticorrosive, *agg* anticorrosivo.
— **paint** (*vern.*), vernice (*f.*) anticorrosiva.
anticosine (*mat.*), anticoseno *m.*
anticyclone (*meteor.*), anticiclone *m.*
antidazzle mirror (*auto*), specchio (*m.*) antiabbagliante.
antidazzling screen, schermo (*m.*) anabbagliante.
antiferromagnetic, *agg.* (*met.*), antiferromagnetico.
antifloating agent (*vernici*), agente anti-galleggiamento.
antifoam (*chim.*), antischiuma.
— **agent** (*chim.*), antischiumante *m.*
antifogging, *agg.* antiappannante.
antiformin (*chim.*), antiformina *f.* (soluzione di ipoclorito di sodio).
antifouling coating, rivestimento antivegetativo (*o* antincrostante).
— **composition** (*vern.*), (*naut.*) pittura (*f.*) antivegetativa.
antifreeze, antigelo *m.*; miscela (*f.*) anticongelante.
antifriction bearing (*mecc.*) (USA), cuscinetto (*m.*) a rotolamento.
antigelling agent (*chim.*), antigelificante *m.*
antiglare-glass instrument, strumento (*m.*) a vetro antiabbagliante.
antihunt, *agg.* antioscillatorio.
antihypo (*chim.*), percarbonato di potassio (*usato in fotografia*).
antijamming, *agg.* antidisturbo.
antiknock additive, additivo antidetonante.
— **dope,** antirombo *m.*; sostanza antidetonante.
— **fuel,** combustibile (benzina) antidetonante.
— **gasoline,** benzina (con) antidetonante.
— **value,** potere (*m.*) antidetonante.
antileak packing, guarnizione (*f.*) stagna.
antilivering agent (*vernici, chim.*), agente antimpolmonante.
antilog, v. **antilogarithm.**
antilogarithm, cologaritmo *m.*
antilogous pole, polo (*m*). opposto.
antimagnetic, *agg.* antimagnetico.
antimatter (*fis. atom., elettron.*), antimateria *f.*
— **in the Universe** (*astron.*), antimateria nell'universo.
antimissile, *agg.* antimissile.
antimonial glass (*chim.*), solfuro antimonioso.
— **lead,** piombo (*m.*) antimoniale.
— **lead grid,** griglia (*f.*) di piombo antimoniale.
antimonic acid (*chim.*), acido (*m.*) antimonico.
antimomne (*chim.*), antimonina *f.*; lattato d'antimonio.
antimonite (*chim.*), antimonite *f.*; solfuro d'antimonio.
antimony (*chim.* = Sb), antimonio *m.*
— **ash** (*chim.*), ceneri d'antimonio; ossidi d'antimonio.
— **black** (*chim.*), nero di antimonio.
— **bloom** (*chim.*), ossido d'antimonio.
— **glance** (*chim.*), solfuro di antimonio.

antimony glass, vetro d'antimonio; ossido antimonioso.
— **gray,** grigio d'antimonio; solfuro d'antimonio.
— **needles,** aghi d'antimonio; solfuro antimonioso.
— **pentoxide** (*chim.*), anidride (*f.*) antimonica.
— **sulphate,** solfato (*m.*) di antimonio.
— **sulphite,** solfito (*m.*) di antimonio.
— **trichloride,** tricloruro (*m.*) di antimonio.
— **trioxide** (*chim.*), anidride antimoniosa.
— **yellow,** giallo d'antimonio; antimoniato di piombo.
— **white,** bianco d'antimonio; ossido antimonioso.
antimonyl (*chim.*), antimonile *m.*; (*chim.*), antimonile *m.*
— **potassium tartrate,** tartrato (*m.*) di antimonite e potassio; tartrato (*m.*) emetico.
antineutrino, antineutrino *m.*
antineutron, antineutrone *m.*
antinode (*acustica*), ventre (*m.*) di vibrazione; antinodo *m.*
antioxidant (*chim.*), antiossidante *m.*
antiparallax, antiparallasse *m.*
antiparticle (*fis. atom.*), antiparticella *f.*
antiproton, antiprotone *m.*
antipyrine, antipirina *f.*
antique wove (*tip.*), carta da stampa per libri.
antiradar (*aereo, ecc.*), antiradar.
antirades (winds) (*meteor.*), contro-alisei *m. pl.*
antirust paint, pittura (*f.*) antiruggine.
antiscreen clogging agent, sostanza (*f.*) per pulire i filtri.
antiseptic, *agg.* antisettico.
— **soap,** sapone antisettico.
antisilling agent (*vernici*), agente anti-setosità.
antiskid pavement (*strade*), rivestimento (*m.*) (U.S.A.), antiderapante.
antislip metal, metallo antisdrucciolo (per pavimenti)
antisplash guard, riparo (*m.*) antispruzzo.
antistatic additive (*chim.*), antistatico *m.*
antisubmarine warfare helicopter (*aereo*), elicottero per la guerra antisommergibili.
antitumour agent (*med.*), agente antitumore.
antu (*chim.*), abbrev. di naftiltiourea.
anvil, incudine (*f.*); punta fissa.
— **block,** ceppo (*m.*) dell'incudine.
— **cushion,** ceppo (*m.*) dell'incudine.
— **face,** piano. (*m.*) dell'incudine
— **foundations,** fondamenta (*f.*) di un'incudine.
anydroecgonine (*med.*), anidroecgonina *f.*
apart (*rif. a distanze*), fra un punto e l'altro (5 *m apart*), distante 5 m (fra un oggetto e l'altro).
apartment, appartamento *m.* (U.S.A.); camera *f.* (Inghilt.).
— **block** (*cost.*), casamento *m.* (casa con più appartamenti, di tipo popolare; blocco (*m.*) residenziale.
— **building** (U.S.A.), immobile *m.* (collettivo).
apatite, apatite *f.*
aperiodic aerial, antenna (*f.*) aperiodica.
— **circuit,** circuito (*m.*) aperiodico.
— **type compass,** bussola (*f.*) aperiodica.
— **voltmeter,** voltmetro (*m.*) aperiodico.
aperiodicity, aperiodicità *f.*
aperture (*ottica*), apertura *f.*; (*cinem.*), quadruccio *m.* (di presa e di proiezione).
— **lens** (*telev.*), lente elettronica.
— **ratio,** apertura (*f.*) relativa.
apex (*ingr.*), centro (*m.*) dei coni; parte superiore di un filone; apice *m.*
— **drive** (U.S.A.) (*elet.*), alimentazione (*f.*) a presa centrale.

apex of cone angle (*ingr.*), apice (*m.*) dei coni primitivi.
aphelion, afelio *m.*
apiece, *avv.*, ciascuno; ciascuna.
apiesdoring (*bot.*), « Acacia Galpinii » (Sud Africa).
apiole (*med.*), apiolo *m.*
aplanatic, *agg.* aplanatico.
aplite (*geol.*), aplite *f.*
apnea, apnea *f.*
apochromatic, *agg.* apocromatico.
— **lens** (*fot.*), obiettivo (*m.*) apocromatico.
apocynthion (*astron.*), apocinzio *m.* (punto più lontano dalla superficie lunare di un oggetto in orbita lunare).
apogee (*astron.*), apogeo *m.*
— **engine** (*astron.*), motore d'apogeo.
Apollo module (*astron.*), capsula Apollo.
apolune (*astron.*), apolunio *m.* (punto più lontano dalla superficie lunare di un oggetto in orbita lunare, lanciato dalla Luna).
apomagnetic, *agg.* apomagnetico.
apomorphine (*med.*), apomorfina *f.*
aponal (*chim.*), aponale *m.*
apophyge (*arch.*), apofige *f.*
aposafranine (*chim.*), aposafranina *f.* (*tintura*) (benzene indulina).
aposafranone (*chim.*), aposafranone *m.* (benzone indone).
apostilb (*ill.*), apostilb.
apothecaries' weight, sistema di pesi, usato per le ricette mediche.
apothem (*mat.*), apotema *f.*
app., abbrev. di: apparatus.
apparatus, dispositivo *m.*
apparel (*tess.*), vestiario; abbigliamento.
apparent efficiency, rendimento (*m.*) apparente.
— **load,** carico (*m.*) apparente.
— **porosity** (*di mattoni*) (*met.*), porosità apparente.
— **slip,** regresso (*m.*) apparente.
— **watt,** watt (*m.*) apparente.
appearance (*gen.*), aspetto.
appearance (pleasing — of a machine), aspetto piacevole di una macchina.
apperly feed (*lana*), apparecchio trasportatore (per carde).
apple (*slang*) (*cinem.*), valvola termoionica, di amplificatore di audiofrequenza.
— **acid,** acido (*m.*) malico.
— **-tree** (*bot.*), melo *m.*
applicant, candidato (*m.*) ad un impiego; richiedente *m.*
application (*vernici, smalti*), applicazione *f.*
— **for a patent,** domanda (*f.*) di brevetto.
— **form,** modulo di candidatura (*domande di impiego, ecc.*).
— **of a force,** applicazione (*f.*) di una forza.
— **package,** insieme di formulari di candidatura; (*inform.*), pacchetto applicativo.
— **program** (*inform.*), programma (*m.*) applicativo.
applicational software (*inform.*), « software » applicativo.
applicator, v. **automatic label —.**
applied chemistry, chimica (*f.*) applicata.
— **biology** (*università*), biologia (*f.*) applicata.
— **voltage,** tensione (*f.*) applicata.
appointments, *pl.* (*di case*), impianto; (*auto*), attrezzatura; (*cost.*), decorazioni.
appointments and situations vacant, offerte di impiego; ricerche di collaboratori.
— **(internal —)** (*cost.*), decorazioni interne.
apply (*v.a.*) **a coat of varnish,** applicare (*v.a.*) uno strato di vernice.
— **by spray** (*vern.*), applicare a spruzzo.
— (*v.a.*) **for a patent,** chiedere (*v.a.*) un brevetto; domandare (*v.a.*) un brevetto; richiedere (*v.a.*) un brevetto.
— **the brake,** frenare *v.a.*
— **the finishing coat** (*pitt.*), dare (*v.a.*) l'ultima mano.

apply the priming coat (*pitt.*), dare (*v.a.*) la prima mano.
appraisal (*organ.*), valutazione *f.* (compiuta da un dirigente, per iscritto periodicamente).
appraise, *v.a.* stimare; valutare (costo di lavori, ecc.).
appraiser, *m.* perito stimatore.
appreciable, *agg.* importante; notevole.
apprentice *m.*, tirocinante *m.*
— **electrician,** apprendista elettricista.
— **mechanic,** apprendista meccanico.
apprenticeship, tirocinio *m.*; apprendistato *m.*
appression (*astron.*), sensazione di peso (opposto di sensazione di mancanza di peso).
approach (*senso figurato*), impostazione (di un problema); (*aereo*), avvicinamento *m.*
— **beacon,** radiofaro (*m.*) di avvicinamento.
— **cutting** (*cost. min.*), trincea (*f.*) d'accesso; accesso *m.*; via *f.* (*ricerche*); approssimazione *f.*; progresso *m.*
— **light** (*aereo*), segnale (*m.*) luminoso di avvicinamento dell'aereo.
— **lights** (*aereo*), luci di avvicinamento.
— **radar** (*aereo*), radar di avvicinamento.
— **speed** (*aereo*), velocità di avvicinamento.
approbation report, verbale (*m.*) di collaudo.
appropriate, *v.a.* fare il necessario.
approval, collaudo *m.*
approximate rolling (*ingr.*), inviluppo (*m*). approssimato.
— **value,** valore (*m.*) approssimato.
appurtenance, accessorio *m.*
appurtenances, impianti (*m. pl.*) accessori.
apron, anticarrello (*macch. ut.*) *m.*; grembiale (*tornio*); ribalta (*cost.*) *f.*; area per carico e scarico di aeroplani; (*tess.*) graticcio trasportatore; pista (*f.*) cementata (*aereo*); quella parte dell'aeroporto utilizzata per involo e atterraggio degli aerei (*aereo*).
apron feeder (*mecc.*, *min.*), alimentatore (*m.*) a piastre snodate.
— **conveyor** (*ing.*), trasportatore (*m.*) a piastre articolate.
— **ring,** lamiere di fondo (di un serbatoio di petrolio).
apse (*arch.*), abside *f.*
apsis (*pl.* **apses**; **apsides**) (*astr.*), apside *f.*
APT (*controllo num.*), linguaggio di programmazione per macchine a controllo numerico. La sigla APT proviene da « Automatically Programmed Tools ».
aptitude (*psicologia, ecc.*), attitudine *f.*
— **for rolling** (*met.*), laminabilità *f.*
aqua fortis (*chim.*), acido (*m.*) nitrico (concentrato); (*tip.*), acquaforte.
— **girl** (*slang*) (*aereo*) (U.S.A.), motore (*m.*) a raffreddamento a liquido.
— **regia** (*chim.*), acqua (*f.*) regia.
aquaculture, acquacoltura *f.*
Aquadag (*chim.*), grafite colloidale in sospensione acquosa.
Aquagel (*fanghi di circolazione*) (*petrol.*), Aquagel (bentonite colloidale).
aquamarine (*min.*), acquamarina *f.*
aquanaut (*naut.*), sommozzatore *m.*
aquaplaning (*auto*), fenomeno in caso di pioggia; aquaplaning.
aquarius (*astron.*), acquario.
aquastat, termostato (*m.*) per regolare la temp. dell'acqua.
aqueduct, acquedotto *m.*
aquatint (*tip.*), acquatinta.
aqueous (*agg.*), acquoso.
— **dispersions** (*plastica*), dispersioni (*f. pl.*), acquose.
aquifer (*geol.*), zona acquifera; strato acquifero; (*to exclude water from the upper aquifers*), escludere l'acqua dagli strati acquiferi superiori.
aquinite (*chim.*), aquinite *f.*; cloropicrina *f.*

aquolization (*petrol.*), cracking in presenza di vapore acqueo.
aquolysis, acquolisi *f.*
arabic gum, gomma (*f.*) arabica.
— **numerals** (*tip.*), numeri arabi.
arabinose (*chim.*), arabinosio *m.*
arabitol (*chim.*), arabitolo (*m.*).
arachis oil, olio (*m.*) d'arachidi.
araeo-pignometer, misuratore del peso specifico di piccola quantità di petrolio.
aragonite (*chim.*), aragonite *f.*; carbonato di calcio.
arbitration (*diritto processuale del lavoro*), arbitrato *m.*
— **award** (*conflitti di lavoro, ecc.*), lodo arbitrale.
— **system** (*conflitti di lavoro*), sistema di arbitrato.
— **tribunal** (*conflitti di lavoro*), corte arbitrale.
arbitrator (*conflitti di lavoro*), arbitro *m.*
arbor (*mecc.*), albero *m.*
— **-brace,** *m.* reggi mandrino.
arbutine (*med.*), arbutina *f.*
arc, arco di circolo *m.*; arco (*elet.*); arco (*geom.*).
— **bar** (*costruz.*), tirante di arco.
— **-boutant** (*arch.*), arco rampante.
— **chute of a contactor** (*elet.*), caminetto (*m.*) di un contattore.
— **furnace,** forno (*m.*) ad arco.
— **-jet- engine** (*astron.*), arcogetto a gas.
— **lamp,** lampada (*f.*) ad arco.
— **light,** luce (*f.*) ad arco.
— **light rope,** fune (*f.*) di 9 trefoli di 4 o 7 fili in ferro zincato con anima centrale in canapa.
— **lighting,** illuminazione (*f.*) con lampade ad arco.
— **melting** (*med.*), fusione all'arco elettrico.
— **of action** (*ingr.*), arco (*m.*) di contatto.
— **of a parabola,** arco (*m.*) di parabola.
— **of contact** (*mecc.*), arco (*m.*) di contatto.
arc of vibration (*orol.*), arco di oscillazione.
— **-piece** (*naut.*), volta (del pozzo dell'elica).
— **quenching** (*elet.*), spegnimento dell'arco (o degli archi).
— **shield,** schermo (*m.*) d'arco.
— **transmitter** (*radio*), radio trasmettitore ad arco.
— **voltage,** tensione (*f.*) dell'arco.
— **weld,** *v.a.* saldare all'arco.
— **welder,** saldatrice (*f.*) ad arco.
— **welding,** saldatura (*f.*) ad arco.
— **welding converter,** convertitore (*m.*) per saldatura ad arco.
— **welding equipment,** equipaggiamento (*m.*) per saldatura ad arco.
— **-welding flux,** flusso (*m.*) dell'arco (saldatura).
— **welding generator,** generatore (*m.*) per saldatura ad arco.
— **-welding set,** saldatrice (*f.*) ad arco.
— **-welding transformer,** trasformatore (*m.*) per saldature ad arco.
arcatomic welding process, saldatura (*f.*) arcatomica.
arcature, piccolo arco (*m.*); arco cieco (specialm. decorativo).
arch (*arch.*), arco *m.*; castello *m.* (di macch. utensile); arco (di una carda) (*tess.*); sordino *m.* (*forno met.*),
— **abutment** (*cost.*), spalla (*f.*) dell'arco.
— **bearing,** appoggio (*m.*) ad arco.
— **buttress,** arco (*m.*) d'appoggio.
— **dam,** diga (*f.*) ad arco.
— **gravity dam,** diga ad arco-gravità.
— **hinged at the abutments,** arco (*m.*) con cerniera d'imposta.
— **in trellis work,** arco (*m.*) a traliccio.
— **with fixed ends,** arco (*m.*) incastrato agli estremi.
— **without articulations,** arco (*m.*) senza cerniera.
— **with three hinges,** arco (*m.*) a tre cerniere.

arch with two hinges, arco (*m.*) a due cerniere.
Archangel fir, pino *m.*; legname di pino.
arched boom (*cost.*), corrente (*m.*) dell'arco.
arch(ed) bridge (*cost.*), ponte (*m.*) ad arco.
— **buttress** (*arch.*), arco rampante.
— **culvert,** tombino (*m.*) a volta.
— **girder,** trave (*f.*) ad arco.
— **roof; barrel-roof** (*ferr.*), tettoia mista; tettoia ad archi.
archery (*sport*), tiro con l'arco.
archil (*chim.*), violetto di lichene (*tintura*).
Archimedean drill, spirale (*f.*) di Archimede.
architect, architetto *m.*
architectural lighting, illuminazione (*f.*) architettonica.
architecture, architettura, *f.*; (*inform.*), architettura (organizzazione di un elaboratore).
architrave (*arch.*), architrave *f.*
archival records (*inform.*), dati (*m. pl.*), di archivio.
— **store** (*inform.*), memoria-archivio.
archivolt, archivolto *m.*
arcing, formazione d'arco.
— **-back,** accensione (*f.*) di ritorno.
— **ground** (*elet.*), arco a terra.
arconvalisation, arconvalizzazione *f.*
arcronograph, arcronografo *m.* (strumento per saldare).
arcsecond (≡1/3600 *degrees*) (*astr.*) arcosecondo (*distanza angolare*) equivalente a *1/3600* gradi).
arcwall coal cutter (*min.*), tagliatrice per carbone di tipo speciale con braccio rotante orizzontalmente di circa 180°.
— **working** (*min.*), coltivazione a due fronti oblique.
ardometer, ardometro *m.*
are we phased? (*cinem.*) (U.S.A.), siamo a punto per la registrazione sonora?
area, area *f.*; (*inform.*), zona (di una memoria); area *f.*; settore (di memoria).
area monitoring, controllo (radioattivo, ecc.) di un'area.
— **of contact,** superficie (*f.*) di contatto.
— **of diagram,** area (*f.*) del diagramma.
— **of midship section,** superficie (*f.*) della sezione maestra.
— **of screw propeller,** superficie dell'elica.
— **turns,** superficie (*f.*) d'una spirale.
arecaidine (*chim.*), arecaidina *f.*
arecoline (*med.*), arecolina *f.*
argentan, *m.* argentone; argentana *f.*
argentite (*min.*), argentite *f.*
argent vivium, argento vivo; mercurio *m.*
argillaceous, *agg.* (*geol.*), argilloso; v. **pelitic.**
— **rock,** roccia (*f.*) argillosa.
— **sand,** sabbia (*f.*) argillosa.
— **sandstone,** arenaria (*f.*) argillosa.
— **slate,** argilloscisto *m.*
arginine (*chim.*), arginina *f.*
argon (*chim.* = Ar), argo *m.*
argument (*mat.*), argomento: angolo fra un vettore ed il suo asse di riferimento.
Aries (*astron.*), Ariete *m.*
aristol (*chim.*), aristolo *m.*
arithmetic, aritmetica *f.*
— **co-processor** (*inform.*), coprocessore aritmetico.
— **register** (*inform.*), registro aritmetico (dell'unità centrale).
arithmetic(al) shift (*inform.*), shift aritmetico.
arithmetical mean, media (*f.*) aritmetica.
— **progression,** progressione (*f.*) aritmetica; serie (*f.*) aritmetica.
arithmometer, macchina (*f.*) calcolatrice.
Arkansas slip, pietra Arkansas.
— **stone,** pietra (*f.*) del Kansas.
arm, braccio *m.*; ramo (di un circuito elet.); razza *f.* (di puleggia, ruota).

arm lift (*audio*), sollevamento del braccio.
— **of the couple** (*fis.*), braccio (*m.*) della coppia.
— **of the flywheel,** raggio (*m.*) del volano.
— **rack,** rastrelliera (*f.*) porta armi.
— (*v.a.*) **a cable,** armare un cavo.
— (*v.a.*) **with iron,** ferrare.
armamentarium (*med.*), armamentario *m.* (corredo di ferri chirurgici).
armature (*elet.*), indotto *m.*; rotore *m.*; àncora (*f.*) di elettromagnete; armatura *f.*
— **and commutator mounting press** (*mecc.*), pressa (*f.*) per calettare indotti e collettori.
— **bar,** barra (*f.*) d'indotto.
— **casing,** capsula (*f.*) di un indotto; involucro di indotto.
— **circuit,** circuito (*m.*) dell'indotto.
— **coil,** avvolgimento (*m.*) dell'indotto; rocchetto (*m.*) dell'indotto; sezione (*f.*) dell'indotto.
— **conductor,** conduttore dell'indotto.
— **core,** nucleo (*m.*) dell'indotto.
— **field,** campo (*m.*) dell'indotto.
— **reactance** (*elet.*), reattanza (*f.*) dell'indotto.
— **reaction,** reazione (*f.*) dell'indotto.
— **slot** (*elet.*), scanalatura (*f.*) dell'indotto; fessura dell'indotto.
— **tester,** apparecchio di controllo per indotti.
— **winder,** avvolgitore (*m.*) di macchine elettriche.
armchair seat (*auto*), sedile (*m.*) a poltroncina.
Armco iron (*met.*), ferro Armco (ferro brevettato commercialmente puro).
Armenian blue (*chim.*), bleu armeno.
arming (*elet.*), armatura *f.* (di fusibile).
— **vane stop** (*aereo*), sicurezza (*f.*) di una bomba.
armor (U.S.A.), v. **armour.**

armour, corazza *f.*; guarnire con ferro *v.a.*; corazzare.
— **of a cable,** rivestimento (*m.*) di cavo.
— **piercing bullet,** pallottola (*f.*) perforante.
— **piercing shell** (*munizioni*), granata perforante.
— **plate** (*met.*), piastra (*f.*) (*o* lamiera di corazza).
armoured cable, cavo (*m.*) armato.
— **car** (*mil.*), autoblindo *m.*
— **conduit,** tubo (*m.*) armato.
— **conveyor** (*min.*), trasportatore (*m.*) corazzato (*o* blindato).
— **cord,** cordoncino (*m.*) armato.
— **hose,** tubo (*m.*) flessibile armato.
— **production car** (*auto*), vettura (*f.*) blindata.
— **steel** (*cost.*), acciaio blindato.
armouring, armatura *f.*
armourlight lenses, *pl.* diffusori (*m. pl.*) per vetrocemento.
armourplate (armour-plate), piastra (*f.*) da corazza; lamiera (*f.*) da corazza.
— **glass,** vetro (*m.*) armato.
armrest (*auto*), appoggiabraccia *m.*; bracciolo *m.*
arms race (*gen.*), corsa agli armamenti.
army, esercito *m.*
arnatto, arnotto *m.*; oriana *f.* (colorante per burro, formaggio, ecc.).
arnica root oil, olio (*m.*) essenziale di arnica.
aromatic, *agg.* (*chim.*), aromatico.
— **agent** (*chim.*), aromatizzante *m.*
— **compound,** composto (*m.*) aromatico.
— **-free petroleum,** petrolio (*m.*) non aromatico.
— **hydrocarbon,** idrocarburo (*m.*) aromatico.
aromatics (*chim.*), carburi (*m. pl.*) aromatici; costituenti naturali antidetonanti di un carburante; composti aromatici *m. pl.*

aromatization (*chim.*), aromatizzazione *f.*
aromatize (to) (*chim.*), aromatizzare *v.a.*
Aron meter (*elet.*), contatore (*m.*) d'Aron.
arrange the weld horizontally, disporre la saldatura orizzontalmente.
arrangement, distribuzione *f.*; disposizione; v. **wheel** — (*ferr.*).
— **of engine,** disposizione (*f.*) del motore.
— **of seams,** disposizione (*f.*) delle saldature.
— **of the weld** (*sald.*), disposizione (*f.*) della saldatura (nel senso orizzontale).
array (*inform.*), assetto; disposizione; allineamento; rete; gruppo di dati.
— **applications** (*inform.*), applicazioni di « array » (p. es. grafica tri-dimensionale; simulazione; elaborazione delle immagini).
— **of cylindrical lenses** (3*D TV*), fila di lenti cilindriche (disposte in colonne).
— **processor** (*inform.*), macchina cellulare ad organizzazione matriciale; computer ad alta velocità.
— **(geometrical — of a lattice)** (*met.*), assetto geometrico di un reticolo.
— **(to —),** allineare; disporre.
arrester (*elet.*), scaricatore *m.*; separatore.
arresting gear (*aereo*), equipaggiamento per facilitare l'atterraggio in uno spazio ridotto.
arris (*cost. civ.*), linea (*f.*) di displuvio; spigolo (*vetro*).
arris (to), fare uno spigolo.
arrodynon (*chim.*), cloruro di etile.
arrow, freccia.
— **engine,** motore a W.
— **point bracing,** controventatura (*f.*) a triangolo.
— **wing** (*aereo*), ala (*f.*) a freccia.
Arsacetin, acetilarsanilato (*m.*) sodico; (*med.*) arsacetina *f.*
arsenate, arseniato *m.*
arsenic (*chim.* = As), arsenico *m.*
— **acid anhydride,** anidride arsenica.
— **anhydride,** anidride (*f.*) arsenica.
— **glass** (*chim.*), vetro d'arsenico; ossido arsenioso.
— **oxide,** ossido (*m.*) di arsenico.
— **trioxide,** anidride (*f.*) arseniosa.
arsenical acid, acido (*m.*) arsenico.
— **cobalt,** cobalto (*m.*) arsenicale.
arsenide (*chim.*), arseniuro *m.*
arsenite, arsenito *m.*
arsenobenzene (*chim.*), arsenobenzene.
arsenobenzol, arsenobenzolo *m.*
arsenolite, arsenolite *f.*; (*chim.*) arsenolite *f.*
arsenopyrite, arsenopirite *f.*
arsine (pr. *aar'sin*), arsina.
art board (*tip.*), cartone patinato.
— **director** (*cinem.*), scenografo *m.*; (*pubb.*), (U.S.A.), direttore e coordinatore servizio creazioni pubblicitarie.
— **of building,** edilizia *f.*
— **paper** (*tip.*), carta patinata.
— **paper ink,** inchiostro per stampe artistiche.
— **service** (*pubb.*), (U.S.A.), servizio creazioni pubblicitarie.
arterial highway (U.S.A.), grande arteria (*f.*) stradale.
— **road,** arteria (*f.*) stradale; strada (*f.*) principale.
arteriography (*radiol.*), arteriografia *f.*
arteriology (*med.*), arteriologia *f.*
arteriometer (*med.*), arteriometro *m.*
arteriosclerosis, arteriosclerosi *f.*
artery (*med.*) (*traf.*), arteria *f.*
artesian well, pozzo (*m.*) artesiano.
arthrometer (*med.*), artrometro *m.*
artic essence (*chim.*), essenza artica; cloruro di metile.
articulated arm, braccio (*m.*) articolato (*satelliti, ecc.*).
— **blade** (*aereo*), pala (*f.*) articolata.
— **bus** (*auto*), autosnodato *m.*
— **coupling,** giunto (*m.*) articolato.

articulated joint, giunto (*m.*) della cerniera.
— **nipple,** raccordo (*m.*) articolato.
— **train,** treno (*m.*) articolato.
— **vehicle,** automezzo articolato.
articulation, snodo *m.*; fulcro *m.*
artificial ageing (*met.*), invecchiamento artificiale.
— **antenna** (*radio*), antenna artificiale (*o* fittizia).
— **atmosphere,** atmosfera (*f.*) artificiale.
— **baby foods,** alimenti artificiali per bambini.
— **echo,** eco (*m.*) artificiale.
— **graphite** (*min.*), grafite artificiale.
— **horizon** (*aereo*), orizzonte artificiale.
— **horsehair,** crine (*m.*) artificiale.
— **insemination(al) centre** (*agr.*), centro di fecondazione artificiale.
— **intelligence** (A.I), (*inform.*), intelligenza artificiale (riproduzione fedele delle facoltà umane, quali la vista, l'udito e il pensiero creativo).
— **isinglass** (*chim.*), colla d'ossa artificiale.
— **island,** isola artificiale.
— **kidney** (*med.*), rene (*m.*) artificiale.
— **lapis lazuli,** lapislazzuli artificiale; bleu oltremare.
— **leather,** cuoio (*m.*) artificiale (finta pelle).
— **limestone,** calcare (*m.*) artificiale.
— **line** (*telecom.*), linea artificiale.
— **lines** (*elet.*), linee (*f. pl.*) artificiali.
— **magnet,** magnete (*m.*) artificiale.
— **marble,** marmo (*m.*) artificiale.
— **oil of almonds** (*chim.*), olio artificiale di mandorle; benzaldeide.
— **radioactivity,** radioattività (*f.*) artificiale.
— **sand,** sabbia (*f.*) artificiale.
— **sea water,** acqua di mare artificiale.
— **silk,** seta (*f.*) artificiale.
artificial sunlight, luce solare artificiale.
— **wool,** lana (*f.*) artificiale.
artillery, artiglieria *f.*
as-built drawing (*costr.*), progetto (*m.*) dell'opera definitivo.
as cast (*met.*), v. **cast.**
— **received** (*met.*), v. **received.**
— **rolled** (*met.*), v. **rolled.**
asa fetida oil, essenza (*f.*) d'assa fetida.
asarum oil, essenza (*f.*) d'asaro.
asbestos, amianto *m.*
— **cement,** cemento amianto; fibrocemento; « Eternit ».
— **cement roof,** tetto (*m.*) di « Eternit ».
— **cloth** (*or* **fabric**), tessuto (*m.*) di amianto.
— **cut** (*tess.*), titolo dell'amianto.
— **felt,** feltro (*m.*) d'amianto.
— **millboard,** cartone (*m.*) di amianto.
— **packing,** guarnizione (*f.*) di amianto.
— **slate,** ardesia (*f.*) d'amianto.
— **yarn** (*tess.*), filo (*m.*) d'amianto.
asbestosis, asbestosi *f.* (malattia causata da inalazioni di amianto).
ascender (*tip.*), parte di lettera tipografica sorpassante la linea media: gambo.
ascending method (*min.*), metodo ascendente.
ascensional force, forza (*f.*) di ascensione.
ascent, salita *f.*
ascoloy (*met.*), ascoloy (acciaio americano al cromo).
asdic, apparecchio (*m.*) per localizzare sommergibili.
aseismic, *agg.* antisismico.
— **building** (*costr.*), edilizia asismica.
— **design of a building** (*cost.*), progetto antisismico di un edificio.
— **know-how,** conoscenza tecnica asismica.
ash, cenere *f.*; frassino *m.*; *v.a.* incenerare: cospargere di cenere.
— **boat** (*naut.*), bettolina *f.*

ash bucket (*naut.*), bugliuolo (*m.*) delle ceneri.
— **contents,** contenuto (*m.*) in cenere.
— **damping valve,** valvola (*f.*) bagna ceneri.
— **-ejector,** eiettore (*m.*) di cenere.
— **-free** *agg.* privo di ceneri.
— **pan,** ceneraio *m.*
— **percentage,** percentuale (*f.*) di ceneri.
— **pit** (*naut.*), ceneraio *m.*
— **receiver** (*auto*), portaceneri *m.*
— **shoot** (*naut.*), imbuto (*m.*) per scarico ceneri; tramoggia (*f.*) per ceneri; condotto (*m.*) per ceneri.
— **-tree,** frassino *m.*
ashing, incenerazione *f.*
ashlar, pietra (*f.*) tagliata; concio *m.*
— **arch,** arco (*m.*) in pietra da taglio.
— **facing,** rivestimento (*m.*) in pietra da taglio.
— **pier,** pilastrino (*m.*) in pietre da taglio.
asparagine (*chim.*), acido amminosuccinamidico.
aspect ratio (*aereo*), allungamento (*m.*) alare (rapporto fra l'apertura e la corda media di un profilo alare); (*telev.*), formato (*m.*) dell'immagine (rapporto tra larghezza ed altezza dell'immagine).
aspen, pioppo (*m.*) tremolo.
asperities, asperità (*f. pl.*) (*microscopic high points*).
asphalt, *v.a.*, asfaltare; asfalto *m*; (*floated asphalt*), asfalto colato.
— **base,** petrolio producente asfalto per distillazione.
— **blocks,** asfalto in pani.
— **cement,** cemento (*m.*) asfaltico.
— **coating,** rivestimento asfaltico.
— **concrete,** calcestruzzo (*m.*) di asfalto.
— **content,** percentuale di asfalto.
— **covering,** rivestimento (*m.*) di asfalto; copertura (*f.*) d'asfalto.
asphalt cutback, cemento asfaltico, reso liquido con aggiunta di prodotti petroliferi.
— **distributor** (U.S.A.), asfaltatrice *f.*
— **emulsion,** emulsione (*f*) asfaltica.
— **floor,** battuto (*m.*) d'asfalto.
— **grout,** cemento (*m.*) bituminoso.
— **layer,** strato di asfalto.
— **mastic,** mastice (*m.*) asfaltico (*o* bituminoso).
— **paint,** vernice (*f.*) al bitume.
— **petroleum,** bitume (*m.*) di petrolio.
— **road,** strada (*f.*) asfaltata.
— **rock,** roccia (*f.*) bituminosa.
— **sheet,** cartone (*m.*) per coperture (tetti).
— **stock,** materiale asfaltico di base per raffinazione.
asphalted cardboard, cartone (*m.*) bituminoso.
asphalt(ed) felt, feltro (*m.*) asfaltato.
asphalter, asfaltatore *m.*
asphaltic armor coat (U.S.A.), leggero strato protettivo di asfalto (*costr. stradali*).
— **bitumen,** bitume (*m.*) asfaltico.
— **mastic,** mastice (*m.*) asfaltico.
— **sands,** sabbie (*f. pl.*) asfaltiche.
asphaltite, asfaltite *f.*
aspirated car, auto con motore aspirato.
aspirator, aspiratore *m.*
aspirin, aspirina *f.*
assault plane, aeroplano (*m.*) da assalto.
— **rifle** (*mil.*), fucile (*m.*) d'assalto.
assay, saggio *m.* (di minerale, con analisi chimica).
— **laboratory** (*min.*, *chim.*), laboratorio di analisi.
assemblage of curves, famiglia (*f.*) di curve.
assemble (*mecc.*), montare *v.a.*; assiemare (*cost. met.*).
— **(to —)** (*calcol. elettron.*), assemblare (tradurre in linguaggio di macchina un programma

esistente in linguaggio simbolico).
assembler, montatore *m.*; (*tip.*) raccoglitore; (*informatica*), assemblatore (programma di assemblaggio dei programmi simbolici).
assembling, montaggio *m.*; (*met.*), assiemaggio *m.*
— **arrangement,** disposizione (*f.*) del montaggio.
— **jig,** telaio (*m.*) di montaggio.
— **procedure,** costruzione; montaggio; descrizione del montaggio.
— **shop** (*met.*), reparto assiemaggio.
assembly (*mecc.*), meccanismo; montaggio *m.*; (*calcol. elettron.*), assemblaggio (traduzione in linguaggio macchina di un programma scritto in linguaggio simbolico); (*cost.*, *met.*), assiemaggio.
— **arrangement,** disposizione (*f.*) del montaggio.
— **department,** sala (*f.*) montaggio.
— **drawing,** disegno (*m.*) di montaggio; piano di montaggio.
— **language** (*inform.*), linguaggio (*m.*) assemblatore.
— **line** (*mecc.*), catena (*f.*) (*o* linea) di montaggio.
— **machine,** v. **automatic —.**
— **plan,** piano di assiematura.
— **program** (*calcol. elettron.*), assemblatore; programma d'assemblaggio (dei programmi simbolici.)
— **table** (*macch. ut.*), tavola di montaggio.
— **tools,** utensili (*m. pl.*) per montaggio.
asses (to —), accertare; verificare; stimare; valutare.
— **the extent of the ore** (*min.*), stimare (valutare) l'entità del minerale.
assessing, stima *f.*
assessment, valutazione *f.* (*stima*).
asset (*concorsi*, *ecc.*), requisito non indispensabile ma desiderabile (p. es. *the knowledge of French is an asset but not a requirement*).
assets (fixed —) (*finanz.*), immobilizzazioni *f. pl.* (di capitale).
assign (to —) (*inform.*), assegnare.
assigned frequency (*radio*), frequenza assegnata.
assist (to —) (*gen.*), aiutare.
— **scavenging** (*mot.*), aiutare il lavaggio.
assistance benefit (*cassa malattia*, *ecc.*), prestazione previdenziale.
assistant, assistente *m.*
— **compositor,** aiuto compositore *m.*
— **general manager** (*ferr.*), vicedirettore generale.
— **manager,** assistente di vice direttore.
— **operator,** *m.* aiuto-operatore.
— **producer** (*cinem.*), aiutoregista *m.*
— **section officer** (*aereo*), grado nel servizio aeronautico femminile inglese, corrispondente a tenente di aviazione.
— **Works Manager,** vice direttore (*m.*) d'una fabbrica; condirettore (*m.*) di stabilimento.
associative, *agg.* (*inform.*), associativo (rif. a memoria, archivi, ecc.).
assume, *v.a.* (*mat.*), supporre.
assumption (*mat.*), supposizione *f.*; ipotesi *f.*
assurance (*comm.*), assicurazione *f.*
astatic, *agg.* astatico.
— **coil,** bobina (*f.*) astatica.
— **galvanometer,** galvanometro (*m.*) astatico.
— **meter,** contatore (*m.*) astatico.
— **pair,** coppia (*f.*) astatica.
— **point,** punto (*m.*) astatico.
— **regulator,** regolatore (*m.*) astatico.
— **system,** sistema (*f.*) astatico.
asterisk (*tip.*), asterisco (*); segnare con un asterisco.
astern, (*naut.*), marcia indietro, verso poppa; dietro la poppa.

astern guides, (*naut.*), controguide *f. pl.*
— **turbine,** turbina (*f.*) di marcia indietro.
asteroid, asteroide *m.*
Astexo-Canada, denominazione usata per il legname canadese d'esportazione, e che viene marcata sul legno stesso.
astigmatic, *agg.* astigmatico.
astigmatism, astigmatismo *m.*
astrakhan (*tess.*), astracan *m.*
astral oil, kerosene *m.*
astre, astro *m.*
astrionics, scienza dell'elettronica applicata al volo aerospaziale.
astro hatch (*aereo*), apertura sulla parte alta della fusoliera di un bombardiere.
astrodome (*aereo*), apertura (*f.*) di osservazione sulla parte superiore della fusoliera; astrocupola *f.*
astrodynamics (*ing. astronautica*), astrodinamica *f.*
astrophysical, *agg.* astrofisico.
— **experiment** (*astron.*), esperimento astrofisico.
astrophysics, astrofisica *f.*
astronaut (USA), astronauta *m.*
astronaut's couch, lettino (*m.*) per astronauta.
astronautics, astronautica *f.*
astronomical clock, orologio astronomico.
— **dial,** quadrante (*m.*) astronomico.
— **horizon,** orizzonte astronomico.
— **vertical,** verticale (*f.*) astronomica.
astronomy, astronomia *f.*
astrophotography, astrofotografia *f.*
astrophysicist *m.*, astrofisico *m.* (esperto in astrofisica).
astylar, *agg.* (*arch.*), astilo.
asylum switch (*elet.*), interruttore (*m.*) a serratura.
asymmetric anticline (*petr.*), anticlinale asimmetrico.
asymmetric reflector (*ill.*), riflettore (*m.*) asimmetrico.
asymmetrical induction motor, motore (*m.*) a induzione asimmetrico.
asymmetry, asimmetria *f.*
asymptote (*mat.*), asintoto *m.*
asymptotic, *agg.* asintotico.
asynchronous, *agg.* asincrono.
— **machine,** macchina (*f.*) asincrona.
— **motor,** motore (*m.*) asincrono.
atacamite (*min.*), atacamite *f.*
atebrin (*chim.*), atebrina *f.*
athermancy, atermaneità *f.*
athermanous, *agg.* atermano; atermico.
athermic, *agg.* atermico.
— **glass,** vetro atermico.
athodyd (*aereo*), condotto termodinamico usato come unità di propulsione per la bomba volante, e certi aeroplani.
athwart, a traverso.
athwartship (*naut.*), trasversalmente allo scafo.
atlas, carta da disegno in formato da 26 × 34 pollici; leghe a base di rame; atlante *m.*
atlascide, clorato di calcio.
atmosphere, atmosfera *f.*; (*cinem.*), comparse (*f. pl.*) in più.
— **control** (*vernici, smalti*), controllo (*m.*), dell'atmosfera.
— **(marine —)** (*corrosione*), atmosfera marina.
— **(tropical —)** (*corrosione*), atmosfera tropicale.
— **(rural —)** (*corrosione*), atmosfera rurale.
atmospheric, *agg.* atmosferico.
— **conditions,** condizioni (*f. pl.*) atmosferiche.
— **corrosion** (*met.*), corrosione (*f.*) atmosferica.
— **electricity,** elettricità (*f.*) atmosferica.
— **re-entry** (*voli spaziali*), rientro nell'atmosfera.
— **pressure,** pressione (*f.*) atmosferica.
— **topping,** distillazione (*f.*) atmosferica.

atmospherics, radiodisturbi *m. pl.*; parassiti (*m. pl.*) atmosferici; scariche *f. pl.*
atoll, atollo *m.*
atom, atomo *m.*
— **bomb**, bomba (*f.*) atomica.
— **-bomb test**, esperimento con bomba atomica.
— **-gram**, atomo-grammo.
atomic, *agg.* atomico.
— **absorption spectrophotometry**, spettrofotometria per assorbimento atomico.
— **arc welding**, saldatura (*f.*) all'idrogeno atomico.
— **battery**, batteria (*f.*) atomica.
— **beam**, raggio (*m.*) atomico.
— **bomb**, bomba (*f.*) atomica.
— **bombardment**, bombardamento (*m.*) atomico.
— **centre**, centro (*m.*) atomico.
— **chart**, carta (*f.*) atomica (*tabella*).
— **clock** (*orol.*), orologio (*m.*) atomico.
— **collision**, collisione atomica.
— **desalination plant**, impianto di dissalazione atomico.
— **disease** (*fis. atom.*), malattia (*f.*) atomica.
— **electricity**, elettricità (*f.*) atomica.
— **energy**, energia (*f.*) atomica.
— **energy plant**, centrale (*f.*) nucleare (*o* atomica).
— **explosion**, esplosione (*f.*) atomica.
— **form factor**, fattore di dispersione atomica; coeff. di struttura atomica (raggi X e cristalli).
— **fuel**, combustibile (*m.*) atomico.
— **furnace**, forno (*m.*) atomico.
— **heat**, calore (*m.*) atomico.
— **heating**, riscaldamento (*m.*) atomico.
— **-hydrogen welding**, saldatura (*f.*) all'idrogeno atomico.
— **mass**, massa (*f.*) atomica; peso atomico.
— **nucleus**, nucleo (*m.*) atomico.
— **number**, numero (*m.*) atomico.
atomic particle, particella (*f.*) atomica.
— **physics**, fisica (*f.*) atomica.
— **plant**, centrale atomica.
— **polarization**, polarizzazione (*f.*) atomica.
— **power station**, centrale (*f.*) atomica.
— **process**, processo atomico.
— **reactor**, reattore (*m.*) atomico.
— **refraction** (*chim.*), rifrazione atomica.
— **rocket launching turret**, torretta di lancio per razzi atomici.
— **scattering factor**, vedi: **atomic form factor.**
— **spectroscopy**, spettroscopia atomica.
— **shell**, strato (*m.*) atomico.
— **structure** (*chim.*), struttura (*f.*) atomica.
— **theory**, teoria (*f.*) atomica.
— **time**, tempo atomico.
— **volume**, volume (*m.*) atomico.
— **war**, guerra (*f.*) atomica.
— **weight**, peso (*m.*) atomico.
— **-weight determination**, determinazione (*f.*) del peso atomico.
— **weight unit**, unità (*f.*) di peso atomico.
atomicity, numero di atomi nella molecola di un elemento: atomicità *f.*
atomising (*met. polveri*), atomizzazione *f.*
atomization, polverizzazione *f.*; (*met. polveri*), atomizzazione *f.*
atomize *v.i.*, polverizzare *v.a.*
atomizer, *m.* polverizzatore; spruzzatore; nebulizzatore *m.*
— **acid** (*chim.*), acido arsanilico.
atrium (U.S.A.), (*costr.*), atrio *m.*
atropine (*chim.*), atropina *f.*
attach (*v.a.*) **a flange**, unire la flangia.
attachment, accessorio *m.*; dispositivo *m.*
— **screw** (*top.*), vite di fissaggio.
— **units**, accessori (*m. pl.*).
attack, *v.a.* attaccare (con acidi).

attack helicopter (*aereo*), elicottero da assalto.
— **under the tail** (*aereo*), attacco di coda.
attacker (*aereo*), aereo da attacco.
attapulgus, argilla della città omonima, nel Texas.
attar of roses, essenza di rose.
attemperation (*birra*), controllo di temperatura.
attemperator (*caldaie*), attemperatore *m.*
attempt (to) a test again (*astron.*), ritentare una prova.
attend, *v.a.* presidiare (officine elett.); sorvegliare.
attendance, sorveglianza *f.*
attendant, *m.* (*mecc., met., ecc.*), sorvegliante *m.*; custode *m.*
attended station (*elet.*), impianto (*m.*) presidiato.
attent-unattent switch (*inform.*), commutatore della messa in marcia automatica delle unità di ingresso/uscita di un terminale.
attention (*mecc.*), manutenzione; sorveglianza (*once set-up the machine requires no —*), una volta installata la macchina non richiede alcuna manutenzione.
attenuation (*elet.*), attenuazione *f*; (*fabb. birra*), riduzione del peso specifico.
— **coefficient,** fattore (*m.*) d'attenuazione.
— **constant** (*elet.*), coefficiente (*m.*) d'attenuazione.
— **equivalent,** equivalente (*m.*) di trasmissione.
— **range,** ampiezza (*f.*) di attenuazione.
— **ratio,** rapporto (*m.*) di attenuazione.
attenuator (*elet.*), attenuatore *m.*
attenuators, attenuatori *m. pl.*
attic, soffitta *f.*
— **gabled dormer window,** abbaino (*m.*) a veranda.
attitude (*aereo*), angolo dei 3 principali assi di un aeroplano in relazione alla corrente d'aria ed al terreno; assetto *m.* (*aereo*); (*training*), atteggiamento *m.*
attitude of flight (*aereo*), posizione del 3 assi principali di un aeroplano riferita all'aria immota: assetto (*m.*) di volo.
— **of the wing** (*aereo*), assetto dell'ala.
attorney (*leg.*), procuratore *m.*
— **-at-law** (*leg.*), avvocato.
Attorney General (*leg.*), Procuratore della Repubblica.
attorneyship (*leg.*), procura *f.*; mandato *m.*
attract, *v.a.* (*elet.*), attrarre.
attracted disc (electrometer) (*elet.*), elettrometro a dischi.
attraction, attrazione *f.*
— **potential** (*fis. atom.*), potenziale di attrazione (fra 2 atomi).
attractive force, forza (*f.*) d'attrazione.
attributable to, imputabile a.
— **to welding,** imputabile alla saldatura.
attrition rate (*aereo*), perdite (*f. pl*). nominali (in %).
atwartships, *avv.* (*naut.*), a traverso (della nave).
auction, asta *f.* (incanto).
audiability (*acust.*), audibilità *f.*
audible range (*acust.*), zona (*f.*) d'audibilità.
— **signal** (*telef.*), segnale di chiamate.
audio amateur (*audio*) audioamatore *m.*
— **amplifier** (*radio*), amplificatore audio.
— **cassette** (*audio*), audio-cassetta *f.*
— **control engineer** (*telev.*), ingegnere (*m.*) del suono.
— **component** (*audio*), componente di un apparecchio audiovisivo.
— **dealer,** negoziante in apparecchiature audio.
— **disc,** audio disco.
— **-disc press** (*audio*), pressa per audiodischi.

audio frequency (*radio*), frequenza (*f.*) di modulazione.
— **-frequency ammeter** (*elet.*), amperometro per audiofrequenze.
— **-frequency amplification,** amplificazione (*f.*) a bassa frequenza.
— **-fequency amplifier,** amplificatore (*m.*) a bassa frequenza.
— **-frequency beat note,** nota (*f.*) fondamentale a frequenza acustica.
— **frequency meter,** audio frequenziometro (*m.*).
— **frequency response,** risposta ad audio frequenza.
— **frequency spectrum analysis,** analisi spettrale delle audiofrequenze.
— **-oscillator,** oscillatore (*m.*) a frequenza acustica; audio oscillatore (*m.*).
— **tape** (*audio*), nastro audio.
— **-transformer,** audio trasformatore (*m.*).
— **-visual graphics** (*inform.*), grafica audiovisiva.
audiogram (*acust.*), audiogramma *m.*
audiology (*fis.*), audiologia *f.*
audiometer, audiometro *m.*
audiometric *agg.* (*fis.*), audiometrico.
— **test** (*fis.*), prova audiometrica.
audiometry (*fis.*), audiometria *f.*
audion (*radio*), audion *m.*
audiophile *m.* (*audio*), audiofilo *m.*
audiotone (*inform.*), segnale acustico.
audipin (*cinem.*), principiante *m.* (nel cinema parlato).
audit (*pubblicazioni*), controllo di accertamento delle dichiarazioni di un editore, da parte dell'Ufficio controllo delle tirature.
— **bureau of circulation** (*pubblicazioni*), ufficio controllo delle tirature.
auditing (*inform.*), controllo di gestione interno (*o* convalida) (rif. a controllo e convalida di un prodotto per il funzionamento di un elaboratore).
audition (*radio*) (U.S.A.), audizione *f.*; audizione di prova, di un nuovo artista, annunciatore ecc.
auditorium (*acust.*), auditorio *m.*
auditory sensation area (*acust.*), zona (*f.*) d'udibilità.
augend (*inform.*), augendo *m.* (primo operando di una addizione al quale viene di seguito un addendo).
Auger effect (*fis. atom.*), effetto (*m.*) Auger.
— **electron,** elettrone (*m.*) Auger.
— **shower,** sciame (*m.*) esteso.
auger, punta (*f.*) da girabecchino; punta (*f.*) elicoidale; trivella (*f.*) (trivella cava).
— **bit,** punta (*f.*) americana (da trapano).
— **with valve,** trivella (*f.*) a valvola.
augite, augite *f.*
augmenter condenser (*turb.*), condensatore (*m.*) ausiliario.
aural *agg.*, auditivo; sonoro.
— **information,** informazione auditiva.
— **radio range,** radiofaro (*m.*) direzionale acustico.
auramine (dye) (*chim.*), aurammina *f.*
auramines (*chim.*), aurammine *f. pl.*
aurantia (*fot.*), auranzia *f.*
aurantine (*chim.*), aurantina *f.* (estratto d'arancia).
aureole (*elet.*), aureola *f.* (di un arco); (*ill.*), aureola *f.*
aureolin (*chim.*), aureolina *f.*; primulina *f.*
auric acid (*chim.*), acido (*m.*) aurico.
auricle (*anat.*), padiglione auricolare.
auricome (*chim.*), perossido d'idrogeno.
auripigment (*chim.*), trisolfuro arsenico.
auriferous, *agg.* aurifero.
aurin (*chim.*), aurina *f.*

aurora australis, aurora (*f.*) australe.
— **borealis,** aurora boreale.
ausform (to) (*met.*), ausformare (deformare in campo austenitico; incrudire in campo austenitico).
ausformed steel (*met.*), acciaio (*m.*) ausformato.
ausforming (*met.*), ausformatura *f.*; deformazione in campo austenitico; incrudimento austenitico.
— **or steels** (*met.*), « Ausformatura » degli acciai; (*ausforming to 40 and 60% gives better results than the normal hardening and tempering*).
austempering, raffreddamento (*m.*) controllato dell'acciaio, in un bagno di piombo fuso: (*met.*) tempra (*f.*) bainitica isotermica.
austenite (*met.*), austenite *f.*
austenitic alloy (*met.*), lega (*f.*) austenitica.
— **matrix** (*met.*), matrice austenitica.
— **stainless steel** (*met.*), acciaio (*m.*) inossidabile austenitico.
— **steel** (*met.*), acciaio (*m.*) austenitico.
— **transformation** (*met.*), trasformazione (*f.*) austenitica.
austenitising (*met.*), austenitizzazione *f.*
austenize a steel (*met.*), austenizzare un acciaio.
Austin-Cohen formula (*radio*), formula Austin-Cohen.
Australian wool, lana (*f.*) australiana.
author's corrections, correzioni (*f. pl.*) d'autore.
— **first proof** (*tip.*), prima bozza corretta dall'autore.
auto-assembly plant (*auto*), stabilimento di montaggio di autovetture.
— **body,** carrozzeria d'auto.
— **cassette storage unit** (*audio*), portacassette per automobile.
— **-coupling,** accoppiamento (*m.*) autocapacitativo.
auto-dialler (*inform.*), apparecchio per chiamata automatica.
— **-feed cycle dog** (*macch. ut.*), bottone d'avanzamento automatico.
— **-index** (*inform.*), indice automatico.
— **lathe,** tornio automatico.
— **parking,** autoparcheggio *m.*
— **radio** (U.S.A.), autoradio *m.*
— **room** (*telef.*), sala (*f.*) d'installazioni automatiche.
— **safety engineering,** ingegneria per la sicurezza dell'automobile.
— **spares** (*auto*), ricambi autoveicoli.
— **-timer,** autoscatto (*macch. fot.*).
— **-transformer** (*elet.*), compensatore *m.*; autotrasformatore.
— **-transformer starter** (*elet.*), autotrasformatore (*m.*) di avviamento.
— **truck** (*auto*), camion *m.*
autoantenna, antenna per autoradio.
autocall (*inform.*), chiamata automatica.
autocar (*termine in disuso*) (*auto*), autovettura *f.*; automobile.
autocartographe, autocartografo *m.*
autocatalysis, autocatalisi *f.*
autoclave, autoclave *f.*; (*v.a.*), passare all'autoclave.
— **test** (U.S.A.) (*corrosione met.*), prova (*f.*) in autoclave.
autoclaving, passaggio all'autoclave.
autocollimator, autocollimatore *m.*
autocorrection (*inform.*), autocorrezione *f.*; correzione automatica.
autocorrelator, autocorrelatore *m.*
autocount (*fis. atom.*), autoconteggio *m.*
autocounter, autocontatore *m.*
autocycle, bicicletta a motore.
autodrome (*auto*), autodromo *m.*
autodyne (*radio*), autodina *f.*
autofining process, « autofining », procedimento di desolforazione delle frazioni petrolifere con idrogeno.

autogenous, *agg.* autogeno.
— **soldering,** saldatura (*f.*) autogena.
— **weld,** *v.a.* saldare autogenicamente.
— **welding,** saldatura (*f.*) autogena.
autogiro (pr. *o'-to-giairo*) (*aereo*), autogiro *m.*
autogrip, *agg.* (*mecc.*), autoserrante.
autoignition, autoignizione *f.*
autoist, automobilista *m.*
autoloading pistol (*armi*), pistola automatica.
autolyse, (*v.a.*), (*chim.*), autolizzare (*v.a.*).
autolysis (*chim.*), autolisi *f.*
automaker, costruttore (*m.*) automobilistico.
automate, (*v.a.*), automatizzare.
automated mining (*min.*), coltivazione mineraria automatizzata.
— **plant** (U.S.A.), fabbrica (*f.*) aumatizzata (*o* automatica); stabilimento automatizzato.
— **rolling mill** (U.S.A.), laminatoio (*m.*) automatizzato.
— **test** (*inform.*), collaudo automatizzato.
automatic(al), *agg.* automatico.
automatic, *n. m.* macchina utensile per produzione automatica (tornio, ecc.).
— **aiming,** puntamento (*m.*) automatico.
— **answering device** (*inform.*), dispositivo di risposta automatica.
— **arc welding,** saldatura ad arco continuo.
— **assembly machine** (*macch. ut.*), macchina per montaggio (*o* assemblaggio) automatico.
— **battery charger,** caricatore automatico di accumulatori.
— **blanket,** coperta riscaldata con elettricità.
— **block** (*ferr.*), blocco automatico.
— **block signalling** (*ferr.*), segnalamento a blocco automatico.
automatic boost control (*aereo*), limitatore (*m.*) automatico della pressione di alimentazione (nel carburatore di un aeroplano).
— **boring and turning machine for copying operations** (*macch. ut.*), alesatrice-tornitrice automatica per riprodurre.
— **brake,** freno (*m.*) automatico.
— **braking of motor,** autofrenaggio (*m.*) del motore.
— **breaker (switch),** interruttore (*m.*) automatico.
— **by-pass circuit** (*inform.*), circuito di esclusione automatica.
— **car park** (*auto*), autoparcheggio automatico.
— **car parking system** (*auto*), sistema di autoparcheggio automatico.
— **cartridge** (*armi*), cartuccia (*f.*) automatica.
— **circuit breaker,** interruttore (*m.*) automatico.
— **clutch,** frizione (*f.*) automatica.
— **coding** (*inform.*), codifica (*f.*) automatica.
— **coil winder** (*tess.*), bobinatrice (*f.*) automatica.
— **coil winding machine,** bobinatrice (*f.*) automatica.
— **compensation for wheel sizing** (*rettific.*), (dispositivo di) compensazione automatica della mola.
— **control,** comando (*m.*) automatico; (*aereo*), autopilota *m.*; controllo automatico (*macch. ut. ecc.*).
— **corrector** (*di piantapatate*) (*agric.*), compensatore *m.*
— **counter,** contatore automatico.
— **coupling,** innesto (*m.*) automatico.
— **crossbar telephone system,** sistema telefonico automatico crossbar.
— **cut out** (*auto*), interruttore (*m.*) di minima.
— **cut-out,** dispositivo automatico di sicurezza.

automatic cutting-off and centring machine (*macch. ut.*), tagliatrice-centratrice automatica.
— **data processing,** elaborazione dati automatica.
— **direction-finder** (*radio*), radiogoniometro automatico.
— **disconnection,** disinnesto (*m.*) automatico.
— **distributor** (*tess.*), distributore (*m.*) automatico.
— **door controller** (*elet.*), apparecchio per il comando automatico delle porte.
— **door-opener,** apriporta automatico.
— **drilling machine,** trapano (*m.*) automatico.
— **electro-cycle turret lathe,** tornio automatico a revolver a ciclo elettrico.
— **ERCC control** (*inform.*), controllo automatico errori e correzione.
— **error correction** (*inform. ecc.*), correzione automatica dell'errore.
— **exposure timer,** contapose (*m.*) automatico.
— **face** (*min.*), fronte automatica di taglio.
— **feed,** avanzamento (*m.*) automatico; alimentazione (*f.*) automatica.
— **feed unit** (*pneumatica*), alimentatore automatico.
— **feeder** (*tip.*), mettifoglio automatico; (*tess.*) alimentatore automatico.
— **fire alarm,** segnalatore (*m.*) automatico d'incendio.
— **flat plate ironer,** stiratrice (*f.*) elettrica.
— **foam installation** (*ind. petrol.*), sistema automatico antincendio a schiuma.
— **frequency control** (*radio*), sintonia automatica.
— **full-cop motion** (*tess.*), meccanismo di arresto automatico a bobina ultimata.
— **gage control** (U.S.A.) (*laminatoio met.*), controllo automatico di spessore.

automatic gain control (*radio*), comando (*m.*) automatico d'amplificazione; (*telev.*), controllo automatico di guadagno.
— **gauge sizing** (*macch. ut.*), misurazione (*f.*) automatica.
— **« george »,** pilota (*m.*) automatico; autopilota (*m.*).
— **grid bias** (*radio*), polarizzazione (*f.*) automatica di griglia.
— **guard,** coperchio automatico.
— **handling** (*ind.*) (*inform.*), movimentazione (*f.*) automatica (di documenti, ecc.).
— **indexing turntable** (*fond.*), macchina automatica a tavolo rotante.
— **in-feed** (*macch. ut.*), avanzamento (*m.*) automatico.
— **interrupt source identification** (*calcol. elettron.*), identificazione automatica dell'origine dell'interruzione.
— **label applicator** (*ind.*), etichettatrice automatica.
— **level-crossing barriers** (*ferr.*), barriere automatiche di passaggio a livello.
— **lines,** linee di lavorazione automatiche.
— **locking,** bloccaggio (*m.*) automatico.
— **long-distance service** (*tel.*), servizio (*m.*) interurbano automatico.
— **longitudinal feed,** alimentazione automatica longitudinale.
— **loom** (*tess.*), telaio (*m.*) automatico.
— **lubrication,** lubrificazione (*f.*) automatica.
— **magazine grinder,** sfibratore (*m.*) continuo.
— **milling machine,** fresatrice (*f.*) automatica.
— **mixture control** (*aereo*), (carburatore) regolatore automatico della miscela.
— **monitoring by a master station of the level of water at any**

number of slave stations, controllo automatico con stazione principale del livello dell'acqua ad ogni numero di stazioni asservite.

automatic numbering (*inform.*), numerazione (*f.*) automatica.

— **observer** (*aereo*), « osservatore » (*m.*) automatico (app. che fotografa a dati intervalli le letture degli strumenti di controllo di un aeroplano).

— **ordering of goods** (*inform.*), ordinazione automatica delle merci.

— **oscillograph**, oscillografo (*m.*) automatico.

— **overload reset button** (*elet.*), interruttore automatico di sovraccarico.

— **packaging unit**, unità di riempimento automatica.

— **parachute** (*aereo*), paracadute (*m.*) automatico.

— **pilot** (*aereo*), pilota (*m.*) automatico.

— **press cycle**, ciclo automatico di presse.

— **program locate device** (*APLD*) (*audio*), dispositivo per la ricerca automatica di brani (registratori a cassette, ecc.).

— **propeller** (*aereo*), elica (*f.*) a velocità costante.

— **punching and riveting machine**, perforatrice e chiodatrice automatica.

— **punching machine**, perforatrice (*f.*) automatica.

— **rear wheel lift** (*aratro*), elevatore automatico della ruota posteriore.

— **relay operated exchange** (*telef.*), centralino automatico a relè.

— **release**, apertura (*f.*) automatica.

— **return tonearm** (*audio*), ritorno automatico del braccio.

— **ribbon reverse** (*typewriter*), invertitore movimento del nastro.

— **sanding machine** (*macch. ut.*), smerigliatrice (*f.*) automatica per legno.

automatic sawing machine (*met.*), sega (*f.*) automatica.

— **screw machine** (*macch. ut.*), filettatrice (*f.*) automatica.

— **selectivity control** (*radio*), comando (*m.*) automatico di selettività.

— **self diagnostic check** (*inform.*), controllo autodiagnostico automatico.

— **sender**, emettitore (*m.*) automatico.

— **shotgun** (*armi*), fucile (da caccia) automatico.

— **spooler** (*tess.*), roccatrice (*f.*) automatica.

— **stamp dispenser**, distributore automatico di marche (*o* bollini) di sconto (*p. es.* nei grandi magazzini, cooperative, ecc.).

— **starter** (*elet.*), motorino d'avviamento automatico.

— **stop**, arresto (*m.*) automatico.

— **substation** (*elet.*), sottostazione (*f.*) automatica.

— **switching** (*telef.*), commutazione automatica.

— **switching station** (*teleg.*), impianto (*m.*) automatico di commutazione.

— **tape relay**, ritrasmissione automatica con telescrivente.

— **telephone**, telefono (*m*). a commutazione automatica.

— **telephone handset**, apparecchio telefonico automatico.

— **threading machine** (*macch. ut.*), filettatrice (*f.*) automatica.

— **thread milling machine**, fresatrice (*f.*) automatica per filettare.

— **timer** (*aereo*), regolatore di scatto automatico del paracadute.

— **timing** (*auto*), anticipo auto matico.

— **translation**, traduzione (*f.*) automatica.

— **transmission** (*auto*), cambio automatico.

— **transmission selector** (*auto*), selettore di trasmissione automatica.

automatic transverse feed, alimentazione automatica trasversale.
— **trip** (*fresa*), scatto automatico.
— **tripping,** arresto (*m.*) automatico (di circuiti elet.); interruzione (*f.*) automatica.
— **tuning** (*radio*), sintonizzazione (*f.*) automatica.
— **turntable** (*audio*), giradischi automatico.
— **turret lathe** (*macch. ut.*), tornio a torretta automatico.
— **underlining** (*inform.*), sottolineatura automatica.
— **unloading,** scarico (*m.*) automatico.
— **vectoring** (*aereo*), direzione (*f.*) automatica.
— **vertical welding** (*sald.*), saldatura verticale automatica.
— **volume control** (*radio*), regolatore (*m.*) automatico di volume (o sensibilità).
— **weft winder** (*tess.*), ritorcitoio ad incanno automatico.
— **weigher,** bilancia (*f.*) automatica.
— **welder,** saldatrice (*f.*) automatica.
— **welding,** saldatura (*f.*) continua.
automation, automazione *f.*
— **area,** area di automazione.
automaton, automa *m.*
automobile, automobile *f.*
— **battery,** batteria (*f.*) per automobile.
— **body sheet,** lamiera (*f.*) d'acciaio (laminata a freddo) per carrozzerie d'automobili
— **bolt,** bullone (*m.*) per auto.
— **bulb,** lampadina (*f.*) per automobile.
— **club membership fee** (*auto*), quota di associazione all'Automobile Club.
— **factory,** fabbrica (*f.*) di automobili.
— **portable engine,** locomobile (*m.*) automobile.
— **radio set,** autoradio *m.*
— **receiver,** autoradio *m.*; (*radio*), ricevitore per auto.
automobile tire chains, catene (*f. pl.*) per automobili.
— **tow-off** (*aereo*), rimorchio con automobile.
— **valve gear,** camma per motore di automobile.
automotive components (*auto*), componenti per autoveicoli.
— **electronics,** elettronica automobilistica.
— **grease,** grasso (*m.*) per auto.
— **industry,** industria automobilistica.
— **truck,** camioncino (*m.*) automotore.
autonomy, autonomia *f.*
autopilot (*naut.*), autopilota *m.*
— **coupler** (*aereo*), autopilota (*m.*) di accoppiamento.
autopoll (*inform.*), chiamata selettiva automatica.
autopolymerization (*chim.*), autopolimerizzazione *f.*
autopolymerizing resin (*chim.*), resina autopolimerizzante.
autoradiographic, *agg.* autoradiografico.
autoradiography (*fis. nucleare, ecc.*), autoradiografia *f.*
autorotation, autorotazione *f.*
autoset level (*top.*), livello autocompensato.
autotransformer, autotrasformatore *m.*
autotruck (USA), autocarro *m.*
autunite (*min.*), autunite *f.*
auxiliaries (*elet.*), ausiliari *m. pl.*; servizi ausiliari.
auxiliary anode, anodo ausiliario.
— **antenna** (*radio*), antenna (*f.*) ausiliaria.
— **attachment** (*orol.*), dispositivo per ridurre l'errore di temperatura media.
— **axle,** assale ausiliario.
— **blower** (*aereo*), soffiante (*m.*) ausiliario.
— **bracket,** supporto (*m.*) ausiliario.
— **coil** (*elet.*), bobina (*f.*) ausiliaria.

auxiliary electrode (*elet.*), elettrodo (*m.*) ausiliario.
— **equipment,** impianti ausiliari.
— **feed piping,** tubazione (*f.*) ausiliaria di alimentazione.
— **grid** (*radio*), griglia (*f.*) ausiliaria.
— **grid current,** corrente (*f.*) di griglia ausiliaria.
— **grid tension,** tensione (*f.*) di griglia ausiliaria.
— **locking lever,** leva ausiliare di bloccaggio.
— **manual switchboards** (*telef.*), tavoli ausiliari a commutazione manuale.
— **motor,** servomotore *m.*
— **parachute,** paracadute (*m.*) ausiliario.
— **power plant** (*aereo*), gruppo (*m.*) motore ausiliare.
— **rotor** (*aereo*), rotore (*m.*) anticoppia.
— **sailplane,** aliante (*m.*) con motore ausiliario.
— **screw ship,** veliero (*m.*) a elica ausiliaria; nave mista.
— **shaft** (*mecc.*), albero (*m.*) ausiliare.
— **sub-station** (*elet.*), sottostazione (*f.*) ausiliaria.
— **storage** (*inform.*), memoria ausiliaria (*o* esterna).
— **switch** (*elet.*), commutatore (*m.*) ausiliario.
— **tank** (*aereo*), serbatoio (*m.*) ausiliario.
— **undercarriage** (*aereo*), carrello (*m.*) ausiliario.
— **winding** (*elet.*), avvolgimento (*m.*) ausiliario.
auxin (*chim.*), auxina *f.*
auxochromes (*chim.*), auxocromi *m. pl.* (gruppi che conferiscono proprietà acide o basiche alle sostanze colorate).
availability (*di macchine, merci, ecc.*), disponibilità.
— **(plant —),** disponibilità dell'impianto.
available power, potenza (*f.*) disponibile.
avalanche baffle works (*costr. stradali*), schermo contro le valanghe.
— **protection works,** opere (*f. pl.*) di presidio (*o* difesa) contro le valanghe.
aventurine, avventurina *f.*
average, avaria *f.* (*naut.*); medio *agg.*; media *f.*; *v.i.*, dare una media; valere in media; prendere la media.
— **adjuster,** liquidatore (*m.*) di avaria.
— **bias,** differenza media algebrica fra l'analisi chimica e spettrografica.
— **Brinell hardness,** durezza (*f.*) media Brinell.
— **current,** corrente (*f.*) media.
— **eye** (*fotom.*), occhio (*m.*) normale.
— **fuel consumption** (*auto*), consumo medio di combustibile.
— **hourly earning** (*lavoro*), gua dagno medio orario.
— **life,** durata (*f.*) media.
— **output,** rendimento (*m.*) medio.
— **power,** forza (*f.*) motrice media.
— **radiation level** (*fis. atom.*), livello di radiazione medio.
— **speed,** velocità (*f.*) media.
— **statement,** liquidazione (*f.*) d'avaria.
— **vehicle speed for trip** (*auto*), velocità media dell'autoveicolo per percorso.
— **year,** anno (*m.*) medio.
averruncator, strumento per potare alberi.
Avgas (*chim.*) (*aereo*) (U.S.A.), benzina per aviazione.
aviation, aviazione *f.*
— **gasoline,** benzina (*f.*) per aeroplani; benzina (*f.*) avio.
— **ice-formation inhibitor** (*aereo chim.*), inibitore di formazione di ghiaccio per aeroplani.
— **medicine,** medicina (*f.*) d'aviazione.
— **methane,** metano per aviazione.

aviation mix, piombo tetraetile per benzina avio.
— **rally,** avioraduno *m.*
aviator (*aereo*), pilota *m.*
avigation (*aereo*) (U.S.A.), aeronavigazione *f.*
Avional, Avional (lega a base di rame, magnesio, manganese, silicio ed alluminio).
avionics, avionica *f.* (sviluppo e produz. di dispositivi elettronici per aerei, missili e astronautica).
avocado oil, olio di pera brasiliana (usato per profumi).
avoir., vedi: **avoirdupois.**
avoirdupois weight, sistema di pesi usato nei paesi di lingua inglese, per tutte le merci escluse le medicine, le pietre preziose, i metalli preziosi.
award, *v.a.* (*leg.*), aggiudicare; (*leg.*), accordare; (*contract awarded to ...*), contratto aggiudicato a...; (*conflitti di lavoro*), lodo (arbitrale).
— **by contract,** aggiudicazione al migliore offerente.
awarder, aggiudicatario *m.* (di contratto, fornitura, ecc.).
awkward, *agg.* difficile; poco adatto.
— **liquid to sump,** liquido difficile da pompare.
— **to manufacture** (*mecc.*), difficile da fabbricare.
awning (*naut.*), tenda *f.*
— **deck** *naut.*), ponte (*m.*) di manovra.
— **stanchions** (*naut.*), candelieri (*m. pl.*) della tenda.
axe, scure *f.*; gradina *f.*
— **eye,** occhio (*m.*) di scure.
— **hole,** occhio (*m.*) di scure.
axed brick flat arch, piattabanda (*f.*) con mattoni ordinari a cuneo.
axial, *agg.* assiale.
— **clearance,** gioco (*m.*) assiale.
— **compression,** compressione (*f.*), assiale.
— **compressor gas turbine,** turbina a gas con compressore assiale.
axial compressor gas turbine engine (*aereo*), turbogetto (*m.*) a compressione assiale.
— **current,** corrente (*f.*) assiale.
— **engine** (*aereo*), motore (*m.*) assiale (i cui cilindri sono disposti parallelamente all'albero motore).
— **-flow blower** (*altoforno met.*), soffiante (*f.*) a flusso assiale.
— **-flow compressor** (*aereo*), compressore (del tipo) assiale.
— **flow turbine,** turbina (*f.*) assiale.
— **-flow unit,** unità (*f.*) assiale.
— **load,** carico (*m.*) assiale.
— **movement,** movimento (*m.*) assiale.
— **-piston pump** (*mecc.*), pompa (*f.*) a pistoni assiali.
— **play,** gioco (*m.*) assiale.
— **porosity** (*met.*) porosità assiale.
— **pressure,** pressione (*f.*) assiale.
— **projection,** proiezione (*f.*) assiale.
— **response** (*acust.*), risposta (*f.*) assiale.
— **sensitivity** (*mecc., ecc.*), sensibilità (*f.*) assiale.
— **thrust,** pressione (*f.*) assiale.
— **vector,** vettore (*m.*) assiale.
— **wire,** cavo (*m.*) assiale.
axially arranged, disposto a tandem.
axis (*pl.* **axes**) (*geom.*), asse *m.*
— **control** (*macch. ut.*), comando degli assi (*X*, *Y*, *Z*).
— **of abscissae,** asse (*m.*) delle ascisse.
— **of affinity,** asse (*m.*) di affinità.
— **of a lens,** asse (*m.*) di una lente.
— **of buoyancy,** asse (*m.*) di galleggiamento.
— **of centres,** asse (*m.*) delle punte (tornio).
— **of magnetization,** asse (*m.*) di magnetizzazione.
— **of ordinates,** asse (*m.*) delle ordinate.

axis of revolution, asse (*m.*) di rivoluzione.
— **of rotation,** asse (*m.*) di rotazione.
— **of scan,** asse (*m.*) di esplorazione (o ricerca) (*radar*).
— **of spindle,** asse (*m.*) del mandrino.
— **of symmetry,** asse (*m.*) di simmetria.
— **of X,** asse (*m.*) delle ascisse.
— **of Y,** asse (*m.*) delle ordinate.
— **through the centre of gravity,** asse (*m.*) baricentrico.
axle (*mecc.*), assale *m.*; sala *f.*; asse *m.*; ponte *m.* (*auto*); assile (*m.*) ferroviario.
— **-bar,** assale (sala).
— **-base,** scartamento (*m.*) degli assali.
— **beam** (*auto*), assale *m.*
— **bearing** (*mecc.*), cuscinetto *m.*
— **booms** (*idrovolante*), membrature orizzontali del complesso di ammaraggio.
— **grease,** grasso per assali di ruote (*ferr.*).
— **lathe** (*ferr.*), tornio (*m.*) per perni degli assi; (*macch. ut.*), tornio per assali ferroviari.
— **of governor,** asse (*m.*) del regolatore.
— **oil,** lubrificante per assali di ruote.
— **sleeve** (*mecc.*), boccola (*f.*) della sala.
— **-tree** (*mecc.*), sala *f.*; asse *m.*
— **troughs** (*idrovolante*), incavi costruiti nella parte superiore dei galleggianti, per le membrature orizzontali.
axonometric, *agg.* assonometrico.
azaleine (*chim.*), azaleina *f.*; fucsina *f.*
azarin (*chim.*), azarina *f.* (tintura rossa di anilina).
azelaic acid (*chim.*), acido (*m.*) azelaico.
azeotropic, *agg.* (*chim.*), azeotropico.
azeotropic distillation (*chim.*), distillazione azeotropica.
azide (*chim.*), azoturo *m.*
azimuth, azimut *m.*; rilevamento *m.*
— **circle** (*top.*), cerchio azimutale (*di teodolite*).
— **difference,** differenza (*f.*) azimutale.
— **slow-motion screw** (*top.*), vite di aggiustaggio azimutale di precisione.
azimuthal angle, angolo azimutale.
— **quantum number,** numero (*m.*) quantico azimutale.
azindone blue (*chim.*), indamina *f.*
azine (*chim.*), azina *f.*
azoblue, azoazzurro.
— **compound** (*chim.*). azocomposto *m.*
— **dye,** azocolorante *m.*
— **green,** verde (*m.*) azoico.
— **violet,** violetto (*m.*) azoico.
azobenzene (*chim.*), azobenzene *m.*
azochloromide (*med.*), azocloromide *f.*
azodermin, azodermina *f.*
azoflavin (*chim.*), azoflavina *f.*
azofuchsine (*chim.*), azofucsina *f.*
azoimide, azoimide *f.*
azol (*chim.*), colori al cromo (per stampa).
azole, pirrolo *m.*; (*chim.*), azolo *m.*; pirrolo *m.*
azolitmin paper, carta di azolitmina.
azomethane (*chim.*), azometano *m.*
azon, missile (*m.*) radiocontrollato.
azoproteins, azoproteine *f. pl.*
azorubine (*chim.*), azorubina *f.* (*tintura*).
azotate, nitrato *m.*
azotic, *agg.* nitrico.
— **acid** (*chim.*), acido nitrico.
azulene (*chim.*), azulene *m.*
azurite (*min.*), azzurrite *f.*

B

b-battery, batteria (*f.*) anodica.

B (*mecc.*), la lettera B, se segue una unificazione inglese indica che si tratta di un pezzo lavorato (*machined article*).

« B » licence (*aereo*), patente per aviazione commerciale.

B-register (*elettron.*), registro-indice.

BA (U.S.A.), bromacetone (simbolo usato nell'esercito degli S.U.).

Babbitt (*met.*), metallo (*m.*) antifrizione.

— **melting furnace,** forno (*m.*) di fusione di metallo antifrizione.

— **metal** (*met.*), metallo (*m.*) antifrizione.

babbitted bearing (*mecc.*), cuscinetto (*m.*) a guarnizione antifrizione.

babble (*telef.*), combinazione di un numero di incrocio di conversazioni; (*radio*) diafonia di canali disturbanti; mormorio confuso.

Babcock test (*chim.*), prova Babcock per determinare la percentuale di grasso nel latte.

babulum oil, olio di piede di bue.

baby billboard (U.S.A.) (*pubbl.*), avviso pubblicitario su autoveicoli (autobus, tram ecc.).

— **car,** automobile (*f.*) di piccola cilindrata.

— **carriage,** carrozzella (per trasporto bambini).

— **concrete mixer,** microbetoniera *f.*

— **tripod** (*cinem.*), piccolo treppiedi per macchine da presa.

bacitracin (*chim.*), bacitracina *f.* (antibiotico).

back, tinozza *f.*; (*orol.*), fondo *m.*; (*tess.*), rovescio *m.*; (*min.*), corona in minerale; (*tip.*) (*di libro, di carattere*), dorso; (*di cucitura*), margine; posteriore *agg.*

back arm, braccio (*m.*) del contrappeso.

— **axle,** assale posteriore.

— **axle casing** (*auto*), scatola (*f.*) del ponte posteriore.

— **beam** (*tess.*), subbio da imbozzimare.

— **brake** (*petrolio*), nastro del freno di tamburo di perforazione.

— **bushing,** cuscinetto (*m.*) posteriore.

— **centre,** fuso (*m.*) della contropunta.

— **centre socket,** bussola (*f.*) della contropunta.

— **contact** (*telef.*), contatto (*m.*) di riposo.

— **contamination** (*astron.*), contagio (presunto) al rientro (da voli interplanetari).

— **coupling,** accoppiamento (*m.*) di ritorno.

— **crank pumping** (*ind. petr.*), pompaggio combinato.

— **digger** (*costr.*), escavatrice (*f.*) meccanica a tazza rivoltata.

— **-E.M.F.** (*elet.*), forza (*f.*) contro elettromotrice.

— **-filling** (*ind. petr.*), riempimento di sondaggio con materiali solidi.

— **fire** (*mot.*), ritorno di fiamma; accensione (*f.*) prematura.

— **firing,** ritorno (*m.*) di fiamma.

— **gear,** rinvio (*m.*) ad ingranaggio.

— **gear shaft,** albero (*m.*) del rinvio.

— **-geared motor** (*elettrot.*), motrice con rinvio ad ingranaggi.

— **-geared motor** (*elettrot.*), motore con riduttore di velocità.

— **-gears,** ingranaggi (*m. pl.*) del ritardo.

— **-hand welding,** saldatura (*f.*) a gas all'indietro.

back-kick (*mot.*), contraccolpo *m.*
— **lash** (*ingran.*), gioco (*m.*) circonferenziale (*o* radiale).
— **numbers** (*giornali*), numeri arretrati.
— **nut,** controdado *m.*
— (*v.a.*) **off,** spogliare (*v.a.*) *o* tornire (*v.a.*) a spoglia (*o* in profilo).
— **of weld** (*sald.*), rovescio (*m.*) di saldatura.
— **out,** *v.a.* sfilare.
— **pack parachute** (*aereo*), paracadute (*m.*) dorsale.
— **-pedal brake,** freno contropedale.
— **plate** (*tess.*), *naut.*), coperchio dell'introduttore (*di carda*) (*tess.*); lamiera (*f.*) di fondo (*naut.*).
— **-pressure,** contropressione *f.*
— **rest** (*fil.*), traversa (*f.*) posteriore; porta-fili *m.*
— **roller** (*tess.*), rullo (*m.*) posteriore.
— **shunt** (*ferr.*), regresso *m.*
— **sight** (*agrim.*), battuta (*f.*) consecutiva (nella livellazione).
— **slope,** angolo (*m.*) di disimpegno; angolo (*m.*) di spoglia superiore.
— **spacer,** (tasto di) ritorno (macchina da scrivere).
— **square,** squadra (*f.*) a cappello.
— **stay** (*naut.*), paterazzo *m.*
— **steam,** controvapore *m.*
— **step welding** (*sald.*), saldatura (*f.*) a passo di pellegrino.
— **stop** (*telegraf.*), incudinetta (*f.*) di riposo.
— **stroke,** corsa di ritorno.
— **twist** (*cavi*, *ecc.*), controtorsione *f.*
— **up (to —),** stagnare (*v.a.*) (tamponare); (*cosmetici*), rinforzare un colore; (*tip.*), stampare in volta; (*inform.*), fare ritornare indietro (un contatore delle istruzioni).
— **-wash (to)** *v.a.* (*filtri*), lavare a controcorrente.
— **-washing** (*filtri*), lavaggio (*m.*) a controcorrente.

back weld (*sald.*), saldatura (*f.*) al rovescio.
— **wheel,** ruota (*f.*) posteriore.
— **winding** (*tess.*), ribobinatura *f.*
— **wool,** lana (*f.*) di prima qualità.
backed metal-cutting saw, sega (*f.*) a dorso per metalli.
— **off cutter,** fresa a profilo invariabile.
backfill, *v.a.* (*petrolio*), chiudere (riempire di terra) lo scavo dopo la posa dell'oleodotto.
backfilling, riempimento dello scavo di oleodotto, ecc. con il materiale tolto prima della posa della conduttura.
backfire *v.i.* (*mot.*), dare ritorni di fiamma; ritorno di fiamma.
backflow (*chim.*), reflusso *m.*; ritorno *m.*
background noise, rumore (*m.*) di fondo.
— **paper** (*comm.*), documento di base.
— **processing** (*calcol. elettron.*, *inform.*), elaborazione di programmi non prioritari.
— **program** (*inform.*), programma di bassa priorità; programma non prioritario.
— **radiation intensity,** intensità (*f.*) di radiazione ambientale.
backing, cambiamento del vento (in senso contrario alle lancette dell'orologio).
— **bolt,** chiavardetta *f.*
— **electrode** (*sald.*), controelettrodo *m.*
— **off,** tornitura (*f.*) a spoglia (*o* in profilo); (*cotone*) (*tess.*) spuntatura *f.*
— **-off machine** (*macch. ut.*), stozzatrice (*f.*) a spoglia.
— **ring** (*sald.*), anello di sostenimento.
— **store** (*inf.*), memoria ausiliaria.
— **strips** (*sald.*), rinforzi; strisce di rinforzo (applicate dietro alle estremità dei pezzi da saldare, come sostegno durante la saldatura).
backlash (*ingr.*), gioco (*m.*) circonferenziale; gioco sui fianchi;

gioco (corsa morta); punto morto; (*radio*), reazione *f.*
backlash (of the valve rod), gioco (*m.*) nelle aste di distribuzione.
backlog, riserva *f.*
— **of orders** (U.S.A.) (*comm.*), lista (serie, registrazione) di ordini in evaso; (*the plants need more steel because their backlog of orders has climbed*), gli stabilimenti richiedono acciaio in più perchè la loro lista di ordini in evaso è salita.
backreaction, reazione (*f.*) inversa.
backscatterer (*radioatt.*), materiale (*m.*) retrodiffusore.
backscattering (*radioatt.*), retro diffusione *f.*
— **factor** (*radioatt.*), fattore di retrodiffusione.
backsight, tacca di mira (di fucile ecc.); alzo *m.*
backslope (*orol.*), cono posteriore (di bilanciere).
backstays (*naut.*), paterazzi *m. pl.*
backstep welding (*sald.*), saldatura da sinistra a destra (ma con ogni traccia di metallo depositata da destra a sinistra).
backstitch (*tess.*), punto indietro.
backtritation, analisi (*f.*) volumetrica ripetuta.
backup computer (*inform.*), elaboratore in riserva (*the fifth computer serves as backup* (*space shuttle*), il 5° calcolatore serve da riserva.
— **roll or back-up roll** (*met., mecc.*), rullo di appoggio cilindro di sostegno (*met.*).
— tape (*inform.*), nastro di riserva.
backward bearing, azimut antecedente.
— **dumping scraper** (*macch.*), ruspa a scarico posteriore.
— **extrusion** (*mecc.*), estrusione a ritroso (*o* inversa, *o* indiretta).
— **motion,** moto (*m.*) all'indietro.
— **printing** (*inform.*), stampa all'indietro (da destra a sinistra).
backwash (*aereo*), aria che fluisce indietro per azione dell'elica; flusso dell'elica.
backwashing, disoliatura *f.*; v. **back-washing.**
backwater curve (*idraul.*), curva (*f.*) di rigurgito.
backyard oil-producer (*olio*), produttore di olio commestibile scadente (*o* illegale).
bacterial leaching (*min.*), lisciviazione batterica.
— **leaching of ore** (*min.*), lisciviazione batterica del minerale.
bacteriological weapon, arma (*f*), batteriologica.
bacterium (*pl.* bacteria), batterio *m.*
bad landing (*aereo*), atterraggio sbagliato.
Badcock and Wilcox boiler, caldaia marina Badcock.
badge reader (*inform.*), lettore di « badges »; lettore di tesserini di riconoscimento.
badger, pennello (*m.*) di pelo di tasso.
badminton (*sport*), volano *m.* (gioco simile al tennis).
baer stapler (*tess.*), pettinatrice (*f.*) a mano.
baffle, deflettore *m.* (*auto*); cantonale *m.* (per pedana); muro (*m.*) portatile insonorizzante; (*radio*) schermo acustico.
— **blanket** (U.S.A.), schermo acustico.
— **plate** (*ing.*), deflettore *m.*; deviatore; diaframma di trattenuta; (*petr.*), otturatore; (*naut.*), parafiamma *m.*
bag, sacco *m.*; polmone (*mecc.*).
— **clip and spring,** gancio e molla di sospensione del sacco (di aspirapolvere).
— **filter,** filtro (*m.*) a sacco.
bagasse, bagassa *f.* (residuo di zucchero di canna).
bagging, tela iuta per imballaggio; insacchettamento *m.*
bail out, *v.i.* (U.S.A.) (*aereo*), buttarsi col paracadute (da un aeroplano); **(to —)** (*petrol.*), vuotare (*con cucchiaia*).

bail-out bottle (*slang*) (*aereo*), bombola di ossigeno compresso (da usare durante discesa con paracadute).
bailer (*ind. petr.*), cucchiaia (*f.*) di cementazione (tubo per la estraz. di materie liquide); operaio (*m.*) addetto ai pozzi.
bailing (*ind. petr.*), estrazione (*f.*) a cucchiaia.
bain-marie, bagnomaria *f.*
bainite (*met.*), bainite *f.*
bainitic hardening (*met.*), tempra bainitica.
— **steel** (*met.*), acciaio bainitico.
baize (*tess.*), pannaccio *m.*
bake, *v.a.* cuocere al forno; far cuocere; seccare; calcinare (*chim.*).
baked (*caratteri tip.*) (*tip.*), incollato.
bakelite, bakelite *f.*
— **-bonded wheel,** mola (*f.*) con impasto di bakelite.
— **factory,** fabbrica (*f.*) di bakelite.
bakelize, *v.a.* bachelizzare.
bakelized fabric (*elet.*, *tess.*), tela bachelizzata.
baking, cottura *f.*
— **soda,** bicarbonato di soda.
— **-trough,** madia *f.* (per pane).
— **varnish** (*vernici*), vernice (*f.*) a forno.
bakuin, olio ricavato dal petrolio russo, usato per macchine pesanti per lubrificazione.
balance (*orol.*), bilanciere *m.*; bilancia *f.*; (*aereo*) superficie (*f.*) di compensazione; bilancio *m.*; equilibrio *m.*; *v.a. v.i.* equilibrare (*v.a.*); equilibrarsi (*v.t.*); v. **thermal —.**
— (*v.a.*) **a ventilator,** equilibrare (*v.a.*) un ventilatore.
— **(at —),** in equilibrio; (*the electronic system is at —*), il sistema elettronico è in equilibrio.
— **beam meter** (*elet.*), contatore (*m.*) a bilanciere.
— **bridges** (*orol.*), ponti di bilancieri.
— **cock** (*orol.*), ponte del bilanciere.
balance ferrule (*orol.*), puleggia trascinatrice per bilanciere.
— **fitting** (*orol.*), sede del bilanciere.
— **jewel** (*orol.*), pietra per bilanciere.
— **methods** (*radio elet.*), metodi di zero.
— **of heat,** bilancio (*m.*) termico.
— **-of-payments** (*econ. comm.*), bilancia dei pagamenti.
— **plough,** aratro (*m.*) a bilanciere.
— **sash,** imposta (*f.*) a bilanciere.
— **screws** (*orol.*), viti del bilanciere.
— **screw scales** (*orol.*), bilancia per le viti del bilanciere.
— **spring** (*orol.*), spirale *f.*
— **spring collet** (*orol.*), virola *f.*
— **spring stud** (*orol.*), pitone *m.*
— **spring vibrating tool** (*orol.*), apparecchio per il controllo delle oscillazioni della spirale.
— **staff** (*orol.*), asse del bilanciere; albero pivottato per bilancieri.
— **weight,** contrappeso *m.*
— **weights pulleys,** pulegge di contrappeso.
— **wheel** (*orol.*), bilanciere *m.* (di orologi); serpentina *f.*
— **window,** finestra (*f.*) a bilanciere.
— **(overall iron — of the process)** (*met.*), bilancio complessivo del ferro nel processo.
balanced aerial (*radio*), antenna (*f.*) compensata.
— **circuit,** circuito (*m.*) equilibrato.
— **load,** carico (*m.*) equilibrato.
— **modulator** (*radio*), modulatore (*m.*) equilibrato.
— **overhead door** (*garage*), porta basculante bilanciata.
— **rudder** (*navi mercantili*), timone (*m.*) compensato.
— **slide valve,** valvola (*f.*) equilibrata.
— **solution** (*chim.*), soluzione equilibrata.
— **surface** (*aereo*), superficie (*f.*) compensata.

balanced twist (*tess.*), torsione (*f.*) bilanciata.
balancer (*elet.*), compensatrice *f.*
— **transformer** (*elet.*), trasformatore (*m.*) compensato.
balancing (*radio*), compensazione *f.*; equilibrio *m.*
— **antenna** (*radio*), antenna (*f.*) equilibrata.
— **capacitance** (*radio*), capacitanza (*f.*) di neutralizzazione; capacitanza (*f.*) di compensazione.
— **flap** (U.S.A.), alerone (*m.*).
— **machine** (*macch.*), equilibratrice *f.* (macchina per equilibrare elementi rotanti, rotori, alberi, ecc.); (*macch. ut.*), equilibratore *m.*
— **machine for motor-car wheels,** equilibratrice (*f.*) per ruote d'automobile.
— **network** (*telecom.*), equilibratore *m.*
— **of a circuit,** equilibratura (*f.*) di un circuito.
— **of the masses,** equilibrio (*m.*) delle masse.
— **potentiometer,** potenziometro (*m.*) di compensazione.
— **resistance,** resistenza (*f.*) di compensazione (*o* equilibratrice).
— **ring** (*elet.*), anello equipotenziale.
— **surface** (*aereo*), angolo (*m.*) di compensazione; compensatore (*m.*); pianetto di compensazione.
— **stand** (*macch. ut.*), equilibratore *m.*
— **weight,** contrappeso *m.*
— **ways** (*mecc.*), dischi (montati su cuscinetti a sfere) per provare l'equilibrio statico di alberi e pulegge.
balata, balata *f.*
— **belt,** cinghia (*f.*) di balata.
balcony, balcone *m.*
bald cypress (*bot.*) (*Taxodium distichum*), tasso (*m.*) americano.
bald spot (*vernici*), zona (*f.*) passiva.
— **tyres** (*auto*), pneumatici lisci (che non hanno più battistrada e sono molto consumati).
bale, imballaggio *m.* (in balle); collo (di merce).
— **elevator** (*agr.*), elevatore di balle.
— **out,** *v.i.* (*aereo*), buttarsi col paracadute.
— **ties,** fili di acciaio usati per imballaggio.
— **treaker** (*ind. tess.*), apriballe *m.*
baler (*mecc. agr.*), imballatore *m.*; imballatrice *f.*
— **(pick-up —),** imballatrice da fieno.
baling band, reggetta (*f.*) per imballaggio.
— **press** (*tip.*), pressa per balle di cartaccia.
ball, gomitolo *m.*; *v.a.* aggomitolare; (*v.r.*) agglomerarsi; (*v.i.*) condensarsi *v.r.*
— **and socket** (*auto*), sopporto a snodo.
— **-and-socket joint,** snodo sferico; giunto a ginocchiera.
— **arm,** braccio (*m.*) della sfera.
— **bearing,** cuscinetto (*m.*) a sfere; sopporto (*m.*) a sfere.
— **bearing grease,** grasso (*m.*) per cuscinetti a sfere.
— **blue** (*chim.*), blue solubile.
— **cage,** gabbia (*f.*) di un cuscinetto a sfere.
— **clay** (*geol.*), argilla (*f.*) grassa.
— **gear change lever** (*auto*), comando a leva a mano oscillante.
— **gear shift lever** (U.S.A.) (*auto*), comando a leva a mano oscillante.
— **grip** (*strumenti*), pomello *m.* (di leve, comandi, ecc.).
— **gudgeon,** perno (*m.*) sferico.
— **hitch** (*auto*), gancio di traino a snodo.
— **joint,** raccordo (*m.*) sferico; cerniera (*f.*) sferica; giunto (*m.*) a snodo; giunto sferico.
— **journal,** perno (*m.*) sferico.

ball mill, molino (*m.*) a palle; (*min.*), molino a sfere.
— **-peen hammer,** martello (*m.*) a penna rotonda.
— **pin** (*mecc.*), giunto (*m.*) sferico.
— **pivot,** perno (*m.*) sferico.
— **-plane hammer,** martello (*m.*) a penna rotonda.
— **pointer,** penna (*f.*) a sfera.
— **race** (*mecc.*), scanalatura nella quale scorrono le sfere: pista (*f.*) del cuscinetto.
— **-shaped winding** (*elet.*), avvolgimento (*m.*) a gomitolo.
— **soda** (*chim.*), carbonato di sodio grezzo.
— **valve,** palla (*f.*) della valvola; sfera (*f.*) di valvola.
— **warp(er)** (*tess.*), orditoio (*m.*) in gomitoli.
— **way** (*mecc.*), guida (*f.*) su sfera.
— **winding** (*tess.*), aggomitolatura *f.*
— **(dry — mill),** v. **mill.**
— **(wet — mill),** v. **mill.**
ballas, diamante industriale per grandi mole.
ballast, zavorra *f.*; *v.a.* acciottolare; inghiaiare; zavorrare *v.a.* (*naut.*).
— **boxing,** cassa (*f.*) di una massicciata.
— **covering,** riempimento (*m.*) (di strade); inghiaiamento *m.*
— **-hammer** (*cost.*), martello (*m.*) schiacciapietre da ballast.
— **lighter** (*naut.*), barca (*f.*) da zavorra.
— **pump** (*naut.*), pompa (*f.*) di zavorra.
— **rake** (*ferr.*), rastrello (*m.*) distributore del pietrisco.
— **resistance** (*elet.*), resistenza zavorra.
— **tamper** (*ferr.*), v. **tamper.**
— **tank** (*naut.*), cassa (*f.*) di zavorra.
— **tube** (*elet.*), tubo (*m.*) zavorra; tubo (*m.*) a resistenza; resistenza (*f.*) zavorra.
— **water** (*naut.*), acqua di zavorra.
ballasting, acciottolato *m.* (spec. per ferrovia); (*naut.*), zavorramento *m.*
ballasting-up (*aereo*), regolaggio (*m.*) della quota a mezzo zavorra.
balling, agglomerazione *f.*; lavorazione del metallo fuso in palle (*puddellaggio*); aggomitolatura *f.* (*tess.*); (misura della) densità in gradi del succo di uva (*o* birra); dolcezza relativa del vino.
— **machine** (*tess.*), aggomitolatrice. *f.*
— **drum** (*min.*), tamburo di pellettizzazione.
ballistic galvanometer (*elet.*), galvanometro (*m.*) balistico.
— **method** (*elet.*), metodo balistico.
— **missile,** missile (*m.*) balistico.
— **missile firing submarine** (*mil.*), sottomarino lanciamissili balistici.
— **missile warhead** (*mil.*), testata missilistica balistica.
ballistics, balistica *f.*
ballistite, balistite *f.*
balloon (*aereo*), pallone *m.*
— **ascent** (*aereo*), ascensione del pallone.
— **flying cable** (*aereo*), cavo (*m.*) di ancoraggio; cavo (*m.*) di lancio.
ballonet (*aereo*), camera d'aria (del dirigibile); pallonetto *m.*
ballpen, penna a sfera.
balm oil, essenza (*f.*) di melissa.
balsa meal, materiale assorbente per esplosivi, ricavato dal legno di balsa.
— **wood,** balsa.
balsam fir, balsamo del Canadà; abete (*m.*) resinoso.
— **gurjun** (olio di legno), oleoresina usata per vernici, smalti e in medicina.
— **Mecca,** balsamo di Gilead (usato in profumeria).
— **sulfur,** olio di semi solforato.
— **tansy oil,** essenza (*f.*) di balsamite.
— **traumatic,** balsamo del frate (*o* di Turlington) (usato in medic.).

Baltic pine (*Pinus Silvestris*), pino *m.*; legname di pino.
baluster, ringhiera *f.*
— **stone** (*cost.*), ringhiera (in pietra).
balustrade (*costr.*), ringhiera *f.*; balaustra *f.*
balustrading (*min.*), chiusura con ringhiere.
banana oil, olio di banana acetato amilico.
band, banda *f.* (di frequenza); nastro (*mecc.*) *m.*; campo (lunghezza d'onda); striscia *f.*; staffa *f.*
— **brake,** freno (*m.*) a nastro.
— **conveyor,** elevatore (*m.*) a nastro; trasportatore a nastro (di gomma).
— **coupling,** accoppiamento (*m.*) a nastro.
— **elimination filter** (*elet.*), filtro (*m.*) eliminatore di banda.
— **filing** (*mecc.*) limatura (*f.*) a nastro.
— **filter,** filtro (*m.*) di banda.
— **iron,** ferro (*m.*) a nastro.
— **of frequencies,** gamma (*f.*) di frequenze.
— **-pass filter,** filtro (*m.*) passabanda.
— **-pass mechanical filter** (*elet.*), filtro passabanda meccanico.
— **-pass response,** curva (*f.*) di risposta d'un filtro di banda.
— **-pass tuning** (*radio*), sintonizzazione di passo di banda.
— **polishing machine** (*macch. ut.*), pulitrice a nastro.
— **rejection filter** (*radio*), filtro eliminatore di banda.
— **saw,** segatrice (*f.*) a nastro.
— **sawing machine** (*macch. ut.*), segatrice (*f.*) a nastro (per metalli).
— **saw sharpening machine** (*macchine ut.*, *met.*), affilatrice per seghe a nastro.
— **spectrum** (*fis.*), spettro a bande.
— **steel,** acciaio in nastri laminato a caldo.
— **-stop filter,** filtro arresta banda.
band switch (*radio*), commutatore di gamma.
— **width** (*radio*), larghezza (*f.*) di banda (d'un filtro).
banded clay, argilla (*f.*) stratificata.
— **structure** (*met.*), struttura a bande (con bande ferritiche parallele, nel senso della lavorazione).
bandfacer (*macch. ut.*), lisciatrice *f.*
banding machine (*tess.*), trecciatrice (per funi).
bands (*tip.*), codicelle (di cucitura dei fogli di un volume).
bandsawing machine (automatic —) (*macch. ut.*), segatrice automatica a nastro.
— **machine (metal horizontal —)** (*macch. ut.*), segatrice a nastro orizzontale (per il taglio dei metalli).
— **machine (metal vertical —)** (*macch. ut.*), segatrice a nastro verticale per il taglio dei metalli.
bandspread tuning (*radio*), sintonizzatore (*f.*) complementare.
bandwidth (*synchronizing of traffic signals*) (*op. research*), distanza massima percorribile da una auto a velocità a passo d'uomo, da una estremità di una strada all'altra, senza fermarsi al semaforo rosso, grazie alla sincronizzazione dei semafori.
Bangor, ardesia (*f.*) di Bango; (Galles); (termine usato per le ardesie provenienti dalla regione Carnarvou, che sono fra le migliori).
banister, ferro (*m.*) corrimano; (*costr.*), (termine usato nella Scozia), ringhiera *f.*
bank, serie *f.*; inclinazione (*f.*) laterale; gruppo di lampade (*cinem.*); rastrelliera *f.* (*tess.*); (*comm.*), banca *f.*; (*inform.*), banco di memoria.
— (*v.a.*) (*met.*), (*altoforno*), mettere in riposo.
— *v.i.* (*aereo*) inclinarsi in virata verso un punto cardinale.

bank a boiler, mettere fuori servizio una caldaia.
— **for International Settlements (BIS)** (*comm.*), Banca dei Regolamenti Internazionali (BRI) (Banca Internazionale dei Regolamenti).
— **indicator** (*aereo*), sbandometro *m.*
— **of...** (*mecc.*), batteria di...; serie di...
— **of cylinders,** bancata (*f.*) di cilindri.
— **of transformers,** batteria (*f.*) di trasformatori.
— **rate** (*finan.*), tasso ufficiale di sconto.
— **strike,** sciopero delle banche.
— **(to — with ailerons)** (*aereo*), virare (*v.i.*) con gli alettoni.
Banka tin, stagno degli Stretti, proveniente dalle Indie Olandesi, puro per il 99,75%.
banked curve, curva (*f.*) sopraelevata.
— **turn** (*aereo*), virata *f.*
— **-up water level,** pelo (*m.*) dell'acqua rigurgitata.
banking (*met.*), chiusura temporanea di un altoforno che viene alimentato col solo coke fino a che tutto il minerale si consuma; (*aereo*), sbandamento *m.*; (*orol.*), limitazione *f.*
— **curve,** curva (*f.*) di rigurgito.
— **pins** (*orol.*), spinette di limitazione.
— **terminal** (*inform.*), terminale bancario.
— **(electronic —)** (*inform.*), servizio elettronico bancario a domicilio.
bankproof machine (*banca*) (*inform.*), selezionatrice di assegni.
banksman, sorvegliante (*m.*) all'entrata di un pozzo di miniera.
baptesimal pool (*cost.*), fonte battesimale.
bar, unità di pressione (nel sistema C.G.S.) uguale a 750 mm di mercurio; baria *f.* (*fis.*); barra; asta; verga; pezzo da centrare; (*idr. geol.*), barra (banco specialm. alla foce di un fiume, che ostruisce la navigazione); v. **collecting —**; **power —**.
bar and tube turning machine, tornio (*m.*) per tubi e barre.
— **attachment by strap bolts,** attacco (*m.*) a staffa dei tiranti.
— **-bender,** incurvatrice (*f.*) per tondini; (*macch. ut.*), curvatrice per barre.
— **bending,** curvatura (*f.*) di tondini.
— **-bending machine** (*macch. ut.*), curvatrice (*f.*) per barre; curvatrice per tondini.
— **capacity** (*torni*), diametro passaggio barra.
— **chamfering and pointing machine** (*met.*), appuntatrice (*f.*) per barre.
— **code** (*inform.*), codice (*m.*) a barre.
— **-code reader** (*inform.*), lettore di codice a barre.
— **connection,** attacco (*m.*) delle aste.
— **copper,** rame (*m.*) in barre.
— **cropper** (*macch. ut.*), troncatrice per barre; troncabarre *f.*
— **cutter,** tagliabarre *m.*
— **drawing bench** (*met.*), banco per la trafilatura di barre.
— **feed capstan lathe** (*macch. ut.*), tornio a revolver con avanzamento automatico della barra.
— **feed mechanism** (*macch. ut.*), meccanismo (*m.*) di avanzamento alla barra.
— **gold,** oro (*m.*) in verghe.
— **ingot, billet shear** (*met.*), cesoia (*f.*) per billette, lingotti e barre.
— **iron,** ferro (*m.*) in barre.
— **joint,** attacco (*m.*) delle aste.
— **keel** (*naut.*), chiglia (*f.*) sporgente (*o* massiccia).
— **magnet,** barra (*f.*) calamitata.
— **of arch** (*cost.*), asta (*f.*) di traliccio dell'arco.
— **screw** (*orol.*), vite del ponte.
— **steadier** (*met.*), appoggio della barra (*laminatoio*).

bar timbering (*min.*), armatura (*f.*) con tavolato e travetti orizzontali.
— **tin,** stagno (*m.*) in verghe.
— **tool holder,** portautensile (*m.*) a barra.
— **turning peeling shop** (*met.*), impianto per la pelatura delle barre.
— **work** (*mecc.*), barra *f.*
— **-wound armature,** indotto (*m.*) in barre.
Barak, oleato ammonio dibutilico usato nell'industria della gomma.
baras camphor (*chim.*), borneolo *m.*
barbed wire, filo (*m.*) spinato; (*mil.*), reticolato *m.*; corda (*f.*) spinosa (*met.*).
barbette (*naut.*), barbetta *f.*
bare conductor (*elet.*), conduttore (*m.*) nudo.
— **electrode,** elettrodo (*m.*) nudo.
— **wire** (*elet.*), filo (*m.*) nudo.
— **rod** (*sald.*), bacchetta (*f.*) nuda.
bareller (U.S.A.), pozzo petrolifero (producente).
barge (*naut.*), bettolina *f.*; chiatta *f.*; (*2,680-ton capacity —*), bettolina della capacità di 2 680 t; (*— for transporting phosphate*), bettolina per trasporto di fosfati.
— **(case)** (*tip.*), cassa spaziatura.
bargeman, barcaiolo *m.*
barilla (*chim.*), residuo di ceneri di soda (*fabb. di carbonato di sodio*); soda impura.
barium (*chim.* = Ba), bario *m.*
— **acetate** (*chim.*), acetato (*m.*) di bario.
— **acid arsenate,** arseniato acido di bario.
— **acid oxalate,** ossalato acido di bario.
— **amylsulfate,** amilsolfato di bario.
— **arsenate,** arseniato di bario.
— **arsenide,** arseniuro di bario.
— **benzoate,** benzoato di bario.
— **bichromate,** bicromato di bario.
— **boride,** boruro di bario.
barium borotungstate, borotungstato di bario.
— **borowolframate,** wolframato di bario.
— **bromate,** bromato di bario.
— **bromide,** bromuro di bario, $BaBr_2$.
— **bromoplatinate,** bromoplatinato di bario.
— **butyrate,** butirrato di bario.
— **carbide,** carburo di bario.
— **carbonate,** carbonato di bario.
— **chlorate,** clorato di bario.
— **chloride,** cloruro di bario, $BaCl_2$.
— **-chloride bath,** bagno (*m.*) di cloruro di bario.
— **chloroplatinate,** cloroplatinato di bario.
— **chromate,** cromato (*m.*) di bario.
— **citrate,** citrato di bario.
— **cyanide,** cianuro di bario.
— **cyanoplatinate,** cianoplatinato di bario.
— **dichromate,** bicromato di bario.
— **dioxide,** biossido di bario.
— **dust,** (*ind. gomma*), polvere di solfato di bario.
— **ethyl sulfate,** etilsolfato di bario.
— **ferrocyanide,** ferrocianuro di bario.
— **fluoride,** fluoruro di bario, BaF_2.
— **fluosilicate,** fluosilicato di bario.
— **formate,** formiato di bario.
— **hydrosulfide,** idrosolfuro di bario.
— **hydroxide,** idrossido di bario.
— **hypochlorite,** ipoclorito di bario.
— **hypophosphate,** ipofosfato di bario.
— **hypophosphite,** ipofosfito di bario.
— **iodate,** iodato di bario.
— **iodide,** ioduro di bario.
— **lactate,** lattato di bario.
— **malate,** malato di bario.
— **manganate,** manganato di bario.

barium metaphosphate, metafosfato di bario.
— **metatungstate,** metatungstato di bario.
— **molybdate,** molibdato di bario.
— **monosulfide,** monosolfuro di bario.
— **nitrate,** nitrato di bario.
— **nitrite,** nitrito di bario.
— **oleate,** oleato di bario.
— **orthomonophosphate,** ortomonofosfato di bario.
— **oxalate,** ossalato di bario.
— **oxide,** ossido di bario.
— **palmitate,** palmitato di bario.
— **perchlorate,** perclorato di bario.
— **permanganate,** permanganato di bario
— **peroxide,** perossido di bario.
— **persulfate,** persolfato di bario.
— **phenolsulfonate,** fenolsolfonato di bario.
— **phosphite,** fosfito di bario.
— **platinochloride,** platinocloruro di bario.
— **platinocyanide,** platino-cianuro di bario.
— **propionate,** propionato di bario.
— **pyrophosphate,** pirofosfato di bario.
— **salicylate,** salicilato di bario.
— **selenate,** selenato di bario.
— **silicate,** silicato di bario.
— **silicide,** siliciuro di bario.
— **stearate,** stearato di bario.
— **succinate,** succinato di bario.
— **sulfate,** solfato di bario.
— **sulfide,** solfuro di bario.
— **sulfite,** solfito di bario.
— **tartrate,** tartrato di bario.
— **tetrasulfide,** tetrasolfuro di bario.
— **thiocyanate,** tiocianato di bario.
— **thiosulfate,** tiosolfato di bario.
— **titanate,** titanato di bario.
— **trisulfide,** trisolfuro di bario.
— **tungstate,** tungstato di bario. $BaWO_4$.
bark, corteccia *f.*; (*met., acciaio*), pelle decarburata.
— **scraper,** ferro per scortecciare (alberi).
bark stripping machine, scortecciatrice *f.*
Barkausen effect (*magn.*), effetto (*m.*) Barkhausen.
— **oscillator** (*radio*), oscillatore (*m.*) di Barkausen.
— **-Kurz oscillations** (*radio*), oscillazioni (*f. pl.*) Barkausen-Kurz.
barked wood (*carta*), legno (*m.*) scortecciato.
barking (*auto.*), suono delle esplosioni causate nelle esplosioni nella marmitta di scarico.
barn (*fis. atom.*), barn *m.* ($= 10^{-24}$ cm^2); (*cost.*), fienile *m.*; granaio *m.*
— **hay drying** (*agr.*), essiccazione del foraggio nel fienile.
barns/atom (*fis. atom.*), barns/atomo ($1\ b = 10^{-24}\ cm^2$).
barodynamics, barodinamica *f.*
barogram, barogramma *m.*
barograph, barografo *m.*
baroluminescence, baroluminescenza *f.*
barometer, barometro *m.*
barometric gradient, gradiente (*m.*) barico.
— **pressure,** altezza barometrica; pressione barometrica.
baros camphor (*chim.*), borneolo *m.*
barothermograph, barotermografo *m.*
barque (*naut.*), brigantino a palo.
barquentine (*naut.*), nave (*f.*) goletta.
barracks (*costr.*), caserma (*f.*).
barrage (*idraul.*), sbarramento *m.*; diga *f.*
— **balloon,** pallone (*m.*) di sbarramento.
barrel, serbatoio (di penna stilog.); botte (*f.*) di legno; affusto *m.* (di utensile); canna (*f.*) (di fucile); (*orol.*) barile *m.*; bariletto (*orol.*); tamburo (di un micrometro); capacità di 5 m^3 (*naut.*); (*galv.*) barile *m.*; (*galv.*) botte *f.*; (*galv.*) tamburo *m.*; rotogalvano *m.* (*galv.*); misura per vino, olio, ecc. (= 31½ galloni), per liquori (= 36 galloni); (*petrolio*), barile (unità

di volume = 0,158984 m^3; *abbrev.*: **bbl**); (*tess.*) anima di rocchetto.
barrel (to —), burattare *v.a.* (trattare minuteria al tamburo) (*galvanotecnica*).
— **arbor** (*orol.*), albero tamburo.
— **arbor hook** (*orol.*), gancio dell'albero del bariletto.
— **bar** (*orol.*), ponte del bariletto.
— **elevator**, elevatore (*m.*) per botti.
— **(type) engine**, motore (*m.*) assiale.
— **finish (to —)** (*gal.*), rifinire (*o* finire) alla botte (*o* tamburo).
— **finishing** (*galv.*), rifinitura (*o* finitura) alla botte; finitura al buratto.
— **finishing department** (*galv.*), reparto di rifinitura alla botte.
— **hoist**, montafusti *m.*
— **locking lever** (*armi*), leva di bloccaggio della canna.
— **-mile** (*petrolio*), barili (*m. pl.*) trasportati per miglio.
— **nickel plating**, nichelatura (*f.*) brillante.
— **of the wheel** (*naut.*), tamburo (*m.*) di ruota.
— **plating**, burattare (in rotogalvano) (trattare la minuteria al tamburo) (*galvanotec.*).
— **polishing** (*gal.*), lucidatura (*f.*) al tamburo.
— **pump**, pompa di travaso.
— **roll** (*acrobazia aerea*), vite orizzontale (frullo); tonneau *m.*
— **shaped double flanged bobbin** (*tess.*), rocchetto (*m.*) bombé.
— **vault**, volta (*f.*) a botte.
— **winding** (*elet.*), avvolgimento a tamburo.
— **(plain —)** (*armi*), canna liscia.
barrelling circuit, batteria (*f.*) di buratti (*o* di rotogalvani).
— **station**, deposito barili (*o* fusti) petrolio.
barren sand, sabbia (*f.*) sterile.
barretter (*radio-elet.*), valvola autoregolatrice.
barrier (*elet.*), materiale isolante (di trasformatori); (*fis. atom.*), barriera *f.*; muro *m.*; barriera (*f.*) di potenziale; (*fiumi*) chiusa *f.*
barriers (road traffic entrance —) (*traffico stradale*), cancelli di entrata di autostrada.
barring (*elet.*), messa in moto; avviamento *m.*; v. **call —** (*tel.*).
— **-down** (*min.*), disgaggio (di sicurezza) (operazione di rimozione con la barramina, delle rocce pericolanti, carbone e minerali, dal tetto e dai lati del cantiere).
— **gear**, arpionismo (*m.*).
barrow, carriuola *f.*
bars (*min.*), travetti *m. pl.* (per centina); barre (*f. pl.*) della caldaia.
barycentre (*geom.*), baricentro *m.*
barye, dyn/cm^2 (unità di pressione del sistema CGS).
barrister (at-law) (*leg.*), avvocato.
baryon (*fis. atom.*), barione *m.* (nome dato ai fermioni pesanti o nucleoni o iperoni).
baryta (*chim.*), protossido di bario.
— **calcined**, ossido di bario; barite *f.*
— **green**, verde di barite; verde manganese.
— **yellow**, giallo (*m.*) di barite; (*chim.*), solfato di bario.
barytes, barite *f.*
barytine, baritina *f.*
barytron (*fis. atom.*), baritrone *m.* (mesone pesante).
bas-relief, lavoro (*m.*) in rilievo.
basal crack (*met.*), cricca di fondo (cricca a caldo, sulla faccia di base di un lingotto).
basalt, basalto *m.*
basaltic tuff, tufo (*m.*) basaltico.
bascule barrier (*ferr.*), barriera (*f.*) levatoia (passaggi a livello).
— **bridge** (*cost.*), ponte (*m.*) a bilico.
base (*chim.*), base *f.*; platea; basamento *m.* (di muro, zoccolo).
— **address** (*inform.*), indirizzo di base.

base angle, angolo (*m.*) adiacente alla base.
— **circle** (*ingr.*), cerchio (*m.*) di base.
— **frequency** (*inform.*), frequenza di base.
— **line** (*agrim.*), linea (*f.*) di base.
— **load** (*elet.*), carico base.
— **-moulding,** cornice (*f.*) dello zoccolo.
— **of column** (*cost.*), piede (*m.*) di una colonna; zoccolo (*m.*) di colonna.
— **of the rail** (*ferr.*), base (*f.*) (*o* piede) della rotaia.
— **ore,** minerale (*m.*) ignobile.
— **-plate** (*mecc.*), piastra (*f.*) di fondazione.
— **register** (*inform.*), registro di base.
— **tank** (*aereo*), serbatoio (*m.*) di base.
— **-ventilated enclosed motor,** motore (*m.*) chiuso con ventilazione della base.
— **year** (*comm.*, *finan.*), anno di riferimento.

Basel blue, blue di Basilea (*tintura*).

basement (*cost.*), sotterraneo *m.* (cantina); scantinato.

baseplate, piastra di base; zoccolo.

BASIC (*inform.*), linguaggio di programmazione principale per microcalcolatori, che mette in grado l'utente di sviluppare il suo programma con il contatto diretto con il compilatore del computer. È stato realizzato dall'Università americana di Dartmouth.

basic *agg.*, basico; di base.
— **alum,** allume (*m.*) basico.
— **blue,** blue basico.
— **carbonate,** carbonato basico.
— **colours,** colori (*m. pl.*) basici.
— **copper acetate,** acetato basico di rame; verderame.
— **covering** (*sald.*), rivestimento (*m.*) basico.
— **dyes,** colori basici.

basic electrode (*sald.*), elettrodo (*m.*) a rivestimento basico.
— **loading** (*elet.*), sovraccarico massimo.
— **material,** materiale (*m.*) di base.
— **model** (*auto*), modello normale (non super, nè di lusso).
— **molybdate,** molibdato di ammonio.
— **oxide,** ossido (*m.*) basico.
— **oxygen furnace** (*met.*), convertitore LD.
— **oxygen steelmaking plant** (*met.*), acciaieria a ossigeno.
— **pig,** ghisa (*f.*) Thomas.
— **pig iron,** ghisa (*f.*) basica.
— **pitch** (*inform.*), passo di base (spaziatura orizzontale di base).
— **refractory** (*met.*, *refrattari*), refrattario basico.
— **roof** (*forni met.*), volta basica.
— **salary** (*retribuzione*), stipendio di base.
— **slag,** scoria basica.
— **steel,** acciaio (*m.*) basico.
— **trainer** (*aereo*), addestratore (*m.*) basico.
— **wage,** salario (*m.*) base.

« basic » system (*a combination consisting of a receiver, a pair of speaker systems and a record-playing system*) (*audio*), coordinato « base » (abbinamento di un amplificatore, una coppia di diffusori e un sistema di giradischi).

basify (*v.a.*) (*chim.*), rendere basico.

basil, pelle di pecora non ancora tinta.
— **oil,** olio (*m.*) di basilico.

basin (*med.*), ondina per lavaggi oculari; (*naut.*), bacino *m.*

« basis » brass, ottone, con 63% di rame e 37% di zinco.
— **weight** (*carta*), peso base di una risma di carta [una risma = 500 fogli in America e 516 in Inghilterra (*printer's ream*)].

basket, cesta *f.*; cestello *m.*
— (*or* **car**) (*aer.*), navicella *f.* (del pallone).

basket coil (*radio*), bobina (*f.*) a fondo di paniere.
— **weave** (*tess.*), armatura (*f.*) panama.
— **-wound coil** (U.S.A.) (*radio*), bobina a fondo di cesto (o di paniere).
bass-boosting (U.S.A., *radio*), sistema di compensazione a bassa frequenza.
— **reflex speaker (system)** (*audio*), diffusore del tipo bass reflex.
basse-taille enamelling, smaltatura (*f.*) a bassorilievo.
bassorin (*farm.*), gomma (*f.*) adragante.
basswood, Tiglio (*m.*) americano (*Tilia glabra*).
— **oil,** essenza (*f.*) di tiglio americano.
bastard, *agg.* (*met.*, *mecc.*), ibrido (di superficie metallica) (*met.*); bastardo (di lime, ecc.) (*mecc.*).
— **cut,** taglio (*m.*) bastardo (di lima).
— **file,** lima (*f.*) a taglio bastardo; lima (*f.*) bastarda.
— **statuary,** marmo (*m.*) statuario (con venature grigie).
— **thread,** filettatura (*f.*) bastarda (che non si conforma con le misure normali in uso).
baste (*tess.*), imbastire *v.a.*
basting cotton (*tess.*), cotone (*o* filo) da imbastire.
— **thread,** filo per imbastire.
Bastoff (*chim.*), bromacetone (gas bellico).
bastose, cellulosa (*f.*) di iuta.
bat (*tess.*), tela di battitoio per cardatura; (*ceram.*), mattonella di argilla di materiale refrattario prima della cottura.
batavia twill (*tess.*), armatura (*f.*) batavia.
batch, gruppo (*m.*) di macchine; quantità di materiali prodotti o lavorati in un'operazione; operazione; gruppo (*di cristalli*); serie (*di operazioni, esperimenti, ecc.*); discontinuo (*chim.*) *usato come agg.* p. es. a *batch hydrogenation*, (una idrogenazione discontinua); contenuto di una benna (*cemento*); carica (*f.*) intermittente di petrolio in un oleodotto; (*gomma*), mescola *f.*; (*vernici, smalti*), carica (quantità di materiali usata per una sola operazione); v. **master** —; (*inform.*), gruppo di programmi; sistema di elaborazione (v. — **processing**).
batch by batch, a strati (*m. pl.*).
— **by weight,** dosare a peso.
— **distillation** (*ing. chim.*), distillazione discontinua.
— **furnace,** forno (*m.*) intermittente.
— **-oriented** (*inform.*), orientato verso elaborazione a lotti.
— **patenting** (*trattamento termico*) (*met.*), patentamento mediante immersione.
— **processing** (*informatica*), elaborazione a lotti; elaborazione sequenziale; (*inform.*), elaborazione « batch » (elaborazione differita, per cui un programma inizia quando termina il programma precedente).
— **production,** produzione (*f.*) in serie; produzione in piccola serie.
— **terminal** (*inform.*), terminale per l'elaborazione a lotti.
— **-type furnace,** forno (*m.*) discontinuo.
— **-winding** (*elet.*), avvolgimento (*m.*) a focaccia.
— **wise** *avv.* ogni tanto; dopo un ciclo di operazione.
— **(of oil),** quantità *f.* (di olio).
— **(to —)** (*inform.*), raggruppare.
batching (*tess.*), aggiunta di olio a materie tessili per facilitare la filatura; oliaggio (*tess.*); riduzione dello splendore della fibra (*tess.*); dosaggio *m.*; (*inform.*), raggruppamento di lotti.
— **by weight,** dosaggio (*m.*) a peso.
— **the jute** (*tess.*), oliaggio della iuta.

batching, vedi: **volume —.**
batchwise *avv.*, a piccole quantità; con piccoli campioni.
bate, soluzione (*f.*) fermentante per ammorbidire le pelli.
— **to** (*pelli*), bagnare (immergere) le pelli in una soluzione fermentante.
batea (*min.*), piatto per lavaggio di minerali di pregio.
bath, bagno *m.*; massa di metallo fuso.
— **annealing** (*met.*), ricottura in bagno di sali.
— **depth** (*met.*), profondità del bagno.
— **-heater,** scaldabagno *m.*
— **metal,** ottone (*m.*) per getti.
— **stability** (*chim.*), stabilità (*f.*) del bagno.
bathometer (*ocean.*), batometro *m.*
bathotonic *agg.*, batotonico (che tende ad abbassare la tensione superficiale dell'acqua).
bathymeter (*ocean.*), batimetro *m*
bathymetry (*ocean.*), batimetria *f.*
bathyscaph (*naut.*), batiscafo *m.*
bathysphere, batisfera *f.*
bating (*pelli*), bagnatura delle pelli, precedente alla concia, in una soluzione fermentante, onde rendere le pelli morbide e lisce; (*min.*) abbassamento del piano di scavo.
batiste (*tess.*), batista *f.*
batten, correntino *m.*; listello; (*tess.*), battente *m.* (o cassa *f.*); (*illum.*), fila di lampade (per illuminazione di palcoscenico); luci di ribalta.
— **floor,** pavimento (*m.*) di tavole.
— **plate** (*costr.*), asta (*f.*) calastrellata.
battens (cargo —) (*naut.*), fasciame a giorno; serretta *f.*
— **wall,** parete (*f.*) d'assicelle.
battened partition, parete (*f.*) d'assicelle.
batter (*tip.*) (*tess.*). carattere danneggiato (*tip.*), porta spole *m.* (*tess.*),

battery, serie *f.* (di macchine utensili); pila (*elet.*); batteria *f.*, accumulatore *m.* (*elet.*).
— **acid** (*chim.*), acido solforico.
— **booster** (*ing. elet.*), dinamo *f.*; survoltrice.
— **case** (*elet.*), cassetta (*f.*) di accumulatore.
— **charger** (*elet.*), caricatore (*m.*) di accumulatori.
— **charging generator,** dinamo (*f.*) di carica.
— **circuit,** circuito (*m.*) di pila.
— **coil ignition** (*auto*), spinterogeno (*m.*)
— **-driven set,** apparecchio (*m.*) radio alimentato ad accumulatore.
— **-eliminator** (*radio*), apparato per sostituire le batterie (in un apparecchio radio che funzioni a batteria).
— **factory,** fabbrica di accumulatori.
— **filling** (*auto*), riempimento (*m.*) della batteria.
— **gauge,** galvanometro per prova di batterie.
— **ignition,** accensione (*f.*) a batteria.
— **manganese,** biossido (*m.*) di manganese.
— **meter,** contatore (*m.*) di batteria.
— **of bottle cells,** pila (*f.*) a bottiglia.
— **-operated electro-mechanical oscillator,** oscillatore (*m.*) elettro-meccanico a batteria.
— **-operated shaver,** rasoio (*m.*) a batteria.
— **-operated vehicle,** carrello a batteria.
— **plate,** piastra (*f.*) di accumulatore.
— **plate terminal,** piastra (*f.*) di raccordo per batteria.
— **powered miners' caplamp,** lampada da minatore a batteria fissata al copricapo.
— **stop,** contatto (*m.*) di pila.
— **syringe** (*auto*), siringa per accumulatori.

battery vehicles (*elet.*), veicoli ad accumulatori.
— **works** (*elet.*), fabbrica di accumulatori.
batting, ovatta *f.*
battle-wagon (*slang*) (U.S.A.), nave (*f.*) da battaglia.
battleship, nave (*f.*) da battaglia; nave (*f.*) da guerra.
Baud (*teleg.*), baud *m.* (unità di velocità di trasmissione telegrafica cifrata).
Baumé, Baumé.
bauxite (*min.*), bauxite *f.*
bay (*arch.*), riquadro (*m.*); campata *f.* (di ponte); (*aereo*), parte di fusoliera fra due piastre adiacenti; parte anteriore.
— **of wall** (*cost. civ.*), maschio (*m.*) di un muro.
— **oil,** essenza di bay.
— **quoin** (*cost.*), spigolo (*m.*) smussato.
bayonet cap (*elet.*), zoccolo (*m.*) a baionetta; (*ill.*), attacco (*m.*) a baionetta.
— **-clutch,** giunto (*m.*) a baionetta.
— **plunger,** pistone (*m.*) tuffante a baionetta.
— **-socket,** armatura (*f.*) a baionetta; zoccolo a baionetta.
bazooka (*mil.*) (U.S.A.), lanciarazzi (*m.*) anticarro.
be (to —) run into (*auto*), essere investito; essere tamponato.
— **lagging,** *v.i.* essere in ritardo (di corrente).
— (*v.a.*) **worn out,** logorarsi (*v.r.*).
beach erosion, erosione (*f.*) delle coste.
— **-head** (*mil.*), testa di ponte (sulla spiaggia).
— **wagon** (U.S.A.) (*auto.*), giardinetta *f.*
beacon, faro *m.*; fanale *m.*; palina *f.* (*agrim.*).
— **transmitter,** radiofaro (*m.*).
beaconing, segnalazione di navigazione (*naut.*); segnalazione con aerofari (*aereo*).
bead, soffiatura nel ferro saldato; goccia di fondente (specialm. di ossido di borace) per prove al cannello; traccia di metallo di aggiunta (*saldatura*); granello d'oro (o argento) ottenuto per coppellazione; tratto grosso del filato; (*auto*), anello interno di protezione; tallone di copertone; perla *f.*; cordone (*m.*) di saldatura.
bead *v.a.* rivoltare (*v.a.*) il bordo.
— **crack** (*sald.*, *met.*), cricca sotto cordone.
— **tube,** tubo (*m.*) a perle di vetro.
— **weld** (U.S.A.), saldatura (*f.*) a cordone.
beaded material (*tess.*), tessuto (*m.*) perlato.
beading, listello (*m.*) di pavimento; (*vernici, smalti*), orlatura (applicazione di smalto liquido agli orli di vasi, ecc.).
— **enamel,** smalto (*m.*) per orlature.
— **machine** (*mecc.*), orlatrice *f.*; bordatrice; (*smalti*), macchina (*f.*) per orlare.
beak iron, bicorno *m.* (di incudine).
beaker, matraccio *m.*
beam, subbio *m.* (*tess.*); bure *f.* (*aratro*); catena *f.* (*cost.*); trave *f.*; baglio *m.* (*aereo*) (*naut.*); portata effettiva di microfono o altoparlante (*radio*); bilanciere *m.*; albero (*m.*) portante (*mecc.*); (*naut.*), larghezza di una nave; fascio *m.* (*di raggi, fotoni ecc.*).
— **aerial,** antenna (*f.*) a fascio.
— **antenna** (*radio*), antenna (*f.*) a fascio; antenna direttiva.
— **bar** (*tess.*), bacchetta del subbio.
— **bottoms** (*pl.*); **bottom boards,** tavole (*f. pl.*) di fondo (per l'armatura delle travi, nel cem. armato).
— **builder** (*astron.*), macchina completam. automatizzata, a bordo della navetta spaziale, (*specie di robot*) che serve per la produzione di componenti per stazioni spaziali, piattaforme spaziali, ecc.

beam compass, compasso (*m.*) a verga (usato col gesso).
— **dyed** (*tess.*), tinto in subbio.
— **-engine,** bilanciere *m.*; macchina (*f.*) a bilanciere.
— **of light** fascio luminoso; raggio luminoso.
— **of photons,** fascio (*m.*) di fotoni.
— **of rays,** fascio (*m.*) di raggi.
— **pentode,** pentodo (*m.*) a fasci elettronici.
— **power-amplifier tube** (*radio*), valvola di potenza a fascio.
— **sides,** tavole (*f. pl.*) di sponda (per l'armatura delle travi).
— **store** (*inform.*), memoria a fascio elettronico.
— **supported at both ends,** trave (*f.*) appoggiata alle estremità.
— **tetrode,** tetrodo (*m.*) a fasci elettronici.
— **transmitting station,** stazione (*f.*) ad onde dirette.
— **tree,** baccarello *m.* (albero).
— **truck** (*tess.*), carrello del subbio.
— **tube,** tubo (*m.*) termoelettrico a fascio.
— **warper** (*tess.*), orditoio *m.*
— **warping** (*tess.*), orditura (*f.*) a cilindri.
— **weapon** (*mil.*), arma con « raggio della morte ».
— **well** (*petrol.*), pozzo pompato per mezzo di bilanciere.
— **(to —),** irradiare (p. es. chiamate telefoniche tramite un satellite); (*satelliti*), trasmettere; irraggiare (programmi, ecc.).
— **a message via a satellite,** trasmettere un messaggio tramite satellite.

beamer (*tess.*), orditoio *m.*; montatore della catena.

beamhouse, reparto di conceria per lavaggio, depilazione ecc. delle pelli prima della concia.

beaming (*tess. cotone*), montaggio *m.* (operazione con la quale l'ordito viene distribuito sul tamburo); concentrazione *f.*

beamy, *agg.* (*naut.*), avente larghezza al traverso notevole.

bean separator (*agric.*), separatore (*m.*) per fagioli.

bear, *v.a.* reggere; sostenere.
— pelliccia (*f.*) di orso.
— **cat** (*petrol.*), pozzo di alta produzione; cinghia di canavaccio.
— **frame,** incastellatura (*f.*) a collo d'oca.

beard (*bot.*), barba *f.* (del grano di frumento); (*tip.*), bianco alla base.

bearded radiator (*slang*) (*aereo*) (U.S.A.), radiatore sporgente in basso (sotto il musone dell'aereo).

bearer (detto anche **cleat**), travicello (*m.*) di sostegno (cem. armato).

bearing, cuscinetto *m.*; sopporto *m.*; reggipunta *m.*; rilevamento (*m.*) colla bussola; azimut (*top.*); giacimento *m.*; portata *f.*; appoggio *m.*; influenza; (*mecc.*), supporto di albero.
— **-axle,** albero (*m.*) portante.
— **block,** cuscinetto *m.*
— **box** (*mecc.*), scatola del cuscinetto.
— **bracket,** braccio (*m.*) del sopporto.
— **bush,** cuscinetto (*m.*) di appoggio.
— **cap,** coperchio (*m.*) del sopporto.
— **collar** (*mecc.*), collo di cuscinetto.
— **foot,** piede (*m.*) del sopporto.
— **friction,** attrito (*m.*) dell'appoggio.
— **metal,** metallo (*m.*) da cuscinetti; metallo antifrizione.
— **of a beam,** appoggio (*m.*) della trave.
— **of spindle,** sostegno (*m.*) del mandrino.
— **of the cross-head pin,** sopporto (*m.*) dell'asse della testa a croce.
— **plate,** piastrina (*f.*) di appoggio; (*aereo*), derivometro *m.*

(apparecchio che determina l'orientamento di un oggetto, riferito all'asse long. dell'aeroplano); « plateau ».
bearing points, punti (*m. pl.*) portanti.
— **pressure,** pressione (*f.*) di appoggio.
— **projector** (*aereo*), proiettore (*m.*) d'atterraggio.
— **pulley,** puleggia (*f.*) portante.
— **rib** (*ferr.*), spalla (*f.*) d'appoggio.
— **shoe,** lunetta (*f.*) di cuscinetto.
— **spring,** molla (*f.*) di sospensione.
— **steel** (*met.*), acciaio per cuscinetti.
— **surface** (*mecc.*), superficie di rotolamento; superficie delle sfere (di cuscinetti); superficie d'appoggio; piano (*m.*) di fondazione (*costr.*).
— **wall,** muro (*m.*) di sostegno; muro (*m.*) portante.
— **(the — seizes),** il sopporto si ingrana.
bearings (*aereo*), linee (*f. pl.*) di posizione.
beat (*radio*), battimento (*m.*); pulsazione *f.*
— **frequency** (*radio*), frequenza (*f.*) di battimenti; battimento di frequenza.
— **-frequency audio oscillator** (*radio*), oscillatore a battimento per audiofrequenze.
— **indicator,** indicatore (*m.*) di battimenti.
— **note,** nota (*f.*) di battimenti.
— **receiver** (*radio*), supereterodina *m.*
— **reception** (*radio*), cambiamento (*m.*) di frequenza; ricezione ad eterodina.
— (*v.a.*) **the record,** battere il record; battere il primato.
beaten gold, oro (*m.*) battuto.
beater, battente di battitoio *m.* (per cotone); agitatore *m.*; (*min.*), v. **stemmer.**
— **chamber** (*tess.*), sala (*f.*) di battitura.
beater shaft, albero (*m.*) degli agitatori.
beating, fenomeno (*m.*) di battimenti (*radio*); battitura (*tess.*); spadatura (*f.*) del lino (*tess.*); pestatura (in generale).
— **current** (*radio*), corrente (*f.*) di battimenti; corrente oscillatoria.
— **engine** (*tip.*), olandese *f.*
— **-up** (*tess.*), unione della trama inserita al tessuto.
— **up the girl friend** (*slang*: U.S.A.) (*aereo*), prime forme di esibizionismo aereo (cioè: rimanere sopra la casa dell'amica del pilota; *to stand over the home of the pilot's girl friend*).
Beaufort scale, scala (*f.*) di Beaufort.
beautician, estetista *m.*
beauty consultant, estetista *m.*
beaver, castoro *m.*
— **cotton,** flanella (*f.*) di cotone.
beaverteen (*tess.*), mollettone (*m.*) di cotone.
beck, allargare *v.a.*
— **iron,** bicorno (*m.*) (di incudine).
becket, stroppo di sospensione.
becking mill, laminatoio (*m.*) allargatore (per tubi).
become thick, prendere (*v.i.*); rappigliare (di cemento).
becquerel cell, cella (*f.*) fotochimica.
— **rays,** raggi (*m. pl.*) di elementi radio-attivi.
bed, banco *m.* (del tornio); letto (di fiume); platea *f.* (*cost.*); deposito *m.*; giacimento *m.* (*min.*); zoccolo *m.*; supporto (di rulli, di nastro trasportatore); banco di sostegno (*min.*); v. **fluid —** (*min.*); **high-water —** (*idraul.*); **minor —** (*idraul.*); **pig —** (*met.*); **steam-fluidized —.**
— **bearers** (*tip.*), guide di scorrimento.
— **blending** (*min.*), omogeneizzazione su cumulo.
— **coke** (*met.*), coke di dote.

bed die (*mecc.*), matrice *f.*
— **length** (*tornio*), lunghezza (*f.*) del banco.
— **-net,** rete protettiva antizanzare applicabile al letto.
— **of the bowsprit** (*naut.*), ruota (*f.*) di prua.
— **of the sight,** zoccolo dell'alzo.
— **plate,** piastra (*f.*) di fondazione; tavola (*f.*) per fissare i pezzi (*mecc.*).
— **rock** (*min.*), roccia (*f.*) di letto.
— **slides,** guide (*f. pl.*) del banco.
— **slide-way** (*macch. ut.*), guida (*f.*) di scorrimento del banco.
— **with gap, banco** (*m.*) **con incavo (tornio).**
— **(dry cooling —)** (*centrali nucleari*), letto di raffreddamento a secco.
— **(to — the line)** (*ferr.*), inghiaiare (*v.a.*) il binario.
bedded-in (*ing.*), accomodamento *m.*; aggiustamento esatto di un supporto con il suo albero.
— **-in moulding** (*fond.*), formatura (*f.*) a sagoma.
bedding (*geol.*), giacimento *m.*; (*min.*), omogeneizzazione (del minerale frantumato e vagliato).
— **ore** (*met.*), minerale di omogeneizzazione.
— **(sized-ore —)** (*min.*, *met.*), omogeneizzazione della pezzatura.
bedside table lamp, lampada (*f.*) da comodino.
bedstone, blocco (*m.*) in pietra.
bee-keeper, apicoltore *m.*
— **-smoker, pipa da apicoltore.**
— **-veil,** maschera a velo (per apicoltori).
beech nut oil, olio (*m.*) di faggine.
beef up (U.S.A.), rinforzare (*pillars have been beefed up*, i montanti sono stati rinforzati).
— **(to — up a plane)** (*aereo*) (U.S.A.), rinforzare parti di aeroplano, che si sono dimostrate deboli nel collaudo.
beefalo (*cattle crossed with bison*), bestiame incrociato con bisonte.
beehive oven (*met.*), forno (*m.*) ad alveare.
beep (*inform.*), segnale sonoro (bip).
— **(to —),** emettere un suono (*bip*) caratteristico, simile ad una rapida ripetizione di « bi » (p. es. di telef., satelliti, sveglie elettron., dispositivi elettron. sulle automobili per segnalare guasti o distrazioni, ecc.).
beeper (*astron.*) (*slang*, USA), capo di missione con telecomando.
beer, birra *f.*; portata *f.* (*tess.*); fascio (*m.*) di fili.
— **-barrel cavity** (*elet.*), cavità a barile.
— **stone** (*fabb. birra*), deposito di ossalato di calcio (che si forma sulla superf. di recipienti a lungo contatto con la birra).
beeswax, cera (*f.*) d'api.
beet harvester (*agr.*), raccoglibietole *f.*
— **sugar,** zucchero (*m.*) di barbabietola.
beetle, mazzuolo per imbottitura; materiale plastico brevettato; molino (*m.*) a pilloni (*tess.*).
befoul (to —) *v.a.*, insudiciare (*the banks of the Thames river were befouled by 2000 gallons of oil spilled by the tanker*), le rive del Tamigi furono insudiciate da 2000 galloni di petrolio usciti dalla petroliera.
begin the works (*ferr. ecc.*), dare il via ai lavori.
behave (to —), *v.i.* (*chim.*), comportarsi (*v.r.*); funzionare.
— **chemically,** comportarsi chimicamente.
behaviour (*chim.*), comportamento *m.*; funzionamento.
— **of the suspended structure** (*cost.*), comportamento della struttura sospesa.
— **under thermal shock of cast irons** (*met.*), comportamento (resistenza) all'urto termico delle ghise.

behaviour (buckling — of a spherical shell) (*mecc.*), comportamento alla flessione per compressione di un guscio sferico.
— **(recrystallization — of Ni-Ta alloys)** (*met.*), comportamento alla ricristallizzazione delle leghe Ni-Ta.
behavioural sciences (*organ.*), scienze comportamentistiche (che trattano il comportamento umano, *p. es.* la psicologia).
— **scientist,** scienziato in scienze comportamentistiche.
behind schedule (*lavori*), in ritardo (d'esecuzione).
— **(to be —),** essere in ritardo di esecuzione (strade, opere varie, ecc.).
bel (*acust.*), bel *m.*
belaying pin (*naut.*), caviglia *f.*
Belgian slag, scoria (*f.*) Thomas.
bell, campanello *m.*; campana *f.*
— **annealing furnace** (*met.*), forno a campana di ricottura.
— **armature,** indotto (*m.*) a campana.
— **cap** (*distillaz.*), campana (*o* coppella) di piatti (di distillazione frazionata).
— **character** (*inform.*), carattere di richiamo.
— **-cast roof,** tetto (*m.*) a campana.
— **chuck,** piattaforma (*f.*) a viti (coppaia).
— **crank,** leva *f.*
— **electrometer** (*elet.*), elettrometro a campana.
— **frame,** castello (*m.*) di campane.
— **furnace** (*met.*), forno a campana.
— **housing** (*auto*), scatola per frizione.
— **-less top** (*met.*), dispositivo (*chute with neoprene-sealed valve*) per altoforni in sostituzione della campana, per aumentare la produzione e ridurre l'energia.
— **metal,** metallo (*m.*) per campane.
bell-mouth (*tubi, ecc.*), scampanatura *f.*
— **-shaped dome** (*cost. civ.*), cupola (*f.*) a campana.
— **-shaped reamer,** allargatoio (*m.*) a campana.
— **transformer,** trasformatore (*m.*) per soneria.
— **-type furnace,** forno (*m.*) del tipo a campana; forno (*m.*) di ricottura a campana.
belladonna (*med.*), belladonna *f.*
belled entrance (*mecc.*), entrata a bicchiere (p. es. di una filiera).
bellite (*chim.*) (*min.*), bellite *f.* (miscela esplosiva usata nelle miniere di carbone).
bellows, soffietto *m.* (di macchine fot.); soffietto *m.* (di fabbro); mantice *m.*
— **-actuated type** (*macch. idraul., mecc.*), del tipo a soffietto (*o* a mantice).
bell's eye (*arch.*), occhio *m.* (di bue).
belly, *m.* ventre (di altoforno); (*acust.*), cassa (*di strumento musicale*).
— **brace,** girabecchino *m.*
— **landing** (*slang*) (*aereo*) (U.S.A.), atterraggio (*m.*) di fortuna.
— **of pallets** (*orol.*), corpo dell'àncora.
below-grade structure (*cost.*) (U.S.A.), opera (*f.*) interrata (o al di sotto del livello stradale).
— **-work** (*cost.*) (U.S.A.), lavori (*m. pl.*) in fondazione (o nel sottosuolo).
belt, cinghia *f.*; nastro (trasportatore) (di trasportatori).
— **carrier system,** sistema trasportatori a cinghia.
— **conveyor,** trasportatore (*m.*) a nastro; convogliatore a nastro.
— **-disc,** disco (*m.*) per cinghia.
— **drive,** trasmissione (*f.*) a cinghia; comando (*m.*) a cinghia.
— **driven machine,** macchina (*f.*) azionata mediante cinghia.
— **-driven mixer,** impastatrice (*f.*) azionata a cinghia.
— **driven riveter,** chiodatrice (*f.*) a cinghia.

belt-driven turntable (*audio*), giradischi a cinghia.
— **fastener,** fibbia (per cinghie); fermaglio (per cinghie); graffa *f.*
— **feed** (*arm.*), alimentazione (*f.*) a nastro.
— **gear,** rinvio (*m.*) a cinghia.
— **gearing,** trasmissione (*f.*) a cinghia.
— **grinding,** smerigliatura con cinghia.
— **guard** (*macch. ut.*), riparo (*m.*) di protezione dalla cinghia.
— **guide,** guida (*f.*) della cinghia.
— **highway** (*strad.*) (U.S.A.), strada (*f.*) di circonvallazione.
— **joint,** giunzione (*f.*) di cinghie; giuntura (*f.*) di cinghie.
— **-lift drop hammer** (*mecc.*), maglio (*m.*) a caduta a cinghia.
— **line** (*ferr.*) (U.S.A.), ferrovia (*f.*) di circonvallazione.
— **lubricant,** lubrificante (*m.*) per cinghie.
— **of armour** (*naut.*) cintura (*f.*) di corazza.
— **of cone pulley,** cinghia (*f.*) della puleggia a gradini.
— **ondulation,** ondulazione (*f.*) della cinghia.
— **printer** (*inform.*), stampante a cintura.
— **pulley,** puleggia (*f.*) per cinghia.
— **reverse** cambio (*m.*) per mezzo di cinghia.
— **roller,** rullo (*m.*) per cinghia.
— **shifter,** spostacinghia *f.*; monta-cinghia *m.*; cambia marcia *f.*
— **stretcher,** tenditore (*m.*) per cinghia.
— **tension adjustment,** regolazione di tensione della cinghia.
— **transmission,** trasmissione (*f.*) per cinghia.
— **up (to —)** (*auto*), allacciare la cintura.
— **(continuous —)** (*trasportatori*), nastro continuo.
— **(load-carrying part of a —),** tratto conducente (*o* portante) di una cinghia.
belt (synthetic flat —), cinghia piana in fibra sintetica.
belting (*ind.*), materiale per cinghie; cinghie (*usato al pl.*); nastro (trasportatore) (dei trasportatori).
Bemberg rayon (*tess.*), rayon (*m.*) cupro-ammoniacale; rayon (*m.*) Bemberg.
ben hex (*chim.*), insetticida (esacloruro di benzene).
— **oil,** olio (*m.*) di ben.
bench, banco *m.* (da lavoro).
— **drill,** trapano (*m.*) da banco a colonna.
— **drilling machine** (*macch. ut.*), trapano (*m.*) da banco.
— **filing machine,** limatrice (*f.*) da banco.
— **-fixing hacksawing machine,** segatrice alternativa (per metalli).
— **lathe,** tornio (*m.*) da banco.
— **levelling,** livellamento del terreno a gradini.
— **mark,** caposaldo (*m.*) di livellazione.
— **micrometer,** calibro (*m.*) micrometrico da banco.
— **milling machine** (*macch. ut.*), fresatrice (*f.*) da banco.
— **-mounted** (*strum., mecc., ecc.*), montato (*p.p.*) sul banco.
— **scale cracking unit** (*chim.*) unità di cracking su scala di laboratorio.
— **shears,** trancia (*f.*) da banco; cesoia (*f.*) da banco.
— **test** (*mot.*), prova (*f.*) al banco.
— **vice,** morsa (*f.*) da banco.
— **work** (*mecc.*), aggiustaggio (lavorazione al banco).
benchmark (*inform.*), riferimento.
— **(to —)** (*inform.*), valutare i rendimenti (di elaboratori messi a confronto).
bend, *v.a.* piegare; curvare; *v.i. v.r.* curvarsi; piegarsi; curva *f.* (da tubo); curva di tubazione (elemento curvo per raccordo tra due tubi).

bend antenna, antenna (*f.*) a gomito.
— **a pipe,** piegare (*v.a.*) un tubo.
— **a sheet iron,** piegare (*v.a.*) una lamiera.
— **over,** ribadire *v.a.*
— **round a block,** piegare (*v.a.*) su mandrino.
— **test** (*mecc.*), prova (*f.*) di piegatura.
— **to 90°,** piegare (*v.a.*) a 90°.
bendable, *agg.* pieghevole.
bender, incurvatrice; curvatrice *f.*
bending, curvatura *f.*; incurvatura *f.*; piegatura *f.*; flessione *f.*; inflessione *f.*; piegamento *m.* (incurvamento); rifrazione *f.*; deviazione *f.*
— **angle,** angolo (*m.*) di piegatura.
— **arm,** braccio (*m.*) per curvare il legno.
— **block,** blocco (*m.*) per curvare il legno.
— **fatigue strength,** resistenza (*f.*) alle flessioni ripetute.
— **machine,** curvatrice *f.*; incurvatrice *f.*; piegarice *f.*; macchina (*f.*) per piegare.
— **machine (angle and tee iron —)** (*macch. ut.*), profilatrice per profilati.
— **machine (light section —)** (*macch. ut.*), profilatrice per profilati.
— **moment,** momento (*m.*) flettente.
— **plate,** rivestimento (*m.*) di lamiera.
— **press,** pressa (*f.*) per piegare.
— **ring,** anello (*m.*) di rivestimento.
— **roll,** curvatrice (*f.*) a cilindri; rullo (*m.*) curvatore.
— **rolls,** macchina (*f.*) a rulli per curvare; (*macch. ut.*), v. **plate —; sheet metal —.**
— **slab** (*naut.*), piattaforma (*f.*) di piegamento.
— **strength** (*met.*), resistenza (*f.*) alla flessione; resistenza alla piega.
— **stress,** sollecitazione (*f.*) a flessione; carico (*m.*) di flessione.
bending template, sagoma (*f.*) per curvare.
— **test** (*mecc., vernici, ecc.*), prova (*f.*) di piegatura.
— **tool,** punzone *m.*
— **vibration,** vibrazione di flessione.
— **wrench,** chiave (*f.*) per piegare.
bends (*pelle*), parti uguali in cui è divisa la culatta (« butt ») di una pelle.
beneath, sotto.
beneficiation (*min.*), arricchimento *m.*; trattamento di minerali per renderli più idonei al loro uso metallurgico.
— **of air,** arricchimento d'aria.
benefit (*pensioni, ecc.*), beneficio *m.*; indennità *f.*
benewort, *f.* (*med.*), belladonna.
bengal blue, bleu bengala (azzurro per cotone).
— **red,** rosso bengala.
bengaline (*tess.*), bengalina *f.*
benné oil, olio (*m.*) di sesamo.
bent lever, leva (*f.*) a gomito.
— **ray,** raggio (*m.*) rifratto.
— **tool,** utensile (*m.*) curvo.
bentonite, bentonite *f.*
benzal green (*chim.*), verde benzaldeide.
benzaldehyde (*chim.*), aldeide (*f.*) benzoica.
benzanilide (*chim.*), benzanilide.
benzanthrone (*chim.*) (*col.*), benzantrone *m.*
benzazol (*chim.*), indolo *m.*; benzazolo *m.*
benzene (*chim.*), benzolo *m.*
— **-sulphonic acid** (*chim.*), acido benzensolfonico.
benzenediol (*chim.*), pirocatecolo *m.*; benzenediolo *m.*
benzenoid, *agg.* (*chim.*), benzenico *agg.*
benzenone (*chim.*), chinone *m.*
benzenyl (*chim.*), benzenile *m.*
benzidam (*chim.*), anilina *f.*
benzidine (*chim.*), benzidina *f.*
— **base** (*chim.*), benzidina *f.*
— **blue,** bleu di benzidina (tinta per il cotone).
benzine, distillato di petrolio americano (usato per pulire); (*chim.*),

etere di petrolio; benzolina *f.*; nafta di petrolio; (prodotto petrolifero di peso spec. compreso fra quello del cherosene e quello della benzina).
benzine board (U.S.A., *slang.*), consiglio dell'aeronautica militare davanti al quale appaiono i piloti respinti.
benzinoform (*chim.*), tetracloruro di carbonio.
benzinum (*chim.*), etere di petrolio; nafta di petrolio.
benzo chrome (*chim.*), benzocromo *m.*
— **orange,** benzoarancio *m.*
benzoate (*chim.*), benzoato *m.*
benzoazurine, (*chim.*), benzoazzurrina *f.*
benzoflavine (*chim.*), benzoflavina *f.* (tinta per cotone).
benzoic acid (*chim.*), acido (*m.*) benzoico.
— **aldehide,** aldeide benzoica.
benzoin gum, gomma (*f.*) benzoe.
benzol (*chim.*), benzolo *m.*
benzoline (*chim.*), vedi: **benzine.**
benzonitrile (*chim.*), benzonitrile.
benzophenone (*chim.*), benzofenone *m.*
benzopurpurin, benzoporporina *f.*
benzotriazole (*chim. fot.*), benzotriazolo *m.*
benzotrichloride (*chim.*), cloruro (*m.*) di benzenile.
benzotrifluoride (*chim.*), benzotrifluoruro *m.*
benzoyl (*chim.*), benzoile *m.*
benzoylation (*chim.*), benzoilazione *f.*
benzyl (*chim.*), benzile *m.*; benzilico *agg.*
— **alcohol** (*chim.*), alcole (*m.*) benzilico.
— **blue,** blu di benzile.
— **bromide** (*chim.*), bromuro (*m.*) di benzile.
— **chloride,** cloruro (*m.*) di benzile.
benzylaniline (*chim.*), benzilanilina *f.*
benzylidene (*chim.*), benzilidene *f.*
berberine (*med.*), berberina *f.*
bergamiol, v.: *l*-**linalool acetate.**
bergamot oil, essenza (*f.*) di bergamotto.
berkelium (*chim.* = Bk), berkelio *m.*; berchelio *m.*
Berlin blue, azzurro *m.* (*o* bleu) di Berlino.
berth (*naut.*), ancoraggio *m.*; cuccetta *f.*
— **(to —),** *v.i.* (*naut.*), gettare l'ancora; ammarare.
berthing (*naut.*), ormeggio *m.*; ancoraggio *m.*
— **dolphin** (*naut.*), boa (*f.*) di ormeggio.
— **of ore carriers,** ormeggio di navi portaminerali.
beryl (*min.*), berillo *m.*
beryllia (*chim.*), ossido di berillio.
beryllium (*chim.* = Be), berillio *m.*
— **-copper alloy,** lega (*f.*) di rame-berillio.
— **moderated reactor** (*fis. atom.*), reattore (*m.*) moderato al berillio.
— **moderator** (*fis. atom.*), moderatore (*m.*) al berillio.
— **oxide** (*refrat.*), ossido (*m.*) di berillio.
— **poisoning,** avvelenamento dovuto al berillio.
— **reactor,** reattore (*m.*) al berillio.
bespoke tailoring (*tess.*), confezione (*taglio*) di abiti su misura.
Bessemer converter, (*met.*) convertitore Bessemer.
— **pig iron,** ghisa (*f.*) Bessemer.
— **steel,** acciaio (*m.*) Bessemer.
best coal, carbone (*m.*) in pezzi grossi.
beta activity, radioattività (*f.*) beta; attività (*f.*) beta.
— **antimony,** antimonio (*m.*) nero; (*chim.*), beta-naftolo.
— **brass,** ottone beta.
— **-brass single crystals,** cristalli singoli di ottone-beta.
— **counter,** contatore (*m.*) beta.
— **decay,** disintegrazione (*f.*) beta.
— **decay electron,** elettrone (*m.*) di disintegrazione.
— **disintegration,** disintegrazione (*f.*) beta.

beta emitter, emettitore (*m.*) di particelle beta; (*fis. atom.*), emettitore (*m.*) beta.
— **particles** (*fis.*), particelle (*f. pl.*) beta.
— **rays,** raggi (*m. pl.*) beta.
— **-sensitive,** sensibile ai raggi beta.
betaine (*chim.*), betaina *f.*
betatron, betatrone *m.*
betterment, miglioria *f.*
bevatron (*elettron.*), bevatron.
bevel (*faleg.*), superficie obliqua (*o* inclinata); (*tess.*), inclinazione (del fuso); (*naut.*), quartabuono *m.*
— **angle** (*sald.*), angolo (*m.*) di smusso.
— **bearing,** trasmissione (*f.*) a ruote dentate coniche.
— **drive** (*auto*), planetario *m.*
— **gear cutting machine** (*macch. ut.*), dentatrice (*f.*) per ingranaggi conici.
— **gear planing machine,** dentatrice (*f.*) conica tipo pialla.
— **gears,** ingranaggi (*m. pl.*), conici.
— **joint,** giunto (*m.*) obliquo.
— **lip,** rialzo (*m.*) conico.
— **pinion** (*mecc.*), pignone (*m.*) conico.
— **protractor,** squadra (*f.*) zoppa.
— **rule,** calandrino *m.* (*o* falsa squadra).
— **wheel** (*mecc.*), ruota (*f.*) conica; pignone conico.
bevelled cogging, intaglio (*m.*) fuori squadro.
— **rectangular sleeper** (*ferr.*), traversa (*f.*) a trapezio simmetrico smussato sui lati.
— **wheel,** ruota (*f.*) conica.
bevelling (*vetro*), v. **glass —**.
— **machine** (*tip.*), pialla da smussare; (*macch. ind.*, *vetro*, *ecc.*), bisellatrice *f.*
— **of the edges** (*sald.*), cianfrinatura (smussatura) dei bordi.
beverage container (*cucina sugli aerei*), contenitore per bevande.
beware of imitations (*comm.*), guardatevi dalle imitazioni!
Bexoid, materia plastica inglese.
bezel (*orol.*), lunetta *f*; parte anulare che circonda il vetro di copertura di uno strumento.
bezels (*orol.*), lunette per vetro.
BHC (*chim.*), esacloruro di benzene (insetticida).
bi-directional shearer (*min.*), tagliatrice (*f.*) bidirezionale.
— **-ortho-arsenate** (*chim.*), biortoarseniato.
— **-ortho-phosphate** (*chim.*), biortofosfato *m.*
— **-propellant,** bipropellente *m.*
— **-propellant rocket** (*razzi*), razzo bipropellente.
biacine (*chim.*), biacenaftilidene *m.*
bianiline (*chim.*), benzidina *f.*
bias (*radio*) (*elet.*), tensione (*f.*) base di griglia; potenziale medio di un elettrodo; errore sistematico; (*elettron.*), polarizzazione *f.*; (*registrazione*), segnale ultrasonico che viene sommato al segnale audio durante la registrazione; segnale di polarizzazione.
— **(to)** (*elettron.*), polarizzare.
— **fabric** (*aer.*, *tess.*), stoffa (*f.*) diagonale.
— **generator,** generatore (*m.*) di tensione di polarizzazione.
— **meter,** contatore (*m.*) di tensione di polarizzazione.
— **selector** (*audio*), selettore (*m.*) bias.
— **switch** (*audio*), selettore (*m.*) bias.
— **(three-position bias)** (*recorders*) (*audio*), bias a tre posizioni.
biased protective system (*elet.*), sistema di protezione polarizzato.
biasing resistor, resistenza per polarizzazione di griglia.
— **transformer** (*elet.*), trasformatore (*m.*) polarizzato.
— **voltage,** tensione (*f.*) di polarizzazione.
biastronautics (*astron.*), biastronautica *f.* (scienza medica del volo spaziale).
biaxial, *agg.* biassiale.

biaxial fatigue tests (*met.*), prove a fatica in direzione biassiale.
biblane, biplano *m.*
bibliographic retrieval service (*BRS*) (*inform.*), servizio di ricerca bibliografica.
bicable material ropeway, teleferica bifune per materiali.
— **passenger ropeway** (*trasporti*), funivia bifune per persone.
bicarbonate (*chim.*), bicarbonato *m.*
bichloride (*chim.*), bicloruro *m.*
bichromate (*chim.*), bicromato *m.*
— **cell** (*elet.*), elemento (di pila) al bicromato di potassio.
bichromated gelatin (*fot.*), gelatina (*f.*) bicromata.
bichrome (*chim.*), bicromato di potassio.
bick iron, bicorno *m.* (di incudine).
bickern, bicorno *m.* (di incudine).
biconcave, *agg.* biconcavo.
biconvex, *agg.* biconvesso.
— **wing** (*aereo*), ala (*f.*) biconvessa.
bicron (*misure*), bicron (bilionesimo di metro).
bicrystall, bicristalli *m. pl.*
bicycle, bicicletta *f.*
— **cord,** fune di 19 trefoli, di tre fili ciascuno.
— **lane,** pista (*f.*) per biciclette; pista (*f.*) ciclabile.
— **road race** (*sport*), corsa ciclistica su strada.
bicyclic, *agg.* biciclico.
— **terpene** (*chim.*), terpene (*m.*) biciclico.
bid (*lavori*), appalto *m.*; (*comm.*), offerta *f.*
— **advertisement** (*lavori*), inserzione (*f.*) di appalto; bando (*m.*) di gara.
— **form,** modulo (*m.*) d'appalto. formulario (*m.*) d'appalto.
— **invitation** (*lavori*), bando (*m.*) di gara.
— **opening** (*lavori*), apertura (*f.*) delle offerte.
— **(sealed —)** (*comm.*), offerta in busta chiusa (*o* sigillata).
bidder *m.*, appaltatore *m.*
bidding (*comm.*), offerte *f. pl.* (*all'asta*).
bidirectional printer (*inform.*), stampante bidirezionale.
bifilar, *agg.* bifilare.
— **oscillograph,** oscillografo (*m.*) bifilare.
— **suspension** (*elet.*), sospensione (*f.*) bifilare.
— **winding** (*elet.*), avvolgimento (*m.*) bifilare.
bifocal, *agg.* bifocale.
— **spectacles** (*ott.*), occhiali (*m. pl.*), bifocali.
bifurcating box (*cavi*), cassetta (*f.*) di derivazione per cavi.
big close up (*cinem.*), primissimo piano *m.*
— **end,** testa (*f.*) di biella.
— **-end-down mold,** lingottiera (*f.*) la cui sezione trasversale inferiore è maggiore di quella superiore.
— **-end-up mold,** lingottiera (*f.*) con superficie trasversale superiore maggiore di quella inferiore; lingottiera a materozza.
bight (*naut.*), doppino *m.* (di cavo).
bigness, grossezza *f.*
bigrid, bigriglia *f.*
— **valve** (*termoion.*), valvola (*f.*) bigriglia.
bilateral, *agg.* bilaterale.
— **impedance,** impedenza (*f.*) bilaterale.
bike, bicicletta *f.*
bilge (*aereo*, *naut.*), sentina *f.*
— **keel** (*naut.*), chiglia di rullio.
— **pump,** pompa (*f.*) di murata (*naut.*); pompa (*f.*) di sentina (*naut.*).
— **stringers** (*naut.*), correnti (*m. pl.*) di sentina.
Bilgram machine, dentatrice (*f.*) Bilgram.
— **machine of the generating type,** dentatrice (*f.*) Bilgram del tipo ad inviluppo.
bilirubin (*chim.*), bilirubina *f.*
bill (*leg.*), progetto legislativo (dinanzi alle Camere); fattura *f.* (*comm.*); manifesto *m.*; (*comm*). cambiale *f.*

bill head (*tip.*), intestazione di fattura.
— **of freight** (*comm.*), lettera di vettura.
— **of lading** (*comm.*), polizza (*f.*) di carico.
— **of materials** (*comm.*), distinta (*f.*) quantitativa materiali.
— **of quantities** (*cost.*), tariffa; elenco dei prezzi (di un contratto ad appalto).
— **(to —),** fatturare.
billable, *agg.* (*comm.*), fatturabile.
billet (*met.*), billetta *f.*; (*estrus.*), massello *m.*; verga da trafilare.
— **and sheet bar shears** (*met.*), cesoia (*f.*) per billette e piattine.
— **centerline** (*met.*), filetto centrale della billetta.
— **central porosity** (*met.*), porosità assiale della billetta.
— **grinding machine** (*macch. ut.*), rettificatrice (*f.*) per billette.
— **mill,** laminatoio per billette.
— **roll,** cilindro (*m.*) sbozzatore.
— **-weighing unit** (*met.*), bascula per la pesatura di billette.
— **withdrawing roll** (*met.*), rullo estrattore della billetta.
— **(continuously cast steel —)** (*met.*), billetta (ottenuta con colata) continua.
— **(round —)** (*met.*), billetta tonda.
billiard cloth, panno (*m.*) per biliardo.
billing (*comm.*), fatturazione *f.*
— **clerk** (*comm.*), dattilografo fatturista.
— **machine** (*comm.*), fatturatrice *f.*
billion (*mat.*), bilione *m.* (equivalente a 1000 milioni negli Stati Uniti, e a un milione di milioni in Inghilterra, cioè con 12 zeri).
billow, flutto *m.*
bilon (*chim.*), tinta di robbia naturale (di grado inferiore).
bimetal (*met.*), bimetallo *m.*
— **-fuse** (*elet.*), valvola bimetallica.

bimetallic strip, lamina (*f.*) bimetallica.
— **-type thermostat,** termostato (*m.*) del tipo bimetallico.
bin, scaffale (*m.*) portabottiglie; (*elettron.*), coriandolo (*di perforazione*); v.: **coke —** (*met.*); **sinter —** (*met.*); **storage —.**
binary card (*inform.*), scheda (*f.*) binaria.
— **carbides** (*chim.*), carburi binari.
— **chop** (*inform.*), ricerca dicotomica; ricerca binaria.
— **code** (*elettron.*), codice binario.
— **-coded decimal (BCD)** (*elettron.*), semibinario; (*controllo numerico*) (*macch. ut.*), sistema codice binario-decimale; decimale codificato binario.
— **compound,** composto (*m.*) binario.
— **counter** (*elettron.*), contatore (*m.*) binario.
— **digit** (*inform.*), v. **bit.**
— **distillation column** (*ing. chim.*), colonna di distillazione binaria.
— **information** (*elettron.*), informazioni binarie.
— **munitions** (*mil.*), munizioni binarie.
— **nerve gas** (*mil.*), gas nervino binario.
— **notation** (*inform.*), notazione binaria.
— **number** (*inform.*), numero binario.
— **point** (*inform.*), virgola (*f.*) binaria.
— **shift** (*inform.*), traslazione binaria; spostamento binario.
— **stethoscope** (*med.*), fonendoscopio *m.*
— **-to-decimal conversion** (*inform.*), conversione binaria-decimale.
— **weapons** (*mil.*), armi binarie.
binaural recorder (*telef.*), registratore biauricolare.
bind, *v.a.* legare; agglutinare; agglutinarsi *v.r.*; agglomerarsi *v.r.*; cementare *v.a.*; frenare (un movimento) (*mecc.*).

bind with iron, ferrare (*v.a.*).
binder (*agric.*), mietilegatrice *f.*; (*tess.*), legaccio *m.*; (*cementi, ecc.*), v. **hydraulic —**.
binding, legatura *f.*
— **agent,** agente (*m.*) agglutinante.
— **arbitration** (*leg.*), arbitrato (*m.*) vincolante.
— **chain,** catena (*f.*) abbracciacarico.
— **clamp** (*elet.*), serrafilo *m.*
— **core,** portata (*f.*) dell'anima.
— **energy** (*fis. atom.*), energia (*f.*) di legame.
— **energy formula** (*fis. atom.*), formula di energia di legame.
— **material,** agglutinante *m.*
— **post** (U.S.A.) (*radio*), serrafilo.
— **screw,** serrafilo *m.*; morsetto a vite per serrare.
— **twine,** spago *m.* (per mietitrici).
— **warp** (*tess.*), ordito (*m.*) di legatura.
binnacle, abitacolo *m.*; chiesuola *f.*
binocular, *agg.* (*ott.*), binoculare.
binoculars (*ott.*), binocolo *m.*
binode (*termoio.*), diodo-triodo *m.*; diodo-tetrodo *m.*
binomial, *agg.* (*met.*), binomio.
— **series** (*mat.*), serie (*f.*) binomiale.
binuclear, *agg.* binucleare.
biochemical oxygen demand (BOD) (*inquinamento*), quantità biochimica di ossigeno richiesta per la depurazione di rifiuti.
biochemist, *m.* biochimico *m.*
biochemistry, biochimica *f.*
biochip (*inform.*) (*a conventional chip modified to operate in a biological environment*), « chip » biologico; « chip » modificato per operare in ambiente biologico.
bioclimatology, bioclimatologia *f.*
biodegradable, *agg.* (*detersivi, ecc.*), biodegradabile.
— **plastics,** materie plastiche biodegradabili.
biodegradation, biodegradazione *f.*
biodeterioration, biodeteriorazione *f.*
bioelectricity, bioelettricità *f.*
bioelement, bioelemento *m.*
bioenergetics (*bio.*), bioenergetica *f.*
bioengineering, bioingegneria *f.* (tecnica che realizza strumenti al servizio della medicina).
biogas, biogas *m.*
biokinetics, biocinetica *f.*
biological, *agg.* biologico.
— **barrier** (*astron.*), barriera biologica (procedura di quarantena per prevenire il contagio al rientro da voli spaziali).
— **detergent,** detersivo biologico.
— **experiment** (*astron.*), esperimento biologico.
— **purification of an effluent,** purificazione biologica delle acque di rifiuto.
— **response,** reazione (*f.*) biologica.
— **shield,** schermo (*m.*) biologico.
— **shielding,** schermatura (*f.*) biologica.
— **slime** (*inquin.*), fango biologico.
— **treatment,** trattamento biologico.
— **weapon,** arma biologica.
biologically degradable (*detersivi*) (*depurazione*), biologicamente degradabile.
biologicals, *pl.*, prodotti biologici.
biology, biologia *f.*
biomass energy, energia prodotta da reattore fotobiologico.
biomechanical, *agg.*, biomeccanico.
biomechanics (occupational —) (*ergonomics*), biomeccanica occupazionale.
biomedical problems (*med. del lavoro*), problemi biomedici.
biomedicine, biomedicina *f.*
biometry (*fis.*), biometria.
bionics (*biol.*), bionica (scienza che studia i sistemi biologici con lo scopo di imitare alcune delle loro caratteristiche. Fra questi i meccanismi di osservanza del tempo degli animali (*animals. timekeeping mechanisms*).
biophometer (*med.*), biofotometro *m.*

biophysics, biofisica *f.*
biorentgenography, « biorentghenografia » *f.* (ripresa cinematografica di film di raggi roentgen).
biosatellite (*astron.*), biosatellite *m.*
biospectrometry, biospettrometria *f.*
biospectroscopy, biospettroscopia *f.*
biosphere, biosfera *f.*
biotechnologist, biotecnologo *m.*
biotechnology, biotecnologia (*uso di microorganismi biologici nell'industria*).
biotherapy, bioterapia *f.*
biotite, biotite *f.*
biotope (*ecologia*), biotopo *m.* (ambiente caratterizzato da una comunità biotica).
biphenyl (*chim.*), difenile *m.*
bipod (*armi leggere*) (*mil.*), bipede.
bipolar, *agg.* bipolare.
— **dynamo,** dinamo (*f.*) bipolare.
bipropellant (*razzi*), bipropellente *agg.* e *m.*
biquadrate, biquadrato *m.*
biquadratic, *agg.* biquadratico.
— **equation,** equazione (*f.*) biquadratica.
biquinary, *agg.*, biquinario.
— **code** (*inform.*), codice biquinario.
— **notation** (*inform.*), notazione biquinaria.
birch (*bot.*), betulla *f.*
bird (*slang* U.S.A.), missile *m.*; satellite (*m.*) terrestre; aereo (*m.*) teleguidato.
— **(green —)** (*astron.* U. S. A.), missile (*o* razzo) che vola in modo perfetto.
— **(red —)** (*astron.* U.S.A.), missile (*o* razzo) senza successo.
birdies noise (*radio*), rumore di cinguettio.
bird's-eye maple, acero (*m.*) da zucchero.
birdsmouth attachment, addossamento (*m.*) ad unghia.
birefringence, birifrangenza *f.*
birefrigent coatings, rivestimenti (*m. pl.*) birifrangenti.
Birmabright, Lega alluminio-magnesio-manganese, usata molto in lavori di marina.
Birmingham wire gauge, tabella normale dei fili Birmingham.
birth rate (*econ.*), tasso (*m.*) di natalità.
biscuit, biscotto (*m.*) di porcellana; (*pressofusione*), biscotto *m.*; deflettore *m.*; (*auto*), v. **tappet —.**
— **gun** (*slang*) (*aereo*) (U.S.A.), segnale luminoso (per guidare aviatori che atterrano nell'oscurità o per lanciare cibo ad aviatori in volo).
— **-making machinery** (*alim.*), macchinario per la fabbricazione di biscotti.
bisect, *v.a.* bisecare.
bisector, bisettrice *f.*
bismite (*chim.*), bismite *f.*; ossido di bismuto.
bismuth, (*chim.* = Bi) bismuto *m.*
— **meal** (*radiol.*), pasto (*m.*) opaco di bismuto.
— **ocher,** ocra di bismuto; ossido di bismuto.
— **oxychloride,** ossicloruro di bismuto; bianco di Spagna; bianco di perla.
— **spiral** (*elet.*), sonda (*f.*) bismutica (per misura di flussi magnetici).
— **subnitrate,** magistero (*m.*) di bismuto; nitrato basico di bismuto.
— **trioxide,** triossido di bismuto; giallo di bismuto; fiori di bismuto.
bismuthyl (*chim.*), bismutile *m.*
bisque (*smalti*), rivestimento di smalto ceramico secco detto biscotto.
bistable, *agg.* (*inform.*), bistabile.
bistoury (*med.*), bisturi *m.*
bisulphate (*chim.*), bisolfato *m.*
bisustituted (*chim.*), bi-sostituito.
bit (*mecc.*), punta da trapano (*o* saetta); (*pozzi petrolio, ecc.*) fioretto di perforazione; tagliente di pialla; testa di saldatoio; ingegno *m.* (*di chiave*); (*inform.*) abbreviazione del

termine *binary digit*: cifra binaria. Il « bit » è un'unità di informazione scelta fra due valori chiamati « uno » e « zero ».

bit dresser (*petrolio*), addetto alla riparazione delle punte per perforazione; macchina per riparare le punte per perforazione.

— **location** (*inform.*), posizione binaria.

bitter salt (*chim.*), sale amaro; solfato di magnesio.

bittern, liquido residuo di cristallizzazione di sale dall'acqua marina; (*chim.*), acqua madre salina.

bitty, *agg.* non omogeneo (riferito a pitture o vernici).

bitumen, bitume *m.*

— **sprinkler,** bituminatrice *f.*

bituminised paper, carta catramata.

bituminous, *agg.* bituminoso.

— **binders,** leganti (*m. pl.*) bituminosi.

— **coal,** ghiaietto *m.*; giavazzo *m.*

— **coating** (*ind. costr., ecc.*), rivestimento bituminoso.

— **paint,** pittura bituminosa; (*vern.*), vernice (*f.*) bituminosa.

bivalence (*chim.*), bivalenza *f.*

bivalent, *agg.* (pr. *bai-vei' lent*), bivalente.

bivinyl (*chim.*), bivinile *m.*; butadiene *m.*

bixin (*chim.*), bissina *f.* (*colorante*); oriana *f.*

black, nero *m.*

— **alum,** allume nero (miscela usata per purificare l'acqua).

— **and white graphics** (*inform.*), grafica in bianco e nero.

— **-and white television,** televisione in bianco e nero.

— **aniline ink** (*chim.*), inchiostro nero all'anilina.

— **annealed iron wire,** filo (*m.*) di ferro ricotto nero.

— **-annealed wire** (*met.*), filo ricotto nero.

black annealing (*box-annealing of sheets in order to impart a black colour to the surface*) (*met.*), ricottura nera.

— **ash,** carbonato di sodio grezzo; prodotto di scarto da soda (lavorazione pasta di legno); cenere (*f.*) nera.

— **body,** corpo (*m.*) nero.

— **-body radiation** (*fis.*), radiazione (*f.*) di corpo nero; radiazione integrale.

— **box** (*organ.*), sottosistema non progettato dal progettista del sistema, in operaz. con calcolatori; (*used in aircraft to provide a record of what happens during accidents*) (*aereo*) scatola nera.

— **ceramics,** ceramiche (*f. pl.*) nere.

— **chalk,** gesso nero; miscela di avorio nero e argilla usata come pigmento, ecc.

— **copper** (*min.*), rame (*m.*) nero.

— **drop** (*cinem.*), drappo di velluto nero (per effetti notturni) (« gobbo »).

— **edging** (*vernici, smalti*), bordatura (*f*) nera (strato di smalto nero applicato sulla massa di fondo).

— **fracture** (*met.*), frattura (*f.*) nera.

— **holes** (*astron.*), buchi neri: ultimo stadio di un collasso gravitazionale.

— **japan,** vernice nera giapponese.

— **lead,** grafite *f.*

— **-letter** (*tip.*), carattere gotico.

— **light,** raggi (*m. pl.*), ultravioletti; (*geol. ind. petrol.*), « luce nera ».

— **mica,** biotite *f.*

— **oxide,** ossido nero.

— **pig iron,** ghisa (*f.*) nera.

— **pine,** pino (*m.*) di Corsica; pino (*m.*) larice.

— **pipe,** tubo (*m.*) nero.

— **plate,** lamiera (*f.*) nera.

— **poplar,** pioppo (*m.*) nero.

— **powder,** polvere nera (*esplosivo*).

black precipitate, precipitato nero; cloruro mercuroso.
— **red heat,** calor rosso scuro.
— **sand,** sabbia e polvere di carbone per pavimenti di fonderia.
— **shape** (*smalti*), pezzo (*m.*) greggio.
— **sheet,** lamiera (*f.*) nera.
— **shortness** (*met.*), frattura nera (di color nero, provocata da grafitizzazione di un acciaio ad alto carbonio).
— **specking** (*vernici e smalti*), puntinatura *f.* (punti neri su uno smalto bianco di copertura).
— **spot** (*met.*), macchia nera (durante ricottura irregolare).
— **strap** (*raffin. petrolio*), olio (*m.*) emulsionato nero.
— **strips** (*met.*), bande (*f. pl.*) nere.
blackboard enamel (*smalti*), smalto (*m.*) lavagna.
blacken (to —), affumicare *v.a.*
blackening (*fond.*), rivestimento dello stampo con neri di fonderia.
blackheart malleable iron, ghisa (*f.*) malleabile a cuore nero (ottenuta col metodo « americano »).
blacking (*fond.*), nero (*m.*) per fonderia (grafite ecc.).
blacklead, grafite *f.*; piombaggine *f.*
— **crucible,** crogiuolo (*m.*) di grafite.
blackout (*aereo*), oscuramento *m.*; annebbiamento *m.* (momentaneo annebbiamento degli occhi provato durante manovre ad alta velocità); (*astron.*), assenza di comunicazioni fra le stazioni a terra e il veicolo spaziale, durante il rientro; perdita di comunicazioni radio; v. **blanking.**
blacksmith, fabbro ferraio *m.*; maniscalco.
blacksmith's forge, focolare (*m.*) di fucina.
blackstrap (*ind. chim.*), olio emulsionato nero.
blackwork, pezzi fucinati grezzi.

blade, lama *f.*; pala (*f.*) di elica; paletta (*f.*) del ventilatore; palmola *f.*; coltello (*tess.*) battente *m.*; lima *f.* (senza il manico); spazzola (di tergicristallo) (*auto*).
— **activity factor** (*aereo*), coefficiente della superficie della pala dell'elica, utile per determinare la potenza assorbita dall'elica.
— **angle** (*aereo*), angolo d'incidenza della pala dell'elica.
— **damper** (*aereo*), ammortizzatore (*m.*) delle pale.
— **face** (*aereo*), lato di pressione delle pale dell'elica.
— **holder** (*met.*), portalama *m.*
— **loading** (*aereo*), carico (*m.*) unitario delle pale.
— **sweep** (*aereo*) deviazione della linea dei centri di gravità delle sezioni d'una pala d'elica, nel piano di rotazione dell'elica.
— **tang** (*aereo*), codolo della paletta.
— **tilt** (*aereo*), deviazione della linea dei centri di gravità delle sezioni d'una pala d'elica, in avanti o dietro il piano di rotazione dell'elica.
blading, palettatura *f.*
blanc de perle, ossicloruro (*m.*) di bismuto.
— **d'Espagne,** bianco (*m.*) di Spagna.
— **fixe,** bianco (*m.*) fisso (solfato di bario precipitato); (*vernici*), bianco fisso.
blanching liquid, soluzione di ipoclorito di calcio.
blank, sbozzato *m.* (*spezzone greggio di fucinatura*) (*met.*); disco di metallo destinato ad essere estruso (*estrusione ad urto, ecc.*); massa compatta di metallo non totalmente polverizzato, ma già pressato e sinterizzato (*metallurgia delle polveri*); lamiera (*f.*) a bordi curvi; disco *o* tranciato di partenza, chiamato: sviluppo *m.* (*tranciato di lamiera per imbu-

titura) (*met.*); tranciato (pezzo usato per lo stampaggio dell'articolo finito) (*met.*).

blank *agg.* in bianco (senza scrittura o stampa, o misure); pallido senza colore.

— **cartridge** (*mil.*), cartuccia a salve.

— **dimensions** (*dis.*), dimensioni mancanti.

— **flange,** flangia (*f.*) cieca.

— **holder** (*met.*, *mecc.*), premilamiera *m.*

— **video cassette,** video cassetta non registrata; videocassetta vergine.

— **(to —),** *v.a.* tappare; ostruire; tranciare; contornare (tranciare un pezzo di lamiera da imbutire).

blanked off (*min.*), otturato.

blanket, coperta *f.* (*tess.*); materiale di copertura (di cilindro impressore) (*tip.*); (*fis. atom.*), mantello *m.* (*di reattore*); (*ind. pet.*), tela (*f.*) a due strati per filtraggio.

— **lease** (U.S.A.) (*petrol.*), contratto di appalto per lavori di perforazione di grande estensione.

— **(to —),** disturbare la ricezione, con interferenze (*radio*); coprire (con una coperta); nascondere (*scandali*, *ecc.*) al pubblico.

blanketing (*radio*), interferenza *f.*

blanking (*mecc.*, *met.*), tranciatura *f.* (con stampo, alla pressa); (*telev.*), cancellazione (sostituzione del segnale con un altro di ampiezza costante; spegnimento).

— **die** (*mecc.*), stampo per tranciatura.

— **plate** (*auto*), piastra di chiusura (del cruscotto); (*blanking plates are easily removed to fit the clock*), le piastre di chiusura del cruscotto sono facilmente tolte per montare l'orologio.

blanking press (*mecc.*), pressa (*f.*) per tranciare.

— **shears** (*met.*), cesoia (*f.*) punzonatrice.

blanquette (*chim.*), carbonato di sodio grezzo (dal residuo di ceneri).

blast, corrente (*f.*) d'aria; esplosione; *v.a.*, fare scoppiare; (*naut.*) (*a ship's whistle signal*), segnale acustico; fischio.

— **clean,** *v.a.* (*met.*), pulire mediante sabbiatura.

— **cleaning equipment** (*min.*), attrezzature di sgombero del materiale (dopo il brillamento delle mine).

— **connection** (*met.*), portavento (ugello del vento).

— **furnace,** altoforno *m.*

— **furnace bell,** campana (*f.*) di altoforno.

— **furnace blowing engine,** soffiante (*f.*) per altoforno.

— **furnace burden(ing)** (*met.*), carica di un altoforno.

— **furnace cableway,** funicolare (*f.*) aerea d'altoforno.

— **furnace cement,** cemento (*m.*) d'altoforno.

— **furnace charging programmer** (*automazione*, *met.*), programmatore di carica di altoforno.

— **furnace coke** (*met.*), coke d'altoforno.

— **furnace control room** (*met.*), sala controllo altoforno.

— **furnace dust** (*met.*), polverino di altoforno.

— **furnace elevator,** montacarichi (*m.*) per altiforni.

— **furnace gas,** gas (*m.*) di altoforno.

— **furnace gas engine,** motore (*m.*) a gas per altoforno.

— **furnace mathematical model** (*met.*), modello matematico di un altoforno.

— **furnace operating data** (*met.*), dati di esercizio dell'altoforno.

— **furnace operation** (*met.*), esercizio di altoforno.

blast furnace ore burden (*met.*), carica minerali dell'altoforno.
— **furnace plant,** impianto (*m.*) di altoforno.
— **furnace productivity** (*met.*), produttività dell'altoforno.
— **furnace profile** (*met.*), profilo dell'altoforno.
— **furnace reconstruction** (*met.*), ricostruzione dell'altoforno.
— **-furnace section,** profilo (*m.*) di altoforno.
— **furnace sinter,** agglomerato per alti forni.
— **furnace slag,** scoria (*f.*) d'altoforno.
— **furnace (the furnace was blown in on August 31 1983 and up to the end of February 1985 it had been in —),** l'altoforno fu acceso il 31 agosto 1983 ed è stato in marcia fino alla fine di febbraio 1985.
— **furnace (to run a — furnace on normal air),** far marciare un altoforno con aria normale.
— **furnace (to step up the volume of the —),** aumentare gradatamente il volume del vento.
— **furnace stock line level** (*met.*), livello della colonna di carica dell'altoforno.
— **furnace thickener** (*met.*), addensatore fanghiglie di altoforno.
— **furnace top pressure** (*met.*), pressione alla bocca di un altoforno.
— **furnace tuyere level** (*met.*), livello tubiere di altoforno.
— **furnace working volume** (*met.*), volume utile di un altoforno.
— **generator** (U.S.A.), sabbiatrice *f.* (*macch. per sabbiare*).
— **-guard** (*min.*, *elet.*), involucro antideflagrante protettivo esterno di lampade fluorescenti di una miniera, al fine di impedire danni alle lampade durante il brillamento.
— **hole** (*min.*), foro (*m.*) da mina.
— **heating** (*met.*), riscaldo del vento.

blast inlet (*met.*), orificio di immissione del vento.
— **moisture** (*altoforno met.*), umidità del vento.
— **pipe** (*altoforno met.*), condotto del vento.
— **preheater** (*met.*), preriscaldatore del vento.
— **roasting,** arrostimento (*m.*) di metalli ad aria forzata.
— **temperature** (*altoforno met.*), temperatura del vento.
— **volume** (*altoforno met.*), volume del vento.
— **wave** (*esplosivi*), onda esplosiva.
— **(oxygen-enriched —)** (*met.*), vento arricchito d'ossigeno.

blaster (*mil.*) (U.S.A.), artificiere *m.*

blastine (*chim.*), miscela esplosiva di perclorato ammonico e TNT (*miniere*).

blasting, abbattimento *m.* (con esplosivi) del minerale; (*met.*), sabbiatura *f.*; brillamento (di mine) (*min.*).
— **agent,** agente (*m.*) esplosivo.
— **agent primer** (*min.*), innesco di agente esplosivo.
— **cap (electric — cap)** (*esplosivi*) (*min.*), capsula detonante ad accensione elettrica.
— **compound** (*min.*), miscuglio esplosivo.
— **detonation cap** (*min.*), capsula detonante (detonatore per provocare l'esplosione delle cariche).
— **fuse** (*min.*), miccia per carica di esplosivi.
— **fuse lighter** (*min.*), accenditore elettrico per miccia per (carica di) esplosivi.
— **galvanometer** (*min.*), galvanometro usato nel brillamento (delle mine).
— **gelatin** (*min.*), gelatina esplosiva (*o* gomma A), (92% di nitroglicerina (*nitroglycerine*) e 8% di cotone collodio (*guncotton*).
— **machine** (*min.*), esploditore elettrico.

blasting medium (*met.*), mezzo di granigliatura.
— **oil** (*chim.*), dinamite *f.*
— **personnel** (*min.*), personale addetto al brillamento delle mine.
— **plant,** impianto (*m.*) di abbattimento (del minerale).
— **powder,** polvere (*f.*) da mina.
— **seismometer** (*min.*), sismometro usato nel brillamento.
— **shots,** carica (*f.*) di una mina.
— **site** (*min.*), cantiere (*o* luogo) di brillamento.
— **tamping rod** (*min.*), mazza a rincalzare (per brillamento di mine).
— **tecnhician** (*mil.*), **artificiere** *m.*
— **(underground —),** brillamento (in) sotterraneo.
blastoff (slang Ingh.) (*astron.*), lancio di missile o astronave.
blau gas, gas combustibile da miscele di gasoli sottoposti a piroscissione.
blazing-off (*metal.*), rinvenimento all'olio.
bleach, *v.a.* sbiancare; decolorare; candeggiare; decolorante *m.*
— **liquor** (*chim.*), ipoclorito (*m.*) di calcio in sospensione in acqua.
bleached cotton, tela (*f.*) di cotone bianco.
bleachery (*tess.*), locale (*m.*) candeggio.
bleaching (*tess.*), candeggio *m.*; sbianca *f.*; (*carte*) imbianchimento *m.*; (*agg.*) decolorante.
— **clay,** terra da sbianca.
— **equipment** (*tess.*), attrezzatura (*f.*) candeggio.
— **of cotton,** sbianca del cotone.
— **powder,** cloruro (*m.*) di calcio.
— **range,** impianto (*m.*) di candeggio.
bleed, aspirare, alimentare (p. es.: *cool air bled from blower* = aria di raffreddamento fornita dal compressore); (*tip.*), bordo refilato; *v.a.* spurgare *v.a.*; scolare (*v.a.*) (*tess.*).
— **-off** (*tip.*), bordi refilati.
bleeder, tappo (*m.*) di spurgo.

bleeder screw (*auto*), vite spurgo d'aria; rubinetto di spurgo.
— **valve,** valvola di scarico.
bleeding, ritiro (nei getti) (*fond.*); fenomeno che avviene in lingotti di acciaio con espulsione di metallo fuso, durante la fase di solidificazione dei lingotti; (*tess.*), perdita di tinta di colori accentuati in tessuti a due o più colori, con conseguente macchiatura dei colori più leggeri; (*pittura*), difetto di vernice applicata che lascia passare il colore della vernice del rivestimento inferiore; (*cost.*), trasudamento del prodotto bituminoso applicato alla superficie stradale; passaggio (*m.*) di materiale fine dallo strato filtrante; presa (*di gas, ecc.*); spurgo *m.* (*mecc.*).
— **core** (*petrolio*), vedi: **weeping core.**
— **line** (*riscald.*), canalizzazione (*f.*) di spurgo.
bleeping noise (*elettron.*), rumore caratteristico p. es. per sveglie.
blemish (*fond.*), difetto.
blend, mischiare *v.a.*; miscela *f.*; mischia *f.* (*filatura*).
— **of cutting fuels** (*met.*), miscela di oli da taglio.
— **(colours),** mescolare *v.a.* (colori).
— **(to —),** *v.r.*, armonizzarsi.
— **(the units blend with their sorroundings),** gli apparecchi si armonizzano con l'ambiente che li circonda.
blended product (*ind. pet.*), prodotto (*m.*) miscelato; miscela *f.*
— **yarn** (*tess.*), filato (*m.*) misto.
blender (*tess.*), operatore addetto alla mischia; mescolatrice *f.* (*min.*); agitatore *m.* (*min., ecc.*).
blending mischia *f.* (*tess.*); taglio *m.* (*di vini*).
— **facilities** (*min.*), impianti di omogeneizzazione.
— **of cotton,** mischia (*f.*) del cotone.

blending yard (*min.*, *met.*), parco di omogeneizzazione.
blimp (*slang*) (*aereo*), piccolo dirigibile floscio detto: « salsicciotto » (*cinem.*) cuffia afonica.
blind, persiana *f.*; cieco *agg.*
— **abutment** (*cost.*), spalla (*f.*) cieca.
— **advertisement,** annuncio pubblicitario con indicazione della casella postale ma privo dell'inrizzo di chi lo ha emesso.
— **angle,** angolo (*m.*) morto.
— **arcade** (*arch.*), arcata finta (*o* cieca).
— **blocking** (*tip.*), stampa in rilievo a secco; impressione a caldo.
— **core** (*fond.*), anima (*f.*) cieca.
— **dive** (*aereo*), picchiata (*f.*) cieca.
— **flying equipment,** dispositivo (*m.*) per volo cieco.
— **hole,** foro (*m.*) cieco.
— **landing equipment,** dispositivo (*m.*) per atterraggio cieco.
— **navigation,** navigazione aerea cieca.
— **nut** (*mecc.*), dado (*m.*) cieco.
— **pass** (*met.*), falso canale.
— **patches** (*auto*), zone morte lasciate dal tergicristallo.
— **roaster,** forno (*m.*) a muffola.
— **shaft,** pozzo cieco.
— **spot** (*radio*), zona (*f.*) di silenzio.
— **spots** (*aereo*), punti vulnerabili al fuoco nemico.
— **tooling** (*tip.*), doratura a caldo.
— **track** (*ferr.*), binario (*m.*) morto.
blindage (*radio*), blindatura *f.*; schermaggio *m.*
blinding (*ing. civ.*), getto di ghiaietta su strada catramata.
blink (to —), lampeggiare.
blinker (*traffico*), lampeggiatore *m.* (per controllo del traffico).
blip, indicazione visiva (*radar*) dell'oggetto radio-localizzato; (*inform.*), tacca di identificazione; (*radar*) traccia radar.
blister (*aereo*) ammaccatura *f.*; bolla *f.* (*o* vescichetta) (di metalli); vescica *f.* (di scottature) (*med.*); (*pressofusione*), bolla (*f.*) d'aria; pustola *f.* (difetto di metallo a forma di rilievo).
blister copper, rame (*m.*) di cementazione; rame nero; rame greggio.
blistering (*vernici*, *ecc.*), vescicamento *m.*; formazione di vescichette.
blisters (*aereo*), sporgenze nei fianchi di un bombardiere dalle quali mirano i cannonieri.
blizzard (*meteor.*), vento (*m.*) con burrasca di neve.
bloating (*gen.*), rigonfiamento *m.* (con aria, acqua, ecc.).
— **clay,** argilla (*f.*) soffiata.
blobber, bolla *f.*
block, *m.* bozzello (di carrucola); blocco *m.*; masso *m.*; taglia *f.*; pacchetto di ferro (da puddellare); (*radio*) (*telev.*), trasmissioni settimanali di rubriche simili, trasmesse durante lo stesso orario; (*tip.*), cliché; blocchetto (di mat. cementizio); (*calcol. elettron.*), blocco (*group of words handled as a unit*), insieme di parole trattate come complesso unitario di informazioni; (*auto*), ceppo di freno.
— *v.a.* interrompere; bloccare (un gruppo) (*chim.*); (*chim.*), arrestare una reazione; ostruire.
— **a road,** interrompere (*v.a.*) una strada.
— **brake,** freno (*m.*) a ceppi.
— **chain,** catena (*f.*) a blocchi.
— **coefficient** (*naut.*), coefficiente di finezza totale di carena.
— **copolymer** (*chim.*), copolimero a blocchi.
— **-diagram** (*inform.*), diagramma (*m.*) a blocco (*o* a blocchi) (per impiego di elaboratore elettronico; (*inform.*), configurazione a blocchi (schema funzionale); schema a blocchi.
— **ice,** ghiaccio (*m.*) in pani.
— **indexing,** divisione (*f.*) multipla (fresatrici).

block-iron, pacchetto (*m.*) di ferro (da puddellare).

« **block letters please** », scrivere per favore in stampatello!

— **-maker,** bozzellaio *m.*

— **of houses,** isolato *m.* (di case).

— **pavement,** selciato (*m.*) di pietre.

— **planer** (*tip.*), fresatrice *f.*

— **reader** (*inform.*, *macch. ut.*), lettore di blocco (di informazioni).

— **proof** (*tip.*), bozza del cliché.

— **sequence** (U.S.A.) (*sald.*), saldatura (*f.*) a tratti successivi.

— **speed** (*aereo*), velocità commerciale.

— **system** (*elet.*), sistema (*m.*) di blocco.

— **time** (*aereo*), tempo reale di viaggio; tempo da blocco a blocco (dall'inizio del volo al ritorno).

— **tin,** stagno (*m.*) in blocchi o in pani.

— **up,** *v.a.* otturare; intasare.

— **welding** (*sald.*), saldatura (*f.*) a tratti successivi.

— **with hook,** bozzello (*m.*) con gancio.

blockage (*mecc.*, *ecc.*), bloccaggio (*m.*) *o* inceppamento di una macchina *o* strumento.

blockbuster (*slang*), bomba (*f.*) dirompente.

blocker (*forgiatura*), stampo (*m.*) prefinitore; (*furnace for preheating the blockers*), forno per il preriscaldo degli stampi.

blocking (*inform.*), bloccaggio (raggruppamento in un solo blocco di un insieme di informazioni).

— **and embossing press** (*tip.*), pressa a dorare.

— **factor** (*inform.*), fattore di bloccaggio.

blockmaker (*tip.*), zincografo.

blockmaker's pull (*tip.*), bozza del cliché.

blockmaking machine (*cost.*), blocchiera *f.* (macchina formatrice producente blocchetti di conglomerati cementizi).

blocks (*naut.*), taccate *f. pl.*; (*naut.*), tacchi di chiglia *m. pl.*; (*calcol. elettron.*), paragrafi per raggruppare argomenti omogenei di un programma.

blood-albumen glue, colla (*f.*) all'albumina.

— **-alcohol level** (*guida auto*), percentuale di alcool nel sangue.

— **pressure** (*med.*), pressione (*f.*) sanguigna.

— **red** (*chim.*), rosso sangue; ossido di ferro.

— **-red heat,** calore (*m.*) rosso sangue.

— **salt,** ferrocianuro di potassio.

— **-stone** (*min.*), eliotropio (*m.*).

— **-transfusion bottles,** flaconi per la trasfusione del sangue.

bloom (*met.*), blumo *m.*; (*vernici*), velatura *f.*; riflesso *m.* (*di un olio*).

— **conditioning yard** (*met.*), reparto condizionamento dei blumi.

— **shears,** cesoia per blumi.

— **(to —)** (*vern.*, *resine*) (*chim.*), velarsi *v.r.*

blooming (*metal.*), sbozzatura *f.*; strato di colore su superfici metalliche (dovuti ad invecchiamento).

— **mill** (*met.*), laminatoio per blumi; laminatoio sbozzatore.

— **pass** (*met.*), calibro (*m.*) di blooming.

— **roll,** cilindro del blooming.

bloop (*acust. cinem.*), rumore sordo dato da altoparlante quando si proietta un film con giunte mal fatte.

blooper (U.S.A.) (*radio*), qualsiasi apparecchio radio ricevente che per cause speciali ritrasmette l'energia di radio-frequenza ricevuta.

blooping (*cinem.*), improvviso rumore sordo prodotto da una giunta mal fatta della pellicola.

blossom (*miniere*), affioramento (*m.*) con alterazioni dovute ad agenti atmosferici.

blotter (*pubb.*) (U.S.A.), blocchetto di carta asciugante con « reclame » su un verso.
blotting paper, carta (*f.*) asciugante.
blow, porta giunto *m.* (della rotaia) (*ferr.*); martellata *f.*
— *v.i.* saltare (di valvole elet.); bruciare; *v.r.* bruciarsi; *v.a.* soffiare; convogliare; asportare.
— **-by** (*auto*), dispositivo di ricircolo dei gas di scarico; (*mot.*), trafilamento.
— **down** (*ing.*), spurgo (di caldaia).
— **down (to)** (*met.*), arrestare il soffiaggio; fermare il soffiaggio; spegnere un forno.
— **-down plant** (*ing.*), impianto di spurgo continuo (di caldaia).
— **-down valve** (*di caldaia*), valvola (*f.*) di spurgo.
— **-hole** (*fond.*), soffiatura (*f.*) nel getto; (*pressofusione*), soffiatura *f.*; porosità *f.*
— **hole** (*met.*, *sald.*), cavità (*f.*) di ritiro.
— **in (to)** (*met.*), mettere in marcia (*forni met.*); mettere in esercizio (*altoforno*); (*the blast furnace was blown in after a reline*), l'altoforno fu messo in esercizio dopo un nuovo rivestimento.
— **moulding** (*mat. plast.*), stampaggio mediante soffiatura.
— **off** (*met.*), arresti di soffiaggio (di altoforno).
— **-off pipe,** tubo (*m.*) di scarico.
— **-off valve,** valvola (*f.*) di scarico.
— **out** (*gas*) (*sondaggi*), eruzione.
— **out (to)** (*met.*), arrestare il soffiaggio; fermare il soffiaggio; spegnere un forno; arrestare la marcia di un forno.
— **out preventer** (*petrol.*), preventitore di eruzione.
— **-pipe,** cannello (*m.*) ferruminatorio; gonfiatoio *m.*
— (*v.a.*) **the glass,** soffiare il vetro.
— **-torch,** lampada (*f.*) per saldare.
blow up (to), *v.i.* scoppiare; ingrandire una fotografia (U.S.A.).
— **with a hammer,** martellata *f.*
blowability (*met.*), soffiabilità *f.*
blower (*met.*), turbosoffiante *f.*; soffiante *f.*; ventilatore *m.* (*min.*); (*petrolio ecc.*), pozzo (*m.*) da gas; eiettore; soffiatore *m.*; v. **axial-flow** — (*met.*).
— **airflow** (*aereo*), flusso (*m.*) del compressore.
— **and spreader** (*tess.*), battitore-finitore *m.*
— **casing** (*aereo*), involucro (*m.*) del compressore.
— **pipe** (*aereo*), presa d'aria (per gonfiare pallonetti).
— **pressure** (*ventilatori*), pressione (*f.*) statica.
— **room** (*altoforno met.*), sala (*f.*) soffianti.
— **turbine shaft** (*aereo*), asse del compressore a turbina.
— **-type snow plough** (*macch. stradali*), sgombraneve a turbina.
blowing (*vetro*), soffiatura *f.*; (*met.*), soffiaggio *m.*
— **agent** (*chim.*), sostanza usata per produrre gomma spugna (*sponge rubber*) o schiuma atomizzata (*foam.*).
— **apparatus** (*acust.*), mantice *m.*
— **back** (*di serbatoio benzina*), (*auto*), riflusso; rigetto di benzina.
— **-down** (*ing.*), spurgo (di caldaia).
— **engine** (*met.*), soffiante.
— **-house** (*met.*), sala delle soffianti.
— **in,** inizio di soffiaggio (in un altoforno).
— **of oxygen** (*met.*), insufflazione dell'ossigeno.
— **out,** termine di soffiaggio (in un altoforno).
— **-out tank,** vasca (*f.*) di spegnimento.
— **out the stemming** (*along the hole*) (*min.*, *esplosivi*), « fare cannone » (riferito a mine che scacciano l'intasamento nel foro senza demolire la roccia).

blowing period (*met.*), periodo di soffiaggio.
— **phase** (*met.*), fase di soffiaggio.
— **start** (*met.*), inizio soffiaggio.
— **stop** (*met.*), fine soffiaggio.
— **time** (*forni met.*), tempo di soffiaggio.
— **(off-hand —)** soffiatura non meccanica.
— **(soft —)** (*met.*), soffiaggio attenuato.
blowlamp, lampada (*f.*) per saldare (in America: *blowtorch*).
blown air, aria (*f.*) soffiata.
— **bitumen**, bitume soffiato (bitume riscaldato e soffiato con aria).
— **core** (*fond.*), anima (*f.*) ottenuta con soffiaggio.
— **mineral fibre** (*costr.*), fibra minerale soffiata (*per rivestimenti isolanti di tetti, tubi, ecc.*).
— **oil** (*chim.*), olio soffiato; olio essiccante per vernici.
— **pulp** (*carta*), pasta (*f.*) soffiata.
blowout (*gas*), eruzione *f.*
— **-proof tyres**, gomme imperforabili.
blowpipe (*vetro*), canna del soffiatore di vetro; cannello *m.*
— **head** (*sald.*), lancia (*f.*) del cannello.
blubber, grasso di balena.
blue, *agg.* blu; azzurro; turchino; *v.a.* (*tess., ecc.*) azzurrare *v.a.*; (U.S.A.), abbreviazione di: **blue print.**
— **annealing** (*annealing of sheets after rolling*) (*met.*), ricottura al blu.
— **asbestos** (*min.*), crocidolite *f.*
— **ashes** (*chim.*), ceneri azzurre; carbonato di rame basico idrato.
— **-black** (*chim.*), nero avorio; nero vino.
— **-brittle range** (*met.*), intervallo di fragilità al color blu.
— **brittleness** (*met.*), fragilità (*f.*) al blu.
— **calx**, azzurro di miscela di ossido di cobalto, argilla e quarzo (usato nelle ceramiche).
blue chips (*comm., finan.*), azioni commerciali *o* industriali pregiate.
— **clay**, argilla (*f.*) blu.
— **-collar worker**, lavoratore; operaio (in una fabbrica, ecc.).
— **copper**, azzurro di rame.
— **copperas**, solfato cuprico.
— **edge** (*met.*), bordo blu (di bordo di lamiera o nastro durante la fase di raffreddam. dopo ricottura).
— **filter** (*fot.*), filtro azzurro.
— **glass** (*cinem.*), vetro bleu usato dai registi.
— **glow** (*termoion.*), luce (*f.*) azzurra.
— **heat**, calore (*m.*) azzurro (del ferro).
— **ochre**, ocra bleu.
— **oil**, olio bleu.
— **oxide** (*chim.*), ossido bleu (miscela di zinco ed ossido di zinco).
— **payphone** (*telef.*), telefono pubblico controllato da microprocessori (con inserzione di monete da 2, 5, 50 pennies).
— **powder**, polvere azzurra; polvere di zinco.
— **print paper**, carta (*f.*) cianografica.
— **pulp**, polpa azzurra (miscela di prussiato giallo di potassa e bicloruro di stagno).
— **salt**, sale azzurro; sali di nichelio, solfato di nichel cristallizzato.
— **sand**, sabbia azzurra; smalto di cobalto (*ceramiche*).
— **steel**, acciaio sbozzato.
— **tacks** (*met.*), semenza *f.*
— **verditer**, azzurro di Brema.
— **vitriol**, vetriolo (*m.*) di Venere; vetriolo azzurro (*o* turchino).
— **water gas**, gas d'acqua.
blueing (*met.*), brunitura *f.*; (*carta*), azzurraggio *m.*; (*ceram.*), azzurrante *m.*; (*vern.*) azzurrimento; formazione di chiazze azzurre su superfici verniciate con bleu di Prussia; (*lana*), azzurraggio *m.*; (*met.*), azzurratura *f.* (*degli acciai*).

blueprint, cianografia *f.* (bleu); copia (*f.*) cianografica.
blueprinter, cianografo *m.*
bluestone (*chim.*), solfato di rame; pietra azzurra.
bluing, v. **blueing.**
— **of tools** (*met.*), ossidazione blu degli utensili.
— **pan** (*orol.*), piano per rinvenire; piattello con 7 buchi per colorire viti.
bluish, *agg.* bluastro.
blunging (*vernici e smalti*), impasto; impastare (miscelare una materia prima in polvere con acqua).
blunt cutting edge (*utens.*), tagliente (*m.*) ottuso.
— **file,** lima (*f.*) a sezione costante.
blur (*telev.*), sfumatura *f.* (*offuscamento d'immagine*).
blurb (*libri*), descrizione del libro stampata sulla sovraccoperta; elogio del libro da parte dell'editore.
blurred image (*telev.*), immagine (*f.*) sfumata (*o* offuscata).
blurring, cancellatura (*o* sfumatura) di immagine.
blushing (*aereo*), arrossamento (macchie color bianco latte che, per eccesso di umidità, si formano sulle parti verniciate di apparecchi); (*vernici*) smorzatura *f.*
board, assicella *f.*; tavola *f.*; (*telev.*), basetta; (*inform.*), quadro *m.* (dei collegamenti, ecc.); scheda *f.* (di memoria); circuito *m.*; tavola (tracciante); comitato (*data regulation board*).
— **cutting and round cornering machine,** tagliacartoni e tagliangolo.
— **drop hammer** (*mecc.*), maglio (*m.*) a caduta a tavola.
— **fence,** assito *m.*
— **foot,** unità (*f.*) di misura del legname (nel Canada e negli Stati Uniti) (piede cubo).
board-glazed (*tip.*), satinato al cartone.
— **of directors** (*società*), consiglio (*m.*) di amministrazione.
— **of executive directors** (*finan.*), consiglio degli amministratori.
— **of Trade,** Ente britannico del Commercio e dell'Industria; (USA) Associazione di banchieri, commercianti, ecc., costituente una Borsa merci.
— **-side,** muratura *f.*
— **telephone,** aviofono *m.*
— **(on — the spacecraft),** a bordo dell'astronave.
— **(to —),** montare (*o* salire) (su un automezzo, ecc.); abbordare (*naut.*).
— **(to —) the ferry** (*auto*) (*naut.*), salire a bordo del traghetto; prendere la nave traghetto.
boarded partition, parete (*f.*) d'assi; parete (*f.*) di tavole.
— **shuttering,** armatura (*f.*) con tavole (di legno).
boarding, assito *m.*; tavolato *m.*; tavole *f. pl.*
boardy feel (*tess.*), accartonato; rigido al tatto.
boat, scafo *m.*; barca *f.*
— **bag,** borsa per il mare.
— **davits** (*naut.*), gru delle lance.
— **-gate** (*naut.*), « barca porta » (per chiusura di bacini di carenaggio).
— **heating** (*naut.*), riscaldamento di imbarcazioni.
— **stringer,** trincarino *m.* (dello scafo).
— **trailer** (*naut.*), rimorchio per imbarcazioni.
— **train,** treno (*m.*) traghetto.
boats (U.S.A.), aeroplani *m. pl.* (chiamati così da piloti della marina).
boatswain, *m.* nostromo *m.*
bob (*costr.*), piombino *m.*
bobbin (*tess.*), bobina *f.*
— **net,** tulle.
— **waste** (*tess.*), cascami delle bobine.
— **-winder,** spolatore *m.* (*macch. da cucire*).

bobbing, sobbalzo *m.*

bobbins creel (*tess.*), rastrelliera *f.*

bobsledding (*sport*), guidoslitta; bob.

bobsleigh (*sport*), guidoslitta *f.*; bob.

bobsleighing (*sport*), pratica dello sport del bob.

bobstay (*naut.*), briglia *f.*

bod, argilla usata per chiudere un foro di colata di cubilotto o altoforno.

bodkin (*tip.*), punta *f.* (usata dal tipografo per levare lettere difettose); punteruolo *m.*

body, telaio *m.* (di motoc.); corpo *m.* (*mecc.*); gambo *m.*; carrozzeria *f.* (*auto*); scocca *f.* (*auto.*); fusoliera *f.* (*aereo*); (*vernici*) consistenza *f.*; densità *f.*; grado di opacità di un pigmento; (*tess.*) « corpo » (di tessuto); (*fis.*), grave *m.* (caduta di gravi; maneggio di gravi nelle miniere *p. es.*); (*ferr.*), cassa (di una automotrice).

— **casting,** corpo in ferro fuso.

— **cell** (*auto*), (*passenger compartment*), abitacolo *m.*

— **-center cubic structure** (*met.*), struttura cubica corpocentrata.

— **centered cubic metals** (*met.*), metalli cubici corpocentrati.

— **cloth** (*tess.*), tessuto molto consistente.

— **fitting** (*aereo*), armatura (*f.*) della fusoliera.

— **-matter** (*tip.*), composizione di testo.

— **of a boiler,** corpo (*m.*) di caldaia.

— **of a piston,** corpo (*m.*) di uno stantuffo.

— **of a tool,** corpo (*m.*) di un utensile.

— **of hook,** collo (*m.*) del gancio.

— **of revolution,** solido (*m.*) di rivoluzione.

— **of the connecting rod,** corpo (*m.*) della biella.

— **of the saw, arco (*m.*) della sega.**

body plan (*naut.*, *aereo*), piano (*m.*) verticale.

— **roll** (*auto*), rollio della carrozzeria.

— **shell** (*auto*), cassa della scocca.

— **side** (*auto*), fiancata di scocca.

— **tilting** (*ferr.*), inclinazione della cassa.

— **type** (*tip.*), caratteri correnti.

bodywork (*scocca auto*), v. **steel —**

— **(double-deck —)** (*auto*) carrozzeria a due piani.

bog coal, lignite (*f.*) fangosa.

bogey (*aereo*), aereo non identificato.

bogie (*ferr.*), carrello *m.*

— **carriage,** carrozza (*f.*) a carrelli.

— **casting** (*met.*), colata (*f.*) su carrello.

— **electric-rail motor-car,** carrozza (*f.*) automotrice elettrica a carrelli.

— **hunting** (*ferr.*), oscillazione pendolare del carrello.

— **luggage wagon** (*ferr.*), bagagliaio (*m.*) a carrelli.

— **trail car,** carrozza (*f.*) da rimorchio a carrelli.

— **type furnace** (*met.*), forno (*m.*) a carrelli.

— **wheelbase** (*ferr.*), passo dei carrelli.

— **(self-running exchanging —)** (*met.*), carrello automotore per il cambio del convertitore.

Bohemian glass, vetro (*m.*) di Boemia.

— **topaz,** topazio (*m.*) boemo.

— **vault,** volta (*f.*) a vela.

Bohr atom model, modello atomico di Bohr.

boil, *v.i.v.a.* bollire (*v.i.*); fare bollire (*v.a.*), entrare in ebollizione.

— **down** (*v.a.*) (*chim.*), ridurre (*v. a.*); concentrare (*v.a.*); evaporare mediante ebollizione.

— **off** (*chim.*), espellere mediante ebollizione; estrarre (*v.a.*).

— **-off machine** (*tess.*), macchina per la sgommatura.

— **out** (*v.a.*) (*chim.*), estrarre (mediante ebollizione).

boil up (*v.a.*) (*chim.*), fare bollire a lungo; concentrare mediante ebollizione.
boiled linseed oil, olio di lino cotto.
— **oil** (*vernici, ecc.*), olio (*m.*) cotto.
— **silk** (*tess.*), seta cotta.
boiler, caldaia *f.*; bollitore *m.*
— **barrel,** corpo (*m.*) (cilindrico) di caldaia.
— **capacity** (*ing.*), capacità (*f.*) di caldaia.
— **casing** (*mecc.*), involucro (*m.*) di caldaia.
— **composition,** prodotto (*m.*) antincrostante per caldaie.
— **compound,** disincrostante (*m.*) per caldaie.
— **end,** fondo (*m.*) di caldaia.
— **equipment,** impianto (*m.*) di caldaia.
— **feeding,** alimentazione (*f.*) di caldaie.
— **feed pump,** pompa (*f.*) per alimentazione della caldaia.
— **feedwater,** acqua di alimentazione di caldaia.
— **fittings,** accessori (*m. pl.*) di caldaia.
— **furnace explosion,** esplosione (*f.*) di un forno di caldaia.
— **grate,** griglia *f.* (di caldaia).
— **horsepower (BHP),** unità di capacità di produzione di caldaia (= 8405 kcal all'ora).
— **lagging,** rivestimento (*m.*) di caldaia.
— **maker,** calderaio *m.*
— **plant,** impianto (*m.*) di caldaia.
— **plate,** piastra (*f.*) di caldaia; lamiera (*f.*) da caldaie.
— **pressure,** pressione (*f.*) di caldaia.
— **room,** camera (*f.*) delle caldaie; locale (*m.*) delle caldaie.
— **scale,** incrostatura (*f.*) di caldaia.
— **scaling hammer,** martello per scrostare le caldaie.
— **shell,** involucro (*m.*) di caldaia; corpo (*m.*) di caldaia.
— **shop,** officina (*f.*) calderai.
— **stay,** tirante (*f.*) di caldaia.
— **steel,** acciaio (*m.*) da caldaie.
boiler tube, tubo (*m.*) da caldaia.
— **under repair,** caldaia (*f.*) in riparazione.
— **with corrugated flue tube,** caldaia (*f.*) a focolare ondulato.
— **with large water space,** caldaia (*f.*) a grande volume d'acqua.
— v. **Badcock —; boot —; donkey —; flash —; forced circulation —**; e sotto la prima denominazione dei vari tipi (p. es. *marine —*, per: **marine boiler** ecc.).
— **(to cut out a —),** fermare una caldaia.
boilermaker, calderaio *m.*
boilerplate (U.S.A.) (*voli spaziali*), capsula spaziale di addestramento (per voli e saggi a terra); modello di veicolo spaziale in misura reale.
boiling, ebollizione *f.*; ribollitura: formazione di bollicine (difetto nella superficie a smalto).
— **off** (*tess.*), sgommatura *f.* (*prima della tessitura*).
— **out** (*tess.*), pulitura *f.* (*cotone*).
— **point,** punto (*m.*) di ebollizione.
— **up,** ebollizione prolungata.
— **water,** acqua (*f.*) bollente.
— **water reactor** (*fis. atom.*), reattore (*m.*) ad acqua bollente.
bold (type) (*tip.*), grassetto *o* neretto.
— **face** (*tip.*), grassetto (carattere).
bolid (*astr.*), bolide *m.*
boll (*cinem.*), suono indesiderabile (su disco di cera); (*cotone*), capsula *f.*
— **rot** (*cotone*), muffa della capsula.
— **weevil** (*cotone*), maggiolino della capsula.
— **worm** (*cotone*), verme della capsula.
bollard, bitta d'attracco; caviglia *f.* (*naut., aereo*).
Bologna phosphate (*chim.*), solfuro di bario; fosfato di Bologna.

Bologna phosphorus (*chim.*), fosforo di Bologna; solfato di bario fosforescente.
bolometer, bolometro *m.*
bolster (*tess.*), portafuso (*di filatoio*); sottotrave *f.*; (*mecc.*), forma di acciaio per sostenere stampi.
— **plate** (*pressofusione*), piastra (*f.*) porta stampi.
— **rail** (*tess.*), carro *m.* (di banco a fusi).
bolt, otturatore *m.*; bullone *m.*; catenaccio *m.*; perno (*m.*) passante; (*tess.*), pezza *f.*; (*met.*), (*laminatoi*), briglia *f.*; otturatore *m.* (di arma da fuoco).
— *v.a.* avvitare; fissare (*v.a.*) con bulloni.
— **hanger socket,** staffa (cemento armato).
— **rod** (*met.*), bordione (*m.*) per bulloneria.
— **screwing machine,** filettatrice (*f.*) per viti e bulloni.
— **shank** (*mecc.*), gambo (*m.*) del bullone
— **teeth,** ingranaggi (*m. pl.*) a piuoli.
— **tightening underwater,** serraggio di bulloni sott'acqua.
— **tool** (*orol.*), attrezzo per fissare pezzi da lucidare.
— **with cheese head,** bullone (*m.*) a testa cilindrica con grano.
bolted connection, unione *f.* (di tavole) a bulloni; collegamenti (*m.*) di travi, per mezzo di bulloni.
boltel, cordone *m.*
bolter, buratto *m.*
bolting (*min.*), v. **roof —.**
boltrope (*naut.*), ralinga *f.*
bolts and nuts (*met.*), bulloneria *f.*
Boltzmann constant, costante (*f.*) di Boltzmann.
bomb, bomba *f.*
— **aimer,** puntatore *m.*
— **-apparatus** (*chim.*), autoclave *f.*
— **bay door** (*aereo*), porta (*f.*) vano bomba.
— **carrier** (*aereo*), rastrelliera (*f.*) porta bombe.
— **rack** (*aereo*), porta bomba.
bomb release (*armi*), lancia-bombe.
— **release control** (*aereo*), comando sgancia bombe.
— **release gear** (*aereo*), meccanismo di sgancio (bombe).
— **sight** (*aereo*), traguardo (*m.*) di puntamento.
— **-stick,** spezzone *m.*
bombard, *v.a.* (*fis. atom.*), bombardare *v.a.*
bombarding particle (*fis. atom.*), particella-proiettile *f.*
bombardment, bombardamento *m.*
— **satellite** (*astron. mil.*), satellite di bombardamento.
bomber (*aereo*), bombardiere *m.*
bombing (*astr., mil.*), bombardamento *m.*
— **teacher** (*aereo*), dispositivo per l'addestramento al bombardamento a terra.
— **(dive —),** bombardamento in picchiata.
— **(high-altitude —),** bombardamento ad alta quota.
— **(low-altitude —),** bombardamento a bassa quota.
— **(night —),** bombardamento notturno.
— **(radar —),** bombardamento con radar.
— **(stellar —)** (*astr.*), bombardamento stellare.
bomphleteer (*mil., aereo*) (Inghilt.), aviatore che lancia foglietti di propaganda.
bonanza (*geol.*), corpo metallifero eccezionalm. ricco; giacimento di minerale coltivabile molto ricco.
bond, fasciatura (*f.*) di mattoni; assestamento *m.*; collegamento *m.* (*elet.*); legame *m.* (*chim.*) (il segno — nelle formule di struttura).
— *v.a.*, (*chim. met.*), legare; (*elet.*), collegare a massa.
— **energy** (*chim.*), energia (*f.*) di legame.
— **for gunning material** (*forni met.*), legante per impasto da lanciare.

bond strength (*chim.*), forza (*f.*) del legame chimico.
— **(cross —)** (*chim.*), legame trasversale.
— **(end —)** (*chim.*) legame (*m.*) terminale.
bondable, *agg.* (*chim.*), agglomerabile.
bonded, *p.p.* con impasto (di mole); (*chim.*, *met.*) (*refrattari*), legato.
— **diamond wheel** (*mecc.*), mola diamantata a legante metallico (*generalm. nichelio*).
— **goods** (*comm.*), merce (depositata) nei magazzini generali.
— **prestressed beam,** trave (*f.*) in cemento armato precompresso ad armature con aderenza.
— **resin,** resina rinforzata.
— **seals,** giunti rinforzati.
— **warehouse,** magazzino (*m.*) in porto franco.
— **(ball —)** (*sald.*), saldato con ultrasuoni.
— **(chemically —),** legato chimicamente.
bonder (*met.*), mattone (*m.*) di collegamento.
bonderize (to —) (*met.*), bonderizzare *v.a.*
bonderizing (*metall.*), procedimento per rendere inossidabili ferro ed acciaio: bonderizzazione *f.*
bonding (*chim.*), legame (modo di —).
— **agent,** agglomerante *m.*
— **a plane,** collegare le parti metalliche di un aereo mediante un filo sottile.
— **clay,** argilla legante.
— **energy** (*chim.*), energia (*f.*) di legame.
bone, osso *m.*
— **ash** (*chim.*), cenere d'ossa; solfato di calcio.
— **black,** nero (*m.*) d'ossa.
— **earth** (*chim.*), cenere d'ossa (*bone ash*).
— **forceps** (*med.*), cesoie per le ossa.
— **oil** (*chim.*), olio di corno di cervo.
— **meal,** farina (*f*). di ossa.
bone phosphate (*chim.*), fosfato di ossa; fosfato di calcio.
boning-in (*agrim.*), fare un allineamento con tavolette di traguardo; (*top.*), livellazione con picchetti.
— **-rod** (*agrim.*), scopo *m.*; tavoletta (*f.*) di traguardo.
bonnet (*auto*), cofano *m.*; coperchio (*m.*) di valvola; cuffia (*f.*) o cappello *m.*; (*met.*), testa (*f.*) rimontata.
— **fastener** (*auto*), ferma cofano.
— **fastening-clip** (*auto*), gancio ferma cofano.
— **release** (*auto*), leva sbloccaggio coperchio motore.
bonus (*remunerazioni*), v. **Christmas —.**
— **goods** (*comm.*), merce premio (*o* merce gratuita) inviata in più per una data ordinazione.
— **issue** (*finan.*), distribuzione attribuzione di azioni gratuite.
— **per day,** indennità (*f.*) giornaliera (caroviveri).
— **rate,** tariffa (*f.*) indennità.
book, libro *m.*; (U.S.A.) rivista considerata come mezzo pubblicitario dagli inserzionisti.
— **designer** (*tip.*), impaginatore.
— **face** (*tip.*), caratteri di testo.
— **ink,** inchiostro per la stampa di libri.
— **in sheets** (*tip.*), libro non legato; libro in foglio; « segnature » stampate di un libro (fogli stampati e piegati) riunite, prima della rilegatura.
— **-keeping** (*comm.*), contabilità *f.*
— **muslin** (*tess.*), organdi.
— **-recorder** (*comm.*), contabile *m.*
— **sewing machine** (*tip.*), cucitrice a filo refe.
— **size** (*tip.*), formato del libro.
— **value** (*econ.*), valore (*m.*) contabile.
bookbinding (*tip.*), legatura *f.*
bookbinders' glueing machine. (*tip.*), incollatrice per legatorie.
booking form (*congressi, ecc.*), modulo di prenotazione.
booklet (*tip.*), brossura *f.*

booklet stitching and covering machine (*tip.*), brossuratrice *f.*

bookshelf speaker system (*audio*), diffusore con mobile bookshelf (libreria).

boolean algebra (*controllo numerico*) (*inform.*), algebra di Boole.

boom, rimbombo *m.*; antenna *f.* (*naut.*); briglia *f.* (*naut.*); corrente *f.* (*cost.*); (*comm.*), euforia *f.*; (*di prezzi*), salita; tendenza al rialzo; (*telev.*) (U.S.A.), supporto telescopico per microfono; giraffa porta microfono; (*mec.*) braccio *m.* (*di gru*).

— **cutter** (*macch.*), v.: **roadheader.**

— **man** (*telev.*) (U.S.A.), ingegnere addetto alla giraffa porta microfono.

— **member,** asta (*f.*) del corrente.

— **microphone** (*radio studio*) (*TV*) microfono sospeso a una « giraffa », abbassabile o sollevabile per seguire gli attori di uno studio televisivo, teatri, ecc.

— **of an arch,** corrente (*m.*) di un arco.

— **plate** (*cost. civ.*), cantonale (*m.*) d'un corrente.

— **(rotaring —)** (*di benna*) (*mecc.*), braccio (*m.*) rotante.

— **stacker,** accatastatore (*m.*) a braccio girevole.

boomer (*slang*), *m.* bombardiere; pilota (*m.*) di bombardiere; (*radio*) altoparlante per note acute e basse.

boon, canapule *m.* (fusto di canapa).

boost (*aereo*), pressione (*f.*) di alimentazione; (*mot.*) sovralimentazione; (*missili*), potenza (*f.*) di accelerazione al decollo; parte (*f.*) di missile usata al decollo e liberata in volo; (*meccan.*), scontro *m.* (*fucinatura idrostatica*); (*v.a.*), rinforzare (*o* elevare) (una pressione); rialzare (il voltaggio); sovralimentare.

boost control (*elet.*), limitatore della pressione di alimentazione.

— **gauge** (*aereo*), manometro (*m.*) per la pressione di alimentazione; aneroide della pressione.

— *v.a.* **into orbit** (*astron.*), mettere in orbita con propulsione a razzo.

— (*v.a.*) **output,** aumentare la pressione.

— **pressure,** pressione (*f.*) di alimentazione; pressione di sovralimentazione.

— (*v.a.*) **production,** incrementare la produzione.

— (*v.a.*) **sales,** incrementare le vendite.

— *v.a.* **the received signal** (*amplifier*), amplificare il segnale ricevuto.

— (*v.a.*) **the voltage,** rialzare il voltaggio.

boosted (*pp.*) **into orbit** (*astron.*), propulso in orbita.

booster (*elet.*), sopraelevatore (*m.*) di voltaggio; (*aereo*), sovralimentatore di pressione (*di palloni*); (*pressofusione*), moltiplicatore *m.*; (*astron.*), veicolo di lancio, con il suo carico; stadio di veicolo di lancio producente la propulsione principale.

— **dynamo** (*elet.*), dinamo (*f.*) survoltrice.

— **engine** (*astron.*), motore di razzo acceleratore di spinta, in un veicolo di lancio.

— **explosive,** (*ausiliare*) accelerante di esplosione.

— **fan** (*elet.*), ventilatore di soppressione.

— **motor** (*elet.*), servomotore *m.*; survoltrice *f.*

— **pump** (*aereo*), pompa di innesco.

— **rocket** (*missili, ecc.*), razzo (*m.*) ausiliario accelerat. di decollo.

— **station** (*ind. pet.*), stazione (*f.*) di pompaggio per gasdotto.

— **switch** (*elet.*), commutatore (*m.*) ausiliario.

— **voltage** (*radio, TV*), tensione rinforzata.

boosting (*elet.*), sovratensione *f*; (*aereo*), decollo (*m.*) « assistito ».
— **charge,** carica (*f.*) addizionale.
— **main** (*elet.*), linea (*f.*) di rinforzo.
— **transformer,** trasformatore (*m.*) survoltore.
— **voltage,** sovratensione *f.*
boot (*aereo*), camera d'aria (di pneumatico); (*auto*), cofano bagagli (*o* bagagliaio) *m.*; (*inform.*), v.: **bootstrapping.**
— **boiler** (*ing.*), caldaia di termosifone.
— **leg** (*met.*), scatola (rapida depressione della sup. liquida [simile a scatola] alla testa di un lingotto di acciaio effervescente, prima o dopo la colata).
— **lid** (*auto*), coperchio del bagagliaio.
— **light** (*auto*), luce bagagliaio.
— **machine operator mechanic,** meccanico (*m.*) addetto a macchine per calzature.
— **space** (*auto*), spazio (capacità) del bagagliaio.
— **spoiler** (*auto*), spoiler posteriore.
booth (*tel.*) (*cinem.*), cabina (*f.*) telefonica; cabina *f.* (*cinem.*).
bootstrap instructions (*elettron.*), istruzioni di avviamento.
bootstrapping (*inform.*), caricamento in memoria di tutta una routine, con l'aiuto delle prime istruzioni.
boottop paint (*vernici*), bicocco *m.*; pittura bagniasciuga.
BOP steelmaking (*basic oxygen process*) (*met.*), processo della fabbricazione dell'acciaio all'ossigeno.
boracite (pr. *bou'resait*) (*min.*), boracite *f.*
boral (*chim.*), borotartrato di alluminio.
borane (*chim.*), idrato di boro.
borate, borato *m.*
borax, borace *m.*
bordeaux S (*chim.*), amaranto *m.*
border, lembo *m.*; margine *m.*
bore, tubo di lancio (*armi*); sonda *f.* (*trivella*); diametro interno; alesaggio *m.* (*mecc.*), foratura *f.*; flusso (*m.*) montante (*marea*).
bore *v.a.* trapanare; forare (col trapano); trivellare; perforare (terreno, ecc.).
— (*v.a.*) **for water,** cercare (*v.a.*) l'acqua (con trivellazione).
— **hole,** foro (*m.*) di trivellazione,
— **of a pipe,** diametro (*m.*) interno di un tubo.
— **of cylinder,** alesaggio (*m.*) del cilindro.
— **out,** (*v.a.*) fare (*v.a.*) un foro (col trapano); alesare (*v.a.*) un foro; allargare (*v.a.*) un foro; cilindrare *v.a.*
— **out** (*v.a.*) **on the lathe,** alesare (*v.a.*) al tornio.
— **through,** *v.a.* bucare.
borehole (*min.*), foro (*m.*) di trivellazione.
boric acid, acido (*m.*) borico.
borickite (*chim.*), fosfato di ferro.
boring, alesaggio *m.*; sondaggio *m.*; foratura *f.*; trivellazione *f.*
— **and facing head** (*mecc.*), testa (*f.*) per alesare e spianare; (*macch. ut.*), testa per alesare e sfacciare.
— **and mortising machine,** mortesatrice (*f.*) combinata.
— **and surfacing lathe,** tornio (*m.*) verticale.
— **and turning machine for bearing raceways** (*macch. ut.*), alesatrice-tornitrice per anelli di cuscinetti a rotolamento.
— **and turning mill** (*macch. ut.*), tornio (*m.*) verticale.
— **bar,** barra (*f.*) di alesaggio; (*petr.*), barra di sonda; asta (*f.*) per trivellazione; (*attrezzature per macch. ut.*), barenatore *m.*
— **bar (portable —)** (*for loco cylinder re-boring*), alesatrice portatile per cilindri.
— **bit** (*min.*), fioretto di perforazione.
— **by percussion with rods** (*min.*), sondaggio (*m.*) a percussione rapida.

boring by rotation (*min.*), sondaggio (*m.*) a rotazione.
— **cutter,** ferro (*m.*) da alesatrice (utensile); coltello (*m.*) da alesatrice.
— **head** (*macch. ut.*), testa portamandrino (di alesatrice); testa per alesare (e barenare).
— **machine,** alesatrice *f.*; barenatrice *f.*; perforatrice *f.*; trapano *m.*
— **machine with vertical headstock adjustment,** alesatrice (*f.*) con testa mobile verticalmente.
— **-mill** (*macch. ut.*), fresalesatrice *f.*
— **spindle,** albero (*m.*) del trapano; mandrino *m.* (del trapano).
— **stay,** barra alesatrice (*o* di alesaggio).
— **stay cap bearing,** cuscinetto della barra d'alesaggio.
— **stay upright,** montante-supporto della barra alesatrice.
— **test,** campione (*m.*) d'assaggio (trivellazione).
— **tool,** utensile (*m.*) da alesatrice.
— **winch,** argano (*m.*) per trivellazioni.
borings, trucioli di ghisa.
Borneo camphor (*chim.*), borneolo *m.*
borneol (*chim.*), borneolo *m.*
bornite (*min.*), bornite *f.* (min. di rame).
bornyl alcohol (*chim.*), borneolo.
bornylamine, bornilammina (*f.*), $C_{10}H_{17}NH_2$.
boron (*chim.* = B), boro *m.*
— **bromide,** bromuro (*m.*) di bromo.
— **chamber,** camera (*f.*) al boro.
— **counter,** contatore (*m.*) a boro.
— **detector,** rivelatore (*m.*) al boro
— **iodide,** ioduro (*m.*) di boro.
— **steel,** acciaio (*m.*) al boro.
boronia oil olio verde (usato in profumeria).
boronizing (*met.*), trattamento superficiale dell'acciaio con boro; carburazione in uno speciale composto di boro.
borrow pit (*colmata*), cava (*f.*) di prestito (per materiali destinati a una colmata).
borsyl (*chim.*), borosilicato di sodio.
bort, diamante per mat. abrasivo e filiere; (*min.*), diamante artificiale.
BOS building (*met.*), (basic oxygen steelmaking building), acciaieria ad ossigeno (fabbricato dell'—).
bosh (boshes) (*met.*), sacca *f.* (di altoforno).
— **angle** (*altoforno*) (*met.*), angolo della sacca.
boson (*fis. atom.*), bosone *m.*
boss, tassello *m.* (*mecc.*); mozzo *m.*; stampo *m.*; bugna *f.* (*costr.*); matrice *f.*; (*tess.*), bussola (del cilindro di stiro); *v.a.* (*mecc.*), fissare (con bullone ecc.).
— **of the fly-wheel,** mozzo (*m.*) del volano.
— **roller** (*met.*), capo laminatore *m.*
bossage, abbozzato *m.*; bugnatura *f.*
bossing-up (*ing.*), stampaggio in rilievo su forgia.
botched work, lavoro mal fatto.
bott (*fond.*), tappo (di argilla, usato nei cubilotti); tampone *m.*
botticino, marmo (*m.*) botticino.
bottle, bottiglia *f.*; (*gas*) bombola *f.*
— **crating machine,** macchina per l'imballaggio di bottiglie.
— **-filling machine,** imbottigliatrice *f.* (macchina per imbottigliare).
— **glass,** vetro da bottiglie.
— **jack,** martinetto (*m.*) con piedestallo a bottiglia; verricello a vite.
— **top ingot mould** (*met.*), lingottiera (*f.*) a collo di bottiglia.
— **washing machine** (*mecc.*), lavabottiglie.
— **bottle (non-returnable —),** bottiglia a perdere.
bottled gas, gas in bombole.
— **gas portable indoor heater,**

riscaldatore portatile a bombola di gas.

bottleneck, strozzatura *f.* (p. es. di autostrada); ingorgo *m.* (traffico stradale).

bottles (*slang*) (U.S.A.), valvole di amplificatori a bassa frequenza.

bottom, fondo (*di recipiente*); basso (*di colonna*) (*chim.*).

— **(to —),** toccare il fondo (*imbutitura, ecc.*); bloccare (*radio*).

— **balance end piece** (*orol.*), disco controperno anteriore del bilanciere.

— **beading machine** (*macch. ut.*), bordatrice (*f.*) di fondi.

— **boom** (*cost.*), corrente (*m.*) inferiore.

— **boom member** (*cost.*), asta (*f.*) del corrente inferiore.

— **box,** cassa (*f.*) di base dell'elevatore.

— **buckle,** attacco (*m.*) ad occhio inferiore (di sega).

— **casting** (*fond.*), colata a sorgente (dal fondo).

— **dead centre** (*aereo, auto*), punto (*m.*) morto inferiore.

— **flue** (*forni a coke*) (*met.*), canale della suola (*o* canale del fondo).

— **fraction** (*chim.*), frazione (*f.*) di coda.

— **-hole pressure,** pressione di fondo.

— **of trench** (*cost.*), fondo (*m.*) di trincea.

— **-opening,** benna *f.* (aprentesi al fondo).

— **plate,** fondello *m.* (munizioni); platina (*f.*) posteriore (*orol.*).

— **roll** (*laminatoio met.*), cilindro femmina.

— **sample,** campione (*m.*) preso nella parte inferiore.

— **sesh,** battente *m.* (di finestra) inferiore.

— **splash** (*met.*), paglia di fondo (sulla superficie di lingotto).

— **step,** gradino (*m.*) d'invito.

— **structure** (*naut.*), fasciame di fondo.

bottom-tap ladle (*met.*), siviera con foro sul fondo.

bottoms, vedi: **tank bottoms.**

— (*met.*), suole (*di forni met.*).

botulism (*med.*), botulismo *m.*

bougie decimale, candela (*f.*) internazionale.

bought scrap (*met.*), rottame d'acquisto.

boulder (*gen.*), macigno *m.*; masso *m.*

boulders *pl.*, selce *f.*

boule, rubino (*m.*) artificiale per orologi.

bound, *p.p.* legato.

— **atom,** atomo (*m.*) legato.

— **charge** (*elet.*), carica (*f.*) latente.

— **in paper boards,** cartonato *p.p.*

— **state,** stato (*m.*) stazionario.

boundary, limite *m.*; periferico *agg.*

— **condition,** condizione (*f.*) limite.

— **layer** (*aereo*), strato (*m.*) laminare (che circonda l'apparecchio in volo); strato limite.

— **lubrication,** lubrificazione (*f.*) limite.

bounding off, arrotondamento *m.*

bouquet (*vino*), fragranza del vino (dovuta all'invecchiamento e alla fermentazione).

bourbonia (*chim.*), olio di geranio (artificiale).

Bourdon tube (*aer.*), tubo (*m.*) di Bourdon.

bourgeois (*tipog.*), corpo 9.

bow, prua (del pallone) (*aereo*); prua (*naut.*); presa ad archetto (*elet.*); (*ind. alluminio*), curvatura (*f.*) longitudinale.

— *v.i.* (*mecc.*), curvarsi (*p. es.* di una flangia).

— **cap,** calotta (*f.*) di prua.

— **line,** nodo (*m.*) scorsoio.

— **-line knot,** nodo (*m.*) a gassa.

— **saw,** sega (*f.*) a staffa; sega (*f.*) ad arco.

— **shock** (*shock front created on the sunward side of the Earth by solar wind*), fronte d'urto del vento solare sul lato soleggiato della Terra.

bow stiffener (*aer.*), irrigidimento (*m.*) di prua.
— **trolley** (*ferr. elet.*), asta (*f.*) di presa (a forma d'arco).
bowhunting (*sport*), tiro con l'arco per cacciatori.
bowing of a flange (*mecc.*), curvatura (piegatura) di una flangia.
bowl, tazza *f.*; rullo *m.*; rotella *f.* (*tess.*); (*naut.*), recipiente in bronzo di una bussola detto: mortaio *m.*
— **metal,** antimonio (*m.*) impuro.
bowl spindle adjusting screw, vite di aggiustamento dell'asse centrifugo; vite di aggiustamento del mandrino della tazza.
bowline (*naut.*), bolina *f.*
bowling alley (*sport*), pista per gioco del bowling.
bows (*orol.*), anelli per orologi.
bowsprit (*naut.*), albero (*m.*) di bompresso.
bowstring suspension (*tram*), presa di corrente ad archetto.
box, castello *m.* (di mitragliatrice); riquadro *m.* (*tip.*); scatola *f.*; capsula *f.*; custodia *f.*; cassa *f.*; cassetta *f.*; (*auto*) volume *m.* (*three-box saloon*), berlina a tre volumi.
— **annealing** (*met.*), ricottura in cassetta.
— (*v.a.*) **a wheel,** cerchiare (*v.a.*) una ruota.
— **beam,** trave (*f.*) a scatola.
— **beam section,** sezione (*f.*) a cassone.
— **elevator,** montacasse *m.*
— **end marking machine,** macchina per contrassegnare le estremità di una scatola.
— **girder** (*ferr.*), sostegno (*m.*) a cassetta.
— **groove** (*lamin.*), canale piatto; calibro piatto.
— **holder,** noleggiatore di casella postale.
— **level,** livella (*f.*) sferica.
— **pass** (*lamin.*), calibro piatto; canale piatto.
box pass (*met.*), calibrazione (*f.*) a cassetta.
— **plate** (*elet.*), piastra (*f.*) a cassetti.
— **rule** (*tip.*), cornice laterale.
— **section member** (*auto*), traversa (*f.*) a crociera.
— **section type,** tipo a cassone.
— **spanner** (*ing.*), chiave (*f.*) per viti a legno (a forma di T).
— **spar** (*aereo*), longarone (*m.*) a cassetta.
— **switch** (*elet.*), interruttore a scatola.
— **tree** (*bot.*), bosso *m.*
— **type crosshead,** testa (*f.*) a croce a scatola.
— **-type electric furnace,** forno (*m.*) elettrico del tipo a muffola.
— **-type frame** (*auto*), telaio ad elementi scatolati.
— **-type spar** (*aereo*), longherone (*m.*) a cassone.
— **wood** (*bot.*), bosso *m.*
— **wrench,** chiave (*f.*) fissa a collare.
boxcar (flying —) (*aereo*), vagone volante.
boxed-in ballast (*cost. civ.*), massicciata (*f.*) incassata.
Boxer engine (*auto*), motore Boxer.
boxfile, raccoglitore *m.* (cartella per documenti).
boxing up (*ferr.*), costipamento (*f.*) delle traversine.
brace, crociera *f.* (diagonale) (*aereo*); filagna *f.* (traversa); saettone *m.* (*costr.*).
— *v.a.* controventare; puntellare (con saettoni).
— **ends** (*tip.*), chiaro scuro.
braced, *p.p.*, rinforzato (p. es. riferito a pneumatici rinforzati; *steel — radials*, radiali rinforzati con acciaio).
— (*or*) **latticed purlin,** arcareccio (*m.*) a traliccio.
— **wind** (*aereo*), ala (*f.*) controventata.
braces (*naut.*), bracci *m. pl.*
bracing (*aereo*), crociera *f.*; (*mecc.*), controventatura *f.*

bracing wire, cavo (*m.*) di tensione; (*aereo*), crociera (*f.*) in filo acciaio.
bracket, braccio *m.* (per lampade) (*elet.*); sopporto (*m.*) a collare (*o* a mensola); squadra *f.* (*mecc.*); mensola *f.* (per sopporto).
— *v.a.* (*tip.*), mettere fra parentesi (tonde).
— **crane,** gru (*f.*) a mensola.
— **pole,** palo (*m.*) a mensola.
— **(cross stiffening —)** (*costr.*), calastrello *m.*
bracketed factors (*mat.*), fattori fra parentesi (tonde).
brackish *agg.*, salmastro.
— **water,** acqua salmastra.
bract (*bot.*), bràttea (foglia che sottende un fiore o una infiorescenza).
brad, chiodo senza testa (o con piccola testa).
brads (*fond.*), punte (*f. pl.*) per fonderia.
bradyseism (*geol.*), bradisismo *m.*
Bragg angle, angolo (*m.*) Bragg.
braid (*tess.*), treccia *f.*
— **rope,** corda (*f.*) ritorta.
braided electrode (*elet.*, *sald.*), elettrodo (*m.*) rivestito con calza d'amianto impregnata.
— **wire,** filo (*m.*) intrecciato.
braider (*tess.*), intrecciatrice *f.*
braiding (*elet.*), invòlucro *m.*; rivestimento *m.*; intrecciatura *f.*
braids (*tess.*), galloni *m. pl.*; bordure *f. pl.*; passamani *m. pl.*
brail (*naut.*), imbroglio *m.*
braille printer (*inform.*), stampante in caratteri « *braille* » per non vedenti.
brain drain, emigrazione di « cervelli » (scienziati, tecnici, ecc.) verso altri Paesi.
— **sugar,** galattosio *m.*
brainstorming (*psicologia*), « brainstorming » (tecnica addestrativa per la raccolta ed elaborazione di idee proposte da gruppi di una data impresa).
brainwashing (*voli spaziali*), annullamento voluto di ogni informazione precedente registrata dai calcolatori.
brake, freno *m.*; (*tess.*) cavalletto (per rompere o battere il lino); gramola *f.*; maciulla *f.*; (*senso figurato*) (*comm.*, *econ.*), remora *f.*; ostacolo *m.*; v. **press** —.
— *v.a.* frenare; gramolare (*tess.*); maciullare (*tess.*); scatolare (*tess.*).
— **assembly,** complesso del freno.
— **band,** nastro (*m.*) del freno.
— **block,** ceppo (*m.*) di un freno.
— **booster,** servofreno *m.*
— **box,** scatola del freno.
— **discs grinder** (*macch. ut.*), rettificatrice per freni.
— **drum** (*auto*), tamburo (*m.*) del freno posteriore.
— **field** (*term.*), campo (*m.*) ritardante.
— **field valve** (*radio*), lampada (*f.*) ad oscillazioni di frenatura.
— **force,** forza (*f.*) frenante.
— **gear,** sistema di freni; frenaggio *m.*
— **governor,** regolatore (*m.*) a freno.
— **horse-power (BHP),** potenza (*f.*) effettiva; potenza al freno.
— **lever,** leva (*f.*) del freno.
— **lining,** guarnizione del freno.
— **load,** carico (*m.*) di un freno.
— **magnet** (*elet.*), elettrocalamita (*f.*) di frenatura; magnete (*m.*) del freno.
— **motor,** motore-freno *m.*
— **nut,** chiocciola (*f.*) del freno.
— **on economic growth,** remora allo sviluppo economico.
— **pawl,** scatto di arresto del freno.
— **pedal,** pedale (*m.*) del freno.
— **plate,** piatto del freno.
— **power,** forza (*f.*) frenante.
— **pull rod,** tirante comando freno.
— **pulley,** puleggia (*f.*) da freno.
— **-reline,** sostituzione (*f.*) degli spessori (*freno*).
— **rod,** asta (*f.*) del freno (bicicletta).
— **shoe,** zoccolo (*m.*) del freno; ceppo (*m.*) di un freno.

brake test (*mot.*), prova al freno.
— **troubles** (*auto*), noie di funzionamento dei freni.
— **wheel,** ruota (*f.*) del freno.
— **with spindle,** freno (*m.*) a vite.
brakes prone to fade (*auto*), freni tendenti a diminuire di efficienza.
brakesman (*ferr.*), frenatore *m.*
braking, frenatura *f.*
— **device,** dispositivo (*m.*) di frenamento.
— **distance** (*auto*), spazio di frenatura.
— **effect,** azione (*f.*) frenante.
— **efficiency,** rendimento (*m.*) di un freno.
— **magnet,** magnete-freno.
— **pitch** (*aereo*), passo (*m.*) del freno (dell'elica).
— **surface,** superficie (*f.*) frenante.
brale, penetratore a cono di diamante (*nel sistema Rockwell*).
bran, crusca *f.*; cruschello *m.*
— **brush** (*ind. mol.*), spazzola crusca.
— **duster** (*ind. mol.*), spazzola (*f.*) crusca.
branch, derivazione *f.* (di un forno); gamba *f.* (di compasso); (*elettron.*), biforcazione *f.*; (*inform.*) salto di programma; (*v.a.*) (*elet.*), biforcare.
— **a current** (*elet.*), biforcare una corrente.
— **bill,** roncola (*f.*) di rami.
— **cable,** cavo (*m.*) di derivazione.
— **circuit** (*elet.*), circuito di derivazione.
— **current** (*elet.*), corrente (*f.*) di derivazione.
— **line** (*ferr.*), ferrovia (*f.*) di diramazione.
— **(out),** *v.a.* diramare; *v.i.* diramarsi.
— **out (to —)** (*tip.*), interlineare.
— **pipe,** biforcazione (*f.*) di un tubo; tubo (*m.*) di raccordo.
— **pipes** diramazioni (*f. pl.*) di tubi.
— **switch** (*elet.*), interruttore (*m.*) di diramazione.
branch wire, filo (*m.*) in derivazione.
branched, *p. pass.* biforcato (di tubi); (*chim.*), ramificato (riferito a catene, molecole, ecc.).
— **-chain** (*chim.*), a catena ramificata.
branching, diramazione *f.*
— **apparatus,** apparecchio (*m.*) di derivazione.
— **of a pipe,** biforcazione (*f.*) di un tubo.
— **(out),** diramazione *f.*
— **out at right angle,** diramazione (*f.*) ad angolo retto.
— **ratio,** rapporto (*m.*) di diramazione.
brand, *v.a.* marcare a fuoco.
branding-iron, marchio *m.*
— **tool** (*met.*), utensile per marcare a fuoco.
brandy, acquavite *f.*
branner, pulitrice *f.* (per levare olio dalla latta e lamiere).
brasque, rivestimento refrattario di forni.
brass, guancialetto *m.*; *m.*; ottone (65 : 30 *brass* = ottone con 63 % di rame e 37 % di zinco); (*alpha* —, ottone alfa; *beta* —, ottone beta; *commercial* —, ottone commerciale; *free-cutting* —, ottone per torneria; *high-strength* —, ottone forgiabile; *high brass,* ottone di qualità superiore; *red brass* —, ottone rosso).
— **bed** (*on which wheel rests*) (*orol.*), tasso di ottone.
— **foundry,** fonderia (*f.*) di ottone.
— **furnace,** forno (*m.*) di fusione dell'ottone.
— **pattern,** modello (*m.*) d'ottone.
— **pipe,** tubo (*m.*) di ottone.
— **plating,** ottonatura (*f.*) elettrolitica.
— **tag,** lastrina di ottone (in una catena metrica, ecc.).
— **tin,** foglio (*m.*) di latta rivestito di ottone.
— **wire,** filo (*m.*) di ottone.
— **wool,** lana (*f.*) di ottone.
— **-worker,** ottonaio *m.*

brattice (*min.*), sbarramento per deviare l'aria in una parte della miniera a scopo di ventilazione.
— **cloth** (*min.*), tessuto di canapa o iuta impregnati di catrame usato negli sbarramenti (ventilazione delle miniere).
bray, *v.a.* pestare (con pestello).
braze, *v.a.* saldare.
brazed tube, tubo (*m.*) saldato a saldatura forte.
brazier, ottonaio *m.*
brazing, brasatura *f.*; saldatura forte (*o* ad ottone).
— **crucible,** crogiuolo (*m.*) per saldatura.
— **pincers,** pinza (*f.*) da saldatura.
— **rod,** bacchetta (*f.*) per saldatura forte.
— **sheet,** lamiera (*f.*) atta alla brasatura.
— **spelter,** composto di rame e zinco, per brasatura.
— **tongs,** tenaglia (*f.*) da saldatore.
breach (*costr.*) (*leg.*), breccia *f.* (in un muro); infrazione *f.*; violazione *f.* (*di legge, ecc.*).
— **of contract** (*dir. lavoro*), violazione contrattuale.
— **(to —),** *v.a.*, screpolare; rompere; fare breccia in (*the protective layer has been breached*), lo strato protettivo di pittura è stato rotto (screpolato).
breadmaking, panificazione *f.*; fabbricazione (*f.*) del pane.
breadth, larghezza *f.*
break, rottura *f.*; **interruzione** *f.*; (*vernici*), punto di flocculazione; sosta; intervallo di lavoro (*lavoro*); *v.a.* disinserire (*elet.*); interrompere; battere (un record); *v.i.* spaccarsi; cambiare di tono (*mus.*).
— **arc,** arco (*m.*) **di rottura.**
— **before-make contacts** (*tel.*), contatti (*m. pl.*) disposti nell'ordine riposo-lavoro.
— **bulkhead** (*naut.*), paratia (*f.*) terminale; paratia d'interruzione.
break (*v.a.*) **down,** demolire; scomporre; (*v.i.*) guastarsi (*mecc.*).
— **-down** (*gomma*), masticazione *f.* (plastificaz.) della gomma.
— **-down crane** (*gru*), gru di soccorso.
— **in a line** (*dis.*), interruzione in una linea.
— **jack,** presa (*f.*) d'interruzione.
— **-key, interruttore** (*m.*) **a tasto.**
— **mean effective pressure, pressione media effettiva di frenatura.**
— **of the machinery, guasto** (*f.*) **alle macchine.**
— **roll** (*ind. mol.*), cilindro (*m.*) di rottura; laminatoio (*m.*) di rottura.
— (*v.a.*) **the contract** (*leg.*), rompere il contratto.
— (*v.a.*) **the sound barrier,** infrangere la barriera del suono.
— **up** (*naut.*), demolire (una nave)
— **-up a battery,** smontare una batteria.
— **(*v.a.*) up (the ground), dissodare (*v.a.*) il terreno.**
— **voltage** (*elet.*), tensione (*f.*) di rottura (riferita a cavi).
— **(coffee —),** interruzione di lavoro (sosta) per prendere una tazza di caffè, ecc.
breakaway (*cinem.*), **suppellettili preparate per essere rotte con facilità nell'azione cinemat.**
breakdown (*mecc.*), guasto *m.*; lingotto di acciaio non ancora complet. laminato; particolari (di prezzi, ecc.); scomposizione *f*; analisi statistica; (*auto*), panna *f.* (guasto).
— **drawing (U.S.A.), disegno con parti scomposte.**
— **vehicles** (*auto*), automezzi di soccorso stradale.
breaker, pila olandese raffinatrice (*carta*); frantoio *m.*; interruttore (*elet.*); locale dove avviene la pulitura e la classificazione del carbone antracite (*carbone*); (*naut.*), demolitore *m.*
— **card** (*tess.*), carda (*f.*) sgrossatrice.

breaker picker (*tess.*), battitoio (*m.*) sgrossatore.
breaking (*elet.*), rottura *f.*; interruzione *f.*
— **capacity** (*elet.*), potere (*m.*) di interruzione.
— **down,** demolizione *f.*
— **-down pass** (*lam. met.*), calibro (*o* canale) di allungamento.
— **-down torque** (*mecc.*), momento (*m.*) critico.
— **elongation** (*mecc.*), allungamento alla rottura.
— **energy** (*chim.*), energia (*f.*) di separazione.
— **engine,** olandese (*f.*) sfibratrice.
— **load,** carico (*m.*) di rottura.
— **of ores (secondary breaking of ores),** frantumazione secondaria dei minerali.
— **point,** limite (*m.*) di rottura.
— **stress,** resistenza (*f.*) alla rottura.
— **the edges,** smussatura *f.*
— **tool,** utensile (*m.*) per smontaggio.
breakpoint (*inform.*), punto di fermata (o di arresto).
breakthrough, passo (*progresso*) *m.*
breakway (*aerodin.*), distacco *m.*
— **from tradition** (*costr., mecc., ecc.*), abbandono della pratica tradizionale.
breakwater (*naut.*), frangiflutti *m.*; diga *f.*
breast, parte anteriore (*f.*) dell'orecchio (di un aratro); (*miner.*), fronte di taglio; (*met.*), v. **tapping —.**
— **beam** (*tess.*), pettorale (di telaio) (*m.*); subbio (*m.*) anteriore.
— **-borer,** menarola *f.*
— **drill,** trapano (*m.*) a petto; girabecchino *m.*
— **-hooks** (*naut.*), gole (*f. pl.*); ghirlande di prora (*lamiere*).
— **line** (*naut.*), fune di ormeggio, simile al traversino, ma perpendicolare all'asse longitudinale dello scafo.
— **roll** (*ind. carta*), rullo (*m.*) anteriore.
breast transmitter, microfono (*m.*) toracico.
breath, appannatura *f.* (col vapore acqueo).
— **testing machine** (*auto*), v. **breathalyser.**
breathalyser, apparecchio per il test dell'alcool degli automobilisti.
breather, sfiato *m.* (*mot.*); sfiatatoio (*cost. civ.*).
— **cap** (*auto.*), coperchio (*m.*) per sfiatatoio.
— **pipe,** sfiato *m.* (*motori a scoppio*).
breathing apparatus (*chim. ind., miniere*), apparecchio respiratorio; respiratore *m.* (specialm. per squadre di soccorso nelle miniere).
breccia, breccia *f.*
brecciated, *agg.* breccioso.
breech (*armi*), culatta *f.*
— **-block** (*artigl.*), otturatore *m.*
breed (*gen.*), razza *f.*
breed (to —) (*fis. atom.*), rigenerare; (*gen.*), allevare.
breeder blanket (*fis. atom.*), mantello (*m.*) di materiale fertile.
— **material** (*fis. atom.*), materiale (*m.*) fertile.
— **pile** (*fis. atom.*), reattore (*m.*) breeder.
— **reactor** (*fis. atom.*), reattore (*m.*) breeder; reattore rigeneratore (*o* autofertilizzante).
breeding (*fis. atom.*), fertilizzazione *f.*; autofertilizzazione *f.*; (*gen.*) allevamento *m.*; riproduzione *f.*
— **blanket** (*fis. atom.*), mantello (*m.*) di materiale fertile.
— **gain** (*fis. atom.*), guadagno (*m.*) di fertilizzazione.
— **ratio** (*fis. atom.*), tasso (*m.*) di fertilizzazione.
breeze (*meteor.*), brezza *f.*; (*min.*) carbonella *f.*; (*carbone*), fini di carbone.
Breguet spring (*orol.*), spirale Breguet.
Bremen blue, azzurro di Brema.
— **green,** verde di Brema.

bremsstrahlung (*fis. atom.*), bremsstrahlung *f*.

Brenner gauge (*smalti*), calibro di Brenner (per la misurazione di strato di smalto porcellanato, nel ferro).

brenzoatechin (*chim.*), pirocatecolo *m*.

breunnerite, messitite *f*.; giobertite *f*. (usata per fabb. di mattoni).

brevier (*tipog.*), corpo 8.

brewery, birrificio *m*.

brewing (*fabb. birra*), cottura *f*.; ciclo di procedimenti per la fabbricazione della birra.

— **industry**, industria della fabbricazione della birra.

briar, radica *f*.

— **tooth**, dente (*m*.) a gola.

brick, mattone *m*.; laterizio *m*.; (*fond.*, *met.*), v. **centre runner** —; **metal-encased** —; **sleeve** —.

— **arch**, arco (*m*.) di mattoni.

— **channel**, canale (*m*.) di muratura.

— **chimney**, camino (*m*.) in mattoni.

— **clay**, argilla (*f*.) da mattoni.

— **clay deposit**, deposito di argilla per mattoni.

— **course laid on edge**, accoltellato (*m*.) di mattoni.

— **dimension**, formato *m*. (di mattoni).

— **furnace**, fornace (*f*.) per mattoni.

— **-kiln**, fornace (*f*.) per mattoni.

— **making**, fabbricazione (*f*.) di laterizi.

— **making machinery** (*ceram.*), macchine per la fabbricazione di mattoni.

— **moulding machine**, mattoniera (*f*.) a macchina.

— **-on-edge course**, corso (*m*.) di mattoni a coltellata.

— **-on-edge paving**, pavimento (*m*.) a mattoni messi a coltello.

— **-on-end course**, corso (*m*.) di mattoni di testa.

brick pavement, selciato (*m*.) di mattoni.

— **paving**, pavimento (*m*.) a mattoni.

— **presses**, presse per mattoni.

— **sill**, davanzale (*m*.) in mattoni.

— **step**, gradino (*m*.) di mattoni.

— **(crushed silica —)** (*met.*), mattone siliceo macinato.

— **(to — up**, *v.a.* murare).

brickburner (*laterizi*), fornaciaio *m*.

bricklayer, muratore *m*.

bricklayer's plaster of Paris, gesso (*m*.) da muratore.

brickwork, muratura (*f*.) in mattoni.

bridge (*elet.*, *cost.*), ponte *m*.; passerella *f*.; (*radio*), intervallo breve musicale fra due scene drammatiche per indicare passaggio di tempo nell'azione drammatica trasmessa.

— **(to —)** *v.a.*, sormontare; collegare.

— **arm**, ramo (*m*.) del ponte.

— **arms** (*elet.*), lati di proporzione.

— **balance**, equilibrio (*m*.) del ponte.

— **balancing**, equilibratura (*f*.) di un ponte.

— **bearing**, appoggio (*m*.) del ponte.

— **building**, costruzione (*f*.) di ponti.

— **connected** (*elettron.*), collegato a ponte.

— **construction**, costruzione (*f*.) di ponti.

— **crane** (U.S.A.), gru a ponte.

— **deck** (*naut.*), ponte (*m*.) del cassero centrale.

— **house** (*naut.*), tuga *f*. (sovrastruttura per alloggio, passaggio coperto, ecc. a bordo delle navi, yachts, ecc.).

— **key** (*cost.*), chiave (*f*.) del ponte; (*elet.*), tasto (*m*.) di un ponte.

— (*or* **stirrup**) **of valve**, staffa della valvola.

— **opening**, apertura (*f*.) del ponte; luce (*f*.) di un ponte.

bridge oscillator (*elet.*), oscillatore a ponte.
— **pier** (*cost.*), pila (*f.*) di ponte.
— **plate** (*ferr.*), ponte (*m.*) di giunto.
— **rail** (*ferr.*), rotaia (*f.*) a ponte.
— **rectifier** (*elettron.*), raddrizzatore a ponte.
— **reinforcement,** rinforzo (*m.*) di un ponte.
— **sleeper,** traversina (*f.*) da ponte.
— **system,** metodo (*m.*) del ponte.
— **test** (*cost. civ.*), collaudo (*m.*) di un ponte.
— **transition,** passaggio (*m.*) serie-parallelo (col metodo del ponte).
— **trough,** cassone (*m.*) di un ponte.
— **wire** (*elet.*), lato di paragone del ponte.
— **with segmental face arch,** ponte (*m.*) con arco frontale ribassato.
— **with wind ties,** ponte (*m.*) controventato superiormente.
— **(multi-girder curved —)** (*costruz.*), ponte (*m.*) in curva a travi multiple.
bridging agent (*petrol.*), colmatante conservante la propria rigidità anche bagnato.
— **amplifier** (*elet.*), amplificatore (*m.*) di ponte.
— **coil,** bobina (*f.*) in derivazione.
brief papers (*congressi*), memorie *f. pl.*
briefcase, valigetta piatta portadocumenti; ventiquattrore.
briefing (*slang*) (*aereo*) (U.S.A.), spiegazione (*f.*) dei particolari di bombardamento aereo, fatta ad una squadra aerea, prima del decollo.
brig (*naut.*), brigantino *m*; ponte (*termine* **brig** *usato in Scozia*).
— **schooner,** brigantino (*m.*); goletta *f.*
Brigg's logarithm, logaritmo (*m.*) di Briggs.
bright, *agg.* chiaro; brillante; lucido.
— **acid dipping,** brillantaggio (*m.*) acido (*galvan.*).
bright anneal, *v.a.* (*met.*), ricuocere in bianco.
— **annealing** (*met.*), ricottura (*f.*) in bianco; ricottura lucida.
— **annealing furnace** (*met.*), forno di riscaldo in atmosfera protettiva.
— **cherry-red heat,** calore (*m.*) rosso ciliegia chiaro.
— **chrome vat,** vasca (*f.*) di cromo brillante.
— **coal** (*min.*), carbone splendente (*o* brillante).
— **copper plating,** ramatura (*f.*) brillante.
— **dip,** soluzione acida di brillantaggio.
— **finish** (*met.*), brillantatura (*f.*) di superfici metalliche; finitura (*f.*) brillante.
— **gilding** (*met.*), doratura (*f.*) lucida.
— **hard drawn wire,** filo (*m.*) lucido crudo.
— **hardening** (*met.*), tempra (*f.*) brillante.
— **heat,** calore (*m.*) vivo.
— **nickel** (*gal.*), soluzione (*f.*) di nichelatura brillante.
— **nickel alloy deposit,** deposito (*m.*) di lega di nichel brillante.
— **nickel plant** (*gal.*), impianto (*m.*) di nichelatura brillante.
— **nickel plating,** nichelatura (*f.*) brillante (che non occorre ravvivare).
— **plating,** deposizione (*f.*) galvanica brillante (*galvanotecnica*).
— **silver plating,** argentatura (*f.*) brillante.
— **steel,** acciaio (*m.*) lucido.
— **stock** (*lubrif.*), olio lubrificante di alta vischiosità.
— **sulpur,** zolfo brillante (zolfo filtrato).
— **timber,** legname (*m.*) di tinta solida.
— **wire** (*met.*), filo chiaro (*o* lucido bianco).
brighten (to —), (*met.*), rendere brillante; rendere lucido.

brightener, materiale per galvanatura brillante (*gen. il cobalto*); (*chim.*), brillantante *m.*

brightening (*gal.*), deposizione (*f.*) galvanica brillante.

brightness (*ottica*), splendore *m.*; (*telev.*), luminosità dell'immagine; (*smalti*), lucentezza (di superficie cotta di smalto).

— **control** (*telev.*), comando (*o* controllo) della messa a punto della luminosità media dell'immagine.

— **of a surface,** splendore (*m.*) di una superficie; densità luminosa.

— **of the image** (*telev.*), splendore dell'immagine.

— **of the spot,** intensità del punto luminoso.

— **rating** (*ill.*), valore di brillanza.

— **temperature,** temperatura (*f.*) nera monocromatica equivalente.

— **temperature pyrometer,** pirometro a radiazione.

brilliance (*ill.*), luminosità *f.*; splendore *m.*; lucido *m.*

brilliancy, luminosità *f.* (di lampade); brillanza *f.* (*ill.*).

brilliant cochineal (*chim.*), cocciniglia brillante.

— **crocein** (*chim.*), croceina brillante.

— **green** (*chim.*), verde brillante.

— **red,** rosso brillante.

— **scarlet,** scarlatto brillante.

— **sky blue,** bleu cielo brillante.

— **wool,** lana (*f.*) detta brillante.

— **yellow,** giallo brillante.

brim (*gen.*), orlo *m.*

— **(to fill the tank to the —)** (*auto*), riempire il serbatoio fino all'orlo.

— **(to —) the tank** (*auto*), riempire fino all'orlo il serbatoio.

brimstone (*chim.*), zolfo *m.*

brine, salamoia *f.* (refrigerazione); acqua salata.

— **disposal well,** pozzo (*m.*) di acqua salsa.

Brinell hardness (*met.*), durezza Brinell.

Brinell test, prova (*f.*) di durezza Brinell.

bring about (to —), produrre *v.a.*; provocare (una reazione) (*chim.*); generare *v.a.* (rumori, luci, ecc.) determinare *v.a.*; effettuare *v.a.*; apportare *v.a.*

— **back (to —),** riportare; ristabilire (*colori*).

— **back to zero,** riportare a zero.

— **down an aeroplane** (U.S.A.), abbattere (*v.a.*) un aeroplano.

— **in vehicles,** ritirare autoveicoli (difettosi) dalla circolazione.

— **matter to the right** (*or* **left),** portare a destra (*o* a sinistra) (*bozze*).

— **out (to —),** mostrare *v.a.*; provare *v.a.*; produrre *v.a.*; mettere in evidenza; apportare *v.a.*; sollevare (una questione).

— **the edges into contact** (*sald.*), mettere i lembi in contatto.

— **the ram to rest** (*mecc.*), arrestare lo slittone.

— **the well in** (*petrolio*), incominciare lo sfruttamento di un pozzo (di cui si è raggiunto lo strato petrolifero).

— **to a level,** livellare.

— **up (to —)** (*tip.*), mettere in altezza.

bringing the carriage into position, messa (*f.*) a punto del carrello.

briquet (*coke, ecc.*), bricchetta *f.*; mattonella *f.*

— **(to)** (*coke, ecc.*), bricchettare; trasformare in mattonelle.

briquette, mattonella *f.*; bricchetta *f.*

— **of coal,** mattonella di carbone; bricchetta di carbone.

briquetting (*carbone*), bricchettazione *f.*; bricchettaggio *m.*; (*met.*), pacchettare; preparazione dei pacchetti.

— **equipment** (*min.*), attrezzatura di bricchettaggio.

brisk *agg.*, vivo; forte.

Britannia metal, metallo (*m.*) bianco inglese.

British Aircraft Mark (*aereo*), contrassegno degli aerei inglesi (leone rampante di color giallo oro entro 3 anelli di colore bianco, rosso e bleu).
— **board of film censors,** comitato di censura cinematografica inglese.
— **Health and Safety Executive,** Ispettorato del Lavoro inglese.
— **imperial gallon** (*misure*), gallone *m.*
— **standard candle,** candela (*f.*) inglese.
— **standard fine thread,** filettatura (*f.*) fine.
— **standard pipe thread,** filettatura (*f.*) inglese per tubi; filettatura gas.
— **Standard Whitworth (B.S. W.),** filettatura Whitworth unificata.
— **thermal unit,** caloria (*f.*) inglese.
brittle, *agg.* fragile.
— **fracture** (*met.*), rottura (*f.*) fragile.
— **iron,** ferro (*m.*) fragile.
— **material,** materiale (*m.*) fragile.
— **metal,** metallo (*m.*) fragile.
— **rock,** roccia (*f.*) friabile.
brittleness, fragilità *f.*; crudezza *f.*
brix degree (*zucchero, ecc.*), grado Brix.
broach, allargatoio *m.*; alesatore; (*mecc.*), spina (*f.*) per allargare; *v.a.* alesare.
— **grinder** (*macch. ut.*), affilatrice (*f.*) per brocce.
— **grooving machine** (*macch. ut.*), scanalatrice (*f.*) per brocce.
— **sharpening machine,** affilatrice (*f.*) per brocce.
broaching, brocciatura *f.*
— **machine** (*macch. ut.*), spinatrice *f.*; brocciatrice *f.*
broad (*cinem.*), lampada usata specialmente per interni.
— **flange beam** (*cost.*), trave ad ali larghe.
— **jump** (*sport*), salto in lungo.
broadband (*radio*), a larga banda.
broadcast (tp —) (*radio*), *v.a.* trasmettere; (*telev.*), teletrasmettere.
— **frequency monitor,** rivelatore *m.* (a radio frequenza).
broadcaster (*radio, telev,*), operatore di stazione radio (*o* televisiva); trasmettitore di programmi radio o televisivi.
broadcasting, radiodiffusione *f.*; trasmissione (via satellite, TV, ecc.).
— **station,** stazione (*f.*) radiotrasmittente.
— **transmitter** (*radio*), emittente *f.*
broaden, *v.i.*, allargarsi *v.r.*
broadside (*tip.*), foglio grande stampato su una sola parte (*p. es.* un manifesto).
brocade (*tess.*), broccato *m.*
brocatel (*tess.*), broccatello *m.*
brocatelle, marmo (*m.*) broccatello (Siena).
broiler-house (*cost. rurali*), ricovero per polli da carne.
broken beyond use (*mecc.*), rotto in modo irreparabile; inutilizzabile.
— **hemp,** canapa maciullata.
— **stick fracture** (*met.*), frattura a punte.
— **line,** linea (*f.*) tratteggiata.
— **pass** (*tess.*), rimettaggio (*m.*) interrotto.
— **surface** (*estrusione, ecc.*), frattura (*f.*) superficiale (*su un tubo trafilato, un pezzo estruso*).
— **twill** (*tess.*), spina (*f.*) spezzata (saia irregolare).
— **twills** (*tess.*), stoffe (*f. pl.*) rasate (o « satinate »).
— **weave** (*tess.*), armatura (*f.*) spezzata.
bromal (*chim.*), bromalio *m.*
bromacetone (*chim.*), bromacetone *m.*
bromate (*chim.*), bromato *m.*
bromic acid (*chim.*), acido (*m.*) bromico.
bromide (*chim.*), bromuro *m.*
bromination (*chim.*), bromurazione *f.*

bromindigo (*chim.*), (*tess.*) colorante bleu per lana, cotone, seta.
bromine (*chim.* = Br), bromo *m.*
— **number,** indice (*m.*) di bromo.
bromochlorobenzene (*chim.*), bromoclorobenzolo.
bromoform, bromoformio *m.*
bromyrite (*chim.*), bromuro d'argento; bromirite *f.*
bronchogram (*radiol.*), broncogramma *m.*
bronchography, broncografia *f.*
bronchoscope (*med.*), broncoscopio *m.*
bronchospirometer (*med.*), broncospirometro *m.*
bronze, bronzo *m.*
— **blue,** bleu di Prussia.
— **paint** (*chim.*) (*vernici*), polvere di bronzo in vernice (vernice d'oro).
— **powder,** bronzo in polvere.
bronzing machine, bronzatrice *f.*
brooder, incubatrice *f.*
— **(infra-red —),** incubatrice a raggi infrarossi.
brought forward (*comm.*), riporto *m.*
brown acetate (*chim.*), acetato di calcio.
— **asbestos** (*min.*), amosite *f.*
— **coal,** lignite *f.*
— **haematite,** ematite bruna; limonite.
— **iron** (*chim.*), ossido ferrico.
— **ore** (*min.*), limonite *f.*
— **powder,** polvere di zinco.
— **print** (*tip.*), negativo seppia (*o* Vandyke).
— **salt** (*chim.*), solfato di nichel cristallizzato.
— **salts** (*chim.*), residui di evaporazione di liscivia di potassa.
— **Sienna,** terra (*f.*) di Siena.
Brown radiation pyrometer, pirometro (*m.*) ad irradiazione Brown.
— **& Sharp,** tabella fili (Brown & Sharp).
brownies (*smalti*), macchie brunastre dette « moretti ».
brownout (U.S.A.), oscuramento (*m.*) parziale; illuminazione ridotta per economia di energia elettrica.
brucite (*chim.*), brucite *f.*; idrossido di magnesio.
brunorizing, procedimento di normalizzazione per rotaie di acciaio.
brush, spazzola *f.* (*elet.*); pennello *m.* (*pitt.*); sottobosco *m.* (*bot.*); **legno di sottobosco** (*bot.*); **raggi divergenti di luce bluastra dopo una scarica elet.; fascio di raggi (di luce polarizzata).**
— **carriage** (*elet.*), carrello (*m.*) portaspazzole.
— **cleaning** (*met., ecc.*), pulitura (*f.*) a spazzola.
— **collar,** collare (*m.*) portaspazzole.
— **commutator,** commutatore (*m.*) a spazzole.
— **contact** (*elet.*), contatto (*m.*) a spazzola.
— **coupling,** accoppiamento (*m.*) a spazzola.
— **discharge** (*elet.*), scarica (*f.*) a pennacchio.
— **dynamo,** dinamo (*f.*) a spazzola.
— **enamel** (*pitture*), smalto per pittura.
— **grubber** (*macch. agr.*), decespugliatrice *f.*
— **holder** (*elet.*), portaspazzole *m.*
— **lead** (*elet.*), spostamento (*m.*) delle spazzole; cavo (*m.*) delle spazzole.
— **-mark** (*vernici*), pennellatura *f.*
— **potential,** potenziale (*m.*) delle spazzole.
— **proof** (*tip.*), bozza a mano.
— **rocker** (*elet.*), dispositivo di decalaggio delle spazzole.
— **-rocker ring** (*elet.*), collare (*m.*) (di portaspazzole).
— **shift** (*elet.*), spostamento (*m.*) delle spazzole.
— **-trimmer** (*elet.*), forbice (*f.*) per spazzole; macchina per tagliare le spazzole.
— **wire,** filo d'acciaio (Bessemer).

brush wood chopper (*macch. agr.*) trinciasarmenti *f.*
— **yoke** (*elet.*), dispositivo di supporto delle spazzole.
— **(water —)** (*auto*), idrospazzola *f.*
brushing laquer (*vernici*), vernice cellulosica a pennello.
— **machine** (*tess.*), spazzolatrice *f.*
brushite, pirofosfato (*m.*) di calcio.
brushless shave creams, creme per rasatura senza pennello.
brushwood and stone dam (*costr. idr.*), argine di fascine e ciottolame.
bubble (*chim., top.*), bolla *f.*; (*chim.*) (*v.a.*), fare gorgogliare; far passare bolla a bolla.
— **-brick** (*mat. isolanti*), mattone a sfere vuote di ossido di alluminio (cementate in modo speciale).
— **bucket** (*petrolio*), secchio per prelevare sassi durante il periodo di sondaggio.
— **cap** (*raff. petrolio*), coppella.
— **-cap column** (*ind. chim.*), colonna (*f.*) a campana.
— **-cap tray** (*raff. petrolio*), piatto a coppelle.
— **-car** (*auto*), automobile a 3 o 4 ruote, di piccolissime dimensioni, con motore di motociclette, prodotta per lo più nel 1950-60.
— **chamber** (*fis.*), camera a bolle.
— **deck** (*raff. petrolio*), piatto a gorgogliamento.
— **memory** (*inform.*), memoria (*f.*) a bolle.
— **off centre** (*ott., top.*), bolla non centrata.
— **plate** (*raff. petrolio*), piatto a gorgogliamento.
— **sextant,** sestante (*m.*) a bolla.
— **structure** (*smalti, vernici*), struttura bollosa.
— **tower,** torre (*f.*) di frazionamento.
— **tray** (*chim. ing.*), piatto a gorgogliamento.
— **tube,** livella a tubo.
bubbler (*chim.*), conta-bolle *m.*
bubbling (*aereo*), formazione di correnti vorticose; (*chim.*), gorgogliamento *m.*
bubbly films, strati di vernice (o smalto ecc.) pieni di bollicine.
buchu leaves oil, essenza (*f.*) di foglie di bucco.
buck *v.a.* (*radio*), opporre *v.a.*
— **-thorn** (*bot.*), ramno (*m.*) dei tintori.
buckboard (*auto*), veicolo in cui la carrozzeria e le molle sono sostituite da un telaio elastico.
bucket, tazza (*f.*); cucchiaio (*m.*) della draga; (*naut.*), bugliolo *m.*; cassone (di autocarro ribaltabile).
— **capacity** (*macch. per movim. terra, ecc.*), capacità benna.
— **chain,** catena (*f.*) di tazza; noria *f.*
— **dredger,** draga (*f.*) a noria; draga a catena di tazze.
— **elevator,** elevatore (*m.*) a noria (*o* a tazze).
— **elevator tensioning screw,** dispositivo di regolamento della catena a tazze.
— **lip,** becco (*m.*) di cucchiaio (*o* di tazza dragante).
— **pump,** pompa (*f.*) a cassetto.
— **seat** (*auto*), sedile (*m.*) a schienale mobile.
— **wheel** (*idraul.*), ruota (*f.*) a cassette.
buckeye (*pubbl.*) (U.S.A.), annuncio pubblicitario che dà nell'occhio (di effetto).
bucking (*auto*), salterello (p. es. sul pavè).
— **coil** (*radio*), bobina (*f.*) di compensazione.
buckle (*mecc.*) (*fond.*), deformazione (*f.*) di lamiera (avvallamento, torsione, incurvatura); difetto di fonderia: sfoglia *f.*; (*met.*), ondulatura (difetto in laminati rappresentato da superficie ondulata).
— *v.i.*, contorcersi *v.r.*; deformarsi *v.r.*; inflettersi (*v.r.*) lateralmente (per carico di

punta); piegarsi *v.r.* (rif. a pellicola, ecc.).

buckled plate sheet piling, assito (*m.*) ad incastro di lamiera bombata.

— **surface,** superficie deformata.

buckling (*aereo*), avvallamento *m.*; carico di punta; (*fis. atom.*), laplaciano *m.* (del reattore); (*costr. aerei*), imbozzamento *m.*; ingobbamento (deformazione strutturale che può essere elastica o permanente); (*vernici*), distorsione *f.*

— **behaviour of electroformed spherical shells** (*tec. mecc.*), comportamento all'ingobbamento di gusci sferici stampati elettromagneticamente.

— **by flexion** (*met.*), deformazione di compressione per flessione.

— **by torsion** (*met.*), deformazione di compressione per torsione.

— **stress,** sollecitazione (*f.*) al carico di punta; tensione (*f.*) dovuta al carico di punta.

buckstay, montante (*m.*) di rinforzo.

bud (*bot.*), gemma *f.*

budding (*bot.*), innesto a gemma; gemmazione *f.*

buddled ore, minerale (*m.*) lavato.

buddy tank (*aereo*), serbatoio (*m.*) cisterna.

budget (*finan.*), bilancio *m.*

— **surplus** (*finan.*), avanzo (*m.*) di bilancio.

budgetary gap (*finan.*), deficit di bilancio.

buff (to —), *v.a.* (*met.*), molare con mola flessibile; pulire; brunire (utens.); brillantare(con mole).

—, disco di panno per pulitrice.

— **colour,** di colore camoscio.

buffer (*ferr.*), respingente *m.*; repulsore *m.*; paracolpi *m.*; ammorzatore (*m.*) del colpo; (*chim.*), tampone *m.*; (*radio*), separatore; (*elettron.*), memoria di transito; memoria elettronica di accumulo.

— **action** (*elet., chim.*), azione (*f.*) compensatrice.

buffer amplifier (*elet.*), amplificatore (*m.*) separatore.

— **battery** (*elet.*), batteria-tampone *f.* (di accumulatori disposti in parallelo).

— **bolt** (*tess.*), paracolpi (*di telaio*).

— **D.B.** (*radio*), separatore.

— **fund** (*finan*), fondo di stabilizzione; fondo regolatore.

— **mixture** (*chim.*), miscela (*f.*) tampone.

— **salt** (*chim.*), sale (*m.*) tampone.

— **section** (*ing. elet.*), tratto (*m.*) tampone.

— **solution** (*chim.*), soluzione (*f.*) tampone.

— **stage** (*radio*), stadio (*m.*) separatore.

— **stop,** arresto con paraurti.

— **valve** (*radio*), valvola ammortizzatrice.

buffered, *p.p.* (*inform.*), « bufferato » (dotato di memoria di transito).

buffeting (*aereo*), scuotimento *m.*; (*astron.*), vibrazione violenta (di veicolo spaziale ad alte velocità per sfuggire dall'atmosfera).

— **damage in flight** (*aereo*), danno prodotto da scuotimento in volo.

buffing (*met.*), brillantatura *f.*; lucidatura *f.*; pulitura (*f.*) dei metalli.

— **lathe** (*met.*), tornio (*m.*) per pulire (o lucidare).

— **load** (*ferr.*), repulsione *f.* (di locomotiva).

— **machine,** pulitrice *f.*; lucidatrice *f.*

— **ochre,** rossetto (*m.*) inglese.

— **wheel** (*met.*), disco (*m.*) politore.

bug key (*telegr.*), manipolatore rapido.

buggy (U.S.A.) (*met.*), carro pesatore.

— **carrying charging buckets** (*metal.*), carro pesatore di caricamento delle ceste.

— **casting** (*met.*), colata (*f.*) su carrello.

buggy (self-propelled —) (U.S.A.) (*met.*), carro automotore.
bugle weed oil, essenza (*f.*) di licopodio.
bugs (*slang*) (*aereo*) (U.S.A.), radiotecnici (*m. pl.*) per radio di aeroplani.
— *pl.* (*petrolio*), abbreviazione di: **doodlebug.**
build, *v.a.* edificare; erigere; costruire; montare.
— **a vinyl chloride plant** (*costr.*), costruire un impianto di cloruro di vinile.
— **in masonry,** costruire (*v.a.*) in muratura.
— **up** (*v.a.*), costruire *v.a.*; edificare *v.a.*; aumentare *v.a.* (*chim. riferito a concentrazione*); raggiungere il livello prestabilito (*rif. a pressione*).
— **-up of deposit** (*pompe, ecc.*), formazione (*f.*) di deposito.
builder, costruttore *m.* (di navi) (*naut.*); fabbricante *m.*; erettore *m.*; materia che viene aggiunta al sapone per migliorarlo.
builder's hoist, argano (*m.*) per costruzioni.
— **rotating crane** (*mecc.*), gru da edilizia.
— **tin,** stagno (*m.*) da costruzione.
— **winch,** argano (*m.*) per costruzioni.
building, costruzione *f.*; edificio *m.*
— **above ground,** costruzioni (*f. pl.*) fuori terra.
— **and contracting,** edilizia e lavori pubblici.
— **board** (*cost. civ.*), pannello *m.*
— **contractors,** *pl.* impresa (*f.*) edile.
— **crane,** gru (*f.*) per cantiere.
— **dock** (*naut.*), bacino di costruzione navale.
— **expenses,** spese (*f. pl.*) di costruzione.
— **expert,** perito (*m.*) costruttore.
— **ground,** platea (*f.*) di costruzione.
— **journal,** libretto (*m.*) dei lavori.
— **line** (*cost.*), allineamento *m.*
building lift, montacarichi (*m.*) per cantieri.
— **material,** materiale (*m.*) da costruzione.
— **-out network** (*comm. elet.*), rete supplementare (di trasmissione elettrica).
— **panels (fire resistant — —)** (*costr.*), pannelli refrattari per l'edilizia.
— **permit,** autorizzazione *f.* (*o* permesso *m.*) di costruzione.
— **Regulations,** regolamenti edilizi.
— **site,** terreno (*m.*) di costruzione.
— **-slip** (*naut.*), scalo (*m.*) di costruzione.
— **stone,** pietra (*f.*) da costruzione.
— **timber,** legname (*m.*) da costruzione.
— **-up,** sintesi *f.*; formazione (*di molecole, ecc.*).
— **(flexible —)** (*cost.*), edificio flessibile.
— **(new — awaiting occupation),** costruzione nuova abitabile.
— **(stiff —)** (*cost.*), edificio rigido.
buildup, accumulo *m.*; formazione *f.*
built-in (*mecc., costr.*), incorporato *p.p.*
— **-in arithmetic processing** (*inform.*), elaborazione aritmetica inclusa (incorporata).
— **-in dry lubrication,** lubrificazione a secco incorporata.
— **-in stabilizers** (*econ.*), stabilizzatori (*m. pl.*), automatici.
— **-up,** aggiunto (*pezzo, ecc.*) (*mecc.*); risultante *agg.*; montato *p.p.*
— **-up girder** (*cost.*), trave (*f.*) composta.
— **-up metal,** metallo d'apporto.
— **-up pressure,** pressione prestabilita.
— **-up tee bar** (*met.*), trave a T composta.
— **-up toothed rim,** corona (*f.*) riportata.
— **-up web** (*ferr.*), stelo (*m.*) composto.

built up wing (*aereo*), ala (*f.*) a traliccio.
buiscuit factory (*cost.*), biscottificio *m.*
bulb, lampadina *f.* (vetro); palloncino *m.* (di lampada); bulbo *m.*
— **angle,** angolare (*m.*) a bulbo.
— **cradle** (*elet.*), supporto della lampada.
— **exposure** (*fot.*), posa (*f.*) breve.
— **iron,** ferro (*m.*) a bulbo.
— **rail,** ferro (*m.*) a T a bordino; ferro (*m.*) a bulbo.
— **rolled section** (*met.*), laminato (*m.*) a bulbo.
— **shape,** forma (*f.*) della lampada.
— **-tee iron** (U.S.A.), ferro (*m*). a T a bulbo.
bulbous bow (*naut.*), prua a bulbo.
bulge test (*met.*), v. **hydraulic —.**
bulging (*met.*), stampaggio (*m.*) a bugna.
bulk, *v.a. v.i.* aumentare *v.i.* (di terre scavate); (*volume*), massa *f.*; (*comm.*), alla rinfusa.
— **carrier** (*naut.*), nave per trasporto di materiali incoerenti.
— **concrete,** cemento (*m.*) armato per grossi getti.
— **container,** contenitore (*m.*) rinfusa.
— **density** (*mecc.*), peso (*m*). specifico apparente.
— **eraser** (*audio*), smagnetizzatore per nastri magnetici.
— **memory** (*inform.*), memoria di massa.
— **modulus,** modulo di resistenza.
— **phosphorous carrier** (*min.*, *nautic.*), nave portarinfusa per trasporto di fosforo; nave per trasporto di fosforo sfuso.
— **prescriptions,** prescrizioni (*f. pl.*), mediche (*ricette*) collettive.
— **storage** (*inform.*), memoria di massa.
— **storage device** (*inform.*), dispositivo di memoria di massa.
— **(machine screws in —),** viti meccaniche alla rinfusa.
bulkhead (*naut.*), paratia *f.*
bulkhead (longitudinal —) (*naut.*), paratia longitudinale.
bulking (*sabbia*), dilatazione (*f.*) dovuta all'umidità.
— **volume** (*vernici*), volume (*m.*) d'ingombro.
bull head (*ferr.*), fungo (*m.*) di scorrimento.
— **-headed fish-plate** (*ferr.*), stecca (*f.*) a fungo.
— **-headed rail** (*ferr.*), rotaia (*f.*) a doppio fungo asimmetrico.
— **pen** (*cinem.*) (U.S.A.), spogliatoio per i trucchi delle comparse.
— **plug** (*petrol.*), tappo (*m.*) a oliva (per ostruire tubi e canalizzazioni).
— **pump** (*idraul.*), pompa (*f.*) a vapore verticale a semplice effetto.
— **-ring** (*elet.*), anello d'unione (per linee aeree di trazione).
— **wheel,** ingranaggio (*m.*) (nelle pialle tipo inglese); (*petrolio*), tamburo di perforazione (a corda).
bullbar (*auto tipo pick-up*, *fuori strada*, *jeep*), griglia anteriore antiurto.
bulldog, scorie (*f. pl.*) per rivestimento di suola di forno.
— **edition** (*tip.*)(*slang* U.S.A.), edizione domenicale di un giornale posto in vendita prima della domenica.
bulldoze (to —), spianare; demolire (mediante apripista).
bulldozer (*macch. per movimenti di terra*), apripista *m.*; (*mecc.*) (*angle and Tee Iron bending machine*), curvatrice per angolari e ferri a T.
— **digging,** scavo con apripista.
bulldozing, scavo con apripista,
bullet (*armi*), pallottola *f.*; v. **armour piercing —; expanding —; explosive —; incendiary —; tracer (—).**
— **proof glass,** vetro a prova di proiettile.
bullgrader (*costr.*), apripista (*m.*) a lama regolabile.

bullion (*metalli preziosi*), lingotto oro (*o* argento).
bulwark (*naut.*), opera (*f.*) morta.
bump, urto *m.*; scossa *f.*; gobba (*incurvatura*); (*meteor.*), corrente d'aria verticale; (*aereo*), vuoto d'aria dell'aereo dovuto a correnti vorticose nell'aria circostante; buca *f.* (*strade*); (*inform.*), memoria inclusa.
— **guard** (U.S.A.) (*auto*), rostro *m.* (di paraurti).
bumper (*auto*), paraurti *m.*
— **bags** (*aereo*), paraurti (*m. pl.*) per aeronavi.
— **car,** automobilina per luna-park, circondata da paraurti di gomma.
— **over-riders** (*auto*), rostri dei paraurti; (*the bumper over-riders are rubber padded*), i rostri sono rivestiti di gomma).
— **plate** (*pressofusione*), piastra porta espulsori.
— **sub** (*petrol.*), giunto di urto.
bumping, bollitura intermittente (di liquido).
— **bag,** paraurti *m.* (cuscino di atterraggio).
bumpy (*meteor.*), *agg.* instabile (riferito all'atmosfera in cui si formano correnti d'aria verticali).
— **road** (*over a* —) (*auto*), sullo sconnesso (prestazioni auto).
Buna (*aereo*), buna *f.* (materiale termoplastico brevettato derivato dalla gomma); (*chim.*), polimero del butadiene.
bund wall (*petrol.*), muro di protezione(costruito intorno a serbatoi di stoccaggio di carburanti).
bundle, fascio *m.* (di raggi); (*tess.*), pacco di filati (da 10 a 5 libbre, per il cotone).
— **press** (*tess.*), pressa per pacchi.
bundling-strip (*met.*), moietta *f.*
bung, tetto mobile (di forno); chiusura *f.*; tappo *m.*
bungalow (*cinem.*), cabina portatile per macchine da presa (onde isolarla da rumori).
bunk (*aereo*), cuccetta *f.* (di riposo).
bunker, carbonile *m.*; fortino di cem. armato; trincea (*f.*) coperta; (*termoi.*), deflettore *m.*; fare carbone; *v.i.* (*met.*), v. **return fines** —.
— **coal,** carbone (*m.*) di provvista (per navi).
bunkering, rifornimento (*m.*) di carbone.
Bunsen battery, pila (*f.*) di Bunsen.
— **burner,** cannello (*m.*) Bunsen.
— **cell,** pila (*f.*) di Bunsen.
— **photometer** (*fis.*), fotometro di Bunsen.
bunt (*aereo*), prima metà di una volta rovesciata.
buoy, gavitello *m.*
— **rope** (*naut.*), grippia *f.*
buoyancy, spinta (*f.*) di galleggiamento; galleggiabilità *f.*
— **balance,** bilancia (*f.*) di precisione, per la determinaz. della densità di gas.
buoyant, *agg.* (*naut.*), galleggiante; galleggiabile.
— **market** (*finan., comm.*), mercato sostenuto; mercato attivo.
bur, bava *f.* (del foro); rondella di rame.
burble point (*aer.*), punto (*m.*) di discontinuità.
burbling (*aereo*), formazione di correnti vorticose generate dal filetto fluido.
burden, portata *f.* (di nave); rapporto fra la quantità di minerale e quella di carbone (in un altoforno); carica *f.* (*met.*); letto (*m.*) di fusione; (*geol.*), roccia (*f.*) di copertura.
— *v.i.* (*met.*), preparare il letto di fusione.
— **calculation** (*met.*), calcolo del letto di fusione.
— **material preparation** (*altoforno*), preparazione del materiale di carica (letto di fusione).
— **prepelletizing** (*a method of intensification of iron ore sintering*) (*min.*), prepellettizzazione della carica (*prepelletizing of burden*).
— **yield** (*met.*), rendimento del

letto di fusione; rendimento della carica (*di minerali*).
burdening (*met.*), calcolo del letto di fusione; v. **burden calculation.**
bureau of shipping, v. **American —.**
— **of standards** (U.S.A.), ufficio (*m.*) misure.
burette (*chim.*) buretta *f.*
Burgers vector (*met.*), vettore (*m.*) di Burgers.
burglar alarm (*auto, ecc.*), allarme antifurto.
— **alarm lock swicth** (*elet.*), chiave (*f.*) antifurto.
— **alarm trap** (*elet.*), dispositivo (*m.*) antifurto.
Burgundy oak, quercia (*f.*) di Borgogna.
burial ground (*fis. atom.*), cimitero per rifiuti radioattivi.
buried cable (*elet.*), cavo interrato.
— **ground wire** (*elet.*), filo (*m.*) di terra interrato.
burin, bulino *m.* (per rame).
— **tool grinder** (*macch. ut.*), affilatrice (*f.*) per bulini.
burlap, tela (*o* iuta *o* canapa) per sacchi o copertura di pareti.
burling (*tess.*), spuntatura *f.*; molettatura *f.* (operazione per eliminare dal tessuto le particelle libere, ecc.).
burn (*med.*), scottatura *f.*; ustione *f.* (v.: **radiation —, thermal —, x-ray —**); accensione di razzo di un veicolo nello spazio (*astron.*).
— *v.a. v.i.*, bruciare; mettere in marcia il motore di un razzo in volo (*astron.*).
— **away,** *v.a.* (*chim.*), eliminare (*v.a.*) mediante combustione.
— **bricks,** cuocere (*v.a.*) mattoni.
— **cut** (*min., caricamento mine, ecc.*), sistema canadese (*o* «burn cut») di volata il cui schema tipo permette sfondi per volata (avanzamenti) di 2-3 m.
— **down,** *v.a.* (*chim.*), bruciare completamente.
— **-in** (*forni metallurgici*), accensione *f.*; (*met.*), marcatura a fuoco.
burn in (to —) (*met.*), marcare a fuoco.
— **lime,** cuocere (*v.a.*) la calce.
— **off,** *v.a.* (*chim.*), eliminare mediante combustione.
— **of the first degree** (*med.*), scottatura di 1° grado.
— **of the second degree,** scottatura (*f.*) di 2° grado.
— **of the third degree,** scottatura di 3° grado.
— **out** (*astron.*), cessare di funzionare (rif. a motori di razzi, specialmente dopo aver esaurito il combustibile).
— **up** (*v.a.*), bruciare completamente; (*fis. atom.*), consumo *m.*
burner, cannello *m.*; bruciatore *m.*; becco *m.* (Bunsen).
— **head,** corpo (*m.*) del bruciatore.
— **inspirator,** mescolatore (*m.*) di bruciatore.
— **port,** testa (*f.*) del bruciatore.
— **oil,** olio combustibile.
burning, combustione *f.*; riscaldamento di metallo oltre i limiti di temperatura richiesti per il trattamento termico; (*elet.*), acceso (riferito a lampadine, ecc.) (*to leave an office light —*), lasciare accesa una luce in ufficio; (*telecom.*) (USA), rumore microfonico.
— **bars** (*vernici, smalti*), barre (*f. pl.*) di cottura.
— **off,** eliminazione mediante combustione.
— **oil,** kerosene *m.*
— **point,** temperatura (*f.*) di accensione; punto (*m.*) d'accensione.
— **test** (*tess.*), prova (*f.*) per combustione.
— **velocity,** velocità (*f.*) di combustione.
burnish (*met.*), brunitura *f.*
— *v.a.* lustrare; brunire.
burnisher, raschiatoio *m.* (incisione rame); brunitore *m.*
burnishing, brunitura *f.*
— **roll** (*tess.*), spazzola (per a carda).

burnishing tooth (*spinatura*), dente (*m.*) brunitore.
burnout (*radio*), bruciatura (di fili); (U.S.A.) (*astron.*), fine della combustione del motore di un razzo.
burnt edge (*met.*), bordo bruciato.
— **gypsum,** gesso (*m.*) cotto.
— **iron** (*met.*), metallo ossidato (acciaio in cui, durante la fabbricazione, tutto il carbonio è stato praticamente ossidato a spese dell'ossido di ferro generatosi con danno dell'acciaio).
— **lime,** ossido di calcio.
— **Sienna** (*vern.*), terra di Siena bruciata.
— **umber** (*chim.*), terra di ombra bruciata.
burr, bavatura *f.*; bava *f.* (del foro); lima *f.*; trapano *m.* (del dentista); alone (*m.*) lunare (*o* di una stella); (*tess.*) lappola *f.* (della lana).
— *v.a.* dare il bordo, orlare; bordare; (*tess.*) slappolare.
— **breast** (*tess.*), avantreno caricatore (*carde*).
— **-free cut** (*mecc.*), taglio senza bava (di tubi, ecc.).
— **mill** (*vernici*, *smalti*), mulino (*m.*) a dischi.
— **over the end of a brass tube,** bordare (orlare) l'estremità di un tubo d'ottone.
— **removing machine** (*macch. ut.*), sbavatrice *f.*
— **(rotary —)** (*mecc.*), fresetta rotante.
burring (*tess.*), slappolatura *f.*
burst, *v.i.* scoppiare; esplodere.
— , punto di scoppio; scoppio *m.*; ionizzazione intensa ed istantanea dovuta a raggi cosmici; spaccatura (*o* frattura) nel metallo (dovuta a cattiva fucinatura o laminazione); nuvoletta di fumo (dovuta a scoppio di proiettile antiaereo); raffica *f.* (*di arma da fuoco*); (*met.*), strappo (rottura nel metallo che appare durante la lavorazione plastica); (*telev. a colori*), sincronismo di colore; segnale di sincronismo di colore.
burst of a grinding wheel, «scoppio» (*m.*) di una mola.
— **test** (U.S.A.) (*sald.*), prova (*f.*) su campione a cuscinetto.
— **phenomenon** (*met.*), fenomeno di « esplosione ».
— **strength,** resistenza (*f.*) allo scoppio.
bursting (*met.*), spaccatura nel metallo (dovuta a cattiva fucinatura); spaccatura superficiale dell'acciaio.
— **pressure of a pipe,** pressione (*f.*) di prova d'un tubo.
— **strength,** resistenza alla rottura (riferita a stoffe o qualsiasi materiale).
burthen, portata *f.* (di nave).
burton (*naut.*), senale *m.*
bury (to —), seppellire.
— **in (concrete)** (*costr.*), annegare nel (calcestruzzo).
— **wastes from nuclear power plants,** seppellire rifiuti provenienti da centrali nucleari.
bus (*elet.*), sbarra *f.*; autobus *m.*; (*inform.*) bus *m.* (rif. a un certo numero di connessioni parallele fra le memorie di un calcolatore).
— **bar,** sbarra (*f.*) collettrice.
— **-bar clamp** (*elet.*), morsetto (*m.*) per sbarre.
— **-bar sectionalising switch** (*elet.*). sezionatore di sbarre collettrici.
— **-coupler switch** (*elet.*), sezionatore di connessione.
— **duct** (*elet.*, *met.*), blindosbarra *f.*
— **fleet** (*auto*), parco autobus.
— **station** (*trasporti*), autostazione *f.*
— **(one-man —),** autobus ad un piano.
— **(standee —)** (*auto*), autobus con posti in piedi.
busbar (bare aluminium busbars) (*forni elet.*, *met.*), barrature di alluminio nude.
bush, cespuglio *m.* (*bot.*); boccola (*mecc.*, *auto*); bussola f. (*macch. ut.*); ghiera *f.* (*mecc.*).

bush (to —), *v.a.* mettere una boccola; imboccolare (*v.a.*); lavorare una pietra con un martello (*costr.*).
— **hammering,** lavorazione della pietra (con martello); forzare tamponi con martello.
— **metal,** metallo (*m.*) per cuscinetti.
— **(removal of —),** dicespugliamento *m.*
bushel, moggio = litri 35,239 (U.S.A.) *m.*; litri 36,37 (negli altri paesi di lingua inglese).
bushing (*mecc.*), bussola *f.*; boccola *f.*; bronzina *f.*; cuscinetto (*m.*) a bussola.
business (*cinem.*), azione *f.* (di un attore); (*comm.*), affare *m.*; affari *m. pl.*; azienda *f.*; impresa *f.*; solo *pl.* businesses nel significato di azienda, impresa, ditta.
— **accounting** (*finan.*), contabilità (*f.*) aziendale.
— **computer** (*inform.*), calcolatore elettronico di gestione; calcolatore gestionale.
— **cycle policy** (*finan.*), politica congiunturale.
— **day** (*econ.*), giorno lavorativo.
— **data processing** (*inform.*), informatica gestionale.
— **data processing computer** (*inform.*), calcolatore di gestione.
— **expenses** (*finan.*), spese (*f. pl.*) di esercizio.
— **graphics** (*inform.*), grafica gestionale.
— **manager** (*comm.*), gerente *m.*
— **oriented computer,** v. **business computer.**
— **premises,** (beni) immobili commerciali.
— **system** (*inform.*), sistema gestionale.
busses (*inform.*), canali per trasferire le informazioni tra registri.
bust (to —) a check (*slang*) (*aereo*) (U.S.A.), esser bocciato agli esami di collaudo (rif. a cadetti).
bustle pipe, tubo per la distribuz. dell'aria calda agli ugelli di un altoforno.
busy-flash signal (*telef.*), segnale luminoso di « occupato ».
— **metal,** metallo ripetutamente soggetto a laminazione a freddo, vibrazione o abrasione nell'uso.
— **tone** (*telef.*), segnale di « occupato ».
butadiene (*chim.*), butadiene *m.*
butalyde (*chim.*), aldeide butilica.
butanal (*chim.*), butiraldeide *f.*
butane (*chim.*), butano *m.*
butanoic acid (*chim.*), acido butirrico.
butanone acid (*chim.*), acido acetoacetico.
butoxide (*chim.*), butilato *m.*
butt, calcio *m.* (di fucile, ecc.); cerniera *f.*; estremità piatta e rotonda di ricalcatoio (*fonderia*); (*pelle*), culatta *f.* (parte principale della pelle); superficie all'estremità di un pezzo (*mecc.*); botte per vino (capacità 108 galloni americani); estremità di tavola (o lamiera): testa *f.*; unghia *f.*
— **-end,** testa (*f.*) di una lamiera.
— **end of a trunk,** estremità (*f.*) inferiore d'un tronco.
— **ingot** (*met.*), lingotto corto; scorcio di lingotto.
— **-joint,** giunto (*m.*) a tenone.
— **joint,** giunto di testa; giunto testa a testa.
— **joint riveting,** ribaditura (*f.*) con coprigiunto.
— **joint with inlet piece,** giuntura (*f.*) testa a testa con zeppa di unione.
— **riveted joint,** chiodatura (*f.*) con coprigiunto.
— **-seam welding** (*sald.*), saldatura (*f.*) di testa a rulli.
— **strap** (*auto*), bandella coprigiunto; coprigiunto *m.*
— **-weld,** *v.a.* saldare testa a testa.
— **-welded pipe,** tubo (*m.*) saldato testa a testa; tubo saldato per bollitura.

butt welded rail ends, estremità (*f. pl.*) di rotaie saldate in testa.
— **welding,** saldatura (*f.*) testa a testa.
— **-welding machine,** saldatrice (*f.*) testa a testa; (*sald.*), saldatrice elettrica di testa.
butter colour, arnotto *m.*; oriana *f.*
— **-fat content,** tenore (*m.*) di grasso.
— **-kneader,** impastatrice *f.* (per separare il siero dal burro).
— **-making machine,** agitatore meccanico (per la fabbr. del burro).
— **-pat machine,** zangola *f.*
— **wrapping machine,** confezionatrice automatica per il burro.
buttercup yellow, giallo di zinco.
butterfly (*cinem.*) (U.S.A.), drappo di seta usato per attenuare la luce, per la presa di esterni; velatino *m.*
— **throttle,** strozzamento (*m.*) del gas.
buttermaking (continuous —) (*agric.*), burrificazione continua.
buttermilk, siero (*m.*) di latte; latticino *m.*
buttlap, testa (*f.*) di una lamiera.
buttock line (*aereo, naut.*), linea (*f.*) della sezione longitudinale verticale (di scafo od aereo).
— **lines** (*naut.*), linee di contorno della nave.
button, globulo di metallo rimasto in un crogiolo a fusione avvenuta; pulsante *m.*; bottone *m.*
— **head screw,** vite (*f.*) a testa a calotta.
— **(keyboard —),** pulsante della tastiera.
— **(start-stop —),** pulsante di avviamento ed arresto.
buttress, pilastro *m.* (di rinforzo); contrafforte *m.*
— **of a pier,** lesina *f.*
— **thread,** filettatura (*f.*) trapezoidale (*o* a dente di sega).
— **wing** (*cost.*), ala (*f.*) di raccordo.
buttressed wall, muro (*m.*) a contrafforti.
butyl alcohol (*chim.*), alcole butilico; butanolo *m.*; (*chim.*), butile *m.*; butilico *agg.*
— **rubber,** gomma (*f.*) butilica.
butylene (*chim.*), butilene, *m.*
butyrate (*chim.*), butirrato *m.*
butyric acid (*chim.*), acido butirrico.
butyrometer, butirrometro *m.*
butyrous *agg.*, butirroso *agg.*; burroso *agg.*
butyroscope, butirroscopio *m.*
buyer's market (*finan.*), mercato al ribasso; mercato favorevole al compratore.
buying rate (*finan.*), tasso (*m.*) d'acquisto.
buzz track (*cinem.*), **colonna di prova di rumore.**
buzzer (*elet.*), cicalino *m.*
by contract, a cottimo *m.*; in appalto *m.*
— **-laws** (*comm., ecc.*), regolamenti *m. pl.*
— **-line** (*tip.*) (U.S.A.), citazione dell'autore dell'articolo riportato.
— **trial and error,** per tentativi.
bypass, derivazione *f.* (*elet.*), shunt; (*tubi*) bipasso; svincolo *m.* (*strade*).
— **(to —)** (*strade*), superare mediante svincoli (una città, ecc.); mettere (*v.a.*) in derivazione (*elet.*).
— **capacitor,** condensatore (*m.*) di fuga.
— **condenser** (*elet., radio*), condensatore (*m.*) in parallelo: condensatore di derivazione.
— **engine** (*aereo*), motore a doppio flusso; motore a bipasso.
— **valve,** valvola (*f.*) ausiliaria (*ing.*); valvola di derivazione.
byproduct, sottoprodotto *m.*
byssinosis, bissinosi *f.* (malattia diffusa special. nell'ind. cotoniera).
byte (*inform.*), porzione di informazione; (*inform.*), parola *f.*; carattere *m.*; unità di misura delle memorie.

C

c-form standard, incastellatura (*f.*) a C; collo (*m.*) d'oca.
C-amplifier (*elet.*), amplificatore di classe C.
C-battery (*elet.*), batteria (*f.*) di griglia.
C-bias, polarizzazione di griglia.
— **-frame press** (*macch. ut.*), pressa frontale.
C.G.S. system of measurement, sistema C.G.S. (centimetro-grammo-secondo).
C_4 hydrocarbon fractions (*chim.*), frazioni di idrocarburi a 4 atomi di carbonio.
cab (*ferr.*) (*mecc.*), cabina *f.*; tassì (*auto*) *m.*
— **(air conditioned —)** (*gru*), cabina ad aria condizionata.
— **(driving —)** (*auto*), cabina di guida.
— **(farm machine —)** (*agr.*), cabina di protezione per macchine agricole.
cabane, capra *f.*
cabbage oil, olio (*m.*) di sambuco.
— **-seed oil,** olio ottenuto dalla Brassica oleacea usato nella fabbr. del sapone.
cabbaging press (*mecc.*), pressa (*f.*) per pacchettare sfridi o rottami.
cabbling (*met.*), fare a pezzi barre di ferro per formare pacchetti di elementi di ferro o per laminazione.
cabin (*naut.*) (*elet.*) (*aereo*) cabina *f.*
— **cruiser** (*naut.*), cabinato *m.*
— **interphone communication system** (*aereo*), sistema di comunicazione con citofono.
— **supercharger** (*aereo*), compressore (*m.*) di cabina.
cabinet (*radio*), cassetta *f.*; mobile *m.*; armadio *m.*; armadietto.
— **file,** lima (*f.*) per ebanisti.
— **-maker,** ebanista *m.*
— **-pattern multiple switchboard,** commutatore (*m.*) multiplo a quadro.
cabinet rasp, raspa (*f.*) per ebanisti.
— **shake-up,** rimpasto ministeriale.
— **-work,** *f.* ebanisteria (lavoro di ebanisteria).
cabinetmaking, ebanisteria *f.* (arte e materia scolastica).
cabiria (*cinem.*), carrello portante una macchina da presa.
cable, *v.a.* telegrafare.
— cavo *m.*; gomena *f.*; misura di distanza equivalente a 200 iarde (100 fathoms) (*naut.*).
— **-belt** (*min.*), nastro a fune di trazione.
— **belt conveyor** (*mecc.*), trasportatore a nastro con cavo metallico.
— **braiding,** intrecciatura (*f.*) di cavo.
— **bridge,** ponte (*m.*) sospeso con funi.
— **circuit,** circuito in cavo.
— **clip,** collarino *m.*) per cavi.
— **-core,** anima (*f.*) di un cavo.
— **drilling,** perforazione (*f.*) a corda (*petrol.*).
— **drum,** tamburo (*m.*) della fune.
— **duct** (*elet.*), condotto per cavi elettrici.
— **end,** estremità (*f.*) di un cavo.
— **grip,** serra cavo *m.*
— **hoist,** teleferica *f.*
— **joint,** giunzione (*f.*) di cavo.
— **-laying ship,** nave (*f.*) posacavo.
— **-length,** un decimo di miglio marino (= 6080 piedi).
— **loop,** cappio (*m.*) di un cavo.
— **lubricator,** cavo (*m.*) di lubrificazione.
— **railway,** funivia *f.*
— **reel,** tamburo (*m.*) d'avvolgimento (di cavi).
— **saddle,** sella *f.* (*o* sopporto) per cavo.
— **sealing sleeve,** manicotto di giunti per cavi.
— **shackle,** manicotto (*m.*) per cavi.

cable sheathing, rivestimento del cavo elettrico; guaina del cavo.
— ship, nave (*f.*) posacavo.
— shoe (*cavi*), testa (*f.*) di cavo.
— sleeve, giunto (*m.*) per cavi.
— socket (*ing. elet.*), attacco (*m*). del feeder.
— stranding machine, macchina (*f.*) per intrecciare cavi.
— television (*telev.*), televisione via cavo (televisione via cavo con impiego di linee in cavo coassiale).
— tension, tensione (*f.*) della func.
— terminal, capo *m.* (di cavo).
— terminal box, scatola (*f.*) di unione di cavi.
— tool (*ind. pet.*), attrezzo (*m.* per perforazione a corda.
— to wheel brake (*aereo*), cavo freno carrello.
— tramcar (*ferr. aeree*), carrozza (*o* vettura) di funicolare (*f.*).
— -TV (*telev.*), televisione via cavo.
— -TV programme (*telev.*), programma di televisione via cavo.
— way (cable-way), teleferica *f.*
— winch, argano (*m.*) a cavalletto.
— (power —), cavo per forza motrice.
cabled yarn (*tess.*), filato di più ritorti.
cablevision (*telev.*), televisione (*f.*) per via cavo.
— 's transmission studio, studio di televisione per via cavo.
cableway, funicolare *f.*
— car, vagoncino *m.* (*o*) veicolo *m.* (*o*) carrello (*m.*) per funicolare aerea.
— drag scraper (*min.*), escavatore a fune.
— over valley, trasbordatore (*m.*) funicolare.
cabling (*tess.*), ritorcitura *f.*
caboose car (U.S.A.), carro (*m.*) di servizio di coda (treni merci); (*for the accomodation of the resting crew*) (*ferr.*), vagone per il personale viaggiante.
cabretta, pelle di capra.
cabring (*aereo*), impennata.
cacao butter, burro (*m.*) di cacao.
— oil, burro (*m.*) di cacao.
— shell, guscio (*m.*) di cacao.
cacaorin, cacaorina *f.*
cachaza, materia gelatinosa risultante dalla defecazione con calce, del succo dello zucchero di canna.
cache memory (*inform.*), piccola memoria aggiunta (oltre a quella principale e secondaria) alle normali unità di memoria.
Cachemir wool, lana (*f.*) del Cachemir.
cacodyl (*chim.*), cacodile *m.*
cacodylic acid (*chim.*), acido (*m.*) cacodilico (*o* dimetilarsinico).
cadastral, *agg.* catastale.
— survey, rilevamento catastale (catasto).
cadastre, catasto *m.*
caddie (*videodischi ecc.*), custodia protettiva per videodischi (che non sopportano il maneggio).
cade oil (*med.*), olio (*m.*) di cade (legno di ginepro).
cadion (*chim.*), cadion (reagente per prova di calore del cadmio e magnesio).
cadmia (*chim.*), cadmia *f.*; carbonato di zinco; polvere di zinco.
cadmium (*chim.* = Cd), cadmio *m.*
— chlorophosphate, clorofosfato di cadmio.
— electrode (*elet.*), elettrodo (*m.*) di cadmio.
— lithopone, cadmiopone *m.*
— -nickel, lega nichel-cadmio (usata per cuscinetti).
— nitrate, nitrato (*m.*) di cadmio.
— plate, cadmiatura *f.*
— plating, cadmiatura *f.*
— red (*vern.*), rosso (*m.*) di cadmio.
— screen (*fis. atom.*), schermo (*m.*) al cadmio.
— sulfide, solfuro (*m.*) di cadmio.
— telluride (CdTe) (*chim.*), tellururo di cadmio.
— tungstate, tungstato (*m.*) di cadmio.
— yellow (*vern.*), giallo (*m.*) di cadmio.

caesium (*chim.* = Cs), cesio *m.*
— **cell,** fotocellula (*f.*) al cesio; cellula fotoelettrica al cesio.
— **oxygen cell,** cella fotoelettrica al cesio (con vuoto sostituito da un'atmosfera di ossigeno).
caffeine (*chim.*), caffeina *f.*
cage, piattaforma *f.* (di sollevamento); gabbia *f.* (*min.*, *ecc.*).
— **antenna** (*radio*), antenna (*f.*) a gabbia.
— **coil,** bobina (*f.*) a gabbia.
— **guides** (*min.*), guide della gabbia.
— **of the differential,** scatola (*f.*) del differenziale.
— **shoes** (*min.*), pattini delle gabbie.
— **winding** (*elet.*), avvolgimento (*m.*) a gabbia; (*min.*), estrazione (*f.*) con gabbie.
— **with one rope,** cabina ad una sola fune.
— **with two ropes,** cabina (*f.*) a due funi.
— **(4-man —)** (*min.*), gabbia per trasporto di 4 persone.
caged needle bearing (*mecc.*), cuscinetto ad aghi in gabbia distanziatrice.
cager (*min.*), ingabbiatore automatico.
caging, arresto *m.*; bloccaggio *m.*
— **device** (*aereo*), dispositivo (*m.*) di bloccaggio degli strumenti giroscopici.
cairngorm, quarzo (*m.*) affumicato.
caisson, *m.* cassero (*cost. idr.*); cassone *m.*
— **foundations** (*cost.*), fondazioni (*f. pl.*) con cassoni.
cajeput oil, olio (*m.*) di cajeput.
cajeputene (*chim.*), limonene *m*
cake, *v.i.*, agglutinarsi *v.r.* (riferito al carbone); blocco (p. es., di gelatina); (*ind. pet.*), massello (di cemento); panello (di filtrazione).
— **alum** (*chim.*), solfato di alluminio.
— **moulding machine,** macchina per panelli.
cake paring table, tavola per spezzettatura del panello; tavola rompipanello.
caking, agglutinante *agg.*; agglutinamento *m.*; ammassamento *m.* (di polvere o cristalli).
— **coal,** carbone *m.*) agglutinante.
calalin, materiale plastico.
calamine (*min.*), calamina *f.*
calamus oil, essenza (*f.*) di calamo.
calc spar (*min.*), calcite *f.*
calcar, forno di calcinazione (*ind. vetro*); forno di ricottura (*met.*).
calcareous, *agg.* calcareo.
— **sand,** sabbia (*f.*) calcarea.
— **sandstone,** arenaria (*f.*) calcare.
— **tuff,** tufo (*m.*) calcareo.
calcedony (*min.*), calcedonio *m.*
calcic liver of sulfur (*chim.*), fegato di zolfo calcico; solfuro di calcio.
calcification, calcificazione *f.*
calcify, *v.a.* calcinare.
calcination, calcinazione *f.*
calcine, *v.a.* incalcinare.
calcined alumina, allumina calcinata.
— **baryta** (*chim.*), ossido di bario.
— **dolomite** (*met.*, *min.*), dolomite calcinata.
— **magnesia,** magnesia calcinata; ossido di magnesio.
— **soda** (*chim.*), soda calcinata; carbonato di soda.
calcines from scrubber (*min.*), ceneri di lavaggio.
calcining (*min.*), calcinazione *f.*; arrostimento *m.*
calcite (*min.*), calcite *f.*
calcium (*chim.* = Ca), calcio *m.*
— **acetate,** acetato (*m.*) di calcio.
— **boride,** boruro (*m.*) di calcio, CaB_6.
— **carbide,** carburo (*m.*) di calcio.
— **carbonate,** carbonato (*m.*) di calcio.
— **chloride,** cloruro (*m.*) di calcio.
— **cyanamide,** calciocianamide *f.*
— **fluoride,** fluoruro (*m.*) di calcio.
— **hydrate,** idrato (*m.*) di calcio.

calcium hydride, idruro (*m.*) di calcio.
— **iodide,** ioduro (*m.*) di calcio.
— **nitrate,** nitrato (*m.*) di calcio.
— **oxide,** ossido (*m.*) di calcio, CaO.
— **permanganate,** permanganato (*m.*) di calcio.
— **phosphide** (*chim.*), fosfuro di calcio.
— **pulp,** calcio in pasta.
— **stearate,** stearato (*m.*) di calcio.
— **sulfide,** solfuro di calcio, CaS.
— **sulphate,** solfato (*m.*) di calcio.
calculate, *v.a.* calcolare.
calculating machine, calcolatrice *f.*
calculation, calcolo *m.*; conteggio *m.*
— **of girders,** calcolo (*m.*) delle travi.
calculus (*pl.* **calculuses**), calcolo *m.*
calefaction (*fis.*), calefazione *f.*
calendar watch (*orol.*), orologio a calendario.
— **year** (*gen.*), anno civile.
calender, *v.a.* cilindrare (con una calandra); calandrare.
— (*ind. carta, tess.*), calandra *f.*
— **-roller** (*tess.*), rullo (*m.*) cilindratore; cilindro scanalato alimentatore.
calendered paper, carta satinata.
calendering, calandratura *f.*
calfdozer, macchina (*f.*) per scavare.
calibrate, *v.a.* graduare; tarare.
calibrated chain (*met.*), catena (*f.*) calibrata.
— **club propeller,** elica specialmente foggiata, controllata con un dinamometro durante le prove.
— **dial,** quadrante (*m.*) graduato.
calibrating table, banco (*m.*) di taratura.
calibration, calibratura *f.*; taratura *f.*
— **board** (*elet.*), quadro (*m.*) per taratura.
— **curve,** curva (*f.*) di calibratura.
— **test,** prova (*f.*) di verifica.
calico, calico *m.*
californium (*chim.*), californio *m.* (*chim.* = Cf).
caliper, calibro *m.*
calk, *v.a.* cianfrinare; ricalcare; presellare; calafatare.
calked seam, fila (*f.*) di chiodi calafatati.
calking, *f.* cianfrinatura; presellatura *f.*
— **chisel,** presello *m.*
— **lead,** piombo puro per il 99,73 %.
— **tool,** cianfrino *m.*
call (*telef.*), conversazione (*f.*) telefonica; chiamata (telefonica); comunicazione *f.*; (*nautica*), scalo *m.*; (*tel.*), v. **alarm —; repeat —.**
— **at (to —)** (*naut.*), fare scalo (a); approdare.
— (*v.a.*) **a loan** (*finan.*), esigere il rimborso di un prestito.
— **barring** (*tel.*), arresto di chiamata (la centrale viene istruita perchè non accetti altre chiamate all'utente).
— **bell** (*telef.*), soneria *f.*
— (*v.a.*) **bids** (*lavori*), indire un bando di gara.
— **-count meter** (*tel.*), registratore (*m.*) di comunicazioni.
— **diversion** (*tel.*), trasferimento di chiamata, di tutte le chiamate in arrivo all'utente, ad un numero specificato.
— **for (to) the application of a hydraulic system,** richiedere (esigere) l'applicazione di un sistema idraulico.
— **letters** (*radioam.*), nominativo di una stazione.
— **loan** (*finan.*), prestito rimborsabile a vista.
— **locator** (*elet.*), quadro (*m.*) di registrazione chiamate.
— **meter** (*tel.*), registratore (*m.*) di comunicazioni.
— **money** (*finan.*), prestito rimborsabile a vista.
— **signal** (*telef.*), segnale (*m.*) di chiamata.
— **-up** (*v.a.*) **a program from the other side of the Continent**

(*inform.*), richiamare un programma dall'altra parte del Continente.

call waiting (*tel.*), attesa di chiamata, con la quale una centrale « tiene » una linea mentre l'utente fa un'altra chiamata con lo stesso telefono.

calling dial (*telef.*), disco (*m.*) combinatore.

— **for tenders** (*leg.*), mettere in concorso (*o* all'asta) (una costruzione).

— **in of a currency** (*finan.*), ritiro di una moneta.

— **sequence** (*inform.*), sequenza di chiamata (istruzioni per una chiamata per collegare un sottoprogramma al programma principale).

— **signal,** segnale (*m.*) di chiamata.

— **wave,** onda (*f.*) di chiamata.

calomel (*chim.*), calomelano *m.*; cloruro (*m.*) mercuroso.

— **electrode,** elettrodo (*m.*) al calomelano.

calor gas, calorgas (sottoprodotto dell'idrogenazione del carbone, usato specialm. per campeggi).

calorescence (*calor.*), calorescenza *f.*

calorie, caloria *f.*; piccola caloria; caloria grammo.

Calorie, caloria chilogrammo; grande caloria.

calorifer, calorifero *m.*

calorific balance (*met.*), bilancio (*m.*) termico.

— **capacity,** capacità calorifica.

— **effect,** effetto (*m.*) calorifico.

— **power,** potere (*m.*) calorifero.

— **value,** potere (*m.*) calorifero.

calorimeter, calorimetro *m.*

calorize, *v.a.* calorizzare *v.a.*

calorized metal, metallo ottenuto con cementazione metallica; metallo calorizzato.

— **steel,** acciaio calorizzato.

calorizing (*met.*) (*ferro, acciaio*), calorizzazione *f.*

calotte, calotta *f.*

calprene (*aereo*), *materiale termoplastico brevettato.*

Calrod heating unit (*elet.*), elemento Calrod a spirale.

calutron (*fis. atom.*), calutrone *m.*

cam, camma *f.*; eccentrico *m.*; palmola *f.*

— **and star** (*cinem.*), croce di Malta.

— **bowl,** rotella *f.* (rullo di scorrimento).

— **disk** (*mecc.*), bocciolo (*m.*); disco a camme.

— **drive,** (*mecc.*), comando (*m.*) a camma.

— **grinder** (*macch. ut.*), rettificatrice per camme.

— **lock** (*mecc.*), bloccaggio a camma.

— **miller** (*macch. ut.*), fresatrice (*f.*) per dischi a camme.

— **milling machine** (*macch. ut.*), fresatrice (*f.*) per camme.

— **plate,** piatto a camme; disco a camme.

— **shaft** (*mecc.*), albero (*m.*) a boccioli; albero (*m.*) a camme.

— **slot** (*mecc.*), finestra *f.*

— **spindle,** albero (*m.*) della camma di comando.

camber, ventre *m.* (di altoforno); freccia *f.* (*costr.*); curvatura (*f.*) d'ala (*aereo*); bombatura *f.*; acquatura (di strada); (*met*), sciabolatura *f.* (difetto di distorsione in un laminato).

— **angle** (*auto*), campanatura *f.*

cambered girder (*met.*), trave curvata (*o* avente conicità semplice e doppia).

cambering machine (*macch. ut.*), centinatrice *f.*

camboxes, scatola degli eccentrici.

cambric (*tess.*), cambri *m.*; mussolina *f.*; percalle *m.*

— **muslin** (*tess.*), percalle *m.*

— **tape,** nastro (*m.*) di tela oleata (usato come dielettrico).

cambridge roll (*agr.*), frangizolle *m.*

camel-hair belt, cinghia (*f.*) di pelo di cammello.

cameline oil, olio (*m.*) di camelina.

camelthorn (Sud Africa), « Acacia giraffae » (*bot.*).

camera, macchina (*f.*) fotografica; apparecchio (*m.*) fotografico; (*cinem.*), macchina (*f.*) da presa; apparecchio (*m.*) di reg. sonora; camera *f.* (*cinem.*).
— **coverage** (*telev.*), angolo (*m.*) di ripresa.
— **crane** (*telev.*), piattaforma (*f.*) alzabile.
— **dolly** (*telev.*), carrello (*m.*) di camera.
— **gun** (*aereo*), fotomitragliatrice *f.*
— **hood** (*telev.*), paralume (*m.*) di camera.
— **line-up** (*telev.*), aggiustamento (o regolaggio) della telecamera.
— **marker** (*cinem.*), lampada per annebbiare i bordi di una pellicola.
— **monitor** (*telev.*), monitore (*m.*) di camera.
— **motor** (*cinem.*), motore per macchina da presa.
— **obscura** (*oti.*), camera (*f.*) oscura.
— **shooting** (*telev.*), ripresa (*f.*) con camera.
— **(aerial reconnaissance —),** telecamera per ricognizione aerea.
— **(infra-red —),** telecamera per fotografia all'infrarosso.
— **(large-format —),** telecamera a grande formato.
— **(oblique —),** telecamera per fotografia aerea obliqua.
— **(panoramic —),** telecamera per fotografia aerea panoramica.
cameraman (*cinem.*), operatore (*m.*) di presa.
camite (*chim.*), camite *f.*; cianuro bromobenzilico.
camonine oil, essenza (*f.*) di camomilla (romana).
camouflage (*mil.*), mimetizzamento *m.*
— **net** (*mil.*), rete (*f.*) mimetica.
— **(to —)** (*mil.*), mimetizzare.
campeachy woop, legno (*m.*) di campeggio.
camphanol (*chim.*), camfanolo *m.*; borneolo *m.*
camphor (*chim.*), canfora *f.*
camphor oil, olio (*m.*) di canfora.
— **tree** (*bot.*), albero (*m.*) della canfora.
camping gas, gas per campeggio.
camshaft (*auto*), albero di distribuzione a camme.
— **controller,** commutatore (*m.*) a camme.
— **drive** (*auto*), comando degli alberi di distribuzione.
— **grinder** (*macch. ut.*), rettificatrice (*f.*) per eccentrici; rettificatrice (*f*). per alberi a camme.
can, barattolo *m.*; lattina *f.*; scatola *f.*; canistro *m.* (latta da benzina); latta *f.* (per benzina); (*cinem.*) (*slang*), cuffia *f.*; ricevitore telefonico; scatola per rulli cinem.; (*tess.*) (*sliver can*), vaso per nastri; megafono per dirigere una produzione cinematografica; astuccio per film; *v.a.* (*fis. atom.*), rivestire *v.a.*; incamiciare *v.a.* (una barra di combustibile).
— **body** (*ind. conserviera*), corpo del barattolo.
— **end** (*ind. conserviera*), fondello di barattolo.
— **hoist,** paranco per bidoni; carrucola per bidoni.
— **intersecting gill-box** (*tess.*), stiratoio (*m.*) a pettini; post-pettinatura.
— **intersecting gill-box 1st passage** (*tess.*), stiratoio (*m.*) a pettini in vaso 1° passaggio preparazione.
— **intersecting gill-box 2and passage** (*tess.*), stiratoio (*m.*) a pettini in vaso 2° passaggio preparazione.
— **mixing intersecting gill-box** (*tess.*), stiratoio (*m.*) di miscela in vaso.
— **-opener,** apriscatole *m.*
Canada balsam (*resina*), balsamo del Canadà.
— **turpentine,** balsamo (*m.*) del Canadà.
Canadian poplar, pioppo (*m.*) canadese.

Canadian red pine (*Pinus Resinosa*), pino (*m.*); legno di pino.
— **yellow pine** (*Pinus Strobus*), pino (*m.*); legname di pino.
canadol (*chim.*), canadolo *m.*; etere di petrolio.
canal bridge, ponte (*m.*) canale.
— **construction** (*idraul.*), costruzione di un canale.
— **dredger** (*macch.*), scavacanali *m.*
— **embankment** (*idraul.*), argine di un canale.
— **(navigation) lock** (*idraul.*), chiusa di canale.
— **paver** (*idraul.*), macchina per la posa di rivestimenti di canale.
— **port** (*idraul.*), porto canale (costruito all'estuario di un fiume navigabile).
— **rays** (*fis.*), raggi canale (*o* raggi positivi).
— **regulator,** bocca (*f.*) di presa; canale (*m.*) di presa.
canalised river (*idr.*), fiume canalizzato.
canalization, canalizzazione *f.*
canalize, *v.a.* incanalare; canalizzare.
cananga oil, essenza (*f.*) di cananga.
canard model (*aereo*), modello (*m.*) « canard ».
— **/tandem-wing aircraft** (*aereo*), aeroplano canard con ali in tandem.
canaries (*cinem.*), rumori nella registrazione sonora.
cancel, *v.a.* cancellare.
— **out,** *v.a.*, annullarsi (*v.r.*) (di forze).
cancellation, abrogazione *f.*
— **of current,** annullamento (*m.*) della corrente.
Cancer (*astron.*), Cancro *m.*
candellina wax, cera candelilla *f.*
candid camera, macchina fotografica di piccole dimensioni per fotografare a sorpresa dell'interessato.
candle (*illum.*), candela; (*cinem.*), raggio di luce che registra fotograficam. il suono sulla pellicola; pennello luminoso.
candle moulding, formatura delle candele.
— **moulding machine,** macchina per la formazione delle candele.
— **-power** (*illum.*), intensità (*f.*) in candele.
cane harvester (*agr.*), macchina per la raccolta della canna da zucchero.
— **sugar,** zucchero di canna.
— **weave,** intreccio (*m.*) di canna
canella oil, olio essenziale di cannella.
canellure (*armi*), rigatura *f.* (scanalatura nella fascia di lancio di un proiettile).
canister (*maschere antigas*), scatola filtro.
canmaking line (*met.*), linea di fabbricazione di scatole di latta.
canned (*riferito a programmi*) (*calcol. elettron.*, *inform.*), pronto per l'uso; (*macch. ut.*), operazione programmata con una sola istruzione.
— **goods** (*gen.*), prodotti alimentari in scatola.
— **milk,** latte in scatola.
— **music** (*radio*), selezione musicale registrata su dischi per susseguente trasmissione.
— **routine** (*inform.*), programma registrato; programma pronto all'uso immediato.
cannel coal, carbone (*m.*) a lunga fiamma (varietà di litantrace).
cannibalistic process (U..SA.) (*meccan.*, *chim.*), processo molto corrosivo, distruttivo.
cannibalize, *v.a.* (U.S.A.) (*slang*), ricupero di pezzi di macchine rotte per costruire macchine nuove.
canning (*slang.*), (*acust.*), registrazione del suono; (*fis. atom.*), incamiciatura *f.*; rivestimento *m.* (di barra di combustibile).
— **(food —),** inscatolamento derrate alimentari.
— **industry,** industria conserviera.

canning material (*fis. atom.*), materiale di rivestimento.
— **plant** (*petrolio*), reparto riempimento e confezionatura prodotti petroliferi.
cannon pinion (*orol.*), rocchetto calzante; ruota calza; rocchetto a calza.
cañon (*geol.*), canalone *m.*
canopy (*aereo*), calotta (*f.*) del paracadute.
— **inlet** (*mecc.*), imbocco a tettoia (*per condotti*).
— **(lantern —)** (*luce*), calotta di lampione stradale.
cant (*ferr.*) (*strade*), sopraelevazione *f.*; (*v.a.*), sopraelevare (*ferr.*); inclinare (*cost.*); (*v.r.*) inclinarsi.
— **dog** (*gripping implement*), rampone (per legname).
— **of the rail** (*ferr.*), inclinazione (*f.*) della rotaia verso l'interno.
canted over to the left at an angle of 45 deg (*mot. auto*), inclinato sulla sinistra di un angolo di 45 gradi.
cantharides, cantaride *f.*
cantilever, balestra (*f.*) a mensola; trave (*f.*) a mensola.
— **arched bridge,** ponte (*m.*) ad arco con mensola.
— **beam specimen** (U.S.A.) (*corrosione met.*), provetta (*f.*) a leva.
— **crane,** gru (*f.*) a doppio sbalzo (per trasporti sporgenti).
— **girder, trave (*f.*) a sbalzo.**
— **jib** (*gru*), braccio a doppio sbalzo.
— **low-wing** (*aereo*), ala (*f.*) bassa a sbalzo.
— **roof** (*ferr.*), pensilina *f.*
— **spring,** molla (*f.*) a flessione.
— **type jib** (*cranes*), braccio a sbalzo.
— **wing** (*aereo*), ala (*f.*) a (tutto) sbalzo.
Cantim, contrassegno (*m.*) sul legname canadese d'esportazione, che serve ad indicarne la provenienza.
canting fence, guida (aggiustabile ed) inclinabile.
— **table,** tavola (*f.*) inclinata.
canvas, canovaccio *m.*
— **belt,** cinghia (*f.*) di tela.
— **roof** (*auto*), tetto di tela.
canyon, *m.* (*geol.*), canalone.
caoutchouc, caucciù *m.*
cap, ogiva *f.* (*munizioni*); capsula (*f.*) d'accensione; capsula detonante; tappo *m.*; coperchio; zoccolo (*elet.*); capitello (*arch.*); sostituzione del battistrada di un pneumatico; virola *f.* (*elet.*); cappello (*m.*) di quadro (*miniere*); (*chim.*), cloracetofenolo *m.*; (*petrol.*), cappello (*di roccia*) di uno strato petrolifero o di gas; (*petrol.*), dispositivo di chiusura di un tubo o di una colonna (di pozzo petrolifero o di gas); (*auto*), v. **snap-shut —**.
— **(to —)** (*cosmetici*), incapsulare (un flacone, ecc.).
— *v.a.* **(to — a steel cylinder at both ends),** chiudere (tappare) un cilindro di acciaio alle due estremità.
— **jewels in setting** (*orol.*), chatons con controperni.
— **lamp** (*min.*), lampada (per minatori) fissata al copricapo.
— **lamp charging frame** (*min.*), dispensario di ricarica accumulatori per lampade fissate al casco (ricarica nelle lampisterie a fine turno degli accumulatori delle lampade da miniera).
— **line** (*tip.*), linea di testa.
— **nut,** dado (*m.*) a cappello; (*mecc.*), dado (*m.*) cieco.
— **screw** (*mecc.*), vite da metallo a testa cilindrica.
— **spinning frame** (*tess.*), filatoio (*m.*) a campana.
capability (*inform.*), possibilità *f.*
capacitance, capacitanza *f.*
— **bridge,** ponte (*m.*) a reattanza.
— **meter** (*elet.*), misuratore di capacità.

capacitive, *agg.* capacitativo.
— **feedback,** reazione (*f.*) capacitativa.
— **reactance,** reattanza (*f.*) capacitativa.
capacitor (*elet.*), condensatore (*m.*) elettrico a capacità fissa (general. usato come campione).
— **cases** (*elettrochim.*), scatole di condensatori.
— **loudspeaker** (U.S.A.), altoparlante (*m.*) a condensatore.
— **microphone** (U.S.A.), microfono (*m.*) elettrostatico.
— **motor,** motore (*m.*) a capacità.
— **plate** (U.S.A.), placca (*f.*) di condensatore.
— **reactance,** reattanza (*f.*) capacitativa.
capacity, capacità *f.*; capacitanza *f.* (*elet.*); potenza *f.* (*elet.*); produzione *f.*; cilindrata *f.* (*motori*); lavoro (*m.*) utile; (*mecc.*), capacità di lavoro (*300 tons capacity press*), pressa della capacità di lavoro di 300 t); capienza *f.* (di un contenitore, ecc.); v.: **flush** —; **heaped** —; **line** — (*ferr.*).
— **balance** (*telef.*), equilibrio (*m.*) di capacitanza.
— **coupling** (*elet.*, *radio*), accoppiamento capacitativo; accoppiamento elettrostatico (di un condensatore fra due circuiti).
— **earth** (*radio*), antenna (*f.*) a contrappeso.
— **meter** (*elet.*), capacimetro *m.*
— **of a central station** (*elet.*) potenzialità (*f.*) della centrale.
— **of the dam,** capacità (*f.*) della diga.
— **reactance** (*elet.*), reattanza (*f.*) capacitiva.
— **(gross cargo —),** (*naut.*), capacità di carico lorda.
— **(the mill is operating at capacity)** (*met.*), lo stabilimento lavora al massimo (al limite delle sue capacità).
Cape box, legno di bosso del Capo (Sud Africa).
Cape foot, piede (*m.*) del Capo (Sud Africa) (= 0,3148 metri).
capillarity (*fis.*), capillarità *f.*
capillary, *agg.* capillare.
— **attraction,** attrazione (*f.*) capillare.
— **depression,** depressione capillare.
— **electrometer** (*elet.*), elettrometro capillare.
— **tube,** tubo (*m.*) capillare.
capital, *m.* capitale (*comm.*); fondo *m.* (*comm.*); capitello *m.* (*arch.*); lettera maiuscola (*tip.*).
— **account** (*finan.*), conto (*m.*) capitale.
— **flight** (*econ.*), fuga di capitali.
— **flow** (*finan.*), flusso (*o* movimento) di capitali.
— **gain tax** (*finan.*), tassa sugli utili di capitale.
— **item** (*comm. econ.*), partita del movimento capitali.
— **market** (*finan.*), mercato finanziario; mercato dei capitali.
capitalized value (*econ.*), valore capitalizzato (valore di rendimento).
capitals lock key (*typewriter*), tasto fissa maiuscole.
caplamp, v. **battery powered miners' —; cap lamp; self-service miners' —.**
capped steel, acciaio (*m.*) effervescente; (*met.*), acciaio capped.
— **steel ingot** (*met.*), lingotto di acciaio capped.
capping (*elet.*), striscia di legno (usata come copertura); (*petrolio*), metodo di controllo di un pozzo.
cappings, rinforzo intorno ai finestrini di un'auto.
capraldehyde (*chim.*), aldeide caproica.
Capri blue, bleu Capri.
— **green,** verde Capri.
Capricornus (*astron.*), Capricorno.
caproate (*chim.*), caproato *m.*
caprylate (*chim.*), caprilato *m.*
caps, mettere le parole sottolineate in maiuscolo (*bozze*).
capsanthin (*chim.*), capsantina *f.*

capsizal (*aereo*), capottamento *m.*
capstan, argano *m.*; martinetto *m*; (*naut.*), cabestano *m.*; (*audio*), capstan (perno di trascinamento del nastro).
— **(head),** revolver *m.* (*di tornio*).
— **head slide,** revolver (*m.*) montato su carrello (*tornio*).
— **lathe,** tornio (*m.*) a revolver con torretta montata su carrello.
capstrip (*aereo*), rinforzo (*m.*) di centina.
capsule (*astron.*), capsula *f.*
— **placed in orbit,** capsula posta in orbita.
— **(to recover a —)** (*astron.*), ricuperare una capsula.
caption (*tip.*), leggenda; (*cinem., telev.*), sottotitolo; leggenda.
captive, *agg.* per proprio conto; per uso proprio.
— **balloon** (*aereo*), pallone (*m.*) frenato.
— **facilities** (*ind.*), impianti che in un sistema di processo produttivo integrato utilizzano la produzione nelle fabbriche del medesimo proprietario.
— **screw** (*mecc.*), vite prigioniera.
capture, *v.a.* (*fis. atom.*), catturare *v.a.*; cattura *f.*
— **process** (*fis. atom.*), processo (*m.*) di cattura.
— **ratio** (*audio, hi-fi*), rapporto (*m.*) di cattura.
— **reaction** (*fis. atom.*), reazione (*f.*) di cattura.
— **-to-fission ratio** (*fis. atom.*), rapporto cattura-fissione.
caput mortuum (*chim.*), capo morto; residuo di distillazione; rosso (di ossido ferrico).
car, carro *m.*; (*aereo*), gondola *f.*; (*auto*), automobile *f.*; (*min.*), vagonetto (*di almeno 1 t e mezza di portata*).
— **allowance,** indennità auto.
— **assembly line** (*auto*), linea (o catena) di montaggio per automobili.
— **battery,** accumulatore per automobile.
car battery operated vacuum cleaner, aspiratore a batteria, per automobile.
— **-body paint spraying machine** (*mecc.*), macchina per verniciatura a spruzzo di carrozzerie (d'auto).
— **booster** (*audio*), booster (amplificatore di potenza) per auto.
— **-bottom resistor furnace,** forno (*m.*) elettrico (a suola mobile).
— **brush** (*auto*), spazzola per auto.
— **buyer,** acquirente di un'autovettura.
— **cager** (*min.*), v. **cager.**
— **camper** (*auto*), camper *m.*
— **carrier** (*ferr.*), vagone per trasporto di autovetture.
— **casting** (*met.*), colata (*f.*) su carrello.
— **castings,** getti (*m. pl.*), per pezzi d'automobile.
— **-chassis** (*auto*), autotelaio *m.*
— **computer** (*auto*), computer di bordo.
— **crash** (*auto*), incidente automobilistico grave (o mortale).
— **-cum-plane,** aerauto *f.*
— **engine,** motore di auto.
— **ferry,** nave traghetto per automobili.
— **ferry crossing** (*naut.*), traversata con nave-traghetto per automobili.
— **-ferry train,** treno con trasporto di automobili; treno navetta.
— **frame,** autotelaio *m.*
— **in running order** (*ferr.*), carrozza (*f.*) equipaggiata.
— **lift** (*auto*), ponte elevatore da auto.
— **loan facilities,** facilitazioni per prestiti su auto.
— **manufacturing plant** (*auto*), stabilimento automobilistico.
— **mat** (*auto*), tappeto per automobile.
— **-of-the-year** (*auto*), auto dell'anno.
— **park** (*auto*), autoparcheggio *m.*
— **parts** (*auto*), pezzi di ricambio per automobili.

car registration (*auto*), immatricolazione di autovetture.
— **repair manual** (*auto*), manuale della riparazione dell'auto.
— **safety (U.S. Car — Standards)** (*auto*), norme di sicurezza automobilistica degli Stati Uniti.
— **sponge** (*auto*), spugna (*f.*) per auto.
— **transporter semi-trailer** (*trasporti*), semirimorchio per trasporti automobili.
— **racing track,** autodromo *m.*
— **radio,** autoradio *m.*
— **radio antenna,** antenna per autoradio.
— **radio receiver,** autoradio.
— **radio set,** *f.* autoradio.
— **record player,** giradischi per automobili.
— **roll** (*tilting to one side*) (*auto*), rollio di un'automobile.
— **speaker** (*audio*), altoparlante per auto.
— **stereo,** autoradio stereo.
— **-to-car communication,** comunicazione (*f.*) radio fra due automobili.
— **wax,** cera per automobile.
— **wheel,** ruota (*f.*) di vagone; (*auto*) ruota di automobile.
— **wheel shrinking press** (*mecc.*), pressa (*f.*) per calettare e scalettare ruote di veicoli ferroviari.
— **wrench,** chiave (*f.*) per automobile.
— **(automatic — park),** autoparcheggio automatico.
— **(front-engined —),** automobile a motore anteriore.
car's structure (*auto*), struttura dell'automobile.
caramel, caramello *m.*; (*chim.*), caramelo *m.*; caramello *m.*
carane (*chim.*), carano *m.*
carat, carato *m.*
caravan (towed —) (*auto*), « roulotte »; caravan rimorchiabile.
caraway oil, olio (*m.*) essenziale di carvi.
carbamide (*chim.*), carbammide *f.*; (urea) *f.*
carbamidine (*chim.*), guanidina *f.*
carbazole (*chim.*), carbazolo *m.*
carbazotate (*chim.*), carbazotato *m.* (alto esplosivo: sale dell'acido picrico).
carbazotic acid, acido (*m.*) picrico.
carbene (*chim.*), carbene *m.*
carbide (*chim.*), carburo *m.*
— **stringers** (*met.*), allineamento (*m.*) di carburi (*difetto met.*).
— **tipped tool** (*mecc.*), utensile (*m.*) con tagliente in lega dura.
carbine, gancio (*m.*) porta-carabina; carabina *f.*
carbinol (*chim.*), carbinolo *m.*
carbolate (*chim.*), carbolato *m.*
carbolic acid (*chim.*), acido (*m.*) carbolico.
carbolineum, carbolineum *m.*
carbometer, carbometro *m.*(per determinare il tenore di carbonio nell'acciaio in fabbricazione).
carbon, carbonio *m.*
— **arcs** (*ill.*), lampade ad arco con elettrodi di carbone.
— **black,** nero (*m.*) di carbonio; carbon black.
— **fibre brake** (*aereo*) (*carbon discs made from fibres embedded in a carbon matrix*), freno a dischi a fibre di carbonio.
— **brush,** spazzola (*f.*) di carbone.
— **chloride,** tetracloruro (*m.*) di carbonio.
— **dioxide,** anidride (*f.*) carbonica.
— **dioxide cooled reactor** (*fis. atom.*), reattore refrigerato ad anidride carbonica.
— **dioxide extinguisher,** estintore (*m.*) ad anidride carbonica.
— **disulphide,** solfuro (*m.*) di carbonio.
— **disulphide poisoning,** avvelenamento da disolfuro di carbonio.
— **electrode (amorphous — electrode),** elettrodo di carbone amorfo.
— **fibre,** fibra di carbonio.
— **filament** (*illum.*), filamento (*m.*) di carbonio (o carbone).
— **filament lamp,** lampada (*f.*) a filamento di carbone.

carbon granules, granuli (*m. pl.*) di carbone (telefono).
— **lining,** camicia di grafite.
— **microphone,** microfono (*m.*) a carbone.
— **monoxide,** ossido (*m.*) di carbonio.
— **monoxide poisoning** (*med.*), ossicarbonismo *m.*
— **nitride** (*chim.*), carbonitruro *m.*
— **oil** (*chim.*), cherosene *m.*
— **paper,** carta (*f.*) carbone.
— **pile regulator** (*elet.*), regolatore di tensione a pila di carbone.
— **powder microphone,** microfono (*m.*) a polvere di carbone.
— **refractory** (*met.*), refrattario di carbonio.
— **restauration** (*met.*), ricarburazione *f.*
— **restoration,** rigenerazione dei pezzi decarburati.
— **steel,** acciaio al carbonio.
— **steel billet,** billetta (*f.*) di acciaio al carbonio.
— **steel bloom** (*met.*), blumo (*m.*) di acciaio al carbonio.
— **steel bundling strip** (*met.*), moietta (*f.*) di acciaio al carbonio.
— **steel casting,** getto (*m.*) di acciaio al carbonio.
— **steel hexagons** (*met.*), esagoni (*m. pl.*) di acciaio al carbonio.
— **steel ingot** (*met.*), lingotto (*m.*) di acciaio al carbonio.
— **steel plate** (*met.*), piatto (*m.*) di acciaio al carbonio.
— **steel rod** (*met.*), vergella (*f.*) di acciaio al carbonio.
— **steel rounds** (*met.*), tondi (*m. pl.*) di acciaio al carbonio.
— **steel sheet** (*met.*), lamiera (*f.*) di acciaio al carbonio.
— **steel sheet bar** (*met.*), bidone (*m.*) di acciaio al carbonio.
— **-steel tool,** utensile (*m.*) in acciaio al carbonio.
— **tet** (*chim.*), tetracloruro di carbonio; tetraclorometano.
— **tetrachloride extinguisher,** estintore (*m.*) a tetracloruro di carbonio.

carbon wool, lana di carbonio; carbonio fibroso.
carbonate (*chim.*), carbonato *m.*; *v.a.* saturare con anidride carbonica.
carbonating soda (*chim.*), soda carbonata.
carbonic acid (*chim.*), acido (*m.*) carbonico.
— **acid gas,** anidride (*f.*) carbonica.
— **disulphide,** solfuro (*m.*) di carbonio.
— **oxide,** ossido (*m.*) di carbonio.
carboniferous limestone, calcare (*m.*) carbonifero.
— **plant,** impianto di distillazione al carbone.
— **rock,** roccia (*f.*) carbonifera.
carbonisation, v. **carbonization.**
carbonise, v. **carbonize.**
carbonitride *v.a.* (*met.*), carbonitrurare.
carbonitriding (*met.*), carbonitrurazione *f.*
— **time** (*met.*), tempo (*m.*) di carbonitrurazione.
carbonization, carbonizzazione *f.*
carbonize, *v.a.* carbonizzare; cementare.
carbonizing furnace, forno (*m.*) di calcinazione.
— **pot,** crogiuolo (*m.*) per carbonizzazione.
— **range** (*tess.*), impianto (*m.*) di carbonizzazione.
carbonyl (*chim.*), carbonile *m.*
— **derivative,** derivato carbonilico.
carborundum, carborundum *m.*
— **detector** (*radio*), rivelatore (*m.*) a carborundum.
— **wheel,** mola (*f.*) al carborundum.
carboxyl (*chim.*), carbossile *m.*
carboxylic acid (*chim.*), acido (*m.*) carbossilico.
carboy, damigiana (*f.*) per acidi corrosivi.
carbromal (*chim.*), adalina *f.*
carburation carburazione *f.*
— **by evaporation,** carburazione (*f.*) a vaporizzazione.
— **of a fuel,** carburazione (*f.*) di un combustibile.
carburet, *v.a.* carburare.

carburetted water gas, gas (*m.*) d'acqua carburato.
carburettor, carburatore *m.*; v. **twin-choke —.**
— **air heater** (*mot.*), preriscaldatore (*m.*) del carburatore.
— **air scoop,** presa (*f.*) d'aria regolabile (del carburatore).
— **choke control button** (U.S.A.) (*auto*), pomello comando avviamento del carburatore.
— **control rod** (*auto*), tirante comando acceleratore.
— **needle,** ago (*m.*) del carburatore.
— **piston,** pistone (*m.*) del carburatore.
carburize, *v.a.* carburare; cementare.
carburizing, carbocementazione *f*; cementazione carburante; cementazione *f.*
— **agent** (*met.*), agente (*m·*) carburante.
— **flame,** fiamma (*f.*) carburante.
— **furnace,** forno (*m.*) di cementazione.
carcass (*auto*), carcassa (*f.*) di pneumatico; (*gomma*), carcassa *f.*
Carcel lamp (*illum.*), lampada (*f.*) Carcel (usata in Francia).
carcinogen (heterocyclic —) (*inquinamento atmosferico*), cancerogeno eterociclico.
carcinogenicity of gasoline exhaust (*pollution*), cangerogeneità della benzina di scarico.
card, *v.a.* scardassare (*tess.*); cardare (*tess.*); *n.* carda *f.*; (*inform.*), scheda *f.*
— **bin** (*calcol. elettron.*), magazzino di alimentazione (delle schede).
— **cabinet,** schedario *m.*
— **chips** (*calcol. elettron.*), coriandoli *m. pl.* (di scheda).
— **clothing** (*tess.*), guarnizione per carda.
— **code** (*inform.*), codice di scheda; (*inform.*), codice di perforazione (di una scheda).
— **column** (*inform.*), colonna (*f.*) di scheda; (*inform.*), colonna della scheda (allineamento delle perforazioni disposte parallelamente al lato più corto della scheda perforata).
card cylinder (*tess.*), gran tamburo (di carda).
— **deck** (*inform.*), pacco di schede; (*inform.*), gruppo di schede perforate; insieme di programmi destinati a uno scopo definito.
— **edge** (*calcol. elettron.*), bordo di una scheda.
— **-felt** (*tess.*), feltro (*m.*) per carda.
— **field** (*calcol. elettron.*), campo di una scheda.
— **gauge** (*tess.*), lama (per registrazione di carde).
— **grinding** (*tess.*), molatura delle guarnizioni.
— **hopper** (*inform.*), magazzino di alimentazione delle schede.
— **image** (*inform.*), immagine di una scheda (nella memoria).
— **layout** (*inform.*), tracciato di una scheda (meccanografica).
— **printer** (*calcol. elettron.*), stampante su schede.
— **program calculator** (*calcol. elettron.*), calcolatore elettronico a schede.
— **programmed mill** (*automazione*) (*met.*), stabilimento siderurgico con programma a schede.
— **programming** (*elettron.*), programmazione a schede.
— **punch** (*elettron.*), perforatore (*m.*) di schede.
— **punching** (*calcol. elettron.*), perforazione delle schede.
— **reader** (*a mechanism which senses information punched on cards*) (*elettron.*), lettore (*m.*) di schede.
— **reproducer** (*informatica*), riproduttrice *f.* (unità riproduttrice del contenuto di una scheda su un'altra).
— **room** (*tess.*), sala delle carde.
— **sliver** (*tess.*), nastro (*m.*) di carda.
— **sorter** (*calcol. elettron.*), selezionatrice di schede.

card sorting machine (*calcol. elettron.*), selezionatrice di schede.
— **stacker** (*calcol. elettron.*), serbatoio delle schede (magazzino di ricezione delle schede).
— **staple** (*tess.*), dente (*m.*) di carda.
— **stripping** (*tess.*), spazzatura (*f.*) di carda.
— **-to-card** (*calcol. elettron.*), scheda-scheda.
— **-to-tape conversion** (*calcol. elettron.*), conversione scheda-nastro.
— **-to-tape converter** (*calcol. elettron.*), convertitore scheda-nastro.
— **track** (*calcol. elettron.*), pista di una scheda.
— **verifier** (*calcol. elettron.*), verificatrice (*f.*) di schede.
— **waste** (*tess.*), cascami di carda.
— **web** (*tess.*), velo (*m.*) di carda.
— **(binary —)** (*calcol. elettron.*), scheda binaria.
— **(control —)** (*calcol. elettron.*), scheda controllo.
— **(edge-notched —)** (*calcol. elettron.*), scheda a intagli marginali.
— **(edge-punched —)** (*calcol. elettron.*), scheda a perforazioni marginali.
— **(header —)** (*calcol. elettron.*), scheda di testata.
— **(standard computer —)** (*elettron.*), scheda di un elaboratore elettronico classico.
cardamone oil, olio (*m.*) essenziale di cardamomo.
cardan, cardano *m.*
— **joint** (*auto*), giunto universale; giunto a cardano.
cardboard, cartone *m.*
carded cotton, cotone (*m.*) cardato.
— **silk,** seta (*f.*) cardata.
— **wool,** lana (*f.*) cardata.
— **yarn,** filato (*m.*) cardato.
carder, cardatore *m.*; cardatrice *f.*
carding, scardassatura *f.* (*tess.*); cardatura *f.* (*tess.*).
carding engine (*tess.*), carda *f.*
— **machine** (*tess.*), carda *f.*
— **wool,** lana (*f.*) da carda.
cardiogram, cardiogramma *m.*
cardioid (*mat.*) (*microfoni*), cardioide (curva a forma di cuore) (*mat.*); risposta polare con forte reazione ai segnali che giungono dalla parte posteriore.
— **diagram** (*radio*), diagramma (*f.*) a cardioide (a forma di cuore, usato in sistemi di radiogoniometria).
— **microphone** (*audio*), microfono cardioide.
— **stereo microphone** (*audio*), microfono stereofonico cardioide.
careen (*naut.*), carena *f.*
— **(to —)** (*aereo*), fare una rovesciata d'ala.
careening (*naut.*), carenaggio *m.*
caret (*tip.*), il segno « ∧ » (nelle bozze) (= inserire); (*calcol. elettron.*), simbolo « ∧ » (usato nella programmazione.)
caretaking costs (*min.*, *ecc.*), spese di sorveglianza.
cargo (*naut.*), carico *m.* (di una nave).
— **battens** (*naut.*), fasciame (*m.*) a giorno.
— **bay** (*aereo*), stiva *f.* (dello « shuttle », ecc.).
— **boom** (*naut.*), falcone *m.*
— **gear** (*naut.*), attrezzatura per il carico.
— **handling gear** (*naut.*), attrezzatura per maneggio del carico.
— **parachute** (*aereo*), paracadute per carichi.
— **ship,** nave (*f.*) da carico.
— **(multi-purpose cargo liner),** (*naut.*), nave da carico polivalente.
carload, partita *f.* (*di merce*).
carmine, carminio *m.*
— **red,** rosso carmino (o rosso carminio).
carnallite (pr. *caa' nel-ait*) (*min.*). carnallite *f.*
carnauba wax cera (*f.*) carnauba.
Carnot cycle (*ing.*), ciclo (*m.*) di Carnot.

Carnot's reagent (*chim.*), reagente di Carnot; nitrato di bismuto.
carnotite (*min.*), carnotite.
caronamide (*chim.*), 4-carboxifenilmetano sulfonamilide.
carotene (*med.*) (*chim.*), carotene *m.*
carousel, carosello (*o* giostra); (*mecc.*) (*the tool-changer consists of a —, a circular rack, with holding capacity of up to 24 toolholders*), il dispositivo cambia-utensili consiste in una giostra, una rastrelliera circolare, con una capacità fino a 24 portautensili.
carpenter, falegname *m.* (carpentiere; falegname che lavora per grandi costruzioni).
carpenter's bench, banco (*m.*) da falegname.
— **clamp,** morsetto (*m.*) da falegname.
— **glue,** colla (*f.*) forte.
— **level,** livello (*m.*) da muratore.
— **nail,** punta (*f.*) di Parigi.
— **shop,** officina (*f.*) di falegnameria.
— **yard,** cantiere *m.*
carpentry, carpenteria *f.*
carpet (*slang*) trasmettitore (*m.*) di interferenze, aerotrasportato; (*gen.*) tappeto *m.*
— **loom** (*tess.*), telaio (*m.*) per tappeti.
— **-making machine,** macchina (*f.*) per la fabbricazione di tappeti.
— **wool,** cascami (*m. pl.*) di lana; lana (*f.*) da tappeti.
— **(moving —),** tappeto (*m.*) scorrevole (*in senso orizzontale*).
Carrara-bardiglio, bardiglio (*m.*) di Carrara.
carpeted boot (*auto*), bagagliaio con tappeto.
carriage (*macch. ut., aereo*), carrello *m.*; (*tess.*), carro *m.* (di un filatoio intermittente).
— **grease,** unto (*m.*) per carri.
— **guide,** guida (*f.*) del carrello (del tornio).
— **lock key** (*typewriter*), chiavetta fissa carrello.
carriage release lever (*typewriter*), leva libera carrello.
— **return** (*inform.*), ritorno carrello.
— **road,** strada (*f.*) carrozzabile.
carriageway, carreggiata *f.*
carrick bend, nodo (*m.*) piatto.
carrier (*ing. elet.*), squadra *f.*; brida *f.* (del tornio); portaerei *f.*; vettore *m.* (*comm.*); supporto *m.* (*mecc.*); catalizzatore *m.*; trasportatore *m.* (*mecc.*).
— **based plane,** aeroplano di portaerei.
— **current telephony,** telefonia (*f.*) a onde convogliate.
— **frequency,** frequenza (*f.*) di trasmettitore.
— **-frequency wire broadcasting,** telediffusione (*f.*) a frequenza portante.
— **gas,** gas (*m.*) inerte.
— **system,** sistema (*f.*) a corrente portante.
— **suppression,** soppressione (*f.*) della frequenza portante.
— **telegraph system** (*teleg.*), sistema di telegrafia a frequenze vettrici.
— **telephony** (*telef.*), telefonia (*f.*) a corrente portante.
— **transmission,** telediffusione *f.*
— **voltage,** tensione (*f.*) portante.
— **wave** (*radio*), onda portante.
carry (*elettron.*), riporto *m.*; *v.a.*, portare *v.a.*; condurre *v.a.*; trasportare *v.a.* (*launch capable of carrying 50 passengers*), lancia in grado di trasportare 50 passeggeri.
— **away** *v.a.*, evacuare (*vapori*) *v.a.*; eliminare *v.a.*; trascinare *v.a.*
— **down** (*v.a.*) (*chim.*), precipitare.
— **off,** *v.a.* eliminare (*v.a.*); evacuare (*vapori*); trascinare.
— **out,** *v.a.* eseguire *v.a.*; effettuare; ottenere (*una reazione chimica*).
carrying cable (*ferr. aer.*), fune (*f.*) portante.

carrying capacity (*elet.*), potenzialità (*f.*) di trasporto; capacità (*f.*) di carico.
— **capacity of the track** (*ferr.*), portata (*f.*) del binario.
— **of crane,** portata (*f.*) della gru.
— **power,** portata *f.* (di una bilancia).
— **sleeve** (*auto*), fuso (*m.*) portante; fuso di supporto (ruota).
cart jack, martinetto (*m.*) da carri; binda (*f.*) per carri.
— **road** (*ferr.*), marciapiede (*m.*) di carico (merci).
cartographer *m.*, cartografo *m.* (*one who maps surface and subsurface rock formations*).
carton gluer, incollatrice per scatole di cartone.
cartridge, bossolo *m.*; cartuccia *f.*; (*min.*), cartuccia d'accensione; (*fot.*), rotolo (per pellicole); (*audio*) v. **magnetic —**; **phono —**.
— **case,** bossolo *m.*
— **chute,** cartuccera *f.*
— **drive system** (*inform.*), sistema di azionamento della cartuccia.
— **fixing tool** (*mecc.*), pistola (*f.*) sparachiodi.
— **fuse** (*elet.*), valvola (*f.*) a cartuccia; valvola fusibile a cartoccio; fusibile a cartoccio.
— **memory** (*inform.*), memoria a cassette magnetiche.
— **starter** (*aereo*), avviatore (*m.*) a combustione (per motori aerei).
— **-type wheel spindle** (*rettificatrice*) (*macch. ut.*), albero portamola del tipo a cartuccia.
— **unit** (*elet.*), elemento (*m.*) a cartoccio (Calrod).
— **(phono —),** (*audio*), testina fonografica; cartuccia (fonorivelatrice);
caruleum (*chim.*), pigmento (miscela di stannato cobaltoso e solfato di calcio).
carvacrol (*chim.*), carvacrolo *m.*
carve, *v.a.* intagliare.
— **to shape,** ritagliare alla forma richiesta.
carvel (*naut.*), metodo di costruzione (di una imbarcazione) con superficie liscia.
carver, intagliatore *m.*
carving, intaglio *m.*
caryatid (*arch.*), cariatide *f.*
cascade (*elet.*), cascata *f.*
— **amplifier** (*radio*), amplificatore (*m.*) a più stadi in cascata.
— **connection** (*elet.*), collegamento (*m.*) a cascata.
— **control** (*elet.*), regolazione in cascata.
— **converter** (*elet.*), convertitore (*m.*) in cascata.
— **cooler,** raffreddatore a cascata.
— **tube** (*radio*), tubo (*m.*) a cascata.
— **-type potential transformer,** riduttore (*m.*) di tensione del tipo in cascata.
cascaded carry (*inform.*), riporto in cascata.
cascades (*aereo*), deflettori *m. pl.*
cascarilla oil, olio (*m.*) essenziale di cascarilla.
case, custodia *f.*; cuffia *f.*; borsa *f.* (per utensili); astuccio *m.* (*scatola*); imballaggio *m.* (in cassette); bossolo (di cartuccia); coperchio (*m.*) della staffa (*fond.*); superficie *f.* (di ferro o acciaio cementato); (*tip.*), cassa per composizione; cassa *f.* (*orol.*); armatura (*f.*) di un forno (*met.*); valigia *f.*; *v.a.* rivestire.
— **and case-up press** (*macch. ut.*), pressa (*f.*) per bossoli e bicchieri di bossoli.
— **a pipe,** *v.a.* rivestire un tubo.
— **-carburizing** (*met.*), cementazione *f.*
— **carrier,** carrello portabagagli.
— **-harden,** *v.a.* (*met.*), cementare.
— **-hardening (case hardening)** (*met.*), cementazione *f.*
— **-hardening furnace,** forno (*m.*) di cementazione.
— **-hardening steel,** acciaio (*m.*) da cementazione.
— **of drawing instruments,** astuccio (*m.*) dei compassi.

case press (*mecc.*), pressa (*f.*) per bossoli.
— **-rack** (*tip.*), bancone per casse fuori uso.
— **screw** (*orol.*), vite ferma cassa.
— **shot** (*munizioni*), scatola a mitraglia.
— **spring** (*orol.*), molla di ritegno.
cased beam (*costr.*), trave rivestita di cemento.
casein, caseina *f.*
— **glue,** colla (*f.*) alla caseina.
— **paint,** pittura (*f.*) alla caseina.
casement cloth (*tess.*), stoffa (*f.*) per tendine.
— **window,** finestra (*f.*) a battenti.
casette (*radiol.*), cassetta (per lastre di raggi X o negative).
cash balance (*comm.*), saldo di cassa.
— **budget** (*finan.*) (*comm.*), preventivo di cassa; budget di gestione (*o* di tesoreria).
— **dispenser** (*banche*), cassa continua prelevamenti.
— **flow** (*organ.*), movimento di cassa (utili più ammortamenti).
— **holdings** (*finan.*), saldo di cassa.
— **register,** registratore di cassa.
— **shorts and overs** (*finan.*), deficit ed eccedenze di cassa.
cashmere (*tess.*), cascemir *m.*
cashpoint card (*banca*), carta di credito per piccoli prelievi in contanti.
casing, capsula *f.*; camicia *f.*; telaio *m.* (di porta o finestra); cofano *m.* (*naut.*); carter *m.*; inviluppo *m.*; involucro *m.* (*mecc.*); (*ind. pet.*), rivestimento (*m.*) delle pareti con tubazioni; tubaggio *m.* (vedi: **string**); (*met., pet.*), tubo (*m.*) di mantello; colonna *f.*; (*min.*), rivestimento di gallerie; armatura metallica (*di un forno*) (*met.*); (*lana*), classifica *f.*
— **-coupling bolts** (*aereo*), bulloni (*m. pl.*) di collegamento dell'involucro.
— **-gun** (*ind. pet.*), perforatore *m.*
— **head** (*pet.*), testa di tubaggio.
casing-head gasoline (*ind. pet.*) (U. S.A.), gasolina (*f.*) naturale; benzina (*f.*) di gas naturale.
— **-in** (*tip.*), incassatura dei libri.
— **machine** (*tip.*), macchina per incassare i libri preparati nella copertina.
— **of a gear,** capsula (*f.*) di un meccanismo.
— **of a pipe,** rivestimento (*m.*) di un tubo.
— **of column,** avvolgimento (*m.*) di una colonna.
— **packer** (*petrol.*), packer per colonna
— **shoe** (*ind. pet.*), scarpa (*f.*) per colonna.
— **swage** (*petrol.*), oliva *f.* (utensile per riparare colonne di rivestimento).
casino ship (*naut.*), nave attrezzata per sale da gioco, night clubs ecc.
cask, barile *m.*; fusto *m.*
— **head,** fondo (*m.*) di botte.
casket (*fis. atom.*), recipiente per trasporto (*di materiale radioattivo*).
casse, decolorazione del vino (causata da enzimi).
casseiver (*audio*), sintoamplificatore a cassette.
casseivers, tuner/amplifier, cassette combinations (*audio*), coordinati *m. pl.* (sintonizzatore-amplificatore-cassette).
Cassel's green, verde (*m.*) di Cassel (o di manganese).
— **yellow,** giallo (*m.*) di Cassel.
casserole (*utensile cucina*), cazzeruola *f.*
cassette (*audio*) (*mus.*), cassetta *f.*
— **carrying case** (*audio*), valigia portacassette.
— **cleaning kit** (*audio*), confezione per la pulizia di registratori a cassette.
— **deck with Dolby noise reduction system** (*audio*), piastra a cassetta con dolby.
— **eject system** (*audio*), sistema di espulsione della cassetta.

cassette head cleaner (*audio*), nastro per la pulizia delle testine dei registratori a cassette.
— **interface** (*inform.*), interfaccia per registratore a cassette.
— **modular** (*audio*), modulo componibile per cassette.
— **player** (*auto*), giranastri per « musicassette ».
— **-radio (car —)** (*car stereo systems*), autoradio a cassette.
— **recorder head cleaner** (*audio*), nastro in stoffa per la pulizia di testine di registratori a cassette.
— **-recorder leads** (*inform.*), fili (*m. pl.*), del registratore a cassette.
— **storage cabinet** (*audio*), mobile (*m.*) portacassette.
— **storage/carrying case** (*audio*), valigia portacassette.
— **storage unit** (*audio*), portacassette *m.*
— **storage unit with modular storage** (*audio*), modulo (*m.*) portacassette.
— **tape machine** (*audio*) (USA), registratore a cassette.
— **tape player,** giranastri per « musicassette ».
— **tape recorder,** registratore a cassette.
cassia oil, essenza di cannella di Cina.
cassie (*carta*), estremità danneggiate superiori ed inferiori, di una risma di carta.
cassiterite (*min.*), cassiterite *f.*
cast (*fond.*), getto *m.*; (*cinem.*), complesso di attori; (*min.*), riflesso *m.*; colore *m.* (*di un olio*).
— *v.a.* (*fond.*), fondere; colare; gettare.
— **downhill,** *v.a.* gettare (o colare) coricato.
— **gate,** canale (*m.*) di colata.
— **horizontally,** gettare (*v.a.*) orizzontalmente.
— **house,** fonderia *f.*
— **in cement,** colare (*v.a.*) cemento.
cast-in-situ piles foundations, fondazioni (*f. pl.*) su pali in cemento armato gettati in sito.
— **-in-situ reinforced concrete culvert,** tombino (*m.*) in cemento armato, gettato in sito.
— **iron,** ghisa *f.*; ferro (*m.*) fuso.
— **iron downpipe** (*costr.*), pluviale di ghisa.
— **-iron pattern,** modello (*m.*) di ghisa.
— **-iron pipe,** tubo (*m.*) di ghisa.
— **-iron pulley,** puleggia (*f.*) in ghisa.
— **-iron scrap** (*met.*), rottame (*m.*) di ghisa.
— **lying horizontally,** getto (*m.*) coricato.
— **metals,** gettare (*v.a.*) metalli.
— **molten pig iron** (*fond.*), colare (*v.a.*) la ghisa.
— **-off** (*tip.*), calcolazione del manoscritto.
— **scraps,**scarti (*m.pl.*) di fonderia.
— **steel,** acciaio (*m.*) fuso.
— **steel shot** (*met.*), graniglia metallica (*in acciaio fuso*).
— **tooth,** dente (*m.*) greggio di fusione.
— **through the plug hole** (*fond.*), colare (*v.a.*) dal tappo.
— **uphill,** *v.a.* gettare (o fondere) in piedi.
— **(as —)** (*met.*), grezzo di fusione.
castability, attitudine al getto; (*met.*), colabilità *f.*
castable, *agg.* colabile; (*forni met.*), materiale refrattario.
castellated nut, dado (*m.*) a spina (o a corona) (o intagliato).
caster, inclinazione di un aereo verso la parte posteriore, onde accrescerne la stabilità; (*met.*), v. **casting machine.**
— **attendant** (*tip.*), monotipista fonditore *m.*
— **trailer,** carrello (*m.*) a quattro ruote.
— **(continuous —)** (*met.*), macchina per colaggio continuo.
casting, pezzo fuso; getto *m.*; fusione *f.*; colata *f.* (*fond.*); scelta di attori (*cinem.*).

casting apparatus (*tip.*), fonditrice *f.*
— **bay** (*met.*), fonderia; reparto (*m.*) fonderia; tettoia colata.
— **box** (*tip.*), forma a fondere; lingottiera *f.*
— **cleaning machine,** sbavatrice (*f.*) per getto.
— **crack** (*met.*), cricca di colaggio (dovuta a temper. o velocità eccessiva di colaggio); (*smalti, vernici*), cricca di fusione.
— **department** (*cinem.*), reparto scelta attori cinem.
— **director** (*cinem.*), addetto (*m.*) alla distribuzione delle parti.
— **floor** (*met.*), piano di colaggio.
— **for machine-tools** (*met.*), getto (*m.*) per macchine utensili.
— **in chill,** getto (*m.*) in conchiglia.
— **in flasks,** getto (*m.*) in staffe.
— **in open,** getto (*m.*) in forme scoperte.
— **in sand,** getto (*m.*) in forme di sabbia.
— **ladle,** siviera (*f.*) per getti.
— **machine** (*tip.*), fonditrice *f.*; (*met.*), macchina per colare; macchina per colaggio.
— **mould,** forma (stampo; modello per fusione).
— **off** (*tip.*), calcolo della stesura di manoscritto per riempire uno spazio particolare; calcolo dello spazio richiesto da un manoscritto da stampare.
— **plant** (*met.*), campo di colaggio.
— **plate** (*met.*), placca di colata per acciaieria.
— **pattern,** modello di fonderia.
— **pit,** fossa di colata.
— **resin,** resina da fusione.
— **skin,** crosta *f.* (di fusione).
— **strains** (*met.*), sollecitazioni (*f. pl.*) interne dei getti; tensioni di colaggio.
— **temperature** (*fond.*), temperatura (*f.*) di fusione; (*met.*), temperatura al colaggio.
— **with blowholes,** getto (*m.*) con soffiature.
— **(investment —),** getto (*m.*) sotto pressione; getto (*m.*) a cera persa.
casting (mold —), getto (*m.*) in conchiglia.
castings, articoli (*m. pl.*) di ghisa.
castle wheel (*orol.*), pignone a corona (ruota di trasmissione).
castor, rotella *f.* (di carrelli).
— **angle** (*auto*), incidenza dei perni dei fusi.
— **oil,** olio (*m.*) di ricino.
— **oil-based rigid urethane foam** (*mat. plastiche*), schiuma uretanica rigida a base di olio di ricino.
— **steering** (*gru*), movimento di guida su rotelle.
— **wax,** v. **wax.**
casual labor (U.S.A.), mano d'opera (*f.*) occasionale.
casuality (*auto, ecc.*), vittima (di un incidente).
cat (*petrolio*), abbreviazione comune di *catalyst* (catalizzatore); abbreviazione usata nei campi petroliferi per: *Caterpillar tractor*; (*naut.*), capone *m.*
— **cracker,** abbreviazione di *catalyst cracker*, « cracker » catalitico.
— **cracking,** piroscissione (*f.*) per catalisi.
— **davit** (*naut.*), gru (*f.*) del capone.
— **distillation,** distillazione catalitica.
— **faces,** nodosità *f.* (difetto legno).
— **gold,** mica (*f.*) aurina.
— **head** (*naut.*), gru (*f.*) del capone.
— **-line** (*petrolio*), cavo di sollevamento ed abbassamento attrezzi (*perfor. « rotary »*).
— **plant** (*petrolio*), stabilimento (di raffineria) di cracking catalitico.
— **'s eye,** occhio (*m.*) di gatto (***quarzo***).
— **silver,** mica (*f.*) argentea.
— **whisker** (U.S.A.) (*radio*), filo di rivelatore a cristallo.
catafighter, aereo da combattimento portato su nave mercantile.
catalog (U.S.A.), catalogo *m.*
catalogue, catalogo *m.*

catalogue (priced —), catalogo con listino prezzi.
catalysis, catalisi *f.*
— **(contact —)**, catalisi per contatto.
— **(negative —)**, catalisi negativa
— **(positive —)**, catalisi positiva.
catalyst (U.S.A.), catalizzatore *m.*
— **chamber**, camera (*f.*) del catalizzatore.
— **distillation**, distillazione catalitica.
catalytic agent, catalizzatore *m.*
— **converter** (*auto*), marmitta catalitica; catalizzatore.
— **cycle stocks** (*ind. pet.*), cariche catalitiche.
— **cracking**, cracking catalitico.
— **hydrocracking** (*petrol.*), idrocracking catalitico.
— **petroleum process**, processo catalitico di raffineria.
— **reforming**, reforming catalitico.
catalyze, *v.a.* catalizzare.
catalyzer, catalizzatore *m.*
catamaran (*naut.*), catamarano *m.* (barca a 2 scafi).
cataphoresis, cataforesi *f.* (*chim.*).
cataphoretic, *agg.* cataforetico.
catapult, catapulta *f.*
— **off**, *v.a.* catapultare.
— **pilot**, pilota (*m.*) catapultato.
catapulting, catapultamento *m.* (*aereo*).
catch, nasello *m.* (per porta); arresto *m.*; salterello *m.*; tappo (*m.*) di presa.
— **(to —)**, *v.a.* (*polveri*), captare; (*aereo, mot.*), accendersi; avviarsi (*the engine catches at once*), il motore si accende subito.
— **fencing** (*autodromi*), rete (*f.*) di protezione.
— **knob**, bottone (*m.*) del tappo di presa.
— **line** (*tip.*), linea perduta.
— **plate**, menabride *m.*
— **reversing gear**, cambio (*m.*) a mezzo di nasello.
— **-water drain**, cannella (*f.*) di drenaggio.
catchall (*petrolio*), utensile per estrazione di attrezzi rotti dal pozzo.
catcher (*laminatoio met.*), attrappore *m.*; arresto (*m.*) di serratura.
catchment area, bacino (*m.*) idrologico.
— **basin**, bacino (*m.*) idrologico; bacino imbrifero.
catcracking, vedi: **cat cracking.**
catechu (*fot.*), catecù *m.*
catenarian curve, catenaria *f.*
catenary, catenaria *f.*
— **arch**, arco (*m.*) a catenaria.
— **construction** (*ing. elet.*), sospensione (*f.*) multipla.
— **type** (*elet.*), tipo (*m.*) a catenaria.
— **wire** (*ing. elet.*), catena *f.*
catenate (to —) (*inform.*), concatenare.
catenation (*inform.*), concatenamento *m.*
catering (*naut.*), servizio di mensa; provviste di bordo.
— **equipment**, utensileria per servizio di mensa.
— **machine**, macchina (*f.*) per industrie alimentari.
Caterpillar, marchio di impresa registrato per trattori a cingoli ed altre macchine industriali.
— **club** (*aereo*), circolo inglese formato da persone che si sono salvate col paracadute.
catforming (*petrolio, ecc.*), (U.S.A.), « reforming » (*m.*) catalitico.
cathamplifier (*radio*), catamplificatore.
cathead (*petrol.*), cabestano *m.*
— **shaft** (*petrol.*), albero dei cabestani.
cathedral glass, vetro (*m.*) cattedrale.
catheter (*med.*), catetere *m.*
cathetometer (*fis.*), catetometro *m.*
cathode (*elet.*), catodo *m.*
— **compensation** (*telev.*), compensazione (*f.*) catodica.
— **-coupled amplifier** (*radio*), amplificatore ad accoppiamento catodico.
— **follower** (*elettron., radio*), accoppiatore catodico; inseguitore catodico.

cathode-grid capacity (*radio*), capacità (*f.*) griglia-catodo.
— **modulation** (*radio*), modulazione (*f.*) catodica.
— **-plate capacity,** capacità (*f.*) placca-catodo.
— **-ray oscillograph,** oscillografo (*m.*) a raggi catodici.
— **ray oscilloscope,** oscilloscopio (*m.*) a raggi catodici.
— **-ray tube,** tubo a raggi catodici.
— **ray-tube scanner** (*telev.*), dispositivo (*m.*) di esplorazione a raggi catodici.
— **ray tuning indicator** (*radio*), occhio (*m.*) magico; indicatore (*m.*) ottico di sintonia (a raggi catodici).
— **rays,** raggi (*m. pl.*) catodici.
— **spot,** macchia (*f.*) catodica.
— **spot temperature** (*elet.*), temperatura della macchia catodica.
— **sputtering,** polverizzazione (*f.*) catodica.
— **tail,** derivazione (*f.*) catodica.
cathodic coating, rivestimento catodico.
— **corrosion** (*met.*), corrosione catodica.
— **eye,** occhio (*m.*) catodico.
— **inhibitor** (*elet.*), inibitore catodico.
— **protection** (*corrosione met.*), protezione catodica.
cathodine, catodina *f.*
cathodoluminescence, catodoluminescenza *f.*
cathodophosphorescence, catodofosforescenza *f.*
catholyte (catolyte), catolito *m.*
cation (*chim.*), catione *m.*
cationotropy, cationotropia *f.*
catkin (*bot.*), amento *m.* (specie di infiorescenza).
catoptric, *agg.* (*ott.*), catottrico.
catoptrics, studio della luce riflessa: catottrica *f.*
catplant (*petrolio*) (U.S.A.), impianto di «cracking» per catalisi.
catpoly (*petrolio, ecc.*) (U.S.A.), polimerizzazione (*f.*) catalitica.
cattle-cake, panello per bestiame.
catwalk (*costr. ponti, ecc.*), passerella (per costruz. di ponti sospesi, ecc.); ponte di impalcatura (*costr. edili, ecc.*); passerella *f.* (p. es. di piattaforma di perforazione petrolifera).
cauliflower top (*met.*), testa (*f.*) a cavolfiore.
caulk (to —), *v.a.* impermeabilizzare (una cucitura); calafatare; presellare; ribadire; accecare (chiodi).
— (*v.a.*) **a rivet,** accecare (*v.a.*) un chiodo.
caulked seam, fila (*f.*) di chiodi calafatati.
caulker, calafatore *m.*
caulking, accecatura *f.*; presellatura *f.*; impermeabilizzazione *f.*; calafataggio *m.*
— **chisel,** scalpello (*m.*) da presellatura; presello *m.*
— **edge,** bordo (*m.*) calafatato.
— **tool,** utensile (*m.*) per accecare.
causeway (*costr.*), strada (*f.*) rialzata (*in regione paludosa*).
caustic ammonia, ammoniaca (*f.*) caustica.
— **baryta** (*chim.*), idrossido di bario.
— **crack(ing)** (*met.*), cricca (*f.*) di fragilità caustica.
— **embrittlement** (*met.*), fragilità (*f.*) caustica; cricca (*f.*) di fragilità caustica; fessurazione caustica (fessurazione intercristallina dell'acciaio, dovuta agli effetti combinati di tensioni di corrosione in soluz. alcaline).
— **lime,** calce (*f.*) caustica.
— **lye of soda,** soluzione (*f.*) caustica.
— **potash,** potassa (*f.*) caustica.
— **soda,** soda (*f.*) caustica.
— **steaming** (*tess.*), condizionatura (*f.*) caustica; vaporizzazione (*f.*) caustica.
— **surface** (*ott.*), superficie (*f.*) caustica.
causticisation (*chim.*), causticazione *f.* (metodo produz. soda caustica).
causticizer (*ind. chim.*), causticizzante *m.*

caution, attenzione *f.*
— **signs** (*auto, ecc.*), segnali (*m. pl.*) stradali.
cave (*petrolio*), cedimento completo o parziale (di un pozzo). *v.i.* cadere; cedere (*rif. a pareti di pozzo, ecc.*); (*fis. atom.*), grotta *f.*; fossa *f.* (ove si trattano materiali radioattivi).
— **-in** (*miniere*) (USA), frana *f.*
— **in (to —),** *v.i.* consumarsi (rif. a cera).
cavetto (*arch.*), goletta *f.* (guscio o cavetto); scozia *f.*
cavey, *agg.*, vedi: **cavy.**
caving in (*min.*), frana (*f.*) di pozzo.
cavitation (*ing.*), cavitazione *f.*; vuoto parziale in un liquido.
— **corrosion** (*met.*), corrosione (*f.*) per cavitazione.
— **erosion** (*met.*), erosione per cavitazione.
— **mechanics,** meccanica della cavitazione.
— **plate** (*naut.*), piastra anticavitazione.
cavity, impronta *f.* (*in uno stampo*) (*fonderia, pressofusione*).
— **resonator** (*radio*), risonatore (*m.*) a cavità.
CAVU (*aereo*) (U.S.A.), rapporto meteorologico (*ceiling and visibility unlimited* = tangenza e visibilità illimitate).
cavy, *agg.*, cedevole *agg.* (*rif. a pareti di pozzi petroliferi, ecc.*).
CBR defence (*mil.*), difesa chimica, biologica e radiologica.
cedar, cedro *m.*
— **nut oil,** olio (*m.*) di noce di cedro.
— **shingle,** assicella (*f.*) di cedro.
cedro oil, olio (*m.*) essenziale di limone.
cedrus, cedro *m.*; legno di cedro del Libano.
ceiling (*cost.*), soffitto *m.*; solaio *m.*; (*naut.*), fasciame interno; (*aereo*), visibilità (*f.*) massima di volo (espressa in piedi); tangenza *f.* (*aereo*); altitudine (*f.*) massima che può raggiungere un aeroplano in date condizioni; (*econ.*), limite massimo.
ceiling boarding, tavolato (*m.*) di soffitto.
— **crab,** carrello (*m.*) mobile per trave da soffitto.
— **drilling machine** trapano (*m.*) da soffitto.
— **-hung speaker system** (*audio*), diffusore da appendere al soffitto.
— **of a cloud,** distanza dalla base della nuvola al terreno.
— **panel heating,** riscaldamento (*m.*) a pannelli (radianti) a soffitto.
— **price** (*econ.*), prezzo massimo.
— **projector** (*aereo*), proiettore che determina l'altezza di una nuvola.
— **rosette** (*elet.*), corona (*o* rosone) (per sospensioni).
— **switch** (*elet.*), interruttore (*m.*) da soffitto.
— **unlimited** (*aereo*), buon tempo per il volo.
— **(absolute —)** (*aereo*), tangenza teorica.
— **(service —)** (*aereo*), tangenza pratica.
ceilometer (*aereo*), telemetro (*m.*) di plafond.
cel, velocità che la forza di una dina dà ad un grammo, in un secondo.
Celcure, preservante (*m.*) del legno a base di sali di rame e d'acetato di cromo.
celery, sedano *m.*
celestial, *agg.* (*astr.*), celeste.
— **body** (*astr.*), corpo celeste.
— **equator** (*astr.*), equatore celeste.
— **latitude** (*astr.*), latitudine celeste.
— **longitude** (*astr.*), longitudine celeste.
— **mechanics** (*astr.*), meccanica celeste.
celestine (*chim.*), celestina *f.*
cell (*elet., met.*), cella *f.* (di forno a pozzo); cellula *f.*; pila *f.*; vasca *f.*; cella (*di memoria*) (*inform.*).

cell amplification (*foto*, *elet.*), v. **gas amplification.**
— **area** (*inform.*), superficie analizzabile (da un sistema di lettura ottico).
— **culture** (*fis. atom.*), coltura di cellule.
— **-like** *agg.*, alveolare.
— **of a battery,** elemento (*m.*) di una pila.
— **plate,** piastra (*f.*) di accumulatore.
— **-switch** (*elet.*), inseritore *m.*
— **tester** (*elet.*), voltametro (*m.*) di controllo della tensione di elementi di accumulatore.
— **texture,** struttura cellulare.
— **type soaking pit** (*met.*), forno a pozzo a celle.
— **(local —)** (*corrosione met.*), cella di corrosione locale.
cellar (*costr.*), cantina *f.*; scantinato *m.*
Cellastine, *materia plastica inglese.*
Cellastoid, *materia plastica inglese.*
cellit (*chim.*), acetato di cellulosa.
cellite (*chim.*), acetato di cellulosa; cellite.
celloidin (*chim.*), celloidina *f.*
cellon (*chim.*), tetracloretano.
cellophane, cellofane *f.*
cellular concrete, cemento (*m.*) cellulare.
— **cooler** (*min.*, *met.*), raffreddatore a celle.
— **double bottom** (*naut.*), doppio fondo cellulare.
— **plastics,** materie plastiche cellulari.
— **radio,** radiotelefonia cellulare.
— **rubber,** gomma cellulare.
— **ship** (*naut.*), nave per trasporto di « containers ».
— **switchboard** (*elet.*), quadro (*m.*) di distribuzione sistema a celle.
celluloid, celluloide *f.*
cellulose (*chim.*), cellulosa *f.*
— **acetate,** acetil cellulosa.
— **acetate rayon,** raion (*m.*) all'acetato.
— **esters,** esteri cellulosici.
cellulose hexanitrate, cotone (*m.*) fulminante.
— **lacquers,** vernici (*f. pl.*) cellulosiche.
— **nitroacetate,** nitroacetato (*m.*) di cellulosa.
— **plastics,** resine « termoplastiche ».
— **resins,** resine (*f. pl.*) cellulosiche.
— **xantate,** xantato (*m.*) di cellulosa (usato per fabb. raion).
cellulosic coating (*plast.*), rivestimento (*m.*) cellulosico.
Celotex (*acust.*), Celotex (materiale acustico).
cement, collante *m.*; cemento *m.*; materia adesiva.
— (*v.a.*) lutare; agglutinare.
— **batcher,** dosatore (*m.*) per cemento.
— **brick,** concio (*m.*) artificiale di cemento.
— **concrete,** calcestruzzo (*m.*) di cemento.
— **concrete diluted with lime,** calcestruzzo (*m.*) di calce e cemento.
— **factor,** quantità di cemento che occorre per ogni iarda cubica di cemento armato; tenore in cemento.
— **factory,** cementeria *f.*; fabbrica (*f.*) di cemento.
— **finisher,** cementista *m.* (operaio finitore).
— **floor,** battuto (*m.*) di cemento.
— **grout,** cemento (*m.*) liquido; poltiglia (*f.*) di cemento.
— **gun,** pistola (*f.*) per spruzzo di cemento.
— **industry,** industria (*f.*) cementiera.
— **-lime mortar,** malta (*f.*) di cemento a lenta presa.
— **matrix,** cemento (*m.*) idraulico.
— **mill** (*costr.*), cementificio *m.*
— **mortar,** malta (*f.*) di cemento.
— **paint,** pittura cementizia.
— **paving,** pavimentazione (*f.*) cementizia.
— **plaster,** intonaco (*m.*) di cemento.
— **retarder,** ritardante di presa.

cement silver, argento (*m.*) ottenuto per cementazione.
— **slurry,** melma (*f.*) di cementazione.
— **soil stabilization** (*costr. stradali, ecc.*), stabilizzazione (delle terre) con cemento.
— **tile** (*costr.*), tegola in cemento.
— **tile pavement,** pavimento (*m.*) a mattonelle di cemento.
— **works** (*costr.*), cementificio *m.*
— **(to — the belt),** incollare (*v.a.*) la cinghia.
cementation, (*min.*), (*met.*) cementazione *f.*
— **process** (*min.*), metodo (*m.*) di cementazione (di terreni).
— **steel,** acciaio (*m.*) di cementazione.
cemented belt joint, giuntura (*f.*) di cinghie, con incollatura.
cementer *m.* cementatore *m.*
cementing, cementatura *f.* (della mola); cementazione *f.*
— **agent,** agente agglutinante; legante.
— **basket** (*petrol.*), ombrello (*m.*) di cementazione.
— **bore-holes** (*min.*), cementazione (*f.*) di fori di sonda.
— **collar** (*petrol.*), collare (*m.*) per cementazione.
— **head** (*petrol.*), testa (*f.*) di cementazione.
— **material,** agglutinante *m.*
— **oil-wells,** cementazione (*f.*) di pozzi di petrolio.
— **plug** (*petrol.*), tappo (*m.*) di cementazione.
— **shoe** (*petrol.*), scarpa (*f.*) di cementazione.
cementite, cementite *f.*
cementitic steel, acciaio (*m.*) ferritico.
census, censimento *m.*
cent (*fis. atom.*), cent *f.* (unità della radioattività = 0,01 dollari).
center (U.S.A.), v. **centre.**
— **buckle,** deformazione (*f.*) centrale (*di lamiere*); (v.: **buckle**).
— **-notched specimen** (*met.*), provetta intagliata al centro.
— **spread** (*pubb.*) (U.S.A.), avviso pubblicitario occupante le due pagine centrali di una rivista.
centered bar (*fabb. tubi*) (*met.*), massello d'acciaio a sezione circolare.
centering, aggiustamento *m.*; centratura *m.*; centinatura *f.*; centina *f.*; centraggio *m.*
— **machine,** macchina (*f.*) per centrare.
— **of arches,** centina (*f.*) degli archi.
— **of vaults,** centina (*f.*) delle volte.
— **tool,** utensile (*m.*) per centrare.
— **(magnetic —),** centratura magnetica.
centerplate (*ferr.*), ralla *f.*
centesimal alcoholometer, alcoolometro (*m.*) centesimale.
centigrade, centigrado *m.*
— **scale,** scala (*f.*) di Celsius; scala (*f.*) **centigrada.**
— **thermometer,** termometro (*m.*) centigrado; termometro Celsius.
centigram, centigrammo *m.*
centimeter (U.S.A.), centimetro *m.*
— **radio waves,** onde (*f. pl.*) ultra corte.
centimetre, centimetro *m.*
— **-gramme-second (C.G.S.) system,** sistema (*f.*) centimetro grammo secondo.
centipoise, (1/100 di poise) unità di misura della viscosità assoluta.
centistoke, unità di viscosità cinematica.
central battery (*elet.*), batteria (*f.*) centrale (per circuiti telefonici e telegrafici).
— **brick** (*met.*), mattone (*m.*) centrale.
— **control desk,** pulpito (*m.*) di controllo centrale.
— **door locking** (*auto*), chiusura centralizzata delle portiere.
— **exchange** (*teleg.*), ufficio (*m.*) centrale.
— **gear change lever** (*auto*), leva (*f.*) di comando in mezzeria.

central girder, paramezzale (*m.*) centrale.
— **heating,** riscaldamento (*m.*) centrale.
— **jack plant** (*petrolio*) (U.S.A.) stazione centrale di pompaggio (per pozzi della stessa area).
— **lighting station,** centrale (*f.*) per illuminazione.
— **locking** (*auto*), chiusura centralizzata (delle portiere).
— **office** (*telef.*), centrale telefonica.
— **office maintenance man** (*tel.*) (U.S.A.), meccanico (*m.*) di servizio telefonico.
— **processing unit** (*elettron.*), unità (*f.*) centrale di elaborazione.
— **processor** (*calcol. elettron.*), unità centrale di elaborazione.
— **runner,** pattino (*m.*) centrale (*alianti*).
— **station** (*elet.*), centrale *f.*
— **-station company,** società (*f.*) elettrica distributrice.
— **strip** (*autostrade*), spartitraffico (fra le carreggiate di un'autostrada).
— **supporting column,** colonna (*f.*) centrale di sostegno.
— **system of lubrication,** lubrificazione (*f.*) centrale.
— **throttle** (*aereo*), leva centrale del gas.
— **tread band** (*auto*) (*gomme*), centro battistrada.
centraliser (*ind. pet.*), centratore *m.*
centralization of controls (*naut. ecc.*), centralizzazione dei comandi.
centralize (to —), *v.a.*, centralizzare.
centralized control (*elet.*), comando (*m.*) centrale.
— **controls** (*naut. mecc. ecc.*) comandi centralizzati.
— **copying department** (*uffici*), reparto centralizzato di copiatura (*o* riproduzione).
— **data processing** (*elettron.*), elaborazione centralizzata delle informazioni.
centralized lubrication (*mecc.*), lubrificazione centrale; lubrificazione centralizzata.
— **traffic control by television,** v. **traffic control.**
centrally planned economy (*econ.*), economia (*f.*) pianificata.
centre, center, centro *m.*; centina *f.*; punta (*f.*) del tornio.
— **a work,** centrare un pezzo.
— **arbor** (*orol.*), albero centro.
— **bay,** campata (*f.*) intermedia (**di ponte**).
— **bit (centre-bit),** punta (*f.*) inglese (o punta da trapano a centro).
— **distance,** distanza (*f.*) da centro a centro.
— **for tubes** (*macch. ut.*), contropunta per tubi.
— **gauge,** calibro per utensili.
— **-hole grinding machine** (*macch. ut.*), rettificatrice (*f.*) per centri.
— **keelson** (*naut.*), paramezzale *m.* (sopra chiglia piatta).
— **kitchen arrangement** (*autocaravan*), disposizione centrale della cucina.
— **lathe** (*macch. ut.*), tornio (*m.*) parallelo.
— **line** (*ingr.*), linea (*f.*) dei centri; (abbr. C. L.), asse (*m.*) di un disegno.
— **line of arch,** asse (*m.*) dell'arco.
— **line of bar,** asse (*m.*) di una sbarra.
— **line of bridge,** asse (*m.*) del ponte.
— **line of rivet holes,** asse (*m.*) di una fila di chiodi.
— **line of track** (*ferr.*), asse (*m.*) del binario.
— **mark,** bulinatura (*f.*) del centro.
— **marking,** centratura *f.* (*col truschino*, ecc.).
— **of a girder,** centro (*m.*) di una trave.
— **of buoyancy** (*aereo*), centro (*m.*) di spinta.
— **of curvature,** centro (*m.*) di curvatura.

centre of displacement, centro (*m.*) di spinta.
— **of gravity,** baricentro *m.*; centro (*m.*) di gravità.
— **of gyration,** centro (*m.*) di rotazione.
— **of inertia,** centro (*m.*) di gravità.
— **of lift** (*aereo*), centro (*m.*) di portanza.
— **of mass,** centro (*m.*) di gravità.
— **of oscillation,** centro (*m.*) di oscillazione.
— **of percussion,** centro (*m.*) di percussione.
— **of pressure,** centro (*m.*) di pressione.
— **of pressure back** (*aereo*), centro (*m.*) di pressione in posizione arretrata (abbr. C. P. B.).
— **of pressure forward** (*aereo*), centro di pressione in posizione avanzata (abbr. C. P. F.).
— **of rotation,** centro (*m.*) di rotazione.
— **of suspension,** centro (*m.*) di sospensione.
— **of symmetry,** centro (*m.*) di simmetria.
— **pillar** (*auto*), montante centrale.
— **pin,** caviglia *f.*
— **pinion** (*orol.*), pignone (*m.*) centro.
— **plates** (*naut.*), piastroni *m. pl.* (di chiglia composta).
— **-point,** punteruolo *m.*; puntizzatore *m.*
— **pop,** bulinatura (*f.*) del centro.
— **punch,** *v.a.* segnare (col punteruolo); bulino *m.*; punteruolo *m.*
— **-rail,** terza rotaia (*ferr.*).
— **rest** (*tornio*) (U.S.A.), lunetta (*f.*) fissa.
— **riser** (*fond.*), tubo per colonna (di colata in sorgente).
— **runner** (*fond.*), v. — **riser.**
— **runner brick** (*fond.*), mattone per colonna di colata.
— **section** (*aereo*), sezione (*f.*) centrale.
— **selvedge** (*tess.*), cimossa (*f.*) centrale.

centre square, squadra (*f.*) per centrare.
— **-to-centre distance** (U.S.A.), distanza (*f.*) da centro a centro.
— **-to-centre of tyres** (*auto*), distanza fra le gomme.
— **wheel** (*orol.*), ruota centro.
— **wheel pinion** (*orol.*), pignone ruota centro.
— **(adjustable —)** (*mecc.*), punta registrabile.
— *v.a.* centrare (un pezzo, ecc.).
— (*v.a.*) **the hole,** bulinare (*v.a.*) il centro del foro.
centreless grinder (*macch. ut.*), rettificatrice senza centri.
— **grinding,** rettifica (*f.*) senza centri.
— **grinding machine,** rettificatrice (*f.*) senza centri.
centres with endlong movement, punte (*f. pl.*) spostabili assialmente.
centrifugal, *agg.* centrifugo.
— **brake,** freno (*m.*) centrifugo.
— **casting,** fusione (*f.*) centrifuga; (*fond.*, *met.*), getto (*m.*) centrifugato.
— **clutch,** frizione (*f.*) centrifuga.
— **compressors,** compressori centrifughi.
— **dredging pump,** pompa (*f.*) centrifuga di dragaggio.
— **drying machine,** idroestrattore.
— **fan,** aspiratore (*m.*) centrifugo; ventilatore (*m.*) centrifugo.
— **flour sifter,** buratto (*m.*) centrifugo per farina.
— **force** (*mecc.*), forza (*f.*) centrifuga.
— **governor,** regolatore (*m.*) centrifugo.
— **impeller,** elica (*f.*) centrifuga.
— **lubrication,** lubrificazione (*f.*) centrifuga.
— **moment,** momento (*m.*) centrifugo.
— **oil clarifier** (*macch. ut.*), centrifuga per depurazione lubrificanti.
— **oil purifier** (*macch. ut.*), v. — **oil clarifier.**
— **oil strainer,** v. — **oil clarifier**

centrifugal pump, pompa (*f.*) centrifuga.
— **sifting machine** (*ind. mol.*), buratto (*m.*) centrifugo.
— **starter,** avviatore (*m.*) centrifugo.
— **strength,** forza (*f.*) centrifuga.
— **supercharger** (*aereo*), sovralimentatore centrifugo.
centrifugals (*ind. mol.*), buratti (*m. pl.*) centrifughi.
centrifugation, centrifugazione *f.*
centrifuge (*mecc.*), centrifuga *f.*
— **(to —),** centrifugare *v.a.*
— **off,** *v.a.*, separare mediante centrifugazione.
centrifuging, centrifugazione *f.*
centring (*ing.*), v. **centering.**
— **and facing machine (double ended —)** (*macch. ut.*), centratrice-intestatrice doppia.
— **and facing machine (single ended —)** (*macch. ut.*), centratrice-intestastrice a una testa.
— **machine (automatic — machine)** (*macch. ut.*), centratrice (*f.*) automatica.
centripetal, *agg.* centripeto.
— **force,** forza (*f.*) centripeta.
century (*auto*), percorso di 100 miglia (*auto*) (U.S.A.); secolo (*in senso generale*).
ceramic, *agg.* e *n.*, ceramico (*agg.*); ceramica *f.* (*materiale ceramico*).
— **capacitor** (*elet.*), condensatore ceramico.
— **coating** (*met.*, *mecc.*), rivestimento ceramico.
— **engineer,** ingegnere specializzato in ceramiche.
— **engineering,** ingegneria (*f.*) ceramica.
— **fibers** (*originally developed for application in insulating jet engines*), fibre ceramiche.
— **for electrical applications,** ceramica per applicazioni elettriche.
— **fuel material** (*fis. atom.*), combustibile (*m.*) ceramico.
— **heater,** riscaldatore ceramico.
— **heating unit** (*for the internal heating of pipes*), riscaldatore ceramico (per il riscaldamento interno di tubi).
ceramic-metal composites (*rivestim.*), compositi metalceramici (*ceramic-and-metal-composite coatings*).
— **phono cartridge** (*audio*), fonorivelatore ceramico.
— **plate** (*utensile*), placchetta (*f.*) in materiale ceramico.
— **powders** (*met.*), polveri ceramiche.
— **rheostat** (*elettrot.*), reostato (*m.*) ceramico.
— **stone burner,** bruciatore in ceramica (per stufe, ecc.).
— **-tip tool** (*mecc.*), utensile in materiale ceramico.
— **(thermal shock resistant (electrical) —),** ceramica resistente allo shock termico.
ceramics (*pl. ma singolare nella costruzione*), ceramica (*arte* o *mat. ceramico*).
ceramist *m.*, ceramista *m.*
ceresine, ceresina *f.*
— **wax,** ceresina *f.*
ceria (*chim.*), biossido di cerio.
cerite (*chim.*), cerite *f.*
cerium (*chim.* = Ce), cerio *m.*
cermet (*met.*), cermet *m.* (*o* metallo ceramico), (combinazione di metalli ceramici specialm. adatte per resistere allo shock termico e a quello meccanico).
— **coating** (*met.*), rivestimento in metallo ceramico.
cerotate (*chim.*), cerotato *m.*
certain (U.S.A.) (*slang*) (*aereo*), apparecchio abbattuto.
certificate, certificato *m.*
— **of airworthiness** (*aereo*), certificato (*m.*) di navigabilità.
— **of character** (*naut.*), certificato (*m.*) di classe.
— **of compliance** (*materiali*), certificato (*m.*) di conformità.
— **to a film (grant a — to a film),** concedere una licenza di proiezione ad un film.
certification (*aereo, ecc.*), certificazione *f.*

cerulein (*chim.*) (*tess.*), ceruleina *f.*
cerussa (*chim.*), cerussa; biacca di piombo.
cerussite (*min.*), cerussite *f.*
cessation of current, interruzione (*f.*) di corrente (in generale).
cetane number (*chim.*), (*diesel fuels*), numero di cetano.
— **improver,** additivo per migliorare il numero di cetano.
cetyl (*chim.*), cetile *m.*; cetilico *agg.*
chad (*inform.*), coriandoli *m. pl.* (di perforazione).
— **tape** (*inform.*), nastro con perforazioni totali.
chadded paper tape (*inform.*), nastro con perforazioni totali.
chadless tape (*inform.*), nastro semiperforato.
chaff, carta metallizzata antiradar (U.S.A.).
— **dispenser** (*aereo*), lancia pula; dispensatore pula.
— **dropping,** lancio di carta metallizzata antiradar.
chaffery (*met.*), fucina ove si riduce il ferro in barre.
chain (*mecc., cost. civ.*), catena *f.*; (*tess.*) ordito *m.*
— **adjuster,** tendicatene *m.*
— **anchoring,** ancoraggio (*m.*) della catena; ormeggio (*m.*) della catena.
— **block,** paranco (*m.*) a catena.
— **branching** (*chim.*), ramificazione *f.*
— **bridge** (*cost.*), ponte (*m.*) a catene.
— **broadcasting** (*radio*), radiotrasmissione (*f.*) in collegamento o a catena.
— **cable** (*naut.*), catena (*f.*) di un'àncora.
— **case** (*mecc.*), carter.
— **coal-cutter** (*carbone*), tagliatrice a catena.
— **conveyor,** elevatore (*m.*) a catena; (*tubificio*), convogliatore a catena.
— **decay** (*fis. atom.*), disintegrazione (*f.*) a catena.
— **drive,** trasmissione (*f.*) a catena; comando (*m.*) a catena.
chain drum, tamburo (*m.*) per catena.
— **elevator,** elevatore (*m.*) a catena.
— **-fission** (*fis. atom.*), fissione (*f.*) a catena.
— **gearing,** trasmissione (*f.*) a catena.
— **grapplers** (*aer.*), àncora (*f.*) a catena.
— **-grate stoker** (*vapore*), focolare a grata mobile.
— **guide,** deviatore (*m.*) per catena.
— **harrow,** erpice (*m.*) a catena.
— **hook,** gancio (*m.*) da catena.
— **-initiating** (*chim.*), producente una catena (di reazioni).
— **-lift drop hammer** (*mecc.*), maglio (*m.*) a caduta a catene.
— **link,** elemento (*m.*) di una catena; membro (*m.*) di catena; maglia (*f.*) di catena.
— **locker** (*naut.*), pozzo (*m.*) delle catene.
— **loom** (*tess.*), telaio in catena.
— **magazine,** sospensione (*f.*) della catena; rastrelliera per catena.
— **of command** (*organ.*), catena di comando (gerarchia dei superiori e subordinati).
— **pin,** perno (*m.*) della catena.
— **pinion axle,** albero (*m.*) da catena.
— **plates** (*naut.*), lande (*f. pl.*).
— **pull,** tensione (*f.*) di una catena.
— **printer** (*inform.*), stampante (*f.*) a catena (con caratteri posti su una catena girevole).
— **pulley,** puleggia (*f.*) a catena.
— **pulley block,** taglia (*f.*) a catena; (*mecc.*), paranco (*m.*) a catena.
— **reaction** (*chim.*), reazione (*f.*) a catena.
— **reactor** (*fis. atom.*), reattore (*m.*) nucleare.
— **riveted joint,** chiodatura (*f.*) parallela.
— **saw** (*legno, ecc.*), sega (*f.*) a catena.

chain tensioner (*min.*), tenditore per catene.
— **track** (*mecc.*), cingolo (*m.*) a catena.
— **transmission,** trasmissione (*f.*) a catena.
— **wheel,** ruota (*f.*) porta catene; ruota (*f.*) a catena.
— **wheel gear,** rinvio (*m.*) a catena.
— **winding** (*elet.*), avvolgimento (*m.*) a catena; avvolgimento a paniere (usato su macchine a corrente alternata).
— **with balance weight,** catena (*f.*) con contrappeso.
— **yarn** (*tess.*), filato ritorto fantasia.
chained blocks (*cost. civ.*), conci (*m. pl.*) incatenati.
chaining (*calcol. elettron.*), concatenamento *m.*
chair, sedia *f.*; ganascia di rotaia (*ferr.*); cattedra universitaria.
— **(to) a meeting,** presiedere ad una riunione (convegno, seminari, ecc.).
— **hoist,** seggiovia *f.*
— **lift,** seggiovia *f.*
— **of extraction metallurgy** (*met.*), cattedra (universitaria) di metallurgia estrattiva.
chairman (*comm.*), presidente (di società).
chalar (*chim.*), cloruro di etile.
chalcedony (*min.*), calcedonio *m.*
chalcocite (*min.*), calcocite *f.*
chalcopyrite (*min.*) calcopirite *f.*
chaldron, misura di carbone (= Inghilterra 32-36 bushels.)
chalk, gesso *m.*
— **overlay** (*tip.*), taccheggio chimico.
— **putty,** grassello *m.*
chalking (*vernici*), sfarinamento *m.*
chalybite (*chim.*), siderite *f.*
chamber (*mecc.*), camera *f.*; capsula *f.*; (*armi*), camera (della canna).
— **acid,** acido solforico delle camere di piombo.
— **process,** processo (*m.*) delle camere di piombo.
chambered barrel (*armi*), canna camerata.
chamfer, faccetta *f.* (per angoli esterni di travi e colonne); smussatura ad angolo retto; sagoma *f.*; modanatura *f.*
— *v.a.* smussare.
— (*v.i.*) **on either edge,** terminare (*v.i.*) a 2 pioventi.
— **relief grinder** (*macch. ut.*), rettificatrice a spoglia per imbocchi.
chamfered angle, angolo (*m.*) smussato.
— **edge** (*sald.*), orlo (*m.*) bisellato; bordo (*m.*) smussato (*o* cianfrinato).
chamfering (*sald. mecc., ecc.*), bisellatura *f.*; smussatura *f.*
— **machine** (*ingr.*), spuntatrice *f.*; (*macch. ut.*), smussatrice *f.*
— **tool,** utensile per smussare.
chamois-dressed leather, pelle (*f.*) scamosciata.
— **leather,** pelle di camoscio (per pulire o asciugare).
chamoise, *v.a.* scamosciare.
chamoising, concia di pelli con olio di fegato di merluzzo.
— **leather,** scamosciamento della **pelle.**
chamomile oil, olio (*m.*) essenziale di camomilla (romana).
chamotte, terra (*f.*) refrattaria.
— **brick** (*met.*), mattone di chamotte.
champlevé enamelling (*smalti*), smaltatura (*f.*) champlevé.
chandelle (*aereo*), candela *f.* (acrobazia aerea).
chandlery (*naut.*), fornitura navale.
change, *v.a.* cambiare.
— **box card** (*tess.*), cartella (*f.*) per cambio navette.
— **dump** (*inform.*), estrazione delle posizioni di memoria (modificate dopo l'ultima operazione di estrazione).
— **gear,** ruota (*f.*) di cambio.
— **gear case** (*or* **box**), cassa (*f.*) d'ingranaggi con cambio di velocità.

change gears, ruote (*f. pl.*) di serie; ingranaggi (*m. pl.*) d'assortimento.
— **matter underlined to capitals,** mettere le parole sottolineate in maiuscolo (*bozze*).
— **of connection,** commutazione *f.*
— **of gradient** (*top.*), cambiamento (*m.*) di pendenza; cambiamento di livelletta.
— **of ribbon,** cambio del nastro.
— **of tooth depth** (*ingr.*), correzione (*f.*) sull'altezza del dente.
— **-over** (*cinem.*), trasposizione della pellicola (da un proiettore all'altro).
— **-over mechanism,** apparato (*m.*) di sostituzione.
— **-over to reception,** commutatore (*m.*) per la ricezione.
— **-over to transmission,** commutatore (*m.*) per l'emissione (trasmissione).
— **-speed box** (*tornio*), scatola (*f.*) cambio alimentazione.
— **speed shaft,** albero (*m.*) del cambio di velocità.
— **tune switch** (*radio*), commutatore (*m.*) di lunghezza d'onda.
changeable boring bar, barra (*f.*) di alesaggio ricambiabile.
changed over (*elet.*), commutato (*p.p.*).
changing load, carico (*m.*) alternante.
— **over** (*elet.*), commutazione *f.*
changeover (*auto, ecc.*), cambiamento, modifica; (*In July automobile plants shut down for model changeovers*), in luglio gli stabilimenti automobilistici chiudono per procedere a modifiche dei modelli.
channel, piccola banda di frequenza (*radio*); canale *m.* (*radio*); canale (di telecomunicazione) (*elet.*); canale (naturale); (*channel-iron*) ferro a U (*mecc.*); raccordo (*mecc.*); canale (*calcol. elettron., inform.*) (via o serie di vie per le quali passano segnali o flussi di informazioni).
channel address word (*inform.*), parola di indirizzo del canale.
— **command word** (*inform.*), parola di comando del canale.
— **iron** (*met.*), ferro (*m.*) a E; ferro a U; ferro (*m.*) a canalino.
— **(iron) with sloping sides,** ferro (*m.*) trapezio.
— **selector** (*telev.*), selettore di canali.
— **separation** (*testine fonografiche*) (*audio*), separazione fra i canali.
— **status word** (*inform.*), parola di stato canale (informazioni relative allo stato di un canale).
— **tunnel** (*costr.*), galleria sotto la Manica.
— **(to —),** *v.a.* scanalare; (*inform.*), convogliare; instradare (le informazioni).
— **(to — concrete),** praticare un cunicolo nel cemento (per posa di tubi, ecc.).
channelled, *p.p.* striato.
— **plate,** lamiera (*f.*) striata.
channelling, *f.* scanalatura.
channels (*radio*), canali di telecomunicazioni (frequenze determinate assegnate per trasmissione di radio segnali).
chapel (*tip.*), associazione di compositori tipografici che hanno terminato il loro tirocinio.
chaplet (*fond.*), distanziatore (*m.*) per anime.
chapter (*libri*), capitolo *m.*
char, *v.a.* carbonizzare; carbonizzarsi *v.r.*; cesellare.
character (*cinem.*), attore che recita parti principali; (*tess.*), carattere (classificazione cotone); (*lana*), carattere *m.* (insieme di qualità pregiate della fibra che influenzano il prezzo della lana); (*calcol. elettron., inform.*), carattere (simbolo, digit numerico o lettura alfabetica per la rappresentazione dei dati).

character density (*inform.*), densità di caratteri.
— **font** (*inform.*), polizza di caratteri.
— **reader** (*inform.*), lettore di caratteri.
— **sets** (*tip.*) (*inform.*), serie di caratteri.
— **string** (*inform.*), stringa di caratteri.
characteristic, caratteristica *f.*
— **curve of a valve** (*elet.*), caratteristica (*f.*) di un tubo a vuoto.
— **of a gas,** costante (*f.*) di un gas.
— **of a logarithm,** caratteristica (*f.*) di un logaritmo.
— **of a screened valve,** caratteristica (*f.*) di una valvola schermata.
charcoal, carbone (*m.*) di legna.
— **-burner,** carbonaio *m.*
— **-crayon,** carboncino *m.* (per disegno).
— **filter** (*chim.*), filtro a carbone.
— **pig iron,** ghisa (*f.*) al carbone di legna.
— **pile,** carbonaia *f.*
charge, carica *f.*; caricare *v.a.*
— **a battery,** caricare (*v.a.*) una batteria.
— **a condenser,** caricare (*v.a.*) un condensatore.
— **a furnace,** caricare (*v.a.*) un forno.
— **an accumulator,** caricare (*v.a.*) un accumulatore.
— **a storage battery,** caricare (*v.a.*) una batteria.
— **book,** libro (*m.*) delle colate.
— **-gauge,** indicatore di carica (*altoforno*).
— **image** (*telev.*), immagine di potenziale.
— **of accumulators,** carica (*f.*) di accumulatori.
— **of explosive,** carica (*f.*) di scoppio.
— **stock** (*raffineria petrolio*), petrolio di carica; petrolio da trattare; sostanza di carica.
charger (*armi*), caricatore *m.*
charging, carica *f.*; carica (di bombole ecc.).
charging aisle (*met.*), campata (*o* navata) di carica.
— **box** (*met.*), cassetta di carica (per rottame).
— **box handling crane** (*forni met.*), gru per infornare le cassette.
— **clips** (*elet.*), pinze di carica.
— **cone,** imbuto (*m.*) di carica.
— **current** (*elet.*), corrente (*f.*) di carica.
— **curve,** v. **anodic — curve.**
— **floor** (*per rottame, ecc.*) (*met.*), platea di carica.
— **machine,** caricatrice *f.* (*per forni*).
— **platform,** piano (*m.*) di carica.
— **potential** (*elet.*), potenziale (*m.*) di carica.
— **pump,** pompa (*f.*) di riempimento.
— **rate,** ammissione (*f.*) di corrente.
— **station** (*elet.*), stazione (*f.*) di carica.
— **stock** (*raffineria petrolio*), petrolio da trattare; petrolio di carica; sostanza di carica.
— **switch** (*elet.*), interruttore (*m.*) di carica.
— **voltage** (*elet.*), tensione (*f.*) di carica.
charismatic, *agg.* (*med.*), carismatico.
Charpy V notch value (*met.*), resilienza Charpy V.
charred, *p.p.* bruciato.
charring, carbonizzazione *f.*
chart, carta (*f.*) marina; abaco *m.*: diagramma *m.*; grafico *m.*; tavola *f.*; schema *m.*
— **house** (*naut.*), sala (*f.*) nautica.
— **recorder,** registratore *m.*
— **(wall —),** carta murale.
charter-flight (*aereo*), volo (*m.*) a domanda.
— **party** (*naut. aereo*), contratto di noleggio.
— **(to —)** (*naut.*), noleggiare *v.a.* (una nave).
chartered ship (*comm.*), nave (*f.*) noleggiata.
chartroom (*naut.*), sala nautica.

chase, telaio, di forma chiusa (*tip.*); foratura *f.*; scanalatura *f.*; trincea (per tubi).
chaser, pettine (*m.*) per tagliare viti; pettine (*m.*) per filettare; (*cinem.*), film scadente proiettato per indurre il pubblico a lasciare il cinema per far posto a chi aspetta fuori; frantoio *m.*
chasing (*mecc.*), filettatura (di un pezzo al tornio) (o con macchine ad utensile a una punta).
— **lathe,** tornio (*m.*) per filettare.
— **machine** (*macch. ut.*), filettatrice (*f.*) a pettine.
— **of walls,** foratura di muri (per far passare fili).
— **tool,** pettine (*m.*) per tagliare viti; utensile per filettare.
chassis (*auto*), autotelaio *m.*; telaio; (*radio*) telaio (*receiver chassis*).
chastened (*naut.*), (*rif. a fune*) col trefolo logoro per eccessiva sollecitazione.
chat (*petrolio*), formazione di sabbia e fossili di resa petrolifera; blocchetti di pavimentazione.
chattel mortgages (*dir.*), bene mobile sottoposto ad ipoteca e rivenduto prima di averlo completamente pagato.
chatter (*ing. mecc.*), vibrazione (di utensile o del pezzo non rigidamente fissati); superficie irregolare che presenta un tubo trafilato (o un pezzo tondo) per effetto di movim. alternati di presa e scorrimento della trafila.
— *v.i.* (vibrare (*mecc.*); *v.a.* cigolare (*mecc.*) (di pezzo che funziona male).
chattering of brushes (*elet.*), crepitio (*m.*) delle spazzole.
chauffage (*met.*), riscaldamento di metalli.
check, calibratura *f*; screpolatura del legno (dovuta a ritiro irregolare); screpolatura nella superficie di un lingotto laminato (dovuta a cattiva formatura); (*ugg.*, *tess.*), a quadri; controllo (*elettron.*); (*met.*), superficie pagliosa (causata da paglie per difetti di lingottiera); verifica.
check *v.a.* controllare; verificare; ispezionare.
— **a mine shaft for safety** (*min.*), verificare per misura di sicurezza un pozzo.
— **analysis,** analisi (*f.*) di controllo.
— **nut,** controdado *m.*
— **-out** (*inform.*), messa a punto (*di programmi*).
— **rail** (*ferr.*), controrotaia *f.*
— **test,** controprova *f.*
— **unit** (*mecc.*), controdado *m.*
— **-up** (*med.*), controllo (medico).
— **valve,** valvola (*f.*) di ritegno.
— **with the calipers,** controllare (*v.a.*) con il calibro.
— **(self diagnostic —)** (*inform.*), controllo autodiagnostico.
checked muslin (*tess.*), mussolina (*f.*) quadrettata.
checker, controllore *m.*; v.: **optical profile —.**
— **brick** (*met.*), refrattario (*m.*) da impilaggio.
— **board pattern** (*telev.*), figura di prova a scacchiera.
— **chamber,** camera *f.* (*di forno*).
— **work** (*met.*) (U.S.A.), impilaggio *m.*
— **(air —),** camera (*f.*) ad aria (*forno Martin*).
— **(gas —),** camera (*f.*) a gas (*forno Martin*).
checkered plate (*met.*), lamiera (*f.*) striata; lamiera bugnata.
checkering (USA) (*armi*), damaschinatura *f.*; incisione a fiorami; intaglio a fogliami; cisellatura (in oro a fogliami); **v. skip-line —.**
checkers, v. **checker work.**
checking, controllo *m.* (o verifica, di dimensioni *f.*); riduz. temporanea di temper. o del volume di corrente d'aria calda sotto

pressione (*altoforno*); (*vernice*), retinamento *m.*; (*pressofusione*) criccatura *f.* (*di uno stampo*).
checking bar (*strum. di controllo*), riga (*f.*) di controllo.
— **deposit** (*banca*), deposito a vista o in conto corrente.
checkouts, v. **supermarket —.**
checkpoint (*inform.*), punto di ripresa o di controllo di un programma.
— **routine** (*inform.*), routine (*serie di operazioni*) del punto di controllo.
checkweigher, macchina per controllare il peso (*a machine that rejects underweight or overweight packs*).
Cheddite, alto esplosivo al clorato di potassio.
cheek, guancia *f.* (*armi*); parte intermedia di un modello (*fond.*).
cheeking, ridurre lo spessore di pelli depilate.
cheese (*tess.*), filo (*m.*) avvolto su una bobina divisa; (*tess.*), rocca cilindrica (*f.*) incrociata.
— **box** (*petrolio*) (U.S.A.), storta cilindrica usata nella distillaz. del cherosene.
— **cloth** (*tess.*), garza *f.*
— **cutter** (*cin.*), schermo (*m*). opaco.
— **head** (*mecc.*), testa cilindrica con intaglio (di vite).
— **head screw,** vite a testa cilindrica.
— **hooping** (*agr.*), modellatura del formaggio.
— **milling** (*agr.*), spinatura del formaggio.
— **-press,** torchio (*m.*) da formaggio.
cheesy, *agg.* (*vernici*), morbido.
chelen (*chim.*), cloruro di etilene.
chemical (*chim.*), *agg.* chimico.
— **additives,** additivi chimici.
— **affinity,** affinità (*f.*) chimica.
— **agent,** agente (*m.*) chimico.
— **analysis,** analisi (*f.*) chimica.
— **balance,** equilibrio (*m.*) chimico.
chemical blanking, processo di fotoincisione detto: « tranciatura chimica » per pezzi sottilissimi e intricati prodotti da lamine, specialm. richiesti dall'ind. elettronica.
— **cleaning of iron and steel castings** (*met.*), decapaggio chimico di getti in ghisa ed in acciaio.
— **combination,** combinazione (*f.*) chimica.
— **defence** (*mil.*), difesa con mezzi chimici.
— **dip method** (*met.*), metodo di immersione chimica.
— **efficiency** (*fis. atom.*), efficienza (*f.*) chimica.
— **energy,** energia (*f.*) chimica.
— **engineering,** ingegneria (*f.*) chimica.
— **equation,** equazione (*f.*) chimica.
— **equivalent,** equivalente (*m.*) chimico.
— **etching** (*met.*), attacco chimico.
— **experiment,** esperimento (*m.*) chimico.
— **for fixing X-rays,** prodotto chimico per fissaggio di raggi X.
— **forming** (*met.*), stampaggio mediante polveri chimiche.
— **formula,** formula (*f.*) chimica.
— **industry,** industria (*f.*) chimica.
— **intermediate,** intermedio (per colori, ecc.).
— **kinetics** (*met.*), cinetica chimica.
— **laboratory,** laboratorio (*m.*) chimico.
— **milling** (*chim., macch. ut.*), fresatura chimica.
— **oxygen demand** (*inquinamento*), quantità di ossigeno richiesta per la depurazione di rifiuti.
— **polishing** (*met.*), pulitura (*f.*) chimica.
— **propellant** (*astron.*), propellente chimico.

chemical properties, proprietà (*f. pl.*) chimiche.
— **reaction,** reazione (*f.*) chimica.
— **reprocessing,** rielaborazione (*f.*) chimica.
— **rocket** (*razzi*), razzo (*m.*) chimico (spinta sviluppata dalla reaz. chimica di 2 o più sostanze).
— **(soil) stabilization** (*costr. stradali*), stabilizzazione chimica (delle terre).
— **symbol,** simbolo (*m.*) chimico.
— **toning** (*fot.*), viraggio (*m.*) chimico.
— **tracer,** indicatore (*m.*) chimico.
— **valence,** valenza *f.*
— **works,** stabilimento (*m.*) chimico.
chemically inert, chimicamente neutro; inerte.
chemicals, prodotti (*m. pl.*) chimici.
chemiluminescence (*biochimica*), chemiluminescenza *f.*
chemism (*chim.*), meccanismo *m,* (*d'una reazione*).
chemisorption (*chim.*), chemisorzione *f.*
— **on single-crystal planes** (*fis. chim.*), chemisorzione su piani monocristallini.
chemist, chimico *m.*
chemistry, chimica *f.*
chemosphere (*astr.*), chemosfera *f.* (atmosfera della Terra a 30-80 km di altitudine, nota per i suoi processi fotochimici).
chempure tin (*comm.*), stagno purissimo.
chemurgy, chimica applicata all'agricoltura.
chenille (*tess.*), ciniglia *f.*
— **cutting machine** (*tess.*), macchina per tagliare la ciniglia.
chenopodium, tè spagnolo *m.*
cheque (*banca*), assegno *m.*
— **card,** carta assegni.
chequer, v. **checker work.**
chequercard (*banca*), carta assegni.
chequered, *p.p.* tessellato.
chequered plate, lamiera (*f.*) striata.
chequering (*armi*), v. **checkering.**
chess-playing computer (*inform.*), calcolatore in grado di giocare agli scacchi.
— **-playing micro-computer,** microcalcolatore capace di giocare a scacchi.
cheques (*tip.*), filetti azzurrati.
cherry (*mecc.*), fresa a bottone.
— **harvesting** (*agr.*), raccolta (*f.*) delle ciliege.
— **laurel oil,** olio (*m.*) essenziale di lauroceraso.
— **-red heat,** calore (*m.*) rosso ciliegia.
— **-tree,** ciliegio *m.*
chest, cassetta *f.*; torace *m.*
— **X-ray** (*minatori, ecc.*), esame radiografiico del torace.
chestnut (*bot.*), castagno *m.*
cheviot (*tess.*), cheviot *m.*; stoffa cheviot.
Chian turpentine, trementina (*f.*) di Chio.
chicane (S-shaped turn) (*corse auto*), curva ad S; «chicane» *f.*
chicken feed, alimenti per pollame.
chief architect, architetto (*m.*) capo.
— **building surveyor's Board,** autorità (*f.*) edilizia superiore.
— **editor,** redattore capo (delle pubblicazioni ecc.).
— **engineer,** ingegnere (*m.*) capo.
— **loftsman,** capo reparto progetti in legno.
— **resident engineer,** direttore (*m.*) di lavori.
chiffon (*tess.*), chiffon *m.*
child-proof rear door locks (*auto*), sicurezza bambini; sicurezza porte posteriori.
Chile bar (U.S.A.), barra di rame impuro dal peso di circa 200 libbre.
— **saltpeter,** nitro (*m.*) del Cile.
chill (*fond.*), conchiglia *f.*
— *v.a.*, raffreddare; refrigerare (*carne*).

chill depth (*met.*), profondità (*f.*) di tempra.
— **-harden,** *v.a.* colare in conchiglia.
— **-proofing compound,** sostanza antiraffreddante (per es. della birra).
— **test** (*met.*), saggio in conchiglia.
— **test piece** (*met.*), provino *m.* (*o* provetta *f.*) di tempra.
chilled cast iron, ghisa (*f.*) fusa in conchiglia; ghisa (*f.*) temprata.
— **iron,** ghisa (*f.*) fusa in conchiglia.
— **roll,** cilindro (*m.*) a freddo.
— **spot** (*met.*), zona temprata (zona dura dovuta a raffreddamento locale eccessivam. rapido).
— **steel,** acciaio (*m.*) fuso in conchiglia.
— **water,** acqua (*f.*) raffreddata.
chiller (*ind. pet.*), cristallizzatore *m.* (apparecchio per fare cristallizzare la paraffina con raffreddamento).
chilling (*met.*), tempra *f.* (*in conchiglia*); refrigerazione *f.*
chillproofing, raffreddamento della birra (per renderla resistente a cambiam. di temper.).
chimney, camino *m.*; (*geol.*), corpo metallifero (*di filone*) verticale o molto inclinato.
— **bond,** assestamento (*m.*) per camini.
— **cope,** comignolo *m.*
— **coping,** comignolo *m.*
— **mantle,** cappa (*f.*) di un camino.
— **shaft,** cappa (*f.*) di un camino; ciminiera *f.*; fusto (*m.*) del camino.
— **top (chimney-top),** coperchio (*m.*) di un fumaiolo; fumaiolo *m.*
chimo steel, acciaio da utensili a base di molibdeno, silicio, manganese e vanadio.
China ink, inchiostro (*m.*) di China.
— **-bark,** corteccia (*f.*) di china.
china, porcellana *f.*
china-cement, mastice *m.*
— **clay,** caolino *m.*; argilla bianca.
— **crucible,** crogiolo (*m.*) di porcellana.
— **grass** (*tess.*), ortica (*f.*) bianca.
— **silver,** lega di rame, stagno, nichel e argento usata da gioiellieri.
chinchilla (pr. *cin-cil'la*), pelliccia (*f.*) di cinciglia.
chine (*aer.*), elemento strutturale di scafo di idrovolante, quasi parallelo alla chiglia in posizione laterale; (*naut.*), spigolo laterale.
Chinese ink, inchiostro (*m.*) di China.
— **oil,** olio di cassia.
— **vermillion,** vermiglione cinese (rosso); solfuro mercurico.
— **white,** bianco di zinco (ossido di zinco).
chip, scaglia *f.* (di pietra); truciolo *m.*; (*inform.*), sinonimo di microprocessor unit (unità vitale di un elaboratore elettronico, costituita da una sottile piastrina di silicio (silicon wafer) sulla quale vengono impresse centinaia di micropiastre mediante procedimenti fotolitografici): chip.
— *v.a.* picchiettare (per togliere l'ossidazione); scalpellare.
— **-aided game** (*elettron.*), gioco elettronico con microprocessori.
— **breaker** (*tornio*), rompitrucioli *m.*
— **conveyor** (*macch. ut.*), trasportatore (*m.*) per trucioli.
— **forming machine** (*met.*), macchina utensile con formazione di truciolo.
— **manafacturer,** fabbricante di circuiti integrati.
— **off,** *v.a.* scalpellare.
— **pan,** vaschetta porta-trucioli.
— **(memory —)** (*inform.*), chip di memoria.
— **(silicon —)** (*inform.*), piastrina di silicio con un certo numero di circuiti.

chip (undeformed — thickness) (*met.*), spessore del truciolo non deformato.
chip's geometry (*inform.*), distanza fra i componenti di un « chip », di circa 5 μm; v. **chip.**
chipless forming (*mecc.*), stampaggio senza trucioli.
— **machining technique** (*met.*) tecnica della lavorazione senza trucioli.
chipper, martello (*m.*) ad aria compressa.
— **grinder** (*macch. ut.*), molatrice (*f.*) rompitruciolo.
chipping, picchiettamento; (*vernice*), sfaldamento.
— **of the tool,** scheggiatura (*f.*) dell'utensile.
— **press** (*macch. ut.*), pressa per sbavare.
— **(rough —)** (*fond.*), sbavatura *f.*
chippings, *pl.* pietrisco *m.*; scaglie *f. pl.*; (*smalti*), scheggiature.
— **(granite —),** scaglie di granito; pietrisco (p. es. per pavimentazione di autostrade).
chips, *pl.* pietrisco; scaglie (di granito).
chisel, scalpello *m.*
— scalpellare *v.a.*
chloral (*chim.*), cloralio *m.*
— **hydrate** (*chim.*), cloralio idrato.
chlorate (*chim.*), clorato *m.*
— **explosive,** esplosivo (*m.*) al clorato.
chlorazol blue, bleu clorazolo (per cotone, ecc.).
chloretone (*chim.*), acetoncloroformio *m.*
chloric acid (*chim.*), acido (*m.*) clorico.
chloridate, *v.a.* clorurare (trattare con cloro).
chloride (*chim.*), cloruro *m.*
chloridize, *v.a.* clorurare (convertire in cloruro).
chloridizing roasting (*met.*), clorurazione *f.*
chlorinatable, *agg.* (*chim.*), clorabile.
chlorinate, *v.a.* (*chim.*), clorare *v.a.*
chlorinated acetone (*chim.*), cloroacetone *m.*
— **hydrocarbon,** idrocarburo (*m.*) clorurato.
— **lime,** calce clorurata; ipoclorito di calcio.
— **para red,** rosso cloropara.
— **rubber,** gomma clorurata.
— **soda,** soda clorinata; **ipoclorito di sodio.**
— **starch,** amido clorurato.
chlorination (*chim.*), clorurazione *f.*
chlorine (*chim.* = Cl), cloro *m.*
— **monoxide** (*chim.*), monossido di cloro; anidride (*f.*) ipoclorosa.
— **water,** acqua (*f.*) di cloro.
chlorite (*chim.*), clorito *m.*
chloritic quartzite, quarzite (*f.*) cloritica.
chloro-acetic acid (*chim.*), acido (*m.*) cloroacetico.
chloroamphenicol (*farm.*), cloroamfenicol (antibiotico).
chloroauric acid (*chim.*), acido (*m.*) cloroaurico.
chlorobutyl rubber (*gomma*), gomma clorobutilica.
chloroform (*chim.*), cloroformio *m.*
chlorometer, clorometro *m.*
chlorophyll, clorofilla *f.*
chlorophyllase (*bot.*), clorofillasi *f.*
chlorophyllogen (*bot.*), clorofillogeno *m.*
chloroplast (*bot.*), cloroplasta *m.*
chloroplatinic acid (*chim.*), acido (*m.*) cloroplatinico.
chloroquinol (*chim.*), cloroidrochinone.
chlorosis (*med.*, *bot.*), clorosi *f.*
chlorous acid (*chim.*), acido (*m.*) cloroso.
chock, cuneo *m.*; zeppa *f.*; (*min.*), butta *f.* (struttura di acciaio di armatura semovente per sostegno del tetto della miniera. Le butte sono spesso usate in coppie e collegate da prolunghe [*runners*]); (*a five leg chock*, un'armatura a 5 butte).
— **(front —),** butta frontale.
— **(rear —),** butta posteriore.

chocks (*aereo*), zeppe *f. pl.* (blocchi usati per impedire il moto in avanti di un aeroplano).
chocolate (*cibo*), cioccolato *m.*
choice (*tess.*), lana (*f.*) di terza qualità.
— **of site** (*di uno stabilimento*), scelta dell'area.
choir (*arch.*), coro *m.*
choke (*elet.*), tubo (*m.*) Venturi; (*radio*), bobina (*f.*) d'arresto (per impedire il passaggio di correnti ad alta frequenza); (*auto*), diffusore conico; valvola dell'aria.
— **coil,** bobina (*f.*) d'arresto.
— **control** (*auto*), comando dispositivo d'avviamento.
— **-coupled amplifier** (*radio*), amplificatore (*m.*) a impedenza.
— **modulation** (*radio*), modulazione (*f.*) per variazione della tensione di placca.
— **tube** (*auto.*), diffusore *m.*
choking, ostruzione *f.*
cholangiogram (*radiol.*), colangiogramma *m.*
cholangiography (*radiol.*), colangiografia *f.*
cholecystogram (*radiol.*), colecistogramma *m.*
cholecystography, colecistografia *f.*
choledochogram (*radiol.*), coledocogramma *m.*
choledochography (*radiol.*), coledocografia *f.*
cholesterol, colesterolo *m.*
chondrite (*geol.*), condrite *f.* (aeroliti costituenti circa l'85 % dei meteoriti).
chop (*faleg.*), morsetto (di morsa da banco per falegnami).
— **(to —)** *v.a.*, (*mecc.*), tagliare a pezzi.
— **up (to —),** suddividere (*segnali, ecc.*).
chopper, ascia *f.*; (*fis. atom.*), chopper *m.*, selettore (*m.*) meccanico; (*agr.*), trinciaforaggi.
— **disc** (*radio*), disco (*m.*) interruttore perforato.
choppy, *agg.*, variabile.
chord, corda alare *f.* (*aereo*); profondità dell'ala (*aereo*); corda (*mus.*); briglia *f.* (*naut.*); corda (del cerchio).
chord incidence (*aereo*), angolo (*m.*) di attacco.
chordal, *agg.* cordale.
— **thickness** (*ingr.*), spessore (*m.*) alla corda.
choroid, coroide *m.*
chrisolite, crisolito *m.*
Christmas bonus (*retribuzioni*), gratifica natalizia.
— **tree** (*petrolio*), « albero di Natale » o testa di eruzione (complesso di valvole ed accessori posti alla testa di colonna di un pozzo petrolifero).
— **tree antenna** (U.S.A.), antenna (*f.*) a spinapesce.
chroma, intensità di colore; (*telev.*) cromaticità (entità di differenza di un colore dal grigio).
chromate (*chim.*), cromato *m.*
— **recovery,** ricupero delle soluzioni di cromati.
— **wastes,** residui di cromato.
chromatic, *agg.* cromatico.
— **aberration** (*luce*), aberrazione (*f.*) cromatica.
— **scale,** scala (*f.*) cromatica.
chromaticity, cromaticità *f.*
chromatics (*ottica*), cromatica *f.*
chromatin, cromatina *f.*
chromatism, cromatismo *m.*
chromatograph, cromatografo *m.*
chromatographic analysis (*chim.*), analisi (*f.*) cromatografica.
chromatography, cromatografia *f.* (vedi: *industrial petroleum —*).
— **(anion exchange —)** (*chim.*), cromatografia a scambio di anioni.
— **,(gas-liquid — of isomers of unsaturated compounds)** (*chimic.*), cromatografia gas-liquido degli isomeri dei composti non saturi.
chromatophore (*bot.*), cromatoforo *m.*
chromatometer, strumento per misurare l'intensità di un colore.
chromatoplasm (*bot.*), cromatoplasma *m.*

chrome (*cinem.*) (U.S.A.), technicolor (o fotografia a colori naturali; (*chim.*) (*comm.*), cromo *m.* (abbrev. di **chromium**, usata per designare le leghe di cromo).
— **alum** (*chim.*), allume (*m.*) di cromo.
— **brown**, bruno cromale (colorante per la lana).
— **green**, verde (*m.*) di cromo.
— **leather**, cuoio conciato con sali di cromo.
— **man** (*cinem.*) (U.S.A.), esperto in technicolor.
— **-nickel steel**, acciaio (*m.*) al cromo nichel.
— **plate**, lamiera cromata.
— **-plated bumper**, paraurti cromato.
— **plating**, cromatura *f.*
— **red**, rosso (*m.*) di cromo.
— **spinel** (*min.*), spinello (*m.*) di cromo; picotite *f.*
— **-tanned leather** (*pelli*), cuoio conciato al cromo.
— **tanning** (*pelli*), concia (*f.*) al cromo.
— **-vanadium steel**, acciaio (*m.*) al cromo vanadio.
— **violet**, violetto (*m.*) cromo.
— **yellow**, giallo (*m.*) di cromo.
— **(crack-free —)** (*met.*), cromo privo di cricche.
chromed exhaust tail pipe (*auto*), tubo di scarico cromato.
chromel (*met.*), cromel (lega cromonichel).
chromia (*chim.*), sesquiossido (*m.*) di cromo.
— **plating baths**, bagni galvanici di cromo.
chromic acid, acido (*m.*) cromico.
— **anhydride**, anidride (*f.*) cromica.
— **oxide**, ossido (*m.*) cromico.
— **salts** (*chim.*), sali (*m. pl.*) di cromo.
chrominance (*colori*, *telev.*), crominanza *f.* (differenza tra un colore e un colore tipo di uguale luminosità).
chromising (*met.*), cromizzazione *f.*
chromite, cromite *f.*; cromito *m.*
chromium (*chim.* = Cr), cromo *m.*
— **acetate**, acetato (*m.*) di cromo.
— **dioxide**, biossido (*m.*) di cromo.
— **hot work steel** (*met.*), acciaio al cromo per lavorazione a caldo.
— **-iron alloy**, lega (*f.*) di ferro cromo.
— **oxide**, ossido (*m.*) di cromo.
— **plate**, *v.a.* cromare.
— **-plating**, *f.* cromatura.
— **steel**, acciaio (*m.*) al cromo.
— **trioxide** (*chim.*), triossido (*m.*) di cromo (CrO_3); anidride cromica.
chromizing, cromizzazione dell'acciaio (con vapori di cloruro di cromo) (*tratt. termico dei metalli*).
chromo paper, carta (*f.*) per cromolitografia.
chromography, cromografia *f.*
chromoisomerism (*chim.*), cromoisomerismo *m.* (sostanza di uguale composiz. chimica ma di colore differente da un'altra).
chromolithography (*tip.*), cromolitografia *f.*
chromoplast (*botany*), cromoplasta *m.*
chromosome (*biol.*), cromosoma *f.*
chromosphere (*astr.*), cromosfera *f.* (strato sottile dell'atmosfera solare).
chromotypography, cromotipografia *f.*
chronograph, cronografo *m.*
chronometer, cronometro *m.*
chronoscope, cronoscopio *m.*
chronotron, cronotrone *m.* (*tecnica degli impulsi*).
chrysamine, crisamina *f.*
chrysarobin (*med.*), crisarobina *f.*
chrysocolla, crisocolla *f.*
chrysoidine, crisoidina *f.*
chrysophanic acid, acido (*m.*) crisofanico.
chrysotile, crisotile *m.*
chuck (*tornio*), mandrino *m.* (autocentrante); (*orol.*) pinza *f.*; ancoretta di bloccaggio nel pickup (*grammofono*); v. **air-operated** —; **bell** —; **collet** —; **combination** —; **drill** —; **float-**

ing —; hydraulic —; magnetic —; pneumatic —; scroll —; self-tightening —.

chuck *v.a.* (*mecc.*), fissare al mandrino.

— **guard** (*macch. ut.*), riparo di protezione del mandrino.

— **lathe,** tornio (*m.*) frontale.

— **operating lever,** leva di comando del mandrino.

— **with four jaws,** mandrino (*m.*) a 4 ganasce.

— **with holdfasts,** piattaforma (*f.*) a punte.

chucker (*macch. ut.*), tornio (*m.*) automatico a mandrino.

chucking machine (*macch. ut.*), v. **chucker.**

— **operations,** lavori (*m. pl.*) su piattaforma.

Chunnel, tunnel (progettato) sotto la Manica.

chuffs (*costr.*), mattoni resi inservibili dall'acqua piovana.

chunky, *agg.* (*min.*), molto grosso (*cristalli, ecc.*).

churn (*agric.*), zangola *f.*

chute, paracadute *m.* (*aereo*); scivolo *m*; tramoggia *f.*; piano (*m.*) inclinato.

— **(shaking —),** tramoggia oscillante.

chutist, paracadutista *m.*

chyazic acid (*chim.*), acido idrocianico.

cicero (*tip.*), riga tipografica (= 13 punti anglo-americani circa).

cigarette making machine, macchina (*f.*) per la fabbricazione di sigarette.

ciment fondu (*ing. civ.*), cemento alluminoso; cemento fuso.

cimolite, terra (*f.*) bolare; bolo *m.*

cinching (*cinem.*), avvolgere stretto un film, tirandone l'estremità libera.

cinchona (*bark*), corteccia di china.

cinchonidine (*med.*), cinconidina *f.*

cinchonine (*med.*), cinconina *f.*

cinchotine, cincotina *f.*

cinder, scoria *f.*

— **notch** (*altoforno*), foro per le scorie; foro colata loppa.

cinder notch level (*altoforno met.*), livello fori loppa.

cine camera (*cinem.*), cinecamera *f.*; (macch. da presa per passo ridotto), cinepresa *f.*

— **film,** **pellicola** (*f.*) **cinematografica.**

cinema (*cost.*), cinema *m.*

— **-television,** telecinema.

cinemagnetic recording, registrazione magnetica per film.

cinemascope (*cinem.*), cinemascope (sistema di proiezione su largo schermo, con perforazione speciale).

cinematograph, cinematografo *m.*

cinematoradiography, (*motion picture radiography*), cinematoradiografia *f.*

cineol(e) (*chim.*), cineolo *m.*

cinepanoramic (*cinem.*), cinepanoramic (sistema di proiezione su largo schermo).

cinephotomicrographic recording of specimen microstructure (*metall.*), registrazione cinefotomicrografica della microstruttura della provetta.

cinephotomicrography, cinefotomicrografia *f.*

cinerama (*cinem.*), cinerama *m.*

cineroentgenography (*radiol.*), cineradiografia *f.*; röntgencinematografia *f.*

cinetic wind pressure (*costr.*), pressione cinetica esercitata dal vento.

cinnabar, cinabro *m.*; vermiglione *m.*

cinnamene (*chim.*), stirene.

cinnamic acid (*chim.*), acido (*m.*) cinnamico (*o* fenilacrilico)

cinnamon oil, olio (*m.*) di cannella.

circle, circolo *m.*; cerchio *m.*

— **(to —) the airport** (*aereo*), girare attorno all'aeroporto.

— **coefficient** (*elet.*), fattore (*o* coefficiente) di dispersione di corrente (di un motore a induzione).

— **diagram,** diagramma (*m.*) circolare.

circlip (*mecc.*), anello (*m.*) di sicurezza.
circuit, circuito *m.*
— **breaker** (*elet.*), interruttore *m.*
— **closer** (*elet.*), interruttore *m.*
— **diagram** (*elet.*), schema (*m.*) di montaggio; schema (*m.*) di distribuzione.
— **driver,** generatore (*m.*) di radiofrequenza.
— **element,** elemento (*m.*) di un circuito.
— **switching** (*inform.*), commutazione di circuito; commutazione di linea (collegamento prima della comunicazione).
— **technique** (*elet.*), tecnica (*f.*) circuitale.
circuitry (*automazione*) (*elet.*), collegamenti elettrici; complesso di circuiti; circuiteria *f.*
circular antenna (*radio*), antenna (*f.*) circolare.
— **aperture** (*lens*), apertura circolare (lente).
— **blast furnace,** altoforno (*m.*) circolare.
— **chart** (*geog. statistica*), diagramma circolare (*o* a settori).
— **cross section,** sezione (*f.*) circolare.
— **dial** (*auto*), quadrante (*m.*) circolare.
— **dome** (*cost. civ.*), cupola (*f.*) a pieno sesto.
— **error probability** (*aereo*), errore circolare probabile; (*missili*), probabilità dell'errore circolare (rif. ad un cerchio abbastanza largo per contenere metà dei punti di impatto di un missile) (misura di precisione).
— **flanging of thick plates,** flangiatura (*f.*) di grosse lamiere.
— **flanging press,** pressa (*f.*) per bordare.
— **function,** funzione (*f.*) circolare.
— **girder** (*ferr.*), trave (*f.*) circolare.
— **grate pelletising plant** (*met.*), impianto di pelletizzazione a griglia circolare.
circular grinding, rettificazione (*f.*) di una superficie cilindrica.
— **guide,** guida (*f.*) circolare.
— **indexing table** (*mecc.*), tavola (*f.*) circolare a dividere.
— **mil** (*elet.*), area di un cerchio che è di diametro di 1 millesimo di pollice (unità di misura per la sezione trasversale di conduttori).
— **milling,** fresatura (*f.*) circolare.
— **path,** movimento (*m.*) circolare dell'utensile.
— **pier,** pilastro (*m.*) a sezione circolare.
— **polarization** (U.S.A.) (*luce*), polarizzazione (*f.*) circolare.
— **rack,** cremagliera (*f.*) a sezione circolare.
— **roof** (*cost.*), tetto (*m.*) circolare.
— **saw,** sega (*f.*) circolare.
— **saw cutting-off machine** (*macchina ut.*), troncatrice (*f.*) a sega circolare.
— **saw grinding machine,** rettifica per seghe circolari.
— **saw sharpening machine** (*macchine ut.*), affilatrice per seghe circolari.
— **sawing machine,** v. **cold-metal —; hot-metal —.**
— **scanning** (*telev.*), analisi (*f.*) circolare.
— **seam,** saldatura (*f.*) circolare.
— **section,** sezione (*f.*) anulare.
— **section ring,** anello (*m.*) sferico.
— **shears,** cesoia (*f.*) a dischi; cesoia (*f.*) circolare.
— **shift** (*inform.*), shift circolare.
— **slot,** scanalatura (*f.*) circolare.
— **slotting,** strozzatura (*f.*) circolare.
— **spirit level** (*top.*), livella circolare.
— **stair(s),** scala (*f.*) a chiocciola.
— **sweep chronograph,** cronografo con asse di tempi circolare.
— **valve gearing,** distribuzione (*f.*) a cassetto rotondo.
— **wave guide** (*elettron.*), guida d'onda circolare.
— **wedge plate,** cuneo (*m.*) a disco.

circulate (*v.a.*) water, far circolare (*v.a.*) l'acqua.
circulating flow degassing (*met.*), degasaggio *m.*
— **fuel reactor** (*fis. atom.*), reattore (*m.*) di circolazione.
— **load** (*min.*), carica circolante (rapporto percentuale fra portata di *sopramisura* che ritorna al frantoio ed alimentazione costante del circuito).
— **memory** (*elettron.*), memoria a ritardo (usante una linea di ritardo per registrare le informazioni).
— **pump,** pompa (*f.*) di circolazione.
— **reactor** (*fis. atom.*), reattore (*m.*) di circolazione.
circulation, circolazione *f.*
— **oiling,** lubrificazione (*f.*) a circolazione d'olio.
circulator (*waveguide*), circolatore *m.*
circumcircle, cerchio (*m.*) circoscritto.
circumference, circonferenza *f.*
circumferential gas bag wires (*aer.*), rete (*f.*) per la protezione dei palloncini.
— **seams,** orli (*m. pl.*) circonferenziali (di lamiere).
— **seam welding** (*sald.*), saldatura (*f.*) a rulli trasversali.
— **shrinkage,** spaccatura *f.* (del legno).
circumscribed, *p.p.* circoscritto.
circumscribing circle, cerchio (*m.*) circoscritto.
cirro-cumulus, cirro-cumulo *m.*
— **-stratus,** cirro-strato *m.*
cirrus (*meteor.*), cirro *m.*
cis compound (*chim.*), isomero (*m.*) « cis ».
— **-planetary,** *agg.* (*astr.*), cisplanetare.
cislunar, *agg.* (*astr.*), cislunare.
— **interorbital space vehicle** (*astronomia*), veicolo interorbitale cislunare.
cissing, difetto di vernice provocato da formazione di gocce e raggi.
cissoid (*matem.*), cissoide *f.*
cistern, cisterna *f.*
citidric acid (*chim.*), acido aconitico.
citral (*chim.*), citrale *m.*
citrate (*chim.*), citrato *m.*
citric acid (*chim.*), acido (*m.*) citrico.
city bus fleet (*auto*), parco autobus urbani.
civet, sostanza odorifica usata in profumi.
civil aviation (*aereo*), aviazione civile.
— **engineering,** ingegneria (*f.*) civile.
— **servant,** impiegato statale; funzionario.
— **service,** amministrazione pubblica.
clack, animella *f.* (*di pompa*).
— **valve** (*ing.*), valvola di alimentazione; valvola a cerniera.
clad (*met.*), rivestito; cromato (*chromium clad*).
— **metal,** metallo di copertura; metallo laminato a freddo (v. **cladding**).
cladding (*met.*), processo di laminazione a freddo col quale si ricopre un metallo con un altro di maggior valore o di maggior resistenza all'azione chimica: placcatura *f.*; (*fis. atom.*), rivestimento.
— **fuel interface** (*fis. atom.*), superficie intermedia incamiciatura combustibile.
claim (*miniere*), concessione *f.*; (*comm.*), domanda *f.*; reclamo *m.*; rivendicazione *f.* (*salariale, ecc.*).
clamp (*min.*), mucchio di minerale pronto per l'arrostimento; (*elet.*), serrafilo *m.*; briglia *f.* (per fissaggio); grappa (per ancoraggio); staffa (di fissaggio (*macch. utens.*).
— *v.a.* fissare (un utensile, ecc.); serrare.
— (*v.a.*) **a tool,** montare (*v.a.*) un utensile.

clamp-hub type pulley, puleggia (*f.*) divisa con bulloni di fissaggio.
— **joint,** unione (*f.*) con arpione.
— **on** (*inform.*), preavviso di chiamata telefonica (effettuabile quando sarà libera la linea).
— **ring,** ghiera (*f.*) di serraggio (di micrometri, ecc.).
— **screw** (*top.*), vite di serraggio.
— (*v.a.*) **the tailstock,** bloccare (*v.a.*) la contropunta.
— **tube modulator** (*radio*), modulatore a portante controllata.
clamping, *m.* fissaggio; montaggio *m.* (di un pezzo); bloccaggio; chiusura *f.*
— **bolt,** bullone (*m.*) di chiusura; bullone (*m.*) di serraggio.
— **device,** dispositivo (*m.*) di serraggio.
— **force** (*mecc.*), forza di bloccaggio.
— **lever** (*mecc.*) leva (*f.*) di bloccaggio.
— **lugs,** morsetti (*m. pl.*) di bloccaggio (*o* fissaggio); morsetti di chiusura.
— **machine** (*falegnam.*), macchina di serraggio (*o* di montaggio).
— **nut,** dado di serraggio.
— **of the grinding wheel,** fissaggio (*m.*) della mola.
— **plate** (*ferr.*), piastrina (*f.*) di stringimento.
— **ring stop,** anello (*m.*) di arresto.
— **screw** (*elet.*), vite (*f.*) di fissaggio.
clap (*cinem.*, *telev.*), ciac.
clapper box (*macch. ut.*), scatola (*f.*) di alloggiamento del portautensili (*di limatrice*).
clarification (*metall.*), chiarificazione *f.* (*liquidi*).
— **plant** (*metalli*), impianto di chiarificazione.
clarifier (*radio*), filtro (*m.*) d'onda; bacino (*m.*) di decantazione; clarificatore *m.*
clarifying agent (*chim.*), agente chiarificante.
Clarostat (*radio*), tipo di resistenza (*f.*) variabile.
class A time (*radio*, *telev.*), intervallo di tempo di trasmissione più ascoltato (e quindi più costoso per le ditte pubblicitarie).
— **1 hollow extruded shape** (*met.*) (U.S.A.), profilato estruso cavo dalla cavità tonda e del diametro di un pollice o superiore a 1 pollice.
— **-room film** (*cinema*), documentario (*m.*) scolastico.
— **2 hollow extruded shape** (*met.*) (U.S.A.), profilato estruso cavo dalla cavità non superiore a 5 pollici di diametro del cerchio circoscrivente, in grossezza.
— **(one — liner),** piroscafo (*m.*) a classe unica.
classifier (*min.*), (*filters*, *separators*, *screens*), vaglio classificatore; classificatore *m.*
classify, *v.a.* classificare.
clastic rocks (*min.*), rocce (*f. pl.*) clastiche.
clause (no-strike —) (*labor disputes*), clausola di tregua sindacale.
claw, graffa *f.* (per cinghie); gancio *m.*; arpione *m.*
— **arm,** braccio (*m.*) dell'arpione.
— **clutch** (*mecc.*), innesto a denti.
— **coupling,** innesto (*m.*) a griffe; manicotto (*m.*) d'innesto.
clay, creta *f.*; argilla *f.*; (*petrol. raffineria*), termine usato invece di: *fuller's earth* (terra decolorante); v. **hi-set —**; **low-set —**; **micronized —**.
— **base mud** (*petrol.*), fango (*m.*) argilloso.
— **cement,** cemento argilloso.
— **cutter,** separatore (*m.*) d'argilla.
— **dam,** argine (*m.*) di argilla.
— **floor,** battuto (*m.*) di terra; battuto (*m.*) d'argilla.
— **gun** (*met.*), macchina per tappare il foro di colata (macchina per fare la bocchetta).

clay paste, pasta (*f.*) d'argilla.
— **pigeon shooting** (*sport*), tiro al piccione (artificiale).
— **pit,** cava (*f.*) di argilla.
— **stone,** formazione (*f.*) calcarea in un banco di argilla.
— **tile,** tegola (*f.*) laterizia.
clayey, *agg.* argilloso.
— **marl,** marna (*f.*) argillosa.
— **soil,** terreno (*m.*) argilloso.
clay(ey) sand, sabbia (*f.*) argillosa
clean, *v.a.* (*fond.*), sbavare; pulire *v.a.*; *agg.* (*tip.*), senza correzioni (rif. a bozze); *agg.*, senza rumori estranei (rif. a registrazione sonora; *agg.* (*riferito a prodotto petrolifero*), che non sporca il serbatoio: commerciabile; *agg.*, perfetto, esatto (to drill a clean hole), fare un foro perfetto col trapano.
— **air law** (*leg. inquinamento*), legge antinquinamento dell'aria.
— **(to —) a list,** tenere aggiornato un elenco (di abbonati p. es.).
— **-air zone** (*inquinamento*), area con aria non inquinata.
— **content** (*lana*), rendimento (*m.*) di una tosatura lavata.
— **-cut,** *agg.* (*chim.*), netta (separazione); precisa (reazione).
— **hardening** (*met.*), tempra (*f.*) brillante.
— **hemp,** canapa (*f.*) bianca.
— **proof** (*tip.*), bozza corretta.
— **reactor** (*fis. atom.*), reattore (*m.*) freddo; reattore (*m.*) pulito.
— **spirit** (*chim.*), spirito rettificato.
— **(to —) the casting,** pulire (*v.a.*) la ghisa (sbavare).
— **-up operation** (*fis. atom.*), operazione di decontaminazione (di acqua radioattiva di reattori difettosi).
cleaner, pulitrice *f.* (per rimozione di oli da lamiere); sostanza sgrassante; prodotto di decapaggio; depuratore *m.*
— **(8-track head and capstan —),** cassetta stereo 8 per la pulizia delle testine e del capstan (e del sistema di trascinamento) (registratori/riproduttori stereo 8) (*audio*).
cleaning, *f.* sgrassatura *f.* (*chim. ed elettrochim.*); purificazione; pulitura *f.*; battitura (*f.*) in fino (del lino); (*carbone*), classificazione *f.*; v. **suction —**.
— **brush** (*audio*), spazzola per giradischi.
— **bullets,** vedi: **condenser tube cleaning.**
— **hole** (*motori*), apertura (*f.*) per la pulizia.
— **shop,** reparto (*m.*) sbavatura; officina (*f.*) sbavatura.
— **(in place —)** (*agr., ecc.*), pulizia a ciclo chiuso (senza smontare, pulire e rimontare un impianto).
cleanse (to —), *v.a.* pulire; purificare.
— **oil,** purificare l'olio (prima di rimetterlo in circolazione).
cleanser (*fond.*), ripulitore *m.*; sbavatore *m.*; sapone (*m.*) detergente.
cleansing agent (*chim.*), sostanza per pulire; detergente *m.*
— **compounds** (*detergenti*), prodotti detergenti.
cleanup (U.S.A.), depurazione lenta (di gas di scarico).
clear, *agg.* (*ferr.*), sbloccato; *agg.* (*tel., radio*), chiaro; *v.a.* depurare; (*comm.*), sdoganare (*v. a.*); (*calcol. elettron.*), riportare *o* rimettere a zero (una memoria); sopprimere; cancellare (un segnale, un quadrante luminoso).
— **a passage** (*naut.*), liberare; aprire un corridoio, una via (p. es. attraverso il ghiaccio) (rompighiaccio).
— **glass bulb,** palloncino *m.* (di lampada) non smerigliato.
— **height,** altezza massima (di sottopassaggio o ponte).
— **ice** (*aereo*), vetrone *m.* (ghiaccio che si accumula sul bordo d'entrata delle ali).
— **icing** (*aereo*), vetrone *m.*

clear of, lontano; distante (ad una distanza di sicurezza e che consenta libertà di movimento); (*mecc.*), (*clear of the work*), lontano dal pezzo; (*all moving parts of the loader are well — of the operator*), tutte le parti mobili del caricatore sono ben distanti dall'operatore.
— (*v.a.*) **of timber,** disboscare *v.a.*
— **protective coatings,** rivestimenti protettivi trasparenti.
— **run** (*aereo*), percorso (*m.*) d'atterraggio.
— **span** (*cost.*), luce *f.* (distanza orizzontale fra due appoggi di una trave).
— (*v.a.*) **up,** disboscare *v.a.*
— **varnish,** vernice incolora.
— **(to —)** (*aereo*), autorizzare (un aereo ad atterrare o a decollare); (*chim.*) (*gen.*), liberare.
— **(to tip —),** ribaltare completamente; ribaltare liberamente (senza ostacolo).
— **(to —) snow by hand,** sgombrare la neve a mano.
clearance, spoglia *f.* (di un utensile); scarico *m.*; gioco *m.* (*mecc.*); spazio (*m.*) morto; altezza (*f.*) libera (*ponti, sottopassaggi* ecc.); (*comm.*) sdoganamento *m.*; (*ferr.*), franco *m.* (distanza fra vettura e strutture fisse del binario; fra vettura e vettura; al pl. *franchi*).
— **angle,** angolo (*m.*) di aggiunta; angolo di piazzamento dell'utensile; angolo di spoglia anteriore; angolo morto.
— **at top of tooth** (*ingr.*), gioco (*m.*) alla sommità del dente.
— **gauge,** calibro (*m.*) di tolleranza.
— **hole,** apertura (*f.*) di scarico.
— **space,** camera (*f.*) di una pompa.
clearer (*tess.*), cilindro (*m.*) pulitore; (*tess.*), cilindro spogliatore (di carde).
clearing (*tess.*), pulitura; spazio (*fra due denti di ingranaggi*); sdoganamento *m.*; compensazione (*comm.*); sgombro.
clearing arrangements (*comm.*), accordi (*m. pl.*) di compensazione.
— **facilities** (*comm.*), meccanismi di compensazione.
— **house** (*comm.*), stanza di compensazione.
— **lamp,** lampada (*f.*) di fine conversazione.
— **of debris** (*macch. ut.*), sgombero dei frammenti (trucioli, ecc.).
— **signal** (*telef.*), segnale di fine di conversazione.
clearstory (*cost.*), lanternino (per aerazione di stabilimenti).
cleat, galloccia *f.* (*naut.*); morsetto (*m.*) di unione (per fili); serrafilo *m.* (*elet.*); piolo *m.* (*falegn.*); cavicchio *m.* (*falegn.*).
— **jig** (*saldatura*), maschera per puntatura.
cleavage, scissione *f.*; rottura per decoesione.
— **(fracture)** (*cristal.*), rottura per decoesione.
cleave, *v.a. v.i.*, sfaldare *v.a.*; sfaldarsi *v.r.*; spaccarsi *v.r.*; fendersi *v.r.*
cleft, screpolatura *f.* (del legno); fessura.
clench, grappetto (*m.*) di ritegno.
— *v.a.* ricalcare (chiodi).
clerical error, errore (*m.*) di redazione.
clevis, attacco *m.* (dell'aratro); forcella con perno di chiusura a forma di U.
clew (*naut.*), bugna *f.*
click (*orol.*), cricchetto *m.*
— **post** (*orol.*), supporto del cricchetto.
— **screw** (*orol.*), vite del cricchetto.
— **spring** (*orol.*), molla del cricchetto.
clicker (*tip.*), *m.* proto *m.*
clicking press, macchina per trinciare cuoio); (*mecc.*)., trancia (*f.*) a bandiera.
clicks (*radio*), radiodisturbi atmosferici di brevissima durata.

client (U.S.A.) (*pubb.*), cliente (*m.*) pubblicitario.
climate, clima *m.*
climatology, climatologia *f.*
climb (*aereo*), salita *f.*; (*dislocazioni met.*), movimento dell'intera dislocazione fuori dal suo piano di scorrimento; *v.i.* salire.
— **rate** (*aereo*), rateo di salita.
climber (*ferr.*), ruota motrice (di locomotiva di ferrovia a cremagliera).
climbing angle (*auto*), capacità di arrampicamento.
— **irons** (*elet.*), staffe (*o* grappe) per salire sui pali telefonici, ecc.).
— **plant** (*bot.*), pianta rampicante.
— **shaft** (*aereo*), pozzo (*m.*) di salita (nell'involucro di aeronave); trachea (*f.*) a piuoli.
— **take-off** (*aereo*), partenza (*f.*) in cabrata.
— **turn** (*aereo*), salita in virata (manovra aerea consistente nel fare una salita mentre l'aeroplano gira).
clinch (to —), ribadire *v.a.*
clincher-built ceiling boarding, tavolato (*m.*) di soffitto con tavole accavallate.
clinker, scoria *f.* (loppa); trinciatore *m.* (cuoio).
— **plating** (*naut.*), fasciame (*m.*) a spessore conico.
clinkering coal, carbone (*m.*) con molte scorie.
clinograph (*perforaz.*) (*miniere*), clinografo *m.*
clinometer, clinometro *m.*; (*med.*), clinoscopio *m.*
clinoscope (*med.*), clinoscopio *m.*
clip, arpione *m.*; pinzetta *f.* (*met.*); staffa ad anello (per doccioni); briglia *f.* (di fissaggio); (*ferr.*), piastrina (*f.*) di stringimento.
— **(to —),** ritagliare *v.a.*; tagliare *v.a.*
clipper, limitatore d'impulsi; (*aereo*), idrovolante transatlantico.
clipping, limite (*m.*) d'impulso; (*audio*), livello massimo di potenza ammissibile per un amplificatore, che se superato dà luogo a distorsione; (*telecom.*), mutilazione della parola.
cliseometer (*med.*), cliseometro *m.*
clisis (*med.*), inclinazione *f.*
clock, orologio *m.*; orologio digitale; contachilometri.
— **card** (*lavoro*), cartellino di presenza.
— **frequency** (*elettron.*), frequenza di base.
— **interval timer,** sveglia (*f.*) ad intervalli.
— **meter** (*elet.*), contatore (*m.*) a bilanciere (*o* pendolare).
— **movement** (*orolog.*), movimento d'orologeria.
— **-out (to —),** sintonizzare; timbrare all'uscita il cartellino di presenza.
— **rate** (*elettron.*), frequenza di base.
— **stars** (*astr.*), stelle di posizione nota (usate per la misura del tempo).
— **(our car had 3000 miles on the —)** (*auto*), la nostra auto aveva 3000 miglia sul contachilometri.
clocking (*elettron.*), sincronizzazione *f.*
clockradio, radiosveglia *f.*
clockwise, *agg.* destrorso (secondo le lancette dell'orologio).
— **rotation,** rotazione (*f.*) destrorsa.
clockwork, movimento (*m.*) d'orologeria.
clog, *v.i.*, incepparsi *v.r.*; ostruire *v.a.*; intasare *v.i.*
clogginess, inceppamento *m.*
clogging, intasamento *m.*; ostruzione *f.*
— **deposit,** deposito (*m.*) incrostante.
cloister vault (*cost.*), volta (*f.*) a padiglione.
clone (*bio.*), clone *m.*
close, *v.a.* intasare; chiudere; *agg.* fitto (di reti, maglie, ecc.); (*istruzione*) (*inform.*), disattivazione dinamica (istruzione di entrata/uscita); chiudere (schedario, ecc.).

close abutment (*cost.*), spalla (*f.*) piena.
— (*v.a.*) **a circuit,** chiudere (*v.a.*) un circuito.
— (*v.a.*) **a valve,** chiudere (*v.a.*) una valvola.
— **-air support (Cas)** (*aereo*), appoggio aereo ravvicinato.
— **annealing** (*met.*), tempra (*f.*) in crogioli chiusi; rinvenimento (*m.*) in crogioli chiusi; v. **box annealing.**
— **bend test** (*met.*), prova (*f.*) di piegatura a 180 gradi.
— **encounter** (*UFO*) (*astron.*), incontro avvicinato.
— **lapped corner joint,** saldatura (*f.*) sul collo.
— **nipple,** tappo (*m.*) filettato.
— **-packed metals,** metalli a struttura compatta.
— **-packed structure** (*met.*), struttura compatta.
— **rivet joint,** chiodatura (*f.*) ermetica.
— **scanning** (*telev.*), analisi (*f.*) ad alta definizione.
— **shot** (*cinem.*) (*slang*), primo piano.
— **tolerance,** tolleranza ristretta.
— **-up** (*cinem.*), primo piano.
— **up illustration** (*mecc.*), illustrazione (*f.*) di particolare.
— **-up lens** (*ott.*), lente per visione avvicinata.
— **-up photography** (*fot.*), fotografia di primi piani.
— **-up view,** particolare (*m.*) di macchina (in fotog.).
— **-up vision** (*TV*) (*inform.*), visione avvicinata.
— (*v.a.*) **water-tight,** chiudere *v.a.* (in modo impermeabile).

closed cable (*ferr. aeree*), fune (*f.*) continua; fune di tipo chiuso.
— **car,** automobile (*f.*) chiusa.
— **chain** (*chim.*), catena chiusa.
— **chain compounds** (*chim.*), composti (*m. pl.*) a catena chiusa.
— **circuit,** circuito (*m.*) chiuso.
— **circuit armature,** indotto (*m.*) di circuito chiuso.

closed-circuit colour television (*telev.*), televisione a colori a circuito chiuso.
— **-circuit grinding plant** (*min.*), impianto di frantumazione a circuito chiuso.
— **-circuit speed record** (*aereo*), record di velocità in circuito chiuso.
— **circuit television,** televisione (*f.*) industriale; televisione a circuito chiuso.
— **-circuit television equipment** (*tel.*), impianto televisivo a circuito chiuso.
— **-coil winding** (*elet.*), avvolgimento (*m.*) d'indotto chiuso.
— **core,** nucleo (*m.*) chiuso.
— **-core transformer** (*elet.*), trasformatore (*m.*) a circuito magnetico chiuso; trasformatore a nucleo chiuso.
— **eaves,** *pl.* gronda (*f.*) sporgente con assicella di riparo.
— **economy** (*econ.*), economia (*f.*) chiusa.
— **end investment company** (*finan.*), società d'investimento a capitale fisso.
— **forward extrusion** (*mecc.*), estrusione in avanti chiusa.
— **iron circuit transformer,** trasformatore (*m.*) a nucleo chiuso.
— **jet wind tunnel** (*aereo*), galleria del vento a flusso chiuso.
— **loop** (*inform.*), loop chiuso; ciclo chiuso (che richiede una operazione esterna per essere realizzato).
— **-loop control** (*elettron., inform.*), controllo ad anello chiuso.
— **loop control of basic oxygen steelmaking** (*met.*), controllo ad anello chiuso della fabbricazione dell'acciaio all'ossigeno.
— **-loop system** (*elettron.*), sistema di controllo in circuito chiuso.
— **magnetic circuit,** circuito (*m.*) magnetico chiuso.
— **meeting** (*gen.*), riunione a porte chiuse.

closed oscillating circuit, circuito (*m.*) oscillante chiuso.
— **pass** (*lamin.*), calibro (*m.*) chiuso; canale chiuso.
— **routine** (*inform.*), routine chiusa.
— **shaft,** pozzo cieco.
— **shed** (*tess.*), angolo di inserzione (passo) chiuso (fili d'ordito in un telaio nello stesso piano, o orizzontali).
— **shell atom** (*fis. atom.*), atomo con strato completo (*o* saturo).
— **shop** (*finan.*), monopolio sindacale.
— **stereo head phones** (*audio*), cuffia stereofonica chiusa.
closely *avv.*, ermeticamente (p. es. per chiusure); intimamente (*chim.*); con precisione (*mecc.*).
— **related** (*chim.*), intimamente affini.
closing capsule, capsula (*f.*) di chiusura.
— **date,** scadenza; data di scadenza (di una gara per fornitura di prodotti siderurgici, ecc.).
— **error** (*top.*), errore (*m.*) di chiusura (di una poligonale).
— **head,** capocchia (*f.*) ribadita.
clot, grumo *m.*
— *v.i.*, raggrumare.
cloth, strofinaccio *m.*
— **folder** (*tess.*), faldatrice *f.*
— **inspecting machine** (*tess.*), macchina (*f.*) di verifica delle pezze.
— **inspection,** verifica del tessuto.
— **inspection machine** (*tess.*), macchina per la verifica delle pezze.
— **oil** (*tess.*), olio per oliatura della lana.
— **spraying machine** (*tess.*), spruzzatore.
— **trim** (*auto*) (arredamento) interno in panno.
clothes dryer (*mecc.*), asciugatrice centrifuga.
clothing of centrifugals (*ind. mol.*), guarnizione (*f.*) di buratti centrifughi.
clotting (*min.*), consolidamento del minerale durante l'arrostimento.
— **enzymes** (*chim.*), enzimi provocanti coaguli di colloidi (per es., il caglio).
cloud (*tess.*), filato (*m.*) con due fili di colore diverso e ritorti; (*meteor.*), nuvola *f.*
— **chamber,** (*fis. atom.*), camera di Wilson.
— **-chambers** (*fis.*), camere (*f. pl.*) a nebbia.
— **height** (*meteor.*), altezza (*f.*) della nube.
— **of electrons,** nube (*f.*) elettronica.
— **point,** punto (*m.*) di intorbidimento (*o* di cristallizzazione).
— **seeding,** disseminazione delle nubi (stimolazione artificiale della pioggia).
cloudburst, acquazzone *m.*
— **hardening,** tempra (*f.*) al getto d'acqua.
cloudiness (*meteor.*), annuvolamento *m.*; intorbidimento *m.*; mancanza di splendore (in pitture, vernici, ecc.); opacità *f.*
clouding (*vernici*), annebbiamento *m.*
cloudy, *agg.* (*tess.*), di tinta non uniforme (per difetto di tintura o di finitura); (*meteor.*), nuvoloso.
— **web** (*filatura cotone*), velo di carda irregolare.
clove hitch, nodo (*m.*) parlato semplice.
— **-leaf junction** (*strade*), svincolo a quadrifoglio.
clover oil, olio (*m.*) di trifoglio.
cloves oil, essenza di cariofillo.
clowning (*cinem.*), taglio *m.* (della pellicola).
club shaped covering (*sald.*), rivestimento (*m.*) a clava.
— **-tooth escapement** (*orol.*), scappamento ad àncora svizzero.
— **wagon** (*auto*) (U.S.A.), « microbus ».
clump (*tip.*), blocco del calamaio.
clumps (*tip.*), lingotti.

cluster, gruppo *m.*; ammasso *m.*; (*inform.*), grappolo *m.*; (*inform.*), *v.a.* raggruppare.
— **bomb** (*armi*), bomba a grappolo.
— **of atoms,** sciame (*m.*) di atomi.
— **pine,** pino (*m.*) marino.
— **switch** (*elet.*), interruttore (*m.*) a corona.
— **unit** (*aereo, ecc.*), complesso (*o* gruppo) degli strumenti.
clustering (*inform.*), raggruppamento *m.*
clutch, (*mecc.*) innesto *m.*; griffa *f.*; frizione *f.* (*motori*).
— **coupling,** innesto (*m.*) a denti; giunto (*m.*) a denti; giunto (*m.*) a frizione.
— **disc hub** (*auto*), mozzo per disco della frizione.
— **disengagement** (*auto*), distacco della frizione.
— **fork** (*auto*), forcella disinnesto; leva a forcella per disinnesto frizione.
— **housing** (*auto*), scatola per frizione.
— **housing pan** (*auto*), coperchio della frizione.
— **inserts** (*motoc.*), blocchetti (*m. pl.*) disco frizione.
— **pedal** (*auto*), pedale innesto frizione.
— **pressure plate** (*auto*), anello spingidisco per frizione.
— **shaft** (*auto*), albero (*m.*) della frizione.
— **spring,** molla (*f.*) d'innesto.
— **throw-out sleeve** (U.S.A.), manicotto disinnesto frizione.
— **wheel** (*orol.*), ruota a coulant.
— **withdrawal sleeve** (*auto*), manicotto disinnesto frizione.
— **(wet-type —)** (*mot.*), frizione a bagno d'olio.
« clutter » (*radar*) (*aereo*), effetto « clutter » dovuto a segnali radar interrotti perchè riflessi dalla pioggia, onde del mare o dal terreno; echi indesiderati.
CMOS circuitry (*inform.*), circuiteria logica a semiconduttore ad ossido metallico e silicio.
CO_2 powered rifle (*armi*), fucile a gas.
CO_2 recorder (*ing.*), registratore di anidride carbonica.
CO_2 scrubber, depuratore dell'anidride carbonica.
coacervation, coacervazione *f.* (soluzioni colloidali).
coach, torpedone *m.*; carrozza (*f.*) ferroviaria.
— **builder,** carrozziere *m.* (che costruisce carrozzerie per auto).
— **operation** (*transports*), esercizio di torpedoni.
— **roll,** pressa umida (carta).
— **screw** (*ing.*), vite (*f.*) a legno (*o* a mordente) (vite con testa quadra che si fa girare con una chiave, usata in ferr.).
— **station** (*trasporti*), autostazione *f.*
— **(first-class —)** (*ferr.*), carrozza di 1 classe.
— **(second-class —)** (*ferr.*), carrozza di 2 classe.
— **(stationary —)** (*ferr.*), carrozza in sosta.
coachbuilder, carrozziere *m.*; carrozzaio *m.*
coachbuilt motor caravan (*auto*), autocaravan costruita appositamente su telaio di automobile.
coachpainter, verniciatore (*m.*) di carrozzerie
— **varnish** (*vernici*), vernice per carrozzerie.
coachwork (*auto*), carrozzeria *f.*
coagel, gel (*m.*) coagulato.
coagulase, coagulasi *f.*
coagulate, *v.i.* rappigliare; coagulare; rapprendere; prendere (di cemento); *v.r.* rappigliarsi; coagularsi; rapprendersi.
coal, carbone *m.*; v. **caking —**; **clinkering —**; **gas —**; **run-of-mine —**.
— **breaker,** frantoio (*m.*) per carbone.
— **-bunker,** silo del carbone (*m.*); carbonile (*m.*); cassa (*f.*) carbone.
— **charge,** carica (*f.*) di carbone.

coal conveyor, trasportatore (*m.*) per carbone.
— **crusher,** frantoio (*m.*) per carbone.
— **cutter** (*min.*), tagliatrice per carbone.
— **cutter chain picks** (*min.*), denti (*o* taglienti) di catena di tagliatrice.
— **cutter jib** (*min.*), braccio portacatena di tagliatrice di carbone.
— **cutting machine** (*min.*), tagliatrice per carbone.
— **dust,** polvere (*f.*) di carbone.
— **-dust,** carbonella *f.*
— **dust brick,** mattonella (*f.*) di carbone.
— **dust furnace,** focolare (*m.*) a carbone polverizzato.
— **electrode,** elettrodo (*m.*) di carbone.
— **elevator,** elevatore (*m.*) per carbone.
— **face** (*carbone*), fronte di taglio.
— **face automation** (*min.*), automazione della fronte di taglio.
— **-field,** bacino (*m.*) carbonifero.
— **-fired power station** (*elet.*), centrale elettrica a carbone.
— **gas,** gas (*m.*) di carbone.
— **gasifiication,** gassificazione del carbone.
— **gasification plant,** impianto di gassificazione del carbone.
— **grinding,** polverizzazione (*f.*) del carbone.
— **hopper,** tramoggia (*f.*) pel carbone.
— **hydrogenation,** idrogenazione del carbone.
— **injection** (*blast furnace operations*), iniezione del carbone.
— **lift,** elevatore (*m.*) di carbone.
— **liquefaction,** liquefazione del carbone.
— **liquefication,** liquefazione del carbone.
— **mine,** cava (*f.*) di carbone; miniera (*f.*) di carbone.
— **-miner,** minatore (*m.*) di carbone.
— **mining geology** (*geol.*), geologia mineraria (del carbone).

coal naphtha (*chimica*), benzene *m.*
— **oil,** kerosene *m.*; petrolio *m.*
— **ore bridge,** gru a ponte per carbone e minerali.
— **pipeline,** carbodotto *m.* (tubazione per trasporto di carbone mescolato con acqua e olio).
— **-pit,** miniera (*f.*) di carbone.
— **plough,** tagliatrice a vomere.
— **pulverizer** (*min.*), polverizzatore del carbone.
— **rich in gas,** carbone (*m.*) ricco di gas.
— **sample,** campione di carbone.
— **screening plant** (*min.*), impianto di vagliatura del carbone.
— **shovel,** pala (*f.*) per carbone.
— **stone,** carbone (*m.*) antracite.
— **storage bunker** (*min.*), silo per immagazzinamento del carbone.
— **tar (coal-tar),** catrame (*m.*) di carbon fossile.
— **-tar creosote,** olio (*m.*) di creosoto.
— **-tar dyes,** coloranti (*o* colori) del catrame.
— **-tar naphtha** (*chim.*), benzene *m.*
— **-tar oil,** olio (*m.*) di catrame di carbon fossile.
— **washery** (*carbone*), laveria (*f.*) per carbone.

coalesce, *v.r.* (*chim.*), combinarsi *v.r.*; unirsi *v.r.*; associarsi *v.r.*; fondere *v.i.*; coalescere *v.i.*

coalescence, coalescenza *f.*

coalescer (*chim.*) (*gas turbine*), v. **fuel filter —.**

coalescing, combinazione *f.*; unione *f.*

coalfield, giacimento (*m.*) carbonifero.

coaling (*min.*), estrazione del carbone.
— **crane,** gru (*f.*) per imbarco di carbone.
— **station,** stazione (*f.*) carbonifera.
— **(installation ready for —),** impianto pronto per l'estrazione di carbone.

coaming (*naut.*), comento *m.*

coarse, *agg.* approssimato; greggio; grosso; ruvido; grossolano (riferito a grano cristallino).
adjustment, aggiustamento (*m.*) approssimato.
— **control** (*fis. atom.*), regolazione (*f.*) approssimata.
— **control rod** (*fis. atom.*), barra (*f.*) di regolazione approssimata.
— **copper,** rame (*m.*) greggio.
— **fraction** (*ceneri, ecc.*), frazione grossa.
— **grained,** a grana (*f.*) grossa.
— **grained sand,** sabbia (*f.*) a grani grossi.
— **-grained steel** (*met.*), acciaio a grano grosso.
— **grained wheel,** mola (*f.*) a grana grossa.
— **grind,** *v.a.* sgrossare alla mola.
— **heckle** (*tess.*), pettine (*m.*) in grosso (v. **heckle**).
— **metal,** silicato ferroso impuro, ottenuto dopo la fusione dei min. di ferro in un forno a riverbero.
— **of tiles,** filare (*m.*) di tegole.
— **plaster of Paris,** gesso (*m.*) da muratore.
— **salt,** sale (*m.*) grosso.
— **sugar,** zucchero grezzo.
— **tuning,** sintonia (*o* accordo) approssimata.
— **yarn** (*tess.*), filato (*m.*) grosso.
coarseness, grana grossa (*min.*)
coast (to —), *v.t. v.i.* scendere a valle (per sola forza di gravità) (*aereo ecc.*) (U.S.A.); (*astron.*), muoversi nello spazio a motore spento.
— **-defence ship** (*naut.*), nave guardacoste.
— **Guard** (*mil.*) (*naut.*), Guardia costiera (corpo di guardia per servizio militare, anti-contrabbando, ecc.).
— **railway,** ferrovia (*f.*) litoranea.
coastal direction finding station, stazione (*f.*) radiogoniometrica costiera.
coastal ecology research, ricerca ecologica costiera.
coaster (*naut.*), natante da cabotaggio; natante costiero.
— **brake** (*bicicl.*), freno (*m.*) contropedale.
coasting (*elet.*), corsa a motore spento e senza freni (*trazione elett.*); (*astron.*), volo di veicolo spaziale ad unità motrice spenta ma non in voli orbitali. (*flight of an air vehicle when the power unit has been cut off, but excluding orbital flight*); (*comm.*), cabotaggio *m.*.
— **navigation,** navigazione (*f.*) costiera.
— **time** (*inform.*), tempo di fermata.
— **trade** (*naut.*), piccolo cabotaggio.
coat, mano *f.* (di pittura); strato *m.*; rivestimento *m.*; deposito *m.*; *v.a.* dare una mano (di pittura); rivestire (di).
— **hanger** (*smalti*), barra di sospensione (per forni continui).
— **of colour,** strato (*m.*) di colore.
— **with asphalt,** ricoprire (*v.a.*) di asfalto.
— **with nickel,** nichelare *v.a.*
— **with pitch,** impeciare *v.a.*
— **with zinc,** zincare *v.a.*
coated abrasives (*macch. ut.*), abrasivi su supporto flessibile; abrasivi riportati; abrasivi rivestiti.
— **board** (*tip.*), cartoncino (*m.*) patinato.
— **electrode,** elettrodo (*m.*) rivestito; (*elet.*), v. **dipped electrode.**
— **lens** (*fot.*), obiettivo (*m.*) trattato.
— **paper,** carta (*f.*) lucida (*o* patinata).
— **steel** (*met.*), acciaio rivestito.
coating, coloritura *f.* (verniciatura); tinteggiatura *f.*; rivestimento (*vernici, ecc.*); v. **acid-proof —; aluminium —; anodic —; antifouling —; asphalt —; birifringent —; bituminous —; cellulosic —; ceramic —; cermet —; chemical —; clear protective —; cold —;**

cold applied strippable —; copper —; decorative —; diffusion —; dip —; electrode —; electrostatic —; epoxy powder —; flame-sprayed —; fluorescent —; fluoroplastic —; fused metallized —; hot —; hot dip strippable —; metal —; nylon —; organic —; phosphate —; phosphorescent —; protective —; rubber —; refractory —; removable —; silicon —; sprayed —; sprayed ceramic —; strippable plastic —; syntetic —; tin —; zinc —.

coating of a condenser (*elet.*), armatura (*f.*) di condensatore.

— **(alkyd-based —)** (*rivestiment.*), rivestimento a base di resina alchidica.

— **(corrosion protective — on steel sheets)** (*rivestim.*), rivestimento protettivo contro la corrosione nelle lamiere di acciaio.

— **(fire-retardant —)** (*rivestim.*), rivestimento ignifugo.

— **(high-temperature —)** (*rivestim.*), rivestimento ad alta temperatura.

— **(microorganism resistant — for aircraft fuel tanks)**, rivestimento resistente ai microorganismi per serbatoi di carburante di aerei.

— **(phosphate — for steels)**, rivestimento con soluzioni fosfatiche per gli acciai (fosfatazione).

— **(plastic —)**, rivestimento plastico.

— **(thermosetting —)**, rivestimento termoindurente.

coaxial, *agg.* coassiale.

— **aerial** (*radio*), antenna (*f.*) coassiale.

— **cable** (*telev.*), cavo (*m.*) coassiale.

— **rotor** (*elic.*), rotore (*m.*) coassiale.

— **technology** (TV), tecnologia coassiale.

— **telephone line** (*telef.*), linea telefonica coassiale.

cob (*cost.*), mattone *m.* (non bruciato).

Cob mill (*vernici, smalti*), mulino Cob (specie di frantoio).

cobalt (*chim.* = Co), cobalto *m.*

— **acetate** (*chim.*), acetato (*m.*) di cobalto.

— **blue**, azzurro (*o* bleu) (*m.*) di cobalto; azzurro di cobalto.

— **bomb**, bomba (*f.*) al cobalto.

— **glass**, vetro di cobalto; silicato di cobalto.

— **green**, verde (*m.*) di cobalto.

— **poisoning**, avvelenamento (*m.*) da cobalto.

— **sulphate**, solfato (*m.*) di cobalto.

— **trifluoride**, trifluoruro di cobalto.

— **tungsten high speed steel**, acciaio (*m.*) rapido al cobalto tungsteno.

— **vitriol**, vetriolo (*m.*) di cobalto.

cobaltine (*min.*), cobaltina *f.*

cobaltite (*min.*), cobaltina *f.*

cobble, massa rotonda di metallo non ben puddellato.

— **stone pavement**, selciato (*m.*) di ciottoli.

cobbles, carbone (*m.*) a cubi; carbone (*m.*) in pezzi piccoli.

cobbling (*tess.*), tingere di nuovo per migliorare la tinta.

COBOL (*inform.*), Cobol: linguaggio di programmazione di alto livello. Costituisce il linguaggio principale dell'informatica di gestione.

cobs (*radar*), distorsione d'immagine per interferenze di F.M.

coca, coca *f.*

cocaine, cocaina *f.*

cochenille, cocciniglia *f.*

cochinchina wax, burro (*m.*) di Irvingia.

cochineal, cocciniglia *f.*

— **-carmine**, rosso cocciniglia.

cock, ponte di un bilanciere (*orol.*); rubinetto *m.* (*idraul.*); cane (*di armi*).

— **metal**, bronzo (*m.*) per rubinetteria.

cock pin, chiavarda (*f.*) da murare.
— **screw,** chiavarda (*f.*) da murare.
— **(to —)** (*armi*), armare *v.a.* (un fucile, carabina, ecc.).
cock's head (*bot.*), lupinella *f.*
cocked-up (*tip.*), iniziale di una riga.
cocking operation (*armi*), operazione di armamento (carica di un fucile con le dovute munizioni).
cockle (*difetto met.*), ondulatura ai bordi (di un laminatoio).
cockpit (*aereo*), abitacolo (*m.*) del pilota; carlinga *f.*
— **cut away** (*aereo*) (*dis.*), apertura (*f.*) pilota.
— **hood** (*aereo*), cappotta (cuffia) *f.* (dell'abitacolo del pilota).
cocktail cabine (*naut.*), cabina per riunioni.
cocoa, cacao *m.*
— **butter,** burro di cacao.
— **-nut,** cocco *m.*
COCOMAT (*controllo numerico*) (*macchine ut.*), linguaggio di programmazione della Rolls Royce Ltd.
coconut oil, olio (*m.*) di cocco.
cocoon reeling (*tess.*), trattura (*f.*) della seta.
cod (*fond.*), sottoquadro *m.*
— **liver oil,** olio (*m.*) di fegato di merluzzo.
— **oil,** olio (*m.*) di fegato di merluzzo di qualità inferiore (per conciare).
codable, *agg.* (*inform.*), programmabile.
code, codice *m.*
— **alphabet** (*inform.*), alfabeto in codice.
— **beacon,** radiofaro di segnali a codice.
— **scanning** (*inform.*), scansione del codice.
— **selector switch** (*aereo*), selettore (*m.*) di codice.
— **(to —)** (*inform.*), programmare; codificare.
coded magnetic key (*auto*), chiave magnetica codificata.
coded sample (*inform.*), campione codificato.
codeine (*chim.*), codeina *f.*
coder (*tel.*), commutatore *m.* (*o* formatore) di segnali in codice; (*elettron.*), codificatore *m.*
— **(colour —),** codificatore del colore.
— **(pulse —),** codificatore d'impulsi.
codiastase, codiastasi *f.*
codification (*calcol. elettron.*), codifica *f.* (dei dati).
codify (to) (*elettron.*), codificare.
coding (*teleg.*), formazione (*f.*) di segnali di codice; (*inform.*) codifica *f.*; programmazione *f.*
co-director (*cinem.*), aiuto regista *m.*
coefficient, coefficiente *m.*
— **of absorption,** coefficiente (*m.*) di assorbimento.
— **of adhesion,** potere (*m.*) aderente; coefficiente (*m.*) di adesione.
— **of amplification,** coefficiente (*m.*) di amplificazione.
— **of attenuation,** coefficiente di indebolimento.
— **of contraction,** coefficiente (*m.*) di contrazione.
— **of correction,** coefficiente (*m.*) di correzione.
— **of coupling** (*radio*), coefficiente (*m.*) di accoppiamento.
— **of dispersion,** coefficiente (*m.*) di dispersione.
— **of elongation,** coefficiente (*m.*) di allungamento.
— **of expansion,** coefficiente (*m.*) di dilatazione; coefficiente di espansione.
— **of friction,** coefficiente (*m.*) di attrito.
— **of fullness** (*idraul.*), coefficiente (*m.*) di riempimento.
— **of heat transmission,** coefficiente di trasmissione calorifica.
— **of impact,** coefficiente (*m.*) d'urto.
— **of magnetization,** coefficiente (*m.*) di magnetizzazione.

coefficient of mutual induction (*elet.*), coefficiente (*m.*) di induzione mutua.
— **of oscillation,** coefficiente (*m.*) d'oscillazione.
— **of performance** (*ing.*), coefficiente (*m.*) di rendimento.
— **of proportionality,** coefficiente (*m.*) di proporzionalità.
— **of reflection** (*illum.*), coefficiente (*m.*) di riflessione.
— **of resistance,** coefficiente (*m.*) di resistenza.
— **of safety,** coefficiente (*m.*) di sicurezza.
— **of self-induction** (*elet.*), coefficiente (*m.*) di auto-induzione.
— **of utilization** (*ill.*), coefficiente (*m.*) di utilizzazione.
— **of viscosity,** coefficiente (*m.*) di viscosità.
— **of volumetric expansion,** coefficiente (*m.*) di dilatazione cubica.
coenzyme, coenzima *m.*
coercitive force, forza (*f.*) coercitiva.
coercitivity (*elet.*), coercitività *f.*
coffee berries oil, essenza (*f.*) di semi di caffè.
— **dryer,** essiccatore (*m.*) per caffè.
— **grader** (*ind.*), buratto (*m.*) calibratore per caffè.
— **huller** (*ind.*), svecciatoio (*m.*) per caffè; svecciatore (*m.*) per caffè.
— **percolator,** macchinetta per caffè.
— **polisher** (*ind.*), pulitore (*m.*) per caffè.
— **washer** (*ind.*), lavatrice (*f.*) per caffè.
coffer (*arch.*), cassettone *m.*
cofferdam, cassone (*m.*) pneumatico; intercapedine *f.* (*naut.*); diga *f.*
coffering, rivestimento di un pozzo (*min.*).
coffin (*fis. atom.*), recipiente per trasporto di materiale radioattivo.
cog, rapporto *m.* (di bicicletta).
cog (to —), sbozzare (*v.a. v.i.*) (al laminatoio); addentellare (*v.a.*).
— **down (to)** (*met.*), sbozzare alla forgia.
— **wheel,** pignone *m.*
cogged wheel, ruota (*f.*) dentata.
cogging (*met.*), laminazione *f.*; (*faleg.*), intaglio *m.*
— **mill,** laminatoio (*m.*) sbozzatore.
— **pass** (*met.*), passata (*f.*) preparatrice; (*met.*), calibro (*m.*) per lingotti.
— **roll,** cilindro blooming; cilindro sbozzatore (*lamin.*).
cognac oil (*chim.*), olio (*m.*) di cognac; etere (*m.*) enantico.
cognate, *agg.* (*chim.*), della stessa origine; affine.
cogs, *m. pl.* (*ing.*), denti (di legno).
cohere, *v.i.* (*chim.*), agglomerarsi *v.r.*
coherent detector (*radio*), rivelatore coerente.
— **scattering** (*fis. atom.*), diffusione (*f.*) coerente.
coherer, coesore *m.* (*elet.*); tubetto (*m.*) Calzecchi; radio conduttore.
coil, serpentina *f.*; (*met.*) rotolo; bobina *f.*; rocchetto *m.* (*elet.*); *v.a.* avvolgere (un cavo).
— **conveyor** (*met.*), convogliatore rotoli.
— **former** (*elet.*), nucleo (stampo) di una bobina.
— (*v.a.*) **hot** *v.a.* (*met.*), avvolgere a caldo.
— **ignition** (*elet.*, *auto*), spinterogeno *m.*
— **-loaded cable** (*telef.*), cavo (*m.*) pupinizzato.
— **loading** (*elet.*), pupinizzazione *f.*
— **spring** (*mecc.*), molla (*f.*) a spirale piana.
— **storage** (*met.*), magazzino rotoli.
— **tap,** presa (*f.*) della bobina.
— **winder** (*tess.*), bobinatrice *f.*
— **winding,** avvolgimento *m.*
— **winding machine,** vedi: **automatic —.**

coil (maximum inside diameter of —) (*met.*), massimo diam. interno rotolo.
— (maximum outside diameter of —) (*met.*), massimo diam. esterno rotolo.
coiled coil filament (*elet.*), filamento (*m.*) a spirale.
— cord (*elet. ecc.*), cordone a spirale.
— sheet (*met.*), lamierino in rotoli.
— strip (*met.*), nastro in rotoli.
— -up, *agg.* attorcigliata (*molecola*).
coiler, bobinatrice *f.*; (*met.*), imbobinatrice *f.*; aspo *m.* (*met.*).
— box (*filatura cotone*), apparecchio (*m.*) raccoglitore.
— (can) (*tess. cotone*), vaso (*m.*) girevole.
— (hydraulic — mechanism) (*metal.*), azionamento idraulico degli aspi.
coiling apparatus for steel wire and strip (*met.*), impianto di avvolgimento per filo e nastro.
— machine (*met.*), imbobinatrice *f.*; v. **universal — machine.**
coils storage aisle (*met.*), campata magazzino rotoli.
coin, *v.a.* coniare; moneta *f.*; gettone *m.*
— -box (*telef., ecc.*), gettoniera *f.*
— -box public telephone (*telef.*), apparecchio telefonico pubblico a gettoni.
— changer, macchinetta per cambio della moneta.
— operated car-washing machine (*auto*), lavatrice per auto a gettone.
— operated meter, contatore (*m.*) a moneta.
— operated telescope, telescopio a moneta.
— operated time switch, contatore (*m.*) a moneta.
coincidence (*fis. atom.*), coincidenza *f.*
— array (*fis. atom.*), disposizione in coincidenza.
— range finder (*mil.*), telemetro (*m.*) a coincidenza.
coincidence technique (*fis. atom.*), tecnica (*f.*) di coincidenza.
coining, coniatura *f.*; vedi: **hot.**
— press (*mecc.*), pressa (*f.*) per coniare.
— (hydraulic — press) (*macch. ut.*), pressa oleodinamica a coniare.
coke, antracite depurata *f.*; coke *m.*
— (to —), *v.a.* cokefare; (*met.*), cokificare.
— bin (*met.*), silo coke.
— blast furnace pig iron (*met.*), ghisa (*f.*) all'altoforno a coke.
— breeze (*carbone*), granulato di coke; (*min.*), coke in piccola pezzatura.
— bunker (*met.*), silo (*m.*) del coke.
— DI, indice di barilatura del coke.
— druss, coke (*m.*) minuto.
— for ironmaking, coke siderurgico.
— hardness (*min.*), durezza del coke.
— -making, produzione di coke.
— oven (*met.*), forno a coke.
— oven battery (*met.*), batteria di forni a coke.
— oven gas (*combust.*), gas dei forni a coke.
— -oven plants, impianti di forni a coke.
— plant, cokeria *f.*
— plant operating variables, variabili di esercizio di una cokeria.
— pusher, estrattore di carbone (*dal forno*).
— -quenching tower (*gas*), torre di spegnimento del coke.
— rate (*altoforno met.*), consumo specifico di coke.
— screen, vaglio (*m.*) del coke.
— sieve analysis, analisi granulometrica meccanica del coke.
— sizing plant, impianto di pezzatura del coke.
— stability (*commonly used to indicate the strength of coke, as measured by the ASTM tumbler test method*), stabilità del coke.

coke stove, stufa (*f.*) a carbone.
— **waste,** detriti (*m. pl.*) di coke.
— **(formed —),** coke formato (carbone non da coke trasformato in combustibile metallurgico con il processo «formed-coke» (*FMC process*).
— **(sized —),** coke in pezzatura.
cokefiable *agg.*, cokeficabile.
coking (*carbone*), cokefazione (trasformazione in coke); (*met.*), *agg.* cokificante.
— **plant,** impianto di cokefazione.
— **process** (*met.*), processo di cokefazione.
— **time** (*met.*), tempo di cokefazione.
— **tecnique** (*met., min.*), tecnica di cokefazione.
— **(continuous —)** (*coke*), cokefazione continua.
— **(delayed —)** (*met.*), cokefazione ritardata.
— **(fluid —)** (*met.*), cokefazione a letto fluidizzato.
col (*meteor.*), area di pressione che separa due anticicloni o due depressioni; abbrev. di *colourless* = incolore.
colcothar vitriol, capomorto *m.*
cold, *agg.* freddo.
— **applied strippable coating,** rivestimento pelabile applicato a freddo.
— **automatic press for bolts and screws** (*macch. ut.*), stampatrice (*f.*) automatica a freddo per viti e bulloni.
— **bend** (*mecc.*), prova (*f.*) di piegatura a freddo.
— **bending** (*tubi, ecc.*), curvatura a freddo.
— **cathode** (*radiol., elet. ecc.*), catodo (*m.*) freddo.
— **cathode oscillograph,** oscillografo (*m.*) a catodo freddo.
— **-cathode rectifier** (*termoion.*), raddrizzatore a catodo freddo.
— **-cathode tube** (*elettron.*), tubo (*m.*) a catodo freddo.
— **chain** (*tecnologia alimenti*), catena del freddo (p. es. gelati distribuiti tramite una catena del freddo).
cold charge, carica (*f.*) solida (di un forno).
— **chisel,** scalpello per metalli (*o* da fabbro).
— **circular saw** (*macch. ut.*), segatrice (*f.*) circolare a freddo.
— **coating** (*asfalto, ecc.*), rivestimento a freddo.
— **crack** (*sald.*), fessurazione (*f.*) a freddo; (*met.*), cricca (*f.*) a freddo.
— **-cured rubber,** gomma (*f.*) vulcanizzata al cloruro di zolfo.
— **-draw,** trafilare a freddo.
— **-drawing** (*met.*), trafilatura (*f.*) a freddo.
— **drawn,** trafilato a freddo.
— **drawn wire,** filo (*m.*) trafilato a freddo.
— **emission** (*termoion.*), emissione (*f.*) a freddo.
— **end shear** (*met.*), cesoia a dividere a freddo.
— **extrusion,** estrusione a freddo.
— **-flow pressing** (*met.*), pressatura a freddo.
— **forming** (*met.*), lavorazione a freddo; (*met.*), stampaggio a freddo.
— **forming technique** (*met.*), tecnica della lavorazione plastica a freddo.
— **front** (*meteor.*), raffica (*f.*) di fronte.
— **galvanizing,** zincatura (*f.*) a freddo; zincatura (*f.*) elettrolitica; zincatura (*f.*) galvanica.
— **gilding** (*met.*), doratura (*f.*) a freddo.
— **grinding process** (*carta*), sfibratura (*f.*) a freddo.
— **gunning** (*met.*), lancio di impasto a freddo; (*in cold gunning no labour for dismantling is necessary*), nel lancio di impasto a freddo non è necessaria manodopera per demolizione).
— **headed** (*mecc.*), ricalcato a freddo.

cold-header (*mecc.*), ricalcatrice (*f.*) a freddo.
— **-heading** (*mecc.*), ricalcatura (*f.*) a freddo.
— **heading machine** (*mecc.*), ricalcatrice (*f.*) a freddo.
— **heading wire** (*met.*), filo per ricalcatura a freddo.
— **junction,** saldatura a freddo.
— **-metal circular sawing machine,** segatrice circolare a freddo (per metalli).
— **neutron, neutrone** (*m.*) freddo.
— **pig-iron ratio** (*met.*), proporzione di ghisa in pani in carica.
— **plate saw** (*met.*), sega a freddo per lamiere.
— **plug,** candela per motore surcompresso.
— **pressed oil,** olio pressato a freddo.
— **pressing,** stampa (*f.*) a freddo
— **pressing quality steel plate** (*met.*) (U.S.A.), lamiera (*f.*) d'acciaio rispondente alle norme in uso per prove di flessione a freddo.
— **pressure welding,** saldatura a pressione a freddo.
— **reduction** (*met.*), riduzione (*f.*) a freddo.
— **-reduction mill** (*mecc.*), laminatoio a freddo.
— **riveting,** ribaditura (*f.*) a freddo; chiodatura (*f.*) a freddo.
— **rolled bar** (*met.*), barra (*f.*) laminata a freddo.
— **-rolled commercial quality steel sheet** (*met.*) (U.S.A.), lamierino laminato a freddo, di qualità ordinaria (*non rispondente a speciali norme*).
— **-rolled deep-drawing quality steel sheet** (*met.*) (U.S.A.), lamierino, laminato a freddo, di prima qualità (*secondo le norme in vigore per lavori di imbutitura profonda*).
— **rolled hexagons** (*met.*), esagoni (*m. pl.*) laminati a freddo.
— **rolled sheet** (*met.*), lamiera (*f.*) laminata a freddo.

cold-rolled steel, acciaio (*m.*) laminato a freddo.
— **-rolled steel sheet with seconds arising** (*met.*) (U.S.A.), lamierino ordinario, laminato a freddo, con una piccola percentuale di materiale non rispondente alle norme.
— **-rolled strip** (*met.*), nastro (laminato) a freddo.
— **rolling** (*met.*), laminazione (*f.*) a freddo.
— **rolling lubricant** (*met.*), lubrificante per laminazione a freddo.
— **-room,** cella (*f.*) frigorifera.
— **saw,** sega (*f.*) a freddo.
— **sett,** tagliolo con manico.
— **short,** fragile (*aggettivo*), a freddo.
— **short iron,** ferro (*m.*) fragile a a freddo.
— **shot** (*met.*), goccia (*f.*) fredda (difetto di colata).
— **-shut** (*fond.*), ripresa *f.* (difetto dovuto a un procedimento errato nella colata); (*met.*), ripresa di colaggio (difetto sulla pelle del lingotto o del getto, quando c'è soluzione di continuità visibile).
— **silvering** (*met.*), argentatura (*f.*) a freddo.
— **sinter screen** (*met.*), vaglio a freddo (per impianti di agglomerazione).
— **(sinter) screening** (*sintering*), vagliatura a freddo.
— **-slug well,** pozzo di colata.
— **-start (to)** (*auto*), partire a freddo.
— **store construction,** costruzione (*f.*) di un magazzino frigorifero.
— **strip mill,** laminatoio (*m.*) a freddo per nastri d'acciaio.
— **stripper** (*chim.*), sverniciatore a freddo.
— **swaged,** *p.p.* (*met.*), stampato a freddo.
— **tagging machine,** macchina per contrazione di tubi metallici a freddo.
— **test,** prova (*f.*) a freddo.

cold vulcanisation, vulcanizzazione a freddo.
— **wall reactor unit** (*chim.*, *met.*), reattore a parete fredda.
— **washing,** lavatura (*f.*) a freddo.
— **waste** (*fis. atom.*), residuo freddo; detrito freddo.
— **water conduit,** condotta (*f.*) di acqua fredda.
— **work steel** (*met.*), acciaio per lavorazione a freddo.
— **working** (*met.*), lavorazione (*f.*) a freddo; (*met.*, *forni*), marcia (*f.*) fredda.
« **cold-laps** » (*met.*), v. — **shut.**
colemanite, *f.* (*min.*), colemanite.
collage, filtrazione (*f.*) del vino.
collagen (*chim.*), collageno *m.*
collapse, *v.i.*, inflettersi (*v.r.*) lateralmente (per carico di punta) smontare *v.a.* (*un apparecchio*); spaccarsi *v.r.*; rompersi (*di strato*); arrestarsi *v.r.*, (*chim.*), rottura *f.* (*di strato*; *film*).
— **load** (*costr.*), carico di collasso.
collapsed suspension (*auto*), sospensione fuori uso; sospensione scassata.
collapsible *agg.*, smontabile.
— **aerial** (*aereo*), antenna (*f.*) rientrante.
— **gates** (*p. es. di ascensori*), cancelli riducibili; porte riducibili.
— **steering column** (*auto*), piantone di sterzo ad assorbimento d'urto.
collar, cordone *m.* (di cilindro di laminatoio); anello *m.* (di arresto); collare *m.* (*agrim.*); controcatena *f.* (di tetto); catena (*f.*) d'impluvio; rosetta *f.* (*mecc.*); ghiera *f.*; (*lamin.*), cordone (*m.*) del calibro; (*miniera*), bocca del pozzo.
— **beam,** briglia (*f.*) di collegamento.
— **of the thrust shaft, collare** (*m.*) del reggispinta.
— **roof with strut,** tetto (*m.*) controcatena.
— **screw,** vite (*f.*) a collare.
collar (shaft —) (*min.*), bocca del pozzo.
collastic, gomma (*f.*) sintetica.
collate, *v.a.* paragonare *v.a.*; confrontare *v.a.*
— **(to —)** (*inform.*), inserire (schede); assemblare (documenti); collezionare (riunire parecchie serie di voci in una sola serie ordinata).
collating (*tip.*), disposizione delle pagine di libro ecc. in ordine numerico.
— **machine** (*inform.*), inseritrice.
— **table** (*tip.*), macchina raccoglitrice.
collation (*inform.*), inserimento *m.*
collator (*inform.*), inseritrice *f.*; dispositivo assemblatore (di documenti, schedari, dati ecc.).
Collaud cell (*elet.*), pila (*f.*) di Collaud (specie di pila di Daniell).
collect, *v.a.* (*chim.*), raccogliere *v.a.* (*gas*, ecc.); riunirsi *v.r.*; depositarsi *v.r.*
— **and process data** (*elettron.*), raccogliere ed elaborare i dati.
collecting band, nastro (*m.*) collettore.
— **bar** (*elet.*), sbarra adduttrice.
— **centre for oil,** centro di raccolta per il petrolio (per piccoli pozzi lontani dalla piattaforma).
— **funnel,** imbuto (*m.*) collettore.
— **grid,** griglia (*f.*) d'arresto.
— **main,** condotta (*f.*) collettrice.
— **of the current,** presa (*f.*) di corrente.
— **ring,** barra (*f.*) collettrice.
— **shoe (power — shoe)** (*ferr. elet.*), presa a pattino (di pantografo).
collective agreement (*lavoro*), contratto collettivo.
— **bargaining** (*problemi lavoro*), contrattazione collettiva.
— **labour agreement** (*leg.*), contratto collettivo di lavoro.
— **pitch** (*aereo*), passo collettivo (delle pale).

collection raccolta *f.*
— **(garbage —),** raccolta (*f.*) di rifiuti.
collector (*elet.*), collettore *m.*; collettore solare; v. **parabolic —; solar —.**
— **ring,** collettore (*m.*) ad anello (sistema di scarico usato nei motori stellari).
— **shoe** (*elet.*), presa a pattino *m.*
collet (*orol.*), virola *f.*; bussola (*f.*) di chiusura (*o* di serraggio); vedi: **split —; spring —,**
— **chuck** (*tornio*), bussola (*f.*) di chiusura; (*mecc.*), mandrino (*m.*) a pinze; (*macch. ut.*), mandrino a collare.
— **(spring —)** (*macch. ut., mecc.*), pinza elastica.
collide, *v.i.* (*chim.*), incontrarsi *v.r.*, urtarsi; entrare in collisione.
collidine, collidina *f.*
colliding, *agg., m.* (entrante) in collisione *agg.*; collisione *f.*
collier (*naut.*), carboniera *f.*; minatore (*m.*) di carbone.
colliery, miniera (*f.*) di carbone.
— **closure** (*min.*), chiusura di una miniera di carbone.
— **lamproom staff** (*min.*), personale della lampisteria della miniera di carbone.
— **output (per manshift)** (*min.*), produzione della miniera di carbone (per turno).
— **safety committee** (*min.*), comitato per la sicurezza nelle miniere di carbone.
— **shot-firing operations** (*min.*), operazioni di tiro (con esplosivi da mina) nelle miniere di carbone.
— **working** (*min.*), coltivazione di una miniera di carbone.
collimate, *v.i.* collimare.
collimation, collimazione *f.*
— **line,** linea (*f.*) di collimazione.
collimator (*radioat.*), collimatore *m.* (dispositivo per la collimazione di un fascio di radiazioni).
collision, collisione *f.*
— **bulkhead** (*naut.*), paratia (*f.*) di collisione.
collision (elastic collision), (*fis. atom.*), collisione elastica.
— **(inelastic collision),** collisione anelastica.
— **(head-on —)** (*fis. atom.*), urto (*m.*) frontale; (*ferr., auto*), urto frontale.
collodion, collodio *m.*
colloid, colloide *m.*; soluzione (*f.*) colloidale.
— **-ball-mill,** mulino a palle per colloidi *m.*
— **graphite** (*ing.*), grafite colloidale.
— **solution** (*chim.*), dispersoide.
— **solvent,** solvente colloidale.
colloidal, *agg.* colloidale.
— **chemistry,** chimica (*f.*) colloidale.
— **silica,** silice colloidale.
— **solution,** soluzione (*f.*) colloidale.
colloidity, colloidità *f.*
colloidizer (*chim.*), colloidizzante *m.*
« colloil », miscela di combustibili convenzionali con i prodotti della gassificazione del carbone.
collotype (*tip.*), fototipia *f.*
colloxylin (*chim.*), nitrato di cellulosa (in soluzione).
cologarithm, cologaritmo *m.*
colon (*tip.*), due punti (:).
colony, ammasso *m.* (*cristallino*); colonia *f.* (*di batteri*).
— **shed** (*agric.*), pollaio (*m.*) trasportabile.
colophony, colofonia; pece (*f.*) greca.
color (U.S.A.), vedi: **colour.**
— **field** (*telev.*) (U.S.A.), quadro (*m.*) a colori.
— **flicker** (*telev.*) (U.S.A.), sfarfallamento (*m.*) di colori.
— **-levelling agent,** ausiliare per distribuzione del colore.
— **stuff** (*cinem.*) (U.S.A.), fotografia (*f.*) a colori.
— **television receiver** (*telev.*) (U.S.A.), televisore (*m.*) a colori.
— **transparency** (U.S.A.), diapositiva (*f.*) a colori.
colorimeter, *m.* colorimetro.

colorimetric analysis (*chim.*, *met.*), analisi (*f.*) colorimetrica.
colorimetry, analisi (*f.*) colorimetrica; colorimetria *f.*
colour (color, U.S.A.), colore *m.*
— *v.a.* ravvivare un deposito galvanico (renderlo brillante).
— **break-up** (*telev.*), scomposizione (*f.*) di colori.
— **-coded,** *p.p.* (*elettron.*), colorato secondo un dato codice (rif. a schede, ecc.).
— **coder,** codificatore del colore.
— **controlled machine,** macchina (*f.*) con comando a colori.
— **distortion,** distorsione di colore.
— **frame** (*telev.*), quadro (*m.*) a colori.
— **graphics** (*inform.*), grafica a colori.
— **illustration,** illustrazione a colori.
— **killer** (*telev. a colori*), soppressore di colore.
— **lake,** lacca colorante; lacca *f.*; lacca pigmento.
— **level** (*telev.*), livello (*m.*) del colore.
— **-light signals** (*elet.*), segnali (*m. pl.*) luminosi a colori differenti.
— **match** (*fot.*), fusione (*f.*) di colori.
— **oxide** (*vernici*, *smalti*), ossido (*m.*) colorante.
— **perception** (*ott.*), percezione del colore.
— **pictures** (*stampa*), illustrazioni a colore; fotografie a colori.
— **plate** (*libri*), tavola a colori.
— **plating,** colorazione galvanica di un metallo (metallocromia) *f.*
— **printing** (*tip.*), policromia *f.*; cromotipia *f.*
— **sampling sequence** (*telev.*), sequenza (*f.*) di commutazione di colori.
— **scale of temperature,** scala ottica delle temperature.
— **sensitivity,** sensibilità (*f.*) spettrale (di una cellula fotoelettrica).
colour set (*telev.*), televisore (*m.*) a colori.
— **sorter** (*mecc.*), selezionatrice elettronica di prodotti per mezzo di colori (*for sorting products distinguishable on dark light inspection*).
— **-sprayed lamp,** lampada (*f.*) a « luce solare ».
— **stability,** stabilità del colore di un olio (alla luce, ecc.).
— **stimulimeter** (U.S.A.), colorimetro *m.*
— **superimposition** (*telev.*), sovrapposizione (*f.*) di colori.
— **television** (*telev.*), televisione (*f.*) a colori.
— **-television camera** (*telev.*), camera di ripresa per televisione a colori.
— **television reproducer** (*telev.*), riproduttore per televisione a colori.
— **temperature,** temperatura (*f.*) d'incandescenza.
— **terminal** (*inform.*), terminale a colori.
— **varnish,** vernice colorata.
— **video (echo) sounder** (*naut.*), videoecoscandaglio a colori.
coloured core sands (*fond.*), sabbie colorate per anime.
— **film,** film (*m.*) a colori.
— **filter,** filtro (*m.*) colorato.
— **stainless steel** (*met.*), acciaio inossidabile colorato.
— **steel** (*met.*), acciaio a colori.
— **writing ink,** inchiostro colorato.
colourfast, *agg.* solido di colore.
colourfastness (*vernici*, *ecc.*), solidità dei colori.
colouring, ravvivatura *f.* (di un deposito galvanico).
— **in oil,** coloritura (*f.*) ad olio.
— **matter,** materia (*f.*) colorante.
— **pigment** (*chim.*), pigmento colorante.
colourless, *agg.* incolore.
— **glass,** vetro (*m.*) incolore.
colourlight signals (*ferr.*, *ecc.*), segnali luminosi.
Colpitts circuit (*radio*), circuito (*m.*) autoeccitatore Colpitts.

colt kart (*auto*), piccolo veicolo a quattro ruote senza carrozzeria con controllo a pedali, usato per corse; kart.
coltainer (*collapsible container*) (*trasporti*), container ribaltabile (container smontabile per viaggi di ritorno a vuoto).
columbium (*chim.*), niobio *m.*
column, colonna *f.* (*mecc. e arch.*); *m.* montante (*macch. ut.*); montante dell'incastellatura; (*auto.*), piantone *m.*
— **cromatography,** cromatografia su colonna.
— **flooding** (*chim. ing.*), ingorgo di una colonna.
— **galley** (*tip.*), vantaggio per colonne.
— **inch** (*tip. pubbl.*), spazio pubblicitario alto 1 pollice e della lunghezza della colonna (del giornale).
— **inlet,** punto di ammissione sulla colonna.
— **of water,** colonna (*f.*) d'acqua.
— **rule** (*tip.*), filetto fra 2 colonne.
— **-type pantograph** (*tip.*), pantografo (*m.*) a colonna.
columnar fracture (*met.*), frattura (*f.*) colonnare.
— **structure,** struttura colonnare.
colza cake, panello di colza.
— **oil,** olio di colza.
coma (*telev.*), coma *m.*
comb, pettine *m.* (*tess.*), colmo del tetto (*costr.*).
— **(to —)** (*tess.*), pettinare *v.a.*; (*lana*), cardare *v.a.* (*wool*).
— **bar** (*tess.*), asta (*f.*) del pettine.
— **collector** (*elet.*), collettore (*m.*) a pettine.
— **rack** (*met.*), barra (*f.*) a cresta (barra di separazione usata nelle ceste di decapaggio).
combat gas, gas bellico.
comber (*tess.*), pettinatrice *f.*
combination (*chim.*, *ecc.*), combinazione *f.*
— **cracking** (*chim.*), cracking misto.
— **milling and boring planer** (*macch. ut.*), fresatrice-piallatrice-alesatrice *f.*
combination pipe and nut wrench, chiave (*f.*) per tubi e per dadi.
— **planer,** pialla a filo.
— **plier (for pipes and nuts),** pinza (*f.*) per tubi e dadi.
— **punch, shear and bar cutter** (*met.*), cesoia (*f.*) combinata con punzonatrice.
— **shear and bar cutter** (*met.*), cesoia (*f.*) combinata senza punzonatrice.
— **square,** squadra (*f.*) universale a combinazioni multiple.
— **switch** (*elet.*), interruttore (*m.*) a combinazioni.
— **tones** (*acust.*), suoni (*m. pl.*) combinati.
— **turbine,** turbina (*f.*) ad azione e reazione.
— **turret lathe** (*macch. ut.*), tornio (*m.*) a torretta ad avanzamento semiautomatico.
— **unit** (*ind. pet.*), procedimento combinato distillazione-cracking.
— **yarn** (*tess.*), filato fantasia.
combinatorial analysis (*alg.*), calcolo combinatorio.
combined cassette-radio, autoradio (con) cassette.
— **coupling** (*elet.*), accoppiamento (*m.*) misto.
— **cross twill** (*tess.*), spigato (*m.*) combinato.
— **curve and side planer,** piallatrice (*f.*) combinata per superfici piane e curve.
— **cutting and welding blowpipe** (*sald.*, *ecc.*), cannello (*m.*) per taglio e saldatura.
— **cutting and welding torch** (*sald.*, *ecc.*), cannello (*m.*) per taglio e saldatura.
— **drill jumbo and loader** (*min.*), carro jumbo di perforazione e caricatrice.
— **galley and chase** (*tip.*), telaio per impaginazione.
— **inlet and extract ventilation,** ventilazione (*f.*) per aspirazione e compressione.

combined inlet and extract ventilator, ventilatore (*m.*) aspirante e premente.
— **milling and boring planer** (*macch. ut.*), piallatrice (*f.*) con testa a fresare, ad alesare.
— **planing and milling machine** (*macch. ut.*), piallatrice-fresatrice *f.*
— **rolling and sliding motion** (*met.*), movimento (*m.*) combinato di laminazione ed alimentazione.
— **slitting and shearing line** (*met.*), linea di taglio combinata (di treno a nastri).
— **timbering** (*cost.*), armatura (*f.*) composta.
— **vacuum closing machine** (*ind. conserve*), macchina per il vuoto e la chiusura dei barattoli.
— **volt-ampere metre** (*elet.*), voltampermetro *m.*
— **washer and whizzer** (*ind. mol.*), gruppo lavagrano (tinello spietratore e colonna asciugatrice).
— **weaves** (*tess.*), armature composte.
combing (*tess.*), pettinatura *f.*
— **-card** (*tess.*), scardasso *m.*
— **machine** (*tess.*), macchina (*f.*) pettinatrice.
— **wheel** (*tip.*), ruota del pettine.
— **wool,** lana (*f.*) da pettine.
combining, unione di due materiali per mezzo di uno strato di gomma adesiva intermedia.
— **glass** (*aereo*), lente (*f.*) combinativa.
— **weight** (*chim.*), peso (*m.*) di combinazione.
combustibility test (*chim.*), prova (*f.*) di combustibilità.
combustion, carbonizzazione *f.*; combustione *f.*
— **chamber,** camera (*f.*) di combustione.
— **chamber outer casing** (*aereo*), involucro (*m.*) esterno della camera di combustione.
— **chamber sealing ring,** anello (*m.*) di tenuta della camera di combustione.
combustion heater, calorifero a combustione.
— **line,** linea (*f.*) di combustione.
— **starter** (*aereo*), avviatore (*m.*) a cartuccia.
— **(self supporting —),** combustione (*f.*) autonoma.
— **technology,** tecnologia della combustione.
come (to —) alongside (*naut.*), accostare *v.a.*
— **down,** *v.i.* (*chim.*), precipitare *v.i.*
— **in** (*radio*), cambio-passo.
— (*v.i.*) **off the line** (*auto, ecc.*), uscire dalla catena di montaggio.
— **over,** *v.i.* (*chim.*), distillare *v.i.*; passare al di sotto.
comeback (*vernici, smalti*), ritorno (*o* inerzia) (periodo di tempo richiesto per far ritornare alla sua temper. mass. il forno).
— **wool,** lana da pecora incrociata con mezzo merino (Inghilterra); lana fine a fibra lunga (U.S.A.): (*super comeback*), lana di primissima qualità.
Le categorie di « comeback » sono le seguenti:
1. Super Comeback
2. First Comeback
3. AA Comeback
4. A Comeback
5. Comeback
6. Comeback Fleece
La lana migliore è quella numero 1 e via di seguito.
comet (*astron.*), cometa *f.*
coming alongside (*naut.*), accostamento (di panfili, ecc. alla banchina di ormeggio).
comma (*tip.*), virgola (,) *f.*
command capsule (*astron.*), capsula di comando.
— **chaining** (*inform.*), concatenamento di comando (effettuazione di operazioni successive con una o più parole di comando, utilizzando lo stesso ingresso/uscita).
— **mode** (*inform.*), modo diretto (il calcolatore può accettare ed

eseguire ordini in modo immediato).
commentary (*radio, film*), commento *m.*
commercial (*radio pubbl.*), avviso pubblicitario trasmesso come parte di radioprogramma.
— **area,** area commerciale.
— **aviation,** aviazione (*f.*) commerciale.
— **carbonate of ammonia,** sale (*m.*) di corna di cervo.
— **bill** (*comm.*), fattura commerciale.
— **catalogue** (*comm.*), catalogo (*m.*) commerciale.
— **copper,** rame (*m.*) commerciale ordinario.
— **film** (*cinem.*), film (*m.*) pubblicitario.
— **forging** (U.S.A.), fucinatura (*f.*) commerciale (*eseguita senza attenersi alle unificazioni*).
— **harbour,** porto (*m.*) mercantile.
— **moisture regain** (*tess.*), ripresa (*f.*) di tessuti, usata in commercio.
— **paper** (*comm.*) (*finan.*), polizza di credito commerciale.
— **quality** (*met.*) (U.S.A.), qualità ordinaria (*non rispondente alle unificazioni*).
— **quality hot-rolled strip steel** (*met.*) (U.S.A.), acciaio per nastri, laminato a caldo, di qualità ordinaria (*non rispondente a speciali norme*).
— **radiotelegraphy,** radiotelegrafia (*f.*) commerciale.
— **reactor** (*fis. atom.*), reattore (*m.*) commerciale.
— **television,** televisione (*f.*) pubblicitaria.
— **transport helicopter** (*aereo*), elicottero da trasporto commerciale.
— **weight** (*tess.*), peso totale del tessuto (compresa la ripresa).
comminute, ridurre in minutissime particelle; triturare *v.a.*
comminution, fragmentazione *f.* (in minutissime particelle); (*min.*), comminuzione *f.* (fragmentazione meccanica).
comminution of ores (*min.*), comminuzione dei minerali.
committee for materials (*met., ecc.*), comitato per i materiali.
commodities, *pl.* (*comm.*), derrate (alimentari); prodotti di base.
common agricultural policy (EEC), Politica agricola comune(CEE).
— **battery** (*elet.*), batteria comune (*o* centrale).
— **beach,** faggio (*m.*) comune.
— **beet** (*bot.*), barbabietola da foraggio.
— **elm,** olmo (*m.*) comune.
— **-frequency broadcasting** (*radio*) radiodiffusione (*f.*) a frequenza comune.
— **logarithm,** logaritmo (*m.*) decimale.
— **oak** (*bot.*), eschio *m.*
— **pine,** pino (*m.*) comune; pino selvatico; pinastro *m.*
— **rafter** (*cost.*), puntone (*m.*) di capriata.
— **rosin,** pece (*f.*) greca.
— **salt,** sale (*m.*) comune.
— **spruce,** abete (*m.*) di Germania; abete di Moscovia.
— **walnut tree,** noce (*m.*) comune.
Common Market (*istituz. europea*), Mercato Comune (europeo) (noto in Italia sotto la sigla MEC).
communicate (to —) with a computer, colloquiare con il computer.
communicating vessels, vasi (*m. pl.*) comunicanti.
communication channel, canale (*m.*) di telecomunicazione.
— **protocol** (*inform.*), protocollo di comunicazione.
communications satellite (*astr.*), satellite da telecomunicazione.
— **systems engineer,** ingegnere dei sistemi di telecomunicazione.
community antenna (*radio,* TV) antenna collettiva.
commutating field (*elet.*), campo (*m.*) di commutazione.
— **pole** (*elet.*), polo (*m.*) di commutazione.

commutation (*elet.*), commutazione *f.*
— **links,** collegamenti.
— **zone,** zona (*f.*) di commutazione.
commutator (*elet.*), collettore *m.*
— **armature** (*elet.*), indotto (*m.*) del collettore.
— **bar** (*elet.*), lamella (*f.*) del collettore.
— **brush** (*elet.*), spazzola (*f.*) del collettore.
— **grinder** (*elet.*), apparecchio per smerigliare il collettore.
— **hub** (*elet.*), manicotto (*m.*) del collettore.
— **lug** (*elet.*), filo (*m.*) di connessione fra l'indotto ed il collettore.
— **machine,** macchina (*f.*) a commutatore.
— **motor** (*elet.*), motore (*m.*) a collettore.
— **pitch** (*elet.*), passo (*m.*) del collettore.
— **rectifier** (*elet.*), commutatrice *f.*; convertitrice *f.*
— **ring** (*elet.*), anello (*m.*) del collettore.
— **riser** (*elet.*), filo (*m.*) di connessione fra l'indotto ed il collettore.
— **segment** (*elet.*), lamella (*f.*) del collettore.
— **sleeve** (*elet.*), manicotto (*m.*) del collettore.
— **turning machine** (*macch. ut.*), tornio (*m.*) per diamantare collettori; diamantatrice (*f.*) per collettori.
commuter, *m.*, pendolare *m.* (operaio che lavora spostandosi; (*aereo*), aereo per il terzo livello (con una decina di posti, usato per collegare aeroporti).
— **railway** (*ferr.*), ferrovia per pendolari.
comp. ratio (*auto, aereo*), rapporto (*m.*) di compressione.
compact, *agg.* ad ingombro ridotto; (*met. polveri*), compatto *m.*
compact audio disc (*audio*), audiodisco compatto.
— **cassette** (*audio*), cassetta portatile da 60 a 120 minuti di registrazione.
— **disc** (*audio*), disco della Philips, inciso con la tecnica digitale dei computer, di solo 12 cm di diametro, per un'ora di ascolto.
— **(music) system** (*audio*), impianto coordinato.
— **(sintering of compacts),** sinterizzazione di compatti.
compaction (*met. polveri*), compattazione *f.*
— **(powder —),** compattazione (*f.*) delle polveri.
compacted, *agg.*, agglomerato.
compander (*audio*), limitatore automatico di ampiezza: (*a device that compresses music by a fixed ratio, making the loudest passages half as loud and the softest passages twice as loud*).
companion (*naut.*), tambuccio *m.*
— **ladder** (*naut.*), scala (*f.*) di cabina.
— **ways** (*naut.*), scalette di boccaporto.
company image (*ind. design, organ.*), immagine della compagnia (l'idea che il pubblico si fa della compagnia attraverso la pubblicità, ecc.).
— **taxation,** imposta sulle società.
comparative calculation, calcolo (*m.*) comparativo.
— **data,** dati di confronto.
— **investigation** (*met.*), ricerca (*f.*) comparativa.
comparator, comparatore *m.* (apparecchio di misura per brevi distanze)
comparison, paragone *m.*
— **lamp,** lampadina (*f.*) di paragone.
— **oscilloscope,** oscilloscopio (*m.*) di paragone.
— **spectrum,** spettro (*m*), di paragone.
— **surface** (*ill.*), superficie di paragone.

compartment (*ferr.*), scompartimento *m.*
— **(engine —)** (*auto*), vano motore.
compass (*dis.*), compasso *m.*; declinatore (*m.*) magnetico; bussola *f.*
— **bowl,** cassa (*f.*) della bussola.
— **card,** rosa (*f.*) dei venti.
— **compensation,** compensazione (*f.*) della bussola.
— **course,** rotta (*f.*) della bussola.
— **lead** (*dis.*), punta di compasso a matita.
— **lengthening bar,** allunga (*f.*) di un compasso.
— **lit from below** (*naut.*), bussola illuminata dal di sotto.
— **magnifier** (*naut.*), lente di ingrandimento della bussola.
— **plane,** sponderuola (*f.*) a barca.
— **saw** (*faleg.*), fioretto o gattuccio *m.*
— **swinging,** deviazione (*f.*) della bussola.
— **tilting angle** (*aereo*), angolo (*m.*) di sbandamento della bussola.
— **(radio —),** vedi: **radio compass.**
compasses (*dis.*), compasso *m.*
compatibility (*chim. fis.*), compatibilità *f.*; tollerabilità (di una sostanza o prodotto rispetto all'altra); (*inform.*), compatibilità (possibilità di trattare gli stessi programmi, da parte di diversi elaboratori).
compensate (to —) for the increased pressure (*mecc. fluidi*), compensare l'aumento della pressione.
compensated decade - resistance unit, resistenza (*f.*) a decadi compensata.
— **induction motor** (*elet.*), motore asincrono autocompensato.
— **motor** (*elet.*), motore (*m.*) compensato.
— **scan** (*telev.*), analisi (*f.*) compensata.
— **solenoid,** solenoide compensato.
— **suspension** (*mot.*), sospensione compensata.
compensating bar (*aereo*), asta (*f.*) di compensazione.
— **coil** (*elet.*), bobina (*f.*) di compensazione.
— **field** (*elet.*), campo (*m.*) di compensazione.
— **jet,** ugello (*m.*) equilibratore.
— **magnets,** calamite (*f. pl.*) di compensazione.
— **resistance,** resistenza (*f.*) addizionale per lampade ad arco; resistenza (*f.*) compensatrice.
— **rod** (*aereo*), asta (*f.*) di compensazione.
— **sight** (*aereo*), mirino (*m.*) di compensazione.
— **winding** (*elet.*), avvolgimento (*m.*) di compensazione.
compensation balance (*orol.*), bilanciere compensato.
— **ring** (*mecc.*), anello (*m.*) compensatore.
compensator, autotrasformatore *m.* (*elet.*); diaframma variabile (*ottica*).
— **magnets** (*naut.*), magneti permanenti di compensazione (della bussola).
competency certificate, patente (d'auto).
competition air rifle (*armi*), fucile ad aria compressa per competizioni.
— **car** (*auto*), auto da corsa; vettura da competizione.
— **model** (*motoc.*), modello da corsa.
competitive, *agg.* (*chim.*), concorrenti (*rif. a reazione*).
compiler (*controllo numerico*) (*macchine ut.*), compilatore (programma speciale per la compilazione di programmi simbolici); (*inform.*), compilatore (programma per tradurre un programma scritto in linguaggio evoluto in linguaggio macchina).
complementary angle, angolo (*m.*) complementare.
— **colours,** colori (*m. pl.*) complementari.

complete, *v.a.*, completare *v.a.*; rendersi completa (*rif. a reazioni chimiche*); eseguire *v.a.*; (*works*), ultimare (lavori, strade, ecc.).
— **combustion,** combustione (*f.*) completa.
completion, fine *f.*; termine *m.*; saturazione *f.* (*strato elettronico*); (*ferr.*, *ecc.*), ultimazione.
— **cycle,** ciclo (*m.*) completo.
— **date** (*lavori*), data (*f.*) di esecuzione.
— **radiator,** corpo (*m.*) nero; radiatore (*m.*) integrale.
— **time** (*lavori*), termine (*m.*) di esecuzione.
— **(blast furnace —),** ultimazione di un altoforno (— *is scheduled for March*), l'ultimazione è prevista per il mese di marzo.
— **(nearing —),** in fase di ultimazione (*o* di realizzazione).
— **(work nearing —)** (*costr. ferr.*, *ecc.*), opera in avanzata fase di realizzazione (*o* ultimazione).
complex (*cost.*), complesso *m.*
— **carbides** (*chim.*), carburi complessi.
— **casting** (*met.*), getto (*m.*) complesso.
— **number,** numero (*m.*) complesso.
— **solfamate bath** (*gal.*), bagno (*m.*) solfammato complesso.
— **(industrial —),** complesso industriale.
— **(ironmaking —),** complesso siderurgico.
— **(town —),** complesso urbanistico.
compliance (*audio*), cedevolezza *f.* (riferito sia ad altoparlanti che a fonorivelatori).
compole (*elet.*), interpolo *m.*
component (*mecc.*), parte *f.*; pezzo *m.*; elemento *m.*; componente *m.* (*chim.*).
— **drawing,** disegno del pezzo.
— **of wind pressure,** componente (*f.*) del vento.
— **system** (*audio*), v. **high fidelity — —.**
componentry (*mecc. ecc.*), componentistica *f.*
compose (to —) (*tip.*), comporre *v.a.*
— **in columns,** comporre in colonna.
composer (*tip.*), compositore *m.*
composing frame (*tip.*), scaffale *m.*
— **machine** (*tip.*), macchina compositrice.
— **room** (*tip.*), sala composizione; reparto composizione (di una tipografia).
— **rule** (*tip.*), tipometro.
— **stick** (*tip.*), compositoio *m.*
composite aircraft (*aereo*), aereoplano (*m.*) a sostentazione mista (parte alare e parte a rotore) detto: composito *m.*
— **cable,** cavo (*m.*) misto.
— **cast roll** (*met.*), cilindro in getto composito.
— **casting** (*met.*), getto (*m.*) composito.
— **filter** (*radio*), filtro (*m.*) composto.
— **metal,** metallo (*m.*) composito.
— **steel** (*met.*), acciaio (*m.*) composito.
— **tube** (*met.*), tubo (*m.*) composito.
— **structure** (*met.*), struttura composita.
— **(fiber — materials),** materiali compositi fibrosi (facenti uso di matrice e fibre metalliche); v. **fiber reinforced —.**
composition (*tip.*), composizione *f.*
— **of forces,** composizione (*f.*) delle forze.
— **plane** (*min.*), piano di composizione.
— **rider rollers** (*tip.*), rulli alimentatori.
compositor (*tip.*), compositore *m.*
composing room (*tip.*), reparto composizione.
compost (*agr.*), composta *f.* (*o* terricciato *m.*).
composting, trattam. di rifiuti per ricavarne terricciato (concime organico-minerale).

compound, composto *m.* (*chim.*); (*tess.*) differenziale *m.* (*banco a fusi*); (*gomma*), mescola *f.*
— **(to —)** (*elet.*), compoundare *v.i.*; (*chim.*), combinare *v.a.*
— **blank,** stampo composto.
— **casting** (*met.*), getto (*m.*) composito.
— **-catenary construction** (*elet.*), linea (*f.*) catenaria composta.
— **coil,** bobina (*f.*) compound.
— **compressor,** compressore (*m.*) composto.
— **curve,** curva (*f.*) policentrica.
— **d-c motor,** motore (*m.*) a corrente continua ad eccitazione composta.
— **-dynamo,** dinamo (*f.*) ad eccitazione composta; dinamo (*f.*) ad eccitazione mista.
— **engine,** macchina (*f.*) composta o compound.
— **epicyclic reduction gear** (*aereo*), scatola (*f.*) di riduzione epicicloidale.
— **excitation** (*elet.*), eccitazione (*f.*) composta.
— **jute serving** (*elet.*), rivestimento (*m.*) di iuta compound.
— **magnet,** magnete (*m.*) composto.
— **motor,** motore (*m.*) compound.
— **pendulum,** pendolo (*m.*) a compensazione.
— **propeller turbine (engine)** (*aereo*), turbina (*f.*) mista a getto ed elica.
— **proportion,** proporzione (*f.*) composta.
— **rest,** slitta (*f.*) a croce; carrellino *m.*
— **steel** (*met.*), acciaio (*m.*) compound; acciaio (*m.*) composto.
— **table with automatic positioning** (*mecc.*), tavola ortogonale a posizionamento automatico.
— **work-table,** tavola (*f.*) di lavoro.
— **-wound motor** (*elet.*), motore ad eccitazione composta.

compounded oil, miscela (*f.*) di olio minerale con oli animali o vegetali.

compounding (*elet.*), compoundaggio *m.*; (*chim.*), combinazione; (*vapore*), vedi: **pressure.**

comprehensive planning (*econ.*), pianificazione (*f.*) globale.

compress, *v.a.* comprimere.
— (*v.a.*) **a spring,** tendere (*v.a.*) una molla.

compressed acetylene, acetilene compresso.
— **air,** aria (*f.*) compressa.
— **air drying plant** (*ind. chim.*), impianto essiccazione aria compressa.
— **air hammer,** maglio (*m.*) ad aria compressa.
— **air pump,** pompa (*f.*) ad aria compressa.
— **air starter** (*aereo*), avviatore (*m.*) ad aria compressa.
— **-air-operated rock drill,** perforatrice (*f.*) ad aria compressa.
— **air valve,** valvola pneumatica.
— **air wind tunnel** (*aereo*), galleria (*f.*) aerodinamica ad aria compressa.
— **asphalt,** asfalto (*m.*) battuto; asfalto (*m.*) compresso.
— **charge,** miscela (*f.*) compressa.
— **plasma** (*fis.*), plasma (*m.*) compresso.
— **-riveter** ribaditrice (*f.*) pneumatica.

compressibility (*mecc.*), compressibilità *f.*

compressing press (*macch.*), pressa (*f.*) a compressione.
— **pump,** pompa (*f.*) di compressione.

compression, compressione *f.*
— **bending** (*mecc.*), curvatura per compressione.
— **boom** (*naut.*), briglia (*f.*) compressa.
— **curve,** curva (*f.*) di compressione.
— **diagonal** (*cost.*), diagonale (*f.*) compressa.
— **diaphragm,** schermo (*m.*) a compressione.
— **distillation,** distillazione sotto pressione di gas di scarico.

compression flange (*naut.*), briglia (*f.*) compressa.
— **gasoline,** benzina (*f.*) condensata.
— **ignition** (*ing.*), accensione (*f.*) a compressione.
— **-ignition engine,** motore (*m.*) Diesel.
— **load,** carico (*m.*) di compressione.
— **moulded** (*plast.*), formato alla pressa.
— **moulding** (*plast.*), stampaggio a caldo; formatura alla pressa.
— **plant** (*gas*), stazione di compressione; macchinario di compressione.
— **pressure** (*gas*), pressione (*f.*) di compressione.
— **ratio (comp. ratio)** (*mot.*), rapporto (*m.*) di compressione.
— **rib** (*aereo*), centina (*f.*) principale dell'ala.
— **ring** (*auto*), anello (*m.*) elastico.
— **space,** spazio (*m.*) di compressione.
— **stroke,** corsa (*f.*) di compressione.
— **struts** (*aereo*), montanti (*m. pl.*) interni.
— **test,** prova (*f.*) alla compressione.
compressional bar, asta (*f.*) sotto pressione; asta (*f.*) compressa.
— **member,** asta (*f.*) compressa.
compressive force, forza (*f.*) di compressione.
— **strength,** resistenza (*f.*) alla compressione.
— **stress,** sollecitazione (*f.*) alla compressione; sforzo (*m.*) di pressione.
— **yield point** (*mecc.*), limite di snervamento allo schiacciamento.
compressor, compressore *m.*
— **arrangement,** disposizione del compressore.
— **bearing** (*aereo*), supporto (*m.*) del compressore.
— **free air delivery** (*mecc.*), portata d'aria di un compressore.
compressor impeller (*aereo*), elica (*f.*) del compressore.
— **number of stages** (*mecc.*), numero degli stadi del compressore.
— **sealing plate,** piastra (*f.*) di tenuta del compressore.
— **station** (*petrolio*), stazione (*f.*) di pompaggio.
— **(double-sided —),** compressore con ventola con palettatura bilaterale.
compressure texture (*met.*), reticolo di compressione.
Compton collision (*fis. atom.*), collisione (*f.*) Compton.
— **electron** (*fis. atom.*), elettrone (*m.*) Compton.
— **scattering,** diffusione (*f.*) Compton.
compulsory arbitration (*leg.*), arbitrato obbligatorio.
— **insurance,** assicurazione (*f.*) obbligatoria.
— **seat belts** (*auto*), cinture di sicurezza obbligatorie.
compunication (*inform.*), telematica *f.*
computation of areas, calcolo (*m.*) delle aree.
compute, *v.a.*, calcolare *v.a.*; stimare *v.a.*
computer (*elettronica*), calcolatore (*m.*) elettronico (chiamato pure elaboratore) (*app. per calcoli aritmetici e operazioni logiche con memoria interna*); unità di elaborazione dati; v. **analogue** —; **digital** —; ecc.
— **aided design,** calcolo automatico con uscita grafica su plotter.
— **aided instruction** (*inform.*), tecnica didattica coadiuvata dall'impiego dell'elaboratore.
— **aided manufacture** (*inform.*), robotica *f.*
— **architecture for defence projects requiring real-time computers** (*inform.*), architettura di controllo di calcolatore per progetti di difesa richiedenti calcolatori in tempo reale.

computer centre (*inform.*), centro di calcolo (per il trattamento dell'informazione).
— **code** (*inform.*), codice di macchina.
— **-composing system** (*tip.*), sistema di composizione azionata da computer.
— **control system** (*traf.*), sistema di regolazione con calcolatore.
— **-controlled arms** (*robotica*), bracci meccanici controllati da calcolatore.
— **controlled hot strip mill** (*automazione, met.*), laminatoio per nastri a caldo comandato da calcolatore elettronico.
— **-controlled laser phototypesetting system** (*tip.*), sistema di fotocomposizione a raggi laser azionata da calcolatore.
— **-controlled machining centre** (*macch. ut.*), centro di lavorazione controllato da elaboratore.
— **file** (*inform.*), schedario (su elaboratore).
— **graphics** (*inform.*), computer grafica.
— **hobbyst** (*elettron.*), appassionato di elaboratori elettronici che costruisce a casa propria.
— **instruction** (*inform.*), istruzione di macchina.
— **kit** (*elettron.*), materiale per assemblaggio di elaboratori elettronici.
— **mainframe manufacturer** (*calcol. elettron.*), costruttore (*o* fabbricante) di calcolatori elettronici.
— **malfunction** (*inform.*), disfunzione del calcolatore.
— **network** (*inform.*), rete di calcolatori; rete di elaboratori elettronici.
— **program** (*inform.*), programma *m.* di macchina; programma adattato per un computer; programma preparato per un computer; programma caricato in un computer.

computer-programmable robot (*mecc.*) (*elettroni*), robot industriale programmabile con calcolatore elettronico.
— **room** (*automazione*), sala calcolatore; (*inform.*), sala computeristica.
— **simulation** (*traffico, ecc.*), simulazione con calcolatore.
— **-supplied information** (*elettronica*), informazione fornita da un elaboratore.
— **technology** (*elettron.*), tecnologia degli elaboratori elettronici.
— **terminal** (*inform.*), terminale di calcolatore elettronico.
— **with 4096 words of random access magnetic core storage** (*elettron.*), elaboratore con 4096 parole di memoria a nucleo magnetico ad accesso casuale.
— **(closed-loop — control)**, controllo dell'elaboratore ad anello chiuso.
— **(on-line — control)**, controllo dell'elaboratore in linea.
— **(the — system performs hundreds of logical decisions per minute)**, il sistema del calcolatore esegue centinaia di decisioni logiche al minuto.
— **(to deliver a — to the site)**, spedire un elaboratore al luogo di consegna.
— **(to give the — a final check at the site using diagnostic programs which check all internal functions of the —)**, fare un controllo finale dell'elaboratore sul posto usando programmi diagnostici che controllano tutte le funzioni interne dell'elaboratore.
— **(to install a —)**, installare un elaboratore.
— **(to make a "dry run" with the —)** (*elettron.*), eseguire una prova a vuoto (senza materiale); fare una prova a vuoto del calcolatore elettronico.

computerised, v. **computerized.**

computerization (*or* **computerisation**) (*elettron.*), computerizzazione *f.*
computerize (*or* **computerise**), *v.a.* (*elettron.*), meccanizzare; computerizzare.
computerized car, auto elettronica.
— **data** (*elettron.*), dati meccanografici.
— **hot-sheet mill,** laminatoio per lamierini a caldo controllato da elaboratore.
— **information** (*inform.*), informazione fornita da elaboratore.
— **manufacturing technique** (*inform.*), tecnica di fabbricazione computerizzata.
— **production methods,** metodi di produzione computerizzati.
— **publishing** (*stampa*), editoria computerizzata.
— **system** (*elettron.*), sistema computerizzato.
computervision system, sistema composto da unità centrale (minicomputer), un disco, una unità nastro magnetica, unità grafiche interattive.
computetional capability (*inform.*), capacità di calcolo.
computing (*elettron.*), calcolo.
— **capability** (*inform.*), capacità di calcolo.
— **centre,** centro di calcolo.
— **room,** sala delle macchine.
concave cutter (*utensili*), fresa (*f.*) concava.
— **lens,** lente (*f.*) concava.
— **milling cutter,** fresa (*f.*) concava.
— **tile,** tegola (*f.*) a canale.
concavity (*met.*), concavità *f.*
concealed unemployment (*econ.*), disoccupazione occulta (non dichiarata).
concede, *v.a.*, ammettere *v.a.*
concentrate, concentrato *m.*; *v.a.* concentrare; (*min.*), v. **dewatering of the wet —; dry —; wet —.**
concentrated load, carico (*m.*) concentrato.
— **winding** (*elet.*), avvolgimento (*m.*) a rocchetti.
concentrating coil (*elet.*), bobina (*f.*) di concentrazione.
— **table** (*min.*), tavola di concentrazione (per arricchim. di minerali).
concentration, concentrazione *f.*
— **cell,** pila (*f.*) di concentrazione.
— **level** (*inquinamenti*), livello di concentrazione.
— **limit,** limite (*m.*) di concentrazione.
— **plant** (*min.*), impianto (*m.*) di ricupero (di minerali).
concentrator (*min.*), concentratore *m.*
concentric, *agg.* concentrico.
— **cable** (*elet.*), cavo (*m.*) concentrico (*o* coassiale).
— **tube feeder** (*radio*), alimentatore (*m.*) tubolare concentrico.
concentricity (*mecc.*), concentricità *f.*
concern (*comm.*), casa (*f.*) commerciale; impresa *f.*; macchina *f.*; accessorio *m.*
concertina cover (*macch. ut.*), cuffia a soffietto; riparo a soffietto.
— **folding** (*tip.*), piega ad organetto.
— **guard** (*macch. ut., ecc.*), cuffia a soffietto; riparo a soffietto.
concession for exploration (*petrol.*), concessione di ricerca.
conching (*fabb. cioccolato*), agitazione prolungata, per ottenere cioccolato liquido.
conchoid (*geom.*), concoide *m.*
conchoidal, *agg.* concoidale.
— **fracture** (*min., chim.*), frattura (*f.*) concoidale.
concot (to —), progettare; inventare.
concrete, calcestruzzo *m.*
— **(to —),** *v.a.*, cementare.
— **aggregates,** aggregati (*m. pl.*) per calcestruzzo.
— **bed,** platea (*f.*) in calcestruzzo.
— **block,** blocco di calcestruzzo.
— **conveyor,** trasportatore (*m.*) per cemento.
— **dam,** diga (*f.*) di calcestruzzo.
— **fine aggregate,** sabbia (*f.*) per cemento armato.

concrete foundations, fondazioni (*f. pl.*) in cemento armato.
— **gravity section dam,** diga (*f.*) in cemento armato a gravità.
— **laborer,** *m.* (U.S.A.), cementista armatore *m.*
— **layer,** gettata (*f.*) di calcestruzzo.
— **mixer** (*or* **mixing machine),** impastatrice (*f.*) di cemento; betoniera *f.*
— **mixer operator,** cementista *m.* (mescolatore).
— **paint** (*vernici*), pittura (*f.*) per cemento.
— **paver,** betoniera *f.*
— **pile,** palo (*m.*) in cemento armato; palo di calcestruzzo.
— **pipe,** tubo (*m.*) di calcestruzzo.
— **roof,** tetto (*m.*) in cemento.
— **runway** (*aereo*), pista (*f.*) cementata.
— **sand,** sabbia (*f.*) per cemento armato.
— **shield** (*fis. atom.*), schermo in cemento.
— **sill,** davanzale (*m.*) in cemento.
— **slab,** lastra (*f.*) in cemento (soletta); piastra in calcestruzzo.
— **step,** gradino (*m.*) di cemento.
— **stone,** pietra (*f.*) di calcestruzzo; concio (*m.*) di calcestruzzo.
— **tile,** tegola (*f.*) di cemento armato.
— **vibration,** vibrazione (*f.*) del calcestruzzo.
— **vibrator,** vibratore (*m.*) per calcestruzzo.
— **(buttery —),** calcestruzzo plastico.
— **(job-mix —),** calcestruzzo preparato sul cantiere.
— **(plastic[ised] —),** calcestruzzo plastico.
concreter, cementista *m.*
concreting, lavori in cemento.
concurrency (*inform.*), simultaneità *f.*; contemporaneità (di esecuzione).
condensability, facilità di condensazione; attitudine alla condensazione.
condensance (*elet.*) (U.S.A.), reattanza (*f.*) di un condensatore elettrico a capacità fissa.
condensate (*petr.*, *chim.*), condensato *m.*; prodotto di condensazione; condensa.
— **discharger** (*macch. ut.*), scarico di condensa.
— **gas,** gas condensato.
— **-state physics,** fisica dello stato condensato.
— **tank,** serbatoio (*m.*) di condensa.
— **well** (*petrol.*), pozzo producente petrolio con alto rapporto gas-petrolio.
condensating steam engine, macchina (*f.*) a vapore a condensazione.
condensation, condensazione *f.*
— **pot,** vaso (*m.*) di condensazione.
condense, *v.a. v.i.*, condensare *v.a.*; condensarsi *v.r.*
condensed, *p.p.* (*inform.*), modo di scrittura con caratteri ridotti, aumentando così il numero dei caratteri per riga.
— **milk,** latte condensato.
condenser, *m.* condensatore (per raffreddare il gas in un gasometro); raffreddatore del gas; refrigerante *m.*; lente (*o* specchio) per mettere a fuoco (*ottica*); lente (*o* sistema di lenti) che deflette i raggi divergenti della sorg. luminosa nell'obiettivo (*fot.*).
— **card** (*lana*), carda (*f.*) finitrice uso lana.
— **checker kit,** apparecchio (*m.*) prova condensatori.
— **coil,** serpentina (*f.*) di raffreddamento.
— **disk** (U.S.A.), piastra di condensatore.
— **focusing sleeve** (*ottica*), manicotto per la messa a fuoco.
— **gauge,** manometro (*m.*) del condensatore.
— **in parallel,** condensatore (*m.*) in parallelo.
— **ionization chamber** (*radiol.*), camera di ionizzazione a condensatore.

condenser lens (*microscopio elettron.*), condensatore *m.* (lente magnetica di microscopio elettron.).
— **loudspeaker** (*acust.*), altoparlante (*m.*) a condensatore.
— **microphone** (*audio*), microfono (*m.*) elettrostatico; (*audio*) microfono (*m.*) a condensatore.
— **transmitter** (*acust.*), microfono (*m.*) elettrostatico (*o* a condensatore).
— **tube,** tubo di condensatore; (tubo di scambiatore di calore, *termine usato spesso, come sinonimo*).
— **tubes cleaning bullets** (*ind. chim., ecc*), pallottole pulitrici per tubi di condensatori.
— **yarn** (*tess.*), filato di buona qualità da cascami di cotone (per coperte di cotone) su fusi uso lana.
— **(bobbin —)** (*tess.*), subbiello di preparazione; v. **downward –**; **reflux –**; **reverse –**; **upright –**.
condensing electroscope, elettroscopio (*m.*) condensatore.
— **funnel** (*tess.*), imbuto (*m.*) di condensamento.
condition, *v.a.* mettere in condizione, preparare.
— **of equilibrium,** stato (*m.*) di equilibrio.
conditional expression (*mat.*), espressione (*f.*) condizionale.
— **jump** (*inform.*), salto condizionale (diramazione condizionale).
— **jump instruction** (*inform.*), istruzione di salto condizionato.
conditioned weight (*tess.*), peso (*m.*) condizionato.
conditioner (*ind. mol.*), condizionatore *m.*; (*in generale*) depuratore *m.*; v. **water —**.
— **dryer** (*ind. mol.*), condizionatore essiccatore da grano.
conditioning (*tess.*), condizionatura *f.*; umidificazione *f.*; stagionatura *f.* (*tess.*); condizionamento *m.* (d'aria, ecc.).
conditioning oven, stufa per condizionatura.
conditions for supply (*leg.*), quaderno (*m.*) d'oneri.
conducive, *agg.*, favorevole.
conduct, *v.a.* condurre (elettricità, calore); (*chim.*), comportamento *m.* (*di una reazione*).
— (*v.a.*) **a test** (*tecnol. mecc.*), eseguire una prova.
— (*v.a.*) **away water,** derivare acqua.
— **of a heat** (*met.*), condotta della fusione.
conductance, conducibilità *f.*; conduttanza *f.*
conductimetric analysis (*met.*), analisi (*f.*) conduttometrica.
conducting material, materiale (*m.*) conducente.
— **rod,** asta (*f.*) conduttrice.
— **wire** (*elet.*), filo (*m.*) conduttore.
conduction (*fis.*), conduzione *f.*
conductive braid (*elet.*), cavo conduttore.
conductivity, conduttività *f.*
conductor (*elet.*), conduttore *m.*
— **-rail** (*elet.*), terza rotaia.
— **-rail ramp** (*elet.*), zona d'invito (di terza rotaia).
conduit, tubo (*m.*) isolante (*elet.*); **tubatura** *f.*; **condotto** *m.*; gora *f.*
— **fittings** (*elet.*), armatura (*f.*) per tubo isolante (tubi a gomito, scatole, ecc. costituenti gli articoli ausiliari di un tubo isolante).
cone, pigna *f.* (*bot.*); cono *m.* (*geom.*); (*tess.*) rocca conica; tubetto conico; ogiva *f.*
— **antenna** (*radio*), antenna (*f.*) conica.
— **belt drive,** comando (*m.*) a cono di puleggia.
— **chucking ring,** anello (*m.*) di fissaggio.
— **clutch,** frizione (*f.*) a cono; innesto (*m.*) a cono.
— **coupling,** innesto (*m.*) conico.
— **crusher,** frantoio a cono.
— **diaphragm** (*acust.*), membrana (*f.*) conica.

cone drawing, stiro (*m.*) a cono.
— **driven lathe,** tornio (*m.*) a cono di pulegge.
— **drums** (*cotone*), coni *m. pl.*
— **friction clutch,** innesto (*m.*) a cono di frizione.
— **gear with friction strap,** rinvio (*m.*) con coni di frizione.
— **grinding,** rettificazione (*f.*) di un pezzo conico.
— **loudspeaker** (*radio*), altoparlante (*m.*) a diaframma conico.
— **of a slope,** cono (*m.*) di una scarpata.
— **of dispersion,** fascio di traiettorie (*armi*).
— **of light,** cono (*m.*) luminoso.
— **of silence,** cono (*m.*) di silenzio.
— **screen test** (*vernici, smalti*), prova (*f.*) con setaccio conico.
— **-shaped,** a forma di cono.
— **-shaped rudder** (U.S.A.) (*aer.*), stabilizzatore (*m.*) conico.
— **wheel,** ruota (*f.*) a cono.
— **winding** (*tess.*), confezione delle rocche.
— **,(cones distance)** (*ingran.*), generatrice *f.*
coned milling cutter, fresa (*f.*) conica.
coneless lathe, tornio (*m.*) monopuleggia.
conference call (*tel.*), comunicazione telefonia collettiva, che permette la conversazione fra parecchie persone.
— **fee,** quota di partecipazione (ad una conferenza).
— **hall** (*costr.*), salone per conferenze.
— **system** (*telef.*), sistema (*f.*) telefonico collettivo.
configuration (*aereo*), configurazione *f.* (di ala, carrello); (*inform.*), configurazione (caratteristiche delle macchine e dispositivi di un sistema informatico).
configured system (*inform.*), sistema configurato.
confined space (*mecc., ecc.*), spazio ristretto (di lavoro di una macchina).
confines (tight —), limiti ristretti (p. es. di area di carico).
confirmation well (*petrolio*), pozzo di conferma (il secondo pozzo produttivo di un nuovo campo petrolifero).
confirmeds (*slang*) (*aereo*) (U.S.A.), apparecchi abbattuti sicuramente.
conflicting, *agg.* (*chim.*), in disaccordo; in opposizione; opposto.
confocal, *agg.*, confocale.
conformance of the varnish with a specification, rispondenza della vernice alla specificazione.
conformational, *agg.* (*chim.*), strutturale *agg.*
congeal, *v.i.*, congelarsi *v.r.*
congealment, congelazione *f.*
congestion (*traffico*), congestione (da traffico).
conglomerate, conglomerato *m.*
Congo corinth, colorante violetto per il cotone.
— **gum,** copale Congo.
— **red,** rosso Congo.
congress (*met., ecc.*), congresso *m.*
— **papers** (*mecc., met., ecc.*), atti di congressi.
— **(reports of —),** relazioni (*f. pl.*) di congresso.
congruence, congruenza *f.*
conical bearing, cuscinetto (*m.*) conico.
— **boring,** foratura (*f.*) conica.
— **brake,** freno (*m.*) a cono.
— **broach roof,** tetto (*m.*) conico.
— **bushing** (*mecc.*), bussola (*f.*) conica.
— **centre,** punta *f.* (di un tornio).
— **clutch,** innesto (*am.*) cono.
— **collet** (*mecc.*), bussola (*f.*) conica.
— **disc pulley,** puleggia (*f.*) conica; puleggia (*f.*) a Δ.
— **guide,** guida (*f.*) conica.
— **head rivet,** chiodo (*m.*) a testa conica.
— **journal,** collare (*m.*) conico.
— **lamp** (*elet.*), lampada (*f.*) a piramide.

conical pendulum, pendolo (*m.*) conico.
— **pivot** (*orol.*), perno (*m.*) conico.
— **point bolt,** bullone (*m.*) a punta conica.
— **reamer,** alesatore (*m.*) conico.
— **rivet head,** testa (*f.*) di chiodo conica.
— **rudder bag** (*aer.*), stabilizzatore (*m.*) conico.
— **spindle** (*tess.*), fuso (*m.*) conico.
— **surfaces,** superfici (*m. pl.*) coniche.
— **valve,** valvola (*f.*) conica.
— **wheel,** ruota (*f.*) conica.
conicine, cicutina *f.*; (*chim.*), coniina *f.*
conifers, conifere *f. pl.*
coniine (*chim.*), coniina *f.*
coning angle (*aereo*), angolo (*m.*) di conicità.
conjecture, ipotesi *f.*; supposizione *f.*
conjugate diameter, diametro (*m.*) coniugato.
— **points** (*ott.*), punti (*m. pl.*) coniugati.
— **system** (*chim.*), sistema (*m.*) coniugato.
conjugated hydrocarbons, idrocarburi coniugati.
conk (*slang*) (*aereo*), arresto improvviso del motore, durante il volo.
— **(to)** (*slang*) (*aereo*) (U.S.A.), fermarsi *v.r.* (rif. a motori d'aeroplano); avariarsi.
connect, *v.a.* innestare; attaccare; inserire (*elet.*); accoppiare (*mecc.*); unire; collegare; raccordare; calettare; connettere (*elet.*); allacciare (*elet.*).
— **a motor to a line,** inserire (*v.a.*) un motore nella rete.
— **in parallel,** connettere (*v.a.*) in parallelo (*elet.*); collegare (*v.a.*) in parallelo.
— **in series** (*elet.*), connettere (*v.a.*) in serie.
— **up the dynamo,** accoppiare (*v.a.*) la dinamo.
connectable, *agg.* (*elettron., ecc.*), collegabile.

connecting, calettatura *f.*; montaggio *m.*
— **angle,** cantonale (*m.*) d'unione.
— **box** (*elet.*), scatola di giunzione per impianti elettrici.
— **cable** (*elet.*), cavo (*m.*) di congiunzione.
— **line** (*ferr.*), binario (*m.*) di raccordo.
— **link** (*mecc.*), glifo *m.*
— **main** (*elet.*), linea (*f.*) di raccordo.
— **piece,** pezzo (*m.*) di raccordo.
— **rod,** biella *f.* (di guida).
— **-rod assembly,** sistema (*m.*) di bielle.
— **rod head,** testa (*f.*) di biella.
— **shaft** (*mecc.*), albero (*m.*) di trasmissione.
— **spring,** molla (*f.*) di contatto.
— **strap,** regolo *m.* (di accumulatore).
connection, accoppiamento *m.*; attacco *m.* (*elet.*); collegamento *m.* (di batteria elet.); inserzione *f.* (*elet.*); rapporto *m.*; relazione *f.*; (*elet.*), allacciamento *m.*
— **cable,** cavo (*m.*) d'attacco.
connector, morsetto *m.* (*faleg.*); serrafilo (*elet.*); (*inform.*), connettore *m.* (simbolo di rinvio di flusso).
— **-bar** (*elet.*), morsetto (*m.*) di giunzione.
— **block** (*elet.*), scatola (*f.*) di giunzione.
conning tower (*naut.*), torretta (*f.*) di comando.
conoidal, *agg.* conoidico.
conservancy engineer (*idr.*), ingegnere fluviale.
conservationist, *m.*, conservatore (oppositore di innovazioni tecnologiche su terreni ameni ecc.).
consistency, consistenza *f.*; accordo *m.* (*di risultati sperimentali*); costanza *f.* (*di valori; grandezze*); (*chim. fis.*), consistenza *f.*; durezza *f.*; precisione *f.*
consistent error, errore sistematico.

consistent fat, grasso (*m.*) consistente.
— **testing** (*chim.*), saggi definiti; saggi sicuri.
consistometer (*chim.*), consistometro: strumento per determinare la consistenza di materiali fragili (*o* semi-fluidi).
consol (cosolan) (*aereo*), radioassistenza alla navigazione basata su un diagramma di irradiamento a più lobi, identificati da linee e punti.
console, mensola *f.*; piano della tastiera e dei pedali di un organo (*musica*); mobiletto (*radio, condizionamento aria, ecc.*); (*elettron.*), quadro di comando (ad armadio); (*auto*), pannello (o quadro) degli strumenti) (sul cruscotto).
consolette cabinet (*radio*), mobile per radiogrammofono.
consolidate, *v.a. v.i.*, consolidare *v.a.*; consolidarsi *v.r.*
consolidation, consolidamento *m.*; (*of companies*) (*comm.*), fusione (*f.* di società, compagnie, ecc.).
consolute, *agg.* (*chim.*), mescolabile *agg.*
consortium (*associazione*), consorzio *m.*
constant, costante *f.*; caratteristica *f.*
— **baryta,** solfato di bario.
— **compression,** compressione (*f.*) costante.
— **current,** corrente (*f.*) costante.
— **-current motor** (*elet.*), motore (*m.*) a corrente costante.
— **-current transformer,** trasformatore (*m.*) a corrente costante.
— **force,** forza (*f.*) costante.
— **inductance resistor,** resistenza (*f.*) a induttanza costante
— **level tube** (*agrim.*), livella (*f.*) a serbatoio.
— **mesh pinions** (*auto*), coppia (*f.*) ingranaggi sempre in presa.
— **-mesh gear-box** (*auto*), cambio (*m.*) con coppia sempre in presa.
— **potential,** potenziale costante.
constant pressure line, curva (*f.*) di pressione costante.
— **speed propeller** (*aereo*), elica (*f.*) a velocità costante; elica a giri costanti.
— **speed scanning** (*telev.*), esplorazione (*f.*) a velocità costante.
— **-speed unit** (*aereo*), regolatore dei giri dell'elica.
— **time-lag** (*elet.*), ritardo (*m.*) costante.
— **-voltage motor** (*elet.*), motore (*m.*) a tensione costante.
— **volume line,** curva (*f.*) di volume costante.
constantan (*met.*), costantana *f.*
— **wire,** filo (*m.*) di costantana.
constellation (*chim.*), configurazione *f.*
constituent (*met.*), composto *m.* (di una lega solida); (*chim.*) costituente *m.*
constituents (globular —) (*met.*), costituenti (*m. pl.*) globulari.
constitute, *v.a.* (*chim.*), costituire.
constitution diagram (*met.*), diagramma (*m.*) di stato.
constitutional diagram (*met.*), diagramma di stato.
constrained, *p.p.* (*costr.*), vincolato.
— **motion,** movimento (*m.*) comandato.
— **oscillation,** oscillazione (*f.*) forzata.
construct, *v.a.* edificare; costruire (*una curva*); stabilire *v.a.*
construction, costruzione *f.*
— **fault,** difetto (*m.*) di costruzione.
— **on sloping ground,** costruzione (*f.*) a mezza costa.
— **safety act,** legge sulla sicurezza nelle costruzioni.
— **site,** luogo (*m.*) di costruzione; cantiere *m.*
— **standards,** norme (*f. pl.*) di costruzione.
constructional engineering (*cost.*), meccanica strutturale (meccanica delle costruzioni).
constructive parts, parti (*m. pl.*) di costruzione.

constructive works, opere (*f. pl.*) d'arte; manufatti.
construe, *v.a.* (*chim., ecc.*), interpretare *v.a.*; considerare *v.a.*
consul, console *m.*
consular fee (*naut. ecc.*), tariffa consolare.
— **officer,** funzionario consolare.
consultancy firm, ditta (*f.*) consulente.
consultant *m.*, consulente *m.*
consulting engineer, ingegnere (*m.*) consulente.
— **engineering office,** studio tecnico di consulenza.
— **management engineer** (*comm.*), consulente in organizzazione.
consumer, consumatore *m.*; utente *m.*
— **durables** (*econ.*), beni (*m. pl.*) di consumo durevoli.
— **electronics,** elettronica di consumo.
consumption, consumo *m.*
— **economy** (*econ.*), economia (*f.*) del consumo.
— **goods** (*econ.*), beni (*m. pl.*) di consumo.
cont., abbrev. di contenuto.
contact (U.S.A.) (*elet. aer.*), contatto *m.*; *v.a.* (*petrolio*) trattrare il petrolio con acido, portando i due liquidi in « contatto »; purificare il petrolio, trattato con acido.
— **(to —),** identificare.
— **box,** scatola (*f.*) di presa.
— **-breaker** (*elet.*), ruttore *m.* (di magnete).
— **breaker points** (*auto*), punte (*f. pl.*) del ruttore.
— **corrosion** (*met.*), corrosione per contatto (fra metalli diversi in contatto, in presenza di elettrolito).
— **current,** corrente (*f.*) di contatto.
— **electrode** (*sald.*), elettrodo (*m.*) a contatto.
— **electromotive force** (*elet.*), forza (*f.*) elettromotrice di contatto.
— **finger** (*elet.*), dito (*m.*) di contatto.
contact flying (*aereo*) (U.S.A.), volo a vista.
— **heating,** riscaldamento (*m.*) per contatto.
— **irradiation** (*radiol.*), irradiadiazione (*f.*) a contatto.
— **lenses** (*ott.*), lenti (*f. pl.*), a contatto.
— **lever,** leva (*f.*) di contatto.
— **-lever spindle,** asta (*f.*) di leva di contatto.
— **light** (*aereo*), luce (*f.*) di contorno di pista d'aeroporto.
— **mine** (*mil.*), mina a contatto.
— **plate** (*elet.*), piastra (*f.*) di contatto.
— **point** (*elet.*), punto (*m.*) di contatto.
— **process** (*chim.*), processo di contatto (ossidazione di SO_2 a SO_3 su catalizzatore solido).
— **prongs,** punte di contatto.
— **rail** (*elet.*), terza rotaia *f.*
— **resistance** (*elet.*), resistenza (*f.*) di contatto.
— **rod,** asta (*f.*) di scatto.
— **scanning** (*telev.*), esplorazione (*f.*) a contatto.
— **screw,** vite (*f.*) di contatto.
— **segment** (*elet.*), segmento (*m.*) di contatto.
— **spring** (*elet.*), molla (*f.*) di contatto.
— **transients** (*elet.*), transitori di apertura.
— **voltmeter** (*elet.*), voltmetro a contatti.
— **wire** (*elet.*), filo (*m.*) di contatto.
— **zone,** zona (*f.*) di contatto.
contacting, *agg.* (*chim.*), agente cataliticamente.
— **altimeter** (*aereo*), interruttore (*m.*) di quota.
— **method** (*ind. pet.*), modo di contatto (vedi: **contact**).
contactor (*elet.*), interruttore (*m.*) automatico (adatto per rapida apertura e chiusura di circuiti elettrici; contattore *m.* (*elet.*); (*ind. chim.*), reattore *m.* (recipiente dove petrolio e acido vengono a « contatto »).
contactors (*elet.*), contattori *m. pl.*

container (*film*), scatola per bobina; recipiente *m.*; vaso *m.* (di accum.); (*ferr.*, *ecc.*), contenitore *m.*; cassa mobile; « container » (recipiente chiuso, per lo più metallico, per utilizzazioni ripetute di merci sia imballate sia alla rinfusa, di facile trasporto, stivaggio e immagazzinamento delle merci immesse; (*estrusione idrostatica*), camera *f.*
— **design,** forma del container.
— **dimensions,** dimensioni della cassa mobile; dimensioni del container.
— **handling crane,** gru per carico e scarico containers.
— **lessor,** locatore di containers.
— **lorry,** autocarro portacontainers.
— **-ship** (*naut.*), nave (*f.*) portacontainers.
— **terminal,** centro di raccolta e smistamento per containers.
— **train (freightliner — train),** treno portacontenitori.
— **truck,** autocarro porta-containers.
— **(cellular —),** contenitore cellulare.
— **(demountable —),** container smontabile.
— **(monobloc —)** (*estrusione*), camera monoblocco.
— **(railborne —),** container trasportato su treni.
— **(segmented —)** (*estrusione*), camera a segmenti.
— **(single-ring —)** (*estrusione*), camera ad un solo anello.
— **(standardised —),** container unificato.
— **(steel-clad —),** container rivestito di acciaio.
— **(3-ring —)** (*estrusione*), camera a tre anelli.
containerization (*trasporti*), « containerizzazione »: sistema di trasporto con « containers ».
contaminant (*chim.*), impurezza *f.*; contaminante *m.*; (*fis. atom.*), materiale contaminante.
contaminate, *v.a.* (*chim.*, *ecc.*), contaminare *v.a.*.
contamination, contaminazione *f.*
content (*chim.*, *ecc.*), tenore *m.*; volume *m.* (di recipienti).
contents, contenuto *m.*; (*tip.*), indice *m.*
contest model builder, costruttore di modelli per gare.
context (*inform.*), contesto *m.* (dell'unità centrale).
continuity (*cinem.*), sceneggiatura *f.*
— **writer** (*radio*), soggettista di radio programma.
continuous anneal line (*met.*), linea di ricottura continua.
— **annealing furnace** (*met.*), forno di ricottura continuo.
— **annealing process** (*met.*), processo di ricottura continua.
— **arched girder,** trave (*f.*) ad archi continui.
— **beam** (*or* **girder**), trave (*f.*) continua.
— **bleaching** (*tess.*), candeggio, (*m.*) continuo.
— **card stripping,** pulitura automatica continua delle guarnizioni di carda.
— **cast materials** (*met.*), materiali prodotti con colata continua.
— **casting** (*fond.*, *met.*), colata continua.
— **-casting machine** (*met.*), macchina per colaggio continuo.
— **casting of billets** (*met.*), colata continua di billette.
— **casting plant** (*fond.*), impianto di colata continua.
— **coking** (*coke*), cokefazione continua.
— **-continuous casting** (*met.*), colaggio in sequenza; colaggio continuo-continuo.
— **countershaft,** albero (*m.*) passante di distribuzione.
— **-current line,** linea (*f.*) a corrente continua.
— **cutter** (*ind. saponi*), tagliatrice continua.
— **drawing** (*met.*), trafilatura (*f.*) continua.

continuous distillation, distillazione (*f.*) continua.
— **-drive record paper holder,** avvolgitore (*m.*) continuo di carta (per oscillografi).
— **extraction** (*chim.*), estrazione (*f.*) continua.
— **feed,** avanzamento (*m.*) continuo.
— **floor** (*cost.*), battuto *m.*
— **flow test** (*corrosione met.*), prova (*f.*) con circolazione.
— **form** (*inform.*), modulo in continuo.
— **frames** travi continue.
— **furnace** (*met.*), forno a passaggio continuo.
— **galvanize line** (*met.*) (U.S.A.), linea (*f.*) di zincatura continua.
— **gas-lift** (*petrolio*), « gas-lift » continuo.
— **heat treatment** (*met.*), trattamento termico in continuo.
— **hot-strip mill** (*met.*), laminatoio continuo per nastri a caldo.
— **kiln of the tunnel type,** forno (*m.*) d'essiccamento a tunnel chiuso.
— **line,** contorno (*m.*) poligonale.
— **load,** carico (*m.*) continuo.
— **loading** (*elet.*), carico (*m.*) continuo.
— **memory** (*inform.*), memoria continua.
— **mill** (*met.*), laminatoio (*m.*) continuo.
— **miner** (*mecc., min.*), minatore continuo (grande macchina per taglio e carico del carbone, che può estrarne da 7 a 9 tonnellate al minuto).
— **miner fitted with eight cutters** (*min.*), minatore continuo con 8 frese.
— **mining** (*min.*), abbattimento continuo; coltivazione continua (con minatori continui).
— **output** (*elet.*), potenza (*f.*) continua.
— **-path numerical control** (*macch. ut.*), controllo numerico continuo.

continuous pickling (*met.*), decapaggio (*m.*) continuo.
— **planer** (*miniere*), piallatrice continua.
— **plastic coating** (*cost.*), rivestimento plastico continuo.
— **pressure,** pressione costante.
— **rating** (*elet.*), potenza (*f.*) continua.
— **pusher reheating furnace** (*met.*), forno continuo di riscaldo a spinta.
— **rolling** (*met.*), laminazione (*f.*) continua.
— **running** (*elet.*), regime (*m.*) continuo.
— **sampling** (*raffineria*), campionatura (*f.*) continua.
— **single-stage test** (*chim., ecc.*), prova in continuo in un solo stadio.
— **sintering** (*met.*), sinterizzazione (*f.*) continua.
— **slab caster** (*met.*), macchina di colata continua per bramme.
— **slab casting plant** (*met.*), impianto di colata continua per bramme.
— **slab casting unit** (*met.*), macchina per colata continua di bramme.
— **smelter,** forno (*m.*) di fusione continuo.
— **spectrum,** spettro (*m.*) continuo.
— **speech recognition** (*inform.*), riconoscimento dell'eloquio continuo.
— **spheroidizing furnace** (*met.*), forno di sferoidizzazione continua.
— **sprocket-holed stationery** (*inform.*), modulo in continuo.
— **strip mill,** laminatoio continuo per nastri.
— **traverse** (*agrim.*), poligonale (*f.*) aperta.
— **type furnace,** forno (*m.*) continuo; (*met.*), forno (*m.*) a spinta.
— **vacuum degassing process** (*met.*), processo di degasaggio sottovuoto continuo.
— **-wave radar,** radar a funzionamento continuo.

continuous-wave telegraphy (*radio*), telegrafia (*f.*) ad onde continue.

— **-wave transmitter** (*radar*), radar a funzionamento continuo.

— **welding** (*sald.*), saldatura (*f.*) in continuo.

— **wire rod rolling** (*met.*), laminazione continua della vergella.

— **working,** esercizio (*m.*) continuo.

continuously cast bar (*met.*), barra colata in continuo.

— **cast billet** (*met.*), billetta colata in continuo.

— **cast slab** (*met.*), bramma (*f.*) colata in continuo.

— **cast steel** (*met.*), acciaio colato in continuo.

— **cast (steel) round** (*met.*), tondo colato in continuo.

— **-loaded cable** (*teleg.*), cavo (*m.*) (sottomarino) a carico continuo.

— **rated** (*elet.*), a potenza continua (che porta con sicurezza il suo carico normale per un tempo indefinito).

contour, contorno *m.*; linea d'iso = (*chim.*); linea di livello (*top.*); (*audio*), comando (usato negli amplificatori) per il volume fisiologico.

— **(to —)** (*top.*), quotare (con linee di livello); rilevare mediante un piano quotato.

— **accentuation** (*telev.*), accentuazione (*f.*) del contorno.

— **ambit** (*telev.*), contorno *m.*

— **flying** (*slang*) (*aereo*) (U.S.A.), volo radente.

— **gage,** calibro per controllo di elementi profilati.

— **lines** (*top.*), linee (*f. pl.*) di livello.

— **map,** piano (*m.*) quotato (*top.*); carta (*f.*) a curve di livello (*top.*).

— **mapping** (*aereo*), rilievo (*m.*) quotato; livello (*m.*) quotato.

— **plan** (*agrim.*), piano quotato *m.*

— **projector,** proiettore di contorni.

contour saw (U.S.A.), sega (*f.*) a nastro.

— **sawing and filing machine** (*macch. ut.*), segatrice-limolatrice *f.*

— **seat** (*auto*), sedile a schienale avvolgente.

contoured seat (*auto*), sedile a schienale avvolgente.

contouring (*agrim.*), rilevamento (*o* tracciamento) di un piano quotato.

— **system** (*macch. ut.*), sistema di controllo numerico continuo.

contours, curve (*f. pl.*) di livello.

contra-flow turbine engine, motore (*m.*) a turbina a flusso contrario.

— **-rotating propellers,** eliche (*f. pl.*) controrotanti.

contraceptive pill (*med.*), pillola contraccettiva.

contract-demand tariff (*elet.*), tariffa (*f.*) a forfait.

— **grades,** qualità (o tipi) fissata (*f.*) per contratto.

— **work** (*miniere*), lavorazione a cottimo.

contraction, strozzamento *m.*; accorciamento *m.*; strozzatura *f.*; diminuzione *f.*

— **ratio** (*aereo*), rapporto (*m.*) di contrazione.

— **rule** (*fond.*), riga per modellisti (con dimensioni maggiorate per tenere conto del ritiro dei getti).

contractionary policy (*econ.*), politica d'austerità.

contractor, appaltatore *m.*; impresario *m.*; imprenditore *m.*

— **(salvage and towage contractors)** (*naut.*), impresa salvataggio e rimorchiaggio.

contractor's truck, vagone (*m.*) per scavi.

— **yard,** cantiere (*m.*) dell'imprenditore.

contracyclal policy (*econ.*), politica anticiclica.

contrast (*fot.*), contrasto *m.* (fra luce ed ombra, ecc.).

contrast control (*telev.*), comando del « contrasto » (*o* messa a punto dell'ampiezza del segnale di video frequenza).
— **gradient** (*telev.*), gradiente (*m.*) di contrasto.
— **latitudine** (*radiol.*), latitudine (*f.*) di contrasto.
— **ratio** (*telev.*), rapporto del contrasto.
— **(amplification —)** (*acust.*), contrasto di amplificazione.
— **(colour —)** (*fot.*), contrasto di colore.
— **(image —)**, contrasto d'immagine.
— **(radiation —)** (*radiol.*), contrasto di radiazione.
contrate, *agg.* (*mecc.*), avente i denti ad angolo retto col piano della ruota.
contribute, *v.a.* contribuire; pagare.
contribution (*pensioni*, *ecc.*), con tributo *m.*
— **card** (*pensioni operai, ecc.*), tessera (*f.*) dei contributi.
contrivance, invenzione *f.*; apparecchio *m.*; dispositivo *m.*
control, controllo *m.*; comando *m.*; *v.a.* regolare.
— **advance,** anticipo *m.* (*rotori*).
— **apparatus** (*elet.*), apparecchio (*m.*) di comando.
— **area** (*aereo*), regione (*m.*) di controllo.
— **-board** (*elet.*), pannello di segnalazione.
— **-cable** (*elet.*), cavetto (*m.*) di comando.
— **car** (*aer.*), navicella (*f.*) di comando.
— **character** (*inform.*), carattere di controllo (di una stampante).
— **circuit,** circuito (*m.*) di controllo; circuito (*m.*) di comando.
— **column** (*aereo*), barra (*f.*) comando; « cloche »; governale *m.*
— **column yoke** (*aereo*), supporto (*m.*) trasmissione comandi.
— **console** (*production control*), quadro di comando.
control desk (*telev.*), pulpito di manovra di controllo.
— **device,** dispositivo (*m.*) di comando.
— **eccentric,** eccentrico (*m.*) del cambiamento di marcia.
— **electrode** (*elet.*), elettrodo (*m.*) di controllo.
— **(*v.a.*) from the ground,** controllare da terra.
— **grid,** griglia (*f.*) controllo.
— **grid bias** (*elet.*), tensione (*f.*) della griglia di controllo.
— **knob** (*elet.*), bottone (*m.*) di comando.
— **-line kit** (U.S.A.) (*aereo*) modello (*m.*) controllato.
— **locking,** arresto (*m.*) della manovra.
— **model** (*aereo*), modello (*m.*) controllato.
— **of radio-active fallout,** controllo della caduta di ceneri radioattive.
— **panel** (*elet.*), pannello (*m.*) degli strumenti; quadro (*m.*) di comando.
— **pinion,** pignone (*m.*) di comando.
— **point** (*top.*), punto (*m.*) di controllo (*o* di riferimento).
— **pulpit** (*macch.*), pulpito di controllo; piattaforma di controllo.
— **register,** controllo (di calcolatrice).
— **relay,** relè (*m.*) di comando.
— **rod,** asta (*f.*) di comando.
— **room** (*elet.*), cabina di manovra; camera di manovra.
— **shutter** (*aereo*), parzializzatore *m.*
— **simulations** (*inform.*), simulazioni di controllo.
— **stick** (*aereo*), leva (*f.*) di comando.
— **surface** (*aereo*), piano (*m.*) di comando.
— **surface axis** (*aereo*), asse del timone.
— **switch** (*elet.*), interruttore (*m.*) di comando.
— **timer** (*mecc.*), regolatore a tempo.

control tower (*aereo*), torre (*m.*) di controllo.
— **turnstile** (*autostrade*), barriera di esazione del pedaggio.
— **unit** (*inform.*), unità di controllo delle periferiche.
— **variable** (*elettron.*), variabile (*f.*) di controllo.
— **(to — the brake)**, comandare (*v.a.*) il freno.
controllability (*aereo*), maneggevolezza *f.*; governabilità *f.* (facilità di guida aerea operando i comandi).
controllable pitch propeller (*aereo*), elica (*f.*) a passo variabile in volo.
controlled area (*radiazioni ionizzanti*), zona (*f.*) controllata.
— **atmosphere**, atmosfera (*f.*) artificiale (*o* controllata).
— **-atmosphere bell furnace** (*met.*), forno a campana ad atmosfera controllata.
— **-atmosphere electric furnace**, forno (*m.*) elettrico con atmosfera artificiale.
— **-atmosphere furnace**, forno (*m.*) di ricottura in atmosfera artificiale.
— **atmosphere generator**, generatore (*m.*) di atmosfera controllata.
— **chain reaction**, reazione a catena controllata.
— **economy** (*econ.*), dirigismo *m.*
— **nuclear reaction**, reazione nucleare controllata.
— **rolling** (*met.*), « laminazione controllata » (raffreddamento regolato dopo laminazione finale).
— **tab** (*aereo*), aletta (*f.*) controllabile in volo.
controller (*tram*), controllore *m.*; combinatore di marcia.
controlling steam gauge, manometro (*m.*) campione; manometro (*m.*) di controllo.
controls *pl.*, comandi *m. pl.*
conurbation (*urbanistica*), conurbazione *f.* (p. es. fascia di — di una città).
convection of heat, convezione (*f.*) di calore.
convector (*heat*), radiatore (*m.*) a convenzione (di calore); (*app. riscald.*), termoconvettore *m.*
convenience food (*comm.*), piatto cucinato (già pronto).
convenient, *agg.* comodo; conveniente.
convention, convenzione *f.*
— **(international — on marine pollution)**, convenzione internaz. sull'inquinamento marino.
conventional, *agg.* tradizionale; comune; classico (*strum. ecc.*).
— **sign**, segno (*m.*) convenzionale.
— **warhead** (*missili*), testata bellica convenzionale.
converge, *v.i.* convergere.
convergence, convergenza *f.*
convergent, *agg.* convergente.
converging lens, lente (*f.*) convergente.
— **series**, serie (*f. pl.*) convergenti.
conversational, *agg.* (*inform.*), conversazionale (in forma di dialogo fra l'utente e la macchina mediante terminale).
« converse » with a computer, dialogare (conversare) con un calcolatore elettronico (tramite terminale).
conversion (*impianti*, *ecc.*), conversione (*o* trasformazione).
— **conductance** (*radio*), pendenza (*f.*) di conversione.
— **electron** (*fis. atom.*), elettrone (*m.*) di conversione.
— **factors** (*tess.*), fattori per tavole di equivalenza; fattori di conversione (di tabelle, ecc.).
— **gain** (*radio*), amplificazione di conversione.
— **in a matter of minutes** (*mecc.*), conversione in qualche minuto.
— **kit** (*auto*), corredo di attrezzi per aumentare la cilindrata di un'auto o modificarne i pezzi, onde renderla competitiva nelle gare.

conversion refinery (*petrol.*), raffineria di conversione (*o trasformazione chimica*).
— **resistance** (*radio*), resistenza di conversione.
— **table,** tavola (*f.*) di riduzione.
convert, *v.a.*, convertire (*finan.*) (*chim.*); trasformare (*met.*).
— **back,** *v.a.*, ritrasformare *v.a.*; riconvertire *v.a.*
converted fabric (*tess.*), tessuto (*m.*) finito.
converter, convertitore *m.* (vedi: **convertor**).
— **mouth** (*met.*), bocca del convertitore.
— **torque,** variatore (*m.*) di coppia.
convertible (*auto*), auto (*m.*) decappottabile; auto (*m.*) con tetto apribile.
— **debenture** (*finan.*), obbligazione (*f.*) convertibile.
convertibility (full —) (*econ.*), convertibilità (*f.*) integrale.
converting, affinazione *f.* (*fond.*); trasformazione *f.* (di un titolo) (*tess.*).
— **chest,** cassa (*f.*) di cementazione.
convertiplane (*aereo*), convertoplano *m.* (*aeromobile convertibile*) (che decolla verticalmente come un elicottero e vola orizzontalmente come un velivolo comune).
convertor (*met.*), convertitore *m.*; convertitrice *f.* (*elet.*).
— **(side blown —)** (*met.*), convertitore a soffiaggio laterale.
convex, *agg.* convesso.
— **milling cutter,** fresa (*f.*) convessa.
— **programming** (*inform.*), programmazione convessa.
— **side,** faccia (*f.*) convessa.
— **tile,** tegola (*f.*) a cappello.
convexity, convessità *f.*
convexo-concave lens, lente (*f.*) concavo-convessa.
conveyor, trasportatore *m.*; (*met.*), — v. **apron —; band —; belt —; cable belt —; chain —; coal —; coil —; concrete —; downhill —; drag scrubber —; gravity —; gravity chute —; gravity roller —; overhead rail —; pickling —; pneumatic —; push bar —; sack —; slat floor —; surface belt —; rear —; roller —; trough —.**
— **belt,** nastro (*m.*) di trazione.
— **belt protection equipment** (*miner.*), attrezzature per protezione dei nastri di trasportatori.
— **chains** (*min.*), catene di convogliatore.
— **installation,** impianto (*m.*) di trasportatore.
— **plant,** impianto (*m.*) di trasportatore.
— **shaker** (*min.*), vaglio a scosse di un trasportatore.
— **span,** nastro (*m.*) convogliatore.
— **tail ends** (*min.*), estremità di un trasportatore.
— **tube,** tubo (*m.*) (*o* condotto) (*m.*) di trasporto.
— **worm,** vite (*o*) coclea (*f.*) di trasporto.
— **(armoured —)** (*min.*), trasportatore corazzato (*o* blindato).
— **(underground —)** (*min.*), trasportatore in sotterraneo.
convolution, giro *m.*; spira *f.*; convoluzione *f.*
cook, *v.a.* cuocere.
— **(to — the opera)** (U.S.A.), preparare il racconto per il film.
cooked (*cinem.*), troppo sviluppato *p.p.* (riferito a negativo sonoro).
cooker (electric —), cucina (*f.*) elettrica.
— **(three-burner —),** cucina con tre bruciatori.
cooking utensil, utensile (*m.*) da cucina.
cookware, pentolame (da cucina).
cool, *v.a.* raffreddare; *v.r.* raffreddarsi.
— **down,** *v.i.* raffreddarsi *v.r.*
— **itself (to —)** (*reattori nucl.*), raffreddarsi.
— **melt** (*met.*), carica (*f.*) fredda.
— **off (to —),** *v.r.* raffreddarsi.

coolant, refrigerante *m.*; liquido (*m.*) di raffreddamento; mezzo refrigerante; lubrificante *m.*; liquido refrigerante.
— **fluid,** liquido di raffreddam.
— **pump,** pompa (*f.*) per liquidi refrigeranti.
— **separator** (*macch. ut.*), depuratore di liquidi refrigeranti.
cooled, *p.p.* raffreddato; refrigerato (*fis. atom.*), v. **gas- — reactor; helium- — reactor; water- — reactor.**
cooler, raffreddatore *m.*; refrigeratore *m.*; refrigerante *m.*; (*met.*), v. **cellular —; sinter —.**
— **(electric wine —),** refrigeratore elettrico per vino (p. es. su un panfilo, ecc.).
cooling, raffreddamento *m.*; refrigerazione *f.*
— **bath,** bagno (*m.*) di raffreddamento.
— **bed** (*met.*), piano di raffreddamento.
— **coil** (*condiz. aria*), serpentina di raffreddamento.
— **crack** (*met.*), cricca di raffreddamento (causata da raffreddam. eccessivo o tecnica di raffreddam. errata).
— **curve** (*met.*), curva (*f.*) di raffreddamento.
— **fan,** ventola di raffreddamento.
— **fin** (*elettron., elet., ecc.*), aletta di raffreddamento.
— **flange,** aletta (*f.*) di raffreddamento.
— **jacket,** manicotto (*m.*) refrigerante (*mitragliatrice*); camicia (*f.*) refrigerante.
— **pan,** bacino (*m.*) di raffreddamento.
— **plate** (*met.*), piattina di raffreddamento.
— **ribs,** alette (*f. pl.*) di raffreddamento.
— **room,** rinfrescatoio *m.* (birra).
— **surface,** superficie (*f.*) di raffreddamento.
— **table** (*di treno di lamiere*) (*met.*), tavola di raffreddamento.
— **tank,** vasca (*f.*) di raffreddam.
cooling tower, torre (*f.*) di refrigerazione.
— **tray,** vasca (*f.*) di raffreddam.
— **water,** acqua (*f.*) di raffreddamento.
cooper, bottaio *m.*
cooperage (*vino*), grossi recipienti per vino.
cooperative arrangement (*comm., finan.*), accordo di cooperazione.
coops (*cinem.*) (U.S.A.), lampade a mercurio.
co-ordinate (*or* **coordinate)** (*mat.*), coordinata *f.*
— **control system** (*macch. ut.*) sistemi di controllo a coordinate.
— **inspection machine** (*inform., macch. ut.*) (*controllo numerico*), macchina verificatrice con misura elettron. delle coordinate.
— **jig borer,** v. **jig borer.**
— **measuring machine** (*macch. ut.*), macchina per misurare, a coordinate.
— **paper,** carta (*f.*) a coordinate.
— **positioning system** (*inform., macch. ut.*), sistema di controllo numerico punto a punto.
cop, bobina *f.* (cotone); spola *f.*
— **changer** (*tess.*), caricatore (*m.*) della navetta.
— **guard** (*tess.*), tastatore (*m.*) di spoletta.
— **lath** (*tess.*), supporto di orditura.
— **steaming box** (*tess.*), caldaia di vaporizzazione per bobine.
— **winder** (*tess.*), cannettiera *f.*; incannatrice *f.*
— **winding machine** (*tess.*), cannettiera *f.*
copaiba balsam, balsamo (*m.*) di copaiba.
— **resin** (*resina*), copaiba *f.*
copal, copale *f.*
— **oil,** olio (*m.*) di copale.
— **resin** (*resina*), copale *m.*
cope (*fond.*), coperchio (*m.*) della staffa.
copier, copiatore *m.* (*attrezzature per ufficio*).

copigment (*chim.*), copigmento *m.*
co-pilot (*aereo*), aiuto pilota *m.*; pilota in seconda.
coping stone (*cost. civ.*), pietra di copertura *f.*
coplanar elektrodes (*elet.*), sistema (*m.*) di due griglie (in un tubo di Wunderlich).
— **forces** (*mecc.*), forze compiane (contenute in un solo piano).
— **grid valve** (*termoion.*), valvola (*f.*) di griglia coplanare.
copolymer (*chim.*), copolimero *m.*
copolymerization (*chim.*), copolimerizzazione *f.*
copper (*chim.* = Cu), rame *m.*; ramare *v.a.*; (*slang*), milite della strada; agente (preposto al controllo del traffico).
— **accumulator,** accumulatore (*m.*) al rame.
— **aceto-arsenite,** aceto arsenito di rame.
— **acetylide,** acetiluro (*m.*) di rame.
— **alloy,** lega (*f.*) di rame.
— **bath,** bagno (*m.*) di ramatura.
— **bit,** saldatoio *m.*
— **bit soldering iron,** saldatoio (*m.*) a testa di martello.
— **borate,** borato di rame.
— **boride,** boruro di rame.
— **bottoms,** sostanza metallica residua da fusione di minerali ricchi di rame in un forno a riverbero.
— **-calcium alloy,** lega (*f.*) di rame -calcio.
— **chlorate,** clorato di rame.
— **chloride** (*chim.*), eriocalcite *f.*; cloruro di rame, $CuCl_2$.
— **coating** (*met.*), rivestimento di rame.
— **enamel,** smalto (*m.*) per rame.
— **-faced stereo** (*tip.*), galvanostereo.
— **glance** (*min.*), calcocite *f.*
— **index,** percentuale di ossicellulosa (*carta*, *cotone*, *ecc.*).
— **jacket,** rivestimento (*m.*) di rame; camicia (*f.*) di rame.
— **jacketing,** camicia (*f.*) di rame.
— **lasur** (*chim.*), carbonato di rame (pigmento).
copper lining, rivestimento (*m.*) di rame.
— **loss** (*elet.*), perdita del rame (in macchine elettr. o in antenne radiofoniche).
— **master** (*acust.*), matrice di rame.
— **mordant,** mordente di rame (solfato di rame; o acetato di rame).
— **naphthenate,** naftenato di rame (usato per conservare stoffe, legno e vernici).
— **-nitrate,** nitrato (*m.*) di rame.
— **ore,** minerale (*m.*) di rame.
— **-oxide rectifier** (*elettron.*), ossido di rame; raddrizzatore all'ossido di rame.
— **pipe,** tubo (*m.*) di rame.
— **plate,** incisione (*f.*) su rame; cliché di rame; lastra (*f.*) di rame.
— **-plate engraver** (*tip.*), calcografo *m.*
— **-plate engraving** (*tip.*), intaglio in rame.
— **-plate press** (*tip.*), torchio calcografico.
— **-plate printing** (*tip.*), calcografia *f.*
— **-plate printing machine** (*tip.*), macchina da stampa calcografica.
— **plated,** *p.p.* ramato.
— **plated bullet** (*armi*), pallottola placcata di rame.
— **plating,** ramatura *f.*
— **powder,** rame puro in polvere.
— **-pyrites,** calcopirite *f.*
— **resinate,** resinato di rame.
— **roof covering,** copertura (*f.*) in rame.
— **sheathing,** fodera (*f.*) di rame.
— **sponge,** rame in forma porosa (usato per fabbricazione di cuscinetti).
— **sulphate,** solfato (*m.*) di rame.
— **wire,** filo (*m.*) di rame.
— **wool,** lana (*f.*) di rame.
copperas (*chim.*), solfato ferroso.
coppered, *p.p.* (*met.*), ramato.
copperheads (*smaltatura*), teste (*f. pl.*) di rame (difetto di smaltatura).

coppering, ramatura *f.*
coppersmith, ramaio *m.*
copping (*tess.*), bobinatura *f.*
coprecipitate, *v.i.* (*chim.*), coprecipitare.
coprecipitation (*chim.*), coprecipitazione *f.*
co-processor (*inform.*), coprocessore *m.*
coprolite, coprolite *f.*
copter (*aereo*), elicottero *m.*
copy, copia *f.*
— **fitting** (*tip.*), calcolo dello spazio occupato dal manoscritto da stampare in un particolare carattere.
— **milling machine** (*macch. ut.*), fresatrice per riprodurre.
— **testing** (*pubbl.*), prova dell'efficacia di un avviso pubblicitario (in previsione di una maggiore diffusione dell'avviso nella campagna pubblicitaria).
— **(to copy),** riprodurre; copiare.
copying, copiatura *f.*; riproduzione *f.*
— **attachment** (*mecc.*), apparecchio (*m.*) per riprodurre; (*macch. ut.*), copiatore *m.*
— **automatic with programme control** (*macch. ut.*), tornio per riprodurre a ciclo automatico con programma.
— **department** (*uffici*), reparto copiatura; reparto riproduzione.
— **equipment,** v. — **attachment.**
— **ink** (*chim.*), inchiostro copiativo.
— **ink pencil,** matita copiativa.
— **lathe** (*macch. ut.*), tornio (*m.*) per riprodurre.
— **machine,** pantografo *m.*
— **planer** (*macch. ut.*), piallatrice (*f.*) per riprodurre.
— **roller,** rotella (*f.*) copiatrice.
— **turret lathe** (*macch. ut.*), tornio (*m.*) a torretta per riprodurre.
copyright, diritti d'autore (per richieste di diritti d'autore americani scrivere a: *Register of Copyrights, Library of Congress, Washington 25, D. C.*).
copywriter (*pubb.*), redattore di testi pubblicitari; creatore e divulgatore di idee pubblicitarie.
cor-ten steel (*met.*), acciaio che si « autocolora » col tempo (*cor* = resistenza alla corrosione; *ten* = resistenza alla rottura).
corbel, sottotrave *f.*
— **out,** *v.i.* (*mattoni, ecc.*), sbalzare.
cord, misura per il legname equivalente a 128 piedi cubici; velluto (*m.*) di cotone a coste (*tess.*); (*gomma*), tortiglia (*f.*) gommata.
— **circuit** (*telef.*), conduttore (*m.*) doppio (circuito di collegamento temporaneo usato da un operatore per collegare assieme gli abbonati, o gli abbonati alle linee di collegamento).
— **fabric,** tela per copertoni (di auto.).
— **pulley,** puleggia (*f.*) a gola.
— **velveteen** (*tess.*), velluto (*m.*) di cotone a coste.
— **yarn** (*tess.*), tortiglia *m.*
— **weight** (*telef.*), contrappeso (*m.*) di cordoncino.
cordage (*perforaz. pozzi*), cavo di acciaio (*o* di fibra).
— **(marine —)** (*naut.*), cordame marino.
cording diagram, schema (*f.*) connessioni.
cordite, cordite *f.* (*esplosivo*).
cordless telephone, telefono senza cavo (senza fili; senza cordone).
corduroy (*tess.*), velluto a coste.
core, foro *m.* (di fusione) (*fond.*); nocciolo *m.*; anima *f.* (*fond.*); anima *f.* (di fune); (*fis. atom.*), nucleo di reattore; (*pressofusione*), maschio *m.*; nucleo (*di calamita*); (*cavi elet.*), conduttore interno (e suo isolamento) (*rif. a cavi*); (*cinem.*), miccia *f.* (*di arco a carbone*); (*ind. pet.*), carota *f.*; campione (*o* saggio) di trivellazione (*to core*, carotare *v.a.*); (*calcol. elettron.*), nu-

cleo; memoria centrale; (*carta*) anima (di bobina); (*elet.*), v. **laminated —; rotor —; stator —; smooth —.**

core analysis (*ind. pet.*), analisi (*f.*) di carotaggio.

— **assembly of rods** (*fis. atom.*), montaggio di barre combustibili del nucleo del reattore.

— **baking** (*fond.*), cottura (*f.*) delle anime.

— **bar** (*fond.*), lanterna *f.*

— **barrel** (*ind. pet.*), carotiere *m.* (appar. per prendere le carote); (*fond.*), lanterna (*f.*) per anime.

— **binder** (*fond.*), legante per anime.

— **bit** (*ind. pet.*), trivella a tubo; corona (*f.*) di sondaggio (utensile collocato in fondo al tubo carotiere).

— **blower** (*fond.*), macchina soffiatrice anime.

— **-box** (*fond.*), cassa (*f.*) d'anime.

— **cutter** (*cartone*), macchina per il taglio delle anime delle bobine.

— **diameter,** diametro (*m.*) del nocciolo (filettature).

— **drill,** trivella (*f.*) a tubo.

— **drying stove** (*fond.*), forno (*m.*) per essiccare le anime.

— **ejector and blower** (*fond.*), espulsore e soffiatore per anime.

— **extractor** (*ind. pet.*), levacarote *m.* (estrattore di carote).

— **frame** (*fond.*), armatura (*f.*) per anime.

— **iron** (*fond.*), lanterna *f.*

— **lathe** (*fond.*), tornio (*m.*) per anime.

— **-lifter** (*min.*), estrattore (*m.*) per carota.

— **machine** (*fond.*), macchina (*f.*) per fare le anime.

— **maker** (*fond.*), fabbricatore (*m.*) di anime; animista *m.*

— **making** (*fond.*), fabbricazione di anime.

— **making machine,** macchina (*f.*) per formare le anime.

— **mark,** portata (*f.*) dell'anima.

core matrix (*elettron.*), matrice di nuclei magnetici.

— **memory** (*elettron.*), memoria a nuclei.

— **of ballast** (*cost. strad.*), nocciolo (*m.*) della massicciata.

— **of wood,** anima (*f.*) del legno.

— **oil** (*fond.*), olio (*m.*) per anime.

— **oven** (*fond.*), stufa (*f.*) per anime; forno (*m.*) per essiccare le anime.

— **pin** (*pressofusione*), maschio a spina conica.

— **plate** (*pressofusione*), piastra porta maschi.

— **plating,** verniciatura *f.* (di macch. elettriche).

— **print,** portata (*f.*) dell'anima.

— **raise** (*met.*), sollevamento d'anima (variazione di spessore dovuta a sollevamento d'anima spinta dal metallo che monta nella forma).

— **refining** (*trattamento termico*) (*met.*), procedimento di trattamento termico affine alla normalizzazione.

— **retaining tube** (*min.*), tubo (*m.*) portacarota.

— **samples** (*ind. pet.*), carote *f. pl.*

— **sand,** sabbia (*f.*) da anime.

— **shop** (*fond.*), animisteria *f.*

— **shooter** (*fond.*), macchina spara-anime.

— **spindle** (*fond.*), armatura (*f.*) per anime.

— **subassembly** (*fis. atom.*), montaggio parziale del nocciolo.

— **turning lathe,** tornio (*m.*) per tornire anime.

— **-type transformer** (*ing. elet.*), trasformatore (*m.*) a nucleo.

— **venting** (*fond.*), ventilazione (*o* tiraggio d'aria) dell'anima.

— **wire** (*sald.*), filo (*m.*) di apporto.

— **(magnetic —),** nucleo magnetico.

cored, *agg.* cavo *agg.*

— **carbon** (*ill.*), carbone (*m.*) a miccia.

— **electrode,** elettrodo (*m.*) cavo;

(*sald.*), elettrodo (*m.*) animato; elettrodo con anima interna.
cored hole (*fond.*), foro *m.* (di un getto) formato dall'anima.
— **wires** (*sald.*), fili compositi.
co-reduction (*chim.*), coriduzione *f.*
coremaker, animista *m.*
coriander seed oil, olio (*m.*) essenziale di coriandoli.
coring (*ind. pet.*), carotaggio *m.*; (*met.*), segregazione interdendritica.
— **data** (*min.*), dati di carotaggio.
— **time,** tempo (*m.*) di carotaggio.
— **(electric —),** carotaggio elettrico).
cork, sughero *m.*; turacciolo *m.*
— *v.a.* chiudere con tappo; tappare *v.a.*
— **insulation,** isolamento di sughero.
— **oak,** quercia (*f.*) sugherifera.
— **pipe insulator,** coppella di sughero (per tubazioni).
— **slab,** lastra (*f.*) di sughero.
— **wood,** legno sughero *m.*
corkboard, isolante acustico brevettato a base di sughero e legno.
corkscrew, *v.a.* (*aereo*), avvitare; cavaturaccioli *m.*
— **antenna,** antenna (*f.*) elicoidale.
— **spin** (*aereo*), picchiata (*f.*) in spirale.
— **weave** (*tess.*), armatura a diagonale cannellato.
corkstone, pietra (*f.*) a base di sughero e sostanze minerali.
Corlis valve, rubinetto (*m.*) Corlis.
corn, grano; frumento (Ingh.); cereale; granoturco (U.S.A.); avena *f.* (Scozia; Irlanda).
— **chops** (U.S.A.), granone (*m.*) pestato.
— **crib** (U.S.A.), silo per granoturco.
— **germ meal** (U.S.A.), farina di germe di granoturco (usata per bestiame).
— **mill,** molino (*m.*) per il grano.
— **oil,** olio (*m.*) di granoturco.
— **(ear —)** (U.S.A.), mais in spiga.
corn (shelled —) (U.S.A.), mais in granella.
corneal lens (*ott.*), lente corneale.
corner, angolo *m.*; *v.a.* accaparrare; (*auto*), virare.
— **angle,** cantonale (*m.*) d'angolo.
— **connection,** attacco (*m.*) ad angolo.
— **crack** (*met.*), laceratura (*f.*) allo spigolo; cricca (*f.*) agli spigoli; cricca (*f.*) ai bordi.
— **cutting** (*telev.*), oscuramento degli angoli di immagine.
— **joint,** giunto (*m.*) d'angolo.
— **-rounding cutter** (*mecc.*), fresa (*f.*) a disco angolare.
— **seam,** saldatura (*f.*) ad angolo.
— **segregation** (*met.*), segregazione agli angoli.
— **tile,** v. **hollow tile.**
— **(to —)** *v.i.* (*auto*), voltare; svoltare; curvare (abbordare e compiere una curva).
cornering (*auto*), svolta.
cornflour, farina gialla *f.*; farina di granoturco.
cornice, cintura *f.*; cornice *f.*
— **of the pedestal,** cornice (*f.*) dello zoccolo.
Cornish boiler, caldaia (*f.*) Cornovaglia.
Cornwall boiler, caldaia (*f.*) Cornovaglia.
corona (*diel.*, *meteorol.*), corona *f.*
— **discharge** (*elet.*), effetto corona.
— **effect,** effetto (*m.*) corona.
— **loss** (*elet.*), perdita per effetto corona.
corporate (*comm.*), sociale *agg.*
— **stocks** (*finan.*), azioni *f. pl.* sociali.
— **tax** (*econ.*), imposta sulle società.
corporation tax (*comm.*), imposta sulle società.
corpuscle, corpuscolo *m.*
corpuscular, *agg.* corpuscolare.
— **emission,** emissione (*f.*) corpuscolare.
— **radiation,** radiazione (*f.*) corpuscolare.
correct count (*tess.*), titolo (*m.*) esatto.

correct (to —) (*aereo*), correggere un orbita, ecc.).
— **(to — type matter)** (*tip.*), fare la correzione in piombo.
corrected range (*mil.*), gittata (*f.*) corretta.
correcting magnets (*naut.*), magneti di compensazione della bussola.
correction, correzione *f.*; errata corrige.
— **card** (*inform.*), scheda correzione.
corrective, correttivo *m.*
— **coefficient** (*chim.*), corrispondenza *f.*
correlation, correlazione *f.*
correlator, correlatore *m.*
correspond, *v.i.* corrispondere.
corresponding profile (*ingr.*), profilo (*m.*) coniugato.
corrode, *v.a.* intaccare (*chim.*); corrodere.
corronizing, procedimento di placcatura elettrolitica, con nichelatura seguita da stagnatura o zincatura, del metallo da rendere antiruggine.
corrosion (*met.*), corrosione *f.*
— **-and oxidation-resistant steel** (*met.*), acciaio resistente alla corrosione ed all'ossidazione.
— **cell** (*met.*), cella (*f.*) di corrosione.
— **control truck** (*materiali*), carro attrezzato per il controllo della corrosione.
— **crack** (*met.*), cricca (*f.*) di corrosione.
— **crater** (*met.*), cratere di corrosione.
— **effect** (*met.*), effetto corrosivo.
— **environment** (*met.*), ambiente corrosivo.
— **fatigue** (*met.*), fatica per corrosione; fatica sotto corrosione; corrosione-fatica.
— **-fatigue cracking** (*met.*), incrinatura da fatica dovuta alla corrosione.
— **fatigue fracture** (*met.*), rottura per fatica e corrosione.
— **from chemical inorganic substances** (*met.*), corrosione da sostanze chimiche inorganiche.
corrosion from chemical organic substances (*met.*), corrosione da sostanze organiche.
— **inhibition,** inibizione contro la corrosione.
— **inhibitor,** inibitore (*m.*) di corrosione.
— **laboratory** (*met.*), laboratorio (di prove) corrosione.
— **prevention** (*met.*), prevenzione della corrosione.
— **preventive** (*chim.*), preservante dalla corrosione.
— **resistance** (*met.*), resistenza alla corrosione.
— **-resistant alloy,** lega (*f.*) resistente alla corrosione.
— **resistant steel,** acciaio resistente alla corrosione.
— **test,** prova (*f.*) di corrosione.
— **test in boiling liquids** (*corrosione met.*), prova di corrosione in presenza di liquidi bollenti.
— **under mechanical stress** (*met.*), corrosione (*f.*) sotto sollecitazione meccanica.
corrosive, *agg.* corrosivo.
— **sublimate,** sublimato (*m.*) corrosivo; cloruro (*m.*) mercuroso.
corrosiveness (*met.*), corrodibilità *f.* (delle leghe, ecc.).
corrugated, *p.p.* ondulato (di superficie).
— **asbestos-cement,** Eternit (*o* fibrocemento) (*m.*) ondulato.
— **floor,** pavimento (*m.*) ondulato.
— **furnace,** forno (*m.*) ondulato.
— **glass,** vetro (*m.*) striato.
— **hose,** tubo (*m.*) di gomma corrugata.
— **iron,** ferro (*m.*) corrugato (*od* ondulato).
— **iron covering,** copertura (*f.*) in lamiera ondulata.
— **iron sheet piling,** assito (*m.*) ad incastro di lamiera ondulata.
— **roofing sheet,** lamiera (*f.*) ondulata metallica per tetti.

corrugated sheet iron, lamiera (*f.*) ondulata.
— **sheet machine** (*met.*), macchina per ondulare lamiere.
— **sheet rolling mill** (*met.*), laminatoio per lamiere ondulate.
— **tube,** tubo ondulato.
— **wire netting** (*met.*), griglia (*f.*) ondulata.
cortex (*legno*), corteccia *f.*
cortica, cortica *f.*
corubin, rubino *m.* (per uso industriale).
corundum, corindone *m.*
corve (*min.*), vagoncino *m.*
corvette (*naut.*), corvetta *f.*
cos–¹, anticoseno (*m.*) di; coseno (*m.*) inverso di.
cosecant, cosecante *f.*
coseparation, coseparazione *f.*
cosine, coseno *m.*
coslettized steel, acciaio (*m.*) coslettizzato.
coslettizing (*metal.*), procedimento per rendere inossidabili ferro ed acciaio: coslettizzazione *f.*
cosmetic bismuth (*chim.*), bismuto cosmetico; ossicloruro di bismuto.
cosmetics manufacturer, fabbricante (*m.*) di cosmetici.
— **(herbal —),** cosmetici (*m. pl.*), agli estratti naturali.
cosmetologist, cosmetologo *m.*
cosmic dish (*astron.*) (U.S.A.), cibo per astronauti nello spazio, in tubetti.
— **radiation,** radiazione (*f.*) cosmica.
— **ray laboratory,** laboratorio per ricerca di raggi cosmici.
— **ray meson,** mesone (*m.*) cosmico.
— **ray neutron,** neutrone (*m.*) cosmico.
— **ray particle,** particella (*f.*) cosmica.
— **ray proton,** protone (*m.*) cosmico.
— **rays,** raggi (*m. pl.*) cosmici.
— **X-ray source** (*astr.*), sorgente cosmica di raggi X.
cosmodrome (*astron.*), cosmodromo *m.*
cosmogony, cosmogonia *f.* (*astr.*), (scienza dello studio dell'origine dell'universo).
cosmoline (*chim.*), petrolato *m.*
cosmology (*astr.*), cosmologia *f.*
cosmonaut (*astron.*), cosmonauta *m.*
— **-scientist,** scienziato cosmonauta.
cosmonautics (*astron.*), cosmonautica *f.*
Cosmos (*astron.*), nome di satelliti russi lanciati per lo studio dell'alta atmosfera.
cosmotron (*fis. atom.*), cosmotrone *m.*
co-sponsorship, cosponsorizzazione (sponsorizzazione di diverse persone o società per un solo programma).
cost, costo *m.*; v. **heat —.**
— **accounting,** contabilità industriale; analisi dei costi; (contabilità del costo di fabbricazione).
— **-benefit ratio** (*comm.*), rapporto costi-utili.
— **-cutting product** (*comm.*), prodotto (*m.*) economico.
— **estimate** (*lavori*), preventivo (*m.*) di costo.
— **finding,** calcolo (*m.*) del prezzo di costo; determinazione (*f.*) del prezzo di costo.
— **of erection,** spese (*f. pl.*) di montaggio.
— **of lining** (*forno met.*), costo del rivestimento.
— **of living allowance,** indennità (*f.*) di separazione.
— **of living bonus,** carovita *m.*
— **of maintenance,** spese (*f. pl.*) di manutenzione.
— **of production,** spese (*f. pl.*) di produzione.
— **of repairs,** spese (*f. pl.*) di riparazioni.
— **of shop sundries,** spese (*f. pl.*) varie di officina.
— **of upkeep,** spese (*f. pl.*) di manutenzione.

cost of welding, costo di saldatura.
— **overrun** (*comm.*, *econ.*), eccedenza dei costi (costi superiori al previsto).
— **price,** prezzo (*m.*) di fabbrica; prezzo (*m.*) di costo.
— **-push inflation** (*econ.*), inflazione dovuta ai costi.
— **reduction** (*comm.*), riduzione di costi.
— **(on a — plus (fee) basis),** (in regia) (*lavori*).
costing, costi (*m. pl.*) di produzione; determinazione (*f.*) dei prezzi.
costmary oil, olio (*m.*) essenziale di balsamite.
costs incidental to wages, supplementi (*m. pl.*) (di costo) relativi ai salari.
costume designer (*cinem.*), costumista *m.*
costus oil, olio (*m.*) essenziale di costus.
cot (*mat.*), cotangente; (*tess.*) rivestimento dei cilindri.
cotangent, cotangente *f.*
cottage industry, industria artigianale (attuata da membri della famiglia nella propria casa).
cotter, coppiglia *f.* (*mecc.*); cacciachiavette *m.*; chiavetta (*f.*) traversale; spinotto (*m.*) di una staffa (*fond.*); *v.a.* (*mecc.*), inchiavettare; imbiettare.
— **hole,** apertura (*f.*) per la chiavetta; finestra (*f.*) per la chiavetta (*mecc.*).
— **joint,** unione (*f.*) a forchetta con chiavetta.
— **mill** (*mecc.*), fresa cilindrica a chiavetta.
— **pin,** coppiglia *f.*
cotton, cotone *m.*
— **batting,** cotone (*m.*) in fogli (per filtrare latte o mater. gelatinoso).
— **belt,** cinghia (*f.*) di cotone.
— **belting** (*trasportatori*), nastro di cotone.
— **binding warp** (*tess.*), catena di legatura in cotone.
cotton blanket, (tessuto di) coperta di cotone.
— **bleaching,** sbianca (*f.*) del cotone.
— **blush,** mancanza di splendore (in uno strato di vernice alla lacca).
— **classing,** classificazione del cotone.
— **comber,** pettinatrice per cotone.
— **-covered wire** (*elet.*, *tess.*), filo (generalmente di rame) rivestito di cotone.
— **damask,** damasco di cotone.
— **duck,** tela (*f.*) di cotone usata per filtri.
— **-dust asthma** (*med.*), asma (*f.*) dovuta a polvere di cotone.
— **fabric,** tessuto (*m.*) di cotone.
— **factory,** filatoio (*m.*) di cotone.
— **fibre,** fibra di cotone.
— **gin,** sgranatrice *f.*
— **hank** (*tess.*), titolo 1 (del cotone) (= a una matassa di 840 yarde per il peso di una libbra).
— **jenny,** macchina (*f.*) per cardare (*o* filare) il cotone.
— **lap,** tela per carda.
— **lump,** bioccolo di cotone.
— **machine,** macchina (*f.*) per cardare (*o* filare) il cotone.
— **mill,** cotonificio *m.*
— **opener,** apritoio (*m.*) per cotone.
— **picker,** raccoglitrice meccanica per il cotone.
— **piece-goods,** tessuti di cotone in pezza.
— **plush,** peluche di cotone.
— **press,** pressa (*f.*) da cotone.
— **seed oil,** olio (*m.*) di cotone.
— **spinner,** filatore (*m.*) di cotone.
— **spinning,** filatura del cotone.
— **staple,** fiocco *m.* (*o* fibra) di cotone.
— **stripper,** raccoglitrice meccanica del cotone.
— **thread,** filo (*m.*) di cotone.
— **tissue,** tessuto (*m.*) di cotone.
— **-tree,** albero (*m.*) del cotone

cotton twills (*tess.*), tela di cotone incrociata.
— **-twist,** filo (*m.*) ritorto di cotone.
— **-velvet,** velluto (*m.*) di cotone.
— **wadding,** ovatta *f.*
— **-waste,** cascami (*m. pl.*) di cotone.
— **-waste yarn** (*tess.*), filo (*m.*) di cascami di cotone.
— **-wood,** pioppo (*m.*) americano (specialmente il *Populus Balsamifera*); legno (*m.*) di pioppo americano.
— **wool,** ovatta *f.*
— **worker,** operaio (*m.*) cotoniero.
— **-yarn,** cotone (*m.*) filato; filo (*m.*) di cotone.
cottonisation, cotonizzazione *f.*
cottonizing, cotonizzazione *f.*
cottonseed cake, panello (*m.*) di semi di cotone.
— **meal,** farina (*f.*) di semi di cotone.
— **oil,** olio (*m.*) di cotone.
cottonwood, v. **eastern cottonwood.**
couch (*pitt.*), strato inferiore di base (di colori e vernici); (*radiol.*), tavolo (*m.*) radiografico; tavolo (*m.*) radiologico.
— **roll** (*ind. carta*), pressa (*f.*) a manicotto.
coulomb (*elet.*), coulomb *m.*
— **-meter,** coulombòmetro *m.*
coulometer (*elet.*), voltametro *m.*
coulter, coltello (*m.*) di aratro; coltro *m.*
— **stem** (*aratro*), perno del coltello.
coumarin, cumarina *f.*
coumarone-indene resin, resina (*f.*) di cumarone.
— **resins,** resine (*f. pl.*) cumaroniche.
Council of Ministers of the European Communities, Consiglio dei Ministri delle Comunità Europee.
counsel (*leg.*), avvocato *m.*
count (*fis. atom.*), conteggio *m.*
— (*counting*) (*tess.*), titolo *m.*, titolazione *f.* (di un filato).
count of yarn (*tess.*), titolo *m.*
— **(to — the insulators)** (*aereo*) (U.S.A.), volare a basso lungo una linea ferr. o una strada.
countdown (*missili*), conteggio (*m.*) alla rovescia.
counter, contatore *m.*; movimento (*m.*) d'orologeria di contatore; volta *f.* (di poppa) (*naut.*); banco di vendita (*comm.*).
— **brace,** controdiagonale *f.*; controsaettone *m.*
— **chamber,** camera (*f.*) di conteggio.
— **-controlled,** controllato (*p.p.*) a registrazione (di contatore).
— **-clockwise,** sinistrorso; contrario alle lancette dell'orologio.
— **clockwise rotation,** rotazione (*f.*) sinistrorsa.
— **-current,** controcorrente *f.*
— **-current boiler,** caldaia (*f.*) a ritorno di fiamma.
— **current cyclone** (*min.*), ciclone a contro corrente.
— **diagonal,** controdiagonale *f.*
— **-distillation** (*fis. atom.*), distillazione (*f.*) a controcorrente.
— **drawing** (*disegno*), lucido *m.*; calco *m.*
— **-electromotive force** (*elet.*), forza (*f.*) contro-elettromotrice.
— **-flange,** controflangia *f.*
— **-flap hinge,** bandella (*f.*) a cerniera.
— **force,** forza (*f.*) antagonista; (*fis.*), forza contraria.
— **-pressure,** contro pressione *f.*
— **-productive,** *agg.*, controproducente.
— **-punch,** controstampo *m.*
— **reset (knob —)** (*fot.*), contapose *m.* (bottone del —).
— **-rotation,** antirotazione *f.*
— **rotating propeller** (*aereo*), elica (*f.*) controrotante.
— **scale,** bilancia (*f.*) automatica (per negozi).
— **slope,** contropendenza *f.*
— **-stop,** contronasello (*m.*) di arresto; arresto (*m.*); contro arresto.

counter-stream of water and gas, correnti (*f. pl.*) contrarie di acqua e gas.
— **-sunk head,** testa (*f.*) incassata.
— **-trades,** contralisei *m. pl.* (*meteor.*).
— **tube,** tubo (*m.*) contatore.
— **voltage,** controtensione *f.*
— **weight,** contrappeso *m.*
counteract *v.a.*, controbilanciare; *v.a.*, compensare.
— **the tendency of the metal to oxidise,** neutralizzare la tendenza all'ossidazione del metallo.
counterbalance, *v.a.* controbilanciare; contrappeso *m.*
counterbore, *v.a.* fresare.
countercurrent, controcorrente *f.*
countercurrent column, colonna (*f.*) a controcorrente.
— **distillation,** distillazione (*f.*) a controcorrente.
counterdraw, *v.a.*, ricalcare *v.a.*
counterdrawing, lucido (*m.*) (*dis.*).
counterfeit, *v.a.* falsificare; contraffare.
counterfeiting, falsificazione *f.*; contraffazione *f.*
counterflow, controcorrente *f.*
countermeasure (*gen.*), contromisura *f.*
counterfort (*cost.*), contrafforte *m.*
counternut, controdado *m.*
counterpoise (*elet.*), contrappeso *m.*; (*v.a.*) contrabilanciare; fare equilibrio *m.*; (*radio*), equilibratura *f.*
counters, contatori *m. pl.*
countershaft, albero (*m.*) di rinvio; contralbero *m.*; albero (*m.*). della contromarcia.
— **pulley,** puleggia (*f.*) del contralbero.
countersink, *v.a.* (*mecc.*), accecare; incassare; punta (*f.*) per accecare; accecatoio *m.*; incassatura (*f.*) di un foro.
countersinking (*mecc.*), accecatura *f.*
— **bit,** punta (*f.*) per centrare.
counterslope, contropendenza *f.*
countersunk head (*mecc.*), testa (di vite) svasata piana con intaglio.
— **head screw,** vite (*f.*) a testa conica; vite a testa svasata.
— **rivet,** chiodo (*m.*) a testa cieca.
— **rivet head,** testa (*f.*) di chiodo accecata.
counterweight, contrappeso *m.*
countess (*cost.*), lastra d'ardesia per tetti (cm 50×25).
counting chains (*telef.*), catene di computo.
— **chamber,** camera (*f.*) di conteggio.
— **glass** (*tess.*), contafili *m.*
— **rate,** tasso (*o* velocità) di conteggio (*o* di registrazione).
— **-rate meter,** contatore a camera di ionizzazione; intensimetro.
— **room** (*fis. atom.*), sala (*f.*) di conteggio.
— **train,** orologeria (di contatore).
— **tube,** camera di ionizzazione (per contare elettroni).
country rock (*min.*), roccia (*f.*) di filone; (*geol.*), roccia (*f.*) incassante.
coupé (*auto*), coupé *m.* (sports —, coupé sport).
couple (*mecc.*), coppia *f.*; *v.a.* imboccare; innestare; attaccare; accoppiare (si); (*chim.*); combinare *v.a.* combinarsi *v.a.*
— **-close roof,** tetto (*m.*) a due falde.
— **of forces,** coppia (*f.*) di forze.
— **of wheels,** coppia (*f.*) di ruote.
— (*v.a.*) **the cone pulley,** attaccare (*v.a.*) la puleggia a gradini; innestare (*o* accoppiare) la puleggia a gradini.
coupled circuits (*elet.*), circuiti (*m. pl.*) accoppiati.
— **-engine power unit,** gruppo di motori accoppiati (*aereo*).
— **points** (*ferr.*), scambi (*m. pl.*) abbinati.
— **wheel,** ruota (*f.*) accoppiata.
coupler, agganciatore *m.*; tiraggio *m.*; pedale d'accoppiamento; (*elet.*), tubo (*m.*) di accoppia-

mento (per condutture elettriche).
coupler (automatic —) (*ferr.*), gancio automatico; accoppiatore *m.*
— **(mine car —)**, accoppiatore; gancio di traino di vagonetto (*min.*); gancio di trazione (*ferr.*).
coupling accoppiatoio *m.* (di tram); accoppiamento *m.*; innesto *m.*; attacco *m.* (di carrozze ferroviarie); (*chim.*); combinazione *f.*
— **box,** collare (*m.*) del manicotto; manicotto *m.*
— **coefficient** (*radio*), coefficiente (*m.*) d'accoppiamento.
— **coil** (*radio*), bobina (*f.*) di accoppiamento (di piccola induttanza rispetto a quella del circuito di cui fa parte).
— **condenser** (*radio*), condensatore (*m.*) d'accoppiamento.
— **constant,** costante di accoppiamento.
— **device,** meccanismo (*m.*) di accoppiamento.
— **energy,** energia di accoppiamento.
— **factor** (*radio*), coefficiente (*m.*) d'accoppiamento.
— **flanges,** accoppiatoi (*m. pl.*); flange (*f. pl.*) di accoppiamento (*o* raccordo); briglie (*f. pl.*) di accoppiamento.
— **nut,** manicotto (*m.*) tenditore.
— **of points** (*ferr.*), abbinamento (*m.*) degli scambi.
— **resistance** (*radio*), resistenza (*f.*) d'accoppiamento.
— **rod** (*mecc.*), asta (*f.*) di accoppiamento.
— **sleeve,** manicotto d'accoppiamento.
— **transformer** (*elettron.*), trasformatore (*m.*) di accoppiamento.
— **wave,** onda (*f.*) di accoppiamento.
coupon, pezzo (*m.*) di metallo extra, in una fusione, dal quale viene ricavato un campione; (*met.*), provetta (*f.*) grezza.
coupon rate of interest (*comm.*), tasso d'interesse della cedola (obbligazioni).
course, corso *m.* (di mattoni); rotta *f.* (*aereo*); via *f.* (*tess.*); corso *m.* (totalità dei fili di catena sulla larghezza del disegno).
— **and drift indicator** (*aereo*), indicatore (*m.*) di rotta e deriva.
— **-card magnifier** (*naut.*), lente per carta marina.
— **computer** (*radar*), calcolatore (*m.*) di rotta.
— **light,** luce (*f.*) di rotta.
— **line,** asse (*m.*) di radio-allineamento.
— **of diagonal bricks,** corso (*m.*) di mattoni obliquo.
— **of forces,** andamento (*m.*) delle forze.
— **of headers,** corso (*m.*) di pietre (di punta).
— **(*or* range) of precipitation,** andamento (*m.*) della precipitazione.
— **of stretchers,** corso (*m.*) di pietre (in lunghezza).
— **(on —)** (*aereo*), in rotta.
courtesy lamp (*auto*), luce di cortesia; (*front door courtesy light, switches*), interruttori della luce di cortesia della porta anteriore.
covalence (*chim.*), covalenza *f.*
covalent, *agg.* (*chim.*), covalente.
— **bond** (*chim.*), legame (*m.*) covalente.
covariance (*statistica*), covarianza *f.*
covariant, *agg.* (*mat.*), covariante.
covellite (*min.*), covellite *f.* (solfuro di rame che cristallizza nel sistema esagonale).
coventrize (to —) (U.S.A.) (*aereo*), distruggere una città con bombardamento aereo.
cover, sportello *m.* (*armi*); cappello *m.* (di valvole); coperchio *m.*; copertone *m.*; capote *f.* (*auto*); copertina *f.* (di un libro) (*tip.*); (*assicuraz.*), copertura (del rischio).

cover (*v.a.*) **a vault,** coprire (*v.a.*) una volta.
— **by a patent (to —),** proteggere con brevetto; assicurare con brevetto.
— **carriage** (*soaking pit*) (*met.*), carro di manovra dei coperchi.
— **coat** (*vernici, smalti*), mano (superficiale) di copertura.
— **-cut** (*cinem.*), non ripreso (di avvenim. cinem.).
— **die** (*pressofusione*), semistampo (*m.*) fisso.
— **glass,** vetrino *m.* (usato per osservazioni al microscopio).
— **grating,** coperchio (*m.*) a griglia (per pozzetti, tombini, ecc.).
— **lifting bogie for pit furnace** (*met.*), carro leva-coperchi (forno a pozzo).
— **-lifting machine** (*forni metall.*), carrello (*m.*) alzacoperchi.
— **plate,** piastra (*f.*) di chiusura; lamiera (*f.*) di ricoprimento; coprileva (*orol.*).
— (*v.a.*) **with lead,** impiombare.
— (*v.a.*) **with paraffin,** paraffinare.
— **with rounded back,** legatura con dorso mezzo tondo.
— (*v.a.*) **with zinc,** coprire (*v.a.*) con zinco.
coverage (*tip.*) (*radio*), tiratura (di una pubblicazione) (*tip.*); zona di diffusione di un giornale (*tip.*); numero o percentuale di radio abbonati di una zona, che ricevono bene una stazione (*radio*); zona da rappresentare su una carta (*top.*); zona (*f.*) utile (*di satelliti da telecomunicazione*); campo (*m.*) d'applicazione; (*radar*), copertura radar.
— **area** (*radio*), zona di udibilità (di una stazione).
— **map** (*radio*), carta della zona di udibilità di una stazione radio (*o* televisiva).
covered arc welding (*sald.*), saldatura (*f.*) ad arco coperto.
— **car,** carro (*m.*) coperto.
— **electrode** (*elet.*), elettrodo (*m.*) coperto.
covered wagon (*ferr.*), carro (*m.*) coperto.
— **wire,** filo (*m.*) rivestito; filo (*m.*) coperto.
covering, copertura *f.* (di tetto); rivestimento *m.*
— **of clay tiles,** coperto (*m.*) di tegole laterizie.
— **power** (*vernici*), potere (*m.*) coprente.
— **with sheet metal,** copertura (*f.*) in fogli di lamiera.
cowcatcher (*pubb.*) (U.S.A.), radioannuncio pubblicitario molto breve.
— **pilot** (*slang*) (*aereo*) (U.S.A.), membro (femminile) di personale di volo; direttrice di mensa (su aereo).
cowl, cappottatura (*f.*) del cruscotto) (*aereo*); cofano (*m.*) fisso (*auto*).
cowling (*aereo*), cappottatura *f.*
— **(non-pressure—)** (*aereo*), cappottatura (*f.*) stagna.
co-worker, collaboratore *m.*
Cowper brick (*met.*), mattone di Cowper.
cowrie, resina (*f.*) copale.
coxswainless pair (*naut. sport*), due di punta senza timoniere.
cozymase, cozimasi *f.*
crab, argano (*m.*) a cavalletto; capra (*f.*) ad argano; (*aereo*) derapata *f.*
— *v.a.* (*aereo*), v. **crabbing.**
— **angle** (*aereo*), angolo (*m.*) di derapata.
— **with automatic grab,** carrello (*m.*) da scavo.
— **with pulley block built in,** carrello (*m.*) con paranco fisso.
crabbing (*aereo*), orientare, nell'atterraggio, la prua dell'aereo controvento (*vento laterale*), mediante il timone di direzione, al fine di ridurre la deriva laterale; (*tess.*), procedim. meccanico per impedire a tessuti di lana o mezza lana di restringersi durante varie operazioni (*p. es.* tintura, ecc.).

crack, fenditura *f.*; spaccatura *f.*; fessura *f.*; screpolatura *f.*; incrinatura *f.*; (*metall*). (*fond.*), cricca *f.*
— *v.i.*, screpolarsi (*v.r.*) (del legno); rompersi *v.r.*; fendersi *v.r.*; (*v.a.*), ridurre mediante distillazione (*petrolio*); causare difetti o imperfezioni; spaccare (in parte o completamente).
— **a valve (to —),** aprire gradatamente una valvola.
— **detection,** rivelazione di incrinature.
— **free machining** (*met.*), lavorazione senza cricche.
— **of gas,** piccolo scoppio di gas.
— **open (a valve),** *v.a.* aprire leggermente (una valvola).
— **per pass** (*ind. pet.*), coefficiente di trasformazione « cracking ».
— **propagation** (*mecc.*, *met.*), propagazione di cricche.
— **sensitivity** (*sald.*), fessurabilità *f.*
— **test** (*sald.*), prova (*f.*) di fessurabilità.
— **-up** (*aereo*) (U.S.A.), incidente (*m.*) aviatorio con nessun morto o ferito grave.
cracked *p.p.* (*metano*, *gas ecc.*), piroscisso.
— **gas,** gas sottoposto alla piroscissione.
— **gasoline** (*ind. pet.*), (U.S.A.) benzina (*f.*) di « cracking ».
— **spirit,** distillato da frazioni del petrolio grezzo.
cracker, cavo di abaca.
cracking (*ind. pet.*, *ecc.*), « cracking »: termine che serve per descrivere i problemi di decomposizione, deidrogenazione, ciclizzazione, polimerizzazione, aromatizzazione, ecc. che avvengono quando gli idrocarburi vengono riscaldati a più di 400 °C. con o senza catalizzatore; (*vernici*), screpolamento *m.*; (*met.*), formazione (*f.*) di cricche; (*met.*), incrinatura; piroscissione *f.*; schiacciamento (p. es. di noci per uso ind.); v. **combination —; fixed bed catalytic —; fluid catalytic —; liquid phase —; moving bed catalytic —; vapour phase —.**
cracking catalyst, catalizzatore di cracking.
— **laquer** (*vernici*), vernice cellulosica screpolante.
— **of the tool,** screpolatura (*f.*) dell'utensile; incrinatura (*f.*) dell'utensile.
— **plant** (*petrolio*), stabilimento di produzione di benzina mediante « cracking ».
— **process,** processo (*m.*) cracking.
— **rate** (*met.*), velocità di propagazione delle cricche di tensione.
— **stock** (*ind. pet.*), materia prima (« cracking ».
crackle, *v.i.* crepitare.
— **finish** (*vernici*), picchiettatura *f.*
crackled (*vernici*, *smalti*), picchiettato.
crackling arc (*elet.*), arco (*m.*) crepitante.
cradle (*naut.*), invasatura *f.*; (*elet.*), rete di protezione (posta sotto linee di alta tensione quando queste attraversano ferrovie, vie o circuiti telefonici); affusto (*m.*) di cannone; armatura (*f.*) per lancio di razzi; culla *f.* (*cannone*); telaio (*m.*) di sostegno.
craft, apparecchio (*aereo*); abilità *f.*; professione *f.*; mestiere *m.*; (*naut.*), imbarcazione *f.*; nave *f.*; naviglio *m.*
— **(high speed —)** (*naut.*), imbarcazione veloce.
craftsman, operaio *m.*
cramming (*idraul.*), tamponatura *f.* (*di una canna*).
cramp, rampone *m.*; arpione *m.*; morsetto *m.*
— (*v.a.*) assicurare (con ramponi).
— **-frame,** sergente (*m.*) da falegname.
— **iron,** patta *f.* (arpione).

cramping table (*mecc.*), tavola (*f.*) di fissaggio.
cranage equipment, impianto (*m.*) di gru.
crane, gru *f.*; martinello *m.*; (*met.*), v. **stripper —.**
— **attendant,** manovratore (*m.*) alla gru.
— **beam** (*fond.*), bilanciere *m.*
— **crab,** carrello (*m.*) di una gru.
— **designer,** costruttore (*m.*) di gru.
— **erection,** installazione (*f.*) di una gru.
— **fitter,** montatore (*m.*) di gru.
— **-foundation,** fondazione (*f.*) della gru.
— **girder,** ponte (*m.*) della gru.
— **hook** (*fond.*), gancio (*m.*) di sospensione.
— **installation,** installazione (*f.*) di una gru; impianto (*m.*) di gru.
— **jib,** braccio (*m.*) di gru.
— **ladle** (*fond.*), caldaia (*f.*) sospesa a gru (per colate di getti).
— **lifting capacity,** capacità di carico della gru.
— **lifting height,** altezza di sollevamento di una gru.
— **locomotive,** locomotiva (*f.*) a gru.
— **manufacturing works,** fabbrica (*f.*) di gru.
— **maximum safe working load,** carico di sicurezza massimo della gru.
— **motor,** motore (*m.*) per gru.
— **on piled trestles,** gru (*f.*) su cavalletti in acqua.
— **on steel tower,** gru (*f.*) su torre d'acciaio.
— **operating at ground level,** gru (*f.*) operante a livello del suolo.
— **outreach,** raggio d'azione di una gru.
— **pillar,** colonna (*f.*) della gru.
— **pontoon,** galleggiante (*m.*) della gru.
— **pulley block,** taglia (*f.*) per gru.
— **range,** portata della gru.
— **rating** (*elet.*), capacità (*f.*) del motore per gru.
crane rope, fune (*f.*) di sei trefoli, con 37 fili, con anima centrale in canapa.
— **runway** (*met.*), via di corsa della gru.
— **-ship,** battello-gru *m.*
— **tip,** apparecchio di rovesciamento a gru.
— **track,** binario (*m.*) per gru.
— **trolley,** carrello (*m.*) di gru.
— **truck,** carro (*m.*) per gru.
— **weighter,** stadera (*f.*) per gru.
— **winch,** argano (*m.*) per gru.
— **working gear,** meccanismo (*m.*) di comando della gru.
— **(the — tilts),** la gru si rovescia.
— **(the — spans),** la gru ha una lunghezza di... (*o*) ha una luce di...
crank, biella *f.*; manovella *f.*; pedivella *f.* (di bicicletta); manubrio *m.*; gomito *m.* (di manovella); *v.a.* (*mecc.*), avviare con manovella.
— **and connecting-rod system,** sistema (*f.*) biella-manovella.
— **and slotted link,** glifo (*m.*) oscillante.
— **arm,** braccio (*m.*) della manovella.
— **bearing,** sopporto (*m.*) della manovella.
— **-case,** v. **crankcase.**
— **drive,** comando (*m.*) a manovella.
— **driven riveting machine,** chiodatrice (*f.*) a manovella.
— **end,** testa (*f.*) di biella.
— **gear,** meccanismo (*m.*) a manovella.
— **-handle,** manovella *f.*
— **lever,** leva (*f.*) a manovella; manovella *f.*
— **mechanism,** manovellismo *m.*
— **pin,** bottone (*m.*) del corsoio; bottone (*m.*) della manovella.
— **-roller looper** (*met.*), regolatore di ansa (treno finitore met.).
— **-throw** (*mot.*), braccio di manovella.
— **web,** braccio (*m.*) della manovella; corpo (*m.*) di manovella.

crankcase (*auto*), basamento *m.*; « carter » del motore.
— **breather** (*auto*), tubo scarico.
— **sump** (*mot.*), coppa (*f.*) del motore.
cranked lever, leva (*f.*) a squadra.
— **valve,** valvola con tubetto a gomito.
cranking, avviamento *m.*
— **motor,** motorino (*m.*) d'avviamento.
crankshaft (*mecc.*), albero (*m.*) a gomito.
— **bearing** (*auto*), cuscinetto (*m.*) di banco; supporto di banco.
— **flange,** flangia (*f.*) dell'albero a manovella.
— **lathe,** tornio (*m.*) per alberi a gomito.
— **grinding machine** (*macch. ut.*), rettificatrice (*f.*) per alberi a gomito.
— **machine,** macchina (*f.*) per alberi a gomito.
— **maneton,** pezzo terminale (dell'albero a gomiti di motore a stella).
— **starting dogs** (*auto*), innesto a denti per avviamento.
cranky, *agg.* disinserito; in disordine; non a posto (*mecc.*).
cranny, fessura *f.*; screpolatura *f.*
crash (*aereo*), incidente (*m.*) aviatorio con morti o feriti gravi; scassatura *f.* (di modelli, ecc.); scontro *m.* (*auto*); *agg.* (*tess.*), tessuto di filato o tessitura irregolare.
— **barrier** (*corse auto*) (*cost. ponti e strade*), barriera di sicurezza; « guard-rail ».
« **crash editing** », videoregistrazione che può essere iniziata o fermata durante la registrazione.
crash helmet (*auto, moto*), casco *m.*
— **landing** (*aereo*), atterraggio (*m.*) con avaria.
— **-padding** (*auto*), imbottitura (*f.*) antiurto; imbottitura (*f.*) ammortizzatrice.
— **program** (U.S.A.), programma (*f.*) d'urgenza.
crash-test dummies (*auto*), pupazzi per prove d'urto.
— (**to** —) **the gate** (*cinem.*) (U.S.A.), entrare senza permesso in un teatro di posa.
crashes (*radio*), radiodisturbi forti e di lunga durata.
crashproof tank (*aereo*), serbatoio (*m.*) a prova d'urto.
crate, imballaggio *m.* (in gabbia).
— **opener,** chiave per aprire casse.
crated, *p.p.* con gabbia d'imballaggio (p. es. *weight-crated 280 lbs.*, peso con gabbia di imballaggio 280 libbre).
crater (*geol.*) cratere *m.* (di vulcano); cratere (*m.*) positivo (*ill.*).
— **-lamp oscillograph,** oscillografo (*m.*) a lampada di cratere.
cratering (*pitture, vernici*), formazione di crateri (nella superficie della vernice in opera).
crawler loader (*mecc.*), pala caricatrice montata su cingoli.
— **-mounted,** *p.p.* cingolato.
— **-type tractor** (U.S.A.), trattore (*m.*) a cingoli.
crawling (*elet.*), impuntamento *m.* (d'un motore asincrono) (fenomeno per cui il motore, per causa di una settima armonica, va ad un settimo della sua velocità); (*vernici, smalti*), (difetto di) raggrinzamento.
crayon, matita colorata *f.*; pastello *m.*
craze-proof enamel, smalto (*m.*) antiscrepolature.
crazing (*vernici, ceram.*), incrinamento *m.*; (*ceram.*), incrinamento dello smalto a vetrino; (*smalti, vernici*), retinamento (screpolatura).
cream-laid (*carta*), carta da scrivere bianca con filigrana.
— **of tartar,** cremore (*m.*) di tartaro.
— **separator** (*macch. agr.*), scrematrice *f.*
crease proof, *agg.* (*tess.*), antipiega; ingualcibile.

crease-resisting fabrics (*tess.*), tessuti ingualcibili.

creasote (*chim.*), creosoto *m.*

credit cards (*comm.*), carte di credito (sistema di credito rateale, per l'acquisto presso rivenditori autorizzati).

— **cards telephone** (*tel.*), telefono a carte di credito telefoniche.

— **worthiness** (*comm.*), capacità creditizia; solvibilità *f.*

creek (U.S.A.), falda (*f.*) idrica.

creel (*tess.*), cantra *f.*

creep (*mecc.*), scorrimento *m.* (di cinghie ecc.); (*chim.*, *met.*), formazione di cristalli sulle pareti di un recipiente; deformazione continua di metalli con un carico costante; scorrimento (a caldo; (*met.*), scorrimento viscoso; (*controllo numerico*) (*macch. ut.*), rallentamento (riduzione della velocità di posizionamento, effettuata ad una certa distanza dalla posizione della coordinata, per raggiungere la precisione di posizionamento).

— **(to —)**, *v.i.* scorrere; (*chim.*), alzarsi (di un precipitato sulle pareti umide di un recipiente).

— **characteristics** (*med.*), caratteristiche di scorrimento; (*mecc.*), comportamento dell'allungain funzione della durata.

— **fracture** (*met.*), frattura per scorrimento viscoso.

— **limit** (*mecc.*), limite di sollecitazione massima alla trazione (senza causa di deformazione percettibile); (*met.*), limite di allungamento per scorrimento.

— **properties**, proprietà (*o* caratteristiche) allo scorrimento.

— **resistance** (*met.*), resistenza allo scorrimento (a caldo).

— **-resisting alloys**, leghe resistenti allo scorrimento termico.

— **-resisting steel** (*met.*), acciaio resistente allo scorrimento a caldo.

creep strength (*met.*), resistenza allo scorrimento viscoso.

— **stresses** (*met.*), sforzi di scorrimento.

— **test** (*met.*), prova della resistenza dei metalli alla deformazione (con carico costante).

— **testing** (*met.*), prova allo scorrimento.

— **up**, *v.i.*, salire *v.i.*; montare *v.i.* (*di sostanze chimiche*).

creepage (*elet.*), dispersione *f.*

creeper track, catena (*f.*) a cingoli.

— **tractor**, trattore (*m.*) a cingoli.

creeping, salita *f.* (di acido); slittamento *m.*; scorrimento *m.* (*geol.*).

— **inflation** (*econ.*), inflazione strisciante (inflazione lenta, progressiva).

— **winding** (*elet.*), avvolgimento (*m.*) strisciante.

— **(of the chain)**, sormontare (della catena).

creosol (*chim.*), creosolo *m.*

creosote, *m.* creosoto; *v.a.* impregnare di creosoto.

— **oil**, olio (*m.*) di creosoto.

crepe (*tess.*), crespo *m.*

crescent (*orol.*) (*circular notch in the periphery of the roller of the lever escapement*), mezzaluna *f.*

cresol (*chim.*), cresolo *m.*

— **red**, rosso cresolo (colore acido per la lana).

crest, vertice (*m.*) della filettatura; cresta (*f.*) dell'onda.

— **clearance**, gioco (*m.*) della filettatura.

— **factor**, fattore (*m.*) di cresta.

— **of a bank** (*costr. idr.*), sommità dell'argine.

— **of a cylinder** (*mecc.*), cresta (*f.*) di un cilindro.

— **value** (*elet.*), valore di cresta.

— **voltage** (*elet.*), punta (*f.*) di tensione.

— **(width of the — of the bank)**, larghezza in sommità di un argine.

cresylic acid, acido (*m.*) cresilico.

cretonne (*tess.*), cretonne *m.*

crevice (*geol.*), faglia (*f.*) o frattura).
— **corrosion** (*met.*), corrosione interstiziale (o nelle fessure); corrosione in fessura.
— **of the wood,** fessura (*f.*) del legno.
crew (*min.*), squadra; (*mil.*), equipaggio *m.* (di aereo, carro armato, ecc.).
— **(to —)** *v.a.* (*naut. ecc.*), equipaggiare.
— **-alerting device** (*mecc.*), dispositivo di allarme per le squadre di turno.
— **response (alerting system to check — response at regular intervals)** (*ferr.*), sistema di allarme per controllare i **riflessi del personale viaggiante** a regolari intervalli.
— **(extraction —)** (*min.*), squadra addetta all'estrazione.
cribbing (*cost. civ.*), rivestimento interno di pozzi fatto di tavole di legno; (*ferr.*), corona *f.* (di vasca di piattaforma girevole).
cribwork (*cost.*), armatura (*f.*) di legno; struttura (*f.*) di legno.
crimp (to —) (*mecc.*), piegare le estremità (di un tubo, ecc.) e ondularle per accrescere la resistenza della piega.
— **cloth** (*tess.*), tessuto con effetto di strisce.
crimped plate (*tubificio*) (*met.*), lamiera a bordi precurvati.
crimpers (*blasting detonation cap*) (*min.*), capsula di detonatori da mina.
crimping (*mecc.*), orlatura *f.*; bordo *m.*; (*tubificio*) (*met.*), precurvatura dei bordi (delle lamiere); (*vernici*), raggrinzimento *m.*
— **machine** (*mecc.*), orlatrice *f.*; bordatrice.
— **press** (*tubificio*) (*met.*), precurvatrice dei bordi (delle lamiere).
— **rolls** (*tubificio*) (*met.*), precurvatrice dei bordi (delle lamiere).
crimson clover, trifoglio incarnato.
crinking (*vernici*), raggrinzamento *m.*
crisp., *agg.*, fragile (*min.*); vivace (*mot.*).
— **(the engine is in — tune)** (*mot.*), il motore è di tono vivace.
crispening (*telev.*) (U.S.A.), accentuazione (*f.*) del contorno.
criss-cross, *agg.* incrociato.
— **-cross grid** (*radio*), griglia (*f.*) a reticolo.
cristobalite (*min.*), cristobalite *f.*
crit (*fis. atom.*), massa (*f.*) critica.
criteria *pl.* norme *f. pl.* (di fabbricazione *ecc.*); criteri *m. pl.*
criterion, criterio *m.*
crith, peso in grammi di un litro di idrogeno, a temperatura e pressioni prestabilite.
critical, *agg.* critico.
— **altitude** (*aereo*), quota di tangenza critica.
— **angle** (*luce*), angolo (*m.*) critico.
— **angle of attack** (*aereo*), angolo (*m.*) di incidenza critica.
— **cooling rate** (*met.*), velocità critica di tempera.
— **coupling** (*radio*), accoppiamento (*m.*) critico.
— **damping** (*radio*) (*elet.*), smorzamento (*m.*) critico.
— **damping resistance,** resistenza (*f.*) critica di smorzamento.
— **equation, equazione (*f.*) critica.**
— **flow** (*gas*), flusso critico.
— **grain growth** (*met.*), ingrossamento critico del grano (ingrossam. eccessivo del grano dopo lavoraz. a freddo e ricottura entro i limiti critici).
— **grid voltage** (*radio*), tensione (*f.*) critica di griglia
— **point,** punto (*m*) critico.
— **pressure** (*fis.*), pressione critica.
— **range** (*met.*) punto critico; temperatura alla quale avviene il mutamento della austenite in ferrite.
— **rate** (*met.*), raffreddamento richiesto per impedire la formazione di perlite nell'acciaio.

critical reactor (*fis. atom.*), reattore (*m.*) critico.
— **size** (*di massa di uranio*), dimensioni (*f. pl.*) critiche.
— **solution temperature** (*chim.*), temperatura critica di solubilità.
— **speed,** velocità (*f.*) critica.
— **temperature,** temperatura (*f.*) critica.
— **velocity** (*idraul.*), velocità (*f.*) critica.
— **voltage** (*elet.*), tensione critica.
— **volume,** volume critico.
— **wavelength** (*radio*), lunghezza d'onda critica.
criticality (*fis. atom.*), criticità *f.* (di centrale atomica).
crizzling (*vetro*), sottili incrinature nella superficie del vetro.
crocein (*chim.*), croceina *f.*
— **dyes,** colori alla croceina.
crochet gauze (*tess.*), garza (*f.*) ad uncinetto.
crochet yarn (*tess.*), filato per uncinetto.
crocidolite (*min.*), crocidolite *f.* (silicato di Fe e Na).
crockery (*ceram.*), stoviglie *f. pl.*
crocking (*vernici*), asportazione di colore.
crocodile skin (*met.*) (*vernici, smalti*), pelle di coccodrillo (*o* di arancia).
crocoite (*min.*), crocoite *f.*
crocus, cròco *m.*
— **of antimony** (*chim.*), solfuro di antimonio.
crofting (*tess.*), sbianca della tela di lino, alla luce solare.
crook, agrafe *f.*; uncino *m.*
crooked, *p.p.* curvato; piegato.
— **hole** (*ing. min.*), foro obliquo; pozzo inclinato.
Crookes dark space (*fis.*), spazio (*m.*) d'ombra di Crookes.
crop (*met.*), massellotta *f.* (di lingotto); spuntatura (*f.*) di lingotto; raccolta *f.* (di cristalli).
— **dusting,** polverizzazione (*f.*) dei raccolti (*con insetticidi, dall'aereo*).
— **end** (*met.*), spuntatura *f.*
crop shear (*met.*) (U.S.A.), cesoia (*f.*) di spuntatura.
— *v.a.* (*tip.*) (U.S.A.), cancellare (togliere) le parti di fotografie o disegni che non si devono stampare.
cropper (*macch. ut.*), v. **bar** —.
cropping (*met.*), spuntatura *f.* (operazione di spuntatura di un lingotto).
— **a photograph** (*tip.*), cancellatura della parte di una fotografia che non si deve stampare.
— **losses** (*fond.*), perdite di scorificazione.
— **shears** (*met.*), cesoia (*f.*) spuntatrice.
cross (*ind. pet., ecc.*), pezzo a croce (di tubazioni).
— *v.a.* (*geom.*), intersecare.
— **adjustment,** aggiustamento (*m.*) trasversale.
— **arm** (*elet.*), traversa (*f.*) (di pali teleg. o di linee di trasmissione).
— **bar** (*tip.*), crociera *f.*
— **-bar generator,** generatore a barre a croce.
— **beam,** cappello (*m.*); corrente (*m.*) di testa; traversa *f.*; trave (*f.*) trasversale.
— **beater mill,** frantoio (*m.*) a martelli.
— **belt,** cinghia (*f.*) incrociata.
— **-belt drive,** trasmissione (*f.*) a cinghia incrociata.
— **-bend test** (*mecc.*) (*vernici*) prova di flessione.
— **brace** (*mecc.*), traversa *f.*
— **-channel ferry** (*naut.*), nave traghetto per attraversare la Manica.
— **cogging,** intaglio (*m.*) a croce.
— **-coiled,** *agg.* a bobine incrociate.
— **-country stand** (*met.*), gabbia in cross-country.
— **crank,** contromanovella *f.*
— (*v.a.*) **cut,** segare (*v.a.*) di traverso; accorciare (*v.a.*).
— **cut,** taglio (*m.*) trasversale.
— **cut saw,** filetta *f.*; seghetto *m.*

cross cutting chisel, unghietta *f.*; bedano *m.*
— **drain,** canale (*m.*) trasversale.
— **-drain** (*cost. strad.*), barbacane *m.*
— **dyeing** (*tess.*), tinta simultanea di fibre con diverse tinture; tintura a due colori.
— (*v.a.*) **-esterify** (*chim.*), alcoolizzare *v.a.*
— **fade** (*cinem.*), dissolvenza (*f.*) incrociata; impasto.
— **feed,** alimentazione (*f.*) trasversale; avanzamento (*m.*) trasversale.
— **field** (*elet.*), campo (*m.*) trasversale.
— **-flow heat exchanger,** scambiatore di calore a flusso incrociato.
— **hairs** (*ott.*, *top.*), reticolo di mira; crocicchio di fili (p. es. di teodolite).
— **hammer mill,** frantoio (*m.*) a martelli.
— **handle,** manovella (*f.*) a crociera.
— **hatch** (*estrusione*), leggerissima frattura superficiale.
— **head** (*agrim.*), squadro (*m.*) agrimensorio; cappello *m.*; traversa *f.*; (*mecc.*), testa (*f.*) a croce; giunto (*m.*) cardanico.
— **head pin,** perno (*m.*) a forcella; perno del testacroce.
— **induction** (*elet.*), induzione trasversale.
— **iron,** ferro (*m.*) a croce.
— **jack yard,** pennone (*m.*) di mezzana.
— **joint,** pezzo (*m.*) a croce (*tubo*).
— **-level** (*aereo*), inclinometro *m.* (per dare l'angolo fra l'asse laterale e l'orizzontale).
— **-linking** (*chim.*), legame trasversale.
— **-member** (*auto*), traversa (*f.*) di telaio.
— **modulation** (*radio*), transmodulazione *f.*
— (*v.r.*) **one another,** incrociarsi *v.r.*
— **-over** (*elet.*), ponte di passaggio per condutture in tubi isolatori; (*telev.*), punto (*m.*) di incrocio.
cross piece, pezzo (*m.*) a croce (tubazione); traversa *f.*
— **-pin joint** (*mecc.*), giunto cardanico.
— **ply tyre** (*auto*), pneumatico a tele incrociate.
— **-polymerisation** (*chim.*), copolimerizzazione *f.*
— **rail** (U.S.A.) (*auto*), traversa *f.*; (*macch. ut.*) (U.S.A.), slitta (*f.*) trasversale (di piallatrice).
— **-rail slide-way** (*macch. ut.*), guida (*f.*) di scorrimento della traversa.
— **reeling** (*tess.*), aspatura (*f.*) incrociata.
— **reference** (*inform.*), riferimento incrociato.
— **reference map** (*inform.*), mappa dei riferimenti incrociati.
— **roll (to)** (*met.*), lavorare su cilindri incrociati.
— **rolling** (*met.*), laminazione (*f.*) trasversale.
— **rolling mill** (*met.*), laminatoio a cilindri obliqui.
— **rule** (*tip.*), filetto trasversale.
— **seam,** cucitura (*f.*) trasversale.
— **section,** sezione (*f.*) trasversale; profilo *m.*; (*radioattività*), sezione (*f.*) d'urto (per es. **atomic cross section,** sezione d'urto atomica).
— **section curve** (*radioattività*), curva (*f.*) di sezione d'urto.
— **section iron,** ferro (*m.*) a croce.
— **section of fracture,** sezione (*f.*) di rottura.
— **section of girder,** sezione (*f.*) di trave.
— **section of rivet,** sezione (*f.*) di un chiodo.
— **section of timber,** sezione (*f.*) trasversale del legno.
— **section of waterway,** sezione (*f.*) di passaggio (di un liquido).
— **-sectional area,** sezione (*f.*) trasversale.

cross-shaped section, sezione (*f.*) crociforme.
— **-sill** (*ferr.*), traversina *f.*
— **slide,** slitta (*f.*) trasversale (*macch. ut.*); slitta (*f.*) a croce; traversa (*f.*) mobile.
— **slide feed handwheel,** volantino di alimentazione trasversale.
— **slide lock,** arresto (*m.*) della slitta trasversale.
— **-sliding motion** (*tornio*), movimento (*m.*) trasversale.
— **staff head** (*agrim.*), squadro agrimensorio.
— **steel** (*met.*), acciaio (*m.*) a croce.
— **stitched gauze,** garza (*f.*) a punto incrociato.
— **strips** (*aereo*), diagonali (*f. pl.*) di fusoliera.
— **suspension** (*ing. elet.*), sospensione (*f.*) trasversale.
— **-talk** (*teleg.*), diafonia *f.* (interferenza di conversazione).
— **-talk attenuation** (*telecom.*), attenuazione diafonica.
— **-talk damping,** attenuazione (*f.*) di corrente di diafonia.
— **-tie** (*ferr.*), traversina *f.*
— **travel of the tool,** spostamento (*m.*) trasversale dell'utensile.
— **traverse handwheel,** volantino (*m.*) per la passata trasversale (*fresatrici*).
— **-tree** (*naut.*), crocetta *f.*
— **tube,** bollitore (*m.*) trasversale.
— **twill** (*tess.*), spigato *m.*
— **vault,** volta (*f.*) a crociera.
— **vein** (*geol.*), filone (*m.*) incrociatore (che interseca due o più filoni).
— **ventilation,** ventilazione (*f.*) pulsante.
— **view,** veduta (*f.*) trasversale.
— **wind,** vento (*m.*) di fianco.
— **wound bobbin** (*tess.*), spola (*f.*) ad avvolgimento incrociato.
crossbar switches (*elet.*), commutatori « crossbar ».
crossbred wool, lana (*f.*) incrociata.
crosscut (*or* **cross-cut**) (*min.*), traversobanco (*o* traverso-banco); galleria in traverso-banco.
crossed belt, cinghia (*f.*) incrociata.
— **cheque** (*comm.*), assegno (*m.*) sbarrato.
— **Nicols** (*microscopia*), Nicol incrociati.
crosshair (*agrim.*), filo (di incrocicchio).
crosshead (*tip.*), sottotitolo; (*macchine ut.*), testa a croce.
— **guide** (*macch. ut.*), slitta (*f.*) della testa a croce; guida (*f.*) della testa a croce.
— **slipper,** pattino (*m.*) di testa a croce.
crossing, incrocio *m.* (*traf. ferr. strad. ecc.*); intersezione; (*ferr.*), cuore (*o* incrociamento dello scambio); (*traffico*), attraversamento *m.*
— **bastard file,** lima (*f.*) a foglia di salvia (bastarda).
— **file,** lima (*f.*) ovale.
— **gate** (*ferr.*), barriera levatoia di passaggi a livello.
— **of the river,** attraversamento del fiume.
— **of wires,** incrociatura (*f.*) (*o* crocicchio di fili).
— **saddle** (*ferr.*), sella (*f.*) dell'incrocio.
— **switch** (*ferr.*), sviatoio *m.*
— **tower** (*elet.*), torre (*f.*) di attraversamento.
— **warp** (*tess.*), ordito (*m.*) di giro.
— **(pedestrian —),** attraversamento pedonale; passaggio pedonale.
crosslinking (*chim.*), formazione di legame trasversale fra catene di superpolimeri.
crossover frequency (*audio*), frequenza di crossover.
crosstalk (*telef.*), diafonia *f.*
crosswise movement, movimento (*m.*) trasversale.
croton oil, olio (*m.*) di crotontiglio.
crow bar, bastone (*m.*) a leva.
crown, cielo *m.* (dello scavo) (*min.*); corona (*f.*) per remontoirs (*orol.*); chiave *f.* (di arco)

(*cost.*); corona *f.*; camme *f*; (*idraul.*), cupola (di una caldaia); (*cost. stradale*), colmo (*m.*) della strada; capsula *f.* (di un dente).
crown bar (*cost. civ.*), trave (*f.*) a corona armata.
— **block** (*ind. pet.*), controtaglia *f.*
— **cap** (U.S.A.), tappo (*m.*) a corona.
— **cork**, tappo (*m.*) a corona.
— **glass**, vetro (*m.*) crown.
— **hinge**, articolazione (*f.*) alla chiave di un arco.
— **joint** (*costr. civ.*), giunto (*m.*) di chiave.
— **of a tree** (*bot.*), corona (*f.*) di una pianta.
— **seal**, tappo corona.
— **wheel** (*mecc. orol.*), ruota (*f.*) a corona; ruota (*f.*) a denti a corona; (*auto*) ingranaggio planetario, di differenziale.
crowned-face pulley, puleggia (*f.*) con ribordo.
crowntree (*min.*), cappello (*m.*) di armature.
crozzle (*cost.*), mattone eccessivamente duro.
crucial test, prova (*f.*) conclusiva.
crucible, crogiolo *m.*
— **cast steel**, acciaio (*m.*) fuso al crogiolo.
— **furnace**, forno (*m.*) a crogiolo.
— **steel**, acciaio (*m.*) al crogiolo; acciaio (*m.*) colato
— **tongs** (*chim.*), pinza da crogioli.
cruciform joint, giunto (*m.*) a croce.
— **missile**, missile ad ali a croce.
— **recess** (*viti*), intaglio a croce.
— **wings** (*missili*), ali (*f. pl.*), a croce.
crude, *agg.* greggio; (*ind. pet.*), petrolio (*m.*) grezzo.
— **bottom** (*ind. pet.*), residuo (*m.*) di distallaz. di petrolio grezzo.
— **distillation unit**, impianto di distillaz. del petrolio grezzo.
— **oil**, petrolio (*m.*) greggio.
— **rubber**, gomma (*f.*) greggia.
— **saltpetre**, salnitro (*m.*) greggio.
— **sampler** (*ind. pet.*), apparecchio per l'esame del petrolio grezzo.
crude spirit, spirito (*m.*) greggio.
cruelty society, società per la protezione degli animali.
cruise computer (*auto*), calcolatore elettronico di bordo; computer di bordo.
— **missile** (*missili*), missile da crociera.
cruiser (*naut.*), incrociatore *m.*; motoscafo per crociere (fluviali, al largo delle coste, ecc.).
cruising altitude (*aereo*), altezza (*f.*) di crociera.
— **horsepower** (*aereo*), velocità di crociera; potenza di crociera (potenza di crociera che va dal 30 al 60% della potenza massima di un aeroplano).
— **radius** (*aereo*), raggio (*m.*) di autonomia.
— **speed**, velocità (*f.*) di crociera.
— **vessel** (*naut.*), nave da crociera.
crumble, *v.a.*, ridurre in polvere; disgregare (*v.a.*).
crumbling (*vernici*), sbriciolamento *m.*
crumbly *agg.*, friabile.
crump (*min.*), scoppio derivato da pressione meccanica del suolo.
crush (*met.*), schiacciamento (difetto nei getti, con variazioni locali di spessore).
— **dresser** (*mecc.*), dispositivo (*m.*) per rettificare la mola con uno speciale rullo.
— **dressing** (*mecc.*), rettifica (*f.*) della mola (con rullo speciale).
— **(to —)**, *v.a.* triturare; macinare; schiacciare.
— **(*v.a.*) olives**, frangere (*v.a.*) olive.
crushable facia (*auto*), quadro portastrumenti frantumabile.
crusher, frantumatore *m.* (*per rocce, ecc.*); frantoio *m.*; (*met., min.*), v. **primary —**; **rebound —** (*min.*); **secondary —**.
— **acting by jaws**, frantoio (*m.*) a mascelle.
— **run stone**, pietra (*f.*) frantumata da frantoio primario.
crushing, frantumazione *f.* (*min.*); triturazione *f.*; macinazione *f.*; schiacciamento *m.* (*mecc.*).

crushing plant (*min.*), impianto (*m.*) di macinazione.
— **strength,** forza (*f.*) alla frattura; (*mattoni ecc.*), resistenza allo schiacciamento.
— **test** (*cost. civ.*), prova alla frattura (per pietre usate nell'industria edilizia o stradale).
— **yield point** (*mecc.*), limite di snervam. allo schiacciamento.
crust, crosta *f.* (cristallina).
crutch (*naut.*), gola (*f.*) di poppa.
crutchings (*Australia*), lane (*f. pl.*) sporche e imbrattate di urina.
cryocable (cryogenically cooled cable), cavo raffreddato criogenicamente.
cryoelectric *agg.*, crioelettrico.
— **memory** (*elettron.*), memoria crioelettrica.
cryogenerator, criogeneratore.
cryogenic engineering, ingegneria impieghi a basse temperature.
— **ergols** (*propellenti*), ergoli criogenici.
— **motor** (*voli spaziali*), motore criogenico.
— **plant,** impianto criogenico.
— **pump** (*mecc. fluidi*), criopompa *f.* (usata per azoto liquido e liquidi criogenici).
— **refrigeration,** refrigerazione criogenica.
— **steel** (*met.*), acciaio criogenico; acciaio per impieghi a bassa temperatura.
— **storage** (*inform.*), memoria criogenica.
— **temperature,** temperatura criogenica.
cryogenics (*low-temperature phenomena*) (*fis.*), criogenia *f.* (tecnologia delle bassissime temperature).
cryolite (*min.*), criolite *f.*
cryometer, criometro *m.*, (termometro per basse temperature).
cryopump, criopompa *f.*
cryoquenching (*process employing liquid nitrogen to prevent distortion of heat treated components*), « criotempra ».
cryoscopy (*chim.*), crioscopia *f.*
cryostat (*met.*), criostato *m.* (camera per lavoraz. a bassa temp., a temp. controllata).
cryptoscope, criptoscopio *m.*
crypton (*chim.*), cripto (Kr)
crystal, cristallo *m.*; lastra (*f.*) di cristallo; galena (*radio*)
— **analysis,** analisi (*f.*) cristallina.
— **control** (*radio*), controllo a cristallo.
— **counter** (*fis. atom.*), contatore (*m.*) a cristallo.
— **detector** (*radio*), rivelatore (*m.*) a cristallo.
— **diode** (*elet.*), diodo a cristallo.
— **filter** (*radio*), filtro (*m.*) a cristallo.
— **growth,** accrescimento (*m.*) di cristalli.
— **habit** (*crist.*), misure relative delle facce di un cristallo.
— **lattice** (*cristal.*), reticolo (*m.*) cristallino.
— **microphone** (*radio*), microfono (*m.*) a cristallo.
— **nuclei,** vedi: **nuclei.**
— **oscillator,** oscillatore (*m.*) a galena.
— **pattern,** cristallogramma *m.*
— **pickup,** fonorivelatore a cristallo.
— **set,** apparecchio (*m.*) radio a galena.
— **structure** (*met.*), struttura (*f.*) cristallina.
— **system** (*crist.*), sistema (*f.*) cristallino.
— **triode** (*radio*) (*elettroni*), triodo a cristallo.
— **violet,** violetto (*m.*) cristallo.
— **works,** cristalleria *f.*
crystalite (*aereo*), materiale termoplastico brevettato.
crystalline, *agg.* cristallino.
— **fracture** (*met.*), frattura cristallina.
— **gypsum,** gesso (*m.*) cristallizzato.
crystallinity, attitudine alla cristallizzazione; cristallinità *f.*
crystallites (*chim.*), cristalliti *m. pl.*

crystallizate, prodotto (*m.*) di cristallizzazione.
crystallization, cristalizzazione *f.*
crystallize, *v.i.*, cristallizzare *v.i.*
— **out,** *v.i.* separarsi mediante cristallizzazione; separarsi in cristalli.
crystallized green, verde cristallizzato; verde iodio.
— **soda,** soda (*f.*) cristallizzata.
crystallizing laquer, vernice cellulosica cristallizzante
crystallogram (*chim.*), cristallogramma *m.*
crystallographer, cristallografo *m.*
crystallographic angles (*cristal.*), angoli cristallografici.
— **notation** (*cristal.*), notazione (*f.*) delle facce (di un cristallo).
— **plane,** piano (*m.*) cristallografico.
— **system,** sistema (*m.*) cristallografico.
crystallography, cristallografia *f.*
crystalloid, cristalloide *m.*
crystalloluminescence, cristalloluminescenza *f.* (emissione di luce durante la cristallizzazione).
crystals of venus (*chim.*), cristalli di Venere; acetato di rame cristallizzato.
ct (*tess.*), titolo (di filato).
cu.-sec. (*idraul.*), piedi cubici per secondo.
cuagn (*radianti*), arrivederci (a risentirci).
cubature, cubatura *f.*
cubbling, rottura preliminare di lamiere di ferro, prima della formazione del pacchetto di ferro o della laminazione.
cubby (*auto*), cassetto (*m*). portaoggetti.
— **(locking —),** cassetto portaoggetti chiudibile a chiave.
cube, cubo *m.*; *v.a.* cubare.
— **root,** radice (*f.*) cubica.
cubeb oil, olio (*m.*) essenziale di « piper cubeba » (pepe cubebe).
cubic capacity, cilindrata *f.*
cubic centimetre, centimetro (*m.*) cubo.
— **decimetre,** decimetro (*m.*) cubico.
— **equation,** equazione (*f.*) cubica; equazione (*f.*) di terzo grado.
— **foot,** piede (*m.*) cubico.
— **inch,** pollice (*m.*) cubico.
— **measure,** misura (*f.*) di volume.
— **meter,** metro (*m.*) cubo; stero *m.*
— **nitre,** nitro (*m.*) del Cile; nitro (*m.*) cubico.
— **system** (*cistal.*), sistema (*m*) cubico.
— **yard,** iarda (*f.*) cubica.
cubical expansion, dilatazione (*f.*) cubica.
— **-textured plate** (*fond.*), lamiera a tessitura cubica.
cubicle (*elet.*), armadio (per le apparecchiature elettriche) (*o* elettroniche) *f.*; pannello; cabina blindata.
— **-type switchboard** (*cost. elet.*), quadro (*m.*) di distribuzione sistema a celle.
cubilot, forno (*m.*) a cupola.
cubing, *f.* cubatura.
cuboid (*geom.*), cuboide *m.* (parallelepipedo rettangolare).
cucurbit, pallone (*m.*) di vetro; matraccio *m.*
cudbear (*chim.*), polvere usata come tintura (di colore rosso porpora).
cue (*cinem.*), segno d'inizio (nelle riprese cinem.).
— **lights** (*telev.*), lampade (*f. pl.*) indicatrici.
cul-de-sac (*cost.*), vicolo chiuso *m.*
cullet (*vetro*), vetro di scarto (usato nella fabbr. del vetro).
culm (*min.*), polvere (*f.*) d'antracite; antracite fine; minuti di antracite $< 1/8$ di pollice.
cultivator (*agr.*), coltivatore *m.*
— **with spring-mounted tines,** coltivatore (*m.*) a vangheggie a molla (*agr.*).

culture (*aereo*), città, ferrovie, porti visti dall'aereo; opere umane viste dall'aereo; cultura *f.* (*di batteri*); *v.a.*, coltivare (*batteri*).
culvert (*costr.*), fognolo *m.*; tombino *m.*
cumin oil, olio (*m.*) essenziale di comino.
cumulo-nimbus (*meteor.*), cumulonembo *m.*
cumulus (*meteor.*), cumulo *m.*
cuneiform, *agg.* cuneiforme.
cup (*elet.*), campana *f.* (di isolatore), (*mecc.*) coppa *f.*
— **(to —)** (*met.*), imbutire (*un tranciato di lamiera ecc.*).
— **and cone fracture** (*met.*), frattura a coppa.
— **-feed drill** (*agric.*), seminatrice (*f.*) a tramoggia.
— **grease,** grasso lubrificante per alberi.
— **gun** , aerografo (*m.*) a serbatoio (pistola a spruzzo, con serbatoio per lo smalto, ecc.).
— **leather packing,** guarnizione (*f.*) a manicotto (di cuoio).
— **rivet head,** testa (*f.*) di chiodo in risalto.
— **shake** (*legn.*) cipollatura *f.*; girello *m.* (difetto del legname).
— , v. **grease** —.
cupel, coppella *f.*
cupellation, coppellazione *f.*
cupola (*cost.*), **lucernario** *m.* (di una cupola).
— **basic-lined,** cubilotto a rivestimento basico.
— **furnace,** forno (*m.*) a cupola.
cupping-glass (*med.*), ventosa *f.* (coppetta).
— **test** (*mecc., met.*), prova di imbutitura.
— **test machine** (*mecc., met.*), macchina per prove d'imbutitura.
cuprammonium process, processo (*m.*) cuproammoniacale (seta artificiale).
— **rayon** (*tess.*), raion (*m.*) cuproammoniacale.
cuprate silk (*tess.*), raion cuproammoniacale.
cupreous *agg.* (*chim.*), rameoso.
cupric, *agg.* (*chim.*), ramico.
cupricin (*chim.*), cianuro di rame.
cupriferous, *agg.* cuprifero.
Cuprinol, preservante (*m.*) del legno (naftenato metallico).
cuprite, cuprite *f.*
cupro-nickel (*met.*), lega ramenickel; cupronichelio *m.*
curb (*cost.*), cilindro cavo (di legno, ghisa usato per affondare pozzi).
— **pins** (*orol.*), spine della racchetta.
— **ring,** piattaforma (*f.*) girevole della gru; (*mecc.*), anello (*m.*) cordonato.
— **ring crane,** gru (*f.*) a piattaforma girevole.
— **roof** (*cost.*), tetto (*m.*) a mansarda.
— **stone,** cordone (*m.*) del marciapiede.
curcuma, curcuma *f.*
curcumin, giallo (*m.*) di curcuma.
curd (*chim.*), precipitato (*m.*) cagliato; *v.i.* (*chim.*), flocculare.
curdle, *v.i.*, vedi: **curd.**
curdling (*pitt.*), spessore (di vernice nel barattolo); (*chim.*), flocculazione *f.*
curdy, *agg.*, cagliato.
cure, *n. v.a.* materiale per conservare le pelli; vulcanizzare (*v.a.*).
— **control** (*gomma*), controllo di vulcanizzazione.
— **rate of rubber** (*gomma*), tasso di vulcanizzazione della gomma.
curie, emanazione di radio in equilibrio con 1 grammo di radio (*unità di radioattività*).
— **cut,** metodo usato per tagliare una lastra di quarzo dal suo cristallo.
— **gram** (*radiol.*), curiegramma *m.*
— **hour,** curie-ora *m.*
curietherapy (*med.*), curieterapia *f.*
curing (*chim., cost.*), conservazione (di pelli); stagionamento (*m.*); procedimento usato pel cemento armato per ridurre al minimo lo screpolarsi del ce-

mento durante la presa. Si copre il cemento con sacchi umidi o con sabbia o segatura umida; (*resine*), processo di polimerizzazione delle resine; processo chimico di solidificazione delle resine termoindurenti; (*gomma*), vulcanizzazione.
curing chamber, camera (*f.*) di maturazione (*del cemento*).
— **compound** (*cemento*), antievaporante *m.*; impermeabilizzante.
— **constants** (*gomma*), costanti di vulcanizzazione.
— **time** (*gomma*), tempo di vulcanizzazione.
Curium (*chim.* = Cm), curio *m.*
curl yarn (*tess.*), filato arricciato.
curling (*met.*), arricciatura *f.*; (*vernici, smalti*), increspatura *f.*
currency (*finan.*), valuta *f.*
— **unit** (*finan.*), unità monetaria.
current (*elet.*) (*idraul.*), corrente *f.*; (*agg.*), corrente; in corso di esecuzione (*programma*).
— **-carrying capacity** (*cavi*), capacità (*f.*) limite d'un cavo (corrente che può portare un cavo prima che l'aumento di temp. ecceda 40 °C).
— **circuit** (*elet.*), circuito (*m.*) di corrente.
— **coil** (*elet.*), bobina (*f.*) in serie; bobina (*f.*) d'intensità.
— **collector** (*elet.*), asta di presa di corrente del pantografo (usata su veicoli a trazione elettr.).
— **-curve** (*elet.*), curva (*f.*) della corrente.
— **damper,** smorzatore (*m.*) della corrente.
— **density** (*elet.*), densità (*f.*) di corrente.
— **deposit** (*banca*), deposito in conto corrente.
— **distributing plant** (*ing. elet.*), impianto (*m.*) di distribuzione della corrente.
— **-fender** (*cost. idraul.*), pennello *m.*
current flow, flusso (*m.*) della corrente.
— **input,** presa (*f.*) di corrente.
— **limiter** (*elet.*), limitatore (*m.*) di corrente.
— **meter** (*elet.*), amperometro *m.*
— **meter** (*idraul.*), mulinello (*m.*) idrometrico.
— **network** (*elet.*), rete di corrente.
— **of charge,** corrente (*f.*) di carica.
— **path** (*elet.*), percorso (*m.*) della corrente.
— **regulator,** regolatore (*m.*) di corrente.
— **relay** (*elet.*), limitatore (*m.*) di corrente.
— **reverser,** commutatore (*m.*) a invertimento.
— **sensitivity** (*elet.*), sensibilità alla corrente (riferita a galvanometri).
— **standard** (*radiol.*), campione di corrente.
— **supply** (*elet.*), alimentazione (*f.*) di corrente.
— **surge** (*elet.*), colpo di corrente; sovracorrente *f.*
— **-transformer** (*elet.*), trasformatore (*m.*) di corrente; trasformatore in serie.
— **triangle** (*elet.*), triangolo (*m.*) della corrente.
— **variation,** variazione (*f.*) di corrente.
— **-voltage characteristic,** caratteristica (*f.*) corrente-tensione.
— **-wavelength characteristic,** curva (*f.*) di sensibilità spettrale (d'una cellula fotoelettrica).
curriculum vitae, curriculum.
currying, concia *f.* (del cuoio).
cursor, *m.*, cursore (di regolo, ecc.); (*inform.*), cursore (quadratino bianco che appare sul video, per lo spazio di un nuovo carattere, premuto sulla tastiera del calcolatore).
curtain (*auto*), tendina *f.*; (*tess.*), tenda *f.*
— **machine** (*tess.*), macchina per fabbricazione di tendine a pizzi.

curtain sided bodywork (*auto*), carrozzeria di rimorchio (*o* camion) aperta da un lato e coperta da tendoni.
— **wall** (*cost.*), « curtain wall »; (*parete a pannelli prefabbricati*).
— **(stage —)**, sipario per palcoscenico.
curtaining (*pitture*), (difetto di) raggrinzamento.
curtate (*inform.*), linea orizzontale (di scheda perforata).
curtiss electric propeller (*aereo*), elica (*f.*) a passo variabile.
curvature, *f.* curvatura.
curve, *v.a. v.i.*, curvare (*v.a.*); curva *f.*; ciclo *m.* (*geom.*); curvografo *m.* (*dis.*)
— **back**, *v.i.* curvarsi *v.r.*
— **-gauge** (*ferr.*), sagoma (*f.*) di curva.
— **pull-off** (*ing. elet.*), montaggio (*m.*) in curva.
— **-roller**, puleggia (*f.*) per curve.
curved crack (*met.*), cricca (*f.*) a uncino.
— **head**, fondo (*m.*) sferico.
— **-mold continuous casting** (*met.*), colata continua (a barra) curva.
— **-mold unit** (*met.*) (U.S.A.), macchina di colata continua a barra incurvata.
— **stereo** (*tip.*), stereotipia curva.
— **template**, calibro per la misura della curvatura dalla massicciata stradale.
curvilinear, *agg.* curvilineo.
— **cone**, cono (*m.*) parabolico.
cushion (*slang*) (*aereo*) (U.S.A.), cuscinetto da mettere sotto la cappottatura del motore.
— **(to)**, ammortizzare elasticamente.
— *v.a.*, (*against...*) ammortizzare (contro...), (*rubber tyres help to — the frame and body against shock and strain on rough surfaces*), le ruote gommate giovano ad ammortizzare il telaio e la carrozzeria contro scosse e sollecitazioni su superfici scabrose.
— **frame**, schienale *m.*
cushioned socket (*radio*), sopporto (*m.*) anti-vibratorio di lampada.
cushioning, antivibrazione (*acust.*); compressione di vapore in un cilindro di macchine a vapore (*mecc.*).
cusp, apice *m.* (*di una curva*); scanalatura *f.*
cuspidor, sputacchiera *f.*; orinatoio sopraelevato.
custom-bodied *agg.* (*auto*), con carrozzeria fuori serie.
— **-built**, costruito (*p.p.*) su richiesta; fuori serie (*auto*).
— **built sports car** (*auto*), auto sport modello fuori serie.
— **engineer** (*inform.*) (*elettron.*), tecnico di manutenzione ed assistenza.
— **program** (*inform.*), programma personalizzato.
customer, cliente *m.*
customisable, *agg.* (*inform.*) (*auto ecc.*), personalizzabile.
customisation (*inform.*), v.: **customising.**
customise (to —) (*inform.*), adattare una tastiera (o altro dispositivo) ad uso personale, o per scopi particolari; personalizzare.
customising (*inform.*), adattamento di un dispositivo (o macchina) per uso personale o per un cliente; personalizzazione *f.*
— **(keyboard —)**, personalizzaz. della tastiera (p. es. dotandola di segnali speciali, secondo il programma del cliente).
customizing (*inform.*), vedi **customising.**
customs, dogana *f.*
— **clearance** (*comm.*), sdoganamento *m.*
— **concessions**, concessioni (*f. pl.*) doganali.
— **duties**, dazi (*m. pl.*) doganali.
— **officier**, doganiere.
— **service** (*comm.*), servizio (*m.*) doganale.
— **tariff**, tariffa doganale.

customs warehouse, magazzino (*m.*) doganale.

cut, *v.a. v.i.*, tagliare (*v.a.*); tagliarsi (*v.r.*); (*petrolio, ecc.*), separare in frazioni (*o* frazionare); (*petrolio*), ridurre la densità di un liquido per fanghi.

—, frazione ottenuta nella distillazione (*chim.*); parte di un campione di polvere di metallo (*met.*); frazione di benzina ecc.; (*petrolio*), percentuale di impurità in un campione di petrolio; materiale tolto; metallo tolto; percorso dell'acqua fra i barconi di un ponte di barche; taglio (*m.*); taglio del bilanciere (*orol.*); incisione *f.*; scavo *m.* (*min.*); passata *f.* (*mecc.*); (*tess.*), titolo (ingl. e americano per lino, canapa e iuta) (= 1 matassa di 300 iarde per libbra); (*tip.*), cliché; (*vernici*), quantità in peso di resina aggiunta per ogni gallone di solvente; (comando di un regista), (*cinem.*), alt! (non si giri più).

— (*v.a.*) **across,** segare (*v.a.*) di traverso.

— **and cover** (*costr. metrò*), sistema di costruzione per metropolitana, con galleria sotto la superficie stradale.

— **-and-try procedure,** procedimento (*m.*) empirico.

— **-and-try system,** sistema (*f.*) empirico.

— **a hole,** fare (*o* praticare) un buco.

— **-back asphalt,** miscela di residuo petrolifero con adatti solventi (p. es. miscela di creosoto-kerosene); bitume flussato (con aggiunta di materiale flussante).

— **back products,** residui di catrame fluidificati.

— **backs** (*cost.*), miscele (*f. pl.*) di bitume asfaltico.

— **diamond,** diamante (*m.*) tagliato.

cut down, *v.a.* abbassare *v.a.*; ridurre *v.a.*; diminuire.

— **-down version** (*inform.*), versione ridotta.

— (*v.a.*) **in,** incidere *v.a.*

— **-in letter** (*tip.*), lettera rientrante.

— **into pieces** (*met.*), ridurre in pezzi.

— **leads** (*tip.*), interlinee sistematiche.

— (*v.a.*) **longitudinally,** segare (*v.a.*) per il lungo.

— **off,** otturatore *m.*; (*v.a.*) **off,** interrompere *v.a.*; tagliare *v.a.*; arrestare *v.a.*: fermare *v.a.*

— **off frequency,** frequenza (*f.*) di chiusura.

— **off friction clutch,** accoppiamento (*m.*) a frizione fra 2 parti di alberi per l'arresto o l'avviamento indipendente di una parte.

— (*v.a.*) **off the steam,** intercettare (*v.a.*) il vapore.

— **-off valve,** cassetto (*m.*) di espansione.

— **oil** (U.S.A.), emulsione naturale di acqua e petrolio.

— **out** (*tip.*), scontornato.

— **out,** disinserire *v.a.* (un circuito) (*elet.*); ritagliare *v.a.*; avere una difettosa accensione (*motori*).

— **-out (cut out)** (*elet.*), fusibile *m.*; interruttore *m.*; commutatore; disinseritore *m.*; valvola (*f.*) fusibile.

— **-out base** (*elet.*), piastra di valvola.

— **out hole,** foro (*m.*) punzonato.

— **plate,** intaglio *m.*

— **-rate version** (*inform.*), versione a prezzo ridotto.

— (*v.a.*) **screws,** filettare *v.a.*

— **stone,** concio *m.*; pietra (*f.*) tagliata; pietra (*f.*) da taglio.

— **to length,** tagliare a lunghezza prestabilita.

— **-to-length** (*met.*), taglio su misura.

— **-water** (*cost. civ.*), spigolo di

una pila di un ponte, destinato a frangere le onde.

cut (*v.a.*) **threads,** filettare *v.a.*

— **(to — the gun)** (U.S.A.) (*aereo*). chiudere la valvola; chiudere il gas ad intervalli.

cutaneous ulcer (*med.*), ulcerazione (*f.*) cutanea.

cutaway (perspective drawing), spaccato (in prospettiva).

cutback (*comm.*), riduzione (di ordinazioni).

cutch (*tess.*), nero (*m.*) di catecù.

cutholes (*min.*), (*brillamento della volata*) mine centrali di una volata (dette anche: mine d'intesto. Nella loro azione creano vuoti di forma conica).

cutlery (*met.*), coltelleria.

cutout (*cinem.*), **scene tolte** dal **film durante il taglio** della **pellicola.**

cutter, fresa *f.* (*mecc.*); mattone dolce (facilmente tagliato con la cazzuola); persona che « taglia » e sceglie il film (*cinem.*); (*acust.*), punta di diamante o di zaffiro (usata per togliere la cera, durante la registrazione grammofonica).

— **-and-loading machine** (*min. carbone*), v. **cutter-loader.**

— **arbor,** mandrino (*m.*) porta frese.

— **block,** *m.* porta utensile (a trottola).

— **disc,** disco (*m.*) da fresare.

— **head,** piattaforma *f.*; portapunta; testa (*f.*) portafrese.

— **holder,** portafresa *f.*

— **slide,** slitta (*f.*) porta utensile.

— **-loader** (*macch. agr.*), falciacaricatrice *f.*

— **-loader** (*min. carbone*), tagliatrice-caricatrice *f.*

— **picks** (*min.*), denti (di catena) di tagliatrice.

— **with inserted teeth,** fresa (*f.*) a denti riportati.

— **(end milling —)** (*mecc.*), fresa di testa.

cutter (form —) (*mecc.*), fresa di forma.

— **(form relieved milling —)** (*mecc.*), fresa di forma.

cutters (*costr.*), mattoni « dolci » (o « mezzani ») (a cottura scarsa).

cutting, *m.* scavo (*cost. civ.*); separazione del sapone dal glicerolo (*chim.*); taglio (*di cristalli*); talea *f.* (*bot.*); taglio *m.* (del negativo) (*cinem.*); (*telev.*), cambio brusco di sequenze; materiale scavato; (*costr. ferr. e stradale*), trincea *f.*; (*the cutting was widened to take another track*), la trincea fu allargata per far posto ad un altro binario.

— **action,** effetto (*m.*) di taglio.

— **angle,** angolo (*m.*) di taglio; (*dischi*), angolo di incisione.

— **back** (*bitume, asfalto*), fluidificazione *f.*

— **blade,** coltello della pala.

— **block,** ceppo *m.*

— **capabilities,** capacità di taglio.

— **compound** (*ingr.*), refrigerante *m.*; miscela refrigerante e lubrificante (usata per macch. utensili).

— **edge,** filo (*m.*) di lama; orlo (*m.*) tagliente; taglio (*m.*) di un utensile; tagliente *m.*

— **electrode** (*elet.*), elettrodo (*m.*) per taglio.

— **fluid** (*met.*), fluido da taglio.

— **-gauge** (*faleg.*), graffietto *m.* (a lama).

— **head** (*dischi*), testina di incisione.

— **-off and centring machine** (*macch. ut.*), tagliatrice-centratrice.

— **-off machine,** macchina (*f.*) taglia tubi; troncabarre *f.*; (*macch. ut.*), v. **abrasive wheel —; circular saw —.**

— **off machine saw** (*mecc., met.*), sega per troncatrice.

— **oil** (*met.*), olio da taglio.

— **plane** (*faleg.*), pialla (*f*). da piano e filo.

cutting plier, pinzetta *f.*
— **point,** unghia (*f.*) dell'utensile.
— **power,** capacità (*f.*) di taglio.
— **rate,** velocità di taglio.
— **room** (*cinem.*), laboratorio per il taglio (e montaggio) di film.
— **speed,** velocità (*f.*) di taglio.
— **strains,** sollecitazioni di taglio.
— **table** (*ceramiche*), tavolo (*m.*) tagliatore.
— **time,** tempo (*m.*) di taglio.
— **tool,** utensile (*m.*) per tagliare.
— **tool steel,** acciaio per utensili da taglio.
— **tray,** bacino (*m.*) per i trucioli.
cuttling (*tess.*), piegatura (*f.*) di un tessuto (per comodità di trasporto).
cuvee (*vino*), taglio di vini specialmente preparati; contenuto di una botte di vino.
cyanate (*chim.*), cianato *m.*
cyanic acid (*chim.*), acido (*m.*) cianico.
cyanidation, cianurazione *f.* (per oro e argento).
— **vat** (*met.*), vasca (*f.*) di cianurazione.
cyanide (*chim.*), cianuro *m.*
— **dip,** trattamento dell'acciaio in cui il metallo viene, dopo opportuno riscaldamento, trasferito a un bagno al cianuro. per esser poi raffreddato.
cyaniding (*met.*), cianurazione *f.*
cyanin (*chim.*), cianina *f.*
cyanite (*refrattari*), cianite *f.*
cyanogen (*chim.*), cianogeno *m.*
— **bromide,** bromuro (*m.*) di cianogeno.
cyanoplast (*bot.*), cianoplasta *m.*
cyanotype, cianografia *f.*
cyanozen blue, colore sostantivo per il cotone.
cyanuric acid (*chim.*), acido (*m.*) cianurico.
cyber LOGO turtle (*inform.*), Tartaruga LOGO, linguaggio di programmazione di grande efficacia didattica e creativa, pensato per bambini e sviluppato dalla Cybertronics International Inc. Versione del LOGO.
cybernetic machine (*elettron.*), macchina cibernetica.
cybernetics, cibernetica *f.*
cyc-arc welding, saldatura (*f.*) ad arco per bulloni.
cycle, periodo *m.* (*elet.*); ciclo *m.* (*chim.*) (*ind.*).
— **(to —)** (*inform.*), ripetere; chiudere un ciclo.
— **counter** (*sald.*), indicatore (*m.*) di durata.
— **gas oil** (*chim.*), gasolio di riciclo.
— **lamp bulbes,** lampadine per biciclette.
— **lane** (*cost. strad.*), pista (*f.*) ciclabile.
— **recorder** (*elet.*), registratore (*m.*) di periodi.
— **route** (*cost. strad.*), strada riservata alle biciclette.
cyclic, *agg.* ciclico.
— **curve,** curva (*f.*) ciclica.
— **double helical gears,** ingranaggi (*m. pl.*) a cuspide ciclica; dentatura (*f.*) a cuspide ciclica.
— **hydrocarbons** (*chim.*), idrocarburi (*m. pl.*) ciclici.
— **polymerisation,** polimerizzazione ciclica.
— **shift** (*inform.*), shift ciclico.
— **storage** (*inform.*), memoria (*f.*) ciclica.
cycling, pendolazioni (*f. pl.*); oscillazioni *f. pl.*; (*inform.*), ripetizione *f.*; (*sport*), ciclismo *m.*
— **plant,** impianto di cycling (ciclizzazione).
cyclisation (*chim.*), ciclizzazione *f.*
cyclist tunnel (*costr.*), galleria (*f.*) per ciclisti.
cyclogram (*elet.*), ciclogramma *m.*
cyclograph (*elet.*), ciclografo *m.*
cyclohexane (*solvente chim.*), cicloesano *m.*
cyclohexanol (*chim.*), cicloesanolo *m.*
cyclohexanone (*chim.*), cicloesanone *m.*
cycloid, cicloide *f.*
cycloidal curve curva cicloidale.

cycloidal teeth (*ingr.*), denti (*m. pl.*) cicloidali.
cyclone, ciclone *m.*
— **fired steam generator,** generatore di vapore con focolari a ciclone.
— **furnace,** forno a ciclone.
— **gas washer** (*depolverazione gas*) (*met.*), ciclone.
— **product** (*min.*), prodotto di ciclone.
cycloparaffin (*chim.*), cicloparaffina *f.*
cyclostyle, ciclostile *m.*
cyclotron, ciclotrone *m.*
cylinder, cilindro impressore (*tip.*); bombola *f.*; cilindro (*mecc. geom.*); fusello (*m.*) (di cartiera); (*tess.*), gran tamburo (di carda); (*inform.*), serie di tracce, in una pila di dischi.
— **barrel** (*ing.*), scatola (*f.*) del cilindro; blocco (*m.*) del cilindro; parete del cilindro.
— **blanket** (*tip.*), panno di stampa.
— **block,** gruppo cilindri; monoblocco *m.*
— **boiler,** caldaia (*f.*) cilindrica.
— **bore** (*ing.*), alesaggio (*m.*) del cilindro.
— **boring machine** (*macch. ut.*), alesatrice (*f.*) verticale per cilindri; barenatrice (*f.*) per cilindri.
— **caisson** (*cost. civ.*), cassone (*m.*) di fondazione (di ghisa).
— **cast in one piece,** cilindro (*m.*) in un solo pezzo.
— **clothing,** rivestimento (*m.*) del cilindro.
— **cover,** coperchio (*m.*) del cilindro.
— **crusher,** frantoio (*m.*) a cilindri.
— **end,** estremità (*f.*) di un cilindro.
— **escapement** (*orol.*), scappamento (*m.*) a cilindro.
— **flat bed machine** (*tip.*), macchina da stampa a pressione piano-cilindrica.
— **foot,** piede (*m.*) del cilindro.
cylinder for methane gas, bombola (*f.*) per gas metano.
— **grader** (*ind. mol.*), triara *f.*
— **grinder,** rettificatrice (*f.*) per cilindri.
— **grinding machine,** rettificatrice (*f.*) per cilindri.
— **head,** testa (*f.*) di cilindro; fondo (*m.*) di cilindro.
— **head conversion** (*auto*), modifica (trasformazione) della testa del cilindro.
— **head gasket** (*auto.*), guarnizione per testa cilindri.
— **honing machine** (*macch. ut.*), levigatrice (*f.*) per cilindri.
— **in-line engine,** motore a cilindri in linea.
— **jacket,** inviluppo (*m.*) esterno del cilindro.
— **jaw,** colletto (*m.*) di un cilindro.
— **" L " head,** cilindro a L.
— **lapping machine** (*macch. ut.*), lappatrice (*f.*) per cilindri.
— **liner,** camicia (*f.*) di un cilindro.
— **machine** (*tip.*), macchina da stampa a pressione piano-cilindrica.
— **mill,** molino (*m.*) a cilindri.
— **oil,** olio (*m.*) per cilindri.
— **overhead valve,** cilindro a valvole in testa.
— **packing** (*tip.*), rivestimento del cilindro.
— **press** (*tip.*), macchina (*f.*) da stampa a pressione cilindrica; torchio (*m.*) a rulli.
— **-press** (*tip.*), rotativa *f.*
— **printing machine** (*tip.*), macchina (*f.*) da stampa a cilindri.
— **stock,** olio verde usato per lubrificare cilindri di macch. a vapore.
— **stuffing box,** premistoppa (*m.*) del cilindro.
— **wall,** superficie (*f.*) della parete del cilindro.
— **water jacket,** camicia (*f.*) d'acqua di un cilindro.
cylinders in line (*auto*), cilindri (*m. pl.*) verticali.

cylindrical, *agg.* cilindrico.
— **bearing,** appoggio (*m.*) cilindrico.
— **boiler,** caldaia (*f.*) cilindrica.
— **boring,** foratura (*f.*) cilindrica.
— **cutter,** fresa (*f.*) cilindrica.
— **distilling vessel,** alambicco (*m.*) cilindrico.
— **gauge,** calibro (*m.*) cilindrico; calibro (*m.*) per coni.
— **gearing,** ruotismo (*m.*) cilindrico.
— **grinding,** rettifica (*f.*) cilindrica.
— **groin** (*arch.*), lunetta (*f.*) cilindrica.
— **hinge,** cerniera (*f.*) cilindrica.
— **journal,** collare (*m.*) cilindrico.
— **pin,** perno (*m.*) cilindrico.
— **piston,** pistone (*m.*) cilindrico.
— **reamer,** alesatore (*m.*) cilindrico.
— **ring,** anello (*m.*) cilindrico.
— **roller bearing,** cuscinetto a rulli cilindrici.
— **tank** (*petrol.*), serbatoio cilindrico.
cylindrite (*min.*), cilindrite *f.* (solfato di piombo, stagno ed antimonio).
cyma (*arch.*), gola *f.*
— **recta** (*arch.*), gola (*f.*) diritta.
— **reversa** (*arch.*), gola (*f.*) rovescia.
cymene (*chim.*), cimene *m.* (isopril-p-metilbenzene).
cynamid (*chim.*), cianamide *f.*
cynamide (*chim.*), calciocianamide *f.*
cyrtometer, cirtometro *m.*
cysteine (*chim.*), cisteina *f.*,
cysto-urethroscope (*med.*), cistouretroscopio *m.*
cystogram (*radiol.*), cistrogramma *m.*
cystography (*radiol.*), cistografia *f.*
cystometer (*med.*), cistometro *m.*
cystometrogram (*med.*), cistometrogramma *m.*
cystometrography (*med.*), cistometrografia *f.*
cystoscope (*med.*), cistoscopio *m.*
cystoscopy (*chir.*), cistoscopia *f.*
cystostomy (*chir.*), cistostomia *f.*
cystotomy (*chir.*), cistotomia *f.*
cytisine (*chim.*), citisina *f.*
cytogamy, citogamia *f.*
cytogenesis, citogenesi *f.*
cytogenetics (*med.*), citogenetica *f.*
cytology (*biol.*), citologia *f.*
cytoplasm (*biol.*), citoplasma *m.*
cytostome (*zool.*), citostoma *m.*

D

d. c. amplifier, amplificatore (*m.*) a corrente continua.
— **magnet,** bobina (*f.*) a corrente continua.
— **magnet coil,** bobina (*f.*) a corrente continua.
d-tartaric acid, acido d-tartarico.
D_2, lega alluminio-magnesio (magnesio 2,5 %), fornita da James Booth & Co.
D/A converter (*inform.*), convertitore digitale-analogico.
D nickel, nichelio commerciale (con 4-5 % di manganese).
dab (to —), applicare leggermente (p. es. rif. a pasta lubrificante).
dabrey (*gomma*), recipiente per la raccolta del lattice.
dacket (*tip.*), tenuta di lavoro.
dacron (*tess.*) (U.S.A.), fibra (nota in Inghilterra sotto il nome di: «*terylene*») avente qualità simili a quelle della lana.
dado (*cost.*), zoccolo *m.*
— **rail** (*faleg.*), cornice (*m.*) dello zoccolo.
dairy, caseificio *m.*; latteria *f.*
— **appliances** (*agr.*), accessori (*m. pl.*) lattieri.
— **engineering** (*agr.*), tecnica lattiero-casearia.
— **equipment** (*agr.*), attrezzatura lattiero-casearia.
— **husbandry** (*agr. ind.*), industria lattiero-casearia.
— **parlour** (*costr. agr.*), sala (*f.*) mungitura.
— **products** (*comm.*), prodotti lattieri.
dairying automation (*agr.*), automazione lattiero-casearia.
daisy (*radar*), anodo (*m.*) di risonante.
— **printer** (*inform.*), stampante (*f.*) a margherita.
Dalton (*fis.*), dalton *m.*
daltonism, daltonismo *m.*
dam, sbarramento *m.*; argine *m.*; muro (*m.*) di riparo; diga *f.*
— **site,** cantiere (*m.*) di diga.
dam stone, muro refrattario nella parte anteriore del focolare di altoforno.
damage, danno *m.*; avaria *f.*
— **report** (*comm.*), certificato di avaria.
— **survey,** perizia (*f.*) dei danni.
damaged goods, merci (*f. pl.*) avariate.
Damar resin, resina (*f.*) di Dammara.
Damascus steel, acciaio (*m.*) damascato.
damask (*tess.*), damasco *m.*
damaskeen (*met.*) damascatura *f.*
dammar (*chim.*), dammara *f.*; resina (*f.*) di Dammara.
— **gum** (*resina*), dammar *f.*
— **varnish,** vernice (*f.*) dammar.
damming, arginatura *f.*
damp, *agg.* umido; *v.a.* inumidire; ammortizzare; smorzare (*suoni*); (*min.*), gas (*m.*) di miniera.
— **(*v.a.*) a sound,** smorzare (*v.a.*) un suono.
— **-proof,** *agg.* impermeabile all'umidità.
— **-proof floor,** pavimento (*m.*) protetto dall'umidità.
— **-proofing** (*cost.*), impermeabilizzazione *f.* (di un muro).
— **sand,** sabbia (*f.*) umida.
— **wool,** lana (*f.*) umida (*che ha perso il colore a causa dell'umidità*).
damped oscillation (*elet.*), oscillazione (*f.*) smorzata.
— **waves** (*radio*), onde (*f. pl.*) smorzate.
dampen (to —) (*radio*), ammortizzare gli echi (in un auditorio).
damper (*acust.*), sordina *f.* (di pianoforte); (*tiraggio*) registro di camino; regolatore *m.*; valvola (*f.*) di tiraggio; (*ing. acust. elet.*), ammortizzatore *m.*; umettatore (p. es. antincendio, *fire damper*); (*elet.*, *telev.*), smorzatore (di vibrazioni, ecc.).

damper weight (*ing.*), contrappeso (*m.*) di tiraggio.

damping, smorzamento *m.*; umettazione *f.* (prima della satinatura (*carta*); (*ing. elet. acust.*), ammortizzazione *f.*

— **capacity,** capacità (*f.*) di smorzamento; (*met.*), potere (*m.*) antivibratorio.

— **capacity test** (*met.*), prova del potere antivibratorio.

— **chamber,** camera (*f.*) di smorzamento.

— **coefficient,** coefficiente (*m.*) di smorzamento.

— **coil** (*radio*), bobina (*f.*) d'ammortizzamento.

— **down,** arresto temporaneo del funzionamento d'un altoforno che si fa chiudendo le aperture d'accesso dell'aria.

— **factor,** fattore (*m.*) di smorzamento.

— **roll** (*carta*), rullo (*m.*) umettatore.

dampproofing (U.S.A.), impermeabilizzazione *f.*

— **compound,** composto impermeabilizzante dall'umidità.

danburite (*min.*), danburite *f.* (borosilicato di calcio).

dancing step (*cost. civ.*), gradino con una estremità maggiore dell'altra.

dandelion metal (*met.*), lega a base di piombo, assieme ad antimonio e stagno.

dandy loom (*tess.*), telaio semimeccanico.

— **roll** (*carta*), cilindro (*m.*) per filogranatura; (*tip.*), ballerino *m.*

danger coefficient (*radioatt.*), coefficiente (*m.*) di pericolo.

— **to life,** pericolo (*m.*) di morte.

— **zone** (*radioatt.*), zona (*f.*) di pericolo.

Daniell's cell, pila (*f.*) di Daniell.

dant (*min.*), carbone tenero e fuligginoso.

danty (*min.*), carbone in pezzi.

Danzig fir « Pinus Silvestris », pino *m.*; legname (*m.*) di pino.

daraf, daraf [valore reciproco della capacitanza (in farad)] unità; di misura dell'elastanza.

darcy (*mis.*), unità pratica di permeabilità: darcy (permeabilità di un diaframma di 1 cm² di superf. di 1 cm di spessore).

darg (*min.*), quantità di carbone che il minatore si impegna di produrre durante il suo turno; lavoro in un giorno prestabilito (*min.*).

dark cherry-red heat, calore (*m.*), rosso ciliegia scuro.

— **current,** corrente in una cellula fotoelettrica quando non è illuminata.

— **resistance** (*fot.*), resistenza (*f.*) all'oscuramento (del selenio, ecc.).

— **room,** camera (*f.*) oscura.

— **room equipment,** materiale (*m.*) per camera oscura.

— **room light-filter** (*fot.*), lampada rossa (per camera oscura).

— **slide** (*fot.*), telaio (*m.*) delle lastre negative.

— **spot** (*telev.*), macchia (*f.*) nera.

darken, *v.a.* caricare (*una tinta*).

darkening, accentuazione (*f.*) (*di tinta*); carico *m.* (*di tinta*).

darn (to —) (*tess.*), rammendare.

darning cotton, cotone (*m.*) da rammendo.

dash (*tip.*), lineetta *f.*

— **panel,** parete del cruscotto.

— **-pot,** moderatore (*m.*) pneumatico; cuscino (*m.*) d'aria; smorzatore (*m.*) di vibrazione.

dashboard (*auto*), cruscotto *m.*

dashing water, acqua (*f.*) a forte corrente.

dasymeter, densimetro *m.*

data, dati *m. pl.*

— **accumulation** (*met.*), accumulo dei dati.

— **acquisition** (*inform.*), acquisizione dei dati.

— **address** (*inform.*), indirizzo dei dati.

— **analysis** (*inform.*), analisi dei dati.

— **bank** (*calcol. elettron.*), banca dei dati (archivio d'informazione memorizzato su memorie ad accesso diretto).

data-base (*inform.*), base di dati.

— **base manager** (*inform.*), gestore della base dei dati.

— **bit** (*inform.*), bit utile.

— **bus** (*inform.*), bus dati.

— **carrier store** (*inform.*), memoria a supporto rimovibile.

— **cartridge** (*inform.*), cartuccia (*f.*) dati.

— **cell drive** (*inform.*), unità di memoria di massa a fogli magnetici.

— **center** (*inform.*), centro (*m.*) di calcolo.

— **chaining** (*inform.*), concatenamento dei dati.

— **collection** (*inform.*), raccolta dei dati.

— **communications** (*inform.*), teleinformatica *f.*

— **concentrator** (*inform.*), concentratore di rete per trasmissione dati.

— **flow** (*inform.*), flusso dei dati.

— **flow chart** (*inform.*), diagramma di flusso dei dati.

— **input** (*calcol. elettron.*), introduzione (*o* entrata) dei dati.

— **inspection authority** (*inform.*), autorità di ispezione dei dati (specialm. per autorizzare o no la trasmissione di dati verso un altro Paese).

— **interchange** (*inform.*), interscambio dati.

— **library** (*inform.*), biblioteca di dati.

— **link** (*aereo*), collegamento (*m.*) dati.

— **link environment** (*aereo*), collegamento dati circostanti.

— **link system** (*aereo*), metodo collegamento dati.

— **logger** (*elettron.*), registratore di dati.

— **logging** (*elettron.*), registrazione (cronologica) dei dati (secondo l'ordine della loro successione).

— **logging equipment** (*elettron.*), attrezzatura di registrazione (cronologica) dei dati.

data management (*inform.*), gestione dati.

— **medium** (*inform.*), supporto dati; supporto di informazione (scheda, nastro, disco, ecc.).

— **path** (*inform.*), percorso di trasmissione dei dati.

— **processing (DP)** (*inform.*), elaborazione (*f.*) dei dati.

— **processing card** (*elettron.*), scheda perforata; scheda meccanografica.

— **processing center** (*calcol. elettron.*), centro elaborazione dati; centro di calcolo (centro di trattamento dell'informazione).

— **processing department** (*elettron.*), servizio meccanografico.

— **processing facilities** (*elettron.*), impianto meccanografico.

— **processing machine** (*elettron.*), elaboratore elettronico.

— **processing manager** (*elettron.*), capo del servizio meccanografico.

— **processing task** (*elettron.*), lavoro meccanografico.

— **processor** (*inform.*), macchina per il trattamento dell'informazione: processore; informatico (*tecnico* —).

— **protection law** (*inform.*), v.: **privacy law.**

— **purification** (*inform.*), controllo dei dati prima di elaborarli.

— **reduction** (*inform.*), riduzione dei dati.

— **regulation board** (*inform.*), comitato per la regolamentazione dei dati (controlla la precisione delle informazioni e se i dati confidenziali passino da un calcolatore all'altro).

— **sampling** (*statistica, ecc.*), campionamento dei dati.

— **set** (*inform.*), modulatore/demodulatore (modem); insieme di dati.

— **sheets,** tavole (fogli) di dati tecnici.

— **tape** (*inform.*), nastro magnetico dei dati.

— **terminal** (*elettron.*), terminale *m.*

data (comparative —), dati di confronto.
— **(monthly operating —)** (*met., min.*), dati di esercizio mensili.
database publishing (*inform.*), pubblicazione di base di dati.
date of birth (*documento*), data di nascita.
dater, vedi: **date stamp.**
dating (isotope —), datazione isotopica; **(potassium-argon —),** datazione potassio-argo; **(thorium-uranium —),** datazione torio-uranio; v. **radiocarbon —.**
datolite (*min.*), datolite *f.*
datum (*agrim.*), livello medio del mare; quota zero; orizzonte dato; misura data.
— **level,** piano (*m.*) di riferimento.
— **line,** linea di riferimento; (*top.*), base *f.*
— **mark,** caposaldo (*m.*) di livellazione.
— **point,** caposaldo di livellazione.
datura oil, olio (*m.*) di stramonio.
daubing (*cost.*), bugnatura *f.*
daughter element (*fis. atom.*), elemento (*m.*) figlio.
— **nucleus** (*fis. atom.*), nucleo (*m.*) figlio.
— **product** (*fis. atom.*), prodotto (*m.*) discendente.
davidite (*min.*), davidite *f.* (minerale radioattivo).
Davis furnace, forno Davis (forno a riverbero con un lungo focolare usato per l'arrostimento di solfuri).
— **metal,** lega a base di rame con 25-29 % di nichelio usata per valvole, ecc.
davit (*naut.*), gru *f.*
— **-guy** (*naut.*), vento (*m.*) della gru.
davits, gru (*f.*) per (sollevare ed abbassare) barche; (*naut.*), gru delle lance.
Davy lamp, lampada (*f.*) di sicurezza.
dawn, alba *f.*
day (*astron.*), giorno *m.*
day bomber, aeroplano (*m.*) da bombardamento diurno.
— **flying aeroplane,** aeroplano diurno.
— **range,** portata (*f.*) diurna.
— **wage work** (*miniere*), lavorazione ad economia.
— **-wage worker** (*miniere*), operaio lavorante ad economia (pagato a ore, senza tener conto della quantità del lavoro compiuto).
— **(apparent solar —),** giorno solare apparente.
— **(mean solar —),** giorno solare medio.
— **(sideral —),** giorno siderale.
— **'s noise exposure,** esposizione giornaliera al rumore.
daylight, apertura *f.*; luce *f.*; luce (*f*). del giorno; luce (*f.*) di mezzogiorno.
— **lamp,** lampada (*f.*) a luce diurna.
— **saving time,** ora (*f.*) legale.
dazzle, *v.a.* abbagliare.
dazzling lights, fari (*m. pl.*) abbaglianti.
de-aerate (*motori a scoppio*), degassificare *v.a.*; disaerare.
— **-aerator** (*ing.*), desaeratore *m.*
— **-airing,** disaerazione *f.*
— **-aluminification** (*met.*), dealluminazione *f.* (rimozione selettiva dell'alluminio dai bronzi).
— **-asphalt (to),** deasfaltare.
— **-asphaltizing,** rimozione di asfalto da un olio lubrificante.
— **-core** (*v.a.*) **foundry castings** (*fond.*), smontare le anime dai getti.
— **-coupling** (*elet. comm.*), disaccoppiamento.
— **-coupling circuit,** circuito di disaccoppiamento.
— **-coupling resistance,** resistenza (*f.*) di disaccoppiamento.
— **Dion suspension** (*auto*), sospensione de Dion.
— **-energized,** *p.p.* diseccitato *p.p.*
— **-excitation,** diseccitazione *f.*
— **-excite,** *v.a.* diseccitare.

de-frost (*auto, ecc.*), sbrinare *v.a.*
— **-hairing,** depilazione *f.*
— **-humidify,** *v.a.* deumidificare *v.a.*
— **-humidifier,** deumidificatore *m.*
— **-icer** (*aereo*), deghiacciante *m.*; dispositivo (*m.*) antighiaccio.
— **-icing** (*aereo*), sghiacciamento *m.* (di aereo).
— **-icing fluid,** soluzione (*f.*) antighiaccio.
— **-ionization** (U.S.A.), deionizzazione *f.*
— **luxe car radio** (*radio*), autoradio (*f.*) di lusso.
— **-mist** (*auto*), disappannare *v.a.* (*vetri*).
— **-misting,** disappannamento *m.*; **(side-window —)** (*auto*), disappannamento dei vetri laterali.
— **-oil (to —),** rimuovere olio dalle paraffine.
— **-rusting tool** (*met.*), utensile per la rimozione della ruggine.
— **-scaling tool** (*fond.*), scrostatore *m.*
— **-vulcanisation,** devulcanizzazione *f.*
De Nora mercury cell, cella a mercurio De Nora (*fabbricaz. del cloro*).
deaccentuation (*radio*), riduzione di frequenze.
deactivate, *v.a.* (*chim.*), (*elet.*), disattivare *v.a.*; diseccitare *v.a.*
deactivation (*chim.*), disattivazione *f.*; diseccitazione *f.*
dead, *agg.* deteriorato (*cost. civ.*); senza corrente (*elet.*); senza tensione (*elet.*); sordo (*suono*).
— **abutment** (*cost.*), spalla (*f.*) falsa.
— **axle,** asse (*m.*) non rotante.
— **battery,** batteria (*f.*) scarica.
— **-beat,** *agg.* (*elet.*), aperiodico; (*fis.*) (*strumenti*), a colpo senza ritorno (*fis.*); con un ago indicatore che dà letture senza oscillazioni (*bussola, ecc.*).
— **-beat ammeter** (*elet.*), amperometro (*m.*) aperiodico.
— **-beat instrument** (*elet.*), tru-s mento aperiodico.
dead-beat motion, oscillazione (*f.*) senza ritorno.
— **block** (*met.*), aspo (*m.*) per filo.
— **carrying capacity** (*naut*)., tonnellaggio (*m.*) di peso (*o* di portata).
— **centre,** punta (*f.*) fissa; contropunta fissa.
— **centre grinding,** rettifica (*f.*) a punte fisse.
— **-centre lathe** (*macch. ut.*), tornio (*m.*) a punte fisse.
— **coil** (*elet.*), bobina (*f.*) cortocircuitata; bobina non collegata.
— **colouring** (*pitt.*), prima mano di colore.
— **cotton** (*tess.*), cotone immaturo.
— **-end** (*ferr.*), binario (*m.*) morto; (*radio*) punto morto (*di bobina*).
— **-ending** (*ferr. elet.*), ancoraggio (*m.*) fisso.
— **freight** (*trasporti*), vuoto per pieno.
— **ground** (*elet.*), contatto di terra perfetto; (*mil.*), angolo morto.
— **hole** (*fond.*), foro poco profondo (in un getto).
— **level,** livello (*m.*) a zero.
— **load,** carico (*m.*) fisso; carico (*m.*) permanente; carico (*m.*) costante; carico (*m.*) statico.
— **-man's controller handle** (*ferr.*), dispositivo (*m.*) di uomo morto.
— **-man's handle** (*elet.*), dispositivo di uomo morto.
— **matter** (*tip.*), composizione da scomporre.
— **oil** (*ind. pet.*), « olio morto » (petrolio grezzo privato del suo gas); (*chim.*), olio di creosoto.
— **over target flying** (*aereo*), passaggio preciso sul bersaglio.
— **point,** punto (*m.*) morto.
— **reckoning** (*aereo*), punto stimato (della posizione geogr. di un aereo, senza punti materiali di riferimento).
— **riches** (*min.*), piombo incompletamente raffinato (dalla fusione del minerale nell'altoforno).
— **roasting** (*met.*), arrostimento totale.

dead roll (*tess.*) (*carde*), mola a cilindro.
— **room,** sala senza echi.
— **segment** (*elet.*), segmento (di commutatore) non collegato.
— **shore** (*faleg.*), palo provvisorio di sostegno.
— **short** (*elet.*), di bassa resistenza (riterito ad un cortocircuito).
— **smooth cut,** taglio (*m.*) dolcissimo (di lime).
— **smooth file,** lima (*f.*) a taglio finissimo.
— **soft,** *agg.* (*met.*), extradolce.
— **soft annealing** (*met.*), ricottura spinta a fondo.
— **soft condition** (*met.*), stato di ricottura spinta a fondo.
— **soft steel** (*met.*), acciaio ricotto a fondo.
— **soft temper** (*met.*), tempra extradolce.
— **spots** (*acust.*), zone morte.
— **steel,** acciaio calmato (che non reagisce più col carbonio).
— **stick landing** (*aereo*), atterraggio (*m.*) a elica ferma.
— **tester,** verificatore di pressione di manometro.
— **time** (*elet.*), tempo (*m.*) morto.
deaden (*v.a.*) **a sound,** smorzare (*v.a.*) un suono.
deadening (*vernici*), opacamento *m.*
deadground (*min.*), terreno minerario povero.
deadlock (*inform.*), punto morto; intoppo (nella prosecuzione di un programma).
deadline (*comm.*), data limite; termine ultimo.
deadrise, opera (*f.*) morta di uno scafo.
deadweight, portata (*f.*) lorda (di nave); peso (*m.*) morto.
— **weight cargo** (*naut.*), carico (*m.*) lordo.
— **weight tonnage,** (*naut.*), portata in peso morto.
deadwood (*naut.*, *ecc.*), pezzo (*m.*) di riempimento; massiccio (*m.*) di poppa; armatura *f.* (*serbatoi*).
deadworks, opera morta *f.* (*naut.*).
deaeration, disaerazione *f.*
deaf aids (*elettron.*), apparecchi (*m. pl.*) per la correzione della sordità; protesi (*f. pl.*) acustiche.
— **viewer** (*telev.*), telespettatore sordo.
deal, listello *m.*
— **floor,** pavimento (*m.*) di tavole.
— **frame,** sega (*f.*) alternativa.
dealkylate, *v.a.* (*chim.*), disalcolizzare *v.a.*
dealuminization (*met.*) (U.S.A.), disalluminizzazione *f.*
dearness (*comm.*, *ecc.*), scarsità *f.*
dearrangement (*chim.*), decomposizione *f.*
dearth (*comm.*), scarsità *f.*
deasphalt (to), deasfaltare.
deasphalted gas oil, gasolio deasfaltato.
deasphalting, deasfaltaggio *m.*; deasfaltazione *f.*
death benefit, indennità (*f.*) (*pensione*) ai superstiti.
— **-ray** (*mil.*), «raggio della morte».
— **taxes** (*econ.*), imposte (*f. pl.*) di successione.
death's herb (*med.*), belladonna *f.*
deballasting (*naut.*), scarico del l'acqua di zavorra (da una petroliera ecc.).
debarker (*macch. agr.*), scortecciatrice *f.*
debenture (*finan.*), obbligazione *f.*
debismuthing (*chim.*), rimozione del bismuto.
deblooming, rimozione di sostanze fluorescenti dal petrolio, ecc.; (*ind. pet.*), imbianchimento (di petrolio lampante).
— **agent** (*chim.*), ausiliari per oli minerali (per celare la fluorescenza).
debooster, valvola di riduzione della pressione.
debriefing (*astron.*), conferenza tra il personale del centro di controllo e gli astronauti, dopo una missione spaziale; interrogazione (alla stampa, ecc.).
debris, detriti (di pietrisco) *m. pl.*; macerie *f. pl.*
— **fall** (*geol.*), caduta di detrito.

debris slide (*geol.*), frana di detriti.
debt financing (*finan.*), emissione di obbligazioni; prestito obbligazionario.
debug (to —) (*calcol. elettron.*), mettere a punto (un programma); riparare (una macchina).
debugger (*calcol. elettron.*), sottoprogramma di messa a punto (di un programma).
debugging (*elettron.*), messa a punto; (*calcol. elettron.*), messa a punto di un programma; riparazione di una macchina.
debunching (*termoionica*), tendenza alla dispersione in un fascio di elettroni a causa della loro mutua repulsione.
deburring equipment (*met.*), attrezzatura di sbavatura.
— machine (*macch. ut.*), sbavatrice *f.*
— tool (*utensile*), sbavatore *m.*
debutaniser (*ind. pet.*), separatore di butano; apparecchio di debutanizzazione.
dec (*chim.*), decaidronaftalene *f.*
deca-ampere (*elet.*), deca-ampere *m.*
decaborane (*chim.*), idruro di boro.
decade (*elettron.*), decade *f.*
— condenser, condensatore (*m.*) a decadi.
— counter (*elet.*), contatore decimale.
— -resistance box, cassetta (*f.*) di resistenza a decadi.
— resistor, resistenza (*f.*) a decadi.
— rheostat, reostato (*m.*) a decadi.
— voltage divider, divisore (*m*). di tensione a decadi.
decaffeinated coffee, caffè decaffeinato.
decagon, decagono *m.*
decagram(me), decagrammo *m.*
decahedron, decaedro *m.*
decahydro naphthalene (*chim.*), decaidronaftalene, $C_{10}H_{18}$.
decalage (*aereo*), decalaggio *m.* divaricamento *m.*
decalcomania, decalcomania *f.*
decalescence (*met.*), decalescenza *f.*
decalitre, decalitro *m.*
decametre, decametro *m.*
decan, *v.a.* (*fis. atom.*), decapsulare.
n-**decane** (*chim. synthesis*), decano *m.*
decant, *v.a.* decantare.
— off, separare con decantazione.
decantation, decantazione *f.*
decarbonate, *v.a.* decarburare.
decarbonization, decarburazione *f.*
decarbonize, *v.a.* decarburare; sgrassare (*mot.*); (*auto*) disincrostare.
decarbonizing (*auto*), disincrostazione *f.*; decarburazione *f.*
decarburization (*met.*), decarburazione *f.*
decarburize, *v.a.* decarburare.
decarburizing, decarburazione *f.*
decastyle, decastilo *m.*
decathlon (*sport*), decatlon.
decatizing (*tess.*), decatissaggio *m.*; vaporizzazione *f.*
— machine (*tess.*), macchina per vaporizzare.
decay, diminuzione d'intensità di luminescenza col tempo; putrefazione *f.* (del legno); degradazione *f.* (*chim.*); degenerazione *f.*; decadimento *m.* (*radioattivo, legno, ecc.*); disintegrazione *f.*
— *v.i.*, degradarsi *v.r.* (*chim.*); putrefarsi (*legno*), disintegrarsi *v.i.*
— chain (*fis. atom.*), catena di disintegrazione.
— constant, costante (*f.*) di disintegrazione.
— factor (*elet.*), fattore (*m.*) di ammortizzamento; (*fis. atom.*), costante (*f.*) di disintegrazione.
— rate (*fis. atom.*), velocità (*f.*) di disintegrazione.
decca navigation, navigazione (*f.*) iperbolica.
decelerate, *v.i.* rallentare; *v.i.* (*mecc.*), decelerare.
decelerating lane (*autostrade*), corsia di decelerazione.

deceleration (*mecc.*, *astron.*), decelerazione *f.* (accelerazione negativa dovuta all'azione frenante).
decene (*chim.*), diamilene *f.*
dechenite (*min.*), dechenite *f.*
deci-neper (*elet.*), deci-neper *m.*
decibel, decibel *m.*
— **meter (power-level meter)**, voltametro a corrente alternata a lettura in decibel.
deciduous, *agg.* deciduo.
decigramme, decigrammo *m.*
deciliter, decilitro *m.*
decilitre, decilitro *m.*
decimal, *agg.* decimale.
— **balance**, bilancia (*f.*) decimale.
— **candle**, candela (*f.*) decimale.
— **digit** (*inform.*), cifra (*f.*) decimale.
— **fraction**, frazione (*f.*) decimale.
— **marker**, commutatore delle virgole (di macch. calcolatrice).
— **notation** (*inform.*), notazione decimale.
— **number**, cifra (*f.*) decimale.
— **point** (*inform.*), virgola decimale.
— **resistance**, resistenza (*f.*) in decadi.
— **rheostat**, reostato (*m.*) in decadi.
— **scale**, scala (*f.*) decimale.
— **system**, sistema (*m.*) decimale.
decimeter, decimetro *m.*
decimetre, decimetro *m.*
— **waves** (*radio*), onde (*f. pl.*) ultracorte; onde (*f. pl.*) decimetriche.
decimetric waves (*radio*), onde decimetriche.
decimo octavo (*stampa*), diciottesimo *m.*
— **sexto** (*stampa*), sedicesimo *m.*
decinormal, *agg.*, decinormale *agg.*
— **solution** (*chim.*), soluzione decinormale.
decipher (to —), decifrare *v.a.* (riferito a dati, ecc.).
decipherable, *agg.* decifrabile (di bande di emissione, ecc.).
decision (*inform.*), decisione *f.*
decision box (*inform.*), simbolo di decisione logica.
— **instruction**, istruzione di decisione.
— **table**, tabella di decisione.
deck, tolda *f.* (*aereo*); plancia *f.* (*naut.*); coperta *f.* (*naut.*); ponte *m.* (*naut.*); (*min.*), piano (di una gabbia); (*inform.*), pacco di schede; (*audio*), piastra; (*inform.*), v. **card —**.
— **beam** (*naut.*), baglio *m.*
— **-light** (*naut.*), osteriggio (*m.*) di ponte.
— **line** (*naut.*), linea (*f.*) in murata.
— **plan** (*naut.*), piano (*m.*) di coperta.
— **plating** (*naut.*), tavolato (*m.* di ponte in lamiera.
— **sheating**, fasciame (*m.*) di ponte.
— **stringer** (*naut.*), trincarino del ponte.
— **(cassette —)** (*audio*), piastra a cassetta.
2-deck cage (*min.*), gabbia (*f.*) a due piani.
deckel (*ind. carta*), forma *f.* (*o* modulo) *m.*
— **straps** (*ind. carta*), centiguide (*f. pl.*) (cordoni di gomma).
decking plant (*min.*), impianto di ingabbiamento (dei vagonetti).
deckle, cascio (carta).
— **edge** (*tip.*), bordo della carta a barba.
declassify, *v.a.* **declassificare.**
declination of the compass, declinazione (*f.*) dell'ago magnetico.
declinator (*med.*), declinatore *m.*
decline, *v.a.* abbassare *v.a.*; diminuire *v.a.*; abbassarsi *v.r.*
— **curve** (*petrol.*), curva (*f.*) di declino.
declinometer, declinometro *m.*
declutch, *v.a.*, debraiare *va.*
decode, *v.a.* decodificare; (*to store and decode the pulses*), memorizzare e decodificare gli impulsi.
decoder (*tel.*), registratore-traduttore *m.*; (*elettron.*), decodificatore elettronico (delle istruzioni); (*radar*) decodificatore.

decoding, deciframento *m.*; (*elettron.*), decodifica *f.*
decoherer (*elet.*), decoherer *m.*
decoking, allontanamento dei residui di coke.
decolorant, decolorante *m.*
decolorize (to —) oils, decolorare gli oli.
decolorizing power (*chim.*), potere decolorante.
decolourise, *v.a.*, scolorire *v.i.*; decolorare *v.i.*
decomposable, *agg.* (*chim.*), scomponibile *agg.*
decompose, *v.a.* decomporre; decomporsi *v.r.*
decomposer (*chim.*), agente (*m.*) di decomposizione *m.*
decomposition (*chim.*), scomposizione *f.*; decomposizione *f.*
— **of water vapor,** decomposizione del vapor d'acqua.
— **voltage** (*elet.*), tensione (*f.*) di decomposizione.
decompounding winding (*elet.*), avvolgimento (*m.*) differenziale.
decompress (to —), decomprimere *v.a.*; decomprimersi *v.r.*
decompression (*med. astron.*), decompressione *f.*
— **chamber** (*naut.*), camera di decompressione.
deconnect (*v.a.*) **a line** (*telef.*), interrompere (tagliare) una linea.
decontaminate, *v.a.* (*fis. atom.*), decontaminare.
decontamination (*fis. atom.*), decontaminazione *f.*
— **area** (*fis. atom.*), zona (*f.*) di decontaminazione.
— **index** (*fis. atom.*), fattore di decontaminazione.
— **of effluents,** decontaminazione di acque di scarico.
decontaminating agent (*fis. atom.*), agente (*m.*) decontaminante.
decorative bond, assestamento (*m.*) decorativo.
— **coating,** rivestimento decorativo.
— **panel** (*cost.*), pannello (*m.*) decorativo.
decorative thermosetting laminates (*combination of papers impregnated with thermosetting resins having a decoration on the assembly top*) (*plast.*), laminati termoindurenti decorativi.
decore (*fond.*), v. **de-core.**
decotion, decotto *m.*
decoupage (*cinem.*), sceneggiatura *f.*
decoupling (*radio*), disaccoppiamento.
— **resistance** (*elet.*), resistenza di disaccoppiamento.
decoy (U.S.A.), dispositivo per divergere un missile radioguidato dal suo bersaglio; (*caccia*), richiamo; uccello da richiamo.
— **radar** (*radar*), falso radar (che trasmette segnali identici al vero radar in modo da ingannare il nemico).
decrease, riduzione *f.*; diminuzione *f.*
— **of current** (*elet.*), diminuzione (*f.*) di corrente.
decreasing load, carico (*m.*) decrescente.
decrement (logarithmic —) (*radio*), decremento (*m.*) logaritmico.
— **(to —)** (*inform.*), ridurre; diminuire.
decremeter (*elet.*), decrémetro *m.*; (*radio*), decrimetro *m.*
decrepitation of pyrite (*min.*), decrepitazione (*f.*) della pirite.
decrypt, *v.a.* (U.S.A.), decifrare crittogrammi (*trasformare un crittogramma in un testo decifrabile mediante mezzi elettronici*).
dectra (*aereo*), radiaiuto di tipo iperbolico, per specifiche rotte aeree.
decyclisation, deciclizzazione *f.*
dedendum angle (*ingr.*), angolo (*m.*) della base.
— **circle** (*ingr.*), cerchio (*m.*) del piede.
— **line** (*ingr.*), linea (*f.*) inferiore del dente.
— **line of contact** (*ingr.*), linea (*f.*) di contatto della base.
dedicate, *v.a.* (U.S.A.), inaugurare

dedicate (to — a pelletizing plant), inaugurare un impianto di pellettizzazione.
deduction (of pay), trattenuta (dallo stipendio, dal salario).
dedusting, rimozione (*f.*) della polvere; depolverazione *f.*
— **electrostatic precipitator** (*met.*), precipitatore elettrostatico per depolverazione.
— **fan** (*sintering plant*), ventilatore di aspirazione per depolverazione.
dee, elettrodo (*m.*) di un ciclotrone; dee (*elettrodo cavo*).
deelectronation, deelettronazione *f.* (*rimozione di uno o più elettroni da un elemento*).
de-embrittling (*removal of absorbed* H^2 *and relief of stresses formed in electroplating operation*), (*met.*) deidrogenazione per la rimozione dell'infragilimento.
deemphasis (*radio*), riduzione di frequenze.
de-enamel (*pitture, ecc.*), desmaltare *v.a.* (togliere lo smalto da un metallo).
deenate, DDT con insetticida per l'agricoltura.
deenergisation, diseccitazione *f.*
deenergize (to —), diseccitare *v.a.*
deep, *agg.* profondo; grosso; cupo (*suono*); acuto (*suono*); oceano *m.*; mare *m.*
— **-bar induction motor** (*elet.*), motore asincrono a cave profonde.
— **boring** (*min.*), sondaggio (*m.*) profondo.
— **cementing** (*met.*), cementazione profonda.
— **dimension picture** (*telev.*), profondità (*f.*) focale d'immagine.
— **diver** (*naut.*), sommozzatore *m.*
— **-drawn,** *p.p.* (*mecc.*), stampato profondo.
— **drawing** (*met.*), imbutitura profonda; stampaggio profondo.
— **-drawing dull finish auto body sheet,** lamiera di acciaio laminato a freddo e ricotto (usata per carrozzeria di automobili).
deep-drawing grade (*met.*), qualità da stampaggio profondo.
— **-drawing press,** pressa per stampaggio profondo.
— **-drawing sheet** (*met.*), lamierino per imbutitura profonda (*o* per stampaggio profondo).
— **-drawing steel,** acciaio (*m.*) adatto per forti operazioni di trafilatura.
— **-drawing strip** (*met.*), nastro per profondo stampaggio.
— **dredger,** draga (*f.*) per scavo in basso.
— **-etching,** sottoporre ad un forte attacco (*o* corrosione) (riferito a metalli).
— **-freeze basket** (*frigorifero*), cestello congelatore.
— **freeze cabinet** (*comm.*), mobile per (prodotti) surgelati.
— **-frozen foods,** alimenti (*m. pl.*) surgelati.
— **-hole drilling and boring machine** (*macch. ut.*), foratrice-alesatrice per fori profondi.
— **line,** grossa tubazione.
— **penetration electrode** (*sald.*), elettrodo (*m.*) a forte penetrazione.
— **sea diver,** sommozzatore *m.* (esperto nuotatore che si immerge a notevole profondità per eseguire lavori vari).
— **-seated blowhole,** soffiatura ad una distanza considerevole dalla superficie del metallo; soffiatura a sede profonda.
— **test** (*ind. pet.*), ricerca in profondità (sondaggio oltre l'orizzonte conosciuto).
— **towage** (*naut.*), rimorchiaggio in (alto) mare.
— **-well pump,** pompa (*f.*) a forte prevalenza; pompa (*f.*) a telescopio.
deepen, *v.a.*, rafforzare *v.a.* (*un colore*); rendere più acuto (*un suono*); approfondire (— *the entrance channel to port*), approfondire il canale di entrata al porto.

deepening, accentuazione *f.* (*o* rafforzamento) (*di un colore*).
deer rifle (*armi*), fucile per caccia al cervo.
deers' tongue, pianta di vaniglia (usata in medicina, profumeria ecc.).
defeasance (*fin.*) (USA), v.: « **insubstance —**) ».
defecation (*chim.*), defecazione *f.*
defect, difetto *m.*
— **in material,** difetto (*m.*) dei materiali.
— **in wood,** difetto (*m.*) del legno; imperfezione (*f.*) del legno.
— **of timber,** difetto (*m.*) del legname.
defective, *agg.* difettoso; danneggiato; pezzo (*m.*) difettoso.
— **ingot** (*met.*), lingotto difettoso.
defence (*or* **defense**) (*mil. ecc.*), difesa *f.*
— **computer** (*mil.*), elaboratore per la Difesa; elaboratore militare.
— **works,** opere (*f. pl.*) di difesa.
deferrization (*met.*), deferrizzazione *f.*
defervescence, arresto dell'ebollizione di un liquido.
deficiency, mancanza *f.*; penuria *f.*
define, *v.a.* definire.
— **password** (*tel.*), definire la parola d'ordine, ovvero non si accettano altre istruzioni a meno che precedute da un codice di identificazione.
definite, *agg.* determinato; definito.
definition (*telev.*), definizione (*f.*) di un'immagine; definizione *f.*; (*radio*) fedeltà di riproduzione del suono.
definitions, proprietà *f.*; caratteristiche di funzionamento.
deflagrate, *v.i.* deflagrare.
deflagration, deflagrazione *f.*
deflagrator, deflagratore *m.*
deflate, *v.a.* sgonfiare.
— **a balloon,** sgonfiare un pallone.
deflation (*finan.*), deflazione *f.*
— **sleeve** (*aer.*), manica di sgonfiamento.
deflect, *v.a.* incurvare; deviare.
deflecting coil (*elet.*), bobina (*f.*) di deviazione.
— **current,** corrente (*f.*) di deviazione.
— **magnet,** magnete (*m.*) di deviazione.
— **plate,** piastra (*f.*) di deviazione.
— **voltage** (*elet.*), tensione (*f.*) di deviazione.
deflection, deviazione *f.* (di un ago di galvanometro od altro strumento); flessione *f.*; incurvatura *f.*; deflessione *f*; (*met.*), freccia (*f.*) di flessione (*provini*).
— **coil** (*telev.*), bobina (*f.*) di deviazione.
— **of a compass needle,** inclinazione (*f.*) dell'ago magnetico.
— **of loaded panel** (*costr.*), freccia (*f.*) del pannello caricato.
— **of slab panel** (*costr.*), freccia del pannello di soletta.
— **of the rolls** (*lamin. met.*), incurvatura dei cilindri.
— **relative to supports** (*costr.*), freccia riferita agli appoggi.
— **sensitivity,** sensibilità (*f.*) di deviazione (*di raggi*).
— **test,** prova (*f.*) di flessione.
— **yokes** (*elet.*), nuclei a deflessione.
— **(sideways — at roof level)** (*cost.*), flessione laterale al livello del tetto.
deflectional sensitivity (*raggi cat.*), sensibilità (*f.*) di deviazione.
deflectometer, flessimetro *m.*; declinometro *m.*
deflector, deflettore *m.* (di caldaie); apparato (*m.*) deviatore.
— **coil** (*telev.*), bobina (*f.*) di deviazione.
— **elbow** (*mecc.*), gomito deflettore.
— **fork** forcella (*f.*) deflettente.
— **plates** (*radio*), piastre (*f. pl.*) di deviazione.
deflocculating, ridurre la consistenza di uno smalto (con un elettrolito).

deflocculation, deflocculazione *f.*; formazione di una soluzione colloidale.
deflocculator (*chim.*), agente (*m.*) di deflocculazione; agente (*m.*) antiflocculante.
defluoridation of drinking water (*chim.*), defluorurazione dell'acqua potabile.
defluxion, deflusso *m.*
Defo number, peso di carico (in grammi) necessario per comprimere un provino di gomma in date condizioni.
defoam (*v.a.*), togliere la schiuma.
defoamer, additivo (*m.*) antischiuma; (*chim.*), antischiumante *m.*
defoaming agent, additivo (*m.*) antischiuma.
defocusing (*telev.*), sfocamento *m.*
defoliant (*chim.*), erbicida *m.*
deforestation, di(s)boscamento *m.*
deform, *v.a.* deformare.
deformability (*met. ecc.*), deformabilità *f.*
deformation, deformazione *f.*
— **band** (*met.*), banda di deformazione (visibile al microscopio).
— **bands** (*difetto met.*), v. **Lüders lines.**
— **by compression** (*met.*), deformazione di compressione.
— **by flexion** (*met.*, *costr.*), deformazione dovuta a flessione.
— **by shearing** (*met.*), deformazione di taglio.
— **by torsion** (*met.*, *costr.*), deformazione dovuta a torsione.
— **groove,** scanalatura per laminare barre deformate (*laminatoio*).
— **structure** (*met.*), struttura di deformazione.
— **under constant load** (*met.*), deformazione sotto carico costante.
— **(irreversible —)** (*met*)., deformazione (*f.*) irreversibile.
— **(spontaneously reversible —)** (*met.*), deformazione spontaneamente reversibile.
defrost (to —), disgelare; sbrinare, togliere il ghiaccio accumulato su serpentine, ecc.; decongelare (*cibi surgelati*).
defroster (*auto*), visiera (*f.*) termica; sbrinatore *m.*
defuse (*v.a.*) **a bomb** (*mil.*), disinnescare una bomba; togliere la spoletta da una bomba.
degas (to —) (*met.*), degasare; (*to degas up to 15 heats/day*), degasare fino a 15 colate al giorno; (*non-degassed heats*), colate non degasate.
degasify, *v.a.* degasifare *v.a.*; (*met.*), degasare.
degasser vessel (*met.*), recipiente di degasaggio.
degassing (*min.*), drenaggio del gas di miniera; (*valvole radio, ecc.*), degasificazione *f.*; distillazione (*f.*) secca; (*met.*), degasaggio *m.*; v. **on-machine —; off-machine —.**
— **method,** v. **D-H —; R-H —.**
— **treatment** (*met.*), trattamento di degassaggio.
— **unit** (*met.*), degasatore.
degaussing (*elet.*), neutralizzazione magnetica; smagnetizzazione *f.* (con un conduttore); (*valvole*) degasaggio *m.*; smagnetizzazione (di una nave, contro le mine magnetiche).
degeneration (*radio*), reazione negativa *f.*; controreazione *f.*
degenerative amplifier (*elet.*), amplificatore a reazione negativa.
— **feedback** (*radio*), contro reazione.
degerminator, degerminatore *m.*
degorgement, togliere il deposito (al vino spumante in bottiglia).
degradate, *v.a.* (*chim.*), degradare *v.a.*; degradarsi *v.r.*
degradation (*chim.*), degradazione *f.*
degras, lana grezza grassa (usata per saponi, inchiostri, cuoio, ecc.); (*oli*), degras *m.*
degrease (to —), (*v.a.*) sgrassare.
degreaser, apparecchio (*m.*) per sgrassare.
degreasing, sgrassatura *f.* (*tess.*, *met.*).

degreasing (sheet —) (*met.*), sgrassatura del lamierino.
— machine (*mecc.*), sgrassatrice *f.*
degree, grado *m.*; laurea *f.*
— centigrade, grado (*m.*) centigrado.
— Fahrenheit, grado (*m.*) Fahrenheit.
— in electrical engineering, laurea in ingegneria elettrica.
— in physics, laurea in fisica.
— of accuracy, grado (*m.*) di precisione.
— of disassociation, grado (*m.*) di dissociazione.
— of elasticity, grado (*m.*) di elasticità.
— of expansion, grado (*m.*) di espansione.
— of fineness (*tess.*), grado di finezza.
— of freedom (*chim.*), grado (*m.*) di libertà.
— of hardness, grado (*m.*) di durezza.
— of heat, grado (*m.*) di calore.
— of humidity, grado (*m.*) di umidità.
— of latitude, grado (*m.*) di latitudine.
— of longitude, grado (*m.*) di longitudine.
— of modulation (*radio*), grado (*m.*) di modulazione.
— of pressure, grado (*m.*) di pressione.
— of safety, grado (*m.*) di sicurezza.
— of supercharging, grado (*m.*) di sovralimentazione.
— of twist (*tess.*), grado di torsione.
— of uniformity, grado (*m.*) di uniformità.
— Réaumur, grado (*m.*) Réaumur.
degrees plato (*fabb. birra*), gradi di misura del peso specifico del mosto (della birra).
degressive scale (*comm.*), tariffa decrescente.
degumming (*tess.*), sgommatura *f.*
dehairing, depilazione *f.*
dehorning (*veterin.*), asportazione dei corni.
dehumidifier, deumidificatore *m.*
dehumidify, *v.a.* deumidificare.
dehydrate, *v.a.* (*chim.*), disidratare.
dehydrated, *p.p.* disidratato.
dehydrating, *agg.*, disidratante *agg.*
— agent (*chim.*), disidratante.
dehydration (*chim.*), disidratazione *f.*
dehydrator, essiccatore *m.*; deidratore *m.*
dehydrodealkylation (*chim. petrol.*), deidrodealcalizzazione *f.*
dehydrogenase (*chim.*), disidrogenasi *f.*
dehydrohalogenation (*chim.*), eliminazione (*f.*) dell'idracido.
deice (to —), sbrinare; togliere il gelo.
deicer (*aereo*), sghiacciatore *m.*; dispositivo antighiaccio.
deicing salt, sale antighiaccio (per strade).
deimos (*astr.*), luna di Marte.
deionisation (*elet.*), deionizzazione *f.*
deionize, *v.a.* deionizzare.
deionized water, acqua deionizzata.
delay (*elet.*), ritardo *m.*
— *v.a. v.i.* ritardare.
— action (*fot.*), autoscatto.
— action bomb, bomba (*f.*) a scoppio ritardato.
— blasting (*min.*), brillamento (elettrico) con ritardatori.
— breaker, interruttore (*m.*) di ritardo.
— detonator (*esplosivi min.*), ritardatore *m.*
— distortion, distorsione di fase.
— equalizer, compensatore (*m.*) di fase.
— line (*calcol. elettron.*), linea di ritardo (*memory device to store and later reinsert information*), dispositivo di memoria per memorizzare e reinserire più tardi le informazioni.
— -line memory (*elettron.*), memoria a linea di ritardo.
— network (*elet.*), rete di ritardo.
— -time (*elettron.*), linea di ritardo.

delayed, *p.p.* ritardato; a ritardo.
— **-action,** ad azione (*f.*) ritardata.
— **failure** (*met.*), rottura (per fatica) ritardata.
— **fish scaling** (*smalti, ecc.*), unghiatura (*f.*) ritardata.
— **neutron** (*fis. atom.*), neutrone (*m.*) ritardato.
— **reclosure,** chiusura (*f.*) differita.
— **-reclosure feeder,** alimentatore (*m.*) a chiusura ritardata.
— **ringing** (*telef.*), suoneria (*f.*) a ritardo.
— **scanning** (*telev.*), analisi (*f.*) ritardata.
— **sweep** (*telev.*), (U.S.A.) analisi (*f.*) ritardata.
delead, *v.a.* eliminare il piombo.
deleading, separazione del piombo (da altri metalli).
delete (to —) (*stampa*), cancellare.
— **character** (*inform.*), carattere di cancellazione.
« **delevitate** » **(to —),** « delevitare » non levitare (treno).
delicacy, sensibilità *f.* (*di apparecchio*).
delicate, *agg.*, sensibile *agg.* (*apparecchi*).
delignification (*carta*), delignificazione *f.*
delimiter (*inform.*), delimitatore (carattere che in una serie di caratteri permette di separarli o delimitarli).
delinquent taxes (*econ.*), imposte in mora (non pagate a tempo debito).
deliquesce, *v.i.* andare in deliquescenza.
deliquescence (*chim.*), deliquescenza *f.*
deliquescent, *agg.*, deliquescente.
deliver, *v.a.*, erogare *v.a.* (*di pompe*).
delivered power, potenza (*f.*) fornita.
delivering station (*comm.*), stazione ricevitrice.
delivery, getto (*m.*) di una pompa; consegna *f.*; ritiro di un modello dalla forma; scarico *m.*; distribuzione *f.*; portata *f.* (*idraul.*).
delivery capacity (U.S.A.), portata *f.* (*di pompa*).
— **chute,** coclea di trasporto.
— **guide,** dispositivo di supporto del metallo quando esce dal laminatoio.
— **mechanism** (*tip.*), uscita *f.*
— **note** (*comm.*), bolla di accompagnamento (della merce).
— **order** (*comm.*), buono (*m.*) di consegna.
— **pipe,** condotta (*f.*) forzata; tubo (*m.*) di condotta forzata.
— **point** (*pompe*), bocca (*f.*) di mandata.
— **roller table** (*met.*), piano a rulli di evacuazione.
— **rolls** (*tess.*), cilindri (*m. pl.*) di uscita.
— **side of roll gap** (*lamin. met.*), uscita (*f.*) dalla presa dei cilindri.
— **table** (*tip.*), piano d'uscita (dei fogli stampati).
— **terms,** condizioni (*f. pl.*) di consegna.
— **time-limit,** termine (*m.*) di consegna.
— **tube** (*drilling machines*) (*agr.*), tubo di caduta.
— **valve,** valvola (*f.*) di mandata; valvola (*f.*) premente
— **van,** motofurgoncino *m.*
— **wagon,** vagonetto (*m.*) per scavi.
— **(quick —),** pronta consegna.
delphin blue (*chim.*), bleu delfino.
delphinic acid (*chim.*), acido isovalerico.
delphinine (*chim.*), delfinidina *f.*
delrac, sistema di radio navigazione inglese (con 21 stazioni satelliti principali).
delta (*geol.*), delta *m.*
— **-connected motor,** motore (*m.*) avvolto a triangolo.
— **connection** (*elet.*), collegamento a triangolo; montaggio (a accoppiamento) a triangolo.
— **delta connection,** collegamento a doppio triangolo.

delta iron, ferro delta (modific. allotropica del ferro).
— **-log** (*pet.*), delta-log.
— **metal,** metallo (*m.*) delta.
— **network** (*elet.*), rete a triangolo.
— **ray,** raggio delta (elettroni emessi da sostanze bombardate da particelle alfa).
— **section** (*met.*), zona del triangolo (di una volta di forno met.).
— **-star connection** (*elet.*), collegamento a triangolo-stella.
— **voltage** (*elet.*), tensione (*f.*) a triangolo.
— **wing** (*aereo*), ala (*f.*) a delta.
— **wing bomber,** bombardiere (*m.*) ad ala a delta.
deltapurpurine, deltaporporina *f.*
delustering compound (*chim.*), composto per togliere il lustro (a vernici, rivestimenti, ecc.).
demagnetise, *v.a.* demagnetizzare; *v.r.* demagnetizzarsi.
demagnetiser (*or* **demagnetizer**), demagnetizzatore *m.*; apparecchio magnetico.
demagnetising (*or* **demagnetizing**) **bobbin,** apparecchio per smagnetizzare.
demagnetization, smagnetizzazione *f.*
— **curve,** curva (*f.*) di demagnetizzazione.
demagnetize, *v.a.* smagnetizzare.
demal, unità di densità (1 grammoequivalente per dm^3).
demand (*econ.*), domanda *f.*
— **curve** (*econ.*), curva della domanda.
— **deposit** (*finan.*), deposito a vista.
demand factor (*elet.*), fattore (*m.*) di consumo.
— **meter,** contatore (*m.*) con indicazione di massimo.
— **processing** (*inform.*), trattamento su richiesta; trattamento immediato.
— **-pull inflation** (*econ.*), inflazione da domanda.
— **type mask** (*aereo*) (U.S.A.), maschera d'ossigeno regolabile secondo l'altitudine.
demandable, *agg.*, (*comm.*), esigibile *agg.*
demanning (*ind.*), riduzione del numero di operai (in una fabbrica sostituendoli p.es. con robots).
demarginate (to —), togliere la stearina da un olio vegetale (con raffredd. o filtraggio).
demargination of oils, rendere gli oli fluidi anche a temperature basse, prima di metterli sul mercato; togliere la stearina; stereanizzazione degli oli.
demensioning, dimensionamento *m.*
demi-john (*or* **demijohn**), damigiana *f.*
— **-hunter** (*orol.*), cassa con metà vetro.
demineralization (*delle acque*, *ecc.*), demineralizzazione *f.*
demineralize (to —), demineralizzare.
demist (to), (*auto*), disappannare (togliere l'umidità condensata p. es. sul parabrezza o i finestrini mediante evaporazione).
demister (*auto*), antiappannante *m.*
— **bar** (*auto*), barra antiappannante.
demisting (*vetri*), disappannamento *m.*
demitint, tinta intermedia (di colore, ecc.).
demodification, togliere il sodio dai rottami di una lega di alluminio mediante riscaldamento con cloro.
demodulation (*radio*), demodulazione *f.*; rivelazione *f.*
demodulator, demodulatore *m.*; rivelatore *m.* (*radio*).
demolish, *v.a.* disfare (demolire).
demolition, demolizione *f.*
— **bomb,** granata-bomba *f.*
— **work,** lavoro (*m.*) di demolizione.
demonetise (to —) (*finan.*), togliere dalla circolazione monetaria.
demonetisation (*econ.*), ritiro della moneta dalla circolazione.

demonstrate, *v.a.*; dimostrare *v.a.* (spiegare); mostrare il funzionamento (*di un apparecchio*).
demonstration eyepiece, dispositivo con due oculari (uno sopra il tubo del microscopio e l'altro all'estremità di un tubo laterale) per la visione simultanea di 2 persone nel microscopio.
— **model** (*mecc. ecc.*), modello dimostrativo (di macchine, ecc.).
— **van,** autofurgone (*m.*) di propaganda.
demote, *v.a.*, indebolire *v.a.*; diminuire (*di catalizzatore*).
demount, *v.a.*, smontare *v.a.*
demountable, *agg.*, smontabile.
— **elevated motorway** (*strade*), autostrada smontabile sopraelevata.
demulcent, *agg.* calmante; linimento *m.*
demulsibility, resistenza all'emulsificazione (riferito ad olio).
demulsify, *v.a.* disimulsionare.
demurrage (*naut.*), controstallia *f.*
— **days** (*naut.*), giorno (*m.*) di controstallie.
den (unità di mis. delle mat. prime tessili = 9000 m di prodotto in g).
denaturant (*chim.*), denaturante *m.*
denaturate, *v.a.* (*chim.*), denaturare *v.a.*
denaturation, denaturazione *f.*
denatured alcohol, alcool (*m.*) denaturato.
— **fuel** (*fis. atom.*), combustibile (*m.*) denaturato.
— **nuclear fuel** (*fis. atom.*), combustibile (*m.*) nucleare denaturato.
— **sugar,** zucchero denaturato.
DENDRAL (*inform.*), sistema di calcolatori « esperti » (v. **expert system**) della Standford University, per la produzione di strutture chimiche dai dati spettrali.
dendrite (*cristal.*), dendrite *f.*
dendritic texture (*min.*), struttura dendritica.
dendrograph, dendrografo.
denier (*tess.*), unità di misura di filato (spec. rayon e nylon) (= al peso in grammi per 10.000 metri di filato).
denim (*tess.*), tessuto di cotone forte usato specialmente per tute.
denitrating (*tess.*), denitrizzazione *f.*
denitration tower (*chim.*), torre (*f.*) di denitrificazione (impianto acido solforico).
denitriding, denitrurazione *f.*
Denol (*chim.*), Denol.
denominator, denominatore *m.*
denotative, *agg.*, indicatore; rivelatore; indicativo.
dense, *agg.* denso.
densitensimeter (*chim.*), densitensimetro *m.*
densifier (*cem.*), impermeabilizzante *m.*; addensatore *m.*
densimeter, *m.* aerometro; densimetro *m.*
densitometer (*fot.*), densimetro *m.*; (*med.*), densitometro *m.*
density, densità *f.*
— **current,** corrente (*f.*) specifica.
— **of a gas,** densità (*f.*) di un gas.
— **of charge,** densità (*f.*) di carica.
— **of the cloth** (*tess.*), densità del tessuto.
densography (*radiol.*), densografia *f.*
dent, ammaccatura *f.*; (*tess.*), dente (di pettine); distanza fra i fili attraverso i quali sono tirati i fili di ordito.
dental gas (*chim.*), ossido nitroso.
— **prosthetics** (*med.*), protesi dentaria.
— **technician** (*med.*), meccanico dentista *m.*
dentaphone (*med.*), dentafono *m.*
dentelle (*tess.*), pizzo ad orli dentellati.
dentels, dentello *m.*
denticulation, addentellato *m.*
dentifrice foaming agent, ausiliare per la schiuma di dentifrici.
dentimeter (*med.*), dentimetro *m.*
dentist (*med.*), dentista *m.*

dentist's forceps (*med.*), pinzetta (*f.*) da dentista.
denudation (*geol.*), denudazione *f.*
deodorant (*chim.*), deodorante *m.*
deodorize (to —), deodorare.
deodorizer (*chim.*), deodorante *m.*
deoxidation, disossidazione *f.*
deoxidize, *v.a.* disossidare *v.a.*
deoxidizer, deossidante *m.*
deoxidizing, disossidazione *f.* (in generale); riscaldamento di lamiere d'acciaio in una atmosfera riducente per diminuire la quantità di scoria (acciaio).
deoxigenation, desossigenazione *f.*
department, reparto *m.*
— **of energy**, Ministero dell'Energia (Inghilterra).
departmental construction, costruzione (*f.*) in regia (*o* in economia).
— **works** (*leg.*), lavori in economia.
departure, novità tecnica; tendenza (*f.*) nuova; nuovo orientamento (*m.*); partenza *f.*; distanza ad est od ovest da un dato meridiano (*naut.*) (*top.*)
— **(from the classic design, from accepted practice)**, nuova tendenza (orientamento) rispetto al progetto classico; rispetto alla pratica comune; abbandono del progetto classico, della pratica comune.
— **(of a point)** (*agrim.*), ascissa (di un punto).
depassivation (*met.*), depassivazione *f.* (delle zone intergranulari, ecc.).
dependability, affidabilità (di servizio, funzionamento, operativa, che offre una macchina).
dependable, *agg.*, sicuro; preciso; di grande pregio.
dependant (*or* **dependent**) (*pensioni, ecc.*), persona (*f.*) a carico.
— **children** (*concorsi, ecc.*), figli (*m. pl.*), a carico.
deperming (*naut.*) (*mil.*), riduzione del magnetismo permanente di una nave; demagnetizzazione di una nave.
dephase (*elet.*), *v.a.* sfasare.
dephlegmating tower (*ind. pet.*), colonna (*f.*) di distillazione.
dephlegmation (*chim.*), deflemmazione *f.*
dephlegmator (*distillazione*) (*chim.*), deflemmatore *m.*
dephosphorisation, defosforazione *f.*
depict, *v.a.*, descrivere *v.a.* (un apparecchio, ecc.); rappresentare (curve, ecc.).
deplete, *v.a.*, esaurire *v.a.*; diminuire *v.a.*
depleted material (*fis. atom.*), materiale (*m.*) esaurito.
— **rock**, roccia esaurita.
depletion, esaurimento *m.*; deterioramento *m.*
— **allowance** (*min.*), abbuono (*m.*) per esaurimento.
— **of capital** (*finan.*), depauperamento (*m.*) del capitale.
— **of the catalyst** (*ind. chim.*), esaurimento del catalizzatore.
deploy (to), aprirsi (rif. a paracadute).
deployment of arms (*mil.*), spiegamento di armi.
depolarization, depolarizzazione *f.*
depolarize, *v.a.* depolarizzare.
depolarizer (*elet.*), depolarizzante *m.*
depolymerizate (*chim.*), prodotto (*m.*) di depolimerizzazione.
depolymerization (*chim.*), depolimerizzazione *f.*
depolymerize, *v.a.* (*chim.*), depolimerizzare *v.a.*
deposit, sedimento *m.*; deposito *m.* (strato); incrostatura *f.* (delle caldaie).
— *v.i.*, depositare (*v.r.*).
— **attack** (*met.*), corrosione per azione di schermo.
deposition, sedimentazione *f.*; deposito *m.*
depot, deposito *m.*
— **ship**, nave (*f.*) deposito.
depreciation (*comm.*), ammortamento *m.*
— **allowance**, deduzione (in %) *f.* di ammortamento.

depress the clutch pedal (*auto*), abbassare col piede il pedale della frizione.
— **the « stop » button** (*presse, ecc.*), premere il bottone di arresto.
depressant (*chim.*), riduttore (p. es. *freezing-point depressant* = riduttore del punto di congelamento).
depression, depressione *f.*
depressor (*chim.*), agente chimico atto ad impedire la flottazione (p. es. cianuro di sodio).
depth, altezza *f.*; profondità *f.*; spessore *m.*; ingranamento *m.* (dei denti della ruota di un orologio); (*di colore*), intensità *f.*; (*costr. maritt., naut.*), fondale *m.* (di banchina).
— **charge** (*muniz.*), carica (*f.*) di profondità.
— **dose** (*fis. atom.*), dose (*f.*) di profondità.
— **gauge** (*ing.*), calibro (*m.*) per profondità; misuratore di fori.
— **finder,** vedi: **fathometer.**
— **line,** curva batimetrica.
— **(moulded —)** (*naut.*), altezza di costruzione.
— **of a tooth,** altezza di un dente; profondità (*f.*) di un dente.
— **of ballast,** spessore (*m.*) della massicciata.
— **of charge,** altezza (*f.*) di riempimento.
— **of cut,** profondità (*f.*) di taglio.
— **of focus** (*fot.*), profondità (*f.*) di fuoco.
— **of foundation,** profondità di fondazione.
— **of girder,** altezza (*f.*) della trave.
— **of indentation,** profondità (*f.*) di impronta.
— **of immersion,** profondità (*f.*) d'immersione.
— **of modulation,** ampiezza (*f.*) di modulazione.
— **of page** (*tip.*), lunghezza della composizione di una pagina.
— **of piston,** altezza (*f.*) dello stantuffo.
— **of rail,** altezza (*f.*) della rotaia.
— **of rim,** altezza (*f.*) della corona.
depth of roughness (*mecc., met.*), profondità della rugosità.
— **perception** (*ott.*) (*auto*), percezione (*f.*) della profondità.
— **sounder,** vedi: **fathometer.**
— **switch** (*elet.*), interruttore (*m.*) di profondità.
— **tool** (*orol.*), compassi per ingranaggi.
depthing tool (*orol.*), compasso per ingranaggi.
deputy (*legge*), delegato *m.*
— **chairman,** *m.* vicepresidente *m.*
— **director,** direttore (*m.*) aggiunto.
— **director counsel** (*legge*), consigliere giuridico aggiunto.
— **managing director** (*legge*), direttore generale aggiunto.
— **secretary** (*legge*), segretario aggiunto.
— **treasurer** (*finan.*), tesoriere aggiunto.
— **works manager,** vice direttore (*m.*) di stabilimento.
derail, *v.a. v.i.* deragliare.
derailing (*macch. utensili*), deragliamento (*m.*) della tavola.
derailment, deragliamento *m.*
— **guard,** apparecchio (*m.*) di protezione (contro deragliamenti)
deregulation (*econ.*), « deregolazione » (eliminaz. di regolamenti desueti).
deresinify, *v.a.* (*chim.*), eliminare le resine.
derivative (*mat.*), derivata *f.*
— **wire,** filo (*m.*) di derivazione.
derivating post, morsetto (*m.*) di derivazione.
derive, *v.a.* derivare.
derived circuit (*elet.*), circuito (*m.*) derivato.
— **resistance,** resistenza (*f.*) derivata.
— **unit,** unità derivata.
— **weaves** (*tess.*), armature (*f. pl.*) derivate.
— **wire,** filo (*m.*) in derivazione.
derrick (*ind. pet.*) (*naut.*), torre (*f.*) per pozzi petroliferi; incastellatura *f.*; albero di carico; falcone *m.* (*hoisting* —).

derrick crane, gru (*f.*) Derrick; argano (*m.*) a gru.
derricking operations (*gru*), operazioni con argani a gru; operazioni con falcone.
derust (to —) (*detergenti*) (*met.*), togliere la ruggine.
desactivation (*chim. ecc.*), disattivazione *f.*
desaerate (to —) (*fis.*), disaerare.
desaeration (*fis.*), disaerazione *f.*
desalination (*chim.*), dissalazione *f.*; desalinizzazione *f.*
— **plant** (*chim.*), impianto di dissalazione (*o* desalinizzazione) dell'acqua marina.
desalinator (*naut. ecc.*), desalinizzatore.
desalinisation, dissalazione *f.*
desalt (to —), dissalare.
desalted water, acqua dissalata.
desalting (*chim.*), dissalazione *f.*
— **plant,** impianto di dissalazione.
desaminases (*chim.*), desaminasi *m.* (*enzima*).
desaturation (*chim.*) (*fot.*), desaturazione *f.*
descale, *v.a.* disincrostare (*caldaie, ecc.*).
descaler (*met.*), apparecchio per trattare l'acciaio laminato dopo aver rotte le incrostazioni; disincrostatore *m.*; decalaminatore *m.*; scrostatore *m.* (forgiatura ecc.).
descaling, disincrostazione *f.*; (*met.*), descorificazione *f.*; decalaminazione *f.* (*met.*); discagliatura *f.* (*met.*).
— **blowpipe** (*met.*), cannello (*m.*) scalaminatore.
— **hood** (*laminazione, met.*), cappa di discagliatura.
— **plant** (*met.*), impianto (*m.*) di decalaminazione.
— **water pump room** (*met.*), sala pompe discagliatura.
— **(high-pressure water spray —)** (*met.*), discagliatura con acqua ad A.P.
descend, *v.i.* cadere (di una curva).
— **(to) grades** (*auto*), discendere pendenze.
descender (*inform.*), carattere discendente (p. es. « q »).
descent, discesa *f.* (stradale); degradazione *f.* (*chim*).
descriptive geometry, geometria (*f.*) descrittiva.
descriptor (*inform.*), descrittore (parola chiave, riferita a una documentazione automatica, che sinteticamente riassume un dato argomento).
deseamer, macchina per la rimozione dei difetti superficiali dai lingotti.
deseaming (*met.*), scriccatura al cannello.
— **blowpipe** (*met.*), cannello (*m.*) scriccatore.
desemulsification (*chim.*), desemulsionaggio *m.*
desemulsify, *v.a.* (*chim.*), desemulsionare *v.a.*
desensitization (U.S.A.) (*fot.*), riduzione della sensibilità (di materiale fotografico).
desiccant bed (*gas*), letto essiccante.
design, elaborazione *f.* (progetto; schema); concezione *f.*; v. **industrial —; road —.**
— *v.a.* progettare; elaborare *v.a.*
— **and construction,** progettazione e costruzione.
— **draftsman** (U.S.A.), disegnatore-progettista *m.*
— **formula,** formula (*f.*) di progettazione.
— **office,** ufficio (*m.*) progettisti.
— **paper** (*tess.*), carta da patrona; carta quadrettata.
— **speed,** velocità (*f.*) contrattuale; velocità (*f.*) di base (*strade*).
— **trends,** orientamenti nella progettazione.
— **weight** (*aereo*), peso (*m.*) di progetto.
— **wing area** (*aereo*), superficie d'ala senza carenature e rivestimenti.
— **(environmental —),** v. **environmental —.**

designer, progettista *m.*; (*cinem.*), costumista *m.*; (*auto*), stilista *m.*; disegnatore industriale; « designer ».
designing (*tess.*), messa in carta (trasporto del disegno sul cartone o preparazione del cartone).
desiliconization, rimozione del silicio.
disiliconized metal (*met.*), metallo desiliconizzato.
desiliconizing station (*met.*), stazione di desiliconizzazione.
desilting device (*idraul.*), dissabbiatore *m.*
desilverization, rimozione dell'argento dal piombo grezzo.
desize (to —) (*tess.*), sbozzimare *v.a.*
desizing (*tess.*), sbozzimatura *f.*
— **agent**, ausiliare per sbozzimatura.
— **compounds**, composti per sbozzimatura di tessili.
desk, cattedra *f.*; (*calcolatori elettron.*), v. **programmer —**.
— **push** (*elet.*), tastiera (*f.*) per richiami.
— **-top computer** (*elettron.*), calcolatore da tavolo di piccole dimensioni.
— **-size(d) computer** (*elettron.*), calcolatore da tavolo.
deslag, *v.a.* (*met.*), scorificare.
deslagging door (*met.*), porta di scorifica.
desmine (*min.*), stilbite *f.*
desorption (*chim.*), deassorbimento *m.*; desorzione *f.*
despatch tube (*posta*), tubazione (a pressione d'aria) di posta pneumatica.
de-spin (*satelliti*), sistema di arresto rotazione.
dessiccant (*chim.*), essiccante *m.*
dessiccator (*chim.*), essiccatore *m.* (recipiente di vetro).
destination, destinazione *f.*
destroy, *v.a.* distruggere.
— **a target** (*aereo*, *razzo*, *ecc.*), distruggere un bersaglio.
destroyer (*mil.*) (*naut.*), cacciatorpediniere *m.*
destroyer tender, scorta cacciatorpediniere.
destructive distillation, distillazione (*f.*) distruttiva.
— **examination** (*met.*, *ecc.*), controllo (*m.*) distruttivo.
— **test** (*met.*, *ecc.*), prova (*f.*) distruttiva.
— **testing**, prova (*f.*) distruttiva.
desublimation (*chim.*), desublimazione *f.*
desulphurisation, desolforazione *f.*
desynchronizing (*elet.*), desincronizzazione *f.*
detach, *v.a.* staccare; (*chim.*) togliere (un precipitato sul filtro).
detachability, amovibilità *f.*
detachable cap, cappelletto (*m.*) smontabile.
— **connection** (*aereo*), attacco smontabile.
— **cylinder head** (*auto*), testa riportata.
— **head**, testa (*f.*) staccabile.
— **-key** (*elet.*), chiave (*f.*) a spina.
— **-key switch** (*elet.*), interruttore (*m.*) con chiave a spina.
— **table** (*caravan*), tavolo smontabile.
— **wing** (*aereo*), ala (*f.*) smontabile.
detached house (*costr.*), casa (*f.*) isolata.
detacher (*ind. mol.*), distaccatore *m.* (*o* disintegratore) di sfarinato.
detail drawing, disegno (*m.*) dettagliato.
— **file** (*inform.*), schedario con dati temporanei.
— **of a machine**, particolare (*m.*) di una macchina.
detailer (*disegno*), particolarista *m.* (disegnatore di particolari).
detar, *v.a.*, decatramare *v.a.*
detectability, riconoscibilità *f.*
detect, *v.a.* rivelare; avvistare (p. es. lanci missilistici).
detection, rivelazione *f.*; individuazione *f.*; segnalazione *f.*; avvistamento *m.*
detectophone, microfono spia (*nascosto in una stanza e collegato ad un amplificatore di bassa frequenza per spiare conversa-*

zioni che vengono ascoltate con cuffie o registrate su nastro magnetico).

detector (*radio*), valvola (*f.*) rivelatrice; (*radiol.*) cercatore *m*; localizzatore *m.*; detettore *m.*; (*raggi X ecc.*), rivelatore.

— **coherer** (*radio*), rivelatore *m.*

— **coil,** bobina (*f.*) rivelatrice.

— **diode,** diodo (*m.*) rivelatore.

— **valve,** valvola (*f.*) rivelatrice.

detectory galvanometer, galvanometro (*m.*) di torsione.

detent, arpione *m.*

— **pin,** perno (*m.*) di arresto.

detention (*ferr.*), stazionamento (*di vagoni*); ritenuta *f.* (*di stipendio*).

— **time** (*min.*), tempo di permanenza.

detergent, *agg.* detersivo.

determinant (*chim.*), fattore determinante.

determinate, *v.a.* calcolare.

— (*v.a.*) **the earth quantity,** calcolare (*v.a.*) il volume di uno sterro.

determination (*chim.*), determinazione *f.*; dosaggio *m.*

— **of earth thrust,** determinazione (*f.*) della spinta delle terre.

deterrence, *f.* (*mil.*), deterrenza *f.*

— **(nuclear —),** deterrenza nucleare.

deterrent, *agg.*, (*chim.*), inibitore *agg.*; mezzo ritardante (usato nella polvere di lancio); (*mil.*), deterrente.

— **force** (*mil.*), forza deterrente.

— **(nuclear —),** deterrente nucleare.

— **(strategic missile —)** (*mil.*), deterrente (*m.*) missilistico strategico.

detersion, detersione *f.*

detersive, *m.* e *agg.*, detersivo *m.*

detonating celluloid (*cinem.*) (*slang*) (U.S.A.), film parlato.

— **explosive,** esplosivo detonante.

— **fuse** (*min.*, *esplosivi*), miccia detonante (per aver esplosione contemporanea di più cariche).

detonation, detonazione *f.*

— **wave** (*esplosivi*), onda di detonazione.

detonator (*esplosivi*), detonatore *m.*; v. **delay —; short-delay —.**

detoxicant, *agg.*, (*chim.*), disintossicante (*di catalizzatore*).

detrital deposit, deposito (*m.*) di detriti.

detritus (*geol.*), detrito *m.*

detrusion, deformazione laterale causata da forza di taglio.

detune (to —) (*radio*), disintonizzare *v.a.*

detuning (*radio*), disintonizzazione *f.*

deuteration (*chim.*), idrogenazione con deuterio; deuterazione *f.*

deuteride (*chim.*), composto (*m.*) deuterico.

deuteroacetylene (*chim.*), deuteroacetilene *m.*

deuterocompound (*chim.*), composto (*m.*) deuterico.

deuteromethanes (*chim.*), deuterometani *m. pl.*

deuteron (*fis. atom.*), deuterone *m.*

deuteronaphthalene (*chim.*), deuteronaftalina *f.*

deuterium, deuterio *m.*

— **moderated reactor** (*fis. atom.*), reattore (*m.*) moderato al deuterio.

deuton (*chim.*), deutone *m.*; deuterone *m.*

deutoxide, deutossido *m.*

develop, *v.a.* (*fot.*), sviluppare; produrre *v.a.*; generare *v.a.*; (*reaz. chim.*), svilupparsi *v.r.*; (*mot.*), sviluppare *v.a.* (*the engine, developing 1,725 b.h.p. at 1,500 r.p.m.*), il motore sviluppa 1725 cavalli inglesi a 1500 giri al minuto.

developer (*fot.*), rivelatore *m.*

developing countries, *pl.* Paesi in via di sviluppo.

development, ritrovato *m.*; scoperta *f.*; progresso *m.*; sviluppo *m.*; innovazione *f.*; messa a punto.

— **area** (*comm.*, *ecc.*), area di sviluppo.

development of a river (*idr.*), regolazione (governo) di un fiume.
developmental engineer, ingegnere (*m.*) addetto all'ufficio impianti.
deviate, *v.a.* deviare.
deviation, deviazione *f.*
— **graph,** curva (*f.*) delle deviazioni.
— **ratio** (*radio*), rapporto di deviazione (derivazione di frequenza divisa per la più alta audiofrequenza da trasmettere).
device, dispositivo *m.*; congegno *m.*; meccanismo *m.*
— **-dependent** (*inform.*), dipendente dal tipo di unità.
devil (*ing.*), caldaia per asfalto; (*tess.*), lupo *m.*; diavolotto *m.*
devise (*v.a.*), inventare; creare.
devitrification, devitrificazione *f.*
devitrified ceramics (*ceramica*), ceramiche devetrificate.
— **glass,** vetro devetrificato.
devitrify, *v.a.*, devetrificare *v.a.*
devulcanization, devulcanizzazione *f.*
dew point (*meteor.*), punto (*m.*) di rugiada; temperatura di condensazione.
dewater, *v.a.*, disidratare *v.a.*
dewatering, disidratazione *f.*; drenaggio *m.*; prosciugamento *m.*; (*or* **de-watering**) (*min.*), eduzione delle acque (dalle miniere).
— **machine** (*macch. ind. chim.*), disidratatrice *f.* (*dewatering of sludges*); (*mecc.*), scolatrice *f.*
— **of the wet concentrate** (*min.*), filtrazione del concentrato a umido.
— **pump** (*min.*), pompa per eduzione delle acque.
dewaxed, *p.p.*, decerato.
— **shellac,** gommalacca decerata.
dewaxing mixes (*chim.*), miscele deparaffinanti.
dextrine, destrina *f.*
dextrinize, *v.a.* (*chim.*), trasformare (*v.a.*) in destrina.
dextro-gyrate, *agg.* destrogiro.
dextrorotatory, *agg.*, destrogiro.
dextrorse, *agg.* destrorso.
dextrose, destrosio *m.*
dezincification (*met.*), dezincificazione *f.*
DF set (*strum. naut.*), radiogoniometro.
D-H (degassing) method (*met.*), metodo di degasaggio Dortmund-Hörder-Huttenunion.
di-oil (*chim.*), dinitrotoluene *m.*
di-oxide (dioxide) (*chim.*), biossido *m.*
diabase, diabase *m.*
diacetone alcohol (*vern., ecc.*), diacetonalcole *m.*
diacid, *agg.* (*chim.*), diacido; diatomico (alcole).
Diadex diamond tool holder, portautensile al diamante Diadex.
diagenesis, diagenesi *f.*
diagnose (to —) (*inform.*), diagnosticare.
diagnostic, *agg.* (*inform. ecc.*), diagnostico.
— **message** (*elettron.*), messaggio diagnostico (messaggio d'errore).
— **processor** (*inform.*), processore diagnostico.
— **programming** (*inform.*), programmazione (*f.*) diagnostica.
— **routine** (*inform.*), routine diagnostica (programma per localizzare gli errori).
— **service centre** (*auto*) (U.S.A.), centro di controllo (stazione di controllo di autoveicoli).
diagonal (*tip.*), sbarretta inclinata; *agg.* diagonale.
— **bond, assestamento** (*m.*) diagonale.
— **knurling,** zigrinatura (*f.*) incrociata.
— **member** (U.S.A.) (*aereo*), asta di traliccio.
— **pitch,** passo (*m.*) diagonale.
— **rib,** costola (*f.*) di spigolo; (*tess.*), diagonale (*m.*) cannellato.
— **strut,** croce (*f.*) di S. Andrea; diagonale (*f.*) compressa.
diagonalizing (*telev.*), ripetizione di un programma televisivo su lunghezze d'onda diverse.

diagram, diagramma *m.*; grafico *m.*; (*elettron.*), v. **block —.**
— **of block flow** (*ind. mol.*), diagramma (*m.*) di macinazione.
— **of stresses,** poligono (*m.*) delle forze.
— **of velocities,** diagramma (*m.*) delle velocità.
— **representing the load,** diagramma (*m.*) di carico.
diagrammatic flow sheet, diagramma (*m.*) del ciclo di lavorazione.
Diakon (*aereo*), materiale termoplastico brevettato.
dial, disco (*m.*) combinatore (*telef.*); quadrante *m.* (di orologio, radio o strumento); indicatore *m.*; bussola (*f.*) per miniere (di carbone) (*min.*).
— **(to —)** (*telef.*), comporre un numero; trovare delle informazioni su un disco.
— **foot** (*orol.*), piedino del quadrante.
— **gauge,** comparatore (*m.*) a quadrante; minimetro *m.*
— **panel,** pannello del quadrante.
— **recorder,** registratore (*m.*) a quadrante.
— **scale,** scala (*f.*) anulare.
— **test indicator,** comparatore (*m.*) a quadrante.
— **tone** (*telef.*), segnale acustico (segnale di linea).
dialling (*tel.*), chiamata *f.* (con telefono automatico).
— **tone** (*telef.*), segnale (*m.*) di linea.
dialmeter, diametro (del cerchio descritto dalle punte delle pale dell'elica).
dialogue director (*cinem.*), direttore (*m.*) del dialogo.
dialysable, *agg.* (*chim.*), dializzabile.
dialysate (*chim.*), prodotto di dialisi; dializzato *m.*
dialyse, *v.a.* dializzare.
dialyser, dializzatore *m.*
dialysis (*pl.* **dialyses**), *f.* dialisi.
— **machine** (*med.*), macchina per la dialisi (per malati di reni).
dialyte, dialite *f.*
dialytic, *agg.* dialitico.
dialyze (to —), vedi: **dialyse.**
diamagnetic, *agg.* diamagnetico.
diamagnetism, diamagnetismo *m.*
diamantine, diamantina *f.*
diameter, diametro *m.*
— **at bilge,** diametro (*m.*) al ventre.
— **at top,** diametro (*m.*) alla sommità.
— **of a drilled hole,** diametro (*m.*) di un foro.
— **of a pipe,** diametro (*m.*) di un tubo.
— **of a piston,** diametro (*m.*) dello stantuffo.
— **of a rivet hole,** diametro (*m.*) di un chiodo.
— **of cylinders,** diametro (*m.*) dei cilindri.
— **of drivers,** diametro (*m.*) delle ruote motrici.
— **of hole through spindle** (*tornio*), diametro (*m.*) della larghezza del mandrino.
— **of the bobbin** (*tess.*), diametro della bobina.
— **of the electrode tip** (*sald.*), diametro della punta dell'elettrodo.
diametral pitch, modulo *m.* inglese (*ingranaggi*); diametro (*m.*) primitivo.
— **voltage** (*elet.*), tensione (*f.*) diametrale.
diametre, diametro *m.* v. **diameter.**
diamine, diammina *f.*
— **black,** nero di diamina.
— **sky-blue,** bleu cielo diamina.
diamino-diethyl sulfide, solfuro (*m.*) diamminodietilico.
diamond, corpo 4 (*tipog.*); diamante *m.* (*min.*).
— **black** (*chim.*) (*tess.*), nero diamante (colorante per la lana).
— **chisel,** scalpello-bedano a punta di diamante.
— **core drill** (*min.*), carotiere (*m.*) al diamante.
— **cutting,** taglio (*m.*) di diamanti.
— **die** (*mecc.*), filiera diamantata.
— **drill** (*min.*), corona a diamante; sonda a punte di diamante.

diamond-drilling (*min.*), sondaggio (*m.*) con corone a diamanti.
— **formation** (*aer.*), formazione (*f.*) a diamante.
— **green** (*chim.*), verde diamante (colore per la lana).
— **green B**, verde malachite.
— **grinding wheel** (*utensile*), mola (*f.*) diamantata.
— **junction** (*costr. strad.*), svincolo a diamante.
— **powder**, polvere di diamante (*laboratory-prepared — powder*), polvere di diamante preparata in laboratorio.
— **pyramid hardness test**, prova di durezza Vickers.
— **riveted joint**, chiodatura (*f.*) convergente; chiodatura (*f.*) rastremata.
— **-shaped knurling**, zigrinatura (*f.*) incrociata.
— **sizing** (*macch. ut.*), posizione del diamante.
— **-square rolling sequence** (*met.*), calibrazione quadro-losanga.
— **-tipped tool** (*mecc.*), utensile diamantato.
— **truing tool** (*mecc.*), utensile ravvivatore a punta di diamante.
— **wheel**, mola a polvere di diamante.
dianine (*chim.*) (*fot.*), dianina (usata per sviluppo fotografico).
dianthine (*chim.*), diantina *f.* (colore per cotone).
diapason, diapason *m.*
diaphanous, *agg.* diafano.
diaphone (*naut.*), segnale di nebbia simile a una sirena, ma con due toni.
diaphragm (*ott.*), (*mecc.*), diaframma *m.*
— **pump**, pompa (*f.*) a diaframma.
diapositive (*fot.*), diapositiva *f.*
diascope (*med.*), diascopio *m*
diascopic projection, proiezione (*f.*) diascopica.
diascopy (*med.*), diascopia *f.*
diaspore (*min.*), diasporo *m.*
diastase, diastasi *m.*
diastatic enzymes (*chim.*), enzimi diastatici (p. es. amilasi).
diathermanous, *agg.* diatermico.
diathermic, *agg.* diatermico.
diatol (*chim.*), carbonato dietile.
diatom (*bot.*), diatomea *f.*
diatomaceous earth (*min.*), terra di diatomee.
diatomic, *agg.* biatomico (*fis.*); bivalente (*chim.*).
diazin blue (*chim.*), blue diazina *f.*
— **green** (*chim.*), verde diazina (colorante per il cotone).
diazo (*chim.*) (pr. *dai.ez'ou*), serie di coloranti diretti per cotone.
— **type process** (*tip.*), processo di diazotipia.
diazocompound (*chim.*), composto (*m.*) diazoico.
diazomethane (*chim.*), diazometano *m.*
diazonium compounds (*chim.*), diazoici *m. pl.*
diazotype (*fot., stampa*), diazotipia *f.*
dibbling machine (*agric.*), seminatrice a mano.
dicetyl peroxide (*chim.*), acetilperossido *m.*
dichloroaniline (*chim.*), dicloroanilina *f.*
dichotomy (*bot.*), dicotomia *f.*
dicing (*slang*) (*aereo*) (U.S.A.), volare in basso (100 piedi) sopra obiettivi nemici per fare fotografie.
dick (*chim.*), etildicloroarsina (gas bellico).
dickey, dicky (*auto biposto*), sedellino (*m.*) posteriore.
dictaphone, dittafono *m.*
dictionary catalogue (*tip.*), catalogo (*m.*) dizionario.
dicy (U.S.A.), dicianamide.
dicyanamine (*chim.*), dicianamina (colorante tipo chinolina).
dicyanin (*chim.*), dicianina *f.*
didym (*chim.*), v. **didymium.**
didymium (*chim.*), didimio (miscela di 2 metalli del gruppo delle terre rare con 85 % di neodimio e 15 % di praseodimio).

die, matrice *f.* (*mecc.*); stampo *m*;. filiera *f.*; (*met.*), v. **extrusion —**; **marking —**.
— **angle** (*estrusione*), angolo di svasamento foro matrice; angolo d'apertura del foro della matrice.
— **block,** corsoio (*m.*) di glifo; (*met.*), blocco per stampi.
— **-cast alloy** (*met.*), lega (*f.*) pressofusa.
— **-cast grey iron rod,** barra di ghisa grigia fusa sotto pressione.
— **-casting** (*met.*), pressofusione *f.*
— **-casting die** (*met.*), stampo per pressofusione.
— **-casting machine,** macchina (*f.*) per pressofusioni.
— **-casting press,** pressa (*f.*) per pressofusione.
— **-casting process,** processo (*m.*) di pressofusione.
— **-castings,** pressofusioni; getti colati in conchiglia.
— **dressing** (*pressofusione*), lubrificante (*m.*) per stampi.
— **finishing machine** (*macch. ut.*), macchina per finitura stampi.
— **-forging hammer** (*met.*), maglio per stampare.
— **grinder kit,** cassetta attrezzi per molare le matrici.
— **half** (*pressofusione*), semistampo *m.*
— **lubricant** (*met.*), lubrificante per stampi.
— **mark** (*met.*), rigatura di filiera (graffiatura nella direzione della trafilatura provocata da filiera difettosa).
— **opening** (*estrusione*), orifizio della matrice.
— **-plate,** filiera (*f.*) semplice; filiera a cazzuola con fori di scarico; femmina *f.* (*mecc.*).
— **plate** (*pressofusione*), piastra porta stampi; matrice (*f.*) per trafilatrice.
— **quenching,** raffreddamento entro stampi.
die rolling, laminatura fra cilindri.
— **sinker** (*macch. ut.*), fresatrice (*f.*) per stampi.
— **-sinking machine** (*macch. ut.*), fresatrice (*f.*) per stampi; (*macchina ut.*), macchina per la lavorazione degli stampi.
— **stamping** (*tip.*), stampa con matrice di acciaio.
— **steel,** acciaio per matrici.
— **-stock,** filiera *f.*; porta (*f.*) filiera; filiera (*f.*) a cuscinetti.
— **support** (*pressofusione*), supporto (*m.*) porta stampi.
diecaster, macchina per pressofusioni.
diecasting, v. **die-casting.**
diecasting foundry (*fond.*), fonderia di pressofusione.
diehedral angle (*aereo*), diedro (*m.*) alare.
dielectric, *m.* e *agg.* dielettrico.
— **constant,** costante (*f.*) dielettrica.
— **fatigue** (*elettron.*), affaticamento del dielettrico.
— **heating,** riscaldamento (*m.*) dielettrico.
— **loss,** perdita (*f.*) di un dielettrico; (*elettron.*), perdita dielettrica.
— **material,** materiale (*m.*) coibente.
— **paint** (*vern.*), vernice (*f.*) dielettrica.
— **phenomena,** fenomeni (*m. pl.*) dielettrici.
— **properties,** proprietà (*f. pl.*) dielettriche.
— **rod antenna** (*radio*), antenna ad asta dielettrica.
— **strength** (*diel.*), rigidità dielettrica; (*specific* —, rigidità dielettrica specifica).
— **substance,** sostanza (*f.*) dielettrica.
— **waveguide** (*elettron.*), guida d'onda dielettrica.
dielectricity, dielettricità *f.*
diemaker, operaio stampatore.
dies, cuscinetti (*m.pl.*) per filettare.

dies and punches (*mecc.*), matrici *f. pl.*
diesel-driven a.c. power plant, gruppo (*m.*) elettrogeno a motore Diesel a corrente alternata.
— **-electric,** *agg.* dieselelettrico.
— **-electric locomotive,** locomotore (*m.*) Diesel-elettrico.
— **electric shunting locomotive,** locomotiva di manovra Diesel elettrica.
— **engine,** motore (*m.*) Diesel.
— **-engined car** (*auto*), automobile con motore Diesel.
— **engined flapper** (*aereo*), motomodello (*m.*) ad ali battenti.
— **engined model** (*aereo*), motomodello a ciclo Diesel.
— **-hydraulic,** *agg.* (*mot.*), dieselidraulico.
— **index** (*combustione*), indice Diesel.
— **locomotive,** locomotore *m.* (a nafta).
— **mechanic,** meccanico (*m.*) di motori Diesel.
— **model** (*aereo*), motomodello a ciclo Diesel.
— **motor,** motore (*m.*) Diesel.
— **oil,** nafta *f.*; gasolio *m.*
— **-powered model** (*aereo*), moto-modello (*m.*) a ciclo Diesel.
— **railcar,** automotrice (*f.*) Diesel.
— **traction** (*ferr.*), trazione (*f.*) Diesel.
diesinker, *m.* stampista *m.* (operaio stampista).
diesters (*chim.*), diesteri *m. pl.*
diethyl adipate, adipato di etile.
difference, differenza *f.*
— **in count** (*tess.*), differenza di titolazione.
— **in twist** (*tess.*), differenza di torsione.
— **of level,** differenza (*f.*) di livello
— **of pressure,** differenza (*f.*) di pressione.
— **of temperature,** differenza (*f.*) di temperatura.
differential (*mat.*), differenziale *m.*
— **aeration** (*corrosione met.*), aerazione (*f.*) differenziale.
differential aeration cell (*met.*), pila di aerazione differenziale.
— **aeration corrosion** (*met.*), corrosione per aerazione differenziale (se il flusso di ossigeno è diverso nelle diverse zone della superf. del materiale metallico, e la dissoluzione di questo avviene principalm. nelle zone meno aerate).
— **analyzer** (*inform.*), analizzatore differenziale (calcolatore per equazioni differenziali).
— **bevels,** planetario *m.* (planetari).
— **brake,** freno (*m.*) differenziale.
— **calculus,** calcolo (*m.*) differenziale.
— **coefficient** (*mat.*), derivata *f.*
— **cross section** (*fis. atom.*), sezione d'urto differenziale.
— **draught gauge,** indicatore di tiraggio differenziale.
— **drum,** tamburo (*m.*) differenziale.
— **duties** (*econ.*), dazi (*m. pl.*), differenziali.
— **gear,** differenziale *m.* (*mecc.*) (*auto.*); meccanismo (*m.*) differenziale.
— **ionization chamber** (*fis. atom.*), camera di ionizzazione differenziale.
— **galvanometer,** galvanometro (*m.*) differenziale.
— **indexing,** divisione (*f.*) differenziale (*fresatrici*).
— **inductor,** induttore (*m.*) differenziale.
— **motion,** movimento (*m.*) differenziale.
— **nut,** madrevite (*f.*) differenziale.
— **pinion** (*auto*), pignone (*m.*) del differenziale; satellite *m.*
— **pressure extrusion** (*met.*), estrusione sotto pressione differenziale.
— **pulley-block,** paranco (*m.*) differenziale; taglia (*f.*) differenziale.

differential regulator, regolatore (*m.*) differenziale.
— **scattering cross section** (*fis. atom.*), sezione d'urto di diffusione differenziale.
— **screw jack,** martinetto (*m.*) differenziale.
— **thermal analysis,** analisi (*f.*) termodifferenziale.
— **thermometer,** termometro (*m.*) differenziale.
— **thread,** filetto (*m.*) differenziale.
— **voltmeter** (*elet.*), voltmetro differenziale.
— **wattmeter,** wattometro (*m.*) differenziale.
— **winding** (*elet.*), avvolgimento (*m.*) differenziale.
differentiate, *v.a.* differenziare.
differentiation, differenziazione *f.*
difficult-to-machine material, materiale di difficile lavorazione.
diffract, *v.a.* diffrangere *v.a.*
diffraction patterns, diagrammi di diffrazione; spettri di diffrazione.
diffractometer (*strumento ott.*), diffrattometro *m.*
— **(X-ray —),** diffrattometro a raggi X.
diffractometry (*ott.*), diffrattometria *f.*
diffusate (*fis. atom.*), diffusato (*gas*).
diffused-base transistor (*elettron.*), transistore (*m.*) a base diffusa.
— **light,** luce (*f.*) diffusa.
— **corrosion** (*met.*), corrosione diffusa (su tutta la superficie considerata del materiale metallico).
— **graphite cast iron** (*met.*), ghisa a grafite diffusa.
— **illumination,** illuminazione (*f.*) diffusa.
— **-junction transistor** (*elettron.*), transistore (*m.*) a giunzione per diffusione.
diffuser (*fot.*), schermo (*m.*) diffusore.
— **casing** (*aereo*), involucro (*m.*) del diffusore.
diffuser cone angle, angolo (*m.*) d'apertura del diffusore.
diffusibility, diffusibilità *f.*
diffusing disc, disco (*m.*) diffusore.
diffusion, diffusione *f.*
— **annealing** (*met.*), ricottura di diffusione.
— **barrier** (*between two metals*), barriera di diffusione.
— **cell,** pila (*f.*) di diffusione.
— **coating** (*met.*), rivestimento per diffusione.
— **length** (*fis. atom.*), lunghezza (*f.*) di diffusione.
— **plant** (*fis. atom.*), impianto (*m.*) di diffusione.
— **pump** (*fis. atom.*), pompa (*f.*) di diffusione; (*elettron.*, *ecc.*), pompa (*f.*) a diffusione.
— **rate** (*fis. atom.*), velocità (*f.*) di diffusione.
— **transistor** (*elettron.*), transistore (*m.*) per diffusione.
dig out, *v.a.* scavare.
digest (*v.a.*) **a paragraph, data etc.** (*inform.*), assimilare un paragrafo, dati, ecc. (rif. a calcolatore elettronico).
digester (*carta*), bollitore *m.*
digestion (*chim.*), digestione *f.*
digestive salt, sale (*m.*) digestivo di Silvio.
digger, scavatrice *f.*
digging (*costr.*, *ecc.*), sbancamento.
digicom (U.S.A.), sigla derivata da: DIGItal COMmunication; sistema di trasmissione di informazioni dirette da calcolatrici elettroniche, telescriventi ecc.
digit (*elettron.*), carattere numerico che sostituisce lo zero nel sistema numerico usato per un calcolatore elettronico.
— **display,** visulaizzazione digitale.
— **green display** (*inform.*), visualizzazione verde digitale.
— **liquid crystal display** (*inform.*), visualizzazione digitale a cristalli liquidi.
digital, *agg.* (*elettron.*), digitale.

digital accelerometer (*elettron.*), accelerometro digitale.
— **broadcasting system** (*radio*), sistema di trasmissione digitale.
— **computer** (*elettron.*), elaboratore digitale.
— **control** (*inform.*), controllo digitale.
— **control unit** (*macch. ut.*), unità di controllo digitale.
— **data** (*elettron.*), dati digitali.
— **disc player** (*audio*), giradischi digitale.
— **electronics,** elettronica digitale.
— **integrated circuit** (*elettron.*), circuito integrato digitale.
— **language** (*inform.*), linguaggio digitale.
— **liquid-level measuring system,** sistema di misura digitale del livello del liquido.
— **panel meter** (*elettron.*), contatore digitale a pannelli.
— **pulse-code modulation** (*tel.*) (*inform.*), modulazione dei codici di impulso digitali.
— **pulses** (*elettron.*), impulsi digitali.
— **recorder,** registratore (*m.*) elettronico a codice.
— **selector switches** (*calcol. elettron.*), selettori digitali.
— **sensing device** (*automazione*), dispositivo detettore digitale.
— **SPC exchange** (*tel.*), centrale telefonica digitale con controllo del programma registrato (primi anni del '70).
— **switching system** (*tel.*) (*inform.*) sistema di commutazione (telefonica) digitale.
— **telephone switch** (*tel.*) (*inform.*) commutazione telefonica digitale.
— **telephone system** (*tel.*), sistema telefonico digitale.
— **TV** (*telev.*), televisione digitale.
— **video dictionary,** videodizionario digitale.
— **voltameter** (*elet.*), voltametro digitale.
— **watch,** orologio digitale.
digitaline, digitalina *f.*
digitalis (*bot.*), digitale *f.*
digitize (*or* **digitise) (to —)** *v.a.* (*inform.*), digitalizzare (convertire informazioni in rappresentazione numerica).
ditized form (*inform.*), forma digitalizzata.
digitizer (*inform.*), convertitore analogico/numerico; digitalizzatore *m.*; dispositivo per la lettura di coordinate geometriche; tavoletta grafica.
digitizing (*assigning one of the numbers representing determinate values*), digitalizzazione *f.*
— **tablet** (*inform.*), tavoletta grafica.
dihedral angle (*aer.*), angolo (*m.*) diedro.
dilastrain, dilatazione per sollecitazione.
dilatability, dilatabilità *f.*
dilatable, *agg.* dilatabile.
dilatation, dilatazione *f.*
dilate, *v.i. v.a.*. dilatarsi *v.r.*; dilatare *v.a.*
dilatometer, dilatatore *m.*; dilatometro.
dilatometric, *agg.* (*fis.*), dilatometrico.
dilatometry (*chim.*), dilatometria *f.*
dill oil, olio (*m.*) essenziale d'aneto.
diluent (*chim.*), diluente *m.*
dilutable (*chim.*), diluibile *agg.*
dilute, *v.a.* diluire; allungare (con liquidi).
— **solution,** soluzione (*f.*) diluita.
diluted lye, lisciva (*f.*) diluita.
dilution, diluizione *f.*
— **rate,** grado di diluizione.
dime (U.S.A.), 10 cent. di dollaro.
dimension, misura *f.*
— **arrays** (*inform.*), serie di dati dimensionali.
— **(to —),** *v.a.* mettere (*o* inserire) le misure (*o* le dimensioni) (*dis.*).
dimensional accuracy, precisione (*f.*) delle dimensioni.
— **stability,** stabilità (*g.*) dimensionale.
— **variation,** scarto (*m.*) dimensionale.

dimensional standard (U.S.A.), norma (*f.*) dimensionale.
dimensioned drawing, disegno (*m.*) quotato.
— **plan** (*top.*), piano (*m.*) quotato.
dimensions, dimensioni *f. pl.*
dimer (*chim.*), dimero *m.*
diminished image, immagine (*f.*) rimpicciolita.
diminishing load, carico (*m.*) decrescente.
— **returns** (*econ.*), profitti (*rendite*) decrescenti.
— **value** (*macchine*), riduzione (*f.*) di valore dovuta al deprezzamento.
dimmer (*elet.*), bobina di arresto regolatrice dell'intensità luminosa; oscuratore *m.*
— **acid** (*chim.*), acido linolico (dimerizzato).
dimming device (*naut.*) (*luce*), oscuratore (*m.*) graduale.
dimple, depressione conica leggermente più grande della punta di uno spillo sulla superficie smaltata dopo cottura: poro *m.*; (*met.*), foro da centro (depressione incisa nel pezzo).
dina (U.S.A.), stazione (*f.*) emittente di disturbo radar.
dinette (*naut.*) (*caravan*), saletta da pranzo; tinello; « dinette ».
dineutron (*fis. atom.*), neutrone (*m.*) doppio.
dinghy, battello (*m.*) pneumatico di salvataggio; (*naut.*), dingo *m.* (la più piccola delle imbarcazioni della marina da diporto).
dining car (*ferr.*), carrozza (*f.*) ristorante.
dinitrobenzene (*chim.*), dinitrobenzene *m.*
dinitrotoluene (*chim.*), dinitrotoluene *m.*
dinner lift, montapiatti *m.*
— **waggon,** carrellino (*m.*) portavivande.
dioctyl phthalate, dioctilftalato *m.*
diode characteristic, caratteristica (*f.*) di diodo.
diode detector (*radio*), rivelatore (*m.*) a diodo.
— **modulator,** modulatore (*m.*) a diodo.
— **-pentode** (*radio*), diodo-pentodo.
— **square-law detection,** rivelazione quadratica a diodo.
— **valve,** diodo *m.*
dioform (*chim.*), bicloruro di acetilene.
diol (*chim.*), glicolo *m.*
diopter, diottria *f.*; diottra *f.*
— **rear sight** (*armi ecc.*), mirino posteriore a diottra.
— **setting** (*ott.*), rettifica (*f.*) della scala.
dioptre, diottria *f.*
dioptric system, sistema (*m.*) diottrico.
— **telescope,** cannocchiale (*m.*) diottrico.
dioptrics, diottrica *f.*
diorite, diorite *f.*
dioxan (*chim.*), diossano *m.*
dioxin (*chim.*), diossina *f.*
dip, *v.a.* immergere; *v.i.*, discendere *v.i.*; inclinarsi *v.r.* (*di curva*); discesa *f.*; caduta *f.* (*di curva*); immersione *f.*; declinazione *f.* (*ago magnetico*); inclinazione *f.*; liquido usato per metalli (per colorazione o pulitura).
— **angle** (*geol.*), angolo (*m.*) di massima pendenza.
— **-brazing of magnesium alloys** (*sald.*), brasatura per immersione delle leghe di magnesio.
— **coating** (*met.*), rivestimento (*m.*) per immersione.
— **hot-process,** procedimento (*m.*) galvanico mediante immersione a caldo.
— **of the horizon** (*astron.*), depressione dell'orizzonte.
— **of the needle,** inclinazione (*f.*) dell'ago magnetico.
— **-slip fault** (*geol.*), faglia (*f.*) normale.
— **soldering,** saldatura per immersione (*o* a tuffo).

dip tank (*vernici, ecc.*), vasca di verniciatura (*o* smaltatura) ad immersione.
diphase, *agg.* bifase.
diphenyl (*chim.*), difenile *m.*
— **black** (*chim.*), nero difenile (usato per il cotone).
— **-chloro arsine** (*chim.*), difenilcloroarsina *f.*
— **green,** verde difenile.
diphenylamine (*chim.*), difenilammina *f.*
diplex, telegrafo (*m.*) duplice.
— **telegraphy,** telegrafia (*f.*) duplice.
diplexer (*telev.*), diplexer *m.*; mescolatore (*m.*) di antenna.
dipolar, *agg.* dipolare.
dipole, dipolo *m.*
dipped electrode (*elet.*), elettrodo ad immersione.
dippel (*chim.*), olio d'ossa; olio di corna di cervo.
dipper, scavatrice *f.*; (U.S.A.), cucchiaia *f.* (*di draga, di escavatrice*).
— **acid** (*chim.*), acido solforico.
— **dredger,** draga (*f.*) a badilone.
dipping, immersione *f.*; caduta brusca (*di curva*); (*smalti e vernici*), verniciatura ad immersione; smaltatura ad immersione.
— **acid** (*chim.*), acido solforico.
— **refractometer** (*chim.*), rifrattometro ad immersione.
— **varnish** (*vernici*), vernice (*f.*) per immersione.
dipstick, asta di livello dell'olio.
— **reading,** lettura con l'asta di livello (dell'olio).
dipswitch (*auto*), commutatore luci anabbaglianti (*the — is badly sited almost under the brake pedal*), il commutatore è situato malamente quasi sotto il pedale del freno.
direct, *v.a.* dirigere *v.a.*; orientare.
— **access** (*calcol. elettron.*), accesso diretto.
— **access storage** (*inform.*), memoria ad accesso diretto.
direct acting load, carico (*m.*) diretto.
— **addressing** (*inform.*), indirizzamento diretto.
— **advertising film** (*cinem.*), film di propaganda commerciale (strettamente pubblicitario).
— **black** (*chim.*), nero sostantivo; nero diretto.
— **blue** (*coloranti*), azzurro diretto.
— **-broadcast TV satellite** (*TV*), satellite televisivo per trasmissione diretta.
— **broadcasting satellite** (*TV*), satellite televisivo per trasmissione diretta.
— **-connected motor,** motore (*m.*) accoppiato.
— **coupling,** accoppiamento (*m.*) diretto.
— **current,** corrente (*f.*) continua.
— **current dynamo,** dinamo (*f.*) a corrente continua.
— **current excitation** (*elet.*), eccitazione (*f.*) a corrente continua.
— **-current generator,** generatore (*m.*) a corrente continua; dinamo (*f.*) a corrente continua.
— **-current line,** linea *f.* (di trasmissione) a corrente continua.
— **-current motor,** motore (*m.*) a corrente continua.
— **current railway** (*ferr.*), ferrovia (*f.*) a corrente continua.
— **current welding,** saldatura (*f.*) a corrente continua.
— **-dial (to —)** (*telef.*), telefonare direttamente a; telefonare in teleselezione.
— **drive,** comando (*m.*) diretto; (*auto*), presa (*f.*) diretta.
— **drive counter** (*strum.*), contacolpi *m.*
— **-drive linear motor** (*audio*), motore a trazione diretta.
— **-drive turntable** (*audio*), giradischi a trazione diretta.
— **dye,** colore (*m.*) diretto; colore (*m.*) salino.
— **dyes** (*coloranti*), colori diretti; colori sostantivi.
— **flame boiler,** caldaia (*f.*) a fiamma diretta.

direct flat bed machine (*tip.*), macchina da stampa litografica a pressione piano-cilindrica.
— **giving of contract** (*leg.*), licitazione (*f.*) privata.
— **green,** verde sostantivo (*o* diretto).
— **input** (*f. i. via teletype or cathode ray tube*) (*calcol. elettron.*, *inform.*), input diretto (senza bisogno di schede perforate e nastri).
— **lighting,** illuminazione (*f.*) diretta.
— **memory access (DMA)** (*calcol. elettron.*), accesso diretto alla memoria.
— **numerical control** (*calcol. elettron.*, *macch. ut.*), controllo numerico diretto.
— **pickup** (*telev.*), trasmissione diretta delle immagini.
— **reading,** a lettura diretta.
— **reading analogue computor,** calcolatrice (*f.*) analogica a lettura diretta.
— **-reading dial,** quadrante (*m.*) a lettura diretta.
— **reading galvanometer,** galvanometro (*m.*) a lettura diretta.
— **-reading tacheometer** (*top.*), tacheometro a letture diretta.
— **reading weighing machine,** bilancia (*f.*) automatica.
— **reduction** (*met.*), riduzione diretta.
— **reversal** (*tip.*), diapositiva.
— **rolling** (*met.*), laminazione diretta (*rolling directly from cast ingot*).
— **rolling of continuously-cast material** (*met.*), laminazione diretta di prodotti (billette) ottenuti con colata continua.
— **-scanning** (*telev.*), a scansione diretta.
— **suspension,** sospensione (*f.*) diretta.
— **teem** (*met.*), colaggio diretto.
— (*v.a.*) **the construction,** dirigere (*v.a.*) i lavori.
— **-vision photometer,** fotometro (*m.*) a visione diretta.

direct-vision view-finder (*fot.*), mirino a traguardo.
— **-writing oscillograph,** oscillografo registratore (*o* a scrittura diretta).

direction, direzione *f.*
— **-finder** (*radio*), radiogoniometro *m.*; radiolocalizzatore *m.*
— **finding,** radiogoniometraggio *m.*
— **finding set** (*naut.*), radiogoniometro *m.*
— **indicator** (*auto*), indicatore di direzione.
— **indicator switch** (*auto*), interruttore per indicatore di direzione.
— **of a bridge,** direzione (*f.*) di un ponte.
— **of a force,** direzione (*f.*) di una forza.
— **of cutting,** direzione (*f.*) del taglio.
— **of feed** (*macch. ut.*), direzione (*f.*) di avanzamento.
— **of grain,** direzione (*f.*) delle fibre del legno.
— **of the wall,** allineamento (*m.*) del muro.
— **of the wind,** direzione (*f.*) del vento.
— **of twist** (*tess.*), direzione (*f.*) della torsione.
— **post,** segnale (*m.*) stradale.
— **-selective screen** (*TV*), v. **lenticular screen.**
— **tell-tale light** (*auto*), spia indicatori direzione.

directional antenna (*radio*), antenna (*f.*) direzionale.
— **circuit-breaker** (*elet.*), interruttore direzionale.
— **coupler** (*elettron.*), accoppiatore direzionale.
— **drilling** (*ind. pet.*), perforazione (*f.*) orientata.
— **gyro** (*aereo*), giroscopio (*m.*) direzionale.
— **intersection** (*costr. strad.*), svincolo con rampe direzionali.
— **microphone** (*acust.*). microfono (*m.*) direzionale.
— **receiver** (*radio*), ricevitore direzionale.

directional separator (*costr. strad.*), spartitraffico *m.*
— **stability** (*aereo*), stabilità (*f.*) direzionale.
— **pattern,** diagramma (*m.*) di irradiazione (di antenna).
directions for use (*mecc., ecc.*), istruzioni per l'uso.
directive (*inform.*), direttiva *f.*
— **antenna** (*radio*) (U.S.A.), antenna (*f.*) direttiva.
directivity (*radio*), direttività *f.* (*di antenna*).
— **factor** (*radio*), fattore (*m.*) di direttività.
— **pattern,** diagramma (*m.*) direttivo d'irraggiamento.
directly heated, a riscaldamento diretto.
— **-heated cathode** (*elet. radiol.*), catodo (*m.*) a riscaldamento diretto.
— **proportional,** direttamente proporzionale.
director (*cinem.*) regista *m.*; (*radio*) (U.S.A.), direttore *m.* (*dipolo parassita che aumenta le radiazioni all'antenna*); (*gen.*) direttore *m.*
— **of manufacturing** (*ind.*), direttore di fabbricazione.
Directorate-General for the Environment, Consumer Protection and Nuclear Safety (*EEC*), Direzione Generale ambiente, tutela dei consumatori, sicurezza nucleare delle Comunità Europee.
directory, annuario *m.* (repertorio con nomi ed indirizzi relativi a una particolare industria); (*tel.*), elenco telefonico; consiglio di amministrazione (di una società, ecc.); (*inform.*), tabella di identificatori e relativi riferimenti, con informazioni necessarie (p. es.) per trovare un « file ».
— **information** (*inform.*), informazioni riferentesi ad annuari (repertori od elenchi telefonici).
— **publishing** (*inform.*), pubblicazione di annuari.
dirt, sporcizia *f.*; morchia *f.*; inclusione di materie non metalliche in un metallo.
— **proof,** *agg.*, protetto dallo sporco.
— **road** (U.S.A.), strada (*f.*) in terra battuta.
— **trap,** fermascorie *m.*
dirty metal (*met.*), metallo sporco (metallo contenente eccessive quantità di inclusioni non metalliche).
— **steel,** v. — **metal.**
disability, invalidità *f.*
— **pension,** pensione d'invalidità.
disable (*v.a.*) **a bomb** (*mil.*), disattivare una bomba.
disabled, handicappato (*a special safety seat for disabled children*), un sedile speciale di sicurezza per fanciulli handicappati.
— **persons (car for — persons),** automobile per persone invalide.
disablement (*med., ind. leg.*), invalidità *f.*
— **benefit** indennità (*f.*) di invalidità; beneficio (*m.*) di invalidità.
disaccharide (pr. *dai.sec' e.raid*), (*chim.*), disaccaride *m.*
disappearing-filament pyrometer, pirometro (*m.*) a filamento evanescente.
disarmament (*gen.*), disarmo *m.*
disassemble (U.S.A.) (*mecc.*), *v.a.* smontare.
disassembling, smontaggio *m.*
disassemby, smontaggio *m.*
disassociate, *v.a.* dissociare.
disassociation, dissociazione *f.*
disaster transmitter (*radio*), trasmettitore di emergenza.
— **widow,** vedova in seguito a sciagura mineraria.
disbark, *v.a.* scortecciare.
disbarked wood, legno (*m.*) scortecciato.
disbursement (*comm.*), esborso *m.*; pagamento *m.*; versamento *m.*
disc, disco *m.*
— **-and-drum turbine,** turbina (*f.*) ad azione e reazione.

disc anode (*tubo raggi cat.*), anodo (*m.*) a disco.
— **area** (*aereo*), area (*f.*) del disco dell'elica.
— **brake** (*auto*), freno a disco.
— **brake pad** (*auto*), pastiglia per freno a disco.
— **brakes with vacuum servo assistance,** freni a dischi con servofreno.
— **camera** (*fot.*), camera con fotodisco (Kodak).
— **capacity** (*inform.*), capacità disco.
— **clutch,** frizione (*f.*) monodisco.
— **cultivator** (*agr.*), coltivatore (*m.*) a disco.
— **cutter** (*macch. ut.*), fresa (*f.*) a disco.
— **drive** (*inform.*), unità a dischi; memoria a dischi.
— **dump** (*inform.*), analisi di dischi.
— **file** (*inform.*), « file » da disco; schedario su dischi; insieme di dati memorizzati su dischi.
— **jockey** (*radio TV*), presentatore radio-televisivo di dischi popolari ecc.
— **library** (*inform.*), libreria (*f.*) su disco.
— **harrow,** erpice (*m.*) a dischi.
— **pack** (*calcol. elettron.*), caricatore *m.*
— **pad** (*auto*), pastiglia per freni a disco.
— **piston,** stantuffo (*m.*) a disco.
— **plough,** aratro (*m.*) a disco.
— **record,** disco *m.*
— **recording,** registrazione (*f.*) su disco.
— **sand papering machine,** pulitrice (*f.*) per legno.
— **scanner** (*telev.*), esploratore (*m.*) di disco.
— **separator** (*mecc.*), distaccatore (*m.*) a dischi (*ind. mulini, ecc.*).
— **-shaped,** a forma di disco.
— **store** (*inform.*), memoria (*f.*) a dischi; unità di memoria su disco magnetico.

disc subsystem (*inform.*), sottosistema a dischi.
— **unity** (*inform.*), unità (*f.*) a dischi.
— **valve** (*aer.*), valvola (*f.*) a piattello.
— **video recorder** (*TV*), videoregistratore a disco.
— **winding** (*elet.*), avvolgimento (*m.*) a disco.
— **wheel,** ruota a disco.

discaling (no-acid —) (*met.*), discagliatura a secco, mediante abrasivi (brevetto Wheelabrator Corp U.S.A.).

discards (*met.*), spuntature *f. pl.*; sfridi (*m. pl.*) di laminazione; scarto *m.*

discards (ingot —) (*met.*), spuntature del lingotto.

discharge, efflusso *m.*; scarico *m.*; (*v.a.*) scaricare.
— (*v.a.*) **a battery,** scaricare (*v.a.*) una batteria.
— **branch,** orificio (*m.*) scaricatore; bocca (*f.*) di scarico.
— **cock,** rubinetto (*m.*) di scarico (*o* spurgo).
— **coefficient** (*idr.*), coefficiente (*m.*) d'efflusso.
— **current** (*elet.*), corrente (*f.*) di scarica.
— **curve** (*elet.*), curva (*f.*) di scarica.
— **electrode** (*elet.*), elettrodo (*m.*) di scarica.
— **end of the machine** (*met.*). estremità di scarico della macchina (*di agglomerazione, ecc.*).
— **head** (*pompe*), altezza (*f.*) di mandata.
— **nozzle,** orificio (*m.*) di emissione (*o* di efflusso).
— **of an accumulator,** scarica (*f.*) di un accumulatore.
— **port** (*autobotti, nafta*), portello di scarico.
— **quantity,** portata *f.*
— **rate,** intensità di scarica (di accumulatore).
— **socket,** orificio (*m.*) scaricatore; bocca (*f.*) di scarico.

discharge stop valve, valvola regolatrice di scarico; valvola di arresto di scarico.
— **switch** (*elet.*), interruttore (*m.*) di scarica.
— **tube** (*fis.*), tubo (*m.*) a vuoto; (*termoion.*), tubo (*m.*) a scarica.
— **water,** acqua (*f.*) di scolo.
discharger (*elet.*), scaricatore *m.*
dischargers scaricatori *m. pl.*
disclose (to) (*min.*), rivelare; (*drilling has disclosed lead-zinc-silver mineralisation over an area 1,000 ft long and 500 ft wide*), lo scavo ha rivelato una mineralizzazione piombo-zinco-argento su un'area di 1000× ×500 piedi.
disco (*cost.*), discoteca *f.* (*locale, night-club*).
discoloration, scoloramento *m.*
disconnect, *v a.* disinnestare (*elet., mecc.*); interrompere.
— (*v.a.*) **a clutch,** disinnestare un giunto.
disconnecting, disinnesto *m.*
— **device,** sezionatore *m.*
disconnection (*elet.*), disinnesto *m.*
discontinue the previous type body (*auto*), abbandonare (interrompere) la carrozzeria del tipo precedente.
discontinuity, discontinuità *f.*
discordance (*geol.*), discordanza *f.*
discount (*comm.*), sconto *m.*
discover an ore deposit (*min.*), scoprire un deposito di minerali.
discrepancy, differenza *f.*
discrete, *agg.* discreto (*mat.*: rappresentazione di una grandezza; simulazione, ecc.).
— **(power) device** (*elettron.*), dispositivo discreto.
— **simulation** (*calcol. elettron.*), simulazione (*f.*) discreta.
discriminating selector (*telef.*), selettore differenziatore.
discriminator (*elet.*), selettore *m.*; discriminatore; (*radio*), discriminatore *m.* (speciale rivelatore usato per ricevitori F-m).
discus throw (*sport*), lancio del disco.
discussion (open —) (*riunioni*), discussione generale.
disengage, *v.a. v.i.*, disingranare *v.a.*; disimpegnare *v.a. v.r.*; sbloccare *v.a.* (*mecc.*); disinnestare *v.a.*
— **the clutch (to —),** *v.a.* (*auto*), debraiare; disinnestare la frizione.
disengaged, disingranato *p.p.*; libero *agg.* (*mecc.*); disinnestato *p.p.*
disengagement (*mecc.*), disinnesto *m.*
disengaging arbor, albero (*m.*) di disinnesto.
— **bar,** asta (*f.*) permutatrice.
— **coupling,** innesto (*m.*) disinnestabile.
— **gear** (*mecc.*), disinnesto *m.*
— **latch,** bottone (*m.*) di disinnesto.
— **pawl,** nottolino (*m.*) disinnestabile.
dish (*chim.*), recipiente *m.*; capsula *f.*; piatto *m.*; (*radar*), riflettore (*m.*) parabolico; (*slang*) (U.S.A.), riflettore parabolico; (*mecc.*), imbutire *v.a.*
— **aerial** (*radio*) (*naut.*), antenna o riflettore parabolico.
— **bottom tank** (*petrol.*), serbatoio con fondo concavo.
— **drainer,** scolapiatti *m.*
— **of a balance,** piatto (*m.*) di una bilancia.
— **reflector,** riflettore parabolico.
— (*v.a.*) **the ends** (*met.*), imbutire i fondi.
dished-arm machine handwheel, volano (*m.*) a raggi curvi.
— **plate spring,** molla a disco conico.
dishing of plates, imbutitura (*f.*) di lamiere.
— **press** (*mecc.*), pressa (*f.*) per imbutire (fondi di caldaie ecc.).
dishoarding (*econ.*), detaurizzazione *f.*

dishwasher, lavastoviglie *f.*
— **detergent** (*chim.*), detergente (*m.*) per lavastoviglie.
dishwashing detergent, detergente per lavastoviglie.
— **machine,** v. **dishwasher.**
disincentive (*lavoro*), disincentivo *m.*
disinfectant (*chim.*), disinfettante *m.*
disinflationary, *agg.* (*econ.*), deflazionista.
disintegrable, *agg.* disintegrabile.
disintegrate, *v.a.* disintegrare.
disintegrating slag (*met.*), scoria di decomposizione.
disintegration, disintegrazione *f.*
— **chain** (*fis. atom.*), catena di disintegrazione.
— **electron,** v. **decay electron.**
— **(of an element),** disintegrazione *f.* (di un elemento).
— **rate,** velocità di disintegrazione.
disintegrator, disintegratore *m.*; (*carta*) lupo.
disjoin, *v.a.* disgregare.
disjunction, disgregazione *f.*
disk, disco *m.*; v. anche **disc.**
— **brake** (*auto*), freno (*m.*) a disco.
— **coupling,** accoppiamento (*m.*) a dischi.
— **jockey** (*traffico*), persona che, pagata dal proprietario dell'auto, cambia l'ora del disco di stazionamento dell'auto.
— **-jockey program** (*radio*) (U.S.A.), radioprogramma musicale « in compartecipazione » (promosso da diverse ditte a scopi pubblicitari).
— **piston,** pistone (*m.*) a disco.
— **saw,** sega (*f.*) circolare.
— **store** (*elettron.*), v. **disc —.**
— **storage system** (*elettron.*), sistema di memoria a dischi magnetici.
— **-type electric brake,** freno (*m.*) elettrico a dischi.
dislocation (*met.*), dislocatione *f.* (difetto di reticolo cristallino).
— **allowance** (*lavoro*), indennità di trasferimento (dovuta a trasferimento dell'impresa in un altro luogo, con perdita dell'impiego).
dislocation climb (*met.*), arrampicamento (*m.*) della dislocazione (ridisposizione di dislocazioni dovuto a vacanza, ecc.).
— **line** (*crist.*) (*met.*), linea di dislocazione.
dismantle (to —), *v.a.* (*mecc.*, *naut.*, *aereo*), smontare; disarmare (*cost. in cemento, armature*).
dismantling, smontaggio *m.*; (*cost.*) disarmo *m.*
dismiss (to —), licenziare *v.a.*
dismountability, amovibilità *f.*
dismutation (*chim.*), simultanea ossidazione e riduzione; dismutazione *f.*
disorientation (*cristal.*), disorientazione *f.*
dispatch note (*comm.*), bollettino di spedizione; bollettino postale.
dispenser (*necc.*), distributore (*m.*) automatico (p. es. *food dispenser*, distributore per alimenti).
dispergate, *v.a.* sciogliere (*v.a.*) colloidalmente.
dispersal system (*aereo*) (*agr.*), sistema di dispersione (generalm. dietro il sedile del pilota, di un aereo polverizzatore o irroratore).
dispersant (*chim. tess.*), disperdente *m.*
— **(chemical — for the control of oil spills),** disperdente chimico per il controllo di perdite di petrolio in mare, ecc.
disperse, *v.a.* (*min.*), disperdere.
— **layers and accumulation of methane,** disperdere strati ed accumuli di metano.
— **system** (*chim.*), sistema disperso.
dispersing agent (*chim.*), mezzo disperdente; (for pigments) (*chim. colloidale*) (*tess.*), ausiliare disperdente.
dispersion, dispersione *f.*
— **hardening** (*met.*), indurimento (*m.*) per dispersione.
— **oxygenator** (*med.*), macchina cuore-polmone (*heart-lung machine*).

dispersion pattern, rosa (*f.*) di tiro (*armi*).
— **strengthening of metallic materials** (*met.*), rafforzamento (indurimento) per dispersione dei materiali metallici.
— **(— -strengthened metal),** metallo rinforzato (indurito) con il metodo della dispersione.
dispersive reflector, riflettore (*m.*) a dispersione.
dispersoid (*chim.*), dispersoide *m.*
Dispersol RT, prodotto usato per la tintura della lana.
displacement, cilindrata *f.* (USA); dislocazione *f.*; dislocamento *m.* (*naut.*); spostamento (in generale e per liquidi) (*chim.*).
— **correction,** correzione (*f.*) di parallasse.
— **of a liquid,** spostamento (*m.*) di un liquido.
— **of a ship,** spostamento (*m.*) di una nave.
— **of brushes** (*elet.*), spostamento (*m.*) delle spazzole.
— **of the bearing,** spostamento (*m.*) dell'appoggio.
— **pump,** pompa (*f.*) a stantuffo tuffante.
display (*chim., ecc.*), manifestazione (*f.*) di proprietà; tendenza *f.*; (*elet., ecc.*), quadro indicatore (di contatori, ecc.); indicazione *f.* (di quadri indicatori; (*inform.*), visualizzazione su schermo (TV, calcol. elettron., ecc.).
— **(to —),** *v.a.* (*chim., ecc.*), produrre (un effetto); esercitare (un'azione); (*inform.*), visualizzare (dati, ecc.).
— **faces** (*tip.*), caratteri per lavori commerciali.
— **screen** (*inform.*), schermo di visualizzazione.
— **type setting** (*tip.*), vedi: **display work.**
— **unit** (*elettron.*), unità visiva (in cui le informazioni appaiono sotto forma luminosa).
— **work** (*tip.*), caratteri per titoli di pagine, lavori commerciali.
display (digit —), quadro indicatore digitale.
— **(illuminated —),** quadro indicatore illuminato.
disposable (*tess.*) (*textile replacement fabric*), tessuto sintetico usato specialm. in ospedali e fabbriche, lavabile senza stiratura (p.es. Kleenex, Kotex,ecc).
— **lift** (*aereo*), portanza (*f.*) disponibile.
disposal, smaltimento *m.*; distribuzione *f.*; eliminazione; evacuazione *f.* (*di acque*).
— **plant,** stazione (*f.*) smaltimento (di acque usate).
— **(rubbish — system),** sistema di smaltimento di detriti.
dispute (national emergency —), conflitto nazionale di lavoro.
disruption, rottura *f.*; distruzione *f.*
disruptive charge (*elet.*), carica (*f.*) diruttiva.
— **discharge** (*elet.*), scarica diruttiva.
— **voltage** (*elet.*), tensione diruttiva.
dissaving (*econ.*), spendere senza badare al risparmio.
dissector multiplier (*telev.*), dissettore *m.*
— **tube** (*telev.*), tubo a fotocatodo.
disseminate (to —) (*inform.*), diffondere (informazioni, ecc.).
dissemination (information —) (*inform.*), diffusione delle informazioni.
dissimulated electricity, elettricità (*f.*) latente.
dissipate (*v.a.*) **(the) heat,** dissipare (*v.a.*) il calore.
dissipation, dissipazione (*elet.*).
— **factor,** fattore (*m.*) di dissipazione.
— **measurements** (*elet.*), misure di dissipazione.
dissipative network (*elet.*), rete di dissipazione.
dissociation constant (*chim.*), costante di dissociazione.

dissolve, *v.a. v.i.*, dissolvere *v.a. v.r.*
— (*cinem.*), dissolvenza (*f.*) incrociata.
— **away,** *v.a.* eliminare mediante dissoluzione.
— **out,** *v.a.* separare mediante dissoluzione.
dissolved acetylene (*chim.*), acetilene (*m.*) disciolto.
— **acetylene in portable cylinders** (*sald.*), acetilene (*f.*) disciolto in bombole portatili.
dissolvent, dissolvente *m.*
dissolving bath (*met.*), bagno (*m.*) dissolvente.
dissonance, dissonanza *f.*
dissymmetrical, *agg.* asimmetrico.
dissymmetry, dissimmetria *f.*; asimmetria *f.*
distance, distanza *f.*
— **across corners of a nut,** distanza (*f.*) fra gli spigoli di un dado.
— **between centres** (*macch. uten.*), distanza (*f.*) fra le punte.
— **between the coals** (*elct.*), distanza (*f.*) dei carboni.
— **between track centres,** interasse (*m.*) dei binari.
— **between trusses,** distanza (*f.*) fra le incavallature.
— **centre and centre,** distanza (*f.*) da centro a centro.
— **indicator** (*fot.*), telemetro *m.*
— **measuring equipment (DME)** (*radar*) (*aereo*), distanziometro *m.*
— **of rivet from edge of plate,** distanza (*f.*) dei chiodi dal bordo della lamiera.
— **piece,** separatore (per accumulatori); (*ferr.*), distanziale *m.*
— **record,** record di distanza.
— **to landing** (*aereo*), corsa (*f.*) all'atterraggio.
— **to travel before fuel is exhausted** (*computer*) (*auto*), distanza da percorrere prima che si esaurisca il carburante.
— **(to change the —),** cambiare la distanza.
distance (to maintain the –), mantenere la distanza.
distant control, telecomando *m.*
— **vision** (*inform.*), visione (*f.*) distante.
— **-vision lens** (*ott.*), lente per visione distante.
distemper (*colori*), stemperare *v.a*;. tempera *f.*
distil, *v.a.* distillare.
— **away,** *v.a.*, eliminare *v.a.* (eliminarsi *v.r.*) mediante distillazione.
— **off,** *v.a.* eliminare mediante distillazione; eliminarsi (*v.r.*) mediante distillazione.
— **out,** *v.a.* separare (estrarre) mediante distillazione; separarsi con distillazione.
— **over,** *v.a.*, distillare *v.a.*
distillable, *agg.* (*chim.*), distillabile.
distillate, distillato *m.*
distillation, distillazione *f.*
— **apparatus,** apparecchio (*m.*) di distillazione.
— **flask** (*chim.*), matraccio di distillazione.
— **of coal,** distillazione (*f.*) del carbone.
— **of wood,** distillazione (*f.*) del legno.
— **range,** gradazione di distillazione.
distilled blue (*chim.*), solfato d'indaco in soluzione.
— **water,** acqua (*f.*) distillata.
— **water evaporating plant** (*ind. chim.*), impianto evaporazione di acqua distillata.
distilling and rectifying plant, apparecchio (*m.*) per la distillazione e rettificazione.
— **apparatus,** apparecchio (*m.*) di distillazione; distillatore *m.*
— **furnace,** fornello (*m.*) per distillazione.
distorsion, deformazione *f.*; distorsione *f.*
distort, *v.a.* deformare; alterare *v.a.*
distortion (*mecc.*, *telev.*), distorsione *f.*; deformazione *f.*; alterazione *f.* (*di prodotto*).

distortion-meter (*radio*), distorsiometro *m.*
distress signal (*aer.*) (*naut.*), segnale di pericolo.
— **wave** (*radar*), onda (*f.*) di soccorso.
distribute, *v.a.*, ripartire *v.a.*; (*tip.*), scomporre e incassare.
— **the load** (*costr.*), distribuire (*o* ripartire) il carico.
distributed computing (*inform.*), informatica distribuita.
— **processing** (*inform.*), informatica distribuita (decentralizzazione dei mezzi di trattamento).
— **systems** (*inform.*), sistemi informativi distribuiti.
distributing bell (*met.*), campana (*f.*) di distribuzione.
— **board** (*elet.*), quadro (*m.*) di distribuzione.
— **box** (*elet.*), cassetta (*f.*) di distribuzione.
— **cock,** rubinetto (*m.*) di distribuzione.
— **eccentric,** eccentrico (*m.*) di distribuzione.
— **main** (*elet.*), linea (*f.*) di distribuzione.
— **mains,** conduttura (*f.*) di distribuzione.
— **pipe,** tubazione (*f.*) di distribuzione.
— **plant,** impianto di distribuzione.
— **point** (*ing. elet.*), punto (*m.*) di alimentazione (della linea).
— **shaft,** albero (*m.*) di distribuzione.
— **slide valve,** cassetto (*m.*) di distribuzione.
— **station** (*elet.*), centrale di distribuzione.
— **valve,** valvola di distribuzione.
distribution, distribuzione *f.*; scomposizione (*tip.*).
— **board,** vedi: **distributing board.**
— **header** (*chim.*), condotta distributrice.
— **of earth quantities,** distribuzione (*f.*) delle masse di terra.
— **of trusses** (*cost. civ.*), distribuzione (*f.*) di incavallature.
distribution system (*gas, elet.*), sistema di distribuzione.
— **(even — of weight)** (*cost.*), distribuzione uniforme del peso.
distributive (*mat.*), distributivo.
distributor, spinterogeno *m.* (*auto*); ruttore *m.*; scompositore *m.* (*tip.*); ripartitore *m.* (*teleg.*); distributore *m.*; (*ind.*), distributore (incaricato, o ditta incaricata per la diffusione e vendita dei prodotti di un'altra ditta o organizzazione).
— **box** (*tip.*), scatola di distribuzione.
— **points,** puntine (*f. pl.*) dello spinterogeno.
— **(officially appointed —),** distributore autorizzato (per la vendita di auto, cicli, ecc.).
district (*min.*), sezione (in cui è suddivisa una miniera, per la ventilazione e la supervisione).
— **heating,** riscaldamento centrale collettivo (di una data zona cittadina).
— **railway,** ferrovia (*f.*) regionale.
disturbance, grandezza perturbatrice; perturbazione *f.*
— **variable** (*elettron.*), variabile di disturbo.
disturbing moment (*aer.*), momento perturbante.
— **voltage,** tensione (*f.*) perturbatrice.
disulphide (*chim.*), bisolfato *m.*
disulphite (*chim.*), bisolfito *m.*
disulphonic acid (*chim.*), acido (*m.*) pirosolforico.
disused airfield, campo d'aviazione fuori uso.
ditan (*chim.*), difenil metano.
ditch, fosso *m.*; fossa *f.*; (*v.i.*), ammarare forzatamente (*aereo*).
— **cleaner** (*macch. agr.*), nettafossi *m.*
— **cleaning** (*agr.*), espurgo (*m.*) fossi.
— **(to —),** (*landing of a disabled aircraft on water*), ammarare con aereo danneggiato; eseguire un ammaraggio forzato con aereo.

ditcher (*macch. agr. e strad.*), scavafossi *m.*; affossatore *m.*; escavatore (*m.*) per trincee.
ditching (*costr.*), taglio (*m.*) di fossati; scavo (*m.*) di fossati; (*aereo*), ammaraggio forzato di un aereo in difficoltà.
dithionate (*chim.*), ditionato *m.*
dittany of crete (oil of —), olio (*m.*) essenziale d'origano.
ditto (*comm.*, *ecc.*), idem.
diurnal variation, escursione (*f.*) diurna.
divalent, *agg.* bivalente.
dive (*aereo*), *v.i. n.* scendere in picchiata; picchiata *f.*
— **-angle indicator** (*aereo*), indicatore (*m.*) dell'angolo di picchiata.
— **bomber,** aeroplano (*m.*) da bombardamento in picchiata.
— **brake** (*aereo*), freno (*m.*) aerodinamico *m.* (freno di picchiata).
— **flap** (*aereo*), ipersostentatore (*m.*) di picchiata.
diver, palombaro *m.*
diverge, *v.a.*, divergere *v.i.*
divergence, divergenza *f.*
divergent, *agg.* divergente.
diverging lens, lente (*f.*) divergente.
— **series,** serie (*f.*) divergente.
diversion, v. **call** — (*tel.*).
— **terrace,** v. **terrace.**
diversity antenna (*radio*), antenna di ricezione differenziale (per ridurre il « fading »).
— **factor** (*elet.*), fattore (*m.*) di diversità.
— **receiver,** radioricevitore (*m.*) differenziale.
— **reception** (*radio*), ricezione (*f.*) differenziale.
divert (*v.a.*) **a spring,** deviare (*v.a.*) una sorgente.
— **the traffic,** deviare il traffico.
divide, *v.a.* (*mat.*), dividere.
— **the web** (*tess.*), dividere (*v.a.*) il velo.
divided beam (*tess.*), subbio a sezioni.
divided highway (U.S.A.), strada (*f.*) a due carreggiate separate.
— **piston,** stantuffo (*m.*) diviso in due pezzi.
dividend (*mat.*), dividendo *m.*
divider (*elettron.*), divisore; v. **decade voltage divider.**
dividers (*dis.*), compasso a punte fisse.
dividing head (*macch. ut.*), testa a dividere; divisore.
— **machine** (*macch. ut.*), macchina a dividere.
— **plate** (*macch. ut.*), disco (*m.*) divisore.
— **shear** (*mecc.*), cesoia (*f.*) a dividere.
— **(rotary — table)** (*macch. ut.*), tavola a dividere girevole.
diving, immersione *f.* (di sottomarino).
— **moment,** momento (*m.*) di beccheggio.
— **turn** (*aereo*), virata (*f.*) in picchiata.
divining rod, bacchetta (*f.*) divinatoria (*usata per petrolio, ecc.*).
divisibility, divisibilità *f.*
division, divisione *f.*
divisor (*mat.*), divisore *m.*
divorced pearlite (*met.*), perlite (*f.*) granulare.
do a hammering, fare (*o* eseguire) una martellatura.
— **a welding,** fare una saldatura.
do-it-yourself computer (*inform.*), calcolatore elettronico per chi fa da sè.
— **-ox-tube,** composto brevettato per disossidare metalli fusi e leghe.
dobbie (*tess.*), ratiera *f.* (usata su telai).
dobby (*tess.*), ratiera *f.* (usata su telai).
— **loom** (*tess.*), telaio (*m.*) a ratiera.
dock, *v.a.* (*naut.*), mettere (*v.a.*) in bacino; (*naut.*), attraccare; (*naut.*), bacino *m.*; darsena *f.*
— **(to)** (*astron.*), agganciarsi in volo.

dock price (*petrolio*) (*comm.*) (U.S.A.), prezzo allo stabilimento; prezzo alla fabbrica (escluso recipiente e trasporto).
— **(shiprepair —)** (*naut.*), bacino per riparazioni navali.
dockage, materia estranea (in cereali).
docket (*min.*), foglio di paga del minatore con specifica del lavoro compiuto (*turni*, *ecc.*), salario e relative trattenute.
docking (*astron.*), aggancio spaziale; agganciamento spaziale (« attracco » spaziale).
— **of two manned spaceships in orbit** (*astron.*), aggancio spaziale di due astronavi in orbita abitate.
— **ring** (*astron.*), anello di aggancio.
— **technique** (*astron.*), tecnica di aggancio spaziale.
— **(automatic — of unmanned satellites** (*astron.*), aggancio automatico (spaziale) di satelliti non abitati.
dockyard (*naut.*), cantiere *m.*
doctor (*carta*), regolo (*m.*) raschiatore; aggiunte di mater. chimico a zucchero in polvere per impedire granulazione.
— **(to —)** *v.a.* (*petrolio*), trattare con ossido di piombo; sfruttare di nuovo un pozzo petrolifero; *v.a.* riparare; rimettere in buono stato; falsificare (vini, conti, ecc.); modificare (caratteristiche, ecc.) per un dato scopo.
— **blade** (*vernici*), calibro per applicazioni di vernici.
— **« roll » glue spreader** (*macch. da legno*), stenditrice di colla, a rulli.
— **solution** (*petrolio*), soluzione desolforante.
— **test** (*ind. pet.*), saggio (*m.*) all'ossido di piombo (per la determinazione dei mercaptani).
— **treatment** (*petrolio*), trattamento all'ossido di piombo (del petrolio acido).
doctor's bench, banco di controllo.
document (*inform.*), documento *m.* (modulo con le dovute informazioni; microfiche; stampato)
— **filing** (*inform.*), archiviazione di documenti.
— **handling speed** (*elettron.*), velocità di trattamento dei documenti.
— **rate** (*elettron.*), velocità di trattamento dei documenti.
— **reader** (*elettron.*), lettore di documenti.
— **retrieval** (*inform.*), ricerca documentaria.
— **shredder** (*inform.*), distruggidocumenti *m.*
— **sorter** (*elettron.*), selezionatrice di documenti.
— **viewer** (*inform.*), lettore di microfiche.
dodecagon, dodecagono *m.*
dodecahedral, *agg.* dodecaedrale.
dodecahedron, dodecaedro *m.*
dodging (*film*) (*cin.*), procedimento di sfumatura di una parte di negativo durante la stampa.
dodo (*slang*) (U.S.A.) (*aereo*), membro delle forze aeree che non vola.
doff (to —) (*tess.*), fare la levata (delle bobine piene).
doffer (*tess.*), tamburo (*m.*) di una carda; cilindro (*m.*) scaricatore; operatore addetto alla levata (*tess.*).
— **comb** (*tess.*), pettine del cilindro scaricatore.
doffing (*tess.*), levata *f.* (delle bobine piene).
dog, innesto *m.*; morsetto *m.*; arpione *m.*; cane *m.* (*ing.*); brida *f.* (*mecc.*); nottolino *m.*; (*tornio*), v. **lathe driving —.**
— **clutch,** innesto (*m.*) a denti.
— **house** (*cinem.*) (*slang*) (U.S.A.), cabina cinematografica; (*radio*) (U.S.A.), cabina (*f.*) di sintonia.
— **iron,** arpione *m.*
— **leg** (*acust.*), (U.S.A.) spirale di avviam. di un disco.
— **movement** (*cinem.*), tipo di movimento intermittente.

dog spike (*ferr.*), arpione (*m.*) per rotaie.
doggy crane (*mecc.*), gru a tenaglia.
dogs, arresti *m. pl.*
doily (U.S.A.), straccio (*m.*) per togliere l'unto.
dolby «B» (*a noise reduction system used for tape recording, and in FM broadcasting*) (*audio*), dolby (circuito per la riduzione del rumore di fondo usato nei registratori e nella trasmissione in MF).
doldrums (*meteor.*), zona (*f.*) delle calme.
dole out, versamento di sussidio a lavoratori disoccupati.
dolerite (*min.*), dolerite *f.*
dollar, dollaro *m.*; (*fis. atom.*), dollaro *m.* (unità di reattività).
dolly, contro-butteruola *f.*; contro-stampo *m.*; carrello (piattaforma mobile per studi cinematografici o per televisione); (*v.a.*) muovere la camera televisiva per seguire la scena da riprodurre.
— **device** (*mecc.*), contrasto *m.*
— **dimples** (*smalti e vernici*), « pori di bambola » (difetto negli smalti).
— **in,** avanzamento della telecamera (carrello avanti).
— **man** (*telev.*), operatore di un carrello su cui è montata una camera televisiva.
— **out,** arretramento della telecamera (carrello indietro).
— **pusher** (*telev.*), vedi: **dolly man.**
doloma (*met.*), clinker formato da dolomite calcinata con ossido di ferro.
dolomite (*min.*), dolomia *f.*
— **centrifuging machine** (*forni met.*), lancia-dolomite *f.*; macchina per lanciare dolomite.
— **(double-burned —)** (*met.*), dolomite cotta due volte.
dolomitic marl, marna (*f.*) dolomitica.
— **sand,** sabbia (*f.*) dolomitica.
dolomol (*chim.*), stearato di magnesio.
dolphin (*naut.*), bitta (*f.*) d'ormeggio.
domain (*cristal.*), dominio *m.*
— **structure,** struttura dei domini.
dome, cilindro (*m.*) d'immissione (*ing.*); cuvetta *f.* (*orol.*); cupola *f.* (*costr.*); duomo *m.* (di vapore).
— **roof tank** (*petrol.*), serbatoio a tetto bombato.
— **-shaped roof,** tetto (*m.*) a cupola.
— **tweeter** (*audio*), tweeter a cupola.
— **with spire,** cupola (*f.*) a punta.
domed tip of an electrode (*sald.*), estremità (*f.*) dell'elettrodo bombata.
domestic, *agg.*, (rif. a satelliti, sistemi di telecomunicazioni ecc.), nazionale; (*gen.*) domestico.
— **appliances (electrical —),** elettrodomestici *m. pl.*
— **communications satellite,** satellite di telecomunicazioni nazionale.
— **electric polishers,** lucidatrici elettriche per usi domestici.
— **refuse,** rifiuti (*m. pl.*), domestici.
— **scales,** bilancia per cucina.
— **sewage,** liquami (*m. pl.*) domestici.
— **smoke control** (*inquinamento*), controllo dei fumi del riscaldamento domestico.
— **utilisation of gas.** utilizzazione domestica del gas.
— **video,** televisione domestica.
— **wool** (*lana*) (U.S.A.), lana (*f.*) di produzione nazionale.
domical groin (*arch.*), lunetta (*f.*) sferica.
— **vault,** volta (*f.*) a cupola.
dominant wavelength, lunghezza (*f.*) d'onda dominante.
don (to), indossare.
— **a pressurised suit,** indossare una tuta pressurizzata.

donkey boiler, calderina *f.*; caldaia (*f.*) ausiliaria.
— **engine,** pompa (*f.*) di alimentazione.
— **pump,** cavallino *m.*; (*caldaie*), pompa ad alimentazione indipendente.
donor, atomo che fornisce i due elettroni di un legame semipolare; donatore *m.*
— **elements** (*chim.*), elementi « donatori ».
doodle (*petrolio*) (U.S.A.), bacchetta divinatoria; sismografo *m.*; *v.i.* cercare il petrolio (*con mezzi diversi*).
door, sportello (*m.*) d'accesso alla fusoliera (*aereo*); porta *f.*; portiera *f.* (*auto*).
— **bin** (*auto*), tasca portaoggetti praticata nella porta.
— **bolt,** chiavistello *m.*
— **case,** telaio (*m.*) di porta.
— **closer** (*elet.*), chiudiporta automatico.
— **cooling frame** (*forni met.*), telaio di raffreddamento delle porte.
— **frame,** intelaiatura (*f.*) di porta; (*costr.*), serramento (*m.*) di porta.
— **handle,** impugnatura (*f.*) di porta; maniglia (*f.*) di porta.
— **hinge,** cardine (*m.*) della porta.
— **jamb** (*forni met.*), spalla (*f.*) della portina del forno; pilastro (*m.*) di porta.
— **knob,** bottone (*m.*) della porta.
— **mirrors** (*auto*), specchietti (*m. pl.*) esterni sulle portiere.
— **-mounted mirrors** (*auto*), specchietti (*m. pl.*), montati sulle porte.
— **opening,** vano (*m.*) di porta.
— **post,** stipite (*m.*) di porta; montante (*m.*) di porta.
— **runner rail,** rotaia (*f.*) di scorrimento (per porta).
— **sill,** soglia *f.* (di porta).
— **stud,** stipite *m.* (di porta); montante *m.* (di porta).
door width (*forni met.*), larghezza della porta.
— **winch** (*forni met.*), dispositivo di alzaporte.
— **(big rear —)** (*auto*), portellone posteriore (per caricare bagagli).
— **(hinged fireproof —),** porta a cardine antincendio.
— **(2 — saloon),** berlina a 2 porte.
— **(4 — saloon),** berlina a 4 porte.
doorway, arco (*m.*) di porta; (*cost.*), vano porta; porta *f.*
dope, vernice *f.* a tendere (per aerei); vernice per rifinitura *f.*; emaillite *f.*; miscela speciale per correggere un'operazione mal riuscita di altoforno; materiale assorbente per esplosivi; narcotico; (*auto*) correttivo (*per benzina*).
— **(to —)** (*elettron.*), drogare (un semiconduttore).
doped envelope, involucro (*m.*) verniciato.
doping (*aereo*), verniciatura *f.* a tendere; cambiamento delle proprietà di una pittura con agente modificante; impregnamento *m.* (processo di impermeabilizzazione di tele); (U.S.A.) (*elettron.*), drogaggio (*o* drogatura) *m.* (aggiunta di impurezze ad un semiconduttore al fine di ottenere una data caratteristica).
— **agent** (*elettron.*) (U.S.A.), drogante *m.* (additivo per semiconduttori).
Doppler effect, effetto (*m.*) Doppler.
— **shift,** variazione (*f.*) di frequenza per effetto Doppler.
dormant oil, olio minerale raffinato usato come insetticida.
dormer rafter, puntone (*m.*) cavaliere.
— **-window,** finestra (*f.*) sopra tetto; abbaino *m.*
dorsal turret (*aereo*), torretta (*f.*) dorsale.
dosage meter, dosimetro *m.*

dose (*fis. atom.*), dose *f.* (quantità che rappresenta l'intensità degli effetti radioattivi, dovuti alle radiazioni).
— **-meter** (*fis.atom.*), dosimetro *m.*
dosimeter (*fis. atom.*), dosimetro *m.*
dosimetry (*fis. atom.*), dosimetria *f.*; misura della dose di radiazione.
dot (*telev.*), punto *m.*
— **-and-dash line** (*dis.*), tratteggio linea punto.
— **frequency** (*telev.*), frequenza (*f.*) d'analisi (*o* di punti).
— **-interlaced television** (*telev.*), televisione a punti interlacciati.
— **printer** (*inform.*), stampante a matrice (di punti).
— **punch**, punzone *f.* (con punta a 60°).
— **-sequential system** (*telev.*), sistema a sequenza di punti usato dalla Radio Corporation of America.
dotted line, linea (*f.*) punteggiata.
double (*cinem.*), controfigura *m.* (di parti pericolose); *v.a.* (*tess.*), doppiare; binare; accoppiare.
— **acting**, a doppio effetto.
— **-acting cylinder**, cilindro (*m.*) a doppio effetto.
— **-acting engine**, motore (*m.*) a due tempi.
— **-acting fuse**, spoletta (*f.*) a doppio effetto.
— **-acting piston**, stantuffo (*m.*) a doppio effetto.
— **acting pump**, pompa (*f.*) a doppio stantuffo.
— **acting steam engine**, macchina (*f.*) a vapore a doppio effetto.
— **-action press** (*mecc.*), pressa (*f.*) a doppio effetto.
— **ageing treatment** (*met.*), trattamento di invecchiamento doppio.
— **angle fish plate** (*ferr.*), stecca a doppio risvolto.
— **armed lever**, leva (*f.*) a due bracci.
— **-bank radial engine** (*aereo*), motore (*m.*) a doppia stella.
double barrel pump, pompa (*f.*) doppia.
— **-barreled shotgun** (*armi*), fucile a due canne.
— **bearing**, sopporto (*m.*) a due cuscinetti.
— **belt**, cinghia (*f.*) doppia.
— **bevel groove edge** (*sald.*), bordo (*m.*) con smusso a K.
— **-bonded compound**, isomero a doppio legame.
— **bottom**, fondo (*m.*) doppio.
— **bottomed**, a doppio fondo.
— **butt strap**, coprigiunto (*m.*) doppio.
— **butt strap joint**, chiodatura (*f.*) a doppio coprigiunto.
— **-cage motor** (*elet.*), motore a doppia gabbia.
— **cantilever roof** (*ferr.*), tettoia (*f.*) a falde convergenti.
— **carbonate** (*chim.*), carbonato (*m.*) doppio.
— **cocoon** (*tess.*), doppione *m.*
— **crossing** (*tess.*), doppio giro.
— **concave lens**, lente (*f.*) biconcava.
— **cone**, cono (*m.*) doppio.
— **convex lens**, lente (*f.*) biconvessa.
— **cordon welding** (*sald.*), saldatura (*f.*) a doppio cordone.
— **coupling piece**, manicotto (*m.*) doppio.
— **cross vault**, volta (*f.*) a crociera doppia.
— **cup grinding wheel**, mola (*f.*) a doppia tazza.
— **-curve switch** (U.S.A.); **double-curve points** (*ferr.*), scambio (*m.*) in curva.
— **cut broach**, broccia (*f.*) a doppio taglio.
— **cylinder engine**, macchina (*f.*) a due cilindri.
— **cylinder steam engine**, macchina (*f.*) a vapore a 2 cilindri.
— **-deck screen**, vagliatrice (*f.*) doppia.
— **-decker**, nave (*f.*) a due ponti; (*auto*), autobus (*m.*) a due piani.

double-diode-pentode, duodiodo-pentodo *m.*
— **-diode-triode,** duodiodo-triodo *m.*
— **dome,** cupola (*f.*) doppia.
— **dry spinning frame** (*tess.*), filatoio (*m.*) doppio a secco.
— **-ended boiler,** caldaia (*f.*) a doppia fronte; caldaia (*f.*) bifronte.
— **-ended crane,** gru (*f. pl.*) doppie.
— **ended cross cut saw,** seghetto *m.*
— **ended disc grinding machine,** rettificatrice (*f.*) a due dischi.
— **ended piston valve gearing,** distribuzione (*f.*) a cassetto doppio.
— **-ended snap gauge,** calibro (*m.*) a forchetta doppio.
— **-ended spanner,** chiave fissa da dadi.
— **ended tool grinding machine,** rettificatrice (*f.*) per utensili a due mole.
— **ends** (*tess.*), due fili di ordito passanti attraverso lo stesso occhiello delle maglie dei licci, funzionanti come filo unico; doppio filo.
— **exhaust fan,** aspiratore (*m.*) doppio.
— **exposure** (*film*) (*fot.*), doppia esposizione.
— **fine rule** (*tip.*), filetto doppio, chiaro.
— **Flemish bond,** assestamento (*m.*) gotico; assestamento (*m.*) polacco.
— **gauge line** (*ferr.*), binario (*m.*) a scartamento doppio.
— **geared transmission,** trasmissione (*f.*) a ruote dentate doppia.
— **-glazed** (*vetri, ferr., ecc.*), a doppi vetri.
— **-glazed window** (*ferr.*), finestrino a doppi vetri.
— **glazing** (*ferr., costr., ecc.*), doppia vetratura.
— **halved joint,** tenone (*m.*) in croce.
— **helical,** *agg.* a cuspide (dentatura di ingranaggi).

double helical gears (*mecc.*), ingranaggi con denti a cuspide.
— **helical tooth,** dente (*m.*) a cuspide.
— **hinged arm,** braccio (*m.*) a due articolazioni.
— **hook,** gancio (*m.*) doppio.
— **housing hydraulic press** (*macch. ut.*), pressa (*f.*) idraulica a due montanti.
— **housing planer** (*macch. ut.*), piallatrice *f.* a due montanti.
— **housing press** (*macch. ut.*), pressa (*f.*) meccanica a due montanti.
— **hung sashed window,** finestra (*f.*) a registro a telaio incassato.
— **image** (*telev.*), immagine (*f.*) (*f.*) spettrale.
— **incline** (*ferr.*), schiena (*f.*) d'asino.
— **jack frame** (*tess.*), banco (*m.*) a fusi in doppio fino.
— **jointed arm,** braccio (*m.*) a due articolazioni.
— **key,** chiavetta (*f.*) doppia.
— **keyway broach,** broccia (*f.*) per fare chiavette doppie.
— **ladder,** scala doppia (*o* a cavalletto); scalèo *m.*
— **level bridge,** ponte (*m.*) a due piani.
— **lift,** camma (*f.*) a due gradini.
— **line,** binario (*m.*) doppio.
— **line railway,** ferrovia (*f.*) a doppio binario.
— **loop for girders,** staffa (*f.*) da trave doppia.
— **nipple,** doppio raccordo filettato.
— **opener** (*tess.*), apritoio (*m.*) doppio verticale.
— **opposite head boring machine** (*macch. ut.*), alesatrice (*f.*) a due teste contrapposte.
— **-pentode,** doppio pentodo.
— **-phantom circuit,** circuito (*m.*) supervirtuale.
— **-plug bridge** (*elet.*), ponte a spine doppie.
— **points,** — **switch** (U.S.A.) (*ferr.*), scambio (*m.*) doppio.
— **-pole in operation** (*elet.*), a funzionamento bipolare.

double producer, generatore (*m.*) con due zone di combustione.
— **pulley,** puleggia (*f.*) doppia.
— **purpose valve** (*radio*), valvola (*f.*) a doppio effetto.
— **rack,** cremagliera (*f.*) doppia; dentiera (*f.*) doppia.
— **radial engine,** motore (*m.*) a doppia stella
— **-rate meter,** contatore (*m.*) a doppia tariffa.
— **reel** (*tess.*), aspa doppia.
— **reverse gear** (*auto*), ingranaggio retromarcia.
— **riveted,** a doppia inchiodatura.
— **riveted butt-joint,** chiodatura (*f.*) a doppio coprigiunto.
— **-riveted joint,** chiodatura (*f.*) a due file di chiodi; chiodatura (*f.*) doppia.
— **-riveted lap joint,** chiodatura (*f.*) a sovrapposizione doppia.
— **riveting,** chiodatura (*f.*) doppia.
— **rolled cathedral glass,** vetro (*m.*) cattedrale doppio.
— **roller** (*orol.*), doppio disco.
— **roller mill** (*ind. mol.*), laminatoio (*m.*) doppio.
— **-row radial engine,** motore (*m.* a doppia stella.
— **salt,** sale (*m.*) doppio; sale che dà due differenti anioni o cationi.
— **-sashed window,** finestra (*f.*) a due battenti (*o* a due imposte).
— **scale ammeter** (*elet.*), amperometro a doppia scala.
— **seat valve,** valvola (*f.*) a doppia sede.
— **seater aeroplane,** aeroplano (*m.*) a due posti.
— **-shaft working,** lavoro a turno doppio (per portare a termine un lavoro nel tempo previsto).
— **-shear steel,** acciaio (*m.*) affinato più volte.
— **shotgun** (*arma*), doppietta *f.*
— **-sided press** (*mecc.*), pressa meccanica a due montanti.
— **skin** (*met.*), « doppia pelle » (difetto di colaggio sulla superficie di lingotto).

double socket, manicotto (*m.*) doppio.
— **spot tuning,** sintonizzazione (*f.*) a punto ripetuto.
— **spotting** (*pubbl.*), fare seguire subito dopo l'altro, un annuncio pubblicitario.
— **stress relieving** (*met.*), doppia distensione.
— **super heterodyne** (*radio*), supereterodina (*f.*) a doppia conversione di frequenza.
— **take** (*cinem.*), presa (*f.*) doppia.
— **tee-iron,** ferro (*m.*) a doppio T.
— **throw switch** (*elet.*), interruttore bipolare (*o* a due vie).
— **T-iron,** ferro (*m.*) a doppio T.
— **taper,** rastremazione di profilo alare tanto in pianta che in sezione.
— **tariff** (*tel.*), tariffa (*f.*) doppia.
— **-tone ink** (*tip.*), inchiostro doppia-tinta.
— **truck** (*pubb.*), annuncio pubblicitario su due pagine, ma non suddiviso.
— **turn lock,** settatura (*f.*) a 2 mandate.
— **twist spinning frame** (*tess.*), filatoio (*m.*) a doppia torsione.
— **twisted yarn** (*tess.*), filato doppio ritorto.
— **-U groove** (*sald.*), smusso (*m.*) a doppio U.
— **valve gear,** distribuzione (*f.*) a due cassetti.
— **vee groove** (*sald.*), smusso (*m.*) a X.
— **walled,** a parete (*f.*) doppia.
— **walled piston,** stantuffo (*m.*) a doppia parete.
— **warp** (*tess.*), tessuto con ordito ritorto di due capi.
— **wattmeter,** wattometro (*m.*) doppio.
— **wedge,** cunei (*m. pl.*) accoppiati.
— **weft weave,** armatura (*f.*) a doppia trama.
— **wheel gear,** rinvio (*m.*) doppio ad ingranaggi.
— **-white crosses,** incroci (*m. pl.*) bi-bianchi (bozzoli).

double-window, finestra (*f.*) doppia.
— **wing door,** porta (*f.*) a due battenti.
— **wire armoured cable** (*elet.*), cavo (*m.*) armato con doppio filo.
— **x silk** (*ind. mol.*), velo di seta xx (qualità doppia extra forte).
— **yarn** (*tess.*), filo (*m.*) ritorto.
"double-bottoms" (*auto*) (U.S.A.), autotreno con due rimorchi (*tractor and two trailers*).
doubler (*radio*), duplicatore *m.*; (*tess.*), ritorcitoio *m.*
doubles (U.S.A.), antimonio (*m.*) puro; seconda cristallizzazione di solfato di magnesio (dall'acqua marina).
doublet (*luce*), coppia di linee associate in un spettro; (*fot.*), paio di lenti di diversa lunghezza focale; dipolo *m.* (*antenna*).
— **antenna** (*radio*), antenna (*f.*) dipolo.
doubling (*tess.*), incannatura (*f.*) con addoppiamento; binatura *f.*; ritorcitura *f.* (cotone); abbinatura *f.*; (*metal.*), doppiatura *f.*; (*audio*), tendenza alla distorsione di un altoparlante con conseguente generazione di armoniche delle basse frequenze.
— **and drafting** (*tess.*), accoppiamento e stiro.
— **process,** procedimento per ottenere antimonio puro, in un forno a riverbero.
— **winder** (*tess.*), abbinatrice.
doubly ionized ytterbium (*fis.*), itterbio doppiamente ionizzato.
— **re-entrant winding** (*elet.*), avvolgimento (*m.*) a doppia rientranza.
douche, doccia *f.* (del bagno).
dough, massa pastosa; pasta molle; pasta *f.*
doughnut, tubo (*m.*) toroidale.
— **coil,** bobinatura (*f.*) toroidale.
— **furnace** (U.S.A.), forno (*m.*) a suola anulare.
Douglas spruce, abete (*m.*) di Douglas.
douse (to —), estinguere; gettare in acqua; spegnere (*un reattore*).
— (*v.a.*) **the light,** togliere (*v.a.*) la luce; spegnere la luce.
dove (to —) tail (*cinem.*), sincronizzare l'azione da una scena all'altra.
dovetail, coda (*f.*) di rondine.
— **cutter** (*mecc.*), fresa a coda di rondine (*o* a bottone).
— **halving,** intaccatura (*f.*) a coda di rondine a metà legno.
— **joint,** incastro (*m.*) a coda di rondine; unione (*f.*) a coda id rondine.
dovetailed, a coda (*f.*) di rondine.
— **cogging,** intaglio (*m.*) a coda di rondine.
— **groove,** scanalatura (*f.*) a coda di rondine.
dovetailing, unione (*f.*) a coda di rondine; imboccatura *f.*
— **machine,** macchina (*f.*) per incastri a coda di rondine.
— **plane,** pialla (*f.*) per linguette.
dowel, spina *f.*; piolo *m.*; cavicchio *m.*; caviglia *f.*; (*mecc.*), perno di centraggio.
— *v.a.* incavigliare.
— **pin,** spina (*f.*) mandrino verticale; (*pressofusione*), colonnetta di guida per centraggio stampi; (*mecc.*), spina (*f.*) di riferimento; spina (*f.*) di centratura.
doweled beam, trave (*f.*) incavigliata.
dowelling (*faleg.*), unione con caviglie; incavigliamento *m.*
dowlais mill, laminatoio (*m.*) a doppio-duo.
down (*tess.*), lanuggine *f.* (*formata dalla tessitura*).
— **and under** (*radio, TV*), avviso dato a musicisti, ecc., durante la trasmissione, per attenuare il suono e rendere più chiaro il dialogo.
— **-draft sintering** (*met.*), agglomerazione (*f.*) con aspirazione.

down grade (*agrim.*), discesa *f.*; pendenza.
— lead (*radio*), discesa di antenna; coda di antenna.
— -link data (*astron.*), collegamenti dall'astronave « verso il basso » (dati e informazioni che dall'astronave sono diretti verso terra).
— -payment (*comm.*), pagamento (*m.*) a contanti.
— rule in heading (*tip.*), filetto di separazione in testata.
— sand, sabbia (*f.*) delle dune.
— -stream water, acqua (*f.*) a valle.
— stroke, corsa discendente dello stantuffo.
— -time, tempo (*m.*) passivo (*in cui rimane immobile una macchina*); tempo perduto (*per sostituzione di pezzi, ecc.*).
— time-for tool changes, tempo perduto per sostituzione di utensili.
— tools, (*v.a.*) mettersi (*v.r.*) in sciopero.
— (the furnace is — for repairs) (*met.*), il forno è chiuso per riparazioni.
downcast (*min.*), corrente d'aria discendente.
— shaft (*ind. petr.*), pozzo di ventilazione.
downcoiler (*met.*), aspo avvolgitore.
downcomer (*tubo*), doccione *m.*; (tubo); colonna discendente.
downdraft carburation (*auto*), carburazione con alimentazione a caduta.
— carburetor (U.S.A.) (*auto*), carburatore invertito.
downdraught (*meteor.*), corrente (*f.*) d'aria discendente.
— carburetter (*auto*), carburatore invertito.
downhill conveyor (*min., cave*), trasportatore (*m.*) in discesa.
download (*v.a.*) (*inform.*), trasferire verso i satelliti (dal sistema centrale).
downpipe, doccione *m.* (tubo); tubo (*m.*) di scarico.
downpipe connection, attacco (*m.*) della gronda col pluviale.
downpour, acquazzone *m.*
downshift (*auto*), cambio (*m.*) di marcia (dalla 4ª alla 3ª, dalla 3ª alla 2ª, o dalla 2ª alla 1ª).
— *v.i.* (*auto*), cambiare la marcia (da una marcia superiore ad una inferiore) (*p. es.* to downshift to 3rd, andare in terza).
downspout, doccione *m.* (tubo).
downstream, verso valle; a valle.
— power plant, centrale (*f.*) a valle.
— radius of crest (*dighe*), raggio (*m.*) a valle in cresta.
— reservoir, bacino (*m.*) inferiore.
downstroke of a piston, discesa (*f.*) di uno stantuffo.
downswing (*econ.*), ribasso *m.* (fase discendente; recessione).
downtown area (U.S.A.), zona di centro commerciale.
downturn (*econ.*), ribasso.
downward borehole (*min.*), sondaggio (*m.*) discendente.
— condenser, refrigerante (*m.*) discendente.
— flux (U.S.A.), flusso (*m.*) luminoso sferico inferiore (*ottica*).
— modulation (*radio*), modulazione (*f.*) debole.
— travel (*tess.*), discesa (*f.*).
— trend (*econ.*), tendenza al ribasso.
— welding (*sald.*), saldatura (*f.*) discendente.
downwash (*aereo*), risucchio *m.*; (*aereo*), effetto (*m.*) di scia (determinato dall'aria passante sulla superficie di un piano alare che prenda un corso discendente, dopo aver lasciato il bordo d'uscita).
— angle (*aer.*), angolo (*m.*) di risucchio.
— effect (*aer.*), effetto (*m.*) di risucchio.
— velocity (*aereo*), velocità (*f.*) di risucchio.
downwind, sottovento.
downy wool, lana (*f.*) molto soffice (ma poco resistente).

dowsing, rabdomanzia *f.*
Dowson gas, gas (*m.*) Dowson.
doze, *v.i.* lavorare con un « bulldozer » (apripista).
dozer, abbreviazione di « bulldozer » (apripista).
dozerloader (U.S.A.), apripista-caricatore *m.*
dozing, scavo con apripista.
DP professional (*inform.*), professionista informatico.
dracilic acid (*chim.*), acido benzoico.
draft (*tess.*), stiro; piano di lavorazione; (*naut.*) pescaggio *m.*; immersione *f.*; disegno *m.*; schizzo *m.*; progetto *m.*; pianta *f.*; (*comm.*) tratta *f.*; abbuono (*m.*) per calo peso; riduzione *f.* (percentuale) (*laminazione*); corrente d'aria; spoglia (*f.*) di un modello (*fond.*); prima bozza (*tip.*); (*fond.*), sformo *m.*
— **(to —)**, *v.a.* contornare.
— **animals** (*agric.*), attacco (*m.*) di cavalli.
— **articles** (*società comm.*), progetto di statuto.
— **contract** (*comm.*), progetto di contratto.
— **gage** (*forni*), indicatore (*m.*) di tiraggio.
— **gear** (*ferr.*), dispositivo di traino.
— **recommendation**, progetto di raccomandazione.
drafting (*tess.*), stiro *m.*; rimettaggio *m.*; particolari del disegno su carta quadrettata (*merletti*); (*mecc.*), riduzione progressiva della sezione di un filo nella trafilatura.
— **and design** (U.S.A.), studi e progetti.
— **machine**, tecnigrafo *m.*
— **office** (U.S.A.), ufficio (*m.*) disegni.
draftsman (U.S.A.), disegnatore *m.*
drag (*aereo*), resistenza (*f.*) aerodinamica; (*fond.*), fondo (*m.*) della staffa; « mezza di sotto ».
drag (to —), trascinare *v.a.*; dragare (*naut.*); tirare (per forza).
— **anchor** (*aereo*), àncora (*f.*) di deriva.
— **axis** (*aer.*), asse (*m.*) di resistenza.
— **bit**, trapano a lame.
— **coefficient** (*auto*) (*aereo*), coefficiente (*m.*) di resistenza; coefficiente di penetrazione.
— **factor** (*aereo*), coefficiente (*m.*) di resistenza aerodinamica.
— **link**, articolazione (*f.*) sospesa; tirante longitudinale per comando sterzo (*auto*).
— **out** (*scioperi*), trascinarsi *v.r.* (*the strike drags out*), lo sciopero si trascina.
— **rope** (*aereo*), cavo (*m.*) di trascinamento; fune (*f.*) d'atterraggio.
— **scrubber conveyor**, trasportatore continuo a raschiamento.
— **strut** (*aereo*), intralicciatura (*f.*) piano alare; montante (*m.*) di resistenza.
— **wire** (*aereo*), cavo (*m*) di resistenza.
— **(to — the field)** (*aereo*) (U.S.A.), volare (a bassa quota) sopra un campo per accertarsi della mancanza d'ostacoli per l'atterraggio.
dragline, gru (*f.*) a cingoli.
— **bucket** (*min. lavori*), benna di escavatore a benna trainata.
— **excavator**, benna (*f.*) trascinata.
dragonic acid (*chim.*), acido anisico.
dragon's blood, sangue (*m.*) di drago (resina rossa usata per vernici, ecc.).
dragout, soluzione che, quando si toglie il pezzo dal bagno di trattam., aderisce al pezzo.
drain, *v.a.* prosciugare; fognare; vuotare (*un serbatoio*); condotto (*m.*) di spurgo; (*elet.*), perdita; (*elet.*), fuga.
— **cock**, rubinetto (*m.*) di scarico (*o* spurgo).
— **cover**, cuffia (*f.*) per tubo di scolo.

drain off, evacuare *v.a.*
— **pipe,** canale (*m.*) di drenaggio; canale (*m.*) di scarico; tubo (*m.*) di scolo; tubo (*m.*) di drenaggio.
— **plug** (*naut. aer.*), bullone (*m.*) di scarico.
— **tap** (*auto*), rubinetto scarico.
— **water,** acqua (*f.*) di infiltrazione.
drainage, fognatura *f.*; drenaggio *m.*
— **area,** bacino (*m.*) idrologico.
— **bucket,** benna (*f.*) di drenaggio.
— **conduit,** canale (*m.*) di scarico; tubo (*m.*) di scolo.
— **curve** (*agr.*), curva di drenaggio.
— **of waters,** scolo (*m.*) delle acque.
— **pump,** pompa (*f.*) di prosciugamento.
— **slots** (*auto tyres*), « canali » per evacuare l'acqua (pneumatici auto).
— **structures** (*agr.*), opere di drenaggio.
draining-board (*cucina*), asciugapiatti *m.*
dram (*tess.*), titolo della seta grezza; dramma *f.* (*med.*) (= g 3,888); (*avolr*) (= g 1,772).
drape (to —) a set (*cinem.*), vedi: **dress a set.**
draught, vedi: **draft.**
— **gauge,** misuratore (*m.*) di tiraggio.
— **per pass** (*lam., met.*), riduzione per passata.
draughtsman, disegnatore *m.*
draughtswoman, disegnatrice *f.*
draw, (*fond.*) cricca (*f.*) di ritiro; (*orol.*), tiraggio *m.*; (*filatura cotone*), agugliata *f.*; (*met.*), risucchio *m.* (cavità di ritiro nella parte utile del getto, causata da inadeguata alimentazione); imbutitura (colpo di pressa); (U.S.A.), numero di copie di una pubblicazione a carico di un distributore.
— *v.a.* disegnare; trafilare; (*to — a section to a scale of full size*), disegnare una sezione a scala naturale; *v.a.*, imbutire (*met.*).
draw (*v.a.*) **a metal,** stirare (*v.a.*) un metallo.
— **a perpendicular,** abbassare (*v.a.*) una perpendicolare.
— **a pile,** estrarre (*v.a.*) un palo.
— **back,** ostacolo *m.*; inconveniente *m.*; (*comm.*), dazio di restituzione.
— **bar,** barra (*f.*) di trazione; (*acust.*), regolatore (*m.*) armonico (*di organi elettrici*).
— **bar hook,** gancio (*m.*) di trazione.
— **-bead** (*tecnol.*), rompigrinze *m.*
— **bench** (*mecc.*), trafila *f.*
— **bending** (*mecc.*), curvatura per imbutitura.
— **box** (*tess.*), apparecchio riunitore dei nastri.
— **brigde,** ponte (*m.*) levatoio.
— **clips,** pinze di stiramento.
— **-down test** (U.S.A.), saggio (*m.*) di sfruttamento (*pozzi*).
— **-file,** *v.a.* limare per rifinire.
— **-filing,** limatura (*f.*) di fianco; limatura (*f.*) di rifinitura.
— (*v.a.*) **in,** aspirare *v.a.*
— **-in attachment,** dispositivo (*m.*) di bloccaggio a colletto espansibile.
— **moulding machine** (*fond.*), macchina (*f.*) per sformare; sformatrice *f.*
— **off,** *v.a.* (*chim. ecc.*), prelevare *v.a.*; ritirare *v.a.*; estrarre *v.a.*
— **out,** *v.a.*, estrarre *v.a.*; ritirare *v.a.*; *v.a.* (*met.*), stirare alla forgia; (*to — out full size a section*), disegnare una sezione a scala naturale.
— **plate,** *f.* matrice (*f.*) per trafilatrice.
— **rheostat,** reostato di tensione.
— **speed,** velocità di trafilatura.
— **the roving (to —)** (*tess.*), stirare il lucignolo.
— **together,** unire orizzontalmente (bozze).
drawbar (*mecc.*), barra di trazione.
drawbench (*mecc.*), banco (*m.*) trafilatore.
drawbolt, perno di aggiustaggio.

drawcut shaper (*macch. ut.*), limatrice (*f.*) per lavori pesanti.

drawdown, abbassamento del livello di acqua in un pozzo.

drawer, cassetto *m.*; disegnatore *m.*

drawing, trafilatura *f.* (*mecc.*); ritiro *m.* (*fond., met.*); imbutitura *f.* (*mecc.*); disegno *m.*; stiramento *m.* (*forgiatura*); (*comm., finan.*), prelievo *m.*; prelevamento *m.*; (*met.* U.S.A.) tempra *f.*

— **angle** (*mecc.*), angolo di trafilatura (di una filiera).

— **back** (*met.*), rinvenimento *m.*

— **block,** blocco (*m.*) per disegno.

— **board,** specchio (*m.*) di tavoletta pretoriana (*agrim.*); tavola (*f.*) da disegno.

drawing box (*tess.*), stiratoio per lana pettinata.

— **brass,** ottone per trafilatura.

— **charcoal,** carbone (*m.*) da disegno.

— **-compass** (*dis.*), compasso *m.*

— **-compasses** (*dis.*), compasso *m.*

— **die** (*met.*), stampo (*m.*) per imbutitura.

— **frame** (*cotone*), stiratoio *m.*

— **-in** (*tess.*), rimettaggio (*m.*) (far passare i fili per gli occhielli dei licci).

— **-in fault** (*tess.*), errore di rimettaggio.

— **-in frame** (*tess.*), banco (*m.*) di rimettaggio.

— **machine** (*mecc.*), macchina (*f.*) trafilatrice.

— **office,** sala (*f.*) da disegno; ufficio (*m.*) disegnatori.

— **out** (*mecc.*), stirabilità *f.*

— **paper,** carta (*f.*) da disegno.

— **pen,** pennino (*m.*) da disegno.

— **pencil,** matita (*f.*) da disegno.

— **pin,** puntina (*f.*) da disegno.

— **press** (*mecc.*), pressa (*f.*) per imbutire.

— **property,** duttilità *f.*

— **ratio** (*met.*), rapporto di imbutitura (rapp. tra riduz. del diametro ed il diam. iniziale).

drawing rights (*finan.*), diritti di prelievo.

— **roller** (*filatura cotone*), cilindro (*m.*) di stiro.

— **table,** tavolo (*m.*) da disegno.

— **temper** (*met.*), rinvenimento *m.*

— **tool,** trafiliera *f.*

— **water** (U.S.A.) (*meteor.*), formazione di raggi luminosi fra le nuvole.

drawn, *p. p.* laminato; trafilato; disegnato; imbutito (rif. a lamiera o lamierino) (*met.*).

— **bar,** barra (*f.*) trafilata.

— **half round** (*met.*), mezzotondo (*m.*) trafilato.

— **-out,** *p.p.*, a separazione magnetica.

— **product** (*met.*), trafilato *m.*

— **shape** (*met.*), profilato (*m.*) trafilato (trafilato con esclusione di barre, tondini e tubi).

— **tube** (*met.*), tubo (*m.*) trafilato.

— **wire,** filo (*m.*) trafilato.

drawplate (*mecc., met.*), matrice per trafilatrice.

drawsheet (*tip.*), foglio teso sul cilindro.

dreadnought (*naut.*), supercorazzata *f.*

dredge, *v.a.* dragare; (*ocean.*), rete ad imbuto per il plancton.

— **hull** (*macch. min.*), struttura inferiore di una draga.

dredged gravel (*costr.*), ghiaietto *m.*; ghiaia di drenaggio.

dredger, draga *f.*

— **drum,** tamburo (*m.*) della draga.

dredging, dragaggio *m.*; (*vernici e smalti*), spolveratura *f.* (applicazione di polvere di smalto secco sulle fusioni calde).

— **capacity,** capacità (*f.*) di dragaggio.

— **machine,** draga *f.*

— **shovel,** draga (*f.*) a cucchiaio; cucchiaia *f.*

dregs, feccia *f.*; fecciume *m.*

drenching (*conciatura*), procedimento di fermentazione per togliere la calce.

dress, *v.a.* concimare; trattare

(minerali); ravvivare (*mola*); pavesare (una nave); apprettare (una stoffa) (*tess.*); rifinire (il cuoio); decorare (*arch.*); ornare (*arch.*).

dress a boarding, fare (*v.a.*) un rivestimento di tavole.

— **a form** (*tip.*), guarnire (*v.a.*) una forma.

— **a set** (*cinem.*), predisporre una scena (con adatte suppellettili).

— **a stone** (*costr.*), lavorare una pietra.

— **the grinding wheel,** ravvivare (*v.a.*) la mola.

dressed (*cinem.*), preparato (*p.p.*) per la ripresa cinematografica.

— **ceiling boarding,** tavolato (*m.*) di soffitto intonacato.

dresser, ravvivamole *m.*

dressing (*merletti*), stiratura su rameuse, del merletto umido; (*cotone*), tensione, apertura e avvolgimento dei fili; imbozzimatura *f.* (*tess.*); ravvivatura *f.* (della mola); (*tess. lino*), apprettatura *f.*; burattazione *f.* (*ind. mol.*); lisciatura (di pietre); oliatura (*di pelli*); (*med.*), medicazione *f.*; (*agr.*), trattamento (antiparassitario).

— **machine** (*tess.*), macchina a imbozzimare; pettinatrice per cascami di seta.

— **operation (of a crude ore)** (*min.*), arricchimento (di minerale grezzo).

— **room,** guardaroba (*f.*) (di stabilimento, ecc.).

dribble, *v.i.* cadere goccia a goccia.

dribbling, gocciolamento *m.* (*di carburante iniettato*).

dried wood, legno (*m.*) secco.

drier (*vernici, ecc.*), essiccante *m.* (*tip.*), pasta essiccante; v. **dryer.**

driers (*fond.*), essiccatoi *m. pl.*

drift, traiettoria *f.*; decalaggio *m.* movimento in piano orizzontale (*aereo*); deriva di giroscopio (*aereo*); galleria di livello (*min.*); sbandamento *m.* (*aereo*); v. **thermal drift.**

drift (to —), andare alla deriva; derivare *v.i.*; variare *v.a.*

— **(to drive a —)** (*min.*), aprire una galleria di livello.

— **angle** (*radar*), angolo (*m.*) di deriva.

— **effect** (*chim.*), effetto (*m.*) perturbatore.

— **hammer** (*ferr.*), cacciacuneo *m.*

— **indicator** (*aer.*), derivometro *m.*

— **speed,** velocità media di elettroni o ioni.

— **transistor** (*elettron.*), transistore (*m.*) a strato intrinseco.

drifter (*min.*), minatore (*m.*) alla roccia.

prifting (*min.*), estrazione *f.*

driftless (*elet.*), ad alta stabilità.

drill, trapano *m.*; (*tess.*), tessuto diagonale pesante (di lino); (*min.*), perforatrice da roccia; (*mecc. agr.*), seminatrice *f.*

— *v.a.* trapanare; perforare; forare (*v.a.*) col trapano; cercare gas o petrolio con la perforazione.

— (*v.a.*) **a finished hole,** ripassare (*v.a.*) un foro.

— **bit,** punta da trapano.

— **(rock) bits** (*min.*), punte per perforazione.

— **(rock) boom (extensible and mobile)** (*min.*), braccio di perforatrice (allungabile e mobile).

— **bow,** archetto *m.* (di trapano).

— **carriage** (*min.*), carrello portaperforatrice.

— **casing,** scatola del trapano.

— **chuck** (*macch. ut., mecc.*), mandrino per trapani.

— **collar** (*ind. pet.*), asta (*f.*) pesante rotary.

— **coulter** (*mecc. agr.*), assolcatore *m.* (di seminatrice).

— **crew** (*min.*), squadra (*o* sciolta) perforatori.

— **extractor** (*pozzi petrol., ecc.*), attrezzo di estrazione delle punte da trapano.

— **fed by hand,** trapano (*m.*) alimentato a mano.

drill gauge (*mecc.*), calibro per punte da trapano.
— **gun,** perforatrice *f.*
— **hammer** (*min.*), martello perforatore.
— **head** (*macch. ut.*), testa a forare.
— **hole** (*petrolio, ecc.*), pozzo nella fase di trivellazione.
— **hole pattern** (*min., esplosivi*), disposizione delle mine nella volata; schema tipo della volata (con disposizione delle mine, orientam. dei fori da mina, ecc.).
— **in,** *v.a.*, penetrare nella sabbia petrolifera.
— **(rock) jumbo** (*min.*), carro jumbo di perforazione.
— **pipe** (*min.*), tubo (*m.*) di perforazione; asta cava rotativa (*sondaggio a rotazione*); tubo per trivellazione.
— **pipe wiper** (*petrol.*), ciambella (per ripulire dal fango la superficie esterna degli elementi della colonna di perforaz.).
— **pointer (***or* **— grinder),** (*mecc.*), affilatrice per punte da trapano.
— **press,** trapano a colonna.
— **press extrusion,** estrusione con foratura.
— **rod** (*pozzi petrol.*), asta (*f.*) di perforazione.
— **spindle support,** cuscinetto (*m.*) del mandrino (di trapani).
— **steel for rock drills,** acciaio (*m.*) forato per barremine.
— **stem** (*petrolio, ecc.*), asta per perforazione al cavo.
— **-stem test** (*petrolio*), saggio alle aste (per determinare la produttività di un nuovo pozzo).
— **template,** maschera (*f.*) di foratura.
— **tube,** tubo perforatore.
— **(rock —),** perforatrice da roccia; perforatrice rotativa; sonda (usata come macch. di perforazione).

driller, *m.* (operaio) perforatore *m.*; trapanatore *m.*

drilling, trapanatura *f.*; perforazione *f.*; foratura *f.*; (*min.*) (*petrol.*) (*gas*), sondaggio *m.*; trivellazione *f.*

drilling and boring machine, trapanatrice-alesatrice *f.*
— **and production platform** (*petrol.*), piattaforma di perforazione e produzione petrolifera.
— **and reaming machine,** trapanatrice-alesatrice *f.*
— **barge,** chiatta per perforazioni; chiatta per trivellazioni.
— **capacity in mild steel** (*trapani*), capacità (*f.*) di foratura nell'acciaio dolce.
— **clay** (*ind. pet.*), argilla per (appesantire il) fango.
— **crew** (*petrolio*), personale addetto alla trivellazione.
— **department,** reparto (*m.*) trapanatrici.
— **fixture,** apparecchio (*m.*) di foratura.
— **fluid,** fluido di trivellazione.
— **fluid filter loss** (*pet.*), perdita dal filtro per i fluidi di trivellaz.
— **-in aunit** (*petrolio*), apparecchio di sondaggio per la pulitura del foro di sonda.
— **jig** (*mecc.*), maschera (*f.*) di foratura.
— **licence** (*min., petrol.*), permesso di perforazione.
— **-line** (*petr.*), cavi di trivellaz.
— **location** (*ind. pet.*), posizione (*f.*) di trivellazione.
— **machine,** trapano *m.*; trapanatrice *f.*; (*pozzi petrol., ecc.*) perforatrice *f.*; (*macch. ut.*) foratrice *f.*
— **machine pillar,** incastellatura (*f.*) di trapano.
— **machine standard,** incastellatura (*f.*) di trapano.
— **mud** (*petrol.*), fango di circolazione.
— **mud additive** (*petrol.*), additivo, (*m.*) per fango di circolazione.
— **mud control** (*min.*), controllo del fango di circolazione (fango impiegato nella perforazione).
— **muds,** fanghi di trivellazione.
— **oil,** v. **cutting oil.**

drilling pattern (*petrolio*), distribuzione dei pozzi rispetto ad un certo numero di ettari di terreno.
— **platform** (*petrolio*), piattaforma di trivellazione.
— **press** (*macch. ut.*), pressa (*f.*) per forare.
— **rig** (*min.*), apparecchio di sondaggio; sonda *f.*
— **speed,** velocità (*f.*) di perforazione.
— **tool,** fioretto da mina; utensile (*m.*) per trapano.
— **with gas** (*min.*), trivellazione mediante il gas.
drillman, operaio (*m.*) sondatore.
drillometer (*petrolio*), indicatore di carica (apparecchio misuratore della tensione del cavo e del grado di avanzamento, nella perforaz. « rotary »); (*miner.*), drillometro *m.*
drinkable, *agg.* potabile.
drinking water, acqua (*f.*) potabile.
drip (*petrolio*), estrattore (*m.*) di liquido (petrolio o acqua) apertura di espulsione del liquido di condensazione; (*cost.*) gocciolatoio *m.*; *v.i.* cadere goccia a goccia.
— **feed lubricator,** lubrificatore (*m.*) a contagocce.
— **flap** (*aer.*), fascia (*f.*) grondaia.
— **lubrication,** lubrificazione (*f.*) a gocce.
— **-point,** temperatura del liquido distillato nel momento che sgocciola dal condensatore.
— **-proof motor,** motore (*m.*) protetto contro lo stillicidio.
— **ring,** anello (*m.*) sgocciolatore.
— **strip** (*or* **band)** (*aer.*), fascia (*f.*) grondaia.
dripolene (*chim.*), dripolene *m.* (liquido ottenuto nel procedimento di piroscissione dell'acetilene-etilene).
dripping, gocciolamento *m.*
drips (*petrolio*), benzina naturale ricuperata da tubazioni di gas.
dripstone, gocciolatoio *m.* (*arch.*); carbonato (*m.*) di calcio (sotto forma di stalattiti o stalagmiti).
drivage (*min.*), galleria (*o* via di carreggio) in corso di costruzione, inclinata od orizzontale.
drive, comando *m.* (*mecc.*); trasmissione *f.* (*mecc.*); galleria nella direzione del giacimento (*miniere*); perforare nella direzione del giacimento (*min.*); azionare *v.a.* (*mecc.*); far funzionare *v.a.* (*mecc.*); condurre *v.a.*; comandare *v.a.* (*mecc.*); (*auto*) v. **front** —; **rear** —; **four-wheel**–; (*inform.*), fessura per inserimento del programma nel calcolatore elettronico.
— (*v.a.*) **a current through a circuit,** mandare (*v.a.*) una corrente in circuito.
— (*v.a.*) **a pile,** infiggere (*v.a.*) un palo.
— **a tunnel,** perforare (*v.a.*) una galleria.
— **axle** (*of a vehicle*), assale motore.
— **by crank and connecting rod,** comando (*m.*) a mezzo di biella e manovella.
— **fit,** accoppiamento (*m.*) bloccato.
— (*v.a.*) **flat out** (*auto*), « spingere » un automobile a tutta velocità; guidare col piede tutto premuto sull'acceleratore.
— **gear,** ingranaggio (*m.*) di trasmissione.
— **head** (*petrol.*), testa (*f.*) di tubazione.
— **hub** (*mecc.*), mozzo di trasmissione.
— **in,** autocinema *m.*
— (*v.a.*) **in a rivet,** introdurre (*v.a.*) un chiodo; piazzare (*v.a.*) un chiodo.
— **-in cinema** (*cinem.*), cinemaposteggio.
— **in parallel,** funzionamento (*m.*) in parallelo.
— (*v.a.*) **in piles,** conficcare (*v.a.*) pali.
— **of the table,** comando (*m.*) della tavola.

drive-on/drive-off, v. **vessel.**
— **on/drive off ferry** (*naut.*), nave traghetto con facilità d'imbarco e di sbarco per autoveicoli.
— **out**, *v.a.* (*chim.*), espellere *v.a.*; spostare *v.a.*
— **over** (*v.a.*) (*chim.*), trattenere *v.a.* (mediante distillazione).
— (*v.a.*) **piles**, conficcare (*v.a.*) i pali.
— **pin** (*mecc.*), perno di trasmissione.
— **pipe**, tubo d'acciaio usato nella trivellazione dei pozzi; tubo perforatore.
— **ratio** (*auto*), rapporto di demoltiplicazione.
— **roadways in coal** (*min.*), aprire vie di carreggio (*o* gallerie) nel carbone.
— **tube**, tubo (*m.*) perforatore.
— **(electric steplessly variable-speed —)** (*elet.*, *macch. ut.*, *mecc.*), variatore continuo di velocità elettrico.

driven, *p.p.* comandato.
— **gears**, ingranaggi (*m. pl.*) condotti.
— **pulley**, puleggia (*f.*) comandata; puleggia (*f.*) condotta.
— **wheel**, ruota (*f.*) condotta.

driver, brida *f.* (di tornio); mandrino *m.*; puleggia (*f.*) motrice; albero (*m.*) motore; macchinista *m.*; conducente *m.* (di tram, ecc.); autista *m.*

driver's cage, gabbia (*f.*) del manovratore.
— **hut**, cabina (*f.*) del manovratore; cabina (*f.*) di manovra.
— **licence**, patente (*f.*) di guida.
— **tube** (*radar*), valvola (*f.*) pilota.

driving, *agg.* motore; motrice; conduttore; conduttrice; comando *m.*; trasmissione *f.*; perforazione *f.* (*min.*); guida *f.* (*auto.*, *ecc.*).
— **anchor**, àncora (*f.*) flottante.
— **axle**, asse (*m.*) motore.
— **band** (*munizioni*), corona di forzamento.

driving belt, cinghia (*f.*) motrice; cinghia (*f.*) di comando.
— **cap** (*petrolio*), testa (*f.*) di tubazione.
— **chain**, catena motrice (o di comando).
— **cylinder** (*tess.*), tamburo *m.*
— **dog** (*tornio*), v. **lathe —.**
— **end** (*trasportatori*) lato (*m.*) comando.
— **gear**, ruotismo *m.*; meccanismo (*m.*) di comando; meccanismo (*m.*) di trasmissione.
— **-gear apparatus**, apparecchio (*m.*) motore.
— **gears**, ingranaggi (*m. pl.*) conduttori.
— **handle**, manovella (*f.*) motrice.
— **-in test**, prova (*f.*) di penetrazione.
— **lever**, leva (*f.*) di comando.
— **licence**, patente (*f.*) di guida (*auto*).
— **mechanism**, ruotismo *m.*
— **mirror** (*auto*), specchio (*m.*) retrovisore.
— **of a pump**, comando (*m.*) di una pompa.
— **of shafting**, comando (*m.*) di trasmissione.
— **pinion**, pignone (*m.*) di comando.
— **plate** (*tornio*), piattaforma (*f.*) menabriglia.
— **position** (*auto*), assetto (*m.*) di guida.
— **power**, forza (*f.*) motrice.
— **propeller** (*aereo*), elica (*f.*) propulsiva.
— **pulley**, puleggia (*f.*) motrice.
— **seat**, sedile del macchinista (*o* conduttore).
— **school**, autoscuola *f.*
— **shaft** (*mecc.*), albero (*m.*) di comando; albero (*m.*) primario; albero (*m.*) motore.
— **signal** *telev.*), segnale (*m.*) di eccitazione.
— **stage** (*telev.*), stadio pilota.
— **water**, acqua (*f.*) motrice.
— **wheel**, ruota (*f.*) conduttrice; ruota (*f.*) motrice.

drogue, àncora (*f.*) flottante; cono d'ormeggio (*aereo*, *naut.*).

drone (*aereo*), aeromobile teleguidato destinato a funzionare sia da bersaglio volante e anche da vero e proprio ricognitore senza pilota.

drooped ailerons (*aereo*), alettoni (*m. pl.*) ad uso ipersostentatore.

drooping angle (*aer.*), angolo (*m.*) di lancio delle bombe.

drop (*elet.*), caduta *f.* (*a fall of electric potential*), calo (*o* caduta) di potenziale elettrico; (*orol.*), caduta; pendenza (*f.*) del sopporto; caduta *f.* (*naut.*); goccia *f.*

— *v.i.*, cadere (*v.r.*) (di una curva); far cadere *v.a.*; far cadere goccia a goccia (*chim.*); abbassare *v.a.* (una perpendicolare, ecc.); discendere *v.i.*; lanciarsi; calarsi (di paracadutisti).

— **anchor** (*v.a.*) (*naut.*), gettare l'àncora.

— (*v.a.*) **a perpendicular,** abbassare (*v.a.*) una perpendicolare.

— **back,** *v.a.* rifluire (goccia a goccia).

— **black,** nero di carbonio (in forma conica); nero velluto.

— **-bottle,** bottiglia (*f.*) contagocce.

— **bottom,** fondo (*m.*) a botola.

— **down,** *v.i.*, (*chim.*), separarsi *v.r.*; (*cinem.*), ridurre la velocità della macchina da presa.

— **-down locker door** (*auto*), sportello del porta-oggetti apribile ad abbassamento (a caduta).

— **down tray** (*auto*), astuccio porta-utensili, abbassabile dall'interno del coperchio del bagagliaio.

— **falling valve motion,** distribuzione (*f.*) a caduta libera.

— **feed lubricator,** oliatore a goccia.

drop feed oiler, oliatore a goccia.

— **fingers** (*tip.*), portafogli.

— **-forged,** *p.p.* stampato.

— **-forged wrench,** chiave (*f.*) stampata.

— **forging** (*mecc.*), fucinatura su stampo; fucinatura al maglio.

— **-forging hammer** (*mecc.*), maglio (*m.*) di stampaggio.

— **forgings,** pezzi (*m. pl.*) stampati (a caldo).

— **hammer** (*mecc.*), berta *f.* (maglio).

— **in,** *v.a.* aggiungere (introdurre) goccia a goccia.

— **latch,** saliscendi *m.* (di porta).

— **of current,** caduta (*f.*) di corrente.

— **off,** *v.a.* (*chim.*), diminuire *v.i.*; separarsi *v.r.*

— **of potential,** caduta (*f.*) di potenziale.

— **out,** *v.i.*, separarsi *v.r.*

— **out,** *v.a.* diseccitare.

— **sight feed lubricator,** oliatore a goccia visibile.

— **stamp,** maglio (*m.*) a caduta libera.

— **stamping hammer** (*mecc.*), maglio (*m.*) per stampaggio a caduta libera.

— **tank,** serbatoio (*m.*) sganciabile.

— **test** (*agglomerati, ecc.*), prova di caduta.

— **tin,** stagno granulare (prodotto versando stagno fuso nell'acqua).

— **window** (*auto*), finestrino abbassabile.

— **wire** (*elet.*), cavetto aereo di derivazione.

— **zinc,** zinco granulare (ottenuto versando zinco fuso nell'acqua).

— **(light —)** (*lampade al neon*) (*elet.*), calo (*o* perdita) di luce.

drophead (*auto*), decapotabile *f.*

droplet transfer (*sald.*), fusione (*f.*) goccia a goccia.

droplets, goccioline *f. pl.*

droppable, *agg.* sganciabile.

dropped head (*tip.*), pagina di inizio di un capitolo (più corta rispetto alle altre).
dropper (*chim.*), flacone contagocce; (*di linea catenary*) (*ferr.*, *elet.*), pendino *m.*
dropping angle (*aereo*), angolo (*m.*) di sganciamento.
— **mercury chatode,** catodo (*m.*) a goccia di mercurio.
— **of a valve,** discesa (*f.*) di una valvola.
— **point,** temperat. alla quale un grasso in certe condizioni specifiche diventa liquido; punto di liquefazionc.
— **tank,** serbatoio (*m.*) sganciabile in volo.
dropwise, *avv.*, goccia a goccia; a gocce.
dross, feccia *f.* (di metallo, durante la fusione); (*tip.*), scoria *f.*; sfrido *m.*
— **filter** (*fond.*, *met.*), fermascorie *m.*
drossing, rimozione degli ossidi o di metalli non richiesti da metalli fusi; rimozione della feccia (*met.*).
drowning (*chim.*), « annegamento »: miscela di petrolio ed acqua (fabb. della nitroglicerina).
drug (*farm.*), sostanza usata come medicina o nella preparazione di medicine: farmaco; sostanza medicinale; stupefacente *m.*; narcotico *m.*; v. **essential** —.
druggist (U.S.A.), farmacista *m.*
drugstore (*farm.*), farmacia (U.S. A.); negozio di prodotti farmaceutici e diversi (articoli da toeletta, dolciumi, giornali, ecc.).
drum, tamburo *m.*; fusto *m.* (*o* bidone) (*petrolio*, *ecc.*); (*min.*), v. **balling** —.
— **armature** (*elet.*), indotto (*m.*) a tamburo.
— **barrel,** corpo del tamburo (di fune).
— **brake** (*auto*), freno a tamburo.
— **filter,** filtro (*m.*) rotante.
drum governor, regolatore (*m.*) assiale.
— **mill,** molino (*m.*) a tamburo.
— **mixer,** betoniera (*f.*) a tamburo.
— **recorder,** registratore (*m.*) a tamburo.
— **sander,** pulitrice (*f.*) a tamburo.
— **scanner** (*telev.*), esploratore (*m.*) a tamburo.
— **starter** (*elet.*), resistenza (*f.*) di avviamento a cilindro.
— **store** (*elettron.*), memoria (*f.*) a tamburo.
— **storage** (*elettron.*), memoria (*f.*) a tamburo.
— **type miller** (*macch. ut.*), fresatrice (*f.*) per produzione continua.
— **-washing machine,** macchina per lavare i fusti di combustibile.
— **winch,** argano (*m.*) a tamburo.
— **winder** (*tess.*), roccatrice *f.* a tamburo.
— **winding** (*elet.*), avvolgimento (*m.*) a tamburo.
druse (*min.*), drusa *f.*
drusy, *agg.* drusiforme.
dry, *agg.* secco; *v.a.* essiccare; stagionare (*legno*, *ecc.*); seccare; *v.i.* seccarsi.
— **acetylene,** acetilene (*m.*) secco.
— **air,** aria (*f.*) asciutta.
— **air filter,** filtro aria a secco.
— **assay** (*chim.*), saggio per via secca.
— **-bag filter** (*met.*), filtro a secco del tipo a manica.
— **battery,** batteria (*f.*) elettrica di pile a secco.
— **-bulb thermometer,** termometro (*m.*) asciutto.
— **cargo** (*naut.*), carico secco.
— **cargo carrier** (*naut.*), nave per carichi secchi.
— **cell,** pila (*f.*) a secco.
— **-clean (to —),** *v.a.* lavare a secco.
— **cleaners,** depuratori (*m. pl.*) a secco.

dry-cleaning (*tess.*), lavaggio (*m.*) a secco.
— **cleaning** (*of blast furnace gases*), depurazione *f.* (*dei gas d'altoforno*).
— **-cleaning agent** (*tess. chim.*), coadiuvante per la smacchiatura a secco.
— **-cleaning spirit,** olio (*m.*) per pulire.
— **colour,** pigmento *m.*
— **concentrate** (*min.*), concentrato ottenuto a secco.
— **corrosion** (*met.*), corrosione secca (in presenza di acqua o altro solvente, allo stato condensato).
— **Cottrell precipitator** (*min.*), precipitatore elettrostatico Cottrell a secco.
— **distillation,** distillazione (*f.*) a secco.
— **dock** (*naut.*), bacino (*m.*) di carenaggio.
— **dredger,** draga (*f.*) a secco.
— **-drilling** (*petrolio, ecc.*), perforazione (*f.*) a secco.
— **electric filter** (*met.*), elettrofiltro a secco (*depuraz. dei fumi*).
— **end** (*ind. carta*), parte secca (di macch. per fabb. carta).
— **fog** (*meteor.*), nebbiolina dovuta alla presenza di polvere o fumo nell'aria.
— **gas,** gas secco (*o* gas povero) (senza benzina).
— **grinding,** rettifica (*f.*) a secco.
— **hemalum,** polvere usata come colorante in microscopia.
— **hole** (*min.*), foro (*m.*) secco (del pozzo).
— **ice** (*chim.*), ghiaccio secco; biossido di carbonio (solido).
— **magnetic separation** (*min.*), separazione magnetica a secco.
— **masonry,** muratura (*f.*) a secco.
— **mixing,** impasto (*m.*) a secco.
— **natural gas,** gas naturale povero.
— **off,** *v.a.* (*chim.*), portare a secco mediante evaporazione; fare evaporare.
— **offset** (*tip.*), offset a secco.

dry oil, olio « secco » filtrato (senza umidità).
— **out (to)** (*chim.*), fare evaporare.
— **peat,** torba (*f.*) asciutta.
— **pickling** (*met.*), decapaggio a secco.
— **pile,** pila (*f.*) a secco.
— **plate,** lastra (*f.*) alla gelatina.
— **-point,** temperatura alla quale un liquido scompare dal fondo del matraccio.
— **potash,** potassa (*f.*) caustica.
— **powder extinguisher,** estintore a polvere.
— **puddling** (*met.*), pudellaggio a secco.
— **purification,** depurazione (*f.*) a secco.
— **rectifier** (*elettron.*), raddrizzatore a secco.
— **rot** fungo (*m.*) del legno.
— **run** (*telev.*), prova di una rappresentazione televisiva, prima di presentarla davanti alla macchina.
— **-running** (*elet.*), funzionamento a secco.
— **-sand** (*petrolio*), sabbia (*f.*). secca (strato improduttivo).
— **-sand mould,** formatura (*f.*) a secco.
— **spinning** (*tess.*), filatura (*f.*) a secco.
— **spinning frame** (*tess.*), filatoio (*m.*) a secco.
— **steam,** vapore surriscaldato.
— **stoner** (*ind. mol.*), spietratrice (*f.*) a secco.
— **streak** (*met.*), macchia di « scruff » (difetto della latta dovuto alla presenza di zone opache contaminate da scoria).
— **strength** (*terre di fond.*), permeabilità a secco; coesione a secco.
— **sweating,** proced. di purific. del rame, in cui il rame impuro si espone per lungo tempo alla temperatura di ossidazione sotto il suo punto di fusione.
— **-type air cleaner,** filtro aria di tipo a secco.
— **up,** *v.i.* inaridire.

dry washing (*min.*), lavaggio (*m.*) a secco (*o* all'aria).
— **wear of steels** (*met.*), logorio a secco degli acciai (senza lubrificazione).
— **weight** (*razzi*), peso a secco di razzi (a propellente liquido) senza combustibile e anche senza carico pagante.
— **yarn** (*tess.*), filato secco.
— **(on — roads)** (*auto*) (*aderenza*) sull'asciutto.
dryer, essiccatoio *m.*; (*macch. per impasto di conglomerati*), tamburo essiccatore.
— **scum** (*ceram.*), formazione di cristalli di calcio sui mattoni nell'essiccatoio.
drying, essiccamento *m.*; essiccatività *f.*
— **air,** aria (*f.*) essiccante.
— **apparatus** (*mecc.*), essiccatore *m.*
— **board,** assicella (*f.*) d'essiccamento.
— **end** (*carta*), seccheria *f.* (parte di macch. da carta dove l'umidità è evaporata da cilindri riscaldati); (*tip.*), seccheria *f.*
— **kiln,** essiccatoio del malto.
— **oils,** oli (*m. pl.*) siccativi.
— **oven** (*met., ecc.*), forno di essiccazione.
— **rack** (*tip.*), (scaffale) essiccatoio.
— **rate,** velocità di essiccazione (*fieno, ecc.*).
— **rollers** (*carta*), rulli (*m. pl.*) essiccatori.
— **room,** essiccatoio *m.*
— **shed,** essiccatoio per mattoni.
— **stove,** essiccatoio *m.*
— **time,** tempo (*m.*) d'essiccamento.
— **tower** (*ind. chim.*), torre d'essiccamento.
dual adjustable bias and equalisation controls (*audio*), doppi comandi regolabili di bias ed equalizzazione.
— **carriageway motor road,** autostrada (*f.*) a due carreggiate.
— **circuit cooling system** (*naut.*), impianto di raffreddamento a doppio circuito.
dual clutch (*mecc.*), frizione a doppio effetto.
— **completion well** (*ind. pet.*), pozzo (*m.*) a tubo doppio.
— **control columns** (*aereo*), doppia cloche di comando.
— **control plane,** aeroplano (*m.*) a doppio comando.
— **facility electronic pump** (*benzina*), pompa con indicazioni in miglia per galloni o litri per 100 km.
— **-fuel engines,** motori per due tipi di carburante.
— **highway** (U.S.A.), autostrada (*f.*) a due carreggiate.
— **intake and dual exhaust ports** (*motori a scoppio*), **due scarichi e due travasi.**
— **packer** (*petrol.*), packer doppio (composto da 2 guarnizioni cilindriche sovrapposte).
— **propellers** (*aereo*), eliche (*f. pl.*) accoppiate controrotanti.
— **reservoir** (*min.*) (*ind. pet.*), giacimento (*m.*) multiplo.
— **system** (*ind. pet.*), perforazione (*f.*) doppia.
— **-zone well** (*petrolio*), pozzo producente contemporaneamente da due zone.
duals, *pl.* (*auto*), pneumatici doppi (*per autocarri, ecc.*).
dub, *v.a.* (*cinem.*), doppiare; battezzare (un prodotto); (*inform.*), copia *f.*
dubbing, patina (*f.*) per cuoio (grasso); doppiaggio *m.* (*cinem.*); duplicazione *f.* (*di una registrazione*).
duck (*slang*) (*aereo*) (U.S.A.), velivolo (*m.*) anfibio; (*tess.*) tela (*f.*) olona.
— **(cotton —)** (*cinghie*), tela da tende (e da cinghie).
duckbill loader (*min.*) (U.S.A.), caricatrice continua a becco d'anitra.
duckcloth, tessuto (*m.*) a fili multipli.
duct, condotto *m.*; canale *m.*; serbatoio d'inchiostro (di stampatrice); calamaio *m.*

duct roller (*tip.*), rullo del calamaio.
ducted cooling (*aereo*), sistema di raffreddamento carenato.
— **impeller** (*aereo*), turboventilatore con girante a condotto.
— **radiator** (*aereo*), radiatore (*m.*) intubato (*in un condotto*).
ductile, *agg.* duttile.
— **brittle transition** (*met.*), transizione tra lo stato tenace e quello fragile.
— **cast iron,** ghisa (*f.*) duttile; ghisa (*f.*) sferoidale.
— **crack** (*met.*), rottura (*f.*) duttile; frattura (*f.*) duttile.
— **fracture** (*met.*), rottura (*f.*) duttile; frattura (*f.*) duttile.
— **iron,** ferro (*m.*) dolce.
— **metal,** metallo (*m.*) duttile.
ducting (*min.*), tubazione *f.*; (*gas, ecc.*), conduttura *f.*
— **(flexible —)** (*min.*), tubazione flessibile.
— **(plastic —),** conduttura in materia plastica.
ductor blade (*tip.*), lama del calamaio.
— **key** (*tip.*), blocco del calamaio.
dud (U.S.A.) (*petrolio*), pozzo improduttivo; proiettile inesploso.
duff (*carbone*), polverino di carbone (solitam. antracite) ottenuto da impianto di preparaz. del carbone.
dull, *agg.* appannato; opaco; spuntato (senza punta).
— **coal,** carbone amorfo.
— **finish** (*met.*), finitura (*f.*) opaca.
— **-finish sheet** (*met.*), lamierino nero.
— **nickel solution,** soluzione di cromo opaco.
— **polish,** *v.a.* lisciare opaco.
— **red,** rosso opaco.
— **red heat** (*met.*), calore (*m.*) rosso cupo.
— **rolls,** cilindri di laminatoio con superficie ruvida.
— **(to — a tool),** spuntare un utensile.
dulling (*vernici*), perdita di brillantezza; opacizzazione *f.*
dumb (*naut.*), *agg.* senza motore.
— **antenna,** antenna (*f.*) non risonante.
— **switch** (*ferr.*), scambio (*m.*) a due aghi fissi.
— **terminal** (*inform.*), terminale « stupido ».
— **waiters** (*naut., ecc.*), montapiatti *m.*; montavivande *m.*
dummy (*tip.*), menabò *m.*; (*elettron.*), inoperante; finto *agg.*; v. **crash-test —.**
— **antenna** (U.S.A.), antenna (*f.*) fittizia.
— **cartridge** (*mil.*), cartuccia per istruzione.
— **instruction** (*inform.*), finta istruzione.
— **load,** carico (*m.*) fittizio.
— **sheet** (*met.*), lamiera (*f.*) di appoggio; lamiera portante.
— **slot** (*elet.*), scanalatura (*f.*) cieca (senza avvolgimento).
dump, mucchio di sterile all'esterno della miniera; *v.a.* addossare; costipare; rovesciare, ribaltare; scaricarsi *v.r.*; scaricare *v.a.*; (*the conveyor dumps into a car...*), il nastro convogliatore si scarica in un vagone; (*calcol. elettron., inform.*), « dump » (copiare il contenuto di una memoria su nastro magnetico o disco, o altra unità di memorizzazione); scaricare (svuotare) una memoria; (*inform.*), copia (di dati, ecc.).
— **bailer** (*ind. pet.*), cucchiaia (*f.*) di cementazione (per mettere cemento in fondo al pozzo).
— **car** (*ferr.*), vagonetto a bilico.
— **coal,** mucchio (*m.*) di carbone.
— **gas,** benzina di bassa gradazione.
— **oil** (*petrolio*) (U.S.A.), petrolio consegnato in fusti.
— **-print** (*elettron.*), stampa del contenuto della memoria.
— **-punch** (*elettron.*), perforazione del contenuto della memoria.

dump truck (U.S.A.), autocarro a cassone ribaltabile.

dumped bale (*lana*), balla (*f.*) compressa.

dumper (*auto*), autocarro con cassone ribaltabile; (*met.*), serranda di regolazione (*depur. fumi*).

dumping at sea, scarico in mare (di materiali pericolosi).

— **cableway,** funicolare (*f.*) aerea per lo sgombro dei residui e delle scorie.

dunder, residuo della distillazione del rum.

dune (*geog.*), duna *f.*

dunging salt (*chim.*), silicato di sodio.

dunking (*cinem.*), « bagnare » la pellicola; passare la pellicola in soluzioni chimiche.

duo-sprung forks (*motoc.*), forcelle a doppia molla.

duodecimal *agg.*, duodecimale.

duodiode triode, biodo-triodo *m.*

duoplay (*audio*), riproduzione simultanea di due registrazioni.

duotone (*stampa*), bicolore *agg.*

duplet, coppia di elettroni condivise da 2 atomi, formante un legame covalente.

duplex (*trasmissione di dati a distanza*), bidirezionale (*in un senso e nell'altro*).

— **head vertical milling machine,** fresatrice (*f.*) verticale a due teste.

— **heckling machine,** pettinatrice (*f.*) doppia (da lino).

— **lathe,** tornio duplex; tornio ad alberi multipli.

— **miller** (*macch. ut.*), fresatrice (*f.*) a due mandrini orizzontali.

— **telegraphy,** telegrafia (*f.*) duplice.

— **winding** (*elet.*), avvolgimento a due circuiti.

duplexer (*radio*), antenna a relè ricetrasmittente.

duplicate (to —) (*computer systems*), duplicare (un sistema di elaborazione al fine di prevenire l'interruzione della elaborazione in caso di guasti).

duplicate (to —) a test (*astron.*), ripetere una prova (di lancio, ecc.).

— **parts,** duplicati *m. pl.* (di pezzi).

duplicating (*tip.*), duplicazione *f.*

— **machine,** duplicatore (tipografico, litografico, offset).

— **milling machine** (*macch. ut.*), fresatrice (*f.*) per riprodurre.

duplication (*costr. strade, ferr. ecc.*), raddoppio *m.* (di corsia, gallerie ecc.); duplicazione *f.* (di paragrafi, ecc.) (*inform.*).

duplicator (*macch. ufficio*), duplicatore *m.*

Duprene (*aereo*), materiale termoplastico brevettato.

durability, durabilità *f.*

dural, duralluminio *m.*

Duralumin, duralluminio *m.*; Lega di rame-manganese-magnesio-ferro ed alluminio (Cu 3,5-4,5 %; Mn 0,4-0,7 %; Mg 0,4-0,7 %).

duranthrene colour, durantrene *m.*

duration, durata *f.*

— **flight,** volo (*m.*) di durata.

— **kit** (*aereo*), modello (*m.*) per prove di durata.

— **of cut** (*mecc.*), durata del taglio.

— **record,** record (*m.*) di durata.

duresco (*chim.*), litopono *m.*

Durez resin, resina Durez.

Durite, materiale plastico brevettato.

dusset goar (*tess.*), tassello (corpetti).

dust, polvere *f.*; spolverare *v.a.*; v. **blast furnace —.**

— **barrier** (*min.*), v. **stone dusting.**

— **bin,** pattumiera *f.*

— **box** (*filatura*), cassetta per il cascame.

— **catcher** (*met.*), depolveratore; captatore (*m.*) del polverino.

— **catching apparatus** (*met.*), captatore del polverino; depolveratore *m.*

— **-coal,** carbone (*m.*) in polvere.

dust collecting unit, collettore (*m.*) della polvere.
— **collection** (*met.*), captazione (*f.*) delle polveri.
— **collector,** collettore (*m.*) della polvere.
— **counter** (*meteor.*), contatore (*m.*) dei granelli di polvere.
— **counting,** conta delle particelle di polvere.
— **cover** (*tip.*), sopracopertina *f.* (*di libro*).
— **exhauster,** aspiratore delle polveri.
— **exhausting fan,** aspiratore (*m.*) centrifugo.
— **exposure** (*prev. infortuni*), esposizione alla polvere.
— **gold,** polvere d'oro.
— **-jacket** (*libri*), sovraccoperta *f.*
— **laying** (*met.*, *min.*), abbattimento (*m.*) delle polveri.
— **mask,** maschera per protezione dalla polvere.
— **monitoring,** controllo della densità di polvere (emessa da altiforni ecc.).
— **precipitator** (*min.*), precipitatore per depolverazione.
— **-proof,** non penetrabile dalla polvere; a prova di polvere; rendere a prova di polvere.
— **-proof sealing band,** fascia protettrice contro la polvere.
— **removing plant** (*met.*, *ecc.*), impianto di depolverazione.
— **sampler** (*min.*), apparecchio per prelievo di campioni d'aria, al fine di rilevare il grado di polverosità di una miniera.
— **sampling officer** (*to check that air and gases discharged to the atmosphere from mineral and other registered works meet the required standards*), addetto al controllo dell'inquinamento atmosferico.
— **shield,** scudo per protezione alla polvere.
— **suppression equipment** (*min.*), attrezzatura per depolverazione.

dust treating equipment (*met.*), apparecchiatura di trattamento della polvere.
— **valve** (*sintering plant*), valvola di scarico delle polveri.
— **wetting plant** (*met.*), umidificatore del polverino.
duster (*petrolio*) (U.S.A.), pozzo (di gas o petrolio) improduttivo; (*agr.*), impolveratrice *f.*; vedi: **electric duster**; aereo per spruzzamento di disinfettanti.
dustiness, polverosità *f.*
dusting (*agr.*), impolveramento (*delle colture*).
— **-off,** spolveratura *f.*
Dutch bond, assestamento (*m.*) olandese.
— **gold,** oro (*m.*) falso.
— **hoe** (*agric.*), sarchiatrice *f.*
— **liquid,** liquido olandese; dicloruro di etilene.
— **pink** (*chim.*), rosa olandese; rosa italiano.
— **roll** (*aereo*), oscillazione laterale di un aereo intorno al suo asse verticale.
duties, caratteristiche (*f. pl.*) d'impiego (di macchine, ecc.).
duty, uso *m.* (*elet.*); sollecitazione *f.*; rendimento *m.* (di macch. e minerali) (*macch.*); marcia *f.*; servizio *m.*
— **-free** (*comm.*), esente da dazio doganale; in franchigia doganale.
dwale (*chim.*), belladonna *f.*
dwell (*istruzione macch. ut. CNC*), temporizzazione in secondi.
dwelling house, casa (*f.*) di abitazione.
dyad (*mat.*), diadica *f.*
dyadic, *agg.*, diadico (con due operandi).
dye, tinta *f.*; colore *m.*; materia (*f.*) colorante; *v.a.* tingere.
— **-bath assistant,** coadiuvante per bagni coloranti.
— **certified (for use in),** colorante ammesso dalla legge (per l'impiego in....).
— **intermediate,** intermedio per (vernici) coloranti.

dye-penetrant inspection (*met.*), prova con liquidi penetranti.
— **penetrants** (*met.*), liquidi penetranti colorati.
— **-plant,** fabbrica di coloranti.
— **retarder,** ritardante tintorio.
— **-wood,** legno (*m.*) tintorio.
— **works,** tintoria *f.*
dyeing, tintura *f.*
— **assistant** (*chim.*), ausiliare (*m.*) colorante.
— **industry,** industria (*f.*) tintoria.
dyer, *m.* tintore *m.*
dyer's woad (*tint.*) guado *m.*
dyestuff, materia colorante.
dyke, argine *m.*
dynameter (*ottica*), dinametro *m.*
dynametrical, *agg.* (*ottica*), dinametrico.
dynamic action, azione (*f.*) dinamica.
— **balancing machine** (*macch.*), equilibratrice (*f.*) dinamica.
— **characteristic,** caratteristica (*f.*) dinamica.
— **effect,** azione (*f.*) dinamica.
— **electricity,** elettricità (*f.*) dinamica.
— **headphone** (*audio*), cuffia dinamica.
— **lift** (*aereo*), forza di sostentamento dinamica.
— **memory** (*inform.*), memoria dinamica (del tipo RAM con circuiti dinamici). Vedi: — **storage.**
— **meteorology,** meteorologia (*f.*) dinamica.
— **microphone** (*audio*), microfono dinamico.
— **model** (*met.*), modello dinamico.
— **photoelasticity** (*mecc.*), fotoelasticità dinamica.
— **pressure** (*mecc. fluidi*), pressione dinamica.
dynamic programming (*inform.*), programmazione dinamica.
— **RAM** (*inform.*), memoria dinamica RAM.
— **resistance,** resistenza (*f.*) dinamica.
— **scope,** pendenza (*f.*) dinamica.
— **speaker,** altoparlante (*m.*) dinamico.
— **stiffness,** rigidità dinamica.
— **storage** (*inform.*), memoria dinamica (*o* ciclica, non sempre disponibile all'istante, perchè le informazioni non vi occupano un posto fisso).
dynamics, dinamica *f.*
dynamite, dinamite *f.*
dynamo (pr. *dai'ne.mou*), *f.* dinamo; *m.* alternatore.
— **room** (*elet.*), sala (*f.*) delle dinamo.
dynamograph, dinamografo *m.*
dynamometer, dinamometro *m.*; misuratore (*m.*) di una forza.
dynamometric, *agg.* dinamometrico.
— **cell** (*mecc.*), cella dinamometrica.
— **key,** chiave dinamometrica.
— **wattmeter,** wattometro (*m.*) dinamometrico.
dynamometrical, *agg.* dinamometrico.
— **brake,** freno (*m.*) dinamometrico.
dynatron (*valvole term.*), dinatron *m.*
dyne, *f.* dina.
dynel (*tess.*), fibra acrilica di qualità simili alla lana.
dynode (*elettron.*), dinodo *m.*
dysbarism (*med.*, *astron.*) malattia dovuta alla decompressione.
dysprosium (*chim.* = Dy), disprosio *m.*
Dytin, ditina *f.* (usata come solvente per pitture e vernici).

E

e-b technology, (*electron-beam technology*), tecnologia dei fasci elettronici.
eagle (*aereo*) (U.S.A.), aviatore di classe eccellente.
ear, griffa *f.* (*ing. elet.*); microfono *m.* (*cinem.*) (U.S.A.); (*mecc.*), v. **ears.**
— **defender,** protettore (*m.*) auricolare (contro rumori).
— **muffs,** cuffie (*f. pl.*) silenziatrici.
— **of a groin,** fianco (*m.*) di una lunetta.
eared screw, vite (*f.*) a gancio; vite (*f.*) ad occhio.
earing (*met.*), formazione di orecchiette o « corna » (*waviness on a deep-drawn product*).
earings (*naut.*), borose *f. pl.*
early birds of America (U.S.A.), Associazione americana di aviatori piloti.
— **opening,** apertura (*f.*) anticipata.
— **retirement,** pensionamento anticipato.
— **wheat,** grano (*m.*) precoce.
earmark (to —), contrassegnare.
earmarked account (*finan.*), conto riservato (*o* speciale).
earnings (*pl.*), reddito *m.*; introito *m.*
earphones cuffie *f. pl.*
earpiece (*audio*), auricolare.
earplug (*prevenz. infortuni*), protettore (*m.*) auricolare (contro i rumori nocivi).
ears (*mecc.*), orecchie *f. pl.* (proiezioni simmetriche ondulate formatesi durante imbutitura profonda; (*pubb.*), figure o notizie sul tempo a fianco del titolo del giornale in prima pagina « manchettes ».
earth (*elet.*), terra *f.*; *v.a.* mettere a terra (*elet.*).
— **circuit** (*elet.*), circuito (*m.*) di ritorno; filo (*m.*) a terra; circuito (*m.*) di terra.
— **colour,** terra (*f.*) colorante.
earth connection (*elet.*),derivazione (*f.*) a terra; presa (*f.*) di terra.
— **contact,** contatto (*m.*) di terra.
— **dam,** diga (*f.*) in terra battuta.
— **electrode,** elettrodo (*m.*) di massa.
— **grab,** tazza (*f.*) dragante (*o*) cucchiaio (*m.*) da scavatore.
— **-inductor compass,** bussola (*f.*) ad induzione terrestre.
— **lead** (*radio*), filo (*m.*) di terra (detto pure in inglese: *ground lead*).
— **leakage circuit breaker** (*elet.*), interruttore automatico rivelatore di dispersione a massa.
— **-leakage protection** (*elet.*), protezione di terra.
— **link box,** cassetta della messa a terra (*o* di collegamento alla terra).
— **moving equipment** (*min.*), macchinari da trasporto e movimenti di terra (*vagonetti, gabbie, skips, ecc.*).
— **-nut oil,** olio (*m.*) d'arachidi.
— **oil,** nafta (*f.*) minerale; petrolio *m.*
— **plate** (*elet.*), piastra (*f.*) di terra.
— **pressure** (*costr. fis.*), spinta (*f.*) delle terre.
— **rammer** (*cost.*), pilone *m.* (mazzapicchio).
— **return** (*elet.*), ritorno per la terra.
— **-return circuit** (*elet.*), circuito con ritorno a terra.
— **rod,** picchetto (*m.*) (d'antenna) interrato.
— **satellite,** satellite (*m.*) terrestre.
— **screen,** contrappeso (*m.*) di antenna.
— **wax,** ozocerite *f.*, cera minerale greggia.
— **wire** (*elet.*), filo (*m.*) a terra.
earthed neutral (*ing. elet.*), conduttore (*m.*) neutro a terra.
— **switch** (*ing. elet.*), interruttore (*m.*) a terra.
earthen dam, diga (*f.*) in terra.

earthen dam with reinforced concrete corewall, diga (*f.*) in terra con nucleo di cemento armato.
earthenware, terraglia *f.*
— **industry,** industria (*f.*) delle ceramiche.
— **piping,** conduttura (*f.*) d'argilla.
— **slab,** pianella *f.* (di argilla).
— **tile pavement,** pavimento (*m.*) a mattonelle di terra cotta.
earthing (*radio*), messa a terra.
— **switch** (*radio*), commutatore (*m.*) di messa a terra.
earthmover (*mecc.*), macchina per movimenti di terra.
earthmoving (*min.*, *ecc.*), movimenti di terra.
earthquake (*geol.*), terremoto *m.*
— **area** (*geol.*), zona soggetta a terremoti.
— **engineering** (*cost.*), ingegneria asismica.
— **regulations** (*leg.*), regolamenti edilizi asismici.
— **resistant dam** (*costr.*), diga asismica.
— **resisting house,** abitazione (*f.*) asismica.
— **(magnitude 8 —),** terremoto di intensità 8 della scala sismica.
earthwork laborer (U.S.A.), terrazziere *m.*
earthworks, lavori (*m. pl.*) di terra; movimenti (*m. pl.*) di terra.
ease (to —) the pressure, alleggerire la pressione.
easement (*leg.*), servitù *f.*; diritto (*m.*) d'uso.
easers (*min.*), mine (*f. pl.*) di scarico (*brillamento della volata*).
easing fish-plate (*ferr.*), stecca (*f.*) porta giunto.
— **of curves** (*ferr.*), raccordo (*m.*) di curve.
— **rail** (*ferr.*), rotaia (*f.*) di porta giunto.
— **the centre,** abbassamento (*m.*) di una centina (prima del disarmo).
eastern cotton wood, pioppo (*m.*) americano (*Populus deltoides*).
easy gradient (*agrim.*), pendenza dolce.
— **-machining steel** (*met.*), acciaio automatico.
— **replacement of parts,** facile sostituzione di pezzi.
— **running of an engine,** andamento (*m.*) dolce di un motore.
— **to read** (*strumentazione*), di facile lettura.
— **-to-read data** (*inform.*), dati di facile lettura.
eaves, gronda *f.*
eavesdropping (*inform.*), ascolto in segreto di una comunicazione privata (p. es. fra elaboratori elettron.).
ebb, corrente (*f.*) di riflusso.
EBCDIC code (*inform.*), codice ad 8 bit utilizzato per rappresentare i caratteri alfanumerici dall'IBM (*extended binary coded decimal interchange code*).
ebonite, ebanite *f.*
ebony black, nero carbonio.
— **-tree,** ebano *m.*
ebullioscopy (*chim.*), ebullioscopia *f.*
eccentric, *n.*, eccentrico *m.*
— **bit** (*min.*), trapano (*m.*) eccentrico.
— **chuck,** mandrino (*m.*) eccentrico.
— **clamp,** tenditore *m.*
— **clamping,** bloccaggio (*m.*) a mezzo di eccentrico.
— **disengagement,** disinnesto (*m.*) ad eccentrico.
— **gear,** meccanismo (*m.*) d'eccentrico.
— **groove** (*acust.*), solco (*m.*) eccentrico.
— **lathe,** tornio (*m.*) per eccentrici.
— **load,** carico (*m.*) eccentrico.
— **movement,** movimento (*m.*) eccentrico.
— **pendulum,** pendolo (*m.*) eccentrico.
— **pin,** bottone (*m.*) dell'eccentrico.
— **press,** pressa (*f.*) ad eccentrico.
— **regulator,** regolatore (*m.*) eccentrico.

eccentric rod, stelo (*m.*) (*o* asta) dell'eccentrico.
— **shaft,** (albero) eccentrico.
— **sheave,** ruota (*f.*) eccentrica (*ing.*); puleggia d'eccentrico (*naut.*).
— **strap,** anello (*m.*) dell'eccentrico; collare (*m.*) dell'eccentrico.
— **turning,** tornitura (*f.*) eccentrica.
— **valve gear,** distribuzione (*f.*) ad eccentrico.
— **wheel,** ruota (*f.*) eccentrica; eccentrico *m.*
eccentricity, eccentricità *f.*
echel (*chim.*), grado comune di smalto.
ecgonine (*chim.*), ecgonina *f.*
echelon, scaglione *m.*
— **aerial,** antenna (*f.*) direzionale a fili scaglionati.
echinus (*arch.*), èchino *m.*
echo, eco *m.*
— **box,** risonatore (*m.*) per echi artificiali.
— **cancellation** (*telev.*), compensazione (*f.*) di echi.
— **chamber,** camera (*f.*) ad echi (*per produrre effetti d'eco per programmi radio-televisivi*).
— **check** (*inform.*), controllo con prova eco (rinviando l'informazione ricevuta per confrontarla con l'originale).
— **metre,** ecometro *m.*
— **pulse,** impulso (*m.*) di ritorno (*radar*).
— **sounder** (*naut.*), ecosonda *f.*; ecoscandaglio *m.*
— **suppressor** (*elet.*), soppressore (*m.*) d'eco.
— **test set,** ecometro *m.*
echoless *agg.*, senza eco.
echometer (U.S.A.), ecometro *m.*
Eclipse (*chim. col.*), eclisse *m.*
eclipse (*astron.*), eclisse *m.*
ecliptic (*astron.*), eclittica *f.*
eclogite (*min.*), eclogite *f.*
eco, abbreviazione di: oscillatore ad accoppiamento catodico (electron-coupled oscillator).
ecofuel (*ind.*), combustibile ecologico dai rifiuti.
ecological, *agg.* ecologico.
ecologist, ecologista *m.*
ecology, ecologia *f.*
— **party,** partito dell'Ecologia.
econometrics (*organ.*), econometria *f.*
economic, *agg.* economico.
— **analyst** (*econ.*), esperto in analisi economica.
— **growth** (*econ.*), sviluppo economico.
— **package** (U.S.A.), insieme dei benefici economici a favore del lavoratore.
— **speed,** velocità economica.
economiser, economizzatore *m.* (*auto*); (*caldaie*).
— **jet** (*auto*), ugello (*m.*) economizzatore.
economy, economia *f.*
— **-coil** (*elet.*), bobina (*f.*) di reattanza.
— **of power,** economia (*f.*) di energia motrice.
— **test** (*auto*), prova rilevazione consumi riscontrati.
ECSC High Authority, l'Alta Autorità della CECA. (La CECA è fusa nelle Comunità Europee e non esiste più l'Alta Autorità).
eddies, vortici (*m. pl.*) di turbolenza (*aerodin.*).
eddy, vortice *m.* (*aerodin.*); risucchio *m.* (*idraul.*).
— **current** (*elet.*), correnti (*m. pl.*) di Foucault (*o* parassite).
— **current brake,** freno (*m.*) a correnti di Foucault; freno elettromagnetico.
— **-current inspection** (*met.*), prova con metodi elettrici (per grossi difetti).
— **currents** (*elet.*), correnti (*m. pl.*) parassite.
— **-mill powder** (*met.*), polverino (*m.*) depositato per turbolenza.
edestin (*chim.*), edestina *f.*
edge, margine *m.*; labbro *m.*; bordo *m.*; orlo *m.*; testa (**on** —) (mattoni); (*sald.*), spalla *f.*
— **buckle,** deformazione (*f.*) marginale (*di lamiere* (vedi: **buckle**)

edge course, accoltellato (*m.*) di mattoni
— **crack** (*met.*), v. **corner crack.**
— **dislocation** (*met.*), dislocazione cuneiforme; dislocazione a spigolo.
— **flare** (*telev.*), distorsione (*f.*) di contrasto sui bordi.
— **list** (*tess.*), cimossa *f.*
— **mill,** molino (*m.*) a palmenti.
— **of wall,** spigolo (*m.*) del muro.
— **planing machine** (*tip.*), rabotto *m.*; (*tubificio*) (*met.*), pialatrice dei bordi.
— **pressure,** pressione (*f.*) agli spigoli.
— **runner,** molazza a ruote; frantoio (per colori, vernici, mastice o calce).
— **-strip coil** (*elet.*), rocchetto (*m.*) di nastro di rame.
— **tearing** (*met.*), strappo al bordo (strappo localizzato sui bordi del pezzo).
— **-to-screw dislocation velocity** (*met.*) (*fis.*), velocità di dislocazione da spigolo a vite.
— **trimming** (*met.*), rifilatura dei bordi.
— **weld** (*sald.*), saldatura (*f.*) sulla costa.
— **winding** (*elet.*), avvolgimento (*m.*) di fianco.
edger scale-breaker stand (*met.*), gabbia rompiscaglie.
edgewise winding (*elet.*), avvolgimento di fianco.
edging, bordatura (di scarpa).
— **pass** (*lam. met.*), passata di costa.
edible oil treating, trattamento oli commestibili.
edification, edilizia *f.*
Edison screw-cap (*ill.*), attacco (*m.*) Edison.
edit (*elettron.*), preparazione del tracciato di stampa; (*inform.*), processo di organizzazione o modificazione dei dati.
— **facilities** (*inform.*), dispositivi (mezzi) di modifica (e correzione) delle linee di programma esistenti.
edit (to —) (*cinem.*), montare *v.a.* (un film); (*inform.*), preparare e selezionare dei dati con diversi interventi, al fine di ottenere l'informazione finale nella migliore presentazione.
editing (*cinem.*), montaggio *m.*; (*inform.*), preparazione e presentazione dei dati.
— **exchange** (*inform.*), centralina di editing.
— **table** (*telev.*, *cinem.*), tavola di montaggio.
edition (*tip.*), edizione *f.*
editor (*cinem.*), tecnico (*m.*) del montaggio; direttore (*stampa*); (*inform.*), programma destinato all'edizione delle informazioni; programma redattore; direttore (di un giornale) [N.B. il termine editor usato da solo ha significato di *direttore*, mentre preceduto da *sports*, *radio*, *ecc.* significa *redattore* (sportivo, radiofonico, ecc.)].
EDP course (*inform.*), corso (*m.*) d'informatica.
— **school** (*inform.*), scuola d'informatica.
educational allowance (*remunerazioni*), indennità scolastica (*per figli a carico*).
— **pyramid** (*econ.*), piramide della popolazione scolastica.
— **toy** (*gen.*), giocattolo istruttivo.
eduction of steam, efflusso (*m.*) di vapore.
— **port,** luce (*f.*) di scarico.
edulcorant (*chim.*), edulcorante *m.*
edulcorate (to —) (*chim.*), edulcorare; purificare (*con lavaggio*).
EEC directive, direttiva della Commissione delle Comunità Europee.
effacer, manovella di correzione (di calcolatore).
effect, effetto *m.*; v. **Barkausen —; calorific —; corona —; dead-end —; doppler —; downwash —; electrolytic —; even-odd —; fast-fission —; flicker —; flutter —; ground —; gyromagnetic —; heating —; iso-**

tope —; keystone —; Larsen —; lethal —; lighting —; Luxembourg —; mass —; magnetron —; microphonic —; Miller —; notch —; odd-odd —; photoelectric —; photomagneto-electric —; photoneutron —; piezo-electric —; Piobert —; plastic —; poisonous —; ram —; recoil —; retarding —; Richardson —; scale —; self-absorption —; shot —; skin —; skip —; smoothing —; sound —; space-charge —; spatial —; stereo —; synergetic —; Tellegen —; thermo-electric —; Thomson —; trapezium —; tunnel —; useful —; Volta —; Warp —.

effect carbon (*cinem.*), carbone (*m.*) pancromatico.

— **of impact,** effetto (*m.*) d'urto.

— **of shear** (*mecc.*), effetto di taglio.

effective, *agg.* efficace.

— **capture cross-section** (*fis. atomica*), sezione d'urto efficace.

— **collision cross-section** (*fis. atom.*), sezione d'urto efficace.

— **height of antenna** (*radio*), altezza elettrica di un'antenna.

— **pitch** (*aer.*), passo (*m.*) effettivo dell'elica.

— **propeller thrust,** trazione (*f.*) efficace dell'elica.

— **resonance integral,** integrale di risonanza efficace.

effervesce, *v.i.* (*chim.*), entrare in effervescenza.

effervescence, effervescenza *f.*

effervescing steel, acciaio (*m.*) effervescente.

efficiency, effetto (*m.*) utile; rendimento *m.*; efficienza *f.*

— **of a pump** (*idraul.*), rendimento di una pompa.

— **wages,** salario (*m.*) ad incentivo; salario proporzionato alla produzione.

efficient, *agg.* efficace.

efflorescence, efflorescenza *f.*

— **of wall,** cancrena (*f.*) della pietra.

effluent (*agr.*), colaticcio *m.*; (*fis. atom.*), effluente *m.*; liquame *m.*

— **treatment,** trattamento delle acque di rifiuto.

— **treatment plant** (*chim.*, *ecc.*), impianto per il trattamento delle acque di rifiuto.

— **(gas works —),** acque di scarico (delle officine del gas).

effort, sforzo *m.*; fatica *f.*

effortlessly *avv.*, senza sforzo; senza fatica; (*the board can be raised or lowered effortlessly*), la tavola può essere alzata od abbassata senza fatica.

egg, vedi: **acid egg.**

— **-weigher and grader,** calibratrice (*f.*) per uova.

Eggertz's method (*chim.*), metodo (*m.*) di Eggertz.

eggs (*slang*) (*aereo*) (U.S.A.), bombe *f. pl.*

eglantine (*chim. col.*), eglantina *f.*

eigenton (*acust.*), risonanza (*f.*) propria.

eight (*aereo*), otto *m.* (manovra aerea).

— **across a road** (*aereo*), otto ad angolo retto rispetto alla strada (manovra aerea).

— **-harness satin weave** (*tess.*), raso (*m.*) di 8.

— **" on " pylon** (*aereo*), otto intorno al pilone (manovra aerea).

— **-shaft satin weave** (*tess.*), raso (*m.*) di 8.

einsteinium (*chim.* = Es), einsteinio *m.*

eject, *v.a.*, espellere *v.a.*; emettere. *v.a.*; lanciarsi *v.i.* dall'aereo grazie al sedile eiettabile (*the pilots ejected and survived*), i piloti si lanciarono dall'aereo e si salvarono.

ejection, espulsione *f.*

— **mechanism** (*aereo*), meccanismo (*m.*) di espulsione.

— **seat** (*aereo*), sedile eiettabile; sedile catapultabile; sedile sganciabile.

— **track** (*inform.*), pista d'espulsione.

ejector, espulsore *m.* (*armi*); eiettore *m.*; estrattore *m.* (*di stampi*).
— **box** (*pressofusione*), scatola (*f.*) porta espulsori.
— **die half** (*pressofusione*), semistampo (*m.*) mobile.
— **pin** (*mecc.*), spina (*f.*) di espulsione.
elaborate, *v.a.* elaborare.
elaidic acid, acido (*m.*) elaidico.
elain (*chim.*), etilene.
eland (*carne*), antilope africana simile al bue.
elapsed time indicator, indicatore (*m.*) del tempo impiegato (in un dato lavoro).
— **time recorder** (*aereo*), registratore del tempo trascorso (di orologio).
elastance, capacità posseduta da un dielettrico per opporsi ad una carica elettrica: elastanza *f.*
elastic, *agg.* elastico.
— **anisotropy** (*met.*), anisotropia elastica.
— **bearing,** appoggio (*m.*) elastico.
— **bond (grinding) wheel,** mola con impasto elastico.
— **constants,** costanti elastiche.
— **deflection,** inflessione (*f.*) elastica.
— **deformation,** deformazione (*f.*) elastica.
— **elongation,** allungamento (*m.*) elastico.
— **equilibrium,** equilibrio (*m*) elastico.
— **extension,** allungamento (*m.*) elastico.
— **failure,** deformazione (*f.*) permanente (prodotta da un carico).
— **impact,** urto (*m.*) elastico.
— **limit,** limite (*m.*) di elasticità.
— **medium** (*fis., mecc. solidi*), mezzo (*m.*) elastico.
— **modulus** (*cost., ecc.*), modulo di elasticità.
— **packing,** guarnizione (*f.*) elastica.
elastic plate (*ferr.*), piastrina (*f.*) elastica.
— **ratio** (*mecc.*), coefficiente di snervamento (rapporto resistenza allo snervamento/resistenza alla trazione).
— **scattering** (*fis. atom.*), diffusione (*f.*) elastica.
— **stiffness,** modulo (*m.*) di elasticità.
— **strain,** sollecitazione (*f.*) elastica.
— **support,** supporto (*m.*) elastico.
— **yarn** (*tess.*), filato elastico.
elasticate (*v.a.*) (*tess.*), elasticizzare.
elasticated pockets (*auto*), tasche portaoggetti elasticizzate.
elasticity, elasticità *f.*
— **of bulk,** elasticità (*f.*) di massa.
— **of compression,** elasticità (*f.*) di compressione.
— **of elongation,** elasticità (*f.*) di allungamento.
— **of flexure,** elasticità (*f.*) d'inflessione.
— **of gases,** elasticità (*f.*) dei gas.
— **of shear,** elasticità (*f.*) di recisione.
— **of torsion,** elasticità (*f.*) di torsione.
— **of wood,** elasticità (*f.*) del legno.
elastin (*biochim.*), elastina *f.*
elasto-plastic structure (*costr.*), struttura elasto-plastica.
elastomer (*gomma*) (*chim.*), elastomero *m.*
elastomeric, *agg.* (*chim.*), elastomerico.
— **adhesives,** adesivi (*m. pl.*) elastomerici.
— **gasket,** guarnizione elastomerica.
— **sealant** (*gomma*), sigillante elastomerico.
elastometer, elastometro *m.*
elastoplastic, *agg.* elastoplastico.
— **structure** (*cost.*), struttura (*f.*) elastoplastica.
elayl (*chim.*), etilene.
elbow, raccordo (*m.*) a gomito; tubo (*m.*) a gomito; (*elet.*),

pezzo di raccordo ad angolo retto per tubi isolanti.
elbow joint, articolazione (*f.*) a ginocchiera; pezzo (*m.*) a gomito (tubazione).
— **separator** (*met.*), separatore a gomito.
elcaset (*audio*), nuovo tipo di registratore utilizzante una cassetta con un nastro di 1/4 di pollice.
elder, sambuco *m.*
— **berry oil,** olio (*m.*) di semi di sambuco.
— **tree,** sambuco *m.*
elderwood (*bot.*), legno di sambuco *m.*
electret (*fis.*, *elet.*), elettrete *m.* (*dielettrico*).
— **headphone** (*audio*), cuffia a condensatore electret.
— **made of resin** (*fis.*), elettrete di resina.
— **microphone** (*audio*), microfono ad electret.
— **speaker system** (*audio*), diffusore electret (*di tipo piezoelettrico*).
electric, *agg.* elettrico.
— **absorption,** assorbimento (*m.*) elettrico.
— **accumulator,** accumulatore (*m.*) elettrico.
— **analogue computers,** calcolatrici elettriche analogiche.
— **angle,** angolo (*m.*) elettrico.
— **arc,** arco (*m.*) elettrico.
— **arc drill** (*min.*), perforatrice (*f.*) all'arco elettrico.
— **arc welding process,** processo (*m.*) di saldatura all'arco elettrico.
— **axis** (*elettron.*), asse elettrico (*cristalli piezoelettrici*).
— **balance** (tipo di elettrometro) (*elet.*), bilancia elettrica.
— **bar heater,** scaldabarre elettrico.
— **bell,** soneria (*f.*) elettrica.
— **blanket,** coperta (*f.*) elettrica.
— **blast furnace,** altoforno (*m.*) elettrico.
electric blast furnace pig iron (*met.*), ghisa (*f.*) all'altoforno elettrico.
— **boiler,** caldaia (*f.*) elettrica.
— **brake,** freno (*m.*) elettrico.
— **burner,** becco (*m.*) elettrico.
— **cable,** cavo (*m.*) elettrico.
— **cable making** (*elet.*), fabbricazione di cavi elettrici.
— **capacity,** capacità (*f.*) elettrica.
— **cement,** mastice (*m.*) per unire ottone al vetro.
— **central station,** centrale (*f.*) elettrica.
— **charge,** carica (*f.*) elettrica.
— **circuit,** circuito (*m.*) elettrico.
— **component,** componente (*f.*) elettrica.
— **conductor,** conduttore (*m.*) elettrico; conduttore (*m.*) di elettricità.
— **control,** controllo (*m.*) elet trico.
— **coring** (*ind. pet. min.*), carotaggio (*m.*) elettrico.
— **crane,** gru (*f.*) elettrica.
— **current,** corrente (*f.*) elettrica.
— **detonator** (*esplosivi*), capsula (*f.*) elettrica.
— **diagram,** schema (*m.*) elettrico.
— **direction indicator** (*auto*), indicatrice (*f.*) laterale di forma allungata (freccia).
— **discharge,** scarica (*f.*) elettrica.
— **discharge gear,** dispositivo (*m.*) di scarico dell'elettricità (montato intorno a palloni).
— **dish washer,** lavastoviglie (*f.*) elettrica.
— **dissipation,** dispersione (*f.*) elettrica.
— **drainage** (*met.*), drenaggio elettrico.
— **drill** (*min.*), perforatrice (*f.*) elettrica; trapano (*m.*) elettrico.
— **drilling** (*petrolio*), elettroperforazione *f.*
— **drive,** comando (*m.*) elettrico.
— **driver,** battipalo (*m.*) elettrico.
— **dry shaver,** rasoio (*m.*) elettrico.

electric duster, aspirapolvere (*m.*) elettrico.
— **energy,** energia (*f.*) elettrica.
— **equivalent,** equivalente (*m.*) elettrico.
— **etcher** (*macch. ut.*), pantografo (*m.*) per incisioni elettriche.
— **eye,** cellula (*f.*) fotoelettrica; occhio magico.
— **fall,** caduta (*f.*) elettrica.
— **fan,** ventilatore (*m.*) elettrico; (*mecc.*) (*agr.*), elettroventola *f.*
— **fencer,** apparecchio per cinte elettrificate.
— **field,** campo (*m.*) elettrico.
— **field intensity,** intensità (*f.*) di campo elettrico.
— **filter,** filtro elettrico.
— **flux,** flusso elettrico.
— **fork lift truck,** carrello elevatore elettrico a forche.
— **furnace,** forno (*m.*) elettrico.
— **-furnace brazing,** brasatura (*f.*) al forno elettrico.
— **furnace brazing process,** processo (*m.*) di brasatura al forno elettrico.
— **furnace pig iron,** ghisa (*f.*) al forno elettrico.
— **gas-lighter,** accendigas (*m.*) elettrico.
— **gauge,** calibro (*m.*) elettrico.
— **gyro** (*aereo*), giroscopio (*m.*) elettrico.
— **hand lamp,** lampadina (*f.*) tascabile.
— **headstock,** testa (*f.*) motrice elettrica.
— **heated soldering iron,** saldatoio (*m.*) a riscaldamento elettrico.
— **heating,** riscaldamento (*m.*) elettrico.
— **hot topping,** riscaldamento elettrico in sommità.
— **ignition,** accensione (*f.*) elettrica.
— **immersion heater** (*elet.*), resistenza elettrica corazzata.
— **induction,** induzione (*f.*) elettrica.

electric induction furnace, forno (*m.*) elettrico ad induzione.
— **insulation,** isolamento (*m.*) elettrico.
— **lamp,** lampada (*f.*) elettrica.
— **leakage,** dispersione (*f.*) elettrica.
— **light,** luce (*f.*) elettrica.
— **light cable,** cavo (*m.*) per illuminazione.
— **lighting,** illuminazione (*f.*) elettrica.
— **log** (*min.*), log (*m.*) elettrico.
— **logging** (*petrol.*), carotaggio (*m.*) elettrico.
— **locomotive,** locomotiva (*f.*) elettrica.
— **machine,** macchina (*f.*) elettrica.
— **mill,** molino (*m.*) elettrico.
— **moment,** momento (*m.*) elettrico.
— **motor,** motore (*m.*) elettrico.
— **motor coach,** carrozza (*f.*) ferroviaria elettrica.
— **network,** rete (*f.*) elettrica.
— **oscillation,** oscillazione (*f.*) elettrica.
— **pistol,** pistola (*f.*) **di Volta.**
— **polisher,** lucidatrice (*f.*) elettrica.
— **portable tool,** utensile (*m.*) elettrico portatile.
— **potential,** potenziale (*m.*) elettrico.
— **power supply,** fornitura (*f.*) dell'energia elettrica.
— **pump** (*elet.*), elettropompa.
— **pumping plant,** impianto (*m.*) di pompe elettriche.
— **radiator,** radiatore (*m.*) elettrico.
— **railcar,** automotrice (*f.*) elettrica.
— **rail motor-car** (*ferr.*), carrozza (*f.*) automotrice elettrica.
— **railway,** ferrovia (*f.*) elettrica.
— **reaction mill,** arganetto (*m.*) elettrico.
— **repulsion,** ripulsione (*f.*) elettrica.
— **resistance,** resistenza (*f.*) elettrica.

electric resistivity, resistenza (*f.*) elettrica.
— **ring,** anello (*m.*) elettrodinamico.
— **riveting,** chiodatura (*f.*) elettrica.
— **riveting machine,** chiodatrice (*f.*) elettrica; ribaditrice (*f.*) elettrica.
— **rock-drill,** perforatrice (*f.*) a comando elettrico.
— **screen wiper** (*auto*), tergicristallo *m.*
— **-self starting,** avviamento (*m.*) elettrico.
— **shears** (*met.*), cesoia (*f.*) elettrica.
— **sheet,** lamierino (*m.*) magnetico tipo dinamo.
— **shock,** scossa (*f.*) elettrica.
— **shovel,** draga (*f.*) ad elettricità.
— **slewing crane,** gru (*f.*) elettrica girevole.
— **soaking pit** (*met.*), forno a pozzo elettrico.
— **spark,** scintilla (*f.*) elettrica.
— **spark machining** (*met.*), lavorazione a scintilla.
— **starter,** avviatore (*m.*) elettrico.
— **starting,** avviamento (*m.*) elettrico.
— **steel,** acciaio (*m.*) elettrico.
— **strain gage** (U.S.A.), indicatore elettrico di sollecitazioni di materiali.
— **supply company,** società erogatrice dell'elettricità; azienda elettrica (municipale).
— **tachometer,** tachimetro (*m.*) elettrico.
— **thermometer,** termometro (*m.*) elettrico.
— **tool tipper,** macchina elettrica per brasatura di punte d'utensili.
— **torch,** lampadina (*f.*) tascabile.
— **traction,** trazione (*f.*) elettrica.
— **traction engineer,** ingegnere (*m.*) addetto ai trasporti elettrici.
— **train** treno (*m.*) elettrico; elettrotreno *m.*

electric transmission, trasmissione (*f.*) elettrica.
— **transportation,** trazione (*f.*) elettrica.
— **travelling crane,** gru (*f.*) a ponte elettrica.
— **truck,** carrello elettrico.
— **typewriter,** macchina per scrivere elettrica.
— **utilities,** aziende (*f. pl.*) elettriche; società di erogazione elettrica.
— **vacuum cleaner,** aspirapolvere (*m.*) elettrico.
— **-vapour radiator,** radiatore (*m.*) elettrico.
— **vibrator,** vibratore (*m.*) elettrico per calcestruzzo.
— **washing boiler,** caldaia (*f.*) elettrica per bucato.
— **washing machine,** lavatrice (*f.*) elettrica.
— **weld,** saldare (*v.a.*) elettricamente.
— **welder** (*sald.*), saldatore (*m.*) elettrico.
— **welding,** saldatura (*f.*) elettrica.
— **welding machine** (*macch.*), saldatrice (*f.*) elettrica.
— **winch,** argano (*m.*) elettrico.
— **wind,** vento (*m.*) elettrico.
— **window lifts** (*auto*), alzacristalli (*m. pl.*) elettrici.
— **wire,** filo (*m.*) elettrico.
— **wire-break alarm** (*elet.*), avvisatore (*m.*) di rottura di filo.
— **wiring** (*elet.*), impianto elettrico; distribuzione dei fili di un impianto elettrodomestico, ecc.

electrical, *agg.* elettrico.
— **actuator,** apparecchio per comando a distanza di dispositivi inaccessibili: attuatore *m.*
— **angle,** angolo (*m.*) elettrico.
— **arc welding** (*sald.*), saldatura (*f.*) elettrica ad arco.
— **breakdown,** scarica elettrica; interruzione (*f.*) di elettricità.
— **ceramic** (*ceramica*) (*elettron.*), ceramica per applicazioni elettriche ed elettroniche.

electrical conductivity, conduttività (*f.*) elettrica.
— **engineer,** ingegnere (*m.* elettricista.
— **engineering,** elettrotecnica *f.*
— **engineering laboratory,** laboratorio (*m.*) di elettrotecnica.
— **fragmentation of ores** (*min.*), frantumazione elettrica dei minerali.
— **instruments,** strumenti (*m. pl.*) elettrici.
— **interlocking** (*elet.*), bloccaggio elettrico di sicurezza.
— **jack plug** (*telef.*), spina telefonica.
— **junction box,** cassetta raccordi elettrici.
— **machinery laboratory,** labora torio (*m.*) di elettrotecnica.
— **measurement,** misura (*f.*) elettrica.
— **noise,** rumore elettrico.
— **outfitter,** elettricista *m.* (venditore).
— **precipitation,** precipitazione elettrostatica.
— **recording anemometer,** anemometro registratore elettrico.
— **standards** (*elet.*), norme elettriche.
— **technology,** elettrotecnica *f.*
— **thread** (*tess.*), filo usato per elettricità.
— **tube furnace,** forno elettrico a tubo.
— **unit,** unità (*f.*) elettrica.
— **well logging** (*petrol.*), carotaggio (*m.*) elettrico.
electrically driven auxiliaries, ausiliari (*m. pl.*) a comando elettrico.
— **driven machine,** macchina (*f.*) azionata ad elettricità.
— **heated clothing** (*aer.*), vestiario (*m.*) con riscaldamento elettrico.
— **-operated mixer,** impastatrice (*f.*) ad elettricità.
— **powered auto** (*auto*), automobile a propulsione elettrica.
electrician, elettricista *m.*; elettrotecnico *m.*

electricians' plier, pinzetta (*f.*) da elettricisti.
— **side cutter,** pinzetta (*f.*) da elettricista.
electricity, elettricità *f.*
— **by friction,** elettricità (*f.*) di strofinio.
— **by induction,** elettricità (*f.*) per induzione.
— grid (*elet.*), rete di distribuzione.
electrification, elettrificazione *f.*
electrified railroad (U.S.A.), ferrovia (*f.*) elettrificata.
— **pipe lines,** gasdotti elettrificati.
electrify, *v.a.* elettrificare.
electrization, elettrizzazione *f.*
electrize, *v.a.* elettrizzare.
electro (*tip.*), cliché *m.*
— **-acoustic tablet** (*inform.*), tavoletta elettroacustica.
— **-affinity,** elettroaffinità *f.*
— **-anesthesia** (*med.*), elettroanestesia *f.*
— **-blowing fan,** elettroventilatore *m.*
— **-chemist,** elettrochimico *m.*
— **-chemistry,** elettrochimica *f.*
— **-domestic appliances,** elettrodomestici *m. pl.*
— **-dynamics,** elettrodinamica *f.*
— **-dynamometer,** elettrodinamometro *m.*
— **-encephalograph** (*med.*), elettroencefalografo *m.*
— **-encephalography** (*med.*), elettroencefalografia *f.*
— **-forging,** elettroforgiatura *f.*
— **-galvanic,** *agg.* elettrogalvanico.
— **gilding,** doratura (*f.*) elettrolitica; (*galv.*), doratura (*f.*) galvanica.
— **-luminescent lighting,** illuminazione per elettroluminescenza.
— **-magnet,** elettrocalamita *f.*; elettromagnete *m.*
— **-magnetic,** *agg.* elettromagnetico.
— **-magnetic coupling,** giunto (*m.*) elettro-magnetico.
— **-magnetic hammer** (*mecc.*), maglio (*m.*) elettromagnetico.

electro-magnetic induction, induzione (*f.*) elettromagnetica.
— **-magnetic wave,** onda (*f.*) elettromagnetica.
— **-magnetism,** elettromagnetismo *m.*
— **-mechanical converter** (*elet.*), trasduttore elettromeccanico.
— **-metallurgy,** elettrometallurgia *f.*
— **-negative,** *agg.* elettronegativo.
— **-osmosis,** elettroosmosi *f.*
— **-plater,** nichelatore (*m.*) elettrogalvanico.
— **-plating,** galvanostegia *f.*
— **-pneumatic hammer,** maglio (*m.*) elettropneumatico.
— **-polish (to —),** lucidare elettroliticamente.
— **polishing,** elettrolucidatura *f.*
— **-positive,** *agg.* elettropositivo.
— **-refining** (*met.*), elettroraffinazione *f.*
— **-slag welding** (*sald.*), saldatura (*f.*) sotto scoria elettroconduttrice.
— **-spark erosion** (*met.*), erosione con scintilla elettrica.
— **-static induction,** induzione (*f.*) elettrostatica.
— **-tinplate** (*met.*), banda stagnata elettrolitica.
— **-tinplating** (*met.*), stagnatura elettrolitica.
— **-static machine,** macchina (*f.*) elettrostatica.
— **-storing ability of a condenser,** capacità (*f.*) di un condensatore.
— **-typing (electrotyping),** galvanoplastica *f.*; galvanotipia *f.*
— **-valve,** elettrovalvola *f.*
electroanalysis, elettroanalisi *f.*
elecrobiology, elettrobiologia *f.*
electrobronzing, placcatura elettrolitica con bronzo.
electrocapillarity, elettrocapillarità *f.*
electrocardiogram (*med.*), elettrocardiogramma *m.*
electrocardiograph (*med.*), elettrocardiografo *m.*
electrocardiography (*med.*), elettrocardiografia *f.*
electrocardioscopy (*med.*), elettrocardioscopia *f.*
electrocautery (*med.*), elettrocauterio *m.*
electrochemical, *agg.* elettrochimico.
— **analogies** (*elet.*), analogie elettrochimiche.
— **cleaning,** elettrosgrassatura *f.*
— **grinding** (*chim.*, *macch. ut.*), rettifica elettrochimica.
— **kinetics** (*elettrochim.*), cinetica elettrochimica.
— **pickling,** pulitura (*f.*) elettrochimica.
— **potential** (*met.*), potenziale (*m.*) elettrochimico.
electrochemistry, elettrochimica *f.*
electrocoagulation (*med.*), elettrocoagulazione *f.*
electrocoppering, elettroramatura *f.*; ramatura elettrolitica.
electroculture, elettrocoltura *f.*
electrocution, elettrocuzione *f.*
electrode (*sald.*), elettrodo *m.*; v. **spark erosion (carbon) —.**
— **breakage** (*forno met.*), rottura di elettrodo.
— **clearance** (*sald.*), distanza (*f.*) fra le punte degli elettrodi.
— **coating,** rivestimento (*m.*) di elettrodo.
— **core** (*sald.*), anima (*f.*) di elettrodo.
— **crater** (*sald.*), cratere (*m.*) di elettrodo.
— **end** (*sald.*), estremità (*f.*) dell'elettrodo.
— **gap** (*sald.*), distanza (*f.*) fra le punte degli elettrodi.
— **holder,** porta elettrodo.
— **manufacturer,** fabbricante (*m.*) di elettrodi.
— **pliers** (*sald.*), pinza (*f.*) per elettrodi.
— **sheathing,** rivestimento (*m.*) di elettrodo.
— **stroke** (*sald.*), corsa (*f.*) dell'elettrodo.

electrode (max. speed of — upstroke) (*forni met.*), vel. mass. di sollevamento degli elettrodi.
electrodeposited metals, metalli elettrodepositati.
electrodeposition, elettrodeposizione *f.*; deposizione (*f.*) galvanica.
electrodiagnosis (*med.*), elettrodiagnosi *f.*
electrodialysis (*dissalazione*), elettrodialisi *f.*
electrodischarge machining (EDM) (*mecc.*), v. **electrolytic grinding.**
electrodynamic, *agg.* elettrodinamico.
— **loudspeaker,** altoparlante (*m.*) elettrodinamico.
— **pick-up,** fonorivelatore (*m.*) elettrodinamico.
— **potential,** potenziale (*m.*) elettrodinamico.
— **wattmeter,** wattometro (*m.*) elettrodinamico.
electrodynamics, elettrodinamica *f.*
electroerosion (*met.*), elettroerosione *f.*
electrofacing, rivestimento elettrolitico.
electroform (to), eseguire uno stampaggio elettromagnetico.
electroforming (*elettrochim.*), stampaggio (*m.*) elettromagnetico.
electrogenesis, elettrogenesi *f.*
electrograph (*appar. elet.*), elettrografo *m.*
electrography (*radiol.*), elettrografia *f.*
electrokinetic, *agg.* elettrocinetico.
electrokinetics, elettrocinetica *f.*
electroless nickel plating (*gal.*), deposizione di nichel per riduzione.
electrology, elettrologia *f.*
electrolysis, elettrolisi *f.*
electrolyte, elettrolita *m.*
— **acid** (*chim.*), acido solforico.
electrolytic, *agg.* elettrolitico.
— **aluminium,** alluminio (*m.*) elettrolitico.
— **bath,** bagno galvanico.
— **capacitor** (*elettron.*), condensatore (*m.*) elettrolitico.
electrolytic cell, cella (*f.*) elettrolitica.
— **cells,** celle (*f. pl.*) elettrolitiche.
— **chromium** (*chim.*), cromo (*m.*) elettrolitico.
— **copper,** rame (*m.*) elettrolitico.
— **corrosion** (*met.*), corrosione elettrolitica.
— **deposit,** deposito (*m.*) elettrolitico.
— **etching** (*metall.*), attacco chimico elettrolitico del campione lucidato onde vedere la sua struttura al microscopio metallurgico.
— **grinder** (*macch. ut.*), affilatrice (*f.*) elettrolitica.
— **grinding,** rettifica (*f.*) elettrolitica.
— **honing** (*met.*), smerigliatura elettrolitica.
— **lead refining** (*chim.*), raffinazione (*f.*) elettrolitica del piombo.
— **nickel,** nichelio (*m.*) elettrolitico.
— **pickling,** pulitura (*f.*) elettrolitica (di metalli).
— **polishing** (*met.*), lucidatura elettrolitica.
— **rectifier,** raddrizzatore elettrolitico.
— **refining,** raffinazione (*f.*) elettrolitica.
— **regeneration,** rigenerazione elettrolitica.
— **salt,** sali di nichelio (semplici e doppi).
— **separation** (*met.*), separazione (*f.*) elettrolitica.
— **silvering** (*met.*), argentatura (*f.*) elettrolitica.
— **silver polishing** (*elettrochim.*), lucidatura elettrolitica dell'argento.
— **tank** (*elet.*), vasca elettrolitica.
electrolyzer, elettrolizzatore (*m.*) galvanico.
electromagnetic back-scattering (*elet.*), ridiffusione elettromagnetica.
— **clutch** (*macch. ut.*, *mecc.*), frizione elettromagnetica.
— **crack detector,** metalloscopio *m.*

electromagnetic damping, smorzamento (*m.*) elettromagnetico.
— **field,** campo (*m.*) elettromagnetico.
— **forming** (*met.*), stampaggio mediante impulsi magnetici; stampaggio mediante l'uso di campi magnetici.
— **hammer,** martello (*m.*) elettromagnetico.
— **levitation,** sospensione elettromagnetica.
— **reverse,** cambiamento (*m.*) elettromagnetico.
— **reversing gear,** cambio (*m.*) di inversione di marcia elettromagnetico.
— **unit,** unità (*f.*) elettromagnetica.
— **vibrating unit** (*macch. ut.*), vibratore (*m.*) elettromagnetico.
— **vibrator** (*macch. ut.*), vibratore (*m.*) elettromagnetico.
— **voltmeter,** voltmetro (*m.*) elettromagnetico.
electromechanic(al), *agg.* elettromeccanico.
electromechanical brakes, freni elettromeccanici.
— **exchange** (*tel.*), centrale elettromeccanica.
electromechanics, elettromeccanica *f.*
electrometallurgy, elettrometallurgia *f.*
electrometer, elettrometro *m.*
— **amplifier** (*elet.*), amplificatore (*m.*) elettrometrico.
electrometric, *agg.* elettrometrico.
— **titration,** titolazione (*f.*) elettrometrica.
electromobile, automobile (*f.*) elettrica.
electromotive, *agg.* elettromotrice.
— **force (E.M.F.),** forza (*f.*) elettromotrice.
electromotor, elettromotore *m.*
electron, *m.* (*fis. atom.*) elettrone *m.*
— **accelerator (*fis. atom.*), acceleratore (*m.*) di elettroni.**
— **avalanche** (*fis. atom.*), valanga (*f.*) elettronica.
— **beam,** fascio (*m.*) elettronico.
electron beam drill (*min.*), perforatrice (*f.*) a raggi elettronici.
— **beam furnace** (*met.*), forno a fascio di elettroni.
— **-beam weld** (*met.*), giunzione con fascio di elettroni.
— **-beam welding** (*sald.*), saldatura (*f.*) a fasci elettronici.
— **bomb,** bomba (*f.*) alla termite.
— **bombardment** (*fis. atom.*), bombardamento (*m.*) elettronico.
— **camera** (*telev.*), camera (*f.*) elettronica.
— **capture (*fis. atom.*), cattura (*f.*) elettronica.**
— **cloud,** nube (*f.*) elettronica.
— **collision,** collisione elettronica.
— **compounds,** composti elettronici.
— **-current,** corrente (*f.*) elettronica.
— **density,** densità elettronica.
— **diffraction** (*elettron.*), diffrazione elettronica.
— **diffraction pattern,** sagome (immagini) di diffrazione elettronica.
— **discharge** (*termoion.*), scarica (*f.*) elettronica.
— **discharge tube** (*termoion.*), tubo (*m.*) a scarica elettronica.
— **emission,** emissione (*f.*) elettronica.
— **envelope (*fis. atom.*), mantello (*m.*) elettronico.**
— **flow,** flusso (*m.*) degli elettroni.
— **gas,** gas elettronico.
— **gun** (*telev.*), cannone (*m.*) elettronico.
— **impact,** urto (*m.*) elettronico.
— **jump (*fis. atom.*), transizione (*f.*) elettronica.**
— **lens,** lente (*f.*) elettronica.
— **linear accelerator,** acceleratore lineare elettronico.
— **mass (*fis. atom.*), massa (*f.*) elettronica.**
— **microfractograph** (*elet.*), microfractografia elettronica.
— **micrograph,** micrografo elettronico.
— **microscope,** microscopio (*m.*) elettronico.

electron microscopy, microscopia (*f.*) elettronica.
— **multiplier,** tubo generatore di elettroni secondari; (*fis. atom.*), moltiplicatore (*m.*), elettronico.
— **optics,** ottica (*f.*) elettronica.
— **orbit** (*fis. atom.*), **orbita (*f.*) elettronica.**
— **pair (*fis. atom.*), coppia (*f.*)** di **elettroni.**
— **physics,** fisica elettronica.
— **photomicrograph** (*elettron.*), fotomicrografia (*f.*) elettronica.
— **poor,** *agg.*, positivo.
— **-positron pair (*fis. atom.*),** coppia **elettrone-positrone.**
— **probe** (*elettron.*), sonda (*f.*) elettronica.
— **rangefinder,** telemetro (*m.*) elettronico.
— **-ray drilling machine** (*macch. ut.*), foratrice (*f.*) a raggi elettronici.
— **relay,** relè (*m.*) elettronico.
— **-rich,** *agg.*, negativo.
— **scattering (*fis. atom.*), diffusione (*f.*) degli elettroni.**
— **shell** (*fis. atom.*), strato (*m.*) elettronico.
— **spin (*fis. atom.*),** spin **(*m.*)** elettronico.
— **stream (*fis. atom.*), corrente (*f.*) elettronica.**
— **synchroton** (*elet.*), sincrotone per elettroni.
— **-trajectory tracer,** tracciatore delle traiettorie elettroniche.
— **tube,** tubo (*m.*) elettronico.
— **(free —),** elettrone libero.
— **(primary—),**elettrone primario.
— **(return recoil —),** elettrone di rimbalzo.
— **(secondary —),** elettrone secondario.

electronmicrophotograph, fotomicrografia elettronica.

electronic, *agg.* elettronico.
— **accessory,** accessorio elettronico.
— **angle-of-bend selector** (*mecc.*), selettore elettronico d'angolo di curvatura.
— **banking,** servizio bancario elettronico (a domicilio).
— **brain,** cervello (*m.*) elettronico.
— **breath testing machine** (*auto*) (*elettron.*), macchina elettronica per la prova del fiato dei guidatori.
— **card payphone,** apparecchio telefonico a scheda elettronica.
— **clock,** orologio (*m.*) elettronico.
— **clockradio,** radiosveglia elettronica.
— **component,** componente elettronico.
— **computer,** calcolatore (*m.*) elettronico.
— **configuration** (*fis. atom.*), configurazione (*f.*) elettronica.
— **control** (*elettron.*), comando elettronico.
— **crossover** (impianti di amplificazione) (*audio*), crossover elettronico.
— **data processing** (*calcol. elettron.*, *inform.*), elaborazione elettronica dei dati; informatica *f.*
— **differential analyzer,** analizzatore (*m.*) differenziale elettronico.
— **drum,** tamburo elettronico.
— **ENG camera** (TV), v. **ENG.**
— **engineering,** ingegneria (*f.*) elettronica.
— **frequency meter,** frequenziometro (*m.*) elettronico; misuratore (*m.*) di frequenza elettronica.
— **fuel injection** (*auto*), iniezione elettronica.
— **gauge** (*strumento di misura*), comparatore (*m.*) elettronico.
— **gauging** (*elettron.*), misura con strumenti ad amplificazione elettronica.
— **grid,** griglia (*f.*) elettronica.
— **ignition** (*auto*), accensione elettronica.
— **logic,** logica elettronica.
— **magnification,** ingrandimento (*m.*) elettronico.
— **mail** (*elettron.*), posta elettronica (*electronic transmission of information*).

electronic office, ufficio elettronico.
— **oil mist and fume precipitator,** precipitatore elettronico di fumo e vapori, e dei vapori di olio (con ricupero dell'olio).
— **power generator** (*elet.*), generatore (*m.*) elettronico di calore.
— **pyrometer** (*met.*), pirometro elettronico.
— **recorder,** registratore (*m.*) elettronico.
— **scanning** (*telev.*), esplorazione elettronica.
— **servo control for the pick-up head** (*audio*), servocomando elettronico per la testina fonografica.
— **stimulator unit** (*elet.*), unità stimolatrice elettronica.
— **switching** (*tel.*) (*inform.*), commutazione elettronica.
— **technique,** tecnica elettronica.
— **telephone exchanges,** commutazione elettronica in telefonia.
— **timer,** cronoscopio (*m.*) elettronico.
— **tuning** (*videoregistratori*), sintonia elettronica.
— **valve,** tubo (*m.*) termoionico.
— **view finder,** mirino (*m.*) elettronico.
— **welding machine** (*macch.*), saldatrice (*f.*) elettronica.
— **wood glueing machine,** incollatrice elettronica per legno.
electronics, elettronica *f.*
— **consultant,** consulente (*m.* elettronico.
— **directory** (*tip.*), annuario dell'elettronica.
— **engineer,** ingegnere (*m.*) elettronico.
— **firm,** ditta elettronica.
— **technician,** tecnico (*m.*) elettronico.
— **(quantum —)** (*elettron.*), elettronica quantica.
electroosmosis, elettroosmosi *f.*
electrophore, elettroforo *m.*
electrophoresis, elettroforesi *f.*
electrophoretic *agg.*, elettroforetico.
electrophoretic deposition (*rivestimenti*), deposizione per elettroforesi.
electrophorous, elettroforo *m.*
electroplate, *v.a.* placcare.
electroplated plastics (*elettrochim.*), materie plastiche galvanizzate.
electroplating, placcatura (*f.*) elettrolitica; galvanotecnica *f.*
electropolishing, elettrolucidatura *f.*
— **with sulfamate baths** (*elettroch.*), lucidatura (*f.*) elettrolitica con bagni solfammici.
electropump, elettropompa *f.*
electrorefined plutonium (*met.*), plutonio elettroraffinato.
electrorefining, affinazione elettrolitica (di metalli); elettroraffinazione *f.*
electrorubbing, placcatura elettrolitica (in cui si avvolge l'anodo di un panno saturo di soluzione e si sfrega sull'oggetto da placcare).
electroscope, elettroscopio *m.*
electroscopometer, strumento fotoelettrico per la misura delle trasmissioni o degli assorbimenti della luce.
electroscopy, elettroscopia *f.*
electroslag (*met.*), scoria (*f.*) elettrofusa.
— **refined steel** (*met.*), acciaio affinato sotto scoria elettrofusa.
— **remelting process** (*met.*), rifusione sotto scoria elettrofusa.
— **welding** (*sald.*), saldatura sotto scoria elettroconduttrice.
electrosonic (*control system for the measurement of liquid and gases*), sistema di controllo elettrosonico per la misura di liquidi e gas.
electrostatic, *agg.* elettrostatico.
— **charge,** carica elettrostatica.
— **coating** (*met.*), rivestimento per deposizione elettrostatica.
— **deposition** (*elet.*, *met.*), deposizione elettrostatica.
— **field,** campo (*m.*) elettrostatico.
— **headphone** (*audio*), cuffia elettrostatica.

electrostatic memory (*elettron.*), memoria elettrostatica.
— **neutralizer** (*elet.*), neutralizzatore elettrostatico.
— **painting,** verniciatura (*f.*) elettrostatica.
— **(spray) painting** (*vernici*), verniciatura elettrostatica (a spruzzo).
— **precipitator** (*gas*), precipitatore (*m.*) elettrostatico.
— **printer** (*inform.*), stampante elettrostatica.
— **spray gun** (*met.*), pistola elettrostatica per verniciatura a spruzzo.
electrostatics, elettrostatica *f.*
electrosynchrotron (*fis. atom.*), elettrosincrotrone *m.*
electrotechnical, *agg.* elettrotecnico.
— **engineer,** ingegnere (*m.*) elettrotecnico.
electrotechnics, elettrotecnica *f.*
electrotherapeutics, elettroterapeutica *f.*
electrotherapy, elettroterapia *f.*
electrothermic, *agg.* elettrotermico.
electrotinning (*galvan.*), elettrostagnatura *f.*
electrotype (*tip.*), cliché *m.*
electrotyper, galvanotipista *m.*
electrotypy, galvanoplastica *f.*
electrovalence, elettrovalenza *f.*
electrowinning, estrazione (*f.*) per via elettrolitica.
— **of zinc** (*elettrochim.*), estrazione (per via) elettronica dello zinco.
— **process** (*chim.*), processo di estrazione per via elettrolitica.
electuary (*med.*), elettuario *m.*
element, elemento *m.*; corpo (*m.*) semplice; pila *f.* (*elet.*).
elemental time, tempo elementare.
elementary particle physics (*fis.*), fisica delle particelle elementari.
— **quantum,** quanto (*m.*) elementare.
elemi (*vern.*), elemi *m.*; resina elemi.
— **gum** (*resine*), resina elemi.

elevated antenna (*radio*), antenna (*f.*) spaziale.
— **cableway crane,** gru (*f.*) a cavo aereo.
— **crane,** gru (*f.*) sopraelevata.
— **railway** (U.S.A.), ferrovia (*f.*) sopraelevata.
— **tank,** serbatoio (*m.*) sopraelevato.
— **urban freeway** (*traffico stradale*), strada urbana sopraelevata.
elevating dial (*armi*), arco dentato di elevazione.
— **endless screw,** vite (*f.*) di comando dell'innalzamento.
— **gear** (*mitragliat.*), arco (*m.*) di elevazione.
— **handwheel,** volantino di elevazione.
— **mechanism** (*macch. ut.*), meccanismo (*m.*) di elevazione.
— **table** (*mecc.*), tavola (*f.*) di sollevamento (*o* di elevazione).
elevation, proiezione (*f.*) verticale; elevazione *f.*; prospetto *m.*
elevator, timone (*m.*) di profondità (*aereo*); cavaradici *m.* (*med.*); montacarichi *m.*; ascensore *m.*; elevatore *m.*
— **angle** (*aereo*), angolo (*m.*) d'incidenza (fra la corda del timone di profondità e la corda del profilo alare).
— **balancing surface** (*aereo*), angolo (*m.*) di compensazione del timone di profondità.
— **casing,** tubo (*m.*) dell'elevatore.
— **control,** comando timone di profondità.
— **discharge pipe,** condotto (*m.*) di scarico dell'elevatore.
— **lever** (*aer.*), leva (*f.*) del timone di profondità.
— **movement stop** (*aereo*), arresto (*m.*) movimento dello stabilizzatore.
— **repairer mechanic** (U.S.A.), meccanico (*m.*) addetto alla riparazione di ascensori.
— **resistor furnace,** forno (*m.*) elettrico (ad elevatore).

elevator rope, fune (*f.*) (usualm. in ferro) di 6 trefoli, con 19 fili ciascuno, con anima centrale in canapa.
— trim control (*aereo*), leva (*f.*) controllo piano fisso orizzontale.
— trim tab (*eareo*), flettner (*m.*).
elevons, elevoni *m. pl.* (*aereo*).
elimination, eliminazione *f.*
eligibility (*comm.*), bancabilità (di effetti bancari).
eligible paper (*comm.*), cambiale (*o* tratta) (facilmente) bancabile.
elliot type front axle (*auto*), assale.
ellipse, ellisse *m.*
ellipsoid, ellissoide *m.*
— generated by rotation, ellissoide (*m.*) di rivoluzione.
ellipsometric technique (*to determine values of the optical constants of iron*) (*met.*), tecnica ellissometrica.
elliptic(al), *agg.* ellittico.
— angle reflector, riflettore (*m.*) ad angolo ellittico.
— arch, arco (*m.*) ellittico.
elliptical gears, ingranaggi (*m. pl.*) ellittici.
— stylus (*audio*), stilo ellittico (taglio ellittico).
elm tree, olmo *m.*
elongation, allungamento *m.*
— at rupture, allungamento (*m.*) di rottura.
— coefficient, coefficiente (*m.*) di allungamento.
— of rope, allungamento (*m.*) della fune.
— per unit length, allungamento (*m.*) unitario.
Elsner green, verde di Elsner (pigmento).
eluent (*chim.*), eluente *m.*
elution (*chim.*), eluzione *f.*
elutriate, *v.a.* (*chim.*), separare (*v.a.*) mediante decantazione.
elutriation (*chim.*), separazione per decantazione; elutriazione *f.* (proced. per separare polveri finissime).
eluvial, *agg.* (*geol.*), eluviale (originante da degradaz. in loco delle rocce o giacimenti preesistenti).
em quad (*tip.*), quadratone (quadrato di ogni misura possibile di carattere).
— rack (*tip.*), cremagliera del tipometro.
— rule (*tip.*), lineetta *f.*; quadrato lineato.
— scale (*tip.*), tipometro *m.*
— score (*tip.*), lineetta *f.*
eman (*radiol.*), eman *m.* (*unità di concentrazione di emanazione radio in soluzione*).
emanation, emanazione *f.* (*radioattiva, ecc.*); esalazione *f.*
emanator (*med.*), emanatore *m.*
emanometer (*min.*) (*petrol.*), emanometro *m.* (tubo usato nella prospezione geochimica del suolo).
emanometry (*petrol.*), emanometria *f.* (metodo di prospezione basato sulla rivelazione del rado presente nel suolo).
emanotherapy (*med. radium.*), emanoterapia *f.*
embanking, arginatura *f.*
embankment (*costr. stradali, ecc.*), terrapieno *m.*; rilevato in terra battuta; argine.
embark (to —), salire (su un aeroplano).
embed, *v.a.* mettere dentro; inserire; murare; racchiudere (*to embed coils in a wall* = immurare serpentini in un muro); (*chim.*), incorporare; incrostare;(*met., costr.*), annegare.
embedded, incassato *p.p.*; immurato *p.p.*; incastrato *p.p.*; racchiuso *p.p.*; (*min.*), imprigionato *p.p.*
— (thermocouple — in the mold wall) (U.S.A.), termocoppia annegata nella parete della lingottiera.
embedding, rivestimento *m.*; in crostazione *f.*
— material, materiale (*m.*) di rivestimento.
emboss, *v.a.* lavorare a rilievo; intagliare.

embossed steel traffic signs (*met.*), segnali stradali in acciaio stampati in rilievo.
— **tube,** tubo *m.* (*laminato*), goffrato.
— **work,** lavoro (*m.*) in rilievo.
embossement (*inform.*), impronta (dei caratteri sulla carta).
embossing (*met.*) (*mecc.*), goffratura *f.*; stampaggio in rilievo; (*tip.*), impressione a secco.
embrasure, strombatura (*f.*) di finestra.
embrittle (*met.*), infragilirsi *v.r.*
embrittlement, diventare fragile; infragilimento *m.*
embrittling gas, gas che causa infragilimento.
embroidered muslin (*tess.*), mussolina (*f.*) ricamata.
embroidery (yarn) (*tess.*), (filato per) ricamo.
emerald, smeraldo *m.*
— **green** (*vern.*), verde (*m.*) di Schweinfurth.
emergency brake, freno (*m.*) di sicurezza.
— **cable,** fune ausiliaria (*o* di sicurezza).
— **core cooling** (*fis. atom.*), raffreddamento del nucleo del reattore in caso di emergenza.
— **landing ground (*or* area),** campo (*m.*) d'atterraggio di fortuna.
— **lighting,** illuminazione (*f.*) di soccorso.
— **shut-off rod, barra di sicurezza; barra di emergenza.**
— **stack** (*met.*), ciminiera d'emergenza.
— **stop lane** (*autostr.*), corsia (*f.*) di emergenza (*o* corsia di sosta, *o* pista di emergenza).
— **strip** (*aereo*), pista di atterraggio di emergenza.
emery, smeriglio *m.*
— **cloth,** tela (*f.*) smeriglio; (*presse*), tessuto smerigliato.
— **flour,** spoltiglio (*m.*) di smeriglio.
— **paper,** carta (*f.*) smerigliata.
— **powder,** polvere (*f.*) di smeriglio.
emery stone, cote (*f.*) di smeriglio.
— **tape bands,** nastri (*m. pl.*) di smeriglio.
— **wheel,** mola (*f.*) smeriglio.
emetic, *agg.* (*med.*), emetico.
emission, emissione *f.*
— **efficiency,** potere (*m.*) di emissione.
emissivity (*energia radiante*), emissività *f.*
emit, *v.a.*, emettere *v.a.*
emitter (*elettron.*) (*telev.*), emettitore *m.*
— **follower** (*elettron.*), inseguitore di emettitore.
empennage (*aereo*) complesso (*m.*) di coda (U.S A); impennaggio *m.*
emplane (to —) (U.S.A.) (*aereo*), montare su un aeroplano (usato in trasporti comm. aerei).
employ (to —), impiegare (adoperare; usare); assumere personale.
— **a screened training cable** (*min.*), impiegare un cavo flessibile schermato.
employee, impiegato *m.*; salariato *m.*
employer, datore di lavoro.
employer's contribution (*sicurezza sociale*), quota parte (*f.*) del datore di lavoro.
employment income (*finan. econ.*), reddito di lavoro straordinario.
— **package,** « pacchetto » delle agevolazioni offerte al candidato ad un impiego.
— **(full —)** (*lavoro*), piena occupazione.
empty, *v.a.* vuotare; *agg.* vuoto.
— **out,** *v.a.*, vuotare *v.a.*
— **reel** (*audio*), bobina vuota.
— **weight** (*aereo*), peso (*m.*) a vuoto.
emulation (*inform.*), emulazione *f.* (riproduzione del funzionamento di un sistema di elaborazione su di un altro sistema, utilizzando gli stessi programmi).
emulator (*inform.*), emulatore *m.*

emulsifiability (*chim.*), emulsionabilità *f.*
emulsifiable *agg.*, emulsionabile.
emulsification (*chim.*), emulsificazione *f.*
emulsify *v.a.* (*chim.*, *fis.*), emulsionare.
emulsifying agent (*chim.*), emulsionante *m.*
emulsion, *f.* emulsione oleosa.
— **freeze stabilizer,** stabilizzante antigelo per emulsioni.
— **mud** (*min.*), fango in emulsione.
— **side** (*cinem.*), lato (della pellicola) impressionato.
emulsoid (*fis.*), emulsoide *m.*
en (*tip.*), spessore medio delle consonanti.
— **drapeau propeller** (*aereo*), elica (*f.*) sbandierabile.
— **quad** (*tip.*), quadratino.
— **rule** (*tip.*), quadratino lineato.
— **score** (*tip.*), quadratino lineato.
enabling legislation, legge di autorizzazione.
enamel, smalto *m.*
— *v.a.* smaltare.
— **coating,** strato (*m.*) di smalto.
— **dial** (*orol.*), quadrante di smalto.
— **-insulated wire** (*elet.*), filo (*m.*) smaltato.
— **kiln** (*cerma.*), forno da smalto.
— **lac,** lacca (*f.*) di smalto.
— **thickness gauge,** apparecchio (*m.*) per misurare lo strato di smalto (*o* di pittura, ecc.) sull'acciaio (*elet.*).
— **white,** bianco smalto; litopono.
enameling (U.S.A.), smaltatura *f.*; v. **enamelling.**
enamelled cloth, tela (*f.*) smaltata.
— **paper,** carta lucida; carta smaltata.
— **wire** (*elet.*), filo smaltato.
enameller, smaltatore *m.*
enamelling, smaltatura *f.*; verniciatura (*f.*) a smalto.
— **furnace,** forno (*m.*) di smaltatura.
— **steel,** vedi: **enamelling stock.**
— **stock,** lamiera (*f.*) nera (usata per smaltatura vetrosa).
enanthate (*chim.*), enantato *m.*
encapsulate (*fis. atom.*), incapsulare *v.a.*
— **the program in a tiny plastic module** (*inform.*), incapsulare il programma in un piccolo modulo di plastica.
encapsulation (*inform.*), incapsulamento (di un programma in un modulo).
encased back gear, rinvio (*m.*) coperto.
encasin (*chim.*), encasina *f.*; caseinato di ammonio.
encens (*chim.*), olio di olibano.
encephalogram (*med.*), encefalogramma.
encephalography (*med.*), encefalografia *f.*
encephalometer (*med.*), encefalometro *m.*
encipher, *v.a.* (*inform.*), cifrare.
enclosed motor, motore (*m.*) chiuso.
— **place,** luogo (*m.*) chiuso.
enclosure (*aereo*), cappottina *f.*; (*costr.*), recinto *m.*; recinzione *f.*
encode (to —) (*elettron.*), codificare.
encoder (*inform.*), codificatore *m.*
encoding altimeter (or *device*) (*aereo*), altimetro codificatore.
encounter (to —), incontrare.
— **gas during the drilling** (*min.*), incontrare il gas durante la perforazione.
encrustation, incrostatura (*f.*) delle caldaie.
encrypt (to —) (*inform.*), cifrare (*messaggi di calcolatori, ecc.*).
encryption (*inform.*), numerazione *f.*; cifraggio *m.*
encyclopedia, enciclopedia *f.*
end, estremità *f.*; (*tess.*) filo di ordito; (*lana*) scampolo *m.*; coperchio (di barattolo, lattine di birra, ecc.).
— **anchorage,** ancoraggio (*m.*) delle estremità.
— **bay,** campata (*f.*) estrema (di ponte).
— **bell** (*elettrot.*), banda di protezione (di rotaie).
— **-cap,** tappo per tubi.

end cell (*elet.*), elemento (*m.*) di regolazione (di accumulatori).
— **cogging,** intaglio (*m.*) di testa.
— **connection** (*elet.*), testa (*f.*) del rocchetto; unione (*f.*) d'estremità.
— **diagonal,** diagonale (*f.*) estrema.
— **(to — even)** (*tip.*), terminare a linea piena.
— **-facing** (*macch. ut.*), intestatura *f.*
— **fade** (*cinem.*), dissolvenza (*f.*) in chiusura.
— **fed vertical aerial,** antenna (*f.*) verticale alimentata in serie.
— **-file marker** (*inform.*), marcatore di fine dell'archivio.
— **mill,** fresa (*f.*) frontale.
— **milling cutter** (*mecc.*), fresa di testa.
— **nut,** mandrino *f.* (di trapano).
— **of a furnace campaign** (*met.*), fine della campagna di un forno.
— **of a winding,** estremità (*f.*) di avvolgimento.
— **-of-record arm lift** (*audio*), ritorno automatico del braccio a fine disco.
— **-of-reel mark(er)** (*inform.*) marcatore di fine della bobina.
— **of tape mark(er)** (*inform.*), marcatore di fine del nastro.
— **-on directional array,** sistema di antenna longitudinale a rete d'irraggiamento.
— **-paper** (*tip.*), foglio di risguardo.
— **play,** spazio (*m.*) morto; passo (*m.*) morto.
— **point** (*fis.*), punto finale (*di distillazione*); punto secco; temperatura massima di distillazione; termine di una reazione (*chim.*).
— **-product** (*chim., met., ecc.*), prodotto (*m.*) finale; prodotto di coda.
— **seam,** saldatura (*f.*) di fondi.
— **shears** (*met.*), cesoia per spuntature; cesoia intestatrice.
end shield, piastra (*f.*) laterale (di motori elettrici).
— **-stone** (*orol.*), pietra contropernо.
— **support** (*tornio*), lunetta *f.*
— **support(ing) column** (*macch. ut.*), colonna (*f.*) di sostegno situata all'estremità.
— **-terminal** (*elet.*), morsetto (*m.*) d'estremità.
— **tile,** embrice (*f.*) di gronda.
— **tipper,** autocarro (*m.*) a capovolgimento posteriore.
— **to end arranged,** disposto a tandem.
— **(ring-pull —),** coperchio con apertura a strappo dell'anello.
endless band elevator, elevatore (*m.*) a nastro.
— **belt,** cinghia (*f.*) senza fine.
— **chain,** catena (*f.*) senza fine.
— **rope** (*ferr. aeree*), fune (*f.*) chiusa.
— **screw,** vite (*f.*) senza fine.
endoergic *agg.*, endotermico.
endosperm (*bot.*), endosperma *m.*
endothermic, *agg.* endotermico.
— **reaction** reazione (*f.*) endotermica.
endrop (U.S.A.), irrorazione petrolifera usata per ritardare la caduta dei frutti.
ends down (*tess.*), capi rotti (durante la tessitura).
— **out** (*tess.*), fili mancanti.
endshake (*orol.*), gioco assiale.
endstone (*orol.*), placca contropietra *f.*
endurance (*aereo*), autonomia (*f.*) di volo (in ore).
— **test,** prova di durata.
— **limit** (*mecc.*), limite di fatica.
— **race** (*auto*), corsa (*o* gara) di durata.
endwise, *avv.* in direzione della lunghezza; nel senso della lunghezza.
— **feed** (*inform.*), alimentazione colonna per colonna.
energetic, *agg.*, energetico.
— **nuclear reactor** (*fis. atom.*), reattore nucleare energetico.
energetics (*fis.*), energetica *f.*

energize, *v.a.* energizzare; azionare *v.a.*; attivare *v.a.*; mettere in servizio (cavi, fili ecc.) (*elet.*); alimentare; eccitare.
energizer, sostanza acceleratrice di carburazione.
energy, energia *f.*
— **absorbing steering column** (*auto*), piantone (*m.*) dello sterzo ad assorbimento d'energia.
— **balance** (*chim.*, *met.*), bilancio (*m.*) energetico (di stabilimenti, ecc.).
— **barrier** (*fis. atom.*), barriera (*f.*) **di energia).**
— **battery,** batteria d'accumulatore (*per automobili*).
— **« bus »,** bus (canadese) equipaggiato con strumenti che misurano ed analizzano il consumo di energia in impianti industriali sul luogo, al fine di risparmiare energia.
— **conversion,** conversione della energia.
— **degrading** (*fis.*), degradazione dell'energia.
— **Directorate-General (EEC)** Direzione generale Energia (delle Comunità Europee).
— **equivalent** (*fis. atom.*), equivalente (*m.*) energetico.
— **fluence** (*fis.*), fluenza (*f.*) energetica.
— **level** (*fis. atom.*), **livello** (*m.*) **energetico.**
— **quantum** (*fis. atom.*), quanto (*m.*) **di energia.**
— **saving,** risparmio energetico.
— **storage,** accumulazione della energia.
— **transfer,** trasferimento della energia.
— **(low-cost — source),** sorgente energetica a basso costo.
enflatable (*naut.*), battello (canotto) gonfiabile.
enforcement (*leg.*), esecuzione legale.
engage, *v.a. v.i.*, innestare *v.a.*; impegnare *v.a.*; impegnarsi *v.r.* (*mecc.*); ingranare -si *v.a. v.r.*; scalpellare *v.a.*
engage the friction, innestare la frizione.
engaged, *p.p.* (*telef.*), occupato.
engagement (*mecc.*), innesto *m.*
engaging friction (*mecc.*), attrito di impegno.
— **lever,** leva (*f.*) d'innesto.
engine, macchina *f.* (macchina motrice); motore *m.*
— **air intakes** (*aereo*), prese d'aria del motore.
— **all out,** motore (*m.*) a tutto gas.
— **bay** (*auto*), vano motore.
— **-bearer,** castello (*m.*) motore.
— **bonnet,** carter del motore.
— **car** (*aereo*), cabina (*f.*) gruppo propulsore.
— **control,** controllo (*m.*) di una macchina.
— **cowling** (*aereo*), cappottatura (*f.*) del motore.
— **displacement,** cilindrata (*f.*) del motore.
— **distillate,** petrolio simile a nafta.
— **driver** (*ferr.*), macchinista *m.*
— **exhaust,** collettore del gas di scarico; (*auto*) scappamento *m.*
— **flooding** (*auto*), ingolfamento del motore.
— **generator,** gruppo (*m.*) elettrogeno.
— **indicator** (*mecc.*), misuratore della pressione di manometri.
— **induction manifold,** condotto di aspirazione del motore.
— **in the front** (*auto*), motore avanti.
— **lathe,** tornio (*m.*) parallelo per filettare.
— **loco driver,** macchinista *m.* (di locomotive).
— **log book** (*aereo*), libro (*m.*) di bordo.
— **mechanic** (*aereo*), meccanico (*m.*) motorista.
— **mounting,** castello (*m.*) motore (*aereo*).
— **mountings** (*auto*), supporti (*m. pl.*) elastici fissaggio motore.
— **nacelle** (*aereo*), gondola motore.
— **noise** (*aereo, auto*), rumore di motore.

engine oil, olio (*m.*) per macchina; olio per motori.
— **power rating,** potenza (*f.*) indicata (*motori*).
— **protecting plate,** grembiale di protezione del motore.
— **rocking axis** (*auto*), assi movimento motore su supporti.
— **room,** sala (*f.*) delle macchine; camera (*f.*) delle macchine.
— **shop,** reparto (*m.*) macchine.
— **-sized paper,** carta (*f.*) incollata a macchina.
— **speed indicator** (*auto*), contagiri (*m.*) motore.
— **starter,** motore d'avviamento.
— **trim** (*naut.*), assetto *m.*
engineer, tecnico *m.*; ingegnere *m.*; (*ferr.*) macchinista *m.*
— **aide,** aiuto-ingegnere *m.*
— **(to —),** *v.a.* creare (una macchina, ecc.); progettare; produrre *v.a.*; generare *v.a.*
— **a machine,** *v.a.* concepire (*ideare, creare*) una macchina.
— **in the laboratory,** produrre (generare) in laboratorio.
engineer's report, relazione (*f.*) di un ingegnere.
engineering, ingegneria *f.*
— **consultant,** ingegnere consulente.
— **data,** dati (*m. pl.*) d'ingegneria.
— **data sheet** (*inform.*), scheda segnaletica.
— **draftsman** (U.S.A.), disegnatore (*m.*) tecnico.
— **fee** (*brevetto*), diritto (*o* tassa) di licenza.
— **jargon,** gergo (*m.*) d'ingegneria.
— **manager** (U.S.A.), ingegnere (*m.*) direttore (di un reparto).
— **office,** studio (*m.*) tecnico.
— **-shop,** officina (*f.*) meccanica.
— **standards,** norme di ingegneria.
— **steel,** acciaio per costruzioni meccaniche.
— **student,** studente (*m.*) d'ingegneria.
— **system of units** (*aereo*), sistema di unità di misura dei coeff. di portanza e resistenza aerodinamica, in cui i coeff. cambiano con la densità dell'aria (si dividano i coeff. per 0,00256 per ottenerli in unità del « sistema assoluto »).
engineering works, stabilimento (*m.*) meccanico.
— **(light —),** ingegneria leggera.
— **(heavy —),** ingegneria pesante.
English (*tipog.*), corpo 14.
— **cross bond** (*cost.*), assestamento (*m.*) a rombi; assestamento (*m.*) incrociato.
— **finish** (*tip.*), carta da stampa calandrata opaca.
— **fuchsin,** fucsina inglese (colorante per lana, cotone e seta).
— **lever escapement** (*orol.*), scappamento ad àncora inglese.
— **red,** rosso (*m.*) inglese.
— **roof truss** (*cost.*), incavallatura (*f.*) tipo inglese.
— **white,** bianco inglese; carbonato di calcio.
engobe (*ceram.*), pasta ceramica bianca applicata su una pasta dello stesso coeff. di dilatazione.
engrave, *v.a.* intagliare (a bulino); incidere (scolpire).
engraver, intagliatore *m.*; incisore *m.*
engraver's acid (*chim.*), acido nitrico.
engraving, scalpellatura *f.*; intaglio *m.*
— **and copy milling machine** (*macch. ut.*), fresatrice (*f.*) pantografica.
— **machine** (*macch. ut.*), pantografo *m.*; (*macch. ut.*), macchina per incidere.
— **machine (two-dimensional —)** (*macch. ut.*), pantografo duodimensionale.
— **needle,** punta da incisore.
enhance, *v.a.*, accrescere *v.a.*; intensificare *v.a.*; rinforzare *v.a.*
enhanced weldability (*sald.*), saldabilità aumentata; maggior saldabilità.
enhancement, aumento *m.*; miglioramento *m.*; perfezionamento *m.* (*inform.*).
— **of the mechanical properties,**

miglioramento delle caratteristiche meccaniche.
enhancing, *agg.*, attivante; intensificante.
enlarge, *v.a.* (*fot.*), ingrandire *v.a.*
— (*v.a.*) **with a reamer,** alesare.
enlargement, ingrandimento *m.*
enlarger (*fot.*), macchina da ingrandimento.
enol, enolo *m.*
ENP (*chim.*), etil p-nitrofeniltiobenzene (*insetticida*).
enrich, *v.a.* (*fis. atom.*), arricchire.
enriched fuel (*fis. atom.*), combustibile (*m.*) arricchito.
— **fuel reactor** (*fis. atom.*), reattore (*m.*) arricchito.
— **ore pellets** (*min.*), pellet di minerale arricchito.
— **uranium** (*fis. atom.*), uranio (*m.*) arricchito.
enrichment (*min.*), arricchimento *m.* (di minerali); (*fis. atom.*), arricchimento *m.*
— **factor** (*fis. atom.*), fattore (*m.*) di arricchimento.
— (**CO_2 —**) (*agr.*), concimazione (*f.*) carbonica.
ensilage, insilamento *m.*
ensile, *v.a.* insilare.
enter, *v.i.*, entrare *v.i.*; penetrare *v.i.*; occupare *v.a.*; prendere un posto (*chim.*); sostituire(*chim.*).
entering, entrata *f.*; occupazione *f.*; sostituzione *f.*
— **catch,** nottolino (*m.*) incassato.
— **edge** (*aereo*), bordo (*m.*) d'entrata (*leading edge*).
enthalpy (*chim. fis.*), entalpia *f.*
entirety, integralità *f.*
entity, entità *f.*
entrainer (*fis.*), gas (*o* aria) fornito da soffiatori, per sublimazione, ecc.
— **sublimation** (*fis.*), sublimazione (*f.*) con gas generalmente fornito da soffiatori.
entrance barriers (*traffico stradale*), cancelli (*m. pl.*) di entrata (di autostrada).
— **cone,** cono (*m.*) d'ingresso.
— **push** (*elet.*), pulsante (*m.*) per aprire la porta.
entrapped gas, gas (*m.*) imprigionato.
entrenched (*cavi, scavi, ecc.*), in trincea.
entrepreneurship (*econ.*), spirito di iniziativa (della classe imprenditoriale).
entropy (*term.*), entropia *f.*
— **-diagram,** diagramma (*m.*) entropico.
— **of fusion** (*fis.*), entropia di fusione.
entry, introduzione *f.* (*di un gruppo chim.*); entrata; apertura di entrata; (*comm.*) registrazione *f.*; (*dogana*) dichiarazione di entrata; voce *f.* (di vocaboli, p. es. in un dizionario).
— **into insurance,** affiliazione (*f.*) all'assicurazione.
— **(on a map),** annotazione *f.* (in una carta).
— **pallet stone** (*orol.*), pietra di leva d'entrata.
envelope, inviluppo *m.* (*geom.*); involucro *m.* (*aer.*); (*gen.*) busta *f.*
environment (*fis.*), ambiente *m.*; (*in generale*), condizioni ambientali; (*rigorous environment of sinter plants*), difficili (avverse) condizioni ambientali degli impianti di sinterizzazione.
environmental design, design ambientale (progettaz. visiva dell'ambiente con lo scopo di trasformare in ordine il disordine delle città moderne).
— **engineering,** ingegneria per la conservazione dell'ambiente.
— **pollution tolerance** (*inquinamento*), indice di tolleranza all'inquinamento ambiente.
— **Protection Agency,** Comitato per la difesa dell'ambiente.
— **requirements,** esigenze (*f. pl.*) ambientali.
environmentalist, fautore della difesa dell'ambiente.
enzymatic, *agg.*, enzimatico.
enzyme, enzima *m.*
— **inactivator** (*chim.*), agente di disattivazione enzimica.

enzymic, *agg.*, enzimatico.
enzymology, enzimologia *f.*
enzymolysis, enzimolisi *f.*
eosin (*chim. col.*), eosina (*f.*).
— **bluish** (*chim.*), eosina bluastra (colorante per lana e seta).
— **I bluish,** eosina (*f.*) bluastra (usata per tessili e carta).
— **YS,** eosina (*f.*) gialla.
EPCOT (centres), Experimental Prototype Community of Tomorrow.
ephedrine, efedrina *f.*
epicentre, epicentro *m.*
epicyclic drive (*macch. ut., mecc.*), trasmissione epicicloidale.
— **gearing,** ingranaggi (*m. pl.*) epicicloidali.
— **reduction gear** (*elet., mecc.*), riduttore (*m.*) epicicloidale.
epicycloidal *agg.*, epicicloidale.
epidiascope (*med., ecc.*), epidiascopio *m.*
epigenetic (*geol.*), epigenetico *agg.*
episcope (*luce*), episcopio *m.*
episcopic, *agg.* episcopico, a.
epithermal, *agg.* epitermico.
— **neutron** (*fis. atom.*), neutrone (*m.*) epitermico.
— **reactor** (*fis. atom.*), reattore (*m.*) epitermico.
— **region** (*fis. atom.*), regione (*f.*) epitermica.
epoxide (*chim.*), epossido *m.*
epoxy plastics, plastiche epossidiche.
— **powder coating,** rivestimento con polvere epossidica.
— **resins,** resine (*f. pl.*), epossidiche.
epoxyethane (*chim.*), ossido di etilene.
epoxypropane (*chim.*), ossido di propilene.
equal and opposite forces, forze (*f. pl.*) eguali e contrarie.
— **angle iron,** cantonale (*m.*) ad ali eguali.
— **-signal white** (*telev.*), bianco medio (*radianza*); bianco ideale (luminosità uniforme).
equalise (to —), *v.a.*, v. **equalize.**
equaliser, v. **equalizer.**
equality (*mat.*), eguaglianza *f.*
— **of brightness photometer,** testa (*f.*) fotometrica a confronto simultaneo.
equalization (*audio*), equalizzazione *f.*; correzione *f*; (*mecc.*), v. **load —.**
— **box,** recipiente (*m.*) di compensazione.
— **fund** (*econ.*), cassa di perequazione.
— **switch** (*audio*) (*registratori*), selettore (*m.*) equlizzazione.
equalize, *v.a.* uguagliare; adeguare.
— **(to —)** (*audio*), equalizzare; compensare.
equalized filter (*elet.*), filtro equalizzato.
equalizer (*elettroni*), equalizzatore *m.*; (*ferr.*), bilanciere compensatore.
— **analyzer** (*audio*), analizzatore di equalizzazione; v.: **graphic —; parametric —; stereo parametric —.**
equalizing (*agrim.*), compensazione *f.* (di movimenti di terra); (*audio*), equalizzazione *f.*
— **bar** (*elet.*), barra (*f.*) di compensazione.
— **current,** corrente (*f.*) di compensazione.
— **mains** (*elet.*), conduttura (*f.*) di compensazione.
— **network** (*elet.*), rete di condutture di distribuzione.
— **valve** (*petrol.*), valvola (*f.*) equilibratrice (*di tester*).
equate (to —), uguagliare; (*mat.*), mettere in equazione.
equation, equazione *f.*
— **of state** (*term.*), equazione di stato.
— **of the first degree,** equazione (*f.*) di primo grado.
— **of torque** (*elet.*), equazione (*f.*) di coppia.
— **of voltage** (*elet.*), equazione (*f.*) di tensione.
— **package** (*inform.*), modulo per risolvere le equazioni.

equation solver (*inform.*), apparecchio per risolvere le equazioni lineari.
— **(Bragg —)**, equazione di Bragg.
— **(cubic —)**, equazione cubica.
— **(differential —)**, equazione differenziale.
— **(empirical —)**, equazione empirica.
— **(integral —)**, equazione integrale.
— **(Laplace —)**, equazione di Laplace.
— **(liner differential —)**, equazione differenziale lineare.
— **(parametric —)**, equazione parametrica.
— **(partial differential —)**, equadifferenziale alle derivate parziali.
— **(quadratic —)**, equazione di 2° grado.
— **(simultaneous —)**, equazione simultanea.
equiangular, *agg.* equiangolo.
equigravisphere (*astron.*), equigravisfera *f.* (punto di equilibrio fra la forza di gravità terrestre e quella lunare).
equilateral, equilatero *agg.*
— **arch**, arco (*m.*) a sesto acuto.
— **triangle**, triangolo (*m.*) equilatero.
equilibrate, *v.a.* *v.i.*, equilibrare *v.a.*; equilibrarsi *v.r.*
equilibration, equilibratura *f.*
equilibria of nitrogen with the refractory metals (*met.*), stati di equilibrio dell'azoto con i metalli refrattari.
equilibrium, equilibrio *m.*
— **concentration**, concentrazione (*f.*) di equilibrio.
— **constant** (*chim.*), costante (*f.*) di equilibrio.
— **depletion**, esaurimento (*m.*) di equilibrio.
— **diagram**, diagramma (*m.*) di equilibrio.
— **of forces**, equilibrio (*m.*) delle forze.
— **ratio**, rapporto (*m.*) di equilibrio.
equilibrium slide valve (*ing.*), valvola (*f.*) di distribuzione equilibratrice.
— **time**, tempo (*m.*) di equilibrio.
equilux curve (*illum.*), curva (*f.*) isoluxa.
equip, (to —), *v.a.* equipaggiare (una nave); (*mecc.*), attrezzare.
equipment (*aereo*), equipaggiamento *m.*; apparecchiatura *f.* (*elet.*); attrezzatura *f.*; arredamento *m.* (*auto*), (*tess.*).
— **downtime** (*cost.*), tempo passivo di attrezzature e macchine.
— **failures** (*inquinamento*), avarie (guasti) delle apparecchiature (di controllo).
— **of an aeroplane** (*aereo*), arredamento (*m.*) di un velivolo.
— **pool** (*cost.*), deposito di attrezzature e macchine.
— **rental** (*cost.*), spese di locazione di materiale (attrezzature e macchine).
equipotential, *agg.* equipotenziale.
— **cathode** (*radiol. elet.*), catodo equipotenziale.
— **surface** (*elet.*), superficie equipotenziale.
equipped car, carrozza (*f.*) equipaggiata.
equisetic acid (*chim.*), acido aconitico.
equisignal line, linea *f.* equisegnale.
equity (*comm.*), azione ordinaria; capitale; partecipazione; (*to have a 50 per cent in project*), avere una partecipazione del 50% nel progetto.
— **capital** (*econ.*), capitale proprio, fondi propri.
— **feature** (*econ.*), facoltà di partecipazione (o conversione, a un fondo, ecc.).
— **financing** (*econ.*), partecipazione al capitale sociale; emissione di azioni.
— **investment** (*econ.*), partecipazione al capitale sociale.
equivalence, equivalenza *f.*
— **principle**, principio di equivalenza (massa-energia).

equivalent, *agg.* equivalente; v. **water —.**
— **area** (*radar*), superficie (*f.*) apparente.
— **count** (*tess.*), titolo (*m.*) equivalente.
— **cross-section** (*fis. atom.*), sezione (*f.*) d'urto equivalente.
— **mass,** massa (*f.*) equivalente.
— **round** (*estrusione, ecc.*), diametro (*m.*) del perimetro esterno di un tubo, ecc.
— **stopping cross-section** (*fis. atom.*), sezione (*f.*) d'urto di arresto equivalente.
— **weight,** equivalente (*m.*) chimico (*o* peso di combinazione).
eradiation (*fis.*), irraggiamento *m.*
erasable storage (*inform.*), memoria cancellabile.
erase, eliminare; (*to erase any residual magnetism present in the strip*) (*met.*), eliminare ogni magnetismo residuo presente nel nastro; (*in generale*), cancellare.
— **head** (*tape machines*) (*audio*), testina di cancellazione.
erasure, raschiatura *f.*; cancellatura *f.*; (*audio*), cancellazione *f.* (p. es. nei registratori).
erbium (*chim.* = Er), erbio *m.*
erect, *v.a.* erigere; montare; edificare; raddrizzare (immagini) (*ottica*); innalzare (*geometria*); *agg.*, diritta (*immagine, ecc.*).
— (*v.a.*) **a crane,** installare una gru.
erecting, montaggio *m.*
— **bay,** sala (*f.*) di montaggio.
— **frame** (*cost.*), armatura (*f.*) di montaggio; impalcatura (*f.*) di montaggio.
— **lens,** lente per raddrizzamento dell'immagine.
— **scaffold,** armatura (*f.*) di montaggio.
— **shop,** sala (*f.*) di montaggio; officina (*f.*) di montaggio.
— **stage,** piattaforma (*f.*) di montaggio.
— **transmission lines** (*elet.*), tesatura di linee elettriche.
erecting works, lavori (*m. pl.*) di montaggio.
— **yard,** posto (*m.*) di montaggio
erection, erezione *f.*; montaggio *m.*
— **dimensions,** misure (*f.pl.*) di montaggio.
— **instructions,** prescrizioni (*f. pl.*) di montaggio.
— **of a crane,** installazione (*f.*) di una gru.
— **site** (*cost.*), cantiere di costruzione.
erector, *m.* operaio montatore; erettore.
erf (*fis. atom.*), erf *m.*
erg, erg *m.*
ergodic, *agg.* (*fis.*), ergodico.
ergodicity (*lavoro*), ergodicità *f.*
ergometer (*misura del lavoro muscolare*), ergometro *m.*
ergon, erg *m.*
ergonomic, *agg.* ergonomico.
ergonomically designed, progettato ergonomicamente.
ergonomics, ergonomia *f.*
ergonomist *m.*, ergonomo *m.*
erigeron oil, olio (*m.*) essenziale di erigeron.
erika (*chim.*), erika (colorante rosa per tessili).
Erinofort, materia plastica inglese.
eriochalcite (*chim.*), eriocalcite.
eriochrome (*chim.*), eriocromo *m.*
eriometer, eriometro *m.* (*mis. filati lana*).
Erith sand, sabbia da fonderia.
erlan green, verde di Brema.
Erlanger blue, bleu di Prussia.
Erlenmeyer flask (*chim.*), bottiglia (*f.*) di Erlenmeyer.
erode, *v.a.*, corrodersi *v.r.*
erosion, corrosione *f.*; erosione *f.*
— **-corrosion** (*met.*), corrosione-erosione *f.*
erratic, *agg.*, variabile (*rif. a risultati*); irregolare (**erratic reading,** lettura irregolare, dovuta ad oscillazione delle lancette ecc.).
— **arc** (*elet.*), arco (*m.*) errante.
— **block,** masso (*m.*) erratico.
— **feeding** (*macch. ut., ecc.*), alimentazione irregolare.

errata, *pl.* (*tip.*), errata corrige (elenco degli errori).
error correcting code (*inform.*), codice autocorrettore; codice correttore d'errore.
— **detecting code** (*inform.*), codice autoverificatore; codice di rivelazione di errore.
— **due to eye-strain** (*ott.*), errore dovuto a fatica oculare.
— **due to parallax** (*ott.*), errore dovuto a parallasse.
— **logging** (*inform.*), registrazione degli errori.
— **of ovality** (*mecc.*), errore di ovalizzazione.
— **of reading,** errore (*m.*) di lettura.
— **of taper** (*mecc.*), errore di conicità.
— **routine** (*inform.*), sottoprogramma di correzione degli errori; routine di errore.
eruptive rocks, rocce (*f. pl.*) ignee (eruttive).
ERW process (*sald.*), processo di saldatura elettrica per resistenza (*electric resistance welding process*).
erythrene (*chim.*), eritrene; butadiene.
erythric acid (*chim.*), acido eritrico.
erythrine (*chim.*), eritrina *f.* (colorante acido rosso).
erythrite (-ait) (*min.*), eritrite *f.*
erythrosin (*chim.*), eritrosina *f.* (colorante acido per seta e lana; fot., ecc.).
escalation clause (*contratti*) (*comm.*), clausola della revisione dei prezzi.
escalator, scala (*f.*) mobile.
— **clause** (*salari, ecc.*), clausola della scala mobile.
escape, fuoruscita *f.*; perdita *f.*; fuga *f.* (gas, vapore o liquidi).
— *v.i.*, uscire *v.i.*; sfuggire *v.i.*
— **clause** (*comm.*), clausola (*f.*) derogatoria.
— **code** (*inform.*), commutazione di codice.
— **of neutrons** (*fis. atom.*), fuga (*f.*) di neutroni.
escape of steam, fuga (*f.*) di vapore.
— **probability** (*fis. atom.*), probabilità (*f.*) di fuga.
— **steam** vapore (*m.*) di scarico.
— **valve,** valvola (*f.*) di scarico.
— **velocity from the solar system** (*astron.*), velocità di evasione solare.
— **velocity (from the Earth)** (*astron.*), velocità di fuga (per sfuggire all'attrazione terrestre).
— **wheel** (*orol.*), ruota scappamento; ruota dell'àncora.
— **wheel pinion** (*orol.*), pignone ruota àncora.
escapement (*orol.*), scappamento *m.*
escapeway (*miniere*), uscita (*f.*) di soccorso.
escavator, draga *f.* (a tenaglia).
escribed circle, cerchio (*m.*) inscritto.
esparto fibre, sparto *m.*
— **grass,** erba (*f.*) sparta.
essence, essenza *f.*
— **of bitter almonds,** essenza di mandorle amare (benzaldeide).
— **of mirbane,** essenza di mirbana (nitrobenzene).
— **of Niobe,** essenza di Niobe (metil benzoato).
— **of portugal,** olio di scorza di arancia.
— **of rose,** essenza di rose.
— **of turpentine,** essenza (*f.*) di trementina; acquaragia.
essential drug (*farm.*), farmaco indispensabile per preparare le medicine.
— **oil,** olio (*m.*) essenziale.
established price index (*econ.*), indice ufficiale dei prezzi.
establishment, ente *m.*; fondazione *f.*; casa *f.*
— **(Building Research —),** ente (*inglese*) di ricerca edilizia (abbrev. BRE).
estate car (*auto*), auto tipo giardinetta adatta per passeggeri e merci; auto familiare (con porta posteriore).
ester, estere *m.* (etere composto, sale della chimica organica pa-

ragonabile ai sali della chimica inorganica).
ester gum, colofonia (*f.*) esterificata.
— **salts** (*chim.*), sali d'esteri.
esterification (*chim.*), esterificazione *f.*
esterify, *v.a.*(*chim.*),esterificare *v.a.*
estimate, *v.a.*, stimare *v.a.*; preventivare; misura *f.*; stima *f.* preventivo *m.*; dosaggio *m.* (*chim.*).
— **of cost,** preventivo (*m.*) di costo.
— **the depreciation of machinery,** stimare il deprezzamento delle macchine.
estimating, stima *f.* (preventivo di spesa).
estragon oil, olio (*m.*) essenziale d'estragone.
ETA (*aereo*), Estimated Time of Arrival (tempo stimato per l'arrivo di un aereo sul suo bersaglio o alla sua destinazione).
etalon (*ott.*), interferometro (*m.*) tipo.
etch, *v.a.* incidere all'acquaforte; intagliare ad acquaforte; attaccare (con acidi); acidare; attacco *m.*; decapaggio *m.*
— **figure,** figura (*f.*) di corrosione; (*met.*), figura d'attacco.
— **in relief** (*tip.*), incisione in rilievo.
etchant (*met.*), reagente (*m.*) di attacco.
etched copper plate (*tip.*), incisione ad acquaforte.
etcher (*metal.*), apparecchio per attacco chimico elettrolitico dei campioni da sottoporre al microscopio.
etching, incisione (*f.*) all'acquaforte; attacco *m.*; corrosione *f.* (*metallurgia*); produrre un disegno di attacco (*metallurgia*); acidaggio *m.*; morsura *f.*; (*metal.*), v. **electrolytic —.**
— **acid** (*chim.*), acido idrofluorico; acido fluoridrico.
— **agent,** v.: **etchant.**
— **ground** (*tip.*), vernice all'asfalto.
etching machine (*tip.*), macchina da incidere.
ethane (*chim.*), etano *m.*
— **nitrile,** acetonitrile *m.*
ethanethiol, etanetiolo *m.*
ethanol (*chim.*), alcole (*m.*) etilico; etanolo *m.*
ethene (*chim.*), etilene *m.*
ethenoid, *agg.*, etilenico.
ether (*chim.*), etere *m.*
etheralize, *v.a.* (*chim.*), eterificare.
ethereal, *agg.* eterico.
etherealizable, *agg.* (*chim.*), eterificabile.
etherification (*chim.*), eterificazione *f.*
etherin (*chim.*), eterina *f.*; etilene *m.*
etherize, *v.a.* eterificare.
ethide (*chim.*), etiluro *m.*
ethine (*chim.*), etina *f.*; acetilene.
ethinine (*chim.*), etilammina *f.*
ethiodide (*chim.*), iodoetilato *m.*
ethology, etologia *f.*
ethoxide (*chim.*), etilato *m.*
ethyl (*chim.*), etile *m.*
— **acid violet** (*chim.*), violetto etile (acido).
— **adipate,** adipato di etile.
— **alcohol,** alcole (*m.*) etilico.
— **fluid** (*chim. ind. pet.*), fluido etilico; miscela antidetonante (tetraetile di piombo e bromuro di etile).
— **gasoline,** benzina etilata.
— **iodide,** ioduro (*m.*) di etile.
— **purple,** porpora etile.
— **red** (*chim.*), rosso etile.
— **violet,** violetto (*m.*) di etile.
ethylate, *v.a.* (*chim.*), etilare.
ethylcyanin (*chim.*), etilcianina *f.*
ethylene, etilene *m.*
— **glycol** (*used to de-ice the wings of aircraft*) (*chim.*), glicolo di etilene (usato per sbrinare le ali degli aerei).
— **oxide** (*chim.*), ossido di etilene (usato nella fabb. di fibre poliestere, ecc.).
ethylenic, *agg.* (*chim.*), etilenico.
— **hydrocarbons** (*chim.*), idrocarburi (*m. pl.*) etilenici.
ethylidene (*chim.*), etilidene *m.*

eU (*fis. atom.*), equivalente d'uranio.
eucaine (pr. *iu'chein*) (*chim.*), eucaina *f.*
eucalyptol, olio (*m.*) di eucalipto.
eucalyptus (*bot.*), eucalipto.
— **oil,** olio (*m.*) essenziale di eucalipto.
euclase (*min.*), euclasio *m.* (silicato idrato di alluminio e berillio).
eudiometer, eudiometro *m.*
eudiometry, eudiometria *f.*
eugenin, eugenolo *m.*
eugenol (pr. *iu'*—) (*chim.*), eugenolo *m.*
Euler's formula (*cost.*), formula (*f.*) di Eulero.
eunatrol (*chim.*), oleato di sodio; eunatrolo *m.*
euro-bonds (*comm.*) (*econ.*), euro-obbligazioni *f. pl.*
— **-currency market** (*comm.*) (*econ.*), mercato delle euro-valute.
— **-parliamentarian,** *m.*, Europarlamentare *m.*
eurodollar (*finan.*), eurodollaro *m.*
European Atomic Energy Community, Euratom.
— **Cup** (*calcio*), Coppa UEFA.
— **Cup of Nations** (*calcio*), Coppa dei Campioni.
— **Space Agency (ESA),** Agenzia spaziale europea.
europium (Eu) (*chim.*), europio *m.*
eurosterling (*finan.*), eurosterlina *f.*
eutectic, *agg. n.*, eutettico *agg.*; miscuglio (*m.*) eutettico; soluzione (*f.*) eutettica.
— **change,** cambiamento (*m.*) eutettico.
— **mixture,** miscuglio (*m.*) eutettico.
— **point,** temperatura (*f.*) eutettica.
— **system,** sistema (*m.*) eutettico.
eutectoid, eutettoide *m.*
— **steel,** acciaio (*m.*) eutettoide.
eutropic series (*chim.*), serie (*f.*) eutropica.
eV (*fis. atom.*), voltelettrone *m.*
evacuate, *v.a.*, fare il vuoto; eliminare col vuoto.
evaporate, *v.i.* evaporare.
— **down,** *v.a.* (*chim.*), concentrare *v.a.*; ridurre *v.a.*
— **off,** *v.a.* (*chim.*), togliere mediante evaporazione.
evaporated milk, latte condensato nel vuoto.
evaporation (*fis. atom.*), evaporazione *f.*
— **(multistage flash —)** (*dissalazione*), evaporazione ad espansioni multiple.
— **(vertical tube —)** (*dissalazione*), evaporazione a effetti multipli.
evaporator, evaporatore *m.*
evapotranspiration, evapotraspirazione *f.*
even, *agg.* equo (*temp.*); uniforme (*sezione*) (*temp.*); pari (di numero).
— **distribution** (*chim.*), distribuzione (*f.*) uniforme.
— **divisions,** divisioni pari (*f. pl.*).
— **-even nucleus** (*fis. atom.*), nucleo (*m.*) pari-pari.
— **harmonics,** armoniche (*f. pl.*) d'ordine pari.
— **heat flow,** flusso di calore uniforme.
— **lap** (*tess.*), tela (*f.*) uniforme.
— **number,** numero (*m.*) pari.
— **-odd effect,** effetto (*m.*) pari-dispari.
— **-odd nucleus** (*fis. atom.*), nucleo (*m.*) pari-dispari.
— **out** (*strade, ecc.*) *v.a.*, togliere le irregolarità.
evenly, *avv.* regolarmente; ugualmente; equamente; uniformemente.
evenness, uniformità *f.*
event frame (*inform.*), sequenza di avvenimenti.
evidence, prova *f.*; fatto *m.*; esperienza *f.*
— *v.a.*, mostrare *v.a.*; provare *v.a.*; stabilire *v.a.*
evolute, evoluta *f.*

evolution, estrazione (*f.*) di radice; estrazione (*min.*); sviluppo *m.* (*fis.*); emissione *f.*
— **of gas,** sviluppo di gas (*da un metallo*).
evolve, *v.a.* sviluppare (*calore, ecc.*); emettere *v.a.* (*gas, ecc*).
evolvent, evolvente (*f.*).
ewe's wool, lana (*f.*) di pecora di più di un anno.
ex works (*prezzi*), franco fabbrica.
exact, *agg.* esatto; preciso.
exacting work (*mecc., ecc.*), lavoro impegnativo.
exagonal nut, dado (*m.*) esagonale.
examination, esame *m.*; spoglio *m.* (*di documenti, ecc.*).
— **of the building ground,** esame (*m.*) del terreno di fondazione.
example (*aereo ecc.*), esemplare *m.*
excavate, *v.a.* scavare.
excavating equipment (*min. ecc.*), attrezzatura di scavo.
— **site,** cantiere (*m.*) di scavo.
excavation, scavo *m.*
— **bucket** (*mecc. agr.*), cucchiaio per scavi.
excavator, scavatore *m.*; (*mecc.*), scavatrice *f.*
excelsior (U.S.A.), paglietta per imballaggio (trucioli di legno tenero).
excerpt (*tip.*), riassunto *m.*; condensato *m.* (*di disposizioni, ecc.*).
excess, eccesso *m.*
— **current,** corrente (*f.*) eccessiva.
— **of pressure,** eccesso (*m.*) di pressione.
— **pressure,** sovrapressione *f.*
— **voltage** (*elet.*), sovratensione *f.*
excessive, eccessivo *agg.*
— **gradient** (*agrim.*), pendenza (*f.*) nociva.
— **local penetration** (*sald.*), eccesso (*m.*) localizzato di penetrazione.
— **penetration** (*sald.*), eccesso di penetrazione; sfondamento *m.*
exchange, trasposizione *f.*; (*telev.*), centrale *f.*; (*econ.*), scambio *m.*; (*comm.*), cambio *m.*; (*finan.*), borsa *f.*; centralino (telefonico).
exchange adjustments (*comm.*) (*borsa*), aggiustamenti di cambio.
— **allocation** (*borsa*), assegnazione di divise.
— **arbitrage** (*comm., finan.*), arbitraggio di cambio.
— **area** (*tel.*), rete (*f.*) telefonica urbana.
— **rate** (*finan.*), tasso di cambio.
exchanger (*mecc.*), ricuperatore (*m.*) di calore; scambiatore (di calore).
excise tax (*comm.*), accisa *f.*
excitation (*elet.*), eccitazione *f.*
— **anode,** anodo (*m.*) di eccitazione.
— **bus,** sbarra (*m.*) d'eccitamento.
— **energy** (*fis. atom.*), energia (*f.*) di eccitazione.
— **spectra,** spettri d'eccitazione.
excite, *v.a.* (*elet.*), eccitare.
excited atom (*fis. atom.*), **atomo (*m.*) eccitato.**
— **molecule** (*chim.*), **molecola (*f.*) eccitata.**
— **nucleus** (*fis. atom.*), **nucleo (*m.*) eccitato.**
— **state** (*fis. atom.*), **stato (*m.*) di eccitazione; stato (*m.*) eccitato.**
exciter (*elet.*), eccitatrice *f.*; eccitatore *m.* (*di antenna*).
— **terminal** (*elet.*), morsetto (*m.*) di eccitazione.
— **unit** (*radio*), complesso di eccitazione.
exciting circuit (*elet.*), circuito (*m.*) induttore; circuito (*m.*) eccitatore.
— **coil** (*elet.*), rocchetto (*m.*) di campo.
— **current,** corrente (*f.*) eccitatrice.
— **dynamo,** dinamo (*f.*) ad eccitazione.
exiton (*elettron.*), eccitone *m.* (stato elettronico eccitato in un semiconduttore).
excitron (*elettron.*), eccitrone *m.*
excursion reactor (*fis. atom.*), reattore ad escursione di potenza.
execute (to —) (*inform.*), eseguire (un programma, ecc.).

execute a docking manoeuvre (*astron.*), eseguire una manovra di aggancio spaziale.
— (*v.a.*) **a drawing,** allestire un disegno.
execution of works, esecuzione (*f.*) di lavori.
executive, dirigente *m.*
— **board** (I.M.F.), consiglio di amministrazione.
— **director** (I.M.F.), amministratore; (di un giornale), direttore responsabile.
— **producer,** direttore (*m.*) di produzione.
— **routine** (*inform.*), programma di controllo delle altre operazioni.
— **secretary,** segretario di direzione.
exedra (*arch.*), esedra *f.*
exerciser (*art. sport.*), estensore *m.*
exertion, impiego *m.* (di pressione).
exfoliation (*met.*), sfogliatura (distacco del materiale dalla superficie a foglie sottili e parallele).
exhale, *v.a.* esalare.
exhaling valve (*maschere antigas*), valvola (*f.*) di espirazione.
exhaust, scappamento *m.* (*mecc.*); scarico *m.*; evacuazione (*di gas*).
— *v.a.* scaricare; consumare totalmente; evacuare *v.a.*
— **box** (*auto*), marmitta (*f.*) di scarico.
— **cut-out,** scappamento (*m.*) libero.
— **fan,** aspiratore *m.*
— **flame damper** (*mot.*), smorzatore (*m.*) della fiamma.
— **fumes** (*ind. met., ecc.*), fumi di scarico.
— **gas,** gas (*m.*) di scappamento.
— **manifold** (*auto*), collettore di scarico.
— **nozzle,** ugello (*m.*) di scarico.
— **-pipe,** tubazione (*f.*) di scappamento; tubo (*m.*) di scappamento.
— **port,** feritoia (*f.*) di espulsione; luce (*f.*) di scarico; apertura (*f.*) di scappamento (*motori*).
exhaust ring (*mot.*), anello (*m.*) di scappamento.
— **screen** (*aereo*), «schermo» di scarico (posto sui tubi di scarico di app. militari notturni per nascondere il luccicare della fiamma).
— **silencer** (*mot.*), silenziatore; marmitta di scarico.
— **stack,** tubo (*m.*) di scarico.
— **steam,** vapore (*m.*) di ritorno.
— **stubs** (*aereo*), tubi (*m. pl.*) di scarico del motore.
— **valve,** valvola (*f.*) di scarico; valvola (*f.*) di scappamento.
exhausted card (*telef.*), scheda telefonica scaduta.
exhauster (*ing.*), ventilatore aspirante; aspiratore.
exhaustion, sfruttamento *m.*; esaurimento *m.* (di un reagente; solvente).
existing grade (*suolo*), livello (*m.*) naturale.
exit cone, cono (*m.*) d'uscita.
— **opening** (*cost. civ.*), apertura (*f.*) d'uscita.
— **pallet** (*orol.*), leva d'uscita.
— **pallet stone** (*orol.*), pietra di leva d'uscita (àncora di orol.)
— **pipe,** presa (*f.*) di gas.
— **port,** foro (*m.*) d'uscita.
exobiology (*astron.*), esobiologia *f.* (biologia extraterrestre).
Exocet missile (*mil.*), missile Exocet.
exograph, radiografia (*f.*) prodotta da raggi X.
exothermal, *agg.* esotermico.
— **reaction,** reazione (*f.*) esotermica.
exothermic ferro-alloy (*met.*), ferrolega esotermica.
— **nuclear reaction** (*fis. atom.*). reazione (*f.*) nucleare esotermica.
exp., funzione (*f.*) esponenziale.
expand, *v.i. v.a.*, dilatarsi *v.r.*; dilatare *v.a.*; espandere *v.a.*; espandersi *v.r.*
— (*v.a.*) **a tube** (*met.*), mandrinare un tubo.
— (*v.a.*) **the ship's orbit** (*voli spaz.*)

accrescere (aumentare) l'orbita del veicolo spaziale.
expandability (*inform.*), espandibilità *f.* (di memoria).
expandable, *agg.* (*elettron.*), estensibile; espandibile (rif. p. es. a memoria) *agg.* (*inform.*).
expanded clay, argilla (*f.*) espansa.
— **concrete,** cemento espansivo.
— **contrast** (*telev.*), contrasto (*m.*) intensificato.
— **memory** (*inform.*), memoria (*f.*) espansa.
— **metal** (*met.*), lamiera stirata.
— **plastics** (*plast.*), materie plastiche espanse.
— **resin,** resina (*f.*) espansa.
— **sweep** (*telev.*) (U.S.A.), analisi (*f.*) compensata.
expander (*tess.*), tenditore di tessuto; (*mecc.*; *pozzi petrol.*), utensile per mandrinare tubi; (*tubifici*) (*met.*), espansore *m.*
— **box** (*inform.*), box di espansione.
expanding, mandrinatura *f.* (di tubi); estensibile *agg.*
— **bullet,** pallottola (*f.*) dirompente.
— **machine** (*tubificio*) (*met.*), espansore *m.*; (*hydraulic — machine*), espansore idraulico.
— **mandrel** (*mecc.*), mandrino ad espansione.
— **reamer,** alesatore (*m.*) espansibile.
— **ring,** anello (*m.*) a espansione.
expansion, dilatazione *f.*; allungamento *m.*; espansione *f.*; ampliamento *m.* (di una miniera, stabilimento, ecc.).
— **bearing** (*ponti*), appoggio mobile.
— **board** (*inform.*), piastra di espansione.
— **-chamber** (*fis.*), camera (*f.*) Wilson.
— **comb** (*tess.*), pettine di espansione.
— **due to heat,** dilatazione (*f.*) termica.
— **eccentric,** eccentrico (*m.*) di espansione.
expansion engine, macchina (*f.*) ad espansione.
— **gun** (*sald.*), pistola (*f.*) ad espansione.
— **joint,** giunto (*m.*) di dilatazione.
— **line,** curva (*f.*) di espansione.
— **of gas,** espansione (*f.*) di gas.
— **roller,** rullo (*m.*) di dilatazione.
— **stroke,** corsa (*f.*) di espansione.
— **valve,** cassetto (*m.*) d'espansione.
expansive force, forza (*f.*) espansiva.
expeller, espulsore *m.*
experience, esperienza *f.*
— **required** (*in some jobs*), esperienza richiesta (per alcune mansioni).
— **(practical —),** esperienza diretta.
— **(relevant —),** esperienza valida.
— **(working —),** esperienza operativa.
experiment, esperienza *f.*; sperimento *m.*; esperimento *m.*; saggio *m.*
experimental comparative method (*aereo*), metodo (*m.*) sperimentale di confronto.
— **mean pitch** (*aereo*), passo (*m.*) teorico dell'elica.
— **model** (*aereo*), prototipo *m.*
— **reactor** (*fis. atom.*), reattore (*m.*) sperimentale.
— **station** (*agr.*), stazione agraria sperimentale.
— **work,** lavoro (*m.*) sperimentale.
experimenter, esperimentatore *m.*
expert, perito m.; esperto *m.*
— **systems** (*inform.*), sistema di calcolatori elettronici aventi la conoscenza di esperti umani e programmati con speciali programmi.
expertise, esperienza in un campo particolare (know-how).
expire (to —) (*comm.*), scadere *v.i.*
expired licence, licenza (*f.*) scaduta (patente scaduta).
explode, *v.i.* esplodere.
exploded drawing (*dis.*), disegno con parti scomposte (nel loro ordine di montaggio); disegno

esploso (illustrante i pezzi smontati).

exploded fire arm drawing (*armi*) (disegno in) spaccato di arma da fuoco.

exploitation, sfruttamento *m.*

— **permit** (*gas, petrolio, ecc.*), permesso di estrazione.

— **-right** (*min.*), diritto di sfruttamento.

exploration boring (*petrol.*), perforazione esplorativa.

explorative drilling (*ind. pet.*), trivellazione (*f.*) esplorativa.

exploratory drilling, perforazione esplorativa.

explosion, esplosione *f.*; scoppio *m.*

— **forming** (*met.*), stampaggio per esplosione.

— **-proof,** a prova di esplosione.

— **seismology** (*geof.*), sismologia delle esplosioni.

explosive, esplosivo *m.*

— **bullet,** pallottola (*f.*) esplosiva.

— **chain reaction** (*fis. atom.*), reazione (*f.*) a catena esplosiva.

— **D** (*chim.*), esplosivo D (picrato di ammonio).

— **deep drawing** (*mecc.*), imbutitura (*f.*) profonda per esplosione.

— **fission** (*fis. atom.*), fissione (*f.*) esplosiva.

— **fission reaction** (*fis. atom.*), reazione di fissione esplosiva.

— **forming** (*met.*), stampaggio per esplosione.

— **mixture,** miscela (*f.*) esplosiva; miscela (*f.*) di gas.

— **oil,** olio esplosivo; nitroglicerina *f.*

— **range of petrol** (*aereo*), banda (*f.*) esplosiva della benzina.

— **rivet** (*aereo*), rivettino (*m.*) esplosivo.

— **sensitiveness** (*miniere*), sensibilità dell'esplosivo (all'urto, *shock*).

— **store** (*miniere*), polveriera *f.* (deposito permanente a giorno).

— **welding** (*sald.*), saldatura ad esplosione.

explosive (coal-mining —) (*min.*), esplosivo da mina (*carbone*).

explosives (permitted —) (*min.*), esplosivi riconosciuti e registrati in apposito elenco approvato con decreto del competente Ministero.

exponent (*mat.*), esponente *m.*; indice *m.*

exponential curve, curva (*f.*) esponenziale.

— **equation,** equazione (*f.*) esponenziale.

— **function,** funzione (*f.*) esponenziale.

— **reactor** (*fis. atom.*), reattore (*m.*) esponenziale.

— **series,** serie (*f.*) esponenziale.

— **stimulator** (*elet.*), stimolatore esponenziale.

— **theorem,** teorema (*f.*) esponenziale.

export earning (*comm.*), utili (introiti, benefici) di esportazione.

— **license,** permesso (*m.*) di esportazione.

exposure (*fot.*), esposizione *f.*; (*finan.*), parte; quota (in un progetto di finanziamento).

— **dose** (*fis. atom.*), dose (*f.*) di esposizione.

— **meter** (*fot.*), esposimetro *m.*; fotometro *f.*

— **time** (*fot., ecc.*), tempo (*m.*) di esposizione.

— **timer,** contapose *m.*

— **(12 — film)** (*fot.*), film di dodici fotografie.

express (town-to-town —) (*ferr.*), espresso interurbano.

expression (*mat.*), espressione *f.*

expressway (U.S.A.), autostrada *f.*

expropriation (*leg.*), espropriazione *f.*

expulsion protective gap (*elet.*), scaricatore ad espulsione.

exsec., secante (*f.*) esterna.

extend, *v.a.* dilatare; *v.i.*, dilatarsi *v.r.*; svilupparsi *v.r.*

— **(to —)** (*amministraz.*), prorogare.

extend a marine protest, prorogare un protesto marino.
extendable support (*astron.*), sostegno allungabile (o prolungabile) (per la costruzione di piattaforme spaziali in volo).
extended, *agg.* (*chim.*), lunga (catena).
— **-play record,** microsolco 45 giri, di 7 pollici.
extender, riempitivo *m.*; carica *f.* (di pitture, per aggiungere peso e dare un minor costo); (*vernici*) diluente *m.*
extendible, *agg.* allungabile.
extending legs (*strumenti*), gambe (*f. pl.*) allungabili.
extensible, *agg.* allungabile.
— **film** (*plast.*), film (*m.*) estensibile.
extension, estensione *f.*; prolungamento *m.* (*mecc.*); allungamento *m.*; potenziamento.
— **arm** (*compassi*) (*dis.*), asta di allungamento.
— **ladder, scala (*f.*) allungabile.**
— **mast,** sostegno (*m.*) telescopico di antenna.
— **of a piston,** appendice (*f.*) di uno stantuffo.
— **piece,** allunga *f.*; prolunga *f.*
— **(straight —), prolunga diritta.**
— **(swan neck —),** prolunga a collo di cigno.
extensive, *agg.*, forte *agg.*, accentuata (*decomposizione*); lungo (calcolo); sviluppato; esteso (*ricerche*, *ecc.*).
extensometer, misuratore (*m.*) di allungamento; dinamometro misuratore di allungamento (*tess.*); (*met.*), estensimetro *m.*
extent, distesa *f.*; estensione *f.*; grado *m.*; importanza *f.*; proporzione *f.*; quantità *f.*; entità *f.*; valore *m.*; (*to establish the extent of the copper deposit*), stabilire l'entità del deposito di rame.
exterior camera (*cinem.*), macch. da presa a colori usata solo per esterni.
— **face,** faccia (*f.*) esterna.
exterior roller (*vernici, pitture*), rullo per verniciature esterne.
— **varnish,** vernice (*f.*) per esterni.
external broaching, brocciatura (*f.*) esterna; spinatura (*f.*) esterna.
— **force,** forza (*f.*) esterna.
— **furnace,** focolare (*m.*) esterno.
— **furnace boiler,** caldaia (*f.*) a focolare esterno.
— **gears,** ingranaggi (*m. pl.*) esterni.
— **grinder** (*macch. ut.*), rettificatrice (*f.*) per esterni.
— **grinding** (*macch. ut.*), rettifica (*f.*) esterna.
— **honing machine** (*macch. ut.*), levigatrice (*f.*) per esterni.
— **«hot tears»** (*met.*), **screpolature (*f. pl.*) visibili in un** getto d'acciaio.
— **-internal upset** (*met.*), ricalcatura esterna-interna.
— **mirror** (*auto*) specchietto (*m.*) esterno.
— **staircase** (*cost.*), scala esterna.
— **storage** (*inform.*), memoria (*f.*) esterna.
— **stores** (*aereo*) (U.S.A.) bombe (*f. pl.*) esterne.
— **supercharger** (*aereo*), sovralimentatore (*m.*) a monte; sovralimentatore con carburante soffiato.
— **upset** (*met.*), ricalcatura (*f.*) esterna.
— **vibrator** (*calcestruzzo*), vibratore (*m.*) esterno.
extinction of the arc (*elet.*), estinzione (*f.*) dell'arco.
extinguish, *v.a.* spegnere; estinguere.
extinguisher, estintore *m.* (*antincendio*).
extinguishing compound, composto ignifugo.
extra (*cinem.*), comparsa *f. m.*; (*comm.*), a parte.
— **-current** (*elet.*), extracorrente *f.*
— **flexible hoisting rope,** fune (*f.*) di 8 trefoli con 19 fili ciascuno, e con grossa anima centrale in canapa.

extra heavy, (*tubo*), più grosso di spessore del normale.
— **high voltage** (*elet.*), altissima tensione.
— **-long staple** (*tess.*), tiglio (*m.*) lunghissimo.
— **low interstitials steel** (*met.*), acciaio ELI.
— **slim taper file,** lima (*f.*) per chiavi a punta acutissima.
— **-terrestrial** *agg.*, *n.*, extraterrestre *agg.* e *n. m.*
— **white,** bianchissimo (*talco*).
— **width at a curve** (*strade*), allargamento (*m.*) in curva.
— **(bags —),** sacchi a parte; esclusi i sacchi (quotazioni nelle fatture, borse, ecc.).
extract, estratto *m.*; *v.a.* estrarre; separare.
— **(to —) moisture from the air,** rimuovere l'umidità contenuta nell'aria.
— **fan,** ventilatore (*m.*) aspirante.
— **the root,** estrarre la radice.
— **ventilation,** ventilazione (*f.*) per aspirazione.
— **wool** (*tess.*), alpaga *f.*
extractant (*chim.*), estraente; prodotto usato per l'estrazione.
extraction (*min.*), estrazione *f.*
— **by bacterial leaching,** estrazione del carbone mediante lisciviazione batterica.
— **costs** (*min.*), costi di estrazione.
— **crew** (*min.*), squadra di estrazione.
— **of root** (*mat.*), estrazione (*f.*) della radice.
extractive distillation (*chim. fis.*) distillazione estrattiva.
— **metallurgist** (*met.*), metallurgo specializzato nella metallurgia estrattiva.
— **metallurgy** (*met.*), metallurgia estrattiva.
extractor, estrattore *m.*; (*tess.*), asciugatore (*m.*) centrifugo
— **roll** (*ind. carta*), rullo depuratore.
— **ventilator,** ventilatore (*m.*) aspirante (per tetto).
extrados, estradosso *m.*
extragalactic *agg.* (*astr.*), extragalattico.
extraneous matter (*met.*, *ecc.*), materiale estraneo.
extranuclear, *agg.* estranucleare.
— **electron,** elettrone (*m.*) estranucleare.
extrapolate (*mat.*), *v.a.* estrapolare.
extrapolation (*mat.*), estrapolazione *f.*
— **chamber,** camera (*f.*) di estrapolazione.
— **of results** (*mat.*), estrapolazione dei risultati.
extraterrestrial life (*astron.*), vita extraterrestre.
— **environment** (*astron.*), ambiente extraterrestre.
extreme pressure lubricant (*ind. pet.*), lubrificante (*m.*) per alta pressione.
— **stresses** (*met.*), sollecitazioni (fisiche) estreme.
— **-temperature technology** (*met.*), tecnologia delle temperature estreme.
extremes, *pl.*, estremi *m. pl.* (di una proporzione); condizioni (*f. pl.*) estreme; (*industrial ropes often must withstand extremes of bending and abrasion*), le funi industriali devono spesso resistere a condizioni estreme di piegatura ed abrasione.
extrophia (*med.*), estrofia *f.*
extrudable, *agg.* (*met.*), estrusibile.
extrudate (*mecc.*), prodotto estruso.
extrude, *v.a.* (*mecc.*), estrudere *v.a.*
extruded bar, barra (*f.*) estrusa.
— **electrode** (*sald.*), elettrodo (*m.*) estruso.
— **flange** (*aereo*), flangia (*f.*) estrusa.
— **plastic,** plastica estrusa.
— **product** (*met.*), estruso *m.*
— **rod,** tondo (*m.*) estruso.
— **sections,** barre (*f. pl.*) estruse.
— **shape,** profilato estruso.
— **tube,** tubo (*m.*) estruso.
extruding press (*mecc.*), pressa per estrusione.

extrusion, estrusione *f.*; prodotto (*m.*) estruso; massello estruso.
— **billet,** billetta (*f.*) di estrusione; massello *m.*
— **constant** (*met.*), costante (*f.*) d'estrusione.
— **defect,** difetto (*m.*) di estrusione.
— **die** (*estrusione met.*), matrice *f.*; (*met.*), stampo per estrusione.
— **ingot,** lingotto (*m.*) di estrusione.
— **laminate** (*plast.*), laminato ad estrusione.
— **press,** pressa per estrudere; (*plastics, rubber*), pressa per estrusione.
— **process,** procedimento (*m.*) di estrusione.
— **ratio** (*met.*), rapporto (*m.*) d'estrusione.
— **(combined backward and forward —),** estrusione diretta ed indiretta combinata.
— **(hot —),** estrusione a caldo.
extrusive rock (*geol.*), roccia estrusiva.
eye (of spring) (*orol.*), occhiello *m.* (di molla).
— **bar,** asta (*f.*) ad occhiello.
— **bolt,** bullone (*m.*) a snodo; golfare *m.* (*naut.*).
— **-end rounding machine,** macchina per fare crune di aghi.
— **-hook and thimble** (*naut.*), gancio (*m.*) con radancia.
— **irritant,** *agg.*, lacrimogeno.
— **injury,** lesione (*f.*) oculare.
— **of a lever,** occhio (*m.*) di una leva.
— **of storm** (*meteor.*), occhio (*m.*) del ciclone (area centrale di un ciclone tropicale).
— **piece,** oculare *m.* (lente oculare).
— **protectors,** occhiali (*m. pl.*) protezione.
— **-rounding operation,** operazione per la formazione della cruna di un ago.
— **-spot** (*bot., zool.*), macchia oculare.
— **suspension** (*bozzello*) (*mecc.*), sospensione (con gancio) ad occhio.
— **(by —)** (*misure agrimensura, ecc.*), (*f. i. to divide by —*), dividere ad occhio.
eyeball, *v.a.* (*petrolio*) (U.S.A.), giudicare ad occhio la lunghezza di un tubo (*o* se il tubo è diritto); *v.i.* (*astron.*) (U.S.A.), operare senza strumenti, mediante visione diretta.
eyelet, anello *m.*; occhiello *m.*
— **making machine** (*mecc.*), occhiellatrice *f.*
eyepiece (*ott.*) (*top.*), oculare *m.*
eyestrain (industrial —), fatica oculare professionale.

F

f number, rapporto fra la lunghezza focale e il diametro mass. effettivo della lente (espresso dalla lettera *f*/ ... e dal numero).
f-number, diametro dell'apertura della lente (in rapporto alla distanza focale della lente).
f. o. t., vedi: **free on truck.**
f(x) (*mat.*), funzione di x.
F.M. broadcast receiver (*radio*), ricevitore F.M. di radiodiffusione.
fabric, tessuto *m.*; stoffa *f.*; costruzione *f.*; edificio *m.*
— **braced tyres** (*auto*), pneumatici con rinforzo tessile.
— **breaking strength** (*tess.*), resistenza alla rottura di un tessuto.
— **envelope** (*aer.*), involucro (*m.*) di tessuto.
— **number,** peso per area unitaria (di tessuto).
— **sleeve** (*ind. mol.*), tubo (di tessuto) filtrante.
fabricate, *v.a.* fabbricare; costruire.
fabricated house, fabbricato *m.*
fabrication, fabbricazione *f.*; manifattura *f.*; costruzione *f.*
— **technique** (*met.*), tecnica di fabbricazione.
fabricators' bookings, prenotazioni (*f. pl.*) di produttori.
façade (*arch.*), facciata *f.*
face faccia *f.* (di cristallo o di un solido geom.); costa *f.* (di denti, ingranaggi); profilo (*m.*) della testa (*ing.*); facciata *f.* (*cost.*); estremità (*f.*) d'una galleria, dove continua il lavoro (*miniere*); parte d'un carattere di stampa (*tip.*); (*tess.*), diritto (*di tessuto*); (*carbone*), fronte di taglio.
— *v.a.* sfacciare; tornire in piano.
— **and reverse side** (*tip.*), bianca e volta.
— **angle** (*ingr.*), semi angolo (*m.*) esterno della sommità.
face arch, arco (*m.*) frontale.
— **ashlar** (*cost.*), concio (*m.*) frontale.
— **-centered cubic space lattice** (*crist.*), struttura cubica a faccia centrata.
— **-centered cubic structure,** struttura cubica a faccia centrata.
— **centred,** v. **face centered.**
— **cutter** (*mecc.*), fresa (*f.*) a spianare.
— **driver** (*mecc.*), trascinatore (*m.*) frontale.
— **grinder,** rettificatrice (*f.*) frontale.
— **hardening,** indurimento (*m.*) superficiale.
— **lathe,** tornio (*m.*) frontale.
— **mill,** fresa (*f.*) per spianare.
— **milling,** fresatura (*f.*) frontale.
— **-milling cutter,** fresa (*f.*) piana.
— **milling machine,** fresatrice (*f.*) a pialla.
— **(of an arch)** (*cost. civ.*), fronte *m.* (di un arco).
— **of rivet hole,** parete (*f.*) del foro.
— **of the wall,** allineamento (*m.*) del muro.
— **plate,** plateau *m.*; disco (*m.*) del tornio (coppaia); piattaforma (*f.*) di un tornio.
— (*v.a.*) **the ends** (*met.*), smussare le testate; dare alle testate (dei tubi) il profilo definitivo.
— **value** (*comm.*), valore nominale.
— **ventilation** (*min.*), ventilazione della fronte di taglio.
— **(advancing —)** (*min.*), fronte montante.
— **(retreating —)** (*min.*), fronte discendente.
"facelifts" (*auto*), piccoli ritocchi nella carrozzeria e nel motore, specialm. per un nuovo modello.

facepiece, facciale *m.* (*di maschere antigas, ecc*).
facer, macchina (*f.*) per sfaccettare.
facet, *v.a.* sfaccettare.
— *n.*, sfaccettatura *f.*; cordone (*m.*) fra le scanalature di una colonna (*arch.*).
faceting, sfaccettatura *f.*
facia (*auto*), cruscotto *m.*; plancia *f.*; pannello (o quadro) portastrumenti.
facilities (*ferr.*), accessori; (*cab facilities include*: *cooling fans, cab heaters, 1-gal thermos flask, toilet and wash basin*), gli accessori della cabina delle locomotiva comprendono: ventilatori, radiatori di riscaldamento, 1 bottiglia termos di 1 gall., ritirata e lavabo); (*met.*), attrezzature *f. pl.* (*forno, fosse per l'essiccazione, ecc.*); impianti di stabilimento; (*autostrade, ecc.*), servizi (*refuelling and restaurant* —), servizi di rifornimento carburante e ristorante.
— **for unloading and piling** (*met.*), attrezzature di accumulo e di ripresa.
— **(existing —)** (*met.*), attrezzature esistenti.
— **(ironmaking —)** (*met.*), impianti per la fabbricazione della ghisa (*di stabilim. siderurgico*).
— **(loading —)** (*miniere*), mezzi di carico.
— **(ore processing —)**, macchine ausiliarie per la lavorazione del minerale.
— **(rolling —)** (*met.*), impianti di laminazione (*di stabilim. siderurgico*).
— **(storage —)**, attrezzature di immagazzinamento.
facility (*comm.*), agevolazione *f.*; (*met.*), macchinario ausiliario; impianto industriale (U.S.A.), v. **facilities.**
facing, sfacciatura *f.*; tornitura (*f.*) in piano; rivestimento *m.* (*cost.*); materiale di rivestimento (*cost.*).
facing and boring head (*mecc.*), testa (*f.*) per alesare e tornire.
— **and centre lathe** (*macch. ut.*), tornio (*m.*) semifrontale.
— **arm,** portautensile (*m.*) per sfacciare; portautensile per tornire in piano.
— **brick,** mattone (*m.*) di paramento.
— **cutter,** fresa (*f.*) a spianare.
— **lathe** (*macch. ut.*), tornio (*m.* frontale.
points (*ferr.*), scambio (*m.*) preso di punta.
— **sand,** sabbia (*f.*) da modello.
— **tool** (*orol.*), utensile per lucidare i piani.
— **toolholder,** porta-utensile (per la sfacciatura).
— **(end-facing)** (*macch. ut.*), intestatura *f.*
facsimile (*inform.*), sistema di trasmissione e riproduzione elettronica di immagini in facsimile.
— **broadcast station,** stazione trasmittente di immagini in facsimile.
— **equipment,** teleriproduttore (*m.*) d'immagini in fac-simile.
— **machine** (*inform.*), macchina per trasmissione e riproduzione elettronica (di dati, ecc.) in fac-simile.
— **of documents** (*inform.*), facsimile di documenti.
— **receiver** (*inform.*), ricevitore fac-simile.
— **telecopier** (*inform.*), telecopiatrice in fac-simile.
— **transimission** (*elettron.*), vedi « **fax** ».
— **transmitter** (*telev.*) (*inform.*), trasmettitore in fac-simile.
factice, oli vegetali vulcanizzati (usati nella fabbr. della gomma); fatturato *m.*
factis, vedi **factice.**
factor (*mat.*), fattore *m.*
— **of safety,** coefficiente (*m.*) di sicurezza.

factorial (*mat.*), fattoriale *m.*
— **analysis** (*mat.*), analisi (*f.*) fattoriale.
factoring (*comm.*) (U.S.A.), organizzazioni finanziarie specializzate nel finanziam. di ditte specialm. tessili.
factorize, *v.a.* ridurre in fattori (*mat.*).
factory, fabbrica *f.*; officina *f.*
— **accident,** infortunio sul lavoro in fabbrica.
— **chimney,** fumaiolo *m.*; ciminiera *f.*; camino (*m.*) di fabbrica.
— **cost,** costo (*m.*) di fabbricazione.
— **hand,** operaio (*m.*) di fabbrica.
— **limits,** tolleranze (*f. pl.*) di costruzione.
— **price,** prezzo (*m.*) di fabbrica.
— **tested,** verificato in fabbrica.
factual, *agg.*, sperimentale; positivo.
facula, facola *f.* (lingua luminosa della superficie solare, più brillante delle altre regioni della fotosfera).
fade (*cinem.*), dissolvenza *f.*
— (*v.i.*) (*tess.*), sbiadire; (*radio*), variare l'intensità di un segnale in più (*to fade in*) o in meno (*to fade out*).
— **-free** (*freni*), senza diminuzione di efficienza.
— **in** (*telev.*), dissolvenza (*f.*) graduale.
— **out,** *v.i.*, ridurre l'intensità di segnale (*radio, telev.*); sbiadire (*di colore*); impallidire (*di colore*); (*telev.*) dissolvenza (*f.*) graduale.
— **test** (*auto*), prova di diminuzione di efficienza dei freni; prova di frenata (con spazio di arresto ad una data velocità).
fading, affievolimento *m.*; evanescenza *f.* (*elet.*); (*tess.*), decolorazione *f.*; scolorimento *m.*; (*vernici*), sbiadimento *m.*
— **-hexode** (*radio*), esodo antifading.
fading test, prova della solidità dei colori alla luce.
fadometer, strumento per provare la solidità dei colori alla luce.
fagged atoms, atomi facilmente identificabili (atomi « traccianti »).
faggot (fagot), fascina (*f.*) di legno; fascio di pezzi di ferro saldato, da lavorarsi in barre mediante laminazione: pacchetto *m.*
— **trolley,** carrello (*m.*) per trasporto di fascine.
faggoted iron, pacchetto di ferro da puddellare; pacchetto di elementi di ferro omogeneo (nella fabb. del ferro saldato).
faggoting, preparazione dei pacchetti di ferro da puddellare; formare un pacchetto di elementi di ferro omogeneo (fabb. del ferro saldato); pacchettare (*met.*).
fagot (*met.*), v. **faggot.**
— **of wires,** fascio di fili.
fagoting (*met.*), v. **faggoting.**
fahlband, strato (*m.*) nelle rocce cristalline, contenente solfuri metallici.
fahr, Fahrenheit.
Fahrenheit (*temperatura*), Fahrenheit (abbreviato in: F).
— **scale,** scala (*f.*) di Fahrenheit.
— **thermometer,** termometro (*m.*) Fahrenheit.
faience (*ceramica*), faenza *f.*
fail (to —), *v.i.* mancare (di corrente, ecc.) (*the power fails*), manca la corrente; (*mot.*), non riuscire (a partire, ecc.), guastarsi, fermarsi, (*the computer failed to restart*), il calcolatore non riuscì a rimettersi in movimento; (*comm.*), fallire; indebolirsi (di vista, udito).
— **-to-safety device,** congegno di sicurezza (*o* emergenza), in caso di mancato funzionamento.
« fail-safe » feature (*mecc., ecc.*), caratteristica di sicurezza nel caso di un guasto (di un sistema mecc., ecc.).
failing engine, motore (*m.*) difettoso.

failing to comply with conditions of licence (*auto*), non essere in regola con la patente.
failure, insufficienza *f.*; mancanza *f.*; guasto *m.*; impossibilità *f.*; inesattezza *f.*; cattivo risultato; (*aereo*) (*radio*) avaria *f.*; v. **fatigue transcristalline —.**
— **load,** carico (*m.*) di rottura.
— **stress,** tensione (*f.*) di rottura.
— **(two-way communications —),** avaria radio totale.
faint, *agg.* debole (*colori, ecc.*); non preciso.
— **red,** rosso pallido.
— **red heat,** calor rosso di circa 500 °C.
fair, fiera *f.*
— *v.a.* spianare; raddrizzare; carenare (*aereo*); rendere aerodinamico (un montante ecc., per ridurre la turbolenza ecc.).
— **(sample —),** fiera campionaria.
fairing, carenatura *f.* (*aereo*); linea (*f.*) aerodinamica; corazzatura *f.*
fairleads (*naut.*), scanalature metalliche per farvi passare le funi; passacavi *m.*
Fairprene (*aereo*), materiale termoplastico brevettato.
fairway (*naut.*), parte navigabile di un fiume; canale navigabile.
fake (*naut.*), duglia *f.*; mastice (*m.*) di ghisa; adulterazione *f.*; *v.a.* alterare; adulterare.
fakit (to —) (*cinem.*), fare una presa in miniatura (*o* con trucchi).
falding furnace, forno a muffola a tre focolari.
Falkirk sand, sabbia (*f.*) di Falkirk, ottima per lavori di fonderia.
fall, *n.* e *v.a.*, tirante (*m.*) di fune (*naut.*); abbassamento *m.*; caduta *f.*; abbattere *v.a.* (un albero)
— **aboard** (*naut.*), urtarsi *v.r.*
— **down,** discendere *v.i.* (curve, ecc.); cadere *v.i.* franare *v.i.*
— **home** (*naut.*), curvarsi (verso l'interno).
— **in,** franare *v.i.*; sprofondare *v.a.*
fall of current, (*elet.*), caduta (*f.*) di corrente.
— **off,** *v.i.*, abbassarsi *v.r.*; diminuire *v.i.*; cadere *v.i.*; deviare nella direzione di sottovento.
— **of potential,** caduta (*f.*) di po tenziale.
— **of pression,** caduta (*f.*) di pressione; salto (*m.*) di pressione.
— **of temperature,** salto (*m.*) di temperatura; caduta (*f.*) di temperatura.
— **-out** (*fis. atom.*), precipitazione (radioattiva).
— **-pipe,** doccione *m.* (tubo).
— **rope,** cavo di ritorno (*di teleferica*).
— **-wind,** vento (*m.*) discendente.
fallback (*esplosioni nucleari*), precipitazione (*f.*) radioattiva (*sul luogo dell'esplosione*).
fallen wool (*tess.*), lana di pecore morte.
faller (*tess.*), asticciola (*f.*) trasversale; tenditore *m.*
falling leaf (*aereo*), caduta a foglia morta (manovra aerea).
fallout (*esplosioni nucleari*), precipitazione (*f.*) radioattiva (*lontana dal luogo dell'esplosione*).
— **(radio-active —),** caduta di ceneri radioattive.
fallow (*agric.*), maggese *m.*
false acacia, robinia *f.*
— **bottom,** falso fondo *m.*
— **cirrus** (*meteor.*), falso cirro *m.*
— **column,** colonna (*f.*) finta.
— **face** (*naut.*), placca (*f.*) riportata.
— **keel** (*naut.*), falsa (*f.*) chiglia.
— **lining,** falsa (*f.*) camicia.
— **oddsides** (*fond.*), false staffe *f. pl.*
— **operation** (*interruttori*), operazione a vuoto.
— **rib** (*aereo*), centina (*f.*) ausiliaria.
— **topaz,** topazio (*m.*) falso.
— **wing rib** (*aer.*), falsa centina.
— **winter's bark** (*bot.*), cannella *f.*
— **work** (*costr.*), opere provvisorie *f. pl.* (*armature, ecc.*).

falsification, falsificazione *f.*; adulterazione *f.*

falsify, falsificare *v.a.*; adulterare *v.a.*

family allowances, assegni (*m. pl.*) familiari.

— **saloon** (*auto*), berlina familiare.

fan, ventilatore *m.*; pala (*f.*) di mulino a vento; (U.S.A.), elica (*f.*) d'aeroplano; (*elet.*), ventola (*f.*); piastra per la doccia nei gabinetti; paletta (*ind. saponi*); v. **aerofoil bladed —.**

— *v.a.*, ventilare; (*inform.*), dare aria alle schede (*per eliminare l'elett. statica*).

— **aerial** (*radio*), antenna (*f.*) a ventaglio.

— **antenna** (U.S.A.), antenna (*f.*) a ventaglio.

— **assembly,** montaggio del ventilatore.

— **beam** (*radio*), (*radar*), fascio (*m.*) a ventaglio.

— **-cooled motor,** motore (*m.*) ventilato.

— **galvanometer,** galvanometro (*m.*) a ventaglio.

— **hub,** mozzo per ventilatore.

— **out screw** (*petrolio*) (U.S.A.), perforazione (*f.*) a corda.

— **shaft** (*min.*), pozzo di riflusso d'aria.

— **shaped engine,** motore (*m.*) a ventaglio.

— **spindle,** albero (*m.*) del ventilatore.

— **straightener** (*aereo*), deflettore-raddrizzatore del ventilatore.

— **tracery,** decorazione (*f.*) di volta ad imbuto.

— **vaulting** (*arch.*), volta (*f.*) ad imbuto.

— **window,** finestrella a lunetta (con spranghe irraggiantisi a forma di ventaglio).

— **(make-up —)** (*met.*), ventilatore di reintegro.

fancy cloth (*tess.*), tessuto (*m.*) operato.

— **cloths** (*tess.*), stoffe (*f. pl.*) di fantasia.

fancy pass (*tess.*), rimettaggio (*m.*) fantasia.

— **twill** (*tess.*), spigato (*m.*) fantasia.

— **twist** (*tess.*), ritorto (*m.*) fantasia.

— **types** (*tip.*), caratteri fantasia.

— **weaving** (*tess.*), tessitura di stoffe operate.

— **yarn** (*tess.*), filato (*m.*) fantasia.

fanion (*top.*), banderuola per segnare i punti di stazione.

fanlight (*cost.*), finestrella (*f.*) a lunetta.

fanning (*met.*), ridurre il tiraggio di un altoforno per limitarne la produzione.

fanny (U.S.A.) (*slang*), coda (*f.*) d'aeroplano.

fantail (*forni met.*), canale di collegamento (fra camera della scoria e canale dell'aria).

far-end cross-talk (*telecom.*), telediafonia *f.*

— **-end cross-talk attenuation** (*telecom.*), attenuazione telediafonica.

farad, farad *m.*

faraday (*elet.*), faraday (*unità di quantità di elettricità = 96.500 coulomb*).

— **screen,** schermo (*m.*) elettrostatico.

— **shield** (*elet.*), schermo (*m.*) di Faraday.

faradic, *agg.* (*elet.*), faradico.

— **current** (*elet.*), corrente (*f.*) faradica.

faradisation, vedi: **faradization.**

faradization, faradizzazione *f.*

faradize, *v.a.* faradizzare.

farbe, gradazione fine di bleu smeraldo (*o* bleu reale).

fare (*comm.*), tariffa *f.*

farm, podere *m.*; fattoria *f.*

— **accident** (*agr.*), infortunio agricolo.

— **-house** (*cost.*), casa (*f.*) colonica.

— **labor** (U.S.A.), mano d'opera (*f.*) agricola.

— **machinery,** macchine agricole.

farm out (to —) (*tip.*), dare in subfornitura un lavoro di stampa.
— **tractor** (*mecc.*), trattrice (*f.*) agricola; trattore (*m.*) agricolo.
— **(computerised —)**, fattoria computerizzata.
farmacy (U.S.A.) (*med.*), farmacia *f.*
farmer well (*petrol.*) (U.S.A.), pozzo pochissimo profondo.
farmyard (*cost.*) (*agr.*), aia *f.*
farrier, maniscalco *m.*
fascia (*arch.*), fascia *f.*; (*auto*), pannello istrumenti (di un auto).
— **board**, assicella (*f.*) di gronda.
fascine (pr. *fe-siin'*) (*cost. idraul.*), fascina *f.*
— **mattress** (*difesa fiumi*), fascinata *f.*
— **work** (*costr. idraul.*) fascinata *f.*
fashioning (*maglieria*), aumento (*o* riduzione) dei punti.
fast, anticipo *m.* (*orol.*); veloce *agg.*; indelebile *agg.*; fisso *agg.*; stabile *agg.*; resistente (agli acidi, ecc.); solido (*coloranti*)
— **acid**, colorante acido solido.
— **activation cross section** (*fis. atom.*), sezione (*f.*) d'urto d'attivazione per neutroni veloci.
— **and loose pulley**, puleggia (*f.*) fissa e folle.
— **and slow motion lever** (*tornio*), leva per marcia lenta o rapida.
— **-back** (*auto*), berlina a coda tronca.
— **black** nero solido.
— **blue**, bleu solido.
— **Bordeaux**, Bordeaux solido.
— **breeder** (*fis. atom.*), reattore (*m.*) veloce autofertilizzante; breeder (*m.*) veloce; reattore (*m.*) fast breeder.
— **charged particle** (*fis. atom.*), particella caricata veloce.
— **chopper** (*fis. atom.*), « chopper » (*m.*) veloce.
— **colour**, colore solido.
— **effect** (*fis. atom.*), effetto di neutroni veloci.
— **electroforging**, elettroforgiatura (*f.*) rapida.
fast feed lever, leva d'avanzamento rapido.
— **fission** (*fis. atom.*), fissione (*f.*) veloce.
— **fission effect** (*fis. atom.*), effetto (*m.*) della fissione veloce.
— **fission factor** (*fis. atom.*), fattore (*m.*) di fissione veloce.
— **flux** (*fis. atom.*), flusso (*m.*) veloce.
— **fuchsine**, fucsina solida.
— **garnet**, granato solido.
— **green**, verde solido; verde malachite.
— **headstock**, testa (*f.*) motrice fissa.
— **mordant**, mordente solido.
— **neutron** (*fis. atom.*), neutrone (*m.*) veloce.
— **neutron breeder reactor** (*fis. atom.*), reattore (*m.*) rigeneratore a neutroni veloci.
— **neutron detector** (*fis. atom.*), rivelatore (*m.*) per neutroni veloci.
— **neutron fission** (*fis. atom.*), fissione (*f.*) dovuta a neutroni veloci.
— **neutron shield** (*fis. atom.*), schermo (*m.*) per neutroni veloci.
— **neutron spectrometer** (*fis. atom.*), spettrometro (*m.*) per neutroni veloci.
— **pigment**, pigmento solido.
— **plutonium breeder** (*fis. atom.*), reattore rigeneratore rapido al plutonio.
— **pulp** (*carta*), pasta (*f.*) magra.
— **reactor** (*fis. atom.*), reattore veloce.
— **reactor research establishment** (*fis. atom.*), istituto di ricerche sui reattori veloci.
— **red**, rosso solido.
— **red D** (*chim.*), amaranto.
— **red G** (*chim.*), carmoisina *f.*
— **silk (dyes)**, coloranti solidi per sete.
— **yellow**, giallo solido.
fasten, *v.a.* fissare.
— **with screws**, fissare con viti.
— **with wedges**, imbiettare *v.a.*

fastener (U.S.A.) (*mecc.*), dispositivo (*m.*) di fissaggio.

fastening, organo (*m.*) di collegamento; fissaggio *m.*; attacco *m.* (*mecc.*).

— **bolt,** bullone (*m.*) di fissaggio.

— **-clip** (*auto*), ganghero (per fissaggio).

— **for the springs,** attacco (*m.*) delle molle.

— **screw,** vite (*f.*) di fissaggio.

fastidious yacht owner, proprietario di un panfilo, molto esigente (difficile da accontentare).

fastness, solidità *f.* (di colori); stabilità *f.*; resistenza *f.*; rapidità *f.* (*di movimento, ecc.*).

— **to light,** resistenza (*f.*) alla luce (di tessuti, ecc.).

fat, grasso *m.* e *agg.*; (riferito a carboni fossili), dotato di alto potere agglomerante.

— **-acid distilling apparatus,** alambicco (*m.*) per acidi sebatici.

— **coal,** carbone (*m.*) grasso (contenente un'alta percentuale di materie volatili).

— **collector,** separatore (*m.*) del grasso; collettore (*m.*) del grasso.

— **friend** (*aereo*) (U.S.A.), pallone (*m.*) d'osservazione.

— **lime,** calce (*f.*) grassa.

— **-liquoring,** introdurre oli o grassi nel cuoio per renderlo morbido e flessibile.

— **of bones,** grasso (*m.*) di ossa.

— **splitting** (*chim.*), trasformazione di gliceridi in acidi grassi e glicerina, ad alte temperature; *agg.* decomponente i grassi.

father-son technique (*inform.*), tecnica ad « albero genealogico » (per conservare la generazione di un archivio, o nastro) prima di aggiornarla con un nuovo « figlio ».

fathom, misura (*f.*) per il legname equivalente a 216 piedi cubici; misura (*f.*) di profondità (= m 1,8288); (*naut.*) scandagliare *v.a.*

fathometer (*oceanografia*), misuratore (*m.*) di profondità elettronico; scandaglio (*m.*) acustico.

fatigue (*mecc., met.*), fatica *f.*

— *v.a., v.i.*, affaticare *v.a.*; faticare *v.i.*

— **behaviour** (*met.*), comportamento (*m.*) a fatica.

— **crack** (*met.*), rottura per fatica; cricca (*f.*) di fatica.

— **failure** (*met.*), rottura per fatica; frattura di fatica.

— **fracture** (*met.*), frattura di fatica.

— **limit,** limite (*m.*) di (resistenza a) fatica.

— **limit under pulsating stress** (*mecc.*), resistenza alla sollecitazione di pressione alternata.

— **limit under torsional stress** (*mecc., met.*), limite di fatica per torsione.

— **machine** (*macch.*), macchina per prove di fatica.

— **notch factor** (*mecc.*), fattore (*m.*) di fatica all'intaglio.

— **ratio** (*met.*), [rapporto fra] limite di fatica / [e] carico di rottura.

— **resistance** (*mecc.*), resistenza (*f.*) alle sollecitazioni alternate; resistenza (*f.*) a fatica.

— **strength** (*met.*), resistenza a fatica.

— **stress,** fatica *f.*; sollecitazione (*f.*) a fatica.

— **test** (*mecc.*), prova di fatica.

— **testing machine** (*macch.*), macchina (*f.*) per prova di fatica.

— **transcristalline failure** (*met.*), rottura transcristallina per fatica.

fatten, *v.a.* ingrassare.

fattening, ingrassamento *m.*

fatty, *agg.*, grasso *agg.*; alifatico *agg.* (*chim.*).

— **acid** (*chim.*), acido (*m.*) grasso.

— **-acid fractionating unit,** installazione per frazionamento acidi grassi.

faucet (*mecc.*), rubinetto piccolo (per acqua corrente).

fault (*geol.*), faglia *f.*; inconveniente *m.*; difetto *m.*; imperfezione *f.*; (*geol.*), v. **dip-slip —**; **normal —**; **reverse —**; **throw of —**.

— **hade** (*geol.*), inclinazione della faglia.

— **heave** (*geol.*), rigetto orizzontale di faglia.

— **intollerant** (*inform.*), sensibile ai guasti (errori incidenti, ecc.).

— **location,** depannaggio *m.*

— **location coil** (*elet.*), rocchetto (*m.*) di localizzazione difetti.

— **plane** (*geol.*), piano (*m.*) di faglia.

— **resistant** (*inform.*), resistente ai guasti (errori, incidenti, ecc.)

— **shift** (*geol.*), v. **— heave.**

— **strike** (*geol.*), inclinazione (*f.*) di faglia.

— **surface** (*geol.*), piano (*m.*) di faglia.

— **throw** (*geol.*), rigetto (*m.*) della faglia.

— **tolerant** (*inform.*), insensibile ai guasti (agli errori, incidenti, ecc.).

— **zone** (*geol.*), zona (*f.*) di faglia.

faulty, *agg.*, difettoso *agg.*; inesatto *agg.*; erroneo *agg.*

— **ingot** (*met.*), lingotto difettoso.

— **interlacing** (*telev.*), interlacciamento difettoso.

— **mixture,** miscela (*f.*) difettosa.

«fax» (*facsimile transmission*), trasmissione e riproduzione elettronica in facsimile (*di dati, lettere ecc.*).

— **machines** (*elettron.*), macchine per la trasmissione di dati, ecc. e riproduzione elettronica in facsimile.

fay, *v.a.* (*naut.*), verniciare parti di navi (in legno) prima di unirle in opera; unire; collegare.

fayalite, silicato (*m.*) di ferro (Fe_2SiO_4).

faying surface, superficie di contatto (fra due metalli).

feasibility, possibilità *f.* (di impiego, esecuzione).

— **study** (*org.*), studio preliminare dell'impiego (*di calcolatori, ecc.*).

feather, galletta (*f.*) di ruota (linguetta); chiavetta (*f.*) di guida: (*aereo*) mettere in bandiera; variare l'incidenza delle pale.

— **edge,** incastro *m.*; piccola eccedenza (bava *f.*) (*fond.*).

— **edge bastard file,** lima (*f.*) a coltello doppio bastarda.

— **key,** linguetta *f.*; chiavetta *f.*

— **shot,** rame (*m.*) granulare.

— **spline,** chiavetta *f.*

— **wood,** legname dell'Australia (*Polyosma connunghamii*).

featheralum, allume (*m.*) di potassa cristalizzato.

feathered tin, stagno (*m.*) granulare.

feathering (*aereo*), messa in bandiera.

— **hinge** (*aereo*), asse (*m.*) di variazione del passo.

— **propeller** (*aereo*), elica « in bandiera ».

featherweight paper (*tip.*), carta india.

feature film (*cinem.*), film (*m.*) a soggetto.

Federal Regulations (U.S.A.), specificazioni federali.

fee, tassa *f.* (*a license fee*); onorario *m.* (*a teacher's fee*); quota *f.* (*a club fee*); contributo *m.*; v. **conference —**.

— **television,** televisione (*f.*) a gettone.

feed alimentazione *f.* (*mecc.*); trasportatore *m.* (di macch. da cucire); avanzamento (*macch. ut.*); materiale di alimentazione (*macch. ut.*); materia (*f.*) prima (*fis. atom.*).

— *v.i. v.a.*, avanzare *v.i.*; alimentare *v.a.*; distribuire *v.a.*; fornire *v.a.*

— **(to —) data into a computer** (*inform.*), introdurre i dati nel calcolatore elettronico.

feed apron (*tess.*), graticcio (*m.*) alimentatore.
— **-back,** *agg.* rigenerativo (*elet.*).
— **-board,** piano del mettifoglio (*tip.*); tavola per marginare *f.* (*macch. da stampa*); alimentatore (*m.*) automatico (*trebbiatrice*).
— **box,** scatola (*f.*) di alimentazione.
— **chain,** catena (*f.*) di alimentazione.
— **change knob,** bottone (*m.*) per il cambio d'alimentazione.
— **change levers,** leva per il cambio d'alimentazione.
— **-changing lever** (*macch. ut.*), leva *f.* (del) cambio alimentazione.
— **-changing mechanism,** meccanismo (*m.*) per il cambio dell'alimentazione.
— **charging hole** (*motori*), apertura (*f.*) per il caricamento.
— **chute** (*min.*), scivolo (*m.*) di alimentazione.
— **cock,** rubinetto (*m.*) di alimentazione.
— **cone pulley,** puleggia (*f.*) a gradini di rinvio.
— **distance** (*macch. ut.*, *ecc.*), distanza di alimentazione.
— **engage lever,** leva d'innesto dell'alimentazione.
— **filter,** filtro (*m.*) di alimentazione.
— **-forward** (*automazione*, *ecc.*), regolazione in avanti.
— **forward control** (*elettron.*) (*open loop control*), controllo ad anello aperto.
— **-grinder** (*agric.*), trinciaforaggi *m.*
— **head** (*fond.*), materozza *f.*
— **hopper,** tramoggia (*f.*) di carico.
— **mechanism,** meccanismo (*m.*) di avanzamento.
— **motion,** movimento (*m.*) di alimentazione; moto (*m.*) di avanzamento.
— **on radius** (*macch. ut.*), avanzamenti (*m. pl.*) radiali.

feed plate (*tess.*), tavola (*f.*) di alimentazione.
— **pump,** pompa (*f.*) d'alimentazione.
— **rack,** barra *f.*
— **rate of lathe,** numero degli avanzamenti di un tornio.
— **-reel spindle** (*cinem.*), albero (*m.*) della bobina datrice.
— **reverse lever,** leva per l'inversione dell'alimentazione.
— **rod,** barra (*f.*) di alimentazione; albero (*m.*) di trasporto; asta (*f.*) di avanzamento.
— **roller,** rullo (*m.*) di avanzamento.
— **screw** (*mecc.*), vite (*f.*) di alimentazione.
— **shaft,** albero (*m.*) di trasporto; albero (*m.*) di avanzamento.
— **spindle,** albero (*m.*) dell'avanzamento.
— **spout,** boccasacco *m.*
— **sprocket** (*cinem.*), rocchetto (*m.*) di alimentazione.
— **stock,** materia prima per alimentazione di animali.
— **stuffs (animal —),** alimenti per animali.
— **-tank,** cassone (*m.*) di termosifone.
— (*v.a.*) **the work against the teeth of the cutter,** avanzare il pezzo nel senso contrario della rotazione della fresa.
— (*v.a.*) **the work in the direction or the cutter,** avanzare il pezzo nel senso della rotazione della fresa.
— **valve,** valvola (*f.*) d'alimentazione.
— **variator** (*macch. ut.*), maniglia comando d'avanzamento.
— **water,** acqua (*f.*) di alimentazione.
— **water heater,** riscaldatore (*m.*) dell'acqua di alimentazione.
— **wheel,** ruota (*f.*) di avanzamento.

feedback (*elet.*), retroazione (*linear feedback*, rinvio verso l'ingresso di informazioni emesse); (*organ.*), correzione automa-

tica; (*automazione, ecc.*), regolazione in contro-reazione; (*cibernetica*), conoscenza dei risultati.
feedback control (*elet.*), regolazione a controreazione; (*elettron.*) (*closed loop control*), controllo ad anello chiuso.
— **photometer** (*ott.*), fotometro a controreazione.
feeder (*ing. elet.*), conduttura (*f.*) d'alimentazione; cavo (*m.*) alimentatore (*o* d'alimentazione); mettifoglio (*m.*) automatico (*tip.*); conduttore (*m.*) principale (*elet.*); feeder; materozza *f.* (*fond.*); vedi: **automatic**; (*met., ecc.*), vedi: **vibrating —**.
— **ear** (*ing. elet.*), griffa (*f.*) d'alimentazione.
— **line** (*ferr.*), tronco (*m.*) di raccordo.
— **machine**, alimentatrice meccanica.
— **regulator** (*elet.*), regolatore (*m.*) di alimentazione.
— **road**, strada (*f.*) di raccordo.
feeding (*elet.*), alimentazione *f.*
— **of a work**, condotta (*f.*) di un pezzo.
— **plunger**, stantuffo per pompa di alimentazione.
— **point** (*ing. elet.*), punto (*m.*) di alimentazione (della linea).
— **station** (*presse*) (*mecc.*), stazione di alimentazione.
— **-up** (*vernici*), impolmonimento *m.* (nel barattolo).
feeler, sonda *f.*; (*petrolio*) tubazione di saggio.
— **gauge**, calibro a lame.
« **feeler** » (*thin piece of wire with a sensor on the tip*) (*mecc.*) (*robotica*), palpatore *m.*; tastatore.
feeling (*met.*), agitare un metallo in un crogiolo per mezzo di una bacchetta, per accertarsi se la fusione è completa.
— **threshold**, soglia (*f.*) di dolore (*acustica*).
feet, piedi *m. pl.*
feints, residuo (*m.*) di distillazione alcoolica; terza frazione della distillazione (dello whisky, spiriti, ecc.).
feldspar, feldspato *m.*
feldspathic (felspathic), *agg.* feldspatico.
fell, pelle *f.* (pellame); legname (*m.*) tagliato durante la stagione; materia passante per uno staccio.
— (*v.a.*) **a tree**, abbattere un albero.
felling saw, sega (*f.*) a pettine.
felloe, gavello *m.*
Fellows gear cutting machine, dentatrice (*f.*) Fellows.
fellowship, borsa di studio.
— **(post-doctoral —)**, borsa di studio post-universitaria.
felly, cerchio (*m.*) di una ruota.
felsite, felsite *f.*
felsitic porphyry, porfido (*m.*) feldspatico.
felspar, feldspato *m.*
felt (*tess.*), feltro *m.*; (*oil industry*), fiscolo *m.* (industria olearia),
— *v.a.* rivestire di feltro; rivestire di feltro d'amianto; (*tess.*), feltrare.
— **gloves**, guanti di feltro.
— **number**, peso (in libbre) di una risma di 480 fogli di carta (12 × 12 pollici).
— **packing**, guarnizione (*f.*) di feltro.
— **-pointed pen**, penna (*f.*) a punta di feltro.
— **washer**, rondella (*f.*) di feltro.
felting (*tess.*), feltratura *f.*
female cone, cono (*m.*) femmina.
— **die** (*mecc.*), femmina *f.*
— **friction cone**, controcono *m.*
— **operator**, meccanica *f.* (donna che lavora alle macchine).
— **runner** (*orol.*), puntalino (*m.*) femmina.
— **screw**, madrevite *f.*; chiocciola *f.* (*mecc.*); vite (*f.*) femmina.
— **thread**, madrevite *f.*
femelle oil, vedi: **linaloe oil.**
femtosecond (*laser light*), femtosecondo (10^{-15} s) (*pulses of*

laser light lasting 15 femtoseconds), impulsi di luce laser della durata di 15 femtosecondi.
fence, squadra di guida (di sega o piallatrice); recinto *m.*; steccato *m.*
— **bar,** ferro (*m.*) da grata.
— **erecting machine** (*agr.*), macchina per la posa di recinzioni.
— **rollers,** rulli di guida (di una sega).
— **wire** (*met.*), filo per recinzioni (*o* reticolati).
fencing (*min.*), recinzione di sicurezza (per parti mobili di macchine); (*sport*) scherma *f.*
— **material** (*met.*), materiale per recinzioni.
— **wall,** muro (*m.*) di cinta.
— **(catch —)** (*autodromi*), rete (*f.*) protettiva.
fender, parafuoco *m.*; parafango *m.* (*auto*) (U.S.A.); parabordo *m.* (*naut.*).
— **mirror** (*auto*) (U.S.A.), specchio (*m.*) retrovisore sul parafango.
fennel oil, olio (*m.*) di finocchio.
fent (*tess.*), scampolo *m.*
ferment, fermento *m.*
— *v.i.* fermentare.
fermentation, effervescenza *f.*; fermentazione *f.*
fermenter (*birra*), fermentatore (per la fabbr. della birra).
fermenting cellar, cantina (*f.*) di fermentazione.
— **tank,** vasca (*f.*) di fermentazione.
Fermi age (*fis. atom.*), età (*f.*) di Fermi.
— **constant** (*fis. atom.*), costante (*f.*) Fermi.
— **-Dirac statistics** (*fis. atom.*), statistica (*f.*) di Fermi.
— **'s salt,** sale di Fermy; bifluoruro di potassio.
fermion (*fis. atom.*), fermione *m.*
fermium (*chim.* = Fm), fermio *m.* (elemento 100).
fern oil, olio (*m.*) essenziale di felce.
feroc (*chim.*), ferrocianuro *m.*; prussiato di potassio.
ferodo, ferodo *m.*
Ferraris meter (*elet.*), contatore (*m.*) Ferraris.
— **voltmeter,** voltmetro (*m.*) a campo Ferraris.
— **wattometer,** wattometro (*m.*) a campo Ferraris.
ferret (*missili*) (*mil.*), satellite militare che spia le trasmissioni radio del nemico.
ferric acetate, acetato (*m.*) ferrico.
— **acid,** acido (*m.*) ferrico.
— **chloride,** cloruro (*m.*) ferrico.
— **ferrocyanide,** ferrocianuro (*m.*) di ferro.
— **furnace,** altoforno di alte dimensioni usante carbone bituminoso.
— **oxide,** ossido (*m.*) ferrico.
— **sulphide,** solfuro (*m.*) ferrico.
ferrichlor, cloruro di ferro, usato in fognature, ecc.
ferricyanide (*chim.*), ferricianuro [ione: $Fe(CN)_6$].
ferrite (pr. *fŏr'ait*) (*chim. min.*), ferrite *f.*
— **core** (*inform.*), nucleo di ferrite.
— **-core storage** (*inform.*), memoria ad anelli di ferrite.
— **-filled rod antenna** (*radio*), antenna a ferrite.
— **ghost** (*met.*), banda decarburata; banda di ferrite.
— **store** (*inform.*), memoria a nuclei di ferrite.
— **yellow,** giallo di ferrite (ossido di ferro).
ferritic, *agg.* ferritico.
— **alloy steel** (*met.*), acciaio legato ferritico.
— **electrodes,** elettrodi ferritici.
— **stainless steel** (*met.*), acciaio (*m.*) inossidabile ferritico.
— **steel** (*met.*), acciaio (*m.*) ferritico.
ferritization (*met.*), ferritizzazione *f.*
ferro-alloy addition (*met.*), aggiunta di ferroleghe.

ferro-metallic clinkers (*mat.*), mattoni « ferrioli » (di cottura eccessiva).
ferroalloy (*met.*), ferrolega *f.*
ferroaluminum (U.S.A.), ferroalluminio *m.*
ferroceptor aerial (*radio, TV*), antenna a ferrite.
ferrochromium, ferrocromo *m.*
ferrocobalt, ferrocobalto *m.*
ferrocyanide, ferrocianuro *m.*
ferrocyanogen, ferrocianogeno *m.*
ferroelectric, *agg.* ferroelettrico.
ferrogram (*mecc.*), ferrogramma *m*; v. **ferrography**.
ferrograph analyser (*mecc.*), « analizzatore ferrografico » (apparecchio per la determinazione dell'usura nelle superfici portanti delle macchine).
ferrography, ferrografia (*mecc.*), tecnica per lo studio dell'usura nelle superfici portanti delle macchine senza smontarle.
ferromagnetic anisotropy (*elettron.*), anisotropia ferromagnetica.
— **ceramic,** ceramica (*f.*) ferromagnetica.
— **material,** materiale (*m.*) ferromagnetico.
ferromanganese, ferromanganese *m.*
ferrometer (*met.*), ferrometro (apparecchio per la prova delle qualità dell'acciaio).
ferromolybdenum, ferromolibdeno.
ferronickel, ferronichel.
ferroselenium, ferroselenio *m.*
ferrosilicon, ferrosilicio *m.*
ferrosonant (*elet.*), ferrosonante.
ferrotitanium, ferrotitanio *m.*
ferrotungsten, ferrotungsteno *m.*
ferrous acetate (*chim.*), acetato (*m.*) ferroso.
— **chloride,** cloruro (*m.*) ferroso.
— **metal,** metallo (*m.*) ferroso.
— **oxide,** protossido (*m.*) di ferro; ossido (*m.*) ferroso.
— **sulphate,** solfato (*m.*) ferroso.
— **sulphide,** solfuro (*m.*) ferroso.
ferroxcube (*elettron.*), ferroxcube *m.*
ferroxyl indicator (*met.*), indicatore ferrosilico.
ferruginous, *agg.* ferruginoso.
ferrugo (*chim.*), ossido di ferro (*rosso*).
ferrule (*orol.*), puleggia (entro la quale si fissa il pezzo da tornire, usata dagli orologiai); ghiera *f.*; tamburo di trasmissione; (*mecc.*), virola *f.*
— **with dowel,** anello (*m.*) con perno (per serrare giunti).
ferry, *n.*, traghetto *m.*
— *v.a.* traghettare; trasbordare (anche nello spazio) (*to ferry people and supplies to a space station*), trasbordare persone e rifornimenti ad una stazione spaziale)
— **boat,** nave (*f.*) traghetto.
— **(to —) by helicopter,** traghettare (trasportare, trasferire) con elicottero.
— **company,** compagnia traghetti.
— **fares,** tariffe traghetti.
— **mission** (*aereo*), missione con scalo intermedio e ritorno alla base, senza rifornimenti.
— **range** (*elic.*), distanza massima di volo senza rifornimento; autonomia *f.*
— **rope,** fune (*f.*) di 6 trefoli a 7 fili ciascuno.
ferryman, traghettatore *m.*
fertile, *agg.* (*fis. atom.*), fertile.
— **element** (*fis. atom.*), elemento (*m.*) fertile.
— **material** (*fis. atom.*), materiale fertile (*o* fertilizzante).
fertilize, *v.a.* fertilizzare; concimare.
fertilizer, concime *m.*; fertilizzante *m.*
— **broadcaster** (*agr.*), spandiconcime centrifugo.
— **complex** (*cost.*), complesso di fabbricati di impianti chimici per concimi (comprendente fabbriche di acido solforico, ammoniaca, superfosfati, ecc.).
— **distributor** (*agr.*), spandiconcimi *m.*
— **factory,** fabbrica di concimi.

fertilizer placement seeder (*agr.*), seminatrice-spandiconcime.
fertirrigation, fertirrigazione *f.*
Féry radiation pyrometer, pirometro (*m.*) ad irradiazione Féry.
Fescoling, (procedimento di —) placcatura elettrolitica di superfici metalliche logorate.
festoforem (*chim.*), formaldeide *f.*
festoon drier (*mecc.*), essiccatore (*m.*) a festoni.
fetch (*elettron.*), prelevare da memoria; (*inform.*), chiamata *f.*; accesso *m.*; estrazione *f.*
— **program** (*inform.*), programma di chiamata.
fettle, *v.a.* rivestire di materiale sciolto (un forno a riverbero).
— (*fond.*), sbavare *v.a.*
fettler (*fond.*), sbavatore *m.*
fettling, (operazione di —) sbavatura (*f.*) dei getti (*fond.*); materiale sciolto (generalmente sabbia) buttato nel focolare d'un forno per proteggerlo.
— **room** (*fond.*), reparto (*m.*) sbavatura.
— **shop,** sala (*f.*) sbavatura.
fiat (*leg.*), **decreto** *m.*; **ordine** *m.*
fiber rope (USA), fune ad anima tessile; v. **fibre.**
fiberboard (U.S.A.), pannello (*m.*) di fibre.
fiberglas yarns, filati di vetro.
Fiberloid (*aereo*), materiale termoplastico brevettato.
Fiberlon, materiale plastico brevettato.
fibre, fiber, fibra *f.*; fibra vulcanizzata (*chim.*); (*fibrometallurgia*), fibra *f.*; v. **inorganic mineral** —; **optical** —; **polyamide** —; **protein** —.
— **glass structural** (*industrial plastics*), profilato in lana di vetro.
— **metallurgy** (*met.*), fibrometallurgia *f.*
— **-optic cable,** cavo in fibre ottiche.
— **-optic cable transmission,** trasmissione via cavo con fibre ottiche.
fibre-optics technology, tecnologia delle fibre ottiche.
— **-optics telecommunication,** telecomunicazione con fibre ottiche.
— **plant,** pianta (*f.*) tessile.
— **point pen,** penna (*f.*) con punta sintetica.
— **processing** (*tess.*), lavorazione (*f.*) della fibra.
— **reinforced composites,** materiali compositi fibrosi rinforzati.
— **rope,** fune ad anima tessile.
— **strength tester,** dinamometro per fibre.
— **test,** esame della fibra.
— **(optical — communications),** comunicazioni tramite fibre ottiche.
fibreboard, pannello (*m.*) di fibre.
fibrillation in collagen (*fibre tess.*), sfibrillatura nel collageno.
fibrin (*biochim.*), fibrina *f.*
— **glue,** colla (*f.*) alla fibrina.
fibroin, fibroina *f.* (albuminoide costituente la principale sostanza della seta greggia).
fibrous, *agg.* fibroso.
— **fracture** (*met.*), frattura fibrosa (di aspetto fibroso opaco).
— **grain,** struttura (*f.*) fibrosa.
fibrousness, fibrosità *f.*
fictitious profits, v. **profits.**
fid, asta (di legno o ferro) usata per allargare fori nel legno o nel ferro, o per aprire i trefoli di una fune nell'impiombatura ecc.; asta per limitare il movimento del bompresso; chiave (*f.*) d'albero (*naut*).
fiddle (*mus.*), violino *m.*
— **(to —),** manomettere (p. es. un contatore).
— **block** (*naut.*), bozzello (*m.*) a violino.
fidelity (*elettron.*), fedeltà *f.*
— **(high —),** alta fedeltà.
fiducial mark (*aereo*), traccia di riferimento.
— **temperature,** temperatura (*f.*) di riferimento.

field, riquadro *m.* (*arch.*); campo *m.* (*magnetico*); campo *m.* (*fis.*); quadro *m.* (*telev.*) (U.S.A.); cantiere *m.* (*di costruzione*), (U.S.A.); (*elettron.*), zona; (*top.*) (*agrim.*), campagna *f.*; (*inform.*), campo (di una scheda).
— **(to —) a team** (*auto*) (*sport*), mettere in campo (fare gareggiare) una scuderia.
— **bend** (*telev.*) (U.S.A.), compensazione (*f.*) della distorsione del quadro.
— **book** (*agrim.*), registro (*m.*) di campagna.
— **-breaking switch** (*elet.*), interruttore (*m.*) ad eccitazione.
— **capacity** (*mecc. agr.*), capacità di lavoro.
— **coil,** avvolgimento (*m.*) del magnete.
— **collar** (*elet.*), collare *m.*
— **control laboratory** (U.S.A.), laboratorio (*m.*) di cantiere.
— **current** (*elet.*), corrente (*f.*) dell'induttore.
— **-discharge switch** (*elet.*), interruttore (*m.*) ad eccitazione.
— **emission microscope** (*ott.*), microscopio (*m.*) a emissione di campo.
— **emission microscopy** (*ott.*), microscopia (*f.*) a emissione di campo.
— **frame** (*elet.*), carcassa (*f.*) magnetica.
— **glass,** cannocchiale *m.* (per esterno).
— **intensity** (*radio*), intensità (*f.*) di campo.
— **magnet** (*elet.*), magnete di campo.
— **-ion microscope** (*elettron.*), microscopio ionico (operante per emissione di ioni positivi).
— **monitoring tube** (*telev.*), tubo (*m.*) monitore di quadro.
— **office** (U.S.A.), ufficio (*m.*) di cantiere.
— **of fire** (*mil.*), rosa (*f.*) di tiro.
— **operations** (*top.*), operazioni (*f. pl.*) di campagna.

field pick-up (*telev.*) (U.S.A.), ripresa (*f.*) diretta (esterna).
— **piece** (*artiglieria*), pezzo *m.*
— **plate** (*elet.*), armatura (*f.*) fissa.
— **plot seeder** (*agr.*), seminatrice per parcelle sperimentali.
— **quantum** (*fis. atom.*), quanto (*m.*) del campo.
— **radio** (*radio*), radio (*f.*) da campo.
— **railway,** ferrovia (*f.*) da campagna.
— **regulator** (*elet.*), regolatore (*m.*) di campo.
— **rheostat** (*elet.*), reostato (*m.*) di campo.
— **-sequential system** (*telev.*), sistema di televisione a colori, usato dalla Columbia Broadcast system, basato nell'interlacciamento di quadri.
— **shop** (U.S.A.), officina (*f.*) mobile di cantiere.
— **staff** (U.S.A.), personale (*m.*) di cantiere.
— **strength** (*radio*), intensità (*f.*) di campo.
— **superintendent** (U.S.A.), direttore (*m.*) di cantiere.
— **suppressor** (*elet.*), soppressore (*o* eliminatore) di campo.
— **-test** (*corrosione met.*), prova di corrosione in opera.
— **testing,** saggi sul luogo; esperimenti sul luogo.
— **test studio** (*telev.*), studio di prova pratica.
— **sweep** (*telev.*) (U.S.A.), analisi (*f.*) del quadro.
— **tilt** (*telev.*) (U.S.A.), correzione (*f.*) della distorsione del quadro.
— **winding,** avvolgimento (*m.*) di magnete (di una dinamo o di un motore); (*mot.*), avvolgimento di campo.
— **(in the —)** (*cost.*), sul cantiere; in esercizio (di strumenti); (*top.*), in campagna (sul luogo di rilevamenti, p. es. per un piano quotato).

fiery, *agg.* (*min.*), grisutoso.
— **mine** (*min.*), miniera grisutosa.

fifth gear (*auto*), quinta (marcia).

fig., cifra; figura.
fig soap, sapone di fico (usato nella finitura di tessili).
fighter (*aereo*), caccia *m.*
— **bomber** (*aereo*), cacciabombardiere *m.*
— **squadron** (*aereo*), squadriglia (*f.*) da caccia.
figure, cifra *f.* (*mat.*); dato numerico; forma *f.*; (*tess.*), disegno; figura *f.* (*geom.*).
— **-eight wire** (*elet.*), cavo a sezione ad otto.
figured honeycomb weave (*tess.*), nido (*m.*) d'api figurato.
— **muslin** (*tess.*), mussolina (*f.*) lavorata.
figures with luminous paint, cifre (*f. pl.*) radiolumizzate.
figuring (*tess.*), disegno *m.*; (*dis.*), raffigurazione delle cifre; cifratura *f.*
— **machine** (*tess.*), macchina (*f.*) per tessere a disegno.
filament, filamento *m.*
— **circuit,** circuito (*m.*) di filamento.
— **electrometer** (*elet.*), elettrometro a filo.
— **rayon** (*tess.*), raion a bava continua.
— **-reinforced metals** (*met.*), metalli rinforzati con filamenti.
— **-type tube,** tubo elettronico (in cui l'emissione è prodotta da un filamento riscaldato).
— **winding reinforced plastics,** materie plastiche rinforzate con filamenti (di vetro, ecc.).
filbert (*slang*) (*aereo*) (U.S.A.), pilota (*m.*) automatico.
file, lima *f.*; (*inform.*), archivio *m.*; schedario.
— (*v.a.*), limare *v.a.*; (*inform.*), archiviare.
— **card,** spazzola (*f.*) per lime.
— **code** (*inform.*), codice dello schedario.
— **cutting machine,** macchina taglialime.
— (*v.a.*) **data** (*inform.*), archiviare i dati.
file definition (*inform.*), definizione dell'archivio.
— (*v.a.*) **down,** limare sporgenze.
— **dust** polvere di limatura *f.*
— (*v.a.*) **from,** ricavare mediante limatura.
— **handle,** impugnatura (*f.*) di una lima; manico (*m.*) di lima.
— **maintenance** (*inform.*), aggiornamento di uno schedario; manutenzione di uno schedario (*o* archivio).
— **mark** (*inform.*), marcatore di fine dell'archivio.
— **medium** (*inform.*), supporto (*m.*) di archivio.
— **stroke,** colpo (*m.*) di lima.
— **tempering crucible,** crogiolo (*m.*) per tempera lime.
— **testing machine,** macchina (*f.*) per la prova delle lime.
— (*v.a.*) **to size and shape,** limare nella prescritta forma e misura.
— (*v.a.*) **true,** limare con precisione.
— **(bastard —),** lima (*f.*) bastarda; lima (*f.*) a taglio 1.
— **(blunt —),** lima (*f.*) della stessa sezione, dalla punta al manico
— **(cabinet —),** lima (*f.*) per ebanisti.
— **(dead smooth —),** lima (*f.*) a taglio dolcissimo; lima (*f.*) a taglio 4.
— **(diamond —),** lima (*f.*) a spada.
— **(flat —),** lima (*f.*) piatta.
— **(half round —),** lima (*f.*) mezzo tonda.
— **(hand —),** lima (*f.*) a mano.
— **(knife-edge —),** lima (*f.*) a coltello.
— **(needle —),** lima (*f.*) ad ago.
— **(oval —),** lima (*f.*) ovale.
— **(over-cut —),** termine usato ad indicare la prima serie di denti di una lima a doppio taglio.
— **(parallel round —),** lima (*f.*) rotonda parallela.
— **(slitting —),** lima (*f.*) a mandorla.
— **(second cut —),** lima (*f.*) a taglio mezzo dolce; lima (*f.*) a taglio 2.

file (smooth —), lima (*f.*) a taglio 3; lima (*f.*) a taglio dolce.
— **(Swiss —),** lime (*f. pl.*) ad ago di precisione.
— **(three square —),** lima (*f.*) triangolare.
— **(triangular —),** lima (*f.*) triangolare.
— **(up-cut —),** la seconda serie di denti, sovrimposta alla prima serie, in una lima a taglio doppio.
— **(ward(ing) —),** lima (*f.*) (a taglio fino) per chiavi.
filed-off flat for balancing (*aereo*), superficie limata piatta per equilibramento.
— **out for balance** (*aereo*), limatura (*f.*) per equilibramento.
filer, limatore *m.*
filicic acid, acido filicico, $C_8H_{10}O_3$.
filiform corrosion (*met.*), corrosione filiforme (*a special form of rusting which often occurs under paint films in humid environments*).
filigree, filigrana *f.*
filing, limatura *f.* (operazione); (*mecc.*), lavorazione (*f.*) alla lima; (*inform.*), archiviazione *f.*
— **cabinet,** armadietto per archivi(are).
— **clerk** (*inform.*), archivista *m.*
— **machine,** limatrice *f.*
filings, *pl.* (polvere di) limatura *f.*
fill, *v.a.* versare; riempire; mettere in un recipiente; eseguire un rilevato (con terra, ghiaia o detriti di roccia); comporre una ricetta (U.S.A.); eseguire un ordine (*comm.*); (*costr. stradali*), rilevato *m.*; terrapieno *m.*; riporto *m.*; accessorio di ricambio inserito per diversi usi (p. es. *brush fill*, ricambio di spazzola di una lucidatrice per pavimenti;) materiale per turare i denti; materiale di riempimento.
— (*v.a.*) **the warp** (*tess.*), impannare.
fill up, *v.a.*, riempire *v.a.*; (*auto*), fare il pieno (di carburante).
filled-up ground, terreno (*m.*) in riporto.
filler, fondo *m.* (per vernici, materie plastiche e tess.); riempitivo *m.* (di pittura, vernice); (*inform.*), carattere di riempimento.
— **cap** (*auto.*), tappo di chiusura.
— **metal** (*sald. ad arco*), metallo (*m.*) di apporto.
— **neck,** bocchettone di introduzione acqua.
— **opening** (*auto*), bocchettone *m.*
— **plug,** tappo (*m.*) di riempimento.
— **rod,** bacchetta (*f.*) d'apporto (*saldatura*).
— **sand,** terra per formatura a grani grossi (per buona ventilazione della forma).
— **wire** (*sald.*), filo (*m.*) di apporto.
fillet, raccordo alare (*aereo*); listello (*m.*) di pavimento; smussatura (*f.*) di angoli interni di un'armatura (per travi e colonne); (*tess. carda*), nastro di guarnizione (della carda).
— **of a screw,** passo (*m.*) di una vite; impanatura (*f.*) di una vite; spira (*f.*) di una vite.
— **weld** (*sald.*), cordone d'angolo.
— **welding** (*sald.*), saldatura in cianfrino.
— **weld test** (*sald.*), prova di saldatura in cianfrino.
filling, riporto *m.* (di terre); filo (*m.*) che va da una cimosa all'altra nell'orditura (*tess.*); sostanze (*f. pl.*) usate per dare consistenza e peso (*tess.*); carica *f.*; riempimento *m.*; (U. S.A.) (*tess.*), trama *f.*; pieno (di benzina).
— **bobbin** (*tess.* U.S.A.), spola (*f.*) per trama.
— **fork** (*tess.* U.S.A.), forchetta (*f.*) rompitrama.
— **funnel,** imbuto (*m.*) di riempimento.
— **material,** materiale di riporto.

filling sleeve, manicotto (*m.*) di gonfiamento.
— **station,** stazione (*f.*) di servizio.
— **twist** (*tess.* U.S.A.), torsione (*f.*) trama.
— **winder** (*tess.* U.S.A.), bobinatrice (*f.*) per trame.
fillings length (*sald.*), lunghezza (*f.*) dei pieni.
fillip, impulso *m.* (*dato p. es. ad una ricerca*).
fillister (*faleg.*), incorsatoio *m.*
— **head** (*mecc.*), testa (di vite) cilindrica a goccia di sego con intaglio.
— **head screw,** vite (*f.*) a testa bombata.
film, film *m.*; pellicola (*f.*) cinematografica; strato *m.*; strato cristallino.
— **boiling,** far bollire un liquido mediante uno strato di vapore.
— **camera** (*cinem.*), macch. per cortometraggi.
— **-camera chain** (*telev.*), ritrasmissione televisiva di film.
— **censorship** (*cinem.*), censura (*f.*) dei film; censura (*f.*) cinematografica.
— **channel** (*cinem.*), guida (*f.*) della pellicola.
— **dispenser,** distributore automatico di pellicole fotografiche.
— **editor** (*cinem.*), tecnico (*m.*) addetto al montaggio.
— **feeding** (*cinem.*), trasporto (*m.*) della pellicola.
— **-gate** (*cinem.*), sportello *m.*
— **library** (*cinem.*), cineteca *f.*
— **of colour,** strato (*m.*) di colore.
— **of fluid,** velubro *m.* (velo di lubrificazione).
— **of paint,** mano (*f.*) di pittura.
— **perforations** (*cinem.*), perforazioni (*f. pl.*) della pellicola.
— **pick-up** (*telev.*) (U.S.A.), telefilm *m.*
— **pre-recorded on video cassette,** film preregistrato su videocassetta.
— **processing** (*cinem.*), lavorazione (*f.*) di un film.
film projector, proiettore (*m.*) per passo ridotto.
— **roll,** bobina di pellicola cinematografica.
— **-rupture mechanism** (*met.*), meccanismo della rottura della pellicola protettiva.
— **scrap,** pellicola fotografica dalla quale è stato rimosso il rivestimento (usata per fabb. lacche).
— **storage,** conservazione (*f.*) della pellicola.
— **strip,** filmine *f. pl.*
— **take-up spool** (*macch. fot.*), bobina (*f.*) di avvolgimento.
— **television,** telecinematografia.
— **test,** prova per la deter. della temp. di versamento per metalli liquidi.
— **vault,** archivio (*m.*) per deposito film.
— **(general information —),** film di informazione generale.
— **(staff training —),** film per addestramento del personale.
— **(technical advertising —),** film pubblicitario tecnico.
filmic, *agg.* filmico.
filming (*cinem.*), ripresa cinematografica.
filmogenic, *agg.* fotogenico.
filmstrip (*cin.*), film per proiezione fissa, con didascalie.
filt-char, carbone animale (usato come decolorante e deodorante).
filter, *n.*, filtro *m.*
— *v.a. v.i.*, filtrare *v.a.*
— **alum** (*chim.*), solfato di alluminio.
— **-beaker** (*chim.*), vaso a filtrazione calda.
— **cartridge,** elemento (*m.*) di filtro.
— **center** (U.S.A.), corpo aereo segnalazione aerei nemici.
— **choke** (*radio*), impedenza (*f.*) di filtro.
— **cloth,** tessuto per filtro.
— **condenser,** condensatore (*m.*) di filtro.

filter off, *v.a.* separare mediante filtrazione.
— **out,** *v.a.* (*met.*), eliminare mediante filtro (*the mask filters out the glaze of the metal...*), la maschera elimina con il filtro l'abbagliamento del metallo.
— **paper,** carta (*f.*) da filtro.
— **-plate** (*chim.*), disco di porcellana.
— **-press,** filtropressa *m.*
— **press cloth,** tela filtrante per filtropressa.
— **ring,** portafiltro *m.*
— **room** (*met.*), sala (*f.*) filtri.
— **-stick** (*chim.*), tubo (*m.*) filtrante.
filterability (*chim. ecc.*), filtrabilità *f.*
filtering, filtrazione *f.*; (*elet.*), filtraggio.
filter(ing) paper, carta (*f.*) da filtro.
— **room,** locale di filtrazione (birra).
filtrate (*chim.*), filtrato *m.* (liquido che ha subito la filtrazione).
— (*v.a.*), filtrare *v.a.*
— **away,** *v.a.* separare con filtrazione.
— **off,** *v.a.* separare con filtrazione.
filtration, filtrazione *f.*
— **plant,** impianto di filtrazione.
fin, impennaggio (*m.*) verticale (*o* deriva) (*aereo*); bavatura *f.* (degli stampi) (*fond.*); pinna *f.*; alette (*f. pl.*) d'impennaggio; aletta *f.* (di radiatore o di cilindro) (*motori*).
— *v.a.* provvedere di alette (di raffreddamento) (es.: *the cylinders are finned* = i cilindri hanno alette di raffreddamento); alettare.
— **area** (*aereo*), superficie di deriva; superficie di chiglia.
— **carrier** (*aer.*), travetto di piano fisso.
— **crack** (*met.*), cricca (*f.*) per bava (se la bava impedisce la libera contrazione del lingotto o del getto).
— **fixing point** (*aereo*), punto (*m.*) di fissaggio della deriva.
fin kell (*naut.*), deriva *f.*
— **post** (*aereo*), asse del timone di direzione.
final, *agg.*, conclusivo; finale.
— **balance of a propeller** (*aereo*), ultimo equilibramento dell'elica (fatto in fabbrica).
— **drive** (*trasmissione auto*), coppia conica.
— **drive ratio** (*auto*), rapporto al ponte.
— **proof** (*tip.*), foglio di macchina per la revisione.
— **selector** (*telef.*), selettore finale.
— **shot** (*telev.*), ripresa (*f.*) definitiva.
— **slag** (*met.*), scoria (*f.*) finale.
— **run** (*sald.*), passata (*f.*) finale.
— **tolerance** (*met.*), tolleranza (*f.*) finale.
— **trial composite** (*cinem.*), stampa campione approvata per la distribuzione.
finalize, to (*or* **finalise**), *v.a.* completare (*un progetto, un capitolato, ecc.*).
— **the design,** completare il progetto; (*the specification was finalized by the addition of further features*), la specificazione fu completata coll'aggiunta di ulteriori caratteristiche).
financial, *agg.* finanziario.
— **claim** (*econ.*) (*fin.*), credito (*m.*) finanziario.
— **cover** (*fin.*), copertura del fabbisogno finanziario.
— **credit** (*econ.*), credito di finanziamento.
— **planning** (*econ.*), pianificazione (*f.*) finanziaria.
find out (to —) the scale (*topog.*), trovare (*v.a.*) la scala.
finder (*fot.*), mirino *m.*; (*astr.*), cannocchiale cercatore *m.*
finding, scoperta *f.*; (*med.*) osservazione (*f.*) (risultato medico).
fine (*tess.*), lana delle spalle.
fine, *agg.* (*fis.*), fine; (*mis.*), preciso.
— **adjustment,** aggiustamento (*m.*) di precisione.

fine blanking press (*macch. ut.*), pressa per tranciatura fine.
— **-blanking process** (*macch. ut., mecc.*), processo di tranciatura fine.
— **boring machine** (*macch. ut.*), alesatrice (*f.*) finitrice.
— **chemicals,** prodotti chimici prodotti in piccole quantità (per es. nitrato d'argento).
— **cyclone products** (*min.*), fini (*m. pl.*) di ciclone.
— **-coal,** fino di carbone.
— **coke,** coke (*m.*) fino.
— **control,** comando (*m.*) di precisione.
— **control rod** (*fis. atom.*), barra (*f.*) di controllo di precisione.
— **count yarn** (*tess.*), filato (*m.*) di titolo alto.
— **drawing,** stiramento (*m.*) fino.
— **gold,** oro (*m.*) fino.
— **grained,** a grana (*f.*) fine.
— **grained sand,** sabbia (*f.*) fine.
— **grained steel** (*met.*), acciaio a grano fine.
— **grained wheel,** mola (*f.*) a grana dolce.
— **hand feed,** passata (*o* avanzamento) fine.
— **heckle** (*tess. lino*), pettine (*m.*) in fino.
— **particles,** particelle fini (*rif. a filtri*).
— **pitch thread,** filettatura (*f.*) fine.
— **rubble,** ghiaia per massicciata fine.
— **sand,** sabbia (*f.*) a grani fini.
— **scanning** (*telev.*), analisi (*f.*) ad alta definizione.
— **screen** (*tip.*), trama fine.
— **-setting screw** (*top.*), vite per l'aggiustamento micrometrico.
— **-sized fraction** (*ceneri, ecc.*), frazione fine.
— **tuning** (*radio*), sintonizzazione precisa.
fineness (*chim.*), finezza *f.* (stato di suddivisione di sostanza); (*gold*), titolo (*oro*) (percentuale di oro puro).
— **of a wood,** finezza (*f.*) di un legno.
fineness of scanning (*telev.*), finezza (*f.*) d'esplorazione.
— **ratio,** rapporto (*m.*) di finezza.
fines (*carbone, min.*), minuti di carbone (inferiore ai 25 mm nella classificaz. inglese).
— **removal installation,** impianto (*m.*) di rimozione dei fini.
— **(collect the reduced — in a cyclone)** (*min.*), raccogliere i fini ridotti in un ciclone.
— **(mill scale —)** (*met.*), fini di scaglia di laminazione.
finger (*mecc.*), nottolino *m.*
— **guard,** dispositivo (*m.*) per proteggere le dita.
— **guide** (*mecc.*), punta (*f.*) di guida.
— **-post,** segnavia *m.*
— **type regulator** (*elet.*), regolatore a pulsanti.
fingertip steering (*auto*), sterzo servocomandato.
finial (*arch.*), fiore crociforme (colmo).
fining (*met.*), fabbricazione di ghisa malleabile; (*ind. vino*) (*vetro*), chiarificazione.
— **agent,** sostanza che serve ad eliminare le bolle nella fabbr. del vetro.
— **-off,** applicazione dello strato finale (*intonaco*).
— **time,** tempo minimo richiesto per produrre un vetro senza bolle.
finish, *n.*, finitura; (*tess.*), appretto *m.*; (*pittura*), intonaco *m.*; (*sport*), traguardo.
— *v.a.* finire (dar l'ultimo tocco).
— **boring,** finitura (al trapano).
— **broaching** (*met.*), brocciatura (*f.*) di finitura; spinatura (*f.*) di finitura.
— **grinding** (*macch. ut.*), rettifica (*f.*) di finitura.
— **-machining** (*met.*), lavorazione di precisione.
— **size,** dimensioni (*f. pl.*) definitive.
— **turn (to —),** finire (*v.a.*) al tornio.

finish-turning, finitura *f.* (al tornio).
— **(best bright —)** (*met.*), finitura a specchio.
— **(bright —)** (*met.*), finitura brillante.
— **(dull —)** (*met.*), finitura opaca.
— **(luster —)** (*met.*), finitura brillante.
finished steel, acciaio finito (pronto per commercio).
— **steel products** (*met.*), prodotti finiti di acciaio.
finisher (*tess. lana*), carda (*f.*) finitrice.
— **boxes** (*tess.*), banchi (*m. pl.*) di finissaggio.
— **card** (*tess.*), carda (*f.*) in fino (iuta).
finishing (*mecc.*), finitura *f.*; (*tess.*), finissaggio *m.*
— **agent** (*chim. tess.*), ausiliare (*m.*) di finissaggio.
— **cutter** (*mecc.*), fresa (*f.*) a finire.
— **gill box** (*tess.*), stiratoio (*m.*) finitore.
— **line** (*met., laminazione*), linea di finitura.
— **materials** (*tess.*), materiali per finissaggio.
— **mill,** laminatoio finitore.
— **nail** (*met.*), gruppino *m.*
— **pass,** cilindri finitori.
— **roll,** cilindro finitore.
— **rolling mill** (*met.*), laminatoio (*m.*) finitore.
— **rubbing porcupine box** (*tess.*), stiratoio (*m.*) frottatore finitore.
— **shop** (*met.*), reparto finimento.
— **stand,** cilindri finitori.
— **temperature,** temperatura finale della lavoraz. a caldo di un metallo.
— **tool,** utensile (*m.*) per rifinire.
— **work** (*macch. ut.*), lavoro (*m.*) di finitura.
finite element code (*inform.*), codice ad elementi finiti.
— **line,** segmento *m.* (di linea).
finned can (*fis. atom.*), camicia (*f.*) ad alette.
finning, alettatura *f.*
fins and flashes, bavature (causate durante il procedimento di laminazione).
Finsen unit, misura d'intensità di radiazioni di lunghezza corta (= 70 microwatts per cm^2).
fir oil, olio di abete.
— **tree crystal,** dendrite *f.*
— **tree structure,** dendrite *f.*
— **wood,** legno (*m.*) di abete; legna (*f.*) da ardere.
fire, *n.*, fuoco *m.*; incendio *m.*
— *v.a. v.i.*, alimentare *v.a.* (di combustibile, una caldaia, ecc.); incendiare *v.a.*; cuocere *v.a.* (in una fornace); incendiarsi *v.r.*; infiammarsi *v.r.*; ingiallirsi *v.r.* (prematuro del grano per siccità); *v.a.* (*costr.*), infiggere a secco (mediante utensili a sparo) bulloni o chiodi; *v.a.* accendere; illuminare.
— **-alarm apparatus,** avvisatore *m.* (di incendio).
— **a vacuum tube,** accendere un tubo a vuoto.
— **bomb,** bomba (*f.*) incendiaria.
— **-box,** focolare *m.* (di caldaia); camera (*f.*) di combustione.
— **-box plate,** lamiera (*f.*) da caldaie.
— **-box stay,** armatura (*f.*) della caldaia.
— **brick,** mattone (*m.*) refrattario.
— **-bridge,** muretto (*m.*) del forno; altare *m.* (*met.*).
— **brigade,** pompieri *m. pl.*; vigili (*m. pl.*) del fuoco.
— **chamber,** camera (*f.*) di combustione (*di forno*).
— **clay,** argilla (*o* creta) (*f.*) refrattaria; terra (*f.*) refrattaria.
— **-coat,** rivestimento (*m.*) refrattario (su metalli).
— **control radar,** radar di direzione del tiro.
— **control system** (*aereo*), sistema (*m.*) controllo tiro.
— **-cracking,** spaccatura intercristallina causata da rapido riscaldam. (rif. ad ottone).

fire detector, rivelatore (*m.*) d'incendio.
— **-dog** (*met.*), altare.
— **door,** porta (*f.*) del focolare.
— **-door terne,** lamiera di acciaio rivestita di lega piombo-stagno per portello di focolari.
— **engine,** motopompa (*f.*) antincendi.
— **escape stairs** (*costr.*), scala di sicurezza anti-incendio.
— **extinction,** estinzione (*f.*) del fuoco; estinzione (*f.*) incendi.
— **extinguisher,** estintore *m.*
— **fighting equipment** (*min.*), attrezzature e materiali per lotta antincendio.
— **fighting pump,** motopompa (*f.*) antincendi.
— **foam,** v. **foam extinguisher.**
— **grate,** griglia (*f.*) di un forno; graticola *f.* (di focolaio).
— **hazard,** pericolo d'incendio.
— **-hook,** attizzatoio *m.*
— **hose,** naspo *m.*
— **hose coupling,** (manicotto di) accoppiamento (*m.*) del naspo.
— **inspector,** *m.*, pompiere capo *m.*
— **insurance,** assicurazione (*f.*) contro gli incendi.
— **irons,** attrezzi (*m. pl.*) per focolare; guarnitura (*f.*) da fuoco.
— **out,** *v.i.* emettere (*elettroni*).
— **-plug,** bocca (*f.*) da incendio.
— **point,** punto (*m.*) di accensione; temperatura (*f.*) di accensione.
— **prevention,** prevenzione (*f.*) incendi.
— **proof,** *agg.* refrattario; resistente al fuoco; a prova di fuoco; incombustibile; ignifugo.
— **-proof fabric,** stoffa incombustibile.
— **-proof material,** materiale (*m.*) refrattario.
— **pump,** motopompa (*f.*) antincendi.
— **-resistant,** resistente (*agg.*) al fuoco.

fire-resisting, *agg.* resistente al fuoco.
— **-resisting glazing,** vetrata resistente al fuoco.
— **resisting iron,** ghisa (*f.*) resistente al fuoco.
— **-resisting material,** materiale (*m.*) refrattario.
— **resisting paint,** pittura (*f.*) (colorante) resistente al fuoco.
— **retardant,** *agg.* ignifugo.
— **retardant paint,** vernice ignifuga.
— **-sand,** sabbia refrattaria.
— **-screen,** parafuoco *m.*
— **ship,** nave (*f.*) carica di esplosivo mandata a distruggere le opere del nemico o la sua flotta.
— **shovel,** pala *f.* (per il carbone. caldaie, ecc.).
— **test,** prova per determinare la temperatura più bassa alla quale un prodotto petrolifero vaporizza formando una miscela aria-vapore combustibile per 5 secondi.
— **tube** (*caldaie*), tubo da fumo.
— **-tube boiler,** caldaia (*f.*) a tubi di fiamma.
— **wall,** paratia (*f.*) parafiamma; parafuoco *m.*; muro tagliafuoco.
— **welding** (*sald.*), saldatura (*f.*) a fuoco (per bollitura).
— **(electric —),** stufetta elettrica.
firebrick sleeve (*met.*, *refrattari*), manicotto (*m.*) di refrattario.
fired pin, perno infisso a secco (mediante utensili a sparo).
firedamp (*min.*), grisù *m.* (mescolanza di metano con tracce di azoto e anidride carbonica).
— **detector** (*min.*), grisumetro *m.*
— **drainage** (*min.*), drenaggio (*m.*) del grisù.
— **explosion** (*min.*), esplosione di grisù; colpo di grisù.
fireman, fochista *m.*
fireproof door (*costr.*), porta a prova d'incendio.
— **paint,** pittura (*f.*) (colorante resistente al fuoco.
— **wall,** parete (*f.*) refrattaria.

fireresisting furnace lining (*refrat.*, *met.*), rivestimento (*m.*) refrattario di forni.

firewood splitting machine, macchina taglia legna da ardere.

firing, accensione *f.*; infiammazione *f.*; (*gemme preziose*), « calore »; metodo di mutamento del colore col calore usato per alcune gemme; (*ceramica*), cottura *f.*

— **ground** (*mil.*), poligono (*m.*) di tiro.

— **of pellets on a grate** (*min.*), cottura di pellets su griglia.

— **order** (*auto*), ordine (*m.*) di accensione.

— **pin** (*armi*), percussore *m.*

— **pin safety** (*armi*), sicurezza del percussore.

— **point,** punto (*m.*) di accensione; temperatura (*f.*) di accensione.

— **rate** (*aereo*), velocità (*f.*) di fuoco.

firkin, bariletto di legno per burro (= ¼ di barrel).

firm (*comm.*), ditta *f.*; casa *f.*

firmware (*inform.*), microprogrammazione (insieme delle macroistruzioni di un sistema di elaborazione microprogrammato).

first-aid box, cassetta (*f.*) di pronto soccorso.

— **-aid equipment,** materiale (*m.*) pronto soccorso (per operai, ecc.).

— **-aid kit,** medicamenti (*m. pl.*) pronto soccorso.

— **breaker** (*tess. lana*), carda in grosso (*o* di rottura).

— **coat** (*vernici*), mano (*f.*) di fondo.

— **detector** (*radio*), convertitore *m.* (di super eterodina).

— **fixings,** accessori di ebanisteria.

— **kind lever,** leva (*f.*) di primo genere.

— **line finder** (*tel.*), selettore (*m.*) di linea.

— **-line tires** (*auto*), pneumatici di prima qualità.

first man down (*slang*) (*aereo*) (U.S.A.), l'uomo il cui paracadute non si è mai aperto.

— **printing** (*tip.*), stampa in bianca.

— **running** (*chim.*), prima frazione della distillazione (degli spiriti); prodotto di testa.

— **speed** (*auto*), prima velocità *f.*

— **speed wheel** (*auto*), coppia (*f.*) ingranaggi 1ª marcia.

— **spinning** (*tess.*), torcitura (*f.*) delle fibre su se stesse (fil. lana).

— **wort** (*ind. birra*), mosto primario.

firthite, firthite (carburo di tungsteno con agg. di cobalto, usato per utensili di taglio).

Fisbestos (*aereo*), materiale termoplastico brevettato.

fiscal drag (*fin.*), drenaggio (*m.*) fiscale.

fish bone antenna (*radio*), antenna a spinapesce.

— **(to —) a rail** (*ferr.*), mettere le stecche ad una rotaia.

— **-bar** (*ferr.*), stecca *f.*

— **bone aerial,** antenna a spinapesce.

— **farming** (*ind.*), piscicoltura *f.*

— **glue,** colla (*f.*) di pesce.

— **joint,** unione (*f.*) con squadra d'attacco.

— **oil,** olio (*m.*) di pesci.

— **paper,** fibra (*f.*) grigia; carta (*f.*) isolante.

— **plate** (*ferr.*), ganascia (*f.*) per armamento; stecca a ganascia.

— **-plate** (*mecc.*), stecca *f.*; squadra (*f.*) d'attacco o di unione.

— **plate pass,** tracciato (*m.*) per stecche.

— **scale,** tendenza di smalto vetroso a sfaldarsi.

— **-scale fracture** (*met.*), frattura squamosa.

— **-tail,** (a) coda di pesce.

— **tankage,** fertilizzante a base di pesce.

fisheye (*met.*), occhio (*m.*) di pesce; occhio di pernice (piccola fessuraz. interna negli acciai a basso carbonio quando vengono saldati).

fishing (*ferr.*), steccatura *f.* (collegamento (*m.*) a stecche).

— **-boat** (*naut.*), peschereccio *m.*

— **tap** (*petrol.*), maschio *m.* (utensile di pescaggio).

— **tool** (*ind. pet.*), pescatore *m.*, utensile di pescaggio.

fishplate (*ferr.*), stecca (*f.*) a ganascia.

fishtail bit (*perforaz. miniere, ecc.*). punta da trapano a coda di carpa.

fishtailing (*aereo*), oscillare la coda di un aeroplano da un lato all'altro durante una planata per frenare il velivolo nell'atterraggio.

fissile, *agg.* fissile.

— **element** (*fis. atom.*), elemento (*m.*) fissile.

— **fuel** (*fis. atom.*), combustibile (*m.*) fissile.

— **material** (*fis. atom.*), materiale (*m.*) fissile.

fission (*fis. atom.*), fissione *f.* (*scissione nucleare*); *v.a.* fissionare.

— **bomb,** bomba (*f.*) atomica.

— **chain reaction** (*fis. atom.*) reazione (*f.*) di fissione a catena.

— **chamber** (*fis. atom.*), camera (*f.*) di fissione.

— **counter** (*fis. atom.*), contatore (*m.*) a fissione.

— **cross section** (*fis. atom.*), sezione (*f.*) d'urto di fissione.

— **decay chain** (*fis. atom.*), catena (*f.*) di disintegrazione di fissione; catena (*f.*) radioattiva di fissione.

— **energy** (*fis. atom.*), energia (*f.*) di fissione.

— **energy release** (*fis. atom.*), liberazione (*f.*) di energia di fissione.

— **factor** (*fis. atom.*), fattore (*m.*) di fissione.

— **fragments** (*fis. atom.*), frammenti (*m. pl.*) di fissione.

— **heat** (*fis. atom.*), calore (*m.*) di fissione.

fission ionisation chamber (*fis. atom.*), camera (*f.*) di ionizzazione di fissione.

— **neutron** (*fis. atom.*), neutrone (*m.*) di fissione.

— **poison** (*fis. atom.*), veleno (*m.*) di fissione.

— **process** (*fis. atom.*), processo (*m.*) di fissione.

— **product** (*fis. atom.*), prodotto (*m.*) di fissione.

— **-product beta activity** (*fis. atom.*), attività beta del prodotto di fissione.

— **-product poisoning** (*fis. atom.*), avvelenamento (*m.*) causato da prodotti di fissione.

— **-product separation** (*fis. atom.*), separazione del prodotto di fissione.

— **rate** (*fis. atom.*), velocità (*f.*) di fissione.

— **reaction** (*fis. atom.*), reazione (*f.*) di fissione.

— **reactor** (*fis. atom.*), reattore (*m.*) a fissione.

— **spectrum** (*fis. atom.*), spettro (*m.*) di fissione.

— **threshold** (*fis. atom.*), soglia (*f.*) di fissione.

— **wastes** (*fis. atom.*), rifiuti di fissione.

— **weapon,** arma nucleare a fissione.

— **yield** (*fis. atom.*), rendimento (*m.*) di fissione.

fissionability (*fis. atom.*), fissionabilità *f.*

fissionable, *agg.* (*fis. atom.*) (U.S.A.) fissile.

fissure, fessura *f.* (di metalli).

fit, *n.*, accoppiamento *m.*; aggiustamento *m.*; regolaggio *m.*; unione *f.*

— *v.a. v.i.*, provvedere (di) *v.i.*; montare *v.a.*; accomodare *v.a.* imboccare *v.a.*; adattare *v.a.* aggiustare *v.a.* (*mecc.*); incastrarsi *v.r.*

— (*v.a.*) **out** (*naut.*), allestire una nave; equipaggiare una nave; (*auto*), finire; equipaggiare.

— (*v.a.*) **up** (*mecc.*), montare.

fit up (*macch. uten.*), montaggio *m.*
fitch, pelliccia di puzzola.
fitchew, puzzola *f.*
fitter, operaio (*m.*) montatore; aggiustatore *m.*
fitting, aggiustaggio *m.*; montaggio *m.*; incastratura *f.*
— **department,** reparto (*m.*) aggiustaggio.
— **pipe,** giunto (*m.*) di tubo.
— **shop,** officina (*f.*) d'aggiustaggio.
— **stand,** cavalletto di montaggio.
— **up,** montaggio *m.*
fittings, accessori *m. pl.*; ferramenti *m. pl.* (serramenti).
five-harness satin weave, raso (*m.*) di 5.
— **-shaft satin weave** (*tess.*), raso (*m.*) di 5.
— **-tube heterodyne,** eterodina (*f.*) a cinque valvole.
— **unit code** (*teleg.*), alfabeto (*m*). a cinque unità.
— **-wire cable,** cavo (*m.*) a cinque conduttori.
fivver hangar (*slang*) (U.S.A.) (*aereo*), aviorimessa a forma di T, per un solo apparecchio.
fix, *v.a.* fissare (usato in generale); montare (*mecc.*).
— (*aereo*), punto d'intersezione di due o più linee di posizione, su una carta aeronautica, per determinare la posizione di un apparecchio.
— (*v.a.*) **a tool,** piazzare un utensile.
— (*v.a.*) **the cutter,** fissare la fresa.
fixative (*colori*), fissativo *m.*; fissatore *m.* (di profumi).
fixed, *agg.*, incastrata *p.p.* (di trave); non volatile, fisso *agg.* (*chim.*).
— **air,** monossido di carbonio.
— **armature,** indotto (*m.*) fisso.
— **assets** (*comm.*), immobili *m. pl.*; immobilizzazioni *f. pl.*
— **beam,** trave (*f.*) incastrata.
— **bearing,** appoggio (*m.*) incastrato; appoggio (*m.*) fisso.
fixed-bed (*chim.*), a letto fisso.
— **bed catalytic cracking** (*chim.*), cracking catalltico a letto fisso.
— **-bed columns** (*for adsorption operations*), colonne di adsorbimento a letto fisso.
— **capacitor** (U.S.A.), condensatore (*m.*) fisso.
— **centre,** punta (*f.*) morta; punta (*f.*) fissa; contropunta fissa.
— **centre head** (*macch. ut.*), testa ad interassi fissi.
— **centre multi-spindle head** (*for drilling, tapping and reaming*) (*macch. ut.*), testa multipla ad interassi fissi (per forare, maschiare ed alesare).
— **column horizontal boring machine** (*macch. ut.*), alesatore orizzontale a montante fisso.
— **condenser,** condensatore (*m.*) a capacità fissa.
— **contact,** contatto (*m.*) fisso.
— **cruciform wings** (*missile*), ali (*f. pl.*), fisse a croce.
— **cylinder,** cilindro (*m.*) fisso.
— **die half** (*pressofusione*), semistampo (*m.*) fisso.
— **die head,** filiera (*f.*) fissa.
— **disc** (*inform.*), disco fisso.
— **-drum type mixer,** impastatrice (*f.*) del tipo a tamburo fisso.
— **echo,** eco (*m.*) fisso.
— **electrode mast** (*forno elet., met.*), portaelettrodo fisso.
— **fin** (*aereo*), deriva *f.*
— **flange,** flangia (*f.*) fissa.
— **furnace** (*fond.*), forno (*m.*) fisso.
— **gantry crane,** gru (*f.*) a cavalletto fissa.
— **gauge,** calibro (*m.*) fisso.
— **head blowpipe** (*sald.*), cannello (*m.*) ad erogazione fissa.
— **hinge,** cerniera (*f.*) fissa.
— **key,** chiavetta (*f.*) incastrata.
— **landing gear** (*aereo*), carrello fisso.
— **light,** luce (*f.*) fissa.
— **nozzle blades** (*aereo*), distributore *m.*
— **oil,** olio (*m.*) fisso (non volatile).

fixed pitch propeller (*aereo*), elica (*f.*) a passo fisso.
— **point** (*inform.*), virgola fissa.
— **point part** (*inform.*), mantissa *f.*
— **rest** (*tornio*), lunetta (*f.*) fissa.
— **sashes window**, finestra (*f.*) a battenti fissi; finestra (*f.*) ad imposte fisse.
— **storage** (*inform.*), memoria fissa.
— **white**, solfato di bario.
fixin, annatto *m.*
fixing, fissaggio *m.*; montaggio *m.* (di un pezzo); ancoraggio *m.* (*cost.*); pulitura di un focolare (di forno di puddellaggio); rimozione di composti d'argento da una negativa.
— **agent** (*chim.*), fissatore *m.*
— **agents** *tess.*), agenti di fissaggio (*tintoria*).
— **bath** (*tess.*), bagno di fissaggio (*m.*); fissatore *m.*
— **nitrogen**, generare la fissazione dell'azoto (con altri elementi).
— **of blades**, attacco (*m.*) delle lame.
— **of saw**, fissaggio (*m.*) della sega.
— **screw**, vite (*f.*) di collegamento.
— **solution**, soluzione (*f.*) di fissaggio; fissaggio *m.*
fixture, attrezzatura (*f.*) di fissaggio del pezzo; montaggio *m.* (*macch. ut.*).
flag, materiale (*m.*) per calafatare le commessure di un barile; bandiera *f.*; complesso di coda (*aereo*) (*slang* U.S.A.); pietra (*f.*) da lastrico; schermo (*m.*) paraluce(*telev.*); (*inform.*) marcatore *m.*; bandierina *f.*
— **(to —)** *v.a.*, lastricare; (*inform.*), segnalare; indicare (con marcatore, bandierina, ecc.).
— **(she will remain under the Danish —)**, la nave rimarrà sotto bandiera danese.
flagellum (*zool.*), flagello *m.*
flagging, lastricato *m.*
flagstaff, asta (*f.*) di bandiera.
flagstone grift (*med.*), innesto (*m.*) a strisce e quadrettini (*chirurgia plastica*).
flail harvester (*agr.*), falcia-trincia-caricatrice.
flair (*gen.*), spiccata istintiva tendenza (p. es. per risolvere un problema); talento.
flak (*aereo*), fuoco anti-aereo.
flake, scaglia (*f.*) di metallo; lamella *f.*; strato (*m.*) lamellare; (*met.*), fiocco (cricca capillare interna); (*miniere*), franamento improvviso del minerale scistoso dal tetto o del carbone dalla fronte di taglio.
— **crack** (*met.*), frattura per fiocchi.
— **graphite** (*min.*), grafite in scaglie.
— **off**, *v.a.* *v.i.*, sfaldare *v.a.*; sfaldarsi *v.r.*
— **white**, biacca della migliore gradazione (bianco fiocco).
— **-white**, bianco (*m.*) di Spagna.
flaking machine (*chim.*), scagliettatore *m.*
— **off**, scagliatura *f.*; (*chim.*, *ind.*, *vernici*), riduzione (*f.*) in lamelle.
flaky, *agg.* scaglioso; (*met.*), fioccoso.
flamboyant tracery, ornamenti (*m. pl.*) traforati caratteristici dell'architettura gotica.
— **trefoil** (*arch.*), trilòbo *m.*
flame, fiamma *f.*
— **and gas pressure cut-off device**, dispositivo di sicurezza per mancanza di fiamma e riduzione di pressione.
— **-bridge** (*met.*), altare.
— **-clean (to)** (*met.*), disincrostare alla fiamma.
— **-cleaning** (*met.*), disincrostazione (*f.*) alla fiamma; decalaminazione (*f.*) alla fiamma.
— **cleaning blowpipe** (*met.*), cannello (*m.*) scalaminatore.
— **coloration**, colorazione (*f.*) della fiamma.
— **conditioning torch** (*met.*), cannello (*m.*) scalaminatore.
— **damper** (*aereo*), parafiamma *m.*

flame descaling (*met.*), pulitura a fiamma; scriccatura alla fiamma.
— **deseaming** (*met.*), scriccatura alla fiamma.
— **failure protection** (*app. a gas*), protezione contro l'estinzione della fiamma.
— **float**, galleggiante (*m.*) luminoso.
— **harden** (*met.*), temprare alla fiamma.
— **hardening**, cementazione mediante riscaldamento con lampada ossi-acetilenica e raffredd. con acqua o aria fredda; tempra alla fiamma (*dell'acciaio*).
— **hardening machine** (*met.*), macchina per tempra alla fiamma.
— **hardener**, macch. automatica per la tempra alla fiamma.
— **out (to —)** (*met.*), sfiammare *v.a.*
— **photometry** (*fis.*), fotometria di fiamma.
— **planing**, taglio e bordatura di lamiere d'acciaio mediante lampada ossiacetilenica.
— **-plating** (*met.*), rivestimento alla fiamma (processo della Linde Co., divisione della Union Carbide Corporation).
— **priming**, ammannitura dell'acciaio (preparazione per la verniciatura) fatta togliendo ruggine e scaglie con una lampada a benzina.
— **radiation**, radiazione della fiamma.
— **-resistant fabric** (*tess.*), tessuto (*m.*) resistente alla fiamma.
— **retardant plastic** (*plast.*), plastica antifiamma (*flame retardance*).
— **scarfing**, rimozione di difetti superficiali dall'acciaio in lingotti mediante lampada ossiacetilenica; (*met.*), scriccatura alla fiamma.
— **-sprayed (coated) metal** (*met.*), metallo rivestito per spruzzatura.
— **-sprayed metal coating** (*met.*), rivestimento metallico spruzzato alla fiamma.
flame-spraying (*met.*), spruzzatura (*f.*) alla fiamma.
— **trap** (*aereo*), dispositivo contro il ritorno di fiamma.
— **thrower**, lanciafiamme *m.*
— **-tube** (*aereo*), tubo-fiamma.
— **tube locating bolts** (*aereo*), perni (*m. pl.*) di centramento del tubo a fiamma.
— **welding**, saldatura autogena.
flameproof clothing, indumenti ignifughi.
— **motor**, motore (*m.*) a prova di fiamma; (*elet. min.*), motore antideflagrante.
flaming coal, carbone (*m.*) bituminoso.
— **onion** (*slang*) (*aereo*), proiettile antiaereo.
flammability, infiammabilità *f.*
flammable, infiammabile *agg.*
— **liquid**, liquido infiammabile.
flange, anello (*m.*) fermavetro (*orol.*); lembo *m.*; ala *f.*; suola *f.*; flangia *f.*; briglia *f.* (*naut.*); cantonale (*m.*) di un corrente; (*mecc.*), bordo.
— *v.a.* bordare; flangiare.
— **bolt**, bullone (*m.*) della flangia.
— **coupling**, giunto (*m.*) a dischi.
— **groove** (*ferr.*), scanalatura (*f.*) della guida.
— **member**, asta (*f.*) del corrente.
— **nut**, dado (*m.*) a colletto.
— **plate**, lamiera per caldaia.
— **rail** (*ferr.*), rotaia (*f.*) a base piana (*o* Vignole).
— **steel**, acciaio per caldaie.
flanged coupling, giunto (*m.*) a flangia; unione (*f.*) a flangia.
— **joint**, giunto (*m.*) a flangia; unione (*f.*) a flangia; collegamento (*m.*) a flangia.
— **motor**, motore (*m.*) flangiato.
— **nut** (*ing.*), dado (*m.*) a colletto.
— **pipe**, tubo (*m.*) flangiato; tubo (*m.*) a flangia.
— **plate**, lamiera (*f.*) flangiata.
— **pulley**, puleggia (*f.*) con corona; (*mecc.*), puleggia (*f.*) flangiata.

flanged rail (*ferr.*), rotaia (*f.*) a base piana.
— **spindle,** mandrino (*m.*) a flangia.
flanging, bordatura *f.*; accoppiamento (*m.*) a flangia.
— **machine,** curvatrice *f.*; bordatrice *f.*
— **press,** bordatrice (*f.*) universale.
— **steel,** acciaio flangiabile.
— **-up** (*mecc.*), montaggio (*m.*) di tubi.
— **(tube —)** (*met.*), flangiatura di tubi.
flank (*ingr.*), fianco (*m.*) di un dente; (*viti, mecc.*), fianco (*m.*) di filetto.
flannel (*tess.*), flanella *f.*
flap (*aereo*), ipersostentatore *m.*; aletta *f.*; alettone *m.* (di curvatura); (*al plurale* **flaps,** deflettori *m. pl.*).
— **control** (*aereo*), comando (*m.*) ipersostentatori.
— **door,** sportello (*m.*).
— **ring,** anello (*m.*) ad ali.
— **setting handle** (*aereo*), leva (*f.*) movimento flap.
— **split** (*aereo*), flap (*m.*) d'intradosso.
— **-valve,** valvola (*f.*) a cerniera.
— **(fuel filler —)** (*auto*), coperchio a scatto del tappo carburante.
flapper (*ind. chim.*), agitatore (*m.*) applicato su filtro a vuoto.
flapping, rimescolatura di rame fuso (per esporre il rame all'aria); sbattimento *m.*
— **angle** (*rotori*), angolo (*m.*) di sbattimento.
— **of a belt,** oscillazione (*f.*) di una cinghia (sbattere della cinghia).
flare (*naut.*), fondo stellato (di uno scafo); (*ind. pet.*), eruzione (*f.*) di gas naturale in combustione; (*mecc.*), svasatura *f.*; (*aereo*), richiamata all'atterraggio; (*tubi*), svasatura *f.*; (*auto*) segnale luminoso di circolazione (in caso di emergenza, sosta, ecc.).
flare (to —) (*mecc.*), svasare *v.a.*; (*gas*), bruciare con fiamma diffusa.
— **dispenser** (*aereo*), distributore (*m.*) razzi luminosi.
— **ghost** (*ott.*), macchia di riflessione.
— **pistol,** pistola (*f.*) da segnalazione.
— **signal,** segnale (*m.*) con razzo.
— **stars** (*astr.*), stelle che nel giro di pochi secondi, raggiungono una intensità luminosa cento volte maggiore della loro intensità normale.
— **up (to —),** infiammarsi *v.r.*
flareback, ritorno di fiamma.
flared bottom, carena (*f.*) stellata.
flaring (*tubi, ecc.*), scampanatura *f.*; svasatura (operazione); (*gas*), bruciatura (con emissione di fiamma intensa) (p. es. del gas nella prospez. petrolifera).
— **cone** (*to form the flare*) (*mecc.*), fresa conica.
— **cup grinding wheel,** mola (*f.*) a tazza conica.
flash, fiamma improvvisa; lampo *m.*; bavatura *f.* (*stampaggio*).
— **a signal,** trasmettere un segnale luminoso.
— **-back** (*cinem.*), film (*m.*) retrospettivo.
— **baker** (*met.*), essiccatoio rapido.
— **boiler** (*ing.*), caldaia a vaporizzazione istantanea.
— **board,** imposta (*f.*) di cateratta.
— **bomb,** bomba (*f.*) illuminante.
— **butt welding** (*sald.*), saldatura (*f.*) di testa per scintillio.
— **distillation,** distillazione (equilibrata) in corrente di vapore.
— **eliminator** (*armi*), parafiamma *f.*; coprifiamma *f.*
— **evaporator,** evaporatore (*m.*) a scoppio.
— **gasoline** (U.S.A.), benzina naturale; benzina non trattata al calore a una temp. superiore a quella del pozzo.

flash point (*vernici, ecc.*), punto (*m.*) d'infiammabilità; grado (*m.*) d'infiammabilità; temperatura (*f.*) d'infiammabilità.
— **roaster** (*piriti*), arrostitore a polverino.
— **roasting** (*of pyrites*), arrostimento superficiale della pirite.
— **suppressor** (*armi leggere*), spegnifiamma *m.*
— **welder** (*sald.*), saldatrice elettrica a scintillio.
— **welding** (*sald.*), saldatura (*f.*) a scintillio.
flashback, ritorno di fiamma.
flasher (*auto*), lampeggiatore *m.* (di direzione).
— **dropping,** lancio (*m.*) di carte metallizzate anti-radar.
flashing, cottura di mattoni con interruz. periodiche d'aria per dare un colore irregolare; irrigazione per sommersione; metallo per rendere impermeabili giunti di tetti; scossalina *f.*
— **back of flame,** fiamma (*f.*) di ritorno.
— **beacon,** faro (*m.*) a luce intermittente.
— **light,** luce intermittente.
— **light signal** (*aereo*), segnale (*m.*) luminoso a luce intermittente.
— **loss** (*sald.*), accorciamento (*m.*) del giunto per scintillio.
— **number** (*elettron.*), numero a lampeggiamento.
— **travel** (*sald.*), corsa (*f.*) di scintillio.
flashless cannon powder, polvere di cannone senza fiamma.
flashlight (*fot.*), lampo di magnesio.
— **powder,** polvere d imagnesio.
— **stroboscope,** stroboscopio a lampeggiamento.
flashover, carica disruptiva; (*elet.*), scarica *f.*
— **curve** (*elet.*), curva (*f.*) di scarica.
— **protection** (*elet.*), protezione contro le cariche disruptive.
— **voltage** (*elet.*), tensione (*f.*) di scarica.
flashover (internal —), resistenza dielettrica interna.
flask, staffa *f.* (*fond.*); matraccio *m.*; pallone *m.* (*chim.*); bombola di ferro per 76 ½ libbre di mercurio; grosso recipiente per materiale radioattivo.
— **annealing** (*met.*), ricottura in cassetta.
flat, *agg.* piano (spec. rif. a specchi o vetri); piatto (*cristalli, ecc.*); sgonfio (di pneumatici); indistinto (di suoni); opaco (di colori e vernici).
— *n.*, piano *m.*; appartamento *m.*; (*met.*), laminato (*m.*) piatto; piatto *m.*; (*tess.*), cappello (*di carda*); tetto a terrazza (*cost.*); v. **flats.**
— **arch** (*cost. civ.*), piattabanda *f.*
— **bar,** ferro piatto.
— **bastard file,** lima (*f.*) piatta a taglio bastardo.
— **bastard two round edges file,** lima (*f.*) piatta a due bordi rotondi.
— **beam-and-slab-roof,** tetto (*m.*) piano a travi e solette.
— **belt,** cinghia (*f.*) piana.
— **belt conveyor** (*trasp.*), trasportatore a nastro piatto.
— **-bottomed rail** (*ferr.*), rotaia (*f.*) a base piana; rotaia Vignole.
— **brick paving,** pavimento (*m.*) a mattoni messi di piatto.
— **bulb iron,** ferro (*m.*) piatto a bulbo.
— **car** (*ferr.*), pianale *m.*
— **cardboard roof,** tetto (*m.*) piano in cartone.
— **ceiling** (*naut.*), pagliuolo *m.* (della stiva).
— **chisel,** scalpello (*m.*) piatto.
— **countersunk head rivet** (*mecc.*), chiodo (*m.*) a testa svasata piana.
— **dome,** cupola (*f.*) a sesto ribassato.
— **donor surface** (*med.*), regione prestatrice piatta.
— **drill,** punta (*f.*) da trapano; (*mecc.*), punta a lancia (da trapano).

flat-headed smoothing tool, presella (*f.*) piana.
— **enamel,** smalto (*m.*) opaco (non lucido).
— **file,** lima (*f.*) piatta.
— **fillister head screw,** vite (*f.*) a testa cilindrica piatta.
— **finish** (*vernici*), finitura opaca.
— **fish-plate** (*ferr.*), stecca (*f.*) piana.
— **folded seam,** aggraffatura (*f.*) ribadita.
— **grooved rail** (*ferr.*), rotaia (*f.*) a canale piatto.
— **guide,** guida (*f.*) piana.
— **head bolt,** bullone (*m.*) a testa piatta.
— **head rivet,** chiodo (*m.*) a testa piatta.
— **head screw,** vite (*f.*) a testa piatta.
— **headed rail** (*ferr.*), rotaia (*f.*) a fungo piatto.
— **iron,** ferro (*m.*) piatto.
— **key,** chiavetta (*f.*) piatta; chiavetta (*f.*) ribassata.
— **lapping machine** (*macch. ut.*), lappatrice (*f.*) per piani.
— **lead float file,** lima (*f.*) piatta per piombo (a un taglio).
— **lifting sling** (*mecc.*), imbracatura (*f.*) piatta.
— **link chain,** catena (*f.*) articolata.
— **link of chain,** asta (*f.*) della catena.
— **negative,** negativo (*m.*) senza contrasti.
— **oil paint,** pittura (*f.*) ad olio opaca.
— **open cut bastard file,** lima (*f.*) piatta bastarda a taglio aperto.
— **open cut smooth file,** lima (*f.*) piatta dolce a taglio aperto.
— **open second cut file,** lima (*f.*) piatta mezzo dolce a taglio aperto.
— **piston,** stantuffo (*m.*) a disco.
— **-plate keel** (*naut.*), chiglia (*f.*) piatta.
— **plate specimen,** campione di lamiera piana.
— **pliers,** tenaglia (*f.*) piatta.

flat point bolt, bullone (*m.*) a punta piatta.
— **position** (*sald.*), posizione (*f.*) piatta.
— **position welding** (*sald.*), saldatura (*f.*) effettuata in posizione orizzontale.
— **products** (*met.*), prodotti (*m. pl.*) piatti.
— **rate** (*comm.*, *finan.*), tasso forfettario; (*comm.*), prezzo a forfait; (*finan.*), reddito effettivo.
— **rate tariff** (*elet.*), tariffa unica per illuminazione e uso industriale; tariffe per uso promiscuo.
— **response** (*acust.*), rispondenza piatta.
— **ring armature,** armatura (*f.*) ad anello piatto; indotto (*m.*) ad anello piatto.
— **rivet head,** testa (*f.*) di chiodo piatta.
— **-rolled product** (*met.*), laminato (*m.*) piatto.
— **roof,** tetto (*m.*) a terrazza; tetto (*m.*) piano.
— **rubber belt,** cinghia piana in gomma.
— **screen television** (*telev.*), televisione a schermo piatto.
— **seat,** sede (*f.*) piana.
— **second cut file,** lima (*f.*) piatta a taglio mezzo dolce.
— **sheet** (*met.*), lamiera (*f.*) piana.
— **shoe rasp,** raspa (*f.*) piatta per calzolai.
— **smooth file,** lima (*f.*) piatta a taglio dolce.
— **spin** (*aereo*), avvitamento piatto; vite piatta (*man. aerea*).
— **spring,** molla (*f.*) laminare.
— **strand rope,** fune (*f.*) a trefoli piatti.
— **-stripping** (*tess.*), pulitura dei cappelli (*della carda*).
— **strips** (*tess.*), cappelli *m. pl.* (*cascami*).
— **surface,** superficie (*f.*) piana.
— **surface grinding,** rettificazione (*f.*) di un piano.
— **-surface grinding machine,** rettificatrice (*f.*) per piani.

flat surface grinding machine with double opposite horizontal spindles (*macch. ut.*), rettificatrice per superfici piane con 2 mole affacciate ad asse orizzontale.
— **surface grinding machine with horizontal spindle** (*macch. ut.*), rettificatrice (*f.*) per superfici piane con mola ad asse orizzontale.
— **surface grinding machine with vertical spindle** (*macch. ut.*), rettificatrice per superfici piane con mola ad asse verticale.
— **surfaces lapping** (*mecc.*), lappatura di superfici piane.
— **tile,** embrice *f.*
— **-top** (*slang*) (U.S.A.), nave (*f.*) portaerei.
— **top bogie trolley,** carrello (*m.*) a piattaforma.
— **trowel,** spatola *f.*
— **tuning**(*radio*),sintonia(*f.*)piatta.
— **vaulted ceiling** (*costr.*), volta (*f.*) a vela ribassata.
— **wall paint** (*vernici*), pittura murale opaca.
— **wood file,** lima (*f.*) piatta per legno.
— **wood rasp,** raspa (*f.*) piatta per legno.
— **work,** spianatura *f.*
— **-wound** (*elet.*), avvolto (*p.p.*) a coltello.
— **-wound tension spring,** molla di tensione a serpentina piatta.
flatness, planarità *f.* (*di superficie*); appiattimento *m.* (*di curve*).
flats (across —), larghezza (fra una superficie piana e l'altra); (*the hood is 14 ft inside across —*), la cappa è di 14 piedi di larghezza all'interno.
flatten, *v.a.* appiattire; riportare in linea di volo (*aereo*).
— **the slopes** (*cost. civ.*), dare una pendenza dolce (alle scarpe di trincee).
flattened sheet (*met.*), lamiera (*f.*) stirata; lamiera spianata con stiratura.
— **strand rope,** cavo (*m.*) a trefoli triangolari.
flattener (*vetro*), laminatore *m.*
flattening, appiattimento *m.* (*di curve, di tubi, prove su tubi*); (*met.*), spianatura *f.*
— **machine** (*macch. ut.*), spianatrice *f.* (per lamiere).
— **press** (*mecc.*), pressa (*f.*) per spianare.
— **test** (*met.*), prova (*f.*) di schiacciamento.
— **out** (*aereo*), richiamata (*f.*) dell'aereo; (*finan.*), livellamento *m.*; stabilizzazione *f.*
flatter, trafila (*f.*) per nastri piatti.
flatting (*met.*), v. **kinking.**
— **agent,** agente opacizzante; sostanza che si aggiunge a una vernice per farla essiccare senza lucido.
— **mill,** laminatoio *m.* (per lamiere e nastri); laminatoio (*m.*) per ridurre grani di metallo fragile in polvere.
— **oil,** composto d'olio per rendere vernici opache.
— **pass,** canale (di laminatoio) in cui il metallo viene fatto passare di piatto.
flatwise, in piano; per il lungo.
flavan (*chim.*), flavanone *m.* (colorante giallo per tessile).
flavaniline, flavanilina *f.*, $NH_2C_6H_4C_9H_5N.CH_3$.
flavanone (*chim.*), flavanone *m.* (colorante giallo per lana e seta).
flavanthrene, flavantrene *m.*, $C_{28}H_{12}O_2N_2$.
flavazine (*chim.*), flavazina *f.* (colorante acido, giallo).
flavescent substance, sostanza flavescente (che ingiallisce).
flavine, flavina *f.*
flavone (*chim.*), flavone *m.*
flavophenine (*chim.*), flavofenina *f.* (azocolorante giallo).
flavopurpurin, flavoporporina *f.*
flavour, sapore *m.*; gusto *m.*
flaw (*fond.*), incrinatura *f.*; soffiatura *f.*; difetto *m.*; errore nella costruzione (p. es. di una centrale nucleare).

flaw of wood, difetto (*m.*) del legno; imperfezione(*f.*) del legno.
flawless, *agg.* senza difetti.
— **steel,** acciaio (*m.*) senza difetti.
flax, lino *m.*
— **hackling** (*tess.*), pettinatura (*f.*) del lino.
— **mill** (*tess.*), linificio *m.*
— **seed oil,** olio (*m.*) di semi di lino.
— **straw** (*tess.*), lino (*m.*) in paglia.
flaxseed, vedi: **linseed.**
fleecy clouds, nuvole (*f. pl.*) a pecorelle.
fleet, naviglio *m.*; flotta *f.*; parco *m.* (*ferr.*, *auto*); (*a fleet of track machines*), un parco di macchine (per rotaie); (*aereo*), flotta.
— **of goods cars** (*ferr.*), parco di carri merci.
flettner control (*aereo*), aletta (*f.*) Flettner.
flex (*elet.*), cordone flessibile; cavo flessibile; *v.a.* flettere; piegare (ripetutamente); curvare (ripetutamente).
— **cracking** (U.S.A.), screpolature (su articoli di gomma) dovute a continua piegatura o flessione.
— **supports,** sostegni del cavo (del filo) (*di aspirapolvere*).
flexed, *p.p. a.* flesso.
flexibility, flessibilità *f.* (di impianto); agilità *f.*; elasticità *f.*; versatilità *f.*
— **of operation** (*di centrali elett.*, *ecc.*), flessibilità di funzionamento.
flexible, *agg.* flessibile.
— **building** (*made with a flexible kit of standard parts*) (*cost.*), edificio flessibile.
— **cable** (*elet.*), cavo (*m.*) flessibile.
— **coupling,** giunto (*m.*) elastico; giunto (*m.*) flessibile; (*mecc.*), parastrappi *m.*
— **conduit** (*elet.*), tubo articolato.
— **cord** (*elet.*), cordone conduttore.
flexible ducting (*ventilazione miniere*), tubazione (*f.*) flessibile (fabbricate con nailon o teloni gommati, ecc.).
— **fibre,** fibra (*f.*) flessibile.
— **foam,** schiuma (*f.*) flessibile.
— **hydrocarbons,** idrocarburi di struttura deformabile.
— **Manufacturing Cell** (*controllo numerico*), v. **FMC.**
— **manufacturing system** (*macch. ut.*), sistema di lavorazione flessibile.
— **packing,** guarnizione (*f.*) flessibile.
— **pavement** (*costr. str.*), pavimentazione flessibile.
— **plant** (*met. ecc.*), impianto flessibile.
— **shaft,** albero (*m.*) flessibile.
— **sliding roof** (*auto*), tetto scorrevole flessibile.
— **time,** orario flessibile (di lavoro).
— **tubing,** tubazione (*f.*) flessibile.
— **working hours,** ore di lavoro con orario flessibile.
flexitime, v. **flexible time.**
flexographic, *agg.* (*stampa*), flessografico (cliché, ecc.).
flexography (*tip.*), (*a transfer process usingr a rubbe plate*), flessografia *f.* (stampa all'anilina).
flexural, *agg.* di flessione; flettente.
— **moment,** momento flettente.
— **vibration** (*aereo*), vibrazione (*f.*) alare.
flexure, flessione *f.*; flesso *m.* (*mat.*); inflessione *f.*
flick, impulso *m.*; colpo (dato all'elica).
— **roll** (*aer.*), frullo *m.*; tonneau *m.* (*aereo*).
flicker (*cinem. ecc.*), sfarfallamento *m.*
— **effect** (*termoion.*), effetto fluttuante; (*telev. ecc.*), effetto (*m.*) di sfarfallamento (o tremolio).
— **frequency** (*telev.*), frequenza (*f.*) di sfarfallamento.
— **photometer,** testa (*f.*) fotometrica a sfarfallamento.

flickering, sfarfallamento *m.*; scintillio *m.*
— **tin type** (*slang*) (*cinem.*) (U.S.A.), film parlato.
flies, ballatoio (passerella nella parte alta del palcoscenico).
flight, volo *m.*; traiettoria (*f.*) di proiettile.
— **accident,** accidente (*m.*) aviatorio.
— **altitude** (*aereo*), quota (*f.*) di volo.
— **booking** (*aereo*) (*inform.*), prenotazione di voli.
— **computer** (*aereo*), computer di volo.
— **data recorder** (*aereo*), « scatola nera ».
— **deck** (*aereo*), ponte (*m.*) di volo.
— **indicator,** indicatore (*m.*) di virata e sbandamento; orizzonte (*m.*) artificiale.
— **log,** cartello (*m.*) di rotta.
— **mach number,** numero (*m.*) di Mach nel volo.
— **of stairs,** branca (*f.*) di scale.
— **of steps,** gradinata *f.*
— **path,** traiettoria (*f.*) di volo.
— **path angle** (*aereo*), angolo (*m.*) di volo.
— **path recorder** (*aer.*), indicatore (*m.*) di rotta.
— **recorder** (*aereo*), scatola nera.
— **refuelling** (*aereo*), rifornimento in volo.
— **refuelling tanker** (*aereo*), aerocisterna *m.* (per rifornimento in volo).
— **sequence** (*astron. ecc.*), sequenza di volo.
— **simulation test** (*astron.*), prova di simulazione di volo.
— **simulator** (*aereo*), simulatore di volo; allenatore strumentale.
— **strip** (*aereo*), pista (*f.*) di fortuna
flimsy, *agg.*, fragile *agg.*; senza resistenza; (*carta*), carta leggera per copie; documento stampato su carta leggera.
flint-glass, vetro (*m.*) flint.
— **glass paper,** carta (*f.*) con polvere di quarzo.
flint hide, pelle essiccata (senza concia).
— **stone,** silice *f.* (pietra focaia); selce *f.*
Flintox, preservante (*m.*) del legno fornito in forma cristallina.
flip coil, bobina (*f.*) esploratrice.
— **-flop circuit** (*radio*), circuito equilibrato d'un sistema multivibratore; circuito flip-flop.
— **-over bucket loader,** pala caricatrice con dispositivo di ribaltamento.
flipper (U.S.A.) (*slang*), timone di profondità (*aereo*); biliardino elettrico.
flitch beam (*costruz.*), trave (*f.*) armata.
float, lima (*f.*) a taglio semplice; galleggiante *m.* (di vaschette); paletta (di ruota idraulica); (*costruz.*), cazzuola (*f.*) per intonacare; (*tess.*), filo che passa sopra un altro filo per dare il disegno richiesto; (*tess.*), difetto nel tessuto dovuto a mancato interlacciamento; canale d'irrigazione; (*telev.*), instabilità d'immagine; fertilizzante fosfatico; (*finan.*) (*banca*), assegni non ancora incassati.
— *v.a.* (*naut.*), mettere a galla; *v.i.* galleggiare.
— **and sink analysis** (*chim.*), analisi (*f.*) densimetrica.
— **a section along the river,** rimorchiare un profilato lungo il fiume.
— **chamber,** vaschetta *f.*; recipiente (*m.*) a galleggiante.
— **copper,** polvere finissima di rame; rame allo stato naturale, asportato dalla sua roccia originale da agenti naturali.
— **gear** (*aereo*), galleggianti *m. pl.* di ammarraggio.
— **gold,** polvere d'oro finissima.
— **needle valve** (*auto*), valvolina per entrata combustibile (sul carburatore).
— **plane** (*aer.*), idrovolante (*m.*) a galleggiante.

float seaplane (*aer.*), idrovolante (*m.*) a galleggiante.
— **valve** (*idraul.*), valvola (*f.*) a galleggiante.
floated asphalt, asfalto (*n.*) colato.
floating, *agg.* flottante; galleggiante; (*chim.*), in sospensione; (*vernici*), galleggiamento *m.*; fiammeggiamento irregolare; (*cemento, ecc.*), lisciatura *f.*
— **action** (*elettron.*), azione asservita.
— **aerodrome,** isola (*f.*) galleggiante.
— **battery** (*elet.*), batteria (*f.*) equilibrata.
— **caisson,** cassero (*m.*) galleggiante.
— **caisson with bottom,** cassero (*m.*) galleggiante con fondo.
— **capital** (*comm.*), capitale (*m.*) circolante.
— **chuck** (*macch. ut.*), mandrino flottante.
— **crane,** gru (*f.*) galleggiante.
— **decimal point** (*calcol. elettron.*), virgola mobile decimale.
— **dock,** bacino (*m.*) galleggiante.
— **dredger,** draga (*f.*) galleggiante.
— **exchange rates** (*finan.*), cambi (*m. pl.*) fluttuanti (*o* flessibili).
— **floors** (*cost.*), pavimenti (*m. pl.*) componibili.
— **holder** (*macch. ut.*), mandrino flottante.
— **gudgeon pin** (*mot.*), pernotto (*m.*) galleggiante.
— **hones,** cote (*f. pl.*) mobili.
— **landing stage,** pontile (*m.*) di sbarco galleggiante.
— **line,** linea (*f.*) di galleggiamento.
— **platform** (*petrol.*), piattaforma (*f.*) galleggiante.
— **point** (*elettron., inform.*), virgola mobile.
— **point arithmetic** (*inform.*), aritmetica a virgola mobile.
— **rate** (*comm.*), cambio fluttuante; cambio a corso libero.
— **-roof oil-storage tank** (*petrolio*), serbatoio con tetto galleggiante.
floating shed, tettoia (*f.*) galleggiante.
— **support,** appoggio (*m.*) galleggiante.
— **thermometer,** termometro (*m.*) galleggiante.
— **tool-holders** (*macch. ut.*), portautensili oscillanti.
floatweight, contrappeso (*m.*) del carburatore.
floc test (*chim.*), prova per la determinazione di sostanze rese insolubili col calore (*olio*).
flocculant (*chim.*), flocculante *m.*
flocculate (*chim.*), flocculato *m.*; flocculare *v.i.*
flocculating reagent (*min.*), reagente di flocculazione.
flocculation (*soluzioni colloidali*), flocculazione *f.*
— **basin,** bacino (*m.*) di flocculazione.
— **tank** (*chim., ecc.*), vasca (*f.*) di flocculazione.
flocculent, *agg.*, fioccoso.
flock (*tess.*), pezzi piccoli di stoffe, di lunghezza uniforme; cascame prodotto nel processo di finitura di stoffe di lana; cascame di seta.
flocky, *agg.*, fioccoso.
flong, carta spessa per matrici di stereotipo; (*tip.*), matrice *f.*
— **drying apparatus** (*tip.*), essiccatoio per flani.
flood, luce intensa (su una scena) (*cinem.*); inondazione *f.*; piena *f.* (di acque); flusso *m.* (di marea); inondare *v.a.*; sommergere *v.a.*
— **bridge,** ponte (*m.*) in golena.
— **dam,** argine (*m.*) di piena.
— **discharge works,** opere (*f. pl.*) di evacuazione delle acque di piena.
— **forecasting,** previsione (*f.*) delle piene.
— **spillway** (*idraul.*), evacuatore di piena.
— **(to —)** *v.r.* (*motore auto*), ingolfarsi *v.r.* (*the engine often flooded itself*), il motore si ingolfava spesso.

flooding (*vernici*), sfiammamento *m.*; fiammeggiamento regolare; (*di carburatore*) (*auto*), ingolfamento.

floodlamp, proiettore (lampada).

floor, platea (*f.*) di bacino (*naut.*); pavimento *m.*; solaio *m.*; piano *m.* (di casa); fondo (*m.*) della nave, ai lati della chiglia (*naut.*); zoccolo *m.* (*di bilancia*); (*conti, prezzi*), (ridotto) al minimo livello.

— *v.a.* pavimentare.

— **board,** pedana *f.* (di motocicletta); assicella (*f.*) del pavimento; listone (*m.*) di pavimento.

— **boarding,** tavolato *m.*

— **brick,** formella (*f.*) per pavimenti.

— **degreasant** (*for the removal of heavy soiling from floors*) (*chimic.*), detergente per pavimenti (per la rimozione di forte insudiciamento (*olio, grasso*) dai pavimenti).

— **enamel,** smalto per pavimenti.

— **-indicator,** indicatore (*m.*) dei piani.

— **insulation** (*costr.*), isolamento del pavimento.

— **lamp** (*elet.*), piantana *f.* (lampada a stelo).

— **line** (*met.*), piano di officina.

— **man** (U.S.A.), operaio ispettore.

— **-mounted** (*strum., mecc., ecc.*), montato (*p.p.*) sul pavimento.

— **-mounted transmission** (*auto*), cambio (*m.*) sul pavimento.

— **of the buildings** (*costr.*), calpestio (*m.*) degli edifici.

— **of the sea,** fondo marino.

— **panel heating,** riscaldamento a pannelli (radianti) a pavimento.

— **plates** (*naut.*), madiere *f. pl.* (lamiere madiere).

— **polisher** (*mecc.*), lucidatrice (*f.*) elettrica.

— **price** (*econ., comm.*), prezzo minimo.

floor sealer (*vernici, ecc.*), turapori (*m.*) per pavimenti.

— **slab,** piastrella *f.* (per pavimenti).

— **space,** ingombro *m.* (di una macchina).

— **-standing speaker system** (*audio*), diffusore con mobile da pavimento.

— **to floor time,** tempo (*m.*) di lavorazione.

— **-to-lid height** (*auto*), altezza dal piano di carico al coperchio del bagagliaio (vano del bagaliaio).

— **-type version** (*macch. ut.*), (*macchina*) versione con basamento sul pavimento.

— **waxes,** cere per pavimenti.

— **(to —) the throttle** (*auto*), premere sull'acceleratore a tutto gas.

flooring, impiantito *m.*; pavimentazione *f.*

— **on joists,** tavolato (*m.*) su longarine.

— **slab,** tavellone (*m.*) per pavimentazione.

floppy disc (home computer) (*inform.*), disco magnetico per memorizzare i dati, per piccoli calcolatori (bulk data storage device) (dispositivo di memoria di dati di massa; dischetto *m.* (disco di tipo flessibile).

— **disc drive** (*inform.*), dischetto *m.* (unità di disco di tipo flessibile).

Florence zinc oxide, ossido di zinco Firenze (per inchiostro, colla, ecc.).

floret silk (*tess.*), strusa *f.*; filosello *m.*

floss (*tess.*), bava (*f.*) serica; (*met.*), scoria fusa galleggiante sulla superficie di un forno a puddellaggio.

— **hole,** apertura per la rimozione delle scorie.

flotation (*met.*), flottazione *f.*; (*obbligazioni*) (*comm.*), emissione; v. **kerosine.**

— **air bag,** sacco (*m.*) di flottamento.

flotation cell (*min.*, *chim.*), cella di flottazione.
— **costs** (*comm.*), spese di emissione.
— **gear** (*aereo*), ingranaggio (*m.*) di galleggiamento.
— **machine** (*min.*), cella di flottazione.
— **plant** (*chim.*, *min.*), impianto di flottazione.
— **reagent** (*min.*, *chim.*), reattivo di flottazione.
flou (*cinem.*), effetti fotografici velati.
flour, farina *f.*
— **copper,** vedi: **float copper.**
— **dressing** (*ind. mol.*), burattazione (*f.*) della farina.
— **elevator,** elevatore (*m.*) per farina.
— **gold,** vedi: **float gold.**
— **mill,** molino *m.*
— **-spar,** spatofluore *m.*
— **sulfur,** zolfo in polvere.
— **weigher,** pesa (*f.*) per farina.
flouring (*vernici*), sfarinamento *m.*
flourish, *v.i.* (*chim.*), crescere (di batteri); svilupparsi *v.r.*
flow, portata *f.* (di fiume); flusso *m.*; corrente *f.* (*fis.*); (*vernici*), fluidità *f.*; dilatazione *f.*; (*elettron.*), flusso; sequenza logica.
— *v.i.* fluire; passare (*elet.*).
— **and (gas) pressure regulator,** regolatore di portata e di pressione.
— **back,** *v.i.*, rifluire *v.i.*
— **-blue,** pigmento bleu (usato in ceramiche).
— **-chart** (*elettron.*), diagramma logico; diagramma di flusso.
— **chart of raw materials processing** (*min.*, *met.*), diagramma di flusso del trattamento delle materie prime.
— **control valve,** valvola oleodinamica di regolazione portata.
— **diagram,** diagramma (*m.*) di lavorazione; (*tecnica dei metodi di prod. ind.*), grafico (*m.*) del percorso.
— **limit** (*met.*), limite (*m.*) di stiramento.
flow mark (*pressofusione*), arabescatura *f.*
— **meter,** contatore *m.*; misuratore del vapore; (*idraul.*), misuratore (*m.*) di portata.
— **(of metals),** scorrimento (*dei metalli*).
— **rate,** velocità (*f.*) di flusso.
— **regulator** (*idraul.*), regolatore a flusso.
— **set,** prova per stabilire il tempo richiesto per l'indurimento di materie plastiche in date condizioni.
— **tank** (*elet.*), vasca elettrolitica.
— **(laminar —),** corrente laminare.
— **(streamline —)** (*fis.*), moto laminare.
— **(turbulent —),** corrente vorticosa.
flowage (*geol.*), colamento *m.* (frana con deformazione continua, ma senza superf. di scorrimento) (*rocce*, *ghiacciai*).
flowchart (*inform.*), diagramma di flusso.
flowers of antimony, fiori argentini di antimonio; triossido di antimonio.
— **of sulphur,** fiori (*m. pl.*) di zolfo.
— **of tin,** fiori di stagno; ossido di stagno.
— **of zinc,** fiori di zinco; ossido di zinco.
flowing, *agg.*, dinamico *agg.*; in movimento; (*elet.*) intensità *f.*; flusso *m.*
— **furnace,** forno a riverbero per minerali di piombo.
— **off,** efflusso *m.*
— **varnish** (*vernici*), vernice (*f.*) brillante.
flowmeter, flussometro *m.*; contatore per liquidi.
flown-off gate (*fond.*), canale (*m.*) di scarico.
flowrate indicator, indicatore (*m.*) di flusso.
flowsheet (*ind. mol.*), diagramma (*m.*) di macinazione; v. **ore processing —; schematic —.**

flowsheet for brewing operations, diagramma di lavorazione per la fabbricazione della birra.
— **of agglomerating plant** (*met.*), schema a blocchi impianto agglomerazione.
— **of the process** (*met.*, *min.*, *chim.*, *ecc.*), schema del processo.
fluctuation (*elettron.*, *fis.*), fluttuazione *f.*
flue, condotto (*m.*) di scarico (di gas); focolare interno; condotto del fumo; (*met.*, *forno*), canale dei fumi; (*met.*), v. **bottom —.**
— **ash retainer,** apparecchio (*m.*) raccoglitore delle ceneri.
— **boiler,** caldaia (*f.*) a focolare interno.
— **gas tester** (*met.*), analizzatore (*m.*) dei fumi.
fluellite, fluellite *f.*, $AlF_3 . H_2O$.
fluence (energy —) (*fis.*), fluenza energetica.
flueric devices, dispositivi fluidici (operanti senza parti mobili meccaniche).
fluffiness, leggerezza *f.*
fluffy, *agg.* leggero.
— **mud** (*petrolio*), fango, pieno e gonfiato di bolle di gas.
fluid, *agg. n.*, fluido.
— **bed** (*min.*), letto fluido.
— **bed coal combustion project,** progetto di combustione del carbone a letto fluido.
— **bed temperature** (*min.*), temperatura del letto fluido.
— **catalytic cracking** (*chim.*), cracking catalitico a catalizzatore fluido.
— **circuit** (*auto*), circuito idraulico.
— **computer,** calcolatore a fluido.
— **coupling** (*auto*), accoppiamento idraulico.
— **cylinder** (*auto*), cilindro (*m.*) idraulico.
— **drive** (*auto*), trasmissione (*f.*) idraulica.
— **dynamics,** fluodinamica *f.*
fluid extrusion (*met.*), (estrusione idrostatica) estrusione fluida.
— **filled arc motor** (*min.*), motore ad arco elettrico riempito di fluido (per operare in atmosfera esplosiva sotterranea).
— **flow,** filetto (*m.*) fluido; fluido; quantità di fluido.
— **flywheel** (*auto*), accoppiamento (*m.*) idraulico.
— **hydroforming,** idroforming fluido.
— **logic,** logica a fluido.
— **logical system,** sistema logico a fluido.
— **mechanics** (*mecc.*), meccanica dei fluidi.
— **meter,** contatore per fluidi.
— **pattern** (*elet.*), modello a fluido.
— **solid,** solido (*m.*) fluidizzato.
— **-to-fluid extrusion** (*met.*), (*estrusione sotto pressione differenziale*) estrusione fluido a fluido.
— **ton,** misura metallurgica di volume (= 32 piedi cubici).
fluidic, *agg.* a fluido; fluidico.
— **« brain »,** cervello oleodinamico.
— **control,** comando fluidico.
— **devices,** dispositivi fluidici.
— **equipment,** attrezzatura fluidica.
— **lathe,** tornio a comando fluidico.
— **module,** modulo fluidico.
— **specialist,** tecnico specializzato in fluidica.
— **systems,** sistemi fluidici; sistemi logici a fluido.
— **techniques,** tecniche fluidiche.
fluidics (*automatismi idraulici*), fluidica *f.* (*tecnica basata su circuiti logici a fluido*).
fluidised, v. **fluidized.**
fluidity, fluidità *f.*
fluidization, fluidificazione *f.*; (*miner.*), fluidizzazione *f.*
fluidize, *v.a.* (*ceneri*), fluidizzare; fluidificare.
fluidized, *p.p.* fluidizzato.
— **bed** (*chim.*), letto (*m.*) fluidizzato.

fluidized bed boiler (*coal*), caldaia a letto fluidizzato.
— **bed cracking** (*petrolio*), cracking a letto fluidizzato.
— **bed roasting process** (*min.*), processo di arrostimento in letto fluido.
— **combustion of coal,** combustione fluidizzata del carbone.
— **resins,** resine (*f. pl.*), fluidizzate.
fluidizer (*met.*), fondente *m.*
fluidounce (*farmacia*), misura = g 28,4123.
fluidram (*farmacia*), misura = g 3,5515.
fluids in gaseous condition (*mecc. fluidi*), fluidi gassosi.
— **in liquid condition** (*mecc. fluidi*), fluidi liquidi.
flukes (*naut.*), patte *f. pl.* (dell'àncora).
flume, galleria a vento; (*aereo*), canale artificiale (modello).
Fluo-Hard, miscela usata per presa di cemento.
fluoboric acid, acido fluoborico.
fluor-spar (*min.*), fluorite *f.*
fluoran, fluorano, $C_{20}H_{12}O_3$.
fluoranthene, fluorantene *m.*, $C_{16}H_{10}$.
fluores., (abbrev. di) fluorescente.
fluoresce, *v.i.*, entrare in fluorescenza.
fluorescein (*chim.*), fluoresceina.
— **paper,** carta alla fluoresceina; carta Zellner.
fluorescence, fluorescenza *f.*
fluorescent, *agg.* fluorescente.
— **coating** (*met., ecc.*), rivestimento (*m.*) fluorescente.
— **ink,** inchiostro (*m.*) fluorescente.
— **lighting,** illuminazione (*f.*) fluorescente.
— **lighting fittings,** accessori (*m. pl.*) d'illuminaz. fluorescente.
— **method,** metodo per scoprire difetti superficiali nei getti.
— **pigment,** pigmento fluorescente.
— **screen,** schermo (*m.*) radioscopico.
— **tube,** lampada fluorescente.
fluorhydric acid (*chim.*), acido (*m.*) fluoridrico.
fluoridate (to —) (*chim.*), fluorurare *v.a.*
fluoridation, fluorurazione *f.*
fluoridator (*ind. chim.*), (trattam. dell'acqua) fluoridatore *m.*; fluoruratore *m.*
fluoride (*chim.*), fluoruro *m.*
— **anodizing** (*met.*), anodizzazione (*f.*) fluoridica.
fluorimeter, fluorimetro *m.*
fluorinate, *v.a.* (*chim.*), fluorare *v.a.*
fluorinated, *p.p.*, fluorato *p.p.*
— **hydrocarbons** (*chim.*), idrocarburi fluorati.
fluorination (*chim.*), fluorazione *f.*
fluorine (*chim.* = F), fluoro *m.*
fluorite (*min.*), fluorite *f.*
fluoroentgenography (*radiol.*), fluoroentgenografia *f.*
fluorography (*radiol.*), fluorografia *f.*
fluorol (*chim.*), fluoruro di sodio.
fluorometer (*radiol.*), fluorometro *m.*
fluoroplastic coating (*met.*), rivestimento fluoroplastico.
fluoroscope (*radiol.*), fluoroscopio.
fluoroscopy (*radiol.*), fluoroscopia *f.*
fluosilicate (*chim.*), fluosilicato *m.*
FluoSolids magnetic reduction (*piriti*), riduzione magnetizzante FluoSolids.
— **roasting** (*piriti*), arrostimento FluoSolids.
flush, *v.a.* (*chim.*), inviare rapidamente (*attraverso catalizzatori ecc.*).
— **capacity** (*trattori, dumpers, ecc.*) capacità a raso.
— **deck** (*naut.*), coperta (*f.*) rasa.
— **-decker** (*naut.*), nave a coperta rasa.
— **door (internal — door),** porta interna allo stesso livello nei due sensi.
— **eaves,** gronda (*f.*) facente parte del muro di facciata.
— **out,** *v.a.* liberare (*o* purificare) rapidamente (*un'atmosfera, ecc.*).
— **pipe,** tubo di scarico dell'acqua.

flush plating (*naut.*), fasciame (*m.*) a paro.
— **rivet,** ribattino fresato (*o* a testa annegata).
— **riveting,** chiodatura (*f.*) livellata (*o* piatta).
— **slag** (*met.*), prima scoria.
— **weld,** saldatura con pochissimo rinforzo.
— **wheel,** noria *f.*
— **with,** allo stesso livello di (*flush with the surface of the die*), allo stesso livello della matrice.
flushing, rimozione delle scorie di un altoforno; colmata idraulica (*miniere*).
— **dredger,** draga (*f.*) ad azione aspirante; smelmatrice *f.*
— **of back mill worktable** (*met.*), flushing piani a rulli dietro gabbie.
— **of front mill worktable** (*met.*), flushing avanti gabbie.
— **of roughing train** (*met.*), flushing treno sbozzatore.
— **shaft** (*min.*), pozzo (*m.*) di colmata.
flute, scanalatura (*f.*) longitudinale del maschio.
— *v.a.* profilare; scanalare; fare scanalature elicoidali.
fluted, striato *p.p.* (solcato); (*tess.*) rigato; scanalato.
— **column,** colonna (*f.*) scanalata.
— **glass,** vetro (*m.*) rigato.
— **hollow shape** (*met.*), profilato (*m.*) a pareti lisce interne e a pareti scanalate esterne.
— **strip** (*met.*), nastro « imbarcato » (cioè con superficie ricurva, e con ondulazioni centrali e ai bordi).
— **tube,** tubo (*m.*) scanalato.
flutes, scanalature (*f. pl.*) longitudinali (di maschi creatori).
fluting, scanalatura *f.*; rottura *f.* (dovuta a curvatura di piattine); (*mecc.*), poligonazione *f.* (difetto nelle operaz. di calandratura per cui il mat. si conforma secondo un poligono, invece di realizzare la curva continua richiesta).
flutter (*aereo*), sbattimento *m.*; (*aereo*), vibrazioni aeroelastiche autoeccitate; (*audio*), fluttuazione (causata dal movimento irregolare del nastro che dà origine a distorsioni) (*giradischi, registratori*); *v.i.* (*aereo*), vibrare; (*cinem.*), perdere e riprendere momentaneamente la sincronizzazione.
— **echo,** echi (*m. pl.*) multipli.
— **effect** (*radio*), effetto vibratorio (*o* di battimenti); (*telev.*), effetto (*m.*) ondulatorio.
fluvial, *agg.* fluviale.
flux, flusso *m.*; fondente *m.* (*saldatura*); flussante (sostanza emolliente) (*bitumi*).
— **-cored filler rod** (*sald.*), bacchetta (*f.*) d'apporto con anima interna.
— **cored filler wire** (*sald.*), filo (*m.*) di apporto con anima.
— **-density,** densità (*f.*) del flusso.
— **spot** (*met.*), v. **black spot.**
— **weighing** (*met.*), pesatura fondenti.
fluxes for alloys (*met.*), flussi (*m. pl.*) per leghe.
fluxing (*chim.*), abbassamento del punto di fusione di una sostanza; addolcimento di una sostanza; (*met.*), aggiunta (*f.*) di fondente; flussaggio (operazione di rammollimento di un bitume, mediante un flussante).
— **agent** (*met.*), fondente *m.*
— **ore** (*min.*), minerale (*m.*) fondente.
— **process** (*met.*), processo di fluidificazione.
fluxmeter, flussometro *m.*
fly *v.a.*, *v.i.*, volare *v.i.*; pilotare *v.a.*
— **a plane,** pilotare un aereo; mettere in volo un aereo.
— **the iron compass** (*aereo*) (U.S.A.), volare lungo una linea ferr. per orientarsi.

fly-ball arm, braccio (*m.*) della sfera.
— **-by-light system (FBL)** (*aereo*), sistema che a differenza del « fly-by-wire » usa fibre ottiche invece di fili portanti segnali elettrici.
— **-by-wire systems** (*aereo*), v. **FBW** nella parte: Abbreviazioni.
— **cutter,** fresa (*f.*) a un solo tagliente.
— **frame** (*tess. cotone*) banco (*m.*) a fusi.
— **-leaf** (*tip.*), foglio di risguardo.
— **nut,** dado (*m.*) ad alette.
— **-over crossing** (*cost.*), soprappassaggio.
— **-past** (*slang*) (*aereo*) (U.S.A.) (*aerial dress parade*), parata aerea.
— **poison,** moschicida *m.*
— **press,** pressa (*f.*) a vite.
— **roll,** rullo (*m.*) ballerino (*ind. carta*); cilindro (*m.*) rapido (di carda) (*tess.*).
— **shuttle,** navetta (*f.*) volante.
— **-surveying,** celerimensura *f.*
— **-title** (*tip.*), falso titolo.
flyback (*telev.*), retrocessione *f.* (del punto di esplorazione).
— **retrace** (*telev.*), ritorno (*m.*) del raggio esploratore.
flyby (*astron.*), volo di una sonda vicino ad un corpo celeste per studiarne scientificamente le caratteristiche.
— **(spacecraft —)** (*astron.*), sonda spaziale.
flyer (*filatura*), aletta (*f.*) di filatoio.
— **-frame** (*tess.*), banco (*m.*) a fusi (per filatura lino, ecc.).
— **lathe** (*tess.*), battente regolatore.
— **spindle** (*tess.*), fuso ad alette.
— **throstle** (*tess.*), filatoio (*m.*) continuo ad alette.
flying, volo *m.*
— **boat,** idrovolante *m.*
— **bridge** (*naut.*), passerella *f.*
— **buttress** (*arch.*), arco rampante.
flying by the seat of the pants (*slang*) (*aereo*) (U.S.A.), volare senza pericolo di sbandamento.
— **characteristics** (*aereo*), qualità caratteristiche di volo; qualità aerodinamiche.
— **controls,** comandi (*m. pl.*) di volo.
— **crane** (*aereo*), aerogru *f.*
— **crop shear** (*met.*), cesoia volante per spuntare.
— **cutter,** portautensile (*m.*) per sfacciare; portauntesile per tornite in piano.
— **deck,** ponte (*m.*) di volo.
— **discs,** *pl.* dischi (*m. pl.*) volanti.
— **fortress** (*aereo*), fortezza (*f.*) volante.
— **jib** (*naut.*), controfiocco *m.*
— **-jib boom** (*naut.*), controbastione (*m.*) di fiocco; asta (*f.*) di controfiocco.
— **helmet,** cuffia per aviatore.
— **kit** (*aereo*), aeromodello *m.*
— **lane** (*aereo*), direzione (*f.*) di decollo.
— **micrometer,** micrometro per determinare lo spessore di metalli (lamiere, lastre, ecc.) mentre sono in movimento, durante la lavorazione.
— **pencil** (*aereo*), modello con fusoliera a semplice tubo.
— **performances,** caratteristiche (*f. pl.*) di volo.
— **range,** autonomia (*f.*) (di volo).
— **saucers,** dischi (*m. pl.*) volanti.
— **scaffold** (*cost.*), ponte (*m.*) volante.
— **scale model** (*aereo*), modello (*m.*) in scala.
— **school,** scuola (*f.*) di pilotaggio.
— **school rating** (*aereo*) (U.S.A.), certificato di abilitazione concesso dalla C.A.A.
— **shear** (*mecc., met.*), cesoia (*f.*) volante.
— **shears** (*met.*), cesoie (*f. pl.*) volanti.
— **slivers** (*mecc.*), scaglie volanti di metallo (p. es. da presse in funzione).

flying spot (*telev.*), punto mobile; (*calcol. elettron.*), punto luminoso mobile (fascio luminoso di scansione dei caratteri, utilizzato da un lettore ottico di caratteri, generato da laser elio--neon o altre fonti).
— **spot scanner** (*telev.*), analizzatore (*m.*) a punto mobile.
— **spot scanning** (*telev.*), esplorazione (*f.*) luminosa per punti.
— **spot method of scanning** (*telef.*), esplorazione(*f.*) a punto mobile.
— **stunt,** acrobazia (*f.*) aerea.
— **suit** (*aereo*), abito (*m.*) d'aviatore.
— **the wet beam** (*slang*) (*aereo*) (U.S.A.), seguire in volo il corso di un fiume.
— **time,** durata (*f.*) di volo.
— **triangle** (U.S.A.) (*aereo*), tutta ala.
— **weight** (*aereo*), peso (*m.*) totale.
— **wing** (*aereo*), tutt'ala; ala (*f.*) volante.
— **wing model** (*aereo*), modello (*m.*) tutt'ala.
flyleaf (*tip.*), risguardo *m.*
flyover junction (*costr.*), sovrappasso (autostradale).
flypress (*mecc.*), pressa a bilanciere.
flywheel, volano *m.*
— **alternator** (*ing. elet.*), alternatore (*m.*) a volano.
— **arm,** razza (*f.*) di volano.
— **axle,** asse (*m.*) del volano.
— **boss** (*or* **hub**), mozzo (*m.*) del volano.
— **magneto,** volano (*m.*) magnete.
— **pit,** fossa (*f.*) del volano.
— **pulley,** volano *m.*; puleggia *f.*
— **race,** fossa (*f.*) del volano.
— **shaft,** albero (*m.*) del volano.
— **toothing,** dentatura (*f.*) del volano.
foam, schiuma *f.*
— *v.a.* (*chim.*), ridurre in schiuma (una materia plastica).
— **connection,** presa di schiuma carbonica antincendio.
— **cushions** (*aereo*), cuscini piuma.
foam extinguisher, estintore (*m.*) a schiuma.
installation, vedi: **automatic mixing station,** centrale di schiuma antincendio.
— **over,** *v.i.*, traboccare in schiuma.
— **panels** (*mat. costr.*), pannelli in schiuma plastica.
— **rubber,** gomma (*f.*) spugnosa.
Foam A (*chim.*), polvere bianca di solfato di bario (per fabb. vetro e ceramiche).
foamable plastic (*mat. plastiche*), plastica riducibile in schiuma.
foamed plastics, schiuma (*f.*) di plastica.
— **plastics compositions** (*chim.*), composti in schiuma di plastica.
— **volcanic rock,** roccia vulcanica in schiuma.
foamines, produzione *f.* (formazione) di schiuma.
foaminess of the slag (*met.*), schiumosità della scoria.
foaming (*chim.*), formazione di schiuma.
— **agent** (*additivi*), schiumogeno *m.*
fob, strato schiumoso (proced. di chiarificazione della fabb. del sapone); (*comm.*) franco a bordo.
focal, *agg.* (*ott.*), focale.
— **length,** distanza (*f.*) focale.
— **plane,** piano focale.
focalise, *v.a.* mettere a fuoco.
focimeter, focometro m.
focus, epicentro *m.* (di terremoto); fuoco *m.* (*ott.*).
— *v.a.* (*ott.*), mettere a fuoco.
— **control** (*telev.*), comando di focalizzazione.
— **eye glass** (*orol.*), monocolo microscopio di controllo.
focusing (*ott.*), messa (*f.*) a fuoco; focalizzazione *f.*
— **device** (*fot.*), messa a fuoco (*f.*).
— **field,** campo (*m.*) di focamento; campo (*m.*) di messa a fuoco.
— **screen** (*fot.*), vetro smerigliato (da introdurre sul piano del-

l'immagine per la messa a fuoco).

focusing screw (*top.*), vite della messa a fuoco.

— **wheel,** volantino per la messa a fuoco.

— **(automatic —),** messa a fuoco automatica.

— **(dynamic —),** messa a fuoco dinamica.

— **(electromagnetic —),** messa a fuoco elettromagnetica.

— **(electrostatic —),** messa a fuoco elettrostatica.

focussing, v. **focusing.**

fodder, mangime *m.*

— **mill** (*agr.*), mangimificio *m.*

— **-trough** (*costr.*), mangiatoia *f.* (di stalla).

Foeppl-Pertz damping tester (*chim.*), apparecchio per determinare la capacità d'umidità d'una sostanza.

fog, nebbia *f.*; annebbiamento *m.* (*fot.*).

— **(to —),** *v.t. v.i.* annebbiare; annebbiarsi; appannarsi.

— **factory** (*slang*) (*aereo*), regione del mare di Bering, da dove ha origine la nebbia.

— **-foam** (*chim.*), schiuma atomizzata.

— **horn** (*naut.*), v. **fog siren.**

— **-foam fire protection,** protezione antincendio a mezzo di schiuma atomizzata.

— **lamp** (*auto*), proiettore (*m.*) fendinebbia.

— **light** (*auto*), fendinebbia *m.*

— **nozzle,** nebulizzatore *m.* (antincendi).

— **signal** (*ferr.*), petardo *m.*

— **siren** (*naut.*), sirena per segnalare acusticamente la nebbia alle navi.

— **-type insulator** (*elet.*), isolatore (*m.*) antinebbia.

— **-whistle,** fischio (*m.*) da nebbia.

fogbow (*aereo*) (*meteor.*) (U.S.A.), arcobaleno (quasi) incolore che si forma nella nebbia.

fogged, *p.p.* (*cinem.*), traccia sonora che ha subìto luce.

— **negative** (*fot.*), negativo (*m.*) annebbiato.

fogger, mezzo (*m.*) nebulizzatore.

foggy, *agg.* nebbioso.

foig (*min.*), frattura nel tetto.

foil (*met.*), foglio *m.*; lamina *f.* (lo spessore della lamina metallica è inferiore a 0,005 pollici); carta da imballaggio o decorativa rivestita di rame in polvere; metallo (*elet.*); sfoglia *f.* (per specchi); (*naut.*), aletta (idrodinamica); ala portante.

— **stock** (*met.*), semilavorato in fogli, da rilaminare ulteriormente.

fold, *v.a.* aggraffare; piegare; flessura *f.* (*geol.*); piegatura *f.* (*geol.*); (*met.*), ripiegatura *f.*

— **-back roof** (*auto*), tettuccio pieghevole all'indietro.

— **crack** (*met.*), (*transverse ingot cracking*), cricca da piega (cricca trasversale dovuta a discontinuità nella parete del lingotto).

— **over** (*telev.*) (U.S.A.), immagine (*f.*) fantasma.

folded back on itself, ripiegato su se stesso.

folder (*tip.*), stecca *f.* (del legatore); opuscoletto *m.* (di propaganda).

— **machine** (*tess.*), macchina piegatrice.

folding camera, macchina (*f.*) fotografica a soffietto.

— **door,** botola *f.*

— **number** (*tess.*), numero dei capi di un ritorto, che precede il numero del titolo del filato ritorto (p. es. 2/40 cotton, cotone di 2 capi, titolo 40).

— **press** (*mecc.*), pressa (*f.*) piegatrice.

— **seat,** sedile pieghevole *m.*

— **shutter,** imposta (*f.*) pieghevole.

— **sunroof** (*auto*), tettuccio ribaltabile.

— **table,** tavolino (*m.*) ripiegabile.

folding windscreen (*auto*), parabrezza curvabile.
— **wing** (*aereo*), ala (*f.*) pieghevole.
foliated tellurium (*min.*), tellurio auropiombifero.
follow die (*lavoraz. nastri e lamiere*) (*met.*), stampo progressivo.
— **on call button** (*telef.*), pulsante per una nuova chiamata, utilizzando il resto a credito dell'utente, senza riporre il ricevitore (telef. pubblico a pagamento con monete di 2, 5, 10 d.).
— **rest,** lunetta (*f.*) mobile (del tornio).
— **shot** (*telev.*), ripresa (*f.*) in movimento.
— **-up** (*personale*), aggiornamento *m.*; (*materiali*, *ecc.*), sollecito *m.*
— **-up procedure,** procedura da seguire.
follower, punteria (*f.*) degli eccentrici; ruota (*f.*) comandata (*orol.*); anello premistoppa (*mecc.*); secondo operatore (*m.*) nella misura con catena (*agrim.*); puleggia (*m.*) comandata.
fondus (*cinem.*), dissolvenza.
font (*tip.*) (*inform.*), polizza di caratteri.
food additives, additivi alimentari.
— **canning factory,** conservificio *m.*
— **colours,** coloranti (*m. pl.*) alimentari (*innocui*).
— **dispenser,** distributore automatico di alimenti.
— **flavour additive,** additivo per conferire sapori ai cibi.
— **freezer** (U.S.A.), congelatore *m.*
— **grains** (*agr.*) (*comm.*), cereali (*m. pl.*), alimentari.
— **-irradiation,** irradiazione (*f.*) degli alimenti.
— **mixer** (*agr.*), miscelatore per mangimi.
foodstuff pump, pompa (*f.*) per prodotti alimentari.
foolproof, *agg.* a prova di false manovre.
— **method,** metodo sicuro (per impedire guasti, incidenti).
fools' gold (*min.*), pirite *f.*
foolscap, carta (*f.*) protocollo.
foot, piede *m.* (= 0,30480 metri).
— **-and-mouth disease** (*veter.*), afta (*f.*) epizootica.
— **-board,** predellino *m.* (di vetture ferr.); (*motor.*), pedana.
— **brake,** freno (*m.*) a pedale.
— **-bridge,** passerella (*f.*) pedonale.
— **-candle,** candela (*f.*) inglese.
— **lathe,** tornio (*m.*) a pedale.
— **of a column** (*macch. utens.*), piede (*m.*) di una colonna.
— **of a pillar** (*macch. utens.*), piede (*m.*) di una colonna.
— **-path,** marciapiede *m.*
— **-pedal direction change** (*mecc.*), cambio di direzione a pedale.
— **-pound,** piede-libbra *m.*
— **-poundal,** misura di lavoro (32,2 foot-poundals equivalgono a 1 piede-libbra).
— **rail,** rotaia (*f.*) a suola.
— **run** (*cost.*, *legname*), lunghezza di un piede (*per foot run* = per piede).
— **-screw** (*agrim.*), vite del basamento.
— **valve,** valvola di fondo.
— **winch** (*mecc.*), binda *f.*
footage (*cinem.*), lunghezza *f.* (di un film sonoro espressa in piedi); metraggio *m.*; (*miniere*), distanza in piedi; (*footage advanced*), per lavori di avanzamento; (*footage sampled*), per lavori di ricerca mineraria; (*footage driven*), per lavori di perforazione. Tali distanze sono generalm. affiancate dai prezzi di costo delle relative spese. v. **make footage.**
— **number** (*cinem.*), numero di sequenze.
footbridge (pedestrian —) (*costr.*), passerella (*f.*) pedonale.
footing of the foundation, risega (*f.*) di fondazione.
footle (to —), occuparsi (di).

foots, morchia *f.* (di olio).
footstep bearing (*ing.*), ralla *f.*; supporto base.
footway (*cost. civ.*), marciapiede *m.*
footwear (protective — for workers), calzature protettive per operai.
— **(safety —),** calzature (*f. pl.*) di sicurezza.
forage conditioning equipment (*agr.*), condizionatore da foraggio.
— **crimper,** v. — **crusher.**
— **crusher** (*agr.*), schiacciaforaggi *m.*; condizionatore (*m.*) di foraggio.
— **harvester** (*agr.*), raccoglitrice (*f.*) di foraggio; falciatrice-raccoglitrice *f.*
foray into space (*astron.*), uscita (*o* escursione) nello spazio (di astronauta).
forbidden transition (*fis. atom.*), transizione (*f.*) proibita.
force, forza *f.* (*fis.*); forzare *v.a.*; premere *v.a.* (*idraul.*).
— **due to friction,** forza (*f.*) di attrito.
— **feed lubricator,** oliatore a pressione.
— **in,** *v.a.* conficcare.
— **of gravity,** forza (*f.*) di gravità.
— **of inertia,** forza (*f.*) di inerzia.
— **polygon,** diagramma (*m.*) delle forze.
— **pump,** pompa (*f.*) premente.
forced convection, convezione (*f.*) forzata.
— **air circulation** (*forni, ecc.*), circolazione con ventilazione forzata.
— **-air cooling,** raffreddamento con ventilazione forzata.
— **circulation boiler,** caldaia a circolazione forzata.
— **draught fan,** ventilatore (*m.*) premente.
— **draught,** tirata (*f.*) forzata; tiraggio (*m.*) forzato.
— **feed lubrication,** lubrificazione (*f.*) forzata.
forced landing (*aer.*), atterraggio (*m.*) di fortuna.
— **lubrication,** lubrificazione (*f.*) forzata.
forces acting in the same direction, forze (*f. pl.*) equiverse.
forcing machine (*ind. gomma*), macchina per estrusione della gomma.
— **pump,** pompa (*f.*) premente.
ford (*idraul.*), guado *m.*
fording equipment (*mil.*) (*carro armato*), equipaggiamento (*m.*) di guado.
fore-and-aft, avanti e indietro; davanti e di dietro; longitudinale (*naut.*).
— **and aft level** (*aer.*), indicatore (*m.*) della pendenza longitudinale; indicatore (*m.*) di beccheggio.
— **-and-after sail,** vela (*f.*) di taglio.
— **-blow (to),** *v.a.* (*met.*), presoffiare.
— **-blow time** (*met.*), tempo di presoffiaggio.
— **-carriage,** avantreno *m.*
— **-plate** (*met.*), placca anteriore (*di forno met.*),
— **-runnings** (*fis.*), teste *f. pl.*
— **-shaft** (*min.*), avampozzo *m.*
— **sight** (*agrim.*), battuta (*f.*) anteriore.
— **-span plate,** forno di produzione di lingotti.
— **-starling,** avambecco *m.*
forecast, preventivo *m.*
— **surface chart** (*meteor.*), carta (*f.*) in superficie prevista.
— **upper level chart,** carta (*f.*) in quota prevista.
forecasting, previsione (*f.*) del tempo.
forecastle (*naut.*), castello di prora; alloggio dell'equipaggio (navi mercantili).
foredeck (*naut.*), castello (*m.*) di prua.
forehand welding (*sald.*) (U.S.A.), saldatura (in) avanti.
forehearth (*fond.*), avancrogiuolo *m.*

foreign, *agg.* estraneo (p. es. *foreign material* = materiale estraneo).
— **assets** (*comm.*), beni (*m. pl.*) all'estero.
— **borrowing** (*finan.*), prestito all'estero.
— **release** (*cinem.*), distribuzione di un cinema per l'estero.
— **trade** (*comm.*), commercio con l'estero.
— **trade captain** (*naut.*), capitano (*m.*) di lungo corso.
forelock, *v.a.*, inchiavettare *v.a.*
foreman, capo (*m.*) squadra; conduttore (*m.*) di lavori; caporeparto *m.*; (*met.*), intermedio (per il settore siderurgico, ecc.) [lavoratore che svolge mansioni qualitativamente superiori a quelle di operaio specializzato e che comportano fiducia e responsabilità].
— **worper,** capo (*m.*) operaio.
foremast (*naut.*), albero (*m.*) di trinchetto.
forensic chemistry, chimica (*f.*) forense (riferita a un giudizio legale).
foreroyal, vela (*f.*) di controvelaccino.
— **mast** (*naut.*), albero (*m.*) di controvelaccino.
— **yard** (*naut.*), pennone (*m.*) di controvelaccino.
forerun (*fis.*), testa *f.* (*distillazione*).
foresail (*naut.*), vela (*f.*) di trinchetto.
foreshot, primo distillato (nella distillaz. di vini inferiori); prima frazione della distillazione (dello whisky, ecc.) (prodotto di testa).
foresight, mirino *m.*
forest, foresta *f.*
— **geneticist,** esperto in genetica forestale.
— **nursery,** vivaio (*m.*) (forestale).
forestry, economia (*f.*) forestale.
foretop gallant shroulds, sartie (*f. pl.*) di velaccino.
foretop gallant yard (*naut.*), pennone (*m.*) di velaccino.
— **mast** (*naut.*), parrocchetto *m.*
foreyard (*naut.*), pennone (*m.*) di trinchetto.
forge, fuoco (*m.*) di fucina; fucina *f.*; forgia *f.*; ferriera *f.*
— *v.a.* fucinare; forgiare.
— **blast,** mantice (*m.*) di fucina.
— **blower,** mantice (*m.*) di fucina.
— **chimney,** camino (*m.*) di fucina.
— **cinder,** scoria (*f.*) di fucinatura.
— **coal,** carbone (*m.*) fucina.
— **iron,** ferro (*m.*) fucinato.
— **pig,** ghisa (*f.*) d'affinazione.
— **shop,** fabbrica di fucinati.
— **steel** (*met.*), acciaio (*m.*) per fucinati.
— **welding** (*sald.*), saldatura (*f.*) alla forgia; saldatura (*f.*) a fuoco (per bollitura).
forgeable, fucinabile *agg.*
forged piece, pezzo (*m.*) forgiato; pezzo (*m.*) fucinato.
— **steel,** acciaio (*m.*) forgiato.
forger, fucinatore *m.*
forging, pezzo (*m.*) forgiato; pezzo (*m.*) fucinato; forgiatura *f.*; fucinatura *f.*
— **brass,** ottone per fucina.
— **crack** (*met.*), cricca (*f.*) di fucinatura.
— **grade ingot** (*met.*), lingotto (*m.*) da forgia.
— **hammer** (*mecc.*), maglio per fucinare; (*fucinatura*), berta (per stampare).
— **ingot,** lingotto (*m.*) per fucina.
— **machine,** fucinatrice *f.*
— **press** (*met.*), pressa per fucinatura.
— **quality steel,** acciaio (laminato a caldo) adatto per forgiatura.
— **roll** (*met.*), laminatoio sbozzatore da fucina.
— **round** (*met.*), fase intermedia fra la trasformazione di un lingotto in un prodotto fucinato finito.
— **stock,** materiale (*barra, profilato, ecc.*) da forgiare.

forging strain (*met.*), tensione di fucinatura (durante il raffreddamento dopo fucinatura).
— **technique** (*mecc.*), tecnica (*f.*) di forgiatura.
forgings, *pl.* fucinati *m. pl.*
fork, forcella *f.* (di bicicletta); forchetta (*f.*) di biella.
— **-lift** (*mecc.*), elevatore a forchetta.
— **-lift truck,** carrello a forca per sollevamento carichi.
— **-lifting of pit props** (*min.*), sollevamento con carrello a forca, dei puntelli del pozzo.
— **of the connecting rod,** biella (*f.*) a forchetta.
— **springs,** molle (*f. pl.*) della forcella.
— **-test bar** (*corrosione met.*), provetta (*f.*) ad « U ».
— **truck** (*ferr. mecc.*), carrello (*m.*) a forca; (*mecc.*), elevatore (*f.*) a forchetta.
— **wrench,** chiave (*f.*) a forchetta.
forked, biforcato *p.p.*
— **ashlar,** concio (*m.*) a forchetta.
— **clamp,** agrafe *f.*; forchetta (*f.*) di unione.
— **lever,** leva (*f.*) a forchetta.
— **mortise and tenon joint,** congiunzione (*f.*) a forcella.
— **strap,** forchetta (*f.*) di testa (*cost.*); staffa (*f.*) a forchetta.
forking, biforcazione *f.*
form, stampo *m.*; modello *m.*; modulo *m.*; formulario *m.*; (*cost.*), cassaforma *f.*
— **(to),** sagomare (*metalli*).
— **block,** blocco (*m.*) di stampaggio.
— **cutter,** fresa (*f.*) profilata; (*meccan.*), fresa di forma.
— **drag** (*aereo*), resistenza (*f.*) di forma.
— **factor** (*elet.*), fattore di forma.
— **-filling,** compilazione di formulari.
— **-grinding** (*macch. ut.*), profilatura alla mola.
— **relieved milling cutter** (*mecc.*), fresa di forma.
form (*v.a.*) **the closing head,** foggiare la testa del chiodo.
— **tool,** utensile (*m.*) per profilare.
— (*v.a.*) **to shape,** foggiare *v.a.*
formaldehyde, formaldeide *f.*
— **solution,** soluzione di aldeide formica (usata per resine sintetiche, ecc.).
formalin, formalina *f.*
formalith (*chim.*), formaldeide *f.*
formanilide, formanilide *f.*, C_6H_5NCHO.
formaniline, formanilina *f.*, $(C_8H_5N : CH_2)x$.
format (*inform.*), formato (disposizione di un testo; sua presentazione o struttura).
— **(medium — camera),** macchina fotografica di formato medio.
— **(to —)** (*inform.*), mettere in pagina; comporre (un'informazione, un messaggio); preparare una linea da stampare.
formate (*chim.*), formiato *m.*
formation, formazione *f.*; (*agrim.*), piattaforma (*f.*) stradale; (*geol.*), orizzonte mineralizzato; strato mineralizzato.
— **flying** (*aer.*), volo (*m.*) in formazione.
— **level** (*agrim.*), piattaforma (*f.*) stradale.
— **of clinker (slags),** formazione (*f.*) di scorie.
— **packer** (*ind. pet.*), saggiatore (*m.*) di strati.
— **testing** (*petrol.*), accertamento della produttività delle formazioni indiziate (*saggio degli strati*).
formatted storage (*inform.*), memoria formattata.
formatting (*inform.*), formattazione (*f.*) (creazione d'informazioni su disco); messa in pagina; edizione.
formcoke (*min.*) (U.S.A.), coke formato.
forme (*tip.*), forma di stampa.
— **inking rollers** (*tip.*), inchiostratore.

forme rack (*tip.*), bancone portaforme.
formed coke (*min.*), coke formato.
— **head,** testa (*f.*) stampata.
former, falsa centina (*aereo*); sagoma *f.* (per avvolgimenti) (*elet.*); forma (per incurvare); nucleo (di bobina); (*aereo*), ordinata (*f.*) di fusoliera; carcassa *f.* (*fis. atom.*); (*met.*), stampo di piega (*lamiere*).
— **rib,** falsa centina *f.*
— **roller,** rullo (*m.*) di guida.
— **-winding** (*elet.*), avvolgimento (*m.*) su sagoma.
formic acid, acido (*m.*) formico, HCOOH.
formica (*costr.*), fòrmica (nome brevettato della ditta americana Formica, di materiali laminati decorativi usati comunemente).
forming, stampaggio *m.*; sagomatura *f.* (*metalli*).
— **department,** reparto (*m.*) stampaggio.
— **lathe,** tornio (*m.*) da profilare.
— **press** (*mecc.*), pressa (*f.*) piegatrice.
— **roll** (*mecc.*), rullo (*m.*) profilatore (di profilatrice a rulli).
— **tool** (*macch. ut.*), utensile profilatore.
— **type Gleason,** dentatrice (*f.*) Gleason del tipo a sagoma.
— **(chemical —** (*met.*), stampaggio con polveri chimiche.
— **(electromagnetic —),** stampaggio elettromagnetico.
— **(explosion —),** stampaggio per esplosione.
— **(expanding gas —),** stampaggio per espansione.
— **(high-explosive —),** stampaggio per esplosione.
— **(hydrostatic —),** stampaggio idrostatico.
— **(magnetic pulse —),** stampaggio mediante impulsi magnetici.
formitrol (*chim.*), formitrol *m.*; formaldeide *f.*
formolyptyol (*chim.*), formaldeide *f.*
formose (*chim.*), formosio *m.*, $C_6H_{12}O_6$.
formula (*pl.* **formulae, formulas**), formula *f.*; vedi: **amended —**; **model —**; **original —**; **outline.**
— **1 race** (*auto*), corsa automobilistica di formula uno.
formulate, *v.a.* (*chim.*), formulare *v.a.*; dare una formula.
formulation (*chim.*), formulazione *f.*; composizione *f.*; formula *f.*
Formvar, resina polivinilica usata per smalti, ecc.
formwork (*costr.*), cassaforma *f.*
forsterite (*min.*), forsterite *f.*
forthcoming titles (*libri*), titoli di libri di prossima pubblicazione.
fortisan (*tess.*) (U.S.A.), tipo di raion all'acetato.
FORTRAN (*inform.*), Fortran: linguaggio di programmazione di alto livello.
— **program** (*inform.*), programma in FORTRAN.
forum (telecast —) (*TV*), dibattito teletrasmesso (convegno); teledibattito *m.*
forward, in avanti; (*naut.*), a prua.
— *v.a.* spedire.
— **and backward,** avanti e indietro.
— **and reverse,** avanti e indietro.
— **bearing** (*agrim.*), azimut conseguente.
— **creep** (*met.*), corsa del metallo laminato verso il lato d'uscita dei cilindri, superante la velocità periferica del cilindro.
— **delivery** (*comm.*), consegna a termine.
— **end,** estremità anteriore *f.*
— **engine mounting,** montaggio del motore in avanti.
— **extrusion** (*met.*) (U.S.A.), estrusione (*f.*) diretta.
— **-facing ducts,** condotti (*m. pl.*) anteriori.
— **-facing seat** (*aereo*), sedile rivolto verso prua.
— **feed of material,** avanzamento (*m.*) del pezzo da lavorare.
— **-hinged hood** (*auto*), cofano (*m.*) ad apertura in avanti.

forward motion, moto (*m.*) in avanti; marcia (*f.*) avanti.
— **planning,** progetti (*m. pl.*) a lungo termine.
— **slip,** vedi: **forward creep;** (*aereo*), scivolamento (*m.*) d'ala.
— **speed** (*aereo*), velocità di avanzamento.
— **stroke,** corsa (*f.*) dello stantuffo ascendente.
— **welding,** saldatura (*f.*) a gas in avanti.
forwarder (*comm.*), spedizioniere *m.*
forwarding, spedizione *f.*; (*tip.*), rilegatura senza fregi o diciture.
— **agent** (*comm.*), spedizioniere *m.*
— **department,** ufficio (*m.*) spedizioni.
— **technics** (*inform.*), anticipazione (ricerca in anticipo delle istruzioni nella memoria).
fossil, fossile *m.*
— **flour,** farina (*f.*) fossile.
— **fuelled power station** (*elet.*), centrale (alimentata) a carbone fossile.
— **meal,** farina (*f.*) fossile.
— **(guide —),** fossile guida.
— **(key —),** fossile guida.
fossilization, fossilizzazione *f.*
fossilize, *v.a. v.i.* fossilizzare.
fossolin (*chim.*), petrolato *m.*; fossolina *f.*
fother, *v.a.* turare *v.a.* (una falla).
foul (to —), sfregare (toccare) (riferito a lancetta di orol.); incrostarsi *v.r.*; imbrigliarsi *v.r.*; sporcarsi *v.r.* (*catalizzatore*); sporco *agg.*; pieno di errori (*bozze*); tossico (*di gas*); impuro (*prodotto chim.*).
fouling, insudiciamento *m.*; ingorgo *m.*; incrostazione *f.*; ostruzione *f.*; impedimento *m.*; inceppamento *m.*; incrostazione (dovuta all'acqua marina, ecc.).
— **of the pump,** imbrattamento (*m.*) (*o* insudiciamento) della pompa.
found, *v.a.* (*fond.*), gettare; fondere.
foundation, fondazione *f.*; fondamenta *f. pl.*; base *f.* (*senso generale*).
— **block,** blocco (*m.*) di fondazione.
— **bolt,** bullone (*m.*) di fondazione; chiavarda (*f.*) di fondazione.
— **frame,** basamento (*m.*) di un apparecchio (*o* di fondazione).
— **grill,** platea *f.* (piano su palafitte).
— **pile,** palafitta *f.* (di fondazione).
— **pit,** pozzo di fondazione; scavo di fondazione.
— **plant,** piano (*m.*) di fondazione.
— **plinth** (*costr.*), plinto (*m.*) di fondazione.
— **soil,** terreno (*m.*) di fondazione.
— **stone,** pietra (*f.*) di fondazione.
— **tester,** apparecchio (*m.*) per misurare la resistenza delle fondamenta.
— **trench,** fossa (*f.*) di fondazione.
— **wall,** muro (*m.*) di fondazione.
foundations, fondamenta *f.*
— **in masonry,** fondazioni (*f. pl.*) in muratura.
founder, *m.* fonditore.
founder's type (*tip.*), composizione a mano.
founding (*fond.*), fusione *f.*
found-list (*tip.*), polizza *f.*
foundry, fonderia *f.* (arte e luogo); fornace *f.*
— **blacking** (*fond.*), nero di fonderia.
— **car,** carro (*m.*) da fonderia (o) da colata.
— **coke** (*fond.*), coke da fonderia.
— **core blowing machine** (*fond.*), macchina soffiatrice (d')anime (per fonderia.)
— **crane,** gru (*f.*) per fonderia.
— **crane with automatic tipping device,** gru (*f.*) da fonderia con dispositivo di rotazione automatico.
— **crane with fixed ladle guide,** gru (*f.*) da colata con guida rigida per la secchia.

foundry flask (*fond.*), staffa *f.*
— **inspector,** capo fonderia.
— **iron,** ghisa (*f.*) da fonderia.
— **parting powders** (*fond.*), polveri di separazione, per fonderia.
— **personnel,** personale (*m.*) di una fonderia.
— **pig iron,** ghisa (*f.*) per fonderia.
— **proof** (*tip.*), ultima bozza (*f.*) di stampa.
— **rapping plates** (*fond.*), piastre di scampanatura per fonderia.
— **resins** (*fond.*), resine per fonderia.
— **returns** (*fond.*), scarti esterni di fonderia; ritorni di fonderia.
— **sand,** terra (*o* sabbia) da fonderia.
— **shake-out** (*fond.*), distaffatrice (per fonderia).
— **shell moulding machines**(*fond.*), macchine per la formatura a guscio (per fonderia).
— **slewing crane,** gru (*f.*) da fonderia girevole.
— **traveller,** gru (*f.*) a ponte per fonderie.
foudryman (*fond.*), fonditore *m.*
fount case (*tip.*), cassa dei caratteri di riserva.
fountain, fontana *f.*
four-blade fan, ventilatore (*m.*) a quattro palette.
— **-centre arch,** arco (*m.*) a carena.
— **-channel phono cartridge** (*audio*), cartuccia a 4 canali; cartuccia quadrifonica.
— **cylinder compound locomotive,** locomotiva (*f.*) a quattro cilindri a doppia espansione.
— **cylinder engine** (*auto*), motore a 4 cilindri.
— **cylinder locomotive,** locomotiva (*f.*) a quattro cilindri.
— **cylinder superheated steam compound locomotive,** locomotiva (*f.*) a quattro cilindri a doppia espansione a vapore surriscaldato.
— **end** (*tess.*), saia (*f.*) di 4.
— **-engined bomber** (*aereo*), bombardiere (*m.*) quadrimotore.
four-engined plane, aeroplano (*m.*) quadrimotore.
— **-harness twill** (*tess.*), spina (*f.*) da quattro.
— **-high mill** (*met.*), laminatoio a 4 cilindri in posizione verticale.
— **-high reversing stand** (*met.*), gabbia quarto reversibile.
— **high roll stand** (*met.*), gabbia (*f.*) di laminatoio a quattro cilindri; (*laminatoio*), gabbia (*f.*) quarto.
— **-high rolling stand** (*met.*), gabbia (*f.*) quadrupla.
— **-jaw chuck,** mandrino (*m.*) a 4 ganasce.
— **-lane carriageway** (*autostrade*), carreggiata a 4 corsie.
— **-mastered bark,** nave (*f.*) a quattro alberi.
— **-roller mill** (*ind. mol.*), molino (*m.*) a quattro cilindri.
— **-seater saloon** (*auto*), berlina (*f.*) a quattro posti.
— **seater torpedo,** torpedo (*m.*) a 4 posti.
— **slided bed,** banco (*m.*) da tornio a 4 guide.
— **-spline broach,** broccia (*f.*) a 4 intagli.
— **-star fuel** (*auto*), combustibile con indice di ottano 98.
— **-start screw,** vite (*f.*) a quattro filetti.
— **stroke cycle,** ciclo (*m.*) a 4 tempi.
— **stroke cycle method,** processo (*m.*) a 4 tempi.
— **stroke engine,** motore (*m.*) a 4 tempi.
— **-thread screw,** vite (*f.*) a 4 filetti.
— **-way cock,** rubinetto (*m.*) a 4 vie.
— **way tool block,** porta utensili quadruplo *m.*
— **-wheel drive** (*auto*), trazione integrale 4×4.
4-star fuel (*auto*), benzina super.
fourdrinier (*carta*), macchina continua per carta.
fourfold, *agg.*, quaternario (*asse*); quadruplo.

fourth gear (*auto*), quarta (*marcia*).
— **harmonic** (*radio*), quarta armonica *f.*
— **speed** (*auto*), quarta velocità *f.*
— **wheel** (*orol.*), ruota (*f.*) secondi.
— **wheel pinion** (*orol.*), pignone (*m.*) ruota secondi.
fox, pelliccia di volpe; (*aereo*) (U.S.A.) caccia *m.* (secondo il codice aeronautico am.).
— **message** (*inform.*), messaggio utilizzante tutte le lettere dell'alfabeto, destinato alla verifica del funzionamento della telescrivente e dei suoi circuiti.
foxiness, sapore di muffa (di certi vini).
foxtail wedging (*mecc.*), collegamento (*m.*) a controchiavetta.
fraction (*mat.*) (*chim.*) frazione *f.* (v. **bottom** —; **coarse** —; **fine-sized** —; **miscellaneous** —; **top** —; **ultrafine** —.
fractional, *agg.* (*chim.*), frazionato.
— **combustion,** combustione (*f.*) frazionata.
— **current** (*elet.*), corrente (*f.*) parziale.
— **distillation,** distillazione (*f.*) frazionata.
— **horse power motor,** motore (*m.*) frazionario.
— **motor** (*elet.*), motore razionario.
fractionate, *v.a.* (*fis.*), frazionare.
— **again,** (*v.a.*), rifrazionare *v.a.*
fractionating column (*chim.*) (*distillazione*), colonna (*f.*) di distillazione (frazionata); deflemmatore *m.*
— **tower** (*ind. pet.*), colonna (*f.*) di distillazione.
— **tray,** piatto di distillazione (piatto di sostegno delle « coppelle »).
fractionator (*ind. pet.*), colonna (*f.*) di distillazione.
— **tray** (*chim.*), piatto frazionatore.
fractogram, frattogramma *m.*
fractograph, frattografo *m.* (*microfotografia*).
fractography, frattografia *f.* (*tecnica*).
fractographic technique (*ceramica*), tecnica fractografica.
fracture, frantumazione *f.* (*mecc.*); frattura *f.*; rottura (*f.*) (*di apparecchio*); (*min.*), frantumare *v.a.*
— *v.i.*, rompersi *v.r.*; spaccarsi *v.r.*
— **appearance** (*met.*), aspetto della frattura.
— **of iron ores,** frantumazione (*f.*) dei minerali di ferro.
— **of the mineral,** frattura (*f.*) del minerale.
— **ore in situ** (*min.*), frantumare il minerale in posto.
— **toughness testing** (*met.*), prova della tenacità della frattura.
fracturing machine (ore — machine) (*min.*), frantumatrice *f.*
fragile, *agg.* fragile.
fragility, fragilità *f.*
fragment, frammento *m.*
— **bomb** (*armi*), spezzone *m.*
fragmentary cluster (*aereo*), gruppo bombe frammentarie.
fragmentation (*min.*), frantumazione del minerale (*con esplosivi, ecc.*).
frame, fotogramma *m.*; telaio *m.* (di bicicletta); tubo (*m.*) reggisella; tubo (*m.*) posteriore; tubo (*m.*) orizzontale; cavalletto *m.*; fusto *m.* (ossatura); intelaiatura *f.*; affusto *m.*; ordinata (*f.*) di nave; ordinata (*f.*) di fusoliera (*aereo*) (abbrev. di *transverse frame*); incastellatura *f.* (*mecc.*); cornice (*f.*) di quadro; carcassa *f.* (*elet.*); montatura *f.* (di occhiali); quadro *m.* (*cinem.*); inquadratura *f.* (*cinem.*); immagine singola; (*tip.*), bancone (con casse per caratteri); (*cost.*), v. **portal** —.
— *v.a.* intelaiare; corniciare.
— **aerial** (*radio*), antenna (*f.*) chiusa.
— **bend** (*telev.*), compensazione (*f.*) della distorsione del quadro.

frame coil (*telev.*) (U.S.A.), bobina (*f.*) di quadro (*o* centraggio *o* di aggiustamento dell'immagine).
— **crane,** gru (*f.*) a cavalletto.
— **direction-finder** (*radio*), vedi: loop.
— **filter,** filtro a telaio.
— **filter press,** filtropressa *m.*
— **frequency** (*telev.*), frequenza (*f.*) di quadro.
— **leg,** montante (*m.*) di telaio.
— **line** (*cinem.*), linea divisoria fra due inquadrature; interlinea *f.*
— **-mounted body** (*auto*), carrozzeria montata sul telaio (carrozzeria e telaio separati).
— **noise** (*cinem.*), rumore di quadro.
— **of the carriage,** intelaiatura (*f.*) di vettura.
— **of the planing machine,** incastellatura (*f.*) di piallatrice.
— **of the saw,** arco (*m.*) della sega.
— **saw,** sega (*f.*) alternativa.
— **sawing machine,** sega (*f.*) a telaio.
— **with cruciform member** (*auto.*), telaio (*m.*) con traversa centrale a crociera d'irrigidimento.
— **(rigid multi-storey steel —)** (*cost.*), telaio d'acciaio multipiano a nodi rigidi.
framed partition wall, parete (*f.*) reticolare.
framework, traliccio *m.*; intelaiatura *f.*
— **stay** (*aereo*), asta (*f.*) a telaio.
— **wall,** parete (*f.*) reticolare.
framing, ossatura *f.* (di nave).
— **device** (*cinem.*), dispositivo per il quadro.
franc area (*econ.*), zona (aerea), del franco.
Francis turbine, turbina (*f.*) Francis.
francium (*chim.* = Fr), francio *m.*
frankincense, olibano *m.*; incenso *m.*
franking-machine, macchina (*f.*) affrancatrice.
franklinite, minerale di ossido di ferro, zinco e manganese, leggermente magnetico.
fray (to —) (*tess.*), deteriorarsi (rompersi) per sfregamento.
fraze (*met.*), sbavatura *f.* (di pezzo fucinato).
frazing, rimozione di angoli acuti da pezzi forgiati.
freak (U.S.A.), frequenza *f.*
freckle, difetto sulla sup. di lamiere dato da macchie opache.
free, *agg.* libero; non combinato (*chim.*); franco (*comm.*); esente; gratuito; *v.a.* liberare.
— **at works,** franco stabilimento.
— **balloon** (*aer.*), pallone (*m.*) libero.
— **bearing,** appoggio (*m.*) libero.
— **bend test** (*met.*), prova (*f.*) di piegatura libera.
— **board** (*aer.*), bordo (*m.*) libero.
— **cutting steel** (*met.*), acciaio (*m.*) da taglio; acciaio automatico.
— **electron** (*fis. atom.*), elettrone (*m.*) libero.
— **end bearing,** appoggio (*m.*) mobile.
— **-enterprise economy** (*econ.*), economia libera (economia di mercato).
— **-fall parachute jump** (*slang*) (*aereo*) (U.S.A.), lancio da un aereo senza aprire (per breve tempo) il paracadute.
— **flight gas kit** (*aereo*) (U.S.A.), motomodello (*m.*) per volo libero.
— **flight kit** (*aereo*), modello (*m.*) per volo libero.
— **flowing oil,** olio (*m.*) fluido.
— **from acids,** esente (*agg.*) da acidi.
— **from knots,** senza nodi (di legname).
— **from moisture,** privo di umidità.
— **furnished accomodation,** sistemazione (alloggio) gratuita in appartamento ammobiliato.
— **gun** (*aereo*), mitragliatrice girevole.

free hand (line drawn in — hand) (*dis.*), linea disegnata a mano libera.
— **hand sketching,** disegno (*m.*) a mano libera (ornato).
— **neutron** (*fis. atom.*), neutrone (*m.*) libero.
— **of charge** gratuitamente; gratis (*to replace the carpet free of charge*) (*auto*), sostituire il tappeto gratuitamente.
— **on truck,** franco vagone.
— **parachute** (*aereo*), paracadute (*m.*) ad apertura comandata.
— **port** (*comm.*), porto (*m.*) franco.
— **radical** (*fis. atom.*), radicale (*m.*) libero.
— **-running speed** (*elet.*), velocità di regime.
— **-standing,** *agg.* staccato dalla parete; (*cost.*) (*mecc.*), indipendente; singolo; (*cost.*), non incorporato in altri edifici.
— **-swelling index,** indice (*m.*) di cokefazione.
— **swinging loudspeaker,** altoparlante (*m.*) a membrana libera.
— **swinging plansifter** (*ind. mol.*), buratto (*m.*) piano ad oscillazione libera.
— **time,** tempo libero.
— **-wheel** (*auto*), ruota libera.
— **-wheel casing,** scatola della ruota libera.
— **-wheel control,** comando innesto ruota libera.
— **wheel device** (*mecc. agr.*), scatto libero.
— **wheel propeller,** elica (*f.*) a scatto libero.
— **-wheeling hub** (*mecc.*), mozzo a ruota libera.

freeboard (*naut.*), bordo (*m.*) libero.

freedom of innocent passage (*aereo*), libertà di volo sulle frontiere di un paese straniero in tempo di pace.
— **of movement** (*gen.*), libertà di movimento.

freeing port (*naut.*), portello (*m.*) da scarico.

freeing the gas from the dust, eliminazione (*f.*) della polvere dal gas.

freek value (*radio*), valore erroneo.

freelance model, modello desunto da uno schizzo.

freeze (to —), *v.a. v.i.* congelare; congelarsi *v.r.*; ghiacciare; gelare; combaciare (a causa di espansione); (*fot.*), arrestare; ridurre un'azione rapida (rif. alla fotografia ad alta velocità per riproduzione di film al rallentatore).
— **an airplane model** (U.S.A.), procedere alla costruzione di aerei direttamente dal modello senza cambiamenti.
— **dry** (*chim.*), liofilizzare *v.a.*
— **-drying** (*met.*), liofilizzazione.
— **drying plant,** impianto di liofilizzazione.
— **-dry technique** (*for making ultrafine metal powder*) (*met.*), tecnica della liofilizzazione.

freezeproofing material (*min.*), materiale anticongelante.

freezer, congelatore *m.*

freezing, congelamento *m.*; congelazione *f.*
— **fog** (*meteor.*), nebbia (*f.*) congelante.
— **method** (*min.*), metodo della congelazione (del terreno per l'approfondimento di pozzi).
— **mist** (U.S.A.), nebbia che si agghiaccia; nebbia congelante.
— **mixture,** miscela (*f.*) frigorifera.
— **point,** punto (*m.*) di fusione; punto (*m.*) di congelamento.
— **process** (*min., petrol.*), metodo del congelamento.
— **rain,** pioggia (*f.*) congelante.
— **range** (*met.*), intervallo (*m.*) di solidificazione.
— **time** (*inform.*), tempo di congelamento (p. es. di immagine nella memoria).
— **tube** (*min.*), tubo di rivestimento usato nello scavo di pozzi con il metodo del congelamento.

freight (*naut.*), nolo *m.*

freight aeroplane, aeroplano per trasporto merci.
— **car** (U.S.A.) (*ferr.*), carro (*m.*) merci; vagone (*m.*) merci.
— **plane,** aeroplano (*m.*) da trasporto.
— **service,** servizio merci.
— **shed** (U.S.A.) (*ferr.*), magazzino (*m.*) merci.
— **waggon** (*ferr.*), vagone (*m.*) merci.
freighter (*aereo*), aeroplano da trasporto merci.
French blue, azzurro (*m.*) (*o* bleu) di Parigi.
— **curve,** curvografo *m.*
— **green,** verde di Parigi.
— **gutter tile,** tegola (*f.*) marsigliese.
— **heel** (*tess.*), tallone alla francese.
— **ocher,** ocra francese.
— **sewn** (*tip.*), punti per brossura.
— **window,** finestra (*f.*) a battenti.
freon (*chim.*), freon.
— **pump,** pompa per freon.
— **-11** (*chim.*), Freon-11 tricloromonofluorometano (composto refrigerante della du Pont).
— **-12** (*chim.*), Freon-12 diclorobifluorometano (refrigerante du Pont).
— **-114** (*chim.*), Freon-114 diclorotetrafluoroetano (du Pont).
frequency (*radio*, *elet.*), frequenza *f.*
— **allocation** (*radio*), assegnazione di frequenza.
— **analyzer,** analizzatore (*m.*) di rumori.
— **assignment** (*radio*), assegnazione di frequenza.
— **audio,** frequenza musicale.
— **band** (*radio*), banda di frequenza.
— **changer,** commutatore di frequenza.
— **compensated attenuator** (*elet.*), attenuatore compensato in frequenza.
— **deviation** (*radio*), variazione di frequenza.
frequency discount (*comm.*) (*pubb.*) (U.S.A.), sconto in rapporto alla ripetizione (settimanale) dell'annuncio pubblicitario sulla stampa o alla radio.
— **doubler** (*radio*), doppiatore (*m.*) di frequenza.
— **generator,** generatore (*m.*) di frequenza.
— **meter (set),** frequenziometro *m.*
— **-modulated cyclotron** (*fis. atom.*), ciclotrone (*m.*) a modulazione di frequenza.
— **multiplier,** moltiplicatore (*m.*) di frequenza.
— **range,** ambito (*m.*) di frequenza.
— **response** (*elet.*), risposta di frequenza.
— **spacing** (*radio*), intervallo di frequenza.
— **spectrum,** spettro (*m.*) di frequenza.
— **stability,** stabilità (*f.*) di frequenza.
— **tripler** (*radio*), triplicatore di frequenza.
fresco (*pitt.*), affresco *m.*
fresh breeze, vento (*m.*) quasi forte (forza 5, scala Beaufort).
— **gale,** vento (*m.*) fortissimo (forza 8, scala Beaufort).
— **water,** acqua dolce.
— **-water tank** (*naut. ecc.*), serbatoio per acqua dolce (a bordo delle navi).
fresnel (*fis.*), unità di frequenza (equivalente a 10^{12} cicli al secondo).
Fresnel lens (*ott.*), lente di Fresnel.
Fresnel's integrals (*mat.*), integrali di Fresnel.
— **mirrors** (*fis.*, *ott.*), specchi di Fresnel.
fret saw, sega (*f.*) da volgere; gattuccio *m.*
frettage, usura (in parti metalliche).
fretting, usura *f.*
— **corrosion** (*met.*), corrosione (*f.*) da attrito; corrosione (*f.*) da sfregamento.

fricative (*consonante*, per es. *s*, *z* (in zero); suono *sh* in shout, in inglese), fricativa.
friction, attrito *m.*; frizione *f.*; ingranamento *m.*
— **bolt** (*cost.*, *mecc.*), bullone ad attrito.
— **brake,** freno (*m.*) a frizione.
— **butt welding machine** (*macch.*), saldatrice (*f.*) di testa a frizione.
— **clutch,** innesto (*m.*) a frizione; manicotto (*m.*) a frizione; accoppiamento (*m.*) a frizione.
— **coefficient** (*mecc.*), coefficiente di attrito.
— **cone,** cono (*m.*) di frizione.
— **cone drive,** comando (*m.*) a frizione a rulli conici.
— **countershaft,** contralbero (*m.*) fissato al soffitto.
— **coupling,** innesto (*m.*) a frizione.
— **disc,** lamella (*f.*) del freno; disco (*m.*) a frizione.
— **drive,** comando (*m.*) a frizione.
— **gearing,** trasmissione (*f.*) a frizione.
— **horsepower,** perdita per attrito (in un motore).
— **jewel** (*orol.*), pietra forzata.
— **knob** (*typewriter*), frizione.
— **pawl,** cuneo (*m.*) di frizione; nottolino (*m.*) di arresto a frizione.
— **plate** (*auto*), disco della frizione.
— **press,** pressa (*f.*) a frizione; (*macch. ut.*), bilanciere (*m.*) a frizione.
— **ring,** ralla (*f.*) di controspinta; anello (*m.*) di controspinta.
— **roller,** rullo (*m.*) a frizione.
— **-screw press** (*macch. ut.*), bilanciere a frizione.
— **tape,** nastro (*m.*) isolante gommato.
— **welding** (*sald.*), saldatura per attrito.
— **wheel,** ruota (*f.*) di frizione.
— **wheel gearing,** trasmissione (*f.*) a ruote di frizione.
frictional coefficient (*mecc.*), coefficiente di attrito.
— **contact,** contatto (*m.*) per attrito.
— **damper,** ammortizzatore (*m.*) a frizione.
— **force** (*fis.*), forza (*f.*) d'attrito.
— **load** (*mecc.*), carico di attrito.
— **pickup** (*met.*), grippaggio *m.*
— **resistance,** resistenza (*f.*) di di attrito.
— **rest escapement** (*orol.*), scappamento (*m.*) a riposi.
— **screw press** (*macch. ut.*), bilanciere (*m.*) a frizione.
fridge (*elettrodomestici*) (*slang*), frigorifero *m.*
frieze (*arch.*), fregio *m.*
— *v.a.* (*tess.*), rattinare.
friezing (*tess.*), rattinatura *f.*
frigate (*naut.*), fregata *f.*
frigorific mixture, miscela (*f.*) frigorifera.
fringe (*ott.*), frangia *f.*
— **benefits** (*lavoro operai*), miglioramenti relativi agli elementi accessori del salario; addizionali *m. pl.*
— **effect** (*radio*), effetto (*m.*) pellicolare.
— **reception** (*radio*), ricezione delle zone marginali.
fringing (*telev.*), orlatura (*f.*) (di colori).
frit (*met.*) (*chim.*) (*ceram.*), fritta (matrice vetrosa); massa semifusa.
fritting, formazione di scoria (dovuta alla fusione).
frized leather, pelle (per guanti) molto morbida.
frog, bivio (di rotaie).
— **clamp** (*ing. elet.*), morsetto (*m.*) dello scambio.
frond (*bot.*), tallo *m.*
front, *agg.* anteriore; frontale.
— **angle** (*utensili*), angolo (*m.*) di resistenza.
— **axle,** assale anteriore.
— **axle radius rod** (*auto*), puntone per assale anteriore.

front bearing, sopporto (*m.*) anteriore; portata (*f.*) anteriore (di mandrino); cuscinetto (*m.*) anteriore.
— **bearing spring** (*auto*), molla (*f.*) sospensione anteriore.
— **brake lever,** freno ruota anteriore.
— **burner** (*met.*), bruciatore frontale.
— **clearance,** angolo (*m.*) di spoglia anteriore.
— **damping** (*auto*), ammortizzazione frontale.
— **delivery** (*tip.*), uscita frontale.
— **drive** (*auto*), trazione (*f.*) anteriore.
— **drive car** (*auto*), automobile (*f.*) a trazione anteriore.
— **elevation** (*disegno*), vista (*f.*) di fronte.
— **-end** (*agg.*) (*inform.*), frontale.
— **-end processor** (*inform.*), unità (centrale) frontale di elaborazione; elaboratore (*m.*) frontale.
— **engine car,** auto (*f.*) a motore anteriore.
— **face of the tool,** faccia (*f.*) anteriore dell'utensile.
— **-fan engine** (*aereo*), motore con compressore del flusso secondario montato anteriormente (stadio a bassa pressione del compressore).
— **-feed carriage** (*calcol. elettron.*), carrello ad alimentazione frontale.
— **fender** (*auto*), parafango anteriore.
— **fork,** forcella (*f.*) anteriore.
— **gauge** (*tip.*), squadra anteriore.
— **hub,** mozzo (*m.*) anteriore (di bicicletta).
— **hubs** (*auto*), mozzi (*m. pl.*) ruote anteriori.
— **impact** (*auto*), urto frontale.
— **leg** (*armi*), gamba anteriore.
— **loader** (*agr.*), caricatore frontale.
— **-loading stereo cassette deck** (*audio*), piastra a cassetta stereo a caricamento frontale.

front mud-guard, parafango (*m.*) anteriore.
— **panel** (*amplificatori, ecc.*), pannello frontale.
— **rake,** angolo (*m.*) dell'affilatura.
— **roller** (*tess.*), rullo (*m.*) anteriore.
— **seat,** sedile (*m.*) anteriore.
— **seat headroom** (*auto*), altezza (*f.*) libera del sedile anteriore.
— **sight** (*armi*), mirino *m.* anteriore.
— **slide-way** (*macch. ut.*), guida (*f.*) di scorrimento anteriore.
— **spar,** longherone (*m.*) anteriore.
— **spoiler** (*auto*), spoiler anteriore.
— **suspension** (*auto*), sospensione (*f.*) anteriore.
— **tension** (*trafilatura*), tensione (*f.*) frontale.
— **tipper,** vagoncino (*m.*) capovolgibile avanti.
— **top rake,** angolo (*m.*) di spoglia superiore.
— **track** (*auto*), carreggiata (*f.*) anteriore.
— **view** (*dis.*), vista (*f.*) di fronte.
— **wheel drive** (*auto*), trazione anteriore.

frontal impact (*auto*), urto frontale (*incidente auto*).
— **-wheel drive car,** auto a trazione anteriore.
— **wheels,** ruote (*f. pl.*) anteriori.

frost (*fis.*), gelo *m.*
— *v.a.* appannare (smerigliare lampade o vetri); gelare.
— **cleft,** diacciolo *m.* (di legname).
— **effect,** effetto del gelo (*su traversine, ecc.*).
— **gritter** (*macch. ut.*), macchina spargisabbia contro il gelicidio.
— **-heaved sleeper** (*ferr.*), traversina gelata (dilatata dal gelo).
— **-heaving** (*fis.*), dilatazione causata dal gelo; rigonfiamento dovuto al gelo; (*uneven frost-heaving under different parts of the same sleeper*), dilatazione irregolare sotto parti diverse della medesima traversina.

frost protection (*tubi, ecc.*), protezione dal gelo.
— **shake,** screpolatura (*f.*) dovuta al gelo; diacciolo *m.* (di legname).
— **smoke,** nebbia (*f.*) marina.
frosted, *agg.* appannato; smerigliato (di lampade).
— **glass,** vetro (*m.*) smerigliato.
froth, schiuma *f.*; *v.i.* fare schiuma; schiumare *v.i.*
— **flotation** (*min.*), flottazione (*f.*) a schiuma.
— **over** *v.i.*, traboccare *v.i.* (*di schiuma*).
— **suppressor** (*ind. birra*), antischiumante *m.*
— **up,** *v.i.* schiumare (*o* fare schiuma) fortemente.
frother (*mecc.*), generatore (*m*). di schiuma.
frothing agent, generatore (*m.*) di schiuma; schiumogeno *m.*
frowy, *agg.* tenero e fragile.
frozen capital (*finan.*), capitale congelato (*o* bloccato).
— **foods,** alimenti (*m. pl.*) congelati.
— **food container,** container per derrate congelate.
— **shaft** (*min.*), pozzo scavato col metodo del congelamento.
d-**fructose** (*chim.*), fruttuosio *m.*
« **fruit** » (*controller's jargon*) (*aereo*), segnali indesiderati raccolti dalle stazioni di terra, trasmessi da due radar secondari che interrogano simultaneamente lo stesso aereo.
fruit grader, selezionatrice calibratrice di frutta.
— **-washing machine** (*mecc.*), lavatrice (*f.*) per frutta.
FRUM (*inform.*), program. basato sulla riduzione della frase, liberata dalla sua forma grammaticale, ai concetti di base, per cui l'elaboratore è in grado di capire un racconto ed è pronto ad abbreviarlo.
frustum, tronco (*m.*) di cono.
— **of cone,** tronco (*m.*) di cono.
frustum of pyramid, tronco (*m.*) di piramide.
frying (*telecomunicaz.*), rumore microfonico.
fuchsine (*chim.*), magenta *f.*
fuel, combustibile *m.*; carburante *m.*
— **(to —),** rifornire di carburante.
— **additives,** additivi per combustibili.
— **battery** (*elettrochim.*), pila (*f.*) a combustibile.
— **-breeding cycle** (*fis. atom.*), ciclo di fertilizzazione del combustibile.
— **can,** canistro per carburante.
— **cartridge** (*fis. atom.*), cartuccia (*f.*) di combustibile.
— **channel** (*fis. atom.*), canale (*m.*) del combustibile.
— **charge tube** (*fis. atom.*), tubo (*m.*) di caricamento del combustibile.
— **consumption,** consumo (*m.*) di combustibile.
« — **crops** », derrate alimentari, trasformate in alcole distillato usato come carburante.
— **consumed on trip** (*auto*), combustibile consumato durante il percorso.
— **consumed since fillup or last reset** (*auto*) (*computer*), combustibile consumato da quando si è fatto il pieno o l'ultimo rifornimento.
— **cycle** (*fis. atom.*), ciclo (*m.*) del combustibile.
— **depletion** (*fis. atom.*), esaurimento (*m.*) (deterioramento) del combustibile.
— **dope** (U.S.A.), materiale antidetonante (che si aggiunge a carburante).
— **doubling** (*fis. atom.*), raddoppiamento (*m.*) (*o* duplicazione *f.*) del combustibile.
— **element** (*fis. atom.*), elemento (*m.*) combustibile.
— **element can** (*fis. atom.*), camicia (*f.*) dell'elemento combustibile.
— **element charging tube** (*fis. atom.*), tubo di caricamento dell'elemento combustibile.

fuel filler (*auto*), bocchettone del serbatoio del carburante.
— **filter,** filtro del carburante.
— **filter coalescer** (*gas turbine*), coalescente per filtro, per rimuovere acqua e particelle di materie da un combustibile diesel per turbine a gas.
— **flask** (*fis. atom.*), v. **flask.**
— **gas,** gas (*m.*) combustibile.
— **gauge** (*auto*), indicatore livello carburante.
— **grade** (*chim.*), indice (*m.*) di ottano.
— **injection equipment,** dispositivo di iniezione (per motori a nafta).
— **injection pump** (*mot. diesel*), pompa d'iniezione.
— **leak pipe,** tubo di scarico combustibile.
— **line,** tubo (*m.*) d'alimentazione.
— **mixture** (*fis. atom.*), miscela (*f.*) di combustibile.
— **oil,** nafta *f.*; olio pesante.
— **pellet** (*fis. atom.*), pellet di combustibile.
— **plate** (*fis. atom.*), lamina (*f.*) di combustibile.
— **pressure pipe,** tubo (*m.*) di mandata combustibile.
— **pump test bench** (*naut.*), banco di prova per la pompa di alimentazione.
— **rate** (*altoforno met.*), consumo specifico di combustibile.
— **ratio,** rapporto in percentuale fra carbonio fisso e mat. volatile, nel carbone.
— **regeneration** (*fis. atom.*), rigenerazione (*f.*) del combustibile.
— **rod** (*fis. atom.*), barra (*f.*) di combustibile.
— **slug** (*fis. atom.*), barra attiva; cartuccia (*f.*) di combustibile.
— **spray,** spruzzo di combustione.
— **strainer,** filtro (*m.*) del carburante.
— **tank,** serbatoio di combustibile.
— **tank forward fix,** supporto (*m.*) anteriore fissaggio serbatoio.
fuel tap, rubinetto (*m.*) carburante.
— **tester,** analizzatore (*m.*) della benzina.
— **(two-star —)** (*auto*), combustibile con indice di ottano 91.
fueller, autocisterna per rifornimento carburante (*aerei, ecc.*).
fuelling crew (*aerei*), squadra addetta al rifornimento di carburante.
— **dispenser** (*aereo*), dosatore flusso carburante.
— **station,** stazione (*f.*) (posto) di rifornimento carburante.
fugacity, v. **reference fugacities** (*termodinamica, chim.*).
fugitive (*cosmetici*), fragile; poco resistente alla luce.
fugitometer (*chim.*), apparecchio (*m.*) per provare la resistenza delle stoffe tinte, alla luce ed all'umidità.
fulchronograph (*mecc.*), apparecchio registratore della forma e intensità di corrente dei fulmini.
fulcrum, punto (*m.*) di appoggio; fulcro.
— **pin,** fulcro (*m.*) della leva.
fulgurant, *agg.*, folgorante *agg.*
full, *v.a.* gualcare; follare (*tess.*).
— **automatic turret lathe with programme control** (*macch. ut.*), tornio (*m.*) a torretta a ciclo automatico con programma.
— **ahead!** (*naut. engine order*), avanti tutta!; avanti a tutta forza!
— **astern** (*naut. engine order*), indietro tutta!; indietro a tutta forza!
— **charged battery,** batteria (*f.*) carica.
— **column** (*chim.*), colonna piena in cui i vapori passano dal fondo alla sommità continuamente in forma di gorgogliamento.
— **-dupex** (*trasmissione di dati a distanza*), bidirezionale simultaneo (simultaneamente nei due sensi).

full hole cementing (*petrol.*), cementazione a foro pieno.
— **load** (*elet. ing.*), carico pieno.
— **load current** (*elet.*), corrente (*f.*) a pieno carico.
— **lock** (*auto*), (*to turn on full lock*), curvare tutto sterzo.
— **-pitch winding** (*elet.*), avvolgimento (*m.*) diametrale.
— **plate English lever movement** (*orol.*), movimento inglese ad àncora a platina completa.
— **plate watch** (*orol.*), orologio a platina completa (con platina superiore circolare).
— **radiator,** corpo (*m.*) nero.
— **size** (*disegno*), misura reale *f.*
— **unit body construction** (*auto*), costruzione a carrozzeria portante.
— **unit construction body** (*auto*), carrozzeria portante.
— **-vision windshield** (*auto, aereo*), parabrezza (*f.*) a completa visuale.
— **wave rectifier** (*radio*), raddrizzatore (*m.*) integrale.
fuller, presella (*f.*) per stozzare.
— **board,** cartone (*m.*) pressato.
fullering tool, presella (*f.*) piana per stozzare.
fuller's earth, argilla smectica; terra di follone.
fulling (*tess.*), follatura *f.*
— **agent** (*tess.*), follante *m.*
— **assistant** (*tess. chim.*), coadiuvante di follatura.
— **-mill,** gualchiera *f.* (*tess.*); macchina (*f.*) a follare.
fullness, intensità *f.* (*di odore*); ricchezza *f.* (*di colore*).; (*birra*), gusto al palato.
fully automatic plating plant, installazione (*f.*) automatica per processi galvanici (*o* bagni a catena).
fulminate (*chim.*), fulminato *m.*
fulminating mercury, fulminato (*m.*) di mercurio.
fulminic acid, acido (*m.*) fulminico, C=N.OH.
fumarole, soffione *m.*
fumarole acid, acido di soffione; acido borico.
fume, fumi *m. pl.*; vapore *m.*
— **-cleaning plant** (*met.*), impianto di depurazione fumi.
— **collection and cleaning equipment** (*met.*), impianto captazione e depurazione fumi.
— **dedusting** (*met.*), depolverazione (*f.*) dei fumi.
— **disposal,** eliminazione vapori.
— **extractor** (*met.*), aspiratore-depuratore dei fumi.
— **treatment** (*met.*), trattamento dei fumi.
— **tunnel** (*met.*), galleria fumi sotterranea.
— **(flow rate of —)** (*depur. fumi*), portata dei fumi.
— **(to treat the — from the heat cycle)** (*met.*), trattare i fumi prodotti nel ciclo di colata.
fumigation, fumigazione *f.*
fuming, *agg.* (*chim.*), fumante.
— **sulfuric acid** (*chim.*), acido solforico fumante.
function (*mat.*), funzione *f.*
— *v.i.*, funzionare *v.i.*
— **code** (*inform.*), codice di servizio; codice di funzione.
— **key** (*inform.*), tasto funzione.
functional, *agg.* (*chim., mobili, ecc.*), funzionale.
— **diagram,** diagramma (*m.*) di lavoro d'un circuito.
— **layout** (*di acciaieria, p. es.*), schema funzionale.
functioning, funzionamento *m.*
fundamental frequency, frequenza (*f.*) fondamentale.
funded debt (*finan.*), debito (*m.*) consolidato.
fungal cellulose (*bot.*), fungina *f*
— **decay,** putrefazione per causa di muffa.
fungicidal, *agg.* (*chim.*), funghicida; antifungo; anticrittogamico.
— **dressing** (*agr.*), trattamento anticrittogamico; trattamento antiparassitario.
— **paint** (*chim. applicata*), vernice funghicida.

fungicide (*chim.*), funghicida; anticrittogamico *m.*; antifungo *m.*
— **treatment** (*agr.*), trattamento con funghicidi.
fungous, *agg.* fungoso.
fungus cellulose (*bot.*), fungina *f.*
fungusproofing (*pitture, ecc.*), trattamento antifungo.
funicular polygon, poligono (*m.*) funicolare.
— **railway,** funicolare *f.*
funnel, risucchio *m.* (*fond.*); imbuto *m.*; fumaiolo *m.* (*naut.*) (macch. a vapore); ciminiera *f.* (*naut.*); camino (*m.*) in lamiera; vedi: **separatory.**
— **(to — up tall chimneys),** espellere (gas, ecc.) tramite alti fumaioli.
— **casing,** camicia (*f.*) di un fumaiolo.
— **diaphragm,** schermo (*m.*) ad imbuto.
— **-shaped,** *agg.* imbutiforme.
fur, pelliccia *f.*
fural (*chim.*), furfurolo *m.*
furan (*chim.*), furano *m.*
furane resins (*fond.*), resine (*f. pl.*) furaniche.
furfural (*chim.*), furfurolo *m.*
furfuraldehyde (*chim.*), furfurolo *m.*
furfuran(e) (*chim.*), furfurano *m.*
furfurole (*chim.*), furfurolo *m.*
furnace, fornace *f.* (per metalli); fornace *f.* (*fonderia*); forno *m.*; focolare *m.*; camera (*f.*) di combustione.
— **aisle** (*met.*), campata convertitori.
— **bay** (*acciaieria*), campata forni.
— **brazing** (*sald., met.*), brasatura (*f.*) in forno.
— **-bridge,** muretto (*m.*) del forno.
— **campaign** (*met.*), campagna di un forno.
— **casing** (*met.*), involucro (mantello *o* carcassa) del forno.
— **centre distance** (*met.*), distanza fra gli assi dei convertitori.
— **crown,** cielo (*m.*) del focolare.
— **delays** (*met.*), tempi morti di un forno (*to keep — — to a minimum*), ridurre i tempi morti di un forno al minimo.
furnace door (*met.*), porta (*f.*) del forno.
— **flue,** involucro (*m.*) di forno.
— **hoist,** montacarichi per forno.
— **lining,** rivestimento (*m.*) refrattario di forni.
— **patching** (*met.*), riparazione del forno.
— **pulpit** (*calcolatori elett.*), pulpito convertitore.
— **refractory life** (*met.*), durata del refrattario del forno.
— **roof,** cielo (*m.*) del focolare.
— **tools,** attrezzi (*m. pl.*) per focolare
— **top,** bocca (*f.*) di caricamento.
— **top bell** (*met.*), campana per altiforni.
— **with vertical sides** (*met.*), forno a pareti verticali.
— **(all-purpose —)** (*met.*), forno (*m.*) polivalente.
— **(annealing —),** forno (*m.*) di ricottura.
— **(arc —),** forno (*m.*) ad arco.
— **(babbitt melting —),** forno (*m.*) di fusione metallo antifrizione.
— **(bell-type —),** forno (*m.*) del tipo a campana.
— **(box-type electric –),** forno (*m.*) elettrico del tipo a muffola.
— **(carbonizing —),** forno (*m.*) di calcinazione.
— **(car-bottom resistor —),** forno (*m.*) elettrico a suola mobile.
— **(carburizing —),** forno (*m.*) da cementazione.
— **(case-hardening —),** forno (*m.*) da cementazione.
— **(controlled atmosphere —),** forno (*m.*) di ricottura in atmosfera artificiale.
— **(controlled atmosphere electric —),** forno (*m.*) elettrico con atmosfera artificiale.
— **(corrugated —),** forno (*m.*) ondulato.
— **(cupola —),** forno (*m.*) a cupola (cubilotto *m.*).
— **(electric —),** forno (*m.*) elettrico.
— **(gas —),** forno (*m.*) metallurgico a gas.

furnace (heating –), v. oil fired –.
— **(indirect arc —)**, forno (*m.*) d'arco indiretto.
— **(induction —)**, forno (*m.*) ad induzione.
— **(low voltage induction —)**, forno (*m.*) ad induzione a bassa frequenza.
— **(melting —)**, forno (*m.*) di fusione.
— **(muffle —)**, forno (*m.*) a muffola.
— **(muffle carburizing —)**, forno (*m.*) da cementazione a muffola.
— **(open hearth —)**, forno (*m.*) a suola; forno (*m.*) Martin-Siemens.
— **(plain —)**, forno (*m.*) liscio.
— **(puddling —)**, forno (*m.*) a puddellaggio.
— **(regenerative type gas —)**, forno (*m.*) a gas con ricupero di calore.
— **(resistor —)**, forno (*m.*) elettrico.
— **(retort —)**, forno (*m.*) a storte.
— **(reverberatory —)**, forno (*m.*) a riverbero.
— **(rivet —)**, forno (*m.*) per chiodi.
— **(tempering —)**, forno (*m.*) di rinvenimento.
furnaceman, fornaciaio *m.*
furnish (to —), fornire; ammobiliare.
— **one certified copy**, fornire una copia certificata.
— **(fully furnished)** (*cost.*), completamente ammobiliato.
furnishing, mobilio *m.*; arredamento (di una casa).
— **fabric** (*tess.*), tessuto per arredamento.
furniture, mobili *m. pl.*; serramenti *m. pl.*; serramenta *f. pl.*; (*tip.*), (materiali per) marginatura *f.*
— **and spacing materials** (*tip.*), bianchi tipografici.
— **cabinet** (*tip.*), casellario per marginatura.
— **cleaner**, pulitore per mobili; prodotto per pulire i mobili.
furniture factory, ebanisteria *f.* (officina); mobilificio *m.*
— **lacquer**, lacca (*f.*) per mobili.
— **(steel —)**, mobili metallici.
furole (*chim.*), furfurolo *m.*
furrier, pellettiere *m.*
furring (*caldaie*), disincrostazione *f.*
furrow-wheel, ruota (*f.*) di solco (aratro).
furzehill machine (*orol.*), apparecchio furzehill.
fusain (*chim.*), fusina *f.*
fuse, spoletta *f.* (*armi*); valvola *f.* (*elet.*); miccia *f.* (*per miniere*); esca *f.*; filo fusibile; (*elet.*) valvola (*f.*) a fusibile.
— *v.a. v.i.*, fondere *v.a.*; fare fondere; saldare *v.a.*; condensare *v.i.*
— **block** (*elet.*), porta-fusibili *m.*
— **box** (*elet.*), scatola (*f.*) delle valvole.
— **carrier**, portafusibili *m.*
— **holder**, portafusibili *m.*
— **off**, *v.a.* separare (*o* eliminare) con fusione.
— **protection** (*elet.*), fusibile di protezione.
— **tester** (*elet.*), provafusibile.
fuseboard, quadro dei fusibili.
— **strip** (*elet.*), lamella (*f.*) fusibile.
fused metallized coating, rivestimento metallizzato per rifusione.
— **quartz**, quarzo (*m.*) fuso.
— **salt bath**, bagno di sali fusi.
fusee (*orol.*), fuso *m.*
— **arbor** (*orol.*), albero del fuso.
— **chain** (*orol.*), catena del fuso.
— **engine** (*orol.*), tornietto per fusi.
fusel, fuselolo *m.*
— **oil**, residuo della distillaz. degli spiriti; fuselolo; (prodotto di coda).
fuselage, fusoliera *f.* (di aeroplano).
— **attachment**, attacco (*m.*) di fusoliera.
— **fitting**, armatura (*f.*) della fusoliera.
— **framework**, armatura (*f.*) della fusoliera.
— **length** (*elic.*), lunghezza (*f.*) della fusoliera.

fuselage strut, montante (*m.*) di fusoliera.
— **(bottom of —),** parte (*f.*) inferiore della fusoliera.
fusible alloy, lega (*f.*) fusibile.
— **clay,** argilla (*f.*) fusibile.
— **cones** (*pl.*), tappo (*m.*) fusibile.
— **covering** (*sald.*). rivestimento (*m.*) fusibile.
— **cut-out** (*elet.*), fusibile *m.*; valvola (*f.*) fusibile.
— **lid,** tappo (*m.*) fusibile (di caldaia).
— **plug** (*elet.*), turacciolo (*m.*) fusibile.
— **wire** (*elet.*), filo (*m.*) fusibile; valvola *f.*
fusing burner, cannello (*m.*) per tagliare.
— **element** (*elet.*), elemento (*m.*) di valvola.
— **point,** punto di fusione non molto forte (p. es. quello dell'asfalto).
fusion bomb, bomba (*f.*) all'idrogeno.
fusion energy (*fis. atom.*), energia (*f.*) di fusione.
— **face** (*sald.*), bordo (*m.*) su una faccia.
— **point,** punto di fusione.
— **weapon,** arma nucleare a fusione.
— **welding,** saldatura per fusione.
fustian (*tess.*), fustagno *m.*
fustic (*chim.*), fustetto *m.*; fustetto vecchio; legno giallo.
futtock (*naut.*), scalmo *m.*
future dollars (*finan.*), dollari a termine.
futures (*comm.*), operazioni a termine; (*finan.*), consegne a termine.
— **contract** (*comm.*), contratto a termine.
— **market** (*finan.*) (*merci*), mercato a termine.
fuzzy, *agg.* sfuocato.
— **track** (*cinem.*), traccia sonora mancante di alte frequenze.
fyrex, cristalli di fosfato d'ammonio (per carta incombustibile e tessili).

G

g-acid, acido 2-naftolo-6,8-disulfonico.
g.p.m. test, (vedi nelle abbreviazioni).
G. R. (*aereo*) (*general reconnaisance aircraft*), apparecchio di ricognizione.
gab, utensile a punta usato per pietre dure.
gabardine (*tess.*), gabardine *m.*
— **twill,** gabardine (*m.*) diagonale.
gabbard scaffold, impalcatura *f.* (con legni segati).
gabbro, gabbro *m.*
gabbroidal, *agg.* contenente gabbro.
Gabian oil, nafta *f.*
gabion (*cost. idr.*), gabbione *m.*
gable, frontone *m.*
— **moulding** (*cost.*), modanatura (*f.*) di frontone.
gablet (*arch.*), timpano *m.*
gad, cuneo d'acciaio (per frantumare carbone); lingotto o barra (di metalli, solitamente acciaio).
gadget (*gen.*), dispositivo *m.*; accessorio *m.*
gadgetry, insieme (o complesso) di dispositivi.
— **(electronic —),** dispositivi elettronici.
gadoleic acid, acido gadoleico.
gadolinite (pr. *'-ait*) (*chim.*), gadolinite *f.*
gadolinium (*chim.* = Gd), gadolinio *m.*
gaff (*naut.*), picco *m.*
— **-topsail,** controranda *f.*
gaffer (*cinem.*) (U.S.A.), capo elettricista *m.*; (*petrolio* (U.S.A.); vedi: **roustabout.**
gag (*min.*), ostruzione nella valvola a cerniera di una pompa.
— **-man** (*cinem.*), scenarista *m.* (che assegna parti comiche).
gagate (*min.*), ambra nera.
gage, vedi: **gauge.**
gagger (*fond.*), gancio *m.*
gaging, misura *f.*
gahnite (*min.*), spinello (di zinco).
gain (*elet.*), guadagno *m.*; aumento di potenza nel carico; rapporto (*m.*) di amplificazione (in nepers o decibels).
— *v.a.*, ottenere *v.a.*; fissare *v.a.*; captare (*v.a.*) (*un elettrone*).
— **an electron** *v.a.* (*fis. atom.*), captare un elettrone.
— **control** (*radio*), regolazione dell'amplificazione.
— **controller** (*radio*), regolatore (*m.*) d'amplificazione.
— **height** (*v.a.*) (*aereo*), guadagnare quota.
— **-run** (*radio*), collaudo di un sistema mediante un oscillatore.
gait (gaiting) (*tess.*), preparazione del telaio per la filatura, mettendo l'ordito in posizione.
gal, unità di accelerazione.
galactans (*chim.*), anidridi del galattosio.
galactic circle (*astron.*), cerchio (*m.*) galattico.
— **hydrogen,** idrogeno galattico.
galactite (*min.*), galattite *f.*
galactogue, galactogog (*med.*), galattagògo.
galactometer, galattometro *m.*
galactose (*chim.*), galattosio *m.*
galalith, galalite *f.*
galanga oil, olio (*m.*) essenziale di galanga.
galatea (*tess.*), galatea (tessuto di cotone solido alla lavatura).
galaxy (*astron.*), via lattea; galàssia *f.*
galbanum, galbano *m.* (resina).
gale (*meteor.*) vento di burrasca (forza 7-10 della scala Beaufort).
galena (*min.*), galena *f.*
gall extract, estratto noce di galla.
— **nut,** noce (*f.*) di galla.
gallein (*chim.*), galleina *f.*
gallery (*costr.*), galleria *f.*
— **furnace** (*met.*), forno per riscaldamento di storte (distillaz. mercurio).

galley (*tip.*), vantaggio *m.*; (*naut. ed aereo*), cucina *f.*; (*naut.*), galea *f.*
— **(electrical —)** (*aereo*), cucina elettrica di bordo.
— **proof** (*tip.*), bozzone.
gallia (*chim.*), sesquiossido (*m.*) di gallio.
gallic acid (*chim.*), acido (*m.*) gallico.
gallin (*chim.*), galleina *f.*
galling, danneggiamento di una superficie (dovuto ad attrito con altro metallo); spelamento (*o* bruciatura) di filettatura di tubi; usura *f.* (*mecc.*); pregrippaggio (*mot.*).
— **(galling and seizing tendency)**, tendenza al pregrippaggio e al grippaggio.
gallium (*chim.* = Ga), gallio *m.*
— **arsenide** (*chim.*), arseniuro (*m.*) di gallio. G a As (composto che prenderà il posto del silicio nel supercomputer del domani).
gallizing, aggiunta di zucchero per correggere l'acidità di un mosto.
gallocyanine (*chim.*), gallocianina *f.*, $C_{15}H_{12}O_5N_2$.
galloflavine (*chim.*), galloflavina *f.* (colorante per la lana).
galloformin (*chim.*), esametilenetetramina *f.*
gallon (U.S.A.), gallone *m.* (misura di capacità) (U.S.A., 1 gallone = l 3,785); (Inghilterra, 1 gallone = l 4,545).
gallophenine (*chim.*), gallofenina *f.* (colorante).
galloping (*auto*) (U.S.A.), funzionamento irregolare di un motore, fornito di miscela troppo ricca: galoppo.
gallotannin (*chim.*), acido tannico.
gallow pulley, puleggia (*f.*) di guida.
Galloway boiler (*ing. mecc.*), caldaia (*f.*) Galloway (caldaia cilindrica del tipo Lancashire).
— **tube**, tubo Galloway.
gallows (bracket), sostegno *m.* (gener. di legno per portare un peso alla sua estremità).
galvanic, *agg.* galvanico.
— **apparatus**, apparecchio (*m.*) galvanico.
— **battery**, batteria (*f.*) galvanica.
— **cell**, pila (*f.*) galvanica.
— **corrosion** (*met.*), corrosione elettrolitica.
— **current**, corrente (*f.*) voltaica.
galvanise, *v.a.* galvanizzare.
galvanism, galvanismo *m.*
galvanization, galvanizzazione *f.*
galvanize, *v.a.* galvanizzare; zincare.
galvanized iron, ferro (*m.*) galvanizzato.
— **pipe**, tubo (*m.*) galvanizzato.
— **sheet iron**, lamiera (*f.*) di ferro zincata.
— **signal strand**, fune (*f.*) a trefoli di 7 fili (e talvolta 19 fili).
— **steel oval wire**, filo (*m.*) di acciaio ovale zincato (ovaletto).
— **strips** (*met.*), bande (*f. pl.*) zincate.
— **wire**, filo (*m.*) zincato.
— **(wrought) iron**, ferro (*m.*) zincato.
galvanizing, galvanizzazione *f.*; zincatura *f.*
galvannealing, riscaldamento di lamiere zincate ad una temperatura vicina al punto di fusione dello zinco.
galvanocautery (*chir.*), galvanocautèrio *m.*
galvanograph, galvanografia *f.* (lastra).
galvano-metallurgy, galvanometallurgia.
galvanometer, galvanometro *m.*
galvanometric, *agg.* galvanometrico.
— **relay**, relais galvanometricc.
galvanometry, galvanometria *f.*
galvanoplastic, *agg.* galvanoplastico.
galvanoplastics, galvanoplastica *f.*
galvanoscope, galvanoscopio *m.*
galvanostegy, galvanostegia *f.*
gambier, catecù *m.*
gambir, catecù *m.*

gamboge, gommagutta *f.* (usata come pigmento giallo).
gamboge butter, burro (*m.*) di gommagutta.
gambrel, congegno (*m.*) di sospensione.
— **roof** (*cost.*), tetto (*m.*) a mansarda.
game-oriented language (*inform.*), linguaggio orientato ai giochi.
gamene (*chim.*), colorante rosso; radice di robbia di 2ª qualità.
gamete (*bio.*), gamete *m.*
gamma (*fot.*), gamma.
— **acid,** acido gamma.
— **activity** (*fis. atom.*), radioattività (*f.*) gamma; attività (*f.*) gamma.
— **antimony,** antimonio (*m.*) comune.
— **arsenic,** arsenico (*m.*) comune.
— **attenuation** (*fis. atom.*), attenuazione (*f.*) di raggi gamma.
— **counter** (*fis. atom.*), contatore (*m.*) gamma.
— **cross-section** (*fis. atom.*), sezione d'urto gamma.
— **decay** (*fis. atom.*), decadimento (*m.*) gamma.
— **emitter** (*fis. atom.*), emettitore (*m.*) gamma.
— **flux** (*fis. atom.*), flusso (*m.*) di raggi gamma.
— **greenhouse** (*fis. atom.*), serra gamma.
— **iron,** modificazione allotropica del ferro.
— **loop,** area nel diag. di trasform. del ferro nella quale è stabile il ferro « gamma ».
— **monitor** (*fis. atom.*), monitore (*m.*) gamma.
— **photon** (*fis. atom.*), fotone (*m.*) gamma.
— **quantum** (*fis. atom.*), quanto (*m.*) gamma.
— **-ray counter** (*fis. atom.*), contatore (*m.*) per raggi gamma.
— **-ray detector,** rivelatore (*m.*) di raggi gamma.
— **-ray inspection** (*met.*, *ecc.*), controllo (*m.*) gammagrafico.
gamma-ray spectrometer, spettrometro (*m.*) per raggi gamma.
— **-ray spectrum** (*fis. atom.*), spettro (*m.*) gamma.
— **rays,** raggi gamma.
— **shield** (*fis. atom.*), schermo (*m.*) gamma.
— **uranium** (*fis. atom.*), uranio (*m.*) gamma.
gammagraphy (*fis. atom.*), gammagrafia *f.*
gammon (to —) (*naut.*), trincare (il bompresso).
gammoning (*naut.*), trinca *f.*
gamut (*acust.*), gamma di frequenze necessarie in un tipo specifico di riproduzione.
gang (of workmen), squadra *f.* (di operai, ecc.); serie *f.* (di macchine).
— **condensers** (*radio*), condensatori variabili accoppiati.
— **cultivator** (*agr.*), coltivatore (*m.*) multiplo.
— **-drill,** trapano (*m.*) multiplo.
— **milling** (*macch. ut.*), fresatura con parecchie frese su un mandrino; fresatura di pezzi in serie; fresatura multipla.
— **process chart** (*tecnica dei metodi di prod. ind.*), diagramma di squadra (*o* diagramma uomo-macchina).
— **punch,** punzone (*m.*) multiplo.
— **saws,** seghe multiple.
— **slitting machine,** laminatoio (*m.*) per bandelle.
— **switches** (*elet.*), interruttori (*m. pl.*) multipli (interruttori collegati meccanicamente assieme in modo da poter funzionare simultaneamente).
— **type,** termine riferito spec. ai trapani multipli, che usano gli stessi utensili per diverse operazioni.
— **tuning capacitor** (U.S.A.) (*radio*), condensatori di sintonia accoppiati.
— **work,** fabbricazione (*f.*) in serie.
— **(to — together)** (*inform.*), collegare simultaneamente diversi

apparecchi (p. es. dei registratori).
« ganged condenser » (U.S.A.) (*radio*), condensatore (*m.*) variabile a molte piastre.
ganger, capo squadra *m.* (di lavoratori).
ganging (*radio*), allineamento di circuiti.
— **oscillator** (*radio*), oscillatore per prova di un sistema di accoppiamento meccanico dei comandi di sintonia (v. **ganging**).
gangrene, cancrena *f.* (del legno).
gangue (*min.*), ganga *f.*
gangway, passerella *f.* (*naut.*); passavanti *m.* (*naut.*); livello (*m.*) (*o* galleria) principale (di una miniera).
— **ladder** (*naut.*), scala (*f.*) maestra.
ganister, pietra silicea inglese, usata per massicciata stradale o per rivestimenti di forni; mescolanza di argilla refrattaria e di quarzo in polvere, usata per rivestimento di alcuni forni metallurgici: ganistro *m.*
— **disease** (*slang*), silicosi (*f.*) industriale.
ganja, canapa (*f.*) indiana.
gantry, armatura (*f.*) che sorregge una gru; gru (*f.*) a ponte; cavalletto *m.*; piattaforma di lancio (*missili*).
— **crane,** gru (*f.*) a cavalletto.
— **crane with unsymmetrical supports,** gru (*f.*) a cavalletto ad un montante.
— **lathe,** tornio (*m.*) a doppio banco.
gap, gioco *m.* (intervallo); incavo *m.* (del tornio); interpiano *m.* (*aereo*) (distanza verticale fra un piano e quello immediatamente sopra o sotto di esso); scartamento dei piani di un biplano.
— **bed** (*tornio*), banco (*m.*) interrotto.
— **bridge,** ponte (*m.*) per colmare l'incavo (tornio).
gap extension (*ferr.*), gioco (*m.*) per la dilatazione (da lasciare alle rotaie).
— **lathe,** tornio (*m.*) con banco interrotto.
— **micrometer** (*elet.*), intervallo di sovraccarico.
gaping, apertura *f.*
— **of the joints,** apertura (*f.*) dei giunti della volta.
garacin, estratto di radice di robbia.
garage, autorimessa *f.*; aviorimessa *f.* (*aereo*).
— **forecourt,** spazio antistante un garage; piazzola di garage.
garbage, spazzatura *f.*; rifiuti *m. pl.*; (*inform.*), informazioni parassite.
— **collection,** raccolta (*f.*) di rifiuti; (*inform.*), ricupero degli spazi di memoria inutilizzati.
— **dump,** deposito (*m.*) di scarico di rifiuti.
— **in-garbage out** (*elettron.*), complesso di programmi inseriti e complesso degli elaborati (teoria del GiGo).
— **removal truck,** autocarro (*m.*) raccolta spazzature.
— **truck** (U.S.A.), automezzo per raccolta e trasporto immondizie.
garboard (*naut.*), garbo *m.*
— **plate** (*naut.*), torello *m.*
— **strake** (*naut.*) (*row of plates next to the keel*), torello *m.*
garden trowel (*agric.*), trapiantatrice *f.*
gardening equipment, attrezzatura per giardinaggio.
gare (*lana*), fibre brillanti che si riscontrano su montoni mal allevati.
gargle (*acust.*), cambiamenti ritmici o aritmici nel suono riprodotto, con cambiamenti varianti da 30 a 200 al secondo.
gargoyle (*cost.*), grondaia sporgente dalla parte superiore di un edificio con figurazioni grottesche; doccione *m.*

garnet (*min.*), granato *m.*; (*tess.*), carda sgrossatrice; gommalacca in grani.
garnetting (*tess.*), procedim. di riduzione di materiali tessili di scarto, in fibre tessili.
garnierite (*min.*), garnierite *f.*
garret, soffitta *f.*
— **window,** finestra di abbaino (con vetri disposti lungo la pendenza del tetto).
gas, gas *m.*; gas (di petrolio); (U.S.A.) benzina *f.*; (*v.i.*), produrre gas.
— **-air blowpipe** (*sald.*, *ecc.*), cannello (*m.*) aerogas.
— **alarm** (*min.*), grisumetro di allarme.
— **amplification** (*foto-elet.*), amplificazione mediante ionizzazione di un gas.
— **analyzer** (*chim.*, *ecc.*), analizzatore di gas.
— **anchor** (*petrolio*), camera tubolare (prolungamento di un tubo speciale, sotto il cilindro di una pompa di un pozzo, per impedire l'espansione del gas nella pompa).
— **balance,** bilancia (*f.*) per gas.
— **balloon,** bombola (*f.*) di metano.
— **battery,** pila (*f.*) a gas.
— **bending stress,** sollecitazione (*f.*) a flessione del gas.
— **black** (*pitture*), nero gas.
— **bomb,** bomba (*f.*) a gas.
— **bottle,** bombola (*f.*) di gas.
— **brazing,** saldatura (*f.*) per fusione.
— **burner,** becco (*m.*) a gas.
— **bus** (U.S.A.), autobus (*m.*) a benzina.
— **by-pass valve,** valvola (*f.*) di ritorno del gas.
— **cap** (*giacimenti di petrolio con gas libero*) (*petrol.*), cappello (*m.*) di gas.
— **carbonitriding** (*met.*), carbonitrurazione (*f.*) a gas.
— **cartridge** (*for picnic stoves and camping lamps*), cartuccia di gas.
gas cell (*chim.*), pila a gas.
— **centrifuge** (*fis. atom.*), centrifuga a gas (metodo di arricchimento dell'uranio con centrifuga a gas che sostituisce quello convenzionale a diffusione gassosa).
— **channel,** canale (*m.*) di gas.
— **chromatograph,** cromatografo (*m.*) a gas.
— **chromatography** (*chim.*, *min.*, *ecc.*), gascromatografia (cromatografia in fase gassosa).
— **cleaning** (U.S.A.), depurazione (*f.*) dei gas.
— **coal,** carbone (*m.*) ricco di gas.
— **cock,** rubinetto (*m.*) del gas.
— **coke** (*carbone*), coke-gas *m.*
— **collector,** presa (*f.*) del gas.
— **compression,** compressione (*f.*) del gas.
— **compressor,** compressore (*m.*) di gas.
— **conditioning** (*gas*), purificazione del gas.
— **conduit,** tubatura (*f.*) del gas; condotta (*f.*) di gas.
— **-constant,** costante (*f.*) dei gas.
— **-cooled,** *p. p.* a raffreddamento a gas.
— **-cooled reactor** (*fis. atom.*), reattore (*m.*) a raffreddamento a gas; reattore (*m.*) raffreddato a gas.
— **cooker,** cucina (*f.*) a gas.
— **cooler** (*met.*), refrigeratore del gas.
— **crazing** (U.S.A.), screpolature di corrugamento di superfici verniciate con olio.
— **-cut,** *agg.* acqua (*o* fango) mescolata con gas; «tagliato» con gas.
— **deodorant** (*chim.*), deodorante del gas.
— **detector,** rivelatore di gas.
— **dynamics,** gasdinamica *f.* (scienza che studia il moto dei gas).
— **discharges,** scariche nei gas.
— **distribution,** distribuzione del gas.
— **division** (*comm.*), sezione gas.

gas ejection, espulsione (*f.*) di gas.
— **electric drive bus** (U.S.A.), autobus (*m.*) a benzina ed elettricità.
— **electric truck,** camioncino (*m.*) benzo-elettrico.
— **engine,** motore (*m.*) a scoppio (U.S.A.); motore a gas.
— **engineer,** ingegnere del gas.
— **exhauster** (*ing.*), estrattore del gas greggio.
— **-expanding instrument,** apparecchio (*m.*) ad espansione di gas.
— **expulsion,** espulsione (*f.*) di gas.
— **factor,** tenore di gas (quantità di piedi cub. di gas prodotta con un barile di petrolio).
— **field,** campo gassifero (di gas naturale).
— **-filled cable,** cavo a riempimento di gas (azoto).
— **-filled condenser,** condensatore (*m.*) a gas.
— **-filled photo-cell, gas filled photocell** (U.S.A.) (*fotoelet.*), cella fotoelettrica a gas (in cui l'anodo e il foto-catodo sono racchiusi in una atmosfera di gas a bassa pressione).
— **-filled relay** (*elet.*), relais a gas ionizzato.
— **filler cap** (*auto*) (U.S.A.), tappo (*m.*) di riempimento benzina.
— **fitter,** gasista *m.* (operaio).
— **fixture thread,** filettatura (*f.*) gas per tubi.
— **focusing** (*tubi a raggi cat.*), mettere a fuoco il fascio di raggi di un tubo a raggi catodici mediante ionizzazione; (*elettron.*), v. **ionic focusing.**
— **formation** (*ind. pet.*), giacimento (*m.*) di gas.
— **fridge** (*autocarovan*), « frigo » a gas; frigorifero a gas.
— **furnace,** forno (*m.*) metallurgico a gas.
— **gage (gauge),** manometro (*m.*) del gas.
— **gathering,** raccolta di gas.
— **generator,** generatore (*m.*) di gas; gasogeno *m.*

gas generator locomotive, locomotiva a gasogeno.
— **governor,** regolatore (*m.*) del gas.
— **heated soldering iron,** saldatoio (*m.*) a gas.
— **heating,** riscaldamento (*m.*) a gas.
— **holder** (*condotta del gas*) (*met.*), polmone *m.*; gasometro *m.*
— **holder,** gasometro *m.*
— **holder volume,** capacità (*f.*) di un gasometro.
— **indicator** (*ind. min.*), grisumetro *m.*
— **injection** (*ind. min.*), iniezione di gas.
— **injection tuyere** (*met.*), tubiera per insufflazione del gas.
— **-inlet head,** bocca (*f.*) d'introduzione del gas.
— **lamp,** lampada (*f.*) a gas.
— **laser** (*med.*), laser (*m.*) a gas.
— **lead pipe,** tubo (*m.*) di piombo da gas.
— **lever,** manetta (*f.*) per immissione del gas.
— **-lift** (*ind. pet.*) (estrazione per immissione di gas compresso detta anche: estrazione a schiuma); aumentare la pressione del gas per fare alzare il livello petrolifero del pozzo.
— **-lift well** (*petrolio*), pozzo di estrazione per immissione di gas compresso.
— **lighter,** accendigas *m.*
— **lighting,** illuminazione (*f.*) a gas.
— **-light paper,** carta al bromuro; carta per fotografie.
— **liquefication plant** (*gas*), impianto (*m.*) di liquefazione del gas.
— **-liquid chromatography** (*chim.*), cromatografia gas-liquido.
— **lines,** gasdotti.
— **main,** conduttura (*f.*) principale del gas.
— **-man,** impiegato del gas.
— **mantle,** reticella (*f.*) del gas; camicia di incandescenza.
— **mask** (*mil.*), maschera (*f.*) antigas.
— **meter,** contatore (*m.*) del gas.

gas mixer (*met.*), miscelatore (*m.*) di gas.
— **model** (U.S.A.) (*aereo*), motomodello *m.* (con motore a scoppio).
— **nitrading** (*met.*), nitrurazione a gas.
— **-nitriding furnace** (*met.*), forno per nitrurazione a gas.
— **of combustion,** gas (*m.*) di combustione.
— **oil,** gasolio *m.*
— **oil factor,** vedi: **gas factor.**
— **operated automatic shotgun** (*armi*), fucile automatico a gas.
— **outlet head,** bocca (*f.*) di aspirazione del gas.
— **outlet pipe,** condotto (*m.*) del gas.
— **outlet tube,** presa (*f.*) di gas.
— **oven,** forno (*m.*) a gas.
— **pipe,** conduttura (*f.*) del gas; condotta (*f.*) di gas.
— **pipe-line,** gasdotto *m.*
— **plasma display** (*auto*), dispositivo di visualizzazione a plasma.
— **pocket,** bolla (*f.*) d'aria.
— **preheater,** preriscaldatore del gas.
— **pressure,** pressione (*f.*) del gas.
— **pressure regulator,** regolatore della pressione del gas.
— **-producer,** gasogeno *m.*; forno di produzione di gas povero.
— **processing plant** (*gas, petrolio*), impianto per il trattamento del gas.
— **pump,** pompa (*f.*) a gas.
— **purification,** depurazione (*f.*) dei gas.
— **purifiers,** depuratori (*m. pl.*) del gas.
— **reduction of an iron oxide specimen** (*met.*), riduzione di un campione d'ossido di ferro mediante un gas.
— **regulator** (*ing.*), regolatore (*m.*) del gas.
— **ring** (U.S.A.), collare di guarnizione (otturatore delle fiamme); (*mot.*), anello di tenuta.
— **sampling,** campionatura dei gas.

gas scrubber (*chim.*), depuratore (*m.*) del gas.
— **scrubbing plant,** impianto di depurazione del gas.
— **shielded arc welding** (*sald.*), saldatura (*f.*) ad arco in atmosfera di gas protettivo.
— **ship construction** (*naut.*), costruzione di navi metaniere.
— **singeing machine** (*tess.*), gazatrice *f.*
— **slide valve,** cassetto (*m.*) per gas.
— **-solid** (*met.*), gas-solido.
— **-solid chromatography,** cromatografia gas-solido.
— **-solid-gas** (*met.*), gas-solido-gas.
— **-solid-liquid** (*met.*), gas-solido-liquido.
— **-solid reaction** (*met.*), reazione gas-solido.
— **station** (U.S.A.), stazione (*f.*) di servizio (per benzina e olio).
— **storage,** immagazzinamento del gas.
— **stove,** fornello (*m.*) a gas.
— **tank** (U.S.A.), recipiente per benzina; separatore del gas dal petrolio.
— **tar,** catrame (*m.*) di gas.
— **terminal,** terminale per attracco di metaniere per gas liquefatto.
— **-thread,** filettatura (*f.*) (per tubi a gas).
— **tight,** impermeabile (*agg.*) al gas; a tenuta (*f.*) di gas; stagno (*agg.*) al gas.
— **tube,** tubo (*m.*) di ammissione del gas.
— **tube detector,** rivelatore con tubo a gas.
— **turbine** (*aereo*), gas turbina *f.*; turbina (*f.*) a gas; (*gas*), turbocompressore a gas naturale.
— **turbine alternator,** turboalternatore azionato da turbina a gas.
— **turbine fuels** (*aereo, chim.*), carburanti per turbine a gas.
— **turbine stator** (*aereo*), distributore (*m.*) statore della turbina.

gas turbine truck, autocarro con turbina a gas.
turbo-alternator, turboalternatore a gas.
— **weld,** saldatura (*f.*) per fusione (fatta con fiamma ossiacetilenica o ossidrogena).
— **welding machine** (*macch.*), saldatrice (*f.*) a gas.
— **well,** pozzo (*m.*) da gas.
— **-works,** officina (*f.*) del gas.
gaseous, *agg.* (pr. *ghei'zios*), (pr. *ghes'i.os* U.S.A.), gassoso.
— **diffusion plant** (*fis. atom.*), impianto (*m.*) a diffusione gassosa.
— **discharge lamp** (*ill.*), lampada a scarica.
— **fission product** (*fis. atom.*), prodotto (*m.*) di fissione gassosa.
— **flux** (*sald.*), flusso (*m.*) gassoso.
— **fuel,** combustibile (*m.*) gassoso.
— **reductant** (*chim.*), riducente gassoso.
gash, incisione *f.*
gasholder, gasometro *m.*
gashouse coke (U.S.A.), coke per uso domestico.
gasifiability, gasificabilità *f.*
gasifiable, *agg.*, gasificabile.
gasification, gassificazione *f.*
gasifier (coal —), impianto di gassificazione del carbone.
gasify, *v.a.* gassificare.
gasket (*idraul.*), guarnizione *f.* (delle flange); rondella di giunto.
gasketed, *agg.* (*mecc.*), munito di guarnizioni.
gasketing materials, materiali per guarnizioni.
gaskin (*idraul.*), guarnizione *f.*
gasohol, miscela di benzina ed alcool.
gasol (U.S.A.) (*ind. pet.*), gas (*m.*) liquefatto (da non confondere con gasolio).
gasoline, gasolina *f.*; benzina *f.* (U.S.A.).
— **additives,** additivi (*o* coadiuvanti) per benzina.
— **-alcohol/mixture,** miscela (di) alcole e benzina.
gasoline engine (U.S.A.), motore (*m.*) a benzina.
— **plant,** impianto di ricupero di benzina dal gas.
— **recovery** (*gas*), degasolinaggio *m.*
— **tester** (U.S.A.), analizzatore (*m.*) della benzina.
— **trap** (*petrolio*) (U.S.A.), apparecchio (scambiatori di calore, condensatori, ecc.) per la rimozione di benzina e acqua dal gas naturale.
gasometer, gasometro *m.*
gassed yarn (*tess.*), filato (*m.*) gasato.
gasser (*petrolio*) (U.S.A.), pozzo di gas naturale.
gassie (U.S.A.) (*aereo*), motomodello *m.*
gassing, gasatura *f.* (*tess.*); bruciatura *f.* (*tess.*); rifornimento di gas (U.S.A.); intossicazione *f.* (da gas tossici); sviluppo di gas (rif. a metallo durante la fusione); ebollizione *f.* (sviluppo di gas in un accumulatore); assorbimento (*m.*) di gas (*met.*).
— **frame** (*tess.*), gazatrice *f.*
gassy, *agg.* gassoso; impregnato di gas.
— **iron** (*met.*), ghisa (*f.*) soffiata.
— **mine** (*min.*), miniera grisutosa (con alta percentuale di gas).
gastroptosis (*med.*), gastroptòsi *f.*
gastroscope (*med.*), gastroscopio *m.*
gasworks liquor, acqua di scarico delle officine del gas.
gate, (*fond.*), attacco (*m.*) di colata; portone *m.*; cateratta *f.* (*idraul.*); saracinesca *f.* (*idraul.*); (*cinem.*), quadruccio (*m.*) di proiezione; paletta (*f.*) direttrice (*idraul.*); generatore (*m.*) di vortici (*idraul.*); (*ferr.*), barriera levatoia; traccia *f.* (U.S.A.) (*radar*); (*pressofusione*), sifone (*m.*) d'iniezione.
— **area** (*fond.*), sezione (*f.*) d'attacco.

gate array chips (*inform.*) (*elettron.*) serie di « chips » logici, venduti con un numero di base di circuiti tipo, di cui lasciano all'utente la possibilità di completare il loro disegno, secondo l'impiego richiesto al « chip ». (Ferranti Electronics).
— **-backed** (*mobili*), riferito a sedie (o divani) con schienali di barre o strisce orizzontali.
— **by-pass switch** (*elet.*), interruttore posto su ascensori elettrici in modo che l'operatore può rendere, in caso di pericolo, inattiva la chiusura della porta; interruttore di sicurezza.
— **-change gear** (*auto*), leva cambio a più velocità.
— **change lever,** leva a settori.
— **-keeper,** guardiano (di una fabbrica).
— **-keeper's lodge** (*ferr.*), casello *m.*; cantoniera *f.*
— **knife** (*fond.*), cazzuola (*f.*) per pozzetti di colata.
— **operator** (*elet.*), dispositivo elettrico per chiusura delle porte di un ascensore.
— **valve,** valvola a saracinesca.
gates (*fond.*), fori (*m. pl.*) di colata.
gather, *v.a.*, raccogliere; unire.
— **speed,** guadagnare velocità.
gatherer, *m.* persona addetta a raccogliere una carica di vetro.
gathering, difetto nelle superfici a tempera, con chiazze alla superficie (vernici, ecc.); superficie irregolare (di lamiere d'acciaio laminate male).
— **ground,** bacino (*m.*) di raccolta (di acque).
gating (*radar*) (U.S.A.), scelta di segnale.
gauge, contatore *m.*; indicatore *m.*; manometro *m.*; calibro *m.*; diametro (*m.*) di fili e barre; scartamento *m.* (*ferr.*); proporzione di gesso nell'intonaco; stazza *f.* (*naut.*); finezza di un filato; calibro (*tess.*); distanza fra i centri di chiodi infissi nell'ardesie d'un tetto; numero indicante spessore e peso di lamiere metalliche; numero di aghi per ogni 1,5 pollici (*maglieria*); (*met.*), spessore della parete di un prodotto tubolare espresso secondo un sistema di numeri.
gauge *v.a.* calibrare; stazzare.
— **block,** blocco (*m.*) calibratore.
— **box** (*tess.*), ventola *f.*
— **cock,** rubinetto (*m.*) di prova (indicatore di livello).
— **of a wire,** spessore (*m.*) di un filo.
— **pin** (*met.*), spina (*f.*) di riferimento.
— **ring,** anello (*m.*) di calibro.
— **setting device** (*ferr.*), apparecchio (*m.*) per le rotaie e per regolare lo scartamento.
gauged flat arch, piattabanda (*f.*) con mattoni ordinari su misura.
gauger, misuratore *m.*; stazzatore.
gauging, calibratura *f.*; controllo dimensionale; misura *f.* (*calibri*) (*strum. elettron.*).
gauntlet, guantone (*m.*) di protezione (per es. per saldatori).
gauntry, armatura (*f.*) a cavalletto (*di una gru*).
gauss (*elet.*), gauss (unità elettromagnetica di induzione magnetica).
gauze, garza *f.*
gazetteer, dizionarietto di nomi geografici.
GCT, Greenwich Civil Time.
gear, ruota (*f.*) d'ingranaggi; ruotismo *m.*; moltiplica *f.* (di una bicicletta); distribuzione *f.* (*mecc.*); ingranaggio *m.*; arredi *m. pl.* (*naut.*); meccanismo; marcia *f.* (*auto*); usato al posto di « landing gear » (*aereo*).
— *v.a.* imboccare; ingranare; moltiplicare (riferito a bicicletta); (*mecc., comm.*), essere adeguato; rispondere a; adeguare; (*the fuel injection systems of today are* **geared** *for the high speed production of the blast*

furnace), i sistemi odierni di insufflazione di combustibili sono adeguati alla produzione rapida dell'altoforno; (*to gear a, press to one's requirements*) adeguare una pressa alle proprie esigenze.

gear body, corpo (*m.*) dell'ingranaggio.

— **box,** scatola (*f.*) degli ingranaggi; cambio (*m.*) di velocità (*auto*).

— **box and auxiliary gear box** (*auto*), cambio di velocità e riduttore.

— **case,** cassa (*f.*) d'ingranaggi; scatola (*f.*) degli ingranaggi; cuffia (*f.*) per ingranaggi; copertura (*f.*) d'ingranaggi; carter (*m.*) per catena.

— **combination,** coppia di ingranaggi.

— **control** (*auto*), comando cambio di velocità.

— **control fork** (*auto*), forcella comando.

— **control lever** (*auto*), leva a mano comando cambio.

— **cutter** (*utensile*), fresa *f.*; (*macch. ut.*), dentatrice *f.*

— **cutting machine,** dentatrice *f.*

— **drive casing,** cassa degli ingranaggi di comando.

— **-driven press,** pressa (*f.*) ad ingranaggi.

— **engagement** (*auto*), innesto del cambio.

— **grinder** rettificatrice di ingranaggi.

— **grinding machine** (*macch. ut.*), rettificatrice (*f.*) per ingranaggi.

— **hob** (*mecc.*), creatore per ingranaggi.

— **hobber** (*macch. ut.*), dentatrice (*f.*) a creatore.

— **hobbing machine** (*macch. ut.*), dentatrice (*f.*) a creatore.

— **in neutral,** cambio (*m.*) in folle.

— **lapping machine,** smerigliatrice per ingranaggi.

— **lever,** leva (*f.*) cambio velocità.

gear motor (*elet.*), motoriduttore (motore elet. con riduttore ad ingranaggi).

— **noise** (*cinem.*), rumore (regolare) dovuto ad ingranaggi smussati; (*mecc.*), rumorosità (*f.*) di ingranaggi.

— **noise testing machine** (*macch. ut.*), macchina per prova rumorosità ingranaggi.

— **pump,** pompa (*f.*) ad ingranaggi.

— **ratio** (*auto*), rapporto (*m.*) di demoltiplicazione.

— **ring,** corona (*f.*) dentata di una ruota.

— **selector rod** (*auto*), asta comando.

— **shaft** (*mecc.*), albero (*m.*) cardanico di trasmissione.

— **shaper** (*macch. ut.*), dentatrice (*f.*) a pettine.

— **shaving,** sbarbatura (*f.*) di ingranaggi.

— **shaving machine** (*macch. ut.*), sbarbatrice per ingranaggi.

— **shift bar** (*auto*) (U.S.A.), asta comando.

— **shift fork** (*auto*) (U.S.A.), forcella comando.

— **shift lever** (U.S.A.), leva a mano comando cambio.

— **tester,** macchina (*f.*) per la prova d'ingranaggi.

— **testing stand** (*app. misura*), banco (*m.*) di controllo ingranaggi.

— **tooth rounding machine** (*macchine ut.*), arrotondatrice per ingranaggi.

— **tooth vernier,** calibro (*m.*) per rotismi.

— **train,** treno di ruote; coppia di ruote dentate.

— **wheel,** ruota (*f.*) ingranaggio; ruota (*f.*) dentata.

— **wheel moulding machine,** macchina (*f.*) a formare ingranaggi (*fond.*).

— **wheel steel,** acciaio per ingranaggi.

geared airscrew, elica (*f.*) demoltiplicata.

geared bar-bender, incurvatrice (*f.*) ad ingranaggi per tondini.
— **bender,** curvatrice (*f.*) ad ingranaggi.
— **bending machine,** curvatrice (*f.*) ad ingranaggi.
— **-down,** *p.p.* demoltiplicato.
— **drive** (*mecc.*), comando ad ingranaggi.
— **inclinable press,** pressa inclinabile ad ingranaggi.
— **motor** (*elet.*), motore con riduttore ad ingranaggi.
— **press** (*mecc.*), pressa a ingranaggi.
— **propeller** (*aer.*), elica demoltiplicata.
— **-type supercharger** (*aereo*), compressore (*m.*) a comando ad ingranaggi.
gearing, trasmissione *f.*; ruotismo *m.*
— **down,** trasmissione (*f.*) con riduzione di velocità.
— **up** (*mecc.*), moltiplicazione (*di giri*) *f.*
gears, ingranaggi *m. pl.*
gearshift lever (*auto*) (U.S.A.), leva (*f.*) del cambio di velocità.
geats, colate (*f. pl.*) (*fori lasciati nella forma*).
«gee» (*elettron.*), dispositivi usati nel « loran » e funzionanti a frequenze di microonde.
« — whizz book », libro impressionante (con disastri, inondazioni terremoti ecc.).
Geiger, contatore (*m.*) Geiger.
— **counter,** contatore (*m.*) Geiger.
— **-Müller counter,** contatore (*m.*) Geiger; contatore Geiger-Müller.
Geissler tube (*elet.*), tubo di Geissler.
gel (*chim.*), gel *m.*; gelatinoso *agg.*
— **(to)** (*chim.*), gelificare.
— **coat** (*pitture, vernici*), strato di gel.
— **-gas** (*mil.*), petrolio in soluzione di resina sintetica (*usato in guerra per scopi incendiari*).
— **(silica —),** gel (*m.*) di silice.
gelatinase (*chim.*), gelatinasi *m.*
gelatine, gelatina *f.* (colla).
gelatiniferous *agg.*, gelatinifero.
gelatinize (to —), gelatinizzare (*v.a.*).
gelatinous, *agg.*, gelatinoso.
gelation (*chim.*), gelificazione *f.*
gelbin (*chim.*), cromato di bario; cromato di calcio.
gelignite (*chim.*), gelignite *f.* (*esplosivi*), dinamite a base di nitrato di potassio.
gelling (*chim.*), gelificazione *f.*
— **agent** (*chim.*), gelificante *m.*
— **aid** (*chim.*), coadiuvante di gel.
— **point** (*chim.*), punto di gelificazione.
geminate crystal (*min.*), geminato *m.*
Gemini (*astron.*), Gemelli.
gemstone (*min.*), gemma *f.*
gene mutation (*biologia*), mutazione genica.
general foreman, capo (*m.*) officina; capo cantiere *m.*
— **layout** (*costr.*), disposizione (*f.*) generale.
— **manager of railways,** Direttore generale delle Ferrovie.
— **plan,** piano (*m.*) d'insieme.
— **purpose** (*inform.*), universale; polivalente.
— **purpose alloy** (*met.*), lega universale.
— **purpose computer** (*inform.*), elaboratore universale.
— **purpose wrench,** chiave (*f.*) per uso universale.
generalized, *agg.* (*mat.*), generalizzato.
generate, *v.a.* generare.
— (*v.a.*) **steam,** generare vapore.
generating point (*elet.*), luogo di produzione (di energia elettrica).
— **process** (*ingr.*), generazione *f.* (della dentatura).
— **program** (*inform.*), programma generatore (delle routine).
— **rolling circle,** cerchio (*m.*) generatore di base.
— **rolling curve** (*ingr.*), curva (*f.*) generatrice.

generating set (*elet.*), gruppo (*m.*) elettrogeno.
generation time (*fis. atom.*), durata (*f.*) di una generazione.
generator, generatrice *f.* (dinamo); alternatore *m.*; (*inform.*), generatore *m.* (di archi, linee rette, curve, ecc.).
— **armature,** indotto *m.* (di dinamo).
— **frame,** carcassa (*f.*) di dinamo.
— **gas,** v. **producer gas.**
— **grounding** (*elet.*), messa a terra dei generatori.
— **of current,** generatore (*m.*) di corrente.
— **voltage regulator,** alternatore (*m.*) con regolatore automatico di tensione.
generic, *agg.*, nome di vino che si basa su tipi caratteristici (sherry, ecc.).
genetic engineer, ingegnere (*m.*) genetico.
— **engineering,** ingegneria (*f.*) genetica.
genetics (*bio.*), genetica *f.*
Geneva termination (*chim.*), nomenclatura (*f.*) di Ginevra.
gensa (*chim.*), pigmenti per stampa di tessili.
gentian blue, blue genziana.
— **violet,** violetto (*m.*) di genziana.
generating plant (*elet.*), gruppo (*m.*) elettrogeno.
— **station** (*elet.*), centrale *f.* (elettrica).
genotype (*bio.*), genotipo *m.*
gentle (*rif. a vento*), leggero.
— **breeze,** vento (*m.*) debole.
gents toilet (*aereo*), gabinetto (*m.*) uomini.
genuine sheepskin, vera pelle di montone.
— **white lead,** biacca di piombo pura.
— **wrought iron pipe,** tubo (*m.*) di ferro saldato.
geoanticline, geoanticlinale *m.*
geochemical, *agg.* geochimico.
geocryology, geocriologia *f.*
geodesy, geodesia *f.*
geodetic-built (*aereo*), a costruzione geodetica.
— **structure** (*aereo*), struttura (*f.*) geodetica.
geohydrology (*geofisica*), geoidrologia *f.*
geoline, vaselina *f.*
geologic(al), *agg.* geologico.
— **map** (*geol.*), carta (*f.*) geologica.
— **reconnaissance** (*geol.*), rilevamento (*m.*) geologico.
— **survey** (*geol.*), servizio (*m.*) geologico.
geologist *m.*, geologo *m.*
geolozige, *v.a.* (U.S.A.), esaminare le possibilità di resa petrolifera di una zona.
geolograph (*petrolio*), « geolografo » *m.* (log di trivellazione registratore della velocità di perforazione).
geology, geologia *f.*
geomagnetic storms (*geof.*), tempeste geomagnetiche.
geometer, geometra *m.*
geometric, *agg.* geometrico.
— **buckling** (*fis. atom.*), buckling geometrico.
— **loci,** luoghi (*m. pl.*) geometrici.
geometrical boundary (*fis. atom.*), confine (*m.*) geometrico.
— **cross section** (*fis. atom.*), sezione d'urto geometrica.
— **distortion** (*telev.*), distorsione (*f.*) geometrica.
— **figure,** figura (*f.*) geometrica.
— **layout** (*mot.*), disposizione geometrica.
— **mean,** media (*f.*) geometrica.
— **optics** (*ott.*), ottica geometrica.
— **pitch of the propeller** (*aer.*), passo geometrico dell'elica.
— **progression,** progressione (*f.*) geometrica; serie (*f.*) geometrica.
— **shielding** (*fis. atom.*), schermaggio (*m.*) geometrico.
geometry, geometria *f.*
geomorphology (*geol.*), geomorfologia *f.*
geophone, « geofono » *m.* (rivelatore di vibrazioni, di un sismografo).

geophysic(al), *agg.* geofisico.
— **survey plane** (*aereo*), aereo per prospezioni geofisiche.
— **year,** anno (*m.*) geofisico.
geophysicist *m.*, geofisico *m.*
geophysics, geofisica *f.*
georef, abbreviazione di « world geographic reference system ».
george (*slang*) (*aereo*) (U.S.A.), pilota (*m.*) automatico.
geostationary satellite (*astron.*), satellite geostazionario.
geosynchronous, *agg.* (*satelliti*), geosincrono.
— **orbit** (*astron.*), orbita (*f.*) geosincrona.
geotechnics, geotecnica *f.*
geothermal energy (*elet.*), energia (*f.*) geotermica.
— **exploration technique,** tecnica di esplorazione geotermica.
— **gradient** (*petrol.*), gradiente (*m.*) geotermico.
— **plant** (*elet., geol.*), centrale (*f.*) geotermica.
— **power** (*min.*), energia (*f.*) geotermica.
geraniin (*chim.*), geranina *f.*
germ (*bot.*), germoglio *m.*
German silver, argentana *f.*; argentone *m.*
germanium (*chim.* = Ge), germanio *m.*
— **diode** (*elettron.*), diodo (*m.*) al germanio.
— **dot rectifier** (*elet.*), raddrizzatore a punto di contatto al germanio.
— **photocell** (*elet.*), fotocellula al germanio.
— **rectifier** (*elet.*), raddrizzatore al germanio.
— **triode** (*elettron.*), triodo germanico (cristallo a base di germanio usato efficacemente nella sostituzione di valvole radio, in televisione, ecc.).
germicidal detergent (*chim.*), detergente germicida.
germination (*orzo, ecc.*), germinazione *f.*
get, produzione *f.* (di miniera).
get (*v.a.*) **a bone** (*petrolio*) (U.S.A.), perforare in una roccia dura.
— **away** (U.S.A.) (*telev.*), quinte mobili (*di studio televisivo*).
— **granite** (*petrolio*), incontrare una roccia dura (nello scavo) (U.S.A.).
— (*v.i.*) **loose,** allentarsi *v.r.*
— (*v.a.*) **position** (*tip.*), stabilire i bianchi.
— **tangled,** aggrovigliarsi *v.r.*
— **up steam,** mettere (*v.a.*) in pressione.
— **worn out,** logorarsi *v.r.*
getter (*tubi a vuoto*), « getter » (metallo assorbitore dei gas residui, in un tubo a vuoto); « degasatore » *m.*; operaio scavatore (*min.*); assorbente metallico.
gettering (*elettronica*), rimozione dei gas residui in un tubo elettronico; degasaggio *m.*
getters (*chim. fis. elet.*), fissatori *m. pl.*
getting (*carbone e min.*), estrazione *f.*; coltivazione *f.*; lavorazione *f.*
geyser, scaldabagno (*m.*) a gas; (*geol.*), geyser.
— **-waterheater,** scaldabagno *m.*
ghost (*met.*), traccia spettroscopica di metallo: banda decarburata; banda di ferrite; (*telev.*), immagine confusa (dovuta a segnali riflessi).
— **band, ghost line, ghost structure,** v.: **ghost** (*met.*).
giant, *agg.* gigantesco; *n.* gigante.
— **air shower** (*fis. atom.*), sciame (*m.*) esteso.
gib, guida (*f.*) della slitta; lardone *m.*; controchiavetta *f.*; rampicone *m.* (*ferr.*).
— **-head key,** chiavetta (*f.*) con nasello.
— **-headed key** (*ing.*), chiavetta a naso.
gig (*naut.*), iole *f.*; (*min.*), gabbia *f.*; (*tess.*), garzatrice *f.*
giga- (*elet.*), giga (prefisso moltiplicante 10^9 il valore di una misura).

giga-electron-volt (*elet.*), gigavolt-elettrone (= 10^9 volt-elettroni).
gigaflop (*elettron.*), mille milioni di « flops » (secondo la terminologia della NASA, che intende costruire il più grande elaboratore del mondo, operativo dopo il 1985, un « flop » è costituito dall'abilità di compiere una operazione complicata su due elementi di dati in un secondo).
gigajoule (abb. GJ) (*elet.*), gigajoule.
gigapascal (*fis.*), gigapascal.
gilbert, gilbert *m.* (unità di forza magnetomotrice).
gild, *v.a.* indorare.
gilded, dorato *agg.* (decorato in oro).
gilder, indoratore *m.*
gilding, doratura *f.*; indoratura *f.*; v. **bright, cold, matt, red, wet —.**
— **metal**, lega con 90% di rame e 10% di zinco (ottone).
— **plate** (*ing. elet.*), piastra (*f.*) di scorrimento.
gill box (*tess.*), banco di tiratura a barrette.
gilled radiator, radiatore (*m.*) ad alette.
— **tube** (*met.*), tubo (*m.*) alettato.
— **tube radiator**, radiatore (*m.*) a tubetti.
gilling operation (*tess.*), pettinatura dei peli.
gills, alette (*f. pl.*) di irraggiamento di calore.
gilsonite (*min.*), gilsonite *f.*
gilt-edged securities (*finan.*), titoli di primo ordine; titoli primari.
gimbals, bilancieri *m. pl.* (di bussola); (*mecc.*), sospensione (*f.*) cardanica.
gimlet, succhiello *m.*
gimmick, dispositivo meccanico nuovo ed ingegnoso (p. es. per controllare segretamente apparecchi di sale da gioco).
gimp (*tess.*), specie di filato fantasia.
— **needle**, ago da materasso.
gin (*tess.*), sgranatrice *f.* (del cotone); argano *m.*; paranco *m.*; capra *f.* (di sollevamento).
— (*v.a.*) (*tess.*), sgranare *v.a.*
— **block**, carrucola (*f.*) di gru.
— **pole** (*petrolio*), biga *f.* (pontone); palo di sostegno di paranco d'estrazione.
— **pole derrick** (*costr.*), falcone *m.*
gingham (*tess.*), gingham (tessuto di cotone colorato generalm. a quadri, usato per vestiti estivi, ecc.).
gingili oil, olio (*m.*) essenziale di sesamo.
ginnery (*tess.*), sgranatoio *m.*
ginning (*cotone*), sgranatura *f.* (*o* « ginnatura ») del cotone.
ginseng, ginseng *m.*
gipsum floor, battuto (*m.*) di gesso.
« gipsy parts » (*auto*), pezzi di auto contraffatti (non originali).
girder (*cost.*), trave (*f.*) portante.
— **bridge** (*cost.*), ponte (*m.*) a longheroni; ponte (*m.*) a travate.
— **calculation**, calcolo (*m.*) della trave.
— **centre**, centro (*m.*) della trave.
— **connection**, attacco (*m.*) delle travi.
— **connection at an angle**, attacco (*m.*) delle travi ad angolo acuto.
— **depth**, altezza (*f.*) della trave.
— **iron**, ferro (*m.*) per trave.
— **pass**, tracciato (*m.*) per travi.
— **rail** (*ferr.*), rotaia (*f.*) a base piana.
— **stores**, magazzino (o) deposito (*m.*) di travature metalliche.
— **tongs**, tenaglia (*f.*) di sospensione.
— **(box —), trave** a cassone.
giroscope, giroscopio *m.*
girt (*petrolio*), travetto di sostegno orizzontale, per barre di incastellatura (derrick) di pozzo (anche scritto: **girth**).
girth, contorno (*m.*) dell'ossatura d'una nave.

girth sheets (*petrolio*), lamiere laterali d'acciaio, di una storta.
git (*fond.*), attacco di colata.
give (*superfici stradali, funi, ecc.*), rompersi; cedere (*flexible road surfaces such as rolled asphalt always give under the weight of a car or lorry*), manti di usura flessibili quali asfalto rullato cedono sempre sotto il peso di un'auto o un autocarro.
— (*v.a.*) **a coat of paint,** dare una mano (di pittura, ecc.).
— (*v.a.*) **body,** dare corpo.
— (*v.a.*) **notice to gas company,** avvisare la società erogatrice del gas.
— **off,** *v.a.*, cadere *v.a.*; eliminare *v.a.*; emettere (*luce, ecc.*).
— **out,** *v.i.*, eliminare *v.a.*; emettere *v.a.*
— **up,** *v.a.*, cedere *v.a.*; perdere *v.a.*; lasciare scappare.
glacial, *agg.* (*chim.*), glaciale; cristallizzabile (*acido acetico*).
glacier (*geol.*), ghiacciaio *m.*
glaciologist *m.*, glaciologo (esperto in glaciologia).
glance-coal (*min.*), antracite *f.*
glancing (*min.*) *agg.*, brillante (*di cristalli*).
gland, premistoppa *m.*; briglia del premistoppa.
— **-oil,** olio (*m.*) refrigerante per premistoppa.
glare, abbagliamento *m.*
glass, vetro *m.*
— **bead,** perle di vetro.
— **bevelling** (*vetro*), molatura a smusso (dei bordi di una lastra di vetro).
— **-blower,** soffiatore(*m.*) del vetro.
— **-blowing,** soffiatura (*f.*) del vetro.
— **brick,** mattone (*m.*) di vetro.
— **bulb** (*elettrotec.*), ampolla di vetro.
— **cloth,** tessuto di vetro; tela vetrata.
— **-concrete,** vetrocemento *m.*
— **container,** recipiente (*m.*) di vetro.
— **cutter,** tagliavetro *m.*
glass-door, invetriata *f.*
— **dropper,** contagocce *m.*
— **fabric,** fibra (*f.*) di vetro.
— **fiber reinforced rubber,** gomma rinforzata con fibra di vetro.
— **fibre** (U.S.A., — *fiber*), fibra (*f.*) di vetro; vetroresina *f.* (glass-fibre laminate).
— **-fibre quilt** (*cost.*), rivestimento isolante in vetroresina (per tetti, tubi, ecc.).
— **-fibre reinforced plastic,** materia plastica rinforzata con fibra di vetro: vetroresina *f.*
— **guards,** para-occhiali *m. pl.*
— **industry,** industria (*f.*) del vetro.
— **insulator** (*elet.*), isolatore di vetro.
— **lined steel distillation unit,** gruppo distillazione in acciaio con rivestimento di vetro.
— **liquor,** silicato di sodio.
— **masonry brick,** mattone (*m.*) da costruzioni, in vetro.
— **-metal composite fiber** (*met.*), materiale composito fibroso vetro-metallo.
— **nipper,** pinzetta (*f.*) per vetro.
— **paper,** carta (*f.*) vetrata.
— **plane,** pannello (*m.*) a vetri.
— **plate,** lastra (*f.*) di vetro.
— **plastic,** resina sintetica rinforzata con tessuto di vetro filato.
— **pull,** produzione (*f.*) di vetro di un forno.
— **pump,** pompa di vetro.
— **-reinforced epoxy** (*plast.*), resina epossidica rinforzata con fibra di vetro.
— **reinforced plastic,** plastica rinforzata con vetro.
— **-rod** (*chim.*), agitatore *m.*; bacchetta (*f.*) di vetro.
— **roofing tile,** tegola (*f.*) di vetro.
— **sand,** sabbia (*f.*) per vetro.
— **shears,** forbici da vetro.
— **shot** (*chim.*), perlina di vetro.
— **slide** (*for transmitted light observations under the microscope*), vetrino per osservazioni al microscopio, con la luce trasmessa.

glass slide holder (*microscopia*), apparecchio per rettificare il vetrino allo spessore richiesto.
— **spinning,** filatura (*f.*) del vetro.
— **-stopper** (*chim.*), tappo (*m.*) smerigliato.
— **tank,** forno da vetro.
— **thread,** filato (*m.*) di vetro.
— **tile,** tegola (*f.*) di vetro.
— **tube,** tubo (*m.*) di vetro.
— **-window,** invetriata *f.*
— **wire,** filo (*m.*) di vetro.
— **wool,** lana (*f.*) di vetro.
— **wool filter,** filtro (*m.*) di lana di vetro.
— **(annealed —),** vetro (*m.*) ricotto.
— **(armourplate —),** vetro (*m.*) armato.
— **(blow —),** vetro (*m.*) soffiato.
— **(cathedral —),** vetro (*m.*) cattedrale.
— **(drawn —),** vetro (*m.*) stirato (a mano o a macchina).
— **(fluted —),** vetro (*m.*) rigato.
— **(frosted —),** vetro (*m.*) smerigliato.
— **(hexagonal mesh wired —),** vetro (*m.*) retinato a maglie quadrate.
— **(lime —),** vetro (*m.*) calcareo.
— **(plain cathedral —),** vetro (*m.*) cattedrale normale.
— **(plate —),** vetro (*m.*) da specchi.
— **(polished —),** vetro (*m.*) smerigliato.
— **(pressed —),** vetro (*m.*) stampato.
— **(raw —),** vetro (*m.*) greggio.
— **(reeded —),** vetro (*m.*) a scanalature.
— **(rolled —),** vetro (*m.*) cilindrato.
— **(roofing —),** vetro (*m.*) da coperture.
— **(soluble —),** vetro (*m.*) solubile.
— **(translucid —),** vetro (*m.*) translucido.
— **(water —),** vetro (*m.*) solubile.
— **(wired —),** vetro (*m.*) retinato.

glassfibre (*naut. ecc.*), fibra di vetro.
glasshouse heating (*agr.*), riscaldamento della serra in vetro.
glassy, *agg.*, vetroso; vitreo.
glaze, *v.a.* brunire (mole); invetriare; verniciare *v.a.*; smaltare a vetrino; (*tess.*), lucidare (filati o tessuti); *n.* smalto a vetrino.
glazed brick, mattone (*m.*) smaltato; mattone (*m.*) verniciato.
— **calico** (*tess.*), calicò (*m.*) lucidato.
— **door,** porta (*f.*) a vetri.
— **ice** (*meteor.*), gelicidio *m.*
— **pottery,** maiolica *f.*
— **slab,** piastrella (*f.*) di vetro.
— **tile,** mattonella (*f.*) smaltata (per pareti di cucine, bagni, ecc.).
— **wheel,** mola (*f.*) vetrificata.
— **window,** finestra (*f.*) invetriata.
— **yarn** (*tess.*), filato (*m.*) lucidato.
glazer, disco di smeriglio.
glazier, *m.* vetraio *m.*
glazier's putty, mastice (*m.*) dei vetrai.
— **salt,** solfato di potassio.
glazing (*costr.*), messa in opera dei vetri; (*fot.*), lucidatura delle stampe fotografiche; (*tess.*), lucidatura (*di tessuti, ecc.*).
— **bar** (*costr.*) (barra di sostegno di vetrata) ferro portavetri.
— **glue,** colla di pelle pura.
— **machine,** calandra *f.*
— **section** (*cost.*), trave portavetrata.
— **tee** (*met.*), ferro (*m.*) a T per finestre.
— **(roof —),** copertura in vetri per tetti (e lucernari).
gleaner (*agr.*), spigolatore *m.*
Gleason machine, dentatrice (*f.*) Gleason.
glide, *v.i.* (*aereo*), planare; planata *f.*; (*lamin. met.*), slittare.
— **bomb,** bomba (*f.*) volante.
— **lamella** (*met.*), gruppo di linee di scorrimento a struttura molto fine.

glide path (*aereo*), radiosentiero di discesa.
— **planes in alpha plutonium** (*met.*), piani di scorrimento nel plutonio alfa.
glider (*aereo*), modello (*m.*) veleggiatore; aliante *f.*; aliantista *m.*; velovelista *m.*
gliding angle (*aereo*), angolo (*m.*) di volo librato.
— **boat** (*naut.*), idroscivolante *m.*
— **certificate** (*aereo*), brevetto (*m.*) di volo a vela.
— **landing,** atterraggio (*m.*) a volo planato.
— **plate** (*ing. elet.*), piastra (*f.*) di scorrimento.
— **time,** orario flessibile (di lavoro).
glitch (*voli spaziali*), imprevisto apparire di segnali su strumenti di controllo dovuto a cause inspiegabili elettriche od elettroniche.
glitter (*radar*), traccia (*f.*) radar momentanea.
globe valve, valvola a globo.
globular constituents (*met.*), costituenti (*m. pl.*), globulari.
— **pearlite** (*met.*), perlite (*f.*) globulizzata; perlite (*f.*) globulare.
globule *m.* (*met.*), globulo *m.*
globulin (*biochim.*), globulina *f.*
gloria hole (*fis. atom.*), canale (*m.*) principale; apertura (*f.*) principale.
glory hole (*min.*), coltivazione (*f.* a imbuto.
gloss, lustro *m.*; vernice *f.*
— *v.a.* lustrare; levigare; lucidare.
— **oil,** copalina *f.*
glossiness, lucentezza *f.*
glossing, lustratura *f.*
glossy, *agg.* brillante *agg.*; lucidato *p.p.*
— **paint,** pittura (*f.*) lucida.
glost firing (*ceramica*), cottura (*f.*) di un vetrino sulla ceramica.
glove, guanto (*m.*) di protezione.
— **box** (*auto*), ripostiglio (*o*) vano portaoggetti.
— **cubby** (*auto*), vano portaoggetti.
glove (box) locker (*auto*), serratura (*f.*) ripostiglio.
— **(driving gloves)** (*auto*), guanti da guida.
— **(steering wheel gloves),** guanti da guida.
glow-cathode tube, tubo (*m.*) a catodo incandescente.
— **discharge** (*elet.*), scarica (*f.*) con bagliore (*o* luminescente).
— **discharge tube** (*elet.*), tubo a scarica luminosa.
— **-lamp** (*ill.*), lampada (*f.*) a bagliore.
— **plug** (*mot. diesel*), candela a incandescenza.
— **tube,** valvola (diodo) a gas a catodo freddo.
glowing, *agg.*, incandescente *agg.*; luminoso *agg.*; incandescenza *f.*; calcinazione *f.* (*al rosso*).
— **cathode** (*radiol.*, *ecc.*), catodo (*m.*) incandescente.
glucine (*chim.*), saccarina *f.*
glucoside (pr. *glu'cousaid*) (*chim.*), glucoside *m.*
glue, pasta *f.* (colla).
— *v.a.* incollare.
— **a belt,** incollare (*v.a.*) una cinghia.
— **colour,** colore (*m.*) a colla; colore (*m.*) a tempera.
— **defoaming agent,** coadiuvante anti-schiuma per colle.
— **powder,** colla (*f.*) in polvere.
glued belt-joint cinghia (*f.*) incollata.
— **board,** assicella (*f.*) incollata.
gluing, incollatura *f.*
— **machine** (*tip.*), gommatrice.
glut (*rif. a mercato*) (*comm.*), saturazione *f.*; sovrabbondanza *f.*
glutaric, *agg.* (*chim.*), glutarico.
— **acid,** acido (*m.*) glutarico.
gluten, glutine *m.*
glyceride (*chim.*), gliceride *m.*
glycerine, glicerina *f.*
glyceryl (*chim.*), acetato (*m.*) di glicerina.
— **phthalate** (*resine*), resina (*f.*) gliceroftalica.
glycerol (*chim.*), glicerolo *m.*; glicerina *f.* (N.B. « glycerol » cor-

risponde comunemente al prodotto commerciale impuro, cioè alla *glicerina*, mentre propriamente « glicerol » indica il prodotto chimico puro).

glycerol-phtalic resins, resine (*f. pl.*) gliceroftaliche.

glycin (*chim.*), acido aminoacetico.

glycine (*chim.*), glicina *f.*

glycol (*chim.*), glicole *m.*

glycolic acid (*chim.*), acido (*m.*) glicolico.

glycoprotein (*biochim.*), glicoproteina *f.*

glycoside (*chim.*), glicoside *m.*

glyptal (*resine*), gliptale *m.*

gneiss, gneiss *m.*

gnomic projection (*mappe*), proiezione gnomica.

gnomon (*a bar used for photographic reference to fix the local vertical, Sun-angle, scale and colour*) (*astron.*), gnomone *m.*

go (to —), andare (*gen.*);

— **ahead** (*radioam.*), cambio-passo.

— **-ahead (to give the — for a technology),** dare il via a una tecnologia.

— **and no-go limits,** limiti (*m. pl.*) di tolleranza.

— **critical** (*reattori*) (*fis. atom.*), diventare critico.

— **-devil** (*petrolio*), apparecchio per la pulitura di condutture o di tubi; piccola carica di esplosivo usata nel sondaggio.

— **gauge,** calibro (*m.*) passa.

— **on stream** (*petrol.*), v. **refinery.**

— **out ahead** (*naut.*), uscire di prua (dal posto di ormeggio).

— **out astern** (*naut.*), uscire di poppa (dal posto di ormeggio).

— **over** (*in to*) *v.i.* (*chim.*), passare (allo stato di); trasformarsi *v.r.*

— **(to) to berth** (*naut.*), andare alla fonda (ancoraggio).

— **to press,** andare in macchina (stampare).

— **up,** *v.i.*, montare *v.i.* (*di curva*).

— **up (on the)** (*comm.*), (in) aumento (mercato, ecc.).

go wild, *v.i.* (*petrolio*) (U.S.A.), diventare incontrollabile (*rif. a pozzo petrolifero*).

goaf (*min.*), ripiena *f.*

gob (*min.*), ripiena *f.*

— **-fire resulting from spontaneous heatings** (*min.*), fuoco nelle ripiene dovuto ad accensione spontanea del carbone.

gobber (*min.*), ripienista *m.* (operaio addetto alla ripiena).

gobbing (*min.*), ripiena *f.*

gobo (*cinem.*), pannello antisonoro (usato nella produzione di film sonori); (*telev.*) (U.S.A.), schermo (*m.*) paraluce.

goesover (*cinem.*) (U.S.A.), riparo contro la luce superiore usato per lenti.

goffered (*met.*), goffrato.

— **plate** (*met.*), lamiera (*f.*) bugnata.

goffering (*tess., ecc.*), goffratura *f.*

goggles, occhiali (*m. pl.*) di protezione.

goher-bait (*topicidi*), esca per roditore.

going and growing concern (*econ.*), azienda in piena attività e crescita; azienda bene avviata.

— **part** (*tess.*), battente *m.* (del telaio).

— **price** (*comm.*), prezzo corrente; corso giornaliero.

— **rate** (*of exchange*) (*finan.*), tasso del cambio in vigore.

gold (*chim.* = Au), oro *m.*

— **appreciation** (*econ.*), rivalorizzazione dell'oro.

— **beating,** battitura (*f.*) dell'oro.

— **binding,** legatura (*f.*) in oro.

— **bullion** (*comm., econ.*), oro in lingotti.

— **concentrate** (*min.*) (*comm.*), minerale aurifero concentrato.

— **dust,** oro (*m.*) in polvere.

— **-foil,** foglia d'oro.

— **holdings** (*finan.*), riserve auree.

— **in bars,** oro (*m.*) in verghe.

— **leaf electroscope,** elettroscopio (*m.*) a foglie d'oro.

— **mine,** miniera (*f.*) d'oro; cava (*f.*) d'oro.

gold nugget, pepita (*f.*) d'oro.
— **-pegged currency** (*econ.*), moneta (valuta) vincolata all'oro.
— **-plated trigger** (*armi*), grilletto placcato in oro.
— **plating,** doratura (*f.*) elettrolitica.
— **-ratio** (*econ.*), percentuale delle riserve auree nazionali.
— **scrap recovery,** ricupero dei residui d'oro.
— **size,** essiccante usato come mordente sulla doratura (bianco e rosso di piombo con giallo ocra in olio di semi di lino).
— **toning** (*fot.*), viraggio all'oro.
— **tranche** (*econ.*), quota in oro (da versare al Fondo Monetario Internazionale dai Paesi aderenti).
— **tranche drawing** (*econ.*), prelievo nella quota-oro (Fondo Monetario Internazionale).
— **wire-drawer,** filaloro *m.*
golden, *agg.* d'oro.
— **section** (*mat.*), sezione (*f.*) aurea (parte di segmento che è media proporz. fra il segmento stesso e la rimanente parte).
— **yellow,** giallo di naftalene.
goldfish bowl (*aereo*) (*slang*) (U.S.A.), torretta (*f.*) del mitragliere (nel musone dell'aereo).
gommellin (*chim.*), destrina *f.*
gondola (U.S.A.), navicella *f.* (di dirigibile).
gondola car (U.S.A.), ballatoio metallico sospeso davanti alle finestre, per la pulizia dei vetri; carro (*m.*) ferroviario (con fianchi e testate) scoperto, per carico alla rinfusa.
— **freight car** (U.S.A.) (*ferr.*), carro merci scoperto.
goniometer, goniometro *m.*
good bearing soil, terreno (*m.*) resistente.
— **electrical conductor,** conduttore (*m.*) buono (di elettricità).
goods, merce *f.*; merci *f. pl.*
— **afloat,** merce in viaggio (per via mare).
goods free of duty, merci (*f. pl.*) esenti d'imposte (o dazio).
— **in stock,** merci (*f. pl.*) disponibili.
— **on auction,** merce all'asta.
— **on hand,** merci (*f. pl.*) disponibili.
— **shed** (*ferr.*), magazzino (*m.*) merci.
— **truck,** carro (*m.*) merci.
— **van,** carro (*m.*) merci.
— **yard,** deposito (*m.*) merci.
goose gun (*armi*), fucile da oche (per la caccia di oche ed anitre selvatiche).
— **-neck,** collo (*m.*) d'oca.
— **-neck press** (*macch. ut.*), pressa a collo di cigno.
gore (*aer.*), fuso (*m.*) del pallone; spicchio *m.* (*di paracadute*).
gorge (*geol.*), gola *f.*
gosport (*aereo*) (U.S.A.), portavoce a tubo per comunicare fra l'istruttore e l'allievo.
gossan (*geol.*), cappellaccio (« *cappello di ferro* ») *m.* (zona di ossidazione; parte esposta alle intemperie di un giacimento di minerale coltivabile.
gossypose (*chim.*), raffinosio *m.*
gothic, *agg.* (*arch.*), gotico; sezione trasversale quadrata di barre metalliche, con angoli molto arrotondati.
— **arch,** arco (*m.*) a sesto acuto; arco (*m.*) gotico.
— **groove** (*lamin. met.*), calibro ad ogiva.
— **pass** (*lamin. met.*), calibro ad ogiva.
— **roof,** tetto (*m.*) gotico.
gouge, sgorbia *f.*
— *v.a.* sgorbiare.
gouges (*geol.*), v. **selvages.**
gouging, sgorbiatura *f.*
— **oxygen,** taglio di scanalature a sezione di U, nell'acciaio, per mezzo del cannello ossiacetilenico.
govern, *v.a.* regolare; registrare.
governing, regolazione *f.*
government bond (*finan.*), buono del tesoro.
— **expenditure,** spese pubbliche.

government-owned utility (*met.*, *min.*), impianto statale.
— **railways,** ferrovie (*f. pl.*) dello Stato.
— **securities** (*finan.*), titoli dello Stato; titoli pubblici.
governor (*macch. a vapore*), regolatore *m.*
— **housing,** scatola (*m.*) del regolatore.
— **lever,** bilanciere (*m.*) di regolazione.
— **sleeve,** bussola (*f.*) del regolatore; manicotto (*m.*) del regolatore.
— **spindle,** asse (*m.*) del regolatore.
GPSS (*inform.*), linguaggio di programmazione della IBM per la descrizione ed analisi di sistemi discreti che possono essere modellati come una sequenza di tempo di cambiamenti di stato istantanei.
grab, draga (*f.*) a tenaglia; benna *f.*; gru (*f.*) a benna.
— **dredger,** draga (*f.*) a morse.
— **handle** (*auto*), maniglia (*f.*) appiglio.
— **(mechanical —)** (*mecc.*), benna mordente meccanica.
graben (*geol.*), graben.
grabhandle (*auto*), maniglia *f.*
grace (*leg.*), periodo di tempo concesso (per prove ecc.).
gradation (*cemento, ecc.*), granulometria *f.*
grade, durezza (*f.*) dell'acciaio; gradiente *m.*; tenore *m.*; qualità *f*; (*strada*), pendenza *f.*
— *v.a.* classificare.
— **builder** (U.S.A.), apripista (*m.*) a lama orientabile.
graded materials, materiali (*m. pl.*) calibrati.
grader, classificatore *m.* (vaglio, crivello); livellatrice *f.* (*macch. agricole*).
gradient (*agrim.*), livelletta *f.*; pendenza *f.* (media); inclinazione *f.*; rapporto d'inclinazione (*radio*); gradiente *m.*
— **of slope,** angolo (*m.*) di pendenza.
grading (*ind. mol.*), calibratura *f.* (di semole e semolini); (*tess.*), classificazione; (*costruzioni*), preparazione della superficie di pendenza; (*cemento, ecc.*), granulometria *f.*
— **machine** (*fond.*), cernitrice *f.*
gradiograph, gradiografo *m.* (per misurare pendenze sulla posa di tubi di scolo).
graduate, *v.a.* graduare; (*chim.*) recipiente graduato.
— **(to —),** laurearsi *v.r.*
graduated collar, collare (*m.*) graduato.
— **cylinder,** pipetta (*f.*) graduata.
— **hydrometer** (*auto*), densimetro (*m.*) graduato.
— **ring,** anello (*m.*) divisore.
graduation, graduazione *f.*
graft, *v.a.* innestare.
grafting (*bot.*), innesto ad intarsio.
grain, grano *m.* (*metal.*); grano (unità di peso equivalente a 0,0648 grammi); fibra (*f.*) di legno; granella *f.* (*cereali*); (massa *o* corpo di propellente solido in cui combustibile ed ossidante sono intimamente fusi): grano del propellente (*razzi*).
— **and fertilizer applicator** (*agr.*) seminatrice-spandiconcime.
— **boundary** (*met.*), margine (*m.*) dei grani.
— **cleaning separator** (*ind. mol.*), separatore-pulitore del grano.
— **drier** (*agr.*), essiccatore per il grano.
— **drill** (*agr.*), seminatrice (*f.*) per cereali.
— **elevator,** elevatore (*m.*) per grano.
— **growth** (*met.*), ingrossamento (*m.*) del grano; accrescimento del grano.
— **oil,** alcool di amile.
— **-oriented steel** (*met.*), acciaio a grani orientati.
— **refinement** (*met.*), affinamento del grano; affinazione (*f.*) del grano.
— **showing,** rinvenimento del legno.

grain size (*met.*), grandezza del grano.
— sizing (*met.*), classificazione granulometrica.
— split (*pelli*), parte superiore (lato della testa) di una pelle.
— wetting machine (*ind. mol.*), nebulizzatore *m.*
grainer (*vernici*), pettine a venare (per fare assumere alla superficie verniciata l'imitazione della grana del legno).
graininess (*chim.*), granulazione *f.*; (*telev.*) (*cinem.*), granulosità *f.* (dell'immagine).
graining, separazione del sapone dal glicerolo, durante la fabbricazione del sapone (*vernici*); far assumere alla superficie verniciata l'imitazione della grana del legno: macchiatura a legno; (*tip.*), granitura *f.*
— bowl, tazza (*f.*) d'essiccatore.
— chisel, granitoio *m.*
— machine for offset plates (*tip.*), macchina lisciatrice per lastre offset.
gram, grammo *m.*
— atom (*chim.*), grammoatomo *m.*
— -calorie, piccola (*agg.*) caloria; caloria-grammo *f.*
— equivalent, equivalente-grammo *m.*
— -ion (*chim.*), grammo-ione.
— molecule (*chim.*), grammomolecola *m.*
— -negative, *agg.* (*med.*) (*chim.*), gram-negativo (di germi che prendono una coloraz. rossa con la colorazione di Gram).
— -positive, *agg.* (*med.*) (*chim.*), grampositivo.
— -rad (*radiaz.*), grammo-rad (*unità di dose assorbita integrale*).
gramicidin (*chim.*), gramicidina *f.*
gramme, grammo *m.*
gramophone, grammofono *m.*
— disc recording, registrazione (*f.*) del disco.
— styli, puntine (*f. pl.*) fonografiche.
grampus, tenaglie (*f. pl.*) per billette (*laminatoio*).
grandeur pictures (*cinem.*), films di 70 mm.
grand total, totale (*m.*) generale.
— projector (*cinem.*), proiettore (*m.*) per film di 70 mm.
granite, granito *m.*
— block, blocco (*m.*) di granito.
— linoleums, linoleum granulari.
— slab, lastra (*f.*) di granito.
granodizing, procedimento per rivestire di uno strato antiruggine ferro, acciaio, zinco e cadmio (in una soluzione di fosfato di zinco); granodizzazione *f.*
grant a Nobel prize, conferire un premio Nobel.
— (*v.a.*) a patent, concedere un brevetto.
— an exploration permit (*min.*), concedere un permesso di esplorazione.
— basis (on a — basis) (*comm., finan.*), a titolo gratuito.
— -in-aid (*econ.*), sovvenzione *f.*
— of a patent, concessione (*f.*) di un brevetto.
granular, *agg.* granulare.
— fracture (*met.*), frattura granulare.
granularity (*cinem.*), granulazione *f.*; granularità *f.* (*in generale*).
granulate, *v.a.* bocciardare; cristalizzare; (*met.*), granulare; ridurre in grani.
granulated boric acid, acido (*m*). borico in grani.
— slag (*altoforno*), loppa granulata; scoria granulata.
— slag bin (*altoforno*), silo loppa granulata.
— slag pit (*altoforno*), vasca loppa granulata.
— sugar, zucchero in grani.
granulating, bocciardatura *f.*; granulazione *f.*
— crusher, frantoio (*m.*) granulatore.
— hammer, bocciarda *f.*
granulation (*med.*), granulazione *f.*; granitura (*di esplosivo*).

granulation tissue (*med.*), tessuto (*m.*) granulare.
granulator (*met.*), granulatore *m.*; v. **pig iron —; slag —.**
granule (*telev.*), grana (*delle particelle luminescenti*).
grape crusher, pigiatrice per uva.
— **milk,** mosto (prima della fermentazione).
— **picking machine,** raccoglitrice (*f.*) meccanica dell'uva.
— **-seed oil,** olio (*m.*) di vinaccioli.
— **stalk remover,** diraspatrice (*f.*) per uva.
graph-drawing display (*inform.*), visualizzazione su schermo di disegni di grafici.
— **plotter** (*inform.*), tracciatore di curve; tracciatore di grafici.
— **(to —)** (*inform.*), rappresentare sotto forma di grafico.
graphic (*inform.*), simbolo grafico (ottenuto con la stampa o scrittura a mano, o disegno).
— **capacity** (*inform.*), capacità (*f.*) grafica.
— **character** (*inform.*), carattere (*m.*) grafico.
— **controls** (*inform.*), comandi (*m. pl.*), grafici.
— **data** (*inform.*), dati (*m. pl.*), grafici.
— **data processing** (*inform.*), elaborazione (*f.*) grafica.
— **display** (*inform.*), visualizzazione grafica.
— **equalizer (equaliser)** (*audio*), equalizzatore grafico.
— **facility** (*inform.*), dispositivo grafico (aggiunto, p. es. a un microcomputer).
— **program** (*inform.*), programma grafico.
— **resolution** (*inform.*), risoluzione grafica.
— **system (interactive — —)** (*dis.*) sistema grafico interattivo.
— **symbols** (*inform.*), simboli (*m. pl.*), grafici.
— **tablet** (*inform.*), tavoletta (*f.*) grafica.
— **terminal** (*inform.*), terminale grafico.
graphical calculation, calcolo (*m.*) grafico.
— **display of data** (*inform.*), visualizzazione grafica dei dati.
— **recorder,** registratore (*m.*) grafico.
graphics, grafica *f.*
— **driver** (*inform.*), programma pilota grafico; programma di gestione grafico.
— **microsystem** (*inform.*), microsistema grafico.
— **peripherals** (*inform.*), periferiche grafiche.
— **printer** (*inform.*), stampante (*f.*) grafica.
— **software** (*inform.*), « software » grafico.
— **workstation** (*inform.*), stazione di lavoro grafica.
— **(interactive —)** (*inform.*), grafica interattiva.
graphite, grafite *f.*; piombaggine *f.*
— **box** (*fis. atom.*), capsula di grafite.
— **brick,** mattone (*m.*) di grafite.
— **column** (*fis. atom.*), colonna (*f.*) termica.
— **electrode** (*elet.*), elettrodo (*m.*) di grafite.
— **embrittlement** (*met.*), fragilità da grafite.
— **matrix** (*fis. atom.*), matrice (*f.*) di grafite.
— **-moderated** (*fis. atom.*), moderato a grafite.
— **-moderated reactor** (*fis. atom.*), reattore moderato a grafite.
— **moderator** (*fis. atom.*), moderatore (*m.*) a grafite.
— **mould,** forma (*f.*) di grafite.
— **reactor** (*fis. atom.*), reattore (*m.*) a grafite.
— **resistor furnace** (*met.*), forno a resistenza di grafite.
— **rheostat,** resistenza (*f.*) di grafite.
— **stirrer,** agitatore (*m.*) di grafite.
— **treated oil,** lubrificante (*m.*) grafitato.
— **-uranium lattice** (*fis. atom.*), reticolo (*m.*) grafite-uranio.
graphited oil, olio grafitato.

graphitic corrosion (*met.*), corrosione grafitica (nella ghisa grigia).
— **steel** (*met.*), acciaio grafitico.
graphitization (*met.*), grafitizzazione *f.*
graphitize annealing (*trattam. termico*), ricottura di grafitizzazione; grafitizzazione.
graphitized filament (*ill.*), filamento (*m.*) grafitato.
graphitizer, grafitizzante *m.*
graphitizing, grafitizzazione *f.*
graphogen grease (*lubrificanti*), grasso (*m.*) grafogeno.
graphometer, grafometro *m.*
grapple, *v.a.* assicurare con tiranti.
grappling hook (*astron.*), gancio di appiglio (per il ricupero della navetta spaziale nello spazio).
— **-iron,** rampicone *m.*
— **of arch** (*cost.*), ancoraggio dell'arco; catenaggio (*m.*) di arco.
graseproof paper (*tip.*), carta pergamena.
grass, erba *f.*; (*elettron.*, *tubi a raggi catodici*), ondulazione *f.*
— **bleaching** (*tess.*), candeggio (*m.*) al prato.
— **mower** (*mecc. agr.*), falciatrice *f.*
grasshoppers planes (U.S.A.) (*aereo*), aeroplani (*m. pl.*) (leggeri) da turismo.
grassy, *agg.*, verde prato (*colori*).
grate, griglia *f.*; (*met.*), v. **travelling —**.
— **area** (*imp. di pellettizzazione*), area della griglia.
— **-bar** (*met.*), barra (*f.*) di griglia.
grater, raschino *m.*
graticule (*ott. top.*), crocicchio (di fili) (p. es. di teodolite); reticolo di mira.
grating (*fis. atom.*), reticolo *m.*
— **(of ventilation system)** (*astronomia*), griglia del sistema di ventilazione.
gratuity, indennità (*f.*) compensatrice.
grave (*v.a.*) **a ship,** carenare una nave.
gravel, ghiaia *f.*
gravel ballast, massicciata (*f.*) di ghiaia.
— **concrete,** calcestruzzo (*m.*) di ghiaia.
— **-packed liner** (*petrol.*), filtro (*m.*) a ghiaia.
— **packing** (*petrol.*), filtro (*m.*) a ghiaia.
— **pump,** pompa per liquidi con solidi in sospensione.
— **wire netting** (*met.*), griglia (*f.*) per ghiaia.
graver (*tip.*), bulino *m.*; utensile (*m.*) per tornire (*orol.*).
graveyard (*fis. atom.*), cimitero (*m.*) per sostanze radioattive.
gravimeter, gravimetro *m.* (per prospezione geofisica).
gravimetric analysis (*chim.*, *met.*), analisi (*f.*) gravimetrica.
gravimetric(al), gravimetrico *agg.*
— **batching,** dosaggio (*m.*) a peso.
— **proportioning,** dosaggio (*m.*) a peso.
graving dock (*naut.*), bacino (*m.*) di carenaggio.
— **tool,** gradina *f.*; bulino *m.*
gravisphere (*astron.*), gravisfera *f.*
gravitation settling, sedimentazione per gravità.
gravitational field, campo (*m.*) di gravitazione.
— **force,** forza (*f.*) di gravità.
gravity, gravità *f.*
— **A.P.I.** (*ind. pet.*), densità A.P.I.
— **cable,** fune (*f.*) per trazione su piano-inclinato.
— **cable for wood,** piano inclinato (*m.*) per legnami.
— **casting,** colata (*f.*) a caduta.
— **concentration** (*min.*), concentrazione per gravità.
— **conveyor,** trasportatore (*m.*) a gravità.
— **fault** (*geol.*), faglia (*f.*) normale.
— **purifier** (*ind. mol.*), semolatrice (*f.*) a caduta.
— **segregation** (*met.*), segregazione per gravità.
— **settling,** sedimentazione per gravità.
— **tank** (*aer.*), serbatoio (*m.*) a gravità.

gravure, incisione *f.*; rotocalco *m.*
— **machine** (*tip.*), macchina da stampa con forma incisa in cavo.
— **paper** (*tip.*), carta per rotocalco.
— **roller** (*tip.*), cilindro rotocalco.
gray (*radiazioni*), misura di radiazioni ionizzanti equivalente a 100 rad. Rappresenta l'energia assorbita di 1 joule per kilogr. di peso corporale.
— **acetate,** acetato grigio; acetato di calcio.
— **cast iron,** ghisa (*f.*) grigia.
— **iron casting,** getto in ghisa grigia.
— **pig iron,** ghisa (*f.*) grigia.
grease (*cinem.*), cosmetici *m. pl.*; grasso *m.*; petrolio grezzo (U. S.A.); lubrificante per alberi.
— *v.a.* ingrassare; ungere.
— **box,** ingrassatore *m.*
— **cup,** scatola (*f.*) di lubrificazione; ingrassatore *m.*
— **gun,** ingrassatore (*m.*) a pressione; pompa (*f.*) per ingrassaggio a pressione.
— **hole** (*slang*) (*petrol.*) (U.S.A.), nuovo pozzo petrolifero.
— **lubrication,** lubrificazione (*f.*) a grasso.
— **mark** (*difetto met.*), macchia di olio (che si forma sulla latta sotto l'azione chim. dell'olio di palma caldo).
— **monkey** (*slang*) (*aereo*) (U.S.A.), meccanico *m.* (a terra).
— **remover** (*chim.*), asportatore del grasso; sgrassatore *m.*
— **spot** (*met.*), macchia di grasso (zona incompletam. zincata o stagnata a causa di una goccia di olio o grasso accidentali carbonizzati durante la ricottura).
— **-spot photometer,** fotometro di Bunsen a macchia d'olio.
greaser, *m.*, ingrassatore *m.*
— **pulp** (*carta*), pasta (*f.*) grassa.
— **wool,** lana sucida.
greasing (*auto*), grassaggio *m.*
« greasy spots » (*slang*), gli ingegneri.
great circle chart, carta in proiezione gnomica.
— **inversion,** tropopausa *f.*
— **maple,** acero (*m.*) di monte.
— **primer** (*tipog.*), corpo 18.
green area (*urbanistica*), zona (*f.*) a verde.
— **Card** (*assicuraz. auto*), Carta verde.
— **copperas,** solfato ferroso.
— **ebony,** albero (*m.*) di S. Andrea; ebano (*m.*) verde.
— **engine** (*slang*) (*aereo*) (U.S.A.), motore (*m.*) nuovo (non ancora collaudato).
— **filter** (*fot.*), filtro verde.
— **-house** (*aereo*) (*slang*) (U.S.A.), calotta (*f.*) di vetro (*o* di materiale trasparente).
— **manure** (*agr.*), sovescio *m.*
— **oxide** (*chim.*), ossido verde; ossido di nichelio.
— **pellets** (*min.*), pellets verdi (ossia crude, che devono essere trasportate e manipolate, non essendo meccanicam. molto resistenti).
— **pelletizing** (*min.*), pelletizzazione a verde.
— **rot** (*met.*), « carie verde » (forma di deteriorazione in leghe ad alto tenore di nichelio, esposte ad alte temperature).
— **run** (*slang*) (*aereo*) (U.S.A.), prova di collaudo (di motori).
— **sand casting** (*fond.*), colata (*f.*) in verde.
— **sand core** (*fond.*), anima (*f.*) a verde.
— **sand-mould** (*fond.*), forma (*f.*) in verde; formatura (*f.*) al verde.
— **-sand moulding** (*fond.*), formatura (*f.*) al verde.
— **sands** (*fond.*) sabbie (*f. pl.*) a verde.
— **smalt,** verde di cobalto.
— **strength** (*terre di fond.*), permeabilità a verde; coesione a verde.
— **wood,** legno (*m.*) verde.
— **(lagging —)** (*segnalaz. traffico*), verde ritardato.

green (leading —) (*segnalaz. traffico*), verde avanzato.
greenhouse (*cost.*), serra *f.*
— **effect** (steady build up of atmospheric carbon dioxide) (*meteor.*), effetto serra.
greening (*vernici*), inverdimento *m.*
greenockite, minerale di solfito di cadmio, che trovasi sotto forma di cristalli esagonali.
grège (*tess.*), filo di seta grezza
greige goods (*tess.*), tessuti (*m. pl.*) greggi.
gremlin (*RAF slang*), spiritello cattivo che causa sventure visitando gli aerei.
grenade launcher (*fucili*) (*mil.*), lanciagranate *m.*
grenadine (*tess.*), grenadine *m.* (organzino speciale).
grex (*tess.*), titolo (per tutti i filati).
grey (*tess.*), filato (*m.*) o stoffa nel colore naturale; grigio *agg.*
— **acetate,** acetato di calcio.
— **body,** corpo (*m.*) grigio.
— **cloth** (*tess.*), tela (*f.*) greggia.
— **cobalt,** cobalto (*m.*) grigio.
— **diffuser,** diffusore (*m.*) grigio.
— **edge** (*met.*), bordo grigio (*di latta*).
— **goods** (*tess.*), tessuti (*m. pl.*) greggi.
— **stibnite,** stibnite (*f.*) grigia.
— **surface** (*acust.*), superficie grigia.
greyout, primi effetti di annebbiamento della vista.
grid (*elet.*), griglia *f.*; quadrettatura *f.* (*cartografia*); v. **supporting —**.
— **agglomeration** (*min.*), agglomerazione (*f.*) su griglia.
— **capacitor,** condensatore (*m.*) di griglia.
— **circuit,** circuito (*m.*) di griglia.
— **condenser** (*radio*), condensatore (*m.*) di griglia.
— **conductance** (*radio*), conduttanza (*f.*) di griglia.
— **-controlled vapour-discharge tube,** raddrizzatore (*m.*) monoanodico a griglia di controllo in atmosfera di vapore.
grid current characteristic (*elet.*), caratteristica (*f.*) della corrente di griglia.
— **-glow tube** (*termoion.*), tubo (*m.*) fluorescente di griglia.
— **leak** (*radio*), (resistenza di) fuga di griglia.
— **-leak detector** (*radio*), rivelatore a griglia.
— **modulation** (*radio*), modulazione (*f.*) di griglia.
— **navigation** (*aereo*), navigazione a reticolo.
— **plate,** piastra (*f.*) a griglia.
— **rectification** (*radio*), rivelazione di griglia.
— **resistance** (*elet.*), resistenza di griglia.
— **return** (*radio*), ritorno (*m.*) di griglia.
— **ring,** anello (*m.*) d'incrocio (di bussola).
— **swing** (*termoion.*), tolleranza di griglia; tensione alternata di pilotaggio di griglia.
— **voltage** (*elet.*), tensione (*f.*) di griglia.
— **(starting —)** (*corse auto*), griglia di partenza.
grillage, piattaforma (*f.*) di fondazione (in terreni acquitrinosi o poco solidi).
grille, cancellata *f.*; cancello *m.*
— **cloth,** (*radio*), tela di copertura di altoparlante; (*diffusori, ecc.*), griglia in tessuto.
— **(radiator —)** (*auto*), cuffia (del radiatore).
grime (*polvere di carbone, ecc.*), sudiciume *m.*; sporcizia *f.* (dovuta a polvere di carbone, ecc.).
— **(to —),** sporcare; insudiciare (mani, viso, ecc.).
grind, *v.a.* molare; arrotare; affilare; pulire; macinare (colori, ecc.); girare (*cinem.*).
— (*v.a.*) **a flat,** rettificare una superficie piana.
— (*v.a.*) **a tool,** affilare un utensile.

grind (*v.a.*) **a tool dry,** rettificare a secco un utensile.
— (*v.a.*) **down,** lisciare con la mola; arrotare.
— (*v.a.*) **dry,** molare a secco; affilare a secco; rettificare a secco.
— (*v.a.*) **in,** smerigliare.
— (*v.a.*) **internally,** rettificare interni.
— (*v.a.*) **parallel** (*macch. ut.*), rettificare fori paralleli.
— (*v.a.*) **preparatory,** fare la prima passata alla mola.
— (*v.a.*) **taper** (*macch. ut.*), rettificare fori conici.
— (*v.a.*) **to powder,** ridurre in polvere.
— **up,** *v.a.*, macinare (*v.a.*) completamente.
— (*v.a.*) **wet,** molare ad umido; affilare a umido.
grindability, indice di macinazione (in tonnellate per ora); polverizzabilità *f.*; attitudine alla macinazione.
grinder (*macch. ut.*), rettificatrice *f.*; rettificatore *m.* (*operatore alla rettifica*); (*carta*) sfibratore *m.*; scortecciatrice *f.*; (*radio*), scarica atmosferica tambureggiante; mulino *m.* (*min.*); molatrice *f.* (*macch. ut.*).
— **(centerless —),** rettificatrice (*f.*) senza centri.
— **(cylinder —),** rettificatrice (*f.*) per cilindri.
— **(flat-surface —),** rettificatrice (*f.*) per piani.
— **(horizontal spindle —),** rettificatrice (*f.*) per piani, orizzontale.
— **(internal —),** rettificatrice (*f.*) per interni.
— **(plain —),** rettificatrice (*f.*) orizzontale, per cilindri.
— **(plano-type surface —),** rettificatrice (*f.*) tipo pialla.
— **(surface —),** rettificatrice (*f.*) per piani.
— **(universal —),** rettificatrice (*f.*) universale.
— **(wood saw-blade —),** affilatrice per lame da sega per legno.
grinding, molatura *f.*; rettifica *f.*; arrotatura *f.*; macinazione *f.*; rettificatura *f.* (*macch. ut.*); affilatura (*tess.*) (dei denti di carda).
— **and dressing machine for rubber stereos** (*macch. ut.*), smerigliatrice (*f.*) e preparatrice per clichés di gomma.
— **apparatus for lathe centres,** rettificatrice (*f.*) per punte da tornio.
— **balls** (*min.*), sfere macinanti (per mulini).
— **crack** (*met.*), cricca a rete; cricca di rettifica (cricca reticolare dovuta a surriscaldam. durante un'operazione di rettifica).
— **cylinder,** corona (*f.*) di una mola.
— **disc** (*utensile*), disco (*m.*) abrasivo.
— **down,** lisciatura *f.* (con la mola); arrotatura *f.*
— **gauge,** calibro (*m.*) per rettificatrici.
— **head** (*macch. ut.*), testa per rettificare.
— **-in** (*macch. ut.*), rettifica di valvole.
— **japan** (*vernici*), vernice giapponese per miscela.
— **machine** (*macch. ut.*), rettificatrice *f.* (v. **grinder**).
— **machine for diesel engine pumps** (*macch. ut.*), rettificatrice (*f.*) per pompe di motori Diesel.
— **material,** sostanza (*f.*) per arrotare.
— **of magnetic concentrate** (*min.*), macinazione del concentrato magnetico.
— **out grooves,** rettificazione (*f.*) di scanalature.
— **plate,** molazza *f.*
— **ratio** (*ratio of volume of work removed to volume of wheel consumed*) (*macch. ut.*), rap-

porto di rettifica (fra volume del pezzo asportato e il volume della mola consumata).

grinding stone (grinding-stone), pietra (*f.*) arenaria; macina *f.*

— **wheel,** mola *f.*; v. **elastic bond —.**

— **wheel hole,** alesaggio (*m.*) del foro della mola.

— **wheel slide,** carrello (*m.*) portamola.

— **wheel spindle,** albero (*m.*) portamola.

grindstone, mola *f.*; pietra (*f.*) da affilare.

grinning, mancanza di opacità in uno strato di vernice.

grip, impugnatura *f.*; manico *m.*; morsetto (*m.*) di tensione (prove materiali); serraggio *m.*; (*pneumatici*) aderenza *f.*

— **(to —),** afferrare saldamente (*mecc.*).

— *v.a.* fissare (con arpioni); stringere.

— (*v.a.*) **a work,** montare un pezzo.

— **(wet —)** (*pneumatici*), aderenza sul bagnato.

gripe (*naut.*), piè di ruota.

gripper (*automazione*), braccio meccanico provvisto di pinze.

grippers (*tip.*), pinze.

gripping (*mecc.*), serraggio *m.* (p. es. di mandrini).

grit, polvere (*f.*) smeriglio; grani (di mola); graniglia *f.* (*per sabbiatura*).

— **blaster** (U.S.A.), sabbiatrice *f.*

— **blasting,** granigliatura *f.*

— **blasting machine,** granigliatrice *f.*

gritter (*macch. stradali*), spargisabbia e sale.

gritting, cospargimento di graniglia (per sabbiatura di strade contro il gelo).

gritty, *agg.* sabbioso; ghiaioso.

— **wool,** lana (*f.*) sabbiosa.

grizzle, miscela di carbone e piriti di ferro (allo stato naturale).

— **dicks** (*naut.*), mattoni « albasi » (cotti insufficientem.).

grizzly (*min.*, *met.*), griglia (a setaccio) (per minerali grossi, carbone ecc.); vaglio *m.*

— **(feeding —),** griglia di alimentazione.

— **(moving —),** griglia mobile.

— **(stationary —),** griglia fissa.

groan box (*cinem.*) (U.S.A.), organo portatile usato per scene cinem.

groats (*comm.*), tritello *m.* (di avena.

grog, mattoni rotti (*o* scarto di lavorazione ceramica) usati per fabbricaz. di mattoni; chamotte.

— **grain** (*ind.*), grano di chamotte (usato per aumentare la refrattarietà di refrattari a base di argilla refrattaria).

groin, pennello *m.* (*idraul.*); repellente *m.* (*idraul.*); lunetta *f.* (*arch.*).

groined vault, volta (*f.*) a crociera.

grommet, anello di rinforzo (di occhielli).

groove, canale *m.* (di laminatoio); scanalatura *f.*; femmina *f.* (incastro); incavo *m.*; rigatura *f.*; gola (*f.*) di navetta; solco (di un disco); (*lamin.*, *met.*), calibro *m.*; (*met.*), v. **gothic —**; (*lamin. met.*), v. **oval —.**

— *v.a.* scanalare; fare un incastro.

— (*v.a.*) **and tongue,** incastrare a maschio e femmina.

— **and tongue** (*falegn.*), maschio (*m.*) e femmina.

— **cord pulley,** puleggia (*f.*) a gola.

— **jumping** (*acust.*), salto della punta da un solco d'incisione all'altro.

— **weld** (*sald.*), cordone (*m.*) frontale.

grooved disc, disco (*m.*) a solchi.

— **insulator** (*elet.*), isolatore a carrucola.

— **match ceiling boarding,** tavolato (*m.*) di soffitto di perline.

— **pin** (*mecc.*), chiavetta a scanalatura.

— **rail** (*ferr.*), rotaia (*f.*) a canale.

grooved tube (*ceramica*), tubo scanalato.
grooveless video disc (*audio*), videodisco senza solchi.
grooving, scanalatura *f.*
— **and tonguing** (*faleg.*), incastro a maschio e femmina.
— **and tonguing plane,** pialla (*f.*) per maschi e femmine.
— **cutter,** utensile (*m.*) per scanalare; fresa (*f.*) per incastri.
— **iron,** coltello (*m.*) per fare femmine.
— **plane,** pialla (*f.*) per femmine.
gross (*mis.*), grossa *f.*; lordo *agg.*
— **cargo capacity** (*naut.*), capacità di carico lorda.
— **error,** errore (*m.*) grossolano.
— **lift** (*aer.*), forza ascensionale complessiva.
— **national product (GNP)** (*organ.*), prodotto nazionale lordo (P.N.L.).
— **tonnage,** tonnellaggio (*m.*) lordo.
— **weight,** peso (*m.*) lordo; (*aer.*) peso totale (in ordine di volo).
ground, terra *f.* (*elet.*); piano; fondo (*pittura*); feccia *f.*; sedimento *m.*; rettificato *p.p.*; fondo *m.* (*tess.*) (parte di tessuto che circonda il disegno).
— *v.a.* mettere a terra; incagliare (*naut.*).
— **alert** (*aereo*) (U.S.A.), apparecchio (*m.*) da caccia.
— **beacon,** radiofaro (*m.*) di terra.
— **bearing capacity,** capacità (*f.*) di resistenza del terreno.
— **clamp** (*radio*), morsetto metallico per attacco di terra.
— **clearance** (*auto.*), altezza sul suolo; distanza da terra.
— **colour,** colore (*m.*) per la prima mano.
— **connection** (U.S.A. *elet. radio*), presa (*f.*) di terra.
— **consolidation,** consolidamento (*m.*) del terreno.
— **-controlled approach,** radar d'atterraggio di grande precisione a comando da terra.
— **-controlled interception** (G.C.I.) (*missili*), intercettamento (*m.*) controllato da terra.
ground cushion (*elicotteri*), v. **ground effect.**
— **effect** (*elicotteri, aereo*), effetto del suolo.
— **effect machine (GEM),** veicolo in effetto suolo (veicolo a cuscino d'aria).
— **electrode** (U.S.A.), elettrodo (*m.*) di massa.
— **engineer** (*aereo*), ingegnere (*m.*) aeronautico collaudatore (per le prove statiche).
— **equipment** (*astron.*), attrezzature a terra.
— **floor** (*dis.*), piano terreno.
— **fog,** nebbia (*f.*) di suolo (*fot.*), velo (*m.*) di fondo.
— **glass,** vetro (*m.*) smerigliato.
— **glass stopper** (*cosmetici*), tappo (di vetro) smerigliato.
— **lag,** trascinamento al suolo (di una bomba).
— **looping** (*aereo*), capottamento (nell'atterraggio, decollo, rullaggio).
— **mapping** (*aereo*), piano quotato terrestre.
— **middlings** (*min.*), misti (*m. pl.*) di macinazione.
— **noise** (*acust.*), rumore di fondo.
— **nuts oil,** olio (*m.*) di noci.
— **performance,** caratteristiche a terra (di un aeroplano).
— **resistance,** resistenza (*f.*) del terreno.
— **return** (*radar*), eco (*m.*) di terra.
— **screen,** contrappeso (*m.*) di terra (*antenna*).
— **slipping,** slittamento (*m.*) del terreno.
— **speed** (*aereo*), velocità effettiva (rispetto al suolo).
— **starter** (*aereo*), motorino (*m.*) ausiliario di avviamento, a terra.
— **strafing** (*aereo*), attacchi a volo radente su obiettivi terrestri.
— **tackle** (*aereo*), ingranaggio per l'ancoraggio di un idrovolante.
— **tint** (*tip.*), fondo *m.*

ground-to-ground missile, missile (*m.*) terra-terra.
— **twill** (*tess.*), saia (*f.*) di fondo.
— **ways** (*naut.*), vasi (*m. pl.*) fissi.
— **wire** (*elet.*), filo (*m.*) di terra.
— **wood,** legno sfibrato.
— **(unmade —),** terreno non preparato (p. es. di cantieri di costr. o di strade).
grounded antenna (*radio*, U.S.A.), antenna (*f.*) interrata.
— **cathode amplifier,** amplificatore (*m.*) con anodo a terra.
grounding (U.S.A. *elet.*), messa a terra.
groundnut oil, olio (*m.*) d'arachidi.
group drive, funzionamento (*m*). a gruppi.
— **dynamics** (*organ.*), dinamica di gruppo.
— **frequency** (*radio*), frequenza dei treni di onda (emessa da trasmettitore a scintille).
— **of points** (*ferr.*), fascio (*m.*) di scambi.
— **pulley blocks,** taglia (*f.*) a gruppi.
— **reaction** (*chim.*), reazione di gruppo.
— **selector** (*telef.*), selettore di gruppo.
— **velocity** (*radio*), velocità di propagazione di un gruppo di onde.
grouped *p. p.*, raggruppato.
— **(compactly — controls),** comandi raggruppati.
grouping (*chim.*), gruppo *m.*; struttura *f.*; configurazione *f.*; raggruppamento; combinazione (di colori).
grouser (*mecc.*), nervatura o costola di aggrappamento, sui cingoli disposti sopra ruote gommate.
grout, miscela di cemento ed acqua (sia con sabbia o no); malta liquida.
— *v.a.* riempire (di malta, cemento, ecc.).
— (*v.a.*) **with cement,** colare cemento.
grouting (*costruz.*), iniezione di cemento; colata di cemento.
grow, *v.i.*, svilupparsi *v.r.*; crescere *v.i.* (*di cristalli*); diventare *v.i.* (*di colori*).
grown-junction transistor (*elettron.*), transistore (*m.*) a giunzione per accrescimento.
growth, crescita *f.*; sviluppo *m.*
groyne (*idraul.*), pennello *m.*
grub saw, sega (*f.*) da marmista.
— **screw** (*mecc.*), vite di fermo (*o* di arresto) senza testa.
— **up (to —)** (*costr.*), estirpare; togliere completamente (p. es. tutte le vecchie fondamenta).
grubber (*agric.*), estirpatore *m.*
grummet, riparella *f.*; occhiello (*m.*) metallico.
guaiacol (*chim.*), guaiacolo *m.*
guaiacum resin, resina (*f.*) di guaiaco.
guanidine (*chim.*), guanidina *f.*
guanine (*chim.*), guanina *f.*
guano, guano *m.*
guarantee, garanzia *f.*; (*finan.*), avallo *m.*
— (*v.a.*) garantire; (*finan.*), avallare.
— **against faulty workmanship,** garanzia (*f.*) per difetti di lavorazione.
— **against flaws in material,** garanzia (*f.*) per difetti di materiale.
— **agreement** (*comm.*), contratto di garanzia.
guaranteed wage agreement, accordo di retribuzione garantita.
— **wrought iron pipe,** tubo (*m.*) di ferro saldato.
guard (*mecc., mach. ut.*), riparo *m.*; cuffia di protezione.
— **against (to —),** prevenire *v.a.* (*an automatic safety device guards against boiling dry*), un dispositivo di sicurezza previene la bollitura a secco.
— **board,** assicella (*f.*) di riparo.
— **pin** (*orol.*), dardo *m.* (dell'àncora).
— **(belt —),** riparo della cinghia.

guard (blast —), riparo di protezione contro le esplosioni (lampade per miniera.)
— **(chuck —)**, riparo del mandrino.
— **(concertine —)**, riparo a soffietto.
— **(drill spindle —)**, riparo dell'albero del trapano.
— **(eye —)**, riparo protettivo degli occhi.
— **(face —)**, riparo facciale.
— **(grinding wheel —)**, riparo (cuffia) della mola.
— **(mill cutter —)**, riparo (cuffia) della fresa.
— **(press —,)** riparo della pressa.
— **(reinforced glass fibre —)**, riparo in fibra di vetro rinforzata.
— **(ripping —)** (*miniere*), dispositivo di protezione per il 2° taglio al tetto.
— **(sheet metal —)**, riparo in lamiera.
— **(splash —)**, riparo paraspruzzi.
— **(telescopic —)**, riparo telescopico.
— **(woven wire —)**, riparo in rete metallica.
guayle (*bot.*), pianta per la produzione succedanea di gomma.
gudgeon, gambo (*m.*) di cilindro.
— **pin** (*auto*), perno di stantuffo; spinotto *m.*
guidance, indicazione *f.* (*gen.*), guida *f.*; (*astron.*), guida (di veicolo o nave spaziale).
— **of a piece**, condotta (*f.*) di un pezzo.
— **system** (*missili*), sistema di guida.
guide, slitta *f.*; guida *f.*; (*elettron.*), v. **waveguide.**
— **bar** (*auto*), barra (*f.*) stabilizzatrice; (*mecc.*), colonna (*f.*) di guida.
— **bars** (*ing.*), guide (di macch. a vapore).
— **block**, pattino *m.* (*mecc.*); guida *f.*
— **bushing**, boccola (*f.*) di guida,
— **disc**, disco (*m.*) di guida.
— **mark** (*met.*), rigatura di guida (difetto su laminato sotto forma di rigatura, causata dalle guide).
guide pin, spina (*f.*) di guida; (*pressofusione*), colonnetta di guida per centrare gli stampi.
— **pulley**, puleggia (*f.*) di guida.
— **rack** (*met.*), piano a rulli di una macchina di colata continua.
— **ring**, anello (*m.*) di guida.
— **rod**, asta (*f.*) di guida; asta (*f.*) conduttrice; contrasta (*f.*) di uno stantuffo.
— **roll**, rullo (*m.*) di guida; rotella (*f.*) di guida.
— **-rope** (*aer.*), cavo (*m.*) moderatore.
— **tube** (*armi*) (*mil.*), tubo guida.
— **-wheel**, ruota (*f.*) conduttrice.
guided distribution, distribuzione (*f.*) comandata.
— **-missile aircraft carrier**, portaerei (*f.*) a missili telecomandati.
— **missiles**, missili guidati.
— **wave optics** (*ott.*), ottica a onda guidata.
guidelines (*econom.*, *ecc.*), direttive *f. pl.*
guiding price (*comm.*), prezzo indicativo.
— **rafter**, cavalletto (*m.*) maestro.
— **truck**, carrello (*m.*) di guida.
Guild of Software Houses, Corporazione delle ditte di « software ».
Guillaume's inclined column (*chim.*). colonna di rettificazione Guillaume.
guillotine shears, trancia (*f.*) a ghigliottina; cesoia (*f.*) a ghigliottina.
guillotined, *p.p.* (*met.*), tagliato con cesoia a ghigliottina.
Guinea green, verde Guinea.
gull wing doors (*auto*), porte (*f. pl.*) ad ali di gabbiano.
gullet working (*cost. ferr.*), attacco (*m.*) a scaglioni.
gulleting, lima (*f.*) parallela per seghe.
gum, gomma *f.*; colla *f.*; resina *f.*

gum arabic, gomma (*f.*) arabica.
— **benzoin,** benzoino *m.*
— **copal,** gomma (*f.*) coppale.
— **damar,** resina (*f.*) di Dammara.
— **elastic,** gomma (*f.*) elastica.
— **elemi,** resina (*f.*) elemi; elemi *f.*
— **gambier,** gambier *m.*; gambir *m.*
— **gamboge,** gomma (*f.*) gutta.
— **guaic,** resina (*f.*) di guaiaco.
— **gutta,** gomma (*f.*) gutta.
— **kino,** kino *m.*
— **lac,** gommalacca *f.*
— **lacquer,** vernice sintetica.
— **mastic,** mastice *m.*
— **-rosin,** gommaresina *f.*
— **sandarach** (*gomma*), sandracca *f.*
— **shellac,** gommalacca *f.*
— **tree,** albero (*m.*) della gomma.
— **turpentine,** acquaragia vegetale di gomma.
gumbo (*ind. pet. min.*), terreno molto adesivo (termine di sondatore).
gummed label, etichetta gommata.
— **paper** (*tip.*), carta gommata.
gummelin (*chim.*), destrina *f.*
gummy, *agg.* gommoso.
gun, cannone *m.*; (U.S.A.), pistola *f.*; pistola a spruzzo (*spray gun*); fucile *m.* (*specialm.* da caccia a canne lisce); (*met.*), spruzzatore (per iniettare olio fluido); (*cinem.*) (U.S.A.), macchina (*f.*) da presa.
— **(to —) a thin skin of... over the existing lining** (*refrattari, met.*), applicare a spruzzo mediante pistola pneumatica (sparare) un sottile strato di... sul rivestimento esistente.
— **-barrel** (*mil.*), bocca da fuoco.
— **boat,** cannoniera *f.*
— **boring machine,** alesatrice (*f.*) per cannoni.
— **camera,** cinemitragliatrice *f.*
— **-carriage,** affusto *m.* (di cannone).
gun control, v. **mud — control room** (*altoforno*).
— **-cotton,** fulmicotone *m.*
— **crew** (*met., refrattari*), squadra addetta all'applicazione a spruzzo (sparo) con pistola pneumatica; v. **gunning.**
— **current** (*tubi raggi catodici*), corrente (*f.*) elettronica.
— **drilling** (*petrol.*), foratura « a cannone ».
— **heater** (*aer.*), dispositivo (*m.*) di riscaldamento mitragliatrice.
— **lathe,** tornio (*m.*) per cannoni.
— **layer** (*armi*), puntatore *m.*
— **material** (*refrattari forni met.*), materiale da sparo (da applicare a spruzzo con pistola pneumatica).
— **-metal (gun metal)** (U.S.A.), metallo (*m.*) da cannoni; bronzo (*m.*) rosso.
— **-metal bearing,** cuscinetto (*m.*) di bronzo.
— **parts** (*armi*), componenti per fucili (grilletti, canne, ecc.).
— **perforator** (*petrol.*), perforatore (*m.*) ad esplosione.
— (*v.a.*) **the motor** (*aereo*), dar l'accelerazione al motore.
— **(3-gun shadow-mask colour kinescope)** (*telev.*), cinescopio schermato a tre fasci per televisione a colori.
— **turning lathe,** tornio (*m.*) per cannoni.
— **turret** (*aereo*), torretta (*f.*) per la mitragliatrice.
guncotton, nitrocotone *m.*; cotone (*m.*) fulminante.
gundrill (*mecc.*), punta a lancia.
gunfire control radar, radar di condotta di tiro.
gunite (*min.*), gunite (impasto di cemento, sabbia e impermeabilizzante applicato a spruzzo sulle vie di carreggio).
guniting (*min.*), applicazione di gunite con spruzzatrice ad aria compressa.
gunned furnace (*met.*), forno trattato con impasto sparato (per riparazioni).

gunned layer on a hot wall, having an insulating effect (*forni met.*), strato di impasto sparato su una parete calda (*del forno*), avente effetto isolante.
— **section** (*forni met.*), parte trattata (riparata *o* ricoperta) con impasto sparato.
gunnel (U.S.A.), (*naut.*), frisata *f.*; capo (*m.*) di banda.
gunner's cockpit, botola (*f.*) della mitragliatrice.
gunning (*met.*, *refrattari*), applicazione di rivestimento refrattario (*o* di materiale isolante, *o* di una miscela sabbia-cemento) mediante pistola pneumatica (operazione nota sotto il nome di: sparo *o* lancio).
— **composition** (*met.*), composto per impasto da sparo.
— **lining** (*met.*, *refrattari*), rivestimento con lancio.
— **material** (*met.*, *refrattari*), v. **gun material.**
— **mix** (*forni met. in riparazione*), miscela (*o* impasto) da sparo.
— **mixes** (*met.*, *refrattari*), miscele da sparo; v. **gunning.**
— **operation** (*met.*, *refrattari*), sparo (operazione di sparo) (*applicaz. a spruzzo con pistola pneumatica*).
— **repair** (*met.*), riparazione mediante sparo (applicaz. a spruzzo con pistola pneumatica).
— **(bond for — mixes)** (*met.*, *refrattari*), legante per miscele da sparo.
— **(cold —),** sparo a freddo.
— **(hot —),** sparo a caldo.
gunpowder, polvere (*f.*) pirica.
gunsight (*aereo*, *ecc.*), mira *f.*
— **pipper** (*aereo*) (U.S.A.), tacca (*f.*) di mira.
gunwale (*naut.*), frisata *f.*
gurjun balsam oil, olio (*m.*) essenziale di balsamo gurjun.
gusher, pozzo (*m.*) petrolifero ad eruzione spontanea.
gushing gold (U.S.A.), petrolio *m.*
gusset (*mecc.*), fazzoletto *m.* (di rinforzo).
gusset plate (*mecc.*), fazzoletto *m.* (di rinforzo).
— **(to weld a — on the lower generant of the boom)** (*mecc.*), saldare un fazzoletto sulla generatrice inferiore della briglia.
gust (of wind), raffica (*f.*) di vento.
— **enveolpe** (*meteor.*), diagramma (*m.*) di raffiche.
— **loading** (*aereo*), carico derivato da raffiche di vento.
— **tunnel** (*aereo*), galleria del vento a raffiche.
gut line (*ind. zolfo*), piccola tubatura del vapore (dentro la tubatura dello zolfo) per tenere lo zolfo in un stato fluido.
gutta-percha, guttaperca *f.*
gutter, fossetto (*m.*) di scolo; cunetta *f.*; grondaia *f.* (gronda); (*tip.*), margine interno di rivista, libro, ecc.; crocetta *f.*
— **bearer,** cassetta (*f.*) di raccolta d'una gronda; sostegno (*m.*) di gronda.
— **bracket** (*cost. civ.*), cicogna *f.*
— **hook,** gancio (*m.*) di grondaia.
— **tile,** tegola (*f.*) ad incastro.
guy rope, fune (*f.*) di sei trefoli con sette fili ciascuno, con anima centrale in canapa; ritenuta *f.* (*corda*, *naut.*).
— **strand,** fune (*f.*) a trefoli di sette fili.
— **wire** (*radio*), filo (*m.*) di sostegno.
— **(steel wire —)** (*cost.*), strallo in fune di acciaio.
guyed, *p.p.* (*cost.*), strallato (pali, strutture).
— **mast** (*cost.*), falcone *m.*
guying (*costr.*), strallo (sistema di funi di sostegno per pali e torri).
gymbals, vedi: **gimbals.**
gymbol (*cinem.*), onda che si fa muovere davanti alla macch. da presa per simulare mare od oceano.
gymkana (*sport*), gincana; ginkana.
gynocardia oil, olio (*m.*) di ginocardia.

« gyped-up well » (*ind. pet.*), pozzo (*m.*) con incrostazioni.
gypsum, scagliuola *f.*; gesso *m.*
gyratory crusher, frantoio giratore.
gyro bearing, rilevamento (*m.*) giroscopico.
— pilot (*aereo*), pilota (*m.*) automatico.
— system (*radar*), sistema (*m.*) giroscopico.
— unit, complesso (*m.*) giroscopico.
gyrocar (*ferr.*), vettura (*f.*) per monorotaia.
gyrocompass (pr. *giai'-ro-*), girobussola *f.*
gyrocopter (*aereo*), autogiro *m.*; giroplano *m.*
gyrodyne, aereo che ha le caratteristiche dell'autogiro e dell'elicottero azionato da elica trattiva.
gyromagnetic effect, effetto (*m.*) giromagnetico.
gyrometer, contagiri *m.*
gyropilot (*aereo*), pilota (*m.*) automatico.
gyroplane (*aereo*), giroplano *m.*; girodina *m.*
gyroscope, giroscopio *m.*
gyrostabilizer, giropilota *m.*
gyrostat (pr. *giai'-*), girostato *m.*

H

h-iron, ferro (*m.*) a doppio T.
H armature, armatura (*f.*) a doppio T; àncora (*f.*) di elettromagnete a doppio T.
H beam, trave a doppio T.
H-bomb, bomba all'idrogeno.
H-type engine, motore (*m.*) ad H.
H-type pole (*elet.*), palo ad H.
HCN (*chim.*), HCN (acido idrocianico).
H.E. shell (*munizioni*), granata dirompente.
H.P. slot (*aereo*), aletta (*f.*) a fessura H.P.
haar (*meteor.*), nebbia (*f.*) marina.
habitat, habitat (ambiente nel quale una pianta o un animale vive e cresce naturalmente); luogo di ritrovamento comune di un minerale, ecc.
habits of the river, comportamento del fiume (in caso di piene, ecc.).
hack (*met.*), intaglio *m.*; tacca *f.*
hacking, bulinatura *f.*
hackle (to —) (*tess.*), pettinare (lino).
hackling (*of the flax*), scapecchiatura *f.* (del lino); pettinatura.
hacksaw, sega (*f.*) da metalli, sega alternativa meccanica.
hacksawing machine (hydraulic — machine) (*macch. ut.*), segatrice alternativa idraulica (per metalli); segatrice alternativa (per metalli) a comandi oleodinamici.
hade (*petrol.*), pendenza (di una falla); (*geol.*), v. **fault —**.
Hadfield steel (*met.*), acciaio Hadfield.
hadron (*fis. atom.*), particelle contenenti « quarks ».
haematite, ematite *f.*
haematoxylin, ematossilina *f.*, ($C_{16}H_{14}O_6$).
hafnium (*chim.* = Hf), afnio *m.*
haft, manubrio *m.*; manico *m.*
hail (*meteor.*), grandine *f.*
hair belt, cinghia (*f.*) di crine.
— **belting,** cinghia di crine.
— **compasses** (*dis.*) balaustrino di precisione.
— **crack** (*met.*), cricca capillare.
— **crine,** *m.*, pelo *m.*
— **curler** (*elet.*), arricciacapelli elettrico.
— **-drier** (*elet.*), asciugacapelli *m.*
— **-lines** (*fot.*), reticolo *m.*
hairline (*tess.*) linee di colore solido (in un tessuto).
— **crack** (*met.*), cricca capillare (in metalli laminati, ecc.).
hairspring (*orol.*), spirale.
— **collet** (*orol.*), virola per fissare le spirali.
half a brick wall, muro (*m.*) di una testa.
— **-and-half solder,** lega per saldatura, composta di parti uguali di stagno e piombo.
— **-barrier level-crossing (gate)** (*ferr.*), passaggio a livello a semisbarre.
— **beam** (*naut.*), baglietto *m.*
— **binding,** rilegatura semipelle.
— **-boiled silk,** seta (*f.*) flessibile (o semicotta).
— **-breath plan** (*naut.*), piano (*m.*) orizzontale.
— **chair** (*ferr.*), cuscinetto (*m.*) (di rotaia) unilaterale.
— **charged battery,** batteria (*f.*) semicarica.
— **-coiled winding** (*elet.*), avvolgimento (*m.*) a fasi emitropiche.
— **-cup fracture** (*met.*), frattura a semicoppa.
— **-cycle,** semiciclo *m.*
— **-duplex** (*trasmissione di dati a distanza*), bidirezionale alternato (alternativamente in un senso e poi nell'altro).
— **duplex channel** (*inform.*), canale semi-duplex (bidirezionale, ma con funzionamento alternato, in una direzione alla volta).

half-elliptic springs (*auto*), balestre (*f. pl.*) semiellittiche.
— **grid,** mezza griglia (*f.*).
— **hip** (*cost.*), padiglione (*m.*) a falda accorciata.
— **-life** (*fis. atom.*), semiperiodo *m.*
— **load,** metà (*f.*) carico.
— **-nut,** *pl.* (*macch. ut.*), mezza chiocciola (tornio).
— **plane** (*fis.*), semipiano.
— **-period** (*fis. atom.*), semiperiodo *m.*
— **-roll** (*aereo*), mezzo rollio (rollio di 180°).
— **round** (*met.*), mezzotondo *m.*
— **round bar,** ferro (*m.*) semitondo.
— **round bastard file,** lima (*f.*) bastarda mezzo tonda.
— **round coarse file,** lima (*f.*) mezzo tonda a taglio grosso.
— **round dead smooth file,** lima (*f.*) mezzo tonda dolcissima
— **round file,** lima (*f.*) mezzo tonda.
— **-round fillet,** spigolo (*m.*) arrotondato.
— **round lead float file,** lima (*f.*) (per piombo) mezzo tonda ad un taglio.
— **round open cut bastard file,** lima (*f.*) mezzo tonda bastarda a taglio aperto.
— **round profile iron,** ferro (*m.*) profilato mezzo tondo.
— **round second cut file,** lima (*f.*) mezzo dolce mezzo tonda.
— **round shoe rasp,** raspa (*f*). mezzo tonda per calzolai.
— **round sleeper** (*ferr.*), traversina (*f.*) semitonda.
— **round smooth file,** lima (*f.*) dolce mezzo tonda.
— **round wood file,** lima (*f.*) mezzo tonda per legno.
— **round wood rasp,** raspa (*f.*) mezzo tonda per legno.
— **round wood rasp smooth,** raspa (*f.*) mezzo tonda per legno, dolce.
— **-sectioned side elevation** (*dis.*), proiezione laterale semitratteggiata.

half set (*min.*), quadro (*m.*) zoppo.
— **shaft** (*auto*), semiasse *m.*
— **snap roll** (*aereo*), mezzo tonneau (*o* veloce).
— **stuff** (*ind. carta*), mezza pasta.
— **-thickness** (*fis. atom.*), spessore (*m.*) di metà.
— **-timbered,** *agg.* (di edificio) costruito con ossatura in legno, con interposizione di muratura.
— **-tone,** semitono *m.*
— **-tone** (*tip.*), cliché (*m.*) a mezza tinta.
-tone block (*tip.*), cliché a mezza tinta.
— **-track vehicle,** autocarro semicingolato.
— **turn,** mezzo giro.
— **-wave,** semionda *f.*
— **-wave antenna** (*radio*), antenna (*f.*) in semionda.
— **-wave doublet** (*radio*), antenna dipolo.
— **-wave rectifier,** raddrizzatore (*m.*) a mezza onda.
— **-way,** a metà strada (*an obstruction about — along the line*), un impedimento circa a mezza strada lungo l'oleodotto.
— **-way up,** a mezza costa.
— **-width** (*fis. atom.*), larghezza (*f.*) di metà.
— **wing** (*aereo*), semipiano *m.*
— **-yearly inquiry** (*statistica*), indagine semestrale.
halide (*chim.*), alogenuro *m.*
— **(acid —),** idracido *m.*
— **salt,** sale (*m.*) aloide.
hall (*cost.*), atrio *m.*; sala *f.*
— **(concert —),** sala concerti.
halliard (*naut.*), drizza *f.*
halo (*meteor.*), alone *m.*
halobenzene (*chim.*), alogenobenzene *m.*
halochromism (*chim.*), alocromia *f.*
halogen, *n. agg.* (*chim.*), alogeno *m.*, *agg.*
— **gas** (*fis.*), gas alogeno.
— **headlights** (*auto*), fari (*m. pl.*) alogeni.
— **-substituted methanes,** metani alogeno-sostituti.

halogenatable, *agg.* (*chim.*), alogenabile.
halogenate, *v.a.* (*chim.*), alogenare *v.a.*
halogenation (*chim.*), alogenazione *f.*
halogenyde (*chim.*), alogenuro *m.*
— **bath,** (*chim.*), bagno di alogenuro.
halogenous, *agg.* (*chim.*), alogeno.
halogenyl (*chim.*), alogenile *m.*
halogenylate, *v.a.* (*chim.*), alogenizzare *v.a.*
halohydrin (*chim.*), aloidrina *f.*
haloid (*chim.*), aloide *m.*
halomethanes (*chim.*), composti alogenati del metano.
halt, *v.a.* (*chim.*), arrestare *v.a.*; fermare *v.a.* (*una reazione*; *un processo*, *ecc.*).
— **(to —) the loss of coolant** (*fis. atom.*), arrestare la perdita del liquido di raffreddamento.
halve (to —) the wavelength (*laser*, *ecc.*), dimezzare la lunghezza d'onda.
halving, intaccatura (*f.*) a metà legno.
halyard (*naut.*), drizza *f.*
ham (*radio*), radioamatore *m.*
— **shack** (*radio*), luogo dove il radioamatore ha l'apparecchio ricevente e trasmittente.
hammer, percussore *m.* (fucile); maglio *m.*; martello *m.*; cane (del fucile); leva (scarico motore a scoppio).
— *v.a.*, battere al martello; martellare.
— **a weld at definite temperatures,** martellare una saldatura a temperature stabilite.
— **block** (*inform.*), modulo di martelletti.
— **blow,** colpo (*m.*) di martello.
— **cylinder,** cilindro (*m.*) di una mazza battente.
— **down,** *v.a.* ricalcare.
— **drill** (*min.*), martello (*m.*) perforatore.
— **eye,** foro (*m.*) di un martello.
— **face,** piano (*m.*) del martello.
— **forging** (*mecc.*), fucinatura (*f.*) al maglio.
hammer hole, foro (*m.*) di un martello.
— **ring,** foro (*m.*) di un martello.
— **riveting machine,** chiodatrice (*f.*) a martello.
— **throw** (*sport*), lancio del martello.
— **weld,** *v.a.* saldare mediante martellatura.
hammering, martellatura *f.* (vedi: **hammer forging**).
— **test** (*sald.*, *ecc.*), saggio (*m.*) di martellatura.
— **(of the valves),** battere (delle valvole).
hammerless, a cani interni (di fucile).
hammerman, fabbro (*m.*) ferraio.
hand, lancetta (*f.*) di orologio; sfera *f.*; mano *f.*; posizione (destra o sinistra) dei cardini di una porta.
— **bastard file,** lima (*f.*) a mano a taglio bastardo.
— **-basin,** lavabo *m.*; lavandino *m.*
— **bill** (*pubbl.*), manifestino pubblicitario.
— **cart,** carretto (*m.*) a mano.
— **caulking,** calafataggio (*m.*) a mano.
— **-checkered** (U.S.A.) (*armi*), damaschinato a mano; inciso a mano.
— **-chequered** (*armi*), damaschinato a mano; inciso a mano (a fogliami, fiorami, ecc.).
— **composition** (*tip.*), composizione a mano.
— **dead smooth file,** lima (*f.*) a mano a taglio dolcissimo.
— **drawing,** disegno (*m.*) a mano libera (ornato).
— **drilling machine,** trapano (*m.*) a mano.
— **drive,** comando (*m.*) a mano.
— **driven,** comandato (*p.p.*) a mano.
— **driven compressor,** compressore (*m.*) a mano.
— **escavator,** cucchiaia (*f.*) (*o* draga *f.*) a mano.
— **fed pocket grinder,** sfibratore con caricamento a mano.

hand feed, avanzamento (*m.*) a mano.
— **guard** (*mil.*), astina (di fucile).
— **hammer,** martello (*m.*) a mano.
— **-held computer,** calcolatore portatile.
— **inertia starter** (*mecc.*), aviatore (*m.*) ad inerzia.
— **iron bender** (*mecc.*), piegaferri (*m.*) a mano.
— **lathe,** tornio (*m.*) a mano.
— **-launch,** lanciare a mano (*un modello*).
— **-launched model plane** (*aereo*), modello (*m.*) per il lancio a mano.
— **lever,** leva (*f.*) a mano; manetta *f.*
— **-lever milling machine** (*macch. ut.*), fresatrice (*f.*) a leva a mano.
— **lever shears** (*met.*), cesoia (*f.*) a tavola a leva.
— **loom,** telaio (*m.*) a mano.
— **made,** fatto (*p.p.*) a mano.
— **milling machine,** fresatrice (*f.*) a mano.
— **-mix,** *v.a.* impastare a mano.
— **mixer,** impastatrice (*f.*) a mano.
— **-mixing,** impasto (*m.*) a mano.
— **moulding,** formatura (*f.*) a mano.
— **open cut second cut file,** lima (*f.*) a mano mezzo dolce a taglio aperto.
— **open cut smooth file,** lima (*f.*) dolce a mano a taglio aperto.
— **operated cut bastard file,** lima (*f.*) a mano a taglio bastardo aperto.
— **-operated mixer,** impastatrice (*f.*) a mano.
— **operated rotary screen,** vagliatrice (*f.*) a mano.
— **-operated turret lathe,** tornio (*m.*)a revolver non automatico.
— **over a machine,** consegnare una macchina.
— **over of a factory,** (passaggio di proprietà) consegna di una fabbrica ad un nuovo proprietario; trasferimento di proprietà.

hand pile driver, battipalo (*m.*) a funicchi; battipalo (*m.*) a tirelle.
— **portable riveting machine,** chiodatrice (*f.*) portatile.
— **press** (*tip.*), torchio da stampa.
— **pump,** pompa (*f.*) a mano.
— **radar,** radar (*m.*) portatile.
— **-rail,** guardamano *m.* (*naut.*); corrimano *m.*
— **rail iron,** ferro (*m.*) corrimano.
— **-ram** (*cost. civ.*), mazzeranga a mano.
— **reamer,** alesatore (*m.*) a mano.
— **regulator,** regolatore (*m.*) a mano.
— **-removing lever** (*orol.*), leva per togliere le lancette.
— **riveting,** chiodatura (*f.*) a mano.
— **riveting machine,** chiodatrice (*f.*) a mano.
— **rope,** fune (*f.*) composta di sei corde, ognuna di sei trefoli a 7 fili, e 7 anime in canapa.
— **saw,** saracco *m.*
— **second cut file,** lima (*f.*) a mano a taglio mezzo dolce.
— **set** (*telef.*), microtelefono.
— **-set,** composto (*p.p.*) a mano.
— **-setting** (*tip.*), composizione a mano.
— **setting knob** (*cinem.*), bottone per il controllo a mano.
— **shears,** cesoia (*f.*) a mano.
— **smooth file,** lima (*f.*) a mano a taglio dolce.
— **spun** (*tess.*), *p.p.*, filato (*p.p.*) a mano.
— **starter** (*aer.*), avviatore a mano.
— **starting magneto** (*mecc.*), magnetino (*m.*) di avviamento.
— **tap** (*mecc.*), maschio (*m.*) a mano.
— **-telephone set** (*tel.*), apparecchio (*m.*) telefonico da tavolo.
— **vertical feed,** alimentazione (*f.*) verticale a mano.
— **-vice,** morsetto (*m.*) a mano.
— **welding,** saldatura (*f.*) a mano.
— **winch,** arganello (*m.*) a mano.
— **woven,** (*p.p.*) (*tess.*), tessuto (*p.p.*), a mano.

handbrake, freno (*m.*) a mano.
handgun hunting, caccia con pistole e rivoltelle.
handicraft, professione *f.*; mestiere *m.*
handie talkie (*radio*), trasmettitore (*m.*) in fonia per brevi portate (U.S.A.).
handle (*lana*), grado di qualità della lana giudicabile al tatto; « tatto » *m.*
— manubrio *m.*; maniglia *f.*; manopola *f.*; impugnatura *f.*; manico *m.*; manovella *f.*
handle bars (*mecc. agr.*), stegole (*f. pl.*) di guida (*macch. agr.*).
— **(to —),** *v.a.* trattare; ospitare; (*siding area capable of handling 250 railways cars*) (*met.*), parco ferroviario capace di ospitare 250 vagoni; (*inform.*), gestire (dati, testi, ecc.); manipolare; (*gen.*), maneggiare.
— **(to —) radioactive wastes** (*fis. atom.*), trattare i residui radioattivi.
— **bar,** manubrio *m.* (di bicicletta o motoc.).
— **of a blowpipe** (*sald.*), impugnatura (*f.*) di cannello.
handlers (*concia*), serie di fosse dove si mettono le pelli dopo la prima fase di conciatura.
handles, impugnature (*f. pl.*) di una staffa.
Handley-Page slat (*aereo*), aletta (*f.*) Handley-Page.
— **-Page slot parallels** (*aereo*), alette (*f. pl.*) automatiche tipo Handley-Page.
— **-Page slotted wing,** ala (*f.*) con aletta automatica tipo Handley-Page.
handling, manovrabilità *f.*; manipolazione *f.*; maneggio *m.*; trattamento *m.*; (*naut.*), prova in mare; (*carrelli, ecc.*), movimentazione (*f.*) industriale; (*inform.*), gestione *f.* (di dati, testi, ecc.); trattamento.
— **channel** (*fis. atom.*), canale di manovra.
handling guy, malloppo *m.* (fune usata per aerostati nell'atterraggio).
— **(data —)** (*inform.*), trattamento dei dati.
— **(document —)** (*inform.*), movimentazione di documenti.
handoot (*pubbl.*), materiale consegnato alla stampa o alla stazione radio per diffusione pubblicitaria.
hands, *pl.*, operai *m. pl.*; equipaggio *m.* (*naut.*).
handset *p.p.*, composto a mano.
— **holder** (*telef.*), ricevitore *m.*
handshake (*inform.*), scambio di informazioni (tra unità centrale ed unità periferiche); scambio di dati; messaggio (colloquiale).
handsome, *agg.* bello (*rif. a colore*; *colorazione*).
handspike socket (*mecc.*), boccola (*f.*) della leva di manovra.
handy, *agg.*, maneggevole.
handwheel (*mecc.*), volantino *m.*
— **with straight arms,** volano (*m.*) a raggi diritti.
hang, *v.a.*, sospendere *v.a.*
hangar, hangar *m.*; aviorimessa *f.*
— **queen** (*slang*) (*aereo*) (U.S.A.), aeroplano in cattive condizioni di manutenzione.
— **pilot** (*aereo*) (U.S.A.), meccanico di aviorimessa; meccanico che siede in un aereo e lo comanda mentre viene spinto fuori o dentro la rimessa.
hanger bracket (*mecc.*), sedia (*f.*) pendente; supporto (*m.*) pendente.
— **support,** cavalletto (*m.*) pendente.
hanging, sospensione *f.*
— **rod** (*mecc.*), asta (*f.*) sospesa.
— **stage** (*cost.*), ponte (*m.*)volante.
— **truss bridge** (*cost.*), ponte (*m.*) a struttura appesa.
— **wall** (*geol.*), tetto di faglia.
— **(scrap —)** (*met.*), impuntamento del rottame.
hangings (*altoforno met.*), impuntamenti della carica.

hangover (*telev.*) (U.S.A.), persistenza *f.* (di tubi elettronici).
hank (*tess.*), matassa *f.*; matassina *f.*
— **-counters** (*tess.*), contahanks *m.*
— **dyeing** (*tess. tint.*), tintura in matassa.
— **dyeing machine** (*tess.*), macchina (*f.*) per tintoria.
— **sizing** (*tess.*), imbozzimatura in matassa.
harassing agent (*milit.*), gas (*m.*) irritante.
harbour (*naut.*), porto *m.*
— **fees** (*comm.*), tasse portuarie.
hard, *agg.* duro; solido; rigido.
— **area** (*met.*), zona dura (di maggior durezza rispetto al metallo circostante).
— **black,** nero (*m.*) d'ossa.
— **brazing,** saldatura (*f.*) forte; brasatura (*f.*) forte.
— **cast iron,** ghisa (*f.*) dura.
— **chrome** (*gal.*), cromo resistente depositato direttam. sul metallo, senza strato intermedio di rame o nickel; cromo duro.
— **(to —) chrome,** cromare direttamente senza strato intermedio.
— **chromium plating,** cromatura dura.
— **coal,** carbone (*m.*) magro; antracite *f.*
— **component of radiation** (*fis. atom.*), componente dura di radiazione.
— **copy** (*inform.*), copia a stampa (su supporto di carta, di immagine captata sul video o sul dispositivo visualizzatore).
— **-core movies** (*TV*), films pornografici.
— **corn** (*comm.*), grano (*m.*) duro.
— **currency** (*econ.*), moneta (valuta) forte.
— **disc** (*inform.*), disco rigido (contrapposto a «floppy disc»).
— **-facing** (*sald.*), ricarica (*f.*) dura.
— **glass** (*chim.*), vetro di borosilicato.
— **grade** (U.S.A.), getto (*m.*) d'acciaio duro (resistenza alla trazione: 80.000 libbre per pollice quadrato).
hard grinding wheel, mola(*f.*) dura.
— **hat** (*min.*), casco per minatore.
— **image** (*telev.*), immagine (*f.*) dura.
— **impression** (*tip.*), eccesso di pressione (impronta sul dorso del foglio, della stampa).
— **lead,** piombo (*m.*) duro.
— **loan** (*econ.*), prestito a condizioni rigide e difficili.
— **metal,** metallo (*m.*) duro.
— **metal die** (*mecc., met.*), stampo in metallo duro.
— **-metal electrode,** elettrodo (*m.*) duro.
— **metal throw-away tip** (*met.*), placchetta (*f.*) gettavia in metallo duro.
— **metal tip** (*met.*), placchetta (*f.*) di metallo duro.
— **-metal tipped tool** (*mecc.*), utensile in metallo duro.
— **-oil finishing** (*vernici*), verniciatura hard-oil.
— **packing** (*tip.*), rivestimento duro.
— **porcelain,** porcellana (*f.*) dura.
— **radiation** (*fis. atom.*), radiazione (*f.*) dura.
— **ray** (*radiol.*), raggio (*m.*) duro.
— **rock** (*min.*), roccia (*f.*) dura.
— **rock tunnel machine** (U.S.A.), v. **tunneller.**
— **-rolled strip** (*met.*), nastro laminato a freddo.
— **rubber,** gomma (*f.*) indurita.
— **size** (*tess.*), bozzima dura.
— **shoulder** (*costr. stradali*), corsia di emergenza (situata ai margini di una autostrada).
— **solder,** lega per saldatura (*f.*) forte.
— **soldering,** saldatura (*f.*) forte (operazione).
— **spun** (*tess.*), stratorto.
— **steel,** acciaio (*m.*) duro.
— **stocks,** mattoni troppo cotti.
— **-tipped tool grinder** (*macch. ut.*), affilatrice (*f.*) per utensili con tagliente in lega dura.

hard-to-start equipment, macchine (*f. pl.*) di difficile avviamento.
— **tube** (*radio*), valvola a vuoto spinto.
— **twist** (*tess.*), torsione forte.
— **valve** (*termoion.*), valvola a vuoto spinto.
— **waste** (*filat. cotone*), filetti *m. pl.*
— **water,** acqua dura.
— **wheat,** grano (*m.*) duro.
— **wood** (*legn.*), legno duro.
hardback (*edit.*), libro rilegato.
hardcover book, libro rilegato.
harden, *v.a.*, indurire *v.a. v.i.*; temprare *v.a.*; rafforzare (contro le radiaz. un antenna).
— **and temper** (*net.*), bonificare *v.a.*
— (*v.a.*) **steel,** indurire l'acciaio; temprare l'acciaio.
hardenability, capacità di tempra (dell'acciaio); cementabilità *f.*; suscettibilità all'indurimento superficiale.
hardenable by subzero cooling (*met.*), temprabile con raffreddamento sotto zero.
hardened crust, crosta (*f.*) cementata.
— **shank** (*met.*), barretta (*f.*) trattata.
— **steel,** acciaio temprato.
— **(and tempered) strip steel** (*metal.*), acciaio bonificato per nastri.
— **wire** (*met.*), filo (*m.*) temprato.
hardener (*plast.*), indurente *m.*
hardening, indurimento *m.* (di conglomerati); tempra *f.* (*met.*).
— **and tempering** (*steel*), bonifica.
— **(and tempering) steel** (*met.*), acciaio (*m.*) da bonifica.
— **bath,** bagno (*m.*) di tempra.
— **carbon,** carbonio (*m.*) martensitico.
— **in oil,** tempra (*f.*) all'olio.
— **in water** (*met.*), tempra (*f.*) all'acqua.
— **powder,** polvere (*f.*) per cementazione.
— **temperature,** temperatura (*f.*) di tempra.
— **(simple precipitation —)** (*met.*), incrudimento per sola precipitazione.
hardfacing alloy (*met.*), lega di apporto; metallo di apporto.
hardie (*fucin.*), tagliolo con codolo.
hardness, durezza *f.*; (*termoi.*), grado di vuoto in una valvola; potere penetrativo (di raggi X).
— **number,** numero (*m.*) di durezza.
— **testing,** prova (*f.*) di durezza dei metalli.
— **testing machine** (*macch.*), macchina (*f.*) per prova di durezza.
hardometer, durometro *m.* (apparecchio per la misura della durezza).
hards (*stang*) (*cinem.*), luci a forte illuminazione (lampade ad arco, ecc.).
hardtop (*auto*), tetto (*m.*) rigido; (U.S.A.), coupé *f.*
hardware, ferramenta *f. pl.*; (*elettron.*), (riferito ad un elaboratore): dispositivi interni dei calcolatori; apparecchiatura di un sistema elettronico. *Hardware* sono gli *elementi materiali* di un calcolatore elettronico per contrapposizione a *software* (*elementi intellettuali*) *Hardware* si riferisce quindi alla fabbricazione materiale delle macchine e non al contenuto di idee.
— **design engineer** (*inform.*), ingegnere specializzato nella progettazione delle apparecchiature di un sistema di elaborazione.
hardy hole, vedi **hardie hole.**
harmattan (*meteor.*), harmattan *m.* (vento dell'Africa occidentale).
harmful, *agg.*, nocivo; pericoloso; offensivo; dannoso; (*the presence of sulphur dioxide is harmful to humans*), la presenza di anidride solforosa è dannosa agli esseri umani.
— **stresses** (*met.*, *ecc.*), tensioni nocive.
harmless, *agg.* innocuo.

harmonic (*elet.*), (*radio*), (*acust.*), armonica *f.*
— **analyzer** (*elettron.*), analizzatore (*m.*) di armoniche.
— **antenna** (U.S.A.), (*radio*) antenna (*f.*) armonica.
— **distortion** (*elet.*), distorsione armonica.
— **energy,** potenza (*f.*) d'armonica.
— **excitation** (*radio*), eccitazione (*f.*) armonica.
— **filter,** filtro (*m.*) d'entrata.
— **frequency** (*radio*), frequenza (*f.*) armonica.
— **generator,** generatore (*o* oscillatore) d'armoniche.
— **interference** (*radio*), interferenza (di radiazione) armonica.
— **motion,** moto (*m.*) armonico.
— **progression,** progressione (*f.*) armonica.
— **suppressor** (*radio*), filtro (*m.*) soppressore d'armonica.
— **wave,** onda (*f.*) armonica.
harness, *m.* (*tess.*), listello (*m.*) portamaglie; finimenti *m. pl.* (di cavallo); bardatura *f.* (*di maschere antigas, ecc.*).
— *v.a.* captare (*energia*); dotare di energia; dotare di apparecchi atti ad assicurare la forza motrice.
harnessing of a stream, sistemazione (*f.*) di un corso d'acqua.
harp wire (*met.*), filo (*m.*) armonico.
harpoon (*naut.*), rampicone *m.*
harrow (*agr.*), erpice *m.*
— **(chain —)** (*agr.*), erpice (*m.*) a catena.
— **(disc —)** (*agr.*), erpice (*m.*) a dischi.
— **(peg-tooth —)** (*agr.*), erpice (*m.*) a denti rigidi.
— **(spring-tooth —)** (*agr.*), erpice (*m.*) a denti flessibili.
— **(zig-zag —),** erpice (*m.*) a zig-zag.
hartshorn salts, sali di corna di cervo (miscela di carbonato ammonio acido e carbonato di ammonio).
harvester-thresher (*agr.*), mietitrebbiatrice *f.*
harvester (combine —) (*agr.*), mietitrebbiatrice *f.*
harvesting machine (*agr.*), macchina da raccolta.
harvey, harveyize (U.S.A.), harveizzare *v.a.*
— **process,** procedim. di fabbr. del magnesio per elettrolisi.
harveyizing, harveizzazione *f.* (dell'acciaio, cromo, nichel cromo, ecc.).
hash (*radar*), echi (*m. pl.*) indesiderati.
hat (*cinem.*), sostegno della macch. da presa.
hatbox (*aereo*) (*slang*) (U.S.A.), alloggiamento (*m.*) del congegno d'atterraggio.
hatch, portello *m.*; (*naut.*), boccaporto *m.*; portellone *m.*
— **beam** (*naut.*), baglio di boccaporto.
— **boards** (*naut.*), tavole (o quartieri) di boccaporto.
— **coaming** (*naut.*), mastra (*f.*) di boccaporto.
— **crane,** gru (*f.*) da abbaino.
hatchback (*auto*), portellone posteriore; auto con portellone posteriore.
hatched, tratteggiato *p.p.*
hatchet, accetta *f.*
hatchway (*naut.*), boccaporto *m.*
— **lift,** montacarichi (*m.*) da tetto (o) da abbaino (o) da solaio.
hats and coat (*aereo*), guardaroba *m.*
haul, *v.a.* rimorchiare; trainare; (*min.*), distanza di trasporto del carbone all'interno della miniera.
— **(to —) in a captive balloon** (*aereo*), alare un pallone.
— **(short —)** (*aereo*), piccole distanze; (trasporto per) brevi distanze.
haulage, trazione *f.*; trasporto *m.*; trasporto a fune e mediante locomotive (*min.*).
— **level** (*min.*), galleria di livello.
— **lug,** orecchione (*o* nasello) di trazione.

haulage rope, fune (*f.*) di 6 trefoli con 7 fili ciascuno con anima in canapa.
hauling (*min.*), avanzamento *m.*
— **cable,** fune (*f.*) traente.
haunch of a vault (*cost.*), braccio, (*m.*) della volta.
hawse, cubia *f.*
— **holes,** occhi (*m. pl.*) di cubie.
— **-pipe** (*naut.*), cubia *f.*; condotto della cubia.
hawser, cavo (*m.*) d'ormeggio (*naut.*); gherlino *m.* (*naut.*); fune (*f.*) di 6 trefoli, di 37 fili e con anima in canapa (o 6 trefoli di 24 fili e 7 anime in canapa).
hay and straw baler, pressaforaggi *f.*
— **baler** (*agric.*), pressatrice automatica (per fieno).
— **harvesting** (*agr.*), raccolta del fieno.
— **loader** (*agr.*), caricatore (*m.*) per fieno.
— **motor** (*slang*) (U.S.A.) (*mecc.*), cavallo *m.*
— **wafer** (*agr.*), focaccia (*o* cubetto) di fieno.
— **wafering** (*agr.*), cubettatura del fieno.
haymaking (*agr.*), fienagione *f.*
haywire (to go) (U.S.A.) (*cinem.*), diventare guasto (rif. ad elementi della registraz. sonora).
hazard, rischio *m.*; eventualità *f.*; caso *m.*; pericolo *m.*
— **flasher** (*auto*), indicatore luminoso d'emergenza.
— **index** (*strade, traffico*), indice (*m.*) di pericolosità.
— **of explosion,** rischio (*m.*) (pericolo) di esplosione.
— **warning light switches** (*auto*), leve lampeggio di emergenza.
hazardous, *agg.* pericoloso (che espone al pericolo); (*level of air pollutants hazardous to the health of humans*), livello di contaminanti atmosferici pericolosi alla salute degli esseri umani; fortuito.
hazardous chemicals, prodotti chimici pericolosi.
— **substances,** sostanze pericolose.
haze (*meteor.*), foschia *f.*
— **(to —)** (*vernici, resine*) (*chim.*), annebbiarsi; oscurarsi.
hazy, *agg.* torbido (riferito al vino, ecc.).
head, testa *f.*; parte essenziale di una macchina; carico *m.* (*idraul.*); salto (*m.*) di pressione (*idraul.*); altezza (*f.*) di caduta (*idraul.*); colonna (*f.*) (*d'acqua*); (*arch.*), capitello di colonna; (*tip.*), margine superiore di un foglio; (*min.*), galleria d'avanzamento; (*min.*), parte superiore di un filone; (*aereo*), prua di pallone; fondo (di serbatoio); (*ferr.*), fungo di rotaia; *v.i.* **erogare ad intervalli** (*rif. a pozzo petrolifero*); v. **erase —.**
— **alignement** (*registratori*) (*audio*), allineamento delle testine.
— **amplifier** (*telev.*), amplificatore (*m.*) video.
— **-and-tail** (*chim.*), testa-coda (*p. es.* polimerizzazione testa-coda).
— **cleaner** (*audio*), nastro (*o* liquido) per la pulizia delle testine (*registratori a cassette*).
— **cup,** controstampo *m.*
— **demagnetizer** (*audio*), smagnetizzatore per testine magnetiche.
— **flow,** erogazione intermittente (di petrolio).
— **gang,** capo (*m.*) squadra.
— **-guard,** maschera di protezione.
— **light dipper,** dispositivo per abbassare i fari.
— **lights** (*auto*), fari (*m. pl.*) anteriori.
— **locks,** lana (*f.*) della testa.
— **lowering** (*macch. ut.*), abbassamento (*m.*) della testa.
— **man,** capo (*m.*) squadra.
— **of a rail,** testa (*f.*) di una rotaia; fungo (*m.*) di rotaia.
— **of a sail,** antennale *f.* (di una vela).

head of Division, Capo-divisione *m.*
— **office** (*comm.*), sede (*f.*) di società.
— **on** (*auto*), di fronte (vista di fronte).
— **-on collision** (*fis. atom.*), urto (*m.*) frontale.
— **pressure,** altezza (*f.*) premente.
— **products** (*chim.*), prodotti di testa (distillaz. frazionata).
— **race** (*idr.*), canale adduttore (*o* di presa, *o* dell'acqua motrice).
— **roller** (*met.*), capo laminatore *m.*
— **-shell juncture,** giunzione (*f.*) fra testa e corpo cilindrico.
— **traverse micrometer dial** (*macch. ut.*), tacca regolabile per il controllo micrometrico della testa.
— **tree** (*faleg.*), lato corto del telaio di un pozzo.
— **valve** (*idraul.*), valvola (*f.*) a battente.
— **wind,** vento di prua; vento in testa; controvento *m.*; vento di fronte.
— **workman,** *m.* capo operaio *m.*
— **(sensing —)** (*audio*), testina sensore.
— **(to —)** (*naut.*), dirigersi; fare rotta; dirigere la prua verso una direzione stabilita.
— **(to —) for,** *v.i.*, dirigersi verso (un dato luogo) (*aerei, satelliti*).
— **into a strong wind,** dirigersi contro un vento forte.
— **into the stream,** dirigersi contro corrente.
headband (*tip.*), fregio di testa.
header, pezzo (*m.*) di testata; pietra (o mattone) messa di punta (*o* di testa); pietra posta in chiave; collettore *m.*; (*caldaie*), tubo di distribuzione; pezzo distributore; pozzo petrolifero a produzione intermittente; travetto *m.* (*del tetto*); mattone posto di testa per rivestim. di altoforni con la testa verso l'interno del forno; ricalcatrice (*mecc.*); v. **distribution —**; (*inform.*), testata *f.*
header bond, assestamento (*m.*) a corso posto di testa; assestamento (*m.*) a sistema pratico.
— **card** (*inform.*), scheda di testata; scheda di testa.
— **record** (*inform.*), record di testata.
headframe (*min.*), castelletto di estrazione.
heading (*cost.*), galleria (*f.*) da mina; galleria (*f.*) di accesso alla camera dell'esplosivo; rotta *f.* (*aereo*); cantiere di avanzamento *m.* (*min.*); (*tec. mecc.*), ricalcatura in stampo chiuso; (*inform.*), testata *f.*; (*radar*) (*aereo*) « prua » (direzione verso la quale si dirige l'aereo).
— **indicator** (*radar*), indicatore (*m.*) di rotta.
— **machine** (*min.*), macchina per aprire gallerie.
— **marker** (*radar*), indicatore (*m.*) di rotta.
— **wire** (*met.*), filo da ricalcatura.
headlamp (*auto*), faro *m.*; proiettore *m.*
— **bracket** (*auto*), sopporto (*m.*) del proiettore.
— **glare** (*auto*), abbagliamento dei fari.
— **wash-wipers** (*auto*), lavatergifari *m. pl.*
— **wipe/wash** (*auto*), tergilavafari.
headless bolt, bullone (*m.*) senza testa.
— **screw,** vite (*f.*) senza testa.
headlight, faro (*m.*) anteriore.
headliner (*inform.*), titolatrice *f.*
headphones, cuffie *f. pl.*
headquarter (*ferr.*), ufficio (*m.*) centrale; amministrazione (*f.*) centrale.
headrest (*auto*), poggiatesta *m.*
headroom (*auto, min., costr.*), spazio fra capo e soffitto (*auto*); spazio al soffitto (*auto*); altezza libera di passaggio (*miniere, costr., ecc.*); (*naut.*), v. **standing —.**

headroom (loading machines with a low overall — requirement) (*min.*), caricatrici richiedenti una piccola altezza libera totale di passaggio.
heads (*by heads* (*petrol.*), con intermittenza (*riferito al flusso di un pozzo*).
headset, cuffie *f. pl.*; v. **noise-cancelling —.**
headstock, testa (*f.*) motrice (*tornio*); toppo (*m.*) fisso (*tornio*); (*ferr.*), testata del telaio (di locomotiva).
headway (*cost.*), altezza (*f.*) della luce.
— **of a bridge,** altezza (*f.*) della luce di un ponte.
heald (*tess.*), liccio *m.*; maglia *f.*
— **eye** (*tess.*), occhiello delle maglie dei licci.
— **knitting frame** (*tess.*), banco di preparazione delle maglie dei licci.
healing (of defects) (*met.*), sanamento *m.* (di difetti).
— **of oxide scales** (*met.*), sanamento di scaglie di ossido.
health service, servizio sanitario.
heap (*min.*), terriccio (di minerali).
heaped capacity (*trattori, dumpers, ecc.*), capacità a colmo.
heaping store, deposito (*m.*) a mucchi.
hearing (*leg.*), udienza *f.*
— **loss** (*infortuni lavoro*), perdita uditiva.
— **(permanent — loss),** perdita uditiva permanente.
heart, cuore *m.*; centro *m.*
— **cam,** eccentrico (*o* camma) cuore.
— **of wood,** cuore (*m*) del legno.
— **piece,** eccentrico (*m.*) a cuore.
— **shake,** screpolatura (*f.*) centrale; fenditura *f.* (*cretto*); stellatura *f.* (*legno*).
— **-shaped cam,** camma (*f.*) a cuore.
— **transplant** (*chirurgia*), trapianto cardiaco.
hearth, crogiolo *m.* (d'altoforno); focolare *m.*; suola (*di forno metallurgico*).
hearth capacity to sill plate (*forno met.*), capacità suola fino al livello del banco.
— **room,** laboratorio (di un forno).
— **size** (*forno met.*), grandezza di suola.
— **type furnace,** forno a suola.
— **volume to sill plate** (*forno met.*), volume suola fino al livello del banco.
heat, calore *m.*; calda *f.* (*forno*); (*met.*) colata *f.*
— *v.a.* roventare; scaldare.
— **-absorbing glass,** vetro assorbente calore.
— **-affected zone** (*sald.*), zona termicamente alterata.
— **balance** (*met.*), bilancio (*m.*) termico.
— **build-up** (*mecc.*), accumulo di calore; formazione di calore.
— **capacity,** capacità (*f.*) termica.
— **coil** (*elet.*), bobina (*f.*) termica.
— **checking,** screpolatura (*f.*) dovuta al calore.
— **conditioning,** condizionamento (*m.*) del calore.
— **conduction,** conduttività (*f.*) termica.
— **consumption,** consumo (*m.*) di calore.
— **content in hot cast product** (*met.*), dote di calore delle billette calde di colaggio.
— **convection,** convezione (*f.*) di calore.
— **cost** (*min., ecc.*), fabbisogno termico.
— **crack** (*met.*), cricca a caldo.
— **cycle** (*met.*), ciclo di colata.
— **cycle (tap to tap)** (*met.*), durata della colata (da spillata a spillata).
— **detector,** termostato (*m.*) regolatore.
— **dissipation,** dissipazione (*f.*) del calore.
— **dissipator** (*elet., ecc.*), dissipatore (*m.*) di calore.
— **drop** (*ing.*), calore di espansione.

heat economy (*met.*), economia termica.
— **energy,** energia (*f.*) termica.
— **engine,** motore (*m.*) termico.
— **engine generating station,** centrale (*f.*) termica.
— **exchanger,** ricuperatore (*m.*) di calore (*ind. chim.*), scambiatore di calore.
— **explosion** (*met.*), esplosione (*f.*) termica.
— **insulating,** *agg.* adiatermico.
— **-insulating wall,** parete (*f.*) adiatermica.
— **insulation,** adiatermaneità *f.*
— **log** (*calcol. elettron.*, *met.*), rapporto di colata.
— **of absorption,** calore (*m.*) di assorbimento.
— **of combination,** calore (*m.*) di combinazione.
— **of combustion,** calore (*m.*) di combustione.
— **of compression,** calore (*m.*) di compressione.
— **of conduction,** calore (*m.*) di conduzione.
— **of crystallization,** calore (*m.*) di cristallizzazione.
— **of decomposition,** calore (*m.*) di decomposizione.
— **of dissociation,** calore (*m.*) di dissociazione.
— **of evaporation,** calore (*m.*) di vaporizzazione.
— **of formation,** (*chim.*), calore di formazione.
— **of reaction,** calore (*m.*) di reazione.
— **of solidification,** calore (*m.*) di solidificazione.
— **of solution** (*chim.*), calore di diluizione.
— **output,** potenza termica.
— **proof,** resistente al calore.
— **pump** (*riscaldam. solare*), pompa di calore.
— **radiation,** radiazione (*f.*) termica.
— **relief,** protezione dal calore.
— **requirement** (*min.*, *met.*), fabbisogno termico.

heat resistance (*met.*), resistenza al calore.
— **resisting alloy,** lega (*f.*) resistente al calore.
— **-resisting cast iron** (*met.*), ghisa (*f.*) refrattaria.
— **-resisting enamel,** smalto (*m.*) resistente al fuoco.
— **resisting iron,** ghisa (*f.*) resistente al caldo.
— **-resisting paint,** pittura (*f.*) (colorante) resistente al calore.
— **-resisting steel** (*met.*), acciaio resistente meccanicamente a caldo; acciaio resistente al calore.
— **sealed electric furnace,** forno (*m.*) elettrico (a suola mobile).
— **-sealing** (*plastica*), sigillatura con calore (*o* termica) (per sacchetti di plastica, ecc.).
— **setting ink** (*chim.*), inchiostro da stampa ad essiccazione istantanea (contenente resina solvente che evapora coll'applicazione del calore alla superficie della carta stampata).
— **shield** (*astron.*), scudo termico (specialm. per proteggere la capsula, nel rientro spaziale).
— **shield installation** (*astron.*), impianto di protezione antitermica (scudo antitermico dello Shuttle).
— **sponge** (*razzi*), spugna termica.
— **storage capacity,** accumulo termico ammissibile.
— **storage cooker,** cucina (*f.*) ad accumulo di calore.
— **tinting,** colorazione (*f.*) superficiale del metallo (per ossidazione all'aria), fatta per studiarne la microstruttura.
— (*v.a.*) **to a bright cherry red,** riscaldare (*v.a.*) al rosso ciliegia vivo.
— (*v.a.*) **to a bright red,** riscaldare al calor rosso vivo.
— (*v.a.*) **to redness,** roventare; scaldare al rosso.
— **transfer,** trasferimento (*m.*) di calore.

heat transfer coefficient (*met.*), coefficiente di trasmissione termica.
— **transmission,** trasmissione (*f.*) di calore.
— (*v.a.*) **treat,** trattare termicamente.
— **-treatable steel** (*met.*), acciaio (*m.*) da bonifica.
— **treater** (*met.*), addetto al trattamento termico.
— **treating,** trattamento (*m.*) termico.
— **-treating furnace** (*met.*), forno (*m.*) di trattamento termico.
— **treatment** (*met.*), trattamento (*m.*) termico; v. **solution —.**
— **treatment of steel,** trattamento (*m.*) termico dell'acciaio.
— **treatment plant,** impianto per il trattamento termico.
— **-treatment steel** (*met.*), acciaio (*m.*) da bonifica.
— **waste** (*met.*), calo (*m.*) per scagliatura.
— **(average weight of each —)** (*met.*), peso medio di ciascuna colata.
— **(gas-fired — pump),** pompa di calore a gas.
— **(high alloy —)** (*met.*), colata di acciaio di alta lega.
heated driving seat (*auto*), sedile guida riscaldato.
— **rear window** (*auto*), lunotto (*m.*) termico.
heater, bollitore *m.*; riscaldatore *m.*; (*elet.*), scaldiglia *f.* (riscaldatore elet. nei treni).
— **circuit,** circuito (*m.*) di placca.
— **fan** (*auto*), ventilatore del sistema di climatizzazione.
— **louvres** (*auto*), feritoie (*f. pl.*) di riscaldamento.
— **plug** (*mot. Diesel*), candeletta termodiesel.
— **supply** (*elet.*), alimentazione del filamento.
— **vents** (*auto*), feritoie (*f. pl.*) di riscaldamento.
— **voltage** (*elettr.*), tensione del filamento di riscaldamento.
heating, riscaldamento *m.*
heating apparatus, apparecchio (*m.*) di riscaldamento; calorifero *m.*
— **area** (*met.*), superficie riscaldante.
— **bath,** bagno (*m.*) di riscaldamento.
— **blowpipe** (*sald.*), cannello (*m.*) da riscaldo.
— **boiler,** caldaia di riscaldamento.
— **chamber,** camera (*f.*) riscaldante.
— **coil,** serpentina (*f.*) di riscaldamento.
— **crack** (*met.*), cricca (*f.*) di riscaldo (dovuta a fatica termica).
— **current,** corrente (*f.*) di riscaldamento.
— **effect,** effetto (*m.*) termico.
— **element,** elemento (*m.*) riscaldante.
— **flame** (*sald.*), fiamma (*f.*) di riscaldo.
— **jacket,** camicia (*f.*) di riscaldo; mantello (*m.*) di riscaldo.
— **mantel,** mantello di riscaldamento (termoforo elettrico per fusti, per facilitare lo scioglimento del contenuto e quindi il rapido svuotamento).
— **muff** (*aereo*), manicotto (*m.*) di riscaldamento; tubo di (*m.*) riscaldamento.
— **pad,** termoforo *m.*
— **passage,** condotto (*m.*) di riscaldamento.
— **pipe,** tubo (*m.*) di riscaldamento.
— **plant,** impianto (*m.*) di riscaldamento.
— **power,** potere (*m.*) calorifico.
— **spiral,** spirale (*f.*) di riscaldamento.
— **surface,** superficie (*f.*) di riscaldamento.
— **surface per section,** superficie (*f.*) di riscaldamento per elemento.
— **tapes for installation on outside or underground pipework,** nastri avvolgenti elettrici (per

riscaldare tubazioni esterne o interrate).
heating time (*met.*), tempo di riscaldo.
— **torch** (*sald.*) (U.S.A.), cannello (*m.*) da riscaldo.
— **value,** potere (*m.*) calorifico.
heats per roof (*met.*), (*number of heats per roof*), numero di colate per una volta.
— **(the roof has a life of 90 —)** (*met., forni elet.*), la volta ha una durata di 90 colate.
heaver, albero (*m.*) di gru.
heavier-than-air aircraft, aerodina *f.*
heavily stained floor (*officine, ecc.*), pavimento fortemente macchiato.
heaving (*naut.*), oscillazione verticale (movimento perturbatore di una nave).
— **line** (*naut.*), sagola (*f.*) da getto (fune per manovre d'ormeggio).
heavy, *agg.* denso; pesante; grosso (del mare); forte (*insudiciam.*),
— **-duty,** *agg.* di elevate prestazioni; di grande prestazione.
— **duty lathe** (*macch. ut.*), tornio parallelo con rinforzi; tornio pesante.
— **-duty machine,** macchina di elevate prestazioni; macchina di grande potenza per lavorazione in grande serie.
— **-duty press** (*macch. ut.*), pressa attrezzata per lavorazioni in grande serie; pressa di grandi dimensioni.
— **duty vertical boring and turning mill** (*macch. ut.*), tornio verticale pesante.
— **duty vertical milling machine** (*macch.ut.*), fresatrice (*f.*) verticale a banco di grande potenza.
— **electron** (*fis. atom.*), elettrone (*m.*) pesante.
— **engineering** (*mecc.*), meccanica pesante.
— **forgings,** forgiati pesanti.
— **fuel-oil,** nafta *f.*; olio pesante.
— **-gauge wire,** filo (*m.*) metallico di grosso spessore.
heavy hammering, martellatura (*f.*) forte.
— **hydrocarbon,** idrocarburo (*m*). pesante.
— **hydrogen,** idrogeno (*m.*) pesante; deuterio *m.*
— **industry,** industria (*f.*) pesante.
— **-lift airship** (*aereo*), dirigibile da trasporto pesante (specialm. di tipo ibrido).
— **lorry,** autocarro pesante.
— **media process** (*min.*), processo di separazione in (*o* a) mezzo denso.
— **-media separation process**(*ind.*), procedimento per la separaz. del carbone, ecc., mediante ferrosilicio, magnetite e galena.
— **melting scrap** (*met.*), rottame (*m.*) massiccio.
— **meson** (*fis. atom.*), mesone (*m.*) pesante.
— **metal,** metallo pesante (density above 4).
— **milling operation,** grande operazione (*f.*) di fresatura.
— **nucleus** (*fis. atom.*), nucleo (*m.*) pesante.
— **oil,** olio (*m.*) pesante.
— **plate** (*met.*), lamiera grossa.
— **soiling** (*lavori, ecc.*), forte insudiciamento.
— **spar,** solfato di bario.
— **transport aircraft** (*aereo*), aeroplano da trasporto pesante.
— **warp thread** (*tessuti*), filo (*m.*) di catena.
— **water,** acqua (*f.*) pesante.
— **-water moderated reactor** (*fis. atom.*), reattore (*m.*) moderato ad acqua pesante.
— **-water pile** (*fis. atom.*), pila (*f.*) ad acqua pesante.
— **-water reflector** (*fis. atom.*), riflettore (*m.*) ad acqua pesante.
heckle (*tess.*), pettine *m.* (per pettinare il lino a mano).
heckling (*tess.*), pettinatura *f.* (del lino).
— **machine** (*tess.*), macchina (*f.*) a pettinare il lino.
hectare, ettaro *m.*

hectograph ink (*chim.*), inchiostro copiativo concentrato.
hectolitre, ettolitro *m.*
hectometre, ettometro *m.*
heddle (*tess.*), liccio *m.* (termine in disuso).
heddling (*tess.*), rimettaggio *m.*; passaggio delle catene nei licci.
hedge, siepe *f.*
— **clause** (*comm.*), clausola di salvaguardia.
— **-cutter** (*agr.*), tagliatrice di siepi.
— **-hop** (*aereo*) (*slang*), volo (*m.*) radente.
— **-hopper airplane** (U.S.A.) (*aereo*), piccolo aeroplano che si stacca poco da terra per breve tempo.
— **-hopping** (U.S.A.) (*slang*) (*aereo*), volo radente.
hedger (*agr.*), v. **hedge-cutter.**
hedging (*finan.*), riporto; copertura (operaz. a termine).
— **machine** (*agr.*), macchina tagliasiepi; cimatrice *f.*
heel (*scarpe*), tacco *m.*; (*tess.*), tallone; (*ferr.*), tallone dell'ago; tallone di pneumatico; (*chim.*), residuo di distillazione; (*naut.*), *v.r.* ingavonarsi.
— **-and-toe change** (*auto*), « punta tacco ».
— **brakes** (*aereo*), freni (*m. pl.*) a pedale.
— **effect** (*radiazioni*), effetto di tacco.
— **of blade** (*ferr.*), calcio (*m.*) dell'ago.
— **of points** (*ferr.*), calcio (*m.*) dello scambio.
— **of tooth** (*orol.*, *mecc.*), tallone del dente.
— **over (to —)** (*aereo*), sbandare.
— **-plate** (*armi*), calciolo *m.*
— **strap** (*costr.*), passamano di ferro ad U, che unisce l'estremità di una trave principale con la trave d'incavallatura.
— **to port** (*naut.*), piegare su babordo.
heeling (*naut.*), sbandamento *m.*; ingavonamento *m.*
heeling error (*naut.*), errore (*m.*) di sbandamento.
heelshave (*calzolaio*), raspa a due manichi.
Hefner candle, candela (*f.*) Hefner.
height, quota *f.*; altezza *f.*
— **angle,** angolo (*m.*) d'altezza.
— **between floors,** altezza (*f.*) dei piani.
— **gauge,** segnatoio (*m.*) fisso con nonio.
— **of bosh** (*altoforno*) (*met.*), altezza sacca (di altoforno).
— **of centres** (*macch. ut.*), altezza (*f.*) delle punte (tornio).
— **of damming** (*cost. idr.*), altezza (*f.*) del rigurgito.
— **of fall,** altezza di caduta.
— **of hearth,** altezza (*f.*) del crogiolo.
— **of load,** altezza (*f.*) di carico.
— **of metacentre,** altezza (*f.*) metacentrica.
— **of radiator,** altezza del radiatore.
— **of roof,** altezza (*f.*) del tetto.
— **of section,** altezza (*f.*) del profilo.
— **of the rail** (*ferr.*), altezza (*f.*) della rotaia.
— **of the triangle,** altezza (*f.* del triangolo.
— **of water,** altezza (*f.*) della colonna d'acqua; altezza (*f.*) d'acqua.
— **power factor** (*aereo*), coefficiente di variazione di potenza, rispetto alla quota.
— **record,** record (*m.*) di altezza.
heighten, *v.a.* innalzare un edificio (se si aumenta l'altezza).
helgoland blue, colorante sostantivo per cotone.
helianthin (*chim.*) (*colori*), eliantina *f.*
heliarc welding, saldatura (*f.*) all'elio.
helical (*mecc.*), elicoidale *agg.*
— **gear grinding machine** (*macch. ut.*), rettificatrice (*f.*) per ingranaggi elicoidali.
— **gears** (*mecc.*), ingranaggi (*m. pl.*) elicoidali.

helical groove, scanalatura (*f.*) elicoidale.
— **rack,** dentiera (*f.*) a denti obliqui.
— **reinforcement** (*costr.*), armatura (*f.*) elicoidale.
— **pump,** pompa (*f.*) elicoidale.
— **scanning** (*telev.*), esplorazione *f.* (*o* analisi) elicoidale.
helically wound, avvolto (*p.p.*) a spirale.
helicoid, elicoide *m.*
helicoidal, *agg.* elicoidale.
— **gears on parallel axix,** ingranaggi (*m. pl.*) elicoidali.
— **mill** (*utensili*), fresa (*f.*) elicoidale.
helicopter (*aereo*), elicottero *m.*
— **platform** (*mil., naut.*), piattaforma (*f.*) di appontaggio (per elicotteri).
heliocentric, *agg.* (*mecc.*), eliocentrico.
— **speed reducer,** riduttore di velocità eliocentrico.
heliochromy, eliocromia *f.*
heliograph, eliografo *m.*
heliography, eliografia *f.*
heliohour, elio-ora (= 100.000 lux per ora).
heliometer, eliometro *m.*
helios yellow, giallo minerale.
helioscope, elioscopio *m.*
heliotrope, eliotropio *m.*; valeriana *f.*
heliotropin, eliotropina *f.* (piperonal).
heliport (*elicot.*), eliporto *m.*
helium (*chim.* = He), elio *m.*
— **cooled reactor** (*fis. atom.*), reattore (*m.*) raffreddato ad elio.
— **three** (*chim.*), isotopo leggero dell'elio.
helix, voluta *f.*
— **angle,** angolo (*m.*) elittico.
— **angle micrometer,** micrometro per la verifica dell'angolo elicoidale.
hell box (*tip.*), cassa del piombo da rifondere.
helm, timone *m.*; barra *f.*
— **port,** losca *f.*
helmet (protective —) (*miniere, ecc.*), casco (*m.*) di protezione.
helmsman (*naut.*), timoniere *m.*
help (*inform.*), comando di « aiuto », rappresentato da un tasto per es. nella programmazione del sistema LOGO, che dà accesso ad un piccolo manuale elettronico.
hematine (*chim.*), ematina *f.* (*colorante*).
hematite (*min.*), ematite *f.*
— **pig iron** (*met.*), ghisa (*f.*) ematite.
hematitic calcines (*min.*), ceneri ematitiche.
hematolylin (*chim.*), estratto di ematina; ematolina *f.* (*colorante nero*).
hematoxylin, ematossilina *f.*
hemialdehyde (*chim.*), semialdeide *f.*
hemin (*chim.*), cloruro di ematina; emina *f.*
hemisphere, emisfero *m.*; semisfera *f.*
hemitropic winding (*elet.*), avvolgimento (*m.*) a fasi emitropiche.
hemp, canapa *f.*
— **belt,** cinghia (*f.*) di canapa.
— **coiling,** treccia (*f.*) di canapa.
— **flock,** fiocco di canapa.
— **-metal knot,** nodo (*m.*) di metallo e canapa.
— **oil,** olio (*m.*) di canapa.
— **packing,** guarnizione (*f.*) di canapa.
— **rope,** cavo (*m.*) di canapa; corda (*f.*) di canapa.
hempesed oil, olio (*m.*) di canapa.
henna (*chim.*), enna *f.*; henna *f.*
henry, henry *m.*
heptane (*chim.*), eptano *m.*
heptanol (*chim.*), eptanolo *m.*
heptode, eptodo *m.*
heptoxide (*chim.*), eptossido *m.*
herb (*bot.*), erba medicinale.
herbarium (*bot.*), erbario *m.*
herbicide (*chim.*), erbicida *m.*
Heresite, materiale plastico brevettato.

Herkolite, ercolite *f.*
hermaphrodite calipers, compasso (*m.*) per esterni.
hermetic, *agg.* ermetico.
— **motors,** motori stagni.
— **seal,** v. **seal.**
hermetically sealed (*circuiti di refrigeraz., ecc.*), sigillato ermeticamente.
herring meal, farina (*f.*) d'aringhe.
— **oil,** olio (*m.*) di aringhe.
herringbone, *agg.* a spinapesce.
— **bond,** assestamento (*m.*) a spina di pesce.
— **gears,** ingranaggi (*m. pl.*) a spina di pesce.
— **gear reducer** (*mecc.*), riduttore ad ingranaggi a cuspide.
— **masonry,** muratura (*f.*) a spina di pesce.
— **tooth** (*mecc.*), dente a V; dente ad angolo.
— **weave** (*tess.*), scaglia *f.*
hermetically sealed, chiuso (*p.p.*) ermeticamente.
hertz half-way radiator (U.S.A.) (*radio*), antenna (*f.*) dipolo.
hertzian, *agg.* hertziano.
— **waves,** onde (*f. pl.*) hertziane.
hessian bag, sacco di iuta robusta.
heterochromatic radiations, radiazioni eterocromatiche *f. pl.*
heterocyclic chemistry, chimica eterociclica.
heterogeneous catalysis (*chim.*), catalisi (*f.*) eterogenea.
— **mixture** (*fis. atom.*), miscela (*f.*) eterogenea.
— **radiation** (*fis. atom.*), radiazione (*f.*) eterogenea.
— **reactor** (*fis. atom.*), reattore (*m.*) eterogeneo.
heterodyne detector, rivelatore (*m.*) a eterodina.
— **filter** (*elet.*), filtro eterodina.
— **frequency meter,** frequenziometro (*m.*) ad eterodina.
— **wavemeter,** ondametro (*m.*) a eterodina.
heterodyning (*radio*), eterodinaggio *m.*
heterodyning oscillator, oscillatore (*m.*) a eterodina.
heterogeneity (*met.*), eterogeneità *f.* (strutturale, ecc.).
heterogeneous, *agg.* (*met.*), eterogeneo.
heteropolar, *agg.* eteropolare.
— **generator** (*elet.*), dinamo eteropolare.
heterosphere (*astr.*), eterosfera *f.* (parte della atmosfera superiore con proporzioni variabili di azoto, ossigeno ecc.).
heterostatic method (*elet.*), metodo (*m.*) eterostatico (usato con l'elettrometro a quadrante).
heuristic (*inform.*) (*agg.*), euristico.
hew, *v.a.* squadrare (legno).
— (*v.a.*) **with the pickhammer,** sbozzare; sgrossare,
hewing, squadratura *f.* (del legno).
« **hex** » (*viti*), abbreviazione di esagonale.
hex nuts, dadi esagonali.
hexacarbonyls (*chim.*), esacarbonili *m. pl.*
hexachloroethane (*chim.*), esacloroetano *m.*
hexadecimal, *agg.* esadecimale.
hexagon, esagono *m.*
— **angle,** squadra (*f.*) a 120°.
— **broach,** broccia (*f.*) per fori esagonali.
hexagonal bar, ferro (*m.*) esagonale.
— **head bolt,** bullone (*m.*) a testa esagonale.
— **iron,** ferro (*m.*) esagonale.
— **-mesh wire glass,** vetro (*m.*) retinato a maglie quadrate.
hexamethylene (*chim.*), esametilene *m.*
hexamethylenetetramine (*chim.*), esametilentetrammina *f.*
hexane (*chim.*), esano *m.*
hexode (*radio*), esòdo *m.*
hexonic, *agg.* (*chim.*), esonico *agg.*
hexoran (*chim.*), esacloroetano *m.*
hexyl, *agg.*, esile *agg.*; esilico *agg.*
hi-fi (high-fidelity) (*acust.*), alta fedeltà.

hi-set clay (*vernici, smalti*), argilla (*f.*) grassa.
hickory (*bot.*), noce (*m.*) americano
hide, pelle *f.* (di animali); cuoio *m.*; *v.a.* conciare (il cuoio).
— **glue,** colla (*f.*) di pelle; colla animale.
— **trim** (*auto*), (arredamento) interno in pelle.
— **upholstery** (*auto*), tappezzeria in pelle.
hiding power (*vernici*), potere coprente.
Hiduminium RR 56, Lega Al-Cu-Ni-Mg-Fe-Ti-Si.
— **Anticorodal 15,** Lega alluminio-manganese della High Duty Alloys Ltd.
— **Anticorodal 23, 33,** Leghe alluminio-magnesio-manganese con 0,15% di titanio. Fornitori: High Duty Alloys Ltd.
— **Anticorodal 42,** Lega alluminio-magnesio-silicio (con 5% di silicio) adatta per getti difficili (High Duty Alloys Ltd.).
— **Anticorodal 40,** Lega alluminio-magnesio-silicio con 0,15% di Titanio della High Duty Alloys, Slough.
— **Anticorodal S. 10,** Lega alluminio-silicio (silicio dal 10 al 13%) della società anonima High Duty Alloys, Slough.
— **Anticorodal 45,** Lega alluminio-magnesio-silicio, con piccola percentuale di manganese.
hierarchal model (*analisi statistica*) (*mat.*), modello gerarchico.
hi-fi (*audio*), alta fedeltà.
high, *agg.* alto; forte (di suono); lucidato (*o* liscio) (riferito a metalli).
— **accuracy,** alta precisione.
— **alloy steel** (*met.*), acciaio ad alta lega.
— **altitude flight** (*aereo*), ascensione (*o* volo) ad alta quota.
— **altitude nuclear explosion** (*fis. atom.*), esplosione nucleare ad alta quota.
— **-alumina cement,** cemento (*m.*) alluminoso.
high ash coal, carbone ad alto tenore di ceneri.
— **carbon steel,** acciaio (*m.*) ad alto contenuto di carbonio.
— **chromium alloy,** lega (*f.*) a forte contenuto di cromo.
— **concentration methane tester** (*min.*), grisumetro per la determinazione della percentuale di grisù nell'atmosfera delle miniere.
— **contrast image** (*telev.*), immagine (*f.*) a forte contrasto.
— **definition television** (*telev.*), televisione ad alta definizione.
— **discharge battery tester,** apparecchio per prova di scarica di accumulatori.
— **draft** (*tess.*), alto stiro.
— **-energy arc** (*elet.*), arco (*m.*) di alta energia.
— **-energy-rate forming** (*fond., met.*), formatura (*f.*) ad alta energia.
— **fidelity** (*acust.*), alta fedeltà.
— **fidelity component system** (*audio*), impianto coordinato di apparecchi di alta fedeltà.
— **filter** (*audio*) (*elettron.*), filtro degli alti (*circuito elettronico*).
— **flying,** volo (*m.*) ad alta quota.
— **frequency,** alta (*f.*) frequenza.
— **-frequency amplifier,** amplificatore (*m.*) ad alta frequenza.
— **-frequency bridge** (*elet.*), ponte (*m.*) ad alta frequenza.
— **-frequency cable** (*telecom.*), cavo ad alta frequenza.
— **frequency electrical breakdown,** scariche elettriche ad alta frequenza.
— **frequency heating,** riscaldamento elettrico ad alta frequenza.
— **-frequency induction furnace** (*met.*), forno ad induzione ad alta frequenza.
— **frequency oscillation,** oscillazione (*f.*) ad alta frequenza.
— **frequency response** (*elet.*), risposta ad alta frequenza.
— **frequency spindle** (*mecc.*), mandrino ad alta frequenza.

high frequency turbine generator, turbo-alternatore (*m.*) ad alta frequenza.
— **gain** (*radio*) alto guadagno.
— **-gain amplifier** (*radio*), amplificatore ad alto guadagno.
— **-gamma tube** (*telev.*), tubo (*m.*) a gamma elevato.
— **-grade,** di alta qualità; di alta precisione.
— **-grade belt,** cinghia (*f.*) d'ottima qualità.
— **grade mineral oil,** olio minerale di alta qualità.
— **-grade steel,** acciaio (*m.*) di qualità.
— **hat** (*cinem.*) (U.S.A.), cavalletto di sostegno della macchina da presa.
— **humidity and condensation test** (*corrosione met.*), prova in presenza di umidità elevata e condensazione.
— **idle run** (*met.*), a tutto gas; in folle.
— **-impact plastic bumpers** (*auto*), paraurti in plastica ad alta resistenza all'urto.
— **-intensity sound wave,** onda (*f.*) sonora a forte intensità.
— **jump** (*sport*), salto in alto.
— **-level graphics commands** (*inform.*), comandi grafici ad alto livello.
— **level language** (*inform.*), linguaggio ad alto livello.
— **-level roadway** (*strade*), carreggiata (*f.*) sopraelevata.
— **lift centrifugal pump,** pompa centrifuga per forti prevalenze.
— **lift platform truck,** carrello (*m.*) elevatore per grandi altezze.
— **lights** (*tip.*), bianchi più intensi (di fotografia o disegno).
— **-pass filter** (*elet.*), filtro (*m.*) passa-alto.
— **-performance co-ordinate jig borer** (*macch. ut.*), alesatrice tracciatrice a coordinate di grande precisione.
— **-performance singeing machine** (*tess.*), macchina per gasatura, ad alto rendimento.

high-pitched roof, tetto (*m.*) a cavaliere.
— **polymer** (*chim.*), alto polimero.
— **-power reactor** (*fis. atom.*), reattore (*m.*) ad alta energia.
— **pressure,** alta pressione *f.*
— **pressure boiler,** caldaia (*f.*) ad alta pressione.
— **-pressure cloud chamber** (*fis. atom.*), camera (*f.*) a nebbia ad alta pressione.
— **pressure cylinder,** cilindro (*m.*) ad alta pressione.
— **-pressure engine,** macchina (*f.*) ad alta pressione.
— **-pressure heating,** riscaldamento (*m.*) ad alta pressione.
— **-pressure ionization chamber** (*fis. atom.*), camera (*f.*) di ionizzazione ad alta pressione.
— **pressure steam engine,** macchina (*f.*) a vapore ad alta pressione.
— **-pressure storage of gas,** immagazzinamento del gas ad alta pressione.
— **-purity aromatics,** aromatici di alto grado di purezza.
— **quality amplifier,** amplificatore di alta qualità.
— **resolution video display** (*TV*), presentazione su schermo video ad alta risoluzione.
— **-rise bicycle,** bicicletta « Teen-Agers » (con schienale regolabile).
— **-sided open wagon** (*ferr.*), carro (*m.*) scoperto a sponde alte.
— **-speed ball bearing,** cuscinetto a sfere per alte velocità.
— **speed camera,** macchina fotografica ad alta velocità.
— **speed centre lathe** (*macch. ut.*), tornio parallelo rapido.
— **-speed centrifuge,** centrifuga (*f.*) rapida.
— **speed circuit breaker,** interruttore (*m.*) ultrarapido.
— **speed electron** (*fis. atom.*), elettrone (*m.*) veloce.
— **-speed engine,** motore (*m.*) veloce.

high-speed film photography (*fot.*), fotografia con film ad alta velocità.
— **-speed intermediate shaft,** albero (*m.*) intermedio a movimento rapido.
— **speed lathe,** tornio (*m.*) rapido.
— **speed milling attachment** (*macchine ut.*), apparecchio (*m.*) per fresatura rapida.
— **speed planer,** piallatrice (*f.*) rapida.
— **speed planing machine,** piallatrice (*f.*) rapida.
— **-speed press** (*macch. ut.*), pressa rapida.
— **speed printer** (*inform.*), stampante veloce.
— **-speed printing machine** (*tip.*), macchina a bianca e volta.
— **speed steel,** acciaio (*m.*) rapido.
— **speed steel tool,** utensile (*m.*) in acciaio rapido; utensile con tagliente in acciaio rapido.
— **speed threading machine** (*macch. ut.*), filettatrice (*f.*) rapida.
— **speed tool steel,** acciaio (*m.*) da utensili a taglio rapido.
— **speed trepanning,** trapanatura a grande velocità.
— **speed turning tool,** utensile (*m.*) rapido.
— **-speed wheel** (*idraul.*), ruota (*f.*) a giro rapido.
— **-spy** (*slang*) (U.S.A.), pilota di aeroplano di ricognizione.
— **strength bolt** (*mecc.*), bullone (*m.*) ad alta resistenza.
— **-strength cast iron** (*met.*), ghisa (*f.*) ad alta resistenza.
— **-strength steel** (*met.*), acciaio (*m.*) ad alta resistenza.
— **-temperature chemistry** (*chim.*), chimica delle alte temperature.
— **-temperature reactor** (*fis. atom.*) reattore (*m.*) ad alta temperatura.
— **temperature resisting steel** (*met.*), acciaio per alte temperature.
— **temperature sintering furnace** (*elet.*), forno ad alta temperatura per sinterizzazione.
high-temperature steaming (*tess.*), vaporizzazione ad alta temperatura.
— **-temperature strength** (*met.*), resistenza meccanica a temperatura elevata.
— **-tension ammeter,** amperometro (*m.*) ad alta tensione.
— **-tension cable** (*elet.*), cavo (*m.*) ad alta tensione.
— **tension circuit** (*auto*), spinterogeno *m.*
— **-tension ignition,** accensione (*f.*) ad alta tensione.
— **-tension line** (*ferr. elet.*), conduttura (*f.*) (*o* linea) ad alta tensione.
— **-tension switch** (*elet.*), interruttore ad alta tensione.
— **-tension switchboard** (*elet.*), quadro di distribuzione per alta tensione.
— **thermal shock resistance,** alta resistenza agli sbalzi termici.
— **tide,** alta marea.
— **top pressure** (*met.*), alta pressione (alla bocca di altoforno).
— **tub,** brenta *f.*
— **vacuum,** vuoto spinto; alto vuoto.
— **vacuum annealing of steel** (*met.*), ricottura sotto alto vuoto dell'acciaio.
— **-vacuum pump** (*mecc.*), pompa a vuoto spinto.
— **-velocity forging** (*met.*), fucinatura ultrarapida.
— **voltage,** alta tensione.
— **voltage cable,** cavo (*m.*) ad alta tensione.
— **voltage current,** corrente (*f.*) ad alta tensione.
— **water,** acqua (*f.*) di piena; portata (*f.*) massima.
— **-water bed** (*idraul.*), alveo (*m.*) di piena.
— **-water level,** livello (*m.*) di piena.
— **wing** (*aereo*), ala sopraelevata; ala alta.
— **-wing plane,** aeroplano (*m.*) ad ala sopraelevata (*o* ad ala alta).
higher-boiling, *agg.* (*chim.*) (*fis.*), di punto di ebollizione più elevato.

higher national certificate in mechanical engineering, diploma di scuola superiore in ingegneria meccanica.
highest water, acqua (*f.*) di massima piena.
highland, altipiano *m.*
highway (U.S.A.), strada; strada a grande circolazione; autostrada *f.*
— **code,** codice (*m.*) stradale.
— **gradient** (*agrim.*), livelletta (*f.*) stradale.
— **(main —),** strada principale.
— **(state —),** strada statale.
hike (*comm.*) (U.S.A.), aumento *m.*; (*a $ 3 per ton — on cold and hot rolled sheets*), un aumento di 3 dollari alla tonnellata su lamierini laminati a freddo e a caldo.
hill (*geol.*), collina *f.*
hillclimb (*auto*), corsa in salita.
hillclimbing, pendenza (*f.*) superabile (di auto o motocicletta); salita *f.*
hill's mirror (*aereo*), nefoscopio (*m.*) di Hill (strumento per determinare la direzione del moto di una nuvola).
hillside spans (*elet.*), campate in dislivello.
hinder, *v.a.*, ritardare *v.a.*, ostacolare *v.a.*
hindered, *p.p.* ostacolato; ritardato; non libero (*chim.*).
hindering, ostacolo *m.*; impedimento *m.*
hindrance (*chim.*), ostacolo *m.*; impedimento *m.*
hinge, mastietto *m.*; rallino *m.*; asta (*f.*) di ritegno; cerniera *f.*; snodo *m.*; fulcro *m.*; articolazione *f.* (cerniera di un arco); *v.a.* articolare; v. **aileron** — (*aereo*).
— **-corner case** (*com. imballi*), cassa (*f.*) con uno spigolo a snodo.
— **eye,** collare (*m.*) del battente di porta.
— **hole,** occhio (*m.*) della cerniera.
hinge moment (*aereo*), momento (*m.*) di cerniera.
— **-pin,** perno (*m.*) di cerniera.
— **strap,** bandella (*f.*) a cuore.
hinged, a snodo; imperniato *p.p*; *agg.* (*mecc.*), articolato.
— **arm,** braccio (*m.*) articolato; braccio (*m.*) snodato.
— **closing trap,** botola (*f.*) (*o* falla *f.*) a cerniera.
— **guard,** coperchio di protezione, a cerniera.
— **pier,** pila (*f.*) pendolare.
— **portal frame** (*costr.*), portale (*m.*) incernierato.
— **tool holder,** portautensile (*m.*) a snodo.
hinges (with two), (a due) cerniere *f. pl.*
hip (*cost.*), padiglione *m.*
— **jack rafter,** falso puntone (*m.*) di displuvio.
— **(of a roof),** displuvio *m.* (di tetto).
— **rafter,** capriata (*f.*) d'angolo; cantonale (*m.*) di tetti; trave (*f.*) di displuvio.
— **ridge,** vertice (*m.*) del tetto.
— **roof,** tetto (*m.*) a padiglione.
— **room** (*auto*), spazio ai fianchi.
hire craft (*naut.*), imbarcazione a noleggio.
— **-purchase** (*comm.*), acquisto a rate; acquisto rateale.
hired labourer, salariato *m.*
hiss (*radio*), soffio *m.*
histogram, istogramma *m.*
historical cost (*comm.*), prezzo d'acquisto; valore iniziale.
hit, colpo *m.*; urto *m.*; *v.a.* trovare il petrolio (U.S.A.).
— **(to),** raggiungere; giungere a; toccare; (*new designs can be tested under laboratory conditions before hitting the plant floor*), nuovi modelli possono essere provati nelle condizioni sperimentali prima di raggiungere lo stabilimento.
— **-and-run driving** (*auto*), guida di chi causa incidenti senza fermarsi dopo l'accaduto.

hit'em all (*cinem.*) (U.S.A.), aprite tutte le luci.
— **-or-miss method,** metodo (*m.*) empirico.
— (*v.a.*) **the broad,** mettere un (velatino) diffusore di seta su una lampada.
— (*v.a.*) **the silk** (*slang*) (*aereo*) (U.S.A.), lanciarsi col paracadute.
hitch, arresto *m.*; (*min.*), piccola faglia con rigetto di soli pochi piedi; piccola tasca scavata in una via di carreggio per i sostegni di legno.
hitch (to —) *v.a.* (*a trailer etc.*), agganciare (un rimorchio, ecc.).
— **(to —) one's way,** fare dell'autostop per spostarsi.
hitching, aggancio; agganciamento (di rimorchi, ecc.).
hoarding (*cost.*), steccato (generalm. di tavole di legno che circonda case in demolizione o riparazione); recinzione con assito (dei lavori in corso).
— **(vertical close-boarded —),** (*cost.*), steccato composto da tavole di legno bene unite e verticali; recinzione con assito posto verticalmente (dei lavori in corso).
hob (*mecc.*), fresa generatrice; (*pressofusione*), punzone di coniatura; (*mecc.*), fresa (*f.*) a vite; (*mecc.*), fresa a spirale.
— **sharpening machine** (*ingr.*), affilatrice per creatori.
— **spindle** (*mecc.*), albero portafrese.
— **(gear —)** (*mecc.*), creatore per ingranaggi.
— **(spline cutting —)** (*mecc.*), creatore per alberi scanalati.
— **(roller chain sprocket —)** (*mecc.*), creatore di ruote per catene a rulli.
— **(wormwheel —)** (*mecc.*), creatore per ruote a vite.
hobber, dentatrice (*m.*) con fresa-vite.
hobbing (*macch. ut.*, *mecc.*), dentatura a creatore.
hobbing machine, dentatrice (*f.*) con fresa-vite.
hod (*cost.*), conca (*f.*) portante.
hodoscope, apparecchio per seguire la traccia di raggi cosmici.
hoe, marra *f.*
hoeing machine (*agric.*), sarchiatrice *f.*
hog (*naut.*), inarcamento *m.*
— **(to)** (*naut.*), inarcarsi *v.r.*
— **-backed cutting** (*ferr.*), trincea (*f.*) in terreno ondulato.
— **wool,** lana (*f.*) di agnello di un anno.
hogget wool, lana di prima tosatura di montone di 12-15 mesi.
hogging (*naut.*), inarcamento (tendenza di uno scafo a piegarsi verso prua o poppa se questi punti non sono sostenuti).
hoghorn (*telev.*), ugello (*m.*) di guida d'onda a forma di tromba.
hoist, elevatore *m.* (paranco); elevatore (*m.*) meccanico; montacarico *m.*; (*min.*), macchina d'estrazione (installata sopra un pozzo per estrarre minerali e trasportare il personale di una miniera).
— **drum,** tamburo (*m.*) per fune metallica.
— (*v.a.*) **up** (*naut. ecc.*), issare (*naut*); sollevare (con martinetto, ecc.).
— **(2-drum mine —)** (*min.*), macchina d'estrazione a 2 tamburi.
hoister (*min.*), v. **hoisting machine.**
hoisting (*naut.*), ghinda *f.*; sollevamento *m.*
— **apparatus,** apparecchio (*m.*) di sollevamento.
— **appliance,** elevatore (*m.*) meccanico.
— **chain,** catena (*f.*) di sollevamento.
— **drum,** tamburo (*m.*) per apparecchi di sollevamento; tamburo (*m.*) dell'ascensore.
— **engine,** elevatore *m.*
— **height,** altezza di sollevamento.

hoisting machine (*min.*), macchina d'estrazione.
— **quadrant,** quadrante (*m.*) di sollevamento.
— **rope,** fune (*f.*) di sei trefoli di 19 fili ciascuno, con anima in canapa.
— **sling,** imbracatura (*f.*) di sollevamento.
— **winch,** argano (*m.*) dell'ascensore.

hold (*naut.*), stiva *f.*; (*cinem.*), impressione dell'immagine sullo schermo per un periodo maggiore; (*telev.*), tenuta; (*mecc.*), bloccaggio.
— *v.a.* piazzare (*mecc.*); tenere; contenere; reggere; durare; ritenere; fissare; (*chim.*), portare (*un gruppo*); mantenere; sostenere; tenere; valere *v.i.*; essere valevole; applicarsi *v.r.*
— **a circuit** (*telecom.*), bloccare un circuito.
— **a record,** detenere (*v.a.*) un primato.
— **a survey,** fare una perizia.
— **a tool,** piazzare un utensile.
— **a work,** piazzare un pezzo.
— **back,** *v.a.*, ritenere *v.a.*
— **circuit,** circuito (*m.*) di attesa.
— **control** (*telev.*), controllo (*m.*) di sincronizzazione.
— **-down handle,** maniglia di fissaggio (d'una macchina).
— **ladder** (*naut.*), scala (*f.*) di stiva.
— **range,** (*telev.*) (U.S.A.), banda (*f.*) di sincronizzazione.
— **up (to —),** *v.a.* contrastare; resistere, « tenere »; (*the satellite will have more years if the repairs hold up*), il satellite durerà più anni se le riparazioni resistono.
— **-up** (*chim.*) (*fis.*), alimentazione *f.* (*a hold up per plate* = un'alimentazione per piatto); (*gas*), hold-up.
— **-ups in getting goods from factory to port** (*comm.*), intralci (*di circolazione, ecc.*) nell'ottenere le merci dalla fabbrica al porto.

hold your hammers (*cinem.*), silenzio!; si smetta di lavorare, perchè si gira!

holder, recipiente *m.*; cassa *f.*; appoggio *m.*; portautensile *m.*; porta matrice.
— **up,** contro-butteruola *f.*; contrasto *m.* (*mecc.*).

holderbat, staffa (*f.*) ad anelli (per doccioni) (di forma semi-circolare).

holdfast (*mecc.*) rampone *m.*; morsetto *m.*

holding (*finan.*), holding (gruppo finanziario di controllo).
— **altitude** (*aereo*), altitudine (*f.*) di attesa.
— **bay** (*aereo*), zona in cui si possa fermare o superare un aeromobile al fine di facilitare il traffico a terra.
— **company** (*finan.*), società (*f.*) finanziaria.
— **control** (*telev.*), vedi: **hold control.**
— **down spring** (*orol.*), molla di fissaggio.
— **furnace** (*met.*), forno (*m.*) di attesa; (*met.*), forno di permanenza a temperatura.
— **point** (*aereo*), punto (*m.*) di attesa.
— **rope** (*pesi*), cavo *m.* (o fune *f.*) di sospensione
— **time** (*telef.*), tempo di occupazione; (*met.*), tempo (*m.*) di attesa; (*met.*), periodo di permanenza; (*met.*), tempo di permanenza (*in forno*).

holdings (*finan.*), averi (in valuta, oro).

hole, foro *m.*; cavità *f.*; buco *m.*; foro di perforazione (*o* trivellazione) (*di pozzo petrolifero*); zona (*f.*) morta (senza riflessi) (*radar*); canale *m.* (*fis. atom.*); (*met.*), cella (di forno a pozzo); (*elettron.*), foro *o* perforazione *f.*
— **basis system,** sistema foro base

hole boring cutter, allargatoio (*m.*) a fresa.
— **count check** (*elettron., inform.*), controllo del numero delle perforazioni (di una scheda).
— **locating,** appostamento dei fori.
— **through spindle,** larghezza del mandrino.
holiday (*petrolio*) (U.S.A.), parte di un tubo, rimasta senza vernice; (*gen.*), festa *f.*; esenzione fiscale provvisoria.
— **detector** (*petrol.*) (U.S.A.), spazzola elettrica.
holidays with pay, ferie retribuite.
hollander (*carta*), olandese *f.*
hollow, *agg. n.*, concavo *agg.*; vuoto *m.*; cavo *m.*; cavità *f.*
— **abutment** (*cost.*), spalla (*f.*) con vani.
— **ball,** sfera (*f.*) cava.
— **brick,** mattone (*m.*) vuoto; mattone (*m.*) cavo.
— **brick ceiling,** solaio (*m.*) di forati.
— **casting,** getto (*m.*) cavo.
— **column** (*cost.*), colonna (*f.*) cava.
— **cylinder,** cilindro (*m.*) cavo.
— **extruded shape** (*met.*), profilato (*m.*) estruso cavo.
— **gauged brick,** tavellone *m.*
— **-ground** (*mecc.*), rettificato con cavo *p.p.*
— **mill,** fresa (*f.*) cava.
— **milling,** fresatura (*f.*) di cavità.
— **punch,** fustella *f.*
— **roll,** piegatura (*f.*) ad anello.
— **rest,** sopporto (*m.*) portapezzo (cavo).
— **shaft** (*mecc.*), albero (*m.*) cavo.
— **spindle,** mandrino (*m.*) cavo.
— **terracotta slabs ceiling,** soffitto (*m.*) di tavelle forate.
— **-tile ceiling,** soffitto (*m.*) di forati.
— **valve stem,** stelo (*m.*) di valvola cavo.
— **-ware,** vasellame di cucina.
— **waveguide** (*elettron.*), guida d'onda cava.
— **(enamelled hollow-ware),** vasellame di cucina smaltato.
holly, agrifoglio *m.*
holmium (*chim.* = Ho), olmio *m.*
hologram (*fot.*) (*laser*), ologramma *m.*
holographer, *m.* olografo *m.*
holographic, *agg.* olografico.
— **laser,** laser olografico.
— **scanner** (*inform.*), lettore olografico.
holography (*fot.*) (*laser*), olografia *f.*
holster (*armi*), fondina (per trasportare armi).
homatropine (*med. alcaloide*), omatropina *f.*
home, *avv.* a posto (*mecc.*); a segno (*mecc.*); all'interno; (*comm.*), casa (nel signif. di ditta) (*the — of good gears*), la casa (ditta) dei buoni ingranaggi; (*mil.*), bersaglio (*for this aircraft, home is any flat, reasonably stable spot*), per questo aereo, il bersaglio è costituito da qualsiasi punto piatto, ragionevolmente stabile.
— *v.i., v.a.*, volare verso una stazione trasmittente utilizzando le onde irraggiate dalla stessa come guida; dirigere verso il bersaglio tramite radio-onde, echi radar ecc. originati dal bersaglio stesso: radioguidare.
— **appliance,** apparecchio (*m.*) casalingo (come cucina elettr. refrigerante, ecc.).
— **appliance factory,** fabbrica (*f.*) di articoli casalinghi.
— **-computer** (*elettron.*), v. **home-brew computer.**
— **contact,** contatto di riposo.
— **handyman,** artigiano *m.*
— **position,** posizione di riposo (a zero).
— **record** (*inform.*), registrazione iniziale diretta, prima di un concatenamento.
— **recording,** registrazione privata (su cassetta, ecc.).
— **scrap** (*met.*), rottame (*m.*) interno.
— **-video cassette** (*video recording*), videocassetta registrata a domicilio.

home wire rods (*med.*), vergella (*f.*) di produzione interna.

« **homebrew computer** » (*slang*), (*elettron.*), elaboratore elettronico costruito in proprio (v.: **homebrewing**) (voce di gergo).

« **homebrewing** » (*elettron.*), voce di gergo riferentesi alla costruzione di un proprio elaboratore elettronico con « chips » di microprocessori.

homing (*missili*), sistema di guida passiva (nel quale un missile si dirige verso una sorgente di energia irradiata dal suo bersaglio).

— **device** (*radio*), radiobussola.

— **head** (*missili*), testa cercante (di un missile).

— **mechanism** (*aereo*), meccanismo di radio-comando.

— **range,** portata (*f.*) di un sistema di radioallineamento.

— **system** (*missili*), sistema di guida.

— **torpedo,** missile (*m.*) radioguidato.

— **(active —)** (*missili*), sistema di guida attiva (se il missile riceve riflessioni dal bersaglio della sua stessa trasmissione).

— **(semi-active —)** (*missili*), sistema di guida semiattiva (se la sorgente di energia trasmessa non si trova nel missile).

homochromatic radiations, radiazioni (*f. pl.*) omocromatiche.

homoeopath, *m.*, omeopatico *m.*

homoeopathic, *agg.*, omeopatico.

homoeopathy (*med.*), omoeopatia *f.*

homogeneous body, corpo (*m.*) omogeneo.

— **catalysis** (*chim.*), catalisi omogenea.

— **light,** luce monocromatica.

— **steel,** acciaio (*m.*) omogeneo.

homogenised milk, latte (*m.*) omogeneizzato.

homogeniser (*macch. ind. chim.*), omogeneizzatore *m.*

homogenization (*min.*), omogeneizzazione *f.*

homogenize, *v.a.* (*chim.*), omogeneizzare *v.a.*

homokinetic *agg.* (*mecc.*), omocinetico.

homokol (*chim.*), miscela di rosso di chinolina con colorante a isocianina.

homolog (*chim.*), omologo *m.*

homologation of a record, omologazione (*f.*) di un record.

homologous, *agg.* (*chim.*), omologo *agg.*

— series (*chim.*), serie (*f.*) omologa.

homologs (*chim.*), omologhi *m. pl.*

homologue (*chim.*), omologo *m.*

homology (*chim.*), omologia *f.*

homopolar generator (*elet.*), dinamo omopolare.

— **induction** (*elet.*), induzione omopolare.

— **tachometer,** tachimetro unipolare.

homoquinine (*med.*), omochinino *m.*

homosphere, omosfera *f.* (*atmosfera sopra i 100 km*).

homothetic *agg.*, omotetico.

hone, pietra (*f.*) da affilare; cote.

— *v.a.* (*met.*), smerigliare; levigare.

— **gears** (*v.a.*), smerigliare gli ingranaggi.

honed (internally — steel pipe), tubo di acciaio levigato internamente.

honer (*macch. ut.*), v. **honing machine.**

honey, miele *m.*

— **panels,** pannelli a nido d'ape.

— **separator,** smelatrice *f.*

honeycomb, favo *m.* (*apicoltura*).

— **coil** (*radio*), bobina a nido d'ape (bobina di sintonizzazione).

— **radiator** (*auto*), radiatore (*m.*) a nido d'api.

honing, cotatura *f.*; levigatura *f.* (*con abrasivi*); smerigliatura *f.*

— **machine** (*ing.*, *macch. ut.*), levigatrice *f.*; smerigliatrice *f.*

— **machine (external — machine)** (*macch. ut.*), levigatrice (*f.*) per esterni.

honing machine (internal — machine) (*macch. ut.*), levigatrice (*f.*) per interni.
— **stone** (*utensile*), levigatore *m.*
— **tool,** utensile (*m.*) smerigliatore; (*utensile*), levigatore *m.*
— **(electrolytically-aided —)** (*metal.*), smerigliatura elettrolitica.
hood, cuffia di protezione (*macch.*); cofano (capotte) (*auto*); mantice *m.* (di carrozza); cappa *f.* (per fumi, ecc.); (*carro armato*), cupola di osservazione.
— **cooling water** (*met.*), acqua raffreddamento cappa.
— **fastener** (*auto*) (U.S.A.), fermacofano *m.*
— **of a ventilator,** cuffia (*f.*) per ventilatore.
hook, gancio esterno (*o* brida) (*orol.*); uncino *m.*; arpione *m.*
— **bolt,** bullone (*m.*) ad uncino; bullone (*m.*) a gancio; vite (*f.*) a gancio.
— **casing,** gabbia (*f.*) del gancio.
— **fittings,** accessori (*m. pl.*) del gancio.
— **off,** sganciare *v.a.*
— **on,** agganciare (*v.a.*) (p. es. un satellite).
— **rule,** riga (*f.*) con peduccio laterale (di rialzo).
— **screw,** gancio (*m.*) a vite.
— **shank,** fusto (*m.*) del gancio.
— **speed,** velocità (*f.*) (di sollevamento) del gancio.
— **tool,** utensile (*m.*) a becco.
— **-up** (*radio*), accoppiamenti di circuiti.
— **up,** collegare (*v.a.*); collegarsi (*v.r.*).
— **wall packer** (*petrol.*), packer per colonna.
hookup (*radio*) (U.S.A.), collegamento spaziale (di due stazioni radio o televisive); schema di montaggio di un circuito radio.
hooked key, chiave (*f.*) a gancio.
hoolamite (*chim.*), oolamite *f.* (*assorbente*).
hoop, bandella *f.* (per cemento armato); bandone *m.* (ferro a nastro).
hoop iron, reggetta (*f.*) di ferro; ferro (*m.*) a nastro.
— **stress** (*met.*), tensione tangenziale (*o* circonferenziale).
— **tensile test** (*met.*), prova di resistenza a sollecitazione circonferenziale di trazione.
hooping (*costruz.*), tondini di rinforzo (per cemento armato).
« **hoot** » **(to —)** (*naut.*) (*slang*), far sentire a lungo il suono di sirena.
hoot-owl tour (*petrolio*) (U.S.A.), turno da mezzanotte alle otto.
hooter, sirena *f.*; (*auto*), avvisatore acustico.
hop (*aereo*), volo (*m.*) di breve durata a bassa quota; (*radio*), riflessione singola di una radioonda dalla ionosfera alla terra; (*auto*), sobbalzo.
hopcalite (*miscela per maschere antigas*), opcalite *f.*
hopped up, *p.p.* (*slang*), spinto oltre la velocità prestabilita dal costruttore (riferito a motori ed aeroplani).
hopper, tramoggia (*f.*) di seminatrice (*agr.*); tramoggia (*f.*) di caricamento; recipiente (*m.*) di caricamento; (*inform.*), magazzino di alimentazione (delle schede) (*elaboratori elettron.*).
— **-bottom railway wagon** (*ferr.*), carro (*m.*) a tramoggia.
— **car** (*ferr.*), carro a tramoggia.
— **chain,** catena (*f.*) di tramogge.
— **wagon,** carro (*ferr.*) a tramoggia.
hopping season, stagione di raccolta del luppolo.
hops, luppolo *m.*
hopsack weave (*tess.*), armatura (*f.*) composta.
horizon (*min.*), orizzonte (*m.*) mineralizzato; livello stratigrafico; giacimento; orizzonte (*geog.*).
horizontal, *agg.* orizzontale.
— **anchorage,** ancoraggio (*m.*) orizzontale.
— **bandsawing machine** (*macch. ut.*), sega orizzontale a nastro per metalli.
— **boiler,** caldaia (*f.*) orizzontale.

horizontal boom, briglia (*f.*) orizzontale (*naut.*); corrente (*m.*) orizzontale (*cost.*).
— **boring and milling machine** (*macch. ut.*), alesatrice-fresatrice (*f.*) a mandrino orizzontale.
— **boring machine,** barenatrice (*f.*) orizzontale; trapano (*m.*) orizzontale; alesatrice (*f.*) orizzontale.
— **bracing,** controventatura (*f.*) orizzontale; collegamento (*m.*) orizzontale.
— **broaching machine** (*macch. ut.*), spinatrice (*f.*) orizzontale; brocciatrice (*f.*) orizzontale.
— **casting,** getto (*m.*) coricato.
— **circle** (*top.*), cerchio (*m.*) orizzontale.
— **component,** componente (*f.*) orizzontale.
— **concentration** (*comm.*), concentrazione orizzontale (di società).
— **creel** (*tess.*), cantra (*f.*) orizzontale.
— **cylinder,** cilindro (*m.*) orizzontale.
— **engine,** motore (*m.*) orizzontale.
— **flyback** (*or* **retrace),** linea di ritorno (raggi catodici).
— **forging press** (*macch. ut.*), pressa (*f.*) meccanica orizzontale per fucinare.
— **frame saw,** sega (*f.*) orizzontale.
— **grate,** griglia (*f.*) orizzontale; graticola (*f.*) orizzontale.
— **hold control** (*telev.*), regolazione della frequenza di linee; regolazione della tenuta.
— **honing machine,** levigatrice (*f.*) orizzontale.
— **hunting** (*telev.*), instabilità orizzontale dell'immagine.
— **lathe,** tornio (*m.*) parallelo.
— **level** (*audio*), livella per la messa in piano di giradischi.
— **lining,** rivestimento (*m.*) con tavole orizzontali.
— **mill,** fresatrice (*f.*) orizzontale.

horizontal miller (milling machine), fresatrice (*f.*) orizzontale.
— **milling,** fresatura (*f.*) orizzontale.
— **mixer,** impastatrice (*f.*) orizzontale.
— **motion,** corsa (*f.*) orizzontale.
— **omtimeter** (*ott.*), comparatore (*m.*) orizzontale.
— **opposed engine** (*mot.*), motore (*m.*) a cilindri opposti.
— **pickling line** (*met.*), linea di decapaggio orizzontale.
— **planer,** piallatrice (*f.*) orizzontale.
— **planing machine,** piallatrice (*f.*) orizzontale.
— **position welding** (*sald.*) (USA), saldatura (*f.*) effettuata in posizione orizzontale.
— **positioning** (*inform.*), posizionamento orizzontale (*word processing*).
— **power** (*telev.*) (U.S.A.), frequenza (*f.*) di linea (numero di linee esplorate al secondo).
— **press** (*mecc.*), pressa orizzontale.
— **projection,** proiezione (*f.*) orizzontale.
— **publication** (*pubb.*), pubblicazione commerciale per differenti tipi di industrie.
— **retort** (*gas*), forno a storte orizzontali.
— **rhombic antenna** (*radio*), antenna rombica orizzontale.
— **run** (*conveyors*), corsa orizzontale (trasportatori).
— **scourer** (*ind. mol.*), macina (*f.*) spuntatrice orizzontale.
— **section,** pianta (*f.*) orizzontale.
— **shaft,** albero (*m.*) orizzontale.
— **size control** (*telev.*) (U.S.A.), controllo (*m.*) della larghezza d'analisi.
— **slices** (*min.*), fette orizzontali (coltivazione a fette orizzontali).
— **slotting machine,** mortesatrice (*f.*) orizzontale; stozzatrice (*f.*) orizzontale.

horizontal spindle grinder (*macch. ut.*), rettificatrice (*f.*) per superfici piane con mola ad asse orizzontale.
— **spindle grinding machine** (*macchina ut.*), rettificatrice tangenziale.
— **stabilizer** (U.S.A.) (*aereo*), piano orizzontale fisso.
— **stress,** spinta (*f.*) orizzontale.
— **tabulation** (*inform.*), tabulazione orizzontale.
— **thrust,** spinta (*f.*) orizzontale.
horizontally opposed cylinders (*auto*) cilindri (*m. pl.*) orizzontali.
horn, avvisatore (*m.*) acustico (*auto*); corno *m.*; (*orol.*), corna (dell'àncora); forchetta (di scappamento ad àncora); (*aereo*), asta di fissaggio del piano di coda (*aereo*); (*sporgenza simile a coda di pesce su metallo laminato*), orecchia *f.*; corno *m.*
— **arrester** (*ing. elet.*), scaricatore (*m.*) a corna.
— **break fuse** (*elet.*), valvola (*f.*) a corna.
— **button** (*auto*), pulsante per comando avvisatore.
— **-gate** (*fond.*), canale di colata a forma di corno.
— **loudspeaker** (*radio*), altoparlante (*m.*) a corno.
— **mercury,** calomelano *m.*
— **silver,** cloruro d'argento.
— **(no horns)** (*auto*), divieto di segnalazioni acustiche.
hornbeam, carpino (*m.*) bianco; carpino (*m.*) comune.
hornblende, orneblenda *f.*
horns (*elet.*), corni *m. pl.*
horology, orologeria *f.*
horse, cavallo *m.*; cavalletto *m.*; loppa *f.* (di altoforno); travetto di sostegno dei gradini di una scala di legno; (*min.*), massa di roccia improduttiva in un filone.
— **chestnut,** castagno (*m.*) amaro; castagno (*m.*) d'India; ippocastano *m.*
— **hair,** crine *m.* (di cavallo).
horse hoe (*agr.*), zappacavallo *m.*
— **opera** (*film*), film Western.
— **racing** (*sport*) (corse di cavalli) ippica *f.*
— **-shoe magnet,** magnete (*m.*) a ferro di cavallo; calamita (*f.*) a ferro di cavallo.
horsepower, potenza (*f.*) in cavalli; cavallo-vapore *m.* (abbr. HP; hp) equivalente a 1.0139 C.V. metrici; a 550 piedi-libbre per secondo; a 745,2 watt (= g 980); a 745,70 watt = g 980,665).
— **brake,** potenza (*f.*) effettiva; potenza (*f.*) al freno.
— **-hour,** cavallo-ora.
— **rating,** potenza indicata del motore.
— **-year,** cavallo anno.
horseshoe curve (*agrim.*), curva (*f.*) a ferro di cavallo.
— **specimen** (*corrosione metalli*) (U.S.A.), provetta (*f.*) ad « U ».
horst (*geol.*), horst.
horticulture (*agr.*), ortoflorofrutticoltura *f.*; orticoltura *f.*
hortocultural crops (*fruit, vegetables, glasshouse crops, bulb and bulb flower crops*) (*agr.*), prodotti ortoflorofrutticoli.
hose, tubo flessibile (per travaso di liquido).
— **car,** autocarro con naspi di tubo (pompieri).
— **clamps,** fascette per tubazioni flessibili.
— **-coupling,** manicotto (*m.*) di giunzione (di tubi); unione (*f.*) a vite per tubi.
— **filter** (*met., siderurgia*), filtro (*m.*) a maniche.
hosiery, maglieria *f.*
— **and knit directory** (*tess.*), annuario della maglieria.
— **yarn** (*tess.*), filo (*m.*) di maglia.
hospital bus-bars (*elet.*), serie di sbarre collettrici di emergenza.
— **data processing** (*inform.*), informatica ospedaliera.
— **door** (*faleg.*), porta rivestita completamente di legno compensato, sui due lati.

hospital insurance, assicurazione (*f.*) ospedaliera.
— **ship,** nave (*f.*) ospedale.
— **switch** (*elet.*), interruttore (*m.*) di emergenza.
host computer (*inform.*), computer principale; computer centrale.
hot, afa *f.*; (*cinem.*) (U.S.A.), abbondanza (*f.*) di luce; caldo *agg.*; scottante *agg.*; *agg.* (*fis. atom.*), fortemente attivo; (*inform.*), urgente; immediato; automatico.
— **-air cupola** (*met.*), cubilotto (*m.*) a vento caldo.
— **-air apparatus,** calorifero *m.* (a termosifone).
— **air heating,** riscaldamento (*m.*) ad aria calda.
— **atom (*fis. atom.*), atomo (*m.*) eccitato; atomo (*m.*) fortemente attivo; atomo (*m.*) caldo (atomo radioattivo).**
— **-atom chemistry,** chimica del l'atomo eccitato.
— **blast,** corrente (*f.*) d'aria calda soffiata in un altoforno.
— **box** (*slang*) (*aereo*) (U.S.A.), carburatore *m.* (di aeroplano).
— **box process** (*fond.*), processo in cassa d'anima calda.
— **bulb motor,** motore (*m.*) a testa calda.
— **cathode,** catodo (*m.*) caldo.
— **-cathode gas-filled tube,** tiratron *m.*
— **cathode tube,** valvola (*f.*) a catodo caldo; valvola (*f.*) termoionica.
— **cell** (*fis. atom.*), cella (*f.*) calda.
— **coating** (*catrame, asfalto*), rivestimento a caldo.
— **coining** (*met.*), coniatura a caldo.
— **crack** (*fond.*), cricca (*f.*) di solidificazione; (*met.*), cricca (*f.*) a caldo.
— **cropping,** spuntatura a caldo.
— **cutting shears** (*met.*), cesoia (*f.*) per taglio a caldo.
— **-dip galvanizing,** zincatura (per immersione) a caldo; galvanizzazione a caldo.
hot-dipped tinplate (*met.*), banda stagnata a bagno caldo.
— **dip strippable coating** (*met.*, *ecc.*), rivestimento pelabile ad immersione a caldo.
— **drain** (*fis. atom.*), canalizzazione (*f.*) attiva.
— **embrittlement** (*met.*), fragilità (*f.*) a caldo.
— **extruded,** *p.p.* (*met.*), estruso a caldo.
— **extrusion,** estrusione (*f.*) a caldo.
— **finish rolling** (*met.*), laminazione di finitura a caldo.
— **finished seamless tube** (*met.*), tubo senza saldatura finito a caldo.
— **finished tube** (*met.*), tubo finito a caldo.
— **forming** (*met.*), lavorazione a caldo.
— **forming property** (*met.*, *ecc.*), lavorabilità (*f.*) a caldo.
— **forming tool steel** (*met.*), acciaio (*m.*) per lavorazione a caldo.
— **galvanizing,** zincatura (*f.*) a caldo.
— **hammering** (*sald.*, *ecc.*), martellatura (*f.*) a caldo.
— **hardness** (*met.*), durezza (*f.*) a caldo.
— **-house,** serra (*f.*) riscaldabile.
— **junction,** punto di saldatura dei 2 metalli di una termocoppia.
— **laboratory (*fis. atom.*), laboratorio (*m.*) di alta attività; laboratorio (*m.*) caldo.**
— **lacquer process** (*vernici*), verniciatura a caldo.
— **lead,** filo elettrico carico.
— **line** (*inform.*), linea diretta.
— **-melt adhesive hand gun,** pistola per applicazione di adesivi a caldo.
— **metal,** metallo fuso; (*met.*) (*liquid hot metal*), ghisa liquida.
— **-metal circular sawing machine,** segatrice circolare a caldo.

hot-metal mixer car (*met.*), carro mescolatore della ghisa.
— **metal production** (*altoforno metal.*), produzione ghisa liquida.
— **metal ratio** (*met.*), proporzione di ghisa liquida in carica.
— **molding** (*mat. plastiche, ecc.*), stampaggio a caldo.
— **money** (*econ.*), capitali (speculativi) vaganti.
— **neck grease,** grasso (*m.*) per perni a caldo.
— **oil** (*slang*) (U.S.A.), petrolio prodotto in più di quello autorizzato per legge.
— **-pack process** (*met.*), laminazione a pacchetto a caldo.
— **-papa** (*slang*) (U.S.A.), ufficiale vestito con abito di amianto, pronto ad aiutare nel caso l'areo, nel quale si trova, prenda fuoco nell'atterraggio.
— **peening** (*met.*), pallinatura a caldo.
— **plaster sealer** (*vernici*), turapori (*m.*) per intonaco fresco.
— **plate leveller** (*met.*), spianatrice a caldo.
— **plate shear** (*met.*), cesoia a dividere a caldo.
— **plug** (*mot.*), candela calda (candela con parte di isolamento esposta al calore entro il cilindro, relativamente lunga).
— **pressing** (*met.*), stampaggio (*m.*) a caldo alla pressa.
— **reduction** (*met.*), riduzione (*f.*) a caldo (alle dimensioni volute).
— **riveting,** ribaditura (*f.*) a caldo (*met.*); chiodatura (*f.*) a caldo.
— **rod** (U.S.A.) (*slang*), auto (*f.*) truccata.
— **rolled bar** (*met.*), barra (*f.*) laminata a caldo.
— **rolled finished tube** (*met.*), tubo finito di laminazione a caldo.
— **-rolled sheet** (*met.*), lamierino (*m.*) laminato a caldo.
— **-rolled strip** (*met.*), nastro (*m.*) (laminato) a caldo.
hot rolling (*met.*), laminazione (*f.*) a caldo.
— **rolling train** (*met.*), treno (*m.*) di laminazione a caldo.
— **-roll neck grease,** grasso (*m.*) per laminatoi a caldo.
— **saw** (*met., mecc.*), sega (*f.*) a caldo.
— **sett,** tagliolo a scalpello.
— **ship** (*aereo*) (*slang*) (U.S.A.) aeroplano (*m.*) veloce.
— **short** (*met.*), sensibile alle cricche a caldo; fragile a caldo.
— **-shortness** (*met.*), fragilità a caldo.
— **spinning** (*met.*), tornitura in lastra.
— **spot chamber** (*auto*), camera di preriscaldamento.
— **strip mill** (*met.*), laminatoio per nastri a caldo.
— **-strip scratch** (*met.*), graffio (*m.*) su nastro a caldo.
— **stripper** (*chim.*), sverniciatore a caldo.
— **swaged,** *p.p.* (*met.*), stampato a caldo.
— **tear** (*met.*), cricca a caldo.
— **test,** prova (*f.*) a caldo.
— **top** (*met.*), materozza *f.*
— **vulcanization,** vulcanizzazione a caldo.
— **waste** (*fis. atom.*), residuo (*m.*) fortemente attivo; scorie (*f. pl.*) fortemente attive.
— **water heating,** riscaldamento (*m.*) ad acqua calda.
— **-well** (*naut.*), pozzo (*m.*) caldo.
— **-wire ammeter,** amperometro (*m.*) a filo caldo.
— **wire galvanometer** (*elet.*), galvanometro a filo caldo.
— **wire instrument** (*elet.*), strumento (*m.*) a filo caldo.
— **-wire microphone,** microfono (*m.*) a filo caldo.
— **-wire smoke-generator,** generatore di fumo a filo caldo.
— **-wire voltmeter** (*elet.*), voltmetro a filo caldo.
— **work,** lavoro (*m.*) a caldo.
— **work (to —)** (*met.*), lavorare a caldo.

hot work steel (*met.*), acciaio per lavorazione a caldo.
— **workability of steel** (*met.*), lavorabilità a caldo dell'acciaio.
— **working** (*met.*), lavorazione (*f.*) a caldo.
— **yield point** (*met.*, *mecc.*), limite (*m.*) di allungamento a caldo.
hotel accomodation officer (*conferenze*, *ecc.*), addetto al servizio prenotazione alberghi.
— **reservation request** (*congressi*, *ecc.*), domanda di prenotazione in un albergo.
hothouse, sala fabbricazione del nerofumo di gas; serra *f.* (*costr.*); essiccatoio (*ceramica*).
houdriforming (*chim.*), houdriforming (processo Houdry; processo di catalisi per migliorare il petrolio).
hour angle, angolo (*m.*) orario.
— **circle**, cerchio (*m.*) orario.
— **wheel** (*orol.*), ruota ore.
hourdis ceiling, solaio (*m.*) di tavelloni o putrelle; solaio (*m.*) in ferro con voltine.
hourly wage rate index (*econ. lavoro*, *statistica*), indice del salario orario contrattuale.
house, casa *f.*
— *v.a.* racchiudere; (*agr.*), stallare; (*mecc.*), alloggiare; sistemare (ubicare) in una data area (p. es.: *to house an oil refinery*, ubicare una raffineria di petrolio).
— **brand** (*petrolio*), benzina di marca (prodotto di marca, di raffineria).
— **breaker**, operaio addetto alla demolizione di case.
House of Lords's European Communities Committee (EEC), Comitato delle Comunità Europee della Camera dei Lord.
— **line** (*naut.*), lezzino *m.*
— **organ** (U.S.A.) (*pubbl.*), pubblicazione periodica di organizzazione commerciale.
— **service meter** (*elet.*), contatore energia elettrica.
housecoal, carbone per uso domestico.
household (*statistica*), gruppi familiari; unità; casa *f.*
— **appliances** (*comm.*, *elet.*), elettrodomestici *m. pl.*
— **products**, casalinghi *m. pl.*
housekeeping (*inform.*), sottoprogramma di gestione per il buon funzionamento dell'elaboratore.
housing, montante *m.* (di macchine); cassa *f.*; involucro *m.*; custodia *f.*; posto *m.*; alloggiamento *m.*; (*petrolio*) (U.S.A.), dispositivo di tamponamento di fuga (in tubo, ecc.); v. **transmission** —.
— **(to wait on the — list)** (*lavoratori*), aspettare l'assegnazione di un alloggio.
hover (*aereo*), punto di equilibrio fra la velocità di caduta e il vento di fronte.
— **manoeuvre** (*aereo*), manovra di volo stazionario.
hovercraft (*naut.*), battello a cuscino d'aria; aeronave *f.*
hoverferry (*naut.*), battello traghetto a cuscino d'aria.
hovering (*aereo*), volo (*m.*) stazionario.
— **ceiling** (*elic.*), plafond (*m.*) in volo stazionario; plafond (*m.*) volo librato.
— **flight** (*elicottero*), volo (*m.*) librato.
hovernavy (*naut.*), flotta di battelli a cuscino d'aria.
howitzer, obice *m.*
howl (*radio*), rumore (*m.*) di urlio.
howler (*radio*), urlatore *m.*
hub, mozzo (*m.*) di ruota; mozzo (*m.*) del volano.
— **cap** (*auto*), coppa per ruota; coprimozzo *m.*
— **flange**, corona (*f.*) del mozzo (bicicletta).
hue (*fis. ott.*), nome del colore corrispondente alla lunghezza d'onda predominante; colore *m.* (*nel suo significato fisico*).

hue control (*telev.*), controllo (*m.*) di fase (*telev. a colori*).
hug (*v.a.*) **the ground** (*mil.*) (*aereo*), volare tenendosi molto vicino al terreno.
hulk (*naut.*), pontone *m.* (scafo).
hull (*naut.*), scafo *m.*; corpo (*m.*) di una nave; (*naut.*) (*aereo*), carena *f.*
— **and stores** (*naut.*), corpo (*m.*) ed attrezzi.
hum, ronzare *v.i.*; (*radio*), ronzio *m.*
— **-bucking coil** (*radio*), bobina (*f.*) antironzio.
— **modulation** (*radio*), modulazione (*f.*) di ronzio.
— **voltage** (*radio*), tensione (*f.*) di ronzio.
human factors research, ricerca dei fattori umani.
humanoid machine (*robots*), robot; macchina umanoide (in grado di firmare lettere, ecc.).
humic acids (*chim.*), acidi umici.
humid, *agg.* umido.
humidification, umidificazione *f.*
humidifier (*apparecchio*), umidificatore *m.*
humidifying (*tess.*), condizionatura *f.*
humidity, umidità *f.*
humine, humus *m.*
hummeller, sbarbatore *m.* (di trebbiatrice).
humming (*elet.*), ronzamento *m.*
hump (U.S.A.) (*slang*), sopra la montagna (la parte più difficile del volo); (*ferr.*), sella di lancio (per smistare carri ferr.).
humpy (U.S.A.), v.: **buckle.**
humus (*bot.*), umo *m.*; humus *m.*
hundredweight, quintale (*m.*) inglese (= kg 50,80 in Inghilterra e kg 45,36 in America).
hungary blue, bleu ungherese; bleu di cobalto.
hunter reflectometer, riflettometro *m.*
hunter's moon, luna piena (che segue alla luna piena dell'equinozio d'autunno).
hunting, pendolazioni *f. pl.* (di macch. elet.); (*aereo*), oscillazione (*f.*) angolare della pala.
hunting of the governor, oscillazione (*f.*) del regolatore.
— **rifle** (*armi*), fucile (*m.*) da caccia.
hurdle, graticcio *m.*
hurl, *v.a.* lanciare; proiettare.
hurley (*min.*), vagonetto *m.*
hush (*auto, mecc.*), rendere silenzioso.
— **(to —)** (*miniere*), togliere la terra di copertura con una corrente d'acqua, per mettere a nudo la roccia da esplorare e sfruttare.
hushing (*auto*), silenziamento *m.*
husk separator (*ind. mol.*), separatore (*m.*) della crusca.
hutch (*min. Scozia*), vagoncino *m.*
Huwood slicer (*min. carbone*), tipo di tagliatrice-caricatrice per carboni molto duri.
hyaline, *agg.* ialino.
hyalite (*min.*), ialite *f.*
hyalography, ialografia *f.*
hybrid, *agg.* ibrido.
— **airship** (*aereo*), dirigibile ibrido (avente caratteristiche di dirigibile ed elicottero).
— **craft** (U.S.A.), aerauto *m.*
— **computer** (*fis. atom.*), calcolatore ibrido.
— **corn** (*agr.*), mais (*m.*) ibrido.
— **junction** (*radar, radio, ecc.*), giunzione (*f.*) differenziale; giunzione (*f.*) ibrida.
— **petrol-electric vehicle** (*auto*), autoveicolo ibrido a benzina ed elettricità.
— **ring** (*radio*), anello (*m.*) ibrido.
— **rocket** (*mecc. term.*), razzo (*m.*) ibrido.
— **system** (*inform.*), sistema misto (associante calcolatori analogici con quelli digitali).
— **transformer** (*radio*), trasformatore (*m.*) differenziale (*o* di equilibrio).
hybridization (*bot., ecc.*), ibridazione *f.*
hydantoin (*farm., plast.*), idantoina *f.*

hydatogenesis (*geol.*), idatogenesi *f.* (processo di deposizione del minerale in cui il corpo minerale costituisce lo stadio finale d'intrusione in un magma).
hydracetin, idracetina *f.*
hydraldehyde (*chim.*) (*tess.*), idraldeide *f.* (soluzione di formaldeide-idrosolfito di zinco).
hydrant, idrante (*m.*) stradale; bocca (*f.*) da incendio.
hydrargillite (*min.*), idrargillite *f.* (*o* gibbsite).
hydrate (*chim.*), idrato *m.*
— **inhibitor,** inibitore di idrati.
— *v.a.* idratare (*chim.*).
hydrated alumina, allumina idrata.
hydration (*chim.*), idratazione *f.*
hydratize, *v.a.* (*chim.*), idratare.
hydraulic, *agg.* idraulico; oleodinamico.
— **accumulator,** accumulatore (*m.*) idraulico.
— **accumulator working by compressed air,** accumulatore (*m.*) idropneumatico.
— **binder** (*cementi, ecc.*), legante (*m.*) idraulico.
— **brake,** freno (*m.*) a liquido (*o* idraulico).
— **bulge test** (*met.*), prova di espansione idraulica.
— **cartridge** (*ing.*), rompitore (*m.*) idraulico.
— **cement,** cemento (*m.*) idraulico; calce (*f.*) idraulica.
— **chuck** (*mecc.*), mandrino a comando idraulico.
— **cleaning** (*fond.*), sbavatura idraulica.
— **closure,** chiusura (*f.*) idraulica.
— **clutch** (*mecc.*), innesto (*m.*) idraulico.
— **coal getting** (*min.*), estrazione idraulica del carbone.
— **control valve,** valvola oleodinamica per il controllo della pressione (porta, ecc.).
— **copying equipment** (*macch. ut.*), copiatore oleodinamico.
— **copying unit** (*macch. ut.*), unità idrocopiante.
hydraulic coupling (*macch. ut.*), giunto idraulico.
— **cylinder** (*mecc.*), cilindro (*m.*) idraulico.
— **damper** (*auto*), ammortizzatore (*m.*) idraulico.
— **descaling** (*met.*), discagliatura (*f.*) idraulica.
— **directional control valve,** valvola di controllo direzionale oleodinamica.
— **dredger,** draga (*f.*) aspirante; idroscaricatore *m.*
— **drilling machine** (*macch. ut.*), foratrice oleodinamica.
— **drive,** comando (*m.*) idraulico.
— **efficiency,** rendimento idraulico.
— **ejector,** eiettore (*m.*) a getto d'acqua.
— **engine,** motore (*m.*) idraulico.
— **engineer,** ingegnere (*m.*) idraulico.
— **equipment** (*macch. ut.*), apparecchiature (*f. pl.*) oleodinamiche.
— **excavator,** escavatore (*m.*) idraulico.
— **extraction** (*min.*), estrazione idraulica (del carbone).
— **fluid** (*lubrificanti met.*), fluido (*m.*) idraulico.
— **foundations,** fondazioni (*f. pl.*) idrauliche.
— **fracturing,** frattura idraulica (metodo di stimolazione della produzione di petrolio).
— **friction clutch** (*macch. ut.*), frizione idraulica.
— **gear motor** (*oleodinamica*), motore oleodinamico ad ingranaggi.
— **gear pump,** pompa oleodinamica ad ingranaggi.
— **guillottine shears** (*macch. ut.*), cesoia a ghigliottina idraulica.
— **hammer,** maglio (*m.*) idraulico.
— **jack,** martinetto (*m.*) idraulico.
— **joint** (*gas*), giunto idraulico.
— **lift,** ascensore (*m.*) idraulico.
— **lime,** calce (*f.*) idraulica.

hydraulic lime mortar, malta (*f.*) di calce idraulica.
— **limestone,** calcare (*m.*) idraulico.
— **machine,** macchina (*f.*) idraulica.
— **machine vice** (*macch. ut.*), morsa idraulica.
— **mark embossing machine** (*meccan.*), pressa (*f.*) stampigliatrice idraulica.
— **milling machine** (*macch. ut.*) fresatrice oleodinamica.
— **mining,** abbattimento idraulico (del minerale); (*min.*), v. **hydromining.**
— **monitor** (*min.*), v. **monitor.**
— **mortar,** malta (*f.*) idraulica.
— **motor,** motore oleodinamico.
— **moulding machine** (*fond.*), macchina a formare idraulica.
— **oil,** olio (*m.*) per comandi idraulici.
— **pipe-bending machine** (*macch. ut.*), curvatubi (*f.*) oleodinamica.
— **piston,** stantuffo *m.* (di motore idraul.).
— **planer** (*macch. ut.*), piallatrice (*f.*) idraulica.
— **plate bending press** (*macch. ut.*), curvatrice di lamiere oleodinamica.
— **plunger,** stantuffo (*m.*) tuffante.
— **power,** forza (*f.*) idraulica.
— **power pack,** centralina oleodinamica.
— **power plant** (*elet.*), centrale idraulica.
— **power steering,** servosterzo (*m.*) oleodinamico.
— **power units** (*macch. ut.*), unità (*f.*) operatrici idrauliche; unità oleopneumatiche.
— **powered support** (*min.*), armatura idraulica meccanizzata.
— **press** (*met.*), pressa oleodinamica.
— **pressure,** pressione (*f.*) idraulica.
— **pressure test,** prova di pressione idraulica.

hydraulic pressure two pocket magazine grinder (*carta*), sfibratore a due cassette con caricamento a magazzino.
— **(pit) prop** (*min.*), sostegno (*m.*) idraulico.
— **pump,** pompa oleodinamica.
— **ram,** stantuffo (*m.*) tuffante; ariete (*m.*) idraulico.
— **riveting machine,** ribaditrice (*f.*) idraulica; chiodatrice (*f.*) idraulica.
— **shearing machine,** trancia (*f.*) idraulica.
— **shears** (*met.*), cesoia (*f.*) idraulica.
— **shock absorber,** ammortizzatore (*m.*) idraulico.
— **shovel,** pala (*f.*) idraulica.
— **stabilizer** (*mecc.*), stabilizzatore (*m.*) idraulico.
— **stowing** (*min.*), ripiena (*f.*) idraulica.
— **surface grinding machine** (*macchina ut.*), rettificatrice idraulica per piani.
— **tappet** (*mot. auto*), punteria (*f.*) idraulica.
— **telescopic support** (*min.*), butta idraulica telescopica; armatura idraulica telescopica.
— **transport** (*min.*), trasporti idraulici.
— **trolley jack** (*trasporti*) (*auto*), cricco (*m.*) idraulico a carrello.
— **turbine,** turbina (*f.*) idraulica.
— **variable-speed drive** (*macch. ut., mecc.*), variatore oleodinamico di velocità.
— **weding** (*sald.*), saldatura (*f.*) a gas d'acqua.
— **winning of coal** (*min.*), estrazione idraulica del carbone.
— **works,** officina (*f.*) idroelettrica.

hydraulically balanced, equilibrato idraulicamente.
— **operated** (*mecc.*), ad azionamento idraulico (p. es. di mandrini).
— **operated grinding machine** (*macch. ut.*), rettificatrice a comandi oleodinamici.

hydraulicking, abbattimento del minerale a getto d'acqua sotto pressione; abbattimento idraulico.
hydraulicity (*cementi, ecc.*), idraulicità *f.* (caratteristica di leganti idraulici di far presa con l'acqua).
hydraulics, idraulica *f.*; oleodinamica *f.*
hydrazine (pr. *hai' dre-zin*) (*chim.*), idrazina *f.*
hydrazobenzene (*chim. organ.*), idrazobenzene *m.*
hydrazocompound (*chim.*), idrazoico *m.*
hydrazoic acid (*chim.*), acido (*m.*) azotidrico.
hydriodic acid (*chim.*), acido (*m.*) iodidrico.
hydro-aeroplane, idroaeroplano *m.*
— **-cooling plant** (*agr., ecc.*), impianto di refrigerazione ad acqua.
— **-electric (hydroelectric),** *agg.* idroelettrico.
— **-extraction** (*min.*), estrazione idraulica (del carbone).
— **-mechanical unit,** gruppo (*m.*) idromeccanico.
— **-pneumatic accumulator,** accumulatore (*m.*) idropneumatico.
— **-pneumatic unit,** unità (*f.*) pneumoidraulica.
hydroaromatic, *agg.* (*chim.*), idroaromatico.
hydrobiology, idrobiologia *f.*
hydrobromic acid, acido (*m.*) bromidrico.
hydrocarbon (*chim.*), idrocarburo *m.*
— **gases,** idrocarburi gassosi.
— **resin,** resina di idrocarburi.
hydrocarbonate (*chim.*), idrocarbonato *m.*
hydrochlorate, idroclorato *m.*; cloridrato *m.*
hydrochloric, *agg.* cloridrico.
— **acid,** acido (*m.*) cloridrico.
hydrochloride (*chim.*), cloridrato *m.*
hydrochlorination (*chim.*), cloridratazione *f.*
hydrocyanic acid (*chim.*), acido (*m.*) cianidrico; acido (*m.*) prussico.
hydrocyclone (*min.*), idrociclone *m.*
hydrodynamic, *agg.* idrodinamico.
— **forming** (*met.*), stampaggio idrodinamico.
— **governor** (*elet.*), regolatore idraulico.
— **pulsimeter,** pulsometro (*m.*) idrodinamico.
hydrodynamics, idrodinamica *f.*
hydrodynamometer, idrodinamometro *m.*
hydroelectric (hydro-electric), *agg.* idroelettrico.
— **battery,** pila (*f.*) a liquido.
— **plant,** impianto (*m.*) idroelettrico; centrale (*f.*) idroelettrica.
— **power,** forza (*f.*) idroelettrica.
— **station,** stazione (*f.*) idroelettrica; centrale (*f.*) idroelettrica.
— **unit,** gruppo (*m.*) idroelettrico.
hydroextractor, idroestrattore *m.*
hydrofinishing, idrofinitura *f.*
hydrofluoric acid (*chim.*), acido (*m.*), fluoridrico.
hydrofluoride (*chim.*), fluoridrato *m.*
hydrofoil (*naut.*), aletta idrodinamica.
— **boat** (*naut.*), battello ad ala portante; aliscafo *m.*
hydrofore, idroforo *m.*
hydroforming (*ind. petr.*), procedimento di « reforming » con un catalizzatore di ossido di molibdeno; (*met.*), idroformatura *f.*
hydrogel, idrogelo *m.*
hydrogen (*chim.* = H), idrogeno *m.*
— **alide,** acido (*m.*) alogenidrico.
— **bond** (*chim.*), legame (*m.*) di idrogeno.
— **chloride,** acido (*m.*) cloridrico.
— **-cooled frequency changer,** convertitore (*m.*) di frequenza con raffreddamento a circolazione d'idrogeno.

hydrogen electrode (*elet.*), elettrodo (*m.*) a idrogeno (usato come elettrodo di riferimento).
— **embrittlement** (*met.*), fragilità da idrogeno.
— **-evolution type of corrosion** (*met.*), corrosione (*f.*) con sviluppo di idrogeno.
— **fluoride** (*chim.*), fluoruro (*m.*) d'idrogeno.
— **-fuelled propulsion system** (*aereo*), sistema di propulsione a idrogeno liquido.
— **ion** (*chim.*), idrogenione *m.*
— **peroxide,** acqua (*f.*) ossigenata.
— **phthalic ester,** ftalato (*m.*) acido.
— **-run car** (*auto*), automobile alimentata ad idrogeno liquido.
— **slush** (*fuels*), miscela di idrogeno liquido e solido.
— **sulphide** (*chim.*), idrogeno solforato.
— **(arseniuretted —),** idrogeno (*m.*) arseniato; arseniuro (*m.*) d'idrogeno.
— **(phosphuretted —),** idrogeno (*m.*) fosforato.
— **(seleniuretted —),** idrogeno (*m.*) seleniato; seleniuro d'idrogeno.
— **(sulphuretted —),** idrogeno (*m.*) solforato.
hydrogenatable, *agg.*, idrogenabile.
hydrogenate, *v.a.* (*chim.*), idrogenare.
hydrogenation (*chim.*), idrogenazione *f.*
— **apparatus,** apparecchio di idrogenazione.
hydrogenize, *v.a.* (*chim.*), idrogenare.
hydrogenolysis (*chim.*), idrogenolisi *f.*
hydrogenous moderator (*fis. atom.*), moderatore (*m.*) idrogenato.
hydrogeology (*studio delle acque sotterranee*), idrogeologia *f.*
hydrographic(al), *agg.* idrografico.
hydrography, idrografia *f.*
hydrohalide (*chim.*), idracido *m.* (*di un alogeno*); alogenidrato *m.*
hydrojet (*mot., naut.*), idrogetto *m.*
hydrokinetic, *agg.* idrocinetico.
hydrokinetic transmission, trasmissione idrocinetica.
hydrokinetics, idrocinetica *f.*
hydrological year, anno (*m.*) idrologico.
hydrologist (*forests*), idrologo *m.*
hydrology, idrologia *f.* (scienza che studia il comportam. delle acque continentali, ecc.).
hydrolysable, *agg.*, idrolisabile.
hydrolysate (*chim.*), idrolisato *m.* (prodotto d'idrolisi).
hydrolyse, *v.i. v.a.*, idrolizzare *v.i. v.a.*
hydrolysis, idrolisi *f.*
hydrolytic, *agg.* idrolitico.
hydrolyze (to —), idrolizzare.
hydromatic welding, saldatura (*f*). a resistenza « a controllo idraulico ».
hydromechanics, idromeccanica *f.*
hydrometallurgy (*met.*), idrometallurgia *f.*
hydrometeor (*meteor.*), idrometeora *f.*
hydrometer, densimetro *m.* (per batterie d'automobili); idrometro *m.* (strumento).
hydrometry, idrometria *f.*
hydromining (*min.*), estrazione idraulica del carbone).
hydromotor, idromotore *m.*
hydron, misura di acidità; materia colorante per cotone e raion.
hydronalium, idronalio *m.* (lega di Al e Mg).
hydronitric acid (*chim.*), acido (*m.*) azotidrico.
hydronium ion (*chim.*), ione idronio.
hydrophilic, *agg.*, idrofilo.
hydrophobic, *agg.* (*chim.*), idrofugo.
hydrophobing, impermeabilizzazione (*f.*) all'acqua (di fibre tessili).
hydrophobizing (*tess.*), procedim. di impermeabilizzazione del raion, all'acqua.
hydrophone, idrofono *m.*
hydroplane (*aereo*), idroplano *m.*; (*naut.*) idroscivolante *m.*

hydroplaning (*naut.*), idroscivolamento *m.*
hydropneumatic, *agg.* idropneumatico.
— **springs** (*auto, ecc.*), molle (*f. pl.*) idropneumatiche.
— **suspension** (*auto*), sospensione idropneumatica.
hydroport, idroscalo *m.*
hydroquinone (*chim.*), idrochinone *m.*
hydrorubber, guttaperca *f.*
hydroscope, idroscopio *m.*
hydroselenic acid, acido (*m.*) selenico.
hydrospere, idrosfera *f.*
hydrosol (*chim.*), idrosol *m.*
hydrostatic, *agg.* idrostatico.
— **cold forming** (*met.*), stampaggio idrostatico a freddo.
— **extrusion** (*met.*), estrusione idrostatica.
— **forging** (*met.*), fucinatura (*f.*) idrostatica (fucinatura eseguita in ambiente di alta pressione esterna).
— **pressure,** pressione (*f.*) idrostatica.
— **test** (*met.*), prova idrostatica.
— **transmission** (*mecc. agr.*), trasmissione idrostatica.
hydrostatics, idrostatica *f.*
hydrosulphide (*chim.*), idrosolfuro *m.*; solfidrato *m.*
hydrosulphuric, *agg.* idrosolforico.
— **acid,** acido (*m.*) solfidrico.
hydrosulphurous acid (*chim.*), acido (*m.*) idrosolforoso.
hydrothionic acid, acido (*m.*) idrosolforoso.
hydrothiouse acid, acido (*m.*) iposolforoso.
hydrous (*fis.*), idrico; idratato *agg.*
hydroxide, idrato *m.*
β-hydroxy-naphthoic anilide (*chim.*), Naftol AS.
hydroxyl (*chim.*), idrossile *m.*
— **groups** (*chim.*), gruppi idrossilici.
— **ion** (*chim.*), ione idrossile.
hydroxylamine, idrossilammina *f.*
hydrovane (*aer.*), idrante.
hydrozincite (*min.*), idrozincite.
hydulignum (*aereo*), legno (*m.*) a strati per l'elica.
hyetograph, pluviografo (*m.*) automatico; (*meteo*) (*pluviometria*), ietografo *m.*
hygrometer, igrometro *m.*
hygrometry, igrometria *f.*
hygroscope, igroscopio *m.*
hygroscopic, *agg.* igroscopico.
hygroscopicity, igroscopicità *f.*
hygro-thermograph, termo-igrografo *m.* (strumento per l'umidità e la temperatura dell'atmosfera).
hyp, 1/10 di neper.
hyp. log., logaritmo (*m.*) iperbolico.
hyperbaric, *agg.*, iperbarico.
hyperbola (*mat.*), iperbole *f.*
hyperbolic function (*mat.*), funzione iperbolica.
— **log.,** logaritmo (*m.*) iperbolico.
— **paraboloid vault** (*cost.*), volta paraboloide iperbolica.
— **surface,** superficie (*f.*) iperbolica.
— **wheel,** ruota (*f.*) iperbolica.
hyperboloid (*mat.*), iperboloide *m.*
hypercardioid microphone (*audio*), microfono supercardioide.
hyperelliptical stylus (*audio*), stilo (*m.*) iperellittico.
hypereutectic, *agg.* ipereutettico.
hypereutectoid, *agg.* (*met.*), ipereutettoide.
hyperfocal, *agg.* (*fot.*), iperfocale.
hypergolic propellant (*razzi*), ipergolo (propellente che innesca spontaneam. a contatto con un ossidante).
hypermarket (*cost.*), supermarket; supermercato.
hypernic (*chim.*), « hypernic » (*colorante rosso*).
hypernucleus (*fis. atom.*), ipernucleo *m.*
hyperon (*fis. atom.*), iperone *m.*
hypersensitisation (*fot.*), ipersensibilizzazione *f.*
hypersonic, *agg.* ipersonico.
— **flight** (*aereo*), volo ipersonico.
— **missile,** missile ipersonico.

hypersonic wind tunnel (*aereo*), galleria del vento ipersonica.
hyphenate (to —) (*tip*.), dividere per sillabe, con un trattino alla fine di una riga.
hypnone (*chim*.), acetofenone *m*
hypobaric, *agg*., ipobarico.
hypochlorite (*chim*.), ipoclorito *m*.
hypochlorous, *agg*. (*chim*.), ipocloroso.
— acid (*chim*.), acido (*m*.) ipocloroso.
hypoeutectic, *agg*. (*met*.), ipoeutettico.
hypoeutectoid, *agg*. (*met*.), ipoeutettoide.
hypoid (*mecc*.), ipoide *agg*.
— bevel gears (*mecc*.), ingranaggi (*m. pl*.) a dentatura ipoide.
— oil (*lubrificanti met*.), olio (*m*.) ipoide.
hypophosphate (*chim*.), ipofosfato *m*.
hypophosphite(*chim*.), ipofosfito *m*.
hypophosphoric, *agg*. (*chim*.), ipofosforico.
hypophosphorous, *agg*. (*chim*.), ipofosforoso.
hyposulfurous acid (U.S.A.), (*chim*.) acido (*m*.) iposolforoso.
hyposulphate, iposolfato *m*.
hyposulphite iposolfito *m*.
hyposulphite (sodium hyposulphite), iposolfito (*m*.) di sodio.
hyposulphuric, *agg*. iposolforico.
hyposulphurous acid, acido (*m*.) iposolforoso, $H_2S_2O_4$.
hypotenusal allowance (*top*.), riduzione (*f*.) all'orizzonte.
hypothenuse, ipotenusa *f*.
hypothesis, ipotesi *f*.
hypsometer, ipsometro *m*.
hypsometric(al), *agg*. ipsometrico.
hypsometry, ipsometria *f*.
hysteresis, isteresi *f*.
— error (*mis, pressione*), errore (*m*.) di isteresi.
— loop, ciclo (*m*.) d'isteresi.
— loss (*elet*.), perdita per isteresi.
— meter (*elet*.), isteresimetro *m*.
— motor (*elet*.), motore a isteresi.
— tester, isteresigrafo *m*.
hysterogram (*radiol*.), isterogramma *m*.
hysterography (*radiol*.), isterografia *f*.

I

I-iron, ferro (*m.*) a doppio T.
— **shearing machine,** trancia (*f.*) per profilati.
I-section sleeper (*ferr.*), traversina (*f.*) a doppio T.
I B M printer (*calcol. elettron.*), stampante I.B.M.
I P T thermometer, termometro regolato dall'Istituto Tecnologico Petrolifero.
ice, ghiaccio *m.*
— **box,** refrigerante *m.*
— **calorimeter,** calorimetro a ghiaccio.
— **calorimetry,** calorimetria a ghiaccio.
— **cells,** celle (*f. pl.*) frigorifere.
— **chamber** (*ferr.*), ghiacciaia *f.*
— **-floe** (*geol.*), banchisa *f.*
— **-formation inhibitor** (*aereo*), vedi: **aviation.**
— **hockey** (*sport*), hockey sul ghiaccio.
— **indicator** (*aereo*), indicatore (*m.*) di formazione di ghiaccio.
— **-machine** (*alim.*), macchina per fare il gelato.
— **needles,** aghi di ghiaccio.
— **-pack** (*geol.*), banchisa *f.*
— **point,** punto (*m.*) di congelamento dell'acqua.
— **-up** (*aereo*), formazione di ghiaccio (sul bordo d'entrata delle ali, ecc.).
iceboating (*sport*), slitta a vela.
icebreaker (*naut.*), rompighiaccio *m.*
icebreaking tug, rimorchiatore rompighiaccio.
Iceland spar, spato (*m.*) d'Islanda.
icing formation (*aereo*), sopraggelo *m.*
icnography (*arch.*), icnografia *f.*
iconoscope (*telev.*), iconoscopio *m.*
iconostasis (*arch.*), iconostasi *f.*
icosahedron (*geom.*), icosaedro *m.*
ideal black body, corpo nero ideale.
ideal separation factor (*fis. atom.*), **fattore (*m.*) separazione ideale.**
idealisation (U.S.A.), semplificazione *f.*; schematizzazione *f.*
ident (*aereo*), pulsante di identificazione (di un transponder).
identification (*chim.*) (*inform.*), identificazione *f.*
— **beacon** (*radar*), faro (*m.*) d'identificazione.
— **character** (*inform.*), carattere di identificazione.
— **code** (*aereo*), codice di identificazione.
— **colours** (*codici*), colori distintivi.
— **label** (*video*) (*inform.*), etichetta di identificazione.
— **lamp,** fanale (*m.*) di posizione.
— **mark** (*aereo*), contrassegno *m.*
— **marking,** contrassegnatura *f.* (di prodotti).
identifier (*inform.*), identificatore *m.*
identify, *v.a.*, identificare *v.a.*
identikit picture, identikit *m.*
idiochromatic, *agg.* idiocromatico.
idioelectric, *agg.* (*elet.*), idioelettrico.
idiostatic, *agg.* (*elet.*), idiostatico.
idle, *agg.* (*chim.*), inattivo; (*elet.*), svattato; (*mecc.*), folle; di rinvio.
— *v.i.* girare a vuoto (*mecc.*); girare al minimo (*mot.*).
— **cash** (*finan.*), denaro inattivo.
— **component** (*elet.*), componente (*f.*) svattata.
— **hours,** riposo *m.*
— **stroke,** corsa (*f.*) a vuoto.
— **time** (*macch.*), tempo passivo.
— **wheel,** ingranaggio di rinvio.
idleness, inattività *f.*; arresto *m.*
idler, tenditore *m.*; puleggia (*f.*) folle.
— **pulley,** puleggia (*f.*) usata solo per rinvio (puleggia folle).
— **roller** (*mecc.*), rullo montato folle su un elemento portante (galoppino).

idlers, *pl.* pulegge (*o* ingranaggi) usati per rinvio (pulegge folli); o per tenere tese cinghie o catene (tendicinghia).
idling, marcia a vuoto (*mecc.*), funzionamento al minimo (*mot.*) (p. es. *the engine is idling*, il motore funziona al minimo).
— **jet,** getto (*m.*) del minimo (*di carburatore*).
IF THEN ELSE (*basic interpreter*) (*inform.*), funzione condizionale; operazione condizionale.
igneous, *agg.* igneo.
— **rocks,** rocce (*f. pl.*) ignee (eruttive).
igniferous, *agg.* ignifero.
ignitability, infiammabilità *f.*
ignitable, *agg.*, infiammabile.
ignite, *v.i.* accendersi *v.r.*; infiammarsi *v.r.*; prendere fuoco; (*mot.*), accendere *v.a.*; fare accendere (una miscela di combustibile).
igniter (*mot. a reazione*), accenditore *m.*; innescatore accensione; (*elettron.*), ignitore.
— **plug,** candela (*f.*) di accensione.
ignition, accensione *f.*
— **accumulator,** accumulatore (*m.*) d'accensione.
— **advance** (*auto*), anticipo (*m.*) di accensione.
— **apparatus,** apparato (*m.*) d'accensione.
— **cable** (*aereo*), cavo d'accensione.
— **current,** corrente (*f.*) di accensione.
— **device,** apparato (*m.*) d'accensione.
— **flame passage,** condotto (*m.*) della fiamma d'accensione.
— **heat,** calore (*m.*) di accensione.
— **lag** (*auto*), ritardo d'accensione.
— **lock key,** chiavetta (*f.*) dell'accensione (*auto*).
— **loss** (*steelmaking*) (*met.*), perdita al fuoco.
— **pin** (*motori*), stelo (*m.*) d'accensione.
ignition point (*auto*), temperatura (*f.*) critica.
— **sealer coating,** rivestimento ignifugo.
— **spanner** (*mecc.*), chiave per accensione.
— **spark,** scintilla (*f.*) d'accensione.
— **switch,** commutatore (*m.*) di accensione.
— **temperature** (*auto*), tempera tura (*f.*) critica.
— **tester** (*aereo*), apparecchio per determinare il punto d'accensione.
— **timing** (*auto*), regolazione (*o* messa in fase) dell'accensione.
— **unit,** apparato d'accensione.
— **warning light** (*auto*), spia dinamo.
ignitron, raddrizzatore (*m.*) a vapore di mercurio; (*elet.*), ignitrone.
— **locomotive** (*elet.*), locomotiva con ignitrone.
ihrigizing, silicizzazione *f.* (del ferro e dell'acciaio).
ilex, leccio *m.*; elce *f.*
illegal, *agg.* illegale.
illinium, illinio *m.* (*chim.*).
illuminate *v.r.*, illuminarsi (*keyboard buttons automatically* —), i pulsanti della tastiera si illuminano automaticamente.
illuminated diagram (*elet.*), quadro (*m.*) luminoso ripetitore.
— **wind cone,** anemometro (*m.*) a quadrante luminoso.
— **wind indicator** (*aereo*), anemometro (*m.*) a quadrante luminoso.
illuminating engineer, ingegnere (*m.*) specializzato nel ramo illuminazione.
— **gas,** gas (*m.*) illuminante.
— **power,** potere (*m.*) illuminante.
— **scale bulb,** lampada d'illuminazione del quadrante.
illumination, illuminazione *f.*
— **meter** (U.S.A.), luxometro.
— **variables** (*luce*), variabili (*f. pl.*) di illuminazione.
illuminometer, luxometro *m.*

illustration, illustrazione *f.*
— **(in the accompanying —),** nell'unita illustrazione.
ilmenite, ilmenite *f.*
ilvaite (*min.*), ilvaite *m.*
image (*ottica*), immagine *f.*
— **carrier** (*telev.*), onda (*f.*) portante.
— **converter tube** (*telev.*), tubo (*m.*) trasformatore d'immagine.
— **detector** (*inform.*), analizzatore di immagine.
— **dissector** (*telev.*), dissettore (*m.*) delle immagini.
— **dissector multiplier** (*telev.*), dissettore *m.*
— **drift** (*telev.*), deriva (*f.*) dell'immagine.
— **iconoscope** (*telev.*), iconoscopio (*m.*) ad immagine.
— **intensifier** (*radiografia*), amplificatore d'immagine.
— **orthicon** (*telev.*), orticonoscopio (*m.*) ad immagine.
— **response** (*radio*), rispondenza non desiderata del segnale immagine (*supereterodina*).
— **pattern** (*telev.*) (U.S.A.), immagine di potenziale.
— **processing** (*inform.*), trattamento (*elaborazione*) delle immagini (sistemi di computer a terra per il trattamento di dati di immagini trasmesse da satellite e connesse applicazioni per la difesa).
— **shift** (*telev.*), spostamento (*m.*) dell'immagine.
— **(company —)** (*organ.*), immagine della compagnia.
imaginary, *agg.* (*mat.*), immaginario; immaginaria (curva).
— **part,** parte (*f.*) immaginaria (di un numero).
imbed (*v.a.*) **in concrete,** immurare nel calcestruzzo.
imbibe, *v.i.*, imbibersi *v.r.*
imbibition, imbibizione *f.*
imbowment (*arch.*), arco *m.*; volta *f.*
imbricate (*geol.*), imbricato *m.*
— **structure** (*geol.*), imbricatura *f.*

imitate, *v.a.* imitare (legno, marmo, ecc.).
imitation art paper, carta da stampa per illustrazioni.
— **gauze** (*tess.*), garza di imitazione.
— **gold,** falso oro *m.* (oro falso).
— **marble,** marmo (*m.*) dipinto.
immediate address (*inform.*), indirizzo immediato.
— **reclosure,** richiusura (*f.*) automatica.
immediately reclosing feeder, alimentatore (*m.*) autorichiudente.
immelmann turn (*aereo*), rovesciamento d'ala e picchiata in candela.
immersible plate (*elet.*), piastra (*f.*) d'immersione.
immersion gas burner, bruciatore ad immersione.
— **heater** (*elet.*), riscaldatore (*m.*) ad immersione.
— **objective,** obiettivo (*m.*) ad immersione.
— **pyrometer** (*met.*), pirometro ad immersione.
— **thermocouple** (*met.*), termocoppia per immersione.
— **thermostat,** termostato (*m.*) ad immersione.
— **vibrator,** vibratore (*m.*) ad immersione.
immiscibile, *agg.* non mescolabile.
immunity, immunità (*catodica, ecc.*) (*elet., chim.*).
— **from taxation** (*finan.*), immunità (esenzione) fiscale.
immunology (*med.*), immunologia *f.*
impact, impatto *m.*; urto *m.*; punto di caduta (munizioni).
— **-absorbing column** (*auto*), (*steering wheel on — —*), (volante su) piantone (dello sterzo) ad assorbimento d'urto.
— **accelerometer** (*aereo*), accelerometro (*m.*) per la misura della decelerazione all'atterraggio.
— **character** (*inform.*), carattere ad impatto.

impact competition belt, cintura di sicurezza (*f.*) per gare automobilistiche.
— **diecaster,** vedi: **air-operated.**
— **extrusion,** estrusione per urto; estrusione ad urto.
— **fluorescence,** fluorescenza (*f.*) d'urto.
— **grinding** (*met.*), rettifica ad urto.
— **machine** (*met.*), macchina per prove di urto; macchina per prove di resilienza.
— **of meteoroids** (*astron.*), urto meteoritico.
— **parameter** (*fis. atom.*), parametro (*m.*) d'urto.
— **printer** (*inform.*), stampante ad impatto.
— **test,** prova (*f.*) all'urto.
— **testing machine,** macchina (*f.*) per prove all'urto.
— **value** (*elet., ecc.*), valore d'urto.
— **wrenches,** chiavi (*f. pl.*) pneumatiche.
impair, to *v.a.*, logorare (danneggiare).
impart, *v.a.*, comunicare *v.a.* (*una colorazione*); conferire *v.a.*
impassable, *agg.* intransitabile.
impedance (*elet.*), impedenza *f.*
— **bridge** (*elet.*), ponte di impedenza.
— **detector** (*telev.*), rivelatore ad impedenza.
— **matcher** (*elettron.*), adattatore di impedenze.
— **matching** (*elettron.*), adattamento d'impedenza.
— **unbalance meter** (*tel.*), equilibrometro *m.*
— **voltage** (*elet.*), tensione di impedenza.
impel (to —) *v.a.* spingere (o inviare) sotto pressione; (*to force or influence to motion or action*), mettere in moto sotto pressione; (*to — the liquid through the nozzle*), inviare ad alta pressione il liquido attraverso l'ugello.
impeller, girante *f.* (*di pompa o turbina*); ventola *f.* (del compressore); ruota (*f.*) a palette; impulsore *m.*
impeller stub shaft (*aereo*), mozzo (*m.*) della girante del compressore.
impellor, vedi: **impeller.**
impenetrability (*fis.*), impenetrabilità *f.*
imperial gallon, gallone *m.* (usato in Inghilterra ed uguale a litri 4,54).
— **roof,** tetto (*m.*) a bulbo.
— **units,** unità di misura usate in Inghilterra e negli Stati Uniti.
impermeability, impermeabilità *f.*
impermeable, *agg.* impermeabile.
impervious, *agg.*, stagno *agg.*; impenetrabile *agg.*; non impregnabile.
impinge (to —), fare pressione *v.i.*; far urto su; urtare; fare accendere (una fiamma, gas).
impingement, urto *m.*
impinger (*min.*), strumento per prelievo di campioni di polvere nell'atmosfera delle miniere.
impinging neutron (*fis. atom.*), neutrone (*m.*) d'urto.
— **particle** (*fis. atom.*), particella (*f.*) d'urto.
implement (*agr.*), strumento (*m.*) di lavoro; attrezzo *m.*
— **(to —),** mettere in opera; completare (progetti, schemi, ecc.); rendere effettivo.
— **shed** (*agr.*), ricovero per attrezzi.
implementation, mezzi d'impiego; completamento (di vari progetti di espansione, ecc.); versione *f.*; implementazione *f.*
— **of incomes policy** (*finan.*), applicazione di una politica dei redditi.
implementing agreement (*finan.*), accordo d'esecuzione.
implication, conseguenza *f.*; (*geol.*), implicazione *f.* (compenetrazione intima dei cristalli).
implicit export rate (*comm.*), tasso di esportazione calcolato.
implode (to —) (*fis.*), implodere *v.i.*

implosion (*gas*, *ecc.*), implosione *f.*
— **weapon** (*fis. atom.*) (*mil.*), arma a implosione.
import (*comm.*), importazione *f.*
— **(to —)**, importare.
— **permit**, licenza (o permesso) di importazione.
— **quota** (*comm.*), contingente(*m.*) d'importazione.
imposing stone (*tip.*), piano per serrare le forme.
— **surface** (*tip.*), piano per serrare le forme.
imposition (*tip.*), messa in macchina.
impost (*cost.*), imposta *f.* (di un arco); concio (*m.*) d'imposta.
impregnant, materiale impregnante (per cinghie, ecc.).
impregnate, *v.a.* impregnare; (*biol.*) fecondare.
— (*v.a.*) **with creosote**, impregnare di creosoto.
impregnated belting (*trasportatori*), nastro impregnato.
— **concrete** (*costr.*), calcestruzzo impregnato.
— **paper**, carta (*f.*) impregnata.
— **sleeper** (*ferr.*), traversina (*f.*) iniettata.
— **timber**, legno (*m.*) impregnato.
impregnating varnishes, vernici per impregnazione.
impregnation, riempimento (*m.*) di soffiature (*fond.*); impregnazione dei pori (di una sostanza); diffusione di un metallo in un altro.
impression, impronta *f.* (Brinell, ecc.); impronta *f.* (di stampo); (*tip.*), stampa *f.*; (*tip.*), tiratura *f.*
— **cylinder** (*tip.*), cilindro di pressione.
imprint (*tip.*), nome dell'editore con l'indicazione della data e luogo di pubblicazione (nei libri inglesi di solito nella pagina dietro quella del titolo); (*inform.*), stampa (a rilievo, ecc.).
— **(to —)** (*inform.*), stampare.
imprinter (*inform.*), dispositivo di stampa.
improper, *agg.* (*mat.*), improprio.
— **fraction**, frazione (*f.*) impropria.
improve a defect rimediare (a) un difetto.
improvement, miglioria *f.*
impulse, impulso *m.* (*orol.*) (*fis.*); spinta (*f.*) di un pistone.
— **face** (*orol.*), piano d'impulso.
— **pin** (*orol.*), bottone del disco (in uno scappamento ad àncora).
— **repeater** (*telef.*), ripetitore di impulsi.
— **roller** (*orol.*), disco (grande) d'impulso (in uno scappamento ad àncora).
— **turbine**, turbina (*f.*) ad azione.
impurities (*met.*, *ecc.*), impurezze *f. pl.*
— **separation by distillation** (*chimic.*), eliminazione di impurezze (da un prodotto) mediante distillazione.
impurity (*chim.*), impurezza *f.*
in, *agg.* (U.S.A.), terminato, completato (riferito a pozzo petrolifero).
— **bulk**, non imballato *p.p.*
— **course of manufacture**, in corso di fabbricazione.
— **-feed** (*macch. ut.*), avanzamento *m.* (in profondità).
— **form of pointed arch**, a sesto (*m.*) acuto.
— **-gate**, attacco (*m.*) di colata.
— **kind**, in natura *f.* (*pay in kind*), pagare in natura.
— **line cylinders** (*auto*), cilindri in linea.
— **-line engine** (*aereo*), motore (*m.*) con cilindri in linea.
— **line with the slits** (*agrim.*), sull'allineamento delle fessure (dello squadro).
— **one direction only**, unidirezionale *avv.*
— **parallel** (*elet.*), in parallelo.
— **-place equipment** (*mecc.*), attrezzatura (*f.*) fissa.
— **-plane maneuver** (*voli spaziali*)- correzione d'orbita in volo me-

diante razzi che influiscono sulla velocità del veicolo spaziale.
in series (*elet.*), in serie.
— **situ,** in sito; nella sua posizione originale; sul posto.
— **-situ soil test** (*min.*, *mecc.*), saggio del terreno sul cantiere (*o* in sito).
— **situ spectroscopy** (*in ocean and lake waters*), spettrografia in sito (sul posto) (nelle acque oceaniche e lacustri).
— **« specification »** (*met.*), conforme alle prescrizioni (ministeriali, ecc.); conforme alle norme (riferito a metalli, colate, ecc.).
— **sync** (*cinem.*), in sincronizzazione.
— **the can** (*cinem.*), film completo.
— **the direction of the timber,** secondo (*avv.*) la grana del legno.
— **tunnelling,** in galleria (lavori).
— **vacuum,** nel vuoto.
inability, incapacità *f.*; insufficienza; inattitudine *f.*
inaccessible *agg.*, inaccessibile.
inaccuracy, inesattezza *f.*; imprecisione *f.*
inaccurate, *agg.*, inesatto; impreciso.
inactivation (*chim.*), inattivazione; disattivazione.
inactive (*chim. ecc.*), inattivo; inerte.
inadequacy, insufficienza *f.*; inattitudine *f.*
inaudible *agg.*, inaudibile.
inboard, *agg.* (*aereo*), interno (*inboard landing gear doors*), portelli interni del carrello di atterraggio.
— **engine** (*naut.*), motore entrobordo.
— **-outboard (engine)** (*naut.*), entrofuoribordo *m.*
inbound, *agg.* in arrivo (*inbound car*, carro in arrivo).
inbuilt printer (*inform.*), stampante incorporata.
inbulk, non imballato *p.p.*; alla rinfusa.
incalescence, incalescenza *f.*
incandescent, *agg.* incandescente.
— **gas light,** luce (*m.*) del gas ad incandescenza.
— **lamp,** lampada (*f.*) ad incandescenza.
— **light,** luce (*f.*) ad incandescenza.
incapable of work, *agg.* inabile al lavoro (*per malattia o infortuni*).
incapacity (*lavoro*), inabilità *f.*
incendiary bomb, bomba (*f.*) incendiaria.
— **bullet,** pallottola (*f.*) incendiaria.
incenditivity (*grisù*, *gas*), potere (*m.*) d'infiammazione.
incenter (*geom*).), incentro *m.*
incentive (*lavoro*), incentivo *m.* (di produzione).
— **earning** (*salari*), retribuzione incentivante.
— **payment** (*salari*), compenso (*m.*) incentivo.
— **practices** (*scienze psicol.*), pratiche incentivanti.
— **time,** tempo ad incentivo.
— **wage** (*salari*), retribuzione incentivante.
incentives (*organ.*, *lavoro*), incentivi *m. pl.*
inception, inizio *m.*
inch, pollice *m.* (= 25,40 mm per convenzione internazionale).
— *v.a.* spostare a gradi.
— **down,** *v.a.* (*mecc.*) (*autoveicoli*), spostare leggermente in giù.
— **up,** *v.a.* (*mecc.*) (*autoveicoli*), spostare leggermente in su.
incher (U.S.A.), oleodotto *m.*
inching (*macch. ut.*, *mecc.*), interruzione ad intermittenza; (*presse*) (*operazione in una pressa*), marcia lenta.
— **control** (*presse*) (*push-button inching control*), comando interruzione ad intermittenza, a pulsante.
incidence, incidenza *f.*
— **indicator** (*aereo*), indicatore (*m.*) di incidenza.
— **wire,** cavo (*m.*) di controvento.

incident angle (angle of incidence), angolo (*m.*) di incidenza.
— **electron** (*fis. atom.*), elettrone (*m.*) incidentale.
— **light** (*ott.*), luce (*f.*) incidente.
— **ray,** raggio (*m.*) incidente.
incidental, *agg.*, fortuito; accidentale; caratteristico (di); risultante (da).
incinerate, *v.a.*, incenerire *v.a.*
incineration, incenerimento *f.*
— **ship,** nave per incenerimento e scarico in mare di rifiuti tossici.
incinerator, inceneritore *m.* (*ind.*); forno di incenerimento.
— **(refuse —),** forno di incenerimento; distruttore di rifiuti.
incipient, *agg.* (*chim.*), nascente *agg.*
incise, *v.a.* incidere.
incision, incisione *f.*
inclinable press (*mecc.*), pressa inclinabile.
— **eccentric press,** pressa eccentrica inclinabile.
inclination, pendenza *f.*; inclinazione *f.*
incline, piano inclinato (*min.*); livelletta *f.* (*agrim.*); rampa *f.*; pozzo inclinato; galleria inclinata; (*tip.*), schiarito; (*di nastro*) (*trasportatori*), tratto in salita; *v.i.* inclinarsi *v.r.* (*rif. a curva*).
— **engine** (*min.*), macchina per piano inclinato.
— **man** (*min.*), minatore addetto ad un piano inclinato.
inclined, *agg.* inclinato.
— **arch,** arco (*m.*) inclinato.
— **casting,** getto (*m.*) inclinato.
— **columns** (*chim.*), colonne inclinate.
— **-drum type mixer,** impastatrice (*f.*) del tipo a tamburo ribaltabile.
— **gallery** (*min.*), galleria (*f.*) di ribasso.
— **grate,** griglia (*f.*) inclinata; graticola (*f.*) inclinata.
— **hauling runway,** piano (*m.*) inclinato di caricamento.
— **hoist,** elevatore (*m.*) inclinato.
inclined overbridge, cavalcavia (*f.*) in pendenza.
— **plane,** piano (*m.*) inclinato.
— **plane electrode** (*elet.*), elettrodo piano inclinato.
— **plane railway,** piano inclinato (*m.*) per trazione automatica.
inclinometer, inclinometro *m.*
inclusion, inclusione *f.*; introduzione *f.*
— **stringers** (*met.*), linea di inclusioni (inclusioni in filamenti o gruppi allineati per effetto delle lavoraz. plastiche); banda di inclusioni.
incoherent detector (*radio*), rivelatore incoerente.
— **scattering** (*fis. atom.*), diffusione (*f.*) incoerente.
incombustibility, incombustibilità *f.*
incombustible, *agg.* incombustibile.
income, reddito *m.*
— **bracket** (*finan.*), classe di rendita.
— **tax** (*comm.*), imposta sul reddito.
incoming feeder (*elet.*), cavo d'alimentazione d'entrata.
— **ship** (*naut.*), nave (*f.*) in arrivo.
— **signal,** segnale (*m.*) di ricezione.
incommensurable, *agg.* (*mat.*), incommensurabile.
incompatibility (*mat.*), incompatibilità *f.*
incompatible, *agg.* (*mat.*), incompatibile.
incomplete overfall, traversa (*f.*) a soglia sommersa.
— **reaction** (*chim.*), reazione incompleta.
incompletion (*chim.*), mancata saturazione; non saturazione.
incompressible, *agg.* incompressibile.
inconsistency, inconsistenza *f.*; contraddizione *f.*
inconsistent, *agg.* in disaccordo; in contrasto.
incorporate, *v.i.*, incorporarsi *v.r.*
incorporation, incorporazione *f.*
increase, aumento *m.*; aumentare (*v.a.*).

increase of gauge (*ferr.*), allargamento (*m.*) dello scartamento.
increasing load, carico (*m.*) crescente.
increment (*mat.*), incremento *m.*
— **-cut file,** lima (*f.*) a denti spaziati irregolarmente.
— **of a function** (*mat.*), incremento di una funzione.
incremental computer (*inform.*), elaboratore incrementale.
— **operation** (*inform.*), operazione incrementale.
— **programming** (*inform.*), programmazione incrementale.
— **system** (*comando numerico*) (*macch. ut.*), sistema incrementale.
— **transducer** (*comando numerico*) (*macch. ut.*), trasduttore incrementale.
incrustation, incrostazione (*f.*) (delle caldaie, ecc.).
incubate, *v.a.* mettere in incubazione.
incubation, incubazione *f.*
incubator, incubatrice *f.*; (*med.*), stufa batteriologica.
indamine-type dye, colorante tipo indamina.
indamines (*chim.*), indamine *f. pl.*
indaniline (*chim.*), indanilina *f.*
indanthrene (*chim.*), indantrene, $C_{28}H_{14}N_2O_4$.
— **colours,** coloranti indantrene.
— **golden orange** (*chim. col.*), arancio oro indantrene.
indazine (*chim.*), indazina *f.* (colorante bleu per cotone).
indefinite, *agg.* (*mat.*), indefinito.
— **integral** (*mat.*), integrale indefinito.
indelible ink, inchiostro (*m.*) indelebile.
indene (*pr. in'din*) (*chim.*), indene *m.*; p-cumarone.
indent (*faleg.*), tacca *f.*; *v.a.* imboccare; penetrare; (*tip.*), rientrare; dentellare; intaccare.
— **(to —)** (*tip.*), fare rientrare (restringere la composizione a una specificata distanza dai margini).
indentation, penetrazione *f.*; intaccatura *f.*; dentellatura *f.*; (*sald.*) solco *m.*; incisione *f.*; (*mecc.*) impronta *f.*
indented, *agg.* dentellato.
— **chisel,** gradina (*f.*) dentata.
indenter (*mecc.*), penetratore *m.*
indenting (*tip.*), capoverso *m.*
independent blade-type stirrer, agitatore (*m.*) indipendente del tipo a palette.
— **fission yield** (*fis. atom.*), rendimento (*m.*) percentuale delle fissioni primarie.
— **front suspension** (*auto*), sospensione (*f.*) anteriore a ruote indipendenti.
— **-jaw chuck,** mandrino (*m.*) a ganasce indipendenti.
— **particle** (*fis. atom.*), particella (*f.*) indipendente.
— **-particle model of nucleus** (*fis. atom.*), modello (*m.*) orbitale a particelle indipendenti.
— **suspension** (*auto*), sospensione indipendente.
— **TV channel** (*TV*), canale televisivo indipendente.
independently adjustable, regolabile indipendentemente.
indestructibility, indistruttibilità *f.*
indeterminacy (*fis.*), indeterminazione *f.*
— **principle** (*fis. atom.*), principio (*m.*) di indeterminazione.
indeterminate, *agg.* (*mat.*), indeterminato.
— **equation** (*mat.*), equazione indeterminata.
index, esponente *m.* (*mat.*); indice *m.* (*mat.*); racchetta *f.* (*orol.*); segno *m.*; indicazione *f.*; (*tip.*), indice (*m.*) analitico; *v.a.*, classificare *v.a.*; indicizzare *v.a.* (*prezzi, titoli*).
— **board** (*tip.*), cartoncino per schedario.
— **crank,** manovella (*f.*) del divisore (di fresatrice).
— **dial,** quadrante (*m.*) di divisione (*macch. uten.*).

index of national output (*econ.*), indice della produzione nazionale.
— **of refraction,** indice di rifrazione.
— **of the root** (*mat.*), indice (*m.*) della radice.
— **pins** (*orol.*), spine della racchetta.
— **plate** (*macch. ut.*), disco (*m.*) del divisore (*fresatrice*).
— **register** (*inform.*), registro (*m.*) d'indice (per la modifica degli indirizzi).
— **ring,** anello (*m.*) dell'indice.
— **series** (*statistica*), serie di indici.
— **spindle** (*macch. ut.*), mandrino (*m.*) del divisore (di fresatrice).
— **to advertisers** (*riviste tecniche*), indice delle ditte inserzioniste.
— **(hourly earning — for manual workers)** (*econ. lavoro*), indice del guadagno orario dei lavoratori manuali.
— **(retail price —)** (*econ.*), Indice dei prezzi al dettaglio.
— **(unit value —)** (*econ.*), indice del valore unitario.
— **(wholesale price —)** (*econ.*), indice dei prezzi all'ingrosso.
indexation (of prices), indicizzazione (*f.*) (dei prezzi).
indexed pension, pensione indicizzata.
indexing, divisione *f.* (di fresatrici); classificazione *f.*; (*inform.*), indicizzazione *f.* (modifica degli indirizzi con registri d'indice).
— **head,** testa (*f.*) a dividere (*macch. ut.*).
— **mechanism,** divisore *m.* (per fresatrici).
— **turnable** (*fond.*), vedi: **automatic —**.
— **wheel,** ruota (*f.*) divisoria.
india paper (*tip.*), carta bibbia.
— **-rubber,** gomma (*f.*) elastica; caucciù *m.*
— **-rubber cable** (*elet.*), cavo (*m.*) ad involucro di gomma.
india-rubber calender, calandra (*f.*) per gomma.
— **-rubber ring,** anello (*m.*) di caucciù.
— **-rubber sheet,** lastra (*f.*) di gomma elastica.
Indian blue, indigo *m.*
— **ink,** inchiostro (*m.*) di China.
— **ocher** (*chim.*), ocra rossa; ocra indiana.
— **red,** rosso (*m.*) d'India; ossido (*m.*) ferrico.
— **topaz,** topazio (*m.*) indiano.
indicarmine (*chim.*), indicarminio *f.* (carminio di indaco).
indicate, *v.a.*, indicare *v.a.*; mostrare *v.a.*
indicated air speed, velocità aerea, indicata da un indicatore aereo: velocità indicata.
— **altitude** (*aereo*), quota di un apparecchio, indicata dall'altimetro.
— **horse-power,** potenza (*f.*) indicata (in cavalli).
indication, indicazione *f.*; indice *m.*
indications (U.S.A.), sostanze che rivelano la probabile presenza del petrolio.
indicator, comparatore *m.* (*mecc.*); valvola (*f.*) indicatrice; indicatore *m.*; (*geol.*), indicatore (caratteristica geologica che indica la probabile esistenza di un minerale coltivabile); elemento indicatore di tossicità, ecc.
— **bosses,** attacco (*m.*) dell'indicatore.
— **cock,** rubinetto (*m.*) dell'indicatore.
— **dial,** quadrante (*m.*) dell'indicatore.
— **element** (*fis. atom.*), elemento (*m.*) indicatore; indicatore *m.*
— **paper,** carta (*f.*) dell'indicatore
— **rod** (*mecc.*), asta (*f.*) del comparatore.
— **tracer element** (*fis. atom.*), elemento (*m.*) indicatore (tracciante).
indices (*mat.*), indici *m. pl.*
— **of crystal faces** (*cristal.*), indici (*m. pl.*) delle facce cristalline.

indies, *pl.* (*cinem.*), produttori (e teatri di posa) indipendenti.
indigo (pl. **indigoes**) (pl. **indigos,** U.S.A.), indaco *m.*
— **blue** (*chim.*), indigotina *f.*, $C_{16}H_{10}N_2O_2$.
— **carmine** (*colori*), carminio di indaco (colorante per seta; pigmento).
— **copper** (*min.*), covellite *f.* (solfuro di rame).
— **extract,** estratto d'indaco.
— **purpurin** (*chim.*), indirubina *f.*, $C_{16}H_{10}N_2O_2$.
— **red** (*chim.*), indirubina *f.*; rosso indaco.
— **salt** (*tess.*) (*chim.*), sale di indaco (*o* nitrofenillactone).
— **white** (*chim.*), indaco (*m.*) bianco.
indigogen (*chim.*), prodotto di riduzione dell'indaco naturale (colorante azzurro).
indigoid (dye) (*coloranti*), indigoide *m.*
indigosol (*chim.*), indigosoli *m. pl.* (colori).
indigotin (*chim.*), indigotina *f.*
indirubin (*chim.*), indirubina *f.*
indirect address (*inform.*), indirizzo indiretto.
— **addressing** (*inform.*), indirizzamento indiretto.
— **arc furnace,** forno (*m.*) ad arco indiretto.
— **lighting,** illuminazione (*f.*) indiretta.
— **load,** carico (*m.*) indiretto.
— **measurement,** misura (*f.*) indiretta.
— **scanning** (*telev.*), esplorazione (*f.*) indiretta.
indirectly heated, a riscaldamento indiretto.
indium (*chim.* = In), indio *m.*
individual, pezzo *m.* (di campione); *agg.* autonomo.
— **nucleon** (*fis. atom.*), nucleo (*m.*) singolo.
— **station** (*radio*), stazione (*f.*) singola.
Indocarbon (*chim.*), indocarbone *m.* (per tingere cotone e raion).
indoin blue, bleu indoina (per lana).
indol blue, bleu indoina (bleu indolo).
indole (*chim.*), indolo *m.*, $C_6H_4NHCH : CH$.
indoor flapper (*aereo*), modello (*m.*) da sala ad ali battenti.
— **flying model** (*aereo*), modello (*m.*) da sala.
— **illumination,** illuminazione (*f.*) interna.
— **model** (*aereo*), modello (*m.*) da sala.
— **stick plan** (*aereo*) (U.S.A.), modello (*m.*) da sala ad aste.
indophenols (*chim.*), indofenoli *m. pl.*) (usati per tingere lana e cotone).
indoxy (*chim.*), indoxile *m.*, $C_6H_4NHCH : COH$.
indoxyl (*coloranti*), indossile *m.*
induce, *v.a.* (*elet.*), indurre; provocare *v.a.* (*cristallizzazione, ecc.*).
induced circuit, circuito (*m.*) indotto.
— **current,** corrente (*f.*) indotta.
— **drag** (*aereo*), resistenza (*f.*) aerodinamica indotta.
— **draught,** tiraggio indotto.
— **electricity,** elettricità (*f.*) indotta.
— **fission** (*fis. atom.*), fissione (*f.*) indotta.
— **magnetism,** magnetismo (*m.*) indotto.
— **noise** (*USA*), rumore indotto.
— **nuclear reaction** (*fis. atom.*), reazione (*f.*) nucleare indotta.
— **radioactivity,** radioattività (*f.*) indotta.
— **reaction** (*chim.*), reazione indotta.
— **voltage** (*elet.*), tensione (*f.*) indotta.
— **wire,** filo (*m.*) indotto.
inducing current, corrente (*f.*) induttrice.
inductance (*elet.*), induttanza *f.*
— **in series,** induttanza (*f.*) in serie.
induction (*fis.*), induzione *f.*
— **brazing,** brasatura (*f.*) a induzione.

induction butt welding (*sald.*), saldatura (*f.*) di testa per induzione.
— **coil,** rocchetto (*m.*) d'induzione.
— **current,** corrente (*f.*) indotta; corrente (*f.*) derivata.
— **flame damper** (*aereo*), dispositivo per impedire il ritorno di fiamma nel tubo di alimentazione.
— **frequency converter** (*or* **changer**), convertitore (*m.*) di frequenza ad induzione.
— **furnace,** forno (*m.*) ad induzione.
— **hardening** (*met.*), tempra ad induzione.
— **heater,** riscaldatore (*m.*) ad induzione.
— **logging** (*petrol.*), carotaggio (*m.*) ad induzione.
— **machine,** macchina (*f.*) ad induzione.
— **melting** (*met.*), fusione (*f.*) per induzione.
— **motor,** motore (*m.*) a induzione.
— **pipe** (*aereo*), tubo (*m.*) di alimentazione (che fornisce la miscela ad un cilindro solo di un motore).
— **pressure gauge** (*aereo*), manometro pressione di alimentazione.
— **regulator** (*elet.*), regolatore a induzione.
— **-thermal relay,** relais (*m.*) termico ad induzione.
— **voltmeter,** voltmetro (*m.*) a induzione.
— **wattmeter,** wattometro (*m.*) a induzione.
— **welding** (*sald.*), saldatura (*f.*) per induzione.
inductive, *agg.* induttivo.
— **drop** (*elet.*), caduta induttiva.
— **heating,** riscaldamento (*m.*) ad induzione.
— **proximity switch** (*elet.*), interruttore (*m.*) induttivo di prossimità.
— **reactance,** reattanza (*f.*) induttiva.
inductivity (*elet.*), induttività *f.*
inductor (*elet.*), induttore *m.*; rocchetto (*m.*) d'induttanza; acceleratore *m.* (*chim.*).
— **telephone system,** sistema (*m.*) di telefonia ad induzione.
Inductosyn (*controllo numerico*) (*macch. ut.*), Inductosyn (rilevatore assoluto lineare) (nome brevettato dalla Farrand Corporation).
induline blue 6 B (*chim.*), indulina 6 B (usata per vernici).
indulines (*chim.*), induline *f. pl.*
Indur, materiale plastico brevettato.
industrial accident, infortunio (*m.*) sul lavoro.
— **advertising** (*pubb.*), pubblicità industriale.
— **alcohol,** alcool etilico denaturato.
— **area** (*urbanistica*), zona industriale.
— **atmosphere** (*corrosione*), atmosfera industriale.
— **combine,** consorzio (*m.*) industriale.
— **complex,** complesso industriale.
— **consulting engineer,** ingegnere (*m.*) consulente industriale.
— **design,** « industrial design »; disegno industriale.
— **designer,** « industrial designer »; disegnatore industriale.
— **dismantling,** demolizione di impianti industriali.
— **drill press,** trapano sensitivo industriale a colonna.
— **economy,** economia (*f.*) industriale.
— **efficiency,** rendimento (*m.*) industriale.
— **electronics laboratory,** laboratorio elettronico industriale.
— **engine** (*mot.*), motore industriale.
— **engineering,** ingegneria (*f.*) industriale.
— **exhibition,** mostra (*f.*) (*o* esposizione) dell'industria.
— **film** (*cinem.*), film industriale.
— **goods,** beni (*m. pl.*), industriali.
— **grounding** (*elet.*), messa a terra industriale.

industrial high vacuum, alto vuoto industriale.
— **honing,** levigatura (*f.*) industriale.
— **incinerator,** forno di incenerimento; distruttore di rifiuti industriali.
— **injuries act,** legge sugli infortuni nell'industria.
— **injury,** infortunio (*m.*) sul lavoro.
— **interface** (*calcol. elettron.*), interfaccia industriale.
— **isotope** (*fis. atom.*), isotopo industriale.
— **know-how,** « know-how » industriale (v. **know-how**).
— **lubricant,** lubrificante (*m.*) industriale.
— **nuclear power** (*fis. atom.*), ener gia (*f.*) nucleare industriale.
— **odor-masking perfumes,** profumi per mascherare gli odori industriali.
— **petroleum chromatography,** cromatografia industriale del petrolio.
— **pipes** (*idraul.*), condotte (*f. pl.*) industriali.
— **plant,** impianto (*m.*) industriale.
— **plastics,** materie plastiche industriali.
— **protective clothing,** tessuto protettivo per industrie.
— **psychology,** psicologia industriale.
— **reactor** (*fis. atom.*), reattore (*m.*) industriale.
— **safety gloves,** guanti di protezione per l'industria.
— **school,** scuola (*f.*) industriale.
— **standards,** norme industriali.
— **television,** televisione (*f.*) industriale.
industrialist, *m.* industriale *m.*
industrialize, *v.a.* industrializzare.
industry, industria *f.*
inelastic collision (*fis. atom.*), collisione (*f.*) anelastica.
— **cross-section** (*fis. atom.*), sezione (*f.*) d'urto anelastica.
— **deformation of textile fabrics** (*tess.*), deformazione anelastica dei tessuti.
inelastic electron scattering (*fis. atom.*), diffusione anelastica degli elettroni.
— **scattering** (*fis. atom.*), diffusione (*f.*) anelastica.
inequation (*mat.*), inequazione *f.* (disequazione).
inert, *agg.* (*chim.*), inerte.
— **gas,** gas (*m.*) inerte.
— **gas arc welding** (*sald.*), saldatura (*f.*) ad arco in gas inerte.
— **gas generator,** generatore di gas inerte.
— **gaseous atmosphere,** atmosfera (*f.*) di gas inerte.
— **pigment** (*vernici*), pigmento (*m.*) inerte; carica *f.*
inertia (*fis.*), forza (*f.*) di inerzia; inerzia.
— **diagram,** diagramma (*m.*) delle masse.
— **starter** (*aereo*), avviatore (*m.*) ad inerzia.
inertial guidance (*missili, aerei, sottom. nucleari*), (sistema di) guida (*f.*) ad inerzia (totale).
— **navigation system** (*aereo*), sistema di navigazione inerziale.
— **system** (*fis.*), sistema inerziale.
inexperienced labour, mano d'opera inesperta.
infant industry (*econ.*), industria nascente.
inferior purlin (*cost.*), arcareccio (*m.*) inferiore.
infil panel (*pannelli*), elemento (*m.*) di chiusura; pannello di riempimento.
— **units** (*pannelli*), elementi (*m. pl.*) di chiusura.
infilling unit (*costr.*), pannello di riempimento; unità di chiusura.
infiltrate, *v.i.*, impregnarsi *v.r.*; infiltrarsi *v.r.*
infiltrometer (double-ring —) (*agric.*), infiltrometro a doppia corona.
infinite medium, medio (*m.*) infinito.
infinitely small distance, distanza (*f.*) infinitesimale.

infinitesimal, *agg.* (*mat.*), infinitesimale.
infinity (*mat.*), **infinito** *m.*
inflame, *v.i.*, infiammarsi *v.r.*
inflammability, infiammabilità *f.*
inflammable, *agg.* infiammabile.
— **mixture,** miscela (*f.*) infiammabile.
inflmamation, infiammazione *f.*
inflatable, *agg.* gonfiabile; (*costr.*), struttura sostenibile da aria gonfiata; (*naut.*), canotto (battello) pneumatico.
— **dinghy** (*naut.*), battello gonfiabile.
— **liferaft,** canotto pneumatico di salvataggio (*portato su aerei*).
— **man** (*naut.*), gommonauta *m.*
inflate, *v.a.*, gonfiare *v.a.*
inflated dome (*cost.*), cupola ricavata da mater. plastico gonfiato.
— **structure** (*costr.*), struttura sostenuta da materiale plastico gonfiato.
inflation (*auto*), gonfiaggio *m.* (pneumatici auto); (*fin.*) inflazione *f.*
— **net** (*aereo*), rete (*f.*) per il gonfiamento.
— **pressure,** pressione (*f.*) d'aria (di pneumatico).
inflationary wage increase (*econ.*), aumento inflazionistico dei salari.
inflator, pompa da bicicletta.
inflection (*fis.*), inflessione *f.*
inflexible, *agg.* (*inform.*) (*mecc.*), non flessibile (rif. ad attrezzature, ecc.).
inflorescence (*bot.*), infiorescenza.
inflow (*aereo*), incremento (*m.*) di velocità.
influence (*elet.*), influenza *f.*
— **line,** linea (*f.*) d'influenza.
— **lines** (*cost.*), linee di influenza.
Infoline, biblioteca tecnica di ricerca automatica di informazioni (UK).
informatics, informatica *f.*
information bit (*elettron.*), bit d'informazione.
— **desk** (*aeroporti, ecc.*), bureau d'informazioni.
information dissemination (*inform.*), diffusione delle informazioni.
— **engineering** (*elettron.*), informatica *f.*
— **graphics** (*inform.*), informatica (*f.*) grafica.
— **processing,** trattamento (*m.*) dell'informazione.
— **processing industry** (*elettron.*), (*industria*), informatica *f.*
— **retrieval** (*elettron.*), ricerca delle informazioni (documentazione automatica).
— **retrieval system** (*inform.*), sistema di ricerca automatica di informazioni documentarie.
— **science** (*elettron.*) (*scienza*), informatica *f.*
— **specialist** (*inform.*), informatico *m.*
— **scientist** (*inform.*), informatico *m.* (scienziato specializzato in informatica).
— **system** (*calcol. elettron., informatica*), sistema informativo.
— **technologist** (*inform.*), informatico *m.*
— **technology (IT)** (*inform.*), informatica *f.*
— **theory** (*elettron.*), teoria dell'informazione.
infra-red (*or* **infrared**), *agg.* infrarosso.
— **absorption spectra,** spettri di assorbimento nell'infrarosso.
— **analyzer** (*chim., ecc.*), analizzatore a raggi infrarossi.
— **camera** (*fot.*), telecamera per fotografia all'infrarosso.
— **cordless telephone** (*telef.*), telefono senza fili infrarosso.
— **counter-counter measures** (*missili*), contromisure all'infrarosso.
— **guidance** (*missile*), guida all'infrarosso.
— **heating** (*term.*), riscaldamento (*m.*) a raggi infrarossi.
— **homing system** (*missili*), sistema di guida all'infrarosso.
— **lamp baker,** stufa (*f.*) a raggi infrarossi.

infra-red paint drying (*vern.*), essiccazione della vernice a raggi infrarossi.
— **proximity fuse** (*missili*), spoletta di prossimità all'infrarosso.
— **radiant heater,** radiatore a raggi infrarossi.
— **radiation,** radiazione (*f.*) infrarossa.
— **rays,** raggi (*m. pl.*) infrarossi.
— **sensor** (*inform.*), sensore all'infrarosso.
— **spectra,** spettri (*m. pl.*) infrarossi.
— **spectrophotometry,** spettrofotometria nell'infrarosso.
— **spectroscopic analysis,** analisi spettroscopica nell'infrarosso.
— **technology,** tecnologia dei raggi infrarossi.
— **telescope,** telescopio all'infrarosso.
infrasonic, infrasonico *agg.*
infrasound, infrasuono *m.*
infringement of a patent, violazione (*f.*) di brevetto.
infusibility, infusibilità *f.*
infusible, *agg.* infusibile.
infusion, infusione *f.*
infusorial earth, farina (*f.*) fossile.
ingenue, *f.* (*cinem.*), giovane attrice importante (in un film).
ingot (*met.*), lingotto *m.*
— **breaker** (*met.*), trancia-lingotti *m.*
— **buggy** (*met.*), carro portalingotti.
— **car** (*met.*), carro (*m.*) portalingotti.
— **casting car,** carro per lingotti.
— **charging crane** (*met.*), gru per introdurre i lingotti.
— **chariot** (*met.*), carro portalingotti.
— **crane** (*met.*), gru per lingotti.
— **dog** (*met.*), tenaglia per lingotti.
— **for rolling** (*met.*), lingotto da laminare.
— **iron,** acciaio omogeneo, ferro fuso.
— **lathe,** tornio (*m.*) per lingotti.
ingot manipulator (*met.*), v. **manipulator.**
— **milling machine** (*macch. ut.*), fresatrice (*f.*) per lingotti (a caldo).
— **mold** (*fond.*) (U.S.A.), lingottiera *f.*
— **mold preparation** (*met.*), preparazione della lingottiera.
— **mold preparation shop** (*met.*) (U.S.A.), reparto preparazione lingottiere.
— **-mould** (*fond.*), lingottiera *f.*
— **-mould grinding machine** (*macch. ut.*), molatrice (*f.*) per lingottiera.
— **parting-off machine** (*macch. ut.*), troncatrice per lingotti.
— **planing machine** (*macch. ut.*), piallatrice-sgrossatrice (*f.*) per lingotti.
— **pusher** (*met.*), spingitore di lingotti.
— **receiving table** (*laminatoio met.*) piano a rulli di ricevimento lingotti.
— **scum** (*met.*), schiuma (*f.*) di lingotto; « panna » di lingotto.
— **slicing machine** (*macch. ut.*), troncatrice (*f.*) per lingotti.
— **steel,** acciaio (*m.*) omogeneo; acciaio in lingotti.
— **stripper** (*met.*), slingottatrice *f.*
— **stripping** (*met.*), slingottatura.
— **stripping crane** (*met.*), gru di strippaggio.
— **stripping shop** (*met.*), reparto slingottatura.
— **tilter** (*met.*), ribalta-lingotti *m.*; ribaltatore di lingotti.
— **tipping device** (*met.*), ribaltalingotti *m.*; ribaltatore di lingotti.
— **turner** (*met.*), v. **turner.**
— **-weighing unit** (*met.*), bascula per la pesatura di lingotti; pesatrice lingotti.
— **with flat faces** (*met.*), lingotto a lati piatti.
— **yield** (*met.*), resa (*f.*) in lingotti.
— **(short —)** (*met.*), lingotto corto.
— **,** *v.a.* fondere in lingotti.

ingoting, fusione in lingotti; fusione in pani.
ingotism, cristalli di solidificazione di lingotti.
ingrain dye, colorante prodotto coll'accoppiamento chimico con la fibra (*cotone, ecc.*).
ingredient (*chim.*), materia *f.*; costituente *m.*; prodotto *m.*
ingress (*chim.*), introduzione *f.*; ammissione *f.*
inherent stability (*aereo*), stabilità (*f.*) propria.
— **stable** (*fis. atom.*), intrinsecamente stabile.
inhibit, *v.a.* (*chim.*), arrestare *v.a.*; rendere inefficace; inibire *v.a.*
inhibitant, *agg.* (*chim.*), inibitore m.
inhibited *p. p.*, inibito (*fis.*) (*leghe di rame, ecc.*).
— **oils,** oli con aggiunte di inibitori.
— **transformer oil,** olio inibito per trasformatori.
inhibitor (*chim.*), sostanza che impedisce o ritarda una reazione chimica: inibitore di reazione.
inhomogeneity, eterogeneità *f.*
inhomogeneous, *agg.*, eterogeneo.
initial climb rate (*aereo*), rateo iniziale salita.
— **current,** corrente (*f.*) iniziale.
— **enrichment** (*fis. atom.*), arricchimento (*m.*) iniziale.
— **particle** (*fis. atom.*), particella (*f.*) originale.
— **resistance,** resistenza (*f.*) iniziale.
— **set,** inizio (*m.*) della presa (del cemento).
initiate, *v.a.* (*chim., ecc.*), iniziare *v.a.*; incominciare *v.a.*; fare incominciare; fare iniziare; produrre *v.a.*; provocare *v.a.*
initiator (*chim.*), catalizzatore (nella polimerizzazione); (*inform.*), iniziatore (programma di preparazione).
inject, *v.a.* iniettare.
injection, iniezione *f.* (*mecc., ecc.*).
— **facilities** (*met.*), attrezzature per insufflazione di gas.
— **lance** (*met.*), lancia a ossigeno.
injection locking (*elet.*), bloccaggio ad iniezione.
— **mould** (*mat. plastiche*), stampo ad iniezione.
— **moulding** (*mat. plast.*), stampaggio (*m.*) ad iniezione.
— **moulding machine,** macchina di formatura per iniezione.
— **moulding press** (*macch.*), pressa (*f.*) a iniezione.
— **nozzle,** iniettore *m.*
— **of gas into the blast furnace** (*met.*), insufflazione di gas nell'altoforno.
— **pump** (*mot. Diesel*), pompa di iniezione.
— **syringe,** siringa *f.* (da iniezioni).
— **timing** (*mot. Diesel*), variazione di anticipo.
— **timing housing** (*auto*), scatola del variatore d'anticipo.
— **timing sleeve** (*auto*) anello per comando variatore d'anticipo.
— **-type laser** (*fis.*), laser del tipo ad iniezione.
— **valve,** valvola (*f.*) di iniezione.
— **well,** v. **input well.**
injector, iniettore *m.*; carburatore (*m.*) a iniezione (*mot.*).
injunction (*leg.*), ordine di sospensione nella procedura; proibizione interlocutoria.
injure, *v.a.* danneggiare (*materiale*); ferire (*persone*).
injurious, *agg.* (*chim.*), pericoloso; nocivo; dannoso.
injury, avaria *f.* (*materiale*); ferita (*persone*).
— **benefit,** beneficio (*m.*) di invalidità (*dovuta a malattia o infortunio sul lavoro*).
ink, inchiostro *m.*
— *v.a.* passare con inchiostro.
— **-eraser,** gomma (*f.*) per cancellare inchiostro.
— **formulations,** formulazione di inchiostro; formule d'inchiostri.
— **-jet printer** (*inform.*), stampante (*f.*) a getto d'inchiostro.
— **lever** (*macch. tip.*), leva controllo inchiostro.

ink (non-printing —), inchiostro non da stampa.
inker (*teleg.*), ricevitore a rotella scrivente; (*tip.*), rullo inchiostratore.
inkies (*cinem.*), lampade (*f. pl.*) ad incandescenza.
inking stone (*tip.*), pietra per macinare l'inchiostro.
nlaid, *p.p.* intarsiato.
— **floor,** pavimento (*m.*) a tavolette.
— **strip floor,** pavimento (*m.*) a listoni.
— **work,** intarsio *m.*
inland navigation, navigazione (*f.*) interna.
— **trunk call** (*tel.*), conversazione (*f.*) interurbana.
inlay, *v.a.* intarsiare.
inlet, orificio (*m.*) di ammissione; ammissione *f.*
— **chamber,** camera (*f.*) d'aspirazione.
— **chute** (*min.*), scivolo (*m.*) d'ingresso.
— **edge** (*turbine*), spigolo (*m.*) d'entrata.
— **funnel** (*inquinamento*), apertura di presa per il controllo dell'inquinamento.
— **manifold** (*auto*), condotto di aspirazione.
— **triangle** (*turb.*), triangolo (*m.*) d'entrata.
— **-tube,** tubo (*m.*) adduttore.
— **valve,** valvola (*f.*) d'introduzione; valvola (*f.*) d'aspirazione.
— **ventilation,** ventilazione (*f.*) per compressione.
— **ventilator,** ventilatore (*m.*) premente.
in mesh (*mecc.*), ingranato *p.p.*
innards (computer's —), parti interne di un elaboratore.
inner beacon marker (*aereo*), radiofaro (*m.*) del complesso del radiofaro di atterraggio (sistema Bake).
— **cone** (*aereo*), cono (*m.*) interno.
— **end,** estremità (*f.*) interna.
— **endpaper** (*tip.*), risguardo.
inner jib (*naut.*), trinchettina *f.*
— **liner,** fascia (*f.*) interna d'un cilindro.
— **race,** anello (*m.*) di guida interna.
— **rail** (*ferr.*), rotaia (*f.*) interna.
— **ring,** anello (*m.*) di guida interno.
— **shell,** camicia (*f.*) interna; (*fis. atom.*), strato (elettronico) interno.
— **-shell electron,** elettrone (*m.*) interno.
— **space** (*naut.*), spazio (più) interno (rif. alle profondità marine in fondo agli oceani).
— **tube,** camera d'aria.
— **wing dihedral** (*aereo*), diedro (*m.*) negativo.
inoculant (*met.*), inoculante (*o*) correttivo *m.* (ad es. ferromolibdeno, ferro-titanio aggiunti alla ghisa liquida).
inoculate, *v.a.*, inoculare *v.a.*; introdurre un germe.
inoculated iron (*met.*), ghisa (*f.*) inoculata.
inoculation (*med.*), vaccinazione *f.*; inoculazione *f.*
— **of cast-iron** (*met.*), inoculazione della ghisa.
inodorous, *agg.*, inodoro.
inoperative, *agg.* inattivo; inoperoso; (*one pump remains — in order to obviate undue rise of oil temperature*), una pompa rimane inattiva onde impedire un aumento indesiderato della temp. dell'olio.
inorganic, *agg.* inorganico.
— **chemistry,** chimica (*f.*) inorganica.
— **compound,** composto (*m.*) inorganico.
— **foam,** schiuma (*f.*) inorganica.
— **mineral fibre** (*chim. tess.*), fibra (*f.*) minerale inorganica.
input, potenza (*f.*) assorbita (*mecc.*); alimentazione *f.* (*radio, elet.*); entrata *f.* (*radio*); rendimento *m.*; (*cibernetica*), immissione; input *o* ingresso *o* entrata (*calcolon.*)*ri elettrato.*

input (*v.a.*) (*calcol. elettron.*), immettere (i dati); introdurre (i dati); (p. es. *large volumes of data have to be input quickly*) (dati in gran numero devono essere presto immessi).
— **data** (*calcol. elettron.*), dati (*m. pl.*) di input (da elaborare).
— **data card** (*automazione*), scheda dei dati di ingresso.
— **devices** (*calcol. elettron.*), organi (*m. pl.*) d'ingresso.
— **impedance** (*radio, amplificatori ecc.*), impedenza d'ingresso.
— **logic** (*inform.*), logica d'ingresso.
— **-output** (*calcol. elettron.*), entrata/uscita.
— **-output analysis** (*cibernetica*), analisi dell'immissione-emissione; (*econ.*), analisi delle interpendenze strutturali; analisi degli scambi industriali o intersettoriali.
— **-output factors** (*econ.*), coefficienti tecnici; coefficienti della produzione.
— **/output interfaces** (*inform.*), interfacce (*f. pl.*) di ingresso/uscita.
— **-output model** (*cibernetica*), modello di immissione-emissione.
— **-output overlap** (*inform.*), simultaneità di ingresso/uscita (di operazioni diverse).
— **power,** potenza (*f.*) assorbita.
— **sensitivity** (*audio*), sensibilità d'ingresso.
— **transformer** (*elet.*), trasformatore (*m.*) di entrata.
— **variable** (*automazione, calcol. elettron.*), variabile d'entrata.
— **voltage** (*radio*), tensione di entrata.
— **well,** pozzo petrolifero sotto pressione.
inquiry (*inform.*), interrogazione (richiesta di informazioni, nella memoria).
— **station** (*inform.*), stazione d'interrogazione (terminale).
inradius, raggio (*m.*) del cerchio inscritto.
inroad (*comm.*), conquista (di un mercato).
inrush (water —) (*min.*), venuta (*f.*) d'acqua.
inscribe, *v.a.* (*geom.*), inscrivere.
inscribed, *p.p.* (*geom.*), inscritto.
insect farm (U.S.A.), sezione fabbricazione insetticidi (*di raffineria*).
— **repellent,** repellente per insetti.
insecticidal concentrate sprays, irrorazioni insetticide.
insecticide (*chim.*), insetticida *m.*
insemination, v. **artificial —.**
insensitive, *agg.* (*chim.*), indifferente (a).
inseparable, *agg.*, inseparabile.
insert (*cinem.*), inserto *m.*; figura su blocco; (*mecc.*), inserto *m.* (filetto di un elemento di fissaggio); (*frese*) (*mecc.*), segmento (o inserto).
— *v.a.* introdurre; intarsiare.
— (*v.a.*) **a piston,** introdurre (*m.*) uno stantuffo.
— **apostrophes,** segnare apostrofi (bozze).
— **cutter** (*mecc.*), fresa a lame riportate.
— **die,** stampo a diverse figure cambiabili.
— **full point,** inserire un punto (bozze).
— **milling cutter** (*mecc.*), fresa a inserti (per fresatura alberi a gomito).
— **space,** aggiungere spazio (bozze).
— **tool** (*mecc.*), utensile ad inserti.
— **(negative positive inserts)** (*frese, mecc.*), segmenti intercambiabili per negativo o positivo.
— **(thread —)** (*mecc.*), inserto filettato.
inserted blade cutter, fresa (*f.*) a lame riportate.
— **teeth,** denti (*m. pl.*) messi (o riportati).
— **teeth hob** (*ingranaggi*) (*mecc.*), coltello a creatore.
— **tooth milling cutter** (*mecc.*), fresa a denti riportati.

inserting machine (*calcol. elettron., inform.*), inseritrice *f.*
insertion (*fis. atom.*), introduzione *f.*; (*calcol. elettron., inform.*), inserimento *m.*
inserts, pezzi (*m. pl.*) di oggetti stampati.
— **valve seat** (*mecc.*), anelli per sedi di valvole riportate.
in-service training (*lavoro, ecc.*), addestramento sul posto.
inset (*stampa*), riquadro.
— **(to —)** (*tip.*), inserire.
inshore fishing fleet, flotta di pesca da costa.
inside aerial (*radio*), antenna (*f.*) interna.
— **calipers,** compasso (*m.*) ballerino.
— **diameter of a pipe,** diametro (*m.*) interno di un tubo.
— **-frost bulb,** palloncino (*m.*) smerigliato internamente.
— **frosted lamp,** lampada (*f.*) smerigliata all'interno.
— **hearth diameter** (*forno met.*), diametro interno suola.
— **measurement,** misura (*f.*) interna.
— **of the saloon** (*auto*), interno (*m.*) della berlina.
— **pipe cutter** (*petrol.*), tabliatubi (*m.*) interno.
— **radius,** raggio (*m.*) interno.
— **shake** (*orol.*), caduta (*f.*) interna.
— **the warranty** (*auto*) (*the car is still 2 months inside the warranty*), l'automobile è ancora per due mesi in garanzia (rispetto al periodo totale di garanzia).
insolation (*meteo.*), insolazione *f.*
insolubility, insolubilità *f.*
insoluble, *agg.* insolubile.
— **combination,** combinazione (*f.*) insolubile.
inspect, *v.a.* esaminare.
inspection, verifica *f.* esame *m.*
— **door** (*naut.*), portello (*m.*) di visita.
— **hand-hole** (*aereo*), foro (*m.*) d'ispezione.
— **hole,** foro d'ispezione.
inspection panel (*aereo*), pannello (*m.*) d'ispezione.
— **port** (*aereo*), portello (*m.*) di ispezione.
— **shaft,** pozzo (*m.*) d'ispezione.
— **table** (*di treno di lamiere*) (*met.*), letto d'ispezione.
— **trip,** giro (*m.*) d'ispezione (per sorvegliare macchine, lavori).
inspector, sorvegliante (*m.*) di lavori; collaudatore *m.*
— **(chief — of factories),** ispettore (*m.*) capo dell'industria.
inspissate, *v.a.*, addensare; rendere più denso (*un liquido, ecc.*).
inspissation (*chim. ecc.*), addensamento; concentrazione.
instal (*v.a.*) **a crane,** installare una gru.
— (*v.a.*) **machines,** impiantare macchine.
— (*v.a.*) **a ventilator,** installare un ventilatore.
installation, installazione *f.*; impianto *m.*
— **of transmission line pilot relaying,** installazione (*f.*) per telecomando.
installed horsepower (*locomotiva elet.*), potenza installata.
instant-picture photography (*fot.*), fotografia con sviluppo istantaneo.
— **-start lamps** (*elet.*), lampade ad innesco istantaneo.
institute for reconstruction of industry, Istituto (italiano) per la Ricostruzione Industriale (IRI).
institutions advertising (*pubb.*), pubblicità per istituti (ospedali, scuole, ristoranti, alberghi, ecc.).
instruction code (*elettron.*), codice delle istruzioni.
— **counter** (*inform.*), contatore (*m.*) delle istruzioni.
— **set** (*inform.*), blocco di istruzioni; raccolta di istruzioni.
— **(one-address —** *or* **single-address —)** (*elettron.*), istruzione ad un solo indirizzo.

instructional film (*cinem.*), film didattico.
instructions stored in a magnetic core memory (*elettron.*), istruzioni memorizzate in una memoria a nucleo magnetico.
instrument, strumento *m.*
— **approach** (*elettron.*), atterraggio strumentale.
— **binnacle** (*auto*), pannello degli strumenti (incassato generalm. al centro).
— **board** (*auto*), cruscotto *m.*
— **flying** (*aereo*), volo (*m.*) cieco.
— **for photoelasticity,** fotoelasticimetro *m.*
— **for spectral analysis,** spettroanalizzatore *m.*
— **landing** (*aereo*), atterraggio (*m.* strumentale.
— **panel** (*elet.*), pannello degli strumenti.
— **pod** (*auto*) (*gen.*), cassa (in plastica, metallo, ecc.) in cui viene inserito uno strumento (p. es. un contagiri); telaio *m.* di un piccolo strumento.
— **repairs,** riparazione strumenti.
instrumental (in —) *agg.* (*chim.*), (che) contribuisce a, (che) interviene in favore di.
— **error,** errore (*m.*) strumentale.
instrumentation, strumentazione *f.*; apparecchiatura *f.*
« **in-substance defeasance** » (*fin.*) (U.S.A.), pagamento di una grande somma di vecchi debiti con un minor ammontare di nuove obbligazioni fruttanti alti tassi di interesse, al fine di rinforzare il bilancio.
insufficient cropping (*met.*), spuntatura insufficiente.
insula (pedestrian's —), isola pedonale.
insulate, *v.a.* (*elet.*), isolare.
— (*v.a.*) **a pipe,** isolare un tubo.
insulated cable, cavo (*m.*) isolato.
— **telephone plier,** pinzetta (*f.*) da telefonisti.
insulating, *agg.* isolante.
— **board,** pannello (*m.*) isolante.
insulating compound (*elet.*), pasta isolante.
— **gasket,** distanziale (*m.*) isolante.
— **lacquer,** vernice (*f.*) isolante.
— **layer,** strato (*m.*) isolante.
— **material,** materiale (*m.*) isolante; isolante *m.*
— **paper,** carta (*f.*) isolante.
— **properties,** proprietà (*f. pl.*) di isolamento.
— **property,** potere (*m.*) isolante.
— **tape,** nastro (*m.*) isolante.
— **testing instrument** (*elet.*), prova-circuiti *m.*
— **varnish,** vernice (*f.*) isolante.
— **wool,** lana (*f.*) isolante.
insulation (*elet.*, *calore*), isolamento *m.*; coibentazione *f.*
— **against cold and damp** (*costr.*), isolamento contro il freddo e l'umidità.
— **tester** (*elet.*), prova isolamento; verificatore d'isolamento.
insulator (*elet.*), isolatore *m.*
— **cap** (*ing. elet.*), cappello (*m.*) isolante (posto sopra un isolatore a sospensione).
— **framework** (*elet.*), ponte (*o* telaio) degli isolatori.
insulight glass bricks, diffusori (*m. pl.*) per vetrocemento.
insulin (*med.*), insulina *f.*
insurance (*comm.*), assicurazione *f.*
— **broker,** agente di assicurazione.
— **claim,** richiesta di pagamento dell'assicurazione (per incidenti, ecc.).
— **premium** (*auto, ecc.*), premio di assicurazione.
— **(third party —),** assicurazione responsabilità civile terzi.
insure, *v.a.* (*comm.*), assicurare.
intaglio (*tip.*), rotocalco; rilievografia; calcografia.
— **printing** (*tip.*), rotocalco *m.*
— **printing form type** (*tip.*), forma per la stampa a pressione.
intake, presa *f.* (*idraul.*); aspirazione *f.* (*mot., pompe*); energia (*f.*) assorbita (*mecc.*); fissazione *f.* (*chim.*); ammissione *f.*; entrata *f.*

intake construction (*idraul.*), opera di presa.
— **funnel** (*inquinamento*), apertura di presa per il controllo dell'inquinamento.
— **of water,** presa (*f.*) di acqua.
— **port,** travaso *m.* (di cilindro).
— **valve,** valvola di aspirazione.
— **well** (*ind. pet.*), sondaggio (*m.*) d'iniezione.
— **works,** opere (*f. pl.*) di presa.
intangible property (*econ.*), beni (*m. pl.*), incorporei.
integer (*mat.*), numero (*m.*) intero.
integrable, *agg.* (*mat.*). integrabile.
integral (*tess.*), sistema di titolazione di filati; (*mat.*), integrale *m.*
— **binder** (*fond.*), legante integrale.
— **bumpers,** paraurti (*m. pl.*) incorporati.
— **calculus** (*mat.*), calcola (*m.*) integrale.
— **number,** numero (*m.*) intero.
— **shaft splines,** chiavette (*f. pl.*) multiple.
— **with** (*mecc.*), solidale *agg.*
integrate, *v.a.* (*mat.*), integrare.
integrated (*elettron.*), integrato.
— **amplifier** (*audio*), amplificatore integrato.
— **circuit** (*elettron.*), circuito integrato.
— **computer** (*inform.*), calcolatore (elaboratore) integrato.
— **computer system** (*inform.*), sistema computerizzato integrato.
— **data processing** (*inform.*), elaborazione integrata dei dati.
— **graphics terminal** (*inform.*), terminale grafico integrato.
— **iron and steel metallurgy** (*met.*) siderurgia a ciclo integrato.
— **microelectronic circuit** (*elettron.*), circuito microelettronico integrato.
— **optical density** (*ott.*), densità ottica integrata.
— **optics** (*the technology of producing optical components and systems which make use of light-guiding in thin films*), ottica integrata.
integrated order handling (*inform.*), gestione integrata degli ordini.
— **semiconductor** (*elettron.*), semiconduttore (*m.*) integrato.
— **software** (*inform.*), software integrato.
— **steel works,** acciaieria (*f.*) a ciclo integrato.
— **stereo amplifier** (*audio*), amplificatore stereo integrato.
— **(vertically — steel works),** acciaieria a ciclo verticale integrato.
integrating amplifier (*elet.*), amplificatore integratore.
— **circuit** (*telecom.*), circuito integratore.
— **meter** (*elet.*), totalizzatore *m.*
— **photometer,** lumenometro *m.*
integration, integrazione *f.*
— **constant,** costante (*f.*) d'integrazione.
integrator (*elettron.*), integratore; (*telecomunicaz.*), circuito integratore.
integrity (*mat.*), integrità *f.*
intelligence documents (*mil.*), documenti riservati (*o* segreti).
— **(artificial —)** (*inform.*), intelligenza (*f.*) artificiale.
intelligent (*inform.*), intelligente.
— **exchange** (*inform.*), centrale telefonica « intelligente ».
— **plotter** (*inform.*), plotter intelligente.
— **terminal,** (*inform.*), terminale intelligente.
intelligible cross-talk (*telecom.*), diafonia intelligibile.
Intelpost (UK's Post Office electronic mail), servizio per la trasmissione di documenti fra Londra e Toronto via satellite.
intense, *agg.*, intenso *agg.* (*calore, ecc.*).
intensification (*ott.*), rinforzo *m.*; (*gen.*) intensificazione *f.*
intensify, *v.a.* (*ott.*), rinforzare *v.a.*
intensimeter (*radiol.*), intensimetro *m.*

intensionometer (*radiol.*), intensionometro *m.*
intensity, intensità *f.*
— **modulation** (*telev.*), modulazione (*f.*) d'intensità.
— **of illumination,** intensità (*f.*) di illuminazione.
— **of light,** intensità (*f.*) di luce.
interact (to), *v.i.* (*chim.*), reagire l'uno sull'altro; reagire a vicenda; (*inform.*), dialogare; interagire.
interaction (*chim.*), azione reciproca (mutua); doppia decomposizione; (*fis.*), interazione.
— **cofficient** (*mecc.*), coefficiente di sollecitazione alternata.
— **parameter** (*mecc.*), parametro di sollecitazione alternata.
interactive, *agg.*, interattivo (rif. a sistema che permette il dialogare fra l'utente ed il calcolatore).
— **computing** (*inform.*), calcolo elettronico interattivo.
— **computing facility** (*inform.*), installazione di calcolo interattivo.
— **graphics** (*inform.*), grafica interattiva.
— **video** (*TV*), televisione interattiva.
— **video disc** (*TV*), videodisco interattivo.
interactiveness (*inform.*), interattività *f.*
interatomic distance (*fis. atom.*), distanza (*f.*) interatomica.
interbedding (*geol.*), intercalazione *f.*
interblock (*pressofusione*), blocco *m.*
intercarrier (*telev.*), intercarrier *m.*
intercept, *v.a.*, intercettare *v.a.* (*raggi ecc.*).
interception, intercezione *f.*
interceptor (*aereo*), intercettore *m.*
— **missile,** missile (*m.*) di intercettamento.
interchange (*chim.*), scambio reciproco; (*costr. strad.*), incrocio *m.*; svincolo *m.* (*autost.*).
— (*v.a.*) **data,** interscambiare dati.
interchangeability, intercambiabilità *f.*; ricambio *m.*
interchangeable, *agg.* intercambiabile.
— **accessories,** accessori intercambiabli.
— **barrels** (*armi*), canne intercambiabili.
— **gears** (*mecc.*), ingranaggi d'assortimento.
— **mandrels** (*macch. ut.*), mandrini intercambiabili.
— **manufacture,** lavorazione (*f.*) intercambiabile.
— **part,** pezzo (*m.*) intercambiabile.
— **tooling head** (*macch. ut.*), testa (*f.*) portautensili intercambiabile.
interchanging of engine parts, ricambio (*m.*) di pezzi di macchine.
intercolumniation, intercolonnio *m.*
intercom, citofono *m.*
interconnecting (*telef.*), interconnessione *f.*
intercontinental ballistic missile (I.C.B.M.), missile (*m.*) balistico intercontinentale.
— **missile,** missile (*m.*) intercontinentale.
intercooler (*aereo*), dispositivo per raffreddare l'aria compressa o la miscela combustibile: refrigeratore intermedio.
intercooling fan, ventilatore (*m.*) di compressione.
intercostal, corrente (*m.*) secondario.
— **panting stringers** (*naut.*), correnti (*m. pl.*) di palpitazione.
intercrystalline corrosion (*met.*), corrosione intercristallina.
— **crack** (*met.*), cricca (*f.*) intercristallina.
— **cracking** (*met.*), corrosione intercristallina; frattura intercristallina.
interdendritic corrosion (*met.*), corrosione interdendritica (fra le dendriti generatesi durante la solidificazione del materiale metallico).

interdendritic porosity (*met.*), porosità (*f.*) interdendritica.
interdiction (*elettron.*), interdizione *f.*
interelectrode capacity (*elettron.*), capacità interelettrodica.
interest rate (*fin.*), tasso di interesse.
interester (*chim.*), intra estere *m.*
interface (*met.*) (*fis.*) (*chim.*), interfaccia *f.*: superficie di separazione fra due mezzi diversi; (*inform.*) (elemento di separazione/connessione fra apparecchi, sistemi, ecc.): interfaccia *f.* (*parallel multi-wire plug and socket connection for connecting instruments and computers*).
— **(to —)** (*calcol. elettron.*), collegare; (*inform.*), interfacciare.
— **card** (*inform.*), scheda di interfaccia.
— **circuit** (*inform.*), circuito di interfaccia.
— **connector** (*inform.*), connettore per interfaccia.
— **dislocations** (*metal.*), dislocazioni all'interfaccia.
interfaceable, *agg.* (*calcol. elettron.*), collegabile; (*inform.*), interfacciabile.
interfacing (*elettron.*) (*inform.*), interfacciamento *m.*
interfere, *v.i.*, interferire *v.a.*; intervenire; dare (*o* produrre) una perturbazione (*chim.*).
interference, interferenza *f.*
— **drag** (*aereo*), interferenza (*f.*) aerodinamica.
— **figure** (*min.*), figura d'interferenza.
— **fringes,** frange (*f. pl.*) d'interferenza.
— **guard bands,** bande (*f. pl.*) laterali di protezione (*radio*).
— **pattern** (*min.*), figura d'interferenza.
— **rejector** (*radar*), eliminatore di interferenze (causate da altri radar).
interferogram (*fis.*), interferogramma *m.*
interferometer, interferometro *m.*
interferometry (*fis.*), interferometria *f.*
intergranular corrosion (*met.*), corrosione (*f.*) intergranulare.
— **crack** (*met.*, *sald.*), cricca (*f.*) intergranulare.
— **fracture** (*met.*), frattura (*f.*) intergranulare.
— **fragility** (*met.*), fragilità intergranulare.
intergrowth, crescita per sovrapposizione (*di cristalli*); interpenetrazione *f.*
interim licence, licenza provvisoria.
interior (*auto*), abitacolo *m.*
— **boot release** (*auto*), apertura del bagagliaio dall'interno.
— **camera** (*cinem.*), macchina da presa a colori usata solo all'interno con luce elettrica.
— **face,** faccia (*f.*) interna.
— **varnish,** vernice (*f.*) per interni.
interlaced scanning (*telev.*), analisi (*f.*) (*o* esplorazione) interlineata.
interlacement (*tess.*), armatura *f.* (intreccio).
interlacing (*tess.*), intreccio *m.*; interlacciamento *m*; analisi (*f.*) interlacciata (*telev.*).
— **of lines** (*ferr.*), innesto (*m.*) di binario.
inter-lamination resistance (*met.*), resistenza interlaminare (resistenza elett. di un pacco di strisce misurata in direz. perpend. al piano di laminazione).
interlay (*tip.*), avviamento dei clichés.
interlinked current (*elet.*), corrente (*f.*) concatenata.
interlock (to —), *v.i.* asservire, ingranare; *v.r.* ingranarsi.
interlocked switch (*ferr.*), comando (*m.*) centrale dello scambio.
interlocking (*elet.*), collegamento con azione combinata; asservimento *m.*
— **circuit** (*elet.*), circuito derivato; circuito di asservimento.

interlocking mechanism, meccanismo (*m.*) d'innesto.
— **plant** (*ferr.*), blocco automatico.
— **tile,** tegola (*f.*) ad incastro.
— **tower** (*ferr.*), cabina (*f.*) di smistamento e di segnalazione.
intermediate (*chim.*), intermedio *m.*; prodotto (*m.*) intermedio.
— **alloys** (*met.*), leghe (*f. pl.*) intermedie.
— **block,** blocco (*m.*) intermedio.
— **circuit** (*elet.*), circuito (*m.*) intermedio.
— **distribution frame** (*telef.*), ripartitore (*m.*) intermedio.
— **frame** (*tess.*), banco a fusi intermedio.
— **frequency amplifier** (*radio*), amplificatore (*m.*) di frequenza intermedia.
— **frequency stage tuning unit** (*radio*), sintonizzatore (*m.*) di frequenza intermedia.
— **frequency transformer** (*radio*), trasformatore di frequenza intermedia.
— **gear,** ruotismo (*m.*) intermedio.
— **longitudinal,** travetto (*m.*) longitudinale intermedio (*od* ausiliario) (di aerostato).
— **neutron** (*fis. atom.*), neutrone (*m.*) **intermedio.**
— **pressure cylinder,** cilindro (*m*) di media pressione.
— **product,** prodotto (*m.*) intermedio.
— **-range ballistic missile,** missile balistico a gittata intermedia.
— **reactor** (*fis.atom.*), **reattore** (*m.*) **intermedio.**
— **repeater** (*telef.*), ripetitore (*m.*) intermedio.
— **rolling mill** (*met.*), laminatoio (*m.*) intermedio.
— **shaft,** albero (*m.*) intermedio; albero (*m.*) ausiliare (*mecc.*); asse (*m.*) di trasmissione.
— **strut** (*aer.*), montante (*m.*) intermedio.
— **transformer** (*elet.*), trasformatore (*m.*) intermedio.
intermediate transverse frame, anello (*m.*) ausiliario (*o* intermedio) (di aerostato).
— **(slide) valve** (*saracinesche*) (*idraul.*), valvola (*f.*) intermedia.
— **wheel** (*orol.*), ruota intermedia di messa all'ora; ruota rinvio.
— **wheel bridge** (*orol.*), ponte tiretto.
— **wheel bridge screw** (*orol.*), vite ponte tiretto.
intermediates (*chim.*), intermedi (*m. pl.*), organici (per l'industria dei coloranti e l'ind. farmaceutica).
intermetallic, *agg.* intermetallico.
— **alloy,** lega (*f.*) intermetallica.
— **compound** (*met.*), composto (*m.*) intermetallico (con due o più metalli con struttura cristallografica e composizione diverse).
intermittent, *agg.* intermittente.
— **arc** (*elet.*), arco (*m.*) discontinuo.
— **feeding** (*mecc.*), alimentazione (*f.*) intermittente.
— **forward movement** (*cinem.*), movimento intermittente.
— **load,** carico (*m.*) intermittente.
— **spinning process** (*tess.*), processo di filatura intermittente.
— **welding** (*sald.*), saldatura (*f.*) discontinua; saldatura interrotta.
— **wind tunnel** (*aereo*), galleria del vento di tipo intermittente.
— **working,** esercizio (*m.*) intermittente; esercizio (*m.*) interrotto.
intermodulation (*telef.*), intermodulazione *f.*
— **distortion,** distorsione (*f.*) d'intermodulazione.
intermolecular, *agg.*, intermolecolare.
internal annular shake (of wood), cipollatura *f.* (del legno).
— **beam holes** (*fis. atom.*), **canali** (*m. pl.*) **interni.**

internal broaching, brocciatura (*f.*) interna; spinatura (*f.*) interna.
— **combustion-driven train,** treno (*m.*) con automotrice a benzina (*o* nafta).
— **combustion engine,** motore (*m.*) a combustione interna; motrice (*f.*) a combustione interna.
— **combustion machine,** macchina (*f.*) a combustione interna.
— **conversion** (*fis. atom.*), conversione (*f.*) interna.
— **-conversion electron** (*fis. atom.*), elettrone (*m.*) di conversione interna.
— **crack** (*met.*), cricca (*f.*) interna.
— **expanding (mechanical) brake,** freno (*m.*) ad espansione (interna).
— **force,** forza (*f.*) interna.
— **furnace,** focolare (*m.*) interno.
— **furnace boiler,** caldaia (*f.*) a focolare interno.
— **gears,** ingranaggi (*m. pl.*) interni; ruote (*f. pl.*) dentate interne.
— **grinder,** rettificatrice (*f.*) per interni.
— **grinding,** rettifica (*f.*) di interni.
— **honing machine** (*macch. ut.*), levigatrice (*f.*) per interni.
— **hot tears** (*met.*), (difetto nel getto d'acciaio, dato da) screpolature invisibili all'occhio.
— **impedance** (*elet.*), impedenza (*f.*) interna.
— **lapping machine** (*macch. ut.*), lappatrice (*f.*) per interni.
— **memory** (*inform.*), memoria (*f.*) interna.
— **micrometer,** micrometro per interni.
— **milling cutter,** fresa (*f.*) per interni.
— **pole dynamo,** dinamo (*f.*) a poli interni.
— **sill,** davanzale (*m.*) interno.
— **staircase** (*cost.*), scala interna.
— **stresses** (*met., mecc.*), tensioni interne; sollecitazioni interne.
— **thread,** filettatura (*f.*) interna.

internal upset (*met.*), ricalcatura (*f.*) interna.
— **vibration,** vibrazione (*f.*) interna.
— **vibrator** (*calcestruzzo*), vibratore (*m.*) interno.

international advisory panel (*finan.*), gruppo consultivo internazionale.
— **call** (*telef.*), chiamata (telefonica) internazionale.
— **candle,** candela (*f.*) internazionale.
— **competitive bidding** (*comm.*), licitazione internazionale.
— **metric count** (*tess.*), titolo (*m.*) internazionale o chilogrammetrico.
— **penicillin standard,** sale di sodio cristallino puro della penicillina G.
— **sending code,** codice (*m.*) telegrafico internazionale.

INTERNIST (*med.*) (*inform.*), sistema di calcolatori « esperti » (v. **expert systems**) usato in medicina per diagnosticare le malattie.

interorbital space vehicle (*astron.*), veicolo spaziale interorbitale.

interphone, citofono *m.*; apparecchio interfonico; telefono interno; interfonico; telefono intercomunicante.

interplane strut (*aer.*), montante (*m.*) dell'ala.

interplanetary flight (*aereo*), volo interplanetario.
— **plasma** (*geofis.*), plasma interplanetario.
— **platform** (*astron.*), piattaforma (*f.*) interplanetaria.
— **travel,** viaggio (*m.*) interplanetario.

interplay (*chim.*), azione (*f.*) reciproca.

interpolate, *v.a.* interpolare.

interpolation (*mat.*), interpolazione *f.*; (*comando numerico, macch. ut.*), interpolazione.
— **(circular —),** interpolazione circolare.

interpolation (linear —), interpolazione lineare.
— **(parabolic —)**, interpolazione parabolica.
interpole motor (*elet., ecc.*), motore con poli di commutazione.
interpolymer (*chim.*), interpolimero *m.*
interpreter (*inform.*), interprete *f.* (macchina che permettendo di stampare sul bordo della scheda le informazioni in essa perforate è capace di tradurre i dati perforati sulla scheda, in caratteri stampati sul bordo).
interrelationship, relazione (*f.*) reciproca; rapporti (*m. pl.*) reciproci.
interrogate (*elettron.*), interrogare; (*the system is completely passive until interrogated*), il sistema è completamente passivo fino a che viene interrogato.
— (*v.a.*) **a computer** (*inform.*), interrogare un calcolatore.
interrogation (*elettron.*), interrogazione *f.*
interrogator (*elettron.*), circuito d'interrogazione; (*radar*) (*aereo*), interrogatore (*pulse transmitter for exciting a transponder*).
interrupt, *v.a.* interrompere; togliere il contatto; (*inform.*), interruzione (di programma).
— **flag register** (*inform.*), registro dei « flag » di interruzione.
— **request** (*inform.*), richiesta di interruzione.
— **(non maskable —)** (*inform.*), interruzione non mascherabile (che non si può nascondere).
interrupted tooth formation, dentatura (*f.*) a denti spezzati.
interrupting assembly (*elet.*), meccanismo (*m.*) di interruzione.
— **rating** (*elet.*), capacità (*f.*) di rottura (di un interruttore).
interruption, interruzione *f.*
— **of current**, interruzione (*f.*) di corrente.
— **to electric power supply**, interruzione (*f.*) nella fornitura di corrente elettrica.
interruptor gear (*aereo*), meccanismo di sincronizzazione (che impedisce che un cannoncino spari quando la pala dell'elica è sulla linea di mira).
intersect, *v.a. v.i.*, intersecare *v.a.* (*geom.*); tagliarsi *v.r.* (*geom.*).
intersecting angle, angolo (*m.*) di obliquità.
— **gill-box before combing** (*tess.*), stiratoio (*m.*) a pettini avanpettinatura.
— **gill-box for back washer** (*tess.*), stiratoio (*m.*) a pettini di lisciatura.
— **gill-box 1st. passage** (*tess.*), stiratoio (*m.*) a pettini 1° passaggio preparazione.
— **gill-box 2nd. passage** (*tess.*) stiratoio (*m.*) a pettini 2° passaggio preparazione.
— **gill-box 3rd. passage** (*tess.*), stiratoio (*m.*) a pettini 3° passaggio preparazione.
intersection, intersecamento *m.*; incrocio *m.* (*strad.*); intersezione *f.*; (*traffic*), v. **signalized —**.
— **capacity** (*traffico*), capacità degli incroci.
— **leg** (U.S.A.), ramo (*m.*) dell'incrocio.
— **(at-grade —)** (*strade*), incrocio a livello.
— **(right-angled three-way —)** (*traffic*), incrocio perpendicolare a tre vie.
interseeding (*agr.*), infrasemina (di una coltura in un'altra).
intersertal structure (*geol.*), struttura (*f.*) intersertale.
interstellar, *agg.* interplanetario.
— **clouds** (*giant clouds of dust grains in a gas*), nuvole interstellari.
— **spectra** (*astr.*), spettri interplanetari.
interstitial atom (*reticoli crist.*), atomo interstiziale.
interstitials (*met.*), interstiziali (atomi in posizione non reticolare, introdottisi fra quelli del reticolo ospite).

interstitials (extra low — ferritic stainless steel), acciaio inossidabile ferritico a basso tenore di interstiziali.
interswitching systems (*elettron.*), sistemi intercommutanti.
intertype (*tip.*), intertype.
— **composing machine** (*tip.*), compositrice intertype.
interval, intervallo *m.*
intervening, *agg.*, intermediario.
intimate, *agg.* (*chim.*), intimo (*miscuglio*, *miscela*).
intoxicate, *v.a.*, intossicare *v.a.*
intoxication, intossicazione *f.*
intracyclic, *agg.* (*chim.*), intraciclico.
intrados (*arch.*), intradosso *m.*
intramolecular, *agg.*, intramolecolare.
introduce (*v.a.*) **batch by batch,** versare a strati (calcestruzzo, ecc.).
intron (*genetica*), regione dei geni negli organismi superiori.
introuder alarm (*elettroni*), dispositivo antintrusione; allarme antintrusione.
— **detector** (*antifurti*), rivelatore (allarme) antintrusione.
intrusive, *agg.* intrusivo.
intumesce, *v.i.*, gonfiarsi *v.r.*
intumescence, rigonfiamento *m.*
intumescent paint, vernice intumescente (che si gonfia se esposta alla fiamma).
invalid chair, triciclo (*m.*) da infermo.
invalidate, *v.a.*, invalidare *v.a.*; infirmare *v.a.*; alterare *v.a.*
invalidation, alterazione *f.*
invar, lega nichel-cromo.
invariat (*mat.*), invariante *m.*
invent, *v.a.* inventare.
invention, invenzione *f.*
inventor, inventore *m.*
inventory (*comm.*), inventario; conti di inventario.
inverse chill (*met.*), tempra inversa.
— **current,** corrente (*f.*) inversa.
— **feedback,** reazione (*f.*) negativa.
inverse feed-back oscillator, oscillatore (*m.*) ad alimentazione inversa.
— **function** (*mat.*), funzione inversa.
— **operation** (*mat.*), operazione (*f.*) inversa.
— **segregation** (*met.*), segregazione (*f.*) inversa.
— **time-lag** (*elet.*), ritardo (*m.*) inverso.
inversely proportional, inversamente (*avv.*) proporzionale.
inversion (*elet.*, *mat.*, *meteo.*), inversione *f.*
invert sugar, zucchero invertito.
inverted arch, arco (*m.*) rovescio (per fondazioni); volta (*f.*) rovescia; arco (*m.*) di fondazione.
— **cavetto** (*arch.*), imoscàpo *m.*
— **engine,** motore (*m.*) invertito.
— **fuel and oil systems** (*aereo*), sistemi di alimentazione e lubrificazione invertiti.
— **-L antenna** (*radio*), antenna a L rovesciata.
— **flight** (*aereo*), volo (*m.*) rovescio.
— **image,** immagine (*f.*) invertita.
— **loop** (*aereo*), gran volta.
— **spin** (*aereo*), vite (*f.*) rovescia.
— **« V » engine,** motore (*m.*) invertito.
inverter (*elet.*), invertitore *m.*; convertitore (di c. continua in c. alternata).
inverting enzymes (*chim.*), enzimi che trasformano gli zuccheri (disaccaridi) in zuccheri più semplici (p. es. la sucrasi).
invested capital, capitale (*m.*) d'impianto.
investigation (*chim.*), studio *m.*; ricerca *m.*; (*met.*), v. **comparative —.**
investment (*banca*, *ecc.*), investimento *m.*
— **casting** (*fond.*), fusione (*f.*) a cera persa; fusione (*f.*) di precisione; fusione (*f.*) sotto pressione.
— **incentive** (*comm.*), incentivo agli investimenti.

inviscid flow (*mecc. dei fluidi*), fluido non viscoso.
invisible item (*comm. econ.*), partita invisibile.
involute, evolvente *f.*
— **curve,** curva ad evolvente.
— **gearing,** ingranaggio (*m.*) a evolvente.
— **gears** (*mecc.*), ingranaggi (*m. pl.*) a evolvente.
— **gear testing machine** (*macch.*), macchina (*f.*) per il controllo evolventi.
— **teeth gears,** ingranaggi (*m. pl.*) con denti ad evolvente.
involution, involuzione *f.*
inward *agg.*, interno.
— **position of the tool,** posizione interna dell'utensile.
inwards, *avv.*, verso l'interno; dentro; di ritorno (*naut.*) (*rif. a nave*).
iodate, iodato *m.*
iodeosin (*chim.*), iodeosina *f.*; tetrafluoresceina *f.*
iodic, *agg.* (*chim.*), iodico.
— **acid,** acido (*m.*) iodico.
— **anhydride,** anidride (*f.*) iodica.
iodide, ioduro *m.*
iodine, (*chim.* = I), iodio *m.*
— **number** (*petrolio*), numero (*o* indice) di assorbimento di iodio.
— **value,** numero (*o* indice) di iodio.
iodize, *v.a.* iodare.
iodized charcoal (*chim.*), carbone di legna iodato.
iodoaniline (*chim.*), (amino-iodobenzene) iodoanilina *f.*
iodochloride (*chim.*), iodocloruro *m.*
iodoform (pr. *ai'*-) (*chim.*), iodoformio *m.*
iodol (pr. *ai'*-) (*chim.*), iodolo *m.*
iodometric, *agg.* (*chim.*), iodometrico.
iodometry, iodometria *f.*
iolite, iolito *m.*
ion, ione *m.*
— **accelerator** (*fis. atom.*), acceleratore (*m.*) di ioni.
— **activity** (*fis. atom.*), attività (*f.*) ionica.
ion avalanche (*fis. atom.*), valanga (*f.*) ionica.
— **beam** (*fis. atom.*), fascio (*m.*) ionico.
— **bombardment,** bombardamento di ioni.
— **burning** (*fis. atom.*), bruciatura (*f.*) ionica; scottatura (*f.*) ionica.
— **cloud** (*fis. atom.*), nuvola (*f.*) ionica.
— **column** (*fis. atom.*), colonna (*f.*) ionica.
— **counter** (*fis. atom.*), contatore (*m.*) ionico.
— **engine** (*mot.*, *astr.*), motore ionico.
— **engine rocket,** razzo (*m.*) a ioni.
— **exchange** (*fis. atom.*), scambio (*m.*) ionico.
— **-exchange column** (*fis. atom.*), colonna (*f.*) a scambio ionico.
— **-exchange resin** (*fis. atom.*), resina (*f.*) scambiatrice di ioni.
— **pair** (*fis.*), coppia (*f.*) di ioni.
— **-pair yield** (*fis. atom.*), rendimento (*m.*) di una coppia di ioni.
— **plating,** placcatura ionica (ottenuta con bombardamento della superficie con ioni attivati).
— **propulsion for space flight,** propulsione a ioni per voli spaziali.
— **radius** (*cristal.*), raggio ionico.
— **source** (*fis. atom.*), sorgente (*f.*) di ioni.
— **spot** (*telev.*), macchia (*f.*) ionica.
— **transit-time,** tempo di transito di ioni.
ionic bombardment (*metal.*), bombardamento ionico.
— **current** (*termoion.*), corrente (*f.*) ionica.
— **density,** densità ionica.
— **focusing** (*elettron.*), messa a fuoco per ionizzazione (concentrazione di un raggio elettronico utilizzando il gas residuo in un tubo).
— **order** (*arch.*), ordine (*m.*) ionico.
— **valve** (*term.*), valvola (*f.*) ionica.

ionic wind (*fis.*), vento (*m.*) ionico.
ionisation, ionizzazione *f.*
— **by collision** (*fis.*), ionizzazione (*f.*) per urto.
— **chamber,** camera (*f.*) di ionizzazione.
— **coefficient,** coefficiente (*m.*) di ionizzazione.
— **density,** densità (*f.*) di ionizzazione.
— **gauge,** micromanometro (*m.*) di ionizzazione.
ionise, *v.a.* ionizzare.
ionised air, aria (*f.*) ionizzata.
ionitriding (*met.*), nitrurazione per (scambio di) ioni.
ionium (*chim.* = Io), ionio.
ionizable, *agg.* ionizzabile.
ionization (U.S.A.), ionizzazione *f.*
ionize, *v.a.* ionizzare.
ionizer (*fis.*), agente (*m.*) ionizzante.
ionizing collision (*fis. atom.*), collisione (*f.*) di ionizzazione.
— **energy** (*fis. atom.*), energia (*f.*) di ionizzazione.
— **particle** (*fis. atom.*), particella (*f.*) ionizzante.
— **radiation** (*fis. atom.*), radiazione (*f.*) ionizzante.
ionocolorimeter (*chim.*), ionocolorimetro *m.*
ionogen (*chim.*), ionogeno; generatore di ioni.
ionogenic, *agg.* ionizzabile.
ionoluminescence, ionoluminescenza *f.*
ionometer (*radiol.*), ionometro *m.*
ionone (*chim.*), ionone (essenza usata in profumeria).
ionophone (*elet.*), ionofono *m.*
ionosphere, ionosfera *f.*
ionospheric propagation, propagazione ionosferica.
— **storm warning system,** sistema di segnalazione delle tempeste ionosferiche.
iposhot curve (*illum.*), curva (*f.*) isoluxa.
iridescence, iridescenza *f.*
iridescent, *agg.* iridescente.
— **printing** (*tip.*), stampa iridata.
iridium (*chim.* = Ir), iridio *m.*
iris diaphragm, diaframma (*m.*) a iride (*ott.*); schermo (*m.*) ad iris.
irisation, iridescenza *f.*
iron (*chim.* = Fe), ferro *m.*; ghisa *f.*; ferro (*m.*) da stiro; (*cinem.*) (U.S.A.), equipaggiamento elettrico; (*slang*) (*petrolio*) (U.S.A.), acciaio resistente al calore.
— **(to —),** *v.a.* stirare (*mecc.*); spianare (*mecc.*).
— **acetate** (*chim.*), acetato (*m*), di ferro.
— **-alum,** allume (*m.*) di ferro.
— **and steel institute,** Istituto Siderurgico.
— **and steelmaking furnace,** forno (*m.*) siderurgico.
— **and steel works,** stabilimento (*m.*) metallurgico siderurgico.
— **arched bridge** (*cost.*), ponte (*m.*) ad arco in ferro.
— **balance,** v. **overall — balance.**
— **-bar,** ferro (*m.*) in barre.
— **bark wood,** legno (*m.*) ferro.
— **barrack,** baracca (*f.*) in costruzione metallica.
— **blue,** bleu di ferro.
— **brace,** saettone (*m.*) in ferro.
— **bridge,** ponte (*m.*) in ferro.
— **bridge construction,** costruzione (*f.*) di ponti in ferro.
— **buff** (*chim.*), idrossido ferrico.
— **caisson,** cassone (*m.*) metallico.
— **carbide,** carburo (*m.*) di ferro.
— **cask,** botte (*f.*) di ferro.
— **casting,** getto (*m.*) in ghisa.
— **castings,** articoli (*m. pl.*) di ghisa.
— **chain,** tirante *f.* (catena d'arco).
— **core choke,** bobina (*f.*) a nucleo magnetico.
— **cutters,** cesoia (*f.*) per ferro.
— **detector,** rilevatore (*m.*) della presenza del ferro.
— **drum,** botte (*f.*) di ferro; fusto *m.*
— **filings,** limatura (*f.*) di ferro.
— **fittings** (*ferr.*), attacchi *m. pl.* (per rotaie).
— **foundry,** fonderia (*f.*) di ghisa.

iron frame, armatura (*f.*) di ferro; intelaiatura (*f.*) di ferro.
— **framework**, traliccio (*m.*) metallico.
— **-grate**, inferriata *f.*
— **grating**, inferriata *f.*
— **grey**, grigio (*agg.*) ferro.
— **hammer**, mazzuolo *m.* (martello di ferro).
— **hand rail**, corrimano (*m.*) in ferro.
— **industry**, industria (*f.*) siderurgica.
— **liquor** (*chim.*), acetato di ferro.
— **mastic**, mastice (*m.*) per ferro.
— **mike** (*slang*) (U.S.A.), pilota (*m.*) automatico.
— **monger**, mercante (*m.*) di ferramenta.
— **-mould**, massello *m.*
— **mountings**, armatura (*f.*) in ferro.
— **nitrate**, nitrato (*m.*) di ferro.
— **notch** (U.S.A.), foro (*m.*) di colata (di altoforno).
— **ochre**, minio (*m.*) di ferro.
— **ore**, minerale ferroso.
— **ore beneficiation** (*met.*), riduzione del minerale di ferro.
— **oxide**, ossido (*m.*) di ferro.
— **oxide black**, ossido di ferro nero.
— **oxide red**, ossido di ferro rosso.
— **passivity** (*met.*), passività del ferro.
— **paving**, pavimentazione (*f.*) metallica.
— **plate**, lastra (*f.*) in ferro.
— **purlin**, arcareccio (*m.*) in ferro.
— **pyrites**, pirite (*f.*) di ferro.
— **reinforcement**, armatura (*f.*) di ferro.
— **ring**, ghiera *f.*
— **scraps**, rottami (*m. pl.*) di ferro.
— **-sheet bridge** (*elet.*), saggiatore (*m.*) di lamiere di ferro.
— **smelting furnace**, forno (*m*). di fusione del ferro.
— **sponge** (*met.*), spugna (*f.*) di ferro.
— **sponge process** (*ing. chim.*), processo per la produzione di spugna di ferro.

iron spout (*altoforno*), becco colata ghisa.
— **stageing**, armatura (*f.*) in ferro.
— **stopper**, mastice (*m.*) per ferro.
— **strut**, saettone (*m.*) in ferro.
— **template** (*mecc.*), dima (*f.*) di ferro.
— **tie**, tirante (*f.*) per muri (volte, ecc.).
— **tools**, ferramenti *m. pl.* (utensili); ferrareccia *f.*
— **wire**, filo (*m.*) di ferro.
— **wood**, legno (*m.*) ferro.
— **work**, costruzioni (*f. pl.*) in ferro.
— **-working**, ferratura *f.*; siderurgia *f.*
— **(angle —)**, ferro (*m.*) ad angolo.
— **(band —)**, ferro (*m.*) a nastro.
— **(brittle —)**, ferro (*m.*) fragile.
— **(cast —)**, ferro (*m.*) fuso.
— **(channel —)**, ferro (*m.*) a E; ferro (*m.*) a U.
— **(cold short —)**, ferro (*m.*) fragile a freddo.
— **(corrugated —)**, ferro (*m.*) corrugato.
— **(cross —)**, ferro (*m.*) a croce.
— **(cross section —)**, ferro (*m.*) a croce.
— **(ductile —)**, ferro (*m.*) dolce.
— **(double T —)**, ferro (*m.*) a doppio T.
— **(double tee- —)**, ferro (*m.*) a doppio T.
— **(flat —)**, ferro (*m.*) piatto.
— **(flat bulb —)**, ferro (*m.*) piatto a bulbo.
— **(forge —)**, ferro (*m.*) fucinato.
— **(galvanized —)**, ferro (*m.*) galvanizzato; ferro (*m.*) zincato.
— **(girder —)**, ferro (*m.*) per travi.
— **(H- —)**, ferro (*m.*) a doppio T.
— **(half round profile —)**, ferro (*m.*) profilato mezzotondo.
— **(hand rail —)**, ferro (*m.*) corrimano.
— **(hexagonal —)**, ferro (*m.*) esagonale.

iron (hoop —), ferro (*m.*) a nastro.
— **(I- —)**, ferro (*m.*) a I.
— **(malleable —)**, ferro (*m.*) fucinato.
— **(plate- —)**, ferro (*m.*) in lamiere.
— **(profile —)**, ferro (*m.*) profilato.
— **(puddled —)**, ferro (*m.*) puddellato.
— **(quadrant —)**, ferro (*m.*) a quadrante.
— **(red brittle —)**, ferro (*m.*) fragile al rosso.
— **(red short —)**, ferro (*m.*) fragile al rosso.
— **(rivet —)**, ferro (*m.*) per chiodi.
— **(rolled —)**, ferro (*m.*) laminato.
— **(round —)**, ferro (*m.*) tondo.
— **(round bar- —)**, ferro (*m.*) tondo.
— **(section —)**, ferro (*m.*) profilato.
— **(shaped —)**, ferro (*m.*) profilato.
— **(sheet —)**, ferro (*m.*) in fogli.
— **(short —)**, ferro (*m.*) fragile.
— **(soft —)**, ferro (*m.*) dolce.
— **(square —)**, ferro (*m.*) quadro.
— **(T- —)**, ferro (*m.*) a T.
— **(Tee- —)**, ferro (*m.*) a T.
— **(trough —)**, ferro (*m.*) Zores.
— **(U- —)**, ferro (*m.*) a U.
— **(wrought —)**, ferro (*m.*) saldato; ferro (*m.*) battuto.
— **(Z- —)**, ferro (*m.*) a Z.
— **(zed- —)**, ferro (*m.*) a Z.
ironclad, corazzata *f.*; corazzato *agg.*
— **headstock**, testa (*f.*) motrice blindata.
— **motor**, motore (*m.*) corazzato.
— **shaft** (*min.*), pozzo (*m.*) blindato.
— **vessel**, nave (*f.*) corazzata.
ironing (*tecnol.*), stiramento; estrusione a freddo di finitura; imbutimento; stampaggio profondo; (*metal.*), processo utilizzante pressione e calore (1500/3000 gradi F) specialm. usato per mutare la disposizione cristallina dei materiali (fra i più comuni il monossido di titanio) ed eliminare i pori submicroscopici (brevetto Westinghouse Elett. Co. Pittsburg).
ironing press (*mecc.*), pressa spianatrice per lamiere.
ironmaking, *agg.* (*met.*), siderurgico.
— **capacity of the reconstructed works**, capacità (di produzione) siderurgica dello stabilimento ricostruito.
— **complex** (*met.*), complesso (*m.*) siderurgico.
— **facilities** (*met.*), impianti per la fabbricazione della ghisa; attrezzature metallurgiche.
— **plant** (*met.*), impianto siderurgico.
— **technology** (*met.*), tecnologia siderurgica.
ironmonger's shop, magona *f.* (bottega).
ironmongery, ferramenta *f. pl.* (merce); ferrareccia *f.*
ironware, ferrareccia *f.*
ironwork, lavoro in ferro battuto; parti in ferro; lavoro in ferro.
ironworks, fucina (*f.*) siderurgica; fonderia (*f.*) di ghisa (*o* del ferro); ferriera *f.*
irradiance (*fis.*), irraggiamento *m.*
irradiancy, irradianza *f.*
irradiate, *v.i. v.a.*, irradiare *v.a. v.r.*
irradiated commodities, merci (*f. pl.*) irradiate.
— **food**, cibi irradiati; alimenti irradiati.
— **fuel** (*fis. atom.*), combustibile (*m.*) irradiato.
— **fuel element** (*fis. atom.*), cartuccia (*f.*) di combustibile irradiato.
irradiation, irradiazione *f.*
— **cubicle** (*fis. atom.*), cubicolo (*m.*) d'irraggiamento.
— **damage** (*fis. atom.*), danno provocato da irradiazione.
— **drum** (*fis. atom.*), tamburo (*m.*) d'irradiazione.

irradiation sickness (*fis. atom.*), malattia (*f.*) da irradiazione.

— **-sterilized** (*tec. alimentaz.*), sterilizzato ad irradiazione.

— **temperature,** temperatura (*f.*) di irraggiamento.

— **time** (*fis. atom.*), tempo (*m.*) d'irradiazione.

irrational, *agg.* (*mat.*), irrazionale.

irregularities of the ground, asperità (*f. pl.*) del suolo.

irreversibility, irreversibilità *f.*

irreversible, *agg.*, irreversibile.

— **colloid** (*chim.*), colloide (*m.*) irreversibile.

— **controls** (*aereo*), comandi (*m. pl.*) irreversibili.

— **gel** (*chim.*), gel (*m.*) irreversibile.

— **reaction** (*chim.*), reazione irreversibile.

— **steering** (*auto*), sterzo (*m.*) irreversibile.

irrigable land, terreno (*m.*) irrigabile.

irrigate, *v.a.* irrigare.

irrigated field (*agr.*), marcita *f.*

— **land,** terreno (*m.*) irrigato.

irrigation, irrigamento *m.*; irrigazione *f.*; (*agr.*), v. **organic** —.

— **apparatus,** apparecchio (*m.*) d'irrigazione.

— **board,** consorzio (*m.*) di irrigazione.

— **canal** (*agric.*), canale (*m.*) d'irrigazione.

— **sprinkler** (*agr.*), irrigatore a pioggia.

— **water,** acqua (*f.*) d'irrigazione.

irrigator, irrigatore *m.*

irritant gas, gas (*m.*) irritante.

isallobars (*meteor.*), isallobare *f. pl.*

isatic acid (*chim.*), acido formico aminobenzoil.

isatin (*chim.*), isatina *f.*

ischium (*pl.* **ischia**), ischio *m.*

isinglass (*chim.*), colla di pesce.

island, isola *f.*; isola (*f.*) spartitraffico.

— **platform** (*ferr.*), marciapiede (*m.*) intermedio.

isoamyl ether, etere (*m.*) isoamilico.

nitrite, nitrito (*m.*) di amile.

isobar (*chim.*), elemento del medesimo peso atomico, ma di proprietà chimiche diverse: isobaro *m.*; (*meteor.*) isobara *f.*

— **(nuclear —)** (*fis. atom.*), isobaro nucleare.

isobaric, *agg.* isobarico; isobaro.

— **spin** (*fis. atom.*), « spin » isobarico.

— **spin quantum number** (*fis. atom.*), numero quantico di « spin » isobarico.

isobarometric, *agg.* isobarometrico.

isobars, isobare *f. pl.* (*meteor.*); isobari *m. pl.* (*chim.*) (*fis. atom.*).

isobutene (*chim.*), isobutilene *m.*

isobutyl acetate (*chim.*), acetato (*m.*) di isobutile.

isobutoxide (*chim.*), isobutilato *m.*

isobutyrate (*chim.*), isobutirrato *m.*

isocheim, isochimeno *m.*

isochinal, isochinale *m.*

isochor, isocoro *m.* (*grafico con due variabili in un cambiamento isotermico*).

isochromatic, *agg.* (*fot.*), isocromatico.

isochronism, isocronismo *m.*

— **test,** prova di isocronismo.

isochronous, *agg.* isocrono.

— **cyclotrons,** ciclotroni (*m. pl.*) isocroni.

— **scanning** (*telev.*), analisi (*o* esplorazione) isocrona.

isoclinal (*geol.*), isoclinale *m.*

— **wing** (*aereo*), ala (*f.*) isoclinica.

isoclinic line, linea isoclina.

isocyanine (*chim.*), isocianina *f.*

isodomon (*arch.*), isodomo *m.*

isodose (*fis. atom.*), isodose *f.*

— **chart** (*fis. atom.*), carta delle isodosi.

isoelectronic, *agg.* isoelettronico.

isogel (*chim.*), isogel *m.*

isogon, linea (*f.*) isogona.

isogonic lines, linee isogoniche (che uniscono punti di ugual variazione magnetica).

isogonism (*cristalli*), isogonismo *m.*

isogram (U.S.A.), v.: **isogramme.**
isogramme, isogramma *m.*
isograph (*mecc.*), isografo *m.* (*macchina calcolatrice per soluzione di problemi di polinomi*).
isokol (*chim.*), isokol (prodotto per lastre fotografiche).
isolate, *v.a.* (*elet.*, *chim.*), isolare.
isolating mass, massa (*f.*) isolante.
— **system** (*acust.*), sistema di isolamento (acustico).
isolation (*acust.*), isolamento *m.*
isolator (*acust.*), isolante (*m.*) acustico; assorbente acustico *m.*
— **(vibration and shock —),** assorbente acustico (*o* isolante) antivibrante e ammortizzatore.
isolog, isologo *m.*
isologue, isolog *m.*
isomer (*chim.*), isomero *m.*
isomeric, *agg.* (*chim.*), isomerico.
— **transition** (*fis.*), transizione (*f.*) isomerica.
isomerisable, *agg.* (*chim.*), isomerizzabile.
isomerisation (*chim.*), isomerizzazione *f.*
isomerise (isomerize), *v.i.* (*chim.*), isomerizzare *v.a.*
isomerism, isomeria *f.*
isomerization, v.: **isomerisation.**
isomerized rubber, gomma (*f.*) isomerizzata.
isomerous, *agg.* (*chim.*), isomerico.
isometric representation, rappresentazione (*f.*) isometrica.
isomorphism, isomorfismo *m.*
isomorphous, *agg.* isomorfo.
isopaque curve (*fot.*), linea dei punti di uguale opacità.
isopropyl acetate (*chim.*), acetato (*m.*) di isopropile.
isopropoxide (*chim.*), isopropilato *m.*
isopulegol (*profumi*), isopulegolo *m.*
isopulegone (*chim.*), isopulegone *m.*
isopyroine (*alcaloidi*), isopiroina *f.*
isoquinoline (*chim.*), isochinolina *f.*
isosaccharic acid (*chim.*), acido (*m.*) isosaccarico.
isosceles triangle, triangolo (*m.*) isoscele.
isosciles, *agg.* isoscile.
isoseismal, *agg.* isosismico.
— **line,** isosista *f.*
isosoap, sapone sulfonico (derivato dall'olio di ricino).
isostasy, isostasia *f.*
isostere (*chim.*), isostere *m.*
isosynthesis (*chim.*), isosintesi *f.*
isotactic (*chim.*), isotattico (riferito p. es. a polimeri).
isotel (*chim.*), isotelo *m.*
isotheral, *agg.* isotero.
isotheres, isotere *f. pl.*
isotherm, isoterma *f.* (*linea immaginaria tracciata per i punti aventi la stessa temperatura*).
isothermal aging (*metal.*), invecchiamento isotermico.
— **anneal (to)** (*trattam. term. met.*), perletizzare.
— **annealing** (*cycle annealing*) (*metal.*), ricottura isotermica.
— **compression,** compressione (*f.*) isotermica.
— **curve,** curva (*f.*) di temperatura costante.
— **efficiency** (*ing.*), rendimento (*m.*) isotermico.
— **line,** isoterma *f.*
— **transformation,** trasformazione isotermica.
isotherms, isotermiche *f. pl.*
isotone (*fis. atom.*), isotono *m.*
isotonic *agg.*, (*fis.*), isotonico (*di uguale pressione osmotica*).
isotope (*chim.*), isotopo *m.*
— **analyzer** (*fis. atom.*), analizzatore di isotopi.
— **chart** (*fis. atom.*), carta degli isotopi.
— **dilution** (*fis. atom.*), diluizione (*f.*) isotopica.
— **dilution method** (*fis. atom.*), metodo (*m.*) di diluizione isotopica.
— **effect** (*fis. atom.*), effetto (*m.*) isotopico.
— **fractionation** (*fis. atom.*), frazionamento (*m.*) isotopico.
— **separation** (*fis. atom.*), separazione (*f.*) isotopica.
— **separation apparatus** (*fis. atom.*), apparecchio (*m.*) di separazione isotopica.

isotope separation plant (*fis. atom.*), impianto (*m.*) di separazione isotopica.
— **shift** (*fis. atom.*), spostamento (*m.*) isotopico.
— **structure** (*fis. atom.*), struttura (*f.*) isotopica.
isotopic, *agg.* isotopico.
— **analysis** (*fis. atom.*), analisi (*f.*) isotopica.
— **composition** (*fis. atom.*), composizione (*f.*) isotopica.
— **enrichment** (*fis. atom.*), arricchimento (*m.*) isotopico.
— **equilibrium** (*fis. atom.*), equilibrio (*m.*) isotopico.
— **exchange** (*fis. atom.*), scambio (*m.*) isotopico.
— **indicator** (*fis. atom.*), indicatore (*m.*) isotopico.
— **mass** (*fis. atom.*), (*f.*) massa isotopica.
— **mixture** (*fis. atom.*), miscela (*f.*) di isotopi.
— **ratio** (*fis. atom.*), rapporto (*m.*) isotopico.
— **space** (*fis. atom.*), spazio (*m.*) isotopico.
— **spin** (*fis. atom.*), spin (*m.*) isotopico.
— **symbols** (*chim.*), simboli *m. pl.* (*o* numeri) isotopici.
— **tracer** (*fis. atom.*), tracciante (*m.*) isotopico.
— **variable** (*fis. atom.*), spin (*m.*) isotopico.
isotron (*fis.*), isotrone *m.*
isotropic, *agg.* isotropico.
isotropous, *agg.* isotropico.
isovaleric acid (*chim.*), acido (*m.*) isovalerico.
isovanillin (*chim.*), isovanillina *f.*
isotropy, isotropia *f.*
issue (to —), pubblicare.
—, pubblicazione *f.*; edizione *f.*
istatin (*chim.*), istatina *f.* (colorante intermedio).
Italian Air Registration Board (*aereo*), Registro Aeronautico Italiano.
— **green,** verde italiano (colorante per cotone).
— **pink,** rosa italiano.
— **poplar,** pioppo (*m.*) italico.
— **red,** ossido (*m.*) ferrico.
italic (*tip.*), corsivo.
item, articolo *m.* (*oggetto*); voce *o* elemento (d'informazione) (*calcolatori elettron.*); (*comm. econ.*), v. **capital —; invisible —**; (*inform.*), unità di informazione (campo dati).
iterate (*calcol. elettron., mat.*), iterare; ripetere; eseguire ripetutamente.
iteration (*calcol. elettron.*), iterazione *f.* (ripetizione).
ivory, avorio *m.*
— **-black,** nero (*m.*) avorio.
— **board** (*carta*), cartone avorio.
Izod test (*mecc.*), prove all'urto per acciai, per mezzo di pendolo oscillante: prova di resilienza Izod.

J

j acid (*colori*), j acido (*intermedio*).
jaborandi oil, olio (*m.*) essenziale di jaborandi (« Pilocarpus pinnatifolius »).
jacinthe (*chim.*), giacinto (aldeide fenilacetica).
jack, binda *f.*; martinetto *m.*; argano *m.*; arganetto *m.*; leva *f.*; presa *f.* (*telev.*); (*tess.*), leva degli alberi dei licci; (*elet.*) (*telef.*), presa telefonica; jack; meccanismo di estrazione di pozzo petrolifero (collocato alla bocca del pozzo) (U.S.A.); (*auto*), cricco (di sollevamento).
— **and circle,** cricco (*m.*) su cremagliera circolare.
— **-arch** (*slab*) (*cost.*), piattabanda *f.*
— **boards,** tavole di sostegno (*trivell. pozzi petroliferi*).
— **boxes** (*aereo*), cassette usate per innestarvi spine di cuffie ed altoparlanti.
— **frame** (*tess.*), banco a fusi in finissimo (*filat. cotone*).
— **gear** (*mecc.*), ingranaggio (*m.*) di rinvio.
— **-in-the-box** (*filatura cotone*), movimento differenziale (della velocità di avvolgimento di banco a fusi).
— **plane,** pialla per sgrossare.
— **rafter,** falso puntone *m.* (*cost.*); panconcello *m.* (di tetto).
— **up (to —),** sollevare con il cricco (l'automobile) (*to jack up the car*).
— **-up platform** (*petrolio*), piattaforma galleggiante installata temporaneamente sul fondo marino, facilmente spostabile in altri posti.
— **(two-hole — connection)** (*mecc. agr.*), attacco martinetto a due fori.
jacket, camicia *f.*; inviluppo *m.* (*tess.*); mantello *m.* (fasciame); manicotto (di mitragliatrice); (copertina di protezione) sovraccoperta (*libri*); (*fis. atom.*), guaina *f.*; camicia *f.*
jacking motion (*filat. cotone*), meccanismo di arresto.
— **point** (*auto*), (sede *o*) presa per il cricco.
jackpot machine (coin operated — machine), macchina (*f.*) « mangiasoldi ».
jacot tool (*orol.*), tornietto per lucidare perni.
— **tool pivot burnisher** (*orol.*), rullatore per tornietto da lucidare.
jacquard weaving (*tess.*), tessitura (*f.*) delle stoffe operate.
jade (*min.*), giada *f.*
jagged, dentellato irregolare.
jalap resin (*resina*), gialappa *f.*
jalousies (*costruz.*), persiane *f. pl.*
jam, *v.a. v.i.*, imbiettare *v.a.*; incepparsi *v.r.*; rendere incomprensibili segnalazioni radiofoniche con interferenze; disturbare.
— *v.a.* **an area** (*radio*), disturbare un'area con interferenze.
— *v.a.* **a radar with spurious signals,** disturbare un radar con segnali falsi.
— **nut,** controdado *m.*
jamb, stipite *m.* (di finestra).
jamboising (of tankers etc.), rimodellamento (di petroliere ecc.) (con una nuova lunghezza, larghezza, tonnellaggio, capacità).
jammer (stand-off —) (*radar*) (*aereo*), aereo di disturbo dei segnali radar.
jamming, inceppamento *m.* (*mecc.*); imbiettamento *m.*; incollamento *m.* (di una valvola) (*auto*); disturbo intenzionale (*radio, telev.*); interferenza *f.* (*radio*).
— **roller** (*auto*), rullo (*m.*) d'innesto.
— **transmitter** (*radio*), trasmettitore di interferenze; trasmettitore di radiodisturbi.
janus blue, bleu janus.

janus green, verde janus (per cotone).
japan, *v.a.* laccare.
— **drier**, essiccante tipo giapponese.
japanese lacquer, lacca (*f.*) del Giappone.
japanned leather, cuoio (*m.*) verniciato.
jar, vaso *m.*; vibrazione *f.*; unità di capacitanza (= 1/900 mfd).
— *v.a.*, *v.i.*, vibrare *v.i.*; perforare ad urto.
— **-ram moulding machine** (*fond.*), macchina a scosse per formare.
— **safety point** (*ind. petr.*), tipo di attrezzo di pescaggio.
— **tool**, pescatore *m.* (*petrolio*).
jargon terms (*radio, ecc.*), voci di gergo (usate p. es. per trasmissioni fra radioamatori, ecc.).
jarrah, eucalipto (*m.*) d'Australia.
jasmin oil, olio (*m.*) essenziale di gelsomino.
jasper (*min.*), diaspro *m.*
javelin throw (*sport*), lancio del giavellotto.
jaw, griffa *f.* (di mandrino); ganascia *f.*
— **chuck**, piattaforma (*f.*) a griffe; (*tornio*), mandrino (*m.*) a ganasce.
— **clutch** (*mecc.*), innesto (*m.*) a ganasce.
— **crusher**, frantoio a mascella.
— **of a chuck**, ganascia (*f.*) di un mandrino.
— (*or* **cheek) of a vice**, ganascia (*f.*) di una morsa.
— **-socket**, mordaccia *f.*
jawbolt, perno (*m.*) di regolaggio e di bloccaggio.
jaywatcher, persona che rifiuta di rifugiarsi durante un'incursione aerea.
jeep (*petrol.*), v. **snitcher**.
jelly, gelatina *f.*; filtro per lampade cinematografiche.
— (**to** —) (*cosmetici*), gelificare.
jellying agent (*chim.*), gelificante *m.*
jenny (*cinem.*), generatore *m.*
jenny caliper, compasso (*m.*) per esterni.
jerk line (*petrolio*), cavo (*m.*) ausiliario.
jerry tin can (*slang*) (U.S.A.), cacciatorpediniere (*m.*) tedesco.
jet (*auto*), gicleur; (*auto*), ugello *m.*; getto *m.*; vena *f.*; colata *f.*
— **aeroplane**, aeroplano (*m.*) a reazione.
— **airliner** (*aereo*), aviogetto di linea.
— **atom bomber** (*aereo*), bombardiere (*m.*) atomico a reazione.
— **carrier** (*auto*), porta ugello.
— **casing cutter** (*petrol.*), tagliatubi (*m.*) a getto.
— **coal**, carbone (*m.*) a lunga fiamma.
— **commercial aircraft** (*aereo*), aerogetto (*m.*) commerciale.
— **condenser**, condensatore (*m.*) a getto.
— **engine**, motore (*m.*) a propulsione (a getto); reattore *m.*; motore a reazione.
— **fuel**, carburante (*m.*) per turboreattori; carbureattore *m.*
— **-lift** (*aereo*), gettosostentazione *f.*
— **liner** (*aereo*), apparecchio (*m.*) di linea a reazione.
— **mill** (*mecc.*), molino a getto.
— **model** (*aereo*), modello (*m.*) a reazione.
— **-nozzled rock bit** (*min.*), perforatrice a getto.
— **of water**, getto (*m.*) d'acqua.
— **piercing** (*min.*), perforazione termica.
— **pipe** (*aereo*), tubo (*m.*) di scarico.
— **pipe assembly** (*aereo*), installazione (*f.*) del getto.
— **power unit** (*aereo*), propulsore (*m.*) a getto.
— **-powered model** (*aereo*), modello (*m.*) a reazione.
— **-propelled aeroplane**, aeroplano (*m.*) a reazione.
— **-propelled model** (*aereo*), modello (*m.*) a reazione.

jet purification, depurazione (*f.*) a polverizzazione.
— **speed** (*aereo*), velocità del getto.
jetfoil (*naut.*), aliscafo (tipo di aliscafo a turbina a gas).
jetliner (*aereo*), aviogetto di linea.
jetsam (*naut.*), merce gettata in mare.
jetting out, sporto *m.*
jettison, *v.a.* (*aereo*) (*naut.*), gettare (carico) da bordo dell'aereo, o da una nave, in caso di emergenza; sganciare in volo in caso di necessità (*aereo*).
— **gear** (*aereo*), meccanismo (*m.*) di lancio combustibile di zavorra, in caso di necessità.
jettisonable tank (*aereo*), serbatoio sganciabile (in casi di emergenza).
jetty, diga *f.*; argine *m.*; scalo *m.*; approdo *m.*; gettata *f.*; (*naut. met.*), banchina (per scarico di minerali ecc.); molo *m.*; (*naut.*) pontile di scarico.
jewel hole (*orol.*), foro della pietra.
— **setting** (*orol.*), montaggio delle pietre.
— **setting press** (*orol.*), punzoniera *f.*
jeweller's flush nipper, pinzetta (*f.*) da orefice.
jewelling (*orol.*), montaggio delle pietre.
jib (to —), *v.a.* (*naut.*), orientare; (*naut.*) fiocco (*di vela*).
— **boom** (USA), braccio (*m.*) di gru
— **-boom** (*naut.*), asta (*f.*) di fiocco.
— **crane,** gru a braccio (*o* a bandiera).
— **extension** (*mecc.*), prolunga (*f.*) di braccio di gru.
— **stay,** controfisso (*m.*) del braccio.
— **(loader —),** braccio del caricatore.
jig, piano inclinato (*min.*); attrezzatura di guida dell'utensile (*mecc.*): maschera *f.* (*mecc.*); maschera (*f.*) di montaggio (*mecc.*); crivello (*m.*) oscillante (*carbone, ecc.*).

jig barrow, carriola (senza sponde) usata in fond. ed officine.
— **borer,** alesatrice (*f.*) per maschere; (*macch. ut.*), alesatrice-tracciatrice per attrezzature.
— **borer (high-performance coordinate —)** (*macch. ut.*), alesatrice tracciatrice a coordinate, di grande precisione.
— **boring machine,** alesatrice (*f.*) per maschere.
— **grinder,** rettificatrice (*f.*) per maschere.
— **miller,** fresatrice per maschere.
— **saw,** sega (*f.*) a balestra con incastellatura indipendente.
— **(drilling —)** (*mecc.*), maschera di foratura.
— **(hancock —),** setaccio mobile; vasca a stantuffo.
jigger (*min.*), piano inclinato; crivellatore *m.* (persona); gru (*f.*) idraulica; (*radio*) tipo di autotrasformatore (*antiquato*).
jigging, crivellatura mediante corrente di liquido.
jigs and fixtures, montaggi (*m. pl.*); apparecchi per la lavorazione di parti intercambiabili; attrezzatura (*f.*) per lavori in serie; (*mecc.*), maschere ed attrezzi.
jim crow (*ferr.*), martinetto (*m.*) piega rotaie.
jingle (*mus.*), consonanza *f.*
jinny (*min.*), piano inclinato automotore a semplice effetto.
jitter (*telev.*) (U.S.A.), tremolio *m.*; instabilità (*f.*) orizzontale dell'immagine; distorsione (*f.*) dell'immagine.
Joanite, materiale plastico brevettato.
job, pezzo *m.* (*mecc.*); lavoro (*m.*) a cottimo; lavorazione *f.*; professione *f.*; mansione *f.*; posto di lavoro.
— **analysis** (*campionatura lavoro*), analisi (*f.*) del lavoro; (*training*), analisi della mansione.
— **applicant,** candidato *m.* (*ad un impiego o lavoro*).
— **attitude** (*psicol. ind.*), attitudine all'impiego.

job card, consuntivo *m.*
— **compositor** (*tip.*), compositore di lavori avventizi.
— **evaluation** (*statistica*), insieme di tecniche e metodi atti alla valutazione razionale del valore relativo di ogni mansione, svolta da un'azienda, in relazione a tutte le altre.
— **library** (*inform.*), biblioteca (*o* libreria) di lavori.
— **management** (*inform.*), gestione dei lavori.
— **printer** (*tip.*), tipografo per lavori avventizi (*o* di fantasia: cioè per stampati usati nel commercio, nelle amministraz. e nelle relazioni fra privati).
— **processor** (*inform.*), processore di lavoro.
— **record card,** codice di lavorazione.
— **rotation** (*lavoro*), avvicendamento del lavoro.
— **-training,** addestramento al lavoro.
— **type** (*tip.*), caratteri per lavori commerciali.
— **worker,** lavoratore (*m.*) a cottimo
jobber (*tip.*), pressa per piccoli lavori commerciali.
jobbing (*ind.*), lavorazione (*f.*) su commessa.
— **machine,** macchina (*f.*) per lavori non in serie.
— **work** (*tip.*), lavori di stampa avventizi (amministrativi, commerciali, d'indole privata).
jockey, puleggia (*f.*) tenditrice.
— **pulley** (*mecc.*), puleggia (*f.*) tendicinghia.
— **stick** (*ind. pet.*), cravatta *f.* (asta articolata usata nella perforazione dei pozzi petroliferi).
— **wheel,** ruota folle.
— **(disc —)** (*telev.*) (*radio*), presentatore (di dischi).
jog, scossa *f.*; movimento intermittente; (*elettron.*), comando ad impulsi; (*met.*), scalino (*dislocazioni*).
jog *v.a.* (*tip.*), pareggiare (a mano o a macchina i fogli da spartire).
— *v.i.* avanzare con moto intermittente.
jogger (*tip.*), pareggiatore (per pareggiare i fogli).
jogging (*tip.*), pareggiatura (dei fogli da spartire).
joggle, giunto (*m.*) a sovrapposizione (in cui una lamiera è leggermente sbiecata rispetto all'altra).
— *v.a.* sfalsare (mattoni o pietre).
joggled butt joint (*costr. civ.*), giunto (*m.*) sfalsato.
joggling (*mecc.*), giunzione (*f.*) a scivolamento con moto alterno.
Johnston's limit, limite (*m.*) di elasticità apparente su una curva di carico.
join, *v.a.* imboccare (denti); collegare; attaccare; accoppiare (*mecc.*); unire; congiungere; connettere ; combaciare.
joiner, ebanista *m.*; stipettaio *m.*; falegname *m.* (per piccoli lavori).
joiner's bench, banco (*m.*) da falegname.
joiners' cramp (*falegnameria*), sergente *m.*
joinery, falegnameria *f.* (per lavori d'infissi e di finitura).
— **works,** falegnameria *f.*
joining, accoppiamento *m.*; imboccatura *f.*
— **beam,** trave (*f.*) (*o* catena) d'unione.
— **by screws,** giunto (*m.*) a vite.
— **fee** (*gen.*), quota (tariffa) di associazione.
— **pipe,** tubo (*m.*) di raccordo.
— **pivot,** perno (*m.*) di attacco.
joint, articolazione *f.*; collegamento *m.*; congiunzione *f.*; connessione *f.*; incontro *m.* (giunto); giunzione *f.*; giuntura *f.*; pezzo *m.* (tubazione); tenuta *f.* (guarnizione).
— *v.a.* immorsare (calettare).
— **angle,** cantonale (*m.*) d'unione.
— **chair** (*ferr.*), cuscinetto (*m.*) del giunto.

joint coupling, giunto (*m.*) snodato.
— **director,** condirettore *m.*
— **financing** (*finan.*), finanziamento comune.
— **owner** (*costr. ed.*), condomino *m.* (comproprietario).
— **ownership** (*costr. ed.*), condominio *m.*
— **-pin,** perno (*m.*) d'articolazione; vite (*f.*) prigioniera.
— (*v.a.*) **rafters,** addossare i falsi puntoni (*cost.*).
— **ring,** anello di giunzione.
— **sleeve,** bicchiere (*m.*) di giunzione.
— **stock company** (*comm.*), società (*f.*) per azioni.
— **working** (*ferr.*), coesercizio *m.*
jointed coupling, giunto (*m.*) mobile.
jointing, congiungimento *m.*
joints, giunti *m. pl.* (di pietre, muratura).
joist, travetto *m.* (travicello); (*met.*), trave (*f.*) trasversale.
— **bearing,** appoggio (*m.*) della trave.
— **ceiling,** soffitto (*m.*) di travi.
joists (open web steel —), arcarecci in profilati laminati aperti.
jolly boat, piccola barca di misura media in dotazione ad una nave, impiegata per piccoli lavori.
jolt, urto *m.*; scossa (*mezzi di trasporto*) (*vibrazione*).
— **molding** (*fond.*), formatura a scosse.
— **ramming moulding machine** (*fond.*), macchina a scosse per formare.
— **rollover draw machine** (*fond.*), formatrice (*f.*) a scosse con sformatura a ribaltamento.
— **-squeeze machine** (*fond.*), macchina a scosse e pressione per formare.
jolter (*fond.*) (*met.*), macchina a scosse per formare.
JOSS (*inform.*), linguaggio di programmazione della Rand Corporation per funzionamento aperto e lavoro collettivo da parte di un numero di utenti singoli.
joule (*elet.*), joule *m.*
— **-meter** (*elet.*), joulmetro *m.*
journal, perno (*m.*) di rotazione; orecchione *m.* (di asse); (*inform.*), giornale *m.*
— **(to —),** (*mecc.*), imperniare.
— **bearing,** sopporto (*m.*) portante.
— **box,** boccola *f.* (ad olio).
— **friction,** attrito (*m.*) del perno.
journeyman (*tip.*), tipografo (*o* compositore) che ha completato il suo tirocinio.
JOVIAL (*inform.*), linguaggio di programmazione, sviluppato per l'uso di grandi sistemi in tempo reale.
joystick (*slang*) (*aereo*), barra (*f.*) di comando; (*macch. ut.*) (*inform.*), leva di comando.
jubilee wagon, vagonetto (*m.*) Decauville.
judging panel, giuria *f.*
juice (*cinem.*) (U.S.A.), elettricità *f.*; (*gen.*) succo *m.*
— **pump,** montasucchi *m.*
juicer (*cinem.*) (U.S.A.), elettricista *m.*
juke-box storage (*inform.*), memoria a dischi.
jumbo (*min.*), carro jumbo; carro da perforazione.
— **panel board,** pannello (*m.*) canadese.
— **operator** (*min.*), jumbista *m.*
— **(three-boom drilling —),** carrello di perforazione a tre bracci.
— **(tunnelling —)** (*min.*), carro jumbo per perforazione di gallerie.
jump (*min.*), filone (*m.*) di scarso valore; (*fis. atom.*), salto *m.*; (*elettron.*), salto; rinvio di programma.
— **instruction** (*inform.*), istruzione (*f.*) di salto.
— **mock-up** (*slang*) (*aereo*) (U.S.A.), parte di carlinga di aereo di addestramento montata su una piattaforma per allenare al salto col paracadute.

jump of electrons (*fis. atom.*), salto (*m.*) di elettroni.
— **-start autogiro** (*aereo*), autogiro (*m.*) a decollo verticale.
jumper, filo (*m.*) corto usato per aprire o chiudere parte di un circuito (*elet.*); trivella (*m.*) per miniere o cave.
jumping (*telev.*), scatti verticali del quadro.
junction, biforcazione *f.* (*ferr.*); raccordo *m.*; diramazione *f.* (*ferr.*).
— **box** (*elet.*), scatola (*f.*) di derivazione; cassetta di raccordo; scatola di raccordo.
— **diode** (*elettron.*), diodo (*m.*) a giunzione.
— **hot**, saldatura (*f.*) d'unione di termocoppia.
— **stitches** (U.S.A.), cucitura (*f.*) a zig-zag.
— **switch** (*ferr.*), scambio (*m.*) di raccordo.
— **transistor** (*elettron.*), transistore (*m.*) a giunzione.
— **(uncontrolled —)** (*traffico*), incrocio non controllato.
juncture (*chim.*), legame *m.*
juniper, ginepro *m.* (*bot.*); conifera *f.* (U.S.A.); larice *m.* (U.S.A.).
— **oil**, olio (*m.*) essenziale di ginepro.
junk, *agg.* logoro; in cattive condizioni.
— **car** (*auto*), auto fuori uso (da rottame).
junk car scrap (*auto*, *met.*), rottame di automobili.
— **casing** (*ind. pet.*), colonna (*f.*) rovinata.
— **ring**, corona (*f.*) dello stantuffo.
junked car (*auto*), v. **junk car.**
junker (*auto*), v. **junk car.**
Jupiter (*astron.*), Giove *m.*
Jurassic lime, calcare (*m.*) del Giura.
jury strut, sostegno (*m.*) temporaneo per sostenere ali di biplani.
justification (*tip.*), giustificazione *f.* (messa a giustezza di una riga).
justify (*tip.*), mettere a giustezza; giustificare.
justifying scale (*tip.*), tamburo di giustificazione.
jut, aggetto *m.*; sporgenza *f.*
— **out**, *v.i.* aggettare.
jute, iuta *f.*
— **breaking-up machine** (*tess.*), macchina (*f.*) per rompere la iuta.
— **-factory**, iutificio *m.*
— **softener** (*tess.*), macchina (*f.*) per raddolcire le fibre (*iuta*).
— **spyndle** (*tess.*), titolo (*m.*) della iuta.
jutting out (*arch.*), risalto *m.*
jutty, aggetto *m.* (*arch.*); sporto *m.*
juveniles (*ind.*), giovani *m. pl.*
— **(recruitment of —)** (*ind.*), reclutamento di giovani.
juxtapose, giacente lateralmente; posto per il lungo; affiancare *v.a.*

K

k-factor (*fis. atom.*), fattore (*m.*) di moltiplicazione.
— -value (*fis. atom.*), fattore (*m.*) di moltiplicazione.
K-binding energy (*fis. atom.*), energia (*f.*) d'unione K.
— -capture (*fis. atom.*), cattura K.
— -conversion (*fis. atom.*), conversione K.
K-conversion coefficient (*fis. atom.*), coefficiente (*m.*) di conversione K.
— -electron (*fis. atom.*), elettrone K.
— -electron capture (*fis. atom.*), cattura (*f.*) K.
— -meson (*fis. atom.*), mesone (*m.*) K.
K-shell (*fis. atom.*), strato (*m.*) K.
kainite, kainite *f.*; sale (*m.*) naturale, usato come fertilizzante (a base di solfato di potassio e di magnesio e di cloruro di magnesio).
kaldo steelmaking (*kaldo oxygen steelmaking*) (*met.*), fabbricazione di acciaio Kaldo.
kallodent, materia plastica inglese (per dentisti).
Kansas stone, pietra del Kansas.
kaolin, caolino *m.*
kaolinite, caolino (*m.*) puro; (*min.*), caolinite *f.*
kaolinitic clay, argilla (*f.*) caolinica.
Kaplan water turbine, turbina Kaplan.
kapok, kapok.
— oil, olio (*m.*) di kapok (usato per fare il sapone).
kart (*auto*), veicolo a quattro ruote senza carrozzeria con controllo a pedali; kart.
kasolite (*min.*), kasolite *f.*
Kassel brown, bruno (*m.*) di Cassel.
— yellow, giallo di Cassel.
kation (*chim.*), catione *m.*
kedge (*naut.*), piccola àncora *f.*
keel, chiglia *f.*; carena *f.* (*naut.*); chiatta *f.* (*naut.*); misura inglese per il carbone.
keel-blocks, tacchi (*m. pl.*) di chiglia.
— -laying (*naut.*), impostazione della chiglia.
— line, linea (*f.*) di chiglia.
— plate (*naut.*), piastrone *m.* (*di chiglia*).
keelage, diritti di ancoraggio.
keelson (*naut.*), paramezzale *m.*; controchiglia *f.*
keep, *v.a.*, conservare *v.a.*; mantenere *v.a.*
— abreast, tenersi al corrente.
— down (*tip.*), usare non troppo le maiuscole.
— in suspension, mantenere in sospensione.
— in (*tip.*), serrare la composizione.
— out (*tip.*), spazieggiare la composizione.
— standing (*tip.*), tenere in piedi la composizione (non procedere alla scomposizione [istruzione data alla tipografia]).
— up (*tip.*), usare con larghezza le maiuscole.
keeping, conservazione *f.*
— time (*aereo*), accordo *m.*
Keep's test, prova (*f.*) di durezza Keep.
kelly (*ind. pet.*), asta (*f.* quadra).
Kenmore (wall) board, pannello (*m.*) per costruz. di fabbricazione canadese.
kenotron (*elettron.*), kenetron *m.*
kentledge (*naut.*), zavorra (*f.*) di ghisa.
kerb, cordonatura *f.* (della strada).
kerf, taglio (*m.*) fatto da una sega.
kerma (kinetic energy released in material) (*fis.*), kerma.
kermesite, kermesite *f.*
kerned letter (*tip.*), lettera sporgente.
kerogen (*chim.*), kerogene (*organic matter in shale*).
kerosene, cherosene *m.*; petrolio (*m.*) raffinato.

kerosine, v. **kerosene.**
kerosine-flotation process, flottazione con kerosene.
ketch (*naut.*), tartana *f.* (barca da pesca).
ketene, gas incoloro $H_2C : CO$; chetene *m.*
ketol, chetol *m.*
ketolisation (*chim.*), chetolizzazione *f.*
ketone (*chim.*), chetone *m.*
ketonic, *agg.* (*chim.*), chetonico.
— **acid** (*chim.*) acido (*m.*) piruvico.
— **cleavage,** scissione (*f.*) chetonica.
ketonise, *v.a.* (*chim.*), chetonizzare *v.a.*
ketose (*chim.*), chetoso *m.*
ketosis (*med.*), chetosi *f.*
ketoxime (*chim.*), chetossima *f.*
kettle, caldaia *f.* (*per resine, ecc.*).
— **-bodied oil,** olio ispessito.
kevel (*naut.*), caviglia (*f.*) per assicurare i cavi.
key, chiave *f.*; chiavetta *f.*; mattone (*m.*) a cuneo; (*telegr.*), manipolatore *m.*; (*telev.*), gradazione di luminosità; apice *m.*; sommità *f.*; tasto *m.*
— *v.a.* inchiavettare; chiavettare; chiudere a chiave; (*calcol. elettron.*), codificare le informazioni.
— **brick,** chiave (*f.*) di un arco.
— **currency** (*finan.*), valuta chiave
— **-depression keyboard** (*inform.*), tastiera a tasti a pressione.
— **forme** (*tip.*), registro *m.*
— **horizon** (*petrol.*), orizzonte (*m.*) di riferimento.
— **in (to —)** (*calcol. elettron.*), introdurre mediante una tastiera (p. es. *to — in data*), introdurre mediante una tastiera dati, ecc.
— **of an arch,** chiave (*f.*) di un arco.
— **of a cock,** chiave (*f.*) di un rubinetto.
— **on,** *v.a.* imbiettare.
— **or wedge buckle,** attacco (*m.*) a chiavetta e controchiavetta.
— **-pad** (*inform.*), tastiera numerica.
key rate (*inform.*), velocità di battuta (macch. da scrivere, ecc.).
— **seat,** incavatura *f.* (per chiavetta).
— **stone,** chiave (*f.*) di un arco (in pietra).
— **-to-disc** (*input di calcol. elettron.*), apparecchio di registrazione diretta su disco.
— **-to-tape** (*input di calcol. elettron.*), apparecchio di registrazione su nastro magnetico.
— **-turning starting** (*auto*), avviamento (*m.*) a giro di chiavetta.
— **way,** cava (*f.*) di chiavetta (*mecc.*); toppa *f.* (per chiavi d'acciaio piatte).
— **way slotting machine,** stozzatrice (*f.*) per cave di chiavette.
— **-word** (*calcol. elettron.*), parola chiave.
keybank (*tip.*), parte superiore della tastiera monotype.
keybar (*tip.*), parte intermedia della tastiera monotype.
keyboard (*perforatrici, ecc.*), tastiera *f.*
— **buttons,** pulsanti della tastiera.
— **operator** (*tip.*), compositore monotipista *m.*
— **punch** (*calcol. elettron.*), perforatrice a tastiera.
— **unit** (*tip.*), tastiera monotype.
keyed (*radio*), modulato *p.p.* (p. es. di un trasmettitore); manipolato *p.p.*
— **access** (*inform.*), accesso con chiave.
— **bush,** bussola (*f.*) inchiavettata.
keyhole, gattuccio *m.*
— **notch** (*mecc.*), intaglio (*m.*) a chiavetta (prova Charpy).
— **saw,** gattuccio *m.*
keying (*mecc.*), imbiettatura *f.*; (*radio*), manipolazione *f.*; tipo di modulazione di ampiezza; (*telegr.*), manipolazione; (*inform.*), introduzione.
— **(to speed up —),** accelerare l'introduzione.
keyless couplings, giunti senza chiavetta.
— **work** (*orol.*), meccanismo di carica e di messa all'ora.

keyphone, telefono a tastiera.
keypunch (*calcol. elettron.*), perforatrice a tastiera (per la perforazione dei dati su le schede).
— **(to —)** (*calcol. elettron.*), perforare (tramite tastiera).
— **error** (*calcol. elettron.*), errore di perforazione.
— **section** (*calcol. elettron.*), reparto perforazione (schede).
keypuncher, perforatrice (mecc. e persona).
keyseating and slot milling machine (*macch. ut.*), fresatrice (*f.*) per cave.
— **and spline broaching machine** (*macch. ut.*), brocciatrice e stozzatrice per cave.
keysender (*teleg.*), tasto *m.*; manipolatore (*m.*) a tasti.
keystone, concio (*m.*) di chiave; chiave (*f.*) di volta.
— **effect** (*telev.*, *cin.*), deformazione (*f.*) trapezoidale.
keystoning (*telev.*), deformazione (*f.*) trapezoidale.
keystroke (*calcol. elettron.*), battuta (di un tasto, di macch. perforatrice, ecc.).
keystroking (*calcol. elettron.*), battuta; perforazione.
— **error** (*inform.*), errore di battuta (alla macch. da scrivere, ecc.).
keyway, scanalatura (*f.*) per chiavetta; tacca *f.* (incastro per chiavetta).
keyway(s) cutting machine, piallatrice (*f.*) per cave da chiavette.
— **planer,** piallatrice (*f.*) per cave da chiavette.
kibble, benna usata nella perforazione di pozzi (*min.*) o per estrazione di minerali.
kick, scatto *m.* (ritorno dell'indice di uno strumento); contraccolpo *m.* (di armi); menisco (che fa la ghisa) (*met.*).
— **of current,** salto (*m.*) di corrente (sbalzo).
— **-off (to —)** (*ind. pet.*), smorzare un'eruzione iniettando gas.
kick out (to —) (*elettron.*, *inform.*), uscire dalla memoria.
kickback (*telev.*) (U.S.A.), ritorno (*m.*) del raggio esploratore.
kicking up of the wood, rinculo (*m.*) del legno.
kickout (*elettron.*), uscita dalla memoria.
kickstarter, pedale (*m.*) avviamento (di motociclette).
kid, cuoio (di pelle di capretto).
kidney donation (*med.*), donazione di rene.
— **donor card** (*med.*), tessera di donatore di rene.
— **machine** (*med.*), macchina per la dialisi.
— **-shaped cocoon,** bozzolo (*m.*) cinturato.
kier, recipiente (*m.*) per trattamento dei tessuti prima del candeggio; autoclave *f.*
kieserite, kieserite *f.*; solfato (*m.*) di magnesio idrato, ($MgSO_4 . H_2O$).
kill (to —) (*tip.*), cancellare dalla copia una o più parole; rompere la composizione; (*met.*), calmare (*acciaio*); perire *v.i.* (*to be killed at work*), perire sul lavoro.
— **(to —) a well** (*ind. pet.*), adescare (*v.a.*) un pozzo (arrestandone l'eruzione con fango).
— **(to —) the baby** (*cinem.*) (U.S.A.), spegnere (*v.a.*) la luce piccola.
— **(to —) the exhaust** (*cinem.*), fermare il sistema di ventilazione.
— **order** (*tip.*) (U.S.A.), ordine di rompere la composizione.
killed steel (*met.*), acciaio (*m.*) calmato.
killick (killock) (*naut.*), ancorotto *m.*
killing, impedire la formazione di gas quando si solidifica l'acciaio fuso; disossidazione *f.* (*acciaio*).
— **power** (*armi*), coefficiente di micidialità.

kiln, fornace *f.* (per laterizi); focolare *m.*
— **cars** (*ceramiche*), carrelli del forno.
— **control panel** (*ceramiche*), pannello di comando del forno.
kilning, arresto della germinazione del malto, provocato da aria calda.
kiloampere, chiloampere *m.*
kilobytes (*inform.*), kilobytes (migliaia di bytes; mille bytes).
kilocalorie, chilocaloria *f.*
kilocycle (*radio*), chilociclo *m.*
kilodyne, chilodina *f.*
kilogram(me), chilogrammo *m.*
kilogram-calorie, caloria-chilogrammo *f.*
kilogrammeter, kilogrammetre, chilogrammetro *m.*
kilojoule, chilo-joule *m.*
kilo-line (*magnet.*), chilo-linea.
kilolumen, chilolumen *m.*
kilometer, kilometre, chilometro *m.*
kiloton (*esplosivi*), chiloton (forza esplosiva equivalente a 1016 t di dinamite); mille tonnellate americane (1016 t).
kilovolt, chilovolt *m.*
kilovoltampere, chilovoltampere *m.*
kilowatt-hour, chilovat-ora, *m.*
kind of engine, specie (*f.*) di macchina.
— **strata** (*min.*), strati (*m. pl.*) favorevoli.
kindle, *v.i.*, infiammarsi *v.r.*
kindling, infiammazione *f.*
kinematic chain, catena (*f.*) cinematica.
kinematics, cinematica *f.*
kinematograph, cinematografo *m.*
kinematography, cinematografia *f.*
kinerecording (*film, telev.*), riproduzione televisiva dei film.
kinescope (*telev.*), cinescopio.
kinetic, *agg.* cinetico.
— **energy,** forza (*f.*) viva; energia (*f.*) cinetica.
— **temperature,** temperatura (*f.*) cinetica.
— **theory of gases,** *pl.*, teoria (*f.*) cinetica dei gas.
King, esplosivo usato per l'abbattimento del carbone.
king bolt (*mecc.*), spinotto (*m.*) di unione.
— **-pin** (*auto.*), perno del fuso a snodo; perno di sterzaggio.
— **post,** monaco *m.* (*falegn.*); puntone (di capriata metallica) (*cost.*).
— **posts** (*naut.*), picchi (*m. pl.*) di carico.
— **post truss,** cavalletto (*m.*) a un monaco.
— **truss,** capriata (*f.*) semplice.
— **wood** legno (*m.*) di color violetto della *Dalbergia cearensis* del Brasile.
king's blue, alluminato di cobalto; bleu re (pigmento usato per ceramiche).
— **gold,** solfuro di arsenico.
— **green,** verde re (acetoarsenito di rame).
— **silver,** argento purissimo; acetoarseniato di rame.
— **yellow,** giallo re (trisolfuro arsenico); orpimento *m.*
kink, piega *f.* (curvatura); piegamento brusco; attorcigliamento (di filo o fune).
kinking (*tess.*) (*met.*), arricciamento *m.* (*di filato*); deformazione (*f.*) ondulata.
kino gum, kino *m.* (prodotto simile al caucciù, usato nella concia, in medicina, ecc.).
kip, kilo-libbre (1000 libbre).
Kipp's apparatus (*chim.*), apparecchio (*m.*) di Kipp.
Kippax sand (*fond.*), sabbia (*f.*) gialla usata per le anime e per formare.
kish (*met.*), nido di grafite (accumulo di grafite nei getti di ghisa).
kit, insieme dei pezzi necessari per costruire un apparecchio radio; scatola di montaggio; (*aereo*), aeromodello *m.*; (*riunioni, conferenze*), documentazione.
kitchen lift, montacarichi (*m.*) per alberghi.
— **range,** fornello (*m.*) da cucina.

kitchen salt, sale (*m.*) da cucina.
— **scales,** bilancia per cucina.
kitchener, fornello da cucina.
kite, cervo (*m.*) volante; la vela più alta di una nave a vela.
— **balloon,** pallone (*m.*) frenato.
klieg lamp (*cinem.*), lampada piatta per teatro di posa.
— **-sun** (*cinem.*), lungo raggio per effetti solari, ecc.
klystron (*elettron.*), klystron *m.*
— **amplifier,** amplificatore klystron.
knaggy wood, legno (*m.*) nodoso.
knapsack sprayer (*agric.*), irroratrice (*f.*) a zaino.
knead (to —), impastare *v.a.*; mescolare *v.a.*
kneading machine (*alim.*), macchina (*f.*) impastatrice.
knee, mensola *f.* (fresatrici); ginocchio *m.* (di pluviale); (*naut.*), bracciuolo di sostegno.
— **bend,** tubo (*m.*) a gomito.
— **lock,** arresto (*m.*) (*o* blocco) della mensola.
— **-pad** (*miniere, ecc.*), ginocchiera *f.*
— **toolholder,** portautensili (*m.*) a ginocchio.
— **-type horizontal milling machine** (*macch. ut.*), fresatrice (*f.*) orizzontale a mensola.
— **-type universal milling machine** (*macch. ut.*), fresatrice (*f.*) universale a mensola.
— **-type vertical milling machine** (*macch. ut.*), fresatrice (*f.*) verticale a mensola.
knife, coltello *m.*; lama (*f.*) di falciatrice.
— **bastard file,** lima (*f.*) a coltello bastarda.
— **bracket,** supporto (*o* braccio) della lama (*o* del coltello).
— **-edge,** coltello (*m.*) di bilancia.
— **-edge file,** lima (*f.*) a coltello.
— **file,** lima (*f.*) a coltello.
— **second cut file,** lima (*f.*) a coltello mezzo dolce.
— **smooth file,** lima (*f.*) dolce a coltello.
knife switch, interruttore (*m.*) a coltello.
knightheads (*naut.*), apostoli *m. pl.* (coste speciali verticali sui lati del bompresso).
knitted fabric (*tess.*), tessuto (*m.*) a maglia.
— **metals** (*knitted into a mesh structure*) (*met.*), metalli a maglie sottili (p. es. per filtri); metalli intrecciati.
knitting (*tess.*), maglieria.
— **loom** (*or* **frame),** telaio per maglieria.
— **machine** (*tess.*), macchina (*f.*) da maglia.
knob, pomo *m.* (palla); bottone *m.*; manopola *f.*; maniglia *f.*; (*strumento*), pomello *m.* (di leve, comandi, ecc.).
knobble, *v.a.* fucinare il ferro puddellato; disincrostare al maglio (*met.*).
knobbling, vedi: **spellerizing**; affinaggio *m.* (*met.*).
— **fire** (*met.*), focolare di affinaggio.
knock (*mot.*), detonazione *f.*; battito (*m.*); battito (*m.*) in testa.
— *v.i.* (*mot.*), battere; battere in testa.
— **-down buildings** (*costr.*), edifici (*m. pl.*) smontabili.
— **-down furniture,** mobilia smontabile (in pezzi facilmente trasportabili).
— **-down test** (*mecc.*), prova di schiacciamento.
— **fuel,** detonante *m.*; (carburante detonante).
— **intensity,** intensità (*f.*) di detonazione.
— **-off wings** (*aereo*), ali (*f. pl.*) staccabili.
— **-on atom** (*fis. atom*), atomo (*m.*) di rinculo.
— (*v.a.*) **out,** cacciare (i chiodi).
— (*v.a.*) **out a rivet,** schiodare.
— **out bar,** barra d'espulsione (*presse*).
— **-out core** (*pressofusione*), maschio estratto.
— **rating,** indice di detonazione;

indice d'ottano; vedi: **rich-mixture —, poor-mixture —.**
knock up (to —) (*tip.*), pareggiare (la carta).
knocker, battente *m.* (per picchiare).
knocking (*auto*), contraccolpo *m.* (battito in testa).
— **(of the piston),** battere (dello stantuffo).
knockoff hub cap (*auto*), coprimozzo smontabile (con un colpo).
knot (*naut.*), nodo *m.*; (*legname*), nodo.
— **(black —),** nodo nero.
— **(bowline —),** nodo (*m.*) a gassa.
— **(builder's —),** nodo (*m.*) parlato semplice.
— **(encased —),** nodo incassato.
— **(figure-of-eight —),** nodo (*m.*) a figura d'otto.
— **(flat —),** nodo (*m.*) piano.
— **(reef —),** nodo (*m.*) piano.
— **(square —),** nodo (*m.*) piano.
— **(standard —),** nodo corrente (accettato).
— **(yellow —),** nodo giallo.
knotted rope, catena (*f.*) a nodi; cavo (*m.*) a nodi.
knotting, vernice (*f.*) alla gommalacca; (*tess.*), annodatura *f.*
knotty timber (*legno*), legno nodoso.
knowhow, perizia (*o* pratica) in un campo specifico; perizia (*o* pratica) tecnica; capacità ed esperienza (per un dato lavoro).
knucke (*mecc.*), articolazione *f.*
— **joint,** giunto (*m.*) a cerniera.
— **pin** (*mecc.*), spinotto *m.*
— **press,** pressa (*f.*) per coniare.
— **radius** (*mecc.*), raggio di curvatura del ribordo.
— **thread,** filettatura (*f.*) simile alla filettatura quadra, ma con bordi arrotondati.
knurl, utensile (*m*). per zigrinare.
knurl *v.a.* orlare; godronare; zigrinare; molettare.
— (*v.a.*) **cross,** zigrinare crociato.
— (*v.a.*) **parallel,** zigrinare parallelo.
— (*v.a.*) **slant crossed,** zigrinare a spina.
knurled, zigrinato *p.p.*
— **head screw,** vite (*f.*) a testa zigrinata.
knurling, zigrinatura *f.*
— **attachment** (*mecc.*), apparecchio (*m.*) per godronare (*o* zigrinare).
— **head** (*macch. ut.*), testa per godronare.
— **machine** (*macch. ut.*), macchina (*f.*) per godronare.
— **tool** (*macch. ut.*), godrone *m.*
kohinoor, nero carbone Kohinoor (della Imperial Oil).
kokum butter, sevo *m.* (*o* grasso) di kokum.
kraft (paper), carta kraft (usata come dielettrico).
kräusen (*fabb. birra*), birra nella prima fase di fermentazione.
kreosol (*chim.*), creosolo.
kreosote (*chim.*), creosoto *m.*
krypton (*chim.* = Kr), cripto *m.*
kuhlschiff (*ind. birra*), vasca di refrigerazione.
kuk, unità di misura della densità dell'aria (= 9,81 grammi).
kulm (*min.*), polvere di antracite.
Kuri, vedi: **copal.**
— **copal** (*vern.*), coppale *m.*
— **gum,** coppale *m.*
kymocyclograph (*med.*), chimociclografo *m.*
kymogram (*med.*), chimogramma *m.*
kymograph, chimografo *m.* (*med.*); strumento (*m.*) per registrare il moto rotatorio di un aeroplano in volo.
kymography (*med.*), chimografia *f.*
kymoscope (*med.*), chimoscopio *m.*

L

l.o.x. (U.S.A.) (*chim.*), liquid-oxygen explosives.
3 L 5, lega di alluminio, rame (2 ½-3 %) e zinco (12 ½-14 ½ %) British Aluminium Co.
L bar, ferro (*m.*) ad L.
— **beam,** trave (*f.*) ad L.
— **-capture** (*fis. atom.*), cattura L.
— **-conversion** (*fis. atom.*), conversione L.
— **-electron** (*fis. atom.*), elettrone L.
— **head cylinder,** cilindro a L.
— **-series** (*fis. atom.*), serie L.
L F (*aereo*), caccia di bassa quota (*low altitude fighter*).
L-jetronic engine (*auto*), motore ad accensione elettronica.
L-Sat, satellite televisivo (con due canali TV per la trasmissione diretta).
lab, laboratorio *m.*
— **(materials testing —),** laboratorio di prova materiali.
— **(mobile —),** laboratorio mobile.
— **(testing —),** laboratorio di prova.
labdanum, labdano *m.*; ladano *m.*
— **gum,** ladano *m.*
label, sgocciolatoio *m.* (*arch.*); etichetta *f.*; designazione *f.*; denominazione *f.*; cartellino *m.*; identificazione (*elettron.*); (*inform.*), etichetta di istruzione.
— *v.a.*, denominare *v.a.*; segnare; chiamare *v.a.*
— **applicator** (*ind.*), etichettatrice *f.*
— **of the peelable type,** etichetta del tipo rimovibile.
labelled, *p.p.* (*fis. atom.*), contrassegnato *p.p.*; marcato *p. p.*
— **atom** (*fis. atom.*), atomo contrassegnato (*o* marcato).
— **compound** (*fis. atom.*), composto (*m.*) contrassegnato (con etichetta).
labeller (*mecc.*), etichettatrice *f.*
labelling, segnatura *f.*
— **machine** (*mecc.*), etichettatrice *f.*
labiaceae oil, olio di lallemantia.
labile, *agg.* (*chim.*), labile (opposto di stabile).
labor (U.S.A.), vedi: **labour.**
laboratory, laboratorio *m.*
— **animal,** animale per esperimenti di laboratorio.
— **armchair,** poltroncina per laboratorio.
— **facilities,** attrezzature di laboratorio.
— **glassware** (*vetro, chim.*), vetreria da laboratorio.
— **steward,** assistente *m.* (di un laboratorio tecnico).
— **stool,** sgabello per laboratorio.
— **swivel chair,** sedia girevole per laboratorio.
— **tube muffles,** (*ind., chim.*), forni a muffola per laboratorio a tubo unico o doppio.
labour, mano (*f.*) d'opera.
— **arbitration,** arbitrato del lavoro.
— **bottleneck,** deficienza di mano d'opera.
— **card** (*lavoro*), scheda manodopera.
— **dismantling,** mano d'opera (*f.*) necessaria per il disarmo (di un'armatura metallica).
— **dispute,** conflitto di lavoro.
— **erecting,** mano d'opera (*f.*) necessaria per innalzare l'armatura.
— **force** (*lavoro*) (U.S.A.), popolazione attiva; mano d'opera.
— **forecast,** preventivo di mano d'opera.
— **Inspectorate,** Ispettorato del Lavoro.
— **legislation,** legge del lavoro.
— **relations** (*leg., ecc.*), rapporti di lavoro.
— **repairing,** mano d'opera (*f.*) per le riparazioni.
— **shortage** (*lavoro*), scarsità di lavoro.

labour striking, mano d'opera (*f.*) per il disarmo (dell'armatura).
laboursaving (laborsaving U.S.A.) method, metodo facile (che non richiede fatica).
labradorite, labradorite *f.* (feldspato con bellissimi colori).
laburnin (*chim.*), cistina *f.*
lac, gomma lacca *f.*
— **sulfuris,** latte (*m.*) di zolfo.
Lac Tan-X, tannino vegetale.
Lacarnol (*med.*), estratto di tessuto di muscolo striato.
lacca coerulea, tornasole *m.*
— **musica,** tornasole *m.*
lace (*tess.*), merletto *m.*; pizzo *m.*
— **(to —) the belt,** cucire (*v.a.*) la cinghia.
— **machine** (*tess.*), macchina per merletti.
laced belt, cinghia (*f.*) cucita.
— **belt joint,** giuntura (*f.*) di cinghie, mediante cucitura.
lacertid (*astr.*), lacertide (oggetto extragalattico di aspetto simile ad una stella, ma avente anche una sorgente di radio emissioni).
lack of fusion (*sald.*), mancanza (*f.*) di collegamento.
— **of fusion between passes** (*sald.*), mancanza (*f.*) di collegamento fra le passate.
— **of penetration** (*sald.*), mancanza (*f.*) di penetrazione.
lacmoid (*chim.*), lacmoide *m.* (indicatore del pH) (colorante bleu).
lacmus, laccamuffa *f.*; tornasole *f.*
lacquer, vernice (*o* smalto) cellulosica.
— *v.a.* laccare.
— **diluent,** diluente per vernici cellulosiche.
— **enamel,** smalto nitrosintetico.
— **primer,** fondo (*m.*) cellulosico.
— **sealer,** turapori (*m.*) cellulosico.
— **(2-coat —)** (*met.*), lacca a due strati.
lacquered, *p.p.* laccato.
— **plate,** lamiera laccata.
lacquered specimen (*met.*), provino laccato.
— **tinplate** (*met.*), banda stagnata laccata.
— **treated plate** (*met.*), lamiera trattata con lacca.
lacquering (*met.*), laccatura *f.*; (*cinem.*), verniciatura *f.* (del lato di emulsione di una copia).
lacrimator, gas (*m.*) lacrimogeno.
lacrosse (*sport*), gioco con due squadre di 10 giocatori, con una palla e racchette dal manico lungo.
lactacolle, soluzione acquosa di resine acriliche.
lactalbumin, lattalbumina *f.*
lactase, lattasi *m.*
lactate, lattato *m.*
lactic, *agg.* lattico.
— **acid,** acido (*m.*) lattico.
— **anhydride,** anidride (*f.*) lattica.
lactides, lattidi *m. pl.*
lactin (*chim.*), lattosio *m.*
lactobiose, lattosio *m.*
lactol (*chim.*), lattolo (lattonaftolo).
lactometer, galattometro *m.*
lactone (*chim.*), lattone *m.*; preparato di coltura di lattobacillo; liquido ottenuto nella distillaz. dell'acido lattico.
lactnoic acid, acido lattonico.
lactnoisation, lattonizzazione *f.*
lactonise, *via.*, lattonizzare *v.a.*
lactonitrile (*chim.*), lattonitrile *m.*
lactoscope, lattoscopio *m.*
lactose, lattosio *m.*
lactupicrin, lattupicrina *f.*, $C_{11}H_{14}O_2$.
lacunar, lacunare *m.*; soffitto a cassettoni (*arch.*).
ladanum, ladano *m.*
— **oil,** olio (*m.*) di ladano.
ladder, scala (*f.*) a piuoli.
— **dredger,** draga (*f.*) a secchie.
— **network** (*elet.*), rete (*f.*) a scala.
— **-proof** (*calze*), indemagliabile.
— **truck** (*attrez. pompieri*), autoscala *f.*
— **(flexible rope —)** (*anticendio*) scala di corda.

ladies toilet (*aereo*), gabinetto (*m.*) signore.
ladle (*fond.*), cucchiaione *m.* (per colata); siviera *f.* (di colata); (*met.*), secchia (*f.*) di colaggio (*colata continua*).
— **addition feeder** (*met.*), macchina per l'aggiunta di ferroleghe in siviera.
— **analysis** (*met.*), analisi (*f.*) di siviera.
— **bogie** (*met.*), carro (*m.*) portasiviera.
— **brick** (*met.*), mattone (*m.*) per siviera.
— **car** (*met.*), carro (*m.*) portasiviera.
— **degassing** (*met.*), degasaggio in siviera (o in secchia).
— **deoxidation** (*met.*), disossidazione (*f.*) in secchia.
— **desulfurization** (*met.*), desolforazione (*f.*) in siviera; (*fabb. acciaio*), desolforazione in secchia.
— **homogenization** (*met.*), omogeneizzazione in siviera.
— **lip** (*met.*), scaricatore (*m.*) di siviera.
— **nozzle** (*met.*), v. — **lip.**
— **sample** (*met.*), provetta prelevata dal bagno metallico.
— **-to-ladle degassing** (*met.*), degasaggio per il colaggio da siviera a siviera (metodo di « stream degassing »).
— **-to-mold degassing** (*met.*), degasaggio per il colaggio da siviera a lingottiera (metodo di « stream degassing »).
laevogyrate, levogiro *m.*
laevo-handed, *agg.*, levogiro.
— **-rotary,** *agg.*, levogiro.
laevulose (*chim.*), levulosio *m.*
lag, rivestimento (*m.*) isolante (di cilindri, caldaie, ecc.); doga (*f.*) di un barile; effetto ritardato; inerzia *f.*; ritardo; trascinamento; difetto *m.*; insufficienza *f.*
— **(to —)** (elet.) (*mot.*), ritardare *v.i.*; (*term.*), isolare termicamente; rivestire.
— **bolt** (*mecc.*), vite (da legno) a testa quadra.
lag screw, vite da legno con testa quadra.
lagged chamber, camera (*f.*) calorifugata.
lagging, ritardo *m.* (*elet.*); rivestimento (*aereo*); fasciame (*m.*) isolante (cilindri o caldaie); dossale *m.*; tavola (*f.*) d'armamento (*cost.*); (*aereo*), oscillazione delle pale del rotore nel piano del disco.
— **current** (*elet.*), corrente (*f.*) in ritardo di fase.
— **green** (*segnalaz. traffico*), verde ritardato.
— **phase** (*elet.*), fase in ritardo.
laid deck (*naut.*), ponte (*m.*) fasciato.
— **paper,** carta (*f.*) con filigrana a linee parallele; (*tip.*), carta vergata.
— **-up vehicle** (*auto*), autoveicolo non utilizzato (fermo in garage anche se in buono stato).
lake, *m.* (*geogr.*), lago *m.*; (*chim.*) (*colori*), sale insolubile preparato da colorante acido e mordente metallico: lacca; pigmento organico; vernice; resina; vedi: **lake colour.**
— **colour,** lacca; lacca colorante; lacca pigmento.
— **copper** (U.S.A.), rame non raffinato ricavato da minerali di rame del Lago Superiore (*Lake Superior*).
— **navigation,** navigazione (*f.*) lacustre.
lallemantia oil, olio (*m.*) di lallemantia.
lamb mint, peppermint *m.*
lamb's wool, lana (*f.*) d'agnello.
lamba acid (*colorante intermedio*), acido lamda.
lambert (*ill.*), lambert *m.*
lambertite (*min.*), lambertite *f.*
lame, *agg.* difettoso.
lamella, mina *f.*
lamella (*pl.* **lamellae**) (*leghe, met.*), lamella *f.*
lamellar, *agg.* lamellare.
— **graphite,** grafite (*f.*) lamellare.

lamellar magnet, magnete (*m.*) lamellare.
— **pearlite** (*met.*), perlite (*f.*) lamellare.
— **sorbite,** sorbite (*f.*) lamellare.
— **tearing** (LT) (*met.*), specie di frattura parallela al piano di laminazione prodottasi se l'acciaio è sollecitato a trazione nel senso dello spessore: strappo lamellare.
— **troostite,** trostite (*f.*) lamellare.
lamelliform, *agg.* lamelliforme.
laminar, *agg.* laminare; lamellare.
flow (*aereo*), corrente laminare; (*mecc. fluidi*), moto (*m.*) laminare.
— **layer,** strato (*m.*) laminare.
laminate, *v.a.* laminare.
laminated aerial, antenna (*f.*) laminata.
— **contact** (*elet.*), contatto (*m.*) a lamine.
— **contact piece** (*elet.*), contatto lamellato.
— **core** (*elet.*), nucleo laminare.
— **fuse** (*elet.*), valvola (*f.*) a lamine.
— **glass,** vetro (*m.*) di sicurezza.
— **high penetration resistant (H.P.R.) screen** (*auto*), parabrezza in vetro laminato.
— **lime,** calcare (*m.*) tabulare.
— **magnet,** magnete (*m.*) lamellare.
— **plastics** (*plast.*), laminati plastici.
— **safety glass,** vetro di sicurezza laminato.
— **shim** (*mecc.*), spessore (*m.*) lamellare.
— **shims** (*mecc.*), spessori lamellari di aggiustaggio.
— **windscreen** (*auto*), parabrezza in vetro laminato.
— **wood,** compensato (*m.*) a venature parallele.
laminating machine, laminatoio per piccole lastre, specialm. per metalli preziosi.
— **press,** pressa per laminati.
lamination, laminazione *f.*; lamierino (*m.*) (magnetico); (*fis.*), laminazione (strozzamento di corrente fluida, con conseguente abbassamento nella pressione del fluido); (*met.*), stratificazione di laminazione.
laminations (*met.*), cricche interne parallele alla superficie lavorata della lamiera.
lamp, lampada *f.*
— **base** (*elet.*), attacco (*m.*) di lampada.
— **black,** nero (*m.*) fumo.
— **bracket** (*elet.*), braccio (*m.*) per lampade.
— **bulb** (*elet.*), ampolla per lampade.
— **cap** (*elet.*), attacco (*m.*) di lampada.
— **clusters** (*auto*), gruppo (*m.*) ottico.
— **lock screw** (*cinem.*), vite di serraggio della lampada.
— **screw** (*elet.*), impanatura (*f.*) di lampada.
— **-shade** (*elet.*), paralume *m.*
— **-socket,** portalampada *m.*
— **(road hazard —),** lampada di pericolo stradale (ostruzioni stradali temporanee).
lampblack (U.S.A.), nero fumo.
lamproom (*ferr.*), lampisteria *f.*
lamps in parallel, lampade (*f. pl.*); in parallelo.
lanacyl blue (*chim.*), bleu lanacile.
lanain, lanolina (*f.*) anidra.
lanalin, lanolina (*f.*) anidra.
lanarkite, lanarchite *f.*, $Pb_2O.(SO_4)$.
Lancashire boiler, caldaia (*f.*) a due focolari.
— **red sand,** sabbia (*f.*) da fonderia (inglese).
lance height (*fabb. acciaio all'ossigeno*), altezza lancia.
— **(automatic control of the — height)** (*met.*), controllo automatico dell'altezza della lancia.
— **(initial lowering of the —)** (*met.*), abbassamento iniziale della lancia.

lance (thermic —) (*met.*, *min.*), lancia (*f.*) (di ossigeno) per perforazione termica (usata per rocce, calcestruzzo, ecc.).

lancet arch, arco (*m.*) gotico rialzato.

land, costola fra le scanalature di una punta elicoidale; superficie (di un disco) fra due solchi contigui; pieno *m.* (*mecc.*); (*inform.*), parte di un circuito stampato, avente proprietà conduttrice.

— **bomber,** aeroplano (*m.*) da bombardamento terrestre.

— **fighter,** aeroplano (*m.*) da caccia terrestre.

— **lying fallow** (*agr.*), terreno (*m.*) a maggese.

— **of tooth,** larghezza (alla sommità) del dente di una broccia.

— **(to —) on the planet's surface** (*astr.*), atterrare sulla superficie del pianeta.

— **pier** (*cost.*), pila (*f.*) in golena.

— **plane** (*aereo*), aeroplano (*m.*) terrestre.

— **plaster,** gesso calcinato (usato come fertilizzante).

— **reclamation** (*agr.*), bonifica *f.*

— **reconnaissance plane** (*aereo*), aeroplano (*m.*) ricognitore (*o* da ricognizione terrestre).

— **register,** catasto *m.*

— **-Rover** (*agr.*), automezzo da campagna della Rover (Inghilterra).

— **-slip,** frana *f.*

— **-surveying,** agrimensura *f.*

— **surveyor,** perito (*m.*) agrimensore; geometra *m.*

— **wheel,** ruota (*f.*) di campo (aratro).

landfill sites (*holes in the ground filled with domestic refuse*) (*biogas*), scavi nel terreno riempiti di rifiuti domestici (produzione di biogas).

landing, pianerottolo *m.*; atterraggio *m.* (*aereo*); sbarco *m.*; stazione *f.* (*miniere*).

— **angle** (*aereo*), angolo (*m.*) di atterraggio.

landing area (*aereo*), area (*f.*) d'atterraggio.

— **beam** (*radar*), radiofaro (*m.*) di atterraggio.

— **chassis wheels,** ruote (*f. pl.*) del telaio d'atterraggio.

— **craft** (*naut.*), nave da sbarco.

— **direction light** (*aereo*), luce (*f.*) direzione d'atterraggio.

— **distance** (*aereo*), distanza all'atterraggio.

— **gear** (*aereo*), complesso (*m.*) d'atterraggio; v. **fixed —**; v. **nonretractable —**; v. **tail-wheel —**.

— **gear strut** (U.S.A.), ansa (*f.*) del carrello.

— **ground** (*aereo*), campo (*m.*) di atterraggio.

— **light** (*aereo*), faro (*m.*) d'atterraggio.

— **light covers** (*aereo*), copriluci di atterraggio.

— **on the moon** (*astron.*), « allunaggio » *m.*

— **on wheels** (*aereo*), atterraggio (*m.*) di carrello.

— **ramp** (*aerosp.*), rampa (*f.*) di discesa.

— **reserve** (*aereo*), riserva d'atterraggio (*di combustibile*).

— **run** (*aereo*), rullaggio *m.* (distanza coperta da un aereo durante l'atterraggio).

— **ship** (*mil.*), nave (*f.*) da sbarco.

— **speed,** velocità (*f.*) di atterraggio.

— **stage,** pontile (*m.*) di sbarco.

— **strip** (*aereo*), pista (*f.*) d'atterraggio (*in terra battuta*).

— **T** (*aereo*), T d'atterraggio.

— **wire** (*aer.*), controdiagonale *m.*

— **with the engine cut off** (*aereo*), atterraggio (*m.*) col motore spento.

landmark beacon (*aereo*), radiofaro (*m.*) di navigazione (*o* di riferimento).

landslide, frana *f.*; (*geol.*), frana con scorrimento.

landslip (*geol.*), v. **landslide.**

lane (*autostr.*), corsia *f.*; v. **emergency stop —**

lane (single — traffic), traffico su una sola corsia.
lanesin, lanolina (*f.*) anidra.
Lang lay rope, fune (*f.*) metallica ad avvolgimento parallelo.
— **-lay wire rope** (*funi comm.*), fune ad avvolgimento parallelo; fune parallela; fune Lang.
langbeinite, langbeinite, $K_2SO_4.2MgSO_4$.
langite, langite *f.*, $4CuO.SO_3.4H_2O$.
language (*elettron.*), linguaggio (di elaboratore elettronico).
— **laboratory** (*elettron.*), laboratorio (*m.*) linguistico.
— **(high level —)** (*inform.*), linguaggio ad alto livello (p. es. il FORTRAN).
lankford value (*met.*), coefficiente di anisotropia plastica.
lanichol (*chim.*), lanolina (*f.*) anidra.
Laniol, lanolina (*f.*) anidra.
Lanital, lanital *m.*
lanoceric acid (*chim.*), acido lanocerico.
lanolin(e), lanolina *f.*
— **substitute,** succedaneo della lanolina.
lantern, fanale *m.*; lucernario *m.* (*cost.*); (*luce*), lampione stradale.
— **chuck** (*tornio orol.*), serraggio a lanterna.
— **light** (*cost. civ.*), lucernario *m.*
— **roof,** tetto (*m.*) a lucernario.
anthana (*chim.*), lantana *m.* (sesquiossido di lantanio).
lanthanides (*chim.*), lantanidi (*terre rare*).
lanthanine (*med.*), lantanina *f.*
lanthanum (*chim.* = La), lantanio *m.*
— **acetate,** acetato di lantanio.
— **bromate,** bromato di lantanio.
— **bromide,** bromuro di lantanio.
— **carbide,** carburo di lantanio.
— **carbonate,** carbonato di lantanio.
— **chloride,** cloruro di lantanio.
— **hydroxide,** idrato di lantanio.
— **iodate,** iodato di lantanio.
— **iodide,** ioduro di lantanio.
lanthanum molybdate, molibdato di lantanio.
— **nitrate,** nitrato di lantanio.
— **oxalate,** ossalato di lantanio.
— **sesquioxide,** sesquiossido di lantanio.
— **sulphate,** solfato di lantanio.
— **sulphide,** solfuro di lantanio.
— **trioxide,** triossido di lantanio.
— **tungstate,** tungstato di lantanio.
lanthopine (*chim.*), lantopina.
lanum, grasso di lana purificato.
lanyon shield, lamiera di protezione dal calore, nei forni di zinco.
lap, guarnizione (*f.*) di mola smeriglio; sporto *m.* (di ardesie o assicelle, nei tetti); ricoprimento *m.* (macch. a vapore); metallo di sovrapposizione; cordolo *m.* (*sald.*); pezzo di metallo dolce con abrasivo incorporato; (*tess.*) tela di battitoio; (*sport*), tappa *f.*; (*corse auto*) giro; (*met.*), ripiegatura (di laminazione).
— *v.a.* smerigliare; lappare; girare (*corse auto*).
— **dissolve** (*telev.*) (U.S.A.), dissolvenza (*f.*) graduale.
— **-finished,** *p.p.* (*mecc.*), finito a specchio.
— **joint,** giunto (*m.*) a sovrapposizione (*mecc.*); chiodatura (*f.*) a sovrapposizione.
— **pack parachute** (*aereo*), paracadute (*m.*) a grembo.
— **riveted joint,** chiodatura (*f.*) a sovrapposizione.
— **riveting,** ribaditura (*f.*) ad orli sovrapposti.
— **roll** (*tess.*), cannella per la tela; cilindro di svolgim. della tela.
— **time** (*corse auto*) tempo sul giro.
— **(*v.a.*) weld,** saldare per sovrapposizione.
— **-welded pipe,** tubo (*m.*) saldato a sovrapposizione.
— **-welding,** saldatura (*f.*) a ricoprimento; saldatura (*f.*) a sovrapposizione.

lap winding (*elet.*), avvolgimento (*m.*) a laccio (*o* embricato).
lapis divinus (*met.*), rame alluminato.
— **lazuli** (*min.*), lapislazzuli *m.*
lappaconatine (*chim.*), lappaconatina *f.*
lapper (*macch. ut.*), smerigliatrice *f.*
lappet (*tess.*), mussolina *f.*
— **loom** (*tess.*), telaio per stoffe a ricamo.
lappets (*cotone*), stoffe a ricamo.
lapping, smerigliatura *f.*; (*mecc.*), finitura a specchio.
— **accessory,** dispositivo per lappare.
— **machine** (*macch. ut.*), smerigliatrice *f.*; lappatrice *f.*
— **wheel** (*macch. ut.*), mola (*f.*) smeriglio; disco (*m.*) smerigliatore.
lapse (*meteor.*), degradazione (*f.*) termica.
— **rate** (*meteor.*), gradiente (*m.*) di temperatura.
larboard (*naut. aereo*), babordo.
larch extract, estratto di tannino (ricavato dal larice).
— **-tree,** larice *m.*
— **turpentine,** trementina di larice; trementina di Venezia.
lard oil, olio (*m.*) di lardo.
— **oil bath,** bagno (*m.*) d'olio di lardo.
large calorie, grande caloria.
— **-capacity mixer,** impastatrice (*f.*) di grande capacità.
— **coal,** carbone (*m.*) in pezzi grossi.
— **-format camera** (*fot.*), telecamera a grande formato.
— **-scale industrial application,** applicazione industriale su grande scala.
— **screen television projector,** teleproiettore (*m.*) a grande schermo.
Largin (*med.*), largina *f.* (polvere antisettica).
laricin, coniferina *f.*
Larocaine (*med.*), larocaina *f.* (anestetico), $C_{16}H_{27}O_2N_2Cl$.
Larosan (*med.*), Larosan *m.*
larry car (*met.*), carrellone del letto di fusione.
Larsen effect, effetto (*m.*) Larsen.
larsenite, larsenite *f.*, $PbZnSiO_4$.
laser (*elettron.*), laser *m.*
— **bar code reader,** lettore di codice a barre, a laser.
— **beam,** raggio di laser.
— **beam-based phototypesetter** (*tip.*), fotocompositrice a raggi laser.
— **bomb,** bomba al laser.
— **-cutting tecnique,** tecnica del taglio al laser.
— **drill** (*min.*), perforatrice al laser.
— **fusion** (*fis. atom.*), fusione con laser.
— **-generated microplasma** (*fis.*), microplasma generato dal laser.
— **-generated plasma** (*fis.*), plasma generato dal laser.
— **granulation** (*laser*), granulazione laser.
— **guidance** (*missili*), guida laser.
— **gyroscope** (*aereo*), giroscopio a laser.
— **memorisation** (*inform.*), memorizzazione a laser.
— **operated composing machine** (*tip.*), fotocompositrice a raggi laser.
— **-optical system** (*videodisco*), v. **laservision system.**
— **photography** (*elettron.*), fotografia al laser.
— **printer** (*inform.*), stampante al laser.
— **printing,** stampa con laser.
— **-produced plasma** (*fis.*), plasma prodotto con laser.
— **reading-and-writing head** (*inform.*), testa di lettura e di scrittura al laser.
— **scanner** (*inform.*), analizzatore a laser (per la lettura di codici a barre sulle merci).
— **weld** (*sald.*), saldatura (*f.*) fatta col laser.
— **welder** (*sald.*), saldatrice con laser.

laser welding (*sald.*), saldatura (*f.*) col laser.
laserpitin (*chim.*), laserpitina *f.*
Laservision (*videodisco Philips*); laservisione *f.*
— **disc** (*videodisco*), videodisco laser-ottico della Philips di Eindhoven, superficialmente simile ad un audiodisco, rivestito di materiale riflettente, provvisto di sensore fotoelettrico producente un segnale elettrico che viene decodificato per generare immagini televisive a colori e suono stereo.
— **system** (*videodisco*), sistema laser-ottico della Philips di Eindhoven.
lash vessel (*naut.*), nave (*f.*) portachiatte.
lashing, ascialone *m.* (*o* attacco).
last, forma *f.* (di scarpe).
— **-hook,** tiraforme (scarpe).
lasting machine, macchina per montare (scarpe).
latch, lucchetto *m.* (di porta); chiavistello *m.*; (*metal.*, *laminatoi*), briglia *f.*; serratura con scatto.
late closing, chiusura (*f.*) ritardata.
— **ignition,** accensione (*f.*) ritardata.
— **timing** (*auto*), anticipo (*m.*) ritardato.
— **wheat,** grano (*m.*) tardivo.
lateen sail, vela latina.
latency, latenza *f.*
— **time** (*calcol. elettron.*), latenza (*o* ritardo, *o* tempo di attesa per le operazioni di accesso ad unità a dischi *o* a tamburo).
latent, *agg.* latente.
— **heat,** calore (*m.*) latente.
— **solvent** (*vernici*), solvente indiretto (*o* latente).
lateral divergence (*aereo*), instabilità (*f.*) laterale.
— **force,** forza (*f*). laterale.
— **girder,** paramezzale (*m.*) laterale.
— **inclination** (*auto*), sbandamento *m.*
— (*or* **side) part,** parte (*f.*) laterale.
lateral pressure, pressione (*f.*) laterale.
— **recording** (*acust.*), registrazione (*f.*) laterale.
— **shear,** spinta (*f.*) laterale.
— **stability** (*aereo*), stabilità (*f.*) laterale.
— **thrust,** spinta (*f.*) laterale.
— **velocity** (*aereo*), velocità (*f.*) laterale.
— **vibrations** (*acust.*), vibrazioni laterali.
laterite, laterite *f.*
lateritic ore (*min.*), minerale lateritico.
laterolog (*geol.*), laterolog *m.*
latex, lattice *m.*
— **paint,** vernice (*f.*) a base di lattice.
— **paint stabilizer,** stabilizzante per pitture al lattice.
— **rubber,** gomma di lattice.
lath, corrente *m.* (*cost.*); listello *m.*; stecca *f.*; lamella *f.*
— **-shaped,** *agg.*, lamellare.
lathe (pr. *lei'th*), tornio *m.*
— **apron,** anticarrello (*m.*) del tornio.
— **attachments,** accessori (*m. pl.*) del tornio.
— **bed,** banco (*m.*) del tornio.
— **building,** fabbricazione di torni.
— **carriage,** carrello (*m.*) del tornio.
— **carrier,** brida *f.*
— **centres,** punte (*f.pl.*) del tornio.
— **chuck,** piattaforma (*f.*) di un tornio.
— **dog,** morsetto (*m.*); brida *f.*
— **drive,** trasmissione (*f.*) del tornio.
— **driving dog** (*macch. ut.*, *mecc.*), trascinatore (*m.*) per tornio.
— **feed,** alimentazione (*f.*) del tornio.
— **for machining missile components,** tornio (*m.*) per missili.
— **for machining steel bottle bottoms,** tornio (*m.*) per la lavorazione di fondi di bombole.
— **for machining steel bottle tops,** tornio (*m.*) per la lavorazione di bocchini di bombole.

lathe for repetition work, tornio (*m.*) da copiare.
— **grinding attachments** (*macch. ut.*), apparecchi per rettificare al tornio.
— **headstock,** testa (*f.*) motrice del tornio.
— **installation,** impianto (*m.*) di un tornio.
— **lubrication,** lubrificazione (*f.*) del tornio.
— **-nut box,** chiocciola (*f.*) del tornio.
— **operator** (U.S.A.), tornitore *m.*
— **saddle,** slitta (*f.*) del tornio.
— **spindle,** mandrino (*m.*) del tornio.
— **tailstock,** contropunta (*f.*) del tornio.
— **test indicator** (*mecc.*), comparatore (*m.*) per torni.
— **tool,** utensile per tornio.
— **tool holder,** portautensili *m.* (tornio).
— **(automatic —),** tornio (*m.*) automatico.
— **(axle turning —),** tornio (*m.*) per intestare assi.
— **(backing off —),** tornio (*m.*) per profili ribassati; tornio (*m.*) per spogliare.
— **(bench —),** tornio (*m.*) da banco.
— **(capstan —),** tornio (*m.*) a revolver.
— **(chuck —),** tornio (*m.*) frontale (*o* di testa).
— **(coneless —),** tornio (*m.*) monopuleggia.
— **(copying —),** tornio (*m.*) a copiare.
— **(crank shaft —),** tornio (*m.*) per alberi a gomito.
— **(double —),** tornio (*m.*) doppio.
— **(double wheel tyre —),** tornio (*m.*) doppio per cerchioni.
— **(eccentric —),** tornio (*m.*) ad eccentrico.
— **(engine —),** tornio (*m.*) parallelo.
— **(face —),** tornio (*m.*) frontale.
— **(gantry —),** tornio (*m.*) con banco a prisma.
lathe (gun —), tornio (*m.*) per cannoni.
— **(hand —),** tornio (*m.*) a mano.
— **(high speed —),** tornio (*m.*) rapido.
— **(metal turning —),** tornio (*m.*) per metalli.
— **(motor driven —),** tornio (*m.*) con motore accoppiato.
— **(multi-cut —),** tornio (*m.*) parallelo a utensili multipli.
— **(nut —),** tornio (*m.*) per dadi.
— **(pulley —),** tornio (*m.*) per pulegge.
— **(profile turning —),** tornio a copiare.
— **(relieving —),** tornio (*m.*) a spogliare.
— **(repetition —),** tornio (*m.*) da copiare.
— **(roll —),** tornio (*m.*) per cilindri di laminatoio.
— **(screw cutting —),** tornio (*m.*) parallelo per filettare.
— **(shaft turning —),** tornio (*m.*) per alberi.
— **(slide —),** tornio (*m.*) semplice.
— **(sliding and screw cutting —),** tornio (*m.*) parallelo per filettare e cilindrare.
— **(stud —), tornio (*m.*) per bulloni.**
— **(thread cutting —),** tornio (*m.*) per filettare.
— **(toolmakers' —),** tornio (*m.*) per attrezzisti.
— **(turret —),** tornio (*m.*) a revolver.
— **(universal —),** tornio (*m.*) universale.
— **(watchmakers —),** tornio (*m.*) da orologiaio.
— **(wheel —),** tornio (*m.*) per ruote montate.
— **(wood turning —),** tornio (*m.*) per legno.
lather factor, fattore di schiuma (quantità di soluzione saponifera prestabilita che produce una schiuma permanente in 50 mil. di acqua distillata).
lathing (*costr.*), incannicciata *f.*

latitude, latitudine *f.*
— **(of a point)** (*agrim.*), ordinata *f.* (di un punto).
— **and longitude method** (*agrim.*) metodo delle coordinate (usato per poligonali).
latten, lamierino (*m.*) di ottone.
— **brass,** vedi: **latten.**
lattice (*aereo*), traliccio *m.*; (*tess.*), graticcio *m.*; reticolo *m.* (*cristal.*) (*fis. atom.*).
— **array** (*fis. atom.*), disposizione (*f.*) del reticolo.
— **barrier** (*ferr.*), barriera (*f.*) a cancellata.
— **calculation** (*fis. atom.*), calcolo (*m.*) dei reticoli.
— **cell** (*fis. atom.*), cella (*f.*) dei reticoli.
— **coil** (*elet.*), bobina (*f.*) a traliccio.
— **constant** (*cristal.*), costante (*f.*) reticolare.
— **defect** (*met.*), difetto (*m.*) reticolare.
— **design** (*fis. atom.*), geometria (*f.*) del reticolo.
— **disorder** (*cristal.*), disordine (*m.*) reticolare.
— **displacement** (*chim., met., ecc.*), spostamento reticolare.
— **distortion** (*met.*), distorsione dei reticoli.
— **element** (*fis. atom.*), elemento (*m.*) di reticolo.
— **filter** (*elet.*), filtro (*m.*) a traliccio.
— **flow** (*cristal., ecc.*), difetto del reticolo; difetto reticolare.
— **gate,** cancello *m.*
— **girder,** trave (*f.*) a traliccio.
— **jib,** braccio (*m.*) a traliccio.
— **network** (*elet.*), rete (*f.*) a traliccio.
— **of the magnetite** (*min.*), reticolo della magnetite.
— **opener** (*tess.*), apritoio a traliccio.
— **parameter** (*fis. atom.*), parametri (*m. pl.*) del reticolo.
— **pitch** (*fis. atom.*), passo (*m.*) del reticolo.
— **plane** (*cristal.*), piano reticolare.
lattice sites (*fis. atom.*), nodi (*m. pl.*) del reticolo.
— **spacing** (*cristal.*), distanza reticolare; (*fis. atom.*), costanti (*f. pl.*) del reticolo; geometria (*f.*) del reticolo; (*chim., met., ecc.*), spaziatura reticolare.
— **steel pylon** (*elet.*), palo a traliccio di acciaio.
— **structure** (*fis. atom.*), struttura (*f.*) reticolare.
— **tie** (*aereo*), asta (*f.*) di traliccio.
— **tower** (*elet.*), pilone (*m.*) a traliccio.
— **vacancy** (*met.*), vacanza (*f.*) reticolare.
— **void** (*met.*), v. **lattice vacancy.**
— **winding** (*elet.*), avvolgimento a traliccio.
— **wound coil** (*elet.*), bobina (*f.*) a nido d'api.
latticed bar, asta (*f.*) reticolare.
— **rod,** asta (*f.*) reticolare.
laudanidine, laudanidina *f.*
laudanum (*med.*), laudano *m.*
laughing gas, vedi: **nitrous oxide.**
laumontite (*min.*), laumontite.
launch, varo *m.* (*naut.*); lancia *f.*
— *v.a.* lanciare; varare (*naut.*); catapultare.
— (*v.a.*) **a ship,** varare una nave.
— **centre** (*astron.*), centro di lancio.
— **control center** (*astron.*), centro di controllo spaziale per le operazioni di lancio.
— **pad** (*astron.*), rampa di lancio (*missili, razzi*); piattaforma di lancio.
— **tube** (*missili*), tubo di lancio.
— **vehicle** (*astron.*), vettore (*m.*) di lancio.
launcher, lanciarazzi *m.*; lanciasatelliti *m.*; (*missili*), lanciatore *m.*
launching (*astron.*), lancio *m.*
— **base** (*astron.*), base di lancio (spaziale.)
— **cradle,** invasatura *f.*
— **error** (*astron.*), errore di lancio.
— **facilities** (*aereo*), attrezzature di lancio.

launching ramp (*razzi, missili*), rampa (*f.*) di lancio.
— **tower** (*astron.*), torre di lancio.
— **vehicle** (*astron.*), veicolo di lancio.
launder, canale (*m.*) di lavaggio; canale di colata (*fond.*).
laundering (*tessuti*), lavatura *f.*
laundry, lavanderia *f.*
— **soda,** soda (*f.*) per bucato.
lauraldehyde, lauraldeide *f.*
laurel oil, olio (*m.*) di lauro.
laureline, laurelina *f.*
Laurex, sale di zinco dell'acido laurico.
lauric acid, acido (*m.*) laurico.
laurionite, laurionite *f.*
laurostearic acid, acido (*m.*) laurico.
lauroyl peroxide, perossido di lauroile (usato per cere ed oli come decolorante).
lauryl alcohol (*chim.*), alcole laurilico.
lautal, lautal (*m.*) (lega).
lautering (*ind. birra*), rettificazione. *f.*
lava, lava *f.*
— **core,** nucleo (*m.*) di lava.
lavatory (*ferr.*), toeletta *f.*; (*in scuole, ecc.*), lavabo *m.*, lavandino.
lavender, lavanda *f.*
— **oil,** olio di lavanda.
— **water** (*profumi*), acqua di lavanda.
law (*gen.*), legge *f.*
— **costs** (*assicuraz.*), spese legali.
— **enforcement handgun (weapon)** (*armi*), arma per i tutori dell'ordine.
— **of torts** (*leg.*), legislaz. inglese concernente gli illeciti civili.
— **prescriptions,** prescrizioni (*f. pl.*) di legge.
lawn mower, macchina tosaerba.
lawrencium (*chim.*), laurenzio *m.* (simbolo Lw).
lay, altezza (*f.*) di fune in un trefolo; direzione della linea predominante (*cristal.*); (*tess.*), cassa (di telaio).
— *v.a.* posare (stendere fili); mettere a posto i trefoli (di una fune) ed intrecciarli per ricavarne una fune o un cavo.
lay a pipe, *v.a.* gettare un tubo.
— **a switch,** *v.a.* montare uno scambio.
— **ballast,** *v.a.* inghiaiare.
— **-bye** (*strade*), corsia di sosta lungo una arteria principale.
— **concrete,** *v.a.* gettare calcestruzzo.
— **days** (*naut.*), stallie *f. pl.*
— **down,** *v.a.* posare.
— **in asphalt,** *v.a.* colare asfalto.
— **off,** *v.a.* tracciare.
— **of the case** (*tip.*), disposizione di cassa per composizione.
— **out,** *v.a.* tracciare; separarsi *v.r.*
— **ratio** (*cavi*), rapporto di passo.
— **shaft,** albero (*m.*) di distribuzione.
— **the foundation stone of a plant,** porre la prima pietra di uno stabilimento.
— **the line,** *v.a.* (*ferr.*), armare la linea.
— **up,** *v.a.*, mettere in riserva (*macchine, ecc.*).
layby (*costruz. stradali*), piazzuola (*f.*) di sosta di una strada.
layer, strato *m.* (*aereo*); strato *m.* (di terra, pittura, *ecc.*); giacitura *f.*; (*artigl.*), puntatore *m.*; (*costr. stradali, ecc.*), manto (di bitume, ecc.).
— **corrosion** (*met.*), corrosione stratificata.
— **-on** (*mecc., tip.*), alimentatore automatico (*mecc.*); tipografo che alimenta la stampatrice con fogli di carta (*tip.*).
layered map (*top.*), mappa altimetrica; carta a curve di livello.
layers of filling ground, strati (*m. pl.*) del terreno di riporto.
laying, messa (*f.*) in opera (posa); (*naut.*), impostazione *f.*
— **an ashlar,** posa (*f.*) di una pietra da taglio.
— **cat** (U.S.A.), tipo di trattore a cingoli usato per posa di tubazioni.

laying of a cable, posa (*f.*) di un cavo.
— **the tiles,** posa (*f.*) delle tegole.
— **up,** disarmo (*di nave*).
— **-up basin,** bacino (*m.*) di ritenuta.
layout, planimetria *f.*; disposizione *f.*; schema *m.*; disegno *m.*; diagramma di montaggio; (*petrolio*), piano di montaggio; carta di processo di raffineria (*petrolio*); (*tip.*), schizzo di massima di uno stampato con tipo o dimensione delle illustrazioni, dei caratteri, ecc.; formato tipo di un libro (con caratteri, carta, rilegatura, ecc. proposti); impostazione ed ideazione generale di un libro; (*inform.*), tracciato di una scheda; disposizione di una tastiera; v. **functional** —; (*auto*), disposizione del motore; v. **pedal** —.
— **form** (*inform.*), modulo (stampato) (con il tracciato di una scheda, ecc.).
— **man,** metrologo *m.*
layshaft (*mecc.*), albero di rinvio; (*layshaft arranged transversely through the crown of the press*), albero di rinvio disposto trasversalmente lungo la corona della pressa.
lazulite (*min.*), lazulite *f.*
lazurite, lazurite *f.*
lazy, *agg.* (*naut.*), extra.
— **eight** (*aereo*), otto *m.* (manovra aerea).
lb-hr, libbre-ore.
L/D (a ship with an L/D) (*naut.*), una nave dal rapporto L/D.
LD plant (*met.*), impianto di fabbricazione dell'acciaio all'ossigeno.
— **steelmaking** (*met.*), fabbricazione dell'acciaio all'ossigeno.
lea, matassina (*f.*) di 300 yards (= 274 m) per lino e canapa, di 120 yards per cotone e seta chiamata: « filzuolo ».
— **tester** (*tess.*), dinamometro (*m.*) per matassine.
leach (*chim.*), lisciviare *v.a.*
leach out, *v.a.* (*chim.*), estrarre mediante lisciviazione.
— **plant** (*chim.*), v. **leaching plant.**
leachable (*chim.*), lisciviabile.
leaching (*chim.*), lisciviazione *f.*; filtrazione *f.*
— **agent** (*chim.*), agente di lisciviazione.
— **of ores** (*min.*), lisciviazione (*f.*) del minerale.
— **plant** (*chim.*), impianto di lisciviazione.
— **solution** (*chim.*), soluzione (*f.*) estrattiva.
— **test** (*chim.*), prova (*f.*) di lisciviazione.
— **(pressure —)** (*chim.*), lisciviazione a pressione.
lead (p. *liid*), passo (*m.*) reale di una vite; conduttore *m.* (*elet.*); precessione *f.* (*mecc.*); cavo (*m.*) elettrico; filone *m.* (*min.*); deposito (*m.*) di sabbie aurifere nel letto di un fiume sepolto dalla lava; distanza (*f.*) del trasporto (di movimenti di terra) (*cost. civ.*); distanza (*f.*) tra la punta dell'ago e quella del cuore (*scambio ferr.*); adduttore *m.* (*elet.*); filo elettrico; anticipo *m.* (*motori*) (*elet.*).
— *v.a.* (p. *liid*), precedere *v.i.* (*elet.*); essere in anticipo (di corr. elet.).
— **angle,** avanzo (*m.*) angolare.
— **away** (*chim.*), eliminare *v.a.*
— **computing sight** (*aereo*), calcolatore direzione visiva.
— **-in** (*radio*), calata *f.* (parte di filo d'antenna); (*chim.*, *ecc.*) introdurre.
— **-in grove** (*radio* (U.S.A.), discesa di antenna; coda di antenna; (*acust.*), solco iniziale.
— **line,** linea (*f.*) di scandaglio; scandaglio *m.* (*naut.*).
— **off** (*chim.*), eliminare *v.a.*
— **of spiral,** passo (*m.*) dell'elica (*ingran.*).
— **-on current,** corrente (*f.*) applicata.
— **plug,** chiave (per muratura).

lead screw, vite (*f.*) di comando; vite (*f.*) madre.

lead (p. *led*), piombo *m.* (*chim.* = Pb); piombo *m.* (che si applica ai colli); intelaiatura (*f.*) in piombo per vetri; mina (*f.*) di ricambio (per matite); grafite *f.*; interlinea *f.* (*tip.*).

— (p. *led*) *v.a.* impiombare *v.a.*; piombare *v.a.*; smaltare *v.a.* (ceramiche); (*tip.*), interlineare; (*mot.*), etilizzare.

— **accumulator,** accumulatore (*m.*) al piombo.

— **acetate,** acetato (*m.*) di piombo.

— **-acid automobileb attery,** batteria acida al piombo per automobile.

— **-acid cell** (*elem.*), elemento acido al piombo.

— **alloy,** lega (*f.*) di piombo.

— **annealing** (*met.*), ricottura in bagno di piombo.

— **antimonate** (*chim.*), antimoniato (*m.*) di piombo.

— **apron,** rivestimento (*m.*) esterno in piombo (per lo più alla base di un comignolo).

— **arsenate** (*chim.*), arseniato (*m.*) di piombo.

— **ash,** cenere di piombo; scoria di piombo.

— **azide,** azoimide (*m.*) di piombo.

— **azoimide,** azoimide (*m.*) di piombo, PbN_6.

— **bath,** bagno (*m.*) di piombo.

— **-bath annealing** (*met.*), ricottura in bagno di piombo.

— **benzoate** (*chim.*), benzoato di piombo.

— **bi-ortho-arsenate,** bi-ortoarseniato di piombo, $PbHAsO_4$.

— **bi-ortho-phosphate,** bi-ortofosfato di piombo, $PbHPO_4$.

— **bromide,** bromuro di piombo, $PbBr_2$.

— **bullets,** pallette (*f. pl.*) (di granata) (*muniz.*).

— **butyrate,** butirrato di piombo, $Pb(C_4H_7O_2)_2$.

— **caprate,** caprato di piombo, $Pb(C_{10}H_{19}O_2)_2$.

lead caproate, caproato di piombo, $Pb(C_6H_{11}O_2)_2$.

— **caprylate,** caprilato di piombo, $Pb(C_8H_{15}O_2)_2$.

— **carbolate,** carbolato di piombo.

— **carbonate,** carbonato di piombo, $PbCO_3$.

— **cerotate,** cerotato di piombo, $Pb(C_{26}H_{51}O_2)_2$.

— **chlorate,** clorato di piombo, $Pb(ClO_3)_2$.

— **chloride,** cloruro di piombo, $PbCl_2$.

— **chlorite,** clorito di piombo, $Pb(ClO_2)_2$.

— **chromate,** cromato di piombo, $PbCrO_4$.

— **citrate,** citrato di piombo, $Pb_3(C_6H_5O_7)_2 . 3H_2O$.

— **-clad copper,** rame coperto di piombo.

— **coating,** piombatura *f.*; impiombatura *f.*

— **-covered cable** (*elet.*), cavo (*m.*) ad involucro di piombo.

— **covered sheet iron,** lamiera (*f.*) piombata.

— **covering,** impiombatura *f.*; piombatura *f.*; impiombatura (*f.*) di cavi.

— **cyanate,** cianato di piombo, $Pb(CNO)_2$.

— **cyanide,** cianuro di piombo, $Pb(CN)_2$.

— **dichromate,** bicromato di piombo, $PbCr_2O_7$.

— **dioxide,** biossido di piombo, PbO_2.

— **dithiofuroate,** bitiofuroato di piombo, $(C_4H_3OCSS)_2Pb$.

— **enanthate,** enantato di piombo, $Pb(C_7H_{13}O_2)_2$.

— **equivalent** (*fis.*), equivalente (*m.*) di piombo.

— **ferricyanide,** ferricianuro di piombo, $Pb_3(Fe(CN)_6)_2 . 6H_2O$.

— **ferrite,** ferrite di piombo, $Pb(FeO_2)_2$.

— **ferrocyanide,** ferrocianuro di piombo, $Pb_2Fe(CN)_6 . 3H_2O$.

— **flake,** carbonato basico di piombo.

lead fluoride, fluoruro di piombo, PbF_2.
— **fluosilicate,** fluosilicato di piombo, $PbSiF_6.2H_2O$.
— **formate,** formato di piombo, $Pb(CHO_2)_2$.
— **-free petrol,** benzina (*f.*) senza aggiunta di piombo.
— **frit,** bisilicato di piombo.
— **glass,** vetro piombifero.
— **gutter,** grondaia (*f.*) rivestita di piombo.
— **hydroxide,** idrossido di piombo, $Pb(OH)_2$.
— **hypophosphite,** ipofosfito di piombo, $Pb(H_2PO_2)_2$.
— **iodate,** iodato di piombo, $Pb(IO_3)_2$.
— **iodide,** ioduro di piombo, PbI_2.
— **isobutyrate,** isobutirrato di piombo, $Pb(C_7H_4O_2)_2$.
— **lactate,** lattato di piombo.
— **lignocerate,** lignocerato di piombo, $Pb(C_{24}H_{47}O_2)_2$.
— **-lined wood tank,** vasca (*f.*) in legno foderata in piombo.
— **lining,** impiombatura *f.*; piombatura *f.*; rivestimento (*m.*) in piombo.
— **linoleate,** linoleato di piombo.
— **malate,** malato di piombo, $Pb(C_4H_4O_5).3H_2O$.
— **marcasite,** solfuro di zinco nativo.
— **meta-arsenate,** meta-arseniato di piombo, $Pb(AsO_3)_2$.
— **meta-arsenite,** meta-arsenito di piombo, $Pb(AsO_2)_2$.
— **metaborate,** metaborato di piombo, $Pb(BO_2)_2.H_2O$.
— **metaphosphate,** metafosfato di piombo, $Pb(PO_3)_3$.
— **metasilicate,** metasilicato di piombo, $PbSiO_3$.
— **metatitanate,** metatitanato di piombo, $PbTiO_3$.
— **metavanadate,** vanadinato di piombo, $Pb(VO_3)_2$.
— **-mine,** miniera (*f.*) di piombo.
— **molybdate,** molibdato di piombo, $PbMoO_4$.

lead monoxide, monossido di piombo, PbO; litargirio *m.*
— **nail,** chiodo (*m.*) per lamiere di tetti.
— **naphthenate,** naftenato di piombo.
— **nitrate,** nitrato di piombo, $Pb(NO_3)_2$.
— **nitrite,** nitrito di piombo, $Pb(NO_2)_2.H_2O$.
— **oleate,** oleato di piombo, $Pb(C_{18}H_{33}O_2)_2$.
— **ore,** minerale (*m.*) di piombo.
— **ortho-arsenate,** orto-arseniato di piombo, $Pb_3(AsO_4)_2$.
— **ortho-phosphate,** ortofosfato di piombo, $Pb_3(PO_4)_2$.
— **oxalate,** ossalato di piombo, PbC_2O_4.
— **oxide,** ossido di piombo.
— **oxychloride,** giallo (*m.*) di Cassel; giallo minerale.
— **oxychloride,** ossicloruro di piombo, $PbCl_2PbO$.
— **paint,** pittura (a base di biacca di piombo).
— **palmitate,** palmitato di piombo, $Pb(C_{16}H_{31}O_2)_2$.
— **perchlorate,** perclorato di piombo.
— **periodate,** periodato di piombo, $PbHIO_5$.
— **peroxide,** perossido di piombo.
— **persulfate,** persolfato di piombo.
— **phenate** (*or* **phenolate**), fenato di piombo.
— **phosphite,** fosfito di piombo, $PbHPO_3$.
— **picrate,** picrato di piombo.
— **pipe,** tubo (*m.*) di piombo.
— **plating,** piombatura *f.*
— **propionate,** propionato di piombo, $Pb(CH_3CH_2COO)_2$.
— **protoxide,**protossido di piombo.
— **pyro-antimonate,** piroantimoniato di piombo, $Pb_2Sb_2O_7$.
— **pyro-arsenate,** piro-arseniato di piombo, $Pb_2As_2O_7$.
— **pyro-phosphate,** pirofosfato di piombo, $Pb_2P_2O_7$.
— **rack** (*tip.*), scaffale per interlinee.

lead resinate, resinato di piombo.
— **-rich alloy,** lega ricca di piombo.
— **ridge,** colmo (*m.*) rivestito di piombo.
— **salicylate,** salicilato di piombo.
— **salt,** sale (*m.*) di piombo.
— **screen** (*fis. atom.*), schermo (*m.*) di piombo.
— **selenate,** seleniato di piombo, $PbSeO_4$.
— **selenide,** seleniuro di piombo, PbSe.
— **sesquioxide,** sesquiossido di piombo, Pb_2O_3.
— **silicofluoride,** silicofluoruro di piombo.
— **smelter,** fonderia di piombo.
— **stearate,** stearato di piombo, $Pb(C_{18}H_{35}O_2)_2$.
— **styphnate,** stifnato di piombo, $C_6H(NO_2)_3OOPb$.
— **subacetate,** subacetato di piombo.
— **subcarbonate,** subcarbonato di piombo.
— **subnitrite,** subnitrito di piombo.
— **suboxide,** subossido di piombo.
— **sulfate,** solfato di piombo, $PbSO_4$.
— **sulfide,** solfuro di piombo, PbS.
— **sulfite,** solfito di piombo, $PbSO_3$.
— **sulfocarbolate,** sulfocarbolato di piombo.
— **sulfochloride,** sulfocloruro di piombo, $3PbS.PbCl_2$.
— **sulfocyanate,** sulfocianato di piombo.
— **sulfovinate,** sulfovinato di piombo, $Pb(C_2H_5SO_4)_2.2H_2O$.
— **sulphate,** solfato (*m.*) di piombo.
— **sulphide** (*chim.*), solfuro (*m.*) di piombo.
— **superoxide,** biossido di piombo.
— **tannate,** tannato di piombo.
— **tartrate,** tartrato di piombo, $PbC_4H_4O_6$.
— **telluride (PbTe)** (*chim.*), tellururo di piombo.

lead tetraacetate, tetraacetato di piombo, $Pb(C_2H_3O_2)_4$.
— **tetrachloride,** tetracloruro di piombo, $PbCl_4$.
— **tetraethyl,** tetraetile (*m.*) di piombo.
— **tetroxide,** tetrossido di piombo.
— **thiocyanate,** tiocianato di piombo, $Pb(CNS)_2$.
— **thiosulfate,** tiosolfato di piombo, PbS_2O_3.
— **tungstate,** tungstato di piombo, $PbWO_4$.
— **vanadinate,** meta-vanadiato di piombo.
— **-vinegar,** acetato (*m.*) di piombo.
— **vitriol,** anglesite *f.*
— **wire,** filo (*m.*) di piombo; filo conduttore.
— **-wire,** filo (*m.*) adduttore.
— **wolframate,** tungstato di piombo.
— **wool,** lana di piombo (usata per imballaggio).
— **works,** miniera piombifera.

leaded lubricants, lubrificanti (*m. pl.*) al piombo.
— **matter** (*tip.*), composizione interlineata.
— **petrol,** benzina (*f.*) con aggiunta di piombo.
— **steel** (*met.*), acciaio (*m.*) al piombo.
— **strips** (*met.*), bande (*f. pl.*) piombate.
— **wire** (*elet.*), filo sotto piombo.
— **zinc oxide,** ossido (*m.*) di zinco piombifero.

leader, vena minerali; striscia di film (generalmente bianca, che precede il film, per identificarlo); nastro (*m.*) di partenza (*cinem.*); coda (*f.*) di testa del film; serie di puntini (*tip.*); doccione *m.* (*cost.*); primo operatore (*m.*) nel rilevamento con catena agrimensoria; trave (sospesa) di battipalo.
— **-hook** (*cost.*), staffa (*f.*) di doccione.

leaders (*tip.*), puntini di guida (nell'indice p. es. o in tabelle).

leading (p. *leding*), impiombatura *f.*; interlinea *f.*
leading (p. *liiding*), *agg.* principale.
— **aircraftman** (*aereo*), specialista della R.A.F.
— **current,** corrente (*f.*) in anticipo.
— **edge** (*aereo*), bordo (*m.*) d'attacco (*o* d'entrata); (*inform.*), bordo di attacco (*o* anteriore) di una scheda; lato della scheda introdotta nel calcolatore, ecc.
— **edge radiator** (*aereo*), radiatore (*m.*) sul bordo d'entrata.
— **end** (*inform.*), inizio di scheda (*o* nastro).
— **green** (*segnalaz. traffico*), verde avanzato.
— **-in tube** (*elet.*), tubo (*m.*) d'entrata.
— **zero** (*inform.*), zero a sinistra.
— **load** (*elet.*), carico (*m.*) capacitativo (in circuito a corrente alternata dove la corrente è in anticipo sulla tensione).
— **manufacturer,** costruttore (*m.*) principale.
— **-out terminal** (*elet.*), morsetto d'uscita.
— **-out wire** (*elet.*), filo di rinforzo per l'avvolgimento di trasformatore, ecc.
— **phase** (*elet.*), fase (*f.*) in anticipo.
— **pole horn** (*elet.*), corno (*m.*) d'entrata.
— **pole tip** (*elet.*), corno (*m.*) d'entrata.
— **sweep** (*aereo*), deviazione della linea dei centri di gravità delle sezioni d'una pala di elica, nel piano di rotazione dell'elica, verso il bordo d'attacco: passo (*m.*) angolare positivo.
leads and lags (*finan.*), avanzamenti e ritardi.
— **and plugs** (*elet.*) (*inform.*), fili e spine (per collegamento alla presa di corrente dell'antenna della TV).
leadwire, filo (*m.*) conduttore.
leadscrew (p. *liidscru*) (*tornio*), vite (*f.*) madre.
leaf, battente *m.* (*cost.*); foglia (*f.*) della balestra (*mecc.*); foglia *f.* (*tess.*).
— *agg.*, di grande area rispetto al suo spessore.
— **gold,** oro (*m.*) in foglie.
— **green** (*chim.*), clorofilla *f.*; verde foglia (pigmento).
— **of door,** battente (*m.*) di porta.
— **of a pinion** (*orol.*), ala di un pignone.
— **of the sight** (*mil.*), ritto (dell'alzo).
— **spring** (*mecc.*), balestra *f.*
— **spring eye hot bending and blanking machine** (*mecc.*), occhiellatrice (*f.*) a caldo per piegatura e stampaggio parti terminali delle molle a balestra.
— **spring shock damper** (*aereo*), ammortizzatore (*m.*) a balestre.
— **(to —) through a book,** sfogliare un libro.
leaflets, *pl.*, volantini *m. pl.*
leak, falla *f.*; fuga *f.*; perdita *f.* (di elet. per imperfetto isolamento); punto dove avviene la perdita (*met.*); alta resistenza (megaohmica) (*radio*).
— *v.i.* fare acqua; *v.a.* perdere.
— **detector** (*aereo*), rivelatore di perdite (in un aerostato); (*fis. atom.*), indicatore di perdite.
— **hunting** (*fis. atom.*), ricerca (*f.*) delle perdite.
leakage, fuoruscita *f.* (fuga) (di liquidi); perdita *f.*; dispersione *f.* (*elet.*); (*liquidi*), anermeticità *f.*
— **conductance** (*elet.*), disperdenza *f.* (*o* conduttanza trasversale).
— **indicator** (*elet.*), indicatore (*m.*) di terra.
— **of current,** perdita (*f.*) di corrente.
— **of gas,** perdita (*f.*) di gas.
— **reactance,** reattanza di dispersione.
leakance (*elet.*), disperdenza *f.* (*o* conduttanza trasversale).

leaker (*met.*), getto non stagno (getto che perde).
leakproof bolt, bullone a prova di fughe.
leaky, *agg.* difettoso; che provoca dispersione o fuga.
lean, *agg.* (*riferito a carbon fossile*), scarsamente agglomerante; povero; (*di calce*), magra.
— **coal,** carbone (*m.*) povero.
— **iron ore,** minerale di ferro povero.
— **lime,** calce idraulica magra.
— **mixture** (*motori*), miscela (*f.*) povera.
— **oil,** petrolio povero (dal quale è stata tolta una frazione di olio lubrificante).
— **-to,** *agg.*, *n.*, a una falda (*cost.*); ala (*f.*) di edificio con tetto ad una falda; baracca (*f.*) in legno con tetto inclinato, costruita contro pali od alberi.
— **-to roof,** tetto (*m.*) a una falda.
— **-to roof purlin,** arcareccio (*m.*) del tetto ad un piovente.
— **-to trussed strut,** sostegno (*m.*) a cavalletto.
leaning thread, filettatura *f.* (*buttress*).
leap (*min.*), filone (*m.*) di scarso valore.
lear, forno usato nella ricottura del vetro; (*vetro*) vedi: **lehr.**
lease, passo *m.* (*tess.*) (angolo che si forma nella manovra di licci); contratto (*m.*) d'affitto; contratto (*m.*) di appalto (*comm.*); terreno concesso in affitto per scopi minerari; contratto di diritto di sfruttamento di prodotti minerari.
— **bar** (*tess.*), verga *f.*
— **-lend system** (*comm.*), sistema affitti e prestiti.
— **(to —) lines,** concedere in affitto linee telefoniche.
— **out,** *v.a.* dare in appalto; affittare.
— **rods** (*tess.*), verghe.
— **tank,** serbatoio di petrolio prodotto da pozzi dati in appalto.
— **(building —),** enfiteusi *f.*
lease (take (*v.a.*) **on —),** prendere in appalto (*od* in affitto).
leasing (*comm.*), « leasing » (contratto di locazione-vendita); (*tess.*), invergatura *f.*
least square method (*ricerca operativa*), metodo dei minimi quadrati.
leather, cuoio *m.*
— **belt,** cinghia (*f.*) di cuoio.
— **-belting,** cinghia (*f.*) di cuoio.
— **collar,** rondella (*f.*) di cuoio; manicotto (*m.*) di cuoio.
— **-covered wheel** (*auto*), volante rivestito di cuoio.
— **cup,** bordo (*m.*) di cuoio.
— **dressing,** trattamento *m.* (*chimico, ecc.*) delle pelli (*prima della finitura*).
— **gloves,** guanti di pelle.
— **hollows,** strisce di cuoio (usate dai modellisti).
— **packed coupling,** giunto (*m.*) di cuoio.
— **packing** (*or* **collar**), guarnizione (*f.*) di cuoio.
— **processing,** lavorazione del cuoio.
— **ring,** anello (*m.*) di cuoio.
— **strop,** coreggia *f.*
— **yellow,** fosfina *f.* (ottenuta come sottoprodotto dalla fucsina).
— **(simulated —)** (*auto, ecc.*), finta pelle; similpelle.
leatheroid, fibra vulcanizzata brevettata detta: « fibra grigia ».
leave, feria *f.*; permesso *m.*; lasciare *v.a.*
— **with pay** (*comm.*), ferie (*f. pl.*) retribuite.
— **without pay** (*comm.*), ferie (*f. pl.*) non retribuite.
— **(paid —)** (*remunerazioni*), ferie pagate.
leaven, fermento *m.*
leavening, lievitazione *f.*
Leblanc process, procedimento (*m.*) Leblanc.
lechosopal (*min.*), varietà di opale verde scuro.
leciproteins (*chim.*), leciproteine *f. pl.* (composti di proteine e lecitina).

lecithin (*chim.*), lecitina *f.*
lecithol, lecitina *f.*
leconite, leconite *f.*
LED peak level indicator (*audio*) indicatore di picco a led (di registratore a cassette).
ledeburite, ledeburite *f.*
— **cast iron** (*met.*), ghisa ledeburitica.
ledeburitic steel (*met.*), acciaio ledeburitico.
ledge (*faleg.*), listello *m.*
ledger, palo (*m.*) orizzontale (di impalcatura) (*cost.*); mastro *m.* (*comm.*).
— **card** (*inform.*), scheda a pista magnetica.
leeches (*naut.*), orli (*m. pl.*) di caduta.
leech-lines (*naut.*), caricaboline *f.pl.*
leer, vedi: **lear** e **lehr.**
lees, gruma (*f.*) di botte.
leeve (*idraul.*), argine *m.*; banchina *f.* (U.S.A.); diga *f.*
leeward *naut.*), sottovento.
leeway (*aereo*), manovra correttrice del vento trasversale.
left-hand drive (*auto*), guida (*f.*) a sinistra.
— **-hand engine,** motore (*m.*) sinistrorso.
— **hand page** (*tip.*), pagina pari.
— **-hand propeller** (*aereo*), elica (*f.*) sinistrorsa.
— **-hand rule** (*elet.*), regola (*f.*) della mano sinistra.
— **-hand shooter** (*sport armi*), cacciatore mancino (abituato a sparare con la mano sinistra).
— **hand screw,** vite (*f.*) sinistra.
— **-hand steering** (*auto*), guida (*f.*) a sinistra.
— **-hand thread,** filettatura (*f.*) sinistrorsa; filetto (*m.*) sinistrorso.
— **-hand twisted yarn,** filato (*m.*) a torsione sinistra.
— **lay rope,** fune (*f.*) metallica i cui trefoli formano una ellisse.
lefthand cutting edge (*mecc.*), tagliente sinistrorso.
leftward welding, saldatura (*f.*) a gas in avanti.
leg, gamba (*f.*) di compasso; tronco (*m.*) di un circuito elettrico (*elet.*); (*idraul.*), tubazione; biforcazione di tubazione; diramazione (inferiore).
— **room** (*auto*), spazio per le gambe.
— **-vice,** morsa (*f.*) con gambo.
legal ohm (*elet.*), ohm legale (equivalente a 0,97718 dell'ohm internazionale).
— **ordinance,** decreto-legge (*o* ordinanza di necessità: decreto-legge emanato dal Governo senza alcuna delega del Parlamento).
legend (U.S.A.), leggenda *f.* (di una carta, ecc.).
— **speed** (*naut.*), velocità (*f.*) prevista (*di navi*).
legging, gambale (*m.*) per protezione contro fuoco.
legibility test (*microscopio*), prova di leggibilità.
legislation concerning operation of mines, legge inerente all'esercizio delle miniere.
legroom (*auto*), spazio a disposizione per le gambe.
lehr (*vetro*), forno (*m.*) a canale (*o* a tunnel).
leisure centre (*costr.*), centro (*m.*) ricreativo (di club, ecc.).
leizure (*tess.*), vivagno *m.*
lemon acid, acido (*m.*) citrico.
— **oil,** olio essenziale di limone.
— **oxide,** ossido di ferro giallo (usato come pigmento).
— **peel,** scorza di limone.
— **tree** (*bot.*), limone *m.*
length, lunghezza *f.*; (*vernice*), proporzione di olio in una vernice; durata *f.* (*di tempo*).
— **between perpendiculars** (abbr. in B.P.) (*naut.*), lunghezza fra le perpendicolari.
— **gauge** (*armi*), calibro per la misura della lunghezza del bossolo di una cartuccia.
— **over all** (*naut.*), lunghezza fuori tutto (*o* totale) (*dello scafo*).
— **tolerance** (*met.*), tolleranza sulla lunghezza.

length unit, unità (*f.*) di lunghezza.
lengthen, *v.a.*, allungare *v.a.*
lenghtening (*chim.*), allungamento *m.* (*di catena, ecc.*).
— **bar,** allunga *f.*
— **of timber,** allungamento (*m.*) di legname.
lengthwise, *avv.*, in direzione (*o* senso) longitudinale.
leno (*tess.*), « cretonne » *m.* (tessuto di cotone).
— **muslin** (*tess.*), velo (*m.*) di cotone.
— **weave** (*tess.*), armatura garza.
lens, lente *f.*; (*geol.*), lente (corpo minerario simile ad una lente convessa, di forma allungata); (*geol., petrol.*), v. **oil** —.
— **aberration** (*ott.*), aberrazione (*f.*) della lente.
— **barrel,** tubo (*m.*) portaobiettivo.
— **calibration** (*ott.*), calibratura della lente.
— **disc** (*telev.*), disco (*m.*) esplorante.
— **drum** (*telev.*), tamburo (*m.*) esplorante.
— **finder,** iconometro *m.*
— **grinder,** rettificatrice (*f.*) per lenti.
— **hood** (*telev.*), visiera (*f.*) parasole (di camera).
— **(achromatic —),** lente acromatica.
— **(anallatic —),** lente anallatica.
— **(anastigmatic —),** lente anastigmatica.
— **(antispectroscopic —),** lente antispettroscopica.
— **(apochromatic —),** lente apocromatica.
— **(concave —),** lente concava.
— **(converging —),** lente conver. gente.
— **(convex —),** lente convessa.
— **(diverging —),** lente divergente.
— **(piano-concave —),** lente piano-concava.
— **(piano-convex —),** lente piano-convessa.
lens (telephoto —), lente teleobiettiva.
lenses, diffusore (*m.*) per vetrocemento.
lenticular girder bridge, ponte (*m.*) a travate (composto da un arco la cui spinta è sopportata da un sistema a sospensione).
— **screen** (*3D TV*), schermo lenticolare (metodo di TV tridimensionale, chiamato « selettivo-direzionale »).
Leo (*astron.*), Leone.
leonitin, leonitina *f.* (alcaloide).
leontodin (*med.*), leontodina *f.*
lepidocrocite (*min.*), lepidocrocite *f.*, $F_2O_3 . H_2O$.
lepidolite (pr. *lep'idolait*) (*min.*) lepidolite *f.*
lepidomelane (*min.*), lepidomelano *m.*
lepidometer, lepidometro *m.*
lepometer, dispositivo per paragonare la viscosità di due liquidi in condizioni affini.
lepton (*fis. atom.*), leptone *m.*
lessee (*min.*), concessionario *m.*
lessen (to —) recoil (*armi*), ridurre il rinculo.
lesser developed countries, Paesi meno sviluppati.
lessor *m.*, locatore *m.*
let (*forma dell'imperativo nel ling. matematico*), sia (*referring to fig. 5 let A the centre of the curve of radius R_1*), riferendoci alla Fig. 5 *sia* A il centro della curva di raggio R .
— **down** (*v.i.*), abbassarsi (*a settee lets down to form a double bed*), un divano si abbassa per formare un letto matrimoniale (*motor home*).
— **-down procedure** (*aereo*), manovre di decollo per mezzo di strumenti e radioorientamento.
— (*v.a.*) **works,** aggiudicare i lavori.
lethal dose (*fis. atom.*), dose (*f.*) letale.
— **effect** (*fis. atom.*), effetto (*m.*) letale.
lethality (*fis. atom.*), letalità *f.*

letter bomb, lettera (*f.*) esplosiva.
— **gadget** (*pubb.*) (U.S.A.), articolo tridimensionale unito a cataloghi, ecc. a scopi pubblicitari.
letterhead (*tip.*), intestazione (di carta da lettera).
lettering piece (*tip.*), scomparto per il titolo.
letterpress, copialettere *m.*; (*tip.*), forma per la stampa in rilievo; tipografia (stampa tipografica).
— **ink** (*chim.*), inchiostro per stampa a rilievo.
— **paper** (*tip.*), carta per stampa a rilievo.
— **printing** (*tip.*), tipografia; stampa a rilievo.
— **printing form type** (*tip.*), forma per la stampa in rilievo.
— **printing machine,** macchina tipografica.
— **rotary** (*tip.*), macchina da stampa rotativa.
letters patents, attestati (*m. pl.*) di brevetto (per invenzioni industriali).
letting, tolleranza *f.*
— **-down** (*met.*), rinvenimento al colore.
leucine (pr. *liu'sin*) (*chim.*), leucina *f.*
leucinic acid, acido leucinico.
leucite (*min.*), leucite *f.*
leucoglycodrin, leucoglicodrina *f.*, $C_{27}H_{42}O_{10}$.
leucoindigo (*chim.*), indaco bianco, $C_{16}H_{12}N_2O_2$.
leucosapphire (*min.*), zaffiro (*m.*) bianco.
leucosin, leucosina *f.*
leucosphenite, leucosfenite *f.*
leucoxene (*min.*), leucocene *m.*
Levant Fair, Fiera del Levante.
levee, argine *m.*
level, livello (*m.*) di coltivazione (*min.*); livella *f.* (*top.*); livello *m.*; piano *agg.*; quota *f.* (*agrim.*); tenore *m.* (*chim.*); grado di concentrazione di una soluzione (*chim.*); (*met.*, *altoforno*), v. **cinder notch** —; **stock line** —; **tap hole** —; **tuyere** —.
level *v.a.* spianare; livellare.
— **a theodolite** (*v.a.*), mettere a zero un teodolite.
— **adjustment** (*top.*), rettifica (*f.*) della livella.
— **bombing** (*aereo*), bombardamento (*m.*) in quota.
— **book** (*top.*), matrice (*f.*) di livellazione (registro di campagna con colonne per calcolo delle quote parziali ridotte e compensate).
— **crossing,** passaggio (*m.*) a livello.
— **crossing (guarded — crossing)** (*ferr.*), passaggio a livello custodito.
— **crossing (unguarded — crossing)** (*ferr.*), passaggio a livello incustodito.
— **cutting** (*ferr.*), trincea (*f.*) in terreno piano.
— **flight** (*aereo*), volo livellato.
— **indicator** (*contenitore per liquidi, ecc.*), indicatore di livello.
— **line** (*top.*), linea (*f.*) di livello.
— **luffing crane,** gru (*f.*) orzante.
— **man,** operatore *m.* (che sta al livello agrimensorio).
— **off,** *v.a. v.i.*, livellare *v.a.*; volare (*v.a.*) orizzontale (vicino al suolo) prima d'atterrare (*aereo*).
— **of retributions** (*lavoro*), livello delle retribuzioni.
— **of water,** pelo (*m.*) dell'acqua.
— **pinion,** pignone (*m.*) d'angolo.
— **spacing** (*fis. atom.*), spaziatura (*f.*) dei livelli.
— **structure** (*fis. atom.*), struttura (*f.*) del livello (d'energia).
— **surface** (*top.*), superficie di livello.
— **trier** (*top.*), apparecchio per misurare la sensibilità di una livella.
— **tube** (*top.*), livella (*f.*) a tubo.
— **width** (*fis. atom.*), larghezza (*f.*) del livello (d'energia).
— **(high — indicator)** (*contenitore per liquidi, ecc.*), indicatore di livello massimo.

level (low — indicator) (*contenitore per liquidi, ecc.*), indicatore di livello minimo.
— **(horizontal —)** (*audio*), livella per la messa in piano di giradischi.
— **(water —),** livella a bolla d'aria.
leveler (*met.*) (U.S.A.), spianatrice.
— **(hot plate —),** spianatrice a caldo.
leveling (U.S.A.), capacità di un rivestimento di formare uno strato liscio; vedi: **levelling.**
leveller (*met.*), spianatrice *f.*; (*ferr.*), v. **levelling machine.**
— **(hot plate —),** spianatrice a caldo.
levelling, spianatura *f.*; livellamento *m*; aggiustamento (di livelli).
— **agent** (*chim.*), agente livellante (aggiunto ad un bagno di colorante per determinare la disposizione uniforme di un colorante).
— **bottle,** bottiglia (*f.*) di livello.
— **instrument,** livello (*m.*) a cannocchiale.
— **machine** (*ferr.*), raddrizzatrice per binari.
— **screws** (*top.*), viti di livello.
— **staff** (*agrim.*), stadia *f.*
— **works** (*costr.*), lavori di rifinitura piani.
levelness (*tess.*), tinta uniforme.
lever, manovella *f.*; martinello *m.*; albero (*m.*) da leva; leva *f.*; forcella *f.* (di scappamento) (*orol.*); àncora *f.* (*orol.*).
— **action carbine** (*armi*), carabina (*f.*) a leva.
— **apparatus,** apparecchio (*m.*) di innalzamento.
— **arm,** braccio (*m.*) di leva.
— **bending tool** (*orol.*), attrezzo per piegare la forcella.
— **brake,** freno (*m.*) a leva.
— **escapement** (*orol.*), scappamento ad àncora (*o* a palette).
— **fusee movement** (*orol.*), movimento a fuso.
lever gauge, calibro (*m.*) di precisione a leva.
— **motion,** comando (*m.*) a leva.
— **notch** (*orol.*), entrata della forcella.
— **of a force,** braccio (*m.*) di una forza.
— **press,** pressa (*f.*) a leva.
— **riveting machine,** chiodatrice (*f.*) a leva.
— **switch** (*elet.*), interruttore (*m.*) a leva.
— **-test bar** (*corrosione met.*), provetta (*f.*) a leva.
— **tumbler lock** (*ferr.*), serratura (*f.*) a nottolini.
— **(adjusting —),** leva (*f.*) di registro.
— **(crank —),** leva (*f.*) a manovella.
— **(disengaging —),** leva (*f.*) di disinnesto.
— **(driving —),** leva (*f.*) di comando.
— **(engaging —),** leva (*f.*) d'innesto.
— **(first kind —),** leva (*f.*) di primo genere.
— **(releasing —),** leva (*f.*) di disinnesto.
— **(reversing —),** leva (*f.*) dell'inversione di marcia.
— **(second kind —),** leva (*f.*) di 2° genere.
— **(speed —),** leva di velocità.
— **(starting —),** leva (*f.*) della messa in marcia.
— **(stop and start —),** leva (*f.*) d'arresto e di messa in moto.
— **(third kind —),** leva (*f.*) di 3° genere.
— **(toggle —),** leva (*f.*) a forcella.
leverage, braccio (*m.*) di leva; (*organ.*), rendimento addizionale del capitale proprio tramite acquisto e impiego di capitali di terzi (*def.* C.N.O.S.).
levigation (*chim.*), levigazione *f.*
levitate (to —) (*ferr.*), levitare (*treni*).
levitated train, v. **mag — —.**
— **vehicle,** veicolo a levitazione magnetica.

levitation, v. **magnetic —.**
levogyrate, levogiro *agg.*
levorotatory, levogiro *agg.*
levulin, levulina *f.*
levulinic acid (*chim.*), acido levulinico.
levulose (*chim.*), levulosio *m.*
levulosin, levulina *f.*
lew (*cost.*), stuoia di paglia (usata per proteggere i mattoni durante il loro essiccamento).
lewis, lupo (*m.*) levasassi.
— **bolt,** bullone (*m.*) d'ancoraggio per cemento armato; chiavarda (*f.*) di fondazione.
Lewis gun, mitragliatrice leggera (con caricatore con 47 colpi).
lewisite, lewisite *f.*
Leyden jar, bottiglia (*f.*) di Leida.
lgr., ligroina.
liabile, *agg.* soggetto (*a*); suscettibile (*di*); atto (*a*).
liability (*leg.*), responsabilità *f.*
— **in tort** (*leg.*), responsabilità aquiliana.
liaison engineer (*aereo*), ingegnere (*m.*) di collegamento (fra reparti e gruppi di altri ed il proprio).
— **plane,** velivolo (*m.*) di collegamento.
liberate, *v.a.* (*chim.*), liberare.
liberation (*chim.*) liberazione *f.*; messa in libertà.
libethenite (*chim.*), fosfato (*m.*) di rame ortorombico.
libra (*astron.*), libra *f.*
librarian, m., bibliotecario *m.*
librarianship/information science (*inform.*), informatica bibliotecaria.
— **/information science graduate** (*inform.*), laureato in informatica bibliotecaria.
library, biblioteca *f.*; v. **program—**
— **and booktrade catalogue** (*comm.*), catalogo (*m.*) librario.
— **module** (*inform.*), modulo di libreria.
— **(computerized technical —)** (*inform.*), biblioteca tecnica con documentazione automatica.
library (data —) (*inform.*), biblioteca di dati.
— **(tape —),** nastroteca *f.*
libration (*astron.*), librazione *f.* (della luna).
licence (*or* **license**), patente *f.*; permesso *m.*; brevetto *m.* (*aereo*); concessione *f.* (*min.*); titolo di concessione: licenza *f.*
— **fee,** tassa (*f.*) (*o* contributo *m.*) di patente; importo per un abbonamento alla televisione.
license plate (*auto*), targa (*f.*) di immatricolazione (*auto,* U.S.A.).
licensee, concessionario *m.* (di brevetti); (*comm.*), licenziatario *m.*; licenziataria *f.* (ditta).
licensing of structures, autorizzazione (*f.*) a costruire.
lichen, lichene *m.*
licensor *m.*, concessionario *m.* (di licenza, specie all'estero).
lichenin, lichenina *f.*
licker-in (*filatura*), cilindro (*m.*) avvolgitore (di una carda) (filatura cotone); introduttore *m.* (*di carda*).
lid, coperchio *m.*; punto (*m.*) di inversione della temperatura (*meteor.*)
— **of a valve,** cappello (*m.*) di una valvola.
lie, *v.i.* (*geom.*), giacere; trovarsi *v.r.*; essere situato.
— **detector** (*med.*), registratore (*m.*) di bugie.
— **idle,** rimanere inattivo (rifer. a macchine).
— **key,** piede (*m.*) di bue (elevatore per aste).
— **on a straight line,** giacere su una linea retta.
lienography (*radiol.*), lienografia *f.*
life, vita *f.*; durata *f.*
— **boat,** barca (*f.*) di salvataggio.
— **insurance,** assicurazione (*f.*) sulla vita.
— **of a car,** durata (*f.*) di un'automobile.
— **of a lamp,** durata (*f.*) di una lampada.
— **of an accumulator,** durata (*f.*) di un accumulatore.

life preserver, salvagente *m.*
— **-saving parachute** (*aereo*), paracadute di salvataggio; paracadute di emergenza.
— **saving waistcoat,** cintura (*f.*) (panciotto) di sicurezza.
— **size (reproduction)** (*fot.*), (riproduzione) in scala naturale.
— **test** (*elet.*), prova di durata (di cavi, lampade elett., ecc.).
— **-time** (*fis. atom.*), vita *f.*; **durata della vita.**
— **-time of excited state** (*fis. atom.*) durata (*f.*) dello stato eccitato.
— **(unlimited —)** (*mecc., ecc.*), durata illimitata.
lifejacket (*naut.*), giacca salvagente.
liferaft (*naut.*), zattera (*f.*) di salvataggio; canotto (*m.*) pneumatico di salvataggio.
lift, mantiglio *m.* (*naut.*); corsa (*f.*) della valvola; ascensore *m.*; montacarichi *m.*; elevatore *m.*; gradino (di puleggia o di cava); serie (*f.*) di pompe (*miniere*); altezza (*f.*) di sollevamento (*idraul.*); prevalenza *f.* (*idr.*); movimento di una griffa (*tess.*); portanza *f.* (*aereo*); (*fond.*), incupolamento *m.*
— *v.a.* innalzare un ponte; alzare; elevare; sganciare (*ricev. telef.*); (*fond.*), estrarre la ghisa.
— **a balloon** (*aereo*), arieggiare (*v.a.*) un pallone.
— **a ban,** togliere un divieto.
— **a bonnet,** alzare un cofano.
— **a weight,** sollevare (*v.a.*) un peso.
— **axis** (*aereo*), asse di sollevamento; asse di portanza.
— **bridge,** ponte (*m.*) levatoio.
— **-car,** cabina di ascensore.
— **coefficient** (U.S.A.) (*aereo*), coefficiente (*m.*) di portanza (K_y *secondo l'« Engineering system »*, C_L secondo il « sistema assoluto »).
— **-drag ratio** (*aereo*), rapporto portanza-resistenza.
— **factor** (*aereo*), coefficiente (*m.*) di portanza.
lift frame, armatura (*f.*) dell'ascensore.
— **-gate,** ponte (*m.*) levatoio.
— **hoist,** ascensore *m.* (elevatore).
— **motor,** motore di ascensore.
— **off** (*astron.*), decollo (di un razzo, dalla piattaforma di lancio).
— **of the valve,** salita (*f.*) della valvola.
— **position indicator,** indicatore di posizione dell'ascensore.
— **pump,** pompa (*f.*) d'elevazione.
— **shaft,** pozzo (*m.*) o vano (*m.*) dell'ascensore.
— **valve,** valvola (*f.*) a sollevamento (dalla sede).
— **well,** vano di corsa dell'ascensore.
— **with a jack,** sollevamento (*m.*) con una leva.
— **(goods —),** ascensore adibito al trasporto di cose.
— **(passenger —),** ascensore adibito al trasporto di persone.
— **(rated load of a —),** portata di un ascensore.
liftback (*auto*), (auto con) portellone posteriore sollevabile.
lifter (*fond.*), gancio (a forma di Z o di L) usato per sostenere la sabbia nella « mezza di sopra » (*cope*); camma *f.* (*mecc.*); corda (*f.*) comando licci (*tess.*); armatura *f.* (*magnet.*); elevatore *m.*; tenaglione *m.* (*fond.*).
— **rod,** piletta *f.* (per il carro di un filatoio).
lifting, sollevamento *m.*; (*fond.*) sformatura *f.*
— **air screw** (*aereo*), elica (*f.*) sostentatrice.
— **and forcing pump,** pompa aspirante e premente.
— **appliances,** apparecchi (*m. pl.*), di sollevamento.
— **arm** (*astron.*), braccio di sollevamento (per la costruzione di piattaforme spaziali nei voli spaziali).
— **blocks** (*elet.*), taglia (*f.*) a fune.
— **bridge,** ponte (*m.*) levatoio.
— **cam,** camma (*f.*) di sollevamento.

lifting device, apparecchio (*m.*) di sollevamento; dispositivo (*m.*) di sollevamento.
— **eye,** gancio di sollevamento; anello di sollevamento.
— **eye bolt,** vite (*f.*) ad occhio.
— **force,** forza (*f.*) ascensionale.
— **height** (*gru*), altezza di sollevamento.
— **hook,** gancio di sollevamento.
— **jack,** cavalletto (*m.*) di sollevamento; martinetto (*m.*) idraulico.
— **link** (*mecc.*), articolazione di sollevamento.
— **magnet,** magnete (*m.*) di sollevamento; magnete (*m.*) di sospensione.
— **mechanism,** apparecchio (*m.*) per sollevare le persiane.
— **moment,** momento (*m.*) di sollevamento.
— **of patterns** (*fond.*), sformatura dei modelli.
— **piston,** stantuffo (*m.*) da montacarichi.
— **plate** (*fond.*), piastra per l'estrazione del modello dalla forma.
— **poker,** piletta *f.* (per il carro di un filatoio).
— **power** (*cost.*), portata *f.* (potere di sollevamento).
— **pump,** pompa (*f.*) aspirante.
— **screw** (*fond.*), asta di ferro avvitata nel modello per estrarlo dalla forma.
— **spindle,** albero (*m.*) di sollevamento.
— **the offsets** (*cost. navali*), determinazione della misura della forma della nave come risulta nel progetto dai profilati.
— **truck,** autocarro (*m.*) a ribaltamento.
— **valve,** valvola (*f.*) a sollevamento.
— **way,** via (*f.*) percorsa dal carico.
— **work,** lavoro (*m.*) di sollevamento del magnete.
liftoff (*astron.*), decollo in linea verticale di un veicolo spaziale; v. **lift-off.**
ligate (*fis.*), atomo (*m.*) legato.
ligature (*tip.*), carattere di stampa con 2 o più lettere unite (p. es. œ); segno d'unione.
ligatures (*tip.*), legature tipografiche.
light, *agg.* e *n.*, luce *f.*; fanale *m.*; chiaro *agg.*; leggero *agg.*; (riferito al vento) che non supera le 7 miglia orarie (U.S.A.); a vuoto *agg.* (*mecc.*).
— *v.a.* e *v.i.*, illuminare *v.a.*; incendiare *v.a.*; incendiarsi *v.r.*; infiammarsi *v.r.*; illuminarsi *v.r.*
— **aeroplane,** aeroplano (*m.*) leggero (dal peso minore di 1000 libbre).
— **air,** vento (*m.*) debole.
— **alloys** (*met.*), leghe di alluminio.
— **atom** (*fis. atom.*), atomo (*m.*) leggero.
— **beam bundle,** fascio (*m.*) di raggi luminosi.
— **box,** tavolo luminoso.
— **-box for reflex and contact printing** (*tip.*), bromografo *m.*
— **blue,** *agg.* celeste.
— **breeze,** vento (*m.*) debole.
— **bridge** (*costr.*), ponte (*m.*) leggero.
— **capitals** (*tip.*), maiuscoletto *m.*
— **car** (*auto.*), vetturetta *f.*
— **depreciation,** diminuzione di rendimento della luce.
— **detector** (*elettron.*) (*telescopes*), rivelatore della luce.
— **distribution** (*elet.*), distribuzione (*f.*) « luce ».
— **duty** (*mecc.*), piccola operazione; operazione leggera.
— **drop** (*lampade al neon*), perdita (*o* calo) di luce.
— **duty lathe for bushings of connecting rods** (*met.*), tornietto (*m.*) per bronzine di bielle.
— **element** (*chim.*), elemento (*m.*) leggero.
— **fastness** (*vernici, ecc.*), solidità alla luce.
— **goods,** prodotti normalizzati d'acciaio, di piccolo peso o spessore.
— **-hued,** *agg.* (*colori*), chiaro.

light hydrocarbon, idrocarburo (*m.*) leggero.
— **hydrocarbon liquids,** idrocarburi liquidi leggeri.
— **hydrogen** (*fis. atom.*), idrogeno (*m.*) leggero (*o* naturale).
— **installation,** impianto (*m.*) di luce.
— **machine-gun,** mitragliatrice leggera.
— **meson** (*fis. atom.*), mesone (*m.*) leggero.
— **modulation** (*telev.*), modulazione della luce.
— **nucleus** (*fis. atom.*), nucleo (*m.*) leggero.
— **output,** rendimento (*m.*) luminoso.
— **pen** (*inform.*), penna (*f.*) luminosa.
— **rail,** rotaia leggera (di peso inferiore a 60 libbre per iarda).
— **-ray photometer,** fotometro (*m.*) a fessura luminosa.
— **resistance** (*elet.*), resistenza di esposizione alla luce (di una fotocella).
— **running,** marcia (*f.*) a vuoto.
— **sensitive,** *agg.* sensibile alla luce.
— **shearing machine,** trancia (*f.*) per piccoli lavori.
— **-ship,** faro (*m.*) galleggiante.
— **source,** sorgente (*f.*) luminosa.
— **-spot scanner** (*telev.*), analizzatore (*m.*) indiretto a punto mobile.
— **type** (*tip.*), carattere (*m.*) chiaro.
— **up,** *v.a.* illuminare; illuminarsi *v.r.*
— **valve** (*cinem.*), lampada a luce regolabile secondo la variazione della corr. elettr., usata nella registraz. sonora di film.
— **water** (*fis. atom.*), acqua leggera (*o* naturale).
— **water line** (*naut.*), linea (*f.*) di galleggiamento; linea (*f.*) di immersione (senza carico).
— **water reactor** (*fis. atom.*), reattore (*m.*) ad acqua naturale.
— **wave,** onda (*f.*) luminosa.
— **weight concrete,** cemento di basso peso (formato di pomice, segatura e sughero, ecc.).
light-weight one-man car, automotrice (*f.*) leggera a conducente unico.
— **-weight train car,** automotrice (*f.*) leggera.
— **well,** cavedio *m.* (pozzo di luce); chiostrina *f.*
— **wire rope** (*met.*), cavetto *m.*
— **-year,** anno luce *m.*
lighten, *v.a. v.i.*, alleggerire *v.a.*; illuminare *v.a.*; illuminarsi *v.r.*; lampeggiare *v.i.*
lightening hole, foro (*m.*) di alleggerimento.
lighter, accenditore (*m.*) automatico; chiatta *f.*; barcone (*m.*) da trasporto.
— **-aboard ship** (*naut.*), nave (*f.*) « chioccia ».
— **-than-air aircraft** (*aereo*); U.S. A.), aerostato *m.*
lighterage, spese di scarico (*o* di aleggio).
lighthouse, faro *m.*
— **keeper,** custode (*m.*) di faro.
lighting, illuminazione *f.*; accensione *f.*
— **conduit,** conduttura (*f.*) per luce.
— **effect,** effetto (*m.*) luminoso.
— **fuse** (*elet.*), valvola (*f.*) per illuminazione.
— **mains,** conduttura (*f.*) per luce.
— **outlet** (*elet.*), presa di corrente per la luce.
— **pole** (*elet.*), palo per illuminazione.
— **research laboratory,** laboratorio (*m.*) di ricerche (per illuminazione).
— **set** (*auto*), impianto (*m.*) elettrico.
— **set control** (*auto*), comando (*m.*) dell'impianto elet.
— **(coal face —)** (*min.*), illuminazione della fronte di taglio.
lightning, fulmine *m.*; lampo *m.*
— **arrester,** parafulmine *m.*
— **arrester bar,** asta (*f.*) di parafulmine.
— **flash** (*astr.*), lampo *m.*
— **conductor,** parafulmine *m.*

lightning protector, parafulmine *m.*
— **-rod,** asta (*f.*) di parafulmine.
— **stem,** asta (*f.*) di parafulmine.
— **stroke,** scarica (*f.*) atmosferica; scarica (*f.*) diretta del fulmine.
lightweight, motoleggera *f.*; *agg.* leggero.
— **electric locomotive** (*ferr.*) (*elet.*) locomotore elettrico leggero.
— **semi-trailer** (*auto*), semirimorchio leggero.
ligne (*orol.*), unità di misura per orologiai (= 0,0888 pollici) (= 2,256 mm) (simbolo: ‴).
lignin, lignina *f.*
lignite (pr. *lig′-nait*) (*min.*), lignite *f.*
— **tar benzine,** benzina (*f.*) di catrame di lignite.
— **tar-oil,** olio (*m.*) di catrame di lignite.
lignocellulose, lignocellulosa *f.*
lignoceric acid, acido lignocerico.
lignum vitae, legno (*m.*) santo.
ligroin(e), ligroina *f.*
like chart, tavola delle preferenze del pubblico per particolari programmi radiofonici.
limb of an electromagnet (*elet.*), branca (*f.*) di un elettromagnete.
limber, avantreno *m.* (artiglieria); (*naut.*), foro nel pavimento per evacuazione acqua di sentina.
limbered wagon, avantreno *m.*
limbo (*telev.*), sfondo oscuro in un programma televisivo, per dare l'impressione che un'azione si svolge nel vuoto.
limburgite (*min.*), limburgite *f.*
lime, tiglio *m.* (*bot.*); calcina *f.*; calce *f.*; calcare *m.*
— *v.a.* ingessare.
— **blast** (*conciatura*), macchie scure che appaiono sulle pelli, trattate con calce.
— **blue,** azzurro *m.* (*o* bleu) di calce.
— **brush,** pennello (*m.*) da imbianchino.
— **-burning kiln,** forno a calce.
— **-cement mortar,** malta (*f.*) mista di calce idraulica e cemento.
lime concrete, cemento (*m.*) a base di calce.
— **glass,** vetro (*m.*) calcareo.
— **green,** verde di calce.
— **kiln** (*chim.*, *ecc.*), forno (*m.*) a calce.
— **milk,** latte (*m.*) di calce.
— **mortar,** malta (*f.*) di calce.
— **mortar floor,** battuto (*m.*) di calce.
— **oil,** olio di *Citrus medica* (usato nella fabbr. di profumi e sapone); olio (*m.*) essenziale di tiglio.
— **paste,** calce (*f.*) spenta.
— **powder,** calce (*f.*) bianca in polvere.
— **ring** (*fabbr. acciaio a spruzzo*) (*met.*), anello distributore della calce.
— **stuff,** intonaco (*m.*) di malta di calce.
— **sulfur,** zolfo di calce (usato in medicina, vernici, cuoio, ecc.).
— **treatment,** defecazione con calce (fabb. zucchero).
— **tree** (*bot.*), tiglio *m.*
— **trough,** giornello *m.*
— **water,** latte (*m.*) di calce; acqua (*f.*) di calce.
— **whiting,** imprimitura *f.* (*o* tinta di fondo).
limed, *p.p.* calcinato; trattato con calce; (*fili*) finito con calce.
limestone, pietra (*f.*) calcarea; calcare *m.*
— **fines** (*min.*), fini di calcare.
limette oil, vedi: **lime oil.**
limettin, citroptene, $C_{11}H_{10}O_4$.
limewash, intonaco *m.*
liminal, *agg.* limite (appena percettibile ai sensi).
— **value,** soglia d'intensità di un colore.
liming, imbevere pelli in latte di calce al fine di asportare il pelo.
limit, limite *m.*; margine *m.*; tolleranza *f.* (*mecc.*); limitare *v.a.*
— **gauge,** calibro (*m.*) di tolleranza.

limit of capacity, limite (*m.*) di carico.
— **of proportionality** (*met.*), limite di proporzionalità.
— **of tension,** tensione (*f.*) limite.
— **switch** (*mecc.*), interruttore fine corsa.
limited-access road (*autostrada*), strada ad accesso limitato; (sinonimo di) autostrada *f.*
— **company** (*comm.*), società (*f.*) a responsabilità limitata.
— **partnership** (*comm.*), società in accomandita.
— **tender,** licitazione (*f.*) limitata.
— **train** (U.S.A.), treno di lusso; treno rapido.
limiter (*radio*), limitatore; stadio limitatore.
— **valve** (*term.*), valvola (*f.*) limitatrice.
limiting amplifier (*radio*), amplificatore limitatore.
— **current** (*elet.*), corrente residua.
— **factor** (*elet.*), fattore limite di amplificazione.
— **gradient** (*agrim.*), pendenza (*f.*) massima; pendenza (*f.*) limite (di strada o ferrovia).
— **value,** valore (*m.*) limite.
— **velocity,** velocità (*f.*) limite.
limonene (pr. *lim'*-) (*chim.*), limonene *m.*
limonin, limonina, $C_{22}H_{26}O_7$.
limonite (*min.*), limonite *f.*
limousine (*auto*), « limousine ».
limp cloth (*tip.*), rilegatura in tela flessibile.
— **cover** (*tip.*), rilegatura flessibile.
linac (*fis. atom.*) (*colloquiale*), acceleratore (*m.*) lineare.
linaloe oil, olio (usato in profumeria) a base di linalolo, geraniolo e terpineolo; olio (*m.*) essenziale di linaloe.
linalol (*chim.*), linalolo *m.* (usato in profumi).
linaloöl (*chim.*), linalolo *m.*
***l*-linaloöl acetate,** acetato di linalile, $CH_3COO(C_{10}H_{17})$.
linalyl acetate, acetato di linalile, $CH_3COO(C_{10}H_{17})$.
linaria seed oil, olio (*m.*) di « Linaria vulgaris ».
linarite (*min.*), linarite *f.*
linch pin, spinotto (*m.*) esterno all'assale.
linden-tree oil, olio (*m.*) essenziale di tiglio.
line, binario *m.*; sagola *f.* (fune) (*naut.*); tubazione *f.*; fune *f.*; linea *f.*; fila *f.*; profilo *m.*; ramo *m.* (*di comm. o industria*); equatore *m.*; curva *f.* (*mat.*); dodicesima parte di un pollice; corda di supporto dei pesi di un orologio a pesi; vagone (*m.*) ferroviario; filato di lino (*tess.*); linea (di montaggio); (*met.*), linea (solco longitudinale su barre per allungam. di laminaz. di una soffiatura o inclusione superficiale); v. **jerk line.**
— *v.a.* foderare; allineare; rappresentare linee; segnare una o più linee; ricoprire; rivestire; blindare (un pozzo).
— *v.a.* **(a piston),** rivestire (uno stantuffo).
— **amplifier** (*telev.*), amplificatore (*m.*) di linea.
— **arrow** (*agrim.*), chiodo *m.* (*o* spillone) (usato per misure con catene agrimensorie).
— **block** (*tip.*), cliché al tratto.
— **-boring** (*mecc.*), alesatura (*f.*) in linea.
— **bridge** (*ferr.*), passerella (*f.*) di stazione.
— **building-out network** (*telecom.*), linea complementare.
— **capacity** (*ferr.*), potenzialità della linea.
— **cord** (*elet.*), cordone con spina di alimentazione (*di app. radio*).
— **distortion** (*elet.*), distorsione (*f.*) lineare.
— **divider** (*telev.*), divisore (*m.*) di frequenza.
— **drawing,** disegno (*m.*) a tratteggio; disegno al tratto.
— **drop** (*elet.*), caduta di tensione lungo la linea.

line eliminator (*telev.*), eliminatore delle righe.
— **feed** (*inform.*), avanzamento di linea; avanzamento di interlinea.
— **feed timing pulse** (*inform.*), segnale d'interlinea.
— **filter** (*radio*), filtro di linea
— **finder** (*telef.*), cercatore di linea; (*tel.*) (U.S.A.), selettore (*m.*) di linea.
— **flyback** (*telev.*), ritorno della linea di scansione.
— **frequency** (*telev.*), frequenza (*f.*) di linea.
— **frequency generator** (*telev.*), generatore (*m.*) di frequenza di linea.
— **gauge** (*tip.*), tipometro *m.*
— **grinding** (*mecc.*), rettifica rettilinea.
— **interruptions** (*elet.*), interruzioni (*f. pl.*) di linea.
— **jumb scanning** (*telev.*), vedi: **interlaced scanning.**
— **microphone,** microfono (*m.*) a tubi.
— **modulation** (*radio*), modulazione (*f.*) lineare.
— **noise** (*telef.*), interferenza *f.*; disturbo di linea.
— **of action,** linea (*f.*) di azione.
— **of axis** (*ingr.*), linea (*f.*) di asse.
— **of cams** (*aereo*), asse (*m.*) dei cilindri delle camere di combustione.
— **of exhaust cone** (*aereo*), profilo (*m.*) del cono di scarico.
— **of force,** asse (*m.*) di sollecitazione (*mecc.*); linea (*f.*) di forza.
— **of fusion** (*sadl.*), linea (*f.*) di fusione.
— **of least pressure,** linea (*f.*) di pressione minima.
— **of magnetic force,** linea (*f.*) di forza magnetica.
— **of pressure,** linea (*f.*) di pressione.
— **of resistance,** linea (*f.*) di resistenza.
— **of rotor** (*aereo*), profilo (*m.*) della ruota mobile.

line of sight (*mil.*), linea (*f.*) di mira.
— **of sight velocity** (*astron.*), velocità radiale.
— **of welding** (*sald.*), cordone (*m.*) di saldatura.
— **output** (*telev.*), base (*f.*) dei tempi di linea.
— **pipe,** tubo con caratteristiche diverse dal tubo « standard » (maggior lunghezza di filettatura del *Brigg's standard, ecc.*); tubo (*m.*) per condotte.
— **printer** (*elettron.*), stampante linea per linea.
— **printing** (*calcol. elettron.*), stampa di una linea (di stampa) in una sola volta.
— **radio** (*radio-TV*), filodiffusione (emissione su filo dei programmi radiofonici per mezzo di rete telefonica).
— **ranger** (*top.*), allineatore *m.* (strumento per interporre un punto nell'allineamento individuato da due segnali).
— **relay** (*elet.*), relè di linea.
— **rectification** (*radio*), rivelazione (*f.*) lineare.
— **resistance** (*elet.*), resistenza (*f.*) lineare.
— **-scan circuit** (*telev.*), scansione di linea.
— **scanning** (*telev.*), analisi interlineata.
— **selector** (*telev.*), apparecchio selettivo per l'esame delle linee (di immagini telev.).
— **-sequential system** (*telev.*), sistema di televisione a colori, usato dalla Color Television Incorporated, basato su interlacciamento di righe.
— **shaft,** albero (*m.*) di trasmissione.
— **short circuit,** cortocircuito (*m.*) di linea.
— **simulator** (*telecom.*), linea complementare.
— **space** (*inform.*), interlinea *f.*
— **spacer knob** (*typewriter*), bottone (*m.*) interlineature.

line speed (*calcol. elettron.*), velocità di trasmissione di una linea.
— **spectrum,** spettro (*m.*) di righe.
— **tester** (*tip.*), contafili *m.*
— **tilt** (*telev.*), compensazione (*f.*) di linea.
— **-up** (*elet.*), messa a punto di un certo numero di circuiti in serie.
— **-up grid** (*auto, corse*), griglia di partenza.
— **walker,** vedi: **linewalker.**
— **welding** (*sald.*), saldatura (*f.*) in linea continua.
— **well** (*petrolio*) (U.S.A.), pozzo sul limite di confine (della zona di proprietà di una società).
— (*v.a.*) **with plastic,** rivestire di materie plastiche.
— (*v.a.*) **with rubber,** rivestire di gomma (*all'interno*); foderare di gomma.
— **worker,** lavoratore (operaio) alla catena di montaggio.
— **(painting —)** (*auto*), linea di verniciatura.
— **(pickling —)** (*met.*), linea di decapaggio.
lineal measure, misura (*f.*) di lunghezza.
linear, *agg.* lineare.
— **accelerator** (*elet.*) (*fis. atom.*) acceleratore (*m.*) lineare.
— **detection** (*radio*), rivelazione (*f.*) lineare.
— **detector** (*radio*), rivelatore (*m.*) lineare (*o* a grande segnale).
— **differential transducer** (*controllo numerico*), trasduttore lineare differenziale.
— **expansion,** dilatazione (*f.*) lineare.
— **expansion coefficient,** coefficiente di dilatazione lineare.
— **integrated circuit** (*elettron.*), circuito integrato lineare.
— **molecule** (*chim.*), molecola (*f.*) lineare.
— **motor** (*elet.*), motore lineare.
— **particle accelerator** (*fis. atom.*), acceleratore (*m.*) lineare a particelle.
linear polymers (*chim.*), polimeri lineari.
— **predictive coding** (*inform.*), tecnica della Philips e della Università Tecnica di Eindhoven paragonabile in principio a quella dei lettori di codice a barre. Un microcalcolatore analizza la sequenza binaria che il dispositivo di scansione legge, e la converte in segnali vocali che emergono da un altoparlante.
— **programming** (*cibernetica, organ.*), programmazione lineare.
— **range** (*fis. atom.*), percorso (*m.*) lineare.
— **regression** (*inform.*), regressione (*f.*) lineare.
— **scanning** (*elettroni*), scansione lineare.
— **signal,** segnale lineare.
— **velocity,** velocità (*f.*) lineare.
linearity (*telev.*), linearità.
— **error** (*mis. pressione*), errore (*m.*) di linearità.
linearize *v.a.*, rendere lineare.
linen weave (*tess.*), armatura (*f.*) tela.
liner, piroscafo *m.*; transatlantico *m.*; bastimento *m.*; camicia (*f.*) metallica; fodera (*f.*) metallica; (*petrolio*). colonna perduta; aereo di linea,
— **hanger** (*petrol.*), apparecchiatura di sospensione.
— **-train network** (*ferr.*), rete di treni di linea.
— **(one class —),** piroscafo a classe unica.
— **(prepack —)** (*petrol.*), succhieruola prefabbricata.
— **(slotted —),** liner finestrato.
— **(to run a liner)** (*ind. pet.*), mettere in funzione una colonna perduta.
linerider (*petrolio*) (U.S.A.), sorvegliante di condotti petroliferi, gasdotti, ecc. (che si serve di automobile).
lineup (U.S.A.), serie *f.* (o) complesso *m.* (*di macchine, vetture, ecc. presentate sul mer-*

cato); formazione di una squadra di calcio, hockey, ecc. con relativi ruoli (U.S.A.), e in senso lato: formazione; novero; (*a « minicar » will not be in the corporation's lineup this fall*), una mini non farà parte del novero delle auto di cui disporrà la società questo autunno.

linewalker (*petrolio*) (U.S.A.), sorvegliante (*a piedi*) di oleodotti, gasdotti.

lingel, spago (*m.*) da calzolai.

linguistics, linguistica *f.*

— **(comparative —),** linguistica (*f.*) comparata.

lining, foderatura *f.*; rivestimento *m.* (in legno, ecc.); camicia *f.* (di altoforno, pompe e forni); (*tess.*), fodera *f.*; (*mecc.*), incamiciatura *f.*

— **brick** (*met., ecc.*), mattone di rivestimento.

— **figures** (*tip.*), cifre normali.

— **for shuttering,** rivestimento (*m.*) per armatura (cem. arm.).

— **of a door,** fodera (*f.*) di una porta.

— **of boards,** manto (*m.*) di centina.

— **-up** (*mot.*), allineamento *m.*; (*telev.*) (U.S.A.), aggiustamento.

linisher, nastro (*m.*) di smeriglio.

link, anello (*m.*) di catena; biscottino; glifo *m.* (*mecc.*); manovellismo *m.*; articolazione *f.*; tirante (di pompa) (*auto*); fusibile *m.* (di valvola) (*elet.*); centesima parte di una « chain » uguale ad 1 piede (*top.*); circuito link; (*inform.*), collegamento *m.*

— **(to —),** *v.a.* connettere; articolare; raccordare; (*elettron.*), abbinare (p. es. istruzioni memorizzate ed abbinate su comando dell'operatore ai dati da elaborare per effettuare le operazioni richieste).

— **(to —) a railway line** (*with*) raccordare una linea ferroviaria (*ferr.*).

link back (to) (*elettron.*), rinviare al programma principale.

— **block,** glifo *m.*

— **bolt,** perno (*m.*) dello snodo.

— **in (to —) a computer** (*inform.*), collegare un elaboratore (ad altri in modo da poter comunicare e scambiare le informazioni).

— **lever,** leva comando tirante.

— **motion,** distribuzione (*f.*) a glifo.

— **road** (*strade*), raccordo (*m.*) autostradale; tangenziale *f.*

— **rod** (*mot.*), biella (*f.*) articolata.

— **up,** *v.i.*, (*chim.*), unirsi *v.r.*; formare una catena; (*astron.*), aggancio (di astronavi in orbita).

linkage, collegamento (*m.*) articolato; biellismo (*mecc.*); flusso concatenato (*elet.*); (*elettron.*), interconnessione *f.*; (*mecc. agricola, ecc.*), attacco *m.*

— **editing** (*inform.*), edizione di collegamento.

— **(3-point —)** (*mecc. agric.*), attacco a tre punti.

linking loader (*inform.*), caricatore-editore di collegamenti.

— **-up** (*mecc.*), distribuzione (*f.*) a glifo.

linkwork, biellismo *m.*; complesso articolato.

lino cut (*tip.*), incisione in linoleum.

linoleate, linoleato *m.*

linoleum, linoleum *m.*

linos (*tip.*), abbreviazione di: **linotype.**

linotype, linotype *f.*

— **operator,** linotipista *m.*

linotypist, linotipista *m.*

linoxyn (*chim.*), linossina *f.* (sostanza elastica ottenuta con l'ossidazione dell'olio di lino).

linseed oil, olio (*m.*) di lino.

— **oil varnish,** vernice (*f.*) di olio di lino.

linsing, guarnizione (*f.*) per perni; rivestimento *m.*

lint, filaccia *f.*; fibra (del cotone).
lintel, architrave *m.* (di apertura); (*met.*), maratra *f.* (*o* corona di supporto in ghisa o profilati della sacca di un altoforno).
linter (*tess.*), macchina (*f.*) per levare la filaccia.
linters (*tess.*), fibre usate per la fabb. del raion.
liophile (*chim.*), liofilo *m.*
lip, bordo *m.*; becco *m.* (di provetta, ecc.).
— **angle,** angolo (*m.*) di taglio.
— **sync** (*cinem.*), tecnica cinem. in cui i movimenti delle labbra dei personaggi sono sincronizzati con le loro parole.
liparite (*min.*), liparite *f.*
lipase (pr. *lai'-*, o *li'-*) (*biochim.*), lipasi *f.*
lipped, *p.p.*, orlato; con bordi.
lipping of rim of holes, flangiatura (*f.*) dei fori.
liquate, *v.a.* rendere liquido.
liquation, liquazione *f.*
liquefaction, liquefazione *f.*
— **plant** (*gas metano*), impianto di liquefazione.
liquefied methane tanker, (liquefied natural gas carrier), (nave) metaniera per gas liquefatto.
— **petroleum gas (L.P.G.)** (*petrol.*), miscela liquefatta di propano e butano, nota in Italia come: gas di petrolio liquefatto (G.P.L.).
liquefy, *v.a.* liquefare.
liquid, liquido *m.*
— **air,** aria (*f.*) liquida.
— **ammonia,** ammoniaca (*f.*) liquida.
— **clinker,** scoria (*f.*) liquida.
— **compass** (*naut.*), bussola (*f.*) a liquido.
— **controller** (*elet.*), reostato (*m.*) a liquido per controllo di un motore elettrico.
— **-cooled engine,** motore (*m.*) a raffreddamento a liquido.
— **cooled garments** (*moon landings*), indumenti raffreddati a liquido.
liquid crystal (*elettron.*), cristallo liquido.
— **cyaniding** (*met.*), cianurazione (*f.*) a liquido.
— **drier** (*vernici*), essiccante (*m.*) liquido.
— **-drop model** (*of nucleus*) (*fis. atom.*), modello (*m.*) di goccia (di nucleo).
— **-expanding instrument,** apparecchio (*m.*) ad espansione di liquidi.
— **feeding by trickle irrigation** (*agr.*), fertirrigazione *f.*
— **formaline soap,** sapone liquido alla formalina.
— **fuel,** combustibile (*m.*) liquido.
— **-fuel reactor** (*fis. atom.*), reattore (*m.*) a combustibile liquido.
— **fuse** (*elet.*), fusibile (*m.*) a liquido.
— **gas,** gas (*m.*) liquido.
— **-gas reaction** (*met.*), reazione liquido-gas.
— **gradient,** gradiente (*m.*) liquido.
— **hydrogen** (*rocket fuel*), idrogeno liquido (*combustibile per razzi*).
— **hydrogen car** (*auto*), automobile ad idrogeno liquido.
— **hydrogen-liquid oxygen engine** (*astron.*), motore a idrogeno e ossigeno liquidi.
— **head,** carica idrostatica.
— **hot-metal** (*met.*), ghisa liquida.
— **-liquid equilibria,** equilibri liquido-liquido.
— **-liquid reaction** (*met.*), reazione liquido-liquido.
— **-metal cooled reactor** (*fis. atom.*), reattore (*m.*) raffreddato a metallo liquido.
— **metal fast breeder reactor** (*fis. atom.*), reattore veloce autofertilizzante a metallo liquido.
— **-metal fuel reactor** (*fis. atom.*), reattore (*m.*) a combustibile metallico liquido; reattore (*m.*) a metallo liquido.
— **methane,** metano (*m.*) liquido.
— **nitriding** (*met.*), nitrurazione morbida (in bagno di cianuro).

liquid nitrogen fertilizer (*agr.*), concime azotato liquido.
— **oxygen,** ossigeno (*m.*) liquido.
— **petroleum fuel,** carburante (*m.*) liquido petrolifero.
— **phase cracking** (*chim.*), cracking in fase liquida.
— **phase reaction,** reazione (*f.*) in fase liquida.
— **polish,** liquido (*m.*) per pulire.
— **propellant** (*razzi*), propellente (*m.*) liquido.
— **-propellant rocket,** razzo (*m.*) a propellente liquido.
— **-propellant rocket motor** (*missili*), motore a razzo a propellente liquido.
— **rheostat** (*elet.*), reostato (*m.*) liquido.
— **ring pump** (*ing. chim.*), pompa ad anello liquido.
— **scintillator** (*fis. atom.*), scintillatore (*m.*) liquido.
— **sodium cooled fast reactor** (*fis. atom.*), reattore veloce raffreddato a sodio liquido.
— **-solid extraction** (*ing. chim.*), estrazione solido-liquido.
— **-solid reaction** (*met.*), reazione liquido-solido.
— **starter** (*elet.*), reostato (*m.*) di avviamento (con resistenza immersa in liquido).
— **state,** stato (*m.*) liquido.
— **suspension reactor** (*fis. atom.*), reattore (*m.*) a sospensione liquida.
— **tachometer,** tachimetro (*m.*) a liquido.
— **with concave surface,** liquido a menisco concavo.
— **with convex surface,** liquido a menisco convesso.
— **wood filler,** turapori (*m.*) liquido per legno.
liquidity squeeze (*econ.*), crisi della liquidità; rarefazione della liquidità.
liquidometer (U.S.A.), indicatore elettrico del livello del carburante.
liquidus, temperatura (*f.*) di liquefazione (in diagrammi, ecc.); diagramma di solidificazione; (*met.*), liquido.
liquidus surface, superficie (*f.*) di liquefazione; superficie isotermica.
liquifier, apparecchio (*m.*) per liquefazione.
liquor (*chim.*), brodo *m.*; liquore *m.* (*farm.*); liquido (*decapaggio, ecc.*).
liquorice (licorice), liquirizia *f.*
liroconite (*min.*), liroconite *f.* (minerale raro di rame).
lisimeter (*agr.*), lisimetro *m.*
LISP (*inform.*), linguaggio di programmazione del 1959, molto usato nella ricerca dell'intelligenza artificiale.
list, striscia *f.* (di stoffe); listello *m.* (*arch.*); listino *m.* (*comm.*); catalogo *m.* (*comm.*); striscia (*f.*) di legno; cimòsa *f.* (*tess.*).
— *v.i. v.a.*, sbandare *v.i.* (*naut.*); tagliare via (*v.a.*) una sottile striscia di legno da una tavola; (*inform.*), listare; stampare l'elenco delle informazioni.
— **processing** (*inform.*), elaborazione a liste; trattamento di liste concatenate.
listen in, *v.a.* (*radio*), ascoltare.
listener (*radio*), radioascoltatore, *m.*
listener's licence, libretto (*m.*) di iscrizione per le radioaudizioni circolari.
listening-in (*tel.*), ascolto *m.*
lister drill, aratro-seminatrice (*m.*).
— **planter** (*agr.*), trapiantatrice (*f.*) a file.
listing (*inform.*), listato *m.*; lista *f.* (stampata); (*tess.*), cimosa *f.*
— **(program —)** (*inform.*), listato (*m.*) del programma.
lit from below, illuminato dal di sotto (p. es. bussola).
liter, litre, litro *m.*
literal mistake (*tip.*), refuso *m.*
literals (*tip.*), errori casuali di composizione.
literature (*chim., ecc.*), bibliografia *f.*; letteratura *f.*
litharge (*chim.*), litargirio *m.*

lithia (*chim.*), monossido (*m.*) di litio.
— **mica** (*min.*), lepidolite *f.*
lithiophilite (*min.*), litiofillite *f.* (fosfato di litio e manganese).
lithium (*chim.* = Li), litio *m.*
— **bomb** (*fis. atom.*), bomba (*f.*) al litio.
— **ceramics**, ceramiche al litio.
— **fluoride**, fluoruro (*m.*) di litio.
— **iodide**, ioduro (*m.*) di litio.
litho, litografia *f.*
— **-offset**, stampa « offset ».
lithograph, *v.a.* litografare.
lithographic ink, inchiostro (*m.*) litografico.
— **paper**, carta (*f.*) litografica.
— **printer** (*tip.*), macchinista litografo.
— **sheet**, lamiera (*f.*) litografica.
— **stone**, pietra litografica.
— **varnish**, olio (*m.*) litografico
lithography, litografia *f.*
lithol red, rosso litolo.
lithologic, *agg.* litologico.
lithopone, litopone.
lithosphere (*geol.*), litosfera *f.*
litmus, tornasole *f.*
— **paper**, carta (*f.*) di tornasole.
litographer, *m.* litografo.
litzendraht (*radio*), conduttore (*m.*) d'alta frequenza (nome tedesco usato pure in Inghilterra).
live, *agg.* motore (*mecc.*); motrice (*mecc.*); carico (di cartucce, proiettili, ecc.); vivace (di colore) (legnami, ecc.); sotto tensione (*elet.*); carico (*elet.*); utile (di peso); vivo; (*met.*), sotto tensione.
— **axle** (*mecc.*), assale (*m.*) mobile; asse (*m.*) motore.
— **centre** (*macch. ut.*), punta (*f.*) girevole; (*mecc.*), contropunta (*f.*) girevole.
— **centre grinding** (*macch. ut.*), rettifica (*f.*) a punte girevoli.
— **circuit** (*elet.*), circuito (*m.*) sotto corrente.
— **load**, carico (*m.*) accidentale (*o* variabile); carico (*m.*) dinamico.
— **matter** (*tip.*), composizione da conservare; composizione in piedi.
live parts, parti (*f. pl.*) sotto tensione.
— **performance** (*TV*), spettacolo dal vivo; rappresentazione dal vivo.
— **rail** (*elet.*), rotaia (*f.*) conduttrice.
— **set** (*cinem.*), apparecchio in funzione.
— **steam**, vapore vivo (direttamente da una caldaia).
— **titles** (*telev.*), titoli animati.
— **wire** (*elet.*), filo carico (*o* in tensione).
lively, *agg.* facile a rimbalzare, facile nel reagire alle forze esterne.
liver (to —), *v.i.* diventare gelatinoso, duro (riferito a smalti e pitture).
— **of sulphur** (*chim.*), fegato (*m.*) di zolfo.
livering (*vern.*), impolmonimento; indurimento.
livestock husbandry (*agr. ind.*), allevamento del bestiame (da latte e da carne).
living force, forza (*f.*) viva.
lixiviate, *v.a.* lisciviare.
lixiviation (*chim.*), lisciviazione *f.*
lizard (*aer.*), attacco *m.* (di corda o cavo).
Lloyd's hawser, fune metallica di sei trefoli con 24 fili e con 7 anime in canapa.
— **mirror**, specchio del Lloyd (dispositivo per produrre frange d'interferenza).
— **register of shipping** (*naut.*), Registro di classificazione del Lloyd.
L.N.G. (liquefied natural gas) tanker (*naut.*), nave (*f.*) metaniera.
— **carrier** (*naut.*), metaniera per gas liquefatto.
— **carrier construction** (*naut.*), costruzione di navi metaniere.
— **vessel** (*naut.*), metaniera per gas liquefatto.
load, carico *m.* (*elet.*) (*cost. civ.*); misura (*f.*) per il legname equi-

valente a 50 piedi cubici (legname sgrossato) od a 40 piedi cubici (legname non lavorato); capacità (*f.*) produttiva (di un impianto); (*petrolio*) acqua o petrolio di adescamento (*di un pozzo petrolifero*).

load *v.a.* caricare; adescare un pozzo (*petrol.*).

— **adjusting rheostat,** reostato (*m.*) regolatore di carico.

— **-and-go** (*inform.*), eseguire subito un programma appena caricato; convertire direttamente una lingua in linguaggio macchina.

— (*v.a.*) **an electroplating bath with the current on,** caricare un bagno galvanico sotto corrente.

— (*v.a.*) **an engine,** caricare una macchina.

— **a program** (*inform.*), caricare un programma.

— (*v.a.*) **a spring,** caricare una molla.

— **at any point,** carico (*m.*) in un punto qualsiasi.

— **at centre,** carico (*m.*) al centro.

— **at one end,** carico (*m.*) a un estremo.

— **at mid-span** (*costr.*), carico posto in mezzeria della campata; carico posto a metà della luce.

— **bearing structures** (*costr.*), costruzioni portanti.

— **brake,** freno (*m.*) per montacarichi.

— **carrier** (*auto*), autofurgone.

— **-carrying capacity** (*elet.*), capacità (*f.*) di carico.

— **-carrying member** (*costr.*), elemento (*m.*) portante.

— **cell** (*treno finitore met.*), cella di carico.

— **chain,** catena (*f.*) portante.

— **coefficient,** coefficiente (*m.*) di carico.

— **controller,** regolatore (*m.*) di carico.

— **deck** (*auto*), piano di carico.

— **dispatcher** (*elet.*), ingegnere addetto alla distribuzione del carico.

load displacement, dislocamento (*m.*) di una nave a carico d'immersione.

— **draught** (*naut.*), immersione *f.*

— **due to wind pressure,** carico (*m.*) dovuto al vento.

— **equalization** (*mecc., ferr.*), distribuzione uniforme del carico.

— **equivalent,** equivalente (*m.*) del carico.

— **factor,** fattore (*m.*) di carico.

— **for stated power** (*radio*), resistenza (*f.*) di carico d'una valvola.

— **(to —) glass bottles onto a production line,** caricare bottiglie di vetro su una linea di lavorazione.

— **hook,** gancio (*m.*) porta-carico.

— **impedance** (*elettron.*), impedenza (*f.*) di carico.

— **-levelling relay** (*elet.*), disinseritore (*m.*) automatico.

— **line (load-line),** linea (*f.*) di carico (*naut.*); retta (*f.*) di carico (*elet.*).

— **matching** (*elettron.*), adattamento del carico.

— **of armature** (*elet.*), carico (*m.*) dell'armatura.

— **of a valve,** carico (*m.*) di una valvola.

— **oil** (*petrolio*), petrolio di adescamento (di un pozzo).

— **on roadway,** carico (*m.*) di una carreggiata.

— **on wall,** carico (*m.*) di un muro.

— **or unload face** (*fis. atom.*), lato di carico o di scarico (di una pila).

— **pickup** (*elet.*), ripresa di carico.

— **pulley block,** taglia (*f.*) per carichi.

— **-rate prepayment meter** (*elet.*), contatore (*m.*) differenziale con registrazione della eccedenza.

— **represented by trapezoidal area,** diagramma (*m.*) trapezio di carico.

load represented by triangular area, diagramma (*m.*) triangolare di carico.
— **research** (*elet.*), studi sul carico delle reti elettriche.
— **resistance** (*elet.*), resistenza (*f.*) di carico.
— **reversal** (*elet., ecc.*), inversione di carico.
— **variation,** variazione (*f.*) di carico.
— **water** (*petrol.*), acqua di adescamento (di un pozzo dopo il trattam. con acido).
— **(maximum thermal —)** (*forni met.*), carico termico massimo.
loaded antenna (*radio*), antenna (*f.*) di carico.
— **circuit** (*elet.*), circuito (*m.*) di carico.
— **draught** (*naut.*), pescaggio (*m.*) a carico.
— **panel** (*costr.*), pannello (*m.*) caricato.
— **reel** (*cinem.*), bobina (*f.*) carica.
— **region (*fis. atom.*), parte (*f.*) attiva (*di un reattore*).**
loader (*min.*), draga (*f.*) di caricamento; (*inform.*), caricatore; programma di caricamento (che dà la possibilità di caricamento automatico di altri programmi).
loading (*aereo*), carico (*m.*) alare; (*cost.*), carico *m.*; (*tip.*), carica *f.* (di carta).
— **boom** (*min ecc.*), braccio di carico.
— **coil,** bobina (*f.*) di carico (bobina inserita in un circuito per aumentare la sua induttanza).
— **gauge** (*ferr.*), sagoma (*f.*) limite; sagoma (*f.*) di carico.
— **platform** (*ferr.*), banchina (*f.*) di carico (merci); piano (*m.*) caricatore.
— **port,** porto di imbarco.
— **shovel (pneumatic-tired — shovel)** (*mecc.*), pala caricatrice gommata.
— **station,** stazione (*f.*) di carico; (*macch. ut.*), stazione di carico pezzi.
loading time, tempo (*m.*) di carico.
— **wharf,** molo (*m.*) di carico; banchina (*f.*) d'imbarco.
— **width,** larghezza (*f.*) di carico.
loadstone, magnetite *f.*
loaf sugar, zucchero in pani.
Loalin (*aereo*), materiale termoplastico brevettato.
loam, staffata (*f.*) verde (argilla da fonderia); terra da fonderia.
— **cutter,** apparecchio (*m.*) per tagliare l'argilla.
— **moulding** (*fond.*), formatura in terra.
lob (*min.*), filone (*m.*) a gradini.
lobby, atrio *m.* (di stazione, ecc.); (U.S.A.), comitato di persone che sollecitano dalle autorità leggi a tutela di particolari esigenze pubbliche, quali ad es. la protezione dell'ambiente.
— **(to —)** (U.S.A.), fare propaganda per influenzare gli organi governativi a promuovere leggi a difesa del pubblico.
— **(environment —),** comitato per la difesa dell'ambiente.
lobe (*motori a scoppio, mecc. telev.*), lobo *m.*
— **-plate,** piastra di fondazione.
local broadcasting (U.S.A) (*radio telev.*) (*pubb.*), trasmissione pubblicitaria promossa da una ditta, nella propria zona commerciale.
— **call** (*tel.*) (U.S.A.), comunicazione (*f.*) urbana.
— **connection** (*tel.*), comunicazione (*f.*) urbana.
— **element** (*elet.*), pila (*f.*) locale.
— **hardening** (*met., sald.*), indurimento (*m.*) localizzato.
— **time** (*astr.*), ora locale.
localizer (*radiol.*), localizzatore *m.*
locate, *v.a.*, localizzare *v.a.*; situare *v.a.*; collocare *v.a.*
— **(to —) and repair a broken wire,** localizzare e riparare un filo rotto.
locating points, punti (*m. pl.*) di piazzamento; punti di montaggio.

locating screw, vite (*f.*) di posizione.

location, ubicazione *f.*; zona *f.*; posizione *f.*; posizionamento *m.* (*inform.*), locazione *f.*

lock, serratura *f.*; toppa *f.*; chiusa *f.*; cateratta *f.*; dispositivo (*m.*) per bloccaggio delle ruote nelle discese (*veicoli*); anticamera (*f.*) di cassone pneumatico; percussore *m.* (*armi*); otturatore (di fucile); (*tess.*), fiocco *m.*; (*naut.*), conca *f.* (chiusa di navigazione per trasferire navi fra due specchi d'acqua di livello diverso).

— , *v.a.* fissare; bloccare; (*elettron.*), colpire (un bersaglio) per mezzo di un fascio radar (*to lock on target*, colpire nel bersaglio).

— **bolt,** bullone (*m.*) di fissaggio.

— **-gate** (*idraul.*), portone di chiusa.

— **nut,** chiocciola (*f.*) di una vite; controdado *m.*; (*mecc.*), dado (*m.*) di bloccaggio; ghiera di bloccaggio.

— **-opening hours** (*naut.*), ore di apertura delle chiuse.

— **spring,** molla (*f.*) di bloccaggio (*o* di arresto).

— (*v.a.*) **the back gear shaft,** bloccare l'albero di rinvio.

— (*v.a.*) **the carriage** (*mecc.*), bloccare il carrello.

— (*v.a.*) **the self-act,** bloccare l'avanzamento automatico.

— **to lock turns** (*auto*), (giri del volante tutto sterzo.

— **-up and register table** (*tip.*), apparecchio di controllo dell'altezza e del registro.

— **(steering —)** (*auto*), bloccasterzo.

lockable, *agg.* chiudibile a chiave.

locked cable, cavo (*m.*) chiuso.

— **-cover switch** (*elet.*), interruttore (*m.*) a serratura.

— **rope,** fune (*f.*) chiusa.

— **-up capital** (*borsa*) (*econ.*), capitale immobilizzato.

locked-up forme (of four pages) (*tip.*), forma chiusa a quattro pagine.

locker (*naut.*) (*autocaravan*), stipetto *m.*; armadietto.

locking (*mecc.*), impegno *m.*; bloccaggio *m.*; chiusura *f.*; (*radio*), sincronizzazione *f.*; (*elettron.*), agganciamento *m.*

— **arrangement,** dispositivo (*m.*) di arresto.

— **bar,** bietta *f.*

— **cap** (*mecc.*), cappello (*m.*) di sicurezza.

— **clip, anello di ritegno (*o* di arresto, *o* di bloccaggio).**

— **device,** dispositivo (*m.*) di arresto

— **lever,** leva (*f.*) di fissaggio.

— **pin,** bietta (*f.*) di chiusura.

— **ring,** anello (*m.*) di blocco (con tacche).

— **sleeve,** manicotto di bloccaggio.

— **switch** (*elet.*), interruttore (*m.*) a serratura.

— **type differential** (*auto*), differenziale autobloccante.

— **wire,** filo (*m.*) di fermo (*o* di chiusura).

lockout (offensive bargaining —), serrata (*f.*) come mezzo di pressione negoziale.

locksmith, chiavaio *m.*; fabbro ferraio *m.*

lockwasher, rondella di sicurezza (*o* di bloccaggio).

loco, locomotiva *f.*

— **depot** (*ferr.*), deposito (*m.*) per locomotive.

— **shop,** officina (*f.*) per locomotive.

— **works,** fabbrica (*f.*) di locomotive.

locomotion, locomozione *f.*

locomotive, locomotiva *f.*; locomotore *m.*

— **boiler,** caldaia (*f.*) di locomotiva.

— **crane,** gru (*f.*) per locomotive.

— **works,** fabbrica (*f.*) di locomotive.

locrust, robina *f.*

locus (*chim.*), luogo *m.*; sede (*o* centro) (*di una reazione*).

lode (*min.*), filone *m.*; (*geol.*), sinonimo di corpo minerario (di filone); filone composto.
— **-mining** (*min.*), sfruttamento (*m.*) dei filoni.
lodestone, filone *m.*
lodestuff (*min.*), materia di filone.
loft, soffitta *f.*
— **data** (*aereo, naut.*), dati (*m. pl.*) di tracciamento.
— **floor** (*aereo, naut.*), sala a tracciare.
— **lines** (*aereo, naut.*), linee (*f. pl.*) di tracciamento.
lofting (*aereo*), tracciamento.
— **department,** reparto (*m.*) modelli in legno.
— **procedure** (*aereo*), procedimento per tracciamento (fatto in modo che l'intersezione di qualsiasi piano di taglio con il corpo sia una linea curva).
loftsman, tracciatore (*m.*) su sagoma.
lofty (*tess.*), voluminoso ed elastico (rif. a lana, ecc.).
log, solcometro *m.* (*naut.*); logaritmo *m.*; ceppo (*m.*) di legno; libro (*m.*) di bordo (*naut.* ed *aereo*); dati di funzionamento d'una caldaia o di un motore; relazione sul trivellamento di un pozzo (*petrolio*); log elettrico; rilevamento con log elettrico; registro dei dati di funzionamento di una stazione radio-televisiva, richiesto dalla legge; (U.S.A.) alleanza politica; registro dei programmi di trasmissione di una stazione radio; (*legno, carta*), tondello *m.* (legno pronto per la trasformazione in pasta); (*aereo*), giornale (*m.*) di bordo; (*met.*), v. **heat —.**
— **(to —)** *v.a.*, registrare; (*inform.*), registrare i dati da elaborare.
— **book** (*aereo*), libro (*m.*) di bordo; (*ind. elet.*) libro (*m.*) di una centrale; (*inform.*) giornale di « bordo » dei dati di elaborazione.
log carriage, carrello (*m.*) per tronchi.
— **decrement,** decremento (*m.*) logaritmico.
— **end,** estremità (*f.*) di un tronco.
— **frame,** sega (*f.*) alternativa.
— **governor** (*naut.*), regolatore del solcometro.
— **-line** (*naut.*), sagola *f.*
— **-off** (*inform.*), richiesta di uscita dal sistema; procedura di chiusura del trattamento.
— **oil** (*naut.*), olio per solcometro.
— **-on** (*inform.*), richiesta di collegamento; procedura d'entrata in comunicazione.
— **rotator** (*naut.*), dispositivo per la rotazione del solcometro.
— **ship** (*naut.*), barchetta (*f.*) del solcometro.
logarithm, logaritmo *m.*
logarithmic amplification (*radio*), amplificazione logaritmica.
— **calculation,** calcolo (*m.*) logaritmico.
— **condenser,** condensatore (*m.*) logaritmico.
— **energy decrement,** decremento (*m.*) logaritmico d'energia.
— **mean temperature difference (L.M.T.D.), differenza (*f.*) media logaritmica delle temperature.**
— **plot sprayer** (*mecc. agr.*), irroratrice logaritmica per parcelle.
logatom (*acust.*), parola artificiale usata nell'articolazione dei suoni; (*fis. atom.*), logatomo *m.*
logger (*inform.*), registratore (*m.*) automatico (strumento che registra le variazioni di grandezze fisiche con riferimento al tempo); v. **data —.**
logging, sfruttamento (*m.*) del legno; (*petrol.*), v. **electric —; electrical well —; induction —;** v. **data —.**
— **of engineering data** (*autom., elettron.*), registrazione di dati d'ingegneria.
— **off** (*inform.*), vedi **log-off.**

logging-on (*inform.*), vedi: **log-on.**
logic (*elettron*), logica *f.*; (*inform.*), v. **relay —**; **static —**.
— **array chips** (*inform.*), v. **gate array chips.**
— **chip** (*inform.*), v. **gate array chip.**
logical, *agg.* (*elettron.*), logico.
— **add** (*elettron.*), addizione logica.
— **element** (*elettron.*), elemento logico.
— **flowchart** (*elettron.*), organigramma logico.
— **instruction** (*elettron.*), istruzione logica.
— **operation** (*elettron.*), operazione (*f.*) logica.
— **record** (*inform.*), record logico.
— **shift** (*inform.*), shift logico.
— **symbol** (*elettron.*), simbolo logico.
logistics (*mat.*), logistica *f.*
— **(industrial —),** logistica industriale.
loglog paper, carta (*f.*) bilogaritmica.
logo (*inform.*), vedi **logotype.**
LOGO (*inform.*), vedi **cyber LOGO**; **LOGOTYPE.**
logotype (*inform.*), logotipo *m.* (sigla di società, ecc.).
logy, *agg.* non sicuro.
logwood, (legno di) campeggio.
— **ink** (*chim.*), inchiostro al campeggio.
Lombardy poplar, pioppo (*m.*) italico.
long-barrelled gun (*armi*), fucile a canna lunga.
— **chain line** (*dis.*), linea a punti e tratteggi.
— **-distance call** (*tel.*), comunicazione (*f.*) interurbana.
— **-distance central station,** centrale (*f.*) regionale.
— **-distance circuit** (*telef.*), linea interurbana *f.*
— **-distance connection** (*tel.*), (U.S.A.), comunicazione (*f.*) interurbana.
— **distance line,** conduttura (*f.*) elettrica a grande distanza.
— **-duration surge testing** (*elet.*), prove con impulsi di lunga durata.
long flaming coal, carbone (*m.*) a lunga fiamma.
— **flax** (*tess.*), lino (*m.*) a fibre lunghe.
— **flight,** volo (*m.*) di durata.
— **float,** assicella (*f.*) per spianare.
— **-hole drilling** (*min.*), perforaz. col metodo dei fori lunghi.
— **hundredweight,** quintale inglese (di kg 50,8).
— **life milk,** latte (*m.*) di lunga conservazione.
— **-link chain,** catena (*f.*) a maglia lunga.
— **-lived (*fis. atom.*), a vita lunga.**
— **-lived delayed neutron (*fis. atom.*), neutrone (*m.*) ritardato a vita lunga.**
— **-lived fission product (*fis. atom.*), prodotto (*m.*) di fissione a vita lunga.**
— **-lived waste depository** (*fis. atom.*), depositi di scorie di lunga durata.
— **malt** (*chim.*), malto di 20 giorni.
— **-oil alkyds** (*chim.*), resine alchidiche a forte tenore d'olio.
— **planer** (*long planing machine*), piallatrice (*f.*) longitudinale.
— **-play record,** microsolco 33 ⅓ giri; LP.
— **primer** (*tipog.*), corpo 10.
— **raffer** (*tess.*), pettine (*m.*) in grosso.
— **range,** grande autonomia (di volo).
— **-range autogyro** (*aereo*), autogiro a lunga autonomia.
— **-range ballistic missile,** missile (*m.*) intercontinentale (*a lunga portata*).
— **-range forecasts** (*meteor.*), previsioni (*f. pl.*), a lungo termine.
— **-range plane,** aeroplano (*m.*) a grande autonomia.
— **range tank** (*aereo*), serbatoio supplementare per grande autonomia di volo.
— **-range weather forecasting** (*meteor.*), previsioni del tempo a lungo termine.

long-running job (*mecc.*), lavorazione di lunga durata.
— **shot** (*telev.*), ripresa di scene distanti.
— **shot** (*cinem.*), campo (*m.*) lungo.
— **stapled wood,** lana (*f.*) a fibra lunga.
— **string** (*petrolio*), ultima tubazione di un pozzo raggiungente il petrolio.
— **term agreement** (*sindacati, ecc.*), accordo a lunga scadenza.
— **thread milling machine** (*macch. ut.*), filettatrice (*f.*) con fresa per filetti lunghi.
— **ton,** v. **ton.**
— **varnish** (*vernici*), vernice con quantità maggiore di olio (rispetto alla « short varnish »).
— **waves,** onde (*f. pl.*) lunghe.
longeron (*aereo*), longarone *m.*
longitude (of a point) (*agrim.*), ascissa (*f.*) di un punto.
longitudinal (*naut.*), longherone *m*; *agg.*, longitudinale.
— **crack** (*met.*), cricca (*f.*) longitudinale.
— **dihedral angle** (*aereo*), angolo (*m.*) d'incidenza longitudinale.
— **divergence** (*aereo*), instabilità (*f.*) longitudinale.
— **extension,** allungamento (*m.*) longitudinale.
— **feed,** avanzamento (*m.*) longitudinale; alimentazione (*f.*) longitudinale.
— **finishing machine** (*calcestruzzo*), finitrice (*f.*) longitudinale.
— **flange,** flangia (*f.*) longitudinale.
— **frame** (*aer.*), intelaiatura (*f.*) longitudinale.
— **gore (*or* panel),** fuso (*m.*) del pallone longitudinale.
— **inclination** (*auto*), *m.* beccheggio.
— **milling,** fresatura (*f.*) longitudinale.
— **motion of the table,** corsa (*f.*) longitudinale della tavola.
— **oscillation** (*aereo*), oscillazione (*f.*) longitudinale.
longitudinal pitch, passo (*m.*) longitudinale.
— **profile** (*costr.*, *dis.*), profilo (*m.*) altimetrico.
— **reinforcement** (*costr.*), armatura (*f.*) longitudinale.
— **seam,** saldatura (*f.*) longitudinale; chiodatura (*f.*) longitudinale.
— **seams,** unioni (*m. pl.*) longitudinali (*saldatura*); orli (*m. pl.*) longitudinali.
— **section,** profilo (*m.*) longitudinale; sezione (*f.*) longitudinale.
— **sleeper** (*ferr.*), longarina *f.*
— **slotting,** mortesatura (*f.*) longitudinale; stozzatura (*f.*) longitudinale.
— **stability** (*aereo*), stabilità (*f.*) longitudinale.
— **test specimen,** provetta (*f.*) longitudinale.
— **tie** (*ferr.*), longarina *f.*
— **travel** (*macch. ut.*), spostamento longitudinale.
— **traverse** (*fresa*), passata longitudinale.
— **traverse of the wheel,** avanzamento (*m.*) assiale della mola.
— **voltage** (*elet.*), forza (*f.*) elettromotrice longitudinale.
— **warping,** imbarcatura (*f.*) per il lungo.
— **(bottom —)** (*naut.*), longherone di fondo.
— **(top —),** longherone superiore.
longwall coal-cutter (*carbone*), tagliatrice per coltivazione per lunghe fronti.
— **working** (*min.*), coltivazione a lunghe fronti in direzione.
look (*v.a.*) **after,** governare (sorvegliare macchine, ecc.).
loom (*tess.*), telaio *m.*
— **motor** (*tess.*), motore (*m.*) per telaio.
— **pickers** (*tess.*), tacchetti *m. pl.* (*di telaio*).
— **shuttle** (*tess.*), navetta *f.*
looming (*tess.*), preparazione (*m.*) al telaio.
— **room** (*tess.*), sala di preparazione al telaio.

loop (*elet.*), circuito chiuso; staffa *f.* (*cost.*); cappio *m.*; spira (*f.*) di filo; occhiello *m.*; volta *f.* (*aereo*); maglia *f.*; riccio del filato (*tess.*); ventre (di una onda); (*elettron.*), ciclo; (*calcol. elettron.*), « loop » (insieme di istruzioni ripetute di continuo).
— *v.i.* (*met.*), laminare al treno semicontinuo.
— **antenna** (*radio*) (U.S.A.), antenna (*f.*) a quadro.
— **detector** (*traf. autom.*), detettore a cappio (rilevante il passaggio dei veicoli per il comando dei semafori).
— **direction-finder** (*radio*), radiogoniometro a quadro.
— **dryer,** essiccatore (*m.*) a spire o a festoni.
— **in echelon** (*aereo*), gran volta in scaglione.
— **road** (*costruz. civ.*), strada costruita per evitare ostruzioni stradali.
— **test** (*elet.*), misura col metodo del ponte (*o* del doppino) (per cavi elettrici).
— **-test bar** (*corrosione met.*), provetta (*f.*) a spirale.
— **yarn** (*tess.*), tessuto fantasia con piccole maglie.
— **(closed —)** (*calcol. elettron.*), « loop » chiuso.
— **(open —)** (*calcol. elettron.*), « loop » aperto.
looper (*met.*), canale volano; v. **crank-roller —.**
— **position regulator** (*laminatoio met.*), regolatore posizione forma-anse.
looping (*aereo*), gran volta; (*calcol. elettron.*), iterazione *f.* (ripetizione).
— **mill** (*met.*), laminatoio (*m.*) serpentaggio.
— **the loop** (*aereo*), far la gran volta.
loops and ovals (*cinem.*) (U.S.A.), funzionamento irregolare della macchina da presa.
— **nested up to 26** (*inform.*), circuiti collegati fino a 26.
loose, *agg.* largo; non ben fissato; non aderente; mobile; sciolto; molle (di fune poco tesa); folle (*mecc.*); amovibile; sfuso (*cemento, ecc.*); lasco (*mecc.*).
— **cement,** cemento sfuso.
— **coupler** (*radio*), accoppiatore a larga variazione (ora in disuso).
— **flange** (*mte.*), flangia libera.
— **form** (*to transport bulk materials in loose form*), trasportare materiale voluminoso alla rinfusa.
— **framing** (*telev.*), inquadratura troppo grande.
— **ground,** terreno (*m.*) sciolto.
— **headstock,** testa motrice mobile; contropunta.
— **housing** (*stalla*), stabulazione (*f.*) libera.
— **key** (*elet.*), chiave a spina.
— **-key switch** (*elet.*), interruttore (*m.*) con chiave a spina.
— **knots,** nodi grandi (*o* mobili) (del legname).
— **-leafed catalogue** (*comm., tip.*), catalogo a fogli sciolti.
— **lump alum** (*chim.*), allume (*m.*) sciolto.
— **piece** (*mecc.*), pezzo mobile.
— **pieces,** tasselli *m. pl.*
— **piling,** ammucchiamento (*m.*) sciolto.
— **pulley,** puleggia (*f.*) folle.
— **pulley bushing,** bussola (*f.*) porta-folle.
— **wheel,** ruota (*f.*) folle.
loosen, *v.a.* svitare; rallentare; allentare; smuovere (terra); rendere debole (*un legame*) (*chim.*).
— **under an applied load** (*mecc.*), allentarsi sotto (l'influsso di) un carico applicato (*di giunto*).
loosening (*mecc.*), allentamento *m.*
loran (*radio*), loran (*long range navigation*); radioauto di tipo iperbolico.
lorry, autocarro *m.*
lose (*v.a.*) (*v.i.*), perdere; ritardare (*orol.*).
losing (*orol.*), ritardo *m.*

loss, perdita *f.*; (*sald.*), accorciamento *m.* (*di giunto*).
— **by friction,** perdita (*f.*) per attrito.
— **compensator,** compensatore di perdita.
— **due to leakage,** perdita (*f.*) per difetto di tenuta.
— **factor** (*fibre*), fattore (*m.*) di perdita.
— **in level** (*agrim.*), dislivello *m.*
— **of charge,** perdita (*f.*) di carica.
— **of head** (*idraul.*), perdita (*f.*) di carico.
— **of heat,** perdita (*f.*) di calore.
— **of height,** perdita (*f.*) di quota.
— **of neutrons by escape** (*fis. atom.*), **perdita di neutroni dovuta a fuga.**
— **of pressure,** perdita (*f.*) di pressione.
— **of tension,** perdita (*f.*) di tensione.
— **of water,** perdita (*f.*) di acqua.
— **of weight,** perdita (*f.*) di peso.
— **of work,** perdita (*f.*) di lavoro.
losser (*elet.*), materiale usato per dissipare energia in un circuito.
lossmeter, contatore (*m.*) di perdite di calore.
lossy, *agg.*, che ha perdite; avente perdite (*materiale dielettrico ecc.*).
lost head, pressione (*f.*) perduta.
— **or not lost** (*comm.*, *naut.*), a tutto rischio.
— **-wax casting** (*fond.*, *met.*), fusione (*f.*) a cera persa.
— **wax process** (*fond.*), processo a cera persa.
— **world (the)** (*cinem.*) (U.S.A.), luce portatile.
— **(l — the v. i.)** (*cinem.*), l'indicatore di volume non funziona.
lot (*cinem.*) (U.S.A.), teatro (*m.*) di posa; (*cristalli*), ammasso *m.*; parte *f.* (*chim.*).
— **of goods,** partita (*f.*) di merci.
loudness (*acust.*), sonorità *f.*
— **compensation** (*audio*) (*amplificatori*), compensazione del volume d'ascolto.
— **control** (*radio*), controllo di volume.
— **of noise** (*fis.*), livello di rumore.
loudspeaker (*cinem.*) (U.S.A.), scudo protettivo della luce (di una lente); altoparlante *m.* (*radio*).
— **crossover** (*radio*), altoparlante incrociato.
— **response** (*acust.*), risposta di altoparlante.
loupe, loppa *f.* (di puddellaggio).
louvre (*o* **louver**) (*auto*), sfinestratura *f.* (*nel cofano di una autom.*).
— **(heater louvres)** (*auto*), feritoie di riscaldamento.
low, *agg.* basso; debole.
— **-alloy iron** (*met.*), ghisa bassolegata.
— **alloy steel** (*met.*), acciaio (*m.*) a basso tenore di lega; acciaio basso legato.
— **-carbon steel** (*met.*), acciaio a basso carbonio.
— **-cost drying,** essiccazione (*f.*) a basso costo.
— **definition television,** televisione a bassa definizione (con meno di 200 linee di scansione per immagine).
— **-energy arc** (*elet.*), arco (*m.*) a bassa energia.
— **filter** (*audio*) (*elettron.*), filtro dei bassi (*circuito elettronico*).
— **-flux reactor** (*fis. atom.*), **reattore a basso flusso.**
— **-frequency magnetic field,** campo (*m.*) magnetico a bassa frequenza.
— **fuel warning light** (*auto*), spia riserva carburante.
— **head bolt,** bullone (*m.*) a testa bassa.
— **-head station** (*elet.*), centrale a bassa caduta.
— **level language** (*inform.*), linguaggio di programmazione di basso livello detto pure: *assem-*

bler (programma di assemblaggio dei programmi simbolici).

low lift centrifugal pump, pompa (*f.*) centrifuga per basse prevalenze.

— **lift platform truck,** carrello elevatore per piccole altezze.

— **noise level** (*aereo ecc.*), basso livello sonoro.

— **-pass filter** (*elet.*), filtro passabasso.

— **-phosphorus iron,** ghisa a basso tenore di fosforo.

— **power drives** (*catene*), trasmissioni per piccole potenze

— **-power reactor** (*fis. atom.*), reattore (*m.*) a bassa potenza.

— **-power transmitter,** trasmettitore (*m.*) di piccola potenza.

— **pressure,** bassa pressione *f.*

— **pressure boiler,** caldaia (*f.*) a bassa pressione.

— **pressure chamber** (*fis. atom.*), camera a bassa pressione.

— **-pressure cloud chamber** (*fis. atom.*), camera (*f.*) a nebbia a bassa pressione.

— **pressure cylinder,** cilindro (*m.*) a bassa pressione.

— **pressure heating,** riscaldamento (*m.*) a bassa pressione.

— **pressure plunger,** stantuffo (*m.*) a bassa pressione.

— **pressure steam engine,** macchina (*f.*) a vapore a bassa pressione.

— **pressure steam heating,** riscaldamento (*m.*) a vapore a bassa pressione.

— **-profile tyre** (*auto*), pneumatico a profilo basso.

— **resolution** (*inform.*), bassa risoluzione.

— **-rise construction** (*cost.*), costruzione bassa.

— **-set clay** (*vernici, smalti*), argilla (*f.*) magra.

— **-shaft furnace** (*met.*), bassoforno.

— **-sided open wagon** (*ferr.*), carro (*m.*) scoperto a sponde basse.

low-speed wheel (*idraul.*), ruota (*f.*) a giro lento.

— **temperature indicator,** indicatore (*m.*) di bassa temperatura.

— **-tensile material,** materiale (*m.*) di bassa tensione.

— **-tension cable** (*elet.*), cavo (*m.*) a bassa tensione.

— **-tension line** (*elet.*), linea (*f.*) a bassa tensione.

— **velocity,** velocità (*f.*) bassa.

— **voltage,** bassa tensione *f.*

— **voltage current,** corrente (*f.*) a bassa tensione.

— **-voltage hot-cathode continuous beam cathode-ray oscillograph,** oscillografo (*m.*) a raggi catodici a bassa tensione a catodo caldo e a raggio continuo.

— **voltage induction furnace,** forno (*m.*) ad induzione a bassa frequenza.

— **-voltage light,** lampada a basso voltaggio.

— **voltage transformer,** trasformatore (*m.*) a bassa tensione.

— **winged plane,** aeroplano (*m.*) ad ala bassa.

Löwenherz thread, filetto (*m.*) Löwenherz.

lower, *v.a.* abbassare; *agg.* inferiore.

— **a bridge,** abbassare un ponte.

— **a letter,** abbassare una lettera (bozze).

— **a load,** abbassare un carico.

— **a section of the tunnel floor** (*ferr.*), abbassare un tratto del piano della galleria.

— **boom** (*cost.*), corrente (*m.*) inferiore.

— **camber** (*aereo*), ventre (di profilo alare).

— **case** (*tip.*), cassa per lettere minuscole.

— **critical velocity** (*idraul.*), velocità di caduta.

— **deck** (*naut.*), ponte (*m.*) inferiore; sottocoperta *f.*

— **endpiece screw** (*orol.*), vite contropietra *f.*

lower fore topgallant sail, vela (*f.*) di velaccino fisso.
— **fore topsail,** vela (*f.*) di basso parrocchetto.
— **fore-topsail yard,** pennone (*m.*) di basso parrocchetto.
— **frequencies washed out** (*cinem.*) registrazione sonora con voci non naturali (aspre).
— **hemispherical flux,** flusso (*m.*) luminoso emisferico inferiore.
— **main sail,** vela (*f.*) di bassa gabbia.
— **-main topsail yard** (*naut.*), pennone (*m.*), di bassa gabbia.
— **masts** (*naut.*), alberi (*m. pl.*) maggiori.
— **mizzen topsail,** vela (*f.*) di bassa mezzana.
— **mizzen-topsail yard** (*naut.*), pennone (*m.*) di contromezzana.
— **seating,** scodellino inferiore (per valvola).
— **sideband,** banda laterale inferiore.
— **the credit on a payphone card** (*telef.*), scalare (ridurre) il credito su una scheda telefonica.
— **the ground level,** abbassare il livello del suolo.
— **the rock floor** (*costr. ferr. strad.*), abbassare il piano roccioso.
— **the water level,** abbassare (*v.a.*) il livello dell'acqua.
— **topsail** (*naut.*), gabbia (*f.*) fissa.
— **wing** (*aereo*), ala (*f.*) inferiore.

lowering of pressure, abbassamento (*m.*) di pressione.
— **of the river bed** (*costr. di ponti, ecc.*), abbassamento dell'alveo del fiume.
— **of the road level** (*cost.*), abbassamento (*m.*) del livello stradale.
— **of tracks** (*ferr.*), abbassamento (*m.*) di binari (nel piano stradale).
— **quadrant,** quadrante (*m.*) di abbassamento.

LOX, ossigeno liquido.

LPG (*chim.*), GLP gas.

LPG filling station, stazione di servizio GLP.

LPG fuel, GLP gas e benzina come carburante.

***l*-tartaric acid** (*chim.*), acido (*m.*) *l*-tartarico.

lubanite, lubanite *f.*, $Ca_2Al_2Si_5O_{15}\cdot 6H_2O$.

lube distillate (*ind. pet.*), distillato (*m.*) di olio di lubrificazione.
— **-oil,** olio (*m.*) lubrificante.
— **-oil additives,** additivi degli oli lubrificanti.

lubber's line, linea (*f.*) di fede (della bussola).
— **point,** linea (*f.*) di fede (della bussola).

luboil (U.S.A.), olio (*m.*) lubrificante.

lubricant, lubrificante *m.*

lubricate, *v.a.* lubrificare; ingrassare.

lubricating gear, apparato (*m.*) di lubrificazione.
— **gear device,** dispositivo (*m.*) di lubrificazione.
— **grease for rolls** (*met.*), grasso per cilindri di laminazione.
— **oil,** olio (*m.*) lubrificante.
— **ring,** anello (*m.*) lubrificatore.

lubrication, lubrificazione *f.*
— **chart,** guida (*f.*) di lubrificazione.
— **engineer,** ingegnere (*m.*) specializzato nella lubrificazione.
— **sealed,** *p.p.*, a lubrificazione sigillata.

lubricator, lubrificatore *m.*; grassatore *m.*; apparecchio (*m.*) oliatore; v. **drop feed —; drop sight feed —; force feed —.**
— **cock,** rubinetto (*m.*) di livello dell'olio.
— **oil-can,** oliatore *m.*

lubricity (*cosmet., chim.*), untuosità *f.*

lucerne (*bot.*), erba medica.

Lüders lines (*difetto met.*), linee di scorrimento.

luff (*naut.*), antennale (*f.*) del picco.

luff (to) (*mecc.*), alzarsi o abbassarsi (di braccio di scaricatori).
— **tackle** (*naut.*), paranco (*m.*) volante.
— **upon luff,** paranco (*m.*) su paranco.
luffing crane (*naut.*), gru (*f.*) orzante; (*mecc.*), gru a volata variabile; gru a braccio retrattile.
lug, aggetto *m.* (*aereo*); estremità di sospensione (di accumulatore).
luggage (*gen.*), bagagli *m. pl.*; bagaglio *m.*
— **receptacle** (*auto*), cofano bagagli.
lugs, palette *f. pl.* (del trattore); orecchioni (*m. pl.*) della staffa (*fond.*).
lumber, legname *m.* (da costruzione).
— **depot,** deposito (*m.*) di legname.
— **mill,** segheria *f.*
— **room,** deposito (*m.*) di legname.
lumen, lumen *m.*
— **-hour** (*ill.*), lumenora *m.*
lumerg, unità di flusso luminoso equivalente a 1 erg di energia radiante emessa da una sorgente di efficienza luminosa di 1 lumen per watt.
Lumerith (*aereo*), materiale termoplastico brevettato.
luminaire (U.S.A.), lampione (*m.*) stradale.
luminesce, *v.i.* entrare in luminescenza.
luminescence, luminescenza *f.*
luminescent, *agg.* luminescente.
— **screen,** schermo luminescente.
— **solids,** solidi luminescenti.
luminous efficiency, efficienza (*f.*) luminosa.
— **factor of a radiation,** coefficiente (*m.*) di visibilità d'una radiazione monocromatica.
— **flame,** fiamma (*f.*) luminosa.
— **flux,** flusso (*m.*) luminoso.
— **intensity,** indicatrice (*f.*) di emissione d'intensità luminosa.
luminous intensity distribution curve, indicatrice (*f.*) di emissione d'intensità luminosa.
lump, blocco *m.*
— **coal,** carbone (*m.*) in pezzi piccoli.
— **pumice,** pomice in blocchi.
— **sum benefit** (*lavoro*), indennità di liquidazione.
— **sum contract** (*leg.*), appalto (*m.*) a forfait.
lumped, *p. p.* concentrato; localizzato; composto (*circuiti elet.*); in pezzi; in blocchi (*min.*).
— **constant** (*elet.*), costante concentrata.
— **uranium** (*fis. atom.*), uranio (*m.*) in blocchi.
— **voltage** (*elet.*), tensione (*f.*) cumulativa.
lumps, carbone (*m.*) in pezzi piccoli.
lunar, *agg.* lunare.
— **bicycle** (*astron.*), bicicletta lunare.
— **craft,** aeronave lunare.
— **crust** (*geof.*), crosta lunare.
— **echo** (*geof.*), eco lunare.
— **eclipse,** eclisse lunare.
— **environment,** ambiente lunare.
— **mission** (*voli spaziali*), missione lunare.
— **mobile laboratory** (*voli spaziali*), laboratorio mobile lunare.
— **probe,** sonda (*f.*) lunare.
— **roving vehicle** (*astron.*), automobile elettrica lunare.
— **sample,** campione di roccia lunare.
— **satellite,** satellite (*m.*) lunare.
— **trajectory** (*astron.*), traiettoria (*f.*) lunare.
lunette, lunetta *f.* (*arch.*); volta a sesto scemo (*cost.*).
lunitadal interval, intervallo (*m.*) di marea.
luster finish (*met.*), finitura (*f.*) brillante.
lustre wool, lana (*f.*) brillante.
lustreing machine (*tess.*), macchina per lucidatura.

Lustron (*aereo*), materiale termoplastico brevettato.
lute, luto *m.*
— *v.a.* lutare.
lutecium (*chim.* = Lu), lutezio *m.*
luteoline, luteolina *f.* (sostanza gialla cristallina, usata in tintoria) ($C_{16}H_{10}O_6$).
lutidine (*catrame di carbone*), lutidina *f.*
lux, lux *m.*
Luxembourg effect, effetto (*m.*) Lussemburgo.
luxometer, luxometro *m.*
luxury coach (*auto*), torpedone di lusso.
— **yacht** (*naut.*), panfilo di lusso.
lye, liscivia *f.*
lying press (*tip.*), pressa da legatore.
lymphography (*radiol.*), linfografia *f.*
lyndochite (*fis. atom.*), lindochite *f.*
lyogel, liogel *m.*
lyolysis, liolisi *f.*
lyophilic, *agg.*, liofilo *agg.* (facilmente solubile).
— **colloids** (*chim.*), liofili *m. pl.*
lyophilizing (*chim.*), liofilizzazione *f.*
lyotropic, *agg.* liotropo.
— **liquid crystals,** cristalli liquidi liotropici.
— **series** (*chim.*), serie (*f.*) liotropica.

M

MG 7, Lega di alluminio, magnesio e manganese. Fornitori: James Booth Ltd. (1915).

M.H.W.I., intervallo (*m.*) medio dell'alta marea.

M.L.W.S. (*mean low water spring*), piano di riferimento degli scandagli.

Maag process, metodo (*m.*) di lavorazione Maag (*ingr.*).

macadam, macadam *m.*

macadamization, massicciata *f.*

macadamize, *v.a.* macadamizzare.

macaroni (U.S.A.) (*petrolio*), tubazione metallica con molti gomiti; tubo (*slang*).

macerate, *v.a.* macerare; fare macerare.

maceration, macerazione *f.*

mach number (*aereo*), rapporto fra la velocità dell'aeroplano e la velocità del suono: numero di Mach.

machinability (*met.*), lavorabilità all'utensile.

— **curve** (*met.*), curva di lavorabilità.

machinable, *agg.* lavorabile.

machine, macchina *f.*

— *v.a.* piallare, tornire, fresare, limare, ecc. (con una piallatrice, tornio, fresa, limatrice, ecc.); lavorare; costruire.

— **attendant,** sorvegliante (*m.*) alle macchine.

— **coal-mining** (*min.*), abbattimento (*m.*) meccanico del carbone.

— **code** (*inform.*), codice macchina (linguaggio eseguibile direttamente dall'elaboratore).

— **compositor** (*tip.*), operatore *m.*

— **control,** controllo (*m.*) di una macchina.

— **(to —) delicate metallurgical specimens** (*met.*, *mecc.*), lavorare (alla macchina) provini metallurgici delicati.

— **down time,** tempo (*m.*) perduto (per l'inefficienza della macchina).

machine drive, comando (*m.*) meccanico.

— **driven,** comandato (*p.p.*), meccanicamente.

— **equation** (*elettron.*), equazione (*f.*) di macchina.

— **for grinding bushes,** rettificatrice (*f.*) per bussole.

— **for milling grooves,** fresatrice (*f.*) per cave.

— **for twisting silk,** fusella *f.*

— **foundation plate,** piastra (*f.*) di fondazione di macchina.

— **grinding,** molatura (*f.*) meccanica.

— **-gun,** mitragliatrice *f.*

— **gun microphone** (*acust.*), microfono (*m.*) a tubi.

— **handwheel,** volano *m.*

— **harvesting of fruits and vegetables** (*agricoltura*), raccolto meccanico di frutta e verdura.

— **instruction** (*inform.*), istruzione macchina (eseguibile direttamente dall'elaboratore).

— **interference,** radiodisturbi *m.* (causati da macchine).

— **key ringing** (*tel.*), chiamata (*f.*) semi-automatica.

— **language** (*calcol. elettron.*), linguaggio (*m.*) macchina.

— **made,** fatto (*p.p.*) a macchina.

— **-made brick,** mattone (*m.*) fatto a macchina.

— **-made tile,** tegola (*f.*) fatta a macchina.

— **minder** (*tip.*), macchinista *m.*

— **-mixing,** impastare a macchina (l'azione); impasto (*m.*) a macchina.

— **moulding** (*fond.*), formatura (*f.*) meccanica.

— **number,** numero (*m.*) della macchina.

— **oil,** olio lubrificante per macchine.

— **on order** (*comm.*), macchina in ordinazione.

machine part, organo (*m.*) di macchina; pezzo *m.*
— **plane iron,** coltello (*m.*) da piallatrice.
— **-readable form** (*to convert a book to — readable form*) (*inform.*), dare una struttura informatica ad un libro, riconoscibile alla macchina.
— **reamer** (*mecc.*), alesatore a macchina.
— **ringing** (*tel.*), chiamata (*f.*) automatica (U.S.A.); suoneria (*f.*) continua.
— **riveting,** ribaditura (*f.*) a macchina; chiodatura (*f.*) di macchina.
— **room,** edificio (*m.*) delle caldaie.
— **shop,** officina (*f.*) meccanica.
— **shop rejections** (*met.*), scarti (*m. pl.*) di lavorazione.
— **sizing** (*carta*), collatura (*f.*) a macchina.
— **sketching** (*dis.*), schizzo di macchine.
— **tap** (*mecc.*), maschio (*m.*) per macchine.
— **time,** tempo di macchina (produzione con sorveglianza di macchine).
— **tool,** macchina (*f.*) utensile; *agg.* di macchina utensile.
— **tool (refitted — tool),** macchina utensile modificata (rimodernata) (ad es. macch. ut. di vecchio tipo cui è stato applicato il controllo numerico).
— **tool engineering,** ingegneria (*f.*) delle macchine utensili.
— **translation,** traduzione (*f.*) meccanica.
— **twist** (*tess.*), filati cucirini.
— **vice** (*macch. ut.*), morsa da macchina.
— **vise** (U.S.A.), morsa parallela per macchine.
— **washable** (*tess.*), lavabile a macchina.
— **with stationary axes,** macchina (*f.*) ad assi stazionari.
— **work,** lavoro (*m.*) a macchina.
— **works,** stabilimento (*m.*) meccanico.

machined casting (*met.*), getto lavorato.
— **component** (*mecc.*), pezzo lavorato a macchina.
machinery, macchinario *m.*
— **of prices policy** (*econ.*), meccanismo della politica dei prezzi.
— **steel,** acciaio (*m.*) da macchine; acciaio (*m.*) naturale.
machining, stampa (*f.*) a macchina (*tip.*); lavorazione *f.*
— **allowance** (*met.*), sovrametallo *m.*
— **centre** (*macch. ut.*), centro di lavorazione.
— **instructions** (*macch. ut.*), istruzioni (*f. pl.*), di lavorazione.
— **time,** tempo (*m.*) di lavorazione.
— **tolerance** (*mecc.*), tolleranza (*f.*) di lavorazione.
machinist, macchinista *m.* (operatore o costruttore di macchine).
mackerel sky (*meteor.*), cielo (*m.*) a pecorelle.
mackle (*tip.*), foglio (*m.*) di stampa difettosa.
Maclaurin's series (*mat.*), serie di Maclaurin.
maclurin (*chim.*), maclurina *f.*
Mac Pherson suspension (*auto*), sospensione Mac Pherson.
macro assembler (*inform.*), macroassemblatore *m.*
— **etching,** macroincisione *f.*
— **-generator** (*inform.*), macrogeneratore.
— **-instruction** (*inform.*), macroistruzione *f.*; istruzione macro.
— **stresses** (*met.*), macro-tensioni *m. pl.*; v. **macrostresses.**
— **test** (*met.*, *sald.*), esame macro.
macrobenthic animals (*mare*), animali di grandi dimensioni viventi alle profondità marine.
macrocell (*vetro*), macrocellula *f.*
macrocyclic, *agg.*, macrociclico.
macroetched, *p.p.* (*met.*), sottoposto ad attacco macrografico.
macrograph, macrografia *f.*
macrography, macrografia *f.*

macromolecule (*bio.*), macromolecola *f.*
macros (*inform.*), gruppo di comandi da ripetere.
macroscopic, *agg.* macroscopico.
— **absorption cross section** (*fis. atom.*), sezione (*f.*) macroscopica di assorbimento.
— **capture cross section** (*fis. atom.*) sezione (*f.*) macroscopica di cattura.
— **cross section** (*fis. atom.*), sezione (*f.*) d'urto macroscopica.
— **pile theory** (*fis. atom.*), teoria di reattore macroscopico.
— **scattering cross section** (*fis. atom.*), sezione (*f.*) (d'urto) macroscopica di diffusione.
macrostresses (*met.*), macrotensioni *f.pl.* (tensioni residue interessanti grandi zone del pezzo).
macrostructure (*met.*), macrostruttura *f.*
Madagascar topaz, topazio (*m.*) del Madagascar; quarzo citrino.
madder, robbia *f.*; rossa sostanza che si estrae dalla radice di *Rubia tinctorum*.
— **lake,** lacca di alizarina.
made block, puleggia (*f.*) fatta d'insieme di parecchi pezzi.
Madeira topaz, topazio (*m.*) di Madeira.
madia oil, olio (*m.*) di madia.
mae west (*slang*) (*aereo*) (U.S.A.), giacche di sicurezza (per aviatori).
mag, abbreviazione di **magnetic.**
— **levitated train** (*ferr.*), treno levitato magneticamente; treno a levitazione magnetica.
— **-slip,** sincro.
— **tape** (*calcol. elettron.*), abbrezione di **magnetic tape.**
magamp regulation (*laminat.*), regolazione con amplificatori magnetici.
magazine, caricatore *m.* (di rivoltella); arsenale *m.*; magazzino *m.* (*mil.*); magazzino *m.* (*fot.*); (*stampa*) periodico *m.*
magazine electric soldering iron, saldatoio (*m.*) elettrico universale.
— **-fed press tool,** pressa con alimentazione a magazzino.
— **grinder** (*tess.*), sfibratore con caricamento a magazzino; vedi: **automatic —, hydraulic pressure two-pocket — grinder.**
— **latch** (*mil.*) (*armi*), gancio (*m.*) caricatore.
— **tool holder,** portautensile (*m.*) a bussola; portautensile (*m.*) multiplo.
— **with the matrices** (*tip.*), magazzino delle matrici.
magenta (*chim.*), magenta *f.*
magic eye door, porta (*f.*) a comando fotoelettrico.
— **eye indicator,** indicatore a occhio magico.
— **eye tube,** valvola (*f.*) dell'occhio magico.
— **lantern,** lanterna (*f.*) magica.
— **number** (*fis. atom.*), numero magico.
magistery (*chim.*), magistero *m.*
maglev (magnetic levitation), levitazione (*f.*) magnetica.
— **railway** (*ferr.*), ferrovia a levitazione magnetica.
— **vehicle,** veicolo sostenuto da levitazione magnetica.
magma (*min.*), magma *f.*
magmatic (*geol.*), magmatico *agg.*
magnalium (*met.*), magnalio *m.* (lega di alluminio e magnesio).
magnesia, magnesia *f.*
magnesian lime, dolomite *f.*
magnesite, magnesite *f.*
— **brick** (*met.*), mattone (*m.*) di magnesite (*o* di magnesia)
— **powder,** polvere (*f.*) di magnesio.
magnesium (*chim.* = Mg), magnesio *m.*
— **-alloy wheel** (*auto*), ruota in lega di magnesio.
— **bicarbonate** (*chim.*), bicarbonato (*m.*) di magnesio.
— **carbonate** (*chim.*), carbonato (*m.*) di magnesio.
— **chloride** (*chim.*), cloruro (*m.*) di magnesio.

magnesium die casting (*met.*), pressofusione del magnesio.
— **fluoride** (*chim.*), fluoruro (*m.*) di magnesio.
— **lamp,** lampada (*f.*) al magnesio.
— **light,** lampo (*m.*) di magnesio.
— **metal,** elektron (*m.*).
— **oxide** (*refrat.*), ossido (*m.*) di magnesio.
— **phosphate** (*chim.*), fosfato (*m.*) di magnesio.
— **silicate** (*chim.*), silicato (*m.*) di magnesio.
— **sulphate** (*chim.*), solfato (*m.*) di magnesio.
magnet, bobina *f.*; magnete *m.*; calamita *f.*
— **armature,** armatura (*f.*) di magnete.
— **crane,** gru con magnete.
— **frame** (*elet.*), statore *m.*
— **ignition,** accensione (*f.*) a magnete.
— **operated brake,** freno (*m.*) elettromagnetico.
magnetic, magnetico *agg.*
— **after-effect,** effetto (*m.*) magnetico secondario.
— **ageing** (*met.*), invecchiamento (*m.*) magnetico.
— **amplifier regulator,** regolatore ad amplificatore magnetico.
— **anisotropy,** anisotropia magnetica.
— **annealing** (*met.*), ricottura in campo magnetico.
— **archival records** (*inform.*), archivi (*m. pl.*), magnetici.
— **axis,** asse (*m.*) magnetico.
— **balance** (*elet.*), bilancia magnetica.
— **bar,** sbarra (*f.*) magnetica.
— **blow-out** (*elet.*), smorzatore (*m.*) magnetico.
— **brake,** freno (*m.*) magnetico.
— **calcine** (*min.*), cenere magnetica.
— **card** (*inform.*), scheda (*f.*) magnetica.
— **card reader** (*inform.*), lettore di schede magnetiche; lettore magnetico.
— **card storage** (*inform.*), memoria a schede magnetiche.
magnetic cartridge (*audio*), testina magnetica.
— **cassette** (*inform.*), cassetta a nastro magnetico.
— **centering** (*elet.*), centratura magnetica (*di tubi elettron.*).
— **chamber** (*fis. atom.*), **camera (*f.*) a nebbia magnetica.**
— **chuck,** mandrino (*m.*) magnetico; (*macch. ut.*, *mecc.*), piano magnetico.
— **circuit,** circuito (*m.*) magnetico.
— **cloud chamber** (*fis. atom.*), **camera a nebbia magnetica.**
— **clucth** (*mecc.*), innesto (*m.*) magnetico.
— **concentration by dry method** (*min.*), concentrazione magnetica a secco.
— **concentration by wet method** (*min.*), concentrazione magnetica ad umido.
— **core memory of the programmer** (*inform.*, *met.*), memoria a nucleo magnetico del programmatore.
— **crack detection** (*met.*, *ecc.*), controllo (*m.*) magnetoscopico.
— **crack detector** (*met.*), incrinoscopio (*m.*) magnetico.
— **current,** corrente (*f.*) magnetica.
— **damping** (*elet.*), smorzamento elettromagnetico.
— **declination,** declinazione (*f.*) magnetica.
— **deflection** (*telev.*), **deviazione (*f.*) magnetica.**
— **detector,** rilevatore (*m.*) magnetico.
— **disc** (*inform.*), disco (*o* dischetto) magnetico.
— **discriminator,** discriminatore (*m.*) magnetico.
— **electrical sheet steel** (*met.*), acciaio per lamierini magnetici.
— **field** (*elet.*), campo (*m.*) magnetico.
— **filter,** filtro (*m.*) magnetico.
— **fishing tool** (*ing. min.*), dispositivo magnetico di pescaggio.

magnetic flaw detection (*met.*), controllo magnetico.
— **fluid,** fluido (*m.*) magnetico.
— **flux,** flusso (*m.*) magnetico.
— **force,** forza (*f.*) magnetica.
— **friction** (*elet.*), attrito (*m*) magnetico.
— **hysteresis,** isteresi (*f.*) magnetica.
— **impulse,** impulso (*m.*) magnetico.
— **induction,** induzione (*f.*) magnetica.
— **ink,** inchiostro magnetico.
— **ink character reader,** lettore di caratteri a inchiostro magnetico.
— **intensity,** intensità (*f.*) magnetica.
— **levitation,** levitazione (*f.*) magnetica.
— **lifting unit** (*for plates, etc.*) (*met.*), sollevatore magnetico (per lamiere, ecc.).
— **lock** (*elet.*), bloccaggio magnetico.
— **memory** (*elettron.*), memoria magnetica.
— **modulator** (*elet.*), modulatore magnetico.
— **moment** (*fis. atom.*), momento (*m.*) magnetico.
— **moment of proton** (*fis. atom.*), momento (*m.*) magnetico del protone.
— **needle,** ago (*m.*) magnetico; ago (*m.*) calamitato.
— **noon** (*geof.*), mezzogiorno magnetico.
— **oxide,** ossido (*m.*) magnetico.
— **oxygen recorders,** registratori magnetici di ossigeno.
— **particle** (*videocassette, ecc.*), particella magnetica (di nastro registratore).
— **particle inspection** (*met.*), prova con particelle magnetiche.
— **particle test** (*met.*), esame con particelle magnetiche (*prova magnetoscopica controllo non distruttivo*).
— **pole,** polo (*m.*) di calamita; polo (*m.*) di magnete; polo (*m.*) magnetico.

magnetic potential, potenziale (*m.*) magnetico.
— **pulse cold forming** (*met.*), sagomatura ad impulsi magnetici.
— **pulse forming** (*met.*), stampaggio mediante impulsi magnetici.
— **quantum number** (*fis. atom.*), numero (*m.*) quantico magnetico.
— **reader** (*elettron.*), lettore (*m.*) magnetico di documenti.
— **readout** (*elettron.*), lettura magnetica (di documenti).
— **recording,** registrazione magnetica.
— **recording medium** (*inform.*), supporto magnetico di registrazione.
— **reduction of the hot calcines** (*min., piriti*), riduzione magnetizzante delle ceneri calde.
— **repulsion,** ripulsione (*m.*) magnetica.
— **resistance,** resistenza (*f.*) magnetica.
— **resonance** (*fis. atom.*), risonanza (*f.*) magnetica.
— **resonance accelerator** (*fis. atom.*), ciclotrone *m.*
— **revolving field,** campo (*m.*) magnetico rotante.
— **rigidity** (*fis.*), rigidità magnetica.
— **rotation spectrum** (*fis. atom.*), spettro (*m.*) di rotazione magnetica.
— **scattering amplitude** (*fis. atom.*), ampiezza (*f.*) di diffusione magnetica.
— **screen** (*elet.*), schermo (*m.*) magnetico.
— **selection rule** (*fis. atom.*), regola (*f.*) di selezione magnetica.
— **separator** (*elet.*), separatore (*m.*) magnetico; apparecchio (*m.*) magnetico (*ind. mol.*).
— **shell,** lamina (*f.*) magnetica.
— **shunt** (*elet.*), shunt magnetico.
— **sound recording,** registrazione magnetica del suono.
— **suspension** (*elet.*), sospensione (*f.*) magnetica.
— **tape,** nastro magnetico.

magnetic tape cassette (*inform.*), cassetta a nastro magnetico.
— **tape crosstalk** (*elet.*), diafonia nei nastri magnetici.
— **tape-recorder,** registratore (*m.*) magnetico a nastro.
— **train** (*ferr.*), treno elettromagnetico.
magnetically-levitated passenger vehicle, veicolo passeggeri a levitazione magnetica.
magnetics *pl.* (*met.*), prodotti magnetici.
magnetised plasma, plasma magnetizzato.
magnetism, magnetismo *m.*
magnetite, magnetite *f.*
magnetization, magnetizzazione *f.*
— **axis,** asse (*m.*) di magnetizzazione.
magnetize, *v.a.* magnetizzare.
magnetizing coil (*elet.*), bobina (*f.*) magnetizzante.
— **current** (*elet.*), corrente (*f.*) magnetizzante (*o* induttrice).
— **field,** campo (*m.*) magnetizzante.
— **force,** forza magnetizzante.
— **roast** (*min.*), arrostimento (*m.*) magnetizzante.
magneto, magnete *m.*
— **-electric generator,** generatore (*m.*) magnetico della corrente.
— **-fluid dynamics,** magnetofluidodinamica *f.*
— **-petrol model** (*aereo*), motomodello ad accensione elettrica.
— **points** (*motoc.*), puntine (*f. pl.*) platinate.
magnetometer (*elet.*), magnetometro *m.*
magnetomotive force (*elet.*), forza magneto-motrice.
magneton (*fis.*), magnetone *m.*
magnetoscope (*strum.*), magnetoscopio *m.*
magnetosphere, (*astron.*), magnetosfera *f.*
magnetostriction (*met.*), magnetostrizione *f.*
magnetron (*fis.*), magnetrone *m.*
— **effect,** effetto magnetrone.
magnets, v. **correcting** — (*naut.*).
magnification, ingrandimento *m.*
— **factor** (*telecomunicaz.*), fattore di sovratensione.
magnifier (*ott.*), lente d'ingrandimento.
magnifying glass, lente (*f.*) d'ingrandimento.
— **lens,** lente (*f.*) d'ingrandimento.
magnitude (*aereo*), numero di oscillazioni; grandezza *f.*; intensità *f.*; (*geol.*), magnitudo (grandezza che esprime la forza distruttrice di un terremoto).
— **intensity,** intensità (*f.*) luminosa.
— **of a current,** grandezza (*f.*) di una corrente.
— **of a magnetic field,** grandezza (*f.*) di un campo magnetico.
— **of current,** intensità (*f.*) della corrente.
Magnox reactor (*fis. atom.*), reattore nucleare Magnox.
magnum shell (*armi*), proiettile magnum.
mahogany, mogano *m.*; legno (*m.*) di mogano.
maiden voyage (*naut.*), viaggio inaugurale.
mail, posta *f.*
— **reader** (*posta*), lettore ottico postale (macchina per la lettura degli indirizzi).
mailing list (*inform.*), elenco di distribuzione postale.
main (*usato al pl.*), conduttura principale (del gas, elet. ecc.); rete di distribuzione (gas, elet., ecc.); (*all the* **mains** *in Burton are now supplying natural gas, for both industrial and domestic purposes. It was possible to make use of the old* **mains** *in effecting the changeover*), (tutte le reti di distribuzione in B. forniscono gas naturale sia per usi domestici che per usi industriali. È stato possibile servirsi delle vecchie condutture nell'effettuare il cambiamento); *agg.* principale.
— **anode,** anodo (*m.*) principale.

main bearing boring machine (*macch. ut.*), alesatrice (*f.*) per bronzine di banco.
— **brasses** *pl.*, cuscinetto (*m.*) dell'albero motore.
— **bushing,** cuscinetto (*m.*) principale.
— **column,** colonna (*f.*) principale.
— **distribution frame** (*telef.*), ripartitore (*m.*) d'entrata.
— **entry** (*min.*) (U.S.A.), galleria orizzontale principale (per accesso e carreggio).
— **field** (*elet.*), campo (*m.*) principale.
— **frame** (*naut.*), ossatura (*f.*) maestra.
— **girder,** trave (*f.*) maestra.
— **jet** (*auto*), ugello (*m.*) principale.
— **mast** (*naut.*), albero (*m.*) di maestra.
— **plane structure,** velatura (*f.*) principale.
— **road,** strada (*f.*) principale.
— **routine** (*inform.*), programma principale.
— **-royal mast,** alberetto (*m.*) di controvelaccio.
— **saddle,** slittone *m.*
— **sail,** vela (*f.*) di maestra.
— **shaft,** albero (*m.*) motore; pozzo (*m.*) maestro.
— **standard,** incastellatura (*f.*) principale.
— **station peg,** picchetto *m.* (caposaldo).
— **switchboard** (*elet.*), quadro di distribuzione principale.
— **-topgallant mast** (*naut.*), alberetto (*m.*) di velaccio.
— **topgallant shroulds** (*naut.*), sartie (*f. pl.*) di gran velaccio.
— **topgallant yard** (*naut.*), pennone (*m.*) di gran velaccio.
— **topmast backstays** (*naut.*), paterazzi (*m. pl.*) di gabbia.
— **topsail** (*naut.*), gabbia (*f.*) di maestra.
— **yard** (*naut.*), pennone (*m.*) di maestra.
mainframe (*inform.*) (*calcol. elettron.*), grosso elaboratore elettronico centrale; unità centrale.
mainframe computer (*inform.*), grosso elaboratore centrale.
— **maker** (*calcol. elettron.*), fabbricante di grossi calcolatori elettronici.
— **manufacturer** (*calcol. elettron.*), costruttore di grossi calcolatori elettronici.
mainframer (*calcol. elettron.*), fabbricante di grossi calcolatori elettronici.
mainplane (*aereo*), superficie (*f.*) portante principale.
mains *pl.* (*gas, elet., ecc.*), rete di distribuzione.
— **adaptor** (*elet.*), spina adattabile per allacciamento alla corrente.
— **operated** (*strumenti*) (*elet.*), (con) alimentazione a rete.
— **-operated set,** apparecchio (*m.*) radio a corrente elettrica.
— **supply** (*gas, luce, acqua*), erogazione dell'acqua, gas, elettricità.
— **(to stop off — supply),** togliere l'erogazione del gas (acqua, elettricità).
mainspring (*orol.*), molla (*f.*) motrice.
— **winder** (*orol.*), apparecchio per avvolgere la molla motrice.
maintainability (*inform.*), conservabilità *f.*; possibilità (o grado) di manutenzione.
maintenance, manutenzione *f.*; costo (*m.*) di manutenzione (*cost.*).
— **kit** (*audio, ecc.*), confezione per la manutenzione (di cassette, cartucce, ecc.).
— **-man,** addetto (*m.*) alla manutenzione.
— **of the cutting power** (*met.*), conservabilità del taglio.
— **shop** (*met.*), centro di manutenzione.
— **system,** sistema (*f.*) che non richiede manutenzione.
— **team** (*calcol., ecc.*), squadra di tecnici addetti alla manutenzione.

maintenance (on-site —), manutenzione sul posto.
maize meal, farina (*f.*) gialla; farina (*f.*) di granoturco.
— **oil,** olio (*m.*) di granoturco.
major diameter (*filettature*), diametro (*m.*) esterno.
Makalot, materiale plastico brevettato.
make, *v.a. n.*, fabbricare *v.a.*; fare *v.a.*; procedimento (*m.*) di fabbricazione; produzione *f.*; (*petrolio*), produzione (in galloni, ecc.) di distillazione; marca *f.* (di fabbrica).
— **a bevelled joint,** connettere (*v.a.*) a smusso.
— **a down stroke** (*aereo*), abbassare (*v.a.*) l'ala.
— **a drawing,** *v.a.* fare un disegno.
— **and brake,** contattore *m.*; interruttore *m.*; ruttore *m.*
— **-and-break contact** (*tel.*), contatto (*m.*) riposo-lavoro.
— **an experiment,** *v.a.* fare una esperienza.
— **a well,** *v.a.* (*petrolio*), perforare un pozzo produttivo.
— **-before-break contacts** (*tel.*), contatti (*m. pl.*) disposti nell'ordine lavoro-riposo.
— **footage,** *v.a.* (*petrolio*), perforare *v.a.* (avanzare con la perforazione).
— **hole** (*petrolio*), (« fare un buco ») guadagnare in profondità (*di utensile perforatore*).
— **metallic connections,** congiungere (*v.a.*) metallicamente.
— **oil** *v.i.*(*petr.*), produrre petrolio.
— **repairs,** *v.a.* fare riparazioni.
— **round,** *v.a.* arrotondare.
— **rusty,** *v.a.*, irrugginire *v.i.*
— **steel,** *v.a.* produrre acciaio.
— **tight,** *v.a.* stagnare (render stagno).
— **up,** *v.a.* mettere insieme; completare *v.a.*; costruire *v.a.*; preparare *v.a.*; consistere (di); (*petrolio*), avvitare assieme (tubazioni, ecc.); riunire con avvitatura; (*tip.*), impaginare.
— **-up,** trucco *m.* (*cinem.*); messa in pagina (*tip.*); impaginatura *f.* (*tip.*).
make-up fan (*met.*), ventilatore di reintegro.
— **-up hand** (*tip.*), impaginatore.
— **-up oil,** olio (*m.*) di aggiunta (per tenere il limite richiesto).
— **-up piece,** pezzo (*m.*) sagomato.
— **-up rail** (*ferr.*), rotaia (*f.*) compensatrice.
— **(to —) watch —,** fare ritardare un orologio.
— **(to —) watch +,** fare anticipare un orologio.
— **waterproof,** *v.a.* impermeabilizzare.
— **welds in a vertical plane** (*sald.*), fare saldature in un piano verticale.
making, fabbricazione *f.*; preparazione *f.*; produzione *f.*
— **up** (*gomma*), produrre articoli da fogli di gomma calandrati.
— **-up table** (*tip.*), tavolo di impaginazione.
malabar tallow, sego (*m.*) di malabar.
malachite (*min.*), malachite.
— **green,** verde (*m.*) di malachite.
malate (*chim.*), malato *m.*
maleic, *agg.* (*chim.*), maleico *agg.*
— **acid** (*chim.*), acido (*m.*) maleico.
— **resins,** resine (*f. pl.*) maleiche.
male-oak (*bot.*), rovere *f.*
malfunction, funzionamento difettoso; malfunzionamento.
malic acid, acido (*m.*) malico.
mall (*petrolio*), mazzuolo (di tubaggio); centro pedonale.
malleability, duttilità *f.*; malleabilità *f.*
malleabilize (to), malleabilizzare.
malleable, malleabile *agg.*
— **cast iron,** ghisa (*f.*) malleabile.
— **iron,** ferro (*m.*) fucinato.
— **-iron foundry** (*met.*), fonderia di ghisa malleabile.
— **metal,** metallo (*m.*) malleabile.
— **nickel,** nichel (*m.*) malleabile.
— **pig iron,** ghisa (*f.*) malleabile.
malleablizing, malleabilizzazione *f.*
— **furnace** (*met.*), forno di malleabilizzazione.

malleablizing ore (*met.*), minerale per malleabilizzazione.
mallet, mazzuolo *m.*; mazzetta *f.*
malonic, *agg.* (*chim.*), malonico.
— **acid,** acido malonico.
malt, malto *m.*
— **mill,** molino (*m.*) da malto (birra).
maltase, maltasi *m.*
maltha (*min.*), bitume (*m.*) glutinoso.
malthene (*chim.*), maltene *m.*
malthouse, malteria *f.*
malting (*fabb. birra*), germinazione *f.*
— **floor,** sala (*f.*) di germinazione (orzo).
maltose (*chim.*), maltosio *m.*
maltster, maltatore *m.*
mammoth machine, madre (*f.*) artificiale per l'allevamento dei pulcini.
man (a vessel), equipaggiare (*v.a.*) (una nave).
— **-hour,** ora (*f.*) lavorativa (manuale).
— **-made diamond** (*ind.*), diamante artificiale.
— **-made isotope** (*fis. aotm.*), isotopo preparato artificialmente.
— **-made static** (*radio*), radiodisturbo (di apparecchi elettrici).
— **-of-war,** nave (*f.*) da guerra.
— **-rider car** (*miniere*), vagone per trasporto minatori.
— **riding** (*min.*), trasporto (del) personale (*nelle miniere*).
— **-riding car** (*min.*), v. **manrider car** *o* **manrider.**
— **-riding conveyor** (*min.*), nastro trasportatore per trasporto del personale (*nelle miniere*).
— **-riding facilities** (*min.*), mezzi per trasporto personale (*nelle miniere*).
management, direzione *f.*; organizzazione *f.*
— **committee,** comitato di direzione.
— **consultant** (*lavoro*), consulente in organizzazione; (*organ.*), consulente di gestione.
— **information system** (*inform.*), sistema di gestione automatizzata.
management of a factory construction, direzione (*f.*) della costruzione d'una fabbrica.
— **of works,** direzione (*f.*) di lavori.
— **operating system** (*inform.*), sistema integrato di gestione.
managerial, *agg.* (*inform.*), di gestione.
— **staff** (*personale*), quadri (*m. pl.*) direttivi.
manager's office, ufficio (*m.*) direttore.
managing Director, Direttore (*m.*) generale; (*amministrazione*), amministratore (*m.*) delegato.
mandarin oil, essenza (*f.*) di mandarino.
mandatory *agg.*, obbligatorio.
— **label,** etichetta obbligatoria (per legge).
— **reserve** (*finan.*), riserva obbligatoria.
mandelate (*chim.*), fenilglicolato *m.*
mandolin wire (*met.*), filo (*m.*) armonico.
mandrel (mandril), mandrino (*m.*) allarga tubi; spina *f.*; mandrino *m.* (per reggere il pezzo); asta metallica, usata come anima (*fond.*).
maneton (*aereo*), manettone (*m.*).
manganate (*chim.*), manganato *m.*
manganese (*chim.* = Mn), manganese *m.*
— **acetate** (*chim.*), acetato (*m.*) di manganese.
— **alum,** allume (*m.*) di manganese.
— **bronze,** bronzo (*m.*) al manganese.
— **chloride,** cloruro (*m.*) di manganese.
— **di-oxide,** biossido (*m.*) di manganese.
— **green,** verde (*m.*) di barite (*o* di manganese).
— **peroxide,** perossido (*m.*) di manganese.
— **pig** (*met.*), ghisa (*f.*) manganesifera.

manganese silicate, silicato (*m.*) di manganese.
— **silicon boride,** boruro (*m.*) di silicio e manganese.
— **spar,** rodonite *f.* (minerale rosso pallido, consistente essenzialmente di silicato di manganese).
— **steel,** acciaio (*m.*) al manganese.
— **trioxide,** triossido (*m.*) di manganese.
manganic, *agg.* (*chim.*), manganico.
— **acid** (*chim.*), acido (*m.*) manganico.
— **oxide** (*chim.*), ossido (*m.*) manganico.
manganin spool, spirale di manganina.
manganine wire, filo (*m.*) di manganina.
manganite (pr. *m'—ait*) (*min.*), manganite *f.*
manganous, *agg.* (*chim.*), manganoso.
— **oxide** (*chim.*), ossido (*m.*) manganoso.
mangel (*bot.*), barbabietola (*f.*) da foraggio.
— **-wurzel** (*bot.*), barbabietola (*f.*) da foraggio.
mangle, mangano *m.*
— **wheel** (*tess.*), ruota (*f.*) a lanterna.
manhandle (to —), manovrare *v.a.* (carrelli o vagonetti).
manhole, man-hole, bocca (*f.*) di accesso (di tombini, pozzetti, ecc.); foro (*m.*) d'uomo (*caldaie*); passo (*m.*) d'uomo.
— **chimney,** camino (*m.*) di foro di uomo.
— **walls** (*tel.*), piedritti *m. pl.*
manhours, ore lavorative.
manifest (*aer.*), elenco (*m.*) del carico; (*naut.*), manifesto (di carico).
manifold, tubo con molti sbocchi laterali per l'unione di diversi tubi; collettore *m.* (*auto*); *agg.*, multiplo.
— **pressure gauge** (*aereo*), indicatore (*m.*) di pressione d'ammissione.
manila *or* **(manilla) copal,** copale (*m.*) manilla.
— **hemp,** abaca *f.*
— **paper,** carta (*f.*) manilla.
— **rope,** fune (*f.*) di abaca.
manipulate, *v.a.*, manipolare *v.a.*
manipulator (*fis. atom.*), manipolatore *m.*
— **arm** (*astron.*), braccio estensibile dello « Shuttle ».
— **(ingot —)** (*laminatoio met.*), manipolatore *m.*
— **positions punched on the card** (*elettron.*, *met.*), posizioni del manipolatore perforate sulla scheda.
mannans (*chim.*), mannani *m. pl.*
manned interplanetary space program (*aereo*), programma spaziale interplanetario con uomini a bordo.
— **launching** (*astron.*), lancio spaziale con uomini a bordo.
— **orbiting laboratory** (*voli spaziali*), laboratorio in orbita abitato.
— **satellite** (*astron.*), satellite abitato.
— **spaceflight** (*astron.*), volo spaziale con veicolo abitato.
— **spaceship** (*voli spaziali*), astronave (*f.*) abitata.
Mannesmann tube, tubo (*m.*) Mannesmann.
manning, personale.
mannite, mannite *f.*
mannitol (*chim.*), mannitolo *m.*
mannose (*chim.*), mannosio *m.*
manoeuvrability (*aereo*), maneggevolezza; manovrabilità *f.* (*gen.*).
manoeuvrable, *agg.* (*costr. mecc.*, *ecc.*), manovrabile.
manograph, manometro (*m.*) registratore.
manometer, manometro *m.*
manrider (*min.*), carro per trasporto del personale (di solito usato anche per trasporto del materiale).
manriding conductor (*min.*), incaricato all'esercizio dei mezzi di trasporto del personale nelle miniere.

mansard dormer window, finestra (*f.*) a mansarda.
— **roof truss,** incavallatura (*f.*) a mansarda.
Mansbridge condenser (*elet.*), tipo di condensatore dielettrico a carta.
manshift (*miniere*), turno *m.*
mantel, pietra, arco, o mensola, sopra un caminetto.
mantissa, mantissa *f.*
mantle (*met.*) (U.S.A.), maratra *f.* (*o* corona di supporto in ghisa o profilati della sacca di un altoforno).
manual car (*auto*), auto manuale.
— **control valves,** valvole (*f. pl.*) controllo a comando manuale.
— **handling accident,** infortunio (*m.*) di maneggio manuale.
— **inputs** (*calcolatori elett.*), ingressi manuali.
— **labour,** mano (*f.*) d'opera.
— **operator,** conduttore *m.*; coltivatore manuale (*agr.*).
— **turntable** (*audio*), giradischi manuale.
— **(of an organ console),** tastiera *f.*
manually-operated sunroof (*auto*), tettuccio azionato a mano.
— **-operated valve,** valvola a comando manuale.
manufacture, fabbricazione *f.*; lavorazione *f.*
— *v.a.* produrre; fabbricare; costruire.
manufactured goods, manufatti *m. pl.*
manufacturer, produttore *m.*; fabbricante *m.*
manufacturers' output prices prezzi alla produzione.
manufacturer's price, prezzo (*m.*) di fabbrica.
manufacturing blemishes (*mecc.*, *ecc.*), difetti (*m. pl.*) di fabbricazione.
— **industry,** industria (*f.*) manifatturiera.
— **marks** (*mecc.*), segni (*o* tracce) di fabbricazione.
— **miller,** fresatrice (*f.*) automatica.
manufacturing plan, pianta (*f.*) di fabbrica.
— **prices,** prezzi alla produzione.
— **process,** processo (*m.*) di lavorazione; processo (*m.*) di fabbricazione.
— **rejects** (*mecc.*), scarti (*m. pl.*) di fabbricazione.
— **-type miller** (*macch. ut.*), fresa (*f.*) a banco fisso; fresa (*f.*) automatica.
manure, concime *m.*
— *v.a.* concimare.
— **distributor** (*agr.*), spandiconcimi *m.*
— **spreader** (*agr.*), spandiletame *m.*
manuscript (*tip.*), manoscritto *m.*
map, carta *f.* (geografica o topografica); (*inform.*), v. **memory —.**
— **(to —),** *v.a.*, disegnare una carta geografica; (*inform.*), collocare in memoria.
— **of network** (*elet.*), tracciato (*m.*) della conduttura.
maple, acero *m.*
Mapp Gas ® (*chim.*), combustibile acetilenico composto da acetilene e propadiene prodotto dalla Dow Chemical Co.
mapping, cartografia *f.*
— **radar,** radar (*m.*) per rilevamento topografico.
mar (to), *v.a.* danneggiare; rovinare; (*the clamp mars the surface*), il morsetto danneggia la superficie.
maraging (*met.*), processo della International Nickel Co. per la fabbricazione dell'acciaio.
— **steel** (*met.*), acciaio maraging (processo della International Nickel Co.).
marble, marmo *m.*
— **cutter,** marmorino *m.*
— **quarry,** cava (*f.*) di marmo.
— **quarrying,** estrazione (*f.*) del marmo.
— **step,** gradino (*m.*) di marmo.
marbleize, *v.a.* (U.S.A.), marmorizzare.
marbling (*met.*), marezzatura *f.* (alternanza di strisce lucide ed

opache sui lamierini in corrispondenza di inclusioni terrose).
marc, v. grape —.
marcasite, marcassite *f.*
Marconi antenna (*radio*), antenna marconiana.
— **filings coherer,** rilevatore (*m.*) Marconi.
marconigram, radiotelegramma *m.*; marconigramma *m.*
Marelli servo brake (*auto*), freno (*m.*) continuo Marelli.
Marflotte, materiale plastico brevettato.
marforming (*met.*), deformazione martensitica.
margaric, *agg.* (*chim.*), margarico.
— **acid,** acido (*m.*) margarico.
margarine, margarina *f.*
margin, margine *m.*; scarto *m.*; limite *m.* (di errore).
— **of safety,** margine (*m.*) di sicurezza.
— **of the proof** (*tipog.*), margine della bozza.
— **release** (*macch. da scrivere*), liberamargine *m.*
— **rollers** (*macch. da scrivere*), corsoi marginatori *m. pl.*
— **tile,** tegola (*f.*) d'orlo.
marginal cost (*comm.*), costo marginale.
— **current** (*telef.*), corrente (*f.*) marginale.
— **strip** (*strade*), bordo laterale.
margosa oil, olio (*m.*) di margosa.
maria (*astron.*), mari della Luna.
Marietta miner (*min.*), minatore continuo brevettato per lavori pesanti.
marigram (*top.*), mareogramma *m.*
marine biology, biologia (*f.*) marina.
— **boiler,** caldaia (*f.*) marina.
— **borer** (*corros.*), xilofago marino; verme marino.
— **construction,** costruzioni (*f. pl.*) marine.
— **construction manager,** esperto nella direzione e coordinamento delle attività di costruzione di opere marine.
— **construction supervisor** (*naut.*), esperto supervisione costruzione e prefabbricazione/montaggio di opere marine.
marine engine, motore (*m.*) marino.
— **engineer,** ingegnere (*m.*) navale.
— **engineering,** ingegneria (*f.*) navale.
— **finds** (*archeologia*), resti marini (venuti alla luce dopo scavi); ritrovamenti marini.
— **fixtures and fittings** (*naut.*), attrezzature ed accessori navali.
— **galvanometer,** galvanometro (*m.*) marino.
— **geology** (*geol.*), geologia (*f.*) marina.
— **glue,** colla (*f.*) marina.
— **insurance** (*naut.*), assicurazione marina.
— **nuclear propulsion** (*fis. atom., naut.*), propulsione nucleare navale.
— **paints,** vernici (*f. pl.*), marine.
— **protest** (*naut.*), protesto marino.
— **radar,** radar nautico.
— **trade directory,** annuario del commercio marino.
mariner's compass, bussola (*f.*) marina.
marital status, stato (*n.*) coniugale.
maritime navigation, navigazione (*f.*) marittima.
mark, traccia *f.*; marca *f.*; (*calcol. elettron.*), marcatura (su schede, con matite speciali); (*inform.*), marcatore *m.*; etichetta *f.*
— **(to —),** *v.a.* segnare; (*calcol. elettron.*), marcare.
— **off,** *v.a.* tracciare; livellare.
— **off** (*v.a.*) **a template,** tracciare un modello.
— **out,** *v.a.* tracciare.
— **reading** (*calcol. elettron.*), lettura ottica di marcature.
— **scanning** (*inform.*), scansione dei marcatori.
— **scraper,** punta (*f.*) a tracciare.
— **sense** (*v.a.*) (*calcol. elettron.*), leggere delle marcature (su una scheda).
— **-sense card** (*inform.*), scheda a lettura grafica.

mark sensing (*calcol. elettron.*), lettura di marcature (poste su schede con matite speciali).
— **the wood** (*v.a.*), bollare il legno.
— **up** (*finan.*), margine di beneficio.
marked pig (*met.*), ghisa (*f.*) di marca.
— **development,** promozione di un mercato.
— **up** (*cinem.*), pronti per la corrente ausiliaria (rifer. a dispositivi di registraz. e macch. da presa); (*teleg.*) (U.S.A.), corretto.
marker (*cinem.*), tracciatore (per segnare il negativo); (ferr.) segnale *m.*; (*aereo*), apparecchio che segnala anche acusticamente al pilota la quota e la distanza da fondo della pista.
— **beacon** (*radar*), radiofaro secondario di avvicinamento.
— **horizon** (*petrol.*), orizzonte (*m.*) di riferimento.
— **-up,** tacca (*f.*) di riferimento.
market, mercato *m.*
— **(to —),** commercializzare.
— **development engineer,** ingegnere per lo sviluppo del mercato.
— **-eligible countries** (*finan.*), Paesi che hanno accesso ad un mercato finanziario.
— **launch** (*comm.*), lancio sul mercato (di prodotti, ecc.).
— **milk plant** (*agr.*, *comm.*), centrale del latte.
— **price,** prezzo (*m.*) corrente.
— **research** (*comm.*), ricerca di mercato.
— **(iron ore —),** mercato del minerale di ferro.
marketable, *agg.* commerciabile.
— **securities** (*finan.*), titoli negoziabili; titoli trasferibili.
marketing (*comm.*), commercializzazione (di prodotti); (*finan.*), collocamento *m.* (di titoli).
— **board,** ufficio di compra-vendita diretta.
— **research,** ricerca di marketing; ricerca di mercato.
marking die (*met.*), stampo (*m.*) per marcare.
— **equipment** (*met.*), attrezzi (*m. pl.*) di marcatura.
— **gauge,** graffietto *m.*
— **ink,** inchiostro per segnare.
— **machine** (*macch. ut.*), macchina (*f.*) per marcare.
— **machine (plate —)** (*met.*), marcatrice (*f.*) lamiere.
— **off** (*mecc.*), tracciamento *m.*
— **out the trench,** tracciamento (*m.*) di uno scavo.
— **of sections** (*met.*), marcatura di profilati.
— **tool,** punta (*f.*) per tracciare.
— **(magnetic — of steel ropes),** marcatura magnetica delle funi di acciaio.
marksman (*mil.*), puntatore *m.*
marl, marna *f.*
— **-pit,** marniera *f.*
marline (*naut.*), merlino *m.*
marling spike (*naut.*), caviglia *f.*
marly clay, argilla (*f.*) marnosa.
— **lime,** calce (*f.*) marnosa.
— **limestone,** marna (*f.*) calcarea.
marmot fat, grasso (*m.*) di marmotta.
marproof, *agg.* senza distorsione.
marquenching (*met.*), tempra scalare; tempra termale.
marquetry, intarsiatura *f.*; intarsio *m.*
marriage of the punches, adattamento (*m.*) del punzone alla matrice.
marrying (*cinem.*), accoppiamento; stampa della negativa muta e della sonora nella macchina da stampa delle negative fotografiche.
Mars (*astron.*), Marte *m.*
marseilles tile, tegola (*f.*) marsigliese.
marsh gas, gas (*m.*) delle paludi; metano *m.*
marshal (to —), disporre in ordine (merci, ecc. prima dell'imballo, ecc.).
marshalling, disposizione in ordine.
— **yard,** stazione (*f.*) di formazione di treni; scalo di smistamento.

marshalling (manual — of goods prior to packing), disposizione in ordine, a mano, delle merci prima dell'imballaggio.
marshy ground, terreno (*m.*) paludoso.
marstraining (*met.*), (*or* **marforming**) deformazione martensitica.
marstressing (*heat treatment process*), deformazione martensitica; (*met.*), processo di trattamento termico per aumentare la resistenza alla trazione dell'acciaio.
martempering, trattamento termico che ha lo scopo di produrre una struttura martensitica completa nell'acciaio: tempra (*f.*) isotermica; *o* « martempering » (UNI 3354). (Il termine « martempering » è preferibile alla traduzione poichè « tempra isotermica » si scosta dalla definizione americana). Qualcuno suggerisce la traduz. in: tempra termale (con sosta prima della trasformazione).
— **and tempering** (*met.*), bonifica (*f.*) in bagno di sali.
marten, pelliccia di martora.
martensite, martensite *f.*
— **carbon,** carbonio (*m.*) martensitico.
martensitic iron (*met.*), ghisa (*f.*) martensitica.
— **matrix** (*met.*), matrice martensitica.
— **stainless steel** (*met.*), acciaio inossidabile martensitico.
— **steel** (*met.*), acciaio (*m.*) martensitico.
— **structure** (*met.*), struttura martensitica.
— **transformation** (*met.*), trasformazione (*f.*) martensitica.
Martian atmosphere (*astr.*), atmosfera marziana.
marver, lastra di marmo (per laminare il vetro nel proced. a mano).
mary ann (*slang*) (U.S.A.), barca di salvataggio (posta dove ammarano i cadetti).
maser (*microwave Amplification by Stimulated Emission of Radiation*) (*elettron.*), amplificatore (*m.*) paramagnetico.
mash, *v.a.* macerare (orzo); miscelare; maglia di vaglio (staccio); (*birra, ecc.*), miscela di granelli di malto ed acqua.
— **copper,** caldaia di ammostatura (*o* cottura) (birrificio).
— **tun,** tino di miscela (di birrificio).
masher, premescolatore *m.* per malto macinato.
mashes (of a screen), maglie (di uno staccio).
mashing, miscela *f.*; (*ind. birra*), macinazione *f.*
— **machine,** agitatore *m.*
mask (*fot.*), mascherino *m.*; (*inform.*), maschera (configurazione di caratteri).
— **out,** *v.a.* (*inform.*), eliminare per mezzo di una maschera.
— **works,** lastre di vetro (*o* maschere) per coprire uno strato dei circuiti di un « chip ».
masking effect (*acust.*), mascheramento *m.*
mason, muratore *m.*
masonry, muratura *f.*
— **in hollow pieces,** muratura (*f.*) a casse d'aria.
— **paint,** pittura per mattoni.
— **vault,** volta (*f.*) in pietra.
mason's labourer, assistente (*m.*). muratore.
— **level,** livello (*m.*) da muratore.
mass, massa *f.*
— **absorption,** assorbimento (*m.*) di massa.
— **buffing,** lucidatura (*f.*) in serie.
— **coefficient,** coefficiente (*m.*) di massa.
— **concrete work,** cemento armato (*m.*) per grossi getti.
— **defect** (*fis. atom.*), difetto (*m.*) di massa.
— **difference** (*fis. atom.*), differenza (*f.*) di massa.
— **effect** (*fis. atom., met.*), effetto (*m.*) di massa (effetto di volume).

mass-energy total (*fis. atom.*), totale massa-energia.
— **media** (*pubblicità*), mezzi di comunicazione di massa.
— **media advertising campaign,** campagna pubblicitaria con mezzi di comunicazione di massa.
— **memory** (*elettron.*), memoria (*f.*) di massa.
— **number** (*chim.*), (*fis. atom.*), numero di massa.
— **particle** (*fis. atom.*), particella (*f.*) di massa.
— **pressure,** pressione (*f.*) totale.
— **production** (*mecc., ecc.*), produzione in grande serie.
— **-production machine,** macchina (*f.*) per lavori in serie.
— **range** (*fis. atom.*), percorso di una particella (in g/cm^2).
— **ratio** (*astron.*), rapporto di massa (quantità di propellente che un razzo può portare in rapporto al suo peso totale).
— **resistivity** (*elet.*), resistività di massa.
— **separation** (*fis. atom.*), separazione (*f.*) delle masse.
— **separator** (*fis. atom.*), separatore (*m.*) di masse.
— **spectra** (*fis.*), spettri di massa.
— **spetrograph,** spettrografo (*m.*) di massa.
— **spectrographic method of isotope separation** (*fis. atom.*), metodo massa-spettrografico di separazione isotopica.
— **spectrometry,** spettrometria di massa.
— **spectroscopy** (*fis. atom.*), spettroscopia (*f.*) di massa.
— **spectrum** (*fis. atom.*), spettro (*m.*) di massa.
— **storage,** v. **mass memory.**
— **transfer** (*fis. atom.*), trasferimento (*m.*) di massa.
— **unit** (*fis. atom.*), unità (*f.*) di massa.
massicot (pr. *mes' icot*) (*chim.*), massicot *m.*
mast (*naut.*), albero *m.*; (*perforazione rotary*) (*petrolio*), antenna di acciaio prefabbricata che viene alzata ed abbassata in un solo pezzo nelle torri per la perforazione rotary (torri a mast); v. **derrick.**
mast crane, gru (*f.*) a palo.
— **-heel** (*naut.*), piede (*m.*) dell'albero.
— **ring** (*naut.*), mastra (*f.*) di un albero.
— **-step** (*naut.*), scassa *f.*
master, capitano *m.* (*marina mercant.*); utensile *m.*; calibro (di paragone); principale *agg.*
— **alloy** (*met.*), lega (*f.*) madre.
— **batch** (*gomma*), mescola madre.
— **control** (*telev.*) (U.S.A.), pulpito (*m.*) di controllo centrale.
— **control valve,** valvola (*f.*) principale di controllo (all'entrata del pozzo).
— **controller** (*ferr.*), controller (*m.*) di manovra.
— **die plate** (*pressofusione*), stampo (*m.*) campione.
— **disc** (*mus.*) (*audio*), disco originale.
— **file** (*inform.*), archivio principale (dato dalla fusione di più archivi).
— **former** (*macch. ut.*), sciablona (*f.*) principale.
— **gate valve,** vedi: **master control valve.**
— **gauge,** calibro (*m.*) campione.
— **leaf** (*auto*), lama (*f.*) maestra; foglia (*f.*) maestra.
— **library module** (*inform.*), modulo della libreria principale.
— **-mechanic** (*mecc., ecc.*), maestro d'officina.
— **memory** (*inform.*), memoria principale.
— **monitor** (*telev.*), monitore (*m.*) finale di controllo.
— **oscillator** (*radio*), oscillatore pilota.
— **record** (*inform.*), registrazione principale (delle informazioni principali).
— **rod** (*mot.*), biella (*f.*) madre.

master-slave station (*telecom.*), stazione (*f.*) satellite principale.
— **station** (*elettron.*), stazione principale.
— **switch,** interruttore (*m.*) principale.
— **tap** (*ing.*), maschio di precisione.
— **(gold-coated — disc),** disco originale placcato in oro (in pochi esemplari).
mastic, mastice *m.*
masticator (*chim.*), masticatore *m.* (*gomma*), masticatrice *f.*
masting (*naut.*), alberatura *f.*
masurium (*chim.* = Ma) masurio *m.*
mat (*cinem.*) (*slang*), mascherino *m*; (*tess.*) tappeto *m.*; stuoino.
— (*v.a.*) produrre una superficie opaca (su metalli).
— **(car —),** tappeto per auto.
— **(rubber —)** (*auto*), tappeto di gomma.
match, miccia *f.*; fiammifero *m.*; contratto *m.*
— **(to —)** (*radio*), adattare, adattarsi.
matcher, vedi **impedance.**
matching (*elet.*) (*chim.*), adattamento *m.* (*elet.*); paragone *m.* (*chim.*).
— **impedances** (*elet.*), impedenza adattata (di un carico).
— **machine** (*lavoraz. legno*), scorniciatrice *f.*
— **transformer,** trasformatore (*m.*) di adattamento.
matchings (*tess.*), lana risultante da combinazioni di lane di vello diverso.
mate (to —) (*mecc.*), accoppiarsi *v.r.*
material, materiale *m.*; prodotto *m.*; sostanza *f.*; tessuto *m.*
— **testing machine,** macchina per prove materiali.
— **thinning,** assotigliamento del materiale.
materialisation of energy (*fis. atom.*), materializzazione *f.*
materials balance (*met.*), bilancio (*m.*) materiali.
materials elevator (U.S.A.), ascensore (*m.*) per carichi.
— **engineering,** ingegneria dei materiali.
— **lift,** ascensore (*m.*) per carichi.
— **science,** scienza dei materiali.
— **testing reactor** (M.T.R.) (*fis. atom.*), reattore (*m.*) per prove materiali.
maternity allowance, assegni (*m. pl.*) di maternità.
mathematical formula, formula *f.* (matematica).
— **model** (*met.*, *ecc.*), modello matematico.
— **model for convertor control** (*met.*), modello matematico per il controllo di convertitore.
— **physics,** fisica (*f.*) matematica.
— **software** (*inform.*), software matematico.
— **tables,** tavole (*f. pl.*) matematiche.
mathematics, *pl.*, matematica *f.*
maths, matematica *f.*
mating surfaces (*sald.*), superfici combacianti.
matrass, pallone (*m.*) di vetro.
matrix, matrice *f.* (*tip.*) (*algebra, dischi*); ganga *f.* (*min.*); calce o cemento (di materiale cementante); (*tip.*), flano *m.*; (*inform.*) matrice; insieme bidimensionale di dati.
— **arithmetic** (*inform.*), aritmetica (*f.*) matriciale.
— **boards,** tabelloni elettronici.
— **case,** telaio per matrici.
— **printer** (*inform.*), stampante a matrice.
— **storage** (*inform.*), memoria di matrice.
— **striking press** (*tip.*), pressa per flani.
mats, filtri (*m. pl.*) per lente di macch. da presa; (*slang*) (U.S.A.), piste *f. pl.* (di lancio o di atterraggio) (*aereo*).
matt, *agg.*, opaco (riferito a superficie verniciata); *agg.* appannato.
— **art paper** (*tip.*), carta patinata opaca.

matt black, nero opaco.
— **finish** (*carta*), finitura (*f.*) opaca.
— **gilding** (*met.*), doratura (*f.*) opaca.
matte, *agg.* opaco (riferito a superficie verniciata); (*met.*), metallina grezza (di rame); solfuri di rame e ferro rimasti dopo la rimozione del silicio (fabb. rame); (*metal.*), matta *f.*
matter, materia *f.*
mattock (*attrezzo*), zappa (*f.*) larga.
mattress (*tess.*), materasso *m.*
— **maker,** materassaio *m.*
maturity (*comm.*), scadenza *f.*
mauve (*chim.*), mauveina *f.*
mauveine (*chim.*), mauveina *f.*
maverick, persona indipendente dal suo gruppo.
max. input level (*audio*), livello massimo d'ingresso.
— **rad. stess** (*aereo*), sollecitazione (*f.*) massima radiale.
maximum access time (*calcol. elettron.*, *inform.*), tempo di accesso massimo.
— **and minimum thermometer,** termometro (*m.*) a massima e minima.
— **braking gradient** (*ferr.*), pendenza (*f.*) limite di frenatura.
— **grinding diameter,** diametro (*m.*) massimo ammissibile del pezzo da rettificare.
— **grinding length,** lunghezza (*f.*) massima del pezzo da rettificare.
— **ground level speed** (*aereo*), velocità massima a terra.
— **horse power in metric HP** (*auto*), potenza massima in CV.
— **lifted height** (*macch. agr.*), altezza minima di sollevamento.
— **pressure,** pressione (*f.*) massima.
— **permissible concentration** (*fis. atom.*), concentrazione (*f.*) massima ammissibile (*o* permessa).
— **permissible contamination** (*fis. atom.*), contaminazione (*f.*) massima permessa.
— **permissible dose** (*fis. atom.*), dose (*f.*) massima premessa (*o* ammissibile).
maximum permissible exposure (*fis. atom.*), esposizione (*f.*) massima ammissibile.
— **range** (*fis. atom.*), percorso (*m.*) massimo (*di una particella*).
— **reading accelerometer** (*aereo*), accelerometro (*m.*) a massima.
— **rolling rate** (*laminatoio met.*), velocità massima di produzione del laminatoio.
— **safe air speed indicator** (*aereo*), indicatore (*m.*) di velocità massima autorizzata.
— **selectivity,** selettività (*f.*) massima.
— **speed per hour,** velocità (*f.*) massima oraria.
— **temperature,** temperatura (*f.*) massima.
— **torque** (*elet.*), coppia (*f.*) massima.
maxwell (*elet.*), maxwell *m.*
maxwellian distribution (*fis. atom.*), distribuzione (*f.*) maxwelliana (distribuzione delle velocità).
Maxwell's rule (*elet.*), regola (*f.*) di Maxwell.
mayday (*aereo*) (U.S.A.), aiuto! (grido di soccorso lanciato dal pilota; dal franc. *m'aidez*).
mazout, masut *m.*; residuo (*m.*) di nafta.
meadow ore (*min.*), minerale (*m.*) di pianura.
meal, farina *f.*
mean, *agg.* medio.
— **analysis,** analisi (*f.*) media.
— **Brinell hardness,** durezza (*f.*) media Brinell.
— **components,** tenori (*m. pl.*) medi.
— **diameter** (*met.*) (U.S.A.), diametro medio (media di due misure del diametro di un tubo).
— **effective pressure,** pressione media effettiva.
— **horizontal candle-power,** intensità (*f.*) luminosa media orizzontale.
— **jet pipe temperature** (*aereo*), temperatura media del getto.
— **kinetic energy** (*fis. atom.*), energia (*f.*) cinetica media.

mean life (*fis. atom.*), vita (*f.*) media (*d'atomo*).
— **lower hemispherical candle-power,** intensità (*f.*) luminosa media inferiore.
— **noise** (*elet.*), rumore medio.
— **range** (*fis. atom.*), percorso (*m.*) medio (*di particella*).
— **rise and fall,** ampiezza (*f.*) media della marea.
— **scattering (of neutrons)** (*fis. atom.*), diffusione (*f.*) media (*di neutroni*).
— **solar time** (*astr.*), ora (*f.*) solare media.
— **spherical candle-power,** intensità (*f.*) luminosa media sferica.
— **-spherical response** (*acust.*), risposta media sferica.
— **-square error** (*mat.*), errore (*m.*) medio quadratico.
— **upper hemispherical candle-power,** intensità (*f.*) luminosa media emisferica superiore.
— **velocity of molecules,** velocità (*f.*) media delle molecole.
— **wall thickness** (*met.*), spessore medio della parete (*di un tubo*) (*media di due misure della parete di un tubo*).
measure, misura *f.*
— *v.a.* misurare.
— **in** *v.a.* (*petrolio*), misurare la profondità di un foro di sonda con la misura della tubazione che va nel pozzo.
— **of capacity,** misura (*f.*) di capacità.
— **of length,** misura (*f.*) di lunghezza.
— **of weight,** misura (*f.*) di peso.
— **out,** *v.a.* (*petrolio*), misurare la profondità di un foro di sonda, con la misura della tubazione che si estrae dal pozzo; misurare (*un liquido*).
measurement, stazzatura *f.*(*naut.*); misura *f.*; misurazione *f.*; (*naut.*), stazza lorda.
— **of a line,** misura (*f.*) di una linea.
measurer, misuratore *m.* (chi misura).
measuring, misurazione *f.*
— **clock,** contatore di produzione.
— **instrument,** apparecchio (*m.*) di misura; strumento (*m.*) di misura.
— **machine** (*macch. ut., ecc.*), macchina (*f.*) per misurare.
— **range,** campo (*m.*) di misurazione.
— **staff,** canna (*f.*) di misura.
— **system,** sistema (*m.*) di misure.
— **tape,** nastro (*m.*) metrico; metro (*m.*) a nastro.
meat-chopper, tritacarne *f.* (per fare salumi).
— **meal** (*fertilizer*), farina (*f.*) di carne.
— **slicer,** affettatrice *f.*
mechanic, meccanico *m.*
— **hammer,** martello (*m.*) meccanico.
mechanical analogy, analogia (*f.*) meccanica.
— **and numerical integrator and calculator** (M.A.N.I.A.C.), macchina elettronica per la soluzione di equazioni.
— **bond,** assestamento (*m.*) meccanico.
— **breakdown,** guasto (*m.*) alle macchine.
— **centring** (*telev.*), centraggio (*m.*) meccanico.
— **characteristic,** caratteristica (*f.*) meccanica.
— **device,** ordigno *m.*; dispositivo *m.*
— **drawing,** disegno (*m.*) di macchine.
— **-drive bus,** autobus (*m.*) a trazione meccanica.
— **efficiency,** rendimento (*m.*) meccanico.
— **energy,** energia (*f.*) meccanica.
— **engineer,** ingegnere (*m.*) meccanico.
— **engineering,** ingegneria (*f.*) meccanica.
— **equivalent of heat,** equivalente (*m.*) meccanico (del calore).

mechanical execution, realizzazione (*f.*) meccanica.
— **exhibition,** mostra (*f.*) (*o* fiera, *o* esposizione) della meccanica.
— **expansion instrument,** apparecchio (*m.*) ad espansione meccanica.
— **filter,** filtro (*m.*) meccanico.
— **gauging,** misura con strumenti ad amplificazione meccanica.
— **industry,** industria (*f.*) meccanica.
— **laboratory,** laboratorio (*m.*) di (tecnologia) meccanica.
— **mixing** (*tess.*), mischia a macchina.
— **mole,** « talpa meccanica » (*disco dentato per scavi di gallerie*).
— **mucker,** scavatore (*m.*) meccanico.
— **mucking** (*min.*), sgombro meccanico dei detriti.
— **operated rotary screen,** vagliatrice (*f.*) meccanica.
— **pilot** (*aereo*), pilota automatico *m.*
— **pruning** (*agr.*), potatura meccanica.
— **pulp,** pasta legno.
— **rectifier,** raddrizzatore (*m.*) meccanico.
— **resonance** (*acust.*), risonanza meccanica.
— **resonator,** risuonatore (*m.*) meccanico.
— **roaster,** forno di arrostimento.
— **roller,** compressore (*m.*) stradale.
— **scanning** (*telev.*), scansione (*f.*) meccanica dell'immagine.
— **seals,** guarnizioni meccaniche.
— **stoker,** focolaio (*m.*) meccanico.
— **stoking,** caricamento (*m.*) meccanico (di focolare).
— **sturdiness,** resistenza (*f.*) meccanica.
— **technology,** tecnologia (*f.*) meccanica.
— **test** (*mecc.*), prova (*f.*) meccanica.
— **translation,** traduzione (*f.*) meccanica.

mechanical twinning in body-centered cubic crystals (*met.*), geminazione meccanica nei cristalli cubici corpocentrati.
— **twinning in single crystals** (*met.*), geminazione meccanica (*o* per deformazione) nei cristalli singoli.
— **unit,** unità (*f.*) meccanica.
— **ventilation,** ventilazione (*f.*) artificiale.
— **wood-pulp** (*carta*), pasta meccanica di legno.
— **work,** lavoro (*m.*) meccanico.
mechanician, meccanico *m.*
mechanics, meccanica *f.*
mechanise (mechanize) (to —), meccanizzare.
— **mail sorting,** meccanizzare lo spoglio della posta.
mechanism, meccanismo *m.*; (*metal.*), intervento; (*sulphide mechanism in the rusting of mild steel*), intervento di solfuro nella formazione di ruggine su acciaio dolce; v. **snap action.**
mechanisms (corrosion —), meccanismi (*m. pl.*) di corrosione.
mechanist, esperto (*m.*) in meccanica.
mechanization engineer (*min.*), ingegnere addetto alla meccanizzazione delle miniere.
mechanized mining (*min.*), coltivazione mineraria meccanizzata.
media, mezzi (pubblicitari); supporti (di informazione).
— **(mass —),** mezzi di comunicazione di massa.
median (*geom.*), mediana *f.*
— **lethal dose** (*fis. atom.*), dose (*f.*) letale media.
— **moraine** (*geol.*), morena (*f.*) mediana.
mediation agency (*controversie di lavoro*), ente di mediazione delle controversie di lavoro.
medical attention, assistenza (*f.*) medica.
— **data processing** (*inform.*), informatica medica.
— **radioisotope** (*fis. atom.*), radioisotopo (*m.*) per uso medico.

medical record (*malattie lavoratori*), cartella (*f.*) clinica.
— **(punched-card — record),** cartella clinica su scheda perforata.
medicated soap, sapone medicinale.
medium, mezzo *m.* (*inform.*), supporto (di informazioni).
— **-capacity mixer,** impastatrice (*f.*) di capacità media.
— **-carbon steel** (*met.*) **(U.S.A.),** acciaio (*m.*) semidolce.
— **count** (*tess.*), titolo (*m.*) medio.
— **drawing,** stiramento (*m.*) medio.
— **Edison screw-cap** (*ill.*), attacco Edison medio.
— **grade** (U.S.A.), getto (*m.*) d'acciaio medio (resistenza alla trazione 70.000 libbre per pollice quadrato).
— **-grade ore** (*fis. atom.*), minerale a concentrazione media.
— **grained wheel,** mola (*f.*) mezzo dolce.
— **hard steel** (*met.*) (U.S.A.), acciaio (*m.*) semiduro.
— **high wing** (*aereo*), ala medio-bassa.
— **lift centrifugal pump,** pompa (*f.*) centrifuga per medie prevalenze.
— **-oil alkyds** (*chim.*), resine alchidiche a medio tenore d'olio.
— **plate** (*met.*), lamiera media.
— **pressure,** pressione (*f.*) media.
— **-range air-to-surface missile** (*missili*), missile aria-superficie a medio raggio.
— **shot** (*cinem.*), campo (*m.*) medio; (*telev.*), ripresa (*f.*) media.
— **sized pattern,** modello (*m.*) di dimensioni medie.
— **-sized rolling mill** (*met.*), treno (*m.*) medio.
— **staple** (*tess.*), fibra di lunghezza media.
— **steel** (*met.*) (U.S.A.), acciaio (*m.*) semidolce.
— **strength rock** (*min., geol.*), roccia di media durezza.
— **truck** (*auto*), autocarro (*m.*) medio.
medium voltage (*elet.*), tensione (*f.*) media.
— **waves** (*radio*), onde (*f. pl.*) medie.
— **(magnetic —)** (*inform.*), supporto magnetico.
medullary ray, crepa (*f.*) del midollo.
meeting of experts, riunione di esperti.
— **room** (*costr.*), sala (*f.*) di ritrovo.
mega-cycles, megacicli *m. pl.*
— **-cycles per second,** megacicli (*m. pl.*) al secondo.
megabar, unità di pressione uguale a un milione di baria.
megabit (*elettron.*), megabit.
megadyne, megadina *f.*
megafarad, megafarad *m.*
megaline, unità di flusso magnetico.
meganewton (sigla MN) (*fis.*), meganewton.
megaphone, megafono *m.*
megaton (*esplosioni*), megaton.
megavolt, megavolt *m.*
megawatt (*elet.*), megawatt.
megerg, megaerg *m.*
Megger (*elet.*), strumento (*m.*) per la misura della resistenza elettrica: megaohmetro « Megger ».
megohm, megaohm *m.*
meiosis (pr. *mai-'ou-sis*) (*bio.*), meiosi *f.*
melaleuca oil, olio (*m.*) essenziale di cajeput.
melamine formaldehyde resin (*plast.*), resina (*f.*) melamina-formaldeide.
— **resins,** resine (*f. pl.*) melaminiche.
melissa oil, olio (*m.*) essenziale di cetronella.
mellitose (*chim.*), raffinosio *m.*
mellitriose (*chim.*), raffinosio *m.*
melt, *v.a. v.i.*, sciogliere *v.a.*; sciogliersi *v.r.*; liquefare *v.a.*; liquefarsi *v.r.*; fondere *v.a.*; dissolvere *v.a. v.r.*; (*fond.*), colata *f.*; massa (*f.*) fusa.
— **down cycle** (*met.*), ciclo di fusione.

melt-down of a reactor fuel core (*fis. atom.*), fusione del nucleo di un reattore.
— **off,** *v.a.*, separare mediante fusione.
— **off,** *v.i.*, staccarsi per fusione.
— **out,** *v.a.*, separare mediante fusione.
melted filler metal (*sald.*), metallo (*m.*) di apporto fuso.
melting, fusione *f.* (operazione); liquefazione *f.*
— **box,** cassa (*f.*) per fondere.
— **crucible,** crogiolo (*m.*) per fusione.
— **diagram** (*chim.*), diagramma (*m.*) di fusione.
— **furnace,** forno (*m.*) di fusione.
— **heat,** calore (*m.*) di fusione.
— **point,** punto (*m.*) di fusione.
— **pot,** crogiolo (*m.*) per fusione.
— **range** (*met.*), intervallo (*m.*) di fusione.
— **temperature,** temperatura (*f.*) di fusione.
— **time** (*met., fond.*), durata (*f.*) di fusione.
— **zone,** zona (*f.*) di fusione.
member, asta *f.*; (*cost.*) elemento m.
membrane, membrana *f.*
— **pump,** pompa (*f.*) a membrana.
memorize (to —) (*calcol. elettron.*), memorizzare (informazioni, ecc.).
memorized, *p.p.* memorizzato.
memory (*elettron.*), memoria *f.*
— vedi anche: **storage.**
— **capacity** (*elettron.*), capacità di memoria; v. **storage capacity.**
— **chip** (*inform.*), « chip » di memoria; v. **chip.**
— **devices** (*calcol. elettron.*), organi (*m. pl.*) di memoria.
— **disk** (*or* **disc)** (*elettron.*), disco di memoria.
— **drum** (*elettron.*), tamburo di memoria.
— **dump** (*calcol. elettron., inform.*), « dump » di memoria; ammasso di memoria (rappresentato da una lista stampata del contenuto della memoria centrale).
memory location (*inform.*), indirizzo di memoria.
— **map** (*inform.*), mappa (*f.*) di memoria.
— **positions** (*inform.*), posizioni (*f. pl.*) di memoria.
— **tube,** vedi: **storage tube.**
— **(capacity — for an analogue computer)** (*elettron.*), capacità di memoria per un calcolatore analogico.
mend (to —), rammendare *v.a.*
mendelevium (*chim.* = Mv), mendelevio *m.*
mending cotton (*tess.*), cotone da rammendo.
meniscus, menisco *m.*
menstruum, mezzo (*m.*) di sospensione liquido; solvente *m.*
menthene (*chim.*), mentene.
menthol, mentolo *m.*
menthone, mentone *m.*
menu (*inform.*), menù operativo (elenco, lista delle possibilità offerte ad un operatore).
— **of prices** (*auto, ecc.*), lista di prezzi.
mercaptan (*chim.*), mercaptano *m.*
mercaptole (*chim.*), mercaptolo *m.*
mercerization (*tess.*), mercerizzazione *f.*
mercerize, *v.a.* (*tess.*), mercerizzare.
mercerized cotton (*tess.*), cotone (*m.*) mercerizzato.
mercerizing (*tess.*), mercerizzazione.
— **assistants** (*ind. chim. tess.*), coadiuvanti per mercerizzazione; ausiliari di mercerizzazione.
« merchandise » (posta U.S.A.), dicitura sui pacchetti equivalente a: campione senza valore, soggetto ad ispezione postale.
merchant bar iron, ferro (acciaio) per barre mercantili.
— **marine,** marina mercantile.
— **ship,** nave (*f.*) mercantile.
mercurate, *v.a.* (*chim.*), trasformare in derivato mercuriale.
mercuration (*chim.*), mercuriazione *f.*

mercurial, *agg. n.* (*chim.*), mercuriale *agg.*; derivato (*m.*) mercuriale.
— **barometer,** barometro (*m.*) a mercurio.
— **gauge,** manometro (*m.*) a mercurio.
mercuric, *agg.* (*chim.*), mercurico; idrargirico.
— **chloride** (sublimato (*m.*) corrosivo); cloruro (*m.*) mercurico.
— **cell** (*chim.*), cella al mercurio.
— **iodide,** ioduro (*m.*) mercurico.
— **oxide,** ossido (*m.*) mercurico.
— **salt,** sale (*m.*) mercurico.
mercurous chloride, cloruro (*m.*) mercuroso; calomelano *m.*
— **oxide,** ossido (*m.*) mercuroso.
Mercury (*astr.*), Mercurio *m.* (*pianeta*).
mercury (*chim.* = Hg), mercurio *m.*
— **-arc rectifier,** raddrizzatore (*m.*) a vapore di mercurio.
— **column,** colonna (*f.*) di mercurio.
— **fulminate,** fulminato (*m.*) di mercurio.
— **memory** (*elettron.*), memoria (*f.*) a mercurio.
— **pool,** bagno (*m.*) (*o* deposito) di mercurio.
— **storage** (*elettron.*), memoria (*f.*) a mercurio.
— **switch** (*elet.*), interruttore (*m.*) a mercurio.
— **thermometer,** termometro (*m.*) a mercurio.
— **vapour arc rectifier,** raddrizzatore (*m.*) a vapore di mercurio.
— **-vapor luminaire** (U.S.A.), lampione (*m.*) a vapori di mercurio.
— **-vapour lamp,** lampada (*f.*) a vapori di mercurio.
— **-vapour rectifier,** raddrizzatore a vapore di mercurio.
merge, punto di immissione su un'autostrada (*traff.*); fusione *f.* (*in generale*); inserimento *m.* (*elettron.*).
— *v.i.*, trasformarsi *v.r.*
merger (*comm.*), cartello *m.*; fusione di due o più società.
mergermania (*comm.*), mania di concentrazioni, di fusioni di società.
merging control system (*traffico*), sistema di regolazione della confluenza (sulle autostrade).
merry-go-round train loading (*trasporti min.*, *ecc.*), caricamento del treno a giostra di carrelli.
— **-go-round train loading plant** (*trasporti min.*, *ecc.*), (*to load trains and turn them round*), impianto di caricamento del treno a giostra (di carrelli).
mesh (*elet.*) (*tess.*), maglia (*f.*); (*fis. atom.*), maglia *f.*; rete *f.*; (*setaccio*), apertura (*f.*) della maglia.
— *v.a.* indentare; ingranare.
— (*min.*), (**to pass mesh 30,** passare alla maglia 30).
— **50** (*min.*), di maglia 50.
— **200-mesh oversize** (*min.*), rifiutato alla maglia 200.
— **-belt furnace,** forno (*m.*) elettrico del tipo continuo.
— **configuration** (*met.*, *cristal.*, *ecc.*), configurazione di maglia.
— **screen,** setaccio (*m.*) a maglie.
— **sieve** (*min.*), setaccio (*m.*) a maglie.
— **size** (*setacci*), apertura (*f.*) della maglia.
— **structure** (*geol. costr.*), struttura (*f.*) reticolare.
— **type analysis** (*mecc.*), analisi circuitale.
— **voltage** (*elet.*), tensione fra le fasi (*o* le linee) (*fra 2 conduttori di linea*).
meshing gear, ruota (*f.*) d'accoppiamento; ruota (*f.*) accoppiata.
mesityl oxide (*chim.*), ossido (*m.*) di mesitile.
mesitylene (pr. *mi-sit' i-lin*) (*chim.*) mesitilene *m.*
mesomeric, *agg.*, mesomero.
meson (*fis. atomica*), mesone *m.*
— **capture** (*fis. atom.*), cattura (*f.*) mesonica.

meson-meson effect (*fis. atom.*), effetto mesone-mesone.
— **-nucleon scattering** (*fis. atom.*), diffusione mesone-nucleone.
— **physics** (*fis. atom.*), fisica (*f.*) dei mesoni.
— **scattering** (*fis. atom.*), diffusione (*f.*) di mesoni.
— **yield** (*fis. atom.*), rendimento (*m.*) mesonico.
mesonic charge (*fis. atom.*), carica (*f.*) mesonica.
mesothorium (*chim.*), mesotorio *m.*
mesotron (*fis. atom.*), mesotrone *m.*
mess, mensa *f.* (aziendale, ecc.).
message communications (*inform.*) comunicazioni di messaggi.
— **editing** (*inform.*), redazione di messaggi.
— **enhancement** (*inform.*), miglioramento di messaggi.
— **flow** (*inform.*), flusso di messaggi.
— **minute** (*tel.*) (U.S.A.), comunicazione-minuto *f.*
— **handling** (*inform.*), trattamento dei messaggi.
— **retrieval** (*inform.*), ricerca di messaggi.
— **routing** (*inform.*), commutazione di messaggi.
— **sequence** (*inform.*), sequenza di messaggi.
— **storage** (*inform.*), memorizzazione di messaggi.
— **switching** (*inform.*), commutazione dei messaggi.
messenger call (*tel.*) (U.S.A.), conversazione (*f.*) con avviso.
— **strand,** fune metallica a trefoli con sette fili.
— **wire** (*ing. elet.*), corda (*f.*) cavo di sospensione.
messing (*ind.*), vitto *m.*; mensa *f.*
mestizo wool, lana (*f.*) meticcia.
Mesure and Monel pyrometer, pirometro (*m.*) ottico a prismi.
Met Office, ufficio meteorologico.
— **satellite,** satellite meteorologico.
meta-amminobenzene-sulphonic acid, acido (*m.*) meta-ammino-benzol-solfonico.
meta-arsenate (*chim.*), meta-arseniato *m.*
— **-arsenite** (*chim.*), meta-arsenito *m.*
— **-phosphate** (*chim.*), metafosfato *m.*
— **-phosphoric acid** (*chim.*), acido (*m.*) metafosforico.
— **-silicate** (*chim.*), metasilicato.
metaborate (*chim.*), metaborato *m.*
metacentre, metacentro *m.*
metachrome (*chim.*), metacromo *m.*
metal, metallo *m.*; minerale; ghisa (*fond.*); roccia *f.*; brecciame *m.* (per strade).
— **(to —)** (*ferr.*, *strade*), inghiaiare; macadamizzare.
— **band sawing machine,** sega (*f.*) da metalli a nastro.
— **bonded type** (*grinding wheel*). tipo (di mola) a legante metallico.
— **brush,** spazzola (*f.*) metallica.
— **bumping** (*mecc.*), formatura di lamiere in forme e superfici di doppia curvatura.
— **cage** (*mecc.*), gabbia (*f.*) delle sfere.
— **carbonyls** (*chim.*), carbonilmetalli *m. pl.*; metalcarbonili *m. pl.*
— **casing,** guaina (*f.*) metallica.
— **ceiling,** soffitto (*m.*) a tela metallica a maglie.
— **-ceramic alloy** (*met.*), lega (*f.*) metalceramica.
— **ceramic material,** composto metalloceramico.
— **chips,** trucioli (*m.*) metallici.
— **-clad switchgear,** apparecchiatura (*f.*) corazzata.
— **coating,** rivestimento (*m.*) metallico.
— **-coating industry,** industria dei rivestimenti metallici.
— **composite** (*met.*), composito metallico (materiale facente uso di matrice e di fibre metalliche).
— **contaminants,** contaminanti metallici.
— **-covered roof,** tetto (*m.*) metallico.

metal crate, gabbia (*f.*) metallica.
— **-cutting,** taglio (*m.*) di metalli.
— **-cutting bandsawing machine,** segatrice a nastro (per metalli).
— **cutting circular saw** (*mecc.*), sega circolare per metalli.
— **cutting segmental saw,** sega (*f.*) per metalli a segmenti rapportati.
— **degreasing** (*metal.*), digrassatura (*f.*) del metallo.
— **detector,** localizzatore (*o* detettore) di metalli.
— **-drift** (*min.*), galleria (*f.*) in roccia.
— **electrode** (*elet.*), elettrodo (*m.*) metallico.
— **-encased brick** (*forno met.*), mattone scatolato.
— **envelope,** involucro (*m.*) metallico.
— **fibre,** fibra *f.* metallica.
— **film resistor** (*elet.*), resistenza a pellicola metallica.
— **gauge,** sagoma (*f.*) per lamiere.
— **-glass adhesives,** adesivi (*m. pl.*) metallo-vetro.
— **hardening,** tempra (*f.*) di metalli.
— **hose,** tubo (*m.*) flessibile metallico.
— **knot,** nodo (*m.*) metallico.
— **-man,** minatore (*m.*) alla roccia.
— **-metal composite** (*met.*), composito metallo-metallo (cioè con matrice e fibre metalliche).
— **-nonmetal composite,** composito metallo-nonmetallo (cioè con matrice metallica e fibre non metalliche).
— **oxide varistor** (*elet.*), varistore ad ossido metallico.
— **packing,** guarnizione (*f.*) metallica.
— **-plastic adhesives,** adesivi (*m. pl.*) metallo-plastica.
— **-powder press** (*mecc.*), pressa (*f.*) per comprimere polveri metalliche.
— **powders,** polveri metalliche.
— **quoin** (*tip.*), serraforma *f.*
— **reclamation plant** (*met.*), impianto di ricupero del metallo.

metal reinforced plastic, plastica rinforzata con metallo.
— **-rubber adhesives,** adesivi (*m. pl.*) metallo-gomma.
— **rule** (*tip.*), lineetta *f.*
— **-saw sharpening machine,** affilatrice (*m.*) per seghe da metallo.
— **-sawing machine,** sega (*f.*) da metalli.
— **spinning,** centrifugazione (*f.*) dei metalli.
— **splashing during manual welding** (*sald.*), spruzzatura metallo durante la saldatura a mano.
— **-spray coating** (*met.*), riporto metallico (*metallizzazione a spruzzo*).
— **spraying** (*met.*), metallizzazione (*f.*) a spruzzo.
— **spraying gun,** pistola (*f.*) a spruzzo.
— **-to-metal contact,** contatto (*m.*) fra metallo e metallo.
— **tube** (U.S.A.) (*radio*), valvola (*f.*) metallica.
— **turning lathe,** tornio (*m.*) per metalli.
— **valve,** valvola (*f.*) metallica.
— **-wood adhesives, adesivi** (*m. pl.*) metallo-legno.
— **working machine,** macchina (*f.*) utensile per metalli.

metalation, introduzione di un metallo in una molecola organica.

metallate, *v.a.* introdurre un metallo in un corpo organico.

metallic, *agg.*, metallico.
— **cartridge** (*armi*), cartuccia (*f.*) di metallo.
— **cartridge reloading** (*armi*), ricarica delle cartucce metalliche.
— **comb,** pettine (*m.*) metallico.
— **connection,** attacco (*m.*) metallico.
— **deoxidizer,** disossidante (*m.*) metallico.
— **filament,** filamento (*m.*) metallico.
— **ink** (*tip.*), inchiostro minerale.
— **lagging** (*miniere*), guarnissaggio metallico (contro franamenti e cadute di pietre); tela

metallica di protezione (contro franamenti e caduta di pietre).
metallic paint (*auto*), vernice metallizzata.
— **rectifiers,** raddrizzatori metallici.
— **-tank power rectifier,** raddrizzatore (*m.*) in cassa metallica.
— **uranium (*min.*), uranio (*m.*) metallico.**
metallics (*met.*), materiali metallici (*the reclaimed — are returned to the steel-making operation*), i materiali metallici ricuperati vengono riportati alla fabbricazione dell'acciaio.
metalliding (*met.*), processo anticorrosione e antierosione della General Electric utilizzante sali di fluoruro come solventi onde diffondere metalli e metalloidi nella superficie di altri metalli e leghe.
metalliferous, *agg.*, metallifero.
— **vein** (*geol.*), filone metallifero.
metalling (*cost.*), acciottolatura *f.*
metallised (metallized) alkyd resin (*rivestimenti*), resina alchidica metallizzata.
— **filament** (*elet.*), filamento (*m.*) metallizzato.
— **iron ore** (*met.*), minerale di ferro preridotto.
— **plastic capacitor** (*elet.*), condensatore in materiale plastico metallizzato.
metallizing, metallizzazione *f.*
— **equipment** (*min.*) (*met.*), attrezzatura per metallizzazione.
metallogenes (*chim.*), metallogeni *m. pl.*
metallographer, *m.* metallografo *m.*
metallographic polishing, lucidatura (*f.*) metallografica.
— **specimen** (*met.*), provino metallografico.
metallography, metallografia *f.*
metalloid, metalloide *m.*
metallurgic, *agg.* siderurgico; metallurgico.
metallurgical analysis, analisi (*f.*) metallurgica.
metallurgical equilibrium diagrams from thermochemical data (*met.*), diagrammi di equilibrio metallurgico da dati termochimici.
— **length** (*colata continua*), lunghezza (*f.*) metallurgica.
— **microscope** (*ott.*), microscopio (*m.*) metallurgico.
— **polishing machine** (*macch. ut.*), pulitrice metallurgica.
— **specimen** (*met.*), campione (*m.*) metallografico.
— **suitability of products** (*met.*), convenienza d'impiego (o adattabilità) di prodotti nel campo metallurgico.
metallurgist (*met.*), metallurgo *m.*; siderurgico *m.*
metallurgy, siderurgia *f.*; metallurgia *f.*
metalpowder part, parte in polvere metallica sinterizzata.
metals research laboratory, laboratorio (*m.*) di ricerche (per metalli).
metalsorter, selettore per metalli (strumento per dividere e identificare materiali ferrosi e non ferrosi che sono metallurgicamente dissimili).
metameric, *agg.* (*chim.*), metamerico.
metameride (*chim.*), **metamero** *m.*
metamerism, **metameria.** *f.*
metamorphic rocks, rocce metamorfiche.
metanilic acid (*chim.*), acido (*m.*) metanilico.
metasomasis (*geol.*), v. **replacement.**
metasomatic (*geol.*), *agg.* metasomatico.
metastable atom (*fis. atom.*), atomo (*m.*) metastabile.
— **excited state** (*fis. atom.*), stato (*m.*) eccitato metastabile.
— **equilibrium** (*fis. atom.*), equilibrio (*m.*) metastabile.
metathesis, raggruppamento *m.*
metathetical reaction (*chim.*), reazione (*f.*) di doppia decomposizione (equilibrata o non equilibrata).

metatitanate (*chim.*), metatitanato *m.*
meteor (*astron.*), meteora *f.*
— **spectrum** (*astron.*), spettro meteorico.
meteoric dust (*in the upper atmosphere*) (*astr.*), pulviscolo meteorico.
meteoroid bumpers (*astron.*), paraurti per la protezione delle astronavi dall'urto meteoritico.
meteorological balloon, pallone meteorologico.
— **chart,** carta meteorologica.
— **instrument,** strumento meteorologico.
— **parameters,** parametri meteorologici.
— **rocket** (*razzi*), razzo (*m.*) meteorologico.
— **satellite** (*astron.*), satellite (*m.*) meteorologico.
meteorism (*med.*), meteorismo *m.*
meteorite (*astr.*), meteorite *m.*
meteorograph, meteorografo *m.*
meteorology, meteorologia *f.*
Meteosat (*astron.*), satellite meteorologico dell'European Space Agency.
meter, metro *m.*; contatore *m.*; misuratore *m.*
— **(to)** (*chim., ecc.*), misurare.
— **automatically,** misurare automaticamente.
— **-counter** (*tess.*), contametro *m.*
— **reader** (*elet. ecc.*), addetto alla lettura dei contatori.
— **run,** metro (*m.*) corrente.
— **scale,** scala (*f.*) metrica.
metering, misura *f.*; dosatura *f*; (*tel.*), conteggio; v. **air — sensor** (*auto*).
— **pump,** pompa (*f.*) dosatrice.
— **unit** (*gen.*), unità di misura; (*auto turbo*), apparecchio dosatore.
methane, metano *m.*; (*miniere*), grisù *m.*
— **bubbling (desoxidation of molten steel by — bubbling)** (*met.*), disossidazione dell'acciaio liquido mediante gorgogliamento del metano.
methane drainage (*min.*), drenaggio (*m.*) del grisù.
— **gas,** gas (*m.*) metano.
— **gas apparatus,** apparecchio (*m.*) a gas metano.
— **jetty,** banchina per scarico del metano.
— **pipe-line,** metanodotto *m.*
— **tank,** serbatoio per metano (liquefatto).
— **tanker,** nave metaniera (con metano liquefatto).
— **terminal,** terminale per lo scarico del metano.
— **tester** (*min.*) (*firedamp detector*), grisumetro *m.*
— **(aviation —),** metano per aviazione.
methanol (*chim.*), metanolo *m.*; alcole metilico.
— **plant** (*chim.*), impianto per la fabbricazione del metanolo.
methanometer (*min.*), grisumetro *m.*
methide (*chim.*). metiluro *m.*
methioide (*chim.*), iodometilato *m.*
method, tipo *m.*; metodo *m.*
— **of coordination,** metodo (*m.*) delle coordinate.
— **of covering,** tipo (*m.*) di copertura.
— **of working** (*min.*), metodo di coltivazione.
methodology, metodologia *f.*
methoxide (*chim.*), metilato *m.*
methyl (*chim.*), metile *m.* metilico *agg.*
— **acetate,** acetato (*m.*) di metile.
— **alcohol,** alcole (*m.*) metilico.
— **blue,** bleu di metilene.
— **cyanide,** acetonitrile *m.*
— **ethyl ketone,** metil-etilichetone.
— **green,** verde (*m.*) metile.
— **iodide,** ioduro (*m.*) di metile.
— **methacrylate resins,** resine (*f. pl.*) acriliche.
— **orange (chim.),** metilarancio *m.*
— **phenyl ketone,** acetofenone *m.*
— **phthalate** (*chim.*), ftalato di metile.
— **-rubber** (*chim.*), metilcaucciù *m.*
— **olet,** vivioletto **metile.**

methylable, *agg.* (*chim.*), metilabile.
methylate, *v.a.* (*chim.*), metilare *v.a.*
methylated spirit, alcool (*m.*) denaturato.
methylation (*chim.*), metilazione *f.*
methylcyclopentane (*chim.*), metilciclopentano *m.*
methylene, metilene *m.*
— **chloride,** cloruro (*m.*) di metilene.
methylic, *agg.* (*chim.*), metilico.
metope (pr. *met' ō-pi*) (*arch.*), mètopa *f.*
metre, metro *m.*
metric, metrico *m.*
— **hydraulic cylinder,** cilindro oleodinamico metrico.
— **-inch switching** (*inform.*), commutazione metrica-pollici.
— **measure,** misura (*f.*) metrico.
— **module,** modulo (*m.*) metrica.
— **rod,** canna (*f.*) metrica.
— **system,** sistema (*m.*) metrico.
— **thread,** filettatura (*f.*) metrica; filetto (*m.*) metrico.
— **ton,** tonnellata (*f.*) metrica.
metrication, termine proposto per le trasformazioni nel sistema metrico.
metricization, v. **metrication.**
metrology (*fis.*), metrologia *f.*
metropolitan system, sistema metropolitano.
Metroscope (*cinem.*), Metroscope (sistema di proiezione su largo schermo con fotogramma alto 11,98 m).
mezzanine floor, mezzanino *m.*
— **-storey,** ammezzato *m.*
mho (*elet.*), mho *m.*
mic/line mixing (*audio*) (*registratori a bobine*), miscelazione linea/microfono.
mica (pr. *mai'ka*), mica f.
— **capacitor** (*elettron.*), condensatore a mica.
— **-slate,** micaschisto *m.*
— **-schist,** micaschisto *m.*
— **tape,** nastro di mica.
— **washer,** disco (*m.*) di mica.
micaceous, *agg.* micaceo.
— **schist,** scisto (*m.*) micaceo; micaschisto *m.*
micarta, micarta *f.* (nome usato dalla Westinghouse Co. per mater. plastico).
micelle, micella *f.*
micelles, aggregati di molecole; colloidi micellari.
mickey mouse (*slang*) (*aereo*) (U.S.A.), sganciabombe *m.*
micro (*inform.*), abbreviazione di: « microcomputer » (*pl.* **micros**).
— **(to run a —)** (*inform.*), gestire un microcalcolatore.
— **-ampere,** microampere *m.*
— **cassette** (*inform.*), microcassetta.
— **-control of machine-tools** (*macch. ut.*), microcontrollo delle macchine utensili.
— **-coulomb,** microcoulomb *m.*
— **-crack** (*met.*, *ecc.*), microcricca *f.*; microfessurazione *f.*
— **deformation** (*met.*, *ecc.*), microdeformazione.
— **-electrode** (*elet.*), microelettrodo *m.*
— **-erg,** microerg *m.*
— **-farad,** microfarad *m.*
— **firm,** ditta specializzata in microelettronica.
— **-fog (machine) lubrication,** lubrificazione (*f.*) a micronebbia.
— **-gramme,** microgramma *f.*
— **-grinder** (*macch. ut.*), microrettificatrice.
— **grinding,** micro-rettifica.
— **-groove barrel** (*armi*), canna dotata di microrigatura.
— **-hardness** (*met.*) microdurezza *f.*
— **-hardness tester** (*met.*), microsclerometro *m.*
— **-henry,** microhenry *m.*
— **instructions** (*calcol. elettron.*), microistruzioni *f. pl.*
— **-litre,** microlitro *m.*
— **mill** (*agr.*), micromulino *m.*
— **millimetre,** micro-millimetro *m.*
— **miniaturisation** (*elettron.*), microminiaturizzazione *f.*
— **-ohm,** microohm *m.*
— **-rolling** (*polveri*) (*met.*), microlaminazione (*method for the production of ultrafine particles*),

metodo per la produzione di particelle ultrafini.
micro-second, microsecondo *m.*
— **-segregation** (*met.*), microsegregazione *f.*
— **-shovel,** micropala *f.*
— **-shrinkage** (*fond.*), microporosità *f.*; (*met.*), microritiro *m.*
— **-stratigraphical,** *agg.*, microstratigrafico.
— **-switch** (*presse*) *elet.*, *mecc.*), microinterruttore.
— **-volt,** microvolt *m.*
microalloy (*met.*), microlega *f.*
microalloyed steel, acciaio microlegato.
microammeter, micro-amperometro *m.*
microampere (U.S.A.), microampere *m.*
microanalysis, microanalisi *f.*
microanalytical, *agg.*, microanalitico.
microautoradiograph, microautoradiografia *f.*
microbalances, *f.*, microbilancia *f.*
microbarograph, microbarografo *m.*
microbarometric waves (*meteo.*), onde (*f. pl.*) microbarometriche.
microbiological leaching (*min.*), lisciviazione microbiologica.
microbiology, microbiologia *f.*
microbus (*auto*), microbus *m.*
microcassette (*audio*), microcassetta *f.*
microcast, microfusione *f.*
microcell (*vetro*), microcellula *f.*
microchemistry, microchimica *f.*
microchip (*inform.*), microcircuito semiconduttore.
microclimatology, microclimatologia *f.*
microcoded, *p.p.* (*inform.*), microcodificato.
microcoding (*elettron.*), microprogrammazione *f.*
microcreep (*met.*, *ecc.*), microscorrimento (*m.*) viscoso.
microcomponent (*audio, ecc.*), microcomponente *m.*
microcomputer (*elettron.*), microelaboratore (*o* microcalcolatore elettronico.
microcomputer company (*inform.*), società produttrice di microcalcolatori.
— **user** (*inform.*), utilizzatore di microcalcolatori.
— **(hand-held —)** (*inform.*), microcalcolatore portatile.
microcomputing (*inform.*), microinformatica *f.*
microcrystallography, microcristallografia *f.*
microdevice (*elettron.*), microdispositivo (elettronico).
microdiagnostics (*inform.*), microdiagnostica *f.*
microdrive (*inform.*), memoria di massa funzionante con una speciale interfaccia, avente come supporto di memorizzazione una cartuccia magnetica.
microelectronics,microelettronica*f.*
microestimation (*chim.*), microdosaggio *m.*
microfarad (U.S.A.), microfarad *m.*
microfiche (*inform.*), scheda microfilm.
— **publication** (*inform.*), pubblicazione su microfiche.
— **reader** (*inform.*), lettore di microfiche.
— **service** (*inform.*), servizio di microfiche.
microfilm, microfilm *m.*
— **(to —)** *v.a.*, microfilmare.
— **viewer,** visore per microfilm.
microfilming (*inform.*), microfilmatura *f.*
microfissure (*met.*), microcricca *f.*; microfessurazione *f.*
microfractography (*met.*), microfractografia *f.*
microgel, microgel *m.*
micrographics (*inform.*), micrografia *f.*
microgram (U.S.A.), microgramma *m.*
micrograph, micrografo *m.* (pantografo).
micrography, micrografia *f.*
microgroove record, (disco) microsolco *m.*

microgroove recording (*elet.*), incisione di dischi microsolco.
— **reproduction** (*elet.*), riproduzione di dischi microsolco.
microhardness (*met.*), microdurezza *f.*
microhenry, microhenry *m.*
microhm, microohm *m.*
microinch, 1 milionesimo di pollice.
— **readings**, letture (*f. pl.*), in micropollici.
microlight aircraft, aeroplano microleggero.
micrologging (*petrol.*), metodo microlog.
micrologic element (*elettron.*), elemento micrologico.
micromechanics, micromeccanica *f.*
micromerograph distribution (*chimic.*), distribuzione micromerografica.
micrometal, micrometallo *m.*
micrometallography, micrometallografia *f.*
micrometallurgy, micrometallurgia *f.*
micrometeorite (*astr.*), micrometeorite *m.* e *f.*
micrometer, micrometro *m.*
— **adjusting**, aggiustamento (*m.*) micrometrico.
— **attachment**, apparecchio (*m.*) per misure di precisione.
— **caliper**, micrometro *m.*
— **collar**, ghiera (*f.*) micrometrica.
— **gauge**, micrometro a palmer.
— **dial**, quadrante (*m.*) del micrometro.
micrometric stop (*macch. ut.*), arresto (*m.*) micrometrico.
micrometrical screw, vite (*f.*) micrometrica.
micrometry, micrometria *f.*
micromicrofarad, micromicrofarad *m.*
micromicron (**μμ**), micromicron *m.*
micromillimeter, micromillimetro *m.*
microminiature circuits, circuiti microminiatura.
microminiaturization, microminiaturizzazione *f.*
micromodule, micromodulo *m.*
micron (pr. *mai' cron*), micron *m.*
— **liter**, gas contenuto in un litro, alla pressione di 1 micron.
micronized clay (*vernici, smalti*), argilla (*f.*) micronizzata (cioè lavorata con micronizzatore).
Micropad (*inform.*), dispositivo che permette a un calcolatore elettronico l'accesso di informazioni scritte normalmente a penna o a matita, a mano, senza usare nastri o schede perforate (brevetto Quest Automation, UK).
micropenetrometer (*prove durezza met.*), micropenetrometro *m.*
microphone, microfono *m.*
— **amplifier** (*elet.*), amplificatore (*m.*) microfonico.
— **boom** (*elet.*), giraffa (*f.*) porta microfono.
— **cap**, capsula (*f.*) del microfono.
— **directivity**, direttività dei microfoni.
— **transformer**, trasformatore (*m.*) microfonico.
microphonic effect (*radio*), effetto (*m.*) microfonico; effetto (*m.*) Larsen.
microphonicity, microfonicità *f.*
microphonics, (*radio*) disturbo causato dagli elementi di una valvola (o dagli elementi di un circuito).
microphonism (*radio*), effetto (*m.*) microfonico.
microphony (*telev.*), microfonia *f.*
microphotograph, microfotografia *f.*
microphotometer, microfotometro *m.*
microplasma (artificial microplasmas) (*elettron.*), microplasma *f.* (microplasmi artificiali).
microprinter (*inform.*), microstampante *f.*
microprocessing (*inform.*), trattamento in microinformatica.
microprocessor (*inform.*), microprocessore *m.* (microunità di elaborazione).
— **controlled payphone** (*telef.*), apparecchio telefonico pubblico controllato da microprocessori.

microprocessor controlled machine tool (*macch. ut.*), macchina utensile controllata da microprocessore.
— **NC** (*macch. ut.*), controllo numerico a microprocessore.
microprogram (*inform.*), microprogramma *m.*
— **(to —)** *v.a.* (*inform.*), microprogrammare.
microprogrammable, *agg.* (*inform.*), microprogrammabile.
microprogramming (*inform.*), microprogrammazione *f.* (programmazione fino al livello delle funzioni minime).
microradiographic, *agg.* microradiografico.
microradiography (*met.*), microradiografia *f.*
microrecorder, microregistratore *m.*
microscale, scala microscopica.
microscope, microscopio *m.*
microscopic cross section (*fis. atom.*) sezione d'urto microscopica.
— **examination of specimens,** controllo (*m.*) microscopico dei provini.
— **high points** (*audio*), asperità (*f. pl.*) microscopiche.
— **space-time structure** (*fis. atom.*) struttura microscopica spazio-tempo.
microscopic (al), *agg.* microscopico.
microscopist, specializzato in microscopia.
microscopy, microscopia *f.*
microsecond, microsecondo *m.*
— **interval timer** (*elet.*), misuratore di intervalli dell'ordine di microsecondo.
microsection, microsezione *f.*
microseism (*geol.*), microsisma *m.*
microseismic, *agg.* microsismico.
— **forecasting of excavation failures,** previsione (*f.*) microsismica ai cedimenti negli scavi.
microsievert (*radiol.*), microsievert.
microsome (*bio.*), microsomo *m.*
microstirrer (*chim.*), microagitatore *m.*
microstrain (*met., ecc.*), microsollecitazione *f.*
microstress (*met.*), microtensione *f.*
microstructure (*met.*), microstruttura *f.*
microswitch (*elet.*), microinterruttore *m.*
microtechnology (*elettroni*), microtecnologia; tecnologia dei microprocessori.
microtome (*strum. microscopia*), microtomo *m.*
microtron (*fis.atom.*), microtrone *m.*
microvision television, televisione microvisione.
microvolter, microvoltometro *m.*
microwave (*fis.*), microonda *f.*
— **amplifier** (*fis.*), amplificatore a microonde.
— **antenna** (*radio*), antenna per microonde.
— **channels** (*elet.*), canali a microonde.
— **cooker,** cucina a microonde.
— **fading** (*radio*), affievolimento delle microonde.
— **gyrator** (*elet.*), giratore a microonde.
— **link** (*radio, telev. telef.*), ponte a microonde.
— **oscillator** (*elet.*), oscillatore a microonde.
— **oven,** forno a microonde.
— **probe,** sonda a microonde.
— **spectroscopy,** spettroscopia a micro-onde.
— **spectrum** (*fis.*), spettro (*m.*) microonda.
microwelding (*sald.*), microsaldatura *f.*
microyield (*met.*), microsnervamento *m.*
microyielding (*met.*), microsnervamento *m.*
mid-continent petroleum, petrolio contenente paraffina ed asfalto.
— **engine** (*auto*), motore (*m.*) centrale.
— **-engined car** (*auto*), automobile con motore centrale.
— **-span** (*costr.*), mezzeria (*f.*) della campata.
— **-wing plane,** aeroplano (*m.*) ad ala a metà fusoliera.

middle (*orol.*), castello; metà *f.*
— **-cut file,** lima (*f.*) a taglio medio.
— **plank,** asse (*m.*) del centro di una tavola.
— **post** (*cost.*), monaco *m.*
— **purlin** (*cost.*), arcareccio (*m.*) intermedio.
— **third** (*ing. civ.*), nucleo centrale (di muro).
— **wing** (*aereo*), ala (*f.*) media.
— **wire** (*ing. elet.*), filo (*m.*) neutro.
middles *pl.* (*met.*), prodotti semimagnetici.
middling (U.S.A.) (*tess.*), middling (grado del cotone).
middlings (*ind. mol.*), semolini *m. pl.*; (*petrolio*), tipo inferiore di petrolio raffinato; (*min.*), v. **ground —.**
midget (U.S.A.), piccolo apparecchio radio ricevente a basso costo; *agg.*, miniatura; piccolo.
— **cylinder** (*mecc.*), microcilindro *m.*
— **cracker,** piccolo impianto di cracking.
— **sized nuts** (*mecc.*), dadi di piccola misura.
midship section (*naut.*), sezione (*f.*) maestra di nave.
midstream, a metà corso (di fiumi).
MIG-welding (*sald.*), saldatura « MIG » (saldatura a filo metallico fusibile e con protezione di gas inerte).
migrate, *v.i.* (*fis.* migrare *chim.*), *v.i.*
migration (*min.*), migrazione *f.*
— **area** (*fis. atom.*), area (*f.*) di migrazione.
— **length** (*fis. atom.*), lunghezza (*f.*) di migrazione.
mikanite, micanite *f.*
mike (*slang, radio*), microfono.
— **stew** (*acust.*), sibilo del microfono.
mil., millesima parte di un pollice equivalente a 25,400 μ.
— **(circular —),** mil circolare (superficie di cerchio avente 1 mil di diametro).
mil (square —), mil quadrato (1 quadrato di 1 mil di lato).
— **specifications** (U.S.A.), specificazioni militari (delle forze armate americane).
mild, *agg.* dolce (*met.*; *chim.*).
— **steel,** acciaio (*m.*) dolce; ferro (*m.*) omogeneo.
mildew (to —) *v.i.*, ammuffire *v.i.*
— **-proofing agent** (*chim.*), ausiliare anti-muffa.
mile, miglio *m.*
mileage (*auto, ecc.*), distanza (in miglia) percorsa; chilometraggio (*di una prova, ecc.*).
— **-recorder,** contatore (*m.*) chilometrico; contachilometri *m.*
mileometer (*auto*), contachilometri *m.*
miles per tankful (*auto*), autonomia di marcia (di un'automobile, cioè distanza percorribile a serbatoio pieno, senza rifornimento).
milestone, pietra (*f.*) miliare.
military aerodrome, aerodromo (*m.*) militare.
— **aviation,** aviazione (*f.*) militare.
— **engineering,** ingegneria (*f.*) militare.
— **reactor** (*fis. atom.*), reattore (*m.*) per uso militare.
— **satellite** (*astron. mil.*), satellite militare.
milk (to —), mungere *v.a.*
— **can,** bidone *m.* (del latte).
— **cooling** (*agr.*), refrigerazione del latte.
— **of sulphur,** latte (*m.*) di zolfo.
— **pasteurizing plant,** impianto (*m.*) per la pastorizzazione del latte.
— **powder,** latte in polvere.
milker (*agric.*), mungitrice *f.*
milking cell (*elet.*), elemento (*m.*) da mettersi in circuito.
— **machine,** mungitrice *f.*
— **parlour** (*agr.*), sala di mungitura.
milkyness (*vetro, ecc.*), lattescenza *f.*
milky (the —) way (*astron.*), via lattea.

mill, molino *m.*; fresatrice *f.*; fresa *f.* (*mecc.*); fabbrica *f.*; filanda *f.*; (*met.*), laminatoio *m*; (USA), moneta di acconto uguale a un millesimo di dollaro.
— *v.a.* fresare; stampare (*monete*); macinare; gualcare; zigrinare; feltrare; follare (*tess.*).
— **approach table** (*laminatoio metal.*), piano a rulli di avvicinamento.
— **bastard file,** lima (*f.*) bastarda per seghe.
— **bastard for lathe work,** lima (*f.*) piatta (parallela) per torni.
— **bastard one round edge,** lima (*f.*) parallela bastarda per seghe ad acqua, a un bordo rotondo.
— **blunt bastard,** lima (*f.*) parallela bastarda per seghe ad acqua.
— **blunt double cut second cut,** lima (*f.*) mezzo dolce parallela, per seghe ad acqua.
— **blunt double cut smooth file,** lima (*f.*) dolce parallela, per seghe ad acqua.
— **cinder,** scoria (*f.*) di puddellaggio.
— (*v.a.*) **circularly,** fresare circolarmente.
— **-dam,** gora *f.* (per mulino).
— **double cut file, lima (*f.*) a due tagli per seghe ad acqua.**
— **edge** (*met.*), spigolo (*m.*) di laminazione.
— **elevator,** elevatore (*m.*) per mulino.
— **finish** (*met.*) (U.S.A.), finitura di fabbrica (*lamiere con finitura non controllata, variabile da lamiera a lamiera, anche con possibili macchie*).
— **foreman,** capo mugnaio *m.*
— (*v.a.*) **from a template,** fresare su modello.
— **heavy one round edge file,** lima (*f.*) per seghe a un bordo rotondo.
— **heavy two round edges file,** lima (*f.*) per seghe a due bordi rotondi.

mill layout, piano di disposizione di un cotonificio.
— **limit** (*met.*), tolleranza (*f.*) di laminazione.
— **off,** *v.a.* ridurre alla fresa.
— **-race** (*idraul.*), gora del mulino.
— **rejection** (*met.*), scarti (*m. pl.*) di laminazione.
— **rugs** (*tess.*), pieghe nei tessuti di lana (prodotte durante la follatura).
— **runout table** (*laminatoio met.*), piano a rulli di uscita dal treno.
— **scale** (*fond.*), ossido (*m.*) di ferro; scorie (*f. pl.*) di laminazione; (*met.*), scaglia (*f.*) di laminazione.
— **scale fines** (*met.*), fini di scaglia di laminazione.
— **scale powder** (*met.*), polvere di scaglie di laminazione.
— **scrap** (*met.*), rottame (*m.*) di ritorno.
— **second cut file,** lima (*f.*) mezzo dolce per seghe.
— **-shapes** (*met.*), semilavorati *m, pl.*
— **smooth file,** lima (*f.*) dolce per seghe.
— **throughput** (*met.*), resa (*f.*) al treno.
— **warping** (*tess.*), orditura (*f.*) a mano (o a nastri).
— **wheel,** ruota (*f.*) di molino.
— **white,** bianco (*m.*) macinato.
— **work table** (*laminatoio met.*), piano a rulli di lavoro.
— **(dry ball —)** (*min.*), molino a sfere a secco.
— **(wet ball —)** (*min.*), molino a sfere a umido.

millboard, cartone (*m.*) forte.

milled soap, sapone da toeletta.
— **tooth,** dente (*m.*) fresato.

miller, fresatrice *f.*; fresa *f.*
— **(automatic —),** fresatrice (*f.*) automatica.
— **(hand —),** fresatrice (*f.*) a mano.
— **(horizontal —),** fresatrice (*f.*) orizzontale.

miller (manufacturing —), fresatrice (*f.*) automatica.
— **(multiple spindle —)**, fresatrice (*f.*) a più mandrini.
— **(plain —)**, fresatrice (*f.*) orizzontale.
— **(plano-type —)**, fresatrice (*f.*) tipo pialla.
— **(surface —)**, fresatrice (*f.*) a pialla.
— **(thread —)**, fresatrice (*f.*) per filettare.
— **(universal —)**, fresatrice (*f.*) universale.
— **(vertical —)**, fresatrice (*f.*) verticale.
Miller effect, effetto (*m.*) Miller.
milliammeter, milliamperometro *m.*
milliampere, milliampere *m.*
milliard, miliardo *m.*
millicurie, unità radioattiva; (*fis.*), millicurie.
millidarcy (*misure*), multiplo di un darcy equivalente a 10^{-3} darcy; v. **darcy.**
millifarad, milli-farad *m.*
milligal, milligal *m.* (un milionesimo della forza di gravità sulla superficie terrestre).
milligram, milligrammo *m.*
milligramme, milligrammo *m.*
milligauss (*elettromagn.*), milligauss.
millihenry, milli-henry *m.*
milliliter (*chim.*), millilitro (unità di volume per analisi volumetrica = 1,000028 cm^3).
millilux (*fot.*), millilux.
millimeter, millimetro *m.*
millimetre, millimetro *m.*
millimicron (*fis.*), millimicron (= 10^{-6} millimetri).
millimicrosecond, millimicrosecondo.
— **pulse technique**, tecnica degli impulsi di millimicrosecondi.
milling (*mecc.*), fresatura *f.* (*tess.*), feltratura *f.*; follatura *f.*
— **and boring machine** (*macch. ut.*), fresalesatrice *f.*
— **angle**, angolo (*m.*) della fresatura.
milling cutter, fresa *f.*
— **-cutter grinder** (*macch. ut.*), affilatrice (*f.*) per frese.
— **fixture**, attrezzi per fresatrici.
— **hand**, mugnaio *m.*
— **head** (*mecc.*), testa (*f.*) per fresatrice.
— **machine**, fresatrice *f.*; v. **copy —**; v. **engraving and copy —**; v. **keyseating and slot —**; v. **miller**; **N/C —**; v. **plano-type N/C —**; v. **slot —**; **travelling column —.**
— **machine column**, incastellatura (*f.*) della fresatrice.
— **machine standard**, incastellatura (*f.*) della fresatrice.
— **machine table** (*mecc.*), tavola (*f.*) di fresatrice.
— **machine upright**, incastellatura (*f.*) della fresatrice.
— **machine with rotary table** (*macch. ut.*), fresatrice (*f.*) a tavola rotante.
— **machine with swivelling table** (*macch. ut.*), fresatrice (*f.*) a tavola rotante.
— **of grooves**, fresatura (*f.*) di scanalature.
— **separator** (*ind. mol.*), distaccatore (*m.*) per mulino.
— **shop**, officina (*f.*) di fresatura.
— **time** (*met.*), tempo di fresatura; (*to reduce milling time per pass*), ridurre il tempo di fresatura per passata.
— **work**, lavoro (*m.*) alla fresatrice; fresatura *f.*
— **work between centres**, frasatura (*f.*) fra le punte.
— **(circular —)**, fresatura (*f.*) circolare.
— **(face —)**, fresatura (*f.*) frontale.
— **(hollow —)**, fresatura (*f.*) di cavità.
— **(horizontal —)**, fresatura (*f.*) orizzontale.
— **(longitudinal —)**, fresatura (*f.*) longitudinale.
million, milione *m.*
milliphot (*ill.*), millifot *m.*
millirem (abbr. in **mrem**) (*fis. atom.*) (*radiazioni*), millirem.

millisecond, millisecondo.
— **delay** (*esplosivi*), scarto di millesecondi, di tempo dell'accensione (brillamento elettrico con microritardatori).
milliSievert (*radiol.*), milliSievert; v. **Sievert.**
millitex (*tess.*), milligrammi per km.
millivolt, millivolt *m.*
— **-ammeter** (*elet.*), millivoltampermetro.
milliwatt, milliwatt *m.*
millstone, macina (*f.*) di molino; pietra (*f.*) da macina.
millwright, fresatore *m.*; montatore (*m.*) di macchine.
Mineograph (*inform.*), Mimeografo (dispositivo di ciclostile).
mimeography, mimeografia *f.* (p. es. pubblicazione edita in —).
minaret (*arch.*), minareto *m.*
mincing-machine, tritacarne *f.*
mine, cava *f.* (*miniera*); mina *f.*; miniera *f.*; deposito (*m.*) minerale.
— *v.a.* minare; scavare (metalli).
— **concession,** concessione (*f.*) mineraria.
— **countermeasures equipment** (*elicottero*), attrezzatura per contromisure anti-mine.
— **detector,** rivelatore (*m.*) di mine.
— **-dial** (*min.*), bussola (*f.*) per miniere.
— **dragger,** nave (*f.*) spazzamine.
— **-dredger,** dragamine *m.*
— **dump** (*min.*), discarica di miniera.
— **engineering,** ingegneria (*f.*) mineraria.
— **-field,** regione (*f.*) mineraria.
— **-layer,** posamine *m.*
— **-laying ship,** nave (*f.*) posamine.
— **-level (tunnel)** (*min.*), galleria (*f.*) di livello.
— **locomotive,** locomotiva (*f.*) da miniera.
— **-master,** capo minatore *m.*
— **railway,** ferrovia (*f.*) di miniera.
mine returns, rendimento (*m.*) della miniera.
— **-shaft,** pozzo (*m.*) di miniera.
— **sweeper** (*naut.*), spazzamine *m.*
— **-transit,** teodolite (*m.*) a bussola, per miniere.
— **water,** acqua (*f.*) di miniera.
— **wagon,** vagoncino (*m.*) per miniera.
— **(clear a —)** (*mil.*), dragare una mina.
— **(easy to —)** (*min.*), di facile estrazione; di facile coltivazione
— **(lay a —)** (*mil.*), posare una mina.
— **(shore-connected undersea —),** miniera sottomarina collegata alla costa.
mineable, *agg.* sfruttabile.
minefield (*mil.*), campo (*m.*) minato.
minehunter (*naut.*), dragamine provvisto di speciale ecogoniometro per la localizzazione di mine, usato dalla NATO.
minelayer, posamine *m.*
miner (*mecc., min.*), v. **continuous —.**
miner's caplamp (*miniere*), lampada da minatore fissata al copricapo.
— **day,** giornata del minatore (*celebrazione*).
— **hammer,** mazzetta (*f.* (da minatore).
— **helmet** (*min.*), casco per minatore.
— **lamp,** lampada (*f.*) per minatori.
— **safety boots** (*min.*), stivali di sicurezza da minatore.
mineral, minerale *m.*
— **black,** nero (*m.*) minerale.
— **extender** (*rivestimenti, vernici*), carica minerale; riempitivo minerale.
— **-fibre quilt** (*costr.*), rivestimento isolante in fibra minerale (per tetti, tubi, ecc.).
— **filler** (*plastica*), riempitivo minerale.
— **naphtha,** nafta (*f.*) minerale; petrolio *m.*

mineral oil, olio (*m.*) minerale.
— **pitch,** asfalto *m.*
— **spirits,** ragia (*f.*) minerale; (solvente di petrolio; benzina minerale).
— **survey from satellites** (*min.*, *astron.*), ricognizione mineraria da satelliti.
— **tar,** catrame (*m.*) minerale.
— **wool,** lana (*f.*) minerale.
mineralise, *v.i.*, mineralizzarsi *v.r.*
mineralization (*min.*), mineralizzazione *f.* (di giacimenti, ecc.).
mineralized spirit, alcool (*m.*) denaturato
mineralogy, mineralogia *f.*
minespot lamp (*min.*), lampada elettrica fissata al copricapo.
minesweeper (*naut.*), dragamine *m.*
minette (ore), minette (*f.*) (*minerale di ferro lorenese*).
mini (*inform.*), abbrev. di *minicomputer.*
— **colour TV camera,** minitelecamera a colori.
— **disc** (*inform.*), dischetto (per minielaboratori).
— **-dozer** (*macch. per miniere*), mini-bulldozer; miniapripista.
— **floppy disc** (*inform.*), minidischetto *m.*
— **-plant** (U.S.A.), ministabilimento.
— **-video,** mini videoapparecchio portatile.
— **-video cassette** (*inform.*), minivideocassetta *f.*
miniature ball bearings, cuscinetti a sfere miniatura.
— **bearing** (*mecc.*), cuscinetto miniatura.
— **camera,** microcamera *f.* (piccolo app. fotografico).
— **circuit breaker** (*elet.*), interruttore automatico (in) miniatura.
— **compression-ignition model** (*aereo*), motomodello (*m.*) ad autoaccensione.
— **Edison screw-cap** (*ill.*), attacco (*m.*) Edison miniatura.
— **pH meter,** misuratore miniatura del pH.
miniature radiography, radiografia in miniatura.
— **tube** (*radio*). valvola (*f.*) miniatura.
miniaturization, miniaturizzazione *f.*
miniaturize (to—), miniaturizzare.
miniaturized, *p.p.* miniaturizzato.
minicar, piccola automobile; automobile utilitaria.
minicomputer (*elettron.*), piccolo calcolatore elettronico; minielaboratore.
— **technology,** tecnologia dei minicalcolatori elettronici.
minifloppy (*inform.*), minidischetto *m.*
minim, misura di peso usata in farmacia = grammi 0,05919.
minimise, *v.a.* ridurre al minimo.
— **accident risks** (*min.*), ridurre al minimo il rischio di incidenti.
minimised vibration, vibrazione ridotta al minimo.
minimum bath, bagno piccolo; bagno di dimensioni ridotte; bagno corto.
— **pressure,** pressione (*f.*) minima.
— **selectivity,** selettività (*f.*) minima.
— **weight fount** (*tip.*), minimo (polizza del carattere).
mining, industria (*f.*) mineraria; estrazione (*f.*) di minerali.
— **cable,** cavo (*m.*) per miniere.
— **claim,** concessione (*f.*) mineraria.
— **company,** società (*f.*) mineraria.
— **engineering,** arte mineraria (complesso di norme per ricerca, coltivaz. e trasporto minerali a scopo economico).
— **equipment,** attrezzatura (*f.*) mineraria.
— **explosive,** esplosivo (*m.*) da mina.
— **hazards,** rischi inerenti alla coltivazione mineraria.
— **industry,** industria (*f.*) estrattiva.
— **law (to enact a — law),** emanare una legge mineraria.

mining-retreating, coltivazione (*f.*) in ritirata (o col metodo retrogrado) (cominciando dal confine della proprietà).
— **shovel** (*min.*), pala caricatrice per miniera.
— **technique** (*min.*), tecnica mineraria.
minion (*tipog.*), corpo 7.
miniprinter (*inform.*), ministampante *f.*
minium (*vern.*), minio *m.*
ministeelmaker (*met.*) (U.S.A.), fabbricante di acciaio di una miniacciaieria.
Minister of labour and technology (*Inghilterra*), ministro del Lavoro e della Tecnologia.
— **of posts and telecommunications,** Ministro delle Poste e Telecomunicazioni.
— **of the Environment,** Ministro della tutela dell'ambiente.
mink, pelliccia (*f.*) di visone.
Minofor, lega per cuscinetti, a base di stagno.
minor bed (*idraul.*), alveo (*m.*) di magra.
— **diameter,** diametro (*m.*) del nocciolo (*filettature*).
mint (*cinem.*) (U.S.A.), filtro verde; menta *f.*; zecca (fabb. delle monete).
minting, coniazione delle monete.
minuend (*mat.*), minuendo *m.*
minus axis (*ott.*), asse (*m.*) negativo.
minute, minuto *m.*
— **-call** (*tel.*), comunicazione-minuto *f.*
— **-hand,** lancetta (*f.*) dei minuti.
— **wheel** (*orol.*), ruota (*f.*) cambio.
— **wheel pin** (*or* **stud**) (*orol.*), supporto della ruota cambio.
mirage (*ott.*), miraggio *m.*
mirror, specchio *m.*; (*telev.*) (U.S.A.), riflettore (*m.*) parabolico asimmetrico.
— vedi: **antidazzle —; fender —.**
— **elements** (*fis. atom.*), elementi (*m. pl.*) specchio; elementi a immagine speculare.
mirror galvanometer, galvanometro (*m.*) a specchio.
— **finish** (*met.*), finitura (*f.*) speculare.
— **image,** immagine (*f.*) speculare.
— **image nuclei** (*fis. atom.*), nuclei a immagine speculare; nuclei specchio.
— **reading,** lettura (*f.*) con lo specchio.
— **screw** (*telev.*), spirale (*f.*) di specchi (usata per analisi meccanica).
— **stereoscope,** stereoscopio (*m.*) a specchio.
misalignment, allineamento (*m.*) inesatto.
miscellaneous fractions (*chim.*), frazioni (*f. pl.*) diverse.
mischmetall (*met.*), metallo misto; lega riduttrice a base di metalli cerici.
miscibility, miscibilità *f.*
— **gap** (*diagramma di stato, met.*), lacuna di miscibilità.
misfeeding (*macch. ut., mecc.*), errata alimentazione; alimentazione difettosa.
misfire, accensione (*f.*) mancata; accensione (*f.*) difettosa.
misfiring, accensione (*f.*) mancata.
misframing (*fot.*), difetto d'inquadratura.
mishandling, maneggio inesatto.
mislock (*mecc.*), mancanza di impegno.
— **(to —)** (*mecc.*), non impegnarsi.
mismachined, *p.p.* (*mecc.*), mal lavorato.
mismatch (*radio*), disadatto (rif. ad impedenza).
mismatching factor (*radio*), fattore di riflessione.
misprint (*tip.*), errore di stampa.
misrun (*met.*), getto (*m.*) incompleto (*o* getto mancante).
missile, missile.
— **accuracy,** precisione di un missile.
— **attitude stabilization** (*missili*), stabilizzazione di assetto del missile.

missile detection installation, impianto (*m.*) di segnalazione missilistica.
— **engineer,** ingegnere specializzato in missilistica.
— **guidance,** comando (*m.*) o guida (*f.*) di missili.
— **guidance radar,** radar (*m.*) per guida missili.
— **launching,** lancio missilistico.
— **-launching submarine** (*mil.*), sottomarino (*m.*) lanciamissili.
— **mining** (*min.*), abbattimento con missili mediante impatto.
— **release computer** (*aereo*), calcolatore lanciamissili.
— **warhead** (*mil.*), testata di un missile.
— **(heavy —),** missile pesante.
— **(light —),** missile leggero.
— **(to launch missiles from aircraft),** lanciare missili da aerei.
missileman, costruttore (*m.*) di missili.
missiler, esperto (*m.*) nel lancio di missili e di missili radioguidati.
missilery, missilistica *f.*
missilry, missilistica *f.*
missing, *agg.* (*chim.*), mancante *agg.*; non conosciuto.
mission (*aereo*), missione *f.*
— **control centre** (*astron.*) (*aereo*), centro di controllo di missioni aerospaziali.
— **in space,** missione nello spazio; missione spaziale.
mist, appannatura *f.* (di occhiali); (*chim.*), sospensione di un liquido in un gas; (*meteor.*), nebbiolina *f.*; (*chim.*), nebbia; vapore.
mistake, errore *m.*
— **in the manufacturing,** errore (*m.*) di costruzione.
mistyping, errore di battuta (alla macchina per scrivere).
mitigate, *v.a.*, diminuire *v.a.*; ammortizzare *v.a.*
mitosis (pr. *mai-'tou-sis*) (*bio.*), mitosi *f.* (divisione cellulare).
mitre, ugna *f.*; angolo (*m.*) di 45°.
— **square,** squadra (*f.*) a cappello.
mitred joint, giunto (*m.*) ad angolo (di tavole).
— **pipe joint** (*mecc.*), giunto di tubazione ad angolo.
mittens *pl.*, mezzi guanti; guanti (senza dita).
mix, miscela *f.*; (*gomma*), mescola *f.*
— *v.a.* impastare; mischiare; mescolare.
— (*v.a.*) **back,** rimescolare *v.a.*
— **by hand,** impastare (*v.a.*) a mano.
— **by machine,** impastare (*v.a.*) a macchina.
— **concrete,** impastare (*v.a.*) cemento.
— **-in-place travel plant** (*macch. stradali*), centrale mobile di mescolamento in sito.
mixed circuit, circuito (*m.*) misto.
— **class** (*trasporto aereo*), classe mista.
— **-flow turbine,** turbina (*f.*) mista.
— **fuel,** combustibile (*m.*) misto.
— **lighting** (*ill.*), illuminazione (*f.*) miscelata.
— **oil,** olio (*m.*) misto.
— **-packed cotton** (*tess.*), cotone (*m.*) misto.
— **pass** (*tess.*), rimettaggio (*m.*) amalgamato.
— **-pressure turbine,** turbina (*f.*) ad azione mista.
mixer, mescolatore *m.*; mescolatrice *f.*; impastatrice *f.*; modulatore *m.* (*cinem.*); tavolo (*m.*) di missaggio (*cinem.*); operatore (*m.*) addetto al missaggio (*cinem.*); dosatore *m.*; (*radio, telev.*), miscelatore *m.*
— **and feeder** (*ind. mol.*), mescolatrice (*f.*) da farina.
— **-equalizer** (*radio*), mescolatore equalizzatore.
— **valve** (*radio*), valvola (*f.*) mescolatrice.
mixers, valvole (*f. pl.*) mescolatrici.
mixible, *agg.*, miscelabile *agg.*; mescolabile *agg.*

mixing, impasto *m.*; mischia *f.* (*cotone*); missaggio *m.* (unione o mescolanza di varie bande sonore) (*cinem.*).
— **agitator,** agitatore mescolatore.
— **chamber,** camera (*f.*) di carburazione.
— **control** (*aereo*), correttore (*m.*) di quota.
— **drum,** tamburo (*m.*) mescolatore (di impastatrice).
— **intersecting gill-box** (*tess.*), stiratoio (*m.*) di miscela a pettini.
— **ladle** (*fond.*), siviera (*f.*) mescolatrice.
— **machine,** impastatrice *f.*; mescolatrice *f.*; (*tess.*), macchina di mischia.
— **mike** (*cinem.*), microfono (*m.*) di missaggio.
— **nozzle,** ugello (*m.*) di miscela.
— **ratio** (*leghe, met.*), rapporto (*m.*) di miscela.
— **room** (*tess.*), camera (*f.*) di mischia.
mixture, mescolanza *f.*; miscela *f.* miscuglio *m.*
— **ratio** (*mot. a scoppio*), rapporto combustibile-aria.
— **yarn** (*tess.*), filato (*m.*) misto.
mizzen (*naut.*), mezzana *f.*
— **(mizen) mast** (*naut.*), albero (*m.*) di mezzana.
— **-royal mast,** alberetto (*m.*) di controbelvedere.
— **-royal yard,** pennone (*m.*) di controbelvedere.
— **sail,** vela (*f.*) di mezzana.
— **-top gallant mast** (*naut.*), albero (*m.*) di belvedere.
— **-top gallant shroulds** (*naut.*), sartie (*f. pl.*) di belvedere.
— **-top gallant-yard** (*naut.*), pennone (*m.*) di belvedere.
— **-top mast** (*naut.*), albero (*m.*) di contromezzana.
— **-top mast backstays** (*naut.*), paterazzi (*m. pl.*) di contromezzana.
mnemonic, *agg.*, mnemonico.
— **code,** codice mnemonico.
moat (*chim., petrolio*), fossato (*smaltimento di liquidi pericolosi*); (*to construct safety moats around the tanks*), costruire fossati di sicurezza attorno ai serbatoi.
mobile chain-reacting unit (*fis. atom.*), reattore (*m.*) nucleare mobile.
— **crane,** gru trasportabile.
— **crushing** (*min.*), frantumazione con impianto mobile.
— **crushing plant** (*min.*), impianto di frantumazione mobile.
— **diesel electric crane,** gru mobile del tipo diesel elettrico.
— **display vehicle,** automezzo di dimostrazione mobile.
— **dynamometric bridge,** carroponte (*m.*) dinamometrico.
— **flash** (*elet.*), lampeggiatore mobile.
— **lab,** laboratorio (*m.*) mobile.
— **phone,** radiotelefono *m.*
— **radio service,** radiocollegamento mobile.
— **reactor** (*fis. atom.*), reattore (*m.*) mobile.
— **repair unit,** unità mobile di riparazione.
— **rigs** (*petrol.*), trivelle mobili.
— **workshop** (*auto*), carro (*m.*) attrezzi.
mock fog, nebbia (*f.*) apparente causata da refrazione atmosferica.
— **up,** simulacro (*m.*) (in legno) di un aeroplano; modello *m.*; (*aereo*), prototipo *m.*
— **-up airplane** (U.S.A.), finto modello (*m.*) di aeroplano (simulacro).
mode (*comando*) (*audio*), comando rif. al modo di funzionamento dell'apparecchio.
model, modello *m.*; modano *m.*; stampo; (*met.*), v. **dynamic** —; **static** —.
— *v.a.* modellare; formare.
— **aeroplane,** aeromodello *m.*
— **aircraft,** aeromodello *m.*
— **aircraft maker,** aeromodellista *m.*

model airplane (U.S.A.), aeromodello *m.*
— **airplane contest,** gara (*f.*) per aeromodelli.
— **aviation,** aeromodellismo *m.*
— **aviation periodical,** periodico (*m.*) (o rivista) di aeromodellismo.
— **builder,** aeromodellista *m.*
— **built to a scale of 1 : 32** (*costr.*, *ecc.*), modello costruito in scala di 1 : 32.
— **design** (*aereo*), progetto (*m.*) di modelli.
— **flapper** (*aereo*), modello (*m.*) ad ali battenti.
— **flying,** volo (*m.*) di aeromodelli.
— **formula** (*chim.*), formula (*f.*) stereochimica.
— **glider** (*aereo*), modello (*m.*) veleggiatore.
— **plane** (*aereo*), aeromodello *m.*
— **room,** sala (*f.*) modelli.
— **sailplane** (*aereo*), modello (*m.*) veleggiatore.
— **-train maker,** modellista (*m.*) di treni.
— **(pneumatic — for solving mine ventilation problems)** (*miniere*), modello pneumatico per le reti di ventilazione nelle miniere.
modeler (U.S.A.), modellista *m.*
modeller, modellista *m.*
modelling, modellatura *f.*
— **clay,** argilla (*f.*) plastica.
— **pin,** spillo (*m.*) per aeromodelli.
— **stick,** stecca per modellare.
modelspan, carta (*f.*) seta.
modem (*inform.*, *telef.*) (*sistema di modulazione/demodulazione*), modem.
moderate, *v.a.* (*fis. atom.*), moderare *v.a.*; rallentare *v.a.*
— **breeze,** vento (*m.*) moderato.
— **gale,** vento (*m.*) fortissimo.
— **-speed aircraft,** apparecchio a velocità media.
moderated reactor (*fis. atom.*), reattore (*m.*) moderato.
moderately enriched uranium (*fis. atom.*), uranio moderatamente arricchito.
moderating material (*fis. atom.*), materiale (*m.*) moderatore.
— **-process** (*fis. atom.*), processo (*m.*) di moderazione.
moderation (*reattori nucleari*), moderazione *f.*
moderator, (*fis. atom.*), moderatore *m.*; (*TV*), moderatore *m.* (di un dibattito alla TV).
— **lattice** (*fis. atom.*), reticolo (*m.*) moderatore.
modified alkyd (*resine*), resina (*f.*) alchidica modificata.
— **English bond** (*cost.*), assestamento (*m.*) inglese.
— **phenolic** (*resine*), resina (*f.*) fenolica modificata.
— **glyptal resins,** resine (*f. pl.*) gliceroftaliche modificate.
— **resins,** resine (*f. pl.*) modificate.
— **soda** (*chim.*), soda modificata.
modify, *v.a.*, modificare.
— **the cylinder head** (*auto*), modificare la testa del cilindro.
modular building unit (*costr.*), elemento di costruzione modulare.
— **computer** (*inform.*), computer modulare.
— **design** (*inform.*), architettura modulare.
— **drum plotter** (*inform.*), plotter a tamburo modulare.
modularity (*inform.*), modularità *f.* (di costruzione).
— **software** (*calcol. elettron.*), software modulare.
modulated antenna, antenna (*f.*) modulata (o sintonizzata).
— **circuit,** circuito (*m.*) modulato.
— **electron stream** (*elet.*), fascio di elettroni modulato.
— **oscillator,** oscillatore (*m.*) modulato.
— **voltage,** tensione (*f.*) modulata.
modulating-fuel-air proportioning valve, valvola dosatrice del combustibile e dell'aria.
— **wave,** onda (*f.*) di modulazione.
modulation, modulazione *f.*
— **envelope** (*elet.*), inviluppo (*m.*) di modulazione.
— **index** (*radio*), fattore (*m.*) di modulazione.

modulation meter, misuratore (*m.*) di modulazione.
modulator electrode, elettrodo (*m.*) di modulazione.
— **stage** (*radio*), circuito (*m.*) modulatore.
— **valve** (*radio*), valvola modulatrice.
module (*arch.*), modulo *m.*; (*miniere, elet.*), vagone; (*inform.*), modulo *m.* (unità in grado di inserirsi in altre simili).
— **of rupture,** modulo (*m.*) di rottura.
— **(self-powered —),** vagone automotore.
modulus (*pl.* **moduli**), modulo *m.*
— **of elasticity,** modulo (*m.*) di elasticità.
— **of resistance,** modulo (*m.*) di resistenza.
— **of sliding movement,** modulo (*m.*) di scorrimento.
mohair wool, lana (*f.*) mohair.
moiety (*chim.*), fragmento *m.* (*di molecole*); parte *f.*; metà *f.*; parte eguale.
moist, *agg,* umido.
— **air,** aria (*f.*) umida.
— **pulp** (*carta*), pasta (*f.*) umida.
moisten, *v.a.* inumidire.
moisture, umidità *f.*
— **-holding capacity** (*coal*), capacità di ritenuta di umidità (*carbone*).
— **proofing,** impermeabilizzazione (*all'umidità*).
— **proofness,** impermeabilità.
— **regain** (*tess.*), ripresa di umidità.
— **teller** (*strumenti*), umidostato *m.*
— **tester** (*elettron.*), apparecchio registratore dell'umidità (per prodotti diversi); (*strumenti*), umidostato *m.*
moistureproof, *agg.* impermeabile all'umidità.
moits (*tess.*), vedi: **motes.**
mol (*chim.*), peso (*m.*) molecolare in grammi; vedi **mole.**
molar solution (*chim.*), soluzione (*f.*) molare.
molar specific heat (*chim.*), calore specifico molare.
molarity (*chim.*), molarità *f.*
molasses, melassa *f.*
mold, vedi: **mould.**
— **core lubricants,** lubrificanti per anime di fonderia.
— **wall** (*met.*), parete della lingottiera.
moldboard, vedi: **mouldboard.**
molded fiber glass, fibra di vetro stampata.
molding, vedi: **moulding.**
— **material** (*fond.*), materiale di formatura.
mole (*chim.*), grammo molecola; peso molecolare (in grammi); (*scavatrici*), talpa *f.*
molecular, *agg.* molecolare.
— **beam** (*fis.*), fascio (*m.* molecolare.
— **concentration,** concentrazione (*f.*) molecolare.
— **conductivity,** conduttività (*f.*) molecolare.
— **distillation,** distillazione (*f.*) molecolare.
— **electronics,** elettronica (*f.*) molecolare.
— **excitation** (*fis. atom.*), eccitazione (*f.*) molecolare.
— **force,** forza (*f.*) molecolare.
— **heat,** calore (*m.*) molecolare.
— **orbital** (*chim.*), orbita molecolare; orbitale molecolare.
— **polarization** (*fis. atom.*), polarizzazione (*f.*) molecolare.
— **pump** (*elettron.*), pompa (*f.*) molecolare (p. a vuoto per gas).
— **refraction** (*chim.*), rifrazione molecolare.
— **resonance,** risonanza (*f.*) molecolare.
— **sieves** (*chim.*), stacci (*m. pl.*) molecolari; filtri (*m. pl.*) molecolari.
— **weight,** peso (*m.*) molecolare.
molecule, molecola *f.*
moletronics, elettronica (*f.*) molecolare.
molten iron, ghisa (*f.*) liquida.
— **metal,** metallo (*m.*) fuso.
— **steel** (*met.*), acciaio liquido.

molten systems (*elettrochim.*), sistemi fusi.
— **zinc,** zinco (*m.*) fuso.
molybdate (*chim.*), molibdato *m.*
— **orange,** arancio (*m.*) molibdato.
molybdenite, molibdenite *f.*
molybdenum (*chim.* = Mo), molibdeno *m.*
— **hexafluoride** (*chim.*), esafluoruro di molibdeno.
— **tungsten high speed steel** (*met.*), acciaio rapido al molibdeno tungsteno.
molybdic acid (*chim.*), acido (*m.*) molibdico.
moment (*mecc.*), momento *m.*
— **of a couple,** momento (*m.*) di una coppia.
— **of a force,** momento (*m.*) di una forza.
— **of flexion,** momento (*m.*) di flessione.
— **of flexure,** momento (*m.*) flettente.
— **of friction,** momento (*m.*) di attrito.
— **of gyration,** momento (*m.*) di rotazione.
— **of inertia,** momento (*m.*) di inerzia.
— **of maximum current,** momento (*m.*) di massima corrente.
— **of rotation,** momento (*m.*) di rotazione.
— **of rupture,** momento (*m.*) di resistenza alla rottura.
— **of torsion,** momento (*m.*) di torsione.
momental vector, asse (*m.*) momento.
momentary burst of a current, flusso (*m.*) momentaneo di corrente.
— **current,** corrente (*f.*) momentanea.
momentum (*mecc.*), quantità (*f.*) di moto; momento *m.*; forza viva *f.* (*fis.*),; slancio *m.* (*senso figurato*).
monadic operation (*inform.*), operazione monadica (eseguita su un solo operando).
monatomic, *agg.* monatomico.
monatomic gas (*fis.*), gas (*m.*) monatomico.
— **molecule** (*chim.*), molecola (*f.*) monatomica.
monazite (pr. *mon' e-zait*) (*min.*), monazite *f.*
— **sand,** sabbia (*f.*) di monazite.
Monel metal, metallo (*m.*) Monel.
monetary stringency (*econ.*), austerità monetaria.
money income (*finan.*), reddito monetario.
— **supply** (*econ.*), disponibilità monetaria.
monitor, monitore *m.* (*radio, telev., fis. atom.*); addetto ad un monitore; (*min.*), apparecchio per scavare minerali per mezzo di un forte getto d'acqua ad alta pressione, specialm. a cielo aperto, ed anche carbone in sotterraneo; apparecchio per abbattimento con getto d'acqua a pressione; (*inform.*), monitor (complesso dei programmi di controllo per la gestione di un sistema di elaborazione).
— **(to —),** ascoltare *v.a.*; controllare (*v.a.*) il volume sonoro; (*calcol. elettron.*), controllare (programmi, apparecchiature di un elaboratore, ecc.); (*audio, ecc.*), monitorizzare; ispezionare (*linee ferr. ecc.*).
— **(to — the bottom temperatures of each of the furnaces)** (*met.*), controllare le temperature di fondo di ciascuno dei forni.
— **amplifier,** amplificatore (*m.*) di controllo.
— **frequency meter,** frequenziometro (*m.*) avvisatore.
— **-man** (*cinem.*), operatore del suono.
— **screen** (*telev.*), schermo (*m.*) di controllo.
— (*v.a.*) **the latest techniques** (*inform. ecc.*), seguire lo sviluppo delle tecniche più recenti.
— **tube** (*telev.*), tubo pilota.
monitored (*fis. atom.*), sorvegliato *p. p.*; indicato *p. p.*; segnalato *p. p.*

monitored release (*med.*), distribuzione controllata (soggetta a controllo legale).
monitoring (*elet.*) (*radio*) (*telev.*), controllo *m.*; (*fis. atom.*), controllo dell'attività; sorveglianza della protezione; (*min.*), abbattimento con forte getto d'acqua ad alta pressione; abbattimento a getto d'acqua a pressione; (*telef.*, *ecc.*), monitoraggio *m.*
— **aerial,** antenna (*f.*) di controllo.
— **devices** (*fis. atom.*), dispositivi (*m. pl.*) di controllo.
— **loudspeaker,** altoparlante di controllo (del suono che viene registrato).
— **receiver** (*radio*), ricevitore pi lota.
— **site** (*inquinamento*), zona di controllo (dove sono installati gli apparecchi di controllo dell'inquinamento).
— **station,** stazione di controllo.
monkey, berta *f.*; battipalo *m.*; foro di colata delle scorie.
— **chatter** (*elet.*) (*radio*), rumore di bisbiglio (dovuto ad interferenza).
— **spanner,** chiave (*f.*) inglese.
— **-wrench,** chiave inglese a manico girevole.
mono and stereo mixers (*audio*), miscelatori (*m. pl.*) mono e stereo.
— **-radial delivery pump,** pompa monoradiale a portata variabile.
monoacetate (*chim.*), acetina *f.*; monoacetina *f.*
monoacetin (*chim.*), acetina *f.*; monoacetina *f.*
monoacid, *agg.* (*chim.*), monoacido.
monoatomic, *agg.* (*chim.*), monoatomico.
monobasic, *agg.* (*chim.*), monobasico.
monobloc (*auto*), monoblocco *m.*
monobromfluorescein (*chim.*), monobromofluoresceina *f.*
monochloride, monocloruro *m.*
monochromatic, *agg.* monocromatico.
— **light** (*fis.*), luce (*f.*) monocromatica.
— **radiation,** radiazione (*f.*) monocromatica.
monochromatization, monocromatizzazione *f.*
monochromator, selezionatore (*m.*) di luce monocromatica; (*fis. atom.*), monocromatore *m.*
monochrome, *agg.* monocromo.
— **receiver** (*telev.*), televisore monocolore.
— **television,** televisione (*f.*) monocroma; televisione (*f.*) bianco e nero.
monoclinal, *agg.* monoclino.
monocline, monoclino *m.*
monoclinic, *agg.*, monoclinico.
monocoque structure (*aereo*), struttura (*f.*) a guscio (*o* a cassone).
monodeuterobenzene (*chim.*), monodeuterobenzene *m.*
monoenergetic (*fis. atom.*), monoenergetico *agg.*
— **electrons** (*fis. atom.*), elettroni (*m. pl.*) monoenergetici.
— **neutrons** (*fis. atom.*), neutroni (*m. pl.*), monoenergetici.
— **radiation** (*fis. atom.*), radiazione (*f.*) monoenergetica.
monoenergic, *agg.* (*fis. atom.*), monoenergetico.
monography, monografia *f.*
monohydric, *agg.* (*chim.*), monoidrico.
monoisotopic, *agg.* (*fis. atom.*), monoisotopico.
— **-element,** elemento (*m.*) monoisotopico.
monol., permanganato di calcio.
monolayer (*min.*, *ecc.*), strato (*m.*) monomolecolare.
monomeride (*chim.*), monomero *m.*
monomial (*mat.*), monomio *m.*
monomolecular, *agg.*, monomolecolare.
— **reaction** (*chim.*), reazione monomolecolare.
monoplane (*aereo*), monoplano *m.*
monoprogramming (*inform.*), monoprogrammazione *f.*

monopropellant, monopropellente *m.*
monorail, *n.* e *agg.*, monorotaia *f.*
— **train,** treno monorotaia.
— **transports,** trasporti monorotaia.
monoscope, monoscopio *m.*
monotropy, monotropia *f.*
monotype (*tip.*), monotipo *m.*
— **centring and quadding device** (*tip.*), dispositivo automatico per la centratura e spaziatura nella monotype.
— **display caster** (*tip.*), fonditrice monotype per grossi caratteri.
monovalent, *agg.* (*chim.*), monovalente.
monoxide, monossido *m.*; (*chim.*), protossido *m.*
montage (*cinem.*) (U.S.A.), montaggio *m.*
— **photograph,** fotomontaggio *m.*
montan wax, cera montana
Monte Carlo method (*inform.*), metodo Monte Carlo (metodo della ricerca casuale).
montgolfier (balloon) (*aer.*), pallone (*m.*) ad aria calda.
monument (*agrim.*), cippo (*m.*) di confine; caposaldo *m.*
moon (*astr.*), luna *f.*
— **probe,** sonda (*f.*) lunare.
moon's atmosphere (*astron.*), atmosfera (*f.*) lunare.
— **-ship** (*astron.*), astronave lunare.
— **(back side of the —)** (*astr.*), faccia posteriore della luna.
moor, *v.a.* (*naut.*), ormeggiare.
mooring, ormeggio *m.*
— **band** (*aer.*), fascia (*f.*) d'ormeggio.
— **dolphin** (*naut.*), boa di ormeggio.
— **mast** (*aereo*), pilone (*m.*) d'ormeggio.
— **pipes** (*naut.*), cubie (*f. pl.*) d'ormeggio.
— **point** (*aer.*), punto (*m.*) d'ormeggio.
— **ring** (*aereo*), anello (*m.*) d'ormeggio.
mooring rope (*aer.*), cavo (*m.*) d'ormeggio.
— **site** (*naut.*), punto (o luogo) di ormeggio.
— **tower** (*aer.*), torre (*f.*) d'ormeggio.
— **warp** (*naut.*), cavo (fune) di ormeggio.
Moorish arch, arco (*m.*) a ferro di cavallo (o Moresco).
— **dome** (*cost. civ.*), cupola (*f.*) bulbiforme.
mop up (to), detergere; pulire.
moped (*mot.*), ciclomotore *m.*
mopping up operation, (*inquinam. acque*), operazione di pulitura.
moquette (*tess.*), mocchetta *f.*
moraine (*geol.*), morena *f.*
moratorium (*comm.*), moratoria *f.*
mordant (*tintoria*), mordente *m.*; (*v.a.*) mordenzare.
— **based on spirit,** mordente (*m.*) a base di alcool.
— **bath** (*met.*), bagno (*m.*) mordente.
— **dyes,** colori a mordente.
mordanting (*tess. col.*), mordenzatura *f.*
morgen, misura (*f.*) di superficie del Sud Africa (= 85,39 are).
Morgoil bearing (*mecc.*), cuscinetto Morgoil.
morocco leather, marocchino *m.*
morphia, morfina *f.*
morphine, morfina *f.*
Morse alphabet, alfabeto (*m.*) Morse.
— **code,** codice (*m.*) Morse.
— **taper centre,** punta cono Morse.
— **thermo-gage pyrometer,** pirometro (*m.*) ottico Morse.
Morse's cone, conicità (*f.*) normale.
mortgage (*comm.*), ipoteca *f.*
— **bank** (*comm.*), banca di credito ipotecario.
— **financing** (*comm.*), prestiti o crediti ipotecari.
mortar, mortaio *m.*; calcina *f.*; malta *f.*
— **bed,** letto (*m.*) di malta.
— **bond,** assestamento (*m.*) con malta.
— **from trass,** malta (*f.*) di pozzolana.

mortar joint (*costr. civ.*), giunto (*m.*) di malta.
— **mixer** (*or* **mixing machine**), impastatrice (*f.*) di malta.
mortise (*tip.*), clichés scanalati.
— **(mortice)**, incastro *m.*; incavo *m.*
— *v.a.* calettare.
— **chisel**, bedano *m.* (scalpello); scalpello (*m.*) da falegname.
— **-joint**, calettatura *f.*
mortising, calettatura *f.*
— **machine**, mortesatrice *f.*; macchina (*f.*) per dividere.
MOS-circuit (*inform.*), circuito MOS.
— **memory** (*inform.*), memoria MOS.
mosaic (*telev.*), mosaico *m.*; (*fot.*), mosaico di fotografie aeree: mosaico aerofotografico.
— **gold** (*chim.*), oro musivo.
— **structure** (*cristall.*, *met.*), mosaicostruttura *f.*
mosquito repeller (*elettron.*), dispositivo elettronico contro le zanzare.
moss, muschio *m.*
most-favoured nation clause (*comm.*), clausula della nazione più favorita.
motes (*tess.*), impurità (semi, paglie, ecc. trovate nella lana).
moth, tarma *f.*
mothball (to —) a plant, chiudere un impianto (per eventi bellici, ecc.).
mother-gate (*min. carbone*), galleria (*f.*) principale.
— **-lie**, acqua (*f.*) madre.
— **liquor**, acqua (*f.*) madre.
— **oil**, petrolio grezzo base.
— **record** (*acust.*), disco (*m.*) madre.
— **rock** (*min.*), roccia (*f.*) madre.
— **-substance** (*chim.*), sostanza (*f.*) generatrice.
mothproof (to —) (*tess.*), rendere inattaccabile dalle tarme (p. es. *to mothproof woollens*), rendere inattaccabili dalle tarme tessuti di lana.
mothproofing compounds, composti antitarmici.
motion, moto *m.*; corsa *f.*
— **analysis**, cronofotografia *f.*
— **picture camera** (*cinem.*), macchina (*f.*) da presa.
— **picture operator**, operatore (*m.*) cinematografico.
— **picture projectionist**, operatore (*m.*) di cabina.
— **sickness** (*med.*), mal d'auto (treno, aereo ecc.).
— **to and fro**, moto (*m.*) di va e vieni.
— **work** (*orol.*), minuteria *f.* (treno ausiliario di ingranaggi di un orologio, per le ore ed i minuti).
motive power, forza (*f.*) motrice.
— **water**, acqua (*f.*) motrice.
motocylinders, motocilindri (*motore asincrono chiuso*).
motor, motore *m.*; motrice *f.*; apparecchio (*m.*) motore.
— **ambulance**, autoambulanza *f.*
— **assisted bicycle**, bicicletta a motore.
— **at full load**, motore (*m.*) a pieno carico.
— **at half load**, motore (*m.*) a metà carico.
— **barge** (*naut.*), barca a motore.
— **-boat** (*naut.*), motoscafo *m.*
— **bulk carrier** (*naut.*), motonave per trasporto di materiali incoerenti.
— **car**, automobile *f.*
— **car licence**, patente (*f.*) per automobili.
— **car receiver**, autoradio *m.*
— **car tyre**, gomma (*f.*) per automobili.
— **caravan** (*auto*), autocaravan *f.*
— **-case**, carter (*m.*) del motore.
— **chemical tanker** (*naut.*), motonave cisterna per prodotti chimici.
— **-coach**, autobus *m.*; (*ferr.*), automotrice *f.*
— **connection** (*elet.*), raccordo (*m.*) con motori.
— **container vessel** (*naut.*), motonave portacontenitori.
— **cycle licence**, patente (*f.*) per motocicletta.
— **drive**, comando (*m.*) a motore.

motor driven, comandato (*p.p.*) a motore.
— **driven lathe,** tornio (*m.*) con motore accoppiato.
— **factory,** fabbrica (*f.*) di motori.
— **frame,** telaio (*m.*) del motore.
— **-gas,** gas (*m.*) povero.
— **-generator body,** cassa (*f.*) del generatore.
— **-generator set,** gruppetto (*m.*) motogeneratore.
— **gunboat** (*naut.*), mas.
— **hoe** (*macch. agr.*), motozappatrice *f.*
— **home** (*auto*), motorhome *f.*
— **-hood,** capote *f.* (del motore) (*auto*); cofano *m.* (*auto*).
— **housing** (*elet.*), carcassa di motore.
— **insurance** (*auto*), assicurazione (*f.*) auto.
— **insurer,** assicuratore automobilistico.
— **launch,** lancia (*f.*) a motore.
— **lorry,** autocarro *m.*
— **of the crane type,** motore (*m.*) da gru.
— **-paced** (*sport*), corsa dietro motori (in pista).
— **-plough** (*agric.*) motoaratrice *f.*
— **protector,** salvamotore *m.*
— **pump,** motopompa *f.*
— **racing track,** autodromo *m.*
— **repair shop,** officina di riparazione.
— **sailer** (*naut.*), cabinato (*m.*) a vela.
— **ship** (*naut.*), motonave *f.*
— **scooter,** motoscooter; motoretta.
— **Show** (*auto*), salone (*m.*) dell'Automobile.
— **spirit,** benzina; olio combustibile per motori a combustione interna.
— **starter,** motore (*m.*) di avviamento.
— **-tractor** (*agric.*), motoaratrice *f.*
— **turn-table fire escape,** autoscala *f.* (pompieri).
— **-van,** autofurgone *m.*
— **vehicle** (*moto*), motoveicolo *m.*; autoveicolo *m.*
motor vehicle industry, industria automobilistica.
— **vehicle licence,** patente (*f.*) per autoveicoli.
— **vessel** (*naut.*), motonave *f.*
— **watering-cart,** autobotte *f.*
— **(school of —),** autoscuola *f.*
motorbike, motocicletta *f.*
motorboating (*radio*), crepitio *m.*
motorcade (U.S.A.), fila (o corteo) di automobili.
motorcycle, motocicletta *f.*
— **factory,** fabbrica (*f.*) di motociclette.
— **lampammeter** (*motoc.*), amperometro (*m.*) di carica batteria.
— **mirror,** specchio (*m.*) per motocicletta.
motorcyclist, motociclista *m.*
motordrome, autodromo *m.*
motored, *agg.* a motore; motorizzato.
motoring, automobilismo *m.*
— **offence** (*auto*), infrazione automobilistica.
motorist, automobilista *m.*
— **covered only for third party risks** (*assicuraz.*), automobilista assicurato solo per responsabilità civile terzi.
motorize, *v.a.* motorizzare.
motorized bicycle, bicicletta (*f.*) a motore.
motorless aeroplane, aeroplano (*m.*) senza motore.
motorman, conducente *m.* (di un tram o locomotore).
motorship, nave (*f.*) a motore; motonave *f.*
motorway, autostrada *f.*
— **bridge** (*cost.*), ponte autostradale.
— **service area,** area di servizio autostradale.
mottled fracture (*met.*), frattura trotata.
— **iron,** ghisa trotata *f.*
— **mahogany,** mogano (*m.*) marezzato.
mould (U.S.A., **mold**), modano *m.*; terriccio *m.*; stampo *m.* (*fond.*); formatura *f.*; forma *f.* (*fond.*);

materiale (*m.*) per sagome (*fond.*); (*bot.*), muffa *f.*; (*tip.*), matrice; forma a fondere.
mould *v.a.*, **mold** (U.S.A.), *v.a.* sagomare; plasmare; modellare; formare.
— **assembly** (*fond.*), ramolaggio *m.*
— **-board,** orecchio (*m.*) dell'aratro.
— **form** (*plastica*), stampo *m.*
— **(ingot —)** (*naut.*), lingottiera *f.*; v. **open-top ingot —**; v. **semi-continuous ingot —.**
mouldable, *agg.* plasmabile.
mouldboard (U.S.A., **moldboard**), orecchio *m.* (di aratro).
moulded breath, larghezza (*f.*) fuori ossatura (*naut.*).
— **depth** (*naut.*), altezza (*f.*) di costruzione; altezza a murata.
— **glass,** vetro stampato.
moulder, staffatore *m.* (*fond.*); formatore *m.*; plasmatore *m.*
moulding (U.S.A., **molding**), modanatura *f.* (*arch.*); formatura *f.*; sagoma *f.*; profilo *m.*; tornitura (*f.*) a sagoma; cornice *f.*
— **box** (*fond.*), cassa (*f.*) di formazione; staffa.
— **cutter,** fresa (*f.*) per scanalature; profilatrice *f.*; utensile (*m.*) per profilare.
— **in flask,** formatura (*f.*) in staffa.
— **in sand-cement,** formatura (*f.*) in sabbia-cemento.
— **knife grinder,** affilatrice (*f.*) multipla per ferri da profilare (o da sagomare).
— **machine,** fresatrice (*f.*) per legno; formatrice *f.*; profilatrice *f.*; piallatrice (*f.*) per sagome.
— **of gear wheels,** formatura (*f.*) d'ingranaggi.
— **powders** (*mat. plat.*), polveri da stampaggio.
— **press** (*tip.*), pressa per matrici.
— **process,** formatura *f.*
— **sand,** sabbia (*f.*) da fonderia; terra (*f.*) da fonderia; terra (*f.*) per formatura.
— **shop** (*fond.*), reparto (*m.*) formatura.
mount (*mecc.*, *tip.*), zoccolo *m.*; (*mecc.*), incastellatura di sostegno; montatura *f.* (di lente); (*microscopio metallog.*), cilindretto di un pollice circa di diametro, con formatura alla pressa, che racchiude campioni preparati per il microscopio metallografico.
— *v.a.* (*mecc.*), montare; mettere (*v.a.*) insieme.
— **base** (*mil.*), supporto di montaggio (per mirino).
— **base block** (*met. armi*), blocco di supporto di montaggio.
— **(anti-vibration —)** (*mecc.*), incastellatura (*o* zoccolo) antivibrante.
mountain, montagna *f.*
— **elm,** olmo (*m.*) montano.
— **green,** verde (*m.*) minerale; verde (*m.*) ungherese.
— **-lift,** funicolare (*f.*) aerea su piano inclinato in montagna.
— **-meal,** farina (*f.*) fossile.
— **pine,** pino (*m.*) montano (*Pinus Montana*); pino (*m.*) delle Alpi.
mounted drill (*agr.*), seminatrice portata.
— **plow** (*agr.*), aratro portato.
mounting, rimessa *f.* (*tess.*) (insieme dei licci) (detta anche: gioco); montaggio *m.*; incastellatura *f.*; (*cinem.*), montaggio *m.*; (*mecc.*), supporto *m.*
— **press** (*mecc.*), pressa (*f.*) di montaggio.
— **press with transfer attachments** (*mecc.*), pressa (*f.*) di montaggio con dispositivi transfer.
— **stand** (*bussole, ecc.*), basamento *m.*
— **tension,** tensione (*f.*) di montaggio.
mountings (*auto*), v. **engine —.**
— **and fittings,** accessori *m. pl.*; guarniture *f. pl.*; armature *f. pl.*
mouth, imboccatura *f.*; foce *f.* (di fiume); bocca *f.* (di un pozzo, di sacco, forno, ecc.).

mouth of shears, gola (*f.*) di una cesoia.
— **opener** (*strum. med.*), apribocca *m.*
— **-piece,** imboccatura (*f.*) di una tubazione.
— **-to-mouth resuscitation** (*pronto soccorso*), rianimazione bocca a bocca.
— **(converter —)** (*met.*), bocca del convertitore.
mouthpiece, imboccatura *f.*
movable, *agg.* mobile.
— **barrack,** baracca (*f.*) trasportabile.
— **bearing,** appoggio (*m.*) mobile.
— **headstock,** testa (*f.*) motrice spostabile.
— **hinge,** cerniera (*f.*) mobile.
— **pin-jointed purlin,** arcareccio (*m.*) a cerniera mobile.
— **types** (*tip.*), caratteri mobili.
move, *v.i.* (*chim., ecc.*), muoversi *v.r.*; spostarsi *v.r.*; trasferirsi; traslocare.
— **about,** *v.i.* spostarsi attorno a.
— **along,** *v.i.* spostarsi lungo (il).
— **back,** *v.i.* ritornare *v.i.*
— **down,** *v.i.* spostarsi verso il basso.
— **the motor back,** muovere il motore all'indietro.
— **the motor forward,** muovere il motore in avanti.
— **the wing down** (*aereo*), abbassare (*v.a.*) l'ala.
— **to a new factory,** trasferirsi in un nuovo stabilimento; traslocare in un nuovo stabilimento.
— **up,** *v.i*, spostarsi (verso l'alto).
— **up,** *v.a.* (*cinem.*), muovere la macchina da presa vicino al soggetto da fotografare.
movement, movimento *m.*; movimento *m.* (di orologio) (*orol.*).
— **holder** (*orol.*), porta movimento.
movie (*cinem.*), film *m.*
— **film camera,** cinepresa, *f.*
movieflood lamp, lampada (*f.*) per prove cinematografiche.
movieola (*cinem.*), tavolo (*m.*) di montaggio.
moving bed catalytic cracking (*chim.*), cracking catalitico a letto mobile.
— **cathode furnace,** forno per isolamento elettrolitico di metalli a basso punto di fusione.
— **coil galvanometer** (*elet.*), galvanometro a bobina mobile.
— **coil loudspeaker,** altoparlante (*m.*) a bobina mobile.
— **-coil magnetic cartridge** (*audio*) testina (magnetica) a bobina mobile.
— **coil regulator** (*elet.*), regolatore a bobina mobile.
— **coil transformer** (*elet.*), trasformatore a bobina mobile.
— **contact,** contatto (*m.*) mobile.
— **cruciform wing** (*missili*), ala a croce, mobile.
— **iron ampermeter,** amperometro (*m.*) elettromagnetico.
— **iron microphone** (*acust.*), microfono (*m.*) a ferro rotante.
— **load** (*costruz.*), sovraccarico mobile.
— **pavements** (*strade cittadine*), marciapiedi (*m. pl.*) mobili.
— **stage,** impalcatura (*f.*) di traslazione.
— **staircase,** scala (*f.*) mobile.
— **underwater equipment,** impianto mobile subacqueo.
— **water,** acqua (*f.*) motrice.
moviola (*cinem.*), tavolo (*m.*) di montaggio; moviola.
mower, falciatrice *f.*
mowing and loading machine (*macch. agr.*), falcia-caricatrice *f.*
— **machine,** falciatrice *f.*
M-tooth, dente (*m.*) a M.
mu (*pr. min.*) (μ), micron; micromillimetro.
mucic, *agg.* (*chim.*), mucico.
mucilage, mucillaggine *f.*
muck (*min.*), terra o roccia commista a minerale; (*min.*), fango (*ricco in humus*); sterile di roccia abbattuta con esplosivo (*specialm. in gallerie*); strisce

nere, provocate da olio e gomma, sulle autostrade.
muck bar (U.S.A.), billetta *f.*; barra di ghisa greggia.
— **loader,** v. **mucking machine.**
— **out** (*min.*), sgombrare dalla fanghiglia e dallo sterile di roccia una galleria; (*total feet of drift mucked out*), lunghezza totale in piedi della galleria di livello sgombrata dalla fanghiglia e dallo sterile di roccia).
— **-roll** (*mecc.*), cilindro (*m.*) sgrossatore.
— **-train,** laminatoio (*m.*) di puddellaggio.
mucking machine (*min.*), caricatrice meccanica (macchina per carico dello sterile di roccia, dopo abbattim. in galleria).
mud, fango *m.*
— **-guard,** parafango *m.*
— **barrel** (*petrolio*), strumento per portare alla superficie i detriti di trivellazione.
— **gun control room** (*altoforno*), cabina manovra tappatrice.
— **hog** (*ind. pet.*), pompa (*f.*) da fango.
— **-laden fluid** (*petrolio*), fluido caricato di fango.
— **mixing plant** (*petrolio*), centrale mescolatrice del fango.
— **(to —) off,** otturare con fango una vena di liquido.
— **pump** (*ind. pet.*), pompa (*f.*) da fango.
— **-snow tire** (*auto*), pneumatico neve-fango.
— **testing,** esame (*m.*) del fango.
— **trap,** collettore (*m.*) stradale.
— **treating agents,** agenti per il trattamento dei fanghi.
— **-treating chemicals,** prodotti chimici per il trattamento dei fanghi.
— **sheath,** intonaco (*m.*) di fango.
— **(red muds)** (*met.*), fanghi rossi (residuo del processo Bayer, ricco in Fe_2O_3).
mudflap (*auto*), paraspruzzi *m.*
mudguard, parafango *m.*
muff, manicotto (*m.*) di raccordo; v. **muffs.**
muffle carburizing furnace, forno (*m.*) da cementazione a muffola.
— **furnace,** muffola *f.*; forno (*m.*) a muffola.
muffler (U.S.A.) (*auto*), silenziatore; marmitta (*f.*) di scarico.
muffs (*contro i rumori nocivi*), cuffie protettive (*o* silenziatrici) (tamponi).
mug shot (*slang*) (*telev.*), ripresa (*f.*) di primi piani.
mulberry tree, gelso *m.*
mule (*tess.*), filatoio (*m.*) intermittente.
— **carriage** (*cotone*), carro del filatoio intermittente.
— **spindle** (*tess.*), fuso del filatoio intermittente.
— **-spinning,** filatura (*f.*) con filatoio intermittente.
— **track,** mulattiera *f.*
— **twist** (*tess.*), filo (*m.*) di mezza catena.
mull (*tess.*), tessuto di cotone grigio leggero.
— **(to —),** macinare; polverizzare.
muller (*fond.*), molazza *f.*
— **and plate,** bottola *f.*
— **mixer,** frantoio (*m.*) per mastice, ecc.
mulling (*fond.*), polverizzazione *f.*; macinazione *f.*; molazzatura *f.*; il pestellare (di vernici).
— **process** (*fond.*), processo di molazzatura.
mullocking (*min.*), lavoro alla roccia.
mullocky, *agg.* (*min.*), sterile.
multi-arc chutes (*elet.*), spegniarco ad intervalli esplosivi multipli.
— **band** (*radio*), pluribanda.
— **-breaker,** interruttore *m.*
— **-brush air filter,** filtro d'aria a spazzole.
— **channel carrier telephone circuit** (*radio*), circuito telefonico multicanale.
— **channel magnetic film recording and reproducing unit**

(*film*), apparecchio registratore e riproduttore magnetico a più colonne.
multi-channel modular system (*inform.*), sistema modulare multicanale.
— **-channel television receiver** (*telev.*), ricevitore per televisione multicanale.
— **-coil loop aerial** (*aereo*), antenna a telaio accordato a più spire.
— **-cone friction clutch,** innesto (*m.*) a coni multipli.
— **colour recorder,** registratore (*m.*) a più colori.
— **-cut lathe,** tornio (*m.*) parallelo a più utensili ad azione simultanea.
— **-cutter horizontal gear generator,** generatore orizzontale d'ingranaggi a frese multiple.
— **-cylinder,** *agg.*, policilindrico.
— **-deck cage** (*min.*), gabbia a due o più piani.
— **dimensional string and numerical arrays** (*inform.*), array numerico e sequenziale di caratteri multidimensionale.
— **disc friction clutch** (*macch. ut.*), innesto (*m.*) a frizione a dischi multipli.
— **-engined aeroplane,** plurimotore *m.*
— **-engined plane,** plurimotore *m.*
— **-furrow plough,** polivomere *m.*
— **-hole brick** (*met.*), mattone (*m.*) a più fori.
— **-hole type nozzle,** ugello (*m.*) a fori multipli.
— **-leaf door** (*costr.*), porta a libro.
— **-level transcoder** (*inform.*), transcodificatore a multilivelli.
— **-manned satellite** (*astron.*), satellite con molti uomini a bordo.
— **-media,** audio-visivo.
— **motor drives,** comandi multimotori.
— **-motored model,** modello (*m.*) plurimotore.
— **-national company,** società multinazionale.

multi-pass welding (*sald.*), saldatura (*f.*) a più passate.
— **-plate clutch,** frizione (*f.*) a dischi multipli.
— **-plate distillation column,** colonna di distillazione multipla.
— **-plate friction clutch** (*macch. ut.*, *mecc.*), frizione multilamellare.
— **-plate press** (*macch.*), pressa (*f.*) a piani multipli.
— **-point indicators,** indicatori multipli (di pressione, temperatura, (O_2 ecc.).
— **punching** (*calcol. elettron.*), multiperforazione *f.*
— **-purpose dry cargo and container carrier** (*naut.*), nave polivalente per carichi secchi e portacontenitori.
— **-purpose (research) reactor** (*fis. atom.*), reattore polivalente.
— **-purpose vessel** (*naut.*), nave (*f.*) polivalente.
— **-role combat aircraft** (*aereo*), aereo da combattimento multiruolo.
— **-signal generator** (*radio*), generatore di segnali multipli.
— **spindle boring machine** (*macch. ut.*), alesatrice (*f.*) a mandrini multipli.
— **-spindled,** a mandrini multipli.
— **-spindle deep-hole drilling machine** (*macch. ut.*), foratrice (*f.*) a mandrini multipli per fori profondi.
— **-spindle drill head** (*macch. ut.*), testa a forare multimandrino.
— **spindle drill press** (*macch. ut.*) (U.S.A.), trapano (*m.*) a mandrini multipli.
— **-spindle head** (*mecc.*, *macch. ut.*), testa (*f.*) a mandrini multipli; testa multimandrino; testa a fusi multipli.
— **-spindle horizontal drilling machine** (*macch. ut.*), trapano (*m.*) orizzontale a mandrini multipli.
— **-spindle tapping machine** (*macchin. ut.*), maschiatrice (*f.*) plurimandrino.

multi-stage centrifugal pump, pompa centrifuga multipla.
— **-stage evaporator,** vaporizzatore (*m.*) a corpo multiplo.
— **-stage turbine,** turbina (*f.*) multipla.
— **-store industrial building** (*costruz.*), fabbricato multipiano industriale.
— **-story building,** fabbricato multipiano.
— **-stranded wire,** filo (*m.*) a più capi.
— **-tool copying lathe** (*macch. ut.*), tornio per riprodurre ad utensili multipli.
— **-tool lathe** (*macch. ut.*), tornio (*m.*) ad utensili multipli.
— **-user operating system** (*inform.* sistema operativo molti-utenti.
— **-way turn-table** (*ferr.*), piattaforma (*f.*) girevole a stella.
— **-wire system** (*elet.*), sistema (*f.*) conduttore multifilo.
multiaddress instruction (*calcol. elettron.*), istruzione con molti operandi.
multiblade circular shears (*macch.*), cesoia (*f.*) circolare multipla.
multicell box beam, trave (*f.*) a scatola multicellulare.
multicellular voltmeter, voltmetro (*m.*) multicellulare.
multicore cable (*elet.*), cavo (*m.*) multipolare.
multidirectional lighting, illuminazione (*f.*) pluridirezionale.
multifuel engine, motore policombustibile.
multigraph (*relief printing process*), procedimento di stampa a rilievo per duplicazione tipografica.
multigrip, *agg.* (*mecc.*) (pinze a serraggio multiplo.
multilayer sandwich plate (*met.*), lamiera sandwich a piú strati.
multilinear (*or* **tensor) algebra,** algebra (*f.*) tensoriale.
multilith (*an offset duplicator*), duplicatore litografico.
multimeter (*elettron.*), multimetro *m.*
multinational, *agg.* (*company*), multinazionale.
multinomial, polinomio *m.* (*alg.*).
multipath effect (*telev.*) (U.S.A.), immagine (*f.*) **fantasma.**
multiplane (*aer.*), multiplano *m.*
multiplay (*audio*), riproduzione simultanea di più registrazioni.
multiple-arch dam (*elet. idraul.*), diga a volte multiple.
— **belting,** cinghia (*f.*) multipla.
— **-cavity die, stampo** multiplo **a figure uguali.**
— **-core cable** (*elet.*), cavo (*m.*) a più conduttori (o multiplo).
— **-die press** (*mecc.*), pressa (*f.*) a gradini.
— **diffraction** (*cristall.*), diffrazione multipla.
— **disc brake,** freno (*m.*) a lamelle.
— **disc clucth** (*mecc.*), innesto (*m.*) a dischi multipli.
— **fabric,** tessuto (*m.*) multiplo.
— **grooved cord pulley,** puleggia (*f.*) a più gole.
— **head blowpipe,** cannello (*m.*) ad erogazione variabile.
— **indexing,** divisione (*f.*) multipla (fresatrici).
— **jet oxygen lance** (*met.*), lancia ad ossigeno multifora.
— **keyboard** (*inform.*), tastiera multifunzione.
— **-lane highway** (*traffico*) (U.S.A.) autostrada a molte corsie.
— **line** (*elet.*), linea (*f.*) a più conduttori (o multipla).
— **mold** (*met.*), lingottiera multipla.
— **-nozzle oxygen lance** (*met.*), lancia ad ossigeno multifora.
— **-play turntable** (*audio*), cambiadischi *m.*
— **point comparator,** comparatore (*m.*) multiplo.
— **programming** (*inform.*), multiprogrammazione.
— **radial engine,** motore (*m.*) a stella multiplo.
— **reel feature** (*cinem.*), film di più di 3 rotoli di lunghezza.
— **rib pillar,** pilastro (*m.*) composto (superiormente).

multiple saw, sega (*f.*) multipla.
— **scattering** (*fis. atom.*), diffusione (*f.*) multipla.
— **spindle automatic screw machine,** tornio (*m.*) automatico a più mandrini per viti.
— **spindle drilling machine,** trapano (*m.*) multiplo.
— **spindle drilling machine of cluster type,** trapano (*m.*) multiplo con mandrini a gruppo.
— **spindle drilling machine of straight type,** trapano (*m.*) multiplo con mandrini nello stesso piano.
— **spindle horizontal miller,** fresatrice (*f.*) orizzontale a più mandrini.
— **spines,** chiavette (*f. pl.*) multiple.
— **spot welding** (*sald.*), saldatura (*f.*) a punti multipli.
— **start thread,** vite (*f.*) a filetti multipli.
— **thread,** filettatura (*f.*) multipla.
— **-thread screw,** vite (*f.*) a filetti multipli.
— **-unit tube** (*elettron.*), tubo (*m.*) multiplo.
— **-wire system,** sistema (*m.*) a più conduttori.
multiplex, sistema (*m.*) di trasmissione simultanea di parecchi messaggi sulla stessa onda (*telef. e teleg.*); telegrafo (*m.*) multiplo (*teleg.*); vedi: **pulse system.**
— **(to —)** (*calcol. elettron.*), multiplexare.
— **channel,** canale multiplo.
— **electromagnetic machine** (*elet.*), macchina elettromagnetica multipla.
— **telegraphy,** telegrafia (*f.*) multipla.
— **winding** (*elet.*), avvolgimento (*m.*) in serie parallelo; avvolgimento (*m.*) a circuiti multipli.
multiplexer-demultiplexer(*inform.*) vedi: **MDM** nella parte **abbreviazioni.**
multiplicand, moltiplicando *m.*
multiplication, moltiplicazione *f.*
— **factor** (*fis. atom.*), fattore (*m.*) di moltiplicazione.
multiplier (*elet.*), moltiplicatore *m.*
multiply, *v.a.* moltiplicare.
multipolar, *agg.* multipolare.
— **dynamo,** dinamo (*f.*) multipolare.
Multiprismat (*controllo numerico*) (*macch. ut.*), riga con prismi (con sequenza di prismi a 90° con l'ipotenusa disposta sul piano della riga).
multiprocessing (*elaborazione contemporanea di più programmi, ecc.*) (*calcol. elettron.*), « multiprocessing »; multielaborazione *f.*
multiprocessor (*calcol. elettron.*), multiprocessor (sistema di elaborazione con due o più unità centrali fra loro comunicanti).
multispindle automatic lathe (*macchine ut.*), tornio automatico plurimandrino.
— **drilling machine** (*macch. ut.*), trapano (*m.*) a fusi multipli.
— **vertical drilling machine** (*macchine ut.*), trapano (*m.*) verticale plurimandrino.
multistage pump, pompa (*f.*) multicellulare.
— **radial turbine,** turbina radiale a molti stadi.
multiterminal, *agg.* (*inform.*), multiterminale.
multitubular boiler, caldaia (*f.*) multitubolare.
— **dust collector, pressure type** (*ind. mol.*), filtro (*m.*) multitubolare ad aria premente.
— **radiator,** radiatore (*m.*) multitubolare.
— **vaporizer,** vaporizzatore (*m.*, multitubolare.
multivalent, *agg.* (*chim.*), polivalente.
multivibrator, multivibratore *m.*
mundic, pirite (*f.*) di ferro.
municipal central station, centrale (*f.*) urbana.
— **law** (*leg.*), diritto (*m.*) interno.
Muntz metal, metallo (*m.*) Muntz.

muon (*fis. atom.*), mesone μ.
muriatic acid, acido (*m.*) muriatico.
muscarine (*chim.*), muscarina *f.*, $C_8H_{13}O_3N$.
Muscovy glass, vetro (*m.*) di Moscovia.
mush area (*radar*) (U.S.A.), zona (*f.*) di interferenza.
— **(to —) one's plane** (*aereo*) (U.S.A.), mettere il proprio aeroplano in posizione ascendente senza sufficiente potenza.
mushroom, cono (*m.*) della valvola.
— **head rivet** (*mecc.*), rivetto (*m.*) a testa bombata.
— **insulator** (*elet.*), isolatore (*m.*) a campana.
— **mechanization** (*agr. mecc.*), meccanizzazione della funghicoltura.
— **valve** (*gas*) (*met.*), valvola a fungo.
music pavilion (*costr.*), padiglione per concerti e spettacoli musicali.
— **wire,** filo (*m.*) armonico.
musical clock (*orol.*), orologio a cariglione.
— **muffs,** cuffie (*f. pl.*) per audizione di musica.
musicassette (*quality recordings on tapes sealed in cassettes*) (*acust.*), audio-cassetta *f.*; cassetta musicale.
musk (*med.*), muschio.
— **-rat,** topo muschiato.
musquash, pelliccia di topo muschiato.
muss, fango petrolifero.
must, mosto *m.* (di uva).
mustard oil, olio (*m.*) di senape.
muster (*naut.*) (*mil.*), appello *m.*
— **roll,** elenco dell'equipaggio (secondo l'appello).
mutant (radiation induced —) (*fis. atom.*), mutante ottenuto con irradiazioni.
mutarotale, *v.i.*, presentare il fenomeno della mutarotazione.
mutarotation (*chim.*) (*ott.*), mutarotazione *f.*
mutation breeding (*fis.*) (*bio.*), coltura mutagena.
muting (*radio, mus.*), **ridurre** di volume; ridurre al silenzio.
— **induction** (*elet.*), induzione (*f.*) mutua.
— **switch** (*radio*), commutatore silenziatore.
mutual conductance, mutua conduttanza *f.*; pendenza *f.* (*radio*); trasconduttanza *f.*
— **fund** (*comm., finan.*), fondo di investimento.
mutules (*arch.*), modiglioni *m. pl.*
mutton rule (*tip.*), lineetta *f.*
muzzle, volata *f.* (di cannone).
— **-brake** (*mil.*) (*obice*), freno di bocca.
— **loading pistol** (*armi*), pistola ad avancarica.
mycelium (*bot.*), micelio *m.*
MYCIN (*inform.*), sistema di calcolatori « esperti » (v. **expert systems**) per diagnosticare le malattie.
myoelectric *agg.*, mioelettrico.
myriagram, miriagramma *m.*
myrialitre, mirialitro *m.*
myriametre, miriametro *m.*
myristicin, miristicina *f.*
myrrh, mirra *f.*
myrtle oil, olio (*m.*) essenziale di mirto.

N

N-shell (*fis. atom.*), strato N.
— **-series** (*fis. atom.*), serie N.
Nacara, prodotto plastico al nitrato di cellulosa.
Nacelan, tinta per l'acetato di cellulosa.
nacelle (*aereo*), gondola (*f.*) per il motore; navicella *f.*; cabina *f.*
nacre, madreperla *f.*
nacrite (*min.*), nacrite.
nadir (*astr.*), nadir *m.*
nail, chiodo *m.* (comune); $^1/_{16}$ di una iarda (= cm 5,75); unghia *f.*
— *v.a.* chiodare (con chiodi sottili); inchiodare.
— **drawer,** tira-chiodi.
— **firing tool,** pistola (*f.*) sparachiodi.
— **for roofing slate,** chiodo (*m.*) per ardesia.
— **head,** capocchia (*f.*) di un chiodo.
— **pass,** tracciato per chiodi.
— **puller,** pinza (*f.*) per estrarre chiodi.
— **-works,** fabbrica (*f.*) di chiodi.
nailable (*costr.*), resistente alla chiodatura.
naked-eye visibility (*astr.*), visibilità ad occhio nudo.
Nalcoag, silice colloidale.
nalfing (*petrolio*), raffinazione (*f.*) di distillati petroliferi con anidride acetica.
name board (*costr.*), cartellone portante il nome dell'imprenditore edile, generalm. affisso durante i lavori in corso.
— **plate,** targhetta (*f.*) marca.
NAND (*elettron.*), NAND (*operatore logico*).
— **element** (*elettron.*), (elemento NON-E) elemento NAND.
nano-, prefisso equivalente a 10^{-9}.
nanofarad, nanofarad *m.* (*un miliardesimo di farad*).
nanometre (*mis.*) (*radiazioni*), nanometro *m.*
nanosecond, nanosecondo *m.* (*un miliardesimo di secondo*).
nap, to (*tess.*), felpare *v.a.*
napery, biancheria da tavola.
naphtha, nafta *f.*
— **cracking plant** (*ing. chim.*), stabilimento di piroscissione della nafta.
— **gas,** gas (illuminante caricato) di vapori di nafta.
naphthalene, naftalene *m.*
— **washer** (*gas*), lavatore di naftalina.
naphthaline, naftalina *f.*
naphthazarin (*chim.*), naftazarina *f.*
naphthenate (*chim.*), naftenato *m.*
naphthene (pr. *nef' thin*) (*chim.*), naftene *m.*
naphthenes (*chim.*), nafteni *m. pl.*
Naphthin, naftin (*chim.*), *m.*
naphthionic acid (*chim.*), acido naftionico.
naphthoic acid (*chim.*), acido (*m.*) naftoico.
naphthol (*chim.*), naftolo *m.*
— **AS** (*chim.*), naftolo AS.
naphthoquinone (*chim.*), naftochinone.
naphthyl (*chim.*), naftile *m.*
naphthylamine, naftilammina *f.*
Napierian logarithm, logaritmo (*m.*) di Napier.
naplam (*armi*), naplam.
napper (*tess.*), garzatrice *f.*
napping (*tess.*), felpatura *f.*
— **machine** (*tess.*), felpatrice *f.*
narceine, narceina *f.*
narcotine, narcotina *f.*
narration (*cinem.*), narrazione (*f.*) cinematografica.
narrow (*agg.*) (*tess.*), basso (riferito a tessuti); stretto (*in senso generale*) (*met.*).
— **(to —)** (*of a beach*), restringersi (di una spiaggia).
— **belt,** cinghia (*f.*) stretta.
— **down,** *v.a.*, ridurre *v.a.* (*un argomento*).
— **gauge,** scartamento (*m.*) ridotto.

narrow-gauge railway, ferrovia (*f.*) a scartamento ridotto.
— **-gauge track,** binario (*m.*) a scartamento ridotto.
— **roll** (*tip.*), altezza del rotolo (lato minore del foglio).
— **set** (*tip.*), fusione stretta.
— **strip** (*met.*), nastro stretto.
narthex (*arch.*), nartèce *m.*
nascent, *agg.* (*chim.*), nascente.
— **neutron** (*fis. atom.*), neutrone (*m.*) nascente.
— **oxide,** ossido (*m.*) nascente.
Nasmith comber (*tess.*), pettinatrice (*f.*) Nasmith.
nasty, *agg.* cattivo (*odore*).
nat. log., logaritmo (*m.*) naturale.
natgas, gas (*m.*) di petrolio.
National Institute for Occupational Safety and Health (U.S.A.) Ispettorato del Lavoro (U.S.A.).
nationalized industry, industria nazionalizzata.
native gold, oro (*m.*) vergine.
natrium (*chim.*), sodio *m.*
natron, carbonato (*m.*) di soda.
natural (*petrolio*) (U.S.A.), pozzo petrolifero naturale (*senza trattam. all'acido*).
— **agent,** agente (*m.*) naturale.
— **asphalt rock,** asfalto (*m.*) naturale.
— **draught,** tiraggio (*m.*) naturale.
— **frequency,** frequenza (*f.*) naturale.
— **gas,** gas naturale.
— **gas liquified** (*gas*), metano liquefatto.
— **gasoline** (*petrolio*) (U.S.A.), benzina naturale.
— **isotopic mixture** *fis.*) *atom.*), miscela (*f.*) isotopica naturale.
— **log.,** logaritmo (*m.*) naturale.
— **logarithm,** logaritmo naturale.
— **mica,** mica (*f.*) naturale.
— **-occurring uranium** (*fis. atom.*). uranio (*m.*) naturale.
— **oscillation,** oscillazione naturale.
— **period** (*acust.*), riverberazione *f.*
— **potential** (*min.*), v. **spontaneous potential.**
natural radioactive nuclide (*fis. atom.*), radioelemento (*m.*) naturale.
— **radioactivity** (*fis. atom.*), radioattività (*f.*) naturale.
— **resins,** resine (*f. pl.*) naturali.
— **resonance,** risonanza (*f.*) propria.
— **resonant frequency,** frequenza di risonanza propria.
— **sand,** sabbia (*f.*) naturale.
— **uranium** (*fis. atom.*), uranio (*m.*) naturale.
— **uranium reactor** (*fis. atom.*), reattore (*m.*) ad uranio naturale.
— **uranium slug** (*fis. atom.*), blocco di uranio naturale.
— **ventilation** (*min.*), ventilazione (*f.*) naturale.
— **wavelength,** lunghezza d'onda propria (di una bobina).
nautical design (*naut.*), design nautico.
— **mile,** miglio (*m.*) marino.
nautophone (*naut.*), apparecchio per segnalare acusticamente la nebbia.
naval architecture, architettura (*f.*) navale.
— **engineer,** ingegnere (*m.*) navale.
— **mine** (*mil.*), mina navale.
navcom (*aereo*), « navigation and communication », navigazione e telecomunicazioni.
— **equipment** (*aereo*), equipaggiamento per la navigazione e le telecomunicazioni.
nave, mozzo (*m.*) di ruota; navata *f.* (*arch.*).
navigable waterway, via (*f.*) d'acqua.
navigation, navigazione *f.*
— **bridge** (*naut.*), ponte (*m.*) di comando.
— **light** (*aereo*), faro di bordo; luce di navigazione.
— **satellite** (*astron.*), satellite da navigazione.
navigational radar, radar per navigazione aerea.
naviplane (*naut.*), battello « aria--acqua »; « battello volante »

(mezzo simile all'*hovercraft*, ma con varie innovazioni rispetto a quest'ultimo).

navy, marina *f.*

— **-blue,** bleu mare.

n-**butyl acetate** (*chim.*), acetato (*m.*) di butile normale.

N/C; NC, abbreviazioni di: *numerical control* o *numerically controlled.*

— **lathe** (*macch. ut.*), tornio a controllo numerico.

— **machining centre** (*macch. ut.*), centro di lavorazione a controllo numerico.

— **milling machine** (*macch. ut.*), fresatrice a controllo numerico.

— **sheet-metal machining centre** (*met.*), centro di lavorazione a controllo numerico per lamierini.

— **welding machine** (*sald.*), saldatrice a controllo numerico.

neap tide (*astr.*), marea di quadratura (*marea bassa*).

near beer, birra con 0,5 % di alcool (o anche meno).

— **-by** (*cinem.*), primo piano *m.*

— **-end cross-talk** (*telecom.*), paradiafonia *f.*

— **-end cross-talk attenuation** (*telecom.*), attenuazione paradiafonica.

— **-monochromatic radiation** (*fis. atom.*), radiazione (*f.*) quasi monocromatica.

— **side,** lato destro; lato sinistro (U.S.A.).

— **view,** vista (*f.*) avvicinata.

neat lines (*min.*), linee delimitanti lo scavo di una galleria con la roccia estratta ad un dato prezzo.

« neat » soap (*chim.*), sapone puro.

neatsfoot oil, olio (*m.*) di piede di bue.

nebula (*astr.*), nebulosa *f.*

nebulae (*astr.*), nebulose *f. pl.*

necessaries, articoli di prima necessità; servizi pubblici indispensabili.

neck, collo *m.*; manicotto *m.* (appendice) (*aer.*); collo (di cilindro di laminatoio) (*met.*).

neck-gutter, doccione *m.* (compluvio).

— **-journal** (U.S.A.), perno (*m.*) d'appoggio.

— **ring,** anello (*m.*) del collare.

necking (*met.*) (*reduced section at fracture of tensile specimens*), strizione *f.*; gola *f.* (*mecc.*); strozzatura *f.*

— **(localized —)** (*met.*), strizione localizzata.

need, fabbisogno *m.*

needle, ago *m.*; puntina (*f.*) fonografica; (*costr.*), trave di legno usata specialm. per sostegno di edifici adiacenti ad altri in demolizione.

— **bearing** (*mecc.*), cuscinetto a rullini (*od* ad aghi).

— **chatter** (*acust.*), stridio (*m.*) della puntina.

— **deviation,** spostamento dell'indice (o dell'ago).

— **effect** (*elet.*), azione (*f.*) delle punte.

— **-electroscope,** elettroscopio (*m.*) ad ago.

— **file,** lima (*f.*) ad ago.

— **holder,** sostegno dell'ago.

— **iron** (*met.*), ghisa (*f.*) aciculare.

— **lubricant,** lubrificante per aghi.

— **retractor** (*med.*), divaricatore (*m.*) ad ago.

— **roller** (*mecc.*), rullino *m.*

— **roller bearing, v. needle bearing.**

— **scratch** (*acust.*), fruscio della puntina.

— **valve,** valvola (*f.*) ad ago.

— **wear** (*acust.*), consumo della puntina.

— **wire** (*met.*), filo (*m.*) per aghi.

needling (*costr.*), sostegno con travi in legno, di edifici vicini ad altri in demolizione.

negative (*fot.*), negativa *f.*; *agg.* negativo.

— **booster** (*ing. elet.*), trasformatore devoltore; devoltore *m.*

— **charge,** carica (*f.*) negativa.

— **dihedral angle** (*aereo*), angolo diedro negativo.

— **electricity,** elettricità (*f.*) negativa.

negative electrode, elettrodo (*m.*) negativo.
— **feedback**, contro-reazione.
— **feeder** (*ing. elet.*), cavo (*m.*) d'alimentazione di ritorno.
— **grid bias**, tensione di polarizzazione negativa.
— **grid voltage** (*radio*), tensione (*f.*) negativa della griglia di controllo.
— **jump** (*fis. atom.*), salto (*m.*) negativo.
— **meson** (*fis. atom.*), mesone (*m.*) negativo.
— **meson capture** (*fis. atom.*), cattura (*f.*) di mesone negativo.
— **moment**, momento (*m.*) negativo.
— **picture**, immagine (*f.*) negativa.
— **pole**, polo (*m.*) negativo.
— **positive inserts** (*frese*) (*mecc.*), segmenti intercambiabili per negativo e positivo.
— **potential**, potenziale (*m.*) negativo.
— **rake** (*macch. ut.*), inclinazione (*f.*) negativa; orientabilità (*f.*) negativa.
— **rake milling cutter** (*mecc.*), fresa ad angolo di spoglia negativo.
— **reaction**, reazione negativa.
— **replica** (*microscopio elettron.*), replica (*f.*) negativa.
— **residue**, residuo negativo.
— **resistance**, resistenza negativa.
— **segregation** (*met.*), segregazione (*f.*) inversa.
— **sign**, segno (*m.*) negativo.
— **slip**, scorrimento (*m.*) negativo.
negaton (*fis. atom.*), negatrone *m.*
negatoscope (*radiol.*), negatoscopio *m.*
negatron (*radio, fis. atom.*), negatrone *m.*
negligible charge, carica (*f.*) trascurabile.
— **maintenance**, manutenzione (*f.*) trascurabile (insignificante).
— **wear**, consumo minimo; consumo trascurabile.
negotiate (to —) a curve (*ferr.*) superare (*v.a.*) (o prendere) una curva.
— **a standard doorway** (*mecc.*), passare con facilità da una comune porta.
negotiated wage (*lavoro*), salario contrattuale.
negotiation (*macch.*), passaggio con facilità (di porte, ecc.); entrata.
— **of low doorways**, passaggio con facilità di porte basse (*p. es. di gru*).
Nelson stud anchoring (*cost.*), ancoraggio a pioli Nelson.
nematic, *agg.* (*fis.*), nematico.
nemo (*telev.*) (U.S.A.), ripresa (*f.*) diretta radio o televisiva lontana dallo studio.
neodymium (*chim.* = Nd) neodimio *m.*
neon (*chim.* = Ne), neon *m.*
— **lamp**, lampada (*f.*) al neon.
— **oscillator**, oscillatore (*m.*) con lampada al neon.
— **sign**, insegna (*f.*) al neon.
— **tube**, tubo (*m.*) al neon.
— **tuning indicator**, indicatore di sintonia al neon.
Neoprene (*aereo*), materiale termoplastico brevettato (derivato dalla gomma); (*chim.*), neoprene 2-clorobutadiene (prodotto dalla Du Pont).
nephelin (*chim.*), nefelina *f.*
nephelometer (*chim.*), nefelometro (per misura di turbidità).
nephelometric analysis (*met.*), analisi (*f.*) nefelometrica.
nephelometry, nefelometria *f.*
nephograph (*fot.*), nefografo *m.*
nephoscope (*aer.*), nefoscopio *m.*
nephrite (*min.*), nefrite *f.*
neps (*cotone*), grumolo di cotone (formato durante la cardatura); neps.
Neptune (*astron.*), Nettuno *m.*
neptunium (*chim.*), nettunio *m.* (elemento radioattivo).
nerol (*chim.*), nerol *m.*, $C_{10}H_{18}O$.
neroli oil, olio essenziale di neroli.

nerve gas (*mil.*), gas nervino.
nervosity (*tess.*), resistenza (*f.*) alla piega; ingualcibilità *f.*
nest (to —), infilare (un tubo nell'altro, ecc.); incastrare.
— **of pins spaced round the die aperture** (*mecc.*), gioco di (gruppo di) spine collocate a intervalli attorno all'apertura dello stampo.
— **of tubes,** fascio (*m.*) di tubi.
nested electrode welding, saldatura con elettrodi a fascio.
— **tanks,** (*specially designed to effect the max. economy in storage*), serbatoi infilabili l'un nell'altro.
nesting loops (*inform.*), circuiti gerarchizzati (gruppo di istruzioni eseguite in ordine prestabilito).
net (*inform.*), v. **network.**
— **dredger,** draga (*f.*) (*o* cucchiaia, *f.*) a sacco.
— **of current,** rete (*f.*) di distribuzione di corrente.
— **gauze** (*tess.*), garza (*f.*) a rete.
— **price,** prezzo (*m.*) netto.
— **weight,** peso (*m.*) netto.
— **worth** (*ragioneria*) (*comm.*), patrimonio (*m.*) netto.
network, rete (*f.*) di distribuzione a maglia; rete (*f.*) di fili conduttori (*elet.*); rete (*f.*) di stazioni (*radio o televisive*) collegate; (*inform.*), rete *f.*; grafico *m.*
— **analysis** (*training*), analisi (*f.*) reticolare.
— **analyzer** (*elet.*), analizzatore di reti.
— **dome,** cupola (*f.*) reticolare.
— **like,** *agg.*, reticolare.
— **of mains** (*elet.*), rete di conduttori.
— **of switching centres** (*inform.*), rete di centri di commutazione.
— **of triangulation,** rete (*f.*) trigonometrica (di triangolazione).
— **protocol** (*inform.*), protocollo di rete.
— **structure** (*metal.*), struttura (*f.*) reticolata.
network terminal (*inform.*), terminale di rete.
networking card (*inform.*), scheda di gestione della rete.
Neumann band (*met.*), banda di Neumann.
neutral (*ing. elet.*), filo (*m.*) neutro; punto neutro.
— *agg.* (*chim.*) neutro.
— **acetate of lead,** zucchero (*m.*) di saturno.
— **atmosphere,** atmosfera (*f.*) neutra.
— **atom,** atomo (*m.*) neutro.
— **axis,** asse (*m.*) neutro.
— **compensator,** trasformatore di ammortizzamento.
— **electrode,** elettrodo (*m.*) neutro.
— **fibre,** fibra (*f.*) neutrale.
— **filter,** filtro (*m.*) grigio (o neutro).
— **grounding,** messa a terra.
— **lines** (*elet.*), linee neutre.
— **medium,** filtro (*m.*) grigio (o neutro).
— **meson** (*fis. atom.*), mesone (*m.*) neutro.
— **meson yield** (*fis. atom.*), rendimento (*m.*) in mesoni neutri.
— **point** (*elet.*), punto neutro.
— **position** (*macch.*), posizione di riposo; (*auto*), in folle.
— **relay,** relais (*m.*) neutrale.
— **solution** (*chim.*), soluzione (*f.*) neutra.
— **wire** (*elet.*), conduttore centrale neutro; filo neutro.
— **zone,** zona (*f.*) neutra (filettatura).
neutralator (*elet.*), neutralizzatore.
neutralisation, neutralizzazione *f.*
neutralise (to —), neutralizzare *v.a.*
neutralising, neutralizzazione *f.*
— **capacitor,** condensatore (*m.*) di neutralizzazione.
— **condenser,** condensatore (*m.*) di neutralizzazione.
— **circuit,** circuito di neutralizzazione.
neutralization, neutralizzazione *f.*

neutralize, *v.a.* (*chim.*), neutralizzare.
neutralizer (*chim.*), neutralizzatore *m.*
neutralizing controls (*aer.*), mettere i comandi a zero (o al centro).
neutraloil, olio di messa a punto (per correggere le caratteristiche di miscele d'olio).
neutret (*fis. atom.*), mesone neutro; neutretto *m.*
neutrino (*fis. atom.*), neutrino *m.*
neutrodyne, neutrodina *f.*
— **receiver,** ricevitore (*m.*) a neutrodina.
neutron (*fis.*), neutrone *m.*
— **absorber** (*fis. atom.*), assorbitore (*m.*) di neutroni.
— **absorption** (*fis. atom.*), assorbimento (*m.*) di neutroni; assorbimento (*m.*) neutronico.
— **absorption cross-section** (*fis. atom.*), sezione (*f.*) d'urto d'assorbimento dei neutroni.
— **activation** (*fis. atom.*), attivazione (*f.*) neutronica.
— **age** (*fis. atom.*), età (*f.*) dei neutroni.
— **attenuation** (*fis. atom.*), attenuazione (*f.*) neutronica.
— **balance** (*fis. atom.*), bilancio (*m.*) neutronico.
— **balance tables** (*fis. atom.*), tavole del bilancio neutronico.
— **beam** (*fis. atom.*), fascio (*m.*) di neutroni.
— **binding** (*fis. atom.*), legame (*m.*) neutronico.
— **binding energy** (*fis. atom.*) energia (*f.*) di legame neutronico.
— **bomb,** bomba al neutrone.
— **bombardment** (*fis. atom.*), bombardamento (*m.*) neutronico.
— **capture** (*fis. atom.*), cattura (*f.*) neutronica.
— **capture cross-section** (*fis. atom.*) sezione (*f.*) di cattura neutronica.
— **chain reaction** (*fis. atom.*), reazione (*f.*) neutronica a catena.
— **chopper** (*fis. atom.*), « chopper » per neutroni.
neutron counter (*fis. atom.*), contatore (*m.*) di neutroni.
— **cross section** (*fis. atom.*), sezione (*f.*) d'urto dei neutroni.
— **current** (*fis. atom.*), corrente (*f.*) neutronica.
— **current density** (*fis. atom.*), densità (*f.*) di corrente neutronica.
— **cycle** (*fis. atom.*), ciclo (*m.*) di neutroni.
— **density** (*fis. atom.*), densità (*f.*) neutronica (intensità neutronica).
— **detection** (*fis. atom.*), rivelazione (*f.*) di neutroni.
— **detector** (*fis. atom.*), rivelatore (*m.*) di neutroni.
— **diffraction** (*fis. atom.*), diffrazione (*f.*) neutronica.
— **distribution** (*fis. atom.*), distribuzione (*f.*) di neutroni.
— **dosimetry** (*fis. atom.*), dosimetria (*f.*) neutronica.
— **economy** (*fis. atom.*), bilancio (*m.*) neutronico; economia (*f.*) neutronica.
— **emission** (*fis. atom.*), emissione (*f.*) neutronica.
— **energy** (*fis. atom.*), energia (*f.*) neutronica.
— **energy distribution** (*fis. atom.*), distribuzione (*f.*) d'energia neutronica.
— **energy range** (*fis. atom.*), gamma (*f.*) d'energia neutronica; regione d'energia neutronica.
— **escape** (*fis. atom.*), fuga (*f.*) di neutroni.
— **evaporation** (*fis. atom.*), evaporazione di neutroni.
— **excess** (*fis. atom.*), eccesso (*m.*) neutronico.
— **excess number** (*fis. atom.*), numero di neutroni in eccesso.
— **flux** (*fis. atom.*), flusso (*m.*) totale di neutroni; flusso (*m.*) di neutroni (*espresso in neutroni/cm^2*).
— **flux density** (*fis. atom.*), densità (*f.*) del flusso neutronico.
— **generator** (*fis. atom.*), generatore (*m.*) di neutroni.

neutron graphy (*fis. atom.*), neutronigrafia (tecnica d'ispezione non distruttiva utilizzante neutroni prodotti da reattori nucleari).
— **-induced process** (*fis. atom.*), fenomeno provocato dai neutroni.
— **intensity** (*fis. atom.*), intensità (*o* densità) neutronica.
— **irradiation in austenitic steels** (*met.*), irradiazione di neutroni negli acciai austenitici.
— **leakage** (*fis. atom.*), fuga (*f.*) di neutroni.
— **life-time** (*fis. atom.*), durata della vita dei neutroni.
— **mass** (*fis. atom.*), massa (*f.*) neutronica.
— **moment** (*fis. atom.*), momento (*m.*) neutronico.
— **monitoring** (*fis. atom.*), controllo (*m.*) neutronico.
— **multiplication** (*fis. atom.*), moltiplicazione (*f.*) neutronica.
— **multiplication factor** (*fis. atom.*) fattore (*m.*) di moltiplicazione neutronica.
— **optics** (*fis. atom.*), ottica (*f.*) dei neutroni ;ottica (*f.*) neutronica.
— **physics** (*fis. atom.*), fisica (*f.*) neutronica.
— **poisoning** (*fis. atom.*), avvelenamento (*m.*) neutronico.
— **production** (*fis. atom.*), produzione (*f.*) di neutroni.
— **-proton ratio** (*fis. atom.*), rapporto (*m.*) neutroni-protoni.
— **-proton reaction** (*fis. atom.*), reazione neutrone-protone.
— **pulse** (*fis. atom.*), impulso (*m.*) neutronico.
— **radiography**, radiografia neutronica.
— **reaction** (*fis. atom.*), reazione (*f.*) neutronica (*provocata dai neutroni*).
— **resonance** (*fis. atom.*), risonanza (*f.*) neutronica.
— **scattering** (*fis. atom.*), diffusione (*f.*) dei neutroni.
— **scattering cross-section** (*fis. atom.*), sezione (*f.*) di diffusione di neutroni.

neutron shield (*fis. atom.*), schermo (*m.*) neutronico.
— **source** (*fis. atom.*), sorgente (*f.*) neutronica (*o* di neutroni).
— **spectrometer**, spettrometro (*m.*) neutronico.
— **spectrum** (*fis. atom.*), spettro (*m.*) neutronico.
— **speed** (*fis. atom.*), velocità (*f.*) dei neutroni.
— **therapy** (*fis. atom.*), neutroneterapia *f.*
— **-tight**, *agg.* (*fis. atom.*), stagno ai neutroni.
— **wavelength** (*fis. atom.*), lunghezza (*f.*) d'onda neutronica.
— **yield** (*fis. atom.*), rendimento (*m.*) in neutroni.

neutrons emission (*fis. atom.*), emissione (*f.*) di neutroni.

new candle, candela (*f.*) nuova.

newel (*cost.*), anima (*f.*) delle scale.
— **post**, pilastrino (*m.*) di ringhiera di scala circolare.

news, notizie (*in generale*); relazione su un avvenimento scientifico, culturale, ecc. (*giornali*).
— **agent**, agente di distribuzione di giornali o periodici all'ingrosso.
— **compositor** (*tip.*), compositore di giornali (quotidiani).

newscast, diffusione del giornale radio o del telegiornale.

newshole (*tip.*), spazio (di colonne) riservato in un giornale per il testo dopo la determinazione dello spazio per la pubblicità.

newspaper, giornale m.
— **ink** (*chim.*), inchiostro per giornali.

newsprint (*tip.*), carta da giornali.

newsreel (*film*) [(U.S.A.), film documentario (*m.*) di attualità; cinegiornale *m.*

newton (*mecc.*), newton (unità di forza equivalente a 10^5 dine).

Newtonian aberration, aberrazione (*f.*) di rifrangibilità.

N. G. (*cinem.*), non stampare (una scena) (*N. G. it !* = Non stampare quella scena !).

Ni-hard, ghisa con 3,0 di Ca; 0,7 di Si; 0,8 di Mn; 4,5 di Ni; 1,5 di Cr. Durezza Brinell: 650.
— **-tensyl,** ghisa con 2,9 di Ca; 1,5 di Si; 0,8 di Mn; 1,5 di Ni. Durezza Brinell 220. Resistenza alla trazione: massima.
nib, nasello *m.*
nibble (to —) (*mecc.*), intagliare.
nibbler (*macch. ut.*), cesoia intagliatrice roditrice; roditrice *f.*
nibbling (*mecc.*), intaglio *m.*
— **machine** (*macch. ut.*), roditrice *f.*; v. **punching machine.**
niche, nicchia *f.* (di finestra, ecc.).
nichrome (*met.*), acciaio al cromo-nichel.
nick, tacca *f.*; intaccatura *f.*; intagliatura *f.*; intaglio *m.*; segno *m.*; incavo *m.* (*mecc.*); (*tip.*), tacca *f.*
— **(to —),** intaccare *v.a.*; scanalare *v.a.*; intagliare *v.a.*; segnare (*v.a.*) con uno scalpello.
nicked-tooth milling cutter, fresa (*f.*) a denti interrotti.
nickel (U.S.A.), cinque centesimi di dollaro.
— (*chim.* = Ni), nichel *m.* (*o* nichelio).
— *v.a.* nichelare.
— **acetate** (*chim.*), acetato (*m.*) di nichel.
— **alloy,** lega (*f.*) di nichel.
— **-cadmium batteries,** batterie al cadmio-nichel.
— **carbonyl** (*chim.*), Ni-carbonile *m.*; nichel carbonile *m.*
— **-chromium alloy,** lega (*f.*) di nichel-cromo.
— **-chromium steel,** acciaio (*m.*) al cromo-nichel.
— **-faced stereo** (*tip.*), stereotipia nichelata.
— **formate** (*chim.*), formiato di nichel.
— **ore,** minerale (*m.*) di nichel.
— **oxide,** ossido (*m.*) di nichel.
— **plate,** *v.a.* nichelare.
— **-plated sheet iron,** lamiera (*f.*) nichelata.
nickel-plating, nichelatura *f.*
— **plating bath** (*galv.*), bagno di nichelatura.
— **-plating (bright —),** nichelatura (*f.*) brillante.
— **silvers,** termine usato per leghe costituite essenzialmente di rame, nichel e zinco, adoperate nelle costruzioni. Note sotto il nome di: alpacca; argentone.
— **steel,** acciaio (*m.*) al nichel.
— **sulphate,** solfato (*m.*) di nichel.
nickelin (*elet.*), nichelina *f.*
nickeline (U.S.A.), nichelina *f.*
Nicol, nicol *m.*
— **prism** (*ott.*), prisma di Nicol.
nicotine, nicotina *f.*
Nicrosilal, ghisa per massima resistenza al calore. Fornitrice: Mond Nickel Co.
niculine (*chim.*), rotenone *m.*
nife-battery, accumulatore (*m.*) al nichel-cadmio.
nigger (*cinem.* U.S.A.), schermo (*m.*) opaco; (*mecc.*) accessorio (*m.*) tubolare per grosse chiavi per dadi o tubi.
— **boy** (U.S.A.) controllo automatico di accensione di una caldaia.
night bomber, aeroplano (*m.*) da bombardamento notturno.
— **clouding** (*meteor.*), annuvolamento (*m.*) notturno.
— **effect** (*radio*), effetto (*m.*) notturno.
— **error,** errore notturno (o della polarizzazione).
— **flying aeroplane,** aeroplano (*m.*) notturno.
— **vision** (*ott.*) (*auto*), visione (*f.*) notturna.
— **work,** lavoro (*m.*) notturno.
nightshift overman (*min.*), sorvegliante del turno di notte.
« nigre » soap (*chim.*), sapone impuro.
nigrite, nigrite *f.*
nigrosine, nigrosina *f.*
nimbostratus (*meteor.*), nembostrato *m.*
nimbus (*meteor.*), nembo *m.*
nimonics (*met.*), leghe « nimonic » (*nimonic alloys*) comprendenti

il Nimonic 75, 80 e C, 90 ecc., resistenti all'ossidazione e al calore, a base di nichelio, generalm. in lingotti.
nine-stage axial-flow compressor (*aereo*), compressore (*m.*) assiale a nove stadi.
niobate (*chim.*), niobato *m.*
niobic, *agg.*, niobico.
niobium (*chim.* = Nb), niobio *m.*
— **carbide** (*chim.*, *met.*), carburo di niobio.
nip off, troncatura (con tenaglie, ecc.).
nipper, pinza *f.*; tenagliolo *m.* (*orol.*).
— **temple** (*tess.*), tempiale (*m.*) a tenaglia.
nippers, tronchese *m.*; pinze *f. pl.*; pinzette *f. pl.*
nipple, giunto (*m.*) interno; tendiraggio *m.* (di biciclette e simili); raccordo (*m.*) a vite (*elet.*); raccordo (*m.*) filettato (*mecc.*); (*auto*), nipplo *m.* (raccordo filettato per radiatori).
— **plate** (*met.*), lamiera bugnata.
— **processing machine** (*mecc.*), macchina per la lavorazione di nipples.
— **seat,** raccordo (*m.*) per tubazione.
Nisonite (*aereo*), materiale termoplastico brevettato.
nit, unità (*f.*) di intensità luminosa uguale a 1 candela per metro quadrato.
niton (*chim.* = Nt), niton *m.* (emanazione di radio); randon.
nitramines (*chim.*), nitrammine *f. pl.*
nitrate (*chim.*), nitrato *m.*
nitrazol (*chim.*), nitrazol *m.*
nitre, salnitro *m.*; nitro *m.*
nitric, *agg.* nitrico.
— **anhydride** (*chim.*), anidride (*f.*) nitrica.
nitride, nitruro *m.*
nitriding (*met.*), nitrurazione *f.*
— **in liquid cyanide baths** (*tratt. termico met.*), nitrurazione in bagno di cianuro detta: nitrurazione morbida.
nitriding steel, acciaio (*m.*) da nitrurazione.
nitrification, nitrificazione *f.*
nitrile (pr. *nai*—) (*chim.*), nitrile *m.*
nitrite (*chim.*), nitrito *m.*
— **of soda,** nitrito (*m.*) di soda.
nitro-benzene, nitrobenzene *m.*
— **-benzol,** nitrobenzolo *m.*.
— **-cellulose,** nitrocellulosa *f.*
— **chlorobenzene** (*chim.*), nitroclorobenzolo *m.*
— **-chloroform** (*chim.*), nitrocloroformio *m.* (o cloropicrina).
— **-compounds** (*chim.*), nitro composti *m. pl.*; **primary —**, nitrocomposti primari; **secondary —** nitrocomposti secondari.
— **-cotton,** fulmicotone *m.*
— **derivates** (*chim.*), nitroderivati *m. pl.*
— **-glycerine,** nitroglicerina.
— **silk** (*tess.*), seta (*f.*) alla nitrocellulosa.
nitrobenzene, nitrobenzene *m.*
nitrocellulose, nitrocellulosa *f.*
— **lacquer,** vernice alla nitrocellulosa.
— **process** (*tess.*), procedimento (*m.*) alla nitrocellulosa.
nitrogelatine, gelatina (*f.*) esplosiva.
nitrogen (*chim.* = N), azoto *m.*
— **dioxide,** biossido (*m.*) di azoto.
— **embrittlement** (*met.*), fragilità da azoto.
— **fertilizer plant,** fabbrica di fertilizzanti azotati.
— **fertilizers,** concimi (*m. pl.*) azotati.
— **fixation,** assimilazione (*f.*) dell'azoto.
— **-hardening,** nitrurazione *f.*
— **pentoxide,** pentossido (*m.*) di azoto; anidride (*n.*) nitrica.
— **trioxide,** anidride (*f.*) azotosa.
— **uptake** (*agr.*), assorbimento (*m.*) di azoto.
nitrogenize, *v.a.* nitrogenare.
nitrogenous, *agg.* (*chim.*), azotato.
— **fertilizers,** concimi (*m. pl.*) azotati.
nitroglycerin (*chim.*), nitroglicerina *f.*

nitroguanidine (*chim.*), nitroguanidina *f.*
nitrohydrochloric acid (*chim.*), acqua (*f.*) regia.
nitromannite (*chim.*), nitromannite *f.*
nitrometer, nitrometro *m.*
nitromuriatic acid, acqua (*f.*) regia.
Nitron (*aereo*), materiale termoplastico brevettato; (*chim.*), nitron *m.*
nitronaphthalene (*chim.*), nitronaftalene *m.*
nitroparaffin, nitroparaffina *f.*
nitroparaffins (*chim.*), nitroparaffine *f. pl.*
nitrophenetole (*chim.*), nitrofenetolo *m.*
nitrophenol (*chim.*), nitrofenolo *m.*
nitropropane (*chim.*), nitropropano *m.*
nitroprusside (*chim.*), nitroprussiato *m.*
nitrosamine (*chim.*),nitrosammina
nitrose, *agg.* (*chim.*), nitroso.
nitrosulphuric acid (*chim.*), acido (*m.*) nitrosolforico.
nitrosyl (*chim.*), nitrosile *m.*
nitrotoluene (*chim.*), nitrotoluolo *m.*
nitrous, *agg,* (*chim.*), nitroso.
— **acid,** acido (*m.*) nitroso.
nitroxylene (*chim.*), nitroxilene *m.*
nitryl *chim.*), nitrile *m.*; azotile *m.*
Nixie tube (*elettron.*), valvola nixie.
1 nmc (*gas*), 1 metro cubo di gas alla pressione e temp. atmosferica.
« **no admittance** » (*cantieri, ecc.*), divieto di ingresso.
« **no horns** », divieto di segnalazioni acustiche.
« **no left turn** » (*segnale traffico*), divieto di svolta a sinistra.
« **no parking** » (*auto*), divieto di parcheggio.
« **no parking here** » (*auto*), divieto di sosta.
« **no passing** » (*traffico auto, ecc.*), divieto di oltrepassare la doppia linea continua (*double solid line*).
« **no-passing zone** » (*auto*), zona con proibizione di sorpasso.
« **no thoroughfare** », vietato il transito.
— **-acid discaling** (*met.*), v. **discaling.**
— **admittance except on business,** vietato entrare a chi non è addetto ai lavori.
— **-bake process** (*fond.*), processo auto-indurente.
— **bottom** (*cinem.*), suono mancante di basse frequenze.
— **-claim bonus policy** (*assicur. auto*), polizza di assicurazione auto tutti rischi (con riduzione del premio in mancanza di incidenti).
— **-load, noload,** marcia a vuoto.
— **-load characteristic** (*elet.*), caratteristica (*f.*) a vuoto.
— **-load current** (*elet.*), corrente (*f.*) a vuoto.
— **-load field,** campo (*m.*) a vuoto.
— **-load ratio,** rapporto (di trasformazione) a vuoto.
— **-load release** (*elet.*), soccorritore a zero.
— **-load speed,** velocità a vuoto.
— **-load switch** (*elet.*), interruttore (*m.*) di minima.
— **-load voltage** (*elet.*), tensione (*f.*) a vuoto.
— **smoking,** vietato fumare.
— **top** (*cinem.*), suono mancante di alte frequenze.
— **-voltage release** (*elet.*), disinserzione a tensione zero.
nobelist, *m.*, « premio Nobel »; vincitore di un premio Nobel.
nobelium (*chim.* = No), nobelio *m.*
noble gases, gas (*m pl.*) nobili.
— **metal,** metallo (*m.*) nobile.
N.° of table feeds, numero (*m.*) degli avanzamenti della tavola.
noctovision, nottovisione *f.* (sistema di telev. con raggi infrarossi).
noctovisor (*telev.*), nottovisore *m.*
nodal (*mat. acust. ecc.*), nodale *agg.*
node (*elet.*), nodo (*m.*) di giunzione in una rete; (*inform.*) (*operating centre*), centro operativo, in una rete di comunicazione di dati.

nodes (*astr.*), nodi *m. pl.*
nodular cast iron, ghisa nodulare.
— **graphite,** grafite nodulare.
— **(graphite) cast iron** (*met.*), ghisa (*f.*) nodulare; ghisa (*f.*) sferoidale.
— **(graphite) steel** (*met.*), acciaio a grafite nodulare.
— **iron casting,** getto in ghisa sferoidale.
— **structure** (*geol.*), struttura (*f.*) nodulare.
nodule (exploitation of deep sea nodules), sfruttamento dei noduli delle profondità marine.
nodules (*ghisa*), noduli *m. pl.*
nodulizing (*met.*), nodulizzazione (della grafite).
nog (*cost.*), tassello di legno inserito nel foro di impalcatura; (*min.*), butta di legno.
nogging, muratura (*f.*) rustica per riempimento di vuoti di una struttura in legno.
noils, cascami (*m. pl.*) di pettinatura della lana; velo di cascame di pettinatura.
noise, rumore *m.*; disturbo *m.*
— **abatement,** attenuazione (*f*). di rumori.
— **analysis laboratory,** laboratorio (*m.*) per l'analisi dei disturbi sonori (rumori).
— **-cancelling headset** (*aereo*), cuffia (*f.*) afonica (*o* silenziatrice).
— **control,** controllo del rumore.
— **current** (*elet.*), corrente perturbatrice.
— **-exposure** (*ind.*), esposizione al rumore.
— **factor,** coefficiente di rumore.
— **field intensity,** intensità di campo di perturbazione.
— **figure,** coefficiente di rumore.
— **filter** (*radio*), filtro antidisturbi; (*elet., ecc.*), attenuatore di rumore; filtro soppressore di disturbi.
— **generation,** generazione del rumore.
— **-induced hearing loss** (*prevenz. infortuni*), perdita uditiva (provocata) da rumore.
noise killer, ammortizzatore (*m.*) dei rumori.
— **level** (*acust.*), livello del rumore.
— **limiter** (*elet., ecc.*), attenuatore di rumore.
— **meter,** analizzatore (*m.*) di rumori; misuratore (*m.*) di rumori; dosimetro di rumore.
— **output,** potenza (*f.*) di rumore (*antenna*).
— **pollution,** inquinamento fonico (*o* acustico).
— **quieting,** capacità (*f.*) di un ricevitore di ridurre il rumore di fondo.
— **-reducing antenna system** (U.S.A.), sistema di antenna antiparassita.
— **reduction,** riduzione del rumore.
— **-rejection circuits** (*radio*), circuiti reiettori di disturbi.
— **sample** (*elet.*), campione di disturbo.
— **spectre** (*radio*), spettro di rumore.
— **suppression,** eliminazione (*f.*) dei rumori.
— **suppression filter** (*elet.*), filtro eliminadisturbi.
— **transmission,** trasmissione del rumore.
— **(free of —),** insonorizzato *agg.*
noiseless, *agg.* silenzioso.
— **recording** (*acust.*), registrazione silenziosa (o indisturbata).
— **running,** funzionamento (*m.*) silenzioso (di motori).
— **working,** movimento (*m.*) silenzioso d'ingranaggi.
noisy, *agg.* rumoroso.
Nomag, ghisa per getti non magnetici. Fornitrice: Mond Nickel Co.
nominal (*tess.*) (*cotone*), tessuto (nominale) che differisce leggermente dai particolari indicati.
— **horsepower,** potenza (*f.*) nominale; forza (*f.*) nominale.
— **output,** potenza nominale.

nomogram, abaco *m.* (per calcoli grafici); nomogrammo *m.*
nomograph, nomogramma *m.*
non-ageing steel (*met.*), acciaio (*m.*) non invecchiabile.
— **-aligned underdeveloped countries,** paesi sottosviluppati non allineati.
— **-alloy steel,** acciaio (*m.*) non legato.
— **-automatic,** *agg.* non automatico.
— **-bearing wall,** muro (*m.*) non portante.
— **-bonus policy** (*assicur. auto*), polizza di assicurazione auto per guidatori esperti, senza riduzione del premio in caso di mancanza di incidenti e non coprente i danni arrecati ad altri veicoli.
— **-breakable,** infrangibile *agg.*
— **-breeder reactor** (*fis. atom.*), reattore (*m.*) non rigeneratore.
— **-capturing reflector** (*fis. atom.*), riflettore non assorbente.
— **-cash input** (*finan.*), fattore di produzione non finanziario.
— **-caustic,** *agg,* non caustico.
— **-clinkering coal,** carbone (*m.*) senza scorie.
— **-coking coal,** carbone non da coke.
— **-combustible,** *agg.* incombustibile.
— **-combustion,** incombustione *f.*
— **-concurrent forces** (*mecc.*), forze non concorrenti.
— **-condensable,** *agg.* incondensabile.
— **-condensing steam engine,** macchina (*f.*) a vapore senza condensazione.
— **-conducting,** *agg.* adiatermico.
— **-conducting material,** materiale (*m.*) coibente.
— **-conducting wall,** parete (*f.*) adiatermica.
— **-conductive,** *agg.* non conducente; adiatermico.
— **-conductor,** *agg.* non conduttore.
— **-contributory pension scheme,** sistema di pensionamento senza pagamento di contributi dell'impiegato.
non corroding, *agg.* inattaccabile.
— **-coplanar force** (*mecc.*), forza nello spazio.
— **-corrosive,** *agg.* inossidabile; non corrosivo.
— **-crushable material** (*min.*), materiale non frantumabile.
— **-dangerous,** *agg.* inoffensivo; non pericoloso.
— **-deforming steel,** acciaio (*m.*) non soggetto a distorsioni.
— **-degradability** (*detersivi, ecc.*), mancata degradabilità.
— **-delivery,** mancata consegna.
— **-destructive examination,** controllo (*m.*) non distruttivo.
— **-destructive reading** (*inform.*), lettura non distruttiva (che non comporta la cancellazione della registrazione dei dati).
— **-destructive test** (*met., ecc.*), prova (*f.*) non distruttiva.
— **destructive testing** (*met. meccan.*), collaudo non distruttivo.
— **-destructive testing of steel billets** (*met.*), prova non distruttiva delle billette di acciaio.
— **-detoning,** *agg.* non detonante.
— **directional antenna** (*radio*), antenna (*f.*) non direttiva.
— **-distorting** (*elet.*), senza distorsione.
— **-distorting steel** (*met.*), acciaio (*m.*) non soggetto a distorsioni.
— **-elastic,** *agg.* non elastico.
— **-electric,** *agg.* non elettrico.
— **-employment income** (*finan.*), reddito diverso da quello del lavoro.
— **-encrypted** (*inform.*), non cifrato (rif. a messaggi di calcolatori elettronici).
— **-explosive,** *agg.* non esplosivo.
— **-ferrous,** *agg.* non ferroso.
— **-ferrous metal,** metallo (*m.*) non ferroso.
— **-ferrous metals metallurgy,** metallurgia dei metalli non ferrosi.

non-fission capture (*fis. atom.*), cattura (*f.*) senza fissione.
— **-fission neutron absorption** (*fis. atom.*), assorbimento di neutroni senza fissione.
— **-fissionable,** *agg.* (*fis. atom.*), non fissile.
— **-flam film,** film (*m.*) non infiammabile.
— **-fluffy rag,** straccio che non perde il pelo.
— **-foaming** (*dispersing agent*) (*chim.*), non producente schiuma.
— **-franc countries** (*comm.*), Paesi non appartenenti alla zona del franco.
— **-freezing,** *agg.* incongelabile.
— **-gassing coal,** carbone (*m.*) povero di gas.
— **-growth cast iron,** ghisa (*f.*) austenitica (senza dilatazione).
— **-heaved sleeper** (*ferr.*), traversina non gelata (non dilatata dal gelo).
— **hygroscopic,** *agg.* non igroscopico.
— **-impact printer** (*inform.*), stampante senza impatto.
— **-inductive load** (*elet.*), carico non induttivo.
— **-inflammable,** *agg.* non infiammabile.
— **-integrated steel works** (*met.*), acciaieria (*f.*) non a ciclo integrato.
— **-linear distortion,** distorsione (*f.*) non lineare.
— **linear elasticity** (*mecc. solidi*), elasticità non lineare.
— **-linear network** (*elet.*), rete non lineare.
— **-linear optics** (*ott.*), ottica (*f.*) non lineare.
— **linear programming** (*cibernetica*), programmazione non lineare.
— **-lining figures** (*tip.*), numeri elzeviri.
— **-magnetic, nonmagnetic,** *agg.* non magnetico; antimagnetico.
— **-magnetic alloy,** lega (*f.*) antimagnetica.

non-magnetic steel, acciaio non magnetico.
— **-magnetic watch** (*orol.*), oro logio (*m.*) antimagnetico.
— **-metallic inclusion** (*fond.*) (*met.*) inclusione (*f.*) non metallica.
— **-metallic sheathed cable,** cavo (*m.*) a isolamento non metallico.
— **-moderator** (*fis. atom.*), materiale (*m.*) non moderatore.
— **-oscillatory,** *agg.* aperiodico.
— **-oxidizable** (U.S.A.), inossidabile *agg.*
— **-penetrating particle** (*fis. atom.*), particella non penetrante.
— **-posonous,** *agg.* non velenoso.
— **-polarized,** non polarizzato.
— **-polar dynamo,** dinamo (*f.*) senza poli.
— **-proprietary,** non brevettato *agg.* (*riferito a materiali, ecc.*).
— **-protected,** aperto; non protetto.
— **-radiative transition** (*fis. atom.*), **transizione (*f.*) non radiativa.**
— **-radioactive tracer** (*fis. atom.*), **tracciante (*m.*) inattivo.**
— **-recurring receipts** (*comm.*), introiti eccezionali.
— **-reflective plastic** (*auto*), plastica antiriflesso.
— **-returnable bag,** sacco « a perdere ».
— **-return flow wind tunnel** (*aer.*), galleria (*f.*) a vento a flusso libero.
— **-return valve,** valvola di non ritorno.
— **-returnable bottle,** bottiglia a perdere.
— **-reversible,** irreversibile *agg.*
— **-rigid airship** (*aereo*), dirigibile (*m.*) flessibile.
— **-rotating,** non rotante *agg.*
— **-rotating rope,** fune (*f.*) antigirevole.
— **selective diffuser,** diffusore (*m.*) non selettivo.
— **selective radiator,** corpo (*m.*) grigio.
— **-shielded,** *agg.*, libero (*rif. ad elettroni*).

non-shrink material (*met.*), materiale non soggetto a ritiro.
— **-shutterable glass,** vetro infrangibile.
— **-skid chain,** catena (*f.*) per automobili.
— **-slip,** *agg.* antisdrucciolevole.
— **-slip floor tiles** (*costr.*), piastrelle (per pavimento) antisdrucciolo.
— **-slippery,** *agg.* non sdrucciolevole.
— **-sparking tool** (*mecc.*), utensile (di sicurezza) antiscintilla.
— **-spinning rope,** fune (*f.*) metallica di 18 trefoli con 7 fili.
— **-steady,** non stazionario; non fisso.
— **-stick interior surface** (*utensili da cucina*), superficie interna che non attacca (appiccica).
— **-stick surface** (*frying pans*), superfice che non attacca (*pentole*) (Teflon).
— **-stop firing** (*mil.*), fuoco (*m.*) continuo.
— **-symmetrical,** asimmetrico *agg.*
— **-toxic** (*erbicida, ecc.*), non tossico; inoffensivo.
— **-transparent,** *agg.* opaco.
— **-trip speedometer** (*auto*), contachilometri senza azzeratore, contachilometri parziale.
— **-tunable,** *agg.* aperiodico; non sintonizzabile.
— **-valent,** *agg.* avente nessuna valenza.
— **volatile,** *agg.* non volatile.
— **-warping material,** materiale non soggetto a svergolamento (*o* a curvatura).
— **-warping steel** (*met.*), acciaio (*m.*) non soggetto a distorsioni.
— **-wettable,** *agg.* impervio all'umidità.
— **-working position** (*mecc.*), posizione di riposo.
— **-yellowing grade** (*chim.*), gradazione senza discoloramento; gradazione che non ingiallisce.
nonagon (*mat.*), nonagono *m.*
nonane (*chim.*), nonano *m.*
noncircular aperture (*lens*) (*ott.*), apertura non circolare (lente).
nonconforming, inadatto; che non risponde alle specifiche.
noncoplanar dislocation (*metal.*), dislocazione non coplanare.
nondestructive, *agg.* non distruttivo.
— **testing,** prova (*f.*) non distruttiva.
— **tests,** prove non distruttive.
nondetonating explosives, esplosivi (non detonanti) antidetonanti.
nonhoming, *agg.* che non ritorna alla posizione di partenza.
nonhygroscopic powder, polvere non igroscopica.
nonius, nonio *m.*
nonlinear electrical analogy (*elet.*), analogia elettrica non lineare.
nonmanned satellite (*astron.*), satellite non abitato.
nonmarketable securities (*finan.*), titoli non trasferibili.
nonmetal-metal composite (*met.*), composito nonmetallo-metallo (cioè con matrice non metallica e fibre metalliche).
— **-nonmetal composite** (*met.*), composito con matrice e fibre non metalliche.
nonnoise-exposed man (*prevenz. infortuni*), lavoratore non esposto al rumore.
nonparallel dislocation (*metal.*), dislocazione non parallela.
nonparametric statistics (*mat.*), statistica non parametrica.
nonpareil (*tip.*), (nonpariglia) corpo 6.
nonpyrophoric, *agg.* (*polveri, met.*), non piroforico.
nonrefinable, *agg.* (*petrolio*), non raffinabile.
nonretractable landing gear (*aereo*), carrello fisso.
nonspill, non rovesciabile.
nonstop (*aereo*), senza scalo.
nonthrottled (rif. a pompe), non strozzato.
nontooling applications (*acciaio*), (*tool steels for nontooling appli-*

cations), acciai per utensili per usi diversi (non per utensili).
nonturbo car (*auto*), automobile non a turbina.
nonwoven bonded fabrics (*tess.*), v. **nonwoven fabrics.**
— **fabric** (*tess.*), tessuto non tessuto (tessuto coesionato).
noodle machine (*alim.*), macchina per cilindrare e tagliare paste alimentari.
noodling (*acust.*), musica (*f.*) di fondo.
noose, cappio *m.*
NOR element (*fluidica*), elemento « NOR » mescolatore-invertitore.
normal, normale *agg.*
— **beam,** raggio (*m.*) normale.
— **cathode fall,** caduta (*f.*) catodica normale.
— **concentration,** concentrazione (*f.*) normale.
— **distribution** (*statistica*), distribuzione (*f.*) normale.
— **electrode,** elettrodo (*m.*) normale.
— **faut** (*geol.*), faglia (*f.*) normale.
— **hardening cement,** cemento (*m.*) a lenta presa naturale.
— **load,** carico (*m.*) normale.
— **output,** produzione (*f.*) normale.
— **photoelectric emission,** effetto fotoelettrico normale.
— **power,** potenza (*f.*) normale.
— **pressure,** pressione (*m.*) normale.
— **propeller state** (*aereo*), funzionamento (*m.*) ad elica propulsiva.
— **range** (*elicot.*), autonomia (*f.*) normale.
— **rating,** servizio normale (o regolamentare).
— **-setting cement,** cemento (*m.*) a lenta presa naturale.
— **solution,** soluzione (*f.*) normale.
— **spectrum,** spettro (*f.*) normale.
— **speed,** velocità (*f.*) normale (o di regime).
normal standard cell, pila (*f.*) campione normale.
— **stress,** sforzo (*m.*) normale.
— **tension,** tensione (*f.*) normale.
— **tooth profile,** profilo (*m.*) dentato normale (*ingr.*).
— **twill** (*tess.*), saia (*f.*) normale.
— **voltage,** tensione (*f.*) normale (*elet.*).
normalisation, normalizzazione *f.*
normality (*chim.*), normalità *f.*
normalization, normalizzazione *f.*; unificazione *f.*
normalizing, normalizzazione *f.* (*trattam. termico*).
north pole, polo (*m.*) negativo.
Northern Pine (*Pinus Silvestris*), pino *m.*
Norton-type gearbox, scatola (*f.*) Norton (*tornio*).
Norway maple, acero (*m.*) di platano.
— **pine** (*Pinus Resinosa*), pino *m.*; legno di pino.
— **spruce** (*Picea Abies*), abete *m.*; legno di abete.
nose (*di fusoliera*) (*aereo*), muso *m.*; musone *m.*; punta *f.*; prua (del pallone) (*aer.*).
— vedi: **spindle nose.**
— **cowl** (*aereo*), naso (*m.*) anteriore.
— **dive** (*aereo*), picchiata (*f.*) verticale (*aereo*).
— **-dive** (*auto*), (*on braking*), picchiata (all'atto della frenatura).
— **-heavy** (*aereo*), appruato.
— **key,** controchiavetta *f.*; chiavetta (*f.*) a nasello.
— **landing gear** (*aereo*), carrello di atterraggio prodiero.
— **of a tool,** becco (*m.*) di un utensile.
— **(to —) over** (*aereo*), capottare *v.i.*
— **rib** (*aereo*), centina ausiliare.
— **-wheel landing gear** (*aereo*), complesso (*m.*) d'atterraggio anteriore.
— **-wheel undercarriage** (*aereo*), carrello d'atterraggio triciclo a ruotino anteriore.

notary public (*leg.*), notaio *m.*
notation (*inform.*), notazione *f.*
not flat (*lamiere, met.*), non piano.
— **go gauge,** calibro (*m.*) non passa.
notch, tacca *f.*; incanalatura *f.* (di bozzello); cava (*f.*) per tenone; intaccatura *f.*; incisione *f.* (di legno, taglio grossolano); (*met.*), intaglio *m.*
— **(to —),** *v.a.* intagliare; intaccare (con tacche).
— **brittleness** (*met.*), fragilità (*f.*) all'intaglio.
— **diplexer,** antenna (*f.*) diplexer a filtro speciale.
— **effect** (*met.*), effetto (*m.*) di intaglio.
— **embrittlement,** vedi: **notch brittleness.**
— **fatigue** (*met.*), fatica (*f.*) da intaglio.
— **fatigue fracture** (*met.*), rottura per fatica da intaglio.
— **fracture** (*met.*), frattura (piatta) per intaglio.
— **sensitive** (*met.*), sensibile all'intaglio.
— **sensitivity** (*met.*), sensibilità (*f.*) all'intaglio.
— **toughness** (*met.*), tenacità d'intaglio (resistenza del met. alla sollecitaz. a impatto).
— **(iron —)** (*altoforno*), foro colata ghisa.
notched, dentellato *agg.*; intagliato.
— **bar fatigue testing** (*met.*), prova di fatica su provetta con intaglio.
— **-bar test** (*met.*), prova (*f.*) di resilienza su provetta intagliata.
— **bend test** (*sald.*), prova (*f.*) di piegatura su cordone intagliato.
— **metal specimen** (*met.*), provetta (*f.*) intagliata.
notching, incrocio *m.* (con incastro); (*macch. ut.*), intagliatura (*lamiere*); intaglio.
— **of a sleeper** (*ferr.*), inzoccolatura (*f.*) di una traversina.
note amplification, amplificazione (*f.*) del suono; (*radio*), vedi: **tuning note.**
note amplifier, amplificatore (*m.*) del suono.
— **issue** (*finan.*), emissione fiduciaria.
— **tuning,** accordo d'uno strumento; regolaggio dell'altezza del suono.
notice-board, albo (per comunicati).
— **(to give — to 200 employees),** notificare la dimissione d'ufficio a 200 impiegati (licenziare 200 impiegati).
Novellon, materia plastica inglese.
novice, dilettante *m.*
nozzle, imboccatura *f.*; ugello *m.*; becco *m.* (di recipiente) (*met.*); bocchetta (*met.*).
— **friction,** attrito (*m.*) nell'ugello.
— **needle,** valvolina (*f.*) del polverizzatore.
— **(flat-spray —),** ugello a spruzzo piatto.
nuance, piccola gradazione di colore.
nub (*sald.*), protuberanza *f.* (di anello.
nuclear, *agg.* nucleare.
— **arsenal,** arsenale (*m.*) nucleare.
— **attraction** (*fis. atom.*), forza di attrazione nucleare.
— **barrier** (*fis. atom.*), barriera (*f.*) nucleare.
— **binding energy** (*fis. atom.*), energia (*f.*) di legame nucleare.
— **bomb** (*fis. atom.*), bomba (*f.*) nucleare.
— **bombardment** (*fis. atom.*), bombardamento (*m.*) nucleare.
— **breeding** (*fis. atom.*), fertilizzazione (*f.*) nucleare.
— **budding,** germogliamento (*m.*) nucleare.
— **burst** (*fis. atom.*), scoppio (*m.*) nucleare.
— **chain reaction** (*fis. atom.*), reazione (*f.*) nucleare a catena.
— **chain reactor** (*fis. atom.*), reattore (*m.*) nucleare.
— **charge** (*fis. atom.*), carica (*f.*) nucleare.

nuclear chemistry (*fis. atom.*), chimica (*f.*) nucleare.
— **constant** (*fis. atom.*), costante (*f.*) nucleare.
— **control stability** (*fis. atom.*), stabilità (*f.*) di controllo nucleare.
— **cross-section** (*fis. atom.*), sezione d'urto nucleare; (sezione efficace di un nucleo).
— **data** (*fis. atom.*), costanti (*f. pl.*) nucleari.
— **decay** (*fis. atom.*), disintegrazione (*o* decadimento) nucleare.
— **diameter** (*fis. atom.*), diametro (*m.*) nucleare.
— **disintegration** (*fis. atom.*), disintegrazione (*f.*) nucleare.
— **disintegration energy** (*fis. atom.*) energia (*f.*) di disintegrazione nucleare.
— **drill** (*min.*), perforatrice (*f.*) nucleare.
— **-driven cargo ship** (*naut.*), nave da carico nucleare.
— **earthmoving**, movimenti di terra tramite esplosioni nucleari.
— **electron** (*fis. atom.*), elettrone (*m.*) nucleare.
— **employee**, impiegato nell'industria nucleare.
— **emulsion** (*fis. atom.*), emulsione (*f.*) nucleare.
— **energy**, energia (*f.*) nucleare.
— **energy level** (*fis. atom.*), livello (*m.*) d'energia nucleare.
— **engineer**, ingegnere (*m.*) nucleare.
— **engineering**, ingegneria (*f.*) nucleare.
— **evaporation** (*fis. atom.*), evaporazione (*f.*) del nucleo.
— **excitation** (*fis. atom.*), eccitazione (*f.*) nucleare.
— **explosion** (*fis. atom.*), esplosione (*f.*) nucleare.
— **explosive** (*fis. atom.*), esplosivo (*m.*) nucleare.
— **field** (*fis. atom.*), campo (*m.*) nucleare.
— **fission**, fissione (*f.*) nucleare.

nuclear fission bomb (*fis. atom.*), bomba (*f.*) a fissione nucleare.
— **fluid** (*fis. atom.*), fluido (*m.*) nucleare.
— **force** (*fis. atom.*), forza (*f.*) nucleare.
— **fuel**, combustibile (*m.*) nucleare.
— **fuel carrier** (*naut.*), nave portacombustibile nucleare.
— **fuel flask**, recipiente per combustibile nucleare.
— **fuel reprocessing facilities** (*fis. atom.*), impianti per la rigenerazione di combustibile nucleare.
— **fuel rocket** (*fis. atom.*), razzo (*m.*) atomico.
— **furnace** (*fis. atom.*), reattore (*m.*) nucleare.
— **fusion** (*fis. atom.*), fusione (*f.*) nucleare.
— **fusion bomb** (*fis. atom.*), bomba (*f.*) a fusione nucleare.
— **induction** (*fis. atom.*), induzione (*f.*) nucleare.
— **industry** (*fis. atom.*), industria (*f.*) nucleare.
— **inflammability** (*fis. atom.*), infiammabilità (*f.*) nucleare.
— **installations inspectorate**, Ispettorato delle installazioni nucleari (G.B.).
— **isobar** (*fis. atom.*), isobaro (*f.*) nucleare.
— **isomer** (*fis. atom.*), isomero (*m.*) nucleare.
— **isomerism** (*fis. atom.*), isomeria (*f.*) nucleare.
— **level** (*fis. atom.*), livello (*m.*) nucleare.
— **level density** (*fis. atom.*), densità (*o* intensità) di livello nucleare.
— **laboratory** (*fis. atom.*), laboratorio (*m.*) nucleare.
— **magnetic moment** (*fis. atom.*), momento (*m.*) magnetico nucleare.
— **magnetic resonance** (*fis. atom.*), risonanza (*f.*) magnetica nucleare.
— **magneton** (*fis. atom.*), magnetone (*m.*) nucleare.

nuclear mass (*fis. atom.*), massa (*f.*) nucleare.
— **matter** (*fis. atom.*), materia (*f.*) nucleare.
— **medicine** (*fis. atom.*), medicina (*f.*) nucleare.
— **metallurgy** (*fis. atom.*), metallurgia (*f.*) nucleare.
— **model** (*fis. atom.*), modello (*m.*) nucleare.
— **neutron** (*fis. atom.*), neutrone (*m.*) nucleare.
— **orbital bomb,** bomba nucleare orbitale.
— **orientation** (*fis. atom.*), orientamento (*m.*) nucleare.
— **particle** (*fis. atom.*), particella (*f.*) nucleare.
— **photodisintegration** (*fis. atom.*), fotodisintegrazione (*f.*) nucleare.
— **photoeffect** (*fis. atom.*), fotodisintegrazione (*f.*) nucleare.
— **photoelectric effect** (*fis. atom.*), fotodisintegrazione (*f.*) nucleare.
— **physicist** (*fis. atom.*), fisico (*m.*) nucleare.
— **physics** (*fis. atom.*), fisica (*f.*) nucleare.
— **plant** (*fis. atom.*), centrale (*f.*) nucleare.
— **plate** (*fis. atom.*), lastra (*f.*) nucleare.
— **polarization** (*fis. atom.*), polarizzazione (*f.*) nucleare.
— **potential** (*fis. atom.*), potenziale (*m.*) nucleare.
— **potential energy** (*fis. atom.*), energia (*f.*) potenziale nucleare.
— **power** (*fis. atom.*), potenza (*f.*) nucleare; energia (*f.*) nucleare.
— **power plant** (*fis. atom.*), centrale (*f.*) atomica; centrale nucleare.
— **power station,** centrale nucleare.
— **-powered locomotive** (*fis. atom.*), locomotiva atomica (locomotiva a propulsione nucleare).
— **-powered plane** (*fis. atom.*), aeroplano (*m.*) atomico.

nuclear-powered rocket (*fis. atom.*), razzo (*m.*) atomico.
— **powered ship** (*fis. atom.*), nave a propulsione nucleare.
— **powered steelmaking** (*met.*), fabbricazione dell'acciaio per mezzo dell'energia nucleare (tecnica ancora allo studio).
— **-powered submarine** (*fis. atom.*), sottomarino (*m.*) atomico.
— **process** (*fis. atom.*), processo (*m.*) nucleare.
— **projectile** (*fis. atom.*), proiettile (*m.*) nucleare.
— **propellant,** propellente (*m.*) nucleare.
— **propulsion,** propulsione (*f.*) nucleare.
— **proton** (*fis. atom.*), protone (*m.*) nucleare.
— **reaction,** reazione (*f.*) nucleare.
— **reactor,** reattore (*m.*) nucleare.
— **repulsion** (*fis. atom.*), forza repulsiva nucleare; repulsione (*f.*) nucleare.
— **research** (*fis. atom.*), ricerca (*f.*) nucleare.
— **resonance,** risonanza nucleare.
— **rocket** (*razzi*), razzo (*m.*) nucleare.
— **rocket propulsion** (*fis. atom.*), propulsione (*f.*) di razzi nucleari.
— **scattering** (*fis. atom.*), diffusione (*f.*) nucleare.
— **science** (*fis. atom.*), scienza (*f.*) nucleare.
— **shell** (*fis. atom.*), strato (*m.*) nucleare.
— **shelter,** rifugio antiatomico.
— **spectroscopy** (*fis. atom.*), spettroscopia (*f.*) nucleare.
— **spin** (*fis. atom.*), « spin » (*m.*) nucleare.
— **spin quantum number** (*fis. atom.*), numero quantico di « spin » nucleare.
— **stability** (*fis. atom.*), stabilità (*f.*) nucleare.
— **structure** (*fis. atom.*), struttura (*f.*) nucleare.
— **technology** (*fis. atom.*), tecnologia (*f.*) nucleare.

nuclear temperature (*fis. atom.*), temperatura (*f.*) nucleare.
— **warhead** (*missili*) (*mil.*), testata nucleare.
— **waste** (*fis. atom.*), residui nucleari; rifiuti nucleari; scorie radioattive.
— **weapon,** arma (*f.*) nucleare.
— **worker,** lavoratore nucleare.
nuclease (*chim.*), nucleasi *m.*
nucleation (*cristal.*), germinazione *f.*; (*met.*), nucleazione *f.* (formazione di germi).
nuclei (*crystal nuclei*) (*metal.*), nuclei (*o* germi) cristallini.
nucleon (*fis. atom.*), nucleone *m.*
— **-nucleon collision** (*fis. atom.*), collisione nucleo-nucleo.
— **number** (*fis. atom.*), numero di massa; numero di nucleoni.
nucleonics (*fis. atom.*), fisica (*f.*) nucleare; tecnica (*f.*) nucleare.
nucleophiles, molecole aventi una affinità per i nuclei atomici.
nucleus (*cristall.*), grano *m.*
nuclidic mass (*fis. atom.*), massa (*f.*) atomica.
nudge bar (tubular steel — —) (*auto*), riparo in barre tubolari sovrastante il paraurti di una automobile.
nugget, pepita *f.*
nuisance area (*radio*), zona (d'interferenza) di rumori.
nuke, arma nucleare (nuclear weapon).
null (*radio*), punti (*m. pl.*) di silenzio (senza ricezione radiofonica).
— **detector** (*elet.*), rivelatore di squilibrio.
— **indicator,** indicatore dello zero.
— **method,** metodo dello zero.
nullify (to —), annullare *v.t.*
number, numero *m.*; (*tess.*) titolo *m.*; *v.a.* numerare; (*tess.*) titolare.
— **cruncher** (*inform.*), macchina calcolatrice (in senso generale).
— **of scanning lines** (*telev.*) (U. S.A.), rapporto (*m.*) frequenza di linee.
number of screw pitches, numero (*m.*) dei passi delle viti.
— **of speed of work spindle,** numero (*m.*) delle velocità del mandrino porta pezzo.
— **of spindle speeds,** numero (*m.*) delle velocità del mandrino.
— **plate,** targa (*f.*) d'immatricolazione (*di automobile, ecc.*).
— **unobtainable tone** (*telef.*), segnale di numero non ottenibile.
— **2 muck-stick** (*slang,* U.S.A.) (*petrolio*), pala ovale dal manico lungo.
numbering, numerazione *f.*
— **mallet,** martello (*m.*) numeratore (per legno).
numerator, numeratore *m.*
numerical constant (*fis. atom.*), costante (*f.*) numerica.
— **control** (*macch. ut.*), controllo numerico.
— **selector** (*telef.*), selettore numerico.
numerically-controlled arms (*mecc.*), bracci meccanici a controllo numerico (specie di robots industriali controllati da congegni senza calcolatori elettronici).
— **controlled automatic turret lathe** (*macch. ut.*), tornio automatico a torretta a controllo numerico.
— **-controlled centre lathe** (*macch. ut.*), tornio parallelo a controllo numerico.
— **-controlled drilling machine** (*macch. ut.*), trapano (*m.*) a controllo numerico.
— **controlled grinder** (*macch. ut.*), rettificatrice a controllo numerico.
— **controlled machining centre** (*macch. ut.*), centro di lavorazione a controllo numerico.
— **controlled milling machine** (*macch. ut.*), fresatrice (*f.*) a controllo numerico.
— **controlled sheet-metal working centre** (*macch. ut.*), centro di lavorazione di lamiere a c.n. (controllo numerico).

numerically controlled tapping machine (*macch. ut.*), maschiatrice (*f.*) a controllo numerico.
nurse balloon (*aer.*), pallone (*m.*) ausiliario.
nursery, v. **forest —.**
— school (*cost.*), asilo-nido (per bambini).
— thresher (*agr.*), trebbiatrice ad uso sperimentale.
nut, dado *m.*; madrevite *f.*; (*tip.*), quadratino *m.*
— -box, chiocciola (*f.*) del tornio.
— coal, carbone (*m.*) in pezzatura noce.
— coke, coke (*m.*) noce.
— cracker (*ut.*), schiaccianoci *m.*
— lathe, tornio (*m.*) per dadi.
— -locking, dispositivo (*m.*) di sicurezza del dado.
— oil, olio (*m.*) di noci.
— quad (*tip.*), quadratino *m.*
— screw driver, chiave (*f.*) per dadi.
— tapping machine (*macch. ut.*), filettatrice (*f.*) per dadi; macchina (*f.*) per maschiettare; maschiatrice (*f.*) automatica per dadi.
nutation, nutazione *f.*
nutmeg, noce (*f.*) moscata.
— butter, burro (*m.*) di noci moscate.
— oil, olio (*m.*) essenziale di noci moscate.
nutriculture, nutricultura *f.*
nutritionist, *m.*, esperto in scienza delle preparazioni alimentari.
nuts, carbone (*m.*) noce.
nux vomica, noce (*f.*) vomica.
nylon, nylon *m.*; nailon *m.*
— coating (*ind.*), rivestimento in nylon.
— copolymers (*chim.*), copolimeri del nailon.
— -spinning factory (*tess.*), stabilimento (opificio tessile) di filatura del nailon; filanda di nailon.
— thread, filo (*m.*) di nylon.

O

O-ing machine (*tubificio*) (*met.*), pressa formatrice ad « O».
O-network (*elet.*), rete (*f.*) a pi simmetrico; rete ad O.
oak, quercia *f.*
— **extract,** estratto di corteccia di quercia.
— **moss resin,** « mousse de chêne » muschio di quercia (*usato in profumeria*).
— **shingle,** assicella (*f.*) di quercia.
— **-tanned leather** (*pelli*), cuoio conciato al tannino di quercia.
— **-tanned belting,** cinghia di cuoio conciato al tannino di quercia.
— **tanning** (*pelli*), concia (*f.*) al tannino di quercia.
oakum, canapa (*f.*) catramata.
oar (*naut.*), remo *m.*; remare *v.i.v.a.*
oat huller, svecciatore (*m.*) per avena.
O. B. alloy (*met.*), bronzo con piombo fino all'8 %.
O. B. tanning crystals (*chim.*), $Cr_2(OH)_2(SO_4)_2$, cristalli cromo tannici (*usati nella concia delle pelli*).
object (*inform.*), oggetto *m.*
— **lens,** lente (*f.*) obiettiva.
— **program** (*elettron.*, *inform.*), programma oggetto.
objective (glass) (*ott.*), obiettivo *m.*
— **gloss** (*ott.*), v. **specular gloss.**
— **noise-meter** (*acust.*), sonometro *m.*
objector, *m.* (*gen.*), obiettore *m.*
oblat (*med.*), cachet *m.*
obligation (without —) (*comm.*), senza impegno.
oblique, obliquo *agg.*
— **camera** (*fot.*), telecamera per fotografia aerea obliqua.
— **section,** sezione (*f.*) obliqua.
obliquity of the ecliptic, obliquità (*f.*) dell'eclittica.
oblong, bislungo *agg.*; oblungo.
OBM converter (*met.*), convertitore OBM (con soffiaggio dell'ossigeno dal basso).
OBM steel plant (*met.*), acciaieria OBM.
obnoxious, *agg.* nocivo; pericoloso.
— **fumes,** vapori pericolosi.
obscuration (*paint*), potere di copertura di un materiale opaco (*vernice, pittura*): « oscuramento ».
obscure, oscuro *agg.*
— **(to —),** *v.a.* oscurare.
observation helicopter (*aereo*), elicottero da ricognizione.
— **port** (*cinem.*), sportello di proiettore.
observatory, specola *f.*; osservatorio *m.*
observe (to —), *v.a.* osservare.
observed radio bearing, azimut (*m.*) rilevato con la radio.
— **time,** tempo osservato.
— **valve,** valore (*m.*) caratteristico (in pezzo tolto dal campione).
observer (*aereo*), vedi: **automatic.**
obsidian (*geol.*), agata dell'Islanda (lava vitrea nera che si trova in Islanda, nelle isole Lipari e negli S. U.).
obsolescence, deprezzamento *m.* (*perdita in valore di macchine ormai superate*); obsolescenza *f.*
obsolescent, vedi: **obsolete.**
obsolete, scaduto *agg.* (*di prezzo, catalogo, ecc.*); (*mecc.*), antiquato; vecchio; in disuso; (*di navi*), declassato; obsoleto.
obstruct (to —), *v.a.* ostruire.
obstruction, ostruzione *f.*; ostacolo *m.*
obturate, *v.a.* otturare.
obturator, otturatore *m.*
— **ring,** collare di guarnizione (otturatore delle fiamme).
obtuse angle, angolo (*m.*) ottuso.
— **-angled,** *agg.* ottusangolo.
— **-angled triangle,** triangolo (*m.*) ottusangolo.
occasional seats (*auto*), sedili provvisori.
occlude (to —), assorbire *v.a.*; occludere *v.a.*

occluded gas, gas (*m.*) occluso.
occlusion (*chim.*), assorbimento *m.*; occlusione *f.*
occupant, titolare *m.* (di un impiego).
occupational deafness, sordità (*f.*) professionale.
— **disease** (*med.*), malattia professionale.
— **hygiene** (*med.*), igiene del lavoro.
— **medicine** (*med.*), medicina (*f.*) del lavoro.
— **psychologist,** psicologo dei problemi del lavoro.
— **physiology** (*med.*), fisiologia del lavoro.
— **therapy,** ergoterapia *f.*
occur, *v.i.*, prodursi *v.r.*; presentarsi *v.r.*; trovarsi (*in natura*).
occurrence, fatto *m.*; presenza *f.*; esistenza *f.* (*in natura*).
ocean, oceano *m.*
— **bottom,** fondale (*m.*) oceanico.
— **current,** corrente (*f.*) oceanica.
— **thermal** (*to convert the temperature differencies of ocean layers into electricity*), sistema non convenzionale di produz. dell'energia che sfrutta la differenza di temperatura degli strati oceanici (energia del moto ondoso).
— **wave,** onda (*f.*) oceanica.
oceangoing vessel (*naut.*), nave (*f.*) oceanica; nave (*f.*) di lungo corso.
oceanic crust, crosta oceanica.
oceanographic chart, carta oceanografica.
— **data,** dati oceanografici.
— **ship** (*naut.*), nave oceanografica.
— **vessel** (*naut.*), nave (*f.*) oceanografica.
Ocenol (*chim.*), Ocenol (alcool usato come emulsionante).
ochre (ocher), ocra *f.*
ochroite (*min.*), cerite *f.*
ocimene (*chim.*), ocimene *m.*
ocratation (*cemento*), trattamento del cemento a base di tetrafluoruro di silicio.
Octab (*chim.*), cloruro ammonico octodecil-dimetil-benzile.
octacosane (*chim.*), octacosano *m.*, $C_{28}H_{58}$.
octadecanal (*chim.*), stearaldeide *f.*
octadecanamide (*chim.*), stearamide *f.*
octadecane (*chim.*), ottadecano *m.*
— **nitrile** (*chim.*), stearonitrile *f.*
octadecanediol (*chim.*), diolina *f.*
— **-diacetate** (*chim.*), diolina A.
octadecanoic acid (*chim.*), acido (*m.*) stearico.
— **anhydride** (*chim.*), anidride (*f.*) stearica.
octadecanoyl chloride (*chim.*), cloruro di stearile.
9, 12, 15-octadecatrienoic acid (*chim.*), acido α-linolenico.
9-octadecenoic acid (*chim.*), acido elaidico; acido oleico.
9-octadecylic acid (*chim.*), acido (*m.*) stearico.
9-octadecyonic acid (*chim.*), acido stearolico.
octadiene (*chim.*), conilene *f.*
octagon (*met.*), ottagono *m.*
octagonal, *agg.* ottagonale.
octahedral, *agg.* ottaedrico.
octahedrite (*chim.*), biossido di titanio.
octahedron, ottaedro *m.*
octahydro pyrrocoline (*chim.*), piperolidina *f.*
octal, *agg.* (*inform.*), ottale.
— **code,** codice (*m.*) ottale.
— **notation** (*inform.*), notazione (*f.*) ottale.
octamethylene (*chim.*), cicloottano *m.*
octanal (*chim.*), aldeide (*f.*) caprilica.
— **oxime** (*chim.*), ossima di aldeide caprilica.
octanamide (*chim.*), vedi: **capryl amide.**
octane, ottano *m.*
— **nitrile** (*chim*),. caprilonitrile.
— **number,** numero (*m.*) di ottano; numero ottanico.
— **rating** (*mecc.*), num. di ottano.
1,1 octane dicarboxylic acid (*chim.*) acido malonico eptilico.

octanedioic acid (*chim.*), acido (*m.*) suberico (*suberic acid*).
1,8-octanediol (*chim.*), glicolo octametilene.
octanitro-cellulose (*chim.*), octanitro-cellulosa.
octanoic acid (*chim.*), acido caprilico.
— **anhydride** (*chim.*), anidride (*f.*) caprilica,
1-octanol (*chim.*), eptil-carbinol; alcool caprilico; alcool octoico.
octant (*geom.*), ottante *m.*
octavalent, *agg.* ottovalente.
octave (*acust.*), ottava *f.*
— **coupler** (*organo*), copula (o tiraggio) per le ottave.
— **graphic equalizer** (*audio*), equalizzatore grafico ad ottave.
octic acid, acido (*m.*) caprilico.
octote (*chim.*), ottoato *m.*
octode (*elet.*), octodo *m.*
odd, *agg.* dispari; strano; (*mecc.*), di diverso taglio (p. es. *odd fluted taps*), maschi scanalati di diverso taglio.
— **divisions,** divisioni dispari (*f. pl.*).
— **-even nucleus** (*fis. atom.*), nucleo (*m.*) dispari-pari.
— **-even spin** (*fis. atom.*), spin da nuclei dispari-pari.
— **harmonics,** armoniche (*f. pl.*) d'ordine dispari.
— **-leg caliper,** compasso (*m.*) per esterni.
— **mass** (*fis. atom.*), massa (*f.*) dispari.
— **-mass number** (*fis. atom.*), numero di massa dispari.
— **molecule,** molecola rara con un numero di elettroni extranucleari.
— **number,** numero (*m.*) dispari.
— **-odd effect** (*fis. atom.*), effetto (*m.*) dispari-dispari.
— **-odd nucleus** (*fis. atom.*), nucleo (*m.*) dispari-dispari.
odiometer, strumento per la misura dell'ossigeno sciolto consumato dalla fognatura ogni ora.
odometer (*auto*), (U.S.A.), contachilometri *m.*
odontograph, odontografo *m.*
o. d. pipe, tubo (*m.*) di grande diametro.
odor (U.S.A.), odore *m.*
odorless, *agg.* (U.S.A.), inodoro.
odour (*petrol.*), odore che rivela la presenza del petrolio; odore *m.* (*gen.*).
— **abatement** (*inquinamento dell'aria*), eliminazione dei cattivi odori.
— **disguising agent,** (*chim.*), coadiuvante per mascherare odori sgradevoli.
— **-masking agent** (*chim.*), coadiuvante per mascherare odori sgradevoli.
odourless, *agg.* inodoro.
oersted, oersted *m.* (unità d'intensità magnetica).
of 200 horse-power, della forza di 200 cavalli.
off, fermo; chiuso; disinserito (*elet.*); al di sotto della sua produzione (*pozzo petrolifero*); (*borsa*) (*to be* —) essere in ribasso; punti in meno (*comm.*); non producente la solita quantità di petrolio (*pozzo petrol.*); (*mecc.*), decentrato; spostato rispetto alla posizione diametrale (*off the true diametral position*); (*stampa*), stampato; (*naut.*), al largo.
— **camera** (*telev.*), davanti alla camera televisiva non in funzione.
— **centre,** *agg.* eccentrico; decentrato *p.p.*; disassato.
— **-centre street operation** (*trasporti*), banalizzazione del traffico.
— **-gas,** off-gas (gas residui, specialm. di origine petrolifera).
— **gauge** (*met.*), spessore (della parete di un tubo) non conforme alle tolleranze specifiche; sovraspessore *m.*
— **-grade (metal)** (*met.*), metallo non corrispondente alla richiesta composizione chimica.
— **-grade iron** (*met.*), ferro di transizione.

off-highway motor vehicle (*autocarri*), fuoristrada; (*a new off-highway rear dump hauler*), un nuovo autocarro fuori strada a cassone (a ribaltamento posteriore).
— **-line** (*inform.*), non collegato; « off-line »; indipendente; autonomo.
— **-line instruments** (*calcol. elettron.*) (*autonomous instruments*), strumenti autonomi (strumenti non collegati con l'unità centrale di elaborazione).
— **-machine ladle-degassing** (*metal*), degasaggio fuori macchina.
— **-peak load,** carico (*m.*) medio.
— **position,** posizione (*f.*) di riposo.
— **-print** (*tip.*), estratto (*m.*) a stampa.
— **road vehicles** (*auto*), autoveicoli fuoristrada.
— **-roader** (*auto*), autoveicolo fuori strada.
— **« spec » products** (*fond.*) (*met.*), prodotti non conformi alle prescrizioni (ministeriali, ecc.).
— **-street parking facilities,** posti di parcheggio non lungo le strade (specialmente costruiti).
— **-the-road** (*auto*), fuoristrada (*incidente auto*).
— **-the shelf,** *agg.* disponibile subito.
— **-the shelf peripherals** (*calcol. elettron.*), periferiche disponibili immediatamente.
offcut (*tip.*), ritagli di carta.
offence (*leg.*), infrazione, violazione, trasgressione, (di leggi, regolamenti, ecc.).
— **(motoring —),** infrazione automobilistica.
— **(parking —),** infrazione del diritto di parcheggio.
— **(traffic —),** infrazione al codice della strada.
offer (*comm.*), offerta *f.*
— **(to —),** *v.a.* offrire.
— **(premium —)** (*comm.*), offerta a premio.
offer (telephone —) (*comm.*), offerta telefonica.
— **(written —)** (*comm.*), offerta scritta.
o. f. h. c. copper, rame di alta conduttività privo d'ossigeno.
office, ufficio *m.*
— **automation** (*inform.*), automazione dell'ufficio.
— **computer** (*inform.*), calcolatore elettronico da ufficio.
— **equipment** (*met.*), arredamento per ufficio.
— **expenses,** spese (*f. pl.*), di amministrazione.
— **furniture (wood — furniture),** mobili per ufficio in legno.
official, *agg.* ufficiale.
— **assistance,** aiuto pubblico; assistenza pubblica.
— **gold holding** (*finan.*), riserva aurea dello Stato.
— **message** (*tel.*) (U.S.A.), conversazione (*f.*) di servizio.
— **submission** (*leg.*), asta (*f.*) pubblica.
officinal herbs (*bot.*), erbe (*f. pl.*), officinali.
offing (in the —) (*mecc. auto ecc.*), in allestimento.
offset, linea (*f.*) secondaria (*elet.*); deviazione (*f.*) ortogonale (*top.*); stampa in offset (*tip.*); piegatura (di un tubo, ecc.) (*mecc.*); spostato *p.p.*; (*comm.*) compensazione *f.*; compenso *m.* (*fis. atom.*), tolleranza *f.*
— ***v.a.*,** compensare (*un effetto*) (*perdite, ecc.*).
— **coating** (*carta*), patinatura (*f.*) offset.
— **deep printing** (*tip.*), offset-inciso.
— **flat bed machine** (*tip.*), macchina da stampa offset con forma in piano.
— **lithographic printing machine,** macchina litografica « offset ».
— **oil** (*tip.*), olio per presse «offset».
— **paper** (*tip.*), carta per offset.
— **-peak period** (*mot.*; *mecc.*), periodo (*m.*) di marcia a potenza ridotta.

offset printing, stampa (*f.*) in offset.
— **printing machine** (*tip.*), macchina « offset ».
— **rotary** (*tip.*), rotativa offset.
— **staff,** bastone (*m.*) per il fissaggio della catena metrica.
— **well** (*ind. pet.*), pozzo (*m.*) in anticlinale.
offshore drilling (*petrol.*), perforazione al largo delle coste.
— **legislation** (*petrolio*), legislazione sulla perforazione offshore (al largo delle coste).
— **well** (*ind. pet.*), pozzo (*m.*) in alto mare.
offsize, *agg.* di misure non regolamentari (non secondo le caratteristiche tecniche regolamentari).
offtake, larga apertura per lo sfogo dei gas in un altoforno; galleria (*f.*) di scolo delle acque (*min.*); presa d'aria (di gas, vapore).
ogee, gola (*f.*) diretta (*arch.*).
ohm, ohm *m.*
ohmic, *agg.* (*elet.*), ohmico.
— **loss** (*elet.*), perdita (*f.*) ohmica (per effetto Joule).
— **resistance** (*elet.*), resistenza (*f.*) ohmica.
Ohm's law, legge (*f.*) di Ohm.
ohms per volt (*elet.*), ohm per volt.
o. h. v., valvole (*f. pl.*) in testa (*auto*).
O.K. solid (*radio*), va bene tutto.
oil, *n.* olio *m.*; olio (*m.*) essenziale; petrolio *m.*; fare il pieno di nafta; sporcarsi (*v.r.*) (d'olio) (*di candele*).
— *v.a.* oliare; ungere; lubrificare.
— **300,** olio di colza minerale.
— **6811,** liquido fluorescente giallo.
— **absorption** (*vernici*), presa (*f.*) d'olio.
— **additives,** additivi per oli lubrificanti.
— **and cooling water remote thermometer** (*auto*), teletermometro per acqua di raffreddamento ed olio.
oil asphalt, asfalto ottenuto dal petrolio.
— **baffle** (*auto*), deflettore (*m.*) olio.
— **baize,** tela (*f.*) oleata.
— **-base mud** (*petrol.*), fango (*m.*) oleoso.
— **-basin** (*geol.*), bacino (*m.*) petrolifero.
— **bath,** bagno (*m.*) d'olio.
— **-bath air cleaner,** filtro a bagno d'olio.
— **bath lubrication,** lubrificazione (*f.*) a bagno d'olio.
— **-bearing,** *agg.* petrolifero.
— **black,** olio nero.
— **blast breaker,** interruttore (*m.*) del tipo a getto d'olio.
— **blue,** pigmento violetto-bleu (di solfuro di rame); olio azzurro.
— **Bordeaux,** olio di Bordeaux.
— **box** (*mecc.*), boccola (*f.*) ad olio.
— **brake,** freno (*m.*) ad olio.
— **break switch** (*elet.*), interruttore (*m.*) a bagno d'olio.
— **brown,** olio bruno.
— **burner,** bruciatore (*m.*) ad olio; bruciatore (*m.*) a nafta.
— **-burning steamer,** piroscafo (*m.*) a combustione liquida.
— **cake,** panello (*m.*) di semi oleosi.
— **can** (*met.*) (U.S.A.), difetto di lamierino non localizzabile.
— **-can,** pipetta (*f.*) di lubrificazione; (*slang*) (U.S.A.) (*riferito a rivestimento metallico*), rivestimento leggermente sporgente.
— **chamber,** camera (*f.*) d'olio.
— **chart,** guida (*f.*) di lubrificazione.
— **circuit-breaker,** interruttore (*m.*) ad olio.
— **clarifier,** v. **centrifugal —.**
— **cleaner,** depuratore di olio.
— **colour,** colore (*m.*) ad olio.
— **company,** compagnia (*f.*) petrolifera.
— **condenser,** condensatore (*m.*) ad olio.

oil control ring (*met.*), fascia elastica raschiaolio.
— **consumption,** consumo (*m.*) di olio.
— **cooled,** raffreddato ad olio *p.p.*
— **cooling,** raffreddamento (*m.*) ad olio.
— **-cop spindle** (*tess.*), fuso con serbatoio ad olio.
— **country goods** (*pet.*), tubi per l'industria petroliera.
— **cup,** scatola (*f.*) di lubrificazione.
— **-Dag,** sospensione colloidale di grafite nell'olio (usata da lubrificante).
— **displacement,** spostamento (*m.*) del petrolio.
— **drain,** scarico (*m.*) dell'olio.
— **drain plug,** tappo di scarico dell'olio.
— **drummer** (U.S.A.), venditore di prodotti petroliferi.
— **emulsion mud** (*ind. pet.*), fango ad emulsione in petrolio.
— **engine,** motore (*m.*) a olio pesante; (*motor.*), motore a nafta.
— **-engine traction** trazione per mezzo di locomotori a nafta.
— **factory,** oleificio *m.*; fattoio *m.*
— **-fed,** a nafta.
— **-fed diesel electric locomotive,** automotrice (*f.*) a nafta.
— **fed diesel locomotive,** automotrice (*f.*) a nafta.
— **fed motor,** motore (*m.*) ad olio pesante.
— **feeder,** oliatore *m.*; ingrassatore *m.*; apparecchio (*m.*) oliatore.
— **fever,** febbre del petrolio.
— **field,** terreno (*m.*) petrolifero.
— **field brine,** salamoia dei campi petroliferi.
— **-filled flat cable,** cavo in olio.
— **filler pipe,** bocchettone per introduzione olio.
— **film,** velo (*m.*) d'olio.
— **fired billet heating furnace,** forno di riscaldo a nafta per billette.
— **fired boiler,** caldaia a nafta.

oil-fired train-heating boiler, caldaia (*f.*) a nafta per riscaldamento di treno.
— **-fired warm air conditioner,** condizionatore (*m.*) d'aria calda, a nafta.
— **firing,** combustione di oli minerali.
— **fogging** (*chim. ind. carburanti*), nebulizzazione con olio.
— **fuel,** gasolio *m.*; petrolio (*m.*) combustibile.
— **gas,** gas (*m.*) di olio; gas (*m.*) di petrolio.
— **green,** olio verde.
— **groove,** scanalatura (*f.*) di lubrificazione.
— **hardening** (*met.*), tempra (*f.*) in olio.
— **hardening steel,** acciaio (adatto) per la tempra in olio.
— **heater,** riscaldatore (*m.*) dell'olio.
— **hole,** foro (*m.*) di lubrificazione; foro (*m.*) per l'olio.
— **-horizon** (*geol.*), zona (*f.*) petrolifera.
— **humidifying** (*chim. ind. carburanti*), umidificazione con olio.
— **-hydraulic pump,** pompa (*f.*) oleodinamica.
— **-hydraulic straightening press** (*mecc.*), pressa (*f.*) raddrizzatrice oleoidraulica.
— **-hydraulic technology,** tecnologia oleodinamica.
— **-hydraulics,** oleodinamica *f.*
— **immersed transformer** (*elet.*), trasformatore in olio.
— **industry,** industria (*f.*) petrolifera.
— **length** (*resine*), tenore di olio modificante (rif. a resine alchidiche); (*vernici*), galloni di olio per 100 libbre di resina (in una vernice).
— **lens** (*geol., petrol.*), lente (*f.*) di sabbia petrolifera.
— **level indicator,** indicatore (*m.*) del livello dell'olio.
— **liver,** impolmonimento (*coagulazione in massa gelatinosa*) di un olio lubrificante.

oil loading terminal (*naut.*), terminale per il carico di petrolio.
— **log,** giornale di trivellazione (di un pozzo petrolifero).
— **lubrication,** lubrificazione (*f.*) ad olio.
— **mark** (*met.*), v. **grease mark.**
— **-mill,** oleificio *m.*; fattoio *m.*
— **mill machinery,** macchinario per oleificio.
— **mining,** sfruttamento (*m.*) di giacimenti petroliferi.
— **mist and fume precipitator,** vedi: **electronic —.**
— **mist lubricator** (*strum.*), lubrificatore (*m.*) a micronebbia.
— **niobe,** olio niobe; benzoato di metile.
— **-nut,** noce (*f.*) oleosa.
— **of apple,** olio di mele; valerato di amile.
— **of bananas,** olio di banane; acetato d'amile.
— **of garlic,** olio d'aglio (*allyl sulfide*).
— **of grapes,** olio (*m.*) di vinaccioli.
— **of mirbane,** nitrobenzene.
— **of mustard,** olio di senapa.
— **of peanut,** olio di arachidi.
— **of pears,** acetato (*m.*) di amile.
— **of tartar,** olio di tartaro.
— **of turpentine,** olio (*m.*) di trementina.
— **of vetriol,** olio di vetriolo (acido solforico).
— **of wintergreen,** olio di sempre verde (salicilato metilico).
— **orange,** olio arancione.
— **package,** recipiente per petrolio.
— **paint,** colore (*m.*) ad olio.
— **pan,** guarnizione per coppa basamento; (U.S.A.), coppa per basamento (*auto*).
— **paper,** carta (*f.*) oleata.
— **pine needles,** olio di foglie di pino.
— **pipe,** tubo (*m.*) per la lubrificazione.
— **pipe-line,** oleodotto *m.*
— **pit,** pozzo petrolifero (scavato a mano).
— **platform** (*petrolio*), piattaforma di perforazione petrolifera.

oil pollution (*petrol.*), inquinamento petrolifero.
— **-press,** frantoio (*m.*) per olive; pressa (*f.*) per olio.
— **pressure,** pressione (*f.*) d'olio.
— **pressure gauge,** manometro *m.*
— **pressure warning light** (*auto*), spia olio.
— **producer,** pozzo petrolifero; ditta distributrice di prodotti petroliferi.
— **production,** produzione petrolifere (*in barili*).
— **production platform** (*petrolio*), piattaforma (di perforazione) petrolifera.
— **products** (*petrol.*), prodotti petroliferi.
— **proof,** inattaccabile (*agg.*) dall'olio.
— **-proof resins,** resine resistenti alla benzina, olio e grassi.
— **proofing,** trattamento antiacido (del cemento).
— **pulp,** sapone usato per rendere densi oli lubrificanti.
— **pump,** pompa (*f.*) dell'olio.
— **pump relief pump,** valvolina regolazione pressione lubrificante.
— **-pump screen,** filtro di una pompa dell'olio.
— **pumping station,** stazione di pompaggio di olio combustibile.
— **purification,** depurazione (*f.*) d'olio.
— **quenching bath,** bagno (*m.*) (di tempra) d'olio.
— **red,** olio rosso.
— **refinery,** raffineria (*f.*) di petrolio.
— **region,** regione (*f.*) petrolifera.
— **return baffle,** disco paraolio.
— **rights,** diritti di sfruttare il petrolio.
— **rock,** roccia (*f.*) petrolifera.
— **sand,** sabbia (*f.*) petrolifera.
— **sassafras,** olio di sassafrasso.
— **scarlet,** olio scarlatto.
— **seepage,** dispersione lenta del petrolio (nel giacimento).

oil shale, scisto (*m.*) bituminoso.
— **shale mine,** miniera di scisto bituminoso.
— **shares** (*comm. borsa*), petroliferi *m. pl.*
— **ship,** nave (*f.*) petroliera.
— **sight dial,** quadrante (*m.*) dell'olio.
— **slick** (*inquin. marino*), marea nera (inquinamento dato da idrocarburi sull'acqua marina).
— **soap,** sapone all'olio.
— **spill,** fuoriuscita di greggio (da una petroliera).
— — **containment and pick up equipment,** barriera (*f.*) antinafta contro l'inquinamento marino.
— **spring,** sorgente petrolifera.
— **steamer,** nave (*f.*) petroliera.
— **storage tank,** serbatoio di petrolio.
— **string** (*ind. pet.*), colonna (*f.*) tubante.
— **sump** (*auto*), coppa (*f.*) per basamento.
— **sump gasket** (*auto*), guarnizione per coppa basamento.
— **switch,** interruttore (*m.*) ad olio.
— **tank,** recipiente (*m.*) per l'olio; serbatoio (*m.*) dell'olio.
— **tank with radiator fins,** cassa dell'olio con alette di raffreddamento (di trasform.).
— **tanker,** nave (*f.*) petroliera; nave (*f.*) cisterna.
— **tannage,** conciatura con oli animali.
— **tar,** catrame di petrolio.
— **technology,** tecnologia del petrolio.
— **-tempered** (*met.*), temprato in olio; temprato all'olio.
— **-tempered spring wire** (*met.*), filo per molle temprato all'olio.
— **tempering,** tempra (*f.*) d'olio.
— **terminal** (*petrolio*), terminale di un oleodotto.
— **thief** (*ind. pet.*), dispositivo per prelevamento campioni petrolio dal serbatoio.
oil-tight (*mecc.*), a tenuta d'olio.
— **transformer,** trasformatore (*m.*) ad olio.
— **turp,** olio di trementina,
— **varnish,** vernice (*f.*) grassa.
— **violet,** olio violetto.
— **water,** acqua (*f.*) di giacimento associata a petrolio.
— **well,** pozzo (*m.*) petrolifero.
— **well appliances,** materiale (*m.*) per pozzi petroliferi.
— **well drilling mud,** fango per la perforazione di pozzi petroliferi.
— **-well drilling operations,** operazioni (*m. pl.*) di sondaggio di un pozzo petrolifero.
— **yard** (*petrol.*), cantiere petrolifero.
— **yellow,** olio giallo.
— **zone,** zona (*f.*) petrolifera.
oiled (plate *or* **sheet),** lastra o lamiera d'acciaio protette temporaneamente con uno strato di olio minerale contro l'ossidazione.
— **cotton,** tela (*f.*) oleata.
— **paper,** carta (*f.*) oleata.
— **wool,** lana (*f.*) oleata.
oileiferous plant, pianta oleifera.
oiler, petroliera *f.*
oiliness, oleosità *f.*
oiling, lubrificazione *f.*; (*tess.*) oliatura.
— **plug** (*macch. ut.*), foro per la lubrificazione.
— **ring,** anello (*m.*) lubrificatore.
— **willow** (*tess.*), lupo (*m.*) ingrassatore.
oilless bearing (*mecc.*), cuscinetto autolubrificante.
oilometer (*petrol.*), serbatoio di petrolio.
oils (*borsa*), (*titoli*), petroliferi *m. pl.*
oilskin (*aereo*), abito (*m.*) oleato (d'aviatore).
oilstone, cote (*f.*) ad olio.
— **dust,** polvere di smeriglio.
oily, *agg.* oleoso.
— **yarn** (*tess.*), filato (*m.*) oleato.
ointment, pomata *f.*; unguento *m.*
oiticica oil, olio di oiticica.

O.K. (*tip.*), visto si stampi.
O.K. (*verbo*) (U.S.A.), approvare; (*the outlay was o.k.'d*), la spesa fu approvata.
oker, ottone giallo (con piccole percentuali di piombo, stagno o ferro).
oko oil, olio essiccativo polimerizzato nel vuoto.
okonite, oconite *f.*
Olate, sapone neutro usato come detergente nella tessitura.
old, *agg.* vecchio.
— **English bond,** assestamento (*m.*) inglese normale.
— **man** (*radio*), radio-amatore trasmittente; (*min.*), galleria di sfruttamento abbandonata.
— **man (the —)** (*cinem.*) (*slang*), direttore di produzione.
— **people's alarms,** servizio di (tele)allarme per persone anziane.
— **people's home** (*cost.*), ospizio (casa di riposo) per persone anziane.
— **red sandstone,** arenaria (*f.*) rossa antica.
— **style** (*tip.*), carattere elzeviro.
oleaginous, *agg.* oleaginoso.
olefiant (*chim.*), oleante *m.*
— **gas,** etilene *m.*
olefin(e) (*chim.*), olefina *f.*
olefinic, *agg.* (*chim.*), olefinico.
— **system,** sistema (*m.*) olefinico.
oleic, *agg.* (*chim.*), oleico.
— **acid,** acido (*m.*) oleico.
oleine, oleina *f.*
oleo-margarine, oleomargarina *f.*
— **gear** (*aereo*), sistema (*m.*) oleopneumatico.
— **plunger** (*aereo*), ammortizzatore (*m.*) ad olio.
— **-pneumatic brake** (*aereo*), freno oleopneumatico.
— **-pneumatic shock absorber,** ammortizzatore (*m.*) oleopneumatico.
— **shock absorber** (*aereo*), ammortizzatore ad olio.
— **strut** (*aereo*), gamba di forza.
oleometer, oleometro *m.*
oleosynthetic *agg.* (*smalti*), oleosintetico.
oleosity, oleosità *f.*
oleum (*chim.*), oleum *m.* (acido solforico fumante).
olibanum, olibano *m.*
— **oil,** olio (*m.*) essenziale di olibano.
oligocyclic (*met.*), oligociclico.
olive crushing, frangitura (*f.*) di olive.
— **husk** (*comm.*), sansa (*f.*) di olive.
— **oil,** olio (*m.*) di oliva.
— **-press,** frantoio (*m.*) per olive.
— **-shaped jewel** (*orol.*), pietra ad oliva.
— **-tree,** olivo *m.*; ulivo *m.* (*bot.*).
olivine, olivina *f.*
omega (*aereo*), radioaiuto di tipo iperbolico a onde lunghissime.
omnibearing indicator (*radar*), indicatore (*m.*) azimutale automatico.
omnibus bar, barra (*f.*) omnibus.
— **package** (*dogane*), colli diversi riuniti nello stesso pacco.
— **plant** (*met. ecc.*), impianto omnibus (che accoglie diverse e nuove lavorazioni).
omnidirectional *agg.* (*radio*) (*radar*) (*microfoni*), omnidirezionale.
— **aerial** (*radio*), antenna omnidirezionale.
— **microphone** (*audio*), microfono omnidirezionale.
— **speaker system** (*audio*), diffusore del tipo omnidirezionale.
omogeneous, *agg.* omogeneo.
omtimeter (*ott.*), comparatore (*m.*) ottico di precisione.
on, in circuito; in marcia; aperto (sopra) (su); (*elet.*), inserito *p.p.*
— **-board computer** (*astron.*), calcolatore elettronico di bordo; (*auto*), calcolatore elettronico di viaggio.
— **-cost men** (*min.*), minatori (*m. pl.*) a giornata.
— **-costs** (*costr.*), spese (*f. pl.*) generali.
— **end,** in piedi; diritto.
— **level tangent track** (*ferr.*), binario in piano.

on-line (*calcolatore elettron.*), collegato direttamente.
— **-line closed loop computer** (*elettron.*), calcolatore elettronico ad anello chiuso in linea.
— **-line closed loop control** (*elettron.*), controllo ad anello chiuso in linea.
— **-line data processing** (*inform.*), trattamento continuo dei dati; elaborazione continua dei dati.
— **-line digital computer** (*met.*), calcolatore elettronico digitale in linea.
— **-line open loop digital computer,** calcolatore elettronico digitale ad anello aperto in linea.
— **-line instruments (***or* **integrated instruments)** (*calcol. elettron.*), strumenti integrati (strumenti operanti sotto il controllo dell'unità centrale di elaborazione e che funzionano in modo continuo e sono collegati ad altri strumenti o elaboratori elettronici).
— **-line monitoring** (*inform.*), monitoraggio « in servizio » (di attrezzature di impianti di lavorazione).
— **-machine (continuous) degassing** (*met.*), degasaggio incorporato.
— **-off switch** (*elet.*), interruttore *m.*
— **position,** posizione (*f.*) di funzionamento.
— **rail** (*comm.*), franco vagone.
— **royalty,** in concessione (*f.*) mineraria governativa; in appalto.
— **-stream,** *agg.* (*petrolio*), in marcia produttiva (*riferito a raffineria in funzione*).
— **structure** (*petrolio*), (pozzo) situato su anticlinale produttivo.
— **-the-air monitor** (*telev.*), monitore di trasmissione finale.
— **the line of the dip** (*min.*), in inclinazione.
— **-the-job training,** pratica (*f.*) sul lavoro.

on the line of the strike (*min.*), in direzione.
— **the mountain side,** a monte.
— **the open road** (*auto*), su strada libera (*non* in città).
— **-the-spot examination** (*min.*), esame sul posto (sul terreno); (*to carry out on-the-spot examinations before drafting reports on the explorability of a deposit*), eseguire un esame sul posto prima di redigere un rapporto sulla possibilità di sfruttamento di un deposito.
— **the valley side,** a valle.
— **trip barrel** (*ind. pet.*), fusto (*m.*) perduto.

once-through process, processo diretto (senza reciclo).
oncogene (*med.*), oncogeno *m.*
oncology (*med.*), oncologia *f.*
oncost charges, spese dirette.
ondograph, ondografo *m.*
ondometer, ondometro *m.*
ondoscope, oscilloscopio *m.*
ondulated cardboard, cartone (*m.*) ondulato.
one brick wall, muro (*m.*) di due teste.
— **class liner** (*naut.*), piroscafo (*m.*) a classe unica.
— **-colour,** *agg.*, monocromatico.
— **-furrow plough,** aratro (*m.*) monovomero.
— **-grid valve** (*radio*), valvola (*f.*) monogriglia.
— **-group model** (*fis. atom.*), modello (*m.*) a un gruppo.
— **gun shadow mask color kinescope** (*telev.*), cinescopio a colori a maschera d'ombra ad un solo cannone elettronico.
— **hank** (*tess.*), titolo 1 (titolo del cotone).
— **-hole move,** avanzamento (*m.*) di un foro (fresatrice).
— **knob receiving set** (*radio*), apparecchio (*m.*) ricevente a comando unico.
— **level code** (*inform.*), linguaggio macchina.
— **-man combiner** (U.S.A.), automietitrebbiatrice.

one man market (*comm.*), mercato (*m.*) fermo.
— **-motor travelling crane,** gru (*f.*) a ponte ad un motore.
— **-off,** *agg.* (*inform.*), unico; speciale.
— **-off « black box »** (*inform.*), scatola nera unica (costosa, della quale esiste solo una per un dispositivo hardware).
— **-off casting** (*fond.*), getto (*m.*) isolato; getto particolare (non comune; *out of standard*).
— **-out-of-two converter steel plant** (*met.*), acciaieria (*f.*) a due convertitori fissi.
— **-phase,** *agg.* monofase.
— **point leaded** (*tip.*), interlineato ad un punto.
— **-pole plug** (*elet.*), presa di corrente unipolare.
— **-shot operation** (*inform.*), funzionamento passo-passo (cioè con una sola istruzione, da parte dell'elaboratore).
— **-shuttle loom** (*tess.*), telaio (*m.*) a una navetta.
— **-sided,** *agg.* (*chim.*), unica (*reazione*); asimmetrico.
— **-sided heating,** riscaldamento (*m.*) unilaterale.
— **-slag method** (*defosforazione met.*), metodo della scoria singola.
— **strand rope,** cavo (*m.*) ad una treccia.
— **-touch keyword entry** (*inform.*), immissione della parola chiave con una sola pressione delle dita.
— **-way,** unidirezionale.
— **-way amplifier,** amplificatore (*m.*) unidirezionale.
« one way fired » cell (*cell-pit furnace*) (*met.*), cella del tipo « one way fired » con combustione unidirezionale dall'alto e uscita dei fumi in basso, nelle pareti del bruciatore (forni a pozzo).
— **-way package** (*comm.*), imballaggio (*m.*) perduto.
one-way (road with — -way traffic), strada a senso unico.
— **-way traffic,** traffico (*m.*) a senso unico.
— **wing low** (*slang*) (U.S.A.) (*aereo*), atterraggio (*m.*) mal riuscito.
oneness, omogeneità *f.*; unità *f.*
online, v. **on-line.**
— **access to computer data-bases** (*inform.*), accesso in linea alle basi di dati dei calcolatori.
onset, inizio *m.*; partenza *f.*
onshore petroleum exploration licence, permesso di esplorazione petrolifera lungo le coste.
onyx, onice *m.*
oolite, oolite *f.*
oolitic stone, calcare (*m.*) oolitico.
ooze liquido (*m.*) tannante; fango (*m.*) melmoso.
oozing, trasudazione *f.*; filtrazione *f.* (di liquidi).
opacifier (*for ceramics*) (*chim.*) (*colori*), opacizzante (per ceramiche, smalti, ecc.).
opacimeter (*chim.*), opacimetro *m.*
opacity, opacità *f.*
opal, opale *m.*
— **lamp** (*ott.*), lampada (*f.*) opalina (con bulbo opalescente).
— **-glass photometer,** fotometro (*m.*) a disco di vetro opalino.
— **glass reflector,** riflettore (*m.*) in vetro smerigliato.
opalescence, opalescenza *f.*; iridescenza *f.*
Opalon, materiale plastico brevettato.
opaque (*ott.*), opaco *agg.*
— **meal** (*radiol.*), pasto (*m.*) opaco.
opaqueness, opacità *f.*
open, aperto; (*istruzione*) (*inform.*) aprire (uno schedario); attivazione dinamica (istruzione di entrata-uscita).
— **(to —),** *v.a.* aprire.
— **aerial** (*radio*), antenna (*f.*) aperta.
— **antenna** (U.S.A.), antenna (*f.*) aperta.
— **area,** area delle aperture di uno staccio (o di un vaglio).

open band (*radio*), banda aperta.
— **belt,** cinghia (*f.*) aperta.
— **box section,** sezione (*f.*) a cappello.
— **bridge,** ponte (*m.*) aperto.
— **car,** automobile (*f.*) aperta.
— **-cast mining** (*carbone*), coltivazione (*f.*) a cielo aperto.
— **chain** (*chim.*), catena aperta.
— **circuit** (*elet.*), circuito aperto.
— **circuit alarm system,** dispositivo d'allarme a circuito aperto.
— **circuit armature,** indotto (*m.*) di circuito aperto.
— **-circuit characteristic** (*elet.*), caratteristica (*f.*) interna (o a vuoto).
— **-circuit impedance** (*elet.*), impedenza in circuito aperto.
— **-circuit mill** (*min.*), frantoio a circuito aperto (senza classif.).
— **-circuit voltage** (*elet.*), tensione (*f.*) a vuoto (se la tensione passante per i morsetti di un generatore o un trasformatore non trasmette alcun carico).
— **coil** (*met.*), rotolo a spire allargate.
— **-coil winding** (*elet.*), avvolgimento (*m.*) d'indotto aperto.
— **-core transformer** (*elet.*), trasformatore (*m.*) a circuito magnetico aperto.
— **cross section** (*travi, cost.*), sezione (*f.*) aperta.
— **cut mining** (*min.*), grande coltivazione a giorno.
— **diggings,** coltivazioni (*f. pl.*) a cielo aperto.
— **drawing** (*tess.*), stiro (*m.*) aperto.
— **driver's hut,** cabina (*f.*) del manovratore aperta.
— **eaves,** gronda (*f.*) sporgente, priva di assicella di riparo.
— **economy** (*econ.*), economia aperta.
— **employment,** occupazione nota (dichiarata).
— **-end investment company** (*comm.*), società d'investimento a capitale variabile.

open frame hydraulic press (*macch. ut.*), pressa (*f.*) idraulica ad un montante.
— **frame mechanical press** (*macch. ut.*), pressa (*f.*) meccanica ad un montante.
— **gears** (*mecc.*), ingranaggi scoperti.
— **groove** (*lamin.*), calibro (*m.*) aperto.
— **hearth bottoms,** suole per forni Martin-Siemens.
— **hearth furnace,** forno (*m.*) Martin-Siemens; forno (*m.*) a suola.
— **hearth steel,** acciaio (*m.*) Martin.
— **hole** (*ind. pet.*), foro aperto; sondaggio non tubato.
— **hole completion** (*petrol.*), completamento a foro scoperto.
— **hole testing** (*petrol.*), prove con tester nel foro normale di sonda.
— **jet wind tunnel** (*aereo*), galleria aerodinamica aperta.
— **-ladle method** (*fond.*), (*trattam. ghise*), metodo in siviera aperta.
— **link chain,** catena (*f.*) a maglie.
— **-loop control** (*elettron.*), controllo ad anello aperto.
— **motor** (*elet.*), motore a costruzione aperta.
— **oscillating circuit** (*elet.*), circuito (*m.*) oscillante aperto.
— **out** (*mecc.*), svasare *v.a.*
— **pass** (*lamin.*), calibro (*m.*) aperto.
— **pit** (*min.*), trincea (*f.*) a cielo aperto.
— **-pit blasting** (*min.*), coltivazione a giorno con impiego di esplosivi.
— **-pit mining** (*min.*), (U.S.A.), coltivazione a giorno (*o* a cielo aperto).
— **-reel recorder** (*audio*), registratore a nastro utilizzante bobine.
— **-reel tape machine** (*audio*), (U.S.A.), registratore a nastro utilizzante bobine.

open room (*tess.*), sala (*f.*) di apertura.
— **shed** (*tess.*), passo (*m.*) aperto.
— **shedding** (*tess.*), battuta (*f.*) a passo aperto.
— **side horizontal slab miller,** fresatrice (*f.*) tipo pialla ad un montante.
— **-side planer** (*macch. ut.*), piallatrice (*f.*) a un montante; piallatrice (*f.*) aperta.
— **steel,** acciaio (*m.*) effervescente.
— **stroke,** corsa (*f.*) d'apertura.
— **top container,** contenitore (*m.*) tetto aperto.
— **-wire circuit** (*elet.*), circuito (*m.*) aperto.
— **wiring cable,** cavo (*m.*) aperto.
— **work mining** (*min.*), coltivazione a cielo aperto.
opencast coal, carbone di miniera a cielo aperto.
— **mining** (*min.*), coltivazione a giorno (*o* a cielo aperto).
opencut mining (*min. Australia*), coltivazione (*f.*) a giorno (*o* a cielo aperto).
opener (*tess.*), apritoio.
opening, vano *m.* (di porta o finestra); foro *m.*; apertura *f.*
— **bit,** allargatoio *m.*
— **in the plane face,** apertura (*f.*) inferiore della pialla.
— **light,** finestra (*f.*) (o luce) di ventilazione.
— **machine** (*tess.*), macchina per l'apertura del cotone.
— **of bids** (*comm.*), spoglio delle offerte.
— **of swing bridge,** apertura (*f.*) del ponte girevole.
— **roof** (*auto*), tetto apribile.
openwork (*min.*), coltivazione (*f.*) a cielo aperto.
— **-mining** (*min.*), coltivazione (*f.*) a cielo aperto.
opera (*cinem.*), film *m.*
— **-glass,** cannocchiale *m.* (per teatro).
operand (*inform.*), operando *m.* (elemento di una istruzione di programmazione; entità in una operazione matematica).
operate, *v.i. v.a.*, funzionare *v.i.*; far funzionare *v.a.*; coltivare (*miniere*); effettuare *v.a.*; produrre *v.a.*; condurre *v.a.* (*una reazione chimica*); utilizzare *v.a.*; azionare *v.a.*; manovrare *v.a.*; svilupparsi *v.r.* (*processi chimici*).
— **upwardly** (*mecc.*), funzionare dal basso verso l'alto.
operating, operazione; procedimento di lavoro; esercizio.
— **account** (*ragioneria*), conto profitti e perdite.
— **angle,** angolo (*m.*) di flusso.
— **cab,** cabina (*f.*) di manovra.
— **coil,** bobina (*f.*) di comando.
— **conditions,** condizioni (*f. pl.*) di funzionamento; condizioni (*f. pl.*) d'impiego.
— **costs,** spese (*f. pl.*) di esercizio.
— **current,** corrente (*f.*) d'esercizio (di servizio).
— **cylinder** (*oleodinamica*), cilindro operatore.
— **data** (*inform.*), dati (*m. pl.*) operativi.
— **data (blast furnace — data)** (*met.*), dati di esercizio dell'altoforno.
— **expenses** (*comm.*) (*ragioneria*), spese (*f. pl.*) di esercizio.
— **features** (*mot. ecc.*), caratteristiche (*f. pl.*) di funzionamento.
— **handle,** leva (*f.*) di comando.
— **handles,** bracci di una pompa.
— **instructions,** istruzioni (*f. pl.*) per l'uso.
— **lever,** leva (*f.*) di comando.
— **losses** (*comm.*) (*ragioneria*), perdite (*f. pl.*) di esercizio.
— **mechanism,** meccanismo (*m.*) di comando.
— **panel** (*forni met.*), quadro manovre.
— **permit** (*stabilimenti nucleari, ecc.*), licenza di esercizio.
— **position,** posizione (*f.*) di lavoro.
— **power,** forza (*f.*) d'esercizio; forza di servizio.

operating pressure (*mecc.*, *met.*), pressione di esercizio.
— **rod,** asta (*f.*) di azionamento; (*mil.*), asta armamento.
— **system (OS)** (*inform.*), sistema (*m.*) operativo.
— **table,** tavola (*f.*) di lavoraz.
— **tension,** tensione (*f.*) di servizio.
— **theatre,** sala (*f.*) operatoria.
— **time** (U.S.A.), ciclo (*m.*) operativo.
— **troubles,** noie (*f. pl.*), di funzionamento.
— **valve,** cassetto (*m.*) di distribuzione.
— **voltage,** tensione (*f.*) di servizio; tensione di lavoro.
operation, operazione *f.*; lavorazione *f.*; funzionamento *m.*; servizio *m.*
— **card,** cartellino (*m.*) ciclo di lavorazione.
— **code** (*elettron.*), codice operativo.
— **decoder** (*calcol. elettron.*), decodificatore di operazione.
— **of mines** (*min.*), esercizio (*m.*) delle miniere.
operational, *agg.*, operativo (p. es. riferito a nave da guerra ancora in grado di operare dopo un attacco nemico).
— **analysis,** ricerca (*f.*) operativa.
— **conditions** (*mot.*), condizioni di funzionamento.
— **research,** ricerca (*f.*) operativa.
— **results** (*met.*, *ecc.*), risultati di esercizio.
— **technique,** tecnica (*f.*) operativa.
operative, *m.* operaio (*m.*) di industrie tessili.
— **position** (*mecc.*), posizione (*f.*) di movimento.
— **range,** campo (*m.*) di funzionamento.
operator, operatore *m.*; meccanico *m.*; manovratore *m.*; coltivatore *m.* (di una miniera).
— **(unskilled —)** (*macch. ut.*), operatore non specializzato.
ophite, ofite *f.*
ophthalmic lens (*ott.*), lente oftalmica.
ophthalmology (*med.*), oftalmologia *f.*
ophthalmoscope (*med.*), oftalmoscopio *m.*
opium, oppio *m.*
opossum, opossum *m.*
opposed, *p.p.* opposto.
— **-piston engine,** motore a pistoni contrapposti.
opposing winding (*elet.*), avvolgimento (*m.*) in senso opposto.
opposite forces, forze (*f. pl.*) contrarie.
— **in sign** (*alg.*), di segno contrario.
opposition (*astr.*, *ecc.*), opposizione *f.*
opsimeter (*map measurer*) (*auto*), misuratore di carte geografiche.
optic, *agg.* ottico.
— **axis** (*luce*), asse (*m.*) ottico.
optical axis, asse ottico.
— **cable** (*telecomunicaz.*), cavo in fibra ottica.
— **centre of a lens** (*ott.*), centro ottico d'una lente.
— **character reader** (*elettron.*), lettore ottico di caratteri.
— **character recognition** (*inform.*), riconoscimento con lettori ottici, di caratteri.
— **communications,** comunicazioni tramite fibre ottiche.
— **comparator** (*ott.*), comparatore (*m.*) ottico.
— **computer** (*inform.*), elaboratore ottico (con segnali trasmessi da onde luminose generate da laser).
— **diesel engine injection nozzle grinding machine** (*macch. ut.*), rettificatrice (*f.*) ottica per iniettori di motori Diesel.
— **disc recorder** (*audio*), registratore a disco ottico.
— **document reader** (*inform.*), lettore (*m.*) ottico di documenti.
— **dividing head** (*macch. ut.*), divisore ottico (testa a dividere).
— **effect,** effetto (*m.*) ottico.
— **electronics** (*elettron.*), elettronica ottica.

optical encoder (*inform.*), codificatore ottico fotosensibile.
— **exposure,** esposizione (*f.*) alla luce (*fot.*).
— **fibre** (*elettron.*), fibra ottica.
— **fibre cable** (*telecomunic.*), cavo in fibre ottiche.
— **-fibre technology,** tecnologia delle fibre ottiche.
— **filter** (*ott.*), filtro (*m.*) ottico.
— **flats,** *pl.*, piani (*m. pl.*) ottici.
— **focus** (*ott.*), area focale ottica.
— **fractography** (*met. ecc.*), frattografia (*f.*) ottica.
— **glass,** vetro (*m.*) per ottica.
— **grinder for diesel engine injectors** (*macch. ut.*), rettificatrice ottica per iniettori di motori Diesel.
— **illusion,** illusione (*f.*) ottica.
— **lithography** (*semiconductors*), litografia ottica.
— **mark reader (OMR)** (*calcol. elettron.*), lettore ottico di marcature.
— **maser,** amplificatore (*m.*) paramagnetico ottico.
— **memory** (*inform.*), memoria ottica.
— **microphotography,** fotomicrografia ottica.
— **printer** (*cinem.*) (*arti grafiche*), stampante (*f.*) ottica.
— **profile checker,** apparecchio per la misurazione dei profili.
— **profile grinding machine** (*macchine ut.*), rettificatrice ottica per profili.
— **pumping** (*laser*) (*fis.*), pompaggio ottico.
— **pyrometer,** pirometro (*m.*) ottico.
— **range,** portata (*f.*) ottica.
— **reader** (*elettron.*), lettore ottico.
— **scale,** scala ottica.
— **scanner** (*inform.*), analizzatore per scansione (lettura ottica *o* magnetica di documenti); lettore ottico.
— **sensor** (*autom.*) (*sald.*), sensore ottico.
— **square,** goniometro (*m.*) a specchi (squadro); squadro (*m.*) a specchi.
optical train (*cinem.*), sistema di lenti (di un proiettore cinem.).
— **video disc** (*audio*), video-disco ottico.
— **video-disc player,** giradischi con videodisco ottico.
— **view finder** (U.S.A.), mirino (*m.*) (di macch. fot.).
opticals (*cinem.*), effetti fotografici speciali in un film.
optician, ottico *m.*
— **plier,** pinzetta (*f.*) da ottico.
optics, ottica *f.*
— **industry** (*ott.*), industria ottica.
— **laboratory** (*ott.*), laboratorio di ottica.
optimal pressurization (*criogenia*), pressurizzazione ottimale.
optimization (*inform.*), ottimizzazione *f.*
optimize (*v.a.*) **the plant,** ottimizzare l'impianto.
optimized rolling techniques (*automazione met.*), tecniche di laminazione ottimizzate.
optimizer (*inform.*), programma ottimizzatore.
optimizing (*inform.*), ottimizzazione *f.*
optimum, *agg.* più favorevole; ottimo; condizione ottimale.
— **condition** (*aereo*), condizione (*f.*) migliore (di volo).
— **coupling,** accoppiamento (*m.*) critico.
option (*inform.*), opzione *f.* (possibilità, p. es. opzione grafica di una stampante).
— **agreement,** contratto ad opzione.
optional, *agg.* opzionale; extra (articolo accessorio offerto a richiesta).
— **at slight extra cost,** opzionale con leggera spesa in più.
— **facilities** (*mecc.*, *ecc.*), accessori (*o* dispositivi) a richiesta.
— **module** (*inform.*), modulo aggiuntivo (od opzionale).
optoelectronic *agg.* (*elettron.*), optoelettronico.

optoelectronics (*elettron.*), optoelettronica *f.*
opto-isolator (*elet.*), optoisolatore *m.*
optometrist (*ott.*), optometrista *m.*
optometry (*ott.*), optometria *f.*
orange lake, lacca (*f.*) arancio.
— **mineral,** arancio (*m.*) minerale.
— **oil,** essenza (*f.*) di arancio.
— **peel** (*vernici*), bucciatura *f.* (difetto di smalti e vernici che assumono una superf. simile alla scorza d'arancia); (*met.*), pelle di arancia (*o* buccia di arancia) (su lamiere *o* nastri).
— **peel oil,** essenza (*f.*) di arancio.
— **shellac,** gommalacca (*f.*) arancione.
— **toners** (*chim.*), coloranti gialli per inchiostri.
orangite (*fis. atom.*), orangite *f.*
orbit (*astr.*), òrbita *f.*
— *v.i.*, essere in orbita; girare in orbita (*the satellite orbits*), il satellite è in orbita.
— **(to —),** *v.a.* (*astron.*), mettere in orbita.
— **inclination** (*astron.*, *astr.*), inclinazione orbitale (di satellite rispetto all'equatore; di un pianeta con il piano dell'orbita terrestre).
— **payload** (*astron.*), carico pagante orbitale.
— **weather satellite** (*astron.*), satellite (*m.*) meteorologico orbitale.
— **(to carry into —),** portare in orbita.
— **(to put a satellite into —),** mettere in orbita un satellite.
orbital angular moment (*fis. atom.*), momento (*m.*) angolare orbitale.
— **base** (*astron.*), base orbitale (stazione spaziale su un satellite terrestre in orbita).
— **electron** (*fis. atom.*), elettrone (*m.*) orbitale (*o* satellite *o* planetario).
— **-electron capture** (*fis. atom.*), cattura (*f.*) di un elettrone orbitale.
— **flight** (*aereo*), volo (*m.*) orbitale.
orbital manoeuvring (*astron.*), manovrabilità orbitale.
— **-manoeuvring engine** (*astron.*), motore di manovra orbitale.
— **period** (*astron.*), periodo orbitale (tempo impiegato da un corpo in orbita per percorrere un'orbita completa).
— **rendezvous** (*astron.*), appuntamento in orbita; appuntamento orbitale.
— **trajectory** (*astron.*), traiettoria (*f.*) orbitale.
— **transfer vehicle** (*stazioni spaziali*), veicolo di trasferimento orbitale.
— **velocity** (*astron.*), velocità orbitale (per tenere un satellite in orbita, superando la forza di attrazione della gravità terrestre).
— **welder** (*sald.*), saldatrice orbitale.
orbiter (*astron.*), veicolo (spaziale) orbitale (p. es. il Viking 1).
orbiting astronomical observatory (*astron.*), osservatorio (*m.*) astronomico orbitale.
— **geophysical observatory** (*astronom.*), osservatorio (*m.*) geofisico orbitale.
— **laboratory** (*astron.*), laboratorio orbitale.
— **solar observatory (OSO)** (*astronom.*), osservatorio (*m.*) solare orbitale.
— **telephone exchange** (*telef.*), centrale telefonica orbitale.
orchestrate (to —), orchestrare; distribuire organicamente; organizzare.
— **a complex manufacturing operation,** orchestrare (organizzare) una complessa operazione industriale.
orcin (*chim.*), orcina *f.*
orcinol (*chim.*), orcina (*f.*), $CH_3C_6H_3(OH)_2$.
order, ordine; consegna.
— **(to —),** *v.a.* ordinare.
— **backlog** (*comm.*), ordine inevaso.

order book (*comm.*), carnet di ordini; carnet di ordinazioni.
— **-disorder** (*fenomeno met.*), ordine-disordine.
— **-disorder phenomena** (*fis.*), fenomeni ordine-disordine.
— **handling** (*inform.*), gestione degli ordini.
— **handling data** (*autom.*, *elettron.*), dati del trattamento dei comandi.
orderbook (*naut.*, *ecc.*), libro di commesse.
ordinary, *agg.* ordinario; comune; usuale.
— **component** (*luce*), componente (*f.*) fondamentale.
— **law** (*leg.*), diritto comune.
— **lime mortar,** malta (*f.*) di calce comune.
— **ray** (*luce*), raggio (*m.*) fondamentale.
— **wave,** onda (*f.*) fondamentale.
ordinate, ordinata *f.*
ordnance (*mil.*), artiglieria *f.*
— **surveyor,** geometra (*m.*) del catasto.
ore, minerale *m.*
— **at grass** (*min.*), minerale (*m.*) alla superficie.
— **bin** (*met.*), silo del minerale.
— **blending yard** (*min.*, *met.*), impianto di omogeneizzazione.
— **broken down,** *p.p.* minerale (*m.*) abbattuto.
— **carrier** (*naut.*), nave mineraliera.
— **concentration,** concentrazione (*f.*) del minerale.
— **crushing plant** (*min.*, *met.*), impianto di frantumazione del minerale.
— **dressing,** preparazione meccanica del minerale.
— **-dressing works,** officina di preparazione meccanica dei minerali.
— **grinder** (*min.*), molatrice per campioni di minerali.
— **hopper** (*ferr.*), carro a tramoggia per minerali.
— **level,** galleria d'estrazione di un minerale.
ore mineral (*min.*), minerale (*m.*) metallico.
— **mining,** sfruttamento (*m.*) di un minerale.
— **pellettizing** (*min.*), pelletizzazione del minerale.
— **photomicrograph,** microfotografia di minerale.
— **processing flowsheet** (*metal.*), schema degli impianti di preparazione del minerale.
— **producer** (*min.*), produttore di minerali.
— **pulp,** minerale macinato, insieme ad acqua: torbida.
— **raised,** *p.p.*, minerale estratto.
— **reduction** (*min.*, *met.*), riduzione (*f.*) dei minerali.
— **roasting technique** (*met.*), tecnica dell'arrostimento del minerale.
— **screening plant** (*min.*, *met.*), impianto di vagliatura del minerale.
— **shot,** colonna (*f.*) di minerale.
orebody (*geol.*), corpo minerario (di filone).
oreshoot (*geol.*), corpo metallifero (di un filone).
organ transplant (*chirurgia*), trapianto (*m.*) di organi.
organic chemistry, chimica (*f.*) organica.
— **coating** (*met.*), rivestimento (*m.*) organico.
— **compound,** composto (*m.*) organico.
— **-cooled reactor** (*fis. atom.*), reattore refrigerato a fluido organico; reattore ad organico; reattore a liquido organico.
— **foam,** schiuma (*f.*) organica.
— **irrigation** (*agr.*), fertirrigazione *f.*
« **organic metals** » (*polymers that can conduct electricity*), polimeri che possono essere conduttori di elettricità.
— **reactor** (*fis. atom.*), reattore organico; reattore refrigerato a fluido organico.
— **reagent,** reagente (*m.*) organico.

organic scintillator (*fis. atom.*), scintillatore (*m.*) organico.
organisation, organization (U.S.A.), organizzazione *f.*
organization chart, organigramma *m.* (grafico gerarchia e incarichi).
organize, *v.a.* organizzare.
organomercury compound (*agr. ecc.*), composto organomercurico.
orient (to —) a map, orientare (*v.a.*) una carta.
orientated (*inform.*), v. **oriented.**
orientation (*of crystal planes*) (*met.*), orientazione *f.* (dei piani cristallografici).
— **beacon,** faro (*m.*) d'orientamento.
orientator, orientatore *m.*
oriented, *p.p.* (*inform.*), orientato (verso).
— **(user —)** (*inform.*), orientato verso l'utente.
orienting the table (*top.*), orientamento della tavoletta pretoriana.
orifice, orificio *m.*; bocca *f.*
— **of exit,** bocca (*f.*) di efflusso.
origanum oil, olio (*m.*) essenziale di origano.
origin, origine *f.*
— **of curve,** punto (*m.*) d'origine di una curva.
original fission (*fis. atom.*), fissione (*f.*) originale.
— **formula** (*chim.*), formula (*f.*) iniziale.
orlon (*tess.*), fibra acrilica con quai lità simili a quelle della lana.
orlop deck (*naut.*), ponte (*m.*) d. stiva.
ornithopter (*aereo*), ortottero *m.*
orpiment, orpimento *m.*
orthicon color television camera (*telev.*), camera con tubo orticon per televisione a colori.
orthoarsenate, ortoarseniato *m.*
orthocentre, ortocentro *m.*
orthochrom (*chim.*), ortocromo *m.*
orthochromatic, *agg.* (*fot.*), ortocromatico.
orthoclase, ortoclasio *m.*
orthodiagram (*med.*), ortodiagramma *m.*
orthodiagraph ortodiagrafo *m.*
orthodiagraphy, ortodiagrafia *f.*
orthodiascopy (*med.*), ortodiascopia *f.*
orthodox (*agg.*), classico; comunemente accettato come tipo migliore; per es. *orthodox conveyors*, convogliatori classici; convogliatori in uso.
orthodromic airway map, carta (*f.*) ortodromica.
— **sailing** (*naut.*), navigazione (*f.*) ortodromica.
orthodynamic headphone (*audio*), cuffia ortodinamica.
orthogonal, *agg.* ortogonale.
— **cutting process** (*met.*), processo di taglio ortogonale.
— **machining** (*met.*), lavorazione (ad asportazione) ortogonale.
— **metal cutting** (*met.*), taglio ortogonale di metalli.
— **rheometer** (*mat. plastiche*), reometro (*m.*) ortogonale.
orthopaedic surgeon, ortopedico *m.*
orthophosphate (*chim.*), ortofosfato *m.*
orthophosphoric acid (*chim.*), acido (*m.*) ortofosforico, H_3PO_4.
orthoplates (*chim.*), lastre ortocromatiche.
orthopter (*aereo*), ortottero *m.*
orthoradioscopy, ortoradioscopia *f.*
orthoscope (*med.*), ortoscopio *m.*
orthoscopy (*med.*), ortoscopia *f.*
orthotropic *agg.* (*cost.*), ortotropo.
orthoxylol (*chim.*), ortoxilolo *m.*
oscar (U.S.A.) (*slang*), automa (*m.*) che fa tutti i lanci per collaudare i paracadute dei paracadutisti americani; (*cinem.*) (U.S.A.), oscillazioni elettriche.
oscillate, *v.i.* oscillare.
oscillating, *agg.* oscillante.
— **cam,** camma (*f.*) oscillante.
— **circuit** (*elet.*), circuito (*m.*) oscillante.
— **current** (*radio*), corrente (*f.*) oscillante; corrente (*f.*) alternata.
— **field,** campo (*m.*) oscillatorio.

oscillating grate (*fond.*), griglia (*f.*) vibrante.
— **mechanism,** meccanismo (*m.*) oscillante.
— **meter,** contatore (*m.*) oscillante.
— **mold** (*met.*), lingottiera (*f.*) oscillante.
— **period,** periodo (*m.*) d'oscillazione.
— **plunger pump,** pompa (*f.*) a stantuffo tuffante oscillante.
— **sander,** sabbiatrice (*f.*) oscillante.
— **support** (*mecc.*), appoggio (*m.*) oscillante.
— **table** (*macch. ut.*), tavola (*f.*) oscillante.
— **trough,** canale (*m.*) trasportatore oscillante.
— **tube** (U.S.A.) (*radio*), valvola (*f.*) oscillatrice.
oscillation, oscillazione *f.*
— **energy,** energia (*f.*) oscillatoria.
— **lubricator,** grassatore (*m.*) ad oscillazione.
— **of a girder,** oscillazione (*f.*) di una trave.
— **swing,** oscillazione *f.*
oscillator, valvola (*f.*) oscillatrice (*radio*); oscillatore *m.*
— **coil** (*radio*), bobina (*f.*) d'oscillatore.
— **-modulator** (*elet.*), valvola oscillatrice-modulatrice.
— **padder** (*radio*), » padding » di circuito oscillatore.
— **tube** (U.S.A.) (*radio*), valvola (*f.*) oscillatrice.
oscillatory combustion, combustione oscillatoria.
— **discharge** (*radio*), scarica (*f.*) oscillatoria.
— **movement,** moviment ı m.) oscillatorio.
— **scanning** (*telev.*), esplorazione (*f.*) oscillante.
oscillogram, rilievo (*m.*) oscillografico; oscillogramma *f.*
oscillograph (*apparecchio*), oscillografo *m.*; vibrometro *m.*
— **amplifier,** amplificatore (*m.*) oscillografo.
oscillograph electric transient analyser, oscillografo (*m.*) analizzatore di fenomeni elettrici.
oscillometer (*med.*), oscillometro *m.*
oscillopolarographic behaviour (*metal.*), comportamento oscillopolarografico.
oscilloscope (*fis.*), oscilloscopio *m.*
osmic acid (*chim.*), acido osmico.
osmium (*met.*), osmio *m.*
osmotic, *agg.* osmotico.
— **coefficient** (*chim.*), coefficiente (*m.*) osmotico.
— **pressure,** pressione (*f.*) osmotica.
otophone, otofono *m.* (dispositivo per sordi, con microfono e un piccolo amplificatore e ricevitore telefonico).
otter fur, pelliccia di lontra.
otto of roses (*profumi*), essenza di rose.
otturating ring, anello (*m.*) otturatore.
ounce, oncia *f.* (= g 28,350 per merci comuni, e g 31,1035 per metalli preziosi e in farmacia) (*troy ounce*).
out (*tip.*), pesce *m.*; salto *m.*; (*missing words*).
— **crop,** affioramento *m.* (di terreno geologico).
— **growth,** seguito *m.*; conseguenza *f.*; prolungamento *m.*
— **o' sink** (*cinem.*), non sincronizzato.
— **of alignement,** decentrato *p.p.*
— **-of-balance load,** carico (*m.*) asimmetrico.
— **of commission** (*strum.*), fuori uso.
— **of focus,** sfocato *agg.*
— **-of-gear,** *p.p.* disinnestato.
— **of gear** (*mecc.*), libero *agg.*
— **of house** (*inform.*), esterno.
— **of phase** (*elet.*), fuori fase.
— **-of-phase current** (*elet.*), corrente spostata di fase.
— **-of-plane maneuver** (*astron.*) (U.S.A.), manovra di cambiamento della posizione dell'astronave lateralmente, senza mutare la sua orbita.

out of round, eccentrico *agg.*; ovalizzato *p.p.* (*mecc.*).
— **-of-roundness** (*mecc.*), ovalizzazione *f.*
— **-of-service,** fuori uso.
— **of specification** (*met.*), non conforme alle prescrizioni (norme, ecc.).
— **of square,** fuori squadra.
— **-of-straightness** (*met.*), mancanza di rettilineità (*tubi*).
— **of tune** (*radio*), fuori di sintonia.
— **-perform,** *v.a.* superare; battere (*p. es.*: *these machines will out-perform any other...* queste macchine supereranno ogni altra...).
— **position,** posizione (*f.*) di disinnesto.
— **see copy,** vedere l'originale (*bozze*); confrontare (o vedere) l'originale (*bozze*).
— **-to-out,** *agg.* totale (*misura*) (usato in falegnameria).
outage (*elet.*) (*radio*) (*petrolio*), interruzione (per guasto) (*elet.*) (*radio*); calo peso del petrolio (durante il deposito o trasporto nel serbatoio); rapporto fra la capacità totale e la quantità effettiva di petrolio di un serbatoio; (U.S.A.), guasto *m.*; perturbazione *f.*
— **(power —)** (*elet.*), interruzione di corrente.
outboard engine, fuoribordo *m.* (*naut.*).
outbound, *agg.* in partenza (*outbound car*, carro in partenza).
outcrop, *v.i.* (*geol.*), affiorare; (*min.*), affioramento *m.*
outdoor advertising paints, pitture per pubblicità all'aperto.
— **aerial (antenna)** (*radio*), antenna (*f.*) esterna.
— **-exposure test** (*corrosione met.*), prova di esposizione agli agenti atmosferici (*corrosione atmosferica*).
— **fitting,** armatura (*f.*) esterna.
— **stick plane** (*aereo*) (U.S.A.), modello ad aste (per volo esterno).
outdoor substation (*elet.*), sottostazione (*f.*) esterna.
— **use** (*cinghie, ecc.*), impiego all'aperto; uso (all') esterno.
outer, esterno *agg.*; conduttore (*m.*) esterno (*elet.*).
— **barrel** (*ind. pet.*), corpo di carotiere.
— **cone** (*aereo*), cono (*m.*) esterno.
— **dead center,** punto (*m.*) morto esterno.
— **electron** (*fis. atom.*), elettrone (*m.*) periferico (*dell'ultimo strato elettronico*).
— **endpaper** (*tip.*), foglio di guardia.
— **franc area** (*econ.*), Paesi d'oltremare della zona del franco.
— **glass** (*finestre, finestrini ferr.*), vetro esterno.
— **grid** (*elet.*), griglia (*f.*) esterna.
— **jib** (*naut.*), fiocco *m.*
— **layer,** strato (*m.*) esterno.
— **lead** (*elet.*), filo di corrente esterno.
— **mains** (*elet.*), conduttore (*m.*) esterno.
— **panel** (*aereo*), semi-ala *f.*
— **race** (*mecc.*), anello di guida esterno.
— **rail** (*ferr.*), rotaia (*f.*) esterna.
— **section** (*aereo*), semi-ala *f.*
— **shell** (*fis. atom.*), strato (*m.*) (elettronico) esterno.
— **space** (*astr.*), spazio più esterno (sopra l'atmosfera effettiva della terra o oltre i limiti del sistema solare).
— **winding,** avvolgimento (*m.*) esterno.
— **wing dihedral** (*aereo*), diedro (*m.*) positivo.
outermost, *agg.*, esterno; periferico (*strati di elettroni*).
outfit, dotazione *f.* (di una macchina) (**repair —,** cassetta per riparazioni).
outflow (of capital), uscita (esodo, fuga) di capitali.
outgas, *v.a.*, degassificare.
outgassing, degassificazione *f.*
outgoing signal, segnale (*m.*) di emissione (trasmissione).

outlay (*finan.*), spesa *f.* (*the — was O.K.'d*), la spesa venne approvata.

outlet, bocca (*f.*) di scarico (di pompa); apertura (*f.*) di sfogo; buco (*m.*) di scarico; orificio (*m.*) di efflusso; bocchettone d'uscita (*auto*); presa di corrente.

— **edge** (*turbina*), spigolo (*m.*) d'uscita.

— **nozzle** (*met.*), scaricatore (di paniera di colata).

— **triangle** (*turbine*), triangolo (*m.*) d'uscita.

outline, abbozzo *m.*; profilo *m.*

— **drawing** (*dis.*), schizzo *m.*

— **formula** (*chim.*), formula (*f.*) schematica (o semplificata).

— **of an arch,** profilo (*m.*) di un arco.

— **of a curve,** andamento (*m.*) di una curva.

outmoded, *agg.* (*chim.*), scaduto; abbandonata (*di formula*).

outpost (*petrol.*), pozzo situato al bordo di un campo avente altri pozzi petroliferi.

output, produzione (*f.*) industriale; lavoro (*m.*) utile; potenza *f.*; uscita (*f.*) (*elettron.*) (*radio*); (testine fonografiche) (*audio*), livello di prestazione.

— **attenuator,** attenuatore (*m.*) d'uscita.

— **capacitance,** capacitanza (*f.*) d'uscita.

— **capacity** (*radio*), capacità (*f.*) d'uscita.

— **circuit** (*radio*), circuito (*m.*) d'uscita.

— **decline curve** (*petrol.*), curva di declino della produzione (stima basata sulle curve di declino della pressione nei pozzi).

— **devices** (*calcol. elettron.*), organi (*m. pl.*) d'uscita.

— **electrode,** elettrodo (*m.*) d'uscita.

— **impedance** (*radio*), impedenza (*f.*) d'uscita.

output level (*radio, elet.*), livello (*m.*) d'uscita.

— **marker,** segnale (*m.*) di radiofaro esterno.

— **monitor** (*telev.*), monitore (*m.*) di uscita.

— **of a fan,** rendimento (*m.*) di un ventilatore.

— **pentode** (*elet.*), pentodo (*m.*) finale.

— **power** (*radio*), potenza (*f.*) di uscita.

— **power meter,** strumento per la misura della potenza d'uscita.

— **stage** (*radio*), stadio finale.

— **stages** (*telev.*), stadi di uscita.

— **terminal** (*radio*), morsetto (*m.*) d'uscita; (*elettron.*), terminale d'uscita.

— **transformer,** trasformatore (*m.*) d'uscita.

— **tube** (U.S.A.) (*radio*), valvola finale; valvola d'uscita; valvola di potenza.

— **unit** (*inform.*), periferica di uscita.

— **valve,** vedi: **output tube.**

— **variable** (*elettron.*), variabile di uscita.

— **video signal** (*telev.*), segnale d'immagine d'uscita.

— **voltage,** tensione (*f.*) d'uscita.

outreach (*gru*), raggio d'azione (di gru.)

outrigger (*naut.*), buttafuor *m.*

— **jack,** cavalletto di sollevamento (per auto.).

— **shaft** (*aereo*), albero (*m.*) comando elica.

outside, *agg.* esterno.

— **aerial,** antenna (*f.*) esterna.

— **broadcast** (*telev.*), ripresa (*f.*) diretta.

— **calipers,** compasso (*m.*) di spessore.

— **diameter,** diametro (*m.*) esterno.

— **diameter pipe,** tubo (*m.*) di grande diametro.

— **lines** (*cinem.*), linee fuori campo visivo (di macch. da presa); fuori campo.

— **loop** (*aereo*), volo (*m.*) a nastro verticale rivoltato.

outside measurement, misura (*f.*) esterna.
— **micrometer,** micrometro per esterni.
— **mirror** (*auto*), specchietto retrovisivo (*o* retrovisore) esterno.
— **pipe cutter** (*petrol.*), tagliatubi (*m.*) esterno.
— **plating** (*naut.*), fasciame (*m.*) esterno.
— **radius,** raggio (*m.*) esterno.
— **rivet,** chiodo (*m.*) esterno.
— **scaffolding** (*costr.*), ponteggio (*m.*) esterno.
— **shake** (*orol.*), caduta esterna.
— **the scale range of the instrument,** fuori della capacità (*f.*) dell'istrumento.
outstanding bonds (*finan.*), obbligazioni in circolazione.
— **drawings** (*finan.*), estrazioni in corso.
— **securities** (*finan.*), titoli in circolazione.
outturn (*naut.*), rendimento *m.*; peso netto del carico scaricato all'arrivo della nave.
outward *agg.*, esterno.
— **-flow turbine,** turbina centrifuga.
— **freight** (*comm.*), nolo di uscita.
— **grid** (*radio*), griglia (*f.*) esterna.
— **position of the tool,** posizione esterna dell'utensile.
outwards, *avv.* all'esterno.
outweigh (to —), *v.a.*, superare in peso; sorpassare in peso.
oval, *agg.* ovale; (*tip.*) clichè ovale; (*met.*), ovaletto *m.*
— **bar,** ferro (*m.*) ovale.
— **cross section,** sezione (*f.*) ovale.
— **groove** (*lamin. met.*), calibro ovale (*o* canale ovale).
— **pass** (*lamin. met.*), calibro (*o* canale) ovale.
— **point bolt,** bullone (*m.*) a punta ovale.
ovality (*mecc.*), ovalizzazione *f.*; ovalità.
ovalizing, ovalizzazione *f.* (*azione*).
ovalness (*mecc.*) (U.S.A.), ovalizzazione *f.*
oven, forno *m.*
oven dry (*tess.*), secco assoluto.
over (*radio*), passo; fine.
— **advanced timing** (*auto*), anticipo (*m.*) eccessivo.
— **-all,** *agg.* totale (vedi anche: **overall**).
— **-all deficit** (*finan.*), deficit globale.
— **and short** (*comm.*) (U.S.A.), in più e in meno (rif. a quantità previste e quelle effettive di petrolio, ecc.).
— **-annealing** (*met.*), ricottura eccessiva.
— **-blow (to)** *v.a.* (*met.*), sovrasoffiare.
— **car antenna** (U.S.A.), antenna (*f.*) da auto.
— **-choking** (*auto*), chiusura eccessiva dell'aria.
— **-excitation** (*elet.*), sovraeccitazione *f.*
— **-gear** (*mecc.*), moltiplicatore *m.* (p. es. di una pompa).
— **-greasing,** eccessiva lubrificazione.
— **head hopper,** tramoggia (*f.*) sopraelevata.
— **hung pulley,** puleggia (*f.*) a sbalzo.
— **-inflation** (*tyres*) (*auto*), pressione di gonfiaggio eccessiva.
— **load,** sovraccarico (vedi anche: **overload**).
— **-lubricate (to —),** lubrificare eccessivamente.
— **-oiling,** lubrificazione (*f.*) eccessiva.
— **or under** (*comm.*), in più o in meno.
— **-pickled** (*met.*), sovraddecapato (*eccessivamente decapato*).
— **-reduced steel** (*met.*), acciaio sovraddisossidato.
— **-rider** (*auto*), v. **bumper —.**
— **-run** (*elet.*), sovratensione *f.*; (*auto*), sorpasso *m.*
— **-run brake** (*tess.*), freno automatico.
— **-square engine** (*auto*), motore (*m.*) superquadro.
— **stoping** (*min.*), coltivazione (*f.*) a gradini rovesci.

over-the-top flying (*slang*) (*aereo*) (U.S.A.), volo (*m.*) sopra le nuvole.
— **-tightening** (*mecc.*), serraggio eccessivo (di bulloni, ecc.).
overageing (*met.*), superinvecchiamento *m.*
overall, *agg.* totale.
— **attenuation** (*radio*), attenuazione (*f.*) risultante (totale).
— **costs,** costo (*m.*) totale; spesa (*f.*) globale (per impianti costruz., ecc.).
— **diameter,** diametro (*m.*) esterno.
— **dimensions,** dimensioni (*f. pl.*) totali (o d'ingombro).
— **efficiency,** rendimento (*m.*) totale.
— **enrichment per stage** (*fis. atom.*) fattore (*m.*) di arricchimento totale per ciclo.
— **gain** (*radio*), amplificazione (*f.*) totale.
— **height of machine,** ingombro (*m.*) massimo in altezza.
— **height of the valve,** altezza (*f.*) totale della valvola.
— **length,** lunghezza (*f.*) totale.
— **monitoring** (*inform.*), controllo generale.
— **separation factor** (*fis. atom.*), fattore (*m.*) di separazione totale.
— **watt efficiency** (*elet.*), rendimento (*m.*) totale in watt.
— **width,** larghezza (*f.*) totale.
overarm (*macch. ut.*), braccio superiore (p. es. di fresatrice); slittone (p. es. di limatrice).
overblow, *v.a.* (*met.*), sovrasoffiare.
overbridge, soprappassaggio *m.*; cavalcavia *m.*
overburden (*min.*), terreno (*m.*) di copertura.
overcast (*meteor.*), *agg.* coperto.
overcharge, *v.a.* sovraccaricare.
— **of valves,** sovraccarico (*m.*) delle valvole.
overcharging, sovraccarico *m.*
overcoked (*forni*), caricato in eccesso di coke.
overcoil (*orol.*), spira superiore (l'ultima spira di una spirale).
overcurrent (*elet.*), sovracorrente *f.*
— **circuit-breaker** (*elet.*), interruttore (*m.*) a massima.
— **relay** (*elet.*), relais a massima; relais ad intensità massima.
overcutting (*acust.*), sovraincisione *f.*
overdraft (*met.*), incurvamento in alto.
overdrive (*auto*), marcia (*f.*) sovramoltiplicata.
overexcite (to —), sovraeccitare *v.i. v.a.*
overfall-dyke, argine (*m.*) a stramazzo.
— **orifice,** bocca (*f.*) a stramazzo.
overflow, tubo di troppo pieno; (*idraul.*), sfioramento *m.*; (*calcol. elettron.*), superamento della capacità di memoria (eccedenza della capacità di memoria di un calcolatore).
— **(to —),** *v.i.* traboccare; straripare.
— **discharge,** orificio (*m.*) di efflusso.
— **pipe,** stramazzo *m.* (tubo di troppo pieno).
— **plug,** tappo (*m.*) di troppo pieno.
— **water,** acqua (*f.*) di scolo.
— **weir** (*idraul.*), sfioratore *m.*
overflowing, stramazzo *f.*
overfly, *v.i.* (*aereo*), sorvolare.
overfootage (*cinem.*), metraggio (*m.*) eccessivo.
overglaze colours, coloranti per ceramiche.
overground conductor, conduttore (*m.*) aereo.
— **line** (*elet.*), linea (*f.*) aerea.
overhand stopes (*min.*), gradini (*m. pl.*) rovesci.
— **stoping** (*min.*), coltivazione (*f.*) a gradini rovesci.
overhang, sbalzo *m.*; (*naut.*) (*mecc.*), sporgenza *f.* (della prua); (*aereo*), differenza fra 2 piani sovrapposti; distanza fra l'incastro e l'estremità dell'ala.

overhang *v.a.* sporgere; aggettare; sospendere.
overhanging beam, trave (*f.*) a sbalzo.
— **girder,** trave (*f.*) a mensola.
overharden (*met.*), rendere troppo duro.
overhaul, revisione *f.* (di macch. o pezzi); riparazione *f.*
— *v.a.* ripassare; rivedere (un pezzo, una macchina, ecc.); (*auto, ecc.*), revisionare.
overhead, *agg.* aereo; (*chim. petrolio*), distillato di « testa »; prodotto di « testa »; (*mot., auto*), in testa.
— **cable** (*elet.*), cavo (*m.*) aereo.
— **camshaft** (*auto, mot.*), albero a camme in testa.
— **chain conveyor,** trasportatore aereo a catena.
— **costs** (*ragioneria*), spese (*f. pl.*) generali.
— **crane equipped with a magnet,** carroponte a magnete.
— **door** (*garage*), porta ribaltabile.
— **electric travelling crane,** gru (*f.*) a ponte elettrica sopraelevata.
— **ground wires** (*elet.*), funi di guardia.
— **irrigation,** irrigazione a pioggia.
— **line** (*elet.*), linea aerea.
— **motion,** movimento (*m.*) a soprastruttura.
— **product** (*fis. atom.*), distillato (*m.*) di testa.
— **system,** sistema (*m.*) aereo.
— **tank,** serbatoio (*m.*) sopraelevato.
— **transmission-line** (*ing. elet.*), conduttura (*f.*) aerea.
— **travelling crane,** carroponte *m.*
— **-valve engine,** motore a valvole in testa.
— **valves** (*auto*), valvole (*f. pl.*) in testa.
— **welding** (*sald.*), saldatura (*f.*) sovratesta.
— **wire** (*elet.*), filo (*m.*) aereo.
overhearing, controllo (*m.*) delle conversazioni.
overheat (to —), *v.a.* surriscaldare.
overheated, *p.p.*, surriscaldato.
overheated metal (*met.*), metallo surriscaldato.
overheater, surriscaldatore *m.*
overheating, surriscaldamento *m.*; sovrariscaldamento *m.*
overhung, in isbalzo.
— **crank,** manovella (*f.*) posta in isbalzo.
overinflation (*pneumatici auto*), gonfiaggio eccessivo.
overladen, *p.p.* (*auto, ecc.*), sovraccaricato.
overlap, incrocio *m.* (di ponti) (*naut.*); sovrapposizione *f.* (*ingr.*); ricoprimento *m.* (*geologia*).
— *v.i.*, sovrapporsi *v.r.* (*geom.*).
overlapping, sovrapposizione *f.*; (*met.*), ripiegatura di laminazione.
overlay (*tip.*), rivestimento del cilindro.
— **knife** (*tip.*), sgarzino *m.*
overload (*elet.*), sovraccarico *m.*
— **(to —),** sovraccaricare *v.a.*
— **capacity** (*elet.*), capacità (*o* potenza) di sovraccarico.
— **circuit-breaker** (*elet.*), interruttore (*m.*) a massima.
— **device,** dispositivo di protezione contro i sovraccarichi.
— **protection** (*elet.*), protezione (*f.*) per sovraccarico.
— **protective system** (*elet.*), sistema di protezione contro il sovraccarico.
— **relay,** relais (*m.*) di sovraccarico.
— **release device** (*min., ecc.*), interruttore di massima corrente.
— **switch** (*elet.*), interruttore (*m.*) a massima.
overloaded motor, motore (*m.*) sovraccaricato.
overloading, sovraccarico *m.*
overman (*min.*), v. **nightshift —.**
overmodulate (to —), surmodulare *v.a.*
overmodulated, *p.p.* (*radio*), sovramodulato.
overmodulation (*radio*), surmodulazione *f.*
overnight (*chim.*), (*to stand —*) (lasciare riposare) durante la notte.

overpass (*costr.*), sovrappasso *m.*
overpick motion (*tess.*), meccanismo comando navetta a colpo superiore.
overpotential (*elet.*) (*met.*), sovrapotenziale *m.*
overpressure, sovrapressione *f.*
overprint (to) (*tip.*), sovrastampare; (*a machine that overprints self-adhesive labels*), una macchina che sovrastampa etichette autoadesive.
— **varnish,** vernice da applicare su carta stampata.
overprinting (*inform.*), sovraimpressione *f.*
overrange pressure error (*mis. pressione*), errore (*m.*) di sovrappressione.
override, *v.a.* oltrepassare *v.a.*; superare *v.a.*; aver più importanza di...
overrider (*auto*), v. **bumper overrider.**
overriding temperature, temperatura in eccesso.
— **spring mechanism** (*app. misura*), limitatore di coppia.
overrunning (*di lampade elet.*), sovratensione *f.*
overs (*tip.*), fogli aggiunti.
overseer, sorvegliante (*m.*) di fabbrica; assistente *m.*
— **of composing room** (*tip.*), proto *m.*: soprintendente *m.*
oversew (to —), cucire a punto saltato.
overshoot (to —) (*aereo*), calcolare in meno la distanza nell'atterraggio e continuare oltre: atterrare lungo e richiamare.
— **distortion** (*telev.*), distorsione (*f.*) per sovramodulazione.
overshooting (*elet.*), oscillazione *f.*; bloccaggio *m.*
overshot (*ind. pet.*), pescatore (*m.*) per ricupero di aste rotary.
oversize (*min.*), sopravaglio (piccoli ciottoli, materiale vegetale, ecc. che rimangono sopra il vaglio. Riferito sia a carbone che a minerali); (*min.*), sopramisura *m.* (parte di roccia o minerale che ritorna al frantoio per essere di nuovo frantumata, essendo rimasta sopra il vaglio).
oversize of a screen (*min.*), sopravaglio *m.*; sopramisura *m.*
overspill type dam, diga (*f.*) del tipo a stramazzo.
overspray (*vernici, rivestim. metallici*), sovraspruzzo.
— **(epoxy-resin —),** sovraspruzzo di resina epossidica.
oversquare engine (*auto*), motore (*m.*) superquadro.
overstay one's parking time (*auto*), rimanere in parcheggio oltre il tempo permesso.
oversteer (to), *v.i.* (*auto*), sovrasterzare.
oversteering, *agg.* (*auto*), sovrasterzante; sovrasterzo *m.*
overstep, *v.a.*, superare *v.a.*; oltrepassare *v.a.*
overstrength (*chim.*), concentrazione (*f.*) eccessiva.
overstress, *v.a.* sovraccaricare; sollecitare (*v.a.*) eccessivamente.
overstressing (*met.*), sottoporre il metallo a tensioni eccessive, oltre il limite elastico od il carico di rottura.
overtake (to) (*auto*), sorpassare.
— **raiding bombers,** raggiungere (*v.r.*) bombardieri incursori.
overthrown anticlinal (*geol.*), anticlinale (*f.*) rovesciata.
overthrust (*geol.*), faglia inversa ad angolo molto basso.
overtime (*sport*) (*calcio*), tempi supplementari.
— **man-hours,** ore lavorative straordinarie.
— **pay,** straordinario *m.* (paga *o* compenso per lavoro straordinario).
— **premium** (*lavoro*), supplemento per lavoro straordinario.
— **rate** (*lavoro*), tariffa per lavoro straordinario.
— **work,** lavoro (*m.*) straordinario.
overtone (*acust.*), nota armonica, suono armonico.
overturn (to —), *v.a.* rovesciare.

overturned anticlinal (*geol.*), anticlinale (*f.*) rovesciata.
overturning (rif. a muri ecc.) (*cost.*), caduta.
overvoltage (*elet.*), sovratensione.
— **factor** (*elet.*), fattore di sovratensione.
overweight, sovrappeso *m.*
overwing-mounted engine (*aereo*), motore montato al di sopra dell'ala.
overwork, *v.a.* sovraccaricare di lavoro.
owner, *m.*, proprietario *m.*; armatore *m.* (*shipowner*).
— **-charterer,** armatore-noleggiatore.
ownership, proprietà *f.*; possesso *m.*
oxalate, ossalato *m.*
oxalic, *agg.* ossalico.
— **acid,** acido (*m.*) ossalico.
oxidable, *agg.* ossidabile.
oxidant, ossidante *m.*
oxidase (*enzimi*), ossidasi *f.*
oxidate (to —), ossidare *v.a.*
oxidation, ossidazione *f.*
— **-reduction indicators** (*chim.*), indicatori di ossido-riduzione.
— **-reduction potential** (*met.*) potenziale di ossido-riduzione.
oxide (*chim.*), ossido *m.*
— **-coated cathode** (*term.*), catodo ad ossido.
— **-coated filament,** filamento ricoperto d'ossido (di metalli alcalini).
oxidisability, ossidabilità *f.*
oxidise (oxidize), *v.r.* *v.a.*, ossidare *v.a.*; ossidarsi *v.r.*
— **back,** *v.i.*, riossidarsi *v.r.*
— **off,** *v.i.*, eliminarsi (*v.r.*) mediante ossidazione.
oxidised oil, olio ossidato.
oxidizable (oxidisable), *agg.* ossidabile.
oxidizing (*or* **oxidising) agent** (*chim.*), agente ossidante.
— **atmosphere,** atmosfera (*f.*) ossidante.
— **roasting** (*min.*), arrostimento ossidante.
oxidoreduction (*chim.*), ossido-riduzione *f.*
oxime (*chim.*), ossima *f.*
oxindole (*chim.*), oxindolo *m.*, $C_6H_4NHCOCH_2$.
oxo process (*chim.*), ossosintesi *o* processo oxo (*produzione di aldeidi e di alcooli dalla reazione di ossido di carbonio e idrogeno su un idrocarburo*).
— **reaction** (*chim.*), ossosintesi *f.*
oxyacetylene blowpipe (*sald.*), cannello (*m.*) ossiacetilenico.
— **cutting,** ossitaglio *m.*
— **flame,** fiamma ossiacetilenica.
— **steam jacket,** camicia (*f.*) a vapore saldata al cannello.
— **torch** (U.S.A.), cannello (*m.*) ossiacetilenico.
— **welding,** saldatura (*f.*) ossiacetilenica.
oxychloride (*chim.*), ossicloruro *m.*
oxygen (*chim.* = O), ossigeno *m.*
— **-blown steel** (*met.*), (U.S.A.), acciaio all'ossigeno; acciaio arricchito con insufflazione di ossigeno.
— **bottle,** bombola (*f.*) di ossigeno.
— **-comsumption type of corrosion** (*met.*), corrosione con consumo di ossigeno.
— **content** (*met.*), tenore in ossigeno.
— **corrosion** (*met.*), corrosione per sviluppo di ossigeno.
— **cutting,** taglio a ossigeno; (*metal.*), ossitaglio *m.* (taglio con cannello).
— **embrittlement** (*met.*), fragilità da ossigeno.
— **in cylinders,** ossigeno in bombole.
— **injection** (*met.*), insufflazione di ossigeno.
— **lance,** lancia per il soffiaggio all'ossigeno (*met.*); lancia ad ossigeno (*sald.*, *met.*).
— **lance (multiple-orifice oxygen —),** lancia ad ossigeno multifora.
— **lance (single-orifice —),** lancia ad ossigeno ad un solo ugello.
— **lance (three-hole —),** lancia ad ossigeno a tre fori.

oxygen mask (*aereo*), maschera di respirazione.

— **roof-lancing** (*met.*), insufflazione di ossigeno con lance dalla volta.

— **steelmaking** (*met.*), fabbricazione dell'acciaio all'ossigeno.

oxyhydrogen blowpipe, cannello (*m.*) ossidrico.

oxyhydrogen cutting apparatus, apparecchio (*m.*) ossidrico per tagliare.

— **welding,** saldatura (*f.*) ossidrica.

oxysalts, *pl.*, ossisali *m. pl.* (*chim.*).

oxysulphide (*chim.*), ossisolfuro *m.*

ozocerite, ozocerite *f.*

ozokerite (*chim.*), ozocherite *f.*

ozone (*chim.*), ozono *m.*

— **monitor,** monitore della concentrazione di ozono.

ozonide (*chim.*), ozonide *m.*

ozonization (*chim.*), ozonizzazione *f.*

ozonize, *v.a.* (*chim.*), ozonizzare.

ozonizer, ozoniser (*chim.*), ozonizzatore *m.*

ozonometer, ozonometro *m.*

ozonolysis (*chim.*), ozonolisi *f.*

ozonoscope (*med.*), ozonoscopio *m.*

ozonosphere (*astr.*), ozonosfera *f.* (strato nella stratosfera superiore con alta concentrazione di ozono).

P

P-shell (*fis. atom.*), strato P.

pacemaker (*med.*), stimolatore cardiaco.

pacing an operator, far spostare lentamente un operatore in lavori di agrimensura, mentre si sta al teodolite.

Pacinotti ring (*elet.*), anello (*m.*) di Pacinotti.

pack (*met.*), pacchetto di ferri semilaminati; (*min.*), pilastri di sostegno del tetto.

— *v.a.* imballare; guarnire; rincalzare; comprimere; caricare; riempire (di).

— **annealing** (*met.*), ricottura a pacco.

— **a sleeper** (*ferr.*), rincalzare (*v.a.*) una traversa.

— **carburising** (*met.*), carburazione a pacchetto.

— **-carrier television station** (*telev.*), stazione televisiva trasportabile.

— **-hardening** (*met.*), cementazione in mezzo solido *f.* (con raffreddamento rapido in olio).

— **-ice,** banchisa *f.*

— **up,** imballare *v.a.*

package (U.S.A.), imballaggio *m.*; confezione *f.*; (*tess.*), bobina (*o* rocca) di filato per trasporto o ulteriore confezione; bobina (*o* filo avvolto su una bobina) di forma conica (di filato che deve subire ulteriore lavorazione); (*mecc., ecc.*), attrezzatura *f.* (insieme di attrezzi) [sinonimo di *unit* (unità) ma con significato più esteso]; (*inform.*), pacchetto: programma o serie di programmi con relativi supporti di informazione e documentazione; modulo *m.*; blocco *m.*; (*inform.*), v. **equation** —; (*turismo*), combinazione per settimane bianche, soggiorni di breve durata, comprendente il prezzo complessivo del soggiorno e dell'uso delle piste, noleggio, ecc.

package (to —) (U.S.A.) (*cosmetici*), confezionare in vaso (*o* in flacone).

— **commutation** (*telef.*), commutazione di pacchetto (per trasmissione dati).

— **drying unit** (*agr.*), impianto prefabbricato di essiccazione.

— **inserts** (*comm.*), inserti pubblicitari nelle merci confezionate (*saponi, alimenti, ecc.*).

— **program** (*radio, telev.*), proprietà e controllo di programma radiofonico o televisivo da parte di un'organizzazione o di una persona.

— **show** (*radio, telev.*), spettacolo televisivo (*o* radiofonico) completo acquistato per intero.

— **store** (U.S.A.), negozio per la vendita di alcolici per il consumo a domicilio.

— **tour (flight),** viaggio (*o* volo) organizzato (in comitiva).

— **unit** (*combustibili*), impianto a riempimento.

packaged (U.S.A.) (*mecc.*), completo ed indipendente (*self-contained*); pronto per l'uso.

— **treater** (*chim.*), installazione (impianto) a riempimento (per trattare il gas).

— **TTC unit** (*ind. pet.*), impianto di cracking catalitico thermofor a riempimento.

packaging department, reparto imballaggio (*o* confezionamento).

— **plant,** impianto riempimento (dei fusti, ecc.); impianto confezionamento.

— **unit,** vedi: **automatic** —.

packed column (*fis. atom.*), colonna (*f.*) a riempimento.

— **columns** (*ind. chim.*), colonne (*f. pl.*) a riempimento.

— **heaping,** ammucchiamento (*m.*) compresso.

packed towers (*chim.*), torri a riempimento.

packer (*ind. pet.*), saggiatore (*m.*) di strato; premistoppa; (*min.*), ripienista *m.* (operaio addetto alla ripiena); (*petrol.*), packer (accessorio del tester); imballatore *m.*

— **(casing —)** (*petrol.*), packer per colonna.

— **(combination —)** (*petrol.*), packer da fissare sul foro ridotto e su quello cilindrico.

— **(rathole —)** (*petrol.*), packer per foro ridotto.

— **(straight hole —)** (*petrol.*), packer di tenuta sulle pareti cilindriche.

packet boat, battello (*m.*) postale.

— **-switching** (*method of splitting the data into small blocks, or « packets »*) (*data communication network*) (*inform.*), metodo di scindere i dati in piccoli blocchi o « pacchetti », in una rete di comunicazione di dati.

— **switched network** (*inform.*), rete a commutazione di pacchetto (per trasmissione dati).

— **switched service** (*inform.*), servizio di commutazione di pacchetto (*British Telecom*).

— **switching (technique)** (*telef.*) (*inform.*), tecnica della commutazione di pacchetto (*splitting data into packets*).

packfong, packfong (*lega*).

packing, imballaggio *m.* (in generale); guarnitura *f.*; guarnizione *f.*; corona (*f.*) di un pistone; materiale (*m.*) di riempimento (*cost.*); carica *f.*; riempimento *m.*; compressione *f.*; condensazione *f.*; (*tip.*), rivestimento del cilindro; (*telev.*) (U.S.A.), compressione dell'immagine; (*fis. atom.*), riempimento *m.*; massa (*f.*) specifica apparente; baderna *f.* (*guarnizione*); (*forni met.*), massa di collegamento (fra i mattoni da volta).

— **box,** scatola (*f.*) di guarnizione.

packing cloth, tela (*f.*) da imballaggio.

— **cutter,** portautensili (per correggere l'altezza di un pezzo al tornio).

— **density,** densità di intasamento; (*inform.*), densità di registrazione (su un supporto).

— **effect** (*fis. atom.*), difetto (*m.*) di massa.

— **expenses,** spese (*f. pl.*) di imballaggio.

— **factor** (*fis. atom.*), frazione (*f.*) di massa perduta.

— **fraction** (*fis. atom.*), rapporto difetto di massa e numero di massa; difetto di massa relativo.

— **fraction** (*fis. atom.*), frazione (*f.*) di coesione; frazione di legame; frazione di massa perduta.

— **fraction curve** (*fis. atom.*), curva (*f.*) di frazione di massa perduta.

— **loss** (*fis. atom.*), difetto (*m.*) di massa.

— **material,** materiale (*m.*) di guarnizione.

— **of sleepers** (*ferr.*), rincalzamento (*m.*) delle traversine.

— **of the piston,** guarnizione (*f.*) dello stantuffo.

— **paper,** carta (*f.*) da imballaggio.

— **piece,** spessore *m.*

— **ring,** anello (*m.*) d'appoggio e di spessore; anello (*m.*) di guarnizione; molla (*f.*) dello stantuffo; (*alberi rotanti, dadi e viti*) (*mecc.*), anello di tenuta.

— **rod** (*cost.*), zappa (*f.*) a rincalzare.

— **sheet,** lamierino per imballaggio.

— **-shed** (*agr.*), locale per l'imballaggio.

— **up block,** ceppo (*m.*) di sostegno.

packoff (*petrolio*), dispositivo di controllo di flusso di un pozzo.

packway, arteria (*f.*) di circolazione vietata ai veicoli utilitari.

pad, tampone *m.*; imbottitura *f.* (*tess.*); alternatore fisso (*elet.*), rampa (*f.*) di lancio (*per missili, razzi, ecc.*); (*pressofusione*), piastra (*f.*) d'inquadramento; (*inform.*), blocco di carta con fogli staccabili; caratteri di riempimento per posizioni inutilizzate di dati.

pad saw, saracco *m.*

— **(disc —)** (*auto*), pastiglia per freni a disco.

— **(steel wool —),** tampone di lana d'acciaio.

padded facia (*auto*), cruscotto (*m.*) imbottito.

— **material** (*auto*), materiale imbottito.

— **sun visor** (*auto*), aletta parasole imbottita.

padder (*elet.*), condensatore variabile per aggiustamento di precisione.

padding, imbottitura *f.*; ovatta *f.*; costruzione *f.* (di una scena) (*cinem.*); (*inform.*), riempimento dei dati principali con caratteri fittizi che verranno poi eliminati nel corso del trattamento.

— **(crash —),** imbottitura (*f.*) anti-urto.

— **(safety —),** imbottitura (*f.*) di sicurezza.

paddle, pala (*f.*) di ruota idraulica; paletta *f.* (di agitatore); (*cosmetici*), spatola *f.*

— **steamer,** piroscafo (*m.*) a palette.

— **wheel** (*naut.*), ruota a palette.

— **-wheel rotor** (*aereo*), rotore (*m.*) d'elicottero.

padlock, luchetto *m.*

paediatrician (*med.*), pediatra *m.* e *f.*

paediatrics (*med.*), pediatria *f.*

page (*tip.*), pagina *f.*

— **(to —)** (*telef.*), chiamare; fare cercare; (*tip.*), impaginare (un libro); numerare (i fogli).

— **cord** (*tip.*), cordicella per colonne.

— **ejection** (*inform.*), salto di pagina; salto di foglio (di carta continua su stampante).

page printer (*inform.*), stampante pagina per pagina.

— **proof** (*tip.*), bozza impaginata *f.*

— **-reader** (*calcol. elettron.*), lettore di pagine (per la lettura di elenchi di nomi ed indirizzi, ecc.).

— **turning** (*calcol. elettron.*), trasferimento di una pagina di dati da una memoria centrale a una memoria esterna.

— **(continued on next —),** (*stampa*), continua alla pagina seguente.

— **(left-hand —),** pagina pari.

— **(right-hand —),** pagina dispari.

paginate (to —), impaginare (*v.a.*).

paging (*inform.*), impaginazione *f.*; unità di memoria ad accesso diretto.

— **system** (*calcol. elettron.*), sistema di ricerca di persone; (*telef.*) v. **radio — system.**

paid-holiday privilege, ferie (*f. pl.*) retribuite.

— **holidays,** ferie (*f. pl.*) retribuite.

— **-on-delivery subscription** (*commerc.*), abbonamento con pagamento alla consegna di ogni numero della pubblicazione ricevuta.

— **-up capital** (*comm.*), capitale versato.

paint (*vern.*), pittura *f.*; vernice *f.*

— *v.a.* pitturare; verniciare.

— **a coat of,** dare (*v.a.*) una mano (di pittura).

— **additive** (*vernici*), additivo per vernici.

— **-box,** scatola dei colori.

— **extender,** vedi: **extender.**

— **factory,** colorificio *m.*

— **grinding,** macinazione (*f.*) delle pitture.

— **oil,** olio per pitture e vernici.

— **remover formulations,** prodotti (*m. pl.*) svernicianti.

— **sprayer,** pistola per verniciatura.

— **stripper,** sverniciatore *m.*

— **stripping** (*chim.*), sverniciatura *f.*

paint stripping clinic (U.S.A.), officina di sverniciatura.
— **testing machine,** macchina per prova di vernici e smalti.
— **thinner,** solvente (*m.*) per pitture e vernici.
— **with water colours,** acquarellare *v.a.*
— **(roll —),** *v.a.*, applicare la vernice col rullo.
paintability (of a steel), attitudine alla verniciatura (di un acciaio).
painted steel (*met.*), acciaio (*m.*) verniciato.
painter, decoratore *m.*; (*naut.*), fune di ormeggio; verniciatore *m.*; (*naut.*), barbetta *f.*
painting (*arte*), pittura *f.*
pair *v.i.*, appaiarsi *v.r.* (*elettroni, ecc.*); (*fis. atom.*), coppia *f.*
— **conversion** (*fis. atom.*), conversione (*f.*) di una coppia.
— **emission** (*fis. atom.*), emissione (*f.*) di una coppia.
— **forging** (*met.*), fucinatura a coppie.
— **of scales,** bilancia *f.*
— **production** (*fis. atom.*), produzione (*f.*) di coppie.
paired engines (*aereo*), motori (*m. pl.*) appaiati.
— **lattice** (*fis. atom.*), reticolo (*m.*) accoppiato.
pairing, accoppiamento *m.*
Palantype machine, macchina da scrivere in grado di battere 200 parole al minuto usata specialmente in tribunali.
pale ale (*birra*), birra chiara.
paleontologic sample, campione paleontologico.
paleontologist, paleontologo *m.*
paleontology, paleontologia *f.*
palette knife (*tip.*), spatola per colore.
palindrome (*mat.*), palindromo *m.*
palisander wood, legno (*m.*) di palissandro.
palladium (*chim.* = Pd), palladio *m.*
— **-asbestos,** amianto (*m.*) al palladio.
pallet (*orol.*), àncora *f.*; (*trasporti con carrelli elevatori*), paletta *f.*
— **arbor** (*orol.*), albero pivottato per àncore.
— **bridge** (*orol.*), ponte (*m.*) d'àncora.
— **cock** (*orol.*), ponte (*m.*) dell'àncora.
— **cock screw** (*orol.*), vite (*f.*) del ponte dell'àncora.
— **fork** (*orol.*), àncora *f.*
— **jewel (*or* stone)** (*orol.*), pietra (*f.*) di leva.
— **pin** (*orol.*), caviglia *f.*
— **staff** (*orol.*), asse (*m.*) dell'àncora.
— **stones** (*orol.*), pietre (*f. pl.*) per àncora.
palletization (*trasporti*), palettizzazione *f.*
palletize (*trasporti*),palettizzare *v.a.*
palliative (*med.*), palliativo *m.*
palm kernel oil, olio (*m.*) di palma.
— **oil,** olio (*m.*) di palma.
palmarosa oil, olio (*m.*) essenziale di palmarosa.
palmetto (*ind. concia*), palmetto *m.*
palmitate (*chim.*), palmitato *m.*
palmitic acid (*chim.*), acido (*m.*) palmitico.
palmitin (*chim.*), palmitina *f.*
palmitinic acid (*chim.*), acido palmitico.
pampero (*meteor.*), pampero *m.* (vento dell'Argentina e dell'Uruguai).
pan, piatto (di bilancia); (*auto*), carter, pannello *m.*; lamiera protettrice; apparecchio per effettuare il contatto fra un minerale ed il mercurio (*amalgamation pan*); panoramicare *v.a.* (con una macchina da presa) (*cinem.*); separare (oro); produrre oro (U.S.A.); apparire come oro (U.S.A.); tentare di ottenere oro usando sabbie aurifere e speciali bacinelle.
— **head** (*mecc.*) (*viti*), testa cilindrica con spigolo superiore arrotondato.
— **-head rivet,** chiodo (*m.*) a testa tronco-conica.

pan of a balance, piatto (*m.*) di una bilancia.
— **rivet head,** testa (*f.*) di chiodo tronco-conica,
— **-scale,** incrostatura (*f.*) delle caldaie.
— **-type annealing furnace** (*met.*), forno di ricottura a cassa.
— **type saddle** (*motoc.*), sella (*f.*) incavata.
pancake coil (*radio-elet.*), bobina (*f.*) a fondo di paniere.
— **engine,** motore piatto.
— **in landing** (*aereo*), perdita (*f.*) di velocità nell'atterraggio.
— **landing** (*aereo*), atterraggio a caduta a piatto.
pancaking (*aereo*), cadere a piatto (*o* a piastrella); atterraggio (*m.*) perfetto (U.S.A.) (*aereo*).
panchromatic, *agg.* (*fot.*), pancromatico.
— **emulsion** (*fot.*), emulsione (*f.*) pancromatica.
pancreatic, *agg.* pancreatico.
pancreatin, pancreatina *f.*
pane of a hammer, penna (*f.*) di un martello.
panel (*costr.*), pannello *m.*; (*min.*) scomparto *m.*; riquadro *m.* (*aereo*); cassettone *m.* (*arch.*); pannello degli strumenti (*elet.*); campata *f.* (*aereo*); fuso (*m.*) del pallone (*aereo*) (U.S.A.); pannello per provare vernici, ecc.; (*tip.*), scomparto fra le nervature; gruppo di studio; (*of experts*), gruppo di esperti; v. **judging** —; v. **operating** —.
— **beater** (*auto*), battilastra *m.* (operaio mecc.).
— **board,** pannello *m.*
— **discussion** (*congressi, ecc.*), discussione in seno al gruppo.
— **of engineers,** albo degli ingegneri.
— **warming,** riscaldamento (*m.*) a pannelli radianti.
panelist (*congressi, ecc.*), relatore di gruppo.
panelled wood ceiling, soffitto (*m.*) in legno a cassettoni.
panelling (*costr.*), pannellatura (*f.*); (*met.*), increspatura *f.* (della latta) (difetto superf. originato durante la laminaz. a freddo avente l'aspetto di una ondulazione ai bordi sulla latta).
panfocus (*cinem.*), mettere a fuoco contemporaneamente i primi e secondi piani.
pannier bags (*motoc.*), portabagagli *m.*
panning (*cinem.*), (ripresa) panoramica *f.* (orizzontale).
— **shots (to take),** panoramicare *v.a.* (orizzontalmente).
panorama head (*cinem.*), testa (*f.*) panoramica.
— **sight,** alzo (*m.*) panoramico (*artiglieria*).
panoramic camera (*fot.*), telecamera per fotografia aerea panoramica.
pantechnicon (*mobili, ecc.*) (U.S.A.) furgone (*m.*) da trasporto.
pantile (*cost.*), tegola (*f.*) acustica.
panting, palpitazione *f.* (di nave).
pantograph, pantografo *m.*
— **current-collector,** pantografo *m.* (di locomotore).
— **wiper** (*naut.*), tergicristallo a pantografo.
pantometer, pantometro *m.*
pants (*aereo*) (U.S.A.), deflettori del vento (intorno alle ruote del carrello); carenatura delle ruote.
— **slapper** (*slang*) (*aereo*) (U.S.A.), elica *f.*
papain (*chim.*), papaina *f.*
papaver (*bot.*), capsule di papavero.
papaverine (*med.*), papaverina *f.*
paper, carta *f.*
— **advance mechanism** (*inform.*), meccanismo di trascinamento carta.
— **cable** (*elet.*), cavo (*m.*) ad involucro di carta.
— **capacitor** (*radio*) (U.S.A.), condensatore (*m.*) a carta.
— **coating compositions,** composti per patinatura della carta.
— **cutter** (*tip.*), tagliacarte *m.*

paper cutting machine (*tip.*), tagliacarte *m.*
— **drilling machine** (*tip.*), macchina occhiellatrice.
— **dyes,** coloranti per carta.
— **envelope,** involucro (*m.*) di carta.
— **finger (typewriter),** premicarta *m.*
— **insulated cable,** cavo (*m.*) isolato alla carta.
— **lining,** rivestimento (*m.*) in carta.
— **machine** (*tip.*), macchina per carta.
— **-making,** fabbricazione (*f.*) della carta.
— **-making machine,** macchina per la carta.
— **mill,** cartiera *f.*
— **reel** (*tip.*), rotolo di carta.
— **release lever (typewriter),** leva (*f.*) liberacarta.
— **roll** (*teleg.*), avvolgicarta *m.*
— **store,** magazzino carta.
— **tape** (*teleg.*), striscia (*f.*) di carta; (*elettron.*), nastro perforato; nastro di carta.
— **tape code** (*elettron.*), codice (*m.*) di nastro perforato.
— **tape punch** (*elettron.*), perforatrice (*f.*) di nastro.
— **tape reader** (*elettron.*), lettore (*m.*) di nastro perforato.
— **tape splicer** (*elettron.*), incollatrice (*f.*) di nastro perforato.
— **tape verifier** (*elettron.*), verificatrice (*f.*) di nastro perforato.
— **throw character** (*inform.*), carattere di salto di carta; carattere di esplusione di carta.
— **wrapping machine,** incartatrice *f.*
paperback (*libri*), brossura *f.* (libro in brossura).
paperless journal (*inform.*), giornale senza carta.
papermaker, *m.* cartaio *m.*
papertape punching (*inform.*), perforazione del nastro (di carta).
— **reading** (*inform.*), lettura di nastro (di carta) perforato.
papier-mâché, cartapesta *f.*

para-drop (*mil.*), lancio di paracadutisti; lancio paracadutato.
— **red,** rosso para.
— **rubber,** para *f.*
parabola, parabola *f.*
parabolic, *agg.* parabolico.
— **antenna,** antenna (*f.*) parabolica.
— **collector** (*energia solare*), collettore parabolico.
— **curve,** arco (*m.*) di parabola.
— **girder,** trave (*f.*) parabolica.
— **interpolation** (*macch. ut. CN*), interpolazione parabolica.
— **mirror** (*ott.*), specchio (*m.*) parabolico.
— **reflector,** riflettore (*m.*) parabolico.
paraboloid (*mat.*) (*geom.*), paraboloide *m.*
— **head lamp,** proiettore (*m.*) a riflettore parabolico.
— **mirror** (*elettron.*), specchio paraboloide.
parachute, paracadute *m.*
— **balloon** (*aereo*), pallone (*m.*) paracadute.
— **down (to —),** calare (*v.a.*) con paracadute.
— **harness** (*aereo*), imbracatura (*f.*) per paracadute.
paraffin, paraffina *f.*
— **(to —),** *v.a.* paraffinare.
— **-base crude** (*chim.*), petrolio (*m.*) grezzo a base paraffinica.
— **bath,** bagno (*m.*) di paraffina.
— **hydrocarbons** (*chim.*), idrocarburi (*m. pl.*), paraffinici.
— **oil,** olio (*m.*) di paraffina; olio (*m.*) di vaselina.
— **wax,** paraffina *f.*
paragenesis (*geol.*), paragenesi (ordine cronologico secondo il quale si depositano i minerali).
paraldehyde (pr.: *par.ol.' di.haid*), paraldeide *f.*
parallax, parallasse *m.*
— **-free reading,** lettura senza parallasse.
parallel, parallelo *m.*; parallela *f.*; impalcatura (*o* palco) di sostegno (per lampade ed elettricisti) (*cinem.*); analogia *f.*

parallel *v.i.*, essere identico; essere paragonabile; essere affine a; comportarsi nello stesso modo; variare nella stessa maniera.
— **arrangement,** accoppiamento (*m.*) in derivazione.
— **circuit,** circuito (*m.*) in parallelo.
— **connection** (*elet.*), collegamento (*m.*) in parallelo.
— **fabric,** stoffa (*f.*) parallela.
— **feed** (*radio*), alimentazione (*f.*) in parallelo.
— **forces,** forze (*f. pl.*) parallele.
— **-jaw vice,** morsa (*f.*) parallela.
— **-jaw vice with instantaneous grip,** morsa (*f.*) parallela a ganasce riportate.
— **-jaw vice with swivel base,** morsa (*f.*) parallela, tipo girevole.
— **induction,** autoinduzione (*f.*) in parallelo.
— **perspective,** prospettiva (*f.*) parallela.
— **planer (parallel planing machine),** piallatrice (*f.*) da spessori; piallatrice per superfici parallele.
— **-plate counter** (*fis. atom.*), contatore (*m.*) a placche parallele.
— **-plate oscillator,** oscillatore (*m.*) a placche parallele.
— **printer** (*inform.*), stampante (*f.*) parallela.
— **projection,** proiezione (*f.*) parallela.
— **resonance** (*radio*), risonanza (*f.*) parallela.
— **resonant circuit** (*radio*), circuito (*m.*) in risonanza parallela.
— **round file,** lima (*f.*) rotonda parallela.
— **shank twist drill,** punta (*f.*) da trapano elicoidale con gambo cilindrico.
— **storage** (*elettron.*), memoria in parallelo.
— **trace of lines,** poligonali (*f. pl.*) parallele.
— **vice,** morsa (*f.*) parallela.
— **winding,** avvolgimento (*m.*) parallelo.
parallel wing, ala (*f.*) parallela.
parallelepiped, parallelepipedo *m.*
paralleling (*tess.*), parallelizzazione *f.*
— **(of alterators),** agganciamento *m.* (d'una macchina sincrona).
parallels, paralleli *m. pl.*
parallelism, parallelismo *m.*
parallelize, *v.a.*, parallelizzare *v.a.*
parallelogram, parallelogramma *m.*
— **of forces,** parallelogramma (*m.*) delle forze.
— **of velocity,** parallelogramma (*m.*) delle velocità.
paramagnetic, *agg.* paramagnetico.
paramagnetism, paramagnetismo *m.*
paramedics, paramedicina *f.*
parameter (*mat.*), parametro *m.*
— **(process —)** (*inform.*), parametro di elaborazione.
parametric curve (*elet.*), curva (*f.*) parametrica.
— **equalizer** (*audio*), equalizzatore parametrico.
parapet, parapetto *m.* (di un ponte ecc.).
— **of the window,** parapetto (*m.*) della finestra.
parashot (*slang*) (*mil.*) (U.S.A.), tiro contro un paracadutista mentre si cala.
parasite drag (*aereo*), resistenza (*f.*) nociva.
— **resistance** (*aereo*), resistenza (*f.*) nociva.
parasitic capture (*fis. atom.*), cattura (*f.*) parassita di neutroni.
— **noises** (*radio*), disturbi (*m. pl.*) (*o* rumori) parassiti.
— **oscillation** (*radio*), oscillazione (*f.*) parassita.
— **suppressor** (*elet.*), soppressore (*m.*) delle oscillazioni parassite,
parasol (*aereo*), parasole *m.*
— **monoplane** (*aereo*), monoplano (*m.*) a parasole.
— **wing model** (*aereo*), modello (*m.*) con ala a parasole.
paratoners (para toners) (*chim.*), pigmenti rossi insolubili (derivati da para-nitroanilina e beta-naftolo).

paratrooper (U.S.A.), paracadutista *f.*
paraxial image, immagine (*f.*) parassiale.
paraxylol (*chim.*), paraxilolo *m.*
parcel shelf (*auto*), vano (*m.*) portaoggetti (posteriore).
— **(automatic — sorting)** (*posta, ecc.*), smistamento automatico dei pacchi.
parcelling, impacchettamento (di merci); confezione *f.* (di un pacco).
— **machine,** confezionatrice *f.* (macchina per incartare un certo numero di scatole, pacchi, sacchi, ecc.).
parchment, pergamena *f.*; carta (*f.*) pecora.
— **binding** (*tip.*), legatura in pergamena.
— **glue,** colla di pelle pura.
— **paper,** carta (*f.*) pergamena.
parenchyma (*bot.*), parenchima *f.*
parens (*stampa, tip.*), abbreviazione di parentesi.
parent, *agg.* (*chim.*), affine (*rif. a sostanza*).
— **element** (*fis. atom.*), elemento originale (precursore; capostipite).
— **nucleus** (*fis. atom.*), nucleo (*m.*) capostipite; nucleo (*m.*) precursore.
— **nuclide** (*fis. atom.*), precursore (*m.*) radioattivo.
parenthesize, *v.a.* (*inform.*), mettere fra parentesi.
parget stone, pietra da gesso, gesso.
parinaric acid (*chim.*), acido (*m.*) parinarico.
Paris green (*vern.*), verde (*m.*) di Schweinfurth.
— **white,** bianco di Parigi.
parity bit (*inform.*), bit di parità
park (*auto*), autoparco *m.*
— (*v.a.*) **a car,** parcheggiare un'auto.
— (*v.a.*) **a satellite in orbit,** parcheggiare un satellite in orbita.
parked (*p.p.*) **in space** (*astron.*), parcheggiato nello spazio.
parkerize (*met.*), parcherizzare *v.a.*
parkerizing, procedimento per rendere inossidabili ferro ed acciaio: parcherizzazione *f.* (*met.*).
parking, posteggio *m.*
— **brake** (*aereo*), freno (*m.*) di parcheggio.
— **garage,** autorimessa-parcheggio.
— **light** (*auto*), luce di parcheggio.
— **meter** (*auto*), parcometro *m.*
— **offence** (*auto*), infrazione (violazione) del diritto di parcheggio.
— **operation** (*auto*), parcheggio *m.*; operazione di parcheggio.
— **orbit** (*astron.*), orbita (*f.*) di parcheggio.
— **orbit trajectory** (*astron.*), traiettoria dell'orbita di parcheggio.
— **time** (*auto*), tempo di parcheggio.
— **(off-street —)** (*auto*), parcheggio fuori strada.
parkway (*strade*) (U.S.A.), arteria vietata al traffico pesante.
parlance (per es. *steel* —), gergo di reparto.
parrel, trozza *f.* (*naut.*) (staffa in metallo o a catena).
parrot tooth, dente (*m.*) a becco di pappagallo.
parsec, unità astronomica di distanza, pari a 3,25 anni luce.
parsonite (*fis. atom.*), parsonite *f.*
part (*mecc.*), pezzo *m.*
— **(to —),** *v.a. v.i.*, dividere *v.a. v.i.*; staccarsi *v.r.*
— **-formula** (*chim.*), formula (*f.*) parziale.
— **number** (*mecc.*), matricola *f.* (numero di categoria di pezzi).
— **of a machine,** pezzo (*m.*) di una macchina.
— (*v.a.*) **off** (*mecc.*), troncare.
— **of gear,** organo (*m.*) di trasmissione.
— **of girder,** tratto (*m.*) di trave.
— **-time** (*lavoro*), «tempo parziale».
— **-time station** (*radio*), stazione autorizzata a trasmettere solo in ore stabilite.
partecipating program (*radio*) (U.S.A.), radio-programma promosso da diverse ditte pubblicitarie.

parted, *p.p.* diviso, a (riferito a colonna) (*ind. petr.*).
— **clover-leaf intersection** (*costr. strad.*), svincolo a mezzo quadrifoglio.
— **derivative** (*mat.*), derivata (*f.*) parziale.
— **hip,** padiglione (*m.*) a falda.
— **preheating,** preriscaldo (*m.*) parziale.
— **radiation pyrometer** (*met.*), pirometro a radiazione parziale.
— **vacuum** (*fis.*), vuoto (*m.*) imperfetto (*o* parziale).
particle (*fis.*), particella *f.*
— **accelerator** (*fis. atom.*), acceleratore (*m.*) di particelle.
— **counter** (*fis. atom.*), contatore (*m.*) di particelle.
— **flux** (*fis. atom.*), flusso (*m.*) di particelle.
— **model** (*fis. atom.*), modello (*m.*) di particella.
— **orbit** (*fis. atom.*), orbita (*f.*) delle particelle.
— **physics** (*fis.*), fisica delle particelle.
— **size** (*fis. atom.*), dimensione (*f.*) delle particelle.
— **-size distribution** (*min.*), analisi granulometrica.
particulate (*fis. atom.*), macroparticella *f.*
parting off (*mecc.*), troncatura *f.* (*di barre, tubi*).
— **slide with screw feed,** portautensili (*m.*) a vite.
— **strickle,** regolo (*m.*) per livellare.
partition (*fis. atom.*), divisione *f.*
— **coefficient** (*fis. atom.*), coefficiente di divisione; coefficiente di distribuzione.
— **wall,** muro (*m.*) divisorio; tramezzo *m.*
— **wall of brick,** parete (*f.*) di mattoni.
— **(bullet-proof —)** (*banche, ecc.*), vetrata divisoria a prova di proiettile.
partnership, società *f.*; società in nome collettivo.
parton (*electron-proton scattering*) (*fis.*), parton.
parts (*mecc.*), pezzi (*m. pl.*).
— **list,** elenco (*m.*) dei pezzi.
— **submitted to tension,** parti (*m. pl.*), sollecitate a tensione.
Pascal (*inform.*), Pascal: linguaggio di programmazione considerato fra i più adatti come linguaggio di insegnamento.
pass (*lamin.*), profilo *m.*; canale *m.*; contorno *m.*; tracciato *m.*; lasciapassare *m.*; (*mecc.*), passata *f.*; (*tess.*), incorsatura *f.*; rimettaggio *m.*; passaggio *m.*; (*lamin., met.*), calibro *m.*; v. **fish** —; **girder** —; (*met.*), **gothic** —; **nail** —; (*lamin. met.*), **oval** —; **rail** —.
— **(to —),** *v.i.* lasciar passare; far passare; passare; trasmettere.
— **a scraping cutter through a hole,** spinare (*v.a.*) un foro.
— **a telephone message,** trasmettere un messaggio telefonico.
— **design** (*lamin.*), disegno del calibro.
— **high standards,** superare (*v.a.*) le condizioni massime richieste.
— **in,** *v.a.*, introdurre *v.a.*; far passare *v.a.*; caricare *v.a.*
— **off,** *v.i.* (*chim.*), eliminarsi mediante distillazione.
— **out,** *v.i.* **venire eliminato; uscire.**
— **-out engine** (*tess.*), macchina a presa di vapore.
— **over** (*v.a.*) (*v.i.*), passare *v.a.*; distillare *v.a.*; far passare sopra; trasformarsi *v.r.*; convertirsi *v.r.*
— **piece,** pezzo (*m.*) intermedio.
— **production** (*petrolio*), perforare sotto un deposito di petrolio (*o* metano).
— **sequence** (*met.*), successione delle passate.
— **the points facing** (*ferr.*), prendere (*v.a.*) uno scambio di punta.
— **the points trailing** (*ferr.*), prendere (*v.a.*) uno scambio di calcio.
— **the proofs** (*tip.*), dare il benestare per la stampa.

pass through, *v.a.* (*chim.*), far passare; passare (*mediante filtrazione*); passare (*dei punti di una curva, ecc.*).
— **up projects,** rinunciare a offerte; tralasciare offerte.
— **up through,** *v.a.*, passare attraverso; attraversare.
— **(round —)** (*lamin., met.*), canale rotondo; calibro tondo.
passage of heat, passaggio (*m.*) di calore.
passed for press (*tip.*), visto si stampi; benestare per la stampa.
passenger and vehicle ferry, v. **car ferry.**
— **car** (*ferr.*), vettura passeggeri.
— **/car ferry** (*naut.*), nave traghetto per automobile e passeggeri.
— **coach** (*ferr.*), carrozza passeggeri.
— **-freighter (mixed —)** (*aereo*), aereo misto da trasporto merci e passeggeri.
— **lift,** ascensore (*m.*) per persone.
— **ship** (*naut.*), nave (*f.*) passeggeri.
— **(front seat —)** (*auto*), passeggero davanti (vicino al conducente).
passing back (*chim.*), ritorno *m.*
— **off** (*chim.*), eliminazione *f.*
— **out** (*chim.*), eliminazione *f.*; espulsione *f.*
— **over** (*chim.*), distillazione *f.*
passivate (to —) (*met.*) (*elet.*), passivare.
passivating process, processo di passivazione.
passivation (*fis.*) (*chim.*), passivazione.
— **film** (*met., ecc.*), pellicola di passivazione.
passive, *agg.* passivo.
— **film** (*corrosione*), film (*m.*) passivante.
— **housing** (*energia solare*), costruzione di case riscaldate con sistemi solari passivi.
— **transducer** (*elet.*), trasduttore (*m.*) passivo.
passivity, passività *f.* (di metalli).
password (*inform., ecc.*), parola d'ordine.
paste, colla *f.* (di amido); pasta *f.* (*ceram.*); vetro speciale (per imitare pietre preziose); materia attiva (*elet.*); magma *m.*
— *v.a.* attaccare (incollare).
— **-board,** cartapesta *f.*
— **wood filler,** turapori in pasta.
pasteboard (*tip.*), cartoncino accoppiato (incollato).
pasted filament (*ill.*), filamento (*m.*) di pasta.
— **plate** (*elet.*), pastiglia *f.* (di alveolo).
pastel, pastello *m.*
pasteurization, pastorizzazione *f.*
pasteurize, *v.a.* pastorizzare.
pasteurized milk, latte (*m.*) pastorizzato.
pasteurizing apparatus, sterilizzatore *m.* (per latte).
pastille (*met.*), bottone *m.* (pasticca di forma tonda che durante la punzonatura di una barra si forma nel metallo, in fondo ad un bicchiere).
pasting, miscela d'olio e materia solida per idrogenazione.
patch (*elet., fond.*), collegamento *m.* (di amplificatori, ecc.) con cordone; (*fond.*), spatolatura *f.*; (*mecc., ecc.*), rappezzatura *f.*; (*elet., inform.*), connessione; (*inform.*), correzione; (*met.*), rappezzo *m.* (riparazione di volte, ecc.).
— **(to —),** *v.a.* spatolare; (*fond., ecc.*), rappezzare; (*inform.*), correggere un programma.
— **bay** (*elet.*), pannello (*m.*) di accoppiamento.
— **card** (*inform.*), scheda di correzione.
— **cord** (*elet.*), cordone di collegamento.
— **in** (*elet.*), collegare provvisoriamente con cordoni.
— **out** (*elet.*), togliere il collegamento provvisorio.
— **panel** (*inform.*), pannello (*o* quadro) di connessione.

patch the worn stack of a blast furnace (*refrattari*) (*met.*), rappezzare il tino consumato dell'altoforno.
— **routine** (*inform.*), sottoprogramma di correzione.
— **(losange shaped —)**, rappezzatura in forma di losanga.
— **(rectangular —)**, rappezzatura rettangolare.
— **(to weld patches in repair work)**, saldare rappezzature in lavori di riparazione.
patchboard (*inform.*), pannello di connessione; quadro di connessione.
patching (*inform.*), correzione di programma; (*met.*), rappezzo, riparazione (di rivestimenti forni).
— **machine**, macchina (*f.*) per rappezzamento stradale.
patchwork, rappezzamento (*m.*) stradale.
patent, *n.*, privativa *f.*; brevetto *m.* (di invenzione).
— *v.a.* brevettare; (*met.*), patentare.
— **agent**, agente (*m.*) di brevetti.
— **-anneal** (*met.*), normalizzare.
— **law**, legge (*f.*) dei brevetti.
— **leather**, cuoio (*m.*) verniciato.
— **of addition**, brevetto (*m.*) completivo.
— **office**, Registro (*m.*) dei brevetti.
— **specification**, descrizione del brevetto.
— **taxes**, tasse (*f. pl.*) di brevetto.
patentability, brevettabilità *f.*
patentable, *agg.* brevettabile.
patented, *p.p.*, brevettato; (*met.*), patentato.
patentee, concessionario *m.* (di brevetti); titolare di brevetti.
patenting (*mecc.*), patentamento *m.* (trattam. termico usato in trafileria); (*met.*), v. **batch —**.
— **in air**, patentamento in aria.
patentor, presentatore (*m.*) di brevetti.
patera (*plast.*), rosone *m.*
path, traiettoria *f.*; percorso *m.*; corso *m.*; linea *f.*; corsa (*f.*) di macch. utensile; (*aereo*), sentiero *m.*
— **length** (*fis. atom.*), lunghezza (*f.*) di percorso; percorso *m.*
— **-length difference** (*fis. atom.*), differenza (*f.*) di percorso.
— **length difference** (*fis.*), differenza di percorso delle onde.
— **of current** (*elet.*), percorso (*m.*) della corrente.
— **of electrons**, traiettoria (*f.*) elettronica.
— **of lift**, corsa (*f.*) di sollevamento.
— **trimmer** (*agric.*), sarchiatrice *f.*
— **(glide —)** (*aereo*), sentiero di discesa.
pathfinder plane (U.S.A.), apparecchio usato per gettare di notte bengala su obbiettivi da bombardare.
pathogenic, *agg.* patogeno.
pathometer, psicogalvanometro *m.* (*psychogalvanometer*).
pathway, passerella (*f.*) di servizio.
patina, patina *f.* (del bronzo o legno).
patio (*cost.*), patio (termine spagnolo: cortile con fontane e porticato).
patrol bomber (*aereo*), bombardiere (*m.*) di scorta.
— **craft** (*naut.*), pirovedetta *f.*
— **motorboat** (*naut.*), motovedetta *f.*
— **plane** (*aereo*), pattugliatore *m.*
patronite (*min.*), patronite (*minerale ricco di vanadio, che trovasi nel Perù*).
pattern, *n.*, modello *m.* (*fond.*); stampo *m.*; campione *m.* (di tessuti, manufatti); patrona *f.* (*tess.*); disegno *m.* (*tess.*); diagramma *m.* (*di raggi* x, *ecc.*) (*radio*); spettro *m.* (*chim.*); quadro *m.* (*telev.*); sagoma *m.* (*chim.*); (*artiglieria, ecc.*), rosa *f.* (di tiro, di un getto d'acqua, ecc.); (*inform.*), timbro di voce (*voice pattern*).
— *v.a.* modellare.

pattern a model, modellare un modello; dare forma ad un modello.
— **bombing** (*aereo*), tiro (*m.*) di formazione; bombardamento (*m.*) « a tappeto ».
— **cards** (*tess.*), cartoni *m. pl.*
— **holder,** portasagoma *m.*
— **maker,** modellista *m.*
— **miller** (*fond.*), fresatrice (*f.*) per modelli.
— **plate moulding** (*fond.*), formatura a placca modello.
— **plotting** (*radio, ecc.*), tracciatura di diagrammi.
— **recognition** (*inform.*), riconoscimento di struttura.
— **shop,** officina (*f.*) di modelli.
— **varnish,** vernice (*f.*) per modelli.
— **weaving** (*tess.*), tessitura di stoffa ad armatura.
Pauli-Fermi principle (*fis. atom.*), principio d'esclusione di Pauli-Fermi.
Paulson time micrometer (*orol.*), apparecchio Paulson.
pave, *v.a.* selciare; lastricare; pavimentare.
paved road, strada (*f.*) lastricata.
— **runway** (*aereo*), pista cementata.
pavement, pavimentazione *f.*; fondo *m.* (di filone carbonifero).
— **marking** (*traffico*) (U.S.A.), segnale sulla carreggiata.
paver, selciatore *m.*
pavilion (*costr.*), padiglione; v. **music —**.
paving, pavimentazione *f.*; selciato *m.*; selciatura *f.*; lastricatura *f.*
— **slab,** tavella *f.*; tavellina *f.*
— **stone,** pietra (*f.*) per pavimentazione stradale.
paviour, *m.* selciatore.
pawl, nottolino *m.*; cricchetto *m.*; arpione (*m.*) d'arresto; nottolino *m.* (d'arresto).
pay (U.S.A.) (*ind. pet.*), pozzo (*m.*) produttivo; paga *f.*; salario.
— *v.a.* spalmare pece (*naut.*); impeciare; pagare.
pay-back period (*comm.*), periodo d'ammortamento.
— **claim** (*lavoro*), richiesta inerente agli aumenti di salario.
— **down (to —)** (*naut.*), far passare cavi o funi sotto i ponti.
— **for itself,** ammortizzare il proprio costo.
— **horizon** (*petrol.*), orizzonte (*m.*) produttivo.
— **increase** (*lavoro*), aumento salariale (*o* di retribuzione).
— **load,** v. **payload.**
— **off** (*aereo*) (U.S.A.), tendere a perdere velocità; liquidare *v.a.*; (— *200 men in workshops due to closure*), liquidare 200 operai nella fabbrica a motivo della chiusura.
— **-off reel** (*met.*), aspo svolgitore.
— **out,** *v.i.* lasciar scorrere; filare (*rif. a cavi*); produrre tanto petrolio da estinguere le spese di trivellazione (*petrolio*).
— **-out ratio** (*comm.*), quota da distribuire in dividendi.
— **rock** (*petrolio*), formazione geologica produttiva.
— **sand** (*petrolio*), sabbia produttiva di petrolio.
— **settlement** (*lavoro*), accordo inerente agli aumenti di salario; accordo in materia di aumento salariale.
— **streak** (*petrolio*), strato di sabbia petrolifera produttiva.
— **-TV,** televisione per via cavo a pagamento per la ricezione di un programma richiesto.
— **zone** (*petrolio*), zona produttiva.
payable, *agg.* pagabile; sfruttabile.
— **ore,** minerale (*m.*) redditizio.
paycheck (U.S.A.), assegno-paga *m.*
payee (*comm.*), beneficiario *m.*
paying, *agg.* che rende; redditizio; vantaggioso.
— **well,** pozzo (*m.*) produttivo.
payload (*astron., aereo*), carico pagante (carico utile); peso del satellite; peso degli strumenti e degli astronauti entro il sa-

tellite; (*min.*), carico utile (*di minerali estratti*).
payment, pagamento *m.*
payoff (*petrolio*) (U.S.A.), pozzo (*m.*) produttivo.
payout period, tempo di ammortamento.
payphone card (*telef.*), scheda (*f.*) telefonica per apparecchi pubblici.
payroll, libro paga.
paystation (*telef.*), telefono pubblico con apparecchio a gettone.
pea (*naut.*), punta di un'ancora.
— **coal,** carbone (*m.*) minuto.
— **shooter** (*mil.*) (*slang*) (*aereo*) (U.S.A.), caccia *f.*
— **soup** (*slang*), nebbia (*f.*) fittissima.
peak, punta *f.*; cima *f.*; sommità *f.*; cresta *f.*; angolo (*m.*) alla penna del picco (*naut.*); (*fis. atom.*), cresta *f.*; punta *f.*
— **black** (*telev.*), massimo (*o* cresta) del nero.
— **current,** intensità (*f.*) massima di una corrente.
— **energy,** energia (*f.*) massima.
— **factor** (*elet.*), fattore di massima (*o* di cresta).
— **forward anode voltage** (*elet.*), tensione (*f.*) anodica massima.
— **hours** (*auto, ecc.*), ore di punta (ore di maggior traffico).
— **load** (*elet.*), carico di punta.
— **loading** (*mecc.*), carico massimo; carico di punta.
— **noise** (*elet.*), rumore di cresta.
— **of diagram,** sommità (*f.*) del diagramma.
— **plate current** (*elet.*), valore di cresta di corrente anodica.
— **power,** forza (*f.*) motrice massima.
— **-recording kilovoltmeter** (*elet.*), kilovoltmetro indicatore della misura di tensione di cresta.
— **response** (*radio*), rispondenza (*f.*) massima.
— **-signal level,** livello massimo d'un segnale.
— **sound pressure** (*acust.*), livello (*m.*) sonoro massimo.
peak-to-peak, da cresta a cresta.
— **-to-peak voltage,** voltaggio da cresta a cresta.
— **-to-valley-ratio** (*telev.*), rapporto dal minimo al massimo.
— **tank** (*naut.*), gavone *m.*
— **value** (*elet.*), valore di cresta; valore massimo.
— **voltage** (*elet.*), tensione (*f.*) massima.
peaking (*telev.*), correzione *f.*
peaky curve, curva (*f.*) a punta.
peaning, battere con la punta del martello.
peanut (*agr.*), arachide *f.*
— **oil,** olio (*m.*) d'arachidi.
pearl (*tip.*), corpo 5; (*ind.*), perla *f.*
— **barley** (*comm.*), orzo (*m.*) perlato.
— **(cultivated —),** perla coltivata.
— **(synthetic —),** perla sintetica.
pearlite, perlite *f.*
— **carbon,** carbonio (*m.*) perlitico.
— **-free steel** (*met.*), acciaio aperlitico.
— **-free structural steel** (*met.*), acciaio da costruzione aperlitico.
pearlitic iron, ghisa (*f.*) perlitica.
— **steel** (*met.*), acciaio perlitico.
pear-shaped lamp, lampada (*f.*) a forma di pera.
peas, carbone (*m.*) minuto.
peat, torba *f.*
— **briquette,** mattonella (*f.*) di torba.
— **dust,** cascami (*m. pl.*) di torba.
— **soil,** terreno (*m.*) torboso.
pebble-work, acciottolato *m.*
pebbling (*met.*), pelle (*f.*) di coccodrillo.
pebbly sandstone (*geol.*) (*Scozia*), conglomerato.
pec (*cinem.*), cellula (*f.*) fotoelettrica.
pechblende (*min.*), pechblenda *f.*
peck (*mis.*), peck *m.* (=9,087 litri).
pecker (*elet.*), motore passo-passo.
peckling motor (*elet.*), motore passo-passo.
pectic, *agg.*, pectico.
pectin (*chim.*), pectian *f.*
pedal, pedale *m.*
— **-lathe,** tornio (*m.*) a pedale.

pedal-operated (*elet.*), a pedale.
— **-operated switch** (*elet.*), interruttore a pedale; pulsante a pedale.
— **travel** (*auto, freni*), corsa (*f.*) del pedale.
pedals layout (*auto*), disposizione dei pedali.
pedestal (*cost.*), piedistallo *m.*
— **-moulding,** cornice (*f.*) dello zoccolo.
pedestrian crossing (*traffico*), attraversamento (*m.*) pedonale.
— **crossing light,** semaforo per pedoni.
— **crosswalk** (*strade*) (U.S.A.), passaggio (*m.*) pedonale.
— **footbride** (*costr.*), passerella (*f.*) pedonale.
— **guard rail** (*traffico*), colonne con catenelle parapedonali.
— **indications** (*traffico*), indicazioni (*f. pl.*) pedonali.
— **precints,** zone cittadine, con negozi, riservate ai pedoni.
— **tunnel,** galleria (*f.*) pedonale.
pedigree stock breeding (*agr.*), allevamento di bestiame da razza.
pediment, cornice *f.*
pedologic map (*geol.*), carta pedologica (presentaz. dei terreni naturali in base alla natura del substrato roccioso).
pedologist, esperto in pedologia (scienza che studia le caratteristiche del suolo).
pedology, pedologia *f.*
pedometer, pedometro *m.*
peek-a-boo system (*inform.*), sistema di ricerca documentaria con schede perforate.
pee-pee (*met.*), canale di colata delle scorie.
peel, scorza *f.*; buccia *f.*
— *v.a.* scortecciare.
— **off,** *v.i.* diventare scagliabile.
— **off (to —)** (*slang*) (U.S.A.) (*aereo*), staccarsi dalla formazione per prepararsi alla picchiata.
peelable *agg.*, pelabile (rif. a rivestimenti di vernici, plastici, ecc.).
peeled bar (*met.*), barra (*f.*) pelata.
peeling (*met.*), pelatura *f.* (di barre, acciaio); (*vernici*), scagliatura *f.*; spelamento; spellatura (di billette ecc.) (*met.*).
— **machine** (*macch. utens.*), pelatrice *f.*
— **paint,** vernice che si stacca (sbuccia) facilmente.
peen (*utens.*), penna *f.* (di un martello).
peening (*macch. a vapore*), sagomatura *f.*; imbutitura *f.*; (*mecc.*), martellatura del metallo (per tenderlo).
peep-hole, spia *f.*
peg, orecchio (*o* staffa) di uno stampo (*vetro*); dente *m.*; piuolo *m.*; picchetto *m.*; coppiglia *f.*; (*agrim.*), palina *f.*
— *v.a.* incavigliare; (*econ.*), bloccare un prezzo (ad un livello basso).
— **awl,** lesina *f.* (*scarpe*).
— **-board,** pannello perforato.
— **-leg,** *v.i.* (*petrolio*) (USA), funzionare solo alternativamente (*di apparecchi di sondaggio*).
— **model,** modello rappresentativo di campo petrolifero con indicazione dei pozzi per mezzo di bastoncini.
— **out the line** (*agrim.*), palinare (*v.a.*) la linea.
— **prices** (*comm.*), vincolare i prezzi all'indice.
— **-tooth harrow,** erpice (*f.*) a denti rigidi.
pegged fluctuating rate (*finan.*), tasso di cambio fluttuante temporaneamente bloccato (ad un livello basso).
pegging out (*agrim.*), picchettatura *f.* (anche **pegging off**).
— **out a curve** (*agrim.*), tracciamento (*m.*) di una curva.
pegmatite (*min.*), pegmatite *f.*
pegwood, astina di legno.
pelitic, *agg.* (*geol.*), pelitico.
pellet (*plast.*), tavoletta, di peso e misura definiti, usata nell'ind. dei composti plastici, come unità di misura; (*chim.*), pastiglia *f.* ; pillola *f.*; (*min.*)

(*met.*), pellet *m.* o *f.*; (*to turn out pellets from*), produrre pellet da; ricavare pellet da; v. **pellets**; (*armi*), pallino *m.*
pellet plant (*min.*, *met.*), impianto di pelletizzazione.
pelleted, *agg.* (*chim.*), in pastiglie.
pelletiser (*min.*), pelletizzatrice.
— **(feed of the material to the —),** alimentazione del materiale alla pelletizzatrice.
pelletize, *v.a.* (*met.*), pelletizzare; (*min.*), pelletizzare (trasformare in pellet).
— **the concentrate** (*min.*, *met.*), pelletizzare il concentrato.
pelletized fuel, combustibile in pellets.
pelletizing (*min.*, *met.*), pelletizzazione (del minerale di ferro).
— **machine** (*mecc. agr.*), cubettatrice.
— **of the concentrate** (*min.*), pelletizzazione del concentrato.
— **plant of the straight grate type** (*min.*), impianto di pelletizzazione del tipo a griglia orizzontale.
— **process (iron-ore — process)** (*min.*, *met.*), processo di pelletizzazione del minerale di ferro.
— **(green —)** (*min.*), pellettizzazione a verde.
pellets firing (*min.*), cottura delle pellet.
— **(cooled —),** pellet raffreddate.
— **(dried —),** pellet essiccate.
— **(fired —),** pellet cotte.
— **(firing of — on a grate)** (*min.*), cottura delle pellet su griglia.
— **(green —),** pellet verdi.
— **(heat-hardened —)** (*min.*), pellet indurite a caldo.
— **(preheated —),** pellet preriscaldate.
pellucid, *agg.* pellucido.
pelt, pelle *f.* (di pecora, capra o animale da pelliccia,senza pelo).
Peltier effect (*elet.*), effetto (*m.*) Peltier.
peltry, pelletteria *f.*
pen, recinto *m.*; chiuso *m.*; penna *f.*; v. **felt-pointed —**; v. **fibre point —**.
pen drawing, disegno con inchiostro di china; schizzo a penna.
— **recording system,** sistema (*f.*) registrazione a penna.
penalty (*auto*) (*gen.*), multa *f.*; (*calcio*), calcio di rigore.
pencil, matita *f.*; (*ott.*), pennello (*di raggi*); fascio (*m.*) luminoso.
— **-compass,** compasso (*m.*) a matita.
— **glide** (*met.*), scorrimento plastico che ha luogo per piani appartenenti ad un fascio a retta direttrice.
— **drawing,** disegno (*m.*) a matita.
— **sharpener,** appuntamatite *f.*
— **(to —),** scrivere a matita; disegnare a matita.
pencillighter, accenditore (*m.*) con matita.
pencilling (*costruz.*), dipingere in bianco le giunture di calce di una parete di mattoni.
pendant, calata di lampada; calata di pulsante (p. es. per macch. ut.); (*orol.*), pendente.
pendentive dome (*cost.*), volta a cupola semisferica; cupola ad intradosso.
pending, *prep.* in attesa di; fino a (*pending completion of the power plant*), in attesa del (fino al) completamento della centrale.
pendulum, pendolo *m.*
— **arm,** braccio (*m.*) di pendolo.
— **barker** (*carte*), scortecciatrice a pendolo.
— **bearing,** appoggio (*m.*) a pendolo.
— **bob** (*orolog.*), lente (*f.*) del pendolo.
— **governor,** regolatore (*m.*) a pendolo.
— **grinder** (*macch. ut.*), molatrice (*f.*) a pendolo.
— **impact tester** (*prova materiali*), maglio (*m.*) a pendolo.
— **mill** (*method of rolling metals*) (*met.*), laminatoio planetario per produz. di lamierini sottili da grosse lamiere).

pendulum motion of electrons, oscillazioni (*f. pl.*) elettroniche.
— **roller,** puleggia (*f.*) pendente.
— **saw,** sega (*f.*) a pendolo.
— **stanchion,** sostegno (*m.*) oscillante.
— **wiper** (*marine windscreen wipers*) (*naut.*), tergicristallo a pendolo.
penetrant (*chim., met.*), penetrante *m.*; (*met.*) (*prove non distruttive*), liquido (*m.*) penetrante.
— **fluid test,** controllo (*m.*) per trasudamento.
— **liquid** (*met.*), liquido (*m.*) penetrante (per rivelare i difetti delle superf. dei metalli nelle prove non distruttive).
— **liquid test** (*met.*), esame con liquidi penetranti.
— **liquids** (*chim.*), liquidi penetranti.
— **testing** (*met.*), esame con liquidi penetranti.
penetrants (*chim.*), penetranti (*acceleranti permeanti di liquidi*).
penetrate, *v.a.* penetrare.
penetrating power (*fis. atom.*), potere (*m.*) penetrante (*di radiazioni*).
— **radiations** (*fis. atom.*), radiazioni (*f. pl.*) penetranti.
penetration (*sald., ecc.*), penetrazione *f.*
— **bead** (*sald.*), cordone (*m.*) di penetrazione.
— **coefficient** (*radio*), fattore (*m.*) di penetrazione; (*auto*), coefficiente di penetrazione.
— **rate** (*trivellaz. min.*), velocità di penetrazione.
— **resistance** (*voli spaziali*), resistenza di penetrazione.
— **drag** (*aereo*), resistenza (*f.*) di penetrazione.
— **power,** potere (*m.*) di penetrazione.
— **viscometer** (*tec. vetro*), viscometro di penetrazione (per determinazione della viscosità di piccoli pezzi di vetro, dal grado di penetrazione di un penetratore sferico).
penetrator (*mecc.*), penetratore *m.* (*prove di durezza*).
penetrometer (*radiol.*), misuratore di durezza; penetrometro *m.*
penguin, aeroplano (*m.*) d'istruzione; pinguino *m.* (*aereo*).
penknife, temperino *m.*
pen-nib, pennino *m.*
pension, pensione *f.*
— **(to put on —),** mettere in pensione.
penstock (*idraul.*), condotta (*f.*) forzata.
pent roof, tetto (*m.*) a una falda.
pentachloroethane (*chim.*), pentacloroetano *m.*
pentachlorophenol (*chim.*), pentaclorofenolo.
pentaerythritol (*chim.*), pentaeritritolo *m.*
pentagon, pentagono *m.*
pentagrid, pentagriglia *f.*
— **converter** (*elett.*), eptodo (*m.*) di cambio di frequenza.
pentahedron, pentaedro *m.*
pentalandite (*chim.*), pentalandite *f.*
pentameter, pentametro *m.*
pentamotor, pentamotore *m.*
pentane (*chim.*), pentano *m.*
pentathlon (*sport*), pentatlon.
pentatron (*elett.*), pentatron *m.*
pentavalent, *agg.* pentavalente.
penthouse roof (*ferr.*), tettoia (*f.*) a due pioventi (*o* a schiena d'asino).
pentode (*radio*), pentodo *m.*
pentoxide (*chim.*), pentossido *m.*
« **people-movers** » (*ferr.*), treni navetta di breve percorso.
pepper oil, olio (*m.*) essenziale di pepe.
peppermint oil, olio (*m.*) di menta piperita.
pepsin, pepsina *f.*
pep-tide bond (*chim.*), vedi: **peptide linkage.**
— **-tide linkage** (*chim.*), il legame —CO—NH— (del tipo trovato nelle proteine).
peptisation, peptizzazione *f.*
peptising, peptizzazione *f.*
peptone, peptone *m.*

per capita calorie intake, ingestione di calorie pro-capite.
— **cent,** per cento.
— **cent ripple,** ondulazione (*f.*) percentuale.
peracetic acid (*chim.*), acido peracetico.
perambulator (*agrim.*), odometro *m.* (per misura di distanze).
percarbonate, percarbonato *m.*
— **of soda** (*chim.*), percarbonato (*m.*) di soda.
percentage, percentuale *f.*; tenore *m.*; titolo *m.*; contenuto *m.*
— **modulation,** grado di modulazione (*radio*); tasso (o) percentuale di modulazione.
— **of water,** tenore (*m.*) in acqua.
perch, pertica *f.* (= 25,293 m²); canna (*f.*) di misura; (*agrim.*), vedi: **rod,** misura = 16,5 feet.
perching (*tess.*), esame del tessuto dopo la tessitura.
perchlorate (*chim.*), perclorato *m.*
perchloric acid, acido (*m.*) perclorico, $HClO_4$.
perchloride (*chim.*), percloruro *m.*
perchromic acid (*chim.*), acido (*m.*) percromico.
percolate, *v.i.* e *v.a.*, filtrare *v.a.*; percolare *v.a.*; percolato *m.* (prodotto della percolazione).
percolating filter (*ing. sanitaria*), letto filtrante.
percolation, filtrazione *f.* (di liquidi); percolazione *f.*
percolator (electric —), caffettiera (elettrica).
percussion, percussione *f.*
— **drill** (*min.*), perforatrice (*f.*) a percussione.
— **drilling** (*min.* sondaggio (*m.*) a percussione.).
— **fuse,** spoletta (*f.*) a percussione.
— **hammer** (*med.*), martello da percussione (plessimetro).
— **pistol** (*armi*), pistola (*f.*) a percussione.
— **press** (*mecc.*), pressa (*f.*) a percussione.
percussive drilling (*ind. pet.*), trivellazione (*f.*) a percussione.
perfect, *v.a.* perfezionare; *agg.* perfetto.
— **diffuser,** diffusore (*m.*) perfetto.
— **gas,** gas (*m.*) perfetto.
— **up** (*stampa*), stampare il 2° lato di un foglio di carta: stampare in volta.
perfecting (*tip.*), stampa in volta; messa (*f.*) a punto (*di apparecchi, ecc.*).
— **engine** (*fabb. carte*), depuratore *m.*
— **press** (*tip.*), macchina da stampa a ritirazione.
perfection, perfezione *f.*
perforate (to —), *v.a.* perforare.
perforated (*mecc.*), forato; perforato *p.p.*
— **brick,** mattone (*m.*) forato.
— **flap** (*aereo*), aletta (*f.*) zap; freno aerodinamico.
— **liner** (*petrol.*), liner (*m.*) finestrato.
— **metals,** metalli perforati.
— **plate,** lamiera (*f.*) perforata; lamiera (*f.*) forata.
— **sheet iron,** lamiera (*f.*) perforata; lamiera (*f.*) forata.
perforating machine (*tip.*), perforatrice *f.*
— **rule** (*tip.*), filetto per perforare.
perforation corrosion (*met.*), corrosione perforante.
perform (to —), *v.a.* produrre; eseguire; costruire.
performance, funzionamento *m.*; risultato *m.*; qualità caratteristiche di volo (*aereo*); qualità aerodinamiche (*aereo*); (*mecc.*) (*elet.*, *ecc.*), prestazione *f.* (*di un apparecchio, ecc.*).
— **comparison** (*aereo*), confronto (*m.*) caratteristiche.
— **of a fan,** portata (*f.*) di un ventilatore.
— **test,** prova (*f.*) di funzionamento.
— **testing** (*aereo*), prova (*f.*) di rendimento.
pericynthion (*astr.*), pericinzio *m.* (punto più vicino alla luna, di un oggetto in orbita lunare,

lanciato da un altro corpo celeste).
periglacial *agg.*, periglaciale.
perikol (*chim.*), perikol (prodotto per lastre fotog.).
perilla oil, olio (*m.*) di perilla.
perimeter, perimetro *m.*
period (*fis. atom.*), **periodo** *m.*
— **converter, trasformatore** (*m.*) **di periodo.**
— **meter** (*fis. atom.*), misuratore (*m.*) di periodo.
— **of decay** (*fis. atom.*), **periodo** (*m.*) **di disintegrazione.**
periodate (*chim.*), periodato *m.*
periodic, *agg.* periodico.
— **acid** (*chim.*), acido (*m.*) periodico.
— **antenna** (*radio*), antenna (*f.*) periodica.
— **e.m.f.,** f.e.m. periodica.
— **function** (*mat.*), funzione (*f.*) periodica.
— **gas-lift** (*petrolio*), « gas-lift » periodico.
— **quantity** (*mat.*), quantità (*o* grandezza) periodica.
— **system** (*chim.*), sistema (*m.*) periodico.
periodical movement, movimento periodico.
periodicity, periodicità *f.*
periodogram, diagramma dei periodi.
periodure (*chim.*), perioduro *m.*
peripheral, *agg.* e *nome* (*calcol. elettron.*), periferico *agg.* e *nome*; periferica *n. f.* (unità periferica di un sistema di elaborazione, collegata all'unità centrale).
— **computer** (*elettron.*), calcolatore (elettronico) satellite.
— **device** (*elettron.*), organo periferico; apparecchio (*o* elemento) periferico.
— **equipment** (*elettron.*), materiale periferico; apparecchiatura periferica; periferiche *f. pl.*
— **jet vehicle,** veicolo getto sostentato.
— **speed,** velocità (*f.*) periferica.
— **transfer** (*inform.*), trasferimento fra periferiche.
— **unit** (*calcol. elettron.*), unità periferica.
— **vision** (*ott.*) (*auto*), visione (*f.*) periferica.
periphery, periferia *f.*
periphs (*elettron.*), *pl.* di **peripheral.**
periscope, periscopio *m.*
— **eye** (*telev.*), occhio periscopico (dispositivo applicato sulle camere televisive per permetterne il campo visivo, sopra ostacoli).
perishing (*vernici*), sbriciolamento.
peristaltic induction, induzione (*f.*) peristaltica.
peristaltics (*med. chim.*), prodotti peristaltici.
peritectic, *agg.* (*met.*), peritettico.
perlite (*met.*), perlite *f.*
perlitic iron casting, getto in ghisa perlitica.
perm (*mis., rocce*), perm (**unità di** permeabilità) [permeabilità di mezzo poroso di 1 cm^2 di superf., che lascia passare 1 cm^3 al 1″ di un fluido, di viscosità di 1 poise].
Permali, Permali (compensato di faggio impregnato di Bakelite).
Permalloy, Permalloy (lega con alta permeabilità magnetica).
permanence, permanenza *f.*
permanency (*vernici*), stabilità del colore.
permanent, *agg.* permanente.
— **deformation,** deformazione (*f.*) permanente.
— **disposal** (*fis. atom.*), **eliminazione permanente** (*o* **definitiva**) **delle scorie radioattive.**
— **echo** (*radar*), eco (*m.*) permanente.
— **finish** (*tess.*), finissaggio (*m.*) permanente.
— **load** (*cost.*), carico (*m.*) permanente.
— **magnet,** calamita (*f.*) permanente; magnete (*m.*) permanente.
— **-magnet chuck** (*tornio, ecc.*), piattaforma magnetica permanente.

permanent-magnet dynamic loudspeaker, altoparlante (*m.*) elettrodinamico a magnete permanente.
— **-magnet instrument,** strumento (*m.*) a magnete permanente.
— **magnetism,** magnetismo (*m.*) permanente.
— **memory** (*elettron.*), memoria (*f.*) permanente.
— **mould casting** (*met.*), colata in forme permanenti.
— **molds,** forme permanenti.
— **repository** (*for nuclear waste*), deposito (cimitero) permanente (per rifiuti nucleari).
— **way** (*ferr.*), armamento *m.* permanente di binario (*ballast, traversine e rotaie*).
— **weight,** peso (*m.*) permanente.
— **white,** bianco (*m.*) fisso.
permanganate, permanganato *m.*
permanganic acid, acido (*m.*) permanganico.
Permatron (*elet.*), Permatron *m.*
permeability, permeabilità *f.*
— **bridge** (*elet.*), ponte (*m.*) magnetico; permeametro *m.*
— **tuning** (*radio*), sintonizzazione (*f.*) magnetica (ottenuta variando il valore dell'induttanza, in un circuito in risonanza mediante un nucleo di ferro mobile).
permeable, *agg.* permeabile.
permeameter (*elet.*), permeametro *m.*
permeance (*elet.*), permeanza *f.*
permeate (to —), permeare *v.a.*; attraversare *v.a.*; penetrare *v.a.*; impregnare (*v.a.*) di.
permeation, penetrazione *f.*; impregnazione *f.*
permettivity (*radio*), permettività *f.*
Perminvar (*met.*), Perminvar (lega nichel-cobalto-ferro).
permissible, *agg.* ammissibile.
— **contamination** (*fis. atom.*), contaminazione (*f.*) permessa.
— **discharge** (*fis. atom.*), scarica (*f.*) ammissibile.
— **dose** (*fis. atom.*), dose (*f.*) ammissibile (*o* permessa).
permissible exposure (*fis. atom.*), irradiazione (*f.*) ammissibile (*o* permessa).
— **orbit** (*fis. atom.*), orbita (*f.*) permessa.
— **stress,** sollecitazione (*f.*) ammissibile.
— **tolerance,** tolleranza (*f.*) di lavorazione.
— **tolerance dose** (*fis. atom.*), dose (*f.*) di tolleranza permessa.
permit, permesso *m.*
— **(to —),** *v.i.* permettere *v.a.*
permittance (*elet.*), capacitanza *f.*
permitteds (*min.*), v. **permitted explosives.**
permittee (*leg.*), concessionario *m.* (di una zona di sfruttam. min. o petrolifero).
permittivity (*elet.*), potere (*m.*) indicatore specifico; costante dielettrica; permittività *f.*
Permoglaze (*pitt.*), Permoglaze (liquido brevettato che applicato su muri produce uno smalto trasparente).
permutate (to —), *v.a.* permutare.
permutation (*mat.*), permutazione *f.*
permutator (*elet.*), permutatore *m.*
peroxidase, perossidasi *f.*
peroxide (*chim.*), perossido *m.*
perpendicular, perpendicolare *agg.*; a piombo *avv.*
perpendicularly, a piombo *avv.*
perpetual motion, moto (*m.*) perpetuo.
perphosphate (*chim.*), perfosfato *m.*
persistence (of vision) (*ott.*), persistenza *f.* (dell'immagine).
personal business system (*inform.*), sistema gestionale personale.
— **computer** (*elettron.*), elaboratore elettronico (poco dissimile da un minicalcolatore) preferito da privati o piccole aziende per il suo prezzo favorevole ed usato per affari privati, studio, ecc.: « calcolatore personale ».
— **computing** (*elettron.*), elaborazione elettronica usata in affari privati a casa propria o in

piccole aziende, con un elaboratore « personal ».
personal effects (*gen.*), effetti (*m. pl.*), personali.
— **weigher,** bilancia pesa persone.
personalization, personalizzazione *f.*
personalize *v.a.*, personalizzare.
personnel carrier (*min.*) (U.S.A.), v. **manrider.**
— **file** (*inform.*), archivio del personale.
— **officer** (*amministr.*), capo (*m.*) del personale.
perspective, prospettico *agg.*; prospettiva *f.*
— **drawing,** disegno (*m.*) in prospettiva.
— **section,** sezione in prospettiva.
Perspex, materiale plastico inglese.
— **windscreen** (*aereo*), capottina anteriore in Perspex.
perspiration test (*tess.*), prova (*f.*) di traspirazione.
persulfate (*chim.*) (U.S.A.), persolfato *m.*
persulphate (*chim.*), persolfato *m.*
persulphide (*chim.*), persolfuro *m.*
perturbation (*astron.*), perturbazione *f.*
Peruvian bark, corteccia di china.
pest-discouraging lamp (*elet.*), lampada (*f.*) anti-insetti.
pesticide (*chim.*), insetticida (*m.*) per ingestione.
pestle, pestello *m.* (da mortaio).
— *v.a.* pestare (con pestello).
pet (*forma contratta*), petrolio *m.*
— **box** (*aereo*) (*slang*) (U.S.A.), serbatoio (*m.*) della benzina.
petrail (*costr.*), trave maestra.
petrochemical air pollution, inquinamento atmosferico causato da prodotti petrolchimici.
— **installation,** impianto petrolchimico.
— **plant** (*petrol.*), stabilimento (*m.*) petrolchimico.
— **smog,** inquinamento atmosferico da prodotti petroliferi.
— **works** (*petrol.*), stabilimento (*m.*) petrolchimico.
petrochemicals, prodotti petrolchimici.
petrochemistry, petrolchimica *f.*
petro-flex (*motoc.*), tubo (*m.*) flessibile.
Petrograd Standard, unità (*f.*) di misura del legname (equivalente a 165 piedi cubici).
petrographic, *agg.* petrografico.
— **map** (*geol.*), carta petrografica.
— **province** (*geol.*), provincia petrografica (area di rocce eruttive aventi fra loro una particolare affinità).
— **thin section** (*studi al microscopio*), sezione sottile petrografica; (preparato petrografico); (campione petrografico).
petroil, miscela (*f.*) benzina-olio.
petrol, benzina *f.*; v. **lead-freed —**; v. **leaded —.**
— **bus,** autobus (*m.*) a benzina.
— **carburettor,** carburatore (*m.*) di benzina.
— **coupon,** buono di benzina.
— **-driven mixer,** impastatrice (*f.*) a benzina.
— **-driven model** (*aereo*), motomodello *m.* (con motore a scoppio).
— **-driven water-plane** (*aereo*), idromodello (*m.*) a scoppio.
— **engine,** motore (*m.*) a benzina.
— **engined flapper** (*aereo*), motomodello (*m.*) ad ali battenti.
— **hydrometer,** densimetro *m.*
— **model** (*aereo*), motomodello *m.* (con motore a scoppio).
— **plane kit** (*aereo*), motomodello *m.*
— **-powered flying boat** (*aereo*), idromodello *m.* (a scoppio).
— **pump attendant** *m.*, benzinaio *m.* (addetto ad un distributore di benzina).
— **storage container,** cisterna (*f.*) per benzina.
— **supply,** scorta (*f.*) di carburante.
— **supply lorry,** autocisterna *f.*
— **tank** (*auto*), serbatoio (*m.*) di benzina.
— **tanker** (*ferr.*), carro cisterna (per gas di petrolio liquefatto, ecc.).

petrol tube, tubo (*m.*) d'introduzione della benzina.
— **vapour,** vapore (*m.*) di benzina.
— **(regular grade —),** benzina normale.
petrolatum, petrolatum; vaselina.
petrolene (*chim.*), petrolene *m.*
petroleum, petrolio *m.*
— **accumulation** (*geol.*), accumulo di petrolio.
— **additive** (*chim.*), additivo per petrolio.
— **asphalt,** asfalto (*m.*) di petrolio.
— **-bearing,** petrolifero *agg.*
— **bitumen,** bitume (*m.*) di petrolio.
— **black,** (*vernici, ecc.*), nero (*m.*) di petrolio.
— **bloom,** fluorescenza (*o* iridescenza) superficiale di idrocarburi petroliferi.
— **butter,** petrolatum.
— **car,** vagone cisterna per trasporto di petrolio.
— **coke,** coke di petrolio.
— **company,** impresa (*f.*) petrolifera.
— **cracking catalyst,** catalizzatore per « cracking » di petrolio.
— **crude,** petrolio grezzo.
— **cut,** frazione di petrolio.
— **distillate,** prodotto (*m.*) della distillazione del petrolio.
— **distilling apparatus,** apparecchio (*m.*) per distillare il petrolio.
— **-engine,** motore (*m.*) a petrolio.
— **ether,** etere (*m.*) di petrolio.
— **-field,** campo (*m.*) petrolifero; regione (*f.*) petrolifera.
— **fraction,** frazione (*f.*) di petrolio.
— **gas,** gas (*m.*) di petrolio.
— **industry,** industria (*f.*) petrolifera.
— **jelly,** gelatina di petrolio.
— **legislation,** legislazione petrolifera.
— **-mining,** sfruttamento (*m.*) di pozzi *o* giacimenti di petrolio.
— **naphtha,** nafta (*f.*) di petrolio.
petroleum pitch, asfalto di petrolio.
— **product,** prodotto (*m.*) del petrolio.
— **production,** produzione (*f.*) petrolifera (*di un pozzo, in barili per 24 ore*).
— **products,** prodotti petroliferi.
— **refinery,** raffineria (*f.*) di petrolio.
— **sedimentologist** (*petrol.*), tecnico esperto nella sedimentologia petrolifera.
— **spirit,** essenza (*f.*) di petrolio.
— **tailings,** residui di distillazione di petrolio grezzo.
— **tank,** serbatoio (*m.*) per petrolio.
— **thinner** (*vernici*), diluente (*m.*) petrolifero.
— **waxes** (*ind. chim.*), paraffine (*f. pl.*).
— **well,** pozzo (*m.*) di petrolio.
petroliferous, *agg.* petrolifero.
petrology (*geol.*), petrologia *f.*
petticoat (*elet.*), campana *f.* (di isolatore).
— **insulator** (*elet.*), isolatore (*m.*) a campana.
pewter, peltro *m.*
pH indicator (*chim.*), carta indicatrice del pH.
— **meter** (*tess. elettron.*), misuratore della concentrazione di ioni d'idrogeno; (*chim., ecc.*), piaccametro *m.*
— **-value** (*chim.*), valore pH.
phaeton (*auto*), automobile (*f.*) aperta.
phanotron, fanotron *m.*
— **rectifier,** raddrizzatore (*m.*) fanotron.
phantom circuit (*telef.*), circuito (*m.*) combinato (*o* fantasma); (*tel.*), circuito (*m.*) virtuale.
— **material** (*radiazioni*), fantoccio (materiale fantoccio che simula le reazioni di esposizione ad una radiazione).
pharmaceutic(al), *agg.* farmaceutico.
pharmaceuticals, prodotti farmaceutici.

pharmaceutics (*med.*), farmaceutica *f.*
pharmacodynamics (*med.*), farmacodinamica *f.*
pharmacognosy (*med.*), farmacognosia *f.*
pharmacolite (*min.*), farmacolite *f.*
pharmacology (*med.*), farmacologia *f.*
pharmacopoeia (*med.*), farmacopèa *f.*
pharmacopolist, farmacòpola *m.*
pharmacosiderite (*min.*), farmacosiderite *f.*
pharmacy (*med.*), farmacia *f.*
phase, fase *f.*
— **advancer** (*elet.*), trasformatore (*m.*) di fase.
— **angle,** angolo (*m.*) di fase.
— **-angle meter** (*elet.*), apparecchio per la misura dell'angolo di fase.
— **bunching** (*fis. atom.*), raggruppamento (*m.*) in fase.
— **changer** (*or* **converter**) (*elet.*), convertitore (*m.*) di fase.
— **coincidence** (*elet.*), concordanza (*f.*) di fase.
— **compensation** (*elet.*), compensazione (*f.*) di fase.
— **constant** (*elet.*), costante di lunghezza d'onda.
— **correction** (*elet.*), compensazione (*f.*) di fase.
— **delay** (*elet.*), decalaggio (*m.*) di fase.
— **diagram** (*fis. atom.*, *met.*), diagramma (*m.*) di fase.
— **difference,** differenza (*f.*) di fase (*elet.*); sfasamento *m.*
— **distortion** (*elet.*), distorsione (*f.*) di fase.
— **equalizer** (*elet.*), livellatore *m.*; compensatore (*m.*) di fase.
— **equilibria,** equilibri (*m. pl.*) di fase.
— **in (to —),** mettere in esercizio progressivamente (un computer, ecc.).
— **indicator** (*elet.*), indicatore (*m.*) di spostamento di fase.
— **inequality,** ineguaglianza (*f.*) di fase.
phase lag (*elet.*), ritardo (*m.*) di fase.
— **meter** (*elet.*), fasometro *m.*; cosfimetro *m.*
— **modulation** (*radio*), modulazione (*f.*) di fase.
— **inverter** (*elet.*), valvola elettronica invertitrice di fase.
— **out (to —) a computer,** ritirare un calcolatore, per sostituirlo via via con altri più moderni.
— *v.a.* **over time,** scaglionare nel tempo.
— **quadrature** (*telev.*), quadratura (*f.*) di fase.
— **reaction** (*chim.*), reazione di (in) fase.
— **rotation** (*elet.*), rotazione (*f.*) di fase.
— **sequence** (*elet.*), successione (*f.*) di fasi.
— **shift** (*elet.*), decalaggio (*m.*) di fase.
— **shift distortion meter** (*radio*) (*elet.*), misuratore della distorsione di fase.
— **shifting** (*elet.*), spostamento di fase.
— **-splitter** (*telecom.*), sfasatore multiplo.
— **splitting** (*elet.*), divisione (*f.*) di fase.
— **-splitting circuit** (*telecom.*), sfasatore multiplo.
— **swinging** (*elet.*) (*telev.*), oscillazione di fase (*telev.*); variazione di fase (*elet.*).
— **velocity** (*radio*), velocità di fase.
— **voltage** (*elet.*), tensione (*f.*) di fase.
— **voltage difference indicator** (*elet.*), comparatore di tensione *m.*
— **voltmeter,** voltmetro (*m.*) fasometro.
phased (to be —) (*cinem.*), essere pronte per una ripresa cinem. (rif. a macchine).
phasemeter (*elet.*), fasometro *m.*
phasing (*elet.*), messa in fase; (*telev.*), rifasamento *m.*; messa in fase.
phasotron (*fis. atom.*), fasotrone *m.*

phenacetin(e), (*farmacia*) fenacetina *f.*
phenakite (*min.*), fenachite *f.* (ortosilicato di berillo).
phenanthrene (*chim.*), fenantrene *m.*, $C_{14}H_{10}$.
phenate (*chim.*), fenato *m.*
phenazine (*chim.*), fenazina *f.*
phenetole (*chim.*), fenetolo *m.*
phenic acid (*chim.*), acido (*m.*) fenico.
phenol (*chim.*), fenolo *m.*
phenolate (*chim.*), fenolato *m.*
phenolformaldehyde resin, resina fenolformaldeidica.
phenolic (resin), resina (*f.*) fenolica *f.*
— **thermo-setting resins,** resine fenoliche termoindurenti.
Phenolin, materiale plastico brevettato.
phenolphthalein (*chim.*), fenolftaleina *f.*
phenomenon, phenomena, *pl.*, fenomeno *m.*; fenomeni *m. pl.*
phenyl (pr. *fe'*— (o) *fi'*—) (*chim.*), fenile *m.*
— **acridine** (*chim.*), fenilacridina *f.*
— **mercury acetate** (*chim.*), acetato di fenilmercurio.
phenylacetic aldehyde (*chim.*), aldeide (*f.*) fenilacetica.
phenylate (*chim.*), fenilato *m.*
phenylene (*chim.*), fenilene *m.*
phenylhydrazine (*chim.*), fenilidrazina *f.*
phial (*med.*), fiala *f.*
Phillip's entry (*aereo*), modificazione sul bordo d'entrata per ridurre la turbolenza, ecc.
Phillips countersunk head (*mecc.*), testa (di vite) svasata piana con taglio a croce.
— **recessed head** (*viti*), testa di vite con intaglio a croce.
phlegms (*chim.*), flegmi *m. pl.* (derivati dalla distillazione di vari tipi di alcoli); spiriti greggi.
Phobos (*astr.*), luna di Marte.
phon (*acust.*), phon *m.*
phone, fonia *f.*; telefono *m.*
— **number** (*telef.*), numero (*m.*) telefonico.
phonemes (*basic units of sound of a language*), fonemi *m. pl.*
phonendoscope (*med.*), fonendoscòpio *m.*
phones, cuffie *f. pl.*
phonetic(al), fonetico *agg.*
phonic drum (*elet.*), ruota (*f.*) fonica.
— **motor** (*elet.*), motore alimentato a frequenza fonica
— **wheel** (*elet.*), ruota (*f.*) fonica.
phonmeter, fonometro *m.*
phono cartridge (*audio*), testina fonografica; « pick-up ».
— **input** (*audio*), ingresso phono.
phonocardiogram (*med.*), fonocardiogramma *m.*
phonochemistry, fonochimica *f.*
phonogram (*telef.*), fonogramma *m.*
phonograph (U.S.A.), grammofono *m.*
— **pick up,** presa (*f.*) per riproduzione fonografica.
phonolite (*min.*), fonolite *f.*
phonometer, fonometro *m.*
phonophore, fonoforo *m.*
phonoscope, fonoscopio *m.*
phonovision (*telev.*), fonovisione *f.*
phosgene (*chim.*), fosgene *m.*
phoshate, *v.a.* (*met.*), fosfatizzare; ricoprire di uno strato di fosfato.
phosphate (*chim.*), fosfato *m.*
— **coating** (*ind.*), rivestimento fosfatico.
— **rock,** fosforite *f.*
phosphated steel surface (*met.*), superficie di acciaio fosfatato.
phosphatic, *agg.* fosfatico.
— **fertilizers,** fosfati *m. pl.* (*concimi*); concimi (*m. pl.*) fosfatici.
phosphatide (*chim.*), fosfatide *m.*
phosphating, *agg.*, (di) fosfatizzazione.
phosphatizing (*met.*), fosfatizzazione *f.*
phosphide (*chim.*), fosfuro *m.*
— **streak** (*met.*), banda (di segregazione) di fosfuri.
phosphine (*chim.*), fosfina *f.*
phosphite (*chim.*), fosfito *m.*

phosphonium (*chim.*), fosfonio *m.*
— **chloride** (*chim.*), cloruro di fosfonio.
phosphor (*chim.*), fosforo *m.*
— **bronze,** bronzo (*m.*) fosforoso.
— **steel** (*met.*), acciaio al fosforo.
— **-strip tricolour tube** (*telev.*), cinescopio tricromatico a strisce.
— **tin** (*met.*), stagno fosforoso.
phosphorescence, fosforescenza *f.*
phosphorescent, *agg.* fosforescente.
— **coating** (*met. ecc.*), rivestimento (*m.*) fosforescente.
phosphoric, *agg.* fosforico.
— **acid,** acido (*m.*) fosforico.
— **bronze,** metallo (*m.*) fosforato.
— **pig iron** (*met.*), ghisa (*f.*) fosforosa.
phosphorite (*min.*), fosforite *f.*
phosphorizer, caricatore *m.* (per cariche di fosforo).
phosphorous, *agg.* fosforoso.
— **charger,** caricatore *m.* (per cariche di fosforo).
— **pentoxide** (*chim.*), anidride (*f.*) fosforica.
phosphorus (*chim.* = P), fosforo *m.* (*elemento chimico*).
phosphuranylite (*fis. atom.*), fosfuranilite *f.*
phot, phot *m.*
photo, fotografia *f.* (abbreviazione).
— **-audio generator** (*acust.*), generatore foto-acustico.
— **-catalysis** (*chim.*), fotocatalisi.
— **-cathode,** fotocàtodo *m.*
— **-cell,** fotocellula.
— **-chemical cell,** cella (*f.*) fotoelettrolitica.
— **-composition** (*stampa*), fotocomposizione *f.*
— **-conductivity,** fotoconduttività *f.*
— **-counter,** contatore elettronico.
— **-elasticity,** (*ing.*), fotoelasticità *f.*
— **-electric,** v. anche **photoelectric.**
— **-electric cell,** cella (*f.*) fotoelettrica.
— **-electric cell amplifier,** amplificatore (*m.*) per cella fotoelettrica.
photo-electric effect, effetto fotoelettrico.
— **-electric exposure meter** (*fot.*), fotòmetro *m.*
— **-electric pyrometer,** pirometro (*m.*) a cella fotoelettrica.
— **-electric scleroscope,** scleroscopio (*m.*) fotoelettrico.
— **-electric sensitivity** (*or* **yield**), sensibilità (*f.*) fotoelettrica.
— **-electric tube** (U.S.A.), valvola (*f.*) fotoelettrica.
— **-electric valve,** valvola (*f.*) fotoelettrica.
— **-electrometer** (*med.*), fotoelettrometro *m.*
— **-electromotive force,** forza elettromotrice di cella fotoelettrica.
— **-electrons,** fotoelettroni *m. pl.*
— **-emission,** fotoemissione *f.*; emissione (*f.*) fotoelettrica.
— **-emissive cell,** cella (*f.*) fotoemittente.
— **-engraving,** fotoincisione *f.*
— **-etching process,** processo di fotoincisione.
— **-finish,** arrivo contestato, determinato solo con fotografia.
— **-luminescence,** fotoluminescenza *f.*
— **-magneto-electric effect,** effetto (*m.*) fotomagnetoelettrico.
— **-polymer** (*stampa*), fotopolimero *m.*
— **-process** (*biochimica*), fotoprocesso.
— **radiogram,** foto-radiogramma *m.*
— **-retouching,** ritoccatura *f.*
— **-sensitive,** *agg.* fotosensibile.
— **-sensitivity,** fotosensibilità *f.*
— **-slubber** (*elettroni tess.*), misuratore (*m.*) elettronico dell'irregolarità del filato.
— **-telegraphy,** fototelegrafia *f.*
— **-theodolite** (*agrim.*), fototeodolite *m.*
— **-therapy** (*med.*), fototerapia *f.*
— **-timer,** contapose (*m.*) fotoelettrico.
— **-voltaic cell,** cella (*f.*) fotoelettrolitica.
photobiology, fotobiologia *f.*

photocell (*elet.*), fotocellula *f.*
— **exciter and recorder,** lampada (*f.*) per eccitazione delle celle fotoelettriche (film sonori).
photochemical enrichment (*fis. atom.*), arricchimento (*m.*) fotochimico.
photochemistry, fotochimica *f.*
photochromatic lens (*ott.*), lente fotocromatica.
photochronograph, fotocronografo *m.*
photochromy, fotocromia *f.*
photocomposer (*tip.*), fotocompositrice *f.*
photocomposing machine (*tip.*), fotocompositrice *f.*
photocomposition (*tip.*), fotocomposizione *f.*
photocopy, fotocopia *f.*
— **(to —),** fotocopiare *v.a.*
photodiode, fotodiodo *m.*
photodisplay (*tip.*), (foto compositrice) fototitolatrice della Harris Intertype.
photodissociation (*chim.*), fotodissociazione *f.*
photoelastic, fotoelastico *agg.*
— **analysis of plates** (*met.*), analisi (*f.*) fotoelastica delle lamiere.
photoelectric (U.S.A.), *agg.* fotoelettrico.
— **absorption** (*fis. atom.*), assorbimento (*m.*) fotoelettrico.
— **alarm** (*elettron.*), allarme fotoelettrico.
— **cell,** cella (*f.*) fotoelettrica.
— **control,** comando (*f.*) fotoelettrico.
— **current,** corrente (*f.*) fotoelettrica.
— **device,** dispositivo (*m.*) fotoelettrico.
— **emission** (*fis. atom.*), emissione fotoelettronica; fotoemissione *f.*; effetto fotoelettrico esterno.
— **equation** (*elettron.*), equazione (*f.*) fotoelettrica.
— **photometer,** fotometro (*m.*) fotoelettrico.
— **recorder,** registratore (*m.*) fotoelettrico.
photoelectric register control, relais (*m.*) fotoelettrico di comando.
— **relay,** relais (*m.*) fotoelettrico.
— **semiconductor,** semiconduttore fotoelettrico.
— **tape reader** (*controllo numerico*) (*macch. ut.*), lettore fotoelettrico.
— **threshold** (*fis. atom.*), soglia (*f.*) fotoelettrica.
photoelectricity, fotoelettricità *f.*
photoelectron (*fis. atom.*), fotoelettrone *m.*
— **diffraction** (*elettron.*), diffrazione (*f.*) fotoelettronica.
photoelectronics, fotoelettronica *f.*
photoemissive cell (*elet.*) (U.S.A.), cella (*f.*) fotoemittrice.
photofission (*fis. atom.*), fotofissione *f.*
— **threshold** (*fis. atom.*), soglia (*f.*) di fotofissione.
photofluorography (*radiol.*), fotofluorografia *f.*
photofluoroscope (*radiol.*), foto fluoroscopio *m.*
photogen (*chim.*), fotogeno *m.*
photogeology (*prospezioni minerarie*), fotogeologia *f.*
photogoniometer, fotogoniometro *m.*
photogram (*med.*) (*cinem.*), fotogramma *m.*
photogrammetry (*agrim.*), fotogrammetria *f.*
photograph, *n.*, fotografia *f.*
— *v.a.* fotografare.
photographer, fotografo *m.*
photographic developer, materiale (*m.*) per sviluppo fotografico.
— **film badge** (*fis. atom.*), targhetta con pellicola fotografica.
— **reconnaissance aircraft** (*aereo*), ricognitore fotografico.
photography fotografia *f.*
photogravure, fotoincisione *f.*; rotocalco *m.*
— **printer** (*tip.*), macchinista rotocalco.
photoheliograph, fotoeliografo *m.*
photoheliometer (*astron.*), fotoeliometro *m.*

photoionization (*fis. atom.*), fotoionizzazione *f.*
photolitography, fotolitografia *f.*
photolysis (*chim.*), fotolisi *f.*
photomacrography (*fis.*) (*fot.*), fotomacrografia *f.*
photomagnetism, fotomagnetismo *m.*
photomeson (*fis. atom.*), fotomesone *m.*
photometer (*illum.*), fotometro *m.*
— **bench,** banco (*m.*) fotometrico.
photometric, *agg.* fotometrico.
— **analysis** (*met.*), analisi (*f.*) fotometrica.
— **type pyrometer** (*ottico*), pirometro (*m.*) fotometrico.
photometry, fotometria *f.*
photomicrograph (U.S.A.), microfotografia *f.*
photomicrography, microfotografia.
photomontage (*fot.*), fotomontaggio *m.*
photomultiplier (*fis. atom.*), fotomoltiplicatore *m.*
— **counter** (*fis. atom.*), scintillometro *m.*; contatore a scintillazione.
— **tube** (*fis. atom.*), fotomoltiplicatore *m.*
photomural, fotomurale *f.*
photon (*fis.*), fotone *m.*
— **bombardment** (*fis. atom.*), bombardamento con fotoni.
— **engine** (*missili, razzi*), motore a fotoni.
photoneutron (*fis. atom.*), fotoneutrone *m.*
— **effect** (*fis. atom.*), effetto (*m.*) fotoneutronico.
— **emission** (*fis. atom.*), emissione (*f.*) fotoneutronica.
— **source** (*fis. atom.*), sorgente (*f.*) fotoneutronica.
photonuclear reaction (*fis. atom.*), reazione (*f.*) fotonucleare.
— **threshold** (*fis. atom.*), soglia (*f.*) fotonucleare.
photophone, fotofono *m.*
photophoresis (*chim.*), fotoforesi *f.*
photophthalmia (*med.*), fotoftalmia *f.* (disturbi alla vista dovuti ad eccesso di luce).
photoplay (*cinem.*) (U.S.A.), rappresentazione di opera cinematografica; opera (*commedia, dramma*) cinematografica.
photopolarimeter, fotopolarimetro *m.* (analizza la polarizzazione della luce riflessa dagli oggetti).
photoproduct (*biochimica*), fotoprodotto *m.*
photoproduction (*fis. atom.*), fotoproduzione *f.*
— **cross section** (*fis. atom.*), sezione d'urto di fotoproduzione.
photoproton (*fis. atom.*), fotoprotone *m.*
photoradio transmission, radiofototelegrafia *f.*
photosculpture, fotoscultura *f.*
photosensitive, *agg.*, sensibile all'azione della luce.
photosensor (*inform.*), sensore fotoelettrico.
photosphere (*astron.*), fotosfera *f.*
photosynthesis (*fis.*), fotosintesi *f.*
phototelegram, fototelegramma *m.*
phototelegraphy, fototelegrafia *f.*
phototransistor (*elettron.*), fototransistore *m.*
phototropy (*chim.*), fototropia *f.*
phototube, fotocellula *f.*
phototypesetter (*tip.*), fotocompositrice *f.*
phototypesetting (*tip.*), fotocomposizione *f*; v. **computer-controlled laser — system.**
phototypy, fototipia *f.*
photovoltaic *agg.*, fotovoltaico.
— **solar cell,** cella solare fotovoltaica.
photozincography, fotozincotipia *f.*
phreatic gases (*geol.*), gas freatici.
phrenicetomy (*med.*), frenicetomia *f.*
phrenicotomy (*med.*), frenicotomia *f.*
phthalic acid (*chim.*), acido (*m.*) ftalico.
phthalic anhydride (*chim.*), anidride (*f.*) ftalica.
phthalide (*chim.*), ftalide *f.*
phthalocyanine (*colouring matters*), ftalocianina *f.*

physical, *agg.* fisico.
— **acoustics** (*fis.*), acustica fisica.
— **atomic weight** (*fis. atom.*), peso (*m.*) atomico fisico.
— **chemistry,** chimica (*f.*) fisica.
— **laboratory,** laboratorio (*m.*) di fisica.
— **mass unit** (*fis. atom.*), unità (*f.*) di massa atomica.
— **metallurgist,** fisico-metallurgo *m.*
— **metallurgy** (*met.*), metallurgia (*f.*) fisica.
— **optics,** ottica (*f.*) fisica.
— **roentgen equivalent** (*fis. atom.*), equivalente (*m.*) in roentgen.
physician, medico *m.*
physicist, fisico *m.*
physics, fisica *f.*
physiological, *agg.* fisiologico.
physiologist, fisiologo *m.*
physiology, fisiologia *f.*
pi meson (*fis. atom.*), mesone pi; mesone π.
piano wire (*met.*), filo (*m.*) armonico.
piazza (*costruz.*), cortile chiuso in un edificio; colonnato; arcata.
pica (*tip.*), 12 punti (anglo-americani); corpo 12.
pick (*tess.*), trama *f.* (filo singolo della trama); (*tess.*), battuta (di trama).
— **(to —)** (*rif. ad inchiostro*) (*tip.*), strappare.
— **-and-pick** (*tess.*), trame di filato alternate di due colori diversi.
— **clock** (*tess.*), contabattute *m.*
— **counter** (*tess.*), contafili *m.*
— **glass** (*tess.*), contafili *m.*
— **lock,** grimaldello *m.* (*falsa chiave*).
— **mattock,** piccone *m.*
— **up** (*acust.*), fonorivelatore *m.* (più comunemente chiamato: testina); (*telev.*), dispositivo di presa (telecamera); fissazione *f.*; (*petrolio*), pinza di pescaggio; mezzo di misura di un foro di perforazione di un pozzo; « ripresa » (di un pozzo); (*auto*), tipo di autocarro commerciale cabinato, a basso pianale; incollatura; saldatura di parti metalliche per attrito; (di punta di elettrodo) (*sald.*), contaminazione *f.*; (*cambio auto*), ripresa *f.*
pick-up, *agg.* (*fis. atom.*), di rivelazione.
— **up,** *v.a.* prelevare (*un cristallo*); fissare; prendere (*la corrente*) (*elet.*); raggiungere una profondità di perforazione (a una quota x) (*petrolio*); sottoporre a riciclo un gas di un pozzo (*petrolio*); (*di gru*), riprendere; sollevare (p. es. di carrelli, ecc.); (*to — up from ground level a load*), sollevare dal suolo un carico; (*onde, ecc.*), captare segnali ecc.
— **up** (*aereo*), partire (*v.i.*); prendere la direzione.
— **up (to —) a car,** riprendere un'auto (dopo le riparazioni in garage).
— **-up truck** (U.S.A.), autocarro leggero.
— **-up tube** (*telev.*), tubo (*m.*) di presa.
— **up velocity** (*telev.*) (U.S.A.), velocità di esplorazione.
— **-up well** (*auto*), piccolo serbatoio di benzina (in qualche carburatore).
picker (*tess.*), lancianavetta *m.* (*tess.*), battitoio (*filatura*); (*tess.*), tacchetto *m.* (*telaio*).
picking (*tess.*), inserzione *f.* (della trama); raccolta (*del cotone*); (*tess.*), pulitura della stoffa con pinzetta; (*tess.*), lancio della navetta; (*filatura*), battitura *f.*
— **out,** eliminazione *f.*; prelevamento *m.*
— **up of speed (of the engine),** ripresa (del motore).
pickle (to —), *v.a.* decapare; soluzione (*f.*) acida di decapaggio.
— **alum,** solfato di Al. (specialm. per scatolame).
— **brittleness** (*met.*), fragilità (*f.*) da decapaggio.
— **liquor,** liquido di decapaggio

(bagno di decapaggio esausto, pronto per essere scartato).
pickle stain (*met.*), macchia di decapaggio (appannamento dovuto a decapaggio).
— **test,** prova (*f.*) di decapaggio.
pickled sheet (*met.*), **lamiera** (*f.*) decapata.
picklers' acid, acido (*m.*) per decapaggio.
pickling (*chim.*), decapaggio.
— **bath** (*met.*), bagno decapante.
— **brittleness** (*met.*), fragilità (*f.*) da decapaggio.
— **conveyor for castings,** trasportatore (*m.*) per getti di fonderia.
— **crack** (*met.*), cricca di decapaggio.
— **line,** linea di decapaggio (continuo).
— **machine** (*met.*), decapatrice *f.*
— **sludge** (*met.*), fango di decapaggio.
— **solution,** soluzione (*f.*) mordente.
— **tank** (*met.*), vasca di decapaggio.
— **technique** (*met.*), tecnica di decapaggio.
picklock (*tess.*), lana di qualità scelta.
pickup (U.S.A.), vedi: **pick-up.**
pico-farad (*elet.*), picofarad *m.*
picocurie (*radiaz.*), picocurie.
picoline (*chim.*), picolina *f.*
picosecond, picosecondo *m.* (*millesimo di un miliardo di secondo*).
picotite (*min.*), picotite *f.*
picrate (*chim.*), picrato *m.*
picric acid (*chim.*), acido (*m.*) picrico.
pictogram (*auto*) (*traffico*), segnale stradale a colori (o figure, ma senza parole) (p. es. per divieto di transito, ecc.).
pictorial radio, radio illustrazione.
picture (*telev.*) immagine *f.*; diagramma *m.*; descrizione *f.* (*senso generale*).
— **compression** (*telev.*), compressione dell'immagine.
— **control coil** (*telev.*), bobina (*f.*) di aggiustamento dell'immagine.
picture element (*or* **point**) (*telev.*), elemento (*m.*) d'immagine.
— **frequency** (*telev.*), frequenza (*f.*) d'immagine.
— **library** (*library for still video pictures*) (*video*), videoteca (per immagini video non in movimento, per es. ritratti, carte geografiche ecc.).
— **line standard** (*TV*), standard televisivo.
— **lock** (*telev.*), agganciamento dell'immagine.
— **monitor** (*telev.*), monitore (*m.*) televisivo.
— **output** (*telev.*) (U.S.A.), base dei tempi di analisi orizzontale dell'immagine.
— **ratio** (*telev.*), rapporto d'immagine.
— **receiver** (*telev.*), ricevitore di sole immagini.
— **signal** (*telev.*), segnale (*m.*) d'immagine.
— **story,** fotoracconto; fotoreportage.
— **synchronizing impulse** (*telev.*), segnale (*m.*) di sincronizzazione d'immagine.
— **telegraph apparatus,** apparecchio (*m.*) per trasmissione di immagini.
— **telegraphy** (*teleg.*), trasmissione (*f.*) d'immagini.
— **tube** (*telev.*), cinescopio; valvola (*f.*) per televisione.
picturephone, telefono con trasmissione dell'immagine; (*inform.*), terminale video a tastiera telefonica.
pictures (sound —) (*cinem.*), cinema sonoro.
pie (to —) (*tip.*), mescolare le lettere nella cassa accidentalmente.
— **-chart** (*geog. statistica*), grafico circolare; grafico a settori.
piece, pezzo *m.*
— **counter** (*mecc.*), contapezzi *m.*
— **dyed** (*tess.*), *p.p.* tinto in pezza.

piece dyeing (*tess.*), tintura (*f.*) in pezza.
— **goods** (*tess.*), tessuti (*m. pl.*) in pezza.
— **of furniture** (*tip.*), lingotto *m.*
— **of red-hot iron,** massello *m.*
— **wage,** salario (*m.*) a cottimo.
— **work,** lavoro (*m.*) a cottimo.
piecer (*tess.*), attacca bave *m.*
piecing (*tess.*), attacco del filo.
pier, molo *m.* (*naut.*); pilastro *m.*; pila *f.* (*cost. idr.*); stilata *f.* (*arch.*).
— **bond,** assestamento (*m.*) per pilastri.
— **foundations,** fondazioni (*f. pl.*) su pilastri.
pierce, *v.a.* perforare; forare (col punzone); bucare.
pierceable, *agg.* perforabile.
pierced bar (*fabb. tubi*), massello forato; forato.
— **cathode** (*radiol.*, *ecc.*), catodo (*m.*) forato.
piercer, punzone *m.*; (*met.*), laminatoio (*m.*) perforatore.
piercing, perforamento *m.*
— **dies** (*met.*), matrici per punzonare.
— **mill** (*met.*), laminatoio (*m.*) perforatore; (*met.*), laminatoio di tubi su mandrino.
— **saw,** sega (*f.*) da traforo (per metalli); gattuccio *m.*
piezo (pr. *pai-i-zo*), piezo.
piezochemistry, piezochimica *f.*
piezoelectric, *agg.* piezoelettrico.
— **crystal** (*radio*), cristallo (*m.*) piezoelettrico.
— **effect,** effetto (*m.*) piezo-elettrico.
— **loudspeaker** (*radio*), altoparlante a cristallo.
— **oscillator,** oscillatore (*m.*) piezo-elettrico.
— **(phono) cartridge** (*audio*), testina piezoelettrica; fonorivelatore piezoelettrico.
— **resonator** (*radio*), risonatore (*m.*) piezoelettrico.
piezoelectricity, piezoelettricità *f.*
piezomagnetic vibrator (*fis.*), vibratore (*m.*) piezomagnetico.
piezometer, piezometro *m.*
piezomicrophone (*acust.*), microfono (*m.*) a cristallo.
piezo-optic resonances in crystals (*fis. ott.*), risonanze piezo-ottiche nei cristalli.
piezoquartz, quarzo piezoelettrico.
« **pig** » (*gas*), v. **pipeline —**.
pig (*ghisa*), massello *m.*
— **(to —)** (*met.*), colare in pani.
— **bed** (*met.*), letto stampato per masselli; (*met.*), letto di colata.
— **-boat** (U.S.A.) (*slang*), sottomarino *m.*
— **-boiling,** puddellaggio (*m.*) caldo (*o* bollente).
— **breaker** (*met.*), spezzamasselli *m.*
— **iron,** ghisa (*f.*) di prima fusione; ghisa (*f.*) in pani; (*pubblicazioni*), copia seria e noiosa di un giornale.
— **iron expansion** (*met.*), rigonfiamento della ghisa (a seguito di riscaldi ripetuti).
— **iron granulator** (*met.*), granulatore ghisa.
— **iron ladle** (*met.*), siviera (*f.*) della ghisa.
— **iron mixer** (*met.*), mescolatore (*m.*) della ghisa.
— **iron stores,** magazzino (*m.*) di ferro greggio.
— **lead,** piombo (*m.*) in pani.
pigeon (to — hole) (*inform.*), classificare.
pigment (*colori*), pigmento *m.*
pigmented enamels (*chim.*), smalti pigmentati.
pigs, pani (*m. pl.*) di ghisa.
pigsty (*cost.*), porcile *m.*
pigtail (*elet.*), accoppiamento metallico flessibile (fra spazzola e portaspazzola); (*elet.*), spiralina *f.*
piker (*tess.*), tacca *f.*
pilaster strip (*arch.*), lesèna *f.*
pile, *n.*, palo *m.* (di fondazione); pila *f.* (*elet.*); pacchetto di ferro da puddellare (*met.*); pelo (*m.*) di velluto (*tess.*); pila *f.* (*tipog.*); (*min.*), cumulo (di minerale, *p. es.* di impianti di

omogeneizzazione); (*min.*, *metal.*), letto di omogeneizzazione; (*fis. atom.*), reattore.

pile delivery, piano d'uscita della pila.

— **driver,** battipalo *m.*

— **driving,** infissione (*f.*) di pali.

— **fabric** (*tess.*), tessuto a riccio.

— **foundations,** fondazioni (*f. pl.*) su pali; fondazioni su palificate di sostegno.

— **framing,** palificata *f.*

— **neutron** (*fis. atom.*), neutrone (*m.*) del reattore.

— **of material,** mucchio (*m.*) di materiale (sciolto).

— **operation** (*fis. atom.*), sfruttamento *m.*; utilizzazione (*f.*) di una pila.

— **planking,** assito (*m.*) ad incastro.

— **poisoning** (*fis. atom.*), avvelenamento (*m.*) del reattore.

— **reinforcement,** armatura (*f.*) di un palo.

— **shoe,** puntazza *f.*

— **strutting,** ancoraggio (*m.*) del palo.

— **trips** (*fis. atom.*), salti di potenza della pila.

— **yarn** (*tess.*), filato per tessuti a riccio.

— **(ore —)** (*min.*), cumulo di minerale.

piler bearing (*met.*), cuscinetto degli impilatori.

— **roller** (*met.*), rullo degli impilatori.

pilger roll (*met.*), cilindro per laminatoio pellegrino.

piling (*naut.*), paratia *f.*

— **device,** dispositivo per impilare.

— **hammer** (*fondazioni*), maglio (*m.*) per pali.

— **-up,** accatastamento *m.*

— **up time** (USA), tesoreggiare il tempo per prepararsi a un grado superiore di pilotaggio aereo.

— **(sheet —)** (*met.*), palancolata *f.*; (*the mill will turn out a full range of sheet piling*), lo stabilimento produrrà una serie completa di palancolate).

pillar, incastellatura *f.*; pilone *m.*; colonna *f.* (*costr.*); pilastro *m.* (di macch. utens.); colonna *f.* (di macch. utens.); (*auto*), montante *m.*

— **and stall work** (*min.*), coltivazione a camere e pilastri.

— **crane,** gru (*f.*) a colonna.

— **drawing** (*min.*), demolizione dei pilastri.

— **drill** (*ing.*), trapano (*m.*) a colonna.

— **drilling machine** (*macch. ut.*), trapano (*m.*) a colonna.

— **file,** lima (*f.*) quadra.

— **mining** (*min.*), coltivazione a pilastri abbandonati.

— **of coal** (*min.*), pilastro di carbone.

— **recovery** (*min.*), ricupero dei pilastri.

— **working** (*min.*), demolizione dei pilastri.

pillow block (*mecc.*) (U.S.A.), supporto; ritto; (*mecc.*), supporto (*m.*) di albero.

— **tank** (*petrolio, ecc.*), serbatoio (*m.*) flessibile in tessuto gommato (container flessibile; serbatoio flessibile per trasporto di liquidi infiammabili; cisterna flessibile).

— **test** (*sald.*), prova (*f.*) su campione a cuscinetto.

pilocarpine (*chim.*), pilocarpina *f.*

pilot (*elet.*), filo (*o* conduttore) pilota; pilota *m.*

— **balloon** (*aereo*), pallone (*m.*) pilota.

— **bar,** barra (*f.*) pilota.

— **bit** (*min.*), trapano-pilota.

— **channel** (*elet.*), canale (*m.*) pilota.

— **chute** (*aereo*), paracadute (*m*). pilota.

— **circuit,** circuito (*m.*) pilota.

— **flame** (*bruciatori*), fiamma pilota.

— **lamp,** lampada (*f.*) a spia.

— **-motor operated mechanism,** motorino (*m.*) pilota.

— **officer** (*aereo*), sottotenente *m.* (dell'aeronautica).

pilot oscillator (*elet.*), oscillatore (*m.*) pilota.
— **parachute** (*aereo*), pilotino *m.*
— **plant,** impianto pilota.
— **relaying,** telecomando *m.*
— **test** (*industria mecc., ecc.*), prova pilota.
— **tunnel** (*min.*), galleria pilota (*metodo di avanzamento*); tunnel pilota (*di esplorazione*).
— **valve** (*ing.*), valvola (*f.*) pilota.
— **wave** (*elet.*), onda (*f.*) pilota.
— **wheel,** volantino (*m.*) a croce.
— **wire** (*elet.*), filo (*o* conduttore) pilota.
pilotage (*radar*), pilotaggio *m.*
piloting angle (*aereo*), angolo (*m.*) di pilotaggio.
pilotless aircraft, aeroplano (*m.*) senza pilota.
— **plane,** aeroplano (*m.*) senza pilota.
pilot's storm window (*aereo*), controfinestra esterna del pilota.
pimelic acid (*chim.*), acido (*m.*) pimelico.
pin, spina *f.*; spinotto *m.*; perno *m.*; perno (*m.*) di bozzello; cardine *m.*; orecchio (*o* staffa) di uno stampo (*vetro*); chiodo (*m.*) *o* spillone (per misurare con catene agrimens.) (*agrim.*).
— *v.a.* (*mecc.*), fissare mediante bullone (*mecc.*); fissare con spillo (*in generale*).
— **circlip** (*auto*), anello (*m.*) elastico.
— **cop** (*filatura cotone*), bobina di filato.
— **down,** fissare *v.a.*; determinare.
— **gear,** ruota (*f.*) a caviglie.
— **hinge** (*mecc.*), maschietto *m.* (di cardini).
— **joint,** articolazione (*f.*) a perno.
— **measurement,** misura con spina (*rif. a ingranaggi*).
— **pallet escapement** (*orol.*), scappamento (*m.*) a caviglie.
— **vice** (*orol.*), mandrino (*m.*) per orologiai.
— **weir** (*idraul.*), traversa a panconcelli (diga ad archi).
pinacoid (*crist.*), pinacoide *agg.*
pinacoline (*chim.*), pinacolina *f.*
pinacone (*chim.*), pinacone *m.*
pinaster, pino (*m.*) marino.
pincer gun (*sald.*), pinza (*f.*) per saldatura a forbice.
pincers, *pl.*, pinza *f.*; tenaglie *f. pl.*
pinch, piccola quantità; palanchino *m.*, interferenza *f.* (*mecc.*).
— **(to —)** *v.i.*, contrarsi *v.r.* (di filoni).
— **cock,** rubinetto (*m.*) a pinzetta.
— **roll** (*met.*), rullo (*m.*) principale.
— **rolls** (*met.*), rulli (*m. pl.*) estrattori.
pincher (*met.*), fiorettatura (difetto superficiale nella laminaz. a freddo dato da increspamenti a forma di felci).
pine, pino *m.*
pinene (*chim.*), pinene *m.*
pinfeed (*inform.*), avanzamento con cilindro dentato.
ping (*motori*), battito in testa; (*sonar* —), suono caratteristico di ecogoniometro in funzione sul bersaglio; battere (*v.i.*) in testa.
— **-pong (to —)** (*inform.*) (U.S. A.), trasferire dalla memoria ausiliaria alla memoria centrale e viceversa.
pinhole (*met.*), punta di spillo (difetto di fond.).
pinholes (*maglieria*), difetto di tessitura (nei tessuti a maglia); (*fot.*), difetto di mancanza di densità; (*vernici*), (difetto nella vernice) punteggiatura con piccoli fori detta: *butteramento m.*
pinholing (*vernici*), butteramento *m.*; (*fond.*), formazione di fori a punta di spillo.
pinion, rocchetto *m.* (pignone); ruota (*f.*) ad ingranaggio.
— **callipers** (*orol.*), calibro a compasso per controllo dei perni.
— **leaf termination** (*orol.*), cresta dell'ala del pignone.
— **stand** (*laminatoio, met.*), gabbia a pignoni.
pinite (*min.*), pinite *f.*

pink, *v.a.* (*cuoio*), decorare con piccoli fori.
pinking (*mot.*), detonazione *f.*; battito causato da usura.
pinnacle (*arch.*), pinnacolo *m.*
pinning (*orol.*), spinatura *f.*
pinpoint target (*aereo*), avvistamento (*m.*) bersaglio.
— **(to) the position...,** individuare la posizione di un'area di lancio.
pins, perni *m. pl.* (di caldaie); pioli (di una squadra a centrare).
pint (pr. *paint*), pinta (= 0,568 litri in Inghilterra e 0,473164 litri negli Stati Uniti).
pintle (*naut.*), agugliotto *m.*
— **nozzle** (*auto*), iniettore (*m.*) a pernetto
— **type nozzle** (*auto*), ugello a getto anulare.
pion (*fis. atom.*) (*mesone* pi), pione.
— **scattering** (*fis. atom.*), diffusione di pioni.
pip, piolino *m.*; (*radar*) (U.S.A.), segnale di ritorno su uno schermo radar; guizzo *m.*
pipe, canale *m.* (tubo); tubazione *f.*; condotta *f.* (di tubi); canna *f.* (per acqua, ecc.); mozzo *m.* (*orol.*); (*gas, ecc.*), gasdotto; oleodotto; conglomerato proveniente dalla disgregazione di una roccia diamantifera; (*fond. met.*), cono di ritiro; cavità (*f.*) di ritiro; *v.a.* convogliare con tubi.
— **annealing** (*met.*), v. **box annealing.**
— **bender** (*mecc.*), macchina (*f.*) piegatubi; curvatrice per tubi.
— **bending machine** (*mecc.*), macchina piegatubi; curvatubi.
— **butt welding,** saldatura di testa di tubi.
— **choking,** ostruzione (*f.*) di un tubo.
— **clamp,** ganascia (*f.*) per tubi.
— **cleading,** rivestimento (*m.*) di tubo.
— **clip,** bracciuolo *m.* (anello esterno di tubazioni); graffa (*f.*) per tubi.
pipe connecting piece, raccordo (*m.*) di tubo.
— **covering,** rivestimento (*m.*) di un tubo.
— **-cutter,** tagliatrice *f.* (di tubi); taglia (*f.*) tubi.
— **cutting machine,** macchina (*f.*) taglia tubi.
— **cutting-off machine,** macchina (*f.*) taglia tubi; (*macch. ut.*), troncatrice (*f.*) per tubi.
— **-eliminator** (*fond.*), prodotto anticono; polvere anticono; polvere esotermica.
— **end facing lathe** (*fabb. tubi*), smussatrice *f.*
— **-eradicator** (*fond.*), prodotto anticono; polvere anticono; polvere esotermica.
— **fitting,** pezzo (*m.*) sagomato (tubi).
— **fittings,** parti (*f. pl.*) d'adattamento per tubazioni; raccordi per tubazioni.
— **honing machine** (*macch. ut.*), levigatrice (*f.*) per tubi.
— **hook,** uncino (*m.*) del pluviale.
— *v.a.*, **iron chips to the cupola** (*fond.*), convogliare con tubazioni i trucioli di ferro al cubilotto.
— **joint,** giunto (*m.*) di tubo.
— **lagging,** rivestimento (*m.*) di tubo; copertura (*f.*) di tubi.
— **-laying machine** (*mecc.*) (*gas ecc.*), macchina posatubi.
— **line,** v. **pipeline.**
— **liner,** tubo (*m.*) di rivestimento.
— **lining,** rivestimento (*m.*) interno d'un tubo.
— **(rolling) mill** (*met.*), laminatoio (*m.*) per tubi.
— **milling machine** (*macch. ut.*), fresatrice (*f.*) per tubi.
— **off fractions** (*petrolio*) *v.a.*, smaltire per mezzo di tubi le frazioni.
— **prover,** apparecchio verificatore della tenuta tubazioni (per gasdotti, ecc.).
— **resonance** (*acust.*), risonanza acustica di un tubo.

pipe segregation (*met.*), segregazione di cono di ritiro.
— **still,** storta (*f.*) tubolare.
— **straightener,** pressa raddrizzatubi.
— **support,** sopporto (*m.*) per tubi.
— **tap,** *v.a.* maschiare.
— **thread,** filettatura (*f.*) per tubi.
— **threading machine,** macchina (*f.*) per filettare tubi.
— **tongs,** tenaglia (*f.*) per tubi.
— **-vice,** morsa (*f.*) per tubi.
— **welding,** saldatura (*f.*) di un tubo.
— **with side inlet,** tubo (*m.*) con pezzo d'immissione laterale.
— **-wrench,** chiave (*f.*) per tubi.
— **yard** (*petrol.*), parco tubazioni.
piped program (U.S.A.) (*radio*), radioprogramma (*m.*) trasmesso per filodiffusione.
pipeline (*gas, petrolio*), condotto *m.* (di idrocarburi); (*oil pipeline*), oleodotto *m.*; (*gas pipeline*), gasdotto *m.*; tubazione *f.*; canalizzazione *f.*
— **ditcher,** scavafossi per oleodotti.
— **oil** (*petrol.*), petrolio grezzo commerciabile.
— « **pig** » (*gas*), veicolo per ispezione a distanza delle tubazioni del gas.
— **pumping station,** stazione di pompaggio di un oleodotto.
— **run** (*gas, petrolio*), portata dell'oleodotto (*o* del gasdotto); quantità trasportata, ricevuta *o* erogata da un oleodotto (*o* gasdotto).
— **transportation,** trasporto mediante pipeline.
pipeliner (*petrolio*), operaio addetto alla posa tubi.
pipelining (*inform.*), introduzione di un nuovo codice di programmazione per opportuni cambiamenti del sistema nel caso di aggiunta di una nuova routine ad un programma già esistente.
piperazine (*chim.*), piperazina *f.*
piperidine (pr. *pip'*—) (*chim.*), piperidina *f.*
piperine (*chim.*), piperina *f.*
piperonal (pr. *pip'*—) (*chim.*), piperonal *m.*
pipes conduit, rete (*f.*) di tubi.
pipet off (*chim.*), prelevare per mezzo di una pipetta.
pipette (*chim.*), pipetta *f.*
pipetting (*chim.*), prelevamento (di liquidi) per mezzo di pipetta.
pipewalker, (*petrolio, ecc.*), sorvegliante (*m.*) di oleodotti.
piping, condotta *f.* (tubi); condotto *m.*; conduttura *f.*; (*met.*), cavità (*f.*) di ritiro; (*met.*), formazione di cavità di ritiro; formazione di polmone.
— **for compressed air,** condotta (*f.*) per aria compressa.
— **system,** sistema (*m.*) di tubi; tubatura *f.*
pique (*tess.*), picché *m.*; pique *m.*
Pirani gauge (*elet.*), vacuometro Pirani.
pirate broadcasting (*radio*), trasmissione di radio pirata.
pirn (*tess.*), rocchetto ad una flangia; cannetta *f.*
— **winder; pirn winding machine** (*tess.*), incannatoio ad avvolgimento; cannettiera *f.*; macchina (*f.*) a spoletta; spoliera *f.*
Pisces (*astron.*), pesci.
pistachio oil, olio (*m.*) di pistacchio.
pistol, pistola *f.*
— **cartridge** (*armi*), cartuccia (*f.*) per pistola.
piston, stantuffo (*m.*) di un cilindro; stantuffo *m.* (*mecc.*); pistone *m.*
— **acceleration,** accelerazione (*f.*) dello stantuffo.
— **body,** parete (*f.*) dello stantuffo.
— **boss,** mozzo (*m.*) dello stantuffo.
— **cover,** coperchio (*m.*) dello stantuffo.
— **crown** (*mot.*), corona del pistone.

piston engine, motore (*m.*) comune; motore a pistoni.
— **friction,** attrito (*m.*) dello stantuffo.
— **grinder** (*macch. ut.*), rettificatrice per pistoni.
— **in two pieces,** stantuffo (*m.*) in 2 pezzi (diviso).
— **packing,** guarnizione (*f.*) dello stantuffo.
— **pin** (*auto*) (U.S.A.), perno per stantuffo; spinotto (*m.*) di stantuffo.
— **play,** gioco (*m.*) dello stantuffo.
— **pump,** pompa (*f.*) a stantuffo.
— **ring,** anello (*m.*) di stantuffo.
— **rod,** stelo (*m.*) di stantuffo; gambo (*m.*) dello stantuffo; asta (*f.*) di stantuffo.
— **rod collar,** collare (*m.*) dello stelo.
— **rod coupling,** accoppiamento (*m.*) dello stelo.
— **rod end,** estremità (*f.*) del gambo dello stantuffo.
— **rod nut,** dado (*m.*) dello stelo.
— **rod slipper,** pattino (*m.*) di stantuffo.
— **stroke,** corsa (*f.*) dello stantuffo.
— **-type compressor** (*mecc.*), compressore (*m.*) del tipo a stantuffo.
— **valve,** cassetto (*m.*) cilindrico.
— **valve gear,** distribuzione (*f.*) a stantuffo.
— **valve motion,** distribuzione (*f.*) a stantuffo.
pit, fossa *f.*; cava *f.*; pozzo (*m.*) di estrazione (*min.*); biella *f.* (U.S.A.); (*auto*), box (in un circuito ove si rifornisce di carburante, ecc.).
— *v.a.*, attaccare *v.a.* (metallo, ecc.); corrodere *v.a.*
— **-barometer** (*min.*), barometro (*m.*) da miniera.
— **cable** (*min.*), cavo (*m.*) per pozzi.
— **cage** (*min.*), gabbia di pozzo minerario.
— **-eye** (*min.*), fondo (*m.*) di pozzo.
pit for reheating ladles (*met.*), fossa per il riscaldo delle secchie di colata.
— **furnace,** forno (*m.*) verticale a tino; forno (*m.*) a pozzo.
— **furnace cover** (*met.*), coperchio del forno a pozzo.
— **-gas** (*min.*), grisù *m.*
— **-mouth** (*min.*), bocca (*f.*) del pozzo.
— **planer,** piallatrice (*f.*) a fossa.
— **prop,** puntello di pozzo.
— **sand,** sabbia (*f.*) di cava.
— **saw,** segone *m.*
— **(row of furnace pits)** (*met.*), terna di forni a pozzo.
pitch, *n.*, passo *m.* (*mecc. cinem.*); (*min.*), pece *f.*; altezza del suono (*acust.*); falda *f.* (del tetto); (*acust.*), nota *f.* vedi: **tone**; residuo di distillazione (*di petrolio grezzo o di catrame di carbon fossile, o oli resinosi*); asfalto naturale; (*elicot.*), comando del passo collettivo delle pale; (*auto*), beccheggio (di autovettura, p. es. sul pavé).
— *v.a.* impeciare; ondeggiare (*aereo*).
— **angle,** semiangolo (*m.*) primitivo (*ingr.*); angolo (*m.*) primitivo (*ingr.*).
— **circle,** circolo (*m.*) di divisione (*ingr.*); circolo (*m.*) primitivo (*ingr.*).
— **control** (*aereo*), comando del passo.
— **curve** (*ingr.*), linea (*f.*) primitiva.
— **diameter,** diametro (*m.*) medio (*filettature*).
— **indicator** (*aereo*), misuratore della pendenza longitudinale; inclinometro (*m.*) longitudinale.
— **limit,** limite (*m.*) del passo.
— **line,** linea (*f.*) primitiva (*ingr.*) circolo (*m.*) di divisione (*ingr.*).
— **of a roof,** pendenza (*f.*) di un tetto.
— **of a sound-wave,** altezza (*f.*) di un'onda sonora.

pitch of rivets, passo (*m.*) di chiodi.
— **of teeth,** passo (*m.*) dei denti.
— **of turns,** passo delle spire.
— **paying,** impegolatura *f.*
— **point** (*ingr.*), punto (*m.*) di contatto (delle circonferenze primitive).
— **ratio** (*aereo*), rapporto (*m.*) del passo.
— **surface** (*ingr.*), superficie (*f.*) primitiva.
— **(effective —)** (*aereo*), passo (*m.*) effettivo dell'elica.
— **(geometrical —)** (*aereo*), passo (*m.*) geometrico dell'elica.
— **(zero thrust —)** (*aereo*), passo (*m.*) a propulsione zero.
pitchblende, pechblenda *f.*; blenda picea *f.* (minerale a base di uranio).
pitching, beccheggio *m.*; (*ind. birra*), aggiunta di lievito al mosto (per produrre fermentazione).
— **moment** (*aereo*), momento (*m.*) longitudinale.
— **seam** (*min.*), filone molto inclinato.
pitchpine, pitchpine *m.*
pitchy, *agg.* pecioso.
pith, midollo (*m.*) del legno.
— **-ball electroscope,** elettroscopio a palle di sughero.
— **holder** (*orol.*), porta midollo di sambuco.
— **of elderwood** (*orol.*), midollo di sambuco.
pitman, biella *f.* (*macch. agricole, ecc.*).
— **arm** (U.S.A.), leva della scatola comando sterzo.
Pitot tube (*aereo*), tubo (*m.*) di Pitot.
pitted surface (*met.*), superficie (*f.*) vaiolata (con cavità e depressioni).
pitting (*met.*), vaiolatura (piccole cavità e depressioni); corrosione *f.* (dovuta alla ruggine o ad agenti chimici); (*vernici*), formazione di crateri (butteramento); (*chim.*), erosione per rotolamento.
pivot, rallino *m.*; fulcro *m.*; cardine *m.*; snodo *m.*; bilanciere *m.*; perno *m.* (*orol.*); perno (*m.*) di guida; (*v.i.*), ruotare; imperniare.
— **burnisher** (*orol.*), brunitore (*m.*) per perni; rullatore (*m.*) per perni.
— **joint,** cerniera (*f.*) a ralla.
— **of a horizontal shaft,** perno (*m.*) di spinta.
— **of a lying shaft,** perno (*m.*) portante.
— **pin,** perno (*m.*) del bilanciere.
— **runner** (*orol.*), tasso (*m.*) per perni.
— **slewing crane,** gru (*f.*) girevole su perno.
pivoted arm, braccio (*m.*) articolato; braccio (*m.*) snodato.
— **brace** (*orol.*), gancio della molla principale rispetto al bariletto.
pivoting bearing (*costr.*), appoggio (*m.*) oscillante.
pixel (*inform.*), pixel (piccolo rettangolo dello schermo video, considerato come unità logica di riferimento).
PL/1 language (*inform.*), Linguaggio di programmazione della IBM (1964) adatto a scopi scientifici, commerciali e scopi vari specializzati.
place, luogo *m.*
— **(to —),** *v.a.* collocare.
— **a work between centres,** montare (*v.a.*) un pezzo fra le punte.
— **in circuit,** mettere (*v.a.*) in circuito.
— **of erection,** luogo (*m.*) di montaggio.
— **of junction,** punto (*m.*) d'attacco.
— **on stream** (*petrolio*), mettere (*v.a.*) in produzione.
— **the work,** fissare (*v.a.*) il pezzo.
placer (*deposit*) (*geol.*), « placer » (giacimento formato nelle alluvioni di fiumi, laghi, ecc.).
placing, disposizione *f.*
plagioclase, plagioclasio *m.*

plain, *agg.*, corrente; ordinario; evidente (*argomento*); liscio (*mecc.*).
— **balance** (*orol.*), bilanciere piano.
— **bearings**, cuscinetti (*m. pl.*) lisci.
— **bed** (*tornio*), banco (*m.*) continuo.
— **bowtell**, cordone *m.*
— **braid** (*tess.*), treccia (*f.*) semplice.
— **cathedral glass**, vetro (*m.*) cattedrale normale.
— **compound table** (*mecc.*), tavola (*f.*) ortogonale semplice.
— **concrete**, calcestruzzo (*m.*) semplice (*non armato*).
— **conduit** (*elet.*), tubo (*m.*) isolante in acciaio.
— **furnace**, forno (*m.*) liscio.
— **grinder**, rettificatrice (*f.*) orizzontale (per cilindri).
— **indexing**, divisione (*f.*) semplice (di fresatrici).
— **journal bearings**, cuscinetti lisci.
— **linoleums**, linoleum lisci.
— **loop** (*costr.*), staffa (*f.*) semplice.
— **miller**, fresatrice (*f.*) orizzontale.
— **milling machine**, fresatrice (*f.*) orizzontale semplice.
— **muslin** (*tess.*), mussolina (*f.*) unita.
— **net machine** (*tess.*), telaio (*m.*) per tulle liscio.
— **ring gauge**, calibro (*m.*) ad anello.
— **swelled rule** (*tip.*), filetto inglese.
— **V slide**, guida (*f.*) a prismi.
— **tile**, embrice *f.*; tegola (*f.*)
— **weave** (*tess.*), taffetas (armatura in cui i fili intrecciano le trame nell'ordine del profilo); armatura (*f.*) tela.
plait (to —) (*tess.*), intrecciare *v.a.*
plan, proiezione (*f.*) orizzontale; planimetria *f.*; pianta *f.*; piano *m.* (*geom.*) (*naut.*); pianta *f.* (di edificio); progetto *m.*; principio *m.*, schema *m.*
plan *v.a.* progettare.
— **form** (*aereo*), contornatura *f.* (di un'elica).
— **of a wing** (*aereo*), pianta (*f.*) di un'ala.
— **of boring**, piano (*m.*) di sondaggio.
— **position indicator** (*radar*), indicatore di posizione in pianta (schermo radar).
planarity, planarità *f.*
plane, sponderuola *f.*; pialla *f.*; aeroplano *m.*
— *v.a.* piallare.
— **angle**, angolo piatto.
— **at an angle**, piallare (*v.a.*) obliquamente; piallare (*v.a.*) sotto angolo.
— **crash** (*aereo*), disastro aviatorio.
— **down** (*tip.*), battere la forma.
— **off**, piallare (togliere con la pialla).
— **of intersection**, piano (*m.*) d'intersezione.
— **of osculation**, piano (*m.*) osculatore.
— **of projection**, piano (*m.*) di proiezione.
— **of symmetry**, piano (*m.*) di simmetria.
— **operator**, piallatore *m.*
— **round**, piallare (*v.a.*) circolarmente.
— **table** (*agrim.*), tavoletta (*f.*) pretoriana; specchio (*m.*) di una tavoletta pretoriana.
— **table surveying** (*top.*), rilevamento con la tavoletta pretoriana.
— **-tree**, platano *m.*
— **trigonometry**, trigonometria (*f.*) piana.
— **true**, piallare (*v.a.*) esattamente.
planer, *n. m.*, piallatrice *f.*; piallatore *m.*
— **(48-in —)**, piallatrice (*f.*) di 48 pollici (misura fra i 2 montanti).
— **-miller** (*macch. ut.*), fresatrice tipo pialla.
— **-type milling machine** (*macch.

ut.), fresatrice (*f.*) con tavola tipo pialla.
planer (combined curve and side –), piallatrice (*f.*) combinata per superfici piane e curve.
— **(high speed —),** piallatrice (*f.*) rapida.
— **(horizontal —),** piallatrice (*f.*) orizzontale.
— **(keyway —),** piallatrice (*f.*) per cave da chiavette.
— **(long —),** piallatrice (*f.*) longitudinale.
— **(open side —),** piallatrice aperta.
— **(parallel —),** piallatrice (*f.*) da spessori; piallatrice (*f.*) per superfici parallele.
— **(pit —),** piallatrice (*f.*) a fossa.
— **(plate edge —),** piallatrice (*f.*) per raffilare lamiere.
— **(radius —),** piallatrice (*f.*) per superfici curve.
— **(side —),** piallatrice (*f.*) laterale.
— **(single column —),** piallatrice (*f.*) a colonna semplice; piallatrice (*f.*) a un montante.
— **(smooth —),** piallatrice (*f.*) da piano e filo.
— **(smoothing —),** piallatrice (*f.*) da piano e filo.
— **(surface —),** piallatrice (*f.*) da piano.
— **(universal —),** piallatrice (*f.*) universale.
— **(vertical —),** piallatrice (*f.*) verticale.
plant gears (*mecc.*), ingranaggi satelliti.
— **wheel** (*ingr.*), satellite *m.*
planetary electron, elettrone (*m.*) planetario.
— **exploration,** esplorazione planetaria.
— **gearing** (*ingr.*), sistema (*m.*) planetario.
— **mill** (*met.*), laminatoio (*m.*) planetario.
— **nebulae** (*astr.*), nebulose planetarie.
— **probe** (*astron.*), sonda planetaria.
planetology (*astr.*) (U.S.A.), studio dei pianeti e dei satelliti.
planigram (*radiol.*), planigramma *m.*
planigraphy (*radiol.*), planigrafia *f.*
planimeter (*med.*), planimetro *m.*
planimetry, planimetria *f.*
planing, piallatura *f.*
— **and moulding machine** (*lavoraz. legno*), scorniciatrice *f.*
— **-bench,** banco (*m.*) da falegname.
— **bottom,** fondo (*m.*) dello scafo.
— **height,** altezza (*f.*) ammissibile da piallare.
— **machine,** piallatrice *f.*; piallatrice (*f.*) di finimento; (vedi: **planer**).
— **machine for surfacing,** piallatrice (*f.*) da piano.
— **machine table,** tavola (*f.*) di piallatrice.
— **machine with cylindrical cutters,** piallatrice (*f.*) a rulli.
— **tool,** ferro (*m.*) da sbozzare (utensile); ferro (*m.*) per piallare (utensile).
— **width,** larghezza (*f.*) ammissibile da piallare.
— **work,** lavoro (*m.*) di piallatura.
planish, *v.a.* agguagliare; spianare (con la pialla).
planishing, agguagliamento *m.*; spianamento *m.* (di legname); spianamento *m.* (con la pialla); finitura di lamiere metalliche con martellatura.
— **stand** (*lamin.*, *met.*), gabbia (*f.*) pulitrice.
planisphere, planisfero *m.*
plank, *n.*, piana *f.* (travicello).
— *v.a.*, rivestire di tavole; fasciare con legname.
— **covering,** tavolato (*m.*) di assoni; tavolato (*m.*) di soffitto di travi.
— **frame,** telaio (*m.*) di assi.
planking, fasciame (*m.*) in legno; parete (*f.*) di tavoloni; tavolato (*m.*) di tavole; impalcatura *f.*

plankton (*ecol.*), plancton *m.*
planning (*comm.*, *costr. ed.*), pianificazione *f.*; pianificazione (programmazione).
— **application,** domanda di progettazione (p. es. di una nuova raffineria).
— **chief,** capo (*m.*) progettazione.
— **committee,** comitato di coordinazione.
— **grid,** reticolo modulare.
— **permission,** permesso di progettazione (p. es. di una raffineria).
— **policy** (*comm.*, *econ.*), politica di programmazione.
— **(regional transport —)** (*traffico*), pianificazione regionale dei trasporti.
— **(transportation —),** pianificazione dei trasporti.
plano-concave lens, lente (*f.*) piano-concava.
— **-convex lens,** lente (*f.*) piano convessa.
— **-type milling machine,** fresatrice (*f.*) tipo pialla.
— **-type N/C miller** (*macch. ut.*), fresatrice a pialla a controllo numerico.
— **-type numerically controlled milling machine** (*macch. ut.*), fresatrice a pialla a controllo numerico.
planographic printing (*tip.*), stampa (*f.*) comune.
— **printing form type** (*tip.*), forma per la stampa comune.
plansifter (*ind. mol.*), buratto piano ad oscillazione libera e stacci multipli.
plant, materiale (*m.*) di esercizio; impianto *m.*; officina *f.*; (*bot.*), pianta *f.*
— **a gag** (*cinem.*) (U.S.A.), aumentare l'interesse della scena con adatti espedienti.
— **data,** dati (*m.pl.*), impiantistici.
— **disease** (*bot.*), malattia delle piante.
— **engineer (chief — engineer),** ingegnere capo dei servizi tecnici.
plant engineering, impiantistica *f.*
— **expansion** (*met.*, *ecc.*), ampiamento dello stabilimento.
— **-growth stimulant,** stimolante per la crescita delle piante.
— **layout,** piano generale (dello stabilimento, ecc.).
— **level agreement** (*lavoro*), accordo stipulato a livello aziendale.
— **location** (*met.*, *ecc.*), ubicazione dello stabilimento.
— **modernization** (*met.*, *ecc.*), modernizzazione dell'impianto.
— **superviser** (*stabil. siderurgici*), dirigente di esercizio.
— **visit,** visita di stabilimenti.
planter (*agr.*), piantatrice *f.*
plasma (*min.*) (*fis.*), plasma *m.*
— **accelerator** (*elettron.*), acceleratore di plasma.
— **arc cutting** (*met.*), taglio al plasma.
— **arc drill** (*min.*), perforatrice (*f.*) al plasma all'arco.
— **-arc steelmaking,** v. **plasma steelmaking.**
— **arc torch,** torcia al plasma.
— **-arc welding, (— arcwelding** [U.S.A.]**),** saldatura (*f.*) a plasma all'arco.
— **behaviour** (*fis.*), comportamento del plasma.
— **blowpipe** (*met.*), cannello al plasma; torcia al plasma.
— **chemistry** (*fis.*), chimica del plasma.
— **drill** (*min.*), perforatrice (*f.*) al plasma.
— **dynamics** (*fis.*), dinamica del plasma.
— **engine** (*mot.*), motore (*m.*) a plasma.
— **engine rocket** (*razzi*), razzo a plasma.
— **jet** (*met.*), getto (*m.*) a plasma.
— **ignition system** (*auto*), sistema di accensione a plasma.
— **physics** (*fis.*), fisica del plasma.
— **propulsion for space vehicles** (*astron.*), propulsione a plasma per veicoli spaziali.
— **spray bonding** (*sald.*), saldatura (giunto) a getto di plasma.

plasma spraying (*rivestim.*), spruzzatura (*f.*) a plasma.
— **spraying process** (*met.*) (*ceramica*), processo di pittura a spruzzo di plasma.
— **steelmaking** (*met.*), fabbricazione dell'acciaio all'arcoplasma: (*riduzione diretta a plasma*).
— **torch** (*sald.*) (U.S.A.), torcia (*f.*) al plasma; cannello (*m.*) al plasma.
plasmarc cutting machine, tagliatrice a plasma all'arco.
plaster, *n.*, gesso *m.*; intonaco *m*; malta (*f.*) per intonaco (civile).
— *v.a.* intonacare; ingessare; rinzaffare.
— **cast,** modello (*m.*) in gesso.
— **of Paris,** solfato (*m.*) di calcio.
— **with lime,** incalcinare *v.a.*
— **work,** arricciatura *f.*; intonaco *m.*
plastered brickwork, muratura (*f.*) intonacata.
plastering sand, sabbia (*f.*) per intonaco.
— **trowel, cazzuola per intonaco.**
plastic, materia (*f.*) plastica; *agg.* plastico.
— **binding** (*tip.*), rilegatura in materiale plastico.
— **-bodied truck** (*auto*), autocarro con carrozzeria in plastica.
— **bottle,** bottiglia di plastica.
— **clay,** galestro *m.*
— **coated belt,** cinghia (*f.*) a rivestimento plastico.
— **coated steel** (*met.*), acciaio rivestito con materie plastiche.
— **coating** (*ind.*), rivestimento in materia plastica.
— **deformation,** deformazione plastica.
— **effect** (*telev.*), effetto di rilievo.
— **explosive,** esplosivo (*m.*) al plastico.
— **gloves,** guanti a perdere (in materia plastica).
— **injection moulding,** v. **injection molding.**
— **laminate,** laminato plastico.

plastic limit (*teoria costr.*), limite (*m.*) di plasticità (*di una terra*).
— **material,** materiale (*m.*) plastico.
— **model,** plastico *m.* (rilievo).
— **moulding press,** pressa per lo stampaggio di materie plastiche.
— **paint,** pittura (*f.*) plastica.
— **pipe,** tubazione in plastica.
— **products,** materiali plastici *m.pl.*
— **refractory lining** (*met.*), rivestimento refrattario plastico.
— **refractory material** (*per forni met.*), materiale refrattario plastico.
— **shaping** (*met.*), lavorazione plastica.
— **shell** (*armi*), proiettile di plastica.
— **standards,** (norme) unificazioni sulle materie plastiche.
— **strip,** foglio (*m.*) di materia plastica.
— **trunking** (*elet.*), complesso di cavi di plastica (per impianti elettrici).
— **tube,** tubo di plastica.
— **wiring** (*elet.*), impianto elettrico con fili di plastica.
— **(transtarent —),** plastica trasparente.
plasticity index (*mecc.*), indice di plasticità.
— **surgery** (*med.*), chirurgia (*f.*) plastica.
plasticiser (*vern.*), plastificante *m.*
plasticize (to —) (*met.*, *plast.*), plasticare; plastificare.
plasticized colour steel (*met.*), acciaio plastificato colorato.
— **jacket** (*libri*), sovraccoperta (*f.*) plasticata.
— **wood,** legname (*m.*) plastificato.
plasticizer (*vern.*), (U.S.A.), plastificante *m.*; (*calcestruzzo*), agente (*m.*) plasticizzante.
plasticine (*auto, ecc.*), plastilina *f.* (*mat. plastica per modelli*).
plasticizing, *agg.*, plastificante.
plastics, plastica *f.*; materie plastiche.
— **gloves,** guanti di plastica.

plastics-metal laminates, laminati metallo-plastici.
— **paper,** carta in materiale plastico.
— **plant,** fabbrica di materie plastiche.
— **(fiber glass reinforced —),** (materia) plastica rinforzata con fibra di vetro.
plat (*min.*) (U.S.A.), piano di superficie (di lavoro sotterraneo).
platband, fascia *f.* (*cost.*); cornice (*f.*) di fascia.
plate, lamiera (*f.*) di prima laminazione; placca *f.*; piastra *f.* (*met.*); lastra *f.* (di lamiera o fotogr.); plateau *m.* (*fond.*); piacca anodica (*elet.*); anodo *m.* (*elettrot.*); elettrodo *m.*; tavola *f.* (illustrazione); piastra (*f.*) di montaggio; (*tip.*), cliché; v. **dividing —.**
— **-and-girder system** (*costr.*), sistema trave-lastra.
— **arch,** arco (*m.*) a parete piena.
— **bearing,** appoggio (*m.*) a piastra.
— **bending press** (*macch. ut.*), pressa piegatrice per lamiera.
— **bending rolls** (*macch. ut., met.*), calandra (*f.*) rotolatrice; curvatrice di lamiere.
— **cam,** camma (*f.*) a dischi.
— **column** (*chim.*), colonna a piastre perforate; colonna a gorgogliamento (in cui i vapori sono costretti a gorgogliare attraverso il liquido).
— **-commutator,** commutatore (*m.*) a piastre.
— **current,** corrente (*f.*) di placca.
— **cylinder** (*macch. tip.*), cilindro di placca.
— **dissipation,** dissipazione (*f.*) anodica.
— **dividing** (*macch. ut.*), disco (*m.*) del divisore.
— **-dresser** (*elet.*), aggiustatore (*m.*) di piastre.
— **edge planer** (*met.*), piallatrice bordi lamiere.
— **-edge planing machine** (*macch. ut.*), piallatrice (*f.*) per bordi di lamiere.
plate efficiency (*elettrot.*), potenza (*f.*) anodica.
— **filter press,** filtro (*m.*) pressa.
— **finishing machine** (*tip.*), macchina per preparare la zoccolatura e rifinire i clichés.
— **fitting** (*aereo*), armatura (*f.*) a piastra.
— **for fixing work,** piattaforma (*f.*) di fissaggio (di tornio).
— **girder** (*costr.*), trave ad anima piena.
— **-glass,** lastra (*m.*) di cristallo; vetro (*m.*) da specchi.
— **heater,** riscaldatore a piastra.
— **-iron,** ferro (*m.*) in lamiere.
— **-lug** (*elet.*), parte sporgente (di placca d'accumulatore): bandiera (*f.*)
— **making** (*tip.*), zincografia *f.*
— **manipulator** (*met.*), capovolgitore lamiere.
— **mill** *met.*), laminatoio (*m.*) per lamiere; (*met.*), treno lamiere.
— **(rolling) mill** (*met.*), laminatoio per lamiere (grosse).
— **molding** (U.S.A.), **moulding** (*fond.*), formatura (*f.*) a plateau; formatura (*f.*) con placche modello.
— **of (an) accumulator,** piastra (*f.*) di accumulatore.
— **planer,** pialla (*f.*) per lamiere.
— **punching machine** (*macch. ut., met.*), punzonatrice (*f.*) per la miere.
— **resistance** (*radio*), resistenza (*f.*) interna di una valvola.
— **rolling mill,** laminatoio (*m.*) per lamiere.
— **saturation** (*elet.*), corrente di saturazione anodica.
— **screws** (*topog.*), viti (*f. pl.*) di base.
— **shearing machine,** trancia (*f.*) per lamiere; cesoia (*f.*) per lamiere.
— **shears,** cesoia (*f.*) per lamiera.
— **singeing** (*tess.*), gasatura (*f.*) a piastra.
— **spring,** molla (*f.*) a foglia.

plate straightening machine (*macch. ut.*), raddrizzatrice (*f.*) per lamiera.
— **thickness,** spessore (*m.*) di una lamiera.
— **transfer bed** (*met.*), piano trasferimento lamiere.
— **unloading crane** (*fabb. tubi*), disimpilatore lamiere.
— **voltage,** tensione (*f.*) di placca.
— **wheel** (*mecc.*), corona (*f.*) dentata.
— **wheel adaptor drives** (*mecc.*), trasmissione con corona dentata amovibile.
— **weigh-scale** (*treno met.*), bilico lamiere.
— **with silver,** inargentare *v.a.*
— **(finished —)** (*met.*), lamiera finita.
— **(3/4 — movement)** (*orol.*), movimento a 3/4 platina.
plateau (*geol.*), altipiano *m.*
plated items, articoli placcati.
— **steel** (*met.*) acciaio (*m.*) placcato.
— **wire,** filo placcato.
platen, piastra (*f.*) metallica; tavola *f.* (di macchina utensile); rullo (*m.*) di macchina da scrivere; platina *f.* (*tip.*); piatto *m.* (della pressa); (*macch. ut.*), tavola porta pezzo; (*inform.*), cilindro; pianale (cilindrico).
— **machine** (*tip.*), macchina a platina.
— **press** (*tip.*), platina (*f.*) automatica.
plater, placcatore *m.*
platform, passerella *f.*; piattaforma *f.*; terrazzino *m.*; marciapiede *m.*; banchina *f.* (*ferr.*); (*aereo*), piattaforma *f.*; (*trasporti*) (*auto*), pianale *m.*
— **(to —),** sottoporre al procedimento « platforming ».
— **coping** (*ferr.*), cordonatura (*f.*) di marciapiede.
— **diving** (*sport*), tuffo dalla piattaforma.
— **lift,** ascensore (*m.*) a piattaforma.
— **machine,** basculla (*f.*) automatica; stadera (*f.*) a ponte automatica.
platform roof, tetto (*m.*) a terrazza.
— **roofing,** tettoia (*f.*) per banchine di stazione.
— **scale,** bilico *m.* (pesa a bilico).
— **shelter** (*ferr.*), pensilina a sbalzo per marciapiedi.
— **truck** (U.S.A.), autocarro senza sponde.
— **(low-level —)** (*ferr.*), marciapiedi a basso livello.
— **(high-level —)** (*ferr.*), marciapiedi ad alto livello.
platformate (*ind. pet.*), benzina prodotta mediante il procedimento « platforming ».
platforming (*ind. pet.*), processo di polimerizzazione catalitica della Universal Oil Products Company in cui si usa un catalizzatore di platino.
plating, placcatura *f.*; involucro *m.*; fasciame (*m.*) in ferro; (*tip.*), inserire illustrazioni nel volume.
— **barrel,** rotogalvano *m.*
— **cells** (*elettrochim.*), celle per galvanotecnica.
— **racks,** rastrelliere usate nei bagni galvanici.
— **solution,** bagno galvanico.
— **variables** (*galvan.*), variabili di deposizione.
platinic acid (*chim.*), acido (*m.*) platinico.
platiniferous, *agg.* platinifero.
platiniridium, platino (*m.*) iridiato.
platinize, *v.a.* platinare.
platinizing, platinatura *f.*
platinocyanide, platinocianuro *m.*
— **(barium —)** (*chim.*, *radiog.*), platinocianuro di bario.
platino-nitrite (*chim.*), nitrito (*m.*) di platino.
platinotype, platinotipia *f.*
platinous nitrite, nitrito (*m.*) di platino.
platinum (*chim.* = Pt), platino *m.*
— **filament** (*ill.*), filamento (*m.*) di platino.
— **foil,** lamina (*f.*) di platino.

platinum fuse, valvola (*f.*) a filo di platino.
— **micro-electrode** (*elet.*), microelettrodo (*m.*) di platino.
— **reforming,** vedi: **platforming.**
— **toning** (*fot.*), viraggio (*m.*) al platino.
— **wire,** filo (*m.*) di platino.
platten heating (*elet.*), riscaldamento a piastra.
platter (*slang*) (*radio*), disco inciso usato per radiotrasmissione.
platy, *agg.*, in tavole.
play (*mecc.*), gioco *m.*
— **(to —) away from the mike** (*cinem.*), suonare lontano dal microfono (rif. ad orchestra).
— **for expansion,** gioco (*m.*) di dilatazione.
— **indicator** (*met.*), indicatore di giochi.
— **pussy (to —)** (*aereo*) (*slang*) (U.S.A.), nascondersi nelle nuvole per occultarsi al nemico.
— **water (to —),** gettare acqua, tenere sotto acqua, dirigere acqua (su qualcosa che brucia).
playback, presincronizzazione *f.* (*acust.*); disco (*cinem.*) (inciso per il regista, per permettergli di correggere gli errori di una scena che si è girata); apparecchio di riproduzione sonora per presincronizzazione (*cinem. acust.*).
— *v.a.*, riprodurre (*musiche*) (*su nastro magnetico*); riincidere (*musica*).
— **button** (*registratore a nastro*), tasto (*f.*) di riproduzione.
— **head** (*inform.*), testina (*f.*) di lettura.
— **on stereo** (*acust.*), riproduzione di registrazioni stereo.
player (cassette —) (*acust.*), giranastri (*m.*) per musicassette.
playing field (*sport*) (*autogiro*), campo da gioco.
— **time (on a cassette)** (*audio*), tempo di durata (*o* ascolto) di una cassetta.
pleasure steamer (*naut.*), nave a vapore da diporto.
pleat (to —) (*tess.*), *v.a.*, pieghettare.
pleated, pieghettato *p.p.*
pleating (*tess.*), pieghettatura *f.*
Pleiades (the —) (*astron.*), pleiadi *f. pl.*
plenum fan, ventilatore (*m.*) soffiante.
— **(high pressure —)** (*fis. atom.*), camera ad alta pressione.
pleochroism (*gemme, min.*), pleocroismo (fenomeno ottico).
Plexiglas (*aereo*), materiale termoplastico brevettato; plexiglas *m.*
pliable, *agg.* pieghevole.
— **metal,** metallo (*m.*) duttile.
pliability, flessibilità *f.*
pliant, *agg.* pieghevole.
plier gun (*sald.*), pinza (*f.*) per saldatura a forbice.
pliers, pinze *f. pl.*
plinth (*arch.*), plinto *m.*; zoccolo *m.*; (*costr.*), v. **foundation —.**
— **wall,** muro (*m.*) di zoccolo.
pliodynatron, pliodinatron *m.*
Pliofilm, pliofilm (materiale termoplastico anticorrosivo).
pliotrion, pliotron *m.*
plot, curva *f.*; grafico *m.*; tracciato *f.*; rappresentazione (*f.*) (*grafica*).
— **(motion-picture —)** (*cinem.*), intreccio *m.*
— **(to —),** *v.a.*, tracciare *v.a.* (*una curva*); costruire *v.a.*; confrontare con.
— **(to —)** (*inform.*), rappresentare graficamente.
« plot jitter » (*radar*) (*aereo*), errori sui dati riferentesi alla posizione di un aereo.
plotter (*radio, radar, ecc.*), tracciatore di rotta (apparecchio di registrazione); (*elettron.*), tracciatore collegabile ad un sistema di elaborazione per riprodurre disegni e grafici: « plotter ».
plotting (*inform.*), plottaggio *m.*; (*radar*), tracciatura *f.*
— **ground** (*agrim.*), rilievo (*m.*) del terreno.
— **-paper,** carta (*f.*) quadrettata.

plotting room (*aereo*), stanza per il controllo automatico del traffico.
— **table** (*inform.*), tavola tracciante.
plough, aratro *m.*; (*min.*), tagliatrice a vomere (tipo di tagliatrice-caricatrice per carbone per l'abbattimento continuo, trascinata lungo la fronte di taglio da una catena).
ploughed-back profits (*econ.*), utili riinvestiti.
ploughing, dissodamento *m.*; aratura *f.*
plow (U.S.A.), aratro *m.*
plowing her up (*slang*) (*aereo*) (U.S.A.), flottare un idrovolante sopra l'acqua a piccola velocità.
plucker (poultry —) (*agr.*), macchina spennatrice di pollame.
plucky (*fot.*), *agg.* vigoroso.
plug, spina *f.* (*elet.*); perno *m.*; tappo *m.*
— *v.a.* (*petrolio*), riempire di sabbia un pozzo abbandonato; cementare un pozzo.
— *v.a.* otturare; (*elet.*) inserire una spina.
— **and socket** (*elet.*), spina e presa (di corrente).
— **commutator** (*elet.*), commutatore (*m.*) a spina.
— **cord** (*elet.*), cordone (*m.*) di spina.
— **fuse** (*elet.*), valvola (*f.*) a turacciolo.
— **gauge,** calibro (*m.*) a tampone.
— **holder cementing head** (*petrol.*), testa di cementazione con portatappi.
— **-in** (*v.a.*) **a printer,** inserire una stampante (a mezzo di spina).
— **-in modules** (*inform.*), moduli (*m. pl.*) da inserire (a mezzo di spina).
— **mill** (*met.*), laminatoio di tubi su mandrino.
— **of a cock,** chiave (*f.*) di un rubinetto; bossolo (*m.*) di un rubinetto; maschio (*m.*) di un rubinetto.
plug-operated rheostat (*elet.*), reostato (*m.*) a spina.
— **switch,** interruttore (*m.*) a spina.
— **switchboard,** centralino a batteria locale a spine.
— **thread gauge,** calibro (*m.*) a tampone (per filettare).
— **up,** tamponare *v.a.*
— **weld** (*sald.*), saldatura (*f.*) a fori.
plugboard (*inform.*), pannello di connessioni.
— **control** (*calcol. elettron.*, *macch. ut.*), comando con programmatori a spine; tavolo di comando a spine.
— **programmer** (*macch. ut.*), programmatore a spine.
pluggable, *agg.* (*elet.*), inseribile a spina.
plugged steel, acciaio effervescente controllato.
plugger, perforatrice (*f.*) a mano; martello (*m.*) perforatore a mano.
plugging, incavigliamento *m.*; tamponatura *f.*
— **agent** (*petrol.*), colmatante *m.* (prodotto usato insieme ai fanghi contro le perdite di circolazione).
— **chart** (*elet.*), schema delle connessioni.
« plum » (*Ingh.*), pietre (*f. pl.*) grosse (*in un cemento armato per grossi getti*).
plum spirit (*chim.*), grappa (*f.*) di prugne.
— **tree,** susino *m.* (*bot.*); pruno *m.*
plumb, a piombo; verticale.
— *v.a.* piombare (col filo a piombo).
— **bob,** piombino *m.*
— **-line** filo a piombo.
— **(the ventilation shaft was drilled —)** (*min.*), il pozzo di ventilazione fu perforato a piombo.
— **(to be —),** essere a piombo.
plumbago, grafite *f.*; piombaggine *f.*
— **crucible,** crogiolo (*m.*) di grafite.
plumber, idraulico *m.*

plumbiferous, *agg.* piombifero.
plumbing (*idraul.*), conduttura *f.* (per l'acqua); impianto (*m.*) di erogazione dell'acqua.
— **and sanitary engineering,** ingegneria igienico-sanitaria.
« **plumbness** » (*pozzi min.*), verticalità *f.* (l'essere verticale).
plume (*inquinamento*), pennacchio *m.*; (*rise of hot plumes in the atmosphere*), formazione di pennacchi di fumo caldi nell'atmosfera.
— **of volcanic ash** (*vulcani*), pennacchio di cenere vulcanica.
— **(eruption —),** pennacchio di eruzione vulcanica (ceneri e vapori).
— **(gaseous —),** pennacchio di gas.
plummer block, supporto (*m.*) a cuscinetto.
plummet, filo (*m.*) a piombo; scandaglio *m.*
plunge cut grinding (*macch. ut.*), rettifica (esterna con avanzamento) a tuffo.
— **feed** (*macch. ut.*), avanzamento (*m.*) a tuffo.
— **-grind,** rettificare a tuffo.
— **grinder** (*macch. ut.*), rettificatrice a tuffo.
plunger, stantuffo (*m.*) tuffante; (*pressofusione*), pistone d'iniezione.
— **machine,** macchina a camera calda con iniezione a pistone.
— **pump,** pompa (*f.*) a stantuffo tuffante.
— **(bottom —)** (*estrusione met.*), controstantuffo *m.*
plunging method (*fond.*, *trattam. ghise*), metodo ad immersione.
plural scattering (*fis. radiaz.*), dispersione plurima.
plus lens, lente (*f.*) convergente (lente positiva).
— **mesh** (*metall. delle polveri*), parte del campione (*polvere*) trattenuta sul vaglio.
plush (*tess.*), felpa *f.*; peluzzo *m.*
— **-copper,** calcotrichite *f.*
Pluto (*astron.*), Plutone *m.*
plutonium (*chim.* = Pu), plutonio *m.*
— **bomb** (*fis. atom.*), **bomba** (*f.*) **al plutonio.**
— **breeder** (*fis. atom.*), **reattore** (*m.*) rigeneratore al plutonio.
— **fission** (*fis. atom.*), fissione (*f.*) di plutonio.
— **nitrate** (*fis. atom.*), nitrato (*m.*) di plutonio.
— **pile** (*fis. atom.*), reattore (*m.*) al plutonio.
— **-producing reactor** (*fis. atom.*), reattore (*m.*) **producente plutonio; reattore plutonigeno.**
— **reactor** (*fis. atom.*), reattore (*m.*) al plutonio.
— **separation plant** (*fis. atom.*), **impianto (*m.*) di separazione del plutonio.**
— **ship,** nave per trasporto di nitrato di plutonio.
— **sulphate** (*fis. atom.*), solfato (*m.*) di plutonio.
pluviometer, pluviometro *m.*
ply (*tess.*), filato semplice di ritorto; strato *m.*; abbrev. di: **plywood.**
— **undercarriage formers** (*aereo*), ordinate (*f. pl.*) di compensato del carrello.
plywood, legno (*m.*) compensato.
— **lining,** rivestimento (*m.*) in legno compensato.
pneumatic, *agg.* pneumatico.
— **brake,** freno (*m.*) pneumatico.
— **braking,** frenaggio (*m.*) ad aria compressa.
— **caisson** (*fond.*, *idr.*), cassone (*m.*) pneumatico.
— **caulking (— calking),** pressatura (*f.*) pneumatica; calafataggio (*m.*) con utensile pneumatico.
— **chisel,** scalpello (*m.*) ad aria compressa.
— **chuck** (*macch. ut.*), mandrino (*m.*) a comando pneumatico; (*mecc.*), mandrino pneumatico.
— **clutch** (*mecc.*), innesto (*m.*) pneumatico; (*macch. ut.*), frizione pneumatica.
— **concentration of ores** (*min.*),

concentrazione di minerali per via pneumatica.

pneumatic control (*macch. ut.*), comando (*m.*) pneumatico.

— **conveyor,** elevatore (*m.*) pneumatico.

— **cushioning,** ammortizzazione (*f.*) ad aria compressa.

— **cylinder,** cilindro (*m.*) ad aria compressa; cilindro (*m.*) pneumatico.

— **drilling machine,** trapano (*m.*) ad aria compressa.

— **elevator** (*ind. mol.*), elevatore (*m.*) pneumatico.

— **foundations,** fondazioni (*f. pl.*) pneumatiche.

— **gauging,** misura con strumenti ad amplificazione pneumanometrica.

— **hammer,** maglio (*m.*) pneumatico; martello (*m.*) ad aria compressa.

— **machine vice** (*macch. ut.*), morsa pneumatica.

— **motor** (*acust.*), motore (*m.*) pneumatico (di organo).

— **pick,** martello (*m.*) pneumatico.

— **portable tool,** utensile (*m.*) pneumatico portatile.

— **press** (*macch. ut., met.*), pressa (*f.*) pneumatica.

— **reverse,** inversione *f.* di marcia ad aria compressa.

— **riveter,** chiodatrice (*f.*) ad aria compressa.

— **riveting,** ribaditura (*f.*) ad aria compressa.

— **riveting hammer,** martello (*m.*) pneumatico per ribadire.

— **squeeze riveting machine,** ribaditrice a serraggio pneumatico.

— **stowing** (*min.*), ripiena (*f.*) pneumatica.

— **system** (*aereo*), sistema pneumatico.

— **tools,** utensili (*m. pl.*) pneumatici.

— **valve,** valvola pneumatica.

— **vibrator,** vibratore (*m.*) pneumatico; vibratore (*m.*) ad aria compressa.

pneumatically operated (*mecc.*), ad azionamento pneumatico (p. es. di mandrini).

— **operated switch** (*elet.*), interruttore ad aria compressa.

pneumatics, pneumatica *f.*

pneumatolytic, *agg.* (*geol.*), pneumatolitico.

pneumococcus (*med.*), pneumococco *m.*

pneumoconiosis (*med.*), pneumoconiosi *f.* (fibrosi dei polmoni dovuta a polvere di silicio).

pneumothorax (*med.*), pneumatorace *m.*

PO box (*postal office box*), casella (*f.*) postale.

pocket, tascabile *agg.* (es.: *pocket watch* = orologio tascabile); sacca *f.* (di accumulatore); buca *f.*; (*to cut a pocket in the tunnel roof for insulators*), fare una buca nel tetto della galleria per installarvi degli isolatori (*min.*); (*auto*), tasca *f.* (portacarta, portaoggetti, ecc.); scomparto del selezionatore delle schede (*inform.*).

— **calculator,** calcolatore elettronico tascabile.

— **chamber** (*fis. atom.*), camera di ionizzazione (*f.*) portatile.

— **dosimeter** (*fis. atom.*), dosimetro (*m.*) tascabile.

— **heel** (*tess.*), tallone diminuito.

— **ion chamber** (*fis. atom.*), camera (*f.*) di ionizzazione portatile.

— **ionization chamber** (*fis. atom.*), camera (*f.*) di ionizzazione portatile.

— **magnifier,** lente d'ingrandimento tascabile.

— **meter** (*fis. atom.*), dosimetro (*m.*) tascabile.

— **of ore** (*geol.*), sacca di minerale coltivabile.

— **plate** (*elet.*), piastra (*f.*) a sacche (di accumulatore).

— **screwdriver,** cacciavite (*m.*) tascabile.

pocket-sized automatic revolver (*armi*), rivoltella automatica tascabile.
— **television set** (*telev.*), televisore tascabile.
— **tool kit,** borsa (*f.*) tascabile (con utensili).
— **voltmeter** (*elet.*), voltmetro (*m.*) tascabile.
pocketable, *agg.*, tascabile.
pocketed valve, valvola (*f.*) tubolare.
pockmarks (*met.*), v. **sulphur —.**
pod (*aereo*), gondola aerodinamica sotto le ali per carichi esterni; (*mil.*, *aereo*), contenitore fusiforme; (*gen.*), vedi: **instrument —.**
point, punto *m.*; punta *f.*; appuntare *v.a.*; orientare *v.a.* (uno strumento); (*tip.*), punto tipografico; misura dello spessore della carta (= 0,001 pollici); (*inform.*), virgola decimale; punto.
4-point (*tipog.*), corpo 4.
5-point (*tipog.*), corpo 5.
5 ½-point (*tipog.*), corpo 5 ½.
6-point (*tipog.*), corpo 6.
7-point (*tipog.*), corpo 7.
8-point (*tipog.*), corpo 8.
9-point (*tipog.*), corpo 9.
10-point (*tipog.*), corpo 10.
11-point (*tipog.*), corpo 11.
12-point (*tipog.*), corpo 12.
14-point (*tipog.*), corpo 14.
18-point (*tipog.*), corpo 18.
1 point face (*tip.*), filetto scuro da un punto.
2 point face (*tip.*), filetto scuro da due punti.
— **-contact diode** (*elettron.*) diodo (*m.*) a punta.
— **-contact transistor** (*elettron.*), transistore (*m.*) a punte.
— **counter** (*fis. atom.*), contatore (*m.*) a punta.
— **counter tube** (*fis. atom.*), tubo (*m.*) del contatore a punta; contatore (*m.*) a punta.
— **defects** (*met.*), difetti puntuali (nei reticoli dei materiali cristallini).
point electrode, elettrodo (*m.*) a punta.
— **lattice** (*fis. atom.*), reticolo (*m.*) a punta.
— **man** (*petrolio*), vedi: **pipeliner.**
— **of contact,** punto (*m.*) di tangenza.
— **of intersection,** punto (*m.*) d'incrocio; punto (*m.*) d'intersezione.
— **of no-return** (*aereo*), semiautonomia pratica.
— **of pile,** cuspide (*f.*) di un palo.
— **of reference,** caposaldo (*m.*) di livellazione.
— **of support** (*cost.*), punto (*m.*) di appoggio.
— **of tooth,** testa (*f.*) del dente.
— **paper** (*tess.*), carta da patrona; carta quadrettata.
— **particle** (*fis. atom.*), particella (*f.*) puntiforme.
— **pass** (*tess.*), rimettaggio (*m.*) a punta.
— **rail** (*ferr.*), ago *m.*
— **scatterer** (*fis. atom.*), diffusore (*m.*) a punta.
— **source** (*fis. atom.*), sorgente (*f.*) puntiforme.
— **size** (*tip.*), corpo *m.*
— **-to-point numerical control** (*controllo numerico*) (*macch. ut.*), controllo numerico punto a punto.
— **-to-point positioning** (*macch. ut.*), posizionamento punto a punto.
— **-to-point wiring** (*elettron.*), filatura mediante connessione punto-punto.
— **-welding,** saldatura (*f.*) per punti; saldatura (*f.*) a punti rilevati.
— (*v.a.*) **with steel,** acciaiare *v.a.*
pointed centre, punta *f.* (di una macch. utensile).
— **cocoon,** bozzolo (*m.*) appuntito.
— **dome,** cupola (*f.*) a sesto acuto.
— **hook tool,** utensile (*m.*) a becco appuntito.

pointer, indice *m.* (di quadranti); indice (*m.*) di uno strumento; lancetta *f.* (di strumento); ago *m.*; (*inform.*), puntatore *m.*; indicatore *m.* (necessari per localizzare un « file »).
pointing, (*costr.*) riempitura con calce delle commessure; (*mecc.*), assottigliamento di fili o tubi per un breve tratto, prima di trafilarli; (*armi*), puntamento *m.*
— **machine** (*macch. ut.*), smussatrice *f.*
— **trowel,** cazzuola (*f.*) per commessure.
points (*ferr.*), scambio *m.*; (*auto*) (*sparking plug* —), puntine (*f. pl.*), di candela.
pointsman, deviatore *m.*
poise, unità di viscosità assoluta; equilibrio *m.*; peso *m.*; mantenere costante il potenziale di ossidazione di una soluzione chimica.
poising, equilibratura *f.*
poison, veleno *m.*; *v.a.* avvelenare; intossicare *v.a.*
— **gas,** gas (*m.*) tossico.
poisoning, avvelenamento *m.*
— **(beryllium —),** avvelenamento dovuto al berillio.
— **(cadmium —),** avvelenamento dovuto al cadmio.
— **(collective —),** intossicazione collettiva.
— **(lead —)**; avvelenamento dovuto al piombo.
— **(plutonium —),** avvelenamento dovuto al plutonio.
— **(polonium —),** avvelenamento dovuto al polonio.
— **(radium —),** avvelenamento dovuto al radio.
— **(thallium —),** avvelenamento dovuto al tallio.
poisonous, *agg.*, tossico.
— **effect** (*fis. atom.*), effetto (*m.*) tossico; effetto (*m.*) di avvelenamento.
Poisson's ratio (*resist. mater.*, *costr.*), modulo (*m.*) di Poisson.
poker, attizzatorio *m.*; (*met.*), picca *f.*; ferro per piccaggio.
polar, *agg.* (*geom.*), polare.
— **angle** (*diagrammi di diffrazione*), angolo polare.
— **atmosphere** (*corrosione*), atmosfera polare.
— **axis** (*astr. crist.*), asse (*m.*) polare.
— **curve** (*ill.*), curva (*f.*) fotometrica.
— **field,** campo (*m.*) polare.
— **response** (*acust.*), risposta polare.
polarimeter, polarimetro *m.*
polarimetry (*chim.*), polarimetria *f.*
polariscope, polariscopio *m.*
polarise, vedi: **polarize.**
polarity, polarità *f.*
— **indicator** (*elet.*), indicatore (*m.*) di polarità.
— **reversing switch,** commutatore (*m.*) di polarizzazione.
polarization, polarizzazione *f.*
— **error** (*radio*), errore (*m.*) di polarizzazione.
— **fading** (*radio*), evanescenza (*f.*) di polarizzazione.
— **microscope,** microscopio (*m.*) polarizzante.
polarize (to —), polarizzare *v.a.* *v.i.*
polarized light, luce (*f.*) polarizzata.
— **neutron** (*fis. atom.*), neutrone (*m.*) polarizzato.
— **particle** (*fis. atom.*), particella (*f.*) polarizzata.
— **relay** (*elet.*), relais polarizzato.
— **waves** (*radio*), onde (*f. pl.*) polarizzate.
polarizer, polarizzatore *m.*
polarizing lens, lente (*f.*) polarizzante.
polarographic analysis (*chim.*, *metal.*), analisi (*f.*) polarografica.
— **determination,** determinazione polarografica.
polarography (*elettron.*, *chim.*), polorografia *f.*
Polaroid, polaroide *m.*
pole, palo *m.*

pole and straw-cutting machine (*macch. agr.*), trinciastocchi-trinciapaglia *f.*
— **-armature,** indotto (*m.*) a stella; indotto (*m.*) polare.
— **changer,** invertitore (*m.*) di poli.
— **changing control** (*elet.*), comando d'inversione di poli.
— **compass,** bussola (*f.*) a palo.
— **-core** (*elet.*), nucleo (*m.*) del polo (*o* magnetico).
— **distance** (*elet.*), distanza (*f.*) dal polo.
— **face** (*elet.*), superficie (*f.*) polare.
— **finder,** cercapoli *m.*
— **-finding paper** (*elet.*), carta (*f.*) cercapoli.
— **for aerial lines** (*elet.*), palo (*m.*) per conduttura.
— **gap** (*di ciclotrone*) (*fis. atom.*), intraferro *m.*
— **mast** (*naut.*), albero (*m.*) in un solo pezzo.
— **-mounted breaker,** interruttore (*m.*) montato su palo.
— **piece** (*elet.*), espansione (*f.*) polare.
— **pitch** (*elet.*), passo (*m.*) polare.
— **plate,** banchina (*f.*) di un tetto.
— **position** (*corse auto*), prima posizione al nastro di partenza.
— **-shank** (*elet.*), nucleo (*m.*) magnetico.
— **shoe** (*elet.*), espansione (*f.*) polare.
— **strap** (*ing. elet.*), collare (*m.*) per palo.
— **tip** (*elet.*), punta (*f.*) polare.
— **vault** (*sport*), salto con l'asta.
polecat, puzzola *f.*
poles, poli *m. pl.*
— **asunder,** poli (*m. pl.*) di senso opposto.
police car with the light atop flashing (*auto*), auto della polizia con luce lampeggiante sul tetto.
— **court,** pretura *f.*
— **helicopter** (*aereo*), elicottero della polizia.
— **judge,** pretore *m.*
poling (*met.*), riduzione del rame fatta immergendo tronchi di betulla, ecc.: trattamento al legno verde.
— **board,** dossale *m.*; tavola (*f.*) d'armamento; tavolone *m.*; legname (*m.*) di riempimento (*min.*).
poliphase motor, motore (*m.*) polifase.
polish, levigatura *f.*; brunitura *f.*
— *v.a.* lucidare; lisciare; levigare; brunire; pulire; brillantare (*con mole*).
— **metals,** pulire (*v.a.*) i metalli.
— **with emery,** smerigliare *v.a.*
polished glass, vetro (*m.*) smerigliato.
— **specimen** (*met., ecc.*), provino lucidato al panno.
polisher, brunitore *m.*; vedi: **electric —.**
polishing, pulitura *f.*; lucidatura *f.*; lisciatura *f.*; pulitura *f.* (levigatura).
— **barrel** (*macch. ut.*), pulitrice *f.* (barilatrice).
— **compositions,** paste (*f. pl.*) per pulitura.
— **machine,** lucidatrice *f.*; (*macch. ut.*), pulitrice *f.*
— **ochre,** rossetto (*m.*) inglese.
— **of metals,** lucidatura dei metalli.
— **varnish,** vernice (*f.*) da lucidare.
— **(band — machine)** (*macch. ut.*), pulitrice a nastro.
— **(metallurgical — machine)** (*macch. ut.*), pulitrice metallurgica.
— **(rotary disc — machine)** (*mecc.*), pulitrice a disco rotante.
polling (*inform.*), chiamata selettiva; interrogazione di terminali, collegati su una stessa linea, per verificare se uno dei due ha la necessità di utilizzare la linea per trasmettere o ricevere dati.
pollutant (*chim., ecc.*), materiale inquinante.

polluted air, aria inquinata (*da gas di scarico, ecc.*).
— **area,** zona inquinata.
— **water,** acqua (*f.*) inquinata.
pollution (*chim. ind. gas., ecc.*) inquinamento *m.*; v. **noise** —; v. **radiological** —; v. **thermal** —.
— **abatement,** riduzione dell'inquinamento.
— **monitoring equipment** (*naut.*), attrezzatura per il controllo dell'inquinamento.
— **abatement facility** (*ind.*), impianto per la riduzione dell'inquinamento.
— **resistance factor,** fattore di immunità all'inquinamento.
— **(air — control system),** sistema di controllo dell'inquinamento atmosferico.
— **(to cut out —),** togliere (eliminare l'inquinamento).
polly (*cinem.*), eco *m.*
polonium (*chim.* = Po), polonio *m.*
poly gas, vedi; **polymerized gasoline.**
polyacetylene (*chim.*),poliacetilene.
polyacryl fibres (*chim., tess.*), fibre poliacriliche.
polyacrylic rubber, gomma (*f.*) poliacrilica.
polyaddition (*chim.*), poliaddizione *f.*
polyadic equation, equazione (*f.*) poliadica.
polyamide (*chim.*), poliammide.
— **fibre** (*tess.*), fibra (*f.*) poliammidica.
— **resin,** resina (*f.*) poliammidica.
polyatomic, *agg.* poliatomico.
polychromatic, *agg.* policromatico.
polychrome, *agg.* policromo.
polycondensation (*chim.*), policondensazione *f.*
polycrystal (*min.*), policristallo *m.*
polycristalline germanium ingot (*min.*), lingotto (*m.*) di germanio policristallino.
— **materials** (*cristal.*), materiali policristallini.
polydimensional analysis, analisi (*f.*) polidimensionale.
polyenergetic, *agg.* polienergetico.
— **neutrons** (*fis. atom.*), neutroni (*m. pl.*) **polienergetici.**
polyester (*chim.*), poliestere *m.*; (*tess.*) (*chim.*), fibra poliestere Terital.
— **glass fiber materials** (*plastics*), laminati (*m. pl.*) vetropoliestere.
— **resin,** resine (*f. pl.*) poliestere.
polyethersulphone (*chim.*), polietersulfone *m.*
polyethylene, materiale isolante di natura plastica: polietilene *m.*
— **resins,** resine (*f. pl.*) polietileniche.
— **terephthalate** (*chim.*), **tereftalato di polietilene.**
polyforming (*ind. pet.*), procedimento di « reforming » in cui si associa il « reforming » termico alla polimerizzazione, in una singola operazione.
polygala (*bot.*), poligala *f.*
polygon, poligonale *f.*; poligono *m.*
polygonal, *agg.* poligonale.
— **bond,** assestamento (*m.*) ad opera incerta; assestamento (*m.*) poligonale.
— **trace** (*agrim.*), rete (*f.*) poligonale.
polygraph, poligrafo *m.*
polygraphic, *agg.* poligrafico.
polygraphy, poligrafia *f.*
polyhedron, poliedro *m.*
polymer sealant, sigillante polimerico.
polymeric, *agg.* polimerico.
polymerization, polimerizzazione *f.*
polymerism, polimeria *f.*
polymerize, *v.i.*, polimerizzarsi *v.r.*
polymerized gasoline (U.S.A.), benzina polimerizzata.
polymorphism, polimorfismo.
polymorphous, *agg.* polimorfo.
polynomial (*mat.*), polinomio *m.*
polynuclear, *agg.* (*fis. atom.*), **polinucleare.**
polyphase (*elet.*), *agg.* polifase.
— **circuit** (*elet.*), circuito (*m.*) polifase.
— **motor** (*elet.*), motore (*m.* polifase.

polyphase transformer (*elet.*), trasformatore (*m.*) polifase.
polysilicon (*chim.*), polisilicio *m.* (materiale usato nell'industria dei semiconduttori).
polystyrene (*chim.*, *plast.*), polistirolo *m.*; polistirene *m.*
— **resins**, resine (*f. pl.*) polistiroliche.
polysulphide rubber, gomma (*f.*) polisulfidica.
polysynthetic, *agg.*, polisintetico (che si riferisce a più arti e scienze nella loro pratica applicazione).
polytechnic, politecnico *m.* e *agg.*
polytechnics, politecnica *f.*
polythene bag (*plast.*), sacchetto di politene.
polyurethane resins, resine (*f. pl.*) poliuritaniche.
polyvalent (*chim.*), *agg.* polivalente.
polyvinyl chloride (*chim.*), vipla *f.*
— **resins**, resine (*f. pl.*) polivinili.
pomology (*science of fruit-growing*), frutticoltura *f.*
pom-pom, martello (*m.*) pneumatico per ribadire; cannoncino (*m.*) antiaereo.
pona analysis (*ind. pet.*), analisi delle quantità di paraffine, olefine, nafteni, ed aromatici.
pond (*idraul.*), stagno *m.*
pontie (*vetro*), pontello (per togliere l'oggetto soffiato dalla canna).
pontil (*vetro*), v. **pontie.**
pontoon, galleggiante *m.* (*aereo*) (di un apparecchio); barcone *m.*; pontone *m.*
— **bridge**, ponte (*m.*) di barche; ponte in chiatte.
— **swing bridge**, ponte (*m.*) girevole su barconi.
pony girder, trave (*f.*) secondaria.
— **motor**, motore (*m.*) ausiliario.
— **truck**, carrello a due ruote.
pooh-pooh (to —) an idea, mettere in ridicolo un'idea.
pool (*ind. pet.*), bacino petrolifero.
poop (*slang*) (*radar*), impulso *m.*
— **deck**, cassero (*m.*) di poppa.
poor, *agg.* difettoso; cattivo; scadente; povero.
— **contact** (*elet.*), contatto difettoso.
— **electrical conductor** (*elet.*), conduttore (*m.*) cattivo.
— **gas**, gas (*m.*) povero.
— **mixture**, miscela (*f.*) povera.
— **quality sand**, sabbia (*f.*) di qualità scadente.
pop (*naut.*), coffa *f.*
— **gate** (*fond.*), canale di colata a cuneo.
— **valve**, valvola (*f.*) di sicurezza a molla (caldaie); (*ing.*), valvola ad azione diretta.
p.o.p. (*fot.*), carta al citrato (carta per stampa fotografica, che non richiede sviluppo).
pop-up glass panel roof (*auto*), tettuccio con apertura a scatto in pannello di vetro.
— **-up headlamps** (*auto*), proiettori (fari) a scomparsa regolabili dall'interno.
poplar, pioppo *m.*
— **-tree**, pioppo *m.*
— **wood** (*bot.*), legno (*m.*) di pioppo.
poplin (*tess.*), popeline *f.*
poppet valve, valvola (*f.*) tubolare.
poppets (*naut.*), colonne (*f. pl.*) dell'invasatura.
popping noise (*radio*), rumore di scoppiettio.
poppy capsules, capsule di papavero.
— **heads**, capsule di papavero.
— **oil**, olio (*m.*) di papavero.
— **-seed oil**, olio di semi di papavero.
porcelain, porcellana *f.*
— **clay**, caolino *m.*
— **insulator**, isolatore (*m.*) di porcellana.
— **shell**, rivestimento (*m.*) di porcellana.
— **socket** (*elet.*), zoccolo (*m.*) di porcellana (di lampada elet.).
porcupine drawing (*tess.*), stiratoio (*m.*) a cilindri dentati.
— **opener** (*tess.*), piccolo apritoio (*m.*) con tamburo a denti.
pore (*punta di spillo*) (*met.*), poro *m.*

porometer (*chim. petrol.*), porosimetro *m.* (indicatore di porosità).

porous, *agg.* poroso.

— **barrier** (*fis. atom.*), barriera (*f.*) porosa.

— **brick,** mattone (*m.*) poroso.

— **casting,** getto (*m.*) poroso.

— **ceramic foam,** schiuma ceramica porosa.

— **products** (*met.*), prodotti porosi.

— **weld** (*sald.*), saldatura (*f.*) porosa.

porosity, porosità *f.*

porpenzite (*min.*), porpenzite *f.*

porphyrites (*geol.*), porfiriti *f. pl.*

porphyritic, *agg.* porfirico.

— **tuff,** tufo (*m.*) porfirico.

porphyrize, *v.a.* porfirizzare.

porphyry, porfido *m.*

porpoise (*aereo*), movimento ondulatorio di idrovolanti intorno al loro asse laterale: delfinaggio *m.*

porpoising (*aereo*), delfinaggio *m.* (*idrovolanti*); rimbalzo causato da notevole velocità di atterraggio (*aerei*); (*naut.*), delfinamento (*o*) galoppamento *m.* (oscillazione ciclica di scafo di imbarcazione planante).

port, portello *m.* (*naut.*); luce *f.* (*mecc.*); foro *m.*; apertura *f.*; lato (*m.*) sinistro (della nave o dell'aereo) (*port* sostituisce il vecchio termine *larboard*); babordo *m.*; porto *m.* (*naut.*); (*aereo*) (*naut.*), portellone *m.*; (*inform.*), porta (*o* canale) (per collegamenti a stampanti, con l'esterno, con il monitor, ecc.).

— **front seat** (*aereo*), sedile (*m.*) anteriore di sinistra.

— **-hole** (*mecc.*), luce *f.*

— **inner** (*slang*) (*aereo*) (U.S.A.), motore (interno) sull'ala sinistra (rispetto al pilota).

— **of a valve,** luce (*f.*) di una valvola.

— **outer** (*slang*) (*aereo*) (U.S.A.), motore (esterno) sull'ala sinistra (rispetto al pilota).

port radio station, stazione radioportuale.

— **split flap** (*aereo*), ipersostentatore (*m.*) di sinistra a spacco.

— **width,** larghezza (*f.*) della luce (di cilindro).

— **wing navigation light** (*aereo*), fanale (*m.*) di posizione sull'ala sinistra.

portable, *agg.* portatile.

— (*sostantivo*), macchina da scrivere portatile; televisore (*o* radio) portatile; casa trasportabile; modello portatile (*di strumenti*) (p. es. di analizzatore (*portable analyser*).

— **accumulator** (*elet.*), accumulatore (*m.*) portatile.

— **boring machine,** barenatrice (*f.*) portatile; alesatrice (*f.*) (*f.*) portatile.

— **box worktable,** tavola mobile.

— **bridge,** ponte (*m.*) smontabile.

— **compressor** (*mecc.*), compressore (*m.*) portatile.

— **cylinder,** bombola portatile (di acetilene, ossigeno, ecc.).

— **drill,** trapano (*m.*) portatile.

— **electric grinder,** rettificatrice (*f.*) elettrica portatile.

— **electrometer** (*elet.*), elettrometro (*m.*) portatile.

— **elevator,** elevatore (*m.*) mobile (*o* carreggiabile).

— **equipment,** attrezzatura (*f.*) portatile.

— **fire extinguisher,** estintore (*m.*) portatile.

— **engine,** locomobile *m.*

— **instrument** (*elet.*), strumento (*m.*) portatile.

— **lamp,** lampada (*f.*) portatile.

— **loader** (*min.*), caricatrice a cingoli.

— **machine,** macchina (*f.*) portatile.

— **monitor** (*fis. atom.*), monitore (*m.*) portatile.

— **muller** (*fond.*), molazza (*f.*) portatile.

portable oscillograph, oscillografo (*m.*) portatile.
— **photometer** (*illum.*), fotometro (*m.*) portatile.
— **power screen,** vagliatrice (*f.*) portatile ad elettricità.
— **railway,** ferrovia (*f.*) trasportabile.
— **reflecting galvanometer,** galvanometro(*m.*) portatile a riflessione.
— **set,** apparecchio (*m.*) radio portatile.
— **spot-light** (*illum.*), proiettore (*m.*) ausiliario portatile.
— **substation** (*elet.*), sottostazione (*f.*) mobile.
— **track,** binario portatile (*Decauville*).
— **wattmeter,** wattometro (*m.*) portatile.
portal (*cost.*) (*elet.*), portale *m.*
— **crane,** gru (*f.*) a portale.
— **frame** (*ferr.*), sostegno (*m.*) a portale; (costr.), portale *m.*
— **frame in tubular lattice work** (*costr.*), portale a traliccio.
— **jib crane** (*ferr.*), gru (*f.*) montata su portale.
porter (*tess.*) (misura nella fabb. della tela), portata *f.*
— **bar** (*mecc.*), barra portante.
porthole (*aereo*), finestra *f.*
portion of girder, tratto (*m.*) di trave.
Portland cement, cemento (*m.*) Portland.
— **stone,** pietra (*f.*) Portland.
portolan (*naut.*), portolano *m.*
portrayal (*chim.*), rappresentazione *f.*(di una struttura); disegno *m.*
ports, luci (*f.*) *pl.* (del cilindro).
POS terminal (*inform.*), terminale al punto di vendita.
position, posizione *f.*
— **(to —),** *v.a.* mettere in posizione; piazzare; collocare; (*controllo numerico macch. ut.*), posizionare.
— **-finding** (*radio*), localizzazione di una stazione (*f.*) trasmittente.
position line (*aereo*), linea (*f.*) di posizione.
— **meter** (*tel.*), contatore (*m.*) totalizzatore.
— **of crank,** posizione (*f.*) della manovella.
— **of rest,** posizione (*f.*) di riposo.
— **peg count register** (*tel.*) (U.S.A.) contatore (*m.*) totalizzatore.
— **test** (*orol.*), prove (*f. pl.*) di posizione.
— **transducer** (*numerical control*), trasduttore (*m.*) di posizione.
positional adjustment (*orol.*), ritocco di posizione.
— **(***or* **spherical) astronomy,** astronomia (*f.*) sferica.
positioner, posizionatore *m.*
— **(heavy workpiece —),** posizionatore per grossi pezzi.
— **(welding —),** posizionatore per saldatura.
positioning (*controllo numerico*) (*macch. ut.*), posizionamento.
— **of the sections** (*cost. ponti*), piazzamento delle sezioni del ponte.
— **table** (*controllo numerico*) (*macch. ut.*), tavola di posizionamento.
— **(point by point —)** (*controllo numerico*), posizionamento punto a punto.
positive (*fot.*), positiva *f. agg.*, positivo.
— **bias** (*radio*), tensione (*f.*) di griglia positiva.
— **booster** (*elet.*), survoltrice *f.*
— **charge,** carica (*f.*) positiva.
— **dihedral angle,** angolo (*m.*) diedro positivo.
— **distortion** (*telev.*) (U.S.A.), distorsione dell'immagine « a bariletto ».
— **electricity,** elettricità (*f.*) positiva.
— **electrode** (*elet.*), elettrodo (*m.*) positivo.
— **electron** (*fis. atom.*), elettrone (*m.*) positivo.
— **feedback** (*radio*), rigenerazione *f.*
— **film stock** (*cinem.*), positivo *m.*
— **image,** immagine (*f.*) positiva.

positive impulse flashover voltage (*elet.*), tensione (*f.*) di scarica ad impulso positivo.
— **ion** (*fis. atom.*), ione (*m.*) positivo.
— **jump** (*fis. atom.*), salto (*m.*) positivo.
— **moment,** momento positivo.
— **pole,** polo (*m.*) positivo.
— **potential,** potenziale (*m.*) positivo.
— **rake** (*macch. ut.*), inclinazione (*f.*) positiva; orientabilità (*f.*) positiva.
— **rays** (*fis.*), raggi positivi (*o* canali).
— **regeneration** (*radio*), reazione (*f.*) positiva.
— **replica** (*microscopio elettron.*), replica (*f.*) positiva.
— **sign,** segno (*m.*) positivo.
— **wire** (*elet.*), filo (*m.*) positivo.
positon (*fis. atom.*), v. **positron.**
positron, positrone *m.*
— **decay** (*fis. atom.*), disintegrazione (*f.*) con emissione di positroni.
— **emission** (*fis. atom.*), emissione (*f.*) positogena.
— **emitter** (*fis. atom.*), emettitore (*m.*) di positroni.
possible, *agg.* possibile.
possibility, possibilità *f.*
post, palo *m.*; dritto *m.* (di poppa) (*naut.*); ritto *m.*; montante *m.* (*cost. civ.*); gamba (*f.*) di quadro (*miniere*).
— **-and-cap** (*min.*), quadro (*m.*) zoppo (*ad una sola gamba*).
— **-and-stall method** (*min.*), metodo di colonne e gallerie.
— **blow** (*met.*), post-soffiaggio *m.*
— **-head** (*elet.*), bullone (*m.*) polare.
— **-inoculation** (*fond.*), post-inoculazione *f.*
— **peeler (mechanical — peeler)** (*agr.*), scortecciatrice meccanica per pali.
— **-scoring** (*cinem.*), post-sincronizzazione *f.*; post-sonorizzazione *f.*
post-synchronization (*cinem.*), post-sincronizzazione *f.*
postage meter machine, macchina per imprimere e calcolare bolli.
— **stamp,** francobollo *m.* **(do not affix postage –),** non affrancare.
postal aeroplane, aeroplano (*m.*) postale; aeropostale *m.*
— **car,** carrozza (*f.*) postale.
— **scales,** bilancia per lettere.
postcode (*posta*), codice (*m.*) postale.
posted price (*petrolio*), prezzo imposto dall'OPEC per il petrolio grezzo.
poster, affisso *m.* (cartellone).
poster panel (*pubbl.*), tabellone *m.* (pubblicitario).
— **paper** (*tip.*), carta per affissi.
— **stamp** (*pubblicità*), francobollo pubblicitario staccabile.
postheat (*met.*), postriscaldo *m.*
posting (*pubb.*), affissione *f.* (*inform.*), registrazione *f.*; scrittura *f.*
— **period** (*pubb.*), periodo di affissione (sul tabellone esterno).
postprocessing (*inform.*), post-trattamento; elaborazione posteriore; post elaborazione.
postulate (to —) (*mat.*), enunciare *v.a.*
pot, crogiuolo *m.*; (*met.*), v. **slag —.**
— **(to —)** (*cosmetici*), mettere in vasetto (creme, ecc.).
— **annealing** (*met.*), ricottura in pozzo.
— **annealing furnace** (*met.*), forno di ricottura a cassa.
— **brazing** brazatura (*f.*) per immersione.
— **-dressing,** vernice protettiva per crogiuoli.
— **furnace,** forno (*m.*) a crogiuoli.
— **pump plunger** (*tip.*), stantuffo del crogiuolo.
potash, potassa *f.*
— **lye,** liscivia di potassa.
potassic, *agg.* potassico.
— **cyanide,** cianuro (*m.*) di potassio.
— **fertilizers,** concimi (*m. pl.*) potassici.
potassium (*chim.* = K), potassio *m.*

potassium acetate (*chim.*), acetato (*m.*) di potassio.
— **cell,** cella (*f.*) al potassio.
— **chlorate,** clorato (*m.*) di potassio.
— **chloride,** cloruro (*m.*) di potassio.
— **chromate,** cromato (*m.*) di potassio.
— **ferricyanide,** ferrocianuro (*m.*) di potassio.
— **fertilizers,** concimi (*m. pl.*) potassici.
— **fluoride,** fluoruro (*m.*) di potassio.
— **hydroxyde,** potassa *f.*
— **iodide,** ioduro (*m.*) di potassio.
— **nitrate,** nitrato di potassio.
— **nitrite,** nitrito (*m.*) di potassio.
— **perchlorate,** perclorato (*m.*) di potassio.
— **permanganate,** permanganato (*m.*) di potassio.
— **persulphate,** persolfato (*m.*) di potassio.
— **phosphate,** fosfato (*m.*) di potassio.
— **silicate,** silicato (*m.*) di potassa.
— **soap,** sapone potassico (molle).
— **sulphate,** solfato (*m.*) di potassio.
potato flour, fecola (*f.*) di patate.
— **harvester** (*agr.*), raccogli-tuberi *f.*; macchina per la raccolta delle patate.
— **peeler** (*agric.*), (macchina (*f.*)) pelapatate.
— **planter** (*agr.*), piantatrice da patate; piantapatate *f.*
— **starch,** amido di patate; fecola di patate.
potential (*elet.*), potenziale *m.*; (*personale*) merito a seconda del potenziale (*salary will be in the range of... depending on experience and* —), lo stipendio sarà fra... (lire) relativamente all'esperienza e del merito a seconda del potenziale).
— **barrier (*fis. atom.*),** barriera (*f.*) **di potenziale.**
— **curve,** curva (*f.*) del potenziale.
potential diagram (*elettronica*), carta (*f.*) di potenziale.
— **difference (P. D.),** differenza di potenziale.
— **divider** (*elet.*), riduttore (*m.*) di potenziale.
— **drop** (*elet.*), caduta (*f.*) di potenziale.
— **energy,** energia (*f.*) potenziale.
— **equalizer** (*elet.*), compensatore (*m.*) di potenziale.
— **galvanometer,** galvanometro (*m.*) potenziale.
— **gradient,** gradiente (*m.*) potenziale.
— **hole (*fis. atom.*), v. potential well.**
— **indicator** (*elet.*), indicatore (*m.*) di potenziale.
— **mediator** (*cihm.*), acceleratore di potenziale; mediatore di potenziale.
— **scattering** (*fis. atom.*), diffusione (*f.*) potenziale.
— **well (*fis. atom.*),** pozzo (*m.*) di potenziale
potentiometer, potenziometro *m.*
— **-braking** (*elet.*), frenatura a potenziometro (di motori in serie).
potentiometric analysis (*met.*), analisi (*f.*) potenziometrica.
potentiostat (*elet.*, *met.*), potenziostato (per corrente a potenziale costante prestabilito).
potentiostatic technique (*met.*), tecnica (*f.*) potenziostatica (anticorrosiva).
pothole (*strade*), buca (*f.*) profonda.
potter, vasaio *m.*
potter's clay, argilla (*f.*) per ceramiche.
— **wheel,** tornio da vasai.
pottery, ceramica *f.*
potting, fabbricazione di ceramiche.
pouch heel (*tess.*), tallone (*m.*) americano.
Poulsen arc (*radio*), arco Poulsen.
poultry equipment (*agr.*), attrezzatura avicola.

poultry laying house (*costr. rurali*), pollaio *m*.
pound, sterlina *f*.; libbra *f*. = kg 0,45359 e = g 373,24 (*troy* e *in farmacia*).
— *v.a.* pestare (per ridurre in polvere); pillare (la terra).
— **-calorie,** caloria-libbra *f*.
— **down (to —),** costipare.
poundal (*mecc.*), unità di forza nel sistema piede-libbra-secondi.
pounder pestle, pillo *m*.
pounding, pestatura *f*.
pour, *v.a.* colare.
— **back,** *v.a.*, riversare.
— **in,** *v.a.*, versare (in).
— **off,** *v.a.* (*chim.*), decantare.
— **on,** *v.a.*, versare su.
— **on the coal** (*aereo*) (*slang*) (U.S.A.), dare il gas; aumentare la carburazione di un aereo.
— **out,** *v.a.*, versare *v.a.*
— **point,** temperatura (*f*.) di presolidificazione.
— **time** (*met.*), tempo di colaggio.
poured asphalt, asfalto (*m*.) colato.
pouring channel, canale (*m*.) di colata.
— **in,** aggiunta *f*.
— **off,** decantazione *f*.
— **on,** aggiunta *f*.
— **platform** (*met.*), palco di colata.
— **spout** (*met.*), bocchetta (*f*.) di colata.
— **vessel** (*fond.*), recipiente di colata; siviera *f*.; secchione *m*.
powder, polvere *f*.
— **(to —),** polverizzare *v.a.*
— **compact** (*of low-carbon steel etc.*) (*met. polveri*), « compatto » di polvere.
— **compaction** (*met. polveri*), compattazione (*f*.) delle polveri.
— **magazine,** polveriera *f*.
— **metallurgy,** metallurgia delle polveri.
— **metallurgy tooling** (*met.*), utensileria per metallurgia delle polveri.
— **microphone** (*radio*), microfono (*m*.) a polvere di carbone.
— **-mill,** polverificio *m*.
— **packaging plant,** impianto, riempimento fusti (della polvere, ecc.).
powder propellant (*razzi*), propellente a polvere.
powdered (*chim.*), in polvere.
— **coal,** carbone (*m*.) polverizzato.
— **graphite** (*fis. atom.*), grafite (*f*.) in polvere.
— **lime,** calce (*f*.) in polvere.
— **stainless steel,** acciaio inossidabile in polvere.
— **sugar,** zucchero in polvere.
— **uranium** (*fis. atom.*), uranio (*m*.) in polvere.
powdering, riduzione in polvere.
power, potenza *f*.; capacità *f*.; potere *m*.; forza *f*.; (*mecc.*), forza motrice.
— **(to —),** fornire energia.
— **amplifier** (*elet.*), amplificatore (*m*.) di potenza.
— **-amplifier stage** (*radio*), stadio (*m*.) d'amplificatore di potenza.
— **-assisted controls** (*aereo*), comandi (*m. pl.*) con servomotore ausiliare.
— **-assisted gear shift** (*naut.*) (*mot.*), cambio con autoamplificazione.
— **-assisted steering** (*mot.*), servosterzo.
— **barge,** barca (*f*.) a motore.
— **bender,** curvatrice (*f*.) a motore.
— **brake** (*auto*), servofreno *m*.
— **cable** (*elet.*), cavo (*m*.) per forza motrice.
— **car,** automotrice *f*.; carrozza motrice.
— **chain reaction** (*fis. atom.*), reazione (*f*.) a catena energetica; reazione (*f*.) a catena per la produzione di energia.
— **chucking,** lavori (*m. pl.*) su piattaforma automatica.
— **collecting shoe** (*ferr.*) (*elet.*), presa a pattino.
— **collector** (*elet.*) (*ferr.*), asta di presa di corrente (del pantografo).
— **conduit,** conduttura (*f*.) di forza motrice.
— **consumption,** consumo (*m*.) di forza.

power crane, gru (*f.*) automotrice.
— **current fuse** (*elet.*), fusibile di linea.
— **cylinder,** cilindro (*m.*) generatore.
— **-detector** (*radio*), rivelatore (*m.*) di potenza.
— **distribution,** distribuzione (*f.*) dell'energia elettrica.
— **-down** (*elettron.*), spegnimento macchina.
— **driven aeroplane,** motovelivolo *m.*
— **driven rotary table,** v. **rotary table.**
— **electric drill,** trapano (*m.*) elettrico portatile.
— **excursion** (*fis. atom.*), salto (*m.*) di potenza.
— **factor,** fattore (*m.*) di potenza.
— **-factor meter** (*elet.*), fasometro *m.*
— **failure,** mancanza (*f.*) di tensione (accidentale).
— **feed mechanism,** meccanismo (*m.*) dell'alimentazione automatica.
— **flux** (*elet.*), flusso di energia (energia per metro di un fronte di un'onda) (*onde energetiche*; *energia rinnovabile*).
— **gain** (U.S.A.), guadaglio di antenna direttiva.
— **governor,** regolatore (*m.*) di potenza.
— **grid detector** (*radio*), rivelatore (*m.*) della potenza di griglia.
— **-hammer,** martello (*m.*) a motore; maglio (*m.*) a comando meccanico; (*mecc.*), maglio per fucinare.
— **house,** centrale (*f.*) elettrica.
— **level** (*radio*) (*elet.*), livello (*m.*) di potenza; (*fis. atom.*), livello (*m.*) di potenza.
— **-level meter,** voltmetro a corrente alternata a lettura in decibel.
— **lift,** sollevamento meccanico.
— **line** (*elet.*), linea (*f.*) ad alta tensione.
— **lines stringing,** tesatura di linee elettriche.

power loading (*aereo*), carico (*m.*) per cavallo.
— **longitudinal feed,** alimentazione (*f.*) automatica longitudinale.
— **loom,** telaio (*m.*) a motore.
— **loss** (*elet.*), perdita (*f.*) d'energia.
— **mains** (*elet.*), conduttura (*f.*) (*o* linea) per forza motrice; linea (*f.*) elettrica; (*elet.*), distribuzione « forza ».
— **model** (*aereo*), motomodello *m.*
— **of cohesion,** forza (*f.*) di coesione.
— **operated chuck,** mandrino (*m.*) azionato a motore.
— **operated controls** (*aereo*), comandi (*m. pl.*) a servomotore
— **pack,** gruppo motore, trasformatore, raddrizzatore e filtro.
— **pentode** (*elettron.*), pentodo (*m.*) di potenza.
— **per hour,** potenza (*f.*) oraria.
— **plant,** centrale (*f.*) elettrica; gruppo (*m.*) motore; (*aereo*), gruppo motopropulsore; impianto propulsivo.
— **practical ceiling** (*aereo*), quota (*f.*) di tangenza pratica.
— **press,** pressa (*f.*) a motore (*o* meccanica).
— **ratio** (*elet.*), rapporto (*m.*) di potenza.
— **reactor** (*fis. atom.*), reattore (*m.*) di potenza.
— **rectifier** (*elet.*), raddrizzatore *m.*
— **relay,** relay di potenza.
— **resources** (*ind.*), risorse energetiche.
— **riveting,** ribaditura (*f.*) a macchina.
— **source,** sorgente (*f.*) di energia elettrica.
— **stage** (*radio*), stadio (*m.*) di potenza.
— **station,** centrale (*f.*) elettrica (*o* per forza motrice).
— **steering** (*auto*), servosterzo.
— **supply,** alimentazione (*f.*) elettrica.
— **take-off** (*met., agric.*), presa di potenza (*o* di forza).

power-to-weight ratio (*naut.*) (*mot.*), rapporto peso/potenza.
— **transformer** (*elet.*), trasformatore *m.*
— **transistor** (*elettron.*), transistore (*m.*) di potenza.
— **transverse feed,** alimentazione (*f.*) automatica trasversale.
— **tube** (*elet.*) (U.S.A.), valvola (*f.*) di potenza.
— **unit** (*macch. ut.*), unità (*f.*) motrice.
— **unit (coupled-engine—)** (*aereo*), unità motrice a due motori accoppiati.
— **unit (double-engine —)** (*aereo*), unità motrice con due motori ad eliche coassiali.
— **user,** utente (*m.*) d'elettricità.
— **valve** (*elet.*), valvola (*f.*) di potenza.
— **yacht** (*naut.*), panfilo a motore.
— **(installed —)** (*di locomotiva elet.*), potenza installata.
powered descent (*aereo*), discesa (*f.*) con motore acceso.
— **door** (*treno, bus*), porta (*f.*) automatica.
— **support** (*min.*), sostegno (*m.*) meccanizzato.
— **with,** *p.p.* dotato di.
— **wringer,** strizzatore (*m.*) elettrico.
« pozidriv » raised-countersunk head (*mecc.*), testa di vite svasata a goccia di sego con intaglio a croce modificato.
— **recessed head** (*mecc.*), testa di vite con intaglio a croce modificato.
pozzolan (*geol.*), pozzolana *f.*
— **cement** (*costr.*), cemento (*m.*) pozzolanico.
pozzolana, pozzolana *f.*
practical, *agg.* pratico.
practice bomb dispenser (*aereo*), distributore bombe allenamento.
— **pup** (*slang*) (U.S.A.), aliante (*m.*) di allenamento.
pragmatics (*linguistica*), pragmatica *f.*
praseodymium (*chim.* = Pr), praseodimio *m.*
pratique (*naut.*), pratica *f.*
pre-amplification transformer (*acust.*), trasformatore (*m.*) di preamplificazione.
preblow (*met.*), presoffiaggio *m.*
— **(to —)** *v.a.* (*met.*), presoffiare.
precarburizing (*met.*), precarburazione *f.*
precast (*or* **pre-cast) beam** (*cemento*), trave (*f.*) prefabbricata.
— **girder** (*cemento*), trave (*f.*) prefabbricata.
— **piles foundations,** fondazioni (*f. pl.*) con pali in cemento armato, preparati fuori opera.
precaution, precauzione *f.*
precession, precessione *f.*
— **of the equinoxes,** precessione (*f.*) degli equinozi.
precious metal, metallo (*m.*) prezioso.
— **ore,** minerale (*m.*) prezioso.
precipitable, *agg.* (*chim.*), precipitabile.
precipitant (*chim.*), (agente) precipitante *m.*
precipitate (*chim.*), precipitato *m.*; *v.i.* precipitare.
— **out,** *v.i.* (*chim.*), precipitare *v.i.*
precipitated barium carbonate (*chim.*), carbonato (*m.*) di bario precipitato.
— **barium sulphate** (*chim.*), solfato (*m.*) di bario precipitato.
precipitation (*chim.*), precipitazione *f.*
— **hardening** (*met.*), indurimento (*m.*) per precipitazione.
— **-hardening,** *agg.* (*met.*), che incrudisce per sola precipitazione.
— **-hardening stainless steel** (*metal.*), acciaio inossidabile ad invecchiamento artificiale.
— **mechanisms of copper in silicon** (*metal.*), meccanismi di precipitazione del rame nel silicio.
— **with homogeneous nucleation** (*chim.*), precipitazione con nucleazione omogenea.
precipitator, vedi **electronic oil mist and fume precipitator.**

precipitator (electrostatic —) (*purificazione gas*), precipitatore (*m.*) elettrostatico.
precise testing, prova (*f.*) di precisione.
precision, precisione *f.*
— **approach radar (PAR)** (*aereo*), radar di avvicinamento di precisione.
— **beet seed planter** (*agr.*), seminatrice di precisione per barbabietole.
— **bridge** (*elet.*), ponte di precisione.
— **casting** (*fond.*), fusione (*f.*) di precisione (microfusione); fusione (*f.*) a cera persa.
— **casting process,** processo di fusione a cera persa; processo di formatura a cera persa.
— **condenser,** condensatore (*m.*) di precisione.
— **contour grinding,** rettifica profilata di precisione.
— **feeding** (*macch. ut., ecc.*), alimentazione di precisione.
— **finishing** (*met.*), finitura di precisione.
— **forging** (*mecc.*), fucinatura di precisione.
— **forging hammer** (*mecc.*), maglio (*m.*) di fucinatura di precisione.
— **fork,** diapason (*m.*) elettrico di precisione.
— **gage block,** blocchetto (*m.*) di riscontro.
— **grinder,** *m.*, rettificatore (*m.*) di precisione; rettificatrice (*f.*) di precisione.
— **-made chuck** (*macch. ut.*), mandrino di precisione.
— **production centre lathe** (*macch. ut.*), tornio parallelo da produzione di precisione.
— **resistor,** resistenza (*f.*) di precisione.
— **roll grinder** (*macch. ut.*), rettificatrice di precisione per cilindri di laminazione.
— **wavemeter,** ondametro (*m.*) di precisione.
pre-coating (*fond.*), prerivestimento *m.*
pre-combustion engine, motore a precamere.
pre-compression (*cemento armato*), precompressione *f.*
predetermined depth (*mecc.*), profondità (*f.*) prestabilità.
predict (to —), prevedere.
— **the roll force for the next pass** (*met.*), prevedere la forza di laminazione per la passata successiva.
predicable, *agg* prevedibile.
predicted savings (*forni met.*), risparmio previsto.
prefabricated house, casa (*f.*) prefabbricata.
pre-fab techniques (*cost.*), tecniche (*f. pl.*) di prefabbricazione.
preferential flow (*fis. atom.*), **flusso (*m.*) preferenziale.**
preferred numbers, numeri scelti per standardizzazione di pezzi, macchine, ecc.
— **orientation** (*met.*), orientazione preferenziale.
pre-flame reactions, reazione di pre-fiamma.
pre-flight checks (*aereo*), controlli prima del volo.
preform (*met.*), pre-sagomato *m.*
preheat (*met.*), preriscaldamento *m.*; preriscaldo *m.*
— **(to —),** preriscaldare *v.a.*
— **cast iron to a dull red heat,** preriscaldare la ghisa al calor rosso cupo.
— **time** (*sald.*), durata (*f.*) di preriscaldo.
preheated hematitic calcines (*min.*), ceneri ematitiche preriscaldate.
preheating flame (*sald.*), fiamma (*f.*) di preriscaldo.
— **pressure** (*sald.*), pressione (*f.*) di preriscaldo.
— **temperature,** temperatura (*f.*) di preriscaldo.
preignition (*mot.*), preaccensione *f.*; preignizione *f.*
pre-indicator, pre-indicatore *m.*
pre-launch check (*aereo*), controllo prima del lancio.

preliminary, *agg.* preliminare.
— **calculation** (*met., ecc.*), precalcolo *m.*
— **cleaning,** prepulitura *f.*
— **drawing,** stiramento (*m.*) iniziale.
— **heating zone,** zona di preriscaldamento.
— **project,** progetto (*m.*) di massima preliminare.
— **treatment,** trattamento (*m.*) preventivo.
preloading (*mecc.*), precarico *m.*
— **(bolt —)** (*mecc.*), precarico del bullone.
pre-make-ready (*tip.*), preavviamento.
premature, *agg.* prematuro.
— **ignition,** accensione (*f.*) prematura.
premium (*comm.*), offerta a premio (di merce, sia offerta gratuitamente o con sconto); regalo a prezzo ridotto ad un abbon.; (*petr.*), qualità migliore; premio (di assicurazione).
— **grade gasoline, benzina (*f.*) super.**
— **tires** (*auto*), pneumatici rinforzati.
preparation, preparato *m.*; preparazione *f.*
preparatory to, in preparazione di.
prepay (to —), pagare *v.a.* (in anticipo).
prepayment, pagamento (*m.*) in anticipo.
— **meter,** contatore (*m.*) a moneta.
prepelletizing of burden (*min.*), prepelletizzazione della carica.
preplasticizing (*gomma*), preplastificazione *f.*
pre-printed (*inform.*), prestampato (p. es. modulo).
pre-processing (*inform.*), preelaborazione *f.*
preproduction (*ind.*), pre-serie (serie di avviamento).
pre-programmable, *agg.* (*inform.*), preprogrammabile.
preprogrammed, *p.p.* (*elettron.*), preprogrammato.
pre-programmed magnetic card (*inform.*), scheda magnetica pre-programmata.
pre-record, *v.a.* (*inform.*) (*audio*), preregistrare *v.a.*
pre-recorded, *p.p.* (*cassette, ecc.*), pre-registrato.
— **videocassette,** videocassetta preregistrata.
— **video tape** (*inform.*), nastro video preregistrato.
pre-release (*cinem.*), film non ancora distribuito per il pubblico.
prereduce (to —) (*min.*), preridurre.
prereduced, *p.p.*, preridotto (*min.*).
— **pellets** (*met.*), pellet preridotte (con solidi miscelati al minerale, ecc.).
prereduction (*met.*), preriduzione (di minerale).
— **of pellets** (*met.*), preriduzione di pellet.
presbitery (*arch. rel.*), presbiterio *m.*
prescore, *v.a.* (*cinem.*), presincronizzare.
prescribed disease, malattia (*f.*) riconosciuta dal medico (con certificato).
prescription (*med.*), ricetta medica.
— **(available only on —),** disponibile solo su ricetta medica.
presence of a metal, presenza (*o* esistenza) di un metallo.
present, presente *agg.* (*min. chim.*); presentare *v.a.*; trovarsi *v.r.* (*minerali*).
pre-set, *v.a.* (*mecc.*), regolare in precedenza.
pre-setting (*mecc.*), pre-regolazione; (TV), preselezione (*di canali*).
preset, *p. p.* **prestabilito.**
— **level** (*fis. atom.*), livello (*m.*) **prestabilito.**
preserve (*v.a.*) **wood,** conservare (*v.a.*) il legno.
preshrinking (*tess.*), restringimento preliminare (dei tessuti).
presintering (*metall. delle polveri*), presinterizzazione *f.*
press, strettoio *m.*; pressa *f.*;

torchio *m.*; stampa *f.*; v. **C-frame —**; v. **fine blanking —.**

press *v.a.* pressare; cilindrare; premere; spremere.

— **agent** (*pubb.*), addetto stampa.

— **brake** (*met.*), pressa piegatrice per lamiera; v. **pressbrake.**

— **button board,** quadro (*m.*) di commutazione a bottoni (*ascensore*).

— **conference** (*gen.*), conferenza stampa.

— **control,** comando (*m.*) della pressa.

— **-cutting** (*comm.*), ritaglio (*m.*) di recensione (di giornali); ritaglio *m.*

— **filter,** filtro (*m.*) a pressione.

— **for corrugated sheet** (*met.*), pressa (*f.*) per lamiera ondulata.

— **forging** (*mecc.*), fucinatura (*f.*) alla pressa.

— **formability** (*met.*), stampabilità alla pressa.

— **-forming,** stampaggio (*m.*) alla pressa.

— **frame,** incastellatura (*o* castello) della pressa.

— **head,** coperchio (*m.*) della pressa.

— **in-case** (*orol.*), cassa (*f.*) montata a pressione.

— **into position,** forzare (*v.a.*) in posizione.

— **launch** (*stampa*), lancio di propaganda sulla stampa.

— **-mill,** bilanciere *m.* (pressa a frizione).

— **office,** ufficio stampa.

— **plunger,** stantuffo (*m.*) premente.

— **proof,** bozza (*f.*) finale (pronta per la stampa).

— **-roller** (*tess.*), cilindro (*m.*) di pressione.

— **rolls** (*ind. carta*), rullini (*m. pl.*) sgocciolatori.

— **-switch** (*elet.*), interruttore (*m.*) a pressione.

— **the tire off the wheel,** togliere il pneumatico con la pressa, dalla ruota.

press the tire on the wheel, montare il pneumatico con la pressa sulla ruota.

— **-tools,** utensili per stampi.

— **(delicate component parts produced straight from the —),** pezzi delicati prodotti direttamente dalla pressa.

— **(in —)** (*pubbl.*) (*rif. a libro*), in preparazione; in stampa.

— **(inclinable —)** (*mecc.*), pressa inclinabile.

— **(wheel mounting and pulling —),** pressa per calettare e scalettare ruote di veicoli ferroviari.

pressboard, cartone (*m.*) per trasformatori; cartone pressato.

pressbrake (*met.*), (*designed for cold bending and shaping sheets and strips*), pressa curvatrice (per la piegatura a freddo e sagomatura di lamierini e nastri).

pressed, *p.p.* pressato; stampato.

— **bricks,** mattoni pressati.

— **coal,** carbone (*m.*) in mattonelle.

— **glass,** prodotti (*m. pl.*) pressati in vetro; vetro (*m.*) compresso.

— **-metal assembly,** lavorazione di imbutitura.

— **pulp** (*carta*), pasta pressata.

— **steel,** acciaio (*m.*) stampato.

— **steel casing,** scatola (*f.*) di lamiera stampata.

presser, premistoffa (*m.*) (di macch. da cucire).

— **foot** (*micrometro, macch. da cucire, ecc.*), piedino premistoffa; piedino di pressione.

pressing, stampa *f.*; stampaggio *m.*; (*tess.*), pressatura (*dei tessuti*); (*ceramiche*), pressatura (*dell'argilla*); (*acust.*), disco fonografico (formato a pressione).

— vedi: **hot.**

— **cut** (*ind. pet.*), distillato in cui la paraffina si è separata in cristalli ben definiti.

— **pump,** pompa (*f.*) premente.

pressing screw, vite (*f.*) di pressione.
pressings, pezzi prodotti con imbutitura.
presspahn, cartone pressato lucido; cartoncuoio *m.*
pressrun, tiratura (numero di copie stampate).
pressure, pressione *f.*; tensione *f.*
— **air burner,** bruciatore (*m.*) a pressione d'aria.
— **airship** (*aereo*), dirigibile floscio.
— **and vacuum switch** (*elet.*), interruttore di pressione e di vuoto.
— **boiler,** caldaia (*f.*) a pressione.
— **cabin** (*aereo*), cabina (*f.*) stagna.
— **chamber** (*idraul.*), camera (*f.*) premente.
— **-cook** (*v.a.*), cuocere con pentola a pressione.
— **cooker** (*articoli da cucina*), pentola a pressione.
— **compounding** (*vapore*), riduzione graduale della **pressione** di vapore.
— **cylinder,** cilindro di **pressione.**
— **die casting,** pressofusione *f.* (*procedimento*); pressofuso *m.* (*prodotto*).
— **distillate,** (*petrolio*) distillato di « cracking ».
— **distillation cracking** (*ind. pet.*), distillazione « cracking » sotto pressione.
— **equalizing,** compensazione *f.*
— **excess,** eccesso (*m.*) di pressione.
— **feed,** alimentazione (*f.*) forzata.
— **filler** (*cosmetici*), riempitore a pressione.
— **gas producer,** gasogeno (*m.*) a pressione.
— **-gauge,** manometro *m.*; indicatore (*m.*) della pressione (per pneumatici auto.).
— **gauge (manganin — gauge)** (*estrusione met.*), rilevatore a resistenza di manganina.
— **governor,** regolatore (*m.*) di pressione.
— **head** (*idraul.*), altezza *f.* (*o* colonna premente).
pressure indicator, indicatore (*m.*) di pressione.
— **line** (*ingr.*), tangente (*f.*) comune.
— **microphone** (*acust.*), microfono (*m.*) a pressione.
— **of tool,** pressione (*f.*) dell'utensile.
— **orifice** (*idraul.*), luce (*f.*) di mandata.
— **pack (to —),** imballare in recipienti sotto pressione.
— **packaging,** imballo in recipienti a pressione.
— **-packed,** riempito a pressione.
— **-packed aerosol,** aerosol riempito a pressione.
— **piece,** pezzo (*m.*) premente.
— **pipe,** tubo (*m.*) per condotte.
— **piping,** condotta (*f.*) forzata.
— **pour,** *v.a.* (*met.*), colare sotto pressione.
— **pour ladle** (*met.*), siviera per colaggio sotto pressione.
— **poured slab** (*met.*), slebo colato sotto pressione.
— **poured steel** (*met.*), acciaio colato sotto pressione.
— **pouring** (*met.*) (*a process for producing slabs and billets direct from liquid steel*), colata sotto pressione.
— **pouring of stainless steel slabs** (*met.*), colaggio sotto pressione di bramme in acciaio inossidabile.
— **reducer** (*mecc.*), riduttore di pressione.
— **regulator,** regolatore (*m.*) di pressione.
— **relief valve,** valvola di pressione.
— **ring,** anello (*m.*) di pressione.
— **roller,** rullo (*m.*) di pressione.
— **sand filter,** filtro a sabbia a pressione.
— **screw,** vite (*f.*) di pressione.
— **sensor** (*robots, ecc.*), sensore a pressione.
— **spring,** molla (*f.*) premente.
— **sprinkling,** innaffiatura (*f.*) sotto pressione.

pressure staging (*vapore*), vedi: **compounding.**
— **stirrup,** staffa (*f.*) di pressione.
— **test,** prova (*f.*) di pressione.
— **test instrument** (*orol.*), apparecchio per il controllo delle casse sotto pressione.
— **tightness** (*fond., met., mecc.*), tenuta a pressione.
— **transducer** (*elettron.*), trasduttore di pressione.
— **transformer,** trasformatore (*m.*) di pressione.
— **transmitter** (*mecc.*), moltiplicatore (*m.*) di pressione.
— **tubing,** tubo (*m.*) bollitore.
— **valve,** valvola (*f.*) di mandata.
— **ventilation,** ventilazione (*f.*) per compressione.
— **vessel,** recipiente (*m.*) a pressione.
— **vessel (cylindrical — vessel),** recipiente (*m.*) cilindrico a pressione.
— **water,** acqua (*f.*) sotto pressione.
— **weld (to —),** saldare a pressione.
— **welding,** saldatura a pressione.
— **(maximum operating —),** pressione di bollo (di caldaie per produzione di vapore).
pressurization (*aereo*), pressurizzazione *f.* (di cabine di aerei).
— **test,** prova (*f.*) di pressurizzazione.
pressurize, *v.a.* comprimere; pressurizzare.
pressurized, pressurizzato; compresso; a pressione costante.
— **aircraft** (*or* **airplane,** U.S.A.) (*aereo*), aereo (*m.*) con pressione, ossigeno e calore normali (a forti altitudini); aeroplano a cabina stagna.
— **container,** recipiente (barattolo, ecc.), a pressione.
— **fluid** (*estrusione, met.*), liquido pressurizzato.
— **gas journal bearing** (*mecc.*), cuscinetto (*m.*) di perno pressurizzato a gas.
— **products,** prodotti sotto pressione.
pressurized water (*fis.*), acqua (*f.*) pressurizzata.
— **water reactor** (*fis. atom.*), reattore (*m.*) ad acqua pressurizzata (*o* in pressione).
pressurizer (*aereo*), pressurizzatore *m.*
pressurizing (*aereo*), mantenere una pressione normale (nella cabina di un aereo); pressurizzazione *f.*
presswork (*mecc.*), stampaggio *m.*
pressworking (*mecc.*), lavorazione alla pressa.
prestraining (*mecc., fis., ecc.*), presollecitazione *f.*
pre-stress, *v.a.* (*mecc.*), presollecitare; precomprimere (*pre-stress something in compression*).
prestressed, pre-compresso.
— **anchors** (*ing.*), ancoraggi (*m. pl.*) presollecitati.
— **beam with anchorages,** trave (*f.*) in cemento armato precompresso, ad ancoraggi.
— **concrete,** cemento (*m.*) armato precompresso.
— **concrete beam,** trave (*f.*) in cemento armato precompresso.
— **concrete sleeper** (*ferr.*), traversina di cemento precompresso.
— **pipe,** tubo (*m.*) in cemento armato precompresso.
— **reinforcement** (*costr.*), armatura (*f.*) presollecitata.
pre-stressing (*mecc., ecc.*), presollecitazione; precompressione.
prestressing of concrete (*cost.*), presollecitazione del cemento armato.
— **steel,** acciaio (*m.*) per cemento armato precompresso.
pre-tensioning (*met.*), precaricamento *m.*
pretraitement (*chim. ecc.*), trattamento (*m.*) preliminare.
prevailing, *agg.* prevalente
prevent, *v.a.*, impedire *v.a.*
preventer (*ind. pet.*) (*chim.*), chiusura (*f.*) di sicurezza (*petroli*); inibitore *m.* (*chim.*).

prevention, neutralizzazione (*f.*) di un effetto; prevenzione *f.*
— **of noise-induced hearing loss** (*prev. infortuni*), prevenzione della perdita uditiva da rumore.
— **(of accidents),** prevenzione *f.* (di infortuni).
preview (*cinem.*), anteprima *f.*
prewritten program (*inform.*), programma scritto in precedenza.
price, prezzo *m.*
— **catalogue** (*comm.*), prezziario *m.*; catalogo dei prezzi.
— **movement** (*comm.*), andamento dei prezzi.
— **swing** (*comm.*), fluttuazione dei prezzi.
priced (modestly —) (*comm.*), a prezzo modesto.
prick punch (*orolog.*), punteruolo *m.*
pricker (*fond.*), ago *m.*
prilling (*chim.*), formazione di agglomerati cristallini.
prills, agglomerati (*m. pl.*) cristallini (specialmente di nitrato ammonico).
primary, *agg.* primario; iniziale; principale; fondamentale; *agg.*; *n.* (*chim.*), sostanza ottenuta direttamente per estrazione e purificazione dalle materie prime (p. es. il fenolo).
— **air,** aria (*f.*) primaria (per la polverizzazione).
— **air cleaner,** filtro (*m.*) d'aria primario.
— **battery,** pila (*f.*) primaria.
— **cell** (*elet.*), elemento (*m.*) primario (pila).
— **circuit** (*elet.*), circuito (*m.*) primario.
— **coil** (*elet.*), bobina (*f.*) primaria.
— **colours** (*or* **colors,** U.S.A.) (*pitt.*), colori fondamentali.
— **coolant** (*fis. atom.*), refrigerante (*m.*) primario.
— **crusher** (*met.*), frantoio primario.
— **current,** corrente (*f.*) induttrice; corrente (*f.*) primaria.
— **dynamo,** dinamo (*f.*) primaria.
primary electron (*term.*), fotoelettrone *m.*; (*fis. atom.*), elettrone (*m.*) primario.
— **energy** (*fis. atom.*), energia (*f.*) primaria.
— **fission yield** (*fis. atom.*), rendimento (*m.*) di fissione primaria.
— **fly** (*aereo*) (U.S.A.), torre di controllo di traffico aereo (di portaerei).
— **inductance** (*radio*), bobina (*f.*) d'induttanza primaria.
— **ion,** ione (*m.*) primario.
— **ionization,** ionizzazione (*f.*) primaria.
— **luminous standard,** campione (*m.*) primario d'intensità luminosa.
— **medullary ray** (*bot.*), raggio (*m.*) midollare primario.
— **network,** rete (*f.*) di distribuzione primaria a maglie.
— **neutron** (*fis. atom.*), neutrone (*m.*) primario.
— **nuclear fuel** (*fis. atom.*), combustibile (*m.*) nucleare primario.
— **particle** (*fis. atom.*), particella primaria.
— **radar,** radar primario.
— **reactor** (*fis. atom.*), reattore (*m.*) primario.
— **resistance** (*elet.*), resistenza (*f.*) di circuito primario.
— **surveillance radar,** radar (*m.*) primario di sorveglianza.
— **trainer** (*aereo*), addestratore (*m.*) primario.
— **valve** (*ing.*), valvola primaria.
— **voltage** (*elet.*), tensione (*f.*) primaria.
— **winding,** avvolgimento (*m.*) primario; spirale (*f.*) primaria.
— **wire,** filo (*m.*) induttore; spirale (*f.*) primaria.
prime (to —) a mine, innescare (*v.a.*) una mina.
— **(to —) a pump,** adescare (*v.a.*) una pompa.
— **mover** (*ing.*), motore (*m.*) primo.

prime number, numero (*m.*) primo.
— **rate** (*finan.*), tasso ordinario sui prestiti.
primer (*pitt.*), vernice per sottofondo; fondo; (*aereo*) iniettore; (*espl.*) innesco *m.*
— **surfacer** (*vernici*), fondo sottosmalto.
priming, violenta ebollizione *f.* (dell'acqua nella caldaia); prima mano *f.* (di pittura); anticipo *m.*; adescamento *m.* (*idraul.*) (es. di pompe, ecc.); iniezione diretta (nel cilindro) di combustibile liquido (*mot.*); (*min.*), innescamento *m.* (delle cartucce d'esplosivo).
— **aid for cold starting** (*mot.*), mezzo ausiliario per l'avviamento a freddo.
— **coat,** imprimitura *f.* (prima tinta); prima mano *f.* (di pittura).
— **paint** (*vernici*), vernice (*f.*) di fondo.
primitive (*inform.*), primitiva *f.* (di sincronizzazione ecc.).
primuline (*yellow thiazole dye*) (*chim.*), primulina *f.*
principal (*pubb.*), principale *m.*; titolare o socio di una agenzia di pubblicità.
— **axis,** asse (*m.*) principale.
— **beam,** capriata *f.* (trave).
— **quantum number** (*fis. atom.*), numero (*m.*) quantico principale.
— **rafter,** cavalletto (*m.*) di colmo.
principle, principio *m.*
print, stampa *f.*; impressione *f.*; incisione *f.*; stampo *m.*; carattere *m.* (*tip.*); stoffa stampata; portata (*f.*) d'anima (*fond.*).
— *v.a.* stampare; imprimere.
— **bar** (*inform.*), barra di stampa (di stampante).
— **capacity** (*inform.*), capacità (*f.*) di stampa (rif. a stampante).
— **chain** (*calcol. elettron.*), catena di stampa (dispositivo porta caratteri di stampante).
print line (*inform.*), linea di stampa.
— **out (to —)** (*elettron.*), stampare (con stampante); uscire su stampante.
— **script** (*tip.*), lapidario.
— **span** (*calcol. elettron.*), larghezza della linea di stampa.
— **unit** (*calcol. elettron.*), unità stampante.
— **yoke** (*calcol. elettron.*), blocco di stampa; blocco-tamburo.
— **(blue —),** cianografia *f.*
— **(contact —)** (*cinem.*), stampa (*f.*) della pellicola con procedimento a contatto.
— **(lavender —)** (*cinem.*), pellicola (*o* copia) lavanda.
printed board (*radio, telev.*), basetta circuito stampato.
— **circuit** (*elettron., ecc.*), circuito stampato; scheda *f.* di un calcolatore elettronico.
— **circuit board** (*inform.*), piastra stampata.
— **cloth** (*tess.*), tessuto (*m.*) stampato.
— **fabric,** prodotto tessile stampato.
— **linoleums,** linoleums stampati.
— **matter** (*posta*) (*comm.*), stampati *m. pl.*
— **microfiche** (*inform.*), microfiche stampata.
— **muslin** (*tess.*), mussolina (*f.*) stampata.
printer, tipografo *m.*; (*cinem.*), stampatrice *f.*; (*calcol. elettron.*), stampante *f.*
— **compatibility** (*inform.*), compatibilità con la stampante.
— **/plotter** (*inform.*), plotter-stampante *f.*
— **(16-mm —),** stampatrice (*f.*) per film di 16 mm.
printer's proof, bozza (*f.*) di stampa.
— **error,** errore (*m.*) di stampa.
printhead (*inform.*), testina *f.* (di stampante).
printing (*tess.*) (*fot.*), stampaggio *m.* (*tess.*); stampa (*fot.*) (e in senso generale).

printing error (*tip.*), errore di stampa.
— **ink,** inchiostro (*m.*) da stampa.
— **machine** (*tess.*), macchina (*f.*) da stampa.
— **paper,** carta da stampa.
— **paste** (*tess.*), pasta per stampaggio.
— **press** (*tip.*), torchio *m.*
— **process,** processo di stampa.
— **roll,** cilindro (*m.*) stampatore.
— **works,** officine tipografiche.
— **(optical —)** (*cinem.*), stampa (*f.*) ottica.
printout (*inform.*), documento elaborato automaticamente (da calcol. elettronico).
print-out (computer —) (*inform.*), stampato (da una stampante).
priority interrupt (*inform.*), interruzione di priorità.
— **of invention,** priorità (*f.*) d'invenzione.
— **telegram,** telegramma urgente.
prise (to —), estrarre (*v.a.*) (con leva o con sollevamento).
prising off, spinta dal basso.
— **up,** estrazione *f.* (sollevando o forzando con leva).
prism, prisma *m.*
prismatic(al), *agg.* prismatico.
prismatic coefficient (*naut.*), coefficiente (*m.*) prismatico.
— **compass** (*topog.*), bussola (*f.*) prismatica.
— **guide,** guida (*f.*) prismatica.
prismatoid, prismoide *m.*
pritchel hole (U.S.A.), foro (*m.*) rotondo dell'incudine.
privacy law (*inform.*), legge per la tutela dei dati confidenziali negli elaboratori. Specifica quali dati possono essere immessi e chi è autorizzato a consultarli.
private branch exchange (*telef.*), installazione (*f.*) di telefono privato.
— **flying,** aviazione (*f.*) privata.
— **pilot's licence** (*aereo*), brevetto (*m.*) di pilota privato.
— **plane** (*aereo*), aeroplano (*m*). privato.
private tender (*leg.*), licitazione (*f.*) privata.
privately-run satellite (*astron.*), satellite in orbita per conto di privati.
prize (to —) (U.S.A.), estrarre *v.a.* (con leva o con sollevamento).
prizing up (USA), estrazione (sollevando o forzando con leva).
probability (*mat.*), probabilità *f.*
— **distribution** (*statistica*), distribuzione di probabilità.
— **of collision** (*fis. atom.*), probabilità (*f.*) d'urto (*di atomo o molecola con un elettrone*).
— **of disintegration** (*fis. atom.*), probabilità (*f.*) di disintegrazione.
probable error (*mis.*), errore (*m.*) probabile.
probe (*med.*) (*spazio*) (*astron.*) (*min.*), sonda *f.*
— **(to —),** *v.a.*, sondare; (*astron.*), inviare una sonda (per l'esplorazione di un pianeta) (p. es. *to probe Titan*), inviare una sonda su Titano.
problem (*mat.*), problema *m.*
— **oriented language** (*inform.*), linguaggio ad alto livello.
procedure, procedura *f.*; operazione *f.*; tecnica *f.*; processo *m.* (*chim.*).
— **library** (*inform.*), biblioteca (*f.*) di procedure.
procedures (*calcol. elettron.*), capitoli (in cui è suddiviso un programma).
proceedings (*of a conference*), memorie *f. pl.* (di una conferenza); relazioni *m. pl.* (di una conferenza, ecc.); atti congressuali (di congresso, ecc.).
proceeds of sales (*comm.*), fatturato (di una società).
process, processo *m.* (modo di lavorazione).
— *v.a.*, (*chim., ecc.*), effettuare; realizzare; ottenere; lavorare *v.a.*; (*met.*), processare; sviluppare (*film*).

process *v.a.* (*elaboratori elettron.*) elaborare (i dati).
— **annealing** (*met.*), ricottura intermedia (per eliminare le tensioni interne e ridurre la durezza degli acciai lavorati a freddo; specialm. usata nell'imbutitura profonda).
— **chart** (*tecnica dei metodi di prod. ind.*), schema del processo di lavoro (*o* del procedimento di lavoro).
— **computer** (*elettron.*) (*calcol. industriale*), calcolatore di processo; calcolatore di processi industriali.
— **control** (*calcol. elettron.*), controllo di processo (*automatismo industriale*).
— **control computer,** v. **process computer.**
— **engineer,** tecnico specializzato nella progettazione di impianti industriali.
— **engraver** (*tip.*), zincografo.
— **parameter** (*inform.*), parametro (*m.*) di elaborazione.
— **scrap** (*met.*), rottame (*m.*) di ritorno.
— **steam,** vapore (*m.*) per uso industriale.
— **training,** addestramento (*m.*) di lavorazione.
— **variable,** caratteristica (fisica o chimica: quantità, peso,
— **variables** (*fis. atom.*), variabili (*f. pl.*) del procedimento.
— **(flow-sheet of the —)** (*met., min., chim., ecc.*), schema del processo.
— **(put the — on an economic basis)** (*ind. mecc., ecc.*), porre il processo su base economica.
processed paper, carta rivestita.
— **rubber,** gomma (*f.*) artificiale.
— **sulphur,** zolfo (*m.*) raffinato.
processing, lavorazione *f.*; trattamento *m.*; trasformazione *f.*; tecnica *f.*; (*elaboratori elettron.*), elaborazione *f.*
— **capability** (*inform.*), capacità elaborativa.
processing card (*inform.*), scheda (per elaborazione dei dati).
— **defect** (*mecc., met.*), errore (*m.*) di lavorazione.
— **department,** reparto (*m.*) rifiniture.
— **industry,** industria (*f.*) di trasformazione.
— **language** (*inform.*), lingua di trattamento; lingua di elaborazione.
— **lines** (*met.*), linee di lavorazione.
— **unit** (*elettron.*), unità di processo.
processor (*elettron., inform.*), unità (centrale) di elaborazione; organo di calcolo *o* elaborazione (*in senso ristretto*); programma di trattamento del linguaggio: (*inform.*), processore *m.*
procuring agency, agenzia provveditrice; agenzia acquirente; agenzia fornitrice.
produce, prodotto *m.* (agricolo).
— *v.a.* produrre; generare.
— **on a lathe,** produrre (*v.a.*) al tornio.
— **store** (*agr.*), magazzino orto-floro-frutticolo.
producer (*cinem.*), produttore *m.* (finanziario e tecnico); (*petrolio*), pozzo da gas e petrolio.
— **gas,** gas di gasogeno.
— **gas plant,** impianto (*m.*) di gasogeno.
producing a well (*ind. pet.*), messa in produzione di un pozzo.
— **horizon,** v. **productive horizon.**
product, prodotto *m.*; (*mat.*), prodotto *m.*
— **(decay —)** (*chim.*), prodotto (*m.*) di degradazione.
— **(end —)** (*chim.*), prodotto (*m.*) finale.
— **(first runnings —)** (*chim.*), prodotto (*m.*) di testa.
— **(last runnings —)** (*chim.*), prodotto (*m.*) di coda.
— **(retrogression —)** (*chim.*), prodotto (*m.*) di retrogradazione.
production, produzione *f.*
— **bay** (*mecc.*), reparto di produzione.

production bonus (*salari, retribuzione*), premio di produzione (*da non confondere con incentivo*).
— **capability,** capacità (*f.*) di produzione.
— **capacity** (*met., ecc.*), capacità produttiva.
— **car** (*auto*), vettura (*f.*) di serie.
— **engineering,** ingegneria della produzione (industriale).
— **(type) grinder** (*macch. ut.*), rettificatrice da produzione.
— **lathe** (*macch. ut.*), tornio (*m.*) da produzione.
— **line,** linea (*f.*) di produzione.
— **line-up,** linea di montaggio.
— **plan,** programma (*m.*) di fabbricazione.
— **platform** (*petrol.*), piattaforma per l'estrazione petrolifera.
— **rate,** tasso di produzione.
— **reactor** (*fis. atom.*), reattore (*m.*) di produzione.
— **run** (*mecc.*), ciclo di produzione.
— **set up** (*mecc.*), procedimento di lavorazione; tenore (*m.*) di produzione.
— **shaft** (*min.*), pozzo (*m.*) di estrazione.
— **string** (*petrolio*), colonna di produzione.
— **(batch —),** produzione in piccola serie.
— **(mass —),** produzione in grande serie.
— **(to be due in —)** (*min.*), cominciare la produzione; divenire produttivo (*di miniere*); (*the mine is due in production early in 1981*), la miniera diverrà produttiva all'inizio del 1981).
productive horizon (*petrol.*), orizzonte (*m.*) produttivo.
productivity index (*econ.*), indice della produttività.
pro-eutectoid carbides (*met.*), carburi (*m. pl.*) proeutectoidi.
profan (*aereo*), elica a pale ricurve.
profession, professione *f.*
professionality, professionalità *f.*
profile, piano (*m.*) longitudinale (*naut.*); profilo *m.*; sezione *f.*; (*met.*), v. **temperature —**.
— *v.a.* profilare.
— **cutter,** fresa (*f.*) per sagomare; fresa (*f.*) a profilo.
— **drag** (*aereo*), resistenza di un profilo (alare).
— **grinder,** rettificatrice (*f.*) per profili.
— **grinding** (*ing.*), fresatura (*f*). a profilo.
— **middle line** (*ingr.*), linea (*m.*) di profilo medio del dente.
— **of a bore** (*petrol.*), profilo di un sondaggio.
— **projector** (*strumento*), proiettore (*m.*) di profili.
— **turning,** sagomatura *f.*
— **turning lathe** (*macch. ut.*), tornio (*m.*) per riprodurre.
profiled pistons, pistoni (*m. pl.*) sagomati.
— **sheet iron,** lamiera (*f.*) sagomata; lamiera (*f.*) profilata.
profiler (*macch. ut.*), fresatrice (*f.*) per riprodurre.
profiling (*macch. ut.*), fresatura a profilo; profilatura; sagomatura.
— **attachment,** apparecchio (*m.*) per copiare.
— **lathe,** tornio (*m.*) da sagomare.
— **machine** (*macch. ut.*), fresatrice (*f.*) per riprodurre.
profilometer, profilometro *m.*; (*mecc.*), rugosimetro *m.*
profit, profitto (guadagno) *m.*
— **margin** (*comm.*), margine di profitto.
— **squeeze** (*econ.*), riduzione degli utili.
profits tax (*comm.*), imposta sui profitti.
— **(fictitious —)** (*finan.*), utili (*m. pl.*) apparenti.
prognostication, previsione *f.*
program (*numerical control, computing*), (*term generally accepted in the United Kingdom in preference to the more usual* « *programme* ») (*Engineers' Digest, April 1966*), termine general-

mente accettato nel Regno Unito invece del più usuale « programme » se usato nei calcolatori elett. e nel controllo numerico delle macch. utensili.
program counter (*inform.*), contatore di programma.
— **generator** (*elettron.*), generatore di programmi.
— **heading** (*inform.*), testata di programmi.
— **library** (*inform.*), biblioteca di programmi.
— **listing** (*inform.*), listato (*m.*) del programma.
— **mode** (*inform.*), esecuzione di calcoli sotto programma (il calcolatore accetta ed esegue ordini con un programma stabilito).
— **pre-recorded on cassette** (*inform.*), programma preregistrato su cassetta.
— **register** (*inform.*), registro di programma.
— **step** (*inform.*), passo (*m.*) di programma.
— **storage** (*inform.*), memorizzazione del programma.
programer (U.S.A.), v. **programmer.**
programmable sequence control (PSC) (*controllo numerico*), controllo sequenziale programmabile.
— **static logic** (*automaz.*), logica statica programmabile.
programme-controlled (*macch. ut.*), a programma; (*programme-controlled milling machine*), fresatrice a programma.
— **-controlled copying lathe** (*macch. ut.*), tornio per riprodurre a ciclo automatico con programma.
— **-controlled hydraulic lathe** (*macch. ut.*), tornitrice idraulica con programmatore.
— **-controlled lathe** (*macch. ut.*), tornio a programma.
— **-controlled machine tool** (*macchin. ut.*), macchina utensile a programma.
programmed by natural language, (*inform.*), programmato con linguaggio naturale.
programmer (*inform.*) (*elettron.*), addetto alla preparazione di sequenze di istruzioni per un elaboratore elettronico: programmatore *m.*; dispositivo di controllo di un missile.
— **desk** (*calcolatori elettron.*), tavolo programmatore.
programmer's console (*calcol. elettron.*), pulpito di comando del programmatore.
programming (*elettron.*), programmazione *f.*
— **block** (*inform.*), blocco di programmazione.
— **computer** (*organ.*), programmatore.
— **error** (*elettron.*), errore di programmazione.
— **flowchart** (*elettron.*), organigramma di programmazione.
— **language** (*elettron.*), linguaggio di programmazione.
— **resolution** (*inform.*) (*macch. ut.*) risoluzione di programmazione (in mm).
progress, progresso *m.*; sviluppo *m.*; in corso (*di lavori*).
— **control** (*tip.*), controllo del termine di consegna.
— **department,** reparto (*m.*) lavorazione (torni, ecc.).
progression, progressione *f.*
progressive, *agg.* progressivo.
— **fracture** (*met.*), frattura progressiva.
— **heating,** riscaldamento progressivo.
— **scanning** (*telev.*), esplorazione (*f.*) a linee contigue.
— **wave** (*elettron.*), onda (*f.*) progressiva.
project, progetto *m.*
— *v.a.* progettare; proiettare; sporgere; aggettare.
— **engineer,** ingegnere (*m.*) progettista.
projectile, proiettile *m.*
— **lathe,** tornio (*m.*) per proiettili.

projecting apparatus, macchina (*f.*) da proiezione.
— **stone** (*cost.*), pigna (*f.*) di una volta.
projection, sporgenza *f.*; sporto *m.*; proiezione *f.*
— **box** (*cinem.*), cabina (*f.*) di proiezione.
— **lamp** (*cinem.*), lampada (*f.*) di proiettore.
— **lens** (*cinem.*), lente (*f.*) di proiettore.
— **microscope,** microscopio da proiezione.
— **planetarium** (*astr.*), planetario *m.* (strumento a proiettori).
— **printing** (*method of facusing light onto silicon*) (*elettron.*), metodo di produzione dei « chips » (*vedi voce relativa*) mettendo a fuoco la luce sul silicio.
— **room** (*cinem.*), cabina (*f.*) di proiezione.
— **screen** (*cinem.*), schermo (*m.*) di proiezione.
— **television,** televisione proiettata su schermo.
— **welding** (*sald.*), saldatura (*f.*) a rilievo.
— **(reduction of projections in the interior of the car)** (*auto*), riduzione dei corpi sporgenti nell'automobile.
projectionette (*cinem.*), operatrice (*f.*) di cabina.
projectionist (*cinem.*), operatore (*m.*) di cabina.
projector, progettista *m.*; proiettore *m.*
— **-case** (*cinem.*), cinevaligia *f.*
proline (*chim.*), prolina *f.*
prolong (to —), prolungare *v.a.*
promenade-deck (*naut.*), ponte (*m.*) di passeggiata.
promethium (*chim.*), promezio *m.* (simbolo Pm).
promote, *v.a.*, produrre *v.a.*; provocare *v.a.*; favorire *v.a.*; accelerare *v.a.*; attivare *v.a.* (un catalizzatore).
promoting, *agg.*, favorevole; attivante.
promotion (*chim.*), attivazione *f.*
— **plan,** programma (*o* piano) di fabbricazione.
promotional material (*comm.*), materiale di propaganda commerciale; materiale promozionale.
prompt critical (*fis. atom.*), immediatamente critico.
— **gammas,** raggi gamma (*m. pl.*) pronti.
— **neutron** (*fis. atom.*), neutrone pronto (*o* immediato, *o* istantaneo).
— **poison** (*fis. atom.*), avvelenamento istantaneo di un reattore.
proneness (*chim.*), tendenza *f.*
prong (*mecc.*), estremità a forchetta.
Prony brake, freno (*m.*) di Prony.
proof, *agg.*, *n.*, inattaccabile *agg.*; bozza (*f.*) di stampa; prova *f.* (*mat. e in generale*).
— **in sheets,** bozza (*f.*) impaginata.
— **load** (*mecc.*) (U.S.A.), carico di prova (di bulloni, ecc.).
— **press** (*tip.*), torchio per le bozze.
— **puller** (*tip.*), tirabozze *m.*
— **-pulling** (*tip.*), tiratura delle bozze.
— **-read (to —)** (*tip.*), correggere le bozze.
— **-reader** (*tip.*), correttore di bozze.
— **-reader's marks,** segni di richiamo (per correzioni delle bozze).
— **-reading** (*tip.*), correzione delle bozze.
— **sample,** provino *m.*
— **sheet** (*tip.*), bozza *f.*
— **stress** (*met.*), limite (*m.*) di elasticità convenzionale (rispetto ad un valore prestabilito).
— **testing,** prova (*f.*) di collaudo.
proofed fabrics (*tess.*), tessuti (*m. pl.*) impermeabili.
proofing (*chim.*, *ecc.*), impermeabilizzazione *f.*
— **hand** (*tip.*), tirabozze *m.*
proofness, resistenza *f.*

prop, puntone *m.*; puntello *m.*; (*aereo*), elica *f.*; (*min.*), sbadacchio (puntello inclinato); v. **props.**
— *v.a.* puntellare.
— **blast** (*aereo*), vedi: **slipstream.**
— **-jet** (*aereo*), a turboelica.
— **-room** (*cinem.*), magazzino (*o* deposito) materiali per sceneggiatura detto: attrezzeria *f.*
— **shaft** (*naut.*) (*mot.*), albero portaelica.
— **-stand** (*motoc.*), cavalletto (*m.*) di motocicletta.
— **wash** (*aereo*) (U.S.A.), corrente d'aria prodotta dall'elica.
propagate (to —), propagarsi *v.r.*
propagation, propagazione *f.*
— **factor** (*elet.*), fattore *m.* (*o* costante) di propagazione.
propane (*chim.*), propano *m.*
2-propanone oxime (*chim.*), acetossima *f.*
— **dryer,** dispositivo per l'essiccamento del propano.
propellant (*chim.*), propellente *m.*; (*astron.*), propulsore *m.*
— **chemistry** (*chim.*), chimica dei propellenti.
propeller (*aereo*), elica *f.*; propulsore *m.*; v. **constant speed —.**
— **axis** (*aereo*), asse dell'elica.
— **blade angle** (*aereo*), angolo (*m.*) d'incidenza della pala dell'elica.
— **blade area** (*aereo*), superficie (*f.*) della pala dell'elica.
— **blades,** pale (*f. pl.*) dell'elica.
— **boss,** mozzo (*m.*) di un'elica.
— **diameter,** diametro (*m.*) dell'elica.
— **disk area** (*aereo*), superficie (*f.*) del disco dell'elica.
— **efficiency** (*aereo*), rendimento dell'elica.
— **element** (*aereo*), elemento (*m.*) dell'elica.
— **fan,** ventilatore (*m.*) elicoidale.
— **hub,** mozzo dell'elica.
— **key,** chiavetta (*f.*) per eliche.
— **pump,** pompa (*f.*) ad elica.
— **rake** (*aereo*) campanatura (*f.*) di un'elica.
— **section,** sezione (*f.*) dell'elica.
propeller shaft (*auto*), albero (*m.*) di trasmissione.
— **slip,** regresso (*m.*) dell'elica.
— **specialist** (*aereo*) (U.S.A.), meccanico (*m.*) specializzato in eliche.
— **static balance,** equilibrio (*m.*) statico dell'elica.
— **torque** (*aereo*), coppia (*f.*) dell'elica.
— **-turbine engine** (*aereo*), turbina (*f.*) a propulsione ad elica.
— **-type fan,** ventilatore (*m.*) elicoidale.
— **-type turbine,** turbina (*f.*) aelica.
— **-type water turbine,** turbina ad elica.
— **(adjustable pitch —),** elica (*f.*) a passo variabile.
— **(automatic controlled —),** elica (*f.*) a comando automatico del passo.
— **(fixed pitch —),** elica (*f.*) a passo costante.
— **(left hand —),** elica (*f.*) sinistrorsa.
— **(one-piece —),** elica (*f.*) in un pezzo.
— **(pusher —),** elica (*f.*) propulsiva.
— **(reversible —),** elica (*f.*) riversibile.
— **(right-hand —),** elica (*f.*) destrorsa.
— **(single bladed —),** elica (*f.*) a una pala.
— **(swivelling —),** elica (*f.*) orientabile.
— **(tractor —),** elica (*f.*) trattiva.
— **(variable pitch —),** elica (*f.*) a passo variabile.
propelling charge, carica (*f.*) di lancio.
— **nozzle** (*aereo*), ugello (*m.*) di propulsione; effusore *m.*
— **pencil,** matita (*f.*) automatica.
proper fraction (*mat.*), frazione (*f.*) propria.
properties (*studio telev.*), attrezzature (*f. pl.*), sceniche.
property, proprietà *f.*
propiolic, *agg.* (*chim.*), propiolico.

propionate (*chim.*), propionato *m.*
propionic acid (*chim.*), acido (*m.*) propionico.
proportion, contenuto *m.*; tenore *m.*; proporzione *f.*
proportional, *agg.* proporzionale.
— **counter** (*fis. atom.*), contatore (*m.*) proporzionale.
— **mean,** media (*f.*) proporzionale.
proportionality, proporzionalità *f.*
— **limit** (U.S.A.) (*met.*), limite (*m.*) di proporzionalità.
proportioning, dosaggio *m.*
— **bucket,** benna (*f.*) dosatrice.
— **device,** dosatore *m.*
— **electric temperature regulator,** regolatore di temperatura elettrico di misura.
— **pump** (*idraul. chim.*), pompa a volume controllato; pompa dosatrice (*fis. atom.*).
— **valve,** valvola (*f.*) dosatrice.
proposal for legislation, disegno di legge.
— **to change a ship's name** (*naut.*), proposta per cambiare il nome di una nave.
propoxide (*chim.*), propilato *m.*
propping, sbadacchiatura *f.*; puntellatura *f.*; puntelli *m. pl.*; puntellamento *m.*
— **the ship** (*slang*) (*aereo*) (U.S.A.), far girare l'elica per avviare il motore.
proprietary, brevettato *agg.* (*o* esclusivo).
— **materials,** materiali (*m. pl.*) brevettati.
— **structural floors,** pavimenti (*m. pl.*) brevettati.
props (*cinem.*), attrezzature (*f. pl.*) sceniche (teatrali o cinematografiche); (*telev.*), suppellettili (*mobili, ecc.*) richieste dal copione; eliche *f. pl.* (*aereo*).
propulsion, propulsione *f.*
— **reactor** (*fis. atom.*), reattore (*m.*) di propulsione.
— **system** (*astron.*), sistema di propulsione.
propulsive, *agg.* propulsivo.
propyl (pr. *prou' pil*) (*chim.*), propile *m.*
propyl acetate (*chim.*), acetato (*m.*) di propile.
— **alcohol** (*chim.*), alcool propilico.
propylene, propilene *m.*
prorated production (*ind. pet.*), produzione (*f.*) regolamentare.
proration (*petrolio*), controllo limitativo della produzione petrolifera onde ritardare l'abbassamento della pressione.
proscenium (*costr.*), proscenio *m.*
prosecute, *v.a.*, effettuare *v.a.*; realizzare *v.a.*; continuare (una ricerca).
prospecting (*min.*), prospezione *f.*; ricerca (*f.*) di giacimenti.
prospector, *m.*, prospettore *m.*
protactinium (*fis. atom.*), protattinio *m.*; protoattinio *m.*
protease (*chim. enzimi*), proteasi *m.*
protect (**to** —), proteggere *v.a.*
— **metal pipes against freezing,** proteggere i tubi metallici contro il congelamento.
protected area (*radiazioni ionizzanti*), zona (*f.*) sorvegliata.
— **electric motor** (*elet.*), motore elettrico protetto.
— **motor,** motore (*m.*) protetto.
protecting case, cassetta (*f.*) di protezione.
— **choke** (*radio*), bobina (*f.*) di reattanza.
— **cover,** coperchio (*m.*) di protezione; cuffia *f.*
— **network,** rete (*f.*) di protezione (per parafulmini).
— **shield** (*elet.*), piastra (*f.*) di protezione.
protection, protezione *f.*
— **bushing,** cuscinetto (*m.*) di protezione.
— **net,** rete (*f.*) protettrice.
— **netting** (*elet.*), rete (*f.*) di protezione.
— **ring,** anello (*m.*) di protezione.
protective, *agg.* protettivo.
— **atmosphere** (*sald., met.*), atmosfera protettiva.
— **atmosphere generator,** generatore di atmosfere protettive.

protective barrier cream (*med.*), crema antivampa (contro solventi organici, materiali esplosivi, contro contatto con catrame, ecc.).
— **coating** (*vernici, ecc.*), rivestimento protettivo.
— **coating technology** (*met.*), tecnologia protettiva (rivestim. metallici, ecc.).
— **device** (*telef., elet.*), protettore *m.*; (*mecc.*), dispositivo di protezione.
— **fluid,** fluido protettivo.
— **fuses,** valvole (*f. pl.*) di protezione.
— **helmet** (*miniere, ecc.*), casco (*m.*) di protezione.
— **pre-coating,** prerivestimento protettivo.
— **screen,** schermo (*m.*) di protezione.
— **strippable coating,** rivestimento protettivo pelabile.
Protectoid (*aereo*), materiale termoplastico brevettato.
protector (*telef., elet.*),protettore *m.*
protein fibre (*tess.*), fibra proteica.
proteins (*chim.*), proteine *f. pl.*
proteolysis (*chim.*), proteolisi *f.*
proteolytic enzymes (*chim.*), enzimi proteolitici (che trasformano le sostanze proteiche solubili ed insolubili) (p. es. la pepsina).
protium (*chim.*), protio *m.*
protactinium (*chim.* = Pa), protattinio.
protocol (*inform.*), protocollo *m.*
— **analyzer** (*inform.*), analizzatore di protocolli.
— **converter** (*inform.*), convertitore di protocolli.
protocols (*computer connection standards*) (*inform.*) (*telecom.*), standards (norme) per allacciamenti di differenti sistemi di elaboratori elettronici.
proton, protone *m.*
— **accelerator** (*fis. atom.*), acceleratore (*m.*) di protoni.
— **bombardment** (*fis.*), bombardamento protonico.
proton generator (*fis. atom.*), generatore (*m.*) di protoni.
— **microscope** (*fis. atom.*), microscopio (*m.*) protonico.
— **synchroton** (*fis. atom.*), sincrotrone a protoni; protosincrotrone *m.*
prototype meter, metro (*m.*) campione.
protoxide (*chim.*), protossido *m.*
protractor, goniometro *m.*; rapportatore *m.*
protrusion (*auto*), sbalzo *m.*; sporgenza *f.*
protyl(e) (*chim.*), protilo *m.*
prove (to —), provare (dimostrare) *v.a.*
prover, apparecchio di misura.
provide (to —), provvedere *v.a.*
provision, disposizione (*f.*) di legge.
— **is made for...** (*mecc.*), si è provveduto a...; si è curato; sono previsti.
— **(administrative —)** (*amministrazione*), norma amministrativa.
proviso (*comm.*), clausola vincolante (che limita la libertà di esercizio, ecc.).
proximate analysis, analisi (*f.*) immediata.
proximity switch (*elet.*), interruttore di prossimità.
proxy (*leg.*), procura *f.*; procuratore.
prune (to), *v.a.* (*agr.*), potare).
— **harvesting** (*agr.*), raccolta delle susine.
pruner (*mecc. agric.*), potatrice *f.*
pruning (*agr.*), potatura *f.*
— **-wagon** (*macch. agr.*), carro-potatura *m.*
Prussian blue, azzurro (*o* bleu) (*m.*) di Prussia.
prussiate, prussiato *m.*
— **of potash,** prussiato (*m.*) di potassa.
prussic, *agg.* (*chim.*), prussico.
— **acid,** acido (*m.*) prussico.
pry out (to —), togliere facendo leva.
Prystal, pristal *m.*
pseudo-cumidine (*chim.*), pseudocumidina *f.*

pseudo-effervescing steel (*met.*), acciaio pseudoeffervescente.
— **-rimming steel** (*met.*), acciaio pseudoeffervescente.
pseudoscalar meson theory (*fis. atom.*), teoria (*f.*) mesonica pseudoscalare.
psophometric, *agg.* psofometrico.
— **electromotive force** (*telef.*), forza elettromotrice psofometrica.
— **voltage** (*telef.*), tensione psofometrica (tra 2 punti di un sistema telef.).
— **weight** (*telef.*), peso psofometrico.
psychedelic, *agg.* psichedelico.
psychology, psicologia *f.*
psychometer (*med.*), psicometro *m.*
psychometrics, psicometria *f.*
psychrometer (*fis.*), psicrometro *m.*
ptomaine (pr. *tou'mein*) (*biochim.*), ptomaina *f.*
ptyalin (pr. *tai'.e.lin*) (*biochim.*), ptialina *f.*
public address (*acust.*), diffusione (*f.*) sonora.
— **address system** (*radio, acust.*), sistema di diffusione sonora.
— **affairs adviser,** consigliere in affari pubblici.
— **call box,** cabina telefonica pubblica.
— **call office** (*telef.*), telefono (*m.*) pubblico.
— **electronic mail service** (*inform.*), servizio pubblico di posta elettronica.
— **health inspector** (*inquinamento*), assessore all'igiene (funzionario dell'ufficio d'igiene).
— **multi-storey car park** (*costr.*), parcheggio pubblico a molti piani.
— **phone,** telefono pubblico.
— **telephone exchange** (*tel.*), centrale telefonica pubblica.
— **utility company,** società (*f.*) di pubblica utilità.
— **utility corporation** (U.S.A.), azienda di servizi pubblici.
Public Relations (*organizzazione personale*), relazioni pubbliche; (*head of Public Relations Department*), capo del reparto relazioni pubbliche.
publication, pubblicazione *f.*
publicity-drunk, *agg.* imbevuto di pubblicità.
publish (to —), pubblicare.
publisher, editore *m.*
puckering (*vernici*), raggrinzamento *m.*
puddingstone (*geol.*), puddinga *f.*
puddle, *v.a.* puddellare.
puddled clay, fanghiglia *f.*
— **iron,** ferro (*m.*) puddellato.
— **steel,** acciaio (*m.*) puddellato.
puddling, puddellaggio *m.*
— **furnace,** forno (*m.*) a puddellaggio.
puering (*pelli*), vedi: **bating.**
puff (to —), *v.a.*, soffiare *v.a.*; gonfiare (palloni, vetro, ecc.).
puffing agent (*vernici*), agente (*m.*) addensante.
— **mill,** mulino per argilla (di mattoni); mescolatrice per malta.
pugging operations, operazioni di mescolamento (di pigmenti con olio nella fabbr. di colori e vernici).
puking (*raffineria petrolio*), trascinamento di liquido di ebollizione, nel vapore di distillazione della storta.
pull (*min.*), sfondo per volata (avanzamento in metri, o piedi, durante la volata. Può raggiungere i 6/7 m al massimo).
— (*tip.*), prima bozza *f.*; tensione *f.*; trazione *f.*; attrazione *f.*
— **(to —)** *v.a.*, tirare; (*petrolio*), ritirare il tubaggio da un pozzo; strappare; sradicare *v.a.*
— **chain,** catena di trazione.
— **down,** *v.a.* demolire; abbattere.
— **grades** (*v.a.*) (*auto*), superare (*o* sormontare) pendenze.
— **-off** (*ing. elet.*), sostegno (*m.*) per curve; isolatore (*m.*) per curve (*ferr. elet.*).
— **-off cable,** cavo (*m.*) di sospensione (*di catenaria*).
— **out** (*aereo*), ripresa *f.*; (*aereo*), *v.a.* richiamare (un aereo) in linea di volo.

pull-out piece (*orol.*), tiretto *m.*
— **out piece screw** (*orol.*), vite del tiretto.
— **-over mill** (*met.*), treno duo irreversibile.
— **proofs (to —)** (*tip.*), tirare le bozze.
— **ring,** anello (*m.*) per tirare.
— **switch** (*elet.*), interruttore (*m.*) a cordone.
— **type broaching machine,** brocciatrice (*f.*) con spina agente per trazione.
puller (*pressofusione*), estrattore (*m.*) per maschi.
pulley, puleggia *f.*
— **block,** paranco *m.* (*naut.*); taglia *f.*
— **casing,** gabbia (*f.*) della carrucola.
— **fork,** staffa (*f.*) della carrucola.
— **lathe,** tornio (*m.*) per pulegge.
— **rim,** corona (*f.*) di puleggia.
— **support,** cavalletto (*m.*) portacarrucola.
— **transmission,** trasmissione (*f.*) a pulegge.
— **wheels,** ruote (*f. pl.*) delle carrucole.
— **yoke,** staffa (*f.*) della carrucola.
pulling (*telev.*), stiramento dell'immagine.
— **down,** demolizione *m.*
— **out of the piston ring,** allargamento (*m.*) dell'anello.
— **rope cramp,** morsetto (*m.*) della fune di trazione.
— **the cotton** (*tess.*), sfioccamento del cotone.
pullman car (*ferr.*), vettura Pullman.
pulp (*min.*), (*a slime of finely crushed ore*), torbida *f.*; pasta per carta.
— **box** (*tip.*), tina di macchina.
— **ground** (*vernici*), *p.p.* macinata in pasta.
— **in rolls** (*carta*), pasta in rotoli.
— **in sheets** (*carta*), pasta (*f.*) in fogli.
— **-log metal detector** (*elet.*), rivelatore di impurità metalliche nella polpa di legno.
pulp strainer (*carta*), assorbitore *m.*
— **(to — a book)** (*tip.*), mandare al macero un libro.
pulpable paper, carta trasformabile in pasta di legno.
pulping machine (*carta*), trituratrice *f.*
pulpit (*slang*) (*aereo*) (U.S.A.), carlinga *f.*; v. **control —**; **furnace —**.
pulsar (*pulsating radio source*) (*astr.*), radiostella emittente radiazioni elettromagnetiche, (radio galaxies).
pulsatance (*elet.*), pulsazione (*f.*) di grandezza alternativa.
pulsating current (*elet.*), corrente (*f.*) pulsante.
— **flow,** flusso pulsante.
— **load,** carico (*m.*) pulsante.
— **voltage,** tensione (*f.*) pulsante.
pulsation (*pompe*), pulsazione *f.*
— **dampener,** ammortizzatore (*m.*) di pulsazioni (*o* di cambiamenti repentini di pressione).
— **welding,** saldatura (*f.*) a resistenza ad impulsi.
pulsator, pulsatore *m.* (di mungitrice).
pulsatron (*fis. atom.*), pulsatrone *m.*
pulse (*elet.*), semiperiodo *m.*; (*radio, radar*), impulso *m.*; (*radio*), organizzazione americana (*The Pulse, Inc.*) che studia la frequenza d'ascolto dei radioprogrammi; (*petrolio, tubazioni*) pressione *f.*
— **code modulation** (*radio*), modulazione ad impulsi codificati.
— **coder** (*calcol. elettron.*), codificatore d'impulsi.
— **coding** (*radar*), codificazione degli impulsi.
— **distortion** (*elet.*), distorsione di impulsi.
— **generator,** generatore d'impulsi.
— **-heating technique** (*to measure the latent heat of transformation* (*met.*), tecnica di riscaldamento ad impulsi (per misurare il calore latente della trasformazione).

pulse inverter (*elet.*), invertitore di impulso.
— **ionization chamber** (*fis. atom.*), camera (*f.*) di ionizzazione ad impulsi.
— **-jet** (*aereo*), pulso-reattore *m.*
— **multiplex system** (*elet.*), sistema multicanale ad impulsi.
— **multiplex system** (*elet.*), sistema multicanale ad impulsi.
— **response** (*radio*), eco (*m.*) d'impulso.
— **separator,** separatore (*m.*) ad impulsi.
— **switch,** commutatore (*m.*) di impulsi.
— **technique,** tecnica ad impulsi.
— **telemetry** (*elet.*), telemisura ad impulsi.
— **time modulation** (*radio*), modulazione ad impulso di durata variabile.
pulsed column (*fis. atom.*), colonna (*f.*) ad impulsi.
— **infusion shotfiring** (*min.*), abbattimento con acqua in pressione ed esplosivo.
— **magnetrons** (*elet.*), magnetron in regime impulsivo.
pulso-crible (*min.*), vaglio a risonanza.
pulsometer, pulsometro *m.*
— **dredger,** draga (*f.*) ad aspirazione.
pulsojet (*aereo*), pulsoreattore *m.*
— **-jet engine** (*aereo*), pulsoreattore *m.*
pulverize, *v.a.* polverizzare; macinare.
pulverized asphalt, asfalto (*m.*) in polvere.
— **coal,** carbone (*m.*) polverizzato.
pulverizer, polverizzatore *m.*
pulverizing, polverizzazione *f.*
pulverulent, *agg.*, polverulento.
pulvimixer (*macch. stradali*), mescolatore (*m.*) rotante.
pulvinated (*faleg.*), fregio sporgente.
pumice stone (pumice-stone), pietra pomice *f.*
pump, pompa *f.*; *v.a.* pompare.
— **barrel,** cilindro (*m.*) di pompa.
— **body,** corpo (*m.*) di pompa.
pump chamber, corpo (*m.*) di pompa.
— **cylinder,** cilindro (*m.*) di pompa.
— **delivery,** portata (*f.*) della pompa.
— **engine boat** (*attrezz. pompieri*), battello-pompa *m.*
— **hand lever,** leva (*f.*) di adescamento (di pompa).
— **hose,** cabina (*f.*) delle pompe.
— **main,** condotta (*f.*) di pompa.
— **off,** *v.a.*, estrarre (*v.a.*) facendo il vuoto.
— **out** *v.a.*, prosciugare mediante pompatura.
— **out flooded areas,** prosciugare aree inondate.
— **piping,** condotta (*f.*) di pompa.
— **piston,** stantuffo (*m.*) di una pompa.
— **rods,** tiranti (*m. pl.*) di pompa.
— **room,** sala (*f.*) pompe.
— **shotgun** (*armi*), fucile (a canna liscia) a pompa.
— **station** (*gas*), stazione di pompaggio.
pumpable, *agg.* pompabile.
pumped-storage plant (*elet.*), centrale idroelettrica di accumulazione.
pumping, pompaggio *m.*; (*min.*), v. **underground —.**
— **costs** (*petr.*), costi di pompaggio.
— **plant** (*agr.*, *ecc.*), impianto di pompaggio.
— **station (central — station)** (*forni elet.*, *met.*), centralina di pompaggio.
punch (*calcol. elettron.*), (macchina) perforatrice *f.*; perforazione (foro di); (*mecc.*), punzone *m.*; (*tip.*), stampo *m.*
— **(to —)** (*tip.*), fustellare.
— *v.a.* forare (col punzone); punzonare; perforare.
— **a rivet,** schiodare *v.a.*
— **cap,** cappello (*m.*) del punzone.
— **-card numerically-controlled lathe** (*macch. ut.*), tornio a controllo numerico con comando a scheda.
— **cutter,** punzonista *m.*
— **die,** stampo *m.* (della pressa).

punch holes, bucare *v.a.*
— **out,** estrarre con un punzone.
— **press** (*mecc.*), pressa (punzonatrice).
punched card, scheda (*f.*) perforata.
— **plate,** lamiera (*f.*) punzonata.
— **tape,** nastro (*m.*) perforato.
— **tape reader** (*calcolatori elett.*), lettore nastro perforato.
puncher (*inform.*), v. **tape —**.
punching, perforazione *f.*; punzonatura *f.*
— **and riveting machine,** vedi: **automatic.**
— **and shearing unit** (*mecc.*), unità componibile per punzonare e tranciare.
— **machine,** perforatrice *f.*; punzonatrice *f.*; v. **plate —**; v. **sheet metal —**.
— **machine for magnetic sheets** (*met.*), punzonatrice (*f.*) per lamierini magnetici.
— **press** (*mecc.*), pressa (*f.*) punzonatrice.
— **sheet** (*met.*), lamiera stampata.
— **test,** prova (*f.*) di foratura; (*costr.*), prova a rottura, per punzonatura.
— **tongs,** tenaglia (*f.*) punzonatrice.
— **tool** (*mecc.*), utensile (*m.*) per forare.
— **units** (*macch. ut.*), unità (*f. pl.*) di punzonatura.
punctuation mark, segno di punteggiatura.
puncture, foratura (*f.*) di pneumatico; perforazione *f.*
— **(to —),** forare (bucare) *v.a.*
— **-proof type,** antiforo (pneumatico).
— **voltage** (*elet.*), tensione di perforamento.
punner (*cost. civ.*), mazzeranga (*f.*) a mano.
punnet (*comm.*), cestino *m.* (per self-service).
punt, chiatta (*f.*) da traghetto.
puntee, pontello (per togliere l'oggetto soffiato dalla canna) (*vetro*).
punty, pontello (per togliere l'oggetto soffiato dalla canna) (*vetro*).
pupil pilot, allievo (*m.*) pilota.
Pupin cable (*elet.*), cavo (*m.*) pupinizzato.
— **coil** (*teleg.*), rocchetto (*m.*) Pupin.
pupinisation, pupinization (*telef.*), pupinizzazione *f.*
pupinise (to —), pupinizzare *v.a.*
pupinize (to —) (U.S.A.), pupinizzare *v.a.*
purchase, calorna *f.* (*naut.*); acquisto *m.*; compera *f.*
— **tax** (*comm.*), imposta sugli acquisti.
purchasing power (*finan.*), potere di acquisto.
pure (*acust.*), *agg.* puro.
— **gold,** oro (*m.*) puro.
— **mathematics,** matematica (*f.*) pura.
— **mica,** mica (*f.*) pura.
— **resistance load,** carico (*m.*) composto di una pura resistenza.
— **rosin soap,** sapone resinato puro.
— **spirit** (*chim.*), spirito assoluto.
— **tone** (*acust.*), tono (*m.*) puro.
purification, depurazione *f.*; pulitura (*f.*) dei semolini (*ind. mol.*).
purified gas, gas (*m.*) depurato.
purifier (*ind. mol.*), semolatrice *f.*; pulitrice (*f.*) da semola.
— **house** (*gas*), sala (*f.*) di depurazione.
purify, *v.a.* chiarificare.
purifying column (*chim.*), colonna di purificazione.
purin(e) (pr. *piu' rin*) (*chim.*), purina *f.*
purlin (*cost.*), arcareccio *m.*
— **joint,** giunto (*m.*) di arcarecci.
— **roof,** tetto (*m.*) a terzere; tetto (*m.*) a arcarecci.
purple, porpora *f.*
— **wood,** legno (*m.*) amaranto; legno (*m.*) porpora; amaranto *m.*
purpose-built trailer (*auto*), rimorchio speciale (per traino auto ecc.).

purpose-made brick, mattone (*m.*) sagomato.
— **-made brick flat arch,** piattabanda (*f.*) a paramento visto.
purpurin (*chim.*), purpurina *f.* (usata per tingere cotone), $C_6H_4(CO_2)C_6H(OH)_3$.
push (to —), spingere *v.a.*.
— **-bench** (*met.*), banco di trafilatura a caldo.
— **bench,** banco per la prova d'urto (*mecc.*); banco (*m.*) a spinta (*met.*).
— **button,** pulsante *m.*; v. **pushbutton.**
— **-button,** *agg.* istantaneo [p. es.: *push-button water repellent*, prodotto impermeabilizzante istantaneo].
— **button control,** comando (*m.*) a pulsante.
— **-button panel** (*elettron.*), pulsanteria *f.* (quadro a pulsanti).
— **-button start,** avviamento *m.* (con bottone).
— **-button switch,** interruttore (*m.*) a pulsante.
— **-button telephone,** telefono (*m.*) a tastiera.
— **contact,** contatto (*m.*) per pressione.
— **down,** *v.a.*, comprimere.
— **down space,** abbassare uno spazio (*bozze*).
— **-down stack** (*inform.*), pila a compressione dei dati (ed introduzione di nuovi dati che saranno i primi da richiamare).
— **fit,** accoppiamento (*m.*) di spinta.
— **forward,** spingere (*v.a.*) in avanti.
— **in,** *v.a.*, far penetrare.
— **pieces** (*orol.*), pousettes per àncora.
— **propeller** (*aereo*), elica (*f.*) propulsiva.
— **-pull amplification** (*radio*) (*elet.*), amplificazione (*f.*) in controfase.
— **-pull amplifier** (*radio*), amplificatore in controfase.
— **pull circuit,** circuito (*m.*) in opposizione; (*telecom.*), circuito in simmetria.
push-pull microphone (*acust.*), microfono (*m.*) in push-pull.
— **-pull oscillator** (*elet.*), oscillatore (*m.*) simmetrico.
— **-pull switch,** interruttore (*m.*) a pulsante.
— **-pull transformer** (*elettron.*), trasformatore in controfase.
— **rod** (*auto*), asta (*f.*) di comando; asta di pressione; asta di spinta (*aerom.*), barretta di comando.
— **-tow** (*naut.*), spintore-rimorchiatore.
— **type broaching machine,** brocciatrice (*f.*) con spina agente per pressione.
pushbutton (*elet.*), pulsante *m.*
— **switch** (*elet.*), interruttore (*m.*) a pulsante.
— **(key operated —)** (*elettron.*, *ecc.*), pulsante a chiave.
pusher (*met.*), spintore meccanico (per infornamento di bramme, ecc.); (*orol.*), punzone *m.*; (*met.*) dispositivo di spinta; forno a spinta.
— **airscrew,** elica (*f.*) propulsiva.
— **craft** (*trasporti interni per via d'acqua*), spintore *m.*
— **type furnace** (*met.*), forno a spinta; v. **slab heating pusher-type furnace.**
— **vessel** (*navigaz. fluviale, trasporti*), spintore (di flotta a spinta).
pushing furnace, forno (*m.*) a spinta.
pushup list (*inform.*), lista diretta (con introduzione di ogni articolo alla fine della lista).
put, *v.a.* mettere.
— **a machine together,** montare (*v.a.*) una macchina.
— **a piece in the lathe,** montare (*v.a.*) un pezzo sul tornio.
— **a ship on the berth,** mettere (*v.a.*) una nave sotto collo (*naut.*).
— **a work in the lathe,** montare (*v.a.*) un pezzo al tornio.

put in a speed, innestare (*v.a.*) una velocità.
— **in blast again** (*met.*), riprendere il soffiaggio.
— **in the box** (*cinem.*) (U.S.A.), fotografare una scena.
— **into mesh,** ingranare *v.a.*
— **off (to —),** eliminare (*to put a radiostation off the air*), eliminare una stazione radio clandestina.
— **on pump** (*petrolio*) (U.S.A.), installare la pompa alla bocca del pozzo petrolifero; iniziare la produzione con la pompa.
— **on short time** (*lavoro*), mettere (operai, ecc.) ad orario ridotto.
— **on stream a reduction line** (*min.*), mettere in marcia una linea di riduzione.
— **on the loom** (*tess.*), intelaiare
— **out,** spegnere *v.a.*; estinguere (un fuoco).
— **out (a circuit),** disinserire *v.a.* (*elet.*) (un circuito).
— **out of action,** mettere (*v.a.*) fuori servizio.
— **out of service** (*materiali*), mettere fuori servizio.
— **the steam on,** dare (*v.a.*) il vapore.
— **the work in the lathe,** fissare (*v.a.*) il pezzo al tornio.
— **together** (*mecc.*), montare *v.a.*
putrescible, *agg.* putrescibile.
putrify, *v.i.*, putrificarsi *v.r.*
putting in the circuit, messa (*f.*) in circuito.
— **out of service,** messa (*f.*) fuori servizio.
putty, mastice *m.*; mastice (*m.*) all'olio; stucco da vetri.
— **chaser,** frantoio (*m.*) per mastice.
— **knife,** coltello da stucco (per vetri).
— **mixing machine,** macchina (*f.*) per mescolare il mastice.
P.V.C.-coated cloth, tela impregnata di cloruro di polivinile.
pycnometer, picnometro *m.*
pyelography (*radiol.*), pielografia *f.*
pyeloscopy (*radiol.*), pieloscopia *f.*
pylon (*aereo*), **pilone** *m.* (*struttura rigida che si estende sotto le ali o la fusoliera, a forma aerodinamica, per montaggi esterni*); (*pali per linee elet.*), palo (*m.*) a traliccio; pilone *m.*
— **bearing,** appoggio (*m.*) del pilone.
pyr (*fotom.*), candela (*f.*) decimale.
Pyralin (*aereo*), materiale termoplastico brevettato.
pyramid, piramide *f.*
— **cut** (*min.*), (*brillamento della volata*), schema tipo (di volata) con mine a piramide (le mine centrali convergono a forma di piramide).
pyramidal roof, tetto (*m.*) piramidale.
pyramidon, piramidone *m.*
pyranol, piranol *m.*
— **transformer,** trasformatore (*m.*) immerso nel piranol.
pyranthrene (*chim. col.*), arancio oro indantrene.
pyrargyrite (pr. *pai.rar'gi.rait*) (*min.*), pirargirite *f.*
pyrazole (*chim.*), pirazolo *m.*
pyridine (*chim.*), piridina *f.*
pyrite, pirite *f.*, FeS_2.
— **calcines** (*min.*), ceneri di pirite.
— **cinder,** ceneri (*f. pl.*) di pirite.
— **roasters,** (*for roasting ores*), forno di arrostimento delle piriti.
— **(run-of-mine —)** (*min.*), pirite *tout-venant.*
pyro-acetic spirit, acetone *m.*
— **-antimonate** (*chim.*), piroantimoniato *m.*
— **-arsenate** (*chim.*), piroarseniato *m.*
— **-electric,** *agg.* piroelettrico.
— **-electricity,** piroelettricità *f.*
pyrocatechin (pr. *pai'ro—*, e *piro —*) (*chim.*), pirocatechina *f.*
pyrogallal (pr. *pai'—*, o *pi'—*, (*chim.*), pirogallolo *m.*
pyrogallic, *agg.* pirogallico.
— **acid,** acido (*m.*) pirogallico.

pyroligneous acid, acido (*m.*) pirolignico.
pyrolusite (pr. *pai'.rou'.liu.sait*) (*min.*), pirolusite *f.*
pyrolysis (*chim.*), pirolisi *f.*
pyrolytic, *agg.*, pirolitico.
— **cracking** (*petr.*), piroscissione *f.*
— **graphite** (*met.*) grafite pirolitica.
pyrolyzate (*fis.*), prodotto (*m.*) di pirolisi.
pyromagnetic, *agg.* piromagnetico.
pyrometallurgical, *agg.* pirometallurgico.
pyrometallurgy, pirometallurgia *f.*
pyrometer, pirometro *m.*
— **(2-colour —)** (*met.*), pirometro a due colori.
pyrometric cone, cono Seger; pirometro di Seger.
pyromucic aldehyde (*chim.*), furfurolo *m.*
pyrone (pr. *pai' roun*) (*chim.*), pirone *m.*
pyrophoric, *agg.* (*polveri met.*), piroforico.
pyrophosphate, pirofosfato *m.*
pyrophosphoric, *agg.* (*chim.*), pirofosforico.
pyroscope (*calore*), piroscopio *m.*
pyrostat, pirostato *m.*
pyrosulphuric, *agg.* (*chim.*), pirosolforico.
pyrotartaric acid (*chim.*), acido **pi**rotartarico.
pyrotechnics, pirotecnica *f.*
pyroxene, pirosseno *m.*
pyroxylin, pirossilina *f.*
pyrrhotite (*chim.*), pirrotite *f.*
pyrrole (pr. *pi'.roul*) (*chim.*), pirrolo *m.*; $(CHCH)_2NH$.
pyruvic aldehyde (*chim.*), aldeide *f.*) piruvica.
Pythagorean theorem, teorema (*m.*) di Pitagora.

Q

Q.B.I. (*aereo*) (*low visibility*), scarsa visibilità (segnale radio-aereo).
Q factor (*radio*), fattore di merito; (*telecom.*), fattore di sovratensione.
Q-shell (*fis. atom.*), strato Q.
quad (*acust.*), abbrev. di **quadraphonics.**
quadded cable, cavo (*m.*) bicoppia.
quadrangle, quadrangolo *m.*
quadrangular, *agg.* quadrangolare
quadrant, quadrante *m.* (*geom.*); testa di cavallo (*tornio*); (*gas*) (*petrolio*), suddivisione di una area di mare, per la concessione di licenze di sfruttamento ed esplorazione di idrocarburi.
— **electrometer** (*elet.*), elettrometro (*m.*) a quadrante.
— **iron,** ferro (*m.*) a quadrante.
quadraphones (4-channel —) (*audio*), cuffia quadricanale.
quadraphonic, *agg.* (*acust.*), quadrifonico.
— **decoder** (*audio*), decodificatore quadrifonico.
— **(phono) cartridge** (*audio*), cartuccia quadrifonica.
quadraphonics (*audio*), quadrifonia *f.*
quadrat (*tip.*), quadrato *m.*
quadratic equation, equazione (*f.*) di secondo grado.
— **error** (*mat.*), errore (*m.*) quadratico.
— **programming** (*cibernetica*), programmazione secondo il metodo dei quadrati.
quadrature, quadratura *f.*; (*telev.*), quadratura di fase.
— **band** (*elet.*), spira (*f.*) compensatrice (*di contatore elet.*).
quadrilateral, quadrilatero *m.*
quadrillion (*mat.*), quadrilione *m.* (negli Stati Uniti = 1000 trilioni; in Inghilterra = un milione di trilioni, cioè con 24 zeri).
quadrinomial (*mat.*), quadrinomio *m.*
quadruple-phantom circuit, circuito (*m.*) fantasma quadruplo.
quadruple register (*aereo*), registratore quadruplo (strumento registratore della direzione del vento e della velocità, del sole e della pioggia).
— **riveted joint,** chiodatura (*f.*) quadrupla.
— **scanning** (*telev.*) analisi (*f.*) quadrupla.
quadruplex (four-head) technique (*videoregistratori*), tecnica per videoregistratori a nastro, che ottimizza la relazione fisica fra nastro in movimento e la testina di registrazione, per ridurre al minimo gli errori di velocità.
— **telegraphy** (*teleg.*), telegrafia (*f.*) quadruplice.
quadrupole (*fis. atom.*), quadrupolo *m.*
— **moment** (*fis. atom.*), momento (*m.*) del quadrupolo.
— **spectrum** (*fis. atom.*), spettro (*m.*) del quadrupolo.
quagginess (*legno*), cipollatura (*f.*) nel nucleo del legno.
qualification test, saggio di approvazione; saggio d'idoneità.
qualifications, *pl.* (*for an appointment*), requisiti *m. pl.*; titoli (richiesti per un impiego).
qualified valuer, perito (*m.*) stimatore.
qualimeter (*radiol.*), qualimetro *m.*
qualitative analysis, analisi (*f.*) qualitativa.
— **and quantitative analysis** (*chimica*), analisi (*f.*) qualiquantitativa.
quality circles (*lavoro*), gruppo di lavoratori che discutono il modo di migliorare la produzione, nelle loro regolari riunioni in fabbrica.
— **control,** controllo di qualità.
— **statistical control** (*met.*), controllo statistico di qualità.
quantal (*fis. atomica*; *fis. molecolare*), quantal.

quantic transition, salto (*m.*) quantico.
quantimeter (*radiol.*), quantimetro *m.*
quantisation (*fis. atom.*), quantizzazione *f.*
quantitative analysis, analisi (*f.*) quantitativa.
— **cementation** (*chim.*), cementazione (*f.*) quantitativa.
— **metallography** (*met.*), metallografia quantitativa.
quantity production, produzione in serie.
quantization (*fis. atom.*), quantizzazione.
quantize, *v.a.* quantizzare.
quantized field (*fis. atom.*), campo (*m.*) quantizzato.
— **system** (*fis. atom.*), sistema quantizzato.
quantometer (*analisi met.*), quantometro *m.*
quantometric analytical laboratory (*met.*), laboratorio di analisi quantometrica.
quantum (*fis.*), quantum di energia; (*inform.*), periodo (di tempo).
— **condition** (*fis. atom.*), condizione (*f.*) quantica.
— **chromodynamics** (*fis.*), cromodinamica quantica.
— **energy,** energia (*f.*) quantica.
— **jump** (*fis. atom.*), salto (*m.*) quantico.
— **leakage,** penetrazione (*f.*) quantica.
— **mechanical wavelength,** lunghezza (*f.*) d'onda quantica.
— **mechanics,** meccanica (*f.*) quantica; (*mecc.*), meccanica quantistica.
— **numbers,** numeri (*m. pl.*) quantici.
— **numbers of an atom** (*fis. atom.*), numeri quantici di un atomo.
— **of light** (*energia radiante*), quanto (*m.*) di luce.
— **optics** (*fis.*), ottica quantica.
— **state** (*fis. atom.*), stato (*m.*) quantico.
quantum statistical mechanics (*fis. atom.*) meccanica (*f.*) statistica quantica.
— **statistics** (*fis. atom.*), statistica (*f.*) quantistica.
— **theory,** teoria (*f.*) dei quanta.
— **transition** (*fis. atom.*), salto (*m.*) quantico; transizione (*f.*) quantica.
— **yield** (*fis. atom.*), rendimento (*m.*) quantico.
quarantine (to —), mettere in quarantena (una nave, un Paese).
quark (*fis. atom.*), quark (costituente della materia non ancora individuato come particella libera).
quarry, *n.*, (*min.*), cava *f.* (di sabbia, ghiaia, ecc.); cava di miniera.
— *v.a.* cavare (*v.a.*) pietre.
— **of marble,** cava (*f.*) di marmo.
— **stone,** pietra (*f.*) di cava.
quarrying (*min.*), coltivazione a giorno (di pietre ornamentali, rocce affioranti o semiaffioranti ecc., nelle cave in generale).
quarter, quarter (misura di capacità uguale a 2,909 ettolitri); (*naut.*) (*after section of a ship on either side*), fianco poppiero; anca *f.*
— **cloth** (*tip.*), legatura flessibile (brochure).
— **cloth binding** (*tip.*), legatura in mezza tela.
— **-deck,** castello *m.* (*naut.*); cassero *m.*
— **-hard temper,** vedi: **temper number 3.**
— **leather binding** (*tip.*), legatura in mezza pelle.
— **of a quire,** quinterno *m.*
— **panel** (*auto*), pannello (*m.*) laterale.
— **-phase system** (*elet.*), sistema (*m.*) bifase.
— **round,** quartuccio *m.* (*modanatura*); (*falegn.*), quartabono *m.*
— **screws** (*orol.*), quarte viti (di bilanciere compensato).
— **-turn,** quarto (*m.*) di giro.

quarter twist belt, cinghia (*f.*) semi-incrociata.
— **-twist drive** (*mecc.*), trasmissione (*f.*) con cinghia semincrociata.
— **vellum binding** (*tip.*), legatura in mezza pergamena.
— **wave antenna** (*radio*), antenna (*f.*) in quarto di onda.
— **-wave Marconi aerial,** antenna (*f.*) Marconi.
— **(points)** (*naut.*), « quarta », (quarto di semiquadrante: suddivisione della rosa dei venti nella bussola usata in marina).
quarterlights (*auto*), cristalli girevoli anteriori.
quarto (*tip.*), quarto *m.*
quartz (*min.*), quarzo *m.*
— **-crystal-controlled oscillator,** oscillatore (*m.*) a quarzo.
— **digital clock** (*auto*), orologio digitale a quarzo.
— **fiber dosimeter** (*fis. atom.*), dosimetro (*m.*) a filo di quarzo.
— **fibre** (*fis. atom.*), a filo di quarzo.
— **-lock speed control** (*turntables*) (*audio*), controllo della velocità al quarzo.
— **-locked digital synthesizer** (*audio*), sintetizzatore digitale quarzato.
— **-locked direct-drive turntable** (*audio*), giradischi a trazione diretta quarzata.
— **monochromator,** generatore di luce monocromatica a quarzo.
— **porphyry,** porfido (*m.*) quarzifero.
— **resonator,** risonatore (piezoelettrico) di paragone a piastra di quarzo.
— **sand,** sabbia (*f.*) quarzifera.
— **schist,** scisto (*m.*) siliceo.
— **topaz** (*min.*), topazio quarzifero.
— **vibrator** (*elet.*), oscillatore a quarzo.
— **watch,** orologio a quarzo.
quartzite, quarzite *f.*
quasars (*astron.*) (*quasi-stellar radio sources*), sorgenti radio quasi stellari.
quash (*v.a.*) **a sentence** (*leg.*), annullare una sentenza.
quasi-arc welding, saldatura (*f.*) semiarco.
— **-instruction** (*inform.*), quasi istruzione; pseudo istruzione.
— **-optics** (*ott.*), quasiottica *f.*
quay (*naut.*), banchina *f.*
— **crane,** gru (*f.*) da porto.
queen bee (*armi*), « ape regina » aereo senza pilota radiocomandato usato nelle esercitaz. artiglieria antiaerea.
— **(post) truss,** cavalletto (*m.*) a due monaci.
quench (to —), temprare *v.a.* (*met.*); raffreddare (*con olio*).
— **additive** (*met.*), additivo (*o* coadiuvante) di tempra.
— **ageing** (*met.*), invecchiamento (di *o*) (*per*) tempra.
— **and temper unit** (*met.*), impianto (*m.*) di bonifica.
— **crack** (*met.*), cricca (*f.*) di tempra.
— **experiment** (*met.*), esperimento di tempra.
— **hardening** (*met.*), indurimento per tempra.
— **rate** (*trattam. termico met.*), velocità di tempra.
quenchant (*tratt. termico met.*), coadiuvante di tempra.
quencher, estintore (*m.*) di luminescenza; raffreddatore *m.*
— **(low velocity venturi type —)** (*met.*), raffreddatore venturi a bassa velocità.
quenching (*met.*), raffreddamento (*m.*) rapido; (*met.*) tempra *f.*; (*radio*), soppressione delle oscillazioni.
— **bath,** bagno (*m.*) di tempra.
— **and tempering furnace** (*met.*), forno (*m.*) per bonifica.
— **crack** (*met.*), spaccatura di tempra (rottura provocata da forti tensioni durante la tempra); (*met.*) (U.S.A.), cricca (*f.*) di tempra.
— **oil** (*met.*), olio (*m.*) per tempra.
— **operation** (*met.*), operazione di tempra.

quenching oscillator (*radio*), oscillatore a frequenza ausiliare.
— **water,** acqua (*f.*) di tempra.
quercetin (*chim.*), quercitina *f.*
quercitron (*chim.*), quercitrone *m.*
quercus, corteccia di quercia.
query (to —) (*inform.*), interrogare.
queue (*inform.*), coda di attesa.
— *v.a.* mettere in coda d'attesa.
queued access method (*inform.*), metodo di accesso con coda di attesa (tempo complessivo per un'operazione).
queuing problem, problema delle code.
— **theory** (*mat.*), teoria (*f.*) delle code.
quick-acting fertilizer, concime (*m.*) rapidamente attivo.
— **-action chuck** (*mecc.*), mandrino (*m.*) a chiusura rapida.
— **action vice** (*macch. ut.*), morsa (*f.*) ad azione rapida.
— **-break,** ad azione rapida.
— **-break switch** (*elet.*), interruttore (*m.*) a scatto rapido.
— **-change spindle** (*mecc.*), mandrino (*m.*) a cambio rapido.
— **coupling,** innesto (*m.*) istantaneo.
— **exhaust valve** (*air reservoirs, cylinders*), valvola (*f.*) di scarico rapido.
— **feed,** alimentazione (*f.*) istantanea; avanzamento (*m.*) istantaneo; (*macch. ut.*), avanzamento (*m.*) rapido.
« **quick-fit** » (*auto*), montaggio rapido (a prezzi fissi) (di freni di ricambio, marmitte, ecc.).
— **lime,** calce (*f.*) viva.
— **paint** (*vernici*), pittura rapida.
— **-pitch screw,** vite (*f.*) a passo rapido.
— **power traverse motion** (*fresa*), movimento rapido automatico di ritorno.
— **-release wedge** (*naut.*), cuneo ad allentamento rapido.
— **return,** ritorno (*m.*) rapido.
— **return lever** (*macch. ut.*), leva (*f.*) del ritorno rapido.
quick return of the skip (*mecc.*), ritorno rapido della benna.
— **return stroke,** corsa (*f.*) di ritorno rapida.
— **-setting cement,** cemento (*m.*) a rapida presa.
— **traverse** (*macch. ut.*), passata (*f.*) rapida.
— **traverse doubler cross winder** (*tess.*), accoppiatrice (*f.*) per lana pettinata.
— **traverse motion** (*tornio*), movimento (*m.*) longitudinale rapido.
— **unloading of the skip** (*mecc.*), scarico rapido della benna.
— **varnish** (*vernici*), vernice (*f.*) rapida.
— **work** (*naut.*), opera (*f.*) viva.
quickset level, livello rapido (con livella fissa su un lato del cannocchiale e con specchio superiore per verificare se la bolla è centrata).
quicksilver, mercurio *m.*; argento (*m.*) vivo.
quiescent antenna (*radio*), vedi: **dummy antenna.**
— **current**(*elet.*), corrente in riposo.
— **push-pull amplifier** (*elet.*), amplificatore controfase di classe B.
— **tank,** vasca di riposo.
quiescing (*inform.*), messa a riposo; interruzione (di una trasmissione).
quiet birdmen (*aereo*), organizzazione (*f.*) di piloti (o ex-piloti) aviatori.
— **running** (*mecc.*) (*presse*), funzionamento silenzioso.
quill (*mecc.*), albero cavo (che gira su albero pieno, e porta pulegge); (*tess.*), tubetto *m.* (di filato); (U.S.A.), mandrino (*m.*) a codolo.
— **-drive** (*ing.*), trasmissione (*f.*) tubolare.
quilt (*cost.*), rivestimento isolante (*per tetti, tubi, ecc.*).
quilting cotton (*tess.*), ovatta (*f.*) per trapunte.

quinine, chinino *m.*
quinoline (*chim.*), chinolina *f.*
— **dyes** (*chim.*), coloranti alla chinolina.
— **yellow** (*chim.*), giallo di chinolina.
quinone (*chim.*), chinone *m.*
quinquennial valuation, stima (*f.*) quinquennale.
quintal (*sistema metrico*), quintale (= 100 kg).
quintillion (*mat.*), quintilione *m.* (U.S.A. = 1000 quadrilioni; Inghilterra = 1 milione di quadrilioni, cioè con 30 zeri).
quintuplicate *v.a.*, quintuplicare.
quire (*carta*), 1/20 di una risma; raccolta di 24 o 25 fogli di carta della stessa misura e qualità.
quittance, ricevuta *f.*
quoin (*tip.*), serraforme (di forma chiusa); (*cost.*), concio d'angolo.
quota (*gen.*), quota-parte.
quotation (*comm.*), quotazione *f.*; corso *m.*; prezzo *m.*
— **furniture** (*tip.*), piccola marginatura.
— **marks,** virgolette *f. pl.*
quote *v.a.*, quotare.
— **sheet** (*borsa*), listino *m.*
quoted securities (*fin.*), valori quotati in Borsa.
quorum (*leg.*), numero legale.
quotes (*tip.*), virgolette.
quotient, quoziente *m.*
— **metre,** logometro *m.*
QWERTY (*inform.*), tastiera americana (dalle lettere alfabetiche iniziali).

R

rabbet for glazing, battuta (*f.*) per il mastice.

rabbit (*fis. atom.*) « coniglio », dispositivo d'irradiazione rapida.

rabble, gancio da fuoco; raschiatoio *m.*

— **(to —),** rimescolare (metalli fusi); raschiare.

rabbling (*met.*), raschiatura *f.*; rimescolatura *f.* (di metallo fuso).

— **tool,** agitatore (*m.*) per minerali o metalli.

raccoon, pelliccia di procione (*o* orso lotore).

race (*idraul.*), canale d'adduzione dell'acqua; guida *f.* (*mecc.*); (*tess.*) corsa della navetta (*race plate*); corrente d'aria prodotta dall'elica (*aereo*); guida di navetta (*tess.*); imballo (*di motore*); correre *v.i.*; imballare, imballarsi *v.r.* (*motori*).

— **car** (*auto*), auto da corsa.

racemate (*chim.*), racemato *m.*

racemation, racemazione *f.*

racemic acid (*chim.*), acido racemico; acido tartarico destrogiro.

racemisation (*chim.*), racemizzazione *f.*

racing, imballo *m.* (del motore).

— **circuit,** autodromo *m.*

— **tyre** (*auto*), pneumatico da corsa.

rack, cremagliera *f.*; dentiera *f.*; (*tip.*), casellario per marginatura; **(to —),** travasare *v.a.* (vino, ecc.); **(to —)** *v.i.*, diventare per effetto di forze inclinato o deformato; **(to —)** *v.a.* legare alla portoghese.

— **and pinion drive,** comando (*m.*) a cremagliera.

— **(gear) cutter** (*mecc.*), coltello a cremagliera.

— **cutting machine,** dentatrice *f.*

— **generating cutter** (*ingr.*), coltello-cremagliera.

— **-generating process** (*ingr.*), lavorazione (*f.*) a coltello-cremagliera.

rack mechanism, meccanismo (*m.*) di arresto.

— **-raiway,** ferrovia (*f.*) a cremagliera.

— **release** (*tess.*), rilascio delle cremagliere.

— **-shaped cutter** (*ingr.*), coltello-cremagliera.

— **slotting machine** (*macch. ut.*), stozzatrice (*f.*) per cremagliere.

— **tank locomotive,** locomotiva (*f.*) tender a dentiera.

— **wheel,** ruota (*f.*) a denti di sega.

— **(charging —)** (*min.*), banco di ricarica; scaffale di carica (delle lampade in una lampisteria).

racked rubber, gomma sottoposta a ripetuto riscaldamento e stiramento, per accrescerne la sua lunghezza costante.

racking (*birra*), riempimento dei barili con birra pronta per il consumatore; (*vino*), travaso del vino da una vasca all'altra; (*cost.*), inclinazione (o deformazione) per effetto del vento (rif. ad armature).

racon, radiofaro per radar usato per aiutare il volo e l'atterraggio di aerei.

rad, unità di misura della dose assorbita (*radiazioni*): quantità equivalente a 100 ergs di energia radiante assorbita rapportata alla sostanza sottoposta alla radiaz. in grammi.

radar, radar *m.*; radiolocalizzazione *f.*

— **automatic tracking** (*aereo*), radar tracciamento automatico.

— **beam** (*aereo*), fascio radar.

— **command guidance** (*missili*), guida radar.

— **display room,** sala proiezione dati radar.

— **equipment** (*elettron.*), attrezzatura per radar.

radar homing system (*aereo*), metodo radar rientro.
— **mosaics,** fotomosaico rilevamenti radar.
— **operator,** radarista *m.*
— **plotting,** diagramma (*m.*) rilievi radar.
— **range,** portata (*f.*) radar.
— **range calculator,** calcolatore per la portata dei radar.
— **range direction tower,** torretta (*f.*) radar.
— **requirement,** richiesta (*f.*) di radar (*fabbisogno*).
— **strip map,** tracciamento a nastro per radar.
— **systems,** sistemi (*m. pl.*) radar.
— **tell-tale on the facia** (*auto*), spia luminosa radar sul cruscotto.
— **tracking,** tracciamento radar.
radarscope, schermo-radar *m.*
radarman, radarista *m.*
Radiactine (*tess.*), soluzione di alginato e sapone.
radial, *agg.* radiale; pneumatico radiale.
— **ball bearing,** cuscinetto (*m.*) a sfera portante.
— **bearing,** cuscinetto (*m.*) radiale; cuscinetto (*m.*) posteriore.
— **depth,** profondità (*f.*) radiale.
— **drill,** punta (*f.*) radiale.
— **drilling machine,** trapano (*m.*) radiale.
— **engine,** motore (*m.*) a stella.
— **feeder** (*elet.*), carico d'alimentazione radiale.
— **flow turbine,** turbina (*f.*) radiale.
— **grinder,** rettificatrice (*f.*) radiale.
— **load,** carico radiale.
— **machines,** turbomacchine radiali.
— **measurement** (*mecc.*, *ecc.*), misura radiale.
— **milling cutter,** fresa (*f.*) a denti radiali.
— **-piston motor** (*macch. ut.*) (*hydraulics*), motore (*m.*) a pistoni radiali.
radial-piston pump (*hydraulics*), pompa (*f.*) a pistoni radiali.
— **ply tire** (*auto*), pneumatico a carcassa radiale.
— **ply winter tire** (*gomma*) (*auto*), pneumatico radiale invernale.
— **rotor** (*aereo*), rotore (*m.*) a pale radiali (di elicottero).
— **stress,** sollecitazione (*f.*) radiale.
— **tapping switch,** commutatore (*m.*) radiale.
— **tyre,** pneumatico (*m.*) radiale.
radian (*mat.*), radiante *m.*
— **frequency,** frequenza (*f.*) angolare.
radiance, radianza *f.*; (*ill.*), radiazione luminosa specifica.
Radianite, acciaio inossidabile usato per coltelli (17 % di cromo, 0,75 di carbonio).
radiant (*astron.*), radiante *m.*
— **cooling,** raffreddamento (*m.*) ad irraggiamento.
— **energy,** energia (*f.*) irraggiante; radiazione *f.*
— **energy density,** energia (*f.*) radiante per unità di volume.
— **heat,** calore (*m.*) radiante.
— **heating,** riscaldamento (*m.*) ad irraggiamento termico.
— **heating systems,** sistema per il riscaldamento radiante.
— **tube** (*riscaldam.*, *ecc.*), tubo radiante.
radiate, *v.i. v.a.*, irradiare.
radiate out, *v.a.*, diffondere *v.a.*
radiating, *agg.* irradiante.
radiating bridge (*cost.*), ponte (*m.*) a ventaglio.
radiation, radiazione *f.*
— **absorption** (*fis. atom.*), assorbimento (*m.*) di radiazioni.
— **attenuation** (*fis. atom.*), attenuazione (*f.*) della radiazione.
— **barrier** (*fis. atom.*), barriera (*f.*) di radiazione.
— **boiler,** caldaia ad irraggiamento.
— **burn** (*med.*), scottatura dovuta a raggi X o a radio.
— **chemistry** (*fis. atom.*), chimica (*f.*) delle radiazioni.

radiation counter (*fis. atom.*), contatore (*m.*) di radiazioni.
— **damage** (*fis. atom.*), effetto nocivo delle radiazioni.
— **detector** (*fis. atom.*), rivelatore (*m.*) di radiazioni.
— **dose** (*fis. atom.*), dose d'irradiazione.
— **exposure** (*fis. atom.*), esposizione (*f.*) alle radiazioni.
— **field,** campo (*m.*) di radiazione.
— **flux** (*fis. atom.*), flusso (*m.*) di radiazioni.
— **injury** (*fis. atom.*), radiolesione *f.*; lesione causata da radiazioni.
— **intensity** (*fis. atom.*), intensità (*f.*) della irradiazione.
— **laboratory** (*fis. atom.*), laboratorio (*m.*) delle radiazioni.
— **lethality** (*fis. atom.*), letalità di radiazione.
— **level** (*fis. atom.*), livello (*m.*) di radiazione.
— **loss** (*fis. atom.*), perdita (*f.*) per radiazione.
— **measurement** (*fis. atom.*), misura (*f.*) delle radiazioni.
— **monitor** (*fis. atom.*), monitore (*m.*) di radiazioni.
— **pattern** (*radio*), diagramma di radiazione (di antenna); caratteristica (*f.*) di radiazione.
— **pressure,** pressione (*f.*) di radiazione.
— **processing** (*alimenti*), processo di irradiazione.
— **-proof,** *agg.* a prova di radiazioni.
— **pyrometer,** pirometro (*m.*) ad irradiazione termica.
— **pyrometry,** pirometria a radiazione.
— **resistance** (*fis. atom.*), resistenza (*f.*) alle radiazioni.
— **sensitive material** (*fis. atom.*), materiale (*m.*) sensibile alle radiazioni.
— **shield** (*fis. atom.*), schermo (*m.*) contro le radiazioni; schermo antiradiazioni.

radiation sickness (*fis. atom.*), malattia (*f.*) causata da radiazioni.
— **source** (*fis. atom.*), sorgente (*f.*) di radiazione.
— **spectrum** (*fis. atom.*), spettro (*m.*) della radiazione.
— **survey** (*fis. atom.*), sorveglianza della protezione contro le radiazioni.
— **therapy,** radioterapia *f.*
— **warning sign** (*fis. atom.*), segnale di pericolo di radiazioni.

radiations patterns (*radio*), diagrammi di irradiazione.

radiative capture (*fis. atom.*), cattura (*f.*) radiativa.
— **collision** (*fis. atom.*), collisione (*f.*) radiativa.
— **equilibrium** (*fis. atom.*), equilibrio (*m.*) radiativo.
— **transition** (*fis. atom.*), transizione (*f.*) radiativa.

radiator, termosifone *m.*; radiatore *m.* (*auto*).
— **grille** (*auto*), griglia (*f.*) copriradiatore.
— **shutters,** persiana (*f.*) per radiatore.
— **tie-rod,** tirante (*m.*) per radiatore.
— **upper tank,** serbatoio superiore (di un radiatore).

radical (*chim.*), radicale *m.*; (*acid —; free —; halogenic —*) (radicale acido, libero, alogenico).

radii (*geom.*), raggi *m. pl.*; *pl.* di **radius.**

radio, radio *f.*
— **-active,** *agg.* radioattivo.
— **-active substance,** sostanza radioattiva.
— **altimeter** (*radio*), radioaltimetro *m.*
— **amateur,** radiante *m.*
— **astronomy,** radioastronomia *f.*
— **autopilot coupler,** attrezzatura per la messa in moto del pilota automatico.
— **-balloon** (*aereo*), pallone (*m.*) sonda.
— **beacon,** radiofaro *m.*

radio bearing, rilevamento (*m.*) radiogoniometrico.
— **blackout** (*satelliti*), silenzio radio (zona senza ricezione radiofonica, nello spazio).
— **broadcasting,** radiodiffusione *f.*
— **broadcasting station,** stazione (*f.*) radiotrasmittente; stazione (*f.*) di radiodiffusione.
— **-cassette player** (*auto*), radiosuonanastri *m.*
— **channel,** radiocanale *m.*
— **chocke coil** (*radio*), bobina (*f.*) d'induzione.
— **-communication,** radiocomunicazioni.
— **communication link** (*radio*) ponte radio; radio collegamento *m.*
— **compass,** radiobussola *f.*
— **control** (*radio*), radiocomando.
— **controlled model** (*aereo*), modello (*m.*) radiocomandato.
— **controlled pump station** (*gas*), stazione di pompaggio radiocontrollata.
— **dispatching system** (*radio*), sistema di radiocollegamenti.
— **engineer,** ingegnere (*m.*) radiotecnico.
— **engineering,** ingegneria (*f.*) radiotecnica.
— **-frequency,** radiofrequenza *f.*
— **-frequency alternator,** alternatore (*m.*) a radiofrequenza.
— **-frequency amplifier,** amplificatore (*m.*) di radiofrequenza.
— **-frequency choke,** modulatore (*m.*) di radiofrequenza.
— **-frequency choke coil** (*elet.*), bobina (*f.*) d'arresto A.F.
— **-frequency oscillator,** oscillatore (*m.*) di radiofrequenza; oscillatore (*m.*) a radiofrequenza.
— **-frequency transformer** (*radio*), trasformatore di radiofrequenza.
— **goniometer,** radiogoniometro *m.*
— **gramophone,** radiogrammofono *m.*
— **-guided rocket,** razzo (*m.*) radiocomandato.

radio-immunity, radioimmunità *f.*
— **interference suppressor,** soppressore (*m.*) di radio-interferenze.
— **interview** (*radio*), intervista radiofonica.
— **isotops,** isotopi radioattivi.
— **licence,** abbonamento (*m.*) alle radioaudizioni.
— **link** (*radio*) ponte (*m.*) radio; collegamento radiofonico; circuito di radiocomunicazione.
— **-luminescence,** radio-luminescenza.
— **mast,** albero (*o* supporto) di antenna.
— **network,** catena (*o* rete) di stazioni radio.
— **-nuclide,** radionuclide *m.*
— **operator,** radio operatore *m.*
— **paging system** (*telef.*), sistema radiotelefonico di ricerca di persone funzionante con una serie di radiotrasmettitori ed un calcolatore elettronico centrale.
— **panel lamp,** lampada per pannelli di apparecchi radio.
— **path** (*radio*), radiosentiero *m.*
— **-phonograph,** radiogrammofono *m.*
— **-photogram** (*radio*), radiofotogramma.
— **range,** radiofaro equisegnale.
— **range beacon,** radiofaro (*m.*) direzionale.
— **relay system** (*radio*), ponte radio.
— **servicing,** servizio riparazioni radio.
— **set,** apparecchio (*m.*) radio.
— **shop,** officina (*f.*) radio.
— **show,** mostra (*f.*) della radio.
— **sounding,** radiosondaggio *m.*
— **spectrum** (*elet.*), spettro di frequenza radio.
— **studio,** studio della radio.
— **technician,** radiotecnico *m.*
— **-telegraphy,** radiotelegrafia *f.*
— **telephone,** radiotelefono *m.*
— **telephone call,** chiamata radiotelefonica.

radio telephone circuit, circuito (*m.*) radiotelefonico.
— **-telephony,** radiotelefonia *f.*
— **-teleprinter,** radio-telescrivente *f.*
— **-tellurium** (*chim.*), radiotellurio *m.*
— **-thorium** (*chim.*), radiotorio *m.* (elemento radioattivo).
— **tower,** antenna di trasmissione.
— **-toxicity,** radiotossicità *f.*
— **transmitting tube** (U.S.A.), valvola (*f.*) trasmittente.
— **transmitting valve,** valvola (*f.*) trasmittente.
— **wave,** radio (*m.*) onda.
radioactinium (*fis. atom.*), radioattinio *m.*
radioactive, *agg.* (*fis. atom.*), radioattivo.
— **ash** (*fis. atom.*), cenere radioattiva.
— **atom** (*fis. atom.*), atomo (*m.*) radioattivo.
— **barium** (*fis. atom.*), bario (*m.*) radioattivo.
— **by-product,** sottoprodotto (*m.*) radioattivo.
— **capture** (*fis. atom.*), cattura (*f.*) radioattiva.
— **capture of neutrons** (*fis. atom.*), cattura radioattiva di neutroni.
— **chain** (*fis. atom.*), catena (*f.*) radioattiva; famiglia (*f.*) radioattiva.
— **constant** (*fis. atom.*), costante (*f.*) radioattiva; costante (*f.*) di disintegrazione.
— **contaminant** (*fis. atom.*), contaminante (*m.*) radioattivo.
— **contamination** (*fis. atom.*), contaminazione (*f.*) radioattiva.
— **dating,** datazione radioattiva.
— **decay** (*fis. atom.*), disintegrazione (*f.*) radioattiva.
— **decay constant** (*fis. atom.*), costante di disintegrazione radioattiva.
— **decay law** (*fis. atom.*), legge (*f.*) di disintegrazione radioattiva.
— **decay series** (*fis. atom.*), familia (*f.*) radioattiva; catena (*f.*) di disintegrazione.
radioactive decontamination (*fis. atom.*), decontaminazione radioattiva.
— **deposit** (*fis. atom.*), deposito (*m.*) radioattivo.
— **displacement law** (*fis. atom.*), legge (*f.*) di spostamento radioattivo.
— **drug** (*fis. atom.*), preparato (*m.*) radioattivo.
— **dust,** polvere (*f.*) radioattiva.
— **dust protection filter,** filtro per pulviscolo radioattivo.
— **effluent** (*fis. atom.*), effluente (*m.*) radioattivo.
— **element,** elemento (*m.*) radioattivo.
— **emanation** (*fis. atom.*), emanazione (*f.*) radioattiva.
— **equilibrium,** equilibrio (*m.*) radioattivo.
— **fall-out** (*fis. atom.*), precipitazioni (*f. pl.*) radioattive.
— **family** (*fis. atom.*), famiglia (*f.*) radioattiva; (serie (*f.*) radioattiva).
— **fission product** (*fis. atom.*), prodotto (*m.*) di fissione radioattivo.
— **gas** (*fis. atom.*), gas (*m.*) radioattivo.
— **half-life** (*fis. atom.*), periodo (*m.*) radioattivo.
— **heat** (*fis. atom.*), calore (*m.*) di radioattività.
— **indicator** (*fis. atom.*), indicatore (*m.*) radioattivo.
— **isotope** (*fis. atom.*), isotopo (*m.*) radioattivo; radioisotopo *m.*
— **logging** (*petrol.*), carotaggio (*m.*) radioattivo.
— **material laboratory** (*fis. atom.*), laboratorio (*m.*) per materiale radioattivo.
— **mineral** (*fis. atom.*), minerale (*m.*) radioattivo.
— **monitor** (*fis. atom.*), monitore (*m.*) di radioattività.
— **nucleus** (*fis. atom.*), nucleo (*m.*) radioattivo.
— **nuclide** (*fis. atom.*), nuclide (*m.*) radioattivo.
— **period** (*fis. atom.*), periodo (*m.*) radioattivo.

radioactive poison, veleno (*m.*) radioattivo.
— **poisoning,** avvelenamento (*m.*) radioattivo.
— **preparation,** preparato (*m.*) radioattivo.
— **rain** (*fis. atom.*), pioggia (*f.*) radioattiva.
— **series,** familia (*f.*) radioattiva.
— **source** (*fis. atom.*), sorgente (*m.*) radioattiva.
— **standard,** standard (*m.*) radioattivo.
— **stearic acid,** acido stearico radioattivo.
— **tracer** (*fis. atom.*), tracciante (*m.*) radioattivo; indicatore (*m.*) radioattivo.
— **transformation** (*fis. atom.*), trasformazione (*f.*) radioattiva.
— **waste** (*fis. atom.*), rifiuti (*m. pl.*) radioattivi.
— **waste disposal** (*fis. atom.*), smaltimento (*m.*) dei rifiuti radioattivi.
radioactivity, radioattività *f.*
— **detection** (*fis. atom.*), rivelazione (*f.*) di radioattività.
— **detector** (*fis. atom.*), rivelatore (*m.*) di radioattività.
radioanaphylaxis (*radiol.*), radioanafilassi *f.*
radioassay, *v.a.* analizzare (un metallo, ecc.), per determinarne la radioattività.
radiobarium, bario radioattivo.
radiobiology *f.*, radiobiologia *f.*
radiocarbon, radiocarbonio *m.*
— **age,** (v. **radiocarbon dating**).
— **dating** (*fis. atom.*), datazione (*f.*) con carbonio 14.
radiochemistry,radiochimica *f.* (*chimica dei fenomeni radioattivi*).
radiochemy (*radiol.*), radiochemia *f.* (*effetti prodotti dai raggi radioattivi*).
radiochroism (*radiol.*), radiocroismo *m.* (*capacità di assorbimento per alcuni raggi radioattivi e raggi roentgen*).
radiochrometer (*radiol.*), radiocrometro (*apparecchio per la misura della forza di penetrazione dei raggi roentgen, secondo la scala di Benoist*).
radiocinematography (*radiol. cinem.*), radiocinematografo *m.*
radiocobalt, radiocobalto *m.*
radiodermatitis (*radiol. med.*), radiodermatite *f.*
radiodiagnosis (*radiol.*), radiodiagnosi *f.*
radiodiagnostics (*radiol.*), radiodiagnostica *f.*
radiodiaphane (*radium*), radiodiafano *m.*
radiodontia (*radiol.*), radio-odontoiatria *f.*
radiodontist (*radiol.*), radio-odontoiatra *m.*
radioelectroencephalograph (*elet.*), radioelettroencefalografo *m.*
radioelement, radioelemento *m.*
radiogenic, *agg.* formato da disintegrazione radioattiva; (*radiol.*), radiogenico.
radiogoniometer, radiogoniometro *m.*
radiogram (*radiol.*), radiogramma *m.*
radiogramophone, radiogrammofono *m.*
radiograph, *v.a.* radiografare; radiografia *f.* (*lastra*); (*radiol.*), radiogramma *m.*
radiographic, *agg.* radiografico.
— **inspection** (*met.*), controllo (*m.*) radiografico.
— **technique,** tecnica (*f.*) radiografica.
radiography, radiografia *f.* (*tecnica*).
radioiodine, radioiodio *m.*
radioisotope, radioisotopo *m.*
radiolead (*fis. atom.*), radiopiombo.
radiolocation, radiolocalizzazione *f.* (*radar*).
radiologic, *agg.* radiologico
radiological monitoring methods, metodi prevenzione radiologica.
— **pollution** (*fis. atom.*), inquinamento radiologico.
— **weapons,** armi radiologiche.
radiologist, radiologo *m.*
radiology, radiologia *f.*
radiolucent, *agg.* (*radiol.*), radiolucente *agg.* (*quasi trasparente ai raggi roentgen*).

radiometallography, radiometallografia *f.* (*radiografia dei metalli*).
radiometer, radiometro *m.*
radiometric prospection (*min.*), prospezione radiometrica.
radiomicrometer (*energia radiante*), radiomicrometro *m.*
radionuclide (*fis. atom.*), radionuclide *m.*
radiophone, radiofono *m.*; (*radio*), radiotelefono *m.*
radiophonic, *agg.* radiofonico.
radiophony, radiofonia *f.*
radiophotography, radiofotografia *f.*
radioplastic (*radiol.*), plastico di radiazione.
radioscopy, radioscopia *f.*
radiosodium, radiosodio *m.*
radiosondage, radiosondaggio *m.*
radiosonde telemetering, registrazione per radiosonda.
— **transmitter** (*meteor.*), radiosonda *m.* (strum. portato in alto da piccoli palloni, per determinare cambiam. in umidità e temperatura).
radiostereoscopy, radiostereoscopia *f.*
radiostrontium, radiostronzio *m.*
radiosurgery (*med.*), radiochirurgia *f.*
radiotelegram, radiotelegramma *m.*
radiotelegraphic, *agg.* radiotelegrafico.
radiotelegraphist, radiotelegrafista *m.*
radiotelephonic, *agg.* radiotelefonico.
radiotelephony, radiotelefonia *f.*
radiotherapeutics, radioterapia *f.*
radiotherapy, radioterapia *f.*
radiothorium, radiotorio *m.*
radiovision (*telev.*), radiovisione *f.*
radium (*chim.* = Ra), radio *m.*
— **-beryllium source of neutrons** (*fis. atom.*), sorgente (*f.*) radioberillio di neutroni.
— **bromide,** bromuro (*m.*) di radio.
— **carbonate,** carbonato (*m.*) di radio.
— **chloride,** cloruro (*m.*) di radio.
— **emanation,** radon *m.*
radium iodate, iodato (*m.*) di radio.
— **series** (*fis. atom.*), serie (*f.*) radio; famiglia (*f.*) del radio.
— **sulfate,** solfato (*m.*) di radio.
radiumology (*radiol.*), radiumterapia *f.*
radius (*pl.* **radiuses** *or* **radii**), (*geom.*), raggio *m.*; (*mecc., met.*), raggio (di intaglio); area circolare definita da un raggio; sporgenza *f.*
— **(to —),** *v.a.* arrotondare (*the corners are radiused to facilitate cleaning*), gli angoli sono arrotondati per facilitare la pulitura.
— **of action** (*aereo*), raggio d'azione (distanza mass. percorribile conservando il carburante per il ritorno).
— **of gyration,** raggio(*m.*)giratore.
— **of oscillation,** raggio (*m.*) di oscillazione.
— **of revolution,** raggio (*m.*) di rotazione.
— **planer,** piallatrice (*f.*) per superfici curve.
— **vector,** raggio (*m.*) vettore.
radix (*calcol. elettron., inform.*), base (di un sistema di numerazione).
radome (RAdar DOME), radomo *m.* (*protezione per antenna radar*); materia plastica usata per materiale dielettrico da costruzioni.
radon (*chim.* = Nt), emanazione (*f.*) di radio; rado *m.*; niton *m.* (vecchia denominazione).
rafinose (*chim.*), raffinosio *m.*
rafter (*cost.*), puntone *m.*
— **connection,** collegamento (*m.*) di travetti.
— **end,** passafuori (*m.*) di tetto.
— **roof,** tetto (*m.*) a panconcelli.
— **timbering** (*min.*), armatura (*f.*) a saetta.
rag, straccio *m.*
— *v.a.* (*met.*) (*laminazione*), intaccare.
— **bolt,** chiavarda *f.*; bullone (*m.*) a mazzetta; bullone (*m.*) d'ancoraggio per cemento armato.

rag breaking-up machine (*tess.*), macchina (*f.*) per rompere gli stracci.
— **-chopper** (*macch.*), tagliastracci *f.*
— **-engine** (*carta*), olandese (*f.*) imbiancatrice.
— **paper,** carta di stracci.
— **picker** (*tess.*), sfilacciatrice (*f.*) per stracci.
— **pulling** (*tess.*), sfilacciatura (*f.*) di stracci.
— **pulling machine** (*tess.*), sfilacciatore (*m.*) degli stracci.
— **shaker** (*tess.*), battitore (*m.*) per stracci.
ragged picture (*telev.*), immagine (*f.*) ondulata.
ragging (*met.*) (*laminazione*), intaccatura *f.*
rags, stracci *m. pl.*
rail, rotaia *f.*; barra *f.*; sbarra *f.*; guida *f.*; (*naut.*), orlo *m.*; corrimano (*handrail*); (*auto*), (*the sliding roof went off the rails*), il tettuccio scorrevole è uscito dalle guide.
— **attachment,** attacco (*m.*) delle rotaie.
— **bender** (*ferr.*), apparecchio (*m.*) per curvare le rotaie.
— **bond** (*ferr.*), connessione (*f.*) elettrica (di rotaie); staffa di collegamento delle rotaie.
— **bond tester** (*elet.*), apparecchio (*m.*) di prova delle connessioni elettriche.
— **-bus** (*traffico*), ferro-bus (veicolo transitabile sia su strada ordinaria che su ferrovia).
— **chair** (*ferr.*), cuscinetto (*m.*) di rotaia; piastra (*f.*) d'appoggio.
— **corrugation** (*met.*), ondulazione delle rotaie.
— **crane** (*ferr.*), v. **track re-laying crane.**
— **drilling machine,** trapano (*m.*) per rotaie.
— **drop** (*ferr.*), caduta (*f.*) di tensione di linea.
— **fastening,** fissaggio (*m.*) di rotaie; attacco (*m.*) delle rotaie.
— **-file** (*ferr.*), lima (*f.*) a staffa.
rail fixing, fissaggio (*m.*) di rotaie; attacco (*m.*) delle rotaie.
— **fork** (*ferr.*), forchetta (*f.*) portarotaie.
— **gauge** (*ferr.*), scartamento *m.*
— **gauge template** (*ferr.*), calibro (*m.*) di scartamento.
— **guard** (*ferr.*), custode (assuntore) di passaggio a livello; controrotaia *f.*
— **head (wearing depth of the —)** (*ferr.*), (consumo massimo ammissibile del) fungo.
— **-head planer** (*macch. ut.*), piallatrice (*f.*) per teste di rotaie.
— **joint,** giunto (*m.*) di rotaia.
— **milling machine** (*macch. ut.*), fresatrice (*f.*) per rotaie.
— **motor car** (*ferr.*), carrozza (*f.*) automotrice.
— **pass,** tracciato (*m.*) per rotaie.
— **plane** (*ferr.*), pialla (*f.*) per rotaie.
— **planer** (*macch. ut.*), piallatrice (*f.*) di rotaie.
— **-post,** asta (*f.*) della ringhiera.
— **saw** (*ferr.*), sega (*f.*) per rotaie.
— **seat** (*ferr.*), incavo *m.* (*o* intaglio di traversina).
— **-shoe** (*ferr.*), scarpa (*f.*) della rotaia.
— **slewer** (*ferr.*), apparecchio (*m.*) per spostare le rotaie longitudinalmente.
— **square** (*ferr.*), squadra di posa delle rotaie.
— **steel** (*met.*), acciaio per rotaie.
— **stores,** magazzino (*m.*) (*o* deposito *m.*) rotaie.
— **tanker** (*ferr.*), carro cisterna.
— **tongs,** tenaglie (*f. pl.*) per rotaie.
— **track girder** (*ferr.*), longarina (*f.*) portarotaia.
— **tunnel,** galleria ferroviaria.
— **winch** (*ferr.*), vedi: **truck winch.**
railing (*costr.*), cancellata *f.*
railroad (U.S.A.), ferrovia *f.*
— **scrap** (*met.*) (U.S.A.), rottame (*m.*) ferroviario.
— **tank car,** carro botte ferroviario.

railway, ferrovia *f.*
— **bolt** (*ferr.*), caviglia *f.*
— **bridge,** ponte (*m.*) ferroviario.
— **coach,** vettura (*f.*) ferroviaria (vettura passeggeri).
— **company,** compagnia (*f.*) ferroviaria.
— **construction company,** società (*f.*) di imprese ferroviarie.
— **electrification,** elettrificazione (*f.*) ferroviaria.
— **gradient** (*ferr.*), livelletta (*f.*) di ferrovia.
— **law,** legislazione (*f.*) ferroviaria; diritto (*m.*) ferroviario.
— **line,** linea (*f.*) ferroviaria.
— **oil engine,** motori diesel per trazione ferroviaria.
— **overbridge,** soprappassaggio (*m.*) ferroviario.
— **rates** (*ferr.*), tariffe (*f. pl.*) ferroviarie.
— **route** (*ferr.*), tracciato (*m.*) della ferrovia.
— **section** (*ferr.*), tronco (*m.*) ferroviario.
— **semaphore** (*ferr.*), semaforo (*m.*) ferroviario.
— **sleeper ramp,** rampa ferroviaria a traversine.
— **speedometer** (*ferr.*), tachimetro (*m.*) per locomotive.
— **state working** (*ferr.*), esercizio (*m.*) di Stato.
— **station,** stazione (*f.*) ferroviaria.
— **system,** rete (*f.*) ferroviaria.
— **tanker,** carrobotte (*m.*) ferroviario; (*ferr.*), carro cisterna.
— **wheel tyre boring and turning mill** (*macch. ut.*), tornio (*m.*) per interno di cerchioni di veicoli ferroviari.
— **wheel lathe,** tornio (*m.*) per assi montati ferroviari.
— **working company,** società (*f.*) di esercizio ferroviario.

rain, pioggia *f.*; **(to —),** piovere *v.i.*
— **effect** (*cinem.*), effetto (*m.*) di pioggia.
— **gauge** (*met.*), pluviometro *m.*
— **rocket** (*agr.*), razzo per la produzione di pioggia artificiale.
— **water,** acqua (*f.*) piovana.

rainbow (*meteor.*), arcobaleno *m.*
— **negative** (*cinem.*), negativa orto-cromatica (usata nel procedim. Multi-color).

rainfall, pluviometria *f.*

rainout (*inquinam.*), assorbimento dei gas di scarico su gocce di nuvole.

raise (*min.*), fornello *m.* (comunicaz. scavata dal basso verso l'alto, fra due livelli di carreggio).
— *v.a.* sollevare; estrarre; alzare; elevare; innalzare; garzare (*tess.*).
— **a bridge,** innalzare (*v.a.*) un ponte.
— **a building,** innalzare (*v.a.*) un edificio.
— **a letter,** alzare una lettera (*bozze*).
— **an embankment,**fare un argine.
— **coal from a mine,** estrarre carbone da una miniera.
— **the bath temperature** (*met.*), aumentare la temperatura del bagno.
— **to a power,** elevare (*v.a.*) ad una potenza.

raised-cheese head (*mecc.*), testa (di vite) cilindrica a goccia di sego con intaglio.
— **-countersunk head** (*mecc.*), testa (di vite) svasata a goccia di sego con intaglio.
— **head screw** (*mecc.*), vite (*f.*) a testa ovale.
— **oil** (*pelli*), olio di ricupero delle acque di lavaggio.

raisin grader (*mecc. agr.*), calibratrice d'uva.

raising, erezione *f.*; estrazione *f.*; elevazione *f.*; innalzamento *m.*; garzatura *f.* (*tess.*); rimonta *f.* (*min.*).

rake, riavolo *m.*; rastrello *m.*; spoglia *f.* (*utens.*); passo dell'elica; angolo di spoglia; inclinazione *f.*
— **angle,** angolo (*m.*) di spoglia superiore.
— **of a mast** (*naut.*), inclinazione (*f.*) di un albero.

rake out, *v.a.* togliere; levare (scorie, ecc.).
raking, allineamento (*m.*) di piante.
— **(brick —),** pulitura dei mattoni.
rakish, *agg.* (*naut.*), cogli alberi molto inclinati.
rally car (*auto*), auto da rally.
— **type seat** (*auto*), sedile tipo rally.
ram, *n.*, braccio (*m.*) mobile (di slittone); sperone *m.* (*naut.*); slittone *m.*; mazza (*f.*) battente (di battipali); (*inform.*), v. **abbreviazioni.**
— *v.a.* pestare; costipare; comprimere; battere (*v.a.*) la terra.
— **effect** (*aereo*), effetto dinamico; effetto di presa dinamica.
— **engine,** berta *f.*; battipalo *m.*
— **-jet engine** (*aereo*), statoreattore *m.*
— **-jet helicopter** (*aereo*), elicottero a statoreattori.
— **pressure** (*aereo*), pressione dinamica.
— **ways,** guide (*f. pl.*) dello slittone.
— **with concrete,** picchiettare (*v.a.*) con calcestruzzo.
ramie (*tess.*), ramiè *m.*
ramless extrusion (*met.*) (estrusione idrostatica), estrusione senza stantuffo.
rammed concrete, calcestruzzo (*m.*) battuto.
— **lining** (*met.*), rivestimento mediante pigiata.
rammer, piletta *f.* (*fond.*); ricalcatoio *m.* (*fond.*); castello *m.* (*mecc.*); mazza (*f.*) battente di battipalo; battipalo (*m.*) a braccia; rincalzatoio *m.* (*fond.*); mazzeranga a mano (*cost. civ.*); mazzeranga a cingoli (per costipamento di rilevati stradali).
— **log,** mazza (*f.*) battente (di battipalo).
ramming, pestatura *f.*; costipazione *f.*; compressione *f.*; calcatura *f.* (della sabbia); urto con aereo (come tecnica di combattimento) (*mil. aereo*).
ramming dolomite (*met.*), dolomite per pigiata.
ramp, rampa *f.*; (*autostrade*), rampa d'accesso.
— *v.a.*, **costipare.**
— **rail** (*ferr.*), rotaia (*f.*) rampante.
— **type front sight** (*armi*), mirino frontale del tipo di regolazione in elevazione.
rampant arch, arco (*m.*) inclinato.
ram's wool, lana (*f.*) di ariete.
ranch (*cinem.*), luogo per girare gli esterni.
rancid, *agg.* (*olio*), rancido.
rancidity preventative (*chim.*), preventivo di rancidità.
random-access memory (RAM) (*inform.*), memoria ad accesso casuale.
— **analysis,** analisi casualizzata.
— **file** (*inform.*), file casuale.
— **noise** (*telev.*), rumore (*m.*) di fondo.
— **number** (*inform.*), numero (*m.*) casuale.
— **recall of memory** (*inform.*), richiamo casuale della memoria.
— **sample** (*statistica*), campione casuale.
— **sampling** (*met.*, *ecc.*), campionatura casualizzata.
— **(at —),** *avv.*, a caso; casualmente.
— **(three speed settings chosen at —),** tre velocità scelte a caso.
randomization (*inform.*), conversione in un numero casuale (o ad un indirizzo calcolato).
randomize (to —) (*inform.*), convertire in un numero casuale; classificare ad un indirizzo calcolato.
range, autonomia *f.* (di volo); distanza mass. percorribile senza scalo (*aereo*); portata *f.* (di cannoni, strumenti, ecc.); quantità *f.*; campo di misura (*elet.*); serie *f.*; intervallo *m.*; margine *m.*; percorso *m.*; gamma *f.* (*di colori*); intervallo *m.*; allineare (*v.a.*) verticalmente (*tipog.*); allineare (*topog.*),

range control switches (*elet.*), interruttori di limite.
— **extension** (*radar*), estensione (*f.*) di portata.
— **height indicator,** indicatore radar tipo B.
— **into line,** (*top.*) allineare *v.a.*
— **of expertise,** campo di esperienza tecnica.
— **of ovens,** serie (*o* batteria) di forni.
— **of particles** (*fis. atom.*), percorso *m.* (*di particelle*); portata *f.*
— **of sizes,** serie (*f.*) di dimensioni.
— **of spindle speeds** (*macch. ut.*), numero (*m.*) delle velocità di mandrino.
— **of the tide,** ampiezza (*f.*) della marea.
— **of tools,** serie (*f.*) di utensili.
— **of voltage** (*elet.*), campo di misura della tensione.
— **out,** (*top.*) allineare *v.a.*
— **ring** (*radar*), cerchio di distanza.
— **(working —)** (*macch. ut.*), capacità (*f.*) di lavoro.
rangefinder, telemetro *m.* (*armi*).
ranging rod, asta (*f.*) di mira (*agrim.*); palina *f.* (*top.*).
rank and file leader, dirigente di base.
— **(to —),** disporre (secondo un dato ordine).
rape cake (*chim.*), panello di colza.
— **meal,** farina di colza.
— **oil,** olio (*m.*) di ravizzone; olio (*m.*) di colza.
rapid-action (*clips, etc.*), ad azione rapida (di morsetti, ecc.).
— **-hardening cement,** cemento (*m.*) a rapida presa.
— **power motion,** movimento (*m.*) rapido.
— **setting,** aggiustamento (*m.*) rapido.
— **traverse,** passata (*f.*) rapida.
rappage (*met.*), scampanamento (misura eccessiva del getto).
rare earths, terre rare.
rare gas, gas (*m.*) raro.
rarefaction, rarefazione *f.*
rarefiable, *agg.* rarefabile.
rarefied gas, gas (*m.*) rarefatto.
rarefy, *v.a. v.i.*, rarefare *v.a.*; rarefarsi *v.r.*
rasp, raspa *f.*
— *v.a.* raspare.
rasping, raspatura *f.*
— **noise** (*radio*), rumore di raspio.
raster (*telev.*), quadro (*m.*) televisivo: serie di linee parallele sullo schermo fluorescente.
— **graphics** (*inform.*), grafica dell'immagine (data da pixels che messi assieme formano un'immagine completa).
rat, topo per esperimenti di laboratorio.
— **race** (*radio*) (U.S.A.), anello (*m.*) ibrido.
— **-tailed file,** lima (*f.*) a coda di topo.
ratchet, nottolino *m.*
— **brace,** menaruola (*f.*) a cricco; trapano (*m.*) a cricco.
— **drill,** trapano (*m.*) a cricco; trapano (*m.*) a rocchetto; maniglia (*f.*) a cricco.
— **tooth,** dente (*m.*) di arresto.
— **tooth escapement** (*orol.*), scappamento a denti di sega.
— **wheel,** ruota (*f.*) di arresto; corona (*f.*) d'arresto; ruota (*f.*) a denti di sega; ruota (*f.*) a cricco; ingranaggio (*m.*) d'arresto; ruota (*f.*) tamburo (*orol.*).
— **wheel screw** (*orol.*), vite della ruota tamburo.
ratcheting (thermal —) (*met.*), « ratcheting » termico.
rate, quota *f.*; velocità *f.*; tariffa *f.*; tasso *m.*; valore *m.*; (*met.*), v. **coke** —; **fuel** —.
— **(to —)** (*strum. elet.*), tarare *v.a.*
— **of climb** (*aereo*), velocità (*f.*) di salita, (velocità ascensionale).
— **-of-climb indicator** (*aereo*), indicatore (*m.*) di velocità ascensionale.
— **of depreciation** (*macchine*), tasso (*m.*) di deprezzamento.

rate of descent (*aereo*), rateo di discesa.
— **of fire** (*mil.*) (*armi*), velocità (*f.*) di tiro; cadenza di tiro.
— **of mixture,** titolo (*m.*) della miscela.
— **of nucleation,** velocità di nucleazione.
— **of heat absorption,** tasso (*m.*) di assorbimento (1 Btu/sq. ft-hr. = 2,712 kcal/m²h).
— **of precipitation** (*chim.*), quantità di precipitato
— **of soil drainage** (*agr.*), entità della perdita di acqua del terreno.
— **of stressing** (*met.*), velocità della sollecitazione.
— **of traverse,** velocità (*f.*) della traversa.
rated (*elet.*) *agg.* nominale; normale.
— (*p.p.*) **at 5 A** (*elet.*), tarato per una potenza nominale di 5 ampères.
— **capacity,** produzione normale.
— **characteristic,** caratteristica (*f.*) nominale.
— **furnace capacity,** produzione (*f.*) normale dell'altoforno.
— **load** (*elet.*), carico (*m.*) nominale.
— **output,** potenza (*f.*) nominale (*o* normale).
— **power supply** (*telev.*), potenza (*f.*) nominale.
— **voltage,** tensione (*f.*) nominale.
— **voltage drop,** caduta (*f.*) di tensione nominale.
— **(air fan — at ...),** *p.p.*, ventilatore della portata di...
ratine (*tess.*), ratinée *m.*
rating (*di macchina o apparecchio*), regime; taratura *f.* (di lampade); dati di funzionamento (*o* impiego); (*elet.*), intensità *f.* (di corrente); servizio *m.*; prestazione *f.* (di apparecchio elet.); potenza (*f.*) nominale.
— **of a boiler** (*caldaie*), potenzialità (*f.*) di una caldaia (*produzione oraria di vapore in libbre* [*in kg in Italia*]).
rating of tubes (*radio*), dati di impiego delle valvole.
— **speed,** velocità (*f.*) di regime.
— **(at full —)** (*mecc.*), a pieno regime.
— **(gearboxes after 12,000 running hours at full —),** scatole degli ingranaggi dopo 12 000 ore di funzionamento a pieno regime).
ratio, rapporto *m.*; (*met.*, *leghe*), v. **mixing —.**
— **adjuster** (*elet.*), regolatore *m.*
— **analysis,** analisi dei rapporti.
— **delay** (*campionatura lavoro*), indice (*m.*) di perdita tempo.
— **instrument** (*elet.*), logometro *m.*
— **of gearing,** rapporto (*m.*) di trasmissione.
— **of iron in slag to iron in bath** (*met.*), rapporto (*m.*) di scorifica.
— **of rise and tread,** inclinazione (*f.*) di una scala.
— **(cold —)** (*met.*), proporzion di ghisa solida in carica.
— **(hot metal —)** (*met.*), proporzione di ghisa liquida in carica.
ratiometer (*geol. ind. pet.*), apparecchio usato nella prospezione con metodi elettrici.
rational architecture, architettura (*f.*) razionale.
— **number,** numero (*m.*) razionale.
ratlines (*naut.*), griselle *f. pl.*
rat-tailed file, lima (*f.*) a coda di topo.
rattle (*acust.*), percezione di echi distinti a brevi intervalli di tempo.
— **barrel** (*met.*), tamburo (*m.*) pulitore.
ravel (to —), *v.a.*, districare.
raw, *agg.* greggio.
— **clay,** argilla (*f.*) grezza.
— **coal,** carbone (*m.*) grezzo.
— **cotton,** cotone (*m.*) greggio.
— **glass,** vetro (*m.*) greggio.
— **gum,** gomma (*f.*) greggia.
— **linseed oil bath,** bagno (*m.*) di olio di lino grezzo.

raw material, materia (*f.*) greggia; materia prima.
— **ore,** minerale (*m.*) greggio.
— **slik,** seta (*f.*) greggia.
— **silk dram** (*tess.*), titolo della seta grezza.
— **skin,** pelle (*f.*) cruda.
— **steel,** acciaio (*m.*) grezzo.
— **stock** (*cinem.*), pellicola (*f.*) vergine.
— **stock dyeing** (*tess.*), tintura (*f.*) in fiocco.
— **wool,** lana (*f.*) greggia.
rayon (*tess.*), raion *m.*
— **staple,** fiocco raion.
— **staple yarn,** filato di fiocco raion.
reach, *v.a.*, *v.i.*, protendere (*mano, braccio*); toccare (*o* giungere nel raggio di distanza ammissibile al braccio); raggiungere (*non nel senso figurato*); protendere la mano in modo da toccare o giungere ai comandi, meccanismi ecc.
— **all the controls,** toccare tutti i comandi (a portata di mano).
— **(of water),** tronco *m.* (d'acqua).
— **(within — of the hand),** a portata di mano.
reaching, tendere il braccio.
react, *v.i.* (*chim.*), fare reagire.
reactance (*elet.*), reattanza *f.*
— **in parallel,** reattanza (*f.*) in parallelo.
— **in series,** reattanza (*f.*) in serie.
— **voltage** (*elet.*), tensione (*f.*) di reattanza.
reactant (*chim.*), reagente *m.*; corpo reagente.
reaction, reazione *f.*
— **-chamber** (*fabbr. acciaio a spruzzo*) (*met.*), camera di reazione.
— **coil** (*elet.*), rocchetto (*m.*) di reazione.
— **cross-section** (*fis. atom.*), sezione (*f.*) d'urto di reazione.
— **machine,** motore (*m.*) a reazione.
— **product** (*fis. atom.*), prodotto (*m.*) della reazione.
reaction turbine, turbina (*f.*) a reazione.
— **zone** (*fis. atom.*), zona (*f.*) di reazione.
— **(breeding —),** reazione a catena.
reactivate, *v.a.* (*chim.*), riattivare *v.a.*
reactivation (*chim.*), riattivazione *f.*
— **of tubes** (*radio*), rigenerazione delle valvole.
reactive, *agg.* reattivo.
reactivity drift (*fis. atom.*), variazione (*f.*) di reattività.
— **test** (*fis. atom.*), prova (*f.*) (saggio) di reattività.
reactor, (*fis. atom.*), reattore *m.*; pila *f.*; (*elet.*) bobina (*f.*) di reattanza; (*chim., met.*), v. **cold wall — unit.**
— **art** (*fis. atom.*), tecnica (*f.*) dei reattori.
— **chemistry** (*fis. atom.*), chimica (*f.*) dei reattori.
— **control,** controllo (*m.*) (*o* comando) dei reattori.
— **control board** (*fis. atom.*), quadro (*m.*) di controllo (*o* di comando) del reattore.
— **core** (*fis. atom.*), nucleo (*m.*) del reattore.
— **development** (*fis. atom.*), messa a punto di un reattore.
— **equation,** equazione (*f.*) del reattore.
— **family** (*fis. atom.*), filiera di reattori; linea di reattori.
— **fuel** (*fis. atom.*), combustibile (*m.*) per reattori.
— **-grade zirconium** (*fis. atom.*), zirconio di qualità nucleare.
— **loading** (*fis. atom.*), carica (*f.*) del reattore.
— **materials** (*fis. atom.*), materiali (*m. pl.*) per reattori.
— **metallurgy** (*fis. atom.*), metallurgia (*f.*) dei reattori.
— **operating at full power** (*fis. atom.*), reattore funzionante al massimo della sua capacità.
— **period** (*fis. atom.*), costante di tempo di un reattore (detta anche: periodo del reattore).

reactor physics, fisica (*f.*) dei reattori.
— **poison** (*fis. atom.*), veleno (*m.*) del reattore.
— **power** (*fis. atom.*), potenza (*f.*) del reattore.
— **power level** (*fis. atom.*), potenza (*f.*) del reattore.
— **safety** (*fis. atom.*), sicurezza (*f.*) dei reattori.
— **shell** (*fis. atom.*), mantello (*m.*) del reattore.
— **simulator** (*fis. atom.*), simulatore (*m.*) di reattore.
— **spectrum** (*fis. atom.*), spettro (*m.*) di neutroni (nel reattore).
— **steel** (*met.*) (*fis. atom.*), acciaio per reattori.
— **technology,** tecnologia (*f.*) dei reattori.
— **vessel** (*fis. atom.*), tino del reattore.
read (to —) (*gen.*), leggere *v.a.*
— **in (to —)** (*calcol. elettron.*), memorizzare; immagazzinare; introdurre in una memoria; registrare.
— **off,** *v.a.* leggere (su una graduazione).
— **-only storage** (*calcol. elettron.*), memoria a sola lettura; memoria fissa.
— **-out** (*inform.*) (*elettron.*), vedi: **readout.**
— **out (to —),** (*calcol. elettron.*) prelevare dalla memoria.
readability index, indice di leggibilità (di un libro, un articolo, giornali, ecc.).
reader (*inform.*), lettore *m.* (di caratteri, schede, documenti, ecc.).
— **in metallurgy at the university of...,** professore incaricato in metallurgia all'università di...
reader's proof (*tip.*), prima bozza.
reading, lettura *f.* (*to take a —* fare una lettura).
— **microscope** (*fis.*), catetometro *m.*
— **notice** (*pubb.*), annuncio pubblicitario (di ogni tipo), composto negli stessi caratteri del giornale, tale da sembrare una comunicazione importante per il lettore. Deve però portare alla fine del testo le parole: avviso pubblicitario.
reading station (*inform.*), stazione di lettura (parte del dispositivo di lettura dei dati dove si effettua la lettura).
readout (*astron.*), trasmissione di dati riferentesi a veicolo spaziale; dati (trasmessi) su voli spaziali; (*inform.*), lettura diretta (immediata) mediante app. elettronici.
— **circuit** (*inform.*), circuito di lettura.
— **unit** (*inform.*), unità di lettura.
— **(instant — of desired data)** (*information research*), lettura istantanea dei dati richiesti.
READY (*inform.*), PRONTO (messaggio che appare sul video di un calcolatore quando l'apparecchio è pronto a ricevere ed eseguire ordini).
ready-made hot top (*met.*), lingottiera prefabbricata.
readying (*slang*) (*aereo*), spiegazione (*f.*) dei particolari di un bombard. aereo, fatta a una squadra di portaerei, prima della missione.
reagent (*chim.*), reagente *m.*; reattivo.
— **tank** (*ind. chim.*), recipiente di reazione.
reagents, *pl.*, reattivi *m. pl.*
realgar (pr. *ri. ol' ga*), realgar *m.* (*min.*); sandracca *f.*
realizability (*elet.*), realizzabilità *f.*
real number, numero (*m.*) reale.
— **size,** grandezza (*f.*) naturale.
— **-time** (*elettron.*), tempo reale.
— **-time analysis** (*inform.*), analisi in tempo reale.
— **-time clock** (*elettron.*), orologio binario.
— **-time operating system** (*elettron.*), sistema operativo in tempo reale.

real-time processing (*elettron.*), elaborazione (dei dati) in tempo reale.
— **-time programming** (*inform.*), programmazione in tempo reale.
— **-time simulation** (*elettron.*), simulazione in tempo reale.
— **-time terminal** (*inform.*), terminale (*m.*) in tempo reale.
— **-time working** (*elettron.*), funzionamento in tempo reale.
ream (*carta*), risma *f.*
— *v.a.*, alesare *v.a.*; passare (*v.a.*) all'allisciatore.
reamer, allisciatore *m.*; allargatoio *m.*; alesatore *m.*
— **grinder** (*macch. ut.*), affilatrice (*f.*) per brocce.
reaming, alesatura *f.*; alesaggio *m.*
reaper-and-binder, mietilegatrice *f.*
— **file,** lima (*f.*) per falciatrici e mietitrici.
reaping machine (*agr.*), mietitrice *f.*
rear axle (*auto*), assale (*m.*) posteriore (*o* ponte posteriore).
— **brake pedal,** freno (*m.*) ruota posteriore.
— **conveyor** (*min.*), trasportatore di coda (di caricatrice a braccio mobile).
— **drive** (*auto*), trazione (*f.*) posteriore.
— **drive car** (*auto*), automobile a trazione posteriore.
— **dumb-iron,** sopporto per molla posteriore.
— **-end accident** (*auto*), tamponamento *m.* (incidente di —).
— **-end collision** (*auto*), tamponamento *m.*
— **engine car,** auto (*f.*) con motore posteriore.
— **-engined,** con motore posteriore.
— **hubs** (*auto*), mozzi (*m. pl.*) delle ruote posteriori.
— **interior,** interno (di un'auto.).
— **knot,** contronodo *m.*
— **leg,** gamba posteriore (*armi*).
— **loader** (*agr.*), caricatore posteriore.
— **-mounted** (*mecc., ecc.*), montato posteriormente.
rear seat belt (*auto*), cintura per il sedile posteriore.
— **seats** (*auto*), sedili (*m. pl.*) posteriori.
— **sight,** alzo *m.* (*armi*) (a ritto).
— **sight with rubber eye piece** (*armi, ecc.*), mirino posteriore con oculare di gomma.
— **stop lamp** (*motoc.*), fanalino (*m.*) di arresto.
— **track** (*auto*), carreggiata (*f.*) posteriore.
— **view,** veduta (*f.*) posteriore.
— **vizors** (*auto*), griglietta parasole.
— **window heater** (*auto*), lunotto (*m.*) termico.
— **wiper** (*auto*), tergilunotto *m.* (posteriore).
— **wipe-wash** (*auto*), tergilavalunotto *m.*
rearrange, *v.a.*, raggrupparsi *v.r.* (*chim.*); trasformare (un'equazione) (*mat.*).
rearward-facing seat (*aereo*), sedile rivolto verso poppa.
reassembly, riassemblaggio *m.*
Réaumur scale, scala (*f.*) di R.
— **thermometer,** termometro (*m.*) Réaumur.
rebate plane, incorsoio *m.*
rebating (*faleg.*), unione a mezzo legno.
re-blow (*met.*), soffiaggio supplementale
reboot (to —) (*inform.*), « ricaricare » un programma in posizioni fisse di memoria, con un insieme di istruzioni.
rebooting (*inform.*), ricaricamento in memoria di un programma (*o* di un disco).
rebootstrapping (*inform.*), ricaricamento in memoria di un programma.
rebore, *v.a.*, ripassare; rialesare; riperforare (una galleria).
reboring (*mecc.*), rialesatura *f.*; ripassatura *f.*
rebound, *v.i.*, *n.*, rimbalzare *v.i.*; rimbalzo *m.*
— **crusher** (*min.*), molino a proiezione.

rebricking (*met.*), rifacimento del refrattario con altri mattoni.
rebroadcast (*radio*), ritrasmissione *f.*; *v.a.* ritrasmettere.
rebuild, *v.a.* riedificare; ricostruire; ridare le proprietà meccaniche.
rebuilding, restauro *m.* (ricostruzione).
rebullition, ribollitura *f.*
recalescence, recalescenza *f.*
recalking, ricalafataggio *m.*
recall (*med.*), ritiro (di medicinali dal mercato dovuto ad effetti nocivi, ecc.); (*inform.*), richiamo *m.* (di testi memorizzati, ecc.).
— **(to —)** (*inform.*), richiamare (p. es. testi memorizzati).
recap (U.S.A.), ricostruire (gomme).
recarburize, *v.a.* (*met.*), ricarburare.
recast, *v.a.*, rifondere *v.a.*; rielaborare (*v.a.*) una teoria.
recaulking, ricalafataggio *m.*
receive (to —) messages via satellites, ricevere messaggi tramite satelliti.
received (as —) (*stato di materiale met.*), grezzo.
receiver (*telef.*) (*radio*), ricevitore *m.*; ricettore *m.*; serbatoio *m.*; curatore *m.* (*fallimenti*); (*spray steelmaking, met.*), siviera (*f.*) ricevitrice; (*audio*), sintoamplificatore *m.*
— **hook,** gancio (*m.*) commutatore (*telefono*).
— **range** (*radio*), portata del ricevitore.
— **transmitter** (*microfono*) (*radio*), ricetrasmettitore *m.*
receiving aerial (*radio*), antenna (*f.*) ricevente.
— **experiment,** esperimento (*m.*) di ricezione.
— **mast,** antenna (metallica) di ricezione.
— **tube,** valvola (*f.*) ricevente.
— **valve,** valvola (*f.*) ricevente.
reception (*radio*), ricezione *f.* (**dictaphone —**, ricezione dittafonica (con dittafono); **double —**, ricezione doppia; **heterodyne reception,** ricezione ad eterodina; **fringe reception,** ricezione delle zone marginali) **zero-beats —**, ricezione (*f.*) a omodina.
receptive, *agg.* ricettivo.
receptivity, ricettività *f.*
receptor (*telef.*) (*radio*), ricevitore *m.*
recess, incavatura *f.*
— **(to —),** *v.a.* costruire internamente; internare *v.a.*; incassare *v.a.*
recessed dial, quadrante (*m.*) incassato.
— **knob** (*auto*), maniglia (*f.*) incassata.
recessing (*macch. ut., mecc.*), incavatura *f.*; lavorazione di gole in fori (incameratura).
— **tool,** utensile (*m.*) da alesare interni.
rechargeable battery, batteria ricaricabile.
recheck, *v.a.* (*mecc. ecc.*), ricontrollare *v.a.*
recipient (*of organs*) (*chirurg.*), ricevitore (di organi, prelevati da un donatore).
— **bed** (*med.*), tessuto (*m.*) ricevente.
— **country,** Paese beneficiario.
reciprocal, *agg.* reciproco.
reciprocating compressor (*mecc.*), compressore alternativo, a stantuffo.
— **motion,** moto (*m.*) di va e vieni; moto (*m.*) alternativo.
— **pump** (*idraul.*), pompa (*f.*) a stantuffo.
— **riders** (*tip.*), rulli macinatori.
— **rolling process** (*met.*), processo (*m.*) a passo di pellegrino.
— **screen drier** (*carbone*), essiccatore a vaglio inclinato (per carbone).
reciprocation (*mecc.*), moto (*m.*) alternativo.
recirculate (*gas, chim. ind.*), fare circolare; rimettere in circolazione (*through the pump, etc.*), tramite pompa, ecc.
re-circulating ball screw (*mecc.*), vite a ricircolazione di sfere.

recirculating, *agg.* (a) ricircolazione (p. es. *cooling recirculating system*, sistema di raffreddamento a ricircolazione).
reckless driving (*auto*), guida indiscriminata.
reclaim, *v.a.* ricuperare; bonificare (*terre*); rigenerare (*gomma*; *olio*).
reclaimed cellulose, cellulosa rigenerata.
— **ground,** terreno (*m.*) bonificato.
— **rubber,** gomma rigenerata.
— **wool** (*tess.*), lana (*f.*) rigenerata.
reclaimer (*min.*, *met.*), macchina per la ripresa; macchina di ripresa (usata nei parchi di omogeneizzazione).
reclaiming agent (*gomma*), elemento rigenerante.
— **of chipped tools** (*mecc.*), ricupero di utensili scheggiati.
— **rate** (*min.*, *met.*), portata di macchina di ripresa.
— **(ore reclaimed for use)** (*min.*), ripresa *f.* (del minerale).
reclamation, ricupero *m.*
— **of spent acides,** ricupero di acidi usati.
recline of the squab (*auto*), inclinazione dello schienale imbottito.
reclining front seat (*auto*), sedile anteriore inclinabile.
— **seat** (*auto*), sedile abbattibile.
— **(full —)** (*sedili*), completa posizione di riposo.
recloser (*elet.*), interruttore a tempo.
recognition (*inform.*), v.: **continuous speech —**; **pattern —**; **speech —**.
recoil, rinculare *v.i.*; rinculo *m.*; contraccolpo *m.*; rimbalzo *m.*
— **-absorber,** ammortizzatore (*m.*) del rinculo.
— **atom** (*fis. atom.*), atomo (*m.*) di rimbalzo; atomo (*m.*) di rinculo.
— **effect** (*fis. atom.*), effetto (*m.*) di rinculo.
— **electron** (*fis. atom.*), elettrone (*m.*) di rinculo.
— **escapement** (*orol.*), scappamento a retrocedimento.
recoil ion (*fis. atom.*), ione (*m.*) di rinculo.
— **nucleon** (*fis. atom.*), nucleone (*m.*) di rinculo.
— **nucleus** (*fis. atom.*), nucleo (*m.*) di rinculo.
— **particle** (*fis. atom.*), particella (*f.*) di rinculo.
— **proton** (*fis. atom.*), protone (*m.*) di rinculo.
— **spectrum** (*fis. atom.*), spettro (*m.*) di rinculo.
— **spring,** molla (*f.*) di ricupero.
— **starter** (*mecc. agr.*), avviatore (*m.*) autoavvolgente.
— **starting** (*macch. agr.*), avviamento (*m.*) autoavvolgente.
— **(soft rubber — pad)** (*armi*), cuscinetto di gomma elastica ammortizzatore del rinculo.
recoiling (*mil.*), rinculo *m.*
recoilless, *agg.* senza rinculo.
recombine, *v.a.* (*chim.*), ricombinare *v.a.*; riunire *v.a.*
recommended pressure (*tyre*) (*auto*), pressione di gonfiaggio raccomandata.
recombing (*lana*), ripettinatura *f.*
recondition, *v.a.* revisionare; ripassare; rimettere a nuovo.
reconditioned (drilling) mud (*petrol.*), fango (di circolazione) ricondizionato.
reconditioning, (*petrolio*) rigenerazione *f.*; revisione *f.*; rimessa a nuovo.
reconfiguration (*inform.*), riconfigurazione *f.*
reconnaissance satellite (*astron.*), satellite da ricognizione.
— **(aerial —)** (*mil.*) (*fot.*), ricognizione aerea.
reconstituted food, alimento (cibo) ricostituito.
reconstitution, ricostituzione *f.*
reconstruct, *v.a.* restaurare.
reconstruction (*mecc.*), ricostruzione *f.*
re-cooling, raffreddamento (*m.*) a circolazione.
record, disco *m.* (*fonog.*); record *m.* (*sport*); registrazione sonora; registrare *v.a.*; (*audio*) inci-

dere; (*inform.*), record (insieme di informazioni considerate tra loro come blocco od unità); v. **header —**; **logical —**.

record and playback (*two and 4-channel — — —*) (*audio*), registrazione/riproduzione a 2 e a 4 canali.

— **automatic changer,** cambiadischi (*m.*) automatico.

— **changer,** cambiadischi (*m.*) automatico.

— **cleaner cloth** (*audio*), panno per la pulizia dei dischi.

— **-cleaning arm** (*audio*), braccetto per la pulizia del disco durante l'ascolto.

— **holder** (*audio*), modulo contenitore per dischi.

— **library** (*gen.*), discoteca *f.*

— **mark** (*inform.*), marcatore di registrazione (carattere che segna la fine di una registrazione).

— **player,** giradischi *m.*

— **shattering speed,** velocità record (di primato).

recordable, *agg.*, registrabile (su nastro, ecc.).

recorder (*cinema*), apparecchio (*m.*) di registrazione; registratore; v. **specific gravity —**.

— **marker** (*acust.*, *cinem.*), registratore (del negativo sonoro).

— **room** (*cinem.*), sala (*f.*) di registrazione sonora.

recording (*acust.*), registrazione *f.*

— **accelerometer** (*aereo*), accelerometro (*m.*) registratore.

— **altimeter** (*aereo*), altimetro (*m.*) registratore.

— **ammeter,** amperometro (*m.*), registratore.

— **anemometer,** anemometro (*m.*) registratore.

— **barometer,** barometro (*m.*) registratore.

— **blank** (U.S.A.), disco di registrazione.

— **demand meter,** contatore (*m.*) con registrazione di massimo.

— **ink** (*elet.*), inchiostro (*m.*) per registratori.

recording lamp (*cinem.*), lampada (*f.*) di registrazione sonora.

— **mechanism,** apparecchio (*m.*) scrivente.

— **meter,** contatore (*m.*) registratore.

— **microphotometer,** microfotometro (*m.*) a registrazione.

— **oscillograph,** oscillografo registratore.

— **potentiometer,** potenziometro (*m.*) del tipo registratore.

— **studio** (*audio*), studio di registrazione.

— **tape splicer** (*audio*), taglierina per unione di nastri di registratori (*o* taglio degli stessi); giuntanastri *m.*

— **tensiometer,** tensimetro (*m.*) registratore.

— **voltmeter** (*elet.*), voltmetro (*m.*) registratore.

— **wattmeter,** wattometro (*m.*) registratore.

recordist, ingegnere (*m.*) del suono; operatore addetto alla registrazione sonora (*cinem.*); (*acust.*), registratore *m.*

re-count down, *v.a.* (*missili*), ripetere il conteggio alla rovescia.

recover (to —), *v.a.* ricuperare.

— **scrap from faulty steel lingots** (*met.*), ricuperare rottame da lingotti di acciaio difettosi.

recovered cotton (*tess.*), cotone (*m.*) rigenerato.

— **wool** (*tess.*), lana rigenerata.

recovery, ricupero *m.*; (modifica delle proprietà meccaniche nella poligonizzazione nei processi di ricristallizzazione) (*met.*), ristorazione *f.*; riassestamento; (*inform.*), ricupero di informazione.

— **citric acid,** ricupero dell'acido citrico.

— **of expensive rejects,** ricupero (*m.*) di pezzi di scarto costosi.

— **of heat** (*met.*),recupero di calore.

— **service** (*auto*), servizio ricupero autoveicoli.

— **time** (*elet.*), tempo (*m.*) di restituzione (*contatori*).

recovery voltage (*elet.*), tensione di ricupero.
recruitment, assunzione del personale.
recrystallised alumina (*refrattari*), allumina ricristallizzata.
recrystallization, ricristallizzazione *f*.
— **texture,** struttura di ricristallizzazione.
rectangle, rettangolo *m*.
rectangular, *agg*. rettangolare.
— **abutment** (*cost.*), spalla (*f.*) rettangolare.
— **broach,** broccia (*f.*) per fori rettangolari.
— **cross section,** sezione (*f.*) rettangolare.
— **guide bar,** barra (*f.*) di guida rettangolare.
— **headlights** (*auto*), fari (*m. pl.*) anteriori rettangolari.
— **hole,** foro (*m.*) rettangolare.
— **pipe,** tubo (*m.*) a sezione rettangolare.
— **triangle,** triangolo (*m.*) rettangolare.
— **waveguide** (*elettron.*), guida d'onda rettangolare.
« **rectenna** », v. **abbreviazioni tecniche.**
rectification (*chim.*), rettificazione *f.*; rettifica *f.*; (*elet.*), raddrizzatura *f.*; raddrizzamento *m*.
rectified air speed (*aereo*), velocità corretta.
— **alcohol,** alcool (*m.*) rettificato.
— **current** (*radio*) (*elet.*), corrente (*f.*) rettificata (*radio*); corrente (*f.*) raddrizzata (*elet.*).
— **spirit** (*chim.*), spirito rettificato.
rectifier (*elet.*), raddrizzatore *m.*; (*elettron.*), rettificatore *m.*; valvola (*f.*) rettificatrice.
rectify, *v.a.* rettificare.
— **a curve,** rettificare (*v.a.*) una curva.
— **the current,** raddrizzare (*v.a.*) la corrente.
rectifying valve (*termoion.*), valvola (*f.*) raddrizzatrice; (*radio*), valvola rettificatrice.
rectilineal, *agg*. rettilineo.
rectilinear, *agg*. rettilineo.
— **scanning** (*telev.*), scansione (*f.*) rettilinea.
recto (*tip.*), pagina dispari.
recuperator (blast furnace —) (*met.*), ricuperatore d'altoforno.
recursive, *agg*. (*inform.*), ripetitivo; ricursivo.
recycle (*chim. pet.*), riciclo *m*.
— **(to —),** sottoporre a nuovo trattamento; (*acqua, ecc.*), ricircolare; riciclare (*gas, chim.*).
recycled paper, carta riciclata.
recycling (*gas, chim.*), riciclazione *f*.
red, rosso *m.* e *agg*.
— **arsenical,** realgar *m*.
— **brass,** ottone (*m.*) rosso.
— **brittle iron,** ferro (*m.*) fragile al rosso.
— **bronze,** bronzo (*m.*) rosso.
— **clover,** trifoglio (*m.*) rosso.
— **deal** (*Pinus Silvestris*), pino *m.*; legname di pino.
— **ebony,** ebano (*m.*) rosso.
— **eucalyptus,** eucalipto (*m.*) rosso.
— **filter** (*fot.*), filtro rosso.
— **fir,** abete (*m.*) di Douglas.
— **fumes** (*met.*), fumi (*m. pl.*) rossi.
— **gilding** (*met.*), doratura (*f.*) rossa.
— **heat,** calore (*m.*) rosso.
— **-hot,** *agg*. rovente.
— **ink,** inchiostro (*m.*) rosso.
— **lead,** minio *m.* di piombo.
— **mercuric sulphide,** solfuro (*m.*) di mercurio; cinabro *m*.
— **muds** (*residue of the Bayer process, rich in Fe_2O_3*) (*met.*), fanghi rossi.
— **ochre,** ocra (*f.*) rossa.
— **oxide,** ossido (*m.*) rosso.
— **-shift** (*astr.*), cambiamento di lunghezza d'onda delle righe spettrali di un corpo emettente radiazioni, che si allontana dall'osservatore.
— **short,** fragile (*agg.*) a caldo.
— **short iron,** ferro (*m.*) fragile al rosso.
— **shortness** (*met.*), fragilità (*f.*) al rosso.
— **wood,** legno (*m.*) rosso.
redesign, *v.a.*, progettare (*v.a.*) di

nuovo; ricostruire *v.a.*; ridisegnare.
redialling (*telef.*), richiamare (al telefono); ricomporre il numero.
rediffusion (*radio*), ridiffusione *f.*
redistil, *v.a.*, ridistillare *v.a.*
redistribution reaction (*chim.*), reazione (*f.*) di doppia decomposizione.
redoubt, fortino *m.*; (*instrumentation buried in a reinforced concrete redoubt*), strumentazione interrata in un fortino di cemento armato.
redraw (to —) (*dis.*), ridisegnare.
redrawing (*tess.*), incannatura *f.*
redrill, *v.a.* ripassare (al trapano).
reduce, *v.a.* ridurre (*chim.*).
— **ingots directly to coils** (*met.*), ridurre direttamente i lingotti in rotoli.
— **(an ink)** (*tip.*), allungare (un inchiostro).
reduced level (R. L.), quota (*f.*) ridotta.
— **rate** (*tel.*), tariffa (*f.*) ridotta.
— **white lead,** biacca di piombo adulterata.
reducer, riduttore *m.* (*di tensione, di armoniche, ecc.*).
reducibility (*min., met.*), riducibilità *f.*
— **of hematites** (*min.*), riducibilità di ematiti.
reducible, *agg.* riducibile.
reducing, *agg.* riducente.
— **agent** (*or* **medium**), mezzo (*m.*) di riduzione (*chim.*).
— **atmosphere,** atmosfera (*f.*) riducente.
— **coupling box,** manicotto (*m.*) riduttore.
— **socket** (*elet.*), manicotto (*m.*) di riduzione per tubi isolanti (di diverso diametro).
— **valve,** valvola di riduzione.
reductant, v. **gaseous —.**
reduction, impiccolimento *m.* (*ottica*); (*chim.*), riduzione *f.*
— **curve** (*min. chim.*), curva di riduzione.
— **-furnace,** forno (*m.*) di riduzione.
reduction gear (*mecc.*), riduttore *m.*
— **gears,** ingranaggi (*m. pl.*) riduttori.
— **in working hours** (*econ. lavoro*), riduzione degli orari lavorativi.
— **of gradient** (*agrim.*), riduzione (*f.*) della pendenza.
— **of heat,** sottrazione (*f.*) di calore.
— **of the hot hematitic calcines** (*min.*), riduzione delle ceneri ematitiche calde.
— **per pass** (*met., lam.*), riduzione per passata.
— **system** (*ind. mol.*), sistema di riduzione.
— **unit** (*chim met.*), unità di riduzione.
— **zone,** zona (*f.*) di riduzione.
— **(direct — plant)** (*met.*), impianto (*m.*) di riduzione diretta.
— **(integrated direct —)** (*met.*), riduzione diretta integrata (a partire dal minerale).
reductor, riduttore *m.*; apparecchio d'idrogenazione (*chim.*).
re-dug (to —) (*costr. gallerie*), riperforare una galleria.
redundancy (*lavoro*), esuberanza (di mano d'opera, d'impiegati ecc.); (*inform.*), ridondanza.
— **payment,** indennità di licenziamento per esuberanza di personale.
redundant, *agg.*, esuberante; in eccesso (di lavoratori in più del necessario); (*inform.*), ridondante.
redwood (***Pinus Silvestris***), pino *m.*; legname di pino.
Redwood viscosimeter (*catrami stradali*), viscosimetro Redwood.
reed, canna (*f.*) palustre; linguetta battente (*acust.*); ancia *f.* (*acust.*); pettine (*filatura*); numero di fili di ordito per pollice (*tess.*).
— **-counting system** (*tess.*), sistema per esprimere finezza di un tessuto (basato sul numero dei fili per pollice).
— **horn** (*naut.*), apparecchio per

segnalare acusticamente la nebbia alle navi (fog siren).
reed pipe (*acust.*), tubo (*m.*) a linguetta battente.
reeded, striato *p.p.* (solcato).
reeding (*tess.*); impettinatura *f.*; incorsatura *f.*; rimettaggio *m*
reef band (*naut.*), matafione *m.*
— **-cringles,** gasse (*f. pl.*) dei terzaruoli.
— **knot,** nodo (*m.*) incrociato.
— **tackle,** paranco (*m.*) di terzaruolo.
reefs (*naut.*), terzaruoli *m. pl.*
reel, buratto *m.* (*ind. mol.*); bobina *f.* (*cinem.*); rocchetto *m.* (di cotone, ecc.); aspo *m.* (*tess.*); (*tess.*), aspatrice *f.*; (*calcol. elettron.*), bobina (di nastro).
— *v.a.* (*tess.*) aspare.
— **cabinet** (*cinem.*), armadietto portarulli.
— **hub** (*cinem.*), mozzo della bobina.
— **of cotton,** rocchetto (*m.*) di cotone.
— **truck** (*calcol. elettron.*), carrello portabobine.
reeler (*met.*), laminatoio lisciatore (*per tubi*); laminatoio trasversale.
reeling (*tess.*) aspatura *f.*; incannatura *f.*
— **mill** (*met.*), laminatoio lisciatore (*per tubi*); laminatoio trasversale.
re-employment (*lavoro*), trasferimenti di operai a nuove mansioni, dovuto a riduzione del personale; reimpiego del personale.
reentrant winding (*elet.*), avvolgimento (*m.*) a rientranza.
re-entry into the atmosphere (*aereo*), rientro (*m.*) nell'atmosfera (*voli spaziali*).
— **parachute** (*astron.*), paracadute per il rientro.
— **procedure** (*aereo*), procedura di rientro.
— **trajectory** (*voli spaziali*), traiettoria del rientro (nell'atmosfera).
re-entry vehicle (*voli spaziali*), veicolo spaziale per rientro nell'atmosfera.
reface, *v.a.* ripassare al tornio; riguarnire (*mecc.*) (p. es.: il disco della frizione).
referee, persona citata come referenza in una domanda d'impiego; (*sport*), arbitro *m.*
referee sample (*chim.*), campione tipo (*o* di riferimento).
— **test,** arbitrato *m.*
reference (*top.*), segnale di riferimento.
— **edge** (*inform.*), bordo di riferimento.
— **fugacities** (*termodinamica, chimic.*), fugacità di riferimento.
refill, pezzo (*o* filo) di ricambio.
— (*or* **spare) lead** (*dis.*), mina (*f.*) di ricambio.
refine, *v.a.* raffinare; migliorare *v.a.*; perfezionare *v.a.*
refined gold, oro (*m.*) raffinato.
— **lead,** piombo (*m.*) raffinato.
— **nitre,** salnitro (*m.*) raffinato.
— **oil,** olio (*m.*) raffinato.
— **soda,** soda (*f.*) raffinata.
— **steel,** acciaio (*m.*) affinato.
refinement (*chim., ecc.*), raffinazione *f.*; perfezionamento *m.*
refiner, affinatore *m.*
refinery (*petrol.*), raffineria *f.*
— **(85,000 barrels-per-day —),** raffineria della capacità di 85.000 barili al giorno.
— **(the — will go on stream in 1988),** la raffineria entrerà in funzione nel 1988.
refining (*met.*), affinazione *f.*; (*petrol.*), raffinazione *f.*
— **department,** reparto (*m.*) di raffinazione.
— **gas** (*petrol.*), gas di raffineria.
— **plant** (*petrol.*), raffineria.
— **process** (*met. ghisa*), processo di affinazione; (*petrol.*), processo di raffinazione.
— **(vacuum —)** (*ghisa*), affinazione sotto vuoto.
refinishing, rifinitura *f.*
reflectance (*luce*), fattore di ri-

flessione; potere (*m.*) riflettente; riflessione (*vernici*).

reflectance spectrophotometry (*a nondestructive method for measuring the proportions of myoglobin derivates in meat samples*), (*controlli*), spettrofotometria per riflessione.

reflected light photomicrograph, (*metal.*), microfotografia a luce riflessa.

— **ray,** raggio (*m.*) riflesso.

reflecting, *agg.* riflettente.

— **electrode** (*elettronica*), elettrodo di riflessione (*o* ad emissione secondaria).

— **galvanometer,** galvanometro (*m.*) a riflessione.

— **power,** potere (*m.*) riflettente.

reflection, riflessione *f.*

— **coefficient,** coefficiente (*m.*) di riflessione.

— **factor** (*ott.*), fattore (*m.*) di riflessione d'un corpo.

reflective surface (*met., ecc.*), superficie riflettente (p. es. di articoli placcati).

reflectivity, riflessività *f.*; potere riflettente.

reflectogate (*met.*), rivelatore ultrasonoro di fessure interne.

reflectometer, riflettometro *m.*

reflector, paralume *m.*; riflettore *m.*

— **heater,** stufa (*f.*) a parabola.

— **savings** (*fis. atom.*), risparmi (*m. pl.*) dovuti al riflettore.

reflectorizing traffic (lane) lines (*traffico*), strisce durevoli riflettenti.

reflex camera (*fot.*), apparecchio a specchio riflettore, con otturatore.

— **circuit** (*radio*), circuito a riflessione.

— **ratio of a propeller** (*aereo*), rapporto delle molle delle pale di un'elica.

refloat (to —) (*naut.*), rimettere a galla; rimettere in galleggiamento una nave.

reflux, riflusso *m.*; rigurgito *m.*

— *v.a.*, riscaldare a riflusso.

reflux condenser, refrigerante (*m.*) a riflusso.

— **ratio** (*ing. chim.*), rapporto di riflusso.

— **tower** (*ind. pet.*), colonna (*f.*) di distillazione a riflusso.

— **valve** (*ing. civ.*), valvola di riflusso.

reform, *v.a.* (*chim.*), rigenerare *v.*; riformare *v.a.*

reformate (*chim.*), prodotto (*m.*) di « reforming ».

reformed gasoline (U.S.A.), benzina (*f.*) prodotta col processo « reforming ».

reforming (*ind. pet.*), benzina prodotta per piroscissione (cracking) da materiali ad alto punto di ebollizione; operazione di « reforming » per produrre benzina; trattamento per cui i gas di petrolio liquefatto possono essere trasformati in gas succedanei per usi industriali; (*armi*), ricalibrazione (per la ricarica).

— **processes,** processi di « reforming ».

refract, *v.a.* rifrangere.

refracted ray, raggio (*m.*) rifratto.

refracting, *agg.*, rifrangente.

— **light,** luce (*f.*) riflessa.

— **telescope,** rifrattometro *m.*

refraction (*luce*) (*radio*), rifrazione *f.*

— **index,** indice (*m.*) di rifrazione.

— **index liquid** (*min.*), liquido per indice di rifrazione.

— vedi: **atomic —; molecular —; specific —.**

refractionate, *v.a.* (*chim.*), rifrazionare *v.a.*

refractive, *agg.*, rifrangente.

— **index** (*luce*), indice (*m.*) di rifrazione.

refractometer (*chim.*), rifrattometro *m.* (**dipping —**, rifrattometro ad immersione).

refractoriness, refrattarietà *f.*

refractory, refrattario *m.* (materiale —); *agg.*, refrattario.

— **brick,** mattone (*m.*) refrattario.

refractory cement, cemento (*m.*) refrattario.
— **clay,** argilla (*o* creta) (*f.*) refrattaria.
— **coating** (*ind.*), rivestimento refrattario.
— **concrete** (*m.*), conglomerato refrattario.
— **gunning mix** (*met.*), miscela di refrattario da sparo.
— **life** (*forni met.*), durata del refrattario.
— **mortar,** malta (*f.*) refrattaria.
— **patching** (*met.*), rappezzatura del refrattario.
refrangibility, rifrangibilità *f.*
refresher courses on technical subjects (*min.*, *ecc.*), corsi di aggiornamento su argomenti tecnici.
refrigerant (USA), refrigerante *m.*
refrigerated freight car (*ferr.*), carro (*m.*) frigorifero.
— **transportation,** trasporto di prodotti refrigerati.
— **vessel** (*naut.*), nave (*f.*) frigorifera.
refrigerating greaser, ingrassatore (*m.*) di impianti refrigeranti.
— **unit,** frigoria *f.*
refrigerator, refrigerante *m.*; frigorifero *m.*
— **shelves,** ripiani per frigoriferi.
reftone (*acust.*), nota di referenza (*o* di riferimento).
refuel, *v.a.* *v.i.*, rifornire (*erogare*) carburante.
— **a car,** rifornire di carburante un'automobile.
refueller, camion (*m.*) rifornimento carburante (autocisterna per carburanti).
refuelling tender, carrello (*m.*) rifornimento carburante.
refurbish (to —) a satellite, ridotare un satellite con strumenti più moderni per un volo posteriore.
refurbishing, rinnovo (di progetti, ecc.).
refuse, pula *f.*; residuo *m.*; scarto *m.*; rifiuti *m. pl.*; immondizie *f.pl.*
refuse disposal, smaltimento rifiuti; eliminazione degli scarti di lavorazione.
— **fuel,** combustibile (*m.*) di recupero.
refusion (*fond.*), rifusione *f.*
regain (*tess.*) ripresa (*f.*) di umidità (*con aumento di peso*); tolleranza (*f.*) d'umidità; aumento di lunghezza di un filo di una stoffa.
regasify (to —) (*gas*), rigassificare.
regassification plant (*gas*), impianto (*m.*) di rigassificazione del metano liquefatto, ecc.,
regenerate, *v.a.* (*fis. atom.*), rigenerare; (*calcol. elettron.*), rigenerare (ripristinare le informazioni memorizzate).
regenerated wool, lana rigenerata.
regeneration (*radio*), rigenerazione *f.*; (*memorie di calcol. elettron.*), rigenerazione *f.* (ripristino delle informazioni memorizzate).
— **of neutrons** (*fis. atom.*), rigenerazione (*f.*) di neutroni.
— **of nuclear fuels** (*fis. atom.*), rigenerazione (*f.*) di combustibili nucleari.
regenerative amplifier, amplificatore (*m.*) a reazione.
— **circuit** (*radio*), circuito (*m.*) rigenerativo (*o* reattivo).
— **detector** (*radio*), rivelatore a reazione.
— **receiver** (*radio*), ricevitore a reazione.
— **-type gas furnace,** forno (*m.*) a gas con ricupero di calore.
regenerator (*met.*), ricuperatore; recuperatore (*m.*) del calore; rigeneratore di calore.
— **(blast furnace —),** ricuperatore d'altoforno.
register, movimento (*m.*) d'orologeria di contatore; (*calcol. elettron.*, *inform.*), registro *m.*
— **(to —),** *v.a.* indicare; registrare; (*aereo*, *auto*), immatricolare.
— **control,** controllo (*m.*) di una macchina.

register of shipping (*naut.*), Registro di classificazione; vedi: **Lloyd's —.**
— **screw,** vite (*f.*) di registro.
— **slip** (*comm.*), scontrino (*m.*) di cassa.
— **ton,** tonnellata (*f.*) di registro (*naut.*); tonnellata (*f.*) cubica.
registered book (*naut.*), registro (*m.*) di classificazione.
— **breadth** (*naut.*), larghezza (*f.*) di registro.
— **depth** (*naut.*), altezza (*f.*) di registro.
— **length** (*naut.*), lunghezza (*f.*) di registro.
registering, *agg.* registratore.
registrar of mortgages, conservatore (*m.*) delle ipoteche.
registration letters (*aereo*), sigla *f.*
— **number traffic survey** (*traffic*), rilevamento di traffico in base al numero della targa.
— **(car —)** (*auto*), immatricolazione di autovetture.
— **(vehicle —)** (*auto*), immatricolazione di autoveicoli.
reglets (*tip.*), lingotti.
regolith (lunar —) (*astron.*), mantello di detriti e polvere ricoprente le rocce lunari.
regrating skin, intonaco (*m.*) picchiettato.
regression analysis (*mat.*), analisi (*f.*) della regressione.
regrind (*v.a.*) **a valve,** ripassare una valvola.
regular coursed ashlar work, muratura (*f.*) in pietra da taglio.
— **figure,** figura (*f.*) regolare.
— **grade gasoline** (U.S.A.), benzina normale.
— **lay,** vedi: **right lay.**
— **-lay wire rope** (*funi comm.*), fune ad avvolgimento crociato; fune incrociata.
— **twist** (*tess.*), direzione destra (o positiva) (di filati ritorti).
regulate, *v.a.* regolare.
regulating cock, rubinetto (*m.*) regolatore.
— **rod** (*fis. atom.*), barra (*f.*) di regolazione di precisione.
regulating tap, rubinetto (*m.*) di chiusura.
— **wheel,** mola (*f.*) regolatrice.
regulation (*elet.*), regolazione *f.*; (*leg.*), regolamento *m.*
— **down** (*elet.*), diminuzione (*f.*) per regolazione (di cambiamento di tensione).
— **of a river,** sistemazione (*f.*) di un fiume.
— **rod** (*fis. atom.*), barra (*f.*) di regolazione.
— **up** (*elet.*), aumento (*o* elevazione) per regolazione (di cam biamento di tensione).
— **(building —),** regolamento edilizio.
regulator, regolatore *m.* (*elet.*); registro *m.* (di orologio); regolatore *m.* (di calcolatrice); (*sald.*), regolatore di pressione (di una bombola, ecc.).
— **box,** scatola (*f.*) di distribuzione.
— **cell** (*elet.*), elemento (*m.*) di regolazione (di accum.).
— **rack,** dentiera (*f.*) del regolatore.
— **rod** (*fis. atom.*), barra (*f.*) di regolazione automatica.
— **tap,** rubinetto (*m.*) di chiusura.
— **valve** (*ing.*), valvola regolatrice.
— **(acetylene —),** regolatore di pressione di bombola di acetilene.
— **(oxygen —),** regolatore di pressione per bombola di ossigeno.
regulus of antimony (*chim.*), regolo di antimonio.
reheat, ricupero di calore; (*aereo*), (*turbojet*; *reheat jet pipe*), postcombustione.
— *v.a.* (*met.*), riscaldare nuovamente.
— **boiler,** caldaia a ricupero di calore.
— **time** (*met.*), tempo di riscaldo.
reheating, ricottura *f.*; riscaldamento *m.*; (*met.*), riscaldo *m.*

reheating furnace (*met.*), forno (*m.*) di riscaldo.
reimpose (to —) (*tip.*), rimpaginare.
Reinartz circuit (*radio*), circuito Reinartz (usato per ricezione di onde corte. Usa la reazione controllata da un condensatore variabile).
reinforce, to (*v.a.*) (*costr.*), armare; rinforzare.
reinforced beam, trave (*f.*) rinforzata; trave (*f.*) armata.
— **concrete,** cemento (*m.*) armato.
— **concrete bridge,** ponte (*m.*) in cemento armato.
— **concrete caisson,** cassone (*m.*) di immersione in cemento armato.
— **concrete ceiling,** solaio (*m.*) in cemento armato.
— **concrete construction,** costruzione (*f.*) in cemento armato.
— **concrete culvert,** tombino (*m.*) in cemento armato.
— **concrete glass,** vetrocemento *m.*
— **concrete hinge,** cerniera (*f.*) in cemento armato.
— **concrete paving,** pavimentazione (*f.*) in cemento armato.
— **concrete road,** strada (*f.*) in cemento armato.
— **concrete slab,** piastra (*f.*) in cemento armato; soletta (*f.*) di cemento armato.
— **concrete works,** opere (*f. pl.*) in cemento armato.
— **epoxy resin,** resina (*f.*) epossidica rinforzata.
— **pier,** pilastro (*m.*) composto.
— **plastics** (*mat. plast.*), materie plastiche rinforzate.
— **strutting,** rinforzo (*m.*) di sostegno.
reinforcement, armatura *f.* (di tondini) (cemento armato); rinforzo *m.*; (*sald.*), sovraspessore *m.*
— **-bar cutter** (*met.*), cesoia (*f.*) per tondo di cemento armato.
reinforcing filler (*gomma*), carica di rinforzo.
— **pigment** (*colori, ecc.*), pigmento rinforzante.
reinforcing round (*met.*), tondo (di rinforzo).
reinject the gas (*prospez. petrolifera*), rigettare il gas nel giacimento (invece di bruciarlo, in attesa dell'impianto di trattamento del gas).
Reiss microphone (*elet.*), microfono di Reiss.
reject (*mecc.*), scarto *m.*; (*met.*), scarto laminato.
— *v.a.* scartare; (*mecc.*), pezzo (*m.*) di scarto.
rejection filter (*elet.*), filtro (*m.*) eliminatore di banda.
rejections, v. **machine shop** —; **mill** —.
rejector circuit (*radio*), circuito di reiezione.
rejects (*lana*), scarti (*m. pl.*) di lana difettosa.
rejuvenator (*elettroni*), rigeneratore (di tubi a raggi catodici, ecc.).
rel (*elet.*), unità di riluttanza.
reladle, *v.a.* (*met.*), ricaricare la siviera.
relate, *v.i.* (*chim.*), stabilire un rapporto; confrontare (a).
related process, lavorazione (*f.*) affine.
relationship, relazione *f.*; rapporto *m.*
— **(clear-cut —),** dipendenza (*f.*) incondizionata.
relative, *agg.* relativo.
— **absorption** (*fis. atom.*), assorbimento (*m.*) relativo.
— **address** (*inform.*), indirizzo relativo (indirizzo scritto rispetto a un indirizzo di base).
— **atomic weight** (*fis. atom.*), peso (*m.*) atomico relativo.
— **concentration** (*fis. atom.*), concentrazione (*f.*) relativa.
— **humidity,** umidità (*f.*) relativa.
— **isotopic abundance** (*fis. atom.*), abbondanza (*f.*) isotopica relativa.
— **luminosity curve,** curva (*f.*) spettrale della visibilità relativa.
— **permeability** permeabilità rela-

tiva (rapporto fra la p. di un materiale e la permeabilità del vuoto).
relative saturation, saturazione (*f.*) relativa.
relativistic, *agg.* (*fis. atom.*), relativistico.
— **electron** (*fis. atom.*), elettrone (*m.*) relativistico.
— **mass equation,** equazione (*f.*) di massa relativista.
— **particle** (*fis. atom.*), particella (*f.*) relativistica.
— **quantum theory** (*fis. atom.*), teoria quantistica relativistica.
relativity, relatività *f.*
— **luminosity factor,** coefficiente (*m.*) di visibilità relativa d'una radiazione monocromatica.
— **principle** (*fis. atom.*), principio (*m.*) della relatività.
— **theory** (*fis. atom.*), teoria (*f.*) della relatività.
— **thickness,** spessore (*m.*) relativo.
— **velocity,** velocità (*f.*) relativa.
relaxation (*telev.*), rilasso; (*fis.*), rilassamento *m.*; perdita (*f.*) di carico.
— **generator,** generatore (*m.*) a rilasso.
relay, relè *m.* (*elet.*); relais *m.* (*elet.*); soccorritore *m.* (*elet.*); collegamento *m.* (*radio*); servomotore (*mecc.*); ritrasmettere *v.a.;* (*aereo*), (*the tests were relayed to Earth by television*), le prove furono ritrasmesse a terra dalla televisione.
— **logic** (*inform.*), logica (*f.*) a relè.
— **operated exchange,** vedi: **automatic —.**
— **radar,** ritrasmissione di immagini.
— **system** (*elet.*), sistema di ritrasmissione.
— **television,** ritrasmissione (*f.*) televisiva.
— (*ferr.*), posare (meccanicamente) nuove rotaie (riarmare una linea).
— **(1,600-meter —)** (*sport*), staffetta 4×100.
relaying (*ferr.*), v. **track — crane. of track** (*ferr.*), ricambio (*m.*) del binario.
release, *n.*, disinnesto *m.* (*mecc.*); scatto *m.* (*fot.*); pubblicazione di un film (*cinem.*); distribuzione (*f.*) di un film (alle varie agenzie) (*cinem.*); (*elet.*), apertura di circuito; (*pubb.*), autorizzazione di usare il nome o la fotografia di una persona a scopi pubblicitari, dietro compenso.
release *v.a.* disimpegnare (*mecc.*); disinnestare (*mecc.*); mettere in libertà; liberare; emettere; espellere *v.a.*; rendere *v.a.*; ristabilire (*la pressione*).
— (*v.a.*) **a balloon,** liberare un pallone.
— (*v.a.*), **a bomb,** sganciare una bomba.
— **a brake,** allentare (*v.a.*) un freno.
— **trigger** (*auto*), pulsante per l'apertura delle porte.
— **(chemical heat —),** emissione di calore di reazione.
releaser, sganciatore *m.*
releasing mechanism (*aereo*), meccanismo (*m.*) di sgancio.
reliability, affidabilità *f.* (data da una macchina) (probabilità di prestazioni effettive fornite dall'apparecchiatura e richieste dalle condizioni di esercizio).
reliable (*mecc.*), di fiducia; di ottimo funzionamento (od affidamento); sicuro; certo; esatto (*valori, ecc.*); fedele (*reattivo*).
— **machine,** macchina (*f.*) di fiducia.
relief, rilievo (*stampa*); (*mecc.*), decompressione.
— **angle** (*macch. ut.*), angolo di spoglia.
— **line** (*ferr.*), linea (*f.*) ausiliare.
— **printing** (*tip.*), stampa (*f.*) a rilievo.
— **projectionist** (*cinem.*), aiuto proiezionista *m.*; aiuto operatore (*m.*) di cabina.
— **road,** strada di allacciamento.

relief valve, valvola (*f.*) di scarico.
relieve, *v.a.*, tornire (*v.a.*) a spoglia; disimpegnare (*mecc.*); disinnestare; diminuire (*tensione, ecc.*).
— **a valve,** compensare (*v.a.*) una valvola.
— **macro tensions by mechanical means** (*met.*), diminuire le macro-tensioni mediante mezzi meccanici.
— **(to —) the stresses** (*costr.*), attenuare le sollecitazioni; ridurre le sollecitazioni.
relieving, tornitura (*f.*) a spoglia; compensazione *f.* (*mecc.*); disinnesto *m.*
— **arch,** arco (*m.*) di porta (di scarico); arco (*m.*) di sostegno; volta (*f.*) di scarico.
— **attachment,** apparecchio (*m.*) per spogliare.
— **gear** (*ferr.*), apparecchio (*m.*) di compensazione (di piattaforme girevoli, ecc.).
— **lathe,** tornio (*m.*) a spogliare.
— **tackle** (*mecc.*), paranco (*m.*) di ricambio.
relight (*v.a.*) **a stack** (U.S.A.), riattivare un tino d'altoforno; riattivare un altoforno.
reline (*forno met.*), rifacimento (di rivestimento di un forno).
— *v.a.*, rifare il rivestimento di un forno (*forni met.*)
relining of a pipe-line, rifacimento del rivestimento di un pipeline (con plastica, ecc.).
— **of ladle** (*met.*), rifacimento di siviera.
— **(pit hearth —)** (*met.*), rifacimento delle suole dei forni.
reload (to —), ricaricare *v.a.*
— **the entire program** (*inform.*), ricaricare tutto il programma.
reloading (*armi*), ricarica *f.*
relocatable, *agg.* (*calcol. elettron.*), rilocabile.
— **address** (*inform.*), indirizzo trasferibile.
relocate (to —), trasferire (personale da una sede ad un'altra in una città diversa); (*inform.*), rilocare (un programma); trasferire; traslare.
relocate a program (*inform.*), trasferire (*o* « rilocare ») un programma (in altra zona di memoria ecc.); traslare un programma.
relocation (*inform.*), rilocazione (di programma).
— **assistance,** aiuto finanziario per spese di trasferimento.
— **expenses,** spese di trasferimento.
reluctance, riluttanza *f.*
— **motor** (*elet.*), motore a riluttanza.
reluctivity (*elet.*), riluttività *f.*; riluttanza (*f.*) specifica.
rem (*radiazioni*), unità equivalente di dose: quantità di radiaz. ionizzanti di effetto biologico, se assorbite dal corpo umano, identico all'assorbimento di un rad di X o Y.
remainder (*chim.*) (*mat.*), resto *m.*; residuo *m.*
remaining speed, velocità (*f.*) residua.
remanence (*elet.*), rimanenza (*f.*) magnetica.
remelt heat (*met.*), colata (*f.*) di rifusione.
remilling (*smalti, ecc.*), rimacinazione.
remnant (*chim.*), residuo *m.*
remote *agg.* remoto; a distanza.
— **attitude director** (*aereo*), controllo remoto attitudine volo.
— **batch processing** (*inform.*), trattamento sequenziale a distanza; servizio di elaborazione presso il cliente.
— **control,** comando (*m.*) a distanza; telecomando *m.*
— **-control,** *v.a.* telecomandare.
— **control door mirror** (*auto*), specchietto sulla porta regolabile dall'interno.
— **control rigs** (*min.*), trivella Rotary con comando a distanza.
— **control switch** (*elet.*), interruttore (*m.*) comandato a distanza; (elet.), teleruttore *m.*

remote controlled boot release (*auto*), apertura del cofano controllata dall'interno.
— **handling equipment** (*fis. atom.*), dispositivo (*m.*) di telemanipolazione.
— **heating,** teleriscaldamento *m.*
— **manipulator** (*fis. atom.*), manipolatore (*m.*) telecomandato; (*astron.*), braccio robotico.
— **sensing** (*astron.*), prospezione remota, con satelliti, di rocce e minerali.
— **-sensing satellite,** satellite per rimandare alle stazioni a terra le informazioni raccolte dallo spazio.
— **thermometer,** teletermometro *m.*
— **viewing** (*fis. atom.*), **esame** (*m.*) **a distanza.**
removable, *agg.*, amovibile; smontabile; eliminabile.
— **barrel** (*armi*), canna rimovibile.
— **circuit breaker,** interruttore (*m.*) mobile.
— **coating** (*vernici, ecc.*), rivestimento rimovibile.
— **core bit** (*petrol.*), carotiere estraibile.
— **couplings,** giunti smontabili.
— **disc** (*inform.*), disco rimovibile.
— **hatch** (*aereo*), portello amovibile.
— **radio** (*auto*), radio estraibile.
removal, eliminazione *f.*; perdita *f.*; asportazione *f.*; rimozione *f.*; trasloco *m.*
— **allowance,** indennità di trasloco.
— **of flaws** (*met.*), scriccatura *f.*
remove (to —), *v.a.*, eliminare, separare, togliere, traslocare.
— **a bolt** (*mecc.*), togliere un bullone.
— **a centre** (*costr. civ.*), disarmare *v.a.*
— **a tyre** (*auto*), smontare una gomma.
— **dust** (*met.*), depolverare.
— **flaws** (*met.*), scriccare *v.a.*
remover (*vernici*), sverniciatore *m.*
rename (to —) (*naut.*), ribattezzare (una nave).
renardite (*min.*), renardite *f.*
rendezvous (*astron.*), v. **orbital —.**
— **(to)** (*astron.*), effettuare un appuntamento in orbita.
renew, *v.a.*, rinnovare *v.a.*; riprendere (*una operazione, ecc.*); rimpiazzare *v.a.* (*sostituire un pezzo di apparecchio, ecc.*).
renewal, sostituzione *f.* (di pezzi, ecc.); rinnovamento *m.*
— **of a policy** (*assicuraz.*), rinnovo di una polizza.
renewals, spese (*f. pl.*) di rinnovamento.
rennet, caglio *m.*; presame *m.*
reopen a line for traffic (*ferr.*), riaprire una linea al traffico.
reoxidation (*chim.*), riossidazione *f.*
— **kinetics** (*chim.*), cinetica della riossidazione.
— **of reduced samples** (*chim., min.*), riossidazione dei campioni ridotti.
rep, repp (*tess.*) (*röntgen*), rep.
— **carpet** (*tess.*), tappeto (*m.*) cardato.
repacked cotton, cotone ripressato.
repair, *n.*, raddobbo *m.* (*naut.*); riparazione *m.*; *v.a.* riparare.
— **mission in space,** missione di riparazione nello spazio.
— **ship,** nave (*f.*) officina; nave (*f.*) scuola.
— **shop,** officina (*f.*) riparazioni; carro (*m.*) officina.
— **work,** lavoro (*m.*) diriparazione.
— **(following —s)** (*met., ecc.*), in via di riparazione; (*propellers newly manufactured or following repairs*), eliche appena fabbricate o in via di riparazione).
repairing, riparazione, *f.*
— **basin** (*naut.*), bacino (*m.*) per riparazioni.
— **shop,** officina (*f.*) riparazioni.
repairs, riparazioni *f. pl.*
— **(hot —)** (*forni met.*), riparazioni (*f. pl.*) a caldo (ad alte temperature).
repaste (to —), rimpastare *v.a.*
repatch, *v.a.* (*calcol. elettron.*), ricorreggere (*o* modificare di nuovo) un programma con inserimento di nuove schede.

repeat (*tess.*), ripetizione *f.*
— **call** (*tel.*), chiamata di ripetizione, con la quale la centrale prova un numero occupato, chiamando l'utente quando ha la risposta.
repeatability (*mis.*), ripetibilità; errore di fedeltà.
repeatable, *agg.* (*chim.*), concordante.
— **error,** errore (*m.*) ripetibile.
repeated impact tester, macchina (*f.*) per prove ad urti ripetuti.
— **pass** (*tess.*), rimettaggio (*m.*) suddiviso.
repeater (*orol.*), orologio a ripetizione; (*telef.*) ripetitore *m.*
— **flashers** (*auto*), indicatori (*m. pl.*) di direzione.
— **satellite** (*astron.*), satellite ripetitore.
— **station** (*radio*), ponte radio; stazione ripetitrice (radio o telefonica).
repeating of design (*tess.*), rapporto (*m.*) d'armatura.
— **rifle,** fucile (*m.*) a ripetizione.
— **selector** (*telef.*), selettore ripetitore.
— **watch,** orologio (*m.*) a ripetizione.
repellent (water —), idrofugo *agg.*
repercussion, ripercussione *f.*
reperforator (*calcol. elettron.*), riperforatore *f.* (unità di perforazione di banda).
repetition instruction (*calcol. elettron.*), istruzione di ripetizione.
— **lathe** (*macch. ut.*), tornio (*m.*) per riprodurre.
— **work,** produzione (*f.*) in serie; copia *f.*
rephosphorization (*met.*), rifosforazione *f.*
replace, *v.a.* cambiare; sostituire; (*v.i.*) lasciarsi sostituire.
— **(a machine),** sostituire (una macchina).
— **a bolt** (*mecc.*), sostituire un bullone.
— **a piece,** sostituire un pezzo.
— **part,** pezzo (*m.*) di ricambio.
replaceability (*chim.*), sostituibilità *f.*; attitudine alla sostituzione.
replaceable, *agg.* (*pezzi, ecc.*) (*mecc. ecc.*),sostituibile; rimpiazzabile.
re-placement (*astron.*), reinserimento (di un satellite su un'orbita.)
replacement, sostituzione *f.* (*chimica, ecc.*); ricambio *m.*; sostituzione *f.* (di attore) (*cinem.*); (*geol.*), sostituzione idrotermale (processo con formazione di nuovi minerali o aggregati di minerali con parziale o totale sostituzione di rocce prima esistenti).
— **collision** (*fis. atom.*), collisione (*f.*) di sostituzione.
— **component** (*mecc.*), pezzo (*m.*) di ricambio.
— **of a machine, sostituzione** (*f.*) di una macchina.
— **(***or* **renewing) of rivets,** sostituzione (*f.*) di chiodi.
replate, *v.a.* riplaccare.
replating, riplaccatura *f.*
replay, *v.a.*, riregistrare.
replenish (*idraul.*), riempire di nuovo; (*a natural underground storage which is replenished each wet season*), un serbatoio sotterraneo naturale che si riempie ad ogni stagione piovosa; (*naut.*), rifornire; ricaricare.
replenishment ship (*mil.*, *naut.*), nave (*f.*) rifornimento.
replica (*microscopio elettron.*), replica *f.* (per la preparaz. di un calco della superf. metallica, con materiale trasparente agli elettroni).
— **metallography** (*met.*), metallografia con replica.
replicar (*auto*), replica di automobile d'epoca.
replication (*met.*, *ecc.*), ripetizione delle prove di confronto.
replug (to —) (*elet.*) (*inform.*), reinserire (nella spina); ricollegare.
reply-paid card, cartolina con risposta pagata.

report (*conferenze, ecc.*), comunicazione; relazione.
— **generator** (*inform.*), programma d'edizione.
repositioning (*inform.*), riposizionamento *m.* (di penne, manuale, ecc.).
repository (mined —) (*fis. atom.*) deposito permanente per rifiuti radioattivi scavato nella miniera.
— **(nuclear waste —)** (*fis. atom.*), deposito (cimitero) permanente per rifiuti nucleari.
repour, *v.a.* (*met.*), ricolare.
representation (*inform.*), rappresentazione (tabulare, grafica, narrativa, ecc.).
representative fraction (R.F.) (*agrim.*), rapporto (*m.*) di una scala di una carta o mappa.
— **of industry** (*comm.*), esponente dell'industria.
repress, *v.a.*, diminuire *v.a.*; frenare *v.a.*; rallentare *v.a.*
repressuring, rimessa in pressione.
reprieve (*leg.*), sospensione temporanea di condanna.
reprime (*armi*), introdurre un nuovo innesco; reinnescare.
reprint, *v.a.* ristampare.
— (*tip.*), ristampa *f.*
reprocess (*v.a.*) **spent nuclear fuel,** rigenerare il combustibile nucleare esaurito.
reprocessing, secondo procedimento *m.*; (*fis. atom.*), rigenerazione *f.*
— **loss** (*fis. atom.*), perdita (*f.*) di rigenerazione.
— **plant** (*fis. atom.*), impianto (*m.*) di rigenerazione.
reproduce, *v.a.* riprodurre.
reproducer (*calcol. elettron.*), riproduttrice (unità che riproduce su una scheda il contenuto di un'altra scheda).
reproducibility, riproducibilità *f.*
— **of a test** (*mecc., ecc.*), riproducibilità di un saggio (di una prova).
reproducing punch (*calcol. elettron.*), riproduttrice *f.*
reproduction, riproduzione *f.*
reproduction factor (*fis. atom.*), fattore (*m.*) di moltiplicazione.
— **graphics** (*tip.*), riprografia *f.*
reprogram (to —) (*inform.*), riprogrammare.
reprogrammable, *agg.* (*inform.*), riprogrammabile.
reprogramming (*elett., inform.*), riprogrammazione.
reprographic, *agg.* (*inform.*), riprografico.
reprography (*tip.*), riprografia *f.* (riproduzione grafica che si avvale delle tecniche di riproduzione per mezzo della luce, elettricità, calore e dei mezzi di duplicazione).
repulsion, repulsione *f.*; ripulsione *f.*
— **motor,** motore (*m.*) a repulsione.
— **motor with two sets of brushes,** motore (*m.*) a repulsione a due gruppi di spazzole.
— **type motor** (*elet.*), motore a repulsione.
repulsive energy, energia (*f.*) di repulsione.
repunch, *v.a.* (*calcol. elettron.*), riperforare.
repunching (*calcol. elettron.*), riperforazione *f.*
request (*inform.*), richiesta *f.*; domanda *f.*
— **(to —),** richiedere; interrogare.
requests, *pl.* (*cinem.*), persone richieste dal regista.
requirement, condizione *f.*; esigenza *f.*
requirements *pl.*, requisiti essenziali *m. pl.*; condizioni essenziali *f. pl.* (p. es. per il funzionamento di un forno, di un impianto, ecc.).
requisition, requisizione *f.* (*gen.*); richiesta formale scritta per provviste varie (*naut.*).
re-radiation (*radio*), (fenomeno di) re-irradiazione *f.*
re-read, *v.a.*, rileggere.
re-record (to —) (*acust.*), riregistrare *v.a.*; reincidere *v.a.*
re-recording (*acust.*), riregistrazione (*f.*); fare una copia di un

disco: rinversione di una registrazione.
re-recording mixer console (*cinem.*), tavolo di missaggio di riregistrazione sonora.
rerig (to —) (*naut.*), riattrezzare.
rerolled products (*met.*), rilaminati *m. pl.*
rerolling (*met.*), rilaminazione *f.*
re-route (to —) traffic, ristradare il traffico.
re-run (*dist.*) (*chim.*), ridistillazione *f.*
rerun, *v.a.* (*calcol. elettron.*) (*inform.*), rieseguire un programma; ripassare un programma; ripetere una elaborazione; rieseguire un ciclo macchina.
resacetophenone, resacetofenone *m.*
resale (*comm.*), rivendita.
— **terms,** condizioni di rivendita.
rescue apparatus (*incendi, miniere*), apparecchio (*m.*) di salvataggio.
— **craft** (*aereo*), apparecchio (*m.*) da soccorso.
— **helicopter** (*aereo*), elicottero per soccorso.
— **ladders** (*incendi*), scale (*f. pl.*) di salvataggio.
research, studio; ricerca.
— **apparatus** apparecchiatura (*f.*) di ricerca.
— **engineer,** ingegnere (*m.*) di un laboratorio di ricerche.
— **establishment** (*fis. atom. ecc.*), istituto di ricerche.
— **fellowship,** borsa di studio universitaria, con l'obbligo di fare ricerche.
— **institution,** istituto (*m.*) di ricerca.
— **opening** (*fis. atom.*), canali (*m. pl.*) di ricerca.
— **program,** programma (*m.*) di ricerche.
— **reactor** (*fis. atom.*), reattore (*m.*) di ricerca.
— **works,** lavori (*m. pl.*) di ricerche.
researcher, ricercatore *m.*; scienziato *m.*
reseat (to —), *v.a.* smerigliare (*valvole*).
reseau (*meteor.*), serie di stazioni meteorologiche operanti sotto una direzione comune o nello stesso territorio.
re-sell, *v.a.*, rivendere.
resequence, *v.a.* (*calcol. elettron.*), riclassificare; rimettere in ordine; rimettere in sequenza.
reserialize (to —) (*calcol. elettron.*), rinumerare; riclassificare.
reserve battery (*elet.*), batteria conservabile.
— **buoyancy** (*aereo*), riserva (*f.*) di galleggiabilità.
— **capital,** capitale (*m.*) di riserva.
— **fuel warning light** (*auto*), spia riserva carburante.
— **petrol warning light** (*auto*), spia riserva benzina.
— **-type cell** (*elet.*), pila di tipo conservabile.
— **(central —)** (*strade*), fascia di separazione mediana.
reservoir, pozzo (*m.*) collettore; serbatoio (*m.*) di una diga; lago (*m.*) artificiale.
— **rock** (*geol.*), roccia (*f.*) serbatoio; roccia (*f.*) magazzino.
— **truck,** carro (*m.*) serbatoio (*ferr.*); carro (*m.*) botte (*ferr.*).
reset (*tip.*), *p.p.* rifuso, rifatto; (*elettron.*), azzeramento *m.*; (comando stampante) (*inform.*), reset stampante.
— **(to —)** (*tip.*), ricomporre *v.a.*; (*mecc.*), regolare di nuovo; riaggiustare; rimettere a punto; (*elettron.*) (*inform.*), azzerare; rimettere allo stato iniziale; ripristinare; riciclare (p. es. un trasponder) (*aereo*).
— **oneself automatically,** rimettersi in marcia automaticamente.
— **to zero,** rimettere (*v.a.*) a zero (uno strumento).
resharpen, *v.a.* (*mecc., ecc.*), riaffilare.
resident engineer, ingegnere (*m.*) residente (sul posto dei lavori).
residential area (*urbanistica*), zona residenziale.

residential flat (*costr.*), appartamento residenziale.
— **quarter,** quartiere (*m.*) residenziale.
« **residents only** » **parking** (*auto*), parcheggio riservato ai residenti di una data zona.
residua, residui *m. pl.*
residual, residuo *m.*; resto *m.* (*mat.*).
— **atomic charge** (*fis. atom.*), carica (*f.*) atomica residua.
— **austenite** (*met.*), austenite (*f.*) residua.
— **current,** corrente (*f.*) residua.
— **current operated circuit breaker** (*elet.*), interruttore automatico funzionante a corrente residua (per apparecchiature elettriche all'aperto).
— **element,** elemento (*m.*) residuo.
— **fuel,** combustibile (*m.*) residuo.
— **induction,** induzione (*f.*) residua.
— **ionisation** (*fis. atom.*), ionizzazione (*f.*) residua.
— **nucleus** (*fis. atom.*), nucleo (*m.*) residuo.
— **value** (*di macchine o impianti*), valore (*m.*) residuo.
— **voltage** (*elet.*), tensione (*f.*) residua.
residue, resto *m.*; residuo *m.*
residuum, residuo *m.*
— **after combustion,** residuo (*m.*) della combustione.
— **after evaporation,** residuo (*m.*) della evaporazione.
resignation (*lavoro*), dimissione *f.*
resilience (*met.*), resilienza *f.*
— **test,** prova (*f.*) di resilienza.
resilient, *agg.* elastico; resiliente.
— **washer,** rondella (*f.*) elastica.
resin, resina *f.*
— **acid,** acido resinico.
— **bonding,** adesivo in resina sintetica.
— **esters** (*chim.*), resine esterificate.
— **-like,** *agg.* resinoso.
resinate (*vern.*), resinato *m.*
resinification, resinificazione *f.*
resinify, *v.a.* resinificare.
resinography (*chim.*), resinografia *f.*
resinoid, *agg.* resinoide.
— **bond,** agglomerante resinoide.
resinous, *agg.* resinoso.
— **electricity,** elettricità (*f.*) resinosa.
— **putty,** mastice (*m.*) resinoso.
Resinox (*aereo*), materiale plastico brevettato.
resins for moisture proofing, resine impermeabilizzanti contro l'umidità.
resist, *v.a.*, resistere *v.i.*
resistance, resistenza *f.*; (*mecc.*), resistenza meccanica; (*met.*), v. **inter-lamination** —.
— **box** (*radio*), cassetta (*f.*) di resistenza.
— **brazing,** brasatura (*f.*) a resistenza.
— **bridge,** ponte (*m.*) di Wheatstone (*elet.*); ponte (*m.*) di resistenza (*elet.*).
— **coil,** bobina (*f.*) di resistenza.
— **diagram,** diagramma (*m.*) delle resistenze.
— **electric welding,** saldatura (*f.*) elettrica a resistenza.
— **graduation** (*elet.*), graduazione (*f.*) di una resistenza.
— **in parallel,** resistenza (*f.*) in parallelo.
— **in series,** resistenza (*f.*) in serie.
— **in the primary circuit,** resistenza (*f.*) del circuito primario.
— **pyrometer,** pirometro (*m.*) a resistenza.
— **temperature meter,** termometro (*m.*) elettrico a resistenza.
— **-thermometer,** termocoppia *f.*
— **to bending,** resistenza (*f.*) alla flessione.
— **to creep** (*met.*, *mecc.*), resistenza (*f.*) alle deformazioni viscose.
— **to flexure,** resistenza (*f.*) alla flessione.
— **to shearing,** resistenza (*f.*) al taglio.
— **to water penetration** (*esplosivi*), resistenza alla penetrazione dell'acqua.

resistance welder, saldatrice (*f.*) a resistenza.
— **welding,** saldatura (*f.*) elettrica a resistenza.
— **(cohesive —)** (*met.*, *ecc.*), resistenza al distacco.
— **(exceptional — to oxidation)** (*met.*), resistenza eccezionale all'ossidazione.
— **(the — is in),** la resistenza è inserita.
resisting network, circuiti resistivi.
— **power,** forza (*f.*) di resistenza.
resistive load (*elet.*), carico ohmico.
resistivity, resistività *f.*; vedi: **mass —; thermal —.**
— **curve** (*elet.*, *ecc.*), curva di resistività.
resistor (*elet.*), resistore *m.*; resistenza (*elet.*).
— **(bleeder —)** resistenza (*f.*) zavorra.
— **core** (*elet.*), supporto di resistenza.
— **furnace,** forno (*m.*) elettrico a resistenza.
resistors (*elet*)., resistori *m. pl.*; resistenze *f. pl.*
resolidify, *v.i.*, risolidificarsi *v.r.*
resolution, risolvenza (*ott.*), risoluzione *f.* (*mat.*); scomposizione *f.* (*di forze*); scissione *f.* (*chim.*); (*telev.*) (U.S.A.), definizione *f.*; (*inform.*), risoluzione.
— **of the forces,** scomposizione (*f.*) delle forze.
— **of wind pressure,** scomposizione (*f.*) della pressione del vento.
— **pattern** (*telev.*) (U.S.A.), figura di prova.
— **(high —)** (*inform.*), alta risoluzione.
resolve, *v.a.*, separare *v.a.*; dividere *v.a.*; scomporre (*forze*); sdoppiare *v.a.*; (*ott.*), risolvere.
— **(*v.a.*) a force,** scomporre (*v.a.*) una forza.
resolver (*controllo numerico*) (*macch. ut.*), resolver (trasduttore di misura assoluto).
resolving power (*ott.*), potere (*m.*) risolvente.

resonance (*radio*) (*acust.*) (*ing.*) (*fis.*), risonanza *f.*
— **absorption** (*fis. atom.*), assorbimento (*m.*) per risonanza.
— **absorption energy** (*fis. atom.*), energia (*f.*) di assorbimento per risonanza.
— **amplifier** (*radio*), amplificatore (*m.*) a risonanza.
— **capture** (*fis. atom.*), cattura (*f.*) per risonanza.
— **capture integral** (*fis. atom.*), integrale di risonanza per l'assorbimento.
— **cross-section** (*fis. atom.*), sezione (*f.*) d'urto di risonanza.
— **curve,** curva (*f.*) di risonanza (*radio*).
— **escape probability** (*fis. atom.*), probabilità (*f.*) di sfuggita alla cattura per risonanza.
— **frequency meter,** frequenziometro (*m.*) a risonanza.
— **level** (*fis. atom.*), livello (*m.*) di risonanza.
— **neutron** (*fis. atom.*), neutrone (*m.*) di risonanza.
— **peak** (*fis. atom.*), cresta (*f.*) di risonanza; massimo (*m.*) di risonanza.
— **response** (*fis. atom.*), risposta (*f.*) di risonanza.
— **radiation** (*ott.*), radiazione di risonanza.
— **scatterer** (*fis. atom.*), diffusore (*m.*) di risonanza.
— **scattering** (*fis. atom.*), diffusione (*f.*) per risonanza.
— **scattering integral** (*fis. atom.*), integrale di diffusione per risonanza.
— **screen** (*min.*), vaglio a risonanza.
— **structure** (*fis. atom.*), struttura (*f.*) della risonanza.
resonant circuit, circuito (*m.*) risonante.
— **frequency** (*radio*), frequenza (*f.*) di risonanza.
— **line** (*radio*), linea (*f.*) di risonanza.
resonate, *v.i.* entrare in risonanza; portare in risonanza (*radio*).

resonator (*radio*) (*acust.*), risonatore *m.*
resorcin (*chim.*), resorcina *f.*
respirator (dust —) (*min.*), [apparecchio] (*m.*) respiratore antipolvere.
respiratory apparatus, apparecchio (*m.*) respiratorio.
respond (*arch.*), mezzo colonnino (pilastrino di sostegno di arco).
— *v.i.* (*chim.*), reagire *v.i.*; dare un risultato positivo (*di saggi*); rispondere *v.i.*
response (*elet.*), risposta *f.*; rispondenza *f.*; reazione *f.*; v. **audio frequency.**
— **characteristic,** curva (*f.*) di responso (curva di fedeltà).
— **time** (*inform.*) (*teleelaborazione dei dati*), tempo di risposta.
— **(the alloy shows a small — to age hardening),** la lega mostra una piccola reazione all'indurimento per invecchiamento.
responsible *agg.* (*gestione*), responsabile.
responsive, *agg.* sensibile (a).
responsiveness, reazione (*f.*) favorevole (*med.*); fedeltà *f.* (*mecc.*); funzionamento rapido (*mecc.*).
responsor (*radar*), transponder (unità radar che trasmette impulsi in riposta ad un impulso ricevuto da un interrogatore).
rest, riposo *m.*; lunetta *f.* (*tornio*).
— *v.i.* poggiare; giacere *v.i.*
— **energy** (*fis. atom.*), energia (*f.*) di riposo.
— **mass** (*fis. atom.*), massa (*f.*) di riposo; (*elettron.*), massa a riposo (massa di particelle a riposo o con movimento a velocità bassa rispetto a quella della luce).
— **on two supports,** poggiare (*v.i.*) su due sostegni.
— **time,** tempo di riposo.
— **(at —)** (*liquido*), in riposo; (*mot.*), fermo (*the motor is at rest*), il motore è fermo.
restart, *v.a.* rimettere (*v.a.*) in marcia; riprendere (un'operazione); incominciare di nuovo (*reazione chim.*).
restart an engine (*auto*), riavviare (riattivare) un motore.
restarting (*altoforno met.*), rimessa (*f.*) in marcia.
restaurant car (*ferr.*), carrozza ristorante.
— **carriage,** carrozza (*f.*) ristorante.
restem (to —) (*cinem.*), spegnere tutte le luci.
restoration, restauro *m.*; rigenerazione (*di valvole*).
restore (to —), *v.a.* (*cost.*), restaurare; rigenerare *v.a.*; ristabilire *v.a.*; fare riapparire (un colore); stabilirsi *v.r.*; (*inform.*), rimettere allo stato iniziale; azzerare.
— **a bridge,** riattare (*v.a.*) un ponte.
restorer, restauratore *m.*
restrain, *v.a.*, ritardare *v.a.*; ostacolare *v.a.*
restrained beam (*costr.*), trave (*f.*) incastrata.
restrainer, ritardatore *m.*
restraint in prices (*econ.*), contenimento dei prezzi.
— **on price increases** (*econ. comm.*), contenimento degli aumenti di prezzo.
— **(passive —)** (*auto*), difesa passiva.
— **(passive — rules)** (*auto*), (U. S.A.), norme di difesa passiva.
restricted data (*fis. atom.*), dati (*m. pl.*) riservati.
restriction (*fis. atom.*), riservatezza *f.*
restyle (*v.a.*) **a model of a car,** ridisegnare un modello di una automobile.
result (*mat.*) (*inform.*), risultato *m.*
resultant (force), risultante *f.*
— **nucleus** (*fis. atom.*), nucleo (*m.*) risultante (*o* derivato).
resulting current, corrente (*f.*) risultante.
— **moment,** momento (*m.*) risultante.
resume, riprendere *v.a.*

resurface (to —) (*cost.*), rifare un manto stradale; ripavimentare; ricoprire con un nuovo manto stradale.
resurrect (*v.a.*) **an abandoned technique,** riprendere una tecnica abbandonata.
resuscitation (*med.*) rianimazione *f.* (dopo respirazione artificiale).
— **apparatus** (*ind. chim., ecc.*), apparecchio di rianimazione.
— **unit** (*miniature intensive care units*) (auto corse), squadra di rianimazione.
ret, *v.a.* macerare (lino, canapa, ecc.).
— **(to —)** (*chim.*), ridurre fibre (mediante azione enzimatica).
retain (*v.a.*) **heat,** conservare (*v.a.*) il calore.
retainer (*mecc.*), portapezzo *m.* (di smerigliatrice); scodellino di molla di valvola (U.S.A.); fermo *m.*; (*mecc.*), gabbia (di cuscinetti).
— **ring,** anello elastico di chiusura.
retaining device (*mecc.*), dispositivo (*m.*) di fissaggio.
— **pawl,** nottolino (*m.*) di arresto.
— **wall,** muro (*m.*) di sostegno; muro (*m.*) a scarpa.
retake (*cinem.*) (USA), ripresa *f.*
retard, *v.a.* ritardare; rallentare *v.a.*; frenare *v.a.*; diminuire (l'attività) (*chim.*).
— **coil** (*radio*), bobina (*f.*) d'arresto.
— **the ignition,** ritardare (*v.a.*) l'accensione.
retardant (growth —) (*agric.*), agente ritardante.
retardation, accelerazione (*f.*) negativa; freno *m.*; rallentamento *m.*
retarded combustion, combustione (*f.*) ritardata.
— **ignition,** ritardo (*m.*) d'accensione; accensione (*f.*) ritardata.
— **motion,** moto (*m.*) ritardato.
— **timing** (*auto*), anticipo (*m.*) ritardato.
retarder (*chim.*), ritardante *m.*; (*calcestruzzo*), agente (*m.*) ritardante; v. **dye —**; **vulcanisation —**.
retarding effect, effetto (*m.*) ritardante.
retene (*chim.*), retene *m.*
retention (*vernici*), stabilità *f.*
— **money** (*finan.*), ritenuta di garanzia.
— **range** (*telev.*) (U.S.A.), banda di sincronizzazione.
retentivity, forza coercitiva.
retest (*met., ecc.*), prova di ripetizione.
reticle, reticolo *m.*
reticular, *agg.* (*met.*), reticolare (rif. a tecniche metall.).
— **parameters** (*met.*), parametri (*m. pl.*), reticolari (dei metalli).
reticulated structure (*costr.*), struttura (*f.*) reticolare.
— **vaulting,** volta (*f.*) reticolare.
re-tighten, *v.a.* riavvitare.
retiling (*cost.*), rifacimento della copertina del tetto (con tegole ecc.).
re-timber (to —) (*min.*), rimettere in opera legname; rivestire di nuovo in legno; procedere ad un nuovo armamento (di un pozzo, ecc.) in legno.
retinalite (*min.*), retinalite *f.*
retire, *v.i.*, andare in pensione.
retirement, pensione (condizione, stato del pensionato).
— **home** (*cost.*), casa di riposo (per pensionati).
— **pension,** pensione (*f.*) di anzianità.
retort, storta *f.*; forno a storte (per distill. carbone).
— **furnace,** forno a storte (per distill. carbone).
— **graphite,** grafite (*f.*) di storta.
— **vessel,** caldaia (di una storta).
retorting, distillazione (specialmente di metalli) (dai minerali stessi).
retouch, *v.a.* ritoccare.
retract (to) (*mecc.*), scorrere indietro (di braccio di scaricatore, ecc.).
retrace (*telev.*), ritorno del raggio esploratore al punto di partenza.

retractable, *agg.* retrattile.
— **carriage** (*aereo*), carrello (*m.*) retrattile.
retracting headlamp (*auto*), proiettore (*m.*) ritrattile.
retractor (*med.*), divaricatore *m.*
retraining (*amm.*), riqualificazione (professionale).
retread (*auto*), pneumatico (*m.*) rigenerato.
retreading (*gomma*), ricostruzione (di copertoni); rigenerazione *f.* (di pneumatici).
retreating system (*miniere*), metodo (*delle camere e pilastri abbattuti*) con ritirata.
retrievable, *agg.* (*inform.*), accessibile (rif. ad informazione, ecc.).
retrievability (*inform.*), facilità di consultazione; possibilità di accesso (ad una informazione, ecc.).
retrieval (*chim.*), recupero *m.*; (*calcol. elettron.*), ricerca *f.*; estrazione *f.*
— **information** (*calcol. elettron.*), documentazione automatica.
— **system** (*inform.*), sistema di ricerca delle informazioni.
retrieve (to —) (*calcol. elettron.*), ritrovare; estrarre; ricuperare; reperire (*dati, informazioni*).
retriever (*inform.*), mezzo di consultazione per la ricerca di informazioni.
retrim a car-model, riarredare un modello di un'auto con nuovo materiale.
retrorocket (*astron., capsule spaziali*), razzo di frenatura; retrorazzo *m.* (per ridurre la velocità della capsula spaziale prima del rientro nell'atmosfera terrestre).
retted hemp, canapa (*f.*) macerata.
retting (*tess.*) (*canapa*), macerazione *f.*
— **-case,** cassa (*f.*) da macero.
return, ritorno *m.*; rinvio *m.*
— *v.i.* (*chim.*), distillare a più riprese per ottenere maggior concentrazione.
return address (*posta*), indirizzo del mittente.
— **bar** (*orol.*), bascule *f.*
— **bar spring** (*orol.*), molletta bascule.
— **belt,** cinghia (*f.*) di ritorno.
— **feeder** (*ing. elet.*), cavo (*m.*) d'alimentazione di ritorno.
— **fines** (*agglomerazione, sinter plant*), fini di ritorno.
— **fines bunker** (*sintering*), tramoggia dei fini di ritorno (*impianti di agglomerazione*).
— **-flow tunnel** (*aereo*), galleria del vento con ritorno.
— **gear box,** scatola (*f.*) per l'inversione di marcia.
— **key** (*typewriter*), tasto di ritorno.
— **motion of the carriage,** ritorno (*m.*) del carrello (*macch. ut., mecc.*).
— **pin** (*pressofusione*), colonnetta di regolazione della retrocessione degli espulsori.
— **pulley** (*ferr. aeree*), puleggia (*f.*) di rinvio.
— **receipt** (*posta*), cartolina postale con ricevuta di ritorno.
— **shock,** contraccolpo *m.*
— **speed,** velocità (*f.*) di ritorno.
— **spring** (*orol.*), molla di richiamo.
— **steam,** controvapore *m.*
— **stroke,** corsa (*f.*) di ritorno; corsa (*f.*) dello stantuffo discendente.
— **-tube boiler,** caldaia (*f.*) tubolare a fiamma di ritorno.
— **type conveyor vat,** bagno (*m.*) a catodi mobili.
— **water,** acqua (*f.*) di scarico.
— **wing,** muro (*m.*) di risvolto; muro (*m.*) d'accompagnamento.
— **wire,** filo (*m.*) di ritorno.
returns (*fond.*), ritorni *m. pl.* (scarti esterni di fonderia).
retype (to —) (dattiloscrivere di nuovo) ridattiloscrivere.
re-usable, *agg.* riutilizzabile.
— **launcher** (*astron.*), lanciatore riutilizzabile.

reusable spacecraft, veicolo spaziale, riutilizzabile.
re-use, riutilizzare.
reused wool, lana rigenerata.
rev (to —) (*auto*), girare (*rif. a motore*).
— **counter** (*auto*), contagiri *m.*
revamp, *v.a.* (*slang.*), modernizzare *v.a.*; rinnovare *v.a.*
revamping, riattivazione *f.*; riflessione *f.*; rinnovamento *m.*
reveal, *v.a.*, rivelare *v.a.*
revenue, reddito *m.*; introito *m.*
— **-earning enterprise** (*comm.*), azienda (impresa) produttiva.
— **stamp** (*comm.*), marca da bollo.
reverb time (*audio*), tempo di riverberazione.
reverberation amplifier (*registrazione*) (*audio*), unità di riverbero (p. es. per impianti stereo, onde procurare una maggior profondità sonora).
reverberatory furnace (*met.*), forno (*m.*) a riverbero.
reversal conduit (*forni met.*), canale di inversione.
— **of direction,** cambiamento (*m.*) di direzione.
— **of motion,** inversione (*f.*) di moto.
— **time** (*met.*, *Cowper*), tempo d'inversione.
reverse (*auto*) (*macch. ut.*), marcia (*f.*) indietro; retromarcia; cambiamento (*m.*) di marcia.
— **(to —),** invertire *v.a.*; cambiare (*v.a.*) marcia; cambiare (*v.a.*) verso (*elet.*).
— **curve** (*agrim.*), controcurva *f.*
— **fault** (*geol.*), faglia (*f.*) inversa.
— **feed lever,** leva d'inversione dell'alimentazione.
— **gradient** (*ferr.*), contropendenza *f.*
— **laid rope,** fune (*f.*) metallica con trefoli alternati (avvolti a destra e a sinistra).
— **lights** (*auto*), luci (*f. pl.*), retromarcia.
— **motion,** marcia (*f.*) indietro; retromarcia *f.*
reverse osmosis (*fis.*), osmosi (*f.*) inversa.
— **rotation,** antirotazione *f.*
— **shot** (*cinem.*), controcampo *m.*
— **-tapered ingot** (*met.*), lingotto a conicità inversa.
— **twill** (*tess.*), saia (*f.*) invertita.
— **twist** (*tess.*), direzione sinistra (*o* negativa) (dell'avvolg. di filati ritorti).
— **video** (*inform.*), visualizzazione in negativo (*o* invertita).
reversed anticlinal (*geol.*), anticlinale (*f.*) rovesciata.
— **block** (*tip.*), cliché negativo.
— **image** (*telev.*), immagine invertita.
reversibility, reversibilità *f.*
reversible, *agg.* (*chim.*) (*mecc.*), reversibile.
— **claw,** nasello (*m.*) reversibile.
— **counter** (*calcol. elettron.*), contatore reversibile.
— **cycle,** ciclo (*m.*) di trasformazione.
— **pitch airscrew** (*aereo*), elica (*f.*) a passo reversibile.
— **pump-turbine,** pompa-turbina a funzionamento reversibile.
— **reaction,** reazione (*f.*) reversibile.
— **steering** (*auto*), sterzo (*m.*) reversibile.
reversing, inversione *f.*; (*auto*), marcia indietro.
— **cold strip-mill** (*met.*), laminatoio (*m.*) rifinitore reversibile.
— **current,** corrente (*f.*) di verso contrario.
— **field** (*elet.*), campo (*m.*) d'inversione.
— **gear,** inversione (*f.*) della marcia; meccanismo (*m.*) d'inversione; congegno (*m.*) d'inversione.
— **gear box,** scatola (*f.*) per l'inversione di marcia.
— **lever** (*macch. ut.*), leva (*f.*) di inversione di marcia.
— **light** (*or* **lamp**) (*auto*), luce di retromarcia.
— **mill** (*met.*), treno (*m.*) reversibile.

reversing rod, asta (*f.*) di cambio.
— **rolling mill** (*met.*), laminatoio (*m.*), reversibile.
— **shaft,** albero (*m.*) di distribuzione; albero (*m.*) cambio marcia.
— **starting resistance** (*elet.*), reostato (*m.*) avviatore invertitore.
— **station** (*ferr.*), stazione (*f.*) di regresso.
— **train** (*met.*), treno (*m.*) reversibile.
— **trap,** botola (*f.*) scambiabile.
— **triangle** (*ferr.*), triangolo (*m.*) di raccordo.
revert, *v.i.* (*chim.*), ritrasformarsi *v.r.*; ritornare allo stato di; fare ritorno a.
revetment wall, muro (*m.*) di rivestimento.
revocation of a patent, revoca (*f.*) del brevetto.
revoke (to —) a garage's licence to trade, revocare una licenza di esercizio di un garage.
revolution, giro *m.*; rivoluzione *f.*
— **counter,** contagiri *m.*
— **indicator** (*auto*), contagiri *m.*; tachimetro *m.*
revolutions per minute, giri (*m. pl.*) al minuto.
revolve, *v.i.* girare.
— **about one's axis,** girare (*v.i.*) attorno al proprio asse.
revolver (pocket-sized automatic —) (*armi*), rivoltella automatica tascabile.
revolving, *agg.* girevole.
— **armature,** indotto (*m.*) ruotante.
— **body,** corpo (*m.*) rotante.
— **centre** (*lathe*), contropunta girevole.
— **comb** (*tess.*), pettine rotante.
— **(combination) stage** (*costr. teatri*), palcoscenico (*m.*) girevole.
— **crane,** gru (*f.*) girevole.
— **credit** (*comm.*), credito automaticamente rinnovabile.
— **cross,** croce (*f.*) girevole.
— **cutter cut-off machine** (*macch. ut.*), troncatrice (*f.*) a coltelli rotanti.
revolving cylinder interlock machine, macchina da punto a catena con cilindro rotatorio.
— **disc cyclo-pneumatic separator** (*ind. mol.*), distaccatore (*m.*) a dischi.
— **dome,** cupola (*f.*) girevole.
— **door,** porta (*f.*) girevole.
— **drum mixer,** impastatrice (*f.*) a tamburo rotante.
— **flat card** (*tess.*), carda a cappelli rotanti.
— **-flat carding engine** (*tess.*), carda (*f.*) a cappelli girevoli.
— **grate,** griglia (*f.*) girevole; graticola (*f.*) girevole.
— **hopper,** apparecchio (*m.*) di caricamento girevole.
— **mass,** massa (*f.*) volante.
— **table,** tavola (*f.*) girevole.
— **table (hydraulic —)** (*macch. ut.*), tavola girevole oleodinamica.
— **tool box,** portautensili (*m.*) revolver; testa (*f.*) revolver.
— **top** (*altoforno, met.*), tramoggia girevole di distribuzione.
— **turret** (*tornio, ecc.*), torretta (*f.*) girevole.
re-weld, *v.a.* risaldare *v.a.*
rewind (to —), riavvolgere *v.a.*
rewinder (*cinem.*), riavvolgitore *m.*
rewinding (*tess.*), stracannatura *f.*; riavvolgimento *m.* (*film, ecc.*).
— **time** (*registr. a cassette*) (*audio*), tempo di riavvolgimento.
rewire (*v.a.*) **a detached house** (*elet.*), reinstallare i fili di un impianto elettrico in una casa isolata.
rewiring an old property (*elet.*), reinstallazione di fili in un vecchio fabbricato.
reworked wool (*tess.*), lana (*f.*) rigenerata.
rewrite (to —), riscrivere.
rewriting, riscrittura *f.*
RF (*agrim.*), (representative fraction) rapporto di scala di una carta o mappa.
— **bridge** (*elet.*), ponte a radiofrequenza.
— **phase control,** regolazione di fase a radiofrequenza.

R-H degassing method (*met.*), metodo di degasaggio Ruhrstahl-Heraeus.
— **degassing (process)** (*met.*), degasaggio (*m.*) R-H.
— **recirculation degassing process** (*met.*), processo di degasaggio R-H a ricircolazione.
rhabdomancy, rabdomanzia *f.*
rhenium (*chim.* = Re), renio *m.*
rheological (*bitumi*), *agg.* reologico.
— **properties** (*bitumi*), proprietà reologiche.
rheology, reologia *f.*
rheometer, reometro *m.*
rheometry, reometria *f.*
rheophore (*elet.*), reoforo *m.*
rheoscope, reoscopio *m.*
rheoscopic, *agg.* reoscopico.
rheostat (*elet.*), reostato *m.*
— **-potentiometer,** potenziometro-reostato *m.*
— **rope,** fune (*f.*) piccola con 8 trefoli di 7 fili ciascuno.
rheostatic, *agg.* reostatico.
— **braking,** frenatura (*f.*) reostatica.
rheotan, reotano *m.*
rheotome (*elet.*), reotomo *m.*
rheotropic brittleness (*met.*), fragilità reotropica (dei metalli a struttura cubica a facce non centrate, in presenza di concentraz. di tensioni o a basse temperat., od ad elevate velocità di deformaz.).
rheum (*chim.*), rabarbaro *m.*
rhigolene (*chim.*), rigolene *m.*
rhodium (*chim.* = Rh), rodio *m.*
— **oil,** olio (*m.*) essenziale di legno di rosa.
— **plating,** placcatura con rodio.
rhombohedral, *agg.* romboedrico.
rhombohedron (*geom.*), romboedro *m.*
rhomboid, romboide *m.*
rhomboidal, *agg.* romboidale.
rhombus (*pl.* **rhombi, rhombuses**) (*geom.*), rombo *m.*
rhubarb, rabarbaro *m.*
riassessment, stima successiva; valutazione successiva.
rib, costolone *m.* (*arch.*); fascione *m.* (*cost. civili*); stecca *f.* (di ombrella); costa *f.* (*naut.*); nervatura *f.*; costola *f.*; centina *f.* (*aereo*); (*tess.*), costa (di tessuto, ecc.).
rib belt (*med. lavoro*), cintura costale.
— **fabric** (*tess.*), tessuto a coste.
— **frame** (*tess.*), telaio (*m.*) a costa a doppia frontura.
— **of a dome,** costola (*f.*) di una cupola.
— **of column** (*cost.*), nervatura (*f.*) di colonna.
— **weave** (*tess.*), armatura (*f.*) di reps; saia (*f.*) cannellata.
— **-work,** ossatura *f.* (di nave).
ribaned iron pole, palo (*m.*) a traliccio.
ribbed (*tess.*), *p.p.* a coste; (*met.*) nervato.
— **casting,** getto (*m.*) o fusione (*f.*) a nervature.
— **radiator,** radiatore (*m.*) ad alette.
— **roof** (*met.*), volta (*f.*) nervata.
— **round** (*met.*), tondo (*m.*) nervato.
— **rubber mat** (*auto*), tappeto di gomma a coste.
— **sleeper** (*ferr.*), traversina (*f.*) a nervature.
— **steel bar,** barra d'acciaio nervata.
ribbing (*tess.*), nervatura *f.*; costa *f.*
— **of the piston,** nervatura (*f.*) di stantuffo.
ribbon, nastro *m.*; (*audio*), tipo di microfono utilizzante un nastro laminato metallico in un potente campo magnetico.
— **cable** (*inform.*), cavo a nastro; cavo piatto.
— **centre guide,** forcella guidanastro (*macch. da scrivere*).
— **clay,** argilla (*f.*) stratificata.
— **indicator** (*typewrite*), leva del bicolore.
— **light valve** (*cinem.*), vedi: **light valve.**
— **loom** (*tess.*), telaio (*m.*) per nastri.

ribbon microphone (*audio*), microfono a nastro.
— **reversing** (*typewriter*), inversione (*f.*) del nastro.
— **saw,** sega (*f.*) a nastro.
— **spring,** molla di torsione.
— **yarn** (*tess.*), filato per nastri.
ribose (*chim.*), ribosio *m.*
rice mill, pileria (*f.*) di riso.
— **transplanting machine,** macchina trapiantatrice di riso.
rich clay, argilla (*f.*) grassa.
— **coal,** carbone (*m.*) grasso.
— **lime,** calce (*f.*) grassa.
— **-mixture knock rating** (*ind., petr.*), indice d'ottano in miscela ricca.
— **oil** (*ind. petr.*), olio di assorbimento.
Richardson effect, effetto (*m.*) Richardson.
richen (to —) the mixture (*auto*), arricchire la miscela.
ricidine *or* **ricinine** (*chim.*), ricinina *f.*
rickshaw (*trasporti*), risciò *m.*
rid, *v.a.*, eliminare *v.a.*
riddle, vaglio *m.*; crivello *m.* (setaccio a maglie larghe).
— **(to —),** vagliare; setacciare.
ride (to —), *v.i.* (*falegn.*), sfregare (rif. a porte che toccano il pavimento nell'aprirsi).
rider, cavalletto; piccolo filo di platino; trasportatore *m.*; (*leg.*), clausola addizionale; (*min.*) filone sottile di carbone, sopra un filone spesso.
— **sheet,** lamiera (*f.*) di trasportatore (in forni metal.).
ridge, linea (*f.*) di colmo; (*costr.*), colmo *m.* (del tetto); (*sald.*), cresta *f.* (di anello).
— **covering,** copertura (*f.*) del colmo.
— **purlin,** arcareccio (*m.*) di colmo.
— **rib,** fascione (*m.*) di colmo.
— **tile,** tegola di colmo.
ridgeless seam welding (*sald.*), saldatura senza cordoni.
ridger, rincalzatore *m.*
ridging plough (*agr.*) rincalzatore *m.*
riffler, lima usata per stampi.
rifle (*mil.*), carabina *f.*; fucile *m.*
— **-butt,** calcio *m.* (di fucile, ecc.).
— **cartridge** (*armi*), cartuccia (*f.*) per fucile.
— **powder,** polvere da sparo.
rifled barrel (*armi*), canna rigata.
rift, **fenditura** *f*; **fessura** *f.*
— **sawing,** segatura (*f.*) a taglio radiale.
rig (*petrolio*), apparecchiatura di trivellazione e pompaggio; derrick (*o* torre di sondaggio); (*in generale*) materiale; equipaggiamento; apparecchio di trasmissione; apparecchio (*m.*) di sondaggio (*min.*); meccanismo (*m.*) di manovra; materiale (*m.*) in dotazione (*mecc.*); apparecchiatura (*f.*); installazione *f.*
— *v.a.* guarnire (*naut.*); montare; regolare; attrezzare.
— **floor** (*petrolio*), piano della torre di sondaggio.
— **hoists (power)** (*ind. pet.*), elevatore per trivelle.
rigger, attrezzatore *m.* (*naut.*); puleggia (*f.*) cilindrica; impalcatura per protezione dei passanti, attorno a costruzioni in corso.
rigging, cordame *m.* (*nautica*); (*aereo*), montaggio *m.*; (*naut.*), allestimento *m.* (di nave).
— **basin** (*naut.*), bacino (*m.*) di attrezzamento.
— **time** (*min.*), tempo di perforazione.
right, *agg. n. avv.*, destro *agg.*; retto *agg.* (*geom.*); diritto *n.*; a destra *avv.*
— **angle,** angolo (*m.*) retto.
— **-hand casing,** cartella di destra *f.* (di mitragliatrice).
— **-hand page** (*tip.*), pagina dispari.
— **-hand rule** (*elet.*), regola della mano destra.
— **-hand screw,** vite (*f.*) destra.
— **hand spin (to —)** (*aereo*), fare la vite a destra.
— **-hand steering** (*auto*), guida (*f.*) a destra.

right-hand thread, filettatura (*f.*) destrorsa; filetto (*m.*) destrorso.
— **-hand twisted yarn** (*tess.*), filato (*m.*) a torsione destra.
— **lay,** fune (*f.*) metallica con trefoli intrecciati verso destra e con fune intrecciata verso sinistra.
— **-of-way** (*costr.*), diritto (*m.*) di passaggio; (*traffico str.*), precedenza; diritto di precedenza.
— **ward welding,** saldatura (*f.*) a gas all'indietro.
righthand cutting edge (*mecc.*), tagliente destrorso.
rigid airship (*aereo*), dirigibile (*m.*) rigido.
— **arch,** arco (*m.*) senza cerniere.
— **attachment,** attacco rigido.
— **body,** corpo (*m.*) rigido.
— **foam,** schiuma (*f.*) rigida.
— **metal pipes** (*idraul.*), condotte (*f. pl.*) metalliche rigide.
— **organic foam,** schiuma (*f.*) organica rigida.
— **pin-jointed purlin** (*cost.*), arcareccio (*m.*) a cerniera fissa.
— **plastic tube,** tubo rigido di plastica.
— **silicone foam** (*mat. plastiche*), schiuma siliconica rigida.
— **steel prop** (*min.*), armatura metallica rigida.
— **tined cultivator** (*agr.*), coltivatore (*m.*) a vangheggie rigide.
— **wing** (*aereo*), ala rigida *f.*
rigidize (to —) (*met.*), rigidizzare.
rigidized sheet, lamiera « rigidizzata ».
— **steel,** acciaio rigidizzato (per rivestimenti e pannellature, ecc.).
rigidizing (*astron.*), « rigidizzazione » fissaggio rigido, nello spazio, di due astronavi dopo un agganciamento in orbita.
rilsan (*plast.*), rilsan.
rim, orlo *m.*; labbro *m.*; corona *f.*; cerchione *m.* (di bicicletta); anello (*m.*) del volano; corona (*f.*) del volano; cerchio (*m.*) interno d'una ruota; montatura *f.* (di occhiali).
rim fire cartridge (*armi*), cartuccia « rimmed ».
— **gear wheel,** corona (*f.*) dentata di una ruota.
— **lock,** serratura (*f.*) a cassetta.
— **nut,** dado fissaggio valvola al cerchio.
— **of pulley,** gola (*f.*) della puleggia.
— **of the fly-wheel,** corona (*f.*) del volante.
— **pattern,** modello (*m.*) di una corona.
— **pulley** (*tess.*), puleggia (*f.*) dell'albero principale.
rimer, alesatore *m.*
rimmed steel (*met.*), acciaio (*m.*) effervescente.
rimming (*met.*), orlatura *f.* (di barattoli).
— **ingots,** lingotti d'acciaio effervescente.
— **steel** (*met.*), acciaio (*m.*) effervescente.
rind, corteccia *f.*
ring, anello *m.*; ciclo *m.* (*chim.*); segmento *m.* (di stantuffo); corona *f.* (di turbina); suonare *v.a.*; mettere un anello (*o* una ghiera).
— **and ball softening point** (*catrami*), punto di rammollimento alla « palla e anello » (*p. es.* del residuo della distillazione).
— **antenna** (*radio*), antenna a sistema ad anelli.
— **armature** (*elet.*), indotto (*m.*) ad anello.
— **balance,** bilancia (*f.*) ad anello.
— **bolt,** caviglia (*f.*) ad anello.
— **chain** (*chim.*), catena (*f.*) ciclica.
— **circuit** (*elet.*), circuito ad anello.
— **cleavage (*chim.*), apertura (*f.*) del ciclo.**
— **-closing** (*chim.*), ciclizzazione *f.*
— **compound** (*chim.*), composto (*m.*) ciclico.
— **cop** (*tess.*), fusone *m.*
— **dislocation** (*met.*), dislocazione ad anello.
— **doubling frame for cotton** (*tess.*), torcitoio (*m.*) ad anelli per cotone.

ring doubling frame for worsted and woollen yarn (*tess.*), torcitoio (*m.*) ad anelli per lana pettinata e cardata.
— **formation,** a V; ciclizzazione *f.* (*chim.*).
— **frame,** filatoio (*m.*) ad anelli.
— **gear** (*auto*) (U.S.A.), corona (*f.*) di differenziale.
— **geometry,** simmetria (*f.*) anulare.
— **hydrocarbon** (*chim.*), idrocarburo (*m.*) ciclico.
— **lubrication,** lubrificazione (*f.*) ad anello.
— **machine** (*tip.*), linotype per la composizione di linee di correzione.
— **main,** condotta (*f.*) anulare (di tubi).
— **man** (*tip.*),linotipista correttore.
— **nut,** madrevite (*f.*) ad anello; anello (*m.*) filettato.
— **oiling bearing** (*mecc.*), supporto con lubrificazione ad anello.
— **producer,** generatore (*m.*) anulare.
— **-pull can** (*met.*), barattolo apribile con strappo dell'anello sul coperchio (barattoli per birra, bibite, ecc.).
— **rail** (*tess.*), carro *m.* (di filatoio ad anelli).
— **seal,** giunto (*m.*) anulare.
— **-spinner,** filatoio (*m.*) ad anelli; operaio (*m.*) addetto al « ring » (*tess.*).
— **spinning,** filatura (*f.*) sistema continuo.
— **spinning frame** (*tess.*), filatoio ad anelli.
— **spinning frame for worsted yarn** (*tess.*), filatrice (*f.*) continua ad anelli.
— **thread gauge,** calibro (*m.*) ad anello per filettare.
— **transformer** (*elet.*), trasformatore (*m.*) ad anello.
— **traveller** (*filatura cotone*), anellino *m.* (*metal eyelet*).
— **up,** *v.a.* telefonare.
— **warp** (*tess.*), filo (*m.*) water; filo (*m.*) del filatoio continuo.

ring weight, anello (*m.*) di contrappeso.
— **winding** (*elet.*), avvolgimento (*m.*) ad anello.
— **wrench** (*mecc.*),chiave ad anello.
— **yarn** (*tess.*), filo (*m.*) di ring.
ringer, soneria (*f.*) a corrente alternata.
ringing current (*telef.*), corrente (*f.*) di chiamata.
— **tone** (*telef.*), segnale di chiama ta (segnale di linea libera).
rings and brushes (*ott.*), anelli (*o* figure) d'interferenza.
rinse (*met.*, *ecc.*), risciacquatura *f.*
rinse (to —), risciacquare *v.a.*
— **in cold water,** risciacquare nell'acqua fredda.
— **down,** *v.a.*, risciacquare *v.a.*; lavare (con caduta di liquido).
riometer (*instrument measuring the arrival of ionizing materials near the earth*), riometro *m.*
rip (to —), *v.a.* fendere; lacerare; segare nella direz. del legno.
— **cord** (U.S.A.) (*aereo*), fune (*f.*) di strappamento (*o* di strappo); corda (*f.*) di apertura (del paracadute).
— **fence** (*sega*), squadra (*f.*) d'appoggio (*o* di guida).
ripidolite (*min.*), ripidolite *f.*
ripper (*mecc.*) (*agric.*) (*costr.*), scarificatore *m.*; (*min.*), minatore addetto alla demolizione del tetto per renderlo più alto; attrezzo applicato al trattore (abbattim. con «ripping» (*min.*).
ripping (*min.*), demolizione del tetto per aumentare l'altezza libera per i trasporti in miniera; «ripping» (scarificazione).
— **cord** (*aereo*), fune (*f.*) di strappamento.
— **guard** (*miniere*), v. **guard.**
— **machine** (*min. carbone*), scarificatore *m.*
— **saw,** sega (*f.*) alternativa.
— **of the ground** (*costr. stradali*), scarifica (frantumazione) della terra.
— **slot (*or* slit)** (*aereo*), apertura (*f.*) di strappo.

ripple (*elet. fis.*), ondulazione *f.*; (*telev.*) (U.S.A.) ronzio *m.*
— **control,** comando (*m.*) a frequenza musicale.
— **current,** corrente (*f.*) continua ondulata.
— **frequency,** frequenza (*f.*) d'onda.
— **voltage,** tensione (*f.*) ondulata.
rippled surface (*met.*), superficie corrugata (su superficie di lingotto)
rise, monta *f.* (di un arco) (di un tetto); freccia *f.*; pozzo (*m.*) in rimonta (*min.*); aumento *m.*; salita *f.* (di una curva); origine (*give rise to vibration*), dare origine a vibrazioni; (*min.*), v. **raise.**
— *v.i.* salire (di prezzi, vapori, termometro, strade, ecc.); aumentare; montare (*min.*); alzarsi *v.r.*
— **and fall levelling** (*agrim.*), livellazione (*f.*) longitudinale.
— **and fall miller** (*macch. ut.*), fresatrice (*f.*) per profili.
— **and fall surfacing table** (*macch. ut.*), tavola ad aggiustamento verticale.
— **and falling saw,** sega circolare ad elevazione e caduta.
— **of arch,** altezza (*f.*) della freccia; freccia (*f.*) dell'arco.
— **of roof,** altezza (*f.*) (monta) del tetto.
— **of vault,** freccia (*f.*) d'una volta.
riser, materozza *f.* (*fond.*); respiro *m.* (*fond.*); alzata *f.* (di un gradino) (*cost.*); lamella (*elet.*); colonna (*f.*) montante (*tubazioni petrol*); v. **centre** — (*fond.*); **raise** (*miniere*).
rising (*min.*), rimonta *f.*
— **arch,** arco (*m.*) inclinato.
— **voltage** (*elett.*), tensione (*f.*) crescente.
risk (*gen.*), rischio *m.*; pericolo *m.*
— **area** (*telev.*), zona d'ombra.
rive (to—), *v.a.* fendere; spaccare; fare a pezzi; *v.i.* fendersi; incrinarsi.
river, fiume *m.*
river-bed, alveo del fiume.
— **-bend,** curva del fiume.
— **-bottom,** fondo del fiume.
— **cable,** cavo (*m.*) fluviale.
— **conservancy engineer,** v. **conservancy engineer.**
— **-course,** corso del fiume.
— **-dredging,** dragaggio del fiume.
— **engineering** (*costr. idr.*), lavori fluviali.
— **lock** (*costr. idr.*), chiusa fluviale.
— **-pollution,** inquinamento del fiume.
— **-port,** porto (*m.*) di fiume; (*costr.*), porto fluviale.
— **power plant,** centrale ad acqua fluente.
— **-regimen,** regime del fiume.
— **-regulation,** regolazione del fiume.
— **sand,** sabbia (*f.*) di fiume.
— **shipbuilding yard,** cantiere (*m.*) fluviale.
— **shore embankment** (*costr. idr.*), diga fluviale.
— **-straightening,** raddrizzamento del corso del fiume.
— **-wearing away of — banks,** erosione delle sponde del fiume.
riverberation (*f.*), riverbero *m.*; riverberazione *f.*
rivet, *n.*, ribadito *m.*; chiodatura *f.*; chiodo *m.* (ribadito).
— *v.a.* ribadire; chiodare; inchiodare.
— **cutting blowpipe** (*met.*), cannello (*m.*) schiodatore.
— **cutting torch** (*met.*), cannello (*m.*) schiodatore.
— **drilling machine** (*macch. ut.*), trapano (*m.*) per rivetti.
— **fire,** fucina (*f.*) da chiodi.
— **furnace,** forno (*m.*) per chiodi.
— **head,** capocchia (*f.*) di un chiodo; testa (*f.*) del chiodo.
— **hearth,** fucina (*f.*) da chiodi.
— **hole,** foro (*m.*) del chiodo.
— **iron,** ferro (*m.*) per chiodi.
— **snap** (*mecc.*), buttarola *f.*
riveted joint, chiodatura *f.*
— **on piece** (*orol.*), brida con parte ribadita.

riveter, chiodatrice *f.*
riveting, chiodatura *f.* (operazione); ribaditura *f.*
— **hammer,** martello (*m.*) da ribadire.
— **in rows,** chiodatura (*f.*) a file.
— **machine,** ribaditrice *f.*; chiodatrice *f.*; (*macch. ut.*), rivettatrice.
— **set,** ribattitore *m.*
R. L. (*agrim.*), quota ridotta *f.*
roach, getto d'acqua verticale sollevato sulla superficie dell'acqua dietro un galleggiante di idrovolante.
road, strada *f.*; rada *f.* (*naut.*); piano (*m.*) di scorrimento (*ferr.*); galleria *f.* (*min.*).
— **accident** (*auto*), incidente stradale.
— **approach** (*cost.*), rampa (*f.*) d'accesso.
— **asphalt,** bitume (*m.*) per strade.
— **behaviour** (*auto*), comportamento (*m.*) su strada.
— **bitumen,** bitume (*m.*) per strade.
— **bridge,** ponte (*m.*) stradale.
— **circuit** (*auto*), circuito (*m.*) stradale.
— **clearance** (*auto*), altezza libera dal suolo.
— **construction site, cantiere** (*m.*) stradale.
— **covering,** copertura (*f.*) di una strada.
— **crossing** (*top.*), nodo (*m.*) stradale.
— **curve,** curva (*f.*) stradale.
— **design,** progettazione di strade.
— **emulsion,** emulsione (*f.*) bituminosa (per strade).
— **engineer,** ingegnere (*m.*) stradale.
— **engineering,** ingegneria (*f.*) stradale.
— **finishing machine** (*macch. stradali*), finitrice (*f.*) stradale.
— **-gang,** squadra di lavoratori stradali.
— **hazard lamp,** lampada di pericolo stradale (costruzioni stradali temporanee).
road haulage, trasporto (*m.*) stradale.
— **laying and finishing machine** finitrice stradale.
— **making,** costruzioni (*f. pl.*) stradali.
— **-making filler** (*catrami*), filler (*m.*), per usi stradali.
— **map,** carta (*f.*) stradale.
— **-marking machine** (*strade*), macchina per segnalazione orizzontale.
— **-marking paint** (*strade*), vernice per segnalazione orizzontale.
— **-mender,** *m.*, stradino *m.*
— **metal,** brecciame *m.*
— **network,** rete (*f.*) stradale.
— **oil,** bitume flussato (con aggiunta di materiale flussante).
— **-racing tyre** (*auto*), pneumatico da corsa.
— **ripper** scarificatore (*m.*) stradale.
— **roller,** cilindro (*m.*) compressore (rullo strad.).
— **tanker,** camion cisterna; autocisterna *f.* (specialmente per prodotti petroliferi).
— **tar,** catrame (*m.*) stradale.
— **tax** (*auto*), tassa di circolazione.
— **test,** prova (*f.*) stradale.
— **tractor,** trattore (*m.*) stradale.
— **-train,** autotreno *m.*
— **tunnel,** galleria autostradale.
— **user,** utente (della strada).
— **vehicle detector** (*elet.*), indicatore di traffico stradale.
— **widening** (*costr.*), allargamento della strada.
— **works,** lavori stradali.
roadability (*auto*) (U.S.A.), tenuta di strada.
roadable (U.S.A.), aerauto *m.*
— **airplane** (U.S.A.), aerauto *m.*
— **autogiro** (*aereo*), autogiro (*m.*) aerauto.
— **plane** (U.S.A.), aerauto *m.*
roadbed (*ferr.*), corpo stradale; (corpo della) massicciata.
roadblock, blocco (*m.*) stradale.
roadheader (*min.*), macchina per aprire vie di carreggio nel carbone; macchina per aprire gallerie.

roadholding (*auto*), tenuta (*f.*) di strada.
roadshow (*comm.*), mostra itinerante (con automezzi speciali).
roadside assistance (*auto*), servizio assistenza stradale.
— **breakdown** (*auto*), guasto stradale (ai bordi della strada).
roadster, auto (*f.*) a due posti; « spider ».
roadway, piano (*m.*) stradale; carreggiata *f.*; galleria *f.* (*miniere*).
— **equipment** (*min.*), attrezzature per vie di carreggio.
— **(elevated —),** strada sopraelevata.
roak, paglia (*m.*) superficiale nel metallo lavorato.
roaming electron (*fis. atom.*), elettrone (*m.*) libero.
roast, *v.a.* arrostire (minerali).
— **furnace,** forno di calcinazione (*o* arrostimento).
roasters (*min.*), forni di arrostimento.
roasting (*min.*), arrostimento *m.*
— **step** (*min.*), stadio di arrostimento.
— **unit** (*piriti*), unità di arrostimento.
— **(dead —)** (*min.*), arrostimento completo.
robocarrier (*autom.*), carrello automotore teleguidato.
robot, *m.* (in senso moderno, « macchina intelligente » in grado di riconoscere oggetti, di sentire mediante tatto e perfino di vedere e di comunicare): robot *m.*
— **-controlled factory** (*mecc.*), fabbrica controllata da robot.
— **craft** (*astron.*), aereo robot.
— **manufacturer,** fabbricante di robots industriali.
— **pilot** (*aereo*), pilota (*m.*) automatico.
— **(« light » —),** robot « leggero » (usato per oggetti abbastanza piccoli).
— **(« heavy » —),** robot « pesante » (per macchine per saldatura, ecc.).
robotics, tecnologia dei robots industriali; robotica *f.*
— **expert,** esperto in robotica; specializzato in robotica.
robotisation, robotizzazione *f.*
robotise (to —), robotizzare.
robotization, robotizzazione *f.*
robotize (to —), robotizzare.
roburite, roburite *f.* (esplosivo delle miniere).
rock, roccia *f.*
— **bolt** (*miniere*), bullone per roccia.
— **-burst** (*min.*), colpo di tensione (improvvisa rottura di pareti rocciose sollecitate oltre il loro limite di resistenza).
— **candy,** zucchero (*m.*) candito.
— **crystal,** cristallo (*m.*) di rocca.
— **cutting** (*cost.*), trincea (*f.*) in roccia.
— **drill** (*min.*), perforatrice (*f.*) da roccia.
— **drilling** (*min.*), perforazione di rocce.
— **flour,** farina (*f.*) di roccia.
— **mechanics** (*geol., min.*), meccanica delle rocce.
— **oil,** olio (*m.*) di petrolio.
— **salt,** sale (*m.*) di rocca; salgemma.
— **-slide** (*costr. stradali*), caduta di roccia; frana rocciosa.
— **splitting** (*min.*), spaccatura di rocce.
— **the well** (*petrolio*), (letteralm. bilanciare un sondaggio) distribuire il flusso di gas per attivare un pozzo (estrazione gas-lift).
rocker (*auto*), bilanciere.
— **bar,** asta (*f.*) oscillante.
— **bearing** (*costr.*), appoggio (*m.*) oscillante.
— **pin** (*mecc.*), cerniera.
— **-ring** (*elet.*), anello (*m.*) per portaspazzole.
— **suspension** (*mecc. veicoli*), sospensione oscillante.
rocket, razzo *m.*; v. **rain** —.
— **(to —),** *v.a.* lanciare con un razzo.
— **assisted** (*aereo*), a razzo.

rocket catapult, catapulta (*f.*) per razzi.
— **launcher** (*aereo*), lanciarazzi *m.*
— **model plane** (*aereo*), modello (*m.*) a razzo.
— **propelled fighter,** caccia (*m.*) a propulsione a razzo.
— **propelled missile,** missile (*m.*) a propulsione a razzo.
— **propelled model** (*aereo*), modello (*m.*) a razzo.
— **propulsion,** propulsione (*f.*) a razzo.
— **telemetering,** telemisura di razzi (in volo).
— **training launcher** (*aereo*), lanciarazzi per allenamento.
rocketry, tecnologia dei razzi; missilistica *f.*
rockfall (*geol.*), caduta di roccia lapidea.
rocking, *agg.* oscillante.
— **axis** (*auto*), v. **engine —.**
— **lever,** leva (*f.*) oscillante.
— **pier,** pila (*f.*) oscillante; pila (*f.*) pendolare.
— **shaft,** albero (*m.*) oscillante.
rockslide (*geol.*), frana di roccia lapidea.
rocky ground, terreno (*m.*) roccioso.
rockshaft, albero (*m.*) oscillante.
Rockwell hardness, durezza (*f.*) Rockwell.
Rockwell's test, prova (*f.*) Rockwell.
rod, asta *f.*; bacchetta *f.* (di fucile); ferro tondo (*met.*); misura per mattoni (= 10 m^3 circa); vergella in matasse (*met.*); (*ind. pet.*), asta pesante canadese; (*fis. atom.*), vedi: **control rod.**
— **antenna** (*radio*), vedi: **dielectric.**
— **drawing bench** (*met.*), banco per la trafilatura di barre.
— **gap,** spinterometro (*m.*) a sbarra.
— **lattice** (*fis. atom.*), reticolo (*m.*) di barre.
— **mill** (*min.*), molino a barre.
— **working valve,** asta (*f.*) di comando della valvola.
rod (dry — mill), molino a barre a secco.
rodding (*tubi*), disintasamento *m.*; disotturazione (mediante tondino).
rodinal, rodinal *m.*
Rodine (*chim.*), rodina *f.*
rodman (U.S.A.), portatore (*m.*) di stadia.
Roentgen rays, raggi (*m. pl.*) Röntgen.
— **tube** (*radiol.*), tubo (*m.*) röntgen.
roentgencardiogram (*radiol.*), röntgencardiogramma *m.*
roentgencinematography (*radiol.*), röntgencinematografia *f.*
roentgenize, *v.a.* (*radiol.*), applicare i raggi röntgen.
roentgenization (*radiol.*), röntgenizzazione *f.*
roentgenkymography (*radiol.*), röntgenchimografia *f.*
roentgenogram (*radiol.*), röntgenogramma *m.*
roentgenography (*radiol.*), röntgenografia *f.*
roentgenolucent, *agg.* (*radiol.*), röntgenolucente (che lascia passare i raggi röntgen).
roentgenometry (*radiol.*), röntgenometria *f.*
roentgenopaque, *agg.* (*radiol.*), röntgenopaco.
roentgenoparent (*radiol.*), visibile coi raggi röntgen.
roentgenoscope (*radiol.*), röntgenoscopio.
roentgenotherapy (*radiol.*), röntgenoterapia *f.*
roentgram (*radiol.*), röntegenogramma *m.*
roentogram (*radiol.*), röntgenogramma *m.*
roentography (*radiol.*), röntgenografia *f.*
roger (*aereo*) (U.S.A.), ricevuto il messaggio bene (nel linguaggio radio-aeronautico); (*radio*), ricevuto *p.p.*
roily oil (U.S.A.) (*petroli*), emulsione naturale di petrolio grezzo e acqua.

Rok (*cost.*), materiale brevettato per coperture.
Rokalba (*costr.*), materiale (*m.*) per coperture con rivestimento in amianto.
rokes (*metal.*), soffiature *f. pl.*
roll, *n.*, cilindro (*m.*) di laminatoio; rullo *m.* (*mecc.*); mulinello *m.* (*o* vite orizzontale) (*aereo*); sbandamento *m.* (*auto*); v. **back-up** — (*met.*, *mecc.*); **scale-breaker** — (*met.*).
— *v.i.* *v.a.*, rotolare *v.i.*; laminare *v.a.*; cilindrare (una strada); rullare (*gomma*); rollare(*naut.*); mandrinare (*tubi*).
— **adjustment** (*met.*), regolazione (*f.*) dei cilindri.
— **angle** (*aereo*), angolo (*m.*) di rollata.
— **bar** (*auto*), barra antirollio; barra interna trasversale.
— **bending** (*mecc.*), curvatura per laminazione.
— **change pit** (*sid.*), fossa di cambiamento dei cilindri.
— **changing** (*met.*), cambio (*m.*) di cilindri (*di laminaz.*).
— **crown** (*lamin. met.*), bombatura (*f.*) dei cilindri.
— **drafting** (*met.*), calibratura (*f.*) dei cilindri; (*lamin.*), calibrazione *f.*
— **drafting machine** (*met.*), macchina calibratrice (dei cilindri).
— **electrode,** elettrodo (*m.*) a rullo.
— **feed,** alimentazione (*f.*) (automatica) a revolver (nelle presse).
— **film,** pellicola *f.*
— **flattening** (*met.*), spianatura (*f.*) di tubi (*per eliminarne i difetti*).
— **force** (*met.*), forza di laminazione.
— **forming** (*mecc.*), profilatura (*f.*) a rulli.
— **forming machine** (*mecc.*), profilatrice (*f.*) a rulli.
— **gap** (*lamin. met.*), presa tra i cilindri; luce fra i cilindri.
— **grinder** (*macch. ut.*, *met.*), rettificatrice (*f.*) per cilindri di laminazione; (*macch. ut.*), rettificatrice (*f.*) per rulli.
roll grinding machine (*macch. ut.*), rettificatrice (*f.*) per cilindri di laminatoio.
— **heat-treating furnace** (*lamin.*, *met.*), forno (*m.*) di riscaldo per cilindri.
— **holder** (*fot.*), portarotolo (per usare rotoli invece di lastre in una macchina fotog. a lastre).
— **in (to —)** (*inform.*), trasferire i dati dalla memoria ausiliaria alla memoria centrale.
— **indicator** (*aereo*), indicatore (*m.*) di rollata.
— **-knobbling,** vedi: **spellerizing.**
— **lathe,** tornio (*m.*) per cilindri da laminatoio.
— **mark** (*lamin.*, *met.*), impronta (*f.*) di cilindri.
— **neck** (*met.*), collo (*m.*) di cilindro (*di laminaz.*).
— **neck bearing** (*lamin. met.*), cuscinetto del collo del cilindro.
— **of lawyers,** albo degli avvocati.
— **off (to —)** (*tip.*), stampare (un certo numero di copie).
— **off the production line** (*auto*), uscire dalla linea di produzione.
— **-on/roll-off jetty** (*naut.*), molo per nave traghetto automezzi.
— **on, roll off ship** (*naut.*), nave Ro/Ro (nave con carico montato su semirimorchi).
— **opening,** canale *m.*(laminatoio).
— **out (to —)** (*inform.*), trasferire i dati dalla memoria centrale alla memoria ausiliaria.
— **over** (*auto*, *ecc.*), ribaltarsi *v.r.*; (*auto*), ribaltamento *m.*
— **-over draw (moulding) machine** (*fond.*), sformatrice a ribaltamento.
— **paint, (to —)** applicare la vernice con rullo.
— **pass design** (*lamin.*), tracciato dei canali.
— **pressure** (*met.*), pressione (*f.*) di laminazione.
— **ring** (*met.*), anello (*m.*) di laminazione.

roll size effect (*laminatoio*), effetto del diametro dei cilindri.
— **spot welding,** saldatura per punti e cucitura (con elettrodi di rame a rullo); saldatura intermittente per punti e cucitura.
— **stand** (*met.*), gabbia (*f.*) di laminatoio.
— **standard** (*met.*), montante (*m.*) di gabbia di laminatoio.
— **straightening** (*met.*), spianatura *f.* (*raddrizzatura*) di tubi.
— **(to —) to billet** (*met.*), ridurre (un lingotto) in billetta, mediante la laminazione.
— **turning shop** (*met.*), torneria (*f.*) cilindri di laminazione.
— **-type bending machine** (*macch. ut.*), curvatrice (*f.*) a rulli.
— **welding machine** (*sald.*), saldatrice a rulli.
— **(plain-surface —)** (*lamin. met.*), cilindro a tavola liscia.
rollability (*met.*), laminabilità *f.*
rollable, *agg.* laminabile.
rolled, *p.p.* laminato.
— **(— to) 0,0002 in,** laminato a 0,005 mm.
— **glass,** vetro (*m.*) cilindrato.
— **-in scale** (*met.*), scaglia impressa (penetrata nello strato superf. del pezzo).
— **iron,** ferro (*m.*) laminato.
— **lead,** piombo (*m.*) laminato.
— **mill edge** (*met.*), spigolo (*m.*) di laminazione.
— **plastic,** laminato (*m.*) plastico.
— **plate,** lamiera (*f.*) laminata; lamiera (*f.*) di laminatoio.
— **product** (*met.*), laminato *m.*; prodotto (*m.*) di laminazione.
— **section,** profilo (*m.*) laminato.
— **tube,** tubo (*m.*) cilindrato.
— **wire,** filo (*m.*) metallico laminato.
— **(as —)** (*met.*), grezzo di laminazione.
roller, rotella *f.* (rullo di scorrimento); rullo *m.* (*mecc.*); disco (di bilanciere) (*orol.*); platò *m.* (*orol.*); rullo (*m.*) stradale; cilindro (*laminatoio*); (*met.*), laminatore *m.* (*operaio laminatore*).
roller and ball bearing steel (*met.*), acciaio per cuscinetti.
— **bearing,** cuscinetto (*m.*) a rulli; sopporto (*m.*) a rulli.
— **blind** (*costr.*), persiana (*f.*) avvolgibile.
— **bridge,** ponte (*m.*) scorrevole.
— **chain,** catena (*f.*) a rulli.
— **chain drive** (*mecc.*), trasmissione con catena a rulli.
— **chain sprocket hob** (*mecc.*), creatore di ruote per catene a rulli.
— **conveyor,** trasportatore (*m.*) a rulli.
— **-expander,** mandrino (*m.*) allarga tubi.
— **feed,** avanzamento (*m.*) a mezzo di rulli.
— **gear,** carro (*m.*) motore delle pulegge.
— **gin,** sgranatrice (*f.*) a cilindri.
— **leveller** (*met.*), raddrizzatrice (*f.*) a rulli.
— **-mill,** frantoio (*m.*) a mole orizzontali.
— **pin** (*orol.*), pietra per platò.
— **plough** (*mecc. agr.*), aratro a rulli.
— **printing machine** (*tess.*), macchina a rulli per stampaggio.
— **rack** (*met.*), telaio di linea a rulli.
— **skating** (*sport*), pattinaggio a rotelle.
— **straightener** (*met.*), raddrizzatrice (*f.*) a rulli.
— **straigetening machine,** v. — **straightener.**
— **table** (*met.*: *treni finitori*), piano a rulli.
— **tappet** (*auto*), punteria a rullo.
— **teeth,** ingranaggi (*m. pl.*) a rulli.
— **tension** (*tess.*), freno (*m.*) a rotella.
— **type shears** (*macch. ut.*), cesoia (*f.*) a lame circolari.
— **weir** (*idr.*), sbarramento con paratoie cilindriche; traversa cilindrica.

roller (gummed —), rullo (*m.*) gommato (p. es. d'impacchettatrice).
rolley (*min.*), vagonetto *m.* (per miniere).
rolling, rollio *m.* (*aereo, naut.*); rollata (*aereo, naut.*); rotolamento *m.*; laminazione *f.*; laminatura *f.*; mandrinatura (*di tubi*); cilindratura *f.* (*di strada*).
— **balance** (*aereo*), equilibrio (*m.*) laterale.
— **bearing** (*mecc.*), cuscinetto (*m.*) volvente.
— **body**, corpo (*m.*) d'inviluppo.
— **chocks** (*naut.*), alette (*f. pl.*) di rullio.
— **circle** (*ingr.*), circolo (*m.*) d'inviluppo.
— **cone**, cono (*m.*) d'inviluppo.
— **cones** (*ingr.*), coni (*m. pl.*) d'inviluppo.
— **cylinder**, cilindro (*m.*) d'inviluppo.
— **direction** (*met.*), direzione (*o* senso) di laminazione.
— **facilities** (*met.*), impianti di laminazione (di uno stabilim. siderurgico).
— **friction**, attrito (*m.*) di rotazione; attrito (*m.*) volvente.
— **gearing**, dentatura (*f.*) ad inviluppo.
— **grilles** (*costr.*), serrande a maglia.
— **hitch**, nodo (*m.*) parlato doppio.
— **line** (*ingr.*), linea (*f.*) d'inviluppo; (*met.*), linea di laminazione.
— **machine**, laminatrice *f.*
— **mill**, laminatoio *m.*
— **mill crew** (*met.*), maestranza (*f.*) addetta alla laminazione.
— **mill drive** (*met.*), comando (azionamento) del laminatoio.
— **mill engine**, macchina (*f.*) per treni di laminatoi.
— **-mill foreman** (*met.*), capo laminatore *m.*
— **mill furnace** (*met.*), forno (*m.*) per laminatoio.
— **mill lubricants**, lubrificanti per laminatoi.
rolling mill products, laminati *m. pl.*
— **mill superintendent** (*met.*), tecnico (*m.*) di laminazione.
— **mill (medium-sized — mill)** (*met.*), treno (*m.*) medio.
— **motion** (*aereo*), rollata *f.*
— **on the Mesta plate mill** (*met.*), laminazione al treno Mesta per lamiere.
— **pages** (*televideo*), « pagine rotanti ».
— **-pin** (*alim.*), rullo per spianare pasta.
— **plane**, piano (*m.*) d'inviluppo.
— **point** (*ingr.*), centro (*m.*) istantaneo di rotazione.
— **practices** (*met.*), pratica di laminazione.
— **press**, mangano *m.*
— **programme** (*met.*), programma (*m.*) di laminazione.
— **report** (*met.*), rapporto (*m.*) di laminazione.
— **scale** (*met.*), scaglia (*f.*) di laminazione.
— **schedule** (*met.*), schema di laminazione.
— **shutters** (*costr.*), avvolgibili *f. pl.*; serrande avvolgibili; tapparelle metalliche.
— **skin** (*met.*), pelle (*f.*) di laminazione.
— **slide** (*mecc.*), slitta a rotolamento.
— **stand**, gabbia (*f.*) di laminatoio.
— **stock** (*ferr.*), materiale (*m.*) rotabile.
— **surface**, superficie (*f.*) di rotolamento; superficie (*f.*) di inviluppo (*ingr.*).
— **temperature** (*met.*), temperatura (*f.*) di laminazione.
— **tolerance** (*met.*), tolleranza di laminazione.
— **under vacuum** (*metal.*), laminazione sotto vuoto.
— **wheel** (*ingr.*), ruota (*f.*) con dentatura ad inviluppo.
— **(final temperature of —)** (*met.*), temperatura finale di laminazione.
Rollo Premix (*costr.*), liquido per presa di pavimenti.

rollover (*auto*), ribaltamento.
ROM (*inform.*), v. **abbreviazioni.**
roman (*tip.*), tondo.
— **cement,** cemento (*m.*) romano.
ronde (*tip.*), rotondo.
Rongalite (*chim.*), rongalite.
Röntgen (*radiazioni*), unità di misura della dose di esposizione di raggi X o gamma; v. sotto il termine **Roentgen,** altre voci relative ai raggi Röntgen.
rood, quarta parte di un acro (0,101 ettari).
roof (*costr.*), tetto *m.*; cielo *m.* (dello scavo) (*min.*); (*auto*), v. **opening —.**
— **antenna,** antenna (*f.*) esterna per automobile.
— **-and-pillar-system** (*min.*), coltivazione col metodo a grandi massicci.
— **batten,** listello (*m.*) del tetto.
— **boarding,** tavolato (*m.*) di tetto.
— **bolt** (*miniere*), bullone per tetto.
— **bolting** (*miniere*), bullonatura del tetto.
— **bolting machine** (*miniere*), macchina per bullonatura del tetto.
— **-bolt installations** (*min.*), installazioni di bullonatura delle volte (di miniera).
— **brick** (*met.*), mattone da volta.
— **covering,** copertura (*f.*) del tetto.
— **crane,** gru (*f.*) da tetto.
— **cross section** (*forni met.*), sezione trasversale della volta.
— **frame,** intelaiatura (*f.*) del tetto.
— **glazing,** copertura (*f.*) in vetri (per tetti).
— **lamp** (*auto*), plafoniera *f.*
— **lance** (*met.*), lancia situata nella volta.
— **lathing,** listellatura (*f.*) del tetto.
— **of a lode** (*min.*), tetto (*m.*) di un filone.
— **of a weld** (*sald.*), fondo (*m.*) di smusso.
— **-pitch,** monta (*f.*) del tetto.
roof rack (*auto*), bagagliera *f.*
— **raising mechanism** (*forno met.*), meccanismo di sollevamento della volta.
— **shingle,** assicella (*f.*) del tetto.
— **support** (*miniere*), sostegno del tetto.
— **swinging** (*met.*), rotazione della volta.
— **truss,** capriata *f.* (tetto).
— **ventilator,** ventilatore (*m.*) aspirante (per tetto).
— **with pitch of 1 : 4,** tetto (*m.*) con monta di ¼.
— **with valley,** tetto (*m.*) a conversa.
— **(couple-close —),** tetto (*m.*) a due falde.
— **(dome-shaped —),** tetto (*m.*) a cupola.
— **(flat —),** tetto (*m.*) piano.
— **(flat beam-and-slab —),** tetto (*m.*) piano a travi e solette (cem. arm.).
— **(high-pitched —),** tetto (*m.*) a cavaliere.
— **(hip —),** tetto (*m.*) a padiglione.
— **(internally water-cooled —)** (*met.*), volta raffreddata internamente (*forni met.*, *elet.*).
— **(lantern —),** tetto (*m.*) a lucernario.
— **(lean-to —),** tetto (*m.*) a una falda.
— **(mansard —),** tetto (*m.*) a mansarda,
— **(metal covered —),** tetto (*m.*) metallico.
— **(platform —),** tetto (*m.*) a terrazza.
— **(purlin —),** tetto (*m.*) a terzere; tetto (*m.*) ad arcarecci.
— **(rafter —),** tetto (*m.*) a panconcelli.
— **(reinforced concrete —),** tetto (*m.*) in cemento armato.
— **(saddle —),** tetto (*m.*) a capanna.
— **(saw-tooth—),** tetto (*m.*) a sega.
— **(semicircular cylindrical —),** tetto (*m.*) a botte.

roof (shingle —), tetto (*m.*) di assicelle.
— **(slate —),** tetto (*m.*) di ardesia.
— **(spire —),** tetto (*m.*) a guglia.
— **(steep —),** tetto (*m.*) ripido.
— **(stepped —),** tetto (*m.*) a gradinata.
— **(tiled —),** tetto (*m.*) a tegole.
— **(30,000 m² under —),** 30.000 m² coperti *p.p.* (*di area di fabbricato*).
roofing bond, impalcatura (*f.*) del tetto.
— **felt,** feltro (*m.*) per tetti.
— **glass** (*cost. civ.*), vetro (*m.*) da coperture.
— **material,** materiale (*m.*) di copertura (tetti).
— **metal** (*miniere*), metallo per tetto.
— **slab,** lastra (*f.*) di copertura.
— **slate,** ardesia (*f.*) per tetti.
— **tile,** tegola (*f.*) per tetti.
rooftop satellite communications, comunicazioni per mezzo di satellite, con antenna sistemata sul tetto.
room, deposito *m.*; stanza *f.*
— **-and-pillar system** (*min.*), metodo (*m.*) a pilastri lunghi.
— **deodorant,** deodorante per stanze.
— **noise** (*acust.*), risonanza di ambiente; (*telecomunicaz.*), rumore di sala.
— **screening** (*elet.*), schermatura di ambienti.
— **temperature,** temperatura (*f.*) ambiente.
roomette (*ferr.*), cabina singola di vagone letto, con relativi servizi igienici.
root, radice *f.* (*mat.*); radice (*f.*) del filetto di una vite.
— **circle** (*ingr.*), circolo (*m.*) interno.
— **face** (*sald.*), spalla *f.*
— **gap** (*sald.*), intervallo (*m.*) fra i lembi.
— **harvester** (*agr.*), macchina raccoglitrice di tuberi.
— **line** (*ingr.*), linea (*f.*) inferiore del dente.
root mean square, radice quadrata dei valori medi al quadrato.
— **mean square value,** valore (*m.*) medio quadratico.
— **mean square voltage,** valore (*m.*) effettivo della tensione.
— **of tooth,** piede (*m.*) del dente.
— **opening** (*sald.*) (U.S.A.), intervallo (*m.*) fra i lembi.
— **pass** (*sald.*), passata (*f.*) di fondo.
— **run** (*sald.*), passata (*f.*) di fondo.
rooted cutting (*bot.*), barbatella (*f.*).
rooter (*costr.*), frangizolle *m.*
Roots blower (*auto*), compressore volumetrico a capsulismo (*m.*) di Root.
rope, fune *f.*; corda *f.*; cavo *m.* v. **non-rotating —.**
— **block,** bozzello (*m.*) da fune.
— **-boring** (*min.*), perforazione (*f.*) alla corda.
— **bracing,** irrigidimento di fune.
— **brake,** freno (*m.*) a fune.
— **crab,** carrello (*m.*) comandato da fune.
— **curve,** curva (*f.*) del cavo di linea.
— **-drilling** (*min.*), perforazione (*f.*) alla corda.
— **drive,** trasmissione (*f.*) a fune, comando (*m.*) a fune.
— **feed,** avanzamento (*m.*) a mezzo di fune.
— **fork with inserted claws,** forchetta (*f.*) da fune (con guanci a cuscinetto).
— **gearing,** trasmissione (*f.*) a fune.
— **haulage,** alaggio (*m.*) con fune.
— **hoist** (*ferr. aeree*), vagoncino *m.* (di funivia).
— **hook,** gancio (*m.*) da fune.
— **ladder** (*scala antincendio*), scala di corda.
— **made of strands,** fune (*f.*) a trefoli.
— **-maker,** cordaio *m.*
— **pulley,** puleggia (*f.*) per fune.
— **pulley block,** taglia (*f.*) a fune.
— **sheave,** carrucola *f.*; puleggia (*f.*) per funi; portapuleggia (*m.*) della fune di trazione.

rope spinning machine, macchina (*f.*) per intrecciare funi.
— **support,** sostegno (*m.*) del cavo della funicolare.
— **tightener,** tendifune *m.*
— **winch,** argano (*m.*) a fune.
ropes (*naut.*), sartiame *m. pl.*
roping (*lavoraz. superf. acciaio*), cordatura *f.* (deformazione locale nello stampaggio).
ro-ro vessel (*naut.*), nave con carico montato su semirimorchi.
rosaniline (*chim.*), rosanilina *f.*
rose, doccia *f.* (del bagno); pomo *m.* (di innaffiatoio).
— **bit,** accecatoio *m.*; punta (*f.*) per accecare.
— **cutter** (*mecc.*), fresa a bottone sferica.
— **oil,** essenza di rose.
— **pipe** (*pompe*), cipolla *f.*
— **window** (*arch.*), rosone *m.*
rosemary oil, olio essenziale di rosmarino.
rosette fracture (*met.*), v. **star fracture.**
— **plane** (*elet.*), piastra (*f.*) a rosette.
rosewood (*bot.*), palissandro *m.*
rosin, colofonia; pece greca. *f.*
— **oil,** olio (*m.*) di resina.
rosinduline (*chim.*), rosindulina *f.*
rosined soap, sapone resinato.
rosolic acid (*chim.*), acido (*m.*) rosolico.
roster card (*min.*), tesserina del turno di servizio (con il nome, n. della squadra, *ecc.*).
rot, *v.i.* marcire (del legno); putrefarsi *v.r.*; putrefazione *f.*
— **of wood,** carie (*f. pl.*) del legno.
— **(dry —)** (*legno*), putrefazione secca.
rotable-propeller tug (*naut.*), rimorchiatore ad elica rotante.
rotameter, flussometro *m.*
rotary, *agg.* rotante.
— **antenna** (*radio*), antenna direttiva ruotabile.
— **bit** (*ind. pet.*), trapano (*m.*) rotativo.
— **cold tagging machine,** macchina rotativa per imbutire a freddo (*tubi*).
rotary compressor (*mecc.*), compressore a capsulismo.
— **(screw) compressor** (*mecc.*), compressore a rotore.
— **convertor** (*ing. elet.*), convertitrice *f.*
— **cultivation** (*agr.*), lavorazione del terreno con attrezzi rotativi.
— **cutter,** utensile (*m.*) rotativo.
— **diamond drill** (*min.*), scalpello (*m.*) rotante a corona diamantata.
— **disc polishing machine** (*mecc.*), pulitrice a disco rotante.
— **dresser** (*mecc.*), ravvivamole a rotelle.
— **drilling** (*min.*), sondaggio (*m*). a rotazione.
— **drilling line** (*ind. pet.*), cavo per la perforazione « rotary ».
— **-drum furnace,** forno (*m.*) a tamburo rotante.
— **dryer,** essiccatore (*m.*) rotativo.
— **encoder** (*controllo numerico*), rilevatore codificato rotativo.
— **engine,** motore (*m.*) rotativo; macchina (*f.*) rotativa.
— **field,** campo (*m.*) rotatorio.
— **filter,** filtro (*m.*) rotante.
— **furnace,** forno (*m.*) rotativo.
— **hearth furnace,** forno (*m.*) a suola rotante.
— **hoe** (*agr.*), zappatrice rotativa.
— **hose** (*min. pet.*), sonda rotativa.
— **jar** (*petrol.*), snodo rotary.
— **jet rinsing** (*bottiglie, ecc.*), risciacquatura a getto rotante.
— **intersection** (*costr. strad.*), svincolo giratorio; v. **roundabout.**
— **machine** (*tip.*), macchina rotativa *f.*
— **melting furnace,** forno di fusione rotativo.
— **minder** (*tip.*), rotativista *m.*
— **motion,** moto (*m.*) di rivoluzione.
— **mud** (*petrol.*), fango (*m.*) del rotary.
— **newspaper printing press** (*tip.*), rotativa da stampa per giornali.

rotary oven, forno rotativo.
— **percussion drill** (*macch.*), perforatrice a percussione a rotazione.
— **piston engine,** motore a pistone rotante.
— **planer,** piallatrice (*f.*) rotativa.
— **press** (*tip.*), rotativa *f.*
— **printing** (*tip.*), stampa rotativa.
— **printing press** (*tip.*), rotativa da stampa.
— **pump,** pompa (*f.*) rotativa.
— **rig** (*ind. pet.*), apparecchio « rotary »; trivella « rotary ».
— **screen,** vagliatrice *f.* (per cem. arm.); crivello (*m.*) a tamburo.
— **screwing chuck,** filiera (*f.*) girevole.
— **side-trimming shear** (*met.*), cesoia a coltelli circolari.
— **sieve for moulding sand,** staccio (*m.*) per fonderia.
— **slide valve,** cassetto (*m.*) rotativo.
— **snow plough** (*macch. stradali*), sgombraneve rotativo (turbine a frese).
— **spark gap** (*radio*), spinterometro (*m.*) rotante.
— **steam engine,** macchina (*f.*) a vapore rotativa.
— **strainers** (*carta tess.*), filtri rotativi.
— **swaging** (*mecc.*), stampaggio (*m.*) rotativo.
— **switch** (*elet.*), commutatore (*m.*) rotante.
— **table** (*macch. ut.*), tavola (*f.*) rotante.
— **(pneumatic — table)** (*macch. ut.*), tavola rotante pneumatica.
— **(power driven — table)** (*macchine ut.*), tavola girevole motorizzata.
— **temple** (*tess.*), tempiale (*m.*) rotativo.
— **tower crane,** gru a torretta girevole.
— **tube cutting-off machine** (*macchin. ut.*), troncatrice (*f.*) a tubo rotante.
— **type transfer machine** (*macch. ut.*), macchina a transfer rotante

rotary valve, valvola (*f.*) rotativa.
— **valve engine,** motore (*m.*) con distributore rotante.
— **wing,** ala (*f.*) rotante.
rotate, *v.i. v.a.*, rotare *v.i. v.a.*; fare rotare.
— **the tires** (*auto*), procedere alla rotazione dei pneumatici.
— **through 90°,** rotare (*v.a.*) di 90°.
rotating beacon (*radio*), radiofaro rotante (*o* girevole).
— **chair for medical examination** (*astron.*), sedia rotante per esami medici.
— **electrical machine,** macchina (*f.*) elettrica rotante.
— **field** (*elet.*), campo rotante.
— **file,** lima (*f.*) rotativa.
— **hysteresis,** isteresi (*f.*) rotante.
— **mass,** massa (*f.*) rotante.
— **shears** (*met.*), cesoia (*f.*) rotativa.
— **shutter** (*fis. atom.*), otturatore (*m.*) rotativo.
rotation, rotazione *f.*; v. **job** —.
— **of crops** (*agr.*), rotazione (*f.*) delle colture.
rotative moment, momento (*m.*) di rotazione.
rotatory, *agg.* rotatorio.
— **power,** potere (*m.*) rotativo.
rotawiper (*marine windscreen wipers*) (*naut.*), tergicristallo rotante.
rotenone (*chim.*), rotenone *m.*
roto wall cleaner (*petrol.*), raschiatore (*m.*) rotativo.
rotogravure, rotocalco *m.*
— **coating** (*carta*), patinatura rotocalco.
rotor, àncora (*f.*) di elettromagnete; rotore *m.* (*elet.*); indotto *m.* (*elet.*); ruota di turbina; ruota a palette; ruota motrice; girante *f.* (*pompe*); rotore *m.* (di elicottero).
— **blade** (*aereo*), pala (*f.*) del rotore.
— **blade tip** (*elic.*), punta (*f.*) della pala del rotore.
— **core** (*elet.*), nucleo di rotore.
— **diameter** (*elicot.*), diametro (*m.*) del rotore.

rotor downwash (*autogiro*), deflessione del rotore.
— **head** (*elicot.*), testa (*f.*) del rotore.
— **hub** (*elicot.*), mozzo (*m.*) del rotore.
— **plane** (*aereo*), vedi: **rotorcraft.**
— **reactance,** reattanza (*f.*) rotorica.
— **resistance,** resistenza (*f.*) utile rotorica.
— **-ship,** rotonave *f.*
— **wheel back face,** parte posteriore della ruota della turbina.
— **winding,** avvolgimento (*m.*) rotorico.
rotorcraft (*elicot.*), aeromobile a uno o più rotori (o ad ala rotante); aerogiro *m.*
rotten, *agg.* marcio; cariato.
rottenness, putrefazione *f.*
rotting of wood, carie (*f. pl.*) del legno.
rouge (*used as a polish for metals*), minio *m.*
rough, *agg.* ruvido; approssimato; greggio; grosso; non lavorato; corrugato (*di superficie*); scabro (*riferito a pareti di tubi*).
— *v.a.* irruvidire.
— (*v.a.*) **cast,** rinzaffare *v.a.*
— **atomic weight** (*fis. atom.*), peso (*m.*) atomico in cifra tonda; numero (*m.*) di massa.
— **cast plastering,** intonaco (*m.*) rustico.
— **casting,** getto (*m.*) grezzo.
— **chipping** (*fond.*), sbavatura *f.*
— **contact path** (*elet.*), superficie ineguale di contatto.
— **diamond,** diamante (*m.*) greggio.
— **drill,** sbozzare (*v.a.*) al trapano.
— **file,** lima (*f.*) da sgrosso; lima (*f.*) a taglio grosso.
— **-forge** (*met.*), sbozzare (*v.a.*) alla forgia.
— **grained wheel,** mola (*f.*) a grana grossa.
— **grind,** sgrossare (*v.a.*) alla mola.
rough grinding (*macch. ut.*), sgrossatura (*f.*) alla mola.
— **ground,** terreno (*m.*) accidentato.
— **hew** (*v.a.*) **(the timber),** sgrossare *v.a.* (legname).
— **lavorations,** lavorazioni (*f.pl.*) gregge.
— **machine,** sgrossare *v.a.*
— **machining** (*mecc.*), sgrossatura *f.*
— **pierced tube blank** (*met.*), massello (*m.*) forato.
— **plane,** sbozzare (*v.a.*) con la pialla; lavorare (*v.a.*) dal greggio.
— **rice,** risone *m.*
— **steel,** acciaio grezzo.
— **tooth,** dente (*m.*) greggio di fusione.
— **turn,** sgrossare (*v.a.*), al tornio.
— **turning,** sbozzatura *f.* (al tornio); sgrossatura *f.* (al tornio).
roughen, *v.a.* irruvidire.
rougher, laminatoio (*m.*) sgrossatore; operaio (*m.*) sgrossatore; (*met.*), gabbia (*f.*) sbozzatrice.
— **(four-high —)** (*met.*), gabbia quarto sbozzatrice.
— **(two-high —)** (*met.*), gabbia duo sbozzatrice.
«roughers» (*min.*), compartimenti (*o* celle) di una flottatrice, dove avviene la prima concentrazione del minerale.
roughing lathe (*macch. ut.*), tornio (*m.*) da sgrossare.
— **operation,** sgrossatura *f.*
— **pass** (*met.*), passata (*f.*) preparatrice; calibro (*m.*) per lingotti.
— **stand,** gabbia (*f.*) sgrossatrice (di laminatoio).
— **tool,** utensile (*m.*) sbozzatore; utensile (*m.* per sgrossare; (utensile per sbozzare).
— **work** (*met.*), lavoro (*m.*) di sgrossatura.
roughness, stato grezzo; asperità *f.*; ruvidità *f.*; irregolarità (di superficie); (*met.*), rugosità *f.* (della superficie metallica).

roughness (deph of —) (*met.*), profondità della rugosità.
roulette, brunitoio a rotella (incisione in rame).
round, colpo *m.* (di armi da fuoco); (*met.*), tondo *m.*; (*min.*), volata (brillamento simultaneo di più mine disposte secondo schemi-tipo, per avanzamento in gallerie o scavo di pozzi nelle miniere); (*inform.*), arrotondamento.
— *agg.* rotondo.
— *v.a.* arrotondare.
— **bar-iron,** ferro (*m.*) tondo.
— **bastard file,** lima (*f.*) rotonda bastarda.
— **blunt bastard file,** lima (*f.*) rotonda parallela bastarda.
— **broach,** broccia (*f.*) per finire fori rotondi.
— **die,** filiera rotonda.
— **down (to —)** (*mat.*), arrotondare in meno.
— **elbow,** tubo (*m.*) a gomito.
— **-end key,** chiavetta (*f.*) ad angoli rotondi.
— **faced tool,** utensile (*m.*) tondo.
— **file,** lima (*f.*) rotonda.
— **head bolt,** chiavarda (*f.*) a testa rotonda; bullone (*m.*) a testa rotonda.
— **head rivet,** chiodo (*m.*) a testa rotonda.
— **head screw,** vite (*f.*) a testa a calotta; vite (*f.*) con testa a dado.
— **head wire nails** (*met.*), punte (*f. pl.*) a testa bombata.
— **headed window,** finestra (*f.*) arcuata a tutta monta.
— **hole,** foro (*m.*) rotondo.
— **iron,** ferro (*m.*) tondo.
— **key,** chiavetta (*f.*) rotonda.
— **nose boring tool,** utensile (*m.*) da alesatrice a becco rotondo.
— **nose pliers** (*orol.*), pinze a becchi rotondi.
— **-nose tool,** utensile (*m.*) a becco arrotondato.
— **off,** arrotondare *v.a.*
— **off** (*elettron.*), arrotondamento.
round-off key (*calcol. elettron.*), tasto di arrotondamento.
— **pass** (*lamin.met.*), calibro tondo.
— **reel** (*ind. mol.*), buratto (*m.*) rotondo.
— **second cut file,** lima (*f.*) rotonda mezzo dolce.
— **shoulder** (*orol.*), battuta (*f.*) rotonda.
— **smooth file,** lima (*f.*) rotonda dolce.
— **spirit level,** livella (*f.*) sferica.
— **steeple,** testa (*f.*) tonda.
— **strand rope,** cavo (*m.*) a trefoli rotondi.
— **table** (*convegno*), tavola rotonda.
— **trowel,** cazzuola (*f.*) rotonda.
— **up (to —)** (*mat.*), arrotondare in piu.
roundabout, *agg.*, indiretto; (*strade*) piazza di circolazione; giostra (*o* carosello) (p. es. per un impianto di mungitura meccanica).
roundel, cerchio (disegnato su aeroplani).
rounding cutter, fresa (*f.*) per arrotondare.
— **error** (*elettron.*), errore dovuto al « round off » (*arrotondamento*).
— **machine** (*macch. ut.*), arrotondatrice *f.*; vedi: **gear tooth.**
— **-off error** (*inform.*), errore di arrotondamento.
roundness, rotondità *f.*
— **measuring instrument** (*mecc.*), strumento per la misura della rotondità.
rounds, ferri tondi; gradini.
roustabout (*petrolio*) (U.S.A.), aiutante del conduttore dei lavori di un pozzo petrolifero; operaio non specializzato (*raffineria petrolio*); operaio comune (*perforazione*).
rout out (to —) any form of scale (*met.*), far scomparire ogni traccia di incrostazione.
route, strada *f.*; itinerario *m.*; tracciato *m.*; percorso *m.*; rotta *f.*; (*chim.*, *ecc.*), sistema *m.*; processo *m.*; (*a new route*

to melamine from urea), un nuovo sistema per ottenere l'urea dalla melammina.

route *v.a.* convogliare (trasportare); (*a chain-drive, roller system routes coils to the rolling mill*), un sistema a rulli, a trasmissione a catena, convoglia i rotoli al laminatoio.

— *v.a.* seguire i cicli di lavorazione.

— *v.a.* **traffic,** istradare il traffico.

— **(transportation —),** via (*f.*) di comunicazione.

router, fresa (*f.*) per scanalare.

— **head,** testa (*f.*) portafresa.

— **plane** (*faleg.*), ferro (*m.*) per tracciare.

routine, *agg.* corrente; abitudinale; (*inform., calcol. elettron.*), programma; insieme di istruzioni aventi come scopo l'effettuazione di un ciclo di elaborazione.

— **analysis (*chim.*), analisi (*f.*) comune (*o* corrente).**

— **maintenance,** manutenzione (*f.*) corrente.

— **procedure** (*chim., ecc.*), tecnica (*f.*) classica (*o* consuetudinaria); tecnica (*o* procedura) normale.

— **visit, visita di verifica; visita tecnica.**

routiner (*telef.*), apparecchiatura automatica di prova.

routing (*tip.*), fresatura; (*mecc.*), fresatura *f.*; (*mecc.*), contornitura *f.*; (*inform.*), instradamento *m.* (di messaggi, ecc.).

— **machine** (*tip.*), fresatrice rettificatrice; (*macch. ut.*), contornitrice *f.* (per mat. plastiche, met. e legno).

rove (*tess.*), lucignolo *m.*; stoppino *m.*

roving (*tess.*), lucignolo *m.*; stoppino *m.*

— **bobbin,** spola (*f.*) di preparazione (cotone).

— **can** (*tess.*), vaso portanastri.

— **frame** (*tess.*), banco (*m.*) a fusi in fino.

— **vehicle** (*astron.*), v. **lunar —.**

row (*calcol. elettron., inform.*), colonna (di nastro perforato); linea (di scheda perforata); (*gen.*), fila *f.*; colonna (*di cifre*).

— **-breaker** (*mecc. agr.*), rompitraccia *m.* (di seminatrice).

— **crop tyre,** pneumatico per sarchiare.

— **-marker** (*mecc. agr.*), segnafile *m.* (di seminatrice).

— **of pits** (*met.*), terna di forni.

— **of rivets,** fila (*f.*) di chiodi.

rowing (*tess.*), filatura (*f.*) in grosso; (*sport*), canottaggio *m.*

— **exerciser** (*art. sport*), estensore per esercizio alla rematura.

— **(pair with coxswain)** (*sport*), due con timoniere.

— **(eight-oared shell)** (*sport*), «otto».

rowlock (*naut.*), scalmiera *f.*

royalty (*comm.*), diritto (*m.*) di licenza (*sulla produz., ecc.*),

rub (to —), sfregare (toccare) (riferito a lancette di orol.), ecc.

— **out,** cancellare *v.a.*

— **with pumice stone,** pomiciare *v.a.*

rubbed-in jewel (*orol.*), pietra (*f.*) incastonata.

rubber, gomma *f.*; elastico *m.* (*aereo*).

— **-based paint,** pittura al caucciù.

— **belt,** cinghia (*f.*) di gomma.

— **belting** (*trasportatori*), nastro di gomma.

— **buffer,** guarnizione di gomma.

— **coating** (*ind.*), rivestimento in gomma.

— **cords for shock damping** (*aereo*), corde (*f. pl.*) elastiche per ammortizzamento.

— **core yarn** (*tess.*), filato con anima di gomma.

— **covered cable,** cavo (*m.*) in gomma.

— **diaphragm,** diaframma di gomma.

— **die forming,** imbutitura con cuscino di gomma.

— **-driven canard** (*aereo*), modello (*m.*) canard ad elastico.

— **-driven flying boat** (*aereo*), idromodello (*m.*) ad elastico.

rubber-driven model (*aereo*), modello (*m.*) ad elastico.
— **-driven water-plane** (*aereo*), idromodello (*m.*) ad elastico.
— **envelope,** involucro (*m.*) di gomma.
— **eraser,** gomma (*f.*) per cancellare.
— **faced side strips** (*auto*), modanature laterali con inserti di gomma.
— **flooring** (*in tiles*), pavimentazione in gomma (in piastrelle).
— **hardness,** durezza della gomma.
— **hose,** tubo flessibile di gomma.
— **-insulated cable,** cavo (*m.*) isolato alla gomma.
— **intersecting gill-box 4th. passage** (*tess.*), stiratoio (*m.*) frottatore a pettini 4° passaggio preparazione.
— **intersecting gill-box 5th. passage** (*tess.*), stiratoio (*m.*) frottatore a pettini 5° passaggio preparazione.
— **lined (fire) hose,** naspo (*m.*) rivestito di gomma.
— **lined mild steel tank,** vasca (*f.*) in ferro foderata in gomma (per bagni di nichelatura brillante).
— **lubricants,** lubrificanti ad olio di semi di lino e gomma fusa.
— **packed coupling,** giunto (*m.*) di gomma.
— **packing,** guarnizione (*f.*) di gomma.
— **packing ring,** anello di guarnizione di gomma.
— **-plated metal,** metallo con rivestimento di gomma (*ad elettrodeposiz. o coagulazione ionica*).
— **porcupine box** (*tess.*), stiratoio (*m.*) frottatore di preparazione.
— **-powered model** (*aereo*), modello (*m.*) ad elastico.
— **reclaiming,** rigenerazione della gomma; depolimerizzazione della gomma.
— **softener,** ammorbidente della gomma.

rubber solvent (*chim.*), solvente per la gomma.
— **-sponge,** gommaspugna *f.*
— **stamp,** timbro (*m.*) di gomma.
— **tube,** tubo (*m.*) di gomma.
rubberize, *v.a.* gommare.
rubberized, *p.p.* (*tess.*), gommato.
— **canvas,** tela gommata.
— **canvas belt,** cinghia (*f.*) di tela gommata.
— **fabric,** stoffa gommata.
— **rollers,** rulli gommati.
— **tape,** nastro (*m.*) gommato.
rubbing noise, sfregamento (rumore di —).
— **stone** (*smalti, ecc.*), pietra abrasiva.
— **surface,** superficie (*f.*) d'attrito.
— **varnish,** vernice (*f.*) da pomiciare.
— **wear** (*mecc.*), usura per attrito.
— **with pumice,** pomiciatura *f.*
rubbish, detriti *m. pl.*; rifiuti *m. pl.*
rubble, pietrisco *m.*
— **filling,** gettata (*f.*) di ciottoli.
— **stone,** ciottolo *m.*
rubidium (*chim.* = Rb), rubidio *m.*
Rubik's cube, cubo magico (gioco di pazienza in origine studiato per ragazzi oltre 10 anni, per provare e sviluppare la loro attitudine logica legata allo spazio e alla materia).
ruby (*min.*), rubino *m.* (per orologi); corindone *m.* (per abrasivi).
— **-copper,** cuprite *f.*
— **laser** (*fis.*), laser a rubino.
— **pin** (*orol.*), bottone del disco (in uno scappamento ad àncora).
rudder (*aereo*), impennaggio (*m.*) verticale; « deriva »; « chiglia » (*f.*); (*naut.*), timone di direzione.
— **angle,** inclinazione del timone.
— **angle indicator** (*naut.*), indicatore dell'angolo di barra del timone.
— **balancing surface** (*aereo*), angolo (*m.*) di compensazione del timone di direzione.

rudder band (*naut.*), v. — **brace.**
— **bar** (*aereo*), pedale *m.*
— **brace** (*naut.*), femminella (*f.*) del timone.
— **control cable** (*aereo*), cavo di controllo del timone di direzione.
— **gudgeons** (*naut.*), femminelle *f. pl.*
— **-head** (*naut.*), maschio (*m.*) del timone.
— **mass balance** (*aereo*), compensatore (*m.*) statico deriva mobile.
— **pedals** (*aereo*), pedaliera *f.*
— **-pintle** (*naut.*), agugliotto (*m.*) del timone.
— **post** (*aereo*), asse del timone di direzione.
— **trim tab** (*aereo*), compensatore (*m.*) dinamico deriva mobile.
— **trunk** (*naut.*), losca del timone.
ruffing (*tess.*), battitura (*f.*) in grosso (del lino).
rufigallic acid (*chim.*), rufigallolo *m.*
rufigallol (*chim.*), rufigallolo *m.*
rufiospin (*chim.*), rufiospina *f.*
rufol (*chim.*), rufolo *m.*
rugged (*met.*, *ecc.*), *agg.*, robusto, solido.
— **in construction** (*mecc.*), di costruzione robusta (solida).
ruggedization (U.S.A.), rendere resistenti materiali elettronici all'umidità, scosse e cambiamenti di temperatura.
ruggedness (*mecc.*), solidità; robustezza.
Ruhmkorff coil (*fis.*), rocchetto di Ruhmkorff.
rule, regola *f.* (*mat.*); regolo *m.*; riga *f.*; (*tip.*), filetto.
— **of the road** (*naut.*), forma coloquiale di: regolamenti per la prevenzione di abbordi in mare (Regulations for Preventing Collisions at Sea).
— **-of-thumb method,** metodo empirico.
— **out,** *v.a.*, stimare *v.a.*; esprimere *v.a.*; rappresentare *v.a.*; eliminare *v.a.*; scartare *v.a.*
rule out all other possible causes, scartare tutte le altre cause possibili.
ruling gradient (*agrim.*), pendenza (*f.*) massima (d'una strada o ferrovia).
— **pen,** tiralinee *m.* (di compasso).
rumble stripes (*traffico*), strisce rumorose.
rumbler, botte (*f.*) rotante per sbavatura.
run (*tess.*) (U.S.A.), titolo della lana (= 1 matassa di 1600 iarde per il peso di 1 libbra); funzionamento; direzione (di filoni); ciclo (*m.*) completo di operazioni; procedimento (*m.*) totale; sostanza per una sola operazione; saggio *m.*; operazione *f.*; serie *f.*; (*tip.*), tiratura *f.*; (*perforazione pozzi petrol.*), distanza perforabile prima di affilare la punta della perforatrice; petrolio estratto (da un pozzo); distillazione di una quantità di petrolio stabilita; qualità di petrolio portata alla distillazione in un tempo stabilito; passata *f.* (*sald.*); stellatura di poppa (*submerged after part of a ship where it narrows*) (*naut.*); rotta *f.* (*naut.*).
— **(to —)** (*inform.*), eseguire (un programma).
— , *v.i.* scorrere (di ruote); funzionare (di macchine), marciare *v.i.*; colare *v.a.* (metalli); gestire *v.a.* (negozi o stabilimenti); circolare *v.i.* (rif. a treni); far servizio *v.i.*; girare *v.i.* (rif. ad ingranaggi); tracciare *v.a.* (allineamenti); versare *v.a.*; prodursi *v.r.*; svilupparsi *v.r.*; (*petrolio*) (U.S.A.), abbassare un tubo (*o* attrezzo) nel pozzo.
— **aground** (*naut.*), andare in secca; incagliarsi.
— **a program** (*inform.*), lanciare un programma (da disco).
— **a solution through,** far (*v.a.*) passare una soluzione in...

run a swab, *v.a.* (*petrolio*), abbassare un pistone in un pozzo.
— **a tank** (*petrolio*), pompare un serbatoio per svuotarlo del petrolio.
— **casing** (*petrolio*), abbassare il tubaggio finchè poggia sulla sua sede.
— **-down** (*petrolio*), distillazione spinta ai residui solidi; processo completo di raffineria del petrolio.
— **down battery,** batteria completamente scarica.
— **-down of man power,** riduzione di manodopera.
— **dry,** svuotarsi *v.r.*; asciugarsi *v.r.*
— **hot,** riscaldarsi *v.r.*
— **in,** *v.a.*, introdurre *v.a.*; versare *v.a.*; fare colare; introdurre (tubi, canne, ecc.) nel pozzo (*petrolio*).
— **-in** (*mecc.*), rodaggio *m.* (*initial run-in* = rodaggio iniziale).
— **into the back of a truck** (*auto*), tamponare un autocarro.
— **into the wind** (*auto*), correre contro vento.
— **light,** funzionare (*v.i.*) a vuoto.
— **off,** *v.a.*; *v.i.*, separare *v.a.*; colare *v.a.* (*liquidi*); fare colare *v.a.*; eliminare *v.a.*
— **of-mine-coal,** carbone « tout-venant » (o grezzo).
— **-of-mine ore** (*min.*), minerale « tout-venant » (o grezzo).
— **-of-mine pyrite** (*min.*), pirite « tout-venant » (o grezza).
— **of paper** (*tip.*), inserzione pubblicitaria in un posto qualsiasi del giornale a discrezione dell'editore.
— **-of-quarry cobs** (*min.*), blocchi (di calcare) da cava, ancora da selezionare (*alla rinfusa*).
— **of the mill** (*mecc.*), non secondo tolleranze; *agg.* corrente; ordinario; di qualità mediocre.
— **out** (*aereo*), corsa (*f.*) di lancio.
— **out,** *v.a.*, fare colare.
— **-out roller table** (*met.*), piano a rulli di evacuazione; tavola a rulli di uscita.
run on (*tip.*), tiratura *f.*
— **out of gas** (*aereo*) (U.S.A.), restare senza benzina.
— **out of truth,** non girare (*v.i.*) a tondo (*mecc.*) (riferito al pezzo).
— **out side** (*mecc.*), lato evacuazione.
— **steel,** ghisa (*f.*) malleabile.
— **through,** *v.a.*, passare (mediante filtrazione) *v.a.*
— **to coke** (*petrolio*) (U.S.A.), distillare le frazioni del petrolio grezzo fino al coke.
— **true,** girare (*v.i.*) a tondo (*mecc.*) (riferito al pezzo).
— **up the ink** (*tip.*), dare l'inchiostro ai rulli.
runaway (*fis. atom.*), perdita (*f.*) di controllo; imballo (*m.*) (di un reattore).
— **inflation,** inflazione (*f.*) galoppante.
— **speed** (*idraul.*), velocità di fuga.
runnability (*inform.*), esecutibilità *f.* (di un programma).
runnable, *agg.* (*inform.*), eseguibile (rif. a programma).
runner, stolone *m.* (*bot.*); imbuto (*m.*) di una colata (*fond.*); colatoio *m.* (*fond.*); asta (*f.*) scorrevole; correntino (*m.*) per pavimenti; rotella (*f.*) di scorrimento; ruota (*f.*) a palette; tramoggia (*f.*) di colata; puntalino *m.* (di un compasso per ingranaggi) (*orol.*); puleggia (*f.*) di guida; puleggia (*f.*) fissa; cursore; ruota (*f.*) intermedia (*ingran.*); (*fond.*), v. **centre —.**
— **gate** (*fond.*), canale (*m.*) di colata.
— **to round end of pivots** (*orol.*), tasso (*m.*) per arrotondare l'estremità dei perni.
runners repairing work (*met.*), lavoro di riparazione dei canali di colata.
running, andamento *m.*; parte *f.* (*chim.*); frazione *f.* (*chim.*); funzionamento *m.*; scolo *m.*;

marcia *f.*; funzionamento *m.*; esercizio *m.*; (*inform.*), esecuzione, (elaborazione) (gestione) (di un programma *o* routine).

running and feeding system (*fond.*, *met.*), materozzaggio *m.*

— **balance,** equilibrio (*m.*) dinamico.

— **board** (*auto*), pedana *f.*

— **cable** (*ferr. aer.*), fune (*f.*) portante.

— **centre** (*macch. ut.*), punta (*f.*) girevole.

— **channel,** canale (*m.*) di co ata.

— **conditions (under normal — conditions)** (*elet.*), in condizioni normali di funzionamento.

— **cost,** costo (*m.*) di esercizio.

— **costs** (*macch.*), spese di esercizio.

— **crowsfeet,** piè d'oca scorrevole.

— **edge** (*ferr.*), spigolo (*m.*) di contatto; orlo (*m.*) di scorrimento (di rotaie).

— **fit,** accoppiamento (*m.*) libero.

— **head,** tramoggia (*f.*) di colata.

— **head** (*ferr.*), fungo (*m.*) portante.

— **idle,** marcia (*f.*) a vuoto.

— **-in,** messa in opera; inserzione *f.*

— **-in** (*auto*), rodaggio *m.*

— **light,** marcia (*f.*) a vuoto.

— **of a motor,** marcia (*f.*) di un motore.

— **out,** funzionamento per inerzia.

— **positions,** posizioni (*f. pl.*) di marcia.

— **rail** (*calcestruzzo*), rotaia-forma.

— **repair shed,** carro (*m.*) officina.

— **rigging,** attrezzatura *f.* (di vele) (*naut.*).

— **rope,** fune (*f.*) di sei trefoli, di sette fili ciascuno.

— **shot** (*cinem.*), presa con macch. in movimento.

— **state** (*inform.*), stato operazionale dell'elaboratore (pronto a funzionare, seguendo le istruzioni).

— **test,** collaudo *m.* (prova di collaudo).

running time (*inform.*), tempo di esecuzione (del programma).

— **water,** acqua (*f.*) corrente.

— **without load,** marcia (*f.*) a vuoto.

runnings (first —) (*chim.*), frazioni di testa.

— **(last —),** frazioni di coda (*di distillazione*).

runout (*fond.*), uscita imprevista del metallo fuso dalla forma; (*met.*), svuotamento (sfuggita di metallo dalla lingottiera durante un getto).

— **table,** banco (*m.*) a rulli per metallo laminato; (*met.*), via a rulli di uscita (*laminatoio per nastri, ecc.*); v. **mill — table.**

runway, pista (*f.*) di lancio (*aereo*); via (*f.*) di corsa (*di gru, ecc.*) (*ind.*) (*met.*).

— **lights** (*aereo*), luci (*m. pl.*) di pista.

— **points** (*ferr.*), scambio (*m.*) di uscita.

ruption, rottura *f.*

rupture, rottura *f.*

— *v.i.*, aprirsi *v.r.*; rompersi *v.r.*

— **data** (*tubi ecc.*), dati (*m. pl.*) di rottura.

rural-line substation, sottostazione (*f.*) rurale.

— **-line transformer** (*elet.*), trasformatore (*m.*) per linee rurali.

rusa oil, olio (*m.*) di palmarosa.

rush (*elet.*), aumento (*m.*) brusco.

— **of current** (*elet.*), sbalzo (*m.*) di corrente.

— **very urgent!** (*imballaggi*), urgentissimo.

rushes (*cinem.*), scene girate il giorno prima; le prime stampe della pellicola sulle quali si fa il montaggio; scene di movimento molto rapido.

Russian leather, cuoio (*m.*) di Russia.

rust, ruggine *f.*

— *v.i.* arrugginire; irrugginire.

— **inhibitive property,** proprietà antiruggine.

— **inhibitor,** (liquido) antiruggine.

rust preventer (*corrosione met.*), antiruggine *m.*
— **preventing medium,** mezzo (*m.*) di difesa contro la ruggine; antiruggine *m.*
— **proof,** (*v.a.*) rendere inossidabile.
— **-proof lagging,** rivestimento (*m.*) contro la ruggine.
— **-proofing,** inattaccabile (*agg.*) dalla ruggine.
— **repellant** (*met.*), sostanza antiruggine.
rustless, *agg.* inossidabile.
— **steel,** acciaio (*m.*) inossidabile.
rustrproof (*v.a.*) **a car** (*auto*), rendere resistente alla ruggine una automobile.
rustproofer (*auto, ecc.*), ditta di protezione antiruggine.
rustproofing (*auto ecc.*), protezione antiruggine.
— **company** (*auto, ecc.*), società specializzata nella protezione antiruggine.
rusty, *agg.* rugginoso.
rut (*strade*), solco *m.* (*lasciato dalle ruote di un veicolo*).
ruthenium (*chim.* = Ru), rutenio *m.*
Rutherford-Bohr atom model (*fis. atom.*), modello atomico Rutherford-Bohr.
rutile (*min.*), rutilo *m.*
— **electrode** (*sald.*), elettrodo al rutilo.
— **titanium dioxide,** biossido di titanio rutilo.
Rydberg atom (*elettron.*), atomo di Rydberg.
— **constant** (*fis. atom.*), costante (*f.*) di Rydberg.
rymer, allargatoio *m.*; alesatore *m.*
rye (*bot.*), segale *f.*
— **seed oil,** olio (*m.*) di segale.
Ryolin (*aereo*), materiale termoplastico brevettato (derivato dalla gomma).

S

S-acid, acido (*m.*) amino-naftolo-solfonico, con cui si ricavano materie coloranti.
2 S-acid, acido (*m.*) amino-naftolo-bisolfonico, usato nella preparazione di materie coloranti.
S-rabbet, battuta (*f.*) a S.
S twist (*tess.*), direzione destra (*o* positiva) (di filati ritorti).
sabal oil, olio di sabala (*oil of saw palmetto*).
sabin (*acust.*), sabina (unità di assorbimento acustico).
sabinene, derivato (*m.*) del terpene, presente nell'olio di maggiorana.
sable, pelliccia (*f.*) di zibellino.
saccharate, saccarato *m.*
saccharates (*chim.*), saccarati *m. pl.*
saccharic acid, acido (*m.*) saccarico.
sacchariferous, *agg.* saccarifero.
saccharification, saccarificazione *f.*
saccharify, *v.a.* saccarificare.
saccharimeter, saccarimetro *m.*
saccharimetry, saccarimetria *f.*
saccharin, saccarina *f.* (*chim.*).
saccharoid, *agg.* saccaroide.
saccharometer, saccarometro *m.*
saccharose (*chim.*), saccarosio *m.*
sack, sacco *m.*
— (to —), licenziare *v.a.*
— chute (*ind. mol.*), scivolo (*m.*) da sacchi.
— cleaner (*ind. mol.*), spazzolatrice (*f.*) da sacchi.
— conveyor, trasportatore (*m.*) di sacchi a nastro.
— elevator, montasacchi *m.*
— hoist, montasacchi *m.*
— lift, montasacchi *m.*
— printing machine (*tip.*), macchina da stampa per sacchi.
— tongs, tanaglia (*f.*) per sacchi.
— unloading funnel, tubo (*m.*) di scarico dello scaricatore di grano.
sackcloth, tela da sacco.
sackholder (*ind. mol.*), boccasacco *m.*
sacking (*tess.*), tela da imballaggio.
sacrifical anodes (*met.*), anodi (*m. pl.*) sacrificali (usati ma perduti per proteggere un metallo dalla corrosione).
saddening down, perdita (*f.*) di lucentezza (di superficie dipinta o verniciata).
saddle, corpo del carrello; piattaforma; sella *f.* (di bicicletta); bilanciere *m.*; biella (*f.*) a forma di U (*elet.*); testa mobile (*trapano*); attacco *m.* (per tubi, ecc.) (*elet.*).
— backing, rialzamento *m.* (di trave).
— bar, barra (*f.*) metallica, per sostenere vetri di una finestra.
— clamping (*tornio*), bloccaggio (*m.*) della slitta.
— cover (*motoc.*), coprisella *f.*
— feed handwheel, volantino di alimentazione della slitta.
— feed shaft, albero di alimentazione della piattaforma.
— key, chiavetta (*f.*) concava.
— lead screw, vite madre (*f.*) della piattaforma.
— pillar, reggisella *f.* (*tubo*).
— point (*fis. atom.*), colle (*m.*); colle del potenziale.
— -point deformation (*fis. atom.*), deformazione (*f.*) del colle.
— -point shape (*fis. atom.*), colle (*m.*) del potenziale.
— roof, tetto (*m.*) a due falde (*o* a capanna).
— scaffold, impalcatura (*f.*) sopra il tetto (per lavori di riparazioni).
— -slide, slitta *f.* (*tornio*).
— tank (*motoc.*), serbatoio sotto la sella.
safe, *agg.*, sicuro.
— edge, lato (*m.*) della lima privo di taglio.
— handling, trattamento razionale.

safe-light, lampada (*f.*) rossa (per camera oscura) (*fot.*); lanterna *f.* (per camera oscura).
— **load,** coefficiente (*m.*) di sicurezza.
— **(a — plant),** un impianto sicuro.
safeguard (*ferr.*), controrotaia *f*
safety, sicurezza *f.*; v. **fail-to-safety device.**
— **apparatus,** apparecchio (*m.*) di sicurezza.
— **arch** (*cost.*), arco (*m.*) di scarico.
— **barrier** (*elettron.*), barriera di sicurezza.
— **belt** (*aereo*), cinghia (*f.*) di sicurezza.
— **-bolt,** sicurezza *f.* (di armi); sicura (di fucile).
— **box** (*comm.*), cassetta (*f.*) di sicurezza.
— **cable** (*ferr. aer.*), fune (*f.*) di sicurezza.
— **catch,** arresto (*m.*) di sicurezza.
— **centre strip** (*autostrade*), spartitraffico *m.*
— **chamber** (*fis. atom.*), **camera di sicurezza.**
— **clothing,** vestiario di sicurezza.
— **clutch** (*mecc.*), innesto (*m.*) di sicurezza.
— **cutter block,** portautensili (*m.*) a trottola.
— **examination** (U.S.A.) (*auto*), controllo periodico di autoveicoli.
— **explosive,** esplosivo (*m.*) di sicurezza.
— **factor,** coefficiente (*m.*) di sicurezza.
— **film** (*cinem.*), pellicola (*f.*) di sicurezza.
— **finger** (*orol.*), vedi: **guard pin.**
— **fire trap** (*scatole parafuoco, cinem.*), corridoio parafuoco (*o* corridoio contro l'incendio).
— **flap,** animella (*f.*) di sicurezza.
— **footwear,** calzature (*f. pl.*) di sicurezza.
— **fuse** (*elet.*), valvola (*f.*) di sicurezza; valvola *f.*
— **gap,** limitatore (*m.*) di tensione.

safety gasoline, benzina idrogenata con un punto di infiammabilità superiore alle comuni benzine.
— **glass,** vetro (*m.*) di sicurezza; vetro (*m.*) retinato.
— **gloves,** guanti di protezione.
— **goggles** (*miniere, ecc.*), occhiali di sicurezza.
— **helmet,** casco (protettivo).
— **hook,** gancio (*m.*) di sicurezza.
— **island,** salvagente *m.* (per sicurezza dei pedoni).
— **lamp,** lampada (*f.*) di sicurezza (*miniere*).
— **line,** linea (*f.*) di sicurezza.
— **lintel,** architrave (*m.*) funzionante come arco di scarico, usato per proteggere un altro architrave con decorazioni.
— **load,** carico (*m.*) di sicurezza.
— **lock,** serratura (*f.*) di sicurezza.
— **loop,** staffa (*f.*) di sicurezza; (*aereo*), curva di sicurezza (della fune di strappamento).
— **mask (***or* **gas mask)** (*miniere*), maschera antigas.
— **officer** (*prevenzione infortuni*), addetto alla sicurezza.
— **pin** (*armi*), spina (*f.*) di sicurezza.
— **pulley** (*tornio orol.*), puleggia di sicurezza.
— **precaution,** misura (*f.*) di sicurezza.
— **rail** (*ferr.*), controrotaia *f.*
— **respirator** (*miniere*), respiratore antigas (composto da filtro e da maschera).
— **ring,** anello (*m.*) di sicurezza.
— **rod** (*fis. atom.*), barra (*f.*) di sicurezza.
— **roller** (*orol.*), piccolo disco di sicurezza.
— **shoes,** scarpe di sicurezza.
— **specifications,** prescrizioni (*f. pl.*) di sicurezza.
— **standards,** norme (*f. pl.*), di sicurezza (per centrali nucleari, ecc.).
— **tap,** rubinetto (*m.*) di sicurezza.

safety valve, valvola (*f.*) di sicurezza.
safflower oil, olio (*m.*) di cartamo.
saffron, zafferano *m.*
safranin, safranina *f.*
safranines (*chim.*), safranine *f. pl.*
safrol (*chim.*), safrolo *m.*
sag (*elet.*), freccia *f.* (di linea elett.: distanza fra la conduttura aerea nel suo punto più basso e un punto di sospensione); insaccamento (*vernice*); (*costr.*), cedimento *m.*; (*costr.*), abbassamento *m.*
— *v.a.* incurvare; curvarsi (in basso) per effetto del peso; flettersi *v.r.*
— **allowance** (*naut.*), abbuono d'insaccamento.
sage, salvia *f.*
— **oil** (*med.*), olio essenziale di salvia.
saggar, cassetta refrattaria *f.* (per proteggere la porcellana durante la cottura).
sagged, *p.p.*, abbassato; (*naut.*) insellato.
— **weld** (*sald.*), sfondamento *m.* (eccesso di penetrazione).
sagger, vedi: **saggar.**
sagging (*naut.*), insellamento *m.*; flessione *f.*
— *v.i.* saccare (della fune).
— **at the top** (*cost.*), abbassamento (*m.*) in chiave.
— **beam** (*costr.*), trave (*f.*) inflessa.
— **of the belt,** inflessione (*f.*) della cinghia.
— **of the vault** (*cost.*), abbassamento (*m.*) della volta.
sagitta (*cost.*), concio (*m.*) di chiave.
sagittal, *agg.*, sagittale.
Sagittarius (*astron.*), Sagittario.
sago, sago *m.* (fecola ricavata da certe palme).
sail, *n.*, *v.a.*, *v.i.*, vela *f.*; navigare *v.a. v.i.*
— **-maker,** velaio *m.*
— **-over,** *v.a.*, sporgere (*v.i.*) in fuori (*cost.*).
— **stabilizer canvas rudder** (*aereo*) (U.S.A.), stabilizzatore (*m.*) a vela.
sailcloth, tela per vela.
sailer, veliero *m.*
sailing course (*cost. civ.*), corso (*m.*) di mattoni sporgenti in fuori (per effetto architettonico).
— **ship** (*naut.*), veliero *m.*
— **vessel** (*naut.*), veliero *m.*
— **yacht** (*naut.*), panfilo (*m.*) a vela.
sailplane (*aereo*), aliante *m.*; veleggiatore *m.*
sail-yard (*naut.*), antenna *f.*
sainfoin (*bot.*), lupinella *f.*
saixe, arnese (*m.*) per lavorare le ardesie.
sal acetosella, sale di acetosella.
— **ammoniac,** cloruro di ammonio.
— **Barnit,** tannato di zinco.
— **enixum,** solfato acido di potassio.
— **polychrestum,** solfato di potassio.
— **volatile,** sale (*m.*) volatile.
Salamac, mattonelle di cloruro di ammonio compresso (usato per saldatura, ecc.).
salamander (*cinem.*), stufa mobile usata per riscaldare il teatro di posa; (*met.*), salamandra (*f.*) di forno; (*met.*) (U.S.A.), groppo *m.* (*metallo frammisto a scorie, che rimane sotto il foro di colata in un altoforno*).
salary, stipendio *m.*
— **earning** (*lavoro*), stipendio degli impiegati.
— **level,** livello retributivo.
— **scale,** livello retributivo.
sale, vendita *f.*
— **price,** prezzo (*m.*) di vendita.
sales analysis, analisi delle vendite.
— **development engineer,** ingegnere responsabile vendite.
— **executive,** direttore (*m.*) commerciale.
— **manager** (*di stabilimento*), direttore vendite; direttore commerciale.
— **office** (*comm.*), ufficio (*m.*) vendite.
— **promotion,** promozione delle vendite.

salge metal, lega a base di zinco; metallo salge.
salicin(e) (*chim.*), salicina *f.*
salicyl yellow, giallo di alizarina GG.
salicylanilide (*chim.*), salicilanilide *f.*; aldeide (*f.*) salicilica.
salicylate (*chim.*), salicilato *m.*
salicylic, *agg.* salicilico.
— **acid,** acido (*m.*) salicilico.
salient, saliente *m.*
— **pole** (*elet.*), polo (*m.*) saliente.
— **-pole synchronous machine** (*elet.*), macchina (*f.*) sincrona a poli salienti.
salifiable, *agg.* (*chim.*), salificabile.
salification, salificazione *f.*
saliformin (*med.*), saliformina *f.*
salify, *v.a.* salificare.
saligenin (*med.*), saligenina *f.*
saline, *agg.* salino.
salinity, salinità *f.*
salinometer, idrometro (*m.*) per la misura della densità dell'acqua marina.
sally, angolo (*m.*) tagliato nella estremità di un legname; vedi: **salamander** (*cinem.*).
salmiac (*chim.*), cloruro (*m.*) di ammonio.
salmon canning industry, industria scatolamento salmone.
— **oil,** olio (*m.*) di salmone usato per saponi e lubrif.
salol (*chim.*), salicilato (*m.*) di fenile; salolo *m.*
salon (main —) (*yacht*), salone principale.
saloon, automobile (*f.*) a guida interna; berlina *f.* (*auto*).
— **bar** (*auto*), bar di un salone automobilistico.
— **-cum-estate car** (*auto*), automobile di grandi dimensioni berlina-familiare con portellone posteriore.
saloop, sassafrasso *m.*
salophen (*chim.*), salofene *m.*
salpetre, salnitro *m.*; nitro *m.*
salt, sale *m.*
— **bath,** bagno (*m.*) di sale.
— **bath brazing,** brasatura (*f.*) in bagno salino.
salt bath furnace (*met.*), forno (*m.*) a bagno di sale.
— **cake** (*chim.*), solfato (*m.*) di sodio commerciale.
— **glaze,** smalto (*m.*) di laterizi (tubi, ecc.) ottenuto coprendo l'oggetto di sale, nella fornace.
— **-glazing** (*ceramiche*), smaltare a vetrino (col sale).
— **line** (*chim.*), aumento di conduttività (durante titolazione) dovuto a formazione di sale.
— **mine,** salina *f.*
— **of amber,** acido (*m.*) succinico.
— **of norton** (*m.*) tetracloruro di platino.
— **of sorrel,** sale di acetosella.
— **of tartar,** sale di tartaro; carbonato (*m.*) di potassio.
— **pastes** (*lotta contro le polveri*) (*min.*), impasti (*m. pl.*) salini.
— **silo** (*costr.*), silo per sale.
— **-spray test** (*corrosione met.*), prova in presenza di nebbia e spruzzi salini.
— **water,** acqua (*f.*) salsa.
— **water mud** (*petrol.*), fango (*m.*) salino.
— **water plating,** placcatura senza corrente esterna (essendo generata dal bagno di placcatura).
— **-works,** salinatura *f.*
salting, vedi: **salt-glazing.**
— **in,** aumentare la solubilità nell'acqua con speciali sostanze.
— **out,** precipitazione di un elettrolito debole dalla sua soluzione acquosa.
saltpeter (*chim.*), nitrato (*m.*) di potassio.
salty, *agg.* salino.
salvage (*ind.*) (*naut.*), materiale di ricupero; (*naut.*), salvataggio *m.*; compenso per salvataggio (della nave o del suo carico).
— **charges** (*astron.*) (*naut.*), spese di salvataggio (*o* ricupero materiale, p. es. di satelliti).
— **drain** (*fis. atom.*), canalizzazione (*f.*) di ricupero.

salvage run into space (*astron.*), operazione di ricupero nello spazio.
— **value of material,** valore (*m.*) di ricupero del materiale.
— **(to —),** ricuperare.
salvaged, *p.p.* ricuperato.
salvo (*mil.*), (*to launch two missiles in —*), lanciare due missili contemporaneamente.
sam (to —), trattare cuoio con acqua.
samarium (*chim.*), samario *m.*
samarskite (*min.*, *fis. atom.*), samarschite *f.*
samel bricks (*cost.*), mattoni (*m.*) di rifiuto (mattoni albasi).
samiresite (*fis. atom.*), samiresite *f.*
sample, campione *m.* (di merci); saggio *m.*; *v.a.* campionare.
— **all-level,** campione (di petrolio, ecc.) preso in fondo al recipiente; **upper —, campione** preso a un punto 10% sotto il pelo del liquido (petrolio, ecc.); **middle —,** campione « medio » (50% sotto il pelo del liquido).
— **number,** numero (*m.*) del campione.
— **of sand,** campione (*m.*) di sabbia.
— **piece** (*met.*), provino m.
— **weighing scales,** bilancia (*f.*) di precisione.
— **(high-iron-content —),** campione ad alto titolo in ferro.
sampler (*elet.*), commutatore elettronico di colori; (*min.*), sonda (*f.*) campionatrice; (*met.*, *ecc.*), addetto al prelievo dei provini.
sampling (*tess.*) (*min.*), campionatura *f.*; prelevamento di un campione (per l'analisi); campionamento *m.*; (*elet.*), commutazione elettronica di colori; (*met.*, *ecc.*), prelievo della provetta; presa di campione.
— **demonstration** (*comm.*), degustazione *f.* (di prodotti in negozi).
sand, sabbia *f.*
sand (to —), smerigliare *v.a.*; sabbiare *v.a.*; carteggiare (*vernici*).
— **acid** (*chim.*), acido (*m.*) idrofluosilicico.
— **and gravel washer,** lavatrice (*f.*) per sabbia e ghiaia.
— **and gravel washing machine,** lavatrice (*f.*) per sabbia e ghiaia.
— **-bank,** secca *f.* (banco di sabbia).
— **bath,** bagno (*m.*) di sabbia.
— **blast,** getto (*m.*) di sabbia (per sabbiare, per pulire, scrostare getto, ecc.).
— **blast apparatus,** macchina (*f.*) a getto di sabbia.
— **blast nozzle,** ugello (*m.*) per getto di sabbia.
— **blast room,** cabina (*f.*) del getto di sabbia.
— **blast unit** (*ing. min.*), unità (*o* impianto) per sabbiatura.
— **blaster,** sabbiatrice *f.* (*macch. per sabbiare*).
— **blasting,** metodo (*m.*) per pulire o scrostare getti con getto di sabbia; sabbiatura (*f.*) a getto meccanico.
— **blasting machine,** sabbiatrice *f.* (*macch. per sabbiare*).
— **-box,** sabbiera *f.* (*loc.*); cassa (*f.*) della sabbia.
— **-cast** (*met.*), colato in sabbia.
— **casting** (*fond.*, *met.*), colata in sabbia.
— **castings,** getti colati in sabbia.
— **distribution machinery** (*fond.*), macchine (*f. pl.*) per la distribuzione della sabbia.
— **dressing machine,** macchina (*f.*) per la lavorazione della sabbia.
— **elevator,** elevatore (*m.*) di sabbia.
— **filter** (*chim.*, *ecc.*), filtro a sabbia.
— **finished brick** (*ceram.*), mattone finito con sabbiatrice.
— **free from clay,** sabbia (*f.*) senza argilla.
— **-glass** (*naut.*), clessidra *f.*
— **holder,** cassa (*f.*) della sabbia.
— **inclusion** (*met.*), inclusione di terra (terra di formatura inglobata nel getto).

sand-lime brick (*cost.*), mattone (*m.*) composto di sabbia e calce spenta.
— **line,** fune (*f.*) di sei trefoli di sette fili ciascuno.
— **mechanical spreader** (*mecc.*), spargisabbia *m.*
— **-mixing machine,** mescolatrice (*f.*) per sabbia.
— **mould,** forma (*f.*) di sabbia.
— **moulding** (*fond.*), formatura in sabbia.
— **off,** *v.a.* rifinire con carta vetro.
— **paper,** carta smeriglio.
— **paper (to —),** smerigliare *v.a.* (con carta smeriglio).
— **pit,** cava (*f.*) di sabbia.
— **processing machine,** vedi: **sand dressing machine.**
— **-pump dredger,** draga (*f.*) pompa.
— **reclamation plant,** impianto (*m.*) per la rigenerazione della sabbia (*fonderia*).
— **recovery,** ricupero (*m.*) della sabbia.
— **roll** (*tess.*), cilindro avvolgitore.
— **rubbing machine,** molazza *f.*
— **spreader** (*macch. stradali*), spargisabbia *m.*
— **tempering,** rinvenimento (*m.*) alla sabbia.
— **-trap** (*fabbricazione carta*), sabbiera *f.*; separasabbia *f.*
sandal brick (*cost.*), mattone (*m.*) di rifiuto; mattone difettoso.
sandalwood, (cuore del) legno di sandalo (usato in tintoria, vernici, cosmetici, ecc.).
— **oil,** olio (*m.*) essenziale di legno di sandalo.
sandarac, sandracca *f.*
— **gum,** sandracca *f.*
sandbag (to —), ostruire con sacchi di sabbia.
sandblast cleaning (*met., ecc.*), pulitura mediante sabbiatura.
— **cleaning room** (*met.*), reparto (*m.*) sabbiatura.
sandblasted finish, finitura (della superficie) mediante sabbiatura.
sandblasting, sabbiatura *f.*
sandbobbing, sabbiatura con abrasivi.
sandel wood oil, olio (*m.*) essenziale di legno di sandalo.
sander, sabbiatrice *f.*; politrice *f.*; smerigliatrice *f.*; levigatrice *f.*
sanding, smerigliatura *f.*; (*vernice*), carteggiatura *f.* (smerigliatura di superficie per applicare una pittura).
— **block,** tampone (*m.*) di cartavetro.
— **machine,** sabbiatrice *f.*; smerigliatrice *f.*
— **up of the well,** insabbiamento (*m.*) del pozzo.
sandpaper, carta (*f.*) smeriglio.
sandrac resin, sandracca *f.*
sandslinger (*fond.*), lanciaterra *f.*
sandstone, arenaria *f.*; pietra (*f.*) arenaria; grès *m.*
sandwich (*cost.*), pannello a sandwich; sandwich.
— **beam,** trave (*f.*) in legno, armata di una lamiera di ferro.
— **courses** (*università ecc.*), corsi (*m. pl.*), a tempo parziale.
— **film** (*fot.*), pellicola (*f.*) con due emulsioni.
— **method** (*fond., trattam. ghise*), metodo a cuscinetto.
— **plate** (*met.*), lamiera sandwich.
— **structures,** strutture metalliche « sandwich ».
— **(to —),** inserire; (*a disc sandwiched between two pieces of brass*), disco inserito fra due pezzi di ottone.
sandy, *agg.* sabbioso.
— **clay,** argilla (*f.*) magra.
— **marl,** marna (*f.*) arenacea.
— **soil,** terreno (*m.*) sabbioso.
sanforized, *p.p.* (*tess.*), sanforizzato.
sanforizing, processo di « sanforizzazione » (*a controlled shrinking process used on cotton goods,, etc.*).
— **assistant,** ausiliare di sanforizzazione.
sanitary engineering, ingegneria sanitaria.
— **fittings,** articoli (*m. pl.*), sanitari.

Saniter process, procedimento per togliere lo zolfo della ghisa, allo stato fuso (con calce o cloruro di calcio).
sanitize (to —), disinfettare (stanze ecc.).
santal wood oil, vedi: **sandel —.**
Santicizer, materiale plastificante brevettato.
Santocure, santocure (accelerante della gomma, della Monsanto).
Santoflex, materiale brevettato antiossidante della gomma.
santonin, santonina *f.*
Santorin, pozzolana (*f.*) naturale.
— cement, santorino *m.*
— earth, pozzolana naturale.
sapond., abbrev. di: *saponified* (saponificato).
sapong., abbrev. di: *saponifying* (saponificazione).
saponifiable, *agg.* saponificabile.
saponification, saponificazione *f.*
— number (*chim.*), numero di saponificazione (numero di milligrammi di idrossido di potassio richiesti per saponificare 1 g di campione).
saponify, *v.a.* saponificare.
saponine, saponina *f.*
saponite (*min.*), saponite *f.*
sapphire, zaffiro *m.*
— quartz (*min.*), quarzo (*m.*) zaffiro; pseudo zaffiro.
sappy wool, lana (*f.*) con troppo grasso.
saprophyte, saprofito *m.*
sapstain (*bot.*), scoloramento (*m.*) prodotto nell'alburno di alberi abbattuti; macchia di linfa.
sapwood, alburno *m.*; libro *m.* (*bot.*).
sardine oil, olio di sardine.
sardonyx (*min.*), sardonica *f.* (varietà nera o bianca di calcedonio).
sarking felt, feltro (*m.*) bituminoso collocato sotto le tegole o le ardesie.
S. A. S., solfato di alluminio di sodio.
sash, battente *m.* (di finestra).
— bar, ferro (*m.*) per spranghe.
sash cord, fune (*f.*) di sei trefoli con 7 fili e con anima in canapa.
— divided into panes, battente (*m.*) suddiviso in vetri.
— rail (*cost.*), traversa (*f.*) di architrave (di finestra).
— staff, legname (*m.*) per battenti.
— window, finestra (*f.*) a saracinesca (*o* all'inglese); finestra (*f.*) a battenti (rotanti verticalmente).
sassafras (*bot.*), sassafrasso *m.*
— oil, olio essenz. di sassafrasso.
sassolite (*min.*), sassolite *f.*
sateen (*tess.*), rasetto *m.*; satinetto *m.* (*con superficie a trama*).
satellite, satellite *m.*; (*astron.*), v. **bombardment —; meteorological —; military —; privately-run —; reconnaissance —; scientific —; solar —; steerable —; weather —.**
— aerial (*comunicazioni*), antenna ricevente di un satellite.
— -borne radio telescope, radiotelescopio portato da un satellite.
— communications, comunicazioni tramite satelliti.
— communications design engineer, ingegnere progettista di comunicazioni via satellite.
— communications payload engineering, ingegneria pagante delle comunicazioni via satellite.
— connection (*TV*), collegamento via satellite.
— imaging, immagine tramite satellite.
— link (*radio, TV*), collegamento via satellite.
— network (*astron.*), rete di satelliti.
— parked in geosynchronous orbit (*astron.*), satellite parcheggiato in orbita geosincrona.
— receiving station (*comunicazioni*), stazione ricevente di un satellite.
— reconnaissance for mineral deposits (*astron., min.*), ricogni-

zione aerea per mezzo di satelliti per la ricerca di depositi minerali.
satellite rendezvous (*astron.*), appuntamento di satelliti.
— **television** (*TV*), televisione via satellite.
— **town,** città (*f.*) satellite; centro (*m.*) satellite.
— **trajectory,** traiettoria del satellite.
— **(combined communications and weather —),** satellite meteorologico e per telecomunicazioni.
— **(to launch a —)** (*astron.*), lanciare un satellite.
— **(to put a — into orbit),** mettere in orbita un satellite.
satin finish (*met.*), finitura (*f.*) satinata.
— **weave** (*tess.*), raso *m.* (specie di armatura).
saturability, saturabilità *f.*
saturable, *agg.* saturabile.
saturate, *v.a.* saturare.
saturated air, aria (*f.*) saturata.
— **calomel electrode** (*fis. atom.*), elettrodo (*m.*) al calomelano saturo.
— **carbon atom** (*chim.*), atomo di carbonio saturo.
saturated solution (*chim.*), soluzione (*f.*) satura.
— **steam,** vapore (*m.*) saturo.
— **valencies** (*biochimica*), valenze sature.
saturation, saturazione *f.*
— **current** (*termoion.*), corrente (*f.*) di saturazione.
— **curve** (*fis.*), curva (*f.*) di saturazione.
Saturn (*astron.*), Saturno *m.*
saucer-shaped pit (*corrosione met.*), attacco (*m.*) a cicatrice.
sausage antenna, antenna Zeppelin (*radio*) (antenna con un numero di fili connessi in parallelo e disposti a formazione parallela).
— **-filler** (*alim.*), insaccatrice *f.* (per salsicce).
— **-machine,** tritacarne *m.* (per fare salsicce).
save (to —) (*inform.*), conservare; salvare (p. es. un programma sul disco, il contenuto di un registro; porre un programma su una memoria secondaria, onde conservarlo; salvare un programma su nastro, ecc.).
savin (*bot.*), sabina *f.*
— **oil,** olio (*m.*) essenziale di sabina.
savings bank (*finan.*), Cassa di risparmio.
saw, *n.*, sega *f.*
— *v.a.* segare.
— **blade,** disco (*m.*) di sega; lama (*f.*) della sega; nastro (*m.*) della sega.
— **blade gauge,** sagoma *f.*; garbo *m.*
— **-blade grinder** (*macch. ut.*), affilatrice (*f.*) per lame da sega.
— **blade-guide,** guidalame *m.*
— **blade steel,** acciaio per lame di seghe.
— **buckle,** attacco (*m.*) della sega; morsetto (*m.*) di sega.
— **buckle with eccentric adjustment,** attacco (*m.*) ad eccentrico (della sega).
— **carriage,** carrello (*m.*) di una sega.
— **cold,** segare (*v.a.*) a freddo.
— **cut,** taglio (*m.*) prodotto dalla sega.
— **doctoring,** affilatura (*f.*) di seghe.
— **doctor's bench,** banco di controllo per seghe.
— **file,** lima (*f.*) per seghe; lima (*f.*) da sega.
— **frame,** arco (*m.*) per sega.
— **guard,** cappello di protezione della sega.
— **guard adjusting screw,** vite di aggiustaggio del cappello di protezione della sega.
— **mill,** segheria *f.*
— **out,** *v.a.* contornare; traforare; ritagliare.
— **repairer,** operaio addetto alla riparazione delle seghe.
— **rip,** squadra (*f.*) d'appoggio (*o* di guida).

saw setting machine, macchina (*f.*) per allicciare le seghe.
— **sharpener,** affilatore (*m.*) di seghe.
— **sharpening machine,** affilatrice (*f.*) per seghe.
— **spindle,** albero (*m.*) della lama (della sega); asse (*f.*) della sega.
— **tooth,** dente (*m.*) di sega.
— **tooth roof,** tetto (*m.*) a sega.
— **-tooth roof truss,** incavallatura (*f.*) a sega.
— **(sliding frame hot —)** (*met.*), sega a pattino.
sawari fat, burro (*m.*) di noci di Sawarri; olio (*m.*) di noci di Souari.
sawdust, segatura (*f.*) di legno.
sawing and filing machine (*macch. ut.*), segatrice limatrice *f.*; macchina per limare e segare i metalli.
— **machine (semi automatic — machine)** (*macch. ut.*), segatrice semiautomatica.
— **machine,** v. **cold-metal circular —**; v. **hot-metal circular —.**
sawn-off tail (*auto*), coda tronca.
saxony, tipo (*m.*) di stoffa fabbricata con lana d'ottima qualità.
say cast (*lana*), parte di tosatura della coda del montone.
— **ladle** (*fond.*), cucchiaio piccolo con manico lungo per prendere saggi del metallo fuso.
scab (*met.*), imperfezione dei lingotti (*o* getti): sfoglia *f.*; taccone (imperfezione di lingotto o getto, generalm. al fondo del lingotto determinata da colata inadatta).
— **formation** (*fond.*), formazione (*f.*) di tacconi.
scabbing (*strade*), sollevamento difettoso della superficie della carreggiata.
scabbling (*cost.*), sbozzamento (*m.*) di una pietra.
— **hammer,** martello a punta da acconciatetti.
scabby, *agg.* (*met., riferito a cricche*), paglioso.
scad (*min.*), pepita *f.*
scaffold, impalcatura *f.*; impalcatura (*f.*) di montaggio; ponteggio *m.*
— **bridge,** ponte (*m.*) ad impalcatura.
scaffolding, armatura *f.* (impalcatura); ponteggio *m.*
— **standard** (*cost.*), antenna *f.*
scalar field, campo (*m.*) scalare.
— **product** (*elet.*), prodotto (*m.*) scalare.
scald (*med.*), scottatura *f.* (dovuta a liquido bollente o a vapore caldo).
scale, *n.*, scaglia (*f.*) di metallo; piatto (*m.*) di bilancia; incrostatura (*f.*) delle caldaie; doppio decimetro; scala *f.*; bilancia *f.*; gamma *f.* (*acust.*); (*petrolio*), paraffina grezza in scaglie (ottenuta nella raffinazione del petrolio); (*inform.*), scala.
— *v.a. v.i.*, sfaldare *v.a.*; sfaldarsi *v.r.*; scalare *v.a.*; scagliarsi *v.r. v.i.*; incrostare *v.a.*; incrostarsi *v.r.*; disincrostare *v.a.*; tarare *v.a.* (uno strumento).
— **a boiler,** disincrostare (*v.a.*) una caldaia.
— **-beam,** leva (*f.*) di una bilancia.
— **-breaker roll** (*met.*), cilindro rompiscaglie.
— **buildup** (*chim., met.*), formazione di scaglie.
— **copper,** rame in scaglie.
— **correction,** correzione (*f.*) scalare.
— **factor** (*fis. atom.*), fattore (*m.*) di proporzionalità; fattore di similitudine; fattore di scala.
— **-free billet** (*met.*), billetta senza scaglie.
— **model** (*aereo*), modello (*m.*) in scala.
— **of drawing,** scala (*f.*) del disegno.
— **off** (*top.*), ridurre in scala (una misura su carta topografica).
— **of hardness,** scala (*f.*) delle durezze; scala (*f.*) di Mohs.

scale of height, scala (*f.*) altimetrica.
— **pan**, piatto di bilancia.
— **pit** (*met.*), fossa scaglie.
— **producing water**, acqua (*f.*) incrostante.
— **removing machine**, disincrostatrice *f.*
— **wax**, cera in scaglie.
— **(full-scale version)**, versione in scala reale.
scaled down version (*of a pump, etc.*), versione in scala ridotta (*di una pompa, ecc.*).
— **-up version** (*aereo*), versione (*f.*) in scala maggiore.
scalene (*geom.*), *agg.* scaleno.
scaler (*fis. atom.*), scala *f.*; scala di conteggio; contatore *m.*; (*elettron.*), contatore (*m.*) d'impulsi.
scales for draughtsmen, righini (*m. pl.*) millimetrati per disegnatori.
scaling (*met.*), disincrostazione *f.* (*operazione di pulizia delle caldaie*); incrostazione (caldaie) (*deposito che si forma nelle caldaie*); ossidazione di metallo al calore; scagliatura *f.*; sfogliamento *m.* (*vernici.*)
— **circuit** (*fis. atom.*), **circuito** (*m.*) **di conteggio.**
— **down circuit**, circuito (*m.*) demoltiplicatore.
— **factor** (*fis. atom.*), **fattore** (*m.*) d'integrazione.
— **hammer**, martello (*m.*) per disincrostare le caldaie.
— **of iron**, ossidazione superficiale del ferro.
— **resistance** (*met.*) (*caldaie*), resistenza all'incrostazione.
scalp (to) (*minerali*), vagliare (per rimuovere materiali estranei o per separare le parti più grossolane).
scalpel (*med.*), scalpello *m.* (coltello chirurgico).
scalper, buratto *m.*; crivello *m.*; (*met.*), vaglio Scalper.
scalping (*ind. mol.*), prepulitura (*f.*) dei semolini; vagliatura in cui il materiale è di circa il 90% più piccolo della larghezza delle maglie (del vaglio).
scaly, *agg.* scaglioso.
scan (to —) *v.a.*, esaminare *v.a.*; ricercare; analizzare; scandire.
— **area** (*telev.*), area (*f.*) di analizzazione; (*telev.*), superficie (*f.*) di esplorazione.
— **pattern** (*radar*), settore tracciamento.
scandium (*chim.* = Sc), scandio *m.*
scanner (*telev.*), esploratore *m.* v. **disc —**; **drum —**; **optical scanner.**
scanning (*telev.*), esplorazione *f.*; analisi *f.*; scansione *f.*; (*radar*), ricerca; esplorazione; scansione.
— **aperture**, vedi: **scanning hole.**
— **beam** (*telev.*), raggio esploratore (*o* analizzatore).
— **beam azimuth**, azimut (*m.*) del raggio esploratore.
— **beam focus**, fuoco (*m.*) del raggio esploratore.
— **beam position**, posizione (*f.*) del raggio esploratore.
— **disc** (*telev.*), disco di esplorazione.
— **electron (microscope) micrograph**, micrografo di microscopio elettronico analizzatore.
— **electron microscope** (*elettron.*), microscopio elettronico analizzatore.
— **field**, campo (*m.*) di esplorazione.
— **line** (*telev.*), linea (*f.*) d'esplorazione.
— **hole** (*telev.*), foro (*m.*) di un disco analizzatore (attraverso il quale passa il raggio analizzatore).
— **linearity**, linearità di analisi.
— **separation** (*telev.*), passo (*m.*) d'esplorazione.
— **spot** (*telev.*), punto d'esplorazione.
scantling, travetto *m.* (di spessore da 2 a 4 pollici, e di larghezza da 2 a 4 pollici e ½); assicella *f.*; dimensione (*per taglio di legname* o *pietre*).

scantling draught (*or* **draft**) (*naut.*), altezza di immersione.
— **factor** (*specificazioni met.*), fattore di dimensionamento.
— **of tankers** (*naut.*), dimensionamento delle petroliere.
scantlings, dimensioni (*f. pl.*) di sezione (*naut.*); dimensioni (*f. pl.*) di legname; (*naut.*), dimensioni della nave.
scape (*bot.*), càule *m.*
scappling, vedi: **scabbling.**
scapus (*arch.*), scapo *m.*
scar, macchia d'imperfezione (su metallo in getto); (*met.*), attacco (*m.*) a cicatrice.
scarf, giunto *m.* (ammorsatura) (di legnami); orlo di metallo (rastremato) pronto per l'unione con saldatura (*met.*).
— *v.a.* unire (*v.a.*), di punta; aggraffare *v.a.*; collegare (*v.a.*) di punta (innestare); (*met.*), scriccare al cannello.
— **joint,** unione (*f.*) a denti.
— **skin** (*pelli*), cuticola *f.*
— **welding,** saldatura di punta.
scarfer (*met.*), scarfer *m.*
scarfing (*met.*), togliere difetti superficiali da lingotti con fiamma ossiacet.: scriccatura alla fiamma; smussatura di orli di lamiere; scarfatura *f.*
— **torch** (*met*). (U.S.A.), cannello (*m.*) scriccatore.
scarifier, scarificatore *m.*
scarify (to —) (*agr.*), scarificare.
scarph, parella *f.*
scatter, *v.a.*, diffondere *v.a.*; distribuire *v.a.*; spargere *v.a.*
scattered beam (*fis. atom.*), fascio (*m.*) diffuso.
— **neutrons** (*fis. atom.*), neutroni (*m. pl.*) diffusi.
— **particle** (*fis. atom.*), particella (*f.*) diffusa.
— **radiation** (*fis. atom.*), radiazione (*f.*) diffusa.
scatterer (*fis. atom.*), diffusore *m.*
scattering (*radio telev.*), dispersione *f.*; diffrazione *f.*; (*fis. atom.*), diffusione *f.*; distribuzione *f.*
scattering angle (*fis. atom.*), angolo (*m.*) di diffusione.
— **center** (*fis. atom.*), centro (*m.*) di diffusione.
— **coefficient** (*fis. atom.*), coefficiente (*m.*) di diffusione.
— **collision** (*fis. atom.*), collisione (*f.*) di diffusione.
— **cross-section** (*fis. atom.*), sezione d'urto (*f.*) di diffusione.
— **length** (*fis. atom.*), lunghezza (*f.*) di diffusione.
— **mean free path** (*fis. atom.*), cammino libero medio di diffusione.
— **reaction** (*fis. atom.*), reazione (*f.*) di diffusione.
scavenge, *v.a.* lavare (cilindri di combustione); lavare e purificare il metallo fuso; evacuare (p. es. i gas di scarico) (*mot.*).
— **a cylinder,** lavare (*v.a.*) un cilindro.
— **oil pressure gauge,** manometro di pressione d'olio nel filtro.
— **pump,** pompa (*f.*) di lavaggio.
scavenger (lead —) (*mot.*), antipiombo *m.*
— **roll** (*filatura*), cannetta *f.*
scavenging (*mot.*), lavaggio *m.*; (*auto*), togliere l'eccesso di benzina; (*fis. atom.*), epurazione *f.*
— **agent,** mezzo (*m.*) di lavaggio.
— **air,** aria (*f.*) di lavaggio.
— **machine,** lavatrice *f.* (stradale).
— **pump,** pompa (*f.*) di lavaggio.
scenario (*cinem.*), scenario *m* (canovaccio di una cinematografia, con dialogo e istruzioni).
— **-writer** (*cinem.*), sceneggiatore *m.*
scenarisation (*cinem.*), sceneggiatura *f.*
scenery (*cinem.*) (U.S.A.), vestiario *m.*
scent, odore *m.*; profumo *m.*
scents for masking odours in industrial goods, profumi per mascherare odori sgradevoli in prodotti industriali.
schappe (*tess.*), cascami di seta.
schapping (*tess.*), fermentazione con vaporizzazione (per togliere gomma e sericina alla seta).

schedule, programma *m.* (*di lavoro, ecc.*); tempo fissato (per fare un film) (*cinem.*); distinta *f.* (*prezzi, ecc.*).
— **contract** (*leg.*), contratto (*m.*) a programma.
— **of dilapidations,** elenco delle riparazioni (*m. pl.*) da eseguirsi al termine di un dato periodo di locazione.
— **of machines,** inventario (*m.*) delle macchine.
— **of prices,** distinta (*f.*) dei prezzi.
scheduler (*inform.*), programma preparatore e pianificatore.
scheduling (*inform.*), pianificazione (del lavoro).
Scheele's green, verde (*m.*) minerale; verde (*m.*) svedese; verde (*m.*) di Scheele.
schematic diagram, grafico *m.*
— **flowsheet** (*chim. min., ecc.*), rappresentazione schematica (di processo).
— **furnished** (U.S.A.), « si fornisce grafico ».
scheme (*elet.*), impianto.
Schering bridge (*elet.*), ponte di Schering.
schist, scisto *m.*
schistous, *agg.* schistoso.
schooner, nave (*f.*) goletta.
schreiner finish (*tess.*), lucidatura *f.* (con cilindri).
schreinering (*tess.*), vedi: **schreiner finish.**
Schultz number, numero di Schultz (classificaz. tinte, con numeri).
Schweinfurth green (*vern.*), verde (*m.*) di Schweinfurth.
science, scienza *f.*
— **fiction** (*or* **fantasy),** fantascienza *f.*
— **(information —),** scienza dell'informazione; informatica *f.*
scientific apparatus catalogue, catalogo di apparecchi scientifici.
— **computer** (*calcol. elettron.*), calcolatore (*m.*) scientifico.
— **data,** dati (*m. pl.*) scientifici.
— **field,** campo (*m.*) scientifico.
— **satellite** (*astron.*), satellite scientifico.
scintillation, scintillamento *m.*; (*fis. atom.*), scintillazione *f.*
— **counter** (*fis. atom.*), contatore (*m.*) a scintillazione.
— **probe** (*prospez. uranio*), apparecchio per la ricerca dell'uranio; « sonda per materiali radioattivi ».
— **spectrometer** (*fis. atom.*), spettrometro (*m.*) a scintillazione.
scintillator (*fis. atom.*), scintillatore *m.*
scintillometer (*fis. atom.*), scintillometro *m.*
scintilloscope (*fis. atom.*), scintilloscopio *m.*
scintiscanning (*radiaz.*) (*med.*), scintigrafia *f.* (*diagnostica con uso di traccianti radioattivi*).
scintling (*cost.*), disporre mattoni all'aperto, debitamente intervallati, per l'essiccazione.
sciograph (*dis.*), sezione *f.*
scion (*bot.*), marza *f.* (di innesto).
scissors, forbici *f. pl.*
— **crossing** (*ferr.*), incrocio (*m.*) doppio.
scleroscope, sclerometro *m.*
scontion (*cost.*), mattone (*m.*) di uno stipite.
scoop, gottazza *f.* (*naut.*); lampada con grande raggio (*cinem.*); presa (*f.*) d'aria (*auto*); tazza (*f.*); benna *f.* (*costr.*).
— **chain,** catena (*f.*) d'attacco delle tazze.
— **dredger,** draga (*f.*) a catena di tazze; draga (*f.*) a noria.
— **out,** *v.a.* sgorbiare.
scoops, *pl.* (*cinem.*), lampade (per cinem.) pendenti.
scope, portata *f.*; campo d'azione; tubo a raggi catodici (*o* oscilloscopio) (*radar*); oscilloscopio *m.*; campo *m.* (*di applicazione*); oggetto *m.* (*di una ricerca*).
scopolamine, scopolamina *f.* (alcaloide presente nella *Datura meteloides*).
scorch (to —), abbruciacchiare *v.a.*; scottare.
scorching, generazione e caduta di

elettrodi, fatte con mezzi meccanici (forno ad arco elet.).
score (to —), *v.a.* segnare (con tacche); (*tip.*), scanalare *v.a.*
— storage (*inform.*), memoria intermedia.
scoreboard (*elettron.*) (*sport*), pannello (quadro) elettronico dei risultati (punteggi, corse, ecc.).
scoria, scoria *f.*
scorification, scorificazione *f.*
scorifier, scorificatoio *m.*
scorify (to —), ridurre in scorie.
scoring (*cinem.*), registrazione sonora (su parte muta di un film); (*mecc.*), incollatura *f.*; scorificazione superficiale.
— stage (*cinem.*), sala di sincronizzazione.
Scorpio (*astron.*), Scorpione.
scotch, cuneo per calzare le ruote.
— (to —), rincalzare (*v.a.*) (*o* calzare) ruote.
Scotch bond, assestamento (*m.*) scozzese (con uno strato di pietre messo di punta per ogni tre strati messi di fascia).
— cleaner (*fond.*), uncinetto *m.*
— fir (*Pinus Silvestris*), pino *m.*; legname (*m.*) di pino.
— hearth, forno (*m.*) per la fusione di minerali di piombo.
— pine, pinastro *m.*
— staff (*agrim.*), stadia *f.* (in tre parti).
— trowel, cazzuola (*f.*) per fonderia.
Scotchite (*min.*), materiale riflettente brevettato per segnali nelle miniere.
scotia (*arch.*), scozia *f.* (tipo di modanatura).
scour, *v.t.* corrodere (*met.*); lavare.
scoured silk, seta (*f.*) lavata.
— wool, lana lavata a fondo.
scourer (*ind. mol.*), scortecciatrice *f.*; spazzolatrice *f.*
scouring, corrosione; erosione *f.* (causata dall'acqua); lavaggio *m.* (*tess.*) (prima della tintura); lavaggio (della lana); azione corrosiva delle scorie sul rivest. di un forno o focolare (*met.*); (*ambienti di corrosione*), dilavamento *m.* (della pioggia).
scouring cinder (*met.*), scoria che intacca il rivestim. di un forno.
scouter (*aereo*), apparecchio (*m.*) da ricognizione.
scouting (*petr.*), pozzo (*m.*) esplorativo.
— plane, aeroplano (*m.*) esploratore.
scram (*fis. atom.*), interruttore (*m.*) d'emergenza.
— rod (*fis. atom.*), barra (*f.*) d'arresto d'emergenza.
— switch (*fis. atom.*), commutatore di « arresto istantaneo ».
scrambler, dispositivo (*m.*) usato per mantenere la segretezza in una conversazione radiotelef.
scrap (*met.*), rottame *m.*; sfrido; *v.a.* scartare (*una macchina, ecc.*); passare al rottame; (*naut.*), demolire.
— analysis (*met.*), analisi del rottame.
— a station (*programmi ferr.*), demolire (*o* mettere fuori servizio) una stazione.
— baling (*met.*), impacchettatura rottami.
— baling press (*met.*), pressa per pacchettare rottami.
— bay (*acciaieria*), campata rottame.
— bin (*met.*), cassa (*f.*) per rottame.
— box (*met.*), cassa per rottame.
— box transfer car (*met.*), carro trasferitore rottame.
— bundling press (*mecc.*), pressa (*f.*) per pacchettare sfridi o rottami.
— car (*auto*), auto destinata a rottame.
— charge (*met.*), carica di rottame.
— charging (*met.*), carica del rottame.
— charging box handling crane (*met.*), gru per casse di rottame.
— charging car (self-propelling — charging car) (*met.*), carro au-

tomotore per caricamento del rottame.
scrap charging machine (*met.*), caricatrice di rottame.
— **collection** (*met.*), raccolta di rottame.
— **cutter** (*met.*), cesoia sfridi.
— **dispatching** (*met.*), smistamento di rottame.
— **handling** (*acciaieria*), movimento del rottame.
— **hanging (to the side walls)** (*nel forno met.*), impuntamento del rottame.
— **industry,** industria (*f.*) del rottame.
— **iron,** rottami (*m. pl.*) di ferro.
— **mark** (*comm.*) (U.S.A.), mercato (*m.*) del rottame.
— **market,** mercato del rottame.
— **material,** materiale di scarto.
— **-metal shears** (*met.*), cesoia (*f.*) tagliarottami.
— **pre-heating** (*met.*), preriscaldo del rottame.
— **preparation** (*met.*), preparazione (*f.*) del rottame.
— **processing** (*met.*) (U.S.A.), lavorazione (*f.*) del rottame.
— **processing press** (*met.*), pressa per la lavorazione del rottame.
— **recovery** (*met.*), ricupero di rottame.
— **regeneration installation** (*met.*), impianto rigenerazione rottami.
— **shearman** (*met.*), addetto ad una linea di cesoiatura del rottame.
— **shears** (*met.*), cesoia tagliarottami; tagliasfridi *f.*
— **sorting** (*met.*), scelta di rottame.
— **storage yard** (*met.*), parco (*m.*) rottami.
— **transfer car** (*met.*), carro alimentatore rottame.
— **view** (*dis.*), veduta (*f.*) parziale.
— **waste** (*fis. atom.*), residui *m. pl.*
— **weight** (*met.*), peso del rottame.
— **yard** (*met.*), campata rottami.
— **(shredded —)** (*met.*), rottame trinciato.
— **(to cut up for —),** ridurre in rottame.

scrape, *v.a.* raschiettare; raschiare.
— **off,** *v.a.* raschiare via *v.a.*
scraper, anello (*m.*) raschiaolio; raschietto *m.*; raschino *m.*; sbavatore *m.*; (*macch.*), ruspa *f.*; (*petrolio*), raschiatore delle pareti del foro.
— **blades,** palette (*f. pl.*) dello sbavatore.
— **disc,** raschiatore *m.*
— **plough** (*min. carbone*), piallatrice scraper.
— **ring** (*auto*), anello (*m.*) raschiaolio.
— **(forward dumping —),** ruspa a scarico anteriore.
— **(rotary —),** ruspa ruotante.
— **(rear dump —),** ruspa a scarico posteriore.
— **(wagon —),** ruspa a vagone.
scraping, raschiettatura *f.*; raschiatura *f.*
— **cutter,** spina *f.* (utensile); utensile (*m.*) per cave da chiavetta.
— **cutter for keyways,** spina (*f.*) per cave da chiavetta.
— **out cutter,** spina (*f.*) portautensili.
— **out of holes,** spinatura (*f.*) dei fori.
scrapped heats (*fond.*), colate *f.*) *pl.*), scartate.
scrapping (*met.*), passare a rottame; scartare; (*auto, ecc.*), rottamazione *f.*
scratch (*met.*), rigatura *f.* (sottile solco allungato senza asportaz. di metallo); (*gen.*), graffio *m.*; (*inform. ecc.*), minuta *f.*; brutta copia; block-notes (per appunti di lavoro); (*audio*), filtro attenuante le frequenze alte.
— *v.a.* raschiare.
— **brushed finish** (*met.*), finitura (*f.*) satinata (*ottenuta con spazzole a setole metalliche*).
— **file** (*inform.*), archivio di lavoro.
— **filter,** filtro arresta fruscio.
— **-gauge,** truschino a mano.
— **hardness** (*met.*), durezza (*f.*) allo sclerometro; durezza (*f.*) Mohs.

scratch pad memory (*inform.*), memoria di lavoro.
— **resistant,** resistente ai graffi.
— **(to —) the mike,** toccare un microfono per far sentire se funziona.
scratches (*cinem.*), titoli (*m. pl.*) provvisori (di film).
scratching, scalfitura *f.*; (*vetro*), graffiatura.
— **test (surface — test)** (*met.*), prova (*f.*) di scalfitura.
scratchproof paint, vernice antigraffio.
screamer bomb, bomba (*f.*) sibilante.
screen, crivello (*m.*) per carbone; schermo *m.*; (*aereo*), ostacolo (anche immaginario) al decollo o all'atterraggio; (*tip.*), retino *m.*; *v.a.* (crivellare) vagliare (carbone, ecc.); funzionare da schermo; filtrare (*raggi*); schermare (*radio*) (*elet.*) *v.a.*; adattare (un'opera) per lo schermo (*cinem.*).
— **analysis** (*fis. atom.*), analisi (*f.*) granulometrica.
— **burning,** graduale perdita di luminosità in uno schermo fluorescente di un tubo a raggi catodici.
— **classifier** (*fis. atom.*), classificatore (*m.*) a vaglio.
— **cloth,** superficie (*f.*) dello staccio.
— **grid,** griglia (*f.*) schermo.
— **holder** (*radiol.*), porta-schermo *m.*
— **modulation,** sistema (*f.*) di modulazione, in cui il potenziale della valvola varia secondo le correnti di modulazione impresse.
— **music** (*cinem.*), musica da film.
— **off,** *v.a.* eliminare per mezzo di schermo.
— **pillar** (*auto*), montante (*m.*) del parabrezza.
— **pipe** (*petrolio*), tubo filtro.
— **play** (*cinem.*), adattamento (*m.*) cinematografico.
— **voltage** (*radio*), tensione (*f.*) dello schermo d'una valvola.
screen-wall counter (*fis. atom.*), contatore (*m.*) a parete-schermo.
— **washer** (*auto*), lavavetro *m.*
— **wiper** (*auto*), tergicristallo *m.*
— **(electrically heated —)** (*min.*), vaglio riscaldato elettricamente.
— **(smoke —),** cortina (*f.*) fumogena.
screened antenna (*radio*), antenna (*f.*) schermata.
— **clay** (*ceram.*), argilla passata al vaglio.
— **grid valve** (*radio*), valvola di griglia schermo.
— **liner** (*ind. pet.*), colonna (*f.*) perduta filtrante.
— **ore** (*min.*), minerale setacciato.
— **pentode,** pentodo (*m.*) schermato.
— **twin cable** (*elet.*), cavo bifilare schermato.
— **valve,** valvola (*f.*) schermata.
— **wire,** cavo (*m.*) schermato.
screening (*fis. atom.*), schermo *m.*; vagliatura *f.*; (*cinem.*), proiezione.
— **deck** (*vagliatura*), piano (*m.*) di selezione.
— **effect,** effetto (*m.*) schermo.
— **of coal,** assortimento (*m.*) del carbone.
— **plant** (*min., met.*), v. **ore — plant.**
— **smoke,** prodotto chimico (*m.*) per cortina fumogena.
— **tube,** tubo (*m.*) di schermaggio.
screenings (*ing. civ.*), residui di crivellazione.
screw, *n.*, elica *f.* (*aereo, naut.*); vite *f.*; chiocciola *f.*; v. **self-piercing and tapping —.**
— *v.a.* avvitare; filettare; serrare.
— **and worm conveyor** (*mecc.*), trasportatore (*m.*) a coclea.
— **a foot-screw up and down,** manovrare una vite a contrasto (cioè farla ruotare contemporaneamente secondo versi opposti).
— **aperture** (*naut.*), pozzo (*m.*) o quadro (*m.*) dell'elica.
— **axes** (*min.*), assi (*m. pl.*) di simmetria.

screw belt fastener, vite (*f.*) per congiungere cinghie.
— **bolt,** perno (*m.*) a vite.
— **cap,** tappo (*m.*) a vite(per tubi).
— **clamp** (*faleg.*), sergente *m.*
— **conveyor** (*ind. mol.*), coclea (*f.*) semplice.
— **-cutting** (*mecc.*), filettaggio *m.*
— **cutting centre lathe** (*macch. ut.*), tornio parallelo per filettare.
— **-cutting dial,** quadrante indicatore dei filetti (*tornio*).
— **cutting engine lathe,** tornio (*m.*) parallelo per viti.
— **cutting lathe,** tornio (*m.*) parallelo per filettare.
— **cutting lever,** leva (*f.*) per filettature.
— **cutting machine,** macchina (*f.*) da filettare; filettatrice *f.*
— **cutting tool,** utensile (*m.*) per filettare.
— **coupling box,** manicotto (*m.*) a vite.
— **dies,** cuscinetti *m. pl.*
— **dislocation** (*met.*), dislocazione a vite.
— (*v.a.*) **down** (*viti e bulloni*), avvitare.
— **driver,** cacciavite *m.*
— **-focusing eyepiece** (*top.*), oculare a regolazione a vite.
— **gearing,** trasmissione (*f.*) a vite; coppia (*f.*) elicoidale.
— **head,** testa (*f.*) di vite.
— **-head milling machine** (*macch. ut.*), fresatrice per teste di viti.
— (*v.a.*) **home,** avvitare (*v.a.*) a fondo.
— **jack,** martinetto (*m.*) a cavalletto.
— **machine,** impanatrice *f.*
— **nut,** dado *m.*
— (*v.a.*) **off** (*viti e bulloni*), svitare.
— **-on filler cap** (*auto*), tappo di chiusura del serbatoio ad avvitamento.
— **pitch gauge,** contafiletti *m.*
— **-plate,** filiera (*f.*) semplice; trafila (*f.*) semplice.
— **plug,** tappo (*m.*) di chiusura.
— **press,** torchio (*m.*) a vite; pressa (*f.*) a vite.

screw propeller, elica (*f.*) di propulsione.
— **rack,** cremagliera (*f.*) a denti elicoidali.
— **riveting machine,** chiodatrice (*f.*) a vite.
— **shackle,** dado (*m.*) filettato (per raccordare barre); manicotto (*m.*) per cavi.
— **shaft,** albero (*m.*) ad elica.
— **spindle,** albero (*m.*) filettato; asta (*f.*) filettata.
— **steamer,** piroscafo (*m.*) ad elica.
— **-stock,** filiera (*f.*) a cuscinetti; cuscinetto (*m.*) per filettare.
— **stock** (*met.*), filo per viteria.
— **stock (steel),** acciaio per viti.
— **-stopper,** bocchettone *m.*; tappo (*m.*) a vite.
— **tap,** maschio *m.*
— **thread,** filettatura *f.*
— **thread-cutting lathe** (*macch. ut.*), filettatrice-tornitrice.
— **-thread dowel** (*ferr.*), caviglia (*f.*) a vite mordente.
— **thread micrometer caliper,** calibro micrometrico a corsoio con vite registrabile.
— **up,** tirare o stringere una vite
— **wheel,** ruota (*f.*) a denti elicoidali; ruota (*f.*) ad elica.
— **-wrench,** chiave inglese a rullino.
screwcutting, filettatura *f.*; filettaggio *m.*
screwed connection, fissaggio (*m.*) con bulloni; accoppiamento (*m.*) a vite; bullonamento *m.*; collegamento (*m.*) a vite; collegamento (*m.*) di tavole per mezzo di viti; unione (*f.*) a viti.
— **pipe joint,** giunto (*m.*) a vite di tubi.
— **rivet,** chiodo (*m.*) filettato.
screwdown (*met.*), vitone *m.*
— **gear** (*mecc.*), meccanismo della vite di discesa.
— **of the finishing train** (*laminatoi, met.*), vitone della gabbia finitrice.
— **position regulator** (*met.*), regolatore posizione vitoni.

screwdown setting (*met.*), regolazione del vitone.
screwing, avvitatura *f.*
— **machine**, filettatrice *f.*
screws for yoke bridge (*orol.*), viti per ponti di bascule.
scribbler (*tess.*), carda (*f.*) per lana.
scribbling (*tess.*), cardatura *f.*
scribe, punta (*f.*) a tracciare.
— (*v.a.*) **a line**, tracciare (*v.a.*) una linea (con la punta a tracciare).
scriber, punta a tracciare.
scribing block (*mecc.*), truschino *m.*
scribophone, sistema video-grafico che permette agli abbonati la trasmissione di messaggi scritti a mano mediante il telefono.
scrieve board (abb. **SB**), piattaforma (*f.*) della sala di tracciamento (fatta di legno o di metallo, usata per registrare i risultati delle operazioni di tracciamento, ecc.).
scrim, tessuto (*m.*) di qualità inferiore, usato nella legatura di libri, ecc.
script (*radio*), copione *m.*; (*tip.*), corsivo inglese; scrittura (testo scritto, considerato rispetto alla stampa); documento originale (*leg.*); informazione in codice di macchina (*inform.*); (*calcol. elettron.*).
— **(machine —)** (*calcol. elettron., inform.*), informazione in codice di macchina.
scriptgirl (*cinem.*), segretaria (*f.*) di edizione.
scriptoscope (*telev.*), scrittoscopio *m.*
scroll, traforo *m.*; (corona) a spirale.
— **chuck** (*tornio*), mandrino (*m.*) autocentrante; (*macch. ut.*), mandrino a corona a spirale.
— **gear**, ingranaggio (*m.*) a dentatura a spirale.
— **-saw**, sega a svolgere.
— **thread**, filetto (*m.*) a spirale.
— **(to —) up and down** (*inform.*), spostare (l'immagine) in su e in giù.
scrolling (*inform.*), spostamento *m.* (dell'immagine); scorrimento sul video.
scrooping, dare alla seta una grana rigida.
scrub (*chim.*), lavare *v.a.*; depurare *v.a.*
— **(to —)** (*auto, ecc.*), sfregare (in movimento) (p. es. delle ruote anteriori di un'auto contro il marciapiedi).
— **(to —) a launch** (*satelliti, ecc.*), rinviare un lancio (di satelliti, ecc.).
scrubber (*gas*), decatramatore *m*; (*fis. atom.*), depuratore *m.*; (*carbone*), torre (*f.*) di lavaggio.
— **(floor —)** (*to remove stubborn grease and dirt from rough and uneven floors*) (*mecc.*), lavapavimenti *m.* (per togliere grasso e sporco tenaci da pavimenti ruvidi e irregolari).
scrubbers, depuratori *m. pl.* (apparecchi per la lavatura del gas per liberarlo del catrame, ammoniaca ed idrogeno solforato).
scrubbing tower, torre di depurazione (per es.: *scrubbing towers for removal of arsenic oxides*, torri di depurazione per l'eliminazione degli ossidi di arsenico).
scruff, scoria *f.* (in un bagno di stagnatura).
scruffy surface, superficie (*f.*) difettosa (su superficie stagnata).
scruple (*med.*), scrupolo (*m.*) ($^1/_{24}$ di oncia).
scudding, raschiatura (*f.*) di pelli.
scuff, abrasione *f.*; sfregamento *m.*; usura *f.* (*gomme, ecc.*); consumo *m.*; pregrippatura *f.* (*mecc.*).
sculler (*naut.*), sandolino *m.*
sculptor's plaster, gesso (*m.*) per sculture.
sculpture, *v.a.* scolpire.
scum, scoria (*f.*) superficiale; crosta (*f.*) superficiale cristallina, sul cemento in opera;

(*cost.*) formazione superficiale di cristalli di calcio; efflorazioni *f. pl.*; togliere le scorie *v.a.*; coprirsi (*v.r.*) di scorie.
scumbling (*vernici*), applicazione mediante spazzola.
scumming sulphates (*chim. ind.*), solfati solubili (solfati causanti formazioni superficiali di cristalli di calcio).
scuppers, ombrinali *m. pl.*
s-curve (*met.*), curva indicante il rapporto fra il tempo di decompos. dell'austenite e la temp. alla quale avviene la decomposizione.
scutch, scalpello (*m.*) per muratori.
— *v.a.* scotolare (il lino).
scutcher (*tess.*), macchina per scotolatura (battitoio *m.*).
scutching, scotolatura (*f.*) del lino.
scuttle (*auto*), pannello tra parabrezza e cofano (*the seat is mounted low in relation to the* —), il sedile è montato basso rispetto al pannello superiore del cofano.
S-distortion (*telev.*), distorsione a S.
SD-5, nero di carbone usato nella fabb. di inchiostri da stampa.
sea, mare *m.*
— **bed mining** (*min., diamanti*), ricerca di minerali sul fondo marino.
— **bomber,** idrovolante (*m.*) da bombardamento marittimo.
— **damage,** danno (*m.*) di mare.
— **fighter,** idrovolante (*m.*) da caccia marittima.
— **-harbour,** porto (*m.*) di mare.
— **-launched cruise missile,** missile da crocera lanciato dal mare.
— **level,** livello (*m.*) del mare.
— **-otter,** pelliccia di lontra di mare.
— **reconnaisance,** ricognizione (*f.*) marittima.
— **rescue** (*naut.*), soccorso (*m.*) marino.
sea rescue plane, idrovolante (*m.*) da soccorso.
— **sand,** sabbia (*f.*) marina.
— **terminal** (*petrolio*) (*trasporti*), terminale marino.
— **toilet** (*naut.*) (panfilo), WC marino.
— **-water conversion,** conversione (*f.*) di acqua marina.
— **-weed,** alga *f.*
seadrome, aeroporto galleggiante.
seakeeping qualities (*naut.*), qualità di tenuta marina.
seal, lutare *v.a.*; sigillare *v.a.*; impiombare *v.a.* (un pacco, ecc.); fissare *v.a.* (in un muro, ecc.); sigillo *m.*; guarnizione di tenuta (*rinforzata con inserzioni tessili, ecc.*) (*mecc.*) (*alte pressioni*); tenuta *f.*; materiale (*o* agente) tamponante (*ind. pet.*); (*min.*), sbarramento (*contro le acque, ecc.*).
— **of approval,** sigillo (*m.*) di garanzia (p. es. per un olio di oliva).
— **off (to —),** *v.a.* (*gen.*), isolare; rendere stagno; (*min.*), isolare (un fuoco) in una zona segregata; sbarrare.
— **oil,** olio (*m.*) di foca.
sealant (*chim.*), siglllante *m.*
sealed cooling circuit (*auto*), circuito di raffreddamento sigillato.
— **cooling system** (*auto*), sistema di raffreddamento sigillato.
— **-equipment mine locomotive,** locomotore da miniera ad equipaggiamento elettrico chiuso stagno.
— **enclosure speaker system** (*audio*), diffusore del tipo a cassa chiusa.
— **-in fuel element** (*fis. atom.*), elemento combustibile sigillato.
— **-off area** (*min.*), zona segregata (*sbarramenti contro le acque, fuoco, ecc.*).
— **radiation sources,** sorgenti di radiazione sigillata.
— **radiations** (*fis.*), radiazioni sigillate.

sealed retort furnace, forno a resistenza elettrica autoregolata.
sealer (*vernici*), fissativo *m.*; turapori *m.*; sigillante *m.*
sealing, *agg.* sigillante (*resine*) (*fond.*, *ecc.*); (*vernici*), sigillatura *f.*
— **strip,** guarnizione di tenuta (*per porte*, *finestre*, *ecc.*).
— **-wax,** ceralacca *f.*
seam, filone *m.* (*min.*); aggraffatura *f.*; bava *f.* (*fond.*); saldatura *f.*; chiodatura *f.*; comento *m.* (*naut.*),; cucitura *f.* (*tess.*); ripiegatura (*met.*), (difetto in metallo lavorato); (*met.*), solco (difetto superficiale longitudinale).
— **and spot,** punti e tratto continuo (saldatura).
— **folding machine** (*macch. ut.*), aggraffatrice *f.*
— **resistance welding,** saldatura (*f.*) a resistenza per cucitura.
— **welding** (*sald.*), saldatura (*f.*) a rulli.
seamer (*tess.*), (macchina) cucitrice *f.*; (*mecc.*), agraffatrice *f.*; (*met.*), saldatore *m.*
seaming (*tess.*), cucitura *f.*
seamless, *agg.* senza saldatura.
— **pot,** crogiolo (*m.*) senza saldature.
— **tube,** tubo (*m.*) senza saldatura.
seams of the planks (*naut.*), comenti *m. pl.*
seamy, *agg.* fessurato.
seaplane, idroplano *m.*; idrovolante *m.*
search (*inform.*), ricerca *f.*
— **(to —),** ricercare; cercare.
— **radar,** radar (*m.*) di ricerca.
searchlight (*mil.*) (*elet.*), fotoelettrica *f.* (lampada per ispezionare di notte con fari luminosi una zona particolare).
— **mechanic,** meccanico (*m.*) di proiettori.
— **projector,** proiettore *m.*
season crack (*corrosione met.*), crepa (*f.*) di stagionatura.
season cracking, screpolatura spontanea dovuta al tempo (rif. a leghe met.); (*ottone*), frattura intercristallina.
seasonal storage basin (*costr. idraul.*, *elet.*), serbatoio (*m.*) stagionale.
seasoned timber, legname (*m.*) stagionato.
— **wood,** legno (*m.*) stagionato.
seasoning, stagionatura *f.* (legname).
seat (*mecc.*), sede *f.*; sedile *m.* (*auto*).
— **-adjusting mechanism** (*auto*), meccanismo (*m.*) di regolazione dei sedili.
— **belt** (*auto*), cintura (*f.*) di sicurezza.
— **cover** (*auto*), coprisedile *m.*
— **filler** (*cinem.*) (U.S.A.), film di cassetta.
— **-height adjuster** (*auto*), meccanismo di regolazione del sedile in altezza.
— **pack parachute** (*aereo*), paracadute (*m.*) disposto sul seggiolino.
— **(contour —)** (*auto*), sedile a schienale avvolgente.
— **(fully-reclining sleep-in —)** (*auto*), sedile completamente abbattibile.
seat (to —) *v.a.*, accomodare; dare un posto a sedere (*the carriages will seat 200 people*) (*ferr.*), le carrozze daranno un posto a sedere per 200 persone.
seatbelt (*auto*), cintura (*f.*) di sicurezza.
seated (*mecc.*), fissato a fondo (*riferito a dadi*, *ecc.*).
5-seater car, auto (*m.*) a cinque posti.
2-seater, auto a 2 posti.
seating, sede *f.* (di valvole); superficie (*f.*) d'appoggio (alla estremità di travi, pietre, ecc., per sostegno di altre strutture).
seatings, estremità (*f.*) di un davanzale.
seaworthiness (*naut.*), navigabilità *f.*

sebacic acid (*chim.*), acido sebacico.
sec., abbreviazione di: secondo; secondario *agg.*; secante *f.*
secant, secante *f.*
second breaker (*tess.*), corda (*f.*) ripassatrice (tess. lana).
— **breaker card** (*tess.*), carda intermedia.
— **-class waiting hall** (*ferr.*), sala d'attesa di 2ª classe.
— **cut** (*lima*), taglio (*m.*) mezzo dolce.
— **cut file**, lima (*f.*) a taglio mezzofino.
— **degree burn** (*fis. atom.*, *ecc.*) scottatura (*f.*) di secondo grado.
— **detector** (*radio*), secondo rivelatore *m.*
— **gear** (*auto*), (in) seconda.
— **kind lever**, leva (*f.*) di secondo genere.
— **operation lathe** (*macch. ut.*), tornio (*m.*) da ripresa.
— **position lathe** (*macch. ut.*), tornio (*m.*) da ripresa.
— **printing** (*tip.*), stampa in volta.
— **proof** (*tip.*), seconda bozza.
— **speed**, seconda velocità *f.*
— **-statuary**, marmo (*m.*) statuario (con venature grigie).
— **-touch stop** (*organo*), bottone di registro.
— **working**, abbattimento (*m.*) del carbone.
secondary, secondario *agg.*; (*elettron.*), avvolgimento secondario (*secondary winding*).
— **air**, aria (*f.*) secondaria.
— **battery**, pila (*f.*) secondaria.
— **coolant** (*fis. atom.*), refrigerante (*m.*) secondario.
— **crusher** (*met.*, *min.*), frantoio secondario.
— **current**, corrente (*f.*) secondaria; corrente (*f.*) indotta.
— **electrode**, elettrodo (*m.*) secondario.
— **electron** (*fis. atom.*), elettrone (*m.*) secondario.
— **emission** (*termoion.*), emissione (*f.*) secondaria.
secondary hardening (*met.*), indurimento (*m.*) secondario.
— **neutron** (*fis. atom.*), neutrone (*m.*) secondario.
— **nuclear fuel**, combustibile (*m.*) atomico secondario.
— **particle** (*fis. atom.*), particella (*f.*) secondaria.
— **pipe** (*met.*, *fond.*), cono (*m.*) secondario (difetto nei lingotti colati a conicità diretta).
— **quantum number** (*fis. atom.*), numero (*m.*) quantico secondario.
— **radar**, radar secondario.
— **reactor** (*fis. atom.*), reattore (*m.*) secondario.
— **recovery**, recupero secondario.
— **reinforcement** (*costr.*), armatura (*f.*) ausiliaria.
— **road**, strada (*f.*) secondaria.
— **screen** (*met.*, *min.*), vaglio secondario.
— **shielding** (*fis. atom.*), schermatura (*f.*) secondaria.
— **standard lamp**, campione (*m.*) fotometrico.
— **storage** (*elettron.*), memoria (*f.*) secondaria.
— **surveillance radar**, radar secondario di sorveglianza.
— **triangulation** (*top.*), triangolazione (*f.*) secondaria.
— **triangulation beacon**, punto (*m.*) geodetico d'una rete secondaria.
— **voltage** (*elet.*), tensione (*f.*) secondaria.
— **winding**, avvolgimento (*m.*) secondario; spirale (*f.*) secondaria.
secondhand, *agg.* d'occasione; di seconda mano.
seconds, mattoni teneri (*cost.*); ardesie (*f. pl.*) destinate all'Inghilterra del Nord (vedi: **slate**); prodotti non secondo le specificazioni ministeriali o di costruzione (*met.*); lana di seconda qualità; stoffe per sottane di lana merino.

seconds arising (U.S.A.), clausola (nella vendita o ordinaz. di metalli) per «consegna a parte» di prodotti che non soddisfino le specificazioni di costruzione.
— **in addition** (*met.*), materiali non secondo le prescrizioni in consegna a parte (vedi: **seconds arising**).
— **included** (*met.*), clausola per la consegna a parte del materiale non rispondente alle prescrizioni; però consegna compresa nella consegna totale.
secret dovetail (*faleg.*), giunto (*m.*) ad angolo.
— **switch** (*elet.*), interruttore (*m.*) a serratura.
secretary (U.S.A.), scrittoio *m.*
section, paragrafo *m.* (*tip.*); profilo *m.*; sezione *f.*; lama (*f.*) di falciatrice; elemento *m.* (di caldaia o termosifoni); (*met.*) profilato *m.* (*in acciaio, ferro*); tronco (*m.*) stradale.
— **(to —)** *v.a.* (*dis.*), tratteggiare.
— **bending machine** (*met.*), curvatrice (*f.*) di profilati.
— **insulator** (*ing. elet.*), interruttore (*m.*) doppio di sezione; isolatore (*m.*) di compartimento.
— **iron,** ferro (*m.*) profilato.
— **line man** (*telef.*), sorvegliante (*m.*) della linea.
— **-lining** (*disegno*), tratteggio *m.*
— **lining with dotted lines,** tratteggio (*m.*) a linee e tratti.
— **lining with full lines,** tratteggio (*m.*) a linee.
— **mill** (*met.*), laminatoio (*m.*) per profilati.
— **modulus** (*mecc.*), modulo (*m.*) di resistenza.
— **of a line,** segmento (*m.*) di linea.
— **of a radiator,** elemento (*m.*) di un termosifone.
— **railway** (*ferr.*), tronco (*m.*) ferroviario.
— **shears** (*met.*), cesoia (*f.*) per profilati.
— **strip,** nastro di acciaio laminato a caldo (usato per lame in macch. agricole).
section switch (*ing. elet.*), interruttore (*m.*) di sezione.
— **warping** (*tess.*), orditura (*f.*) a sezioni.
— **warping machine** (*tess.*), orditoio per orditura a sezioni.
— **(light sections)** (*met.*), profilati (*m. pl.*), leggeri.
sectional area, area (*f.*) del profilo.
— **area of flow,** sezione (*f.*) di passaggio (di un liquido).
— **flywheel,** volano (*m.*) a sezioni.
— **view** (*dis.*), vista (*f.*) sezionata.
— **weights,** contrappesi *m. pl.* (di una sega a nastro, per legno).
sectionalising switch (*elet.*), sezionatore *m.*
sectionalize, *v.a.* (*mecc., tel., ecc.*) localizzare in una data zona un guasto, ecc.
sectionalizing (*mecc., tel., ecc.*), localizzazione in una data zona di guasti, ecc.
— **device** (*elet.*), apparecchiatura di sezionamento.
sectioned front elevation (*dis.*), vista di fronte tratteggiata.
sector, settore *m.* (*geom.*); arco (*m.*) di corona circolare; regolo *m.* (per ingranaggi di orologi).
— **of a circle,** arco (*m.*) di circolo; settore (*m.*) circolare.
— **scanning** (*telev.*), analisi (*f.*) di settori.
sectrometer (*elet.*), potenziometro con tubo a raggi catodici.
secular growth (*comm.*), crescita a lungo termine.
secure, *v.a.* assicurare *v.a.*; garantire *v.a.*; proteggere *v.a.*; fissare *v.a.*
— (*v.a.*) **a ring,** assicurare (*v.a.*) un anello.
securing, fissaggio *m.* (con materia adesiva).
security cabinet, armadio di sicurezza (*in metallo, per uffici*).
— **paper,** carta per titoli.
sedan (*auto*), berlina *f.* (vettura).
— **(two-door —),** berlina (*f.*) a due porte.

sediment, incrostatura (*f.*) delle caldaie; sedimento *m.*; feccia *f.*
sedimentary rocks, rocce (*f. pl.*) sedimentarie.
sedimentation (*chim.* e *geol.*), sedimento *m.*
— basin, bacino (*m.*) di sedimentazione.
sedimentology (*chim.*) (*petrol.*), sedimentologia *f.*
seed, seme *m.*; (*fis. atom.*), germe *m.*; materiale (*m.*) attivo.
— -box (*agric.*), tramoggia (*f.*) del seme (di seminatrice).
— bundle (*fis. atom.*), cartuccia (*f.*) di materiale attivo.
— cluster (*fis. atom.*), assieme a materia attiva; regione di sostanze attive.
— cotton, cotone in semi (non sgranato).
— -counter (*agr.*), conta-semi *m.*
— crystal, cristallo (*m.*) messo in una soluzione soprassatura per iniziare la cristallizzazione; (*chim.*), nucleo cristallino.
— crystals, cristalli non puri.
— crystallization, cristallizzazione (*f.*) prodotta da soluzione leggermente impura, per la presenza di particelle solide.
— lac, lacca (*f.*) in grani.
— meal, pannello *m.* (di semi oleosi).
— oil, olio di semi di cotone.
— tube (*agric.*), tubo (*m.*) adduttore del seme.
— unit (*fis. atom.*), cartuccia (*f.*) attiva.
seeded (to be —), venire contaminato da impurità, polvere, ecc.
— solution (*cristal.*), soluzione cristallifera con piccole impurità.
seeder, v. **field plot —.**
seeding (*crist.*), mettere cristalli in una soluzione soprassatura per promuovere la cristallizzazione; seminagione *f.*
seedling nursery, vivaio (*m.*) forestale.
seeds (*cristal.*), impurità *f. pl.*; particelle solide.
seedy varnish, vernice con puntinamento.
« seeing » robot (*with vision apparatus*), robot in grado di vedere (collegato a una camera TV).
seek (*inform.*), ricerca (materiale) (prima della ricerca logica).
— (to —), cercare (materialmente) nella memoria per collocarvi il meccanismo di accesso per procedere alla ricerca logica.
seep, *v.i. v.r.* infiltrare -rsi; (rif. a liquidi, gas) trasudare; penetrare lentamente nelle fessure, nelle pareti di serbatoi, ecc.
seepage, filtrazione *f.*; trapelare *v.i.* (di liquido).
— water, acqua (*f.*) d'infiltrazione.
seesaw, movimento alternato (in su e in giù *o* avanti e indietro); *v.a.*, far muovere in su e in giù (*o* avanti e indietro).
Seewer governor, regolatore (*m.*) di turbina idraulica (per controllare la velocità delle ruote Pelton).
« sefsco » (*mecc.*), v. **« tacl » head.**
Seger cone, cono Seger; pirometro di Seger.
— cones, coni (*m. pl.*) normali di Seger (piccole piramidi di miscele vetrose messe nei forni per indicare la temperatura raggiunta, dove sono collocate).
segment, segmento *m.* (di macchina); elemento (*m.*) di un commutatore; lamina *f.* (*elet.*); (*inform.*), segmento *m.*
— die, filiera (*f.*) scomponibile.
— of tape (*audio*), porzione di nastro
— (of a circle), segmento *m.* (di cerchio).
— of a parabola, segmento (*m.*) parabolico.
segmental arch, arco (*m.*) a sesto scemo (*o* ribassato).
— face arch, arco (*m.*) frontale ribassato.

segmentation (*inform.*), segmentazione (suddivisione di un programma in più sezioni, purchè durante la sua elaborazione sia sempre nella memoria centrale).
segregate, *v.i.* (*met.*), segregare; *v.i.* (*min.*), depositarsi *v.r.*
segregation (*met.*), segregazione *f.*
— **line** (*met.*), banda di segregazione.
Seignette salt (*chim.*), sale di Seignette (tartrato sodico-potassico).
seismic exploration (*petrol.*), esplorazione (*f.*) sismica.
— **motions** (*geol.*), movimenti sismici.
— **prospecting** (*geofis.*), prospezione sismica.
— **reflection profiler,** registratore di profili del suolo oceanico a riflessione sismica.
— **refraction** (*geotec.*), rifrazione sismica.
— **sounding,** sondaggio col metodo sismico.
— **stability** (*costr.*), stabilità (*f*). sismica.
seismic(al), *agg.* sismico.
seismically active region (*geol.*), regione (*zona*) soggetta a terremoti.
seismicity, sismicità *f.*
seismogram, sismogramma *f.*
— **reflection** (*geol.*), **riflessione** sismografica.
seismograph, sismografo *m.*
seismography, sismografia *f.*
seismologist, sismologo *m.*
seismology, sismologia *f.*
seismometer, sismometro *m.*
seize, *v.i.* grippare (*mecc.*).
seizing, grippaggio *m.* (*auto*); ingranamento *m.*; danneggiamento di una superficie per attrito contro un altro metallo.
— **of a piston,** grippaggio (*m.*) di un pistone.
— **strand,** fune di trefoli con 7 fili.
— **-up** (*mecc.*), ingranamento *m.*; grippaggio *m.*
seizure (*auto.*), ingranamento *m.*; grippaggio *m.*

select, *v.a.* (*chim.*), scegliere *v.a.*; selezionare *v.a.*
selectance (*radio*), selettività *f.*
selecting machine (automatic ball and roller—machine), selezionatrice autom. per sfere e rulli.
selection (*inform.*), selezione *f.*
— **rule** (*fis. atom.*), regola (*f.*) di selezione.
selective (*radio*), *agg.* selettivo.
— **acidizing** (*ind. pet.*), trattamento (*m.*) separato all'acido.
— **amplifier,** amplificatore (*m.*) selettivo.
— **corrosion** (*met.*), corrosione (*f.*) selettiva.
— **employment tax** (*comm.*), imposta selettiva sulla manodopera; imposta selettiva sull'occupazione.
— **radiator,** corpo (*m.*) a radiazione selettiva.
— **voltameter** (*elet.*), voltametro selettivo.
selectivity (*radio*), selettività *f.*
selecto (*chim.*), acido cresilico.
selector, selettore *m.* (*telef.*); convertitore per minerali di rame, (*telef.*), vedi: **A-digit** —; **discriminating** —; **group** —; **final** —; **numerical** —; **repeating** —; **test** —; **trunk-offering** —.
— **channel** (*inform.*), canale selettore (per la trasmissione di informazioni con un solo ingresso/uscita alla volta).
— **with sliding contact,** selettore a cursore.
selenate (*chim.*), seleniato *m.*
seleniate (*chim.*), seleniato *m.*
selenic, *agg.* (*chim.*), selenico.
selenide (*chim.*), seleniuro *m.*
selenious (*chim.*), *agg.* selenioso.
selenite (*min.*), selenite *f.*
selenium (*chim.* = Se), selenio *m.*
— **cell,** cella (*f.*) al selenio.
— **glass** (*cinemat. a colori*), filtro (di vetro) rosso-arancio.
— **oxychloride,** ossicloruro di selenio.
— **rectifier** (*elettron.*), rettificatore (*m.*) al selenio.

selenium varistor (*elet.*), varistore al selenio.
selenizing, rivestire di selenio (leghe al magnesio).
selenocentric, *agg.* (*astron.*), selenocentrico(a) (rif. ad orbita avente il centro nel centro di gravità lunare).
selenography (*astron.*), selenografia *f.*
selenous acid (*chim.*), acido (*m.*) selenioso.
self-absorption coefficient (*fis. atomic.*), (coefficiente (*m.*) di autoassorbimento.
— **-absorption effect** (*fis. atom.*), effetto (*m.*) di autoassorbimento.
— **-acting boring bar,** barra (*f.*) di alesaggio automatica.
— **-acting disengagement,** disinnesto (*m.*) automatico.
— **-acting feed of the grinding wheel,** avanzamento (*m.*) automatico della mola.
— **-acting feed of the spindle** avanzamento (*m.*) automatico del mandrino.
— **acting lift of the tool,** sollevamento (*m.*) automatico dell'utensile.
— **-acting lubricator,** lubrificatore (*m.*) automatico.
— **-acting miller (milling machine),** fresatrice (*f.*) automatica.
— **-acting mule,** filatoio (*m.*) intermittente.
— **-acting turnout** (*ferr.*), scambio (*m.*) automatico.
— **-actor mule** (*tess.*), filatoio (*m.*) automatico intermittente.
— **-adhesive,** *agg.*, autoadesivo.
— **-adhesive label** (*comm.*), etichetta autoadesiva.
— **-adjustable,** *agg.*, autoregolabile.
— **-advancing hydraulic powered support** (*min.*), sostegno idraulico meccanizzato semovente.
— **-advancing hydraulic support** (*min.*), armatura idraulica semovente meccanizzata.
self-advancing support (*min.*), armatura semovente.
— **-aligning bearing** (*mecc.*), cuscinetto oscillante (per autoallineamento).
— **aligning (ring oiling enclosed) bearing** (*macch. ut.*), supporto (*m.*) autolineante (*con cuscinetti a tenuta stagna*).
— **-baking electrodes,** elettrodi ad autocottura.
— **-balancing,** a compensazione automatica.
— **bias,** autopolarizzazione *f.*
— **-braking electric motor** (*elet.*), motore (*m.*) autofrenante.
— **-catering vacations,** vacanze in affitto con uso cucina.
— **centralizing,** autocentrante.
— **centring (-centering),** *agg.* (*mecc.*), autocentrante; a centraggio automatico.
— **-centring automatic chuck** (*macch. ut.*), mandrino autocentrante automatico.
— **centring chuck** (*tornio*), mandrino (*m.*) autocentrante.
— **centring drilling accessory** (*tornio orol.*), dispositivo (*m.*) autocentrante per forare.
— **-centring pusher** (*orol.*), punzone (*m.*) autocentrante.
— **-centring (machine) vice** (*mecc.*), morsa (*f.*) autocentrante.
— **-cleaning strainer,** filtro a pulizia automatica.
— **-coloured** (*tess.*), completamente della stessa tinta; a tinta unica.
— **-contained,** *agg.* (*mecc.*), autonomo.
— **contained friction screw press** (*mecc.*), pressa a vite a frizione autonoma.
— **-contained unit** (*mot.*), unità (apparecchiatura) autonoma.
— **-coring mortising chisel,** scalpello a tre taglienti.
— **-defense** (*armi*), difesa personale.
— **demisting side windows** (*auto*), finestrini laterali atermici.

self-diagnosis (*inform.*), autodiagnosi *f.*
— **-diagnostic,** *agg.* (*inform.*), autodiagnostico.
— **diagnostic check** (*inform.*), controllo autodiagnostico.
— **-diagnostic program** (*inform.*), programma autodiagnostico.
— **-diffusion** (*fis. atom.*), autodiffusione *f.*
— **-discharge,** autoscarica *f.*
— **-drilling and tapping screw** (*mecc.*), vite autoperforante-filettante.
— **-drying,** *agg.* autoessiccante.
— **drying varnishes** (*fond.*), vernici (*f. pl.*) autoessiccanti.
— **-employed person** (*lavoro*), lavoratore autonomo.
— **-employment,** lavoro indipendente.
— **-erecting,** *agg.* automontante.
— **-erecting tower crane** (*mecc.*), gru a braccio automontabile.
— **-excitation** (*elet.*), autoeccitazione *f.*
— **-excited oscillator** (*radio*), oscillatore (*m.*) autoeccitato.
— **-exciting dynamo,** dinamo (*f.*) autoeccitatrice.
— **-extinguishability,** autoestinzione *f.*
— **-feeder** (*tess.*), alimentatore automatico.
— **fluxing,** *agg.* (*min.*), autofondente.
— **-fluxing sinter** (*min.*, *met.*), agglomerato (*m.*) autofondente.
— **-fluxing slag,** scoria (*f.*) autofondente.
— **-focussing picture tube** (*telev.*), tubo televisivo con messa a fuoco automatica.
— **-gripping screwdriver,** cacciavite (*m.*) automatico.
— **-hardening oil** (*fond.*), olio autoindurente.
— **-homing** (*missili*), autoguidato.
— **-igniting reaction** (*chim.*), reazione autoadescante.
— **-induction** (*elet.*), autoinduzione *f.*

self-levelling suspension (*auto*), sospensione (a balestra trasversale) autostabilizzante.
— **-limiting chain reaction** (*fis. atom.*), reazione (*f.*) a catena automoderatrice.
— **-locking,** autochiusura *f.*; arresto automatico.
— **-locking differential** (*auto*), differenziale (*m.*) autobloccante.
— **-locking nut** (*mecc.*), dado (*o* ghiera) autobloccante.
— **-locking screw** (*mecc.*), vite a bloccaggio automatico; vite autobloccante.
— **-lub,** *agg.* autolubrificante.
— **-lubricating bearing** (*mecc.*), cuscinetto (*m.*) autolubrificante.
— **-maintaining chain reaction** (*fis. atom.*), reazione (*f.*) a catena autosostenuta.
— **-multiplying chain reaction** (*fis. atom.*), reazione (*f.*) a catena automoltiplicatrice.
— **-oiling,** lubrificazione (*f.*) automatica; autolubrificazione *f.*
— **-oiling system,** lubrificazione (*f.*) automatica.
— **-piercing and tapping screw** (*mecc.*), vite autoperforante-autofilettante.
— **-potential** (*petrolio*), potenziale spontaneo; polarizzazione spontanea.
— **priming pumps,** pompe autoadescanti.
— **programming** (*inform.*), autoprogrammazione *f.*
— **-propagating reaction** (*fis. atom.*), reazione autosostenuta.
— **-propelled crane,** autogru *m.*
— **-propelled drilling rig,** autotrapano *m.*
— **-propelled forage harvester** (*agric.*), raccoglitrice di foraggio semovente.
— **-propelled gun** (*artiglieria*), cannone (*m.*) semovente.
— **-propelled mower,** motofalciatrice *f.*
— **-propelling,** a motore (*naut.*); a propulsione (*f.*) propria (*naut.*).

self-propping (*rif. a cofano auto*), a sostegno automatico (che si sostiene da se).
— **-quenching**, autosmorzamento *m.*
— **-raising flour**, farina ad autolievitazione (preparata con lievito chimico).
— **-regulating reactor** (*fis. atom.*), reattore (*m.*) a regolazione automatica.
— **-restoring coherer** (*elet.*), coherer (*m.*) autorigenerante.
— **-scattering**, autodiffusione *f.*
— **selecting feed mechanism**, meccanismo auto-selettore di avanzamento (della torretta).
— **service miners' caplamp** (*min.*), lampada da minatore fissata al copricapo distribuita con « self-service ».
— **-service lamproom** (*min.*), lampisteria self-service.
— **-service petrol station** (*auto*), chiosco di distributore automatico di benzina.
— **-shadowing** (*fis. atom.*), autoassorbimento *m.*
— **-shielding** (*fis. atom.*), effetto (*m.*) d'ombra.
— **-shielding factor** (*fis. atom.*), fattore (*m.*) d'ombra.
— **slagging** (*met.*) agg., autoscorificante.
— **-starter** (*auto*), motorino (*m.*) d'avviamento.
— **-tabulation** (*inform.*), autotabulazione *f.*
— **-tapping screw (thread-cutting —)** (*mecc.*), vite autofilettante.
— **-tapping (thread-forming —)** (*mecc.*), vite autofilettante.
— **-tightening drill chuck** (*macch. ut.*, *mecc.*), mandrino autoserrante per trapani.
— **-timer** (*fot.*), autoscatto *m.*
— **-tipping wagon**, vagone (*m.*) a ribaltamento automatico.
— **-toning** (*fot.*), autoviraggio *m.*
— **-ventilated**, *agg.* autoventilato.
— **-ventilated motor** (*elet.*), matore (*m.*) autoventilato.
selfacting knitting frame (*tess.*), telaio (*m.*) automatico per maglieria.
selfsyn, autosincronismo *m.*
sell, *v.a.* vendere.
— **a bear** (*borsa*), vendere allo scoperto.
— **as waste paper**, mandare al macero.
— **for cash**, vendere a contanti.
— **for delivery** (*borsa*), vendere al coperto.
— **for the settlement** (*borsa*), vendere a termine.
— **forward** (*borsa*), vendere a termine.
— **out** (*comm.*), rivendere.
— **short** (*borsa*), vendere allo scoperto.
Sellers coupling, giunto (*m.*) Sellers.
— **thread**, filetto (*m.*) Sellers; filettatura (*f.*) Sellers.
selling costs, costi (*m. pl.*) di vendita.
— **off** (*comm.*), liquidazione *f.*
— **price**, prezzo (*m.*) di vendita.
selsyn, abbrev. di: sincrono *agg.*
— **motor** (*elet.*), motore (*m.*) sincrono per controllo a distanza.
seltzer water, acqua (*f.*) di seltz.
selvage (*edge plate of a lock*), bocchetta (*di serratura*).
selvages (*geol.*), salbande *f. pl.* (superfici lisce delimitanti i filoni).
selvedge, cimosa *f.* (*tess.*); bocchetta *f.* (*mecc.*).
semantics (*linguistica*), semantica *f.*
semaphore (*ferr.* e *strad.*), semaforo *m.*
semi-active radar guidance (*missili*), guida radar semiattiva.
— **-automatic**, *agg.*, semiautomatico.
— **-automatic control**, comando (*m.*) semiautomatico.
— **-automatic face** (*min.*), fronte semiautomatica di taglio.
— **-automatic turntable** (*audio*), giradischi semiautomatico.
— **-automatic welding** (*sald.*), saldatura semiautomatica.
— **-ballon tyre** (*motoc.*), (pneumatico) (*m.*) balloncino.

semi-bituminous coal, semicoke *m.*
— **-cantilever wing** (*aereo*), ala (*f.*) a semisbalzo.
— **-circle** (*geom.*), semicerchio *m.*
— **-circular,** *agg.* semicircolare.
— **-circular arch,** arco (*m.*) a tutto sesto.
— **-circumference,** semicirconferenza *f.*
— **-coke** (*carbone*), semi-coke.
— **-combed** (*tess.*), semi-pettinati *m. pl.*
— **-continuous ingot mold,** lingottiera (*f.*) semicontinua.
— **-continuous pouring installation,** impianto (*m.*) di colata semicontinua.
— **-destructive examination,** controllo (*m.*) semidistruttivo.
— **-detached house** (*costr.*), casa duplex.
— **-Diesel engine** (*mot.*), motore semi-diesel.
— **-elliptic leaf spring suspension** (*auto*), sospensione a molle a balestra semi-ellittiche.
— **-elliptic spring** (*auto*), molla (*f.*) a balestra.
— **-finished products** (*met.*), semilavorati *m. pl.*
— **-finished steels** (*met.*), acciai semilavorati.
— **fixed girder,** trave (*f.*) incastrata ed appoggiata.
— **-fluid,** *agg.* semidenso.
— **-gantry crane** (*mecc. met.*), gru zoppa.
— **-graphic,** *agg.* (*inform.*), semigrafico.
— **-killed steel** (*met.*), acciaio (*m.*) semicalmato.
— **-indirect lighting,** illuminazione (*f.*) semiindiretta.
— **priming pump,** pompa (*f.*) autoadescante.
— **-processed** (*met.*), semilavorato (*lamierini, ecc.*).
— **-processed materials** (*met.*), semilavorati *m. pl.*
— **-rigid,** *agg.* semirigido.
— **-rigid airship** (*aereo*), dirigibile (*m.*) semirigido.
semi-rigid foam (*chim.*), schiuma semirigida.
— **-rigid wing** (*aereo*), ala (*f.*) semirigida.
— **-skilled personnel,** personale qualificato.
— **-skilled worker,** lavoratore qualificato.
— **-silica refractory** (*met.*), refrattario di semisilice.
— **-stable brick** (*met.*), mattone semistabilizzato.
— **-steel iron,** ghisa (*f.*) acciaiosa.
— **-submersible structure** (*ing.*) (*petrol.*), struttura (*f.*) semisommergibile.
— **-sunk** (*mecc.*, *met.*), semiaffiorante; semiincassato.
— **-taconite** (*min.*), semi-taconite *f.*
— **-trailer** (*auto*), semi-rimorchio *m.*
— **-transparent,** *agg.* semitrasparente.
— **-water gas,** gas (*m.*) Dowson; gas (*m.*) misto.
semicircle, emiciclo *m.*; semicerchio *m.*
semicircular cylindrical roof, tetto (*m.*) a botte.
— **gutter,** gronda (*f.*) a profilo semicircolare.
semiconductor (*elettron.*), semiconduttore *m.*
semicro hydrogenation apparatus, apparecchio di idrogenazione semicro.
semifinished products for tools, semilavorati per utensileria.
semimonocoque fuselage (*aereo*), fusoliera (*f.*) a semiguscio.
seminar (*congressi*), seminario *m.*
— **(oceanography —),** seminario di oceanografia.
semiotic (*mat. linguistica*), semiotica *f.*
semisolid, *agg.*, semisolido.
semolina, semolina *f.*
senarmonite (*chim.*), senarmonite *f.*
send, *v.a.*, mandare *v.a.*
— **(to —) data via satellite,** inviare informazioni tramite satellite.

send out, *v.a.*, emettere *v.a.*
sender, stazione (*f.*) radio-trasmittente (*radio*); tasto *m.* (*teleg.*); manipolatore *m.* (per la emissione di segnali telegrafici).
sending (*chim.*, *ecc.*), emissione *f.*
— **end,** estremità (*f.*) di una linea di trasmissione, dalla quale esce l'energia elettrica.
seneca oil, petrolio *m.*
senega root oil, olio (*m.*) di poligala.
Senegal gum, gomma (*f.*) arabica.
senior executive, direttore *m.*
— **technician,** tecnico (*m.*) specializzato.
sensation unit, decibel *m.*
sense, *v.a.* (*elettron.*), leggere schede perforate; determinare la posizione di un dispositivo; determinare il valore di una quantità; (*fis.*), percepire.
— **finder,** indicatore del senso (*radiogoniometro*).
— **of a force,** senso (*m.*) di una forza; direzione (*f.*) di una forza.
— **of an arrow,** senso (*m.*) di una freccia.
— **of rotation,** senso (*m.*) di rotazione.
sensibility, sensibilità *f.* (di termometro. ecc.).
sensible, *agg.* (*rif. ad apparecchi*), sensibile; fragile; percettibile (*fenomeno*).
— **heat,** calore (*m.*) sensibile.
— **horizon** (*astron.*), orizzonte (*m.*) sensibile.
sensing, deviazione dell'indice.
— **element,** elemento (*m.*) primario (di strumenti di misura).
— **head** (*audio*), testina sensore (utilizzata nel sistema APLD, ecc.).
sensitive, *agg.* impressionabile; sensibile (*fot.*) (di strumenti, macchine, ecc.).
— **drill** (*ing.*), trapano (*m.*) sensitivo.
— **feed** (*macch. ut.*), alimentazione sensitiva.
— **wheel feed** (*macch. ut.*), avanzamento (*m.*) sensitivo della mola.
sensitivity, sensibilità *f.* (di bilancia; macchine, ecc.).
sensitization (*elettron.*), attivazione *f.*; (*fot.*), sensibilizzazione.
sensitize, *v.a.* impressionare; eccitare *v.a.*; (*miscele esplosive, combustibili*), sensibilizzare *v.a.*
sensitized photocell (*elet.*) (U.S.A.), fotocella sensibile.
— **plate,** lastra (*f.*) impressionata.
sensitizer (*fot.*), materiale usato per aumentare la sensibilità di emulsioni fot. alla luce; (*telev.*), attivatore *m.*; (*combustibili*), sensibilizzante.
sensitometer (*fot.*), sensitometro *m.*
sensitometry (*emulsioni fot.*), sensitometria *f.* (misura della sensibilità delle emulsioni sensibili alla luce).
sensor (*inform.*), sensore *m.*
— **(air metering —)** (*auto*) (*turbo*), sensore dosatore dell'aria.
sensory *agg.*, sensoriale.
— **motor activity** (*psicologia*), attività sensoriale motoria.
separate, disgregare *v.a.*; separare *v.a.*; separarsi *v.r.*
— **chassis frame** (*auto*), (carrozzeria con) telaio separato.
— **copies** (*tip.*), stampa a parte.
— **cracking plant,** unità separata di cracking.
— **excitation** (*elet.*), eccitazione (*f.*) separata.
— **off,** *v.a.* (*chim.*), separare *v.a.*
— **out,** *v.i.* (*chim.*), separarsi (*v.r*). (per precipitazione).
— **system** (*fognatura*), sistema (*f.*) separatore.
separating character (*inform.*), v. **separator.**
separation (*chim.*), disgregazione *f.*; separazione *f.*; distacco *m.* (*fis.*).
— **column** (*fis. atom.*), colonna (*f.*) di separazione.
— **factor** (*fis. atom.*), fattore (*m.*) di separazione.
— **plant** (*fis. atom.*), officina di separazione isotopica.

separator, separatore *m.* (*min.*) (macchina per separare i minerali pregiati); barra (*f.*) di rinforzo (*cost. civ.*); separatore (*tess.*) (*elet.*); scrematrice *f.*; sgrassatore *m.*; (*inform.*), separatore (carattere di separazione).
— **circuit** (*telev.*), **circuito** (*m.*) separatore.
— **cover,** coperchio della scrematrice.
— **(wet magnetic —)** (*min.*), separatore magnetico a umido.
separatory funnel (*chim.*), imbuto (*m.*) separatore.
— **valve** (*radio*), valvola separatrice.
sepia, seppia *f.* (nero di seppia).
septic tank, fossa (*f.*) settica.
sequence (*cinem.*), sequenza *f*; (*mat.*), serie *f.*; ciclo di operazioni; (*calcol. elettron.*), sequenza *f.* (*ordine di successione di dati appartenenti ad una serie, rispetto ai valori di un codice*).
— **valve** (*apparecchiature oleodinamiche*), valvola di sequenza.
sequencing of the piece (*calcol. elettron., met.*), messa in sequenza del pezzo (*classificazione del pezzo, secondo l'ordine di successione delle operazioni*).
sequential access (*calcol. elettron.*), accesso (*m.*) sequenziale.
— **analysis,** analisi (*f.*) sequenziale.
— **control** (*macch. ut.*), controllo sequenziale.
— **computer** (*inform.*), elaboratore sequenziale.
— **file** (*inform.*), file sequenziale.
— **scanning** (*telev.*), analisi (*f.*) sequenziale.
sequestering agent (*E.D.T.A. e i suoi sali*) (*chim.*), sequestrante *m.*
sequestrant (metal —) (*tecnol. aliment.*), sequestrante *m.*
sequoia, sequoia *f.*
sera (*med.*), sieri *m. pl.*
serge (*tess.*); rascia *f.*; saia *f.*
serge weave (*tess.*), sergia-spiga *f.*; spina *f.*
serial, *agg.* (*inform.*), seriale.
— **access** (*calcol. elettron.*), accesso (*m.*) seriale.
— **printer** (*inform.*), stampante (*f.*) seriale.
— **storage** (*inform.*), memoria in serie.
— **transmission** (*calcol. elettron.*), trasmissione seriale.
serialization (*comando numerico*) (*macch. ut.*), numerazione consecutiva.
serialize (to) (*inform.*), numerare consecutivamente; serializzare.
serializer (*comando numerico*) (*macch. ut.*), numeratore *m.*
serially, *avv.* (*inform.*), serialmente.
Serichrome, giallo di cromo (per seta).
sericin, sericina *f.*
series (*mat.*), serie *f.*
— **circuit,** circuito (*m.*) in serie.
— **coil,** rocchetto (*m.*) in serie.
— **connection,** accoppiamento (*m.*) in serie; collegamento (*m.*) in serie.
— **-drum winding** (*elet.*), avvolgimento (*m.*) a tamburo in serie.
— **dynamo,** dinamo (*f.*) eccitata in serie; dinamo (*f.*) in serie.
— **excitation,** eccitazione (*f.*) in serie.
— **generator,** dinamo (*f.*) eccitata in serie.
— **lamp,** lampada (*f.*) per illuminazione in serie.
— **motor,** motore (*m.*) eccitato in serie.
— **-parallel,** serie (*f.*) parallelo.
— **-parallel winding** (*elet.*), avvolgimento (*m.*) in serie parallelo.
— **regulator** (*elet.*), reostato (*m.*) in serie.
— **spot welding** (*sald.*), saldatura (*f.*) a punti in serie.
— **transformer** (*elet.*), trasformatore in serie.
— **wound dynamo,** dinamo (*f.*) eccitata in serie.

series wound motor, motore (*m.*) eccitato in serie.
serifs (*tip.*), terminazioni *f. pl.*
serigraph (*tess.*), serimetro *m.*
serimetre (*seta*), serimetro *m.*
serine (*chim.*), serina *f.*
serioscopy (*radiol.*), serioscopia *f.*
Serisol, olio (*m.*) d'oliva solfonato.
serpentine (*min.*), serpentino *m.*
serrations, denti *m. pl.*
serum, siero *m.*
serve, *v.a.* (*naut.*), fasciare; servire.
— **a boiler,** riscaldare una caldaia.
service, servizio *m.*; funzionamento *m.*; *v.a.* riparare (*radio, auto, ecc.*).
— **agreement,** contratto (*m.*) di lavoro.
— **area** (*telev.*), zona (*f.*) utile; (*autostrade, ecc.*), area di servizio.
— **(to —) a set,** fare il controllo (*o* la revisione) di un apparecchio radio.
— **call** (*tel.*), conversazione (*f.*) di servizio.
— **capacity,** potenza (*f.*) di un motore elettrico.
— **ceiling** (*aereo*), tangenza (*f.*) pratica.
— **conditions,** condizioni di servizio.
— **factor** (*mot.*), quantità di sovraccarico che può portare un motore, in per cento della completa potenza fiscale.
— **gangway** (*idr.*), passerella di servizio.
— **meter,** contatore (*m.*) in servizio.
— **module** (*astron.*), modulo di servizio; veicolo di servizio (*astronave Apollo*).
— **parachute** (*aereo*), paracadute (*m.*) di servizio.
— **pipe,** tubo (*m.*) di alimentazione.
— **platform,** piano (*o* piattaforma) di servizio.
— **reservoir,** serbatoio (*m.*) di alimentazione.
service station (*aereo*), stazione (*f.*) di distribuzione.
— **tower,** torre di servizio.
— **tree,** sorbo *m.*
— **value** (*elet.*), rendimento (*m.*) di un ventilatore elettrico.
— **water,** acqua (*f.*) industriale.
serviced (a bay — by three cranes) (*met.*), una campata servita da tre gru.
serviceable, *agg.* **utilizzabile** (*rif. a funzionamento*).
serviceableness (*mecc.*), **buono** stato di funzionamento.
servicing (*mecc., ecc.*), manutenzione preventiva e riparazione.
— **shop** (*mecc. ecc.*), officina di manutenzione e riparazioni.
serving, rivestimento isolante (*m.*) di cavi.
servitude (*leg.*), servitù *f.*
servo-anemometer, servo-anemometro *m.*
— **assisted brakes** (*auto*), servofreni *m. pl.*
— **-brake,** servofreno *m.*
— **control** (*aereo*), servocomando *m.*
— **-controlled,** con controllo asservito.
— **-controlled rheometer,** reometro con controllo asservito.
— **head** (*mecc., met.*), testa del servomotore.
servomechanism, servomeccanismo *m.*
servomotor, servomotore *m.*
sesame oil, olio (*m.*) di sesamo.
sesquioxide, sesquiossido *m.*
sesquiplane (*aereo*), sesquiplano *m.* (biplano con un'ala molto piccola rispetto all'altra).
sessile-fruited oak, quercia (*f.*) a fiori sessili.
session (*acustica*), tempo (*m.*) di registrazione (con le necessarie ripetizioni di prova).
set, *n.*, gruppo (*m.*) di macchine; installazione *f.*; chiodaia *f.*; direz. della corrente (*idraul.*); serie *f.*; costruzione scenica (*cinem.*); scena *f.* (*cinem.*) (costruzione che fa da sfondo al-

l'azione degli artisti cinematograf.); deformazione *f.* (*mecc.*); flessione *f.* (di una molla); quadro *m.* (*miniere*); blocco (*m.*) di granito per pavimentazione; deposito *m.* (*min.*); sedimentazione *f.* (*chim. min.*); (*tess.*) vedi: **sett**; (*tip.*), spessore *m.* (della lettera); fusione *f.* (di carattere); (*comandi*) (*inform.*), posizionamento (definizione p. es. di punto di fermata).

set, comporre *v.a.* (*tip.*); far presa; indurire (cemento, ecc.); collocare *v.a.* (*costr.*); montare *v.a.* (lenti, ecc.); regolare *v.a.* (*mecc.*); affilare *v.a.* (utensili); allicciare *v.a.* (denti di seghe); disporre *v.a.*; collocare *v.a.*

— **a map** (*topog.*), orientare (*v.a.*) una carta.

— **a watch,** registrare (*v.a.*) un orologio.

— **a watch to time,** mettere un orologio all'ora esatta.

— **bar,** bietta *f.*

— **cancelled** (*cinem.*), scena non ripresa (p. es. per cattivo tempo).

— **cement,** cemento da presa.

— **copper,** rame fuso saturato con ossido di rame.

— **decoration** (*cinem.*), arredamento *m.*

— **design** (*cinem.*), scenografia *f.*

— **down a load,** scaricare un carico.

— **forth,** *v.a.*. enunciare *v.a.* (*risultati*); esporre *v.a.* (*risultati*).

— **going,** mettere (*v.a.*) in marcia.

— **grease,** grasso (*m.*) consistente.

— **hammer,** buttarola *f.*

— **in the air,** far presa all'aria.

— **-iron,** modello *m.*; sesta *f.* (*o* modello per sagome).

— **jewels,** legare (*v.a.*) gioielli.

— **level,** livellare *v.a.*

— **noise,** radiodisturbo (*m.*) dell'apparecchio radio ricevente (spesso causato dall'elettricità).

set of change gears, serie (*f.*) d'ingranaggi di ricambio.

— **of diagrams,** serie (*f.*) di diagrammi.

— **off,** *v.a.* *v.i.*, macchiare *v.i.* (rif. ad inchiostro); eliminare *v.a.* (*chim.*).

— **-off,** banchina *f.* (*o* ripiano di terreno).

— **off a right-angled offset,** stabilire un allineamento a 45°.

— **-off blanket** (*tip.*), rivestimento del cilindro di gomma (macch. « offset ») che riproduce la stampa.

— **of patterns,** gioco (*m.*) di modelli (serie di).

— **of points** (*ferr.*), gruppo (*m.*) di scambi.

— **of timber** (*min.*), quadro (*m.*) in legno.

— **of tubes,** fascio (*m.*) di tubi.

— **on a pivot,** imperniato *p.p.*

— **out,** *v.a.* tracciare; cominciare *v.a.*; indicare *v.a.*; mostrare *v.a.*; formulare *v.a.*; pubblicare *v.a.*

— **out a straight line** (*agrim.*), tracciare (*v.a.*) un allineamento.

— **out** (*v.a.*) **the centre line,** tracciare (*v.a.*) la linea d'asse.

— **over,** scentrare *v.a.*

— (*p.p.*) **rate,** tasso determinato (*di fluido, ecc.*).

— **rate limit** (*aereo*), aggiustaggio del limite di pressione differenziale.

— **sail** (*naut.*), far (*v.a.*) vela.

— **screw** (*mecc.*), vite di fermo (*o* di arresto).

— **solid (line)** (*tip.*), non interlineato.

— **solid (type)** (*tip.*), non spaziato.

— **solution,** soluzione (*f.*) titolata.

— **the teeth of a saw,** allicciare (*v.a.*) i denti di una sega.

— **to a point** (*punzoni*) (*mecc.*), regolare ad una data posizione.

— **under water,** far presa in acqua (riferito ad agglomerati).

— **up,** dispositivo; montaggio *m.*; attrezzatura *f.*; velo (*telev.*); attrezzatura *f.*

set up, costruire *v.a.*; montare *v.a.* (*mecc.*); stabilire *v.a.* (*un equilibrio*); produrre *v.a.*
— **up** (*v.a.*) **a battery,** montare (*v.a.*) una batteria.
— **up a current,** generare (*v.a.*) una corrente.
— **up a level** (*agrim.*), rettificare (*v.a.*) un livello.
— **up a machine,** montare (*v.a.*) una macchina.
— **up a magnetic field,** stabilire (*v.a.*) un campo magnetico.
— **up an instrument (over a peg)** (*agrim.*), mettere in stazione uno strumento (sopra un picchetto).
— **up** (*v.a.*) **a piece,** fissare (*v.a.*) un pezzo.
— **up a tool,** piazzare (*v.a.*) un utensile.
— **up a working party,** costituire un gruppo di lavoro.
— **-up costs,** spese di impianto.
sets of jaws, serie (*f. pl.*) di morsetti.
sett, blocchetto (*m.*) rettangolare di pietra, spesso usato nelle pavimentazioni stradali; (*tess.*) (*o* **set**), numero dei fili per pollice di un tessuto.
settle (*roulotte*) (*yacht*), divanetto *m.*
setter, *m.* montatore (di pietre preziose).
setting, messa a punto (*mecc.*); registrazione *f.*; aggiustamento *m.*; presa *f.* (di conglomerati); dare la strada (*mecc.*); incassatura *f.* (di pietre) (*orol.*); montaggio *m.*; addolcimento *m.* (*met.*); taratura (*mot.*); (*tip.*), composizione *f.*; regolazione (*macch. ut.*, *mecc.*).
— **burnisher** (*orol.*), utensile per fissare la pietra nella sede.
— **levers,** tirettes (*orol.*).
— **mechanism,** regolatore *m.* (di calcolatrice).
— **of cement,** presa (*f.*) di cemento.
— **of mortar,** presa (*f.*) di malta.
— **of the tool,** messa (*f.*) a punto dell'utensile.
setting off (*chim.*, *ecc.*), eliminazione *f.*
— **out,** tracciamento *m.*
— **-out (of) a building,** tracciamento (*m.*) di un edificio.
— **-out peg,** picchetto (*m.*) per tracciamento.
— **out the trench,** tracciamento (*m.*) di uno scavo.
— **pin** (*mecc.*), spina (*f.*) calibrata.
— **-point,** temperatura (*f.*) alla quale l'olio perde la sua fluidità se soggetto a pressione determinata: punto di congelamento.
— **-point test,** prova (*f.*) della determinazione del punto di congelamento.
— **rule** (*tip.*), cavarighe *m.*
— **stick** (*tip.*), compositoio *m.*
— **time under one hour** (*resine*, *ecc.*), tempo di presa inferiore ad un'ora.
— **tester** (*cemento*), apparecchio per prova della presa.
— **the bubble,** centramento (*m.*) della bolla.
— **to time** (*orol.*), messa (*f.*) dell'ora.
— **up,** montaggio; cessare un getto di vernice.
— **up table,** tavola (*f.*) di montaggio.
— **up the level** (*agrim.*), rettifica (*f.*) del livello.
— **up the turret,** aggiustaggio (*m.*) della torretta.
— **up time** (*mecc.*), tempo di messa a punto.
settle, *v.a.* regolare (*chim.*); depositare *v.a.*; depositarsi *v.r.*
— **(to —)** (*comm.*) saldare *v.a.*
— **out** (*chim.*), depositarsi *v.r.*; depositare *v.a.*
settlement, calo *m.* assestamento; abbassamento *m.*; (*labour disputes*), composizione *f.*; (*mediated settlements*), composizioni conciliative.
— **of the foundations,** assestamento (*m.*) delle fondamenta; cedimento (*m.*) di assestamento delle fondamenta.

settling, cedimento *m.*; (*chim. min.*), deposito *m.*; sedimentazione *f.*; chiarificazione *f.*; (*met.*), sedimentazione in fossa.
— **-in allowance,** indennità di installazione.
— **of masonry,** assestamento (*m.*) della muratura.
— **of supports,** abbassamento (*m.*) degli appoggi di una trave.
— **tank,** bacino (*m.*) di chiarificazione.
— **vat,** vasca di decantazione (birra).
settlings, deposito *m.*
setup (*mecc.*), dispositivo *m.*; messa a punto.
sever, *v.a.* (*min. chim.*), rompere *v.a.*; sezionare *v.a.*; separare con violenza (*met.*); sezionare.
severing (*chim.*), rottura *f.*; sezionamento (di catene laterali).
severity factor (*severity of quench hardenability factor*) (*met.*), indice di severità.
sew (to —), *v.a.*, cucire *v.a.*
sewage, acque luride *f. pl.*
— **tank** (*agr.*), concimaia *f.*
— **-water pump,** pompa (*f.*) per acque luride.
— **works,** lavori di fognatura.
sewer, fogna *f.* (per acque nere).
— **iron tube** (*met.*), tubo di ghisa per fognatura.
— **water effluent** (*pollution*), liquame di fogna.
sewerage, fognatura *f.*; raccolta di acque luride, trattamento e loro rimozione.
— **system,** sistema di fognatura.
sewing, cucitura *f.*
— **awl,** lesina *f.* (scarpe).
— **cottons,** filati cucirini.
— **machine,** *f.* macchina da cucire.
— **threads** (*tess.*), filati cucirini.
— **(microprocessor controlled sewing —),** macchina da cucire controllata da microprocessore.
sexagesimal, *agg.*, sessagesimale.
sexavalent, *agg.* (*chim.*), esavalente.
sextant, sestante *m.*
shackle, maniglia (*f.*) di catena.
shackle insulator (*elet.*), isolatore (*m.*) d'ancoraggio.
shackler (*min.*), deviatore *m.*
shackles, grilli (*m. pl.*) di catene (*naut.*); biscottini *m. pl.* (*auto*).
shade, ombra *f.*; tinta *f.*; paralume *m.* (*elet.*).
— *v.a.* sfumare; ombreggiare.
— **cloth,** tessuto per tende.
— **deck** (*naut.*), ponte (*m.*) a tenda.
— **(plastic —),** paralume in materia plastica.
shaded, tratteggiato *p.p.*
— **rule** (*tip.*), filetto chiaro-scuro.
— **satin** (*tess.*), satin (*m.*) ombreggiato.
shading, sfumatura *f.*; ombreggiatura *f.*; tratteggio *m.*
— **generator** (*telev.*), generatore di segnali di correzione d'ombra.
shadow (*ott.*), ombra *f.*
— **area** (*telev.*), zona (*f.*) d'ombra.
— **mask colour kinescope** (*telev.*), cinescopio a colori a maschera d'ombra.
— **mask kinescope** (*telev.*), cinescopio (*m.*) schermato.
— **photometer,** fotometro (*m.*) di ombra.
— **price** (*ricerca operativa*), prezzo di riferimento; prezzo ombra; valore marginale.
— **projection,** tracciamento (*m.*) di ombre.
— **scratch** (*cinem.*), difetto (*m.*) nell'incisione sonora.
shadowgraph, esame (*m.*) radiografico.
shadowmarking (*carta*), marcatura d'ombra.
shaft, albero *m.* (*mecc.*); asta *f.*; gambo *m.* (*mecc.*); gabbia (*f.*) dell'ascensore; tino *m.* (di altoforno); listello (di legno di cui è formata ogni rimessa) (*tess.*); pozzo *m.* (*miniere*); fusto *m.* (di colonna); manico *m.* (di utensili).
— **basis system** (*mecc.*), sistema albero base.

shaft bearing, sopporto (*m.*) dell'albero.
— **cylinder,** camino (*m.*) del pozzo (fondazioni idrauliche).
— **-end facing and centring machine** (*macch. ut.*), centratrice (*f.*) intestatrice.
— **for regulating stroke,** albero (*m.*) per regolare la corsa.
— **-frame,** quadro (*m.*) di un pozzo (*miniere*).
— **furnace,** forno (*m.*) a tino.
— **governor** (*ing.*), regolatore assiale.
— **hanger** (*mecc.*), sedia (*f.*) pendente.
— **-hub connection** (*mecc.*), accoppiamento albero-mozzo.
— **-lathe,** tornio (*m.*) per alberi.
— **of a column** (*arch.*), fusto (*m.*) di una colonna; scapo *m.*
— **of a rivet,** gambo (*m.*) di un chiodo.
— **pillar,** massiccio di protezione (parte non coltivata che si lascia intorno ad un pozzo per sostegno) (*miniere*).
— **pivot hole** (*orol.*), foro per il perno dell'albero di carica.
— **pump,** pompa (*f.*) per pozzi.
— **sinking** (*min.*), scavo (*m.*) di un pozzo.
— **-timbering ascending method** (*min.*), armatura (*f.*) di un pozzo col metodo a trance montanti.
— **turbine** (*mot. aerei*), turboalbero *m.* (motore a turbina a gas simile a una turboelica, generalm. usato per elicotteri).
— **turning lathe,** tornio (*m.*) per alberi.
— **with three bearings,** albero (*m.*) montato su tre supporti.
— **with universal joint,** albero (*m.*) snodato con giunti di cardano.
shafting, trasmissione (*f.*) ad albero; alberi (*m. pl.*) di trasmissione; trasmissione *f.*
— **lathe,** tornio (*m.*) per alberi lunghi.
shag (*tess.*), tessuto (*m.*) felpato.
shagreen, zigrino *m.*
shake, screpolatura *f.* (del legno); scossa *f.*
— *v.a. v.i.*, scuotere *v.a.*; agitare *v.a.*; tremare *v.i.*
— **out,** *v.a.*, estrarre (*v.a.*) mediante agitazione; *v.a.* (*fond.*), distaffare.
— **-out** (*fond.*), distaffaggio *m.*
— **-out grate** (*fond.*), griglia (*f.*) distaffatrice.
— **-out machine** (*fond.*), macchina (*f.*) a scossa; (*fond.*), distaffatrice *f.*
— **proof washer,** rondella (*f.*) ammortizzatrice.
— **sieve,** crivello (*m.*) a scosse.
— **up,** agitare *v.a.*; scuotere *v.a.*
shakeproof washer (*mecc.*), rondella (*f.*) antivibrante.
shaker conveyor (*min.*), trasportatore a scosse; scivolo a scosse.
— **-shovel loader** (*min.*), caricatrice continua a becco d'anitra.
— **table** (*mecc.*), generatore di vibrazioni.
shakers, scotipaglia *m.* (di trebbiatrice).
shaking, agitazione *f.*; scossa *f.*
— **contrivance,** scotipaglia *f.* (parte di trebbiatrice).
« shaking down » of plastic deformation (*met.*), cessazione della deformazione plastica.
shaking grate, graticola (*f.*) a scosse; griglia (*f.*) a scosse.
— **out** (*fond.*), togliere un getto dalla forma.
— **screen,** crivello (*m.*) a scosse.
— **sieve,** staccio (*m.*) a scosse.
shale (*min.*), scisto *m.*
— **dusting** (*min.*), v. **stone dusting.**
— **oil,** olio (*m.*) di schisto.
shallow, *agg.* poco profondo; basso; superficiale.
— **carbon steel,** acciaio a basso tenore di carbonio.
— **depth,** piccola profondità.
— **water,** acqua (*f.*) bassa.
shamoy, *v.a.* scamosciare (*pelli*).
shank, gambo *m.* (*mecc.*); fusto (*m.*) della biella; stelo (*m.*); cucchiaio con lungo manico.

shank of a rivet, gambo (*m.*) di chiodo.
— **of drill,** gambo (*m.*) di punta di trapano.
— **of the connecting rod,** corpo (*m.*) della biella.
— **of tool,** stelo (*m.*) di utensile.
shape (*met.*), profilato; metallo laminato di qualsiasi sezione, escluse la sez. quadra, rettang., esagonale, rotonda od ovale; forma *f.*; modellare *v.a.*
— **bloom** (*met.*), blumo speciale (non a sezione rettangolare, quadrata o rotonda).
— **ingot,** lingotto profilato.
— **mill** (*met.*), v. **section mill.**
— **of pass,** contorno *m.*
— **out** (*mecc.*), svasare *v.a.*
shaped charge (*petrol.*, *ecc.*), carica cava (carica di esplosivo, con cavità aperta, coassiale con l'elemento di innesco).
— **iron,** ferro (*m.*) profilato.
— **wire,** filo (*m.*) profilato (*o* sagomato).
shaper, limatrice *f.* (*macch. ut.*); stampo *m.*
shaping (*mecc.*), limatura *f.* (*alla limatrice*).
— **groove** (*lamin.*), canale (*m.*) sbozzatore.
— **machine,** limatrice *f.*
— **machine (straight and helical spur gears — machine)** (*macch. ut.*), stozzatrice per ingranaggi cilindrici a denti diritti ed elicoidali.
share, vomere *m.*; azione *f.* (*comm.*); parte *f.*
— **capital** (*comm.*), capitale (*m.*) azionario.
— **(to —)** (*mecc.*), distribuire (*un carico, una forza, ecc.*).
— **evenly along the...,** distribuire uniformemente lungo il...
shared-channel broadcasting (*radio*), radiotrasmissione (*f.*) a frequenza comune.
— **information system** (*inform.*), sistema di informazione comune a più utenti.
shared memory (*inform.*), memoria comune (a più utenti).
shark oil, olio (*m.*) di pescecane.
sharp, *agg.*, affilato; tagliente; aguzzo; a grani grossi (di sabbia); netta (d'immagine); brusca (di curva); preciso (*rif. ad apparecchio*).
— **-bend** (*elet.*), pezzo d'angolo per tubi isolanti (raccordantesi a 90 gradi).
— **-edged,** *agg.* acutangolo.
— **graded sand,** sabbia (*f.*) grossolana.
— **melting point,** punto (*m.*) di fusione forte.
sharpen, *v.a.* acuminare; aguzzare; affilare; raffilare.
sharpener, affilatrice *f.*
sharpening, raffilatura *f.*; affilatura *f.*
— **machine,** affilatrice *f.*
— **tool,** raffilatoio *m.*
sharpness (*telev.*) (*cinem.*), nitidezza *f.* (d'immagine); acutezza *f.* (di tagliente, ecc.); (*utensili, lame*), affilatezza *f.*
— **of tuning** (*radio*), selettività *f.*
shatter, *v.a.*, disintegrare *v.a.* (un atomo); far esplodere.
— **crack** (*met.*), frattura per fiocchi.
— **cut** (*min.*), v. **burn cut.**
— **index** (*met.*), indice di caduta su piastra (prova della resistenza mecc. di agglomerati).
— **proof glass** (U.S.A.), vetro (*m.*) infrangibile.
shattering, disintegrazione *f.* (di un atomo).
shave (to) (*mecc.*), sbavare *v.a.*; radere; radersi.
shaver (electric), rasoio (*m.*) elettrico.
shaving, truciolo *m.*; rasatura (*mecc.*).
— **machine,** sbavatrice (per ingranaggi).
— **tool** (*mecc.*), rasatore *m.*
shavings, *pl.*, piallatura *f.* (trucioli).
sheaf, covone *m.* (*agric.*); mucchio di lingotti metallici (*met.*).

sheaf of coordinate axes, fasci (*m. pl.*) di assi coordinati.

shear, *n.*, recisione *f.*; taglio *m.* (*mecc.*); cimatrice *f.* (*tess.*); (*mecc.*), cesoia *f.*

— *v.a.* recidere; tranciare; tagliare (con la cesoia); cimare; tosare (*tess.*).

— **bow** (*met.*), incurvamento da cesoiatura (incurvatura da cesoiamento) (deformazione causata da cesoiamento difettoso).

— **fracture** (*met.*), v. **angular fracture.**

— **knives length** (*met.*), lunghezza coltelli cesoia.

— **-leg pontoon** (*naut.*), pontone (*m.*) a biga.

— **line** (*met.*), linea di cesoiatura.

— **modulus** (*fis. atom.*), modulo (*m.*) di taglio; modulo di elasticità tangenziale (*mecc.*).

— **slide** (*geol.*), frana (*f.*) di taglio.

— **steel,** acciaio (*m.*) affinato.

— **stress** (*mecc.*), tensione (*f.*) tangenziale.

— **test** (*met.*), prova (*f.*) al taglio.

— **zone** (*fis. atom.*), zona (*f.*) di taglio.

— **(cold end —)** (*met.*), cesoia a dividere a freddo.

— **(hot plate —)** (*met.*), cesoia a caldo.

— **(rotary drum dividing —)** (*mecc.*), cesoia a dividere a tamburo rotante.

shearer (*carbone*), tagliatrice *f.*

— **-loader** (*min.*), tagliatrice-caricatrice *f.* (*miniere di carbone*).

— **(drum —)** (*min.*), tagliatrice a tamburo (*miniere di carbone*).

shearing (*met.*, *mecc.*), tranciatura *f.* (*con cesoia*); cesoiatura *f.* (*met.*); taglio *m.*; deformazione *f.*; tosatura (delle pecore); cimatura *f.* (di pellicce) (*tess.*).

— **area,** superficie (*f.*) di taglio.

— **force,** forza (*f.*) di taglio.

— **line** (*met.*), cesoia (*f.*) a transfer; (*met.*), linea di cesoiatura.

— **machine,** tranciatrice *f.*; cesoia *f.* (*mecc.*); trancia *f.* (*mecc.*); macchina (*f.*) da tosare (pecore, ecc.); cimatrice *f.* (*tess.*);

shearing section, sezione (*f.*) sottoposta al taglio; sezione (*f.*) di taglio; superficie (*f.*) di taglio.

— **strength,** resistenza (*f.*) al taglio; forza (*f.*) tangenziale.

— **stress,** sforzo (*m.*) di taglio; sollecitazione (*f.*) al taglio; carico (*m.*) di scorrimento.

shearling, pelle di pecora (*o* agnello) conciata (con lana).

shears, forbici *f. pl.*; cesoia *f.*; v. **shear.**

sheath, guaina *f.*; strato protettore.

— **current,** corrente (*f.*) passante nella fodera metallica di un cavo a corrente alternata (*elet.*).

— **(protective — for thermocouple),** guaina per termocoppia.

sheathe, *v.a.* foderare (*naut.*); fasciare (con lamiere).

sheathed explosive (*min.*), esplosivo (*m.*) con guaina.

sheathing, fodera *f.* (metallica); fodera (*f.*) metallica di carena; (*naut.*); foderatura *f.*; fasciame (*m.*) di tavole (del tetto) (*cost.*).

sheave, disco (*m.*) dell'eccentrico; puleggia (*f.*) di bozzello (*naut.*).

— **boss,** mozzo (*m.*) della puleggia.

shed, baracca *f.* (per uomini, deposito di materiali, ecc.); tettoia *f.*; capannone *m.*; luogo (*m.*) di deposito; passo *m.* (*tess.*); bocca d'inserzione (telaio) (*tess.*).

— **(to —),** ridurre il peso (*to shed weight*) (p. es. di un motore di automobile); lasciar cadere; gettar via; far versare; perdere (durante la rotazione).

— **roof** (*costr.*), tetto (*m.*) ad una falda; tetto a dente di sega; tetto a « shed ».

shedder (*mecc.*), estrattore (*o* espulsore) di stampi.

shedding, formazione (*f.*) del passo (*tess.*); alzata *f.*

sheep, pecora *f.*

sheer, insellatura *f.* (di nave); perpendicolarmente *avv.*
— **lawns** (*tess.*), biancheria fine per fazzoletti per signora, ecc.
— **plan,** piano (*m.*) longitudinale.
sheerstrake (*naut.*), corso (*m.*) di cinta.
sheet, lamierino *m.* (*met.*) (*a solid section rolled to a thickness range of 0.006 in. to 0.249 in.*); lamiera *f.*; foglio *m.* (*in senso generale*).
— **bands** (*tip.*), supporti per il foglio.
— **bar** (*met.*), bidone *m.* (*metallo ricavato da blumi, di spessore fra 0,25 e 3 pollici*).
— **brass,** lamierino (*m.*) di ottone.
— **copper,** lamierino (*f.*) di rame.
— **fed gravure rotary** (*tip.*), macchina rotocalco (per stampa su fogli).
— **-fed offset press** (*tip.*), macchina offset da foglio.
— **fed offset rotary** (*tip.*), rotativa offset da foglio (per stampa di fogli).
— **feed** (*inform.*), trascinamento di fogli.
— **glass,** lastra (*f.*) di vetro.
— **iron tongs,** tenaglia (*f.*) da lamiera.
— **lagging,** lamierini (*m. pl.*) per inviluppo di protezione.
— **lead,** lamierino (*m.*) di piombo.
— **-metal,** lamierino (*m.*) metallico; lamiera metallica.
— **metal bending rolls** (*macch. ut., met.*), calandra (*f.*) rotolatrice; curvatrice di lamiere.
— **metal flattening machine** (*macch. ut.*), spianatrice (*f.*) per lamiere.
— **metal punching machine** (*macchine ut., met.*), punzonatrice per lamiera.
— **mica,** mica (*f.*) in fogli.
— **(rolling) mill** (*met.*), laminatoio per lamiere (sottili).
— **of lap** (*tess.*), foglio di ovatta.
— **pavement,** pavimentazione continua (senza giunti, come ad es. quella in cemento, ecc.).
sheet piling, assito (*m.*) ad incastro (in lamiera o in legno); paratia *f.*; (*ferr.*), palancola *f.*
— **piling of reinforced concrete,** assito (*m.*) ad incastro in cemento armato.
— **piling of section iron,** assito (*m.*) ad incastro di ferri profilati.
— **roll,** laminatoio per lamierini.
— **rolling,** laminazione di lamiere.
— **saw,** sega (*f.*) per lamiere.
— **size** (*tip.*), formato greggio.
— **steel,** lamierino (*m.*) d'acciaio.
— **tin,** lamierino (*m.*) di stagno.
— **working hammer** (*mecc.*), maglio (*m.*) autocompressore per la lavorazione a freddo di lamiere.
— **(black —),** lamiera (*f.*) nera.
— **(in sheets)** (*tip.*), v. **book in sheets.**
sheeting, palificata *f.*; copertura (*f.*) con lamiere.
sheetings (*tess.*), tele per lenzuola.
sheets, scotte *f. pl.* (funi) (*naut.*).
shelf (*faleg.*), mensola *f.*; ripiano *m.*; scansia *f.*
— **/floor-standing speaker (system)** (*audio*), diffusore con mobile da pavimento o libreria.
— **item** (*comm.*), prodotto da banco.
— **life (U.S.A.),** durata di conservazione (di materiale immagazzinato).
— **(continental —)** (*geol.*), piatta forma (*f.*) continentale.
shell (*met.*), mantello *m.*; (*naut.*), fasciame; cassa (*f.*) di un bozzello; scafo *m.*; camicia *f.*; proiettile *m.*; granata *f.*; trivella *f.*; conchiglia *f.*; involucro *m.* (di caldaia); anello *m.*; strato di roccia dura (*trivellazione pozzi*); (*fis. atom.*), strato *m.*; carcassa *f.* (*di collettore*); (*audio*),conchiglia porta-testina *f.*; (*met.*) (*fond.*), guscio *m.*; (*cartridge used in small arms*), cartuccia usata nelle armi piccole; (*met.*) (*thin flake or tongue of metal imperfectly attached to*

the surface of a slab or boom), sovrapposizione *f.*

shell (to —), sgranare *v.a.*; sgusciare *v.a.*; bombardare *v.a.*

— **auger,** trivella (*f.*) a cucchiaio.

— **bit,** punta (*f.*) a sgorbia.

— **diameter (inside — diameter)** (*forni elet., met.*), diametro interno di cassone.

— **-end mill,** fresa con denti sulla periferia e su un'estremità.

— **forging,** forgiatura (*f.*) in conchiglia.

— **gold,** oro (*m.*) in conchiglia.

— **height** (*forno met.*), altezza della carcassa.

— **life** (*met.*), vita (durata) della carcassa (*forni met.*).

— **-like,** *agg.* concoidale.

— **limestone,** calcare (*m.*) fossilifero.

— **model** (*fis. atom.*), modello (*m.*) a strati.

— **model of nucleus (*fis. atom.*),** modello (*m.*) a strati del nucleo atomico.

— **mold** (*fond.*), forma a guscio.

— **mold casting** (*fond.*), fusione in conchiglia.

— **molding process** (*fond.*), formatura a guscio.

— **moulding** (*fond.*), formatura a guscio.

— **of well,** anello (*m.*) di pozzo; corona (*f.*) di un pozzo.

— **plating** (*naut.*), fasciame (*m.*) esterno.

— **-plating of a boiler,** involucro (*m.*) di caldaia.

— **solvents,** solventi del petrolio.

— **structure of nucleus** (*fis. atom.*), struttura quantica del nucleo.

— **swinging mechanism** (*forno met.*), meccanismo di ribaltamento della carcassa.

— **temperature** (*reattori, chim.*), temperatura al guscio.

— **turning lathe** (*macch. ut.*), tornio (*m.*) per tornire granate.

— **-type transformer** (*ing. elet.*), trasformatore (*m.*) a mantello.

— **vacancy (*fis. atom.*), vuoto (*m.*) nello strato.**

shellac, gomma lacca *f.*

— **varnish,** vernice (*f.*) alla gomma lacca.

sheller (*agric.*), svecciatore *m.*

shelling machine, sgranatoio *m.*

shelly, *agg.* (*met., riferito a cricche*), paglioso.

shelter (*costr.*), rifugio *m.*; ricovero.

— **(nuclear —),** rifugio nucleare.

shelve (to —) (*cinem.*), depositare per sempre un film scartato.

shelving (metal — of composed elements), scaffalatura metallica componibile.

sherardized steel (*met.*), acciaio sherardizzato.

sherardizing, processo (*m.*) per dare una superficie di zinco all'acciaio: sherardizzazione *f.*

Shering bridge (*elet.*), ponte Shering.

shibata stylus (*audio*), stilo shibata (taglio shibata).

shides (*cost.*), assicelle *f. pl.* (di copertura di un tetto).

shield, cuffia (*f.*) per macch. utensili; scudo *m.* (artiglieria); schermo *m.* (*radio*); scudo *m.* (*cost. civ.*) (scudo d'avanzamento = *tunnelling shield*); **(*fis. atom.*), schermo *m.*; schermo di protezione.**

— *v.a.* schermare (*radio*); proteggere.

— **-apron** (*mil.*), scudo (*m.*) inferiore (artiglieria).

— **-driven tunnel** (*min.*), galleria eseguita con gabbia di avanzamento.

shielded, *p.p.* schermato; protetto.

— **arc welding,** saldatura all'arco elettrico (in cui arco e metallo sono protetti dell'atmosfera).

— **cell (*fis. atom.*), cella blindata.**

— **conductor,** conduttore (*m.*) schermato.

— **counter (*fis. atom.*), contatore (*m.*) schermato.**

— **electron,** elettrone (*m.*) pieno.

— **transformer** (*elet.*), riduttore (*m.*) schermato; trasformatore (*m.*) schermato.

— **valve,** valvola (*f.*) schermata.

shielding, schermatura *f.*; protezione *f.*
— **material** (*fis. atom.*), materiale di schermaggio.
shift, turno (*m.*) di lavoro; spostamento *m.*; cambiamento *m.*; (*inform.*), scalamento; trasposizione *f.*; spostarsi *v.r.*; emigrare *v.i.* (*di atomi, ecc.*); spostare *v.a.*, (*l'equilibrio, ecc.*); cambiare di posto; (*inform.*), spostamento di uno o più dati.
— **-in character** (*inform.*), carattere di codice normale.
— **key,** tasto maiuscole (*macch. da scrivere*).
— **lock,** tasto d'arresto (*o* bloccaggio) delle maiuscole (*macch. da scrivere*).
— **register** (*calcolatori analogici*), registro per operazioni di spostamento dei dati (*shift*).
— **the belt,** spostare (*v.a.*) la cinghia.
— **worker,** turnista *m.*
— **(gear —)** (*mot.*), cambio *m.*
shifting, addossamento *m.* (di travi); spostamento *m.* (di spazzole) (*elet.*); decalaggio *m.* (*elet.*); cambiamento *m.*; migrazione *f.* (*di atomi, ecc.*).
— **of the belt,** spostamento (*m.*) della cinghia.
shilling stroke (*tip.*), sbarretta inclinata.
shim, piastrina (*f.*) di aggiustaggio; (*mecc.*), spessore *m.*; calare *v.a.* (pietre, ecc.).
— **rod** (*fis. atom.*), barra (*f.*) di compensazione; barra (*f.*) di regolazione approssimata.
shin, squadra (*f.*) d'unione (*ferr.*) (*mecc.*); stecca *f.* (*ferr.*).
shiner (*cinem.*), riflettore *m.*
shingle, assicella (*f.*) di copertura per tetti; detrito *m.* (di fiume); ghiaia *f.*; ciottolo *m.* (*v.a.*) coprire di tegole di legno; togliere le impurità dal ferro puddellato al maglio; disincrostare al maglio.
— **roof,** tetto (*m.*) ad assicelle.
ship, nave *f.*; naviglio *m.*; bastimento *m.*; aeroplano *m.*
— **(to —)** (*naut.*), imbarcare (*un carico*); mettere a bordo; spedire (*per via mare*).
— **bottom paint,** pittura sottomarina.
— **broker** (*naut.*), mediatore di noleggi marittimi.
— **building,** costruzioni (*f. pl.*) navali.
— **carpenter,** carpentiere (*m.*) navale.
— **chandler,** fornitore (*m.*) navale.
— **nail** (*met.*), chiodo per navi.
— **owner,** armatore *m.*
— **plane,** aeroplano (*m.*) che può decollare od ammarare su una nave.
— **plate** (*met.*) lamiera (*f.*) navale.
— **rivetter,** ribaditore (*m.*) navale.
— **surveyor,** perito (*m.*) navale.
— **(lighter-aboard –),** nave «chioccia».
shipboard, fianco (*m.*) della nave.
shipbreaking scrap (*met.*), rottame (*m.*) da demolizioni navali.
— **yard** (*naut.*), cantiere demolizioni navali.
shipbuilding (*naut.*), costruzioni (*f. pl.*), navali.
— **yard,** cantiere (*m.*) navale.
shipchandler (*naut.*), fornitore (*m.*) navale.
shipment (long-distance — of molten iron) (*met.*), trasporto a grande distanza di ghisa fusa.
shipowner, armatore *m.*
shippers (*cost.*), mattoni (*pl. m.*) forti, di forma poco precisa.
shipping (*comm.*), spedizione *f.* (per mare).
— **bottle** (*fis. atom.*), bottiglia (*f.*) da trasporto.
— **register** (*naut.*), Registro navale di classifica.
shipplate (*met.*), lamiera (*f.*) navale.
ship's manifest (*naut.*), manifesto di carico di una nave.
— **'s radar,** radar di bordo.

ships elevator, elevatore (*m.*) per battelli.
shipyard (*naut.*), cantiere (*m.*) navale.
shirt (*met.*), camicia *f.*; rivestimento (*m.*) di altoforno.
« **shirt-sleeve environment** » (*voli spaziali*), ambiente (a bordo di navette spaziali) senza bisogno di tute spaziali o maschere).
shives (*tess.*), materie vegetali nella lana.
shock, urto *m.*; scossa *f.* (*elet.*); percossa *f.*; colpo *m.*
— **absorbers** (*auto*), ammortizzatori *m. pl.*
— **cord tow-off** (*aereo*), rimorchio con cavo elastico.
— **excitation** (*radio*), eccitazione parassita.
— **-molding** (U.S.A.) (*mat. plast.*), formatura (*f.*) a scossa.
— **mounted,** montato a prova di scossa.
— **-proof,** *agg.* (*elet.*), isolato; protetto contro gli urti.
— **-proof case,** cassa a prova di scosse.
— **-proof watch** (*orol.*), orologio protetto contro gli urti.
— **resistant,** *agg.* anti-urto; protetto contro gli urti.
— **-resistance test,** prova all'urto.
— **-resisting steel** (*met.*), acciaio (*m.*) resistente agli urti.
— **wave,** onda di urto.
— **wave formation** (*mecc. dei fluidi*), formazione di onda d'urto.
shockproof switch, interruttore (*m.*) a completo isolamento (contro la possibilità di scosse elettriche).
shoddy, lana (*f.*) rigenerata.
shoe, puntazza *f.*; pattino *m.* (*elet.*); estremità inferiore d'un doccione (*arch.*); ceppo (*m.*) di un freno; punta *f.* (di un palo di fondazione).
— **brake,** freno (*m.*) a ceppi.
— **cream,** crema (*f.*) per scarpe.
— **nails** (*met.*), broccame *m.*
— **-knife,** coltello da calzolaio.
shoe shiner, lucidascarpe (*m.*) elettrico.
— **string producer** (*cinem.*), produttore che fa un film con pochissima spesa.
— **tingles** (*met.*), **sellerine** *f. pl.*
shoot, tralcio *m.* (*bot.*); doccione (*m.*) di scarico; apparecchio (*m.*) d'introduzione; colonna di minerale; scivolo *m.*; (*tess.*), battuta (di trama); (*cost.*), luogo di discarica del materiale di scavo di una casa, ecc.
— girare *v.a.* (un film); registrare (*v.a.*) un fotogramma (*film*); sparare *v.a.*; perforare *v.a.* (un pozzo); sporgere *v.i.*; assumere (*v.i.*) forme dentellate (*cristalli*).
— **a scene** (*cinem.*), girare una scena.
— **an aeroplane** (*aereo*), abbattere (*v.a.*) un aeroplano.
— **an oil-well,** perforare (*v.a.*) un pozzo di petrolio.
— **out,** *v.a.* espellere *v.a.* (*elettroni*); emettere *v.a.*
shooter (*miniere*), fuochino *m.*
shooting, [operazione (*f.*) di] piallatura di legnami che devono combaciare perfettam.; (*met.*), (*refrattari*), applicazione di rivestimento refrattario (o di materiale isolante, o di una miscela sabbia-cemento) mediante pistola pneumatica; (operazione nota sotto il nome di: sparo); (*mecc.*, *met.*), v. **trouble —.**
— **in** (*tess.*), inserzione della trama.
— **of refractory materials,** lancio di materiali refrattari a spruzzo.
— **red traffic lights** (*traffico auto*), passare con il semaforo rosso.
— **script** (*cinem.*), sceneggiatura (*f.*) definitiva.
— **star** (*astr.*), stella cadente.
shop, stabilimento (*m.*) meccanico; officina *f.*; bottega *f.*; laboratorio *m.*
— **assembly** (*mecc.*), montaggio d'officina.

shop blind, tenda (*f.*) per negozi.
— **board,** banco (*m.*) di lavoro (specialm. di sarti).
— **rivet,** chiodo (*m.*) ribadito in officina.
— **soil,** sudiciume di officina.
— **steward,** delegato (*m.*) sindacale; delegato del personale.
— **-welded,** *p.p.*, saldato in officina.
— **welding** (*sald.*), saldatura di officina.
shopping centre (*urbanistica*), zona dei negozi.
shoran (*short range navigation*), radar per aeronavigazione.
shore, sbadacchio *m.*; puntello *m.* (*naut.*); costa *f.*; spiaggia *f.*
— **based radar,** radar (*m.*) costiero.
— **container facilities,** attrezzature costali per imbarco di containers.
Shore test, prova (*f.*) di durezza Shore.
— **hardness,** durezza (*f.*) Shore.
Shore's scleroscope, scleroscopio (*m.*) di Shore.
shoring (*costr.*), puntellamento *m.*
— **of concrete formwork** (*costr.*), puntellamento di casseforme di cemento.
shorn wool, lana (*f.*) tosata.
short, cortometraggio *m.* (*cinem.*); avente un forte rendimento (*plastica*); fragile *agg.* (*met.*); sufficiente.
— **circuit,** cortocircuito *m.*
— **-circuit,** *v.a.* cortocircuitare; mettere in corto circuito.
— **-circuit current** (*elet.*), corrente (*f.*) di cortocircuito.
— **-circuited rotor** (*elet.*), rotore (*m.*) a gabbia di scoiattolo.
— **circuits** (*telev.*), circuiti ridottissimi.
— **-delay detonator** (*esplosivi miner.*), microritardatore *m.*
— **face miner** (*min.*), minatore continuo per corte fronti.
— **feature** (*cinem.*) (U.S.A.), film minore di 3000 piedi di lunghezza; cortometraggio.
— **flaming coal,** carbone (*m.*) a corta fiamma.
short-haul (*ferr.*) (*aereo*), a breve percorso; a corta distanza.
— **hole,** foro di chiusura (di fornace) inadeguatam. chiuso.
— **iron,** ferro (*m.*) fragile.
— **-link chain,** catena (*f.*) a maglia corta.
— **-lived isotope** (*fis. atom.*), isotopo (*m.*) a vita breve.
— **malt** (*chim.*), malto di 7 giorni.
— **nipple,** raccordo (*m.*) filettato.
— **-oil alkids** (*chim.*), resine alchidiche a basso tenore d'olio.
— **page** (*tip.*), coda di pagina.
— **-pitch winding** (*elet.*), avvolgimento (*m.*) a corde.
— **-pulse amplifier** (*radio*), amplificatore per impulsi di breve durata.
— **-range** (*fis. atom.*), **a breve portata; a breve distanza; a breve percorso.**
— **-range forces** (*fis. atom.*), forze (*f. pl.*) **a breve distanza.**
— **-range particle** (*fis. atom.*), particella (*f.*) **a breve percorso.**
— **reconnaisance,** ricognizione (*f.*) breve.
— **-run work** (*mecc.*), lavorazione di breve durata.
— **-stapled cotton,** cotone (*m.*) a fibra corta.
— **-stapled wool,** lana (*f.*) a fibra corta.
— **16 mm film,** cortometraggio *m.*
— **stick** (*tess.*), 36 pollici di tessuto di cotone.
— **thread milling machine** (*macch. ut.*), filettatrice (*f.*) con fresa per filetti lunghi.
— **ton,** tonnellata (*f.*) di kg 907,1848; v. **ton.**
— **varnish,** vernice con poca quantità d'olio (vedi: **long varnish**).
— **wave,** onda corta (di 50 m o meno).
— **waves,** onde (*f. pl.*) corte.
— **wool,** lana (*f.*) corta.
shortage, mancanza *f.*; penuria.
— **(materials —),** penuria di materiali.

shortcoming, difetto *m.*; imperfezione *f.*; insufficienza *f.* (*di teoria*).
shortening (*chim.*), raccorciamento (*di catena, ciclo*).
— **condenser,** condensatore (*m.*) d'antenna (*radio*) (condensatore inserito in serie ad un'antenna per ridurre la sua lunghezza d'onda naturale).
shorts, prodotto rimasto su un buratto; cruschello *m.*
shortstapled wool, lana (*f.*) corta setosa.
shot, pallini (di piombo); grana *f.* (*met.*); quadro *m.* (*cinem.*); (*tess.*) battuta (*di trama*); cangiante *agg.* (*colori*); (*macchine a formare*) (*mat. plastiche*), iniezione *f.*; (*pressofusione*), iniezione *f.*; (*met.*), pallino (*m.*) da caccia; (*astron.*) volo *m.*; lancio *m.*; missione *f.*
— **blast,** *v.a.* granigliare.
— **-boring** (*min.*), sondaggio (*m.*) con corona a granaglia.
— **capacity** (*mat. plastiche*), capacità produttiva (per iniezione).
— **-drill** (*min.*), sonda (*f.*) con corona a graniglia.
— **-drilling** (*min.*), sondaggio (*m.*) con corona a granaglia.
— **effect** (*radio*), effetto (*m.*) granulare; effetto di colore cangiante (*trama di un colore diverso dall'ordito*) (*tess.*); (*telev.*), effetto di granaglia; effetto (*m.*) granulare; disturbo (*m.*) granulare.
— **firing** (*min.*), tiro (con esplosivi da mina).
— **in one operation** *p.p.* (*mat. plastiche*), fatto in una sola operazione.
— **lead,** pallini (*m. pl.*) di piombo; piombo granulare.
— **metal,** metallo in pallini (*o* granuli).
— **molding** (U.S.A.), procedim. per formatura di materie plastiche di grandi pezzi, in pochi secondi.
shot peening (*met.*), pallinatura *f.*
— **point** (*min.*), punto di scoppio (di mine, dinamite, ecc.).
— **-put** (*sport*), lancio del peso.
— **sample,** campione (*m.*) di metallo granulare.
— **(lead —),** pallino di piombo da caccia.
— **(per —)** (*mat. plastiche*), per iniezione.
shotblast cleaning (*met.*), granigliatura *f.*
shotfirer (*min., esplosivi*), carichino *m.* (addetto al caricamento e brillamento delle mine).
shotfiring in rounds (*min., esplosivi*), volata; brillamento della volata.
shotgun (*armi*), fucile *m.*
shothole (*min., esplosivi*), foro da mina.
shotman (*min.*), carichino *m.* (addetto al caricamento e brillamento delle mine).
shotting (*met.*), formazioni di metallo granulare (*o* in pallini).
shotty gold, oro (*m.*) granulare.
shoulder, guancia *f.* (di cerniera); battuta *f.* (*mecc.*); aggetto *m.* (*aereo*) (U.S.A.); fascia (*f.*) di centramento (munizioni); spalla *f.* (*tip.*) (parte più bassa del carattere tipografico, che serve a sostenere la lettera); salita *f.* (*di una curva, di diagrammi*); (*mecc.*), spallamento; (*mecc.*), flangia *f.*; (*mecc.*), fianco di dente d'ingranaggio; (*strade*), banchina *f.*
— **(to —)** (*gen.*), rinforzare.
— **grinding** (*macch. ut., mecc.*), rettifica (*f.*) di spallamento.
shouldered needle point (*di compasso*) (*dis.*), punta di compasso fissa rinforzata.
— **tenon,** tenone (*m.*) a spalla.
shoulders (*acust.*), solchi (*m. pl.*) d'incisione imperfetti, per difetto della punta del grammofono.
shove (to —), spingere (p. es. *to shove a metal sheet*), spingere un foglio di lamiera.

shove a model forward (*aeromod.*), dare una spinta in avanti al modello.
— **out a satellite** (*astron.*), spingere un satellite in orbita (fuori dallo « Shuttle »).
shovel, badile *m.*; pala *f.*; **draga** *f.* (U.S.A.).
— **loader,** caricatore a pale.
— **-loader (pneumatic tyred — -loader)** (*mecc.*), pala caricatrice gommata.
— **steel,** acciaio per pale di escavatori.
shovelful, badilata *f.*
shoving up, riduzione dei fori di una filiera dovuta all'accumularsi di particelle del metallo trafilato.
show, traccia *f.*; mostra *f.*; esposizione *f.*; programma televisivo o radiofonico; mostrare *v.a.*; dare (tracce di); indicare (su una carta geogr.); rivelare *v.a.* (*chim.*); presentare *v.a.*; manifestare *v.a.*
— **board tester** (*tess.*), apparecchio per provare l'uniformità dei fili.
— **of oil,** traccia (*f.*) di petrolio.
— **up,** apparire *v.i.*; mostrare *v.a.*; rivelare *v.a.*; indicare *v.a.*
showcase (glass —), vetrinetta (p. es. rif. a musei).
shower (*fis. atom.*), sciame *m.*
— **-bath, doccia** *f.*
— **particle** (*fis. atom.*), **particella** (*f.*) **dello sciame.**
— **-proofing** (*tess.*), impermeabilizzazione di stoffe di lana e di lana pettinata.
showing room, sala (*f.*) di esposizione.
shrapnel shell, granata (*f.*) a pallette (munizioni).
shredded wheat (*cinem.*) (U.S.A.), insalata *f.*; fuoruscita della pellicola dai rulli.
shrink, *v.i.*, contrarsi *v.r.*; restringere -si *v.i. v.r.*
— **hole** (*met., sald.*), cavità (*f.*) di ritiro.
— **mark** (*fond.*), depressione sul getto, per ritiro.
shrink proof, *agg.* irrestringibile.
— **ring** (*mecc.*), anello di forzamento.
shrinkability (*tess.*), restringibilità *f.*
shrinkage, contrazione *f.*; restringimento (*tess.*); ritiro; vedi; **sinkage.**
— **cavity** (*met., sald.*), cavità (*f.*) di ritiro.
— **crack** (*met.*), cricca di contrazione (*o* di ritiro).
— **head** (*fond.*), materozza *f.*
— **joint** (*concrete pavement*), giunto (*m.*) di contrazione.
— **of a brick,** contrazione (*f.*) di un mattone.
— **of a casting,** contrazione (*f.*) di un getto.
— **of a timber,** contrazione (*f.*) di un legno.
— **porosity** (*met.*), porosità di ritiro.
— **stoping** (*min.*), coltivazione a magazzino pieno (con scoronamenti).
— **test** (*mecc.*), prova di ritiro.
shrinking (*met.*), formazione di cavità di ritiro.
— **hole,** ritiro *m.* (del getto).
— **process** (*tess.*), processo di irrestringibilità (applicato a tessuti).
shroud ring, anello (*m.*) di controventatura (di ventilatore).
shrouded balance (*aereo*), compensazione dovuta a fessura.
shrub (*bot.*), arbusto *m.*
— **(thickets of —),** siepaglia di arbusti (*difesa marina, ecc.*).
shrouds, sartie *f.* **pl.** (*naut.*).
shrunk-on ring, anello (*m.*) montato a caldo.
— **ring,** anello (*m.*) di chiusura.
shunt, shunt *m.*; in derivazione *f.*; scambio *m.* (*ferr.*); derivatore *m.*
— *v.a.* derivare (*elet.*); deviare (*ferr.*).
— **cable,** cavo (*m.*) di distribuzione.
— **circuit,** circuito (*m.*) derivato.

shunt coil, rocchetto (*m.*) di derivazione; bobina (*f.*) di derivazione.
— **connection,** collegamento (*m.*) in derivazione.
— **dynamo,** dinamo (*f.*) eccitata in derivazione.
— **excitation,** eccitazione (*f.*) in derivazione.
— **-field excitation,** eccitazione (*f.*) di motore eccitato in derivazione.
— **field rheostat** (*elet.*), reostato (*m.*) di campo in derivazione.
— **method** (*elet.*), metodo (*m.*) di derivazione.
— **motor** (*elet.*), motore (*m.*) eccitato in derivazione.
— **regulator,** regolatore (*m.*) in derivazione.
— **resistance,** rete (*f.*) in derivazione.
— **terminal** (*elet.*), morsetto (*m.*) di derivazione.
— **-winding,** avvolgimento (*m.*) a shunt.
— **wound** (*elet.*), eccitato (*p.p.*) in derivazione.
— **-wound dynamo,** dinamo (*f.*) eccitata in derivazione.
— **wound motor,** motore (*m.*) eccitato in derivazione.
shunter, deviatore (*persona*); locomotiva (*f.*) di smistamento.
shunting, derivazione *f.* (*ferr.*); cambiamento (*m.*) di binario; smistamento *m.*
— **engine** (*ferr.*), locomotiva (*m.*) di manovra.
— **official** (*ferr.*), capomanovratore *m.*
shuntung, tessuto (*m.*) di seta di color marrone chiaro, prodotto da baco da seta che si nutre di foglie di quercia.
shut-down (*elet., fis. atom.*), **arresto** *m.*; **chiusura** *f.*; **spegnimento.**
— *v.a.* (*fis. atom.*), chiudere *v.a.*; **spegnere** *v.a.*
— **down a plant** (U.S.A.), chiudere una fabbrica.
shut off, *v.a.* interrompere (*v.a.*) la corrente; arrestare *v.a.*; fermare *v.a.*.
— **-off bar** (*fis. atom.*), **barra** (*f.*) **di sicurezza.**
— **-off rod** (*fis. atom.*), **barra** (*f.*) **di arresto** (*barra d'emergenza*).
— **-off valve,** valvola (*f.*) d'arresto.
shutdown (*met.*), fermata (*di forni met.*), v. anche **shut-down.**
shuting (*cost.*), gronda *f.*
shutter, armatura *f.* (tolta nel disarmo) (*cost.*); imposta *f.* (di finestra); otturatore *m.* (*fot.*); (*naut.*), portellone *m.*
— **lining,** rivestimento (m.) d'armatura (*cem. armato*).
— **release** (*fot.*), scatto (*m.*) dell'otturatore.
— **set** (*fot.*), otturatore *m.*
shuttering, armatura (*f.*) provvisoria (tolta durante il disarmo) (*cem. armato*).
shutters (*auto*), persiana *f.*
shuttle, navetta (di macch. da cucire e telai); spola *f.* (*tess.*); spoletta (*tess.*); (*astron.*), navetta spaziale (Shuttle).
— **(to —)** (*trasporti*), fare la spola; (*astron.*), trasbordare mediante navetta spaziale.
— **(to —) data to and fro** (*tel.*) (*inform.*), trasmettere e ricevere dati.
— **armature,** armatura (*f.*) a doppio T.
— **box** (*filat.*), cassa (*f.*) a navette.
— **car** (*min.*), carro (*m.*) spola.
— **changing** (*tess.*), cambiamento della navetta.
— **guard** (*filatura*), para navetta *m.*
— **race** (*filat.*), piano (*m.*) di corsa delle navette.
— **-service train** (*ferr.*), treno-navetta (*per trasporto delle automobili a seguito dei viaggiatori*).
— **traffic** (*strade*), traffico (*m.*) alternato.
— **(space —)** (*astron.*), navetta spaziale.
shuttling (*filatura*), inserzione di una nuova bobina.

SI units (*mecc.*), unità del sistema internazionale (*di filettatura*); unità internazionali SI.
siamezed cylinders (*auto*), cilindri gemelli (di motore bicilindrico).
siccative, essiccativo *m.*
sick benefit, sussidio (*m.*) di malattia.
— **leave,** congedo di malattia.
— **pay scheme** (*lavoro*), piano di assistenza sanitaria.
sickness benefit, sussidio (*m.*) di malattia.
side, fianco *m.*; lato (*m.*) di un angolo; versante *m.* (*geogr.*); laterale *agg.*
— **adjacent to right angle,** cateto *m.*
— **and face cutter,** fresa con denti sulla periferia e a tutte e due le estremità.
— **band** (*radio*), banda (*f.*) laterale.
— **-bar keel** (*naut.*), chiglia (*f.*) composta (*o* chiglia paramezzale).
— **benching** (*agrim.*), attacco (*m.*) a mezza costa.
— **-binding** (*elet.*), legatura (*f.*) laterale.
— **blisters** (*aereo*), armamenti (*m. pl.*) laterali.
— **-blown converter** (*met.*), convertitore soffiato lateralmente con aria.
— **-boxes,** *pl.*, portautensili (*m.*) laterali.
— **broaching** (*macch. ut.*), brocciatura (*f.*) laterale; spinatura (*f.*) laterale.
— **chain** (*chim.*), catena (*f.*) laterale.
— **chain reactions** (*chim.*), reazioni delle catene laterali.
— **circuit** (*telef.*), circuito (*m.*) laterale.
— **clearance,** gioco (*m.*) fra i denti (di ingranaggi).
— **collision** (*auto*), scontro laterale.
— **-contact rail** (*ferr.*), terza rotaia *f.*
side cutter, pinzetta (*f.*) da elettricisti.
— **cutting edge** (*utens.*), tagliente (*m.*) obliquo.
— **cutting plier,** pinza (*f.*) da elettricisti.
— **ditch,** fossetto *m.* (stradale).
— **dredging,** scavo (*m.*) laterale.
— **drift** (*cost. civ.*), galleria (*f.*) d'accesso.
— **dump** (*ferr.*), carro a scarico laterale.
— **echo,** eco (*m.*) laterale.
— **effects** (*min. campioni*), effetti collaterali.
— **elevation,** proiezione (*f.*) laterale.
— **-entry condensers** (*elet.*), condensatori ad ingresso laterale.
— **face of the tool,** fianco (*m.*) dell'utensile.
— **girders,** longitudinali *m. pl.*
— **-hill work,** costruzione (*f.*) a mezza costa.
— **impact** (*auto*), urto laterale.
— **lay gauge** (*top.*), taccheggio laterale.
— **light** (*naut.*), fanale (*m.*) di posizione.
— **lights warning light** (*auto*), spia luci posizione.
— **line music** (*cinem.*), musica che accompagna un'azione commovente.
— **loading** (*armi*), caricamento laterale.
— **member** (*auto*), longherone *m.*
— **-milling cutter,** fresa(*f.*) a disco.
— **of an equation** (*mat.*), membro (*m.*) di equazione.
— **of a ship,** murata (*f.*) di nave.
— **panel,** fiancata di automobile.
— **panel** (*aereo*), parete (*f.*) laterale; (*costr.*), pannello (*m.*) laterale.
— **penetration,** penetrazione (*f.*) laterale.
— **pin,** agugliotto *m.* (delle staffe); spina (*f.*) laterale.
— **planer** (*side planing machine*) piallatrice (*f.*) laterale.
— **plate** (*armi*), cartella *f.*

side plating, fasciame (*m.*) laterale.
— **play** (*mecc.*), gioco (*m.*) laterale.
— **-product,** prodotto (*m.*) secondario.
— **protection strips** (*auto*), fasce (*f. pl.*) di protezione laterali.
— **rail** (*auto*) (U.S.A.), longherone *m.*
— **rail** (*ferr.*), controrotaia *f.*
— **rake,** angolo (*m.*) di spoglia laterale.
— **-reaction** (*chim.*), **reazione** (*f.*) secondaria.
— **rebate plane,** sponderuola *f.*
— **roll,** rullo (*m.*) laterale.
— **rubbing strips** (*auto*), protezioni (*f. pl.*), laterali.
— **seaming machine** (*macch. ut.*), agraffatrice *f.*
— **set,** strada (*f.*) di una sega.
— **shaft,** albero (*m.*) orizzontale.
— **shear** (*met.*), cesoia laterale; cesoia bordatrice.
— **slip,** spostamento (*m.*) laterale del terrapieno.
— **slip (to —)** (*aereo*), scivolare (*v.i.*) d'ala.
— **-slip indicator** (*aereo*), indicatore (*m.*) dello scivolamento laterale.
— **-slip landing** (*aereo*), atterraggio con scivolata d'ala.
— **slip on wing (to —)** (*aereo*), cadere (*v.i.*) in scivolata d'ala.
— **slipping** (*auto.*), slittamento *m.*
— **slope,** angolo (*m.*) di spoglia laterale (di affilatura laterale).
— **stringers** (*naut.*), correnti (*m. pl.*) di murata.
— **strips** (*auto*), modanature laterali.
— **tenon,** tenone (*m.*) laterale.
— **thrust,** spinta (*f.*) laterale.
— **tip truck,** autocarro (*m.*) a ribaltamento laterale.
— **tipper,** vagoncino (*m.*) capovolgibile di fianco.
— **-tone** (*acust.*), auto-percezione (*della propria voce*).
— **valve** (*auto*), valvola (*f.*) laterale.
— **-valve engine,** motore (*m.*) a valvole laterali.

side view, vista (*f.*) di fianco (*dis.*); veduta (*f.*) di fianco.
— **wall,** parete (*f.*) laterale.
— **wall core** (*petrol.*), carota (*f.*) laterale.
— **wall coring** (*petrol.*), carotaggio (*m.*) laterale.
— **wind** (*meteor.*), vento (*m.*) laterale.
— **wind stability** (*auto*), stabilità ai venti laterali.
— **windlass,** argano (*m.*) laterale; (*astr.*), ora (*f.*) siderea.
— **wing,** ala (*f.*) laterale (di un muro); ala (*f.*) di raccordo.
sidelines (*cinem.*), contorno del campo visivo di una macch. da presa.
sidereal time, tempo (*m.*) siderale.
— **year,** anno (*m.*) siderale.
siderite, siderite *f.*, $FeCO_3$.
siderography, siderografia *f.*
siderolite, siderolite *f.*
siderostat (*astr.*), siderostato *m.*
sideshake (*orol.*), gioco (*m.*) laterale.
sideslip (*aereo*), scivolata (d'ala); (*auto*), sbandata *f.*; v. anche: **side-slip.**
sidestream product, prodotto secondario (*o* di coda).
sideway swivel, spostamento (*m.*) laterale (che gira su perno).
sideways, *avv.* lateralmente.
— **deflection at roof level** (*costr.*), flessione laterale al livello del tetto.
siding (*ferr.*), raccordo *m.*; binario (*m.*) di raccordo.
siege, pavimento di forno a crogiuoli.
Siemens furnace, forno (*m.*) Siemens.
— **-Martin process,** processo con forno a riverbero; processo Martin.
— **-Martin steel,** acciaio (*m.*) Martin-Siemens.
— **Silesian furnace,** forno per la distillazione dello zinco.
Sienna (*vern.*), terra (*f.*) di Siena.
sieve, vaglio *m.*; setaccio *m.*; staccio *m.*

sieve analysis, analisi (*f.*) granulometrica meccanica *(per mezzo di vagli)*; (*coke*), v. **coke — —.**
sievert (*radiazioni*), unità di dose (= 100 rem) calcolata dalla dose assorbita in grays, utilizzando un fattore relativo ai differenti tipi di radiazione.
sieving machine, vagliatrice.
sift, *v.a.* abburattare; vagliare.
sifter, buratto *m.*
sifting, vagliatura *f.*; abburattatura *f.*
sight, mirino *m.* (*mil.*); battuta *f.* (con livelli, ecc.) (*agrim.*).
— feed lubricator, oliatore (*m.*) contagoccia.
— field, campo (*m.*) ottico.
— on a levelling staff (*agrim.*), collimare (*v.a.*) ad una stadia.
— rule (*agrim.*), diottra (*f.*) a traguardi.
— through (*agrim.*), traguardare per (*v.a.*).
sighting, puntamento *m.*
— angle, angolo (*m.*) di mira.
— board (*agrim.*), scopo *m.* (*o* traguardo).
— -pin (*fot.*), mira *f.* (di mirino).
— stake, biffa *f.*
Sigma phase (*met.*), fase Sigma.
— welding, saldatura col sistema sigma.
sigmaphase, composto Fe-Cr (nell'acciaio inossidabile).
sigmoid, a forma di σ.
sign, segno *m.*
— (to — a contract), firmare un contratto.
— (no left turn—) (*auto*), segnale di divieto di svolta a sinistra.
signal, segnale *m.*; (*agrim.*), palina *f.*
— *v.i.* far un segno; fare un cenno.
— box (*ferr.*), cabina di blocco; cabina comando segnali.
— frequency, frequenza (*f.*) di segnale.
— lamp, lampadina (*f.*) di segnalazione (di un quadro per impianti elettrici).
— lantern, fanale (*m.*) per segnalazioni.
signal/noise ratio (*audio*), rapporto segnale/rumore.
— plate (*telev.*), fotocatodo (*m.*) a mosaico.
— selector (*audio*), selettore d'ingresso (registratori, ecc.).
— strand, fune (*f.*) con trefoli di sette fili.
— tracer amplifier (*radio*), demodulatore e amplificatore.
— tracing (*radio*), tecnica di localizzazione dei guasti di radioricevitore controllando, fase per fase, il radiosegnale.
— tracing probe (*radio*), sonda per il rilievo del segnale TV.
— voltmeter (*elet.*), voltmetro (*m.*) a segnale.
— -whistle, fischio (*m.*) d'allarme.
signalized intersection (*traffico*), incrocio (*m.*) semaforizzato (munito di segnali).
signalling (*elet.*), segnalazione *f.* (*automatic* —, segnalazione automatica; *electro-pneumatic* —, segnalazione elettro-pneumatica); (*ferr.*), segnalamento *m.*
— equipment (*min.*), attrezzatura di segnalazione.
signal(ling) balloon (*aereo*), pallone (*m.*) da segnalazione.
signature (*of sheets*) (*tip.*), segnatura *f.* (*numero o lettera stampata in fondo alla prima pag. di un foglio di stampa*); (*foglio stampato e piegato di un libro*).
— -tune (*telev.*), sigla musicale (per identificare un dato programma).
signing of the contract, firma del contratto.
signpost, indicatore (*m.*) stradale.
— *v.a.* indicare con cartelli ecc. (deviazioni stradali ecc.).
signs of the Zodiac (*astron.*), segni dello zodiaco.
silage cutting and blowing machine, trinciatrice insilatrice *f.*
silane (*chim.*), idruro di silicio.
silence (*pronuncia*), lettera muta.
silencer, silenziatore *m.*; (*motori*), marmitta (*f.*) di scarico.

silent (rif. a lettera scritta ma non pronunciata), muta.
— **chain,** catena (*f.*) articolata silenziosa.
— **film** (*cinem.*), film muto *m.*
— **pictures,** film muto.
— **running,** funzionamento (*m.*) silenzioso; marcia (*f.*) silenziosa.
— **-third gearbox,** cambio (*m.*) a terza silenziosa.
silex, silice *f.*
silica, silice *f.* (anidride silicea).
— **aerogel** (*chim.*), aerogel di silice.
— **-alumina cracking catalyst,** catalizzatore di silice allumina per il cracking.
— **brick** (*refrattari*), mattone di silice.
— **gel** (*chim.*), gel di silice.
— **refractory** (*met.*), refrattario di silice.
silicane (*chim.*), idruro di silicio.
silicate, silicato *m.*
— **cement,** cemento al silicato.
— **bonded wheel,** mola (*f.*) con impasto di silicati.
siliceous, *agg.* siliceo.
— **sandstone,** arenaria (*f.*) silicea.
— **schist,** scisto (*m.*) siliceo.
— **stone,** calcare (*m.*) siliceo.
silicic acid, acido (*m.*) silicico.
— **anhydride,** anidride (*f.*) silicica.
silicide (*chim.*), siliciuro *m.*
silico-fluoric acid, acido fluosilicico.
— **-methane** (*chim.*), silicio-metano *m.*
silicofluoride (*chim.*), silicofluoruro *m.*
silicon (*chim.* = Si), silicio *m.*
— **v. calcium —; metallic —.**
— **carbide,** carburo (*m.*) di silicio.
— **cast-iron** (*met.*), ghisa (*f.*) al silicio.
— **coating** (*ind.*), rivestimento silicico.
— **controlled rectifier,** rettificatore controllato al silicio.
— **diiodide,** ioduro (*m.*) di silicio.
— **diode** (*elettron.*), diodo al silicio.
— **dioxide,** anidride (*f.*) silicica.
silicon hydride, idruro (*m.*) di silicio.
— **iron,** ghisa (*f.*) siliciosa.
— **killed steel,** acciaio calmato con silicio.
— **solar cell** (*elettron.*), cella solare al silicio.
— **tetrachloride** (*chim.*), tetracloruro (*m.*) di silicio.
— **tetrafluoride** (*chim.*), tetrafluoruro (*m.*) di silicio.
— **tribromide,** tribromuro (*m.*) di silicio.
— **trichloride,** tricloruro (*m.*) di silicio.
— **wafers** (*elettron.*), piastrine (*f. pl.*) di silicio usate per i «chips».
silicone (*chim.*), silicone *m.*
— **rubber,** gomma siliconica.
siliconizing (U.S.A.), impregnare di silicio (ferro e acciaio); silicizzazione *f.*
silicosis (*med.*), silicosi *f.*
silicothermic magnesium, magnesio silicotermico.
silicotigenic dust (*min.*), polvere silicotigena.
silicotungstate (*chim.*), silicotungstato *m.*
silk, seta *f.*; drappo di seta che ammorbidisce la luce della lampada: velatino (*cinem.*).
— **calender** (*tess.*), calandra *f.* per seta).
— **factory,** filanda *f.*
— **gum,** sericina *f.*
— **loom** (*tess.*), telaio (*m.*) da seta.
— **-manufacturer,** setaiuolo *m.* (produttore).
— **-manufactory,** setificio *m.*
— **material,** tessuto (*m.*) di seta.
— **plush** (*tess.*), felpa (*f.*) di seta.
— **reeling** (*tess.*), trattura *f.* (della seta).
— **scouring** (*tess.*), sgommatura della seta.
— **-screen printing** (*tip.*), stampa con retino di seta; stampa serigrafica.
— **-screen process** (*stampa*), serigrafia *f.*
— **spinning machine** (*tess.*), torcitoio (*m.*) per seta.

silk titration (*tess.*), titolazione della seta.
— **-throwing,** torcitura (*f.*) della seta.
— **waste,** cascami (*m. pl.*) di seta.
— **-weaver,** setaiuolo *m.* (operaio).
— **worm breeder,** bachicoltore *m.*
— **yarn,** filato (*m.*) di seta.
— **(bleached —),** seta (*f.*) candeggiata.
— **(thrown —),** organzino *m.*
— **(waste —),** cascami (*m. pl.*) di seta.
silking (*vernici*), striatura parallela; setosità *f.*
silky, *agg.* serico.
— **fracture** (*met.*), frattura serica (frattura di acciaio, con grana finissima luccicante come seta).
sill, soglia *f.* (di bacino) (*naut.*); longarone *m.*
— **with one course of tiles,** davanzale (*m.*) con uno strato di tegole.
sillimanite (*min.*), sillimanite (*f.*).
silo (*agr.*), silo m.; (*mil.*), rifugio per missili.
— **filler's disease** (*med.*), pneumopatia (*f.*) da silo.
— **storage** (*agr.*), insilamento.
— **(anti- — weapon)** (*mil.*), arma anti-rifugio missili.
— **(missile —)** (*mil.*), rifugio per missili.
siloxen, sostanza (*f.*) cristallina ottenuta facendo agire l'acido cloridrico sul siliciuro di calcio.
silt (*geol.*), limo *m.*; materiale sedimentario; (*gen.*) fanghiglia *f.*
— **box,** collettore (*m.*) del fango (in un pozzetto di scolo).
silumin (*met.*), silumina *f.* (lega di Al e di Si).
siluminite, siluminite *f.* (sostanza dielettrica composta di cemento ed amianto).
silundum, silundum *m.*; carburo di silicio.
silver (*chim.* = Ag), argento *m.*
— *v.a.* inargentare; argentare.
— **acetate,** acetato d'argento.
— **brazing,** saldatura ad argento.
silver bronzes, termine usato per leghe rame-zinco e nichel. Contenuto in nichel dall'8 al 20 per cento (v. **Nickel Silvers**).
— **carbide,** carburo d'argento.
— **carbonate,** carbonato d'argento.
— **chloride,** cloruro (*m.*) d'argento.
— **cyanide,** cianuro (*m.*) d'argento.
— **fir,** abete (*m.*) bianco.
— **-foil,** foglia (*f.*) d'argento.
— **glance** (*geol.*), argentite *f.*
— **iodide,** ioduro (*m.*) d'argento.
— **lead ore** (*min.*), galena (*f.*) argentifera.
— **mill,** stabilimento per estrazione dell'argento.
— **nitrate,** nitrato (*m.*) d'argento.
— **ore,** minerale (*m.*) argentifero.
— **-plater,** *m.* (*met.*), argentiere *m.*
— **plating,** argentatura (*f.*) elettrolitica.
— **solder,** lega per saldatura (*f.*) all'argento.
— **-soldered,** saldato (*p.p.*) all'argento.
— **steel,** acciaio argento.
— **-to-silver contacts,** contatti (*m. pl.*) d'argento.
— **voltameter** (*elet.*), voltametro (*m.*) ad argento.
silvered mica capacitor (*elettron.*), condensatore a mica argentata.
silverer, *m.* (*met.*), argentiere *m.*
silvering, argentatura *f.*
— **(cold —),** argentatura a freddo.
— **(electrolytic —),** argentatura elettrolitica.
— **(wet —),** argentatura a umido.
silvery graphite (*met.*), grafite argentea.
silviculturist, silvicoltore *m.*
sim. (*med.*), di composizione simile.
similar, *agg.* (*geom.*), simile.
— **triangles,** triangoli (*m. pl.*) simili.
simple belt, cinghia (*f.*) semplice.
— **blow test** (*met.*), prova di resistenza alla rottura all'urto.
— **boarded floor,** pavimento (*m.*) di legno a listoni.
— **decker** (*auto*), autobus (*m.*) a un piano.

simple gas turbine (*aereo*), turbina (*f.*) a gas semplice.
— **indexing,** divisione (*f.*) semplice (di fresatrici).
— **lattice-strain hardening** (*met.*), incrudimento (*m.*) per sole tensioni reticolari.
— **pendulum,** pendolo (*m.*) semplice.
— **points** (*or* **switch)** (*ferr.*), scambio (*m.*) semplice.
— **pole derrick** (*costr.*), falcone *m.*
— **stage centrifugal pump,** pompa (*f.*) centrifuga ad una girante.
— **steam-engine,** macchina (*f.*) a vapore a semplice effetto.
— **steel,** acciaio comune (senza leghe).
simplex (*trasmissione di dati a distanza*), unidirezionale (in un sol senso); (*radio*), simplesso *m.*
— **operation** (*radio*), simplesso *m.*
— **system,** sistema di trasmissione di dati a distanza con segnali unidirezionali; telegrafia (*f.*) semplice.
— **winding** (*elet.*), avvolgimento dell'indotto ad un solo circuito.
simplified installation (*met., ecc.*), installazione semplificata.
Simpson's rule, regola (*f.*) di Simpson (regola (*f.*) per la stima delle aree di forme irregolari).
SIMULA (*inform.*), linguaggio di programmazione del Centro di Calcolo norvegese, utilizzante tecniche di simulazione e simile al GPSS per l'analisi di sistemi discreti.
simulate (to —), *v.a.* simulare.
— **(to —) re-entry procedures** (*aereo*), simulare le procedure di rientro (dallo spazio).
— **the conditions under which the engines are designed to operate** (*mot.*), simulare le condizioni per il funzionamento dei motori.
simulated fur fabric (*tess.*), tessuto in finta pelliccia.
simulated landing (*astron.*) (*aereo*), atterraggio simulato.
— **leather,** similpelle *f.*
— **teak** (*auto*), simile teak.
— **wood paneling** (*auto*) (U.S.A.), rivestimento (*m.*) imitazione legno.
simulating program (*inform.*), programma di simulazione.
simulation (*aereo, ecc.*), simulazione *f.*
— **diagram** (*inform.*), diagramma di simulazione.
— **routine** (*elettron., inform.*), programma di simulazione.
simulator (*aereo*), simulatore *m.*
simultaneous, *agg.* concomitante.
— **access** (*calcol. elettron.*), accesso (*m.*) simultaneo.
— **broadcasting,** radio-trasmissione (*f.*) simultanea dello stesso programma con due o più trasmettitori.
— **radiation logging** (*geol.*), log simultaneo di diverse radiazioni.
sinc (*cinem.*), sincronizzazione *f.*
Sindanyo, materiale (*m.*) isolante (brevettato).
sine (*trig.*), seno *m.*
— **curve,** curva (*f.*) sinusoidale; sinusoide *f.* (*geom.*).
— **galvanometer,** galvanometro (*m.*) dei seni.
— **tables** (*machining and inspection*) (*macch. ut., mecc.*), piani seno; piani inclinabili.
— **wave,** sinusoide *m.*
— **-wave alternator,** generatore (*m.*) a forma d'onda.
— **wave current,** corrente (*f.*) sinusoidale.
— **wave curve,** curva (*f.*) sinusoidale.
singeing (*tess.*), gasatura *f.*
— **machine** (*tess.*), macchina per gasatura.
singing call (*radio*), tonalità *f.*
single, *agg.* isolato; semplice (*legame chim.*); unico (*cristalli*).
— **acting,** a semplice effetto (di motori).
— **-acting cylinder,** cilindro (*m.*) ad effetto semplice.

single-acting engine, macchina (*f.*) a semplice effetto.

— **antenna** (*radio*), antenna (*f.*) centralizzata.

— **armed lever,** leva (*f.*) a un braccio.

— **boss roll** (*tess.*), cilindro di stiro ad una sola bussola.

— **butt strap,** coprigiunto (*m.*) semplice.

— **carburettor engine** (*auto*), motore (*m.*) monocarburatore.

— **column pence coding** (*elettron.*), codice duodecimale a una colonna.

— **column planer,** piallatrice (*f.*) a colonna semplice; piallatrice a un montante; piallatrice a pilastro.

— **-column planing machine** (*macchin. ut.*), piallatrice (*f.*) a un montante.

— **-core cable** (*elet.*), cavo (*m.*) ad un solo conduttore.

— **crystal** (*min., chim.*), monocristallo *m.*

— **crystal cathode** (*elet.*), catodo (*m.*) monoscristallino.

— **-crystal specimen** (*met.*), campione (*m.*) monocristallino.

— **cut file,** lima (*f.*) a taglio semplice.

— **cylinder,** *agg.* monocilindrico.

— **cylinder compressor,** compressore (*m.*) monocilindrico.

— **cylinder engine,** macchina (*f.*) a un cilindro.

— **decker** (*auto*), autobus ad un piano.

— **draft drawing,** far passare un filo alla volta per una filiera.

— **-end ventilated motors,** motori ventilati ad una estremità.

— **-ended boiler,** caldaia (*f.*) a una fronte; caldaia (*f.*) monofronte.

— **-engined helicopter** (*aereo*), elicottero (*m.*) monomotore.

— **engined plane,** aereo (*m.*) monomotore.

— **-expansion engine** (*mot.*), motore ad espansione semplice.

single-family house (*costr.*), casa unifamiliare.

— **-frequency signalling system** (*telef.*), sistema di chiamata a frequenza unica.

— **-furrow plough,** aratro (*m.*) monovomero.

— **fuse,** valvola (*f.*) semplice.

— **haulage,** rimorchio (*m.*) (o) alaggio (*m.*) ad azione semplice.

— **head boring machine** (*macch. ut.*), alesatrice (*f.*) a testa singola.

— **head draw frame** (*tess.*), stiratoio (*m.*) semplice.

— **head wrench,** chiave (*f.*) fissa aperta semplice.

— **-headed rail** (*ferr.*), rotaia (*f*). a fungo unico.

— **key,** chiavetta (*f.*) semplice.

— **keyway broach,** broccia (*f.*) per fare chiavette semplici.

— **ionization** (*fis. atom.*), ionizzazione (*f.*) unica.

— **laths,** listelli *m. pl.* (di legno, di sezione di 1 pollice per $^1/_8$ di pollice).

— **-layer winding** (*elet.*), avvolgimento (*m.*) ad un solo strato.

— **-leaf spring** (*auto*), balestra (*f.*) a foglia unica.

— **line** (*ferr.*), binario (*m.*) unico.

— **line platform** (*ferr.*), piattaforma (*f.*) girevole semplice.

— **-line railway** (*ferr.*), ferrovia (*f.*) ad un binario.

— **-line spectrum** (*fis. atom.*), spettro (*m.*) a linea unica.

— **phase,** *agg.* monofase.

— **-phase armature,** indotto (*m.*) monofase.

— **-phase cable** (*elet.*), cavo (*m.*) per corrente monofase.

— **-phase generator,** generatore (*m.*) monofase.

— **-phase induction motor,** motore (*m.*) ad induzione monofase.

— **-phase line** (*ferr. elet.*), conduttura (*f.*) monofase.

— **-phase railway** (*ferr.*), ferrovia (*f.*) a corrente monofase.

single phase supply meter, contatore (*m.*) monofase.
— **-phase transformer**, trasformatore (*m.*) monofase.
— **-phase wattmeter**, wattometro (*m.*) monofase.
— **-plate clutch**, frizione (*f.*) monodisco.
— **-ply belt**, cinghia (*f.*) a uno strato.
— **-pole fuse**, valvola (*f.*) unipolare.
— **pole switch**, interruttore (*m.*) unipolare.
— **pulley headstock**, testa motrice (*f.*) monopuleggia.
— **-purpose reactor** (*fis. atom.*), reattore speciale (per plutonio o per produzione di energia); reattore a funzione speciale.
— **refined iron**, ferro saldato di qualità.
— **rivet joint**, chiodatura (*f.*) semplice.
— **riveted butt-joint**, chiodatura (*f.*) a coprigiunto semplice.
— **-riveted lap joint**, chiodatura (*f.*) a sovrapposizione semplice.
— **riveting**, chiodatura (*f.*) semplice.
— **rolling** (*met.*), laminazione (*f.*) separata (per ogni pezzo).
— **row riveted joint**, chiodatura (*f.*) semplice.
— **-sashed window**, finestra (*f.*) ad un battente (*o* ad un'imposta).
— **scattering** (*fis. atom.*), diffusione (*f.*) unica.
— **-seat fighter** (*aereo*), caccia (*m.*) monoposto.
— **-seat interceptor** (*aereo*), intercettore (*m.*) monoposto.
— **-seater airplane**, monoposto *m.*
— **-seater plane** (*aereo*), monoposto *m.*
— **shuttle loom** (*tess.*), telaio (*m.*) ad una navetta.
— **-side calendered paper**, carta monolucida.
— **sideband**, ad una banda laterale.
— **-sideband system** (*radio*), sistema con una sola banda laterale.

single-sided centrifugal compressor, compressore (*m.*) centrifugo unilaterale (*aereo*).
— **-slag process** (*fabb. acciaio*), processo ad unica scoria.
— **-span** (*costr.*), a campata unica.
— **-spar** (*aereo*), monolongherone *m.*
— **-speed automatic for longitudinal turning** (*macch. ut.*), tornio (*m.*) automatico monomandrino per torniture longitudinali.
— **-speed squirrel-cage motor**, motore (*m.*) a gabbia di scoiattolo semplice.
— **-spindle automatic forming and screw machine** (*macch. ut.*), tornio (*m.*) automatico monomandrino per viteria.
— **-spindle automatic lathe** (*macchine ut.*), tornio automatico monomandrino.
— **-spindle turret automatic** (*macchine ut.*), tornio (*m.*) automatico monomandrino a torretta.
— **spindle vertical drilling machine** (*macch. ut.*), trapano (*m.*) verticale monomandrino.
— **spoke wheel** (*auto*), volante ad una sola razza.
— **stage axial turbine**, turbina (*f.*) assiale ad uno stadio.
— **stage rotor** (*aereo*), ruota della turbina.
— **-stage recycle** (*fis. atom.*), riciclo (*m.*) a un solo stadio.
— **stage rotor blades** (*aereo*), palette (*f. pl.*) della ruota mobile della turbina.
— **-stage test** (*chim., ecc.*), v. **continuous — -stage test.**
— **-stage turbine**, turbina (*f.*) semplice.
— **step operation** (*inform.*), (esecuzione) per singolo passo.
— **-strand operation** (*met.*) (U.S.A.), processo di colata continua ad una linea.
— **strand tester** (*tess.*), dinamometro per filati.
— **tackle** (*naut.*), paranco (*m.*) semplice.

single-track tunnel (*ferr.*), galleria a un binario.
— **-tube oscillator,** oscillatore (*m.*) a una valvola.
— **tube tyre,** pneumatico (*m.*) a tubo semplice.
— **turbine-engined aircraft** (*aereo*), monomotore (*m.*) a turbina.
— **turn lock,** serratura (*f.*) a una mandata.
— **-U groove** (*sald.*), smusso (*m.*) a U.
— **-valve set,** apparecchio (*m.*) a una valvola.
— **vee groove** (*sald.*), smusso (*m.*) a V.
— **vee groove with broad root face** (*sald.*), smusso (*m.*) a Y.
— **wing door,** porta (*f.*) a un battente.
— **-wire antenna,** antenna (*f.*) unifilare.
— **-wire line** (*elet.*), linea (*f.*) a un solo filo.
— **worm reduction gears,** riduttori a vite senza fine.
singles, *pl.* tegole piatte di ardesia (12 × 18 pollici); metallo prodotto fondendo minerale di antimonio col ferro; filati semplici (*tess.*).
singlet (*fis. atom.*), **singoletto** *m.*
singling (*met.*), fusione preliminare di minerali d'antimonio col ferro.
singly ionized (*fis. atom.*), ionizzato semplicemente.
— **re-entrant winding** (*elet.*), avvolgimento (*m.*) ad una sola rientranza.
sinigrin, sinigrina *f.*
sink, depressione *f.*; cono (*m.*) d'avanzamento (*miniere*); sincronizzazione *f.* (*cinem.*); affondare *v.a.*; affondarsi *v.r.*; (*cost.*), acquaio (vaschetta di scarico dell'acqua).
— **-and-flow process,** vedi: **heavy media separation.**
— **a shaft,** perforare (*v.a.*) un pozzo.
— **cabinet,** armadietto per laboratorio con acquaio.
sink hole (*met., sald.*), cavità (*f.*) di ritiro.
— **of stainless steel,** acquaio di acciaio inossidabile.
sinkage (*tess.*), perdita (*f.*) di peso della lana (nel processo di sgrassatura); ritirarsi di tessuti di lana, durante la lavorazione.
sinker (*min.*), operaio addetto all'approfondimento di un pozzo minerario; ancorotto affondatore di una mina.
— **bar** (*petrolio*), asta (*f.*) pesante.
— **thermocouple** (*met.*), termocoppia immersa.
sinking, calo *m.* (abbassamento); ammortizzazione *f.* (*comm.*); operazione (*f.*) di scavo (di un pozzo); approfondimento di un pozzo.
— **frame,** quadro (*m.*) di sostegno (*miniere*).
— **fund** (*comm.*), fondo (*m.*) di ammortamento.
— **head-frame,** quadro (*m.*) di superficie (*miniere*).
sinter, scoria *f.*; (*min. per altoforno*), agglomerato *m.*; agglomerarsi *v.r.*; agglomerare *v.a.* (*met.*).
— **bin** (*met.*), silo agglomerato.
— **breaker** (*met.*), rompizolle *m.* (per frantumare i pezzi più grossi di agglomerato).
— **conveyor** (*met.*), (convogliatore a) nastro di agglomerazione.
— **cooler** (*min.*), raffreddatore dell'agglomerato.
— **layer** (*met.*), strato (*m.*) sinterizzato.
— **machine** (*met.*), macchina di agglomerazione.
— **plant** (*met.*), impianto di agglomerazione.
— **production,** sinterizzazione *f.*
— **thermit,** termite (*f.*) incrostante.
— **(cold — screen)** (*met.*), vaglio a freddo (per impianti di agglomerazione).
— **(hot — screen)** (*met.*), vaglio a caldo (impianti di agglomerazione).

sintered, *p.p.* (*met.*), sinterizzato.
— **alloy** (*met.*), lega sinterizzata.
— **aluminium powder,** sinterato in polvere di alluminio.
— **carbide,** carburo (*m.*) sinterizzato.
— **copper** (*met.*), rame sinterato.
— **metal** (*met.*), metallo (*m.*) sinterizzato.
— **pellet** (*fis. atom.*), pastiglia sinterizzata.
— **plate nickel-cadmium batteries,** batterie al nichel-cadmio con piastre sinterizzate.
sintering (*min.*, *met.*), agglomerazione *f.* (di minerale non utilizzato direttam. nell'altoforno); sinterizzazione *f.* (*met. polveri*, *met.*); consolidamento del filamento di una lampada elettrica.
— **bell** (*met.*), campana (*f.*) di sinterizzazione.
— **grate** (*met.*), griglia (*f.*) di sinterizzazione.
— **furnace** (*met.*), forno (*m.*) di sinterizzazione.
— **machine** (*min.*), macchina sinterizzatrice.
— **process** (*met.*), processo (*m.*) di sinterizzazione.
— **unit** (*min.*), macchina sinterizzatrice.
sinterings, prodotti sinterizzati.
sintermaking capacity (*met.*), capacità (*f.*) di sinterizzazione.
sinuous flow (*idraul.*), turbolenza *f.*
sinuosity (*idr.*), turbolenza *f.*
sinusoidal *agg.* sinusoidale.
— **current** (*med.*), corrente (*f.*) sinusoidale.
— **voltage** (*elet.*), tensione (*f.*) sinusoidale.
sipe (*auto*), scanalatura *f.*; incavo (per dare possibilità di evacuazione dell'acqua ai pneumatici).
siphon, sifone *m.*
— **(over),** *v.a.* far passare il liquido con sifone.
— **spillway** (*cost. idr.*), sfioratore *m.*; (*costr. civ.*), sifone di scarico (*prese idrauliche*).
siren, sirena *f.*
sirup, vedi: **syrup.**
sisal (hemp), canapa sisaliana.
sismological research, ricerca sismologica.
sister block (*naut.*), bozzello (*m.*) a vergine.
— **element** (*chim.*), elemento (*m.*) affine.
— **-ship** (*naut.*), nave gemella.
site, zona *f.*; area (*f.*) fabbricabile.
— **(to —),** collocare; ubicare: (*the dehumidifier can be sited wherever required*), il deumidificatore può essere collocato dove è necessario.
— **error** (*radio*), errore (*m.*) di sito.
— **location,** ubicazione dell'area (*o* della zona) (per scelta dell'area fabbricabile).
— **screening,** vagliatura (*f.*) sul posto dei lavori.
— **selection,** scelta dell'ubicazione (*di stabilimenti, ecc.*).
— **testing** (*costr.*), prova (*f.*) in opera.
— **welding** (*costr.*), saldatura (*f.*) in opera.
— **(on the —)** (*sald., ecc.*), in posto.
siting, ubicazione *f.* (*the best — of plants*), la migliore ubicazione degli impianti.
sitosterol, derivato (*m.*) dello stirolo, $C_{22}H_{50}O$.
sitting capacity (*auto*), abitabilità interna.
situation (stress —) (*met.*), configurazione degli sforzi.
six-barrelled gun, fucile (*m.*) a sei colpi.
— **-foot way,** interbinario *m.*
— **-membered** *agg.* (*chim.*), esagonale.
— **-phase** (*elet.*), esafase *agg.*
— **wheeler truck,** furgone a 6 ruote motrici.
sizable, *agg.* considerevole; importante.
size, misura *f.*; calibro *m.*; dimensione *f.*; conicità *f.* (*mecc.*); colla *f.* (per tappezzerie); taglia *f.* (*o* misura) (*tess.*); bòzzima *f.* (*tess.*); classificare

(*v.a.*) secondo la grossezza (le dimensioni); determinare (*v.a.*) le dimensioni (*mecc.*).

size *v.a.* (*min.*), pezzare *v.a.*; pezzatura *f.* (*di minerali, carbone*).

— **-grading,** granulazione *f.*

— **mixing apparatus** (*tess.*), apparecchio di cottura della materia incollante.

— **of a well,** entità di un pozzo petrolifero (*produz. di barili al giorno*) (non largh. del pozzo).

— **of centres,** conicità (*f.*) delle punte.

— **of centres n. 4 Morse,** conicità (*f.*) delle punte, cono Morse N. 4.

— **of motor HP,** potenza (*f.*) richiesta in cavalli.

sizer, calibratore *m.*

sizing (*tess.*), titolazione *f.*; imbozzimatura *f.*; pressione finale di un composto (vedi: **sintering**); classifica (*f.*) granulometrica (*minerali*); calibratura *f*,; determinazione (*f.*) delle dimensioni (*mecc.*); (*carta*) collatura *f.*; (*tess.*), collatura *f.*; (*min.*), pezzatura *f.*

— **agent** (*tess. chim.*), coadiuvanti di imbozzimatura.

— **machine** (*tess.*), imbozzimatrice *f.*

— **mill** (*met.*), laminatoio calibratore.

— **plant** (*min.*, *met.*), impianto di classificazione.

— **rolls** (*met.*), laminatoio calibratore.

— **rubber** (U.S.A.), para *f.*

skein (*tess.*), matassina *f.*

— **dyeing,** tintura (*f.*) in matassa.

skeleton (*costr.*), ossatura *f.*; (*top.*), rete geodetica *f.*; telaio (*m.*) di sostegno (*falegn.*); (*top.*), rete di poligonazioni; rete topografica.

— **crystal,** cristallo imperfetto.

— **key,** grimaldello *m.* (*falsa chiave*).

— **-type switchboard,** quadro (*m.*) di distribuzione in lamiera.

skelp (*met.*), nastro per tubi; nastro per tubazioni saldate; (*met.*), nastro da tubificare (tagliato su misura).

— **rolling mill** (*met.*), laminatoio (*m.*) per nastri per tubi.

— **steel,** acciaio dolce da tubi.

— **thickness** (*met.*), spessore del nastro.

— **width** (*met.*), larghezza del nastro.

skene arch (*cost. civ.*), arco (*m.*) scemo; arco (*m.*) a sesto ribassato.

sketch, *n.*, schizzo *m.*; abbozzo *m.*; disegno *m.*; bozzetto (*dis.*).

— *v.a.* abbozzare; fare (*v.a.*) uno schizzo.

— **plate,** lastra metallica (non di forma rettangolare).

sketching, disegno *m.*

sketchphone, telefono in grado di trasmettere disegni sulla macchina facsimile del ricevente.

skew, *agg.*, obliquo.

— (*telev.*), distorsione (*f.*) d'immagine.

— **arch,** arco (*m.*) obliquo; volta (*f.*) obliqua.

— **bridge,** ponte (*m.*) obliquo.

— **butt** (*cost. civ.*), mensola (*f.*) sporgente sul frontone.

— **-rolling mill** (*met.*), laminatoio a cilindri obliqui.

skewed slot (*elet.*), fessura il cui diametro non è parallelo all'asse di rotazione.

skewness, asimmetria *f.*

ski-board (*naut.*), sci per sci nautico.

— **hoist,** sciovia *f.*

— **-jump launching** (*aereo*), lancio con salto a sci.

— **landing gear** (*aereo*), complesso d'atterraggio a pattini; carrello a pattini.

— **lift,** sciovia *f.*

— **waxing** (*sport*), sciolinatura (spalmatura con composto a base di cere e catrame per rendere aderenti e scorrevoli gli sci).

skiagram, negativa (su pellicola sensibile ai raggi X); radiografia *f.*
skid (*aereo*), pattino (*m.*) di coda; (*auto*), slittata (sul ghiaccio, neve gelata, ecc.).
— **-mounted** (*mecc.*), montato su slitta; (*skid-mounted mobile generating set*), gruppo elettrogeno mobile montato su slitta.
— **rig** (*petrolio*), torre mobile di sondaggio completa su curri.
— **runner** (*aereo*), suola (*f.*) del pattino.
— **the derrick** (*petrolio*), spostare una torre di sondaggio mobile, su curri.
— **(to —) in the air** (*aereo*), scivolare (*v.i.*) nell'aria.
skidding (*auto*), slittamento; (*strade*), scivolosità stradale.
skids, *pl.* pezzetti di legno posti sotto un piano per renderlo orizzontale.
skill, abilità *f.*; competenza (tecnica) (*a machine requiring no special skill*), una macchina che non richiede una speciale competenza (tecnica).
skilled labour, mano d'opera specializzata.
— **workman,** operaio (*m.*) specializzato.
skim, coltello (*m.*) superiore di aratro; schiumare *v.a.* (*met.*); scremare *v.a.* (*latte*).
— **coulter** (*agric.*), avanvomere *m.*
— **milk spout,** bocca di scarico del latte scremato (*scrematrice*).
— *v.a.* (*petrolio*), togliere tutta la frazione di cherosene, dal petrolio.
skimmer (*fond.*), schiumatore *m.* (per levare le scorie); escavatore (*m.*) a benna spianatrice; (*altoforno*), v. **slag —**.
skimming, scrematura *f.* (latte).
skimmings (*met.*), scorie levate (con la schiumaiola) dal metallo fuso.
skimp (to —) (*elet.*), ridurre.
skin, superficie *f.* (*aereo*); rivestimento *m.* (*aereo*); mano *m.* (di pitture, ecc.); pelle *f.* (piccola pelle); crosta *f.* (getti di ghisa); scrostare *v.a.* (getti) (*fond.*); rivestire.
skin decarburisation (*met.*), decarburazione (*f.*) marginale (*o* ai bordi).
— **effect** (*elet.*), effetto (*m.*) pellicolare.
— **friction,** attrito (*m.*) sulla su perficie.
— **graft** (*med.*), lembo (*m.*) di cute.
— **grafting** (*med.*), chirurgia (*f.*) plastica.
— **-hardening process** (*met.*), processo di indurimento superficiale.
— **hardness** (*met.*), durezza (*f.*) in superficie.
— **of casting,** crosta (*f.*) della ghisa.
— **of colour,** strato (*m.*) di colore.
— **of zinc,** strato (*m.*) di zinco.
— **-pass** (*met.*), passata di finitura al « temper »; raddrizzatura *f.* (*met.*); *v.a.* skinpassare.
— **pass mill** (*met.*), laminatoio (*m.*) « skin pass ».
— **recovery** (*met.*), ricarburazione *f.*
— **stiffening channel** (*aereo*), struttura (*f.*) di rinforzo del rivestimento.
— **temperature** (*aereo*), temperatura del rivestimento.
— **tracking** (*astron.*), seguire un oggetto attraverso lo spazio con il radar.
skinner (*elet.*), lunghezza (*f.*) di un filo isolato (tra il punto di connessione al cavo); (*pelli*), conciatore (*m.*) di pelli.
skinning, formazione di pelli (sulla superficie di vernici e pitture).
skintled, *p.p.* riferito ad un muro, dove i mattoni, messi irregolarmente, sporgono qua e là.
skip, benna *f.*; secchia *f.*; skip *m.* (*min.*), (benna della capacità di 4-10 ton; usata per l'estrazione del minerale nei

pozzi o discenderie delle miniere); (*inform.*, *calcol. elettron.*), salto; istruzione di salto.
skip distance, zona (*f.*) di silenzio (*radio*); (*radar*), zona (*f.*) morta.
— **effect** (*radio*), l'effetto (predominante con le onde corte) di un segnale di un trasmettitore che diventa non più udibile a una piccola distanza, benchè venga facilmente ricevuto a distanze maggiori per la riflessione dello strato « Heaviside »; effetto di salto.
— **instruction** (*inform.*), istruzione di salto.
— **-line checkering** (*armi*), lavorazione a sbalzo; incisione a sbalzo.
— **pass** (*tess.*), rimettaggio (*m.*) saltuario.
— **-tooth saw,** sega (*f.*) senza i denti alternati.
skipping printer (*cinem.*), stampatrice a contatto per fotogrammi separati.
— **the dew** (*slang*) (U.S.A.), volare radente.
skirt, lembo *m.*; parte inferiore e laterale di una curva di risonanza (*elet.*); (*met.*), bordo; (*auto*) minigonna *f.*
skirted car (*auto sport.*), automobile con minigonna.
skirting (*tess.*), stoffa per sottana (gonna); (*lana*), sbordatura *f.* (*eliminazione delle parti relative al ventre e zampe dal grosso della tosatura*).
skiving, togliere pelle superflua (da pellami).
skull (*fond.*), crosta di metallo e scoria rimanente dopo la colata nella siviera; fondo di colata.
— **weight data** (*met.*), dati del peso del residuo di colata.
skutterudite, arseniuro (*m.*) di cobalto (bianco o grigio).
10/10 sky (*meteor.*) (U.S.A.), cielo coperto per 10/10 (riferito al bollettino meteorologico).
sky backing (*cinem.*), sfondo per dare l'effetto del cielo.
— **wave** (*radio*), raggio (*m.*) riflesso.
— **winder** (*slang*) (*aereo*) (U.S.A.), pilota *f.* (d'aviazione).
skydiver (*mil.*), paracadutista.
skydiving (*mil.*),paracadutismo *m.*; paracadutismo sportivo.
skylight, osteriggio *m.* (*naut.*); lucernario *m.* (*cost. civ.*).
— **purlin,** arcareccio (*m.*) del lucernario.
skyscraper (*cost.*), grattacielo *m.*
skyway (*strade*) (U.S.A.), strada (*f.*) sopraelevata.
slab (*met.*), sbozzato di laminazione (barra semi-finita laminata a caldo da un lingotto, con sez. trasversale di 10 e 1 ½ pollici): slebo *m.*; (*met.*) bramma *f.* (*thick slab*); lastra *f.* (di marmo, ecc.); (*cost.*), soletta *f.* (di cem. armato).
— **bearer,** travicello (*m.*) di sostegno della soletta, che gener. si unisce alla tavola di sponda della trave, e sostiene altri travicelli (*joists*).
— **board,** tavola (*f.*) per la soletta (armatura cem. armato).
— **caster** (*met.*), v. **continuous — —.**
— **centering device** (*met.*), dispositivo di centratura delle bramme.
— **conditioning** (*met.*), condizionamento delle bramme; (*met.*), condizionamento superficiale degli slebi.
— **copper,** rame (*m.*) in lastre.
— **crop shear** (*met.*), cesoia per bramme.
— **culvert,** tombino (*m.*) lastricato; tombino (*m.*) con lastroni.
— **heating pusher-type furnace** (*met.*), forno di riscaldo per bramme del tipo a spinta.
— **joist,** travicello (*m.*) di sostegno della soletta (armatura cemento armato).
— **mill aisle** (*met.*), campata del treno slabbing.

slab of marble, lastra (*f.*)di marmo.
— **panel** (*costr.*), pannello (*m.*) di soletta.
— **piler** (*laminatoio met.*), impilatore di bramme.
— **-receiving and charging table** (*met.*), dispositivo di impilamento e caricamento delle bramme (*laminatoio per nastri a caldo*).
— **reinforcement** (*cost.*), armatura (*f.*) della soletta.
— **sawing,** segatura a fette parallele.
— **storage** (*met.*), deposito bramme.
— **supported on two sides** (*costr.*), soletta appoggiata su due lati; soletta appoggiata agli estremi.
— **transfer** (*met.*), trasferitore bramme.
— **transfer car** (*laminatoio met.*), carro trasferitore delle bramme.
— **(continuously cast —)** (*met.*), bramma colata in continuo.
slabber, tagliatrice di sapone.
slabbing mill, laminatoio (*m.*) per bramme.
— **stand** (*laminatoio met.*), treno slabbing.
slack, imbando *m.* (di un cavo); carbone (*m.*) minuto (*min.*) inferiore a $^1/_8$ di pollice.
— *agg.* leggero; allentato (di fune); debole (di prezzi); (*mecc.*), (studio dei tempi) lasco *agg.*
— **barrel,** barile di legno (usato per polveri, solidi ma non per liquidi).
— **off (to —),** allentare *v.a.* (bulloni, ecc.).
— **silk** (*tess.*), seta (*f.*) da ricamo; seta (*f.*) floscia.
— **sized** (*carta*), non impermeabile all'acqua.
— **water navigation,** navigazione (*f.*) di fiume o canale resa possibile con chiuse invallate.
— **wax,** miscela di paraffina ed olio contenente fino al 40% di olio (processo di rimozione della cera dai distillati petroliferi).
slacken (*met.*), scoria *f.* (aggiunta al metallo prima della fusione, per impedire la fusione durante il riscaldam.).
— *v.a.* rallentare; frenare *v.a.*; calmarsi *v.r.* (*di reazione chim.*); allentare (*dadi*) (*mecc.*).
slackening (*mecc.*), rallentamento; allentamento (di dadi di ritenuta) (*mecc.*).
slag, scoria *f.*
— *v.a.* scorificare.
— **analysis** (*met.*), analisi della loppa.
— **bed** (*met., fond.*), letto (*m.*) di scorie.
— **bin** (*altoforno*), v. **granulated — bin.**
— **blow hole** (*met.*), soffiatura da scoria.
— **brick,** mattone (*m.*) di scoria.
— **brick press** (*met.*), pressa (*f.*) per mattoni di scorie.
— **buggy,** carro per la rimozione delle scorie.
— **car** (*met.*), carro scorie.
— **carry-over** (*fond.*) (*met.*), deposito di scoria rimasto nel forno dopo una colata, per difetto di schiumatura.
— **cement,** cemento (*m.*) di scorie.
— **concrete,** calcestruzzo (*m.*) di scorie (*scorie e cemento Portland*).
— **control,** controllo (*m.*) delle scorie.
— **dry pit** (*met.*), fossa (*f.*) a secco per la loppa.
— **dump,** deposito (*m.*) di scorie; scarico (*m.*) di scorie.
— **dumping car** (*met.*), carro (*m.*) a scorie ribaltabile.
— **equilibria** (*met.*), equilibri delle scorie.
— **granulation** (*met.*), granulazione (*f.*) della scoria.
— **granulator** (*met.*), granulatore loppa.
— **hole** (*met.*), foro per la scoria; canale delle scorie.
— **inclusion** (*met.*), inclusione (*f.*) di scoria.

slag ladle (*met.*), siviera (*f.*) per scorie.
— **line** (*forno met.*), linea della scoria; linea di scoria.
— **notch,** canale delle scorie (in altoforno).
— **off,** *v.a.*, eliminare (*v.a.*) le scorie; scorificare.
— **-off dephosphorization** (*met.*), defosforazione per scorifica.
— **pit** (*altoforno*), v. **granulated — pit.**
— **pocket** (*met.*), sacca (*f.*) per la scoria.
— **pot** (*met.*), secchione della loppa.
— **ratio** (*met.*), indice (*m.*) di basicità della scoria.
— **running** (*met.*), drenaggio loppa.
— **sample,** campione (*m.*) di scorie.
— **sand** (*met.*), sabbia (*f.*) di scorie (d'alto forno).
— **skimmer** (*altoforno*), sifone sfioratore per la separazione della ghisa dalla loppa.
— **specimen** (*met.*), campione (*m.*) di scorie.
— **stone,** mattone (*m.*) di scoria.
— **tuyere** (*met.*), tubiera (*f.*) della loppa.
— **wool,** lana (*f.*) di scorie; lana (*f.*) minerale.
— **(dry — yard)** (*altoforno*), fossa loppa secca.
slagging, scorificazione *f.*
— **medium,** fondente (*m.*) per scorie.
slags, scorie *f. pl.*
slaked lime, grassello *m.*; calce (*f.*) bianca; calce (*f.*) spenta.
slaking, estinzione della calce; combinare calce viva con acqua; spegnere la calce.
slamming stile (*faleg.*), asta (*f.*) verticale di telaio d'una porta.
slant (*cinem.*), prospettiva *f.*; (*gen.*) (*tip.*), inclinazione *f.*; (*inform.*), segno « / ».
— **distance** (*radar*), distanza reale fra due punti a diversa quota.
slap, (*mot.*), scampanamento *m.*
— *v.i.* (*mot.*), scampanare.
slash (*inform.*), barra di frazione.
slasher, imbozzimatrice *f.*
slashing, imbozzimatura *f.*
slat, stecca *f.* (di legno); sbarra *f.*
— **conveyor,** trasportatore (o convogliatore) (*m.*) a piastre.
slate, lastra (*f.*) di ardesia; lavagna *f.*; ardesia *f.*
— *v.a.* coprire (*v.a.*) con ardesia.
— **(to)** (U.S.A.), programmare; (*installed capacity with 14.8 million tons slated for future installation*), capacità installata con 14.8 mil. di t. programmata per futuri impianti.
— **black,** nero minerale.
— **hanging,** tegole (*f. pl.*) di ardesia sospese verticalmente contro la facciata di un muro, per proteggerlo dall'umidità.
— **roof,** tetto (*m.*) di ardesia.
slater, *m.* acconciatetti (*m.*) in ardesia.
slating, copertura (*f.*) di ardesie.
slatted floor (*agr.*, *ecc.*), pavimento a graticciato.
slave, *agg.* (*inform.*), asservito; secondario (rispetto ad un elemento principale).
— **station** (*elettron.*), stazione (*f.*) asservita; stazione satellite.
slay (*tess.*), battente *m.*
sledding (*cotone.*), (tipo di) raccolta meccanica del cotone.
sledge hammer, mazza *f.* (per ribaditura) (da fabbro).
sleek, *v.a.* lisciare (*fond.*).
sleeker (*fond.*), cucchiaio da formatore.
sleekers (*fond.*), spatole (*f. pl.*) per lisciare.
sleeking stick (*scarpe*), bussetto *m.*
sleeper, traversa *f.* (*ferr.*); traversina *f.*
— **bearing girder,** trave (*f.*) di sostegno delle traversine.
— **chair** (*ferr.*), cuscinetto (*m.*) per traversine.
— **drilling machine** (*ferr.*), foratrice (*f.*) per traverse.
— **rail** (*ferr.*); rotaia *f.* longarina.

sleeper renewal (*ferr.*), sostituzione di traversine.
— **wall** (*cost.*), muro (*m.*) basso sotto il piano terreno, che serve da sostegno ai travetti del pavimento.
sleeping bag, sacco (*m.*) pelo.
— **car** (*ferr.*), carrozza (*f.*) con letti.
— **policeman** (*traf.*), curvature stradali per controllo della velocità del traffico. Lunghe 3,7 metri sono intervallate di circa 1 metro e sono alte 102 mm nel punto più alto.
sleet (*meteor.*), nevischio *m.*
sleeve, manicotto (*m.*) del mandrino; bussola (*f.*) del mandrino; bussola *f.* (*mecc.*); manica *f.*; (*pressofusione*), contenitore *m.*; v. **firebrick —.**
— **bearing,** cuscinetto (cilindrico) a manicotto.
— **brick** (*fond.*), mattone per colonna di colata.
— **joint,** giunto (*m.*) a bicchiere; giunto (*m.*) a manicotto.
— **valve,** valvola (*f.*) interposta fra il cilindro e il pistone, in un motore a scoppio; valvola (*f.*) a fodero.
— **valve engine** (*mot.*), motore a fodero.
sleeves, *pl.* (*aereo*) (U.S.A.), coperture usate per proteggere le ali di aeroplano lasciato all'aperto.
— **for negative setting** (*orol.*), manicotti a molla per alberi di carica.
— **parts** (*mecc.*), elementi (*m. pl.*) per bussole.
slender, *agg.* fine; debole; insufficiente.
slenderness (*costr.*), snellezza *f.*; limite di snellezza.
— **ratio** (*costr.*), rapporto fra la lunghezza di un pezzo e la radice quadrata dell'area della sua sezione trasversale: grado (*m.*) di snellezza; coefficiente di snellezza.
slew (to —), girare; far girare *v.a.*; ruotare.
slew round (to) (*auto*), fare un testa-a-coda.
slewability, convertibilità *f.*
slewing, vedi: **all round.**
— **crane,** gru (*f.*) girevole.
— **(motion),** movimento (*m.*) rotatorio; virata (*f.*) di fianco; variazione (*f.*) di direzione; movimento (*m.*) di conversione.
sley (*tess.*), numero di fili d'ordito per pollice; battente *m.* (di telaio).
— **cap** (*tess.*), cappello (*m.*) del battente.
— **cheek** (*tess.*), tronco (*m.*) del battente.
— **sword** (*tess.*), braccio (*m.*) del battente.
slice bar, attizzatoio *m.* (per pulire le griglie di focolari).
slicer, gancio *m.* (di attizzatoio).
slicing (*cinem.*), ruotare un microfono, per distoglierne l'asse dalla sorgente sonora; (*met.*), pulitura (di griglia) dalle scorie, con una spranga a punta.
— **lathe,** tornio (*m.*) per tagliare.
— **machine,** affettatrice *f.*
— **machine (ingot — machine)** (*macch. ut.*), troncatrice (per lingotti).
slick, *v.a.* stuccare; spatolare; v. **oil slick.**
slicker, brunitoio *m.* (scarpe); lisciatoio *m.* (*scarpe*); spatola *f.* (*fond.*).
slide, pattino *m.* (*mecc.*); slitta *f.*; guida *f.*; corsoio (*m.*) di glifo; cassetto *m.*; cursore *m.*; lastrina di vetro; slitta *f.* (*di fucile*); v. **rolling —.**
— *v.i.* scorrere; slittare (*mecc.*).
— **adjustment** (*presse*), aggiustamento della slitta.
— **-back** (*radio*), depressione (*f.*) del potenziale di una griglia di una valvola termoionica.
— **bar,** guida (*f.*) rettilinea; guida *f.* (di macch. a vapore) (*ing.*).
— **bevel,** falsa squadra *f.*
— **bridge,** ponte di Wheatstone a scorritoio.

slide caliper rule, compasso (*m.*) ad asta con nonio; calibro (*m.*) a corsoio.
— **depth gauge,** calibro (*m.*) a corsoio per profondità.
— **gauge,** compasso (*m.*) graduato.
— **lathe,** tornio (*m.*) semplice.
— **lowering mechanism** (*macch. ut.*), meccanismo (*m.*) di abbassamento della slitta.
— **resistance** (*elet.*), resistenza (*f.*) a cursore (reostato (*m.*) il cui valore in ohm è regolato facendo scorrere un contatto sul filo di resistenza.
— **rest,** sopporto *m.*; coppaia *f.*
— **rule,** regolo (*m.*) calcolatore.
— **set** (*cin.*), filmina *f.* (serie di diapositive riprodotte su nastro di pellicola).
— **setting** (*presse*), registrazione della slitta; aggiustamento della slitta.
— **tuning** (*radio*), accordo a scorrimento.
— **valve,** cassetto (*m.*) di distribuzione.
— **valve distribution,** distribuzione (*f.*) a cassetto.
— **valve face,** specchio (*m.*) del cassetto di distribuzione.
— **valve gear,** distribuzione (*f.*) a cassetto.
— **warmer** (*microscopio*), apparecchio per riscaldare il vetrino a temperatura controllata richiesta per il montaggio di materiale al vetrino.
— **-wire resistor,** resistenza (*f.*) a filo.
— **wire rheostat,** resistenza (*f.*) a cursore.
— **(glass —),** vetrino (*microscopio*); diapositiva *f.* (*fot.*).

slider, cursore *m.*
— **bearing,** supporto a slitta.
— **-crank mechanism,** meccanismo manovella-glifo.

slideway (*mecc.*), guida di scorrimento.
— **grinding machine** (*mach. ut.*), rettificatrice per guide di scorrimento.

sliding, *n.* e *agg.*, moto (*m.*) di alimentazione longitudinale (*tornio*); slittamento *m.*; scorrimento *m.* (scivolamento); scorrevole *agg.*
— **and screw cutting lathe,** tornio (*m.*) parallelo per filettare e cilindrare.
— **axle,** asse (*m.*) di rinvio.
— **bar** (*elet.*), barra (*f.*) di scorrimento.
— **bearing,** sopporto (*m.*) scorrevole; sopporto (*m.*) a strisciamento (ordinario); appoggio (*m.*) scorrevole.
— **bed gap lathe** (*macch. ut.*), tornio (*m.*) semifrontale.
— **-block,** cursore *m.*; corsoio *m.*
— **bow** (*ferr. elet.*), contatto (*m.*) ad arco.
— **column horizontal boring machine** (*macch. ut.*), alesatrice orizzontale a montante mobile.
— **contact** (*elet.*), contatto strisciante; contatto a scorrimento.
— **contact commutator,** commutatore (*m.*) a strisciamento.
— **door,** porta (*f.*) scorrevole.
— **drill arm,** braccio (*m.*) a slitta (del mandrino).
— **feed,** alimentazione (*f.*) longitudinale; avanzamento (*m.*) longitudinale (*macch. ut.*).
— **fireproof door** (*costr.*), porta scorrevole antincendio.
— **fit,** accoppiamento (*m.*) scorrevole.
— **folding shutter doors,** porte scorrevoli riducibili.
— **friction,** attrito (*m.*) radente.
— **gate,** saracinesca *f.*
— **-gate nozzle ladle** (*colaggio acciaio*) (*met.*), scaricatore a cassetto per siviere.
— **gears,** ingranaggi dell'avanzamento longitudinale.
— **key,** chiavetta (*f.*) scorrevole.
— **jack,** martinetto (*m.*) a slitta.
— **joint** (*mecc.*), giunto (*m.*) telescopico.
— **mechanism** (*mecc.*), meccanismo scorrevole.

sliding motion, moto (*m.*) di scorrimento.
— **of the foundations,** scorrimento (*m.*) delle fondamenta.
— **plane** (*met.*), piano di scorrimento.
— **platen,** piastra mobile.
— **resistance,** resistenza (*f.*) allo scorrimento.
— **ring,** anello (*m.*) di blocco.
— **roof** (*auto*), capote *f.*
— **rule,** regolo (*m.*) calcolatore.
— **scale,** scala (*f.*) mobile (di salari).
— **-scale clause** (*personale*), clausola della scala mobile.
— **shutter,** imposta (*f.*) scorrevole.
— **skirt** (*auto*), minigonna *f.*
— **sleeve,** manicotto (*m.*) spostabile.
— **surface,** piano (*m.*) di scorrimento.
— **window,** finestra (*f.*) scorrevole (*o* a registro).
slight taper, piccola conicità *f.*
slightly oxidizing flame (*sald.*), fiamma (*f.*) leggermente ossidante.
slim taper file, lima (*f.*) per chiavi (a punta acuta).
slime, sostanza di natura colloidale (*met.*); fango; (*fis. atom.*), deposito *m.*
slimes, *pl.* (*met.*), particelle minutissime di minerale frantumato.
slimming (*mecc.*), snellimento (*forme aerodinamiche, ecc.*).
slimy, *agg.* limaccioso; gelatinoso.
sling, elinga *f.* (*naut.*); cappio *m.*; imbragatura *f.* (*naut.*); imbracatura *f.*; v. **flat lifting —**.
— **(to —),** *v.a.* imbragare; agganciare; sollevare con una fune.
— **bolt,** bullone (*m.*) a staffa.
— **chain** (*mecc.*), catena (*f.*) di imbracatura.
— **the load,** imbragare (*v.a.*) il carico.
slinger ring (*aereo*), anello (sul mozzo dell'elica).
slinging of load, imbragatura *f.*
slingshot pilot (*slang*) (*aereo*) (U.S.A.), pilota (*m.*) catapultato.

slip, scorrimento *m.* (*elet.*); regresso *m.* (*aereo*); corsa perduta (app. di sollevam.); miscela di polvere insolubile (*ceramica*) con grande volume d'acqua applicata prima della cottura; cattivo funzion. di altoforno dovuto al rapido scendere della materia prima ed allo sprigionarsi rapido di gas; sospensione in acqua di smalto da applicare sull'acciaio; nastro perforato (*telef.*); lama *f.*; lamella di vetro; (*comm.*), scontrino *m.*; (*ind. pet.*), cuneo *m.*; gancio (*m.*) a scocco (*naut.*); (*met.*), caduta (impuntamenti della) carica (*altoforno*).
— *v.i.* scorrere; slittare.
— **bands** (*met.*), linee di scorrimento.
— **flask,** staffa scorrevole e riimpiegabile.
— **form machine** (*macch. str.*), vibrofinitrice (*f.*) tipo « slip-form ».
— **-form paver** (*cost. stradali*), pavimentatrice stenditrice di uno strato continuo di calcestruzzo, senza usare casseforme separate.
— **form system** (*cost.*), sistema di prefabbricazione a casseri slittanti o automontanti.
— **-galley** (*tip.*), vantaggio per colonne.
— **gauge** (*mecc.*), blocchetto (*m.*) di riscontro.
— **hook,** scatto *m.*
— **knot,** nodo (*m.*) scorsoio.
— **lines,** linee di clivaggio.
— **meter** (*elet.*), dispositivo (*m.*) per la misura dello scorrimento di un motore ad induzione.
— **-on flange,** flangia (*f.*) mobile.
— **plane** (*met. cristall.*), piano di slittamento.
— **points** (*ferr.*), scambio (*m.*) inglese.
— **regulator** (*elet., mecc.*), regolatore di scorrimento.
— **-ring,** anello (*m.*) di scorrimento (*elet.*); anello collettore.

slip-ring induction motor (*elet.*), motore a induzione a collettore.
— **-ring losses** (*elet.*), perdite (*f. pl.*) negli anelli collettori.
— **-ring motor** (*elettrod.*), motore ad anelli rotanti.
— **-ring rotor** (*elet.*), indotto (*m.*) avvolto (indotto ad anelli).
— **road** (*autostrade*), bretella (autostradale) (strada a senso unico per l'accesso o l'uscita da un'autostrada).
— **sheet** (*tip.*), antiscartino *m.*
— **-sheeting** (*tip.*), inserire antiscartini fra i fogli appena stampati.
— **surface,** superficie di taglio (*o* di rottura).
— **tank** (*aereo*), serbatoio sganciabile (in volo).
— **way,** invasatura *f.* (di varo).
— **(register —)** (*comm.*), scontrino di cassa.
— **(to — the film)** (*cinem.*), far scorrere la pellicola.
slipe (wool), lana (*f.*) calcinata.
slippage, scorrimento (freni).
— **resistance,** resistenza (*f.*) allo scorrimento.
— **test** (*mecc.*), prova (*f.*) di scorrimento.
slipper, pattino *m.*; pattino (*m.*) di aeroplani.
— **brake,** freno (*m.*) elettromagnetico (di un tram).
slipping, slittamento *m.*
— **mainspring device** (*orol.*), dispositivo slittante (per molla motrice).
— **of the belt,** slittamento (*m.*) della cinghia.
— **ratchet** (*orol.*), rocchetto (*m.*) del bariletto slittante.
— **spring** (*orol.*), molla (*f.*) slittante.
slipstream (*aereo*), corrente (*f.*) di scivolo; risucchio *m.*; scia lasciata (p. es. da autocarri).
— **(propeller —)** (*aereo*), soffio d'elica; scia dell'elica.
slit, fessura *f.* (di squadro agrimensorio, ecc.).
— **-coil** (*met.*), rotolo slittato.
slit nosed boring bar, barra (*f.*) di alesaggio spaccata; barra (*f.*) spaccata.
— **washer** (*mecc.*), rondella (*f.*) divisa.
slitter (*met.*), cesoia (*f.*) circolare.
slitting (*met.*), taglio (*m.*) a strisce (*di lamierino o nastro, con cesoie*); (*met.*), taglio longitudinale.
— **and edge trimming** (*met.*), taglio e rifilatura dei bordi (*lamiere*).
— **and shearing line (combined — and shearing line)** (*met.*), linea di taglio combinata (di treno a nastri).
— **file,** lima (*f.*) a mandorla.
— **machine gang,** vedi: **gang.**
— **shears** (*met.*), cesoia (*f.*) per taglio longitudinale.
sliver, nastro (*m.*) di carda (*tess.*); nastro pettinato (*tess.*); scaglia (*f.*) di metallo.
— **-box** (*tess.*), bobinatrice (*f.*) riunitrice.
— **lapper** (*tess.*), riunitrice *f.*
— **tester** (*tess.*), apparecchio di controllo del nastro.
slop, miscela di kerosene (lav. petrolio); residuo della lavorazione della birra.
slope, spoglia (*f.*) di un utensile; scarpa *f.*; scarpata *f.*; pendenza *f.* (*radio, ecc.*); inclinazione *f.* (declivio); pendio *m.* (*geol.*); rampa *f.*; (*miniere*) (U.S.A.), discenderia *f.* (pozzo inclinato, ma a meno di 45°, per la coltivazione del carbone); scarpare *v.a.* (muri, terrapieni, ecc.); inclinare *v.a.*; pendere *v.i.*; fare inclinare *v.a.*; discendere *v.i.* (*di curva*).
— **conductance** (*radio*), conduttanza (*f.*) mutua.
— **of a curve** (*radio*), pendenza (*f.*) di una curva.
— **of a roof,** pendenza (*f.*) di un tetto.
— **of courses,** direzione (*f.*) dei giunti.

slope of the bottom (*idraul.*), pendenza di fondo.
sloped, *agg.* a scarpa.
sloping, *agg.* pendente; obliquo; in pendio; a scarpa; *avv.* in pendenza; obliquamente.
— **bow** (*naut.*), prora (*f.*) svasata
— **loop channel** (*met.*), canale (*m.*) volano.
— **wall,** muro (*m.*) a scarpa.
slopping (*met.*), tendenza alle proiezioni.
sloshing (*astron.*), agitazione di combustibile liquido nel serbatoio dei razzi dopo il lancio causante vibrazioni verticali nel razzo.
slot, *n.*, fessura *f.* (fessura praticata); tacca *f.* (incastro per chiavetta; tacca in un rotore (dove sono racchiusi i conduttori); (*aereo*), aletta (*f.*) a fessura; (*inform.*), spazio disponibile (per l'inserimento di una parola, in un racconto, in un programma, ecc.).
— *v.a.* mortesare; stozzare.
— **aerial** (*radio*), antenna a fessura.
— **bridge** (*elet.*), ponte (*m.*) di scanalatura.
— **cutter,** fresa (*f.*) con gambo per scanalature.
— **discharge** (*elet.*), scarica nella cava (degli avvolgimenti statorici, ecc.).
— **leakage** (*elet.*), dispersione (*f.*) delle scanalature.
— **-machine,** distributore (*m.*) automatico.
— **meter,** contatore (*m.*) a moneta (per gas od elet.).
— **milling machine** (*macch. ut.*), fresatrice per cave.
— **mortising bit,** punta (*f.*) per cave.
— **-type forge furnace** (*fucinatura*), forno (*m.*) a canale.
— **wedge** (*elet.*), chiavetta (*f.*) di scanalatura.
— **welding,** saldatura (*f.*) su intaglio.
slotted-hexagon head (*mecc.*), testa (*di vite*) esagonale con intaglio.
slotted flap (*aereo*), ipersostentatore (*m.*) a fessura.
— **nut,** chiocciola (*f.*) dell'alberello (di micrometro).
— **waveguide** (*elettron.*), guida d'onda con fessura.
slotter (*macch. ut.*), stozzatrice *f.*
slotting, mortesatura *f.*; stozzatura *f.*; lavoro (*m.*) alla stozzatrice.
— **attachment** (*macch. ut.*), apparecchio (*m.*) per stozzare (accessorio della fresatrice).
— **cutter** (*utensili*), fresa a disco per cave (*o* scanalature).
— **machine** (*macch. ut.*), mortesatrice *f.*; stozzatrice *f.*
— **tool,** utensile (*m.*) per mortesare; utensile (*m.*) per stozzare.
slow (*orol.*), ritardo *m.*; lento (in generale) *agg.*
— **-acting fertilizer,** concime (*m.*) lentamente attivo.
— **-acting relay,** relais (*m.*) ad azione ritardata.
— **-break switch** (*elet.*), interruttore (*m.*) ad apertura lenta.
— **chopper** (*fis. atom.*), chopper (*m.*) lento.
— **down,** *v.i.* rallentare; (*fis. atom.*), moderare *v.a.*
— **feed** (*macch. ut.*), avanzamento (*m.*) lento.
— **feed lever,** leva (*f.*) d'avanzamento lento.
— **fission** (*fis. atom.*), fissione (*f.*) lenta.
— **hardening cement,** cemento (*m.*) a lenta presa naturale.
— **-motion film** (*cinem.*), film al rallentatore.
— **-motion set** (*cinema*), rallentatore *m.*
— **neutron** (*fis. atom.*), neutrone (*m.*) lento.
— **-neutron capture** (*fis. atom.*), cattura (*f.*) di neutroni lenti.
— **-neutron chain reaction** (*fis. atom.*), reazione (*f.*) a catena con neutroni lenti.
— **-neutron reaction** (*fis. atom.*), reazione (*f.*) con neutroni lenti.

slow-neutron reactor (*fis. atom.*), reattore (*m.*) con neutroni lenti.
— **teeming** (*met.*), colata lenta.
slowing-down (*fis. atom.*), rallentamento *m.*; moderazione *f.*
— **-down area** (*fis. atom.*), area (*o* zona) di rallentamento; area (*o* zona) di moderazione.
— **down brake,** freno (*m.*) di rallentamento.
— **-down cross-section** (*fis. atom.*), sezione (*f.*) d'urto di moderazione; sezione (*f.*) d'urto di rallentamento.
— **-down density** (*fis. atom.*), densità (*f.*) di rallentamento; densità (*f.*) di moderazione.
— **-down length** (*fis. atom.*), lunghezza (*o* tratto) di moderazione; lunghezza (*o* tratto) di rallentamento.
— **-down medium** (*fis. atom.*), mezzo (*m.*) di moderazione; moderatore *m.*
— **-down time** (*fis. atom.*), tempo (*m.*) di rallentamento.
slub (*tess.*), ingrossamento del filato di cotone (difetto; oppure fatto per ornamento).
— **yarns** (*tess.*), filati (di cotone) fantasia con ingrossamenti intervallati.
slubbing, nastro continuo di fibre di lana pettinata (*tess.*); filatura (*f.*) in grosso (della lana) (*tess.*).
— **frame** (*tess.*), banco a fusi in grosso.
— **machine** (*tess.*), carda a filare in grosso.
sludge, fango *m.*; (*ind. pet.*), resto di raffinazione; fanghiglia di perforazione o sondaggio; (*min.*), addensato *m.*; (*pet.*), melma *f.*
— **and liquid manure spreader** (*agr.*), spandiliquame *m.*
— **thickener,** concentratore (*m.*) di fango; ispessitore dei fanghi.
slue, *v.i.*, vedi: **slew.**
slug, unità di massa (= 32,17 libbre); massa di minerale arrostito incompletam.; riga di caratteri (*tip.*); riga di macchina da comporre; (*telef.*) (U.S.A.), gettone *m.*; (*fond.*), materozza *f.*; deflettore *m.*; (*fis. atom.*), lingotto *m.* (*cartuccia*); (*met.*), spezzone greggio di fucinatura; (*met.*), sfrido *m.* (equivalente a « *scrap* »).
slug test (*sald.*), prova (*f.*) di strappo.
sluggish, *agg.* lento; di cattivo funzionamento.
— **growth** (*comm.*), crescita lenta.
sluice, chiusa *f.* (condotto d'acqua).
— **board,** tavola della paratoia.
— **column,** pozzo (*m.*) di manovra (di diga).
— **discharge,** bocca (*f.*) a battente.
— **gate,** saracinesca (*f.*) di chiusa.
— **valve,** saracinesca *f.* (*idraul.*).
— **weir,** traversa (*f.*) a paratoie.
slum point, temp. di fusione (di colonna di cera).
slump (*comm.*), cedimento (ribasso; caduta precipitosa) dei prezzi; (*geol.*), scoscendimento di massa.
— **test** (*cost.*), prova (*f.*) della consistenza del cemento (viene eseguita con una forma di metallo a tronco di cono).
slur, macchina *f.* (*stampa*); (*tip.*), doppieggiatura *f.*
slurry, fanghiglia *f.*; malta liquida prodotta generalmente da cemento Portland ed acqua; impasto per riparazione di ugelli d'altoforno; (*fis. atom.*), fango *m.*; schlamm; (*fond.*), sospensione (*f.*) di acqua e materiali leganti per rigenerare una terra di formatura a verde; (*min.*), miscela esplosiva (correttivo resistente all'acqua e non producente mal di testa).
— **dewatering equipment** (*min.*), attrezzatura di eliminazione dell'acqua della fanghiglia.
slush, melma *f.*; fango *m.*; materiale di rifiuto usato per lubrificazione; materiale antiruggine; *v.a.*, ricoprire di materiale

lubrificante (*o* antiruggine); lavare *v.a.* (buttando acqua).
slushed-up, con giunti uniti a malta (cost. di muri).
slusher (*min.*), benna raschiante.
slushing (*min.*), colmata *f.*
— **compound** (*or* **oil**), composto di grasso di petrolio (spesso con bicromato di sodio).
— **grease,** grasso antiruggine per getti di ghisa.
small-angle scattering (*fis. atom.*), **diffusione** (*f.*) **ad angolo ristretto.**
— **arms** (*mil.*), armi (*f. pl.*) portatili.
— **calorie,** caloria (*f.*) piccola.
— **capitals** (*tip.*), maiuscoletto.
— **coals,** carbonella *f.*
— **diameter cable,** cavo (*m.*) di piccolo diametro.
— **electric stove,** fornello (*m.*) elettrico.
— **end** (*mecc.*), piede (*m.*) di biella.
— **end bush** (*auto*), bronzina (*o* boccola) *f.* (del piede di biella).
— **metal products** (*met.*), minuterie (*f. pl.*) **metalliche.**
— **pica** (*tipog.*), corpo 11.
— **plane,** pialletto *m.*
— **scrap** (*met.*), rottame (*m.*) minuto.
— **-screen portable TVs,** televisori portatili con piccolo schermo.
— **sized pattern,** modello (*m.*) di piccole dimensioni.
— **wares** (*tess.*), nastri, e altri articoli tessili sottili.
— **wooden wheel,** girella *f.*
smalt (*pitt.*), smaltino *m.*; **bleu** di Sassonia; polvere **bleu** di smalto.
smaltine (*min.*), smaltina *f.*; grigio di cobalto.
smaltite (*min.*), smaltina *f.*
« smart » bomb, bomba al laser.
« smart card » (*inform.*), carta di credito con memoria propria o processore.
smart terminal (*inform.*), terminale semintelligente.
smash (*tess.*), punto di rottura; gabbia *f.*
smash *v.a.* disintegrare (un atomo); frantumare.
— **(to —)** (*or* **to crash) the aeroplane,** atterrare scassando l'aeroplano.
smear (to —), *v.a.* spalmare; impiastrare; imbrattare; spandere (rif. ad inchiostro).
— **with bitumen,** imbituminare *v.a.*
smeary, *agg.*, grasso; untuoso.
smectic, *agg.* (*liquid crystals*), smectico.
— **state,** stato di transizione fra un liquido e un solido.
smell, odore *m.*
smelt, *v.a.* fondere.
smelter, fonditore *m.*; fonderia *f.* (U.S.A.).
smelterer, *m.* fonditore.
smelting (*met.*), fusione *f.* (*di minerali, ecc.*).
— **furnace** (*fond.*), forno fusorio *m.*
— **house,** fonderia *f.*
S meter (*radio*) indicatore (*m.*) di sintonizzazione a corrente continua posto in serie con una resistenza di carico.
smith, fabbro *m.*; fabbro ferraio; forgiatore *m.*
smith's forge, fuoco (*m.*) di fucina.
Smith process, procedimento Smith (per raffinare rame).
smithereens, *pl.* pezzi *m. pl.*; frantumi *m. pl.*
smithery, officina (*f.*) fabbri.
smithsonite (pr. *smith' son.ait*) (*min.*), smithsonite *f.*
smithy, fucina *f.*; forgia *f.*; officina (*f.*) fabbri.
smog, cortina di fumo e nebbia (sulle grandi città); « smog ».
smoke, fumo *m.*
— **(to —),** affumicare *v.a.*
— **black,** nero (*m.*) fumo.
— **bomb,** bomba (*f.*) fumogena.
— **box,** cassa (*f.*) fumo.
— **candle,** candela fumogena.
— **-controlled zone** (*inquinamento*), area sotto controllo per il rilevamento dei fumi.
— **flue** (*met.*), condotto (*m.*) del fumo.
— **-free** (*caldaie, ecc.*), senza fumo.

smoke grenade (*mil.*), granata fumogena.
— **jumper** (U.S.A.), pompiere del servizio forestale americano, lanciato con paracadute per controllare incendi nei boschi.
— **munitions** (*mil.*), munizioni fumogene.
— **pots** (*cinem.*) (U.S.A.), torce (per effetti nebbiogeni o fumogeni).
— **printing** (*tip.*), stampa (*f.*) a fumo.
— **projectile** (*mil.*), proiettile fumogeno.
— **screen**, cortina (*f.*) fumogena.
— **signal**, segnale (*m.*) fumogeno.
— **stack** (*slang*) (*aereo*) (U.S.A.), tubo (*m.*) di scarico.
— **warhead** (*mil.*, *missili*), tastata fumogena.
smokeless fuel, combustibile (*m.*) infume.
— **powder**, polvere (*f.*) infume; polvere (*f.*) senza fumo.
— **safety incinerator** (*for combustible waste*), forno di incenerimento di sicurezza infume.
smokelessness, assenza di fumo (senza inquinamento atmosferico).
— **in new towns**, assenza di fumo nelle nuove città.
smokemeter (*diesel smoke legislation*) (*auto*), misuratore del fumo del gas di scarico.
smoker (*slang*) (*aereo*, *naut.*), aeroplano usato per cortine fumogene.
smokiness (*vernici*, *ecc.*), aspetto nebbioso di una pellicola di pittura.
smoky topaz, topazio (*m.*) affumicato.
smooth, *agg.*, liscio; levigato; dolce (di lime); facile (*di operazioni chim.*, *ecc.*).
— **(to —)** (*cosmetici*), uguagliare una crema nel suo recipiente.
— *v.a.* lisciare; levigare; applicare uniformemente.
— **core** (*elet.*), nucleo liscio.
— **cut**, taglio (*m.*) dolce.
smooth file, lima (*f.*) a taglio fino.
— **hole**, foro (*m.*) liscio.
— **planer**, piallatrice (*f.*) da piano e filo.
— **round** (*met.*), tondo (*m.*) liscio.
— **running**, andamento (*m.*) dolce (del motore); marcia (*f.*) dolce.
— **seam**, saldatura (*f.*) liscia.
— **yarn** (*tess.*), filato liscio.
smoother (*fond.*), cucchiaio da formatore.
smoothing, lisciatura *f.* (di cavi).
— **board**, assicella (*f.*) per spianare.
— **effect**, effetto livellante.
— **plane**, pialletto *m.*
— **planer**, piallatrice (*f.*) da piano e filo.
— **rolls** (*met.*), laminatoio lisciatore.
— **trowel**, cazzuola (*f.*) da lisciare.
smoothness, levigatura *f.*; dolcezza *f.* (*di reazione chim.*) (*mecc.*); scorrevolezza *f.*; (*auto*), marcia dolce.
smudging (*telev.*), irregolarità a tratti dell'immagine.
snag, *v.a.* sbavare.
— **grinder** (*macch. ut.*), molatrice (*f.*) sbavatrice.
snagging (*mecc.*), sbavatura *f.*
— **(high speed —)** (*mecc.*), sbavatura rapida.
snail repellent (*chim.*) (*agricolt.*), preparato contro le lumache.
snailing effect, damascatura *f.* (effetto ottico che sulla ruota sia disegnata una spirale).
snap, fibbia *f.*; forchetta *f.*; unità di lunghezza per fili di lana nell'Inghilterra occid. (=320 yards); istantanea *f.* (*fot.*).
— *v.a.* prendere un'istantanea (*fot.*); rompere *v.a.*; rompersi *v.r.* (improvvisamente).
— **action mechanism**, meccanismo a scatto.
— **die**, stampo (*m.*) per chiodi.
— **fastener case**, custodia (*di strumenti*, *ecc.*) con chiusura lampo.
— **-flask** (*fond.*), staffa (*f.*) apribile.

snap gauge, calibro (*m.*) a forchetta.
— **-gauge grinding machine** (*macchin. ut.*), rettificatrice (*f.*) per calibri a forcella.
— **groove** (*orol.*), scanalatura (*f.*) per la lanterna.
— **hammer,** martello (*m.*) a stampo.
— **-on button** (*orol.*), bottone (*m.*) di carica.
— **ring** (*macch. a vapore*), anello (*m.*) elastico.
— **set,** butteruola *f.*
— **-shut cap** (*auto*), coperchio a chiusura a scatto (bocchettone del serbatoio del carburante).
— **the line** (*cost.*), segnare una linea diritta, con una fune ingessata.
— **(to —) together,** unire a combaciamento con un piccolo colpo (p. es. due parti in plastica).
snapped head rivet, chiodo (*m.*) a testa stampata.
— **header** (*cost. civ.*), mezzo mattone *m.* (nell'assestamento gotico).
— **rivet head,** testa (*f.*) di chiodo stampata.
snapping of a thread, rottura (*f.*) di un filo.
— **out,** scatto *m.*
snapshot (*fot.*), istantanea *f.*
snarls (*filatura*), ricci (dovuti ad eccessiva torsione del filato).
snatch block, pastecca *f.* (*naut.*); puleggia (*f.*) di rinvio.
sneeze gas, gas (*m.*) starnutatorio.
sneezewood, legname del Capo, di grande pregio.
sneezing gas, gas (*m.*) starnutatorio.
sniffer (*fis. atom.*), rivelatore (*m.*) a scoppio.
sniperscope (*mil.*), telescopio infrarosso montato su carabina.
snipper (*mecc.*), spuntatrice (*f.*) meccanica.
snipping (*tess.*), spuntatura *f.* (della iuta).
— **machine,** spuntatrice (*f.*) meccanica.
snips, forbici *f. pl.* (per fili metallici).
snitcher (*petrol.*) (U.S.A.), spazzola elettrica.
SNOBOL (*inform.*), Linguaggio di programmazione per la manipolazione di parole di testi o di formule matematiche, trattate come stringhe di caratteri.
snoker (*mecc.*), braccio meccanico snodato in grado di portare due o più persone.
snooperscope, telescopio (*m.*) infrarosso.
snore-piece, succhierola (filtro pe tubi).
snorkel (*met.*), tubo di sfiato (in un recipiente di degasaggio); (*naut.*), presa d'aria per sommergibili; (*ind.*), presa d'aria sul tetto (o in un muro laterale) di una fabbrica.
snort valve (*altoforno*), valvola di riduzione della pressione.
snout, becco *m.*
snow (*meteor.*), neve *f.*
— **blowing machine** (*macch. stradali*), sgombraneve a turbina.
— **build-up** (*meteo.*) (*cost. ponti, ecc.*), accumulo (*m.*) di neve.
— **chains** (*auto*), catene (*f. pl.*) per neve.
— **clearance** (*strade*), sgombero della neve.
— **clearing machine** (*macch. stradali*), sgombraneve *m.*
— **fence** (*strade*), schermo contro la neve.
— **gauging,** misura delle precipitazioni nevose.
— **hurdle,** paraneve (*m.*) di graticcio.
— **-plough,** spazzaneve *m.*
— **point** (*chim.*), temperatura alla quale la pressione parziale del solido equivale a quella della sostanza nella fase gassosa.
— **(new —,** neve fresca); **(powdery —,** neve polverosa); **(wet —,** neve umida).
snowflake (*met.*), fiocco *m.* (cricca capillare interna).

snubbing device (*auto*), ammortizzatore *m.*
method (*freni auto*), metodo di frenatura in caso di slittata consistente nel premere sul pedale del freno, sollevare il piede, premere sul pedale, così via per più volte.
snug, occhiello *m.* (di staffa).
soaked tool (U.S.A.), utensile riscaldato per molto tempo.
soaking (*met.*), mantenere un metallo ad una data temperatura; imbibizione *f.*; (*met.*), permanenza a temperatura; (*met.*), permanenza a regime.
— **hearth** (*met.*), suola di riscaldo.
— **pit** (*met.*), fossa per mantenere ad una data temperatura i lingotti pronti per la laminazione: fossa di permanenza; forno a pozzo.
— **pit cover carriage** (*met.*), carro di manovra dei coperchi.
— **zone** (*met.*), zona di ugualizzazione (di forno di riscaldo).
soap, sapone *m.*
— *v.a.*, insaponare.
— **bark,** corteccia di Panama; quillaia *f.*
— **-base greases** (*chim.*), grassi lubrificanti a base di saponi.
— **-chalk,** gesso per sarti.
— **-cooling machine,** macchina per il raffreddamento del sapone.
— **crutcher** (*chim.*), mescolatrice per sapone.
— **factory,** fabbrica (*f.*) di sapone.
— **frame,** casse (di ferro) per solidificazione del sapone.
— **hardness,** durezza dell'acqua. (determinata mediante soluzione di sapone titolata).
— **making machine** (*chim.*), macchina per la fabbricazione del sapone.
— **manufactory,** saponificio *m.*
— **run,** procedim. di neutralizzazione di acido grasso in eccesso.
— **stock,** materiale per la fabbricazione del sapone; pasta di saponificazione.
soap works, saponificio.
— **wrapper,** avvolgitrice per saponi.
soaping, saponatura *f.*
— **machine** (*tess.*), insaponatrice *f.*
— **off,** (dopo la tintura) togliere la tinta che non ha aderito.
— **stock,** pasta di saponificazione.
soaps, *pl.* mattoni di dimensione di pollici $9 \times 2\frac{1}{2} \times 2\frac{1}{4}$ (*cost.*).
soapstone, steatite *f.* (*min.*); talco *m.*
soapwort, saponaria *f.*
soar, aumentare *v.i.* (*coal stocks continue to soar*), gli stock di carbone continuano ad aumentare.
soarer (*aereo*), modello (*m.*) veleggiatore.
soaring flight, volo (*m.*) librato (*o* planato).
social security, sicurezza (*f.*) sociale.
— **welfare,** assistenza (*f.*) sociale.
— **worker,** assistente (*m.*) sociale.
sock stitches (*aereo*), cuciture (*f. pl.*) sfalsate.
socket, bussola (*f.*) di riduzione; bussola *f.* (*mecc.*); viera *f.*; boccola *f.*; bossolo *m.*; zoccolo (*m.*) di lampada; (*ind. pet.*), pescatore *m.*; (*elet.*), presa di corrente.
— **for joints,** muffola (*f.*) di derivazione.
— **-joint,** manicotto *m.*; giunto (*m.*) ad incastri.
— **pipe,** tubo (*m.*) a manicotto.
— **set,** serie (*f.*) di chiavi.
— **wrench,** chiave (*f.*) fissa a tubo.
— **(extension —),** prolunga di presa di corrente.
— **(plug and —)** (*elet.*), spina e presa di corrente.
socketed stanchion (*costr.*), appoggio (*m.*) pendolare.
sod oil (*dégras*), olio ottenuto nel processo di scamosciamento delle pelli; dégras.
— **seeding** (*tecnica di coltivaz.*), coltura (*f.*) sul sodo.
soda, soda *f.*; carbonato di sodio.

soda ash, carbonato di sodio; (*chim.*), ceneri di soda.
— **-lime,** calce (*f.*) sodata.
— **lye,** idrossido (*m.*) di sodio.
— **niter,** salnitro del Cile; nitro del Cile.
sodion (*chim.*), ione del sodio.
sodium (*chim.* = Na), sodio *m.*
— **acetate,** acetato di sodio.
— **acetyl arsanilate,** acetilarsanilato sodico.
— **acid carbonate,** carbonato acido di sodio.
— **acid sulfite,** solfito acido di sodio, (usato in *tess.* o *conciat.*).
— **bismuthate,** bismutato di sodio, (usato come reagente).
— **carbonate,** carbonato di sodio, (usato per vetri, sapone, ecc.).
— **chlorate,** clorato di sodio, (usato in tintoria).
— **chloride,** cloruro di sodio.
— **choleate,** coleato di sodio (usato ind. inchiostri).
— **chromate,** cromato di sodio (usato per inchiostri, vernici, ecc.).
— **citrate,** citrato di sodio (usato in fotogr., ecc.).
— **-cooled** (*fis. atom.*), raffreddato a sodio.
— **-cooled reactor** (*fis. atom.*), **reattore (*m.*) raffreddato a sodio.**
— **cyanide,** cianuro di sodio.
— **dichromate,** bicromato di sodio.
— **ferrocyanide,** ferrocianuro di sodio.
— **fluoride** (*chim.*), fluoruro (*m.*) di sodio.
— **fluo-silicate** (*chim.*), fluosilicato (*m.*) di sodio.
— **formate** (*chim.*), formiato (*m.*) di sodio.
— **-grahite reactor** (*fis. atom.*), reattore (*m.*) a sodio-grafite.
— **hexametaphosphate,** esa metafosfato di sodio (per cuoio, addolc. acqua, ecc.).
— **lactate,** lattato (*m.*) di sodio (usato nella stampa e come plastificante).
sodium laurate, laurato di sodio.
— **luminaire** (U.S.A.), lampione (*m.*) al sodio.
— **meta-vanadate,** metavanadato di sodio.
— **monosulfide,** monosolfuro di sodio.
— **nitrate,** nitrato di sodio.
— **nitrite,** nitrito di sodio.
— **oleate,** oleato di sodio.
— **oxalate,** ossalato di sodio.
— **perborate,** perborato di sodio (usato per tessili, cere, ecc.).
— **peroxide,** perossido di sodio.
— **phthalate** (*chim.*), ftalato di sodio.
— **pyrophosphate,** pirofosfato di sodio (per saponi, tintura, ecc.).
— **ricinoleate,** ricinoleato di sodio.
— **salicylate,** salicilato (*m.*) di sodio.
— **silicate,** silicato (*m.*) di sodio.
— **stannate,** stannato di sodio (usato per tintoria, tess., ecc.).
— **sulfate,** solfato di sodio.
— **sulfite,** solfito di sodio.
— **sulphate,** solfato (*m.*) di sodio.
— **tetrabore,** tetraborato (*m.*) di sodio.
— **tetrasilicate,** tetrasilicato di sodio.
— **thiocyanate,** tiocianato di sodio.
— **thiosulfate,** tiosolfato (*m.*) di sodio.
— **tungstate,** tungstato (*m.*) di sodio.
— **-vapour lamp,** lampada (*f.*) a vapori di sodio.
— **-vapour lighting,** illuminazione (*f.*) con lampade a vapore di sodio.
— **xanthate,** xantato di sodio.
soffit, parte (*f.*) inferiore di una gronda sporgente; intradosso *m.* (della volta) (*cost.*).
— **board** (*mecc.*), tavola (*f.*) di rivestimento di grondaia (sporgente).
soft, *agg.* molle; tenero; dolce.
— **anneal,** *v.a.* (*met.*), ricuocere a dolce.

soft annealing (*met.*), ricottura di addolcimento.
— **arc** (*elet.*), arco (*m.*) molle.
— **area** (*met.*), zona dolce o « area molle ».
— **black,** carbone di legna.
— **component,** componente (*f.*) molle.
— **contact lenses** (*ott.*), lenti (*f. pl.*) a contatto, morbide.
— **copy** (*inform.*), presentazione visuale su schermo (oppure sonora, p. es. risposta verbale).
— **corn** (*comm.*), grano (*m.*) tenero.
— **currency** (*finan.*), moneta debole.
— **finish** (*tess.*), finissaggio morbido.
— **flame** (*sald.*), fiamma (*f.*) dolce.
— **goods,** tessuti.
— **grade** (U.S.A.), getto (*m.*) di acciaio dolce (resistenza alla trazione: 60.000 libbre per pollice quadrato).
— **grinding wheel,** mola (*f.*) tenera.
— **ground tunnelling machine,** macchina per scavi di gallerie in terreni poco consistenti o rocce tenere.
— **iron,** ferro (*m.*) dolce.
— **-iron core,** nucleo (*m.*) di ferro dolce.
— **knitting yarn** (*tess.*), filato per maglieria per calze.
— **lead,** piombo (*m.*) dolce.
— **material,** materiale (*m.*) tenero.
— **metal,** metallo (*m.*) tenero; metallo (*m.*) dolce.
— **mill,** laminatoio (*m.*) sbozzatore.
— **mud process** (*ceramiche*), procedimento (*m.*) ad impasto umido.
— **negative** (*fot.*), negativo (*m.*) morbido.
— **picture** (*telev.*), immagine debole.
— **pig iron,** ghisa (*f.*) dolce.
— **point test,** prova per la determinazione del punto di fusione del bitume.

soft radiation (*fis. atom.*), radiazione (*f.*) debole (o molle).
— **rock** (*min.*), roccia (*f.*) tenera.
— **rubber eraser,** gomma per disegno a matita.
— **soap,** sapone molle.
— **solder,** saldatura (*f.*) a dolce; saldare (*m.*) a stagno.
— **spot** (*met.*), punto (spec. nell'acciaio) meno duro del resto del metallo; zona di metallo tenero.
— **steel,** acciaio (*m.*) dolce.
— **wheat,** grano (*m.*) tenero.
— **wood,** legname (*m.*) tenero; legno (*m.*) dolce.
— **X-rays,** raggi (*m. pl.*) Grenz.
— **yarn,** filato soffice.
soften, *v.a.* (*tess.*), ammorbidire.
— (*v.a.*) **a metal,** addolcire (*v.a.*) un metallo.
— **the glass,** *v.a.* rammollire il vetro.
— **water,** addolcire (*v.a.*) l'acqua.
softener, addolcitore *m.*; depuratore *m.*; (*chim.*), plastificante; ammorbidente (*tintoria*) (*tess.*).
softening, addolcimento *m.* (di un metallo); rammollimento *m.*
— **point** (*fibra*), punto (*m.*) di rammollimento.
— **zone** (*altoforno*), zona di rammollimento.
software (*elettron.*), corredo di programmi di calcolatori, prestabiliti per diverse funzioni; elementi intellettuali dei calcolatori elettronici; v. **hardware.**
— **module** (*inform.*), modulo di programmazione.
— **package** (*inform.*), blocco « software »; insieme di programmi.
soil, terreno *m.*; suolo *m.*; impurità *f.*; sporcizia *f.*; macchia *f.*
— *v.a.*, sporcare *v.a.*; imbrattare *v.a.*; macchiare *v.a.*
— **analysis,** analisi (*f.*) del suolo.
— **analyst,** analisi del suolo.
— **cloddiness** (*agr.*), zollosità del terreno.
— **corrosion test** (*corrosione met.*), prova (*f.*) di corrosione sotterranea.

soil fumigation (*agr.*), fumigazione del suolo.
— **pipe** (*cost.*), tubo (*m.*) di scarico (di W. C.).
— **sample**, campione (*m.*) di terreno.
— **stabilization with asphaltic bitumen** (*cost. stradali, ecc.*), stabilizzazione (delle terre) con bitume.
— **steriliser** (*gar.*), sterilizzatore del suolo.
— **subsidence**, cedimento (*m.*) del terreno.
— **thermometer** (*agr.*), geotermometro *m.*
sol, soluzione colloidale; sol; soluzione; solubile *agg.*
solar-assisted heat pump technology, tecnologia delle pompe di calore solari.
— **atmosphere**, atmosfera solare.
— **battery**, batteria solare.
— **car**, automobile a energia solare.
— **cell** (*on artificial satellites*), cella solare.
— **cell panel** (*astron.*), pannello di cella solare.
— **collector for power generation** (*geof*), collettore solare per la produzione di energia.
— **component**, componente di un apparecchio (collettore, pompa ecc.) per la produz. dell'energia solare.
— **corona**, corona solare.
— **cosmic rays**, raggi (*m. pl.*) cosmici solari.
— **desalination plant**, impianto di dissalazione solare.
— **distillation of sea water**, distillazione solare dell'acqua marina.
— **disturbances**, perturbazioni solari.
— **eclipse**, eclisse solare.
— **energy**, energia (*f.*) solare.
— **flares**, zone incandescenti (del sole).
— **furnace**, forno solare.
— **generator**, generatore solare.
— **-heated house**, casa a riscaldamento solare.
solar heating, riscaldamento solare.
— **housing**, costruzione di case a riscaldamento solare.
— **installation**, impianto solare.
— **maximum mission** (*astron.*), missione massima solare (raggi X, radiaz. elettromagnetiche), compiuta da piattaforma spaziale modulare nel febbraio 1980.
— **« mix »** (*astron.*), missione solare.
— **mobile house**, casa mobile solare.
— **noise**, rumore solare.
— **oil**, gasolio (ottenuto dal petrolio del Golfo).
— **panel** (*astron.*), pannello solare.
— **particle**, particella (*f.*) solare.
— **power panels**, pannelli ad energia solare.
— **power station** (*elet.*), centrale elettro-solare; centrale solare.
— **-powered heating complex**, complesso edilizio a riscaldamento a energia solare.
— **-powered pump**, pompa ad energia solare.
— **-powered television set**, televisore ad energia solare.
— **rocket**, razzo solare.
— **satellite**, satellite solare.
— **sensor**, sensore solare.
— **spectrum**, spettro (*m.*) solare.
— **storm**, tempesta (*f.*) solare.
— **system**, sistema solare.
— **technology**, tecnologia della energia solare; tecnologia solare.
— **telescope** (*astron.*), telescopio solare.
— **thermal power plant**, centrale termica solare.
— **water heater**, bollitore d'acqua solare.
— **wind**, vento solare.
— **wind plasma** (*astr.*), plasma del vento solare.
solarization (*fot.*), bruciatura *f.*
solation (*chim.*), gelatinizzazione *f.*; trasformazione di un gel in un sol.

solder, saldatura *f.* (materiale).
— *v.a.* saldare; piombare.
solderability (*sald.*), saldabilità *f.*
solderable, *agg.* saldabile.
soldered mouth (*sald.*), imboccatura saldata (*di tubo*).
solderer, saldatore *m.*
soldering, saldatura *f.*
— **furnace,** fornello (*m.*) per saldare.
— **paste,** pasta (*f.*) per saldatura.
— **iron,** saldatore (*m.*) di rame; saldatoio *m.*
— **lamp,** lampada (*f.*) per saldare.
— **seam,** saldatura *f.* (linea di unione).
— **water,** acqua (*f.*) da saldare.
solderless connectors, giunti senza saldatura.
soldier, paletto *m.*; corso di mattoni in piedi (*cost.*); armatura *f.* (*fond.*); (*cost.*), paletto per armature di muri ecc., nel quale vengono inchiodate orizzontalmente le tavole.
sole, suola (di forno, ecc.).
— **-piece** (*naut.*), piede (*m.*) del dritto di poppa.
— **-shoe,** suola *f.* (di aratro).
— (*or*) **sole plate,** piastrina (*f.*) d'appoggio (*ferr.*); supporto del cuscinetto dell'albero a gomiti (*naut.*).
— **weight,** peso (*m.*) proprio.
Solenhofen stone, calcare (*m.*) litografico.
solenoid (*elet.*), solenoide *m.*
— **valve,** valvola (*f.*) a comando elettromagnetico; (*elettron.*), elettrovalvola a solenoide.
solenoidal field, campo (*m.*) solenoidale.
Solex pneumatic micrometer, calibro (*m.*) per la misura dell'alesaggio dei cilindri.
solicitor (*leg.*), avvocato *m.*
solid, *agg.* in un sol pezzo; pieno; solido; (terreno) sodo; non volante (*aereo*); compatto; massiccio (*oro, ecc.*).
— **angle,** angolo (*m.*) solido.
— **body,** solido *m.* (corpo).
— **brick,** mattone (*m.*) pieno.
solid cable (*tel.*), cavo compatto.
— **casting,** getto (*m.*) senza cavità.
— **column** (*cost.*), colonna (*f.*) piena.
— **core,** nucleo (*m.*) massiccio.
— **crossing** (*ferr.*), cuore (*m.*) massiccio.
— **cylinder,** solido (*m.*) cilindrico.
— **drawing** (*met.*), trafilatura (*o* formatura di forme metalliche) da lingotti di sezione trasversale anulare.
— **floor** (*cost.*), pavimento (*m.*) in legno (sopra superficie in cemento).
— **formaline soap,** sapone alla formalina.
— **fuel,** combustibile (*m.*) solido.
— **-fuel-burning stove,** stufa (*f.*) a combustibile solido.
— **fuel consuming apparatus,** apparecchio (*m.*) a combustibile solido.
— **fuel motor** (*razzi*) (*astron.*), motore a combustibile solido; motore a propellente solido.
— **-fuel rocket** (*razzi*), razzo a combustibile solido.
— **fuels in suspension,** combustibili solidi in sospensione.
— **geometry,** geometria (*f.*) solida.
— **housing pillow block,** supporto a sostegno in un sol pezzo.
— **-hub pulley,** puleggia (*f.*) in un pezzo solo.
— **injection,** iniezione (*f.*) diretta.
— **jib,** braccio (*m.*) in lamiera piena.
— **kit** (*aereo*), modello *m.* (non volante).
— **line** (*dis.*), linea (*f.*) continua.
— **-liquid separation** (*chim.*), separazione solido-liquido.
— **matter** (*tip.*), composizione compatta.
— **of revolution** (U.S.A.), solido (*m.*) di rivoluzione.
— **-phase polymerization** (*mat. plast.*), polimerizzazione in fase solida.
— **propellant** (*razzi*), propellente (*m.*) solido.

solid-propellant missile, missile (*m.*) a propellente solido.
— **-propellant rocket,** razzo (*m.*) a propellente solido.
— **-propellant rocket motor** (*missili*), motore a razzo a propellente solido.
— **pulley,** puleggia (*f.*) in un pezzo solo.
— **rock,** roccia (*f.*) compatta.
— **rocket,** razzo solido.
— **rope,** fune (*f.*) piena.
— **shaft,** albero pieno; albero massiccio.
— **slag,** scoria (*f.*) compatta.
— **slag electrode** (*sald.*), elettrodo (*m.*) a rivestimento ossidante.
— **solution** (*chim.*), soluzione solida.
— **solution hardening** (*met.*), indurimento per soluzione solida.
— **state,** stato (*m.*) solido.
— **state components** (*calcol. elettron.*), componenti semiconduttori.
— **state computer** (*calcol. elettron.*), calcolatore elettronico a base di semiconduttori.
— **state electronics** (*elettron.*), elettronica a stato solido.
— **-state laser** (*med.*), laser (*m.*) a stato solido.
— **-state logic** (*inform.*), logica a stato solido.
— **-state logical circuit** (*inform.*), circuito logico allo stato solido.
— **-state memory** (*inform.*), memoria a stato solido.
— **-state module** (*TV*), modulo a stato solido.
— **-state physics** (*fis.*), fisica dello stato solido (*ramo della fisica che studia la struttura e la proprietà dei solidi e anche dei semiconduttori*).
— **waste** (*fis. atom.*), residui (*m. pl.*), solidi.
— **waste disposal,** smaltimento di rifiuti solidi.
— **waste handling,** trattamento di rifiuti solidi.
— **(from the),** dal grezzo.

solidifiable, *agg.* solidificabile.
solidified gasoline (U.S.A.), gelatina di benzina.
— **slag** (*met.*), scoria solidificata.
solidification, solidificazione *f.*
— **point,** punto (*m.*) di solidificazione.
— **range,** temperatura (*f.*) di solidificazione.
solidify, *v.a. v.i.*, solidificare *v.a.*; solidificarsi *v.r.*
solidity, saldezza *f.*; solidità *f.*; stabilità *f.*
solidus (*met.*), solido *m.*
— **(line),** linea (*f.*) (di diagramma) sotto la quale la lega è completam. solidificata.
— **point,** temperatura alla quale una lega cambia dallo stato solido ad uno semiliquido; punto di fusione.
Solignum, preservante (*m*). del legno ottenibile in varie tinte.
solstice (*astron.*), solstizio *m.*
solubility, solubilità *f.*
— **booster agent** (*chim.*), agenti (ausiliari) per aumentare la solubilità; acceleranti di solubilità.
— **ratio** (*saponi*), tenore (*m.*) di solubilità.
soluble, *agg.* solubile.
— **anode,** anodo (*m.*) solubile.
— **blue,** azzurro all'acqua.
— **castor oil,** olio di ricino solubile (olio emulsivo).
— **cotton,** cotone (*m.*) collodio (*collodion cotton*).
— **glass,** vetro (*m.*) solubile; silicato (*m.*) di potassa.
— **oil,** olio (*m.*) solubile.
solute (*chim.*), soluto *m.*
— **-bearing,** *agg*, che tiene un prodotto in soluzione.
solution, soluzione *f.* (*chim.*) (*mat.*); risoluzione *f.*
— **heat treatment** (*met.*), trattamento termico di soluzione.
— **of caustic potash,** soluzione (*f.*) di potassa caustica.
— **treating** (*met.*), trattamento termico di soluzione.

solvate, combinazione di un soluto con un solvente in proporzioni definite; prodotto di solvatazione; solvato *m.*
solvation (*chim.*), solvatazione *f.*
Solvay ammonia soda process, processo Solvay (*chim.*).
solve, *v.a.* risolvere.
solvency, solvibilità *f.*
— **index,** indice di solvibilità (soluz. di idrocarburi).
solvent, solvente *m.* (*chim.*); disincrostante *m.* (per caldaia).
— **dewaxing process** (*ind. pet.*), processo di rimozione della paraffina al solvente.
— **extraction,** estrazione a solvente.
— **extractor** (*chim.*), estrattore con solvente.
— **material,** materia (*f.*) disincrostante.
— **naphtha,** prodotto della distillazione di catrame di carbone fossile, consistente in xileni e loro omologhi.
— **thinner,** solvente (*m.*) sintetico.
solving, risoluzione *f.*
sommering lines, linee (*f. pl.*) d'irraggiamento dei conci di un arco (visto di fronte) (*cost. civ.*).
sommersault, *v.i.* (*aereo*), capottare.
sonar, sonar *m.*; ecogoniometro *m.*
sonic altimeter (U.S.A.), altimetro (*m.*) acustico.
— **bang** (*aereo*), scoppio (*m.*) sonico.
— **barrier** (*aereo*) muro (*m.*) del suono.
— **boom** (*aereo*), (*jet plane noise*) (U.S.A.), (*rumore di un aviogetto*) scoppio sonico.
— **depth finder,** vedi: **fathometer.**
— **gear testing machine** (*macch. ut.*), macchina prova rumorosità ingranaggi.
— **tester,** verificatore sonico.
sonim (*met.*), inclusione *f.* (non metallica) (nei metalli).
sonoluminescence, luminescenza (*f.*) sonora (acustica) (l. prodotta da onde sonore).
sonometer, sonometro *m.*
sonorousness, sonorità *f.*
soot, fuliggine *f.*; nero fumo.
— **blower** (*ind.*), soffiatore (*m.*) di fuliggine.
— **flame,** fiamma (*f.*) fuligginosa.
sooty, *agg.*, fuligginoso.
sophisticated machine (*gen.*), macchina sofisticata.
— **system,** sistema (*m.*) sofisticato.
sophistication, adulterazione *f.*; sofisticazione *f.*
Sopwith staff, (tipo di) stadia (*f.*) a lettura diretta.
sorb, sorbo *m.*
— **(to —)** (*chim.*), assorbire (sia con assorbimento o adsorbimento).
sorbate (*chim.*), prodotto (*m.*) di adsorbimento.
sorbite (*met.*), sorbite *f.*
sorbitic pearlite, perlite (*f.*) sorbitica.
sorbitol (*chim.*), sorbitolo *m.*
Sorel's cement (*chim.*), cemento (*m.*) Sorel.
sorghum (*bot.*), sorgo *m.*; dura *f.*
sorgo, sciroppo di dura.
sorption (*chim.*), assorbimento *m.*
sorptive, *agg.*, assorbente.
Sorptometer (*chim.*), Sorptometro (Perkin-Elmer-Shell).
sorround-sound, v. **ambisonics.**
sort (*inform.*), selezione *f.*
— *v.a.* classificare; vagliare; selezionare (*inform.*).
sortable, *agg.* (*inform.*), selezionabile.
sorter (*elettron.*), selezionatrice *f.*; v. **document —.**
sorting, vaglio *m.*; cernita *f.*; v. **automatic parcel —.**
— **drum,** vaglio *m.* (di trebbiatrice).
sorts (*tip.*), rappezzi *m. pl.*; figure *f. pl.*; matrici *f. pl.*
— **box** (*tip.*), cassa incompleta.
sough (pr. *saf*) (*cost. civ.*), fosso (*m.*) di guardia.
sound, *n.* e *agg.*, suono *m.*; in buone condizioni *agg.* (in buono stato).
— *v.a.* (*naut.*), scandagliare.

sound-absorbent medium, mezzo (*m.*) di attenuazione acustica.
— **absorbing,** *agg.* fonoassorbente.
— **-absorbing material,** materiale (*m.*) per isolamento acustico.
— **absorbing panel** (*costr.*, *ecc.*), pannello (*m.*) fonoassorbente.
— **absorption,** assorbimento (*m.*) del suono.
— **absorption coefficient,** coefficiente (*m.*) di assorbimento del suono.
— **absorption tile** (*costr.*), piastrella per pavimenti fonoassorbente.
— **analyzer,** analizzatore (*m.*) acustico elettrico; analizzatore (*m.*) del suono.
— **-and-picture,** cine-sonoro.
— **-and-picture projector,** proiettore cine-sonoro.
— **-attenuating cab** (*auto*, *acust.*), cabina insonorizzata parzialmente.
— **barrier** (*aereo*), barriera del suono.
— **-box,** cassa (*f.*) sonora (*gram.*); cassa (*f.*) di risonanza.
— **carrier** (*telev.*), onda portante audio del suono.
— **casting,** getto (*m.*) ben riuscito.
— **-dampened,** *agg.* insonorizzato.
— **deadening,** attenuazione (*f.*) del suono.
— **-deadening panel,** pannello fonoassorbente.
— **deadening treatment** (*auto*), trattamento (*m.*) di attenuazione del rumore (*di portiere*).
— **-detector,** aerofono *m.*
— **effect,** effetto (*m.*) sonoro.
— **engineer,** tecnico del suono *m.*; ingegnere (*m.*) fonico.
— **field,** campo sonoro.
— **-film,** cinema (*m.*) sonoro; film (*m.*) parlato.
— **generator** (*inform.*), generatore di suono.
— **-head** (*cinem.*), testa (*f.*) sonora.
— **insulation,** isolamento (*m.*) sonoro.

sound level (*acust.*), livello (*m.*) sonoro.
— **-level meter,** analizzatore (*m.*) acustico elettrico; misuratore (*m.*) d'uscita; misuratore di livello sonoro.
— **mixer** (*telev.*), mescolatore (*m.*) del suono.
— **motion picture,** cinema (*f.*) sonoro.
— **-on-disc** (*cinem.*), registrazione sonora su dischi fonografici.
— **-on-film** (*cinem.*), registrazione sonora sulla medesima pellicola sulla quale si trovano le immagini.
— **-on-sound** (*registratori*) (*audio*), effetto speciale per cui il materiale registrato su una traccia viene riportato su un'altra traccia.
— **on vision** (*telev.*), (effetto di modulazione incrociata) suono sull'immagine.
— **pick-up** (*cinem.*), diaframma *m.*
— **pictures,** film (*m.*) parlato.
— **pressure,** pressione (*f.*) del suono.
— **projectionist** (*cinem.*), operatore (*m.*) di cabina addetto alla riproduzione sonora.
— **-proof floor,** soffitto (*m.*) morto.
— **recorder,** tecnico del suono *m*; registratore (*m.*) sonoro.
— **rejection** (*telev.*), soppressione del suono.
— **reproducer laboratory,** laboratorio (*m.*) per la riproduzione del suono.
— **reproducing,** riproduzione (*f.*) sonora.
— **screen,** schermo (*m.*) transonoro.
— **studio** (*cinem.*), studio per registraz. sonora di film.
— **-survey meter** (*acust.*), apparecchio per controllo dei suoni.
— **timber,** legname (*m.*) sano.
— **track,** colonna (*f.*) sonora (*cinem.*); solco (*m.*) d'incisione (*audio*).

sound-track, *v.a.* (*cinem.*), registrare una colonna sonora.
— **transmission,** trasmissione del suono.
— **wave,** onda (*f.*) sonora.
— **wool,** lana (*f.*) di fibre resistenti; lana (*f.*) sana.
sounder (*telegr.*), manipolatore (*m.*) fonico; ricevitore (*m.*) acustico (*teleg.*).
— (**echo —**) (*naut.*), ecoscandaglio *m.*
sounding, scandaglio *m.* (operazione); (*costr. maritt.*), fondale (di banchina).
— **-lead,** scandaglio *m.*; piombino *m.*
— **-line,** sagola *f.*
soundness test of a pipe, prova (*f.*) di efficienza d'un tubo.
— **-on film projector** (*cinema*) (U.S.A.), proiettore sonoro.
soundproof cabin, cabina (*f.*) insonorizzata.
— **drilling** (*min.*), trivellazione silenziosa.
soundproofing paint, vernice fonoisolante.
soundtrack (*cinem.*), colonna (*f.*) sonora.
soup (*cinem.*), bagno (*m.*) di sviluppo (di negativo sonoro).
— **job** (*slang*) (*aereo*) (U.S.A.), aereo (*m.*) ultraveloce.
— **up an engine** (*auto*), aumentare la potenza (nominale) di un motore.
souple silk, seta greggia dalla quale è stata tolta solo parte della sericina (8-12%).
soupling (*tess.*), togliere con la lavatura, parte della sericina, dalla seta greggia.
sour, *agg.*, acido.
— **gasoline** (U.S.A.), benzina di odore acido; benzina contenente composti di zolfo.
— **milk,** latte (*m.*) cagliato.
source (*gen.*), origine; fonte di ottenimento della materia prima; (*fis. atom.*), sorgente (*f.*) di radiazione; sorgente *f.*
— **program** (*inform.*), programma originario (cioè nel linguaggio originario).
source-skin distance (*fis. atom.*), distanza pelle-sorgente di radiazione.
— **term** (*fis. atom.*), primo termine; termine relativo ai neutroni emessi.
— **of light,** sorgente (*f.*) di luce.
— **(at —),** all'origine (*to eliminate the dust problem at source*), eliminare il problema della polvere all'origine.
souring (*tess.*), trattamento con acido (*tela, ecc.*).
south pole, polo (*m.*) sud.
southbound traffic (*traffico*), traffico diretto al sud.
southernwood oil, olio (*m.*) essenziale di abrotano.
Soxhlet apparatus (*chim.*), apparecchio (*m.*) Soxhlet.
sow (*met.*), canale secondario; canale di colata per lingotti; loppa *f.* (d'altoforno); salamandra (*f*). di forno.
— **-block** (*or* **sow**) (*slang*), mandrino (*m.*) autocentrante.
sowing-machine, seminatrice *f.*
soyates, soiati *m. pl.* (sali metallici dell'olio di soia) (usati per vernici).
soybean oil, olio di soia.
space, spazio *m.*
— **(to —)** (*tip.*) (*inform.*), spaziare.
— **activities,** attività (*f. pl.*), spaziali.
— **age,** era (*f.*) spaziale.
— **band** (*tip.*), cuneo di giustificazione.
— **between beams,** campo (*m.*) di travi.
— **cabin** (*astron.*), cabina spaziale.
— **capsule** (*astron.*), capsula spaziale.
— **chamber** (*astron.*), camera spaziale.
— **charge,** carica (*f.*) spaziale.
— **charge distribution,** distribuzione di carica spaziale.
— **charge effect,** effetto (*m.*) di carica spaziale.

space-charge wave, onda di carica spaziale.
— **chemistry,** stereochimica *f.*
— **colony,** colonia spaziale (*to send a man into a* —), inviare un uomo in una colonia spaziale.
— **-craft,** aereo (*m.*) spaziale.
— **drawing** (*chim. min.*), schema (*m.*) spaziale.
— **-factor** (*elet.*), fattore (*m.*) di riempimento.
— **factory,** fabbrica spaziale.
— **frame structure** (*costr.*), traliccciatura (*f.*) spaziale.
— **-heating coke,** coke per riscaldamento (di locali).
— **-heating fuel,** combustibile per riscaldamento (di locali).
— **isomerism,** stereoisomeria *f.*
— **laboratory** (*astron.*), laboratorio spaziale (veicolo spaziale o laboratorio a terra simulante le condizioni di un veicolo spaziale).
— **lattice,** (*cristal.*), reticolo spaziale.
— **law** (*astron.*), diritto astronautico.
— **-line** (*tipog.*), interlinea *f.*
— **link** (*astron.*), agganciamento (*m.*) spaziale.
— **medicine** (*astron.*), medicina spaziale.
— **meteorology,** meteorologia (*f.*) spaziale.
— **meteorology,** meteorologia (*f.*) spaziale.
— **pass** (*tess.*), rimettaggio (*m.*) a più corpi.
— **payload** (*astron.*), carico (*m.*) utile spaziale.
— **photographs,** fotografie spaziali (prese nello spazio, di obiettivi terrestri).
— **photography,** fotografia spaziale.
— **platform** (*astron.*), piattaforma spaziale.
— **probe** (*astron.*), sonda spaziale.
— **projects center** (*astron.* (USA), centro progetti spaziali (centro della NASA nel Maryland).
— **satellite,** satellite (*m.*) spaziale.

space saving unit (*for kitchen, home, workshops etc.*), mobile (ecc.) poco ingombrante.
— **shuttle** (*astron.*), navetta spaziale.
— **simulation chamber** (*astron.*), camera di simulazione spaziale.
— **speed** (*astron.*), velocità (*f.*) spaziale.
— **stabilized radar search** (*radar*), **campo stabilito ricerche radar.**
— **station,** stazione (*f.*) spaziale.
— **suit,** tuta spaziale (con visiera trasparente stagna all'aria); combinazione spaziale.
— **technology** (*astron.*), tecnologia spaziale.
— **telescope,** telescopio spaziale.
— **time yield (S.T.Y.),** rendimento (in grammi) all'ora per centimetro cubo di catalizzatore.
— **travel,** viaggio spaziale.
— **vehicle,** veicolo spaziale.
— **voyage,** viaggio spaziale.
— **walk,** passeggiata spaziale.
— **weapon,** arma spaziale.
— **wings** (*astron.*), « ali dello spazio » (decorazione statunitense per piloti che hanno sorvolato la superficie terrestre a più di 50 miglia di altezza).
— **(European — Agency) (ESA),** Agenzia spaziale europea.

spacecraft (*astron.*), veicolo spaziale (abitato o no); astronave *f.*

spaced seeding (*agr.*), semina localizzata.
— **winding** (*tess.*), incannatura (*f.*) incrociata.

spaceflight (*astron.*), volo spaziale (con veicolo abitato o no).

spaceman, astronauta *m.*

spaceport (orbiting —), aeroporto spaziale orbitante.

spacer (*costr. mecc.*), distanziatore *m.*

spaceship, astronave *f.*

spacewoman, astronauta *f.*

spacing, interlineatura *f.*; (*costr.*), interasse *m.*; distanza *f.*; (*to re-adjust the spacing*), correggere la distanza; (*tip.*) (*in-*

form.), spaziatura *f.*; v. **lattice —.**

spacing between trusses, distanza (*f.*) fra le incavallature.

— **length** (*sald.*), intervallo *m.*; lunghezza degli intervalli.

— **of the edges** (*sald.*), intervallo dei bordi.

— **wave,** onda (*f.*) di riposo.

spade, vanga *f.*; vomero *m.* (di un pezzo).

— **tool,** pala *f.*

spader, pala (*f.*) pneumatica.

spading (*mecc. agric.*), vangatura *f.*

spaghetti (*cinem.*), **insalata m.** (**fuoruscita della pellicola dai rulli**).

spall (*cost.*), scheggia (*f.*) di pietra (che si stacca durante lo sbozzamento).

— *v.i.*, rompersi *v.r.*

spallation (*fis. atom.*), spallazione *f.*

— **fragment** (*fis. atom.*), **frammento** (*m.*) **di spallazione.**

— **reaction** (*fis. atom.*), reazione (*f.*) **di spallazione.**

spalling (*met.*), scheggiatura *f.* (rottura in schegge, specialm. di mat. metallico, per shock termico, fatica, ecc.); squamatura; spezzatura di un minerale.

— **wedge,** cuneo (*m.*) da scalpellino.

span, portata *f.*; apertura d'ali (*aereo*); luce *f.* (di arco) (*cost.*); corda *f.*; distanza (orizzontale); (*cost.*), campata *f.*

— **between supports,** distanza (*f.*) fra gli appoggi.

— **of arch,** corda (*f.*) di un arco.

— **of a vault,** corda (*f.*) di una volta.

— **saw,** sega (*f.*) a telaio.

— **-wire** (*elet.*), filo (*m.*) di sostegno dei fili principali di un tram o d'un filobus.

spandrel (*costr.*), fascia (*f.*) marcapiano.

— **wall,** ala (*f.*) frontale.

— **walling,** sovramuratura *f.*

Spanish fly, cantaride *f.*

— **topaz,** topazio (*m.*) spagnolo.

— **white,** bianco di Spagna.

spanker (*naut.*), randa *f.*

— **-boom** (*naut.*), boma *f.*

spanner, chiave (*f.*) per dadi.

— **wheel** (*met.*), ruota (di laminatoio) per il comando delle viti che regolano i cilindri e perciò lo spessore del metallo laminato.

spanning (*ing. elet.*), montaggio *m.*; attacco *m.*

spar, antenna *f.* (di impalcatura); spato *m.* (*min.*); trave *f.* (con più di 15 cm di diam.); longheronc *m.* (*aereo*); longarone *m.* (*aereo*).

— **box spar** (*aereo*), longarone (*m.*) a cassetta.

— **deck** (*naut.*), ponte (*m.*) a controcoperta.

— **joint** (*aereo*), pipa (*f.*) d'attacco.

— **varnish** (*vernici*), tipo di vernice impermeabile.

spare, *agg.* e *nome*; (*agg.*), di ricambio; (*nome*), pezzo di ricambio; ricambio (*mecc., aereo*); (*inform.*) *agg.*, disponibile.

— **line,** linea (*f.*) di riserva.

— **member,** asta (*f.*) di sostituzione.

— **part,** pezzo (*m.*) di ricambio.

— **piece,** pezzo (*m.*) di ricambio.

— **plug carrier** (*motoc.*), porta (*m.*) candele (di riserva).

— **processing area** (*costr., ecc.*), area libera di lavorazione (*di un impianto*).

— **stand** (*lamin. met.*), gabbia di ricambio.

— **wheel,** ruota (*f.*) di scorta.

— **wheel carrier** (*auto*), supporto (*m.*) portaruota di scorta.

sparging (*fabbr. birra*), estrazione del malto di rifiuto dopo la cottura.

spark, scintilla *f.*

— **catcher** (*locom.*), parascintille *m.*

— **eroding machine,** v. **spark erosion machine.**

— **erosion** (*met.*), elettroerosione *f.*

— **erosion (carbon) electrode** (*metal.*), elettrodo per elettroerosione.

spark erosion machine (*removing metal by electric spark discharge method*), macchina per elettro-erosione.
— **-gap** (*elet.*), spinterometro *m.*
— **ignited engines,** motori con accensioni a scintilla.
— **machining** (*met.*), lavorazione a scintilla.
— **plug** (*auto*), (U.S.A.), candela *f.*
— **plug fouling** (*mot.*), insudiciamento delle candele.
— **plug ignition,** accensione (*f.*) a candela (motori a combustione).
— **plug thread** (*auto*), filetto della candela.
— **quencher** (*elet.*), parascintille m.
— **testing** (*met.*), prova (*f.*) alla scintilla.
— **(to —),** fare attraversare da scintille.
sparking limit (*radiol.*), limite (*m.*) di scintillamento.
— **plug,** candela (*f.*) di accensione.
— **potential** (*elet.*), tensione (*f.*) di scintillamento.
sparkle metal, metallina (*f.*) grezza di rame.
— *v.i.*, scintillare *v.i.*; produrre scintille.
sparklet-fuse, valvola (*f.*) a sifone.
sparkling (*fuoco, preziosi*), scintillamento *m.*
— **wine,** vino spumante.
sparry iron ore (*min.*), siderite *f.*
sparteine (*chim.*), sparteina *f.*
spat (*min.*), spato *m.*
spate of companies (U.S.A.), numero eccessivo (*o* straordinario) di compagnie.
spathic iron, carbonato (*m.*) di ferro; spato (*m.*) di ferro; siderite *f.*
spathose iron, carbonato (*m.*) di ferro.
spatial, *agg.* spaziale.
— **effect** (*acust.*), effetto spaziale.
spatiography (*astron.*), scienza dello spazio.
spationautics (*astron.*) (U.S.A.), astronautica *f.*
spats (*aereo*) (Inghilterra), carenatura delle ruote del carrello.
spatter loss, differenza fra il peso di elettrodo depositato e quello dell'elett. consumato.
— **-work,** abbattimento (*m.*) idraulico (rif. a miniere).
spattle, spatola *f.*
spatula (*decor.*), spatola *f.*
speaker (abbrev. di *loudspeaker*), altoparlante *m.*; (*audio*), diffusore *m.*
— **(car speaker),** diffusore per automobile.
spear (*petrol.*), pescatore *m.*
spec, abbrev. di specification.
spec'ation, abbreviazione di specification.
special bar, verga (*f.*) profilata in acciaio.
— **cast iron (*met.*), ghisa (*f.*) speciale.**
— **effects** (*cinem.*), effetti (*m. pl.*) speciali (*o* trucchi).
— **finish** (*tess.*), finissaggio speciale.
— **flexible hoisting rope,** fune (*f.*) di sei trefoli, con 37 fili, con anima in canapa.
— **lathe,** tornio (*m.*) speciale.
— **nuclear materials (*fis. atom.*), materie prime speciali per l'industria atomica.**
— **pig iron casting** (*met.*), getto **(*m.*) di ghisa speciale.**
— **purpose machinery,** macchine (*f. pl.*) speciali.
— **purpose milling machine** (*macch. ut.*), fresatrice speciale.
— **purpose drilling machine** (*macchine ut.*), trapano (*m.*) speciale.
— **-purpose outlet** (*elet.*), presa di corrente speciale (p. es. per ferro da stiro).
— **section tube,** tubo (*m.*) sagomato.
— **steel,** acciaio (*m.*) speciale.
— **steel casting** (*met.*), getto (*m.*) di acciaio speciale.
specialised technical school, scuola tecnica specializzata.
specialist, specialista *m.*; esperto *m.*
speciality, specialità *f.*

specially processed steel, acciaio lavorato in modo speciale (p. es.: acciaio smaltato).

specific conductance (*elet.*), conduttanza (*f.*) specifica.

— **consumption,** consumo (*m.*) specifico.

— **consumption of a luminous source** (*ottica*), coefficiente (*m.*) di consumo di un radiatore.

— **dose** (*fis. atom.*), **dose** (*f.*) **specifica.**

— **elongation,** allungamento (*m.*) specifico.

— **fuel consumption,** consumo (*m.*) specifico del carburante.

— **gravity** (*fis.*), peso (*m.*) specifico.

— **gravity flask** (*fis.*), picnometro.

— **gravity recorder** (*gas. chim.*), registratore del peso specifico.

— **heat,** calore (*m.*) specifico.

— **ionization** (*fis. atom.*), **ionizzazione** (*f.*) **specifica.**

— **impulse** (*aereo*), impulso specifico (*parametro usato per esprimere il rendimento di un sistema propulsivo*).

— **inductive capacity** (*elet.*), costante (*f.*) dielettrica.

— **refraction** (*chim.*), rifrazione specifica.

— **speed** (*elet.*), velocità specifica.

— **surface** (*chim.*), superficie (*f.*) specifica.

— **thermal expansion steel** (*met.*), acciaio a dilatazione termica specifica.

— **thrust,** spinta (*f.*) specifica.

specification (*met., ecc.*), norma *f.*

— **(out of —),** non conforme alle norme (prescrizioni, ecc.).

— **(to be in —),** essere conforme alle norme (prescrizioni ministeriali, ecc.).

— **(the metal is in —),** il metallo è conforme alle norme.

specifications, norme *f. pl.*; prescrizioni (*f. pl.*) ministeriali (per costruzioni, ecc.); specifica *f.*; specificazione *f.*

— **gasoline** (U.S.A.), benzina prodotta secondo determinate specificazioni.

specimen, campione *m.*; esemplare *m.*; modello *m.*; saggio *m.*

— **holder** (*microscopio*), portaoggetti *m.*

— **mount press** (*microscopio metallog.*), pressa per la formatura di cilindretti (di un pollice circa di diam.) per racchiudere campioni da sottoporre al microscopio metallografico.

— **mounting** (*microscopio metallografico*), montaggio dei campioni da sottoporre al microscopio, in speciali cilindretti riempiti con farina di legno, amianto, ecc.

— **page** (*tip.*), foglio di prova.

— **welded under identical conditions,** provino (*m*). saldato nelle medesime condizioni.

speckle interferogram (*astron.*), interferogramma con esposizione molto breve di oggetto stellare.

speckled, screziato *p.p.*

— **wood,** legno (*m.*) marezzato.

specpure, puro (*agg.*) spettroscopicamente (*chim.*).

specs (*calcol. elettron.*), abbreviazione di **specifications.**

spectacle furnace (*met.*), forno a camino a focolare inclinato (*fus. metalli*).

spectacular (*pubb.*), tabellone luminoso con caratteri mobili specialmente attraenti per la loro dimensione e luminosità.

spectinomycin (*med.*), spectinomicina (*antibiotico*).

spectra, spettri *m. pl.* (*fis.*).

spectral (*fis.*), *agg.*, spettrale.

— **analysis,** analisi (*f.*) spettrale.

— **band,** banda (*f.*) dello spettro.

— **band photometer,** fotometro per la misure di bande spettrali.

— **characteristic** (*telev.*), caratteristica (*f.*) spettrale.

— **concentration** (*fis. costr.*), densità spettrale (*del vento, ecc.*).

— **energy,** energia (*f.*) spettrale.

— **sensitivity** (*fot.*), sensibilità spettrale.

spectral series (*illum.*), serie (*f.*) spettrale.
— **transmission** (*fot.*), trasmissione spettrale.
spectrochemical standards, campioni spettro-chimici.
spectrogram, spettrogramma *m.*
spectrograph (*ottica*), spettrografo *m.*
— **(direct reading —),** spettrografo a lettura diretta.
spectrographic, *agg.* **spettrografico.**
— **analysis** (*met.*), analisi (*f.*) spettrografica.
spectrography, spettrografia *f.*
spectroheliograph (*astr.*), spettroeliografo *m.*
spectrometer, spettrometro *m.*; v. **fast neutron —; gamma-ray —; mass —; neutron —; scintillation —; X-ray —.**
spectrometric, *agg.* **spettrometrico.**
spectrometry, spettrometria *f.*
spectrophotometer, spettrofotometro *m.* (spettroscopio con fotometro) (*fot.*).
— **(infrared —),** spettrofotometro per l'infrarosso.
— **(ultraviolet —),** spettrofotometro per l'ultravioletto.
spectrophotometric analysis (*met.*), analisi (*f.*) spettrofotometrica.
spectrophotometry, spettrofotometria *f.*
spectroscope, spettroscopio *m.*
spectroscopic, *agg.* spettroscopico.
spectroscopist, *m.*, spettroscopista *m.*
spectroscopy, spettroscopia *f.*
— **(atomic —),** spettroscopia atomica.
— **(beta-ray —),** spettroscopia dei raggi beta.
— **(infrared —),** spettroscopia dell'infrarosso.
— **(mass —),** spettroscopia di massa.
— **(molecular —),** spettroscopia molecolare.
— **(nuclear —),** spettroscopia nucleare.
spectrum (*fis.*), spettro *m.*; (*inform.*), « spectrum »; spettro *m.*
spectrum analyzer (*elettron.*), spettroanalizzatore *m.*
— **interface** (*inform.*), interfaccia per spectrum.
specular, *agg.* (*chim.*), speculare.
— **iron,** ghisa (*f.*) speculare (*o* manganesifera).
— **pig iron,** ghisa (*f.*) speculare.
— **reflection** (*ill.*), riflessione regolare (*o* speculare).
speculation (*comm.*), speculazione.
speculum metal, metallo (*m.*) speculare.
speech clipper (*radio*), limitatore di punte acustiche.
— **level** (*radio-telef.*), livello di conversazione.
— **-music control** (*radio*), regolatore (*m.*) di volume.
— **recognition** (*inform.*), riconoscimento della parola.
— **stretcher,** rallentatore acustico (per lo studio delle lingue).
— **synthesis chip** (*inform.*), chip di sintetizzazione della voce.
— **synthesis circuitery** (*inform.*), circuiteria (insieme di circuiti elettronici) di sintetizzazione della voce.
— **(continuous — recognition)** (*inform.*), riconoscimento dell'eloquio continuo.
— **(stilted- — recognition)** (*inform.*), riconoscimento delle parole isolate.
speed, velocità *f.*
— **-and-feed changing mechanism,** meccanismo (*m.*) per il cambio della velocità e dell'alimentazione.
— **change,** cambio (*m.*) di velocità.
— **change drum** (*tornio*), tamburo regolatore della velocità.
— **change lever,** leva (*f.*) del cambio di velocità.
— **-changing mechanism,** meccanismo (*m.*) per il cambio della velocità.
— **control,** comando (*m.*) di velocità.
— **control knob** (*cinem.*), bottone per il comando della velocità.
— **curve,** curva (*f.*) della velocità.

speed flight model (*aereo*), modello (*m.*) da velocità.
— **gear case,** scatola (*f.*) degli ingranaggi.
— **indicator** (*mecc.*), tachimetro *m.*; (*fot.*), otturatore *m.*
— **lever,** leva (*f.*) di velocità.
— **of a fan,** velocità (*f.*) di un ventilatore.
— **of a piston,** velocità (*f.*) di uno stantuffo.
— **of rotation,** velocità (*f.*) di rotazione.
— **range** (*mecc.*), gamma (*f.*) di velocità.
— **recorder,** contagiri *m.*
— **reducer,** riduttore (*m.*) di velocità.
— **selector lever,** leva ingranaggi cambio di velocità.
— **up (to —),** *v.a.*, accelerare *v.a.*; (*inform.*), velocizzare (un procedimento, ecc.).
— **uphill,** velocità (*f.*) in salita.
— **variator,** variatore (*m.*) di velocità.
speeder (*tess.*), banco in fino.
speeding (*auto*) (*leg.*), eccesso di velocità.
speedometer, indicatore (*m.*) della velocità; (*auto*), tachimetro *m.*
spell out (to —) (*tip.*), comporre in forma piana.
spellerizing (U.S.A.), laminazione di acciaio (gener. in piastre) con affinaggio.
spelling, denominazione *f.*; nomenclatura *f.*
spelter, zinco (*m.*) commerciale (prodotto che non ha la purezza dello zinco elettrolitico).
spend (to —), perdere (*naut.*) (*to spend a mast* = perdere un albero); usare; sfruttare; passare (*tempo*); spendere.
spending power (*comm.*), potere d'acquisto.
spent, *p.p.* adoperato; usato (p. es. *catalizzatore*); sfruttato (p. es.: *spent grains of malt* = grani di malto sfruttati).
— **acid,** acido (reso) inattivo; acido sfruttato; acido inerte.
spent fuel (*fis. atom.*), combustibile (*m.*) esaurito.
— **fuel element** (*fis. atom.*), cartuccia (*f.*) esaurita.
— **grain** (*birra*), residuo (della estrazione del mosto di birra).
— **shale,** scisto sfruttato.
— **wash** (*chim.*), residuo di distillerie di alcool (per alimentazione del bestiame).
sperm oil, olio (*m.*) di spermaceti.
— **whale oil,** olio di spermaceti.
spermaceti, spermaceti *m. pl.*
— **candle** (*fot.*), candela (*f.*) di spermaceti.
sperrylite (*min.*), biarseniuto (*m.*) di platino.
spessartite (*min.*), silicato (*m.*) di manganese e di alluminio, gener. di color rosso scuro che cristallizza nel sistema cubico.
spew, deposito (che si ha sul cuoio vecchio).
spewing (*pitture, ecc.*), diffusione di uno o più componenti di un veicolo (*mezzo fluido*).
sphenoid, sfenoide *m.* (*cristalli*)
sphere, sfera *f.*; globo *m.*
— **gap,** spinterometro (*m.*) a sfere.
spherical, *agg.* sferico.
— **aberration,** aberrazione (*f.*) sferica.
— **balloon** (*aereo*), pallone (*m.*) sferico.
— **body,** solido (*m.*) sferico.
— **bowl,** calotta (*f.*) sferica.
— **candle-power** (*ill.*), intensità (*f.*) luminosa sferica.
— **cone,** spicchio (*m.*) della sfera; unghia (*f.*) sferica.
— **cutter,** fresa (*f.*) sferica.
— **dome,** volta (*f.*) sferica.
— **journal** (U.S.A.), perno (*m.*) sferico.
— **reduction factor** (*ott.*), fattore (*m.*) di riduzione d'intensità luminosa media sferica.
— **seat,** sede (*f.*) sferica.
— **seat type,** cuscinetto (*m.*) a sfere di spinta a sede sferica.

spherical sector, settore (*m.*) sferico.
— **shell** (*fis. atom.*), strato (*m.*) sferico.
— **stylus** (*audio*) (stilo) puntina conica (o sferica) (taglio conico).
— **surface,** superficie (*f.*) sferica.
— **triangle,** triangolo (*m.*) sferico.
— **trigonometry,** trigonometria (*f.*) sferica.
spherically seated coupling, giunto (*m.*) a sfere.
sphericity, sfericità *f.*
sphericized lattice cell (*fis. atom.*), cella di reticolo sfericizzata.
spherodisation, (*met.*) sferoidizzazione *f.*
spherodising (*met.*), ricottura di globulizzazione; ricottura di sferoidizzazione (*o* di coalescenza); sferoidizzazione *f.*
spheroid, sferoide *m.*; (*met.*), globulo *m.*; sferula *f.*
spheroidal, *agg.* sferoidale.
— **cementite** (*met.*), cementite (*f.*) globulare.
— **graphite,** grafite sferoidale.
— **graphite cast-iron** (*met.*), ghisa (*f.*) sferoidale; ghisa (*f.*) a grafite sferoidale.
— **state** (*fis.*), stato (*m.*) sferoidale.
spheroidise, *v.a.*, sferoidizzare.
spheroidite, perlite (*f.*) granulare.
spheroidize (U.S.A.), *v.a.* sferoidizzare.
spheroidized (*met.*) (U.S.A.), *agg.* globulare.
— **cementite** (U.S.A.), cementite globulare.
spheroidizing (U.S.A.), procedimento per ottenere ghisa a grafite sferoidale: sferoidizzazione *f.*
spherometer, sferometro *m.*
spider, crociera *f.* (*mecc.*); sistema di bracci (*elet.*); accessorio di bloccaggio (*tornio*); interruttore *m.* (*elet.*); parte (*f.*) centrale del nucleo di un indotto (*elet.*); armatura *f.* (*fond.*); reticolo *m.* (*ott.*) (— *-line*); (di smerigliatrice), portapezzo *m.*
spiegel, (*metal.*) ghisa (*f.*) speculare.
spiegeleisen, ghisa (*f.*) speculare.
spigot (*cost. civ.*), parte (*f.*) di tubo che entra in un tubo a bicchiere per formare il giunto.
— **-and-socket joint,** giunto (*m.*) a manicotto; giunto a bicchiere.
— **joint** (*sald.*), giunto (*m.*) a bicchiere.
— **shaft** (*mecc.*), stelo m.
spike (*ferr.*), chiodo *m.* (per rotaia); arpione *m.*
— **(to —),** *v.a.* inchiodare (*ferr.*).
— **drawer,** leva (*f.*) a piede di capra.
— **driving** (*ferr., mecc.*), infissione di arpioni (arpionatura).
— **tongs** (*ferr.*), pinza (*f.*) per arpioni di rotaie.
spiked harrow, erpice (*m.*) a denti.
spill, grossa tavola per armature di gallerie (miniere): marciavanti.
— **(to —),** traboccare; fuoruscire; spandere; spandersi; riversare (*the oil tanker spilled more than 130 000 gallons of fuel oil into the river*), la petroliera riversò più di 130 000 galloni di nafta nel fiume.
— **iron** (*fond.*), ghisa liquida.
— **out** (*slang*) (*aereo*) (U.S.A.), lancio col paracadute da un aereo capovolto.
spillage (*fond.*), versamento *m.*
— **of dangerous chemicals,** fuoruscita di prodotti chimici pericolosi.
— **of molten metal** (*met.*), spruzzatura di metallo fuso.
— **(oil —)** (*inquinam.*), fuoruscita *o* quantità di petrolio fuoruscita (*in mare*).
spillover (*TV satellite*), teletrasmissione mediante satellite TV, oltre la zona assegnata al satellite, quindi in un altro Paese.
spills (*min.*), guarniture *f. pl.* (nelle armature di miniere).
spillway (*idraul.*), sfioratore *m.*
spilt, fessura *f.*
— *p.p.* versato, -a, -i, -e.

spin (*aereo*), vite *f.* (acrobazia aerea); rotazione *f.*; (*fis. atom.*) spin *m.*
— , *v.a. v.i.*, filare *v.a.* (*tess.*); imbutire *v.a.* (al tornio); far rotare rapidamente; centrifugare.
— **a propeller,** far girare l'elica.
— **-dependent incoherence** (*fis. atom.*), incoerenza (*f.*) dipendente dallo spin.
— **dryer** (*mecc.*), asciugatrice centrifuga; (*elettrodomestici*), asciugabiancheria *f.*
— **moment** (*fis. atom.*), momento (*m.*) di spin.
— **of a rope,** intreccio (*m.*) di fune.
— **-orbit coupling energy** (*fis. atom.*), energia (*f.*) di accoppiamento spin-orbita.
— **quantum number** (*fis. atom.*), numero (*m.*) quantico di spin.
— **test** (*aereo*), prova (*f.*) a vite.
— **tunnel** (*aereo*), galleria (*f.*) aerodinamica verticale.
spindle, albero *m.* (*mecc.*); albero *m.* (*mandrino*); armatura per anime (*fond.*); fuso *m.* (*tess.*).
— **bearing,** sopporto (*m.*) dei perni; cuscinetto (*m.*) del mandrino.
— **bevel gauge** (*tess.*), calibro (*m.*) per aggiustare l'inclinazione dei fusi.
— **clutch lever,** leva (*f.*) frizione del mandrino.
— **drive,** comando (*m.*) del mandrino.
— **feed change lever,** leva (*f.*) cambio velocità del mandrino.
— **gauge** (*tess.*), scartamento dei fusi.
— **guide,** guida (*f.*) dell'albero.
— **head,** portamandrino *m.*
— **heel** (*tess.*), base del fuso.
— **moulding machine,** fresatrice (*f.*) da legno.
— **nose** (*tornio*), testa (*f.*) del mandrino.
— **of a valve,** ago (*m.*) di una valvola; albero (*m.*) di una valvola.
— **oil,** olio (*m.*) lubrificante (molto leggero e fluido).
spindle rail (*tess.*), banco porta fusi.
— **sleeve,** manicotto (*m.*) del mandrino; bussola (*f.*) di comando motrice; manicotto (*m.*) dell'albero.
— **speed,** velocità (*f.*) del mandrino.
— **speed change lever,** leva (*f.*) cambio velocità del mandrino.
— **speed lever,** leva (*f.*) del cambio velocità mandrino.
— **stop,** albero (*m.*) del dispositivo di arresto.
spine (*tip.*), dorso (di libro).
spinel (*min.*), spinello *m.* (alluminato o cromato di magnesio, ferro, zinco, ecc.).
— **(ruby —),** rubino (*m.*) spinello.
spinnability (*filat.*), filabilità *f.*
spinnable, *agg.* (*filat.*), filabile.
spinner (*aereo*), ogiva *f.*; deflettore (*m.*) sul mozzo dell'elica; filatore *m.* (*filat.*).
— **basket,** paniere di estrattore centrifugo; paniere di centrifugazione.
spinneret (*tess.*), filiera *f.*
spinning, filatura *f.* (*tess.*) (in fino) (lino, ecc.); filato *m.*; (*mecc.*), imbutitura (*f.*) al tornio; rotazione *f.*; vedi: **metal.**
— **band column,** colonna (*f.*) rotante.
— **casting,** colata (*f.*) centrifuga.
— **count** (*lana*), titolo (*m.*) di filatura.
— **dive** (*aereo*), vite (*f.*) verticale.
— **frame** (*tess.*), filatoio *m.*
— **-jenny,** filatoio *m.* (a più fusi); banco (*m.*) a fusi in grosso (*tess.*).
— **lathe** (*macch. ut.*), tornio (*m.*) per la lavorazione di lastre; tornio in lastra.
— **limit** (*filatura*), limite di filabilità.
— **mill** (*fil. seta*), ritorcitoio (*m.*) incannatore.
— **mill,** filanda *f.*
— **number** (*tess.*), numero assegnato a nastri di lana pettinata per indicarne il titolo.
— **solution,** soluzione da filare.

spinning spindle (*filatura*), fuso a filare.
— **tape** (*tess.*), nastro spigato.
— **-top mixer,** mescolatrice (*f.*) per emulsionare colori.
— **waste** (*tess.*), cascami di filatura.
— **-wheel,** filatoio *m.* (a un solo fuso).
spiral bevel gears (*mecc.*), ingranaggi (*m. pl.*) conici a spirale o spiroidali.
— **casing** (*idraul.*), cassa a spirale.
— **chute,** piano inclinato (*m.*) elicoidale; (*min., carbone*), discenditore (*m.*) a coclea.
— **dowel** (*ing. elet.*), caviglia (*f.*) a spirale.
— **drill** (*mecc.*), trapano (*m.*) a vite.
— **face thread** (*mecc.*), spirale (*m.*) d'Archimede.
— **fluted reamer,** alesatore (*m.*) con scanalature elicoidali.
— **gears,** ingranaggi (*m. pl.*) a spirale (*o* spiroidali).
— **glide** (*aereo*), discesa (*f.*) in spirale.
— **mill,** fresa (*f.*) cilindrica con denti elicoidali.
— **milling cutter,** fresa (*f.*) a denti elicoidali.
— **nebulae** (*astron.*), nebulose (*f. pl.*) a spirale.
— **orbit** (*fis. atom.*), **orbita** (*f.*) **spirale.**
— **pipe,** tubo (*m.*) a spirale.
— **reinforcement** (*cost. civ.*), armatura (*f.*) a spirale.
— **scanning** (*telev.*), esplorazione (*f.*) a spirale.
— **shears** (*met.*), cesoia (*f.*) a rulli per tagli spirali.
— **scroll,** spirale *f.*
— **separator** (*ind. mol.*), separatore (*m.*) elicoidale.
— **spring** (*met.*), molla (*f.*) spiroidale.
— **stair(s)** (*cost.*), scala (*f.*) a chiocciola.
— **stairs with hollow newel,** scala (*f.*) a chiocciola ad anima cava.
spiral turn (*aereo*), salita in spirale.
— **weld pipe mill** (*met.*), laminatoio per tubi, da nastro saldato a spirale.
— **welded bead** (*sald.*), cordone saldato a spirale.
— **welded pipe** (*sald.*), tubo di acciaio saldato a spirale.
— **welding** (*sald.*), saldatura (*f.*) a spirale.
— **wound rope,** fune (*f.*) a spirale.
— **yarn** (*tess.*), filato fantasia (con effetto a spirale).
spire (*arch.*), guglia *f.*
— **roof,** tetto (*m.*) a guglia.
spirit (*chim.*), spirito *m*; alcole (*m.*) etilico (*methylated* —, alcole denaturato).
— **blue,** azzurro (*m.*) di anilina.
— **compass** (*naut.*), bussola a liquido (miscela di acqua ed alcole).
— **level,** livella (*f.*) a bolla d'aria.
— **of ammonia,** ammoniaca (*f.*) in soluzione acquosa.
— **of hartshorn,** ammoniaca in soluzione acquosa.
— **of salt,** spirito di sale; acido cloridrico.
— **of turpentine,** essenza (*f.*) di trementina.
— **of wine,** alcool (*m.*) etilico (*chim.*); spirito di vino.
— **varnish,** vernice (*f.*) a spirito (*o* ad alcool).
spirograph (*cinem.*), spirografo: proiettore per film in miniatura.
splash (*met.*), spruzzo di metallo fuso.
— **-board,** parafango *m.*
— **down (to —)** (*astron.*), cadere nell'oceano dopo il rientro dallo spazio per essere ricuperato.
— **guard,** riparo (*m.*) paraspruzzi.
— **lubrication,** lubrificazione (*f.*) a sbattimento.
— **-proof motor,** motore (*m.*) protetto contro lo stillicidio.
— **proofing agent** (*chim.*), agente (*m.*) **antispruzzo.**
splashdown (*astron.*), punto di caduta nell'oceano di un veicolo spaziale per essere ricuperato.

splasher (*fond.*), piastra (vicino al foro di colata) che devia la fiamma durante la fusione.
splatter sieve (*calcografia*), setaccio (*m.*) spruzzatore.
splay, smussatura (*f.*) interna (di angoli) in un'armatura (per travi e colonne).
splayed drill (*mecc.*), trapano (*m.*) a corona.
splaying of wall, strombatura (*f.*) del muro.
splice, impiombatura *f.* (di cavi) (*naut.*); giuntura (*f.*) di pellicola cinemat.
— impiombare *v.a.* (un cavo); fare (*v.a.*) una giunta (di pellicole cinem.) (*cinem.*).
— **an eye in,** intrecciare il capo della fune.
— **a rope,** impalmare (*v.a.*) una fune.
— **bar** (*ferr.*) (U.S.A.), stecca *f.*
— **-grafting** (*bot.*), innesto (*m.*) a spacco.
— **piece,** squadra (*f.*) d'unione; stecca *f.* (*ferr.*).
spliced heel (*tess.*), tallone (*m.*) rinforzato.
— **joint,** unione (*f.*) con impiombatura (*cavi*).
splicer (*film*), incollatrice *f.*; (*audio*), giuntanastri; giuntatrice *f.* (per stampanti) (*inform.*).
— **(film —),** colla (*f.*) per giunta di pellicola.
splicing, giunta *f.* (di pellicole cinem., durante montaggio o proiezione del film); impalmatura (*f.*) della fune.
— **ear** (*ing. elet.*), morsetto (*o* griffa) di raccordo.
— **sleeve** (*ing. elet.*), manicotto (*m.*) di giunzione.
— **tape** (*audio*), nastro adesivo per la giunzione di nastri magnetici.
spline, scanalatura *f.* (*mecc.*); chiavetta *f.* (*mecc.*); striscia flessibile (di legno, metallo o celluloide) che viene curvata per disegnare linee curve.
— **(to —),** scanalare (*mecc.*).
spline cutting hob (*mecc.*), creatore per alberi scanalati.
— **hobbing machine** (*ingr.*), dentatrice a creatore per alberi scanalati.
— **-shaft grinding machine** (*macchine ut.*), rettificatrice per alberi scanalati.
splined shaft (*mecc.*), albero (*m.*) scanalato.
— **spindle** (*macch. ut.*), mandrino (*m.*) scanalato.
splineshaft milling machine (*macchin. ut.*), fresatrice (*f.*) per alberi scanalati.
splining machine (*macch. ut.*), fresatrice (*f.*) per alberi scanalati.
splinter, scheggia *f.*
— **-proof,** *agg.* (*mil.*), antischeggia.
— **-proof glass,** vetro antischeggia.
split, fenditura *f.*; (*tess.*), filo di un pettine; spazio fra due fili adiacenti; screpolatura *f.*
— *v.a. v.i.*, spaccare *v.a.*; spaccarsi *v.r.*; sezionare *v.a.*; sezionarsi *v.r.*
— **collet** (*tornio*), bussola (*f.*) di chiusura a fenditura.
— **feed** (*fond.*), attacco di colata frontale.
— **flap** (*aereo*), ipersostentatore (*m.*) a spacco.
— **gate** (*fond.*), attacco di colata sul piano di giunzione.
— **grid,** mezza griglia *f.*
— **image** (*telev.*), immagine (*f.*) divisa.
— **-minute,** frazione (*f.*) di minuto.
— **off,** eliminazione *f.*; perdita *f.*
— **out,** *v.a.*, perdere *v.a.*; eliminare *v.a.*
— **pin** (*mecc.*), coppiglia *f.*; spina (*f.*) spezzata.
— **«plot»** (*controller's jargon*), (*aereo*), apparizione di due aerei sullo schermo radar, mentre in realtà ce n'è uno solo.
— **pulley,** puleggia (*f.*) spaccata in 2 punti; puleggia (*f.*) divisa.
— **S** (*aereo*), mezzo rollio *m.*

split-second, frazione (*f.*) di secondo.
— **up,** *v.i.*, scindersi *v.r.*; tagliarsi *v.r.*
splits (*cost.*), mattoni (*m. pl.*) di larghezza e lunghezza comune, ma di piccolo spessore (da 1 a 2 pollici); tessuti a «splits» (*tess.*).
splitted rear seat (*auto*), sedile posteriore sdoppiato.
splitter, (*rigeneraz. della gomma*), divisore *m.* (per tagliare gomme, ecc.).
splitting, eliminazione *f.*; rottura *f.*; frammentazione *f.*; sdoppiamento (di linea spettrale); (*fin.*), ripartizione a fini fiscali del reddito.
— **machine,** vedi: **firewood.**
— **-off** (*chim.*), eliminazione *f.*
— **off wood,** spaccatura (*f.*) del legno.
— **-up** (*chim.*), decomposizione *f.*
— **wedge,** cuneo *m.* (da spaccare).
spodumene (*min.*), silicato (*m.*) di litio ed alluminio.
spoil, materiale (*m.*) scavato (di sterro); materiale scavato in eccesso.
— *v.i.*, alterarsi *v.r.*; sciuparsi *v.r.*; corrompersi *v.r.*; distruggersi *v.r.*
— **package** (*comm.*), imballaggio (*m.*) perduto.
spoilage, sciupio *m.*; (*tip.*), scarti *m. pl.* (di libri, ecc.).
spoiled casting (*fond.*), getto scarto.
spoiler (*aereo*), **intercettore** *m.*; diruttore *m.*; (*auto*), spoiler *m.*; (*elettron.*) (*audio*), dispositivo per impedire la registrazione di cassette da parte di privati.
— **(boot —)** (*auto*), spoiler posteriore.
— **(front —)** (*auto*), spoiler anteriore.
spoils, scarti *m. pl.*
spoilt, *p.p.* sciupato.
spoke, raggio (*m.*) di ruota; razza *f.* (di ruota, di volano).
spokeshave, coltello (*m.*) americano; vastringa (*faleg.*).
sponge iron (*met.*), spugna di ferro.
sponge-like foam (*mat. plastiche*), schiuma (*f.*) spugnosa.
— **rubber** (*fond.*), gomma spugna.
— **weave** (*tess.*), armatura a costruzione cellulare.
spongey structure, struttura (*f.*) spugnosa.
sponginess (*met.*), spugnosità (porosità molto marcata).
sponging (*med.*), spugnatura *f.*
— **agent,** agente gonfiante.
spongy platinum (*chim.*), nero (*m.*) di platino.
— **surface** (*met.*) (*a porous and irregular surface condition arising from sub-cutaneous blowholes that have been expanded and oxidized*), superficie spugnosa (determinata da soffiature subcutanee).
sponsor (*radio*), (*nome*) ditta o persona che usa la radio o televisione per pubblicità; (*sport ecc.*), patrocinatore; « sponsorizzatore ».
— **(to —),** (*exibition sponsored by...*), sponsorizzare *v.a.* (mostra sponsorizzata da...); (*v.a.*) acquistare diritti di pubblicità per radio.
sponsored, *p.p.*, protetta (*rif. a emulsione*); patrocinato (*signif. generale*); sponsorizzato.
sponsorship (*sport, ecc.*), sponsorizzazione *f.*
spontaneous corrosion (*met.*), corrosione spontanea.
— **disintegration** (*fis. atom.*), disintegrazione (*f.*) spontanea.
— **fission** (*fis. atom.*), fissione (*f.*) spontanea.
— **ignition,** autoaccensione *f.*; accensione (*f.*) automatica.
— **nuclear reaction** (*fis. atom.*), reazione (*f.*) nucleare spontanea.
— **potential** (*min.*), potenziale spontaneo (proprietà elett. delle rocce).
spoof product (*gen.*), prodotto simulato, che può trarre in inganno, perchè quasi simile all'originale nella presentazione.

spoofing (*radio*) (U.S.A.), trasmissione di informazioni inesatte per indurre il nemico a interferire la ricezione con inutili radiosegnali disturbanti.

spool, bobina *f.*; rocchetto *m.* (*tess.*); rotore di compressore (*aereo*); incannare *v.a.*; bobinare *v.a.*; avvolgere *v.a.*

— **(16 mm —)** (*film*), bobina per film da 16 mm.

spooler (*tess.*), roccatrice *f.*; incannatrice *f.*

— **cheese** (*tess.*), rocca cilindrica incrociata.

spooling (*tess.*), avvolgimento su rocche; roccatura *f.*

— **machine,** bobinatrice *f.*

spoon bit, trapano *m.* (per legno).

spoonwort oil, olio (*m.*) essenziale di coclearia.

spore (*bot.*), spora *f.*

sport (to —) (*auto, ecc.*), esibire; presentare; mettere in mostra; (*the modell will — new bumpers*) il modello presenterà nuovi paraurti.

sporting aviation, aviazione (*f.*) da turismo.

sports bodywork (*auto*), carrozzeria (*f.*) sportiva.

— **car manufacturer** (*auto*), costruttore di auto sportive.

— **coupé** (*auto*), coupé sportiva.

— **editor** (*giornali*), redattore sportivo.

— **GT** (*auto*), auto sportiva gran turismo.

— **roadster** (*auto*), spider; « roadster » (*vettura a soli due posti con capote di fortuna*).

— **shirt** (*tess.*), camicia (*f.*) sportiva.

— **wheels** (*auto*), ruote di tipo sportivo.

sporty saloon (*auto*), berlina (*f.*) sportiva.

spot (*radio*) (U.S.A.), comunicato radiofonico; macchia *f.*; (*telev.*), punto *m.*; pallone-osservatorio (*aereo*); (*agg. e nome comm.*), disponibile; (*telev.*) luminoso.

spot (*or* **spot-light**) (*cinem.*), riflettore a lente a scaglioni; lampada (*f.*) per effetto.

— **(to —),** *v.a.*, porre su un punto indicato; macchiare o segnare con macchie; decorare con macchie.

— **-analysis** (*chim.*), analisi (*f.*) per impronta.

— **a picture** (*cinem.*), vedere un film (in sala proiezione) per determinare dove mettere i titoli.

— **broadcasting** (*radio telev.*), trasmissione scelta per la stazione *locale*, a scopi pubblicitari da una ditta *nazionale*.

— **check** (*strumenti*), controllo sul posto (*p. es. della quantità di ossigeno*).

— **cotton** (*comm.*), cotone (*m.*) disponibile (per l'immediata consegna).

— **-face (to —),** *v.a.* (*mecc.*), lamare *v.a.*

— **facing** (*mecc.*), lamatura *f.*

— **film radiography,** radiografia (*f.*) mirata.

— **level** (*agrim.*), quota (*f.*) di un punto ridotta all'orizzonte.

— **market** (*comm.*), mercato del disponibile.

— (*v.a.*) **mistakes** (*inform.*), individuare (o identificare) gli errori.

— **parcel** (*comm.*), partita disponibile.

— **proofing compounds** (*chim.*), (*tess.*), impermeabilizzanti antimacchia.

— **resistance welding,** saldatura (*f.*) a resistenza per punti.

— **seam welding,** saldatura (*f.*) per punti e cucitura.

— **test** (*chim.*), reazione alla tocca; (*mecc.*), raggio localizzato.

— **weld,** *v.a.*, saldare per punti.

— **-welder** (*sald.*), saldatrice per punti.

— **-welding,** saldatura (*f.*) per punti.

— **welding machine,** saldatrice (*f.*) per punti.

— **yarn** (*tess.*), ritorto (*m.*) a nodi.

spot (on the —), sul posto; (*to analyze cracks on the — or in laboratory*), analizzare le cricche sul posto o in laboratorio.
spotlight (*cinem.*), proiettore *m.*; faro (*m.*) battistrada (*auto*).
spotted, picchiettato *p.p.*; punteggiato *p.p.*; macchiato (*rif. a cotone p.es.*); con alternativa di pozzi produttivi e asciutti (*rif. a terreno petrolifero*).
spotting (*vernici*), chiazzamento *m.* (*formazione di zone su superficie pitturata*); (*mecc.*), centraggio *m.* (*di fori*); (*min.*), portare i vagonetti al punto specifico per il carico, discarica, ecc.
— **agent** (*chim.*), smacchiatore (*m.*) (per lavatura a secco).
— **drill** (*mecc.*), punta (*f.*) a centro.
— **negatives** (*fot.*), negative punteggiate.
— **tool** (U.S.A.), utensile per centrare.
spout, bocca di scarico; (*altoforno*), v. **iron —.**
spouter (*petrolio*), pozzo petrolifero a flusso incontrollato; pozzo che non richiede pompaggio.
spray, spruzzo *m.*; polverizzazione **(in goccioline); (*fond.*), canale di adduzione (ai pressofusi).**
— *v.a.*, polverizzare (*v.a.*) (un liquido); verniciare a spruzzo; spruzzare.
— **can,** barattolo spruzzavernice.
— **carburettor,** carburatore (*m.*) ad iniettore.
— **casting** (*fond.*), colata (*f.*) a pioggia.
— **cooling,** refrigerazione (*f.*) ad irrigazione.
— **damping machine** (*tess.*), macchina (*f.*) spruzzatrice.
— **drying** (*ind. chim.*), essiccamento con polverizzazione.
— **drying plant,** impianto essiccamento a polverizzazione.
— **equipment** (*agr.*), attrezzatura per l'irrorazione.
spray lubrication, lubrificazione a spruzzo.
— **nozzle,** polverizzatore *m.* (dispositivo per ridurre un liquido in gocce).
— **painting equipment,** complesso portatile di pittura a spruzzo.
— **steelmaking** (*met.*), fabbricazione dell'acciaio a spruzzo.
— **steelmaking process** (*met.*), processo di fabbricazione dell'acciaio a spruzzo.
— **transfer** (*sald.*), fusione (*f.*) a pioggia.
— **vaporizer,** vaporizzatore *m.*
sprayable, *agg.*, polverizzabile.
spraybooth (*verniciatura*), cabina di verniciatura (a spruzzo); (*automobile body spraying booth*) cabina di verniciatura per carrozzerie auto.
sprayed ceramic coating (*met.*), rivestimento (*m.*) ceramico a spruzzo.
— **coating** (*met.*), rivestimento (*m.*) a spruzzo.
sprayer, spruzzatore *m.* (polverizzatore); irroratrice; (*tip.*), spruzzatore antiscartino.
— **and duster** (*agr.*), irroratrice-impolveratrice *f.*
— **(variable dosage —)** (*agr.*), irroratrice a regolazione variabile.
spraygun, pistola (*f.*) a spruzzo.
spraying, polverizzazione *f.*
— **mixture** (*forni met. in riparaz.*), impasto da lanciare.
— **cleaning,** depurazione (*f.*) a secco.
— **column,** colonna a spruzzo (*per distillazione*).
— **lines** (*agric.*) (nella irrigazione a pioggia), canne (*f. pl.*) per irrigazione a pioggia.
— **varnish,** vernice (*f.*) a spruzzo.
— **(aerial —)** (*agr.*), irrorazione con aerei.
spread (*vernici*), area di substrato sulla quale si applica l'unità di volume di una pittura; (*borsa*), opzione (*f.*) doppia.

spread *v.a.*, diffondere *v.a.*; propagarsi *v.r.*; estendersi *v.r.* espandersi *v.r.*
— **(to —) a loading over a much greater area** (*cost.*, *mecc.*), ripartire un carico su un'area molto più grande.
— **out,** *v.i.*, stendersi *v.r.*; espandersi *v.r.*
spreader (*radio*), separatore *m.*; asfaltatore *m.* (*operaio*).
— **stoker** (*vapore*), alimentatore automatico a griglia.
spreading, propagazione *f.*
— **ring,** anello (*m.*) di tensione.
sprig, piccolo chiodo *m.* (con capocchia o senza).
sprigs (*fond.*), **punte** (*f. pl.*) per **fonderia.**
spring, molla *f.*; spirale *f.* (*orol.*); sorgente *f.*; elasticità *f.* (*mecc.*); linea d'imposta (*di volta*) (*arch.*); incrinatura (*di un albero*) (*naut.*); *al pl.* springs: sospensione (*di un'automobile*); (*naut.*), traversino *m.* (fune di ormeggio posta obliquamente rispetto all'asse longitudinale dello scafo); (*auto*), v. **single-leaf —; twco-leaf —; two-leaf transverse —.**
— **(to —),** molleggiare (*mecc.*); scaturire (*di acque, sorgenti*); impostare (un arco) (*arch.*); fare saltare una mina (*naut.*).
— **ammeter,** amperometro (*m.*) a molla antagonista.
— **back,** rinculo *m.*
— **balance,** bilancia (*f.*) a molla.
— **-beard needle** (*tess.*), ago (*m.*) a molla.
— **-board,** v. **springboard.**
— **bolt,** bloccaggio (*m.*) a molla.
— **bows** (*dis.*), balaustrino (*m.*) a pompa (per cerchi piccoli).
— **buffer,** repulsore (*m.*) a molla.
— **catch** (*mil.*) (*aereo*), moschettone *m.* (*di paracadute*).
— **clip** (*orol.*), molletta (*f.*) d'arresto.
— **collet,** mandrino (*m.*) (di una impanatrice); (*tornio*), bussola (*f.*) di chiusura elastica; (*macchine ut.*), pinza elastica.
spring compasses, compasso (*m.*) a molla.
— **contact,** contatto (*m.*) elastico
— **control,** comando (*m.*) a molla; (*elet.*), regolazione a molla.
— **cushioning,** ammortizzatore (*m.*) a molla.
— **dynamometer,** dinamometro (*m.*) a molla.
— **factory,** mollificio *m.*
— **galvanometer,** galvanometro (*m.*) a molla.
— **end trucks,** carrelli molleggiati su gru.
— **gauge** (*utens.*), calibro a molla.
— **governor,** regolatore (*m.*) a molla.
— **grease cup,** ingrassatore (*m.*) a molla.
— **insulator,** isolatore (*m.*) a molla.
— **loaded,** *p.p.* caricato a molla.
— **lock,** serratura (*f.*) a scatto.
— **makers' furnace,** forno (*m.*) per molle.
— **manometer,** manometro (*m.*) a molla.
— **needle,** tipo di ago per maglieria.
— **pawl,** arresto (*m.*) a molla.
— **operated** (*mecc.*), azionato (*p. p.*) a molla.
— **range,** ampiezza media delle maree sizigie.
— **rope grip,** agganciatore (*m.*) di fune elastico.
— **screw,** vite (*f.*) a testa spaccata.
— **screw thread die,** filiera (*f.*) regolabile.
— **shackle,** biscottino (*m.*) doppio per molla sospensione.
— **steel,** acciaio (*m.*) da molle.
— **steel wire** (*met.*), **filo** (*m.*) **di acciaio per molle.**
— **tester,** macchina (*f.*) per prova delle molle.
— **tide,** marea morta (*o* sizigiale).
— **-tooth harrow,** erpice (*m.*) a denti flessibili e articolati; erpice (*m.*) a molle.

spring trigger, cricchetto (*m.*) d'arresto.
— **up,** *v.i.* scattare; saltare in aria.
— **valve,** valvola (*f.*) a molla.
— **washer** (*mecc., ferr.*), rosetta (*f.*) elastica.
— **water,** acqua (*f.*) di fontana.
— **weight,** carico (*m.*) di una molla.
— **wing-rail** (*ferr.*), guancia (*f.*) elastica.
— **wool,** lana (*f.*) di 7-8 mesi tosata in primavera.
— **(aft —),** traversino di poppa.
— **(forward —),**traversino di prua.
springboard (*sci, nuoto, ecc.*), trampolino *m.*
— **diving** (*sport*), tuffo dal trampolino.
springer (*costr.*), concio (*m.*) d'imposta; imposta *f.* (*di arco*).
springiness, azione (*f.*) d'una molla.
springing, punto (*m.*) d'imposta; molleggiamento *m.*
— **height,** altezza (*f.*) d'imposta.
springloaded, a caricamento a molla.
sprinkle, spruzzo *m.*
— *v.a.*, innaffiare *v.a.*
sprinkler, elmo a doccia (per pompieri); spruzzatore *m.*; sistema (*f.*) di tubazioni anti-incendio, in uno stabile, avente molti spruzzatori. Questi sono protetti da leghe, fusibili nel caso d'incendio; innaffiatrice *f.*; innaffiatoio *m.*
— **irrigation** (*agr.*), irrigazione per aspersione.
— **line** (*irrigazione a pioggia*), ala piovana.
sprinkling, innaffiatura *f.*
— **aeroplane,** aeroplano (*m.*) polverizzatore.
— **-sweeping machine,** inaffiatrice-spazzatrice *f.*
sprock (*cinem.*) (U.S.A.), rumore di pellicola che esce fuori dai rulli durante la proiezione; ronzio *m.*
sprocket, dente (*m.*) o ruota di catena; rocchetto *m.*
— **chain,** catena (*f.*) articolata.
sprocket for noiseless chain, ingranaggio (*m. pl.*) per catena silenziosa.
— **hole** (*inform.*), foro di trascinamento.
— **holes,** perforazione *f.* (di una pellicola cinemat.).
— **hum** (*cinem.*), ronzio *m.*
— **noise** (*cinem.*), rumore di perforazione.
— **wheel,** ingranaggio (*m.*) centrale (di bicicletta).
spruce (Picea Abies), abete *m.*; legname di abete.
— **oil,** olio (*m.*) essenziale delle foglie di abete.
sprue (*met., fond.*), materozza *f.*; canale (*m.*) di colata; colonna di colata.
— **pin** (*fond.*), spargicolata *m.*
sprung, *p.p.* (*mecc.*), molleggiato.
spud drilling, vedi: **spud in.**
— **in (to —)** (*petrolio*), cominciare la trivellazione (al cavo).
spudder (*petrolio*), utensile usato per « spudding »; macchina leggera al cavo.
spudding in (*petrolio*) (U.S.A.), prima operazione di perforazione di pozzo al cavo; spudding.
— **pulley** (*petrolio*), puleggia di « spudding ».
spun, girato *p.p.* (rif. ad eliche); filato *p.p.*
— **gold,** oro (*m.*) filato.
— **rayon yarn** (*tess.*), filato di fiocco raion.
— **silk,** seta (*f.*) filata.
— **yarn,** commando *m.* (*naut.*); filato *m.*
spuncast bar (*fond., met.*), barra centrifugata.
— **tube** (*met.*), tubo centrifugato.
spur gear cutting machine, dentatrice (*f.*) per ruote.
— **gearing,** trasmissione (*f.*) a ruote dentate cilindriche.
— **gears,** ingranaggi (*m. pl.*) cilindrici.
— **pinion,** pignone (*m.*) cilindrico.
— **ring,** corona (*f.*) dentata di una ruota.

spur-wheel, ruota (*f.*) d'ingranaggio; ruota (*f.*) dentata.
— **wheel countershaft,** rinvio (*m.*) ad ingranaggio.
— **wheel pulley block,** taglia (*f.*) a ruote cilindriche.
spurious, *agg.*, falso; erroneo (*risultato*); parassita (*radio, oscillazioni*); spurio.
— **pattern** (*telev.*), quadro con falsa immagine dovuta ad interferenze.
spuriours radiation (*radio*), radiazione parassita.
spurrite, carbonato-silicato di calcio, $2Ca_2SiO_4.CaCO_3$.
sputter, *v.i.*, crepitare *v.i.*
sputtering, sublimazione *f.* (catodica); polverizzazione catodica.
spy-hole, spia *f.*; foro (*m.*) di vista.
— **satellite** (*astron.*), satellite-spia *m.*
spyndle (*tess.*), unità di lunghezza, per filati di iuta, equivalente a 11.400 iarde.
squab (*auto*), schienale imbottito (ed elasticizzato); (*fine adjustment of recline of the squab*), regolazione precisa dell'inclinazione dello schienale imbottito (ed elasticizzato).
— **(front seat —)** (*auto*), schienale del sedile anteriore.
squadron-leader, maggiore (*m.*) dell'aeronautica.
square, misura (*f.*) per il legname equivalente a 100 piedi di superficie; squadra *f.* (disegno); legname (da 1 a 6 pollici) di sezione quadrata; quadrato *agg.*
— *v.a.* squadrare (legno); quadrare; riquadrare.
— **(bar)** (*met.*), quadro *m.*
— **bar,** ferro (*m.*) quadro.
— **bar steel** (*met.*), quadro di acciaio.
— **bastard file,** lima (*f.*) quadra bastarda.
— **blunt bastard file,** lima (*f.*) quadra cilindrica.
— **broach,** broccia (*f.*) per fori quadrati.
square decimetre, decimetro (*m.*) quadrato.
— **edge** (*sald.*), bordo (*m.*) diritto.
— **elbow,** tubo (*m.*) a gomito.
— **engine** (*auto*), motore quadro (*o* quadrato).
— **file,** lima (*f.*) quadra.
— **foot,** piede (*m.*) quadrato.
— **grip,** rinforzo (per cemento armato) a sezione quadrata e di forma ritorta.
— **head bolt,** bullone (*m.*) a testa quadra.
— **head screw,** vite (*f.*) a testa quadra.
— **key,** chiavetta (*f.*) quadra.
— **inch,** pollice (*m.*) quadrato.
— **iron,** ferro (*m.*) quadro.
— **-law** (*illum.*), legge (*m.*) di Lambert.
— **-law detector** (*radio*), rilevatore quadratico; rilevatore a piccolo segnale.
— **law distortion,** distorsione (*f.*) quadratica.
— **measure,** misura (*f.*) di superficie.
— **meter,** metro (*m.*) quadrato.
— **mile,** miglio (*m.*) quadrato.
— **-mile foot,** quantità d'acqua che copre un'area di un miglio quadrato, alla profondità di 1 piede (= 174 milioni di galloni).
— **mill saw file,** lima (*f.*) quadra per seghe.
— **millimeter,** millimetro (*m.*) quadrato.
— **nose boring tool,** utensile (*m.*) da alesatrice a becco quadro.
— **nose pliers** (*orol.*), pinze (*f. pl.*) a becchi quadri.
— **nut,** dado (*m.*) quadrato.
— **off,** concordare.
— **offset** (*agrim.*), rilevamento (vedi: **offset**) fatto ad angolo retto rispetto all'allineamento della catena.
— **offsets** (*agrim.*), ordinate (*f. pl.*) (di un rilevamento planimetrico).
— **out,** fissare *v.a.* (tracciare fondazioni, ecc.).

square paper, carta (*f.*) millimetrata.
— **pier**, pilastro (*m.*) a sezione quadrata.
— **pointed trowel**, cazzuola (*f.*) quadra.
— **roof** (*cost.*), tetto (*m.*) ad angolo retto.
— **root**, radice (*f.*) quadrata.
— **rubble** (*cost.*), muratura (*f.*) in pietre squadrate grossolanamente.
— **second cut file**, lima (*f.*) quadra mezzo dolce.
— **section**, sezione (*f.*) quadrata.
— **shaft**, albero (*m.*) quadro.
— **shoulder**, battuta (*f.*) ad angolo retto.
— **smooth file**, lima (*f.*) quadra dolce.
— **(to —) the ingot** (*met.*), squadrare il lingotto (prima riduzione del lingotto fra i cilindri).
— **thread**, filettatura (*f.*) quadra; filetto (*m.*) quadrangolare.
— **thread screw**, vite (*f.*) a pane quadrangolare; vite (*f.*) a filetto quadrato.
— **wave**, onda quadra.
— **-wave generator** (*elet.*), generatore di onde quadrate.
— **yard**, iarda (*f.*) quadrata.
squared paper (*dis.*, *top.*), carta (*f.*) quadrettata.
— **timber**, legname (*m.*) squadrato.
squaring (*mat.*), quadratura *f.*
— **-up** (*cost.*), calcolo (*m.*) delle aree.
— **up machine**, piallatrice (*f.*) per squadrare.
squatting (*naut.*), navigare con poppa seduta nel cavo della formazione ondosa; appoppamento (assetto di).
squealing noise (*radio*), rumore di trillio.
squeegee (*sviluppo fot.*), rullo di gomma per eliminare l'acqua eccedente: seccatoio *m.*
squeeze (to —), *v.a.* serrare; premere; strizzare; comprimere.
— **-molding** (*fond.*, *mat. plastiche*), formatura a pressione.
squeezer (*mecc.*), macchina per imbutitura; (*agr.*), torchio *m.*
— **roll**, rullo (*m.*) spremitore.
squeezing, spremitura *f.*
squegging (*radio*), disinnescamento *m.*; intermittente (riferito al funzionamento di oscillatore); (*elettron.*), autobloccaggio (circuito oscillatore a valvola).
squid (*aereo*), distensione (*f.*) incompleta della calotta di un paracadute.
squirrel, scoiattolo *m.*
— **-cage motor**, motore (*m.*) a gabbia di scoiattolo.
— **cage multispeed motor**, motore (*m.*) a gabbia di scoiattolo doppia.
— **cage repulsion motor**, motore (*m.*) a repulsione a gabbia di scoiattolo.
squirt (*slang*) (*aereo*), intenso fuoco di mitragliatrice.
— **(to —)**, iniettare *v.a.*
squirted filament (*ill.*), filamento (*m.*) ottenuto per estrusione.
stabbed, *p.p.* (*petrol.*), centrata (guidata, rif. ad asta, in un raccordo fino a che si avvita ad un'altra asta).
stabbing (*tip.*), cucitura di traverso; perforazione di un libro prima della cucitura.
stabiliser (or stabilizer) (*termoion. chim.*), stabilizzatore *m.*; stabilizzante *m.* (*vernici*).
stability, stabilità *f.*
— **in cornering** (*auto*), stabilità (*f.*) nelle curve.
stabilization of soils (*costr. stradali, ecc.*), stabilizzazione delle terre (*con opportuni trattamenti, p. es. cemento, catrame, ecc.*).
stabilize (to —) (*costr. stradali, ecc.*), stabilizzare (*una terra, per conferirle speciali qualità tecniche*).
— **the arc** (*sald.*), stabilizzare l'arco.
stabilized gasoline (U.S.A.), benzina (*f.*) a pressione di vapore specificata.

stabilized steels (*met.*), acciai « stabilizzati ».

stabilizer (*naut.*) (*aereo*, U.S.A.) (*auto*), stabilizzatore *m.*

— **bar,** barra (*f.*) stabilizzatrice.

stabilizing (*tratt. termico, met.*), stabilizzazione *f.*

— **heat-treatment** (*met.*), trattamento di stabilizzazione.

stable, *agg.* stabile; (*min.*), vedi: **stable hole.**

— **atom** (*fis. atom.*), **atomo** (*m.*) **stabile.**

— **brick** (*met.*), mattone stabilizzato.

— **ground,** terreno (*m.*) resistente.

— **hole** (*or* **stablehole**) (*min.*), cavità (*o* nicchia) per alloggiare una tagliatrice o tagliatrice-caricatrice e per far voltare, se necessario queste macchine.

— **nucleus** (*fis. atom.*), **nucleo** (*m.*) **stabile.**

— **particle** (*fis. atom.*), **particella** (*f.*) **stabile.**

stack, tino *m.* (d'altoforno); ciminiera *f.*; camino di forno o caldaia; fumaiolo *m.*; misura di combustibile = 108 piedi cubici; (*astron.*), razzo montato con carico in posizione; (*inform.*), area della memoria principale in cui vengono immagazzinate delle informazioni quando il programma principale si volge verso una subroutine o una routine di servizio.

— **(to —),** *v.a.* accatastare.

— **of bricks,** mucchio (*m.*) di mattoni.

— **patching** (*met.*), rappezzatura del tino dell'altoforno.

— **up** (*v.a.*) **bricks,** ammonticchiare (*v.a.*) mattoni.

— **up** (*v.a.*) **the timber,** accatastare (*v.a.*) il legname.

stackable *agg.*, accatastabile.

stacked job processing (*inform.*), elaborazione sequenziale (*o* a lotti).

— **up** (*aereo*) (U.S.A.), a quote diverse; distanziati *p.p.* (riferito ad aerei sopra un aeroporto, volanti a varie quote).

stacker (*telev.*), piattaforma di telecamera, elevabile; accatastatore *m.*; (*met.*), stacker *m.*; (*min. impianti di omogeneizzazione*), macchina di messa a parco.

— **(pivoted-boom —)** (*tras. min.*), stacker a braccio girevole.

— **truck,** carrello (*m.*) elevatore

stacking (*min.*), formazione di cumuli secondo una data geometria e con diversi strati di minerali.

— **fault** (*met.*), « stacking fault » (area in cui la disposizione degli atomi è turbata da parziali dislocazioni).

— **height** (*di gru p. es.*), altezza di accatastamento.

— **machine,** accatastatore *m.* (per grandi altezze).

stacks (*calcol. elettron.*), archivi *m. pl.*

stactometer, contagocce *m.*

stadia (*top.*), stadia *f.*

— **hairs** (*agrim.*), fili (*m. pl.*) estremi del reticolo (del micrometro).

— **rod** (*top.*), stadia *f.*

— **surveying,** rilevamento (*m.*) con la stadia.

— **system** (*agrim.*), misura (*f.*) indiretta delle distanze.

staff and ticket (*ferr.*), bastone (*m.*) con la scatola biglietti.

— **(to —)** *v.a.*, provvedere di personale.

— **bead,** cordone (*m.*) di spigolo.

— **of experts,** personale (*m.*) di esperti.

— *v.a.* **shops,** provvedere di personale i negozi.

— **system,** bastone (*m.*) pilota.

staffman, portatore (*m.*) di stadia.

stage, fase; tappa; (*the enlargement of the plant will proceed in stages*), l'ampliamento della fabbrica procederà a tappe; fase (*f.*) di lavoro; impalcatura *f.*; (*microscopio*), tavolo

(*m.*) portaoggetti; stadio (*radio, motor.*); punto *m.*; periodo; teatro (*m.*) di posa (*cinem.*).
stage elevator (*costr. teatro*), elevatore di palcoscenico.
— **of cyclons** (*min.*), serie di cicloni.
— **of reduction** (*min.*), stadio di riduzione.
— **pass** (*tess.*), rimettaggio (*m.*) progressivo.
— **treatment,** trattamento in serie (o progressivo).
— **(14 —)** (*aereo*), a 14 stadi.
stageing, armatura *f.* (impalcatura).
stagger (*aereo*), decalaggio (*m.*) di un piano rispetto all'altro; sfalsare (*mecc.*); scalare (*aereo*).
staggered piling, disposizione (*f.*) dei pali a quinconce.
— **riveted joint,** chiodatura (*f.*) a file sfalsate.
— **seams** (*aereo*), cuciture (*f. pl.*) sfalsate.
staggering (*elet.*), angolo (*m.*) di calaggio; *agg.*(*cost.*), iperbolico; astronomico (rif. a costi, spese).
staging upright (*costr.*), montante (*m.*) di ponteggio.
stagnant immersion test (*corrosione met.*) (U.S.A.), prova a immersione totale.
— **water,** acqua (*f.*) stagnante.
stain, *v.a.* applicare (*v.a.*) il mordente; macchiare; colorare *v.a.*; tingere *v.a.* (*legno, vetro*); macchia *f.*
— **removers** (*chim.*), vedi: **spotting agent.**
stained glass, vetro (*m.*) cattedrale istoriato.
stainer (*chim.*), pigmento colorante (aggiunto a vernice per ottenere un colore diverso di quello della base usata).
staining, tinta *f.*; colorazione *f.* (*di legno vetro ecc.*); formazione di macchie; (*chim. cuoio*), dare alla pelle una pennellata di colorante; tingere la pelle con colorante per mezzo di pennello.
staining action (*cosmetica*) potere colorante (*di un rossetto, ecc.*).
stainless maraging steel (*met.*), acciaio (*m.*) maraging inossidabile.
— **steel,** acciaio (*m.*) inossidabile.
— **steel sheet** (*met.*), lamiera in acciaio inossidabile.
— **steel tube,** tubo di acciaio inossidabile.
— **steel wire-netting** (*cost.*), grigliato in acciaio inossidabile.
stair bracket, squadra (*f.*) per scale.
— **head** (*cost. civ.*), ballatoio *m.* (di scale).
— **horse,** longarina (*f.*) di scala (montante); montante (*m.*) della scala (*cost. civ.*); corrente (*m.*) della scala (*cost.*).
— **post,** colonna (*f.*) di una scala.
— **rod,** bastoncino (*m.*) per tappeto di scale.
staircase, gabbia (*f.*) delle scale; gradinata *f.*; scala *f.*.
— **(external —),** scala esterna.
— **(internal —),** scala interna.
« **staircase effect** » (*grafica*) (*inform.*), effetto « scala » (dato da bordi serpeggianti dell'immagine, specialm. fastidiosi quando una linea diagonale sottile è rappresentata da una serie di pixel quadrati).
stairs resting on arches, scala (*f.*) su volta.
— **(fire escape —)** (*cost.*), scala di sicurezza anti-incendio.
stairway (*cost. civ.*), gradinata *f.*
stake, incudine (per orologiaio).
— **out,** *v.a.* tracciare.
stakes (*naut.*), corsi *m. pl.* (di tavole e lamiere).
staking machine (*cuoio*) (*mecc.*), tenditrice del cuoio; ribaditrice *f.*; occhiellatrice *f.*
— **off** (*agrim.*), picchettatura *f.*
— **out,** tracciamento *m.* (con piuoli).
— **out of a telegraph line,** tracciamento (*m.*) di una linea telegrafica.
stalactite (*geol.*), stalattite *f.*
stalagmite (*geol.*), stalagmite *f.*

stale air, aria (*f.*) viziata.
stalk (*cost. civ.*), parte (*f.*) verticale di un muro di sostegno in cemento armato.
stall, stallo (rallentamento nell'atterraggio) (*aereo*); luogo (*m.*) di lavoro (d'un minatore); camera d'arrostimento del minerale.
— *v.i.* (*aereo*), « stallare » (andare in perdita di velocità); frenarsi (per azione troppo subitanea sui freni) (*mecc.*); fermarsi bruscamente (*mot.*).
stalled turn (*aereo*), frullo (*m.*) lento.
stalling (*mecc.*), arresto *m.*
— **speed** (*aereo*), velocità di stallo.
stammer, *v.i.* (*mecc.*), perder colpi.
stamp, stampo *m.* (della pressa); francobollo *m.*
— *v.a.* punzonare; stampare; imprimere; (*mecc.*), stampigliatore *m.* (*per stampare lettere e numeri*).
— **battery,** macchina (*f.*) per sgretolare minerale aurifero.
— **cancelling** (*poste*), obliterazione *f.*; annullo postale.
— **out (to —)** (*tip.*), fustellare; (*mecc.*), tranciare; (*mecc.*), stampare; (*mecc.*), punzonare (fare un taglio chiuso circolare).
— **the wood,** bollare (*v.a.*) il legno.
— **(no — needed),** non occorre affrancare (*corrispondenza*).
— **(no — required)** (*posta*), non affrancare!
stamped addressed envelope, busta indirizzata affrancata.
stamper (*acust.*), matrice (*f.*) (*di dischi*); stampo (*dischi*).
stamping, stampaggio *m.*; frantumatura (*min.*); (*mecc., met.*), stampigliatura *f.*; v. **cold —.**
— **machine,** punzonatrice *f.*; affrancatrice *f.* (*macch. postale*); stampatrice (*macch. ut.*).
— **mill,** molino (*m.*) a pestelli.
— **out the teeth,** punzonatura (*f.*) dei denti.
— **press,** bilanciere *m.* (pressa a frizione); pressa (*f.*) per conciare e per stampare; (*mecc.*), pressa (*f.*) per stampare.
stamping trimmer (*macch. ut.*), sbavatrice *f.* (per stampati e imbutiti).
— **trimmer (quickwork — trimmer)** (*macch. ut.*), sbavatrice (*f.*) rapida.
stanchion, scalmo *m.* (*naut.*); (*costr.*), montante *m.*; colonna (*f.*) *o* pilastro (*costr. metal.*).
stand, cavalletto *m.*; sostegno *m.*; gabbia *f.* (di laminatoio); sostenere *v.a.*; sopportare *v.a.*; resistere; depositare (*chim.*).
— **-alone** (*inform.*), autonomo.
— **-alone interactive video** (*TV*), video interattiva autonoma (senza computer).
— **-by,** v. **standby.**
— **by!** (*naut. engine order*), macchina!; attenzione in macchina!.
— **-by losses,** parte di potenza spesa in una stazione (di generazione) per mantenere l'impianto pronto a prendere un carico improvviso.
— **centre** (*met.*), asse (*m.*) della gabbia.
— **heat,** reggere (*v.i.*) al calore.
— **in** (*cinem.*), controfigura *f.* (che prende momentaneamente il posto dell'attore nella posizione che assumerà quando si incomincerà a girare il film).
— **-insulator,** isolatore (*m.*) di appoggio (p. es. un isolatore sul quale poggia la struttura usata a sostegno di una batteria o di un accumulatore).
— **of closed design** (*met.*), gabbia del tipo chiuso.
— **-off bomb** (*missili*), missile aria-superficie (di tipo strategico).
— **of open design** (*met.*), gabbia del tipo aperto.
— **oil,** standolio *m.*
— **yoke,** supporto *m.*
— **(edger scale-breaker —)** (*met.*), gabbia rompiscaglie.

stand (engine —), supporto; sostegno per motori.
— **(four-high reversing —)** (*met.*), gabbia quarto reversibile.
— **(mill —)**, gabbia di laminatoio.
standard, *n.*, colonna *f.* (*macch. ut.*); ritto *m.*; montante *m.* (*macch. ut.*); montante dell'incastellatura; (*costr.*) tubo montante di ponteggio metallico; grado (*m.*) di precisione; unità (*f.*) di misura del legname (in Inghilterra), equivalente a 165 piedi cubici; campione *m.*; titolo *m.*; unità *f.*; norma *f.* (*di unificazione, ecc.*); *agg.* titolato (*chim.*); *agg.* (*mecc.*), normalizzato; *agg.* unificato; (*auto*) in dotazione (*accessori*).
— *v.a.* normalizzare; unificare.
— **absorber** (*fis. atom.*), **assorbitore** campione.
— **air,** aria tipo, alla temp. di 68° F e alla pressione di 14,7 libbre per pollice quadr. ass.
— **ammeter,** amperometro (*m.*) di precisione.
— **atmosphere** (*aereo*) (*tess.*), atmosfera tipo.
— **beading machine** (*macch. ut.*), bordatrice (*f.*) a rulli.
— **brick dimension,** dimensione (*f.*) normale dei mattoni.
— **bus** (*inform.*), bus normalizzato.
— **candle,** candela (*f.*) normale.
— **capacitor,** condensatore (*m.*) teorico.
— **cell,** pila (*f.*) campione.
— **compass,** bussola (*f.*) di controllo.
— **computer,** elaboratore elettronico classico.
— **condenser,** condensatore (*m.*) campione.
— **cone,** conicità (*f.*) normale.
— **cost** (*organ.*), costo standard.
— **deviation** (*fis. atom.*), deviazione-tipo; (*mean square deviation*) (*statistica*), deviazione (*f.*) standard.
— **electrometer,** elettrometro (*m.*) campione.
standard equipment, accessori (*m. pl.*) in dotazione; (equipaggiamento ordinario); (*auto*), arredamento (*m.*) normale.
— **eye,** occhio (*m.*) medio normale.
— **eye for colorimetry,** occhio colorimetro normale.
— **film stock** (*cinema*), passo normale (35 mm).
— **frequency meter,** frequenziometro (*m.*) campione.
— **gauge** (*ferr.*), scartamento (*m.*) normale.
— **-gauge railway,** ferrovia (*f.*) a scartamento normale.
— **-gauge track,** binario (*m.*) a scartamento normale.
— **gold,** oro (*m.*) di titolo.
— **hour,** norma di lavoro da effettuarsi in un'ora standard.
— **instrument** (*elet.*), strumento (*m.*) per taratura.
— **mean chord** (*aereo*), corda media standard.
— **measure,** misura (*f.*) normale.
— **nozzle** (*met.*), ugello (*m.*) normalizzato.
— **of living** (*finan.*), tenore di vita.
— **ohmmeter** (*elet.*), ohmetro (*m.*) di precisione.
— **packed tower** (*fis. atom.*), colonna (*f.*) **a riempimento** classico.
— **part** (*met., mecc.*), pezzo (*m.*) unificato.
— **pipe,** tubo (*m.*) gas.
— **pipe thread,** filettatura (*f.*) americana per tubi.
— **pitch** (*ingr.*), passo (*m.*) normale.
— **points** (*or* **switch**) (*ferr.*), scambio (*m.*) normale.
— **pressure,** pressione (*f.*) normale.
— **resistance,** resistenza (*f.*) normale; resistenza (*f.*) campione.
— **sand,** sabbia (*f.*) normale.
— **section,** profilo (*m.*) normale.
— **ship** (*naut.*), nave (*f.*) tipo.
— **-signal generator** (*radio*), generatore (*m.*) campione di frequenza.

standard silk (*ind. mol.*), velo di seta per buratti (qualità prima).
— **sizes,** dimensioni (*f. pl.*) unificate.
— **solution** (*chim.*), soluzione (*f.*) titolata.
— **specification,** specificazione unificata.
— **specifications,** norme (*f. pl.*) di unificazione.
— **specimen** (*met., mecc.*), provetta (*f.*) unificata.
— **squirrel-cage motor,** motore (*m.*) normale a gabbia di scoiattolo.
— **strength of a solution,** titolo (*m.*) di un liquido.
— **switchboard** (*elet.*), quadro di distribuzione normale.
— **temperature,** temperatura (*f.*) normale.
— **test piece** (*met.*), provetta (*f.*) normale; provino *m.*
— **testing meter,** contatore (*m.*) di controllo.
— **thermometer,** termometro (*m.*) campione.
— **time** (*astron.*), ora (*f.*) legale; ora del meridiano di Greenwich.
— **twist drill,** punta (*f.*) da trapano normale.
— **voltmeter,** voltmetro (*m.*) campione.
— **weave** (*tess.*), armatura (*f.*) fondamentale.
— **weight** (*tess.*), peso standard.
— **(to have a radio as —),** (*auto*), avere una radio in dotazione.
standardisation committee, comitato per l'unificazione.
standardization, unificazione *f.*; standardizzazione *f.*
standardize, *v.a.* standardizzare; unificare.
standardized, standardizzato *p.p.*
— **solution** (*chim.*), soluzione titolata.
standardizing, normalizzazione *f.*; unificazione *f.*
standards, prescrizioni *f. pl.*; norme *f. pl.*; unificazioni *f. pl.*
— **conversion,** conversione dello standard.
standards for cables, norme per i cavi.
— **for the second channel** (*telev.*), norme per il secondo canale.
standby, *agg.* di riserva; di emergenza; apparecchio di riserva; in (periodo) di sosta; di soccorso (*rif. a procedure di —*) (*inform.*).
— **generating set** (*elet.*), gruppo (*m.*) elettrogeno di emergenza.
— **oil burning equipment,** attrezzatura di riserva a nafta.
— **(on —)** (*chim.*), in riposo.
standee bus (*auto*), autobus con posti in piedi.
standing derrick (*costr.*), falcone *m.*
— **field,** campo (*m.*) stazionario.
— **headroom** (*naut.*), altezza in cabina (spazio al soffitto per una persona in piedi).
— **kilometre** (*auto*), un kilometro con partenza da fermo (*rif.* a tempo impiegato).
— **matter** (*tip.*), composizione da conservare.
— **order,** ordine permanente.
— **rope,** fune (*f.*) di sei trefoli, con sette fili, e con anima in canapa.
— **time** (*met.*), tempo di permanenza (in forno).
— **waves** (*radio*), onde (*f. pl.*) stazionarie.
standpipe (U.S.A.), torre (*f.*) serbatoio (per l'acqua); collo (*m.*) d'oca.
St. Andrew's cross, croce (*f.*) di S. Andrea.
stands in tandem (*met.*), gabbie (*f. pl.*) di laminatoio in tandem.
standstill, pausa *f.*; equilibrio *m.*; fermata *f.*
— **(the car is at a —),** l'auto è ferma.
stanium chloride (*chim.*), cloruro (*m.*) stannico.
stank, muro (per miniere, impermeabile all'acqua).
stannate, stannato *m.*
stannic *agg.* (*chim.*), stannico.
— **acid,** acido (*m.*) stannico.
— **chloride** (*chim.*), cloruro stannico.

stannic oxide (*chim.*), anidride (*f.*) stannica; ossido (*m*). stannico.
stannite (*min.*), stannite *f.*
stannizing, stagnatura in vapore di cloruro stannoso.
stannous *agg.* (*chim.*), stannoso.
— **chloride,** cloruro (*m.*) stannoso.
staple, cavallottino *m.* (*tess.*); qualità della fibra; (*tess.*), fibra; (*tess.*), fiocco (*raion*); bioccolo (*di lana*).
— **(to —)** (*tess.*), classificare secondo il tipo di fibra.
— **fibre** (*tess.*), fibra fiocco.
— **rayon** (*tess.*), fiocco raion.
— **rayon yarn** (*tess.*), filato di fiocco raion.
stapling (*tess.*), classif. delle fibre.
star (*astr.*), astro *m.*; stella *f.*
— **bit** (*geol.*), trapano a croce.
— **-connection,** accoppiamento (*m.*) a stella.
— **cracking** (*difetto met.*), criccatura a raggiera.
— **fracture** (*met.*), frattura a raggiera.
— **lots** (*lana*), lotti di una partita lana non superiori a tre balle, contrassegnati con una stella sul catalogo, dei quali si può disporre separatamente.
— **module** (*astron.*) (*Russia*), modulo stellare.
— **shake,** screpolatura (*f.*) a stella; cipollatura (*f.*) stellata (*legname*).
— **shaped engine,** motore (*m.*) a stella.
— **shaped stop,** arresto (*m.*) a stella.
— **wheel,** crociera *f.* (volantino).
starboard (*aereo, naut.*), lato (*m.*) destro; tribordo *m.*
— **(side),** destra *f.* (*naut.*) (parte di nave); lato (*m.*) destro (*naut.* e *aereo*).
— **front seat** (*aereo*), sedile anteriore sul lato destro.
starch, salda *f.* (d'amido); amido *m.*; *v.a.* inamidare.
— **gum** (*chim.*), destrina *f.*
— **paste,** colla d'amido.
— **sugar,** zucchero (*m.*) di fecola; glucosio *m.*
starching (*tess.*), trattamento (*m.*) all'amido; inamidatura *f.*
starling (*cost. civ.*), palizzata infissa attorno ad una pila d'un ponte, per protezione.
start, filetto *m.*; avviamento *m.*
— *v.a.*, avviare *v.a.*; mettere (*v.a.*) in marcia; incominciare *v.a.*; partire *v.i.*; fare partire; dare origine a; svuotare *v.a.*; inventare *v.a.*; scoprire *v.a.*
— **an arc** (*elet.*), far scoccare (*v.a.*) un arco.
— **an engine,** mettere (*v.a.*) in marcia una macchina.
— **and stop levers,** leve (*f. pl.*) per l'avviamento e l'arresto.
— **fade** (*cinem.*), dissolvenza (*f.*) in apertura.
— **from cold** (*auto*), avviare (il motore) a freddo.
— **key** (*telev., radio, ecc.*), tasto di avvio.
— **-stop signals** (*teleg.*), segnali (*m. pl.*) aritmici.
— **the engine,** mettere (*v.a.*) la macchina in moto.
startability (U.S.A.) (*benzina*), facilità di evaporazione e accensione; facilità di avviamento.
starter, avviatore *m.*; motorino (*m.*) d'avviamento; (*petrol.*) (U.S.A.), pozzo produttivo.
— **button** (*auto*), pulsante (*m.*) comando motorino d'avviamento.
starting, avviamento *m.*; messa (*f.*) in marcia; messa (*f.*) in servizio; messa (*f.*) in moto.
— **and reversing switch** (*elet.*), avviatore (*m.*) invertitore.
— **anode,** anodo (*m.*) di accensione.
— **clutch** (*mot.*), innesto (*m.*) d'avviamento.
— **converter,** convertitore (*m.*) di avviamento.
— **current,** corrente (*f.*) d'avviamento.
— **gear,** apparecchio (*m.*) di messa in moto.
— **grid,** griglia di partenza (*autodromi*).

starting handle (*auto*), manovella (*f.*) d'avviamento.
— **ignition**, accensione (*f.*) di avviamento.
— **jet** (*auto*), ugello (*m.*) avviamento.
— **lever**, leva (*f.*) della messa in marcia.
— **motor** (*auto*), motorino (*m.*) di avviamento.
— **pinion bush**, bussola (*f.*) della messa in moto.
— **position**, posizione (*f.*) iniziale.
— **resistance** (*elet.*), resistenza (*f.*) d'avviamento.
— **response** (*auto*, *ecc.*), reazione di partenza.
— **sheet**, lamiera (*f.*) di metallo puro, usata come catodo nel processo elettrolitico sulla quale si deposita il metallo raffinato.
— **speed**, velocità (*f.*) iniziale.
— **the pulsometer**, adescamento (*m.*) del pulsometro.
— **transformer** (*elet.*), trasformatore (*m.*) d'avviamento.
— **valve**, valvola (*f.*) d'avviamento.
— **voltage of a lamp**, tensione (*f.*) di accensione d'una lampada.
— **wheel**, ruota (*f.*) di distribuzione.
startor (*elet.*), avviatore *m.*
statampere (*elet.*), statampere (unità elettrostatica CGS di corrente = 3.3356×10^{-10} ampere).
statcoulomb (*elet.*), statcoulomb (unità elettrostatica CGS di carica = 3.3356×10^{-10} coulomb).
state, stato *m.* (condizione); Stato *m.*; *v.a.* esprimere; esporre; fare conoscere; enunciare; precisare; fornire; indicare.
— **labor relations board**, ufficio statale dei rapporti di lavoro.
— **of barometer**, stato (*m.*) barometrico.
— **-owned corporation**, ente a (*m.*) partecipazione statale; ente nazionale.
state-owned telecommunications administration, amministrazione di telecomunicazioni statale.
— **railway**, ferrovia (*f.*) dello Stato.
— **telephone lines** (*telef.*), linee (*f. pl.*), telefoniche statali.
— **-trading countries** (*comm.*), Paesi a commercio statale.
statement (*inform.*), istruzione *f.* (di un linguaggio sintetico).
stateroom (*naut.*), cabina (ad uno o due passeggeri) riservata al proprietario di un'imbarcazione.
statfarad (*elet.*), statfarad (unità elettrostatica CGS di carica = 1.1126×10^{-11} farad).
stathenry (*elet.*), stathenry (unità elettrostatica CGS d'induttanza = 8.9876×10^{12} henry).
static, *agg.*, *n.*, statico *agg.*; radiodisturbo *m.*
— **balancing machine**, equilibratore statico (*macch. per equilibrare elementi rotanti*).
— **bed** (*chim.*), letto statico.
— **characteristic**, caratteristica (*f.*) statica.
— **curve**, curva (*f.*) statica.
— **electricity**, elettricità (*f.*) statica.
— **frequency changer**, convertitore (*m.*) statico di frequenza.
— **friction**, attrito (*m.*) statico.
— **governor**, regolatore (*m.*) statico.
— **impedance**, impedenza (*f.*) statica.
— **lift** (*aereo*), portanza (*f.*) statica.
— **logic** (*inform.*), logica statica.
— **model** (*elettron.*), modello (*m.*) statico; (*met.*), modello statico.
— **pressure**, pressione (*f.*) statica.
— **pressure error** (*mis. pressione*), errore (*m.*) di pressione statica.
— **relay** (*elet.*), relè statico.
— **rising** (*aereo*), ascesa (*f.*) statica.
— **stiffness** (*mecc.*), rigidità (*f.*) statica.

static storage (*elettron.*), memoria (*f.*) statica.
— **tester** (*audio*), apparecchio per controllo della carica elettrostatica sui dischi.
— **thrust** (*aereo*), spinta statica.
— **torque** (*elet.*), coppia (*f.*) di spunto.
— **transformer** (*elet.*), trasformatore (*m.*) statico.
statical determination, determinazione (*f.*) statica.
— **moment,** momento (*m.*) statico.
statically determinate structure (*mecc.*), struttura staticamente determinata.
— **indetermined structure** (*mecc.*), struttura staticamente indeterminata.
— **indeterminate system** (*costr.*), sistema (*m.*) iperstatico.
staticize (to —) (*inform.*), convertire da serie in parallelo; occuparsi di una istruzione.
staticizer (*storage device for converting time-sequential information into static parallel information*) (*inform.*), convertitore serie-parallelo.
statics, statica *f.*; disturbi atmosferici (*radio*).
station (*agrim.*) (*elet.*), stazione *f.*
— **break** (*TV, radio*), intervallo (pubblicitario) di una stazione radio o TV.
— **call letters** (*radioamatori*), nominativo di chiamata di una stazione.
— **car park** (*auto*), parcheggio con autovetture presso le stazioni.
— **master,** *m.*, capostazione *m.*
— **peg,** picchetto *m.*
— **platform,** marciapiedi (*m.*) (*di arrivo o di partenza*).
— **pointer** (*top.*), staziografo (*m.*) per la determinazione meccanica del problema di Pothenot.
— **pole** (*top.*), picchetto di stazione.
— **wagon** (*auto*), giardiniera *f.*
— **(4 —) turret,** torretta (*f.*) portautensili a quattro posti.
stationary, *agg.*, fisso; stazionario.
— **air compressor** (*mecc.*), compressore (*m.*) d'aria fisso.
— **crane,** gru (*f.*) stazionaria; gru (*f.*) fissa.
— **crane of the Derrick type,** gru (*f.*) stazionaria di tipo Derrick.
— **piston-type air compressor** (*mecc.*), compressore d'aria fisso del tipo a stantuffo.
— **platen** (*fond.*), piastra fissa.
— **power reactor** (*fis. atom.*), reattore (*m.*) a regime stazionario.
— **reactor** (*fis. atom.*), reattore (*m.*) a regime stazionario.
— **riveting machine,** chiodatrice (*f.*) fissa.
— **slewing crane,** gru (*f.*) girevole fissa.
— **table** (*macch. ut.*), tavola fissa.
statistical, *agg.* statistico.
— **data,** dati (*m. pl.*) statistici.
— **quality control** (*organizzazione*), controllo statistico della qualità.
— **sample** (*statistica*), campione statistico.
statistician, *m.*, statistico *m.*
statistics, statistica *f.*
statitron (*fis. atom.*), generatore (*m.*) elettrostatico.
statohm (*elet.*), statohm (unità elettrostatica CGS di resistenza = 8 . 9876 × 0^{11} ohms).
stator (*elet.*), statore *m.*
— **blade** (*aereo*), paletta (*f.*) fissa.
— **core** (*elet.*), corona (*f.*) di lamiera; nucleo di statore.
— **laminations** (*mecc.*), lamierini dello statore.
— **reactance,** reattanza (*f.*) statorica.
— **resistance** (*elet.*), resistenza (*f.*) statorica.
— **winding,** avvolgimento (*m.*) statorico.
statoscope (*aereo*), statoscopio *m.*
statuary (marble —), marmo (*m.*) statuario.
statutory undertaker (*costr.*), concessionario di servizi pubblici.

statutory wage regulation order (*lavoro*), norma amministrativa sulla disciplina dei salari.
staunch tight joint, chiodatura (*f.*) ermetica.
staurolite (*min.*), silicato di alluminio e ferro.
stave, piana *f.* (travicello); doga *f.* (di botte).
stay, asta d'anima *f.*; sopporto (*m.*) della lunetta (*tornio*); puntello *m.*; tubo montante posteriore (*biciclette*).
— **(to —),** rimanere; permanere (a bordo di un veicolo spaziale, ecc.).
— **bolt,** bullone (*m.*) passante; bullone tenditore.
— **in space** (*astron.*), permanenza nello spazio.
— **rod,** asta *f.* (di travi, ecc.).
— **sail,** vela (*f.*) di straglio.
— **tackle** (*naut.*), paranco (*m.*) di straglio.
— **tube** (*caldaie*), tubo (*m.*) tirante.
— **wire** (*elet.*), tirante o filo d'ancoraggio (per pali).
staying time (*forni met.*), tempo di attesa.
steadiness, costanza *f.*
steady, lunetta *f.* (*tornio*).
— *agg.*, costante; permanente; stazionario.
— **current,** corrente (*f.*) costante.
— **-flow reactor** (*fis. atom.*), reattore (*m.*) a flusso stazionario.
— **gradient** (*agrim.*), livelletta (*f.*) costante.
— **pin,** portata (*f.*) d'anima (*fond.*); chiavetta *f.*
— **rest,** lunetta (*f.*) fissa (del tornio).
— **source** (*fis. atom.*), sorgente (*f.*) di radiazione costante.
— **-state admittance matrix,** matrice (*f.*) d'ammettenza transitoria.
— **state condition,** regime (*m.*) stazionario.
steadying resistance, resistenza (*f.*) ammortizzatrice.
steam, vapore (*m.*) acqueo.
— **(to —),** cuocere a vapore.
steam admission, ammissione (*f.*) del vapore.
— **appliance,** apparecchio (*m.*) a vapore.
— **atomizer,** bruciatore (*m.*) a pressione di vapore.
— **-bath,** bagnomaria (*m.*) bollente.
— **-boat,** vaporetto *m.*
— **boiler,** caldaia (*f.*) a vapore.
— **box,** camera (*f.*) di vapore.
— **brake,** freno (*m.*) a vapore.
— **chamber,** collettore (*m.*) di vapore.
— **chest,** duomo *m.* (di vapore).
— **coal,** carbone (*m.*) a corta fiamma; (*min.*), carbone da vapore.
— **crane,** gru (*f.*) a vapore.
— **crane operator,** gruista *m.*; operatore (*m.*) di gru a vapore.
— **cultivator** (*agr.*), coltivatore (*m.*) a vapore.
— **cushion,** ammortizzatore (*m.*) a vapore.
— **cushioning,** ammortizzazione (*f.*) a vapore.
— **cylinder,** cilindro (*m.*) di una macchina a vapore; cilindro (*m.*) a vapore.
— **distillation,** distillazione (*f.*) con vapore acqueo.
— **distributing pipe,** condotto (*m.*) di vapore.
— **dome,** cupola (*f.*) di presa del vapore; duomo *m.* (di vapore).
— **-driven,** a vapore.
— **-driven plant,** impianto (*m.*) a vapore.
— **driven riveting machine,** chiodatrice (*f.*) a vapore.
— **engine,** motrice (*f.*) a vapore; macchina (*f.*) a vapore.
— **engine with fixed expansion,** macchina (*f.*) a vapore ad espansione fissa.
— **exhaust,** scarico (*m.*) del vapore; scappamento (*m.*) del vapore.
— **-fluidized bed** (*min.*), letto fluidizzato con vapore.
— **generating station,** centrale (*f.*) a vapore.

steam generation (*fis.*), generazione di vapore.
— **generator,** generatore (*m.*) di vapore.
— **-gauge,** manometro *m.*
— **hammer,** maglio (*m.*) a vapore.
— **heating,** riscaldamento (*m.*) a vapore.
— **-heating apparatus,** calorifero (*m.*) a vapore.
— **hopper,** tramoggia (*f.*) a vapore.
— **jacket,** involucro (*m.*) di vapore; camicia (*f.*) di vapore; fascia (*f.*) di vapore.
— **jet,** getto (*m.*) di vapore.
— **jet blower,** riscaldatore (*m.*) a getto di vapore.
— **jet sprayer,** polverizzatore (*m.*) a vapore.
— **launch,** lancia (*f.*) a vapore.
— **line,** tubazione (*f.*) del vapore.
— **loco,** locomotiva (*f.*) a vapore.
— **locomotive,** locomotiva (*f.*) a vapore.
— **main,** condotta (*f.*) di vapore.
— **mill,** molino (*m.*) a vapore.
— **navigation,** navigazione (*f.*) a vapore.
— **navvy,** draga (*f.*) a cucchiaio.
— **pile driver,** battipalo (*m.*) a vapore.
— **piston,** stantuffo (*m.*) a vapore.
— **plant** (*elet.*), centrale (*f.*) termoelettrica.
— **plough,** aratro (*m.*) a vapore.
— **press,** pressa (*f.*) a vapore.
— **pressure,** pressione (*f.*) del vapore (acqueo).
— **pressure pump,** pompa (*f.*) premente a vapore.
— **production by an auxiliary heat source** (*caldaie, met.*), produzione di vapore mediante sorgente ausiliaria di calore.
— **production per heat** (*met.*), vapore prodotto durante una colata.
— **pump,** pompa (*f.*) a vapore.
— **radiator,** radiatore (*m.*) a vapore.

steam railway (*ferr.*), ferrovia (*f.*) a vapore.
— **-refine,** *v.a.* distillare col vapore.
— **separator,** separatore (*m.*) di vapore.
— **setting ink,** inchiostro ad essiccazione rapida contenente resine sensibili al vapore.
— **shovel** (*ing. civ.*), draga (*f.*) a cucchiaio spingente.
— **-space, spazio (*m.*) di vapore;** camera (*f.*) di vapore.
— **stripping,** distillazione frazionata a vapore (per rimuovere le frazioni leggere « light ends » dei prodotti secondari « sidestream produits »).
— **superheater,** surriscaldatore (*m.*) di vapore.
— **supply valve,** valvola (*f.*) di presa del vapore.
— **test** (*corrosione met.*), prova (di corrosione) in presenza di vapore d'acqua.
— **thrashing machine,** trebbiatrice (*f.*) a vapore.
— **-tight,** stagno (*agg.*) al vapore; a tenuta (*f.*) di vapore.
— **traction** (*ferr.*), trazione (*f.*) a vapore.
— **trap,** separatore (*m.*) del vapore.
— **traps,** valvole di scarico (*in tubazioni di vapore*).
— **tug,** rimorchiatore (*m.*) a vapore.
— **turbine,** turbina (*f.*) a vapore.
— **-turbine generator,** alternatore (*m.*) per turbine a vapore; turbogeneratore *m.*
— **whistle,** fischio (*m.*) a vapore
steamboat, piroscafo *m.*
steamed out, *p.p.*, vaporizzato.
steamer, piroscafo *m.*; vapore *m.*; nave (*f.*) a vapore.
steaming, trattamento al vapore d'acqua; vaporizzazione *f.*; condizionatura (a vapore) (*tess.*); (*tess.*), v. **caustic** —; **high-temperature** —.
— **coal,** carbone da caldaia; carbone semigrasso.

steamproof paint, vernice (*f.*) resistente al vapore acqueo.
steamship, nave (*f.*) a vapore.
— **company** (*naut.*), compagnia di navigazione.
stearate (*chim.*), stearato *m.*
stearic, *agg.* stearico.
— **acid,** acido (*m.*) stearico.
stearin(e), stearina *f.*
steatite, steatite *f.*
Steckel mill (*met.*), laminatoio Steckel.
steel (*met.*), acciaio *m.*
— *v.a.* acciaiare.
— **alloy** (*met.*), lega d'acciaio.
— **angle,** angolare (*m.*) di acciaio.
— **annealing,** ricottura (*f.*) dell'acciaio.
— **artillery wheel** (*auto*), ruota (*f.*) in lamiera d'acciaio stampata.
— **braced radial** (*auto*), pneumatico radiale con rinforzo di acciaio.
— **band,** nastro (*m.*) di acciaio; reggia *f.*
— **belt,** cinghia (*f.*) d'acciaio.
— **bodywork** (*scocca auto*), lastroferratura *f.*
— **cable,** cavo (*m.*) d'acciaio.
— **box** (*tess.*), vedi : **cop —.**
— **cartel** (*comm.*), cartello dell'acciaio.
— **casting,** getto (*m.*) d'acciaio.
— **coal** (*strongly coking coal having a sulfur content of less than 1.25% and less thant 8% ash*) (U.S.A. Bureau of Mines Definition), carbone metallurgico.
— **colouring** (*met.*), coloritura degli acciai.
— **degassing process** (*met.*), processo di degasaggio dell'acciaio.
— **-framed press** (*mecc.*), pressa con incastellatura di acciaio.
— **gauge,** calibro (*m.*) di acciaio.
— **hardening,** cementazione (*f.*) dell'acciaio; tempra (*f.*) dell'acciaio; indurimento (*m.*) degli acciai.
— **hinge,** cerniera (*f.*) in acciaio.
— **hoop** (*met.*), **bandella** (*f.*) di **acciaio.**

steel ladder (*met.*), scala di acciaio.
— **-making** (*met.*), fabbricazione (*f.*) dell'acciaio, ottenuta con diversi procedimenti di cui i tre principali sono: il ciclo integrato altoforno-convertitore a ossigeno, la riduzione diretta e l'acciaieria a carica solida con il forno elettrico ad arco.
— **manufacture,** lavorazione (*f.*) dell'acciaio.
— **manufacturer** (*met.*, *comm.*), acciaiere *m.*
— **melting crucible,** crogiuolo (*m.*) per fusione d'acciaio.
— **parallels,** blocchetti (*m. pl.*) pian-paralleli di riscontro.
— **pipe,** tubo (*m.*) d'acciaio.
— **pulley,** puleggia (*f.*) d'acciaio.
— **rule,** riga (*f.*) metrica.
— **scraps,** rottami (*m. pl.*) d'acciaio.
— **semis** (*met.*), semilavorati di acciaio.
— **sheet,** vedi: — **cold rolled.**
— **sheet piling** (*ferr.*), palancola (*f.*) in acciaio.
— **shell,** tubo (*m.*) in acciaio per fondazioni idrauliche; camicia (*f.*) a parete metallica.
— **shutter,** armatura (*f.*) in acciaio (*o* in ferro).
— **shuttering,** armatura (*f.*) in ferro (*o* acciaio).
— **silo** (*agr.*), silo metallico.
— **spring,** molla (*f.*) d'acciaio.
— **spring wire** (*met.*), filo d'acciaio per molle.
— **strip, nastro** (*m.*) **di** acciaio.
— **tower** (*elet.*), pilone (*m.*) di acciaio a traliccio.
— **transfer car** (*met.*), carro alimentatore (*trasporto siviere*).
— **-tube rod,** asta (*f.*) tubolare d'acciaio.
— **wheels** (*auto*), ruote (*f. pl.*), in acciaio.
— **wire,** filo (*m.*) di acciaio.
— **-wire rope,** fune (*f.*) di acciaio; corda (*f.*) d'acciaio.
— **with bainitic structure** (*met.*), acciaio bainitico.
— **wool,** lana (*f.*) d'acciaio.

steel wool pad, tampone (*m.*) di lana d'acciaio.
— **works,** acciaieria *f.*; v. **integrated — works; vertically integrated — works.**
— **(acid —),** acciaio (*m.*) Martin-Siemens.
— **(basic —),** acciaio (*m.*) dolce.
— **(Bessemer —),** acciaio (*m.*) Bessemer; acciaio (*m.*) dolce.
— **(blister —),** acciaio (*m.*) da cementazione; acciaio (*m.*) cementato.
— **(carbon —),** acciaio (*m.*) al carbonio.
— **(case - hardening —),** acciaio (*m.*) da cementazione.
— **(cast —),** acciaio (*m.*) fuso.
— **(cemented —),** acciaio (*m.*) da cementazione; acciaio (*m.*) cementato.
— **(chisel —),** acciaio (*m.*) da scalpelli.
— **(chrome-nickel —),** acciaio (*m.*) al cromo-nichel.
— **(chrome-vanadium —),** acciaio (*m.*) al cromo vanadio.
— **(chromium —),** acciaio (*m.*) al cromo.
— **(cobalt tungsten high speed —),** acciaio (*m.*) rapido al cobalto tungsteno.
— **(compound —),** acciaio (*m.*) compound.
— **(continuously cast —),** acciaio (*m.*) colato in continuo.
— **(converted —),** acciaio (*m.*) da cementazione.
— **(Corten —),** acciaio duttile basso legato, resistente alla corrosione atmosferica.
— **(crucible —),** acciaio (*m.*) fuso acciaio (*m.*) colato.
— **(crucible cast —),** acciaio (*m.*) fuso al crogiolo.
— **(Damascus —),** acciaio (*m.*) damascato.
— **(electric —),** acciaio (*m.*) al forno elettrico.
— **(flake-free —),** acciaio senza fiocchi.
— **(forged —),** acciaio (*m.*) forgiato.

steel (hard —), acciaio (*m.*) duro.
— **(heat-treatable —),** acciaio da bonifica.
— **(high carbon —),** acciaio (*m.*) ad alto contenuto di carbonio.
— **(high pressure boiler tube —)** (*met.*), acciaio per tubi di caldaie ad alta pressione.
— **(high speed —),** acciaio (*m.*) rapido.
— **(high tensile strength — for welded structures)** (*met.*), acciaio ad alta resistenza per strutture saldate.
— **(ingot —),** acciaio (*m.*) omogeneo.
— **(low-carbon —),** acciaio (*m.*) a basso contenuto di carbonio.
— **(machinery —),** acciaio (*m.*) naturale; acciaio (*m.*) da macchine.
— **(manganese —),** acciaio (*m.*) al manganese.
— **(medium —),** acciaio (*m.*) a medio tenore di carbonio.
— **(medium hard —),** acciaio (*m.*) mezzo duro.
— **(micro-alloyed —),** acciaio microlegato.
— **(mild —),** acciaio (*m.*) dolce.
— **(molybdenum —),** acciaio (*m.*) al molibdeno.
— **(nickel —),** acciaio (*m.*) al nichelio.
— **(nickel-chrome —),** acciaio (*m.*) al nichelcromo.
— **(open hearth —),** acciaio (*m.*) Martin.
— **(oxygen blown —)** (*met.*), acciaio all'ossigeno.
— **(pressed —),** acciaio (*m.*) stampato.
— **(puddled —),** acciaio (*m.*) puddellato.
— **(raw —),** acciaio (*m.*) crudo.
— **(refined —),** acciaio (*m.*) affinato.
— **(rustless —),** acciaio (*m.*) inossidabile.
— **(shear —),** acciaio (*m.*) affinato da cementazione.
— **(Siemens-Martin —),** acciaio (*m.*) Martin-Siemens.

steel (silicon —), acciaio (*m.*) al silicio.
— **(soft —),** acciaio (*m.*) dolce.
— **(soft free-cutting—),** acciaio dolce automatico.
— **(soft free-machining —),** acciaio dolce automatico.
— **(spring —),** acciaio (*m.*) da molle.
— **(stainless —),** acciaio (*m.*) inossidabile.
— **(tempered —),** acciaio (*m.*) temprato.
— **(Thomas —),** acciaio (*m.*) Thomas.
— **(tool —),** acciaio (*m.*) da utensili.
— **(tungsten —),** acciaio (*m.*) al tungsteno.
— **(vacuum treated —),** acciaio trattato sotto vuoto (per la fabb. di rotaie resistenti alla abrasione, ecc.).
— **(very soft —),** acciaio (*m.*) extra dolce.
— **(weld —),** acciaio (*m.*) saldabile.
— **(welding —),** acciaio (*m.*) saldabile.
steeling, acciaiatura *f.*
steelmaker, *m.*, acciaiere *m.*
steelmaking (*met.*), fabbricazione (*f.*) dell'acciaio, ottenuta con diversi procedimenti convenzionali, (vedi **steel-making**), ed altri innovativi di particolare importanza fra i quali quelli della fabbricazione dell'acciaio all'arcoplasma e la fabbricazione diretta dell'acciaio.
— **metallurgy** (*met.*), metallurgia della fabbricazione dell'acciaio.
— **mini-plant** (*met.*), miniacciaieria *f.*
— **plant** (*met.*), acciaieria *f.*
steelworks (*met.*), acciaieria *f.*
steelyard, stadera *f.*
steep, *agg.*, ripido; molto inclinato.
— *v.a.*, mettere in fusione; mescolare gradualmente in una infusione; macerare *v.a.*; inzuppare *v.a.*; imbevere *v.a.*
steep roof, tetto (*m.*) ripido.
steepen (to —), rendere più inclinato (un angolo, ecc.); aumentare l'inclinazione.
steeping (*tess.*), macero (*m.*) dei bozzoli.
steer, *v.a.* (*naut.*), governare.
steerable satellite (*astron.*), satellite manovrabile.
steering, sterzo *m.* (*auto*); governo *m.* (*naut.*).
— **box** (*auto*), scatola (*f.*) di guida.
— **cam** (*auto*), vite perpetua per comando sterzo.
— **chain** (*naut.*), catena (*f.*) di manovra.
— **column** (*auto*), colonna dello sterzo; piantone dello sterzo.
— **column designed to absorb shock by collapsing under violent impact** (*auto*), piantone dello sterzo ad assorbimento d'urto a rottura nel caso d'urto violento.
— **column lock** (*auto*), bloccasterzo *m.*
— **column tube** (*auto*), tubo (*m.*) dello sterzo.
— **compass** (*naut.*), bussola (*f.*) di rotta.
— **compass magnifier** (*naut.*), lente d'ingrandimento della bussola di rotta.
— **drop-arm,** leva (*f.*) della scatola comando sterzo.
— **gear** (*auto*), meccanismo (*m.*) di comando dello sterzo; (*nautica*), agghiaccio *m.*; barra (sistema dell'apparecch. di manovra del timone della nave).
— **indicator,** indicatore (*m.*) di posizione (*autocarri*).
— **joint** (*auto*), snodo del tirante dello sterzo.
— **knuckle** (*auto*), fuso (*m.*) a snodo.
— **lever,** leva (*f.*) di marcia.
— **lock** (*required by law in certain countries*) (*auto*), bloccasterzo *m.*
— **mast** (*auto*), albero (*m.*) comando sterzo.
— **rod,** (*auto*), barra (*f.*) longitu-

dinale dello sterzo; leva (*f.*) dello sterzo.

steering sector (*auto*), settore (*m.*) elicoidale comando sterzo.

— **swivel,** fuso (*m.*) a snodo.

— **wheel,** volante (*m.*) di guida; ruota (*f.*) del timone (*naut.*).

— **wheel (three-spoke — wheel),** volante a tre razze.

— **wheel (turns of — wheel from lock to lock),** giri del volante per sterzata completa.

— **(worm and roller —)** (*auto*), guida del tipo a circolazione di sfere.

stellar kinematics, cinematica (*f.*) stellare.

stellarator (*fis. atom.*), generatore stellare (*usato per lo studio di reazioni termonucleari controllate*).

stellite, stellite *f.* (lega).

stellited valves (*auto*), valvole (*f. pl.*) rivestite di stellite, molto resistenti alla corrosione.

stelliting (*met.*), stellitizzazione *f.*

stem, stelo *m.*; ago (*m.*) di una valvola; asta (*f.*) di una valvola; ruota (*f.*) di prua (*naut.*); prua *f.* (*naut.*); (*petrol.*), asta (*f.*) pesante, alla quale viene unita la punta per la perforazione dei pozzi; serie di tubi cavi con una grossa punta all'estremità per la perforazione di pozzi.

— **of a tree,** fusto (*m.*) di una pianta.

— **of a valve,** albero (*m.*) di una valvola.

— **of the connecting rod,** fusto (*m.*) della biella; corpo (*m.*) della biella.

stemmed glass (*vetro*), bicchiere con gambo.

stemmer (*min. carbone, ecc.*), calcatoio *m.* (per l'intasamento delle mine).

stemming (*esplosivi*), intasamento *m.*; borraggio (di fori da mina).

— **plug** (*min.*), tappi di materiale inerte del foro da mina, per intasamento.

stench, fetore *m.*; puzzo *m.*

stencil (*comm.*), maschera (*per marcare colli*); marchio impresso a fuoco.

— **brush** (*smalti, ecc.*), pennello per maschere.

— **-paper** (*decor.*), maschera (*o* sagoma) per decorazioni.

stenter (*tess.*), rameuse *f.*

stentering (*tess.*), tensione dei tessuti (al fine di asciugarli).

— **machine** (*tess.*), essiccatore (*m.*) a tunnel per tessili.

step, segmento *m.* (*elet.*); predellino *m.* (di vetture ferr.); gradino *m.* (di controllo); scalino *m.* (della scala); gradino *m.* (della scala); (*chim.*), grado (*di ossidazione*); fase *f.*; stadio; tempo *m*; (*radar*), traccia (*f.*) stroboscopica; (*naut.*), gradino (« redan ») di un galleggiante di imbarcazione planante; (*istruzione di stampante*) (*inform.*), avanzamento *m.*

— **and repeat** (*inform.*), metodo di produzione di « chips » che utilizza un complesso sistema di lenti (brevetto Inmos).

— **-and-repeat camera** (*tip.*), macchina fotografica ripetitrice.

— **-and-repeat printing-down machine** (*tip.*), macchina per copiare.

— **bearing,** sopporto (*m.*) di base.

— **block** (*ferr.*), blocco (*m.*) a gradini.

— **-by-step procedure,** procedimento (*m.*) graduale.

— **chuck** (*orol.*), pinza a gradini.

— **down** (U.S.A.), trasformare (*v.a.*) a bassa tensione (*elet.*).

— **-down converter,** trasformatore (*m.*) di discesa.

— **down the voltage,** abbassare (*v.a.*) la tensione.

— **-down transformer,** trasformatore-riduttore (*o* abbassatore).

— **fault** (*geol.*), faglia a gradini.

— **grate,** graticola (*f.*) a gradini; graticola (*f.*) a piani; griglia (*f.*) a gradini; griglia (*f.*) a scalini.

step-hardening (*met.*), tempra per gradi.
— **isothermal treatment** (*met.*), trattamento di tipo isotermico a gradini.
— **of cone pulley,** gradino (*m.*) di cono di pulegge.
— **of integration (*fis. atom.*),** grado **d'integrazione.**
— **pulley,** puleggia (*f.*) a gradini; puleggia multipla.
— **-rail** (*ferr.*), rotaia (*f.*) a nasello.
— **up** (U.S.A.) (*elet.*), trasformare ad una tensione maggiore.
— **up (to) coal exports,** aumentare le esportazioni di carbone.
— **up transformer,** trasformatore elevatore di tensione.
— **wheel,** ruota (*f.*) a gradini.
stephanite (*min.*), solfato (*m.*) di argento ed antimonio.
Stephenson's link-motion, distribuzione (*f.*) a glifo.
steplessly variable-speed drive (*mecc.*, *macch. ut.*), variatore continuo di velocità.
stepped, *p.p.* a gradini; a riseghe (*muri*); graduato.
— **abutment** (*cost.*), spalla (*f.*) a riseghe.
— **cone,** puleggia (*f.*) a gradino.
— **foundation(s),** fondazione (*f. pl.*) con riseghe.
— **gable,** frontone (*m.*) a gradinata.
— **gears** (*mecc.*), ingranaggi (*m. pl.*) a gradini.
— **grate,** graticola (*f.*) a gradini.
— **roof,** tetto (*m.*) a gradinata.
— **variation of speed,** variazione (*f.*) graduata di velocità.
stepper motor (*elet.*), motore passo-passo.
stepping motor (*elet.*), motore passo-passo.
steps, posizioni (*m. pl.*) di avviamento.
— **of cone pulley,** gradini (*m. pl.*) del cono di pulegge.
stepwise, *avv.* gradualmente; a gradi.
steradian, angolo descritto dalla rotazione di un radiante intorno ad un asse.
stereo (*tip.*), stereo; (*audio*), stereo; stereofonico *agg.*
— **amplifier,** amplificatore (*m.*) stereofonico.
— **broadcasting,** trasmissione (*f.*) stereofonica.
— **car radio/cassette player** (*audio*), autoradio giranastri stereofonico.
— **cassette player** (*audio*), giranastri stereofonico.
— **effect,** effetto (*m.*) stereoscopico.
— **integrated amplifier** (*audio*), amplificatore stereo integrato.
— **parametric equalizer** (*audio*), equalizzatore parametrico stereo.
— **phono cartridge** (*audio*), fonorivelatore stereo.
— **pickup,** presa (*f.*) fonografica stereofonica.
— **preamplifier,** preamplificatore (*m.*) stereofonico.
— **record,** disco (*m.*) stereofonico.
— **recording,** registrazione (*f.*) stereofonica.
— **separation** (*audio*, *hi-fi*), separazione stereo.
— **tape deck** (*audio*), registratore stereo a bobine.
— **tape recorder,** registratore (*m.*) stereofonico a nastro magnetico.
stereobate (*arch.*), stereobate *m.*
stereocampimeter (*med.*), stereocampimetro *m.*
stereocasting, vedi: **stereo broadcasting.**
stereochemical, *agg.* stereochimico.
stereochemistry, stereochimica *f.*
stereofluoroscopy, stereofluoroscopia *f.*
stereogram, stereogramma *m.*
stereograph, stereografo *m.*
stereographic, *agg.* stereografico.
stereography, stereografia *f.*
stereoisomer (*chim.*), stereoisomero *m.*
stereoisomerism (*chim.*), stereoisomeria *f.*
stereometer, stereometro *m.*
stereometrical, *agg.* stereometrico

stereometry, stereometria *f.*
stereophonic reception, ricezione (*f.*) stereofonica.
— **reproduction** (*cinem.*), riproduzione stereofonica (con ripresa e riproduz. di impressioni sonore spaziali, con 3 microfoni).
stereophony, stereofonia *f.*
stereoradiography, stereoradiografia *f.*
stereoroentgenometry (*radiol.*), stereoröntgenometria *f.*
stereoscope (*fot.*), stereoscopio *m.*
stereoscopic, *agg.* stereoscopico.
— **film** (*cinem.*), film (*m.*) in rilievo.
— **image** (*TV*), immagine stereoscopica.
— **microscope** (*ott.*), microscopio (*m.*) stereoscopico.
— **motion pictures** (*cinem.*), cinematografia (*f.*) spaziale; stereocinematogr.; cinem. in rilievo.
— **television** (*telev.*), televisione stereoscopica; televisione tridimensionale.
stereoscopics, stereoscopia *f.*
stereoscopy, stereoscopia *f.*
stereotype plate, cliché *m.*
stereotyper, stereotipista *m.*
stereotyping (*tip.*), stereotipia *f.*
stereo(typy) (*tip.*), stereotipia *f.*
steric, *agg.* (*chim.*), sterico.
sterilised milk, latte (*m.*) sterilizzato.
sterilization, sterilizzazione *f.*
sterilize, *v.a.* sterilizzare.
sterilizing agent (*chim.*), sterilizzante (*chimico*).
— **box,** bollitore *m.* (sterilizzatrice).
— **filter,** filtro sterilizzatore.
stern, poppa *f.* (del pallone) (*aereo*); poppa *f.* (*naut.*).
— **light** (*naut.*), fanale (*m.*) di poppa.
— **heavy** (*naut.*), *agg.* appoppato.
— **post** (*naut.*), ruota (*f.*) di poppa.
— **tube** (*naut.*), astuccio *m.*
sternboard (*naut.*), abbrivio indietro.
sternpost (*naut.*), dritto di poppa.
sterols (*chim.*), steroli *m. pl.*
stet, pentimento *m.* (correzione da non eseguirsi) (*bozze*).
stethoscope (*med.*), stetoscòpio *m.*
stevedore, *m.* stivatore.
— **truck** carrello per trasporto di sacchi. ecc.
stew (*cinem.*), suono (*m.*) indesiderato prodotto dalla macchina di proiezione, durante la proiezione di un film; rumore di fondo.
stibine (*chim.*), stibina *f.*
stibnite, stibnite *f.*
stick, *n.*, bacchetta *f.*; bastone *m.*; regoletto di marginatura (*tip.*); (*slang*) (*aereo*) (U.S.A.), elica *f.* (*a dead-stick landing* = atterraggio con elica ferma); (*aereo*), barra di comando.
— (*cinem.*) (U.S.A.), *agg.* statico.
— *v.a. v.i.*, incollare *v.a.*; fare (*v.i.*) presa; attaccare *v.a.*; aderire *v.i.*; ammaccarsi *v.r.*
— **lac,** lacca (*f.*) in bastoni.
— **model** (*aereo*), modello (*m.*) ad aste.
— **plane** (*aereo*) (U.S.A.), modello ad aste.
— **-slip** (*macch. ut.*), avanzamento a scatti.
stickiness (*chim.*), lentezza (*f.*) (*di una reazione*); viscosità *f.*; tenacità *f.*
sticking, incollatura *f.*; aderenza *f.*; adesione *f.*; inceppamento (di aste, ecc.) (*sondaggio*); (*telev.*), ritenimento dell'immagine.
— **of the magnet,** immobilizzazione (*f.*) del magnete del freno.
sticky, *agg.* appiccicaticcio.
stiff (*mecc.*), *agg.* rigido.
— **building** (*costr.*), edificio rigido.
— **paper binding** (*tip.*), legatura cartonata.
stiffen, *v.a. v.i.*, rinforzare *v.a.*; indurire *v.a. v.i.*; irrigidire.
— (*cost.*), elemento di rinforzo (*montante*).
stiffened suspension bridge, ponte (*m.*) sospeso irrigidito.
stiffener, pezzo (*m.*) di rinforzo.
— **ring** (*mecc.*), anello di rinforzo.

stiffener slot (*naut.*), scanalatura per elementi di irrigidimento.
stiffening, irrigidimento *m.*; rinforzo *m.*; nervatura *f.*; indurimento (*tessuti*).
— **angle,** cantonale (*m.*) di rinforzo.
— **girder,** trave (*f.*) di rinforzo.
— **iron,** ferro (*m.*) di rinforzo.
— **-plate,** lamiera (*f.*) di rinforzo.
— **plate** (*mecc.*), piatto (*m.*) di irrigidimento.
— **rib** (*aereo*), aletta (*f.*) di rinforzo.
— **ring,** anello (*m.*) di rinforzo.
stiffness, rigidezza *f.*; rigidità *f.*; (*mecc.*), v. **torsional —**.
stifle, *v.a.*, estinguere *v.a.* (*una fiamma*); arrestare *v.a.* (*una reazione chim.*).
stilb (*ill.*), stilb *m.*
stilbene (pr. *stil′ bin*) (*chim.*), stilbene *m.*
— **dyes** (*colori*), coloranti allo stilbene.
stile (*cost. civ.*), montante (*m.*) verticale di telaio; (*petrolio*), palo di sostegno di « derrick ».
still, alambicco *m.*; distilleria *f.*; fotografia presa da un film (*pubb.*); (*agg.*), muto (*cinem.*); fisso (*fot.*).
— **gas,** gas di distillazione.
— **head** (*chim.*), colonna (*f.*) di distillazione.
— **house,** distilleria *f.*
— **in the blue-print stage** (U.S.A.), **ancora allo studio.**
— **life** (*arte*), natura (*f.*) morta.
— **picture** (*TV*), immagine fissa, (carte geografiche, ritratti, ecc.), senza movimento.
— **picture projection,** proiezione muta (non sonora).
— **-residue** (*chim.*), residuo (*m.*) di distillazione.
— **water,** acqua (*f.*) cheta; acqua (*f.*) stagnante.
— **wine,** vino non spumante.
stillage, piattaforma (*f.*) di trasporto, per contenitori, ecc.
stilling basin (*costr.*), bacino (*m.*) di calma.
stillingia oil, olio (*m.*) essenziale di stillingia.
stillstand (*chim.*), stato d'equilibrio; fine (*di una reazione*).
stimulate, *v.a.* (*chim.*), attivare *v.a.*
sting (*aereo*), supporto (*o* braccio) del modello.
stippled, punteggiato *p.p.*
stippling (*decorazione armi ecc.*), cesellatura a punti; incisione a piccoli punti.
stir, *v.a.* attizzare (il fuoco); agitare.
— **up,** attizzare *v.a.* (il fuoco).
Stirling engine (*auto*), (*external combustion engine*), motore a combustione esterna.
stirrer, agitatore *m.*
stirring, agitazione *f.*
— **arm,** braccio di mescolatore.
— **corrosion** (*met.*), corrosione-turbolenza (quando vi è turbolenza nel movimento del liquido che bagna il materiale metallico).
— **gear,** agitatore *m.*
— **test** (*corrosione met.*), prova (*f.*) con agitazione.
stirrup, staffa (*f.*) (per cem. armato, ecc.); forchetta *f.*
— **bolt,** bullone (*m.*) a staffa.
stitch (*maglieria, ecc.*), punto. *m.*
— **adjustment** (*tess.*), dispositivo di regolazione del punto.
— **regulator,** vite di regolaggio (di macch. da cucire).
stitchel, specie di lana avente l'aspetto di pelo.
stitching (*tip.*), legatura (*f.*) rustica; (*mecc.*), puntatura *f*; (*tes.*,) appuntatura *f.*
— **machine** (*tip.*), macchina (*f.*) cucitrice.
stochastic model (*ricerca operativa*), modello stocastico.
— **process,** processo stocastico.
— **variable** (*statistica*), variabile stocastica.
stock, filiera *f.*; calcio *m.* (di arma da fuoco); timone (*m.*) di aratro; ceppo (*m.*) di un'àncora (*naut.*); soggetto *m.* (di innesto) (*bot.*); testata *f.* (*armi*);

corpo (*m.*) della pialla (parte in legno); materiale per dischi; materia prima (*industriale*); giacenza (*comm.*); dotazione *f.*; materiale di carica (*met.*),; carica (*met.*); (*met.*), pezzo da forgiare; spezzone; (*geol.*), corpo minerario più irregolare nel profilo ma simile ad un « chimney »: v. **chimney.**

stock car (*auto*), vettura di serie.

— **card** (*magazzino*) (*lavoro*), scheda materiali.

— **charging,** carica (*f.*) di materie prime.

— **cracking,** (*ind. pet.*), materia prima di « cracking ».

— **davits** (*naut.*), gru (a cui sono appese le imbarcazioni di salvataggio).

— **dividend** (*finan.*), distribuzione (attribuzione) di azioni gratuite.

— **exchange** (*comm.*), borsa valori.

— **indicator,** indicatore (*m.*) di carica (di altoforno).

— **line,** altezza di carica (*di un altoforno*).

— **line level** (*altoforno met.*), livello della colonna di carica.

— **lumber,** legname *m.* (in misure richieste dal commercio).

— **of the gun,** cassa (*f.*) del fucile.

— **piling,** stoccaggio *m.*

— **rail** (*ferr.*), contrago *m.*

— **solution** (*chim.*), soluzione (*f.*) stabile.

— **taking** (*comm.*), inventario *m.* (delle merci).

— **yard,** luogo di stoccaggio.

— **(distillate —),** distillato *m.*

— **(feed —),** carica (*f.*) di materiale.

— **(vergin —),** materiale (*m.*) vergine.

stockbroker (*comm.*), agente di cambio.

stocking cycle (*met.*), ciclo di messa a parco (impianti di omogeneizzazione).

stockist, depositario *m.*

stockist of aircfrat instruments, depositario di strumenti per aeroplani.

stockpile, riserva di materiale ammassato; (*min. met.*), letto di omogeneizzazione.

stockpiling, deposito *m.*; ammasso *m.*

stocks (*cost. civ.*), mattoni (*m. pl.*) forti.

stockwork (*geol.*), corpo minerario con intreccio di piccole vene metallifere.

stockyard (*min.*), piazzale di miniera (*per deposito temporaneo di acciaio, legname e di altro materiale voluminoso per la miniera*).

stoichiometric, *agg.*, stechiometrico.

stoichiometry (*chim.*), stechiometria *f.*

stoke, unità di viscosità cinematica.

— **-hole,** bocca (*f.*) di carica di un forno.

stokehold (*naut.*), locale (*m.*) caldaie.

stoker, fuochista *m.*; fochista *m.*

stone, sasso *m.*; pietra *f*; *v.a.* snocciolare *v.a.*

— **balustrade,** parapetto (*m.*) in muratura.

— **bedding,** platea (*f.*) di ciottoli.

— **bolt,** bullone (*m.*) a mazzetta; chiavarda *f.*

— **bond,** assestamento (*m.*) delle pietre.

— **bridge,** ponte (*m.*) in pietra.

— **chipping** (*auto*), urto di pietrisco contro un'automobile in movimento.

— **-coal** (*min.*), antracite *f.*

— **concrete,** calcestruzzo (*m.*) di pietrisco.

— **-corbel,** mensola (*f.*) di pietra (porta-isolatori).

— **crusher,** frantoio (*m.*) per pietre.

— **crushing machine,** frantumatrice *f.*

— **dowel,** tassello (*m.*) di pietra.

— **down** (*orol.*), ridurre (*v.a.*) l'altezza con una pietra.

stone duster (*min.*), addetto alla scistificazione (*miniere di carbone*).
— **dusting** (*min.*), scistificazione (distribuzione di polveri inerti lungo le vie di carreggio per prevenire esplosioni di polveri nelle miniere).
— **excluder** (*ind. mol.*), spietratore *m.*
— **-faced rubble masonry,** muratura (*f.*) a paramento a vista (in pietra).
— **filling,** gettata (*f.*) di pietre.
— **floor,** pavimento (*m.*) in pietra.
— **guard** (*aereo*), griglia di protezione contro la proiezione di corpi solidi.
— **-hammer,** mazzetta *f.* (per pietre).
— **hand cutter,** tagliapietre *m.*; scalpellino *m.*
— **head,** la prima roccia che s'incontra nello scavare un pozzo di miniera.
— **hinge,** articolazione (*f.*) in pietra; cerniera (*f.*) di conci di pietra.
— **insulator,** isolatore *m.* (di bassa tensione).
— **lining,** contorno (*m.*) di pietra.
— **mason,** scalpellino *m.*
— **-mason hammer,** martello (*m.*) da bugnatura.
— **pavement,** selciato *m.* (di pietre).
— **pillar,** colonna (*f.*) in pietra.
— **rubble** (*costr.*, *difesa idraulica*), ciottolame *m.*
— **screening plant,** cernitore (*m.*) meccanico delle pietre.
— **sill,** davanzale (*m.*) in pietra.
— **strutting,** sbadacchiatura (*f.*) in pietra.
— **tongs,** tanaglia (*f.*) per la sospensione delle pietre.
— **winch,** argano (*m.*) da pietre.
stoneware (*cost.*), grès *m.*
— **clay,** argilla da grès.
— **pipe,** tubo (*m.*) di grès.
stoning machine, snocciolatrice *f.*
stool, sgabello *m.*
stools, estremità (*f.*) di un davanzale.
stoop (*cost.*), piattaforma all'esterno dell'entrata di una casa.
stop, *n.*, interruzione *f.*; arresto *m.*; innesto *m.*; ritegno *m.*; scattino *m.* (*orol.*); punto (*m.*) di arresto; nasello (*m.*) di arresto; registro (*organo*); bottone di registro (*organo*); scontro *m.* (*mecc.*), (arresto che impedisce spostamenti longitud. e trasversali).
— *v.a.* stagnare (tamponare); arrestare; interrompere; arrestarsi *v.r.*; fermarsi *v.r.*
— **and start lever,** leva (*f.*) di arresto e di messa in moto
— **bar,** barra (*f.*) d'arresto.
— **block,** blocco (*m.*) d'arresto.
— **cock,** valvola (*f.*) d'arresto; rubinetto (*m.*) di chiusura.
— **disc,** disco (*m.*) di arresto; renella (*f.*) d'arresto.
— **dog** (*auto*), innesto (*m.*) a denti per bloccaggio differenziale.
— **fingers** (*orol.*), dita (*pl.*) d'arresto.
— **-key** (*radio, audio, telev.*), tasto di arresto.
— **line** (*traf. autom.*), linea di arresto.
— **motion** (*tess.*), arresto automatico.
— **pin** (*mecc.*), perno (*m.*) d'arresto.
— **spindle,** albero (*m.*) degli arresti.
— **spring,** molla d'arresto.
— **up,** chiudere (*v.a.*), a tenuta; intasare *v.a.*; tappare *v.a.*; ostruire *v.a.*; ostruirsi *v.r.*; ingorgarsi *v.r.*
— **valve,** valvola (*f.*) d'arresto.
— **watch,** cronometro *m.*; orologio a scatto.
— **with throw over catch,** arresto (*m.*) con nottolino girevole.
stope, gradino *m.* (*miniere*); cantiere (*m.*) d'abbattimento (a gradini) (*miniere*); coltivare a gradini (*min.*); scavare (*o* abbattere) minerale.

stope face (*min.*), fronte d'attacco (*o* d'abbattimento).

stoping (*geol.*), abbattimento (di minerali); coltivazione *f.* a gradini (*miniere*).

stoppage, ostruzione *f.*; ingorgo *m.*; intasatura *f.*; ingombro *m.*; intoppo *m.*; pausa *f.*; impedimento; arresto *m.*

stopper (*met.*), tappo *m.* (di forno met. o siviera); tampone *m.*

— **bell** (*met.*), campana per altoforno.

— **column** (*met.*), asta di colata.

— **-drying oven** (*met.*), forno (*m.*) per l'essiccazione dei tappi.

— **maker** (*met.*), addetto (*m.*) alle spine (di siviera).

— **-nozzle-ladle** (*colaggio acciaio*), spina-tappo-scaricatore.

— **rod** (*met.*), spina (*f.*) di siviera; asta di colata.

— **rod brick** (*met.*), manicotto (refrattario) dell'asta di colata.

stoppered ladle (*met.*), siviera (*f.*) a tappo.

stopping, intasamento *m.*; stuccatura *f.* (prima di passare la vernice) (*cost. civ.*); (*min.*), sbarramento (*contro le acque e il fuoco o il gas*); (*mecc.*), arresto; (*auto*), frenatura *f.*

— **brake,** freno (*m.*) d'arresto.

— **condenser,** condensatore (*m.*) di bloccaggio.

— **cross-section** (*fis. atom.*), sezione (*f.*) d'urto di arresto.

— **distance** (*freni auto*), spazio (*m.*) d'arresto.

— **knife,** coltello (*m.*) da mastice.

— **position** (*mecc.*) (*of a press*), posizione di arresto.

— **potential** (*fis. atom.*), potenziale d'arresto.

— **power,** potere (*m.*) d'arresto (capacità di assorbimento).

— **time,** tempo di arresto.

stopwork (*orol.*) (*mechanism to prevent the overwinding of a mainspring*), arresto *m.* (di molla motrice).

storage, conservazione *f.*; immagazzinaggio *m.* (*comm.*); (*fis. atom.*), deposito *m.*; (*inform.*), memoria *f.* (*dispositivo in grado di memorizzare, conservare, e con possibilità di prelevarne, i dati*).

— **allocation** (*inform.*), assegnazione in memoria.

— **bank** (*met.*), piano di deposito (di billette, ecc.).

— **battery,** batteria (*f.*) di accumulatori; accumulatore (*m.*) elettrico.

— **bin** (*met., impianti di agglomeraz.*), silo materie prime.

— **capacity** (*costr. idraul.*), invaso *m.* (capacità di serbatoio idrico, spec. per impianti idroelettrici); (*elettron.*), capacità (*f.*) di memoria.

— **cellar,** cantina di deposito.

— **dump** (*inform.*), ammasso di memoria.

— **hopper,** tramoggia (*f.*) di caricamento.

— **life** (*fis. atom.*), conservabilità.

— **location** (*elettron.*), posizione di memoria.

— **losses** (*petr.*), perdite (per evaporazione ecc.) nelle cisterne di deposito.

— **medium** (*inform.*), supporto di memoria.

— **module** (*audio*), modulo portacassette (portadischi, ecc.).

— **pit** (*per rottame, met.*), fossa di deposito.

— **positions** (*elettron.*), posizioni (*f. pl.*) di memoria.

— **pumps** (*idraul.*), pompe per accumulazione idraulica.

— **register** (*inform.*), registro di memoria.

— **tank,** cisterna (*f.*) di deposito.

— **tube** (*elettron.*), tubo (*m.*) di memoria.

— **water heater,** riscaldatore (*m.*) dell'acqua di deposito.

— **well** (*fis. atom.*), fossa (*f.*) di deposito.

storax oil, olio (*m.*) essenziale di storace.

store, deposito *m.* (rimessa); magazzino *m.*; (*elettron.*), memoria *f.*
— *v.a.* immagazzinare; (*elettron.*), trasferire una informazione in un calcolatore elettronico: memorizzare.
— *v.a.* **data in the computer's memory** (*elettron.*), registrare i dati nella memoria del calcolatore.
— **energy,** immagazzinare (*v.a.*) energia.
— *v.a.* **information** (*elettron.*), memorizzare i dati.
— **-lift,** ascensore (*m.*) da magazzino.
— **power,** conservare (*v.a.*) energia.
— **(up —),** *v.a.*, accumulare *v.a.*; mettere in riserva; immagazzinare *v.a.*; conservare (*un prodotto*).
storecasting (*radio*) (U.S.A.), trasmissione speciale per magazzini a catena.
stored, *p.p.* (*elettron.*), registrato; memorizzato; immagazzinato.
— **program** (*inform.*) (*elettron.*), programma registrato.
— **program control** (*elettron.*), controllo del programma registrato.
storehouse, magazzino *m.*
stor(e)y, piano *m.* (di casa).
storing, immagazzinamento *m.*
storm force wind (*naut.*), vento forza II della scala Beaufort; vento di tempesta.
— **window** (*cost.*) (*aereo*), finestra (*f.*) a doppie imposte.
stovaine (*chim.*), stovaina *f.*
stovarsol (*chim.*), acetarsone.
stove, stufa *f.*; fornello *m.*
— **-enamelled** (*met.*), verniciato a fuoco.
— **-enamelled steel,** acciaio smaltato al forno.
— **enamel stripping,** rimozione dello smalto a fuoco.
— **paint stripping,** sverniciatura della pittura a fuoco.
— **pipe,** tubo (*m.*) di stufa.
stow, *v.a.* stivare (*naut.*).
stow (to) in the engine compartment (*auto*), sistemare nel vano motore.
stowage, stivaggio *m.*
— **manifest,** manifesto (*m.*) di carico (*naut.*, *comm.*).
stowing (*miniere*), ripiena *f.*
St. Petersburg standard, unità (*f.*) di misura del legname (equivalente a 165 piedi cubici).
strack-pipe, doccione *m.* (tubo).
straddle (to —) (*gru*), portare (un carico) a cavalletto; cavalcare.
— **carrier** (*trasporti*, *met.*), autocarro speciale per trasporto metalli in barre, profilati, ecc.; veicolo a cavalletto (*per trasporto di legname e in genere mat. voluminoso*).
— **milling** (*mecc.*), fresatura con due o più frese a denti radiali, per operazioni contemporanee e multiple sullo stesso pezzo.
— **packer** (*petrol.*), packer doppio (composto da 2 elementi).
straggle, *v.i.*, disperdersi *v.r.*
straggling, dispersione *f.*
straight and helical spur gears shaping machine (*macch. ut.*), stozzatrice per ingranaggi cilindrici a denti diritti ed elicoidali.
— **-ahead drilling** (*petrolio*), perforazione continua (e facile).
— **arch** (*cost.*), piattabanda *f.*
— **bitumen,** bitume senza solvente.
— **bridge** (*cost.*), ponte (*m.*) retto.
— **cup grinding wheel,** mola (*f.*) a disco.
— **eight** (*motori*), motore a otto cilindri in linea.
— **-flow combustion chamber** (*aereo*), camera (*f.*) di combustione a presa diretta.
— **fluted reamer,** alesatore (*m.*) con scanalature diritte.
— **grain,** fibra (*f.*) di legno diritta.
straight halving, intaccatura (*f.*) a squadro a metà legno.
— **joint,** giunto (*m.*) retto.
— **knurling,** zigrinatura (*f.*) diritta.

straight line, rettifilo *m.* (linea).
— **line capacitance,** variazione (*f.*) lineare di capacitanza.
— **-line ear** (*ing. elet.*), griffa (*f.*) per linea retta.
— **line flying** (*aereo*), volo (*m.*) in linea retta.
— **line frequency,** variazione (*f.*) lineare di frequenza.
— **line length** (*laminatoio, ecc.*), lunghezza in linea retta.
— **line wiper** (*marine windscreen wipers*) (*naut.*), tergicristallo ad azione a linea retta.
— **off the computer** (*inform.*), direttamente dal computer (carte, trasparenze, ecc. direttam. dall'elaboratore).
— **pass** (*tess.*), rimettaggio (*m.*) diretto.
— **receiver** (*radio*), ricevitore (*m*). ad amplificazione diretta.
— **refining** (*ind. pet.*), raffinazione (*f.*) non frazionata.
— **road,** rettifilo *m.* (strada).
— **run (spirit),** distillato dal petrolio grezzo.
— **-run gasoline** (U.S.A.), benzina (*f.*) distillata a pressione atmosferica (senza «cracking», ecc.).
— **side jewel** (*orol.*), pietra (*f.*) diritta.
— **side tyre,** copertoni (*m. pl.*) a cerchietti.
— **spur gears,** ingranaggi (*m. pl.*) cilindrici diritti.
— **sunk key,** chiavetta (*f.*) incastrata diritta.
— **-toothed gear,** ruota (*f.*) a denti diritti.
— **through combustion system,** sistema (*m.*) di combustione a presa diretta.
— **type cable** (*elet.*), cavo (*m.*) avente come dielettrico della carta impregnata d'olio.
— **-up-and-down filament** (*elet.*,) filamento (*m.*) ad arcolaio.
— **vault,** volta (*f.*) retta.
— **wing** (*aereo*), ala (*f.*) diritta.

straightaway, rettilineo (*m.*) stradale.

straightedge, regolo (*m.*) per rettificare; riga di controllo.

straighten, *v.a.* spianare; raddrizzare; drizzare.

straightener (*macch. ut.*), v. **strip —.**

straightening, raddrizzatura *f.*
— **machine,** raddrizzatrice *f.*
— **of the work,** aggiustamento (*m.*) del pezzo.
— **press,** pressa (*f.*) per raddrizzare.
— **press for mine propping material,** pressa per raddrizzare per materiale di puntellatura di miniere.
— **roll,** rullo (*m.*) spianatore; (*met.*), cilindro (*m.*) spianatore; (*met.*), rullo per spianatrici lamiera.
— **the top** (*tess.*), lisciamento del pettinato.

straightness tolerance (*mecc.*), tolleranza sulla rettilineità (*tubi*).

strain (*mecc.*), sollecitazione *f.*; deformazione *f.* (prodotta da sollecitazioni); tensione *f.* (molecolare, ecc.).
— *v.a. v.i.*, filtrare *v.a.*; deformare *v.a.*; deformarsi *v.r.*; tendere *v.a.*; sollecitare *v.a.*
— **age hardening** (*met.*), invecchiamento mediante incrudimento (*di deformaz.*).
— **ageing (***or* **aging,** U.S.A.**)** (*met.*), invecchiamento (*m.*) per tensioni.
— **ageing kinetics** (*met.*), cinetica dell'invecchiamento per tensioni.
— **gage** (*pesatura e mis. di pressione*), estensimetro *m.*
— **gauge** (*mecc.*), estensimetro *m.*
— **hardening** (*met.*), incrudimento *m.*
— **insulator** (*ing. elet.*), isolatore (*m.*) d'ancoraggio (*ferr. elet.*).
— **pin** (*elet.*), porta-isolatore di tensione.
— **ratio** (*met.*), coefficiente di anisotropia plastica.

strain relieving machine (*met.*, *lamiere*), snervatrice *f.* (per lamiere).
strainer, filtro *m.*; succhierola *f.* (*naut.*); cuffia (*f.*) da ghiaia; (*aereo*), dispositivo di misura di una forza.
straining, filtrazione *f.*
strake, paletta (*f.*) per trattori; (*naut.*), corso di fasciame.
— **(rubbing strakes)** (*auto*), fasce di protezione.
strand (*elet.*), trefolo *m.*
— **cable,** cavo (*m.*) a trefoli.
— **casting** (*met.*), colaggio in lingotti.
— **of rolls** (*met.*), linea (*f.*) di cilindri.
stranded aluminium conductors (*elet.*), conduttori in corda di alluminio.
— **caisson** (*cost. civ.*), cassone (*m.*) americano (cassone per costruzioni di pile di ponti).
— **electrode** (*sald.*), elettrodo ad anima a più fili a spirale.
— **rope,** fune (*f.*) a trefoli.
— **wire,** cavo (*m.*) metallico.
strander (*mecc.*), macchina per fare trefoli.
— **(universal —),** macchina per fare trefoli universale.
stranding (*naut.*), andare in secca.
— **machine** (*mecc.*), macchina per fare trefoli.
strange particles (*fis. atom.*), particelle (*f. pl.*) estranee.
strap, collare *m.*; corda (*f.*) d'attacco delle tirelle; nastro (*m.*) metallico per unioni di legnami; testa (*f.*) di biella; fascia (*f.*) di rinforzo; armatura *f.*; (*petrolio*), nastro metrico di acciaio (per misura della circonferenza dei tubi e quindi della capacità di liquido).
— **bolt,** bullone (*m.*) a staffa.
— **fork,** forchetta (*f.*) di cinghia.
— **-hanging** (*trasporti*), viaggiare in piedi con la mano aggrappata alla maniglia superiore (tram, autobus).
strap lug, barretta per attacco del cinturino (orologio a polso).
— **(to —),** *v.a.* (*petrolio*), misurare la capacità di cisterne per pollice; misurare la profondità di un pozzo (*petrolio*); misurare la circonferenza di un tubo, con nastro metrico d'acciaio, per determinarne la capacità.
strapping (*cost.*), parete (*f.*) interna d'assicelle; (*ind. pet.*), (misura della) capacità di una cisterna.
stratafrac (*ind. pet.*), « stratafrac » (metodo per sfruttamento di pozzi, con formazione artificiale di uno speciale gel).
strategic arms limitation, limitazione delle armi strategiche
— **bomber** (*aereo*) (*mil.*), bombardiere strategico.
— **missile,** missile (*m.*) strategico.
— **nuclear warhead** (*mil.*), testata nucleare strategica.
stratification, stratificazione *f.*; giacitura *f.*
stratified rocks, rocce (*f. pl.*) stratificate.
stratigraph (*geol.*), sezione stratigrafica degli strati geologici.
stratigraphical horizon, orizzonte (*m.*) stratigrafico.
stratigraphic(al) trap (*petrol.*, *geol.*), « trappola » stratigrafica.
stratigraphy (*geol.*) stratigrafia *f.*
stratocruiser, aereo per volo stratosferico.
stratoliner (*aereo*) (U.S.A.), aeroplano di linea per volo stratosferico.
stratosphere, stratosfera *f.*
stratovision (*telev.*), « stratovisione » (sistema di collegamento di telestazioni, mediante aerei).
straw, paglia *f.*
— **-press,** pressa (*f.*) da paglia (nella trebbiatrice).
— **stuff,** pasta (*f.*) di paglia.
strawberry (U.S.A.) (*cinem.*) (*slang*), filtro rosso.
stray, dispersione *f.*
— *v.i.*, disperdersi (*elet.*); deviare (*di raggi*).

stray capacitance (*elet.*), capacitanza (*f.*) parassita.
— **current corrosion** (*met.*), corrosione per correnti impresse; corrosione per correnti interne; corrosione da correnti vaganti.
— **currents** (*elet.*), correnti (*f. pl.*) vaganti.
— **electrical currents** (*elet.*), correnti (*f. pl.*) vaganti.
— **field** (*elet.*), campo (*m.*) di dispersione.
— **flux** (*elet.*), flusso (*m.*) disperso.
— **induction** (*elet.*), induzione (*f.*) per effetto della dispersione.
— **losses** (*elet.*), perdite addizionali.
— **magnetic field**, campo (*m.*) magnetico esterno.
— **neutron** (*fis. atom.*), neutrone (*m.*) vagante.
strays, radiodisturbi *m. pl.*; (*inform. ecc.*), interferenze *f. pl.*
streak, traccia *f.*; banda (*f.*); zona (*f.*) (*di temperatura*).
streaking (*min.*), formazione di bande (zone); stratificazione *f.*
stream (*gas*), serie di apparecchi di purificazione (che purificano il gas dalla distillazione al gasometro); (*distillaz.*), **to be on stream** = produrre (distillato ecc.); **on stream time** = tempo di produzione; (*ind. pet.*), **to put on stream** = mettere in produzione; v. **put on — a reduction line.**
— *v.a.* far scorrere; scorrere (*v.i.*) rapidamente; lavare in acqua corrente; muoversi lasciando una striscia di luce (*astron.*).
— **anchor** (*naut.*), àncora (*f.*) di poppa.
— **course**, filone (*m.*) dell'acqua.
— **day** (*ind. pet.*), giorno di lavorazione; giorno produttivo.
— **degassing** (*met.*), degasaggio per circolazione nel vuoto.
streaming (*fis.*), flusso (*m.*) continuo; flusso (*m.*) unidirezionale (*causato da onde sonore*).
streamline, linea (*f.*) aerodinamica; aerodinamicità *f.*
streamline *v.a.*, dare (*v.a.*) forma aerodinamica; modernizzare; (*to streamline the lighting system*), modernizzare il sistema di illuminazione.
— **axle** (*aereo*), assale (*m.*) profilato.
— **wire** (*aereo*), filo (*m.*) di rinforzo usato esternamente in un aeroplano.
streamlined, *agg.* aerodinamico.
— **coachwork** (*auto*), carrozzeria (*f*) aerodinamica.
— **electric locomotive**, locomotore (*m.*) aerodinamico.
street car (U.S.A.), vettura (*f.*) tramviaria.
— **lighting**, illuminazione (*f.*) stradale.
— **pole**, palo (*m.*) stradale (per linee elettriche).
— **-post**, paracarro *m.*
— **refuge**, salvagente *m.* (per sicurezza dei pedoni).
— **sprinkler**, innaffiatrice (*f.*) stradale.
— **traffics signals**, segnalazioni stradali.
strength, forza *f.* (resistenza); concentrazione (*di acido*) (*chim.*); intensità *f.* (*elet.*); titolo *m.* (di soluzione).
— **of current**, intensità (*f.*) della corrente.
— **of materials**, resistenza (*f.*) dei materiali.
— **test**, prova (*f.*) di resistenza.
— **tester** (*tess.*), dinamometro *m.*
— **-to-weight ratio**, rapporto solidità-peso.
— **(bonding —)**, adesività.
— **(bursting —)**, resistenza alla rottura.
— **(compressive —)**, resistenza a compressione.
— **(creep —)**, resistenza allo scorrimento viscoso.
— **(dry—)** (*fond.*), coesione a secco.
— **(fatigue —)** (*met.*, *costr.*), resistenza a fatica.
— **(flexural —)**, resistenza alla flessione.
— **(green —)** (*fond.*), coesione a verde.

strength (impact —) (*mecc.*), resistenza all'urto.
— **(notch —)** (*mecc.*), resistenza all'intaglio.
— **(shear —)** (*mecc.*), resistenza al taglio.
— **(tear —)** (*mecc.*), resistenza allo strappo.
— **(tensile)** (*costr.*, *ecc.*), resistenza a trazione.
— **(yield —)** (*mecc.*), resistenza allo snervamento.
strengthen, *v.a.* consolidare; rinforzare.
streptomycin (*farm.*), streptomicina *f.*
stress (*costr.*; *mecc.*), tensione *f.*; sollecitazione *f.*; sforzo *m.*; *v.a.* sollecitare.
— **chart,** grafico per il calcolo delle sollecitazioni.
— **crack** (*met.*), cricca (*f.*) di tensione (cricca dovuta a sollecitazioni meccaniche).
— **corrosion** (*met.*), corrosione (*f.*) sotto sforzo (in metalli sottoposti a sollecitazioni mecc. esterne derivanti da forze applicate); tensocorrosione *f.*
— **corrosion crack propagation** (*ing. mecc.*), propagazione di cricche dovute a tensocorrosione.
— **diagram,** diagramma (*m.*) delle tensioni.
— **distribution,** distribuzione (*f.*) delle tensioni.
— **due to bending,** tensione (*f.*) dovuta a flessione.
— **number (SN) curve** (*met.*), linea Wöhler.
— **of material,** fatica (*f.*) del materiale.
— **relief** (*costr.*), distensione (*f.*) della tensione.
— **relieved** (*met.*), ricotto (*p.p.*) per distensione; (*met.*), disteso.
— **relieving** (*met.*), distensione; ricottura di distensione.
— **-relieving oven** (*met.*), forno di distensione.
— **situation** (*met.*), configurazione degli sforzi.
stress strain curve (*mecc.*), curva (diagramma) sollecitazioni-deformazioni.
— **-strain diagram** (*mecc.*), diagramma (*m.*) tensione-deformazione.
— **(buckling —)** (*mecc.*), sollecitazione al carico di punta.
— **(shearing —)** (*mecc.*), sollecitazione di taglio.
stressed skin construction (*aereo*), costruzione (*f.*) a guscio.
stretch, *v.a.* tendere; tirare; stirare; allungamento (*tess.*); aumento di lunghezza della pellicola esposta all'umidità, ecc. (*cinem.*); (*met.*) stiramento *m.*
— **a rope,** tendere (*v.a.*) una fune.
— **a spring,** tendere (*v.a.*) una molla; caricare (*v.a.*) una molla.
— **a wire,** tendere (*v.a.*) un filo.
— **bending** (*mecc.*), curvatura per stiramento.
— **form** *v.a.* (*mecc.*), imbutire mediante stiramento.
— **forming** (*met.*), stampaggio per stiramento (*predominio della deformazione, per trazione biassiale*).
— **of electrified line** (*ferr.*), tratto (*m.*) di linea elettrificata.
stretched beam, trave (*f.*) stirata.
— **girder** (*costr.*), trave (*f.*) stirata.
stretcher, barella *f.*; pedagna *f.* (*naut.*); pietra (*f.*) messa di fianco (*cost.*); pietra (*f.*) posta di fascia; tenditore *m.*
— **levelling** (*met.*), spianatura mediante stiratura.
— **lines** (*difetto met.*), linee di scorrimento o di Lüders.
stretching screw, tenditore (*m.*) per catene.
— **slide rails,** pattini (*m. pl.*) di tensione.
striated discharge (*elet.*), carica (*f.*) striata.
strickle moulding (*fond.*, *met.*), formatura (*f.*) a sagoma.
striction (*prove metalli*), strizione *f.*
striding level (*top.*), livella (*f.*) principale di un teodolite.

strike, sciopero *m.*; scoperta di petrolio (da uno scavo di pozzo); unione (*f.*) di filoni (*min.*); incontrare (*v.a.*) un filone; dirigersi *v.r.* (rif. a filoni); fare sciopero *v.i.*; scioperare *v.i.*; (*petrolio*), scoprire il petrolio durante lo scavo del pozzo.

— **aircraft** (*aereo*), aereo da attacco.

— **an arc** (*sald.*), fare scoccare l'arco.

— **the centre,** disarmare (*v.a.*) una centina.

— **the set** (*cinem.*), smontare (*v.a.*) l'apparecchiatura.

— **(airline —),** sciopero delle linee aeree.

— **(illegal —),** sciopero illegale (non autorizzato).

striker, percussore *m.*; (*auto*), scontrino di serratura.

— **pin** (*armi*), percussore (*m.*).

striking, colpo (*m.*) di corrente (nella cromatura, ecc.); disarmo *m.* (*costr.*); (*orol.*), suoneria *f.*

— **bar** (*fond.*), palo (*m.*) di sagoma.

— **device,** apparato (*m.*) di percussione.

— **the arc** (*sald.*), innesco (*m.*) di arco.

— **the centring,** disarmo *m.* **(d'una centina).**

— **-up** (*fond.*), lisciare (uguagliare) alla superficie una forma stivata d'argilla.

— **weight** (*armi*), massa (*f.*) battente.

string, longarina (*f.*) di scala (montante); corda *f.* (sottile); corrente (*m.*) della scala (*cost.*); laccio *m.*; nastrino *m.*; (*ind. petr.*), colonna (*f.*); diametro *m.*; serie *f.*; (*inform.*), stringa (*sequenza lineare di caratteri, simboli, ecc.*); v. **character** — (*inform.*).

— *v.a.* (*petrol.*), posare tubazioni sulla superficie.

— **-course** (*cost.*), corso (*m.*) di mattoni: marcapiano *m.*

string galvanometer, galvanometro di Einthoven; galvanometro a corda (*o* a vibrazione).

— **-handling capability** (*inform.*), possibilità di trattamento delle stringhe (*o* sequenze di caratteri).

— **input** (*inform.*), ingresso di stringa (per richiedere una linea di testo quando è necessario).

— **of casing,** serie (*f.*) di tubi (per pozzi).

— **over,** misurare la profondità di un pozzo petrolifero.

stringer, vena *f.* (*min.*); cordone *m.* (*geol.*); longarina *f.* (*costr.*, *ferr.*); longarone *m.*; operaio che dirige la posa in opera di tubazioni (*oleodotti*); (*naut.*), trincarino *m.*; (U.S.A.) (*stampa*), corrispondente (di un giornale).

— **plate** (*naut.*), lamiera (*f.*) di trincarino.

stringers (*naut.*) (*aereo*), correnti *m. pl.*

stringing (*elet.*), tesatura *f.*

— **of the line** (*elet.*), tesatura (*f.*) della linea elettrica.

strip, striscia *f.*; legno (*m.*) di misura inferiore a 2×4 pollici; materiale di detersione; processo di detersione; (*met.*), nastro; (*met.*), moietta *f.*; (*aereo*), pista di atterraggio (di emergenza); (*met.*), v. **tube** —.

— *v.a.* (*fond.*), sformare; (*mecc.*) smontare; togliere la filettatura da un dado o da una vite; svitare tubi; detergere; togliere la vecchia vernice: *sverniciare*; rettificare (togliere con distillazione tutte le frazioni leggere) (*petrolio*); togliere il deposito metallico elettrolitico; (*met.*), strippare; (*to strip ingots from their molds*), strippare lingotti dalle lingottiere.

— **breaking device** (*fabb. tubi, met.*) dispositivo rompi piastrine.

— **-chart recorder,** registratore a carta a nastro.

strip flatness (*met.*), planarità del nastro.
— **forming machine** (*macch. ut.*), profilatrice per nastri.
— **heater,** elemento (*m.*) a nastro (Calrod) (*elet.*); nastro (*m.*) scaldante.
— **-iron** (*met.*), moietta *f.*
— **mill** (*met.*), treno (*m.*) per cerchiature; treno nastri; laminatoio (*m.*) per piattine; laminatoio per nastri.
— **mill aisle** (*met.*), campata del treno per nastri.
— **mining** (*min.*), coltivazione (*f.*) a giorno.
— **of zinc,** lamina (*f.* di zinco.
— **off all coats of old paint,** togliere tutti gli strati di vernice vecchia.
— **precessing facilities** (*met.*), impianti per lavorazione di nastri.
— **reheating furnace** (*met.*), forno (*m.*) di riscaldo per nastri.
— **shearing line** (*met.*), linea per taglio longitudinale del nastro.
— **shears with cross knives** (*met.*), cesoia (*f.*) per strisce di lamiere a lame trasversali.
— **show** (*radio*) (U.S.A.), programma radiofonico diffuso parecchie volte la settimana.
— **slitting line** (*met.*), linea per taglio trasversale del nastro.
— **straightener** (*macch. ut.*, *met.*), raddrizzatrice (*f.*) di nastri.
— **thickness** (*met.*), spessore del nastro.
— **welding machine** (*fabb. tubi*, *met.*), saldatrice piastrine.
— **(maximum — width)** (*met.*), larghezza massima nastro.
— **(minimum — width)** (*met.*), larghezza minima nastro.
— **(narrow —)** (*met.*), stretto nastro.
stripes (*traffico*), v. **rumble —**.
striping (*tess.*), tintura di pellicce in strisce.
stripp off (to —), detergere; togliere mediante una soluzione detersiva.
strippable coating, rivestimento pelabile (come una banana, ma recuperabile).
strippable plastic coating, rivestimento plastico strappabile (*o* pelabile).
stripped atom (*fis. atom.*), atomo (*m.*) privato di elettroni.
— **-down version** (*elettron.*), versione ridotta.
stripper (*tess.*), cilindro scaricatore (*di carde uso lana*); (*petrolio*), torre (*f.*) di rettificazione; (*petrolio*), pozzo marginale di piccola produzione; (*fis. atom.*), separatore (*m.*) d'estrazione; (*mecc. presse, chim.*), estrattore.
— **bar** (*tess.*), distaccatore *m.*
— **crane** (*met.*), gru slingottatrice.
— **fingers** (*tip.*), ponte *m.*
— **plant** (*petrolio*), stabilimento produzione benzina naturale per rettificazione.
— **well** (*ind. pet.*), pozzo (*f.*) di piccola produzione.
— **(electric —),** soluzione acida detersiva per via elettrolitica.
strippers (*tess.*), cilindri (*m. pl.*) spogliatori (di carde); colonne di distillazione frazionata (*plate columns*) (*per prodotti secondari* « sidestram products »).
stripping, rimozione (*f.*) della vernice ad olio o della carta da parati (prima di decorare di nuovo); (*tess.*), spazzatura della carda; detersione *f.*; (*chim.*), rimozione per distillazione, evaporazione, o con correnti d'aria, gas o vapore, dei composti meno volatili di una benzina; decolorazione rapida con mezzi chimici, di tessili; sformatura *f.* (*fond.*); (*elettrol.*), strappamento (*m.*) elettrolitico; (*costr.*) disarmo; smassamento *m.*; dissodamento *m.*; (*met.*); (*reazione nucleare nella quale un nucleone è catturato dal nucleo bersaglio*), strappamento; v. **ingot —**.
— **acid** (*fis. atom.*), acido di ricupero.

stripping bay (*acciaieria*), campata di strippaggio.
— **crane** (*met.*), gru di strippaggio.
— **drum** (*petrolio, ecc.*), colonna di «strappamento» (*rettificazione*).
— **film** (*cartografia*), pellicola stripping.
— **heat,** calore di rettificazione.
— **machine** (*fond.*), smottatrice *f.*; formatrice (*f.*) con sformatura.
— **panel** (*aereo*), fuso (*m.*) di strappamento.
— **plate,** pettine *m.* (*fond.*).
— **plate moulding machine** (*fond.*), macchina (*f.*) da formare a pettine.
— **roll** (*tess.*), spazzola cilindrica per carda.
— **shop** (*met.*), v. **ingot — shop.**
— **still** (*petrolio*), storta di prima rettificazione.
— **tower** (*ind. pet.*), torre (*f.*) di rettificazione.
— **vat,** vasca (*f.*) di ditersione del metallo da placcare.
— **with gas** (*ind. pet.*), stripping con gas.
strobe (*radar*), traccia stroboscopica.
— **light** (*audio*), illuminazione dello stroboscopio; stroboscopio illuminato.
strobilus (*bot.*), pigna *f.*
strobing circuit (*fis. atom.*), circuito (*m.*) modulatore.
strobolux, strobolux *m.*
stroboscope, stroboscopio *m.*
— **light,** luce (*f.*) stroboscopica.
stroboscopic direction finder, radiogoniometro (*m.*) stroboscopico, goniometro stroboscopico.
— **dynamic balancing machine** (*macch.*), equilibratrice (*f.*) dinamica stroboscopica.
strobotac, strobotac *m.*
strobotron lamp, lampada (*f.*) stroboscopica.
stroke, scarica (*f.*) atmosferica. tempo *m.* (di cilindro); corsa (*f.*) di stantuffo.
— **bore ratio,** rapporto corsa-alesaggio.
— **counter** (*mecc.*), contacolpi *m.*
stroke-end stop (*macch. ut.*), arresto (*m.*) di fine corsa.
— **engraving,** incisione (*f.*) al bulino.
— **-limiter,** limitatore (*m.*) di corsa.
— **of ram,** corsa (*f.*) del braccio mobile.
— **to midspan** (*elet.*), scarica (*f.*) in corrispondenza del punto medio (di una linea).
stromeyerite (pr. *stroùmaiör.ait*) (*min.*), stromeierite *f.*
strong, *agg.* forte (*acidi, colori, soluzioni, ecc.*); concentrato (*chim.*); vivace (*colore*); intenso; resistente (*mecc.*); rinforzato (*utensili*).
— **breeze,** vento (*m.*) forte.
— **gas,** gas (*m.*) ricco (*ad alto potere calorifico*).
— **-room doors,** porte di camera blindata.
— **well** (*slang*) (U.S.A.), pozzo petrolifero con alto livello liquido.
strontianite (pr. *stron'sci.en.ait*) (*min.*), stronzianite *f.*
strontium (*chim.* = Sr), stronzio *m.*
strop (*naut.*), stroppo *m.*
strub rack, ferrovia (*f.*) a cremagliera (in cui la cremagliera è collocata in centro).
struck core (*fond.*), anima (*f.*) di argilla.
structural, *agg.*, strutturale.
— **changes** (*met.*), variazioni (*f. pl.*) strutturali.
— **chemistry,** chimica strutturistica.
— **correlations** (*met.*), correlazioni strutturali.
— **engineering,** ingegneria dei materiali da costruzione.
— **flexibility,** flessibilità (*f.*) del materiale di costruzione.
— **geology** (*geol.*), geologia strutturale (geologia tettonica).
— **mechanics,** meccanica strutturale.
— **member** (*costr.*), elemento (*m.*) strutturale.
— **mill** (*met.*), v. **section mill.**

structural shapes, profilati *m. pl.* (*in acciaio per costruzioni*).
— **steel** (*met.*), acciaio da costruzioni.
— **steel section,** profilato (*m.*) in acciaio.
— **timber** (*cost.*), legname (*m.*) da costruzione.
— **unemployment,** disoccupazione (*f.*) strutturale (*dovuta ai cambiamenti radicali dell'industria*).
structure, edificio *m.*; struttura *f.*
structured programming (*inform.*), programmazione strutturata (intesa a rendere un programma più facilmente comprensibile) (Cobol la utilizzò nel 1981).
strum box, lamiera (*f.*) a pigna.
strut, *n.*, diagonale *f.* (*cost.*); saetta *f.*; saettone *m.* (*cost.*); contraffisso *m.*; asta d'anima; montante *m.* (*aereo*).
— *v.a.* controventare.
— **frame,** travatura (*f.*) a triangoli isosceli; armatura (*f.*) di sostegno.
strutting (*cost.*), sostegni (*m. pl.*). temporanei.
— **board,** sbadacchio *m.*; assicella *f.*
— **of beams,** sbadacchiatura (*f.*) di travi.
strychnia, stricnina *f.*
strychnine, stricnina *f.*, $C_{21}H_{22}N_2O_2$.
stub, tronco; (*antenna*), tronco di linea; tronco di adattamento.
— **antenna,** antenna corta a tronco di adattamento.
— **axle** (*auto*), fuso (*m.*) a snodo.
— **end** (*mecc.*), testa *f.*; (*sald.*), mozzicone (*m.*) di elettrodo.
— **pipe** (*aereo*), tubo di scappamento di cilindro senza collettore.
— **teeth** (*ingr.*), dentatura (*f.*) ribassata.
— **tooth,** dente (*m.*) ribassato.
— **wing** (*aereo*), semiala *f.*
stubble eliminator (*agr.*), eliminatore (*m.*) meccanico di residui della canna da zucchero.
stubble mulching (*agric.*), pacciamatura *f.*
stubborn, *agg.* refrattario.
stucco, stucco *m.*
stud, ritto *m.*; bullone *m.*; pitone *m.* (*orol.*) (parte alla quale viene unita la spira superiore di una spirale); (*slang* U.S.A.) capo (operaio) (**stud driller,** capo perforatore).
— **-bolt,** perno (*m.*) prigioniero; vite (*f.*) prigioniera; colonnetta *f.* (*mecc.*).
— **chain,** traversino *m.* di catena.
— **driver** (*mecc.*), avvitaprigionieri *m.*
— **lathe,** tornio (*m.*) per bulloni.
— **partition** (*cost.*), parete (*f.*) di assi (*o* di tavoloni tagliati tozzamente).
— **resistor** (*elet.*), resistore (*f.*) di contatti.
— **wheel** (*ingr.*), ruota (*f.*) intermedia.
— **(engineering —)** (*mecc.*), caviglia prigioniera.
studded links chain, catena (*f.*) a maglie con traversino.
— **tyres** (*auto*), pneumatici (*m. pl.*), chiodati.
studding-sail (*naut.*), coltellaccio *m.*
studentship, borsa di studio (universitaria.
stuff, *v.a.* (*mecc.*), (vedi: **to pack**), guarnire; calafatare.
— **box** (*carta*), vasca (*f.*) della pasta.
stuffing (*tess.*), imbottitura *f.*; (*cuoio*), impregnazione di grasso (del cuoio, in uno speciale tamburo).
— **box head,** coperchio (*m.*) della scatola a stoppa.
— **box ring,** anello (*m.*) del premistoppa.
— **box shell,** capsula (*f.*) di una scatola a stoppa.
stull (*min.*), sbadacchio (*o* puntello di legno) posto orizzontal.; palchetto in legno per deposito di roccia o minerale di scarto.

stumps (*min.*), ceppi *m. pl.* (*p. es.* nelle miniere di carbone).
stunt, (*aereo*) acrobazia *f.*
— *v.a.* (*min., ecc.*), impedire la crescita; arrestare la crescita; arrestare lo sviluppo naturale.
— **man** (*cinem.*) (U.S.A.), controfigura *m.*
— **squadron,** squadriglia (*f.*) acrobatica.
sturdiness, resistenza *f.*; robustezza *f.*
sturdy, *agg.* robusto.
— **knob,** maniglia robusta.
style callipers (*orol.*), ottocifre.
styling (*auto*), estetica *f.*
— **engineer,** ingegnere addetto al disegno di carrozzeria; figurinista *m.*
stylist body designer (*auto*), stilista *m.* (progettista di carrozzerie d'auto).
stylobate (*arch.*), stilobate *m.*
stylus, stilo *m.* (*per scrittura*); palpatore *m.* (*mecc.*); tastatore *m.* (*mecc.*); puntina *f.* (*grammofono*).
— **cleaner** (*audio*), liquido per la pulizia dello stilo.
— **printer** (*inform.*), stampante a punti, ad aghi.
styphnate (*chim.*), stifnato *m.*
styphnic acid (*chim.*), acido stifnico, $(NO_2)_3.C_6H.(OH)_2$.
styrax (*resina*), storace *m.*
— **oil** (*storax oil*) essenza di ambra.
styrenated oils (*chim.*), oli essiccanti «stirenati» (trattati con stirene).
styrene, stirolo *m.*; fenil etilene dalla formula: $C_6H_5.CH:CH_2$ (si trova negli oli essenziali e nell'olio di catrame).
— **resins,** resine (*f. pl.*), stirenate.
Styron (*aereo*), materiale termoplastico brevettato.
subacetate (*chim.*), subacetato *m.*
— **of copper,** acetato (*m.*) di rame.
sub-assembly (*mecc.*), sottogruppo *m.*
— **under test,** sottogruppo da collaudare.
subatomic decomposition (*fis. atom.*), decomposizione (*f.*) subatomica.
— **particle** (*fis. atom.*), particella (*f.*) subatomica.
subatomics, studio (*m.*) dei procedimenti che causano cambiamenti nell'atomo.
sub-base (*costr. strad.*), sottofondo (*stradale*).
subcarbonate (*chim.*), subcarbonato *m.*
subcloud car (*aereo*) (U.S.A.), navicella d'osservazione portata su aeronavi e calabile.
subcontract, subfornitura *f.*
subcontracting, subappalto di lavoro.
subcontractor (*comm.*), subfornitore *m.*; subappaltatore *m.*
sub-cooling, sottoraffreddamento *m.*
subcritical, *agg.*, subcritico; sottocritico.
— **annealing** (*met.*), ricottura sotto il punto di trasformazione (ricottura subcritica); ricottura al di sotto del punto critico.
— **mass** (*fis. atom.*), massa (*f*), sottocritica.
— **reactor** (*fis. atom.*), **reattore** (*m.*) sottocritico.
subcrystallization (*met.*), subcristallizzazione *f.*
subcutaneous blow hole (*met.*), soffiatura (*f.*) sottopelle.
subdivide, *v.a.* suddividere.
subdivision, suddivisione *f.*
— **rule** (*tip.*), filetto divisore.
sub-drift caving (*min.*), v. **sublevel caving.**
subdue (to —) (*cosmetici*), addolcire un colore.
subeditor, redattore (*m.*) aggiunto.
suberic acid (*chim.*), acido suberico, $HOOC.(CH_2)_6.COOH$.
sub-fraction, sottofrazione *f.*
subframe (*auto*), telaio di base.
subgroup (*chim.*), sottogruppo *m.*
subheading (*tip.*), sottotitolo *m.*
subirrigation (*agr.*), irrigazione sotterranea.
subject, *v.a.* sollecitare (un corpo a...); sottomettere a.

sub-lance method (*met.*), metodo (di misurazione) sottolancia.
sublattice (*fis. chim.*), subreticolo.
sublease, subaffitto *m.*
sublessee, subaffittuario *m.*
sublethal dose (*fis. atom.*), dose (*f.*) subletale.
sublevel (*fis. atom.*), sottolivello *m.*
sub-level caving (*min.*), metodo dei sottolivelli.
sub-level stoping (*min.*), v. **sub-stoping.**
sub-licence (*comm.*), sottolicenza *f.*
sublimate, *n.*, sublimato *m.*
— *v.a. v.i.* (*chim.*), sublimare *v.a.*; sublimarsi *v.i.*
— **test** (*chim.*), prova (*f.*) di Schmidt.
sublimated sulphur, fiori (*m. pl.*) di zolfo.
sublimation, sublimazione *f.*
— **rate** (*fis. atom.*), velocità (*f.*) di sublimazione.
— **zinc coating** (*met.*), zincatura a sublimazione.
— **(carrier —),** sublimazione in cui la fase gassosa è composta del materiale sublimato e di altri materiali.
sublimed white lead, bianco sublimato di piombo.
submarine, sommergibile *m.*; sottomarino *m.*
— **cable,** cavo (*m.*) sottomarino.
— **ladle** (*met.*), siviera a siluro.
— **ladle car** (*met.*), (U.S.A.), carro siluro.
— **-launched ballistic missile (SLBMS),** missile balistico lanciato da sottomarini.
— **-menu** (*inform.*), sotto-menu.
— **mine,** mina (*f.*) magnetica.
— **-type ladle** (*met.*), siviera del tipo a siluro.
submerged arc (*sald.*), arco sommerso.
— **arc multi-layer welding** (*sald.*), saldatura (*f.*) ad arco sommerso a più strati.
— **arc multi-pass welding** (*sald.*), saldatura (*f.*) ad arco sommerso a più passate.
submerged arc welding, saldatura ad arco sommerso; saldatura sotto flusso.
— **combustion,** combustione sommersa.
— **plunger machine** (*pressofusione*), macchina a camera calda a pistone.
submergence test (*orol.*), prova d'immersione.
submicron, particella con il diametro di cm 5×10^{-7} — 2×10^{-5} visibile solo con l'ultramicroscopio; (*chim.*), submicron *m.*
submicroscopic void (*fabb. vetro*), vuoto submicroscopico.
sub-microstructure (*met.*), struttura di leghe non visibile con il microscopio, ma ricavata con i raggi X.
subminiature, sottominiatura *f.*
— **electron tubes** (*radio*), valvole subminiatura.
submission of work (*leg.*), aggiudicazione (*f.*) dei lavori.
submit, *v.a.* sollecitare (un corpo a...).
submultiple, sottomultiplo *m.*
subnanosecond (*mis.*), subnanosecondo.
subnitrate (*chim.*), subnitrato *m.*
suborbital flight (*aereo*), volo (*m.*) suborbitale.
— **trajectory** (*astron.*), traiettoria (*f.*) suborbitale.
suboxide (*chim.*), subossido *m.*
subprogram (*calcol. elettron.*), sottoprogramma *m.*
subroutine (*calcol. elettron., inform.*), subroutine (*sottoprogramma, micro-istruzione; insieme delle istruzioni che possono essere usate con le informazioni generate in altra parte del programma*).
subsample (*chim.*), frazione *f.*; parte; aliquota.
subsatellite (*astron.*), subsatellite (satellite lanciato in orbita da un veicolo già in orbita).
subscript (*chim.*) (*inform.*), indice inferiore (rif. ad equazione).

subset (*inform.*), sottoinsieme (insieme facente parte di un altro più importante; gioco di caratteri).
subshell (*fis. atom.*), sottostrato *m.*
subside, *v.i.* (*chim.*), depositarsi al fondo; cadere al fondo; cessare *v.i.*; calmarsi *v.r.* (*di reazione*).
— **(to —)** (*min.*), abbassarsi (rif. a terreno).
subsidence (*geol.*), subsidenza (frana con multiple superfici di distacco).
subsidiary station peg, picchetto (*m.*) secondario.
subsiding, abbassamento *m.* (di un muro, ecc.).
subsidised canteen, mensa aziendale sovvenzionata.
— **staff restaurant,** ristorante sovvenzionato per il personale.
subsistence allowance (*comm.*), indennità di viaggio; indennità di trasferta.
subsoil, sottosuolo *m.*
— **water,** acqua (*f.*) di sottosuolo.
subsoiling (*agr.*), lavorazione sottosuperficiale del terreno; ripuntatura *f.*
subsonic aircraft (*aereo*), aereo subsonico.
— **flight** (*aereo*), volo (*m.*) subsonico.
— **vibration,** vibrazione (*f.*) subsonica.
— **wind tunnel** (*aereo*), galleria del vento subsonica.
substance, sostanza *f.*; (*carta*), grammatura *f.*
— , v. «**in-substance defeasance**».
sub-standard film stock (*film*), passo (*m.*) ridotto (mm 8, 9, 16 e 17,5).
substantial, *agg.*, solido; robusto; di materiale solido; di solida costruzione.
substantive, *agg.*, sostantivo (*rif. a colori*).
sub-station, sottostazione *f.* (*elet.*); stazione (*f.*) secondaria (*top.*).
substitute, succedaneo *m.*; surrogato *m.*
sub-stoping (*min.*), coltivazione a magazzino vuoto, con abbattimento in gallerie aperte e demolizione successiva delle solette.
substrate (*met.*)(*geol.*), substrato *m.*
substructure, sottostruttura *f.*; (*met.*), substruttura.
subsurface nuclear explosion, esplosione (*f.*) nucleare sotterranea.
sub-surface water, acqua (*f.*) sotterranea.
subsystem (*elettron.*, *inform.*), sottosistema *m.*
subtend (*v.a.*) **an angle,** sottendere (*v.a.*) (*geom.*) un angolo.
subtended (*geom.*), sotteso *p.p.*
subtitle (*tip.*), sottotitolo (*o* titolo secondario posto al di sotto di quello principale) (*cinem.*), (*telev.*).
— **(to —) a TV programme** (*telev.*), provvedere di sottotitoli un programma televisivo.
subtitles for the deaf (*telev.*), sottotitoli per persone deboli di udito.
subtitling (*telev.*), sottotitolazione.
— **system** (*telev.*), sistema di sottotitoli.
subtract, *v.a.* (*mat.*), sottrarre.
subtraction, sottrazione *f.*
subtrahend (*mat.*), sottraendo *m.*
subway, sottopassaggio *m.* (*cost. civ.*) (*ferr.*).
subweight (*astron.*), sottopeso (peso fra la condizione normale e quella con mancanza di peso).
subwoofer (*audio*), sub-woofer.
subzero, sottozero *m.*
— **chest** (*met.*), mobiletto con vasca per il trattamento sotto zero.
— **temperature,** temperatura (*f.*) sotto lo zero.
— **treatment,** sotto raffreddamento *m.*
successive rushes of current, flussi (*m. pl.*) successivi di corrente.
succinamic acid (*chim.*), acido mono-amido-succinico, $H_2N.CO.CH_2.CH_2.COOH$.

succinic acid, acido (*m.*) succinico.
succinimide (*chim.*), succinimmide. *f.*
succinite, succinite *f.*; varietà di ambra da cui si ricava l'acido succinico (*min.*).
succinyl (*chim.*), succinile *m.* (residuo acido bivalente), $—CO.CH_2.CH_2.CO—$.
suck, *v.i.* imbeversi (assorbire).
— **in**, (*v.a.*) aspirare.
— **up**, *v.a.* aspirare (*un liquido*).
sucker of a pump, animella *f.* (di pompa).
— **rod** (*ind. pet.*), albero di aspirazione.
— **rod pumping** (*ind. pet.*), pompaggio con albero di aspirazione.
sucking, imbibizione *f.*
— **and forcing pump**, pompa (*f.*) aspirante e premente.
— **booster** (*elet.*), devoltore *m.*
sucrose, saccarosio *m.*
suction, aspirazione *f.*
— **area** (*met.*), [area della] superficie aspirante (della macchina di agglomerazione).
— **bottle**, bottiglia (*f.*) d'aspirazione.
— **boxes** (*ind. carta*), cassette (*f. pl.*) aspiranti.
— **chamber**, camera (*f.*) aspirante.
— **cleaning of vehicles** (*auto, ecc.*), pulitura per aspirazione dei veicoli.
— **conduit**, condotto (*m.*) d'aspirazione.
— **cover liner**, camicia della camera di aspirazione (pompa).
— **dredger**, draga (*f.*) ad aspirazione.
— **elevator**, elevatore (*m.*) aspirante (*o* ad aspirazione).
— **filter dust collector** (*ind. mol.*), filtro (*m.*) ad aria aspirante.
— **gas producer**, gasogeno (*m.*) ad aspirazione.
— **hose**, tubo flessibile di aspirazione (di pompe, ecc.).
suction inlet, apertura (*f.*) di aspirazione.
— **pipe**, tubo (*m.* d'aspirazione; tubo (*m.*) aspirante; condotto (*m.*) per l'aspirazione.
— **piping**, condotta (*f.*) aspirante.
— **port** (*mecc.*), canale (*m.*) di aspirazione.
— **producer**, gasogeno (*m.*) ad aspirazione.
— **pump**, pompa (*f.*) aspirante.
— **shaft**, pozzo (*m.*) di aspirazione.
— **stop valve**, valvola d'arresto di aspirazione.
— **stroke**, corsa (*f.*) di aspirazione.
— **valve** (*ing.*), valvola di aspirazione.
— **valve case** (*di pompe*), cassa della valvola d'aspirazione.
sudan azo-dyes, colori Sudan.
suds, acqua (*f.*) saponata.
suffit cusp (*cost.*), corona (*f.*) in pietra
suffix (*mat., ecc.*), indice *m.*
sugar, zucchero *m.*
— **beet harvester** (*agr.*), macchina raccogli-bietole.
— **beet harvesting** (*agr.*), raccolta delle barbabietole.
— **factory**, fabbrica (*f.*) di zucchero; zuccherificio *m.*
— **of lead**, zucchero (*m.*) di saturno; acetato (*m.*) di piombo.
— **of milk** (*chim.*), zucchero di latte; lattosio *m.*
— **pine** (*bot.*) (*Pinus lambertiana*), pino (*m.*) americano.
— **soap**, preparato (*m.*) per puiire verniciature.
suggestion box (*officina, ecc.*), cassetta delle idee.
suit (*leg.*), causa *f.*; citazione *f.*; processo *m.* (*to withdraw a suit*), ritirare un'azione contro.
— **(space —)** (*astron.*), tuta spaziale.
suitability (*gen.*), attitudine *f.*
suitings (*tess.*), tessuti per vestiti.
sulf ... (U.S.A.); **sulph** ... (*chim.*) solf... (*vedi sotto la voce*: **sulph**).

sulfadiazine (*chim.*), sulfadiazione *f.*
sulfaguanidine (*chim.*), sulfaguanidina *f.*
sulfamate bath (*met.*, *ecc.*), bagno (*m.*) solfammico.
— **cell** (*met.*), cella (*f.*) al solfammico.
sulfamerazine (*chim.*), sulfamerazina *f.*
sulfamethazine (*chim.*), sulfametazina *f.*
sulfamic acid (*chim.*), acido sulfamico, HSO_3NH_2; acido solfammico.
sulfamide (*chim.*), sulfamidico *m.*
sulfanilic acid, acido solfanilico (*reattivo*).
sulfate (U.S.A.), solfato *m.*
sulfathiazole (*chim.*), sulfatiazolo *m.*
sulfation, vedi: **sulphation.**
sulfide (*chim.*), vedi: **sulphide.**
sulfite (*chim.*), vedi: **sulphite.**
sulfinuz process (*met.*), sulfinizzazione *f.*
sulfocarbolate (*chim.*), vedi: **sulphocarbolate.**
sulfochloride (*chim.*), vedi: **sulphochloride.**
sulfocynate (*chim.*), vedi: **sulphocyanate.**
sulfonal (*chim.*), vedi: **sulphonal.**
sulfonate (*chim.*), vedi: **sulphonate.**
sulfonated oils (*chim.*), oli sulfonati (*trattati con* H_2SO_4).
sulfonic acid, vedi: **sulphonic acid.**
sulfovinate (*chim.*), solfovinato *m.*
sulfur, vedi: **sulphur.**
sulfurated, vedi: **sulphurated.**
sulfuric acid, vedi: **sulphuric acid.**
— **anhydride**, vedi: **sulphuric anhydride.**
sulfurized asphalt, asfalto solforizzato (*asfalto trattato con zolfo ad alte temperature*).
sulfurous, vedi: **sulphurous.**
Sulf-X (*depuraz. gas*), sistema di trattamento dei gas di scarico (rimozione di SO_x e NO_x).
sulphamic electrolyte (*met.*, *ecc.*), elettrolito (*m.*) solfammico.
sulphanilamide (*chim.*), sulfanilammide *f.*
sulphanilic acid, acido solfanilico.
sulpharsenide, solfoarseniuro *f.*
sulphate (*chim.*), solfato *m.*
— **-resisting cement** (*costr.*), cemento resistente al solfato.
sulphation (*elet.*), solfatazione *f.* (accumulatori al piombo); trasformazione in estere solforico.
sulphating (*elet.*), solfatazione *f.* (accumulatori).
sulphatize, *v.a.* solforare (convertire in solfato).
sulphatizing, solfatazione *f.*
sulphidation (*chim.*), solforazione *f.* (trasformazione in solfuro).
sulphide (*chim.*), solfuro *m.*; monosolfuro *m.*
— **streak** (*met.*), banda (di segregazione) di solfuri.
— **toning** (*fot.*), viraggio con solforazione.
sulphiding (*chim.*), solforazione *f.*
sulphinic acids, acidi contenenti il gruppo solfinico monovalente —SO.OH; acidi solfinici.
sulphite (*chim.*), solfito *m.*
— **wood pulp**, cellulosa (*f.*) al solfito.
sulphocarbolate (*chim.*), solfocarbolato *m.*
sulphochloride (*chim.*), solfocloruro *m.*
sulphocyanate (*chim.*), solfocianato *m.*
sulphocyanide (*chim.*), solfocianuro *m.*
sulphonal (*chim.*), solfonale *m.*
sulphonamide (*chim.*), solfamide *f.*
sulphonate, solfonato *m.* (sale di un acido solfonico).
sulphonated oil, olio solfonato.
sulphonation (*chim.*), solfonazione *f.*
sulphone (pr. *sal'foun*) (*chim.*), solfone *m.*, RR' : SO_2.
sulphonic acids (*chim.*), acidi (*m. pl.*) solfonici (acidi contenenti il gruppo solfonico —SO_2.OH).
sulphonium, solfonio *m.* (radicale monovalente SH_3).

sulphonmethane, solfometano *m.*; solfonale *m.* (*chim.*),

$$\begin{matrix}CH_3 & & SO_2C_2H_5\\ & >C< & \\ CH_3 & & SO_2C_2H_5\end{matrix}$$

sulphonyl (*chim.*), solfonile *m.* (radicale bivalente $>SO_2$).
sulphorous water, acqua (*f.*) solforosa.
sulphoxides (*chim.*), solfo-ossido *m.* RR′ : SO.
sulphur (*chim.* = S), solfo *m.*; zolfo *m.*
— **bearing gases,** gas contenenti zolfo.
— **cement,** cemento (*m.*) di zolfo e pece in parti eguali.
— **dioxide,** anidride (*f.*) solforosa (SO_2); biossido (*m.*) di zolfo.
— **dye,** colorante allo zolfo.
— **-mine,** solfatara *f.*; solfara *f.*
— **pockmarks** (*met.*), pustole (*f. pl.*) da zolfo.
— **precipitated,** precipitato (*m.*) di zolfo.
— **refinery,** raffineria (*f.*) di zolfo.
— **rock,** zolfo (*m.*) greggio.
— **trioxide,** triossido (*m.*) di solfo; anidride (*f.*) solforica (*chim.*).
sulphurate, *v.a.* solforare.
sulphuration, solforazione *f.*
sulphuret, *v.a.* combinare o impregnare di zolfo; solfitare *v.a.*
sulphuretted hydrogen, idrogeno (*m.*) solforato.
sulphuretting, solfitazione *f.*
sulphuric, *agg.* (*chim.*), solforico.
— **acid,** acido (*m.*) solforico.
— **acid pickling** (*met.*), decapaggio ad acido solforico.
— **acid plant (1200 ton/day — acid plant),** impianto di acido solforico della capacità di 1200 t al giorno.
— **anhydride** (*chim.*), anidride (*f.*) solforica.
— **ether,** etere (*m.*) solforico.
sulphurize, *v.a.* solfitare; solforare.
sulphurous, *agg.* solforoso.
— **acid,** anidride (*f.*) solforosa; acido (*m.*) solforoso.
sulphuryl (*chim.*), solforile *m.*
sulphydrate (*chim.*), solfidrato *m.*
sulphydric, *agg.* solfidrico.
sulphydryl, solfidrile *m.* (il radicale SH).
sum, *n.*, somma *f.* (*mat.*).
— *v.a.* sommare.
— **frequency,** frequenza (*f.*) addizionale.
summarize (to —), riassumere; ricapitolare.
summary punch (*inform.*), perforatore ricapitolatore; perforatrice riepilogativa.
summation (*mat.*), sommatoria *f.*
— **of forces,** addizione (*f.*) di forze.
— **panel** (*elet.*), pannello (*m.*) integratore.
summer-load waterline (*naut.*), linea d'immersione a cui si può caricare una nave in estate.
summit, sommità *f.*
sump, prolungamento (*m.*) di un pozzo (*min.*) per la raccolta delle acque in una miniera; foro di scarico per le acque (*min.*); coppa *f.*, carter *m.* (*motori*); pozzo (*m.*) collettore (*idraul.*).
— **-oil change** (*auto*), cambio dell'olio.
— **pump,** pompa (*f.*) da miniera.
sun (*astr.*), sole *m.*
— **and planet gears** (*mecc.*), ingranaggi epicicloidali.
— **arc** (*cinem.*), lampada (*f.*) ad arco di capacità sufficiente ad imitare il sole.
— **blind,** tenda (*f.*) da sole.
— **gear** (*mecc.*), ingranaggio centrale (*ruotismi epicicloidali*).
— **-lamp,** lampada (*f.*) per raggi solari.
— **shade (*auto*), (U.S.A.)** visiera (*f.*) parasole.
— **-spot** (*cinem.*), grande lampada ad incandescenza, per imitare la luce solare nella cinem. a colori.
— **visor** (*auto*) (U.S.A.), aletta parasole.
— **wheel,** solare (*ruotismi epicicloidali*); (*mecc.*), ingranaggio centrale (*ruotismi epicicloidali*).

sun (in the —), controsole.
Sundeala panel board, pannello inglese (usato per interni ed esterni).
sundries, diversi; accessori (*m. pl.*).
sunfast, *agg.*, colore solido.
sunfish oil, olio di pesce-luna.
sunflower oil, olio (*m.*) di girasole.
sunglasses, occhiali (*m.pl.*) da sole.
sunk foundations, fondazioni (*f.*) con cassoni.
— **key,** chiavetta (*f.*) incastrata; bietta (*f.*) incastrata.
— **turn-table** (*ferr.*), piattaforma (*f.*) girevole incassata.
— **well foundations,** fondazioni (*f. pl.*) su pilastri ed archi.
sunroof (*auto*), tettuccio (*m.*) apribile.
sunscreen cream, crema protettiva solare.
sunshine, luce (*f.*) solare.
sunspot, macchia (*f.*) solare.
super (*cinem.*) (U.S.A.), film di grande successo finanziario.
— **Cuprinol,** preservante (*m.*) del legno, contro gli insetti del legno.
— **-insulation brick** (*met.*), mattone superisolante.
— **-lattice structure** (*chim. fis.*), struttura super-reticolare.
— **-premium petrol** (*carburanti*), benzina « super ».
— **-structure** (*di forno met.*), sovrastruttura *f.*
— **steelworks** (*met.*), superacciaieria *f.*
Super Technirama 70 (*cinem.*), Super Technirama 70 (sistema di proiezione su largo schermo, con copie positive su pellicola 70 mm a scorrimento verticale).
superalloy metallurgy, metallurgia delle superleghe.
superalloys (*met.*), superleghe *f. pl.*
superannuate, *v.a.* mettere in pensione; pensionare.
superannuation, pensione per limiti di età.
— **contribution** (*pensioni*), ritenuta per la pensione.
supercalendered paper, carta supersatinata; carta da stampa per illustrazioni.
supercement, cemento (*m.*) Portland, impermeabile all'acqua, fabbricato dalla Super Cement.
supercentrifuge, supercentrifuga *f.*
supercharged engine, motore (*m.*) fornito di compressore; motore (*m.*) sovralimentato.
supercharger (*aereo, auto*), sovralimentatore *m.*; compressore *m.*
— **specialist** (*aereo*), meccanico (*m.*) specializzato in compressori.
supercharging (*ing.*), sovralimentazione *f.*
supercollier (*naut.*), supercarboniera *f.*
supercolumniation (*arch.*), sopraccolonnio *m.*
supercompressed engine, motore (*m.*) surcompresso.
supercooled, surraffreddato *p.p.*
supercooling (*met.*), sopraffusione *f.*
superconducting alloy (*met.*), lega superconduttrice.
— **magnet,** magnete superconduttore.
supercritical, *agg.* supercritico; sovracritico.
— **mass** (*fis. atom.*), massa (*f.*) supercritica; massa (*f.*) sovracritica.
— **reactor** (*fis. atom.*), reattore (*m*). supercritico; reattore (*m.*) sovracritico.
supercut file, lima (*f.*) a taglio finissimo.
superduralumin, superdurallumìnio.
superelevated carrying shoe, supporto (*m.*) sormontante della fune.
superelevation (*ferr.*), sopraelevazione *f.*
— **of the track** (*ferr.*), sopraelevazione (*f.*) della rotaia.
— **template** (*or* **gauge**) (*ferr.*), regolo (*m.*) di sopraelevazione.
superfast, *agg.* ultrarapido; ultraveloce.
superfile, lima (*f.*) a taglio finissimo.

superfinish, finitura (*f.*) a specchio con abrasivi; (*mecc., met.*), superfinitura *f.*
superfinishing machine (*macch. ut.*), lappatrice (*f.*) di superfinitura; superfinitrice *f.*
superfusion, sopraffusione *f.*
supergrid cable (*elet.*), cavo per rete superiore a 132 kV.
supergroup filter (*elet.*) (*telef.*), filtro passa banda di supergruppo.
superheat (to —), *v.a.* sovrarriscaldare.
superheated, surriscaldato *p.p.*
— **alcohol,** alcool (*m.*) surriscaldato.
— **steam,** vapore (*m.*) surriscaldato.
superheater, surriscaldatore *m.*
— **tubing,** tubazione per superriscaldatori.
superhet (*radio*), supereterodina *f.*
superheterodyne (*radio*), supereterodina *f.*
— **receiver** (*radio*), supereterodina *f.*
superhighway (U.S.A.), superstrada *f.* (*autostrada*).
superimposing (*telev.*), sovrapposizione di immagini.
superinsulation (*met., ecc.*), superisolamento *m.*
superinsulator (*met., ecc.*), superisolante *m.*
superintend, *v.a.* sorvegliare.
superlattice (*fis. atom.*), sovrastruttura *f.*
superluminal velocity (*astr.*), velocità più veloce di quella della luce.
supermarket chain (*comm.*), catena di supermercati.
— **checkouts,** casse di uscita di supermarket.
superminis, *pl.* (*auto*), auto di grossa cilindrata.
supernova (pl. **supernovae**) (*astr.*), supernova (*stella di eccezionale splendore*).
superparamagnetism (*ferr.*), superparamagnetismo *m.*
superphosphate, superfosfato *m.*
superplastic alloy (*met.*), lega superplastica.
— **steel** (*met.*), acciaio (*m.*) superplastico.
superplasticity (*met.*), superplasticità *f.*
superpose, *v.a.* sovrapporre.
superposition, sovrapposizione *f.*
superpower station (*elet.*), centrale a grande potenza.
superrefractories, super-refrattari.
superregenerative receiver (*radio*), ricevitore a superreazione.
supersaturate, *v.a.* soprassaturare.
supersaturated air, aria (*f.*) soprassatura.
supersaturation, soprassaturazione *f.*
Superscope® (*cinem.*), Superscope (sistema di proiezione su largo schermo).
superscript (*chim.*) (*inform.*), indice *m.* superiore (rif. ad equazioni) (p. es. come in H^2).
supersede, *v.a.* sostituire (un apparecchio).
supersonic, *agg.* supersonico.
— **bomber** (*mil.*), bombardiere supersonico.
— **flight,** volo (*m.*) supersonico.
— **helicopter,** elicottero (*m.*) supersonico.
— **jet** (*aereo*), aviogetto (*m.*) supersonico.
— **missile,** missile (*m.*) supersonico.
— **transport** (*aereo*), trasporto supersonico.
— **vibration,** vibrazione (*f.*) supersonica.
— **waves,** onde (*m. pl.*) supersoniche.
— **wind-tunnel,** galleria aerodinamica supersonica.
superstructure (*cost., naut.*), soprastruttura *f.*
supersynchronous motor, motore (*m.*) supersincrono.
supertanker (*petrolio*), superpetroliera *f.*
superturnstile radiating element, elemento radiatore di antenna incrociata multipla.

supervise, *v.a.* sorvegliare.
supervision of works, direzione (*f.*) di lavori.
supervisor (*inform.*), programma supervisore (*o* di controllo dell'esecuzione di altri programmi).
supplement (*mat.*), supplemento *m.*
supplementary angle, angolo (*m.*) supplementare.
— **lens** (*fot.*), lente (*f.*) addizionale.
— **piece in gap,** pezzo (*m.*) di riporto dell'incavo (d'un tornio).
— **plant,** impianto (*m.*) suppletivo.
supplier (*comm., met.*), fornitore *m.*
— **(outside —),** fornitore esterno (*p. es. di ossigeno per uno stabilim. siderurgico*).
supply, fornitura *f.*; approvvigionamento *m.*; alimentazione *f.*
— *v.a.* fornire; approvvigionare; distribuire.
— **agreement** (*leg.*), contratto (*m.*) di fornitura.
— **contract** (*comm.*), contratto di fornitura.
— **main** (*elet.*), linea (*f.*) di arrivo; cavo (*m.*) di distribuzione.
— **of energy,** quantità (*f.*) di energia elettrica fornita.
— **power,** fornire (*v.a.*) forza motrice.
— **power over a transmission line,** inviare (*v.a.*) energia attraverso una linea.
— **reel** (*tess.*), bobina (*f.*) alimentatrice.
— **water,** fornire (*v.a.*) acqua.
support, (*min.*) sostegno *m.*; (*mecc.*) supporto *m*; cuscinetto *m.*; appoggio *m.*; sella *f.* (di caldaia; (*inform.*), (di) sostegno.
— **of ridge purlin** (*costr.*), appoggio (*m.*) dell'arcareccio di colmo.
— **program** (*inform.*), programma di sostegno.
— **(powered —)** (*min.*), sostegno meccanizzato.
support (self-advancing —) (*min.*), sostegno avanzante.
supported beam (*costr.*), **trave** (*f.*) **appoggiata.**
supporting, puntellamento *m.*; rinforzo *m.*
— **beam,** trave (*f.*) portante.
— **block,** blocco (*m.*) di sostegno; guancia (*f.*) d'appoggio.
— **column,** colonna (*f.*) di sostegno.
— **documentation** (*inform.*), documentazione di sostegno.
— **framework,** armatura (*f.*) di sostegno.
— **grid** (*met.*), griglia di sopporto.
— **journal,** perno (*m.*) d'appoggio.
— **rib,** nervatura (*f.*) di rinforzo.
— **ring** (*estrusione, met.*), anello di corazza.
— **roll,** rullo (*m.*) di sostegno.
— **rollers** (*met.*), rulli di sostegno.
— **shoe,** supporto (*m.*) della fune.
— **structure,** ossatura (*f.*) portante (*naut.*); struttura (*f.*) portante; apparecchio (*m.*) portante.
— **structures** (*costr.*), costruzioni portanti.
— **strut,** asta (*f.*) d'appoggio.
— **wall,** muro (*m.*) di sostegno; muro (*m.*) a scarpa.
suppressor grid (SUP) (*elettron.*), griglia (*f.*) soppressione; griglia soppressore.
surbased arch (*cost. civ.*), arco (*m.*) con monta che è minore della metà della sua luce.
surd (*matem.*), quantità irrazionale; numero (*m.*) incommensurabile.
sure-fire gag (*cinem.*) (U.S.A.), situazione comica (in una scena).
surface, superficie *f.*
— **(to —)** (*cost. stradali*), pavimentare (con conglomerati bituminosi, ecc.).
— **-active agent** (*chim.*), agente tensioattivo.
— **active materials,** materiali tensioattivi.

surface areas (*met.*), aree superficiali.
— **barrier transistor** (*elettron.*), transistore (*m.*) a barriera superficiale.
— **bearing,** appoggio (*m.*) a superficie di contatto.
— **belt conveyor,** trasportatore a nastro per trasporto di materiale in superficie.
— **broaching machine,** brocciatrice per esterni.
— **charge** (*fis. atom.*), **carica** (*f.*) **superficiale.**
— **checking in veneered panels** (*legno*), controllo della superficie nei pannelli impiallacciati.
— **condenser,** condensatore (*m.*) a superficie.
— **crack** (*met.*), cricca (*f.*) superficiale.
— **decarburisation** (*met.*), decarburazione (*f.*) superficiale.
— **defect** (*met.*), difetto (*m.*) superficiale.
— **density of luminous flux,** densità (*f.*) del flusso luminoso.
— **dose** (*fis. atom.*), **dose** (*f.*) **superficiale.**
— **energy,** energia (*f.*) superficiale.
« — **effect** » (*aereo*), effetto causato da aereo in volo molto basso, a un'altezza circa una metà della sua superficie alare, creando un cuscino d'aria sempre più efficace più ridotta è la distanza fra al disotto delle ali e la superficie.
— **fault detector** (*strum. di controllo*), rivelatore (*m.*) di difetti superficiali.
— **finish,** finitura (*f.*) di superficie.
— **gauge,** piano (*m.*) di riscontro.
— **grinder,** rettificatrice (*f.*) per piani; v. **vertical spindle —.**
— **grinding attachment** (*macch. ut.*), dispositivo (*m.*) per la rettifica delle superfici piane.
— **hardening,** tempra (*f.*) superficiale.
— **hardening of steel,** cementazione superficiale dell'acciaio.
— **irrigation** (*agr.*), irrigazione a scorrimento.

surface layer, strato (*m.*) superficiale.
— **-measure,** metodo (*m.*) di misura del legname, con la sola valutazione della superficie, senza tener conto dello spessore del legno.
— **mining** (*min.*), coltivazione (*f.*) a cielo aperto (o a giorno).
— **noise,** scricchiolio *m.*; schiocco *m.*
— **nuclear explosion,** esplosione (*f.*) nucleare in superficie.
— **of contact,** zona (*f.*) di contatto; superficie (*f.*) di contatto.
— **of fracture,** superficie (*f.*) di rottura.
— **particle** (*fis. atom.*), particella (*f.*) superficiale.
— **planing machine,** piallatrice (*f.*) da piano.
— **plate,** piano (*m.*) di aggiustaggio; piano (*m.*) di riscontro.
— **printing** (*tip.*), stampa (*f.*) comune.
— **printing form type** (*tip.*), forma per la stampa comune.
— **relief,** rilievo (*m.*) del terreno.
— **roughness** (*met.*), rugosità superficiale.
— **roughness measuring instrument,** rugosimetro *m.*
— **speed,** velocità (*f.*) in emersione.
— **tension,** tensione (*f.*) superficiale.
— **-to-surface missile,** missile (*m.*) superficie-superficie.
— **-to-underwater missile,** missile (*m.*) superficie-sott'acqua.
— **vibrator** (*per pavimentaz. calcestruzzo*), vibratore (*m.*) di superficie.
— **waviness,** ondulazione (*f.*) di superficie.
— **wiring** (*elet.*), posa di condutture sull'intonaco.

surfacer, piallatrice (*f.*) da piano; (*vernici, ecc.*), sottosmalto *m.*; stucco *m.*

surfacing, moto (*m.*) (di alimentazione trasversale; (*cost. stra-*

dali), pavimentazione (ricoprimento del manto stradale con conglomerati bituminosi, ecc.).
surfacing feed, avanzamento (*m.*) trasversale (*tornio*).
— **lathe,** tornio (*m.*) per spianare.
surfactant (*chim.*), tensioattivo *m.*
surge, flutto *m.*; sovratensione *f.* (*elet.*).
— **-crest ammeter,** amperometro (*m.*) di valori di cresta.
— **-current generator,** generatore (*m.*) di corrente per prove ad impulso.
— **generating apparatus,** equipaggiamento (*m.*) di generazione di sovratensione.
— **generator,** generatore (*m.*) di sovratensione.
— **of voltage,** sovratensione *f.*
— **suppressor** (*elet.*), soppressore delle punte di tensione.
— **tank,** serbatoio (*m.*) di troppopieno; (*costr. idraul.*), serbatoio di compensazione.
— **vessel,** vaso di troppo pieno.
— **voltages** (*elet.*), tensioni di scarica.
surges of current, sovraccorrenti *f. pl.*
surgical needle, ago (*m.*) chirurgico.
surplus length, eccesso di lunghezza.
surrender (*of a permit area*) (*leg.*, *petrol.*, *min.*), cessione (*o* resa) *f.* (di un'area, in concessione e coltivazione).
surtax (*finan.*), soprattassa *f.*
survey, *n.*, perizia *f.* (stima); levata *f.* (*topog.*); rassegna *f.*
— *v.a.* esaminare; fare perizie; misurare; fare una levata.
— **course,** corso di perfezionamento.
— **of area,** rilevamento (*m.*) planimetrico.
— **of heights,** rilevamento (*m.*) altimetrico.
— **pole** (*agrim.*), palone *m.*
— **report,** certificato (*m.*) di perizia.
surveying, misurazione *f.* (di terreni); operazioni (*f. pl.*) topografiche; levata *f.* (*topog.*); studio (geologico o del terreno); misura *f.* (di lavori).
surveying instrument, strumento (*m.*) di agrimensura.
— **ship,** nave (*f.*) idrografica.
surveyor, perito (*m.*) agrimensore; misuratore *m.*; ispettore *m.*
surveyor's chain, catena (*f.*) metrica.
— **level,** livello (*m.*) agrimensorio.
— **rod,** canna (*f.*) di misura.
— **square measure,** misura (*f.*) di superficie agraria.
survival, sopravvivenza *f.*
— **curve** (*fis. atom.*), **curva** (*f.*) **di sopravvivenza.**
— **time** (*fis. atom.*), **tempo** (*m.*) **di sopravvivenza.**
susceptibility to hardening and tempering (*met.*), capacità di bonifica.
suspend (*v.a.*) **a garage's licence to trade,** sospendere una licenza di esercizio ad un garage.
suspended diaphragm, schermo (*m.*) a sospensione.
— **joint** (*ferr.*), giunto (*m.*) sospeso.
— **monorail** (*ferr.*, *trasp.*), monorotaia (*f.*) sospesa.
— **roof** (*forno met.*), volta sospesa.
— **scaffold** (*cost. civ.*), ponte (*m.*) sospeso (*o* impalcatura per innalzare o restaurare un edificio).
suspender (wire rope —) (*costr. ponti*), fune di sospensione (fra i cavi portanti e l'impalcato, generalm. verticale, ma anche inclinata).
suspending medium (*chim.*), sospensivante *m.*
suspension, sospensione *f.*
— **(air — speaker design)** (*audio*), diffusore del tipo a sospensione pneumatica.
— **(catenary —),** sospensione a catenaria.
— **(elastic—),** sospensione elastica.
— **(rigid —),** sospensione rigida.
— **(symmetrical —),** sospensione simmetrica.

suspension (unsymmetrical —), sospensione asimmetrica.
— **bridge** (*cost.*), ponte (*m.*) sospeso.
— **cable** (*elet.*), cavo (*m.*) di sospensione.
— **chain,** catena (*f.*) portante.
— **crack** (*met.*), cricca (*f.*) di sospensione (quando il lingotto si trova sospeso nella lingottiera).
— **-fork,** forcella (*f.*) di spinta del differenziale.
— **girder,** trave (*f.*) di sospensione; trave (*f.*) sospesa.
— **insulator** (*elet.*), isolatore (*m.*) a gancio di sospensione.
— **luminaire,** lampione (*m.*) a sospensione.
— **of the spring,** sospensione (*f.*) della molla.
— **railway track,** binario (*m.*) di ferrovia sospesa.
— **reactor** (*fis. atom.*), reattore (*m.*) a sospensione.
— **spring,** molla (*f.*) di sospensione.
— **stay,** tirante (*f.*) di sospensione.
— **strut,** diagonale (*f.*) di sospensione (*cost.*); saettone (*m.*) di sospensione; tirante (*m.*) di sospensione (di tetto).
— **wire** (*elet.*), pendino *m.*
suspensoid (*chim.*), sospensivo *m.*
— **cracking** (*chim.*), sistema di cracking di petrolio.
sustained reaction (*fis. atom.*), reazione continua; reazione ininterrotta.
sustainer (*radio*) (U.S.A.), radioprogramma non promosso da nessuna ditta pubblicitaria.
— **motor** (*missili*), motore principale (che fornisce la principale spinta propulsiva).
swab (*ind. pet.*), pistone valvolato; scovolo *m.*; spazzola per formatore (*fond.*).
— **(to —)** (*ind. pet.*), pistonare *v.a.*
swabber (*cinem.*) (U.S.A.), operaio addetto alla pulizia della macch. da presa a colori.
swabbing (*ind. pet.*), pistonaggio (controllo dell'eruzione di petrolio, usato per adescare pozzi eruttivi annegati, a bassa pressione).
swage, stampo *m.*
— *v.a.* forgiare (*v.a.*) su stampo; imbutire *v.a.*; stampare a caldo.
— **block,** stampo.
— **-up,** ricalcatura *f.*
— **(casing —)** (*petrol.*), oliva *f.* (utensile per riparare colonne di rivestimento).
swaged (*fond.*), imbutito *p. p.*
swaging (*mecc.*), stampaggio *m.*; imbutitura *f.*
— **die,** utensile (*m.*) per ricalcare i denti.
— **machine** (*mecc.*), martellatrice *f.*
— **technique** (*fis. mecc.*), tecnica del martellamento rotante.
— **the saw teeth,** ricalcatura (*f.*) dei denti della sega.
swally (*min.*), v. **swelly.**
swamp (to —), eliminare; sommergere; inondare.
swamping resistance (*elet.*), resistenza invariabile.
swan neck jib (*mecc.*), braccio (*di gru*) a collo di cigno.
— **neck pattern,** a collo d'oca.
swansdown (*tess.*), tessuto di cotone garzato o tinto in pezza.
swap arrangement (*econ.*), accordo « swap »; accordo di credito reciproco a breve termine, fra banche centrali.
— **-over of direction** (*auto*), cambiamento improvviso di corsia.
— **(to —) programs** (*inform*)., permutare (scambiare) programmi (per l'elaboratore, con altre società o privati).
swapping (tire —), v. **swopping.**
swarf (*met.*), sfrido *m.*
— **briquetting press** (*mecc.*), pressa (*f.*) per agglomerazione di trucioli.
— **gully,** canale di scarico per lo sfrido.
— **separator** (*macch. ut., ecc.*), separatore di trucioli.

swash-plate engine (*slang*), motore (*m.*) assiale.
swathe-turner (*agr.*), voltafieno *m.*
swathing (*agr.*), ranghinatura.
sway (*costr.*), oscillazione *f.* (*leggera, p. es. di edificio*); inclinazione *f.*; flessione *f.*
— **(to —)** (*costr.*), oscillare *v.i.* (*riferito p. es. ad edifici durante un terremoto*); fare oscillare *v.a.*; inclinarsi *v.r.*
sweat, *v.a.* saldare a stagno.
sweating, saldatura (*f.*) a dolce (*o* a stagno); trasudamento *m.* (*vernici*); (*ind. pet.*), processo per produrre paraffine cristalline senza olio, con raffreddamento della miscela olio-paraffine e aumento di temperatura della massa solida formata; (*met.*), lavaggio eccessivo per riscaldo (se il riscaldo del pezzo viene effettuato a temp. elevata).
— **oven** (*ind.*), (*pet.*), forno per la rimozione della paraffina in cristalli.
— **stove,** vedi: **sweating oven.**
sweep (*telev.*) (U.S.A.), analisi *f.*; (*aereo*), angolo (*m.*) di freccia; spazzare *v.a.*
— **generator** (*elettron.*), generatore (*m.*) della tensione di spostamento.
— **saw,** sega (*f.*) da volgere.
— **the tubes,** scovolare (*v.a.*) i tubi.
— **-unit** (*tubo a raggi catodici*), base di tempo.
sweepback wing (*aereo*), ala a freccia (*a sbalzo*).
sweeper (*mecc.*), spazzatrice *f.*; (*naut.*), dragamine.
— **(suction —),** spazzatrice ad aspirazione.
sweeping (*naut.*), dragaggio *m.* (*effettuato da dragamine, dragaggio magnetico*).
— **(magnetic mine —),** dragaggio magnetico.
sweeps (*telev.*) (U.S.A.), tensione di analisi.
sweet gasoline (U.S.A.), benzina (*f.*) desolforata.
— **oil,** petrolio desolforato; petrolio grezzo a basso tenore di zolfo.
sweeten, *v.a.*, addolcire *v.a.*
sweetener (*petrolio*), pozzo produttivo scelto fra i migliori per attirare l'attenzione di nuovi soci della società petrolifera; additivo dolcificante.
sweetening, addolcimento *m.*
— **of petroleum distillates with hydrogen peroxide** (*ing. chim.*), desolforazione (addolcimento) di distillati del petrolio con acqua ossigenata.
sweetgum (*legno*) (Liquidambar styraciflua), legno forte americano.
swell, bombatura (di puleggia).
— **pedal** (*acust.*), pedale di espressione.
— **up,** *v.i.*, gonfiarsi *v.r.*
swellies (*min.*), v. **swelly.**
swelling, rigonfiamento *m.*
— **index** (*carbone*), indice di rigonfiamento.
— **number** (*carbone*), v. — **index.**
— **of can ends,** bombaggio (rigonfiamento) di fondelli di barattoli.
— **of vulcanized rubbers** (*gomma*), rigonfiamento delle gomme vulcanizzate.
— **of wood,** rigonfiamento (*m.*) del legno.
swelly (*min.*), varice (*o* slargo) (espansione piuttosto sensibile di filone di carbone).
swift, stella (*f.*) dell'aspo (*filatura*).
swill (to —) (*nichelatura*), risciacquare *v.a.*; lavare *v.a.*
swillies (*min.*), varici (*o* slarghi) (espansioni piuttosto sensibili di filoni di carbone).
swilly (*min.*), v. **swelly.**
swimmer, galleggiante *m.* (*aer.*); osservatore di Ampere (*elet.*).
swimming (*sport*), nuoto *m.*
— **pool,** piscina *f.*
— **pool (garden —),** piscina posta nel giardino.

swimming pool reactor (*fis. atom.*), reattore (*m.*) a piscina.
— **(breast-stroke —)**, nuoto a delfino.
— **(butterfly —)**, nuoto a farfalla.
swing (*elet.*), variazione totale (*di onde di tensione o di correnti alternate*); oscillazione *f.*
— *v.i.* oscillare.
— **(to —) aside** (*macch. ut.*), scostare da una parte (*testa, ecc.*).
— **axle suspension** (*auto*), sospensione ad asse oscillante.
— **-bar,** bilancia *f.* (stadera).
— **bridge,** ponte (*m.*) girevole.
— **credit** (*econ.*), margine di credito reciproco.
— **diameter over bed** (*macch. ut.*), diametro (*m.*) ammissibile sul banco.
— **diameter over carriage** (*macch. ut.*), diametro (*m.*) ammissibile sul carrello.
— **door,** porta (*f.*) volante (*o* andirivieni).
— **grinder** (*macch. ut.*), molatrice (*f.*) a pendolo.
— **in gap** (*tornio*), diametro (*m.*) ammissibile sull'incavo.
— **jaw,** ganascia (*f.*) oscillante.
— **lever** (*tess.*), bilanciere.
— **over bed** (*macch. ut.*), diametro (*m.*) ammissibile sul banco.
— **over bedways** (*macch. ut.*), v. **swing over bed.**
— **over carriage** (*tornio*), diametro (*m.*) ammissibile sul carrello.
— **radius** (*macch. ut.*), raggio (*m.*) ammesso.
— **rail** (*ferr.*), rotaia (*f.*) capovolgibile.
— **the crane,** girare (*v.a.*) la gru.
swinging, *agg.* oscillante.
— **bar** (*auto*), braccio (*m.*) oscillante (della sospensione).
— **cover,** coperchio (*m.*) oscillante.
— **crusher,** molino (*m.*) pendolare.
— **mechanism** (*met.*), v. **shell — mechanism.**
swinging roof (*di forno, met.*), volta girevole.
switch, scambio *m.*; deviatoio *m.* (*ferr.*); contatto *m.*; interruttore *m.* (*elet.*); v. **digital selector —.**
— **(to —)** (*inform.*), commutare.
— **apparatus** (*elet.*), disinseritore *m.*
— **blades** (*ferr.*), aghi (*m. pl.*) dello scambio.
— **-board,** vedi: **switchboard.**
— **bolt,** chiavarda (*f.*) di scambio.
— **box,** commutatore dell'accensione (*auto*); cavalletto (*m.*) dello scambio (*ferr.*); scatola (*f.*) dell'interruttore (*elet.*); cassetta (*f.*) di distribuzione (*elet.*).
— **column** (*elet.*), colonna (*f.*) di distribuzione.
— **cover** (*elet.*), scatola (*f.*) d'interruttore.
— **cupboard** (*elet.*), quadro di distribuzione ad armadio.
— **curve** (*ferr.*), curvatura (*f.*) dello scambio.
— **desk** (*elet.*), quadro di distribuzione a leggio.
— **fuse** (*elet.*), valvola (*f.*) ad interruttore.
— **in** (*elet.*), mettere in circuito.
— **lever** (*ferr.*), apparecchio (*m.*) di manovra dello scambio.
— **-man** (*ferr.*), scambista *m.*
— **off,** interrompere (*v.a.*) con interruttori; disinserire *v.a.*
— **off the current,** togliere (*v.a.*) la corrente (con interruttore).
— **off the engine** (*auto*), spegnere (*v.a.*) il motore.
— **off the ignition,** interrompere (*v.a.*) l'accensione.
— **on,** inserire *v.a.*; dare (la corrente).
— **on** (*elet., aer.*), contatto *m.*
— **on the current,** aprire (*v.a.*) la corrente; dare (*v.a.*) la corrente.
— **pillar** (*elet.*), colonna (*f.*) di distribuzione.
— **plant** (*elet.*), impianto (*m.*) di distribuzione.

switch rack (*telef.*), sala (*f.*) dei commutatori.
— **rail,** rotaia (*f.*) ad ago.
— **rod** (*ferr.*), tirante (*m.*) dello scambio.
— **room** (*elet.*), sala (*f.*) di distribuzione.
— **span** (*ing. elet.*), ancoraggio (*m.*) dello scambio.
— **toggle,** interruttore (*m.*) a pressione.
— **track** (*ferr.*), binario (*m.*) di scambio.
— **(air pressure —)** (*elettromecc.*), pressostato (*m.*) per aria compressa.
— **(knife —)** (*elet.*), interruttore a coltello.
— **(limit —)** (*elet.*), interruttore di fine corsa.
switchback(*ferr.*), regresso *m.*; (*aereo*), montagne (*f. pl.*) russe.
switchboard (*telef., teleg.*), tavolo (*m.*) di commutazione (*o* distribuzione).
— **meter,** contatore (*m.*) del quadro di distribuzione.
— **panel** (*elet.*), pannello degli strumenti; scomparto (*m.*) del quadro di distribuzione.
— **(two-wire —),** quadro (*m.*) di distribuzione a due conduttori.
switched telephone network (*tel.*), rete telefonica commutata.
switcher, locomotore (*m.*) di manovra; interruttore *m.*
switching (*telef., teleg., inform.*), commutazione *f.*; v. **automatic.**
— **centre for transborder data flow** (*inform.*), centro di commutazione per il flusso dei dati da un Paese all'altro.
— **network** (*telef.*), rete di commutazione.
— **noise** (*telecom.*), rumore di commutazione (e di falso contatto).
— **sub-station,** sottostazione (*f.*) di smistamento.
swivel, spostamento *m.* (di cosa che gira su perno); perno *m.*
— *v.i.*, girare *v.i.* (su perno); spostarsi *v.r.*; inclinarsi *v.r.*
swivel arm, braccio (*m.*) girevole.
— **base machine vice,** morsa con base girevole (*per macchine utensili*).
— **-hook,** gancio (*m.*) a molinello.
— **pin** (*auto*), perno (*m.*) per fuso a snodo.
— **plough,** aratro (*m.*) voltaorecchi.
— **-rod** (*min.*), testa (*f.*) di sonda.
— **tool,** sgabello (*m.*) girevole.
— **vice** (*mecc.*), morsa (*f.*) orientabile.
swivelling airscrew, elica (*f.*) orientabile.
— **countershaft,** contralbero (*m.*) girevole.
— **forecarriage,** avantreno (*m.*) mobile.
— **head** (*macch. ut.*), testa (*f.*) orientabile.
— **table,** tavola (*f.*) girevole.
— **tool post,** portautensili (*m.*) girevole.
swivels (*naut.*), maglie (*f. pl.*) a molinello.
swop (front-to-rear —) (*auto*), (inversione dei pneumatici) scambio del pneumatico della ruota anteriore con il pneumatico della ruota posteriore.
swopping (*auto*), vedi **tire —**.
sycamore (*bot.*), acero (*m.*) di sicomoro; sicomoro *m.*
sylvic acid (*chim.*), acido (*m.*) silvinico.
symbiosis (*biol.*), simbiosi *f.*
symbol, simbolo *m.*
symbolic coding (*inform.*), programmazione simbolica (cioè in un linguaggio simbolico diverso da quello della macchina).
symmetric, *agg.* simmetrico
symmetrical anticlinal (*geol.*), anticlinale (*f.*) simmetrica.
— **component,** componente (*f.*) simmetrica.
— **load,** carico (*m.*) simmetrico.
— **points** (*ferr.*), scambio (*m*). simmetrico.
— **swing bridge,** ponte (*m.*) girevole a volate uguali.

symmetry, simmetria *f.*
— **axe,** asse simmetrico.
sympathetic, *agg.* adatto (*congenial*) (*employment of electrolytically sympathetic materials for the cooling system*), impiego di materiali adatti elettroliticamente per il sistema di raffreddamento.
— **ink,** inchiostro (*m.*) simpatico.
symposium (*incontro, colloquio*), convegno *m.*; simposio *m.*
sync separator (*elet.*), separatore sincrono.
synchro (*controllo numerico*) (*macchine ut.*), resolver (*trasduttore di misura*).
synchrocyclotron (*fis. atom.*), sincrociclotrone *m.*
synchromesh cone (*auto*), cono (*m.*) sincronizzatore.
— **device** (*auto*), dispositivo (*m.*) sincronizzatore.
— **gear** (*auto*), cambio (*m.*) sincronizzato.
— **lock ball,** sfera (*f.*) anello esterno del sincronizzatore.
synchrometer, sincrometro *m.*
synchronism, sincronismo *m.*
— **separator** (*radio, TV*), separatore di sincronismi.
synchronize, *v.a.* sincronizzare.
synchronized brakes (*auto*), freni sincronizzati.
— **engines** (*aereo*), motori (*m. pl.*) sincronizzati.
synchronizer (*elet.*), sincronizzatore *m.*
synchronizing gear (*armi*), sincronizzazione *f.* (meccanismo di —).
— **valve** (*telev.*), valvola di sincronizzazione.
— **signal** (*telev.*), segnale di sincronizzazione.
synchronoscope, sincronoscopio *m.*
synchronous, *agg.* sincrono.
— **condenser,** condensatore (*m.*) sincrono.
— **converter,** convertitrice (*f.*) sincrona.
— **impedance,** impedenza (*f.*) sincrona.
synchronous induction motor, motore (*m.*) sincrono sincronizzato.
— **machine,** macchina (*f.*) sincrona.
— **motor,** motore (*m.*) sincrono.
— **reactance** (*elet.*), reattanza sincrona.
— **weld timer** (*sald.*), temporizzatore (*m.*) sincrono.
synchrony, sincronia *f.*
synchroton (*elet.*), sincrotone *m.*
synchrotron (*fis. atom.*), sincrotrone *m.*
syncline (*geol.*), sinclinale *m.*
syndet (*chim.*), detergente sintetico.
syneresis (*chim.*), sineresi.
synergetic effect, effetto (*m.*) sinergetico.
synergism, sinergismo.
— **of emulsion polybutadiene** (*gomma*), sinergismo del polibutadiene in emulsione.
synergistic, *agg.* sinergistico.
synergistically, *avv.* sinergisticamente.
synergy (*inform. ecc.*), sinergia *f.*
syngenetic layers, giacimenti (*m. pl.*) singenetici.
« **sinfuels** », *pl.*, combustibili sintetici.
synjet (*petrol.*), (*jet fuel derived from synthetic crude*), carburante derivato da greggio sintetico.
syntax check (*inform.*), controllo della sintassi (solo linee con sintassi corretta accettate nel programma).
synthesis (*chim.*), sintesi *f.*
— **gas,** gas (*m.*) di sintesi (*gassificazione del carbone*).
synthesiser (*voice — controlling electronic circuits that couvert letters into phonemes*) (reading machine for the blind), sintetizzatore vocale (macchina di lettura per i ciechi).
synthetic, *agg.* sintetico.
— **ammonia,** ammoniaca (*f.*) sintetica.
— **binder** (*met.*), collante sintetico (unione di metalli con collanti sintetici).

synthetic camphor, canfora (*f.*) sintetica.
— **cast iron** (*mrt.*), ghisa (*f.*) sintetica.
— **dye**, colorante sintetico.
— **fibre** (*tess.*), fibra (*f.*) sintetica.
— **finish** (*vernici*), vernice sintetica.
— **jasmin scent**, profumo di gelsomino sintetico.
— **latex**, lattice sintetico.
— **latex paint**, pittura al lattice sintetico.
— **oil**, petrolio (*m.*) sintetico.
— **paint**, pittura (*f.*) sintetica.
— **petrol**, benzina (*f.*) sintetica.
— **polymer**, polimero (*m.*) sintetico (usato come mezzo temprante).
— **resin**, resina (*f.*) sintetica.
— **resins**, resine (*f. pl.*), sintetiche.
— **rubber**, gomma (*f.*) sintetica.
— **slag** (*met.*), scoria sintetica.
synthesize, *v.a.* sintetizzare.
syntonic, *agg.* sintonico.
syntonins (*chim.*), sintonine *f. pl.*
syntonising coil, rocchetto (*m.*) di sintonizzazione.
syntonization, sintonizzazione *f.*
syntonize, *v.a.* sintonizzare.
syntony (*radio*), sintonia *f.*
syphon, vedi: **siphon.**
— **ladle** (*met.*), siviera a sifone.
— **off**, *v.a.*, separare mediante sifone.
syrup, sciroppo *m.*; soluzione di zucchero di canna o barbabietola.
syrupy, *agg.*, sciropposo.
sysin (*inform.*), operazione di entrata.
sysout (*inform.*), operazione di uscita.
system (*cinem.*), completa sequenza della registrazione; sistema *m.*
— **of beams**, impalcatura (*f.*) di travi; disposizione (*f.*) delle travi.
— **of beams in star form**, disposizione (*f.*) delle travi a raggiera.
— **of pulleys**, sistema (*m.*) di puleggе.
— **X** (*comunicazioni*) (*inform.*), sistema basato sulla trasmissione binaria di segnali e commutazione controllata da calcolatori elettronici, della British Telecom.
— **X exchange** (*telef.*), v. **X-exchange.**
systems analyst (*inform.*), analista (*m.*) di sistemi.
— **ecology** (*bio.*) (*mat.*), ecologia dei sistemi.
— **engineering** (*ind.*) (*astron.*), ingegneria dei sistemi.
systemware (*inform.*), sistema in cui « hardware » e « software » non sono più distinguibili fra loro e si trovano completamente integrate nella metodo logia di progettazione.

T

T-aerial (*radio*), antenna (*f.*) a T.
T-bar lift (*mecc.*), sciovia *f.*
T-bend test (*met.*), prova (*f.*) di piegatura a T.
T-headed bolt (*mecc.*), bullone con testa a T.
T-hinge strap, bandella (*f.*) a T; bandella (*f.*) a croce.
T-iron, ferro (*m.*) a T.
T-joint, pezzo (*m.*) a T.
T-piece, pezzo (*m.*) a T.
T-slot, cava a T.
T-slot cutter, fresa (*f.*) per scanalatura a T.
T-square, riga (*f.*) a T.
tab (*aereo*), aletta (*f.*) di compensazione.
— **washer** (*mecc.*), rondella (*f.*) di sicurezza a dentatura esterna.
tabby weawe (*tess.*), taffetas *f.*; tela *f.* (*armatura*).
table, tabella *f.*; tavola *f.* (*mecc.*); (*min.*), v. **concentrating —**; (*metal.*), v. **inspection —**; **cooling table.**
— **cross adjustment** (*fresa*), aggiustamento (*m.*) trasversale della tavola.
— **feed engage lever,** leva (*f.*) per gli avanzamenti della tavola.
— **lamp,** lampada (*f.*) da tavolo.
— **lowering** (*macch. ut.*), abbassamento (*m.*) della tavola.
— **of contents** (*tip.*), indice *m.*
— **of limits,** tabella (*f.*) delle tolleranze.
— **swivels,** spostamenti (*m. pl.*) angolari della piattaforma.
— **tennis** (*sport*), tennis da tavolo.
— **-type fan,** ventilatore (*m.*) da tavolo.
— **vertical adjustment,** aggiustamento (*m.*) verticale della tavola.
tabled joint, unione (*f.*) a dentatura retta.
— **machine** (*mecc.*), distributore automatico di tavolette (di cioccolato, ecc.).
tableware, terraglia *f.*
tabling, guaina *f.* (di una vela); (*min.*), procedimento di separazione dei minerali, con tavole inclinate.
tabular (*geol.*), *agg.* tabulare.
tabulate (to —) (*inform.*), tabulare (*comandi*) (vedere la tabulazione sullo schermo); (*inform.*), tabulare (disporre i dati in forma di tabella; stampare i totali).
tabulation, classificazione *f.*; spoglio *m.* (*di documenti, ecc.*); (*inform.*), tabulato *m.*; tabulazione.
tabulator (*inform.*), tabulatrice (*macchine in grado di leggere schede perforate ed elaborarne i dati*).
— **clearing lever** (*typewriter*), annullatore (*m.*) tabulazione.
— **key** (*typewriter*), tasto (*m.*) incolonnatore.
— **stops ruler** (*typewriter*), comando (*m.*) arresti del tabulatore.
tacheometer (*top.*), tacheometro *m.*
tacheometric surveying (*top.*), tacheometria *f.*
tacheometry (*top.*), tacheometria *f.*
tachograph, tachigrafo *m.*
tachometer, tachimetro *m.*
— **case,** cassa (*f.*) del tachimetro.
tachometric electrometer, elettrometro (*m.*) tachimetrico.
— **test,** esperienza (*f.*) tachimetrica.
tachymeter, tachimetro *m.*; tacheometro *m.*
tack, mura *f.* (*naut.*); tacheometro *m.* (U.S.A.); (*vernici*), adesivo *agg.*; adesività *f.*; (*met.*), bulletta *f.*; metodo (diverso da altri) per risolvere un problema.
— **(to —)** (*sald.*) (*mecc.*) (*auto*), imbastire; puntare.
— (*v.i.*) **about** (*naut.*), virare (*v.i.*) di bordo.
— **weld,** appuntare (*v.a.*) mediante saldatura (prima della saldatura finale).

tack welding, saldatura preliminare in punti isolati; imbastitura *f.* (*sald.*).
— **-welding of edges** (*sald.*), puntatura (*f.*) dei bordi.
tackiness (*resine, fibre, ecc.*), appiccicosità *f.*
— **temperature** (*fibre*), temperatura di appiccicamento.
tacking (*sald.*), v. **tack welding.**
— **of edges** (*sald.*), puntatura (*f.*) dei bordi.
— **rivet,** chiodo (*m.*) provvisorio.
tackle (*naut.*), paranco *m.*
— **(to —)** assicurare mediante funi e pulegge; trattare; utilizzare; venire impiegato; venire usato nelle medesime condizioni (*it is small enough to fit into awkward places which larger tools cannot tackle*), è piccolo abbastanza da potersi inserire in punti difficilm. accessibili dove non possono essere usati utensili di maggior dimensione.
— **a receiver,** esaminare (*v.a.*) un apparecchio radio.
— **(to) the most difficult part of the operation** (*trasporto, ponti, ecc.*), affrontare la parte più difficile di un'operazione.
tacky, *agg.* adesivo; appiccicoso.
« tacl » head (*invented in France and made under license in the U.K. under the name of « SEFSCO »*) (*mecc.*), testa di vite con un intaglio di forma speciale terminante a forma di V.
tactical aircraft (*aereo*), aereo (*m.*) da appoggio tattico.
— **missile,** missile (*m.*) tattico.
— **nuclear weapon,** arma nucleare tattica.
taffeta (*tess.*), taffetas *f.*; tela *f.*
tag, *v.a.* (*fis. atom.*), contrassegnare; (*calcol. elettron., inform.*), identificatore *m.*
— **around** (*v.a.*), aggiungere una costruzione ad un fabbricato.
tagged atom (*fis. atom.*), atomo (*m.*) contrassegnato.
tagger (*banda stagnata*) (*met.*), lamierino sottile stagnato.
tagging machine, (vedi **cold —**).
tail (*aer.*), poppa *f.* (del pallone); coda *f.* (di aereo); (*tip.*), margine di piede; (*radar*), coda di segnale; coda d'impulso.
— **attack** (*aereo*) (U.S.A.), attacco (*m.*) di coda.
— **boom** (*aereo*), trave (*f.*) di coda.
— **booms** (*aereo*), piani (*m. pl.*) di coda.
— **bearing,** cuscinetto (*m.*) a coda.
— **cap** (*tip.*), capitello *m.*
— **centre,** punta (*f.*) della contropunta.
— **code** (*aereo*), codice (*m.*) di coda.
— **-end** (*tess.*), fine della pezza.
— **fin** (*aereo*), deriva *f.* (*o* impennaggio verticale).
— **-first model** (*aereo*), modello (*m.*) canard.
« — **-gating** » (*auto*), non mantenere la distanza di sicurezza, seguendo il veicolo che precede.
— **-heavy** (*aereo*), appoppato.
— **landing** (*aereo*), atterraggio (*m.*) di coda.
— **locks,** lana (*f.*) della coda.
— **off,** *v.i.*, disperdersi *v.r.* (di corrente).
— **-piece** (*tip.*), finalino *m.*
— **pipe** (*aereo*), tubo (*m.*) di uscita del collettore.
— **plane** (*aereo*), impennaggio (*m.*) orizzontale o stabilizzatore.
— **plane double rib** (*aereo*), centina (*f.*) dello stabilizzatore.
— **products** (*chim.*), prodotti di coda (distillazione frazionata).
— **rod,** contrasta *f.* (di uno stantuffo).
— **rotor,** elica (*o* rotore) anticoppia (di elicottero).
— **-rope,** fune (*f.*) di ritorno.
— **rudder** (*aereo*), timone (*m.*) di coda.
— **rudder sheath** (*aereo*), rampone (*m.*) di sfregamento.
— **skid** (*aereo*), pattino (*m.*) di coda.

tail-sliding (*aereo*), scivolata (*f.*) d'ala.

— **slip (to —)** (*aereo*), cadere in scivolata di coda.

— **-squat** (*on acceleration*) (*auto*), cabrata *f.* (*quando si accelera*).

— **tackle** (*naut.*), paranco (*m.*) a coda.

— **unit** (*aereo*), complesso (*m.*) di coda.

— **-warning radar,** radar (*m.*) di coda (*o* di allarme, *posto nella coda dell'aereo*).

— **wheel** (*aereo*), pattino *m.*

— **-wheel landing gear** (*aereo*), complesso (*m.*) d'atterraggio posteriore; carrello d'atterraggio a ruotino posteriore.

— **wind,** (*aereo, meteor.*), vento (*m.*) in poppa.

— **wool,** lana (*f.*) della coda.

— **(front end tails)** (*raff. petrolio*), prodotti leggeri.

— **(heavy end tails)** (*raff. petrolio*), prodotti pesanti.

tailgate (lift-up —) (*auto*), porta posteriore sollevabile (per carico e scarico bagagli).

tailing in (*cost. civ.*), costruzione (*f.*) di una parte sporgente dal muro.

tailings, residuo di macinazione e burattatura del grano; residuo dell'estrazione di metalli dai loro minerali; scarti (*tess.*); (*fis. atom.*), residui (*m. pl.*); (*min.*), sterili *m. pl.*

tailless aeroplane, ala (*f.*) volante; tutt'ala *m.*

— **airplane** (U.S.A.), ala (*f.*) volante; tutt'ala *m.*

— **fighter,** caccia (*f.*) tutt'ala.

— **kit** (*aereo*), modello (*m.*) tutt'ala.

— **model** (*aereo*), modello (*m.*) tutt'ala.

— **rocket model** (*aereo*), modello (*m.*) tutt'ala a razzo.

taillight (*motoc.*) (U.S.A.), fanalino (*m.*) posteriore.

tailor, *v.i.*, rispondere (a); essere adatto (a); essere fatto su misura (per); (*a locomotive tailored to the special needs of our mine working*), un locomotore rispondente alle (adatto a) necessità speciali della nostra coltivazione mineraria.

tailor a steel to meet X's needs (*met.*), fabbricare un acciaio per venire incontro alle esigenze di X.

— **-make a chemical (to —),** produrre un prodotto chimico secondo le esigenze specifiche.

tailored to one's plants requirements, costruito alla perfezione (fatto su misura) secondo le esigenze dello stabilimento.

tailpiece (*tip.*), finalino *m.*

tailplane (*aereo*), piano (*m.*) fisso orizzontale; deriva (*f.*) orizzontale.

— **fixing points** (*aereo*), punti (*m. pl.*) di fissaggio dello stabilizzatore.

tails (*min.*), sterili *m. pl.*

tailstock (*macch. utensili*), contropunta *f.*

— **sleeve** (*macch. ut.*), bussola (*f.*) della contropunta.

take (*cinem.*), ripresa *f.*; *v.a.* (*gen.*) prendere.

— **(to —),** mettere (tempo); occorrere (tempo); impiegare (tempo); (*this is the time it takes light to cross the atomic nucleus*), questo è il tempo che occorre (impiega) alla luce per attraversare il nucleo dell'atomo.

— **a machine to pieces,** smontare (*v.a.*) una macchina.

— **an engineering course,** fare (*v.a.*) un corso d'ingegneria.

— (*v.a.*) **apart,** smontare; togliere; levare.

— **a patent,** prendere (*v.a.*) un brevetto.

— **a sample from the top of the ladle** (*met.*), prelevare un campione dalla parte alta della siviera.

— **daily measurements of smoke,** prelevare rilevamenti giornalieri del fumo.

take down, demolire *v.a.*
— **down the scaffolding** (*costr. civ.*), disarmare *v.a.*
— **-home pay** (*retribuzioni*), paga netta; salario netto.
— **in (to —), (line)** (*tip.*), guadagnare una riga.
— **it big!** (*cinem.*) (U.S.A.), usate la vostra migliore espressione! (detto ad un attore).
— **it off!** (*cinem.*) (U.S.A.), toglietevi la truccatura!
— **methanometer readings** (*min.*), fare delle letture al grisumetro.
— **off,** *v.i.* (*aereo*), decollare; eliminare; prelevare (*chim.*).
— **-off** (*aereo*), decollo *m.*; eliminazione *f.* (*chim.*); (*telev.*) (U.S.A.), soppressione del suono; (*metal.*), v. **power take-off.**
— **-off bevel gears,** ingranaggi (di trasmissione) conici.
— **-off chute** (*min.*), scivolo (*m.*) d'uscita.
— **-off crash,** incidente (*m.*) (mortale) di decollo.
— **-off distance** (*aereo*), distanza di decollo.
— **-off power output** (*aereo*), potenza (*f.*) al decollo.
— **-off run** (*aereo*), corsa (*f.*) di decollo; rullaggio all'involo.
— **-off speed** (*aereo*), velocità (*f.*) di decollo.
— **-off sprocket wheel,** tamburo (*m.*) dentato di trasporto (della macchina di proiezione cinem.).
— **off the burr,** sbavare *v.a.*
— **offset,** fare un rilevamento planimetrico (vedi: **offset**).
— **on** (*elet.*), riprendere *v.a.* (una carica, ecc.); (*colori*), acquistare una colorazione; prendere (*v.a.*).
— **out,** *v.a.*, eliminare *v.a.*; estrarre *v.a.*; prelevare *v.a.*
— **out a patent,** prendere (*v.a.*) un brevetto.
— **out and close up,** togliere e riunire (*bozze*).
— **out letters,** sopprimere alcune lettere (*bozze*).

take over (to —), subentrare; entrare in funzione (p. es. di sistemi ausiliari di pompe che entrano in gioco se non funziona una precedente pompa, ecc.).
— **over the works** (*met., comm.*), rilevare uno stabilimento (per assumerne la gestione, ecc.).
— **readings,** fare (*v.a.*) letture (ad uno strumento).
— **soundings** (*naut.*), scandagliare *v.a.*
— **the logarithm,** trovare (*v.a.*) il logaritmo.
— **the running start** (*aereo*), prendere lo slancio.
— **to pieces,** smontare.
— **-up,** *v.a.* captare (*radio*); saldare; avvolgere (*film*); assorbire *v.a.* (*chim.*); fissare *v.a.* riprendere *v.a.*
— **-up** (*mecc.*), tenditore *m.*; avvolgitore *m.* (di film); fissazione *f.* (*chim.*); imborso *m.* (del filato) (*tess.*); partenza; avviamento (di macchine).
— **-up motion** (*tess.*), meccanismo di avvolgimento.
— **-up reel,** bobina (*f.*) di avvolgimento (di macchina di proiezione cinem.).
— **-up sprocket guard** (*cinem.*), riparo del rullo di alimentazione.
— **-up sprockets** (*cinem.*), rocchetti (*m. pl.*) di avvolgimento.
takeoff (U.S.A.), v. **take off.**
taking, presa *f.*
— **down,** demolizione *f.*
— **-off** (*cost. civ. e mecc.*), computo (*m.*) metrico.
— **out quantities** (*agrim.*), computo (*m.*) metrico.
— **out the pillars** (*min.*), abbattimento *m.* dei pilastri (*carbone*).
— **over,** accettazione *f.* (collaudo del lavoro).
— **to pieces,** smontaggio *m.*
Talbot process, procedimento Talbot (usato per tubi in ghisa, che vengono rivestiti all'in-

terno di materiale siliceo e bituminoso, per preservarli dalla corrosione).
talc, talco *m.*
— **slate,** scisto (*m.*) talcoso.
talk-backs (*radio*), altoparlanti a chiamata e risposta.
— **to the computer on the telephone** (*inform.*), parlare con il calcolatore al telefono.
talkies (*slang*), film (*m.*) sonoro.
— **film laboratory,** laboratorio (*m.*) per film sonori.
talking toy (*elettron.*), giocattolo parlante.
tall-boy (*cost. civ.*), modo di finire la cima di un camino, per impedire una corrente d'aria discendente.
tall oil, tallolio *m.*
tallow, sego *m.*; sevo *m.*; **(to —),** spalmare di sego.
— **oil,** olio (*m.*) di sego; olio (*m.*) di sevo.
— **seed oil,** olio (*m.*) di stillingia.
tally (*top.*), piastrina (*f.*) d'ottone (che viene applicata al 10°, 20° ecc. anello di una catena metrica per facilitare le misure); cartellino *m.* (per contare traffico, ecc.); conteggio (*inform.*).
— *v.a.*, concordare.
— **ho** (*slang*) (*aereo*) (U.S.A.), siamo in contatto col nemico!
— **lights** (*telev.*) (U.S.A.), lampade (*f. pl.*) indicatrici.
— **roll** (*reels of paper from shop tills*), striscia continua di carta (*di controllo*) (*p. es. di registratore di cassa.*
— **-roll reader,** lettore di nastri di controllo (*di macch. calcolatrice stampante, registratori di cassa, ecc.*).
talus wall, muro (*m.*) a scarpa.
tambour, pannello di stoffa pieghettata; pizzo a tombolo.
tamp, *v.a.* costipare (massicciata stradale, ecc.); (*esplosivi*), riempire un foro da mina con argilla; intasare.
tamper (*cost. civ.*), mazzeranga a mano; *v.a.* manomettere (*strumenti, ecc.*).
— **material** (*fis. atom.*), sostanza riflettrice-ritardatrice.
— **-proof cable,** cavo (*m.*) protetto.
— **-proof mileage recorder** (*auto*), contachilometri non manomissibile (*o* a prova di manomissione).
tampering, manomissione *f.* (di strumenti).
tamping, intasamento *m.*; costipamento *m.* (*terreno*).
— **clay** (*fond.*), pigiata *f.*
— **machine** (*ferr.*), rincalzatrice meccanica (per traversine).
— **of sleepers** (*ferr.*), rincalzamento (*m.*) delle traversine.
— **plugs** (*min.*), v. **stemming plugs.**
— **rod** (*cost.*), mazza (*f.*) a rincalzare; (*min.*), v. **stemmer.**
tan, *n.*, tanno *m.*; concia *f.*
— *v.a.* conciare.
— **cake,** tanno (*m.*) in pani.
tandem, *agg.* (*mecc.*), abbinato.
— **engine,** macchina (*f.*) a tandem.
— **furnace** (*met.*), forno tandem (processo tandem).
— **-furnace process** (*met.*), processo con forno tandem.
— **mill** (*met.*), laminatoio (*m.*) tandem.
— **pistons,** stantuffi (*m. pl.*) sovrapposti a tandem.
— **steam engine,** macchina (*f.*) a vapore tandem.
— **steelmaking** (*met.*), fabbricazione dell'acciaio col processo tandem.
— **steelmaking process** (*met.*), processo tandem di fabbricazione dell'acciaio.
— **support system** (*min.*), sistema di puntellamento in tandem (*con puntelli in tandem*).
— **two-seater** (*aereo*), aereo (con cabina) con due posti in tandem.
tang, (parte (*f.*) della lima inserita nel manico): codolo *m.*

tangency, tangenza *f.*
tangent (*geom.*) (*trig.*), tangente *f.*; *agg.* tangente.
— **galvanometer** (*elet.*), galvanometro delle tangenti; bussola delle tangenti.
— **plane,** piano (*m.*) tangente.
— **wedge,** chiavetta (*f.*) tangenziaie.
tangential acceleration, accelerazione (*f.*) tangenziale.
— **bearing,** appoggio (*m.*) tangenziale.
— **component,** componente (*f.*) tangenziale.
— **connection,** raccordo (*m.*) tangenziale.
— **feed grinding machine** (*macch. ut.*), rettificatrice tangenziale.
— **force,** sforzo (*m.*) tangenziale.
— **load,** carico tangenziale.
— **pressure diagram,** diagramma (*m.*) degli sforzi tangenziali.
— **sawing,** segatura (*f.*) tangenziale.
— **spoke,** raggio (*m.*) tangenziale.
— **stress** (*aereo*), sollecitazione (*f.*) tangenziale.
— **surface,** superficie (*f.*) tangenziale.
tangerine oil, essenza (*f.*) di mandarino.
tank, bacino *m.* (vasca); cisterna *f.* (*petrolio, gas, ecc.*); serbatoio *m.*; recipiente *m.*; carro (*m.*) armato; autobotte *f.*
— , *v.a.* collocare, immagazzinare, trattare in un recipiente.
— **battery barge** (*petrolio*), chiatta sommergibile con batteria di serbatoi di grezzo.
— **bottoms** (*petrolio*), sedimenti petroliferi (di serbatoio).
— **-breather tube** (*petrolio*), tubo di respirazione (*o* di aerazione) di serbatoio petrolifero.
— **brimming** (*auto*), pieno di benzina (sul posto).
— **capacity,** capacità (*f.*) del serbatoio.
— **car** (U.S.A.) (*ferr., petrol.*), carrocisterna.
— **circuit,** circuito (*m.*) oscillatore in un amplificatore o in un oscillatore termoionico (di un trasmettitore radio).
tank commander (*mil.*), capocarro *m.*
— **destroyer,** cannone anticarro.
— **dome** (*petr.*), portello di ispezione (per serbatoi, carro-botti).
— **farm** (*petrol.*), parco di stoccaggio (per petrolio, in serbatoi d'acciaio).
— **for quenching bath,** vasca (*f.*) di tempra.
— **gauge** (*petrolio*), misuratore del contenuto di petrolio nel serbatoio.
— **locomotive,** locomotiva (*f.*) tender.
— **outage** (*petrolio*), perdita di petrolio per evaporazione o fuga, in un serbatoio.
— **plate,** lamiera (*f.*) per serbatoi.
— **-steamer,** vapore (*m.*) cisterna.
— **trailer,** autobotte con rimorchio.
— **truck** (*petrolio*), autocisterna.
— **truck and trailer** (*petrolio*), autocisterna (*f.*) a rimorchio.
— **wagon** (*petrolio*), carro (*m.*) cisterna; (U.S.A.), autobotte.
tankage (*aereo*), capacità *m.* (di carburante); fertilizzante (*m.*) organico; (*petrolio*), capacità di un serbatoio (*o* più serbatoi); stoccaggio di petrolio in un serbatoio; prezzo di stoccaggio.
tanker, petroliera *f.*; nave cisterna; autocisterna (per rifornimenti carburanti per aerei).
— **-steamer,** nave (*f.*) cisterna; vapore (*m.*) cisterna.
— **terminal** (*petrol.*), terminale per navi cisterne.
— **(railway —)** (*ferr.*), carro cisterna.
— **(road —),** camion cisterna.
tankful of petrol, « pieno » di benzina (*to manage 300 miles on a tankful of petrol*), riuscire a percorrere 300 miglia con un pieno di benzina.
tannate (*chim.*), tannato *m.*

tanned leather, cuoio (*m.*) conciato.
— **skin,** pelle (*f.*) conciata.
tannery, conceria *f.*
tannic, *agg.* tannico.
— **acid,** acido (*m.*) tannico.
tannine, tannino *m.*
tanning process (*pelli*), processo di concia.
tannoy, altoparlante della ditta Tannoy (public-address system).
tansy oil, olio (*m.*) essenziale di tanaceto.
tantalite, tantalato (*m.*) di ferro e manganese; tantalite *f.*
tantalum (*chim.* = Ta), tantalio *m.*
— **capacitor** (*elettron.*), condensatore al tantalio.
— **electrolytic capacitor** (*elettron.*), condensatore elettrolitico a tantalio.
tap, presa *f.* (*elet.*); maschio (*m.*) (*o* tappo) per filettare; rubinetto *m.*; coperchio *m.*; canale di colata (*met.*).
— *v.a.* (*mecc.*), filettare *v.a.*; colare (di met. in fusione); maschiare; (*fond.*), spillare.
— *v.a.* **a heat** (*met.*), fare una colata.
— **a well** (*petrolio*), fare erogare un pozzo (*avvitando una testa di controllo*).
— **cinder** (*met.*), scoria (*f.*) di puddellatura.
— **degassing** (*met.*), degasaggio sul getto.
— **extracting tool** (*mecc.*), estrattore per maschi.
— **extractor** (*mecc.*), estrattore per maschi.
— **-field control** (*elet.*), metodo (*m.*) di controllo della velocità di un motore in serie.
— **-funnel,** imbuto (*m.*) a rubinetto.
— **-hole** (*fond.*), foro (*m.*) di colata.
— **hole area** (*forno met.*), area del foro di colata.
— **hole gun** (*met.*), macchina per tappare il foro di colata; macchina per fare la bocchetta.
tap hole level (*altoforno met.*), livello fori di colata.
— **(to —) in** (*elet.*), inserire (p. es. una presa di corrente).
— **system,** batteria (*f.*) di rubinetti.
— *v.a.* **tar sands** (*petrolio*), perforare sabbie asfaltiche.
— **-to-tap time** (*met.*), tempo di colata da spillaggio a spillaggio.
— **water,** acqua del rubinetto (acqua potabile).
— **wrench,** giramaschio *m.*
— **(finishing —)** (*petrol.*), maschio *m.* (utensile di pescaggio).
taps per day (*met.*), colate giornaliere.
tape, nastro *m.*; legaccio *m.*; nastro (*magnetico, perforato, ecc.*) (*elettron.*); *v.a.* registrare su nastro magnetico; applicare su nastro isolante.
— **cassette** (*elettron.*), cassetta (*di ricambio*) a nastro magnetico.
— **condenser** (*filatura*), divisore *m.*
— **copying** (*audio ecc.*), copiaggio nastro.
— **deck** (*audio*), piastra di un registratore (con la parte elettronica e meccanica).
— **drive** (*inform.*), sistema di trasporto del nastro magnetico.
— **feeding** (*controllo numerico*) (*inform., macch. ut.*), avanzamento nastro.
— **for electrical insulation,** nastro (*m.*) per isolamento elettrico.
— **head cleaner** (*audio*), cartuccia pulisci testine per nastri.
— **library** (*inform.*), nastroteca *f.*
— **-line** (U.S.A.), nastro (*m.*) metrico.
— **machine** (*audio*), piastra di registrazione.
— **measure,** metro (*m.*) a nastro; nastro (*m.*) metrico.
— **music from the radio,** registrare musica dalla radio.
— **player** (*mus.*), giranastri *m.*; suonanastri *m.*
— **programming** (*controllo numerico, macch. ut.*), programmazione a nastro.

tape punch and reader (*inform.*), perforatrice-lettrice di banda.
— **puncher** (*calcolatori elettron.*), perforatrice nastro.
— **reader** (*elettron.*), lettore (di) nastro perforato.
— **reader (photoelectric —)** (*comando numerico, macch. ut.*), lettore fotoelettrico.
— **-record,** *v.a.*, registrare su nastro (con magnetofono).
— **-recorder,** registratore a nastro; (*audio*), registratore a bobine.
— **recorder (transistorized tape recorder),** registratore a nastro a transistor.
— **recording,** registrazione su nastro magnetico.
— **select switch** (*registratori*) (*audio*), selettore nastri.
— **sizing** (*tess.*), imbozzimatura *f.*
— **-snipping cerimony** (*autostrade, ecc.*), cerimonia di inaugurazione (con il taglio del nastro).
— **switching** (*inform.*), commutazione a nastro perforato.
— **thickness** (*audio*), spessore del nastro.

tapeman, operatore (*m.*) che misura col nastro sul terreno.

taper, *n.*, raccordo (*m.*) conico; conicità *f.*; spoglia (*f.*) di un modello (*fond.*).
— *v.i. v.a.*, assottigliarsi *v.r.* (rastremarsi); rastremare *v.a.*; restringersi *v.r.*
— **attachment** (*tornio*), dispositivo per tornire conico.
— **bit,** alesatore (*m.*) conico.
— **bolt,** bullone (*m.*) conico.
— **double cut file,** lima (*f.*) per chiavi a due tagli.
— **file,** lima (*f.*) appuntita; lima (*f.*) per chiavi.
— **forming tool,** utensile (*m.*) per tornire conico.
— **of the groove** (*lamin.*), spoglia (*f.*) del calibro.
— **parts,** parti (*f. pl.*), coniche.
— **pin** (*mecc.*), spina (*f.*) conica.
— **reamer,** alesatore (*m.*) conico.

taper roller bearing (*mecc.*), cuscinetto a rulli conici.
— **rolling,** laminazione obliqua.
— **shank twist drill,** punta (*f.*) da trapano elicoidale con gambo conico.
— **turning,** tornitura (*f.*) conica.
— **turning and profiling attachment** (*tornio*), dispositivo per tornire conico e per copiare.
— **turning attachment,** apparecchio (*m.*) per tornire conico.
— **turning mechanism** (*tornio*), meccanismo (*m.*) di tornitura conica.

tapered, *agg.* conico; rastremato; a sezione decrescente.
— **bars,** barre rastremate.
— **edge** (*sald.*), lembo (*m.*) assotigliato.
— **gib** (*macch. ut.*), lardone (*m.*) conico.
— **nose pliers** (*orol.*), pinze (*f. pl.*), a becchi pianilunghi.
— **one side grinding wheel,** mola (*f.*) conica con conicità unica.
— **shell** (*forno met., elet.*), carcassa bulbata.
— **shell furnace** (*met.*), forno bulbato.
— **sunk key,** chiavetta (*f.*) incastrata conica.
— **tenon,** tenone (*m.*) obliquo.
— **wing** (*aereo*), ala (*f.*) trapezoidale.

tapering, assottigliamento *m.*; rastremazione *f.*

taphole (*met., fond.*), foro di colata.

tapped, *p.p.* (*rif. p. es. ad armi*), scanalato, per il montaggio (di cannocchiale, mirini, ecc.).
— **metal** (*met.*), ghisa spillata.
— **steel** (*met.*), acciaio spillato.

tappet, nasetto *m.*; punteria (*f.*) (*motori*); eccentrico *m.* (*tess.*).
— **biscuits** (*auto*), bicchierini (*m. pl.*) distribuzione.
— **gear for a four stroke cycle,** distribuzione (*f.*) a 4 tempi.
— **guide** (*auto.*), guida (*f.*) punteria.
— **plunger** (*motori*), piattello delle punterie.

tappet rod, corsoio *m.*
— **stem** *auto*), asta (*f.*) della punteria.
tapping, colata (*f.*) di metallo in fusione (*fond.*); filettatura (*f.*) di fori; (*mecc.*), maschiatura *f.*; (*fond.*), spillatura *f.*; (*met.*), spillata *f.*; spillatura *f.* (dal forno in secchia) (fabbric. acciaio) (*met.*) (*running of molten steel out of the furnace by knocking out the material from the tap hole*); colata dal forno (*met.*); filettatura [*forming a screw thread in a hole by means of a tap*] (*mecc.*); assestamento (*drop forging*); presa *f.* (*elet.*).
— **attachment,** apparecchio (*m.*) per filettare con maschi; (*mecc.*), maschiatore *m.*
— **breast** (*met.*), foro di spillatura.
— **crane** (*met.*), gru di colata.
— **end** (*met.*), fine spillata.
— **-floor,** piattaforma (*f.*) di colata (di altoforno).
— **hole** (*fond.*), foro (*m.*) di colata.
— **hole (to close up a tapping hole)** (*met.*), fare il bussaggio; tappare il bussaggio; tappare il foro di colata.
— **in the lathe,** filettatura sul tornio.
— **machine,** filettatrice (*f.*) per dadi; maschiatrice *f.*
— **rod** (*met.*), asta di colata; spina (*f.*) di siviera.
— **start** (*met.*), inizio spillata.
— **temperature** (*met.*), temperatura di spillaggio.
— **yield** (*met.*), resa (*f.*) alla spillata.
— **(resistance —)** (*elet.*), presa per resistenza.
tappings (*met.*), scoria (*f.*) di puddellatura.
tar, *n.*, catrame *m.*; bitume *m.*; pece (*f.*) liquida.
— *v.a.* imbitumare; incatramare; impeciare.
— **camphor,** naftalene *f.*
— **coating,** strato (*m.*) di catrame.
tar covering, strato (*m.*) di catrame.
— **-dolomite brick** (*met.*), mattone di dolomite catramata.
— **from blast furnaces,** catrame (*m.*) degli altiforni.
— **from lignite,** catrame (*m.*) di lignite.
— **from shale,** catrame (*m.*) di schisto.
— **oil,** olio (*m.*) di catrame.
— **rate** (*altoforno met.*), consumo di catrame.
— **removal,** decatramazione *f.*
— **sand,** sabbia bituminosa; sabbia asfaltica.
— **separator** (*gas*), separatore (*m.*) del catrame.
— **white,** naftalene *f.*
tarbuttite, fosfato basico di zinco, cristallizzante nel sistema triclino.
tare, tara *f.*
— **weight** (*aer.*), peso a vuoto.
target, bersaglio *m.*; pastiglia (*f.*) anodica; (*fis. atom.*), bersaglio *m.*; (*ferr.*) semaforo *m.*; (*top.*) scopo *m.*; anticatodo *m.*; anodo (di tubi per raggi X); (*radar*), traccia radar.
— **(to —)** (*missili*) (*mil.*), dirigere verso un bersaglio.
— **detection, rivelatore bersaglio**
— **identification point** (*aereo*), punto identificazione bersaglio.
— **nucleus** (*fis. atom.*), nucleo (*m.*) di bersaglio.
— **on the ground,** bersaglio (*m.*) a terra.
— **particle** (*fis. atom.*), particella (*f.*) del bersaglio.
— **price** (*comm.*), prezzo indicativo.
— **program(me)** (*inform.*), programma oggetto.
— **rod** (*top.*), palina (*f.*) a traguardo.
— **tracking radar** (*radar*), radar (*m.*) d'inseguimento.
tarmac strip (*aereo*, *ecc.*), pista in macadam al catrame.
tarnishing (*met.*), appannamento (sottile pellicola di prodotti

corrosivi che priva la superficie metallica della sua lucentezza); (*corrosione met.*), offuscamento (della superficie, dovuto a formazione di sottili strati di ossidi, ecc. sulla superficie del mat. metallico).
tarnishing (resistant to —) (*met.*), resistente all'offuscamento.
tarpaulin (*tess.*), telone catramato per carri ferr. o auto.
tarred, incatramato *p.p.*
— felt, feltro (*m.*) catramato.
tarry residue, residuo (*m.*) di catrame.
tartar (*chim.*), tartaro *m.*
— emetic, tartaro (*m.*) emetico.
tartaric acid, acido (*m.*) tartarico.
tartrate (*chim.*), tartrato *m.*
tartrazine (*chim.*), tartrazina *f.* (per colorire seta, lana e cosmetici), $C_{16}H_9O_9N_4S_2Na_3$.
tartronic acid, acido (*m.*) tartronico.
tarviated, *p.p.* termine riferito a strade, la cui superficie è in catrame e pietre.
task force (U.S.A.), gruppo.
— force of seasoned heat treat men (U.S.A.), gruppo di esperti in trattamenti termici.
taste, gusto *m.*; sapore *m.* (*v.i.*) avere un sapore).
tattletale (*petrolio*) (U.S.A.), rivelatore di mancanza di vernice di un tubo.
tau (*heavy lepton*) (*elettron.*) (*fis.*), tau (nuova particella elementare, del gruppo leptone, scoperta nel 1975 in California).
— meson (*fis. atom.*), mesone τ.
taurine (*chim.*), acido (*m.*) amino-etil-solfonico, $H_2N.CH_2.CH_2.SO_3H$.
Taurus (*astron.*), toro *m.*
taut, *agg.* tesa (rif. a fune).
— -band (*elettron.*), (a) banda tesa (*strumenti elettron.*).
tautomerism (pr. *to.tom'—*) (*chim.*), tautomeria *f.*; tautomerismo *m.*
tax allowance, agevolazione (*f.*) fiscale.
tax burden (*econ.*), carico fiscale; onere fiscale.
— concessions, agevolazioni fiscali.
— disc (*auto*) bollo di circolazione.
— disc offense (*auto*) (*leg.*), trasgressione dovuta alla mancanza del bollo di circolazione.
— holiday (*econ.*), esenzione fiscale temporanea.
— mitigation (*econ.*), alleggerimento fiscale.
— relief (*econ.*), sgravio fiscale.
— revenue (*finan.*), gettito (*m.*) fiscale.
— write-off, ammortizzamento delle tasse.
— (value added —) (*comm.*), imposta sul valore aggiunto.
taxable horse-power (*auto*), potenza fiscale.
taxi (to —) (*aereo*), rullare *v.a.*; flottare *v.a.* (idrovolanti).
— (to —), (over water) (*aereo*), flottare.
— meter (*auto*), tassametro *m.*
— -sharing (*auto*), autotrasporto con tassì a tariffa suddivisa fra i diversi passeggeri.
taxicab (*auto*), taxi *m.*
taxidermy, tassidermia *f.* (arte di conservazione della pelle degli animali e di riproduzione degli animali in forme simili a quelle naturali).
taxine (*chim.*), alcaloide, ottenuto dal tasso (formula $C_{37}H_{51}O_{10}N$).
taxing on the ground (*aereo*), rullare sul campo (prima di partire).
taxonomist *m.* (*biol.*), tassonomo (esperto in tassonomia).
taxonomy (*biol.*), tassonomia *f.*
taxying (*idrovolante*), flottaggio *m.*
Taylor's series (*mat.*), serie di Taylor.
TC reforming (*chim. ind.*), reforming TC (reforming catalitico Thermofor).
TCC process (U.S.A.), procedim. di piroscissione per catalisi per ottenere benzina per aviazione.
tea, tè *m.*

tea dispenser, distributore dosatore di tè.
— **-pot ladle** (*met.*), secchia a teiera.
— **seed oil,** olio di (semi di) tè.
teaching machine (*inform.*), macchina per insegnare.
teak, teck *m.* (lat. *Tectona grandis*); legno (*m.*) di teck.
— **wood,** legno (*m.*) teck.
teal oil, olio (*m.*) di sesamo.
team (*agric.*), attacco (*m.*) di cavalli; v. **maintenance —**.
— **-mate** (*auto*), compagno di scuderia.
— **research,** ricerca (*f.*) collettiva.
— **work,** lavoro di gruppo.
teaming (*cost. civ.*), rimozione della terra scavata, dallo scavo a un terrapieno (*o* un argine).
tear-exciting, *agg.* lacrimogeno.
— **gases** (*chim.*), gas (*m. pl.*) lacrimogeni.
— **resistant** (*condutture flessibili, ecc.*), resistente agli strappi.
— **strength,** resistenza alla lacerazione.
tearing (*telev.*), rottura (*o* strappo) dell'immagine; (*met.*), v. **burst.**
— **down** (*app. foraggio, petr.*), smontaggio.
— **machine** (*tess.*), sfilacciatrice *f.*
— **(lamellar —)** (*met.*), strappo (*m.*) lamellare.
tearproof, *agg.*, non lacerabile.
teasel (to —), (*tess.*), garzare *v.a.*
teaseling (*tess.*), garzatura *f.*
teasing (*ind. tess.*), garzatura *f.*
teat cup (*mecc. agr.*), tazza (*o* coppa) di mungitrice.
tecalemeter (*aereo*), apparecchio di alta precisione per la misura del consumo di combustibile, o di liquidi in genere.
technetium (*chim.*=Tc), tecnezio *m.*
technical, *agg.* tecnico.
— **catalogue** (*tip.*), catalogo (*m.*) tecnico.
— **consultant,** consulente (*m.*) tecnico.
— **data,** dati (*m. pl.*) tecnici; (*naut., ecc.*), scheda tecnica.
technical department, direzione (*f.*) tecnica.
— **director,** direttore (*m.*) tecnico.
— **drawing,** disegno (*m.*) tecnico.
— **efficiency,** efficienza (*f.*) tecnica.
— **evening school,** scuola (*f.*) tecnica serale.
— **exhibition,** mostra (*f.*) della tecnica.
— **head,** capo (*m.*) tecnico.
— **improvements,** migliorie (*f. pl.*) tecniche.
— **information film** (*cinem.*), film tecnico.
— **intelligence,** informazioni (*f. pl.*) tecniche.
— **intelligence abstractor,** redattore di estratti di informazioni tecniche.
— **office,** ufficio (*m.*) tecnico.
— **officer,** capotecnico (*m.*) (di uno stabilimento).
— **press,** stampa (*f.*) tecnica.
— **school,** scuola (*f.*) tecnica,
— **standards in railway matters,** unità tecnica delle strade ferrate.
— **stipulations,** convenzioni (*f. pl.*) tecniche.
technically illiterate, inerudito nella tecnica.
technician, tecnico *m.*
technicolor, procedimento (*m.*) di cinematografia a colori (con analisi di 3 colori).
technics, tecnica *f.*
technique, tecnica *f.*
Technirama (*cinem.*), Technirama (sistema di proiezione su largo schermo).
technological, *agg.* tecnologico.
— **innovation (to foster a — innovation),** innovazione tecnica (favorire una innovazione tecnica).
technology, tecnologia *f.*
tectogene (*geol.*), tettogeno.
tectonic, *agg.* (*geol.*), tettonico.
— **map** (*geol.*), carta tettonica.
tectonics (*geol.*), tettonica *f.*
tedder (*agr.*), voltafieno *m.*
tee (*met.*), v. **glazing —**.
— **-iron,** ferro (*m.*) a T.

tee-joint, giunto (*m.*) a T.
— **junction,** incrocio (*m.*) a T (di muri).
— **slot cutter** (*utensili*), fresa (*f.*) per (scanalature *o*) cave a T.
— **slots** (*macch. ut., mecc.*), scanalature (*o* guide) a T.
— **-square,** squadra (*f.*) a T.
— **-welding,** saldatura a T.
teel oil, olio (*m.*) di sesamo.
teem (*v.a.*) **direct** (*met.*), colare diretto.
teeming (*fond.*), colata *f.*; (*met.*), colata (spillamento) (colata dal forno o siviera nella lingottiera, di solito riferita a metalli ferrosi); v. **tundish** —; **uprunning** —.
— **aisle** (*met.*), campata (*o* navata) di colata.
— **crane** (*met.*), gru (*f.*) di colata.
— **speed** (*met.*), velocità di colata.
— **steel ingots** (*met.*), colata di di lingotti di acciaio.
teeth-cutting machine, dentatrice *f.*
— **-range,** dentatura *f.*
teg (*lana*), termine usato in Inghilterra per le lane più corte.
tegula (*cost.*), tegola *f.*
TEL (*chim.*), piombo tetraetile.
tele-archics, *pl.*, radiotelecomando *m.*
telecardiogram (*med.*), telecardiogramma *m.*
telecardiography (*med.*), telecardiografia *f.*
telecast, trasmettere con la televisione; teletrasmissione *f.*
— **forum** (*TV*), teledibattito *m.*; « tribuna politica ».
telecasting, televisione *f.*
telechirics (*robotica*), robotica che interessa robot che usano mani o braccia artificiali per azionare macchine in ambiente pericolosi, al riparo però nella loro posizione.
telecine projector, proiettore (*m.*) per televisione.
telecoms, abbr. di **telecommunications.**
telecommercial (*telev.*), filmato pubblicitario televisivo.
telecommunications, telecomunicazioni *f. pl.*
— **consultant,** *m.*, consulente in telecomunicazioni.
telecommuting (*inform.*), teletrasmissione diretta via satellite lavorando in casa o in ufficisatelliti.
teleconference, teleconferenza *f.*
telecontrol, telecontrollo *m.*
« **telecopy** », telecopia *f.*
telecopying, telecopiatura *f.*
— **machine,** telecopiatrice *f.*
telecurietherapy (*med.*), telecurieterapia *f.*
teledata processing (*elettron.*), elaborazione dei dati a distanza.
telefilm (*telev.*), telefilm *m.*
telegame (*telev.*), video-gioco *m.*; gioco televisivo.
telegram, telegramma *m.*
telegenic, *agg.* telegenico.
telegraph, *n.*, telegrafo.
— *v.a.* telegrafare.
— **cable,** cavo (*m.*) telegrafico.
— **line,** linea (*f.*) telegrafica.
— **pole,** palo (*m.*) telegrafico.
— **switching** (*telef.*), commutazione telegrafica.
— **switching system** (*teleg.*), sistema di commutazione telegrafica.
— **wire,** filo (*m.*) telegrafico.
telegraphic output, rendimento (*m.*) telegrafico.
telegraphist, telegrafista *m.*
telegraphy, telegrafia *f.*
tele-index (*automatic telephone number index*), guida telefonica a scatto; rubrica telefonica automatica.
telematics (*inform.*), telematica *f.*
telemechanics, telemeccanica *f.*
telemeter, telemetro *m.*
telemetering (*elet.*), telemisura *f.* (misura a distanza).
telemetric, *agg.* telemetrico.
telemetry, telemetria *f.*
— **antenna** (*astron.*), antenna telemetrica.
telemotor (*naut.*), telemotore *m.*
telephone, *n.*, telefono *m.*
— *v.a.* telefonare.

telephone answer-service (*inform.*), servizio di segreteria telefonica.
— **answerer,** segreteria (*f.*) telefonica.
— **booth** (*telef.*), cabina (*f.*) telefonica.
— **cable,** cavo (*m.*) telefonico.
— **-call,** chiamata (*f.*) telefonica.
— **card** (*telef.*), scheda (*f.*) telefonica (per apparecchi pubblici).
— **cutting plier,** pinzetta (*f.*) da telefonisti.
— **exchange,** centralino (*m.*) telefonico.
— **line,** linea (*f.*) telefonica.
— **operator,** telefonista; centralinista.
— **pole,** palo (*m.*) telefonico.
— (*v.a.*) **reversing the charges** (*telef.*), telefonare con tassa a carico del ricevente.
— **system,** sistema telefonico.
— **slug** (U.S.A.), gettone (*m.*) telefonico.
— **switching apparatus** (*telef.*), apparati telefonici di commutazione.
— **traffic,** traffico telefonico.
— **voice recorder** (*telef.*), registratore della conversazione telefonica.
— **wire,** filo (*m.*) telefonico.
telephones, cuffie *f. pl.*
telephonic, *agg.* telefonico.
telephony, telefonia *f.*
telephoto, telefotografia *f.*
telephotographic, *agg.* telefotografico.
telephotography, telefotografia *f.*
telephotolens (*fot.*), teleobiettivo *m.*
telephotometer, telefotometro *m.*
teleprinter, telescrivente *f.*
— **exchange,** centralino (*m.*) per telescriventi.
— **network,** rete di telescriventi.
— **(battery-powered —),** telescrivente a batteria.
teleprinting system, sistema telescrivente.
teleprocessing (*trasmissione di dati a distanza*), tele-elaborazione delle informazioni per mezzo di elaboratore centrale collegato a terminali (*posti periferici di lavoro*); (*inform.*), teleinformatica *f.*; teletrattamento.
teleprompter (*telev.*), telesuggeritore *m.*
teleran, sistema di navigazione aerea con televisione e radar; radar (*m.*) televisivo.
telerecording, teleregistrazione *f.*
telescope, telescopio *f.*; cannocchiale (*agrim.*) (di strumento agrimensorio).
telescopic, *agg.* telescopico.
— **arm** (*mecc.*), braccio (*m.*) telescopico.
— **connection,** unione (*f.*) telescopica.
— **fork** (*motoc.*), forcella (*f.*) telescopica.
— **friction pit prop** (*min.*), butta telescopica ad attrito (*per miniere*).
— **mast,** albero (*m.*) telescopico.
— **ram pit crane,** gru (*f.*) telescopica verticale a ganasce.
— **road aerial** (*radio*), antenna telescopica ad asta.
— **spindle,** albero (*m.*) telescopico.
— **tube,** tubo (*m.*) telescopico.
telescriber (*elet.*), telescrivente.
telesignal system (*elet.*), sistema di telesegnalazione.
telesoftware (*inform.*), sistema di trasmissione di informazioni tramite elaboratore, derivato da « Prestel » (UK Post Office viewdata system) e « software » distribuito lungo le linee telefoniche inglesi.
telestudio (*telev.*), telestudio *m.*; studio televisivo.
teletel service (*telev.*) (*telef.*), Teletel (servizio abbinato televisore -telefono, sistema francese).
teletext set (*TV*), televisore per ricezione di teletext.
— **system** (*TV*), (*lines of text are transmitted digitally, in the spaces between the lines of normal TV broadcasts, to specially adapted sets, i.e. for deaf viewers*), sistema Teletext.

telethermometer, teletermometro *m.*
teletranscription, registrazione fotografica di programma teletrasmesso.
teletype interface (*inform.*), interfaccia per telescrivente.
teletypesetter (*tip.*), telescrivente *f.*
teletypewriter, telescrivente *f.*
televised film (*telev.*), film registrato teletrasmesso.
teleview pictures (*cinem.*), sistema di stereocinematografia (*o* cinematografia in rilievo, *o* spaziale).
televiewer, telespettatore *m.*
televise (to —), riprendere con la televisione.
television, *n.*, televisione *f.*; v. **closed circuit —; traffic control.**
— *v.a.* trasmettere (*v.a.*) con la televisione.
— **band,** banda (*f.*) di televisione.
— **cable** (*telev.*), cavo televisivo.
— **camera,** camera (*f.*) di televisione.
— **camera tube** (*telev.*), tubo elettronico per l'esplorazione dell'immagine.
— **channel,** canale (*m.*) di televisione.
— **cinema,** cine (*m.*) televisivo.
— **color kinescope** (*telev.*), cinescopio per la televisione a colori.
— **commercial** (U.S.A.), film (*m.*) pubblicitario televisivo.
— **converter** (*telev.*), convertitore televisivo.
— **engineer,** ingegnere (*m.*) di televisione.
— **-film commercial,** film (*m.*) pubblicitario televisivo.
— **film scanning** (*telev.*), trasmissione televisiva di film.
— **ghosts** (*telev.*), fantasmi della televisione (immagini fantasma).
— **interference** (*telev.*), interferenza televisiva.
— **laboratory,** laboratorio (*m.*) di televisione.
— **network,** rete di stazioni televisive collegate.
television pickup station (*telev.*), stazione per riprese televisive.
— **radar,** radar televisivo.
— **radio-relay link** (*radio*) (*telev.*), ponte radio-televisivo.
— **receiver,** apparecchio (*m.*) telericevente.
— **recording** « teletrascrizione » o registrazione cinematografica di programma trasmesso per televisione.
— **satellite,** satellite televisivo.
— **set,** apparecchio (*m.*) per televisione; televisore *m.*
— **station link,** ponte (*m.*) di televisione.
— **studio** (*telev.*), studio televisivo.
— **technique** (*tel.*), tecnica televisiva.
— **trasmission line** (*telev.*), linea di trasmissione per televisione.
— **transmitting station** (*telev.*), stazione trasmittente televisiva.
televisor, televisore *m.*
telex, telex.
— **(to —),** inviare via telex.
— **switching** (*inform.*), commutazione telex.
tellegen effect, effetto (*m.*) Lussemburgo.
tellies (*cinem.*) (*slang*), film sonori; televisione.
telltale (*strum.*), controllore *m.*
tell-tale lamp, lampada (*f.*) a spia.
— **-tale watch** (U.S.A.), orologio (*m.*) di controllo.
— **-tale disc,** disco di controllo.
— **-tale indicator lights,** luci di controllo dell'indicatore.
teller, vedi: **tally.**
tellurate (*chim.*), tellurato *m.*
telluretted hydrogen (*chim.*), acido (*m.*) telluridrico.
telluric acid, acido (*m.*) tellurico.
telluride (*chim.*), tellururo *m.*
tellurium (*chim.* = Te), tellurio *m.*
tellurous, *agg.* (*chim.*), telluroso.
telly, televisione *f.*
telpak (*trasmissioni con ponti radio e cavi coassiali*) (U.S.A.), circuito a larga banda.
telpher (*met.*), trasportatore aereo elettrico; cabina di funivia.

telpher (swarf —) (*met.*), trasportatore aereo degli sfridi.
temper (*met.*), tempra *f.*; (*ferr.*), rincalzatrice meccanica (per traversine).
— *v.a.* far rinvenire; rinvenire; temprare; portare alle caratteristiche finali mediante adatti processi (*met.*),
— **brittleness** (*met.*), malattia (*f.*) di Krupp; fragilità di rinvenimento.
— **embrittlement** (*met.*), fragilità di rinvenimento.
— **-hardening** (*met.*), invecchiamento (*m*). artificiale.
— **mill** (*met.*), laminatoio temper; treno (laminatoio) finitore.
— **number** (U.S.A.), grado di durezza dovuto alla lavorazione meccanica a freddo.
— **number 1** (U.S.A.), metallo lavorato a freddo non piegabile in alcuna direzione.
— **number 2** (U.S.A.), metallo lavorato a freddo, adatto per essere piegato in senso contrario alla grana.
— **number 3** (U.S.A.), metallo lavorato a freddo adatto per trafilatura.
— **number 4** (U.S.A.), metallo lavorato a freddo, adatto per imbutitura.
— **of steel,** tempra (*f.*) dell'acciaio.
— **-rolled rimmed steel** (*met.*), acciaio effervescente rilaminato a freddo.
— **rolling** (U.S.A.), rilaminazione a freddo di lamiere metalliche per impedire la formazione di linee di Lüder: passata di finitura al « temper » (*met.*); raddrizzatura *f.*; laminazione di incrudimento (*banda stagnata*) (*met.*).
— **the lime,** smorzare (*v.a.*) la calce.
temperature, temperatura *f.*
— **above a red heat,** temperatura (*f.*) superiore al calor rosso.
— **balance,** equilibrio (*m.*) di temperatura.
temperature coefficient (*fis.*), coefficiente (*m.*) termico.
— **error** (*met.*, *ecc.*), errore di temperatura.
— **gradient,** gradiente (*m.*) termico.
— **-limited diode,** diodo saturato.
— **-limit fuse** (*elet.*), limitatore (*m.*) della temperatura.
— **measuring equipment,** equipaggiamento (*m.*) per misurare la temperatura.
— **profile** (*met.*, *fis.*), profilo (*m.*) termico.
— **range,** andamento (*m.*) della temperatura; intervallo di temperatura.
— **screws** (*orol.*), viti (*f. pl.*) di temperatura.
— **stress** (*met.*), tensione (*f.*) termica.
— **(very low —),** bassissima temperatura.
tempered, rinvenuto *p.p.*
— **safety glass,** vetro di sicurezza temprato.
— **steel,** acciaio (*m.*) temprato; acciaio (*m.*) da bonifica.
— **steel rule,** righino (*m.*) in acciaio temprato.
tempering (*met.*), rinvenimento *m.*; ricottura *f.*; tempra *f.*
— **bath,** bagno (*m.*) di tempra.
— **by the colour method,** rinvenimento (*m.*) mediante colori.
— **colour,** colore (*m.*) di rinvenimento (tempra).
— **furnace,** forno (*m.*) di rinvenimento.
— **in oil,** rinvenimento (*m.*) all'olio.
— **oil,** olio (*m.*) per temprare.
— **temperature,** temperatura (*f.*) di rinvenimento.
template, modello *m.* (sagoma); garbo *m.* (*mecc.*); dima *f.*
— *v.a.* sagomare.
— **maker,** plattorista *m.*
— **moulding,** formatura (*f.*) alla sagoma.
temple (*tess.*), tempiale *m.* (di un telaio, che serve a tendere in larghezza il tessuto).

templet, sagoma *f.*; modello *m.*; sagoma per saldatura ossiacetilenica.
tempo (*gen., mus.*), ritmo; tempo (*mus.*).
— **of industrial activity,** ritmo dell'attività industriale.
temporary deformation (*met.*), deformazione (*f.*) temporanea.
— **storage** (*elettron.*), memoria temporanea.
— **timber bridge,** ponte (*m.*) provvisorio in legno.
— **timber gantry,** armatura (*f.*) di legno provvisoria per gru.
tenacity, tenacità *f.*
tend (to —) (*macch. ut., ecc.*), sorvegliare.
tender, carro scorta (*o* tender); nave (*f.*) di scorta; offerta *f.* (*comm.*).
— **locomotive,** locomotiva (*f.*) tender.
tendered, *p.p.* indebolito (*rif. a filati, ecc.*).
tendon (*cost.*) (*cemento precompresso*), armatura (*tondino o fune inguainata*) annegata nel calcestruzzo al quale conferisce la presollecitazione.
tendril (*bot.*), viticcio *m.*
tenet, principio *m.*
« **ten-fours** » (*slang*) (*radio*), (*jargon for « message received and understood »*), voce di gergo significante « messaggio ricevuto e capito » (Citizen's Band radio conversations).
tenon, *n.*, dente (*m.*) di calettatura; tenone *m.*
— *v.a.* calettare.
— **and mortize,** congiungere (*v.a.*) con tenone e mortisa.
— **cutter,** macchina (*f.*) per calettare.
— **jointing,** calettatura (*f.*) a tenone.
— **saw,** saracco (*m.*) con costola.
tenoning machine, macchina (*f.*) per fare tenoni; tenonatrice *f.*
tensile building, struttura plastica coprente anche vaste aree, sostenuta da alberi metallici.
tensile force, forza (*f.*) di trazione.
— **strength,** resistenza (*f.*) alla trazione; carico di rottura (alla trazione).
— **strength tester** (*tess.*), dinamometro *m.*
— **stress,** sollecitazione (*f.*) a trazione; sforzo (*m.*) di trazione; trazione *f.*
— **test,** prova (*f.*) di trazione.
tensiometer (*mecc.*), tensiometro *m.*
tensiodynamic behaviour of metals (*met.*), comportamento tensiodinamico dei metalli.
— **method** (*met.*), metodo (*m.*) tensiodinamico.
tensiometer (*mecc.*), tensiometro *m.*
tension, *v.a.* sottoporre a tensione; mettere in tensione.
— **apparatus,** ammortizzatore (*m.*) degli urti.
— **block** (*mecc.*), taglia (*f.*) di tensione (di funi portanti, ecc.).
— **boom** (*naut.*), briglia (*f.*) tesa.
— **disc,** tirafilo *m.* (di macch. da cucire).
— **diagonal,** diagonale (*f.*) di trazione.
— **flange,** briglia (*f.*) tesa.
— **gear** (*tess.*), pignone (*m.*) del carro.
— **meter** (*met.*), misuratore di tensione.
— **of belt,** tensione (*f.*) della cinghia.
— **pulley** (*ferr.*), puleggia (*f.*) di tensione.
— **pulley block,** taglia (*f.*) tenditrice.
— **ring,** anello (*m.*) tenditore; collare (*m.*) tenditore.
— **roller,** rotella (*f.*) di tensione.
— **spring,** molla (*f.*) di tensione.
— **test,** prova (*f.*) alla tensione.
— **truck** (*ferr.*), carrello (*m.*) tenditore.
— **weight,** contrappeso (*m.*) di tensione.
tensional bar (*mecc.*), tirante *m.*
— **member** (*mecc.*), tirante *m.*
tensionless drying machine (*tess.*), essiccatore (*m.*) continuo a nastro.

tensor (*mat.*), tensore *m.*
tent maker, costruttore (*m.*) di tende.
tenter (to —), stendere *v.a.*
— dryer, essiccatore (*m.*) a tensione (in cui il materiale viene teso in posizione orizzontale fra due catene senza fine).
— frame (*tess.*), rameuse *f.*
tentering (*tess.*), asciugatura (di tessuti tesi).
tepee (*slang* U.S.A.), tenda (*f.*) da campeggio.
tephorite (*min.*), minerale di manganese.
tera- (*elet.*, *ecc.*), tera- (prefisso moltiplicante 10^{12} il valore di una misura).
teraohm (*elet.*), teraohm (≡1 milione di megaohm = 10^{12} ohm).
terapascal (*fis.*) (*pressione di ablazione*), pressione equivalente a 10^{12} pascal.
terminal (*elet.*), morsetto *m.*; polo (terminale); (*naut.*, *ferr.*, *containers*), scalo terminale; (*inform.*), terminale *m.*; v. **network —**.
— -bar (*elet.*), morsetto (*m.*) di giunzione.
— -block (*elet.*), morsetto (*m.*) a blocco.
— bolt (*elet.*), porta morsetti.
— clamp (*elet.*), morsetto *m.*; serrafilo *m.*
— operator (*inform.*), terminalista *m.*
— voltage (*elet.*), tensione (*f.*) ai morsetti.
— (computer —), terminale di un sistema di elaborazione.
— (container —), centro di raccolta e smistamento containers.
— (inland —), centro di smistamento containers all'interno delle coste.
terminator (*astron.*), terminatore (limite di separaz. tra la parte in ombra e quella illuminata di un corpo ricevente la luce da un altro astro).
terminus station, stazione (*f.*) di testa.
terms of contract, capitolato (*m.*) d'appalto; condizioni (*f. pl.*) di contratto.
— of payment, condizioni (*f. pl.*) di pagamento.
tern, *v.a.* impiombare.
ternary alloy (*met.*), lega (*f.*) ternaria.
— fission (*fis. atom.*), fissione (*f.*) ternaria.
terne, v. **terneplate.**
terneplate (*met.*), lamiera piombata; banda nera (banda stagnata rivestita di piombo e stagno).
terotechnology (*installation, commissioning, maintenance, replacement and renewal of plant, machinery and equipment*), terotecnologia *f.*
terpene (pr. *tör'pin*) (*chim.*), terpene *m.*
terpeneless oil, olio (*m.*) essenziale depurato da terpeni.
terpenoid, *agg.* (*chim.*), terpenico.
terpineol (*chim.*), terpineolo *m.*
terra cotta, terra (*f.*) cotta; argilla (*f.*) cotta.
terrace (diversion —) (*lotta contro le erosioni*, *ecc.*), terrazzamento di scolo.
terrain, terreno *m.*; suolo *m.*
— -clearance indicator, radioaltimetro *m.*
— clearance mode (*aereo*), metodo osservazione terreno.
— -clearance radar, radar (*m.*) di segnalazione d'ingombro in altezza, posto sugli aerei.
— contour matching (*radar*), lettura del profilo del terreno.
— (hilly —), terreno collinoso.
terramycin (*chim. farm.*), terramicina *f.* (antibiotico).
terrazzo, sostanza composta di scaglie di marmo e malta grassa di cemento (*cost.*): mosaico (*m.*) alla veneziana.
terrestrial magnetic field, campo (*m.*) magnetico terrestre.
terry (*tess.*), riccio *m.*
— towel (*tess.*), asciugamano a spugna.

tertiary crusher (*met., min.*), frantoio terziario.
— **screen** (*met., min.*), vaglio terziario.
— **winding,** avvolgimento (*m.*) terziario (*elet.*).
tervalency (*chim.*), trivalenza *f.*
tervalent, *agg.* (*chim.*), trivalente.
terylene (*tess.*), terilene *m.*
Tesla (*fis.*), tesla (unità di induzione magnetica equivalente a 1 weber per m²).
— **coil,** bobina Tesla (un trasformatore oscillante).
tessera (pl. **tesserae**) (*cost.*), tessera *f.* (tassello cubico per mosaici)·
test, *n.*, collaudo *m.*; verifica *f.*; saggio *m.* (di metalli); prova *f.*; esperienza *f.*; esperimento *m.*; v. **pilot** —; (*auto*), v. **fade** —.
— *v.a.* saggiare (metalli); provare; collaudare; sperimentare; esaminare; controllare; verificare.
« **test** » (*comando stampante*) (*inform.*), « test » di stampa.
— **balance** (*tess.*), bilancia (*f.*) per provini.
— **bar** (*met.*), provetta *f.* (per prove materiali).
— **bed** (*mot., ecc.*), banco di prova.
— **bench,** banco (*m.*) di prova.
— **certificate,** verbale (*m.*) di collaudo; certificato (*m.*) di prova.
— **chart** (*telev.*), figura (*f.*) di prova.
— **coupon,** vedi: **coupon.**
— **film** (*cinem.*), provino *m.*
— **film,** film (*m.*) di prova.
— **flight,** volo (*m.*) di prova.
— **for conductivity,** provare (*v.a.*) la conduttività.
— **the ground,** saggiare (*v.a.*) il terreno.
— **hop** (*slang*) (*aereo*) (U.S.A.), volo (*m.*) di collaudo.
— **indicator** (*mecc.*), comparatore *m.*
— **lamp** (*auto*), segnalatore (*m.*) luminoso.
— **lead** (*radio*), attacco con puntali per misura (per collegare strumenti di misura ad un circuito in prova).
test load, carico (*m.*) di prova.
— **of strength,** prova (*f.*) di resistenza.
— **paper** (*chim.*), carta (*f.*) reattiva.
— **piece,** barretta (*f.*) di prova; saggio *m.*; provino *m.* (di metalli); pezzo (*m.*) per una prova.
— **pilot** (*aereo*), pilota (*m.*) collaudatore.
— **procedure,** procedimento (*m.*) di prova.
— **prod** (*radio*), puntale (*m.*) di misura.
— **500 kV project** (*elet.*), impianto sperimentale a 500 kV.
— **record** (*acust.*), disco di prova.
— **rig,** apparecchiatura di prova.
— **routine** (*inform.*), routine di collaudo.
— **selector** (*telef.*), selettore di prova.
— **sheet** (*met.*), lamierino (*m.*) di prova.
— **shot** (*telev.*), ripresa (*f.*) di prova.
— **stand,** sostegno (piattaforma o cavalletto) per prove di laboratorio, ecc.
— **track** (*auto*), pista (*f.*) di prova.
— **-tube** (*chim.*), provetta *f.*; tubo di saggio.
— **-tube baby** (*genetica*), bambino (generato) in provetta.
— **types** (*med.*), ottotipi (*m. pl.*) (lettere per provare l'acutezza visiva).
— **(engine under —),** motore in prova.
— **(180 degrees flat bend —),** prova di piegatura a 180°.
tester (*ind. min.*) (*chim.*), saggiatore *m.*; apparecchio di prova (*o* di saggio).
testimonial (*pubb.*) (U.S.A.), dichiarazione di elogio di un prodotto, fatta di solito da personalità ben note, sulla stampa, ecc.
testing, collaudo *m.*; esame *m.*; studio *m.*; saggio di prova (*chim.*); procedura di saggio (*chim.*).

testing-bench, banco (*m.*) di prova.
— **chamber** (*radiol.*), camera (*f.*) di taratura.
— **conditions,** norme (*f. pl.*) per il collaudo.
— **data,** dati (*m. pl.*) della prova.
— **lab,** v. — **laboratory.**
— **laboratory,** laboratorio (*m.*) per le prove.
— **load,** carico (*m.*) di prova.
— **of an oil,** esame (*m.*) di un olio.
— **piece** (*chim.*), provetta *f.*
— **reactor** (*fis. atom.*), reattore (*m.*) sperimentale.
— **record sheet,** protocollo (*m.*) di prova.
— **shop,** laboratorio (*m.*) di prove.
— **standards,** norme (*f. pl.*) di prova.
— **stiffener,** appretto per tessili.
— **surveyor,** collaudatore *m.*
— **the soil,** esame (*m.*) del terreno.
— **(crash —)** (*auto*), prova all'urto.
testpiece, v. **test piece.**
tether, allacciamento *m.*
— **(to —)** (*to make fast with chains*), fissare (ancorare, ecc.) con catene.
— **(to —) a floating platform to the seabed,** ancorare (fissare) una piattaforma galleggiante sul fondo del mare.
— **flying** (*aereo*), volo con modelli controllati.
tethered satellite (*astron.*), satellite unito con lungo cavo alla navetta spaziale e volteggiante libero nello spazio, usato per ricerche scientifiche.
tetraacetate (*chim.*), tetraacetato *m.*
tetrabromoethylene (*chim.*), tetrabromoetilene *m.*
tetrachloride (*chim.*), tetracloruro *m.*
tetrachloroethylene (*chim.*), tetracloroetilene *m.*
tetradymite (pr. *te.tred'.i.mait*), tetradimite *f.* (*min.*).
tetraethyl lead, piombo tetraetile.
tetraethylenepentamine (*chim.*), tetraetilenepentamina *f.*
tetrahedral, *agg.* tetraedrico.
tetrahedron, tetraedro *m.*
tetrahydrofuran (*chim.*), tetraidrofurano *m.*
tetrahydronaphthalene (*chim.*), tetraidronaftalene *m.*
tetramer (*chim.*), tetramero *m.*
tetramethyldiaminobenzophenone, tetrametildiaminobenzofenone *m.* (*chim.*).
tetravalent, *agg.* (*chim.*), tetravalente.
tetroxide (*chim.*), tetrossido *m.*
Texolite, materiale plastico.
text editor (*inform.*), editore di testi; generatore di testi (programma).
— **processing** (*inform.*), elaborazione del testo.
textile ausiliaries (*tess.*), prodotti ausiliari dell'industria tessile.
— **bactericide,** battericida per tessili.
— **braced tyre** (*auto*), pneumatico con rinforzo tessile.
— **conditioning assistant,** ausiliare per condizionatura dei tessili.
— **industry,** industria (*f.*) tessile.
— **machine,** macchina (*f.*) tessile.
— **mill,** stabilimento (*m.*) tessile.
— **processing oil,** olio (*m.*) per lavorazione tessile.
— **sleeves** (*ind. mol.*), tubi (*m. pl.*) di tessuto filtrante; maniche del filtro.
— **soap,** sapone per tessili.
— **softener** (*tess.*), ammorbidente (*m.*) per tessili.
— **spirits,** nafta di petrolio (usata come solvente industriale).
textiles, prodotti (*m. pl.*) tessili.
textilist, perito tessile.
texture, struttura *f.*; grana *f.* (*vernici, ecc.*); caratteristica del tessuto; tessuto (*tess.*).
thallium (*chim.* = Tl), tallio *m.*
— **alum,** allume (*m.*) di tallio.
thallus (*bot.*), tallo *m.*
thatch, paglia *f.* (per copertura del tetto).
thaw, *v.i. v.a.* sgelare; sgelo *m.*

T-head, testa (*f.*) ad àncora; testa (*f.*) a T.
T-headed bolt (*ferr.*), chiavarda (*f.*) a becco.
theater television (*telev.*), televisione su schermi cinematografici.
theatre, teatro *m.*; sala (*f.*) di proiezione (*cinem.*).
thebaine, tebaina *f.*
theme (*radio, TV*), tema (*specialm. musicale*) di un programma.
theobromine (*med.*), teobromina *f.*
theodolite (*top.*), teodolite *m.*
— **tachymeter** (*agrim.*), teodolite-tacheometro *m.*
theophylline (*med.*), teofillina *f.*
theorem (*mat.*), teorema *m.*
— **of the sine,** teorema (*m.*) dei seni.
theory, teoria *f.*
therbligs, movimenti fondamentali elementari (di ciclo lavorativo).
thermal absorption (*fis. atom.*), assorbimento (*m.*) termico.
— **agitation,** agitazione (*f.*) termica; (*radio*), disturbo che può essere prodotto negli amplificatori, causato dal moto degli elettroni in un conduttore.
— **agitation noise** (*telecom.*), rumore di agitazione termica.
— **analysis** (*met.*), analisi (*f.*) termica.
— **and flat source distribution** (*fis. atom.*), distribuzione di neutroni termici e di neutroni rapidi.
— **anomaly** (*aereo*), anomalia (*f.*) termica.
— **balance** (*met.*), bilancio (*m.*) termico.
— **balance in the pelletizing step** (*min., met.*), bilancio termico nella fase di pellettizzazione.
— **breeder** (*fis. atom.*), reattore (*m.*) rigeneratore a neutroni termici.
— **breeding** (*fis. atom.*), rigenerazione (*f.*) a neutroni termici.
— **burn** (*med.*), scottatura dovuta a contatto con la fiamma o a oggetti caldi o liquidi.
thermal circuit breaker, termointerruttore *m.*
— **collector** (*energia solare*), collettore termico; collettore solare.
— **column** (*fis. atom.*), colonna (*f.*) termica.
— **conductivity** (*met.*), conducibilità (*f.*) termica.
— **cracking,** cracking termico.
— **cross-section** (*fis. atom.*), sezione d'urto per i neutroni termici.
— **decomposition** (*met.*), decomposizione termica.
— **degradation of an elastomer** (*gomma*), degradazione termica di un elastomero.
— **degradation of polyisobutylene** (*gomma*), degradazione termica del poliisobutilene.
— **diffusion** (*fis. atom.*), termodiffusione *f.*
— **diffusion separation** (*fis. atom.*), separazione (*f.*) mediante diffusione termica.
— **discharges** (*fis. atom.*), scarichi (*m. pl.*) termici.
— **dose** (*fis. atom.*), dose (*f.*) di neutroni termici.
— **drift,** deriva (*f.*) termica.
— **duty,** potenza (*f.*) termica.
— **economy** (*met.*), economia (*f.*) termica.
— **equivalent,** equivalente (*m.*) termico.
— **error,** errore termico.
— **expansion** (*met.*), espansione (*f.*) termica.
— **fatigue** (*met.*), fatica (*f.*) termica (dovuta a ripetute fluttuazioni delle sollecitazioni termiche).
— **fission** (*fis. atom.*), fissione (*f.*) termica.
— **flux** (*fis. atom.*), flusso (*m.*) termico.
— **gradient** (*geol.*), gradiente termico.
— **imager** (*med.*), apparecchio per la individuazione di fotoni da una sorgente infrarossa.

thermal instability, instabilità (*f.*) termica.
— **insulating material,** materiale (*m.*) isolante termico.
— **insulation,** isolamento (*m.*) termico.
— **level** (*fis. atom.*), livello (*m.*) termico.
— **life-time** (*fis. atom.*), durata della vita dei neutroni termici.
— **load** (*forni met.*), carico termico.
— **neutron** (*fis. atom.*), neutrone (*m.*) termico; neutrone (*m.*) lento.
— **neutron cross-section** (*fis. atom.*), sezione d'urto per i neutroni termici.
— **nuclear reactor** (*fis. atom.*), reattore (*m.*) a neutroni termici.
— **output,** potere (*m.*) vaporizzante.
— **pile** (*fis. atom.*), reattore (*m.*) a neutroni termici.
— **pollution of a river** (*inquinamento*), inquinamento termico di un fiume.
— **pollution standards** (*inquinamento*), limiti di inquinamento termico.
— **power plant,** centrale (*f.*) termica.
— **printer** (*inform.*), stampante termica.
— **printhead** (*inform.*), testina di stampante termica.
— **profile of the flow conditions of a watercourse** (*mecc. fluidi*), profilo termico del regime di un corso d'acqua.
— **protection tiles** (*navetta spaziale*), piastrelle di protezione termica.
— **radiation** (*fis. atom.*), radiazione (*f.*) termica.
— **reactor** (*fis. atom.*), reattore (*m.*) termico (*o* lento).
— **rectifying,** rettificazione (*f.*) termica.
— **reforming** (*petrol.*), reforming (*m.*) termico.
— **resistivity** (*cavi*), resistività termica.

thermal shield (*fis. atom.*), schermo (*m.*) termico.
— **shock** (*met.*), shock (*m.*) termico.
— **spalling drill** (*min.*), perforatrice a scheggiatura termica (con riscaldam. della roccia a 700°-1100° creando sollecitazioni termiche che provocano schegge di roccia).
— **spectrum** (*fis. atom.*), spettro (*m.*) termico.
— **storage heating,** riscaldamento ad accumulazione di calore.
— **stress** (*met.*), sollecitazione termica.
— **stress crack** (*met.*), cricca per tensione termica (*o* shock termico).
— **transients** (*elet.*), transitori termici.
— **unit,** unità (*f.*) di calore.
— **utilization factor** (*fis. atom.*), fattore (*m.*) di utilizzazione termica.
— **voltmeter,** voltmetro (*m.*) termico.

thermalize, *v.a.* (*fis. atom.*), termalizzare (*portare i neutroni allo stato termico*).

thermel, dispositivo (*m.*) termoelettrico usato per misurare la temperatura (ad es. una termocoppia).

thermic, *agg.* termico.
— **drilling** (*petrolio*), perforazione (*f.*) termica.

thermionic (*radio*), *agg.*, termoionico.
— **current,** corrente (*f.*) termoionica.
— **emission,** emissione (*f.*) termoionica.
— **emitters** (*elet.*), emettitori termoionici.
— **rectifier,** valvola (*f.*) raddrizzatrice.
— **tube,** valvola (*f.*) termoelettronica.
— **valve,** valvola (*f.*) termoionica (*o* elettronica).

thermionics (*fis.*), fisica dei fenomeni termoionici.

thermistor (*elet.*, *elettron.*), termistore *m.*
Thermit (*or* **thermit**), (*met.*), termite *f.*
thermit process (*sald.*), alluminotermia *f.*
— **welding,** saldatura (*f.*) alla termite; saldatura (*f.*) alluminotermica.
thermite (*met.*), termite *f.*
thermo, termodinamica.
— **-adhesive lining for ready-made clothes** (*tess.*), fodera termoadesiva per confezioni.
— **-couple instrument,** strumento a coppia termoelettrica.
— **-mechanical,** *agg.*, termomeccanico.
— **-mechanical treatment** (*met.*), trattamento termomeccanico.
— **point** (*aereo*), punto (*m.*) di misura con termocoppie.
thermobarometer, termobarometro *m.*
thermochemical, *agg.* termochimico.
thermochemistry, termochimica *f.*
thermocolor (*met.*) (U.S.A.), termocolore.
thermocouple, termocoppia *f.*
thermodynamic, *agg.* termodinamico.
— **battery** (*elettroch.*), pila (*f.*) termodinamica.
— **losses,** perdite (*f. pl.*), termodinamiche.
— **process,** processo (*m.*) termodinamico.
thermodynamics, termodinamica *f.*
thermoelectric, *agg.* termoelettrico.
— **couple,** coppia (*f.*) termoelettrica.
— **current,** corrente (*f.*) termoelettrica.
— **effect,** effetto (*m.*) termoelettrico.
— **pile,** pila (*f.*) termoelettrica.
— **pyrometer,** pirometro (*m.*) termoelettrico.
thermoelectricity, termoelettricità *f.*
thermoelectrometer, termoelettrometro *m.*
thermoelectron (*fis. atom.*), elettrone (*m.*) termico.
thermoelectronic relay (*elet.*), relè (*m.*) termoelettronico.
thermoforming (*mat. plastiche*), termostampaggio *m.*
thermograph, termografo *m.*
thermography, termografia *f.*(*met.*) (*fot.*).
thermogravimetric analysis (*min.*), analisi termogravimetrica.
— **balance,** bilancia termogravimetrica.
— **study** (*met.*), studio termogravimetrico.
thermolecular reaction, reazione (*f.*) termolecolare (*di tre molecole*).
thermology (*fis.*), termologia *f.*
thermoluminescence, termoluminescenza *f.*
thermolysis (*chim.*), termolisi *f.*
thermometer, termometro *m.*
— **scale,** scala (*f.*) termometrica.
thermometric column, colonna (*f.*) di un termometro.
thermometric(al), *agg.* termometrico.
thermonuclear, *agg.* (*fis. atom.*), termonucleare.
— **bomb** (*fis. atom.*), bomba (*f.*) termonucleare.
— **burning** (*fis. atom.*), reazione (*f.*) termonucleare.
— **energy** (*fis. atom.*), energia (*f.*) termonucleare.
— **power station,** centrale termonucleare.
— **reaction** (*fis. atom.*), reazione (*f.*) termonucleare.
— **reactor** (*fis. atom.*), reattore (*m.*) termonucleare.
— **warhead** (*missili*), testata (*f.*) termonucleare.
thermophysical, *agg.*, termofisico.
thermopile, gruppo di termocoppie in serie; pila (*f.*) termoelettrica.
thermoplastic, *agg.* (*chim.*), termoplastico; resina termoplastica *n. f.*
— **adhesives,** adesivi (*m. pl.*) termoplastici.

thermoplastic resins, resine termoplastiche.
— **sheet** (*met.*), lamierino termoplastico.
thermoregulation (*ing. term.*), termoregolazione *f.*
thermoregulator (*chim.*), (agente) termoregolatore (*di bagni chimici*); (*ing. term.*), termoregolatore *m.*
thermos flask, nome brevettato della Thermos, usato per denominare i termos.
thermoscope, termoscopio *m.*
thermosets, *pl.* materie plastiche termoindurenti; (*plast.*), resine (*f. pl.*) termoindurenti.
thermosetting, *agg.* (*chim.*), termoindurente.
— **adhesives,** adesivi (*m. pl.*) termoindurenti.
— **glass pipe,** tubo di fibra di vetro termoindurente.
— **resins,** resine termoindurenti.
thermosphere, termosfera *f.*
thermostat, termostato *m.*
thermostatic, *agg.* termostatico.
— **control,** comando (*m.*) termostatico.
thermostatics, termostatica *f.*
thermotropic liquid crystals, cristalli liquidi termotropici.
thermoviscoelastic stresses (*mecc.*), sollecitazioni termoviscoelastiche.
thermovision (*met.*), termovisione *f.*
theta-meson (*fis.*), mesone (*m.*) teta.
thialdine (*chim.*), tialdina *f.*
thiazole (*chim.*), tiazolo *m.*
thick, *agg.* denso; grosso; dello spessore di; fosco (di tempo).
— **belt,** cinghia (*f.*) grossa.
— **plate,** lamiera (*f.*) grossa.
— **sheet iron,** lamiera (*f.*) grossa.
— **slab** (*met.*), bramma *f.*
— **spaces** (*tip.*), terziruolo.
— **weather,** tempo fosco (per forte nebbia o nubi, con pessima visibilità).
thicken, *v.a.*, dare (*v.a.*) corpo; divenire più denso (*v.i.*).
thickener (*chim.*), concentratore *m.*; addensatore *m.*; (*min.*), decantatore (di addensato); (*additivi*), ispessente *m.*
thickening, addensamento *m.* (*di sostanze in sospensione, ecc.*).
thickness, densità *f.*; spessore *m.*; grossezza *f.*; consistenza *f.*
— **gauge** (*fis. atom.*), calibro (*m.*) di spessore.
— **of a belt,** grossezza (*f.*) di una cinghia.
— **of a tube,** spessore (*m.*) d'un tubo
— **of web,** spessore (*m.*) dell'anima.
— **ratio** (*aereo*), spessore (*m.*) relativo.
— **test** (*tess.*), controllo dello spessore.
— **tester** (*tess.*), dinamometro *m.*
thicknessing machine, piallatrice (*f.*) da spessori.
« thief », sonda (*f.*) per campionatura.
— **resistant** (*cassaforte*), a prova di scasso.
«thief» rod (*petrol.*), v. **water finder.**
— **sampling,** prelevamento del campione di liquido con una sonda.
thimble, radancia *f.*; testa di cavo; capocorda *m.*
thin (to —) (*vernici, ecc.*), diluire *v.a.*; rendere fluido; (*agr.*), diradare; sottile *agg.*
— **bank** (*tip.*), carta per posta aerea.
— **belt,** cinghia (*f.*) sottile.
— **drawn,** trafilato *p.p.*
— **film memory** (*inform.*), memoria pellicolare; (*elettron.*), memoria a pellicola sottile.
— **film vacuum coating,** rivestimento sotto vuoto con film pellicolare.
— **plate** (*met.*), lamierino *m.*
— **section slide** (*microscopia*), vetrino a sezione sottile.
— **-skinned building,** edificio (*m.*) con muri sottili.
— **-walled box beams** (*aereo*), cassoni (*m. pl.*) a pareti sottili.
— **zinc block** (*tip.*), cliché zinco sottile.
thinner (*vern.*), diluente *m.* (so-

stanza aggiunta ad una mescolanza di colori per ridurla alla consistenza voluta, come ad es. la trementina); (*mecc. agr.*), diradatrice (per diradamento a macchina di colture a file).
thinner-hoe (*agr.*), diradatrice-rincalzatrice.
— (paint —), solvente (*m.*) (pe vernici).
thinness, sottigliezza *f.*
thinning (*chim.*), diluizione *f.*; fluidificazione *f.*; (*agr.*), diradamento *m.*; v. **material —.**
— (mechanical —) (*agr.*), diradamento meccanico.
thioalcohol, mercaptano *m.*; tioalcool.
thiocarbanilide (*chim.*), tiocarbanilide *f.*
thiocyanate (*chim.*), tiocianato *m.*
thioindigo (colour) (*chim.*), tioindaco *m.*
thiol (*med.*), tiolo *m.*
thionaphthene (*chim.*), tionaftene *m.*
thionyl (pr. *thai'—*) (*chim.*), tionile *m.*
thiophene (pr. *thaio—*) (*chim.*), tiofene *m.*
thiosemicarbazide (*chim.*), tiosemicarbazide *m.*
thiosulfate (*chim.*), tiosolfato *m.*
thiourea (pr. *thai'ou-ri'a*) (*chim.*), tiourea *f.*
third gear (*auto*), (in) terza.
— harmonic (*elet.*), armonica di terzo ordine.
— kind lever, leva (*f.*) di terzo genere.
— motion shaft (*auto*) (U.S.A.), albero primario.
— party fire and theft insurance (*assicuraz.*), assicurazione auto responsabilità civile terzi, incendio e furto.
— party insurance, assicurazione responsabilità civile terzi.
— -rail system (*ing. elet.*), sistema (*f.*) a terza rotaia.
— speed (*auto*), terza velocità *f.*
— wheel pinion (*orol.*), pignone (*f.*) ruota intermedia.
thirty-two mo (*tip.*), in 32°.
thistle funnel (*chim.*), tubo (*m.*) a rubinetto; imbuto (*m.*) a rubinetto.
thiuram (*chim.*), radicale R_2NCS.
thixotropic, *agg.* (*fis.*), tixotropico.
thixotropy (*chim.*), tixotropia *f.* (*proprietà di coagulo* (in periodo di riposo) e *di stato fluido* (con agitazione, ecc.) *di certi geli colloidali*).
Thomas steel, acciaio (*m.*) Thomas.
Thomson effect, effetto (*m.*) Thomson.
thoria (*chim.*), ossido di torio, usato nelle reticelle dei becchi a gas, e in genere come materiale refrattario.
thorianite (*fis. atom.*), **torianite** *f.*
thoriated tungsten (*elettron.*), tungsteno (*m.*) toriato.
thorite (*fis. atom.*), **torite** *f.*
thorited filament (*termoion.*), filamento (*m.*) toriato.
— tungsten filaments, filamenti tungstenotoriati.
thorium (*chim.* = Th), torio *m.*
— breeder (*fis. atom.*), reattore (*m.*) rigeneratore al torio.
— family (*fis. atom.*), famiglia (*f.*) del torio.
— high temperature reactor (*fis. atom.*), reattore ad alta temperatura al torio.
— nitrate (*fis. atom.*), nitrato (*m.*) di torio.
— oxide (*refrat.*), ossido (*m.*) di torio.
— reactor (*fis. atom.*), reattore (*m.*) al torio.
— series (*fis. atom.*), serie (*f.*) del torio; serie 4n.
thorogummite (*fis. atom.*), torogummite *f.*
thoron (*fis. atom.*), toron *m.* (Tn) emanazione (*f.*) di torio.
thorotungatite (*fis. atom.*), torotungatite *f.*
thrashing (*inform.*), vibrazione *f.*; riduzione dell'efficienza della memoria virtuale dovuto a sovraccarico.

thrashing machine, trebbiatrice *f.*
thread, *n.*, filettatura *f.*; filo *m.*; filato *m.*; filetto *m.*, spira *f.* (di una vite); passo *m.* (di vite); pane *m.* (di vite); impanatura *f.* (di una vite); verme (*m.*) di vite; colonna *f.* (termometrica).
— **(to —)** (*cinem.*), caricare la pellicola sull'apparecchio.
— **a needle,** infilare un ago.
— **a screw,** impanare (*v.a.*) una vite.
— **bare,** *agg.* (*tess.*), spelato.
— **chaser** (*utensile*), pettine (*m.*) a mano per esterni ed interni; pettine (*m.*) filettatore.
— **counter** (*tess.*), contafili.
— **cutter** (*utensile*), fresa (*f.*) per filettare.
— **cutting lathe,** tornio (*m.*) per filettare.
— **cutting machine,** macchina (*f.*) per il taglio di filettature.
— **forming tool.** utensile (*m.*) per filettare.
— **gauge,** calibro (*m.*) a vite; calibro (*m.*) per filetti.
— **grinding** (*mecc.*, *met.*), rettifica dei filetti.
— **grinding machine,** rettificatrice (*f.*) per filettare.
— **guide** (*filat.*), guidafilo *m.*
— **-making,** impanatura (*f.*) di una vite.
— **miller,** fresatrice (*f.*) per viti.
— **milling machine** (*macch. ut.*), fresatrice (*f.*) per filetti.
— **of a screw,** passo (*m.*) di una vite.
— **rolling** (*mecc.*, *met.*), rullatura dei filetti.
— **rolling machine** (*macch. ut.*), rullatrice (*f.*) per filetti; filettatrice (*f.*) a rulli.
— **rolling roll** (*mecc.*), rullo (*m.*) filettatore.
— **tester** (*tess.*), dinamometro *m.*
— **waste** (*tess.*), filetti *m. pl.*
threaded rod, cremagliera *f.*
— **nipple,** raccordo (*m.*) filettato.
— **ring,** ghiera (*f.*) filettata.
— **sleeve,** manicotto (*m.*) a vite.
threaded spindle nose (*tornio*), testa (*f.*) di mandrino filettato.
threadgrind (to —) (*mecc.*), rettificare filetti.
threading (*cinem.*), caricamento (*m.*) della pellicola (nel proiettore); (*mecc.*), filettatura *f.*
— **box** (*tornio*), scatola (*f.*) filettature.
— **head** (*mecc.*), testa (*f.*) per filettare a macchina.
— **lathe with master-screw jig,** tornio (*m.*) a patrona.
— **machine,** filettatrice *f.*
— **oils,** oli per lavorazioni di filettature.
— **speed** (*tornio*), velocità (*f.*) di filettatura.
— **tools** (*mecc.*), maschi e filiere.
— **tool grinding** (*macch. ut.*), affilatrice (*f.*) per utensili filettatori.
— **-up** (*cinem.*), caricamento della pellicola (nel proiettore).
three-axis continuous-path numerical control (*macch. ut.*), controllo numerico su tre assi, sistema continuo.
— **-axis numerical control** (*macch. ut.*), controllo numerico su tre assi.
— **-axis point-to-point system** (*macch. ut.*), sistema punto a punto su tre assi (CN).
— **bladed propeller,** elica (*f.*) tripala.
— **-bowl calender** (*gomma*), calandra a tre rulli.
— **-box saloon** (*auto*), berlina a tre volumi.
— **-box shape** (*auto*), linea a tre volumi.
— **-centre arch,** arco (*m.*) a paniere.
— **-colour printing** (*tip.*), tricromia *f.*
— **-dimensional,** *agg.*, tridimensionale.
— **dimensional cutting** (*met.*), taglio tridimensionale.
— **dimensional engraving machine** (*macch. ut.*), pantografo (*m.*) tridimensionale.
— **dimensional film,** film tridimensionale.

three dimensional graphics (*inform.*), grafica (*f.*) tridimensionale.
— **-dimensional images** (*TV*), immagini tridimensionali.
— **-dimensional microstructure** (*metall.*), microstruttura tridimensionale.
— **-dimensional television** (*telev.*), televisione tridimensionale.
— **-dimensional TV broadcast,** teletrasmissione tridimensionale.
— **-electrode valve,** triodo *m.*
— **end** (*tess.*), saia (*f.*) di tre.
— **engined plane,** aeroplano (*m.*) trimotore.
— **-fold,** *agg.* ternario (asse); triplo.
— **-furrow plough,** aratro (*m.*) trivomero.
— **gun colour kinescope** (*telev.*), cinescopio a colori a tre cannoni elettronici.
— **-harness twill** (*tess.*), spina da 3.
— **high housing,** gabbia (*f.*) a trio (*laminatoio*).
— **high mill,** treno (*m.*) a trio (*laminatoio*).
— **high roll stand,** gabbia (*f.*) di laminatoio a trio.
— **-hinge portal frame** (*costr.*), portale a tre cerniere.
— **-hinged arch,** arco (*m.*) a tre cerniere.
— **-legged support,** supporto (*m.*) del cavo a tre piedi.
— **-light lamp,** lampada (*f.*) a doppio filamento.
— **-motor travelling crane,** gru (*f.*) a ponte a tre motori.
— **-phase,** *agg.* trifase.
— **-phase armature,** indotto (*m.*) trifase.
— **-phase current,** corrente (*f.*) trifase.
— **-phase induction motor,** motore (*m.*) a induzione a 3 fasi.
— **-phase line** (*ferr. elet.*), conduttura (*f.*) trifase.
— **-phase motor** (*ing. elet.*), motore (*m.*) trifase.
— **-phase railway** (*ferr.*), ferrovia (*f.*) a corrente trifase.
three-phase transformer, trasformatore (*m.*) trifase.
— **-phase transmission line** (*elet.*), linea (*f.*) primaria trifase.
— **-phase wattmeter,** wattmetro (*m.*) trifase.
— **-ply** (*tess.*), ritorto di tre capi.
— **-point landing** (*aereo*), atterraggio (*m.*) a tre punti; atterraggio (*m.*) col carrello.
— **-point linkage** (*agr.*, *mecc.*), attacco (*m.*) a tre punti.
— **-point problem,** problema (*f.*) di Pothenot (*top.*); problema dei tre punti (*top.*).
— **-point seat belt mounting** (*auto*), attacco (*m.*) a tre punti per cinture di sicurezza.
— **-ribbed sleeper** (*ferr.*), longarina (*f.*) a tre nervature.
— **rolling machine,** macchina per rollatura di filetti.
— **-speed gearbox,** cambio (*m.*) di marcia a tre velocità.
— **square bastard file,** lima (*f.*) triangolare bastarda.
— **square file,** lima (*f.*) triangolare.
— **square second cut file,** lima (*f.*) triangolare mezzo dolce.
— **square smooth file,** lima (*f.*) triangolare dolce.
— **-throw crankshaft,** albero (*m.*) a tre gomiti.
— **-way acoustic speaker (system)** (*audio*), diffusore acustico a tre vie.
— **-way cock,** rubinetto (*m.*) a tre vie.
— **-way speaker (system)** (*audio*), diffusore a tre vie.
— **-way switch** (*elet.*), commutatore (*m.*) a tre direzioni.
— **-wheeled « trike »,** triciclo usato specialmente per invalidi.
— **-wheeler** (*auto*), autoveicolo a tre ruote.
— **wire system** (*elet.*), sistema (*m.*) trifilare; distribuzione (*f.*) a tre fili.
threshing floor (*agr.*), aia *f.*
— **machine** (*agr.*), trebbiatrice *f.*

threshold, soglia *f.* (di porta) (*acust.*) (*costr.*).
— **dose** (*fis. atom.*), dose di soglia; dose di tolleranza.
— **energy** (*fis. atom.*), energia (*f.*) di soglia.
— **limit** (*chim.*), limite di massima concentrazione (di materiale tossico, ecc.).
— **of audibility**, soglia (*f.*) di udibilità.
— **of dazzling**, soglia (*f.*) di abbagliamento.
— **of detectability**, soglia (*f.*) di udibilità (*o* di visibilità).
— **of feeling**, soglia (*f.*) di sensibilità.
— **of pain**, soglia (*f.*) di dolore.
— **of response**, soglia (*f.*) d'eccitazione; limite (*m.*) d'eccitazione.
— **of sensation**, soglia (*f.*) di sensibilità acustica.
— **of tickle**, soglia (*f.*) di dolore.
— **shift** (*acust.*), spostamento (*m.*) di soglia.
— **treatment**, trattamento di acque industriali con fosfati deidrati: trattamento (*m.*) limite.
— **voltage** (*telev.*), tensione (*f.*) di soglia.
throat, bocca *f.* (dell'altorfono); strozzatura *f.* (*di tubo*); spessore *m.* (*sald.*); gola *f.* (di cesoia); gola *f.* (*sald.*).
— **area of the vessel** (*met.*), zona della bocca del convertitore.
— **of a furnace**, bocca (*f.*) di caricamento.
thrombase (*bio.*), trombina *f.*
throng, laccio (*m.*) di cuoio (per cucire cinghie).
throttle (*auto*), farfalla (*f.*) dell'acceleratore; acceleratore *m.*
— *v.a.* (*idrodin.*), strozzare; diminuire (una corrente gassosa); ridurre.
— **control**, comando (*m.*) della leva del gas.
— **disc** (*auto*), farfalla (*f.*) dell'acceleratore.
— **down (to —)**, ridurre la velocità; rallentare.
throttle lever (*aereo*), manetta (*f.*) del gas; (*mot.*), leva (*f.*) del gas.
— **spindle** (*auto*), alberino (*m.*) per farfalla.
— **up**, *v.i.* (*auto*), accelerare *v.a.* *v.i.*
— **valve**, valvola (*f.*) di strozzamento; valvola (*f.*) di registro; valvola (*f.*) a farfalla.
— **valve plug**, bottone di regolaggio di ammissione d'aria.
throttling (*idrodin.*), strozzamento *m.*
— **colorimeter** (*ing.*), colorimetro di strozzamento.
through (*chim.*, *ecc.*), *agg.* completo (lavaggio, ecc.); uniforme (distribuzione); regolare.
— **circuit** (*tel.*), circuito (*m.*) di transito.
— **penetration** (*sald.*), penetrazione (*f.*) completa.
— **-the-wall installation**, impianto (*m.*) nel muro (*per es. di condizionamento dell'aria*).
throughput, produzione in corso (*comm.*); (*calcol. elettron.*), capacità di trattamento; resa (*o* rendimento) di un apparecchio (*p. es. lettore di documenti*, *ecc.*).
throw (*cinem.*), distanza fra lo schermo e la macchina di proiezione; eccentricità *f.* (*mecc.*); (*min.*), filone (*m.*) di scarso valore; (*mecc.*) corsa massima; gettare *v.a.*, lanciare *v.a.*
— **(of o revolving piece)**, sbilanciatura (di un pezzo rotante).
— **down**, *v.i.* (*chim.*), precipitare *v.i.*
— **it out** (*cinem.*), non si stampi (quella scena).
— **into gear**, ingranare -rsi *v.i.* *v.e.*
— **of fault** (*geol.*), rigetto (*m.*) della faglia.
— **of the piston**, levata (*f.*) del pistone.
— **off** (*elet.*), staccare *v.a.*
— **-off car**, vagoncino (*m.*) a scarico automatico.
— **out**, *v.i.* (*chim.*), precipitare *v.i.*

throw out of gear, disingranare *v.a.*
— **-out shaft** (*auto*) (U.S.A.), albero comando disinnesto frizione.
— **-out sleeve** (*auto*) (U.S.A.), manicotto comando disinnesto frizione.
— **over,** *v.a.* (*elet.*), commutare.
— **over,** nasello (*m.*) reversibile.
— **over switch,** commutatore *m.*
— **-over switch with break** (*elet.*) commutatore (*m.*) con punto morto.
— **-over switch without break** (*elet.*), commutatore (*m.*) senza punto morto.
throwaway cutter (*mecc.*), fresa a placchette gettavia.
— **end milling cutter** (*mecc.*), fresa frontale a placchette non riaffilabili.
— **inserts** (*mecc.*), inserti (*m. pl.*) gettavia.
— **tip** (*met.*), placchetta (*f.*) gettavia.
— **tip tool** (*met.*), utensile a placchette gettavia.
— **tip milling cutter** (*met.*), fresa con piastrine a gettare.
— **tooling** (*mecc.*), utensileria gettavia.
throwing (*tess.*), ritorcitura (*f.*) della seta; getto *m.*; lancio *m.*
— **in the countershaft,** attacco (*m.*) del contralbero.
— **oils** (*tess.*), oli per preparazione alla « torcitura ».
— **-over the points** (*ferr.*), manovra (*f.*) dello scambio; inversione dello scambio.
thrown into gear (*mecc.*), ingranato *p.p.*
— **out of gear,** disingranato *p.p.*
— **silk,** seta (*f.*) torta.
thrust, spinta *f.* (*mecc.*).
— **augmentation** (*aereo*), aumento di spinta.
— **ball bearing,** cuscinetto (*m.*) a sfere di spinta.
— **bearing,** perno (*m.*) di spinta; cuscinetto (*m.*) assiale; reggispinta *m.*
thrust-block (*naut.*), cuscinetto (*m.*) di spinta.
— **horsepower** (t. h. p.), (*mecc.*) (*fis.*), potenza (*f.*) di trazione.
— **line** (*aereo*), asse di spinta (*o* di avanzamento *o* di propulsione).
— **race,** razza (*f.*) di sicurezza.
— **ring,** ralla *f.* (*mecc.*); anello (*m.*) di pressione assiale.
— **shoe,** ralla (*f.*) di reggispinta.
— **washer** (*mecc.*), rondella (*f.*) di spinta.
thrustor, servomotore *m.* (elettroidraulico).
— **operated brake,** freno (*m.*) con comando di servomotore idraulico.
thuja oil, olio (*m.*) essenziale di tuia.
thullium (*chim.* = Tm), tullio *m.*
thumb nut, dado (*m.*) a testa zigrinata.
— **screw,** vite (*f.*) a testa zigrinata.
thump (*auto*), vibrazione prodotta da rotolamento dei pneumatici; (*auto*), urtare (con pneumatici).
thumping, *agg.* impressionante (*grande*).
thwarts (*cross seats or planks*) (*naut.*), sedili (*o* tavoloni) per vogatori.
thwartship magnets (*naut.*), magneti permanenti trasversali (sistemati nella chiesuola della bussola per compensarne la deviazione).
thyme (*bot.*), timo *m.*
— **oil,** olio (*m.*) essenziale di timo.
thymol (*chim.*), acido (*m.*) timico; timolo *m.*
thyratron (*met.*), tiratron *m.*
— **grid,** griglia (*f.*) del tiratron.
— **inverter,** diapason (*m.*) elettrico.
— **tube** (*elet.*), tubo (*m.*) tiratron.
thyristor (*semiconduttori*), tiristore *m.* (*raddrizzatore controllato al silicio*).
— **controlled motor** (*elet.*), motore a comando a tiristore.
Thyrite, tirite *f.*
tick (to —), spuntare.

tick over (*auto*), *v.i.*, marciare lentamente a folle.
— **relevant box** (*formulari, tagliandi*), spuntare la casella che interessa.
ticket collector's box (*ferr.*), cabina (*f.*) controllo biglietti.
— **machine** (*ferr., ecc.*), macchina per la distribuzione automatica di biglietti.
ticking noise (*radio*), rumore di ticchettio.
tickler, scuotitore *m.* (*mecc.*); asta di regolaggio del galleggiante (*mot.*).
— **coil** (*radio*), bobina (*f.*) eccitatrice.
tickling weave (*tess.*), armatura (*f.*) a traliccio.
tickover (*auto*) marcia lenta a folle.
tidal basin, bacino (*m.*) a marea.
— **power plant** (*elet.*), centrale maremotrice.
— **river** (*idr.*), fiume soggetto a marea.
tide, marea *f.*
— **gauge** (*top.*), mareografo *m.*
tidy (to —), ordinare; mettere in ordine.
tie (*ferr.*) (U.S.A.), traversina *f.*
— *v.a.* assicurare (*v.a.*) con tiranti.
— **beam,** trave (*f.*) d'incavallatura.
— **in,** *v.a.* (*petrolio*), collegare tubazioni; (*radio*), annuncio commerciale dato da una stazione radio locale, nella pausa della trasmissione.
— **-in bus,** sbarra (*f.*) di collegamento.
— **line,** linea privata.
— **on,** *v.a.* (*posa di tubi*), avvitare un tubo all'altro.
— **-rod** (*ferr., ecc.*), tirante *m.* (di collegamento).
— **-up** (*comm.*) (U.S.A.), vedi: **testimonial.**
— **up (to —),** *v.a.* (*tip.*), legare (*v.a.*); unificare (*tie up the technical language of standards*), unificare il linguaggio tecnico delle norme.
tied up (*cinem.*), vincolato *p.p.* (rif. ad attore che non può prendere impegni altrove).
tight, *agg.* serrato (riferito a viti, bulloni, ecc.); stagno (riferito a tenuta); teso (di fili); (*comm.*) scarso (*denaro, assegnazioni*).
— **closure** (*valvole*), chiusura (*f.*) stagna.
— **coat,** rivestimento metallico senza difetti.
— **-core cable** (*tel.*), cavo (*m.*) compatto.
— **framing** (*telev.*), quadro troppo stretto.
— **joint,** tenuta (*f.*) stagna.
— **joint for liquids,** tenuta (*f.*) per liquidi.
— **knots** (*legn.*), nodi ben disposti (del legname).
— **paper,** giornale con tanta pubblicità.
— **pulley,** puleggia (*f.*) fissa.
— **rope,** fune (*f.*) tesa.
— **supply,** provvista (*f.*) scarsa; approvvigionamento (*m.*) difficile.
tighten (to —), *v.a.* serrare; tendere.
— **a nut on a bolt** (*mecc.*), serrare il dado su un bullone.
— **the ship's orbit** (*voli spaziali*), ridurre l'orbita del veicolo spaziale.
tightening, serraggio *m.*; tensione *f.*
— **flap** (*auto*), coprigiunto *m.*
— **of credit** (*econ.*), restrizioni creditizie.
— **procedure,** procedura di serraggio.
— **up,** chiusura *f.*
— **(improper —),** serraggio inadatto.
tightness, tenuta *f.* (impermeabilità); ermeticità *f.*
tile, pianella *f.* (per tetti); quadrello *m.*; tegola *f.*; piastrella *f.* (*per pavimenti*).
— **a roof,** coprire (*v.a.*) un tetto di tegole.
— **dimensions,** dimensioni (*m. pl.*) delle tegole.
— **ore,** ossido (*m.*) di rame rosso.

tiled roof, tetto (*m.*) a tegole.
tilery, ceramica *f.* (stabilimento).
till (*comm.*), cassetto di registratore di cassa (*che si può aprire solo a registrazione compiuta*).
— **(recording cash —),** cassetto di registratore di cassa.
tillage, dissodamento *m.*
— **steel,** acciaio per macchine di dissodamento.
— **tool** (*agr.*), attrezzo per la coltivazione.
tiller-bar (*naut.*), barra del timone.
— **rope,** fune (*f.*) composta di sei funi di 6 trefoli (ognuno con 7 fili), e 7 anime in canapa.
tilt (*radar*), inclinazione dell'antenna; avvallamento *m.* (*telev.*); distorsione (*f.*) di quadro (*telev.*).
— **(to —)** *v.i. v.a.*, ribaltare *v.a.*; fare una rovesciata d'ala *v.i.* (*aereo*); inclinare *v.a.*; inclinare la macch. da presa (*cinem.*); martellare *v.a.*; forgiare *v.a.*
— **-bed** (*mecc.*), piano inclinato (*di autocarri, ecc.*).
— **mixer** (*telev.*), correttore di deformazione di linea.
tilted antenna (*radar*), antenna (*f.*) inclinata.
tilter, giralingotti *m.*
tilting, ribaltamento *m.*; panoramica (*f.*) verticale (*cinem.*); inclinazione *f.*; inclinabile *agg.*; ribaltabile *agg.*; oscillante *agg.*
— **amalgamator** (*ind. pet.*), amalgamatrice (*f.*) inclinabile.
— **bearing,** appoggio (*m.*) a bilanciere.
— **body** (*ferr.*), « cassa oscillante »; cassa ad assetto variabile.
— **-body electric train** (*ferr.*), elettrotreno con « cassa ad assetto variabile »; convoglio « oscillante » (*detto in gergo « il pendolino »*).
— **cart,** carrello *o* carretta (*f.*) a bilico (*o* capovolgibile).
— **coach** (*ferr.*), carrozza « oscillante ».
— **container,** vasca (*f.*) oscillante.
tilting device (*met.*), sedia di ribaltamento.
— **drum mixer,** impastatrice (*f.*) del tipo a tamburo ribaltabile.
— **furnace** (*fond.*), forno (*m.*) rovesciabile.
— **ladle** (*met.*), siviera rovesciabile.
— **mechanism** (*continuous casting*) (*met.*), ribaltatore *m.*
— **mixer** (*altoforno*), mescolatore (*m.*) oscillante.
— **shears** (*met.*), cesoia (*f.*) oscillante.
— **table** (*mecc.*), tavola (*f.*) inclinabile.
— **to one side** (*of a vehicle on cornering*) (*auto*), coricamento (*di un veicolo in curva*).
timber, legname *m.*
— **(to —)** (*min.*), armare in legno (*un pozzo, galleria, ecc.*); mettere in opera legname.
— **cart,** carro (*m.*) ponte (pel trasporto di legname).
— **caisson,** cassone (*m.*) di immersione in legno.
— **concession,** concessione (*f.*) forestale.
— **crane,** capra (*f.*) per caricare tronchi.
— **drying,** essiccamento (*m.*) del legno.
— **framing,** armatura (*f.*) in legno.
— **free from knots,** legname (*m.*) senza nodi.
— **hoist,** argano (*m.*) a catena.
— **pile,** palo (*m.*) di legno.
— **runner,** correntino *m.* (per pavimenti).
— **scaffold,** armatura (*f.*) in legno.
— **slide,** risina *f.* (*o* scivolo per alberi).
— **winch,** argano (*m.*) per caricare legname.
— **work,** costruzione (*f.*) in legname; costruzione (*f.*) in legno.
— **yard,** cantiere *m.*
— **(bright —),** legname (*m.*) di tinta solida.
— **(seasoned —),** legname (*m.*) stagionato.

timber (soft —), legname (*m.*) tenero.
— **(undressed —),** legname (*m.*) non lavorato.
timbering, rivestimento (*m.*) in legno; (*cost.*), armatura in legno.
timbre (*acust.*), timbro *m.* (*di suono*).
time, tempo *m.*; registrare *v.a.*; moltiplicato; per; volta (*mat.*) (*the horse power required is proportional to he frictional load times the speed of the conveyor*), la forza necessaria è proporzionale al carico di attrito moltiplicato per la velocità del trasportatore; (*the flow rate is equal to the live load times* V), il tasso di flusso è uguale al carico accidentale moltiplicato per *V*; (*radio,TV*), unità di tempo pagate per pubblicità.
— **analyser** (*fis. atom.*), **analizzatore (*m.*) dei tempi.**
— **bargain** (*comm.*), mercato a termine.
— **base** (*inform.*) (*telev.*), base (*f.*) di tempi.
— **bomb,** bomba (*f.*) a tempo.
— **-delay circuit,** circuito (*m.*) ritardante.
— **deposit** (*banca*), deposito vincolato.
— **-division multiplex system** (*telef.*), sistemi multiplex a divisione di tempo.
— **-elongation curve** (*mecc.*), curva dell'allungamento in funzione della durata.
— **exposure** (*fot.*), posa *f.*
— **from tapping to the end of teeming** (*met.*), tempo dalla spillata alla fine della colata.
— **fuse,** miccia (*f.*) a tempo.
— **-interval measurement,** misura di intervalli di tempo.
— **lag** (*elet.*), ritardo all'innesco.
— **limit relay,** soccorritore (*m.*) a tempo.
— **of exposure,** v. **standing —.**
— **of flight** (*fis. atom.*), tempo (*m.*) **di volo.**

time-of-flight method (*fis. atom.*), **metodo (*m.*) del tempo di volo.**
— **of flight spectrum analysis** (*fis. atom.*), analisi dello spettro col metodo del tempo di volo.
— **-of-flight velocity selector** (*fis. atom.*), **selettore di velocità a metodo di volo.**
— **off** (*radio*), ora (*f.*) di chiusura.
— **on** (*radio*), ora (*f.*) d'inizio.
— **out** (*inform.*), superamento del limite di tempo.
— **-period counter** (*fis. atom.*), **contatore (*m.*) cronografico.**
— **photograph** (*fot.*), posa *f.*
— **rating,** durata (*f.*) di esercizio; durata (*f.*) di funzionamento.
— **remaining until fuel is exhausted** (*auto*), tempo rimanente all'esaurimento del combustibile.
— **sharing** (*calcolatore elettron.*), « time-sharing » (*utilizzo collettivo del tempo disponibile di un sistema di elaborazione tramite unità terminali; utilizzo simultaneo; lavoro di multiprogrammazione*).
— **-shifting** (*videorecording*), spostamento di tempo necessario per mettere in funzione il videoregistratore e quindi vedere i programmi.
— **signal,** segnale (*m.*) orario.
— **study,** studio dei tempi.
— **-study engineer,** analista (*m.*) tempi; cronotecnico *m.*
— **switch** (*elet.*), interruttore (*m.*) orario.
— **table,** orario *m.*
— **-temperature cycle** (*standard sequence of heat-treatment steps*) (*met.*), ciclo prestabilito temperatura-tempo (*trattam. termico*).
— **-temperature-transformation curve** (*met.*), diagramma TTT.
— **the ignition** (*auto*), registrare (*v.a.*) l'accensione.
— **to arrive at current speed** (*auto*), tempo necessario per arrivare a destinazione con la velocità attuale.

time yield (*met.*), limite di snervamento in prove di scorrimento viscoso; limite di scorrimento viscoso.
— **(blow-end to slag-off —)** (*met.*), tempo dalla fine soffiaggio alla scorifica.
— **(quartz controlled — base)**, base di tempi a controllo di quarzo.
timed to operate in correct sequence with the press (*mecc.*), sincronizzato in modo tale da funzionare con la pressa nel momento giusto.
timer (*aereo*, *ecc.*) autoscatto *m.*; cronometro *m.*; contatempo *m*; cronometrista *m.*; (*elettron.*, *min.*), temporizzatore *m.* (dispositivo per regolare p. es. la durata dell'abbassamento o innalzam. di una spirale; impianti di separaz. automatica).
timescale (*inform. ecc.*), periodo di tempo.
timing (*orol.*), controllo della marcia di orologio; cronometraggio; regolazione; sincronismo *m.*; (*tess.*) (*auto*), messa in fase; (*officina*), determinazione dei tempi; cronometraggio; (*mot.*), distribuzione; (*ferr.*), tempo di arresto (di treni).
— **gear casing** (*auto*), coperchio (*m.*) per ingranaggi distribuzione.
— **gears** (*auto*), distribuzione *f.*; pignoni (*m. pl.*) della distribuzione.
— **lever** (*auto*), leva per variazione d'anticipo.
— **screw** (*orol.*), viti (*f. pl.*) di regolazione.
tin (*chim.* = Sn), stagno *m.*; latta *f.*
— *v.a.* stagnare.
— **alloy**, lega (*f.*) di stagno.
— **-box industry**, industria scatole in banda stagnata.
— **coating** (*met.*), rivestimento di stagno; rivestimento di latta.
— **-dressing**, preparazione (*f.*) meccanica del minerale di stagno.
tin fish (*slang*) (U.S.A.), siluro *m.*
— **-foil**, stagnola *f.*
— **-free steel** (*met.*), banda nera rivestita di cromo (*tipo di acciaio rivestito*).
— **-leaf**, stagnola *f.*
— **lining**, stagnatura *f.*
— **-lode**, filone (*m.*) di stagno.
— **ore**, minerale (*m.*) di stagno; cassiterite *f.*
— **oxide**, ossido (*m.*) di stagno.
— **plate** (*met.*), banda (*f.*) stagnata; latta *f.*; lamierino (*m.*) stagnato.
— **plating**, stagnatura elettrolitica.
— **sheet**, foglio (*m.*) di latta.
— **snips** (*mecc.*), cesoia (*f.*) per lattonieri.
— **spot**, traccia (*f.*) di stagno.
— **strip** (*met.*), nastro (*m.*) di latta.
— **telluride (SnTe)** (*chim.*), tellururo di stagno.
— **yellow** (*met.*), macchia gialla (colore gialliccio nel rivestim. di zinco effettuato a caldo sull'acciaio dovuto ad eccessiva quantità di stagno nel bagno di zinco).
— **-works**, fonderia (*f.*) di stagno.
tinder, miccia *f.*
— **box**, acciarino *m.*
tinman's shears, cesoia (*f.*) da lattoniere.
tinned food, cibi (*m. pl.*) in scatola.
— **sheet iron**, latta (*f.*) bianca.
— **wire**, filo (*m.*) stagnato.
tinning, stagnatura *f.*
— **plant** (*met.*), impianto (*m.*) di stagnatura.
tinplate, v. anche sotto **tin plate.**
— **mill** (*met.*), laminatoio per latta.
— **steel** (*met.*), acciaio per banda stagnata.
tinsel, oro (*m.*) falso.
— **yarn** (*tess.*), filato metallico.
tinsmith, lattoniere *m.*
tinsmithing, lattoneria *f.*
tint, colore smorzato coll'aggiunta di bianco (*decoraz.*); colore non saturo (*luce*).
— **tone**, colore in diluizione.

tinted glass (*auto*), vetri colorati; cristalli atermici.

— **wrap-round screen** (*naut.*), parabrezza avvolgente (tutto intorno) con vetri atermici.

tinting, colorazione *f.*; tinteggiatura *f.*; aggiunta di pigmento al bianco; tintura leggera (*tess.*).

— **strength** (*vernici, ecc.*), forza (*f.*) colorante.

tintometer, tintometro *m.*; colorimetro *m.*

tinware, articoli (*m. pl.*) di stagno; oggetti (*m. pl.*) di latta.

tip, estremità *f.*; punta *f.*; terreno (*m.*) di deposito; ribaltamento; capovolgere *v.a.*; versare; ribaltare; mettere una punta metallica.

— **(to —)** (*aereo*), fare una rovesciata d'ala.

— **-in** (*tip.*), inserto.

— **of a tool,** punta (*f.*) di un utensile.

— **-off scope mount** (*armi*), montaggio di cannocchiale smontabile sopra il fucile.

— **of the file,** punta (*f.*) della lima.

— **of the stilus** (*elet.*), punta del palpatore.

— **vortex** (*aereo*), vortice (*m.*) dell'estremità dell'ala.

— **(tungsten carbide —)** (*mecc.*), placchetta di carburo di tungsteno.

tipper, meccanismo di ribaltamento; (*auto*), autocarro (*m.*) a cassone ribaltabile.

tipping bucket, tazza (*f.*) capovolgibile.

— **cart** (*cost.*), carretto (*m.*) a ribaltamento.

— **gear** (*mecc.*) (*autoveicoli*), meccanismo di ribaltamento.

— **-in** (*tip.*), inserire illustrazioni nel volume che si stampa.

— **lorry,** autocarro (*m.*) a cassone ribaltabile.

— **of the work,** inclinazione (*f.*) del pezzo da lavorare.

— **saddle,** sella (*f.*) a bilico.

— **truck** (U.S.A.), v. — **lorry.**

tipping wagon, vagonetto (*m.*) ribaltabile (a cassa).

tipple (*carbone*), locale dove avviene la pulitura e la classificazione del carbone bituminoso.

tippler (*min.*), rovesciatore (*per vagonetti*).

tippy wool, lana (*f.*) con impurezze.

TIR (*autocarri*), TIR.

tire (*ferr.*), cerchione *m.*; (*auto*), (USA) pneumatico *m.*; v. **tyre.**

— **chains,** catene (*f. pl.*) per automobili.

— **cord** (*tess.*), tortiglie per copertoni pneumatici.

— **failures** (*auto*), guasti di gomme.

— **gun** (*auto*), pistola per il gonfiaggio pneumatici.

— **ingot** (*met.*), lingotto (*m.*) per cerchioni.

— **protection chain** (*autocarri*), catena (a maglia) per la protezione di pneumatici.

— **rolling mill** (*met.*), laminatoio (*m.*) per cerchioni.

— **rotation** (*auto*), rotazione dei pneumatici (inversione delle gomme di un'automobile).

tiremaker, *m.* fabbricante di pneumatici.

tissue paper, carta (*f.*) di seta.

titanate (pr. *tai.'*) (*chim.*), titanato *m.*

titanated, *p.p.* (*chim. vernici*), titanato.

Titanine (*aereo*), titanine: nome brevettato di vernici per aerei

titanite (*chim.*), titanito *m.*

titanium (*chim.* = Ti), titanio *m.*

— **-chromatography** (*chim.*), titanio-cromia *f.*

— **dioxide rectifier** (*elet.*), raddrizzatore a biossido di titanio.

— **steel** (*met.*), acciaio (*m.*) al titanio.

— **white,** bianco (*m.*) di titanio.

titer (*chim.*), titolo (di una soluzione).

title block (U.S.A.), intestazione (*f.*) di un disegno.

title writer (*cinem.*), scrittore (*m.*) di sottotitoli; titolatrice *f.*
titlings (*tip.*), iniziali *f. pl.*
titrability (*chim.*), titolabilità *f.*
titrant (*chim.*), titolante *m.*
titratable, *agg.* (*chim.*), titolabile.
titrate, *v.a.* (*chim.*), titolare.
— **back,** *v.a.* titolare l'eccesso; titolare di ritorno.
titration (*chim.*), titolazione *f.*
— **standard,** titolo (*m.*) di un liquido.
titre (*chim.*), titolo *m.* (di una soluzione).
— **balance** (*tess.*), bilancia per provini.
titrimetry (*chim.*), volumetria *f.*
to-and-fro, va e vieni.
T-O (*aereo*), rapporto (*m.*) di compressione.
toaster (*elet.*), tostapane *m.*
toat, impugnatura *f.* (di pialla).
tobacco cutter, trinciatrice (*f.*) per tabacco.
— **seed oil,** olio (*m.*) di tabacco.
toe (*ferr.*), punta *f.* (*mecc.*); perno (di supporto di base); braccio sporgente orizzontale; *v.a.* unire le estremità con chiodi conficcati di traverso (*legno*).
— **bearing** (*mecc.*), perno *m.* (*pivot*).
— **clip,** fermapiede *m.* (di bicicletta).
— **-in** (*auto*), convergenza *f.*
— **of points** (*ferr.*), punta (*f.*) dello scambio.
— **of tooth** (*mecc. orol.*), punta del dente.
— **-out** (*auto*), divergenza *f.* (*delle ruote frontali*).
toed voussoir, concio (*m.*) ad angoli.
toggle (net —), traversino *m.* (per attacco della rete).
— **lever,** leva (*f.*) a forcella; leva (*f.*) a ginocchio.
— **link,** manovellismo (*m.*) a forcella; biella (*f.*) di collegamento.
— **(lever) press,** pressa (*f.*) a leva articolata; pressa (*f.*) a gomito; pressa a ginocchiera.
toggle loop, occhiello *m.*
— **switch** (*elet.*), interruttore (*m*). a leva a scatto rapido.
— **type** (*macch. ut.*), del tipo a forcella; del tipo a ginocchio.
toiletries *pl.*, prodotti da toletta.
tokamak (*a plasma containment machine used by JET fusion research programme*) (*fis. atom.*), tokamak.
token (*miniere inglesi*), disco di identificazione (medaglietta); (*telef., ecc.*), gettone *m.* (*per telefono, ecc.*).
tolan(e) (*chim.*), tolano *m.*
tolerance, tolleranza *f.*
— **dose** (*fis. atom.*), dose (*f.*) di tolleranza.
— **gauge,** calibro (*m.*) di tolleranza.
— **level** (*fis. atom.*), livello (*m.*) di tolleranza.
— **range** (*met., ecc.*), campo di tolleranza.
— **standards** (*fis. atom.*), dosi (*f. pl.*) di tolleranza (*di radiazioni*).
— **value** (*fis. atom.*), valore (*m.*) di tolleranza.
tolidine (*chim.*), tolidina *f.*
toll (*autostrada*), pedaggio (autostradale).
— **booth** (*traffico*), casello autostradale.
— **circuit** (*tel.*), rete (*f.*) regionale.
— **-collector,** v. **toll-keeper.**
— **exchange** (*telef.*), centro interurbano (U.S.A.); servizio a tariffa speciale (*Inghilterra*).
— **-gate** (*autostrada*), barriera per il controllo d'esazione pedaggi.
— **-keeper** (*toll-collector*) (*autostrade*), addetto al controllo d'esazione pedaggi.
— **line** (*telef.*) (U.S.A.), linea (*f.*) interurbana *f.*
— **message** (*tel.*), (U.S.A.), conversazione (*f.*) interurbana.
— **motor road,** autostrada (*f.*) a pagamento.
— **telephone** (*telef.*), telefono interurbano.
toluene (*chim.*), toluene *m.*; toluolo *m.*

toluidine (*chim.*), toluidina *f.*
tomato harvester (*agr.*), macchina per la raccolta di pomodori; raccogli-pomodori.
— **harvesting** (*agr.*), raccolta meccanica di pomodori.
tombac, ottone (*m.*) rosso.
tommy bar (*mecc.*), spina *f.*
— **gun,** fucile (*m.*) mitragliatore.
— **head screw,** vite (*f.*) a testa cilindrica forata.
— **screw,** vite (*f.*) con testa a spinetta.
tomographic scanning, analisi tomografica.
tomography (*radiaz.*) (*med.*), tomografia (radiografia di uno strato nel corpo).
ton, tonnellata *f.*; tonnellata di stazza (*register ton*) (*naut.*) (= 2,8317 m^3).
— **mile** (*ferr.*), tonnellata (di merce) per miglia (ferroviarie).
— **(long —)** (*carbone, minerali*), tonnellata lunga (*o* t. inglese) (pari a 1016,047 kg).
— **(short —)** (*carbone, minerali*), tonnellata minore (*o* t. americana) (pari a 907,184 kg) (usata specialm. in America).
tonality (*acust.*), tonalità *f.*
tone (*radio*), (*pitt.*), tonalità *f.*; (*acust.*), nota *f.*; virare *v.a.* (*fot.*) (una fotografia, ecc.); **complex** —, nota complessa; **differential** —, nota differenziale; **hum** —, nota di ronzio; **pure** —, nota pura; **strike** —, nota di percussione; vedi pure: **reftone.**
— **-burst generator** (*elet.*), generatore di nota interrotta.
— **control** (*audio*), controllo di tono; regolazione di tono.
— **down (to),** attenuare; ridurre l'intensità (*di suoni*); (*the signal can be toned down to suit location and need*), il segnale può essere attenuato (ridotto d'intensità) secondo i locali e le esigenze; (*chim., cosmetici*), addolcire (attenuare) una tinta.
tone fidelity (*radio*), fedeltà di tonalità.
tonearm (*audio*), braccio (di giradischi).
toner, pigmento organico (senza ingredienti inorganici) « toner ».
tongs, tenaglia *f.*
tongue, *n.*, maschio *m.* (linguetta) (*faleg.*); linguetta *f.* (per incastri); punta (*f.*) del cuore (*ferr.*); (*meteor. mar.*), estensione per parecchi km di mare gelato.
— *v.a.*, incastrare (*v.a.*) a linguetta.
— **-and-groove boarding,** tavolato (*m.*) con incastro a maschio e femmina.
— **-and-groove joint,** giunzione (*f.*) a maschio e femmina.
— **depressor** (*strum. med.*), abbassalingua *m.*
tonguing, incastro (*m.*) a linguetta.
— **and grooving machine,** macchina (*f.*) per incastri.
— **iron,** coltello (*m.*) per fare maschi.
— **plane,** pialla (*f.*) per maschi.
toning (*fot.*), viraggio *m.*
— **and fixing** (*fot.*), viraggio-fissaggio *m.*
— **-solution** (*fot.*), soluzione (*f.*) di viraggio.
tonnage, stazza *f.* (*naut.*); tonnellaggio *m.*
— **deck** (*naut.*), ponte (*m.*) di stazza.
tonne, tonnellata (*f.*) metrica.
tonneau (*auto*), parte posteriore della scocca: « tonneau »; (*the hood is concealed under the tonneau when folded*), la « capote » è nascosta sotto la parte posteriore della scocca quando è ripiegata.
tonner (*naut.*), nave della stazza di x tonnellate; (*auto*) autocarro della portata di x tonnellate.
tons-per-hour average (*forno met.*), tonnellaggio medio orario.
tonsil doctor (*cinem.*) (U.S.A.), tecnico addetto alla prova delle voci.

tool, utensile *m.*; attrezzo *m.*
— **bit** (*mecc.*), punta dell'utensile.
— **box,** scatola (*f.*) portautensili; cassetta (*f.*) per utensili; portautensili (*m.*) americano.
— **cabinet,** armadietto (*m.*) per utensili.
— **car,** carro (*m.*) attrezzi.
— **carrier,** portautensile *m.*
— **-change N/C system** (*macch. ut.*) (*inform.*), sistema di cambiamento d'utensile mediante controllo numerico.
— **-changer** (*macch. ut.*), dispositivo per il cambio degli utensili.
— **chest,** cassetta (*f.*) per utensili.
— **cooling,** raffreddamento (*m.*) dell'utensile.
— **cutting edge,** tagliente (*m.*) di un utensile.
— **for opening lever notch** (*orol.*), utensile per allargare l'entrata della forcella.
— **grinder,** macchina (*f.*) per affilare utensili; affilatrice *f.*
— **grinding machine,** affilatrice *f.*
— **handle,** manico (*m.*) di utensile.
— **holder,** bussola (*f.*) per l'utensile; portautensile *m.*; (*mecc.*), portaferri *m.*
— **holder slide,** slitta (*f.*) del portautensile.
— **kit,** borsa (*f.*) di utensili.
— **life,** durata (*f.*) dell'utensile.
— **lubrication,** lubrificazione (*f.*) dell'utensile.
— **-post,** bussola (*f.*) per l'utensile; portautensili (*m.*) americano; alloggiamento (*m.*) per utensile.
— **rest,** portautensile *m.*
— **-room drilling machine,** trapano (*m.*) da officina.
— **room lathe,** tornio (*m.*) per attrezzisti.
— **set,** borsa (*f.*) di utensili.
— **setting,** aggiustamento (*m.*) dell'utensile.
— **shank,** gambo (*m.*) di un utensile.
— **shelf,** portautensili *m.* (rastrelliera).
— **slide,** slitta (*f.*) portautensile.
tool spindle mandrino, portautensili.
— **steel,** acciaio (*m.*) da attrezzi.
— **supply car,** carro (*m.*) officina.
— **support,** portautensile *m.*
— **tip,** punta (*f.*) di un utensile.
— **try-out press** (*mecc.*), pressa (*f.*) a ritoccare.
toolholder bar, barra (*f.*) portautensile.
tooling, utensileria *f.*; attrezzatura *f.*; (*mecc.*), v. **throwaway —.**
— **costs,** spese di utensileria.
toolmaker, attrezzista *m.*
toolmakers' buttons, cilindri cavi, rettificati e temperati, usati per determinare la posizione di fori e fare fori con grande precisione.
— **files,** lime (*f. pl.*) da attrezzisti.
— **knife-edge straight edge,** riga (*f.*) a coltello.
— **lathe,** tornio (*m.*) per attrezzisti.
— **microscope,** microscopio (*m.*) per officina; minimetro *m.*
toolroom grinder (*macch. ut.*), rettificatrice (*f.*) per attrezzisti.
— **lathe** (*macch. ut.*), tornio (*m.*) da attrezzeria.
— **milling machine** (*macch. ut.*), fresatrice (*f.*) per attrezzisti.
tooth, dente *m.*; potere adesivo (di uno strato alla superficie).
— *v.a.* addentellare; imboccare.
— **formation,** dentatura *f.*
— **-friction,** attrito (*m.*) fra i denti.
— **of gear,** dente (*m.*) d'ingranaggio.
— **point,** estremità (*f.*) del dente.
— **profile** (*ingr.*), profilo (*m.*) del dente.
— **space,** distanza (*f.*) fra i denti.
— **wheel rim,** corona (*f.*) dentata di una ruota.
toothed, dentellato (regolare).
— **gear drive,** comando (*m.*) ad ingranaggi.

toothed gearing, trasmissione (*f.*) ad ingranaggi; trasmissione (*f.*) a ruote dentate.
— **gearing handle,** argano (*m.*) a ruote dentate.
— **sector,** settore (*m.*) dentato.
— **wheel,** ruota (*f.*) dentata.
— **wheel rim,** corona (*f.*) dentata di una ruota.
toothing, dentatura *f.*
top (*tess.*), nastro di lana pettinata; « top »; (*petrolio*) (*v.a.*), togliere tutta la frazione di cherosene dal petrolio che sta nella parte alta: predistillare; (*met.*), spuntare.
— **angle** (*ingr.*), angolo (*m.*) della sommità.
— **antenna** (U.S.A.), antenna per tetto di automobile.
— **balance end piece** (*orol.*), disco controperno posteriore del bilanciere.
— **balance endstone** (*orol.*), pietra controperno posteriore del bilanciere.
— **barrel hole** (*orol.*), foro (*m.*) posteriore del bariletto.
— **beam,** trave (*f.*) di colmo.
— **-binding** (*elet.*), legatura (*f.*) superiore.
— **boom member** (*cost.*), asta (*f.*) del corrente superiore.
— **buckle,** attacco (*m.*) ad occhio superiore.
— **casing of elevator,** cappello (*m.*) dell'elevatore.
— **centre hole** (*orol.*), foro (*m.*) posteriore della ruota centro.
— **circle** (*ingr.*), circolo (*m.*) del diametro esterno.
— **clearance** (*ingr.*), gioco (*m.*) alla sommità del dente.
— **cover,** coperchio *m.*
— **dead centre** (*mot.*), punto morto superiore.
— **drawsheet** (*tip.*), foglio di maestra.
— **drier,** essiccativo (*m.*) ad azione superficiale.
— **dyeing machine** (*tess.*), macchina (*f.*) per la tintura dei nastri.
top end-stone (*orol.*), pietra (*f.*) controperno posteriore.
— **force** (*plastica*), stampo (*m.*) mobile.
— **fraction** (*chim.*), frazione (*f.*) di testa.
— **gas,** gas (*m.*) di altoforno.
— **half casing,** carcassa (*f.*) superiore.
— **« hat » radiator** (*radio*) (U.S.A.), radiatore: antenna con superstruttura metallica.
— **heavy** (*aereo*), *agg.* appruato.
— **knot** (*lana*), lana ricavata sulla fronte del montone.
— **layer,** strato (*m.*) superiore.
— **limit speed,** limite (*m.*) massimo di velocità.
— **line** (*ingr.*), linea (*f.*) superiore del dente.
— **mast** (*naut.*), albero (*m.*) di gabbia.
— **-mounted motor,** motore montato superiormente.
— **of an arch,** chiave (*f.*) di un arco.
— **of form** (*comando stampante*) (*inform.*), avanzamento di una pagina.
— **off** (*raff. petrolio*), prelevare le frazioni superiori.
— **plate** (*orol.*), platina (*f.*) posteriore.
— **pressure** (*altoforno met.*), pressione alla bocca.
— **pulley,** puleggia (*f.*) superiore.
— **rake,** angolo (*m.*) di spogia superiore.
— **roll** (*lamin.*, *met.*), cilindro (*m.*) superiore.
— **saw pulley,** puleggia (*f.*) della sega superiore.
— **slicing** (*min.*), coltivazione a fette orizzontali con scoscendimento dal tetto.
— **slide,** sopporto (*m.*) superiore slitta (*f.*) portautensili.
— **speed,** velocità (*f.*) massima.
— **table,** placca (*f.*) modello.
— **temperature,** temperatura (*f.*) massima.
— **up (to)** (*auto*), eseguire il livellamento liquido (riferito sia ai recipienti lavavetro, sia al con-

trollo batteria, freni idraulici, ecc.); riempire al livello richiesto; fare il pieno (di carburante).

top up fighters in flight (*aereo*), fare il pieno agli aerei da combattimento in volo.

— **valve,** valvola (*f.*) di testa.

— **view,** vista dall'alto (disegno).

topaz, topazio *m.*

topgallant mast (*naut.*), albero (*m.*) di velaccio.

— **studding-sail** (*naut.*), coltellaccino *m.*

topmast (*naut.*), albero (*m.*) di gabbia.

topography, topografia *f.*

topological solution of the equation (*mat.*), soluzione topologica dell'equazione.

topped crude petroleum (*petrolio*), residuo di prima distillazione.

— **oil,** petrolio dal quale si sono tolte le frazioni di nafta, benzina e cherosene.

topping (*petrolio*), separazione dei prodotti di testa (*distillazione frazionata*); tinteggiatura superficiale di un tessuto tinto con un altro colore; (*gen.*) riempimento *m.*

— **plant** (*petrolio*), raffineria di benzina e cherosene; raffineria di prodotti di prima distillazione.

— **tool** (*orol.*), dispositivo (*m.*) per arrondire.

— **-tower** (*petrolio*), colonna (*f.*) di frazionamento.

— **unit** (*petrolio*), impianto (*m.*) di frazionamento.

— **up** (*auto*), riempimento (*m.*) della batteria.

tops, distillato (non raffinato) ottenuto dal petrolio grezzo; guarnizioni dei cappelli (*tess.*); distillati di prima raffinazione del petrolio (*petrolio*).

topsail (*naut.*), gabbia *f.*

topside (*naut.*), opera morta.

torch, torcia *f.*; lampada (*f.*) a torcia; lampada a benzina; cannello *m.* (per saldatura).

torch autogenous welding (*sald.*), saldatura (*f.*) autogena al cannello.

— **brazing,** brasatura (*f.*) al cannello.

— **cutting,** taglio (*m.*) ossiacetilenico.

— **welding,** saldatura (*f.*) ossidrica.

torev, quantità di potenza trasmessa da una coppia di un piede-libbra ad un giro al min.

toriconical, *agg.*, toriconico.

Toritna, preservante (*m.*) del legname contro l'infradiciatura.

tormentor (*cinem.*), muro trasportabile usato in teatri di posa per ridurre la riverberazione.

torn tape switching center (*inform.*), centro di commutazione manuale a nastro di carta perforato.

toroidal plasma (*fis. atom.*), plasma toroidale.

— **surface** (*ott.*), superficie (*f.*) toroidale.

— **winding,** avvolgimento (*m.*) toroidale.

torpedo, *n.*, siluro *m.*; (*petrolio*), carica di esplosivo usata in un pozzo; (*v.a.*) far esplodere una carica di esplosivo nel pozzo.

— *v.a.* silurare (*naut.*); perforare (*pozzi*).

— **a well,** perforare (*v.a.*) un pozzo.

— **boat** (*naut.*), silurante *f.*

— **-boat destroyer,** cacciatorpediniere *m.*

— **-bomber,** aerosilurante *m.*

— **car** (*torpedo-shaped steel container*) (*met.*), carrosiluro *m.* (*o* carro siluro) (carro siderurgico a forma di siluro per trasporto ghisa liquida); carro-thermos *m.*

— **fog-signal** (*ferr.*), petardo *m.* (*per nebbia*).

— **'plane** (*aereo*), aerosilurante *m.*

— **release** (*armi*), lancia-siluro.

— **-works,** silurificio *m.*

torque, coppia *f.* (motrice); torsione; momento (*m.*) rotatorio.

— **balance,** bilancia di precisione.

torque converter (*auto*), convertitore di coppia.
— **dynamometer** (*aereo*), freno (*m.*) dinamometrico.
— **meter,** torsiometro *m.*
— **-motor** (*elet.*), motore-coppia.
— **nut** (*mecc.*), dado (*m.*) autobloccante.
— **plate** (*auto*), piatto porta ganasce.
— **room,** sala (*f.*) prove.
— **tensor** (*elet.*), tensore (*m.*) di coppia.
torquemeter, misuratore di coppia; torsiometro.
torrefaction, torrefazione *f.*
torrefy, *v.a.* torrefare.
torsion, torsione *f.*
— **bar** (*mecc.*), barra (*f.*) di torsione.
— **bar suspension** (*auto*), sospensione a barra di torsione.
— **galvanometer** (*elet.*), galvanometro di torsione.
— **test** (*met.*), prova (*f.*) di resistenza alla torsione.
torsional moment, momento (*m.*) di torsione.
— **spring,** molla di torsione.
— **stiffness** (*mecc.*), rigidezza (*f.*) torsionale.
— **strength,** resistenza (*f.*) alla torsione.
— **stress,** sollecitazione (*f.*) a torsione; tensione (*f.*) dovuta a torsione; carico (*m.*) di torsione.
— **vibration** (*acust.*), vibrazione torsionale.
tort (*leg., dir. lavoro*), illecito (*m.*) civile; atto (*m.*) illecito.
tot (up), *v.a.*, addizionare *v.a.*
total absorption coefficient (*fis. atom.*), coefficiente (*m.*) di assorbimento totale.
— **binding energy** (*fis. atom.*), energia (*f.*) totale di legame.
— **body irradiation** (*fis. atom.*), irradiazione (*f.*) totale.
— **charge number** (*fis. atom.*), numero (*m.*) di carica totale.
— **cross-section** (*fis. atom.*), sezione d'urto totale.
total flux of a source (*ott.*), flusso (*m.*) luminoso sferico di un radiatore.
— **friction,** attrito totale.
— **heat,** calore (*m.*) totale.
— **immersion test** (*corrosione met.*), prova (*f.*) a immersione totale.
— **loading,** carico (*m.*) totale.
— **mass number,** numero (*m.*) di massa totale.
— **mileage recorder** (*auto*), contachilometri (*m.*) totalizzatore.
— **preheating,** preriscaldo (*m.*) totale.
— **quantum number** (*fis. atom.*), numero (*m.*) quantico totale.
— **radiation temperature,** temperatura (*f.*) nera equivalente per la radiazione totale.
— **response** (*acust.*), risposta totale.
— **rule** (*tip.*), filetto di addizione (*o* somma).
— **volume of furnace** (*met.*), volume totale di altoforno.
totalizing meter, totalizzatore *m.*
totally enclosed fan-cooled motor, motore (*m.*) totalmente chiuso a ventilazione interna.
— **enclosed motor,** motore (*m.*) totalmente chiuso.
Totalscope (*cinem.*), Totalscope (sistema di proiezione su largo schermo).
totting up, addizionamento *m.*
touch-down (*aereo*), punto di contatto (dell'aereo con il terreno o l'acqua).
— **-down area** (*aereo*), area entro la quale un aereo dovrebbe atterrare; area del punto di contatto.
— **-up** (*auto*), ritocco (carrozzeria, verniciatura auto).
— **screen** (*inform.*), schermo sensitivo (al contatto).
— **-sensitive keyboard** (*inform.*), tastiera a tasti sensibili al tatto.
touchstone, pietra (*f.*) di paragone.
tough, *agg.* (*met.*), tenace.
— **fracture** (*met.*), frattura (*f.*) duttile.

tough metal, metallo (*m.*) tenace.
— **-pitch copper** (U.S.A.), rame (*m.*) commerciale ordinario.
— **-poling** (U.S.A.), operazione di raffinazione del rame.
— **rock** (*min.*), roccia (*f.*) tenace.
— **water,** acqua dura.
— **wood,** legno (*m.*) tenace.
toughen, indurire *v.a.*
toughened glass (*vetro*), vetro (*m.*) di sicurezza; vetro temperato.
— **windscreen** (*auto*), parabrezza in vetro temperato.
toughness, tenacità *f.* (di metalli).
tourabout (*auto*), tipo leggero di auto da turismo.
touring aeroplane, aeroplano (*m.*) da turismo.
— **car,** automobile (*f.*) da turismo.
tourmaline, tormalina *f.*
tow, *n.*, stoppa *f.*
— *v.a.* rimorchiare (*naut.*).
— **-away service** (*auto*), servizio di rimozione con rimorchio (di autoveicoli bloccati per guasti).
— **bar,** timone *m.*; (*aereo*), barra di rimorchio.
— **-boat,** rimorchiatore *m.*
— **-car,** rimorchio *m.*
— **carding engine** (*tess.*), carda (*f.*) da stoppa.
— **combing** (*tess.*), pettinatura della stoppa di lino.
— *v.a.* **into position** (*naut.*), rimorchiare al suo posto (p. es. una piattaforma petrolifera).
— **packing,** stoppa (*f.*) di guarnizione.
— **-path** (*costr.*), strada alzaia (strada lungo un canale, anche sottostante un ponte).
— **rope** (*auto, ecc.*), fune (*f.*) da traino; cavo (*m.*) di rimorchio.
towage (*naut.*), rimorchiaggio *m.*
— **(ocean —),** rimorchiaggio oceanico.
tower block (*costr.*), edificio torre.
— **crane** (*costr.ed.*), gru (*f.*) a torre.
— **silo** (*agr., ecc.*), silo a torre.
towing (*auto, naut.*), rimorchio.
— **bracket** (*auto, ecc.*), staffa per rimorchio; staffa di traino.
— **eye** (*auto*), occhione di traino.
towing hawser, fune (*f.*) di sei trefoli, con 37 fili ciascuno, (*o* con sei trefoli di 24 fili).
town car (*auto*), automobile (*f.*) da città.
— **gas,** gas di città.
— **mains** (*elet.*), linea (*f.*) urbana.
— **planner,** urbanista *m.*
— **planning** (*costr.*), urbanistica *f.*
— **-to-town express** (*ferr.*), espresso interurbano.
townscape (*urbanistica*), paesaggio (cittadino).
toxacid (*cost. civ.*), soluzione (*f.*) trasparente anticorrosiva per muri e cementi.
toxicity (*erbicidi, ecc.*), tossicità *f.*
toxicologist, *m.* (*med.*) (*inquinamento*), esperto in tossicologia; tossicologo.
trace, traccia *f.*; (*telev.*), moto in avanti dell'area analizzata; (*inform.*), traccia *f.*: tecnica diagnostica per l'analisi dello svolgimento di un programma in corso, per verificare se le istruzioni eseguite siano complete di dati e risultati.
— **(to —),** fare un calco (*tip.*); mettere in evidenza; attribuire (a); ricalcare (*dis.*).
— **out,** *v.a.*, scoprire *v.a.*; trovare *v.a.*
tracer (*fis. atom.*), **tracciante** *m.*; **elemento tracciante** (*o* **indicatore**).
— **chemistry** (*fis. atom.*), chimica (*f.*) dei traccianti radioattivi.
— **element** (*fis. atom.*), elemento (*m.*) tracciante; tracciante *m.*; elemento indicatore; tracciante (*m.*) radioattivo.
— **method** (*fis. atom.*), metodo (*m.*) dei traccianti radioattivi.
— **technique** (*fis. atom.*), tecnica (*f.*) dei traccianti radioattivi.
— **(bullet)** (*armi*), pallottola (*f.*) tracciante.
tracery (*arch.*), frontone (traforo).
tracing (*tip.*), calco *m.*
— **cloth,** tela (*f.*) per lucidare; tela (*f.*) per ricalcare.
— **paper,** carta (*f.*) da ricalcare.

tracing routine (*inform.*), sottoprogramma di analisi (*o* traccia).

track, carreggiata *f.* (*auto*); scartamento *m.* (*ferr.*); (*ferr.*) binario *m.*; tracciato *m.* (di binario); cingolo *m.*; percorso *m.* (*chim.*); traiettoria *f.*; (*fis. atom.*), traccia *f.*; (*inform.*), pista *f.* (*di lettore di caratteri, di nastro magnetico, di schede*).

— **circuit** (*ing. elet.*), circuito (*m.*) di binario.

— **clutch control lever,** leva-comando di direzione.

— **down,** *v.a.* (*chim.*), seguire un elemento (*in una trasformazione*).

— **equipment** (*ferr.*), armamento (*m.*) di ferrovia.

— **in (out),** vedi: **dolly in (out).**

— **indicator,** indicatore di posizione (teleferica).

— **jack** (*ferr.*), cavalletto (*m.*) per sollevare le rotaie.

— **laying** (*ferr.*), posa (*f.*) di rotaie.

— **laying machine** (*ferr.*), macchina posa rotaie.

— **lay-out** (*ferr.*), disposizione generale dei binari; pianta dei binari.

— **lifter** (*ferr.*), leva-rotaie *f.*

— **measuring device** (*ferr.*), misuratore (*m.*) universale per binari.

— **population (*fis. atom.*), numero** (*m.*) di tracce (*camera a nebbia*).

— **record** (*elettron.*), passato notevole (per esperienza e lavoro in un dato campo).

— **relay** (*ing. elet.*), relais (*m.*) di binario.

— **relaying crane** (*ferr.*), gru (*su carro ferr.*) per la posa meccanica delle rotaie (in sostituzione di quelle logore).

— **rod** (*auto*), tirante (*m.*) trasversale (comando sterzo).

— **roller** (*mecc., mil.*), rullo portacingolo.

— **rope** (*sciovie, ecc.*), fune portante.

track selector switch (*audio*), selettore di piste.

— **sprocket,** ruota dentata portacingoli

— **storage unit** (*audio*), mobile portadischi.

— **-tank,** canale (*m.*) d'alimentazione.

— **time** (*met.*), periodo di permanenza in forno di un lingotto.

— **-type tractor,** trattore (*m.*) a cingoli.

— **winch** (*ferr.*), verricello (*m.*) per sollevare le rotaie.

tracked armoured vehicle (*mil.*), veicolo armato cingolato.

tracking (*astron.*), acquisizione *f.* (per seguire moto di astronavi ecc.); (*audio*) tracciatura *f.* (facilità con la quale la testina può tracciare materiale registrato); (*TV*) comando dinamico di luminosità; (*radar*) ricerca *f.*; puntamento (di bersagli in movimento); (*inform.*), ricerca di errori.

— **force** (*audio*), forza d'appoggio; forza lettura (in grammi) (*testine fonografiche*); forza di tracciamento (peso di lettura).

— **shot** (*telev.*), ripresa in movimento.

— **(automatic —)** (*radar*), puntamento automatico; ricerca automatica (di bersagli in movimento).

tracklayer tractor, trattrice (*f.*) a cingoli.

trackman (*ferr.*), guardalinea *m*

trackwork (*carri armati*) (*mil.*), treno (*m.*) di rotolamento.

traction, trazione *f.*

— **battery** (*elet.*), batteria (*f.*) per trazione.

— **engine,** trattrice *f.*; locomobile *m.*

— **rope,** fune (*f.*) traente; cavo di trazione.

— **tyre,** pneumatico da trattore.

tractive effort curve, curva (*f.*) dello sforzo di trazione.

— **force,** forza (*f.*) di trazione.

tractive propeller (*aereo*), elica (*f.*) trattiva.

tractor (*agric.*), motoaratrice *f.*; trattore *m.*; (*inform.*), trascinatore (di stampante).

— **airscrew** (*aereo*) elica (*f.*) trattiva.

— **and trailer,** motrice e rimorchio.

— **feed** (*inform.*) (*stampanti*), cingolo per il trascinamento (della carta perforata, ecc.).

— **fuel,** combustibile (*m.*) per trattori.

— **industry** (*mecc.*), industria (*f.*) trattoristica.

— **plough,** aratro (*m.*) a trattore.

— **propeller** (*aereo*), elica (*f.*) trattiva.

— **(crawler —),** trattore a cingoli.

— **(wheeled —),** trattore a ruote.

trade-charge (*comm.*), rimborso *m.*

— **dispute** (*dir. lavoro*), conflitto (*m.*) di lavoro.

— **gap** (*comm.*), deficit commerciale.

— **in,** *v.a.* permutare una macchine (*auto, ecc.*).

— **-in** (*comm.*), permuta di macchine (*auto ecc.*) usate, con l'acquisto di nuove.

— **luncheon,** colazione (*f.*) di lavoro.

— **-mark,** marchio (*m.*) di fabbrica.

— **show** (*cinem.*), anteprima (*f.*) di un film.

— **-union** (*lavoro*), sindacato *m.*

— **unions' bargaining position** (*lavoro*), posizione contrattuale dei sindacati operai.

— **unionist** (*sindacati, lavoro*), sindacalista *m.*

— **wind** (*meteor.*), aliseo *m.*

trading-in (*comm.*), permuta di macchine (*auto, ecc.*) usate, acquistandone delle nuove.

— **stamps** (*comm.*), bollini (*o* marche) di sconto.

— **Standards officer,** ispettore per la vigilanza di violazione brevetti.

traffic, traffico *m.*

traffic artery, arteria (*f.*) stradale di grande comunicazione.

— **control (centralized — control by television),** comando centralizzato del traffico per mezzo della televisione.

— **-control box,** semaforo *m.*

— **control projector** (*aereo*), proiettore (*m.*) d'atterraggio.

— **control room,** sala di controllo del traffico.

— **control signal** (*traffico*), segnale di regolazione del traffico.

— **density,** densità di traffico.

— **engineer,** ingegnere del traffico.

— **engineering,** ingegneria (*f.*) del traffico.

— **flow monitoring,** controllo del flusso veicolare.

— **jam** (*auto*), congestione causata da taffico; ingorgo.

— **-line marking machine** (*traffico stradale*), macchina traccialinee spartitraffico.

— **load,** carico (*m.*) d'esercizio.

— **management area** (*traffic*), unità direttrice del traffico.

— **meter** (*tel.*), registratore (*m.*) di chiamate telefoniche.

— **model,** modello di traffico.

— **offence** (*leg.*) (*auto*), infrazione al Codice della strada.

— **paint,** pittura spartitraffico.

— **space,** spazio libero, di movimento.

— **survey,** rilevamento di traffico; v. **registration number — survey.**

— **unit** (*tel.*), comunicazione-ora *f.*

— **(area — management unit),** unità direttiva del traffico.

trafficator, indicatrice (*f.*) laterale di forma allungata (freccia) (*auto*).

tragacanthin (*farm.*), gomma (*f.*) adragante.

trail (*armi*), coda d'affusto.

— **car,** vettura (*f.*) rimorchiata; carrozza (*f.*) rimorchio (*ferr.*).

— **eye,** occhione di coda (*artiglierie*).

— **rope** (*aer.*), cavo (*m.*) moderatore.

trail spade, vomero *m.* (*artiglieria*).
trailer, rimorchio *m.* (veicolo); nastro di fine di rullo (*cinem.*).
— **boards** (*rimorchi auto*), targhe per rimorchi con triangoli e luci.
— **caravan** (*auto*), caravan rimorchiabile.
— **label** (*inform.*), etichetta finale; etichetta di fine registrazione; etichetta di fine archivio.
— **lamp** (*auto, ecc.*), luce rimorchio.
— **record** (*inform.*), registrazione complementare (che segue una registrazione principale); registrazione di coda.
trailing aerial, antenna (*f.*) ritrattile.
— **cable** (*elet.*), cavo flessibile.
— **edge** (*aereo*), bordo (*m.*) di uscita.
— **points** (*ferr.*), scambio (*m.*) preso di calcio.
— **pole horn** (*elet.*), corno (*m.*) d'uscita.
— **pole tip** (*elet.*), corno (*m.*) di uscita.
— **sweep** (*aereo*), deviazione della linea dei centri di gravità delle sezioni d'una pala d'elica, nel piano di rotazione dell'elica, verso il bordo d'uscita.
— **wheel,** ruota (*f.*) portante.
— **(screened — cable),** cavo flessibile schermato.
train (*mecc.*), treno d'ingranaggi; (*ferr.*; *laminatoi*) treno *m.*;
— **(to —),** (*min.*) seguire un filone; (*ott.*) puntare.
— **control,** controllo (*m.*) di treni.
— **crew,** personale viaggiante del treno.
— **describer,** quadro indicatore della posizione dei treni.
— **of gearing,** treno (*m.*) di ruote.
— **of gears,** trasmissione (*f.*) meccanica.
— **of rollers,** gruppo (*m.*) di cilindri.
— **of rolls,** treno (*m.*) di laminatoio.
— **of stands** (*met.*), treno di gabbie.
— **radio,** radio sui treni.
train (car —), treno per trasporto di auto.
— **(mag levitated —),** treno a levitazione magnetica.
trainee (*miniere, ecc.*), tirocinante *m.*; apprendista *m.*
trainer (*aereo*), apparecchio scuola; addestratore *m.*
training, allenamento *m.*; tirocinio *m.*; istruzione *f.*; pratica; addestramento *m.*
— **aeroplane,** aeroplano (*m.*) scuola.
— **seaplane,** idrovolante (*m.*) da caccia scuola.
— **ship,** nave (*f.*) scuola.
— **wall** (*idr.*), argine parallelo.
— **work** (*idr.*), argine parallelo.
trajectory equation (*astron.*), equazione della traiettoria (di proiettile con propulsione a razzo).
tram, tram *m.*; (*min.*), vagonetto; trama *f.* (*tess. seta.*)
— *v.i.* (*min.*), muoversi (riferito a caricatrici, macchine pesanti cingolate, ecc.); (*the loader can tram to the dumping point at speeds...*), il caricatore può muoversi al punto di scarico a velocità di ...
— **bar,** vedi: **trammel bar.**
— **car,** vettura (*f.*) tramviaria.
tramline, linea (*f.*) tramviaria.
trammel bar (U.S.A.), (tipo di) compasso allungabile a punte fisse: compasso (*m.*) a verga.
tramming (*movement of the cutting head*) (*scavatrici*), movimento della testa di taglio (o perforazione).
tramp elements (*met.*), elementi (*m. pl.*) estranei.
— **iron** (*min.*), pezzi metallici estranei indesiderati (macinaz. minerali ecc.).
— **iron detector** (*min.*), separatore magnetico (di pezzi metallici estranei).
— **metal** (*met.*), metallo estraneo.
— **metallics** (*met.*), sostanze metalliche indesiderate (impure *o* contaminanti).

tramp steamer, piroscafo (*m.*) a itinerario libero.
tramway carriage, vettura (*f.*) tramviaria.
tranquiliser (*med.*), tranquillante *m.*
tranquilizer (*med.*) (U.S.A.), tranquillante *m.*
tranquillized bird (*astron.*) (U.S.A.), veicolo di razzo con sistema di guida stabilizzato.
trans compound (*chim.*), isomero (*m.*) trans.
transaction (*comm.*, *calcol. elettron.*), transazione *f.* (*operazione che produce una variazione in un archivio di dati*) (*calcol. elettron.*); transazione (commerciale) (*comm.*).
— **file** (*inform.*), archivio di transazione (con dati temporanei che verranno elaborati con i dati dell'archivio principale).
— **operating system** (*inform.*), sistema operativo transazionale.
transatlantic cable, cavo (*m.*) transatlantico.
transaxle (*auto*), gruppo cambio differenziale posteriore.
« transborder » data flow (*inform.*), flusso di dati da un Paese all'altro (per telefono, ecc.).
transborder data link (*inform.*), collegamento (via telefono ecc.) del flusso dei dati da un Paese all'altro.
transceiver (*radio*), ricetrasmettitore *m.*
transcode, *v.a.* (*elettron.*), trascodificare.
transcoder (*elettron.*), trascodificatore *m.*
transcoding (*elettron.*), trascodificazione.
transconductance, transconduttanza *f.*
transcontinental route (*aereo*), rotta transcontinentale.
transcrystalline corrosion (*met.*), corrosione a nido d'ape; corrosione transcristallina.
— **crack** (*met.*), cricca (*f.*) transcristallina (all'interno dei grani).
transcrystallization (*met.*), transcristallizzazione.
transducer (*elet.*), trasduttore *m.* (apparato di trasformazione di potenza inserito fra le parti mecc., elettr. od acustiche di sistemi di comunicazione).
transductor (*elet.*), trasduttore *m.* (magnetico).
— **-controlled,** comandato a mezzo di un trasduttore.
transept (*arch.*), transetto *m.*
transfer, *n.*, ricalcatura *f.* (disegno); trasmissione *f.*; trasbordo *m.*; (*smalti*, *vernici*), decalcomania *f.*
— *v.a.* ricalcare.
— **beam** (*met.*), trasferitore (per il passaggio dai carri portacesta alla campata forni).
— **car** (*met.*), carro trasferitore.
— **ink** (*tip.*), inchiostro da trasporto.
— **instructions** (*inform.*), istruzioni di alterazione di sequenza.
— **machine (rotary type —)** (*macchine ut.*), macchina a transfer rotante.
— **machines** (*macch. ut.*), macchine a transfer; macchine a trasferta.
— **molding,** stampaggio *m.*
— **of heat,** passaggio (*m.*) di calore.
— **of stress** (*cost.*), trasferimento di sollecitazione.
— **orbit** (*astron.*), orbita (*f.*) di trasferimento (di una astronave dall'orbita di un corpo celeste a quella di un altro).
— **paper** (*tip.*), carta da trasporto.
— **picture,** decalcomania.
— **press** (*macch. ut.*), pressa (*f.*) transferta.
— **process,** decalcomania (sistema).
— **time** (*inform.*), tempo di trasferimento (p. es. di un'immagine).
— **(hot metal — car** (*met.*), carro trasferitore della ghisa liquida.
transference, migrazione *f.* (*di elettroni*).

transform (*mat.*), integrale di trasformazione.
— **(to —) down** (*elet.*), trasformare (*v.a.*) a bassa tensione.
— **up** (*elet.*), trasformare (*v.a.*) ad una tensione maggiore.
transformation (*fis. atom.*), trasformazione *f.*
— **chain** (*fis. atom.*), catena (*f.*) di disintegrazione.
— **constant** (*fis. atom.*), costante (*f.*) di disintegrazione.
— **family** (*fis. atom.*), famiglia (*f.*) radioattiva; catena di disintegrazione.
— **formula** (*fis. atom.*), formula (*f.*) di trasformazione.
— **matrix** (*elet.*), matrice (*f.*) di trasformazione.
— **range** (*trattam. termico, met.*), intervallo critico.
transformator, trasformatore *m.*
transformer, trasformatore *m.*
— **analogs** (*acust.*), circuiti equivalenti.
— **coil** (*elet.*), bobina (*o* rocchetto) di trasformatore).
— **core** (*elet.*), nucleo (*m.*) del trasformatore.
— **oil**, olio per trasformatori.
— **sheet steel** (*met.*), acciaio per lamierini per trasformatore.
— **shell** (*elet.*), mantello (*m.*) del trasformatore.
— **(step-down —)**, trasformatore riduttore di pressione.
— **(step-up —)**, trasformatore elevatore di tensione.
transforming plant (*mecc., ecc.*) (*fonderie*) (*fucine*), stabilimento di produzioni trasformative.
transhipment (*naut.*), trasbordo *m.*
transient displacements, spostamenti intermittenti.
— **distortion**, distorsione (*f.*) transitoria.
— **impedance**, impedenza (*f.*) transitoria.
— **state** (*elet.*), stato (*m.*) transitorio.
transillumination, illuminazione (*f.*) per trasparenza.
transistor (*elettron.*), transistore *m.*
transistor record player, giradischi a transistor.
transistorise (transistorize) *v.a.*, transistorizzare.
transistorised ignition (*auto*), accensione (*f.*) transistorizzata.
— **set** (*radio*), radio (*m.*) a transistor.
transit, transito *m.*; (*astr.*), passaggio.
— **-book** (*agrim.*), libro (*m.*) di levata (col teodolite).
— **instrument** (*agrim.*) teodolite *m.*
— **time** (*elet.*), tempo di transito.
transition (*cinem.*), evanescenza da una cosa in un'altra; (*fis. atom.*), transizione *f.* (trasformazione; disintegrazione).
— *v.a.*, passare da una forma all'altra; passare da uno stato all'altro.
— **curve** (*agrim.*), curva (*f.*) di raccordo.
— **elements** (*chim., met.*), elementi (*m. pl.*) di transizione (sia del gruppo VIII della tavola periodica [ferro, rodio ecc.] o delle terre rare).
— **frequency** (*fis.*), frequenza (*f.*) di transizione.
— **matrix** (*fis. atom.*), matrice (*f.*) di transizione.
— **point** (*met.*), punto (*m.*) di transizione.
— **probability** (*fis. atom.*), probabilità di transizione.
— **rocks** (*min.*), grovacca *f.*
— **temperature** (*met.*), temperatura (*f.*) di transizione.
— **zone** (*met.*), zona di transizione.
transitional, *agg.*, intermediario.
translation (*mecc.*), traslazione *f.*; (*gen.*), traduzione *f.*
— **by computers**, (*inform.*) traduzione automatica.
translator (*tel.*) (*elettron.*), registratore-traduttore *m.*
— **(portable language —)**, traduttore portatile.
transliteration (*inform.*), traslitterazione *f.* (conversione di caratteri di un alfabeto in un altro diverso).

translucent, *agg.* traslucido.
— **glass,** vetro (*m.*) traslucido.
transmission, trasmissione *f.*; cambio *m.* (*auto*).
— **and transfer case** (*auto*) (U.S.A.), cambio di velocità e riduttore.
— **band** (*elet.*), banda di trasmissione.
— **by shaft,** trasmissione (*f.*) ad albero.
— **case** (*auto*) (U.S.A.), scatola cambio di velocità.
— **efficiency,** rendimento (*m.*) della trasmissione.
— **electron microscope** (*metal.*), microscopio elettronico a trasmissione.
— **electron microscopy** (*met.*), microscopia elettronica a trasmissione.
— **gearing** (*mecc.*), alberi (*m. pl.*) di trasmissione.
— **grease,** grasso (*m.*) per ingranaggi.
— **housing** (*auto*) (U.S.A.), scatola cambio di velocità.
— **line,** linea (*f.*) di trasmissione.
— **microscopy** (*elettron.*), microscopia elettron. a trasmissione.
— **monitor,** monitore finale di controllo della trasmissione.
— **rods** (*aereo*), aste (*f. pl.*) di trasmissione.
— **rope,** fune (*f.*) di sei trefoli, con sette fili ciascuno, e con anima in canapa.
— **shaft,** albero (*m.*) di trasmissione; (U.S.A.) scatola (*f.*) cambio.
— **-sleeve,** manicotto (*m.*) di trasmissione.
— **tunnel** (*auto*), tunnel dell'albero.
— **unit,** unità (*f.*) di trasmissione.
— **wheel** (*orol.*), ruota intermedia di carica (*o* ruota corona).
— **wheel screw** (*orol.*), vite (*f.*) ruota corona.
— **wheel seating** (*orol.*), sede (*f.*) della ruota intermedia di carica.
transmissivity (*fis.*), trasmettività *f.*
— **(light),** trasmettività della luce.
transmit, *v.a.* trasmettere (*fis.*); condurre.
— **on the air** (T*V*), trasmettere in onda; mettere in onda.
transmitter, trasmettitore *m.*; (*radio*), radioemittente.
— **-receiver,** ricetrasmettitore *m.*
transmitting current, corrente (*f.*) di trasmissione.
— **experiment,** esperimento (*m.*) di trasmissione.
transmutation (*chim.*), trasmutazione (*f.*) (*degli elementi*).
transom (*aereo, naut.*), paratia (*f.*) dragante (di idrovolanti e scafi); (*costr.*) traversa tubolare di ponteggi metal., usata per sostegno o rinforzo.
transonic, *agg.*, transonico.
— **flight** (*aereo*), volo (*m.*) transonico.
— **range** (*aereo*), campo ultrasonico.
— **tunnel,** galleria (*f.*) del vento transonica.
— **wind tunnel** (*aereo*), galleria del vento transonica.
transoptic material (*resine ecc.*), materiale transottico.
transparency, trasparenza *f.*; trasparente *m.* (schermo trasparente per trucchi (*cinem.*); (*fot.*), diapositiva; (*inform.*), trasparenza *f.* (rif. a documento originale o copia su materiale trasparente).
— **matrix (*fis. atom.*), matrice (*f.*) di trasparenza.**
transparent, *agg.* trasparente.
— **body,** corpo (*m.*) trasparente.
— **glass,** vetro (*m.*) trasparente.
— **lacquer** (*met.*), lacca trasparente.
— **soap,** sapone trasparente all'alcool.
transpassive, *agg.* (*corrosione*) (*met.*), transpassivo.
transpassivity (*met.*), transpassività *f.*
Transpex, materia plastica inglese (*per ottica*).
transplant (*chirurgia*), trapianto *m.*
— **(heart —),** trapianto cardiaco.

transponder, segnalatore *m.*; radar a risposta; (*radar*) transponder (unità radar che trasmette una o più serie di impulsi in risposta ad un impulso ricevuto da un interrogatore).
— **(microminiature —)** (*aereo*), radar a risposta microminiatura.
transport, *v.a.* trasportare; v. **regional — planning.**
— **aeroplane,** aeroplano (*m.*) per traffico aereo.
— **bucket,** tazza (*f.*) di trasporto.
— **by cable,** trasportare (*v.a.*) con funicolare.
— **crane,** gru (*f.*) per trasporto.
— **cross-section** (*fis. atom.*), sezione (*f.*) d'urto di trasporto.
— **DG** (*EEC*), Direzione generale Trasporti (CEE).
— **expenses,** spese (*f. pl.*) di trasporto.
— **helicopter** (*aereo*), elicottero da trasporto.
— **into orbit aboard a space shuttle** (*aereo*), trasportare in orbita a bordo di una navetta spaziale.
— **matters,** tecnica (*f.*) dei trasporti.
— **mean free path** (*fis. atom.*), cammino libero medio di trasporto.
— **minister,** ministro dei trasporti.
— **of embankment,** trasporto (*m.*) delle materie di scavo.
— **'plane,** aereo (*m.*) da trasporto.
— **rope,** fune portante-traente.
— **wagon,** vagone (*m.*) per trasporto.
— **(high speed —),** trasporto ad alta velocità.
transportability (road —) (*gen.*), trasportabilità su strada (possibilità di trasporto su strada).
transportable, *agg.* trasportabile.
— **apparatus,** apparecchio (*m.*) trasportabile.
— **riveter,** chiodatrice (*f.*) portatile.
transportation, trasporto *m.*
transportation planning, pianificazione dei trasporti.
— **planning program** (*traf.*), pianificazione dei trasporti.
— **technology,** tecnologia dei trasporti.
transporter, trasportatore *m.*
transposal (*mat.*), trasposizione *f.*
transpose words underlined, trasporre le parole sottolineate (*bozze*).
transposition (*elet.*), permutazione.
— **of parallel wires** (*elet.*), permutazione (*f.*) dei fili collegati in parallelo.
transuranic element (*fis. atom.*), elemento (*m.*) transuranico.
transversal arbor (*or* **shaft**), albero (*m.*) trasversale.
— **bulkhead** (*naut.*), paratia (*f.*) trasversale.
transverse, *agg.* trasversale; (*nautic.*), baglio *m.*
— **acceleration,** accelerazione trasversale.
— **arm suspension** (*auto*), sospensione a braccio trasversale.
— **Charpy V notch test** (*met.*), prova di resilienza Charpy V trasversale.
— **copying lathe** (*macch. ut.*), tornio (*m.*) frontale da riproduzione.
— **crack** (*met.*), cricca (*f.*) trasversale.
— **cylinders** (*auto*), cilindri trasversali.
— **elastic limit,** limite (*m.*) di elasticità trasversale.
— **engine** (*auto*), motore trasversale.
— **extension,** allungamento (*m.*) trasversale.
— **feed,** alimentazione (*f.*) trasversale.
— **flange,** flangia (*f.*) trasversale.
— **force,** forza (*f.*) di taglio.
— **impact** (*mecc.*), urto trasversale.
— **load** (*costr.*), carico (*m.*) trasversale.
— **moraine** (*geol.*), morena (*f.*) trasversale.

transverse motion, corsa (*f.*) trasversale.
— **oscillation,** oscillazione (*f.*) trasversale.
— **pitch,** passo (*m.*) trasversale.
— **power unit** (*auto*), apparato motore trasversale.
— **reinforcement** (*costr.*), armatura (*f.*) trasversale.
— **rib,** nervatura (*f.*) a croce.
— **sensitivity** (*mecc.*), sensibilità (*f.*) trasversale.
— **slotting,** mortesatura (*f.*) trasversale; stozzatura (*f.*) trasversale.
— **specimen** (*met.*), campione per saggi (in cui la lunghezza è perpendicolare alla direzione della laminazione).
— **spring** (*auto*), balestra (*f.*) trasversale.
— **strength,** resistenza (*f.*) alla flessione.
— **stress,** carico (*m.*) di flessione.
— **table** (*mecc.*), tavola (*f.*) trasversale.
— **tensile bend test** (*met.*), prova di piegatura sul traverso.
— **test specimen,** provetta trasversale.
— **travel,** spostamento (*m.*) normale al suo asse.
— **traverse,** passata (*f.*) trasversale.
— **warping,** imbarcatura (*f.*) trasversale.
trap, trappola *f.*; rete (*f.*) per bombe; (*inform.*), interruzione momentanea di un programma.
— *v.a.* (*chim.*), captare *v.a.*; arrestare *v.a.*
— **door on roof** (*cost. civ.*), apertura (*f.*) d'accesso.
— **-reaction** (*chim.*), reazione di fissazione.
— **(lead —)** (*auto*) (*inquinam.*), filtro antipiombo.
— **(rock)** (*geol.*), trappola *f.*
— **(stratigraphic —)** (*geol.*), trappola (*f.*) stratigrafica.
trapezium, trapezio *m.*
— **distortion** (*telev.*, *cin.*), distorsione (*f.*) trapezoidale.
trapezohedron (*cristal.*), trapezoedro *m.*
trapezoid, trapezoide *m.*
trapezoidal, *agg.* trapezoidale.
— **load,** carico (*m.*) con diagramma trapezoidale.
— **thread,** filetto (*m.*) trapeziforme.
trapped stresses (*met.*), tensioni (*f. pl.*) interne.
trapping, arresto *m.*; fissazione *f.* **cattura *f.* (di elettroni, ecc.).**
trass cement, cemento (*m.*) di pozzolana.
travel, *n.*, spostamento *m.* (di macchina su ruote, slitte, ecc.); (*macch. ut.*), v. **cross — ; longitudinal —.**
— *v.a. v.i.* percorrere (*fis.*) (di onde sonore, vento, ecc.); spostarsi *v.i.*; propagarsi *v.r.*
— (*v.i.*) **by car,** viaggiare in auto.
— **by train,** viaggiare in treno.
— **end** (*macch. ut.*), fine corsa *f.*
— **of saddle,** spostamento (*m.*) della slitta; corsa della slitta.
— **of the carriage,** spostamento (*m.*) del carrello (tornio).
— **pattern** (*pianificazione trasporti*), modello di spostamento.
— **shot** (*telev.*) (U.S.A.), ripresa (*f.*) in movimento.
— **sickness pill** (*med.*), anticinetico *m.* (pillola contro il malessere da viaggio).
— **time** (*elet. radio*), tempo (*m.*) di scorrimento.
travelators (*moving pavements*) (*strade cittadine*), marciapiedi (*m. pl.*) mobili.
traveller, anellino *m.* (filatura cotone).
travelling block (*petrol.*), taglia.
— **column milling machine** (*macchine ut.*), fresatrice a montante mobile.
— **concrete mixer,** autobetoniera *f.*
— **crab,** carrello *m.*; rotella (*f.*) di guida.
— **crane,** gru (*f.*) mobile (su ruote); gru (*f.*) scorrevole; gru (*f.*) a ponte.

travelling crane mounted on a bogie, gru (*f.*) a carrello ferroviario.
— **crane with slewing jib,** gru (*f.*) a ponte con carrello girevole.
— **device** (*met., mecc.*), dispositivo di traslazione.
— **exhibition,** mostra itinerante.
— **expenses,** spese di viaggio.
— **floor lattice** (*tess.*), graticcio (*m.*) di trasporto.
— **gantry crane,** gru (*f.*) a cavalletto mobile (*o* su carrello).
— **grate** (*impianti di pelletizzazione, agglomerazione, met.*), griglia mobile.
— **hoist,** argano (*m.*) su carrello.
— **speed** (*di pale p. es.*) (*mecc.*), velocità di traslazione.
— **steam crane,** gru (*f.*) mobile a vapore.
— **scholarship,** borsa di studio per viaggi (all'estero).
— **waves** (*elet.*), onde migranti.
— **-wave tube** (*elettron.*), tubo (*o* valvola) ad onde progressive.
traverse, passata *f.* (alla rettifica); poligonale *f.* (*topog.*); moto (*m.*) di alimentazione longitudinale (*tornio*); corsa (*o* alzata) del carro (*tess.*); (*fis. atom.*), ripartizione *f.* (*di neutroni*).
— **(to —),** muovere lateralmente; voltare lateralmente (carrello, ecc.); fare una passata (*macch. ut.*).
— **feed** (*macch. ut.*), avanzamento (*m.*) longitudinale.
— **frame** (*aereo*), ordinata (*f.*) di fusoliera.
— **guide** (*tess.*), spostatrama *m.*
traverser (*ferr.*), trasbordatore *m.*
traversing dial (*armi*), settore (*m.*) di falciamento.
— **-head shaping-machine,** limatrice (*f.*) a utensile mobile.
— **jib crab,** carrello (*m.*) con braccio pendente.
— **motion** (*tornio*), movimento longitudinale del carrello.
— **standard** (*macch. ut.*), montante (*m.*) spostabile longitudinalmente.
travertine (marble), travertino *m.* (marmo).
trawler (*naut.*), tartana (*f.*) da pesca.
— **yacht** (*naut.*), panfilo da pesca.
tray, vassoio *m.*; tazza *f.*; bacinella *f.* (*fot.*); (*auto*), vedi **drop down —.**
treacle, melassa *f.*
tread, piuolo *m.* (di scala); pedata *f.* (di gradino); battistrada *f.* (*auto*); cerchione *m.* (*ferr.*).
— **(of rail)** (*ferr.*), superficie di contatto (della rotaia); superficie di lavoro (*o* di scorrimento) della rotaia.
— **pattern** (*gomme auto*), disegno del battistrada.
— **plate** (*met.*), lamiera per gradini.
— **rubber,** battistrada *m.*
treadle (*tess.*), calcola *f.*
— **drive,** comando (*m.*) a pedale.
— **lathe,** tornio (*m.*) a pedale.
treadmill (*mecc.*), ruota-strada (dinamometrica) (per prova di trattrici a ruote gommate, per sostituire le prove su pista).
treasury bill (*finan.*), buono del tesoro.
— **rating** (*auto*), potenza (*f.*) fiscale.
treat (to) the low-grade ore, trattare il minerale a basso tenore.
treatable formation, orizzonte (*m.*) da coltivare.
treatment (*cinem.*), sinopsi *f.*; trattamento *m.*; studio *m.*; calcolo *m.* (*in generale*).
— **oil,** olio (*m.*) per trattamenti termici.
— **salt,** sale per trattamenti termici.
Treaty of Rome (*EEC*), Trattato di Roma (1950) (CECA).
treble, *agg.* triplo; (*radio*), nota acuta (*high audio frequency*).
— **riveting joint,** chiodatura (*f.*) tripla.
tree (*bot.*), albero *m.*
— **-felling,** abbattimento (*m.*) di alberi.
— **of life** (*bot.*), albero (*m.*) di vita.
— **sprays,** spruzzatura per alberi.
— **wart,** escrescenza (*f.*) del legno.

treedozer (*mecc.*), apripista (*m.*) estirpatore.
tregohm (*elet.*), un milione di megaohm.
trellis (*costr.*), traliccio *m.*
— **dome work** (*costr.*), traliccio (*m.*) sferico.
— **work,** traliccio *m.*; parete (*f.*) a traliccio.
tremolite (*min.*), tremolite *f.*
trenail (*ferr.*), chiodo (*m.*) per cuscinetto di rotaia.
trench, *n.*, fosso *m.*; scavare *v.a.*
— **digger** (*macch. strad.*), affossatore *m.*
— **work,** lavoro (*m.*) di scavo.
trencher (*agr.*), scavafossi *m.*
trenching, lavoro (*m.*) di scavo.
— **bucket,** benna (*f.*) da scavo; benna (*f.*) per trincee.
trend, tendere (a) *v.a.*; tendenza *f*; (*comm.*), congiuntura *f.*
trepanner (trepan shearer) (*min.*), tagliatrice (*f.*) per carbone.
trepanning, trapanazione *f.*
— **tool,** utensile (*m.*) per scanalature anulari, esterne a un foro alesato.
trephine, trapano (*m.*) chirurgico.
tresk tenon, dente (*m.*) di calettatura con rinforzo.
T-rest, supporto a mano (a forma di T, fissato al banco di un tornio per legno o per orologiai).
trestle, cavalletto *m.*
— **crane,** gru (*f.*) a cavalletto.
trevette (*tess.*), lama per velluti.
triac (*elettron.*), triac.
triacid (*chim.*), *agg.* triacido.
triad (*chim.*), triade *f.* (insieme di 3 elementi); elemento (*m.*) trivalente.
— **axis** (*chim.*), asse (*m.*) ternario.
— **tautomerism** (*chim.*), tautomeria (*f.*) tricentrica (*o* su tre atomi).
triadic (*mat.*), triadica *f.*
trial, prova *f.*; saggio *m.*; ricerca *f.*
— **and error,** per tentativi.
— **and error calculation,** calcolo per approssimazioni successive.
— **-and-error method,** metodo (*m.*) per approssimazioni successive.
trial bore hole, foro (*m.*) d'assaggio del terreno.
— **boring,** assaggio (*m.*) del terreno (con trivella); sondaggio (*m.*) d'assaggio.
— **boring tool,** sonda *f.* (trivella).
— **calculation (U.S.A.),** calcolo **per approssimazioni successive.**
— **cast** (*met.*), colata (*f.*) di prova.
— **flight,** volo (*m.*) di prova.
— **run** (*naut.*), corsa (*f.*) di prova; marcia (*f.*) di prova.
— **-shaft,** pozzo (*m.*) di ricerche (*o* di saggio).
— **trip** (*naut.*), corsa (*f.*) di prova.
— **-well,** pozzo (*m.*) di ricerche.
triamylamine (*chim.*), triamilamina *f.* (usata nell'industria tintoria).
triangle, triangolo *m.*
— **of forces,** triangolo (*m.*) delle forze.
triangular, *agg.*, triangolare.
— **arrangement of cylinders** (*met.*), disposizione triangolare dei cilindri.
— **file,** lima (*f.*) triangolare.
— **guide,** guida (*f.*) triangolare.
— **mesh,** piè d'oca (funi).
— **section guide bar,** barra (*f.*) di guida triangolare.
— **thread,** filetto (*m.*) triangolare.
triangulated girder, travatura (*f.*) triangolare.
— **truss,** capriata (*f.*) triangolare.
triangulation (*top.*), triangolazione *f.*
— **beacon,** punto (*m.*) topografico; punto (*m.*) geodetico.
triarylmethane dyes, coloranti al triarilmetano (per es. il verde di malachite).
triaxial diagram (*chim.*), diagramma (*m.*) triangolare.
tribasic, *agg.* (*chim.*), tribasico.
tribo-electricity, tribo-elettricità *f.* (elettricità che si verifica tramite l'attrito, quando si strofinano fra loro due sostanze chimicamente e metallurgicamente diverse).
tribology (*study of lubrication, friction and wear*). tribologia *f.*

(*studio della lubrificazione, attrito ed usura*).
triboluminescence (*fis.*), triboluminescenza (luminescenza prodotta da attrito o disturbi fisici, p. es. macinando o polverizzando alcuni solidi).
tribrach (*top.*), piano di livello (levelling stage) di teodolite.
tribromoacetaldehyde (*chim.*), tribromoacetaldeide *f.*
tricar (3-wheeled motor-car) (*auto*), motocarro *m.* (autoveicolo a 3 ruote per trasporto merci non superiori a 25 quintali e cilindrata non > 50 c.c.).
trichlorobenzene (*chim.*), triclorobenzene *m.*
trichloroethane (*chim.*), tricloroetano *m.*
trichlorethylene (*chim.*), tricloroetilene *m.*
trichloromonofluoromethane (*chim.*), tricloromonofluorometano *m.*
trichlorosilane (*chim.*), triclorosilano *m.*; silicocloroformio *m.*
trichromatic, *agg.* tricromatico.
— **filter** (*fot.*), filtro (*m.*) tricromatico.
trick photography, trucchi (*m. pl.*) fotografici.
trickle feeding (*agric.*), alimentazione liquida per sgocciolamento.
— **type battery charger** (*radio*) (U.S.A.), caricatore (*m.*) di piccola potenza per accumulatori.
triclinic, *agg.* triclino.
— **system** (*cristal.*), sistema (*m.*) triclino.
tricosane (*chim.*), tricosane *m.*
tri-crystal (*met.*), tri-cristallo.
— **(metallic —),** tri-cristallo metallico.
tricuspid, *agg.* tricuspidale.
tricycle gear (*aereo*), carrello (*m.*) triciclo.
— **undercarriage** (*aereo*), carrello (*m.*) triciclo; carrello d'atterraggio triciclo a ruotino anteriore.
tridecanol (*chim.*), tridecanolo *m.*
tridymite (*min.*), tridimite *f.*
trier, saggiatore *m.*
triethanolamine (*chim.*), trietanolammina *f.*
triethylamine (*chim.*), trietilammina *f.*
triethylenetetramine (*chim.*), trietilenetetrammina *f.*
trieur (*ind. mol.*), svecciatore *m.*; svecciatrice *f.* (triara *f.*).
trifluorochloroethylene (*chim.*), trifluorocloroetilene *m.*
trig, *agg.* trigonometrico.
trigger, grilletto *m*; agente causante la decomposizione iniziale di una reazione a catena.
— **(to —)** (*esplosioni*), scatenare; promuovere (*un'esplosione*); (*mecc.*) *v.a.*, far scattare.
— **action** (*mecc.*), movimento a scatto.
— **guard,** ponticello *m.* (di pistola).
— **handle,** maniglia a scatto (p. es. per estintore).
— **mechanism** (*armi*) (*mil.*), meccanismo (*m.*) di scatto.
— **relay,** relè irreversibile (*elet.*); relè primario (*termoion.*).
— **switch** (*mecc.*), interruttore a scatto.
— **valve** (*termoion.*), valvola usata come relè primario.
triglycol dichloride (*chim.*), bicloruro di triglicolo (*liquido incoloro usato come solvente, per fabbricazione di resine, coloranti, ecc.*).
triglyf (*arch.*), triglifo *m.*
trigonometric, *agg.* trigonometrico.
trigonometrical laying out, tracciamento (*m.*) trigonometrico.
— **levelling,** livellazione (*f.*) trigonometrica.
— **setting out,** tracciamento (*m.*) trigonometrico.
— **station,** stazione (*f.*) topografica.
— **tables,** tavole (*f. pl.*) trigonometriche.
trigonometry, trigonometria *f.*
trigram (*three letter sequence differing only in the middle letter*), trigramma *m.*

trihedron, triedro *m.*
trihydrol (*chim.*), composto che si suppone presente nell'acqua (H_6O_3).
triisobutylene (*chim.*), triisobutilene *m.*
trijet (*aereo*), trigetto *m.*
trillion (*mat.*), trilione *m.* (U.S.A. = 1000 bilioni; Inghilterra = 1 milione di bilioni: con 18 zeri).
trillionth of a gram, trilionesimo di grammo.
trim (*aereo*), equilibrio *m.*; (*auto*) abbigliamento (*di una carrozzeria di un'automobile*); (*naut.*), assetto *m.*
— **(to —),** *v.a.* sbavare (*fond.*); rifilare (la parte in eccesso di lamiere, ecc.); rifilare (*tip.*) (U.S.A.); regolare l'altitudine longitudinale (*aereo*); equilibrare la nave (*naut.*); (*naut.*), assettare.
— **a grinding wheel,** equilibrare (*v.a.*) una mola.
— **package** (*auto*) (U.S.A.), attrezzatura *f.* (*complesso*) del materiale di arredamento.
— **tab,** aletta (*f.*) di compensazione.
— **the wheel,** raddrizzare (*v.a.*) la mola.
trimeric (*chim.*), trimerico.
trimethyl glycoll (*chim.*), trimetilglicolla betaina *f.*
trimethylamine (*chim.*), trimetilammina *f.*
trimethylmethane (*chim.*), trimetilmetano *m.*
trimmed joist (*costr.*), trave (*f.*) di collegamento (*o* secondaria).
trimmer (*costr.*), trave (*f.*) di collegamento; (*radio*), condensatore aggiustabile; trimmer.
— **condenser** (*elet.*), condensatore di capacità in parallelo.
— **(three-sided —)** (*tip.*), tagliacarte trilaterale.
trimmers (*min.*), mine (*f. pl.*) di parete (brillamento della volata).[1]
trimming, taglio *m.* (*mecc.*); spostamento *m.* (di trave); sbavatura *f.* (*fond.*); squadratura *f.* (*legno*); tranciatura di contorno (*met.*); rifilatura *f.* (*metal., tip.*); (*linings, seat, carpets, fitting of chromium parts etc.*) (*auto*), sellatura e finizione (*di carrozzeria auto*).
trimming condenser (*radio*), condensatore (*m.*) aggiustabile.
— **die** (*met., fond.*), rifilatore (*metal.*); stampo per rifilatura (*met.*); attrezzo per sbavare (*fond.*).
— **line** (*met.*), linea di sbavatura.
— **machine** (*macch. ut.*), sbavatrice *f.*
— **machine for removing surplus metal from drawing stampings** (*macch. ut.*), sbavatrice per stampi di imbutitura.
— **press** (*macch. ut.*), pressa (*f.*) per sbavare.
— **routing machine** (*macch. ut.*), rifilatrice-contornatrice *f.*
— **shears** (*met.*), cesoie a bordare.
— **tab** (*aereo*), aletta (*f.*) di compensazione; correttore (*m.*) d'assetto.
— **tool** (*utensile*), sbavatore *m.*
— **(self-trimming ship)** (*naut.*), nave autostivante.
trinitrophenol (*chim.*), trinitrofenolo *m.*
trinitrotoluene (*chim.*), trinitrotoluene *m.*
trinitrotoluol, (*chim.*), vedi: **trinitrotoluene.**
triode-heptode (*radio*), triodo-eptodo *m.*
— **-hexode** (*radio*), triodo-esodo *m.*
— **valve,** triodo *m.*
trioxide (*chim.*), triossido *m.*
trip, scatto *m.*; *v.a.* (*mecc.*), disimpegnare.
— **computer** (*auto*), computer di bordo.
— **distribution** (*traffico*), distribuzione degli spostamenti (di lavoro).
— **gear,** meccanismo (*m.*) a scatto.
— **impulse** (*elet.*), *m.* impulso di apertura (di un interruttore).

trip mileage recorder (*auto*) (*or* **trip meter**), contachilometri (*m.*) parziale.
— **mileometer** (*auto*), contachilometri parziale.
— **pawl,** arpione (*m.*) ascendente e discendente.
tripalmitin (*chim.*), tripalmitina *f.*
triphenylguanidine (*chim.*), trifenilguanidina *f.*
triphenylmethane (pr. *trai.fen'il—*) (*chim.*), trifenilmetano *m.*
triple belt, cinghia (*f.*) tripla.
— **cable** (*elet.*), cavo (*m.*) a tre conduttori.
— **concentric cable** (*elet.*), cavo concentrico gemello.
— **-deck car carrier** (*trasporti auto*), autocarro a tre piani per trasporto automobili.
— **-expansion engine,** macchina (*f.*) a triplice espansione.
— **-gate ratio counter (*fis. atom.*), contatore proporzionale ad entrata tripla.**
— **jump** (*sport*), salto triplo.
— **-riveted joint, chiodatura** (*f.*) a due coprigiunti tripla.
— **x silk** (*ind. mol.*), velo di seta qualità tripla extra-forte.
tripler (*audio, ecc.*), triplicatore *m.*
triplet (*fis. atom.*), tripletto *m.*
triplex miller (*macch. ut.*), fresatrice (*f.*) a un mandrino verticale e a due mandrini orizzontali.
— **winding** (*elet.*), avvolgimento (*m.*) a tre circuiti.
tripod (camera —), treppiede *m.* (di macch. da presa) (*cinem.*); capra *f.* (*mecc.*).
— **rig** (*ind. pet.*), installazione a treppiede.
— **top** (*agrim.*), piatto (*m.*) del treppiede.
tripole antenna, antenna tripolo.
tripoli (*min.*), tripoli (tipo di farina fossile usata come abrasivo, nell'ind. della gomma, ecc.).
tripout (U.S.A.), interruzione (*f.*) di corrente (nelle linee di trasmissione).
tripper, dispositivo di scatto automatico.
trisaccharide (pr. *trai.sek' e.raid*) (*chim.*), trisaccaride *m.*
trisonic, *agg.* trisonico.
— **speed** (*aereo*), velocità trisonica.
tristimulus colorimetry, colorimetria (*f.*) tricromatica.
tristimulus colorimeter, colorimetro (*m.*) tricromatico.
trisulphide (*chim.*), trisolfuro *m.*
— **of arsenic,** trisolfuro (*m.*) di arsenico.
tritiated molecule (*fis. atom.*), molecola tritiata.
— **water** (*fis. atom.*), acqua tritiata.
tritium (*fis.atom.*), tritio *m.* (trizio).
trivalent (*chim.*), *agg.* trivalente.
trivet (*tess.*), vedi: **trevette.**
trocar (*med.*), trequarti *m.* (per estrazione liquidi).
trolley (*or* **trolly**), asta (*f.*) di presa (*ferr. elet.*); carrello *m.*; carrozza tramviaria (U.S.A.); carrello (*m.*) per trasporti.
— **bus,** filobus *m.*; filovia *f.*
— **coach,** vettura (*f.*) filoviaria.
— **jack,** cricco (*m.*) a carrello.
— **line** (*ing. elet.*), linea (*f.*) per contatto a rotella.
— **messenger,** corda (*f.*) portante (*ferrovie elettriche*).
— **pole** (*elet.*), presa (*f.*) a pattino.
— **truck** (*elet.*) (*trasporti*), filocarro *m.*
— **wire,** filo **(*m.*) di** contatto **(di linea o di servizio).**
trommel (*min.*), crivello a tamburo (per minerali o rocce).
troop carrier (*aereo*), aereo (*m.*) per trasporto di truppe.
— **dropping parachute** (*aereo*), paracadute per lancio di truppe.
troostite (*min.*), troostite. *f.*
tropic of Cancer, tropico (*m.*) del Cancro.
— **of Capricorn,** tropico (*m.*) del Capricorno.
tropical engineering, ingegneria tropicale.

tropicalisation (*or* tropicalization), tropicalizzazione *f.*
tropicalise (to —), tropicalizzare.
tropicalised transformer, trasformatore tropicalizzato.
tropics (*astr.*), tropici *m. pl.*
tropine (*chim.*), tropina *f.*
tropopause, tropopausa *f.*
troposphere, troposfera *f.*
tropospheric scatter, dispersione (*f.*) troposferica.
trostle (*tess.*), filatoio (*m.*) continuo a fusi con fusi ad alette.
trouble-free (*mecc.*), senza noie (di funzionamento, ecc.).
— **-proof,** v. **trouble-free.**
troubleshoot (to —) (*inform.*), ricercare gli inconvenienti; riparare.
troubleshooting (*inform.*), ricerca degli inconvenienti; riparazione.
trough, truogolo *m.*; conca *f.*
— **gutter,** gronda (*f.*) a sezione quadrangolare.
— **iron,** ferro (*m.*) Zorès.
— **roller,** girella (*f.*) della conca (*o* per curvare il nastro).
— **welding,** saldatura (*f.*) a gola.
troughed belt (*trasportatori*), nastro a conca.
— **sheet** (*met.*), lamiera curvata.
troupe (to —) (*cinem.*) (U.S.A.), recitare *v.a.* (davanti alla macch. da presa).
trouper (*cinem.*) (U.S.A.), attore *m.*
trouton's rule (pr. *trau' ton*), rapporto fra il calore latente di vaporizzazione per molecola grammo (misurato in calorie) ed il punto di ebollizione di un liquido (*chim.*).
trowel, cazzuola *f.*; marra *f.*
trowelling (cement —), lisciatura del cemento (*con cazzuola o a macchina*).
troy weight, peso (*m.*) troy.
trub (*birra*), feccia *f.*; deposito *m.*
truck (U.S.A.), autocarro *m.*; carro (*m.*) merci; pomo *m.* (di albero) (*naut.*); galletta *f.* (*naut.*); autocarro (*m.*) sonoro (*cinem.*); carrello *m.* (per trasporto).
truck (to —), trasportare (*con autocarri*).
— **and trailer,** autocarro (*m.*) e rimorchio; autotreno.
— **body,** carrozzeria (*f.*) di camion.
— **bolster** (*ferr.*), trave (*f.*) del carrello.
— **driver,** conducente (*m.*) di autocarro.
— **factory,** fabbrica di autocarri.
— **furnace,** forno (*m.*) a suola mobile.
— **manufacturer** (U.S.A.), fabbricante (*m.*) di autotreni.
— **mixer,** impastatrice (*f.*) di cemento autocarrata.
— **repair shop** (U.S.A.), autocarro officina.
— **tank,** autocisterna *f.*
— **-trailer unit,** autotreno *m.*
trucker (U.S.A.), camionista *m.*; autista (*m.*) di autocarri.
trucking company (U.S.A.), compagnia (*f.*) di autotrasporti (*con autotreni*).
— **industry** (*auto*), industria autotrasporti; industria dei trasporti camionabili.
true, esatto *agg.*; preciso *agg.*; esattamente *avv.*
— **a grinding wheel,** equilibrare (*v.a.*) una mola.
— **air speed,** velocità (dell'aria) effettiva.
— **bearing** (*top.*), angolo (*m.*) orizzontale fra la linea di collimazione (*o* di qualsiasi linea topog.) e il nord magnetico.
— **distance,** distanza reale fra due punti a quota diversa.
— **horizon** (*top.*), orizzonte (*m.*) reale.
— **north** (*geog.*), nord geografico.
— **ohm** (*elet.*), ohm (*m.*) internaz.
— **resistance** (*elet.*), resistenza (*f.*) che offre un circuito al passaggio della corrente continua; resistenza in ohm.
— **the wheel,** raddrizzare (*v.a.*) la mola.
— **watt,** watt (*m.*) reale.
truing, equilibratura della mola; raddrizzatura *f.*

truing and sharpening tool (*utensil.*), utensile (*m.*) per ravvivare le mole.
— **speed control** (*macch. ut.*), controllo e regolazione della velocità; aggiustamento (*m.*) preciso della velocità.
— **tool (impregnated-type diamond — tool)** (*mecc.*), utensile ravvivatore impregnato di polvere di diamante.
trumpet arch (*cost.*), impeduccio *m.*
— **intersection** (*costr. stradali*), svincolo a trombetta.
truncated cone, tronco (*m.*) di cono.
— **pyramid,** tronco (*m.*) di piramide.
truncation error (*inform.*), errore di troncamento.
trunk, fusto (*m.*) di una pianta (*o* di colonna); cofano *m.* (*naut.*); condotto *m.*; pistone (*m.*) cavo; baule *m.*
— **engine** (*mot.*), motore a pistoni cavi.
— **of a tree,** tronco (*m.*) di un albero.
— **offering selector** (*telef.*), selettore di connessione di linea.
— **piston,** pistone (*m.*) a fodero; pistone (*m.*) a bicchiere.
— **road,** strada, il cui controllo e manutenzione spetta al Ministero dei Trasporti: strada di grande comunicazione; statale (strada statale).
— **selection** (*teleg.*), selezione di circuiti telegrafici.
trunnion axis, asse (*m.*) orizzontale (di uno strumento topografico; ad es. di un teodolite).
— **mounting** (*aereo*), montaggio (*m.*) accessori.
— **with collars,** perno (*m.*) di spinta ad anelli.
trunnions (*mecc.*), orecchioni *m. pl.*
truss, trozza *f.* (*naut.*) (staffa di metallo); (*costr.*), capriata *f.*; (*costr.*), travatura reticolare.
— **head rivet** (*mecc.*) (U.S.A.), rivetto (*m.*) a testa bombata.
trussed arch, arco (*m.*) reticolare; arco (*m.*) a traliccio.
— **purlin,** riquadro (*m.*) del tetto.
trussing of struts, rinforzo (*m.*) di sostegno.
truth table (*inform.*), tabella della verità (per la definizione di una funzione logica).
try (to —) a balloon (U.S.A.) (*aereo*), arieggiare *v.a.* (un pallone).
— **hole** (*altoforno*) (*met.*), foro (*m.*) di spia.
— **square,** squadra (*f.*) a battente.
trying plane, piallone *m.*
tryptophan (*chim.*), triptofano *m.*
tub, vagoncino *m.* (*miniera*); mastello *m.*; tino *m.*; *v.a.* rivestire (*un pozzo minerario*).
— **-fast,** *agg.*, resistente alla lavatura (*colori*).
tubatoxin (*chim.*), rotenone *m.*
tubbing, rivestimento (*m.*) di pozzo minerario.
— **ring** (*min.*), anello (*m.*) di tubaggio.
tubby, *agg.* (suono) cupo o cavernoso.
tube, tubo *m.* (*met.*); metropolitana *f.* (*ferr.*); canna *f.*; tubo (*m.*) d'introduzione; valvola *f.* (*radio*); (*tess.*), fuso *m.*; camera d'aria *f.*; tubetto *m.* (*cosmetici, ecc.*).
— **bend,** curva (*f.*) da tubo.
— **bending** (*met.*), curvatura (*f.*) di tubi.
— **blank (rough pierced — blank)** (*met.*), massello forato.
— **chamfering machine** (*macch. ut.*), smussatrice *f.* (*fabbricazione tubi*).
— **checker kit** (*radio*), provavalvole *m.*
— **cleaners,** pulitori meccanici per tubi.
— **closer** (*cosmetici*), apparecchio per la chiusura dei tubetti.
— **cutting machine,** macchina (*f.*) taglia tubi.
— **draw bench** (*met.*), banco (*m.*) a trafilare i tubi.
— **drawing,** trafilatura (*f.*) di tubi.

tube-end flanging machine (*tubi, met.*), intestatrice (*o* macchina intestatrice) per tubi; bordatrice per tubi.
— **end reducing machine** (*macch. ut.*), conificatubi *f.*
— **expander,** allargatubi *f.*
— **expanding machine** (*macch. ut.*), macchina allargatubi.
— **flanging** (*met.*), flangiatura (*f.*) di tubi.
— **flanging machine,** bordatrice (*f.*) per tubi.
— **hiss** (*cinem.*), fischio (*m.*) proveniente dal sistema di registrazione.
— **hot deep drawing machine** (*macch. ut.*), imbutitrice (*f.*) a caldo per tubi.
— **manometer,** manometro (*m.*) metallico a tubo.
— **-mill,** mulino (*m.*) a tubo.
— **milling machine** (*macch. ut.*), fresatrice (*f.*) per tubi.
— **noise** (*radio*), rumore della valvola.
— **packing,** guarnizione (*f.*) per tubi.
— **plate column** (*chim. ind.*), colonna a piatti e tubi.
— **plates** (*naut.*), piastre (*f. pl.*) tubiere.
— **polishing machine** (*macch. ut.*). pulitrice per tubi.
— **railway,** ferrovia (*f.*) elettrica sotterranea; metropolitana *f.*
— **rolling,** laminazione (*f.*) di tubi.
— **(rolling) mill** (*met.*), laminatoio (*m.*) per tubi.
— **round** (*fabb. tubi, met.*), massello d'acciaio a sezione circolare.
— **scraper,** raschiatoio (*m.*) per tubi.
— **straightening machine** (*macch. ut.*), raddrizzatubi.
— **strip** (*met.*), nastro (*m.*) per tubi (per tubazioni saldate).
— **strip rolling mill** (*met.*), laminatoio (*m.*) per nastri per tubi.
— **support,** sopporto (*m.*) per tubi.
— **tester** (*radio*), provavalvole.

tube threading machine, filettatrice (*f.*) per tubi.
— **welding,** saldatura (*f.*) di un tubo.
— **well,** pozzo (*m.*) tubolare.
— **(flexible-metallic —),** tubo metallico flessibile.
— **(hot finished —)** (*met.*), tubo finito a caldo.
— **(hot rolled finished —)** (*met.*), tubo finito di laminazione a caldo.

tubeless tire, pneumatico senza camera d'aria.

tuberculation (*corrosione met.*), formazione dei tubercoli.

tubes and fittings, v. **fittings.**

tubing, tubo *m.* (isolante) (*elet.*); condotto *m.*; (*tess.*), incannaggio *m.*; (*ind. pet.*), sifone *m.*; tubo (*m.*) di sfruttamento.
— **packer** (*ind. pet.*), saggiatore (*m.*) di strato.
— **ring** (*min.*), anello (*m.*) di tubaggio.

tubular boiler, caldaia (*f.*) tubolare.
— **bridge,** ponte (*m.*) tubolare.
— **condenser,** condensatore (*m.*) tubolare.
— **construction** (*costr.*), costruzioni tubolari.
— **cross member** (*auto*), traversa (*f.*) tubolare.
— **frame,** telaio (*m.*) tubolare.
— **fuse,** valvola (*f.*) tubolare.
— **magazine** (*armi*), serbatoio tubolare (generalm. posto sotto la canna).
— **pasteuriser,** pastorizzatore tubolare.
— **plate,** piastra (*f.*) a tubetti (di accumul.).
— **pile** (*met.*), palo (*m.*) tubolare.
— **products** (*met.*), prodotti (*m. pl.*) tubolari.
— **radiator,** radiatore (*m.*) tubolare.
— **resistor** (*elet.*), resistore (*m.*) tubolare; resistenza (*f.*) tubolare.
— **scaffolding** (*costr.*), ponteggio (*m.*) tubolare.

tubular shaft, albero (*m.*) tubolare; albero (*m.*) cavo.
— **well,** pozzo (*m.*) tubolare.
tuck (to —) away, *v.a.* (U S.A.), ritrarre *v.a.* (il carrello).
tue-iron, ugello (*m.*) di una fucina.
tuff, tufo *m.*
tuft (to —) (*tess.*), trapuntare.
tufts (*tess.*), nodi *m. pl.*
tug, strappo *m.*; (*naut.*), rimorchiatore *m.*; (abbrev. di *tugboat*).
— **(deep sea —)** (*naut.*), rimorchiatore per alto mare.
— **(harbour —)** (*naut.*), rimorchiatore portuale.
— **(robot —)** (*astron.*), rimorchiatore robotizzato per trasporto di carichi dal veicolo di lancio alla piattaforma spaziale.
tumble (*tip.*), fogli per 12.
— *v.a.* pulire (*v.a.*) al tamburo.
— **home** (*naut. aereo*), rientrata (*f.*) delle murate.
— **jacks,** blocchetti (*o* sfere) posti in un buratto.
tumbler, bilanciere (*tess.*); crociera (*f.*) d'inversione; (*met.*), tamburo (*m.*) pulitore.
— **index** (*met.*), indice di barilatura (prova della resistenza mecc. di agglomerati).
— **lever** (*macch. ut.*), leva (*f.*) inversione.
— **switch,** commutatore (*m.*) oscillante.
— **test,** prova della fragilità (di carbone).
tumbling, burattatura *f.*; pulitura al tamburo (*fond.*).
— **barrel,** barilatrice *f.*
— **box,** tamburo *m.* (per pulire i getti).
— **mill** (*min.*), molino (*m.*) a ricaduta (*frantumazione min.*).
— **shaft,** albero (*m.*) a boccioli.
tuna oil, olio di fegato di tonno.
tundish (*met.*), paniera *f.* (recipiente metallico usato nella colata per suddividere l'acciaio effluente dalla secchia, specialm. nella colata lenta).
tundish nozzle (*met.*), scaricatore (di paniera).
— **stopper** (*met.*), spina regolatrice dell'apertura della bocchetta di travaso dalla paniera in lingottiera (*colata continua*).
— **teeming** (*met.*), colata in paniera.
tundishing (*met.*), v. **tundisn teeming.**
tune, accordo (anche in senso commerciale); tono *m.* (*mus.*).
— **(to —) a car,** migliorare le prestazioni di un'auto (vedi **tuning**).
— **an engine,** aumentare la potenza di un motore (vedi **tuning**).
— *v.a.* **in,** captare (*radio*).
— **out a station** (*radio*), eliminare una stazione trasmittente.
— **-up** (*mot.*) (U.S.A.), messa a punto.
— **-up of the diesel engine,** messa a punto del motore diesel.
tuned circuit (*radio*), circuito (*m.*) sintonizzato.
— **engine** (*auto*), motore modificato, migliorato (nelle sue prestazioni) (vedi **tuning**).
— **parasitic radiator** (*radio*), antenna parassita accordata.
— **-radio-frequency receiver** (*radio*), ricevitore (*m.*) ad alta frequenza sintonizzata.
tuner (*radio*), sintonizzatore *m.*
tung oil, olio di legno della Cina.
tungstate (*chim.*), tungstato *m.*
tungsten (*chim.* = W), tungsteno *m.*; wolframio *m.*
— **-carbide** (*chim.*, *met.*), carburo (*m.*) di tungsteno.
— **carbide die** (*mecc.*), filiera di carburo di tungsteno.
— **carbide tipped tool** (*mecc.*), utensile a punta in carburo di tungsteno.
— **-carbide tool** utensile (*m.*) al carburo di tungsteno.
— **hexafluoride** (*chim.*), esafluoruro di tungsteno.
— **filament** (*ill.*), filamento (*m.*) di tungsteno.

tungsten filament lamp, lampada (*f.*) a filamento di tungsteno.
— **melting point,** punto (*m.*) di fusione del tungsteno.
— **trioxide** (*chim.*), anidride (*f.*) tungstica; anidride wolframica.
tungstenic, *agg.* (*chim.*), tungstenico.
tungstic acid, acido (*m.*) tungstico; anidride (*f.*) tungstica.
tuning (*auto*), messa a punto di un'auto e del suo motore, al fine di migliorarne le prestazioni per competere nelle corse, rallies, ecc.; (*radio*), sintonia *f.*
— **coil,** rocchetto (*m.*) di sintonizzazione.
— **equipment** (*auto*), attrezzature usate specialmente per auto sportive, per aumentarne le prestazioni, aumentando p. es. la cilindrata del motore, migliorando le sospensioni, la trasmissione, ecc.
— **eye** (*radio*), occhio (*m.*) magico; indicatore (*m.*) catodico.
— **-fork,** diapason *m.*
— **-fork oscillator,** oscillatore (*m.*) a diapason.
— **indicator** (*radio*), indicatore (*m.*) di sintonia.
— **lamp,** lampada di sintonia.
— **method,** metodo (*m.*) di sintonizzazione.
— **note,** nota (*f.*) di sintonia.
— **out** (*radio*), desintonizzazione.
— **-pin,** piròlo *m.* (*musica*) (per accordare).
— **scale,** scala (*f.*) parlante.
— **wave,** onda di sintonia.
tunnel (*ferr.*), galleria *f.*; (*auto*), v. **transmission —.**
— **(to —),** scavare gallerie.
— **boring machine,** macchina per lo scavo di gallerie; macchina per aprire gallerie.
— **driving** (*min.*), costruzione (*f.*) di galleria.
— **effect** (*fis. atom.*), effetto tunnel (*filtrazione quantica*).
— **insulator** (*ing. elet.*), isolatore (*m.*) per galleria.
tunnel kiln (*ceram.*),forno a tunnel.
— **lining** (*costr. ferr.*), rivestimento di gallerie.
— **opening,** sbocco (*m.*) del tunnel.
— **ring** (*min.*), anello (*m.*) di galleria.
— **-shaft bearing** (*naut.*), cuscinetto (*m.*) dell'asse di trasmissione.
— **vault** (*cost.*), tettoia (*f.*) ad archi.
— **(to — fast in hard rock),** scavare velocemente nella roccia dura.
tunneller, v. **tunnelling machine.**
tunnelling engineer, ingegnere progettista di gallerie.
— **machine** (*min.*), macchina per scavi di gallerie in roccia.
tunoscope (*elettronica*), occhio (*m.*) catodico.
turbidimeter, nefelometro *m.*; (*chimica*), torbidimetro *m.*
turbidimetry, nefelometria *f.*
turbidity, torbidità *f.*; opacità *f.*
turbine, turbina *f.*
— **-airscrew** (*aereo*), turbina elica *f.*
— **-airscrew unit,** motore (*m.*) **a turbina elica.**
— **assembly** (*aereo*), complesso (*m.*) della turbina.
— **blades** (*aereo*), palette di turbine.
— **buckets** (*aereo*), pale della turbina.
— **disc** (*aereo*), disco (*m.*) della turbina.
— **fuel,** carburante (*m.*) per reattori.
— **generator,** turbo-alternatore *m.*
— **-generator installation,** installazione (*f.*) di un alternatore per turbine.
— **hall,** sala (*f.*) delle turbine.
— **house, sala (*f.*) delle turbine.**
— **oil,** olio per turbine.
— **-powered airliner** (*aereo*), turboreattore *m.*
— **regenerators,** rigeneratori di turbine a gas.
— **rotor** (*aereo*), rotore (*m.*) della turbina.

turbine shroud ring (*aereo*), anello (*m.*) periferico della turbina.
— **tanker** (*naut.*), turbocisterna *f.*
— **vessel** (*naut.*), turbocisterna *f.*
— **wheel,** ruota (*f.*) da turbina.
— **with single pressure stage,** turbina (*f.*) ad ugelli.
turbo (*auto*), turbo (auto a turbocompressore).
— **-blower,** turbosoffiante *f.*
— **-charged car engine** (*auto*), motore turbo per automobile.
— **-dynamo,** turbodinamo *f.*
— **engine** (*auto*), motore turbo.
— **fuel,** carburante (*m.*) per turboreattori; carbucarburante *m.*
— **-generator,** turbo-generatore *m.*
— **-generator set,** gruppo (*m.*) turbogeneratore.
— **-generator windings,** avvolgimenti di turbo-alternatori.
— **-ramjet engine** (*mot. aerei*), motore a turbogetto con postcombustore.
turbocharger (*auto*), turbocompressore *m.*
turbodrilling (*petrolio*), turboperforazione *f.* (con turbina idraulica in fondo al pozzo azionata dal fango di perforazione).
turbofan (*aereo*), turboventilatore *m.* (turbina a gas e turboventilatore).
— **engine** (*aereo*), motore a doppio flusso; motore a turbina con elica intubata.
turbojet (*aereo*), turbogetto *m.*
— **aircraft** (*aereo*), turboreattore.
— **engine** (*mot. aerei*), turbogetto *m.* (motore con turbina a gas e propulsione a getto).
turbopowered engine (*auto*), motore a turbina.
turboprop, forza di propulsione (di turbina-elica).
— **aircraft** (*aereo*), turbopropulsore.
— **engine** (*mot. aerei*), turboelica *f.* (turbina a gas a propulsione mediante elica e un piccolo getto residuo).
turbopump (*mot. aerei*), turbopompa *f.*
turbopump rocket, razzo (*m.*) a turbopompa.
turbosupercharger (*aereo*), turbocompressore (*m.*) azionato dai gas di scarico dell'aeroplano; turbina a gas con eiettore.
turbotrain, turbotreno *m.*
turbulence of the bath (*chim.*, *met.*), turbolenza del bagno.
— **reduction method** (*met.*), metodo di riduzione per turbolenza.
turbulent arc (*elet.*), arco (*m.*) perturbato.
— **flow,** corrente (*f.*) vorticosa; (*mecc.*, *fluidi*), moto (*m.*) turbolento.
— **layer roaster** (*ind. chim.*), arrostitore a strati di materiale incandescente tenuti in turbolenza continua con getto d'aria.
turboshaft engine (*mot. aerei*), v. **shaft turbine.**
turbosupercharge, *v.a.* (*mot. aerei*), sovralimentare (con turbocompressore a gas di scarico).
turf, torba *f.*
turfed slope, scarpata (*f.*) coperta di zolle erbose.
turkey brown, terra d'ombra turca; marrone turco.
— **red,** rosso (*m.*) turco.
— **-red oil,** olio (*m.*) di ricino sulfonato, usato per tingere; olio per rosso turco.
— **stone,** schisto (*m.*) per affilare; pietra (*f.*) da cote.
turks head (*fabb. tubi*) (*met.*), lavorazione a freddo su gabbia di treno quarto, con 4 cilindri di laminazione disposti in modo che ogni cilindro forma un lato del tubo a sezione quadra o rettangolare.
turmeric, curcuma *f.* (*colorante*).
— **yellow,** giallo (*m.*) di curcuma.
turn, virata (*f.*) brusca (*aereo*); giro (*m.*) di spirale; svolta *f.* (*strade, ecc.*); giro *m.* (*mecc.*).
— *v.a. v.i.*, tornire *v.a.*; girare *v.a. v.i.*; trasformare *v.a.*; diventare *v.i.* (*chim.*).

turn and bank indicator (*aereo*), sbandometro *m.*
— **and side slip indicator** (*aereo*), indicatore (*m.*) d'inclinazione laterale e di virata.
— **and slip indicator** (*aereo*), indicatore di virata e di sbandamento.
— **a thread,** filettare (*v.a.*) al tornio.
— **buckle,** vite (*f.*) di tensione.
— **'em over** (*cinem.*) (U.S.A.), completare la sincronizzazione della macch. da presa.
— **indicator** (*aereo*), indicatore (*m.*) di virata.
— **inverted letter** (*bozze*), voltar di tacca.
— **longitudinally,** tornire (*v.a.*) in lungo.
— **off (to —)** (*elet.*), togliere la corrente; chiudere (p. es. una pompa).
— **on (to —)** (*elet.*), (ri)dare la corrente; ripristinare la corrente (*the power is turned on again*), la corrente viene ripristinata.
— **on full lock** (*auto*), curvare tutto sterzo.
— **on the motor,** avviare il motore
— **out,** produrre *v.a.* (di miniere, fabbriche, ecc.).
— **out of truth,** non girare (*v.i.*) a tondo.
— **over,** rivoltare (*v.a.*) il bordo.
— **-over gear** (*mecc.*), dispositivo per il ribaltamento.
— **-over moulding machine,** macchina (*f.*) per sformare con ribaltamento.
— **over on the wing** (*aereo*), rovesciarsi (*v.r.*) sull'ala.
— **-plate** (*ferr.*), piattaforma (*f.*) girevole.
— **taper,** tornire (*v.a.*) conico.
— **the screw in** (*mecc.*), avvitare; stringere la vite.
— **the screw out** (*mecc.*), svitare; allentare la vite.
— **untrue,** non girare (*v.i.*) a tondo.
— **up for work,** presentarsi al lavoro; (*to fail to turn up for work on Mondays*), non presentarsi al lavoro al lunedì.

turnall combined sheets, lamiera (*f.*) ondulata in cemento-amianto, in vari colori, per tetti (fornitrice: Turners Asbestos Cement Co.).

turnbuckle, tenditore *m.*

turned-in nosing, piegatura (*f.*) in basso con risvolto a contatto.

turner, tornitore *m.*
— **(ingot —)** (*laminatoio met.*), girabarre *m.*

turning (*met.*), tornitura *f.*
— **along,** tornitura (*f.*) in lungo.
— **and boring mill,** tornio (*m.*) verticale.
— **circle between kerbs** (*auto*), diametro di sterzata dal punto di massimo ingombro.
— **crane,** gru (*f.*) girevole.
— **dark,** abbrunimento *m.* (del legname).
— **department,** torneria *f.*; reparto (*m.*) torneria.
— **device** (*met.*, *mecc.*), dispositivo di rotazione.
— **friction,** attrito (*m.*) composto.
— **gear,** arpionismo *m.*
— **in the flat,** spianatura *f.* (al tornio).
— **in the round,** centratura *f.* (al tornio).
— **lathe** (*macch. ut.*), tornio *m.*
— **moment,** movimento (*m.*) di rotazione.
— **off,** cilindratura *f.* (tornitura).
— **platform** (*ferr.*), piattaforma (*f.*) girevole.
— **radius** (*auto*), raggio (*m.*) di sterzatura.
— **section,** reparto (*m.*) torneria.
— **shop,** reparto (*m.*) torneria.
— **speed,** velocità (*f.*) di tornitura.
— **tool,** utensile (*m.*) per tornire.

turnings (*tornio*), trucioli *m. pl.*

turnkey contract (*cost.*, *ecc.*), contratto « chiavi in mano »; chiavi in mano (*contratto*).
— **operation,** operazione chiavi in mano.

turnkey project, progetto chiavi in mano.

turnout (*ferr.*), punto (*m.*) di scambio; raccordo *m.*; cambiamento *m.*

turnover (*inform.*), rotazione (di personale, materiale); (*comm.*), profitto; cifra d'affari; proventi *m. pl.*

— **tax,** imposta generale sull'entrata.

— **top table** (*fond.*), placca modello rovesciabile.

— **time,** tempo (*m.*) di rinnovo.

— **type moulding machine** (*fond.*), macchina (*f.*) a formare reversibile.

turnplate (*ferr.*), piatto (*m.*) di manovra.

turns (*orol.*), tornio a mano per orologiai.

— **-ratio,** rapporto (*m.*) fra spira e spira.

turnstile (*ferr.*, *ecc.*), tornello *m.*; arganello *m.* (croce girevole per passaggi pedonali).

— **antenna** (*radio*), antenna « turnstile ».

turntable, piatto (*m.*) giradischi piattaforma (*f.*) girevole (per auto, ecc.); v.: **automatic** —; **belt-driven** —; **digital** —; **direct-drive**; **manual** —; **quartz-locked direct-drive** —; **semi-automatic** —.

— **-ladder,** scala (*f.*) girevole.

turpentine, trementina *f.*; acquaragia vegetale.

— **oil,** olio (*m.*) di trementina.

— **oil varnish,** vernice (*f.*) all'essenza di trementina.

— **substitutes** (*vern.*), succedanei della trementina.

turps, olio (*m.*) di trementina.

turquoise, turchese *f.*

turret, portautensile (*m.*) a stella; torretta *f.* (*tornio*).

— **clamping** (*tornio*), bloccaggio (*m.*) della torretta.

— **copying lathe** (*macch. ut.*), tornio per riprodurre a torretta.

— **cross travel** (*tornio*), spostamento trasversale della torretta.

turret deck (*naut.*), ponte (*m.*) a torre.

— **drilling machine** (*macch. ut.*), trapano (*m.*) a torretta.

— **feed lever** (*tornio*), leva (*f.*) d'avanzamento della torretta.

— **feed shaft,** albero (*m.*) di avanzamento della torretta; albero (*m.*) di comando della torretta.

— **feed shaft lever,** leva (*f.*) dell'albero di alimentazione della torretta.

— **head,** revolver *m.* (di tornio).

— **lathe,** tornio (*m.*) a revolver; tornio (*m.*) a torretta.

— **longitudinal travel** (*tornio*), spostamento longitudinale della torretta.

— **milling machine** (*macch. ut.*), fresatrice a torretta.

— **(vertical) milling machine** (*macch. ut.*), fresatrice (*f.*) a torretta.

— **quick-traverse lever,** leva (*f.*) di passata rapida della torretta.

— **saddle,** slitta (*f.*) della torretta; piattaforma (*f.*) della torretta.

— **slide cam drum** (*tornio*), tamburo regolatore d'avanzamento della torretta.

— **stop bar,** barra (*f.*) d'arresto della torretta.

— **type drilling machine,** trapano (*m.*) a torretta.

turtle (*inform.*), tartaruga (piccolo triangolo bianco posto al centro del video, nel sistema di programmazione Cyber LOGO.

tutty, ossido (*m.*) di zinco grezzo.

tuyere (*met.*), ugello *m.* (d'altoforno); tubiera *f.*

— **burning** (*met.*), bruciatura alla tubiera.

— **injection port** (*met.*), ugello di insufflazione.

— **level** (*altoforno met.*), livello tubiere.

— **stock,** tubatura (*f.*) esterna dell'ugello.

TV (*television*), televisione.

TV advertising, pubblicità televisiva.
— **channel** (*telev.*), canale (*m.*) televisivo.
— **commercial,** filmato televisivo pubblicitario.
— **consolette,** apparecchio fonoradio-televisore.
— **documentary,** documentario televisivo.
— **industry,** industria (*f.*) della televisione.
— **news,** telegiornale *m.*
— **pattern** (*telev.*), immagine (*f.*) televisiva.
— **pictures,** immagini televisive.
— **servicing,** servizio televisione.
— **set,** televisore *m.*
— **standard** (*TV*), standard per trasmissione televisiva (norma tecnica per trasmissioni televisive); standard televisivo.
— **tube,** valvola per apparecchio televisivo.
— **viewer,** telespettatore *m.*
Tw (*chim.*), grado (*m.*) Twaddel.
twaddel, misura inglese per la densità delle soluzioni.
tween-deck (*naut.*), interponte *m*
tweer, ugello *m.*; v. **tuyere.**
« tweeter » (*radio*), piccolo altoparlante usato per alte frequenze delle gamma acustica.
tweezers (*tip.*), pinze *f. pl.* (per levare lettere); pinzette (*f. pl.*) a molla (*orol.*).
twelve-mo (*tip.*), in dodicesimo.
twice-weekly service (*aereo*), servizio (*m.*) bisettimanale.
twill (*tess.*), stoffa (*f.*) incrociata; stoffa (*f.*) diagonale (*o* spigata); saia *f.*; tessuto a spina.
— *v.a.* (*tess.*), tessere; trapuntare; incrociare.
— **left to right** (*tess.*), saia (*f.*) destra.
— **right to left** (*tess.*), saia (*f.*) sinistra.
— **weave** (*tess.*), spina *f.*; sergiaspiga *f.*
twilled cotton, tessuto (*m.*) di cotone incrociato.
twilled muslin (*tess.*), mussolina (*f.*) incrociata.
twin (*met.*), geminato.
— **accomodation** (*cristall.*), geminazione *f.*
— **air intakes** (*aereo*), bocche di ammissione dell'aria duplici.
— **-arc process** (*sald.*), processo a doppio arco.
— **-boom monoplane** (*aereo*), monoplano (*m.*) a doppia trave di coda.
— **bridge,** ponte (*m.*) doppio.
— **cable** (*elet.*), cavo bifilare; cavo gemello.
— **charging cable,** cavo (*m.*) di carica doppio.
— **-choke carburettor** (*auto*), carburatore (*m.*) a doppio corpo.
— **compressor,** compressore (*m.*) a cilindri accoppiati.
— **-cylinder engine,** motore (*m.*) gemello.
— **disk drive** (*inform.*), doppia memoria a dischi.
— **drum,** tamburo (*m.*) doppio.
— **-duct entries** (*aereo*), condotti (*m. pl.*) accoppiati.
— **engined 'plane,** aeroplano (*m.*) bimotore.
— **-float seaplane** (*aer.*), idrovolante (*m.*) a doppio galleggiante.
— **fog lamps** (*auto*), coppia di fari fendinebbia.
— **-gliding** (*met.*), scorrimento per geminazione.
— **head boring machine** (*macch. ut.*), alesatrice (*f.*) a due teste accoppiate.
— **intakes** (*mot. a scoppio*), doppi travasi *m. pl.*
— **-jet plane** (*aereo*), bireattore *m.*
— **-piston engined aircraft** (*aereo*), bimotore (*m.*) a pistoni.
— **pulley block,** taglia (*f.*) gemella.
— **rail** (*ferr.*), rotaia (*f.*) gemella.
— **rolling mill,** treno (*m.*) a duo (laminatoio).
— **rudder** (*aereo*), timone (*m.*) doppio.
— **-screw** (*naut.*), elica (*f.*) doppia.

— **socket** (*elet.*), presa (di corrente) doppia.
— **-spot welding** (*sald.*), saldatura (*f.*) a doppio punto.
— **system** (*cristall.*), sistema di geminazione.
— **tail booms** (*aereo*), 2 piani di coda.
— **-tail monoplane,** monoplano (*m.*) a doppia deriva.
— **travelling crane,** gru (*f.*) a ponte a due travi maestre od a travi gemelle.
— **-triode,** triodo (*m.*) doppio.
— **-turboprop aircraft** (*aereo*), bimotore (*m.*) a turboelica.
— **-unit** (*naut.*), unità (*f.*) gemella.
— **well** (*pet.*), pozzo gemello (perforato nelle stesse condizioni nello stesso bacino); pozzo producente petrolio da due sabbie separate.
— **-wheel grinding machine** (*macchina. ut.*), rettificatrice a mole contrapposte.
— **wire,** filo (*m.*) a cordoncino.
twine, spago *m.*
— **binder** (*agr.*), spago (*m.*) di legatrice.
twined silk, seta (*f.*) ritorta.
twinning, geminazione *f.* (di cristalli); sdoppiamento *m.*; (*telev.*), accoppiamento: effetto di interlacciamento difettoso.
— **mechanism** (*fis. atom.*), meccanismo (*m.*) di geminazione.
— **plane** (*cristall.*), piano di geminazione.
— **(continual mechanical —)** (*metall., cristal.*), geminazione meccanica continua.
twirl (*v.a.*) **the wheel** (*auto*), girare (rapidamente) il volante (nelle curve).
twist, torsione *f.*; filo (*m.*) ritorto (*tess.*); filato per ordito; (*met.*), svergolamento (distorsione a spirale, detta pure avvitamento o ingobbatura, nel senso dell'asse longitudinale di un profilato).
— ***v.a. v.i.***, contorcere *v.a.*; contorcersi *v.r.*; torcere *v.a.*
twist constant (*tess.*), coefficiente (*m.*) di torsione.
— **cop** (*tess.*), grossa bobina di filato per ordito.
— **counter** (*tess.*), torsiometro *m.*
— **drill,** punta (*f.*) da trapano americana; punta (*f.*) da trapano ad elica; punta (*f.*) elicoidale.
— **drill grinder** (*macch. ut.*), affilatrice (*f.*) per punte elicoidali.
— **-drill milling machine** (*macch. ut.*), fresatrice (*f.*) per punte elicoidali.
— **drill optical grinder** (*macch. ut.*), affilatrice ottica per punte elicoidali.
— **gear** (*tess.*), marcia *f.*
— **grip rubbers** (*motoc.*), manopole (*f. pl.*) di gomma.
— **setting agent** (*chim.*) (*tess.*), coadiuvante per assodamento dei fili ritorti.
— **-test** (*tess.*), prova con torsiometro.
— **tester** (*tess.*), torcimetro *m.*
— **waveguide** (*elettron.*), guida d'onda ritorta.
twisted cable (*elet.*), cavo (*m.*) intrecciato.
— **growth,** crescita (*f.*) contorta.
— **silk,** seta (*f.*) torta.
— **twin cable** (*elet.*), cavo (*m.*) doppio intrecciato.
— **yarn** (*tess.*), ritorto (*m.*) semplice.
twister (*tess.*), ritorcitoio *m.*
twisting, ritorcitura *f.*; torsione *f.*; rotazione *f.* (*di una molecola*).
— **her tail** (*slang*) (*aereo*) (U.S.A.), far girare l'elica per avviare il motore.
— **-in machine** (*tess.*), annodatrice automatica.
— **moment,** momento (*m.*) di torsione.
— **stress,** sollecitazione (*f.*) a torsione.
two-bedroom apartment (*cost.*), appartamento con due camere da letto.
— **bells** (*cinem.*), segnale (O.K.)

per avvisare che la ripresa è finita.

two-bladed propeller (*aereo*), elica (*f.*) bipala.

— **-channel** (*audio*), a due canali (*registratori a bobine*).

— **-colour printing** (*tip.*), bicromia *f.*

— **colour two revolution machine** (*tip.*), macchina a doppio giro a due colori.

— **-cycle gas engines,** motori a gas a doppio ciclo.

— **cylinder locomotive,** locomotiva (*f.*) a due cilindri.

— **cylinder superheated steam locomotive,** locomotiva (*f.*) a due cilindri a vapore surriscaldato.

— **-dimensional vector algebra,** algebra (*f.*) bidimensionale.

— **flight stairs, scala (*f.*) a** due rampe.

— **2-40** (leggi: **two fold**) (*tess.*), (ritorto di) 2 capi, titolo 40.

— **-fold,** *agg.* binario (asse, ecc.); doppio.

— **-furrow plough,** aratro (*m.*) bivomere.

— **-group model** (*fis. atom.*), modello (*m.*) a due gruppi.

— **-high roll stand** (*laminatoio*), gabbia (*f.*) a duo.

— **-hinged arch,** arco (*m.*) a due cerniere.

— **-horse mower** (*agr.*), falciatrice (*f.*) a due cavalli.

— **-lane tunnel,** galleria autostradale a due corsie.

— **-layer winding** (*elet.*), avvolgimento (*m.*) a due strati.

— **-leaf transverse spring** (*auto*), balestra trasversale bifoglia.

— **-man ladle** (*fond.*), cucchiaio (*m.*) per due portatori.

— **-nave shed,** tettoia (*f.*) a due navate.

— **-panelled door,** porta (*f.*) a due pannelli.

— **-part chair** (*ferr.*), cuscinetto (*m.*) (di rotaia) in due pezzi.

— **-part tariff** (*elet.*), tariffa mista.

— **-phase current** (*elet.*), corrente (*f.*) bifase.

two-phase line, linea (*f.*) a corrente bifase.

— **-phase transformer,** trasformatore (*m.*) bifase.

— **-pin plug** (*elet.*), spina (*f.*) per presa di corrente.

— **-ply** (*tess.*), ritorto di due capi.

— **-ply belt,** cinghia (*f.*) a due strati.

— **-point landing,** atterraggio a due punti.

— **-revolution machine** (*tip.*), macchina da stampa a doppio giro.

— **-seater,** vettura (*f.*) a due posti.

— **seater autogyro** (*aereo*), autogiro (*m.*) biposto.

— **-shaft engine** (*mot. aerei*), v. **two-spool engine.**

— **shot** (*cinem.*), piano (*m.*) americano.

— **side glazed paper,** carta bilucida.

— **-slag method** (*defosforazione dell'acciaio*), metodo delle due scorie.

— **speed countershaft,** contralbero (*m.*) a due velocità.

— **-speed windscreen wiper** (*auto*), tergicristallo (*m.*) a due velocità.

— **-spindle vertical milling machine,** fresatrice verticale a due mandrini.

— **-spool** (*motori*), compressore a due rotori, ognuno collegato ad una turbina.

— **-spool engine** (*mot. aerei*), motore a turbina con due alberi coassiali (e con due compressori azionati da turbine indipendenti).

— **-stage ballistic rocket,** razzo (*m.*) balistico a due stadi.

— **stage gear driven supercharger,** sovralimentatore (*m.*) a due stadi azionato ad ingranaggi.

— **-stage rocket,** razzo (*m.*) a due stadi.

— **-stage turbine** (*aereo*), turbina (*f.*) a due stadi.

— **-start screw,** vite (*f.*) a due filetti.

two-station die, matrice a due posizioni.
— **stroke engine,** motore (*m.*) a due tempi.
— **-thread screw,** vite (*f.*) a due filetti.
— **-to-one gears,** ingranaggi (*m. pl.*) di sdoppiamento.
— **-throw crankshaft** (*mecc.*), albero (*m.*) a doppio gomito.
— **-way** (*ricetrasmettitori*), bidirezionale.
— **-way airfield** (*aereo*), campo d'aviazione con una sola pista di lancio.
— **-way cock,** rubinetto (*m.*) a due vie.
— **-way frog** (*ing. elet.*), scambio (*m.*) a due vie.
— **way portable radio transceiver,** ricetrasmettitore portatile bidirezionale.
— **way radio** (*radio*), ricetra- smettitore *m.*
— **way speaker (system)** (*audio*), diffusore a due vie.
— **-way turntable** (*ferr.*), piattaforma (*f.*) girevole a croce.
— **-wheeler,** motoleggera *f.*
— **years unconditional guarantee,** due anni (*m. pl.*) di garanzia assoluta.
— **-zone reactor (*fis. atom.*),** reattore (*m.*) a due zone.
twofold window, finestra (*f.*) doppia.
twyer, ugello *m.*
twyers, ugelli *m. pl.*
tymp (*met.*), timpano *m.* (di altoforno).
— **-arch** (*met.*), volta del timpano *m.* (di altoforno).
tympan (*tip.*), fraschetta *f.* (telaietto in un torchio a mano).
tympanum (*pl.* **tympana**) (*arch.*), timpano *m.*
type (*tip.*), carattere (*m.*) da stampa; tipo *m.*
— **bar** (*inform.*), barra di stampa.
— **bed** (*tip.*), marmo *m.* (piano del torchio).
— **casting** (*tip.*), fusione dei caratteri.
type face (*tip.*), occhio dei caratteri.
— **family** (*tip.*), famiglia di caratteri.
— **font** (*tip.*), polizza (*o* serie) di caratteri.
— **founder,** fonditore (*m.*) di caratteri.
— **height** (*tip.*), altezza tipografica.
— **-high gauge** (*tip.*), apparecchio di controllo dei clichés.
— **line** (*tip.*), allineamento *m.*
— **matter** (*tip.*), composizione *f.*
— **metal** (*tip.*), lega tipografica per caratteri (*composta di piombo, antimonio e stagno*).
— **of material,** tipo (*m.*) di materiale.
— **of radiator** tipo (*m.*) di radiatore.
— **setter,** compositore (*m.*) di caratteri.
— **-setting machine** (*tip.*), compositrice *f.*
— **specimen book** (*tip.*), campionario dei caratteri.
typebook (*tip.*), catalogo di caratteri; campionario di caratteri.
typescript (*tip.*), copia dattiloscritta; dattiloscritto *m.*
typesetting (computerized —) (*arti grafiche*), composizione automatica (*con calcolatori elettronici*).
typewriter, macchina (*f.*) da scrivere.
— **face** (*tip.*), carattere di macchina da scrivere.
— **-like keyboard** (*inform.*), tastiera tipo macchina da scrivere.
— **manifold,** carta da copie per macchina da scrivere.
— **mechanic,** meccanico *m.* (di macchine da scrivere).
— **paper** (*tip.*), carta per macchina da scrivere.
— **ribbon ink** (*chim.*), inchiostro per nastri di macch. da scrivere.
typing, dattiloscrittura *f.*
— **error** (*inform. ecc.*), errore di battitura (alla macchina da scrivere).

typing pool, centrale dattilografica.
typist, dattilografo *m.*; dattilografa *f.*
typograph composing machine (*tip.*), macchina da comporre typograph.
typographer (*tip.*), tipografo.
typographical error (*tip.*), errore di stampa.
— **signs,** segni (*m. pl.*), di richiamo (per correzioni delle bozze).
typography (*arte tip.*), tipografia *f.* (nel senso di arte).
typp (*tess.*), unità numerica (di filato) equivalente al numero di migliaia di yarde per libbra.
tyre, pneumatico *m.*; cerchio (*m.*) di una ruota; cerchione *m.*; anello (*m.*) in acciaio forgiato, fissato alla ruota di una locomotiva per darle maggior forza e durata: cerchione *m.*
— **bead,** tallone del copertone.
— **bump-thump** (*auto*), vibrazioni di rotolamento dei pneumatici.
— **chain** (*auto*), catena per pneumatici.
tyre-fork (*auto*), leva per mettere il pneumatico.
— **gauge,** manometro per pneumatici.
— **lever,** leva (*f.*) smontapneumatico.
— **pressure** (*auto*), pressione del pneumatico; pressione pneumatici.
— **removal** (*auto*), smontaggio (*m.*) della ruota.
— **rumble** (*auto*), rombo dei pneumatici.
— **swopping** (*auto*), inversione dei pneumatici.
— **tread** (*auto*), battistrada *m.*
— **with nylon carcase** (*auto*), pneumatico con carcassa di nylon.
— **with rounded shoulders** (*auto*), pneumatico con spalle arrotondate.
— **(radial-ply —)** (*auto*), pneumatico radiale.
tyres (larger section —) (*auto*), pneumatici maggiorati; pneumatici serie più larga.
tyrosine (*chim.*), tirosina *f.*

U

U-bend specimen (*corrosione met.*) (U.S.A.), provetta (*f.*) ad « U ».
U-boat (*naut.*), sottomarino *m.*; sommergibile *m.*
U-bolt, staffa per fissaggio (molle); bullone (*m.*) ad U.
U-controlled model plane (*aereo*), modello (*m.*) controllato a filo.
' U ' film (*cinem.*), film per tutti.
U-formed edges on both faces (*sald.*), bordi smussati a U sulle due facce.
« U »-ing machine (*met.*) (*tubificio*), pressa formatrice a « U ».
U-iron, ferro (*m.*) a U.
U notch type (tipo di mirino), tipo con tacca ad U.
« U »-shaped die (*tubificio*) (*met.*), stampo ad « U ».
U-strap, staffa (*f.*) di ferro di sospensione.
U-tube, tubo (*m.*) ad U.
— **-value** (*costr.*), misura della conduttività termica.
udometer, pluviometro *m.*; pluviografo *m.*
ufologist, *m.*, ufologo *m.* (studioso delle ricerche sugli Ufo).
ulexite (*min.*), ulexite *f.*; boronatrocalcite *f.*, $NaCaB_5O_9.8H_2O$.
ullmanite (*min.*), ulmannite *f.*
ultimate *agg.*, ultimo; finale; massimo.
— **analysis** (*chim. analitica*), analisi (*f.*) elementare.
— **load** (*costr.*), carico (*m.*) di rottura.
— **strength,** resistenza (*f.*) alla rottura.
— **tensile stress** (*mecc.*), carico di rottura.
ultra-accelerator (*rubber*), superaccelerante *m.* (*vulcanizzazione gomma*).
— **-centrifughe** (*chim.*), supercentrifuga *f.*
ultracold technology (*sistemi di refrigerazione criogenici*), tecnologia delle temperature bassissime.
ultrafast plating (*met.*), placcatura ultrarapida.
ultrafilter, ultrafiltro *m.*; membrana (*f.*) colloidale.
ultrafine, *agg.* finissimo.
— **fraction** (*ceneri, ecc.*), frazione ultrafine.
— **vacuum pump,** pompa per ultravuoto.
ultra flat response (*audio*), risposta ultra piatta.
ultrahigh strength material (*mecc., aereo*), materiale ad altissima resistenza.
ultra-high vacuum (*fis.*), ultravuoto *m.*
ultralight alloy, lega (*f.*) ultraleggera.
ultra-low profile tyre (*auto*), pneumatico superribassato.
ultramarine, oltremare *m.*, $Na_7Al_6Si_6O_{24}S_2$.
— **blue,**azzurro (*agg.*) oltremarino.
— **green,** verde (*m.*) oltremare.
ultra-micrometer, ultramicrometro *m.*
ultramicroscope, ultramicroscopio *m.*
ultra-microscopic, *agg.*, ultramicroscopico.
ultraradiation, radiazione (*f·*) ultravioletta.
ultrarays, raggi (*m. pl.*) ultravioletti.
ultrared, *agg.*, infrarosso *agg.*; rosso (*m.*) oltremare; ultrarosso.
— **yellow,** giallo (*m.*) oltremare.
ultra-short wawes, onde (*f. pl.*) cortissime.
ultra-slow forward speed, velocità di avanzamento ultra lenta.
ultrasoft X-ray (*radiog.*), raggio X ultra molle.
ultrasonic, *agg.*, ultrasonico; supersonico.
— **agitation** (*chim.*), agitazione ultrasonica.
— **cleaning,** pulitura per mezzo di ultrasuoni.

ultrasonic cleaning equipment, attrezzatura per pulitura con ultrasuoni.
— **examination** (*met., ecc.*), controllo (*m.*) mediante ultrasuoni.
— **imaging** (*metal.*), (*ultrasonic inspection system that yields a televised image of the ultrasound transmitted*), sistema di collaudo con ultrasuoni con trasmissione dell'immagine televisiva dell'ultrasuono.
— **inspection** (*met.*) (U.S.A.), prova con ultrasuoni.
— **machine tool,** macchina (*f.*) utensile ultrasonica.
— **soldering,** saldatura dolce con gli ultrasuoni.
— **testing** (*met.*), prova (*o* esame) con ultrasuoni; controllo agli ultrasuoni.
— **tomography,** tomografia ultrasonica.
— **wave,** onda (*f.*) supersonica; onda (*f.*) ultrasonora.
— **welding** (*sald.*), saldatura con ultrasuoni.
ultrasonically tested (*mecc.*), collaudato per mezzo di ultrasuoni.
ultrasonics (*acust.*), scienza degli ultrasuoni.
ultrasonoscope, ultrasonoscopio *m.*
ultratherm (*med.*), apparecchio per la diatermia ad onde corte.
ultra-trieur (*ind. mol.*), cilindro *m.* svecciatoio ad alto rendimento.
ultra-violet, *agg.* ultravioletto.
— **spectrophotometry,** spettrofotometria nell'ultravioletto.
U.M.A. (*fis. atom.*), **unità di** massa **atomica.**
umber, terra (*f.*) d'ombra.
umbilical cord (*voli spaziali*), cordone ombelicale (cavo di cui è provvisto un missile per controllo delle attrezzature del veicolo).
umbra (*fis., astron.*), ombra *f.*; (ombra totale).
umbrathor (*med.*), soluzione di biossido di torio.
umbrella antenna aerial (*radio*), antenna (*f.*) ad ombrello (*o* parapioggia).
umbrella diaphragm, schermo (*m.*) a scudo.
— **duty (to be on)** (*slang*) (U.S.A.), (essere di) scorta a bombardieri.
umpire analysis, analisi chimica (*o* metallografica) fatta da un perito in casi di contestazioni.
unacted, *p. p.* (*chim.*), non attaccato.
unaffected (*chim.*), non attaccato.
unagglomerated ore, minerale (*m.*) non agglomerato.
unalloyed iron (*met.*), ghisa non legata.
— **inoculated iron** (*met.*), ghisa inoculata non legata.
unarmoured cable (*elet.*), cavo non armato.
unary operation (*inform.*), operazione monadica (v. **monadic operation**).
unassigned (*inform.*), non assegnato; riservato (rif. a posto nella memoria).
unavailing, *agg.*, infruttuoso.
unbalance, *v.a.* disequilibrare; sbilanciare; dissimetria *f.*
— **(to —)** (*elet.*), scompensare *v.a.*
unbalanced network (*elet.*), rete non equilibrata.
unbalancing (*elet.*), scompenso *m.*
unbelted passenger (*auto*), passeggero che non ha messo la cinghia di sicurezza.
unberthing (*naut.*), effettuare le manovre per liberare dagli ormeggi la nave; disormeggiare.
unbleached stuff (*carta*), pasta greggia.
unbolt, *v.a.* sbullonare.
unbolting, sbullonamento *m.*
unbound (*fis. atom.*), non legato; libero.
— **electron** (*fis. atom.*), elettrone (*m.*) libero.
— **particle** (*fis. atom.*), particella (*f.*) libera.
unboxed (*ind.*), non rinchiuso in casse.

unbraced props, puntelli (*m. pl.*) non rinforzati (con saettoni).
unbreakable record, disco (*m.*) infrangibile.
unbuffered, *p.p.* non tamponato.
unburnt gypsum, gesso (*m.*) crudo.
unbuttoning (*cost.*), disarmo (*m.*) delle strutture in acciaio.
uncertainty principle (*fis. atom.*), principio (*m.*) di indeterminazione.
uncharged particle (*fis. atom.*), particella neutra (senza carica).
unchopped beam (*fis. atom.*), raggio ininterrotto.
unclamping (*mecc.*), sblocco *m.*
unclutch (to —), *v.a.* disinnestare.
unclutching, disinnesto *m.*
uncoil, *v.a.* svolgere.
— **a cable from the drum,** svolgere (*v.a.*) un cavo dal tamburo.
— **cold** (*met.*), svolgere a freddo.
uncoiler (*met.*), aspo (*m.*) svolgitore.
uncombined, *agg.* (*chim.*), non combinato.
uncommitted storage list (*inform.*), elenco delle locazioni disponibili nella memoria.
unconditional jump (*inform.*), salto incondizionato.
— **jump instruction** (*inform.*), istruzione di salto non condizionato.
unconformity (*geol.*), discordanza *f.*
uncontrolled particle (*fis. atom.*), particella libera.
uncovered penstock (*idraul.*), condotta forzata aerea.
uncrated, *p.p.*, senza gabbia di imballaggio.
uncrystallisable, *agg.* incristallizzabile.
uncut (*tess.*), non rasato (velluto, ecc.).
— **waves** (*radio*), onde (*f. pl.*) continue.
undamped oscillations (*radio*), oscillazioni (*f. pl.*) continue.
undecomposed, *agg.* (*chim.*), non decomposto.
undelayed neutron (*fis. atom.*), neutrone (*m.*) non ritardato.
under, sotto.
— **construction,** in costruzione.
— **control,** sotto controllo.
— **current,** sotto corrente.
— **irrigation,** irriguo *agg.*
— **normal operating conditions,** in condizioni di funzionamento normali.
— **repair,** in riparazione.
— **steam,** sotto pressione; in pressione.
— **-tail loading** (*aereo*), carico sotto l'ala.
— **way** (*naut.*), alla via; (*gen.*) in corso (**production — —**), (produzione in corso) (*auto, ecc.*).
underbank, *v.i.* (*aereo*), virare piatto.
underbead crack (*met.*), cricca sottocordone (nel cordone di saldatura).
— **zone cracking** (*sald.*), criccatura della zona sottostante il cordone.
underbody (*auto*), sottoscocca *f.*
— **protection** (*auto*), protezione parte inferiore della cassa (sottoscocca).
underbonnet layout (*auto*), disposizione motore sotto il cofano.
underburning (*smalti, ecc.*), cottura insufficiente.
undercarriage (*aereo*), carrello (*m.*) d'atterraggio.
— **attachment** (*aereo*), attacchi (*m. pl.*) del carrello.
— **-fork,** forcella del carrello.
— **strut** (*aereo*), ansa (*f.*) del carrello.
— **track,** apertura (*f.*) o carreggiata del carrello.
underchassis (*radio*), telaio (chassis) inferiore.
undercooling (*met.*), sottoraffreddamento *m.*
undercuring (*gomma*), sottovulcanizzazione *f.*
undercut (*mecc.*), canalino *m.*; (*fond.*), sottosquadro *m.*
underdeveloped countries, Paesi sottosviluppati.

underdraft (*met.*), incurvamento in basso.
underdriven, *p.p.* (*mecc.*), a comando in basso.
underemployment (*econ.*), sottoccupazione *f.*
underexposed negative (*fot.*), negativo (*m.*) mancante di posa.
underexposure (*fot.*), insufficienza di esposizione.
underfill (*met.*), poco ferro (lingotto in laminazione difettoso per insufficiente immissione di metallo nella forma).
underflow (*min.*), addensato *m.*
under-footage (*cinem.*), film (*m.*) troppo corto.
under-inflated tyre (*auto*), pneumatico (*m.*) mal gonfiato.
underframe, telaio *m.*
undergoing repairs, in riparazione.
underground, *agg. avv.*, sotterraneo *agg.*; al fondo.
— **cable,** cavo (*m.*) sotterraneo.
— **corrosion** (*met.*), corrosione per interramento; corrosione sotterranea.
— **cost,** costo (*m.*) di miniera.
— **Diesel locomotive,** locomotiva « Diesel » per trasporto sotterraneo del carbone.
— **gasification,** gasificazione sotterranea.
— **glory-hole method** (*min.*), coltivazione (*f.*) a trance discendenti.
— **inflows,** vene (*f. pl.*) d'acque sotterranee.
— **methane storage tank,** serbatoio interrato per deposito metano.
— **milling** (*min.*), coltivazione (*f.*) a trance discendenti.
— **mining** (*min.*), coltivazione (*f.*) in sotterraneo.
— **nuclear exploration** (*min.*), esplorazione nucleare sotterranea.
— **nuclear explosion** (*fis. atom.*) esplosione nucleare sotterranea.
— **penstock** (*idraul.*), condotta forzata sotterranea.
— **power-station** (*elet.*), centrale (*f.*) in caverna.
underground project (*costr. ferr.*, *ecc.*), progetto sotterraneo.
— **pumping** (*min.*), eduzione (*f.*) sotterranea delle acque con pompe.
— **railway,** ferrovia (*f.*) sotterranea.
— **staff** (*min.*), personale di una miniera.
— **river,** fiume (*m.*) sotterraneo.
— **storage,** deposito sotterraneo.
— **structures,** costruzioni (*f. pl.*) sotto il livello del suolo.
— **tunnel** (*ferr.*), galleria (*f.*) sotterranea.
— **water,** acqua (*f.*) sotterranea.
— **wire,** filo (*m.*) sotterraneo.
— **workings** (*min.*), coltivazioni (*f. pl.*) in sotterraneo.
underhand stopes (*min.*), gradini (*m. pl.*) diritti.
— **stoping** (*min.*), coltivazione (*f.*) a gradini diritti.
underinflation (*pneumatici*), insufficiente gonfiaggio.
underlay (*min.*), inclinazione (*f.*) di una falda; (*tip.*), rialzo per cliché (*di carta* o *cartone*).
underline, *v.a.*, sottolineare.
underlining, sottolineatura *f.*
underlying, *agg.* (*chim.*), di base; fondamentale (p. es. *underlying mechanism*, meccanismo di base).
undermining pitting (*met.*), corrosione sotto pelle.
— **-rights** (*min.*), diritto (*m.*) di scavo in terreni altrui.
under-oiling, lubrificazione (*f.*) insufficiente.
underneath the machine-room floor (*cable*), sotto il pavimento, dove si trovano le macchine (rif. p. es. ad un cavo).
underpan (*di filtro, ecc.*), sottocoppa.
underpass (*cost. stradali*), sottopasso *m.*
underpick (*tess.*), colpo inferiore (di un telaio) (quando il braccio di un telaio è sotto la cassa a navette).

underpinned wall, muro (*m.*) in sottomurazione.
underpinning, sottomurazione *f.*; incuneamento *m.*
underream (to —) *v.a.* (*min.*), allargare *v.a.*
underreamer (*min.*), trapano (*m.*) allargatore.
underreaming (*min.*), allargamento *m.*
under-run protection device (*auto*), dispositivo, agente da ammortizzatore, da applicare dietro un autocarro, onde attenuare i danni di un eventuale tamponamento del veicolo che lo segue.
undersecretary, *m.*, sottosegretario *m.*
undershoot (*telev.*), distorsione per sovramodulazione; (*aereo*), atterraggio (*m.*) corto.
— distortion (*telev.*), distorsione (*f.*) di sottomodulazione.
undersize (*min.*, *carb.*), materiale che passa per un vaglio (*inferiore alla media*) detto: sottomisura *m.* (p. es. prodotto di frantoio passante per il vaglio. Il sottomisura viene così inviato ai successivi stadi di lavorazione); sottovaglio *m.*
underslating material, armatura (*f.*) minuta (del tetto).
undersling of tubing (*mecc.*, *petrol.*), sospensione (*f.*) di tubaggio.
underslung tubing, tubaggio (*m.*) sospeso.
understeer (*auto*), sottosterzo *m.*
— (to —), *v.i.* (*auto*), sottosterzare.
understeering, *agg.* (*auto*), sottosterzante.
understrength (*chim.*), insufficientemente concentrato.
underswing (*telev.*) (U.S.A.), distorsione per sovramodulazione.
undertake (to —) an exploratory work (*min.*), intraprendere un lavoro di esplorazione.
underthrow distortion (*telev.*), distorsione (*f.*) per sottomodulazione.
undertightening (*mecc.*), serraggio insufficiente (*di bulloni*, *ecc.*).
undertiling (*cost.*), sottocopertura (*f.*) di tetti.
— material (*tetto*), armatura (*f.*) minuta.
undertone (*vernici*), sottotono *m.*
underwater antenna, antenna (*f.*) sommersa.
— arc welding (*sald.*), saldatura (*f.*) ad arco subacquea.
— camera (*fot.*), camera (*f.*) subacquea.
— cutting blowpipe (*mecc.*), cannello (*m.*) da taglio subacqueo.
— cutting torch (*mecc.*) (U.S.A.), cannello (*m.*) da taglio subacqueo.
— exploration (*naut.*), esplorazione (*f.*) subacquea.
— photography (*fot.*), fotografia subacquea.
— structure (*cost.*), struttura sommersa.
— television (*telev.*), televisione (*f.*) subacquea.
— weapon (*mil.*), arma subacquea.
underwood, sottobosco *m.*
underwritten policy (*assicuraz.*), polizza sottoscritta.
undispersed (*chim.*), non disperso; non sciolto.
undisplay advertisement (*pubb.*), inserzione (senza illustrazioni).
undistilled, *p.p.* non distillato.
undistorted, *p.p.* non distorto *agg.*; (*chim.*), non deformata (*molecola*); (*telev.*), senza distorsione.
— power output (*radio*), potenza (*f.*) d'uscita di una valvola.
undo (to —) a nut (*mecc.*), allentare (*o* svitare) un dado.
undock (to —) (*naut.*), fare uscire dal bacino (una nave).
undocking (*astron.*), separazione (*operazione che segue ad un aggancio in orbita*).
undressed stone, pietra (*f.*) non lavorata.
— timber, legname (*m.*) non lavorato.

undulated sheet iron, lamiera (*f.*) ondulata.
undulating flight (*aereo*), volo (*m.*) oscillante.
undulatory voltage (*elet.*), tensione (*f.*) ondulatoria.
unemployment benefit, sussidio (*m.*) di disoccupazione.
— **compensation** (*lavoro*) (*pers.*), indennità (sussidio) di disoccupazione.
— **rate** (*pers.*), tasso di disoccupazione.
unenriched (*fis. atom.*), **non arricchito.**
unequal headed rail (*ferr.*), rotaia (*f.*) a funghi ineguali.
unesterifiable, *agg.* (*chim.*), non esterificabile.
uneven, *agg.*, irregolare (rif. a filati e a movimento); non uniforme (raffreddamento o riscaldamento); accidentato (*di terreno*).
— **burning off** (*sald.*), fusione (*f.*) a becco di flauto.
— **dyeing,** tinta irregolare.
— **flash** (*mecc.*), sbavatura (*f.*) irregolare.
— **heating,** riscaldamento (*m.*) irregolare.
uneveness of the ground, accidentabilità (*f.*) del terreno.
unexploited, *p.p.* non sfruttato.
unexpurgated edition (*tip.*), edizione (*f.*) integrale.
unfiltered, *p.p.* non filtrato.
unfish (to —) the rail (*ferr.*), togliere le stecche alla rotaia.
unfit tyre (*auto*), pneumatico difettoso (p. illegale).
unflawed (*cristal.*), senza difetti.
unfreezable, *agg.* incongelabile.
unglazed (*ceram.*), senza vetrina.
ungraded, *agg.* (*met.*), di qualità inferiore.
unguent, unguento *m.*
ungula, unghia (*f.*) cilindrica.
unhewn stone, pietra (*f.*) non lavorata.
unhinge a door, smontare una porta.
unhitching, sganciamento (di rimorchi, ecc.).
unhusked barley, orzo (*m.*) vestito.
uniaxial, *agg.* (*cristal.*), monoassiale.
unidentified flying object, oggetto volante non identificato; ufo *m.*
unidirectional current (*elet.*), corrente (*f.*) continua, unidirezionale.
— **lighting,** illuminazione (*f.*) unidirezionale.
— **shearer** (*min.*), tagliatrice unidirezionale.
unification, unificazione *f.*
— **of standards,** unificazione delle norme.
unifilar, *agg.* unifilare.
uniform attack (*corrosione met.*), attacco (*m.*) uniforme.
— **attack corrosion** (*met.*), corrosione (*f.*) uniforme.
— **diffuser,** diffusore (*m.*) uniforme.
— **field,** campo (*m.*) uniforme.
— **motion,** moto (*m.*) uniforme.
— **motion cam,** camma (*f.*) a moto uniforme.
— **movement,** movimento (*m.*) uniforme.
uniformity ratio, rapporto di uniformità.
uniformly accelerated, uniformemente (*avv.*) accelerato.
— **accelerated motion, moto (*m.*) uniformemente accelerato.**
— **distributed load,** carico (*m.*) uniformemente distribuito.
— **loaded beam** (*costr.*), trave (*f.*) uniformemente caricata.
unify, *v.a.* unificare.
unijunction transistor (*elettron.*), unigiunzione *m.*; transistor unigiunzione.
unilateral impedance, impedenza (*f.*) unilaterale.
unimolecular, *agg.*, monomoleco**lare.**
unimolecolar reaction (*chim.*), reazione unimolecolare.
unimpregnated, *p.p.* (*gomma*), non impregnato.
uninflammable, *agg.* incombustibile.

unintelligible cross-talk (*telecom.*), diafonia inintelligibile.
union (*tess.*), filato o tessuto misto-tessuto pesante.
— **-nut,** accoppiamento (*m.*) a vite.
— **-screw,** vite (*f.*) di tensione.
— **security** (*leg.*), sicurezza (*f.*) sindacale.
— **T,** raccordo (*m.*) a T.
— **yarn** (*tess.*), filato misto.
Unions, altoesplosivi *m. pl.* (usati nelle miniere).
uniphase (*elet.*), *agg.* monofase.
unipolar, *agg.* unipolare.
— **dynamo,** dinamo (*f.*) unipolare
uniprocessor (*inform.*), monoprocessore *m.*
uniprogramming (*inform.*), monoprogrammazione *f.*
unique, *agg.* impareggiabile.
unit, apparecchiatura *f.* (p. es. *distillation unit*, apparecchiatura di distillazione); (*inform.*), unità *f.*; elemento *m.*; (*chim.*, *met.*, *min.*), v. **roasting** —; **reduction** —.
— **construction** (*auto*), monoblocco *m.*
— **die** (*pressofusione*), stampo ad impronte intercambiabili.
— **-heads** (*for single or multi-station operation or for transfer machines*) (*macch. ut.*), unità (*f. pl.*) operatrici.
— **heater** (*riscald.*), aerotermo *m.*
— **indicator** (*tip.*), indicatore di unità.
— **labour costs** (*econ.*, *statistica*), costi unitari del lavoro.
— **load,** carico (*m.*) unitario.
— **machine,** gruppo autonomo.
— **of account** (*finan.*), unità di conto.
— **of area,** unità (*f.*) di superficie.
— **of capacity,** unità (*f.*) di capacità.
— **of cubic measure,** unità (*f.*) di volume.
— **of force,** unità (*f.*) di forza.
— **of heat,** unità (*f.*) di calore.
— **of intensity,** unità (*f.*) d'intensità.
unit of length, unità (*f.*) di lunghezza.
— **of light,** unità (*f.*) d'intensità luminosa.
— **of mass,** unità (*f.*) di massa.
— **of measure,** unità (*f*) di misura.
— **of potential,** unità (*f.*) di potenziale.
— **of power,** unità (*f.*) di energia.
— **of resistance,** unità (*f.*) di resistenza.
— **of square measure,** unità (*f.*) di superficie.
— **of time,** unità (*f.*) di tempo.
— **of velocity,** unità (*f.*) di velocità.
— **of weight,** unità (*f.*) di peso.
— **of work,** unità (*f.*) di lavoro; unità (*f.*) dinamica.
— **operation** (*chim.*), operazione (*f.*) fondamentale.
— **plasticity,** deformazione unitaria permanente (con forza di 1 kg per cm^2 al secondo).
— **pressure,** pressione (*f.*) unitaria.
— **price,** prezzo (*m.*) unitario.
— **prism** (*cristal.*), prisma (*m.*) di prima specie.
— **process** (*fis. atom.*), procedimento (*m.*) unitario.
— **strain** (*mecc.*), deformazione (*f.*) unitaria.
— **stress,** sollecitazione (*f.*) unitaria.
— **value index** (*econ.*), indice del valore unitario (di merci).
— **wheel** (*at.*), ruota delle unità.
— **yield** (*siderurgia*) (*fond.*), resa (*f.*) per mille.
— **(area traffic management —),** unità direttiva del traffico.
— **(astronomical —)** (AU), unità astronomica.
unite, *v.a.* unire; combinarsi (con).
United States Standard thread (U.S.A.), filettatura (*f.*) Sellers.
univalence (*chim.*), monovalenza *f.*
univalent, *agg.* monovalente.
universal bevel protractor, goniometro (*m.*) Brown e Sharpe.
— **bridge** (*elet.*), ponte (*m.*) universale.

universal chuck, mandrino (*m.*) universale.
— **coal-cutter** (*min.*), tagliatrice universale.
— **coiling machine** (*met.*), aspo (*m.*) avvolgitore universale.
— **conditioner** (*ind. mol.*), condizionatore universale.
— **coupling,** giunto (*m.*) a manicotto universale.
— **decimal classification (UDC),** classificazione decimale universale.
— **dial indicator** (*mecc.*), comparatore (*m.*) universale a quadrante.
— **discharger,** scaricatore (*m.*) universale.
— **equalizer chart,** diagramma universale per il calcolo di equalizzatori.
— **face plate,** piattaforma (*f.*) universale.
— **galvanometer,** galvanometro (*m.*) universale.
— **gauge,** calibro (*m.*) universale.
— **grinder,** rettificatrice (*f.*) universale.
— **grinding machine,** rettificatrice (*f.*) universale.
— **impact testing machine,** macchina (*f.*) universale per prove all'urto.
— **indexing,** divisione (*f.*) universale (fresatrici).
— **indicator** (*chim.*), indicatore (*m.*) universale.
— **joint,** giunto (*m.*) snodato; giunto (*m.*) a cardano; giunto (*m.*) universale; giunto (*m.*) cardanico.
— **lathe,** tornio (*m.*) universale.
— **machines** (*mecc.*) (*elettron.*), robots industriali di tipo recentissimo, in grado di compiere lavori complicati come ad es. il montaggio preciso di organi di macchine. Sono programmabili come un comune elaboratore e sono provvisti di sensori.
— **mill,** laminatoio (*m.*) universale.

universal milling cutter, fresa universale.
— **milling machine,** fresatrice (*f.*) universale.
— **motor** (*elet.*), motore a corrente alternata e a corrente continua; (*elet.*), motore universale.
— **planer (planing machine),** piallatrice (*f.*) universale.
— **plier,** pinzetta (*f.*) universale.
— **radial drill,** trapano (*m.*) radiale universale.
— **radial drilling machine** (*macch. ut.*), trapano (*m.*) radiale universale.
— **roll-forming machine,** profilatrice (*f.*) universale a rulli per tubi.
— **rolling mill,** laminatoio (*m.*) sbozzatore; treno universale.
— **screw wrench,** chiave (*f.*) inglese.
— **set square,** squadra (*f.*) universale.
— **shaping machine,** limatrice (*f.*) universale.
— **slotter** (*macch. ut.*), stozzatrice (*f.*) universale.
— **testing machine** (*macch. ut.*), macchina universale per prova.
— **tool grinder,** affilatrice (*f.*) universale.
— **train,** laminatoio (*m.*) universale.
— **wrench,** chiave (*f.*) inglese.

universe (*astr.*), universo *m.*
university, università *f.*
— **lecturer,** lettore (*m.*) universitario.
unkilled steel, acciaio senza aggiunta di leghe o metalli disossidanti.
unknown (quantity) (*mat.*), incognita *f.*
unlabelled (*fis. atom.*), non contrassegnato.
unleachable (*chim.*), non lisciviabile.
unleaded petrol, benzina senza piombo.
unlike poles, poli (*m. pl.*) di nome contrario.

unload, *v.a.* scaricare.
— **a valve,** compensare (*v.a.*) una valvola.
unloader (*mecc.*), scaricatore *m.*
— **(swinging-arm —)** (*presse*), scaricatore a braccio oscillante.
unloading (*gen.*), scarico.
— **operations** (*naut.*), operazioni di scarico.
unlock (to —), *v.a.* aprire.
unloose (*v.a.*) **a screw,** allentare (*v.a.*) una vite.
unmake (to —), *v.a.* smontare.
unmaking, smontaggio *m.*
unmanned factory, fabbrica automatizzata.
— **launching** (*astron.*), lancio spaziale senza uomini a bordo.
— **probe** (*voli spaziali*), sonda (*f.*) non abitata.
— **train,** treno senza conduttore.
unmerchantable wool, lana (*f.*) non commerciabile.
unmoderated (*fis. atom.*), non moderato.
unmodulated track (*cinem.*), banda di riposo.
unmoor, *v.a.* (*naut.*), disormeggiare.
unmooring (*naut.*), disormeggio *m.*
unnotched specimen (*met.*), provetta (*o* barretta) non intagliata.
unoxidizable, *agg.* inossidabile.
unpack (to —), sballare *v.a.*; disimballare; (*inform.*), decondensare; separare (i dati); decomprimere (i dati compressi in parole di memoria).
unpacked, *agg.* non imballato.
unpacking, sballatura *f.*
unpasteurised milk, latte non pastorizzato.
unplasticised, non plasticizzato.
unplated alloy (*met.*), lega non placcata.
unplug (to —) (*elet.*), disinserire (da una presa di corrente).
unpolarized neutron (*fis. atom.*), neutrone (*m.*) non polarizzato.
unpredictable, *agg.*, imprevedibile.
unpressurised (*aereo*), non pressurizzato.
unprimed, *p.p.* (*armi*), disinnescato.
unravel (to —), svelare (chiarire); (*to — the mysteries of the Earth's interior*), svelare i misteri delle viscere della Terra.
unreacted, *agg.* (*chim.*), inalterato; che non è entrato in reazione.
unreactive, *agg.*, inerte.
unreinforced plastics (*mat. plast.*), plastica non rinforzata.
unrestricted road, strada senza limite di velocità.
unrollable, *agg.*, non laminabile; (*an ingot virtually unrollable*), un lingotto virtualmente non laminabile.
unrolling, svolgimento (*m.*) di cavo.
unrust, *v.a.* togliere la ruggine.
unsafe, *agg.* pericoloso.
unsaponifiable, *agg.*, insaponificabile.
unsaturated (*chim.*), insaturato; non saturato; incompleto.
— **hydrocarbons** (*chim.*), idrocarburi insaturi.
UNSCEAR (*fis. atom.*), United Nations scientific committee for the effects of atomic radiation.
unscreened, *p.p.* (*mecc., ecc.*), non schermato.
unscrew, *v.a.* svitare.
unscrewing, svitamento *m.*
unsealed radiation sources, sorgenti di radiazione non sigillate.
unseated (*mecc.*), non fissato a fondo (*rif. a dadi, ecc.*).
unsecured (*rif. a prestiti, ecc.*) (*econ.*), non garantito.
unseeded crystallization, cristallizzazione di una soluzione liberata delle particelle solide.
— **solution,** soluzione (*f.*) cristallifera (che è stata liberata di tutte le particelle solide).
unset, *p.p.* non montato (rif. a pietre preziose).
— **a diamond,** smontare un diamante.
— **concrete** (*costr.*), calcestruzzo appena mescolato; calcestruzzo fresco.
— **crown,** corona (*f.*) senza diamanti.

unshielded electron, elettrone (*m.*) libero.
— **lamp** (*min.*), lampada (*f.*) non protetta.
unship (to —) (*naut.*), scaricare (*da una nave*); smontare (*timone, ecc.*); togliere (*un albero*).
unsinkable, *agg.* insommergibile.
unsized paper, carta (*f.*) bibula.
unskilled (*lavoratori*), non specializzato.
— **labour,** mano d'opera non specializzata.
— **workman,** operaio (*m.*) non specializzato.
unslaked lime, calce (*f.*) viva.
unsoldered, *p.p.* non saldato.
unsoundness, imperfezione *f.* (di lingotti); difetto *m.*; difetti *m. pl.*
unstabilized steel (*met.*), acciaio non stabilizzato.
unstable, *agg.* instabile.
— **element** (*fis. atom.*), elemento (*m.*) instabile.
— **equilibrium,** equilibrio (*m.*) instabile.
— **isotope (*fis. atom.*), isotopo (*m.*) instabile.**
— **nucleus (*fis. atom.*), nucleo instabile.**
— **particle (*fis. atom.*), particella (*f.*) instabile.**
unsteady, *agg.*, incostante.
unsteel, *v.a.* (*met.*), addolcire.
unstrained member, asta (*f.*) inerte.
unsupercharged racing car, vettura (*f.*) (da corsa) senza compressore.
unsupported, *p.p.* (*mecc.*), non sostenuto; non sorretto.
unsymmetrical load, carico (*m.*) asimmetrico.
— **machine,** macchina (*f.*) asimmetrica.
untapped resources (*energia, ecc.*), risorse non sfruttate.
untied aid (*econ.*), aiuto incondizionale.
untimbering (*min.*), disarmo di una centina.
untrimmed floor, pavimento (*m.*) (*o* solaio) con sole travi di sostegno.
untrue, *agg.* impreciso; inesatto.
untuned (*radio*), non sintonizzato.
— **aerial** (*radio*), antenna (*f.*) aperiodica.
untwist (to —) (*tess.*), togliere la torsione.
unusable, *agg.* inservibile.
unvitiated air (*inquinam.*), aria non viziata.
unvulcanized rubber, gomma non vulcanizzata.
unwatering (*min.*), eduzione sotterranea (di acque, dalla miniera, ecc.).
unwealdable, *agg.* insaldabile; non saldabile.
unwedge, *v.a.*, allentare (*v.a.*) un cuneo.
unwelded, *p.p.* dissaldato; non saldato.
unwind (to —) (*mecc.*), svolgere *v.i.* (rif. a molle, ecc.); dipanare; svolgere (*tess.*).
unwinding, svolgimento *m.*; dipanamento *m.* (dei bozzoli) (*tess.*)
unworkable seam (*min.*), filone (*m.*) non sfruttabile.
unwrought, allo stato grezzo; non lavorato.
up, *v.a.* (U.S.A.), aumentare (es. *this has upped horse power* = ciò ha aumentato la potenza del motore).
— **-and-down indicator,** meccanismo (*m.*) d'orologio, indicante quando si deve caricarlo.
— **and down shake,** gioco verso l'alto e verso il basso.
up-link data (*astron.*), complesso dei collegamenti « verso l'alto » (dati e informazioni che da terra dirigono l'astronave).
— **to 2-litre class** (*auto*), categoria fino a 2000 cc.
upcast (*min.*), corrente (*f.*) d'aria ascendente.
— **shaft** (*min.*), pozzo (*m.*) di ventilazione.
update (to —), aggiornare *v.a.*

update (to —) ironmaking technology (*met.*), aggiornare la tecnologia siderurgica.
upgear (to —) (*aereo*), « ritrarre il carrello ».
upgrade (to —) (*ind. pet.*), migliorare (il numero di ottano).
— (*agrim.*), salita *f.*
upgrading (*cost.*), miglioramento *m.*
— **by magnetic concentration** (*min.*, *chim.*), arricchimento mediante concentrazione magnetica; (*inform.*), aumento di potenza; estensione di un sistema; espansione.
— **of the coarser fraction** (*min.*), arricchimento della frazione a granulometria maggiore.
upgust, raffica (*f.*) verticale.
uphand sledge, martello (*m.*) da forgiatore (a mano).
uphill, in salita.
— **pouring** (*met.*, *acciaieria*), colata (*f.*) a sorgente.
upholstered, tappezzato.
upholsterer, tappezziere *m.*
upholsterers' hammer, martello (*m.*) da tappezziere.
— **pincers,** forbici (*f. pl.*) da tappezziere.
upholstery (*auto*), tappezzeria *f.*
upkeep, manutenzione *f.*
upland, altipiano *m.*
— **cotton** (U.S.A.), cotone a fibra corta.
upper atmosphere (*astr.*), alta atmosfera.
— **bar** (*costr.*), traversa superiore.
— **boom** (*costr.*), membratura (*f.*) superiore.
— **camber** (*aereo*), dorso *m.* (di profilo alare).
— **case** (*tip.*), cassa, maiuscole e maiuscoletto.
— **deck** (*naut.*), ponte (*m.*) superiore.
— **foretopsail,** vela (*f.*) di parrocchetto volante.
— **foretopsail yard** (*naut.*), pennone (*m.*) di parrocchetto volante.
— **hemispherical flux** (*ott.*), flusso (*m.*) luminoso superorizzontale.
upper layer, strato (*m.*) superiore.
— **main-topsail yard** (*naut.*), pennone (*m.*) di gabbia volante.
— **mizzen-topsail,** vela (*f.*) di contromezzana volante.
— **mizzen-topsail yard** (*naut.*), pennone (*m.*) di contromezzana volante.
— **roll** (*lamin.*, *met.*), cilindro (*m.*) superiore.
— **sash,** battente (*m.*) (di finestra) superiore.
— **shed** (*tess.*), passo per semplice alzata.
— **side,** faccia (*f.*) superiore; lato (*m.*) superiore.
— **side band** (*radio*), banda (*f.*) laterale superiore.
— **structure** (*naut.*), soprastruttura *f.*
— **studding sail** (*naut.*), coltellaccio (*m.*) di gabbia.
— **thread,** filo (*m.*) superiore (macch. da cucire).
— **topsail** (*naut.*), gabbia (*f.*) volante.
— **track (of a stream),** tronco (*m.*) superiore (di un ruscello).
— **transit** (*astr.*), culmine *m.*
— **workings** (*min.*), cantieri (*m. pl.*) superiori.
uppers, tomaia *f.*
upraise (*min.*), pozzo (*m.*) scavato in rimonta; pozzo in rimonta.
upraising (*min.*), rimonta *f.* (di pozzi scavati).
uprate (to —) the interior of a car (*auto*), migliorare l'interno di una automobile.
upright, pilastro *m.* (di macch. utens.); colonna (*f.*) di una macchina utensile; montante *m.* (*costr.*) (*macch. utens.*); ritto *m.*; *agg.*, diritto; verticale.
— **boiler,** caldaia (*f.*) verticale.
— **brick paving,** pavimento (*m.*) a mattoni messi a coltello.
— **condenser,** refrigerante (*m.*) ascendente.
— **course,** corso (*m.*) di mattoni di testa.

upright drill press (U.S.A.), trapano (*m.*) a colonna.
— **image,** immagine (*f.*) diretta.
— **projection,** elevazione *f.*
— **shaft,** albero (*m.*) di trasmissione verticale.
uprighting (*orol.*), correzione della perpendicolarità.
uprunning teeming (*met.*), colata (*f.*) a sorgente.
upset, *p.p.* ricalcato.
— **(to —),** *v.a.* ricalcare; rompere (*l'equilibrio*) (*chim.*).
— **forging** (*met.*), ricalcatura *f.*
— **forging machine** (*met.*), ricalcatrice *f.*
— **welding** (*sald.*), saldatura per ricalcatura.
upsetter (*mecc.*), fucinatrice (*f.*) orizzontale.
upsetting (*met.*), ricalcatura *f.*; ricalcamento *m.*
— **machine** (*macch. ut.*), rifollatrice *f.*; (*mecc.*), ricalcatrice *f.*
upside down image, immagine (*f.*) capovolta.
upstream, a monte.
— **reservoir,** bacino (*m.*) superiore.
— **water,** acqua (*f.*) a monte.
upstroke of the piston, salita (*f.*) dello stantuffo.
— **of (the) saw,** alzata (*f.*) di sega.
upswing (*econ.*), rialzo; fase ascendente.
uptake, cassa (*f.*) fumo; condotto (*m.*) del fumo (*fra la cassa e il fumaiolo*); fissazione *f.*; adsorbimento *m.*; carica *f.* (*chimic.*); (*min.*), pozzo per il riflusso d'aria.
upturn (*econ.*), miglioramento della congiuntura.
upward flowing current (*elet.*), corrente (*f.*) ascendente.
— **flux** (U.S.A.), flusso (*m.*) luminoso superorizzontale.
— **motion,** movimento (*m.*) verticale ascendente.
— **-sloping,** *agg.*, ascendente (*rif. a curva*).
— **software compatibility** (*inform.*) compatibilità ascendente di « software ».
upward welding (*sald.*), saldatura (*f.*) montante.
uracil (*chim.*), uracile *m.*
uraformaldehyde foam (*mat. plastiche*), schiuma (*f.*) di uraformaldeide.
uralite (*min.*), uralite *f.*
uranate (*chim.*), uranato *m.*
uranic, *agg.* uranico.
uranides (*fis. atom.*), uranidi *m. pl.*
uraniferous, *agg.* uranifero.
uranine (*chim.*), uranina *f.*
— **yellow** (*colori*), giallo di uranina.
uraninite (*min.*), uraninite *f.*; blenda (*f.*) picea.
uranite (pr. *iu' ren-ait*) (*min.*), uranite *f.*
uranium (*chim.* = U), uranio *m.*
— **barium oxide,** diuranato di bario.
— **bomb** (*fis. atom.*), bomba (*f.*) all'uranio.
— **cartridge** (*fis. atom.*), cartuccia d'uranio.
— **dioxide** (*chim.*), biossido (*m.*) di uranio.
— **enrichment factory,** officina di arricchimento dell'uranio.
— **enrichment plant** (*fis. atom.*), stabilimento di arricchimento dell'uranio.
— **hexafluoride** (*fis. atom.*), esafluoruro (*m.*) di uranio.
— **family** (*fis. atom.*), famiglia (*f.*) dell'uranio.
— **fluoride** (*fis. atom.*), fluoruro (*m.*) di uranio.
— **-graphite lattice** (*fis. atom.*), reticolo uranio-grafite.
— **fission** (*fis. atom.*), fissione (*f.*) dell'uranio.
— **fuel** (*fis. atom.*), uranio (*m.*) combustibile.
— **nucleus** (*fis. atom.*), nucleo (*m.*) di uranio (*dell'atomo d'uranio*).
— **metal** (*fis. atom.*), uranio (*m.*) metallico.
— **metal lattice** (*fis. atom.*), reticolo a uranio metallico.
— **metallurgy,** metallurgia (*f.*) dell'uranio.

uranium ore, minerale (*m.*) di uranio.
— **oxide,** ossido di uranio.
— **pile** (*fis. atom.*), pila (*f.*) ad uranio; reattore (*m.*) ad uranio.
— **poisoning** (*fis. atom.*), avvelenamento da uranio.
— **reactor** (*fis. atom.*), reattore (*m.*) ad uranio.
— **rod** (*fis. atom.*), barra (*f.*) di uranio.
— **slug** (*fis. atom.*), lingotto (*m.*) d'uranio (cartuccia d'uranio).
— **steel,** acciaio all'uranio (che sostituisce il vanadio e il tungsteno).
— **strontium oxide,** diuranato di stronzio.
— **treatment** (*met.*), trattamento dell'uranio.
— **yellow,** uranato (*m.*) di sodio.
uranniobite, varietà di uraninite, in cristalli.
uranochalcite (*fis. atom.*), uranocalcite *f.*
uranocircite (*min., fis. atom.*), uranocircite *f.*
uranography, uranografia *f.*
uranolepidite (*fis. atom.*), uranolepidite *f.*
uranometry, uranometria *f.*
uranophane (*fis. atom.*), uranofano *m.*
uranopilite (*fis. atom.*), uranopilite.
uranospathite (*fis. atom.*), uranospatite *f.*
uranospherite (*fis. atom.*), uranosferite *f.*
uranospinite (*fis. atom.*), uranospinite *f.*
uranothallite (*fis. atom.*), uranotallite *f.*
uranothorite (*fis. atom.*), uranotorite *f.*
uranotile (*fis. atom.*), uranotile *f.*
uranous, *agg.* (*chim.*), uranoso.
Uranus (*astron.*), urano *m.*
uranyl (*chim.*), uranile *m.*
— **acetate** (*fis. atom.*), acetato (*m.*) di uranile.
— **nitrate,** nitrato (*m.*) di uranile (usato in fot., medic., ecc.),
uranyl sulphate (*chim.*), solfato (*m.*) di uranile.
— **uranate** (*chim.*), uranato di uranio; ossido di uranio.
urban, *agg.*, urbano.
— **area** (*costr.*), area urbana.
— **development,** sviluppo (*m.*) urbano.
— **planning,** progetto (*m.*) urbanistico; piano (*m.*) regolatore.
— **transports,** trasporti (*m. pl.*) urbani.
urea, urea *f.*
— **formaldeyde resins** (*plast.*), v. **urea resins.**
— **resins** (*plast.* e *vern.*), resine (*f. pl.*) urea-formaldeide; resine (*f. pl.*) ureiche.
ureasi (*chim.*), ureasi *m.*
ureide (*chim.*), ureide *f.*
urein (*chim.*), ureina *f.*
urethane (pr. *iu' re.than'*) (*chim.*), uretano *m.*
— **foam** (*mat. plastiche*), schiuma (*f.*) di uretano.
urethrography (*radiol.*), uretrografia *f.*
uric acid (*chim.*), acido (*m.*) urico.
uridin (*chim.*), uridina *f.*
urochrome (*med.*), urocromo *m.*
urogram (*radiol.*), urogramma *m.*
urography (*radiol.*), urografia *f.*
urologist (*med.*), urologo *m.*
urology (*med.*), urologia *f.*
urotropine (*chim.*) urotropina *f.*
Ursol, ursol *m.*
U.S. gallon, gallone (*m.*) americano equivalente a litri 3,785310.
U.S. Standard thread, filettatura (*f.*) americana.
usagers, utenti.
used fuel (*fis. atom.*), combustibile (*m.*) esaurito; cartuccia (*f.*) consumata.
useful effect, effetto (*m.*) utile.
— **heat,** calore (*m.*) utile.
— **horsepower,** cavallo (*m.*) vapore utile.
— **length,** lunghezza (*f.*) utile.
— **load,** carico (*m.*) utile.
— **output,** effetto (*m.*) utile.
— **work,** potenza (*f.*) effettiva.
user (*inform. ecc.*), utente *m.*

user manual (*auto, ecc.*), manuale delle istruzioni ad uso dell'acquirente (utilizzatore, ecc.).

— **oriented** (*inform.*), orientato verso l'utente.

— **support department** (*inform. universitaria*), (*the main interface between users and the computing service, providing advisory, documentation and user education service*), ufficio universitario al servizio informatico del pubblico; con documentazione, applicazioni grafiche, biblioteca ecc.

usher in (to —) (*inform.*), introdurre in memoria.

— **out (to —)** (*inform.*), estrarre dalla memoria.

utilitarian helicopter (*aereo*), elicottero utilitario.

Utilith, utilith: resina sintetica.

utilities (*met., ecc.*), servizi pubblici (vapore, acqua, energia elett., gas ecc. necessari per azionare una fabbrica, o un dato processo di fabbricaz.); (*contratti*) mezzi o servizi generali.

utility aeroplane, aeroplano (*m.*) utilitario.

— **car** (*auto*), utilitaria *f.*; automobile (*f.*) utilitaria.

utility coach (*auto*), autofurgone.

— **coal** (*min.*), carbone per servizi di pubblica utilità (*elet., gas, ecc.*).

— **company** (U.S.A.), compagnia (*f.*) di elettricità.

— **program** (*inform.*), programma di utilità.

— **routine** (*inform.*), sottoprogramma di servizio; routine di utilizzo; programma di utilità; routine di supporto al funzionamento del calcolatore.

utilization, utilizzazione *f.*

— **factor** (*ill.*), fattore (*m.*) di utilizzazione.

utilise, *v.a.* utilizzare.

uvanite (*fis. atom.*), uvanite *f.*

Uversol, Uversol: naftenato di zinco.

uvio-fast, *agg.* resistente ai raggi ultravioletti.

— **-sensitive,** *agg.*, uviosensibile (sensibile ai raggi ultravioletti).

uviol, ultravioletto *m.*

— **glass,** vetro molto trasparente ai raggi ultravioletti.

— **lamp,** lampada (*f.*) per sole artificiale.

uviolize, *v.a.*, trattare coi raggi ultravioletti.

V

V-antenna, antenna (*f.*) a V.
V-bottom (*naut.*), carena a V.
V-block, blocco (*m.*) a V.
V engine, motore (*m.*) a V.
V gear, ingranaggio (*m.*) elicoidale doppio.
V-net (*inform.*), rete di comunicazione con elaboratori della IBM che allaccia circa 15 000 terminali nei propri centri di sviluppo e prova, in otto Paesi.
V notch (*di provetta, met.*), intaglio a V.
V-seam, saldatura (*f.*) a V.
V-segregation (*met.*), segregazione a V.
V shaped groove, scanalatura (*f.*) a V.
V thread, filetto (*m.*) (*o* passo) triangolare.
V-threaded screw, vite (*f.*) a filetto triangolare.
V type cylinders, cilindri (*m. pl.*) inclinati e disposti a V (*auto*).
V-type engine (*aereo*), motore (*m.*) a due file di cilindri, a V; motore lineare.
— **belt,** cinghia (*f.*) trapezoidale.
vacancy (*fis. atom.*), lacuna *f.*; vuoto *m.*; (*met., cristal.*), vacanza *f.*; posto vacante (riferito a un reticolo mancante di atomi).
vacant, *agg.* (*inform. ecc.*), vacante; disponibile.
vaccine (*med.*), vaccino *m.*
vacuum (*fis.*), vuoto *m.*
— **-brake,** freno (*m.*) a depressione.
— **brazing** (*sald.*), brazatura sotto vuoto.
— **capacitor** (*elet.*), condensatore nel vuoto.
— **cleaner,** aspirapolvere *m.*
— **cotton harvester** (*agr.*), raccoglitrice di cotone sotto vuoto.
— **decarburization** (*met.*), decarburazione (*f.*) sotto vuoto.
— **degassed steel** (*met.*), acciaio degasato sotto vuoto.
vacuum degassing (*met.*), degasaggio sottovuoto.
— **degassing method** (*met., acciaieria*), metodo del degasaggio sottovuoto.
— **deoxidation treatment** (*met.*), trattamento di disossidazione a vuoto.
— **deoxidiser** (*met.*), disossidatore sotto vuoto.
— **deposit (to —)** (*met.*), depositare sotto vuoto Al, Cd, Mg, Pb, ecc. su substrati metallici, (*to vacuum deposit Al, Cd, Mg, Pb etc. on metal substrates*).
— **distillation,** distillazione (*f.*) nel vuoto.
— **fan,** ventilatore (*m.*) aspirante.
— **flashing,** distillazione sotto vuoto.
— **forming machine** (*mat. plast.*), formatrice (*f.*) sotto vuoto.
— **fractionation,** frazionamento (*m.*) sotto vuoto.
— **gage (*or* gauge),** manometro di misura del vuoto; vacuometro *m.*
— **heat treatment,** trattamento (*m.*) termico a vuoto.
— **line** (*fis. atom.*), circuito (*m.*) a vuoto.
— **melted alloy** (*met.*), lega (*f.*) fusa nel vuoto.
— **melting,** fusione (*f.*) nel (*o* sotto) vuoto; (*met.*), colata (*f.*) sotto vuoto.
— **metallurgical process** (*met.*), processo metallurgico sotto vuoto.
— **photocell** (*elettr.*), cella (*f.*) fotoelettrica a vuoto.
— **processed steel,** acciaio fabbricato sotto vuoto.
— **pump,** pompa (*f.*) per il vuoto; pulsometro *m.*
— **rectifier,** raddrizzatore a vuoto.
— **refining** (*ghisa*), affinazione sotto vuoto.
— **remelted steel** (*met.*), acciaio rifuso sotto vuoto.

vacuum retorting, distillazione sotto vuoto.
— **servo (assisted) brake** (*auto*), servofreno (*m.*) a depressione.
— **sintering bell** (*met.*), campana (*f.*) di sinterizzazione sotto vuoto.
— **spectrograph** (*ott.*), spettrografo a vuoto.
— **tank,** cassa (*f.*) a tenuta di vuoto.
— **technology** (*fis.*), tecnologia del vuoto.
— **tempering furnace** (*met.*), forno di rinvenimento a vuoto.
— **test instrument** (*orol.*), apparecchio per il controllo delle casse a vuoto.
— **-tight,** *agg.* stagno al vuoto.
— **tube,** tubo (*m.*) a vuoto (pneumatico).
— **-tube amplifier,** amplificatore (*m.*) telefonico.
— **-tube switch,** interruttore (*m.*) elettronico.
— **-tube voltmeter,** voltmetro (*m.*) a valvole termoioniche.
— **valve,** valvola (*f.*) a tenuta di vuoto.
— **-ventilator,** ventilatore (*m.*) aspirante.
— **(to relieve the —),** rompere il vuoto.
valence (*or* **valency**) (*chim.*), valenza *f.*
— **electron** (*fis. atom.*), elettrone (*m.*) di valenza.
valentinite (*min.*), valentinite *f.*
valerian, valeriana *f.*
— **celtica oil** (*saponi, profumi*), olio essenziale di « valeriana celtica ».
valeric acid (*chim.*), acido (*m.*) valerianico (*o* valerico).
valerolactone (*chim. color. insettic., ecc.*), valerolattone *m.*
valey jack, martinetto (*m.*) per carri.
validate (*v.a.*) (*inform.*), convalidare.
validation (*inform.*), convalida.
validity (*inform.*), esattezza *f.*
validity check (*inform.*), controllo di validità.
valine (*chim.*), valina *f.*
valley, valle *f.* (*geol.*); linea (*f.*) di compluvio (*cost. civ.*); conversa *f.*
valonia (*concia*), vallonèa *f.*
valuation of land, estimo (*m.*) delle terre.
— **of property,** estimo *m.* (delle proprietà).
— **of sites,** stima (*f.*) delle aree fabbricabili.
value, valore *m.*; numero *m.* (*chim.*); indice *m.*
— *v.a.*, stimare.
— **-added network** (*inform.*), v.: **VAN.**
— **added tax (VAT)** (*comm.*), imposta sul valore aggiunto.
— **analysis** (*ind.*), analisi del valore (*di prodotto, rispetto alla riduzione del suo costo di produzione*).
valve (*radio auto, ecc.*), valvola *f.*
— **amplification factor,** coefficiente (*m.*) di amplificazione della valvola.
— **and valve seat grinding machine** (*macch. ut.*), rettificatrice (*f.*) per valvole e sedi.
— **bank** (*tip.*), blocco delle valvole.
— **base,** zoccolatura (*f.*) della valvola; attacco della valvola termoelettronica.
— **body,** corpo (*m.*) di una valvola.
— **box,** capsula (*f.*) di valvola.
— **cage,** gabbia (*f.*) di una valvola (*mecc.*); corpo (*m.*) di una valvola.
— **cap,** cappello (*m.*) di una valvola.
— **-casing,** capsula (*f.*) di valvola; cassa (*f.*) delle valvole.
— **cathode,** catodo (*m.*) della valvola.
— **chamber,** capsula (*f.*) di valvola; camera (*f.*) di valvola.
— **chest,** cassa (*f.*) delle valvole.
— **cock,** rubinetto (*m.*) a valvola.
— **comparator,** apparecchio per la misura delle valvole.

valve cover, cuffia (*f.*) per valvola; cappello (*m.*) di una valvola.
— **disc,** piattello (*m.*) della valvola.
— **engine,** motore (*m.*) con distribuzione a valvola.
— **fault,** difetto (*m.*) della valvola.
— **filament,** filamento (*m.*) della valvola.
— **floating** (*auto*), sfarfallio delle valvole.
— **gear,** distribuzione (*f.*) a cassetto; asta (*f.*) di distribuzione; distribuzione (*f.*) a valvola.
— **glass bulb,** bulbo (*m.*) di vetro della valvola.
— **grinding,** smerigliatura (*f.*) delle valvole.
— **head,** cono (*m.*) della valvola.
— **head (***or* **shoulder),** piattello (*m.*) della valvola.
— **-in-head** (*auto*) (U.S.A.), valvole (*f. pl.*) in testa.
— **-in-head engine** (U.S.A.), motore (*m.*) a valvole in testa.
— **leakage,** difetto (*m.*) di tenuta della valvola.
— **lift,** alzata (*f.*) della valvola; corsa (*f.*) della valvola.
— **-lift diagram,** diagramma (*m.*) della valvola.
— **lifter** (*auto*) (U.S.A., punteria comando valvola.
— **line** (*aereo*), cavo di comando o di una valvola.
— **maximum diameter,** diametro (*m.*) massimo della valvola.
— **motion distribution,** distribuzione (*f.*) a valvola.
— **oil-can,** oliatore (*m.*) a valvola.
— **operating conditions,** dati (*m. pl.*) di lavoro di una valvola.
— **plate,** placca (*f.*) della valvola.
— **plate current,** corrente (*f.*) di placca della valvola.
— **plug,** perno (*m.*) della valvola.
— **rod,** gambo (*m.*) di valvola; asta (*f.*) di trasmissione.
— **rod guide,** guida (*f.*) dell'asta della valvola.
— **rustle,** fruscio *m.*; crepitio *m.*

valve screen, schermo (*m.*) della valvola.
— **screen current,** corrente (*f.*) di schermo della valvola.
— **seat,** sede (*f.*) di una valvola; anello (*m.*) della valvola.
— **set,** apparecchio (*m.*) radio (a valvole).
— **shield** (*radar*), schermatura (*f.*) di valvola.
— **spindle,** stelo (*m.*) della valvola.
— **spring,** molla (*f.*) della valvola.
— **spring retainer,** scodellino (*m.*) per molla valvola.
— **spring wire** (*met.*), filo per molle di valvole.
— **stem,** stelo (*m.*) della valvola.
— **stem guide** (*auto*), guida (*f.*) valvola.
— **tappet** (*motori*), punteria *f.*
— **transconductance,** conduttanza (*f.*) mutua della valvola.
— **voltmeter** (*elet.*), voltmetro a a valvola.
— **(air release —),** valvola (*f.*) di scappamento dell'aria.
— **(amplifier —)** (*radio*), valvola (*f.*) amplificatrice.
— **(annular —),** valvola (*f.*) ad anello.
— **(balanced slide —),** valvola (*f.*) equilibrata.
— **(cathode-ray —)** (*radio*), valvola (*f.*) a raggi catodici.
— **(check —),** valvola (*f.*) di ritegno.
— **(clack —),** valvola (*f.*) a cerniera.
— **(conical —),** valvola (*f.*) conica.
— **(converter —)** (*radio*), valvola (*f.*) convertitrice.
— **(delivery —),** valvola (*f.*) premente; valvola (*f.*) di mandata.
— **(doublet seat —),** valvola (*f.*) a doppia sede.
— **(escape —),** valvola (*f.*) di scarico.
— **(exhaust —),** valvola (*f.*) di scappamento; valvola (*f.*) di scarico.
— **(feed —),** valvola (*f.*) d'alimentazione.

valve (flow control —), valvola (oleodinamica) di regolazione portata.
— **(glass —)** (*radio*), valvola (*f.*) bulbovetro; valvola (*f.*) con bulbo di vetro.
— **(hydraulic — for the control of flow),** valvola oleodinamica di regolazione portata.
— **(injection —),** valvola (*f.*) di iniezione.
— **(inlet —)** valvola (*f.*) di aspirazione (*mot. a scoppio*); valvola (*f.*) d'introduzione.
— **(lifting —),** valvola (*f.*) a sollevamento.
— **(metal —),** valvola (*f.*) emtallica.
— **(needle —),** valvola (*f.*) ad ago.
— **(non return —),** valvola (*f.*) di ritegno.
— **(oscillator —)** (*radio*), valvola (*f.*) oscillatrice.
— **(overhead —)** (*auto*), valvole (*f. pl.*) in testa.
— **(pocketed —),** valvola (*f.*) tubolare.
— **(poppet —),** valvola (*f.*) tubolare.
— **(radio trasmitting —),** valvola (*f.*) trasmittente.
— **(receiving —)** (*radio*), valvola (*f.*) ricevente.
— **(relief —),** valvola (*f.*) di scarico (*mot. a scoppio*).
— **(safety —),** valvola (*f.*) di sicurezza.
— **(screened —)** (*radio*), valvola (*f.*) schermata.
— **(shut-off —),** valvola (*f.*) d'arresto.
— **(side —)** (*auto*), valvola (*f.*) laterale.
— **(slide —),** valvola (*f.*) di distribuzione; valvola (*f.*) a cassetto.
— **(solenoid —),** valvola (*f.*) a comando elettromagnetico.
— **(spring —),** valvola (*f.*) a molla.
— **(starting —),** valvola (*f.*) d'avviamento.
valve (steam supply —), valvola (*f.*) di presa del vapore.
— **(stop —),** valvola (*f.*) d'arresto.
— **(suction —),** valvola (*f.*) aspirante.
— **(thermionic —),** valvola (*f.*) termoionica.
— **(throttle —),** valvola (*f.*) a farfalla; valvola (*f.*) di strozzamento.
— **(top —),** valvola (*f.*) di testa.
— **(vacuum —),** valvola (*f.*) a tenuta di vuoto.
valveless pump, pompa (*f.*) rotativa.
vamp, tomaia *f.* (di scarpa).
van (*ferr.*) (*auto*), furgone *m.*
— **conversion** (*auto*), trasformazione di un furgone in autocaravan.
VAN (*inform.*), value-added network (rete di comunicazione digitale, non effettuata con la rete telefonica comune, collegante tutti i tipi di calcolatori elettronici, su grandi distanze).
Van de Graaf generator (*fis. atom.*), generatore (*m.*) di Van de Graaf.
— **Dycke brown,** bruno Van Dycke; terra di Cassel; terra di Colonia.
vanadic ocher (*min.*), vanadina *f.*
vanadate (*chim.*), vanadato *m.*
— *agg.* (*chim.*), vanadico.
vanadium (*chim.* = V), vanadio *m.*
— **pentoxide,** pentossido (*m.*) di vanadio.
— **steel,** acciaio (*m.*) al vanadio.
vanadous, *agg.* (*chim.*), vanadoso.
vandalism (*assicuraz.*), vandalismo *m.*
vandalproof, *agg.* al sicuro da atti di vandalismo.
— **characteristics** (*elet., ecc.*), caratteristiche anti-vandalismo.
vane, pala (di elica, ecc.); traguardo *m.* (*topog.*) (*di palina*); aletta (che deflette l'aria); banderuola *f.*
— **-pump,** pompa (*f.*) rotativa ad alette.
vanillin, vaniglina *f.*

vanity mirror (*auto*), specchietto interno.
vanner (*min.*), vaglio *m.* a scossa; vagliatore *m.*; vanner (tavola a scossa).
vanning, vagliatura (*f.*) a scosse con lavaggio (*dei minerali*).
— **-machine,** vaglio *m.* (per minerali); vagliatrice *f.*
vapo-metallurgy (*met.*), vapometallurgia *f.*
vapography (*fot.*), vaporizzazione (*sui materiali fotografici sensibili*).
vapor (USA), vapore; v. **vapour.**
vaporimeter (*chim.*) vaporimetro *m.*
vaporization, vaporizzazione *f.*
vaporize, *v.a.* vaporizzare.
vaporizer, vaporizzatore *m.*
vaporizing oil, carburante per trattori agricoli (*petrolio*).
vapour, vapore *m.*
— **blast liquid honing** (*galv.*), pulitura con getto di vapore.
— **compression** (*fis.*), termocompressione *f.*
— **degreasing,** sgrassamento a vapore.
— **deposition** (*galv.*), deposizione di vapore (formazione di deposito per reaz. chimica su superficie riscaldata); (*met.*), deposizione vapometallurgica.
— **-liquid equilibria,** equilibri liquido-vapore.
— **phase,** fase vapore.
— **phase cracking** (*chim.*), cracking in fase vapore.
— **phase deposition** (*met.*), deposizione da fase vapore.
— **phase inhibitor** (*met.*), inibitore in fase vapore.
— **plating** (*or* — **deposition**) (*metal.*), deposizione (*f.*) vapometallurgica (termini usati qualche volta nel processo di rivestimento mediante evaporazione di metalli con vuoto spinto, meglio noto sotto il termine: *evaporative coating*, oppure *vacuum metallizing*).
— **pressure,** tensione del vapore.
varactor (*elettron.*), diodo semiconduttore con capacitanza variabile.
variability analysis, analisi (*f.*) della varianza.
variable, *agg.* (*chim., ecc.*), variabile *f.* (caratteristica di qualità).
— **area** (*cinem.*), area (*f.*) variabile.
— **area modulator** (*cinem.*), modulatore (*m.*) ad area variabile.
— **-area recording** (*cinem.*), registrazione (*f.*) sonora ad area variabile.
— **-area sound track** (*cinem.*), traccia (*f.*) sonora ad area variabile.
— **-area track** (*cinem.*), banda (*f.*) sonora ad area variabile.
— **area wing** (*aereo*), ala variabile.
— **-density recording** (*cinem.*), registrazione (*f.*) sonora a densità variabile.
— **-density sound track,** traccia (*f.*) sonora a densità variabile.
— **field,** campo (*m.*) variabile.
— **-geometry aircraft** (*aereo*), aeroplano a geometria variabile.
— **gradient** (*agrim.*), livelletta (*f.*) variabile.
— **line spacer** (*typewriter*), leva (*f.*) interlinea.
— **-pitch airscrew** (*aer.*), elica (*f.*) a passo variabile.
— **pitch propeller** (*aereo*), elica (*f.*) a passo variabile.
— **speed,** velocità (*f.*) variabile.
— **-speed drive** (*macch. ut.*), variatore (*m.*) di velocità.
— **speed gear,** ingranaggio del cambio velocità.
— **-speed scanning** (*telev.*), esplorazione (*f.*) a velocità variabile.
— **-speed unit**)*macch. ut.*), variatore (*m.*) di velocità.
— **tuning condenser,** condensatore (*m.*) variabile.
— **word length computer** (*inform.*) elaboratore a parole di lunghezza variabile.
— **worm,** vite (*f.*) continua regolabile.

variables, v. coke plant operating —.
— **list** (*inform.*), lista delle variabili.
— **release** (*inform.*), rilascio (*m.*) variabili.
variac (*elet.*), variatore (*m.*) di tensione; autotrasformatore (*m.*) a rapporto variabile.
variancy (*statistica*), varianza *f.*
variation, variazione *f.*
— **of velocity**, variazione (*f.*) di velocità.
varicap diode (*elettron.*), diodo (*m.*) varicap.
variegated marble, marmo (*m.*) screziato.
variety store (*comm.*), emporio (grande magazzino) a prezzo fisso.
vario coupler (*radio*), vario-coupler; accoppiatore variabile.
variolite (*min.*), variolite *f.*
variometer, indicatore (*m.*) di salita e di discesa.
varistor (*elet.*), varistore (resistenza consistente di carburo di silicio compresso).
Varitype (*tip.*), nome brevettato di macchina per scrivere con caratteri intercambiabili.
varmeter (*elet.*), varmetro *m.*
varnish, vernice *f.*; lacca *f.*
— *v.a.* invetriare; verniciare; inverniciare.
— **ageing** (*chim.*), maturazione (*f.*) della vernice.
— **filter**, filtro (*m.*) per vernici.
— **formulation**, formulazione di vernici.
— **making machine**, macchina (*f.*) per la fabbricazione di vernici.
— **remover**, sverniciatore *m.*
varnishing, inverniciatura *f.*; verniciatura *f.*
varying electric field, campo (*m.*) elettrico variabile.
— **load**, carico (*m.*) variabile.
vaseline, vaselina *f.*
vasoconstriction (*med.*), vasocostrizione *f.*
vasodilatation (*med.*), vasodilatazione *f.*
vasomotor (*anat.*), vasomotore *m.*
vat, tino *m.*
— **dye**, colorante (*m.*) al tino.
— **dyeing**, colorazione a tino.
— **dyes**, colori al tino.
vault (*arch.*), volta *f.*
vaulting with polygonal course, volta (*f.*) poligonale.
— **with ring**, volta (*f.*) ad anello.
vector, vettore *m.*
— **analysis**, analisi (*f.*) vettoriale.
— **arithmetic** (*inform.*), aritmetica (*f.*) vettoriale.
— **diagram**, diagramma (*m.*) vettoriale.
— **field** (*mat.*), campo (*m.*) vettoriale.
— **graphics** (*inform.*), grafica vettoriale.
— **(to —) on to a target** (*aereo*), dirigersi verso un bersaglio.
— **ratio** (*elet.*), rapporto vettoriale.
vectored priority interrupt (*computing controllers*) (*inform.*), interruzione prioritaria vettorizzata.
vee blocks, blocchi (*m. pl.*) a V.
— **engine** (*auto*), motore a V.
— **flight formation** (*aereo*), formazione (*f.*) di volo a V.
— **slide-way** (*macch. ut.*), guida (*f.*) di scorrimento trapezoidale.
veer, *v.i.* (*naut.*), girare di bordo.
vegetable black, nero (*m.*) vegetale.
— **charcoal** (*fond.*), nero (*m.*) vegetale.
— **dyes**, coloranti (*m. pl.*) vegetali.
— **oil**, olio (*m.*) vegetale.
— **silk**, seta (*f.*) vegetale.
— **tanning** (*pelli*), concia (*f.*) al vegetale (*concia al tannino*).
— **tar**, catrame (*m.*) vegetale.
vehicle (*pittura*), veicolo (legante); veicolo (*trasporto*).
— **battery** (*elet.*), batteria (*f.*) per trazione.
— **defect** (*auto*), difetto di autovetture.
— **exhausts** (*auto*), scarichi (*m. pl.*) di autoveicoli.
— **recorder**, registratore per veicoli.
— **supported by magnetic levitation**, veicolo sostenuto da levitazione magnetica.

vehicle washer (*auto, ecc.*), lavatrice per veicoli.
vehicular tunnel, galleria (*f.*) sotterranea per veicoli.
veil (*tess.*), velo *m.*
vein, *n.* (*min.*), filone *m.*
— *v.a.* venare.
— **graphite** (*min.*), grafite in pezzatura.
— **-mining** (*min.*), sfruttamento (*m.*) dei filoni.
— **(cross —)** (*geol.*), filone incrociatore.
— **(metalliferous —)** (*geol.*), filone metallifero.
veined, *p.p.* marezzato; venato.
— **marble,** marmo (*m.*) venato.
veining (*met.*), venatura (sul getto, a forma di rete di rilievi).
veinstone, roccia (*f.*) di filone.
vellum (*carta*), velina *f.*
velocity, velocità *f.*
— **distribution** (*fis. atom.*), distribuzione (*f.*) di velocità.
— **microphone,** microfono (*m.*) di velocità.
— **-modulated tube** (*elettron.*), tubo (*o* valvola) a modulazione di velocità.
— **of flywheel,** velocità (*f.*) del volano.
— **of gearing,** velocità (*f.*) degli ingranaggi.
— **of scanning** (*telev.*), velocità (*f.*) d'esplorazione.
— **pressure,** pressione (*f.*) dinamica.
— **ratio,** rapporto (*m.*) di velocità.
— **selector** (*fis. atom.*), selettore (*m.*) di velocità.
velodyne, velodina *f.*
— **integrator,** integratore (*m.*) a velodina.
velour (*tess.*), velour *m.*
— **trim** (*auto*) (arredamento) interno in vellutato.
velvet, velluto *m.*; tessuto (*m.*) vellutato.
— **-pile machine** (*tess.*), vellutatrice *f.*
velveteen (*tess.*), velluto (*m.*) di cotone.
velvetry (*tess.*), velluti *m. pl.*
venasquite (*min.*), venasquite *f.*
venato, marmo (*m.*) bianco venato.
vending machine, distributore (*m.*) automatico (*cioccolato, frutta, ecc.*).
veneer, *n.*, foglia (*f.*) di impiallacciatura; piallaccio *m.*; impellicciatura *f.*; impiallicciatura *f.*
— *v.a.* intarsiare; impiallacciare.
— **and plywood press** (*macch.*), pressa (*f.*) per compensati e tranciati.
— **cutting machine,** piallatrice (*f.*) per impiallacciature.
— **peeling lathe** (*lavoraz. legno*), sfogliatrice per impiallacciature.
— **saw,** sega (*f.*) per impiallacciature.
— **smoothing machine,** calandra *f.*
veneered, *p.p.* intarsiato; impiallacciato.
veneering, intarsiatura *f.*; impiallacciatura *f.*
Venetian blind, tenda alla veneziana.
Venice turpentine (*vern.*), trementina (*f.*) di Venezia; trementina di larice.
venogram (*radiol.*), venogramma *m.*
venography (*radiol.*), venografia *f.*
vent-hole, feritoia *f.*
— **pipe,** tubo (*m.*) di ventilazione.
vented discs (*auto*), freni a disco ventilati.
ventilated commutator (*elet.*), commutatore (*m.*) ventilato.
— **discs brakes** (*zuto*), freni a disco ventilati.
— **motor,** motore (*m.*) ventilato.
— **ribs** (*armi*), nervature (*f. pl.*) ventilate.
— **rib shotgun** (*armi*), fucile a nervatura ventilata.
ventilating pipe, tubo (*m.*) di ventilazione.
— **tubing** (*min.*), tubazioni di ventilazione.
ventilation, ventilazione *f.*
— **calculator** (*for calculation of air quantities in mine roadways*)

(*min.*), calcolatore di ventilaz. (per calcolo delle quantità di aria nelle vie di carreggio, ecc.).
ventilation circuit (*min.*), circuito di ventilazione.
— **damper,** registro (*m.*) di ventilazione.
— **engineer** (*min., ecc.*), ingegnere addetto al calcolo della ventilazione in sotterraneo.
— **flap,** sportello (*m.*) di ventilaz.; registro (*m.*) di ventilazione.
— **officer** (*min.*), addetto alla ventilazione (*nelle miniere*).
— **of the coal face** (*min. carbone*), ventilaz. della fronte di taglio.
— **plant,** impianto (*m.*) di ventilazione.
— **shaft,** pozzo (*m.*) di ventilazione.
— **-stack,** camino (*m.*) di ventilazione.
— **system** (*min.*), sistema di ventilazione.
ventilator, ventilatore *m.* (per tetto); aspiratore *m.*; presa d'aria ventilazione (*auto*).
venting (*fond.*), tiraggio (*m.*) di aria.
— **wire** (*fond.*), filo (*m.*) per il tiraggio d'aria.
ventura flux, asfalto solforizzato.
Venturi, tubo (*m.*) di Venturi.
— **meter** (*or* **metre**), tubo Venturi; venturimetro *m.*
— **-type washers,** lavatori Venturi; depuratori tipo Venturi.
venturine quartz, avventurina *f.* (quarzo).
venue, luogo di riunione (per conferenze, ecc.).
Venus (*astron.*), Venere.
veranda roof (*ferr.*), tettoia (*f.*) ad un piovente.
verbena oil, olio (*m.*) essenziale di verbena.
verdigris, acetato (*m.*) basico di rame; verderame *m.*
— **green,** verderame.
verge, frontone *m.*; spigolo fra la gronda e il colmo d'un frontone.
vergency (*ottica*), reciproco (di distanza focale) (di lenti).
vergin olive oil, olio (*m.*) d'oliva vergine.
veridian green, verde (*m.*) di Verona.
vermiculite, vermiculite *f.*
vermilion, vermiglione *m.*; cinabro *m.*, *agg.*
vermilionettes (*pigmenti*), pigmenti rossi brillanti poco stabili alla luce; « vermiglionetti ».
verminproof, *agg.* a prova di parassiti.
vernalisation pattern (*fis. atom.*), comportamento di vernazione.
vernalised seeds (*agr., biol.*), semi vernalizzati.
vernier, nonio *m.*; verniero *m.*
— **caliper,** calibro (*m.*) a verniero; calibro (*m.*) a corsoio.
— **protractor,** rapportatore (*m.*) a verniero.
— **scale,** scala (*f.*) del verniero.
— **tuning control** (*radio*), controllo (*m.*) a nonio.
Verona yellow, giallo (*m.*) di Verona (*o* giallo minerale).
Veronal (*chim.*), veronal *m.*
Veronese earth, verde (*m.*) di Verona.
versatile, *agg.* (*chim.*), polivalente; che presenta molte possibilità; adattabile (*mecc., ecc.*).
version, variante *f.*; versione *f.*
verso (*tip.*), pagina (*f.*) pari.
versor (*mat.*), versore *m.*
versus, in rapporto a; contro.
verte antique (*colori*), verde (*m.*) antico.
— **emeraude,** verde (*m.*) Guignet (idrato cromo).
vertical, *agg.*, verticale; (*cost.*), montante *m.*
— **anemometer,** anemometro (*m.*) verticale.
— **ascent** (*aereo*), ascesa (*f.*) verticale.
— **automatic,** tornio (*m.*) verticale automatico.
— **axis,** asse (*m.*) verticale.
— **beater opener** (*tess.*), apritoio verticale.
— **blanking** (*telev.*), soppressione (*f.*) di linea.

vertical boiler, caldaia (*f.*) verticale.
— **boring and turning mill** (*macch. ut.*), tornio verticale; « piallatrice rotativa »; « tornio a giostra ».
— **boring and milling machine** (*macch. ut.*), alesatrice-fresatrice (*f.*) a mandrino verticale.
— **boring machine,** barenatrice (*f.*) verticale; alesatrice (*f.*) verticale.
— **broaching machine** (*macch. ut.*), spinatrice (*f.*) verticale; brocciatrice (*f.*) verticale.
— **carburetter,** carburatore (*m.*) verticale.
— **casting,** getto (*m.*) colato in piedi.
— **centering** (*telev.*), centraggio (*m.*) verticale.
— **chambers** (*gas*), camere verticali.
— **circle** (*strum.*), cerchio (*m.*) verticale; (*top.*), cerchio zenitale (*di teodolite*).
— **component,** componente (*f.*) verticale.
— **concentration** (*comm.*), concentrazione (*f.*) verticale (di società).
— **continuous casting machine** (*met.*), macchina di colata continua del tipo verticale.
— **creel** (*tess.*), cantra (*f.*) verticale.
— **curve** (*agrim.*), raccordo (*m.*) fra le livellette.
— **cylinder,** cilindro (*m.*) verticale.
— **definition** (*telev.*), definizione (*f.*) verticale.
— **deflection amplifier** (*telev.*), amplificatore a deflessione verticale.
— **descent** (*aereo*), discesa (*f.*) verticale.
— **drilling machine,** trapano (*m.*) a colonna verticale.
— **easement curve** (*agrim.*), arco (*m.*) di raccordo (fra 2 livellette).
— **engine** (*mot.*), motore a cilindri verticali.

vertical feed, alimentazione (*f.*) verticale.
— **fin** (*aereo*), timone (*m.*) verticale.
— **galvanometer,** galvanometro (*m.*) verticale.
— **grate,** graticola (*f.*) verticale.
— **hammer,** maglio (*m.*) verticale.
— **headlamp** (*auto*), proiettore (*m.*) in posizione verticale.
— **hold control** (*telev.*), comando della messa a punto della frequenza di spostamento della oscillazione verticale.
— **honing machine,** levigatrice (*f.*) verticale.
— **hunting** (*telev.*), sbalzi verticali del quadro.
— **kiln,** forno (*m.*) verticale.
— **lathe** (*macch. ut.*), tornio (*m.*) verticale.
— **lift,** ascensore (*m.*) verticale.
— **lining,** rivestimento (*m.*) con tavole verticali.
— **miller,** fresatrice (*f.*) verticale.
— **milling-attachment,** apparecchio (*m.*) per fresare verticalmente.
— **milling machine,** fresatrice (*f.*) verticale.
— **motion,** movimento (*m.*) verticale.
— **mulching** (*agr.*), pacciamatura verticale.
— **multi-spindle drilling machine** (*macch. ut.*), foratrice (*f.*) multipla a mandrini verticali multipli.
— **oil engine,** motore diesel verticale.
— **omtimeter** (*ottica*), comparatore (*m.*) verticale.
— **panning** (*cinem.*), panoramica verticale.
— **planer** (— **planing machine**), piallatrice (*f.*) verticale.
— **planing,** piallatura (*f.*) verticale.
— **« -plus-bending » continuous caster** (*met.*), macchina di colaggio continuo del tipo verticale, con incurvamento della barra.

vertical « -plus-bending » continuous casting (*met.*), colaggio continuo del tipo verticale con incurvamento della barra.

— **position welding** (*sald.*) (U.S.A.) saldatura (*f.*) eseguita in posizione verticale.

— **process camera** (*tip.*), macchina fotografica per riproduzioni fotomeccaniche.

— **projection,** proiezione (*f.*) verticale.

— **publication** (U.S.A.) (*tip.*), giornale commerciale o tecnico specifico per una sola industria o tecnica.

— **recording** (*acust.*), **registrazione ad incisione verticale.**

— **retort** (*gas*), forno (*m.*) a storte verticali.

— **rudder** (*aereo*), timone (*m.*) di direzione.

— **section,** spaccato *m.* (*disegno*); sezione (*f.*) verticale.

— **shaft,** albero (*m.*) verticale; pozzo (*m.*) verticale.

— **shaper,** limatrice (*f.*) verticale (*qualche volta usato al posto di* **slotter** *dagli operai negli Stati Uniti*).

— **sided furnace** (*met.*), forno a pareti verticali.

— **size control** (*telev.*), controllo (*m.*) dell'altezza del quadro.

— **slide** (*macch. ut.*), slitta (*f.*) verticale.

— **sliding sashes,** imposte (*f. pl.*) scorrevoli verticalmente.

— **speed driving shaft,** albero (*m.*) di avanzamento verticale.

— **spindle grinder** (*macch. ut.*), rettificatrice (*f.*) per superfici piane con mola ad asse verticale.

— **spindle milling machine,** fresatrice (*f.*) verticale.

— **spindle surface grinder,** rettificatrice (*f.*) per piani a mandrino verticale; rettificatrice per piani con mola ad asse verticale.

— **stabilizer** (*aer.*) (U.S.A.), impennaggio (*m.*) verticale (*o* deriva).

vertical stiffener, montante *m.*

— **traverse,** alimentazione (*f.*) verticale; passata verticale.

— **traverse handle,** manovella (*f.*) per la passata trasversale (fresatrici).

— **turret drilling machine** (*macch. ut.*), trapano (*m.*) verticale a torretta.

— **turret lathe,** tornio (*m.*) a revolver verticale; (*macch. ut.*), tornio a torretta verticale.

— **twin carburettor** (*auto*), doppio carburatore (*m.*) verticale.

— **type flour mixer** (*ind. mol.*), mescolatrice (*f.*) da farina del tipo verticale.

— **type mixer,** impastatrice (*f.*) verticale.

— **welding** (*sald.*), saldatura (*f.*) eseguita in posizione verticale.

— **wind tunnel** (*aereo*), galleria (*f.*) del vento verticale.

vertically integrated steel works, acciaieria (*f.*) a ciclo verticale integrato.

vertimeter (*aereo*), statoscopio (*m.*) speciale (per indicare la salita e caduta di aerostato).

vertiplane (*aereo*), vertiplano *m.*

very soft-steel, acciaio (*m.*) extra dolce.

vesicant, *agg.* vescicatore (di gas).

vessel, recipiente *m.*; vaso *m.*; nave *f.*; (*met.*), convertitore *m.*

— **exchange type basic oxygen converter** (*met.*), convertitore ad ossigeno locomobile.

— **with drive-on/drive off facilities,** nave con facilità d'imbarco e di sbarco per autoveicoli.

vetiver oil, olio di « andropogon muricatus »; (*cuscus oil*).

vetivert (*profumi*), vedi: **vetiver oil.**

vetrified ceramic floor tiles (*costr.*), piastrelle (per pavimento) in ceramica vetrificata.

v.g. recorder (*aereo*), accelerometro (*m.*) a registrazione grafica simultanea dell'accelerazione e della velocità dell'aria.

via (*preposizione*), per mezzo di;

mediante; (*tools are often repaired via laser*), gli utensili vengono spesso riparati con il laser.
viability, efficienza *f.*
viable, *agg.* efficiente.
viaduct on single columns (*costr.*), viadotto su colonne singole.
vial (*med.*), fiala *f.*
vibrate, *v.i.* vibrare.
vibrated concrete (*costr.*), calcestruzzo vibrato; cemento armato vibrato.
vibrating blade (*calcestruzzo*), coltello (*m.*) vibrante.
— **comb** (*tess.*), pettine (*m.*) oscillante.
— **feeder** (*met., ecc.*), vibroalimentatore *m.*
— **roller** (*costr. strad.*), rullo (*m.*) vibrante.
— **screen,** vaglio (*m.*) a scosse; vibrovaglio *m.*
— **-table viscometer,** viscosimetro a tavolo vibrante.
— **tongue** (*acust.*), linguetta (*f.*) battente.
vibration, vibrazione *f.*
— **and shock isolator** (*acust.*), isolante (*o* assorbente acustico) antivibrante e ammortizzatore.
— **damper** (*macch. ut., ecc.*), antivibrante *m.*
— **damping mounting** (*macch. ut., ecc.*), supporto antivibrante *m.*
— **disease** (*med. industriale*), malattia da vibrazioni.
— **isolation** (*acust.*), isolamento (*m.*) antivibrante.
— **testing,** prova di vibrazione.
vibrationless, senza vibrazioni.
vibrator, vibratore *m.*; v. **electromagnetic —.**
— **coil,** vibratore *m.*
— **power packs** (*elet.*), alimentatori a vibratore.
vibratory degreaser (*met.*), sgrassatore (*m.*) a vibrazioni.
— **finisher** (*macch. strad.*), vibrofinitrice *f.*
— **fruit harvesting** (*agr.*), raccolta della frutta con macchine a scossa.
vibratory mill (*min.*), mulino (*m.*) a scosse.
— **sieving machine,** vagliatrice vibrante.
— **tamping,** costipamento (*m.*) mediante vibrazione.
vibro-joint-cutter (*calcestruzzo*), coltello (*m.*) vibrante per i giunti.
vibroflotation (*costr.*), vibroflottazione *f.*
viburnum (*med. bot.*), viburno *m.*
vicara (*tess.*), vicara (fibra tessile).
vicarious element (*fis. atom.*), elemento (*m.*) di sostituzione.
vice, morsa *f.*; v. **air-operated machine —; machine —; pneumatic machine —; swivel base machine —.**
— **-bench,** banco (*m.*) da fabbro.
— **clamps,** morsetto (*m.*) obliquo.
— **(hydraulic machine —)** (*macch. ut.*), morsa idraulica.
— **(plain base —),** morsa (per macchina) senza base girevole.
— **(self-centring machine —)** (*mecc.*), morsa autocentrante.
vicinal, *agg.* adiacente.
Vickers diamond pyramid hardness test, prova di durezza Vickers.
Victoria blue, bleu Vittoria.
— **green,** verde Vittoria; verde di malachite.
— **red,** rosso Vittoria: rosso (*m.*) di cromo.
— **yellow,** giallo (*m.*) Vittoria.
victorite, victorite *f.* (*esplosivo*).
video, televisione *f.*
— **amateur,** videoamatore *m.*
— **camera** (*telev.*), telecamera.
— **carrier** (*telev.*), porta video.
— **cassette** (*telev.*), videocassetta.
— **cassette recorder** (*TV*), videoregistratore a cassette.
— **coach** (*ferr.*) (*TV*), « carrozza video » dotata di un registratore a videocassette.
— **deflection** (*telev.*), video rivelazione.
— **disc** (*telev.*), videodisco *m.*
— **disc player** (*audio*), giradischi con videodisco.
— **display** (*TV*), presentazione su schermo video.

video fair, mostra della TV.
— **film** (*telev.*), film registrato su nastro video.
— **frequency** (*telev.*), video frequenza.
— **frequency amplifier** (*telev.*), amplificatore (*m.*) televisivo (*o* per televisione).
— **gain** (*video*), guadagno video.
— **game,** videogiuoco *m.*
— **graphic terminal** (*inform.*), terminale videografico.
— **graphics,** grafica video.
— **interface** (*inform.*), interfaccia video.
— **juke box,** jukebox video.
— **library** (*video*), videoteca *f.*
— **link,** collegamento video.
— **magazine,** documentario di attualità televisiva.
— **market,** videomercato *m.*
— **movie** (*TV*), telefilm.
— **photography** (*disc camera*), videofotografia *f.*
— **recorder,** videoregistratore *m.*
— **recording** (*telev.*), videoregistrazione.
— **set,** apparecchio (*m.*) per televisione; televisore *m.*
— **signal** (*telev.*), segnale (*m.*) d'immagine (*o* di visione); video segnale *m.*
— **studio** (*telev.*), studio video.
— **tape** (*video*), nastro video.
— **-tape cassette** (*telev.*), video cassetta.
— **-tape recorded program(me)** (*telev.*), programma registrato su nastro video.
— **tape recorder (VTR)** (*telev.*), registratore video a nastro.
— **telephone,** videotelefono *m.*
— **terminal,** videoterminale *m.*
— **time base** (*telev.*), base (*f.*) dei tempi video.
videocassette* module (*audio*), modulo porta videocassette.
* (*the term Video Cassette is actually a Sony trade name*).
— **recorder** (*telev.*), videoregistratore a cassette.
videodisc (*telev.*), videodisco *m.*
videofiche text storage, memorizzazione di testo su videofiche.
videographic system, sistema videografico.
videoprinter (*inform.*), unità stampante video.
videotape, *v.a.* (*telev.*), registrare su nastro video.
— **recorder** (*TV*), videoregistratore a nastro.
— **recording** (*telev.*), videoregistrazione su nastro magnetico.
videotaped programme (*telev.*), programma registrato su nastro video.
videotaping, videoregistrazione *f.* (*su nastro*).
Vienna green, verde (*m.*) di Vienna (aceto arsenito di rame).
Vierendeel girder, trave Vierendeel.
view, vista *f.*
— **finder,** mirino *m.*
— **-finder magnifier** (*fot.*), lente telescopica da mirino.
viewdata terminal (*adapted TV set which can call up information from PO computers over the telephone*), terminale di televisore adattato per ricevere dati e informazioni da elaboratori della posta tramite telefono (sistema inglese).
viewer (*telev.*), telespettatore; (*inform.*), visore *m.* (*di microfilm, ecc.*).
viewing room (*cinem.*), **sala** di prova per proiezioni.
vigilante (U.S.A.), membro di un comitato di sorveglianza (*p. es. di un comitato contro l'inquinamento, ecc.*).
vignoles rail (*ferr.*), rotaia (*f.*) a base piana; rotaia (*f.*) vignole.
vigogne (*lana*), lana (*f.*) vigogna.
vigour (*chim.*), vivacità *f.* (*di reazione*).
Vinal, Vinal (resina vinilica sintetica).
vinasse, residuo della fermentazione di melasse di zucchero di canna usato come fertilizzante, ecc.
vine black, nero di carbonio.

vinegar, aceto *m.*
— **naphtha,** acetato (*m.*) d'etile; etere (*m.*) acetico.
— **salt,** acetato di calcio.
vinic ether, alcool (*m.*) vinico.
vintage (*agr.*), vendemmia *f.*; (*met.*), campagna; periodo di funzionamento; età *f.*
— **motorboat** (*naut.*), barca a motore d'epoca; motobarca di epoca.
— **vehicle** (*auto*), automobile di epoca; vettura d'epoca.
vinyl (*chim.*), vinile *m.*
— **alcohol,** alcool (*m.*) etilico; etanolo *m.*
— **bromide,** bromoetile *m.*; bromuro (*m.*) di etile, CH_2:CHB_2.
— **chloride,** cloroetile *m.*; cloruro (*m.*) di etile, CH_2:CHCl.
— **chloride plant** (*chim.*), impianto (*m.*) di cloruro di vinile.
— **cyclohexne,** cicloexene vinilico C_2H_2.
— **ether,** etere vinilico.
— **-foam coated fabrics** (*tess.*), tessuti (*m. pl.*) rivestiti di schiuma vinilica.
— **plastics,** materie (*f. pl.*) plastiche viniliche.
— **resins,** resine (*f. pl.*) viniliche.
vinylation (*chim.*), vinilazione *f.* (*formazione di derivato vinilico per reazione coll'acetilene*).
Violamine (*chim.*), violammina *f.*
violet, violetto *agg.*, *m.*
— **phosphorous,** fosforo (*m.*) violetto (*o* metallico).
— **ray,** raggio (*m.*) violetto.
virgin gas oil (*chim.*), gasolio di prima distillazione.
— **wool,** lana (*f.*) vergine.
virginium (*chim.*), virginio *m.*
Virgo (*astron.*), Vergine.
Viridian, verde (*m.*) Guignet.
virite, virite *f.* (*esplosivo*).
virtual, *agg.*, virtuale (rif. a memorie, terminali, ecc.) (*inform.*).
— **image,** immagine (*f.*) virtuale.
— **memory** (*inform.*), memoria (*f.*) virtuale.
virtual slope (*ing. idraul.*), perdita (*f.*) di carico (*nei tubi*).
virus, virus *m.*
visbreaking (*petrolio*), riduzione della viscosità di oli pesanti con cracking a bassa temperatura.
Visca, raion (*m.*) alla viscosa.
viscid, *agg.* viscoso; viscido.
visco-elasticity (*chim.*), viscoelasticità.
viscoelectric effect in colloidal solutions (*fis. atom.*), effetto viscoelettrico nelle soluzioni colloidali.
viscoplasticity (*met.*), viscoplasticità.
viscose, viscosa *f.*
— **process,** procedimento (*m.*) alla viscosa (raion).
— **rayon** (*tess.*), raion (*m.*) viscosa.
— **rayon process,** procedimento (*m.*) alla viscosa.
viscosimeter (*aereo*), viscosimetro *m.*
viscosity, viscosità *f.*
— **breaker** (*chim.*), riduttore (*m.*) di viscosità.
— **builder** (*chim.*), coadiuvante di viscosità.
— **improver (oil),** (olio) correttivo di viscosità.
— **index,** indice (*m.*) di viscosità (di olio).
viscous, *agg.* viscoso.
— **deformation** (*met.*), deformazione (*f.*) viscosa.
— **flow,** corrente (*f.*) laminare (*o* lamellare).
vise (U.S.A.), morsa *f.*
— **factory,** morsificio *m.*
viseophone, telefono con immagine della persona chiamata.
visibility, visibilità *f.*
visible filing (*mobili ufficio, ecc.*), schedario visibile.
— **radiation,** radiazione (*f.*) visibile.
— **spectrum,** spettro (*m.*) visibile.
« **visicalc** » (*inform.*), tabellone elettronico (con modifiche automatiche dei valori descritti nelle varie caselle quando l'utente ne varia una).

visiogenic, *agg.* (*telev.*), visiogenico (*artisticamente adatto alla trasmissione televisiva*).
vision (*ott.*), visione; vista; campo visivo (*to restrict the operator's forward vision*), restringere il campo visivo anteriore dell'operatore.
— **signal,** segnale di televisione.
visit (to — a continuous casting plant) (*met.*), visitare un impianto di colata continua.
vista-dome coach (*ferr.*), carrozza con tetto a belvedere; carrozza panoramica.
Vistavision (*cinem.*), Vistavision (sistema di proiezione su largo schermo, con fotogramma alto m 11,33).
visual acuity, acutezza (*f.*) della vista.
— **bombing** (*aereo*), bombardamento (*m.*) visivo.
— **command guidance** (*missili*), guida a comando visuale.
— **dive** (*aereo*), picchiata (*f.*) visiva.
— **identification point** (*aereo*), punto identificazione visiva.
— **inspection** (*mecc.*), collaudo visivo.
— **tuning indicator** (*radio*), indicatore (*m.*) ottico di sintonia.
— **-type frequency monitor** (*radio*), rivelatore (*m.*) a visione diretta.
visualization of defects (*met.*), visualizzazione dei difetti (controllo visivo).
visualize (to —), visualizzare.
visually command guided missile, missile guidato a comando visuale.
vitallium, vitallium (lega inossidabile di cobalto, cromo e molibdeno).
vitamin, vitamina *f.*
vitreous, *agg.* vetroso.
— **copper,** calcocite *f.*, Cu_2S.
— **electricity,** elettricità (*f.*) vitrea.
— **enamel,** smalto (*m.*) vetroso.
— **enamelling,** smaltatura vetrosa.
vitreous silver, argentite *f.*, Ag_2S.
— **slag,** scoria (*f.*) vetrosa.
vitrification (*met.*), vetrificazione *f.* (conversione in uno stato non cristallino).
vitrified bonded wheel, mola (*f.*) con impasto vetrificato.
vitrify, *v.a.* vetrificare.
vitrifying clay, argilla (*f.*) vetrificabile.
vitriol, vetriolo *m.*
— **oil,** acido (*m.*) solforico.
vitriolize, *v.t.*, vitriolizzare *v.a.*
vitro fertilisation (*bio.*), fertilizzazione in provetta.
vivianite, siderite ossidata all'aria $Fe_3(PO_4)_2 . 8H_2O$.
vizors (rear —) (*auto*), grigliette (*f. pl.*) parasole.
Vogan, vitamina **A** naturale.
voice-actuated device (*inform.*), dispositivo dotato di (suono *o*) voce, che emette nel caso di disfunzione di un apparecchio.
— **bank** (*tel.*) (*inform.*), banca di messaggi.
— **input terminal** (*inform.*), terminale a ingresso vocale.
— **recognition equipment** (*inform.*) apparecchiatura per il riconoscimento della voce (*o* parola).
— **(computerised — recognition system),** sistema computerizzato di riconoscimento della voce.
void (*inform.*), assenza di inchiostro (con conseguente stampa difettosa di caratteri); (*metall.*), vuoto *m.*
voids index (*costr.*), indice (*m.*) dei vuoti.
volatile additive (*chim.*), additivo volatile.
— **covering,** rivestimento (*m.*) volatile.
— **crystals,** cristalli volatili.
— **matter,** materia (*m.*) volatile.
— **oil,** olio (*m.*) volatile; olio (*m.*) essenziale.
— **oil of almonds,** olio (*m.*) essenziale di mandorle amare.
— **storage** (*inform.*), memoria volatile (in caso di interruzione

di corrente, la memoria perde per sempre il suo contenuto).
volatilisable, *agg.*, volatilizzabile.
volatilisation, volatilizzazione *f.*
— **loss,** perdita (*f.*) per volatilizzazione.
volatility, volatilità *f.*
volatilization, volatilizzazione *f.*
volatilize, *v.a.* volatilizzare.
volcanic ash, tufo (*m.*) vulcanico.
— **clay,** argilla (*f.*) vulcanica.
— **glass,** vetro (*m.*) vulcanico; silice (*f.*) vulcanica.
— **rocks,** rocce (*f. pl.*) vulcaniche.
— **sand,** sabbia (*f.*) vulcanica.
volcano (*geol.*), vulcano *m.*
volley ball (*sport*), pallavolo.
— **fire** (*mil.*), tiro (*m.*) a raffica.
volt (*elet.*), volt *m.*
— **-ampere,** voltampere *m.*
— **-ampere characteristic,** caratteristica (*f.*) voltampere.
— **-coulomb,** volt-coulomb *m.*; joule *m.*
— **-rise,** sovratensione *f.*
— **-second,** volt-secondo.
volta effect (*elet.*), effetto (*m.*) volta.
voltage, voltaggio *m.*; tensione *f.* (*elet.*).
— **amplification factor,** coefficiente (*m.*) d'amplificazione di tensione.
— **control,** regolatore (*m.*) di tensione.
— **curve,** curva (*f.*) di tensione.
— **cut-out,** valvola (*f.*) di tensione.
— **dispatcher,** divisore (*m.*) di tensione.
— **doubler** (*elet.*), raddoppiatore (*m.*) di tensione.
— **drop,** caduta (*f.*) di tensione.
— **gradient,** gradiente (*m.*) di tensione.
— **indicator** (*elet.*), indicatore (*m.*) di tensione.
— **path** (U.S.A.), percorso (*m.*) della tensione.
— **regulator,** regolatore (*m.*) di tensione.
— **surge** (*elet.*), sovratensione; onda (*f.*) di tensione.
voltage transformer (*elet.*), trasformatore (*m.*) di tensione.
voltaic arc (*elet.*), arco (*m.*) voltaico.
— **cell,** pila (*f.*) di Volta.
voltameter (*elet.*), voltametro *m.*
voltammeter (*elet.*), wattmetro *m.*
voltmeter (*elet.*), voltmetro *m.*
— **with central zero** (*elet.*), voltmetro a deviazione bilaterale.
volplane, volo (*m.*) librato.
volume, volume *m.*; capacità *f.*; serie (*produce machine tools in volume*), produrre macchine utensili in serie.
— **batcher,** dosatore (*m.*) volumetrico.
— **batching,** dosaggio (*m.*) volumetrico.
— **blower,** depuratore (*m.*) d'aria.
— **contraction,** diminuzione (*f.*) di volume; contrazione (*f.*) di volume.
— **indicator,** indicatore (*m.*) di potenza sonora.
— **of air,** volume (*m.*) d'aria.
— **of blast** (*met.*), quantità di vento (aria soffiata).
— **of solids,** volume (*m.*) di solidi.
— **of spheres,** volume (*m.*) delle sfere.
— **of spherical segments,** volume (*m.*) di segmenti sferici.
— **of water,** volume (*m.*) dell'acqua.
— **per second,** portata (*f.*) al secondo.
— **produced car** (*auto*), auto prodotta in serie.
— **proportioning,** dosaggio (*m.*) volumetrico.
— **ratio,** rapporto (*m.*) in volume.
— **resistivity,** resistività (*f.*) di volume; resistenza (*f.*) specifica.
volumetric analysis, analisi (*f.*) volumetrica.
— **efficiency,** rendimento (*m.*) volumetrico.
— **flask** (*chim.*), pallone (*m.*) tarato.
volute, voluta *f.*
— **blades** (*aereo*), palette (*f. pl.*) direttrici fisse delle volute.

volute chamber, canale (*m.*) collettore (di pompa).
vortex (*fis.*), vortice *m.*
— **pattern** (*pistole a spruzzo*), rosa a vortice.
— **sheet** (*aereo*), strato (*m.*) vorticoso.
vorticity (*fis.*), vorticosità *f.*
voussoir, cuneo (*m.*) di pietra (per arco); concio (*m.*) a cuneo; concio (*m.*) di volta; mattone (*m.*) a cuneo.
vug (*min.*), drusa *f.*; geode *m.*
vugh (*min.*) drusa *f.*; geode *m.*
vulcanised rubber, gomma vulcanizzata.
vulcanite, ebonite *f.*
vulcanizable, *agg.* vulcanizzabile.
vulcanization, vulcanizzazione *f.*
— **accelerator,** accelerante (*m.*) della vulcanizzazione.
— **assistant** (*gomma*), coadiuvante (*m.*) di vulcanizzazione.
vulcanization coefficient, coefficiente (*m.*) di vulcanizzazione.
— **retarder** (*chim.*), ritardante di vulcanizzazione.
vulcanize, *v.a.* vulcanizzare.
vulcanized asbestos, amianto (*m.*) vulcanizzato.
— **fibre,** fibra (*f.*) vulcanizzata.
— **fibre sheet,** foglio (*m.*) di fibra vulcanizzata.
— **rubber,** gomma (*f.*) vulcanizzata.
— **rubber pattern,** modello (*m.*) di gomma vulcanizzata.
vulcanizer, *m.* vulcanizzatore.
vulcanizing press (*macch.*), pressa (*f.*) vulcanizzatrice; pressa per vulcanizzazione.
vulgar fraction, numero (*m.*) frazionario.
vulnerable to interference (TV), vulnerabile all'interferenza.
vulture (*aereo*) (U.S.A.), aviatore (*m.*) semi-addestrato.

W

wad (*pitt.*), miscela di ossidi di manganese; (*armi*), borra *f.* (p. es. di una palla).
— **bushing** (*armi*), boccola di riduzione del diametro della borra (della cartuccia del fucile).
— **fingers** (*armi*), molle circolari di un imborratore.
wadding, ovatta *f.*
— **filter,** filtro (*m.*) di ovatta.
wafer, cialda *f.*; (*inform.*), dischetto (*o* lastrina) di silicio, necessario per circuiti integrati (chip).
wafering (*agr.*), cubettatura *f.* (del fieno).
waffle ingot, piccolo lingotto (*m.*) di alluminio.
wag, *v.i.*, oscillare *v.i.*
wage, salario *m.*; v. **hourly — rate index; inflationary — increase; negotiated —; statutory — regulation order; weekly — earning.**
wage and salary level (*lavoro*), livello delle retribuzioni.
— **and salary survey,** inchiesta sulle retribuzioni.
— **ceiling,** salario massimo.
— **determination** (*lavoro*), determinazione dei salari.
— **differentials** (*econ.*), differenziazione dei salari.
— **drift** (*lavoro*), slittamento dei salari.
— **drift index** (*econ. lavoro, statistica*), indice relativo allo slittamento dei salari.
— **earner,** salariato *m.*
— **freeze,** blocco dei salari.
— **incentive** (*salari*), incentivo *m.*
— **-push** (*lavoro*), spinta dei salari.
— **scale** (U.S.A.), tariffa (*f.*) salari.
— **sliding scale,** scala mobile.
wages-sheet, foglio (*m.*) di paga.
Wagner earth (*elet.*), metodo (*m.*) Wagner.
wagon, carro *m.*; vagone *m.*
— **boiler,** caldaia (*f.*) a cassone.
— **corf** (*min.*), vagoncino *m.*
— **drill** (*min.*), carrello di perforazione.
— **hoist** (*mecc.*), montacarichi (*m.*) per vagoni.
— **loading plant** (*min.*), impianto caricamento vagoni.
— **-shifter** (*ferr.*), manovratore *m.*
— **vault** (*cost.*), tettoia (*f.*) ad archi; volta (*f.*) a botte.
— **weighbridge** (*pesatura*), ponte a bilico.
— **works,** fabbrica (*f.*) di vagoni.
wainscot, intavolato *m.* (di parete).
waiting room (*ferr.*, *ecc.*), sala (*f.*) di attesa.
— **state** (*inform.*), stato di attesa (di elaboratore, che attende il segnale per riprendere l'elaborazione del programma).
waiver (*legge, ecc.*), deroga *f.*: dispensa *f.*
Wakefield model (*aereo*), modello (*m.*) wakefield.
wale (*tess.*), costa *f.*; (*naut.*), torello (*m.*) di cinta.
— **piece,** filagna *f.* (di una pila).
walk (*sport*), marcia *f.*
— **in space** (*astron.*), passeggiata spaziale.
— **out,** scioperare *v.a.*; rilevare sul terreno i dati geologici di una particolare zona.
— **(to —) through it** (*cinem.*) (U.S.A.), far le prove di una scena cinem.
« **walkabout** » **headroom** (*aereo*), spazio al soffitto per spostam. di passeggeri.
walkie-lookie (*telev.*) (U.S.A-.), emittente portatile di televisione.
— **-talkie** (*radio*), apparecchio radiotrasmittente e ricevente portatile.
walking beam (*petrol.*), bilanciere *m.*
— **dragline,** escavatore mobile.

walking in space (*voli spaziali*), passeggiata nello spazio.
— **-line,** linea (*f.*) di demarcazione (di scale).
walkway (*ind. pet., met.*), passerella di accesso alle attrezzature.
wall, parete *f.* (*di casa, pozzo, ecc.*); muro *m.*; muraglia *f.*
— *v.a.* murare.
— **arch,** arco (*m.*) di rinforzo.
— **-billet friction** (*estrusione idrostatica*), attrito fra verga e parete.
— **board,** cartone per soffitti e per rivestimenti di pareti.
— **bracket,** sopporto (*m.*) a mensola (per parete).
— **clamp,** tirante (*f.*) per muri (volte, ecc.).
— **crane,** gru (*f.*) da parete.
— **drapings,** tendaggi (*m. pl.*) del soffitto (per l'acustica della sala).
— **drilling machine,** trapano (*m.*) murale.
— **effect** (*fis.*), effetto (*m.*) parete.
— **half a brick thick,** muro (*m.*) di una testa.
— **hook,** gancio (*m.*) da muro; attrezzo per raddrizzare i tubi in opera danneggiati, e facilitarne il ricupero detto caracola *f.* (*petrolio*).
— **joint,** commessura (*f.*) del muro.
— **joints,** giunti (*m. pl.*) del muro.
— **line,** allineamento (*m.*) del muro.
— **-mounted,** *p.p.*, montato alla parete.
— **of a pipe,** parete (*f.*) di tubo.
— **outlet** (*elet.*), presa di corrente murale.
— **paper,** carta (*f.*) da parati.
— **pier** (*cost.*), pila (*f.*) a parete.
— **plaster,** intonaco (*m.*) di una parete.
— **plate,** dormiente *m.* (*cost. civ.*); piastra (*f.*) a muro (*o* piastra murale).
— **post** (*cost. civ.*), montante (*m.*) di collegamento.
wall rock (*geol.*), roccia (*f.*) incassante.
— **rosace** (*arch.*), rosone *m.*
— **sampler** (*petrol.*), carotiere (*m.*) laterale.
— **shuttering,** armatura (*f.*) del muro (cem. armato).
— **slewing crane,** gru (*f.*) girevole da parete.
— **socket** (*elet.*), presa (*f.*) di corrente (per spina).
— **stud,** montante (*m.*) di collegamento (*cost. civ.*); appoggio (*m.*) del cavo.
— **switchboard** (*elet.*), quadro di distribuzione da parete.
— **thickness** (*tubi*), spessore (*m.*) della parete.
— **thickness tester** (*tubi, met.*), misuratore (*m.*) di spessore di pareti.
— **up,** *v.a.* murare.
— **(internal dividing —)** (*cost.*), muro divisorio interno.
walling, muratura *f.*
wallowing (*aereo*), instabilità *f.*
walnut oil, olio (*m.*) di noci.
— **-tree,** noce *m.*
— **veneer** (*auto*), finitura impiallacciatura in noce.
wander (*aereo*), deriva effettiva della girobussola.
wandering (*chim. fis.*), migrazione *f.*; spostamento *m.*
Wankel engine (*mot.*), motore Wankel.
— **engined car,** automobile con motore Wankel.
Wanner optical pyrometer, pirometro (*m.*) Wanner.
warding bastard file, lima (*f.*) bastarda per chiavi.
— **second cut file,** lima (*f.*) mezzo dolce per chiavi.
— **smooth file,** lima (*f.*) dolce per chiavi.
warehouse, magazzino *m.*
— **packer** (*tess.*), imballatore *m.*
warehousing, immagazzinamento *m.*
wares, merci (*f. pl.*) lavorate.
warhead (*mil.*) (*missili*), testata (*f.*) bellica (di razzi, missili,

ecc., contenente esplosivo, spoletta ecc.).

warm, scaldare *v.a.*; caldo *agg.*

— **air,** aria (*f.*) calda.

— **up** *v.a.* riscaldare gradualmente.

— **up the engine to operating temperature,** fare scaldare il motore alla temperatura di funzionamento.

— **water retting** (*tess.*), macerazione (*f.*) all'acqua calda.

warming up (*elet. radio*), riscaldamento *m.* (di apparecchio).

warner (*min.*), indicatore (*m.*) di grisù.

warning (*incursioni aeree*), allarme *m.*; (*gen.*) segnale *m.*; avviso *m.*

— **-lamp,** lampada (*f.*) rivelatrice di grisù.

— **light** (*auto, ecc.*), spia (*f.*) luminosa; v. **ignition —; oil pressure — light; low fuel — light; reserve fuel — light; side lights — light.**

— **pipe,** tubo (*m.*) di sicurezza.

— **road-marking** (*cost. strade*), segnaletica di preavviso.

— **sign,** segnale (*m.*) stradale di « avvertimento ».

— **tone,** segnale di avviso (*p. es. gettoniera telef.*).

— **triangle** (*traffico stradale*), segnale « auto ferma » (per segnalare un arresto).

— **zone** (*aereo mil.*), piano (*m.*) di avvertimento.

warp, ordito *m.* (*tess.*); orditura *f.* (*tess.*); (*tess.*), catena *f.*; (*aereo*), svergolamento *m.*; (*naut.*), cavo (*m.*) di traino o tonneggio *m.*; cavo di un'ancora (di piccola imbarcazione); v. **mooring —.**

— *v.i.*, sbandare *v.i.* (*aereo*); contorcersi *v.r.*; deformarsi *v.r.* (di legnami); incurvarsi *v.r.* (del legno); contorcersi *v.r.* (di legnami); imbarcarsi *v.r.* (del legno); fare un cordone (*laminatoio*); svergolarsi *v.t.*

— **a ship,** alare (*v.a.*) una nave (*naut.*); tonneggiare (*v.a.*) una nave.

warp backed fabric (*tess.*), tessuto a doppia faccia per trama.

— **beam** (*tess.*), subbio (*m.*) dell'ordito.

— **dyeing** (*tess.*), tinta in subbio.

— **effect** (*tess.*), effetto catena.

— **pattern** (*tess.*), effetto di ordito.

— **pile** (*tess.*), riccio di ordito.

— **printing** (*tess.*), stampaggio in ordito.

— **-sizer** (*tess.*), imbozzimatore *m.*

— **stop motion** (*tessitura*), arresto (*m.*) automatico rompicatena.

— **thread** (*tess.*), filo (*m.*) di ordito.

— **tying machine** (*tess.*), annodatrice *f.*

— **winding machine** (*tess.*), rocchettiera *f.*

— **yarn** (*tess.*), filato per ordito.

warped, *p.p.* storto; deformato (vedi: **to warp**).

warper (*tess.*), orditore *m.*

warping, bonifica (*f.*) per colmata (*agr.*); incurvatura *f.* (del legno); orditura (*f.*) per catena (*tess.*).

— **cone** (*tess.*), rocca per ordito.

— **drum** (*tess.*), tamburo (*m.*) di orditura.

— **frame** (*tess.*), orditoio (*m.*) a macchina.

— **line** (*naut.*), alzaia *f.*

— **machine** (*tess.*), orditrice *f.*; orditoio *m.*

— **(of wood),** imbarcatura *f.* (del legno).

warrant (*comm.*), bolletta (*f.*) di uscita (*dazio, dogana*).

warranted, garantito.

warranty, garanzia *f.*

— **cover,** copertura (*fondo*) di garanzia.

wash, lavaggio *m.*; (*min.*), fascia mineralizzata in depositi alluvionali sotto lo sterile; (*chim.*) v. **spent —.**

— **(to —),** *v.a.*, lavare *v.a.*; purificare (un gas).

— **-and-wear overalls** (*tess.*), tuta in tessuto lavabile, senza stiratura.

— **-basin,** lavabo *m.*; lavandino *m.*

wash-bottle (*chim.*), bottiglia di lavaggio; pissetta *f.*
— **bowl** (*casa*) (*ferr.*) (*naut.*), lavabo *m.*
— **down spear** (*petrolio*), lancia (*f.*) di pescaggio (usata nella perforazione « rotary »).
— **-in** (*aereo*), svergolamento positivo dell'ala; (*petrolio*), pompare petrolio nel pozzo, appena avviato.
— **-in** (*aereo*), aumento (*m.*) dell'incidenza.
— **in, wash out** (*aereo*), regolaggio (*m.*) dell'incidenza.
— **leather,** pelle di camoscio (per (per pulire o asciugare).
— **metal process,** affinaggio (*m.*) al bagno di scorie.
— **off,** *v.a.* togliere mediante lavatura; rimuovere con lavatura.
— **off all traces of flux** (*sald.*), togliere mediante lavatura ogni traccia di fondente.
— **oil** (U.S.A.), petrolio (*m.*) non raffinato.
— **out,** *v.a.*, estrarre con lavaggio.
— **out** (*aereo*), dimensione dell'incidenza all'estremità dell'ala.
— **plate** (*naut.*), lamiera (*f.*) di rullio.
— **primer** (*vernici*), vernice di fondo.
— **tanks** (*ind. pet.*), serbatoi di trattamento.
— **up** (*cinem.*) (*slang*) (U.S.A.), tutto è finito.

washable paint, pittura (*f.*) (colorante) lavabile.

washed metal, ghisa (*f.*) semipurificata.

washer, anello (*m.*) d'appoggio e di spessore; riperella *f.* (di vite); rosetta *f.* (*mecc.*); rondella *f.* (*mecc.*); apparecchio di depurazione dei gas; agitatore *m.*; lavatrice *f.*; *auto*), lavavetro *m.*; (*min.*, *carb.*), sezione di una laveria.

washer and stoner (*ind. mol.*), gruppo (*m.*) lavagrano.

washers, depuratori (*m. pl.*) ad acqua.

washery (*carbone*), laveria *f.*
— **slag** (*min.*), sterile di laveria.
— **(coal —),** laveria per carbone.

washing, lavaggio *m.*; affinaggio (*m.*) al bagno di scorie; rivestimento (di metalli).
— **and screening machine** (*macch. stradali*), vagliolavatrice *f.* (*per inerti, ecc.*).
— **machine,** lavatrice *f.*
— **masticator** (*chim.*), masticatore (*m.*) lavatore.
— **oil,** gasolio « di lavaggio » (usato nello « stripping » del toluolo, dei gas sottoprodotti).
— **powder,** detersivo in polvere.
— **soda,** soda (*f.*) per lavare.
— **-trough** (*fot.*), bacinella (*f.*) da lavaggio.
— **water,** acqua (*f.*) di lavaggio.

washout, dilavamento *m.* (della pioggia); (*inq.*) (*removal by rain drops of gases in the plume*), rimozione nell'aria, dei gas dei fumi, dovuta a gocce di pioggia.

waste (*fond.*), scarto (di un getto); perdita *f.*; consumo *m.*; scarto *m.*; rifiuto *m.*; (*chim.*), residuo *m.*; ricupero *m.*
— **disposal (*fis. atom.*), distruzione (*f.*) dei rifiuti radioattivi; smaltimento (*m.*) dei rifiuti radioattivi.**
— **from mites** (*house dust*), polvere che si accumula sotto i letti o sui scaffali.
— **gas,** gas (*m.*) di scappamento.
— **-gas burner,** bruciatore dei gas sottoprodotti.
— **gas treating equipment** (*met.*), impianto per il trattamento dei fumi (*gas di scarico*).
— **heat,** calore (*m.*) perduto.
— **heat boiler** (*riscaldam.*, *ecc.*), caldaia ricuperatrice di calore.
— **liquor** (*chim.*), soluzione (*f.*) residua.
— **ore,** minerale (*m.*) di scarto.

waste-pipe, tubo (*m.*) di troppo pieno.
— **plate,** foglio (*m.*) di latta di scarto.
— **product,** residuo *m.*
— **recovery** (*fis. atom.*), ricupero (*m.*) dei rifiuti radioattivi.
— **steam,** fuga (*f.*) di vapore.
— **trolley** (*mecc.*), carrello per sfridi.
— **waters,** acque (*f. pl.*) di rifiuto.
— **weir,** traversa (*f.*) a stramazzo.
— **wood,** rifiuto *m.* (di legno).
waster, getto (*m.*) difettoso; foglio di latta di qualità inferiore.
wastes (*fis. atom.*), **(cool —, rifiuti a debole attività).**
watch, orologio *m.*
— **case,** cassa (*f.*) dell'orologio.
— **movement,** movimento *m.* (di orologio).
— **oil pot** (*orol.*), recipiente (*m.*) per olio di orologi.
— **tick amplifier,** amplificatore del battito di un orologio.
— **timing rack** (*orol.*), rastrelliera (*f.*) per orologio.
watchmaker's lathe (*macch. ut.*), tornio (*m.*) di precisione per orologeria.
— **screw plates** (*orol.*), piattine per filettare per orologiai.
watchwork, movimento (*m.*) di orologeria.
water, acqua *f.*
— *v.a.* marezzare (carta, seta, ecc.); irrigare; innaffiare. *v.a.*
— **acid** (*petrolio*), acido solforico usato per togliere l'umidità dal petrolio.
— **balance,** equilibrio (*m.*) idrologico.
— **ballast,** acqua (*f.*) di zavorra.
— **ballast tank** (*naut.*), serbatoio dell'acqua di zavorra.
— **-based fluids** (*min.*), fluidi usati in miniera (*emulsioni di acqua ed olio*).
— **-basin,** bacino (*m.*) d'acqua.
— **-bath** (*chim.*), bagnomaria *f.*

water-bearing rock, roccia (*f.*) acquitrinosa.
— **-bearing stratum,** strato (*m.*) acquifero.
— **blade jet,** getto a lama d'acqua.
— **blue,** bleu (*m.*) solubile.
— **board,** consorzio (*m.*) di irrigazione.
— **boiler reactor** (*fis. atom.*), **reattore (*m.*) a caldaia.**
— **-bosh,** recipiente (*m.*) per raffreddare l'ugello.
— **box** (*gas*), vaschetta (*f.*) di troppopieno.
— **break** (*petrolio*), metodo di separazione del petrolio col coagulo dei residui di raffineria.
— **bubble,** bolla (*f.*) d'acqua.
— **calorimeter,** calorimetro (*m.*) ad acqua.
— **cannon,** cannone ad acqua.
— **-cartridge,** cartuccia (*f.*) a camicia d'acqua.
— **-cement,** cemento (*m.*) idraulico.
— **chamber** (*idr.*), serbatoio pensile (cassone dell'acqua).
— **circulation,** circolazione (*f.*) d'acqua.
— **circulation pump,** pompa (*f.*) per circolazione d'acqua.
— **cistern (tank),** serbatoio (*m.*) dell'acqua.
— **cock,** rubinetto (*m.*) dell'acqua.
— **colour,** colore (*m.*) ad acqua; acquerello *m.*
— **-column,** colonna (*f.*) d'acqua.
— **-cooled reactor** (*fis. atom.*), reattore (*m.*) raffreddato ad acqua.
— **conditioner,** depuratore d'acqua.
— **conduit,** tubazione (*f.*) d'acqua.
— **conduit for high pressure,** condotta (*f.*) d'acqua forzata.
— **consumption,** consumo (*m.*) d'acqua.
— **contents,** contenuto (*m.*) (percentuale) in acqua; tenore (*m.*) in acqua.
— **control,** regimazione (*f.*) delle acque.

water controls, regolatori dell'acqua.
— **-cool,** *v.t.*, raffreddare (*v.a.*) all'acqua.
— **-cooled,** *p.p.* raffreddato (*p.p.*) all'acqua.
— **-cooled engine,** motore (*m.*) a raffreddamento ad acqua.
— **-cooled reactor** (*fis. atom.*), reattore (*m.*) raffreddato ad acqua.
— **cooling,** raffreddamento (*m.*) ad acqua.
— **-cooling tower,** torre per il raffreddamento dell'acqua.
— **-crane,** gru (*f.*) idraulica; bocca (*f.*) d'acqua.
— **creek** (U.S.A.), falda idrica.
— **delivery** (*idraul.*), portata di acqua.
— **distribution pipe,** tubo (*m.*) di condotta d'acqua; tubo (*m.*) di distribuzione dell'acqua.
— **-diviner,** rabdomante *m.*
— **-divining,** rabdomanzia *f.*
— **-drill,** martello (*m.*) perforatore a getto d'acqua.
— **-drip,** sgocciolatoio *m.*; gocciolatoio *m.* (*cost.*).
— **-engine,** macchina (*f.*) idraulica; motore (*m.*) ad acqua.
— **equivalent,** equivalente (*m.*) idrico.
— **finder** (*petrolio*), pipetta prelevamento campioni di un serbatoio determinante la quantità d'acqua.
— **-flood intake well** (*ind. pet.*), pozzo (*m.*) ad iniezione d'acqua.
— **flooding,** inondazione (*f.*) con acqua.
— **-flush drill,** martello (*m.*) perforatore a iniezione d'acqua.
— **-flush drilling** (*min.*), sondaggio (*m.*) ad iniezione d'acqua.
— **gas,** gas (*m.*) d'acqua.
— **gauge,** idrometro *m.*; colonna (*f.*) d'idrometro; pelo (*m.*) dell'acqua; colonna d'acqua.
— **-glass,** tetrasilicato (*m.*) di sodio.
— **hammer,** colpo (*m.*) di ariete.
— **-harden,** *v.t.*, temprare (*v.a.*) all'acqua.

water hardened wire rod (*met.*), vergella temprata in acqua.
— **-hardening,** cementazione (*f.*) dell'acciaio con immersione in acqua dopo il riscaldam.; tempra (*f.*) all'acqua.
— **haze** (*petrolio*), aspetto nebbioso di prodotto petrolifero guastato dall'acqua.
— **head,** colonna d'acqua.
— **heater,** bollitore (*m.*) d'acqua.
— **-hose,** tubo di gomma dell'acqua (p. es. per lavatrice).
— **house,** castello (*m.*) d'acqua.
— **-hydrant,** idrante *m.*; bocca (*f.*) d'acqua.
— **-indicator,** indicatore (*m.*) del livello d'acqua.
— **-inflow,** vena (*f.*) d'acqua.
— **inlet,** apertura (*f.*) di riempimento.
— **injection nozzle,** ugello (*m.*) per introduzione d'acqua.
— **-in-oil emulsions** (*min.*), emulsioni di acqua ed olio (*fluidi usati in miniera*).
— **inrush** (*min.*), invasione d'acqua (nelle miniere).
— **jacket,** camicia (*f.*) d'acqua.
— **-jet,** getto (*m.*) d'acqua.
— **jet pump,** pompa (*f.*) a getto d'acqua.
— **-jump,** salto (*m.*) (*o* caduta *f.*) d'acqua.
— **-kibble,** benna (*f.*) ad acqua.
— **lancing,** alternare raffreddam. e riscaldam. per disincrostare tubi di caldaia.
— **landing,** ammaraggio *m.*
— **leakage** (*idraul.*), fuga *f.*
— **leg,** parete laterale del focolare di caldaia di tipo locomotiva.
— **level,** livello (*m.*) d'acqua; galleria (*f.*) di drenaggio (*min.*); livello (*m.*) ad acqua (*strumento*); bilancia (*f.*) idrostatica; livella (*f.*) a bolla d'aria.
— **-level indicator,** indicatore (*m.*) del livello d'acqua.
— **level line,** livello (*m.*) delle acque; linea (*f.*) di livello delle acque.

water-line corrosion (*met.*), corrosione alla linea d'acqua (localizzata, sulla sup. del mater. metallico, nella zona corrispondente al menisco della soluzione che la bagna).
— **logged** (*naut.*), pieno d'acqua, ma ancora galleggiante.
— **logged** (*chim.*), saturo di acqua.
— **logged areas,** terreni saturi d'acqua.
— **mains,** condotta (*f.*) d'acqua.
— **management,** sistemazione (*f.*) delle acque.
— **mark,** pelo (*m.*) dell'acqua; livello (*m.*) delle acque; filigrana *f.*
— **marking roll** (*carta*), rullo marcatore per filigrana.
— **meter,** idrometro *m.*; contatore (*m.*) d'acqua.
— **mill,** mulino (*m.*) ad acqua.
— **monitor (*fis. atom.*), monitore (*m.*) (controllore) dell'attività dell'acqua.**
— **monitoring,** controllo dell'acqua (durante il processo di purificazione).
— **motor,** motore (*m.*) idraulico.
— **outlet,** apertura (*f.*) di scarico (*motori*); bocchettone d'uscita dell'acqua.
— **paint,** colore (*m.*) ad acqua.
— **penetration** (*esplosivi*), penetrazione dell'acqua.
— **pipe, tubatura (*f.*) per l'acqua.**
— **pipes,** condotta (*f.*) d'acqua.
— **piping,** conduttura (*f.*) d'acqua; tubazione (*f.*) d'acqua.
— **pollution,** inquinamento delle acque.
— **polo** (*sport*), pallanuoto *m.*
— **-post,** bocca (*f.*) da incendio.
— **power,** forza (*f.*) idraulica; carbone (*m.*) bianco.
— **power plant,** centrale (*f.*) idraulica.
— **pressure,** pressione (*f.*) d'acqua.
— **pressure engine,** macchina (*f.*) a colonna d'acqua.
— **previlege,** concessione di derivare acque.

water proportion, tenore (*m.*) in acqua.
— **pump** (*auto, mot.*), pompa acqua.
— **purification plant,** impianto per la purificazione delle acque.
— **-quenched** (*met.*), temprato in acqua.
— **quenching followed by tempering** (*met.*), bonifica dopo tempera in acqua.
— **-ram,** ariete (*m.*) idraulico.
— **repellency,** idrorepellenza *f.*
— **repellent** (*chim.*), idrorepellente *agg.*
— **-repellent** (*calcestruzzo*), agente (*m.*) impermeabilizzante.
— **-repellent agent** (*calcestruzzo*), agente impermeabilizzante.
— **-resistant case** (*orol.*), cassa stagna (di orologio).
— **scoop** (*ferr.*), becco (*m.*) di presa d'acqua.
— **scrubber,** depuratore ad acqua.
— **seal,** chiusura (*f.*) idraulica.
— **separator,** separatore (*m.*) di acqua.
— **skiing** (*sport*), sci acquatico.
— **softener,** correttivo (*m.*) per l'addolcimento dell'acqua.
— **softening,** addolcimento (*m.*) dell'acqua.
— **soluble,** solubile in acqua.
— **space (water-space),** camera (*f.*) d'acqua (di caldaie); spazio (*m.*) d'acqua.
— **spout,** getto (*m.*) d'acqua.
— **spray** (*met., ecc.*), spruzzo d'acqua.
— **string** (*petrolio*), colonna di arresto dell'acqua (sopra la sabbia petrolifera).
— **supply,** alimentazione (*f.*) idraulica; approvvigionamento d'acqua.
— **swilling,** (*galvanotecnica*), risciacquatura (*f.*) con acqua.
— **table** (*geol.*), livello (*m.*) idrostatico.
— **tank,** cassa (*f.*) d'acqua (di locom., ecc.); serbatoio (*m.*) d'acqua.
— **the lime,** smorzare (*v.a.*) la calce.

water tower, castello (*m.*) d'acqua; torre (*f.*) serbatoio.
— **-tube,** tubo (*m.*) d'acqua.
— **-tube boiler,** caldaia (*f.*) a tubi d'acqua.
— **turbine,** turbina (*f.*) ad acqua; turbina (*f.*) idraulica.
— **twist** (*tess.*), filo (*m.*) di catena.
— **-wash,** *v.a.* (*petrolio*), togliere i composti di zolfo dalla benzina; togliere l'acido rimanente nel petrolio (*raffineria*).
— **wheel,** ruota (*f.*) idraulica.
— **white** (*petrolio*), bianco acqua: gradazione di colore del petrolio; gradazione di primissima qualità del petrolio raffinato.
— **-works,** impianto (*m.*) di acqua potabile.
watercourse, corso (*m.*) d'acqua.
watered (*tess.*), marezzato *p.p.* (ondeggiato).
waterfall, cascata *f.*
waterglass (*min.*), ortosilicato *m.*
watering, irrigazione *f.*; alimentazione acqua (*macch.*); (*cosmetici*, *chim.*), diluizione *f.*
— **can** innaffiatoio *m.*
waterless, privo d'acqua; senza acqua.
waterline (*naut.*), linea (*f.*) d'immersione; (*petrolio*), linea di acqua (livello di separazione fra l'acqua e il petrolio, nel terreno).
watermark (*carta*), filigrana *f.*
watermarking, marezzatura *f.*
watermelon (*petrolio*), scambiatore di calore (usato su pozzi di estrazione per immissione di gas compresso); peso (posto sul pozzo o su una tubazione di aste pesanti canadesi).
waterproof, *agg.*, impermeabile; (*agg.*) all'acqua; (*v.a.*), rendere impermeabile.
— **ink,** inchiostro indelebile.
— **material,** materiale (*m.*) impermeabile.
— **paint,** pittura (*f.*) impermeabile (*o* resistente all'acqua).
— **paper,** carta (*f.*) impermeabile.
waterproof substances, materiali (*m. pl.*) impermeabilizzanti.
waterproofed lined paper bag, sacchetto (*m.*) di carta impermeabile (per cemento).
waterproofing, impermeabilizzazione *f.*
— **agent** (*chim.*, *ecc.*), agente impermeabilizzante.
— **compound,** composto (*m.*) impermeabilizzante.
— **materials,** materiali impermeabilizzanti usati per il cemento, forniti da diverse ditte.
watershed, spartiacque *m.*; linea (*f.*) di displuvio (*geol.*); bacino (*m.*) idrografico (*geol.*); bacino (*m.*) imbrifero.
watertight, *agg.*, stagno (*agg.*) all'acqua; a chiusura idraulica; a tenuta d'acqua; impermeabile all'acqua.
— **bulkhead,** compartimento (*m.*) stagno.
— **cable,** cavo (*m.*) stagno.
— **compartment** compartimento (*m.*) stagno.
— **roofing,** copertura (*f.*) (del tetto) impermeabile.
watertightness, impermeabilità *f.*
watertube drum (*caldaie*), tamburo del tubo d'acqua.
waterway, canale (*m.*) di murata; canale (*m.*) di scolo; idrovia *f.*
waterwheel generator, alternatore (*m.*) per turbine idrauliche; (*elet.*), turbo-generatore.
waterworks, centrale (*f.*) di distribuzione d'achua.
watford handcraft tiles, lamiera (*f.*) colorata per tetti (prodotta dalla Universal Asbestos Mfg-Co.).
watt (*elet.*), watt *m.*
— **consumption,** consumo (*m.*) in watt.
— **current** (*elet.*), corrente (*f.*) attiva (*o* wattata).
— **-hour,** watt (*m.*) ora.
— **-hour meter** (*elet.*), wattorametro.
wattage (*elet.*), wattaggio m.

wattful current (*elet.*), corrente wattata.
wattle bark, corteccia di mimosa; corteccia di acacia; corteccia australiana.
wattless current (*elet.*), corrente (*f.*) **in quadratura (oziosa; svattata).**
wattmeter (*elet.*), **wattmetro**; wattometro *m.*
— range, portata (*f.*) del wattmetro.
— scale, scala (*f.*) del wattmetro.
— terminal, morsetto (*m.*) del wattmetro.
wave, onda *f.*
— **antenna** (*radio*), **antenna** (*f.*) **Beverage; antenna** (*f.*) **orizzontale.**
— **bands** (*radio*), **bande d'onda.**
— **curve** (*geom.*), **sinusoide** *f.*
— **detector** (*radio*), **rivelatore** (*m.*) **d'onde.**
— equation, equazione (*f.*) d'onda.
— **filter** (*idraul.*), **filtro a onda;** (*elet.*), **filtro di onda.**
— **-form, wave-shape** (*elet.*), forma (*m.*) **d'onda.**
— front, fronte (*f.*) dell'onda.
— function (*fis. atom.*), funzione (*f.*) d'onda.
— guide, vedi: waveguide.
— **guides** (*elet.*), **guide d'onda.**
— **length,** lunghezza (*f.*) d'onda.
— **length switch** (*radio*), **commutatore di lunghezza d'onda.**
— **loop, ventre** (*m.*) **dell'onda.**
— mechanics (*fis.*), meccanica (*f.*) ondulatoria.
— **peak, vertice** (*m.*) **dell'onda; culmine** (*m.*) **dell'onda.**
— power (*elet.*), elettricità (*f.*) ad onde energetiche.
— -powered electricity generator, generatore di elettricità ad onde energetiche.
— **range, gamma** (*f.*) **d'onda.**
— **-range switch, commutatore** (*m.*) **di gamma d'onda.**
— **rays** (*idraul.*), « **raggi** » **di onda (diagramma di rifrazione).**

wave **train,** serie (continua) di onde; treno di onde (*radio, ecc.*).
— **velocity** (*radio*), **velocità** (*f.*) **di fase.**
waveband (*radio*), **gamma** (*f.*) **d'onda.**
waved yarn (*tess.*), **ritorto** (*m.*) ad **ondulazioni.**
waveguide (*elettron.*), guida d'onda (struttura in tubi metallici con determinata sezione per propagazione di onde elettromagnetiche nello spazio interno).
wavelength constant (*elet.*), **costante di lunghezza d'onda.**
— **of a monochromatic radiation, lunghezza** (*f.*) **d'onda d'una radiazione monocromatica.**
wavemeter (*radio*), **ondametro** *m.*
waver *v.i.*, oscillare *v.i.*; vacillare *v.i.*; tremare *v.i.*; (p. es. *the pointer wavers*, la lancetta oscilla).
wavetrap (*radio*), **circuito** (*m.*) **anti-interferenza inserito in serie con l'antenna di un apparecchio ricevitore.**
wavy grain, fibra (*f.*) **di legno ondulata.**
— **rule** (*tip.*), **filetto ondulato.**
wax, cera *f.*
— chuck (*tornio orol.*), piattaforma.
— house man (*raff. petrolio*), oper**atore di filtri pressa (per estrazione di paraffina).**
— model, modello (*m.*) di cera.
— pattern (*fond.*), modello di cera.
— (fluoride phosphate castor —), cera di ricino fluofosfatata.
waxed paper, carta (*f.*) **incerata.**
— **thread** (*fond.*), **cerino** *m.*
way, guida *f.*; **via** *f.* (*ferr.*); **galleria** *f.* (*min.*); **metodo** *m.*; **procedimento** (*chim.*).
— **guy wires** (*aereo*), **cavi** (*m. pl.*) **laterali di prua.**
— **out, uscita** *f.*
ways, vasi *m. pl.* (*naut.*); guide *f. pl.* **(di un tornio).**
w.c./shower compartment (*naut.*), locale gabinetto/doccia.

we' ve got it (*cinem.*) (U.S.A.), le macchine (da presa) sono pronte per la registrazione!
weak acid (*chim.*), acido (*m.*) debole.
— **current** (*elet.*), corrente (*f.*) debole.
— **base** (*chim.*), base (*f.*) debole.
— **-mixture knock rating** (*ind. pet.*), indice (*m.*) d'ottano in miscela povera.
— **mixture,** miscela (*f.*) povera.
— **negative** (*fot.*), negativo (*m.*) debole.
weaken (to —) (*v.t.*) **(a solution)** (*chim.*), indebolire *v.t.* (una soluzione).
weakening of current (*elet.*), indebolimento (*m.*) della corrente.
— **point** (*fis.*) punto di snervamento.
weapon factory, fabbrica di armi.
— **system capability** (*aereo mil.*), capacità (*f.*) sistema armamento.
— **system concept** (*aereo mil.*), metodo sistema armamento.
wear, usura *f.*; *v.a.* portare; indossare.
— **(to —)** (*rivestim. refrattari, ecc.*), usurarsi *v.r.*; usurare *v.a.*, (*cost.*, *ecc.*), durare; rimanere in buone condizione; resistere (p. es. *these sections are wearing well*, questi tratti stradali si mantengono bene).
— **and tear,** deperimento *m.*; logorio *m.*; usura *f.*
— **index** (*mecc.*), indice di usura.
— **machine** (*tess.*), usometro *m.*
— **off,** logorare *v.t.*; logorarsi *v.r.*
— **of the grinding wheel,** usura (*f.*) della mola.
— **out,** logorare *v.t.*; logorarsi *v.r.*
— **resisting steel** (*met.*), acciaio (*m.*) resistente all'usura.
— **testing machine** (*macch.*), macchina (*f.*) per prova di usura.
wearing (out), logorio *m.*
— **surface** (*carreggiata stradale*), manto (*m.*) di usura.
weather, tempo *m.*; intemperie *f. pl.*
— **(to —)** (*geol.*), alterarsi *v.r.*; disgregarsi *v.r.*
— **band** (*aer.*) (U.S.A.), fascia (*f.*) grondaia.
— **board,** assicella (*f.*) di copertura.
— **-bound** (*naut.*), non in grado di lasciare il porto per cattivo tempo.
— **Bureau** (U.S.A.), Ufficio Meteorologico.
— **chart,** carta (*f.*) meteorologica.
— **conditions,** condizioni (*f. pl.*), atmosferiche.
— **deck** (*naut.*), ponte (*m.*) scoperto.
— **door** (*min.*), porta (*f.*) di ventilazione.
— **forecast,** previsione del tempo.
— **-glass,** barometro *m.*
— **-proof,** *agg.*, impermeabile; a prova d'intemperie.
— **-proof cable,** cavo (*m.*) impermeabile.
— **satellite** (*astron.*), satellite meteorologico.
weathered steel (*corrosione met.*), acciaio atmosferico.
weathering, alterazione *f.* alle intemperie.
— **of a sill,** inclinazione (*f.*) di un davanzale (verso l'esterno); pendenza del davanzale (per scolo acqua).
— **test,** saggio di alterazione all'aria.
weathershield, parabrezza *m.* (di motocicletta).
weawe (*tess.*), armatura *f.*
— *v.a.* tessere.
weaver, *m.*, tessitore *m.*
weaver's knot, nodo (*m.*) piano.
weaving (*tess.*), tessitura *f.*
— **machine** (*tess.*), macchina per tessitura.
— **waste** (*tess.*), cascami (*m. pl.*) di tessitura.
web, stelo *m.* (di rotaia) (*ferr.*); bobina (*f.*) per la carta (rullo) (*tip.*); reticolo *m.* (*ott.*); anima (*f.*) (*di profilati*); corpo *m.* o

braccio) (di manovella); (*tess.*), velo di carda; tessuto; striscia di « tela » continua (*carta*); rete radiofonica (radio network) (*radio*) (*slang* U.S.A.).
web fed gravure rotary (*tip.*), macchina rotocalco per stampa dal rotolo.
— **-fed offset press,** macchina offset da bobina.
— **fed offset rotary** (*tip.*), rotativa offset da bobina (per la stampa del rotolo).
— **height,** altezza (*f.*) dell'anima.
— **member** (*cost. idr.*), asta (*f.*) di parete.
— **of the rail** (*ferr.*), stelo (*m.*) della rotaia.
— **thickness,** spessore (*m.*) dell'anima.
webbed (*mecc.*), nervato; provvisto di nervature di rinforzo (*p. es. tavola di macch. ut.*).
— **eyepiece** (*ott.*), oculare (*m.*) con reticolo.
webbing (*tess.*), tessuto di ritorto.
weber, weber (unità di flusso magnetico).
websterite (*min.*), alluminite *f.*; websterite *f.*
wedge, cuneo *m.*; (*telev.*), angolo (*m.*) di definizione (*o* ventaglio di definizione).
— **(to —),** *v.t.* incuneare.
— **buckle,** morsetto (*m.*) a chiavetta; controchiavetta *f.*
— **hook** (*ing. elet.*), gancio (*m.*) a cuneo.
— **jack,** dispositivo di forzamento a cuneo.
wedged connection, unione (*f.*) (di tavole) a cunei; collegamento (*m.*) di travi, per mezzo di cunei.
— **shaped belt,** cinghia (*f.*) a sezione conica.
— **-shaped brick,** mattone (*m.*) a cuneo.
— **tenon,** tenone (*m.*) a cuneo.
wedging hoop, cerchio (*m.*) a cuneo.
weedkiller, erbicida *m.* (contro le erbe infestanti); diserbante *m.*
weekend commuter, pendolare di fine settimana.
weekly wage earning (*lavoro*), salario settimanale degli operai.
weeled cloth (*tess.*), tessuto (*m.*) incrociato.
weeping core (*petrolio*), carota (campione di trivellazione) trasudante liquido (poco ricco di petrolio).
weeps (*naut.*), macchie rosse di ruggine su un lato di una nave.
weevily corn, grano infestato da insetti dannosi.
weft (*tess.*), trama *f.*
— **bobbin** (*tess.*), bobina (*f.*) (con filo) di trama.
— **counter** (*tess.*), contatrame.
— **effects** (*tess.*), effetti di trama.
— **stop motion** (*tess.*), arresto (*m.*) automatico rompitrama.
— **twill** (*tess.*), saia (*f.*) per trama.
— **winding,** incannatura *f.*
— **yarn** (*tess.*), filato per trama.
weigh, *v.a.* pesare; (*naut.*), levar l'ancora (salpare).
— **-batching,** dosaggio (*m.*) a peso.
— **-scale (plate —)** (*treno met.*), bilico lamiere.
weighbatcher (*fabb. cementi*), apparecchio per dosaggio a peso.
weighbridge, bilancia (*f.*) a ponte.
weighman (*met., ecc.*), pesatore *m.*; addetto alla pesa.
weight, peso *m.*; (*fis., miniere*), grave *m.* (caduta di gravi; maneggio di gravi nelle miniere p. es.).
— **due to traffic load,** peso (*m.*) del carico accidentale.
— **indicator,** indicatore (*m.*) del peso.
— **lifting** (*sport*), sollevamento pesi.
— **of governor balls,** contrappeso (*m.*) del regolatore.
— **per brake horse power** (*aereo*), carico (*m.*) per C. V.
— **ratio,** rapporto (*m.*) in peso.
— **ring,** anello (*m.*) di contrappeso.
weighted average (*mat.*), media ponderata.

weighted code (*inform.*), codice (*m.*) ponderato.
weighting factor (*inform.*), fattore di ponderazione.
— **material** (*ind. pet.*), sostanza per l'appesantimento del fango.
— **network** (*telecom.*), rete filtrante.
weightlessness, imponderabilità *f.*; mancanza (*f.*) di peso; assenza di gravità.
weir (*idraul.*), traversa *f.*; (*petrolio*), residuo petrolifero di prima lavorazione; (*distillazione*), regolatore del liquido (in un piatto di distillazione).
— **stabiliser** (*fis. atom.*), stabilizzatore (*m.*) di frequenza.
weld, saldatura *f.*; area saldata.
— *v.a.* saldare.
— **cracking**, screpolatura nelle saldature.
— **deposit**, materiale d'apporto.
— **face** (*sald.*), faccia (*f.*) di saldatura.
— **(to —)** *in situ*, saldare sul posto; saldare in cantiere.
— **iron**, ferro (*m.*) saldato.
— **line** (*sald.*), linea (*f.*) di saldatura.
— **nugget** (*sald.*), nocciolo (*m.*) di saldatura.
— **rotation** (*sald.*), angolo (*m.*) di rotazione della saldatura.
— **steel** (*met.*), acciaio (*m.*) saldato.
— **thickness** (*sald.*), spessore (*m.*) di una saldatura.
— **time** (*saldatura*), tempo (*m.*) di saldatura (*della corrente di saldatura*).
— **timer** (*sald.*), contatempo (*m.*) di saldatura; temporizzatore *m.*
— **(to) together**, unire mediante saldatura.
— **zone** (*sald.*), zona (*f.*) di saldatura.
— **(arrange the — horizontally)**, disporre la saldatura orizzontalmente.
— **(arrangement of the —)**, disposizione della saldatura.
— **(start a — at a point)**, cominciare una saldatura in un punto.
weldability test (*sald.*), prova (*f.*) di saldabilità.
weldable, saldabile *agg.*
welded (in), **welded (on)**, saldato *p.p.*
— **autoclave**, autoclave (*f.*) saldata.
— **chain**, catena (*f.*) a maglie saldate.
— **joint**, saldatura *f.* (linea di unione); traccia (*f.*) di saldatura.
— **pipe**, tubo (*m.*) saldato
— **seam**, traccia (*f.*) di saldatura.
— **ship**, nave (*f.*) saldata.
welder, saldatrice *f.*; saldatore *m.*
welding, saldatura *f.*
— **allowance**, tolleranza sulla lunghezza (di giunto saldato).
— **bar**, barretta (*f.*) per saldatura.
— **bench** (*sald.*), banco (*m.*) di saldatura.
— **burner**, cannello (*m.*) per saldare; ferruminatoio *m.*
— **converter** (*sald.*), gruppo (*m.*) convertitore per saldatura.
— **crack** (*met.*), cricca (*f.*) di saldatura (durante il raffreddam. dopo la saldatura).
— **current**, corrente (*f.*) di saldatura.
— **current source**, sorgente (*f.*) della corrente di saldatura.
— **cycle** (*saldatura*), ciclo (*m.*) di saldatura.
— **cycle time** (*sald.*), durata (*f.*) del ciclo di saldatura.
— **electrode** (*elet.*), elettrodo (*m.*) per saldatura.
— **electrode grinding machine** (*macch. ut.*), smerigliatrice (*f.*) per elettrodi di saldatura.
— **flame** (*sald.*), fiamma (*f.*) di saldatura.
— **flux**, polvere (*f.*) di saldatura.
— **flux recovery**, ricupero del materiale saldante.
— **force**, sforzo (*m.*) di saldatura.
— **gun** (*sald.*), pinza (*f.*) per saldatura; pistola (*f.*) per saldatura.

welding heat, calore (*m.*) di saldatura; calor bianco saldante.
— **joint,** unione (*f.*) saldata.
— **machine,** saldatrice *f.*; macchina (*f.*) per saldare.
— **motor generator** (*sald.*), gruppo (*m.*) convertitore per saldatura.
— **neck flange** (*mecc.*), flangia (*f.*) per saldatura, con bordo.
— **paste** (*sald.*), flusso (*m.*) disossidante in pasta.
— **positioner,** posizionatore (*m.*) per saldatura.
— **powder,** polvere (*f.*) di saldatura.
— **press,** pressa (*f.*) per saldare.
— **pressure,** pressione (*f.*) di saldatura.
— **primer** (*sald.*), indotto (*m.*) di saldatura.
— **process,** processo (*m.*) di saldatura.
— **processes factory,** officina (*f.*) di saldatura.
— **robot** (*sald.*), robot di saldatura.
— **rod,** bacchetta (*f.*) d'apporto; bacchetta (*f.*) per saldatura.
— **roll,** elettrodo di rame a rullo per saldatura.
— **scale,** scoria (*f.*) di saldatura.
— **seam,** linea (*f.*) di saldatura.
— **sequence** (*sald.*), sequenza delle saldature.
— **spatter** (*sald.*), spruzzi di metallo fuso di saldatura.
— **speed,** velocità (*f.*) di saldatura.
— **steel,** acciaio (*m.*) saldabile.
— **technique,** tecnica (*f.*) di saldatura.
— **time,** tempo (*o* durata) di saldatura.
— **torch** (U.S.A.), cannello (*m.*) per saldare.
— **wire,** filo di apporto.
— **wire diameter** (*sald.*), diametro (*m.*) del filo di apporto.
— **(arc —),** saldatura (*f.*) ad arco.
— **(atomic-hydrogen —),** saldatura (*f.*) all'idrogeno atomico.
— **(autogenous —),** saldatura (*f.*) autogena.

welding (back-hand —), saldatura (*f.*) a gas all'indietro.
— **(butt —),** saldatura (*f.*) testa a testa.
— **(carry out a —),** eseguire una saldatura.
— **(direction of —),** senso (*m.*) di saldatura.
— **(electric —),** saldatura (*f.*) elettrica.
— **(fillet —),** saldatura (*f.*) a gola.
— **(forward —),** saldatura (*f.*) a gas in avanti.
— **(lap —),** saldatura (*f.*) a ricoprimento.
— **(laser —),** saldatura col laser.
— **(leftward —),** saldatura (*f.*) a gas in avanti.
— **(oxyacetylene —),** saldatura (*f.*) ossiacetilenica.
— **(oxyhydrogen —),** saldatura (*f.*) ossidrica.
— **(point —),** saldatura (*f.*) per punti.
— **(resistance —),** saldatura (*f.*) a resistenza.
— **(ridge —),** saldatura (*f.*) per punti.
— **(rightward —),** saldatura (*f.*) a gas all'indietro.
— **(spot —),** saldatura (*f.*) per punti.
— **(tee —),** saldatura (*f.*) a T.
— **(thermit —),** saldatura (*f.*) alla termite; saldatura (*f.*) alluminotermica.
— **(trough —),** saldatura (*f.*) a gola.
welfare and retirement fund, fondo (*m.*) sociale e di anzianità.
well, pozzo *m.*; pozzo (*m.*) di nave.
— **-borer** (*min.*), fioretto *m.*; sonda *f.*
— **-boring,** sondaggio (*f.*) di pozzi.
— **-casing,** tubatura (*f.*) di pozzi.
— **-deck** (*naut.*), ponte (*m.*) a pozzo.
— **-driller,** sondatore *m.*
— **-drilling,** sondaggio (*m.*) di pozzi.
— **head** (*petrol.*), testa (*f.*) di pozzo.
— **-hole,** pozzo (*m.*) di scala.
— **logging** (*ind. pet.*), esplorazione dei pozzi; carotaggio dei pozzi.

well pump, pompa (*f.*) per pozzi.
— **servicing unit,** apparecchiatura di trivellazione.
— **shooting** (*petrolio*), carotaggio sismico.
— **-sinking,** scavo (*m.*) di pozzi.
— **-stair-case,** gabbia (*f.*) della scala.
— **-tube,** tubo (*m.*) di pozzo.
— **-tubing,** tubatura (*f.*) di pozzi.
— **(size of a —),** entità di un pozzo (*non* larghezza del pozzo) (*petrolio*).
welt, risvolto *m.* (di lamiera); bordo *m.*; costola *f.* (*tess.*).
welted dog ear, piegatura (*f.*) a risvolto ed anello.
wet, *v.a.* inumidire; *agg.* umido; bagnato.
— **assay,** saggio (*m.*) per via umida.
— **blasting** (*met.*), sabbiatura (*f.*) umida.
— **-bulb thermometer,** termometro (*m.*) bagnato.
— **classifier** (*min.*), classificatore ad umido.
— **cleaner** (*gas*), depuratore (*m.*) a umido.
— **cleaning** (*met.*), depurazione (*f.*) a umido.
— **concentrate** (*min.*), concentrato ottenuto a umido.
— **dock,** darsena *f.*
— **drawing** (*trafilatura*), passata ad umido.
— **electrolytic capacitor** (*elet.*) (U.S.A.), condensatore (*m.*) elettrolitico a liquido.
— **electrolytic condenser** (*elet.*), condensatore (*m.*) elettrolitico a liquido.
— **end** (*carta*), parte umida (*macch. per carta*).
— **exhaust system,** sistema (*m.*) di scappamento ad umido.
— **felt press** (*carta*), pressa (*f.*) umida.
— **finishing** (*tess.*), finissaggio (*m.*) a umido.
— **galvanizing,** zincatura *f.* (galvanica).
— **gas,** gas ricco.
wet gilding (*met.*), doratura (*f.*) ad umido.
— **grinding,** affilatura (*f.*) ad umido; rettificazione (*f.*) ad umido.
— **mixing,** impasto (*m.*) con acqua.
— **paint,** pittura fresca (avviso per richiamare l'attenzione).
— **peat,** torba (*f.*) umida.
— **polishing** (*met.*) (*galv.*), lucidatura ad umido.
— **purification,** depurazione (*f.*) per via umida.
— **sand,** sabbia (*f.*) umida.
— **scrubber** (*desolforaz.*), depuratore a umido.
— **silvering** (*met.*), argentatura (*f.*) a umido.
— **spinning** (*tess.*), filatura (*f.*) ad umido.
— **splitting machine,** taglierina (*f.*) longitudinale.
— **twisting** (*tess.*), ritorcitura a umido.
— **(in the —)** (*aderenza gomme*), sul bagnato.
wettability (*fis.*), bagnabilità *f.* (*all'olio, ecc.*).
wetting agent (*met.*), agente (*m.*) umettante.
— **coal dust** (*miniere*), inaffiamento con acqua o umettanti delle vie di carreggio di una miniera onde impedire esplosione di polveri.
Weymouth pine, pino (*m.*) Weymouth; pino (*m.*) del Canadà; *Pinus Strobus*; pino *m.*; legno di pino.
whale oil, olio (*m.*) di balena.
whaler (*costr.*), traversa *f.*
Whatman paper, carta (*f.*) Whatman.
wheat, grano *m.*
— **band conveyor,** trasportatore (*m.*) a nastro pel grano.
— **conditioner** (*ind. mol.*), condizionatore (*m.*) da grano.
— **flour,** farina (*f.*) bianca; farina (*f.*) di frumento.
— **grain** (*ind. mol.*), grano (*m.*) di frumento.

wheat middlings, cruschello (*m.*) di frumento (per alim. bestiame).
Wheatstone bridge (*elet.*), ponte (*m.*) di Wheatstone.
wheel, ruota *f.*; volantino *m.*; volante *m.*; ruota (*f.*) mobile (*di turbina*); mola *f.*
— **(to —),** far girare *v.a.*; muovere *v.a.*; trasportare *v.a.*; rotare *v.i.*; girare *v.i.*
— **(4th. —)** (*orol.*), ruota secondi.
— **arm** (*orol.*), razza della ruota.
— **arrangement** (*ferr.*), rodeggio *m.*
— **balancing,** equilibratura (*f.*) della mola; (*auto*) (*pneumatici*), equilibratura delle ruote.
— **balancing machine** (*auto*), macchina per equilibratura delle ruote.
— **barrow,** carriola *f.*
— **base,** distanza (*f.*) fra le ruote (*ferr.*) (interasse; scartamento (*m.*) delle ruote.
— **blade,** paletta (*f.*) di ruota.
— **boss** (*orol.*), tassello (*m.*) di ruota.
— **-bossing press,** pressa (*f.*) per mozzi di ruote.
— **box,** cassa (*f.*) d'ingranaggi.
— **-carriage,** carrello (*m.*) portamola (di rettificatrice).
— **clamps** (*auto*), dispositivi fermaruote per auto illegalmente parcheggiate (detti anche: « bulldogs »).
— **collet** (*orol.*), mozzo (*m.*) della ruota.
— **cover** (*auto*), copriruota *m.*
— **-crown gear,** ruota (*f.*) corona.
— **cutter,** fresa (*f.*) per ruote dentate.
— **-dresser** (*or*) **-dressing device,** apparecchio (*m.*) per rettificare la mola.
— **-dressing diamond,** diamante per ravvivare le mole.
— **-dressing tool** (*mecc.*), ravvivamole *m.*
— **embellisher** (*auto*), coprimozzo.
— **for internal grinding,** mola (*f.*) per rettifica interna.
— **friction,** attrito (*m.*) nella ruota.
wheel grip, aderenza *f.*
— **guard,** carter *m.* (*ingr.*); coprimola *m.*
— **-head,** portamola *m.*
— **lathe,** tornio (*m.*) per ruote.
— **mounting and pulling press** (*mecc.*), pressa (*f.*) per calettare e scalettare ruote di veicoli ferroviari.
— **post** (*orol.*), supporto (*m.*) della ruota.
— **reversing,** cambio (*m.*) di marcia ad ingranaggi.
— **rim** (*auto, ecc.*), cerchione *m.*
— **rolling mill** (*met.*), treno (*m.*) per ruote.
— **seat** (*ferr.*), portata di calettamento.
— **-set** (*ferr.*), sala (*f.*) montata; asse (*m.*) montato.
— **-set grinding machine** (*macch. ut.*), rettificatrice (*f.*) per sale montate.
— **slide,** supporto della mola; carrello della mola.
— **spindle,** albero (*m.*) portamola; mandrino (*m.*) della mola.
— **stretching tool** (*orol.*), attrezzo per allargare le ruote.
— **stud** (*orol.*), supporto (*m.*) della ruota.
— **topping tool** (*orol.*), macchina per arrondire.
— **tramp** (*auto*), scuotimento all'interno della ruota (di un assale).
— **trolley** (*ferr. elet.*), asta (*f.*) di presa a rotella.
— **truing** (*ferr. mecc.*), ripassatura delle ruote.
— **truing device,** dispositivo per la equilibratura della mola.
— **type collector,** presa (*f.*) di corrente a rotella.
— **wobble** (*auto*), movimento incontrollato delle ruote anteriori da un lato e dall'altro (detto: « sfarfallamento »).
— **work,** ruotismo *m.*
Wheelabrating (*met.*), pulitura centrifuga con abrasivi ricuperabili durante l'operazione.

Wheelabrator (*met.*), pulitrice centrifuga con abrasivi (brevetto inglese).
wheelbarrow seeder (*agric.*), seminatrice a spaglio.
wheelbase (*auto*), passo *m.*; interasse *m.*
wheelchair, sedia a rotelle.
wheeled bed, letto (*m.*) a rotelle.
— **extinguisher,** estintore carrellato.
wheelhouse (*min.*), timoneria *f.*
wheeling machine, macchina per allungare e formare lamiere metalliche.
wheels for off roading (*auto*), ruote per fuori strada.
— **with curved teeth,** ingranaggi (*m. pl.*) a dentatura curva.
whet, *v.a.* affilare; raffilare.
whetstone, pietra (*f.*) per affilare; cote (*f.*) ad acqua.
whetting, raffilatura *f.*
whey, siero *m.*
whip (*naut.*), ghia *f.*
— **stall** (*aereo*), campana *f.* (manovra aerea).
— **the silk** (*slang*) (*aereo*) (U.S.A.), scuotere (*v.a.*) un paracadute (per eliminare sporcizia, ecc.).
— **upon whip,** ghia (*f.*) doppia.
whipcord (*tess.*), saia (*m.*) a diagonali marcate.
whipping machine, sbattitutto (*m.*) elettrico.
whipstock (*perf. petrol.*), deviatore a cuneo.
whirl (to —), *v.i.* girare (con impeto); (p. es. *the propellers begin to whirl* = l'eliche incominciano a girare).
whirligig (*slang*) (U.S.A.), elicottero *m.*
whirling needle, ago (*m.*) folle.
whirlpool, gorgo *m.*; turbine *m.*
— **-chamber,** canale collettore *m.* (di pompa).
whirring noise (*radio*), rumore di sibilio.
whisk (*alim.*), mestolo *m.*
whistle, fischio *m.*
white, *agg.* e *nome,* bianco.
white acid, miscela di bifluoruro di ammonio e acido fluoridrico.
— **-annealed wire** (*met.*), filo ricotto bianco.
— **asbestos** (*chrysotile*), amianto bianco; crisotile.
— **balance** (*telecamera*), bilanciamento del bianco (operazione per adeguare l'elettronica della telecamera alla temperatura di colore ambientale).
— **base,** pigmento-base bianco.
— **beam tree,** sorbo (*m.*) montano.
— **brass plating,** placcatura con ottone bianco.
— **cast iron,** ghisa (*f.*) bianca.
— **ceramics,** ceramiche (*f. pl.*) bianche.
— **coal,** carbone (*m.*) bianco.
— **cobalt,** cobaltite *f.*
— **-collar worker,** impiegato in ufficio (in una fabbrica, ecc.).
— **collars** (U.S.A.), impiegati, tecnici e professionisti; v. **blue collar worker.**
— **deal,** *Picea Abies*, abete *m.*; legno di abete.
— **factice,** olio vegetale (per gomma).
— **gold,** oro (*m.*) bianco.
— **goods,** elettrodomestici (lavapiatti, lavastoviglie, frigo, ecc.)
— **heat,** calore (*m.*) bianco (maggiore di 2200 °F).
— **iron,** ghisa (*f.*) bianca.
— **iron pyrites,** marcassite *f.*; pirite bianca.
— **lead,** biacca (*f.*) di piombo.
— **lead ore** (*min.*), cerussite *f.*
— **lead paint,** biacca (*f.*) di piombo ad olio.
— **level** (*telev.*), livello (*m.*) de bianco.
— **light,** luce (*f.*) bianca.
— **lime,** calce (*f.*) bianca.
— **magnetic fluid,** fluido magnetico bianco.
— **maple,** acero (*m.*) bianco.
— **marble,** marmo (*m.*) bianco.
— **metal,** latta (*f.*) bianca; metallo (*m.*) bianco (antifrizione).
— **mica,** muscovite *f.*
— **mustard** (*bot.*), senape *f.*

white noise (*audio*), rumore bianco (rumore casuale privo di colorazioni).
— **oils**, oli bianchi (oli incolori; p. es. olio di paraffina liquida).
— **peak** (*telev.*), cresta (*f.*) del bianco.
— **pig iron**, ghisa (*f.*) bianca.
— **pine**, *Pinus Strobus*, pino (*m.*) bianco americano; pinastro *m.*
— **poplar**, pioppo (*m.*) bianco; gattice *m.*
— **Portland cement**, cemento Portland bianco.
— **powdered arsenic** (*chim.*), arsenico (*m.*) bianco in polvere.
— **rope** (*naut.*), fune non catramata.
— **rust** (*met.*), ruggine (*f.*) bianca (sui prodotti zincati a caldo, durante la corrosione dello zinco).
— **schorl** (*min.*), albite *f.*
— **spirit**, ragia (*f.*) minerale; (*chim.*), succedaneo della trementina.
— **spirits** (*chim.*), solvente di Stoddard.
— **tellurium**, silvanite *f.*
— **vitriol**, vetriolo (*m.*) bianco-solfato (*m.*) di zinco.
— **-wash**, intonacare *v.a.*
— **willow**, salice (*m.*) bianco.
— **wood**, *Picea Abies*, abete *m.*; legno di abete.
whiteheart malleable iron, ghisa (*f.*) malleabile a cuore bianco.
whiten, *v.a.*, imbiancare *v.a.*; imbiancarsi *v.r.*
whitewash, bianco (*m.*) di calce.
— **(to —)**, imbiancare *v.a.*; dare il bianco.
whitewashing, imbiancatura *f.*
— **brush**, spazzola (*f.*) da imbianchino.
whitherite (pr. *uith'ŏr.ait*) (*min.*), witherite *f.*, ($BaCO_3$).
whiting, carbonato di calcio.
whittle unit, **turbina** (*f.*) whittle.
Whitworth Standard thread, filettatura (*f.*) Whitworth.
— **thread**, filettatura (*f.*) Whitworth; filettatura (*f.*) Lloyd.
whizzer, estrattore (*m.*) centrifugo; colonna (*f.*) asciugatrice (*ind. mol.*).
whole depth of tool (*ingr.*), altezza (*f.*) totale del dente.
— **number**, numero (*m.*) intero.
— **pulley**, puleggia (*f.*) in un (solo) pezzo.
— **stuff** (*tip.*), pasta raffinata.
wholemeal bread (*alim.*), pane (*m.*) integrale.
wholesale manufacture, fabbricazione (*f.*) all'ingrosso.
— **price index** (*econ.*), indice dei prezzi all'ingrosso.
who's who, chi è (*libro*).
wick, lucignolo *m.*; stoppino *m.*
— **oiling**, lubrificazione (*f.*) a stoppino.
wicker work, intreccio (*m.*) a vimini.
wicket (*met.*), chiusura di ugello.
wide, *agg.* largo.
— **-angle**, *agg.* (*ott.*, *fot.*), grandangolare.
— **-angle cathode-ray tube**, tubo a raggi catodici a largo angolo.
— **-angle lens** (*fot.*, *telecamera*), grandangolare.
— **-band amplifier** (*elet.*), amplificatore (*m*,) a larga banda (o a video frequenza).
— **-band converter** (*radio*), convertitore a larga banda.
— **belt**, cinghia (*f.*) larga.
— **bodied transport** (*aereo*), trasporto su grande scala.
— **-flange beam**, trave (*f.*) ad ali larghe.
— **flats** (*met.*), larghi piatti.
— **set** (*tip.*), fusione larga.
— **strip** (*met.*), nastro largo.
— **strip mill** (*met.*), laminatoio per larghi nastri.
wideband pentode (*elettron.*), pentodo (*m.*) a larga banda.
widen, *v.i.* *v.a.*, allargarsi *v.r.*; allargare *v.a.*
— **a road** (*costr.*), allargare una strada.
widening, allargamento *m.*

widia, widia: composto di carburo di tungsteno e cobalto.
Widmanstätten structure (*met.*), struttura di Widmanstätten (orientazione lanceolata della perlite e della ferrite).
widow's pension (*pensioni*), pensione (*f.*) vedovile.
width, larghezza *f.*; spessore *m.*; altezza (*dei tessuti*).
— **control** (*telev.*), comando (*m.*) di larghezza d'immagine.
— **indicator** (*auto*), indicatore di ingombro.
— **of a bridge,** larghezza (*f.*) di un ponte.
— **of gap,** larghezza (*f.*) dell'incavo (*tornio*).
— **of passage,** apertura (*f.*) di passaggio.
— **of the flange,** larghezza (*f.*) della suola.
— **of the head** (*ferr.*), larghezza (*f.*) del fungo.
— **of wood,** spessore (*m.*) del legno.
— **overall,** larghezza (*f.*) totale.
wield (to —), maneggiare; usare; adoperare (*un utensile, ecc.*).
wig-wag (*orol.*), tornio da perni.
wilco (*aereo*) (U.S.A.) (= *will comply*), segnale radio usato dai piloti quando, capito un messaggio, rispondono di eseguire l'ordine ricevuto.
wild gas, gas (*m.*) d'altoforno d'incompleta combustione.
— **gasoline** (U.S.A.), benzina troppo evaporante per avere valore commerciale.
— **heat,** calore (*m.*) dell'acciaio grezzo.
— **steel,** acciaio (*m.*) grezzo; ghisa (*f.*) acciaiosa.
— **track** (*cinem.*), banda libera.
wildcat (*petrolio* (U.S.A.), sondaggio di ricerca: pozzo esplorativo per la ricerca di gas o petrolio in territorio mai sfruttato; compagnia petrolifera di ricerche (con perforazioni in terreni mai sfruttati); *v.a.* cercare gas o petrolio con la perforazione di un pozzo in un nuovo territorio.
wildcat well, v. **wildcat.**
wildcatting (*petrolio*) (U.S.A.), perforazione di pozzi esplorativi in territori mai sfruttati.
willey, lupo *m.* (*tess.*); diavolotto *m.* (*tess.*) (macchina per aprire lane avanti la mista).
willow (*tess.*), apritoio *m.* (vedi: **willey**).
— **-tree,** salice *m.*
— **weave** (U.S.A.), intreccio (*m.*) a vimini.
Wilmil, lega alluminio-silicio (silicio dal 10 al 13%), della Wm. Mills Ltd.
— **M,** lega simile all' « Alpax » della Wm. Mills Ltd.
Wilson chamber (*fis. atom.*), camera (*f.*) Wilson; camera (*f.*) a nebbia.
wilt (to —), afflosciarsi; diventare floscio (p. es. di plastica riscaldata a 220 gradi).
wilting, azione (*f.*) enzimatica.
Wimhurst machine (*fis.*), macchina elettrostatica di Wimhurst.
win (to —) (*min.*), estrarre *v.a.* (p. es. *to win coal* = estrarre il carbone); raggiungere ed aprire (un deposito di minerale).
— **(to) on aggregate** (*sport*), vincere per quoziente reti.
winch, verricello *m.*; argano *m.*; manovella *f.*
— **house** (*met.*), cabina degli argani.
— **tow-off** (*aereo*), traino (*m.*) aereo con verricello.
Winchester, damigiana per liquidi corrosivi, ecc.; (*inform.*), disco magnetico di piccola dimensione.
wind, vento *m.*; aria soffiata (di altoforno) (U.S.A.); (pr. *uàind*) torcimento *m.*; mancanza di parallelismo.
— **(to —),** *v.a.* caricare (*o* montare (orologi, molle) *v.a.*; avvolgere *v.a.*; attorcigliare *v.a.*; bobinare *v.a.* (*elet.*); estrarre (minerali), *v.a.* (*con verricello*).

wind (to —), *v.i.* serpeggiare (rif. a corsi d'acqua o strade); incurvarsi *v.r.* (rif. a legno, ecc.).
— **-bore** (*di pompa*) succhieruola *f.*
— **box** (*forni met.*), cassa (*f.*) a vento; camera (*f.*) d'aria (*di altoforno*).
— **-brace (to —),** *v.a.* controventare.
— **brace** (*costr.*), trave (*f.*) di controvento.
— **brace connection,** attacco (*m.*) del controvento.
— **braced boom,** corrente (*m.*) di controvento.
— **bracing,** controventatura *f.*
— **burble,** vortice, *m.*
— **cone** (*aereo*), cono (*m.*) a vento.
— **deflector** (*auto*), deflettore (*m*). deviavento (p. es. su tettuccio apribile, auto).
— **erosion of soils** (*agr.*), erosione eolica dei terreni.
— **furnace,** altoforno (*m.*) a corrente d'aria naturale.
— **in (to —),** *v.a.* avvolgere dal lato interno (*cinem.*).
— **key** (*radio, telev.*), tasto di avvolgimento.
— **load** (*costr.*), carico dovuto al vento.
— **machine** (*cinem.*), ventilatore per creare vento artificiale.
— **motor,** motore (*m.*) a vento.
— **out (to —),** *v.a.* (*cinem.*), avvolgere dal lato esterno.
— **pressure** (*costr.*), pressione (*f.*) del vento; (*costr. fis.*), spinta (*f.*) del vento.
— **rose** (*meteor.*), rosa (*f.*) dei venti.
— **sock** (*aereo*) (U.S.A.), dispositivo che indica negli aeroporti da che parte soffia il vento; manica (*f.*) a vento.
— **tunnel** (*aereo*), galleria del vento; galleria aerodinamica; v. **intermittent — tunnel.**
— **turbine,** turbina a vento.
— **up,** *v.a.* avvolgere (un cavo); caricare (*o* montare) (un orologio o una molla).

wind-up window (*auto*), finestrino (*m.*) controvento.

windage (*fis.*), risucchio d'aria; resistenza aerodinamica; (*mil.*) (*armi*), deriva (spostamento di un proiettile dovuto al vento).
— **(rifle sights adjustable for — and elevation),** mirini del fucile regolabili per la deriva e l'angolo di elevazione.

windbox (number of windboxes) (*met.*), numero casse di aspirazione (di macc. di agglomeraz.).

windbracing (*costr.*), controventatura *f.*

winder (*fil.*), incannatoio *m.*; macchina avvolgitrice; (*tess.*), vedi: **cop —**; avvolgitore *m.*; chiave per montare un orologio.
— **handle** (*auto*), v. **window winder handle.**

windfall benefit (*econ.*), beneficio eccezionale.

winding, bobinaggio *m.* (*elet.*); estrazione *f.* (con skip) (di minerali); avvolgimento *m.*; giro *m.* (di spirale) (*spira*); incannatura *f.* (semplice) (*tess.*); incurvatura *f.* (del legno, ecc.); incannaggio *m.* (*tess.*).
— *agg.* tortuoso.
— **bench** (*elet.*), banco (*m.*) da avvolgitore.
— **button** (*orol.*), bottone (*m.*) di carica.
— **diagram** (*elet.*), schema (*m.*) di avvolgimento.
— **drum,** tamburo (*m.*) di avvolgimento.
— **engine** (*min.*), estrattrice *f.* (macchina d'estrazione).
— **engineman** (*min.*), meccanico (*m.*) addetto all'estrazione.
— **former** (*elet.*), sagoma (*f.*) d'avvolgimento.
— **-gear** (*min.*), meccanismo (*m.*) d'estrazione.
— **-machine** (*elet.*), bobinatrice *f.*; (*tess.*), spolettiera *f.*
— **mechanism** (*orol.*), meccanismo di carica.

winding of bobbins (*tess.*), incannatura *f.*
— **off** (*mecc.*), svolgimento *m.*
— **pitch** (*elet.*), passo (*m.*) dell'avvolgimento.
— **-rope** (*min.*), fune (*f.*) di estrazione.
— **shaft,** albero (*m.*) carica (*orol.*); pozzo (*m.*) d'estrazione (*min.*).
— **space** (*elet.*), spazio d'avvolgimento.
— **stair,** scala (*f.*) a chiocciola.
— **stairs** (*cost.*), scala (*f.*) a chiocciola.
— **time** (*audio*), tempo di riavvolgimento (registratori a bobine, ecc.).
windlass, molinello *m.*; mulinello *m.* (*naut.*); martinetto *m.*; argano *m.*; verricello *m.*
windmill brake state (*aereo*), funzionamento mulinello a freno.
window, finestra *f.*; alloggiamento dei cuscinetti a rulli (*laminatoi*); carta (*f.*) metallizzata antiradar; apertura per passaggio di radiazioni (*reattori nucleari*); sportello (*di banche ecc.*).
— **arch,** arco (*m.*) di finestra.
— **-bar,** divisione (di legno o di ferro) fra i vetri di finestra.
— **board,** davanzale *m.*
— **cloud,** nuvola di carta metallizzata antiradar.
— **-dressing** (*finan.*), ritocco del bilancio (*per una migliore presentazione*).
— **cross,** crociera (*f.*) di finestra.
— **embrasure,** strombatura (*f.*) di finestra.
— **frame,** imposta (*f.*) di finestra; telaio (*m.*) di finestra; (*costr.*), serramento (*m.*) di finestra.
— **glass,** vetro (*m.*) da finestre.
— **grate,** inferriata *f.* (di finestra).
— **head,** architrave di finestra.
— **in work(ed) stone,** finestra (*f.*) in pietra da taglio.
— **lintel** (*cost.*), sesto (*m.*) della finestra.
— **opening,** apertura (*f.*) di finestra; luce (*f.*) di finestra.
window pack (*comm.*), imballaggio a finestra.
— **post,** montante (*m.*) di finestra.
— **-rabbet,** battuta (*f.*) della finestra.
— **recess,** nicchia (*f.*) di finestra.
— **regulator** (*auto*), alzacristalli *m.*
— **riser** (*costr.*), pannello (*m.*) sottofinestra.
— **sash,** battente (*m.*) di finestra.
— **sash frame,** antina (*f.*) di finestra.
— **shade** (*finestra*), tendina *f.* (per finestre).
— **sill,** davanzale *m.*
— **stud,** montante (*m.*) di finestra.
— **winder handle** (*auto*), maniglia alzacristalli; maniglia di regolazione del vetro del finestrino.
— **with pivoted sashes,** finestra (*f.*) a battenti fissi.
— **with sliding sashes and cased frame,** finestra (*f.*) a registro a telaio incassato.
— **with solid frame,** finestra (*f.*) con telaio rigido.
windowing (*inform.*), tecnica di visualizzazione di due o più immagini nello stesso tempo, al fine di confrontarne una con un'altra.
windproof oil lamp (*naut.*), lampada ad olio a prova di vento.
windrow (*agr.*), andana *f.*
windscreen, (*auto*), parabrezza *m.*
— **-wiper** (*auto*), tergicristallo *m.*
— **wiper arms** (*auto*), racchette (*f. pl.*) del tergicristallo.
— **wiper blade** (*auto*), spazzola (*f.*) di tergicristallo.
windshield (*auto*), parabrezza *f.*
windsurf (*sport*), tavola (*f.*) a vela.
windward side, *avv.*, a sopravvento *avv.*; parte (*f.*) battuta dal vento; parte sopravvento.
windway (*min.*), galleria (*f.*) di ventilazione.
wine-making (*agr.*), vinificazione *f.*
— **-press,** ammostatoio *m.* (pigiatrice dell'uva); torchio *m.*
— **transfer pump,** pompa di travaso del vino.

wing, ala *f.* (*aereo*, *cost.*, *met.*); parafango *m.* (*auto*); (*mil.*) (*aereo*), squadra *f.*
— **area** (*aereo*), superficie (*f.*) portante; superficie (*f.*) alare.
— **alignment** (*aereo*), allineamento (*m.*) alare.
— **attachment** (*aereo*), attacco (*m.*) dell'ala.
— **brake,** freno (*m.*) ad alette.
— **car** (*aereo*), cabina (*o* navicella) laterale.
— **cell** (*aereo*), cellula *f.*
— **commander** (*aereo*), tenente colonnello (*m*) (dell'aeronautica).
— **contour** (*aereo*), profilo (*m.*) alare.
— **flap** (*aereo*) (U.S.A.), alerone *m.*
— **flutter** (*aereo*), vibrazione (*f.*) alare.
— **formation** (*aereo*), formazione a V.
— **-heavy,** pesante (*agg.*) di ala.
— **loading** (*aereo*), carico (*m.*) alare.
— **nut,** dado (*m.*) ad alette.
— **of a T iron,** ala (*f.*) di un ferro a T.
— **of door,** battente (*m.*) di porta.
— **officer** (*aereo*), tenente colonnello (serviz. ausil. femm.).
— **-over** (*aereo*), virata (*f.*) sghemba.
— **profile** (*aereo*), profilo (*m.*) di un'ala.
— **pump,** pompa (*f.*) a stantuffo oscillante.
— **rail** (*ferr.*), rotaia (*f.*) d'ala; guancia *f.*
— **reinforcement** (*aereo*), armatura (*f.*) dell'ala.
— **-rib** (*aereo*), centina *f.*
— **root** (*aereo*), radice (*f.*) dell'ala.
— **section** (*aereo*), profilo (*m.*) alare.
— **slot,** fessura (*f.*) alare.
— **span** (*aereo*), apertura (*f.*) alare.
— **tip** (*aereo*), estremità (*f.*) dell'ala.
— **tip flare** (*aereo*), faro (*m.*) d'atterraggio (portato all'estremità dell'ala).

wing tip tanks, serbatoi (*m. pl.*) fissi.
— **tip vortices** (*aereo*), vortici (*m. pl.*) dell'estremità dell'ala.
— **wall,** muro (*m.*) d'ala.
— **warping** (*aereo*), svergolamento (*m.*) dell'ala.

winged screw, vite (*f.*) ad alette.

wingtip-mounted pods (*aereo*) (*missili*), motori montati sull'estremità dell'ala.

winning (*min.*), estrazione del metallo (dai suoi minerali) (*min.*); apertura di una nuova parte di banco carbonifero; campo (*m.*) d'esplorazione.
— **level** (*min.*), galleria (*f.*) di estrazione.

winnings, *pl.* (*min.*); prodotto *m.*; profitto *m.*

winnowing gold, separazione (*f.*) dell'oro dalla sua ganga.
— **machine** (*agr.*), decustatrice *f.*

winter oil, olio (*m.*) raffinato.
— **tread** (*auto*), battistrada (*m.*) invernale.
— **window,** finestra (*f.*) doppia.

wintering, rimozione delle stearine dagli oli vegetali.

winterized tire (*auto*), pneumatico invernale (per basse temperature).

winterizing, vedi: **wintering**; ibernazione *f.*

winze (*min.*), falso pozzo *m.* (pozzo interno o ausiliare); (*min.*), galleria di ribasso.

wipe (*telev.*), allargamento graduale dell'immagine televisiva.
— **off (to —),** asciugare *v.a.*

wiper, leva (*f.*) di controller (*elet.*); camma *f.* (*mecc.*); eccentrico *m.* (*mecc.*); straccio (*m.*) per pulire; (*tess.*), eccentrico *m.* (*tess.*); strofinaccio *m.* (*in generale*).
— **arms** (*auto*), racchette del tergicristallo.
— **blades** (*auto*), spazzole di tergicristalli.

wire, *n.*, filo (*m.*) metallico; telegramma *m.*; radiotelegramma *m.*; v. **cold heading —.**

wire *v.a.* telegrafare; mettere dei fili; filoguidare (*missili*).
— **-braiding** (*met.*), intrecciatura (*f.*) di fili.
— **broadcasting** (*radio*), filodiffusione *f.*
— **brush,** spazzola (*f.*) metallica; spazzola (*f.*) per lime; spazzola (*f.*) a fili.
— **cage** (*met.*), gabbione *m.*
— **-clamp** (*elet.*), serrafilo *m.*
— **cloth,** tela (*f.*) metallica; tessuto (*m.*) metallico; (*ind. carta*), « tela » (organo principale della tavola di fabbricazione di macchine per carta).
— **coil** (*elet.*), rocchetto (*m.*) di filo.
— **-cut,** mattone (*m.*) fatto a macchina (per estrusione).
— **cutter** (*mecc.*), tagliafili *m.*
— **dog,** tenditore (*m.*) articolato per fili.
— **drawing,** trafileria *f.*; trafilatura (*f.*) in fili.
— **-drawing bench,** banco (*m.*) di trafilatura.
— **-drawing dies** (*mecc.*), trafile *f. pl.*
— **-drawing factory,** trafileria *f*
— **-drawing frame,** banco (*m.*) di trafilatura.
— **-fence,** reticolato *m.*
— **forming machine** (*macch. ut.*), macchina per la lavorazione del filo.
— **-gauge plate,** calibro (*m.*) da fili.
— **gauze,** tela (*f.*) metallica.
— **glass,** vetro retinato.
— **gravity cable,** cavo (*m.*) metallico per trazione aerea su piano-inclinato.
— **guarded tyre,** pneumatico (*m.*) a cerchietto.
— **guidance** (*missili*), guida a filo.
— **guide** (*tess.*) (*elet.*), guidafilo *m.*
— **-guided,** *p.p.* (*missili*), filoguidato.
— **-guided missile,** missile (*m.*) filoguidato.
— **heald** (*tess.*), liccio metallico.
— **lamp,** lampada (*f.*) a filamento metallico.
— **mesh,** rete di fili metallici.
— **milk bottle crate** (*met.*, *agr.*), cestello per bottiglie da latte in filo metallico.

wire nail, puntina *f.*
— **netting** (*met.*), griglia *f.*
— **netting bar** (*met.*), barra (*f.*) per griglie.
— **patenting** (*met.*), patentamento (*m.*) di filo.
— **pointing machine** (*mecc.*), appuntatrice (*f.*) per filo.
— **printer** (*inform.*), stampante a fili.
— **protection cage** (*mecc.*), gabbia (*f.*) di protezione.
— **2-repeater** (*telef.*), ripetitore bifilare (*o* a 2 conduttori).
— **rod** (*met.*), vergella *f.*
— **rod coils** (*met.*), vergella in rotoli.
— **rod draw bench** (*met.*), trafilatrice (*f.*) per vergella.
— **rope,** fune (*f.*) metallica.
— **rope cutter,** cesoia per cavi metallici.
— **-rope haulage** (*min.*), trazione (*f.*) con fune metallica.
— **rope pulley block** (*app. di sollevam.*). paranco (*m.*) a corda.
— **-rope shears,** cesoia (*f.*) per cavi metallici.
— **-rope stranding machine,** macchina per fare funi di acciaio a trefoli.
— **screen,** rete (*f.*) metallica; staccio (*m.*) metallico.
— **sieve,** staccio (*o* crivello) (*m.*) di filo di ferro (*o* metallico).
— **stitcher** (*tip.*), cucitrice a filo meccanico.
— **strand,** trefolo *m.* (di un cavo).
— **stretcher,** pinza per tirare il filo.
— **stripping machine** (*macch. ut.*), spelatrice (*f.*) per conduttori.
— **tack,** punta (*f.*) di Parigi.
— **tension device** (*tess.*), dispositivo di tensione del filo.
— **wheel** (*auto*), ruota a raggi di filo.
— **working machine** (*macch. ut.*), macchina per la lavorazione del filo.
— **-works,** trafileria *f.*

wire wound armature (*elet.*), indotto (*m.*) a fili.
— **wound resistor** (*elet.*), resistenza a filo avvolto.
— **-wove screen,** crivello (*m.*) in tela metallica.
wired (*elet.*), dotato di fili (*rif. ad apparecchi*); (*missili*) filoguidato; (*inform.*), cablato.
— **(rolled) glass,** vetro (*m.*) retinato.
— **logic programmer** (*automazione*), programmatore logico cablato.
— **logic system** (*automazione*), sistema logico cablato.
— **program** (*inform.*), programma cablato.
— **television receiver,** televisore a filodiffusione.
wiredraw (to —), trafilare *v.a.* (in fili); filettare *v.a.*; laminare *v.a.* (*vapore*); laminarsi *v.r.*
wiredrawer, *m.* (*operaio*), trafilatore (di fili).
wiredrawing, trafileria *f.*; trafila *f.*
— **-bench,** banco (*m.*) di trafila.
— **machine** (*macch. met.*), trafilatrice (di fili).
— **-works,** trafileria *f.*
wireless, radio *f.*; senza filo *m.*
— **engineer,** ingegnere (*m.*) radiotecnico.
— **laboratory,** laboratorio (*m.*) di radiotecnica.
— **mechanic,** radio meccanico *m.*
— **set,** apparecchio (*m.*) radio.
— **technician,** radiotecnico *m.*
— **technique,** radiotecnica *f.*
— **telegraphy,** radiotelegrafia *f.*; telegrafia (*f.*) senza fili; marconigrafia *f.*
— **telephone,** telefono senza fili.
wirephoto (*elet. comm.*), telefoto *m.*
wiring (*elet.*), collocamento (*m.*) (*o* posa *f.*) di condutture (*o* di fili).
— **diagram** (*elet.*), schema (*f.*) di connessione.
— **-in** (*mot.*), cablaggio (*di interruttori*).
— **(harness)** (*elettron.*), filatura *f.* (*cablaggio dei componenti di una apparecchiatura elettronica*).
wishbone (*auto*), braccio oscillante (*sospensione*).
— **-geometry suspension** (*auto*), sospensione a braccio oscillante trasversale.
with care, fragile *agg.* (su casse di vetri e simili).
— **the sun** (*naut.*), (direzione) secondo le lancette dell'orologio.
withdraw, *v.a.*, eliminare *v.a.*; estrarre *v.a.*; ritirare *v.a.*; prelevare *v.a.*
withdrawal (*met.*), estrazione *f.* (*p. es. in una macchina per colaggio continuo*).
— **mechanism** (*continuous casting*) (*met.*), estrattore della barra; meccanismo d'estrazione.
— **rolls** (*met.*), rulli (*m. pl.*) estrattori.
— **shaft** (*auto*), albero comando disinnesto frizione.
— **sleeve** (*auto*), manicotto comando disinnesto frizione.
withering ground strafing (*aereo mil.*), attacco distruttivo a volo radente su obiettivi terrestri.
witherite, witherite *f.*, $BaO.CO_2$.
withholding (*paga, stipendio*), ritenuta *f.*
— **tax** (*finan.*), trattenuta d'acconto (*trattenuta all'origine*).
withie (*naut.*), palo di segnalazione usato talvolta per segnare il canale navigabile.
withstand, *v.a.* resistere.
wobble (*elettron.*), vobulare.
— **(to —),** *v.i.* spostarsi da un lato all'altro (p. es. delle ruote anteriori di un'auto); oscillare.
— **crank** (*ing.*), manovella oscillante.
— **pump,** pompa ausiliaria del combustibile, a mano.
— v. **wheel** —.
wobbler, trefolo *m.* (di cilindro di laminatoio).
wobbling, vibrazione (*f.*) della punta da trapano.
wobbulation (*elet.*), vobulazione *f.*
wobbulator (*elet.*), vobulatore *m.*
Woehler diagram (*met.*), linea Wöhler.

wolfram (*chim.* = W), wolframio *m.*; tungsteno.
— **steel,** acciaio (*m.*) al tungsteno.
wolframate (*chim.*), tungstato *m.*
wolframic, *agg.* tungstico.
wolframite (*min.*), wolframite *f.*, (Mn, Fe)WO_4.
wollastonite (*pr. vol' es.tonait*), wollastonite *f.* (*min.*).
Wolman process, trattamento (*m.*) Wolman per la conservazione del legname.
— **salts,** materiali (*m. pl.*) preservativi del legno.
woman worker, operaia *f.*
womp (*telev.*) (U.S.A.), macchia di riflessione della lente.
wood, legno *m.*; legna *f.*
— **arched bridge** (*cost.*), ponte (*m.*) ad arco in legno.
— **block floor,** pavimento « parquet » a blocchi.
— **blocking,** strato (*m.*) di legno.
— **board,** assicella (*f.*) di legno.
— **-boring insects,** insetti roditori del legno.
— **boring machine,** trapano (*m.*) da legno.
— **bridge,** ponte (*m.*) in legno.
— **bridge construction,** costruzione (*f.*) di ponte in legno.
— **casing,** rivestimento (*m.*) in legno.
— **ceiling,** soffitto (*m.*) in legno; solaio (*m.*) in legno.
— **cement,** cemento per legno.
— **charcoal,** carbone (*m.*) vegetale.
— **chipper** (*agr.*), trincialegna *m.*
— **chisel,** scalpello (*m.*) da falegname.
— **covering,** copertura (*f.*) in legno.
— **cut,** intaglio (*m.*) in legno.
— **cutter,** boscaiolo *m.*
— **defect,** difetto del legno.
— **drilling machine,** trapano (*m.*) per legno.
— **elevator,** elevatore (*m.*) di legnami.
— **engraving,** silografia *f.*
— **fibre,** fibra (*f.*) di legno; **lana** (*f.*) di legno.
wood flour (*usata nell'ind.delle mat. plastiche, ecc.*), farina di legno.
— **for exceptional dry situations,** legno per ambienti eccezionalmente secchi.
— **for general constructive purpose,** legno per scopi generali di costruzioni.
— **for use in water,** legno per usi nell'acqua.
— **gauge,** calibro (*m.*) di legno.
— **grinding stone** (*carta*), mola (*f.*) della sfibratura.
— **mean crushing weight per sq in in direction of fibres,** peso medio di compressione per pollice q. del legno in direzione delle fibre.
— **mosaic floor,** pavimento in legno a mosaico.
— **naphtha,** metanolo. *m.*
— **oil,** olio (*m.*) di legno.
— **partition wall,** parete (*f.*) di legno.
— **pavement,** pavimento (*m.*) in legno.
— **paving,** pavimentazione (*f.*) in legno.
— **planing machine,** piallatrice (*f.*) da legno.
— **preservative,** preservante (*m.*) del legno, ad es.:
Celcure, materiale (*m.*) per proteggere il legname dall'infradiciatura.
Cuprinol, preservante (*m.*) del legno a base di sali metallici tossici.
Flintox, preservante (*m.*) del legno (contro l'infradiciatura).
Presotim, preservante (*m.*) del legno a base di oli di catrame.
Sideroleum, preservante (*m.*) del legno, applicabile all'interno ed all'esterno del legno.
Solignum, preservante (*m.*) del legno d'uso generale.
Szerelmey, preservante (*m.*) del legno a base di creosoto e di sostanze insetticide.
Toritna, preservante (*m.*) del legname, contro l'infradiciatura.

wood press, pressa (*f.*) per legno.
— **pulley,** puleggia (*f.*) di legno.
— **pulp,** cellulosa *f.*; pasta (*f.*) di legno.
— **purlin,** arcareccio (*m.*) in legno.
— **refuse,** cascami (*m. pl.*) di legno.
— **rosin,** colofonia (*f.*) di legno.
— **saw,** sega (*f.*) da legno.
— **scaffolding,** ponteggio (*m.*) in legno.
— **screw,** vite (*f.*) da legno.
— **seasoning,** stagionatura (*f.*) del legno.
— **sealer** (*vernici*), turapori *m.* per legno (vernice sigillante per legno).
— **sill,** davanzale (*m.*) in legno.
— **spirit,** alcool (*m.*) metilico; spirito (*m.*) di legno.
— **step,** gradino (*m.*) di legno.
— **strand** (U.S.A.), fibra (*f.*) di legno.
— **tar,** catrame vegetale.
— **tin,** cassiterite *f.*
— **tooth,** dente (*m.*) di legno.
— **turner,** tornitore (*m.*) di legno.
— **turning lathe,** tornio (*m.*) per legno.
— **turpentine oil,** essenza (*f.*) di trementina (*legno*).
— **vinegar,** aceto (*m.*) di legno; acido (*m.*) pirolegnoso greggio.
— **wool,** lana (*f.*) di legno.
— **working,** lavorazione (*f.*) del legno.
— **working machine,** macchina (*f.*) per lavorare il legno.
wooden bar, asta (*f.*) di legno.
— **barrack,** baracca (*f.*) di legno.
— **block,** blocco (*m.*) di legno.
— **door,** porta (*f.*) di legno.
— **dowel,** tassello *m.*
— **floor,** intavolato *m.* (pavimento).
— **propeller** (*aereo*), elica (*f.*) di legno.
woodlings, trinche *f. pl.* (*naut.*).
Woodruff key, chiavetta (*f.*) Woodruff.
woodscrew cold stamping machine (*macch. ut.*), stampatrice (*f.*) automatica a freddo per viti da legno.
woodwork fret saw, sega (*f.*) da traforo (per legno).
woodworking machinery, macchine per la lavoraz. del legno.
woofer (*audio*), altoparlante per riproduzione delle basse frequenze.
wool, lana *f.*
— **card** (*tess.*), carda (*f.*) uso lana.
— **-comber,** cardatore *m.*
— **directory** (*tess.*), annuario (*m.*) della lana.
— **drying machine,** essiccatoio (*m.*) meccanico per la lana.
— **factory,** lanificio *m.*
— **grading** (*tess.*), classificazione della lana.
— **grease,** lanolina *f.*; grasso di lana.
— **mordant,** mordente per lana.
— **opening machine,** apritoio (*m.*) meccanico per la lana.
— **scouring,** sgrassatura (*f.*) della lana.
— **scouring range,** impianto (*m.*) sgrassatura lana.
— **sorting** (*tess.*), cernita (*f.*) della lana.
— **staple,** fibra (*f.*) di lana.
— **top** (*tess.*), nastro di lana pettinato.
— **washing machine,** lavatrice (*f.*) meccanica per lana.
— **yarns** (*tess.*), filati di lana pura.
— **(glass —),** lana (*f.*) di vetro.
woollen card sets (*tess.*), carde da lana.
— **cut** (*tess.*) (U.S.A.), titolo N. 1 (= a 1 matassa di 300 yarde per il peso di 1 libbra) (per lino, canapa, iuta).
— **run** (*tess.*) (U.S.A.), titolo della lana (= 1 matassa di 1600 yarde per il peso di 1 libbra).
woollens (*tess.*), tessuti di lana.
word (*inform.*), informazione; parola *f.*
— **length** (*inform.*), lunghezza della parola.

word processing (*inform.*), elaborazione elettronica della parola; gestione elettronica dei testi.
— **processing package** (*inform.*), pacchetto (insieme di programmi) per elaborazione dei testi.
— **processor** (*elettron.*), organo di elaborazione della parola.
— **spelling checker** (*word processing*) (*inform.*), dispositivo di controllo della divisione delle parole in lettere.
— **(information —)**, parola d'informazione.
wording, redazione (di testo, raccomandazione ecc.).
work, *n.*, pezzo *m.* (*mecc.*); opera *f.*; lavoro *m.* (*fis.*); impiego *m.*; azione *f.* v. **quick —** (*naut.*).
— **(to —)**, *v.a. v.i.*, lavorare *v.a.*; funzionare *v.i.*; marciare *v.i.*; sfruttare *v.a.*; azionare *v.a.*; (*naut.*), (rif. ad oggetto) diventare allentato; veleggiare, tenere in moto.
— **a vessel (to —)** (*naut.*), manovrare una imbarcazione.
— **aganist the grain,** lavorare (*v.a.*) contro le fibre.
— **a mine,** sfruttare (*v.a.*) una miniera.
— **an engine,** far funzionare un motore.
— **arbor** (*mecc.*), albero (*m.*) porta pezzo.
— **area** (*inform.*), area di lavoro; area di memoria.
— **bench,** banco (*m.*) di lavoro.
— **contract** (*personale*), contratto di lavoro.
— **driving motor** (*rettif.*), motore di messa in moto del pezzo.
— **force,** (personale) effettivo.
— **girls canteen,**spaccio(*m.*)donne.
— **-harden** (*met.*), incrudire.
— **-hardened copper** (*met.*), rame incrudito.
— **hardening** (*met.*), incrudimento.
— **-holding sine tables** (*machining and inspection*) (*macch. ut., mecc.*), v. **sine tables.**
— **in brass,** lavorare (*v.a.*) in ottone.
work in depth (*min.*), lavorare (*v.a.*) in profondità.
— **in hand,** lavoro (*m.*) in corso.
— **in tunnelling,** lavoro (*m.*) in galleria.
— **mate,** compagno di lavoro; collega.
— **-noise exposure,** esposizione al rumore industriale.
— **on contract,** lavorare (*v.a.*) (a forfait) a prezzo fisso.
— **on hillside** (*min.*), lavorare (*v.a.*) in costa.
— **open-cast** (*min.*), lavorare (*v.a.*) a cielo aperto.
— **out,** *v.a.* calcolare; elaborare *v.a.*; trattare *v.a.*; sviluppare *v.a.*; esaminare *v.a.*; risolvere *v.a.* (un problema).
— **out** (*v.a.*) **the impedance,** calcolare (*v.a.*) l'impedenza; trovare (*v.a.*) l'impedenza.
— **-plate** (*mecc.*), tavola (*f.*) portapezzo.
— **-rest,** portapezzo *m.*
— **roll** (*met.*), cilindro (*m.*) di lavoro.
— **sampling** (*studio dei tempi*), campionatura (*f.*) (statistica) del lavoro; campionamento (*m.*) del lavoro.
— **schedule** (*costr.*), programma (*m.*) di costruzione.
— **sheet** (*inform.*), foglio di programmazione; foglio di lavoro.
— **-shop,** opificio *m.*
— **smoothly** (*mecc.*), funzionare (*v.i.*) dolcemente.
— **speed,** velocità (*f.*) del pezzo.
— **station** (*inform.*) (*uffici*), posto elettronico di lavoro.
— **to full capacity,** lavorare (*v.a.*) a pieno rendimento.
— **up,** *v.a.*, trattare *v.a.*; lavorare (*un prodotto*); eseguire (*una lavorazione*).
— **upon,** *v.a.*, studiare *v.a.*; esaminare *v.a.*
— **(at —)**, sul lavoro; (*to be killed at work*), perire sul lavoro.
— **(work's test certificate)** (*met., mecc., ecc.*), bolletta di esecuzione).

work (to — one's way inside), penetrare (p. es. riferito a polveri).
workability, sfruttabilità *f.*; sfruttamento *m.*; lavorabilità all'utensile.
— **agent** (*calcestruzzo*), agente (*m.*) plasticizzante.
workable, *agg.* sfruttabile.
worker, operaio *m.*
workhead, tavola (*f.*) portapezzo (di rettificatrice).
— **swivels,** orientabilità (*f.*) della tavola (di rettificatrice).
working, lavorazione *f.*; operazione *f.*; sfruttamento *m.*; esercizio *m.* (*servizio*); funzionamento *m.* (di macchine, ecc.); circolazione *f.* (di treni); andamento *m.* (*o* marcia) (di forni); posto (*m.*) d'estrazione (*min.*).
— **aperture** (*ottica*), apertura (*f.*) utile (di obiettivo).
— **by horizontal slices in ascending order** (*min.*), coltivazione a fette orizzontali montanti.
— **capital,** capitale (*m.*) di esercizio.
— **component,** organo (*m.*) (*o* pezzo) di lavoro.
— **cycle,** fase (*f.*) di lavoro; ciclo (*m.*) operativo.
— **cylinder,** cilindro motore.
— **day,** giorno (*m.*) lavorativo.
— **depth** (*mecc.*), altezza (*f.*) utile.
— **-depth of tooth** (*ingr.*), altezza (*f.*) del dente.
— **diagram** (*telev.*), diagramma sinottico.
— **drawing,** disegno (*m.*) d'officina; disegno d'esecuzione.
— **expenses,** spese (*f. pl.*) d'esercizio.
— **-face** (*min.*), fronte (*f.*) d'attacco (*o* di abbattimento).
— **file** (*inform.*), archivio di lavoro.
— **group,** gruppo di lavoro.
— **height,** altezza (*f.*) di lavoro.
— **home** (*min.*), coltivazione (*f.*) in ritirata
— **level** (*min.*), galleria (*f.*) in direzione del cantiere.
— **load,** carico (*m.*) accidentale.
working method, metodo (*m.*) di coltivazione (d'una miniera).
— **of a blast furnace** (*met.*), marcia dell'altoforno.
— **of a mine,** esplorazione (*f.*) di una miniera.
— **of a motor,** marcia (*f.*) di un motore.
— **of a railway,** esercizio (*m.*) ferroviario.
— **of the blast-furnace** marcia (*f.*) dell'altoforno.
« — **on the duckboard** », (*computer jargon*), gergo usato per programmare una macchina, equivalente a « manual data input » (ingresso manuale dei dati) (*inform.*).
— **out(wards)** (*min.*), coltivazione (*f.*) col metodo diretto.
— **party** (*convegni, conferenze, ecc.*) gruppo di lavoro.
— **party's report,** relazione del gruppo di lavoro.
— **-pit** (*min.*), pozzo (*m.*) d'estrazione.
— **-place** (*comm.*), sede (*f.*) di lavoro.
— **platforms,** passerelle metalliche (*o* ponti) usate nella riparazione di aerei, ecc.
— **point,** punto (*m.*) d'applicazione di una forza.
— **population,** popolazione attiva.
— **power,** potenza (*f.*) normale.
— **pressure,** pressione (*f.*) di esercizio; pressione di lavoro; pressione di regime; tensione (*f.*) di servizio (*elet.*).
— **pressure of a pipe,** pressione di esercizio d'un tubo.
— **profit** (*società, miniere, ecc.*), utile (*m.*) d'esercizio.
— **radius of a crane,** raggio (*m.*) d'azione utile di una gru.
— **shaft** (*costr.*), pozzo (*m.*) di lavoro.
— **span,** percorso *m.*; strada *f.*; via *f.*
— **speed,** velocità (*f.*) di lavoro; velocità (*f.*) di regime.
— **storage** (*elettron.*), memoria di lavoro.

working stress, tensione(*f.*) ammissibile; carico (*m.*) di sicurezza.
— **stroke,** corsa (*f.*) utile; corsa (*f.*) di lavoro.
— **surface,** superficie (*f.*) di lavoro; (della tavola della fresatrice) superficie (*f.*) utile.
— **-test,** prova (*f.*) di funzionamento.
— **time recorder,** registratore (*m.*) tempi di lavorazione.
— **tolerance,** tolleranza (*f.*) di lavorazione.
— **volume (blast furnace — volume)** (*met.*), volume utile (di un altoforno).
— **wheel,** ruota (*f.*) motrice.
workman, operaio *m.*
workmanship, lavorazione *f.*
workmen's canteen, spaccio (*m.*) lavoratori.
— **compensation law** (*lavoro*), legge sugli infortuni sul lavoro.
— **shelter,** baracca (*f.*) per operai.
workover rig (*ind. zolfo*), incastellatura (*o* torre mobile).
workpiece, pezzo *m.*
— **counter** (*mecc.*), contapezzi.
workroom, opificio *m.*; laboratorio *m.*
works, fabbrica *f.*; stabilimento (*m.*); officine meccaniche.
— **hooter,** *f.* sirena per stabilimenti.
— **Manager,** Direttore (*m.*) d'esercizio; Direttore (*m.*) di lavori.
— **of a clock (or of a watch),** castello (*m.*) di orologio.
— **scrap** (*met.*), rottame (*m.*) interno.
— **supervisory staff,** personale (*m.*) dirigente di una fabbrica.
workshop, officina *f.*; fabbrica *f.*; stabilimento *m.*
— **building,** fabbrica *f.* (edificio).
— **cost,** spese (*f. pl.*) di officina.
— **crane,** gru (*f.*) d'officina.
— **drawing,** disegno (*m.*) d'officina.
— **installation,** attrezzatura di officina.
— **sketching,** disegno (*m.*) d'officina a mano libera.
worktable (*macch. ut.*), tavola (*f.*) portapezzo.
workwoman, *f.* operaia.
worm, spira (*f.*) di una vite.
— **auger,** trivella (*f.*) elicoidale.
— **and roller steering** (*auto*), guida del tipo a circolazione di sfere; guida a vite globoidale e rullo.
— **conveyor** (*ind. mol.*), coclea (*f.*) semplice.
— **cutter** (*mecc.*), fresa a creatore.
— **drive** (*mecc.*), coppia (*f.*) elicoidale.
— **eaten,** *agg.* tarlato.
— **eatness,** intarlatura *f.*
— **gear,** vite (*f.*) senza fine.
— **gear drive,** comando (*m.*) a vite perpetua; comando (*m.*) a vite senza fine.
— **gearing transmission,** trasmissione (*f.*) a vite senza fine.
— **gear reducer** (*mecc.*), riduttore a ruota a vite.
— **hob,** fresa (*f.*) a vite senza fine; fresa (*f.*) elicoidale.
— **of a screw,** passo (*m.*) di una vite.
— **-operated bar-bender,** curvatrice (*f.*) per tondini, a vite senza fine; incurvatrice (*f.*) per tondini a vite senza fine.
— **-rack,** cremagliera (*f.*) a vite senza fine.
— **screw gearing,** trasmissione (*f.*) a vite e ruota.
— **-wheel,** ruota (*f.*) elicoidale; ruota (*f.*) ad elica.
— **-wheel gears,** ingranaggi (*m. pl.*) a vite senza fine.
wormwheel hob (*mecc.*), creatore per ruote a vite.
worn die (*mecc.*), filiera logora.
— **out (off, away, down),** logorato *p.p.*; consumato (*p.p.*) dall'uso.
worsted (*worsted yarn*) (*tess.*), lana pettinata; pettinato.
— **count** (*tess.*), titolo per lana pettinata (= a una matassa di 560 yarde per il peso di 1 libbra).
— **hank** (*tess.*), titolo N. 1 (= a una matassa di 560 yarde per il peso di 1 libbra).

worsted yarns (*tess.*), filati di lana pettinata.
wort, mosto (*m.*) (di birra).
Woulf's bottle, bottiglia (*f.*) di Woulf.
wound, ferita *f.*
wove paper, carta (*f.*) velina.
wow (*acustica*), cambiamento lento ritmico o aritmico nel suono riprodotto (fino a 6 cambiamenti al secondo).
wrap-round bumper (*auto*), paraurti di tipo avvolgente.
— **-round screen** (*naut.*), parabrezza avvolgente (che protegge tutto attorno allo scafo).
— **up,** imballare *v.a.*
wrapped electrode (*sald.*), elettrodo (*m.*) corazzato.
wrapper, coprigiunto (*m.*) a ricoprimento; (*tip.*), sopracopertina *f.* (di libro); fascetta (*di riviste, giornali, ecc.*).
wrapping machine, macchina (*f.*) avvolgitrice (per sigarette, ecc.).
— **paper,** carta (*f.*) da imballaggio; carta da involgere.
— **test** (*met.*), prova di avvolgimento.
wrench, chiave (*f.*) per dadi.
wrecking car (U.S.A.), carro (*m.*) attrezzi.
— **crane,** carro (*m.*) gru (per riparazioni sulle reti ferr.).
— **equipment,** gru (*f. pl.*) mobili (su treni).
wrest plank (*acust.*), somière *m.* (*o* somiero) (banco su cui posano le canne dell'organo).
wrestling (*sport*), lotta.
— **(free-style —),** lotta libera.
— **(greco-roman —),** lotta grecoromana.
wringer, strizzatore *m.* (*di lavatrice*).
— **roll** (*ind. carta*), rullo (*m.*) torcente.
wrinkle finish (*vernici*), vernice (*f.*) raggrinzata.
— **-resistant,** *agg.* antipiega.
wrinkling (*met., vernici*), raggrinzamento *m.* (ondulatura attorno ai bordi di prodotti imbutiti).
wrist chronometer (*orol.*), cronometro da polso.
— **pin** (*auto*) (USA), perno per stantuffo.
— **pin end,** piede (*m.*) di biella.
— **telephone** (*inform. del futuro*), telefono da polso capace di trasmettere via satellite in tutto il mondo.
write head (*inform.*), testina di scrittura (di stampante).
— **off** (*comm.*), ammortizzare.
— **strobe** (*inform.*), segnale di fine scrittura.
writing error (*mecc.*), errore di scrittura.
— **head** (*inform.*) (*stampante*), testina di scrittura.
written test (*esami, ecc.*), prova (*f.*) scritta.
— **materials,** cancelleria *f.*
wrong fount (*tip.*), refuso.
wrought boarding, tavole lavorate *f. pl.* (piallate).
— **iron,** ferro (*m.*) battuto; ferro (*m.*) saldato.
— **-iron pipe,** tubo (*m.*) di ferro saldato; tubo (*m.*) d'acciaio.
— **metal,** metallo (*m.*) lavorato.
— **steel,** acciaio (*m.*) lavorato a caldo; acciaio (*m.*) laminato a caldo.
w/t wireless direction indicator (*aereo*), segnalatore (*m.*) di direzione radiotelegrafico.
« W »-type engine (*aereo*), motore (*m.*) a tre file di cilindri, a V.
wurtzilite, egerite *f.*; eonite *f.*
wurzite, solfuro (*m.*) di zinco.
wyes, *pl.* (*agrim.*), forcelle a V (di un livello o di altro strumento agrimensorio, ecc.).

X

1-X (*chim.*), etere clorodifenilico.
xanthates (*chim.*), xantati.
xanthation, procedimento (*m.*) nella fabbricazione di raion alla viscosa.
xanthene (*chim.*), xantene *m.*
xanthic acid, (*chim.*) acido xantico.
xanthine (*chim.*), xantina *f.*
xanthone (*chim.*), xantone *m.*
xanthophyll (*bot.*), xantofilla *f.*
xebec (*naut.*), sciabecco *m.*
xenon (*chim.* = Xe), xeno *m.*
xenyl amine, *p*-difenilammina *f.*
Xeroform (*farm.*), xeroformio *m.*
xerogel (*chim.*), gel (*m.*) evaporato.
xerography (*chim.*, *fot.*, *tip.*), xerografia *f.*
X-cars (*auto*) (USA), veicoli compatti a trazione anteriore e motore trasversale.
x-engine, motore (*m.*) a X.
X-exchange (system —) (*telef.*), centrale interurbana controllata da elaboratore per chiamate da un telefono ad un altro (UK).
'x' film (*cinem.*), film strettamente per adulti.
X-guide (*elettron.*), guida d'onda a X.
x horse-power engine, macchina (*f.*) di x cavalli.
X-irradiated soda-silica glasses (*ceramica*), vetri al silicato di sodio (vetri solubili) irradiati di raggi X.
X-irradiation in silicate glasses, irradiazione di raggi X nei vetri al silicato (di sodio).
xmitter, abbrev. di **transmitter.**
x-mm. gauge, a scartamento di x mm.
X-particle, mesotron *m.*
xplo (*chim.*), nero (*m.*) di carbonio per esplosivi.
X punch (*inform.*), perforazione X (*o* undicesima).
X-radiation, radiazione X.
X-radiography (*med.*), radiografia *f.*
X-radiography unit (*med.*), gruppo di apparecchiature per radiografia.
x-ray (*telev.*) (*slang*), ripresa di particolari.
X-ray (to), radiografare; esporre ai raggi X.
X-ray astronomy (*astr.*), astronomia a raggi X.
X-ray burn, scottatura (*f.*) dovuta a raggi X.
X-ray crystallography, cristallografia a raggi X.
X-ray detector, rivelatore di raggi X.
X-ray diffraction, diffrazione a raggi X.
X-ray dispersive spectroscopy, spettroscopia dispersiva a raggi X.
X-ray emission (*astr.*), emissione di raggi X.
X-ray emission spectra, spettri di emissione di raggi X.
X-ray examination, controllo (*m.*) con raggi X.
X-ray fluorescence (*met.*), fluorescenza da raggi X.
X-ray flux (*astr.*), flusso di raggi X.
X-ray laser, laser a raggi X.
X-ray lithography (*semiconductors*) litografia con raggi X (tecnica usata per produrre « chips »).
X-ray luminosity, luminosità dei raggi X.
X-ray pictures, radiogrammi *m. pl.*
X-ray plate (*radiog.*), lastra *f.* (pell. radiografica impressionata).
X-ray set (*med.*), apparecchio (*m.*) radiografico.
X-ray spectrometer, radiospectrometro *m.*
X-ray source, sorgente di raggi X.
X-ray tube, tubo röntgen.
X-ray van (*radiol.*), autocarro (*m.*) radiologico.
X-ray wavelength, lunghezza di onda dei raggi X.

X-ray (chest —) (*minatori, ecc.*). esame radiografico del torace.
X-raying session (*med.*), esame radiografico.
X-rays, *pl.* raggi X.
Xs, radiodisturbi *m. pl.*
X-seam, saldatura ad X.
X silk (*ind. mol.*), velo X (qualità extra forte).
X-type cross member (*auto.*), crociera centrale.
— engine, motore (*m.*) a X.
xanthogenate (*chim.*), xantogenato *m.*
xanthogenic acid (*chim.*), acido xantogenico.
xenobiotic, *agg.*, xenobiotico.
xenobiotics (*inq.*), composti oceanici contrari all'ambiente naturale.
xenolith (*min.*), xenolite *f.*
xenolithic *agg.*, xenolitico.
xerography (charge transfer frost —) (*arti grafiche*), procedimento fotografico nel quale un'immagine elettrostatica è trasferita ad una pellicola termostatica che viene poi esposta al calore per formare un'immagine deformata.
Xeros, nome brevettato della Rank Xerox, usato per denominare copie (xeros copies).
xylem (*bot.*), xilema *m.*
xylene (*chim.*), xilene *m.*
— substitute, prodotto petrolifero (che si usa come solvente).
xylic acid (*chim.*), acido xilico.
xylidine (*chim.*), xilidina *f.*
2,4-xilidine, 2,4-dimetil anilina.
xylidine - azo - sulfanilic - azo - resorcin (*chim.*), bruno (*m.*) resorcina.
xylinoid (*carbone*), xilinoide *m.*
xylography, xilografia *f.*; silografia *f.*
xylographic *agg.*, xilografico.
xyloid, *agg.* xiloide
xylol (*chim.*), xilolo *m.*
xylolith, xilolite *f.*
xilometer (*ind. legno*), xilometro *m.*
xylonite, xilonite *f.*
xylose (*chim.*), xilosi *f.*
xilotomy (*legno*), xilotomia *f.* (preparazione di provini di legno per l'esame microscopico.
xilyl bromide (*chim.*), bromuro di xilile.

Y

y-axis, asse (*f.*) delle ordinate.
y-network (*elet.*), rete a y.
Y alloy (detta anche **alloy 218**), lega di alluminio, rame, nichel e magnesio, usata per pistoni.
Y-connected generator, generatore (*m.*) collegato a stella.
Y-connected motor, motore (*m.*) connesso a stella.
Y punch (*inform.*), perforazione dodici.
yacht, panfilo *m.*
Yagi (*radio*), antenna Yagi.
yankee, utensile curvo usato in fonderia per sollevare le forme.
yard, yarda *f.*; iarda *f.*; deposito *m.*; (*naut.*), cantiere *m.*; v. **blending —.**
— locomotive, locomotiva (*f.*) di manovra.
yardage (*min.*), yarde da coltivare (*scavare, riparare, ecc.*; *può servire come base di pagamento per le yarde coltivate in una settimana*).
yardstick (metrical —), canna (*f.*) metrica.
yarn, filato *m.*; filaccia *f.* (di cavo).
— balance (*tess.*), bilancia per provini.
— classifier (*elet.*), classificatore per industrie tessili.
— count (*tess.*), titolo del filato.
— counting (*tess.*), titolazione dei filati.
— dyed (*tess.*), tinto in filo.
— number (*tess.*), titolo (*m.*) del filato.
— printing (*tess.*), stampaggio in filo.
— size (*tess.*), titolo *m.* (di un filato).
— twist tester (*tess.*), torsiometro *m.*
yaw, *v.i.* imbardare.
— (*aereo*), imbardata *f.*
— meter (*aereo*), indicatore dell'angolo di girazione; imbardometro *m.*
yawing (*aereo*), imbardata *f.*
— axis (*aereo*), asse verticale.
year-book, annuario *m.*
yeast, fermento *m.*; lievito *m.*
— eluate factor, vitamina B_6.
— filtrate factor, acido (*m.*) pantotenico.
— nucleic acid, acido (*m.*) nucleinico, $C_{29}H_{42}N_{13}O_{23}P_3$.
yellow, giallo *m.*
— (to —), ingiallire *v.i.*
— amber, ambra (*f.*) gialla.
— arsenic, arsenico (*m.*) giallo; orpimento *m.*
— copper, calcopirite *f.*
— deal, *Pinus Silvestris*, pino *m.*; legname (*m.*) di pino.
— eosin (*tess.*), bromoeosina *f.*; eosina YS.
— gold, oro (*m.*) giallo.
— lead oxide, ossido (*m.*) di piombo.
— massicot, ossido (*m.*) di piombo.
— mercury oxide, ossido (*m.*) mercurico giallo.
— metal, metallo Muntz; oro (*slang*) (U.S.A.).
— ochre (*chim.*), ocra (*f.*) gialla.
— pages (*telef.*), pagine (*f. pl.*) gialle.
— phosphorus, fosforo (*m.*) giallo.
— pine, *Pinus Strobus*; pino *m.*; legname (*m.*) di pino.
— poplar, pioppo (*m.*) giallo.
— precipitate, ossido (*m.*) mercurico giallo.
— prussiate of potash, ferrocianuro (*m.*) di potassio; prussiato (*m.*) giallo.
— prussiate of sodium, ferrocianuro (*m.*) di sodio.
— rain (*guerra chim.*), pioggia gialla (causata da micotossine).
yew, (*bot.*), tasso *m.*
yield, *n.*, resa *f.* (di minerale, ecc.); rendimento *m.*
— *v.a.* produrre; rendere.
— of an oil-well, produzione (*f.*) di un pozzo petrolifero.
— of coke, (*min.*), produzione (*f.*) di coke.

yield of radiations (*fis. atom.*), rendimento (*m.*) di radiazioni.
— **point** (*met., costr.*), limite (*m.*) di snervamento; carico (*m.*) di snervamento.
— **rate** (*finan.*), tasso di rendimento.
— **right of way** (*traffico auto*), dare la precedenza.
— **strength,** limite (*m.*) apparente d'elasticità; (*mecc.*), resistenza allo snervamento.
— **-the-right-of-way sign** (*auto*), segnale di precedenza.
— **up,** *v.a.*, cedere *v.a.*
— **(lower — point)** (*met.*), limite di snervamento inferiore.
— **(upper — point)** (*met.*), limite di snervamento superiore.
yielding (*mecc.*), snervamento *m.*
yoke, giogo *m.* (*elet.*); travetto (*m.*) di rinforzo (*cost.*); attrezzo (*m.*) da pescaggio calato in un pozzo per ricuperare pezzi perduti.
— **bridges** (*orol.*), ponti (*m. pl.*) di bascule.
— **ring** (*elet.*), anello (*m.*) del giogo.
yoke spring (*orol.*), molette di basculle.
— **stray field** (*elet.*), campo (*m.*) di dispersione del giogo.
yolk grease, grasso (*m.*) di lana.
Young's modulus (*met. ecc.*), modulo di Young.
yperite, iperite *f.*
ytterbite, gadolinite *f.*
ytterbium (*chim.* = Yb), itterbio *m.*
yttria, ossido (*m.*) di ittrio.
yttrium (*chim.* = Y), ittrio *m.*
— **carbide,** carburo (*m.*) d'ittrio.
— **oxide,** ossido (*m.*) d'ittrio.
— **sulfate (hydrated),** solfato idrato d'ittrio.
yttroarsite (*fis. atom.*), ittroarsite *f.*
yttrocrasite (*fis. atom.*), ittrocrasite *f.*
yttrogummite (*fis. atom.*), ittrogummite *f.*
yttrotantalite (*fis. atom.*), ittrotantalite *f.*
yukawa particle (*fis. atom.*), particella (*f.*) yukawa.
— **quantum** (*fis. atom.*), quanto (*m.*) yukawa.

Z

Z beam, ferro (*m.*) a zeta.
Z-iron, ferro (*m.*) a Z.
Z section iron (U.S.A.), ferro (*m.*) a Z.
Z twist (*tess.*), direzione sinistra (*o* negativa) (di filati ritorti).
zaffer, zaffre, zaffera *f.* (colore al cobalto).
zaratite (pr. *za' ra.tait*) (*min.*), zaratite *f.*
zax, utensile (*m.*) per forare lastre di ardesia per tetti.
zebra crossing, passaggio (*m.*) pedonale zebrato.
— **-wood,** legno (*m.*) americano (della *Connarus guaianensis*) usato in ebanisteria.
zed iron, ferro (*m.*) a Z.
zein, proteina usata in materie plastiche, film, ecc.
Zener diode (*elettron.*), diodo zener.
Zenite, Zenite *f.* (usata come accelerante della vulcanizzazione).
Zenith carburetter *auto*), carburatore (*m.*) Zenith.
Zeogel (U.S.A.), prodotto usato nelle trivellazioni di pozzi di petrolio, usato come agente di sospensione.
zeolite (pr. *zi'o.lait*) (*min.*), zeolite *f.*
— **process** (*acque di caldaie*), trattamento dell'acqua con zeoliti.
zeppelin, zeppelin *m.*; dirigibile tipo zeppelin.
— **aerial,** antenna tipo zeppelin.
zero, zero.
— **(to —)** (*inform.*), azzerare.
— **-access storage** (*elet.*), memoria a tempo di accesso nullo.
— **adress instruction** (*inform.*), (*calcol. elettron.*), istruzione senza indirizzo.
— **beat** (*elet.*), battimento zero.
— **carrier,** ampiezza (*f.*) zero.
— **G** (*voli spaziali*), weightlessness (imponderabilità).
— **in (to —)** (*armi, ecc.*), alloggiare con molta precisione nel corrispondente incastro.
zero lift angle (*aereo*), incidenza (*f.*) di portanza nulla.
— **line,** asse (*m.*) neutro.
— **line of the vernier,** linea (*f.*) dello zero del verniero.
— **method,** metodo (*m.*) del ponte.
— **output signal** (*inform.*), segnale di uscita zero.
— **point,** zero (*m.*) di una scala
— **power reactor** (*fis. atom.*), reattore (*m.*) di potenza nulla.
— **set control,** bottone di rimessa a zero.
— **-setter** (*strumenti*), azzeratore *m.*
— **setting,** messa (*f.*) a zero; azzeramento *m.*
— **shift** (*controllo numerico*), spostamento dello zero.
— **soft water,** acqua (*f.*) di durezza zero.
— **suppression** (*controllo numerico*) (*inform., macch. ut.*), soppressione degli zeri (*non significativi*).
— **thrust pitch** (*aereo*), passo (*m.*) di trazione.
zeroing, azzeramento *m.*
zeroise (to —), azzerare; riportare a zero; aggiungere degli zero.
zerolling (*met.*), processo di deform. a temp. sotto zero per aumentare la resistenza degli acciai austenitici.
zeroth, *agg.* zero (usato come aggettivo del numero zero).
zeta potential, potenziale (*m.*) elettrocinetico.
zeunerite (*min.*), zeunerite *f.* (minerale radioattivo, formula: $Cu(UO_2)_2As_2O_8.8H_2O$).
zibeth (*chim. prof.*), zibetto *m.*
zigzag antenna, antenna a zig-zag.
— **curve** (*met.*), curva a zig-zag.
— **harrow,** erpice (*m.*) a zigzag.
— **milling control** (*controllo numerico*) (*macch. ut.*), controllo di fresatura a zig zag.

zigzag riveted joint, chiodatura (*f.*) a file sfalsate.
— **riveting,** ribaditura (*f.*) a file sfalsate.
— **rows of rivets,** file (*f. pl.*) di chiodi sfalsate.
— **seam,** cucitura (*f.*) a zig-zag.
zinc (*chim.* = Zn), zinco *m.*
— *v.a.* zincare.
— **acetate,** acetato (*m.*) di zinco.
— **acetate (hydrated),** acetato di zinco idrato.
— **anodizing** (*met.*), anodizzazione (*f.*) dello zinco.
— **-base die castings,** getti pressofusi di zinco.
— **bath,** bagno (*m.*) di zinco.
— **-bearing,** *agg.* zincifero.
— **blende,** blenda *f.* (*min.*).
— **-bloom** (*min.*), zinconite *f.*
— **bromide,** bromuro (*m.*) di zinco.
— **carbonate,** carbonato (*m.*) di zinco (usato in ceramiche).
— **chlorate,** clorato (*m.*) di zinco.
— **chloride,** cloruro (*m.*) di zinco.
— **chromate,** cromato (*m.*) di zinco (usato per vernici, ecc.).
— **-coated steel** (*met.*), acciaio (*m.*) zincato.
— **-coated wire-netting** (*met.*), grigliato in acciaio zincato.
— **coating,** galvanostegia *f.*; zincatura (*f.*) elettrolitica; (*met.*), rivestimento di zinco.
— **coating plant** (*met.*), impianto (*m.*) di zincatura.
— **dust,** zinco in polvere.
— **dust recovery,** ricupero delle polveri di zinco.
— **electroplating,** zincatura (*f.*) elettrolitica.
— **-ethyl** (*chim.*), zinco-etile *m.*
— **fluoride,** fluoruro (*m.*) di zinco.
— **fluo-silicate** (*chim.*), fluosilicato (*m.*) di zinco.
— **gray,** grigio (*m.*) di zinco.
— **green,** verde (*m.*) di zinco.
— **iodide,** ioduro (*m.*) di zinco, ZnI_2.
— **laurate,** laurato (*m.*) di zinco.
— **nitrate,** nitrato (*m.*) di zinco.
— **ore,** minerale (*m.*) di zinco.
— **oxide,** ossido (*m.*) di zinco.
zinc palmitate, palmitato (*m.*) di zinco, (usato in gomme e per smalti).
— **plate,** lastra (*f.*) di zinco.
— **plating** (*chim.*, *met.*), zincatura (*f.*) elettrolitica; elettrodeposizione di zinco.
— **polishing block,** blocco di zinco per lucidare.
— **roof,** copertura (*f.*) in zinco.
— **sheet,** lamiera (*f.*) di zinco.
— **silicate,** silicato (*m.*) di zinco.
— **silicate phosphors,** fosfori al silicato di zinco.
— **silver peroxide-alkaline storage battery,** accumulatore alcalino zinco-perossido d'argento.
— **-spar** (*min.*), calamina *f.*
— **stearate,** stearato (*m.*) di zinco.
— **sulfate (hydrated),** solfato (*m.*) di zinco idrato, $ZnSO_4.6H_2O$.
— **sulfide phosphors,** fosfori al solfuro di zinco.
— **sulfo-cyanate,** solfocianato (*m.*) di zinco $Zn(CNS)_2$.
— **sulphide,** solfuro (*m.*) di zinco, ZnS.
— **white** (*tip.*), bianco opaco; bianco di zinco (ossido di zinco; litopone).
— **wire,** filo (*m.*) di zinco.
— **-works,** zincheria *f.*
— **yellow,** giallo (*m.*) di zinco.
zincate (*chim.*), zincato *m.*
zinciferous (pr. *zinch.if'ör.os*), zincoso *agg.*
zincify (pr. *zingki-fai*), zincare *v.a.*
zincing, zincatura *f.*
zincite (pr. *zingk' ait*) (*min.*), zincite *f.*
zinkenite (*min.*), zinchenite *f.*
zinking, zincatura *f.*
zinkosite, zincosite *f.*
zip (*slang*, *astron.* U.S.A), manovra perfetta; zero numerico; chiusura lampo.
— **fastener,** vedi: **zipper.**
zipper, chiusura (*f.*) lampo.
— **inspection flap** (*aereo*), ispezione comandi a chiusura lampo.
zippered carrying case (*armi*, *ecc.*), valigetta con chiusura lampo.

zippered pocket, tasca con chiusura lampo.
zircon (pr. *zŏr' con*), zirconio *m.* (*min.*); zircone *m.*
— **foam,** schiuma di zirconio.
zirconate, zirconato *m.* (sale dell'acido zirconico).
zirconia (*chim.*), zirconia *f.* (*materiale refrattario*).
— **brick** (*metal.*), mattone di zirconia, usato in forni metallurgici.
— **(thermal —),** zirconia *f.* (mat. refrattario).
zirconium (*chim.* = Zn), zirconio *m.*
— **dioxide,** zirconia *f.*; biossido di zirconio.
— **naphthenate,** naftenato (*m.*) di zirconio (usato in ceramica, vernici ecc.).
— **oxide,** ossido (*m.*) di zirconio.
— **phosphate,** fosfato (*m.*) di zirconio (usato come reagente).
z-matched Yagis (*radio*), antenne Yagi adattamento a Z.
Zodiac (*astron.*), Zodiaco *m.*
zoisite (pr. *zois' ait*), silicato di calcio e alluminio, $HCa_2Al_3Si_3O_{13}$.
zone, zona *f.*; zonizzare *v.a.*; (*calcol. elettron., inform.*), gruppo di caratteri; parte di una scheda perforata (righe 0, 11, 12) detta di zonatura.
— **bit** (*calcol., elettron., inform.*), bit fuori testo; bit di zonatura (*di una scheda perforata*).
— **marker** (*radar*), radiofaro di zona con fascio verticale.
— **punching** (*calcol. elettron., inform.*), perforazione di zonatura.
— **row** (*calcol. elettron., inform.*), linea di perforazione di zonatura (*di una scheda*).
— **television,** analisi televisiva a strisce parallele.
zoning, suddivisione in zone; zonizzazione; accumulazione (*f.*) di minerale; accrescimento regolare di sostanze diverse (cristalli); (*geol.*), zonatura (*o* « zoning ») (distribuzione dei minerali in zone nello spazio).
— **of a drawing,** squadratura (*f.*) di un disegno.
— **(monoascendent —)** (*min.*), zonatura monoascendente.
— **(polyascendent —)** (*min.*), zonatura poliascendente.
zoom (*aereo*), cabrata *f.*; (*telev.*), cambiamento rapido di orientamento della telecamera.
— **(to —),** *v.i. v.a.* (*aereo*), salire ad alta velocità (significato originale); fare un volo veloce in qualsiasi direzione (significato ora comune, sicchè si dice pure: *to zoom down* = scendere in candela; (*cinem.*), zoomare *v.a.*; (*auto*), guidare a grande velocità.
— **lens** (*telev.*), lente a fuoco regolabile.
— **upward,** *v.i.* (*aereo*), salire verticalmente ad alta velocità.
zooming (*telecamere*), zoomata *f.*
— **up** (*aereo*), salita (*f.*) in candela.
zymase (*chim.*), zimasi alcoolica (o sucrasi).
zymology, studio (*m.*) degli enzimi producenti la fermentazione; zimologia.
zymolysis, azione enzimatica; scomposizione delle sostanze soggette all'azione degli enzimi.
zymometer, zimometro *m.* (apparecchio per la misura dell'effetto prodotto dagli enzimi nelle sostanze fermentanti).
zymurgy, zimurgia *f.*; chimica applicata che tratta delle fermentazioni.

ENGLISH AND AMERICAN TECHNICAL ABBREVIATIONS AND ACRONYMS IN COMMON USE

ABBREVIAZIONI E SIGLE TECNICHE ANGLO-AMERICANE D'USO CORRENTE

A

A, ampere (*elet.*); peso atomico (*chim.*); temperatura assoluta (*fis.*); unità Angstrom (*fis.*); area (*radio*); (*aereo*) aspect ratio; (*elet.*) amplificazione di tensione; (*elet.*), guadagno; amber (ambra) (*American Standard Association*) (*elet.*).

a (*ingr.*), addendum; (*fis.*) accelerazione; (*elet.*), anodo.

AA, anti(air)craft (antiaereo *agg.*) (*aereo*); Associazione automobilistica.

AAA (*aereo*), antiaircraft artillery (artiglieria antiaerea); (*auto.*) American Automobile Association.

AAAS, American Association for the Advancement of Science (Associazione americana per lo sviluppo delle Scienze).

AA/B (*aereo*), antiaircraft balloon (pallone antiaereo).

AAC (*aereo*), Aeronautical Advisory Council (Consiglio consultivo dell'aeronautica).

AAC (*radio*), automatic amplitude control (controllo automatico di ampiezza).

AACB, Aeronautics and Astronautics Coordinating Board (USA Department of Defense).

AAL (USA) (*aereo*), American Airlines (aviolinee americane).

AAM (*missili*), air-to-air missile (missile aria-aria).

AAMC (*med. del lavoro*) (USA), Association of American Medical Colleges.

AAMS (*aereo*), American Air Mail Society (USA) (Società posta aerea americana).

AAOM (*med. del lavoro*) (USA), American Academy of Occupational Medicine (Accademia americana della medicina del lavoro).

AAOO, American Academy of Ophthalmology and Otolaryngology.

aar; AAR, (*comm.*, *naut.*), against all risks (contro tutti i rischi).

AAS (*aereo*), Aircraft Airworthiness Section (USA) (Sezione navigabilità aerea).

AAT, Anglo-Australian Telescope.

AA of A, Associazione automobilistica dell'America.

ab (*cost.*), as before (come prima).

AB (*aereo*), air base (base aerea); airborne (aviotrasportato).

AB cooling, air-blast cooling (raffreddamento ad aria compressa).

abc, automatic bass compensation (compensazione automatica delle note basse).

ABC, allume, sangue e argilla; (*radio*), American Broadcasting Company; Audit Bureau of Circulation.

abd (*petrolio*), abandoned.

ABL (*telev.*), Automatic Brightness Limiter (limitatore automatico di luminosità).

ABM, anti-ballistic missile.
ABNML, abnormal (anormale).
ABPI, Association of British Pharmaceutical Industry.
ABRC, Advisory Board for the Research Councils (UK).
ABS (*auto*), anti-block system (sistema antibloccaggio).
abs, absolute (assoluto *agg.*).
ABSD (*naut.*), advanced base sectional dock (bacino galleggiante prefabbricato).
ABW (*aereo*), airborne warning (servizio avvistamento aereo in volo).
ac, corrente alternata (*elet.*); resistenza anodica differenziale (*elet.*), apparecchio (*aereo*).
Ac, AC (*meteor.*), altocumulus (altocumulo).
AC (*macch. ut.*), adaptive controlled.
AC (*aereo*) (USA), Air Corps (Forza aerea).
AC (*elet.*), corrente (*f.*) alternata.
AC (*aereo*), Aerodynamic Center (USA).
A-C (*aereo*) (*dis.*), absolute ceiling (quota (*f.*) di tangenza pratica); aircraftman (aviatore *m.*); attraverso (*dis.*).
ACA (*aereo*),Aero Club of America.
ACAL (*aereo*), Associated Canadian Aircraft Limited.
ACARD, Advisory Council for Applied Research and Development (UK).
ACAS (*aereo*) (USA), Atlantic Coast Air Service (Servizio aereo Costa Atlantica).
ACAST, UN's Advisory Committee for Science and Technology.
ACC (*meteor.*), Altocumulus Castellatus (altocumulo (*m.*) castellatus).
ACC (*aereo*) Area Control Center (Centro di Controllo regionale).
ACC (*aereo*), Aeronautical Chamber of Commerce; Aviation Country Club; Aviation Credit Corporation.
ACC (*macch. ut.*), Adaptive Control Constraint (*feeds and speeds varied on-line to maximize the metal-removal rate*).
ACC (*telev.*), Automatic Colour Control (controllo automatico del colore).
ACCA (*aereo*), Aeronautical Chamber of Commerce of America (USA) (Camera aeronautica del commercio dell'America).
ACCESS (data on Sightings of UFO'S), Automated Clearing house for Collection and Exchange of Sighting Statistics (USA).
ACCOR (*carbone*), Australian Coal Corporation
ACDA, US Arms Control and Disarmament Agency.
ACE (*elet.*), amplificatore equilibrato in controfase.
AcEm, emanazione (*f.*) attinica.
ACE/SC (*astron.*), Acceptance check out equipment for spacecraft (*computer apparatus for Apollo*).
ACFT, aircraft (apparecchio *m.*).
ACG (*aereo*) (USA), Airline Carriers Goods (aeroplano per traffico merci).
ACGIH, American Conference of Governmental Industrial Hygienists.
ACLU (*protective measures*), American Civil Liberties Union.
ACM (USA), Association for Computing Machinery.
ACM (*aereo*) (USA), Air Commerce Manual (Manuale del commercio aereo).
ACM (*aereo*), Air Chief Marshal.
ACO (*macch. ut.*), Adaptive Control Optimal (*feeds and speeds varied on-line to minimize the production cost*).
ACORD, Advisory Council for Research and Development (UK).
ACP (*aereo*) (USA), Airline Carriers-passengers (aeroplano per trasporto passeggeri).
ACR (*aereo*), approach control radar (radar controllo avvicinamento).

ACR (*inform.*), Auxiliary Control Register (registro di controllo ausiliario).
ACS, American Chemical Society.
ACS (*inform.*) (*telecom.*), Advanced Communications Service (USA).
ACSR, aluminium cable steel reinforced (cavo di alluminio con rinforzo d'acciaio).
ACT (*aereo*), Air Control Team (Squadra Controllo Aereo).
ACTS, Advisory Committee on Toxic Substances (UK).
ACU, Unione auto-ciclo.
ACW (*radio*), attenuated continuous waves (onde persistenti continuate).
AD (*legn.*), air-dried timber (legname essiccato all'aria).
AD (*naut.*), destroyer tender.
A/D, Aerodynamics Department.
ADA (*aereo*), Aviation Defence Association.
ADAPT (*inform.*), program using a subset of the APT language, supplied by IBM (*controllo numerico*).
ADAPT/AUTOSPOT (*inform.*), proprietary IBM program which combines ADAPT and AUTOSPOT systems, with the features of each language (*controllo numerico*).
ADCA, US Arms Control and Disarmament Agency.
ADCC (*aereo*), Air Defence Cadet Corps (Corpo Cadetti difesa aeronautica).
ADCI (*met.*), American Diecasting Institute, Chicago.
ADF (*aereo*), Automatic Direction Finder (Radiogoniometro automatico).
ADGB (*aereo*), Air Defence of Great Britain.
ADI (*med.*), acceptable daily intake (*dose di medicinali*).
ADJ, adjustment (regolazione *f.*).
ADS (*inform.*), Advanced operating system.
ADSEL (*radar*), address-selective (technique).
ADV (*aereo*), air-defence variant.
ADV (*inform.*), advance (avanzamento) (p. es. di carta su stampante).
AE (*astron.*), Ascent engine (*Apollo*).
AE, agricultural engineer.
AE (*naut.*), ammunition strip.
AEA (*aereo*), Aircraft Engineers Association; American Export Airlines (USA); Atomic Energy Authority (Inghilterra).
AEC (*fis. atom.*), Atomic Energy Commission (Commissione dell'energia atomica (USA).
AEE, Assistant executive engineer.
AEL (*aereo*) (USA), Aeronautical Engine Laboratory.
A & R (*aereo*), assembly and repair.
AERE (*fis. atom.*), Atomic Energy Research Establishment (USA) (Ufficio Ricerche anergia atomica).
AERLGL, aerological (aerologico), *agg.*
AERLY, Aerology (aerologia *f.*).
AERNL, Aeronautical (aeronautico), *agg.*
AERO (*aereo*) (USA), Aero Edu cational Research Organization.
AES (*elet.*), American Electrochemical Society (Società elettrochimica americana).
AES (*elettron.*), Auger electron spectroscopy.
AEW (*aereo*), Airborne early warning (*aircraft*).
AF **(af)** (*radio*), audio frequenza (*o* bassa frequenza).
A/F (*auto*), air/fuel ratio.
AFA, Advertising Federation of America.
AFC (*radio*), automatic frequency control (controllo automatico di frequenza).
AFC (*aereo*), Air Force Cross (croce al valore aeronautico).
AFC (*aereo*), Australian Flying Corps (Corpo d'aviazione australiano).

AFDK, After dark (dopo il crepuscolo).
AFETR (*missiles*), Air Force Eastern Test Range (USA).
AFFTC (*aereo*), Air Force Flight Test Center.
AFM (*aereo*), Air Force Medal (medaglia al valore aeronautico).
AFMTC, Air Force Missiles Test Center.
AFNOR, Associazione francese di unificazione.
AFRA (*commercio*), Average Freight Rate Assessment (valutazione della media dei tassi di nolo mondiali espressa in rapporto alla tariffa londinese in vigore [Scale e Intascale]).
AFRAeS (*aereo*), Associate Fellow of the Royal Aeronautical Society (Socio della Regia accademia aeronautica).
AFSC (*aereo*), Air Force Systems Command (USA).
AFT (*radio*, *telev.*), Automatic Fine Tuning (controllo automatico di sintonia fine).
AFWTR (*missiles*), Air Force Western Test Range.
AG (*aereo*), Air Gunner (tiratore (*m*) mitragliere-aviatore).
AGA (USA), American Gas Association (Associazione americana del gas).
AGB, rompighiaccio.
AGC (*naut.*), nave anfibia.
AGC (agc) (*radio*), automatic gain control (controllo automatico di guadagno.
AGMA, American Gear Manufacturers Association.
AGR (*fis. atom.*), Advanced Gas cooled Reactor.
AGS (*aereo*), Aircfraft General Standards (unificazioni generali aeronautiche).
AGS, surveying ship.
AGS (*astron.*), Abort guidance subsystem (*Apollo*).
AH, nave ospedaliera.
Ah (a-h) (*elet.*), ampere-hour (ampereora).
AHD (*audio*), audio high density.
AHD disc, disco ad alta densità audio.
AHEM, Association of Hydraulic Equipment Manufacturers (UK).
ahm (*elet.*), ampere-hour meter (amperometro *m.*).
AI (*aereo*) (*radar*), Air Intelligence (*aereo*); Air interception (intercettamento aereo) (*radar*).
AI (*machine translation*), Artificial intelligence.
AIA (*aereo*), American Institute of Aeronautics; Asbestos Information Association; American Institute of Architects.
AIAA, American Institute of Aeronautics and Astronautics.
AIC (*aereo*), Aviation Instruction Centre; Asbestos Information Committee; Ammunitions Identification Code.
AID (*aereo*), Aeronautical Inspection Directorate (Direzione centrale controllo aeronautico).
AID, US Agency for International Development.
AIDS (*aereo*), Aircraft integrated data system (impianto integrativo per l'elaborazione dati dell'aereo).
AIEE, American Institute of Electrical Engineers (Istituto americano degli ingegneri elettrotecnici).
AIL (*aereo*) (*dis.*), Aileron (alettone *m.*, alerone *m.*).
AIME, American Institute of Mechanical Engineers (Istituto americano degli ingegneri meccanici).
AIRS (*missile guidance*), Advanced inertial reference sphere (*system for correcting movements of a missile along the ground before it is launched*).
AIS (*aereo*), audio integrating system (sistema di integrazione audio); aeronautical information service (servizio di informazioni al volo).
AISC, American Institute of Steel Construction.

AISE, Association of Iron and Steel Engineers.

AISI, American Iron and Steel Institution (Istituzione Americana ferro-acciaio).

AITI (*aereo*), Aero Industries Technical Institute (Istituto Tecnico Industrie Aeronautiche).

AIU (*aereo*) (USA), Aero Insurance Underwriters (Assicurazioni aeronautiche).

AK (*naut.*), cargo strip.

A lab, Analytical laboratory.

AL, aviation electronicsman (USA) (sottufficiale addetto ad apparecchi elettronici).

ALBM (*missili*), air-launched ballistic missile (missile balistico lanciato in volo).

ALCM(*missili*), air-launched cruise missile.

ALIs (*radiazioni*), annual limits of intake (dose massima annuale di radiazione ammissibile per l'uomo).

ALMA (*aereo*) (USA), Air Line Mechanics Association (Associazione meccanici d'aviolinee).

Alcoa, Aluminium Company of America.

ALOFT, Airborne Light Optical Fibre Technology (USA Navy).

ALPA (*aereo*), Air Line Pilots Association (Associazione Piloti d'Aviolinee).

ALPR (*fis. atom.*), Argonne low-power reactor (reattore a bassa potenza del laboratorio delle Argonne, USA).

ALSEP (*astron.*), Apollo Lunar Surface Experiment Package (osservatorio astronomico lunare di Apollo XVI).

ALSTG (*aereo*), Altimeter setting (regolazione (*f.*) dell'altimetro).

ALT, altitude (quota *f.*).

ALTA (*aereo*), Association of Local Transport Airlines (Associazione delle aviolinee di trasporto locali).

ALTN, alternate (indiretto *agg.*).

ALU (*micro processors*), Arithmetic logic unit.

ALUM, Aluminium (Alluminio *m.*).

am,ante meridiem (antimeridiane).

AM (*aereo*), Air mail (posta aerea); Air mechanic (meccanico d'aviazione).

AM (*naut.*) (USA), minesweeper (dragamine).

AM (a-m) (*radio*), amplitude modulation (modulazione di ampiezza).

AMA (*aereo*) (USA), Academy of Model Aeronautics (Accademia di aeromodellisti).

AMAC (*aereo*) (USA), American Motorless Aviation Corporation (Corporazione aeronautica velivoli senza motore).

AMCM (*elicottero*), Airborne mine countermeasures helicopter.

AMF (*aereo*) (USA), Air Mail Field (Campo Posta Aerea).

AMICE, membro della Società degli Ingegneri civili.

AMIEE, membro della società degli ingegneri elettrotecnici.

AMI MechE, membro della società degli ingegneri meccanici.

AMLA (*aereo*) (USA), Air plane Model League of America (Lega Americana Aeromodellismo).

AMO (*aereo*), Air Ministry Order (legge *f.*) del Ministero dell'Aeronautica).

amp (*elet.*), ampere.

amp-hr, ampere-hour (amperora).

AMPTE (*satelliti*), Active Magnetospheric Particle Tracer Explorer.

AMRL, Army Medical Research Laboratory, Fort Knox (USA).

AMS (*aereo*), Aeronautical Material Specification (Specificazioni o unificazioni materiale aeronautico).

AMS, airmass (USA); air mass (massa (*f.*) d'aria).

AMST (*aereo*), advanced medium stol transport (trasporto con mezzo avanzato (*di aereo*) a decollo ed atterraggio corto).

amu (*fis. atom.*), atomic mass unit (unità di massa atomica).

AN, air natural cooling (raffreddamento naturale all'aria); (*naut.*) (USA), net laying ship.

ANA (*aereo*), Air Navigation Act; Australian National Airways.

ANC (*radio, telev.*), Automatic Noise Canceller (soppressore automatico di disturbi).

AND (*aereo*), Air Navigation Directions (Istruzioni governative di navigazione aerea).

ANDB, Air Navigation Development Board (USA).

ANFO(*explosives*), Explosive based on ammonium nitrate and diesel fuel oil.

ANL (*fis. atom.*), Argonne National Laboratory, USA.

ANO (*aereo*), Air Navigation Order (legge di navigazione aerea); (USA), Air Navigation Office.

ANPA, American Newspaper Publishers Association.

ANS (*fis. atom.*), American Nuclear Society (Società americana energia nucleare).

ANSI, American National Standards Institute.

ANT, antenna (antenna *f.*).

antilog, antilogaritmo *m.*

AO, (USA) oiler; tanker.

AOA (*aereo*), Aerodrome Owners' Association (Associazione Proprietari Aeroporti).

AOCP, aircraft out of commission for spare parts.

AOD (*met.*), Argon Oxigen Decarburisation (proced. di affinazione di acciai speciali sotto vuoto).

AOG, (USA) gasoline tanker (petroliera).

AOL, Ammonia OdourLess (senza odori ammoniacali) (macchine eliografiche Metem).

AOIV, automatically operated inlet valve.

AOOM, aircraft out of commission for maintenance.

AP (*naut.*) (USA), nave (trasporto passeggeri); (*aereo*), aeroplano.

AP (*aereo*), Air Publication (Pubblicazione dell'Aeronautica); Airplane Pilot (USA) (pilota d'aeroplano); American Patent (Brevetto americano).

APC, Associated Planning Consultants (London); (*auto*) Automatic Performance Control.

APD (*naut.*), nave anfibia veloce.

APD (*computers*), Automatic Power Down (chiusura automatica nel caso di dimenticanza).

APEC, Action Programme for Economic Cooperation.

APENA (*aereo*), Air Pilots Engineers and Navigators Association (*Canada*) (Associazioni Piloti, Ingegneri e Navigatori).

APFS (*audio*), Auto Program Find System (sistema di ricerca automatica di brani).

APG, air proving grounds (centro esperienze aeree).

API, American Petroleum Institute (USA).

APLD (*inform.*), Automatic program locate device (dispositivo per la ricerca automatica di brani).

ap, aprt, airport (USA).

APP (*aereo*), Approach Control (Controllo di Avvicinamento).

Apprd (*dis.*), approved (approvati).

approx, approssimato; approssimativamente.

aprx, approximate (approssimato *agg.*).

APST, Association of Professional Scientists and Engineers (UK).

APT (*controllo numerico*), Automatically Programmed Tools (USA aerospace industry).

APT (*aereo*), Airport Control Tower (USA) (pilone (*m.*) di controllo dell'aeroporto); Advanced Passenger Train (Inghilterra); Automatic Picture Transmission.

APT System (*controllo numerico*), Automatically Programmed Tools System, referring to the APT language, the APT computer program and the computer itself.

APU (*aereo*), auxiliary power unit (unità motrice ausiliaria).

APUs (*Shuttle*), auxiliary power units (turbine engines burning hydrazine fuel that turn the hydraulic pumps).

AQL (*campioni ecc.*), acceptable quality level (indice della qualità accettabile.

AQT (*naut.*), applicant qualification test.

AR (*aereo*), Air raid (incursione aerea); aspect ratio (rapporto (*m.*) di finezza); Airman Records (archivio dei brevetti aerei); (*naut.*) (USA), repair ship; (*aereo*) airman recruit; (*comm.*), all risks (tutti i rischi).

Ar (*met.*), simbolo della temperatura critica durante il raffreddamento delle leghe ferro-carbonio.

ARA (*aereo*), Air Reserve Association (Associazione Riserva Aeronautica).

ARB (*aereo*), Air Registration Board (Ufficio matricolazione aerea; Ufficio registrazione aeronautica).

ARC, Applied Research of Cambridge.

ARC (*aereo*), Aeronautical Research Council (Comitato Ricerche Aeronautiche).

ARC, Acoustic Research Center (USA); Agricultural Research Council (UK).

ARCA (*aereo*) (USA), Air Reserve Cadets of America (Cadetti Riserva Aeronautica Americana).

ARCO, Airline Reservation and Communications.

ARCUB process, method of turning effluent into valuable compost (Birmingham University).

ARD (USA) (*naut.*), floating drydock.

ARDC (*aereo*), Air Research and Development Command.

ARE (*fis. atom.*), Aircraft-reactor experiment (reattore sperimentale per aerei, USA).

AREF (*mecc.*), automatic roll extrusion forming (formatura automatica per estrusione).

ARIBA, socio dell'Accademia (*f.*) degli Architetti britannici.

Arm (*elet.*), armature (indotto, armatura).

ARP (*aereo*), Air raid precautions (protezione antiaerea).

ARPT (*aereo*), Airport (aeroporto *m.*).

ARRI, American Radio Relay League (Organizzazione americana di radioamatori).

ARS (*radar*), Airport surveillance radar (radar di sorveglianza aeroportuale).

ARSR (*radar*), Air-route surveillance radar.

AS (*meteor.*), Altostratus (altostrato *m.*); (*naut.*), submarine tender.

AS (*aereo*), Air Service; Air Speed (servizio aereo; velocità nell'aria).

AS, legname (*m.*) stagionato all'aria.

ASA, American Standards Association.

ASA, Advertising Standards Authority.

ASAE (*aereo*) (USA), American Society of Aeronautic Engineers (Società Americana di Ingegneri Aeronautici).

ASARS (*aereo*), Advanced synthetic-aperture radar system.

Asb, asbestos (amianto).

ASB (*aereo*) (USA), Air Safety Board (Consiglio di Sicurezza Aeronautica).

ASC (*radio*), automatic selectivity control (regolaggio auto matico di selettività).

ASCAP (*tip.*), American Society of Composers, Authors and Publishers.

ASCE (*chim.*), American Society of Chemical Engineers (Società americana di ingegneri chimici); American Society of Civil Engineers.

ASDA (*aereo*), accelerate stop distance available (distanza accelerazione-fermata).

ASE, Association of Science Education (UK).

ASEB, Aeronautics and Space Engineering Board (USA).

ASED, Association of Engineering & Shipbuilding Draughtsmen.

ASEE, Association of Supervisory and Executive Engineers (UK).

ASHRAE, American Society of Heating, Refrigerating and Air Conditioning Engineers.

ASI, Advanced Study Institutes (NATO Science Committee).

ASI (*aereo*), Air speed indicator (indicatore (*m.*) aerodinamico di velocità).

ASLEP (*astron.*), Apollo Lunar Surface Experiments Package.

ASM, American Society for Metals.

ASM (*aereo*) (USA), Air Service Mechanic (meccanico di velivolo).

ASM (*missili*), air-to-surface missile (missile aria-superficie).

ASME, American Society of Mechanical Engineers (Società Americana degli Ingegneri meccanici.

ASMI, airfield surface movement indicator; (radar per controllo del traffico aeroportuale di superficie) (*aereo*).

ASP (*naut.*), antisubmarine patrol.

ASP (*aereo*) (*astron.*), Aerospace plane (experimental gliderlike space vehicle).

ASPA (*aereo*) (USA), American Society for Promotion of Aviation (Società Americana per l'incremento dell'aviazione).

ASQC, American Society for Quality Control.

ASR (*naut.*), submarine rescue vessel.

ASSC (*aereo*) (USA), Aviation Section Signal Corps (Corpo Segnalatori, sezione Aeronautica).

ASSRC (*aereo*) (USA), Aviation Section Signal Reserve Corps (Corpo Riserva Segnalatori, sezione Aeronautica).

ASSY (*dis.*), assembly (montaggio).

AST, Atlantic Standard Time.

ASTE (*aereo*) (USA), American Society of Tool Engineers (Società Americana Ingegneri attrezzisti).

ASTIA (*naut.*) (USA), Armed Services Technical Information Agency.

ASTM Des, American Society for Testing Materials Designation.

ASTM, American Society for Testing Materials (società americana prove materiali).

ASTMS, Association of Scientific, Technical, Managerial Staffs (UK).

ASTP (*astron.*), Apollo-Soyuz Test Project.

ASW (*aereo*) (USA), (Navy) antisubmarine warfare (guerra antisommergibili).

AT, air temperature (temperatura dell'aria); Atlantic Standard Time; ampere-turn (amperespira).

AT, angle template (sagoma angolare) (per tracciamenti); (*aereo*) (USA),aviation electronic technician; atomic time.

AT, Appropriate Technology.

at, airtight.

at (*petrolio*), acid treatment.

ATA (*aereo*) (USA), Air Transport Association of America (Associazione Americana aerotrasporti).

ATB, aeration test burner (bruciatore per la determinazione delle caratteristiche di combustione dei gas).

ATC (*radio*), aerial tuning condenser (condensatore (*m.*) di sintonia d'antenna).

ATC (*aereo*), Air Training Corps (USA); After Top Centre;

Approved Type Certificate; Airway Traffic Control.

ATCAS (*aereo*), Air Traffic Control Automatic System.

ATDMA (*aereo*), Advanced TDMA

ATEC (*aereo*), Automatic Test Equipment Complex.

ATF (USA) (*naut.*), ocean tug.

ATI (*radio*), aerial tuning inductance (induttanza di sintonia d'antenna).

ATLA (*aereo*), Air Transport Licensing Authority (Consiglio autorizzazione aerotrasporti).

ATLAS (*aereo*), Abbreviated Test Language for All Systems.

atm, atmosphere (atmosfera).

ATMR (*aereo*), Advanced Technology Medium Range (airliner).

at no (*fis. atom.*), atomic number (numero atomico).

ATR, alumino-thermic-reduction (procedure) (US Steel).

ATRS (*comm.*), American Tanker Rates Schedule (barème di noleggio).

ATS (*aereo*) (USA), Advanced Training School (Scuola addestramento aereo superiore).

ATS (*satellites*), Applications Technology Satellite (USA).

at vol (*fis. atom.*), atomic volume (volume atomico).

at wt, atomic weight (peso atomico).

AU (*fis.*), Angstrom Unit (Angstrom); (*astron.*), astronomical unit (unità astronomica uguale alla distanza media geometrica della Terra al Sole).

A/U (*naut.*), advanced undersea weapons.

AUEW, Amalgamated Union of Engineering Workers.

AUF (*telephone*), Asset Utilisation Factor.

AURBO (*meteor.*), Aurora Borealis (aurora boreale *f.*).

AUT, Association of University Teachers (UK).

AUTOPIT2 (*inform.*), AUTOmatic Programming Including Technology (later version of a program developed in Germany. It uses the same language basis as EXAPT).

AUTOPOL (*inform.*), a computer program for NC lathes developed by IBM in Germany.

AUTOSPOT (*controllo numerico*), Automatic System for Positioning Tools.

AUW (*aereo*), all up weight.

AUW, auxiliary (ausiliario *agg.*).

AV (*naut.*) (USA), seaplane tender.

AVC (*radio*), Automatic Volume Control (Controllo automatico di volume).

av, average (medio, -a).

Avdp (Avoir), avoirdupois (sistema di pesi inglese, non usato per metalli preziosi).

AVE (ave), automatic volume expansion.

AVH (*naut.*), aircraft rescue boat.

av l (*lumber*), average length (lunghezza media).

av w (*lumber*), average width (larghezza media).

AW, atomic weight (peso atomico); di tutte le misure (*legname*).

AWA (*aereo*) (USA), Aviation Writers' Association (Associazione Scrittori d'aviazione).

AWA, Anglian Water Authority (UK).

AWAC (*aereo*), Airborne Warning and Control System.

AWG (*radio*), American wire gauge (gage). (Sistema americano per la classificazione di un conduttore).

AWOP (*aereo*), All-Weather Operations Panel.

AWPA, American Wood Preservers' Association.

AWS, American Welding Society (Società americana di saldatura).

AWSC (*sald.*), American Welding Society Code.

awu (*fis. atom.*), atomic weight unit (unità di peso atomico).

AWWA, American Water Works Association.

AWY (*aereo*), Airway (linea (*f.*) aerea; aviolinea *f.*).
AYA (*aereo*) (USA), Air Youth of America (Gioventù aeronautica americana).
Azm, azimut.

B

b, suscettanza *f.* (*elet.*); beam of hull (*seaplanes*); breath (larghezza).
B, nero (di matita); brightness (intensità luminosa); bed plate (placca di base); magnetic flux density (*radio*) (densità di flusso magnetico); (*aereo*) bombardiere; blue (blu) (*American Standard Association*) (*elet.*).
b (*naut.*) built (costruito) *p.p.*
B-test (breath test), esame dell'alcool nel sangue.
BA, British Association; screw-thread; bridging amplifier (*radio*) amplificatore in derivazione.
BAA, British Astronomical Association.
BAA (*aereo*), British Airports Authority.
BAAS, British Association for the Advancement of Science.
BAB (*dis.*), Babbit; (*radio*) (USA) Broadcast Advertisers Bureau.
BABS (*radar*), beam approach; beacon system.
BAC (*aereo*) (USA), Bureau of Air Commerce (Ufficio del Commercio aereo).
BAC (*aereo*), British Aircraft Corporation.
BACA (*aereo*), British Advisory Committee for Aeronautics (Comitato consultivo dell'aeronautica britannico).
BACAT (*naut.*), Barge Aboard Catamaran.
BAE (*aereo*) (USA), Bachelor of Aeronautical Engineering (laureato in ing. aeronautica).
BAF (*aereo*), British Air Force (Forza aeronautica inglese).
BAL (*aereo*), British Airways, Ltd.
BALPA (*aereo*), British Airline Pilots Association (Associazione inglese piloti aerotrasporti).
BAM, British Air Ministry.
bar, barometer (barometro *m.*).
BAS (*met.*), Bessemer acid steel.
BASIC (*inform.*), Beginners All-Purpose Symbolic Instruction Code (a high-level FORTRAN-based computing language).
BAT (*aereo*), British Aerial Transport, Ltd.
BAT, best available technology (*environment*, USA).
BAU, British Association Unit.
BB (*naut.*), battleship.
BB, best best iron telephone wire best best (ottimo) (*met.*); (*chim.*) before the blow-pipe (*al cannello ferruminatorio*).
BBC (*aereo*) (USA), before bottom center (prima del punto morto inferiore).
BBC (*radio*), British Broadcasting Corporation (Radio Audizioni Britanniche); cianuro bromobenzile (*chim.*).
BBC, Brush Beryllium Company (Cleveland, Ohio, USA).
bbl, barrel (barile; tamburo; cilindro).
bbl/d (*petrolio*), barrels per day.
BC, base shield connection; (*radio*) broadcast band; between centres (*dis.*).
BC, bayonett cap (*illum.*).
BCA (*aereo*), British Continental Airways, Ltd.
bcc (*met.*), body-centered cubic (sistema cubico a corpo centrato).
BCC (*met.*), vedi **bcc.**
Bccl (*met.*), body centred cubic lattice (reticolo cubico a corpo centrato).
BCD (*inform.*), Binary Coded Decimal.
BCL (*radio*), broadcast listener (radioascoltatore).
BCN, Beacon (radiofaro).
BCS, British Computer Society.

BCSA (*met.*), British Constructional Steelwork Association.

BCURA (*carbone*), British Coal Utilization Research Association (Associazione per la ricerca dell'utilizzazione del carbone britannico).

BD (*dis.*), board.

BD (*petrolio*), barrels daily.

b/d (*petrolio*), barrels per day.

BDC (*aereo*), bottom dead center (punto morto inferiore).

Bdg (*tip.*), binding (in rilegatura).

bdi (*radio*), bearing deviation indicator.

BDV (*cavi*), breakdown voltage (tensione di rottura).

Bé, Baumè.

BE, Bachelor of Engineering (Dottore in ingegneria).

BEA (*aereo*), British European Airways.

BEAMA, British Electrical and Allied Manufacturers' Association (Associazione britannica costruttori materiali elettrici ed affini).

BEBC (*fis. atom.*), Big European Bubble Chamber (CERN).

BECO (*astron.*) (*razzi*), Booster engine cutoff.

BELL, British Electric Lamp, Ltd.

BEMF (bemf), back electromotive force.

BEMP, brake effective mean pressure (pressione media effettiva).

BEPO (*fis. atom.*), British Experimental Pile Operation.

bepp (*fis. atom.*), binding energy particle (energia di legame per particella nucleare).

BES, Biological Engineering Society (UK).

BESS, Biomedical Experiment Scientific Satellite.

BET (*dis.*), between (fra).

BeV, billion electron-volts (miliardi di elettroni-volt).

Bev, bevelled (*lumber*).

BF (bf), beat-frequency (frequenza di battimenti).

bf (*tip.*), boldface type.

BFMRA, British Food Manufacturing Association.

bfo (*radio*), beat-frequency oscillator (oscillatore (*m.*) a battimenti).

BG, Birmingham Sheet and Hoop Iron Standard Gauge.

BGA (*aereo*), British Gliding Association (Associazione inglese volo planato).

BGR (*fis. atom.*), Bismuth Graphite Reactor.

BGT, British Guiana Time.

BH (*dis.*), Brinell Hardness.

Bhn (BHN), Brinell hardness number (numero di durezza Brinell).

BHP (bhp), brake horse power (potenza effettiva).

BHRA, British Hydromechanics Research Association.

BHS, British Herpetology Society.

BIBA, British Insurance Brokers' Association.

BICTA (*fond.*), British Investment Casters' Technical Association.

BIPS (*inform.*), billion instructions per second.

BISPA (*met.*), British Indipendent Steel Producers Association.

BISRA (*met.*), British Iron and Steel Research Association.

BK (*dis.*), brake (freno).

B/L (*comm.*), bill of lading (polizza di carico).

BL (*dis.*), building line (linea di costruzione).

BL Lacertae (*astron.*), Prototype of the so-called lacertids (*extragalactic objects*).

BLAISE (*inform.*), British Library on-line service; British Library Automated Information Service.

BLC (*aereo*), boundary layer control (controllo dello strato limite).

BLC, balance (equilibrio *m.*).

BLDG (*dis.*), building (edificio).

BLP (*aereo*), Bomber Landplane (apparecchio terrestre da bombardamento).

BLST (*aereo, naut.*), ballast (zavorra *f.*).
BM, bench mark (*top.*) (punto fisso di riferimento, di quota nota): bill of material (*costruz.*).
BMA, British Medical Association.
BMB (*radio*) (USA), Broadcast Measurement Bureau.
BMI (*radio*), Broadcast Music Inc.
BMJ, British Medical Journal.
BMPE (*aereo*), brake mean effective pressure (pressione (*f.*) effettiva media).
BMT (*rilevamento tempi*), Basic Motion-Time.
bn (*mat.*), billion (bilione).
BNEC (*fis. atom.*), British Nuclear Energy Conference.
BNES, British Nuclear Energy Society.
BNF (*med.*), British National Formulary.
BNF (*met.*), (British Non Ferrous) Ternary Alloy N. 2 (lega con 98,25 % di piombo; 0,25 % di cadmio e 1,5 % di stagno).
BNFL, British Nuclear Fuel Limited.
BNL (*fis. atom.*), Brookhaven National Laboratories (Upton, USA).
BNOC (*petrolio*), British National Oil Corporation.
BOAC (*aereo*), British Overseas Airways Corporation (Corporazione inglese Aviolinee Oltremare); (*cinem.*) box office attraction (film di « cassetta »).
BOC, British Oxygen Company.
BOD (*ing. sanitaria*), biochemical oxygen demand (quantità di ossigeno richiesta nella depurazione di rifiuti).
BOHS, British Occupational Hygiene Society.
BOP (*met.*), basic oxygen process (processo di fabb. dell'acciaio basico all'ossigeno).
BOS (*met.*), basic oxygen steel making (fabbricazione dell'acciaio basico all'ossigeno).
BOT (*dis.*), bottom (fondo; parte inferiore).
BOT, Board of Trade (Ufficio governativo inglese per controllo di brevetti, pesi e misure ecc.).
BOT ohm, Board of Trade ohm (ohm internazionale).
bp, boiling point (punto di ebollizione).
bp, boiler pressure (pressione della caldaia).
BP (*radio*) (*dis.*), Band pass (*radio*); By-pass (*radio*); Blueprint (*dis.*) (*cianografia*).
BP, between perpendiculars (fra le perpendicolari) (*cost. nav.*). (*dis.*); back pressure.
BP (*top.*), Boundary Post.
BPBIF, British Paper and Board Industry Federation.
BPI, British Phonographic Industry.
BPO, British Postal Office.
BPT, best practicable technology (*environment*, USA).
BR (*ferr.*), British Rail (ferrovie britanniche).
BR (*petrolio*), building rig.
BRDG (*dis.*), bridge (ponte).
BRE, Building Research Establishment (Ente Ricerca Edilizia) (Inghilterra).
BRKT (*dis.*), Bracke (mensola ecc.).
BREEMA, British Radio Electronic Equipment Manufacturers Association.
brl (*petrolio*), barrel (*barile*) (equivalente a circa 159 litri).
BRM, Barometer (barometro *m.*).
BRMC, Barometric (barometrico *agg.*).
BRONO (*radio*), Broadcast not operating (radio non funzionante).
BRS (*auto*), British Road Services.
BRS (*dis.*), brass.
Br sh (*petrol.*), brown shale.
BR STD (*dis.*), British Standard.
BRZ (*dis.*), bronze.
BRZG (*dis.*), brazing.
Bs, bearings (*ing.*).
BS (*dis.*), British Standard.
B/SD (*petrolio*), barrels per stream day (barili per giorno di lavorazione).

B & S, Brown and Sharpe (*wire gauge*).
BS & W (*petrol.*), basic sludge and water.
BS & W, bottom sediments and water.
BSC, British Standard channel; British Steel Corporation.
BSCP (*comm.*), British Standard Code of Practice (Guida all'esercizio di un commercio, edita dal British Standard Institution).
BSF, British Standard Fine (« Filettatura fine Whitworth », molto usata per pezzi d'auto).
BSFC, brake specific fuel consumption.
BSG, British Standard Gauge.
BSI, British Standards Institution (Comitato di Unificazione britannico).
BSP (*aereo*), Bomber seaplane (idro da bombardamento).
BSP, British Standard Pipe thread (filettatura britannica per tubi, unificata).
BSS, British Standard Specification (Unificazioni inglesi); (*chim.*), British Standard Sieve (*vaglio inglese tipo*).
BSSRS, British Society for Social Responsability in Science.
BST, British Summer Time.
BSW, British Standard Whitworth (Filettatura Whitworth unificata).
BSWG, British Standard Wire Gauge.
BT (*aereo*) (USA), basic training (allenamento principale).
BT (*tracciamento*), block template (sagoma per blocchi di legno. acciaio o zinco); (*naut.*); (USA) boilerman (sottufficiale che ripara e aziona caldaie marine).
BTC (USA), before top center (prima del punto morto superiore).
BTG, British Technology Group.
Btr, better (*lumber*) (migliore).
BTS (*inform.*), British Telecommunication Systems.
BTU (*aereo*), Balloon training unit (reparto addestramento aerostati).
BTU, Board of Trade Unit; (unità d'energia del « Board of Trade »); British thermal unit (vedi **BThU**).
BThU, British Thermal Unit (unità britannica di calore equivalente alla quantità di calore che occorre per variare di 1 Fahrenheit la temperatura di 1 libbra d'acqua).
Bu (*chim.*), (simbolo del) radicale butilico C_4H_4—; (*mis.*), bushel.
BU (*naut.*) (USA), builder (sottufficiale che ripara e costruisce strutture in legno).
BUA (*aereo*), British United Airways.
BUDOCKS (*naut.*) (USA), Bureau of Yards and Docks (Ufficio della Marina Lavori pubblici a terra).
Bur St, Bureau of Standards.
bus, busbar.
B & W (*film*), bianco e nero.
BWG, Birmingham Wire Gauge (sistema di designazione di calibri, di fili e barre coi numeri).
BWR, boiling water reactor (reattore ad ebollizione).
BX, flexible armoured cable (cavo armato flessibile).

C

C (*elet.*), coulomb; capacitanza (*elet.*); aereo da trasporto (*aereo*); Central standard (*time*); clear (chiaro) (*colori*) (*American Standard Association*) (*elet.*); carbonio.
C (*controllo numerico*), continuous path (system) (ISO recommendation for NC nomenclature).
°C, grado Celsius.
c (*elet.*) (*chim.*) (*mis.*), candle (candela); centimetro; cubico (*mis.*); concentrazione (*chim.*);

velocità della luce nel vuoto; calore specifico; carato; catodo; ciclo.

C_f (*radio*), cathode or filament capacitance (capacitanza catodica o del filamento).

C_g (*radio*), grid capacitance (capacitanza di griglia).

C_{gf} (*radio*), grid-filament cap'nce (capacitanza griglia-filamento).

C_{gh} (*radio*), grid-cathode capacitance (capacitanza griglia-catodo).

C_{gp} (*radio*), grid-plate capacitance (capacitanza griglia-placca).

CA (*naut.*) (USA), heavy cruiser.

CAA (*aereo*), Civil Aeronautics Administration (USA) (Amministrazione Aeronautica Civile); Civil Aviation Authority (Federazione Aeronautica Civile) (UK).

CAB (*costr.*),computer aided building (costruzione con l'ausilio di elaboratori).

CAB (*aereo*) (USA), Civil Aeronautics Board; Civil Aeronautics Bulletins (Consiglio dell'Aeronautica Civile) (Bollettino dell'Aeronautica Civile).

CACM (*comm.*), Central American Common Market (Mercato comune dell'America Centrale).

CAD (*dis.*), computer-aided design.

CADC (*costr.*), Computer Aided Design Centre.

CAD/CAM system (*automazione*), computer-aided design/computer-aided manufacture (progettazione/produzione assistita da calcolatore).

CADS (*aereo*) (USA), Civil Air Defense Service (Servizio Difesa Aerea Civile).

CAFE (*auto*) (USA), Corporate Average Fuel Economy.

CAI (*inform.*), Computer Assisted Instruction (tecnica didattica mediante impiego di elaboratore).

CAL, caliber.

CAL (*aereo*), Canadian Airways; Continental Air Lines.

CAL, Computer Assisted Learning (apprendimento assistito da elaboratori elettronici).

Cal, kilogram-calorie; kilogram-calory (USA) (caloria-chilogrammo).

CAM (*aereo*) (USA), Civil Aeronautics Manual (Manuale dell'aviazione civile).

CAM, Coated Abrasive Machining centre (UK); (*automazione*), Computer-aided manufacture.

Candu (*fis. atom.*), Canadian deuterium uranium.

CAP (*chim.*), cloroacetofenone; gas lacrimogeno.

CAPA (*fis. atom.*), Commercial Atomic Power Activities, Forest Hills, Pa. USA).

CAPS, Computer Assisted Placement Service (UK).

CAR (*aereo*), Civil Air Regulations; Civilian Air Reserve (USA) (Regolamenti aeronautica civile) (Riserva aeron. civile).

Carb, Carbon (carbonio).

CARB (*dis.*), carburettor (carburatore).

Cart (*aereo*), cartridge start (avviamento (*m.*) a cartuccia).

CAS (*aereo*) (USA), Chief of the Air Service (USA); Chief of the Air Staff (Inghilt.) (Capo del Servizio Aereo); calculated air speed (velocità aerea calcolata); (*aereo*), Collision Avoidance System (sistema prevenzione collisioni in volo); (*chim.*), Chemical Abstracts Service.

CASI (*aereo*), Commission d'Aéronautique Sportive Internationale.

CAT (*elettr.*), cooled-anode transmitting valve.

CAT (*aereo*), Compressed air tunnel (galleria ad aria compressa).

CAT (*X-ray scanners*), Computerised axial tomography (*equipment used for body scanners*).

CAT, clear air turbulence (*atmospheric disturbance at high altitudes*).

CATV (*tel.*), cable television.
CAVU (*aereo*), Ceiling and visibility unrestricted (quota limite e visibilità non ristretta); Ceiling and visibility unlimited (quota limite e visibilità illimitata).
Cb (*meteor.*), cumulonimbus (cumulonembo).
CB (*naut.*) (USA), large cruiser.
CB (*elet.*), central battery (batteria centrale); common battery.
CB (*radio*), Citizen's Band (27 MHz) (*radio conversations*).
CBA (*radio*), UK Citizen's Band Association.
CBI, Confederation of British Industry.
CBM (*elettron.*), Convergent beam microscopy.
CBN (*chim.*), cubic boron nitride.
CBNM, Central Bureau for Nuclear Measurement (Belgium).
Cbr (*dis.*), Counterbore.
CBS (*elet.*) (*radio*), central battery (common battery); signalling (*elet.*); Columbia Broadcasting System (*radio*).
cc, cubic centimeter (centimetro cubo).
c to c, center to center (distanza fra...).
CC, catalytic cracking (petrolio).
Cc, cirrocumulus (cirrocumulo).
CCC, Copyright Clearance Centre (USA Copyright law which protects «intellectual property» including photocopying material); Computer Control Cor poration (USA).
CCD (*elettron.*), charge coupled device (*semiconductors technology*).
CCD (*TV*), chip charge-coupled device (dispositivo ad accoppiamento di carica a microcircuito).
CCF (*fis. atom.*), Consultative Committee for Fusion (EEC fusion programme).
CCIR (*radio*), Comité Consultatif International des Radiocommunications.
CCIT (*elet.*), Comité Consultatif International Telegraphique.
CCITT (*elet.*), Consultative Committee on International Telegraphy and Telephony (Comitato consultivo della telegrafia e telefonia internazionale).
CCP, Critical Compression Pressure.
CCR (*aereo*), circulation-controlled rotor.
CCS (*aereo*), Casualty Clearing Station.
cct (*elet.*), circuit (circuito).
CCTA (*inform.*), Central Computer and Telecommunications Agency (body responsible for coordinating civil service computing) (UK).
CCV (*met.*), conical cup value (diametro ridotto Fukui).
CCVMC (*numerical control*), Computer-controlled versatile machining cell.
CCVMS (*numerical control*), Computer-controlled versatile manufacturing system.
CCW, counterclockwise rotation (rotazione sinistrorsa).
Cd (Crd) (*petrolio*), Cored.
CD (*audio*), Compact Disc.
CD (*chim.*), current density (densità di corrente); (*petrolio*), corrected depth.
CD (*dis.*), cold drawn (trafilato a freddo).
cd, corda.
C/D (*comm.*), consular declaration (dichiarazione consolare); commercial dock (magazzino di deposito per operazioni di commercio).
CDA, Command and Data Acquisition.
CDC (*aereo*), Course and Distance Calculator (Calcolatore (*m.*) della rotta e della distanza).
CDC (*elettron.*), Control Data Corporation (USA).
CDC, Center for Disease Control (Atalanta, USA).
CDDT (*astron.*), Countdown demonstration test.

CDE, Chemical Defence Establishment (UK).

CDF (*elet.*), combined distribution frame.

CD-4 disc, disco quadrifonico.

CDFR (*fis. atom.*), Commercial demonstration fast reactor.

CDR (*astron.*), Commander.

CE, civil engineer (ingegnere civile).

CEA, Central Electricity Authority (Direzione delle centrali elettriche britanniche).

CECS, Communications-Electronics Coordination Section.

CEE (*elet.*), International Commission on the Rules for the Approval of Electrical Equipment (Commissione internazionale per le norme di approvazione delle attrezzature elettriche).

CEEFAX (*teletext*), BBC's news and information service.

c & f (*comm.*), cost and freight (costo e nolo).

CEGB (*elett.*), Central Electricity Generating Board.

CEI (*ing.*), Council of Engineering Institutions.

c & i (*comm.*), cost and insurance (costo ed assicurazione).

CEL (*petrol.*), Central European Pipeline (oleodotto dell'Europa Centrale, Genova-Ingolstadt).

Cels (*termom.*), Celsius.

CEMF (cemf), counter electromotive force.

Cent, centigrado.

CEP, US Council on Economic Priorities; Circular Error Probability (*strategic weapons*) (the radius of the circle centred on the target within which 50% of a large number of warheads fired at the target will fall).

CERL (*elet.*), Central Electricity Research Laboratory (UK).

CERN (*fis. atom.*), European Organisation for Nuclear Research (Europe's nuclear physics laboratory near Geneva).

CET, Central European Time.

CETI (*astron.*), Communications with extra-terrestrial intelligence.

CETOP (*hydraulics and pneumatics*), The European Oil-Hydraulic and Pneumatic Committee (*international standards for fluid power valves*).

CFB (*combustors*), Circulating fluidised bed (*used in incinerators*).

CFC (*chim.*), chlorofluorocarbon.

cf (*comm.*), carried forward (riportato); cubic feet (piedi cubici).

CFI (*aereo*), Chief Flying Instructor (Capo istruttore di volo).

cfi (*comm.*), cost, freight and insurance (costo, nolo ed assicurazione).

cfm, cubic feet per minute (piedi cubi al minuto).

CFR (*aereo*), Code of Federal Regulations; Contact Flight Rule; (*petrolio*), Co-operative Fuel Research (Laboratorio Centrale dei Combustibili).

CFR 1 (*fis. atom.*), commercial fast reactor number 1.

CFS (*aereo*), Central Flying School (Scuola Centrale di volo).

cfs, cubic feet per second (piedi cubi al secondo).

CG (*aereo*), centre of gravity (centro (*m.*) di gravità); camera gun (fotomitragliatrice).

cg, centigrammo; (*petrolio*) coring.

CG (*chim.*), fosgene *m.*

CGI, Computer-generated imagery (*visual systems for flight simulators*).

CGR (*fis. atom.*), CO Graphite Reactor.

CGS, centimetro-grammo-secondo.

CH (*radio*), chain-home (*radar*).

CH (*radio*), choke coil (bobina di arresto); (*dis.*), Case Hardened.

ChEng (*min., ecc.*), chief engineer (ingegnere capo).

ChHd, Cheese Head (a testa cilindrica).

CHP, Combined heat and power generation (*piping the waste hot water from power stations to heat houses*).

Chamf (*dis.*), Chamfered (smussato).

CHU, Centigrade heat unit (unità di calore centigrada).

Chy (*top.*), Chimney.

CI, Cambridge Instruments.

CI (*aereo*), Compression ignition; (*dis.*),cast iron (ghisa);(*comm.*), consular invoice (fattura consolare); (*chim.*), correlation index; colour index.

Ci, cirrus (cirro).

Ci (*radioactiv.*), Curies.

CIA (*inform.*), Computer Interface Adaptor.

CIBS, Chartered Institution of Building Services (UK).

cif (*comm.*), cost, insurance and freight (costo, assicurazione e nolo).

cif & e (*comm.*), cost, insurance. freight and exchange (costo, assicurazione, nolo e spese di cambio).

cifci (*comm.*), cost, insurance, freight, commission and interest (costo, assicurazione, nolo, commissione ed interessi).

cifLt (*comm., naut.*), cost, insurance and freight, London terms (costo, assicurazione e nolo, secondo le clausole di Londra).

cifUK (*comm.*), cost, insurance and freight United Kingdom (costo, assicurazione e nolo, Regno Unito).

CIG (*aereo*), Ceiling (quota limite).

CIM (*inform.*), Communications Interface Module.

CMFs (*fis. atom.*), common mode failures (*in safety and control systems*).

CINA (*aereo*), Commission Internationale de Navigation Aérienne.

CIP (*dis.*), cast iron pipe (tubo di ghisa).

cir, circular (circolare).

Circ (*dis.*), circumference (circonferenza).

CIRA (*aereo*), Comité International Radio-Aéronautique.

CIRIA, Construction Industry Research and Information Association (London).

CIS, Chemical Information System (USA) (Sistema di informazione centrale di documentazione automatica della chimica).

CISPR (*radio*), International Special Committee on Radio Interference.

CIT, Carnegie Institute of Technology.

Ckd (*dis.*), checked (verificato).

ckw, clockwise (secondo le lancette dell'orologio).

cl, centiliter (centilitro).

CL (*naut.*) (USA), light cruiser.

CL (*dis.*), centre line (asse).

C/L (*aeromod.*), control-line model (modello controllato).

CLA (*fond.*), Chandley-Lamb-Air process (*investment casting*).

CLASP (*cost.*) Consortium for Local Authorities Special Programme (metodo di costr. prefabbricata leggera con strutture di acciaio).

CLB (*aereo*), Climb (salita *f.*).

CLC (*naut.*) (USA), task-fleet command cruiser.

CLD (*meteor.*), cloud (nuvola *f.*).

CLTAPE (*controllo numerico*), cutter location tape (APT system).

CLV (*fond.*), Chandley-Lamb-Vacuum process (*investment casting*).

CM (*astron.*), Command module (*Apollo spacecraft*).

cm, centimetro.

CM (*naut.*) (USA), mine vessel.

Cm (*meteor.*), cumulonimbus mammatus.

CMBK (*lana*), abbreviazione di: comeback.

CME (*fis. atom.*), centre of mass energy.

CM & EE (*traffic*), Chief Mechanical and Electrical Engineer's (Department) (UK).

CMEP, Critical Mass Energy Project (USA).

C-MOS, Complementary metal-oxide-semiconductor.

CMP (*astron.*), Command module pilot (*Apollo spacecraft*).

CMPS, compass (bussola *f.*).

CMU, Carnegie-Mellon University.

CN (*chim.*) (USA), cloracetofenone *m.*; gas lacrimogeno.

CN, coordination number.

C/N (*comm.*), credit note (nota di credito); consignment note (nota della merce spedita per la vendita in commissione).

CNAA, Council for National Academic Awards (UK).

CNC (*elettron., macch. ut.*), computerized numerical control (controllo numerico coadiuvato da elaboratori).

CND, Campaign for Nuclear Disarmament (Campagna per il disarmo nucleare).

CNEN, Italian Research Council.

CNES, French Centre National d'Etudes Spatiales.

CNRS, Centre National de Recherche Scientifique (*France*).

CNTR, center (USA); centre (centro *m.*).

CO (*chim.*), miscela incendiaria di idrocarburi di petrolio.

CO (*aereo*), Commanding Officer (Comandante);(*petrolio*), cleaning out.

C/O (*comm.*), Certificate of Origin (certificato di origine); cash order (ordinazione con pagamento a contanti).

COBA (*comm.*), cost-benefit analysis.

COBOL (*inform.*), Common Business Oriented Language (Lingua orientata verso i problemi di gestione).

COC (*chim.*), (flash point).

COD (*comm.*), cash on delivery (contro assegno; pagamento alla consegna).

codans, carrier-operated device anti-noise.

coef, coefficiente.

COIN (*aereo*), counter insurgency (aircraft).

COLI, Cost of Living Index.

colog, cologaritmo.

COMECON, Council for Mutual Economic Assistance (USSR, the eastern European bloc, Cuba, and Mongolia).

Comm, commutator (*elet.*), commutatore).

COMPACT II (*inform.*), a non-APT language of 3-axis capability (*controllo numerico*).

Comp p, Compression pressure; (*petrol.*), completed.

Compd strand, compressed strand.

compr, compressor.

COMSAT (*astron.*), Communications Satellite Corporation (USA).

Con, continuously rated.

CONAES, Committee on Nuclear and Alternative Energy Systems (US National Research Council).

conc, concentrate.

concn (*chim.*), concentrazione.

CoEnCo, Committee for Environmental Conservation, (Comitato per la conservazione dell'ambiente).

cond (*elet.*), conductivity (conduttività).

CONGO, Conference for Non-governmental Organisations.

const, constant (costante).

cont, contents (contenuto).

cont hp, continental horsepower (CV continentale).

CONUS (USA), Continental United States.

COP (*heat pumps*), Coefficient of performance.

COPR, Centre for Overseas Pest Research (UK).

Corr (*chim.*), corrected *p.p.* (corretto).

cos, cosine (coseno).

cosec, cosecant (cosecante).

COSPAR (*astron.*), Committee on Space Research.
cot, ctg, cotangent (cotangente).
COW (*tanker ballast water*), crude oil washing (*technique for limiting the quantity of water that comes in contact with the oil tanks*) (*petrol.*).
cp (*chim.*), compare (vedi: paragonare).
cp (*illum.*) (*mecc.*), candle power (intensità luminosa); circular pitch (*mecc.*).
cP (*viscosity*), centipoise (*unit for measuring viscosity*; 0.01 poise).
CP (*aereo*) (*chim.*), centre of pressure (centro (*m.*) di pressione); chimicamente puro (*chim.*); casing pressure.
C_p (*radio*), plate capacitance (capacitanza di placca).
C/P (*comm.*), Charter Party (contratto di noleggio).
CPB (*aereo*), centre of pressure back (USA) (centro di pressione arretrato).
C_{pf} (*radio*), plate-filament capacitance (capacitanza placca-filamento).
CPF (*aereo*), centre of pressure forward (centro (*m.*) di pressione in posizione avanzata).
C_{pk} (*radio*), plate-cathode capacitance (capacitanza placca-catodo).
cpm, cycles per minute.
cpm (*radiation counters*), counts per minute (radiazioni al minuto).
CPM (*inform.*), Characters per minute; (*inform.*), Cards per minute.
CPM (*rilevamento tempi*), Critical Path Method.
CPO, Computerised Publishing Office (UK).
Cpr, copper (rame).
CPS (cps) c-s (*elet.*), cycles per second (cicli al secondo).
CPSC, Consumer Products Safety Commission (USA).
CPSI, Centre for Science in the Public Interest (USA).
CPT (*aereo*), Civil Pilot Training (addestramento Piloti Civili).
CPTY, capacity (cilindrata, capacità *f.*).
CPU (*inform.*), Central Processing Unit (unità centrale di processo).
CQN, correction (correzione *f.*).
CR (*inform.*), Carriage Return (ritorno del carrello di macch. stampante).
CR (cr), cathode-ray (raggio catodico).
CR (*comm.*), Current Rate (tasso corrente); Carriers' risk (rischio a carico del vettore).
CRA (*astron.*), Center for Aerospace Research (Italian Centro Ricerche Aerospaziali).
CRDF, Control Radar Direction Finder (radiogoniometro radar di controllo).
CREST, Science and Technological Research Committee (*European Commission*).
CRGR, Coalition for Responsible Genetic Research (USA).
CRKC (*dis.*), crankcase.
CRM, Committee on Medical Research and Public Health (*European Commission*).
CRM (*med.*), Committee on Review of Medicines (UK).
CRO (cro), cathode-ray oscilloscope (oscilloscopio a raggi catodici).
CRS (*aereo*), course (rotta *f.*).
CRT, cathode ray tube (tubo a raggi catodici).
cryst (*chim.*), cristallizzato.
c/s, cycles per second (cicli al secondo).
Cs (*meteor.*), cirrostratus (cirrostrato).
C's, idrocarburi.
CS, center section; (*carbone*), Colliery screened (vagliato nella miniera); substitute for « tear gas ».
CS (*dis.*), cast steel.
CSA (*inform.*), Computer Services Association (UK).
CSDB (*welding*), continuous-seam

diffusion bonding (Solar's process used to fabricate titanium alloy tubes etc.).

CSE, Certificate of Secondary Education (UK).

Csg (*petrolio*), casing.

CSI, Creative Strategies International.

CSIR, Council of Scientific and Industrial Research (India).

CSIRO, Commonwealth Scientific and Industrial Research Organisation.

Csk (*dis.*), countersunk.

CSM (*astron.*), Command and service module (*Apollo spacecraft*).

CSM (*med.*), Committee on Safety of Medicines (Inghilterra).

CSS, Council for Science and Society (UK).

CST, Central Standard Time (ora di riferimento centrale).

CSTD, UN Committee on Science and Technology in Developing Countries.

CSTG (*dis.*), casting (getto; pezzo fuso).

CSU, Central Services Unit for Careers and Appointments (UK).

CT (*tracciam.*), contour template (sagoma di verifica di profili).

CT (*med.*), Computerised tomography.

CT (*X-ray*), computed tomography (scanner).

CTAB (*chim.*), cetyl-trimethylammonium bromide.

CTC, contact (contatto *m.*).

CTC (centralized traffic control) (*ferr.*), comando centralizzato del traffico.

CTI, Colour Television Incorporated (USA).

ctlo (*comm., naut.*), constructive total loss only (solo avaria parziale, cioè danno limitato alle cose).

CTOL (*aereo*), conventional takeoff and landing.

CTR (*fis. atom.*), controlled thermonuclear research (ricerca termonucleare controllata).

CTS (*chim.*), sodium aluminum sulfate.

CTSKLS, catskills.

CTU, unità termica centrigrada.

CTV, Canadian Television (network).

Cu (*meteor.*), cumulus (cumulo).

cu, cubic (cubico).

CU, Columbia University, New York.

Cub (*dis.*), cube (or curbic).

CUEP, Central Unit on Environmental Pollution.

cul, culvert.

CUP, Cambridge University Press.

CUPE, Cranfield Unit of Production Engineering (UK).

CURB, Campaign for the Use and Restriction of Barbiturates (UK).

CV (*naut.*) (USA), aircraft carrier (portaerei).

CVC (*audio*), Compact Video Cassette.

CW, clockwise (destrorso); (*comm.*), commercial weight (peso commerciale).

CW (cw) (*radio*), continuous waves (onde persistenti).

cwt, hundredweight (quintale inglese).

cyl, cylinder (cilindro).

D

D, distantly controlled (controllato (*p.p.*) a distanza); dielectric flux intensity (intensità di flusso costante); (*aereo*) drag; propeller diameter; diffusion coefficient.

d, deci—.

da and at unit (*petrolio*), deasphalting and acid-treating unit de-asphalt.

DA (*chim.*), gas fumogeno tossico (PhAsCl).

D/A (*comm., naut.*), documents against acceptance (documenti contro accettazione); deposit account (conto vincolato); discharge afloat (scarico su nave).

DABS (*radar*), discrete address beacon system (USA).

DAFS, Department of Agriculture and Fisheries for Scotland.

dag, decagrammo.

DAI (*aereo*), Director of Aeronautical Inspection (Direttore Ispettorato dell'Aeronautica).

dal, decalitro *m.*

dam, decametro *m.*

DARPA, Defence Advanced Research Projects Agency (USA).

DAS (*aereo*), Director of Aircraft Supplies (Direttore di rifornimenti aeronautici).

DATA, Draughtsmen and Allied Technicians' Association.

D & A (*petrolio*), dried and abandoned.

db, dB (*elet.*), decibel.

dB(A) (*sound*), « A » weighted sound level (measure of noise level in unified index, corresponding to the frequency response of the ear).

dB/km, decibel/kilometre.

dbm (*sound*), decibel/milliwatt.

DBST, Double British Summer Time.

dbV (*sound*), decibel/volt.

dbW (*sound*), decibel/watt.

DC, dead centre (punto morto); direct current (c. d., corrente continua); gas tossico fumogeno (Ph AsCN).

DCA (*aereo*), Directorate of Civil Aviation (Direzione Aviazione Civile).

dcc, DCC (*wire*), double cotton-covered (con rivestimento doppio di cotone).

DCEN (*welding*), direct current, electrode negative.

DCEP (*welding*), direct current, electrode positive.

DCFR (*fis. atom.*), demonstration commercial fast reactor.

DCLSP (*petrolio*), digging cellar and slush pits.

DCO (*paints*), dehydrated castor oil (olio di ricino deidrato).

Dd, double shaft extension.

DD (*naut.*) (USA), destroyer.

DDC (*naut.*), deck decompression chamber.

DDD (*chim.*), diclorodifenildicloroetano (insetticida).

DDD (*aereo*), Deputy Director of Design (Vice-direttore progettazioni).

DDI (*aereo*), Deputy Director of Instruments (Vice-direttore reparto strumenti).

DDT (*chim.*), diclorodifenil tricloroetano (insetticida).

DDTD (*aereo*), Deputy Director of Technical Development (Vice-direttore sviluppo tecnico).

DE (*naut.*) (USA), escort vessel.

DE (*astron.*), Descent engine (*Apollo spacecraft*).

decomp (*chim.*), decomposto *p.p.*; decomposizione *f.*

DEDAAS, Digital Electrophysiological Data Acquisition and Analysis System (USA).

deg, degree (grado).

DEIS, Draft Environmental Impact Statement.

DELCO (*fis.*), Direct Electron Counter.

DEn, Department of Energy (*England*).

DEng, Doctor of Engineering (laureato in ingegneria).

DES, Department of Education and Science (*England*).

DEW (*aereo*), defence early warning (primo avviso di difesa).

df, Diesel fuel.

DF (D/F), Direction finding (radiogonometria *f.*); Direction-finder (radiogoniometro).

DFM (*aereo*), Distinguished Flying Medal (Medaglia (*f.*) al valore aeronautico).

DFR, Director of Fuel Research (Direttore Ricerche Combustibili).

DFT (*audio, video*), Dynamic track following technique (patented by Philips).

DFn (*top.*), Drinking Fountain.

dg, decigrammo *m.*

DGAP (*aereo*), Director-General of Aircraft Production (Direttore generale della produzione aeronautica).
DGCA (*aereo*), Director General of Civil Aviation (Direttore generale dell'aviazione civile).
DGNL (*dis.*), Diagonal (diagonale *f.*).
DGSR, Director General of Supply and Research (Direttore generale degli approvvigionamenti e ricerche).
DH (*aereo*), De Havilland.
DHSS, Department of Health and Social Security (Inghilterra).
Di REP, Dispatch reply.
Dia (*dis.*), diametro *m.*
DIANE (*inform.*), Direct Information Access Network for Europe (EEC's Computer network).
dil (*chim.*), diluito.
DISC (USA) (*diesel and petrol engines combination*), direct-injected stratified charge engine (*engine in which the fuel is mixed with air as in a diesel, but ignited by a spark plug*).
disco, discotheque (discoteca).
dist (*chim.*), distillazione *f.*
DITE (*fusion research*), Divertor, Injection Tokamak Experiment (*Britain*).
div, dividendo *m.*
dl, decilitro *m.*
DL, developed length.
dm, decimetro *m.*
DM (*naut.*) (USA), draftsman.
DM (*chim.*), adamsite *f.*
DM, delta modulation.
DMA (*elettron.*), direct memory access (accesso diretto alla memoria di un calcolatore elettronico).
DME (*aereo*), distance measuring equipment.
DME (*inform.*), Direct Machine Environment (*software system*).
D Met, Doctor of Metallurgy.
DMLS (*aereo*), doppler microwave landing system (Inghilterra).
dN, dekanewton.
DN (*elet.*), deci-neper.
DNA (*chim.*), desoxyribonucleic acid.
DNC (*calc. elettron.*), direct numerical control (controllo numerico diretto).
D_0 (*aereo*), profile drag.
DO, diesel oil.
DOD, USA Department of Defense.
DoI, Department of Industry (UK).
DORIS (*elettron.*), electron-positron storage ring at the German research facility (DESY).
DOS (*inform.*), Disc operating system (sistema operativo per programmazione su dischi).
DOT, Department of Transport (UK).
DoT, US Department of Transportation.
doz, dozen (dozzina).
DP (*inform.*), Data Processing (elaborazione dati).
DP, double pole (polo (*m.*) doppio); (*petrolio*), drill pipe; drive pipe.
Dp, drip proof (a prova di goccia).
dp, diametral pitch (modulo; diametro primitivo).
DPC (*wires*), double paper covered (ricoperto con carta doppia).
DPCP, Department of Prices and Consumer Protection (UK).
DPG (*chim.*), difenilguanidina *f.*
DPH (*mecc.*), diamond pyramid hardness.
DPN (*met.*), diamond pyramid number (*durezza Vickers*).
DPNR (*rubber*), deproteinized natural rubber.
DPR, DIR, double lapping of pure rubber (doppio rivestimento di gomma pura).
DPS, double pole snap switch.
DPS (*astron.*), Descent propulsion system (*Apollo spacecraft*).
DPS (*Shuttle*), Data processing system (nel caso dello Shuttle, un sistema di cinque elaboratori, caricati con lo stesso programma, che dialogano fra di loro e controllano il volo, fun-

zionanti come un cervello umano).

DPST, dpst, double-pole single throw.

DPTH, double pole, double throw.

DPU (*inform.*), Display Processor Unit.

dr, drill (trapano).

dr, dram; drachm.

Drg (*dis.*), drawing (disegno).

DR (D/R) (*aereo*), Dead reckoning (punto stimato; navigazione stimata).

DRFT (*aereo*), Drift (deriva laterale).

Drig (*petrolio*), drilling.

DRM (USA), Drafting Room Manual (Manuale del Disegnatore).

DRT (*naut.*), dead reckoning tracer (registratore della rotta della nave del punto stimato).

DRZL (*meteor.*), drizzle (pioggerella *f.*).

ds (*chim.*), difficilmente solubile.

DSC, dsc (*wires*), double slik covered (ricoperto di doppia seta).

DSC (*telef.*), District Switching Centre.

DSCS (*astron.*), Defense Satellite Communications System.

DSKY (*astron.*), display and keyboard (squares on the display and keyboard, called digital windows, showing lighted numbers with computer information).

DSMAC (*missili*), Digital Scene Matching Area Correlation.

DSN, Deep Space Network (NASA tracking and communication system).

DSR (*X-ray*), (Raytheon's) dynamic spatial reconstructor.

DSRV (*naut.*), Deep Submergence Rescue Vehicle.

DSSP (*naut.*), Deep Submergence Systems Project (Progetto sistemi di profonda immersione, Marina USA).

DST (*aereo*), Douglas Sleeper Transport; Daylight saving time.

DT (*inform.*), Data Transimission; Display Terminal.

DTD (*aereo*), Directorate of Technical Development (Direzione dello sviluppo tecnico).

DTI, Department of Trade and Industry (*England*).

DTM, duration time modulation.

DTU (*inform.*), Display Terminal Unit.

DV (*elet.*), double vibration (vibrazione doppia).

DW, developed width; delayed weather.

dwg, drawing (disegno).

DW PNT (*meteor.*), Dew point (punto (*m.*) di rugiada).

DWS, double white silk.

DX (*radio*), distant (distanza massima raggiunta).

DYN (*dis.*), dynamo.

Dyn, dynamo (dinamo; generatore).

E

e, eccentricità del carico (*cost. civ.*); base di un logaritmo naturale o iperbolico; tensione (*elet.*) (e. = instantaneous voltage, *radio*); elettrone.

E, differenza di potenziale; edge (spigolo) (*lumber*); modulo di elasticità; tensione *f.* (*elet.*); Einstein (*unità di energia*).

E (*elet. radio*), earth (terra); effective voltage (tensione effettiva).

E (BS 4114), close tolerances (*drop forgings*).

E_a (*radio*), filament or heater supply voltage (tensione di alimentazione del filamento).

EAD (*aereo*), Empire Air Day.

EAM, Electric Accounting Machine.

EAMES, Eastern Arctic Marine Environmental Studies (Canada).

EAS (*aereo*), equivalent air speed (velocità aerea equivalente).

EAST, Eastern Australian Standard Time.

E_b (*radio*), plate supply voltage (tensione di alimentazione di placca).

EBR, experimental breeder reactor (pila atomica sperimentale).

EBB, extra best best.

EBM (*met.*), Electron Beam Melting (*processo di affinazione dell'acciaio*).

EBU, European Broadcasting Station.

E_c (*radio*), grid bias supply voltage (tensione di alimentazione di polarizzazione di griglia).

ECCS (*reattori nucleari*), emergency core cooling system.

ECE, United Nations Economic Commission for Europe.

EC & M, electric control equipment, lifting magnets, etc.

ECFA (*fis. atom.*), European Committee for Future Accelerators.

ECL (*inform.*), Emitter-coupled logic (circuito logico ad emettitori accoppiati).

ECM (*elettron., macch. ut.*), electrochemical machining (USA); Electronic Countermeasures Satellite.

ECMA (*elettron.*), European Computer Manufacturers Association (Associazione di costruttori europei di calcolatori elettronici, con sede a Ginevra).

ECO, eco, electron-coupled oscillator.

ECOSAC, UN Economic and Social Council.

ECPD, Engineers' Council for Professional Development.

ECRC (*elet.*), Electricity Council Research Centre.

ECS, Electroconvulsive shock.

ECSC, Comunità Europea del Carbone e dell'Acciaio.

ECT (*med.*), Electroconvulsive therapy.

ECU, European Currency Unit (« Scudo europeo »: unità di conto del Sistema Monetario Europeo).

ED (*pubb.*), every day (avviso pubb. da pubblicare *ogni giorno*).

EDA, British Electrical Development Association (Associazione britannica per lo sviluppo dell'elettricità).

EDC (*chim.*) (*Inghilterra*), Chemicals Economic Development Committee.

EDM, Engineering Drafting Machine (*dis.*); Engineering Design Machine; Electronic Drafting Machine.

EDP (*electronic data processing* (*inform.*), trattamento automatico dell'informazione: TAI)

EDPS (*astron.*), Electronic Data Processing System.

E/E, errors excepted (salvo errori)

EE, electrical engineer.

EE, Executive engineer.

EEB, European Environment Bureau.

EEC, European Economic Community (Comunità Economica Europea); European Commission.

EEF, Engineering Employer's Federation (UK).

EEG, Electroencephalogram.

EEI, Edison Electric Institute.

EELS (*elettron.*), Electron energy loss spectroscopy.

EEZ (*fishing*), exclusive economic zone.

EFCS (*aereo*), Electrical flight control system.

eff, efficiency.

EFIRA, electrified-induced infrared absorption spectroscopy.

EFT (*elettron.*) (*banca*), Electronic Funds Transfer.

EFTA, European Free Trade Association.

EFT/POS (*inform.*) (*banca*), Electronic Funds Transfer at the point of sale.

EFTS (*aereo*), Elementary Flying Training School (Scuola addestramento al volo elementare).

eg, per esempio.

EGADS (*missiles*), Electronic ground automatic destruct sequencer (*for the destruction of a missile in flight*).

EGD (*gas*), electro-gas dynamic (sistema di produz. di elettricità per mezzo di gas ionizzato ad alta temperatura, in campo elettrostatico).

EGR (*auto*), exhaust gas recirculation.

E_h (*radio*), heater voltage (tensione di filamento di riscaldamento).

EHF, extremely high frequency.

ehp (*aereo*), equivalent horsepower (potenza complessiva di un turboelica, compreso il getto, riferita all'asse).

EHP, excess horsepower; effective horsepower; electrical horsepower.

EHPh, electric horsepower hour.

EHT, extra high tension.

EI (*astron.*), Entry interface (a spacecraft re-enters the earth's atmosphere at this point).

EIA, Environmental Impact Assessment (valutazione dell'influenza nell'ambiente).

EIA, Electronic Industries Association (USA).

EIN (*telev.*, *inform.*), European Information Network.

EIS (*fis. atom.*) (*law*) (*protezione ambiente*), Environmental impact statement (USA).

EIES (*inform.*), Electronic Information Exchange System (USA).

EITB, Engineering Industry Training Board (UK).

EJC, Engineers Joint Council.

ekg, elettrocardiogramma.

el, elevation.

ELDO(*astron.*), European Launcher Development Organization (Organizzazione europea per lo sviluppo dei sistemi di lancio di congegni spaziali).

elec, electricity (elettricità); electric (elettrico, -1).

ELF, Electric Lamp Factory Ltd.

ELF (*laser*), Electron-beam-excited laser facility (impianto laser dei ricercatori Rutherford, a Aldermaston).

ELF (*radio*), Extremely low-frequency (band).

ELHILL (*inform.*), A command language used by the National Library of Medicine for on-line scientific information.

ELI (*met.*), extra low interstitials (*ferritic stainless steel*) (acciaio a basso tenore di interstiziali).

ELMA (*elet.*), Electric Lamp Manufacturers Association.

EIP (*top.*), Electricity Pillar or Post.

ELS (*astron.*), Earth landing subsystem (for splashdown and recovery of astronauts and capsule) (*Apollo spacecraft*).

ELSI, Esso Lubrication Service to Industry.

ELSS (*astron.*), extravehicular life support system (sistema di mantenimento biologico fuori della capsula).

E_m (*radio*), maximum voltage (tensione massima).

EM (*inform.*), End of medium character.

Em, emanazione (*chim.*).

EM, em, electromagnetic *agg*.

EMAR (*aereo*), Equivalent monoplane aspect ratio.

EMAS, Employment Medical Advisory Service (*responsible for informing on hazards at work*) (UK).

EMBL (*genetic engineering*), European Molecular Biology Laboratory.

EMBO (*genetic engineering*), European Molecular Biology Organisation.

EMC (*med.*), encephalomyocarditis (virus); electromagnetic compatibility.

EMC (*inform.*), Electromagnetic compatibility (compatibilità elettromagnetica).

EMC, European Muon Collaboration (CERN).

emf, EMF, electromotive force (forza elettromotrice).

EMI (*elet.*), Electromagnetic Interference (interferenza elettromagnetica).

EMMA (*chim.*), Examination by X-ray microanalysis.

EMP (*aereo*) (USA), Empennage (impennaggio *m.*); electromagnetic pulse.

EMPRA (*bot.*), Economic and Medicinal Plant Research Association.

EMU, Economic and Monetary Union (EEC).

emu, EMU, elettromagnetic unit (unità elettromagnetica).

enam, enamelled (smaltato).

ENEA (*fis. atom.*), European Nuclear Energy Agency.

eng, engine (motore, macchina).

ENG (*elettron.*) (TV), Electronic news gathering system (sistema di raccolta di notizie, con camere elettroniche).

engg, engineering (ingegneria).

engr, engineer (ingegnere).

ENIG, Engineering National Industry Group (UK).

ENSEC, European Nuclear Steelmaking Club.

EOC, Equal Opportunities Commission (*for making work safe for women and giving them opportunities equal to those of men*) (UK).

EOD (*tip.*), every other day (inserire un annuncio pubbl. un giorno sì, un giorno no).

EOF (*inform.*), End of file (fine del file).

EOQC, European Organization of Quality Control.

EOR (*astron.*), Earth Orbit Rendezvous (appuntamento orbitale terrestre).

EOW (*tip.*), every other week (inserire un annuncio pubblicitario a settimane alternate).

E_p (*radio*), plate voltage (tensione di placca).

EP, extreme pressure (pressione massima, di lubrificanti).

EPA (USA) (*inquinamento*), Environmental Protection Agency (Ente protezione ambiente).

EPBS (*macch.*), Earth pressure balance shield (scudo equilibratore della pressione della terra): macchina per scavi di gallerie in terreni poco consistenti, ideata dai giapponesi, in cui la velocità del tagliente varia secondo le condizioni del terreno da scavare.

EPEA, Electrical Power Engineers Association.

EPO (*astron.*), Earth parking orbit.

EPROM (*inform.*), Electrically programmable read only memory (memoria morta programmabile elettricamente).

EPS (*astron.*), Electrical power system (of a space vehicle).

eq, equation (equazione *f.*).

EQO (*inquinamento*), environmental quality objectives (sistema che pone i limiti di concentrazione di materiale inquinante del luogo o fiume che riceve l'inquinamento).

ERA, Electrical Research Association.

ERCC (*inform.*), Error Checking and Correction.

ERDA, US Energy Research and Development Administration.

EREP (*astron.*), Earth Resources Experiments Package.

ERFA, European Radio Frequency Agency.

ERGS, Electronic Route Guidance System (USA).

EROS (*astron.*), Earth Resources Observation Satellite.

ERR, Earth Resources Research.

ERS (*ergonomia*), Ergonomics Research Society (Società di ricerche ergonomiche).

ERTS (*astron.*), Earth Resources Technology Satellite (satellite per le risorse terrestri).

ERW, Enhanced-radiation weapon (testa nucleare a radiazione intensificata).

E_s (*radio*), screen voltage (tensione di schermo).

es, electrostatic (elettrostatico).

ESA, European Space Agency.

ESC, Engineering Standard Committee.

ESF, European Science Foundation.

ESM (*radar*), Electronic support measures.

ESO (*astron.*), European Southern Observatory.

ESP (*astron.*), extravehicular support pack (complesso per le attività extraveicolari).

ESR (*met.*), electroslag refining.

ESR, esr (*radio*), effective signal radiated (segnale effettivo irradiato).

ESRO (*astron.*), European Space Research Organization (Organizzazione Europea delle Ricerche Spaziali).

ESSA (*aereo*) (USA), Eastern States Soaring Association (Associazione volo a vela degli Stati dell'Est).

EST, Eastern Standard Time.

ESTEC, European Space Research and Technology Center.

ESU, esu, electrostatic unit (unità elettrostatica).

ESV (*astron.*), Earth Satellite Vehicle (veicolo spaziale di satellite terrestre).

ESV (*auto*), experimental safe vehicle (auto sperimentale sicura).

et al, ed altri.

ET (*naut.*), Electronics Technician; external tank (Shuttle).

ETA (*aereo*), Estimated time of arrival (tempo previsto d'arrivo).

ETB (*inform.*), End of Transmission Block.

ETC (*inform.*), Extended text compositor.

ETC (*naut.*), estimated time of completion.

ETD (*aereo*), Estimated Time of Departure (tempo stimato per la partenza).

E to E (*dis.*), end to end (da una estremità all'altra).

ETE (*naut.*), Estimated Time en route.

ETL, Electrical Testing Laboratories.

ETL (*top.*), Electricity Transmission Line.

ETP (*inform.*), Extended tape processing.

ETR (*naut.*), Estimated Time of Return.

ETSU, Energy Technology Support Unit.

ETX (*inform.*), End of Text (fine del testo).

EU, energy unit.

Eureca (European Retrievable Carrier), laboratorio spaziale dell'ESA, previsto per il 1988.

EUV, Extreme Ultraviolet.

EUROSTAT, Statistical Office of the European Communities.

Ev (*elet.*), enclosed ventilated.

Ev (*auto*), overall vehicle efficiency.

EV, electron volt.

EV (*auto*), electric vehicle (auto elettrica).

EVA (*astron.*), extravehicular activity (attività extraveicolare).

EWT, Eastern War Time; elsewhere taken (portato altrove) (*cost.*).

EXAFS (*elettroni*) (*diffrazione*), extended X-ray absorption fine structure.

EXAPT (*inform.*), program using a subset of the APT language, developed at Aachen, Germany (*controllo numerico*).

Exc, exciter.

ex e ct (*cost.*), scavare e trasportare via.

EXOSAT, satellite astronomico a raggi X, dell'ESA.

expt (*chim.*), esperienza *f.*

ext, external (esterno).

Extd (*dis.*), Extruded.

extn, extrusion.

Exts. (*telef.*), extensions.
EXUV, Extreme Ultra-Violet and X-Ray Survey Satellite.

F

f, funzione; forza; coeff. di correzione; coeff. di attrito.
f_r, frequenza naturale.
(f_0), frequenza soglia fotoelettrica.
f′, distanza focale.
***f*,** accelerazione; umidità relativa; distanza focale; coeff. d'attrito.
F, (*elet.*), farad; faraday; forza; perdita per attrito; energia per unità di peso; carico totale; fluoro; faccia o piano (*costr.*); flusso luminoso (*elettrot.*); forza magnetomotrice (*radio*); piatto (*dis.*).
°F, grado Fahrenheit.
F, caccia (fighter) (*aereo*); scala Fahrenheit.
F (BS 4114), normal tolerances (*drop forgings*).
F_1 (*die casting*), maximum injection force (*pressure die casting specifications*).
fa (*comm. naut.*), free alongside (franco lungo bordo).
FAA, Federal Aviation Administration (USA).
faa (*comm., naut.*), free of all average (franco avaria).
FAB, Flour Advisory Bureau (Ufficio Consultivo per la Farina) (Inghilterra).
FAC, Fat Analysis Committee (USA) (Comitato composto dalla American Oil Chemists Society e l'American Chemical Society).
FACC, Food Additives and Contaminants Committee.
FAD (*fot.*), Fully auto diaphragm.
FAE, Fuel/air explosive (*cluster bombs*).
FAETU (*naut.*) (USA), Fleet Aiborne Electronics Training Unit.
FAFR (*ind. met. ecc.*), Fatal accident frequency rate.
Fahr, Fahrenheit.
FAI (*aereo*), Federation Aeronautique Internationale.
FAM (*aereo*), Foreign Air Mail (Posta aerea straniera).
FAO, UN Food and Agricultural Organization (Organizzazione delle Nazioni Unite per l'alimentazione e l'agricoltura).
FAP (*top.*), Fire Alarm Pillar.
faq (*comm.*), fair average quality (di buona qualità media).
far, (*elet.*), farad.
fas (*comm.*), vedi **FAS**; Firsts and Seconds (*comm. legname USA*).
FAS (*comm.*), free alongside ship (franco banchina).
FAS, Federation of American Scientists.
FB (*top.*), Foot Bridge.
FB (*aereo*), fighter bomber (caccia bombardiere).
FBI, Federal Bureau of Investigation; (*comm.*), Federation of British Industries.
FBL (*aereo*), fly-by-light system (sistema che a differenza del FBW system, usa fibre ottiche invece di fili portanti segnali elettrici).
fbm, feet board measure; board feet.
FBP, final boiling point (punto di ebollizione finale).
FBR (*fis. atom.*), fast breed reactor (reattore veloce).
FBW (*aereo*), fly-by-wire (system) (sistema con fili portanti segnali elettrici che collegano i comandi del pilota, tramite microcalcolatori, con gli azionatori delle superfici di governo di un aereo).
FC (FC), Flying Cadet (USA); Flight Cadet (Gt. Br.) (Cadetto aviatore).
fcap, fcp, formato protocollo.
fcc (*met.*), face-centered cubic (sistema cubico facciacentrato).
FCC, Federal Communications Commission (USA).

FCS, Fellow of Chemical Society (Membro Società Chimica).

fcsrcc (*comm., naut.*), free of capture, seizure, riots and civil commotions (franco cattura, confisca, sommosse ed agitazioni popolari).

FDA, US Food and Drug Administration.

FD & C (*food colours*), Tartrazine, yellow number 5 (E 102).

FD & C dyes, serie di coloranti, ammessi dalla legge.

FDN (*dis.*), foundation.

FDRY (*dis.*), foundry.

FEANI (*ing.*), European Federation of National Association of Engineers.

FED Spec (USA), Federal Specification.

F & D (*comm., naut.*), Freight and demurrage (nolo e controstallie).

FEDRAT/value (CN) (*macch. ut.*), value of feed rate (APT language).

FEL (*laser*), free electron laser.

FET (*elettron.*), field effect transistor, « fet ».

FF, Fine furnace (carbon black); (*chim.*), fine fine (graduazione usata in coloranti naturali ecc.)

Ffa (*chim.*), free fat acid (acido grasso libero).

FF & W (*petrolio*), furnish fuel and water.

FGCSP (*inform.*), Fith generation computer system project.

FH, fire hydrant (idrante; bocca da incendio).

FHA, fuel hours available.

FHP, friction horsepower.

fib (*comm., naut.*), free into barge (franco chiatta); free into bunkers (franco carbonile).

FIC, Fellow of the Institute of Chemistry (Membro dell'Istituto di chimica).

FIFO (*inform.*), First in first out queue (accodamento): tecnica per richiamare un valore in coda da maggior tempo).

FIOR (*met.*), fluid iron-ore reduction.

FIR (*aereo*), Flight Information Region (Regione Informazione volo).

FISA, International Motor Sport Federation.

fl, fluid (fluido).

FL fluorescent (fluorescente) (American Standards Association); (*elet.*); (*dis.*), floor.

Fld (*elet.*), field (campo).

FLG (*dis.*), flange.

FLIR (*elettron.*), forward-looking infra-red (*sensor*).

FLP (*aereo*), Fighter landplane (caccia (*m.*) terrestre).

FLT (*aereo*), flight (volo *m.*).

FM (*chim.*), tetracloruro di titanio (usato per cortine fumogene).

FM (*elettron.*), frequency-modulated (signal).

fm (*fis. nucleare*), about the distance diameter of a proton.

FMC (*controllo numerico*), Flexible Manufacturing Cell (*unit comprising controls, machine tools, integrated tools and devices capable of performing all the machining operations on a family of components*).

FMF (USA), Fleet Marine Force.

FM, f-m, frequency modulation (modulazione di frequenza).

f/ml, fibres per millimetre.

FMS (*controllo numerico*), Flexible Manufacturing System.

FMU (*traffic*), Freight Multiple Unit.

fnp, fusion point (punto di fusione).

FO (F/O) (*aereo*), Flying Officer (Ten. dell'aviazione).

FOB, fob, free on board (franco a bordo).

FOC, Fire Offices Committee.

FOCA (*auto*), Formula One Constructors' Association.

foq (*comm., naut.*), free on quay (franco banchina).

for (*comm.*), free on rail (franco vagone).

FORTRAN (*inform.*), Formula Translation (linguaggio ad alto livello per lavori scientifici).
fot (*comm.*), free on truck (franco vagone).
4CC (*mat.*), four-colour conjecture.
FP, fp, freezing point (punto di congelamento); foot-pound.
FPA (*chim.*), acido fluorofosforico.
FPC, Food Priority Countries (FAO).
FPLAN (*aereo*) (USA), Flight plan (piano (*m.*) di volo).
FPM, fpm, feet per minute (piedi per minuto).
FPO (*petr.*), field purchase order.
FPS, fps, feet per second (piedi per secondo).
FPT, Fire Propagation Test (developed by the Fire Research Station).
FQCY, frequency (frequenza *f.*).
FR (*dis.*), front.
FRAeS (*aereo*), Fellow of the Royal Aeronautical Society (Socio della Regia Società Aeronautica).
freq. ch. (*elet.*), frequency changer (commutatore di frequenza).
FRL, Fisheries Radiobiological Laboratory (UK).
FRS, Fellow of Royal Society.
FRS, Fire Research Station.
FRSH (*meteor.*), fresh (fresco).
FRST, frost (gelo *m.*).
FRZ (*meteor.*), freeze (gelare *v.a.*).
FS (*chim.*), materiale per cortine fumogene; (*dis.*); forged steel.
FSB, Federal Specifications Board.
FSI (*carbone*), Free Swelling Index (noto in Inghilterra anche come: British Swelling Index).
FSLP (*astron.*), First Spacelab Payload.
FSP (*aereo*), Fighter seaplane (caccia marino *m.*).
FST (*dis.*), forged steel.
FST (*aereo*), Full scale tunnel (galleria aerodinamica in grandezza naturale.
FSTV (*astron.*), Full scale test vehicle.
FT (*fis. atom.*), Frascati Tokamak.
FT (*tracciam.*), flat template (sagoma piatta).
FT, fine thermal (carbon black).
Ft, Fittings.
ft, foot (piede); feet (piedi).
ft-c, foot-candle.
FTL (*petrolio*), Floating tension leg (platform) (*platform that floats on the waves, anchored by cables to the sea bed*).
ft-L, foot-Lambert.
ft-lb, foot-pound.
FTM (*radio*), frequency time modulation.
FTNX (*aereo*), Full tanks (serbatoi pieni) (pieno di aeroplano).
FTR (*dis.*), flat tile roof.
FTS (*aereo*), Flying Training School (Scuola addestramento al volo).
FTV (*astron.*), flight test vehicle (veicolo per prova di volo).
fur, furlong (furlong = 1/8 di miglio).
FWB, front-wheel brakes (freni ruote anteriori).
FWD (*dis.*), forward.

G

g, grammo.
g, accelerazione (dovuta a gravità).
G, giallo (*chim.*); costante di gravità (*fis.*); pozzetto di scolo (gulley) (*cost.*); generatore (*elet.*); griglia (di una valvola) (*radio*); conduttanza (*radio*); Gauss; green (verde) (*American Standard Association*) (*elet.*).
GA (*chim.*), giberellic acid (*a growth stimulant*).
GA (*dis.*), general assembly drawing (disegno d'assieme).
G/A (*comm., naut.*), general average (avaria generale; avaria grossa).
gal, gall, gallon (gallone).
gal/n, galloni/ora.
GAL, General Aircraft Ltd.

Galv (*dis.*), galvanised.
GAO (USA), General Accounting Office.
GARP (*meteor.*) (*satellite*), Global Atmospheric Research Programme.
GASKT (*aereo*), gasket (guarnizione (*f.*) d'amianto).
GATE (*aereo*), General Aviation Turbine Engine (USA).
GATT, General Agreement on Trade and Tariffs.
gb (*elet.*), gilbert (unità di forza elettromotrice).
GB (*radio*), grid battery (batteria di griglia).
GBS (*chim.*), bisolfato di sodio.
g-cal, gram-calory (USA).
GCA (*aereo*), ground control approach (segnalazione per atterraggio aeroplano).
GCC (*aereo*), Ground Control Centre.
GCI (*radar*), ground controlled interception (intercettamento comandato da terra).
GCMS, gas chromatograph mass spectrometer.
GCT (*comm.*), Greenwich Civil Time.
GdA (*cost.*), gauged arch (arco fatto con mattoni speciali).
GE (*aereo*), Ground Engineer (Ingegnere del campo d'aviazione)
GEC, General Electric Company.
GEN (*ing. elet.*), generator (dinamo *f.*; generatore *m.*).
Ger Sil, German Silver.
GET (*astron.*), Ground elapsed time (*time between liftoff and splashdown*).
GeV (*elet.*), giga-electron-volt (gigavoltelettrone).
GGS (*astron.*), Gravity gradient stabilisation.
ghv (*chim.*), gross heating value (potere calorifico superiore).
GHZ, gigahertz.
GIS (*aereo*), Ground Instruction School (Scuola d'istruzione sul campo).
GIS, Grazing Incidence Spectrometer (vedi GRIST).
GJ (*elet.*), gigajoule.
GJ/t, gigajoules/tonne.
g/km (*pollutant*), grammi/kilometro (*emissione di gas di scarico*).
GL (*radar*), gun-laying.
GLC, gas-liquid chromatography.
GLC, Greater London Council.
Gli, glider (*aereo*).
GLT (*radar*), gun-laying turret.
G_m (*radio*), mutual conductance; mutual transconductance (conduttanza mutua).
gm, grammo; grammi.
GM, Gun Metal; General Motors Company, Detroit.
GMAG, Genetic Manipulation Advisory Group (*genetic engineering*, UK).
GMAT (*comm.*), Greenwich Mean Astronomical Time.
gmb (*comm.*), good merchantable brand (buona marca mercantile).
GMD, geometric mean distance.
GMF, Glass Manufacturers Federation (*Inghilterra*).
gmq (*comm.*), good merchantable quality (buona qualità mercantile).
GMT, Greenwich Mean Time.
GMWU, General and Municipal Workers Union (*Britain*).
GNCS (*astron.*), Guidance, navigation, and control system (*Apollo spacecraft*).
GND FG (*meteor*), ground fog (nebbia (*f.*) di suolo).
GND, gnd (USA), ground (terra *f.*).
GNP (*ind.*), gross national product.
gob (*comm.*), good ordinary brand (buona marca comune).
GOFWD (CN) (*macch. ut.*), go forward (motion word in the APT language).
GOLFT (CN) (*macch. ut.*), go left (motion word in the APT language).
GORGT (CN) (*macch. ut.*), go right (motion word in the ATP language).
GP (*aereo*), glide-path (fascio per la traiettoria di discesa).

gpd, gallons per day (galloni al giorno).
gph, gallons per hour (galloni all'ora).
gpm, gallons per minute (galloni al minuto); (*petrolio*) gallons per thousand of natural gasoline in natural gas (saggio della qualità di galloni per mille di benzina naturale nel gas naturale).
gps, gallons per second (galloni al secondo).
gr, grain (grano = grammi 0,0648).
'grams (*comm.*), telegrams.
GRC (*cost.*), glass(-fibre) reinforced cement.
GRIST, Grazing-Incidence Solar Telescope (for Spacelab).
grm, grammo.
grp, glass-reinforced plastic.
gr ss (*farm.*), % grain (% grano).
grt (*naut.*, *ecc.*), great (stazza).
gs (*aereo*), ground speed.
gs (*elet.*), gauss (unità elettromagnetica di densità di flusso magnetico, nel sistema cgs).
GSA (*min.*), General Services Administration.
GSC (*telef.*), Group switching centre (UK).
GSD (*radiol.*), genetically significant dose.
GST (*meteor.*), gust (raffica (*f.*) di vento).
GT (*tracciam.*), gage template (sagoma di verifica di pezzi piegati).
GT, group technology (tecnologia di gruppo).
Gt (*coal*) (*oil*), gigatonnes.
GTA, gas tungsten-arc (*process for machine welding*) (Atomics International).
Gtce (*coal*), gigatonnes coal equivalent.
gtt (*chim.*), gocce *f. pl.*
GW (*elet.*), gigawatts.
GWe (*elet.*), gigawatt of electricity.
GWh (*elet.*), gigawatt-hour.
GWSAL (*aereo*), Great Western and Southern Airlines (Gt.Br.).

H

h, ora; calore totale; grado d'idrolisi; altezza; raggio di lente; quantità di calore; (*aereo*) quota; durezza.
H, hard (dura) (*di matita*); magnetising force (intensità magnetica); (*induttanza*), henry.
H (*top.*), Hydrant.
ha, hectare.
Hα, Hβ ecc., linee delle serie di Balmer, nello spettro dell'idrogeno (*luce*).
HAC, High alumina cement.
HAZ (*sald.*), heat affected zone (ZTA, zona termica alterata).
HB, hard black (di matita nera N. 2%).
HBS, herringbone strutting (*faleg.*) (armatura a spinapesce).
HC, high conductivity.
hcb (*chim.*), hydrocarbon.
hcp (*cristal.*), hexagonal close-packed (sistema esagonale compatto).
HD (*met.*), hard drawn.
hd sd (*petrolio*), hard sand.
hdwd, hardwood (*lumber*) (legno duro).
HDWND, hdwnd (*meteor.*), headwind (controvento (*m.*), vento di testa, ecc.).
HE, high explosive (alto esplosivo).
He (*chim.*), helium (elio).
HEAO (*astron.*), high energy astronomy observatory.
HEAT, High-energy anti-tank (*fire suppression system for battle tank*) (USA).
HESP, US Air Force's High Efficiency Solar Panel (program).
HEW, US Department of Health, Education and Welfare.
Hex (*dis.*), hexagonal (esagonale).
HECP (*naut.*) (USA), harbor entrance control post.
hectog, ettogrammo.
hectol, ettolitro.
hectom, ettometro.
HEF (*aereo*), High Energy Fuel (combustibile ad alta energia).

hf, half (metà).
HF, high frequency (alta frequenza) (*radio*;) high altitude fighter (caccia d'alta quota) (*aereo*)
HFO, (*petrolio*), hole full of oil.
HFRDF, high frequency repeater distribution frame.
HFW (*petrolio*), hole full of water.
hg, ettogrammo.
Hg, mercury (mercurio).
HGA (*astron.*), High-gain antenna.
HHMU (*astron.*), Hand-held manoeuvring unit (*propulsion mechanism in weightless conditions*).
HI, High (alto; forte).
HI (*agrimensura*), height of instrument (altezza dello strumento) linea di collimazione; horizontal interval.
HIAD (*aereo*), Handbook of Instructions for Airplane Designers (Manuale del Costruttore aeronautico).
HIB (*cost.*), hoop-iron bond (assestamento collegato con reggetta di ferro); (*min.*), high-iron ore briquette (bricchetta ad alto tenore di minerale di ferro).
HIB plant (*min.*), impianto di bricchette ad alto tenore di minerale di ferro.
HIC, Hydrographic Information Committee.
hi-fi (*elettron.*), alta fedeltà.
HIWA, highway (strada maestra).
HLLV (USA), heavy lift launch vehicle.
hm, ettometro.
hmd, hydraulic mean depth.
HMD, (*meteor.*), humid (umido).
HMD, hydraulic mean depth (rapporto fra la sezione di efflusso ed il perimetro bagnato).
HMS (*naut.*), Her Majesty's ship.
HMSO, Her Majesty's Stationery Office.
HNC/HND, Higher National Certificate or Diploma (UK).
HND, hundred (cento *m.*).
HNO (*astron.*), nitroxyl molecule.
HO (*naut.*) (USA), Hydrographic Office of the Navy Department.
Hor, horizontal (orizzontale).
Hotol (*aereo*), horizontal take-off and land.
hp (HP), horsepower (cavallo vapore).
hp-hr, horsepower-hour.
hpm, cavallo vapore nominale.
HPS, high-pressure sodium (*lamp type*).
hr, hour (ora).
HR, hard rolled.
HRRC (USA), Human Resources Research Center.
HS, heating surface.
« Hs », hermetically sealed (sigillato ermeticamente).
HSC (*radiol.*), Britain's Health and Safety Commission (*protezione radiologica*).
HSE, Health and Safety Executive (UK).
HSO, Higher Scientific Officer.
HSS, high-speed steel (acciaio rapido).
HSST, High Speed surface trans port (trasporto di superficie ad alta velocità).
ht, heat (calore).
HT (*elet.*), high tension (alta tensione).
Ht, high torque.
HT battery, batteria anodica.
HTGR (*fis. atom.*), high temperature gas cooled reactor.
HTR (*fis. atom.*), High Temperature Reactor.
HUCR (*aereo*), Highest Useful Compression Ratio (tasso massimo utile di compressione).
HUD (*aereo*), Head-up display (*for navigation and weapon-aiming information into a fighter pilot's field of view*).
HUD (*costr.*), US Housing and Urban Development Department.
HUK (*naut.*) (USA), hunterkiller (unità di avvistamento e attacco sottomarini).
HURCN (*meteor.*), hurricane (uragano *m.*).

HV, heating value; high voltage; Vickers hardness (durezza Vickers).

HVAC (USA), Heating, Ventilation and Air-conditioning system.

HVAR (*aereo, naut.*), high-velocity aircraft rocket.

HVDC, high voltage direct current (system of electricity).

HVY, heavy (pesante).

HW (*dis.*), hollow (vuoto, cavo).

hwm, high water mark (livello massimo dell'acqua).

hy, Henry.

HyL process (*met.*), Hojalata y Lamina process (processo di riduzione diretta del min. di ferro in ferro spugnoso mediante idrocarburi).

hyp log, logaritmo iperbolico.

Hz (*fis.*), hertz.

HZY, hazy (fosco *agg.*).

I

I, interpole (*elet.*); intensity of light (*ott.*); moment of inertia (*fis.*) (momento d'inerzia); current in amperes (*elet.*) (corrente in ampere); effective current (corrente effettiva) (*elett.*).

i (*elet.*), instantaneous current (corrente istantanea); angle of incidence.

ia, fra le altre cose; in particolare.

IA (*fis.*), International Angstrom (Angstrom internazionale).

IAA (*aereo*), Inspector, Army Aircraft (Ispettore Apparecchi Esercito).

IAA (*astron.*), International Academy of Astronautics (Accademia Internazionale di Astronautica).

IAC (*aereo*), International Air Convention (Convenzione internazionale aeronautica).

IAE, Institution of Automobile Engineers.

IAEA, International Atomic Energy Agency.

IAeE (*aereo*), Institution of Aeronautical Engineers (Istituzione degli Ingegneri aeronautici).

IAF (*astron.*), International Astronautical Federation (Federazione Astronautica Internazionale).

IAHS, International Association for Housing Science.

IAO (*aereo*), Independent Aviation Operators (Operatori Indipendenti Aviazione).

IAP (*aereo*), International Aero Press (Stampa aeronautica internazionale).

IARU (*radio*), International Amateur Radio Union.

IAS (*aereo*), Indicated airspeed (velocità indicata).

IAS, Institute of Aeronautical Sciences (Istituto di Scienze Aeronautiche).

IASB (*aereo*), International Aircraft Standards B (Unificazioni aeronautiche internazionali B).

IATA (*aereo*), International Air Traffic Association (Associazione del Traffico aereo internazionale).

IATM, International Association for Testing Materials.

IBA (*TV*), Independent Broadcasting Authority.

IBC (*radio*), International Broadcasting Convention.

IBIS (*met. costr.*), Industrialised Building in Steel.

IBM, International Business Machines Corp.

IBP, initial boiling point (punto d'ebollizione iniziale).

IBRD (*banca*), International Bank for Reconstruction and Development.

IBRO, Inter-Bank Research Organisation (UK).

IC, internal combustion (a combustione interna); (*radio*) internal connection (collegamento interno); integrated circuit (*elettron.*) (circuito integrato).

IC (*aereo*) (USA), Information Circular (US Army Air Forces) (Circolare d'informazione).

ICA (*aereo*), Inter City Airlines, Inc.

ICA, additivo della benzina contenente tricresil fosfato (*Shell Co.*).

ICAM (*inform.*), Integrated Communications Access Method.

ICAN (*aereo*), International Commission for Air Navigation (Commissione internazionale aeronavigazione).

ICAO, International Civil Aviation Organization.

ICAS (*astron.*), International Council of the Astronautical Sciences.

ICBM (*aereo*), International Ballistic Missile (missile balistico intercontinentale).

ICC, Interstate Commerce Commission.

ICCP, Information, computers and communications policy (OECD working party).

ICE, internal combustion engine (motore a scoppio).

ICES, International Council for the Exploration of the Sea.

ICFTU, International Confederation of Free Trade Unions.

ICG, Icing (formazione (*f.*) di ghiaccio).

IChemE, Institution of Chemical Engineers (UK).

ICI (*chim.*), Imperial Chemical Industries.

ICP, International candle power.

ICRDG, International Crustal Research Drilling Group (*study of the geology of the oceans' floors*).

ICRP (*radiologia*), International Commission on Radiological Protection.

ICRS, Index Chemicus Registry System (*data bases*).

ICS (*marine pollution*), International Chamber of Shipping.

icw, ICW (*radio*), interrupted continuous waves (onda persistente interrotta).

ID, inner diametre (diametro interno).

IDA, Industrial Development Authority (Ireland).

IDCA, International Development Cooperation Administration (USA).

IDF, intermediate distribution frame (telaio a distribuzione intermedia).

IDNFCN (*aereo*), identification (contrassegno *m.*).

IDRC, Canadian International Development Research Corporation.

IDS (*aereo*), interdictor/strike (version).

ie, cioè.

IEA (*ergonomia*), International Ergonomics Association (Società internazionale di Ergonomia, con sede in Inghilterra).

IEA (*solar power etc.*), International Energy Agency.

IEC, International Electrotechnical Commission (Commissione elettrotecnica internazionale).

IEE, Institute of Electrical Engineers (Collegio degli Ingegneri elettrotecnici).

IEEE (*elettron.*), Institute of Electrical and Electronics Engineers (Collegio degli ingegneri elettrotecnici ed elettronici).

IEO, integrated electronic office.

IES, Illuminating Engineering Society.

I_f (*radio*), filament current (corrente di riscaldamento).

IFALPA (*aereo*), International Federation of Airless Pilots Associations.

if, IF (*radio*), intermediate frequency (frequenza intermedia).

IFCS (*aereo*), Integrated flight control system (sistema integrato di comando degli organi di volo).

IFF (*radar*), identification friend or foe.

IFIAS, International Federation of Institutes for Advanced Study.

IFIP, International Federation of Information Processing (a 35-country international organisation of computer professionals).

IFPMA, International Federation of Pharmaceutical Manufacturers Associations.

IFR (*aereo*), Instrument Flight Rules (Norme pel volo strumentale).

IFS (*auto*), indipendent front suspension (sospensione anteriore indipendente).

I_g (*radio*), grid current (corrente di griglia).

IGMAA (*aereo*), International Gas Model Airplane Association (Associazione Internazionale Motomodelli d'aviazione).

IGPM, Imperial gallons per minute.

IGS, Institute of Geological Sciences (UK).

IGY (*fis.*), International Geophysical Year (Anno geofisico internazionale).

I_h (*radio*), heater current (corrente di riscaldamento).

ih, indirectly heated (riscaldata indirettamente).

IHF (*audio*), Institute of High Fidelity.

IHMSA (*armi*), International Handgun Metallic Silthouette Association (Associazione internazionale di tiro a revolver alla silhouette metallica).

IHP, Indicated Horsepower (potenza (*f.*) indicata).

ihp-hr, indicated horsepowerhour.

IISc, Indian Institute of Science.

IISI (*met.*), International Iron & Steel Institute (Associazione Siderurgica Internazionale, 251 av. Louise, Bruxelles 5).

IITA, International Institute of Tropical Agriculture.

IITRI, Illinois Institute of Technology Research Illinois (USA).

I^2L (*microprocessors*), (integrated) injection logic (« *bipolar* » *technology*).

ILAS, Instrument Low Approach System.

ILEA, Inner London Education Authority.

ILL (*fis. atom.*), Institut Laune Langevin (joint British-French-German high flux neutron beam reactor at Grenoble).

ILO, International Labour Organization (Organizzazione internazionale del lavoro).

ILO, International Labour Office.

ILS (*aereo*), Instrumental landing system.

IM (*audio*), intermodulation.

I_m (*radio*), maximum current (corrente massima).

IMCO, Inter-Governmental Maritime Consultative Organization (Inghilterra).

IMEP, Indicated Mean Effective Pressure (pressione media effettiva indicata).

IMF (*fin.*), International Monetary Fund (Fondo Monetario Internazionale).

IMS (*inform.*), Information Management System.

IMTS, International Machine-Tool Show (USA).

IMU (*astron.*), Inertial measuring unit (USA).

in, inch (pollice).

INA (*aereo*), Inspector, Naval Aircraft (Ispettore Aerei Marina).

INCENDATA (*elettron.*), International Civil Engineering DATA Association (Organizzazione per lo sviluppo del trattamento elettronico dell'informazione nel campo della costruzione).

INMARSAT, International Maritime Satellite Organisation.

INQUA (*paleontologia*), International Quaternary Association.

INS (*fusion research*), Intense Neutron Source (USA).

ins (*chim.*), insolubile *agg.*

INSMACH (*naut.*) (USA), Inspector of Naval Machinery.

Insul (*dis.*), Insulated; Insulation.
Int (*elet.*, *radio*), intermittent rating.
INTASCALE (*comm.*), International Tanker Nominal Freight Scale (barème di noleggio).
Intelsat (*astron.*), International Telecommunication Satellite Consortium (Washington).
I/O (*calcol. elettron.*), input/output.
IOA (*inform.*), input output analysis.
IOR, Institute of Operational Research.
I_p (*radio*), plate current (corrente di placca).
i-p, intermediate-pressure.
IP (*petrolio*), initial production.
IP (*astron.*), Initial Point (punto iniziale; punto in orbita, dal quale sono fatti i calcoli per il rientro).
IP (*elett.*), induced polarization.
IPAA (*petr.*), Independent Petroleum Association of America.
IPA, ipa, intermediate power amplifier (amplificatore di potenza intermedia).
IPC (*chim.*), isopropil N-fenilcarbamato.
IPCEA (USA), Insulated Power Cable Engineers' Association.
IPM (*met.*), inches penetration per month (penetrazione in pollici al mese).
ips, inches per second (pollici al secondo).
IPT, Institution of Petroleum Technologists (Istituto con sede a Londra, di tecnici petroliferi).
IPY (*met.*), inches penetration per year (penetrazione in pollici all'anno).
IQ, Intelligence Quotient.
iq, la stessa cosa; lo stesso di.
IR (*fis.*), infra-red radiation (radiazione infrarossa).
IR, India-Rubber (gomma).
IR, residuo insolubile (chim.).
IRAS, Infrared Astronomical Satellite.
IRBM (*aereo*), Intermediate Range Ballistic Missile (missile intermedio).
IR drop, caduta di tensione (*elet.*).
I^2R **loss**, perdita generata dal flusso della corrente *I*, attraverso una resistenza *R*.
IRE, Institute of Radio Engineers.
IS, internal shield.
IS (*genetics*), insertion sequences.
I_s (*radio*, *elet.*), saturation current (corrente di saturazione).
ISA, International Standards Association (Associazione unificazioni internazionali); international standard atmosphere (atmosfera unificata).
ISB(*radio*), independent-side-band
ISCA, International Standards Steering Committee for Consumer Affairs (*standardization of consumer goods*).
ISEE (*astron.*), International Sun-Earth Explorer (project) (USA).
ISES, International Solar Energy Society.
ISFET (*elettron.*), ion-selective field effect transistors.
ISI (*met.*), Iron and Steel Institute.
ISLTC (USA), International Society of Leather Trades Chemists (Società Internazionale di chimici commercio pelli).
ISM, International Standards Method.
ISO, International Standards Organization (Ginevra, Svizzera).
ISR (*fis. atom.*) intersecting storing ring (*acceleratori di protoni*).
ISS (*elettron.*), Ion scattering spectroscopy.
IST, Indian Standard Time.
IT, Interfacial tension.
IT (*agr.*), intermediate technology.
IT (*inform.*), Information Technology (informatica).
ITA (*telev.*), Independent Television Authority.
ITALS (*tip.*), italics.
ITCA (*aereo*), Indian Trans-Continental Airways.

ITDG, Intermediate Technology Development Group.

ITE, Institute of Terrestrial Ecology.

ITIS, Intermediate Technology Industrial Services (Rugby).

ITN, Independent Television News (UK).

ITO, International Trade Organization.

ITS (*aereo*), Intermediate Training School (Scuola d'addestramento aereo intermedia).

ITS (*telev.*), Insertion Test Signal (*used to monitor the quality of test signals*).

ITU (*tip.*), International Typographical Union (Unione tipografica internazionale).

ITU (*radio*), International Telecommunications Union.

ITW (*aereo*), Initial Training Wing.

IUAI (*aereo*), International Union of Aviation Insurers (Unione Internazionale assicuratori aeronautici).

IUC, International Union of Chemistry (Unione internazionale di chimica).

IUCN, International Union for Conservation of Nature and Natural Resources.

IUE (*astron.*), International Ultraviolet Explorer (satellite per lo studio dell'astronomia con raggi ultravioletti).

IV, initial velocity (*armi*).

IVA (*astron.*), Intravehicular activity (*inside a spacecraft*).

IVF (*bio.*), in vitro fertilisation.

IW (*chim.*), isotopic weight (peso isotopico).

IWG, International Working Group.

IWS, International Wool Secretariat.

IWT, International Working Team.

IWW, Industrial Workers of the World.

IX, sigla per ogni nave non classificata.

J

J joule (anche: J); momento polare d'inerzia di un albero (*mecc.*); equivalente meccanico del calore (*term.*); giallo; (*aereo*) air speed (indicated).

JATO (*aereo*), jet assisted take-off (decollo a razzo).

JCAE (*fis. atom.*) (USA), Joint Committee on Atomic Energy.

JCL (*inform.*), Job Control Language (lingua di controllo dei lavori).

JCT (*dis.*), junction.

JET (*fis. atom.*), Joint European Torus (EEC fusion research project).

JETRO, Japan External Trade Organisation.

JKT, Job Knowledge Test.

JMA (*aereo*), Junior Military Aviator.

JMTTA (*macch. ut.*), Japan machine Tool Trade Association.

JNSDA, Japan Nuclear Ship Development Agency.

JTIDS (*telecom.*), Joint Tactical Information Distribution System.

JPL (*astron.*), Jet Propulsion Laboratory (NASA).

JRC (*Euratom*), Joint Research Centre.

JSAE, Journal Society of Automotive Engineers.

JST, Japanese Standard Time.

JT (*dis.*), joint.

K

K (*vacuum tubes*), cathode (catodo); dielectric constant (costante dielettrica); Kelvin scale (scala Kelvin).

K, Boltzmann constant (costante Boltzmann) (*fis.*); coefficient of coupling (coeff. di accoppiamento; Kip (1000 lb).

***K*,** (*met.*), simbolo di intaglio di provetta Mesnager(UNI 31212)

k, chilo.

kA (*plasma current*), kiloamps.
KB (*aereo*), kite balloon (pallone frenato).
KBD (*inform.*), Keyboard (*tastiera*)
KBP (*aereo*), Kite balloon pilot (pilota di pallone frenato).
k bytes (*elettron.*) (*inform.*) kilobytes.
kc, kilocycle (chilociclo).
kcal, calorie (kilo-calorie).
kcps, chilocicli al secondo.
kc/s, chilocicli per secondo.
KCU (*met.*), simbolo di intaglio di provetta Charpy a buco di chiave.
kEV, 1,000 electron volts.
kg, chilogrammo.
kg/m, chilogrammetro.
kgps, chilogrammi al secondo.
kHz (*fluidics*), kilohertz.
KISR, Kuwait Institute of Scientific Research.
kl, chilolitro.
KLK shells, sfere immaginarie circondanti il nucleo dell'atomo (*fis.*).
kmps, chilometri al secondo.
kN (*fis.*), simbolo di kilonewton.
kph (*auto,ecc.*), kilometres per hour.
KPNO (*astr.*), Kitt Peak National Observatory.
KSC (*astron.*), Kennedy Space Center.
kT (*explosive yield*), kiloton.
kts, knots (nodi).
kV, chilovolt.
KV (*met.*), simbolo di provetta con intaglio a V.
kVA, chilovolt-ampere.
kvar, kilovar (reactive kilovolt-ampere).
kvarh, kilovarhour (reactive kilovolt-ampere-hour).
kW, kilowatt.
kWh, kilowat thour.

L

L, lambert; self-inductance (autoinduttanza).
L (*controllo numerico*), line motion (system).
L, lime.
l, lunghezza, litro, lumen.
LA (L/A) (*aereo*), Lighter than air (più leggero dell'aria).
lab, laboratorio.
LABA, Laboratory Animal Breeders' Association (UK).
LAC (LA/C), Leading Aircraftman (specialista RAF).
LAE, Local Authority Ecologist (UK).
LAFTA (*comm.*), Latin America Free Trade Association (Associazione di Libero Scambio dell'America Latina).
lam, laminated (laminato).
LAPSE (*med.*), long-term ambulatory physiological surveillance equipment.
Laser, Light Amplification of Stimulated Emission of Radiation (laser).
LASH (*naut.*), Lighter Aboard Ship (nave portachiatte).
Lat, lat (*geog., naut.*), latitude (latitudine).
LB, local battery.
lb, pound (libbra).
lb-ft, pound-foot (piede-libbra).
lb-in, pound-inch (pollice libbra).
lc (*tip.*), lower case.
LC (*top.*), Level Crossing (passaggio a livello).
L/C (*comm.*), Letter of Credit (lettera di credito).
LC circuit (*radio*), circuito volano.
LCC (*astron.*), Launch Control Center.
LCD (*elettron.*), liquid-crystal display (*digital calculators and watches*).
LCL, less than carload (meno di un carico completo).
lcm, least common multiple (minimo comune multiplo).
LCM (*naut.*) (USA), medium landing craft (mezzo da sbarco, medio).
LCP (*inform.*), Language Conversion Program.
lct (*met.*), long calcinated ton (unità di misura per la bauxite).

LCZR, localizer (localizzatore *m.*).
LD (*med.*), lethal dose (dose letale).
L-D process (*met.*), processo di fabbricazione dell'acciaio di origine austriaca (Linz-Donavitz).
LDA (*min.*), Lead Development Association (Associazione per lo sviluppo del piombo).
LDA (*aereo*), landing distance available (distanza utile all'atterraggio).
LDC, lower dead center.
LDCs, Least Developing Countries.
LDD (*astron.*), Lunar dust detector (*Apollo spacecraft*).
ldg (*comm.*), loading (carico).
Ldg & dely (*comm., naut.*), loading and delivery (carico e consegna).
LDR (*met.*), Limiting Drawing Ratio (rapporto limite di imbutitura).
LE (*aereo*), leading edge (bordo d'entrata.
LEAA, Law Enforcement Assistance Administration (USA).
LED, light emitting diode.
LEED (*elettron.*), low energy electron diffraction.
LEM (*astron.*), lunar excursion module (veicolo per esplorazione lunare) (vedi LM); Launch Escape motor.
Leq (*sound*), scale of equivalent sound level in dB (A).
LES (*astron.*), Launch escape system.
LF (*radio*), low frequency (bassa frequenza).
LG (*top.*), Loading Gauge.
LGC, Laboratory of the Government Chemist (UK).
LH, left hand (sinistra).
LH_2 (*astron.*), liquid hydrogen.
LHR (*elet.*), left-hand rule (regola della mano sinistra).
l-hr, lumen-hour (ora lumen).
LIFO (*inform.*), Last-in first-out (l'ultimo dato immagazzinato è il primo che viene fatto uscire); « pila ».
lin, linimento (*farmacia*); lineare.
lin ft, linear foot (piede lineare).
liq, liquid (liquido).
LIRTS, Large Infra-Red Telescope (for Space-lab mission) (US-European space programme).
LM (*astron.*), Lunar module (*Apollo spacecraft*).
LM (*inform.*), Load Module (modulo di caricamento).
lm, lumen.
LME (*comm.*), London Metal Exchange (Borsa Metalli di Londra).
ln, natural logarithm (logaritmo naturale).
LND (*aereo*), Limiting nosedive.
LNG (*gas*), liquid natural gas (metano liquido).
Lnr (*petrolio*), liner.
LOAD (*laser*), Laser Opto-Acoustic Detection (*spectroscopic technique to study important molecular properties*).
LOCA (*nuclear reactors accidents*), loss of coolant accident.
loco, locomotive (locomotiva).
log, logaritmo.
LOH (*aereo*), Light Observation Helicopter (elicottero osservatore leggero).
long, longitudine.
LOR (*astron.*),lunar orbital rendezvous (incontro orbitale lunare).
loran, long range direction finding.
LOT (*tanker ballast water*), load on top system (*ballast water is allowed to settle so that the oil rises to the surface*).
LOX (*astron.*), liquid oxygen (ossigeno liquido).
LOS (*astron.*), Loss of signal.
LP (*inform.*), Linear Programming (programmazione lineare).
l-p, low pressure (bassa pressione).
LPC (*chim.*), laurel pyridinum chloride (*detersivo*).
LPG, lpg (*chim.*), liquifed petroleum gases (gas di petrolio liquefatti).
LP-gas, LP-gas.
LPO (*astron.*), Lunar parking orbit.

LPS, low-pressure sodium (*lamp type*).

LRTP (*min.*), long-running thermal precipitator.

LRV (*astron.*), Lunar roving vehicle.

LSD (*naut.*), landing ship.

LSI (*electronic miniaturization*), large scale integration.

LSMR (*naut.*), rocket ship.

LST, local standard time.

LST (*naut.*), landing ship.

lt (*met.*), long ton (unità di misura per lo stagno).

LT, low tension (bassa tensione) (*radio*); local time (tempo locale) lamellar tearing (*acciaio*).

LTA (*aereo*) (USA), Lighter-than-air (più leggero dell'aria).

LT battery, batteria (*f.*) di filamento.

Ltd, limited (responsabilità limitata; anonima).

LTFDA (*chim.*), low-temperature fractional distillation analysis.

LTNG (*meteor.*), lightning (fulmine *m.*; lampo *m.*).

LTRS (*inform.*), Letters shift (inversione di lettere).

LTwr (*top.*), Lighting Tower.

LUHF, lowest useful high frequency (alta frequenza utile più bassa).

LVHV (*dust control*), low-volume high-velocity dust control (*mecc. macch. ut.*).

LVR (*telev.*), Longitudinal video recorder.

LW, long wave (onda lunga).

LW (*naut.*), low water.

LWL (*aereo*), Load water line (linea (*f.*) di carico).

LΩ (*elet.*), ohm legale.

M

μ, micron.

μ_m (*water vapour concentrations in the Martian atmosphere*), « precipitable microns » (term used to measure water vapour quantities; it refers to the depth of water which could be condensed out of the atmospheric column overlying any given area).

M Mach number; nuclear mass (*fis. atom.*); magnitude (*astron.*); maxwell (*magnetic flux*); motorway (*autostrada*).

M, metallo; radicale elettropositivo; mega; induttanza mutua.

M (*chim.*), concentrazione molare.

M (*chim.*), peso molecolare.

m, metro; milli; minuto; milione.

mA, milliampere.

MA (*aereo*), Military Aviator (aviatore militare).

MAA (*aereo*), Manufacturers Aircraft Association (Associazione fabbricatori aeronautici).

mac, macadam.

MAC (*aereo*), Mean aerodynamic chord (corda media aerodinamica).

MAC (*aereo*), Model Aeroplane Club (Club aeromodellisti).

MAD, magnetic airborne detector.

MAEE (*aereo*), Marine Aircraft Experimental Establishment (UK) (Stazione Sperimentale aerei per la marina).

mag CI, magnetic cast iron.

mag CS, magnetic cast steel.

MALC (*aereo*), Model Aircraft League of Canada (Associazione Aeromodellisti del Canada).

Mang B, manganese bronze.

Mang S, manganese steel.

MAP (*aereo*), Minister for Aircraft Production (Ministro della produzione aeronautica).

MAP, Mediterranean Action Plan (piano di azione per la salvaguardia ambientale del Mediterraneo).

MAR, reagente microanalitico (*chim.*).

Marisat, Maritime Communications System.

MARVS (*strategic weapons*), manoeuvring independently-targetable re-entry vehicle.

MAS, Military Standardisation Agency.

mascon (*astron.*), mass concentration (*areas on the moon*).
maser (*astron.*), microwave amplification by stimulated emission of radiation (*amplification of signals*).
Maser (*elettron.*), Microwave Amplification using Stimulated Emission of Radiation.
mast asph, mastic asphalt.
Matl, materiale.
math, matematica, -o.
MATS (USA), Military Air Transport Service.
MAU, millions accounting units (milioni di unità di conto).
MAVIS, Microprocessor-based Audio Visual Information System.
max, massimo.
masc cap, maximum capacity.
MB, mobile base early warning equipment (*radar*).
MB (*naut.*), motor boat (motoscafo; motobarca).
MBS, Mutual Broadcasting System (sistema mutuo di radio diffusione).
mc, contenuto in umidità; quantità d'umidità (*legnami*); carato metrico.
M/c (*dis.*), machine.
Mc, mc, megacicli (al secondo).
MC (*bitumi*), medium curing (a presa semirapida).
MCA (*aereo*), Mid-Continent Airlines (Aviolinee intercontinentali).
MCC (*astron.*), Mission Control Center (NASA, USA); mid-course corrections (*lunar missions*); (*radio*) micro computer control.
MCHS, machine (macchina).
MCI (*dis.*), malleable cast iron.
mcm, million cubic metres.
MCPS, mcps, mc/s, megacicli al secondo.
M/C TOOL, macchina utensile.
MCW, mcw (*radio*), modulated continuous waves (onde continue modulate).
M/cy (*dis.*), machinery.
MDAC (*aereo*), Material Division, Air Corps.
MDF, Main distributing frame.
MDM (*inform.*) (*Shuttle*), multiplexer-demultiplexer (dispositivo di raccolta dati da sensori (*temperatura, pressione, ecc.*) e di trasmissione dei comandi da calcolatore agli attuatori o *azionatori* dei comandi aerodinamici, elevoni, ecc.).
MDT (*meteor.*), moderate (moderato *agg.*).
Me, metallo; radicale metilico.
ME (*marina* USA), metalsmith (sottufficiale meccanico-saldatore).
ME, ingegnere minerario.
mech, eff, mechanical efficiency.
mech lub, mechanical lubrication.
MECO (*astron.*), Main engine cut-off.
MEE, Master of Electrical Engineering.
MEED, Mechanical and Electrical Engineering Division.
MEKN, mechanician (meccanico *m.*).
MEM (*astron.*), Mars excursion module.
mep, mean effective pressure (pressione effettiva media).
MESA (*astron.*), Modular equipment stowage assembly (*Apollo spacecraft*).
Met E, metalurgical Engineer.
metrol, metrology.
mev, MeV; million electron volts.
MF, m-f, mf, medium frequency (frequenza media).
MFC, mode flying club (circolo aeromodellistico).
MFD (*aereo*),multifunction display (indicatore primario dei sensori, nella strumentazione primaria di volo).
mfd, microfarad.
Mfrs, fabbricatori; costruttori.
mft, motor freight tariff.
MFTF-2 (*fis. atom.*), Mirror Fusion Test Facility-B (progetto USA di fusione).
mg, milligrammo.

MG, machine gun (mitragliatrice); motor generator set.
mgd, million gallons per day (milione di galloni al giorno).
MH (*top.*), Manhole.
mh, millihenry.
mhcp, mean horizontal candlepower.
MHD (*elet.*),magnetohydrodynamics (generazione magneto-idrodinamica).
MHDG, magnetic heading.
MHz (*frequenza*), megahertz.
mi, millifarad.
mi, mile (miglio).
MIAeE (*aereo*), Member of the Royal Aeronautical Society.
MIC (*telev.*), Monitoring and Information Centre (BBC).
MICE, Member of the Institution of Civil Engineers.
MICR (*calcol. elettron.*), magnetic ink character recognition (riconoscimento dei caratteri scritti con inchiostro magnetizzabile).
micros, microscopy (microscopia).
MIDAS (*satellites*), Missile Defense Alarm System (Missile Detection and Surveillance) (USA).
MIDS (*naut.*) (USA), Movement Information Distribution Station.
MIEE, Membro del Collegio degli Ingegneri elettrotecnici.
MIG-welding (*sald.*), metal electrode inert gas welding (saldatura sotto flusso gassoso con elettrodo di metallo).
MILMAP (*inform.*), MILwaukee MAtic Program (program developed for Milwaukee Matic machining centres).
MIM (*petrolio*), moving in materials; moving in machine.
MIME, Membro del Collegio degli Ingegneri Meccanici.
MIMechE, Membro del Collegio degli Ingegneri Meccanici.
MIMS (*PGM weapons*), multiple independently manoeuvring submunitions (*type of cluster bomb*).
Mims (*missili*), multipurpose lightweight missile system (sistema missilistico leggero multiruolo).
min, minimo minuto.
MINOS, Mine Operating System (National Coal Board's control and analysis computer software system).
M Inst CE, Member of the Institution of Civil Engineers.
M Inst. ME, Member of the Institution of Mining Engineers.
M Inst MM, Member of the Institution of Mining and Metallurgy.
M Inst PT, Member of the Institute of Petroleum Technologists.
M Inst WE, Member of the Institution of Water Engineers.
MIPS (*inform.*), million instructions per second.
MIR (infrared spectrophot.), multiple internal-reflection (technique in infrared spectrophotometry).
MIRV (*ballistic missiles*), multiple independently targetable reentry vehicle.
MIS (*inform.*), Management Information System (sistema integrato di gestione).
MIT, Massachussetts Institute of Technology.
MITI, Ministry of International Trade and Industry.
MIWT, Member of the Institute Wireless Thecnology.
MJ/cu·m (*natural gas heat content*), megajoules/cu·m.
mK (*fis.*), millikelvin (*temperature*).
mks, metro-chilogrammo-secondo.
μμF, micromicrofarad.
ml, millilitro.
mL, millilambert.
ML, mould line (linea teorica formata dall'intersezione di 2 piani).
ML (*inform.*), Machine Language (linguaggio macchina).
ML (*naut.*), motor launch (motolancia; lancia).
MLS (*aereo*), microwave landing system.

MLLP (*astron.*), Manned Lunar Landing Program (programma di allunaggio umano).
MLR, main line of resistance.
MLWS, mean low water spring (piano riferimento scandagli).
mm, millimetro.
m/M (*elettron.*), ratio of the mass of the electron to the mass of the proton.
MMD (*aereo*), maintenance monitor display (*strumentazione primaria di volo*).
mmf, MMF, magnetomotive force (forza magnetomotrice).
mmfd, micromicrofarad (*elet.*).
MMMF, man-made mineral fibres.
MMS (*astron.*), multimission modular spacecraft (piccola « piattaforma » spaziale modulare con tre moduli facilmente sostituibili nello spazio, che può essere sistemata con il suo carico utile nella navetta spaziale, riusata per diverse missioni).
MMScf (*gas*), one million standard cubic feet.
MN (*naut.*), Merchant Navy (Marina mercantile).
MNC, Multinational Company.
MNR, Ministry of Natural Resources (*Canada*).
MNTN, mountain (monte *m.*; montagna *f.*).
mo (*cost.*), moulded (sagomato).
MO, radiosegnale nel Codice Morse.
MO (*radio, elet.*), master oscillator (oscillatore pilota).
MOB (*min.*), Mining Qualification Board (Ente inglese per l'esame preliminare dei candidati al « certificate of competency » nell'ind. mineraria).
MoD, Ministry of Defence (UK).
MoE, Ministry of Environment (*Canada*).
MOIV, mechanically operated inlet valve.
mol, mole, molecola grammo.
MOL (*astron.*) (USA), Manned Orbital Laboratory (laboratorio orbitale con equipaggio).
MOLAB (*astron.*), Lunar Mobile Laboratory (laboratorio mobile lunare).
mole, peso molecolare in grammi.
mol.wt, peso molecolare.
MORP, Meteorite Observation and Recovery Project (*Canada*).
MOS (*elettron.*), metal oxide (on) semiconductor.
MOT (*petrolio*), milling on tools.
MOT scale (*comm.*), Ministry of Transport Scale (London Market Tanker Nominal Freight) (tariffa di noleggio del Ministero dei Trasporti).
Mp, megapond.
mp, melting point (punto fusione).
Mpc (*astron.*), megaparsec (*measuring the velocities and true distance of galaxies, etc.*).
MPD (X-rays), maximum permissible dose.
mpg (*auto*), miles per gallon.
mph, MPH, miles per hour (miglia orarie).
mphps, miles per hour per second (miglia orarie al secondo).
mpm, meters per minute (metri al minuto).
mps, meters per second (metri al secondo).
MPU (*inform.*), microprocessor unit (unità a microprocessore).
MQ, metol-quinol (*fot.*).
mr (USA), milliroentgen.
MRBM (*aereo*), Medium Range Ballistic Missile (missile balistico medio).
MRC (*naut.*) (USA), Movement Report Center (or office).
MRC, Medical Research Council (UK).
MRE, Microbiological Research Estabilishment (UK), rechristened: Centre for Applied Microbiology and Research, and transferred to the Public Heath Laboratory Service (march 1979).
MRE (*min.*), Mining Research Establishment of the National Coal Board (Istituto di Ricerca del NCB).

MREM (*fis. atom.*) (*radiazioni*), millirem.
MRPRA, (*rubber*), Malaysian Rubber Producers' Research Asso ciation (UK).
MRSTM, Midlands Regional Synthetic Traffic Model (UK).
MRT, master router template (sagoma fissa in legno compensato).
MRV (*astron.*), Mars rover vehicle.
MS (*dis.*),mild steel (acciaio dolce).
MS (*top.*), Mile Stone.
MS, margin of safety (*aereo*) (margine di sicurezza); maximum stress (sollecitazione massima); Mountain Standard (time); (*comm., naut.*), Motor ship (motonave); Merchant shipping (naviglio mercantile).
MSA, Most Severely Affected Countries (FAO).
MSC (*astron.*), Manned Spacecraft Center (Houston, Texas); (*telef.*), Main Switching Centre.
MSC, Manpower Services Commission (UK).
MScf (*gas*), one thousand standard cubic feet.
mscp, mean spherical candle power.
msec, millisecond.
MSFC (*astron.*), Marshall Space Flight Center (USA, NASA).
MSI (*semiconductors*), medium scale integrated (circuit).
MSOL (*astron.*), Manned Scientific Orbital Laboratory (Laboratorio orbitale scientifico con uomini a bordo).
MsTh (*chim.*), mesotorio *m.*
MSC (*elet.*), mile of standard cable.
MSL, mean sea level (livello medio del mare).
MST, Mountain Standard Time.
MST, master template (sagoma campione).
mSv (*radiol.*), millisievert.
mSv (*radiazioni*), millisieverts.
MT, trasporto meccanico.
MT, metric ton.
MTA (*rilevam. tempi*), Motion-Time-Analysis.
mtbf; MTBF (*elettron.*), mean-time-between-failure (*reliability of components*).
Mtce (*energy*), million tons of coal equivalent.
MTI (*radar*), Moving Target Indicator (indicatore di bersaglio mobile).
MTIRA (*macch. ut.*), Machine Tool Industry Research Association (Associazione per la ricerca industriale sulle macchine utensili).
Mtl (*dis.*), material (materiale).
MTM (*rilevam. tempi*), Methods Time Mesaurement.
mtoe (*petrolio*), million tons oil equivalent.
MTOW (*aereo*), Maximum Takeoff Weight (peso massimo di decollo).
MTR (*elettron.*), mean-time-to-repair (average down-time) (*reliability of components*).
MTRLI (*radiotelescopes*), Multi-Telescope Radio Link Interferometer (UK).
mu, micron.
MUF, maximum usable frequency (frequenza usabile massima).
MUM, Methodology for Unmanned Manufacturing (Japan).
musa, multiple unit steerable an tenna (antenna a direttività variabile).
μSv (*radiol.*), abbrev. di microsievert.
MUA, fondo per paesi in via di sviluppo non associati.
mv, millivolt.
MVC, manual volume control.
mv/m, millivolt per meter (millivolt per metro).
mw, milliwatt.
MW (*chim.*), peso (*m.*) molecolare.
MW (*elet.*), megawatt (10^6 watt).
MWB (USA), motor whaleboat.
MWE, megawatts of electricity.
Mwe, megawatts of electricity.
MWth (*fis. atom.*), megawatts of heat.
mx, maxwell.

my (*astr.*), million years (milioni di anni).
myg, myriagram.
myl, myrialiter.
mym, myriametre.

N

#, numero, libbre.
N, concentrazione normale; modulo di rigidità (*cost.*); polo nord di una calamita; newton (*unit of force*).
***N*,** numero di molecole (*chim.*); indice di rifrazione; numero di Avogadro (*chim.*); frazione molecolare; (*aereo*) giri al minuto.
n, revolutions per second (*or* minute) (giri al secondo o al minuto).
n (*fis. atom.*), neutron (neutrone).
NA, Naval Aviator (Aviatore della Marina); neutral axis (asse neutro) (*cost. civ.*).
NAAFI (*aereo*), Navy, Army and Air Force Institute (Istituto Marina Esercito ed Aeronautica).
NAB (*aereo*), National Aircraft Beacon.
NAB (*audio*), National Association of Broadcasters (USA).
NAC, Noise Advisory Council.
NAC (*aereo*), National Aeronautics Council (Consiglio Aeronautico Nazionale).
NAC (*aereo*), Non-airline carrier (apparecchio da trasporto non in servizio d'aviolinea).
NAC (*aereo*), National Air Communications (Comunicazioni aeronautiche nazionali).
NACA (*aereo*), National Advisory Committee for Aeronautics (Comitato consultivo nazionale per l'aeronautica); National Association of Complemental Airlines.
NAF (*aereo*), National Aviation Forum (Tribunale Nazionale dell'Aviazione).
NAF (*aereo*), Naval Aircraft Factory (Fabbrica Aeroplani di Marina); Naval Air Force.
NAIAD (*mil.*) (*chim.*), Nerve agent immobilised-enzyme alarm and detector (rivelatore di gas ed allarme nel caso di un attacco nemico con gas velenosi).
NAPA (*aereo*), National Air Pilots Association (Associazione nazionale piloti d'aviazione).
NARCO, National Aeronautical Corporation.
NAS (USA), National Academy of Sciences (Accademia Nazionale delle Scienze).
NAS (*aereo*), Naval Air Service (Servizio Aereo della Marina); Naval Air Station (Stazione aerea della marina).
NASA (*astron.*) (USA), National Aeronautics and Space Administration.
NASCOM (*astron.*), NASA Communications Network.
NASF (*elettron.*), Numerical aerodynamic simulation facility (NASA planned big computer for operation after 1985).
NASM, National Air and Space Museum (USA).
NAT (*aereo*), National Air Transport, Inc.
NATA (*aereo*), National Aviation Training Association (Associazione Nazionale Addestramento Aereo).
Nat, log, logaritmo naturale.
NATO, North Atlantic Treaty Organization.
naut mi, nautical mile (miglio marino).
NAUA (*aereo*), National Aircraft Underwriters' Association (Associazione Assicuratori velivoli nazionali).
NAVY Spec (*naut.*) (USA), Navy Dept. Specification.
NBC, National Broadcasting Company.
NBFU (USA), National Board of Fire Underwriters.

NBPI, National Board of Prices and Incomes.

NBr, Naval Brass.

NBS, National Bureau of Standards (USA).

NC, no connection (nessun collegamento); normally closed (*relay contacts*).

NC (*macch. ut.*), numerical control (controllo numerico; sigla italiana CN).

NCAR, National Centre for Atmospheric Research.

NCB (*min.*) (Inghilterra), National Coal Board (Ente Nazionale del Carbone).

NCC, National Computing Centre (*England*).

NCC, Nature Conservancy Council (UK).

NCSORG (USA) US Naval Control of Shipping Organization.

NCST, National Committee on Science and Technology (India).

ND, natural draught.

NCRP (*fis. atom.*) (USA), National Council on Radiation Protection.

NDAC (*aereo*), National Defence Advisory Commission (Commissione consultiva Difesa Nazionale).

NDF (*aereo*), nacelle drag efficiency factor.

NDPS (*inform.*), National Data Processing Service (*Inghilterra*).

NDT (*met.*), nil-ductility-transition (transizione a duttilità nulla).

NEA, Nuclear Energy Agency (of the Organisation for Economic Cooperation and Development).

NEB, National Enterprise Board (UK).

NEC, National Exibition Centre (UK).

NEC, National Electric Code. (Codice Nazionale di Elettricità).

NEC, National Electronics Conference.

NEDC (*comm.*) (Inghilterra), National Economic Development Council.

NEIP (*editoria*), new edition in preparation (nuova edizione in preparazionc).

NEJM, New England Journal of Medicine.

NEL (*mecc., ecc.*), National Engineering Laboratory.

NELA, National Electric Light Association.

NELAPT (CN) (*macch. ut.*), National Engineering Laboratory Automatically Programmed Tools.

NEMA, National Electrical Manufacturers Association.

neg, negativo.

NEO (*astron.*), Near-earth orbit.

NEPA, National Fire Prevention Association; Nuclear Energy for the propulsion of aircraft.

NERC, Natural Environment Research Council (UK).

NERVA (*fis. atom.*), Nuclear Engine for Rocket Vehicle Appli cation (*reattore sperimentale* USA).

NESS (*satellites*), National Environmental Satellite Service.

NF (*aereo*), night fighter aircraft.

NFPA (USA), National Fire Protection Association.

NFS (*aereo*), National Flying Services (Servizio aviatorio nazionale).

nft³, normal cubic feet (piedi cubici misurati a temperatura e pressione normali).

NGA (*aereo*), National Glider Association (Associazione nazionale volo a vela).

NGL (*gas*), natural gas liquefied (metano liquefatto).

NGO, Non-governmental organisation.

NGS (*aereo*), new guidance system.

NGTE (*aereo*), National Gas Turbine Establishment.

NHK (*TV*), Japanese Broadcasting Authority.

NHP (*chim.*), non-histone protein.

nhp, nominal horsepower (cavallo vapore nominale).

NHTSA, National Highways Traffic Safety Administration (USA).

NHS, National Health Service (UK).

NIAE, National Institute of Agricultural Engineering (*England*).

NIDA, Northern Ireland Development Agency.

NIES (*elet.*), Northern Ireland Electricity Service.

NIH, National Institute of Health (USA).

NII (*fis. atom.*), Nuclear Installations Inspectorate (UK).

NIMR (*med.*), National Institute for Medical Research (UK).

NIOSH, US National Institute for Occupational Safety and Health.

NIS, Normal Incidence Spectrometer (vedi GRIST).

Ni S, nickel steel.

Ni Sil, nickel silver.

nl (*elet.*), no-load (senza carico).

NM, nautical mile.

N/m², newton per square metre (unità di pressione del suono).

NMR (*sectroscopy*), Nuclear magnetic resonance (*for chemical analysis*).

NMTBA (*macch. ut.*), National Machine Tool Builders' Association (USA).

NNC (*fis. atom.*), National Nuclear Corporation (UK).

NO (*naut.*) (USA), navy contract; (*elettron.*), normally open.

NOAA, National Oceanic and Atmospheric Administration.

No-mag (*met.*), non magnetic (ghisa non magnetica).

NOP (USA), National Oceanographic Program.

NORAD (*mil.*) (USA), North American Air Defense Command.

NO RDO (*aereo*), no radio (senza radio).

NOREQ, number required (numero richiesto).

norm, normalised.

NOTAM (*aereo*), notice to airmen.

NP (*machine translation*), Noun phrase.

NPA (*petrolio*), National Petroleum Association.

NPHC (*carta*), No pressure hot caustic (pasta semichimica).

NPL, National Physical Laboratory (UK).

« N » position (*elet.*), posizione normale.

NPT, Normal pressure and temperature (temperatura e pressione normali).

NPT (*fis. atom.*), nuclear non-proliferation treaty.

nr (*comm.*), no risk (nessun rischio).

nrad (*comm.*, *naut.*), no risk after discharge (nessun rischio dopo lo scarico).

NRAO (*astr.*), National Radio Astronomy Observatory (USA).

NRC (*fis. atom.*), US Nuclear Regulatory Commission; National Research Council (U.S.A.).

NRDC, National Research Development Corporation.

NRL, Naval Research Laboratory (UK).

NRPA, National Resources Planning Agency (UK).

NRPB (*fis. atom.*), National Radiological Protection Board (Ente per la protezione dalle radiazioni radioattive).

NRT, net register tonnage.

NRTS (*fis. atom.*), National Reactor Testing Station.

ns (*meteo.*), nimbostratus (nembostrato).

NSA, USA National Security Agency.

NSAC, Nuclear Safety Analysis Center (USA).

nsec, abbrev. di nanosecondo.

NSF (USA), National Science Foundation.

NSF, Nuclear Structure Facility (*a tower for Britain's nuclear accelerator at Daresbury*).

NSG (*fis. atom.*), Nuclear Suppliers, Group (club of nations that export nuclear power technology).

NSRB, National Security Resources Board.

NSSCC (*astron.*), National Space Surveillance Control.

NSSL, National Severe Storms Laboratory (USA) (*tornado watches and warnings*).

NSU, National Union of Studends (UK).

NTA (*auto*), National Type Approval.

ntc, negative temperature coefficient (coeff. di temp. negativo).

NTDA, National Tyre Distributors Association (UK).

NTIS, National Technical Service of the Department of Commerce (USA).

NTL (*top.*), Normal Tidal Limit.

NTP, ntp, normal temperature and pressure (temperatura e pressione normali).

NTS (*dis.*), not to scale (non in scala).

NTS, Naval Technological Satellite.

NTSB (*aereo*), US National Transportation Safety Board (Ente per la Sicurezza dei Trasporti degli Stati Uniti).

NTSC (*telev.*), National Television System Committee (Comitato Nazionale per la Televisione).

NTX (*naut.*) (USA), navy teletypewriter exchange service.

NU, number unobtainable (*telef.*) (numero non ottenibile).

NUPB & PW (*tip.*), National Union of Printing, Bookbinding, and Paper Workers (Unione Nazionale lavoratori stampatori, rilegatori e cartai).

NVH factor (*pneumatici*), noise, vibration, harshness factor.

NVM, non volatile matter (materiale non volatile).

***nv*,** simbolo di flusso neutronico.

***nvt*,** integrale del tempo del flusso neutronico.

NWC, National Water Council (UK).

NYP (*editoria*), not yet published (non ancora pubblicato).

NYSAA (*aereo*) (USA), New York State Aviation Association (Associazione Aviatoria dello Stato di New-York).

O

O (*colori*) (USA), orange (giallo) (*American Standards Association*) (*elet.*).

OA (*aereo*) (USA), Office of Airports; (*inform.*), Office Automation.

OAI (*aereo*), Office of Aeronautical Intelligence (Ufficio Informazioni segrete dell'Aeronautica).

OAO (*astron.*), Orbiting astronautical observatory (osservatorio astronautico orbitale).

OAPEC, Organisation of Arab Petroleum Exporting Countries (Organizzazione dei paesi arabi esportatori di petrolio).

Ob, trasmissione di luce minima dei composti plastici.

OB, oil immersed air-blast cooling.

OB, outside broadcast (*elet.*); single bearing.

OBM (*top.*), Ordnance Bench Mark (punto di riferimento, riferito al livello medio del mare).

OBM, Office of Management and Budget (USA).

OBM (*met.*), soffiaggio di ossigeno dal fondo.

obs, osservatore.

OBS, open hearth basic steel; (*aereo*) Omni Bearing Selector (preselettore di rotta).

Oc (*plast.*), massima luce diffusa (haze) dei composti plastici (plastics).

OC (*petrolio*), Operations Commence.

OC, Open College (UK).

OCMA, Oil Companies Materials Association.

OCR (*calc. elettron.*), optical character reader (*reader which reads typed, printed and even handprinted data*) lettore ottico di caratteri.

OCR A (*calcol. elettron.*), optical character reader A (US standard); polizza di caratteri usata negli Stati Uniti per lettore ottico di caratteri.

OCR B (*calcol. elettron.*), optical character reader B (European standard); polizza di caratteri usata in Europa per lettore ottico di caratteri.

oct, ottaedro *agg.*

OD, ordnance datum.

OD, od, o/d, outside diameter (diametro esterno).

ODM, Ministry of Overseas Development (G.B.).

OECD (*comm.*), Organization for Economic Cooperation and Development (organizzazione per la cooperazione e lo sviluppo economico, con sede a Parigi; sigla ital. e francese: OCDE).

OEM, Original Equipment Manufacturer.

OEM equipment (*elettron.*), materiale venduto direttamente da un costruttore ad un altro.

OEM market (*elettron.*), vendita diretta ad un costruttore.

OETB, Offshore Energy Technology Board.

OF, fiamma ossidante.

OFB, oil-immersed forced-oil circulation with air-blast cooling.

OFHC copper, Oxygen-free high-conductivity copper (rame ad alta conduttività privo di ossigeno).

OFN, oil-immersed forced oil circulation with natural cooling.

OFW, oil-immersed forced-oil circulation with water-cooling.

OG (USA), Official Gazette of the US Patent Office (Gazzetta Ufficiale Brevetti Americani).

OGO (*astron.*), Orbiting Geophysical Observatory (osservatorio geofisico orbitale).

OHC (*auto*), overhead camshaft (albero a camme in testa).

OHE, Office of Health Economics (UK).

OHV (*auto*), valvole in testa.

OHV, observed heating value.

Oi (*farmacia*), 1 pinta.

Oi, oil-immersed.

OIP (*petrolio*), Oil in place (volume totale di petrolio stimato in una data area petrolifera).

OIS (*inform.*), Office Information System.

OISC, oil-insulated self-cooled.

OIWC, oil-insulated water-cooled.

Oj (*farmacia*), 1 pinta.

ol, oliva.

OL, overhead line.

OLF (*astron.*), Orbital Launch Facility (attrezzatura di lancio orbitale).

OLP process (*met.*), processo di fabbricaz. dell'acciaio all'ossigeno, con iniezione di calce nell'ossigeno.

OM, old man; organic matter (materia organica).

OME (USA), Office of Mineral Exploration of the Geological Survey.

OMR (*calcol. elettron.*), optical mark reader (*reader which reads pencil marks that have been put on pre-assigned places on a document*), lettore ottico di marcature.

OMS (*min.*), output per man per shift (produzione per minatore per turno di lavoro).

OMSF (*astron.*), Office of Manned Space Flight (NASA, USA).

ON, oil-immersed natural cooling.

ON, octane number.

ON/OB, oil-immersed natural cooling with alternative added air-blast cooling.

ON/OFB, oil-immersed natural cooling with alternative added air-blast cooling.

ON/OFN, oil-immersed natural cooling with alternative added forcel-oil circulation.

ON/OFW, oil-immersed natural cooling with alternative added forced-oil circulation and water cooling.

ONR (*naut.*) (USA), Office of Naval Research.

O/O abroad (*editoria*), on order from the country shown (in ordinazione dal Paese indicato).

OP (*editoria*), out of print (esaurito).

OP (*colori*) (USA), opalescent (opalescente) (*American Standards Association*) (*elet.*).

OPEC (*petrolio*), Organization of the Petroleum Exporting Countries.

OPG (X-ray technique), Orthopantography.

OPNG, opening (apertura).

OPS, Official 'Phone Station' (Stazione Ufficiale di « fonia »).

opt, optional (facoltativo).

OPTAL (*inform.*), Olivetti Press Tool Automatic Language (linguaggio di programmazione Olivetti).

OPV (*med.*), oral poliovaccine.

ORB, omni-directional radio beacon.

ORBS (*astron.*), Orbital Rendezvous Base System (sistema di base di appuntamento orbitale).

ord (*chim. ecc.*), ordinario *agg.*; comune *agg.*

ORNL, Oak Ridge National Laboratory (USA).

OS (*cost.*), one side (un lato); (*petrolio*), oil sand.

OS (*inform.*), Operating System (sistema operativo).

O/S (*editoria*), out of stock at the publishers (esaurito presso l'editore).

OSHA, Occupational Safety and Health Administration (USA).

OSO (*astron.*), Orbiting Solar Observatory (osservatorio solare orbitale).

OSP (*aereo*), Observation seaplane (USA) (idro (*m.*) da ricognizione).

OSSA (*astron.*), Office of Space Science and Applications (NASA department).

OSTP, Office of Science and Technology Policy (USA).

OTA, (US Congress's) Office of Technology Assessment.

OTD (*petrolio*), old total depth.

OTDA (*spacecraft tracking*), Office of Tracking and Data Acquisition (NASA department).

OTEC, Ocean thermal energy conversion.

OTIU, Overseas Technical Information Unit (Department of Industry, UK).

OTS, (European Space Agency's) Orbital Test Satellite.

OTU (*aereo*), Operating Training Unit.

OU, Open University (UK).

OVC (*meteor.*), overcast (coperto *agg.*).

OW, oil-immersed water cooling.

O/W emulsion (*chim.*), oil-in-water emulsion (*fire resisting hydraulic fluid*) (emulsione di olio ed acqua).

OWPB, old well plugging back.

Oz, oz, ounce (oncia).

oz-ft, ounce-foot (piede-oncia).

oz-in, ounce-inch (pollice-oncia).

P

P, anodo; potenza; avvolgimento primario di un trasformatore; potenza media (average power); purple (porpora) (*colori, secondo l'American Standards Association*) (*elet.*); penney.

P, instantaneous power (potenza istantanea)

P, pressione del vapore; coefficiente potenziale parziale; pressione parziale; pressione osmotica; coeff. di potenziale.

P (*controllo numerico*), point-to-point system (or co-ordinate positioning) (ISO recommendation for NC nomenclature).

P_i (*diecasting*), injection pressure (*specifications of pressure diecasting machines*).

P_i, potenza d'entrata.

P_o, pressione statica; potenza di uscita.

P_p, plate power (potenza di placca.

Pa (*chim.*), protoattinio.

PA, pa (*elet.*), power amplifier (amplificatore di potenza).

PA (*comm.*, *naut.*), particular average (avaria parziale).

pa, all'anno.

PAA (*aereo*), Pan American Airways; Pacific Alaska Airways.

PABX, private automatic branch exchange.

« PADDS » (*dis.*), (Pera) Automatic Detail-Drawing System.

PAGA (*aereo*), Pan American-Grace Airways.

P and S (*cost.*), planking and strutting (impalcatura e puntellatura).

PAI (*aereo*), Panama Airways, Inc.

PAIR (*aereo*), Precision Approach Interferometer Radar.

PAL (*inform.*), programmable application logic.

PAL (*telev.*), phase alternating line system.

PAR (*aereo*), Precision Approach Radar.

PAR-WIG(*aereo*), Power-augmented ram wing in ground effect machine.

PARM (*operations research*), Program Analysis for Resource Management.

Pat'd, patented (brevettato).

Pat's, patents (brevetti).

PAT (*aereo*) (USA), Pacific Air Transport, Inc.

PATCO (*aereo*), Professional Air Traffic Controllers Organisation.

Patt No (*dis.*), Pattern Number (numero del modello).

PAX (*telef.*), private automatic exchange.

PB (*petrolio*), plugging back.

PBD, *p*-diclorobenzene *m.*

PBX (*telef.*), private branch exchange (centralino telefonico privato).

PC, Portland Cement (cemento Portland); pitch circle (cerchio primitivo) (*ingr.*).

pc, pct, per cent (per cento); (*astron.*), parsec (= 206,265 AU).

PCA (*aereo*), Pennsylvania Central Airlines Corp.

PCB (*top.*), Ponce Call Box; (*inform.*), printed circuit board.

PCD, pitch circle diameter (diametro medio).

PCM (*tel.*) (*inform.*), digital pulse-code modulation (modulazione dei codici di impulso digitali).

PCOR (*hydraulics*), pressure condensator override.

PCR (*inform.*), Peripheral Control Routine.

PCU (*traffic*), passenger car unit.

PD, pd (*radio*), potential difference (differenza di potenziale).

pd, pitch diameter (diametro medio); (*petrolio*), pressed distillate; pressure distillate.

PD bottoms, pressure distillate bottoms (residuo di distillazione di « cracking »).

PDI (*astron.*), Powered descent initiation (*Apollo spacecraft*).

PDM, pulse duration modulation.

PDMS, Pipework Design Management System (UK).

p/e (*comm.*), price/earnings ratio.

P & A job (*petrolio*), plug and abandon job.

PEC (*radio elet.*), photoelectric cell (cella fotoelettrica).

PEL, proportional elastic limit.

PEPE (*inform.*), Parallel Element Processing Ensemble (USA) (*type of super computer*).

PERA (*ing.*), Production Engineering Research Association.

PERAMELT Process, Process patented by PERA (*embedding a metal gauze or perforated material into the surface of the material to be joined*).

perp, perpendicolare.

PERT (*analisi del lavoro*), Program

Evaluation and Review Technique (*tecniche reticolari*).

PET (*fis. atom.*), Positron Emission Tomograph.

pet, petroleum (petrolio *m.*).

PETRA (*fis. atom.*), Positron-electron tandem ring accelerator.

PETT, Project: « Engineers and Technologists for Tomorrow » (UK, Department of Industry).

pF, pf (*elet.*), pico-farad (micromicrofarad).

PF (*cost.*), faccia piana.

PF (*naut.*), fregate.

pf, power factor (fattore di potenza).

PFA (*gas recovery from flue gases*), pulverised fuel ash.

PFA (*aereo*), Private Fliers Association (Associazione aviatori privati).

PFD (*chim.*) (*petroli*), primary flash distillate.

PFl a R, part fill in and ram (riempire in parte e costipare).

PFR (*fis. atom.*), Prototype Fast Reactor (reattore veloce prototipo).

PG (*naut.*) (USA), gunboat.

PGA (*astron.*), Pressure garment assembly (USA space suit; Apollo spacecraft).

PGM (*military technology*), precision guided munitions (weapons including bombs, missiles, and other projectiles).

pgt, per gross ton (per t. lorda).

Ph, radicale fenile C_6H_5—.

ph, phot; fase.

pH, Ph, hydrogen ion concentration.

PHLS, Public Health Laboratory Service (UK).

PHM, Patrol Hydrofoil Missile.

Phos B, phosphor Bronze.

PI (*inform.*), Programmed Instruction.

PICNIC (*inform.*), PERA Instructional Code for Numerical Control (program used for drilling operations, with APT words but not the APT language).

PID (*inform.*), Personal Identification Device.

PIGME (*sald.*), Programmed Inert Gas Multi-Electrode.

PIP (*astron.*), Predicted impact point (*splashdown place*).

PIR, pure india rubber.

PIXE (*elettron.*), Particle induced X-ray emission.

pK (*mis.*), peck (circa 9 litri).

PL (*petrolio*), pipe line.

pln, plain.

Pln cu, plain copper.

PLO (*petrolio*), pipe-line oil.

PLT (*fusion power*), Princeton Large Torus (USA).

PM (*cost.*), purpose made (a paramento a vista).

P_m (*radio*), maximum power (potenza massima).

PM, pm, phase modulation (modulazione di fase); post meridiem (pomeridiano).

PM (*naut.*) (USA), patternmaker.

PMA (USA), Paper Makers' Association (Società Fabbricanti Carta).

PMD (*numerical control*), Programmable manipulating devices.

PMMA (USA), Plastic Materials Manufacturers' Association (Associazione Fabbricanti materie plastiche).

PMTR (*post office*), partially mechanised traffic recording system.

PMW (*electroydraulic controls*), pulse width modulator (control) (digital control valves operated by controlling the pulse width of in-out signals to the control solenoid or pilot operator).

PMX, private manual branch exchange (*telef.*).

PN (*combustibile*), performance number.

PN (*acust.*), peak-noise (rumore massimo o di punta).

PNE, Peaceful nuclear explosion.

PO, power output (*elet.*) (potenza d'uscita); post office.

Po (*chim.*), polonio *m.*

PO (*top.*), Post Office.
POA, Pacific Ocean Area.
poly gas (USA) (*petrolio*), polimerized gasoline.
PO (P-O) (*aereo*), Pilot Officer (S. Ten. dell'aviazione).
POP (*fot.*), printing-out paper (carta fotografica per stampa).
Porc, porcelain (porcellana).
PORV (*fis. atom.*), pilot operated relief valve.
pp, postage paid (franco).
pp (*stampe*), pages (pagine).
PP (*aereo*), power plant (gruppo (*m.*) motopropulsore); (*elet.*), push-pull (controfase).
PPA (*aereo*), Professional Pilots Association (Associazione Piloti di professione).
ppb (*stampe*), paperback.
PPI, plan position indicator (*radar*).
ppm (*parts per million*), parti per milione.
PPPL, Princeton Plasma Physics Laboratory (USA).
PPS (*astron.*), pounds per second.
ppt (*chim.*), precipitato *m.*
pptd (*chim.*), precipitato *p. p.*
p'p't'd (*chim.*), precipitato *m.*
pptn (*chim.*), precipitazione *f.*
pr, prismi *m. pl.*
PR (*aereo*), aereo da ricognizione fotografica; pure rubber; (*relazioni pubbliche*), Public relations (relazioni pubbliche).
prep (*chim.*), preparare.
prepd (*chim.*), preparato *m.*
prepn, preparazione *f.*
Press, pressure (pressione).
pri (*radio*), primary.
PROFILEDATA (*macch. ut.; controllo numerico*), language developed by Ferranti for use with their machine-tools.
PROM (*inform.*), Programmable read-only memory.
prop, propeller (elica).
prors (*chim. ecc.*), powders (polveri).
PROTECOL, Production and Test Control Logistics (*control system*).
PRT (*trasp.*), personal rapid transit.
Prtlnd cem, Portland cement.
PS, paddle steamer (piroscafo a palette).
PSA (*cinem.*), Photographic Society of America.
PSC (*numerical control*), Programmable sequence control.
PSD (*chim.*), photon-stimulated desorption.
PSE (*lie detectors*), Psychological Stress Evaluator.
psf, pounds per square foot (libbre per piedi quadrati).
psi, pounds per square inch (libbre per pollice quadrato).
PSN, position (posizione *f.*).
PSP (*aereo*), patrol seaplane (idro (*m.*) di scorta).
pst, pressure-still tar.
PST, Pacific Standard Time.
PT (*naut.*) (USA), motor torpedo boat.
PT (*aereo*), Primary trainer (apparecchio (*m.*) di allenamento per principianti).
PT (*tracciam.*), profile template (sagoma per profili).
PT (*fond.*), parameter test (getto di prova).
pt, point; pint.
PTC (*astron.*), Passive thermal control (*by solar exposure*)
PTE, Passenger Transport Executive (UK).
ptfe (*chim.*), polytetrafluorethylene.
PTM, phase time modulated.
PTM, pulse time modulation; (*astron.*), Proof Test Model (modello sperimentale di razzo o astronave usato in laboratorio).
PTO, please turn over (voltare).
PTO (*mot. agr.*), power take-off (presa di forza).
PTS (*noise standards*), permanent threshold shift (*exposure to louder noise*).
pty, proprietary (brevettato).
P≡UvA (*fis.*), total power available from a source.
Pv, pipe ventilated.
PVC, polyvinyl chloride.

PVLA (USA), Paint Varnish and Lacquer Association (Associazione Fabbricanti Pitture vernici e smalti).

PVRC, Pressure Vessel Research Committee (Comitato di ricerche sui recipienti a pressione).

PWA (USA), Amministrazione dei Lavori Pubblici.

PWD, Public Works Department (Dipartimento dei Lavori Pubblici).

PWHT (*sald.*), Post-Weld Heat Treatment.

PWI (*aereo*), pilot warning instruction (prevenzione collisioni in volo tramite strumenti di allarme per il pilota).

PWR (*fis. atom.*) Pressurised Water Reactor.

PX (*telef.*), private exchange.

Py (*chim.*), nucleo (*m.*) della piridina.

pyro (*fot.*), pyrogallol.

Q

Q, magnification (fattore di amplificazione) (*radio*); dissipation constant; quantity of electricity in coulombs; quantity rating.

Q (*astron.*), Dynamic pressure.

q, dynamic pressure (pressione dinamica); quintale; quantità di elettricità.

QCD (*quark behaviour*), quantum chromodynamics.

QD (*astron.*), Quick-disconnect (*in case of emergency*).

QDA, quantity discount agreement (*sconto pattuito nei contratti*).

QED (*fis.*), quantum electrodynamics.

QO valve, quick-opening valve.

QPP (*elet.*), quiescent pushpull.

qr, quarter.

QRC (*petrolio*), quick ram change.

QSE, qualified scientist and engineer (UK).

QSO (*astron.*), quasi-stellar object (quasar).

qt, quart.

QTS (*radio*), Quartz Tuning System.

QUAD, quadrant (quadrante *m.*).

Quango, Quasi-autonomous non-governmental organisation.

R

R, Reaumur; gas constant; resistance; resistor; radiancy; radiant emission; radioactive mineral; radiant flux density.

R (*aereo*), reconnaissance aircraft (ricognitore); red (rosso) (ASA); (*auto*) radial (pneumatico radiale).

r, radius (raggio); resistenza specifica.

r, rossiccio *m.*; specific gas constant; polar coordinates (coordinate polari).

R°, raggio di un cerchio in gradi.

R′, raggio in minuti d'arco.

R″, raggi in secondi d'arco.

RAAF (*aereo*), Royal Australian Air Force.

RAC (*aereo*), Royal Aero Club (Gt Br.); (*elet.*), rectified alternating current (corrente alternata rettificata); (*radio*), Radio American Corporation.

RACF (*aereo*), Royal Canadian Air Force.

RAD, relative air density.

rad, radius (raggio).

RADAR, Radio detection and ranging; radar.

Radiac, Radioactivity detection, identification, and computation.

Radsafe, radiological safety.

RAE (*aereo*), Royal Aircraft Establishment.

RAeS (*aereo*), Royal Aeronautical Society (Gt Br.) (Regia Società Aeronautica).

RAF (*aereo*), Royal Air Force (Regia Aeronautica inglese).

RAF (*aereo*), Royal Aircraft Factory.

RAFC (*aereo*), Royal Air Force College (Regio Collegio Aeronautico).

RAFMS (*aereo*), Royal Air Force Medical Services (Servizio medico Regia Aeronautica inglese).

RAG (*weapons*), ring aerofoil grenade.

RAI (*aereo*), Registro Aeronautico Italiano; Revue Aéronautique Internationale; Radiotelevisione Italiana.

RAM (*inform.*), random-access memory.

RAOBS (*aereo*), Radiosonde Observations (Osservazioni di radiosondaggio).

RAP, Resistance to aqueous penetration.

RARI (*naut.*) (USA), Reporting and Routing Instructions (per convogli mercantili).

RAS (*astr.*), Royal Astronomical Society.

RAS (*aereo*), rectified air speed (velocità aerea corretta).

RAWE (*aereo*), No Radiosonde Observation, Unfavourable Weather (nessun radiosondaggio, tempo sfavorevole).

RAWIN, sondaggio del vento con radar.

RAWINSONDE, sondaggio del vento con radiosonda e radar.

RAX, rural automatic exchange.

RB (*aereo*), reconnaissance-bomber (bombardiere da ricognizione).

RBE (*radiobiologia*), relative biological effect (effetto biologico relativo).

Rc (*durezza met.*), Rockwell « C » (hardness).

RC, rubber covered (*cables*).

RC (*cost.*), rough cutting (sbozzato); reinforced concrete; (*bitumi*), rapid curing (a rapida presa).

RCA, Radio Corporation of America.

RCDB (*wires*), rubber covered double braided.

RCEP, Royal Commission on Environmental Pollution.

rcg, reverberation-controlled gain (*circuiti*).

RCMF, Radio Component Manufacturers.

RCS (*astron.*), Reaction control system.

RCTL (Resistor-Capacitor-Transistor-Logic (circuito logico-resistore-condensatore-transistore).

RCVR (*radio*), receiver.

Rd (*dis.*), round (rotondo).

RD (*met.*), rolling direction (direzione o senso di laminazione).

R & D, research and development.

RdAc (*chim.*), radioactinium (radioattinio).

RDF, refuse derived fuel (combustibile ricavato da rifiuti).

RDF, radio direction finder (radiogoniometro).

RdHd (*dis.*), Round Head.

RDO, radio.

Re, Reynolds number; rhenium.

RECAT (*aereo*), Reduced Energy Commercial Air Transport (USA) (*turboprop*).

Reg, regulator.

REI (*calcol. elettron.*), Recognition Equipment Inc.

rel, reluctance.

REPROM (*inform.*), reprogrammable PROM.

rev, revolutions (giri); rev/min, revolutions per minute.

rf (*radio*), range finder.

R (*radio*), filament resistance (resistenza di filamento).

RF (*aereo*), reconnaissance-fighter (caccia da ricognizione).

RF (*radio*), radio frequency (radio frequenza); (*chim.*), fiamma riduttrice.

RFC (*aereo*) (*radio*), Royal Flying Corps (Regio Corpo Aeronautico); Radio frequency choke coil (*radio*).

RFP (*fis. atom.*), Reversed Field Pitch (*a magnetic torus that would contain a plasma in the UKAEA's fusion research project*).

RFS (*naut.*), ready for sea.

RFX (*fis. atom.*), Reversed Field Experiment (*a plasma containment machine considered by the United Kingdom Atomic Energy Authority*).

R_g (*radio*), grid resistance (resistenza di griglia).

RGO, Royal Greenwich Observatory.

rh, right hand (a destra).

RHEED (*elettron.*), Reflection high energy electron diffraction.

rhm (*radiol.*), rontgen-ora-(e)-un metro.

RHR (*elet.*), right-hand rule (regola della mano destra).

RHTM, Regional Highway Traffic Model (UK).

Ri, repulsion induction.

RIBA, Regio Collegio degli Architetti Britannici.

RIC, Royal Institute of Chemistry.

RID, Radio Intelligence Division (of the Federal Communications Commission).

RIG (*psicologia*), Random Idea Generator.

RINM (*naut.*) (USA), Resident Inspector of Naval Material.

rkva (*elet.*), reactive kilovoltampere.

Rly, railway (ferrovia).

RMA, Radio Manufacturers Association.

rmg, reaming.

rmh, röntgen meter per hour.

RMS value (*elet.*), root meansquare value (valore efficace).

RN (*aereo*) (*naut.*), Reynolds Number (Numero Reynolds); Royal Navy (Regia Marina).

Rn (*chim.*), radon.

RNAS (*aereo*), Royal Naval Air Service (regio Servizio aereonavale).

RNWY (*aereo*), runway (pista, *f.*).

RNZAF (*aereo*), Royal New Zealand Air Force.

R_o (*radio*), output resistance (resistenza di uscita).

ro (*cost.*), rough (sgrossato).

ROC (*telev.*), Regional Operations Centres (*Independent Broadcasting Authority*).

ROF, Royal Ordnance Factory.

ROG (*aereo*), rise-off ground (con partenza da terra).

ROLF (*miniere*), remotely operated longwall face installation (impianto di coltivazione a lunghe fronti telecomandato).

ROM (*inform.*), ready-only memory.

ROW (*aereo*), rise-off-water (con decollo dall'acqua).

R_p (*radio*), plate resistance (resistenza di placca).

RP (*petrolio*), rock pressure.

R/P (*editoria*), reprinting (ristampa).

RPH (*aereo*), Remotely piloted helicopter (*helicopter controlled by a ground-based operator*).

RPI (*comm.*), Retail price index (indice dei prezzi al minuto).

RPIO (*naut.*) (USA), Registered Publication Issuing Office.

RPM, rpm, revolutions per minute (giri al minuto primo).

RPSM (*naut.*) (USA), Registered Publication Shipment Memorandum.

RPV (*aereo*), Remotely piloted vehicle.

RPVS (*aereo*), Remotely piloted research vehicle.

RRL (*strade*), Road Research Laboratory (Centro di studi e ricerche stradali, Inghilterra).

RR, r, railroad (ferrovia, USA).

RS, Royal Society (UK).

RSA, Railway Signal Association.

RSJ (*cost.*), rolled steel joist (trave in ferro laminato).

RSRE (*radar*), Royal Signals and Radar Establishment (UK).

RSS, Royal Statistical Society (UK).

R/T, radio-telegrafia.

RTCA (*aereo*), Radio Technical Committee for Aeronautics (Comitato radiotecnico della Aeronautica).

RTCC (*astron.*), Real Time Computer Complex (complex providing data to NASA's Mission Control Center).

RTCO (*inform.*), Real time operator Console.

RTP, Research of Technical Progress (Ricerca del progresso tecnico, *aereo*); Review of the Technical Press (Rivista della Stampa Tecnica).

RTPI, Royal Town Planning Institute (UK).

RTV (*chim.*), room-temperature-vulcanizing (*silicones*).

RU (*petrolio*), rigging up.

RUR (*petrolio*), rigging up rotary.

rva, reactive volt-ampere.

RWB, rear wheel brakes (freni ruota posteriore).

RWP, rain water pipe (doccione).

Ry, Railway (ferrovia); rydberg.

RYA, Royal Yachting Association.

S

S, nero (*materie coloranti*); avvolgimento secondario (*elet.*); elastance (valore reciproco della capacitanza) (*radio*); photocell sensitivity (sensibilità della fotocella); zolfo (*chim.*).

S, (*elet.*), shunt wound (in derivazione; a shunt); sand.

S (*machine translation*), sentence (*frase*).

s (*laser radiation*), « safe » level (*maximum dose*).

s, secondo; scellino.

SA (*auto*), Spark advance.

SAA (*aereo*), South African Airways.

SAC (*mil.*, *aereo*), Strategic Air Command.

SAE, Society of Automotive Engineers.

SALS (*radio*), Sensing and Automatic Loudness Setting.

SALT (*mil.*), Strategic Arms Limitation Treaty (Trattato per la limitazione delle armi strategiche).

SAM (*aereo*) (USA), School of Aviation Medicine.

SAM (*astron.*), skylab solar array module.

SAMSO, Space and Missile Systems Organisation (US Air Force).

SANCST, Saudi Arabian National Centre of Science and Technology.

SANDA (*naut.*) (USA), Supplies and Accounts.

sap, soon as possibile.

SAP, sintered aluminium powder (polvere di alluminio sinteriz.).

SAR (*naut.*) (USA), search and rescue.

SARU, Systems Analysis Research Unit (UK).

SAT, South African Time.

SATRA (*ind.*), Shoe and Allied Trades Research Association.

SAWE (*aereo*), Society of Aeronautical Weight Engineers.

SB (*radio*), simultaneous broadcasting.

« SBA » (*min.*), slurry blasting agent (agente esplosivo per miscele esplosive).

SBA, system blind approach.

SBAC (*aereo*), Society of British Aircraft Constructors.

SBV (*naut.*), Sea Bed Vehicle.

Sc (*meteor.*), stratocumulus (stratocumulo).

sc, slow-curing asphalt.

SC (*elet.*), squirrel cage rotor (rotore a gabbia di scoiattolo).

SC (*aereo*), Spotter's Club (Gt Bt.) (Club Aviatori artiglieri).

SC (*aereo*), service ceiling (tangenza pratica); (*naut.*) (USA), submarine chaser.

SC (*elet.*), single contact; (*chim.*), specified conditions (condizioni precisate).

SCAMA (*astron.*), Station Conferencing and Monitoring Arrangement (NASA Communications network).

scc, single cotton covered (wire) filo coperto con uno strato di cotone).

SCC (*met.*), Stress Corrosion Cracking (cricche dovute a tensocorrosione).

SCC (*naut.*), submersible compression chamber.

SCE (*coal*), super-critical extraction (*method of separating out certain valuable constituents of coal*).

SCE (*elet.*), single cotton over enamel (isolato con uno strato di cotone sopra smalto).

Scf (*gas*), standard cubic feet.

SCOEG, Standing Conference of Employers of Graduates (*organisation who recruit graduates in the UK*).

SCOPE, Scientific Committee on Problems of Environment.

SCORPIO (*inform.*), US Library of Congress's subject-content oriented retriever for processing information on-line.

scp (*elet.*), spherical candle-power (intensità luminosa sferica).

SCP (*chim.*), single cell protein (proteina monocellulare della Esso Research-Nestlé Alimentaire).

SCR, Science Research Council (UK).

SCS (*astron.*), Stabilization and control system (*Apollo spacecraft*).

SCS (*adhesives*), single-component system (Flexon adhesives: composition based on acrylic monomers and rubber-like coreactants).

SCUAS, Standing Conference of University and Polytechnic Careers Services (*organisation representing the careers advisers at all the universities in the British Isles*) (the acronym represents an earlier title).

Sd, sand.

SD (*perfor. petrol.*), shut down.

SDC, Scientific, Documentation Centre (Inghilterra).

SDL (*astron.*), Space Disturbances Laboratory (solar activity and its effects on Earth).

SDR (*comm.*), special drawing rights (diritti speciali di prelievo).

sec, secant (secante); second (secondo); secondary winding (avvolgimento secondario).

SECAM (*tel. a colori*), sequence and memory system (sistema francese di televisione a colori).

SED, Society for Electrical Development.

SEI, Society for Environmental Improvement (GB).

sel (*lumber*), select (scelto).

SEM (*elettron.*), scanning electron microscope (microscopio elettronico a scansione).

SEOCS (*satellites*), Sun-Earth Observatory and Climatology Satellite.

Ser (*elet.*), series wound (eccitato in serie).

SERC, Science and Engineering Research Council (UK).

SERI, Solar Energy Research Institute (USA).

SEXAFS (*elettron., X-ray*), surface extended X-ray absorption fine structure (*surface structural technique*).

SF, s-f, signal-frequency (frequenza di segnale).

sfc (*aereo*), specific fuel consumption (consumo specifico del carburante).

SFTS (*aereo*), Service Flying Training School (Scuola addestramento al volo militare).

Sftwd (*lumber*), softwood (legno tenero).

SG (*elettron.*), screen grid (griglia schermo).

sg, specific gravity (peso specifico).

SGHWR (*fis. atom.*), Steam Generating Heavy Water Reactor.

SGR, Sodium Graphite Reactor (reattore a sodio-grafite).

Sh (*dis.*), sheet (lastra).

SHF, shf, super high frequency (superfrequenza).

SHHD, Scottish Home and Health Department.
ShI (*dis.*), Sheet iron.
shp, shaft horsepower.
ShS (*dis.*), sheet steel.
SI, sistema internazionale di unità.
SI (*perfor. petrol.*), shut in.
SIC (*ind.*) (USA), Standard Industrial Classification (US Survey of Manufacturers).
SIC, specific inductive capacity.
SIM (*astron.*), Scientific Instrument module (*Apollo spacecraft*).
SIM (*astron.*), simulated space flight (volo spaziale simulato).
SIMS (*elettron.*), Secondary ion mass spectroscopy.
sin (*trig.*), sine (seno).
SIN, Swiss Institute for Nuclear Research (*in Zurich*).
sinh, hyperbolic sine (seno iperbolico).
SINS (*naut.*), Ship Inertial Navigation System.
SIPI, Scientists' Institute for Public Information (USA).
SIR, single lapping of pure rubber (1 solo strato di pura gomma).
Sirch, Semi-intelligent Robot for Control and Handling.
SIT, spontaneous ignition (temperatura di autoaccensione).
SITC (*comm.*) (USA), Standard International Trade Classification.
SITE, Satellite Instructional Technology Satellite.
SJ, soldered joint (unione a saldatura).
Sk (*dis.*), sketch (disegno tecnico a mano libera; schizzo).
Skylab (*astron.*), Sky Laboratory.
SL, Squadron Leader (maggiore d'aviazione).
sl, sea-level (livello del mare).
SLAR (*aereo*), Sideways-looking airborne radar.
SLAR (*radar*), side-looking radar.
SLBM (*ballistic missiles*), Submarine-launched ballistic missile.
SLC, search light control.
slc, straight-line capacitance (variazione lineare di capacitanza)
SLCM (*missili*), submarine-launched cruise missile.
slf, straight-line frequency (variazione lineare di frequenza).
SLV (*astron.*), Standard launch vehicle (*razzi*).
slw, straight-line wavelength (variazione lineare di lunghezza d'onda).
SM (*astron.*), Service module (*Apollo spacecraft*).
SMAE (*aereo*), Society of Model Aeronautical Engineers (Società di ingegneri aeromodellisti).
SMBA, Scottish Marine Biological Association.
SMC (*astron.*), Small Magellanic Cloud (*bright pulsing X-ray source*).
SMPE, Society of Motion Picture Engineers (Società Ingegneri cinematografici).
SMRE (*miniere*), Safety in Mines Research Estabilishment (Istituto di ricerca per la sicurezza nelle miniere, Inghilterra).
S/N (*elet.*) (*met.*), speech-noise (ratio); stress-number (curve) (*met.*).
S/N (*audio*), signal-to-noise ratio (rapporto segnale-rumore).
SNG (*coal gasification*), synthetic natural gas.
SNU (*astron.*), Solar neutrino unit (unità neutrino $\equiv 10^{-36}$ catture per nucleo bersaglio per secondo) (*captures per target nucleus per second*).
SO (*petrolio*), show oil; scientific officer.
SOA (*naut.*), speed of advance.
SOCOM (*aereo*) (USA), space solar communication system (sistema di comunicazione solare spaziale, utilizzante le radiazioni solari).
SOFAR (*naut.*), Sounding fixing and ranging (segnale di soccorso sottomarino).

SOG & W (*petrolio*), show of oil, gas and water.
Sol (*chim.*), solution.
SOS (*semiconductors*), Silicon on sapphire.
SP, soil pipe (tubo di scarico); single-pole (unipolare) (*elet.*).
SP (*elett.*), spontaneous potential (potenziale spontaneo).
SPA (*aereo*), Sportsman Pilots Association.
SPAD (*aereo*) (USA), Space Principles, Applications and Doctrine (progetto americano sui principi, applicazioni e dottrina spaziale).
SPAN (*astron.*), Solar Proton Alert Network (*solar flares observation system*).
SPC (*inform.*) (*tel.*), stored program control (controllo del programma registrato).
SPC, single paper covered.
spdt, single-pole, double-throw.
Spec (*dis.*), Specification.
SpF (*dis.*), Spot Faced.
sp gr, specific gravity (peso specifico).
sp ht, specific heat (calore specifico).
spkr, loudspeaker (altoparlante).
SPP (*inform.*), speed programming package.
Spr (*top.*), Spring (sorgente).
Spring S (*dis.*), Spring Steel.
SPRU, Sussex University's Science Policy Research.
SPS (*acust.*), spostamento permanente di soglia
SPS (*astron.*), Service propulsion system (*Apollo spacecraft*); Satellite Power System (USA).
SPS (*fis. atom.*), super proton synchrotron.
spst, single-pole, single throw.
SPZ (*anti-pollution*), Special Protection Zone.
SQ (*audio engineering*), stereoquadraphonic.
sq, square (quadrato).
sq ft, square foot (piede quadrato).
sq in, square inch (pollice quadrato).
SQUID, Superconducting quantum interference device (*magnetic fields measurement*).
SR, slip ring rotor; slow running; specific resistance; straight run (distillato diretto).
SRAM, Short Range Attack Missile.
SRB, solid-propellant rocket booster.
SRC, Science Research Council (UK).
SRC (*carbone*), solvent refined coal.
SRS (*X-rays*), Synchrotron Radiation Source.
SRV (*auto*), Safety Research Vehicle.
SS, submarine (sottomarino *m.*); scout (vedetta); steamship (nave) (*aereo*), Specification Staff (USA).
SSA (*aereo*), The Soaring Society of America, Inc. (Società volo a vela d'America).
SSAP, Statements of standard accounting practice (UK Institute of Chartered Accountants).
SSC, single cotton covered (isolato con uno strato di cotone).
SSC (*elet.*), single silk covered.
SSE, single silk covering over enamel insulation (con un solo strato di seta su smalto isolante).
SSEB (*elet.*), South of Scotland Electricity Board.
SSG (*naut.*), guided missile submarine.
SSK (*naut.*) (USA), antisubmarine.
SSI (*semiconductors*), small scale integration (silicon circuit).
SSME, space shuttle main engines.
SSN (*naut.*) (USA), nuclear-powered submarine.
SSO, Senior Scientific Officer.
SSPS, Satellite Solar Power Station.
SSRC, Social Science Research Council (UK).
SSS (*inform.*), Solid state software (software utilizzante semiconduttori).
SSSI, Site of Special Scientific Interest (UK).

SST (*aereo*), supersonic transport (aereo di linea supersonico).
STADAN (*astron.*), Satellite Tracking and Data Acquisition Network (NASA *tracking and communications system*).
starb'd (*aereo*), vedi: **starboard.**
STC, Standard Telephones and Cables Ltd (London).
Std (*dis.*), Standard.
Stdg, standardizing; standing.
STELLA, satellite transmission experiment linking laboratories.
Srl (*aereo*), stall (stallo).
stnd (*lumber*), stained (verniciato).
STOL (*aereo*), short take-off and landing.
STP, temperatura e pressione normali (0 gradi e 760 mm).
STS (*acust.*), spostamento temporaneo di soglia.
STS, Space Transportation System (USA).
SU (*acust.*), sensation unit (decibel).
SUP, suppressor grid of a vacuum tube.
supchgr, supercharger (sovralimentatore).
super, superficial.
SUPINSMAT (*naut.*) (USA), Supervising Inspector of Naval Material.
SUS, (*chim.*), vischiosità *f.*
SUT, Society for Underwater Technology (UK).
SV, vedi sotto la voce, vedi sotto il termine.
Sv (*radiol.*), abbrev. di sievert (= 100 rem).
SW, switch.
SW, s-w, short-wave (onda corta) (sw = specific weight).
swb (*petrolio*), swabbing.
SWG, Standard wire gauge.
SWL (*radio*), short-wave listener.
SWU (*fis. atom.*), Separative work units (per year) (*capacity of uranium enrichment plant, e.g. 10,8 million separative work units per year*).
SY, steam yacht (yacht a vapore).
Syn. condsr. (*elet.*), synchronous condenser (condensatore sincrono).
Syn. conv. (*elet.*), Synchronous converter (convertitrice sincrona).
Sync, synchronising.
Σ_a, macroscopic absorption cross section in cm^{-1}.
Σ_s, macroscopic scattering cross section in cm^{-1}.

T

T reverberation time (*acoustics*) (tempo di riverberazione); temperature (temperatura); transformer (trasformatore); (*aereo*), trainer (apparecchio scuola),
T, period (periodo).
T-time (*astron., razzi*), end of a countdown (fine del conteggio alla rovescia).
t, time (tempo).
TA (*pozzi petroliferi*), temporarily abandoned; (*tip.*); Typographical Association (Associazione Tipografica, con sede a Manchester).
Taam (*missili*), tactical airfield attack missile.
TAC (*aereo*) (USA), Tactical Air Command.
TAC (*med.*), tomografia assiale computerizzata.
TACAN (*military aircraft*), Tactical air Navigation.
TAL (*petrol.*), Transalpine Pipeline (oleodotto transalpino Trieste-Ingolstadt).
tan, tangent (tangente).
TAPPI, Technical Association of the Pulp and Paper Industry.
TAS (*aereo*), true air speed (velocità effettiva).
TASS, Technical, Administrative and Supervisory Section (of the Amalgamated Union of Engineering Workers) (UK).
TAT (*aereo*), Transcontinental Air Transport, Inc.

t & b (*met.*), turned and bored.
TB, torpedo boat (torpediniera); time base (base del tempo).
TBA, Television Broadcasters Association.
TBM (*costr.*) (*mecc.*), « full-face » tunnel boring machine (*scavatrice per gallerie*).
TBO (*aereo*), Time before overhaul (periodo anteriore alla revisione).
TC, Technical Committee (ISO).
TC (*aereo*), Type certificate (certificato tipo).
T/C (*astron.*), Telecommunications (Apollo spacecraft equipment for transmission of voice, TV, etc.).
TCB (*top.*), Telephone Call Box.
TCC, triple cotton covered (coperto con cotone a tre strati).
TCDD (*chim.*), dioxin (diossina).
TCE, tonnes of coal-equivalent.
TCP (*top.*), Telephone Call Post.
TCPA, Town and Country Planning Association (UK).
TD, total depth.
TDC (*mot. a scoppio*), top dead centre (punto morto superiore).
TDC, Technical Development Capital.
T/d cu, tinned copper (rame stagnato).
TDD, Technical Data Digest (Raccolta dati tecnici).
TDMA (*aereo*), Time Division Multiple Access.
Te, totally enclosed (totalmente racchiuso).
TE (*aereo*), Trailing edge (bordo d'uscita).
TECA, totally enclosed closed air circuit.
TED, transferred-electron device.
TEFC, totally enclosed fan cooled.
TEL (*missili*), Transporter-Erector-Launcher.
Tel, telefono.
Telecom, televisione governativa dell'Australia.
Telstar (*astron.*), Telecommunications via the Stars (trans-Atlantic satellite TV transmission).
temp, temperature (temperatura).
TENOC (*oceanografia*), Ten years in oceanography (piano americano di oceanografia).
T & G (*lumber*), tongued and grooved.
TEP, « tonnellate di petrolio equivalente ».
TERCOM (*cruise missiles*), terrain correlation matching (guidance system).
TERI (*naut.*), torpedo effective range indicator.
TES, thermal energy storage.
TEWC, totally enclosed, water cooled.
TEXUS (*astron.*), Technologic experiments under zero-*g* (West Germany).
TFT, thin film transistor.
TFTR (*fis. atom.*), Tokamak Fusion Test Reactor (*USA, reactor due to start operating in 1981*)
tg, tangent.
TGW, thousand grain weight.
TGWU, Transport and General Workers Union (*Britain*).
th, thermal.
THD (*audio*), total harmonic distortion.
THORP (*fis. atom.*), thermal-oxide reprocessing plant.
thp, thrust horse power.
3D (*cinem.*), three dimensions (tridimensionale).
THTR (*fis. atom.*), Thorium High Temperature Reactor.
ThV, thermovision (termovisione).
TIF, telephone interference factor (USA).
TIG (welding) (*sald.*), tungsten inert-gas (welding).
TIM (*audio*), Transient intermodulation distortion.
Tir, trailer (rimorchio).
TIROS (*astron.*), Television and Infrared Observation Satellite.
TJ/kg (*uranium*), terajoules/kg.
TL (turntable-ladder), scala girevole.

TLC (*gascromatografia*), thin-layer chromatography.

TM (*aereo*), Technical Memorandum (Memorandum Tecnico); Technical Manual (USA) (Manuale Tecnico); twisting moment.

TM, transcendental meditation.

Tm, t-m, time modulation.

TMA (*aereo*), Terminal Area (Regione Terminale di Controllo).

TMEA, Typewriter Manufacturers Export Association.

TMG, Time Mean Greenwich.

TMI (*fis. atom.*), US Three Mile Island's plant.

TMT (*met.*), thermo-mechanical treatment (trattamento termomeccanico).

TMUSA, Toy Manufacturers of the United States.

TNA, trinitroanilina.

TNB, trinitrobenzene.

TNT, trinitrotoluene.

TNX, trinitroxilene.

TO (*aereo*), Technical Order; take-off (decollo).

TOC (*met.*), top-blown oxygen crucible (crogiolo ad ossigeno soffiato dall'alto).

TODA (*aereo*), take-off distance available (distanza all'involo).

tonn, tonnellaggio.

top (*tip.*), temporarily out of print (*momentaneamente fuori stampa*).

TOP (*editoria*), temporarily out of print (al momento esaurito).

TOPS, Training Opportunity Scheme.

TO rating (*aereo*), take-off rating (potenza al decollo).

T-O rating, rapporto (*m.*) di compressione.

TORA (*aereo*), take-off run available (distanza fisica dichiarata per ogni direzione di ciascuna pista rispetto al rullaggio al decollo).

torr, 1/760 atmosphere.

TOSCA, Toxic Substances Control Act (USA).

TOW (*military technology*) tube-launched, optically tracked, wire-guided (*missili*).

TOW (*aereo*), take-off weight (peso al decollo).

TP (*aereo*), Transport Pilot (Pilota di aerotrasporti); (*petrolio*), tubing pressure.

TP (*inform.*), Teleprocessing (teletrattamento).

TPA (*radar*), track production area (zona tracce radar in avvistamento).

TPC, triple paper covered (coperto con triplice rivestimento di carta).

tpd (*min.*), tons per day (tonnellate giornaliere).

rph (*min.*), tons per hour (tonnellate all'ora).

tpi, tons per inch (*immersioni*).

TPI, Tropical Products Institute.

TPI, tpi, threads per inch (filetti per pollice).

TPI (*inform.*), Tracks per inch (n° di piste per pollice).

tpy (*min.*), tons per year (tonnellate all'anno).

TR (*aereo*), Technical Report (rapporto tecnico).

TRADA, Timber Research and Development Association (UK).

TRAFFIC, Trade Records Analysis of Flora and Fauna in Commerce.

trans. (*elet.*), transformer (trasformatore).

trf (*radio*), tuned radio frequency (alta frequenza a risonanza).

TRM,thermoremanent magnetism

TRRA (*aereo*), Tilt-Rotor Research Aircraft (Bell Helicopter XV-15).

TRRL, Transport and Road Research Laboratory (*England*).

TRS, Technical Recruiting Staff.

TRSB (*aereo*), time-reference scanning-beam system (aircraft landing aid) (USA).

T/s, t/s, turns per second.

TSA, Training Service Agengy (UK).

TSD (*perforazione pozzi pet.*), temporarily shut down.

TSO, Technical Standard Orders.
TSR (*aereo*), torpedo-spotter-reconnaissance (Gr. Bt.) (ricognizione di aerosiluranti).
TSS (*naut.*), twin-screw ship.
Tt, teratonne (*coal reserves etc.*).
TTL, transistor-transistor logic (*integrated circuits*).
TTS (*tip.*), teletypesetter (telescrivente).
TTS (*noise standards*), temporary threshold shift (*hearing threshold recover*).
TU, Trade Union.
Tu, thermal unit; traffic unit; trasmission unit (*telef.*).
TUC, Trades Union Congres (UK).
TUP (*diving under pressure*), transfer-under-pressure chamber.
TV, television (televisione).
TV (*aereo*), terminal velocity (velocità terminale).
TVD (*aereo*), terminal velocity dive (picchiata in velocità terminale).
°Tw, twad, Twaddell (*chim.*).
TW, tank wagon.
TWA, Thames Water Authority.
TWh (*elet.*), terawatt hours.
TWI (*gomme auto*), tread wear indicator.
TWL, top water-level.
TWT (*radio*) (*satelliti*), travelling wave tube (*used as amplifiers in satellites, capable of amplifying ultra high frequency radio waves*).
TWX, commercial teletypewriter excange service.
Θ_E Einstein temperature.

U

U, università; uranio.
U (*fis.*), energy density.
ua (unit of account), unità di conto (1 ua = 1 dollaro).
UAB, Unemployment Assistance Board.
UABS, Union of American Biological Societies.
UAC (*aereo*), United Aircraft Corporation.
UAFC (*aereo*), Universal Air Freight Corporation (Corporazione Universale Nolo Aereo).
UAL (*aereo*), United Air Lines.
UAM, underwater to air missile.
UAP, United Aircraft Products; utility amphibian plane.
UAW, United Automobile Workers.
UAX (*telef.*), unit automatic exchange.
UBCWA, United Brick and Clay Workers of America.
UCL, University College, London.
UCLA, University of California in Los Angeles.
UDC (*motori*), Upper dead centre (punto morto superiore).
UDI, Utility Distributors Inc. (Società inglese che riempie e attrezza bombole di gas e petrolio liquefatto).
UDU (*naut.*), underwater demolition unit.
UEBL, Economic Union of Belgium and Luxembourg.
UERMWA, United Electrical, Radio and Machine Workers of America.
UES (*inquinamento*), uniform emission standards (sistema che pone i limiti e misure per gli scarichi di sostanze inquinanti alla sorgente).
UFC (*aereo*), upfront-control (strumento che fornisce i modi di gestire con la destra o la sinistra tutti i sistemi di navigazione e comunicazioni).
UFO, Unidentified flying object.
UGC, University Grants Committee (Comitato per la concessione di fondi alle università).
UHAA, United Horological Association of America.
UHF, uhf (*radio*), ultra high frequency (altissima frequenza).

UHP (*met.*), ultra high power (arc furnace).
UID, Unemployment Insurance Department.
UIR (*aereo*), Upper Information Region (Regione Informazione Volo per gli spazi aerei superiori).
UISA, United Inventors and Scientists of America.
UKAGE (*mil.*), Air Defence Ground Environment (network) (UK).
UKAEA, UK Atomic Energy Authority.
UKAPE, UK Association of Professional Engineers.
UKSTU (Australian-sited), UK Schmidt Telescope Unit.
UKVG (*aereo*), United Kingdom Variable-Geometry (fighter).
ULCC (*naut.*), ultra-large crude carrier (petroliera gigante).
UMF (*controllo numerico*), Unmanned Manufacturing Factory.
UMIST, University of Manchester Institute of Science and Technology.
UMTA, Urban Mass Transit Administration (USA).
UNCESTED, United Nations Conference on Science and Technology.
UNCLOS, United Nations Conference on the Law of the Sea.
UNCOD, UN conference on desertification.
UNCSTD, UN Conference on Science and Technology for Development.
UNCTAD, United Nations Conference for Trade and Development.
UNDP, UN Development Programme.
UNEP, United Nations Environment Programme.
UNIDO, UN Industrial Development Organisation.
UNIO, United Nations Information Organization.
unsatd (*chim.*), non saturato.
UNTAB, United Nations Technical Assistance Board.
UNU, United Nations University.
UPM, University of Petroleum & Minerals (Dhahran, South Arabia).
upo (*radio*), undistorted power output (potenza modulata (*o d'uscita*) senza distorsione).
UPS (*elettron.*), Ultraviolet photoemission spectroscopy.
UR (*petrolio*), underreaming.
URWA, United Rubber Workers of America.
US, uniform system (*fot.*); (*ottica*), universal system of lens apertures.
USAAPA (*aereo*), United States Amateur Air Pilots Association (Associazione Piloti Dilettanti degli Stati Uniti).
USAAS (*aereo*), US Army Air Service (Servizio Aeronautico Esercito degli Stati Uniti).
USAC (*aereo*), United States Air Corps (Corpo Aereo degli Stati Uniti).
USAF, United States Air Force.
USAPB, United States Aircraft Production Board.
USARP, US Antarctic Program.
USCC, United States Chamber of Commerce.
USD, United States Department of Commerce.
USDA, United States Department of Agriculture.
USF, United States Fine (*filettatura*).
USGS (*min.*), United States Geological Survey.
USGW (*armi*), Underwater-to-Surface Guided Weapon.
USM, underwater to surface missile.
USMC (*comm.*), United States Maritime Commission.
USP, United States Patent.
USP, United States Pharmacopoeia (official US book of standard drugs).
USRA, United States Railroad Administration.

USS, United States Standard.
USSB, United States Shipping Board.
USSIA, United States Shellac Importers Association.
USW (*radio*), ultra short waves (onde cortissime).
USWA (*met.*), United States Steelworkers of America.
UT (*astron.*), Universal Time.
UTC, Urban Traffic Control (*London*); Underwater Training Centre (deep-sea diving course) (UK).
UTM (*geogr.*), Universal Transverse Mercator (grid).
UTS (*met.*), ultimate tensile stress (carico di rottura).
UV, ultravioletto.

V

V, (*elet.*), volt.
V, voltmeter; vacuum tube; voltage.
v, voltage gradient (gradiente di tensione);electric field strength (intensità del campo elettrico); atomic volume.
v, velocità (*fis.*); volume specifico di un gas.
va, volt-ampere.
VAC (*med.*), vaccine associated case.
VAI (*inform.*), Video Assisted Instruction.
VAP (*aereo*), Veteran Air Pilots (Piloti veterani d'aviazione).
var, var (reactive volt-ampere).
VAR (*met.*),Vacuum arc remelting.
VASS (*elettron.*), visually activated switch system.
VAT (*comm.*), value added tax (imposta sul valore aggiunto, abbrev. italiana: IVA).
vc, volt-coulomb.
VCC (*macch. ut.*), Variable cycle Controller.
VCR (*audio*), video cassette recorder (registratore a videocassette).
vds (*chim.*), solubile molto difficilmente.
VDT (*aereo*), Variable density tunnel (USA) (galleria (*f.*) aerodinamica a densità variabile); Variable density wind channel (id.).
VDT (*inform.*), visual display terminal.
VDU (*telev.*), video display unit.
VDU (*inform.*), Visual display unit.
vers, versed sine.
VF, vulcanised fibre.
VF, **v-f**, vision-frequency; video-frequency (frequenza di modulazione d'immagine).
VFR, visual flight rules (stabilite dai regolamenti internazionali).
vg, velocity-gravity.
VHF (*radio*), very high frequency (frequenza molto alta).
VI, viscosity index; volume indicator (*elet.*), (indicatore di volume).
VIM (*met.*), Vacuum-Induction Melting (*processo di affinazione dell'acciaio*).
VIRR, Visual and infrared radiometer.
VIS (*elettron.*), visually interactive system.
VISSR (*fot.*) (*astron.*), Visible-infrared spin-scan radiometer.
VIT (*inform.*), very intelligent terminal.
viz, cioè.
VLA, Very Large Array (*New Mexico very large radio telescope*).
VLCC (*naut.*), Very large crude carrier (tanker over 200 000 tonnes).
VLF, very low frequencies (10-30 kilocicli).
VLP (*audio*), Video Long Playing (disc).
VLSI (*elettron.*), Very Large Scale Integrator.
VM (*inform.*), Virtual Memory.
v_m, volume per molecule.
VME (*inform.*), Virtual Machine Environment (*software system*).

VMOS (*inform.*), Virtual Memory Operating System.

VOD, Vacuum Oxygen Decarburisation (proced. di raffinazione sotto vuoto di acciai speciali).

vom, volt-ohm-milli(ammeter).

VP (*aereo*), variable pitch (passo (*m.*) variabile).

VP (*machine translation*), verb phrase.

vpc, watt per candle (watt per candela).

VPC (*chim.*), vapour-phase-cooling (raffreddamento in fase vapori).

vpm, volts per mil.

VPN (*met.*), numero di durezza Vickers.

VPTF (*aereo*), Volunteer Pilots' Training Fund (Fondi Addestramento Piloti volontari).

vs (*chim.*), molto solubile.

vs, versus (in rapporto a; contro).

VS, volumetric solution (soluzione volumetrica).

V/STOL (*aereo*), Vertical/Short Take-Off and Landing aircraft.

VSW, vsw (*radio*), very short waves (onde cortissime).

VT, vacuum tube.

VTB, voltage-time-to-break-down (*cavi*).

VTOL, vertical take-off and landing (decollo e atterraggio verticali).

VTR (*telev.*), video tape recording (registrazione televisiva su nastro).

VTVM, vtvm, vacuum-tube voltmeter.

VU (*elet.*), volume units (unità di volume).

VU (*inform.*), Voice Unit.

W

W, electrical energy (*elet.*) (energia elettrica); total load (*cost. civ.*) (carico totale); (*aereo*) peso; white (bianco) (*American Standards Association*) (*elet.*); (*elet.*), watt.

w, weight per foot run (peso per piede) (*legname*); load per cubic foot (peso per piede cubico) (*cost. civ.*).

W, resistenza elettrica.

WAC (*aereo*), Wright Aeronautical Corporation.

WADSEP, walking and dredging self-elevating platform (*offshore work*).

WAEI, Western Association of Electrical Inspectors.

WAES, Workshop on Alternative Energy Strategies.

WARC (*radio*), World Administrative Radio Conference.

wb (*elet.*), weber.

WB, water ballast.

WB (*top.*), Weighbridge.

WELC, World Electrotechnical Congress.

W & M, Washburn and Moen gage for measuring wire thickness.

wf (*tip.*), vedi: **wrong fount.**

WF (*rilevam. tempi*), Work-Factor.

wgt (*dis.*), weight (peso).

wh, watthour.

Whit, Whitworth.

WHO, World Health Organisation.

WI, wrought iron (ferro saldato) (*dis.*).

WIAA (*aereo*), Women's International Association of Aeronautics (Associazione aeronautica femminile internazionale).

WIPO (*brevetti*), World Intellectual Property Organisation.

WIT (*aereo, ecc.*), Washington Institute of Technology (Istituto di Tecnologia di Washington).

wks (*comm.*), fabbrica; stabilimento (*quotazione prezzi*).

WL, water line (linea d'acqua).

W/L, wave length (lunghezza d'onda).

WLD, West Longitude Date.

WLN (*chim.*) (*inform.*), Wiswesser Line Notation (metodo di reperimento di dati concernente i composti chimici).

WM, white Metal (metallo bianco).
W/m², watt per square metre (unità di intensità del suono).
WMAC, Waste Management Advisory Council (UK).
WNAA (*aereo*), Women's National Aeronautical Association (Associazione Aeronautica femminile nazionale).
wo (*petrolio*), work-over.
w/o, vater in oil.
W/O emulsion (*chim.*), water-in-oil emulsion (emulsione di acqua ed olio).
WOC (*perforazione pozzi pet.*), waiting on cement.
wow, spessore del legno.
WP (*inform.*), Word Processing.
wpc, watts per candle.
WPLAE, Working Panel of Local Authority Ecologists (UK).
WPM (*inform.*), Words per minute.
WRAF (*aereo*), Women's Royal Air Force (Regia Aeronautica femminile).
WRC, Water Research Centre (UK).
WSE, Western Society of Engineers.
WSS, Works Study School (Scuola di studio del lavoro).
WT (W/T), wireless telegraphy (radio-telegrafia *f.*).
wt, weight (peso).
W/v, weight in volume concentration (peso in concentrazione di volume).
w/w, weight in weight concentration.

X

X, (*aereo*) (USA), special research aircraft (velivolo sperimentale, per ricerche speciali; termine riferito pure a navi spaziali o a missili sperimentali); (*macch. ut.*) (*controllo numerico*), simbolo comunemente usato per denotare l'asse lineare che si riferisce al movimento longitudinale di una macch. ut.
X, reconditioned.
X, x (*elet.*), reactance (reattanza); distanza focale.
XANES (*raggi X*), X-ray adsorption near-edge structure.
X-axis (*astron.*), Imaginary longitudinal axis of a spacecraft (asse longitudinale immaginario di un veicolo spaziale).
X_c (*radio*), capacitative reactance (reattanza capacitativa).
X_l (*radio*), inductive reactance (reattanza d'induzione).
X_s (*radio*), atmospherics (radio disturbo).
x lab, experimental laboratory.
x mitter, transmitter.
XPS (*elettron.*), X-ray photoelectron spectroscopy.
XU, unità Siegbahn.

Y

y, super-compressibility factor length of object.
y', length of image; image size.
Y admittance (*elet.*); (*aereo*), prototipo di preserie; yellow (giallo) (*American Standards Association*) (*elet.*).
Y (*macch. ut.*) (*controllo numerico*), simbolo comunemente usato per denotare l'asse lineare riferito al movimento trasversale di una macch. ut.
y, yard (iarda).
Y-axis (*astron.*), Imaginary lateral axis of a spacecraft (asse laterale immaginario di un veicolo spaziale).
YE, aircraft homing system.
YELSH, gialliccio *agg.*
YP, yield point (limite di snervamento).
yr, year.
ys, yard super.
YS, yield strength (limite apparente d'elasticità).

Z

Z, impedance (impedenza) (*elet.*); viscosity index (indice di viscosità); numero atomico (*chim.*); force component (componente delle forze); gram equivalent weight (peso equivalente in grammi); raggio *m.*; number of molecular collisions per second.

Z (*macch. ut.*) (*controllo numerico*), simbolo comunemente usato per denotare l'asse lineare riferito al movimento verticale di una macch. ut.

Z, valenza di ioni.

Z-axis (*astron.*), Imaginary vertical axis of a spacecraft (asse verticale immaginario di un veicolo spaziale).

ZADCA, Zinc Alloy Die Casters Association (UK).

ZDA (*min.*), Zinc Development Association (Associazione per lo sviluppo dello zinco).

ZF, z/f (*elet.*), zero frequency.

Z_g (*radio*), grid impedance (impedenza di griglia).

ZLC (*aereo*), zero lift chord (corda di portanza nulla).

Z_p (*radio*), plate impedance (impedenza anodica; resistenza di carica).

COMPOUND CONVERSION FACTORS

MATHEMATICAL SYMBOLS

TABLES OF BRITISH AND AMERICAN MEASURES AND METRIC EQUIVALENTS

TEMPERATURE CONVERSION TABLE

TABLE OF CHEMICAL ELEMENTS

COSTANTI DI TRASFORMAZIONE

SIMBOLI MATEMATICI

TAVOLE DI MISURE INGLESI E AMERICANE ED EQUIVALENTI METRICI

TABELLA DI CONVERSIONE DI TEMPERATURE

TAVOLA DEGLI ELEMENTI CHIMICI

Conversion factors. *

Multiply *Moltiplicare*	by *per*	to get *per ottenere*
acres	0,405	hectares (ha)
« (a)	43,560	square feet
«	4047	square meters
atmospheres	76,0	cm of mercury
»	1,033	kg./sq. cm.
»	14,7	lb./sq. in.
barrels-oil	42	gallons-oil
bars	1000	millibars
»	75,01	cm of mercury
»	0,98692	atmospheres
B.t.u.	0,252	Calorie (large —)
»	777,98	ft.-lb.
B.t.u./min.	12,96	ft.-lb./sec.
» »	0,02356	HP
» »	17,57	watts
B.t.u. per sq. ft.	2,713	Calorie/m^2
bushels.	3,637	decalitres
calorie (cal.)	3,968	B.t.u.
» per m^2	0,369	B.t.u./square foot
cavallo-vapore (CV)	41,83	B.t.u./min.
» »	542,5	fr.-lb./sec.
» »	0,9863	HP
» »	10,54	kg cal./min.
» »	0,7355	kilowatts
centares	1	square meters
centimeters (cm)	0,3937	inches
centimeters/second	1,969	feet/min.
» »	0,6	meters/min.
» »	0,02237	miles/hr.
chains	20,1168	metres
cm^2	0,1550	square inches
cubic centimeters	$2{,}642 \times 10^{-4}$	gallons
» »	10^{-3}	liters
» »	10^{-6}	cubic meters
cubic feet	1728	cubic inches
» »	0,02832	m^3
» »	7,48052	U. S. gal.

(*) In these tables, according to Italian and French usage, the decimal point is indicated by a comma. Thus, e. g.

76,0 means 76.0   1,033 means 1.033

Costanti di trasformazione.

Multiply *Moltiplicare*	by *per*	to get *per ottenere*
cubic feet	28,32	liters
» »	$2,832 \times 10^4$	cubic cm
» »	$2,113 \times 10^{-3}$	pints
» » per HP	0,0916	m^3 per CV
cubic feet/minute	472,0	cubic cms/sec.
» » »	0,4720	liters/sec.
» » »	62,43	pounds of water/ min.
» » /second	448,831	gallons/min.
cubic inches	16,39	cm^3
» »	0,000016	m^3
» »	$5,787 \times 10^{-4}$	cubic feet
» »	$1,639 \times 10^{-2}$	liters
» »	0,03463	pints
cubic meters	10^6	cubic centimeters
» »	35,31	cubic feet
» »	61,023	cubic inches
» »	1,308	cubic yards
» »	264,2	gallons (U.S.A.)
» »	10^3	liters
» »	2113	pints
» »	1057	quarts
cubic yards	27	cubic feet
» »	0,7646	m^3
» »	202	gallons
» »	$7,646 \times 10^5$	cubic centimeters
» »	46,656	cubic inches
» »	764,6	liters
» »	1616	pints
cubic yards/min	0,45	cubic feet/sec.
» » »	3,36	gallons/sec.
» » »	12,74	liters/sec.
degrees (*angle*) (deg.)	0,01745	radians
» »	60	minutes
« »	3600	seconds
degrees/sec	0,01745	radians/sec.
» »	0,1667	revolutions/min.
» »	0,002778	revolutions/sec.
dekagrams	10	grams
dekaliters	1	liters
dekameters	10	meters
drams	1,771845	grammes
»	27,34375	grains
»	0,0625	ounces

Conversion factors

Multiply *Moltiplicare*	by *per*	to get *per ottenere*
dynes	$2{,}248 \times 10^{-8}$	foot-pounds
ergs	$7{,}376 \times 10^{-8}$	foot-pounds
fathoms	1,8288	metres
»	6	feet
feet (ft)	30,48	cm.
»	12	inches
»	0,3048	meters
»	0,333	yards
feet/min.	0,01667	ft./sec.
» »	0,01136	miles/hr.
» »	0,5080	centimeters/sec.
» »	0,01829	kilometers/hr.
»	0,3048	meters/min.
feet/sec.	1,097	km/hr.
» »	0,5921	knots
» »	0,6818	miles/hr.
» »	30,48	centimeters/sec.
» »	0,5921	knots
» »	18,29	meters/min.
» »	0,01136	miles/min.
feet/sec./sec.	30,48	cms/sec./sec.
» » »	0,3048	meters/sec./sec.
feet-lb./sec.	0,07717	B.t.u./min.
» »	0,01945	kg. cal./min.
» »	1,356	watts
fluid ounces (U.S.A.)	25,97	ml.
» » (Inghilt.)	28,41	ml.
foot-pounds (ft.-lb.)	0,1382	kgm
foot-pounds	$1{,}286 \times 10^{-3}$	B.t.u.
» »	$5{,}050 \times 10^{-7}$	horsepower-hrs.
» »	$3{,}241 \times 10^{-4}$	kilogram-calories
» »	0,01667	foot-pounds/sec.
» »	$3{,}241 \times 16^{-4}$	kg-calories/min.
foot-pounds/min.	$2{,}260 \times 10^{-5}$	kilowatts
» » »	$3{,}030 \times 10^{-5}$	horsepower
» » »	$1{,}286 \times 10^{-3}$	B.t.u./min.
foot-pounds/sec.	$7{,}717 \times 10^{-2}$	B.t.u./min.
» » »	$1{,}818 \times 10^{-3}$	horsepower
» » »	$1{,}356 \times 10^{-3}$	kilowatts
foot-candle	10,76	lux
foot-tons	0,3096	metric tons
furlongs	201,168	meters
gallons (imperial) (gals.)	1,201	U. S. gallons

Costanti di trasformazione

Multiply *Moltiplicare*	by *per*	to get *per ottenere*
gallons (imperial) (gals.)	4,546	liters
» »	277,4	cu. inches
gallons/min.	$2,228 \times 10^{-3}$	cubic feet/sec.
» »	0,06308	liters/sec.
» »	8,0208	cu. ft./hr.
gallons (U. S.), liquid	0,1337	cu. feet
» » »	231	cu. inches
gallons (U. S.), dry	1,164	U. S. gals., liquid
» » »	0,83267	imperial galls.
» » »	3,785	liters
gills	0,1420	liters
grains (avoir)	0,065	grammes
» (troy)	0,0648	grammes
» »	$2,0833 \times 10^{-3}$	ounces (*troy*)
grains/v.s. gallons	142,86	lbs./milion gal.
grammes (gm.)	980,7	dynes
grammes	15,43	grains
»	$2,205 \times 10^{-3}$	pounds
»	0,03527	ounces
»	0,03215	ounces (*troy*)
grammes per litre	70,15	grains per gallon
grammes/cm	$5,600 \times 10^{-3}$	pounds-inch
grammes/cu. cm	62,43	pounds/cubic foot
» »	0,03613	pounds/cubic inch
» »	1000	kg/m^3
grammes/liter	58,417	grains/gal.
» »	8,345	pounds/1000 gals.
» »	0,062427	pounds/cubic foot
hectares	2,471	acres
»	$1,076 \times 10^5$	square feet
hectoliters	100	liters
hectowatts	100	watts
horsepower (HP.)	42,44	B.t.u./min.
»	550	ft.-lbs./sec.
»	1,0139	CV. (*metric.*)
»	10,70	kg cal./min.
»	0,7457	kilowatts
»	33,00	foot-lbs./min.
»	745,7	watts
horsepower (*boiler*)	9,803	kilowatts
horsepower-hours	$1,98 \times 10^6$	foot-lbs.
» » »	$2,737 \times 10^5$	kilogram-meters
» » »	0,7457	kilowatt-hours

Conversion factors

Multiply *Moltiplicare*	by *per*	to get *per ottenere*
HP-hrs.	2,545	B.t.u.
» »	641,7	kg-cal.
imperial gallon (*see: gallon*)		
inch-pounds	0,0115	kgs.-m.
inches	2,540	centimeters
inches of mercury	0,03342	atmospheres
» » »	70,73	kgs./sq. meter
» » »	0,4912	lbs./sq. inch
inches of water	0,002458	atmospheres
» » »	0,07355	inches of mercury
» » »	25,40	kgs./sq. meter
» » »	5,202	lbs./sq. foot
» » »	0,03613	lbs./sq. inch
kilogram		vedi: kgs.
kgs.	980,665	dynes
»	2,205	pounds
kgs./m.	0,672	pounds/foot
» »	2,016	pounds/yds.
» »	0,0003	tons/ft.
kgs./km.	3,548	pounds/mile
kgs./cm²	14,223	pounds/sq. in.
kgs./mm²	0,635	tons/sq. in.
kgs./m²	0,2048	pounds/sq. ft.
kgs./m²	$1,422 \times 10^{-3}$	libs./sq. inch
» »	$9,678 \times 10^{-5}$	atmospheres
kgs./m³	0,0624	pounds/cu. ft.
kgs./litre	10,02	pounds per gallon
kgs./CV	2,235	pounds per HP
kgs./calories	3,968	B.t.u.
» »	3086	foot/lb.
» »	426,9	m/kg
» »	$1,558 \times 10^{-3}$	horsepower-hours
» »	$1,162 \times 10^{-3}$	kilowatt-hours
» »	51,43	foot-pounds/sec.
» »	0,09351	horsepower
kiloliters	10^3	litres
kilometers (km)	3281	feet
»	0,6214	miles
»	1094	yards
kms./hr.	0,9113	feet/sec.
» »	0,5396	knots
» »	0,6214	miles/hr.
» »	0,2778	meters/sec
km²	0,3861	sq. miles
knots	1,689	feet/sec.

Costanti di trasformazione.

Multiply *Moltiplicare*	by *per*	to get *per ottenere*
knots	1,853	km/hr.
»	1,152	miles/hr.
»	0,5148	meters/sec.
kilogrammeters (kgm)	7,233	ft./lb.
kilowatts	737,6	foot-lbs./sec.
»	56,92	B.t.u./min.
»	$4{,}425 \times 10^4$	foot-lbs./min.
kilowatt-hours	3415	British thermal units
» »	1,341	horsepower-hrs.
» »	860,5	kilogram-calories
liquid quart (U.S.A.)	0,946	liters
litres (lit.) (liters U.S.A.)	0,03531	cu. feet
»	61,02	cu. inches
»	0,2642	U. S. gals.
»	2,113	pints (U.S.A.)
»	1,7598	pints (Inghilterra)
» per m^2	0,0204	gals. per sq. ft.
litres/min.	$5{,}886 \times 10^{-4}$	cubic ft.-sec.
» »	$4{,}403 \times 10^{-3}$	gals./sec.
lux	0,929	foot-candles
meters (m.)	39,27	inches
»	3,281	feet
»	1,094	yards
meters/min.	3,281	feet/min.
» »	0,05468	feet/sec.
» »	0,06	kilometers/hr.
»	0,03728	miles/hr.
m^2	10,76	sq. feet
»	1,196	sq. yards
m^2/CV	10,913	sq. feet per HP
meters/sec.	3,281	feet/sec.
» »	3,6	kms./hr.
» »	2,237	miles/hr.
» »	196,8	feet-/min.
» »	0,06	kilometers/min.
m^3	35,31	cu. feet
»	1,308	cu. yards
»	264,2	U. S. gals.
m^3/CV	35,80	cu. feet per HP
miles (m.)	5280	feet
»	1,609	km.
»	1760	yards
»	0,8684	naut. miles
miles/hr.	0,447	meters/sec.

Conversion factors

Multiply *Moltiplicare*	by *per*	to get *per ottenere*
miles/hr.	1,467	feet/sec.
» »	1,609	km/hr.
» »	0,8684	knots
miles/min.	2682	centimeters/sec.
» »	88	feet/sec.
» »	1,609	kilometers/min.
» »	60	miles/hr.
milliers	10^{-3}	kilograms
ounces (*avdp.*)	16	dams
ounces (*fluid*)	1,805	cubic inches
» »	0,02957	liters
ounces (*troy*)	480	grains
» »	20	pennyweights (*troy*)
» »	0,08333	pounds (*troy*)
ounces (troy)	31,103	grammes
ounces/sq. inch.	0,0625	lbs./sq. inch
ounces (avdp.) (ozs.)	0,0625	pounds
» »	437,5	grains
» »	28,35	grammes
» »	0,9115	ounces (troy)
pints	0,5679	liters
» (U.S.A.)	0,4731	liters
peck	9,092	liters
pennyweights (troy)	1,5552	grammes
» »	24	grains
» »	0,05	ounces (*troy*)
pole	5,0292	meters
pounds	240	pennyweights (*troy*)
pounds (avdp.) (lbs.)	16	ounces (avdp.)
» »	7000	grains
» »	0,454	kg
» »	1,21528	pounds (*troy*)
pounds (*troy*)	5760	grains
» »	12	ounces (*troy*)
» »	373,24117	grams
» »	0,822857	pounds (*avoir.*)
» »	13,1657	ounces (*avoir.*)
pounds/cu. ft.	0,01602	grams/cu. cm.
» »	16,02	kg/m³
pounds/cu. in.	27,68	grams/cm³
» »	27680	kg/m³
» »	1728	pounds/cu. ft.
pounds/HP.	0,459	kg /CV.
pounds/gallons	0,09983	kg /liters
pounds/sq. in.	0,06804	atmospheres
» »	2,036	in. of mercury
» »	703,1	kg/sq. m.

Costanti di trasformazione.

Multiply *Moltiplicare*	by *per*	to get *per ottenere*
pounds/sq. ft.	4,883	kg/sq. m.
pounds/foot	1,488	kg/m
pounds/yard	0,496	kg/m
pounds/mile	0,2818	kg/km
pounds/sq. in.	0,070306	kg/cm²
quarts (U.S.A.)	0,9462	litres
» (Ingh.)	1,1359	litres
quarters.	12700,594	grammes
»	2,909	hectolitres
quarts (q.)	2	pints
r. p. m.	0,1047	radians/sec.
square feet	929	sq. cm. (cm²)
» »	144	sq. inches
» »	0,09290	m²
» »	0,111	sq. yards
» feet/HP.	0,447	kg/CV
» inches	6,452	sq. cm. (cm²)
square miles	640	acres
» »	2,590	km²
» yards	9	sq. feet
» »	0,8361	m²
stones.	6350,297	grammes
tons (short)	2000	pounds (avdp.)
»	907,18	kg
»	0,90718	tons (metric)
» (long)	2240	pounds
» »	1016	kg
tonne (metric ton)	1000	kg
» »	2205	pounds (avdp.)
» »	1,1025	short tons
» per m²	0,0914	tons per sq. ft.
» »	0,823	tons per sq. yd.
» per m³	0,752	tons per cubic yard
tonne-metre	3,23	foot-tons
tonne per m²	0,0914	tons per sq. ft.
» »	0,283	tons per sq. yd.
» per m³	0,752	tons per cu. yd.
tons per foot	3333,33	kg per m.
» per yard	1111,11	kg per m.
» per sq. in.	1,575	kg per mm²
» per sq. ft.	10,936	metric tons per m²
» per sq. yd.	1,215	metric tons per m²
» per cubic yd.	1,329	metric tons per m²
U. S. gal. (*see* gallon)		
yards (yds.)	3	feet
»	0,9144	metres

Mathematical symbols

plus (add), positive.	$+$	più (aggiungere), positivo.
minus (subtract), negative.	$-$	meno (sottrarre), negativo.
plus or minus.	$\pm$	più o meno.
multiply by.	$\times$	moltiplicare per.
divide by.	$\div$	dividere per.
is to } signs of proportion.	$:$	sta a } segni di proporzione.
as } signs of proportion.	$::$	come } segni di proporzione.
because.	$\because$	perchè.
therefore.	$\therefore$	perciò.
equals.	$=$	uguale a.
is approximately equal to.	$\bumpeq$	è circa uguale a.
is not equal to.	$\neq$	diverso.
is greater than.	$>$	è maggiore di.
is less than.	$<$	è minore di.
is equal to or greater than.	$\geqq$	è uguale a o maggiore di.
is equal to or less than.	$\leqq$	è uguale a o minore di.
is not greater than.	$\ngtr$	non è maggiore di.
is not less than.	$\nless$	non è minore di.
is parallel to.	$\parallel$	è parallelo a.
is not parallel to.	$\nparallel$	non è parallelo a.
is perpendicular to.	$\perp$	è perpendicolare a.
angle.	$\angle$	angolo.
right angle.	$\llcorner$	angolo retto.
equiangular.	$\veeeq$	equiangolo.
triangle.	$\triangle$	triangolo.

Simboli matematici

square.	□	quadrato.
parallelogram.	▭	parallelogramma.
circle.	⊙	cerchio.
semicircle.	⌓	semicerchio.
quadrant.	◔	quadrante.
arc.	⌒	arco.
difference; varies as.	$\sim$	differenza; varia come
degrees.	$^{\circ}$	gradi.
eet, minutes of arc.	$'$	piedi, minuti di arco.
inches, seconds of arc.	$''$	pollici, secondi di arco.
infinity.	∞	infinito.
square root.	$\sqrt{}$	radice quadrata.
cube root.	$\sqrt[3]{}$	radice cubica.
radius.	ρ	raggio.
integral.	$\int$	integrale.
factorial.	⌊	fattoriale.
function.	f	funzione.
finite difference.	Δ	differenza finita.
variation.	δ	variazione.
differential.	d	differenziale totale.
finite sum.	Σ	sommatoria.
product.	Π	prodotto.
varies as.	α	varia come.
vertical.	$\top$	verticale.
pi, the ratio of circumference to diameter of circle.	π	rapporto della circonferenza al diametro del cerchio.

Equivalents of inches and their fractions in millimetres

Pol-lici	0	$^1/_{16}$	$^1/_8$	$^3/_{16}$	$^1/_4$	$^5/_{16}$	$^3/_8$	$^7/_{16}$
1	25,39	26,9	28,5	30,2	31,7	33,3	34,9	36,5
2	50,79	52,3	53,9	55,6	57,1	58,7	60,3	61,9
3	76,19	77,7	79,4	80,9	82,5	84,1	85,7	87,3
4	101,59	103,2	104,8	106,3	107,9	109,5	111,1	112,7
5	126,99	128,6	130,2	131,7	133,3	134,9	136,5	138,1
6	152,39	153,9	155,6	157,3	158,7	160,3	161,9	163,5
7	177,79	179,4	180,9	182,5	184,1	185,7	187,3	188,9
8	203,19	204,8	206,4	207,9	209,5	211,1	212,7	214,3
9	228,59	230,2	231,8	233,3	234,9	236,5	238,1	239,7
10	253,99	255,6	257,2	258,7	260,3	261,9	263,5	265,1
11	279,39	281,0	282,6	284,1	285,7	287,3	288,9	290,5
12	304,79	306,4	307,9	309,5	311,1	312,7	314,3	315,9
13	330,19	331,8	333,3	334,9	336,5	338,1	339,7	341,3
14	355,59	357,2	358,7	360,3	361,9	363,5	365,1	366,7
15	380,99	382,6	384,1	385,7	387,3	388,9	390,5	392,1
16	406,39	408,0	409,6	411,1	412,7	414,3	415,9	417,5
17	431,79	433,4	434,9	436,5	438,1	439,7	441,3	442,9
18	457,19	458,8	460,3	461,9	463,5	465,1	466,7	468,3
19	482,59	484,2	485,8	487,4	488,9	490,5	492,1	493,7
20	507,99	509,6	511,2	512,8	514,3	515,9	517,5	519,1
21	533,39	535,0	536,6	538,2	539,8	541,3	542,9	544,5
22	558,79	560,4	561,9	563,5	565,1	566,7	568,3	569,9
23	584,19	585,8	587,4	590,0	591,6	593,1	594,7	596,3
24	609,59	611,2	612,8	614,4	615,9	617,5	619,1	620,7
25	634,99	636,6	638,2	639,7	641,3	642,9	634,5	646,1
26	660,39	662,0	663,6	665,1	666,7	668,3	669,9	671,5
27	685,78	687,4	689,0	690,6	692,1	693,7	695,3	696,9
28	711,19	712,8	714,4	715,9	717,5	719,1	720,7	722,3
29	736,59	738,2	739,8	741,4	742,9	744,5	746,1	747,7
30	761,99	763,6	765,2	766,7	768,3	769,9	771,5	773,1
31	787,39	789,0	790,6	792,1	793,7	795,3	796,9	798,5
32	812,79	814,4	816,0	817,5	819,1	820,7	822,3	823,9
33	838,19	839,8	841,4	842,9	844,5	846,1	847,7	849,3
34	863,59	865,2	866,7	868,3	869,9	871,5	873,1	874,7
35	888,99	890,6	892,1	893,7	895,3	896,9	898,5	900,1
36	914,39	916,0	917,6	919,1	920,7	922,3	923,9	925,5
37	939,79	941,4	942,9	944,5	946,1	947,7	949,3	950,9
38	965,19	966,8	968,4	969,9	971,5	973,1	974,4	976,3
39	990,59	992,2	993,8	995,4	996,9	998,5	1000,1	1001,7
40	1015,99	1017,6	1019,1	1020,7	1022,3	1023,9	1025,5	1027,1
41	1041,39	1043,0	1044,5	1046,1	1047,7	1049,3	1050,9	1052,5
42	1066,79	1068,4	1069,9	1071,5	1073,1	1074,7	1076,3	1077,9
43	1092,18	1093,8	1095,3	1096,9	1098,5	1100,1	1101,7	1103,3
44	1117,58	1119,2	1120,8	1122,3	1123,9	1125,5	1127,1	1128,7
45	1142,98	1144,6	1146,2	1147,7	1149,3	1150,9	1152,5	1154,1
46	1168,38	1170,0	1171,5	1173,1	1174,7	1176,3	1177,9	1179,5
47	1193,78	1195,4	1196,9	1198,5	1200,1	1201,7	1203,3	1204,9
48	1219,18	1220,8	1222,3	1223,9	1225,5	1227,1	1228,7	1230,3

Riduzione dei pollici inglesi e loro frazioni, in millimetri

1/2	9/16	5/8	11/16	3/4	11/16	7/8	15/16	Pollici
38,1	39,7	41,3	42,9	44,4	46,0	47,6	49,2	1
63,5	65,1	66,7	68,3	69,8	71,4	73,0	74,6	2
88,9	90,5	92,1	93,7	95,2	96,8	98,4	100,0	3
114,3	115,9	117,5	119,0	120,6	122,2	123,8	125,4	4
139,7	141,3	142,9	144,4	146,0	147,6	149,2	150,8	5
165,1	160,7	168,3	169,8	171,4	173,0	174,6	176,2	6
190,5	192,1	193,7	195,2	196,8	198,4	200,0	201,6	7
215,9	217,5	219,1	220,1	222,2	223,8	225,4	227,0	8
241,3	242,9	244,5	246,0	247,6	249,2	250,8	252,4	9
266,7	268,3	269,9	271,4	273,0	274,6	276,2	277,8	10
292,1	293,6	295,2	296,8	298,4	300,0	301,6	303,2	11
317,5	319,1	320,6	322,2	323,8	325,4	327,0	328,6	12
342,9	344,5	346,0	347,6	394,2	350,8	352,4	353,9	13
368,3	369,8	371,4	373,0	374,6	376,2	377,8	378,4	14
393,7	395,3	396,8	398,4	400,0	401,6	403,2	404,7	15
419,1	420,7	422,3	423,9	425,5	427,1	428,6	430,2	16
444,5	446,1	447,7	449,3	450,8	452,4	454,0	455,6	17
469,9	471,5	473,1	474,7	476,3	477,9	479,5	481,5	18
495,3	496,9	498,5	500,0	501,6	503,2	504,8	506,4	19
520,7	522,3	523,9	525,5	527,1	528,7	530 2	531,8	20
546,1	547,7	549,3	550,9	552,4	554,0	555,6	557,2	21
571,5	573,0	574,7	576,2	577,8	579,4	581,0	582,6	22
597,9	599,5	600,1	601,6	603,2	604,8	606,4	608,0	23
622,3	623,9	625,5	627,0	628,6	630,2	631,8	633,4	24
647,7	649,3	650,9	652,5	654,0	655,6	657,2	658,8	25
673,1	674,7	676,3	677,9	679,4	681,0	682,6	684,2	26
698,5	700,1	701,7	703,3	704,8	706,4	708,0	709,6	27
723,9	725,5	727,1	728,7	730,4	731,9	733,5	735,1	28
749,3	750,9	752,5	754,1	755,7	757,3	758,9	760,4	29
774,7	776,3	777,9	779,5	781,1	782,6	784,2	785,8	30
800,1	801,7	803,3	804,9	806,5	808,0	809,6	811,2	31
825,5	827,1	828,7	830,3	831,8	833,4	835,0	836,6	32
850,9	852,5	854,1	855,7	857,2	858,8	860,4	862,0	33
876,3	877,9	879,4	881,0	882,6	884,2	885,8	887,4	34
901,7	903,2	904,8	906,4	908,0	909,6	911,2	912,8	35
927,1	928,7	930,3	931,9	933,4	935,0	936,6	938,2	36
952,5	954,1	955,7	957,2	958,8	960,4	962,0	963,6	37
977,9	979,5	981,0	982,6	984,2	985,8	987,4	989,0	38
1003,3	1004,9	1006,5	1008,1	1009,6	1011,2	1012,8	1014,4	39
1028,7	1030,3	1031,9	1033,5	1035,0	1036,6	1038,2	1039,8	44
1054,1	1055,6	1057,2	1058,8	1060,4	1062,0	1063,6	1065,2	41
1079,5	1081,1	1082,7	1084,3	1085,9	1087,4	1089,0	1090,6	42
1104,9	1106,5	1108,1	1109,7	1111,3	1112,9	1114,5	1116,0	43
1130,3	1131,9	1133,4	1135,0	1136,6	1138,2	1139,8	1141,4	49
1155,7	1157,3	1158,9	1160,5	1162,0	1163,6	1165,2	1166,8	45
1181,1	1182,6	1184,2	1185,8	1187,4	1189,0	1190,6	1192,2	46
1206,5	1208,0	1209,6	1211,2	1212,8	1214,4	1216,0	1217,6	47
1231,9	1233,4	1235,0	1236,6	1238,2	1239,8	1241,4	1243,0	48

Equivalents of inches and their decimal fractions in millimetres

Poll.	0	0,1	0,2	0,3	0,4
1	25,39*	27,9	30,5	33,0	35,5
2	50,79	53,3	55,9	58,4	60,9
3	76,19	78,7	81,3	83,8	86,3
4	101,59	104,1	106,7	109,2	111,7
5	126,99	129,5	132,1	134,6	137,1
6	152,39	154,9	157,5	160,0	162,5
7	177,79	180,3	182,9	185,4	187,9
8	203,19	205,7	208,3	210,8	213,3
9	228,59	231,1	233,7	236,2	238,7
10	253,99	256,5	259,1	261,6	264,1
11	279,39	281,9	284,5	287,0	289,5
12	304,79	307,3	309,9	312,4	314,9
13	330,19	332,7	335,3	337,8	340,3
14	355,59	358,1	360,7	363,2	365,7
15	380,99	383,5	386,1	388,6	391,1
16	406,39	408,9	411,5	414,0	416,5
17	431,79	434,3	436,9	439,4	441,9
18	457,19	459,7	462,3	464,8	467,3
19	482,58	485,1	487,7	490,2	492,7
20	507,99	510,5	513,1	515,6	518,1
21	533,39	535,9	538,5	541,0	543,5
22	558,79	561,3	563,9	566,4	568,9
23	584,19	586,7	589,3	591,8	594,3
24	609,59	612,1	614,7	617,2	619,7
25	634,99	637,5	640,1	642,6	645,1
26	660,39	662,9	665,5	668,0	670,5
27	685,78	688,3	690,9	693,4	695,9
28	711,19	713,7	716,3	718,8	721,3
29	736,59	739,1	741,7	744,2	746,7
30	761,99	764,5	767,1	769,6	772,1
31	787,39	789,9	792,5	795,0	797,5
32	812,79	815,3	817,9	820,4	822,9
33	838,19	840,7	843,3	845,8	848,3
34	863,59	866,1	868,7	871,2	873,7
35	888,99	891,5	894,1	896,6	899,1
36	914,39	916,9	919,5	922,0	924,5
37	939,79	942,3	944,9	947,4	949,9
38	965,19	967,7	970,3	972,8	975,3
39	990,59	993,1	995,7	998,2	1000,7
40	1015,99	1018,5	1021,1	1023,6	1026,1
41	1041,39	1043,9	1046,5	1049,0	1051,5
42	1066,79	1069,3	1071,9	1074,4	1076,9
43	1092,18	1094,7	1097,3	1099,8	1102,3
44	1117,58	1120,1	1122,7	1125,2	1127,7
45	1142,98	1145,5	1148,1	1150,6	1153,1
46	1168,38	1170,9	1173,5	1176,0	1178,5
47	1193,78	1196,3	1198,9	1201,4	1203,9
48	1219,18	1221,7	1224,3	1226,8	1229,3

* per convenzione 1″ = 25,4 mm.

Riduzione dei pollici inglesi e loro frazioni decimali, in millimetri

0,5	0,6	0,7	0,8	0,9	Pollici
38,1	40,6	43,1	45,7	48,2	1
63,5	66,0	68,5	71,1	73,6	2
88,9	91,4	93,9	96,5	99,0	3
114,3	116,8	119,3	121,9	124,4	4
139,7	142,2	144,7	147,3	149,8	5
165,1	167,6	170,2	172,7	175,2	6
190,5	193,0	195,5	198,1	200,6	7
215,9	218,4	221,0	223,5	226,0	8
241,3	243,8	246,4	248,9	251,4	9
266,7	269,2	271,8	274,3	276,8	10
292,1	294,6	297,2	299,7	302,2	11
317,5	320,0	322,6	325,1	327,6	12
342,9	345,4	348,0	350,5	353,0	13
368,3	370,8	373,4	375,9	378,4	14
393,7	396,2	398,8	401,3	403,8	15
419,1	421,6	424,2	426,7	429,2	16
444,5	447,0	449,6	452,1	454,6	17
469,9	472,4	475,0	477,5	480,0	18
495,3	497,8	500,4	502,9	505,4	19
520,7	523,2	525,8	528,3	530,8	20
546,1	548,6	551,2	553,7	556,2	21
571,5	574,0	576,6	579,1	581,6	22
596,7	599,4	602,0	604,5	607,0	23
622,3	624,8	627,4	629,9	632,4	24
647,7	650,2	652,8	655,3	657,8	25
673,1	675,6	678,2	680,7	683,2	26
698,5	701,0	703,6	706,1	708,6	27
723,9	726,4	729,0	731,5	734,0	28
749,3	751,8	754,4	756,9	759,4	29
774,7	777,2	779,8	782,3	784,8	30
800,1	802,6	805,2	807,7	810,2	31
825,5	828,0	830,6	833,1	835,6	32
850,9	853,4	856,0	858,5	861,0	33
876,3	878,8	881,4	883,9	886,4	34
901,7	904,2	906,8	909,3	911,8	35
927,1	929,6	932,2	934,7	937,2	36
952,5	955,0	957,6	960,1	962,6	37
977,9	980,4	983,0	985,5	988,0	38
1003,3	1005,8	1008,4	1010,9	1013,4	39
1028,7	1031,2	1033,8	1036,3	1038,8	40
1054,1	1056,6	1059,2	1061,7	1064,2	41
1079,5	1082,0	1084,6	1087,1	1089,6	42
1104,9	1107,4	1110,0	1112,5	1115,0	43
1130,3	1132,8	1135,4	1137,9	1140,4	44
1155,7	1158,2	1160,8	1163,3	1165,8	45
1181,1	1183,6	1186,2	1188,7	1191,2	46
1206,5	1209,0	1211,6	1214,1	1216,6	47
1231,9	1234,4	1237,0	1239,5	1242,0	48

Decimal inch equivalents of millimetres

mm	Pollici	mm	Pollici	mm	Pollici
1	0,039370	49	1,929151	97	3,818932
2	0,078741	50	1,968522	98	3,858302
3	0,118111	51	2,007892	99	3,897673
4	0,157482	52	2,047262	100	3,937043
5	0,196852	53	2,086633	101	3,976414
6	0,236223	54	2,126003	102	4,015784
7	0,275593	55	2,165374	103	4,055155
8	0,314963	56	2,204744	104	4,094525
9	0,354334	57	2,244115	105	4,133895
10	0,393704	58	2,283485	106	4,173266
11	0,433075	59	2,322855	107	4,212636
12	0,472445	60	2,362226	108	4,252007
13	0,511816	61	2,401596	109	4,291377
14	0,551186	62	2,440967	110	4,330748
15	0,590556	63	2,480337	111	4,370118
16	0,629927	64	2,519708	112	4,409488
17	0,669297	65	2,559078	113	4,448859
18	0,708668	66	2,598448	114	4,488229
19	0,748038	67	2,637819	115	4,527600
20	0,787409	68	2,677189	116	4,566970
21	0,826779	69	2,716560	117	4,606341
22	0,866149	70	2,755930	118	4,645711
23	0,905520	71	2,795301	119	4,685081
24	0,944890	72	2,834671	120	4,724452
25	0,984261	73	2,874041	121	4,763822
26	1,023631	74	2,913412	122	4,803193
27	1,063002	75	2,952782	123	4,842563
28	1,102372	76	2,992153	124	4,881934
29	1,141742	77	3,031523	125	4,921304
30	1,181113	78	3,070894	126	4,960674
31	1,220483	79	3,110264	127	5,000045
32	1,259854	80	3,149635	128	5,039415
33	1,299224	81	3,189005	129	5,078786
34	1,338595	82	3,228375	130	5,118156
35	1,377965	83	3,267746	131	5,157527
36	1,417335	84	3,307116	132	5,196897
37	1,456706	85	3,346487	133	5,236267
38	1,496076	76	3,385857	134	5,275638
39	1,535447	87	3,425228	135	5,315008
40	1,574817	88	3,464598	136	5,354379
41	1,614188	89	3,503968	137	5,393749
42	1,653558	90	3,543339	138	5,433120
43	1,692929	91	3,582709	139	5,472490
44	1,732299	92	3,622080	140	5,511861
45	1,771669	93	3,661450	141	5,551231
46	1,811040	94	3,700821	142	5,590601
47	1,850410	95	3,740191	143	5,629972
48	1,889781	96	3,779561	144	5,669342

Riduzione dei millimetri in pollici e decimali di pollici inglesi

mm	Pollici	mm	Pollici	mm	Pollici
145	5,708713	193	7,598493	241	9,488274
146	5,748083	194	7,637864	242	9,527645
147	5,787454	195	7,677234	243	9,567015
148	5,826824	196	7,716605	244	9,606385
149	5,866194	197	7,755975	245	9,645756
150	5,905565	198	7,795346	246	9,685126
151	5,944935	199	7,834716	247	9,724497
152	5,984306	200	7,874086	248	9,763867
153	6,023676	201	7,913457	249	9,803238
154	6,063047	202	7,952827	250	9,842608
155	6,102417	203	7,992198	251	9,881978
156	6,141787	204	8,031568	252	9,921349
157	6,181158	205	8,070939	253	9,960719
158	6,220528	206	8,110309	254	10,000090
159	6,259899	207	8,149679	255	10,039460
160	6,299269	208	8,189050	256	10,078831
161	6,338640	209	8,228420	257	10,118201
162	6,378010	210	8,267791	258	10,157571
163	6,417380	211	8,307161	259	10,196942
164	6,456751	212	8,346532	260	10,236312
165	6,496121	213	8,385902	261	10,275683
166	6,535492	214	8,425272	262	10,315053
167	6,574862	215	8,464643	263	10,354424
168	6,614233	216	8,504013	264	10,393794
169	6,653603	217	8,543384	265	10,433165
170	6,692973	218	8,582754	266	10,472535
171	6,732344	219	8,622125	267	10,511905
172	6,771714	220	8,661495	268	10,551276
173	6,811085	221	8,700866	269	10,590646
174	6,850455	222	8,740236	270	10,630017
175	6,889826	223	8,779606	271	10,669387
176	6,929196	224	8,818977	272	10,708758
177	6,968567	225	8,858347	273	10,748128
178	7,007937	226	8,897718	274	10,787498
179	7,047307	227	8,937088	275	10,826869
180	7,086678	228	8,976459	276	10,866239
181	7,126048	229	9,015829	277	10,905610
182	7,165419	230	9,055199	278	10,944980
183	7,204789	231	9,094570	279	10,984351
184	7,244160	232	9,133940	280	11,023721
185	7,283530	233	9,173311	281	11,063091
186	7,322900	234	9,212681	282	11,102462
187	7,362271	235	0,252052	283	11,141832
188	7,401641	236	9,291422	284	11,181203
189	7,441012	237	9,330792	285	11,220573
190	7,480382	238	9,370163	286	11,259944
191	7,519753	239	9,409533	287	11,299314
192	7,559123	240	9,448904	288	11,338684

Decimal inch equivalents of millimetres

mm	Pollici	mm	Pollici	mm	Pollici
289	11,378055	337	13,267836	385	15,157616
290	11,417425	338	13,307206	386	15,196987
291	11,456796	339	13,346576	387	15,236357
292	11,496166	340	13,385947	388	15,275728
293	11,535537	341	13,425317	389	15,315098
294	11,574907	342	13,464688	390	15,354469
295	11,614277	343	13,504058	391	15,393839
296	11,653648	344	13,543429	392	15,433209
297	11,693018	345	13,582799	393	15,472580
298	11,732389	346	13,622170	394	15,511950
299	11,771759	347	13,661540	395	15,551321
300	11,811130	348	13,700910	396	15,590691
301	11,850500	349	13,740281	397	15,630062
302	11,889871	350	13,779651	398	15,669432
303	11,929241	351	13,819022	399	15,708802
304	11,968611	352	13,858392	400	15,748173
305	12,007982	353	13,897763	401	15,787543
306	12,047352	354	13,937133	402	15,826914
307	12,086723	355	13,976503	403	15,866284
308	12,126093	356	14,015874	404	15,905655
309	12,165464	357	14,055244	405	15,945025
310	12,204834	358	14,094615	406	15,984395
311	12,244204	359	14,133985	407	16,023766
312	12,283575	360	14,173356	408	16,063136
313	12,322945	361	14,212726	409	16,102507
314	12,362316	362	14,252096	410	16,141877
315	12,401686	363	14,291467	411	16,181248
316	12,441057	364	14,330837	412	16,220618
317	12,480427	365	14,370208	413	16,259988
318	12,519797	366	14,409578	414	16,299359
319	12,559168	367	14,448949	415	16,338729
320	12,598538	368	14,488319	416	16,378100
321	12,637909	369	15,527689	417	16,417470
322	12,677279	370	14,567060	418	16,456841
323	12,716650	371	14,606430	419	16,496211
324	12,756200	372	14,645801	420	16,535581
325	12,795390	373	14,685171	421	16,574952
326	12,834761	374	14,724542	422	16,614322
327	12,874131	375	14,763912	423	16,653693
328	12,913502	376	14,803282	424	16,693063
329	12,952872	377	14,842653	425	16,732444
330	12,992243	378	14,882023	426	16,771804
331	13,031613	379	14,921394	427	16,811175
332	13,070983	380	14,960764	428	16,850545
333	13,110354	381	15,000135	429	16,889915
334	13,149724	382	15,039505	430	16,929286
335	13,189095	383	15,078875	431	16,968656
336	13,228465	384	15,118246	432	17,008027

Riduzione dei millimetri in pollici e decimali di pollici inglesi

mm	Pollici	mm	Pollici	mm	Pollici
433	17,047397	481	18,937178	529	20,826959
434	17,086768	482	18,976548	530	20,866329
435	17,126138	483	19,015919	531	20,905699
436	17,165508	484	19,055289	532	20,945070
437	17,204879	485	19,094660	533	20,984440
438	17,244249	486	19,134030	534	21,023811
439	17,283620	487	19,173400	535	21,063181
440	17,322990	488	19,212771	536	21,102552
441	17,362361	489	19,252141	537	21,141922
442	17,401731	490	19,291512	538	21,181292
443	17,441101	491	19,330862	539	21,220663
444	17,480472	492	19,370253	540	21,260033
445	17,519842	493	19,409623	541	21,299404
446	17,559213	494	19,448993	542	21,338774
447	17,598583	495	19,488364	543	21,378145
448	17,637954	496	19,527734	544	21,417515
449	17,677324	497	19,567095	545	21,456885
450	17,716694	498	19,606465	546	21,496256
451	17,756065	499	19,645836	547	21,535626
452	17,795435	500	19,685216	548	21,574997
453	17,834806	501	19,724586	549	21,614367
454	17,874176	502	19,763957	550	21,653738
455	17,913547	503	19,803327	551	21,693108
456	17,952917	504	19,842698	552	21,732478
457	17,992287	505	19,882068	553	21,771849
458	18,031658	506	19,921439	554	21,811219
459	18,071028	507	19,960809	555	21,850590
460	18,110399	508	20,000179	556	21,889960
461	18,149769	509	20,039550	557	21,929331
462	18,189140	510	20,078920	558	21,968701
463	18,228510	511	20,118291	559	22,008072
464	18,267880	512	20,157661	560	22,047442
465	18,307251	513	20,197032	561	22,086812
466	18,346621	514	20,236402	562	22,126183
467	18,385992	515	20,275773	563	22,165553
468	18,425362	516	20,315143	564	22,204924
469	18,464733	517	20,354513	565	22,244294
470	18,504103	518	20,393884	566	22,283665
471	18,543474	519	20,433254	567	22,323035
472	18,582844	520	20,472625	568	22,362405
473	18,622214	521	20,511995	569	22,401776
474	18,661585	522	20,551366	570	22,441146
475	18,700955	523	20,590736	571	22,480517
476	18,740326	524	20,030106	572	22,519887
477	18,779696	525	20,669477	573	22,559928
478	18,819067	526	20,708847	574	22,598628
379	18,858437	527	20,748218	575	22,637998
480	18,897807	528	20,787588	576	22,677369

Decimal inch equivalents of millimetres

mm	Pollici	mm	Pollici	mm	Pollici
577	22,716739	625	24,606520	673	26,496301
578	22,756110	626	24,645890	674	26,535671
579	22,795480	627	24,685261	675	26,575042
580	22,834851	628	24,724631	676	26,614412
581	22,874221	629	24,764002	677	26,653782
582	22,913591	630	24,803372	678	26,693153
583	22,952962	631	24,842743	679	26,732523
584	22,992332	632	24,882113	680	26,771894
585	23,031703	633	24,921483	681	26,811264
586	23,071073	634	24,960854	682	26,850635
587	23,110444	635	25,000224	683	26,890005
588	23,149814	636	25,039595	684	26,929376
589	23,189184	637	25,078965	685	26,968746
590	23,228555	638	25,118336	686	27,008116
591	23,267925	639	25,157706	687	27,047487
592	23,307296	640	25,197077	688	27,086857
593	23,346666	641	25,236447	689	27,126228
594	23,386037	642	25,275817	690	27,165598
595	23,425407	643	25,315188	691	27,204969
596	23,464778	644	25,354558	692	27,244339
597	23,504148	645	25,393929	693	27,283709
598	23,543518	646	25,433299	694	27,323080
599	23,582889	647	25,472670	695	27,362450
600	23,622259	648	25,512040	696	27,401821
601	23,661630	649	25,551410	697	27,441191
602	23,701000	650	25,590781	698	27,480562
603	23,740371	651	25,630151	699	27,519932
604	23,779741	652	25,669522	700	27,559302
605	23,819111	653	25,708892	701	27,598673
606	23,858482	654	25,748263	702	27,638043
607	23,897852	655	25,787633	703	27,677414
608	23,937223	656	25,827003	704	27,716784
609	23,976593	657	25,866374	705	27,756155
610	24,015964	658	25,905744	706	27,795525
611	24,055334	659	25,945115	707	27,834895
612	24,094704	660	25,984486	708	27,874266
613	24,134075	661	26,023856	709	27,913636
614	24,173445	662	26,063226	710	27,953007
615	24,212816	663	26,102596	711	27,992377
616	24,252186	664	26,141967	712	28,031748
617	24,291557	665	26,181337	713	28,071118
618	24,330927	666	26,220708	714	28,110488
619	24,370297	667	26,260078	715	28,149859
620	24,409668	668	26,299449	716	28,189229
621	24,449038	669	26,338819	717	28,228600
622	24,488409	670	26,378189	718	28,267970
623	24,527779	671	26,417560	719	28,307341
624	24,567150	672	26,456930	720	28,346711

Riduzione dei millimetri in pollici e decimali di pollici inglesi

mm	Pollici	mm	Pollici	mm	Pollici
721	28,386081	769	30,275862	817	32,165643
722	28,425452	770	30,315233	818	32,205013
723	28,464822	771	30,354603	819	32,244384
724	28,504193	772	30,393973	820	32,283754
725	28,543563	773	30,433344	821	32,323125
726	28,582934	774	30,472714	822	32,362495
727	28,622304	775	30,512085	823	32,401866
728	28,661775	776	30,551455	824	32,441236
729	28,701045	777	30,590825	825	32,480606
730	28,740415	778	30,630196	826	32,519977
731	28,779786	779	30,669566	827	32,559347
732	28,819156	780	30,708937	828	32,598718
733	28,858527	781	30,748307	829	32,638088
734	28,897897	782	30,787678	830	32,677459
735	28,937268	783	30,728048	831	32,716829
736	28,976638	784	30,866419	832	32,756199
737	29,016008	785	30,905789	833	32,795570
738	29,055379	786	30,945159	834	32,834940
739	29,094749	787	30,984530	835	32,874311
740	29,134120	788	31,023900	836	32,913681
741	29,173490	789	31,063271	837	32,953052
742	29,212861	790	31,102641	838	32,992422
743	29,252231	791	31,142012	839	33,031792
744	29,291601	792	31,181382	840	33,071163
745	29,330972	793	31,220752	841	33,110533
746	29,370342	794	31,260123	842	33,149904
747	29,409713	795	31,299493	843	33,189274
748	29,449083	796	31,338864	844	33,228645
749	29,488454	797	31,378234	845	33,268015
750	29,527824	798	31,417604	846	33,307385
751	29,567194	799	31,456975	847	33,346756
752	29,606565	800	31,496346	848	33,386126
753	29,645935	801	31,535716	849	33,425497
754	29,685306	802	31,575086	850	33,464867
755	29,724676	803	31,614457	851	33,504238
756	29,764047	804	31,653827	852	33,543608
757	29,803417	805	31,693198	853	33,582979
758	29,842787	806	31,732568	854	33,622349
759	29,882158	807	31,771938	855	33,661719
760	29,921528	808	31,811309	856	33,701090
761	29,960899	809	31,850679	857	33,740460
762	30,000269	810	31,890050	858	33,779831
763	30,039640	811	31,929420	859	33,819201
764	30,079010	812	31,968791	860	33,858572
765	30,118380	813	32,008161	861	33,897942
766	30,157751	814	32,047532	862	33,937312
767	30,197121	815	32,086902	863	33,976683
768	30,236492	816	32,126272	864	34,016053

Decimal inch equivalents of millimetres

mm	Pollici	mm	Pollici	mm	Pollici
865	34,055424	911	35,866464	957	37,677503
866	34,094794	912	35,905834	958	37,716874
867	34,134165	913	35,945204	959	37,756244
868	34,173535	914	35,984575	960	37,795615
869	34,212905	915	36,023945	961	37,834985
870	34,252276	916	36,063316	962	37,874356
871	34,291646	917	36,102866	963	37,913726
872	34,331017	918	36,142057	964	37,953096
873	34,370387	919	36,181427	965	37,992467
874	34,409758	920	36,220797	966	38,031837
875	34,449128	921	36,260168	967	38,071208
876	34,448498	922	36,299538	968	38,110578
877	34,527869	923	36,338909	969	38,149949
878	34,567239	924	36,378279	970	38,189319
879	34,606610	925	36,417650	971	38,228689
880	34,645980	926	36,457020	972	38,268060
881	34,685351	927	36,496390	973	38,307430
882	34,724721	928	36,535761	974	38,346801
883	34,764091	929	36,575131	975	38,386171
884	34,803462	930	36,614502	976	38,425542
885	34,842832	931	36,653872	977	38,464912
886	34,882203	932	36,693243	978	38,504283
887	34,921573	933	36,732613	979	38,543653
888	34,960944	934	36,771984	980	38,583023
889	35,000314	935	36,811354	981	38,622394
890	35,039684	936	36,850724	982	38,661764
891	35,079055	937	36,890095	983	38,701135
892	35,118425	938	36,929465	984	38,740505
893	35,157796	939	36,968836	985	38,779876
894	35,197166	940	37,008206	986	38,819246
895	35,236536	941	37,047576	987	38,858616
896	35,275907	942	37,086947	988	38,897987
897	35,315277	943	37,126317	989	38,937357
898	35,354648	944	37,165688	990	38,976728
899	35,394018	945	37,205058	991	39,016098
900	35,433389	946	37,244429	992	39,055469
901	35,472759	947	37,283799	993	39,094839
902	25,512130	948	37,323170	994	39,134209
903	35,551500	949	37,362540	995	39,173580
904	35,590971	950	37,410910	996	39,212950
905	35,630241	951	37,441281	997	39,252321
906	35,669611	952	37,480651	998	39,291691
907	35,708982	953	37,520022	999	39,331062
908	35,748352	954	37,559392	1000	39,370432
909	35,787723	955	37,598765		
910	35,827093	956	37,638135		

Equivalents of metres in inches

Riduzione dei metri in pollici inglesi

Metri	Pollici	Metri	Pollici	Metri	Pollici
1	39,370432	34	1338,594687	67	2637,818941
2	78,740864	35	1377,965119	68	2677,189373
3	118,111296	36	1417,335551	69	2716,559805
4	157,481728	37	1456,705983	70	2755,920237
5	196,852160	38	1496,076415	71	2795,300669
6	236,222592	39	1535,446846	72	2834,671101
7	275,593024	40	1574,817278	73	2874,041533
8	314,963456	41	1614,187710	74	2913,411965
9	354,333888	42	1653,558142	75	2952,782397
10	393,704320	43	1692,928574	76	2992,152829
11	433,074752	44	1732,299006	77	3031,523261
12	472,445184	45	1771,669438	78	3070,893693
13	511,815616	46	1811,039870	79	3110,264125
14	551,186047	47	1850,410302	80	3149,634557
15	590,556479	48	1889,780734	81	3189,004989
16	629,926911	49	1929,151166	82	3228,375421
17	669,297343	50	1968,521598	83	3267,745583
18	708,667775	51	2007,892030	84	3307,116285
19	748,038207	52	2047,262462	85	3346,486717
20	787,408639	53	2086,632894	86	3385,857149
21	826,779071	54	2126,003326	87	3425,227581
22	866,149503	55	2165,373758	88	3464,508013
23	905,519935	56	2204,744190	89	3503,968444
24	944,890367	57	2244,114622	90	3543,338876
25	984,260799	58	2283,485054	91	3582,709308
26	1023,631231	59	2322,855486	92	3622,079740
27	1063,001663	60	2362,225918	93	3661,450172
28	1102,372095	61	2401,596350	94	3700,820604
29	1141,742527	62	2440,966782	95	3740,191036
30	1181,112959	63	2480,337214	96	3779,561468
31	1220,483391	64	2519,707645	97	3818,931900
32	1259,853823	65	2559,078077	98	3858,302332
33	1299,224255	66	2598,448509	99	3897,672764

Inch fraction conversions in millimetres

Frazioni di pollice				Millimetri	Frazioni di pollice				Millimetri
			1/128	0,198436	5/16	1/32	1/64		9,128043
		1/64		0,396871	5/16	1/32	1/64	1/128	9,326479
		1/64	1/128	0,595307	3/8				9,524915
	1/32			0,793743	3/8			1/128	9,723350
	1/32		1/128	0,992179	3/8		1/64		9,921786
	1/32	1/64		1,190614	3/8		1/64	1/128	10,120222
	1/32	1/64	1/128	1,389050	3/8	1/32			10,318657
1/16				1,587486	3/8	1/32		1/128	10,517093
1/16			1/128	1,785921	3/8	1/32	1/64		10,715529
1/16		1/64		1,984357	3/8	1/32	1/64	1/128	10,913965
1/16		1/64	1/128	2,182793	7/16				11,112400
1/16	1/32			2,385129	7/16			1/128	11,310836
1/16	1/32		1/128	2,579664	7/16		1/64		11,509272
1/16	1/32	1/64		2,778100	7/16		1/64	1/128	11,707707
1/16	1/32	1/64	1/128	2,976536	7/16	1/32			11,906143
1/8				3,174972	7/16	1/32		1/128	12,104579
1/8			1/128	3,373407	7/16	1/32	1/64		12,303015
1/8		1/64		3,571843	7/16	1/32	1/64	1/128	12,501450
1/8		1/64	1/128	3,770279	1/2				12,699886
1/8	1/32			3,968714	1/2			1/128	12,898322
1/8	1/32		1/128	4,167150	1/2		1/64		13,096757
1/8	1/32	1/64		4,365586	1/2		1/64	1/128	13,295193
1/8	1/32	1/64	1/128	4,564022	1/2	1/32			13,493629
3/16				4,762457	1/2	1/32		1/128	13,692065
3/16			1/128	4,960893	1/2	1/32	1/64		13,890500
3/16		1/64		5,159329	1/2	1/32	1/64	1/128	14,088936
3/16		1/64	1/128	5,357764	9/16				14,287372
3/16	1/32			5,556200	9/16			1/128	14,485808
3/16	1/32		1/128	5,754636	9/16		1/64		14,684243
3/16	1/32	1/64		5,953072	9/16		1/64	1/128	14,882679
3/16	1/32	1/64	1/128	6,151508	9/16	1/32			15,081115
1/4				6,349943	9/16	1/32		1/128	15,279550
1/4			1/128	6,548379	9/16	1/32	1/64		15,477986
1/4		1/64		6,746814	9/16	1/32	1/64	1/128	15,676422
1/4		1/64	1/128	6,945250	5/8				15,874858
1/4	1/32			7,143686	5/8			1/128	16,073293
1/4	1/32		1/128	7,342122	5/8		1/64		16,271729
1/4	1/32	1/64		7,540557	5/8		1/64	1/128	16,470165
1/4	1/32	1/64	1/128	7,738993	5/8	1/32			16,668600
5/16				7,937429	5/8	1/32		1/128	16,867036
5/16			1/128	8,135865	5/8	1/32	1/64		17,065472
5/16		1/64		8,334300	5/8	1/32	1/64	1/128	17,263908
5/16		1/64	1/128	8,532736	11/16				17,462343
5/16	1/32			8,731172	11/16			1/128	17,660779
5/16	1/32		1/128	8,929007	11/16		1/64		17,859215

Riduzione delle frazioni di pollice inglese, in millimetri

Frazioni di pollice	Millimetri	Frazioni di pollice	Millimetri
11/16 1/64 1/128	18,057650	13/16 1/32 1/64	21,827929
11/16 1/32	18,256086	13/16 1/32 1/64 1/128	22,026365
11/16 1/32 1/128	18,454522	7/8	22,224801
11/16 1/32 1/64	18,652958	7/8 1/128	22,423236
11/16 1/32 1/64 1/128	18,851393	7/8 1/64	22,621672
3/4	19,049829	7/8 1/64 1/128	22,820108
3/4 1/128	19,248265	7/8 1/32	23,018543
3/4 1/64	19,446701	7/8 1/32 1/128	23,216979
3/4 1/64 1/128	19,645136	7/8 1/32 1/64	23,415415
3/4 1/32	19,843572	7/8 1/32 1/64 1/128	23,613851
3/4 1/32 1/128	20,042008	15/16	23,812286
3/4 1/32 1/64	20,240443	15/16 1/128	24,010722
3/4 1/32 1/64 1/128	20,438879	15/16 1/64	24,209158
13/16	20,637315	15/16 1/64 1/128	24,407594
13/16 1/128	20,835751	15/16 1/32	24,606029
13/16 1/64	21,034186	15/16 1/32 1/128	24,804465
13/16 1/64 1/128	21,232622	15/16 1/32 1/64	25,002901
13/16 1/32	21,431058	15/16 1/32 1/64 1/128	25,201336
13/16 1/32 1/128	21,629493	1	25,399772

Equivalents of inches in millimetres

Riduzione dei pollici inglesi in millimetri

Pollici	mm	Pollici	mm	Pollici	mm
1	25,39977	13	330,19704	25	634,99430
2	50,79954	14	355,59681	26	660,39408
3	76,19932	15	380,99658	27	685,78385
4	101,59909	16	406,39635	28	711,19362
5	126,99886	17	431,79613	29	736,59339
6	152,39863	18	457,19590	30	761,99316
7	177,79840	19	482,59567	31	787,39294
8	203,19818	20	507,99544	32	812,79271
9	228,59795	21	533,39521	33	838,19248
10	253,99772	22	558,79499	34	863,59225
11	279,39749	23	584,19476	35	888,99202
12	304,79727	24	609,59453	36	914,39180

Equivalents of feet in metres

Riduzione dei piedi inglesi in metri

Piedi	Metri	Piedi	Metri	Piedi	Metri
1	0,3047973	8	2,4383786	15	4,5719600
2	0,6095947	9	2,7431760	16	4,8767573
3	0,9143920	10	3,0479733	17	5,1815546
4	1,2191893	11	3,3527706	18	5,4863519
5	1,5239867	12	3,6755680	19	5,7911493
6	1,8287840	13	3,9623653	20	6,0959466
7	2,1335813	14	4,2671626		

Equivalents of ounces in kg

Riduzione delle once avoir du poids inglesi, in chilogrammi

Once	Chilogrammi	Once	Chilogrammi	Once	Chilogrammi
1	0,028349541	7	0,198446785	12	0,340194489
2	0,056699082	8	0,226796326	13	0,368544030
3	0,085048622	9	0,255145867	14	0,396893571
4	0,113398163	10	0,283495408	15	0,425243112
5	0,141747704	11	0,311844948	16	0,453592652
6	0,170097245				

Equivalents of pounds in kg

Riduzione delle libbre avoir du poids inglesi, in chilogrammi

Libbre	Chilogrammi	Libbre	Chilogrammi	Libbre	Chilogrammi
1	0,45359265	11	4,98951917	20	9,07185305
2	0,90718530	12	5,44311183	21	9,52544570
3	1,36077796	13	5,89670448	22	9,97903835
4	1,81437061	14	6,35029713	23	10,43263100
5	2,26796326	15	6,80388978	24	10,88622365
6	2,72155591	16	7,25748243	25	11,33981631
7	3,17514857	17	7,71107509	26	11,79340896
8	3,62874122	18	8,16466774	27	12,24700161
9	4,08233387	19	8,61826039	28	12,70059426
10	4.53592652				

Equivalents of cwt in kg

Riduzioue dei quintali inglesi (centweights), in chilogrammi

q	Chilogrammi	q	Chilogrammi	q	Chilogrammi
1	50,80237705	8	406,41901642	15	762,03565578
2	101,60475410	9	457,22139347	16	812,83803283
3	152,40713116	10	508,02377052	17	863,64040988
4	203,20950821	11	558,82614757	18	914,44278694
5	254,01188526	12	609,62852462	19	965,24516399
6	304,81426231	13	660,43090168	20	1016,0475411
7	355,61663936	14	711,23327873		

Equivalents of English tons in kg

Riduzione delle tonnellate inglesi, in chilogrammi

t	Chilogrammi	t	Chilogrammi	t	Chilogrammi
1	1016,04754	60	60962,8525	1000	1016047,54
2	2032,09508	70	71123,3279	1100	1117652,30
3	3048,14262	80	81283,8033	1200	1219257,05
4	4064,19016	90	91444,2787	1300	1320861,80
5	5080,23771	100	101604,754	1400	1422466,56
6	6096,28525	200	203209,508	1500	1524071,31
7	7112,33279	300	304814,262	1600	1625676,07
8	8128,38033	400	406419,016	1700	1727280,82
9	9144,42787	500	508023,771	1800	1828885,57
10	10160,4754	600	609628,525	1900	1930490,33
20	20320,9508	700	711233,279	2000	2032095,08
30	30481,4262	800	812838,033	3000	3048142,62
40	40641,9016	900	914442,787	4000	4064190,16
50	50802,3771				

Equivalents of kg in pounds and tons

Riduzione dei chilogrammi in libbre e in tonnellate inglesi

kg	Libbre	Tonnellate	kg	Libbre	Tonnellate
1	2,20462	,00098421	51	112,43568	,05019450
2	4,40924	,00196841	52	114,64031	,05117871
3	6,61386	,00295262	53	116,84493	,05216291
4	8,81849	,00393682	54	119,04955	,05314712
5	11,02311	,00492103	55	121,25417	,05413133
6	13,22773	,00590524	56	123,45879	,05511553
7	15,43235	,00688944	57	125,66341	,05609974
8	17,63697	,00787365	58	127,86803	,05708394
9	19,84159	,00885785	59	130,07265	,05806815
10	22,04621	,00984206	60	132,27728	,05905235
11	24,25083	,01082627	61	134,48190	,06003656
12	26,45555	,01181047	62	136,68652	,06102077
13	28,66008	,01279468	63	138,89114	,06200497
14	30,86470	,01377888	64	141,09576	,06298918
15	33,06932	,01476309	65	143,30038	,06397338
16	35,27394	,01574729	66	145,50500	,06495759
17	37,47856	,01673150	67	147,70962	,06594180
18	39,68318	,01771571	68	149,91425	,06692600
19	41,88780	,01869991	69	152,11887	,06791021
20	44,09243	,01968412	70	154,32349	,06889441
21	46,29705	,02066832	71	156,52811	,06987862
22	48,50167	,02165253	72	158,73273	,07086283
23	50,70629	,02263674	73	160,93735	,07184703
24	52,91091	,02362094	74	163,14197	,07283124
25	55,11553	,02460515	75	165,34659	,07381544
26	57,32015	,02558935	76	167,55122	,07479965
27	59,52477	,02657356	77	169,75584	,07578386
28	61,72940	,02755777	78	171,96046	,07676806
29	63,93402	,02854197	79	174,16508	,07775227
30	66,13864	,02952618	80	176,36970	,07873647
31	68,34326	,03051038	81	178,57432	,07972068
32	70,54788	,03149459	82	180,77894	,08070489
33	72,75250	,03247880	83	182,98356	,08168909
34	74,95712	,03346300	84	185,18819	,08267330
35	77,16174	,03444721	85	187,39281	,08365750
36	79,36637	,03543141	86	189,59743	,08464171
37	81,57099	,03641562	87	191,80205	,08562591
38	83,77561	,03739982	88	194,00667	,08661012
39	85,98023	,03838403	89	196,21129	,08759433
40	88,18485	,03936824	90	198,41591	,08857853
41	90,38947	,04035244	91	200,62053	,08956274
42	92,59409	,04133665	92	202,82516	,09054694
43	94,79871	,04232085	93	205,02978	,09153115
44	97,00334	,04330506	94	207,23440	,09251536
45	99,20796	,04428927	95	209,43902	,09349956
46	101,41258	,04527374	96	211,64364	,09448377
47	103,61720	,04625768	97	213,84826	,09546797
48	105,82182	,04724188	98	216,05288	,09645218
49	108,02644	,04822609	99	218,25750	,09743639
50	110,23106	,04921030	100	220,46213	,09842059

Reciprocal equivalents of km, nautical, admiralty, and statute miles

Relazione fra chilometro, miglio marino o geografico,
nodo dell'Ammiragliato e Statute mile

Chilometri	Miglia marine	Nodi dell'Amm.	Statute miles
1	0,539957	0,539622	0,621381
2	1,079914	1,079243	1,242763
3	1,619870	1,618865	1,864144
4	2,159827	2,158487	2,485526
5	2,699784	2,698109	3,106907
6	3,239741	3,237730	3,728288
7	3,779698	3,777352	4,349670
8	4,319654	4,316974	4,971051
9	4,859611	4,856596	5,592433

Miglia marine	Chilometri	Nodi dell'Amm.	Statute miles
1	1,852	0,999433	1,150798
2	3,704	1,998867	2,301597
3	5,556	2,998300	3,452395
4	7,408	3,997733	4,603194
5	9,260	4,997167	5,753992
6	11,112	5,996600	6,904790
7	12,964	6,996033	8,055589
8	14,816	7,995467	9,206387
9	16,668	8,994333	10,357186

Nodi dell'Amm.	Chilometri	Miglia marine	Statute miles
1	1,853150	1,000622	1,151514
2	3,706302	2,001243	2,303027
3	5,559453	3,001865	3,454541
4	7,412604	4,002486	4,606054
5	9,265755	5,003108	5,757568
6	11,118906	6,003729	6,909082
7	12,972057	7,004351	8,060595
8	14,825208	8,004972	9,212109
9	17,678359	9,005594	10,363622

Statute miles	Chilometri	Miglia marine	Nodi dell'Amm.
1	1,609317	0,868962	0,868422
2	3,218635	1,737924	1,736844
3	4,827952	2,606886	2,605267
4	6,437270	3,475848	3,473689
5	8,046587	4,344810	4,342111
6	9,655805	5,213771	5,210533
7	11,265122	6,082733	6,078955
8	12,874440	6,951695	6,947378
9	14,483757	7,820657	7,815800

Equivalents of miles per hour in metres per second

Miglia all'ora	,0	,1	,2	,3	,4
1	0,514	0,566	0,617	0,669	0,720
2	1,029	1,080	1,132	1,183	1,235
3	1,543	1,595	1,646	1,698	1,749
4	2,058	2,109	2,161	2,212	2,264
5	2,572	2,624	2,675	2,727	2,778
6	3,087	3,138	3,190	3,241	3,292
7	3,601	3,653	3,704	3,755	3,807
8	4,116	4,167	4,218	4,270	4,321
9	4,630	4,681	4,733	4,784	4,836
10	5,144	5,196	5,247	5,299	5,350
11	5,659	5,710	5,762	5,813	5,865
12	6,173	6,225	6,276	6,328	6,379
13	6,688	6,739	6,791	6,842	6,894
14	7,202	7,254	7,305	7,357	7,408
15	7,717	7,768	7,820	7,871	7,922
16	8,231	8,286	8,334	8,385	8,437
17	8,746	8,797	8,848	8,900	8,951
18	9,260	9,311	9,363	9,414	9,466
19	9,774	9,826	9,877	9,929	9,980
20	10,289	10,340	10,392	10,443	10,495
21	10,803	10,855	10,906	10,958	11,009
22	11,318	11,369	11,421	11,472	11,524
23	11,832	11,884	11,935	11,987	12,038
24	12,347	12,398	12,450	12,501	12,552
25	12,861	12,913	12,964	13,015	13,067
26	13,376	13,427	13,478	13,530	13,581
27	13,890	13,941	13,993	14,044	14,096
28	14,404	14,456	14,507	14,559	14,610
29	14,919	14,970	15,022	15,073	15,125
30	15,433	15,485	15,536	15,588	15,639
31	15,948	15,999	16,051	16,102	16,154
32	16,462	16,514	16,565	16,617	16,668
33	16,977	17,028	17,079	17,131	17,182
34	17,491	17,542	17,594	17,645	17,697
35	18,005	18,057	18,108	18,160	18,211
36	18,520	18,571	18,623	18,674	18,726
37	19,034	19,086	19,137	19,189	19,240
38	19,549	19,600	19,651	19,703	19,754
39	20,063	20,114	20,166	20,217	20,269
40	20,577	20,629	20,680	20,732	20,783
41	21,092	21,143	21,195	21,246	21,298
42	21,606	21,658	21,709	21,761	21,812
43	22,121	22,172	22,223	22,275	22,326
44	22,635	22,686	22,738	22,789	22,841
45	23,149	23,201	23,252	23,304	23,355
46	23,664	23,715	23,767	23,818	23,870
47	24,178	24,230	24,281	24,333	24,384
48	24,693	24,744	24,795	24,847	24,898
49	25,207	25,258	25,310	25,361	25,413
50	25,721	25,773	25,824	25,876	25,927

Riduzione delle miglia all'ora in metri al secondo

,5	,6	,7	,8	9	Miglia all'ora
0,772	0,823	0,875	0,026	0,974	1
1,296	1,338	1,389	1,440	1,492	2
1,801	1,852	1,903	1,955	2,006	3
2,315	2,366	2,413	2,469	2,521	4
2,829	2,881	2,932	2,984	3,035	5
3,344	3,395	3,447	3,498	3,550	6
3,858	3,910	3,961	4,013	4,064	7
4,373	4,424	4,476	4,527	4,579	8
4,887	4,939	4,990	5,042	5,093	9
5,402	5,453	5,505	5,556	5,607	10
5,916	5,978	6,019	6,070	6,122	11
6,431	6,482	6,533	6,585	6,636	12
6,945	6,996	7,048	7,099	7,151	13
7,459	7,511	7,562	7,614	7,665	14
7,974	8,035	8,077	8,128	8,180	15
8,488	8,540	8,591	8,643	8,694	16
9,003	9,054	9,106	9,157	9,209	17
9,517	9,569	9,620	9,672	9,723	18
10,032	10,083	10,135	10,186	10,237	19
10,546	10,598	10,649	10,700	10,752	20
11,061	11,112	11,163	11,215	11,266	21
11,575	11,626	11,678	11,729	11,781	22
12,089	12,141	12,192	12,244	12,295	23
12,604	12,655	12,707	12,758	12,810	24
13,118	13,170	13,221	13,273	13,324	25
13,633	13,684	13,736	13,787	13,839	26
14,147	14,199	14,250	14,302	14,353	27
14,662	14,713	14,765	14,816	14,867	28
15,176	15,228	15,279	15,330	15,382	29
15,691	15,742	15,793	15,845	15,896	30
16,205	16,256	16,308	16,359	16,411	31
16,719	16,771	16,822	16,874	16,925	32
17,234	17,285	17,337	17,388	17,440	33
17,748	17,800	17,851	17,903	17,954	34
18,263	18,314	18,365	18,417	18,468	35
18,777	18,828	18,880	18,931	18,983	36
19,291	19,343	19,394	19,446	19,497	37
19,806	19,857	19,909	19,960	200,12	38
20,320	20,372	20,423	20,475	20,526	39
20,835	20,886	20,937	20,989	21,040	40
21,349	21,400	21,452	21,503	21,555	41
21,863	21,915	21,966	22,018	22,069	42
22,378	22,429	22,481	22,532	22,584	43
22,892	22,944	22,995	23,047	23,098	44
23,407	23,458	23,509	23,561	23,612	45
23,921	23,972	24,024	24,075	24,127	46
24,435	24,487	24,538	24,590	24,641	47
24,950	25,001	25,053	25,104	25,156	48
25,464	25,516	25,567	25,619	25,670	49
25,979	26,030	26,081	26,133	26,184	50

Temperature conversion table

Tabella di conversione di temperature

°C	°F	°C	°F	°C	°F
—5	23,0	35	95,0	75	167,0
—4	25,8	36	96,8	76	168,8
—3	26,6	37	98,6	77	170,6
—2	24,4	38	100,4	78	171,4
—1	30,2	39	102,2	79	174,2
0	32,0	40	104,0	80	176,0
1	33,8	41	105,8	81	177,8
2	35,6	42	107,6	82	179,6
3	37,4	43	109,4	83	181,4
4	39,2	44	111,2	84	183,2
5	41,0	45	113,0	85	185,0
6	42,8	46	114,8	86	186,8
7	44,6	47	116,6	87	188,6
8	46,4	48	118,4	88	190,4
9	48,2	49	120,2	89	192,2
10	50,0	50	122,0	90	194,0
11	51,8	51	123,8	91	195,8
12	53,6	52	125,6	92	197,6
13	55,4	53	127,4	93	199,4
14	57,2	54	129,2	94	201,2
15	59,0	55	131,0	95	203,0
16	60,8	56	132,8	96	204,8
17	62,6	57	134,6	97	206,6
18	64,4	58	136,4	98	208,4
19	66,2	59	138,2	99	210,2
20	68,0	60	140,0	100	212,0
21	69,8	61	141,8	101	213,8
22	71,6	62	143,6	102	215,6
23	73,4	63	145,4	150	302,0
24	74,2	64	147,2	200	392,0
25	77,0	65	149,0	250	482,0
26	78,8	66	150,8	300	572,0
27	80,6	67	152,6	350	662,0
28	82,4	68	154,4	400	752,0
29	84,2	69	156,2	450	842,0
30	86,0	70	158,0	500	932,0
31	87,8	71	159,0	750	1382,0
32	89,6	72	161,6	1000	1832,0
33	91,4	73	163,4	1500	2742,0
34	93,2	74	165,2	2000	3522,0

To convert °F into °C:

$$°C = \frac{5}{9} (°F - 32°)$$

To convert °C into °F:

$$°F = \left(\frac{9}{5} °C\right) + 32°$$

Table of chemical elements (*)

Tavola degli elementi chimici

Symbol	Name	Valence	Atomic Weight
A	Argon	0-8	39,948
Ac	Actinium	3	227
Ag	Silver	1	107,868
Al	Aluminium	3	26,82
Am	Americium	3	(243)
As	Arsenic	3-5	74,91
At	Astatine		(210)
Au	Gold	1-3	197,0
Ba	Barium	2	137,34
B	Boron	3	10,82
Be	Beryllium	2	9,013
Bi	Bismuth	3-5	209,00
Bk	Berkelium	3 or 4	(249)
Br	Bromine	1-7	79,909
C	Carbon	2-4	12,011
Ca	Calcium	2	40,08
Cb	Columbium	3-5	92,91
Cd	Cadmium	2	112,40
Ce	Cerium	3-4	140,13
Cf	Californium	3?	249 (251)
Cl	Chlorine	1-7	35,457
Cm	Curium	3	(238-250)
Co	Cobalt	2-3	58,94
Cr	Chromium	2-3-6	51,996
Cs	Caesium	1	132,91
Cu	Copper	1-2	63,57
Dy	Dysprosium	3	162,51
Es	Einsteinium	1-3?	254
Er	Erbium	3	167,26
Eu	Europium	3	152,0
F	Fluorine	1-7	19,00
Fe	Iron	2-3	55,84
Fr	Francium		223
Fm	Fermium	2 (4)	(244-259)
Ga	Gallium	3	69,72
Gd	Gadolinium	3	157,26
Ge	Germanium	4	72,60
Gl	Glucinum	2	9,02
H	Hydrogen	1	1,00797
He	Hellium	0-8	4,003
Hf	Hafnium	4	178,50
Hg	Mercury	1-2	200,59

(*) The elements are alphabetically arranged according to their symbols.

Table of chemical elements

Symbol	Name	Valence	Atomic Weight
Ho	Holmium	3	164,93
I	Iodine	1-7	126,9045
Il	Illinium	0-8	—
In	Indium	3	114,82
Ir	Iridium	3-4	192,2
K	Potassium	1	39,102
Kr	Krypton	0-8	83,80
La	Lanthanum	3	138,92
Li	Lithium	1	6,940
Lu	Lutetium	3	174,97
Lw	Lawrencium		255-260
Ma	Masurium	7	—
Mg	Magnesium	2	24,32
Mn	Manganese	2-4-6-7	54,93
Mo	Molybdenum	3-4-6	95,95
Mv *or* Md	Mendelevium	?	(256)
N	Nitrogen	3-5	14,007
Na	Sodium	1	22,9898
Nb	Niobium	3-5	92,91
Nd	Neodymium	3	144,27
Ne	Neon	0-8	20,183
Ni	Nickel	2-3	58,71
No	Nobelium		254
Np	Neptunium		(237)
O	Oxygen	2	16,00
Os	Osmium	2-3-4-8	190,2
P	Phosphorus	3-5	30,9738
Pa	Protactinium	5	(216-238)
Pb	Lead	2-4	207,19
Pd	Palladium	2-4	106,4
Pm	Promethium		(147)
Po	Polonium	6	(210)
Pr	Praseodymium	3	140,92
Pt	Platinum	2-4	195,09
Pu	Plutonium		(242)
Ra	Radium	2	(226)
Rb	Rubidium	1	85,47
Re	Rhenium	7	186,22
Rh	Rhodium	3	102,91
Rn	Radon	0-8	(222)
Ru	Ruthenium	3-4-6-8	101,07
S	Sulphur	2-4-6	32,06
Sb	Antimony	3-5	121,76
Sc	Scandium	3	44,96
Se	Selenium	2-4-6	78,96
Si	Silicon	4	28,09
Sm	Samarium	3	150,35